U0221025

"十三五"国家重点出版物出版规划项目

危险化学品安全技术全书

第三版

通用卷

国家安全生产监督管理总局化学品登记中心
中国石油化工股份有限公司青岛安全工程研究院　　组织编写
化学品安全控制国家重点实验室

孙万付　主编
郭秀云　李运才　副主编

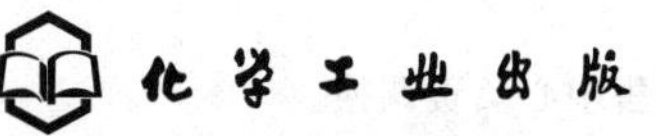

·北京·

《危险化学品安全技术全书》（第三版）分通用卷、增补卷两卷，是一本有关危险化学品安全管理的技术全书，主要是为全面落实《安全生产法》《危险化学品安全管理条例》等法律法规，根据国家标准《化学品安全技术说明书编写规定》（GB/T 16483—2008）、《化学品安全技术说明书编写指南》（GB/T 17519—2013）的格式和要求编写而成。本书是通用卷，选录的1008种化学品，是目前我国生产、流通量大，最常用的化学品；也是列入我国的一些重要的危险化学品管理名录、目录或标准，危害性大的化学品。每种物质列大项目16项，分别为化学品标识、危险性概述、成分/组成信息、急救措施、消防措施、泄漏应急处理、操作处置与储存、接触控制/个体防护、理化特性、稳定性和反应性、毒理学信息、生态学信息、废弃处置、运输信息、法规信息和其他信息；大项下又列出若干小项目。

《危险化学品安全技术全书》（第三版）通用卷数据资料系统全面、翔实可靠，可作为危险化学品登记、编制安全技术说明书的指定参考书，亦是化工和石油化工行业从事设计、生产、科研、供销、安全、环保、消防和储运等工作的专业人员必备的工具书。

图书在版编目（CIP）数据

危险化学品安全技术全书．通用卷/孙万付主编；国家安全生产监督管理总局化学品登记中心，中国石油化工股份有限公司青岛安全工程研究院，化学品安全控制国家重点实验室组织编写．—3版．—北京：化学工业出版社，2018.8（2023.7重印）

“十三五”国家重点出版物出版规划项目

ISBN 978-7-122-28549-2

Ⅰ.①危… Ⅱ.①孙…②国…③中…④化… Ⅲ.①化工产品-危险物品管理-安全管理 Ⅳ.①TQ086.5

中国版本图书馆CIP数据核字（2016）第280907号

责任编辑：杜进祥 郭乃铎 高 震　　文字编辑：向 东

责任校对：吴 静　　装帧设计：韩 飞

出版发行：化学工业出版社（北京市东城区青年湖南街13号 邮政编码100011）

印 装：中煤（北京）印务有限公司

880mm×1230mm 1/16 印张131 字数5504千字 2023年7月北京第3版第6次印刷

购书咨询：010-64518888　　售后服务：010-64518899

网 址：http://www.cip.com.cn

凡购买本书，如有缺损质量问题，本社销售中心负责调换。

定 价：598.00元

《危险化学品安全技术全书》（第三版）编审委员会

《危险化学品安全技术全书》（第三版）通用卷编写人员名单

主　　编： 孙万付

副 主 编： 郭秀云　李运才

参编人员： 翟良云　陈金合　陈　军　慕晶霞　郭宗舟　石燕燕
郭　帅　李　菁　李永兴　李运才　纪国峰　孙吉胜
姜　迎　赵学良　张树才　厉建祥　黄　飞　张金梅
王亚琴　张嘉亮　刘康炜　丁子洋　张　海　刘华炜
王　林　孔　飞　田　刚　彭湘潍　姜春明　袁纪武
曲福年　蒋　涛　赵永华　刘艳萍　李雪华　于广宇
龚腊芬　王樟龄　陈晶晶

前　言

《危险化学品安全技术全书》（以下简称《全书》）第一版 1997 年出版，第二版 2008 年出版，被评为“十二五”国家重点图书，2009 年荣获中国石油和化学工业协会科技进步奖二等奖。这两版图书出版后，在危险化学品安全管理、化学事故应急救援中发挥了重要作用，均受到了读者的广泛好评。近 20 年来成为危险化学品登记、编制化学品安全技术说明书（SDS）的指定参考书，亦是化工和石油化工行业从事设计、生产、科研、供销、安全、环保、消防和储运等工作的专业人员必备的工具书。

近年来，随着我国危险化学品安全管理力度的不断加强，国家修订了《危险化学品安全管理条例》，采纳了联合国《全球化学品统一分类和标签制度》（GHS），发布了《化学品分类和标签规范》系列标准（GB 30000.2～30000.29），调整了危险化学品分类体系，发布了《危险化学品目录（2015版）》，修订了化学品安全技术说明书标准。为适应安全管理的新要求，尤其是化学品分类体系的变化，《全书》第三版由国家安全生产监督管理总局化学品登记中心、中国石油化工股份有限公司青岛安全工程研究院、化学品安全控制国家重点实验室组织修订，是我们数十年来承担国家科技部、国家安全生产监督管理总局、原化学工业部、中国石化等各类科研课题成果和经验的系统总结。为此，《全书》第三版被列入国家出版基金项目、“十三五”国家重点出版物出版规划项目、并分成通用卷、增补卷两卷出版。

根据国家标准《化学品安全技术说明书编写规定》（GB/T 16483—2008）、《化学品安全技术说明书编写指南》（GB/T 17519—2013）的要求，《全书》第三版中“成分/组成信息”“危险性概述”内容位置互换，“危险性概述”中危险性类别改为 GHS 危险性类别，并增加了标签要素信息、对保护施救者的忠告、生物限值、分解温度等信息。根据相关标准的最新修订情况，对职业接触限值、毒理学信息、运输信息、法规信息等部分内容进行了修订和更新。

《全书》（第三版）中各项数据在国内外数十个权威数据库基础上，经反复研究筛选确定，每个项目数据内容的编写，均严格符合 SDS 国家标准要求。《全书》通用卷、增补卷选录的 2000 余种化学品，是目前我国生产量大、流通量大、最常使用的化学品，也是危险性大的化学品，均已列入《危险化学品目录》（2015 版），出版后可以有效减轻中小企业编制 SDS 的负担，预防或者减少各类化学品事故的发生。

限于编者的水平，《全书》仍可能存在一些不足之处，敬请读者继续给予批评和指正。

编者

2016 年 6 月

第一版前言

50年前，全世界的化学品年产量仅有100万吨，对于化学品和化工生产过程可能产生的危害还鲜为人知。今天化学品的年产量已超过4亿吨，已为人所知的化学品就有500万～700万种之多，在市场上流通的已超过8万种，而且每年还有1000多种新化学品问世。对化学品这种特殊商品，它的生产和发展确实极大地改善了现代人的生活，但其固有的危险特性也给人类的生存带来了极大的威胁，已引起了世界各国的高度重视。

依靠法律，从信息入手，这是工业国预防和控制化学危害的主要做法和措施。从70年代开始，各工业国和国际组织纷纷制订有关法规、标准和公约，旨在强化化学品的管理，减少和预防化学品的危害。国际劳工组织于1990年6月讨论通过的《作业场所安全使用化学品》170号公约和177号建议书，就是对化学品在生产、搬运、贮存、使用、废物处理和排放等作业过程中可能产生的危害预防和防护问题作出了基本规定，要求会员国批准执行。我国于1994年10月27日第八届全国人大常委会第十二次会议讨论批准了170号公约，这表明我国政府对世界劳工组织正式做出承诺，使我国的化学品管理和国际管理体系接轨，按照现行的国际管理模式建立新型的化学品管理体系。为贯彻实施170号公约，劳动部和化工部颁布了《工作场所安全使用化学品规定》。按照170号公约和《规定》的要求，所有生产和经营化学品的企业，必须进行危险化学品的登记，在包装上加贴安全标签和编印安全技术说明书。为配合这项工作，我们编写了这本《危险化学品安全技术全书》，以飨读者。

《全书》的格式是依据国际标准“ISO 11014 Safety Data Sheet for Chemical Products”规定的数据模式，结合国内的实际情况和需要确定的，每种物质列16大项，70余小项，内容包括标识、危险特性、应急与急救、防护、理化特性、燃爆特性、活性反应、毒理学资料、环保资料、运输及储存以及法规信息等，涉及安全、卫生和环境保护三大学科，是国内同类书籍中内容最全、最系统的。

《全书》收录的1000种化学品是我国生产、流通量大，最常使用的化学品，也是危害性最大的危险品。

《全书》作为数据源选用的80多篇参考文献，大都是专业著作，具有权威性，另外数据资料在采集过程中制订了严格的选评程序，加上专业人员的精心把关，在定稿之前，又经有关专家严格评审，确保了数据资料的质量和可靠性。但《全书》涉及的学科面广，编者水平有限，错漏之处在所难免，敬请广大读者予以批评指正。

《全书》在编审过程中得到了化工部技术监督司、劳动部职安局、公安部消防局等单位的指导和大力支持，化工部安全卫生信息中心刘君汉、冯裕庭、龚腊芬、王平等同志提供了部分数据资料，在此一并表示感谢。

编者

1997年6月

第二版前言

《危险化学品安全技术全书》（以下简称《全书》）于1997年由化学工业出版社出版。《全书》的出版，为我国危险化学品生产、使用、储存、运输、经营、废弃等各环节的安全管理及危害控制、化学事故应急救援提供了重要的参考数据源，对我国全面落实《安全生产法》、《危险化学品安全管理条例》等法律法规，发挥了一定作用，受到了读者的广泛好评。

随着我国对危险化学品安全管理的力度不断加强，国家有关部门相继出台和修订了一系列危险化学品的管理法规和标准，国内外有关危险化学品的安全技术、毒理、健康危害和环境影响方面的科学技术研究也有了长足发展。为反映这些新变化和新技术成果，适应管理部门和企业对危险化学品安全管理和技术的新需求，我们决定对1997年版《全书》进行全面修订，形成本书。

本书的格式及项目设置，基本依据了国家标准《化学品安全技术说明书编写规定》（GB 16483），个别项目略有变动。每种物质列16大项，分别为化学品标识、成分与组成信息、危险性概述、急救措施、消防措施、泄漏应急处理、操作处置与储存、接触控制与个体防护、理化特性、稳定性和反应性、毒理学资料、生态学资料、废弃处置、运输信息、法规信息和其他信息；大项下又列出若干小项目，共70余项。每个项目数据内容的编写，也参照了《化学品安全技术说明书编写规定》（GB 16483）的有关要求。

为了保证本书数据的科学性、可信性，能够反映所涉及学科的最新研究成果，编者对1997年版《全书》参考数据源进行了论证和调整，引进了一些所涉及学科的目前国际上公认的权威数据库，国内外最新出版的权威专著等。

本书收录的化学品，是目前我国生产、流通量大，最常用的化学品；也是列入我国的一些重要的危险化学品管理名录、目录或标准，危害性大的化学品。相信本书的出版，会为从事危险化学品安全管理和安全技术研究的工作者，提供一本数据资料更加可靠、更为实用的专业参考工具书。今后根据形势的需要，我们会继续筛选化学品，搜集相关资料，陆续出版，以飨读者。

限于编者的水平，本书仍可能存在一些不足之处，敬请读者继续给予批评和指正。

编者

2007年8月

目　录

编写和使用说明

Ⅰ.项目解释和编写说明

一、化学品标识

包括下列项目：

（1）**化学品中文名** 化学品的中文名称。命名基本上是依据中国化学会1980年推荐使用的《有机化学命名原则》和《无机化学命名原则》进行的。农药通用名称按照GB 4839填写。

（2）**化学品英文名** 化学品的英文名称。命名是按国际通用的IUPAC（International Union of Pure & Applied Chemistry）推荐使用的命名原则进行的。农药通用名称按照ISO 1750填写。

（3）**分子式** 指用元素符号表示的物质分子的化学成分。排列的规定为：有机化合物先按C，H顺序排列，其余按英文字顺排列；有机金属化合物把有机基团写在前，金属离子及络合水写在后；无机物按常规形式排列。

（4）**相对分子质量** 指单质或化合物分子的相对质量，等于分子中各原子的原子量总和。

（5）**结构式** 用元素符号相互连接，表示出化合物分子中原子排列和结合方式的式子。

（6）**化学品的推荐及限制用途** 大多数化学品的用途很广泛，此处只列举化工方面的主要用途。

二、危险性概述

（1）**紧急情况概述** 紧急情况概述描述在事故状态下化学品可能立即引发的严重危害，以及可能具有严重后果需要紧急识别的危害。

（2）**GHS危险性类别** 指按照GHS原则根据化学品固有危险特性划分的类别。本书依据《化学品分类和危险性公示 通则》（GB 13690—2009）和《化学品分类和标签规范》（GB 30000.2～30000.29—2013）系列标准对化学品进行危险性分类。对于本书中已列入《危险化学品目录（2015版）》的化学品，其符合危险化学品确定原则的危险性类别，采用了《危险化学品目录（2015版）实施指南（试行）》中的危险性分类类别。

（3）**标签要素** 统一用于标签上的一类信息，包括象形图、警示词、危险性说明、防范说明等。编写时依据《化学品分类和标签规范》系列标准（GB 30000.2—2013～GB 30000.29—2013）。

（4）**物理和化学危险** 简要描述化学品潜在的物理和化学危险性，主要是燃烧爆炸危险性。

（5）**健康危害** 简要描述化学毒物经不同途径侵入机体后引起的急慢性中毒的典型临床表现，以及毒物对眼睛和皮肤等直接接触部位的损害作用。很少涉及化验和特殊检查所见。对一些无人体中毒资料或人体中毒资料较少的毒物，以动物实验资料补充。

（6）**环境危害** 简要描述化学品对环境的危害。

三、成分/组成信息

（1）**组分名称** 如为纯品，直接标出名称；若该物质为混合物，标出其主要组分及其浓度或浓度范围。

（2）**CAS号** CAS是Chemical Abstract Service的缩写。CAS号是美国化学文摘社对化学物质登录的检索服务号。该号是检索化学物质有关信息资料最常用的编号。

四、急救措施

（1）根据化学品的不同接触途径，按照吸入、皮肤接触、眼睛接触和食入的顺序，分别描述相应的急救措施。如果存在除中毒、化学灼伤外必须处置的其他损伤（例如低温液体引起的冻伤，固体熔融引起的烧伤等），也应说明相应的急救措施。

在现场急救中应重点注意以下几个问题：①施救者要做好个体防护，佩戴合适的防护器具。②迅速将患者移至空气新鲜处，松开衣领和腰带，取出口中义齿和异物，保持呼吸道通畅。呼吸困难和有紫绀者给吸氧，注意保暖。③如有呼吸心跳停止者，应立即在现场进行人工呼吸和胸外心脏按压术，一般不要轻易放弃。对氰化物等剧毒物质中毒者，不要进行口对口人工呼吸。④某些毒物中毒的特殊解毒剂，应在现场即刻使用，如氰化物中毒，应吸入亚硝酸异戊酯。⑤皮肤接触强腐蚀性和易经皮肤吸收引起中毒的物质时，要迅速脱去污染的衣着，立即用大量流动清水或肥皂水彻底清洗，清洗时应注意头发、手足、指甲及皮肤皱褶处，冲洗时间不少于 15min。⑥眼睛受污染时，用生理盐水或流动清水彻底冲洗。对强刺激和腐蚀性物质冲洗时间不少于 15min。冲洗时应将眼睑提起，注意将结膜囊内的化学物质全部冲出，要边冲洗边转动眼球。⑦口服中毒患者应首先催吐，尤其是 LD_{50}＜200mg/kg 且能被快速吸收的毒物，应立即催吐。在催吐前给饮水 500～600ml（空胃不易引吐），然后用手指或钝物刺激舌根部和咽后壁，即可引起呕吐。催吐要反复数次，直至呕吐物纯为饮入的清水为止。为防止呕吐物呛入气道，患者应取侧卧、头低体位。以下情况禁止催吐：意识不清的患者，或预计半小时内会出现意识障碍的患者；吞服强酸、强碱等腐蚀性毒物者；吞服低黏度有机溶剂，一旦呕吐物呛入呼吸道可造成吸入性肺炎，也不能催吐。对于口服中毒应否催吐，本书主要以《国际化学品安全卡》的提法为依据。⑧迅速将患者送往就近医疗部门做进一步检查和治疗。在护送途中，应密切观察呼吸、心跳、脉搏等生命体征；某些急救措施，如输氧、人工心肺复苏术等亦不能中断。

（2）**对保护施救者的忠告** 必要时，应就施救人员的自我保护提出建议。

（3）**对医生的特别提示** 适当时，应就迟发性效应的临床检查和医学监护、特殊解毒剂的使用及禁忌证、药品禁忌等作出说明。

五、消防措施

（1）**灭火剂** 主要介绍化学品发生火灾后或化学品处于火场情况下，灭火时可选用的灭火剂及禁止使用的灭火剂。部分化学品火灾适用灭火剂的选用参见 GB 17914、GB 17915 和 GB 17916。

（2）**特别危险性** 本项应提供在火场中化学品可能引起的特别危害方面的信息。包括①燃烧性，包括易燃、可燃、不燃、助燃等；②与空气混合能否形成爆炸性混合物；③遇明火、高热、火花、撞击、摩擦等的反应性；④描述化学品燃烧后产生的主要有害产物等。

（3）**灭火注意事项及防护措施** 描述灭火过程中应注意的有关事项，主要包括：①消防人员应配备的个人防护设备，如全身消防防护服、防火防毒服、防护靴、空气呼吸器等；②灭火过程中对火场容器的冷却与处理措施；③灭火过程中发生异常情况时消防人员应采取的安全、紧急避险措施。

六、泄漏应急处理

在化学品的生产、储运和使用过程中，常常发生一些意外的破裂、倒洒等事故，造成危险化学品的外漏，需要采取简单有效的应急措施和消除方法来消除或减小泄漏危害，即泄漏应急处理。

（1）**作业人员防护措施、防护装备和应急处置程序** 包括消除点火源，疏散无关人员，隔离泄漏污染区等。如果泄漏物是易燃物，则必须首先消除泄漏污染区域的点火源。是否疏散和隔离，视泄漏物毒性和泄漏量的大小而定。给出了呼吸系统（呼吸器）和皮肤（防护服）的防护，但并未给出防护级别，所以实际应用时应根据具体情况，选择适当的防护用品。至于手、脚等部位的防护，可参阅“接触控制与个体防护”部分。

（2）**环境保护措施** 介绍了在泄漏事故处理过程中应注意的事项及如何避免泄漏物对周围环境带来的潜在危害。

（3）**泄漏化学品的收容、清除方法及所使用的处置材料** 主要根据物质的物态（气、液、固）及其危险性（燃爆特性、毒性）给出具体的处置方法。本书中所谓的小量泄漏是指单个小包装（小于 208L）、小钢瓶的泄漏或大包装（大于 208L）的滴漏；大量泄漏是指多个小包装或大包装的泄漏。

① 气体泄漏物 应急人员能做的仅是止住泄漏。如果可能的话，用合理通风和喷雾状水等方法消除其潜在影响。

② 液体泄漏物 在保证安全的前提下切断泄漏源。采用适当的收容方法、覆盖技术和转移工具消除泄漏物。

③ 固体泄漏物 用适当的工具收集泄漏物。

七、操作处置与储存

主要是指化学品操作处置和安全储存方面的信息资料。包括操作处置作业中的安全注意事项、安全储存条件和注意事项。

（1）**操作注意事项** 包括操作时的工程控制、人员防护、防火防爆要求、分装注意事项、搬运注意事项。

（2）**储存注意事项** 包括储存的基本条件和要求、注意事项、禁忌物、防火防爆要求等。数据的采集分两个层次：一是按照物质的特性提出基本的注意事项，如易燃物的防火防爆、防静电，活泼金属的惰性保护，易聚合物质的加阻聚剂和隔绝空气，禁水物质的防潮，剧毒物品实行双人收发、双人保管制度等问题都做了强调；二是按类分层次的统一处理，尽量做到同一物质数据相近。

其中，储存温度与湿度主要根据《常用化学危险品贮存通则》（GB 15603—1995）、《易燃易爆性商品储存养护技术条件》（GB 17914—2013）、《腐蚀性商品储存养护技术条件》（GB 17915—2013）、《毒害性商品储存养护技术条件》（GB 17916—2013）等国家标准编写。

八、接触控制/个体防护

（1）**职业接触限值** 是对接触职业有害因素（如化学、生物和物理因素）所规定的容许（可接受的）接触水平，即限量标准。目前，各国家机构或团体所制定的车间空气中化学物质的职业接触限值的类型各不相同。本书采用的化学物质的职业接触限值为：

①《工作场所有害因素职业接触限值 第1部分：化学有害因素》（GBZ 2.1—2007）

a. 时间加权平均容许浓度（PC-TWA） 指以时间为权数规定的8h工作日、40h工作周的平均容许接触水平。用 mg/m^3 表示。

b. 最高容许浓度（MAC） 指工作地点、在一个工作日内、任何时间有毒物质均不应超过的浓度。用 mg/m^3 表示。

c. 短时间接触容许浓度（PC-STEL） 在遵守PC-TWA前提下容许短时间（15min）接触的浓度。用 mg/m^3 表示。

② 美国政府工业卫生学家会议（ACGIH） 阈限值（TLV）

a. 时间加权平均阈限值（TLV-TWA） 是指每日工作8h或每周工作40h的时间加权平均浓度，在此浓度下反复接触对几乎全部工人都不致产生不良效应。单位为 mg/m^3 或ppm。

b. 短时间接触阈限值（TLV-STEL） 是在保证遵守TLV-TWA的情况下，容许工人连续接触15min的最大浓度。此浓度在每个工作日中不得超过4次，且两次接触间隔至少60min。它是TLV-TWA的一个补充。单位为 mg/m^3 或ppm。

c. 阈限值的峰值（TLV-C） 瞬时亦不得超过的限值。是专门对某些物质如刺激性气体或以急性作用为主的物质规定的。单位为 mg/m^3 或ppm。

（2）**生物接触限值** 列出物质或混合物组分的生物限值。

（3）**监测方法** 工作场所空气中有害物质（毒物和粉尘）的检测方法数据取自《工作场所空气有毒物质测定方法》系列标准（GBZ/T 160）。生物监测检验方法数据取自国内已发布的有关生物监测检验方法标准。

（4）**工程控制** 描述作业场所为预防和控制化学品危害所采取的工程控制方法，主要包括生产过程的密闭、通风和隔离措施，不特指工业生产过程的自动化控制。

（5）**个体防护装备** 个体防护装备的使用应与其他控制措施（包括通风、密闭和隔离等）相结合，以将化学品接触引起疾患和损伤的可能性降至最低。个体防护装备的选择，应符合国家或行业的相关标准。包括：GB/T 11651、GB/T 18664和GBZ/T 195等。

① 呼吸系统防护 描述为防止有害化学品通过呼吸系统进入体内而选用的防护用品。数据采集时主要考虑了作业人员与化学品的接触形式、化学品的性质及对人体的危害程度、防护用品的防护能力等。与化学品的接触形式主要包括正常作业时、空气中浓度超标时（或空气中浓度较高时）、高浓度环境中、非正常情况时（紧急事态抢救或撤离时）的接触等。

② 眼睛防护 指为保护眼睛免受化学品侵害而选用的防护用具。主要包括：化学安全防护眼镜、安全面罩、安全防护眼镜、安全护目镜、安全防护面罩等。

③ 皮肤和身体防护 描述为避免皮肤受到化学品侵害而选用的防护用品。根据化学品的性质、可能接触的浓度大小可选择：胶布防毒衣、橡胶防护服、防毒物渗透工作服、透气型防毒服、一般作业

防护服等。

④ 手防护　描述作业时主要选用的各种防护手套，如橡胶手套、乳胶手套、耐酸碱手套、防化学品手套、一般作业防护手套等。

九、理化特性

(1) **外观与性状**　是对化学品外观和状态的直观描述。主要包括常温常压下该物质的颜色、气味和存在的状态。同时还采集了一些难以分项的性质，如潮解性、挥发性等。

(2) **pH 值**　表示氢离子浓度的一种方法。其定义是氢离子活度的常用对数的负值。

(3) **熔点**　晶体溶解时的温度称为熔点。一般情况填写常温常压的数值，特殊条件下得到的数值，标出技术条件。

(4) **沸点**　在 101.3kPa 大气压下，物质由液态转变为气态的温度称为沸点。一般填写常温常压的沸点值，若不是在 101.3kPa 大气压下得到的数据或者该物质直接从固态变成气态（升华），或者在溶解（或沸腾）前就发生分解的，则在数据之后用“()”标出技术条件。

(5) **相对密度**（水＝1）　在给定的条件下，某一物质的密度与参考物质（水）密度的比值。填写 20℃时物质的密度与 4℃时水的密度比值。

(6) **相对蒸气密度**（空气＝1）　在给定的条件下，某一物质的蒸气密度与参考物质（空气）密度的比值。填写 0℃时物质的蒸气与空气密度的比值。

(7) **饱和蒸气压**　在一定温度下，于真空容器中纯净液体与蒸气达到平衡量时的压力。用 kPa 表示，并标明温度。

(8) **燃烧热**　在标准状态下，1mol 物质与氧进行完全燃烧时生成最稳定化合物后的化学反应热(即反应过程的焓差) 称为该物质的标准燃烧热，简称燃烧热，用 kJ/mol 表示。燃烧热数值带负号，意指该反应是放热的。

(9) **临界温度**　物质处于临界状态时的温度。就是加压后使气体液化时所允许的最高温度，用℃表示。

(10) **临界压力**　物质处于临界状态的压力。就是在临界温度时使气体液化所需要的最小压力，也就是液体在临界温度时的饱和蒸气压，用 MPa 表示。

(11) **辛醇/水分配系数**　当一种物质溶解在辛醇/水的混合物中时，该物质在辛醇和水中浓度的比值称为分配系数，通常以 10 为底的对数形式（$\lg K_{ow}$）表示。辛醇/ 水分配系数是用来预计一种物质在土壤中的吸附性、生物吸收、亲脂性储存和生物富集的重要参数。

(12) **闪点**　指在规定的条件下，试样被加热到它的蒸气与空气的混合气体接触火焰时，能产生闪燃的最低温度。闪点有开杯和闭杯两种值，书中的开杯值用（OC）标注，闭杯值用（CC）标注。闪点是评价液体物质燃爆危险性的重要指标，闪点越低，燃爆危险性越大。

(13) **自燃温度**　是指物质在没有火焰、火花等火源作用下，在空气或氧气中被加热而引起燃烧的最低温度。

从机理可知，自燃温度是一个非物理常数，它受各种因素的影响，如可燃物浓度、压力、反应容器、添加剂等。自燃温度越低，则该物质的燃爆危险性越大。

(14) **爆炸极限**　易燃和可燃气体、液体蒸气、固体粉尘与空气形成混合物，遇火源即能发生燃烧爆炸的最低浓度，称为该气体、蒸气或粉尘的爆炸下限；同时，易燃和可燃气体、蒸气或粉尘与空气形成混合物，遇火源即能发生燃烧爆炸的最高浓度，称为爆炸上限。上下限之间的浓度范围称为爆炸范围。爆炸极限通常用可燃气体或蒸气在混合气中的体积分数（%）表示，粉尘的爆炸极限用 mg/m^3 表示。

爆炸极限是评价可燃气体、蒸气或粉尘能否发生爆炸的重要参数，爆炸下限越低，爆炸极限范围越宽，则该物质的爆炸危险性越大。

(15) **分解温度**　指物质发生无氧化作用的不可逆化学分解的温度。

(16) **黏度**　液体或半流体流动难易的程度。流动越难的物质，其黏度越大，如胶水、糨糊等都是黏度较大的物质。将两块面积为 $1m^2$ 的板浸于液体中，两板距离为 1m，若加 1N 的切应力，使两板之间的相对速率为 1m/s，则此液体的黏度为 1Pa·s。黏度除以密度可以得出运动黏度，运动黏度是判定物质吸入危害的一个关键参数。

(17) **溶解性** 指在常温常压下该物质在溶剂中的溶解性，分别用混溶、易溶、溶于、微溶、不溶和难溶表示其溶解程度。

十、稳定性和反应性

(1) **稳定性** 是指某化学品常温常压下是否能稳定存在。

(2) **危险反应** 该化学品与某些物质混合或接触时，可能会发生燃烧爆炸或其他化学反应，酿成灾害。

(3) **避免接触的条件** 指常温常压下化学品比较敏感的外界条件，一般包括受热、光照、接触空气和潮气 4 个方面。

(4) **禁配物** 是指与该化学品在化学性质上相抵触的物质，该化学品与这些物质混合或接触时，可能会发生燃烧爆炸或其他化学反应，酿成灾害。

(5) **聚合危害** 指化学品在外界条件的促使下，能否出现意外的聚合反应，酿成事故。

(6) **危险的分解产物** 定性描述化学品在分解时可能产生的有害产物。

十一、毒理学信息

毒理学资料包括化学毒物的急性毒性、皮肤刺激或腐蚀、眼睛刺激或腐蚀、呼吸或皮肤过敏、生殖细胞突变性、致癌性、生殖毒性、特异性靶器官系统毒性-一次接触、特异性靶器官系统毒性-反复接触、吸入危害。大部分数据录自化学物质毒性效应登记数据库（RTECS）。

(1) **急性毒性** 选用的急性毒性指标为半数致死剂量或浓度（LD_{50}或 LC_{50}），即引起受试动物半数死亡的剂量或浓度。LD_{50}或 LC_{50}的值愈小，毒物的毒性愈大。此值是将动物实验所得的数据经统计处理而得，与其他急性毒性指标相比有更高的重现性。目前各国对毒物进行急性毒性分级多采用该项指标。

(2) **皮肤刺激或腐蚀** 为化学品对动物皮肤的刺激性实验数据。刺激强度分轻度、中度和重度。

(3) **眼睛刺激或腐蚀** 为化学品对动物眼睛的刺激性实验数据。刺激强度分轻度、中度和重度。

(4) **呼吸或皮肤过敏** 指引起呼吸道或皮肤过敏症状。考虑人类证据和动物实验阳性结果，如豚鼠最大值实验、局部淋巴结实验等。

(5) **生殖细胞突变性** 指该化学品具有引起人类生殖细胞发生可传播给后代的突变的能力，而且此种改变可随同细胞分裂过程而传递。以鼠伤寒沙门氏菌回复突变试验（亦称 Ames 试验）、微核试验、染色体畸变试验数据为主，适当收录大鼠、小鼠、人及其他试验数据。

(6) **致癌性** 采用国际癌症研究中心（IARC）专家小组的评定结论。分为五类，G1 确认人类致癌物，G2A 可能人类致癌物，G2B 可疑人类致癌物，G3 现有的证据不能对人类致癌性进行分类，G4 对人类可能是非致癌物。

(7) **生殖毒性** 指对成年雄性和雌性性功能和生育能力的有害影响，以及对后代的发育毒性。收录该化学品是否有生殖毒性的实验结果，可用最低中毒剂量（TDLo）或最低中毒浓度（TCLo）表示。

(8) **特异性靶器官系统毒性-一次接触** 指一次接触而产生特异性、非致命性靶器官毒性的描述。如甲醇一次接触后致失明的毒性效应。

(9) **特异性靶器官系统毒性-反复接触** 主要收录动物经亚急性和慢性染毒后的毒作用表现及组织病理学检查所见。

(10) **吸入危害** 指液态或固态化学品通过口腔或鼻腔直接进入或者因呕吐间接进入气管和下呼吸系统。如呛吸油品引起的吸入性肺炎等。

十二、生态学信息

(1) **生态毒性** 说明该化学品在一定剂量时对环境生态的各种生物造成的危害，并说明造成危害的程度。表示方法有 LC_{50}，LD_{50}，IC_{50}（半数抑制浓度），EC_{50}（半数效应浓度）和 TLm（半数耐受量）。

（2）**持久性和降解性**

① 生物降解性　是指有机物质通过活生物（通常是微生物，特别是细菌）的作用所进行的分解。此处提到的好氧生物降解和厌氧生物降解都是在水体中生物降解。COD是指化学需氧量；BOD是指生化需氧量或生化耗氧量；MITI测试是指日本通商产业省试验。

② 非生物降解性　说明该化学品是否具有非生物降解性，如：光解、水解。

（3）**潜在的生物累积性**　指生物机体或处于同一营养级的许多生物种群，从周围环境，特别是水介质中蓄积某种元素或难分解的化合物，使生物体内物质浓度超过环境中的浓度的现象。此处用生物浓缩系数（BCF）来表示。

（4）**土壤中的迁移性**　是指排放到环境中的物质或混合物组分在自然力的作用下迁移到地下水或排放地点一定距离以外的潜力。如能获得，应提供物质或混合物组分在土壤中迁移性方面的信息。物质或混合物组分的迁移性可经由相关的迁移性研究确定，如吸附研究或淋溶作用研究。吸附系数值（K_{oc}值）可通过K_{ow}推算；淋溶和迁移性可利用模型推算。

十三、废弃处置

包括三部分内容：废弃化学品、污染包装物、废弃注意事项。是指对无使用价值的化学品及其包装物进行无害化的最后处理方法，如焚烧炉焚烧、化学反应等方法，视具体物质而定。提请下游用户注意国家和地方有关废弃化学品的处置法规。

十四、运输信息

（1）**联合国危险货物编号**　提供联合国《关于危险货物运输的建议书　规章范本》（以下简称《规章范本》）中的联合国危险货物编号（即物质或混合物的4位数字识别号码）。见《危险货物品名表》（GB 12268—2012）（以下简称GB 12268）。

（2）**联合国运输名称**　提供联合国《规章范本》中的联合国危险货物运输名称。见GB 12268。

（3）**联合国危险性类别**　提供联合国《规章范本》中根据物质或混合物的最主要危险性划定的物质或混合物的运输危险性类别（和次要危险性）。见GB 12268。

（4）**包装类别**　根据危险性大小确定的包装级别。见GB 12268。

（5）**包装标志**　是指标示危险货物危险性的图形标志，见危险货物包装标志（GB 190—2009）。

（6）**海洋污染物**　根据物质或混合物是否满足《国际海运危险货物规则》海洋污染物的判定标准，填写是或否。海洋污染物的判定标准为：GHS分类满足危害水生环境-急性危害，类别1；危害水生环境-长期危害，类别1；危害水生环境-长期危害，类别2。

（7）**运输注意事项**　为使用者提供应该了解或遵守的其他与运输或运输工具有关的特殊防范措施方面的信息，包括：①对运输工具的要求；②消防和应急处置器材配备要求；③防火、防爆、防静电等要求；④禁配要求；⑤行驶路线要求；⑥其他运输要求。

十五、法规信息

本栏目主要提供有关危险化学品管理方面的法规和标准资料。

十六、其他信息

按照《化学品安全技术说明书编写规定》（GB/T 16483—2008）、《化学品安全技术说明书编写指南》（GB/T 17519—2013）的要求，本项目可提供对安全有重要意义的信息，如编写和修订信息、缩略语和首字母缩写、培训建议、参考文献、免责声明等。

Ⅱ. 有关问题的说明

（1）**“职业接触限值”栏目中有关［］注释**

① 限值后有［皮］标记者为除经呼吸道吸收外，尚易经皮肤吸收的有毒物质。

② 除［皮］标记外限值后又有［］者，如氟化氢及氟化物限值后的［F］，重铬酸盐限值后的［CrO_3］，表示该物质的职业接触限值应按［］内物质计算。如氟化氢及氟化物换算成F，重铬酸盐换算成CrO_3等。

（2）**计量单位的使用**　本书使用法定计量单位。为了读者使用方便，书中保留了一些有关专业中少量经常使用的单位，如 ppm，ppb 等。

d	天（日）	h	小时	min	分
s	秒	m^3	立方米	kg	千克（公斤）
m	米	cm^3	立方厘米	g	克
mm	毫米	L	升	mg	毫克
μm	微米	ml	毫升	μg	微克

Pa　帕斯卡，压力单位，表示气压和液压，1atm＝101325Pa

kPa 千帕斯卡

MPa 兆帕斯卡

mg(g)/kg　每千克体重给予化学物质的毫克（克）数（用以表示剂量）；每千克介质中含有化学物质的毫克（克）数（用以表示含量或浓度）

mg(g)/m^3　每立方米空气中含化学物质的毫克（克）数（表示化学物质在空气中的浓度）

ppm　百万分之一，10^{-6}

ppb　十亿分之一，10^{-9}

氨

第一部分 化学品标识

化学品中文名 氨；液氨；氨气

化学品英文名 ammonia；ammonia liquefied；ammonia gas

分子式 NH_3 **相对分子质量** 17.03

结构式 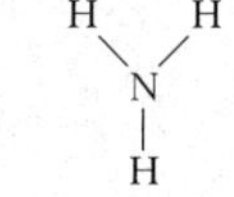

化学品的推荐及限制用途 用作制冷剂及制取铵盐和氮肥

第二部分 危险性概述

紧急情况概述 易燃气体，内装加压气体：遇热可能爆炸，吸入会中毒，造成严重的皮肤灼伤和眼损伤

GHS危险性类别 易燃气体，类别2；加压气体；急性毒性-吸入，类别3；皮肤腐蚀/刺激，类别1B；严重眼损伤/眼刺激，类别1；危害水生环境-急性危害，类别1

标签要素

象形图 

警示词 危险

危险性说明 易燃气体，内装加压气体：遇热可能爆炸，吸入会中毒，造成严重的皮肤灼伤和眼损伤，对水生生物毒性非常大

防范说明

预防措施 远离热源、火花、明火、热表面。禁止吸烟。避免吸入气体。仅在室外或通风良好处操作。避免接触眼睛、皮肤，操作后彻底清洗。戴防护手套、穿防护服、戴防护眼镜及防护面罩。禁止排入环境

事故响应 漏气着火：切勿灭火，除非漏气能够安全地制止。如果没有危险，消除一切点火源。如吸入：将患者转移到空气新鲜处，休息，保持利于呼吸的体位。呼叫中毒控制中心或就医。皮肤（或头发）接触：立即脱掉所有被污染的衣服。用水冲洗皮肤，淋浴。污染的衣服须洗净后方可重新使用。眼睛接触：用水细心地冲洗数分钟。如戴隐形眼镜并可方便地取出，则取出隐形眼镜继续冲洗。收集泄漏物

安全储存 防日晒。存放在通风良好的地方。保持容器密闭。上锁保管

废弃处置 本品及内装物、容器依据国家和地方法规处置

物理和化学危险 易燃，与空气混合能形成爆炸性混合物

健康危害 低浓度氨对黏膜有刺激作用，高浓度可造成组织溶解坏死。轻度中毒者出现流泪、咽痛、声音嘶哑、咳嗽、咯痰等；眼结膜、鼻黏膜、咽部充血、水肿；胸部X线征象符合支气管炎或支气管周围炎。中度中毒上述症状加剧，出现呼吸困难、紫绀；胸部X线征象符合肺炎或间质性肺炎。重度中毒发生中毒性肺水肿，或有呼吸窘迫综合征，患者剧烈咳嗽、咯大量粉红色泡沫痰、呼吸窘迫、谵妄、昏迷、休克等。可发生喉头水肿或支气管黏膜坏死脱落窒息。可并发气胸或纵隔气肿。高浓度氨可引起反射性呼吸停止。液氨或高浓度氨气可致眼灼伤；液氨可致皮肤灼伤

环境危害 对水生生物毒性非常大

第三部分 成分/组成信息

√物质 混合物

组分	浓度	CAS No.
氨		7664-41-7

第四部分 急救措施

吸入 迅速脱离现场至空气新鲜处。保持呼吸道通畅。如呼吸困难，给输氧。呼吸、心跳停止，立即进行心肺复苏术。就医

皮肤接触 立即脱去污染的衣着，用大量流动清水彻底冲洗至少15min。就医

眼睛接触 立即分开眼睑，用流动清水或生理盐水彻底冲洗至少15min。就医

对保护施救者的忠告 根据需要使用个人防护设备

对医生的特别提示 对症处理

第五部分 消防措施

灭火剂 用雾状水、抗溶性泡沫、二氧化碳、砂土灭火

特别危险性 与氟、氯等接触会发生剧烈的化学反应。燃烧生成有害的氮氧化物

灭火注意事项及防护措施 切断气源。若不能切断气源，则不允许熄灭泄漏处的火焰。消防人员必须佩戴空气呼吸器、穿全身防火防毒服，在上风向灭火。尽可能将容器从火场移至空旷处。喷水保持火场容器冷却，直至灭火结束

第六部分 泄漏应急处理

作业人员防护措施、防护装备和应急处置程序 消除所有点火源。根据气体的影响区域划定警戒区，无关人员从侧风、上风向撤离至安全区。建议应急处理人员穿内置正压自给式呼吸器的隔绝式防护服。如果是液化气体泄漏，还应注意防冻伤。尽可能切断泄漏源

环境保护措施 防止气体通过下水道、通风系统和有限空间扩散

泄漏化学品的收容、清除方法及所使用的处置材料 若可能翻转容器，使之逸出气体而非液体。喷雾状水稀释、溶解，同时构筑围堤或挖坑收容产生的大量废水。如果钢瓶发生泄漏，无法关闭时可浸入水中。储罐区最好设稀酸喷洒设施。隔离泄漏区直至气体散尽

第七部分 操作处置与储存

操作注意事项 严加密闭，提供充分的局部排风和全面通风。操作人员必须经过专门培训，严格遵守操作规程。建议操作人员佩戴过滤式防毒面具（半面罩），戴化学安全防护眼镜，穿防静电工作服，戴橡胶手套。远离火种、热源。工作场所严禁吸烟。使用防爆型的通风系统和设备。防止气体泄漏到工作场所空气

中。避免与氧化剂、酸类、卤素接触。搬运时轻装轻卸，防止钢瓶及附件破损。配备相应品种和数量的消防器材及泄漏应急处理设备

储存注意事项 储存于阴凉、干燥、通风的有毒气体专用库房。远离火种、热源。库温不宜超过 30℃。应与氧化剂、酸类、卤素、食用化学品分开存放，切忌混储。采用防爆型照明、通风设施。禁止使用易产生火花的机械设备和工具。储区应备有泄漏应急处理设备

第八部分 接触控制/个体防护

职业接触限值

中国 PC-TWA：20mg/m^3；PC-STEL：30mg/m^3

美国(ACGIH) TLV-TWA：25ppm；TLV-STEL：35ppm

生物接触限值 未制定标准

监测方法 空气中有毒物质测定方法：纳氏试剂分光光度法。生物监测检验方法：未制定标准

工程控制 严加密闭，提供充分的局部排风和全面通风。提供安全淋浴和洗眼设备

个体防护装备

呼吸系统防护 空气中浓度超标时，建议佩戴过滤式防毒面具（半面罩）。紧急事态抢救或撤离时，必须佩戴空气呼吸器

眼睛防护 戴化学安全防护眼镜

皮肤和身体防护 穿防静电工作服；处理液氨时，穿防寒服

手防护 戴橡胶手套

第九部分 理化特性

外观与性状 无色、有刺激性恶臭的气体

pH 值 11.7（1%溶液） **熔点(℃)** －77.7

沸点(℃) －33.5

相对密度(水=1) 0.7（－33℃）

相对蒸气密度(空气=1) 0.59

饱和蒸气压(kPa) 506.62（4.7℃）

燃烧热(kJ/mol) －316.25 **临界温度(℃)** 132.5

临界压力(MPa) 11.40 **辛醇/水分配系数** 0.230

闪点(℃) －54（CC） **自燃温度(℃)** 651

爆炸下限(%) 15 **爆炸上限(%)** 28

分解温度(℃) 无资料 **黏度(mPa·s)** 无资料

溶解性 易溶于水、乙醇、乙醚

第十部分 稳定性和反应性

稳定性 稳定

危险反应 与强氧化剂、卤素、酸类等禁配物接触发生剧烈反应

避免接触的条件 无资料

禁配物 卤素、酰基氯、氯仿、强氧化剂

危险的分解产物 无资料

第十一部分 毒理学信息

急性毒性

LC_{50} 4230ppm（小鼠吸入，1h）；2000ppm（大鼠吸入，4h）

LCLo 5000ppm（人吸入，5min）

皮肤刺激或腐蚀 无资料

眼睛刺激或腐蚀 家兔经眼：100mg，重度刺激

呼吸或皮肤过敏 无资料

生殖细胞突变性 微生物致突变性：大肠杆菌 1500ppm（3h）。细胞遗传学分析：大鼠吸入 19800μg/m^3（16 周）

致癌性 无资料

生殖毒性 无资料

特异性靶器官系统毒性-一次接触 无资料

特异性靶器官系统毒性-反复接触 大鼠，20mg/m^3，每天 24h，84d，或每天 5～6h，7 个月，出现神经系统功能紊乱

吸入危害 无资料

第十二部分 生态学信息

生态毒性 LC_{50}：＞3.58mg/L（24h）（彩鲑，已受精的）；＞3.58mg/L（24h）（彩鲑，幼年的）；0.068mg/L（24h）（彩鲑，85d 的鱼苗）；0.097mg/L（24h）（彩鲑，成年的）；24mg/L（48h）（水蚤）

持久性和降解性

生物降解性 无资料

非生物降解性 能被臭氧氧化，反应速度与氨的浓度成正比例关系，当 pH 值为 7～9 时，OH^- 对反应有催化作用

潜在的生物累积性 无资料

土壤中的迁移性 易被土壤吸附，迁移性较低

第十三部分 废弃处置

废弃化学品 先用水稀释，再加盐酸中和，然后放入废水系统

污染包装物 将容器返还生产商或按照国家和地方法规处置

废弃注意事项 处置前应参阅国家和地方有关法规

第十四部分 运输信息

联合国危险货物编号（UN 号） 1005

联合国运输名称 无水氨

联合国危险性类别 2.3，8

包装类别 -

包装标志

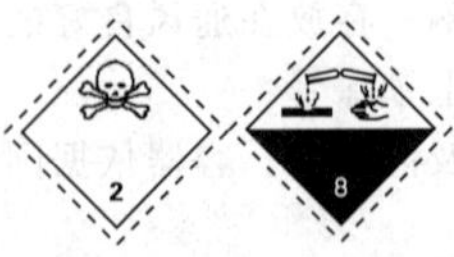

海洋污染物 是

运输注意事项 本品铁路运输时限使用耐压液化气企业自备罐车装运，装运前需报有关部门批准。采用钢瓶运输时必须戴好钢瓶上的安全帽。钢瓶一般平放，并应将瓶口朝同一方向，不可交叉；高度不得超过车辆的防护栏板，并用三角木垫卡牢，防止滚动。运输时运输车辆应配备相应品种和数量的消防器材及泄漏应急处理设备。装运该物品的车辆排气管必须配备阻火装

置，禁止使用易产生火花的机械设备和工具装卸。严禁与氧化剂、酸类、卤素、食用化学品等混装混运。夏季应早晚运输，防止日光曝晒。中途停留时应远离火种、热源。公路运输时要按规定路线行驶，禁止在居民区和人口稠密区停留。铁路运输时要禁止溜放

第十五部分 法规信息

下列法律、法规、规章和标准，对该化学品的管理作了相应的规定。

中华人民共和国职业病防治法 职业病分类和目录：氨中毒

危险化学品安全管理条例 危险化学品目录：列入。易制爆危险化学品名录：未列入。重点监管的危险化学品名录：列入。GB 18218—2009《危险化学品重大危险源辨识》(表 1)：列入。类别：毒性气体，临界量(t)：10

使用有毒物品作业场所劳动保护条例 高毒物品目录：列入

易制毒化学品管理条例 易制毒化学品的分类和品种目录：未列入

国际公约 斯德哥尔摩公约：未列入。鹿特丹公约：未列入。蒙特利尔议定书：未列入

第十六部分 其他信息

编写和修订信息 **缩略语和首字母缩写**
培训建议 **参考文献**
免责声明

3-氨基苯酚

第一部分 化学品标识

化学品中文名 3-氨基苯酚；间氨基苯酚；间羟基苯胺；3-氨基酚；间氨基酚

化学品英文名 3-aminophenol；*m*-aminophenol

分子式 C_6H_7NO **相对分子质量** 109.12

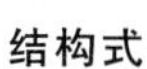
结构式
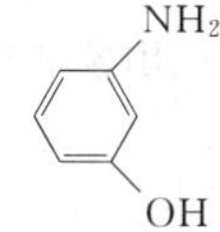

化学品的推荐及限制用途 用于制造染料、药物及塑料固化剂等

第二部分 危险性概述

紧急情况概述 吞咽有害，吸入有害

GHS 危险性类别 急性毒性-经口，类别 4；急性毒性-吸入，类别 4；危害水生环境-急性危害，类别 2；危害水生环境-长期危害，类别 2

标签要素

象形图

警示词 警告

危险性说明 吞咽有害，吸入有害，对水生生物有毒并具有长期持续影响

防范说明

预防措施 避免接触眼睛、皮肤，操作后彻底清洗。作业场所不得进食、饮水或吸烟。避免吸入粉尘。仅在室外或通风良好处操作。禁止排入环境

事故响应 如吸入：将患者转移到空气新鲜处，休息，保持利于呼吸的体位。如感觉不适，呼叫中毒控制中心或就医。食入：如果感觉不适，立即呼叫中毒控制中心或就医。漱口。收集泄漏物

安全储存 -

废弃处置 本品及内装物、容器依据国家和地方法规处置

物理和化学危险 可燃，其粉体与空气混合，能形成爆炸性混合物

健康危害 本品不易经皮肤吸收。吸入过量本品粉尘，可引起高铁血红蛋白血症

环境危害 对水生生物有毒并具有长期持续影响

第三部分 成分/组成信息

√物质 混合物

组分	浓度	CAS No.
3-氨基苯酚		591-27-5

第四部分 急救措施

吸入 迅速脱离现场至空气新鲜处。保持呼吸道通畅。如呼吸困难，给吸氧。如呼吸、心跳停止，立即行心肺复苏术。就医

皮肤接触 立即脱去污染衣着，用肥皂水或清水彻底冲洗。就医

眼睛接触 分开眼睑，用清水或生理盐水冲洗。就医

食入 漱口，饮水。就医

对保护施救者的忠告 根据需要使用个人防护设备

对医生的特别提示 高铁血红蛋白血症，可用美蓝和维生素 C 治疗

第五部分 消防措施

灭火剂 用雾状水、泡沫、干粉、二氧化碳、砂土灭火

特别危险性 遇明火、高热可燃。受热分解放出有毒的氧化氮烟气。与强氧化剂接触可发生化学反应。燃烧生成有害的一氧化碳、氮氧化物

灭火注意事项及防护措施 消防人员须佩戴防毒面具、穿全身消防服，在上风向灭火。尽可能将容器从火场移至空旷处。喷水保持火场容器冷却，直至灭火结束。切勿将水流直接射至熔融物，以免引起严重的流淌火灾或引起剧烈的沸溅

第六部分 泄漏应急处理

作业人员防护措施、防护装备和应急处置程序 隔离泄漏污染区，限制出入。建议应急处理人员戴防尘口罩，穿防毒服，戴橡胶手套。穿上适当的防护服前严禁接触破裂的容器和泄漏物。尽可能切断泄漏源。用塑料布覆盖泄漏物，减少飞散。勿使水进入包装容器内

环境保护措施 无资料

泄漏化学品的收容、清除方法及所使用的处置材料 用洁净的铲子收集泄漏物，置于干净、干燥、盖子较松的容器中，将容器移离泄漏区

第七部分 操作处置与储存

操作注意事项 密闭操作，提供充分的局部排风。操作人员必须经过专门培训，严格遵守操作规程。建议操作人员佩戴自吸过滤式防尘口罩，戴化学安全防护眼镜，戴橡胶手套。远离火种、热源。工作场所严禁吸烟。使用防爆型的通风系统和设备。避免产生粉尘。避免与氧化剂、酸类接触。搬运时要轻装轻卸，防止包装及容器损坏。配备相应品种和数量的消防器材及泄漏应急处理设备。倒空的容器可能残留有害物

储存注意事项 储存于阴凉、通风的库房。远离火种、热源。包装密封。应与氧化剂、酸类、食用化学品分开存放，切忌混储。配备相应品种和数量的消防器材。储区应备有合适的材料收容泄漏物

第八部分 接触控制/个体防护

职业接触限值

中国 未制定标准

美国(ACGIH) 未制定标准

生物接触限值 未制定标准

监测方法 空气中有毒物质测定方法：未制定标准。生物监测检验方法：未制定标准

工程控制 严加密闭，提供充分的局部排风。提供安全淋浴和洗眼设备

个体防护装备

呼吸系统防护 空气中粉尘浓度超标时，佩戴过滤式防尘呼吸器。紧急事态抢救或撤离时，应该佩戴空气呼吸器

眼睛防护 戴化学安全防护眼镜

皮肤和身体防护 穿一般作业防护服

手防护 戴橡胶手套

第九部分 理化特性

外观与性状 白色或浅黄色片状结晶

pH值 无意义 **熔点(℃)** 124～126

沸点(℃) 164 (1.47kPa) **相对密度(水=1)** 无资料

相对蒸气密度(空气=1) 无资料

饱和蒸气压(kPa) 1.47 (164℃)

临界压力(MPa) 无资料

辛醇/水分配系数 0.15～0.17

闪点(℃) 无资料 **自燃温度(℃)** 无资料

爆炸下限(%) 无资料 **爆炸上限(%)** 无资料

分解温度(℃) 无资料 **黏度(mPa·s)** 无资料

溶解性 微溶于水，溶于乙醇、乙醚

第十部分 稳定性和反应性

稳定性 稳定

危险反应 与强氧化剂等禁配物发生反应

避免接触的条件 受热

禁配物 酸类、酰基氯、酸酐、氯仿、强氧化剂

危险的分解产物 无资料

第十一部分 毒理学信息

急性毒性

LD_{50} 924mg/kg（大鼠经口）；401mg/kg（小鼠经口）

LC_{50} 1162mg/m^3（大鼠吸入）

皮肤刺激或腐蚀 家兔经皮：12.5mg (24h)，轻度刺激

眼睛刺激或腐蚀 家兔经眼：100mg (24h)，中度刺激

呼吸或皮肤过敏 无资料 **生殖细胞突变性** 无资料

致癌性 无资料 **生殖毒性** 无资料

特异性靶器官系统毒性-一次接触 无资料

特异性靶器官系统毒性-反复接触 无资料

吸入危害 无资料

第十二部分 生态学信息

生态毒性 EC_{50}：1.1mg/L (48h)（水蚤）

持久性和降解性

生物降解性 EEC呼吸仪测试（respirometric test），初始浓度20mg/L，温度20℃，延迟时间22d。14d后，ThOD为0%；28d后，ThOD为0～76%，DOC去除率为0～100%。该物质不易被快速生物降解，土壤微生物降解半衰期在64d以上

非生物降解性 空气中，当羟基自由基浓度为5.00×10^{5}个/cm^{3}时，降解半衰期为2h（理论）

潜在的生物累积性 BCF：>4（鲤鱼，接触浓度1mg/L，接触时间6周）；>40（鲤鱼，接触浓度0.1mg/L，接触时间6周）

土壤中的迁移性 根据K_{oc}值预测，该物质可能易发生迁移

第十三部分 废弃处置

废弃化学品 建议用焚烧法处置。焚烧炉排出的氮氧化物通过洗涤器除去

污染包装物 将容器返还生产商或按照国家和地方法规处置

废弃注意事项 处置前应参阅国家和地方有关法规

第十四部分 运输信息

联合国危险货物编号(UN号) 2512

联合国运输名称 间氨基苯酚

联合国危险性类别 6.1

包装类别 Ⅲ类包装 **包装标志**

海洋污染物 否

运输注意事项 运输前应先检查包装容器是否完整、密封，运输过程中要确保容器不泄漏、不倒塌、不坠落、不损坏。严禁与酸类、氧化剂、食品及食品添加剂混运。运输时，运输车辆应配备相应品种和数量的

消防器材及泄漏应急处理设备。运输途中应防曝晒、雨淋，防高温

第十五部分　法规信息

下列法律、法规、规章和标准，对该化学品的管理作了相应的规定。

中华人民共和国职业病防治法　职业病分类和目录：苯的氨基及硝基化合物中毒

危险化学品安全管理条例　危险化学品目录：列入。易制爆危险化学品名录：未列入。重点监管的危险化学品名录：未列入。GB 18218—2009《危险化学品重大危险源辨识》(表 1)：未列入

使用有毒物品作业场所劳动保护条例　高毒物品目录：未列入

易制毒化学品管理条例　易制毒化学品的分类和品种目录：未列入

国际公约　斯德哥尔摩公约：未列入。鹿特丹公约：未列入。蒙特利尔议定书：未列入

第十六部分　其他信息

编写和修订信息　**缩略语和首字母缩写**

培训建议　**参考文献**

免责声明

4-氨基苯酚

第一部分　化学品标识

化学品中文名　4-氨基苯酚；对氨基苯酚；4-氨基酚

化学品英文名　4-aminophenol；*p*-aminophenol

分子式　C_6H_7NO　**相对分子质量**　109.12

结构式　H_2N—⌬—OH

化学品的推荐及限制用途　用于制造染料、药物及塑料固化剂等

第二部分　危险性概述

紧急情况概述　吞咽有害，吸入有害

GHS 危险性类别　急性毒性-经口，类别 4；急性毒性-吸入，类别 4；生殖细胞致突变性，类别 2；危害水生环境-急性危害，类别 1；危害水生环境-长期危害，类别 1

标签要素

象形图

警示词　警告

危险性说明　吞咽有害，吸入有害，怀疑可造成遗传性缺陷，对水生生物毒性非常大并具有长期持续影响

防范说明

预防措施　避免接触眼睛、皮肤，操作后彻底清洗。作业场所不得进食、饮水或吸烟。避免吸入粉尘。仅在室外或通风良好处操作。得到专门指导后操作。在阅读并了解所有安全预防措施之前，切勿操作。按要求使用个体防护装备。禁止排入环境

事故响应　如吸入：将患者转移到空气新鲜处，休息，保持利于呼吸的体位。如感觉不适，呼叫中毒控制中心或就医。食入：如果感觉不适，立即呼叫中毒控制中心或就医。漱口。如果接触或有担心，就医。收集泄漏物

安全储存　上锁保管

废弃处置　本品及内装物、容器依据国家和地方法规处置

物理和化学危险　可燃，其粉体与空气混合，能形成爆炸性混合物

健康危害　吸入过量的本品粉尘，可引起高铁血红蛋白血症。有致敏作用，偶可引起支气管哮喘。本品不易经皮肤吸收

环境危害　对水生生物毒性非常大并具有长期持续影响

第三部分　成分/组成信息

√物质　　混合物

组分	浓度	CAS No.
4-氨基苯酚		123-30-8

第四部分　急救措施

吸入　迅速脱离现场至空气新鲜处。保持呼吸道通畅。如呼吸困难，给吸氧。如呼吸、心跳停止，立即行心肺复苏术。就医

皮肤接触　立即脱去污染衣着，用肥皂水或清水彻底冲洗。就医

眼睛接触　分开眼睑，用清水或生理盐水冲洗。就医

食入　漱口，饮水。就医

对保护施救者的忠告　根据需要使用个人防护设备

对医生的特别提示　高铁血红蛋白血症，可用美蓝和维生素 C 治疗

第五部分　消防措施

灭火剂　用雾状水、泡沫、干粉、二氧化碳、砂土灭火

特别危险性　遇明火、高热可燃。受热分解放出有毒的氧化氮烟气。与强氧化剂接触可发生化学反应。燃烧生成有害的一氧化碳、氮氧化物

灭火注意事项及防护措施　消防人员必须佩戴空气呼吸器、穿全身防火防毒服，在上风向灭火。尽可能将容器从火场移至空旷处。喷水保持火场容器冷却，直至灭火结束。切勿将水流直接射至熔融物，以免引起严重的流淌火灾或引起剧烈的沸溅

第六部分　泄漏应急处理

作业人员防护措施、防护装备和应急处置程序　隔离泄漏污染区，限制出入。建议应急处理人员戴防尘口罩，穿防毒服，戴橡胶手套。穿上适当的防护服前严禁接触破裂的容器和泄漏物。尽可能切断泄漏源。用塑料布覆盖泄漏物，减少飞散。勿使水进入包装容器内

环境保护措施　无资料

泄漏化学品的收容、清除方法及所使用的处置材料 用洁净的铲子收集泄漏物，置于干净、干燥、盖子较松的容器中，将容器移离泄漏区

第七部分 操作处置与储存

操作注意事项 密闭操作，提供充分的局部排风。操作人员必须经过专门培训，严格遵守操作规程。建议操作人员佩戴自吸过滤式防尘口罩，戴化学安全防护眼镜，戴橡胶手套。远离火种、热源。工作场所严禁吸烟。使用防爆型的通风系统和设备。避免产生粉尘。避免与氧化剂、酸类接触。搬运时要轻装轻卸，防止包装及容器损坏。配备相应品种和数量的消防器材及泄漏应急处理设备。倒空的容器可能残留有害物

储存注意事项 储存于阴凉、通风的库房。远离火种、热源。包装密封。应与氧化剂、酸类、食用化学品分开存放，切忌混储。配备相应品种和数量的消防器材。储区应备有合适的材料收容泄漏物

第八部分 接触控制/个体防护

职业接触限值

中国 未制定标准

美国(ACGIH) 未制定标准

生物接触限值 未制定标准

监测方法 空气中有毒物质测定方法：未制定标准。生物监测检验方法：未制定标准

工程控制 严加密闭，提供充分的局部排风。提供安全淋浴和洗眼设备

个体防护装备

呼吸系统防护 空气中粉尘浓度超标时，佩戴过滤式防尘呼吸器。紧急事态抢救或撤离时，应该佩戴空气呼吸器

眼睛防护 戴化学安全防护眼镜

皮肤和身体防护 穿一般作业防护服

手防护 戴橡胶手套

第九部分 理化特性

外观与性状 白色至灰褐色结晶

pH值 无意义 **熔点(℃)** 186～189

沸点(℃) 150 (0.4kPa) **相对密度(水=1)** 无资料

相对蒸气密度(空气=1) 无资料

饱和蒸气压(kPa) 0.4 (150℃)

临界压力(MPa) 无资料 **辛醇/水分配系数** 0.04

闪点(℃) 无意义 **自燃温度(℃)** 无资料

爆炸下限(%) 无资料 **爆炸上限(%)** 无资料

分解温度(℃) 无资料

黏度 (mPa·s) 无资料

溶解性 微溶于水、乙醇、乙醚

第十部分 稳定性和反应性

稳定性 稳定

危险反应 与强氧化剂等禁配物发生反应

避免接触的条件 受热

禁配物 酸类、酰基氯、酸酐、氯仿、强氧化剂

危险的分解产物 无资料

第十一部分 毒理学信息

急性毒性

LD_{50} 375mg/kg (大鼠经口)；420mg/kg (小鼠经口)；10000mg/kg (兔经口)；>10g/kg (兔经皮)

LC_{50} >5mg/m^3 (大鼠吸入，1h)

皮肤刺激或腐蚀 家兔经皮：12500μg (24h)，轻度刺激

眼睛刺激或腐蚀 家兔经眼：100mg，轻度刺激

呼吸或皮肤过敏 无资料

生殖细胞突变性 微生物致突变性：鼠伤寒沙门氏菌 2μmol/皿。体细胞突变：小鼠淋巴细胞 4mg/L。精子形态学：小鼠腹腔 500mg/kg (5d)。DNA损伤和抑制：人淋巴细胞 250μmol/L。大鼠最低中毒剂量 (TDLo)：563mg/kg (孕 1～22d)，死胎

致癌性 无资料

生殖毒性 仓鼠孕后 8d 静脉内给予最低中毒剂量 (TDLo) 100mg/kg，致中枢神经系统、眼、耳、肌肉骨骼系统发育畸形

特异性靶器官系统毒性-一次接触 无资料

特异性靶器官系统毒性-反复接触 无资料

吸入危害 无资料

第十二部分 生态学信息

生态毒性

LC_{50} 24mg/L (96h) (黑头呆鱼)；2mg/L (48h) (金鱼)

EC_{50} 0.032mg/L (水蚤)

持久性和降解性

生物降解性 OECD301C，初始浓度 100mg/L，污泥浓度 30mg/L，28d，未见明显降解。该物质不易被快速生物降解

非生物降解性 空气中，当羟基自由基浓度为 5.00×10^5 个/cm^3 时，降解半衰期 5h (理论)

潜在的生物累积性 低浓度下 BCF：15～46 (日本鲤鱼)；高浓度下 BCF：10～39 (日本鲤鱼)

土壤中的迁移性 根据 K_{oc} 值预测，该物质可能易发生迁移

第十三部分 废弃处置

废弃化学品 建议用焚烧法处置。焚烧炉排出的氮氧化物通过洗涤器除去

污染包装物 将容器返还生产商或按照国家和地方法规处置

废弃注意事项 处置前应参阅国家和地方有关法规

第十四部分 运输信息

联合国危险货物编号 (UN号) 2512

联合国运输名称 对氨基苯酚

联合国危险性类别 6.1

包装类别 Ⅲ类包装 **包装标志**

海洋污染物 否

运输注意事项 运输前应先检查包装容器是否完整、密封，运输过程中要确保容器不泄漏、不倒塌、不坠落、不损坏。严禁与酸类、氧化剂、食品及食品添加剂混运。运输时，运输车辆应配备相应品种和数量的消防器材及泄漏应急处理设备。运输途中应防曝晒、雨淋，防高温

第十五部分 法规信息

下列法律、法规、规章和标准，对该化学品的管理作了相应的规定。

中华人民共和国职业病防治法 职业病分类和目录：苯的氨基及硝基化合物中毒

危险化学品安全管理条例 危险化学品目录：列入。易制爆危险化学品名录：未列入。重点监管的危险化学品名录：未列入。GB 18218—2009《危险化学品重大危险源辨识》(表 1)：未列入

使用有毒物品作业场所劳动保护条例 高毒物品目录：未列入

易制毒化学品管理条例 易制毒化学品的分类和品种目录：未列入

国际公约 斯德哥尔摩公约：未列入。鹿特丹公约：未列入。蒙特利尔议定书：未列入

第十六部分 其他信息

编写和修订信息 **缩略语和首字母缩写**

培训建议 **参考文献**

免责声明

2-氨基苯酚

第一部分 化学品标识

化学品中文名 2-氨基苯酚；邻氨基苯酚；邻羟基苯胺；2-氨基酚

化学品英文名 2-aminophenol；*o*-aminophenol

分子式 C_6H_7NO **相对分子质量** 109.12

结构式 H_2N HO

化学品的推荐及限制用途 用于制造染料、药物、塑料固化剂

第二部分 危险性概述

紧急情况概述 吞咽有害，吸入有害

GHS 危险性类别 急性毒性-经口，类别 4；急性毒性-吸入，类别 4；生殖细胞致突变性，类别 2

标签要素

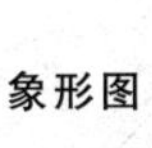

象形图 

警示词 警告

危险性说明 吞咽有害，吸入有害，怀疑可造成遗传性缺陷

防范说明

预防措施 避免接触眼睛、皮肤，操作后彻底清洗。作业场所不得进食、饮水或吸烟。避免吸入粉尘。仅在室外或通风良好处操作。得到专门指导后操作。在阅读并了解所有安全预防措施之前，切勿操作。按要求使用个体防护装备

事故响应 如吸入：将患者转移到空气新鲜处，休息，保持利于呼吸的体位。如感觉不适，呼叫中毒控制中心或就医。食入：如果感觉不适，立即呼叫中毒控制中心或就医。漱口。如果接触或有担心，就医

安全储存 上锁保管

废弃处置 本品及内装物、容器依据国家和地方法规处置

物理和化学危险 可燃，其粉体与空气混合，能形成爆炸性混合物

健康危害 吸入过量的本品粉尘，可引起高铁血红蛋白血症。有致敏作用，偶可引起支气管哮喘

环境危害 对环境可能有害

第三部分 成分/组成信息

√物质 混合物

组分	浓度	CAS No.
2-氨基苯酚		95-55-6

第四部分 急救措施

吸入 迅速脱离现场至空气新鲜处。保持呼吸道通畅。如呼吸困难，给吸氧。如呼吸、心跳停止，立即行心肺复苏术。就医

皮肤接触 立即脱去污染衣着，用肥皂水或清水彻底冲洗。就医

眼睛接触 分开眼睑，用清水或生理盐水冲洗。就医

食入 漱口，饮水。就医

对保护施救者的忠告 根据需要使用个人防护设备

对医生的特别提示 高铁血红蛋白血症，可用美蓝和维生素 C 治疗

第五部分 消防措施

灭火剂 用雾状水、泡沫、干粉、二氧化碳、砂土灭火

特别危险性 遇明火、高热可燃。受热分解放出有毒的氧化氮烟气。与强氧化剂接触可发生化学反应。燃烧生成有害的一氧化碳、氮氧化物

灭火注意事项及防护措施 消防人员必须佩戴空气呼吸器、穿全身防火防毒服，在上风向灭火。尽可能将容器从火场移至空旷处。喷水保持火场容器冷却，直至灭火结束。切勿将水流直接射至熔融物，以免引起严重的流淌火灾或引起剧烈的沸溅

第六部分 泄漏应急处理

作业人员防护措施、防护装备和应急处置程序 隔离泄漏污染区，限制出入。建议应急处理人员戴防尘口罩，穿防毒服，戴橡胶手套。穿上适当的防护服前严禁接

触破裂的容器和泄漏物。尽可能切断泄漏源。用塑料布覆盖泄漏物，减少飞散。勿使水进入包装容器内

环境保护措施 无资料

泄漏化学品的收容、清除方法及所使用的处置材料 用洁净的铲子收集泄漏物，置于干净、干燥、盖子较松的容器中，将容器移离泄漏区

第七部分 操作处置与储存

操作注意事项 密闭操作，提供充分的局部排风。操作人员必须经过专门培训，严格遵守操作规程。建议操作人员佩戴自吸过滤式防尘口罩，戴化学安全防护眼镜，戴橡胶手套。远离火种、热源。工作场所严禁吸烟。使用防爆型的通风系统和设备。避免产生粉尘。避免与氧化剂、酸类接触。搬运时要轻装轻卸，防止包装及容器损坏。配备相应品种和数量的消防器材及泄漏应急处理设备。倒空的容器可能残留有害物

储存注意事项 储存于阴凉、通风的库房。远离火种、热源。包装密封。应与氧化剂、酸类、食用化学品分开存放，切忌混储。配备相应品种和数量的消防器材。储区应备有合适的材料收容泄漏物

第八部分 接触控制/个体防护

职业接触限值

中国 未制定标准

美国(ACGIH) 未制定标准

生物接触限值 未制定标准

监测方法 空气中有毒物质测定方法：未制定标准。生物监测检验方法：未制定标准

工程控制 严加密闭，提供充分的局部排风。提供安全淋浴和洗眼设备

个体防护装备

呼吸系统防护 空气中粉尘浓度超标时，佩戴过滤式防尘呼吸器。紧急事态抢救或撤离时，应该佩戴空气呼吸器

眼睛防护 戴化学安全防护眼镜

皮肤和身体防护 穿一般作业防护服

手防护 戴橡胶手套

第九部分 理化特性

外观与性状 白色或浅灰色结晶粉末

pH值 无意义 **熔点(℃)** 170～174

沸点(℃) 无资料 **相对密度(水=1)** 无资料

相对蒸气密度(空气=1) 无资料

饱和蒸气压(kPa) 无资料 **燃烧热(kJ/mol)** 无资料

临界温度(℃) 无资料 **临界压力(MPa)** 无资料

辛醇/水分配系数 0.52～0.62

闪点(℃) 无意义 **自燃温度(℃)** 无资料

爆炸下限(%) 无资料 **爆炸上限(%)** 无资料

分解温度(℃) 无资料 **黏度(mPa·s)** 无资料

溶解性 溶于冷水、乙醇、苯、乙醚

第十部分 稳定性和反应性

稳定性 稳定

危险反应 与强氧化剂等禁配物发生反应

避免接触的条件 受热

禁配物 强氧化剂、酰基氯、酸酐、酸类、氯仿

危险的分解产物 无资料

第十一部分 毒理学信息

急性毒性 LD_{50}：951mg/kg（大鼠经口）；800mg/kg（小鼠经口）；＞1g/kg（豚鼠经皮）

皮肤刺激或腐蚀 无资料

眼睛刺激或腐蚀 家兔经眼：100mg，轻度刺激

呼吸或皮肤过敏 无资料

生殖细胞突变性 微生物致突变性：鼠伤寒沙门氏菌 333μg/皿

致癌性 无资料

生殖毒性 仓鼠孕后8d腹腔内给予最低中毒剂量（TDLo）150mg/kg，致中枢神经系统、眼、耳、肌肉骨骼系统发育畸形。DNA抑制：仓鼠肺脏19μmol/L。仓鼠腹腔最低中毒剂量（TDLo）：150mg/kg（孕8d），可致中枢神经系统、肌肉骨骼、眼、耳发育异常

特异性靶器官系统毒性-一次接触 无资料

特异性靶器官系统毒性-反复接触 无资料

吸入危害 无资料

第十二部分 生态学信息

生态毒性 无资料

持久性和降解性

生物降解性 当2-氨基酸的COD值在200mg/L时，使用经过驯化的活性污泥，且污泥浓度达到100mg/L，在5d后（有氧），COD去除率为95%

非生物降解性 空气中，当羟基自由基浓度为5.00×10^5个/cm^3时，降解半衰期5h（理论）

潜在的生物累积性 无资料

土壤中的迁移性 根据K_{oc}值预测，该物质可能易发生迁移

第十三部分 废弃处置

废弃化学品 建议用焚烧法处置。焚烧炉排出的氮氧化物通过洗涤器除去

污染包装物 将容器返还生产商或按照国家和地方法规处置

废弃注意事项 处置前应参阅国家和地方有关法规

第十四部分 运输信息

联合国危险货物编号（UN号） 2512

联合国运输名称 邻氨基苯酚

联合国危险性类别 6.1

包装类别 Ⅲ类包装 **包装标志**

海洋污染物 否

运输注意事项 运输前应先检查包装容器是否完整、密封，运输过程中要确保容器不泄漏、不倒塌、不坠落、不损坏。严禁与酸类、氧化剂、食品及食品添加剂混运。运输时，运输车辆应配备相应品种和数量的消防器材及泄漏应急处理设备。运输途中应防曝晒、雨淋，防高温

第十五部分 法规信息

下列法律、法规、规章和标准，对该化学品的管理作了相应的规定。

中华人民共和国职业病防治法 职业病分类和目录：苯的氨基及硝基化合物中毒

危险化学品安全管理条例 危险化学品目录：列入。易制爆危险化学品名录：未列入。重点监管的危险化学品名录：未列入。GB 18218—2009《危险化学品重大危险源辨识》(表 1)：未列入

使用有毒物品作业场所劳动保护条例 高毒物品目录：未列入

易制毒化学品管理条例 易制毒化学品的分类和品种目录：未列入

国际公约 斯德哥尔摩公约：未列入。鹿特丹公约：未列入。蒙特利尔议定书：未列入

第十六部分 其他信息

编写和修订信息 **缩略语和首字母缩写**

培训建议 **参考文献**

免责声明

4-氨基吡啶

第一部分 化学品标识

化学品中文名 4-氨基吡啶；γ-吡啶胺；对氨基吡啶

化学品英文名 4-aminopyridine；γ-pyridylamine

分子式 $C_5H_6N_2$ **相对分子质量** 94.13

结构式 H_2N–(4-吡啶基)

化学品的推荐及限制用途 用于有机合成及制药工业

第二部分 危险性概述

紧急情况概述 吞咽致命

GHS 危险性类别 急性毒性-经口，类别 2；危害水生环境-急性危害，类别 2；危害水生环境-长期危害，类别 2

标签要素

象形图

警示词 危险

危险性说明 吞咽致命，对水生生物有毒并具有长期持续影响

防范说明

预防措施 避免接触眼睛、皮肤，操作后彻底清洗。作业场所不得进食、饮水或吸烟。禁止排入环境

事故响应 食入：立即呼叫中毒控制中心或就医。漱口。收集泄漏物

安全储存 上锁保管

废弃处置 本品及内装物、容器依据国家和地方法规处置

物理和化学危险 可燃，其粉体与空气混合，能形成爆炸性混合物

健康危害 对眼睛、黏膜和皮肤有刺激性。食入后引起腹部不适、恶心、呕吐、虚弱、头昏和多汗。严重者发生抽搐甚至呼吸停止。大剂量口服发生剧烈呕吐、食道损害、腹泻、肠痉挛，甚至发生肠梗阻

环境危害 对水生生物有毒并具有长期持续影响

第三部分 成分/组成信息

√物质		混合物
组分	**浓度**	**CAS No.**
4-氨基吡啶		504-24-5

第四部分 急救措施

吸入 迅速脱离现场至空气新鲜处。保持呼吸道通畅。如呼吸困难，给输氧。如呼吸、心跳停止，立即进行心肺复苏术。就医

皮肤接触 立即脱去污染的衣着，用流动清水彻底冲洗。就医

眼睛接触 立即分开眼睑，用流动清水或生理盐水彻底冲洗。就医

食入 饮适量温水，催吐(仅限于清醒者)。就医

对保护施救者的忠告 根据需要使用个人防护设备

对医生的特别提示 对症处理

第五部分 消防措施

灭火剂 用泡沫、干粉、二氧化碳、砂土灭火

特别危险性 遇明火、高热可燃。受热分解放出有毒的氧化氮烟气。与强氧化剂接触可发生化学反应。燃烧生成有害的一氧化碳、氮氧化物

灭火注意事项及防护措施 消防人员必须佩戴空气呼吸器、穿全身防火防毒服，在上风向灭火。尽可能将容器从火场移至空旷处。喷水保持火场容器冷却，直至灭火结束

第六部分 泄漏应急处理

作业人员防护措施、防护装备和应急处置程序 隔离泄漏污染区，限制出入。消除所有点火源。建议应急处理人员戴防尘口罩，穿防毒服，戴橡胶手套。穿上适当的防护服前严禁接触破裂的容器和泄漏物。尽可能切断泄漏源。用塑料布覆盖泄漏物，减少飞散。勿使水进入包装容器内

环境保护措施 无资料

泄漏化学品的收容、清除方法及所使用的处置材料 用洁净的铲子收集泄漏物，置于干净、干燥、盖子较松的容器中，将容器移离泄漏区

第七部分　操作处置与储存

操作注意事项　密闭操作，提供充分的局部排风。操作人员必须经过专门培训，严格遵守操作规程。建议操作人员佩戴头罩型电动送风过滤式防尘呼吸器，穿胶布防毒衣，戴橡胶手套。远离火种、热源。工作场所严禁吸烟。使用防爆型的通风系统和设备。避免产生粉尘。避免与氧化剂、酸类接触。搬运时要轻装轻卸，防止包装及容器损坏。配备相应品种和数量的消防器材及泄漏应急处理设备。倒空的容器可能残留有害物

储存注意事项　储存于阴凉、通风良好的专用库房内。远离火种、热源。包装密封。应与氧化剂、酸类、食用化学品分开存放，切忌混储。配备相应品种和数量的消防器材。储区应备有合适的材料收容泄漏物

第八部分　接触控制/个体防护

职业接触限值

中国　未制定标准

美国(ACGIH)　未制定标准

生物接触限值　未制定标准

监测方法　空气中有毒物质测定方法：未制定标准。生物监测检验方法：未制定标准

工程控制　严加密闭，提供充分的局部排风。提供安全淋浴和洗眼设备

个体防护装备

呼吸系统防护　空气中粉尘浓度超标时，应该佩戴过滤式防尘呼吸器。紧急事态抢救或撤离时，建议佩戴空气呼吸器

眼睛防护　戴化学安全防护眼镜

皮肤和身体防护　穿防毒服

手防护　戴橡胶手套

第九部分　理化特性

外观与性状　无色针状结晶

pH 值　无意义　　**熔点(℃)**　155～158

沸点(℃)　273　　**相对密度(水＝1)**　无资料

相对蒸气密度(空气＝1)　无资料

饱和蒸气压(kPa)　1.73 (180℃)

燃烧热(kJ/mol)　无资料　　**临界温度(℃)**　无资料

临界压力(MPa)　无资料　　**辛醇/水分配系数**　0.25

闪点(℃)　164　　**自燃温度(℃)**　无资料

爆炸下限(%)　无资料　　**爆炸上限(%)**　无资料

分解温度(℃)　无资料　　**黏度(mPa·s)**　无资料

溶解性　溶于水、乙醚、苯，易溶于乙醇

第十部分　稳定性和反应性

稳定性　稳定

危险反应　与强氧化剂等禁配物发生反应

避免接触的条件　受热

禁配物　强氧化剂、强酸类

危险的分解产物　无资料

第十一部分　毒理学信息

急性毒性　LD_{50}：21mg/kg（大鼠经口）；19mg/kg（小鼠经口）

皮肤刺激或腐蚀　无资料　　**眼睛刺激或腐蚀**　无资料

呼吸或皮肤过敏　无资料　　**生殖细胞突变性**　无资料

致癌性　无资料　　**生殖毒性**　无资料

特异性靶器官系统毒性-一次接触　无资料

特异性靶器官系统毒性-反复接触　无资料

吸入危害　无资料

第十二部分　生态学信息

生态毒性

LC_{50}　2.8～7.5mg/L (96h)（蓝鳃太阳鱼）

EC_{50}　23.6～26.5mg/L（细菌）

持久性和降解性

生物降解性　不易快速生物降解

非生物降解性　空气中，当羟基自由基浓度为5.00×10^5个/cm^3时，降解半衰期 19h（理论）

潜在的生物累积性　无资料

土壤中的迁移性　根据 K_{oc} 值预测，该物质可能易发生迁移

第十三部分　废弃处置

废弃化学品　用焚烧法处置。焚烧炉排出的氮氧化物通过洗涤器除去

污染包装物　将容器返还生产商或按照国家和地方法规处置

废弃注意事项　处置前应参阅国家和地方有关法规

第十四部分　运输信息

联合国危险货物编号（UN 号）　2671

联合国运输名称　对氨基吡啶

联合国危险性类别　6.1

包装类别　Ⅱ类包装　　**包装标志**

海洋污染物　否

运输注意事项　运输前应先检查包装容器是否完整、密封，运输过程中要确保容器不泄漏、不倒塌、不坠落、不损坏。严禁与酸类、氧化剂、食品及食品添加剂混运。运输时，运输车辆应配备相应品种和数量的消防器材及泄漏应急处理设备。运输途中应防曝晒、雨淋，防高温

第十五部分　法规信息

下列法律、法规、规章和标准，对该化学品的管理作了相应的规定。

中华人民共和国职业病防治法　职业病分类和目录：未列入

危险化学品安全管理条例　危险化学品目录：列入。易制爆危险化学品名录：未列入。重点监管的危险化学品

名录：未列入。GB 18218—2009《危险化学品重大危险源辨识》(表 1)：未列入

使用有毒物品作业场所劳动保护条例 高毒物品目录：未列入

易制毒化学品管理条例 易制毒化学品的分类和品种目录：未列入

国际公约 斯德哥尔摩公约：未列入。鹿特丹公约：未列入。蒙特利尔议定书：未列入

第十六部分 其他信息

编写和修订信息 **缩略语和首字母缩写**

培训建议 **参考文献**

免责声明

氨基磺酸

第一部分 化学品标识

化学品中文名 氨基磺酸；磺酰胺酸

化学品英文名 sulfamic acid；amidosulfonic acid

分子式 H_3NO_3S **相对分子质量** 97.10

结构式

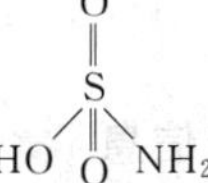

化学品的推荐及限制用途 作为酸碱滴定的基准试剂，也用作除草剂、防火剂、纸张和纺织品的软化剂及有机合成原料

第二部分 危险性概述

紧急情况概述 造成皮肤刺激

GHS 危险性类别 皮肤腐蚀/刺激，类别 2；严重眼损伤/眼刺激，类别 2；危害水生环境-急性危害，类别 3；危害水生环境-长期危害，类别 3

标签要素

警示词 警告

危险性说明 造成皮肤刺激，造成严重眼刺激，对水生生物有害并具有长期持续影响

防范说明

预防措施 避免接触眼睛、皮肤，操作后彻底清洗。戴防护手套、防护眼镜、防护面罩。禁止排入环境

事故响应 皮肤接触：用大量肥皂水和水清洗。如发生皮肤刺激，就医。脱去被污染的衣服，洗净后方可重新使用。如接触眼睛：用水细心冲洗数分钟。如戴隐形眼镜并可方便地取出，取出隐形眼镜继续冲洗。如果眼睛刺激持续：就医

安全储存 -

废弃处置 本品及内装物、容器依据国家和地方法规处置

物理和化学危险 不燃，在高温火场中受热的容器有破裂和爆炸的危险

健康危害 吸入本品对上呼吸道有刺激作用。对皮肤有刺激性，对眼有强烈刺激性

环境危害 对水生生物有害并具有长期持续影响

第三部分 成分/组成信息

√物质		混合物
组分	**浓度**	**CAS No.**
氨基磺酸		5329-14-6

第四部分 急救措施

吸入 迅速脱离现场至空气新鲜处。保持呼吸道通畅。如呼吸困难，给输氧。如呼吸、心跳停止，立即进行心肺复苏术。就医

皮肤接触 立即脱去污染的衣着，用流动清水彻底冲洗。就医

眼睛接触 立即分开眼睑，用流动清水或生理盐水彻底冲洗至少 15min。就医

食入 漱口，饮水。就医

对保护施救者的忠告 根据需要使用个人防护设备

对医生的特别提示 对症处理

第五部分 消防措施

灭火剂 用雾状水、泡沫、二氧化碳、砂土灭火

特别危险性 受热分解，放出氮、硫的氧化物等毒性气体

灭火注意事项及防护措施 消防人员必须穿全身耐酸碱消防服、佩戴空气呼吸器灭火。尽可能将容器从火场移至空旷处。喷水保持火场容器冷却，直至灭火结束

第六部分 泄漏应急处理

作业人员防护措施、防护装备和应急处置程序 隔离泄漏污染区，限制出入。建议应急处理人员戴防尘口罩，穿防酸碱服，戴耐酸（碱）手套。穿上适当的防护服前严禁接触破裂的容器和泄漏物。尽可能切断泄漏源。用塑料布覆盖泄漏物，减少飞散。勿使水进入包装容器内

环境保护措施 无资料

泄漏化学品的收容、清除方法及所使用的处置材料 用洁净的铲子收集泄漏物，置于干净、干燥、盖子较松的容器中，将容器移离泄漏区

第七部分 操作处置与储存

操作注意事项 密闭操作，局部排风。操作人员必须经过专门培训，严格遵守操作规程。建议操作人员佩戴头罩型电动送风过滤式防尘呼吸器，穿橡胶耐酸碱服，戴耐酸（碱）手套。避免产生粉尘。避免与氧化剂、碱类接触。搬运时要轻装轻卸，防止包装及容器损坏。配备泄漏应急处理设备。倒空的容器可能残留有害物

储存注意事项 储存于阴凉、通风的库房。远离火种、热源。包装密封。应与氧化剂、碱类分开存放，切忌混储。储区应备有合适的材料收容泄漏物

第八部分 接触控制/个体防护

职业接触限值

中国 未制定标准

美国(ACGIH) 未制定标准

生物接触限值 未制定标准

监测方法 空气中有毒物质测定方法：未制定标准。生物监测检验方法：未制定标准

工程控制 密闭操作，局部排风。提供安全淋浴和洗眼设备

个体防护装备

呼吸系统防护 可能接触毒物时，应该佩戴过滤式防尘呼吸器

眼睛防护 戴化学安全防护眼镜

皮肤和身体防护 穿橡胶耐酸碱服

手防护 戴耐酸碱手套

第九部分 理化特性

外观与性状 白色结晶体，无臭无味

pH值 无意义 **熔点(℃)** 200～205

沸点(℃) 209 **相对密度(水=1)** 2.15

相对蒸气密度(空气=1) 3.3

饱和蒸气压(kPa) 无资料

燃烧热(kJ/mol) 无资料 **临界温度(℃)** 无资料

临界压力(MPa) 无资料 **辛醇/水分配系数** 0.101

闪点(℃) 无意义 **自燃温度(℃)** 无意义

爆炸下限(%) 无意义 **爆炸上限(%)** 无意义

分解温度(℃) 209 **黏度(mPa·s)** 无资料

溶解性 溶于水、液氨，不溶于乙醇、乙醚，微溶于甲醇

第十部分 稳定性和反应性

稳定性 稳定

危险反应 与强氧化剂等禁配物发生反应

避免接触的条件 受热

禁配物 强氧化剂、强碱

危险的分解产物 硫氧化物、氮氧化物

第十一部分 毒理学信息

急性毒性 LD_{50}：3160mg/kg（大鼠经口）；1312mg/kg（小鼠经口）

皮肤刺激或腐蚀 家兔经皮：500mg（24h），重度刺激

眼睛刺激或腐蚀 家兔经眼：250μg（24h），重度刺激

呼吸或皮肤过敏 无资料 **生殖细胞突变性** 无资料

致癌性 无资料 **生殖毒性** 无资料

特异性靶器官系统毒性-一次接触 无资料

特异性靶器官系统毒性-反复接触 无资料

吸入危害 无资料

第十二部分 生态学信息

生态毒性 LC_{50}：70mg/L（96h）（黑头呆鱼）

持久性和降解性

生物降解性 无资料

非生物降解性 无资料

潜在的生物累积性 无资料

土壤中的迁移性 无资料

第十三部分 废弃处置

废弃化学品 中和后，用安全掩埋法处置

污染包装物 将容器返还生产商或按照国家和地方法规处置

废弃注意事项 处置前应参阅国家和地方有关法规

第十四部分 运输信息

联合国危险货物编号(UN号) 2967

联合国运输名称 氨基磺酸 **联合国危险性类别** 8

包装类别 Ⅲ类包装 **包装标志**

海洋污染物 否

运输注意事项 起运时包装要完整，装载应稳妥。运输过程中要确保容器不泄漏、不倒塌、不坠落、不损坏。严禁与氧化剂、碱类、食用化学品等混装混运。运输时运输车辆应配备泄漏应急处理设备。运输途中应防曝晒、雨淋，防高温

第十五部分 法规信息

下列法律、法规、规章和标准，对该化学品的管理作了相应的规定。

中华人民共和国职业病防治法 职业病分类和目录：未列入

危险化学品安全管理条例 危险化学品目录：列入。易制爆危险化学品名录：未列入。重点监管的危险化学品名录：未列入。GB 18218—2009《危险化学品重大危险源辨识》(表1)：未列入

使用有毒物品作业场所劳动保护条例 高毒物品目录：未列入

易制毒化学品管理条例 易制毒化学品的分类和品种目录：未列入

国际公约 斯德哥尔摩公约：未列入。鹿特丹公约：未列入。蒙特利尔议定书：未列入

第十六部分 其他信息

编写和修订信息 **缩略语和首字母缩写**

培训建议 **参考文献**

免责声明

4-氨基联苯

第一部分 化学品标识

化学品中文名 4-氨基联苯；对氨基联苯；对苯基苯胺

化学品英文名 4-aminobiphenyl；*p*-aminophenylbenzene

分子式 $C_{12}H_{11}N$ **相对分子质量** 169.24

结构式 (biphenyl)—NH_2

化学品的推荐及限制用途 用于有机合成；用作橡胶防老剂

第二部分 危险性概述

紧急情况概述 吞咽有害，可能致癌

GHS 危险性类别 急性毒性-经口，类别 4；致癌性，类别 1A

标签要素

象形图

警示词 危险

危险性说明 吞咽有害，可能致癌

防范说明

预防措施 避免接触眼睛、皮肤，操作后彻底清洗。作业场所不得进食、饮水或吸烟。得到专门指导后操作。在阅读并了解所有安全预防措施之前，切勿操作。按要求使用个体防护装备

事故响应 食入：如果感觉不适，立即呼叫中毒控制中心或就医。漱口。如果接触或有担心，就医

安全储存 上锁保管

废弃处置 本品及内装物、容器依据国家和地方法规处置

物理和化学危险 可燃，其粉体与空气混合，能形成爆炸性混合物

健康危害 本品有刺激性。吸收后可引起高铁血红蛋白血症，出现紫绀。本品为确认人类致癌物

环境危害 对环境可能有害

第三部分 成分/组成信息

√物质　　混合物

组分	浓度	CAS No.
4-氨基联苯		92-67-1

第四部分 急救措施

吸入 迅速脱离现场至空气新鲜处。保持呼吸道通畅。如呼吸困难，给吸氧。如呼吸、心跳停止，立即行心肺复苏术。就医

皮肤接触 立即脱去污染衣着，用肥皂水或清水彻底冲洗。就医

眼睛接触 分开眼睑，用清水或生理盐水冲洗。就医

食入 漱口，饮水。就医

对保护施救者的忠告 根据需要使用个人防护设备

对医生的特别提示 高铁血红蛋白血症，可用美蓝和维生素 C 治疗

第五部分 消防措施

灭火剂 用泡沫、二氧化碳、砂土灭火

特别危险性 受热分解放出有毒气体。与强氧化剂接触可发生化学反应。燃烧生成有害的一氧化碳、氮氧化物

灭火注意事项及防护措施 消防人员必须佩戴空气呼吸器、穿全身防火防毒服，在上风向灭火。尽可能将容器从火场移至空旷处。喷水保持火场容器冷却，直至灭火结束

第六部分 泄漏应急处理

作业人员防护措施、防护装备和应急处置程序 隔离泄漏污染区，限制出入。消除所有点火源。建议应急处理人员戴防尘口罩，穿防毒服，戴橡胶手套。穿上适当的防护服前严禁接触破裂的容器和泄漏物。尽可能切断泄漏源。用塑料布覆盖泄漏物，减少飞散。勿使水进入包装容器内

环境保护措施 无资料

泄漏化学品的收容、清除方法及所使用的处置材料 用洁净的铲子收集泄漏物，置于干净、干燥、盖子较松的容器中，将容器移离泄漏区

第七部分 操作处置与储存

操作注意事项 密闭操作，提供充分的局部排风。操作人员必须经过专门培训，严格遵守操作规程。建议操作人员佩戴自吸过滤式防尘口罩，戴安全防护眼镜，穿防毒物渗透工作服，戴橡胶手套。远离火种、热源。工作场所严禁吸烟。使用防爆型的通风系统和设备。避免产生粉尘。避免与氧化剂、酸类接触。搬运时要轻装轻卸，防止包装及容器损坏。配备相应品种和数量的消防器材及泄漏应急处理设备。倒空的容器可能残留有害物

储存注意事项 储存于阴凉、通风的库房。远离火种、热源。包装密封。应与氧化剂、酸类、食用化学品分开存放，切忌混储。配备相应品种和数量的消防器材。储区应备有合适的材料收容泄漏物

第八部分 接触控制/个体防护

职业接触限值

中国 未制定标准

美国(ACGIH) 未制定标准

生物接触限值 未制定标准

监测方法 空气中有毒物质测定方法：未制定标准。生物监测检验方法：未制定标准

工程控制 严加密闭，提供充分的局部排风。提供安全淋浴和洗眼设备

个体防护装备

呼吸系统防护 空气中粉尘浓度超标时，佩戴过滤式防尘呼吸器。紧急事态抢救或撤离时，应该佩戴空气呼吸器

眼睛防护 戴安全防护眼镜

皮肤和身体防护 穿防毒物渗透工作服

手防护 戴橡胶手套

第九部分 理化特性

外观与性状 棕褐色粉末

pH 值 无意义　　**熔点(℃)** 52～54

沸点(℃) 191 (2.0kPa)

相对密度(水=1) 1.16 (20℃)

相对蒸气密度(空气=1) 无资料

饱和蒸气压(kPa) 2.0 (191℃)

燃烧热(kJ/mol) 无资料　　**临界温度(℃)** 无资料

临界压力(MPa) 3.29 **辛醇/水分配系数** 2.80
闪点(℃) 113（CC） **自燃温度(℃)** 450
爆炸下限(%) 0.7 **爆炸上限(%)** 5.2
分解温度(℃) 无资料 **黏度(mPa·s)** 无资料
溶解性 微溶于水，溶于乙醇、乙醚和氯仿

第十部分 稳定性和反应性

稳定性 稳定
危险反应 与强氧化剂等禁配物发生反应
避免接触的条件 受热
禁配物 强氧化剂、酸类、酰基氯、酸酐
危险的分解产物 无资料

第十一部分 毒理学信息

急性毒性 LD_{50}：500mg/kg（大鼠经口）；205mg/kg（小鼠经口）；690mg/kg（兔经口）
皮肤刺激或腐蚀 无资料
眼睛刺激或腐蚀 无资料
呼吸或皮肤过敏 无资料
生殖细胞突变性 微生物致突变：鼠伤寒沙门氏菌 2μg/皿。程序外 DNA 合成：人肝 100μg/L。DNA 损伤：人淋巴细胞 500μmol/L（2h）。DNA 加合物：小鼠经口 80mg/kg
致癌性 IARC 致癌性评论：组 1，确认人类致癌物。对人类致癌性证据充分
生殖毒性 无资料
特异性靶器官系统毒性-一次接触 无资料
特异性靶器官系统毒性-反复接触 无资料
吸入危害 无资料

第十二部分 生态学信息

生态毒性 无资料
持久性和降解性
生物降解性 好氧生物降解（h）：24～168。厌氧生物降解（h）：96～672
非生物降解性 水中光氧化半衰期（h）：62.4～3480；空气中光氧化半衰期（h）：0.6～6
潜在的生物累积性 BCF：32（理论）
土壤中的迁移性 根据 K_{oc} 值预测，该物质可能有一定的迁移性

第十三部分 废弃处置

废弃化学品 建议用焚烧法处置。焚烧炉排出的氮氧化物通过洗涤器除去
污染包装物 将容器返还生产商或按照国家和地方法规处置
废弃注意事项 处置前应参阅国家和地方有关法规

第十四部分 运输信息

联合国危险货物编号（UN 号） -
联合国运输名称 - **联合国危险性类别** -
包装类别 - **包装标志** -
海洋污染物 否
运输注意事项 运输前应先检查包装容器是否完整、密封，运输过程中要确保容器不泄漏、不倒塌、不坠落、不损坏。严禁与酸类、氧化剂、食品及食品添加剂混运。运输时，运输车辆应配备相应品种和数量的消防器材及泄漏应急处理设备。运输途中应防曝晒、雨淋，防高温

第十五部分 法规信息

下列法律、法规、规章和标准，对该化学品的管理作了相应的规定。
中华人民共和国职业病防治法 职业病分类和目录：苯的氨基及硝基化合物中毒
危险化学品安全管理条例 危险化学品目录：列入。易制爆危险化学品名录：未列入。重点监管的危险化学品名录：未列入。GB 18218—2009《危险化学品重大危险源辨识》(表 1)：未列入
使用有毒物品作业场所劳动保护条例 高毒物品目录：未列入
易制毒化学品管理条例 易制毒化学品的分类和品种目录：未列入
国际公约 斯德哥尔摩公约：未列入。鹿特丹公约：未列入。蒙特利尔议定书：未列入

第十六部分 其他信息

编写和修订信息 **缩略语和首字母缩写**
培训建议 **参考文献**
免责声明

氨 溶 液

第一部分 化学品标识

化学品中文名 氨溶液；氨水
化学品英文名 ammonia water；aqua ammonia；ammonia，aqueous solution
分子式 H_5NO **相对分子质量** 35.06
结构式 $NH_3 \cdot H_2O$
化学品的推荐及限制用途 用于制药工业，纱罩业，晒图，农业施肥等

第二部分 危险性概述

紧急情况概述 造成严重的皮肤灼伤和眼损伤
GHS 危险性类别 皮肤腐蚀/刺激，类别 1B；严重眼损伤/眼刺激，类别 1；特异性靶器官毒性—一次接触，类别 3（呼吸道刺激）；危害水生环境-急性危害，类别 1
标签要素
象形图 
警示词 危险
危险性说明 造成严重的皮肤灼伤和眼损伤，可能引起呼吸道刺激，对水生生物毒性非常大

防范说明

预防措施　避免吸入烟雾。避免接触眼睛、皮肤，操作后彻底清洗。戴防护手套，穿防护服，戴防护眼镜、防护面罩。禁止排入环境

事故响应　如吸入：将患者转移到空气新鲜处，休息，保持利于呼吸的体位。立即呼叫中毒控制中心或就医。皮肤（或头发）接触：立即脱掉所有被污染的衣服。用水冲洗皮肤，淋浴。污染的衣服须洗净后方可重新使用。眼睛接触：用水细心地冲洗数分钟。如戴隐形眼镜并可方便地取出，则取出隐形眼镜继续冲洗。食入：漱口。不要催吐。收集泄漏物

安全储存　上锁保管

废弃处置　本品及内装物、容器依据国家和地方法规处置

物理和化学危险　其蒸气与空气混合，能形成爆炸性混合物

健康危害　吸入后对鼻、喉和肺有刺激性，引起咳嗽、气短和喘息等；重者发生喉头水肿、肺水肿及心、肝、肾损害。溅入眼内可造成灼伤。皮肤接触可致灼伤。口服灼伤消化道

慢性影响　反复低浓度接触其蒸气，可引起支气管炎；可致皮炎

环境危害　对水生生物毒性非常大

第三部分　成分/组成信息

√物质　　混合物

组分	浓度	CAS No.
氨溶液		1336-21-6

第四部分　急救措施

吸入　迅速脱离现场至空气新鲜处。保持呼吸道通畅。如呼吸困难，给输氧。如呼吸、心跳停止，立即进行心肺复苏术。就医

皮肤接触　立即脱去污染的衣着，用大量流动清水彻底冲洗至少15min。就医

眼睛接触　立即分开眼睑，用流动清水或生理盐水彻底冲洗至少15min。就医

食入　用水漱口，禁止催吐。给饮牛奶或蛋清。就医

对保护施救者的忠告　根据需要使用个人防护设备

对医生的特别提示　对症处理

第五部分　消防措施

灭火剂　用水、雾状水、砂土灭火

特别危险性　易放出氨气，温度越高，放出气体速度越快，可形成爆炸性气氛。燃烧生成有害的氮氧化物

灭火注意事项及防护措施　消防人员必须穿全身耐酸碱消防服、佩戴空气呼吸器灭火。尽可能将容器从火场移至空旷处。喷水保持火场容器冷却，直至灭火结束

第六部分　泄漏应急处理

作业人员防护措施、防护装备和应急处置程序　根据液体流动和蒸气扩散的影响区域划定警戒区，无关人员从侧风、上风向撤离至安全区。建议应急处理人员戴正压自给式呼吸器，穿防酸碱服，戴橡胶手套。穿上适当的防护服前严禁接触破裂的容器和泄漏物。尽可能切断泄漏源

环境保护措施　防止泄漏物进入水体、下水道、地下室或有限空间

泄漏化学品的收容、清除方法及所使用的处置材料　小量泄漏：用干燥的砂土或其他不燃材料吸收或覆盖，收集于容器中。大量泄漏：构筑围堤或挖坑收容。用耐腐蚀泵转移至槽车或专用收集器内

第七部分　操作处置与储存

操作注意事项　严加密闭，提供充分的局部排风和全面通风。操作人员必须经过专门培训，严格遵守操作规程。建议操作人员佩戴导管式防毒面具，戴化学安全防护眼镜，穿防酸碱工作服，戴橡胶手套。防止蒸气泄漏到工作场所空气中。避免与酸类、金属粉末接触。搬运时要轻装轻卸，防止包装及容器损坏。配备泄漏应急处理设备。倒空的容器可能残留有害物

储存注意事项　储存于阴凉、通风的库房。远离火种、热源。库温不超过32℃，相对湿度不超过80%。保持容器密封。应与酸类、金属粉末等分开存放，切忌混储。储区应备有泄漏应急处理设备和合适的收容材料

第八部分　接触控制/个体防护

职业接触限值

中国　PC-TWA：20mg/m^3；PC-STEL：30mg/m^3

美国(ACGIH)　TLV-TWA：25ppm；TLV-STEL：35ppm

生物接触限值　未制定标准

监测方法　空气中有毒物质测定方法：纳氏试剂分光光度法。生物监测检验方法：未制定标准

工程控制　严加密闭，提供充分的局部排风和全面通风。提供安全淋浴和洗眼设备

个体防护装备

呼吸系统防护　可能接触其蒸气时，应该佩戴过滤式防毒面具（全面罩）

眼睛防护　呼吸系统防护中已作防护

皮肤和身体防护　穿防酸碱工作服

手防护　戴橡胶手套

第九部分　理化特性

外观与性状　无色透明液体，有强烈的刺激性臭味

pH值　11.7（1%溶液）　**熔点(℃)**　−77

沸点(℃)　38　**相对密度(水=1)**　0.91

相对蒸气密度(空气=1)　0.6

饱和蒸气压(kPa)　1.59（20℃）

临界压力(MPa)　无资料　**辛醇/水分配系数**　−2.660

闪点(℃)　无意义　**自燃温度(℃)**　无意义

爆炸下限(%)　无意义　**爆炸上限(%)**　无意义

分解温度(℃)　无资料　**黏度(mPa·s)**　无资料

溶解性　溶于水、乙醇

第十部分 稳定性和反应性

稳定性 稳定

危险反应 与酸类等禁配物发生反应

避免接触的条件 受热

禁配物 酸类、铝、铜

危险的分解产物 氨

第十一部分 毒理学信息

急性毒性 LD_{50}：350mg/kg（大鼠经口）

皮肤刺激或腐蚀 家兔经皮：250μg，重度刺激

眼睛刺激或腐蚀 家兔经眼：44μg，重度刺激

呼吸或皮肤过敏 无资料 **生殖细胞突变性** 无资料

致癌性 无资料 **生殖毒性** 无资料

特异性靶器官系统毒性-一次接触 无资料

特异性靶器官系统毒性-反复接触 无资料

吸入危害 无资料

第十二部分 生态学信息

生态毒性

TLm 8.2mg/L（96h）（黑头呆鱼）；3.4mg/L（96h）（蓝鳃太阳鱼）

LC_{50} 0.24～0.093mg/L（48h）（蓝鳃太阳鱼）；0.45mg/L（96h）（银大马哈鱼）；0.66mg/L（48h）（水蚤）

持久性和降解性

生物降解性 无资料

非生物降解性 无资料

潜在的生物累积性 不适用

土壤中的迁移性 氨易被土壤吸附，迁移性较低

第十三部分 废弃处置

废弃化学品 中和、稀释后，排入废水系统

污染包装物 将容器返还生产商或按照国家和地方法规处置

废弃注意事项 处置前应参阅国家和地方有关法规

第十四部分 运输信息

联合国危险货物编号（UN号） 2672（含氨量高于10%，但不超过35%）。2073（含氨量高于35%，但不超过50%）。3318（含氨>50%）

联合国运输名称 氨溶液

联合国危险性类别 8（含氨量高于10%，但不超过35%）。2.2（含氨量高于35%，但不超过50%）。2.3，8（含氨量>50%）

包装类别 Ⅲ类包装（含氨量高于10%，但不超过35%）

包装标志

（含氨量高于10%，但不超过35%）

（含氨量高于35%，但不超过50%）

（含氨量>50%）

海洋污染物 是

运输注意事项 铁路运输时，钢桶包装的可用敞车运输。起运时包装要完整，装载应稳妥。运输过程中要确保容器不泄漏、不倒塌、不坠落、不损坏。严禁与酸类、金属粉末、食用化学品等混装混运。运输时运输车辆应配备泄漏应急处理设备。运输途中应防曝晒、雨淋，防高温。公路运输时要按规定路线行驶，勿在居民区和人口稠密区停留

第十五部分 法规信息

下列法律、法规、规章和标准，对该化学品的管理作了相应的规定。

中华人民共和国职业病防治法 职业病分类和目录：氨中毒

危险化学品安全管理条例 危险化学品目录：列入。易制爆危险化学品名录：未列入。重点监管的危险化学品名录：未列入。GB 18218—2009《危险化学品重大危险源辨识》（表1）：未列入

使用有毒物品作业场所劳动保护条例 高毒物品目录：未列入

易制毒化学品管理条例 易制毒化学品的分类和品种目录：未列入

国际公约 斯德哥尔摩公约：未列入。鹿特丹公约：未列入。蒙特利尔议定书：未列入

第十六部分 其他信息

编写和修订信息 **缩略语和首字母缩写**

培训建议 **参考文献**

免责声明

白 磷

第一部分 化学品标识

化学品中文名 白磷；黄磷

化学品英文名 phosphorus white；phosphorus yellow

分子式 P_4 **相对分子质量** 123.88

化学品的推荐及限制用途 用作特种火柴原料，以及用于磷酸、磷酸盐及农药、信号弹等的制造

第二部分 危险性概述

紧急情况概述 暴露在空气中自燃，吞咽致命，吸入致命，造成严重的皮肤灼伤和眼损伤

GHS危险性类别 自燃固体，类别1；急性毒性-经口，类别2；急性毒性-吸入，类别2；皮肤腐蚀/刺激，类别1A；严重眼损伤/眼刺激，类别1；危害水生环境-急性危害，类别1

标签要素

象形图 

警示词 危险

危险性说明 暴露在空气中自燃，吞咽致命，吸入致命，造成严重的皮肤灼伤和眼损伤，对水生生物毒性非常大

防范说明

预防措施 远离热源、火花、明火、热表面。禁止吸烟。不得与空气接触。避免接触眼睛、皮肤，操作后彻底清洗。作业场所不得进食、饮水或吸烟。避免吸入粉尘、蒸气。仅在室外或通风良好处操作。戴呼吸防护器具。戴防护手套，穿防护服，戴防护眼镜、防护面罩。禁止排入环境

事故响应 火灾时，使用雾状水灭火。擦掉皮肤上的微粒，将接触部位浸入冷水中、用湿绷带包扎。如吸入：将患者转移到空气新鲜处，休息，保持利于呼吸的体位。皮肤（或头发）接触：立即脱掉所有被污染的衣服。用水冲洗皮肤，淋浴。污染的衣服须洗净后方可重新使用。眼睛接触：用水细心地冲洗数分钟。如戴隐形眼镜并可方便地取出，则取出隐形眼镜继续冲洗。食入：漱口。不要催吐。立即呼叫中毒控制中心或就医。收集泄漏物

安全储存 在通风良好处储存。保持容器密闭。上锁保管

废弃处置 本品及内装物、容器依据国家和地方法规处置

物理和化学危险 接触空气易自燃

健康危害 急性吸入中毒表现有呼吸道刺激症状、头痛、头晕、全身无力、呕吐、心动过缓、上腹疼痛、黄疸、肝肿大。重症出现急性肝坏死、中毒性肺水肿等。口服中毒出现口腔糜烂、急性胃肠炎，甚至发生食道、胃穿孔。数天后出现肝、肾损害。重者发生肝、肾功能衰竭等。本品可致皮肤灼伤，磷经灼伤皮肤吸收引起中毒，重者发生中毒性肝病、肾损害、急性溶血等，以致死亡

慢性中毒 神经衰弱综合征、消化功能紊乱、中毒性肝病。引起骨骼损害，尤以下颌骨显著，后期出现下颌骨坏死及齿槽萎缩

环境危害 对水生生物毒性非常大

第三部分 成分/组成信息

√物质 混合物

组分	浓度	CAS No.
白磷		12185-10-3

第四部分 急救措施

吸入 迅速脱离现场至空气新鲜处。保持呼吸道通畅。如呼吸困难，给输氧。如呼吸、心跳停止，立即进行心肺复苏术。就医

皮肤接触 脱去污染的衣着，立即用大量流水冲洗。继之涂抹2%～3%硝酸银灭磷火。也可用1%硫酸铜溶液冲洗。就医。禁用油性敷料

眼睛接触 立即分开眼睑，用大量流动清水或生理盐水彻底冲洗至少15min。就医

食入 立即饮0.2%硫酸铜后用手指刺激咽部催吐，可重复几次，直至吐出物无大蒜味为止。此后，每10～15min口服0.2%硫酸铜溶液10ml，连服3次。再口服25%硫酸镁或硫酸钠溶液导泻。禁止饮用植物油和牛奶。就医

对保护施救者的忠告 根据需要使用个人防护设备

对医生的特别提示 对症处理

第五部分 消防措施

灭火剂 用雾状水灭火

特别危险性 白磷接触空气能自燃并引起燃烧和爆炸。在潮湿空气中的自燃点低于在干燥空气中的自燃点。与氯酸盐等氧化剂混合发生爆炸。其碎片和碎屑接触皮肤干燥后即着火，可引起严重的皮肤灼伤。燃烧生成有害的氧化磷

灭火注意事项及防护措施 消防人员必须穿全身耐酸碱消防服，佩戴空气呼吸器灭火。尽可能将容器从火场移至空旷处。喷水保持火场容器冷却，直至灭火结束

第六部分 泄漏应急处理

作业人员防护措施、防护装备和应急处置程序 消除所有点火源。隔离泄漏污染区，限制出入。建议应急处理人员戴防尘口罩，穿防静电、防腐蚀、防毒服，戴橡胶手套。禁止接触或跨越泄漏物。穿上适当的防护服前严禁接触破裂的容器和泄漏物。尽可能切断泄漏源

环境保护措施 防止泄漏物进入水体、下水道、地下室或有限空间

泄漏化学品的收容、清除方法及所使用的处置材料 小量泄漏：用水、沙或泥土覆盖，收入金属容器并保存于水中。大量泄漏：构筑围堤或挖坑收容，用潮湿的砂土覆盖

第七部分 操作处置与储存

操作注意事项 密闭操作，提供充分的局部排风。操作尽可能机械化、自动化。操作人员必须经过专门培训，严格遵守操作规程。建议操作人员佩戴自吸过滤式防毒面具（全面罩），穿胶布防毒衣，戴橡胶手套。远离火种、热源。工作场所严禁吸烟。使用防爆型的通风系统和设备。避免与氧化剂、酸类、卤素接触。搬运时要轻装轻卸，防止包装及容器损坏。配备相应品种和数量的消防器材及泄漏应急处理设备。倒空的容器可能残留有害物

储存注意事项 应保存在水中，且必须浸没在水下，隔绝空气。储存于阴凉、通风良好的专用库房内。库温应保持在1℃以上。远离火种、热源。应与氧化剂、酸类、卤素、食用化学品分开存放，切忌混储。采用防爆型照明、通风设施。禁止使用易产生火花的机械设备和工具。储区应备有合适的材料收容泄漏物

第八部分 接触控制/个体防护

职业接触限值

中国 PC-TWA：0.05mg/m^3；PC-STEL：0.1mg/m^3

美国(ACGIH) TLV-TWA：0.1mg/m^3

生物接触限值 未制定标准

监测方法 空气中有毒物质测定方法：吸收液采集-气相色谱法。生物监测检验方法：未制定标准

工程控制 严加密闭，提供充分的局部排风。提供安全淋浴和洗眼设备

个体防护装备

呼吸系统防护 可能接触毒物时，应该佩戴过滤式防毒面具（全面罩）

眼睛防护 呼吸系统防护中已作防护

皮肤和身体防护 穿隔绝式防毒服

手防护 戴橡胶手套

第九部分 理化特性

外观与性状 无色至黄色蜡状固体，有蒜臭味，在暗处发淡绿色磷光

pH 值 无意义 **熔点(℃)** 44.1

沸点(℃) 280.5 **相对密度(水=1)** 1.88

相对蒸气密度(空气=1) 4.42

饱和蒸气压(kPa) 0.13（76.6℃）

燃烧热(kJ/mol) −3093.2 **临界温度(℃)** 721

临界压力(MPa) 8.32 **辛醇/水分配系数** −0.270

闪点(℃) 无意义 **自燃温度(℃)** 30

爆炸下限(%) 无意义 **爆炸上限(%)** 无意义

溶解性 不溶于水，微溶于苯、氯仿，易溶于二硫化碳

第十部分 稳定性和反应性

稳定性 稳定

危险反应 与强氧化剂、卤素、氯酸盐等禁配物接触，有发生火灾和爆炸的危险

避免接触的条件 空气

禁配物 强氧化剂、酸类、卤素、硫、氯酸盐等

危险的分解产物 无意义

第十一部分 毒理学信息

急性毒性 LD_{50}：3.03mg/kg（大鼠经口）；4.82mg/kg（小鼠经口）

皮肤刺激或腐蚀 无资料 **眼睛刺激或腐蚀** 无资料

呼吸或皮肤过敏 无资料 **生殖细胞突变性** 无资料

致癌性 无资料

生殖毒性 大鼠经口最低中毒剂量（TDLo）：11μg/kg（孕 1～22d），对雌性生育指数有影响，植入后死亡率升高和每窝胎数改变

特异性靶器官系统毒性-一次接触 无资料

特异性靶器官系统毒性-反复接触 无资料

吸入危害 无资料

第十二部分 生态学信息

生态毒性 LC_{50}：<0.1mg/L（96h）（鱼类）

持久性和降解性

生物降解性 无资料

非生物降解性 无资料

潜在的生物累积性 不适用

土壤中的迁移性 在环境中极不稳定

第十三部分 废弃处置

废弃化学品 用控制焚烧法处置

污染包装物 将容器返还生产商或按照国家和地方法规处置

废弃注意事项 处置前应参阅国家和地方有关法规

第十四部分 运输信息

联合国危险货物编号（UN 号） 1381（干的，或浸在水中或溶液中）；2447（熔融）

联合国运输名称 白磷（干的，或浸在水中或溶液中）；熔融白磷（熔融）

联合国危险性类别 4.2，6.1（干的，或浸在水中或溶液中）；4.2，6.1（熔融）

包装类别 Ⅰ类包装

包装标志 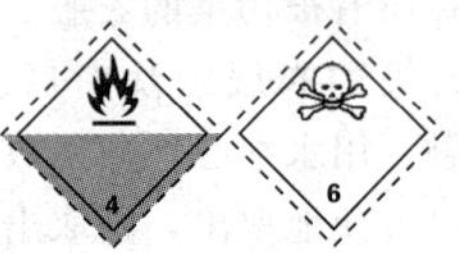

海洋污染物 是

运输注意事项 铁路运输时若使用小开口钢桶包装，须经铁路局批准。现行黄磷自备罐车限装黄磷 58t，充装黄磷后需用 3.8t 水覆盖以隔绝空气。运输时运输车辆应配备相应品种和数量的消防器材及泄漏应急处理设备。装运本品的车辆排气管须有阻火装置。运输过程中要确保容器不泄漏、不倒塌、不坠落、不损坏。严禁与氧化剂、酸类、卤素、食用化学品等混装混运。运输途中应防曝晒、雨淋，防高温。中途停留时应远离火种、热源。车辆运输完毕应进行彻底清扫。铁路运输时要禁止溜放

第十五部分 法规信息

下列法律、法规、规章和标准，对该化学品的管理作了相应的规定。

中华人民共和国职业病防治法 职业病分类和目录：磷及其化合物中毒

危险化学品安全管理条例 危险化学品目录：列入。易制爆危险化学品名录：未列入。重点监管的危险化学品名录：未列入。GB 18218—2009《危险化学品重大危险源辨识》（表 1）：列入。类别：易于自燃的物质；临界量（t）：50

使用有毒物品作业场所劳动保护条例 高毒物品目录：列入

易制毒化学品管理条例 易制毒化学品的分类和品种目录：未列入

国际公约 斯德哥尔摩公约：未列入。鹿特丹公约：未列入。蒙特利尔议定书：未列入

第十六部分 其他信息

编写和修订信息 **缩略语和首字母缩写**

培训建议 **参考文献**

免责声明

钡

第一部分　化学品标识

化学品中文名　钡；金属钡

化学品英文名　barium

分子式　Ba　　**相对分子质量**　137.34

化学品的推荐及限制用途　用于制造钡盐，也用作消气剂、球化剂和脱气合金等

第二部分　危险性概述

紧急情况概述　遇水放出易燃气体

GHS危险性类别　遇水放出易燃气体的物质和混合物，类别2；皮肤腐蚀/刺激，类别2；严重眼损伤/眼刺激，类别2；危害水生环境-急性危害，类别3；危害水生环境-长期危害，类别3

标签要素

象形图

警示词　危险

危险性说明　遇水放出易燃气体，造成皮肤刺激，造成严重眼刺激，对水生生物有害并具有长期持续影响

防范说明

预防措施　因与水发生剧烈反应和可能发生暴燃，应避免与水接触。在惰性气体中操作。防潮。戴防护手套、防护眼镜、防护面罩。避免接触眼睛、皮肤，操作后彻底清洗。禁止排入环境

事故响应　擦掉皮肤上的微粒，将接触部位浸入冷水中，用湿绷带包扎。火灾时，使用干燥石墨粉或其他干粉灭火。皮肤接触：用大量肥皂水和水清洗。如发生皮肤刺激，就医。脱去被污染的衣服，洗净后方可重新使用。如接触眼睛：用水细心冲洗数分钟。如戴隐形眼镜并可方便地取出，取出隐形眼镜继续冲洗。如果眼睛刺激持续：就医

安全储存　在干燥处和密闭的容器中储存

废弃处置　本品及内装物、容器依据国家和地方法规处置

物理和化学危险　遇湿易燃

健康危害　金属钡几乎没有毒性。可溶性钡盐如氯化钡、硝酸钡等（碳酸钡遇胃酸形成氯化钡，可经消化道吸收），食入后可发生严重中毒，出现消化道刺激症状、进行性肌麻痹、心肌受累、低血钾等。呼吸肌麻痹、心肌损害可导致死亡。吸入可溶性钡化合物的粉尘，可引起急性钡中毒，表现与口服中毒相仿，但消化道反应较轻。长期接触钡化合物的工人出现流涎，无力，气促，口腔黏膜肿胀、糜烂，鼻炎，心动过速，血压增高，脱发等。长期吸入不溶性钡化合物粉尘，如硫酸钡，可致钡尘肺

环境危害　对水生生物有害并具有长期持续影响

第三部分　成分/组成信息

√物质		混合物
组分	**浓度**	**CAS No.**
钡		7440-39-3

第四部分　急救措施

吸入　迅速脱离现场至空气新鲜处。保持呼吸道通畅。如呼吸困难，给输氧。如呼吸、心跳停止，立即进行心肺复苏术。就医

皮肤接触　立即脱去污染的衣着，用流动清水彻底冲洗。就医

眼睛接触　立即分开眼睑，用流动清水或生理盐水彻底冲洗。就医

食入　漱口，饮水。就医

对保护施救者的忠告　根据需要使用个人防护设备

对医生的特别提示　解毒剂：硫酸钠、硫代硫酸钠。有低血钾者应补充钾盐

第五部分　消防措施

灭火剂　须用干燥石墨粉或其他干粉灭火

特别危险性　化学反应活性较高，加热至熔融状态时能在空气中自燃，但粉尘能在常温下燃烧。与水或酸接触剧烈反应，并释出氢气引起燃烧。与氟、氯等接触会发生剧烈的化学反应。燃烧生成有害的氧化钡

灭火注意事项及防护措施　消防人员必须佩戴空气呼吸器、穿全身防火防毒服，在上风向灭火。尽可能将容器从火场移至空旷处。不可用水、泡沫、二氧化碳、卤代烃（如1211灭火剂）等灭火

第六部分　泄漏应急处理

作业人员防护措施、防护装备和应急处置程序　消除所有点火源。隔离泄漏污染区，限制出入。建议应急处理人员戴防尘口罩，穿防静电服，戴橡胶手套。禁止接触或跨越泄漏物。尽可能切断泄漏源。严禁用水处理

环境保护措施　无资料

泄漏化学品的收容、清除方法及所使用的处置材料　小量泄漏：用干燥的砂土或其他不燃材料覆盖泄漏物，然后用塑料布覆盖，减少飞散、避免雨淋。大量泄漏：用塑料布或帆布覆盖泄漏物，减少飞散，保持干燥。在专家指导下清除

第七部分　操作处置与储存

操作注意事项　密闭操作。操作人员必须经过专门培训，严格遵守操作规程。建议操作人员佩戴自吸过滤式防尘口罩，戴化学安全防护眼镜，穿化学防护服，戴橡胶手套。远离火种、热源。工作场所严禁吸烟。使用防爆型的通风系统和设备。避免与氧化剂、酸类、碱类接触。尤其要注意避免与水接触。在氩气中操作处置。搬运时要轻装轻卸，防止包装及容器损坏。配备相应品种和数量的消防器材及泄漏应急处理设备。倒空的容器可能残留有害物

储存注意事项　储存于阴凉、干燥、通风良好的专用库房

内，库温不超过 32℃，相对湿度不超过 75%。远离火种、热源。包装要求密封，不可与空气接触。应与氧化剂、酸类、碱类等分开存放，切忌混储。采用防爆型照明、通风设施。禁止使用易产生火花的机械设备和工具。储区应备有合适的材料收容泄漏物

第八部分 接触控制/个体防护

职业接触限值

中国 PC-TWA：0.5mg/m³；PC-STEL：1.5mg/m³

美国(ACGIH) TLV-TWA：0.5mg/m³

生物接触限值 未制定标准

监测方法 空气中有毒物质测定方法：二溴对甲基偶氮甲磺分光光度法；等离子体原子发射光谱法。生物监测检验方法：未制定标准

工程控制 密闭操作。提供安全淋浴和洗眼设备

个体防护装备

呼吸系统防护 一般不需要特殊防护，但建议特殊情况下，佩戴过滤式防尘呼吸器

眼睛防护 戴化学安全防护眼镜

皮肤和身体防护 穿化学防护服

手防护 戴橡胶手套

第九部分 理化特性

外观与性状 有光泽的银白色金属，含氮时呈黄色，略具延展性

pH 值 无意义 **熔点(℃)** 725

沸点(℃) 1600 **相对密度(水=1)** 3.55

相对蒸气密度(空气=1) 无资料

饱和蒸气压(kPa) 无资料

燃烧热(kJ/mol) 无资料 **临界温度(℃)** 无资料

临界压力(MPa) 无资料 **辛醇/水分配系数** 0.230

闪点(℃) 无意义 **自燃温度(℃)** 无资料

爆炸下限(%) 无资料 **爆炸上限(%)** 无资料

分解温度(℃) 无资料 **黏度(mPa·s)** 无资料

溶解性 溶于乙醇，不溶于苯，不溶于无机酸

第十部分 稳定性和反应性

稳定性 稳定

危险反应 与强氧化剂、水、卤素、非金属氧化物等禁配物接触，有发生火灾和爆炸的危险

避免接触的条件 潮湿空气

禁配物 强氧化剂、氧、水、卤素、碱、酸类、卤化物

危险的分解产物 无意义

第十一部分 毒理学信息

急性毒性 LDLo：1000mg/kg（狗经口）

皮肤刺激或腐蚀 无资料 **眼睛刺激或腐蚀** 无资料

呼吸或皮肤过敏 无资料 **生殖细胞突变性** 无资料

致癌性 无资料 **生殖毒性** 无资料

特异性靶器官系统毒性-一次接触 无资料

特异性靶器官系统毒性-反复接触 无资料

吸入危害 无资料

第十二部分 生态学信息

生态毒性 无资料

持久性和降解性

生物降解性 不适用

非生物降解性 不适用

潜在的生物累积性 无资料

土壤中的迁移性 活性较大的碱土金属，易在土壤中迁移

第十三部分 废弃处置

废弃化学品 恢复材料的原状态，以便重新使用

污染包装物 将容器返还生产商或按照国家和地方法规处置

废弃注意事项 处置前应参阅国家和地方有关法规

第十四部分 运输信息

联合国危险货物编号（UN 号） 1400

联合国运输名称 钡 **联合国危险性类别** 4.3

包装类别 Ⅱ类包装 **包装标志**

海洋污染物 否

运输注意事项 运输时运输车辆应配备相应品种和数量的消防器材及泄漏应急处理设备。装运本品的车辆排气管须有阻火装置。运输过程中要确保容器不泄漏、不倒塌、不坠落、不损坏。严禁与氧化剂、酸类、碱类等混装混运。运输途中应防曝晒、雨淋，防高温。中途停留时应远离火种、热源。运输用车、船必须干燥，并有良好的防雨设施。车辆运输完毕应进行彻底清扫。铁路运输时要禁止溜放

第十五部分 法规信息

下列法律、法规、规章和标准，对该化学品的管理作了相应的规定。

中华人民共和国职业病防治法 职业病分类和目录：钡及其化合物中毒

危险化学品安全管理条例 危险化学品目录：列入。易制爆危险化学品名录：未列入。重点监管的危险化学品名录：未列入。GB 18218—2009《危险化学品重大危险源辨识》(表 1)：未列入

使用有毒物品作业场所劳动保护条例 高毒物品目录：未列入

易制毒化学品管理条例 易制毒化学品的分类和品种目录：未列入

国际公约 斯德哥尔摩公约：未列入。鹿特丹公约：未列入。蒙特利尔议定书：未列入

第十六部分 其他信息

编写和修订信息 **缩略语和首字母缩写**

培训建议 **参考文献**

免责声明

苯

第一部分 化学品标识

化学品中文名 苯

化学品英文名 benzene；phene

分子式 C_6H_6 **相对分子质量** 78.12

结构式 

化学品的推荐及限制用途 用作溶剂及合成苯的衍生物、香料、染料、塑料、医药、炸药、橡胶等

第二部分 危险性概述

紧急情况概述 易燃液体和蒸气。其蒸气能与空气形成爆炸性混合物。重度中毒出现意识障碍、呼吸循环衰竭、猝死。可发生心室纤颤。损害造血系统。可致白血病

GHS危险性类别 易燃液体，类别2；皮肤腐蚀/刺激，类别2；严重眼损伤/眼刺激，类别2；生殖细胞致突变性，类别1B；致癌性，类别1A；特异性靶器官毒性-反复接触，类别1；吸入危害，类别1；危害水生环境-急性危害，类别2；危害水生环境-长期危害，类别3

标签要素

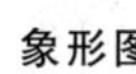

警示词 危险

危险性说明 高度易燃液体和蒸气，造成皮肤刺激，造成严重眼刺激，可造成遗传性缺陷，可能致癌，长时间或反复接触对器官造成损伤，吞咽及进入呼吸道可能致命，对水生生物有毒，对水生生物有害并具有长期持续影响

防范说明

预防措施 远离热源、火花、明火、热表面。禁止吸烟。保持容器密闭。容器和接收设备接地连接。使用防爆电器、通风、照明设备。只能使用不产生火花的工具。采取防止静电措施。戴防护手套、防护眼镜、防护面罩。避免接触眼睛、皮肤，操作后彻底清洗。得到专门指导后操作。在阅读并了解所有安全预防措施之前，切勿操作。按要求使用个体防护装备。避免吸入蒸气、雾。操作现场不得进食、饮水或吸烟。禁止排入环境

事故响应 火灾时，使用泡沫、干粉、二氧化碳、砂土灭火。皮肤接触：用大量肥皂水和水清洗，淋浴。如发生皮肤刺激，就医。脱去被污染的衣服，洗净后方可重新使用。如接触眼睛：用水细心冲洗数分钟。如戴隐形眼镜并可方便地取出，取出隐形眼镜继续冲洗。如果眼睛刺激持续：就医。如果食入：立即呼叫中毒控制中心或就医。不要催吐。如果接触或有担心，就医。如感觉不适，就医

安全储存 存放在通风良好的地方。保持低温。上锁保管

废弃处置 本品及内装物、容器依据国家和地方法规处置

物理和化学危险 高度易燃，其蒸气与空气混合，能形成爆炸性混合物

健康危害 高浓度苯对中枢神经系统有麻醉作用，引起急性中毒；长期接触苯对造血系统有损害，引起慢性中毒

急性中毒 轻者有头痛、头晕、恶心、呕吐、轻度兴奋、步态蹒跚等酒醉状态，可伴有黏膜刺激；重度中毒者发生烦躁不安、昏迷、抽搐、血压下降，以致呼吸和循环衰竭。可发生心室颤动。呼气苯、血苯及尿酚测定值增高

慢性中毒 主要表现有神经衰弱综合征；造血系统改变有白细胞减少（计数低于4×10^9个/L）、血小板减少，重者出现再生障碍性贫血；并有易感染和（或）出血倾向。少数病例在慢性中毒后可发生白血病（以急性粒细胞性为多见）。皮肤损害有脱脂、干燥、皲裂、皮炎。可致月经量增多与经期延长

环境危害 对水生生物有毒，对水生生物有害并具有长期持续影响

第三部分 成分/组成信息

√物质		混合物
组分	**浓度**	**CAS No.**
苯		71-43-2

第四部分 急救措施

吸入 迅速脱离现场至空气新鲜处。保持呼吸道通畅。如呼吸困难，给输氧。如呼吸、心跳停止，立即进行心肺复苏术。就医

皮肤接触 立即脱去污染的衣着，用流动清水彻底冲洗。就医

眼睛接触 立即分开眼睑，用流动清水或生理盐水彻底冲洗。就医

食入 饮水，禁止催吐。就医

对保护施救者的忠告 根据需要使用个人防护设备

对医生的特别提示 对症处理

第五部分 消防措施

灭火剂 用泡沫、干粉、二氧化碳、砂土灭火

特别危险性 易产生和聚集静电，有燃烧爆炸危险。蒸气比空气重，沿地面扩散并易积存于低洼处，遇火源会着火回燃。燃烧生成有害的一氧化碳、二氧化碳

灭火注意事项及防护措施 消防人员必须佩戴空气呼吸器、穿全身防火防毒服，在上风向灭火。喷水冷却容器，尽可能将容器从火场移至空旷处。容器突然发出异常声音或出现异常现象，应立即撤离。用水灭火无效

第六部分 泄漏应急处理

作业人员防护措施、防护装备和应急处置程序 消除所有点火源。根据液体流动和蒸气扩散的影响区域划定警戒区，无关人员从侧风、上风向撤离至安全区。建议应急处理人员戴正压自给式呼吸器，穿防毒、防静电服，戴橡胶耐油手套。作业时使用的所有设备应接地。禁止接触或跨越泄漏物。尽可能切断泄漏源

环境保护措施 防止泄漏物进入水体、下水道、地下室或有限空间

泄漏化学品的收容、清除方法及所使用的处置材料 小量泄漏：用砂土或其他不燃材料吸收。使用洁净的无火花工具收集吸收材料。大量泄漏：构筑围堤或挖坑收容。用泡沫覆盖，减少蒸发。喷水雾能减少蒸发，但不能降低泄漏物在有限空间内的易燃性。用防爆泵转移至槽车或专用收集器内

第七部分 操作处置与储存

操作注意事项 密闭操作，加强通风。操作人员必须经过专门培训，严格遵守操作规程。建议操作人员佩戴自吸过滤式防毒面具（半面罩），戴化学安全防护眼镜，穿防毒物渗透工作服，戴橡胶耐油手套。远离火种、热源。工作场所严禁吸烟。使用防爆型的通风系统和设备。防止蒸气泄漏到工作场所空气中。避免与氧化剂接触。灌装时应控制流速，且有接地装置，防止静电积聚。搬运时要轻装轻卸，防止包装及容器损坏。配备相应品种和数量的消防器材及泄漏应急处理设备。倒空的容器可能残留有害物

储存注意事项 储存于阴凉、通风的库房。远离火种、热源。库温不宜超过 37℃。保持容器密封。应与氧化剂、食用化学品分开存放，切忌混储。采用防爆型照明、通风设施。禁止使用易产生火花的机械设备和工具。储区应备有泄漏应急处理设备和合适的收容材料

第八部分 接触控制/个体防护

职业接触限值

中国 PC-TWA：6mg/m^3；PC-STEL：10mg/m^3 [皮] [G1]

美国(ACGIH) TLV-TWA：0.5ppm；TLV-STEL：2.5ppm [皮]

生物接触限值 未制定标准

监测方法 空气中有毒物质测定方法：溶剂解吸-气相色谱法；热解吸-气相色谱法；无泵型采样-气相色谱法。

生物监测检验方法：未制定标准

工程控制 生产过程密闭，加强通风。提供安全淋浴和洗眼设备

个体防护装备

呼吸系统防护 空气中浓度超标时，佩戴过滤式防毒面具（半面罩）。紧急事态抢救或撤离时，应该佩戴空气呼吸器

眼睛防护 戴化学安全防护眼镜

皮肤和身体防护 穿防毒物渗透工作服

手防护 戴橡胶耐油手套

第九部分 理化特性

外观与性状 无色透明液体，有强烈芳香味

pH 值 无资料　**熔点(℃)** 5.5

沸点(℃) 80.1　**相对密度(水=1)** 0.88

相对蒸气密度(空气=1) 2.77

饱和蒸气压(kPa) 9.95（20℃）

燃烧热(kJ/mol) −3264.4　**临界温度(℃)** 289.5

临界压力(MPa) 4.92　**辛醇/水分配系数** 2.15

闪点(℃) −11（CC）　**自燃温度(℃)** 560

爆炸下限(%) 1.2　**爆炸上限(%)** 8.0

分解温度(℃) 无资料

黏度(mPa·s) 0.604（25℃）

溶解性 不溶于水，溶于乙醇、乙醚、丙酮等多数有机溶剂

第十部分 稳定性和反应性

稳定性 稳定

危险反应 与强氧化剂等禁配物接触，有发生火灾和爆炸的危险

避免接触的条件 无资料

禁配物 强氧化剂、酸类、卤素等

危险的分解产物 无资料

第十一部分 毒理学信息

急性毒性

LD_{50} 1800mg/kg（大鼠经口）；4700mg/kg（小鼠经口）；8272mg/kg（兔经皮）

LC_{50} 31900mg/m^3（大鼠吸入，7h）

皮肤刺激或腐蚀 家兔经皮：500mg（24h），中度刺激

眼睛刺激或腐蚀 家兔经眼：2mg（24h），重度刺激

呼吸或皮肤过敏 无资料

生殖细胞突变性 DNA 抑制：人白细胞 2200μmol/L。姐妹染色单体交换：人淋巴细胞 200μmol/L。细胞遗传学分析：人吸入 125ppm（1a）。体细胞突变：人淋巴细胞 1m/L

致癌性 IARC 致癌性评论：组 1，确认人类致癌物。对人类致癌性证据充分

生殖毒性 小鼠孕后 6～15d 吸入最低中毒剂量（TCLo）：5ppm，致血和淋巴系统发育畸形（包括脾和骨髓）。小鼠腹腔内给予最低中毒剂量（TDLo）：219mg/kg，致血和淋巴系统发育畸形（包括脾和骨髓）、肝胆管系统发育畸形。大鼠吸入最低中毒浓度（TCLo）：150ppm/24h（孕 7～14d），引起植入后死亡率增加和骨骼肌肉发育异常

特异性靶器官系统毒性-一次接触 无资料

特异性靶器官系统毒性-反复接触 家兔吸入 10mg/m^3，数天到几周，引起白细胞减少，淋巴细胞百分比相对增加。慢性中毒动物造血系统改变，严重者骨髓再生不良

吸入危害 无资料

第十二部分 生态学信息

生态毒性

LC_{50} 46mg/L（24h）（金鱼）；20mg/L（24～48h）

（蓝鳃太阳鱼）；27mg/L（96h）（小长臂虾）

LC_{100}　12.8mmol/L（24h）（梨形四膜虫）

LD_{100}　34mg/L（24h）（蓝鳃太阳鱼）

TLm　36mg/L（24～96h）（虹鳟，软水）

NOEC（FLS）　0.8mg/L（32d）（黑头呆鱼）

持久性和降解性

生物降解性　OECD301F，28d降解87%，易快速生物降解

非生物降解性　水相光解半衰期（h）：2808～16152；光解最大光吸收波长范围（nm）：239～268；水中光氧化半衰期（h）：8021～3.20×10^5；空气中光氧化半衰期（h）：50.1～501

潜在的生物累积性　BCF：3.5（日本鳗鲡）；4.4（大西洋鲱）；4.3（金鱼）

土壤中的迁移性　根据K_{oc}值预测，该物质可能有一定的迁移性

第十三部分　废弃处置

废弃化学品　用焚烧法处置

污染包装物　将容器返还生产商或按照国家和地方法规处置

废弃注意事项　把倒空的容器归还厂商或在规定场所掩埋

第十四部分　运输信息

联合国危险货物编号（UN号）　1114

联合国运输名称　苯　**联合国危险性类别**　3

包装类别　Ⅱ类包装　**包装标志**

海洋污染物　否

运输注意事项　本品铁路运输时限使用钢制企业自备罐车装运，装运前需报有关部门批准。运输时运输车辆应配备相应品种和数量的消防器材及泄漏应急处理设备。夏季最好早晚运输。运输时所用的槽（罐）车应有接地链，槽内可设孔隔板以减少震荡产生静电。严禁与氧化剂、食用化学品等混装混运。运输途中应防曝晒、雨淋，防高温。中途停留时应远离火种、热源、高温区。装运该物品的车辆排气管必须配备阻火装置，禁止使用易产生火花的机械设备和工具装卸。公路运输时要按规定路线行驶，勿在居民区和人口稠密区停留。铁路运输时要禁止溜放。严禁用木船、水泥船散装运输

第十五部分　法规信息

下列法律、法规、规章和标准，对该化学品的管理作了相应的规定。

中华人民共和国职业病防治法　职业病分类和目录：苯中毒、苯所致白血病

危险化学品安全管理条例　危险化学品目录：列入。易制爆危险化学品名录：未列入。重点监管的危险化学品名录：列入。GB 18218—2009《危险化学品重大危险源辨识》（表1）：列入。类别：易燃液体；临界量（t）：50

使用有毒物品作业场所劳动保护条例　高毒物品目录：列入

易制毒化学品管理条例　易制毒化学品的分类和品种目录：未列入

国际公约　斯德哥尔摩公约：未列入。鹿特丹公约：未列入。蒙特利尔议定书：未列入

第十六部分　其他信息

编写和修订信息　**缩略语和首字母缩写**

培训建议　**参考文献**

免责声明

苯　胺

第一部分　化学品标识

化学品中文名　苯胺；氨基苯；阿尼林油

化学品英文名　aniline；aminobenzene；aniline oil

分子式　C_6H_7N　**相对分子质量**　93.14

结构式　H_2N—

化学品的推荐及限制用途　可用来测定油品的苯胺点，也用作染料中间体、农药、橡胶助剂及其他有机合成等的原料

第二部分　危险性概述

紧急情况概述　吞咽会中毒，皮肤接触会中毒，吸入会中毒，造成严重眼损伤，可能导致皮肤过敏反应

GHS危险性类别　急性毒性-经口，类别3；急性毒性-经皮，类别3；急性毒性-吸入，类别3；严重眼损伤/眼刺激，类别1；皮肤致敏物，类别1；生殖细胞致突变性，类别2；特异性靶器官毒性-反复接触，类别1；危害水生环境-急性危害，类别1；危害水生环境-长期危害，类别2

标签要素

象形图

警示词　危险

危险性说明　吞咽会中毒，皮肤接触会中毒，吸入会中毒，造成严重眼损伤，可能导致皮肤过敏反应，怀疑可造成遗传性缺陷，对器官造成损害，对水生生物毒性非常大，对水生生物有毒并具有长期持续影响

防范说明

预防措施　避免接触眼睛、皮肤，操作后彻底清洗。作业场所不得进食、饮水或吸烟。戴防护手套，穿防护服，戴防护眼镜、防护面罩。避免吸入蒸气、雾。仅在室外或通风良好处操作。污染的工作服不得带出工作场所。得到专门指导后操作。在阅读并了解所有安全预防措施之前，切

勿操作。按要求使用个体防护装备。作业场所不得进食、饮水或吸烟。禁止排入环境

事故响应 如吸入：将患者转移到空气新鲜处，休息，保持利于呼吸的体位。皮肤接触：用大量肥皂水和水清洗。如出现皮肤刺激或皮疹，呼叫中毒控制中心或就医。被污染的衣服须经洗净后方可重新使用。接触眼睛：用水细心冲洗数分钟。如戴隐形眼镜并可方便地取出，取出隐形眼镜继续冲洗。食入：立即呼叫中毒控制中心或就医。漱口。如果接触或有担心，就医。收集泄漏物

安全储存 在通风良好处储存。保持容器密闭。上锁保管

废弃处置 本品及内装物、容器依据国家和地方法规处置

物理和化学危险 可燃，其蒸气与空气混合，能形成爆炸性混合物

健康危害 本品主要引起高铁血红蛋白血症、溶血性贫血和肝、肾损害。易经皮肤吸收

急性中毒 患者口唇、指端、耳廓紫绀，有头痛、头晕、恶心、呕吐、手指发麻、精神恍惚等；重度中毒时，皮肤、黏膜严重青紫，呼吸困难，抽搐，甚至昏迷、休克。出现溶血性黄疸、中毒性肝炎及肾损害。可有化学性膀胱炎。眼接触引起结膜角膜炎

慢性中毒 患者有神经衰弱综合征表现，伴有轻度紫绀、贫血和肝、脾肿大。皮肤接触可引起湿疹

环境危害 对水生生物毒性非常大，对水生生物有毒并具有长期持续影响

第三部分 成分/组成信息

√物质 混合物

组分	浓度	CAS No.
苯胺		62-53-3

第四部分 急救措施

吸入 迅速脱离现场至空气新鲜处。保持呼吸道通畅。如呼吸困难，给吸氧。如呼吸、心跳停止，立即行心肺复苏术。就医

皮肤接触 立即脱去污染衣着，用肥皂水或清水彻底冲洗。就医

眼睛接触 分开眼睑，用清水或生理盐水冲洗。就医

食入 漱口，饮水。就医

对保护施救者的忠告 根据需要使用个人防护设备

对医生的特别提示 高铁血红蛋白血症，可用美蓝和维生素C治疗

第五部分 消防措施

灭火剂 用水、泡沫、二氧化碳、砂土灭火

特别危险性 与酸类、卤素、醇类、胺类发生强烈反应，会引起燃烧。燃烧生成有害的一氧化碳、氮氧化物

灭火注意事项及防护措施 消防人员必须佩戴空气呼吸器、穿全身防火防毒服，在上风向灭火。尽可能将容器从火场移至空旷处。喷水保持火场容器冷却，直至灭火结束

第六部分 泄漏应急处理

作业人员防护措施、防护装备和应急处置程序 根据液体流动和蒸气扩散的影响区域划定警戒区，无关人员从侧风、上风向撤离至安全区。消除所有点火源。建议应急处理人员戴正压自给式呼吸器，穿防毒服，戴橡胶耐油手套。穿上适当的防护服前严禁接触破裂的容器和泄漏物。尽可能切断泄漏源

环境保护措施 防止泄漏物进入水体、下水道、地下室或有限空间

泄漏化学品的收容、清除方法及所使用的处置材料 小量泄漏：用干燥的砂土或其他不燃材料吸收或覆盖，收集于容器中。大量泄漏：构筑围堤或挖坑收容，用砂土、惰性材料或蛭石吸收大量液体。用泵转移至槽车或专用收集器内

第七部分 操作处置与储存

操作注意事项 密闭操作，提供充分的局部排风。操作尽可能机械化、自动化。操作人员必须经过专门培训，严格遵守操作规程。建议操作人员佩戴过滤式防毒面具（半面罩），戴安全防护眼镜，穿防毒物渗透工作服，戴橡胶耐油手套。远离火种、热源。工作场所严禁吸烟。使用防爆型的通风系统和设备。防止蒸气泄漏到工作场所空气中。避免与氧化剂、酸类接触。搬运时要轻装轻卸，防止包装及容器损坏。配备相应品种和数量的消防器材及泄漏应急处理设备。倒空的容器可能残留有害物

储存注意事项 储存于阴凉、通风的库房。远离火种、热源。库温不超过32℃，相对湿度不超过80%。避光保存。包装要求密封，不可与空气接触。应与氧化剂、酸类、食用化学品分开存放，切忌混储。配备相应品种和数量的消防器材。储区应备有泄漏应急处理设备和合适的收容材料

第八部分 接触控制/个体防护

职业接触限值

中国 PC-TWA：3mg/m³［皮］

美国(ACGIH) TLV-TWA：2ppm［皮］

生物接触限值 未制定标准

监测方法 空气中有毒物质测定方法：溶剂解吸-气相色谱法；高效液相色谱法。生物监测检验方法：未制定标准

工程控制 严加密闭，提供充分的局部排风。提供安全淋浴和洗眼设备

个体防护装备

呼吸系统防护 可能接触其蒸气时，佩戴过滤式防毒面具（半面罩）。紧急事态抢救或撤离时，佩戴空气呼吸器

眼睛防护 戴安全防护眼镜

皮肤和身体防护 穿防毒物渗透工作服

手防护 戴橡胶耐油手套

第九部分　理化特性

外观与性状　无色至浅黄色透明液体，有强烈气味。暴露在空气中或在日光下变成棕色

pH 值　约 8（2%溶液）　**熔点(℃)**　−6.2

沸点(℃)　184.4　**相对密度(水=1)**　1.02

相对蒸气密度(空气=1)　3.22

饱和蒸气压(kPa)　2.00（25℃）

燃烧热(kJ/mol)　−3389.8　**临界温度(℃)**　425.6

临界压力(MPa)　5.30　**辛醇/水分配系数**　0.94

闪点(℃)　70　**自燃温度(℃)**　615

爆炸下限(%)　1.2　**爆炸上限(%)**　11.0

分解温度(℃)　无资料

黏度(mPa·s)　3.71（25℃）

溶解性　微溶于水，溶于乙醇、乙醚、苯

第十部分　稳定性和反应性

稳定性　稳定

危险反应　与强氧化剂、酸类等禁配物发生反应

避免接触的条件　无资料

禁配物　强氧化剂、酸类、酰基氯、酸酐

分解产物：无资料

第十一部分　毒理学信息

急性毒性

LD_{50}　250mg/kg（大鼠经口）；1400mg/kg（大鼠经皮）；1000mg/kg（兔经口）；820mg/kg（兔经皮）

LC_{50}　665mg/m³（小鼠吸入，7h）

皮肤刺激或腐蚀　家兔经皮：500mg（24h），中度刺激

眼睛刺激或腐蚀　家兔经眼：20mg（24h），中度刺激

呼吸或皮肤过敏　无资料

生殖细胞突变性　微生物致突变：鼠伤寒沙门氏菌 100μg/皿。姐妹染色单体交换：小鼠腹腔内 210mg/kg。微核试验：小鼠腹腔内给予 50mg/kg。DNA 损伤：小鼠经口 1g/kg

致癌性　IARC 致癌性评论：组 3，现有的证据不能对人类致癌性进行分类。对人及动物致癌性证据不足

生殖毒性　无资料

特异性靶器官系统毒性-一次接触　无资料

特异性靶器官系统毒性-反复接触　大鼠吸入 19mg/m³，每天 6h，23 周时高铁血红蛋白升高至 600mg/ml

吸入危害　无资料

第十二部分　生态学信息

生态毒性

LC_{100}　21.5mmol/L（24h）（梨形四膜虫）

LC_{50}　51～92mg/L（48h）（金色圆腹雅罗鱼）；8.2mg/L（7d）（虹鳟鱼）

EC_{50}　0.1～0.65mg/L（48h）（水蚤）

NOEC　0.01mg/L（21d）（水蚤）

持久性和降解性

生物降解性　OECD301D，30d 降解 90%；OECD301B，26d 降解 90%。易快速生物降解

非生物降解性　空气中半衰期 3.3h（理论）

潜在的生物累积性　2.6（斑马鱼）

土壤中的迁移性　根据 K_{oc} 值预测，该物质可能易发生迁移

第十三部分　废弃处置

废弃化学品　用焚烧法处置。焚烧炉排出的氮氧化物通过洗涤器除去

污染包装物　将容器返还生产商或按照国家和地方法规处置

废弃注意事项　处置前应参阅国家和地方有关法规

第十四部分　运输信息

联合国危险货物编号（UN 号）　1547

联合国运输名称　苯胺　**联合国危险性类别**　6.1

包装类别　Ⅱ类包装　**包装标志**

海洋污染物　是

运输注意事项　运输前应先检查包装容器是否完整、密封，运输过程中要确保容器不泄漏、不倒塌、不坠落、不损坏。严禁与酸类、氧化剂、食品及食品添加剂混运。运输时运输车辆应配备相应品种和数量的消防器材及泄漏应急处理设备。运输途中应防曝晒、雨淋，防高温。公路运输时要按规定路线行驶

第十五部分　法规信息

下列法律、法规、规章和标准，对该化学品的管理作了相应的规定。

中华人民共和国职业病防治法　职业病分类和目录：苯的氨基及硝基化合物中毒

危险化学品安全管理条例　危险化学品目录：列入。易制爆危险化学品名录：未列入。重点监管的危险化学品名录：列入。GB 18218—2009《危险化学品重大危险源辨识》（表 1）：未列入

使用有毒物品作业场所劳动保护条例　高毒物品目录：列入

易制毒化学品管理条例　易制毒化学品的分类和品种目录：未列入

国际公约　斯德哥尔摩公约：未列入。鹿特丹公约：未列入。蒙特利尔议定书：未列入

第十六部分　其他信息

编写和修订信息　**缩略语和首字母缩写**

培训建议　**参考文献**

免责声明

苯　酚

第一部分　化学品标识

化学品中文名　苯酚；石炭酸

化学品英文名 phenol；carbolic acid

分子式 C_6H_6O **相对分子质量** 94.12

结构式 HO—⟨苯环⟩

化学品的推荐及限制用途 用于生产酚醛树脂、双酚A、己内酰胺、苯胺、烷基酚等。在石油炼制工业中用作润滑油精制的选择性抽提溶剂，也用于塑料和医药工业

第二部分 危险性概述

紧急情况概述 吞咽会中毒，皮肤接触会中毒，吸入会中毒，造成严重的皮肤灼伤和眼损伤

GHS危险性类别 急性毒性-经口，类别3；急性毒性-经皮，类别3；急性毒性-吸入，类别3；皮肤腐蚀/刺激，类别1B；严重眼损伤/眼刺激，类别1；生殖细胞致突变性，类别2；特异性靶器官毒性-反复接触，类别2；危害水生环境-急性危害，类别2；危害水生环境-长期危害，类别2

标签要素

象形图

警示词 危险

危险性说明 吞咽会中毒，皮肤接触会中毒，吸入会中毒，造成严重的皮肤灼伤和眼损伤，怀疑可造成遗传性缺陷，可能对器官造成损害，对水生生物有毒并具有长期持续影响

防范说明

预防措施 避免接触眼睛、皮肤，操作后彻底清洗。作业场所不得进食、饮水或吸烟。避免吸入粉尘、蒸气。仅在室外或通风良好处操作。戴防护手套，穿防护服，戴防护眼镜、防护面罩。得到专门指导后操作。在阅读并了解所有安全预防措施之前，切勿操作。按要求使用个体防护装备。禁止排入环境

事故响应 如吸入：将患者转移到空气新鲜处，休息，保持利于呼吸的体位。皮肤接触：用大量肥皂水和水清洗。如感觉不适，呼叫中毒控制中心或就医。立即脱去所有被污染的衣服。被污染的衣服须经洗净后方可重新使用。眼睛接触：用水细心地冲洗数分钟。如戴隐形眼镜并可方便地取出，则取出隐形眼镜继续冲洗。食入：漱口。不要催吐。立即呼叫中毒控制中心或就医。如果接触或有担心，就医。收集泄漏物

安全储存 在通风良好处储存。保持容器密闭。上锁保管

废弃处置 本品及内装物、容器依据国家和地方法规处置

物理和化学危险 可燃，其粉体与空气混合，能形成爆炸性混合物

健康危害 苯酚对皮肤、黏膜有强烈的腐蚀作用，可抑制中枢神经和损害肝、肾功能

急性中毒 吸入高浓度蒸气可致头痛、头晕、乏力、视物模糊、肺水肿等。误服引起消化道灼伤，出现烧灼痛，呼出气带酚味，呕吐物或大便可带血液，有胃肠穿孔的可能，可出现休克、肺水肿、肝或肾损害，出现急性肾功能衰竭，可死于呼吸衰竭。眼接触可致灼伤。可经灼伤皮肤吸收引起中毒，表现为心律失常、休克、代谢性酸中毒、肾损害等，甚至引起急性肾功能衰竭

慢性中毒 可引起头痛、头晕、咳嗽、食欲减退、恶心、呕吐，严重者引起蛋白尿。可致皮炎

环境危害 对水生生物有毒并具有长期持续影响

第三部分 成分/组成信息

√物质		混合物
组分	**浓度**	**CAS No.**
苯酚		108-95-2

第四部分 急救措施

吸入 迅速脱离现场至空气新鲜处。保持呼吸道通畅。如呼吸困难，给输氧。如呼吸、心跳停止，立即进行心肺复苏术。就医

皮肤接触 立即脱去污染衣物，用大量流动清水彻底冲洗污染创面，同时使用浸过聚乙烯乙二醇（PEG400或PEG300）的棉球或浸过30%～50%酒精的棉球擦洗创面至无酚味为止（注意不能将患处浸泡于清洗液中）。可继续用4%～5%碳酸氢钠溶液湿敷创面。就医

眼睛接触 立即分开眼睑，用大量流动清水或生理盐水彻底冲洗至少15min。就医

食入 漱口，给服植物油15～30ml，催吐。对食入时间长者禁用植物油，可口服牛奶或蛋清。就医

对保护施救者的忠告 根据需要使用个人防护设备

对医生的特别提示 对症处理

第五部分 消防措施

灭火剂 用水、泡沫、干粉、二氧化碳灭火

特别危险性 遇明火、高热可燃。燃烧生成有害的一氧化碳

灭火注意事项及防护措施 消防人员必须佩戴空气呼吸器、穿全身防火防毒服，在上风向灭火。尽可能将容器从火场移至空旷处。喷水保持火场容器冷却，直至灭火结束

第六部分 泄漏应急处理

作业人员防护措施、防护装备和应急处置程序 隔离泄漏污染区，限制出入。消除所有点火源。建议应急处理人员戴防尘口罩，穿防毒服，戴防化学品手套。穿上适当的防护服前严禁接触破裂的容器和泄漏物。尽可能切断泄漏源。用塑料布覆盖泄漏物，减少飞散。勿使水进入包装容器内

环境保护措施 无资料

泄漏化学品的收容、清除方法及所使用的处置材料 用洁净的铲子收集泄漏物，置于干净、干燥、盖子较松的

容器中，将容器移离泄漏区

第七部分　操作处置与储存

操作注意事项　密闭操作，提供充分的局部排风。尽可能采取隔离操作。操作人员必须经过专门培训，严格遵守操作规程。建议操作人员佩戴自吸过滤式防尘口罩，戴化学安全防护眼镜，穿透气型防毒服，戴防化学品手套。远离火种、热源。工作场所严禁吸烟。使用防爆型的通风系统和设备。避免产生粉尘。避免与氧化剂、酸类、碱类接触。搬运时要轻装轻卸，防止包装及容器损坏。配备相应品种和数量的消防器材及泄漏应急处理设备。倒空的容器可能残留有害物

储存注意事项　储存于阴凉、通风的库房。远离火种、热源。避免光照。仓库温度不超过 35℃，相对湿度不超过 80%。包装密封。应与氧化剂、酸类、碱类、食用化学品分开存放，切忌混储。配备相应品种和数量的消防器材。储区应备有合适的材料收容泄漏物

第八部分　接触控制/个体防护

职业接触限值

中国　PC-TWA：10mg/m^3［皮］

美国(ACGIH)　TLV-TWA：5ppm［皮］

生物接触限值　尿总酚：150mmol/mol 肌酐（125mg/g 肌酐）(采样时间：工作周末的班末)

监测方法　空气中有毒物质测定方法：4-氨基安替比林分光光度法；溶剂解吸-气相色谱法。生物监测检验方法：尿中酚的分光光度测定方法；尿中酚的气相色谱测定法（一）液晶柱法；尿中酚的气象色谱测定方法（二）FFAP 柱法

工程控制　严加密闭，提供充分的局部排风。提供安全淋浴和洗眼设备

个体防护装备

呼吸系统防护　可能接触其粉尘时，佩戴过滤式防尘呼吸器。紧急事态抢救或撤离时，应该佩戴空气呼吸器

眼睛防护　戴化学安全防护眼镜

皮肤和身体防护　穿透气型防毒服

手防护　戴防化学品手套

第九部分　理化特性

外观与性状　无色或白色晶体，有特殊气味。在空气中及光线作用下变为粉红色甚至红色

pH 值　6.0（水溶液）　**熔点(℃)**　40.6

沸点(℃)　181.9　**相对密度(水=1)**　1.071

相对蒸气密度(空气=1)　3.24

饱和蒸气压(kPa)　0.13（40.1℃）

燃烧热(kJ/mol)　−3050.6　**临界温度(℃)**　419.2

临界压力(MPa)　6.13　**辛醇/水分配系数**　1.46

闪点(℃)　79（CC)；85（OC)　**引燃温度(℃)**　715

爆炸下限(%)　1.3　**爆炸上限(%)**　9.5

分解温度(℃)　无资料

黏度(mPa·s)　3.437（50℃）

溶解性　微溶于冷水，可混溶于乙醇、醚、氯仿、甘油

第十部分　稳定性和反应性

稳定性　稳定

危险反应　与强氧化剂、强酸等禁配物发生反应

避免接触的条件　光照

禁配物　强氧化剂、强酸、强碱

危险的分解产物　无资料

第十一部分　毒理学信息

急性毒性

LD_{50}　317mg/kg（大鼠经口)；270mg/kg（小鼠经口)；669mg/kg（大鼠经皮)；630mg/kg（兔经皮）

LC_{50}　316mg/m^3（大鼠吸入，4h）

皮肤刺激或腐蚀　家兔经皮：500mg（24h)，重度刺激

眼睛刺激或腐蚀　家兔经眼：1mg，重度刺激

呼吸或皮肤过敏　无资料

生殖细胞突变性　DNA 抑制：人 Hela 细胞 1mmol/L。姐妹染色单体交换：人淋巴细胞 5μmol/L

致癌性　无资料

生殖毒性　雌性小鼠受孕后 6～15d 经口染毒 2800mg/kg 引发颅面部（包括鼻部和舌部）畸形，4g/kg 引发肌肉骨骼系统发育畸形。大鼠经口最低中毒剂量（TDLo)：1200mg/kg（孕 6～15d)，引起胚胎毒性

特异性靶器官系统毒性-一次接触　无资料

特异性靶器官系统毒性-反复接触　动物长期吸入酚蒸气（115.2～230.2mg/m^3）可引起呼吸困难、肺损害、体重减轻和瘫痪

吸入危害　无资料

第十二部分　生态学信息

生态毒性

LC_{50}　49～36mg/L（48～96h)（黑头呆鱼)；60～200mg/L（24h)（金鱼，静态)；5.6～11mg/L（24h)（虹鳟鱼，静态）

EC_{50}　56mg/L（96h)（水蚤）

IC_{50}　4.6～7.5mg/L（72h)（藻类）

NOEC　0.077mg/L（60d)（印鲮）

NOEC　0.16mg/L（16d)（水蚤）

持久性和降解性

生物降解性　OECD301C，100h 降解 62%，易快速生物降解

非生物降解性　水相光解半衰期（h)：46～173；光解最大光吸收波长范围（nm)：173～269；水中光氧化半衰期（h)：77～3840；空气中光氧化半衰期（h)：2.28～22.8

潜在的生物累积性　BCF：1.7（金鱼)；20（金色圆腹雅罗鱼)；39（虹鳟鱼）

土壤中的迁移性　根据 K_{oc} 值预测，该物质可能有一定的迁移性

第十三部分　废弃处置

废弃化学品　用焚烧法处置

污染包装物 将容器返还生产商或按照国家和地方法规处置

废弃注意事项 把倒空的容器归还厂商或在规定场所掩埋

第十四部分 运输信息

联合国危险货物编号（UN号） 1671（固态）；2312（熔融）

联合国运输名称 固态苯酚（固态）；熔融苯酚（熔融）

联合国危险性类别 6.1（固态）；6.1（熔融）

包装类别 Ⅱ类包装 **包装标志** 

海洋污染物 否

运输注意事项 运输前应先检查包装容器是否完整、密封，运输过程中要确保容器不泄漏、不倒塌、不坠落、不损坏。严禁与酸类、氧化剂、食品及食品添加剂混运。运输时，运输车辆应配备相应品种和数量的消防器材及泄漏应急处理设备。运输途中应防曝晒、雨淋，防高温

第十五部分 法规信息

下列法律、法规、规章和标准，对该化学品的管理作了相应的规定。

中华人民共和国职业病防治法 职业病分类和目录：酚中毒

危险化学品安全管理条例 危险化学品目录：列入。易制爆危险化学品名录：未列入。重点监管的危险化学品名录：列入。GB 18218—2009《危险化学品重大危险源辨识》（表1）：未列入

使用有毒物品作业场所劳动保护条例 高毒物品目录：未列入

易制毒化学品管理条例 易制毒化学品的分类和品种目录：未列入

国际公约 斯德哥尔摩公约：未列入。鹿特丹公约：未列入。蒙特利尔议定书：未列入

第十六部分 其他信息

编写和修订信息 **缩略语和首字母缩写**

培训建议 **参考文献**

免责声明

苯 酚 钠

第一部分 化学品标识

化学品中文名 苯酚钠；苯氧基钠

化学品英文名 sodium phenolate；sodium phenoxide

分子式 C_6H_5NaO **相对分子质量** 116.09

结构式 ONa（苯环结构式）

化学品的推荐及限制用途 用作防腐剂、有机合成中间体，在防毒面具中用以吸收光气

第二部分 危险性概述

紧急情况概述 造成严重的皮肤灼伤和眼损伤

GHS危险性类别 皮肤腐蚀/刺激，类别1；严重眼损伤/眼刺激，类别1

标签要素

象形图 

警示词 危险

危险性说明 造成严重的皮肤灼伤和眼损伤

防范说明

预防措施 避免吸入粉尘。避免接触眼睛、皮肤，操作后彻底清洗。戴防护手套，穿防护服，戴防护眼镜、防护面罩

事故响应 如吸入：将患者转移到空气新鲜处，休息，保持利于呼吸的体位。立即呼叫中毒控制中心或就医。皮肤（或头发）接触：立即脱掉所有被污染的衣服。用水冲洗皮肤、淋浴。污染的衣服须洗净后方可重新使用。眼睛接触：用水细心地冲洗数分钟。如戴隐形眼镜并可方便地取出，则取出隐形眼镜继续冲洗。食入：漱口。不要催吐

安全储存 上锁保管

废弃处置 本品及内装物、容器依据国家和地方法规处置

物理和化学危险 可燃，其粉体与空气混合能形成爆炸性混合物

健康危害 本品具有强烈刺激性。吸入后可引起肺水肿。眼和皮肤接触造成灼伤。口服腐蚀消化道，造成严重灼伤，出现腹痛、呕吐、血样便。中毒后可继发肾损害

环境危害 对环境可能有害

第三部分 成分/组成信息

√物质		混合物
组分	**浓度**	**CAS No.**
苯酚钠		139-02-6

第四部分 急救措施

吸入 迅速脱离现场至空气新鲜处。保持呼吸道通畅。如呼吸困难，给输氧。如呼吸、心跳停止，立即进行心肺复苏术。就医

皮肤接触 立即脱去污染衣物，用大量流动清水彻底冲洗污染创面，同时使用浸过聚乙烯乙二醇（PEG400或PEG300）的棉球或浸过30%～50%酒精的棉球擦洗创面至无酚味为止（注意不能将患处浸泡于清洗液中）。可继续用4%～5%碳酸氢钠溶液湿敷创面。就医

眼睛接触 立即分开眼睑，用大量流动清水或生理盐水彻底冲洗至少15min。就医

食入 漱口，给服植物油15～30ml，催吐。对食入时间长者禁用植物油，可口服牛奶或蛋清。就医

对保护施救者的忠告 根据需要使用个人防护设备

对医生的特别提示 对症处理

第五部分 消防措施

灭火剂 用雾状水、抗溶性泡沫、干粉、二氧化碳灭火

特别危险性 与强氧化剂接触可发生化学反应。受热分解或与酸类接触放出有毒气体。燃烧生成有害的一氧化碳、氧化钠

灭火注意事项及防护措施 消防人员必须穿全身耐酸碱消防服、佩戴空气呼吸器灭火。尽可能将容器从火场移至空旷处。喷水保持火场容器冷却，直至灭火结束

第六部分 泄漏应急处理

作业人员防护措施、防护装备和应急处置程序 隔离泄漏污染区，限制出入。消除所有点火源。建议应急处理人员戴防尘口罩，穿防腐蚀、防毒服，戴橡胶手套。穿上适当的防护服前严禁接触破裂的容器和泄漏物。尽可能切断泄漏源。用塑料布覆盖泄漏物，减少飞散。勿使水进入包装容器内

环境保护措施 无资料

泄漏化学品的收容、清除方法及所使用的处置材料 用洁净的铲子收集泄漏物，置于干净、干燥、盖子较松的容器中，将容器移离泄漏区

第七部分 操作处置与储存

操作注意事项 密闭操作，提供充分的局部排风。操作人员必须经过专门培训，严格遵守操作规程。建议操作人员佩戴头罩型电动送风过滤式防尘呼吸器，穿橡胶耐酸碱服，戴橡胶手套。远离火种、热源。工作场所严禁吸烟。使用防爆型的通风系统和设备。避免产生粉尘。避免与氧化剂、酸类接触。搬运时要轻装轻卸，防止包装及容器损坏。配备相应品种和数量的消防器材及泄漏应急处理设备。倒空的容器可能残留有害物

储存注意事项 储存于阴凉、通风的库房。远离火种、热源。包装要求密封，不可与空气接触。应与氧化剂、酸类分开存放，切忌混储。配备相应品种和数量的消防器材。储区应备有合适的材料收容泄漏物

第八部分 接触控制/个体防护

职业接触限值

中国 未制定标准

美国(ACGIH) 未制定标准

生物接触限值 未制定标准

监测方法 空气中有毒物质测定方法：未制定标准。生物监测检验方法：未制定标准

工程控制 严加密闭，提供充分的局部排风。提供安全淋浴和洗眼设备

个体防护装备

呼吸系统防护 可能接触其粉尘时，必须佩戴过滤式防尘呼吸器。紧急事态抢救或撤离时，佩戴空气呼吸器

眼睛防护 戴化学安全防护眼镜

皮肤和身体防护 穿橡胶耐酸碱服

手防护 戴橡胶手套

第九部分 理化特性

外观与性状 白色易潮解的针状结晶

pH值 无意义 **熔点(℃)** 384

沸点(℃) 无资料 **相对密度(水=1)** 无资料

相对蒸气密度(空气=1) 无资料

饱和蒸气压(kPa) 无资料

燃烧热(kJ/mol) 无资料 **临界温度(℃)** 无资料

临界压力(MPa) 无资料 **辛醇/水分配系数** −1.170

闪点(℃) 无意义 **引燃温度(℃)** 无资料

爆炸下限(%) 无资料 **爆炸上限(%)** 无资料

分解温度(℃) 无资料 **黏度(mPa·s)** 无资料

溶解性 溶于水、乙醇

第十部分 稳定性和反应性

稳定性 稳定

危险反应 与强氧化剂、酸类等禁配物发生反应

避免接触的条件 受热、潮湿空气

禁配物 强氧化剂、酸类

危险的分解产物 氧化钠

第十一部分 毒理学信息

急性毒性 LDLo：350mg/kg（小鼠皮下）

皮肤刺激或腐蚀 无资料 **眼睛刺激或腐蚀** 无资料

呼吸或皮肤过敏 无资料 **生殖细胞突变性** 无资料

致癌性 无资料 **生殖毒性** 无资料

特异性靶器官系统毒性-一次接触 无资料

特异性靶器官系统毒性-反复接触 无资料

吸入危害 无资料

第十二部分 生态学信息

生态毒性 无资料

持久性和降解性

生物降解性 无资料

非生物降解性 无资料

潜在的生物累积性 根据 K_{ow} 值预测，该物质生物累积性很低

土壤中的迁移性 根据 K_{oc} 值预测，该物质可能易发生迁移

第十三部分 废弃处置

废弃化学品 用控制焚烧法处理，如使用旋转炉式，温度控制在820～1600℃；如使用流动床式，温度控制在450～980℃。根据国家和地方有关法规的要求处置。或与制造商联系，确定处置方法

污染包装物 将容器返还生产商或按照国家和地方法规处置

废弃注意事项 处置前应参阅国家和地方有关法规

第十四部分 运输信息

联合国危险货物编号（UN号） 2905

联合国运输名称 固态苯酚盐

联合国危险性类别 8

包装类别 Ⅲ类包装 **包装标志** 

海洋污染物 否

运输注意事项 起运时包装要完整，装载应稳妥。运输过程中要确保容器不泄漏、不倒塌、不坠落、不损坏。严禁与氧化剂、酸类、食用化学品等混装混运。运输时运输车辆应配备相应品种和数量的消防器材及泄漏应急处理设备。运输途中应防曝晒、雨淋，防高温

第十五部分 法规信息

下列法律、法规、规章和标准，对该化学品的管理作了相应的规定。

中华人民共和国职业病防治法 职业病分类和目录：未列入

危险化学品安全管理条例 危险化学品目录：列入。易制爆危险化学品名录：未列入。重点监管的危险化学品名录：未列入。GB 18218—2009《危险化学品重大危险源辨识》(表 1)：未列入

使用有毒物品作业场所劳动保护条例 高毒物品目录：未列入

易制毒化学品管理条例 易制毒化学品的分类和品种目录：未列入

国际公约 斯德哥尔摩公约：未列入。鹿特丹公约：未列入。蒙特利尔议定书：未列入

第十六部分 其他信息

编写和修订信息 **缩略语和首字母缩写**

培训建议 **参考文献**

免责声明

苯磺酰肼

第一部分 化学品标识

化学品中文名 苯磺酰肼；发泡剂 BSH

化学品英文名 benzenesulfonylhydrazine；foaming agent BSH

分子式 $C_6H_8N_2O_2S$ **相对分子质量** 172.21

结构式

化学品的推荐及限制用途 用作发泡剂，制造泡沫塑料、泡沫橡胶

第二部分 危险性概述

紧急情况概述 加热可能起火

GHS 危险性类别 自反应物质和混合物，D 型

标签要素

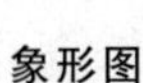

象形图 

警示词 危险

危险性说明 加热可能起火

防范说明

预防措施 远离热源、火花、明火、热表面。禁止吸烟。远离衣物、可燃物保存。仅在原容器中保存。戴防护手套、防护眼镜、防护面罩

事故响应 火灾时，使用雾状水、二氧化碳、泡沫、干粉、砂土灭火

安全储存 存放在通风良好的地方。保持低温。远离其他物质储存

废弃处置 本品及内装物、容器依据国家和地方法规处置

物理和化学危险 易燃。与氧化性物质混合会发生爆炸

健康危害 具有刺激性

环境危害 对环境可能有害

第三部分 成分/组成信息

√物质 混合物

组分	浓度	CAS No.
苯磺酰肼		80-17-1

第四部分 急救措施

吸入 迅速脱离现场至空气新鲜处。保持呼吸道通畅。如呼吸困难，给输氧。如呼吸、心跳停止，立即进行心肺复苏术。就医

皮肤接触 立即脱去污染的衣着，用流动清水彻底冲洗。就医

眼睛接触 立即分开眼睑，用流动清水或生理盐水彻底冲洗。就医

食入 漱口，饮水。就医

对保护施救者的忠告 根据需要使用个人防护设备

对医生的特别提示 对症处理

第五部分 消防措施

灭火剂 用雾状水、二氧化碳、泡沫、干粉、砂土灭火

特别危险性 对摩擦、撞击较敏感，有燃烧的危险。燃烧时，放出有毒气体。燃烧生成有害的一氧化碳、氮氧化物、氧化硫

灭火注意事项及防护措施 消防人员必须佩戴空气呼吸器、穿全身防火防毒服，在上风向灭火。尽可能将容器从火场移至空旷处。喷水保持火场容器冷却，直至灭火结束

第六部分 泄漏应急处理

作业人员防护措施、防护装备和应急处置程序 消除所有点火源。隔离泄漏污染区，限制出入。建议应急处理人员戴防尘口罩，穿防静电服。禁止接触或跨越泄漏物。尽可能切断泄漏源

环境保护措施 防止泄漏物进入水体、下水道、地下室或有限空间

泄漏化学品的收容、清除方法及所使用的处置材料 用惰性、湿润的不燃材料吸收泄漏物，用洁净的无火花工具收集于一盖子较松的塑料容器中，待处理

第七部分 操作处置与储存

操作注意事项 密闭操作，局部排风。操作人员必须经过专门培训，严格遵守操作规程。建议操作人员佩戴自吸过滤式防尘口罩，戴安全防护眼镜，穿透气型防毒服，戴防毒物渗透手套。远离火种、热源。工作场所严禁吸烟。使用防爆型的通风系统和设备。避免产生粉尘。避免与氧化剂、碱类接触。搬运时要轻装轻卸，防止包装及容器损坏。配备相应品种和数量的消防器材及泄漏应急处理设备。倒空的容器可能残留有害物

储存注意事项 储存于阴凉、通风的库房。远离火种、热源。库温不宜超过35℃。包装必须密封，切勿受潮。应与氧化剂、碱类分开存放，切忌混储。采用防爆型照明、通风设施。禁止使用易产生火花的机械设备和工具。储区应备有合适的材料收容泄漏物

第八部分 接触控制/个体防护

职业接触限值

中国 未制定标准

美国(ACGIH) 未制定标准

生物接触限值 未制定标准

监测方法 空气中有毒物质测定方法：未制定标准。生物监测检验方法：未制定标准

工程控制 密闭操作，局部排风

个体防护装备

呼吸系统防护 空气中粉尘浓度较高时，应该佩戴过滤式防尘呼吸器。必要时佩戴空气呼吸器

眼睛防护 戴安全防护眼镜

皮肤和身体防护 穿透气型防毒服

手防护 戴防毒物渗透手套

第九部分 理化特性

外观与性状 浅黄色结晶，易潮解

pH值 无意义 **熔点(℃)** 101～103

沸点(℃) 无资料 **相对密度(水=1)** 1.41～1.43

相对蒸气密度(空气=1) 无资料

饱和蒸气压(kPa) 无资料

燃烧热(kJ/mol) 无资料 **临界温度(℃)** 无资料

临界压力(MPa) 无资料 **辛醇/水分配系数** －0.14

闪点(℃) 110 **自燃温度(℃)** 无资料

爆炸下限(%) 无资料 **爆炸上限(%)** 无资料

分解温度(℃) 无资料 **黏度(mPa·s)** 无资料

溶解性 不溶于水

第十部分 稳定性和反应性

稳定性 稳定

危险反应 与强氧化剂等禁配物接触，有发生火灾和爆炸的危险

避免接触的条件 摩擦、撞击

禁配物 强氧化剂、强碱

危险的分解产物 氮氧化物、氧化硫、氮

第十一部分 毒理学信息

急性毒性 LDLo：50mg/kg（大鼠经口）

皮肤刺激或腐蚀 无资料 **眼睛刺激或腐蚀** 无资料

呼吸或皮肤过敏 无资料 **生殖细胞突变性** 无资料

致癌性 无资料 **生殖毒性** 无资料

特异性靶器官系统毒性-一次接触 无资料

特异性靶器官系统毒性-反复接触 无资料

吸入危害 无资料

第十二部分 生态学信息

生态毒性 无资料

持久性和降解性

生物降解性 无资料

非生物降解性 无资料

潜在的生物累积性 无资料

土壤中的迁移性 无资料

第十三部分 废弃处置

废弃化学品 建议用焚烧法处置。焚烧炉排出的气体要通过洗涤器除去

污染包装物 将容器返还生产商或按照国家和地方法规处置

废弃注意事项 处置前应参阅国家和地方有关法规

第十四部分 运输信息

联合国危险货物编号(UN号) 3226

联合国运输名称 D型自反应固体（苯磺酰肼）

联合国危险性类别 4.1

包装类别 - **包装标志** 

海洋污染物 否

运输注意事项 运输时运输车辆应配备相应品种和数量的消防器材及泄漏应急处理设备。装运本品的车辆排气管须有阻火装置。运输过程中要确保容器不泄漏、不倒塌、不坠落、不损坏。严禁与氧化剂、碱类、食用化学品等混装混运。运输途中应防曝晒、雨淋，防高温。中途停留时应远离火种、热源。车辆运输完毕应进行彻底清扫。铁路运输时要禁止溜放

第十五部分 法规信息

下列法律、法规、规章和标准，对该化学品的管理作了相应的规定。

中华人民共和国职业病防治法 职业病分类和目录：未列入

危险化学品安全管理条例 危险化学品目录：列入，作为剧毒化学品进行管理。易制爆危险化学品名录：未列入。重点监管的危险化学品名录：未列入。GB 18218—2009《危险化学品重大危险源辨识》（表1）：未列入

使用有毒物品作业场所劳动保护条例 高毒物品目录：未

列入

易制毒化学品管理条例 易制毒化学品的分类和品种目录：未列入

国际公约 斯德哥尔摩公约：未列入。鹿特丹公约：未列入。蒙特利尔议定书：未列入

第十六部分 其他信息

编写和修订信息 **缩略语和首字母缩写**

培训建议 **参考文献**

免责声明

苯磺酰氯

第一部分 化学品标识

化学品中文名 苯磺酰氯；氯化苯磺酰

化学品英文名 benzenesulfonyl chloride; phenylsulfonyl chloride

分子式 $C_6H_5ClO_2S$ **相对分子质量** 176.62

结构式 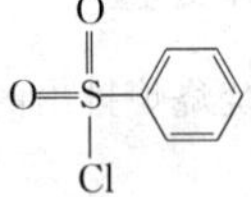

化学品的推荐及限制用途 用于有机合成，制备磺酰胺及鉴定各种胺类

第二部分 危险性概述

紧急情况概述 吞咽有害，造成严重的皮肤灼伤和眼损伤

GHS 危险性类别 急性毒性-经口，类别 4；皮肤腐蚀/刺激，类别 1A；严重眼损伤/眼刺激，类别 1；危害水生环境-急性危害，类别 2

标签要素

象形图 

警示词 危险

危险性说明 吞咽有害，造成严重的皮肤灼伤和眼损伤，对水生生物有毒

防范说明

预防措施 避免吸入烟雾。避免接触眼睛、皮肤，操作后彻底清洗。作业场所不得进食、饮水或吸烟。戴防护手套，穿防护服，戴防护眼镜、防护面罩。禁止排入环境

事故响应 如吸入：将患者转移到空气新鲜处，休息，保持利于呼吸的体位。皮肤（或头发）接触：立即脱掉所有被污染的衣服。用水冲洗皮肤，淋浴。污染的衣服须洗净后方可重新使用。眼睛接触：用水细心地冲洗数分钟。如戴隐形眼镜并可方便地取出，则取出隐形眼镜继续冲洗。食入：漱口。不要催吐。如果感觉不适，立即呼叫中毒控制中心或就医

安全储存 上锁保管

废弃处置 本品及内装物、容器依据国家和地方法规处置

物理和化学危险 可燃。遇水产生刺激性气体

健康危害 急性中毒表现有呕吐、血压下降、心脏传导性障碍、支气管痉挛、肝损害。对呼吸道有刺激性。对眼和皮肤有腐蚀性，可引起灼伤

环境危害 对水生生物有毒

第三部分 成分/组成信息

√物质		混合物
组分	**浓度**	**CAS No.**
苯磺酰氯		98-09-9

第四部分 急救措施

吸入 迅速脱离现场至空气新鲜处。保持呼吸道通畅。如呼吸困难，给输氧。如呼吸、心跳停止，立即进行心肺复苏术。就医

皮肤接触 立即脱去污染的衣着，用大量流动清水彻底冲洗至少 15min。就医

眼睛接触 立即分开眼睑，用流动清水或生理盐水彻底冲洗至少 15min。就医

食入 用水漱口，禁止催吐。给饮牛奶或蛋清。就医

对保护施救者的忠告 根据需要使用个人防护设备

对医生的特别提示 对症处理

第五部分 消防措施

灭火剂 用干粉、二氧化碳灭火

特别危险性 受高热分解放出有毒的气体。与强氧化剂接触可发生化学反应。与水反应生成苯磺酸和盐酸，与碱发生强烈反应。具有腐蚀性。燃烧生成有害的一氧化碳、氮氧化物、氯化氢

灭火注意事项及防护措施 消防人员必须穿全身耐酸碱消防服、佩戴空气呼吸器灭火。尽可能将容器从火场移至空旷处。喷水保持火场容器冷却，直至灭火结束。容器突然发出异常声音或出现异常现象，应立即撤离。禁止用水、泡沫和酸碱灭火剂灭火

第六部分 泄漏应急处理

作业人员防护措施、防护装备和应急处置程序 根据液体流动和蒸气扩散的影响区域划定警戒区，无关人员从侧风、上风向撤离至安全区。建议应急处理人员戴正压自给式呼吸器，穿防腐蚀、防毒服，戴橡胶耐酸碱手套。作业时使用的所有设备应接地。穿上适当的防护服前严禁接触破裂的容器和泄漏物。尽可能切断泄漏源

环境保护措施 防止泄漏物进入水体、下水道、地下室或有限空间。严禁用水处理

泄漏化学品的收容、清除方法及所使用的处置材料 小量泄漏：用干燥的砂土或其他不燃材料覆盖泄漏物。大量泄漏：构筑围堤或挖坑收容。用耐腐蚀泵转移至槽车或专用收集器内

第七部分 操作处置与储存

操作注意事项 密闭操作，局部排风。操作人员必须经过专门培训，严格遵守操作规程。建议操作人员佩戴自

吸过滤式防毒面具（全面罩），穿橡胶耐酸碱服，戴橡胶耐酸碱手套。远离火种、热源。工作场所严禁吸烟。使用防爆型的通风系统和设备。防止蒸气泄漏到工作场所空气中。避免与氧化剂、碱类接触。搬运时要轻装轻卸，防止包装及容器损坏。配备相应品种和数量的消防器材及泄漏应急处理设备。倒空的容器可能残留有害物

储存注意事项 储存于阴凉、干燥、通风良好的库房。远离火种、热源。仓库温度不超过 30℃，相对湿度不超过 80%。保持容器密封。应与氧化剂、碱类等分开存放，切忌混储。配备相应品种和数量的消防器材。储区应备有泄漏应急处理设备和合适的收容材料

第八部分　接触控制/个体防护

职业接触限值

中国　未制定标准

美国(ACGIH)　未制定标准

生物接触限值 未制定标准

监测方法 空气中有毒物质测定方法：未制定标准。生物监测检验方法：未制定标准

工程控制 密闭操作，局部排风。提供安全淋浴和洗眼设备

个体防护装备

呼吸系统防护　可能接触其蒸气时，建议佩戴过滤式防毒面具（全面罩）；可能接触其粉尘时，应该佩戴过滤式防尘呼吸器

眼睛防护　呼吸系统防护中已作防护

皮肤和身体防护　穿橡胶耐酸碱服

手防护　戴橡胶耐酸碱手套

第九部分　理化特性

外观与性状 无色透明油状液体，有刺激性气味

pH 值 无资料　**熔点(℃)** 14.5

沸点(℃) 251（分解）　**相对密度(水=1)** 1.384

相对蒸气密度(空气=1) 6.0

饱和蒸气压(kPa) 1.33（120℃）

燃烧热(kJ/mol) 无资料　**临界温度(℃)** 无资料

临界压力(MPa) 无资料　**辛醇/水分配系数** 2.940

闪点(℃) >110　**自燃温度(℃)** 无资料

爆炸下限(%) 无资料　**爆炸上限(%)** 无资料

分解温度(℃) 无资料　**黏度(mPa·s)** 无资料

溶解性 不溶于水，溶于乙醚，易溶于乙醇、苯

第十部分　稳定性和反应性

稳定性 稳定

危险反应 与强氧化剂、强碱等禁配物发生反应。与水反应生成苯磺酸和盐酸

避免接触的条件 潮湿空气

禁配物 强氧化剂、强碱、水、醇类

危险的分解产物 氮氧化物、氯化氢

第十一部分　毒理学信息

急性毒性 LD_{50}：1960mg/kg（大鼠经口）；828mg/kg（小鼠经口）；828mg/kg（兔经皮）

皮肤刺激或腐蚀 无资料　**眼睛刺激或腐蚀** 无资料

呼吸或皮肤过敏 无资料　**生殖细胞突变性** 无资料

致癌性 无资料　**生殖毒性** 无资料

特异性靶器官系统毒性-一次接触 无资料

特异性靶器官系统毒性-反复接触 无资料

吸入危害 无资料

第十二部分　生态学信息

生态毒性 LC_{50}：3mg/L（48h）（1 年生河鳟，静态）

持久性和降解性

生物降解性　OECD301B，29d 降解 92%，易快速生物降解

非生物降解性　在 10℃时，水解半衰期为 12.9min（理论）

潜在的生物累积性 根据 K_{ow} 值预测，该物质的生物累积性可能较弱

土壤中的迁移性 根据 K_{oc} 值预测，该物质可能有一定的迁移性

第十三部分　废弃处置

废弃化学品 建议用焚烧法处置。与燃料混合后，再焚烧。焚烧炉排出的气体要通过洗涤器除去

污染包装物 将容器返还生产商或按照国家和地方法规处置

废弃注意事项 处置前应参阅国家和地方有关法规

第十四部分　运输信息

联合国危险货物编号（UN 号） 2225

联合国运输名称 苯磺酰氯

联合国危险性类别 8

包装类别 Ⅲ类包装　**包装标志**

海洋污染物 否

运输注意事项 起运时包装要完整，装载应稳妥。运输过程中要确保容器不泄漏、不倒塌、不坠落、不损坏。严禁与氧化剂、碱类、食用化学品等混装混运。运输时运输车辆应配备相应品种和数量的消防器材及泄漏应急处理设备。运输途中应防曝晒、雨淋，防高温。公路运输时要按规定路线行驶，勿在居民区和人口稠密区停留

第十五部分　法规信息

下列法律、法规、规章和标准，对该化学品的管理作了相应的规定。

中华人民共和国职业病防治法 职业病分类和目录：未列入

危险化学品安全管理条例 危险化学品目录：列入。易制爆危险化学品名录：未列入。重点监管的危险化学品名录：未列入。GB 18218—2009《危险化学品重大危险源辨识》（表 1）：未列入

使用有毒物品作业场所劳动保护条例 高毒物品目录：未列入

易制毒化学品管理条例 易制毒化学品的分类和品种目录：未列入

国际公约 斯德哥尔摩公约：未列入。鹿特丹公约：未列入。蒙特利尔议定书：未列入

第十六部分 其他信息

编写和修订信息 **缩略语和首字母缩写**

培训建议 **参考文献**

免责声明

苯基硫醇

第一部分 化学品标识

化学品中文名 苯基硫醇；苯硫酚；巯基苯；硫代苯酚

化学品英文名 phenyl mercaptan；thiophenol

分子式 C_6H_6S **相对分子质量** 110.18

结构式 HS—(苯环)

化学品的推荐及限制用途 用于有机合成、制药工业以及用作分析试剂

第二部分 危险性概述

紧急情况概述 易燃液体和蒸气，吞咽致命，皮肤接触会致命，吸入致命

GHS危险性类别 易燃液体，类别3；急性毒性-经口，类别2；急性毒性-经皮，类别2；急性毒性-吸入，类别1；皮肤腐蚀/刺激，类别2；严重眼损伤/眼刺激，类别2A；生殖毒性，类别2；特异性靶器官毒性一次接触，类别2；特异性靶器官毒性一次接触，类别3（呼吸道刺激）；特异性靶器官毒性-反复接触，类别1；危害水生环境-急性危害，类别1；危害水生环境-长期危害，类别1

标签要素

象形图

警示词 危险

危险性说明 易燃液体和蒸气，吞咽致命，皮肤接触会致命，吸入致命，造成皮肤刺激，造成严重眼刺激，可能引起呼吸道刺激，长时间或反复接触对器官造成损伤，对水生生物毒性非常大并具有长期持续影响

防范说明

预防措施 远离热源、火花、明火、热表面。禁止吸烟。保持容器密闭。容器和接收设备接地连接。使用防爆电器、通风、照明设备。只能使用不产生火花的工具。采取防止静电措施。避免接触眼睛、皮肤，操作后彻底清洗。作业场所不得进食、饮水或吸烟。避免接触眼睛、皮肤或衣服。戴防护手套，穿防护服，戴防护眼镜、防护面罩。避免吸入蒸气、雾。仅在室外或通风良好处操作。得到专门指导后操作。在阅读并了解所有安全预防措施之前，切勿操作。按要求使用个体防护装备。禁止排入环境

事故响应 火灾时，使用雾状水、泡沫、二氧化碳、砂土灭火。如吸入：将患者转移到空气新鲜处，休息，保持利于呼吸的体位。如皮肤（或头发）接触：立即脱掉所有被污染的衣服。用大量肥皂水和水轻轻地清洗。如发生皮肤刺激，就医。脱去被污染的衣服，洗净后方可重新使用。如接触眼睛：用水细心冲洗数分钟。如戴隐形眼镜并可方便地取出，取出隐形眼镜继续冲洗。食入：立即呼叫中毒控制中心或就医。漱口。如果接触或感觉不适：呼叫中毒控制中心或就医。收集泄漏物

安全储存 存放在通风良好的地方。保持低温。在通风良好处储存。保持容器密闭。上锁保管

废弃处置 本品及内装物、容器依据国家和地方法规处置

物理和化学危险 易燃，其蒸气与空气混合，能形成爆炸性混合物

健康危害 对眼和上呼吸道有刺激性。对皮肤有刺激性，可引起皮炎。吸入、食入或经皮吸收可致死

环境危害 对水生生物毒性非常大并且有长期持续影响

第三部分 成分/组成信息

√物质 混合物

组分	浓度	CAS No.
苯基硫醇		108-98-5

第四部分 急救措施

吸入 迅速脱离现场至空气新鲜处。保持呼吸道通畅。如呼吸困难，给输氧。如呼吸、心跳停止，立即进行心肺复苏术。就医

皮肤接触 立即脱去污染的衣着，用流动清水彻底冲洗。就医

眼睛接触 立即分开眼睑，用流动清水或生理盐水彻底冲洗。就医

食入 饮适量温水，催吐（仅限于清醒者）。就医

对保护施救者的忠告 根据需要使用个人防护设备

对医生的特别提示 对症处理

第五部分 消防措施

灭火剂 用雾状水、泡沫、二氧化碳、砂土灭火

特别危险性 受高热分解产生有毒的硫化物烟气。燃烧生成有害的一氧化碳、硫化氢、氧化硫

灭火注意事项及防护措施 消防人员必须佩戴空气呼吸器、穿全身防火防毒服，在上风向灭火。尽可能将容器从火场移至空旷处。喷水保持火场容器冷却，直至灭火结束。容器突然发出异常声音或出现异常现象，应立即撤离

第六部分 泄漏应急处理

作业人员防护措施、防护装备和应急处置程序 消除所有

点火源。根据液体流动和蒸气扩散的影响区域划定警戒区，无关人员从侧风、上风向撤离至安全区。建议应急处理人员戴正压自给式呼吸器，穿防毒、防静电服。作业时使用的所有设备应接地。禁止接触或跨越泄漏物。尽可能切断泄漏源

环境保护措施 防止泄漏物进入水体、下水道、地下室或有限空间

泄漏化学品的收容、清除方法及所使用的处置材料 小量泄漏：用砂土或其他不燃材料吸收。使用洁净的无火花工具收集吸收材料。大量泄漏：构筑围堤或挖坑收容。用泡沫覆盖，减少蒸发。喷水雾能减少蒸发，但不能降低泄漏物在有限空间内的易燃性。用砂土、惰性物质或蛭石吸收大量液体。用防爆泵转移至槽车或专用收集器内

第七部分 操作处置与储存

操作注意事项 密闭操作，提供充分的局部排风。操作尽可能机械化、自动化。操作人员必须经过专门培训，严格遵守操作规程。建议操作人员佩戴自吸过滤式防毒面具（全面罩），穿胶布防毒衣，戴橡胶耐油手套。远离火种、热源。工作场所严禁吸烟。使用防爆型的通风系统和设备。防止蒸气泄漏到工作场所空气中。避免与氧化剂、碱类接触。充装要控制流速，防止静电积聚。搬运时要轻装轻卸，防止包装及容器损坏。配备相应品种和数量的消防器材及泄漏应急处理设备。倒空的容器可能残留有害物

储存注意事项 储存于阴凉、通风良好的专用库房内，实行“双人收发、双人保管”制度。远离火种、热源。保持容器密封。应与氧化剂、碱类、食用化学品分开存放，切忌混储。采用防爆型照明、通风设施。禁止使用易产生火花的机械设备和工具。储区应备有泄漏应急处理设备和合适的收容材料

第八部分 接触控制/个体防护

职业接触限值

中国 未制定标准

美国(ACGIH) TLV-TWA：0.1ppm［皮］

生物接触限值 未制定标准

监测方法 空气中有毒物质测定方法：未制定标准。生物监测检验方法：未制定标准

工程控制 严加密闭，提供充分的局部排风。提供安全淋浴和洗眼设备

个体防护装备

呼吸系统防护 可能接触其蒸气时，必须佩戴过滤式防毒面具（全面罩）。紧急事态抢救或撤离时，佩戴空气呼吸器

眼睛防护 呼吸系统防护中已作防护

皮肤和身体防护 穿隔绝式防毒服

手防护 戴橡胶耐油手套

第九部分 理化特性

外观与性状 无色有窒息性气味的液体

pH 值 无资料 **熔点(℃)** －14.8

沸点(℃) 168.3 **相对密度(水＝1)** 1.0728

相对蒸气密度(空气＝1) 3.8

饱和蒸气压(kPa) 0.186（20℃）

燃烧热(kJ/mol) 无资料 **临界温度(℃)** 无资料

临界压力(MPa) 4.74 **辛醇/水分配系数** 2.52

闪点(℃) 51 **自燃温度(℃)** 无资料

爆炸下限(%) 1.2 **爆炸上限(%)** 无资料

分解温度(℃) 无资料 **黏度(mPa·s)** 无资料

溶解性 不溶于水，可混溶于乙醇、乙醚、苯、二硫化碳

第十部分 稳定性和反应性

稳定性 稳定

危险反应 与强氧化剂等禁配物接触，有发生火灾和爆炸的危险

避免接触的条件 无资料

禁配物 强氧化剂、强碱

危险的分解产物 无资料

第十一部分 毒理学信息

急性毒性

LD_{50} 46.2mg/kg（大鼠经口）；267mg/kg（小鼠经口）；300mg/kg（大鼠经皮）；134mg/kg（兔经皮）

LC_{50} 33ppm（大鼠吸入，4h）

皮肤刺激或腐蚀 无资料 **眼睛刺激或腐蚀** 无资料

呼吸或皮肤过敏 无资料 **生殖细胞突变性** 无资料

致癌性 无资料 **生殖毒性** 无资料

特异性靶器官系统毒性-一次接触 无资料

特异性靶器官系统毒性-反复接触 无资料

吸入危害 无资料

第十二部分 生态学信息

生态毒性

LC_{50} 0.009mg/L（96h）（青鳉）

EC_{50} 0.0044mg/L（48h）（水蚤）

NOEC ＜2μg/L（21d）（水蚤）

持久性和降解性

生物降解性 活性污泥法，6d，BOD 去除率为 30%～42%

非生物降解性 空气中，当羟基自由基浓度为5.00×10^5个/cm^3时，降解半衰期 34h（理论）

潜在的生物累积性 BCF 为 17（理论）

土壤中的迁移性 根据 K_{oc}值预测，该物质可能有一定的迁移性

第十三部分 废弃处置

废弃化学品 用焚烧法处置。与碳酸氢钠、固体易燃物充分接触后，再焚烧。焚烧炉排出的硫氧化物通过洗涤器除去

污染包装物 将容器返还生产商或按照国家和地方法规处置

废弃注意事项 把倒空的容器归还厂商或在规定场所掩埋

第十四部分 运输信息

联合国危险货物编号（UN 号） 2337

联合国运输名称　苯硫酚　**联合国危险性类别**　6.1，3

包装类别　Ⅰ类包装

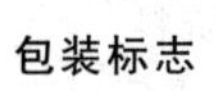

包装标志

海洋污染物　否

运输注意事项　运输前应先检查包装容器是否完整、密封，运输过程中要确保容器不泄漏、不倒塌、不坠落、不损坏。严禁与酸类、氧化剂、食品及食品添加剂混运。运输时运输车辆应配备相应品种和数量的消防器材及泄漏应急处理设备。运输途中应防曝晒、雨淋，防高温。运输时所用的槽（罐）车应有接地链，槽内可设孔隔板以减少震荡产生静电。中途停留时应远离火种、热源。公路运输时要按规定路线行驶，勿在居民区和人口稠密区停留

第十五部分　法规信息

下列法律、法规、规章和标准，对该化学品的管理作了相应的规定。

中华人民共和国职业病防治法　职业病分类和目录：未列入

危险化学品安全管理条例　危险化学品目录：列入，作为剧毒化学品进行管理。易制爆危险化学品名录：未列入。重点监管的危险化学品名录：未列入。GB 18218—2009《危险化学品重大危险源辨识》（表 1）：未列入

使用有毒物品作业场所劳动保护条例　高毒物品目录：未列入

易制毒化学品管理条例　易制毒化学品的分类和品种目录：未列入

国际公约　斯德哥尔摩公约：未列入。鹿特丹公约：未列入。蒙特利尔议定书：未列入

第十六部分　其他信息

编写和修订信息　　**缩略语和首字母缩写**

培训建议　　**参考文献**

免责声明

N-苯基-2-萘胺

第一部分　化学品标识

化学品中文名　N-苯基-2-萘胺；防老剂 D

化学品英文名　N-phenyl-2-naphthylamine；N-phenyl-beta-naphthylamine

分子式　$C_{16}H_{13}N$　**相对分子质量**　219.29

结构式

化学品的推荐及限制用途　用作橡胶抗氧剂、润滑剂、聚合抑制剂

第二部分　危险性概述

紧急情况概述　可能导致皮肤过敏反应

GHS 危险性类别　皮肤腐蚀/刺激，类别 2；严重眼损伤/眼刺激，类别 2；皮肤致敏物，类别 1；危害水生环境-急性危害，类别 2；危害水生环境-长期危害，类别 2

标签要素

象形图

警示词　警告

危险性说明　造成皮肤刺激，造成严重眼刺激，可能导致皮肤过敏反应，对水生生物有毒并具有长期持续影响

防范说明

预防措施　避免接触眼睛、皮肤，操作后彻底清洗。戴防护手套，戴防护眼镜、防护面罩。避免吸入粉尘。污染的工作服不得带出工作场所。禁止排入环境

事故响应　皮肤接触：用大量肥皂水和水清洗。如发生皮肤刺激或皮疹，就医。脱去被污染的衣服，洗净后方可重新使用。如接触眼睛：用水细心冲洗数分钟。如戴隐形眼镜并可方便地取出，取出隐形眼镜继续冲洗。如果眼睛刺激持续：就医。收集泄漏物

安全储存　-

废弃处置　本品及内装物、容器依据国家和地方法规处置

物理和化学危险　可燃，其粉体与空气混合，能形成爆炸性混合物

健康危害　对眼睛、皮肤、黏膜和上呼吸道有刺激性。对皮肤有致敏作用

环境危害　对水生生物有毒并具有长期持续影响

第三部分　成分/组成信息

√物质		混合物
组分	**浓度**	**CAS No.**
N-苯基-2-萘胺		135-88-6

第四部分　急救措施

吸入　迅速脱离现场至空气新鲜处。保持呼吸道通畅。如呼吸困难，给输氧。如呼吸、心跳停止，立即进行心肺复苏术。就医

皮肤接触　立即脱去污染的衣着，用流动清水彻底冲洗。就医

眼睛接触　立即分开眼睑，用流动清水或生理盐水彻底冲洗。就医

食入　漱口，饮水。就医

对保护施救者的忠告　根据需要使用个人防护设备

对医生的特别提示　对症处理

第五部分　消防措施

灭火剂　用雾状水、泡沫、二氧化碳、砂土灭火

特别危险性　受热分解放出有毒气体。与强氧化剂接触可发生化学反应。燃烧生成有害的一氧化碳、氮氧化物

灭火注意事项及防护措施 消防人员必须佩戴空气呼吸器、穿全身防火防毒服，在上风向灭火。尽可能将容器从火场移至空旷处。喷水保持火场容器冷却，直至灭火结束

第六部分 泄漏应急处理

作业人员防护措施、防护装备和应急处置程序 隔离泄漏污染区，限制出入。消除所有点火源。建议应急处理人员戴防尘口罩，穿防毒服，戴橡胶手套。穿上适当的防护服前严禁接触破裂的容器和泄漏物。尽可能切断泄漏源。用塑料布覆盖泄漏物，减少飞散。勿使水进入包装容器内

环境保护措施 无资料

泄漏化学品的收容、清除方法及所使用的处置材料 用洁净的铲子收集泄漏物，置于干净、干燥、盖子较松的容器中，将容器移离泄漏区

第七部分 操作处置与储存

操作注意事项 密闭操作，提供充分的局部排风。操作人员必须经过专门培训，严格遵守操作规程。建议操作人员佩戴自吸过滤式防尘口罩，戴安全防护眼镜，戴橡胶手套。远离火种、热源。工作场所严禁吸烟。使用防爆型的通风系统和设备。避免产生粉尘。避免与氧化剂、酸类接触。搬运时要轻装轻卸，防止包装及容器损坏。配备相应品种和数量的消防器材及泄漏应急处理设备。倒空的容器可能残留有害物

储存注意事项 储存于阴凉、通风的库房。远离火种、热源。包装密封。应与氧化剂、酸类、食用化学品分开存放，切忌混储。配备相应品种和数量的消防器材。储区应备有合适的材料收容泄漏物

第八部分 接触控制/个体防护

职业接触限值

中国 未制定标准

美国(ACGIH) 未制定标准

生物接触限值 未制定标准

监测方法 空气中有毒物质测定方法：未制定标准。生物监测检验方法：未制定标准

工程控制 严加密闭，提供充分的局部排风。提供安全淋浴和洗眼设备

个体防护装备

呼吸系统防护 空气中粉尘浓度超标时，应该佩戴过滤式防尘呼吸器。紧急事态抢救或撤离时，建议佩戴空气呼吸器

眼睛防护 戴安全防护眼镜

皮肤和身体防护 穿一般作业防护服

手防护 戴橡胶手套

第九部分 理化特性

外观与性状 淡灰色针状结晶或粉末，有氨味

pH值 无意义 **熔点(℃)** 108

沸点(℃) 395.5 **相对密度(水=1)** 1.23

相对蒸气密度(空气=1) 无资料

饱和蒸气压(kPa) 无资料

燃烧热(kJ/mol) 无资料 **临界温度(℃)** 无资料

临界压力(MPa) 无资料 **辛醇/水分配系数** 4.38

闪点(℃) 无意义 **自燃温度(℃)** 无资料

爆炸下限(%) 无资料 **爆炸上限(%)** 无资料

分解温度(℃) 无资料 **黏度(mPa·s)** 无资料

溶解性 不溶于水，溶于乙醇、丙酮、苯

第十部分 稳定性和反应性

稳定性 稳定

危险反应 与强氧化剂等禁配物发生反应

避免接触的条件 无资料

禁配物 强氧化剂、强酸

危险的分解产物 无资料

第十一部分 毒理学信息

急性毒性

LD_{50} 8730mg/kg（大鼠经口）；1450mg/kg（小鼠经口）

LC_{50} 1920mg/m^3（大鼠吸入，4h）

皮肤刺激或腐蚀 无资料 **眼睛刺激或腐蚀** 无资料

呼吸或皮肤过敏 无资料 **生殖细胞突变性** 无资料

致癌性 无资料 **生殖毒性** 无资料

特异性靶器官系统毒性-一次接触 无资料

特异性靶器官系统毒性-反复接触 无资料

吸入危害 无资料

第十二部分 生态学信息

生态毒性 根据类似结构物质的毒性推测，该物质对水生生物有毒

持久性和降解性

生物降解性 日本MITI试验，初始浓度100ppm，14d后降解0～29%，不易快速生物降解

非生物降解性 空气中，当羟基自由基浓度为5.00×10^{5}个/cm^{3}时，降解半衰期55min（理论）

潜在的生物累积性 BCF：147（黑头呆鱼，25℃，接触时间32d）

土壤中的迁移性 根据K_{oc}值预测，该物质的迁移性可能较弱

第十三部分 废弃处置

废弃化学品 建议用焚烧法处置。焚烧炉排出的氮氧化物通过洗涤器除去

污染包装物 将容器返还生产商或按照国家和地方法规处置

废弃注意事项 处置前应参阅国家和地方有关法规。把倒空的容器归还厂商或在规定场所掩埋

第十四部分 运输信息

联合国危险货物编号（UN号） 3077

联合国运输名称 对环境有害的固态物质，未另作规定的（*N*-苯基-2-萘胺）

联合国危险性类别 9

包装类别 Ⅲ类包装 **包装标志** 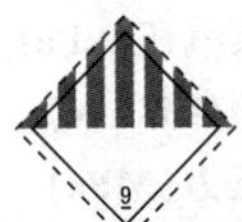

海洋污染物 是

运输注意事项 运输前应先检查包装容器是否完整、密封，运输过程中要确保容器不泄漏、不倒塌、不坠落、不损坏。严禁与酸类、氧化剂、食品及食品添加剂混运。运输时运输车辆应配备相应品种和数量的消防器材及泄漏应急处理设备。运输途中应防曝晒、雨淋，防高温

第十五部分 法规信息

下列法律、法规、规章和标准，对该化学品的管理作了相应的规定。

中华人民共和国职业病防治法 职业病分类和目录：未列入

危险化学品安全管理条例 危险化学品目录：列入。易制爆危险化学品名录：未列入。重点监管的危险化学品名录：未列入。GB 18218—2009《危险化学品重大危险源辨识》(表 1)：未列入

使用有毒物品作业场所劳动保护条例 高毒物品目录：未列入

易制毒化学品管理条例 易制毒化学品的分类和品种目录：未列入

国际公约 斯德哥尔摩公约：未列入。鹿特丹公约：未列入。蒙特利尔议定书：未列入

第十六部分 其他信息

编写和修订信息 **缩略语和首字母缩写**

培训建议 **参考文献**

免责声明

苯基三氯硅烷

第一部分 化学品标识

化学品中文名 苯基三氯硅烷；苯代三氯硅烷

化学品英文名 phenyltrichlorosilane；trichlorophenylsilane

分子式 $C_6H_5Cl_3Si$ **相对分子质量** 211.55

结构式 Cl—Si(Cl)(Cl)—C₆H₅

化学品的推荐及限制用途 用作制造聚硅氧烷的中间体及制取苯基硅树脂

第二部分 危险性概述

紧急情况概述 可燃液体，吞咽有害，造成严重的皮肤灼伤和眼损伤

GHS 危险性类别 易燃液体，类别 4；急性毒性-经口，类别 4；皮肤腐蚀/刺激，类别 1A；严重眼损伤/眼刺激，类别 1

标签要素

象形图 

警示词 危险

危险性说明 可燃液体，吞咽有害，造成严重的皮肤灼伤和眼损伤

防范说明

预防措施 远离火焰和热表面。禁止吸烟。避免吸入烟雾。避免接触眼睛、皮肤，操作后彻底清洗。作业场所不得进食、饮水或吸烟。戴防护手套，穿防护服，戴防护眼镜、防护面罩

事故响应 火灾时，使用干粉、二氧化碳灭火。如吸入：将患者转移到空气新鲜处，休息，保持利于呼吸的体位。皮肤（或头发）接触：立即脱掉所有被污染的衣服。用水冲洗皮肤/淋浴。污染的衣服须洗净后方可重新使用。眼睛接触：用水细心地冲洗数分钟。如戴隐形眼镜并可方便地取出，则取出隐形眼镜继续冲洗。食入：漱口。不要催吐。如果感觉不适，立即呼叫中毒控制中心或就医

安全储存 存放在通风良好的地方。保持低温。上锁保管

废弃处置 本品及内装物、容器依据国家和地方法规处置

物理和化学危险 可燃。遇水剧烈反应，产生有毒气体

健康危害 蒸气对呼吸道有刺激性。皮肤或眼接触可致灼伤。口服灼伤口腔和消化道

环境危害 对环境可能有害

第三部分 成分/组成信息

√物质　　混合物

组分	浓度	CAS No.
苯基三氯硅烷		98-13-5

第四部分 急救措施

吸入 迅速脱离现场至空气新鲜处。保持呼吸道通畅。如呼吸困难，给输氧。如呼吸、心跳停止，立即进行心肺复苏术。就医

皮肤接触 立即脱去污染的衣着，用大量流动清水彻底冲洗至少 15min。就医

眼睛接触 立即分开眼睑，用流动清水或生理盐水彻底冲洗至少 15min。就医

食入 用水漱口，禁止催吐。给饮牛奶或蛋清。就医

对保护施救者的忠告 根据需要使用个人防护设备

对医生的特别提示 对症处理

第五部分 消防措施

灭火剂 用干粉、二氧化碳灭火

特别危险性 受热或遇水分解放热，放出有毒的腐蚀性烟气。与强氧化剂接触可发生化学反应。对很多金属尤其是潮湿空气存在下有腐蚀性。燃烧生成有害的一氧

化碳、氯化氢、氧化硅

灭火注意事项及防护措施 消防人员必须佩戴空气呼吸器、穿全身防火防毒服，在上风向灭火。尽可能将容器从火场移至空旷处。喷水保持火场容器冷却，直至灭火结束。容器突然发出异常声音或出现异常现象，立即撤离。禁止用水和泡沫灭火

第六部分 泄漏应急处理

作业人员防护措施、防护装备和应急处置程序 根据液体流动和蒸气扩散的影响区域划定警戒区，无关人员从侧风、上风向撤离至安全区。建议应急处理人员戴正压自给式呼吸器，穿防腐蚀、防毒服，戴橡胶耐酸碱手套。作业时使用的所有设备应接地。穿上适当的防护服前严禁接触破裂的容器和泄漏物。尽可能切断泄漏源

环境保护措施 防止泄漏物进入水体、下水道、地下室或有限空间

泄漏化学品的收容、清除方法及所使用的处置材料 严禁用水处理。小量泄漏：用干燥的砂土或其他不燃材料覆盖泄漏物。大量泄漏：构筑围堤或挖坑收容。用碎石灰石（$CaCO_3$）、苏打灰（Na_2CO_3）或石灰（CaO）中和。用耐腐蚀泵转移至槽车或专用收集器内

第七部分 操作处置与储存

操作注意事项 密闭操作，注意通风。操作尽可能机械化、自动化。操作人员必须经过专门培训，严格遵守操作规程。建议操作人员佩戴自吸过滤式防毒面具（半面罩），戴化学安全防护眼镜，穿橡胶耐酸碱服，戴橡胶耐酸碱手套。远离火种、热源。工作场所严禁吸烟。使用防爆型的通风系统和设备。避免产生烟雾。防止烟雾和蒸气释放到工作场所空气中。避免与氧化剂、酸类、碱类、醇类接触。尤其要注意避免与水接触。搬运时要轻装轻卸，防止包装及容器损坏。配备相应品种和数量的消防器材及泄漏应急处理设备。倒空的容器可能残留有害物

储存注意事项 储存于阴凉、干燥、通风良好的库房。远离火种、热源。保持容器密封。应与氧化剂、酸类、碱类、醇类等分开存放，切忌混储。配备相应品种和数量的消防器材。储区应备有泄漏应急处理设备和合适的收容材料

第八部分 接触控制/个体防护

职业接触限值

中国 未制定标准

美国(ACGIH) 未制定标准

生物接触限值 未制定标准

监测方法 空气中有毒物质测定方法：未制定标准。生物监测检验方法：未制定标准

工程控制 密闭操作，注意通风。提供安全淋浴和洗眼设备

个体防护装备

呼吸系统防护 可能接触其蒸气时，必须佩戴过滤式防毒面具（全面罩）或空气呼吸器。紧急事态抢救或撤离时，建议佩戴空气呼吸器

眼睛防护 戴化学安全防护眼镜

皮肤和身体防护 穿橡胶耐酸碱服

手防护 戴橡胶耐酸碱手套

第九部分 理化特性

外观与性状 无色至黄色液体，有刺激性气味

pH 值 无资料　**熔点(℃)** −39.8

沸点(℃) 201.0　**相对密度(水=1)** 1.32

相对蒸气密度(空气=1) 7.3

饱和蒸气压(kPa) 0.13（33℃）

燃烧热(kJ/mol) 无资料　**临界温度(℃)** 无资料

临界压力(MPa) 2.94　**辛醇/水分配系数** 3.600

闪点(℃) 91（OC）　**自燃温度(℃)** 无资料

爆炸下限(%) 1.6　**爆炸上限(%)** 9.2

分解温度(℃) 无资料　**黏度(mPa·s)** 无资料

溶解性 溶于乙醚、苯等多数有机溶剂

第十部分 稳定性和反应性

稳定性 稳定

危险反应 与强氧化剂等禁配物发生反应

避免接触的条件 受热、潮湿空气

禁配物 强氧化剂、强酸、强碱、水、醇类

危险的分解产物 氯化氢

第十一部分 毒理学信息

急性毒性

LD_{50} 2390mg/kg（大鼠经口）；890mg/kg（兔经皮）

LC_{50} 330mg/m^3（小鼠吸入，2h）

皮肤刺激或腐蚀 家兔经皮：5mg（24h），重度刺激

眼睛刺激或腐蚀 无资料

呼吸或皮肤过敏 无资料　**生殖细胞突变性** 无资料

致癌性 无资料　**生殖毒性** 无资料

特异性靶器官系统毒性-一次接触 无资料

特异性靶器官系统毒性-反复接触 无资料

吸入危害 无资料

第十二部分 生态学信息

生态毒性 无资料

持久性和降解性

生物降解性 无资料

非生物降解性 无资料

潜在的生物累积性 根据 K_{ow} 值预测，该物质可能有一定的生物累积性

土壤中的迁移性 根据 K_{oc} 值预测，该物质可能有一定的迁移性

第十三部分 废弃处置

废弃化学品 建议用焚烧法处置。与燃料混合后再焚烧。焚烧炉排出的气体通过洗涤器除去

污染包装物 将容器返还生产商或按照国家和地方法规处置

废弃注意事项 处置前应参阅国家和地方有关法规

第十四部分 运输信息

联合国危险货物编号（UN号） 1804

联合国运输名称 苯基三氯硅烷

联合国危险性类别 8

包装类别 Ⅱ类包装 **包装标志** 

海洋污染物 否

运输注意事项 起运时包装要完整，装载应稳妥。运输过程中要确保容器不泄漏、不倒塌、不坠落、不损坏。严禁与氧化剂、酸类、碱类、醇类、食用化学品等混装混运。运输时运输车辆应配备相应品种和数量的消防器材及泄漏应急处理设备。运输途中应防曝晒、雨淋，防高温。公路运输时要按规定路线行驶，勿在居民区和人口稠密区停留

第十五部分 法规信息

下列法律、法规、规章和标准，对该化学品的管理作了相应的规定。

中华人民共和国职业病防治法 职业病分类和目录：未列入

危险化学品安全管理条例 危险化学品目录：列入。易制爆危险化学品名录：未列入。重点监管的危险化学品名录：未列入。GB 18218—2009《危险化学品重大危险源辨识》(表1)：未列入

使用有毒物品作业场所劳动保护条例 高毒物品目录：未列入

易制毒化学品管理条例 易制毒化学品的分类和品种目录：未列入

国际公约 斯德哥尔摩公约：未列入。鹿特丹公约：未列入。蒙特利尔议定书：未列入

第十六部分 其他信息

编写和修订信息 **缩略语和首字母缩写**

培训建议 **参考文献**

免责声明

苯 甲 腈

第一部分 化学品标识

化学品中文名 苯甲腈；苯基氰；氰基苯

化学品英文名 benzonitrile；phenyl cyanide

分子式 C_7H_5N **相对分子质量** 103.13

结构式 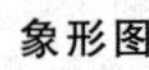

化学品的推荐及限制用途 用于橡胶、树脂、油漆和合成中间体

第二部分 危险性概述

紧急情况概述 可燃液体，吸入会中毒

GHS危险性类别 易燃液体，类别4；急性毒性-经口，类别4；急性毒性-经皮，类别4；急性毒性-吸入，类别3

标签要素

象形图 

警示词 危险

危险性说明 可燃液体，吞咽有害，皮肤接触有害，吸入会中毒

防范说明

预防措施 远离火焰和热表面。禁止吸烟。戴防护手套、防护眼镜、防护面罩，穿防护服。避免接触眼睛、皮肤，操作后彻底清洗。作业场所不得进食、饮水或吸烟。避免吸入蒸气、雾。仅在室外或通风良好处操作

事故响应 火灾时，使用泡沫、干粉、二氧化碳、砂土灭火。如吸入：将患者转移到空气新鲜处，休息，保持利于呼吸的体位。皮肤接触：用大量肥皂水和水清洗。如感觉不适，呼叫中毒控制中心或就医。被污染的衣服须经洗净后方可重新使用。食入：如果感觉不适，立即呼叫中毒控制中心或就医。漱口

安全储存 存放在通风良好的地方。保持低温。保持容器密闭。上锁保管

废弃处置 本品及内装物、容器依据国家和地方法规处置

物理和化学危险 可燃，其蒸气与空气混合，能形成爆炸性混合物

健康危害 有因衣服沾染了本品而发生严重中毒的报道。患者出现意识丧失、痉挛。本品对眼有刺激性。皮肤较长时间接触有刺激作用。动物吸入蒸气或小剂量灌胃，主要为麻醉作用。大剂量引起痉挛

环境危害 对环境可能有害

第三部分 成分/组成信息

√物质		混合物
组分	**浓度**	**CAS No.**
苯甲腈		100-47-0

第四部分 急救措施

吸入 迅速脱离现场至空气新鲜处。保持呼吸道通畅。如呼吸困难，给输氧。如呼吸、心跳停止，立即进行心肺复苏术。就医

皮肤接触 立即脱去污染的衣着，用肥皂水和清水彻底冲洗。就医

眼睛接触 立即分开眼睑，用流动清水或生理盐水彻底冲洗。就医

食入 催吐（仅限于清醒者），给服活性炭悬液。就医

对保护施救者的忠告 根据需要使用个人防护设备

对医生的特别提示 使用亚硝酸钠、硫代硫酸钠、4-二甲基氨基苯酚等解毒剂

第五部分 消防措施

灭火剂 用泡沫、干粉、二氧化碳、砂土灭火

特别危险性 受高热分解放出有毒的气体。与强氧化剂接触可发生化学反应。燃烧生成有害的一氧化碳、氮氧化物

灭火注意事项及防护措施 消防人员必须佩戴空气呼吸器、穿全身防火防毒服，在上风向灭火。尽可能将容器从火场移至空旷处。喷水保持火场容器冷却，直至灭火结束。容器突然发出异常声音或出现异常现象，应立即撤离。禁止使用酸碱灭火剂

第六部分 泄漏应急处理

作业人员防护措施、防护装备和应急处置程序 根据液体流动和蒸气扩散的影响区域划定警戒区，无关人员从侧风、上风向撤离至安全区。建议应急处理人员戴正压自给式呼吸器，穿防毒服，戴橡胶耐油手套。穿上适当的防护服前严禁接触破裂的容器和泄漏物。尽可能切断泄漏源

环境保护措施 防止泄漏物进入水体、下水道、地下室或有限空间

泄漏化学品的收容、清除方法及所使用的处置材料 小量泄漏：用干燥的砂土或其他不燃材料吸收或覆盖，收集于容器中。大量泄漏：构筑围堤或挖坑收容。用泵转移至槽车或专用收集器内

第七部分 操作处置与储存

操作注意事项 密闭操作，提供充分的局部排风。操作尽可能机械化、自动化。操作人员必须经过专门培训，严格遵守操作规程。建议操作人员佩戴自吸过滤式防毒面具（半面罩），戴化学安全防护眼镜，穿聚乙烯防毒服，戴橡胶耐油手套。远离火种、热源。工作场所严禁吸烟。使用防爆型的通风系统和设备。防止蒸气泄漏到工作场所空气中。避免与氧化剂、还原剂、酸类接触。搬运时要轻装轻卸，防止包装及容器损坏。配备相应品种和数量的消防器材及泄漏应急处理设备。倒空的容器可能残留有害物

储存注意事项 储存于阴凉、通风的库房。远离火种、热源。保持容器密封。应与氧化剂、还原剂、酸类、食用化学品分开存放，切忌混储。配备相应品种和数量的消防器材。储区应备有泄漏应急处理设备和合适的收容材料

第八部分 接触控制/个体防护

职业接触限值

中国 未制定标准

美国(ACGIH) 未制定标准

生物接触限值 未制定标准

监测方法 空气中有毒物质测定方法：未制定标准。生物监测检验方法：未制定标准

工程控制 严加密闭，提供充分的局部排风。提供安全淋浴和洗眼设备

个体防护装备

呼吸系统防护 可能接触其蒸气时，应该佩戴过滤式防毒面具（半面罩）。紧急事态抢救或撤离时，建议佩戴空气呼吸器

眼睛防护 戴化学安全防护眼镜

皮肤和身体防护 穿隔绝式防毒服

手防护 戴橡胶耐油手套

第九部分 理化特性

外观与性状 无色油状液体，有杏仁的气味

pH 值 无资料 **熔点(℃)** −12.8

沸点(℃) 190.7 **相对密度(水=1)** 1.01

相对蒸气密度(空气=1) 无资料

饱和蒸气压(kPa) 0.13（28.2℃）

燃烧热(kJ/mol) −3617.8 **临界温度(℃)** 426.2

临界压力(MPa) 4.22 **辛醇/水分配系数** 1.56

闪点(℃) 71.7 **自燃温度(℃)** 550

爆炸下限(%) 1.3 **爆炸上限(%)** 8

分解温度(℃) 无资料 **黏度(mPa·s)** 1.11（30℃）

溶解性 微溶于冷水，溶于热水，易溶于乙醇、乙醚

第十部分 稳定性和反应性

稳定性 稳定

危险反应 与强氧化剂等禁配物发生反应

避免接触的条件 高热

禁配物 强氧化剂、强还原剂、强酸、强碱

危险的分解产物 无资料

第十一部分 毒理学信息

急性毒性

LD_{50} 700mg/kg（大鼠经口）；1250mg/kg（兔经口）；1200mg/kg（大鼠经皮）；971mg/kg（兔经皮）

LC_{50} 6000mg/m^3（小鼠吸入）

皮肤刺激或腐蚀 无资料 **眼睛刺激或腐蚀** 无资料

呼吸或皮肤过敏 无资料 **生殖细胞突变性** 无资料

致癌性 无资料 **生殖毒性** 无资料

特异性靶器官系统毒性-一次接触 无资料

特异性靶器官系统毒性-反复接触 无资料

吸入危害 无资料

第十二部分 生态学信息

生态毒性

LC_{50} 78～135mg/L（96h）（黑头呆鱼）；78mg/L（96h）（蓝鳃太阳鱼，软水）

TLm 75mg/L（7d）（四尾栅藻）；3.4mg/L（8d）（铜绿微囊藻）

持久性和降解性

生物降解性 日本 MITI 试验：初始浓度 100mg/L，接种的污泥浓度为 30mg/L，2 周后降解 63%，易快速生物降解

非生物降解性 空气中，当羟基自由基浓度为5.00×10^{5}个/cm^{3}时，降解半衰期 49d（理论）

潜在的生物累积性 根据 K_{ow}值预测，该物质的生物累积性可能较弱

土壤中的迁移性 根据 K_{oc}值预测，该物质可能易发生迁移

第十三部分 废弃处置

废弃化学品 建议用焚烧法处置。焚烧炉排出的氮氧化物通过洗涤器除去

污染包装物 将容器返还生产商或按照国家和地方法规处置

废弃注意事项 处置前应参阅国家和地方有关法规

第十四部分 运输信息

联合国危险货物编号（UN号） 2224

联合国运输名称 苄腈 **联合国危险性类别** 6.1

包装类别 Ⅱ类包装 **包装标志**

海洋污染物 否

运输注意事项 运输前应先检查包装容器是否完整、密封，运输过程中要确保容器不泄漏、不倒塌、不坠落、不损坏。严禁与酸类、氧化剂、食品及食品添加剂混运。运输时运输车辆应配备相应品种和数量的消防器材及泄漏应急处理设备。运输途中应防曝晒、雨淋，防高温。公路运输时要按规定路线行驶

第十五部分 法规信息

下列法律、法规、规章和标准，对该化学品的管理作了相应的规定。

中华人民共和国职业病防治法 职业病分类和目录：氰及腈类化合物中毒

危险化学品安全管理条例 危险化学品目录：列入。易制爆危险化学品名录：未列入。重点监管的危险化学品名录：未列入。GB 18218—2009《危险化学品重大危险源辨识》（表1）：未列入

使用有毒物品作业场所劳动保护条例 高毒物品目录：未列入

易制毒化学品管理条例 易制毒化学品的分类和品种目录：未列入

国际公约 斯德哥尔摩公约：未列入。鹿特丹公约：未列入。蒙特利尔议定书：未列入

第十六部分 其他信息

编写和修订信息 **缩略语和首字母缩写**

培训建议 **参考文献**

免责声明

苯 甲 醚

第一部分 化学品标识

化学品中文名 苯甲醚；茴香醚；甲氧基苯

化学品英文名 anisole；phenyl methyl ether

分子式 C_7H_8O **相对分子质量** 108.15

结构式 O—⟨苯环⟩

化学品的推荐及限制用途 用作溶剂，用于配制香料和有机合成

第二部分 危险性概述

紧急情况概述 易燃液体和蒸气

GHS危险性类别 易燃液体，类别3；危害水生环境-急性危害，类别3

标签要素

象形图

警示词 警告

危险性说明 易燃液体和蒸气，对水生生物有害

防范说明

预防措施 远离热源、火花、明火、热表面。禁止吸烟。保持容器密闭。容器和接收设备接地连接。使用防爆电器、通风、照明设备。只能使用不产生火花的工具。采取防止静电措施。戴防护手套、防护眼镜、防护面罩。禁止排入环境

事故响应 火灾时，使用泡沫、二氧化碳、干粉、砂土灭火。如皮肤（或头发）接触：立即脱掉所有被污染的衣服，用水冲洗皮肤或淋浴

安全储存 存放在通风良好的地方。保持低温

废弃处置 本品及内装物、容器依据国家和地方法规处置

物理和化学危险 易燃，其蒸气与空气混合，能形成爆炸性混合物

健康危害 对眼和呼吸道有刺激性

环境危害 对水生生物有害

第三部分 成分/组成信息

√物质 混合物

组分	浓度	CAS No.
苯甲醚		100-66-3

第四部分 急救措施

吸入 迅速脱离现场至空气新鲜处。保持呼吸道通畅。如呼吸困难，给输氧。如呼吸、心跳停止，立即进行心肺复苏术。就医

皮肤接触 立即脱去污染的衣着，用流动清水彻底冲洗。就医

眼睛接触 立即分开眼睑，用流动清水或生理盐水彻底冲洗。就医

食入 漱口，饮水。就医

对保护施救者的忠告 根据需要使用个人防护设备

对医生的特别提示 对症处理

第五部分 消防措施

灭火剂 用泡沫、二氧化碳、干粉、砂土灭火

特别危险性 易燃，遇高热、明火及强氧化剂易引起燃烧。燃烧生成有害的一氧化碳

灭火注意事项及防护措施 消防人员必须佩戴空气呼吸器、穿全身防火防毒服，在上风向灭火。喷水冷却容器，尽可能将容器从火场移至空旷处。容器突然发出

异常声音或出现异常现象，应立即撤离

第六部分　泄漏应急处理

作业人员防护措施、防护装备和应急处置程序　消除所有点火源。根据液体流动和蒸气扩散的影响区域划定警戒区，无关人员从侧风、上风向撤离至安全区。建议应急处理人员戴正压自给式呼吸器，穿防静电服，戴橡胶耐油手套。作业时使用的所有设备应接地。禁止接触或跨越泄漏物。尽可能切断泄漏源

环境保护措施　防止泄漏物进入水体、下水道、地下室或有限空间

泄漏化学品的收容、清除方法及所使用的处置材料　小量泄漏：用砂土或其他不燃材料吸收。使用洁净的无火花工具收集吸收材料。大量泄漏：构筑围堤或挖坑收容。用砂土、惰性物质或蛭石吸收大量液体。用泡沫覆盖，减少蒸发。喷水雾能减少蒸发，但不能降低泄漏物在有限空间内的易燃性。用防爆泵转移至槽车或专用收集器内

第七部分　操作处置与储存

操作注意事项　密闭操作，全面通风。操作人员必须经过专门培训，严格遵守操作规程。建议操作人员佩戴过滤式防毒面具（半面罩），戴化学安全防护眼镜，穿防静电工作服，戴橡胶耐油手套。远离火种、热源。工作场所严禁吸烟。使用防爆型的通风系统和设备。防止蒸气泄漏到工作场所空气中。避免与氧化剂、酸类接触。充装要控制流速，防止静电积聚。搬运时要轻装轻卸，防止包装及容器损坏。配备相应品种和数量的消防器材及泄漏应急处理设备。倒空的容器可能残留有害物

储存注意事项　储存于阴凉、通风的库房。远离火种、热源。库温不宜超过37℃。保持容器密封。应与氧化剂、酸类分开存放，切忌混储。采用防爆型照明、通风设施。禁止使用易产生火花的机械设备和工具。储区应备有泄漏应急处理设备和合适的收容材料

第八部分　接触控制/个体防护

职业接触限值

中国　未制定标准

美国(ACGIH)　未制定标准

生物接触限值　未制定标准

监测方法　空气中有毒物质测定方法：未制定标准。生物监测检验方法：未制定标准

工程控制　生产过程密闭，全面通风。提供安全淋浴和洗眼设备

个体防护装备

呼吸系统防护　空气中浓度超标时，应该佩戴过滤式防毒面具（半面罩）

眼睛防护　必要时，戴化学安全防护眼镜

皮肤和身体防护　穿防静电工作服

手防护　戴橡胶耐油手套

第九部分　理化特性

外观与性状　无色液体，有芳香气味

pH值　无资料　　**熔点(℃)**　−37.3

沸点(℃)　153.8　　**相对密度(水=1)**　0.99

相对蒸气密度(空气=1)　3.72

饱和蒸气压(kPa)　0.47（25℃）

燃烧热(kJ/mol)　−3783.3　　**临界温度(℃)**　无资料

临界压力(MPa)　4.25　　**辛醇/水分配系数**　2.11

闪点(℃)　52（OC）　　**自燃温度(℃)**　475

爆炸下限(%)　1.3　　**爆炸上限(%)**　9

分解温度(℃)　无资料　　**黏度(mPa·s)**　1.52（15℃）

溶解性　不溶于水，溶于乙醇、乙醚等多数有机溶剂

第十部分　稳定性和反应性

稳定性　稳定

危险反应　与强氧化剂等禁配物接触，有发生火灾和爆炸的危险

避免接触的条件　无资料

禁配物　强氧化剂、强酸

危险的分解产物　无资料

第十一部分　毒理学信息

急性毒性　LD_{50}：3700mg/kg（大鼠经口）；2800mg/kg（小鼠经口）

皮肤刺激或腐蚀　家兔经皮：500mg（24h），中度刺激

眼睛刺激或腐蚀　无资料　　**呼吸或皮肤过敏**　无资料

生殖细胞突变性　DNA抑制：人淋巴细胞25μmol/L

致癌性　无资料　　**生殖毒性**　无资料

特异性靶器官系统毒性-一次接触　无资料

特异性靶器官系统毒性-反复接触　无资料

吸入危害　无资料

第十二部分　生态学信息

生态毒性　EC_{50}：11mg/L（48h）（水蚤）

持久性和降解性

生物降解性　MITI测试：初始浓度100ppm，2周后降解56%，且BOD去除率有继续上升的趋势，易快速生物降解

非生物降解性　空气中，当羟基自由基浓度为5.00×10^5个/cm^3时，降解半衰期为22h（理论）

潜在的生物累积性　根据K_{ow}值预测，该物质的生物累积性可能较弱

土壤中的迁移性　根据K_{oc}值预测，该物质可能有一定的迁移性

第十三部分　废弃处置

废弃化学品　建议用焚烧法处置

污染包装物　将容器返还生产商或按照国家和地方法规处置

废弃注意事项　处置前应参阅国家和地方有关法规

第十四部分　运输信息

联合国危险货物编号（UN号）　2222

联合国运输名称　茴香醚　　**联合国危险性类别**　3

包装类别 Ⅲ类包装 **包装标志** 

海洋污染物 否

运输注意事项 运输时运输车辆应配备相应品种和数量的消防器材及泄漏应急处理设备。夏季最好早晚运输。运输时所用的槽（罐）车应有接地链，槽内可设孔隔板以减少震荡产生静电。严禁与氧化剂、酸类、食用化学品等混装混运。运输途中应防曝晒、雨淋，防高温。中途停留时应远离火种、热源、高温区。装运该物品的车辆排气管必须配备阻火装置，禁止使用易产生火花的机械设备和工具装卸。公路运输时要按规定路线行驶，勿在居民区和人口稠密区停留。铁路运输时要禁止溜放。严禁用木船、水泥船散装运输

第十五部分 法规信息

下列法律、法规、规章和标准，对该化学品的管理作了相应的规定。

中华人民共和国职业病防治法 职业病分类和目录：未列入

危险化学品安全管理条例 危险化学品目录：列入。易制爆危险化学品名录：未列入。重点监管的危险化学品名录：未列入。GB 18218—2009《危险化学品重大危险源辨识》（表 1）：未列入

使用有毒物品作业场所劳动保护条例 高毒物品目录：未列入

易制毒化学品管理条例 易制毒化学品的分类和品种目录：未列入

国际公约 斯德哥尔摩公约：未列入。鹿特丹公约：未列入。蒙特利尔议定书：未列入

第十六部分 其他信息

编写和修订信息 **缩略语和首字母缩写**

培训建议 **参考文献**

免责声明

苯甲酸甲酯

第一部分 化学品标识

化学品中文名 苯甲酸甲酯；尼哦油；苯酸甲酯；安息香酸甲酯

化学品英文名 methyl benzoate；benzoic acid methyl ester；niobe oil

分子式 $C_8H_8O_2$ **相对分子质量** 136.16

结构式

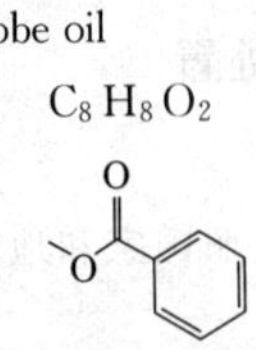

化学品的推荐及限制用途 用于香料工业及用作溶剂

第二部分 危险性概述

紧急情况概述 可燃液体，吞咽有害

GHS 危险性类别 易燃液体，类别 4；急性毒性-经口，类别 4；严重眼损伤/眼刺激，类别 2

标签要素

象形图 

警示词 警告

危险性说明 可燃液体，吞咽有害，造成严重眼刺激

防范说明

预防措施 远离火焰和热表面。禁止吸烟。戴防护手套、防护眼镜、防护面罩。避免接触眼睛、皮肤，操作后彻底清洗。作业场所不得进食、饮水或吸烟

事故响应 火灾时，使用泡沫、干粉、二氧化碳、砂土灭火。如接触眼睛：用水细心冲洗数分钟。如戴隐形眼镜并可方便地取出，取出隐形眼镜继续冲洗。如果眼睛刺激持续：就医。食入：如果感觉不适，立即呼叫中毒控制中心或就医。漱口

安全储存 存放在通风良好的地方。保持低温

废弃处置 本品及内装物、容器依据国家和地方法规处置

物理和化学危险 可燃，其蒸气与空气混合，能形成爆炸性混合物

健康危害 蒸气或雾对眼和上呼吸道有刺激性。对皮肤有刺激性

环境危害 对环境可能有害

第三部分 成分/组成信息

√物质		混合物
组分	浓度	CAS No.
苯甲酸甲酯		93-58-3

第四部分 急救措施

吸入 迅速脱离现场至空气新鲜处。保持呼吸道通畅。如呼吸困难，给输氧。如呼吸、心跳停止，立即进行心肺复苏术。就医

皮肤接触 立即脱去污染的衣着，用流动清水彻底冲洗。就医

眼睛接触 立即分开眼睑，用流动清水或生理盐水彻底冲洗。就医

食入 漱口，饮水。就医

对保护施救者的忠告 根据需要使用个人防护设备

对医生的特别提示 对症处理

第五部分 消防措施

灭火剂 用泡沫、干粉、二氧化碳、砂土灭火

特别危险性 遇明火、高热能引起燃烧爆炸。与氧化剂接触猛烈反应。燃烧生成有害的一氧化碳

灭火注意事项及防护措施 消防人员必须佩戴空气呼吸器、穿全身防火防毒服，在上风向灭火。尽可能将容器从火场移至空旷处。喷水保持火场容器冷却，直至灭火结束。容器突然发出异常声音或出现异常现象，

应立即撤离

第六部分　泄漏应急处理

作业人员防护措施、防护装备和应急处置程序　根据液体流动和蒸气扩散的影响区域划定警戒区，无关人员从侧风、上风向撤离至安全区。建议应急处理人员戴正压自给式呼吸器，穿防毒服，戴防化学品手套。穿上适当的防护服前严禁接触破裂的容器和泄漏物。尽可能切断泄漏源

环境保护措施　防止泄漏物进入水体、下水道、地下室或有限空间

泄漏化学品的收容、清除方法及所使用的处置材料　小量泄漏：用干燥的砂土或其他不燃材料吸收或覆盖，收集于容器中。大量泄漏：构筑围堤或挖坑收容。用泵转移至槽车或专用收集器内

第七部分　操作处置与储存

操作注意事项　密闭操作，局部排风。操作人员必须经过专门培训，严格遵守操作规程。建议操作人员佩戴自吸过滤式防毒面具（半面罩），戴化学安全防护眼镜，穿透气型防毒服，戴防化学品手套。远离火种、热源。工作场所严禁吸烟。使用防爆型的通风系统和设备。防止蒸气泄漏到工作场所空气中。避免与氧化剂、碱类接触。搬运时要轻装轻卸，防止包装及容器损坏。配备相应品种和数量的消防器材及泄漏应急处理设备。倒空的容器可能残留有害物

储存注意事项　储存于阴凉、通风的库房。远离火种、热源。仓库温度不超过35℃，相对湿度不超过85%。保持容器密封。应与氧化剂、碱类、食用化学品分开存放，切忌混储。配备相应品种和数量的消防器材。储区应备有泄漏应急处理设备和合适的收容材料

第八部分　接触控制/个体防护

职业接触限值

中国　未制定标准

美国(ACGIH)　未制定标准

生物接触限值　未制定标准

监测方法　空气中有毒物质测定方法：未制定标准。生物监测检验方法：未制定标准

工程控制　密闭操作，局部排风。提供安全淋浴和洗眼设备

个体防护装备

呼吸系统防护　空气中浓度超标时，佩戴过滤式防毒面具（半面罩）

眼睛防护　戴化学安全防护眼镜

皮肤和身体防护　穿透气型防毒服

手防护　戴防化学品手套

第九部分　理化特性

外观与性状　无色透明油状液体，有芳香味

pH值　无资料　**熔点(℃)**　−12.3

沸点(℃)　198　**相对密度(水=1)**　1.09

相对蒸气密度(空气=1)　4.68

饱和蒸气压(kPa)　0.13（39℃）

燃烧热(kJ/mol)　无资料　**临界温度(℃)**　无资料

临界压力(MPa)　3.59　**辛醇/水分配系数**　2.12

闪点(℃)　82.8（CC）　**自燃温度(℃)**　505

爆炸下限(%)　1.2　**爆炸上限(%)**　6.7

分解温度(℃)　无资料　**黏度(mPa·s)**　无资料

溶解性　不溶于水，可混溶于甲醇、乙醇、乙醚

第十部分　稳定性和反应性

稳定性　稳定

危险反应　与强氧化剂等禁配物接触，有发生火灾和爆炸的危险

避免接触的条件　无资料

禁配物　强氧化剂、强碱

危险的分解产物　无资料

第十一部分　毒理学信息

急性毒性　LD_{50}：1117mg/kg（大鼠经口）；3330mg/kg（小鼠经口）；2170mg/kg（兔经口）

皮肤刺激或腐蚀　无资料　**眼睛刺激或腐蚀**　无资料

呼吸或皮肤过敏　无资料　**生殖细胞突变性**　无资料

致癌性　无资料　**生殖毒性**　无资料

特异性靶器官系统毒性-一次接触　无资料

特异性靶器官系统毒性-反复接触　无资料

吸入危害　无资料

第十二部分　生态学信息

生态毒性　EC_{50}：4.6mg/L（30min）（发光菌Microtox测试）

持久性和降解性

生物降解性　无资料

非生物降解性　当pH值为7、9时，水解半衰期分别为2.8a、10d。空气中，当羟基自由基浓度为5.00×10^5个/cm^3时，降解半衰期为18.5d（理论）

潜在的生物累积性　根据K_{ow}值预测，该物质的生物累积性可能较弱

土壤中的迁移性　根据K_{oc}值预测，该物质可能有一定的迁移性

第十三部分　废弃处置

废弃化学品　建议用焚烧法处置

污染包装物　将容器返还生产商或按照国家和地方法规处置

废弃注意事项　处置前应参阅国家和地方有关法规

第十四部分　运输信息

联合国危险货物编号(UN号)　-

联合国运输名称　-　**联合国危险性类别**　-

包装类别　-　**包装标志**　-

海洋污染物　否

运输注意事项　运输前应先检查包装容器是否完整、密封，运输过程中要确保容器不泄漏、不倒塌、不坠

落、不损坏。严禁与酸类、氧化剂、食品及食品添加剂混运。运输时运输车辆应配备相应品种和数量的消防器材及泄漏应急处理设备。运输途中应防曝晒、雨淋，防高温。公路运输时要按规定路线行驶

第十五部分　法规信息

下列法律、法规、规章和标准，对该化学品的管理作了相应的规定。

中华人民共和国职业病防治法　职业病分类和目录：未列入

危险化学品安全管理条例　危险化学品目录：列入。易制爆危险化学品名录：未列入。重点监管的危险化学品名录：未列入。GB 18218—2009《危险化学品重大危险源辨识》(表 1)：未列入

使用有毒物品作业场所劳动保护条例　高毒物品目录：未列入

易制毒化学品管理条例　易制毒化学品的分类和品种目录：未列入

国际公约　斯德哥尔摩公约：未列入。鹿特丹公约：未列入。蒙特利尔议定书：未列入

第十六部分　其他信息

编写和修订信息　　**缩略语和首字母缩写**

培训建议　　**参考文献**

免责声明

苯甲酰氯

第一部分　化学品标识

化学品中文名　苯甲酰氯；氯化苯甲酰

化学品英文名　benzoyl chloride；benzenecarbonyl chloride

分子式　C_7H_5ClO　　**相对分子质量**　140.57

结构式

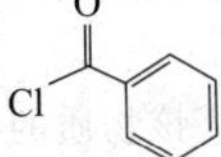

化学品的推荐及限制用途　用于医药、有机合成

第二部分　危险性概述

紧急情况概述　可燃液体，造成严重的皮肤灼伤和眼损伤，可能导致皮肤过敏反应

GHS 危险性类别　易燃液体，类别 4；急性毒性-经口，类别 4；急性毒性-经皮，类别 4；急性毒性-吸入，类别 4；皮肤腐蚀/刺激，类别 1B；严重眼损伤/眼刺激，类别 1；皮肤致敏物，类别 1；危害水生环境-急性危害，类别 1

标签要素

象形图

警示词　危险

危险性说明　可燃液体，吞咽有害，皮肤接触有害，吸入有害，造成严重的皮肤灼伤和眼损伤，可能导致皮肤过敏反应，对水生生物毒性非常大

防范说明

预防措施　远离火焰和热表面。禁止吸烟。避免接触眼睛、皮肤，操作后彻底清洗。作业场所不得进食、饮水或吸烟。避免吸入蒸气、雾。仅在室外或通风良好处操作。戴防护手套，穿防护服，戴防护眼镜、防护面罩。污染的工作服不得带出工作场所。禁止排入环境

事故响应　火灾时，使用干粉、二氧化碳灭火。如吸入：将患者转移到空气新鲜处，休息，保持利于呼吸的体位。皮肤接触：用大量肥皂水和水清洗。如出现皮肤刺激或皮疹：就医。被污染的衣服须经洗净后方可重新使用。眼睛接触：用水细心地冲洗数分钟。如戴隐形眼镜并可方便地取出，则取出隐形眼镜。继续冲洗。食入：漱口。不要催吐。如果感觉不适，立即呼叫中毒控制中心或就医。收集泄漏物

安全储存　存放在通风良好的地方。保持低温。上锁保管

废弃处置　本品及内装物、容器依据国家和地方法规处置

物理和化学危险　可燃。遇水产生刺激性气体

健康危害　接触后出现上呼吸道刺激症状。眼和皮肤接触可引起灼伤。对皮肤有致敏性

环境危害　对水生生物毒性非常大

第三部分　成分/组成信息

√物质		混合物
组分	**浓度**	**CAS No.**
苯甲酰氯		98-88-4

第四部分　急救措施

吸入　迅速脱离现场至空气新鲜处。保持呼吸道通畅。如呼吸困难，给输氧。如呼吸、心跳停止，立即进行心肺复苏术。就医

皮肤接触　立即脱去污染的衣着，用大量流动清水彻底冲洗至少 15min。就医

眼睛接触　立即分开眼睑，用流动清水或生理盐水彻底冲洗至少 15min。就医

食入　用水漱口，禁止催吐。给饮牛奶或蛋清。就医

对保护施救者的忠告　根据需要使用个人防护设备

对医生的特别提示　对症处理

第五部分　消防措施

灭火剂　用干粉、二氧化碳灭火

特别危险性　遇水或水蒸气反应放热并产生有毒的腐蚀性气体。对很多金属尤其是潮湿空气存在下有腐蚀性。燃烧生成有害的一氧化碳、氯化氢、光气

灭火注意事项及防护措施　消防人员必须穿全身耐酸碱消防服、佩戴空气呼吸器灭火。尽可能将容器从火场移至空旷处。喷水保持火场容器冷却，直至灭火结束。容器突然发出异常声音或出现异常现象，应立即撤

离。禁止用水、泡沫和酸碱灭火剂灭火

第六部分 泄漏应急处理

作业人员防护措施、防护装备和应急处置程序 根据液体流动和蒸气扩散的影响区域划定警戒区，无关人员从侧风、上风向撤离至安全区。消除所有点火源。建议应急处理人员戴正压自给式呼吸器，穿防酸碱服，戴橡胶耐酸碱手套。穿上适当的防护服前严禁接触破裂的容器和泄漏物。尽可能切断泄漏源。勿使泄漏物与可燃物质（如木材、纸、油等）接触

环境保护措施 防止泄漏物进入水体、下水道、地下室或有限空间

泄漏化学品的收容、清除方法及所使用的处置材料 小量泄漏：用干燥的砂土或其他不燃材料覆盖泄漏物，用洁净的无火花工具收集泄漏物，置于一盖子较松的塑料容器中，待处置。大量泄漏：构筑围堤或挖坑收容。用砂土、惰性物质或蛭石吸收大量液体。用石灰（CaO）、碎石灰石（$CaCO_3$）或碳酸氢钠（$NaHCO_3$）中和。用耐腐蚀泵转移至槽车或专用收集器内

第七部分 操作处置与储存

操作注意事项 密闭操作，局部排风。操作尽可能机械化、自动化。操作人员必须经过专门培训，严格遵守操作规程。建议操作人员佩戴自吸过滤式防毒面具(全面罩)，穿橡胶耐酸碱服，戴橡胶耐酸碱手套。远离火种、热源。工作场所严禁吸烟。使用防爆型的通风系统和设备。避免产生烟雾。防止烟雾和蒸气释放到工作场所空气中。避免与氧化剂、碱类、醇类接触。尤其要注意避免与水接触。在氮气中操作处置。搬运时要轻装轻卸，防止包装及容器损坏。配备相应品种和数量的消防器材及泄漏应急处理设备。倒空的容器可能残留有害物

储存注意事项 储存于阴凉、干燥、通风良好的库房。远离火种、热源。仓库温度不超过25℃，相对湿度不超过75%。保持容器密封。应与氧化剂、碱类、醇类、食用化学品分开存放，切忌混储。配备相应品种和数量的消防器材。储区应备有泄漏应急处理设备和合适的收容材料

第八部分 接触控制/个体防护

职业接触限值

中国 未制定标准

美国(ACGIH) TLV-C：0.5ppm

生物接触限值 未制定标准

监测方法 空气中有毒物质测定方法：未制定标准。生物监测检验方法：未制定标准

工程控制 密闭操作，局部排风。提供安全淋浴和洗眼设备

个体防护装备

呼吸系统防护 可能接触其蒸气时，建议佩戴过滤式防毒面具（全面罩）。紧急事态抢救或撤离时，建议佩戴空气呼吸器

眼睛防护 呼吸系统防护中已作防护

皮肤和身体防护 穿橡胶耐酸碱服

手防护 戴橡胶耐酸碱手套

第九部分 理化特性

外观与性状 无色发烟液体，有刺激性气味

pH值 无资料 **熔点(℃)** −1

沸点(℃) 197 **相对密度(水=1)** 1.22

相对蒸气密度(空气=1) 4.88

饱和蒸气压(kPa) 0.13（32.1℃）

燃烧热(kJ/mol) −3272.1 **临界温度(℃)** 无资料

临界压力(MPa) 4.06 **辛醇/水分配系数** 1.440

闪点(℃) 72.2 **自燃温度(℃)** 185

爆炸下限(%) 1.2 **爆炸上限(%)** 4.9

分解温度(℃) 无资料 **黏度(mPa·s)** 无资料

溶解性 溶于乙醚、氯仿、苯、二硫化碳

第十部分 稳定性和反应性

稳定性 稳定

危险反应 与强氧化剂等禁配物发生反应

避免接触的条件 潮湿空气

禁配物 强氧化剂、强碱、醇类、水

危险的分解产物 氯化氢、光气

第十一部分 毒理学信息

急性毒性

LD_{50} 1900mg/kg（大鼠经口）；790mg/kg（兔经皮）

LC_{50} 1870mg/m^3（大鼠吸入，2h）

皮肤刺激或腐蚀 无资料 **眼睛刺激或腐蚀** 无资料

呼吸或皮肤过敏 无资料

生殖细胞突变性 微生物致突变：鼠伤寒沙门氏菌1μmol/皿

致癌性 IARC致癌性评论：组3，现有的证据不能对人类致癌性进行分类。对人及动物致癌性证据不足

生殖毒性 无资料

特异性靶器官系统毒性-一次接触 无资料

特异性靶器官系统毒性-反复接触 无资料

吸入危害 无资料

第十二部分 生态学信息

生态毒性

LC_{50} 43mg/L（24h），35mg/L（48h），35mg/L（96h）(黑头呆鱼)

EC_{50} 0.12mg/L（96h）(水蚤)

持久性和降解性

生物降解性 易快速生物降解

非生物降解性 光解最大吸收波长（nm）：293；空气中光氧化半衰期（h）：102～1024；一级水解半衰期（h）：0.00472

潜在的生物累积性 根据K_{ow}值预测，该物质的生物累积性可能较弱

土壤中的迁移性 根据K_{oc}值预测，该物质可能易发生迁移

第十三部分　废弃处置

废弃化学品　危险废物

污染包装物　建议用焚烧法处置。与燃料混合后，再焚烧。焚烧炉排出的气体通过洗涤器除去

废弃注意事项　处置前应参阅国家和地方有关法规

第十四部分　运输信息

联合国危险货物编号（UN号）　1736

联合国运输名称　苯酰氯

联合国危险性类别　8

包装类别　Ⅱ类包装　　**包装标志**

海洋污染物　否

运输注意事项　起运时包装要完整，装载应稳妥。运输过程中要确保容器不泄漏、不倒塌、不坠落、不损坏。严禁与氧化剂、碱类、醇类、食用化学品等混装混运。运输时运输车辆应配备相应品种和数量的消防器材及泄漏应急处理设备。运输途中应防曝晒、雨淋，防高温。公路运输时要按规定路线行驶，勿在居民区和人口稠密区停留

第十五部分　法规信息

下列法律、法规、规章和标准，对该化学品的管理作了相应的规定。

中华人民共和国职业病防治法　职业病分类和目录：未列入

危险化学品安全管理条例　危险化学品目录：列入。易制爆危险化学品名录：未列入。重点监管的危险化学品名录：未列入。GB 18218—2009《危险化学品重大危险源辨识》（表1）：未列入

使用有毒物品作业场所劳动保护条例　高毒物品目录：未列入

易制毒化学品管理条例　易制毒化学品的分类和品种目录：未列入

国际公约　斯德哥尔摩公约：未列入。鹿特丹公约：未列入。蒙特利尔议定书：未列入

第十六部分　其他信息

编写和修订信息　　**缩略语和首字母缩写**

培训建议　　**参考文献**

免责声明

苯　肼

第一部分　化学品标识

化学品中文名　苯肼；苯基联氨

化学品英文名　phenylhydrazine；hydrazinobenzene

分子式　$C_6H_8N_2$　　**相对分子质量**　108.16

结构式

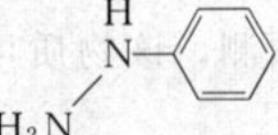

化学品的推荐及限制用途　用于有机合成，用作分析试剂及制造染料和药物

第二部分　危险性概述

紧急情况概述　吸入会中毒，可能导致皮肤过敏反应

GHS危险性类别　急性毒性-吸入，类别3；皮肤腐蚀/刺激，类别2；严重眼损伤/眼刺激，类别2；皮肤致敏物，类别1；生殖细胞致突变性，类别2；特异性靶器官毒性-反复接触，类别1；危害水生环境-急性危害，类别1

标签要素

象形图

警示词　危险

危险性说明　吸入会中毒，造成皮肤刺激，造成严重眼刺激，可能导致皮肤过敏反应，怀疑可造成遗传性缺陷，长时间或反复接触对器官造成损伤，水生生物毒性非常大

防范说明

预防措施　避免吸入粉尘、蒸气、雾。仅在室外或通风良好处操作。避免接触眼睛、皮肤，操作后彻底清洗。戴防护手套、防护眼镜、防护面罩。污染的工作服不得带出工作场所。得到专门指导后操作。在阅读并了解所有安全预防措施之前，切勿操作。按要求使用个体防护装备。操作现场不得进食、饮水或吸烟。禁止排入环境

事故响应　如吸入：将患者转移到空气新鲜处，休息，保持利于呼吸的体位。呼叫中毒控制中心或就医。皮肤接触：用大量肥皂水和水清洗。如发生皮肤刺激，就医。脱去被污染的衣服，洗净后方可重新使用。如接触眼睛：用水细心冲洗数分钟。如戴隐形眼镜并可方便地取出，取出隐形眼镜继续冲洗。如果接触或有担心，就医。收集泄漏物

安全储存　在通风良好处储存。保持容器密闭。上锁保管

废弃处置　本品及内装物、容器依据国家和地方法规处置

物理和化学危险　可燃，其蒸气与空气混合，能形成爆炸性混合物

健康危害　本品可引起溶血性贫血、高铁血红蛋白血症、高胆红素血症，以及中枢神经系统和肝、肾、心脏损害

急性中毒　轻度中毒有头痛、头晕、无力、食欲不振、腹痛、腹泻等。较重时尚有呼吸困难、抽搐、震颤、共济失调、意识不清、高铁血红蛋白血症。重症者出现紫绀、黄疸、白细胞减少，并可发生溶血性贫血、高胆红素血症和肝、肾损害。对皮肤有致敏性

慢性中毒　长期接触可发生心、肝、肾损害。可致皮肤损害，重者可发生水疱、水肿等

环境危害 对水生生物毒性非常大

第三部分 成分/组成信息

√物质		混合物
组分	**浓度**	**CAS No.**
苯肼		100-63-0

第四部分 急救措施

吸入 迅速脱离现场至空气新鲜处。保持呼吸道通畅。如呼吸困难，给吸氧。如呼吸、心跳停止，立即行心肺复苏术。就医

皮肤接触 立即脱去污染衣着，用肥皂水或清水彻底冲洗。就医

眼睛接触 分开眼睑，用清水或生理盐水冲洗。就医

食入 漱口，饮水。就医

对保护施救者的忠告 根据需要使用个人防护设备

对医生的特别提示 高铁血红蛋白血症，可用美蓝和维生素C治疗

第五部分 消防措施

灭火剂 用雾状水、泡沫、二氧化碳、砂土灭火

特别危险性 可燃。遇明火、高热可燃。受热分解放出有毒烟气。与强氧化剂接触可发生化学反应。燃烧生成有害的一氧化碳、氮氧化物

灭火注意事项及防护措施 消防人员必须佩戴空气呼吸器、穿全身防火防毒服，在上风向灭火。尽可能将容器从火场移至空旷处。喷水保持火场容器冷却，直至灭火结束。容器突然发出异常声音或出现异常现象，应立即撤离

第六部分 泄漏应急处理

作业人员防护措施、防护装备和应急处置程序 隔离泄漏污染区，限制出入。消除所有点火源。建议应急处理人员戴防尘口罩，穿防毒服，戴橡胶耐油手套。穿上适当的防护服前严禁接触破裂的容器和泄漏物。尽可能切断泄漏源。用塑料布覆盖泄漏物，减少飞散。勿使水进入包装容器内

环境保护措施 无资料

泄漏化学品的收容、清除方法及所使用的处置材料 用洁净的铲子收集泄漏物，置于干净、干燥、盖子较松的容器中，将容器移离泄漏区

第七部分 操作处置与储存

操作注意事项 密闭操作，局部排风。操作人员必须经过专门培训，严格遵守操作规程。建议操作人员佩戴自吸过滤式防毒面具（半面罩），戴化学安全防护眼镜，穿防毒物渗透工作服，戴橡胶耐油手套。远离火种、热源。工作场所严禁吸烟。使用防爆型的通风系统和设备。防止烟雾或粉尘泄漏到工作场所空气中。避免与氧化剂接触。搬运时要轻装轻卸，防止包装及容器损坏。配备相应品种和数量的消防器材及泄漏应急处理设备。倒空的容器可能残留有害物

储存注意事项 储存于阴凉、通风的库房。远离火种、热源。包装要求密封，不可与空气接触。应与氧化剂、食用化学品分开存放，切忌混储。配备相应品种和数量的消防器材。储区应备有泄漏应急处理设备和合适的收容材料

第八部分 接触控制/个体防护

职业接触限值

中国 未制定标准

美国(ACGIH) TLV-TWA：0.1ppm［皮］

生物接触限值 未制定标准

监测方法 空气中有毒物质测定方法：未制定标准。生物监测检验方法：未制定标准

工程控制 密闭操作，局部排风

个体防护装备

呼吸系统防护 可能接触其蒸气时，应该佩戴过滤式防毒面具（半面罩）。紧急事态抢救或撤离时，佩戴空气呼吸器

眼睛防护 戴化学安全防护眼镜

皮肤和身体防护 穿防毒物渗透工作服

手防护 戴橡胶耐油手套

第九部分 理化特性

外观与性状 淡黄色晶体或油状液体，有刺激性气味

pH值 无资料 **熔点(℃)** 19.4

沸点(℃) 243.5（分解） **相对密度(水=1)** 1.10

相对蒸气密度(空气=1) 3.7

饱和蒸气压(kPa) 1.33（115℃）

燃烧热(kJ/mol) 无资料 **临界温度(℃)** 无资料

临界压力(MPa) 无资料 **辛醇/水分配系数** 1.9

闪点(℃) 89（CC） **自燃温度(℃)** 615

爆炸下限(%) 1.3 **爆炸上限(%)** 无资料

分解温度(℃) 无资料 **黏度(mPa·s)** 无资料

溶解性 不溶于冷水，微溶于热水，混溶于乙醇、乙醚、苯等多数有机溶剂

第十部分 稳定性和反应性

稳定性 稳定

危险反应 与强氧化剂等禁配物发生反应

避免接触的条件 受热、光照、接触空气

禁配物 强氧化剂

危险的分解产物 无资料

第十一部分 毒理学信息

急性毒性 LD_{50}：188mg/kg（大鼠经口）；175mg/kg（小鼠经口）；80mg/kg（兔经口）；90mg/kg（兔经皮）

皮肤刺激或腐蚀 无资料 **眼睛刺激或腐蚀** 无资料

呼吸或皮肤过敏 无资料

生殖细胞突变性 微生物致突变：鼠伤寒沙门氏菌4600nmol/皿。基因转化和有丝分裂重组：酿酒酵母25mg/L。DNA损伤：小鼠腹腔内给予350μmol/kg

致癌性 无资料 **生殖毒性** 无资料

特异性靶器官系统毒性-一次接触 无资料

特异性靶器官系统毒性-反复接触 大鼠腹腔最低中毒剂

量（TDLo）：30mg/kg（孕17～19d），对新生鼠行为有影响

吸入危害 无资料

第十二部分 生态学信息

生态毒性

LC_{50} 0.16～0.26mg/L（96h）（斑马鱼）；21.4mg/L（24h），15.7mg/L（48h）（青鳉，静态）

EC_{50} <1200μg/L（24h）（水蚤，静态）

持久性和降解性

生物降解性 静态 Zahn-Wellens 试验：9～13d 降解 85%

非生物降解性 空气中，当羟基自由基浓度为5.00×10^5个/cm^3时，降解半衰期为9h（理论）

潜在的生物累积性 根据 K_{ow} 值预测，该物质的生物累积性可能较弱

土壤中的迁移性 根据 K_{oc} 值预测，该物质可能易发生迁移

第十三部分 废弃处置

废弃化学品 用控制焚烧法处置。焚烧炉排出的氮氧化物通过洗涤器除去

污染包装物 将容器返还生产商或按照国家和地方法规处置

废弃注意事项 把倒空的容器归还厂商或在规定场所掩埋

第十四部分 运输信息

联合国危险货物编号（UN号） 2572

联合国运输名称 苯肼 **联合国危险性类别** 6.1

包装类别 Ⅱ类包装 **包装标志** 

海洋污染物 否

运输注意事项 运输前应先检查包装容器是否完整、密封，运输过程中要确保容器不泄漏、不倒塌、不坠落、不损坏。严禁与酸类、氧化剂、食品及食品添加剂混运。运输时运输车辆应配备相应品种和数量的消防器材及泄漏应急处理设备。运输途中应防曝晒、雨淋，防高温。公路运输时要按规定路线行驶

第十五部分 法规信息

下列法律、法规、规章和标准，对该化学品的管理作了相应的规定。

中华人民共和国职业病防治法 职业病分类和目录：苯的氨基及硝基化合物中毒

危险化学品安全管理条例 危险化学品目录：列入。易制爆危险化学品名录：未列入。重点监管的危险化学品名录：未列入。GB 18218—2009《危险化学品重大危险源辨识》（表1）：未列入

使用有毒物品作业场所劳动保护条例 高毒物品目录：列入

易制毒化学品管理条例 易制毒化学品的分类和品种目录：未列入

国际公约 斯德哥尔摩公约：未列入。鹿特丹公约：未列入。蒙特利尔议定书：未列入

第十六部分 其他信息

编写和修订信息 **缩略语和首字母缩写**

培训建议 **参考文献**

免责声明

苯乙腈

第一部分 化学品标识

化学品中文名 苯乙腈；苄基氰；苄氰

化学品英文名 phenylacetonitrile；benzyl cyanide

分子式 C_8H_7N **相对分子质量** 117.16

结构式 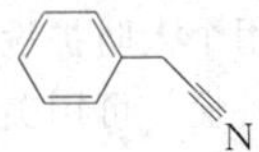

化学品的推荐及限制用途 用于有机合成

第二部分 危险性概述

紧急情况概述 吞咽会中毒，皮肤接触会中毒，吸入致命

GHS危险性类别 急性毒性-经口，类别3；急性毒性-经皮，类别3；急性毒性-吸入，类别1；严重眼损伤/眼刺激，类别2；特异性靶器官毒性-反复接触，类别1

标签要素

象形图 

警示词 危险

危险性说明 吞咽会中毒，皮肤接触会中毒，吸入致命，造成严重眼刺激，长时间或反复接触对器官造成损伤

防范说明

预防措施 避免接触眼睛、皮肤，操作后彻底清洗。作业场所不得进食、饮水或吸烟。戴防护手套，穿防护服，戴防护眼镜、防护面罩。避免吸入蒸气、雾。仅在室外或通风良好处操作。戴呼吸防护器具。操作后彻底清洗

事故响应 如吸入：将患者转移到空气新鲜处，休息，保持利于呼吸的体位。皮肤接触：立即脱去所有被污染的衣服。用大量肥皂水和水清洗。如感觉不适，呼叫中毒控制中心或就医。被污染的衣服须经洗净后方可重新使用。如接触眼睛：用水细心冲洗数分钟。如戴隐形眼镜并可方便地取出，取出隐形眼镜继续冲洗。如果眼睛刺激持续：就医。食入：立即呼叫中毒控制中心或就医。漱口

安全储存 在通风良好处储存。保持容器密闭。上锁保管

废弃处置 本品及内装物、容器依据国家和地方法规处置

物理和化学危险 可燃，其蒸气与空气混合，能形成爆炸

性混合物

健康危害 毒作用与氢氰酸相似，并有局部刺激作用。吸入后出现头痛、头晕、恶心、呕吐、倦睡、上呼吸道刺激、神志丧失等，可引起死亡。对眼和皮肤有刺激性。可经皮肤迅速吸收。口服可有消化道刺激症状

环境危害 对环境可能有害

第三部分 成分/组成信息

√物质		混合物
组分	**浓度**	**CAS No.**
苯乙腈		140-29-4

第四部分 急救措施

吸入 迅速脱离现场至空气新鲜处。保持呼吸道通畅。如呼吸困难，给输氧。如呼吸、心跳停止，立即进行心肺复苏术。就医

皮肤接触 立即脱去污染的衣着，用肥皂水和清水彻底冲洗。就医

眼睛接触 立即分开眼睑，用流动清水或生理盐水彻底冲洗。就医

食入 催吐（仅限于清醒着），给服活性炭悬液。就医

对保护施救者的忠告 根据需要使用个人防护设备

对医生的特别提示 使用亚硝酸钠、硫代硫酸钠、4-二甲氨基苯酚等解毒剂

第五部分 消防措施

灭火剂 用泡沫、干粉、二氧化碳、砂土灭火

特别危险性 受高热分解放出有毒的气体。与强氧化剂接触可发生化学反应。燃烧生成有害的一氧化碳、氮氧化物、氰化氢

灭火注意事项及防护措施 消防人员必须佩戴空气呼吸器、穿全身防火防毒服，在上风向灭火。尽可能将容器从火场移至空旷处。喷水保持火场容器冷却，直至灭火结束。容器突然发出异常声音或出现异常现象，应立即撤离。禁止使用酸碱灭火剂

第六部分 泄漏应急处理

作业人员防护措施、防护装备和应急处置程序 根据液体流动和蒸气扩散的影响区域划定警戒区，无关人员从侧风、上风向撤离至安全区。建议应急处理人员戴正压自给式呼吸器，穿防毒服，戴橡胶耐油手套。穿上适当的防护服前严禁接触破裂的容器和泄漏物。尽可能切断泄漏源

环境保护措施 防止泄漏物进入水体、下水道、地下室或有限空间

泄漏化学品的收容、清除方法及所使用的处置材料 小量泄漏：用干燥的砂土或其他不燃材料吸收或覆盖，收集于容器中。大量泄漏：构筑围堤或挖坑收容。用泵转移至槽车或专用收集器内

第七部分 操作处置与储存

操作注意事项 严加密闭，提供充分的局部排风和全面通风。操作尽可能机械化、自动化。操作人员必须经过专门培训，严格遵守操作规程。建议操作人员佩戴自吸过滤式防毒面具（全面罩），戴化学安全防护眼镜，穿聚乙烯防毒服，戴橡胶耐油手套。远离火种、热源。工作场所严禁吸烟。使用防爆型的通风系统和设备。防止蒸气泄漏到工作场所空气中。避免与氧化剂、还原剂、酸类接触。灌装时应控制流速，且有接地装置，防止静电积聚。配备相应品种和数量的消防器材及泄漏应急处理设备。倒空的容器可能残留有害物

储存注意事项 储存于阴凉、通风的库房。远离火种、热源。保持容器密封。应与氧化剂、还原剂、酸类、食用化学品分开存放，切忌混储。配备相应品种和数量的消防器材。储区应备有泄漏应急处理设备和合适的收容材料

第八部分 接触控制/个体防护

职业接触限值

中国 未制定标准

美国(ACGIH) 未制定标准

生物接触限值 未制定标准

监测方法 空气中有毒物质测定方法：溶剂解吸-气相色谱法。生物监测检验方法：未制定标准

工程控制 严加密闭，提供充分的局部排风。提供安全淋浴和洗眼设备

个体防护装备

呼吸系统防护 可能接触其蒸气时，应该佩戴过滤式防毒面具（全面罩）。紧急事态抢救或撤离时，建议佩戴空气呼吸器

眼睛防护 呼吸系统防护中已作防护

皮肤和身体防护 穿隔绝式防毒服

手防护 戴橡胶耐油手套

第九部分 理化特性

外观与性状 无色油状液体，有芳香气味

pH 值 无资料 **熔点(℃)** −23.8

沸点(℃) 233.5 **相对密度(水=1)** 1.02

相对蒸气密度(空气=1) 无资料

饱和蒸气压(kPa) 0.0123（25℃）

燃烧热(kJ/mol) −4278.2 **临界温度(℃)** 无资料

临界压力(MPa) 无资料 **辛醇/水分配系数** 1.56

闪点(℃) 101 **自燃温度(℃)** 无资料

爆炸下限(%) 1.1 **爆炸上限(%)** 7

分解温度(℃) 无资料 **黏度(mPa·s)** 无资料

溶解性 不溶于水，溶于乙醇、乙醚等多数有机溶剂

第十部分 稳定性和反应性

稳定性 稳定

危险反应 与强氧化剂等禁配物发生反应

避免接触的条件 无资料

禁配物 强氧化剂、强还原剂、强酸、强碱

危险的分解产物 无资料

第十一部分 毒理学信息

急性毒性

LD_{50} 270mg/kg（大鼠经口）；45.5mg/kg（小鼠经

口)；270mg/kg（兔经皮）

LC_{50} 430mg/m³（大鼠吸入，2h）

皮肤刺激或腐蚀 家兔经皮：500mg（24h），轻度刺激

眼睛刺激或腐蚀 无资料 **呼吸或皮肤过敏** 无资料

生殖细胞突变性 无资料 **致癌性** 无资料

生殖毒性 无资料

特异性靶器官系统毒性-一次接触 无资料

特异性靶器官系统毒性-反复接触 无资料

吸入危害 无资料

第十二部分 生态学信息

生态毒性 EC_{50}：1.2～1.51mg/L（发光菌，Microtox 测试）

持久性和降解性

生物降解性 MITI-I 测试：初始浓度 100mg/L，污泥浓度 30mg/L，2 周后降解 77%

非生物降解性 空气中，当羟基自由基浓度为5.00×10^5个/cm³时，降解半衰期为 7.8d（理论）

潜在的生物累积性 根据 K_{ow} 值预测，该物质的生物累积性可能较弱

土壤中的迁移性 根据 K_{oc} 值预测，该物质可能易发生迁移

第十三部分 废弃处置

废弃化学品 建议用焚烧法处置。焚烧炉排出的氮氧化物通过洗涤器除去

污染包装物 将容器返还生产商或按照国家和地方法规处置

废弃注意事项 处置前应参阅国家和地方有关法规

第十四部分 运输信息

联合国危险货物编号（UN 号） 2470

联合国运输名称 液态苯基乙腈

联合国危险性类别 6.1

包装类别 Ⅲ类包装 **包装标志**

海洋污染物 否

运输注意事项 运输前应先检查包装容器是否完整、密封，运输过程中要确保容器不泄漏、不倒塌、不坠落、不损坏。严禁与酸类、氧化剂、食品及食品添加剂混运。运输时运输车辆应配备相应品种和数量的消防器材及泄漏应急处理设备。运输途中应防曝晒、雨淋，防高温。公路运输时要按规定路线行驶，勿在居民区和人口稠密区停留

第十五部分 法规信息

下列法律、法规、规章和标准，对该化学品的管理作了相应的规定。

中华人民共和国职业病防治法 职业病分类和目录：氰及腈类化合物中毒

危险化学品安全管理条例 危险化学品目录：列入。易制爆危险化学品名录：未列入。重点监管的危险化学品名录：未列入。GB 18218—2009《危险化学品重大危险源辨识》（表 1）：未列入

使用有毒物品作业场所劳动保护条例 高毒物品目录：未列入

易制毒化学品管理条例 易制毒化学品的分类和品种目录：未列入

国际公约 斯德哥尔摩公约：未列入。鹿特丹公约：未列入。蒙特利尔议定书：未列入

第十六部分 其他信息

编写和修订信息 **缩略语和首字母缩写**

培训建议 **参考文献**

免责声明

2-苯基乙硫醇

第一部分 化学品标识

化学品中文名 2-苯基乙硫醇；苯乙硫醇；苯（基）乙硫醇

化学品英文名 2-phenylethylmercaptan；2-phenylethanethiol

分子式 $C_8H_{10}S$ **相对分子质量** 138.2

结构式

化学品的推荐及限制用途 用于有机合成，用作试剂

第二部分 危险性概述

紧急情况概述 可燃液体

GHS 危险性类别 易燃液体，类别 4

标签要素

象形图 - **警示词** 警告

危险性说明 可燃液体

防范说明

预防措施 远离火焰和热表面。禁止吸烟。戴防护手套、防护眼镜、防护面罩

事故响应 火灾时，使用雾状水、泡沫、干粉、二氧化碳、砂土灭火

安全储存 存放在通风良好的地方。保持低温

废弃处置 本品及内装物、容器依据国家和地方法规处置

物理和化学危险 可燃，其蒸气与空气混合，能形成爆炸性混合物

健康危害 本品有刺激作用。接触后可引起头痛、恶心和呕吐

环境危害 对环境可能有害

第三部分 成分/组成信息

√物质 混合物

组分	浓度	CAS No.
2-苯基乙硫醇		4410-99-5

第四部分 急救措施

吸入 迅速脱离现场至空气新鲜处。保持呼吸道通畅。如

呼吸困难，给输氧。如呼吸、心跳停止，立即进行心肺复苏术。就医

皮肤接触 立即脱去污染的衣着，用流动清水彻底冲洗。就医

眼睛接触 立即分开眼睑，用流动清水或生理盐水彻底冲洗。就医

食入 漱口，饮水。就医

对保护施救者的忠告 根据需要使用个人防护设备

对医生的特别提示 对症处理

第五部分 消防措施

灭火剂 用雾状水、泡沫、干粉、二氧化碳、砂土灭火

特别危险性 受高热分解产生有毒的硫化物烟气。接触强酸或受热分解放出有毒的甲醛气体。燃烧生成有害的一氧化碳、氧化硫

灭火注意事项及防护措施 消防人员须佩戴防毒面具、穿全身消防服，在上风向灭火。尽可能将容器从火场移至空旷处。喷水保持火场容器冷却，直至灭火结束。容器突然发出异常声音或出现异常现象，应立即撤离

第六部分 泄漏应急处理

作业人员防护措施、防护装备和应急处置程序 根据液体流动和蒸气扩散的影响区域划定警戒区，无关人员从侧风、上风向撤离至安全区。消除所有点火源。建议应急处理人员戴正压自给式呼吸器，穿防毒服，戴橡胶手套。作业时使用的所有设备应接地。禁止接触或跨越泄漏物。尽可能切断泄漏源

环境保护措施 防止泄漏物进入水体、下水道、地下室或有限空间

泄漏化学品的收容、清除方法及所使用的处置材料 小量泄漏：用砂土或其他不燃材料吸收。使用洁净的无火花工具收集吸收材料。大量泄漏：构筑围堤或挖坑收容。用泡沫覆盖，减少蒸发。喷水雾能减少蒸发，但不能降低泄漏物在有限空间内的易燃性。用防爆泵转移至槽车或专用收集器内

第七部分 操作处置与储存

操作注意事项 密闭操作，全面通风。操作人员必须经过专门培训，严格遵守操作规程。建议操作人员佩戴自吸过滤式防毒面具（半面罩），戴化学安全防护眼镜，穿防毒物渗透工作服，戴橡胶手套。远离火种、热源。工作场所严禁吸烟。使用防爆型的通风系统和设备。防止蒸气泄漏到工作场所空气中。避免与氧化剂、碱类接触。搬运时要轻装轻卸，防止包装及容器损坏。配备相应品种和数量的消防器材及泄漏应急处理设备。倒空的容器可能残留有害物

储存注意事项 储存于阴凉、通风的库房。远离火种、热源。应与氧化剂、碱类分开存放，切忌混储。配备相应品种和数量的消防器材。储区应备有泄漏应急处理设备和合适的收容材料

第八部分 接触控制/个体防护

职业接触限值

中国 未制定标准

美国(ACGIH) 未制定标准

生物接触限值 未制定标准

监测方法 空气中有毒物质测定方法：未制定标准。生物监测检验方法：未制定标准

工程控制 生产过程密闭，全面通风

个体防护装备

呼吸系统防护 空气中浓度超标时，必须佩戴过滤式防毒面具（半面罩）。紧急事态抢救或撤离时，应该佩戴空气呼吸器

眼睛防护 戴化学安全防护眼镜

皮肤和身体防护 穿防毒物渗透工作服

手防护 戴橡胶手套

第九部分 理化特性

外观与性状 无色液体，有令人不愉快的气味

pH 值 无资料 **熔点(℃)** 无资料

沸点(℃) 217～218

相对密度(水＝1) 1.03 (15.5℃)

相对蒸气密度(空气＝1) 无资料

饱和蒸气压(kPa) 无资料

燃烧热(kJ/mol) 无资料 **临界温度(℃)** 无资料

临界压力(MPa) 无资料 **辛醇/水分配系数** 无资料

闪点(℃) 90 **自燃温度(℃)** 无资料

爆炸下限(%) 无资料 **爆炸上限(%)** 无资料

分解温度(℃) 无资料 **黏度(mPa·s)** 无资料

溶解性 微溶于水，可混溶于乙醇、乙醚

第十部分 稳定性和反应性

稳定性 稳定

危险反应 与强氧化剂等禁配物发生反应。接触强酸或受热分解放出有毒的甲醛气体

避免接触的条件 受热

禁配物 强氧化剂、强碱

危险的分解产物 无资料

第十一部分 毒理学信息

急性毒性 无资料 **皮肤刺激或腐蚀** 无资料

眼睛刺激或腐蚀 无资料 **呼吸或皮肤过敏** 无资料

生殖细胞突变性 无资料 **致癌性** 无资料

生殖毒性 无资料

特异性靶器官系统毒性-一次接触 无资料

特异性靶器官系统毒性-反复接触 无资料

吸入危害 无资料

第十二部分 生态学信息

生态毒性 无资料

持久性和降解性

生物降解性 无资料

非生物降解性 无资料

潜在的生物累积性 无资料

土壤中的迁移性 无资料

第十三部分 废弃处置

废弃化学品 建议用焚烧法处置。焚烧炉排出的硫氧化物

通过洗涤器除去

污染包装物　将容器返还生产商或按照国家和地方法规处置

废弃注意事项　处置前应参阅国家和地方有关法规

第十四部分　运输信息

联合国危险货物编号（UN号）　-

联合国运输名称　-　　**联合国危险性类别**　-

包装类别　-　　**包装标志**　-

海洋污染物　否

运输注意事项　运输前应先检查包装容器是否完整、密封，运输过程中要确保容器不泄漏、不倒塌、不坠落、不损坏。严禁与酸类、氧化剂、食品及食品添加剂混运。运输时运输车辆应配备相应品种和数量的消防器材及泄漏应急处理设备。运输途中应防曝晒、雨淋，防高温。公路运输时要按规定路线行驶，勿在居民区和人口稠密区停留

第十五部分　法规信息

下列法律、法规、规章和标准，对该化学品的管理作了相应的规定。

中华人民共和国职业病防治法　职业病分类和目录：未列入

危险化学品安全管理条例　危险化学品目录：未列入。易制爆危险化学品名录：未列入。重点监管的危险化学品名录：未列入。GB 18218—2009《危险化学品重大危险源辨识》（表1）：未列入

使用有毒物品作业场所劳动保护条例　高毒物品目录：未列入

易制毒化学品管理条例　易制毒化学品的分类和品种目录：未列入

国际公约　斯德哥尔摩公约：未列入。鹿特丹公约：未列入。蒙特利尔议定书：未列入

第十六部分　其他信息

编写和修订信息　　**缩略语和首字母缩写**

培训建议　　**参考文献**

免责声明

苯　乙　炔

第一部分　化学品标识

化学品中文名　苯乙炔；乙炔苯

化学品英文名　phenylacetylene；acetylene benzene；ethynylbenzene

分子式　C_8H_6　　**相对分子质量**　102.12

结构式

化学品的推荐及限制用途　用于有机合成中间体

第二部分　危险性概述

紧急情况概述　易燃液体和蒸气

GHS危险性类别　易燃液体，类别3

标签要素

象形图

警示词　警告

危险性说明　易燃液体和蒸气

防范说明

预防措施　远离热源、火花、明火、热表面。禁止吸烟。保持容器密闭。容器和接收设备接地连接。使用防爆电器、通风、照明设备。只能使用不产生火花的工具。采取防止静电措施。戴防护手套、防护眼镜、防护面罩

事故响应　火灾时，使用泡沫、干粉、二氧化碳、砂土灭火。如皮肤（或头发）接触：立即脱掉所有被污染的衣服。用水冲洗皮肤，淋浴

安全储存　存放在通风良好的地方。保持低温

废弃处置　本品及内装物、容器依据国家和地方法规处置

物理和化学危险　易燃，其蒸气与空气混合，能形成爆炸性混合物

健康危害　具有刺激性

环境危害　对环境可能有害

第三部分　成分/组成信息

√物质		混合物
组分	**浓度**	**CAS No.**
苯乙炔		536-74-3

第四部分　急救措施

吸入　迅速脱离现场至空气新鲜处。保持呼吸道通畅。如呼吸困难，给输氧。如呼吸、心跳停止，立即进行心肺复苏术。就医

皮肤接触　立即脱去污染的衣着，用流动清水彻底冲洗。就医

眼睛接触　立即分开眼睑，用流动清水或生理盐水彻底冲洗。就医

食入　漱口，饮水。就医

对保护施救者的忠告　根据需要使用个人防护设备

对医生的特别提示　对症处理

第五部分　消防措施

灭火剂　用泡沫、干粉、二氧化碳、砂土灭火

特别危险性　若遇高热，可发生聚合反应，放出大量热量而引起容器破裂和爆炸事故。燃烧生成有害的一氧化碳

灭火注意事项及防护措施　消防人员须佩戴防毒面具、穿全身消防服，在上风向灭火。尽可能将容器从火场移至空旷处。喷水保持火场容器冷却，直至灭火结束。容器突然发出异常声音或出现异常现象，应立即撤离

第六部分　泄漏应急处理

作业人员防护措施、防护装备和应急处置程序　消除所有

点火源。根据液体流动和蒸气扩散的影响区域划定警戒区，无关人员从侧风、上风向撤离至安全区。建议应急处理人员戴正压自给式呼吸器，穿防静电服。作业时使用的所有设备应接地。禁止接触或跨越泄漏物。尽可能切断泄漏源

环境保护措施 防止泄漏物进入水体、下水道、地下室或有限空间

泄漏化学品的收容、清除方法及所使用的处置材料 小量泄漏：用砂土或其他不燃材料吸收。使用洁净的无火花工具收集吸收材料。大量泄漏：构筑围堤或挖坑收容。用泡沫覆盖，减少蒸发。喷水雾能减少蒸发，但不能降低泄漏物在有限空间内的易燃性。用防爆泵转移至槽车或专用收集器内

第七部分 操作处置与储存

操作注意事项 密闭操作，加强通风。操作人员必须经过专门培训，严格遵守操作规程。建议操作人员佩戴直接式防毒面具（半面罩），戴化学安全防护眼镜，穿防毒物渗透工作服，戴橡胶耐油手套。远离火种、热源。工作场所严禁吸烟。使用防爆型的通风系统和设备。防止蒸气泄漏到工作场所空气中。避免与氧化剂、酸类、卤素、碱金属接触。灌装时应控制流速，且有接地装置，防止静电积聚。搬运时要轻装轻卸，防止包装及容器损坏。配备相应品种和数量的消防器材及泄漏应急处理设备。倒空的容器可能残留有害物

储存注意事项 储存于阴凉、通风的库房。远离火种、热源。库温不宜超过 37℃。包装要求密封，不可与空气接触。应与氧化剂、酸类、卤素、碱金属分开存放，切忌混储。不宜大量储存或久存。采用防爆型照明、通风设施。禁止使用易产生火花的机械设备和工具。储区应备有泄漏应急处理设备和合适的收容材料

第八部分 接触控制/个体防护

职业接触限值

中国 未制定标准

美国(ACGIH) 未制定标准

生物接触限值 未制定标准

监测方法 空气中有毒物质测定方法：未制定标准。生物监测检验方法：未制定标准

工程控制 生产过程密闭，加强通风

个体防护装备

呼吸系统防护 高浓度环境中，佩戴过滤式防毒面具（半面罩）

眼睛防护 一般不需要特殊防护，高浓度接触时可戴化学安全防护眼镜

皮肤和身体防护 穿防毒物渗透工作服

手防护 戴橡胶耐油手套

第九部分 理化特性

外观与性状 淡黄色液体

pH 值 无资料 **熔点(℃)** －44.8

沸点(℃) 142～144 **相对密度(水＝1)** 0.93

相对蒸气密度(空气＝1) 无资料

饱和蒸气压(kPa) 2.34（37.7）

燃烧热(kJ/mol) －4281.2 **临界温度(℃)** 无资料

临界压力(MPa) 4.28 **辛醇/水分配系数** 2.53

闪点(℃) 31 **自燃温度(℃)** 490

爆炸下限(%) 1.2 **爆炸上限(%)** 11.9

分解温度(℃) 无资料 **黏度(mPa·s)** 无资料

溶解性 不溶于水，可混溶于乙醇、乙醚等多数有机溶剂

第十部分 稳定性和反应性

稳定性 稳定

危险反应 与强氧化剂等禁配物接触，有发生火灾和爆炸的危险

避免接触的条件 受热

禁配物 强氧化剂、酸类、卤素、碱金属

危险的分解产物 无资料

第十一部分 毒理学信息

急性毒性 LD_{50}：100mg/kg（小鼠静脉）

皮肤刺激或腐蚀 无资料 **眼睛刺激或腐蚀** 无资料

呼吸或皮肤过敏 无资料 **生殖细胞突变性** 无资料

致癌性 无资料 **生殖毒性** 无资料

特异性靶器官系统毒性-一次接触 无资料

特异性靶器官系统毒性-反复接触 无资料

吸入危害 无资料

第十二部分 生态学信息

生态毒性 无资料

持久性和降解性

生物降解性 无资料

非生物降解性 无资料

潜在的生物累积性 根据 K_{ow}值预测，该物质的生物累积性可能较弱

土壤中的迁移性 根据 K_{oc}值预测，该物质可能有一定的迁移性

第十三部分 废弃处置

废弃化学品 建议用焚烧法处置

污染包装物 将容器返还生产商或按照国家和地方法规处置

废弃注意事项 处置前应参阅国家和地方有关法规

第十四部分 运输信息

联合国危险货物编号（UN 号） 1993

联合国运输名称 易燃液体，未另作规定的（苯乙炔）

联合国危险性类别 3

包装类别 Ⅲ类包装 **包装标志**

海洋污染物 否

运输注意事项 运输时运输车辆应配备相应品种和数量的消防器材及泄漏应急处理设备。夏季最好早晚运输。运输时所用的槽（罐）车应有接地链，槽内可设孔隔

板以减少震荡产生静电。严禁与氧化剂、酸类、卤素、碱金属、食用化学品等混装混运。运输途中应防曝晒、雨淋，防高温。中途停留时应远离火种、热源、高温区。装运该物品的车辆排气管必须配备阻火装置，禁止使用易产生火花的机械设备和工具装卸。公路运输时要按规定路线行驶，勿在居民区和人口稠密区停留。铁路运输时要禁止溜放。严禁用木船、水泥船散装运输

第十五部分 法规信息

下列法律、法规、规章和标准，对该化学品的管理作了相应的规定。

中华人民共和国职业病防治法 职业病分类和目录：未列入

危险化学品安全管理条例 危险化学品目录：列入。易制爆危险化学品名录：未列入。重点监管的危险化学品名录：未列入。GB 18218—2009《危险化学品重大危险源辨识》(表1)：未列入

使用有毒物品作业场所劳动保护条例 高毒物品目录：未列入

易制毒化学品管理条例 易制毒化学品的分类和品种目录：未列入

国际公约 斯德哥尔摩公约：未列入。鹿特丹公约：未列入。蒙特利尔议定书：未列入

第十六部分 其他信息

编写和修订信息 **缩略语和首字母缩写**

培训建议 **参考文献**

免责声明

苯 乙 烯

第一部分 化学品标识

化学品中文名 苯乙烯；乙烯基苯；乙烯苯

化学品英文名 phenylethylene；styrene

分子式 C_8H_8 **相对分子质量** 104.16

结构式 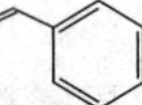

化学品的推荐及限制用途 用于制聚苯乙烯、合成橡胶、离子交换树脂等

第二部分 危险性概述

紧急情况概述 易燃液体和蒸气，吸入有害

GHS危险性类别 易燃液体，类别3；急性毒性-吸入，类别4；皮肤腐蚀/刺激，类别2；严重眼损伤/眼刺激，类别2；致癌性，类别2；生殖毒性，类别2；特异性靶器官毒性-反复接触，类别1；危害水生环境-急性危害，类别2

标签要素

象形图 

警示词 危险

危险性说明 易燃液体和蒸气，吸入有害，造成皮肤刺激，造成严重眼刺激，怀疑致癌，怀疑对生育力或胎儿造成伤害，长时间或反复接触对器官造成损伤，对水生生物有毒

防范说明

预防措施 远离热源、火花、明火、热表面。禁止吸烟。保持容器密闭。容器和接收设备接地连接。使用防爆电器、通风、照明设备。只能使用不产生火花的工具。采取防止静电措施。戴防护手套、防护眼镜、防护面罩。避免吸入蒸气、雾。仅在室外或通风良好处操作。避免接触眼睛、皮肤，操作后彻底清洗。得到专门指导后操作。在阅读并了解所有安全预防措施之前，切勿操作。按要求使用个体防护装备。操作现场不得进食、饮水或吸烟。禁止排入环境

事故响应 火灾时，使用泡沫、干粉、二氧化碳、砂土灭火。如吸入：将患者转移到空气新鲜处，休息，保持利于呼吸的体位。如感觉不适，呼叫中毒控制中心或就医。皮肤接触：用大量肥皂水和水清洗。如发生皮肤刺激，就医。脱去被污染的衣服，洗净后方可重新使用。如接触眼睛：用水细心冲洗数分钟。如戴隐形眼镜并可方便地取出，取出隐形眼镜继续冲洗。如感觉不适，就医

安全储存 存放在通风良好的地方。保持低温。上锁保管

废弃处置 本品及内装物、容器依据国家和地方法规处置

物理和化学危险 易燃，其蒸气与空气混合，能形成爆炸性混合物。容易自聚

健康危害 对眼和上呼吸道黏膜有刺激作用，高浓度有麻醉作用

急性中毒 高浓度时，立即引起眼及上呼吸道黏膜的刺激，出现眼痛、流泪、流涕、喷嚏、咽痛、咳嗽等，继之头痛、头晕、恶心、呕吐、全身乏力等；严重者可有眩晕、步态蹒跚。眼部受苯乙烯液体污染时，可致灼伤

慢性影响 常见神经衰弱综合征，有头痛、乏力、恶心、食欲减退、腹胀、忧郁、健忘、指颤等。少部分工人出现神经传导速度减慢。皮肤经常接触表现为粗糙、皲裂和增厚

环境危害 对水生生物有毒

第三部分 成分/组成信息

√物质 混合物

组分	浓度	CAS No.
苯乙烯		100-42-5

第四部分 急救措施

吸入 迅速脱离现场至空气新鲜处。保持呼吸道通畅。如呼吸困难，给输氧。如呼吸、心跳停止，立即进行心肺复苏术。就医

皮肤接触 立即脱去污染的衣着，用流动清水彻底冲洗。就医

眼睛接触 立即分开眼睑，用流动清水或生理盐水彻底冲洗至少15min。就医

食入 漱口，饮水。就医

对保护施救者的忠告 根据需要使用个人防护设备

对医生的特别提示 对症处理

第五部分 消防措施

灭火剂 用泡沫、干粉、二氧化碳、砂土灭火

特别危险性 在硫酸、氯化铁、氯化铝存在下能发生猛烈聚合，放出大量热量。蒸气比空气重，沿地面扩散并易积存于低洼处，遇火源会着火回燃。燃烧生成有害的一氧化碳

灭火注意事项及防护措施 消防人员须佩戴防毒面具、穿全身消防服，在上风向灭火。尽可能将容器从火场移至空旷处。喷水保持火场容器冷却，直至灭火结束。容器突然发出异常声音或出现异常现象，应立即撤离

第六部分 泄漏应急处理

作业人员防护措施、防护装备和应急处置程序 消除所有点火源。根据液体流动和蒸气扩散的影响区域划定警戒区，无关人员从侧风、上风向撤离至安全区。建议应急处理人员戴正压自给式呼吸器，穿防静电服，戴橡胶耐油手套。作业时使用的所有设备应接地。禁止接触或跨越泄漏物。尽可能切断泄漏源

环境保护措施 防止泄漏物进入水体、下水道、地下室或有限空间

泄漏化学品的收容、清除方法及所使用的处置材料 小量泄漏：用砂土或其他不燃材料吸收。使用洁净的无火花工具收集吸收材料。大量泄漏：构筑围堤或挖坑收容。用砂土、惰性物质或蛭石吸收大量液体。用泡沫覆盖，减少蒸发。喷水雾能减少蒸发，但不能降低泄漏物在有限空间内的易燃性。用防爆泵转移至槽车或专用收集器内

第七部分 操作处置与储存

操作注意事项 密闭操作，加强通风。操作人员必须经过专门培训，严格遵守操作规程。建议操作人员佩戴过滤式防毒面具（半面罩），戴化学安全防护眼镜，穿防毒物渗透工作服，戴橡胶耐油手套。远离火种、热源。工作场所严禁吸烟。使用防爆型的通风系统和设备。防止蒸气泄漏到工作场所空气中。避免与氧化剂、酸类接触。灌装时应控制流速，且有接地装置，防止静电积聚。搬运时要轻装轻卸，防止包装及容器损坏。配备相应品种和数量的消防器材及泄漏应急处理设备。倒空的容器可能残留有害物

储存注意事项 通常商品加有阻聚剂。储存于阴凉、通风的库房。远离火种、热源。库温不宜超过37℃。包装要求密封，不可与空气接触。应与氧化剂、酸类分开存放，切忌混储。不宜大量储存或久存。采用防爆型照明、通风设施。禁止使用易产生火花的机械设备和工具。储区应备有泄漏应急处理设备和合适的收容材料

第八部分 接触控制/个体防护

职业接触限值

中国 PC-TWA：50mg/m^3；PC-STEL：100mg/m^3［皮］［G2B］

美国(ACGIH) TLV-TWA：20ppm；TLV-STEL：40ppm

生物接触限值 尿苯乙醇酸加苯乙醛酸：295mmol/mol肌酐（400mg/g肌酐）（采样时间：工作班末），120mmol/mol肌酐（160mg/g肌酐）（采样时间：下一工作班前）

监测方法 空气中有毒物质测定方法：溶剂解吸-气相色谱法；热解吸-气相色谱法。生物监测检验方法：尿中苯乙醛酸和苯乙醇酸的高效液相色谱测定方法

工程控制 生产过程密闭，加强通风。提供安全淋浴和洗眼设备

个体防护装备

呼吸系统防护 空气中浓度超标时，建议佩戴过滤式防毒面具（半面罩）。紧急事态抢救或撤离时，建议佩戴空气呼吸器

眼睛防护 一般不需要特殊防护，高浓度接触时可戴化学安全防护眼镜

皮肤和身体防护 穿防毒物渗透工作服

手防护 戴橡胶耐油手套

第九部分 理化特性

外观与性状 无色透明油状液体

pH值 无资料 **熔点(℃)** －30.6

沸点(℃) 146

相对密度(水＝1) 0.91（25℃）

相对蒸气密度(空气＝1) 3.6

饱和蒸气压(kPa) 0.7（20℃）

燃烧热(kJ/mol) －4376.9 **临界温度(℃)** 369

临界压力(MPa) 3.81 **辛醇/水分配系数** 3.2

闪点(℃) 31 **自燃温度(℃)** 490

爆炸下限(%) 0.9 **爆炸上限(%)** 6.8

分解温度(℃) 无资料

黏度(mPa·s) 0.696（25℃）

溶解性 不溶于水，溶于乙醇、乙醚等多数有机溶剂

第十部分 稳定性和反应性

稳定性 稳定

危险反应 与强氧化剂等禁配物接触，有发生火灾和爆炸的危险

避免接触的条件 受热

禁配物 强氧化剂、酸类、卤素等

危险的分解产物 无资料

第十一部分 毒理学信息

急性毒性

LD_{50} 1000mg/kg（大鼠经口）；316mg/kg（小鼠经口）

LC_{50} 24000mg/m^3（大鼠吸入，4h）

皮肤刺激或腐蚀 家兔经皮：500mg，轻度刺激（开放性刺激试验）

眼睛刺激或腐蚀 家兔经眼：100mg，重度刺激

呼吸或皮肤过敏 无资料

生殖细胞突变性 微生物致突变试验：鼠伤寒沙门氏菌 1μmol/皿。DNA 抑制：人 Hela 细胞 28mmol/L。姐妹染色体交换：人吸入 1204mg/m³（5a）

致癌性 IARC 致癌性评论：组 2B，可疑人类致癌物。对人类致癌性证据有限，对动物致癌性证据不充分

生殖毒性 雌性大鼠孕后 6～15d，最低中毒剂量（TDLo）11470mg/kg 经口染毒，致泌尿生殖系统畸形

特异性靶器官系统毒性-一次接触 无资料

特异性靶器官系统毒性-反复接触 动物于 6.3～9.3g/m³，每天 7h，6～12 个月，130～264 次，出现眼、鼻刺激症状

吸入危害 无资料

第十二部分 生态学信息

生态毒性

IC_{50} 4.9mg/L（72h）（羊角月牙藻）

LC_{50} 4.2mg/L（96h）（黑头呆鱼）

ErC_{50} 4.7mg/L（48h）（水蚤）

持久性和降解性

生物降解性 OECD301C，易快速生物降解

非生物降解性 空气中光氧化半衰期（h）：0.9～7.3

潜在的生物累积性 BCF：13.5（金鱼）

土壤中的迁移性 根据 K_{oc} 值预测，该物质可能有一定的迁移性

第十三部分 废弃处置

废弃化学品 用焚烧法处置

污染包装物 将容器返还生产商或按照国家和地方法规处置

废弃注意事项 处置前应参阅国家和地方有关法规

第十四部分 运输信息

联合国危险货物编号（UN 号） 2055

联合国运输名称 苯乙烯单体，稳定的

联合国危险性类别 3

包装类别 Ⅲ类包装 **包装标志**

海洋污染物 否

运输注意事项 运输时运输车辆应配备相应品种和数量的消防器材及泄漏应急处理设备。夏季最好早晚运输。运输时所用的槽（罐）车应有接地链，槽内可设孔隔板以减少震荡产生静电。严禁与氧化剂、酸类、食用化学品等混装混运。运输途中应防曝晒、雨淋，防高温。中途停留时应远离火种、热源、高温区。装运该物品的车辆排气管必须配备阻火装置，禁止使用易产生火花的机械设备和工具装卸。公路运输时要按规定路线行驶，勿在居民区和人口稠密区停留。铁路运输时要禁止溜放。严禁用木船、水泥船散装运输

第十五部分 法规信息

下列法律、法规、规章和标准，对该化学品的管理作了相应的规定。

中华人民共和国职业病防治法 职业病分类和目录：未列入

危险化学品安全管理条例 危险化学品目录：列入。易制爆危险化学品名录：未列入。重点监管的危险化学品名录：列入。GB 18218—2009《危险化学品重大危险源辨识》（表 1）：列入。类别：易燃液体，临界量（t）：500

使用有毒物品作业场所劳动保护条例 高毒物品目录：未列入

易制毒化学品管理条例 易制毒化学品的分类和品种目录：未列入

国际公约 斯德哥尔摩公约：未列入。鹿特丹公约：未列入。蒙特利尔议定书：未列入

第十六部分 其他信息

编写和修订信息 **缩略语和首字母缩写**

培训建议 **参考文献**

免责声明

苯乙酰氯

第一部分 化学品标识

化学品中文名 苯乙酰氯；氯化苯乙酰

化学品英文名 phenylacetyl chloride；phenacetyl chloride

分子式 C_8H_7ClO **相对分子质量** 154.60

结构式 O=C(Cl)CH₂–C₆H₅（结构图）

化学品的推荐及限制用途 用于香料制备、有机合成，也用作实验试剂

第二部分 危险性概述

紧急情况概述 对眼和皮肤有腐蚀性

GHS 危险性类别 皮肤腐蚀/刺激，类别 1；严重眼损伤/眼刺激，类别 1

标签要素

象形图

警示词 危险

危险性说明 造成严重的皮肤灼伤和眼损伤

防范说明

预防措施 避免吸入烟雾。避免接触眼睛、皮肤，操作后彻底清洗。戴防护手套，穿防护服，戴防护眼镜、防护面罩

事故响应 如吸入：将患者转移到空气新鲜处，休息，保持利于呼吸的体位。立即呼叫中毒控制

中心或就医。皮肤（或头发）接触：立即脱掉所有被污染的衣服。用水冲洗皮肤、淋浴。污染的衣服须洗净后方可重新使用。眼睛接触：用水细心地冲洗数分钟。如戴隐形眼镜并可方便地取出，则取出隐形眼镜。继续冲洗。食入：漱口。不要催吐

安全储存　上锁保管

废弃处置　本品及内装物、容器依据国家和地方法规处置

物理和化学危险　可燃。遇水产生刺激性气体

健康危害　本品对呼吸道有强烈刺激和腐蚀作用，可引起呼吸道灼伤、肺炎和肺水肿。吸入后出现头痛、头晕、恶心、呕吐、气短、紫绀、惊厥、意识丧失等。对眼和皮肤有强烈的刺激性，甚至造成灼伤。口服严重灼伤口腔和消化道，可致死

环境危害　对环境可能有害

第三部分　成分/组成信息

√物质　　　　混合物

组分	浓度	CAS No.
苯乙酰氯		103-80-0

第四部分　急救措施

吸入　迅速脱离现场至空气新鲜处。保持呼吸道通畅。如呼吸困难，给输氧。如呼吸、心跳停止，立即进行心肺复苏术。就医

皮肤接触　立即脱去污染的衣着，用大量流动清水彻底冲洗至少15min。就医

眼睛接触　立即分开眼睑，用流动清水或生理盐水彻底冲洗至少15min。就医

食入　用水漱口，禁止催吐。给饮牛奶或蛋清。就医

对保护施救者的忠告　根据需要使用个人防护设备

对医生的特别提示　对症处理

第五部分　消防措施

灭火剂　用干粉、二氧化碳、砂土灭火

特别危险性　受高热分解产生有毒的腐蚀性烟气。与强氧化剂接触可发生化学反应。遇水或水蒸气反应放热并产生有毒的腐蚀性气体。对大多数金属有腐蚀性。燃烧生成有害的一氧化碳、氯化氢、光气

灭火注意事项及防护措施　消防人员必须穿全身耐酸碱消防服、佩戴空气呼吸器灭火。尽可能将容器从火场移至空旷处。喷水保持火场容器冷却，直至灭火结束。容器突然发出异常声音或出现异常现象，应立即撤离。禁止用水、泡沫和酸碱灭火剂灭火

第六部分　泄漏应急处理

作业人员防护措施、防护装备和应急处置程序　根据液体流动和蒸气扩散的影响区域划定警戒区，无关人员从侧风、上风向撤离至安全区。建议应急处理人员戴正压自给式呼吸器，穿防酸碱服，戴橡胶手套。作业时使用的所有设备应接地。穿上适当的防护服前严禁接触破裂的容器和泄漏物。尽可能切断泄漏源

环境保护措施　防止泄漏物进入水体、下水道、地下室或有限空间

泄漏化学品的收容、清除方法及所使用的处置材料　严禁用水处理。小量泄漏：用干燥的砂土或其他不燃材料覆盖泄漏物。大量泄漏：构筑围堤或挖坑收容。用耐腐蚀泵转移至槽车或专用收集器内

第七部分　操作处置与储存

操作注意事项　密闭操作，加强通风。操作尽可能机械化、自动化。操作人员必须经过专门培训，严格遵守操作规程。建议操作人员佩戴导管式防毒面具，穿橡胶耐酸碱服，戴橡胶手套。远离火种、热源。工作场所严禁吸烟。使用防爆型的通风系统和设备。避免产生烟雾。防止烟雾和蒸气释放到工作场所空气中。避免与氧化剂、碱类接触。尤其要注意避免与水接触。搬运时要轻装轻卸，防止包装及容器损坏。配备相应品种和数量的消防器材及泄漏应急处理设备。倒空的容器可能残留有害物

储存注意事项　储存于阴凉、干燥、通风良好的库房。远离火种、热源。包装必须密封，切勿受潮。应与氧化剂、碱类、食用化学品分开存放，切忌混储。配备相应品种和数量的消防器材。储区应备有泄漏应急处理设备和合适的收容材料

第八部分　接触控制/个体防护

职业接触限值

中国　未制定标准

美国(ACGIH)　未制定标准

生物接触限值　未制定标准

监测方法　空气中有毒物质测定方法：未制定标准。生物监测检验方法：未制定标准

工程控制　生产过程密闭，加强通风。提供安全淋浴和洗眼设备

个体防护装备

呼吸系统防护　可能接触其蒸气时，建议佩戴过滤式防毒面具（全面罩）。紧急事态抢救或撤离时，佩戴空气呼吸器

眼睛防护　呼吸系统防护中已作防护

皮肤和身体防护　穿橡胶耐酸碱服

手防护　戴橡胶手套

第九部分　理化特性

外观与性状　无色到浅黄色发烟液体

pH值　无资料　　**熔点(℃)**　无资料

沸点(℃)　94～95（12mmHg，1mmHg=133.322Pa）

相对密度(水=1)　1.17

相对蒸气密度(空气=1)　无资料

饱和蒸气压(kPa)　0.13（48℃）

燃烧热(kJ/mol)　无资料　　**临界温度(℃)**　无资料

临界压力(MPa)　无资料　　**辛醇/水分配系数**　1.240

闪点(℃)　102　　**自燃温度(℃)**　无资料

爆炸下限(%)　无资料　　**爆炸上限(%)**　无资料

分解温度(℃)　无资料　　**黏度(mPa·s)**　无资料

溶解性　易溶于乙醚

第十部分　稳定性和反应性

稳定性　稳定
危险反应　与强氧化剂、水等禁配物发生反应
避免接触的条件　潮湿空气
禁配物　强氧化剂、强碱、水、醇类
危险的分解产物　氯化氢、光气

第十一部分　毒理学信息

急性毒性　无资料　　**皮肤刺激或腐蚀**　无资料
眼睛刺激或腐蚀　无资料　　**呼吸或皮肤过敏**　无资料
生殖细胞突变性　无资料　　**致癌性**　无资料
生殖毒性　无资料
特异性靶器官系统毒性-一次接触　无资料
特异性靶器官系统毒性-反复接触　无资料
吸入危害　无资料

第十二部分　生态学信息

生态毒性　无资料
持久性和降解性
生物降解性　无资料
非生物降解性　无资料
潜在的生物累积性　根据 K_{ow} 值预测，该物质的生物累积性可能较弱
土壤中的迁移性　根据 K_{oc} 值预测，该物质可能易发生迁移

第十三部分　废弃处置

废弃化学品　建议用焚烧法处置。与燃料混合后，再焚烧。焚烧炉排出的气体通过洗涤器除去
污染包装物　将容器返还生产商或按照国家和地方法规处置
废弃注意事项　处置前应参阅国家和地方有关法规

第十四部分　运输信息

联合国危险货物编号（UN号）　2577
联合国运输名称　苯乙酰氯
联合国危险性类别　8

包装类别　Ⅱ类包装　**包装标志**

海洋污染物　否
运输注意事项　起运时包装要完整，装载应稳妥。运输过程中要确保容器不泄漏、不倒塌、不坠落、不损坏。严禁与氧化剂、碱类、食用化学品等混装混运。运输时运输车辆应配备相应品种和数量的消防器材及泄漏应急处理设备。运输途中应防曝晒、雨淋，防高温。公路运输时要按规定路线行驶，勿在居民区和人口稠密区停留

第十五部分　法规信息

下列法律、法规、规章和标准，对该化学品的管理作了相应的规定。
中华人民共和国职业病防治法　职业病分类和目录：未列入
危险化学品安全管理条例　危险化学品目录：列入。易制爆危险化学品名录：未列入。重点监管的危险化学品名录：未列入。GB 18218—2009《危险化学品重大危险源辨识》(表1)：未列入
使用有毒物品作业场所劳动保护条例　高毒物品目录：未列入
易制毒化学品管理条例　易制毒化学品的分类和品种目录：未列入
国际公约　斯德哥尔摩公约：未列入。鹿特丹公约：未列入。蒙特利尔议定书：未列入

第十六部分　其他信息

编写和修订信息　　**缩略语和首字母缩写**
培训建议　　**参考文献**
免责声明

苄　硫　醇

第一部分　化学品标识

化学品中文名　苄硫醇；α-甲苯硫醇；苯甲硫醇
化学品英文名　benzyl mercaptan；α-toluenethiol；tolyl mercaptan
分子式　C_7H_8S　　**相对分子质量**　124.21
结构式

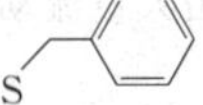

化学品的推荐及限制用途　用于香精制造

第二部分　危险性概述

紧急情况概述　可燃液体，吞咽有害
GHS危险性类别　易燃液体，类别4；急性毒性-经口，类别4；严重眼损伤/眼刺激，类别2；危害水生环境-急性危害，类别1
标签要素

象形图

警示词　警告
危险性说明　可燃液体，吞咽有害，造成严重眼刺激，对水生生物毒性非常大
防范说明
预防措施　远离火焰和热表面。禁止吸烟。戴防护手套、防护眼镜、防护面罩。避免接触眼睛、皮肤，操作后彻底清洗。作业场所不得进食、饮水或吸烟。禁止排入环境
事故响应　火灾时，使用雾状水、泡沫、干粉、二氧化碳、砂土灭火。如接触眼睛：用水细心冲洗数分钟。如戴隐形眼镜并可方便地取出，取出隐形眼镜继续冲洗。如果眼睛刺激持续：就医。食入：如果感觉不适，立即呼叫中毒控制

中心或就医。漱口。收集泄漏物

安全储存　存放在通风良好的地方。保持低温

废弃处置　本品及内装物、容器依据国家和地方法规处置

物理和化学危险　可燃，其蒸气与空气混合，能形成爆炸性混合物

健康危害　蒸气或雾对眼、黏膜和上呼吸道有刺激性。接触后可引起烧灼感、咳嗽、喘息、喉炎、气短、头痛、恶心和呕吐

环境危害　对水生生物毒性非常大

第三部分　成分/组成信息

√物质　　混合物

组分	浓度	CAS No.
苄硫醇		100-53-8

第四部分　急救措施

吸入　迅速脱离现场至空气新鲜处。保持呼吸道通畅。如呼吸困难，给输氧。如呼吸、心跳停止，立即进行心肺复苏术。就医

皮肤接触　立即脱去污染的衣着，用流动清水彻底冲洗。就医

眼睛接触　立即分开眼睑，用流动清水或生理盐水彻底冲洗。就医

食入　漱口，饮水。就医

对保护施救者的忠告　根据需要使用个人防护设备

对医生的特别提示　对症处理

第五部分　消防措施

灭火剂　用雾状水、泡沫、干粉、二氧化碳、砂土灭火

特别危险性　受高热分解产生有毒的硫化物烟气。燃烧生成有害的一氧化碳、硫化物

灭火注意事项及防护措施　消防人员必须佩戴空气呼吸器、穿全身防火防毒服，在上风向灭火。尽可能将容器从火场移至空旷处。喷水保持火场容器冷却，直至灭火结束。容器突然发出异常声音或出现异常现象，应立即撤离

第六部分　泄漏应急处理

作业人员防护措施、防护装备和应急处置程序　根据液体流动和蒸气扩散的影响区域划定警戒区，无关人员从侧风、上风向撤离至安全区。消除所有点火源。建议应急处理人员戴正压自给式呼吸器，穿防毒、防静电服，戴防化学品手套。作业时使用的所有设备应接地。禁止接触或跨越泄漏物。尽可能切断泄漏源

环境保护措施　防止泄漏物进入水体、下水道、地下室或有限空间

泄漏化学品的收容、清除方法及所使用的处置材料　小量泄漏：用砂土或其他不燃材料吸收。使用洁净的无火花工具收集吸收材料。大量泄漏：构筑围堤或挖坑收容。用泡沫覆盖，减少蒸发。喷水雾能减少蒸发，但不能降低泄漏物在有限空间内的易燃性。用防爆泵转移至槽车或专用收集器内

第七部分　操作处置与储存

操作注意事项　密闭操作，提供充分的局部排风。操作尽可能机械化、自动化。操作人员必须经过专门培训，严格遵守操作规程。建议操作人员佩戴自吸过滤式防毒面具（半面罩），戴化学安全防护眼镜，穿透气型防毒服，戴防化学品手套。远离火种、热源。工作场所严禁吸烟。使用防爆型的通风系统和设备。防止蒸气泄漏到工作场所空气中。避免与氧化剂、碱类接触。搬运时要轻装轻卸，防止包装及容器损坏。配备相应品种和数量的消防器材及泄漏应急处理设备。倒空的容器可能残留有害物

储存注意事项　储存于阴凉、通风的库房。远离火种、热源。保持容器密封。应与氧化剂、碱类、食用化学品分开存放，切忌混储。配备相应品种和数量的消防器材。储区应备有泄漏应急处理设备和合适的收容材料

第八部分　接触控制/个体防护

职业接触限值

中国　未制定标准

美国(ACGIH)　未制定标准

生物接触限值　未制定标准

监测方法　空气中有毒物质测定方法：未制定标准。生物监测检验方法：未制定标准

工程控制　严加密闭，提供充分的局部排风。提供安全淋浴和洗眼设备

个体防护装备

呼吸系统防护　空气中浓度较高时，应该佩戴过滤式防毒面具（半面罩）。紧急事态抢救或撤离时，建议佩戴空气呼吸器

眼睛防护　戴化学安全防护眼镜

皮肤和身体防护　穿透气型防毒服

手防护　戴防化学品手套

第九部分　理化特性

外观与性状　无色液体，有强烈的气味

pH值　无资料　　**熔点(℃)**　−29.05

沸点(℃)　194.5　　**相对密度(水=1)**　1.06

相对蒸气密度(空气=1)　4.28

饱和蒸气压(kPa)　无资料

燃烧热(kJ/mol)　无资料　　**临界温度(℃)**　无资料

临界压力(MPa)　4.06　　**辛醇/水分配系数**　2.480

闪点(℃)　70 (CC)　　**自燃温度(℃)**　无资料

爆炸下限(%)　1.1　　**爆炸上限(%)**　无资料

分解温度(℃)　无资料　　**黏度(mPa·s)**　无资料

溶解性　不溶于水，溶于乙醇、乙醚、二硫化碳

第十部分　稳定性和反应性

稳定性　稳定

危险反应　与强氧化剂等禁配物发生反应

避免接触的条件　受热

禁配物　强氧化剂、强碱

危险的分解产物　硫化氢

第十一部分　毒理学信息

急性毒性

LD_{50}　493mg/kg（大鼠经口）

LC_{50}　>235ppm（大鼠吸入，4h）；902mg/m^3（小鼠吸入，4h）

皮肤刺激或腐蚀　无资料　**眼睛刺激或腐蚀**　无资料

呼吸或皮肤过敏　无资料　**生殖细胞突变性**　无资料

致癌性　无资料　**生殖毒性**　无资料

特异性靶器官系统毒性-一次接触　无资料

特异性靶器官系统毒性-反复接触　无资料

吸入危害　无资料

第十二部分　生态学信息

生态毒性　EC_{50}：0.26mg/L（24h）（水蚤，静态）

持久性和降解性

生物降解性　易快速生物降解

非生物降解性　空气中，当羟基自由基浓度为5.00×10^5个/cm^3时，降解半衰期为9h（理论）

潜在的生物累积性　BCF：16（理论）

土壤中的迁移性　根据K_{oc}值预测，该物质可能有一定的迁移性

第十三部分　废弃处置

废弃化学品　建议用焚烧法处置。焚烧炉排出的硫氧化物通过洗涤器除去

污染包装物　将容器返还生产商或按照国家和地方法规处置

废弃注意事项　处置前应参阅国家和地方有关法规

第十四部分　运输信息

联合国危险货物编号（UN号）　3082

联合国运输名称　对环境有害的液态物质，未另作规定的（苄硫醇）

联合国危险性类别　9

包装类别　Ⅲ类包装　**包装标志**

海洋污染物　是

运输注意事项　运输前应先检查包装容器是否完整、密封，运输过程中要确保容器不泄漏、不倒塌、不坠落、不损坏。严禁与酸类、氧化剂、食品及食品添加剂混运。运输时运输车辆应配备相应品种和数量的消防器材及泄漏应急处理设备。运输途中应防曝晒、雨淋，防高温。公路运输时要按规定路线行驶

第十五部分　法规信息

下列法律、法规、规章和标准，对该化学品的管理作了相应的规定。

中华人民共和国职业病防治法　职业病分类和目录：未列入

危险化学品安全管理条例　危险化学品目录：列入。易制爆危险化学品名录：未列入。重点监管的危险化学品名录：未列入。GB 18218—2009《危险化学品重大危险源辨识》（表1）：未列入

使用有毒物品作业场所劳动保护条例　高毒物品目录：未列入

易制毒化学品管理条例　易制毒化学品的分类和品种目录：未列入

国际公约　斯德哥尔摩公约：未列入。鹿特丹公约：未列入。蒙特利尔议定书：未列入

第十六部分　其他信息

编写和修订信息　**缩略语和首字母缩写**

培训建议　**参考文献**

免责声明

丙　胺

第一部分　化学品标识

化学品中文名　丙胺；正丙胺；1-氨基丙烷

化学品英文名　propylamine；1-aminopropane

分子式　C_3H_9N　**相对分子质量**　59.11

结构式　$\diagup\diagdown$NH$_2$

化学品的推荐及限制用途　用作有机合成中间体、实验试剂及溶剂

第二部分　危险性概述

紧急情况概述　高度易燃液体和蒸气，皮肤接触会中毒，吸入会中毒，造成严重的皮肤灼伤和眼损伤

GHS危险性类别　易燃液体，类别2；急性毒性-经口，类别4；急性毒性-经皮，类别3；急性毒性-吸入，类别3；皮肤腐蚀/刺激，类别1；严重眼损伤/眼刺激，类别1

标签要素

象形图

警示词　危险

危险性说明　高度易燃液体和蒸气，吞咽有害，皮肤接触会中毒，吸入会中毒，造成严重的皮肤灼伤和眼损伤

防范说明

预防措施　远离热源、火花、明火、热表面。禁止吸烟。保持容器密闭。容器和接收设备接地连接。使用防爆电器、通风、照明设备。只能使用不产生火花的工具。采取防止静电措施。穿防护服，戴防护手套、防护眼镜、防护面罩。避免接触眼睛、皮肤，操作后彻底清洗。作业场所不得进食、饮水或吸烟。避免吸入蒸气、雾。仅在室外或通风良好处操作。

事故响应　火灾时，使用抗溶性泡沫、二氧化碳、干粉、砂土灭火。如吸入：将患者转移到空气新鲜处，休息，保持利于呼吸的体位。皮肤接

触：立即脱掉所有被污染的衣服。用大量肥皂水和水清洗。如感觉不适，呼叫中毒控制中心或就医。被污染的衣服须经洗净后方可重新使用。眼睛接触：用水细心地冲洗数分钟。如戴隐形眼镜并可方便地取出，则取出隐形眼镜继续冲洗。食入：漱口。不要催吐。如果感觉不适，立即呼叫中毒控制中心或就医。立即呼叫中毒控制中心或就医

安全储存　存放在通风良好的地方。保持低温。保持容器密闭。上锁保管

废弃处置　本品及内装物、容器依据国家和地方法规处置

物理和化学危险　高度易燃，其蒸气与空气混合，能形成爆炸性混合物

健康危害

急性中毒　吸入本品对呼吸道有刺激性，引起支气管炎、肺炎、肺水肿。能引起眼部严重损害，甚至导致永久性失明。皮肤接触可致灼伤。口服腐蚀胃肠道

慢性影响　长期低浓度接触，可引起呼吸道黏膜慢性刺激、眼部不适、皮炎

环境危害　对环境可能有害

第三部分　成分/组成信息

√物质		混合物
组分	**浓度**	**CAS No.**
丙胺		107-10-8

第四部分　急救措施

吸入　迅速脱离现场至空气新鲜处。保持呼吸道通畅。如呼吸困难，给输氧。如呼吸、心跳停止，立即进行心肺复苏术。就医

皮肤接触　立即脱去污染的衣着，用大量流动清水彻底冲洗至少15min。就医

眼睛接触　立即分开眼睑，用流动清水或生理盐水彻底冲洗至少15min。就医

食入　用水漱口，禁止催吐。给饮牛奶或蛋清。就医

对保护施救者的忠告　根据需要使用个人防护设备

对医生的特别提示　对症处理

第五部分　消防措施

灭火剂　用抗溶性泡沫、二氧化碳、干粉、砂土灭火

特别危险性　与氧化剂能发生强烈反应。蒸气比空气重，沿地面扩散并易积存于低洼处，遇火源会着火回燃。具有腐蚀性。燃烧生成有害的一氧化碳、氮氧化物

灭火注意事项及防护措施　消防人员必须佩戴空气呼吸器、穿全身防火防毒服，在上风向灭火。喷水冷却容器，可能的话将容器从火场移至空旷处。容器突然发出异常声音或出现异常现象，应立即撤离

第六部分　泄漏应急处理

作业人员防护措施、防护装备和应急处置程序　消除所有点火源。根据液体流动和蒸气扩散的影响区域划定警戒区，无关人员从侧风、上风向撤离至安全区。建议应急处理人员戴正压自给式呼吸器，穿防静电、防腐蚀、防毒服，戴橡胶耐油手套。作业时使用的所有设备应接地。禁止接触或跨越泄漏物。尽可能切断泄漏源

环境保护措施　防止泄漏物进入水体、下水道、地下室或有限空间

泄漏化学品的收容、清除方法及所使用的处置材料　小量泄漏：用砂土或其他不燃材料吸收。使用洁净的无火花工具收集吸收材料。大量泄漏：构筑围堤或挖坑收容。用砂土、惰性物质或蛭石吸收大量液体。用抗溶性泡沫覆盖，减少蒸发。喷水雾能减少蒸发，但不能降低泄漏物在有限空间内的易燃性。用防爆、耐腐蚀泵转移至槽车或专用收集器内。喷雾状水驱散蒸气、稀释液体泄漏物

第七部分　操作处置与储存

操作注意事项　密闭操作，加强通风。操作人员必须经过专门培训，严格遵守操作规程。建议操作人员佩戴自吸过滤式防毒面具（半面罩），戴化学安全防护眼镜，穿防静电工作服，戴橡胶耐油手套。远离火种、热源。工作场所严禁吸烟。使用防爆型的通风系统和设备。防止蒸气泄漏到工作场所空气中。避免与氧化剂、酸类接触。充装要控制流速，防止静电积聚。搬运时要轻装轻卸，防止包装及容器损坏。配备相应品种和数量的消防器材及泄漏应急处理设备。倒空的容器可能残留有害物

储存注意事项　储存于阴凉、通风的库房。远离火种、热源。库温不宜超过29℃。保持容器密封。应与氧化剂、酸类等分开存放，切忌混储。采用防爆型照明、通风设施。禁止使用易产生火花的机械设备和工具。储区应备有泄漏应急处理设备和合适的收容材料

第八部分　接触控制/个体防护

职业接触限值

中国　未制定标准

美国(ACGIH)　未制定标准

生物接触限值　未制定标准

监测方法　空气中有毒物质测定方法：未制定标准。生物监测检验方法：未制定标准

工程控制　生产过程密闭，加强通风。提供安全淋浴和洗眼设备

个体防护装备

呼吸系统防护　可能接触其蒸气时，应该佩戴过滤式防毒面具（半面罩）

眼睛防护　戴化学安全防护眼镜

皮肤和身体防护　穿防静电工作服

手防护　戴橡胶耐油手套

第九部分　理化特性

外观与性状　无色吸湿性液体，有强烈的氨味

pH 值 无资料 **熔点(℃)** −83

沸点(℃) 48.5 **相对密度(水=1)** 0.719

相对蒸气密度(空气=1) 2.0

饱和蒸气压(kPa) 32.9 (20℃)

燃烧热(kJ/mol) −2363.0 **临界温度(℃)** 233.8

临界压力(MPa) 4.74 **辛醇/水分配系数** 0.15

闪点(℃) −37 **自燃温度(℃)** 317.8

爆炸下限(%) 2.0 **爆炸上限(%)** 10.4

分解温度(℃) 无资料 **黏度(mPa·s)** 无资料

溶解性 与水混溶，可混溶于乙醇、乙醚，溶于丙酮、苯和氯仿

第十部分 稳定性和反应性

稳定性 稳定

危险反应 与强氧化剂等禁配物接触，有发生火灾和爆炸的危险

避免接触的条件 无资料

禁配物 酸类、酸酐、酰基氯、强氧化剂

危险的分解产物 无资料

第十一部分 毒理学信息

急性毒性

LD_{50} 370mg/kg (大鼠经口)；400mg/kg (兔经皮)

LC_{50} 2310ppm (大鼠吸入，4h)

皮肤刺激或腐蚀 无资料

眼睛刺激或腐蚀 家兔经眼：720μg (24h)，重度刺激

呼吸或皮肤过敏 无资料 **生殖细胞突变性** 无资料

致癌性 无资料 **生殖毒性** 无资料

特异性靶器官系统毒性-一次接触 无资料

特异性靶器官系统毒性-反复接触 大鼠吸入 968mg/m³，每天 7h，共 50d，1/10 死亡，其他动物生长迟缓；1936mg/m³，使动物体重减轻、角膜浑浊，10/10 死亡

吸入危害 无资料

第十二部分 生态学信息

生态毒性 无资料

持久性和降解性

生物降解性 无资料

非生物降解性 空气中，当羟基自由基浓度为5.00×10⁵个/cm³时，降解半衰期为 12h (理论)

潜在的生物累积性 根据 K_{ow} 值预测，该物质的生物累积性可能较弱

土壤中的迁移性 根据 K_{oc} 值预测，该物质可能易发生迁移

第十三部分 废弃处置

废弃化学品 建议用焚烧法处置。焚烧炉排出的氮氧化物通过洗涤器除去

污染包装物 将容器返还生产商或按照国家和地方法规处置

废弃注意事项 处置前应参阅国家和地方有关法规

第十四部分 运输信息

联合国危险货物编号 (UN 号) 1277

联合国运输名称 丙胺

联合国危险性类别 3，8

包装类别 Ⅱ类包装

包装标志

海洋污染物 否

运输注意事项 运输时运输车辆应配备相应品种和数量的消防器材及泄漏应急处理设备。夏季最好早晚运输。运输时所用的槽 (罐) 车应有接地链，槽内可设孔隔板以减少震荡产生静电。严禁与氧化剂、酸类、食用化学品、等混装混运。运输途中应防曝晒、雨淋，防高温。中途停留时应远离火种、热源、高温区。装运该物品的车辆排气管必须配备阻火装置，禁止使用易产生火花的机械设备和工具装卸。公路运输时要按规定路线行驶，勿在居民区和人口稠密区停留。铁路运输时要禁止溜放。严禁用木船、水泥船散装运输

第十五部分 法规信息

下列法律、法规、规章和标准，对该化学品的管理作了相应的规定。

中华人民共和国职业病防治法 职业病分类和目录：未列入

危险化学品安全管理条例 危险化学品目录：列入。易制爆危险化学品名录：未列入。重点监管的危险化学品名录：未列入。GB 18218—2009《危险化学品重大危险源辨识》(表 1)：未列入

使用有毒物品作业场所劳动保护条例 高毒物品目录：未列入

易制毒化学品管理条例 易制毒化学品的分类和品种目录：未列入

国际公约 斯德哥尔摩公约：未列入。鹿特丹公约：未列入。蒙特利尔议定书：未列入

第十六部分 其他信息

编写和修订信息 **缩略语和首字母缩写**

培训建议 **参考文献**

免责声明

丙 苯

第一部分 化学品标识

化学品中文名 丙苯；1-苯基丙烷

化学品英文名 *n*-propylbenzene；1-phenylpropane

分子式 C_9H_{12} **相对分子质量** 120.21

结构式

化学品的推荐及限制用途 用作溶剂及有机合成

第二部分 危险性概述

紧急情况概述 易燃液体和蒸气，可能引起昏昏欲睡或眩

晕，吞咽及进入呼吸道可能致命

GHS危险性类别 易燃液体，类别3；特异性靶器官毒性--一次接触，类别3（麻醉效应）；吸入危害，类别1；危害水生环境-急性危害，类别2；危害水生环境-长期危害，类别2

标签要素

象形图

警示词 危险

危险性说明 易燃液体和蒸气，可能引起昏昏欲睡或眩晕，吞咽及进入呼吸道可能致命，对水生生物有毒并具有长期持续影响

防范说明

预防措施 远离热源、火花、明火、热表面。禁止吸烟。保持容器密闭。容器和接收设备接地连接。使用防爆电器、通风、照明设备。只能使用不产生火花的工具。采取防止静电措施。戴防护手套、防护眼镜、防护面罩。禁止排入环境

事故响应 火灾时，使用泡沫、二氧化碳、干粉、砂土灭火。如皮肤（或头发）接触：立即脱掉所有被污染的衣服。用水冲洗皮肤，淋浴。如果食入：立即呼叫中毒控制中心或就医。不要催吐。收集泄漏物

安全储存 存放在通风良好的地方。保持低温。上锁保管

废弃处置 本品及内装物、容器依据国家和地方法规处置

物理和化学危险 易燃，其蒸气与空气混合，能形成爆炸性混合物

健康危害 对眼和上呼吸道有刺激性，对中枢神经系统有麻醉作用。液态本品吸入呼吸道可引起吸入性肺炎

环境危害 对水生生物有毒并具有长期持续影响

第三部分 成分/组成信息

√物质		混合物
组分	**浓度**	**CAS No.**
丙苯		103-65-1

第四部分 急救措施

吸入 迅速脱离现场至空气新鲜处。保持呼吸道通畅。如呼吸困难，给输氧。如呼吸、心跳停止，立即进行心肺复苏术。就医

皮肤接触 立即脱去污染的衣着，用流动清水彻底冲洗。就医

眼睛接触 立即分开眼睑，用流动清水或生理盐水彻底冲洗。就医

食入 漱口，饮水。禁止催吐。就医

对保护施救者的忠告 根据需要使用个人防护设备

对医生的特别提示 对症处理

第五部分 消防措施

灭火剂 用泡沫、二氧化碳、干粉、砂土灭火

特别危险性 遇明火、高热或与氧化剂接触，有引起燃烧爆炸的危险。燃烧生成有害的一氧化碳

灭火注意事项及防护措施 消防人员必须佩戴空气呼吸器、穿全身防火防毒服，在上风向灭火。喷水冷却容器，尽可能将容器从火场移至空旷处。容器突然发出异常声音或出现异常现象，应立即撤离

第六部分 泄漏应急处理

作业人员防护措施、防护装备和应急处置程序 消除所有点火源。根据液体流动和蒸气扩散的影响区域划定警戒区，无关人员从侧风、上风向撤离至安全区。建议应急处理人员戴正压自给式呼吸器，穿防静电服，戴橡胶耐油手套。作业时使用的所有设备应接地。禁止接触或跨越泄漏物。尽可能切断泄漏源

环境保护措施 防止泄漏物进入水体、下水道、地下室或有限空间

泄漏化学品的收容、清除方法及所使用的处置材料 小量泄漏：用砂土或其他不燃材料吸收。使用洁净的无火花工具收集吸收材料。大量泄漏：构筑围堤或挖坑收容。用泡沫覆盖，减少蒸发。喷水雾能减少蒸发，但不能降低泄漏物在有限空间内的易燃性。用防爆泵转移至槽车或专用收集器内

第七部分 操作处置与储存

操作注意事项 密闭操作，加强通风。操作人员必须经过专门培训，严格遵守操作规程。建议操作人员佩戴过滤式防毒面具（半面罩），戴化学安全防护眼镜，穿防毒物渗透工作服，戴橡胶耐油手套。远离火种、热源。工作场所严禁吸烟。使用防爆型的通风系统和设备。防止蒸气泄漏到工作场所空气中。避免与氧化剂接触。灌装时应控制流速，且有接地装置，防止静电积聚。搬运时要轻装轻卸，防止包装及容器损坏。配备相应品种和数量的消防器材及泄漏应急处理设备。倒空的容器可能残留有害物

储存注意事项 储存于阴凉、通风的库房。远离火种、热源。库温不宜超过37℃。保持容器密封。应与氧化剂分开存放，切忌混储。采用防爆型照明、通风设施。禁止使用易产生火花的机械设备和工具。储区应备有泄漏应急处理设备和合适的收容材料

第八部分 接触控制/个体防护

职业接触限值

中国 未制定标准

美国(ACGIH) 未制定标准

生物接触限值 未制定标准

监测方法 空气中有毒物质测定方法：未制定标准。生物监测检验方法：未制定标准

工程控制 生产过程密闭，加强通风。提供安全淋浴和洗眼设备

个体防护装备

呼吸系统防护 空气中浓度超标时，佩戴过滤式防毒面具（半面罩）。紧急事态抢救或撤离时，建议佩戴空气呼吸器

眼睛防护　戴化学安全防护眼镜

皮肤和身体防护　穿防毒物渗透工作服

手防护　戴橡胶耐油手套

第九部分　理化特性

外观与性状　无色透明液体

pH 值　无资料　**熔点(℃)**　−99.5

沸点(℃)　159.2　**相对密度(水=1)**　0.862

相对蒸气密度(空气=1)　4.14

饱和蒸气压(kPa)　0.33（20℃）

燃烧热(kJ/mol)　−5209.9　**临界温度(℃)**　365.6

临界压力(MPa)　3.24　**辛醇/水分配系数**　无资料

闪点(℃)　30（CC）　**自燃温度(℃)**　450

爆炸下限(%)　0.8　**爆炸上限(%)**　6.0

分解温度(℃)　无资料　**黏度(mPa·s)**　无资料

溶解性　不溶于水，可混溶于乙醇、乙醚、丙酮等多数有机溶剂

第十部分　稳定性和反应性

稳定性　稳定

危险反应　与强氧化剂等禁配物接触，有发生火灾和爆炸的危险

避免接触的条件　无资料

禁配物　强氧化剂、酸类、卤素等

危险的分解产物　无资料

第十一部分　毒理学信息

急性毒性

LD_{50}　6040mg/kg（大鼠经口）

LC_{50}　319150mg/m^3（大鼠吸入，2h）

皮肤刺激或腐蚀　无资料　**眼睛刺激或腐蚀**　无资料

呼吸或皮肤过敏　无资料　**生殖细胞突变性**　无资料

致癌性　无资料　**生殖毒性**　无资料

特异性靶器官系统毒性-一次接触　无资料

特异性靶器官系统毒性-反复接触　无资料

吸入危害　无资料

第十二部分　生态学信息

生态毒性

IC_{50}　2mg/L（24h）（水蚤）

LC_{50}　1.5mg/L（4d）（虹鳟鱼）

持久性和降解性

生物降解性　无资料

非生物降解性　空气中，当羟基自由基浓度为5.00×10^5个/cm^{3}时，降解半衰期为2d（理论）

潜在的生物累积性　BCF：138（理论）

土壤中的迁移性　无资料

第十三部分　废弃处置

废弃化学品　建议用焚烧法处置

污染包装物　将容器返还生产商或按照国家和地方法规处置

废弃注意事项　处置前应参阅国家和地方有关法规

第十四部分　运输信息

联合国危险货物编号（UN 号）　2364

联合国运输名称　正丙苯　**联合国危险性类别**　3

包装类别　Ⅲ类包装　**包装标志**

海洋污染物　否

运输注意事项　运输时运输车辆应配备相应品种和数量的消防器材及泄漏应急处理设备。夏季最好早晚运输。运输时所用的槽（罐）车应有接地链，槽内可设孔隔板以减少震荡产生静电。严禁与氧化剂、食用化学品等混装混运。运输途中应防曝晒、雨淋，防高温。中途停留时应远离火种、热源、高温区。装运该物品的车辆排气管必须配备阻火装置，禁止使用易产生火花的机械设备和工具装卸。公路运输时要按规定路线行驶，勿在居民区和人口稠密区停留。铁路运输时要禁止溜放。严禁用木船、水泥船散装运输

第十五部分　法规信息

下列法律、法规、规章和标准，对该化学品的管理作了相应的规定。

中华人民共和国职业病防治法　职业病分类和目录：未列入

危险化学品安全管理条例　危险化学品目录：列入。易制爆危险化学品名录：未列入。重点监管的危险化学品名录：未列入。GB 18218—2009《危险化学品重大危险源辨识》（表 1）：未列入

使用有毒物品作业场所劳动保护条例　高毒物品目录：未列入

易制毒化学品管理条例　易制毒化学品的分类和品种目录：未列入

国际公约　斯德哥尔摩公约：未列入。鹿特丹公约：未列入。蒙特利尔议定书：未列入

第十六部分　其他信息

编写和修订信息　**缩略语和首字母缩写**

培训建议　**参考文献**

免责声明

2-丙醇

第一部分　化学品标识

化学品中文名　2-丙醇；异丙醇

化学品英文名　2-propanol；isopropyl alcohol

分子式　C_3H_8O　**相对分子质量**　60.11

结构式　OH

化学品的推荐及限制用途　是重要的化工产品和原料。主要用于制药、化妆品、塑料、香料、涂料等

第二部分　危险性概述

紧急情况概述　高度易燃液体和蒸气，可能引起昏昏欲睡

或眩晕

GHS危险性类别 易燃液体，类别2；严重眼损伤/眼刺激，类别2；特异性靶器官毒性-一次接触，类别3（麻醉效应）

标签要素

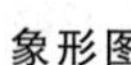

警示词 危险

危险性说明 高度易燃液体和蒸气，造成严重眼刺激，可能引起昏昏欲睡或眩晕

防范说明

预防措施 远离热源、火花、明火、热表面。禁止吸烟。保持容器密闭。容器和接收设备接地连接。使用防爆电器、通风、照明设备。只能使用不产生火花的工具。采取防止静电措施。戴防护手套、防护眼镜、防护面罩。避免接触眼睛、皮肤，操作后彻底清洗

事故响应 火灾时，使用抗溶性泡沫、干粉、二氧化碳、砂土灭火。如皮肤（或头发）接触：立即脱掉所有被污染的衣服。用水冲洗皮肤，淋浴。如接触眼睛：用水细心冲洗数分钟。如戴隐形眼镜并可方便地取出，取出隐形眼镜继续冲洗。如果眼睛刺激持续：就医

安全储存 存放在通风良好的地方。保持低温

废弃处置 本品及内装物、容器依据国家和地方法规处置

物理和化学危险 高度易燃，其蒸气与空气混合，能形成爆炸性混合物

健康危害 接触高浓度蒸气出现头痛、倦睡、共济失调以及眼、鼻、喉刺激症状。口服可致恶心、呕吐、腹痛、腹泻、倦睡、昏迷，甚至死亡。长期皮肤接触可致皮肤干燥、皲裂

环境危害 对环境可能有害

第三部分 成分/组成信息

√物质 混合物

组分	浓度	CAS No.
2-丙醇		67-63-0

第四部分 急救措施

吸入 迅速脱离现场至空气新鲜处。保持呼吸道通畅。如呼吸困难，给输氧。如呼吸、心跳停止，立即进行心肺复苏术。就医

皮肤接触 立即脱去污染的衣着，用流动清水彻底冲洗。就医

眼睛接触 立即分开眼睑，用流动清水或生理盐水彻底冲洗。就医

食入 漱口，饮水。就医

对保护施救者的忠告 根据需要使用个人防护设备

对医生的特别提示 对症处理

第五部分 消防措施

灭火剂 用抗溶性泡沫、干粉、二氧化碳、砂土灭火

特别危险性 蒸气比空气重，沿地面扩散并易积存于低洼处，遇火源会着火回燃。燃烧生成有害的一氧化碳

灭火注意事项及防护措施 消防人员须佩戴防毒面具、穿全身消防服，在上风向灭火。尽可能将容器从火场移至空旷处。喷水保持火场容器冷却，直至灭火结束。容器突然发出异常声音或出现异常现象，应立即撤离

第六部分 泄漏应急处理

作业人员防护措施、防护装备和应急处置程序 消除所有点火源。根据液体流动和蒸气扩散的影响区域划定警戒区，无关人员从侧风、上风向撤离至安全区。建议应急处理人员戴正压自给式呼吸器，穿防静电服。作业时使用的所有设备应接地。禁止接触或跨越泄漏物。尽可能切断泄漏源

环境保护措施 防止泄漏物进入水体、下水道、地下室或有限空间

泄漏化学品的收容、清除方法及所使用的处置材料 小量泄漏：用砂土或其他不燃材料吸收。使用洁净的无火花工具收集吸收材料。大量泄漏：构筑围堤或挖坑收容。用抗溶性泡沫覆盖，减少蒸发。喷水雾能减少蒸发，但不能降低泄漏物在有限空间内的易燃性。用防爆泵转移至槽车或专用收集器内。喷雾状水驱散蒸气、稀释液体泄漏物

第七部分 操作处置与储存

操作注意事项 密闭操作，全面通风。操作人员必须经过专门培训，严格遵守操作规程。建议操作人员佩戴过滤式防毒面具（半面罩），戴安全防护眼镜，穿防静电工作服，戴乳胶手套。远离火种、热源。工作场所严禁吸烟。使用防爆型的通风系统和设备。防止蒸气泄漏到工作场所空气中。避免与氧化剂、酸类、卤素接触。灌装时应控制流速，且有接地装置，防止静电积聚。搬运时要轻装轻卸，防止包装及容器损坏。配备相应品种和数量的消防器材及泄漏应急处理设备。倒空的容器可能残留有害物

储存注意事项 储存于阴凉、通风的库房。远离火种、热源。库温不宜超过37℃。保持容器密封。应与氧化剂、酸类、卤素等分开存放，切忌混储。采用防爆型照明、通风设施。禁止使用易产生火花的机械设备和工具。储区应备有泄漏应急处理设备和合适的收容材料

第八部分 接触控制/个体防护

职业接触限值

中国 PC-TWA：350mg/m^3；PC-STEL：700mg/m^3

美国(ACGIH) TLV-TWA：200ppm；TLV-STEL：400ppm

生物接触限值 未制定标准

监测方法 空气中有毒物质测定方法：溶剂解吸-气相色谱法。生物监测检验方法：未制定标准

工程控制 生产过程密闭，全面通风。提供安全淋浴和洗眼设备

个体防护装备

呼吸系统防护 一般不需要特殊防护，高浓度接触时可佩戴过滤式防毒面具（半面罩）

眼睛防护 一般不需要特殊防护，高浓度接触时可戴安全防护眼镜

皮肤和身体防护 穿防静电工作服

手防护 戴橡胶手套

第九部分 理化特性

外观与性状 无色透明液体，有似乙醇和丙酮混合物的气味

pH值 无资料 **熔点(℃)** −88.5

沸点(℃) 82.5 **相对密度(水=1)** 0.79

相对蒸气密度(空气=1) 2.1

饱和蒸气压(kPa) 4.40（20℃）

燃烧热(kJ/mol) −1995.5 **临界温度(℃)** 235

临界压力(MPa) 4.76 **辛醇/水分配系数** 0.05

闪点(℃) 12（CC） **自燃温度(℃)** 456

爆炸下限(%) 2.0 **爆炸上限(%)** 12.7

分解温度(℃) 无资料

黏度(mPa·s) 2.038（25℃）

溶解性 溶于水、乙醇、乙醚、苯、氯仿等多数有机溶剂

第十部分 稳定性和反应性

稳定性 稳定

危险反应 与强氧化剂等禁配物接触，有发生火灾和爆炸的危险

避免接触的条件 无资料

禁配物 强氧化剂、酸类、酸酐、卤素

危险的分解产物 无资料

第十一部分 毒理学信息

急性毒性

LD_{50} 5000mg/kg（大鼠经口）；3600mg/kg（小鼠经口）；6410mg/kg（兔经口）；12800mg/kg（兔经皮）

LDLo 人 3570mg/kg

TDLo 人 223mg/kg

皮肤刺激或腐蚀 家兔经皮：500mg，轻度刺激

眼睛刺激或腐蚀 家兔经眼：100mg（24h），中度刺激

呼吸或皮肤过敏 无资料

生殖细胞突变性 细胞遗传学分析：酿酒酵母菌 200mmol/管

致癌性 无资料

生殖毒性 大鼠孕后 1～19d 吸入最低中毒剂量（TCLo）7000ppm（7h），致肌肉骨骼系统发育畸形

特异性靶器官系统毒性-一次接触 无资料

特异性靶器官系统毒性-反复接触 大鼠吸入 0.27ppm，每天 24h，连续 3 个月，未见异常；1.0ppm，每天 24h，3 个月，肾和肝功能出现异常；8.4ppm，每天 24h，3 个月，肾和肝严重损伤

吸入危害 无资料

第十二部分 生态学信息

生态毒性 LC_{50}：750～1650mg/L（96h）（圆腹褐虾）；11130mg/L（48h）（黑头呆鱼，静态）

持久性和降解性

生物降解性 易快速生物降解

非生物降解性 水中光氧化半衰期（h）：4726～1.90×10^5；空气中光氧化半衰期（h）：6.2～72

潜在的生物累积性 根据 K_{ow} 值预测，该物质的生物累积性可能较弱

土壤中的迁移性 根据 K_{oc} 值预测，该物质可能易发生迁移

第十三部分 废弃处置

废弃化学品 用焚烧法处置

污染包装物 将容器返还生产商或按照国家和地方法规处置

废弃注意事项 处置前应参阅国家和地方有关法规

第十四部分 运输信息

联合国危险货物编号（UN号） 1219

联合国运输名称 异丙醇 **联合国危险性类别** 3

包装类别 Ⅱ类包装 **包装标志**

海洋污染物 否

运输注意事项 运输时运输车辆应配备相应品种和数量的消防器材及泄漏应急处理设备。夏季最好早晚运输。运输时所用的槽（罐）车应有接地链，槽内可设孔隔板以减少震荡产生静电。严禁与氧化剂、酸类、卤素、食用化学品等混装混运。运输途中应防曝晒、雨淋，防高温。中途停留时应远离火种、热源、高温区。装运该物品的车辆排气管必须配备阻火装置，禁止使用易产生火花的机械设备和工具装卸。公路运输时要按规定路线行驶，勿在居民区和人口稠密区停留。铁路运输时要禁止溜放。严禁用木船、水泥船散装运输

第十五部分 法规信息

下列法律、法规、规章和标准，对该化学品的管理作了相应的规定。

中华人民共和国职业病防治法 职业病分类和目录：未列入

危险化学品安全管理条例 危险化学品目录：列入。易制爆危险化学品名录：未列入。重点监管的危险化学品名录：未列入。GB 18218—2009《危险化学品重大危险源辨识》（表 1）：未列入

使用有毒物品作业场所劳动保护条例 高毒物品目录：未列入

易制毒化学品管理条例 易制毒化学品的分类和品种目录：未列入

国际公约 斯德哥尔摩公约：未列入。鹿特丹公约：未列

入。蒙特利尔议定书：未列入

第十六部分 其他信息

编写和修订信息 缩略语和首字母缩写
培训建议 参考文献
免责声明

1-丙醇

第一部分 化学品标识

化学品中文名 1-丙醇；正丙醇
化学品英文名 1-propyl alcohol；*n*-propanol；1-propanol
分子式 C_3H_8O **相对分子质量** 60.11
结构式 OH
化学品的推荐及限制用途 用作溶剂及用于制药、油漆和化妆品等

第二部分 危险性概述

紧急情况概述 高度易燃液体和蒸气，造成严重眼损伤，可能引起昏昏欲睡或眩晕
GHS 危险性类别 易燃液体，类别 2；严重眼损伤/眼刺激，类别 1；特异性靶器官毒性--一次接触，类别 3（麻醉效应）
标签要素

象形图

警示词 危险
危险性说明 高度易燃液体和蒸气，造成严重眼损伤，可能引起昏昏欲睡或眩晕
防范说明

预防措施 远离热源、火花、明火、热表面。禁止吸烟。保持容器密闭。容器和接收设备接地连接。使用防爆电器、通风、照明设备。只能使用不产生火花的工具。采取防止静电措施。戴防护手套、防护眼镜、防护面罩

事故响应 火灾时，使用抗溶性泡沫、干粉、二氧化碳、砂土灭火。如皮肤（或头发）接触：立即脱掉所有被污染的衣服。用水冲洗皮肤、淋浴。接触眼睛：用水细心冲洗数分钟。如戴隐形眼镜并可方便地取出，取出隐形眼镜。继续冲洗。立即呼叫中毒控制中心或就医

安全储存 存放在通风良好的地方。保持低温

废弃处置 本品及内装物、容器依据国家和地方法规处置

物理和化学危险 高度易燃，其蒸气与空气混合，能形成爆炸性混合物
健康危害 接触高浓度蒸气出现头痛、倦睡、共济失调以及眼、鼻、喉刺激症状。口服可致恶心、呕吐、腹痛、腹泻、倦睡、昏迷，甚至死亡。长期皮肤接触可致皮肤干燥、皲裂
环境危害 对环境可能有害

第三部分 成分/组成信息

√物质 混合物

组分	浓度	CAS No.
1-丙醇		71-23-8

第四部分 急救措施

吸入 迅速脱离现场至空气新鲜处。保持呼吸道通畅。如呼吸困难，给输氧。呼吸、心跳停止，立即进行心肺复苏术。就医
皮肤接触 立即脱去污染的衣着，用流动清水彻底冲洗。就医
眼睛接触 立即分开眼睑，用流动清水或生理盐水彻底冲洗至少 15min。就医
食入 漱口，饮水。就医
对保护施救者的忠告 根据需要使用个人防护设备
对医生的特别提示 对症处理

第五部分 消防措施

灭火剂 用抗溶性泡沫、干粉、二氧化碳、砂土灭火
特别危险性 与氧化剂接触发生化学反应或引起燃烧。在火场中，受热的容器有爆炸危险。蒸气比空气重，沿地面扩散并易积存于低洼处，遇火源会着火回燃。燃烧生成有害的一氧化碳
灭火注意事项及防护措施 消防人员须佩戴防毒面具、穿全身消防服，在上风向灭火。尽可能将容器从火场移至空旷处。喷水保持火场容器冷却，直至灭火结束。容器突然发出异常声音或出现异常现象，应立即撤离

第六部分 泄漏应急处理

作业人员防护措施、防护装备和应急处置程序 消除所有点火源。根据液体流动和蒸气扩散的影响区域划定警戒区，无关人员从侧风、上风向撤离至安全区。建议应急处理人员戴正压自给式呼吸器，穿防静电服。作业时使用的所有设备应接地。禁止接触或跨越泄漏物。尽可能切断泄漏源
环境保护措施 防止泄漏物进入水体、下水道、地下室或有限空间
泄漏化学品的收容、清除方法及所使用的处置材料 小量泄漏：用砂土或其他不燃材料吸收。使用洁净的无火花工具收集吸收材料。大量泄漏：构筑围堤或挖坑收容。用抗溶性泡沫覆盖，减少蒸发。喷水雾能减少蒸发，但不能降低泄漏物在有限空间内的易燃性。用防爆泵转移至槽车或专用收集器内。喷雾状水驱散蒸气、稀释液体泄漏物

第七部分 操作处置与储存

操作注意事项 密闭操作，全面通风。操作人员必须经过专门培训，严格遵守操作规程。建议操作人员佩戴过滤式防毒面具（半面罩），戴安全防护眼镜，穿防静电工作服，戴乳胶手套。远离火种、热源。工作场所严禁吸烟。使用防爆型的通风系统和设备。防止蒸气

泄漏到工作场所空气中。避免与氧化剂、酸类、卤素接触。灌装时应控制流速，且有接地装置，防止静电积聚。搬运时要轻装轻卸，防止包装及容器损坏。配备相应品种和数量的消防器材及泄漏应急处理设备。倒空的容器可能残留有害物

储存注意事项 储存于阴凉、通风的库房。远离火种、热源。库温不宜超过37℃。保持容器密封。应与氧化剂、酸类、卤素、食用化学品分开存放，切忌混储。采用防爆型照明、通风设施。禁止使用易产生火花的机械设备和工具。储区应备有泄漏应急处理设备和合适的收容材料

第八部分 接触控制/个体防护

职业接触限值

中国 PC-TWA：200mg/m³；PC-STEL：300mg/m³

美国(ACGIH) TLV-TWA：100ppm

生物接触限值 未制定标准

监测方法 空气中有毒物质测定方法：溶剂解吸-气相色谱法。生物监测检验方法：未制定标准

工程控制 生产过程密闭，全面通风。提供安全的淋浴和洗眼设备

个体防护装备

呼吸系统防护 一般不需要特殊防护，高浓度接触时可佩戴过滤式防毒面具（半面罩）

眼睛防护 一般不需要特殊防护，高浓度接触时可戴安全防护眼镜

皮肤和身体防护 穿防静电工作服

手防护 戴橡胶手套

第九部分 理化特性

外观与性状 无色液体，有醇味

pH值 无资料 **熔点(℃)** −127

沸点(℃) 97.1 **相对密度(水=1)** 0.80

相对蒸气密度(空气=1) 2.1

饱和蒸气压(kPa) 2.0（20℃）

燃烧热(kJ/mol) −2021.3 **临界温度(℃)** 263.6

临界压力(MPa) 5.17 **辛醇/水分配系数** 0.25

闪点(℃) 15 **自燃温度(℃)** 371

爆炸下限(%) 2.1 **爆炸上限(%)** 13.5

分解温度(℃) 无资料

黏度(mPa·s) 2.256（20℃）

溶解性 与水混溶，可混溶于乙醇、乙醚等多数有机溶剂

第十部分 稳定性和反应性

稳定性 稳定

危险反应 与强氧化剂等禁配物接触，有发生火灾和爆炸的危险

避免接触的条件 无资料

禁配物 强氧化剂、酸酐、酸类、卤素

危险的分解产物 无资料

第十一部分 毒理学信息

急性毒性

LD_{50} 1870mg/kg（大鼠经口）；6800mg/kg（小鼠经口）；2825mg/kg（兔经口）；5040mg/kg（兔经皮）

LC_{50} 48000mg/m³（小鼠吸入）

LDLo 女性1870mg/kg

皮肤刺激或腐蚀 家兔经皮：500mg，轻度刺激（开放性刺激试验）

眼睛刺激或腐蚀 家兔经眼：20mg（24h），中度刺激

呼吸或皮肤过敏 无资料 **生殖细胞突变性** 无资料

致癌性 无资料 **生殖毒性** 无资料

特异性靶器官系统毒性-一次接触 无资料

特异性靶器官系统毒性-反复接触 无资料

吸入危害 无资料

第十二部分 生态学信息

生态毒性

LC_{50} 4.10～4.88g/L（96h）（黑头呆鱼）

IC_{50} 255～3100mg/L（72h）（藻类）

持久性和降解性

生物降解性 易快速生物降解

非生物降解性 空气中，当羟基自由基浓度为5.00×10^5个/cm³时，降解半衰期为2.9d（理论）

潜在的生物累积性 根据K_{ow}值预测，该物质的生物累积性可能较弱

土壤中的迁移性 根据K_{oc}值预测，该物质可能易发生迁移

第十三部分 废弃处置

废弃化学品 建议用焚烧法处置

污染包装物 将容器返还生产商或按照国家和地方法规处置

废弃注意事项 处置前应参阅国家和地方有关法规

第十四部分 运输信息

联合国危险货物编号(UN号) 1274

联合国运输名称 正丙醇 **联合国危险性类别** 3

包装类别 Ⅱ类包装 **包装标志**

海洋污染物 否

运输注意事项 运输时运输车辆应配备相应品种和数量的消防器材及泄漏应急处理设备。夏季最好早晚运输。运输时所用的槽（罐）车应有接地链，槽内可设孔隔板以减少震荡产生静电。严禁与氧化剂、酸类、卤素、食用化学品等混装混运。运输途中应防曝晒、雨淋，防高温。中途停留时应远离火种、热源、高温区。装运该物品的车辆排气管必须配备阻火装置，禁止使用易产生火花的机械设备和工具装卸。公路运输时要按规定路线行驶，勿在居民区和人口稠密区停留。铁路运输时要禁止溜放。严禁用木船、水泥船散装运输

第十五部分 法规信息

下列法律、法规、规章和标准，对该化学品的管理作

了相应的规定。

中华人民共和国职业病防治法 职业病分类和目录：未列入

危险化学品安全管理条例 危险化学品目录：列入。易制爆危险化学品名录：未列入。重点监管的危险化学品名录：未列入。GB 18218—2009《危险化学品重大危险源辨识》(表 1)：未列入

使用有毒物品作业场所劳动保护条例 高毒物品目录：未列入

易制毒化学品管理条例 易制毒化学品的分类和品种目录：未列入

国际公约 斯德哥尔摩公约：未列入。鹿特丹公约：未列入。蒙特利尔议定书：未列入

第十六部分 其他信息

编写和修订信息 **缩略语和首字母缩写**

培训建议 **参考文献**

免责声明

1,3-丙二胺

第一部分 化学品标识

化学品中文名 1,3-丙二胺；1,3-二氨基丙烷

化学品英文名 1,3-propanediamine；1,3-diaminopropane

分子式 $C_3H_{10}N_2$ **相对分子质量** 74.13

结构式 H_2N ⁄⁀⁄ NH_2

化学品的推荐及限制用途 用作有机合成中间体、溶剂

第二部分 危险性概述

紧急情况概述 易燃液体和蒸气，吞咽会中毒，皮肤接触会致命，造成严重的皮肤灼伤和眼损伤

GHS 危险性类别 易燃液体，类别 3；急性毒性-经口，类别 3；急性毒性-经皮，类别 2；皮肤腐蚀/刺激，类别 1；严重眼损伤/眼刺激，类别 1

标签要素

象形图

警示词 危险

危险性说明 易燃液体和蒸气，吞咽会中毒，皮肤接触会致命，造成严重的皮肤灼伤和眼损伤

防范说明

预防措施 远离热源、火花、明火、热表面。禁止吸烟。保持容器密闭。容器和接收设备接地连接。使用防爆电器、通风、照明设备。只能使用不产生火花的工具。采取防止静电措施。避免接触眼睛、皮肤，操作后彻底清洗。作业场所不得进食、饮水或吸烟。避免吸入烟雾。避免接触眼睛、皮肤或衣服。戴防护手套，穿防护服，戴防护眼镜、防护面罩

事故响应 火灾时，使用水、抗溶性泡沫、干粉、二氧化碳、砂土灭火。如吸入：将患者转移到空气新鲜处，休息，保持利于呼吸的体位。皮肤接触：立即脱掉所有被污染的衣服。用大量肥皂水和水轻轻地清洗。立即呼叫中毒控制中心或就医。污染的衣服须洗净后方可重新使用。眼睛接触：用水细心地冲洗数分钟。如戴隐形眼镜并可方便地取出，则取出隐形眼镜继续冲洗。食入：漱口。不要催吐。立即呼叫中毒控制中心或就医

安全储存 存放在通风良好的地方。保持低温。上锁保管

废弃处置 本品及内装物、容器依据国家和地方法规处置

物理和化学危险 易燃，其蒸气与空气混合，能形成爆炸性混合物

健康危害 本品对黏膜、上呼吸道、眼和皮肤有强烈的刺激性。吸入后，可因喉及支气管的痉挛、炎症、水肿，化学性肺炎或肺水肿而致死。接触后有烧灼感、咳嗽、喘息、喉炎、气短、头痛、恶心和呕吐。可致灼伤

环境危害 对环境可能有害

第三部分 成分/组成信息

√物质		混合物
组分	**浓度**	**CAS No.**
1,3-丙二胺		109-76-2

第四部分 急救措施

吸入 迅速脱离现场至空气新鲜处。保持呼吸道通畅。如呼吸困难，给输氧。如呼吸、心跳停止，立即进行心肺复苏术。就医

皮肤接触 立即脱去污染的衣着，用大量流动清水彻底冲洗至少 15min。就医

眼睛接触 立即分开眼睑，用流动清水或生理盐水彻底冲洗至少 15min。就医

食入 用水漱口，禁止催吐。给饮牛奶或蛋清。就医

对保护施救者的忠告 根据需要使用个人防护设备

对医生的特别提示 对症处理

第五部分 消防措施

灭火剂 用水、抗溶性泡沫、干粉、二氧化碳、砂土灭火

特别危险性 受热分解放出有毒烟气。若遇高热，容器内压增大，有开裂和爆炸的危险。燃烧生成有害的一氧化碳、氮氧化物

灭火注意事项及防护措施 消防人员须佩戴防毒面具、穿全身消防服，在上风向灭火。尽可能将容器从火场移至空旷处。喷水保持火场容器冷却，直至灭火结束。容器突然发出异常声音或出现异常现象，应立即撤离

第六部分 泄漏应急处理

作业人员防护措施、防护装备和应急处置程序 根据液体流动和蒸气扩散的影响区域划定警戒区，无关人员从侧风、上风向撤离至安全区。消除所有点火源。建议应急处理人员戴正压自给式呼吸器，穿防腐蚀、防毒

服，戴橡胶耐油手套。禁止接触或跨越泄漏物。尽可能切断泄漏源

环境保护措施 防止泄漏物进入水体、下水道、地下室或有限空间

泄漏化学品的收容、清除方法及所使用的处置材料 小量泄漏：用砂土或其他不燃材料吸收。也可以用大量水冲洗，洗水稀释后放入废水系统。大量泄漏：构筑围堤或挖坑收容。用泡沫覆盖，减少蒸发。用耐腐蚀泵转移至槽车或专用收集器内

第七部分 操作处置与储存

操作注意事项 密闭操作，注意通风。操作人员必须经过专门培训，严格遵守操作规程。建议操作人员佩戴自吸过滤式防毒面具（全面罩），穿橡胶耐酸碱服，戴橡胶耐油手套。远离火种、热源。工作场所严禁吸烟。使用防爆型的通风系统和设备。防止蒸气泄漏到工作场所空气中。避免与氧化剂、酸类接触。充装要控制流速，防止静电积聚。搬运时要轻装轻卸，防止包装及容器损坏。配备相应品种和数量的消防器材及泄漏应急处理设备。倒空的容器可能残留有害物

储存注意事项 储存于阴凉、干燥、通风良好的库房。远离火种、热源。库温不宜超过35℃。保持容器密封。应与氧化剂、酸类、食用化学品分开存放，切忌混储。采用防爆型照明、通风设施。禁止使用易产生火花的机械设备和工具。储区应备有泄漏应急处理设备和合适的收容材料

第八部分 接触控制/个体防护

职业接触限值

中国 未制定标准

美国(ACGIH) 未制定标准

生物接触限值 未制定标准

监测方法 空气中有毒物质测定方法：未制定标准。生物监测检验方法：未制定标准

工程控制 密闭操作，注意通风。提供安全淋浴和洗眼设备

个体防护装备

呼吸系统防护 可能接触其蒸气时，应该佩戴过滤式防毒面具（全面罩）

眼睛防护 呼吸系统防护中已作防护

皮肤和身体防护 穿橡胶耐酸碱服

手防护 戴橡胶耐油手套

第九部分 理化特性

外观与性状 无色液体，有吸湿性，有氨的气味

pH值 无资料 **熔点(℃)** −12

沸点(℃) 139.7 **相对密度(水=1)** 0.89

相对蒸气密度(空气=1) 2.5

饱和蒸气压(kPa) <1.07（20℃）

燃烧热(kJ/mol) 无资料 **临界温度(℃)** 333.4

临界压力(MPa) 5.12 **辛醇/水分配系数** −1.05

闪点(℃) 48.9 **自燃温度(℃)** 350

爆炸下限(%) 2.8 **爆炸上限(%)** 15.2

分解温度(℃) 无资料 **黏度(mPa·s)** 无资料

溶解性 易溶于水，溶于甲醇、乙醚

第十部分 稳定性和反应性

稳定性 稳定

危险反应 与强氧化剂等禁配物接触，有发生火灾和爆炸的危险

避免接触的条件 受热

禁配物 酸类、酰基氯、酸酐、强氧化剂、二氧化碳

危险的分解产物 无资料

第十一部分 毒理学信息

急性毒性 LD_{50}：312mg/kg（大鼠经口）；0.2ml（178mg）/kg（兔经皮）

皮肤刺激或腐蚀 家兔经皮：50mg，重度刺激（开放性刺激试验）

眼睛刺激或腐蚀 家兔经眼：1mg，重度刺激

呼吸或皮肤过敏 无资料 **生殖细胞突变性** 无资料

致癌性 无资料 **生殖毒性** 无资料

特异性靶器官系统毒性-一次接触 无资料

特异性靶器官系统毒性-反复接触 无资料

吸入危害 无资料

第十二部分 生态学信息

生态毒性 LC_{50}：13mg/L（96h）（鱼类）

持久性和降解性

生物降解性 OECD301A，14d降解96%，易快速生物降解

非生物降解性 无资料

潜在的生物累积性 根据K_{ow}值预测，该物质的生物累积性可能较弱

土壤中的迁移性 根据K_{oc}值预测，该物质可能易发生迁移

第十三部分 废弃处置

废弃化学品 建议用焚烧法处置。焚烧炉排出的氮氧化物通过洗涤器除去

污染包装物 将容器返还生产商或按照国家和地方法规处置

废弃注意事项 处置前应参阅国家和地方有关法规

第十四部分 运输信息

联合国危险货物编号(UN号) 2734

联合国运输名称 液态胺，腐蚀性，易燃，未另作规定的（1,3-丙二胺）

联合国危险性类别 8，3

包装类别 Ⅱ类包装

包装标志 

海洋污染物 否

运输注意事项 起运时包装要完整，装载应稳妥。运输过

程中要确保容器不泄漏、不倒塌、不坠落、不损坏。运输时所用的槽（罐）车应有接地链，槽内可设孔隔板以减少震荡产生静电。严禁与氧化剂、酸类、食用化学品等混装混运。运输车辆应配备相应品种和数量的消防器材及泄漏应急处理设备。公路运输时要按规定路线行驶，勿在居民区和人口稠密区停留

第十五部分 法规信息

下列法律、法规、规章和标准，对该化学品的管理作了相应的规定。

中华人民共和国职业病防治法 职业病分类和目录：未列入

危险化学品安全管理条例 危险化学品目录：列入。易制爆危险化学品名录：未列入。重点监管的危险化学品名录：未列入。GB 18218—2009《危险化学品重大危险源辨识》（表 1）：未列入

使用有毒物品作业场所劳动保护条例 高毒物品目录：未列入

易制毒化学品管理条例 易制毒化学品的分类和品种目录：未列入

国际公约 斯德哥尔摩公约：未列入。鹿特丹公约：未列入。蒙特利尔议定书：未列入

第十六部分 其他信息

编写和修订信息 **缩略语和首字母缩写**

培训建议 **参考文献**

免责声明

1,2-丙二胺

第一部分 化学品标识

化学品中文名 1,2-丙二胺；1,2-二氨基丙烷

化学品英文名 1,2-propanediamine；1,2-diaminopropane

分子式 $C_3H_{10}N_2$ **相对分子质量** 74.13

结构式 H_2N / NH_2

化学品的推荐及限制用途 用作橡胶促进剂、添加剂、溶剂、分析试剂，以及用于染料、药物等的制造

第二部分 危险性概述

紧急情况概述 易燃液体和蒸气，造成严重的皮肤灼伤和眼损伤

GHS 危险性类别 易燃液体，类别 3；急性毒性-经口，类别 4；急性毒性-经皮，类别 4；皮肤腐蚀/刺激，类别 1A；严重眼损伤/眼刺激，类别 1

标签要素

象形图

警示词 危险

危险性说明 易燃液体和蒸气，吞咽有害，皮肤接触有害，造成严重的皮肤灼伤和眼损伤

防范说明

预防措施 远离热源、火花、明火、热表面。禁止吸烟。保持容器密闭。容器和接收设备接地连接。使用防爆电器、通风、照明设备。只能使用不产生火花的工具。采取防止静电措施。避免吸入烟雾。避免接触眼睛、皮肤，操作后彻底清洗。作业场所不得进食、饮水或吸烟。戴防护手套，穿防护服，戴防护眼镜、防护面罩

事故响应 火灾时，使用水、抗溶性泡沫、干粉、二氧化碳、砂土灭火。如吸入：将患者转移到空气新鲜处，休息，保持利于呼吸的体位。皮肤接触：立即脱掉所有被污染的衣服，用大量肥皂水和水清洗。如感觉不适，呼叫中毒控制中心或就医。被污染的衣服须经洗净后方可重新使用。眼睛接触：用水细心地冲洗数分钟。如戴隐形眼镜并可方便地取出，则取出隐形眼镜继续冲洗。食入：漱口。不要催吐，如果感觉不适，立即呼叫中毒控制中心或就医

安全储存 存放在通风良好的地方。保持低温。上锁保管

废弃处置 本品及内装物、容器依据国家和地方法规处置

物理和化学危险 易燃，其蒸气与空气混合，能形成爆炸性混合物

健康危害 本品对黏膜、上呼吸道、眼睛和皮肤有强烈刺激性。吸入后，可因喉及支气管的痉挛、炎症、水肿，化学性肺炎或肺水肿而致死。较长时间接触对皮肤有强烈刺激性或引起灼伤

环境危害 对环境可能有害

第三部分 成分/组成信息

√物质		混合物
组分	**浓度**	**CAS No.**
1,2-丙二胺		78-90-0

第四部分 急救措施

吸入 迅速脱离现场至空气新鲜处。保持呼吸道通畅。如呼吸困难，给输氧。如呼吸、心跳停止，立即进行心肺复苏术。就医

皮肤接触 立即脱去污染的衣着，用大量流动清水冲洗 20～30min。如有不适感，就医

眼睛接触 立即提起眼睑，用大量流动清水或生理盐水彻底冲洗至少 15min。就医

食入 用水漱口，给饮牛奶或蛋清。就医

对保护施救者的忠告 根据需要使用个人防护设备

对医生的特别提示 对症处理

第五部分 消防措施

灭火剂 用水、抗溶性泡沫、干粉、二氧化碳、砂土灭火

特别危险性 受热分解放出有毒烟气。能腐蚀铜及其合金。燃烧生成有害的一氧化碳、氮氧化物

灭火注意事项及防护措施 消防人员须佩戴防毒面具、穿

全身消防服，在上风向灭火。尽可能将容器从火场移至空旷处。喷水保持火场容器冷却，直至灭火结束。容器突然发出异常声音或出现异常现象，应立即撤离

第六部分 泄漏应急处理

作业人员防护措施、防护装备和应急处置程序 消除所有点火源。根据液体流动和蒸气扩散的影响区域划定警戒区，无关人员从侧风、上风向撤离至安全区。建议应急处理人员戴正压自给式呼吸器，穿防静电、防腐蚀、防毒服，戴橡胶耐油手套。作业时使用的所有设备应接地。禁止接触或跨越泄漏物。尽可能切断泄漏源

环境保护措施 防止泄漏物进入水体、下水道、地下室或有限空间

泄漏化学品的收容、清除方法及所使用的处置材料 小量泄漏：用砂土或其他不燃材料吸收。使用洁净的无火花工具收集吸收材料。大量泄漏：构筑围堤或挖坑收容。用抗溶性泡沫覆盖，减少蒸发。喷水雾能减少蒸发，但不能降低泄漏物在有限空间内的易燃性。用防爆、耐腐蚀泵转移至槽车或专用收集器内

第七部分 操作处置与储存

操作注意事项 密闭操作，注意通风。操作人员必须经过专门培训，严格遵守操作规程。建议操作人员佩戴自吸过滤式防毒面具（全面罩），穿橡胶耐酸碱服，戴橡胶耐油手套。远离火种、热源。工作场所严禁吸烟。使用防爆型的通风系统和设备。防止蒸气泄漏到工作场所空气中。避免与氧化剂、酸类接触。充装要控制流速，防止静电积聚。搬运时要轻装轻卸，防止包装及容器损坏。配备相应品种和数量的消防器材及泄漏应急处理设备。倒空的容器可能残留有害物

储存注意事项 储存于阴凉、干燥、通风良好的库房。远离火种、热源。库房温度不超过32℃，相对湿度不超过80%。保持容器密封。应与氧化剂、酸类、食用化学品分开存放，切忌混储。采用防爆型照明、通风设施。禁止使用易产生火花的机械设备和工具。储区应备有泄漏应急处理设备和合适的收容材料

第八部分 接触控制/个体防护

职业接触限值

中国 未制定标准

美国(ACGIH) 未制定标准

生物接触限值 未制定标准

监测方法 空气中有毒物质测定方法：未制定标准。生物监测检验方法：未制定标准

工程控制 密闭操作，注意通风。提供安全的淋浴和洗眼设备

个体防护装备

呼吸系统防护 可能接触其蒸气时，应该佩戴过滤式防毒面具（全面罩）

眼睛防护 呼吸系统防护中已作防护

皮肤和身体防护 穿橡胶耐酸碱服

手防护 戴橡胶耐油手套

第九部分 理化特性

外观与性状 无色液体，有氨的气味，有吸湿性

pH值 无资料 **熔点(℃)** －37.2

沸点(℃) 119.5 **相对密度(水＝1)** 0.87

相对蒸气密度(空气＝1) 2.5

饱和蒸气压(kPa) 1.07（20℃）

燃烧热(kJ/mol) －2511.9 **临界温度(℃)** 316.2

临界压力(MPa) 5.27 **辛醇/水分配系数** －1.200

闪点(℃) 33（OC） **自燃温度(℃)** 360

爆炸下限(%) 1.9 **爆炸上限(%)** 16.9

分解温度(℃) 无资料 **黏度(mPa·s)** 无资料

溶解性 易溶于水，溶于丙酮、苯、氯仿和乙醇等

第十部分 稳定性和反应性

稳定性 稳定

危险反应 与强氧化剂等禁配物接触，有发生火灾和爆炸的危险

避免接触的条件 受热

禁配物 酸类、酰基氯、酸酐、强氧化剂、二氧化碳

危险的分解产物 无资料

第十一部分 毒理学信息

急性毒性 LD_{50}：2230mg/kg（大鼠经口）；500μl/kg（兔经皮）

皮肤刺激或腐蚀 家兔经皮：5mg（24h），重度刺激

眼睛刺激或腐蚀 家兔经眼：87mg，重度刺激

呼吸或皮肤过敏 无资料 **生殖细胞突变性** 无资料

致癌性 无资料 **生殖毒性** 无资料

特异性靶器官系统毒性-一次接触 无资料

特异性靶器官系统毒性-反复接触 无资料

吸入危害 无资料

第十二部分 生态学信息

生态毒性 无资料

持久性和降解性

生物降解性 无资料

非生物降解性 无资料

潜在的生物累积性 根据 K_{ow} 值预测，该物质的生物累积性可能较弱

土壤中的迁移性 根据 K_{oc} 值预测，该物质可能易发生迁移

第十三部分 废弃处置

废弃化学品 建议用焚烧法处置。焚烧炉排出的氮氧化物通过洗涤器除去

污染包装物 将容器返还生产商或按照国家和地方法规处置

废弃注意事项 处置前应参阅国家和地方有关法规

第十四部分 运输信息

联合国危险货物编号（UN号） 2258

联合国运输名称 丙邻二胺（1,2-二氨基丙烷）

联合国危险性类别 8，3

包装类别 Ⅱ类包装

包装标志 

海洋污染物 否

运输注意事项 起运时包装要完整，装载应稳妥。运输过程中要确保容器不泄漏、不倒塌、不坠落、不损坏。运输时所用的槽（罐）车应有接地链，槽内可设孔隔板以减少震荡产生静电。严禁与氧化剂、酸类、食用化学品等混装混运。运输车辆应配备相应品种和数量的消防器材及泄漏应急处理设备。公路运输时要按规定路线行驶，勿在居民区和人口稠密区停留

第十五部分 法规信息

下列法律、法规、规章和标准，对该化学品的管理作了相应的规定。

中华人民共和国职业病防治法 职业病分类和目录：未列入

危险化学品安全管理条例 危险化学品目录：列入。易制爆危险化学品名录：未列入。重点监管的危险化学品名录：未列入。GB 18218—2009《危险化学品重大危险源辨识》(表1)：未列入

使用有毒物品作业场所劳动保护条例 高毒物品目录：未列入

易制毒化学品管理条例 易制毒化学品的分类和品种目录：未列入

国际公约 斯德哥尔摩公约：未列入。鹿特丹公约：未列入。蒙特利尔议定书：未列入

第十六部分 其他信息

编写和修订信息 **缩略语和首字母缩写**

培训建议 **参考文献**

免责声明

丙 二 腈

第一部分 化学品标识

化学品中文名 丙二腈；二氰甲烷

化学品英文名 propanedinitrile；dicyanomethane；malononitrile

分子式 $C_3H_2N_2$ **相对分子质量** 66.07

结构式 N≡C–CH₂–C≡N

化学品的推荐及限制用途 用于有机合成，用作金的浸提剂

第二部分 危险性概述

紧急情况概述 吞咽会中毒，皮肤接触会中毒，吸入会中毒

GHS危险性类别 急性毒性-经口，类别3；急性毒性-经皮，类别3；急性毒性-吸入，类别3；危害水生环境-急性危害，类别1；危害水生环境-长期危害，类别1

标签要素

象形图 

警示词 危险

危险性说明 吞咽会中毒，皮肤接触会中毒，吸入会中毒，对水生生物毒性非常大并具有长期持续影响

防范说明

预防措施 避免接触眼睛、皮肤，操作后彻底清洗。作业场所不得进食、饮水或吸烟。戴防护手套、穿防护服避免吸入粉尘。仅在室外或通风良好处操作。禁止排入环境

事故响应 如吸入：将患者转移到空气新鲜处，休息，保持利于呼吸的体位。皮肤接触：用大量肥皂水和水清洗。如感觉不适，呼叫中毒控制中心或就医。立即脱去所有被污染的衣服。被污染的衣服须经洗净后方可重新使用。食入：立即呼叫中毒控制中心或就医。漱口。收集泄漏物

安全储存 在通风良好处储存。保持容器密闭。上锁保管

废弃处置 本品及内装物、容器依据国家和地方法规处置

物理和化学危险 可燃，其粉体与空气混合，能形成爆炸性混合物

健康危害 本品毒性似氰化氢。氰化氢中毒有呼吸加快加深、乏力、头痛、呼吸困难、血压升高、皮肤黏膜呈鲜红色、抽搐、昏迷、呼吸衰竭，甚至全身肌肉松弛，呼吸、心跳停止而死亡

环境危害 对水生生物毒性非常大并具有长期持续影响

第三部分 成分/组成信息

√物质 混合物

组分	浓度	CAS No.
丙二腈		109-77-3

第四部分 急救措施

吸入 迅速脱离现场至空气新鲜处。保持呼吸道通畅。如呼吸困难，给输氧。呼吸、心跳停止，立即进行心肺复苏术。就医

皮肤接触 立即脱去污染的衣着，用肥皂水和清水彻底冲洗。就医

眼睛接触 立即分开眼睑，用流动清水或生理盐水彻底冲洗。就医

食入 催吐（仅限于清醒者），给服活性炭悬液。就医

对保护施救者的忠告 根据需要使用个人防护设备

对医生的特别提示 使用亚硝酸钠、硫代硫酸钠、4-二甲氨基苯酚等解毒剂

第五部分 消防措施

灭火剂 用抗溶性泡沫、干粉、二氧化碳、砂土灭火

特别危险性 加热至120℃，与碱性物质接触，立即猛烈聚合。受高热分解放出有毒的气体。燃烧生成有害的一氧化碳、氮氧化物

灭火注意事项及防护措施 消防人员必须佩戴空气呼吸器、穿全身防火防毒服，在上风向灭火。尽可能将容器从火场移至空旷处。喷水保持火场容器冷却，直至灭火结束

第六部分 泄漏应急处理

作业人员防护措施、防护装备和应急处置程序 隔离泄漏污染区，限制出入。消除所有点火源。建议应急处理人员戴防尘口罩，穿防毒服，戴橡胶手套。穿上适当的防护服前严禁接触破裂的容器和泄漏物。尽可能切断泄漏源。用塑料布覆盖泄漏物，减少飞散。勿使水进入包装容器内

环境保护措施 无资料

泄漏化学品的收容、清除方法及所使用的处置材料 用洁净的铲子收集泄漏物，置于干净、干燥、盖子较松的容器中，将容器移离泄漏区

第七部分 操作处置与储存

操作注意事项 严加密闭，提供充分的局部排风和全面通风。操作尽可能机械化、自动化。操作人员必须经过专门培训，严格遵守操作规程。建议操作人员佩戴自吸过滤式防毒面具（全面罩），穿聚乙烯防毒服，戴橡胶手套。远离火种、热源。工作场所严禁吸烟。使用防爆型的通风系统和设备。避免产生粉尘。避免与氧化剂、还原剂、酸类接触。充装要控制流速，防止静电积聚。搬运时要轻装轻卸，防止包装及容器损坏。配备相应品种和数量的消防器材及泄漏应急处理设备。倒空的容器可能残留有害物

储存注意事项 储存于阴凉、通风的库房。远离火种、热源。包装要求密封，不可与空气接触。应与氧化剂、还原剂、酸类、食用化学品分开存放，切忌混储。配备相应品种和数量的消防器材。储区应备有合适的材料收容泄漏物

第八部分 接触控制/个体防护

职业接触限值

中国 未制定标准

美国(ACGIH) 未制定标准

生物接触限值 未制定标准

监测方法 空气中有毒物质测定方法：未制定标准。生物监测检验方法：未制定标准

工程控制 严加密闭，提供充分的局部排风和全面通风。提供安全淋浴和洗眼设备

个体防护装备

呼吸系统防护 可能接触毒物时，必须佩戴过滤式防毒面具(全面罩)。紧急事态抢救或撤离时，建议佩戴空气呼吸器

眼睛防护 呼吸系统防护中已作防护

皮肤和身体防护 穿隔绝式防毒服

手防护 戴橡胶手套

第九部分 理化特性

外观与性状 无色至黄色结晶

pH值 无意义　**熔点(℃)** 32

沸点(℃) 220　**相对密度(水=1)** 1.191

相对蒸气密度(空气=1) 无资料

饱和蒸气压(kPa) 2.67 (109℃)

燃烧热(kJ/mol) −1650.3　**临界温度(℃)** 无资料

临界压力(MPa) 3.6　**辛醇/水分配系数** −0.6

闪点(℃) 112　**引燃温度(℃)** 590

爆炸下限(%) 2.9　**爆炸上限(%)** 19

分解温度(℃) 无资料　**黏度(mPa·s)** 无资料

溶解性 溶于水、乙醇、苯，微溶于氯仿、乙酸

第十部分 稳定性和反应性

稳定性 稳定

危险反应 与强氧化剂等禁配物发生反应。加热至120℃，与碱性物质接触发生剧烈聚合

避免接触的条件 无资料

禁配物 强氧化剂、强还原剂、强酸、强碱

危险的分解产物 无资料

第十一部分 毒理学信息

急性毒性 LD_{50}：14mg/kg（大鼠经口）；19mg/kg（小鼠经口）；350mg/kg（大鼠经皮）

皮肤刺激或腐蚀 无资料

眼睛刺激或腐蚀 家兔经眼：5mg（24h），重度刺激

呼吸或皮肤过敏 无资料　**生殖细胞突变性** 无资料

致癌性 无资料　**生殖毒性** 无资料

特异性靶器官系统毒性-一次接触 无资料

特异性靶器官系统毒性-反复接触 大鼠腹腔，2mg/(kg·d)，以后4mg/(kg·d)和28mg/(kg·d)，共19周（总量228mg/kg），未发现中毒症状和蓄积作用

吸入危害 无资料

第十二部分 生态学信息

生态毒性 LC_{50}：0.51mg/L（96h）（黑头呆鱼）

持久性和降解性

生物降解性 无资料

非生物降解性 空气中，当羟基自由基浓度为5.00×10^5个/cm^3时，降解半衰期为476d（理论）；当pH值为5，6，7，8，9时，其水解半衰期分别为21.4d，21.3d，20.2d，13.4d，3d（理论）

潜在的生物累积性 根据K_{ow}值预测，该物质的生物累积性可能较弱

土壤中的迁移性 根据K_{oc}值预测，该物质可能易发生迁移

第十三部分 废弃处置

废弃化学品 用焚烧法处置。焚烧炉排出的氮氧化物通过洗涤器除去

污染包装物 将容器返还生产商或按照国家和地方法规处置

废弃注意事项 把倒空的容器归还厂商或在规定场所掩埋

第十四部分 运输信息

联合国危险货物编号（UN号） 2647

联合国运输名称 丙二腈 **联合国危险性类别** 6.1

包装类别 Ⅱ类包装 **包装标志** 

海洋污染物 否

运输注意事项 运输前应先检查包装容器是否完整、密封，运输过程中要确保容器不泄漏、不倒塌、不坠落、不损坏。严禁与酸类、氧化剂、食品及食品添加剂混运。运输车辆应配备相应品种和数量的消防器材及泄漏应急处理设备。运输途中应防曝晒、雨淋，防高温

第十五部分 法规信息

下列法律、法规、规章和标准，对该化学品的管理作了相应的规定。

中华人民共和国职业病防治法 职业病分类和目录：氰及腈类化合物中毒

危险化学品安全管理条例 危险化学品目录：列入。易制爆危险化学品名录：未列入。重点监管的危险化学品名录：未列入。GB 18218—2009《危险化学品重大危险源辨识》（表1）：未列入

使用有毒物品作业场所劳动保护条例 高毒物品目录：未列入

易制毒化学品管理条例 易制毒化学品的分类和品种目录：未列入

国际公约 斯德哥尔摩公约：未列入。鹿特丹公约：未列入。蒙特利尔议定书：未列入

第十六部分 其他信息

编写和修订信息 **缩略语和首字母缩写**

培训建议 **参考文献**

免责声明

丙 二 烯

第一部分 化学品标识

化学品中文名 丙二烯

化学品英文名 allene；propadiene；dimethylene methane

分子式 C_3H_4 **相对分子质量** 40.07

结构式 ═C═

化学品的推荐及限制用途 用作有机中间体

第二部分 危险性概述

紧急情况概述 极易燃气体，内装加压气体：遇热可能爆炸，可能引起昏昏欲睡或眩晕

GHS危险性类别 易燃气体，类别1；加压气体；特异性靶器官毒性-一次接触，类别3（麻醉效应）

标签要素

象形图 

警示词 危险

危险性说明 极易燃气体，内装加压气体：遇热可能爆炸，可能引起昏昏欲睡或眩晕

防范说明

预防措施 远离热源、火花、明火、热表面。禁止吸烟

事故响应 漏气着火：切勿灭火，除非漏气能够安全地制止。如果没有危险，消除一切点火源

安全储存 防日晒。存放在通风良好的地方

废弃处置 -

物理和化学危险 极易燃，与空气混合能形成爆炸性混合物。易聚合

健康危害 高浓度丙二烯有麻醉作用，短时间内接触大量丙二烯可能导致急性中毒

环境危害 对环境可能有害

第三部分 成分/组成信息

√物质　　混合物

组分	浓度	CAS No.
丙二烯		463-49-0

第四部分 急救措施

吸入 迅速脱离现场至空气新鲜处。保持呼吸道通畅。如呼吸困难，给输氧。如呼吸、心跳停止，立即进行心肺复苏术。就医

对保护施救者的忠告 根据需要使用个人防护设备

对医生的特别提示 对症处理

第五部分 消防措施

灭火剂 用雾状水、泡沫、二氧化碳、干粉灭火

特别危险性 容易产生聚合。在200kPa大气压下可发生爆炸性分解。气体比空气重，沿地面扩散并易积存于低洼处，遇火源会着火回燃。燃烧生成有害的一氧化碳

灭火注意事项及防护措施 切断气源。若不能切断气源，则不允许熄灭泄漏处的火焰。消防人员必须佩戴空气呼吸器、穿全身防火防毒服，在上风向灭火。尽可能将容器从火场移至空旷处。喷水保持火场容器冷却，直至灭火结束

第六部分 泄漏应急处理

作业人员防护措施、防护装备和应急处置程序 消除所有点火源。根据气体的影响区域划定警戒区，无关人员从侧风、上风向撤离至安全区。建议应急处理人员戴正压自给式呼吸器，穿防静电服。液化气体泄漏时穿防静电、防寒服。作业时使用的所有设备应接地。尽可能切断泄漏源。若可能翻转容器，使之逸出气体而非液体。喷雾状水抑制蒸气或改变蒸气云流向，避免

水流接触泄漏物。禁止用水直接冲击泄漏物或泄漏源

环境保护措施 防止气体通过下水道、通风系统和有限空间扩散

泄漏化学品的收容、清除方法及所使用的处置材料 隔离泄漏区直至气体散尽

第七部分 操作处置与储存

操作注意事项 密闭操作，全面通风。操作人员必须经过专门培训，严格遵守操作规程。建议操作人员佩戴自吸过滤式防毒面具（半面罩），戴化学安全防护眼镜，穿防静电工作服。远离火种、热源。工作场所严禁吸烟。使用防爆型的通风系统和设备。防止气体泄漏到工作场所空气中。避免与氧化剂、碱类、重金属粉末、汞及其化合物接触。在传送过程中，钢瓶和容器必须接地和跨接，防止产生静电。搬运时要轻装轻卸，防止包装及容器损坏。配备相应品种和数量的消防器材及泄漏应急处理设备

储存注意事项 储存于阴凉、通风的易燃气体专用库房。库温不宜超过30℃。远离火种、热源。应与氧化剂、碱类、重金属粉末、汞及其化合物等分开存放，切忌混储。采用防爆型照明、通风设施。禁止使用易产生火花的机械设备和工具。储区应备有泄漏应急处理设备

第八部分 接触控制/个体防护

职业接触限值

中国 未制定标准

美国(ACGIH) 未制定标准

生物接触限值 未制定标准

监测方法 空气中有毒物质测定方法：未制定标准。生物监测检验方法：未制定标准

工程控制 生产过程密闭，全面通风

个体防护装备

呼吸系统防护 一般不需要特殊防护，高浓度接触时可佩戴过滤式防毒面具（半面罩）

眼睛防护 戴化学安全防护眼镜

皮肤和身体防护 穿防静电工作服

手防护 戴一般作业防护手套

第九部分 理化特性

外观与性状 无色气体，略带甜味

pH值 无意义 **熔点(℃)** －136

沸点(℃) －34.5 **相对密度(水＝1)** 1.79

相对蒸气密度(空气＝1) 1.42

饱和蒸气压(kPa) 817（21℃）

燃烧热(kJ/mol) 无资料 **临界温度(℃)** 无资料

临界压力(MPa) 5.25 **辛醇/水分配系数** 1.45

闪点(℃) ＜30 **自燃温度(℃)** 无资料

爆炸下限(%) 2.1 **爆炸上限(%)** 13.0

分解温度(℃) 无资料 **黏度(mPa·s)** 无资料

溶解性 不溶于水，微溶于乙醇，溶于苯、石油醚，易溶于乙醚

第十部分 稳定性和反应性

稳定性 稳定

危险反应 与强氧化剂等禁配物接触，有发生火灾和爆炸的危险。容易发生聚合反应

避免接触的条件 受热

禁配物 强氧化剂、强碱、铜、银、汞及其化合物

危险的分解产物 无资料

第十一部分 毒理学信息

急性毒性 无资料 **皮肤刺激或腐蚀** 无资料

眼睛刺激或腐蚀 无资料 **呼吸或皮肤过敏** 无资料

生殖细胞突变性 无资料 **致癌性** 无资料

生殖毒性 无资料

特异性靶器官系统毒性-一次接触 无资料

特异性靶器官系统毒性-反复接触 无资料

吸入危害 无资料

第十二部分 生态学信息

生态毒性 无资料

持久性和降解性

生物降解性 无资料

非生物降解性 无资料

潜在的生物累积性 根据K_{ow}值预测，该物质的生物累积性可能较弱

土壤中的迁移性 根据K_{oc}值预测，该物质可能易发生迁移

第十三部分 废弃处置

废弃化学品 建议用焚烧法处置

污染包装物 将容器返还生产商或按照国家和地方法规处置

废弃注意事项 处置前应参阅国家和地方有关法规

第十四部分 运输信息

联合国危险货物编号（UN号） 2200

联合国运输名称 丙二烯，稳定的

联合国危险性类别 2.1

包装类别 - **包装标志** 

海洋污染物 否

运输注意事项 铁路运输时须报铁路局进行试运，试运期为两年。试运结束后，写出试运报告，报铁道部正式公布运输条件。采用钢瓶运输时必须戴好钢瓶上的安全帽。钢瓶一般平放，并应将瓶口朝同一方向，不可交叉；高度不得超过车辆的防护栏板，并用三角木垫卡牢，防止滚动。运输时运输车辆应配备相应品种和数量的消防器材。装运该物品的车辆排气管必须配备阻火装置，禁止使用易产生火花的机械设备和工具装卸。严禁与氧化剂、碱类、重金属粉末、汞及其化合物、食用化学品等混装混运。夏季应早晚运输，防止

日光曝晒。中途停留时应远离火种、热源。公路运输时要按规定路线行驶，禁止在居民区和人口稠密区停留。铁路运输时要禁止溜放

第十五部分 法规信息

下列法律、法规、规章和标准，对该化学品的管理作了相应的规定。

中华人民共和国职业病防治法 职业病分类和目录：未列入

危险化学品安全管理条例 危险化学品目录：列入。易制爆危险化学品名录：未列入。重点监管的危险化学品名录：未列入。GB 18218—2009《危险化学品重大危险源辨识》(表 1)：未列入

使用有毒物品作业场所劳动保护条例 高毒物品目录：未列入

易制毒化学品管理条例 易制毒化学品的分类和品种目录：未列入

国际公约 斯德哥尔摩公约：未列入。鹿特丹公约：未列入。蒙特利尔议定书：未列入

第十六部分 其他信息

编写和修订信息 **缩略语和首字母缩写**

培训建议 **参考文献**

免责声明

丙腈

第一部分 化学品标识

化学品中文名 丙腈；乙基氰

化学品英文名 propionitrile；ethyl cyanide

分子式 C_3H_5N **相对分子质量** 55.09

结构式 N≡

化学品的推荐及限制用途 用作溶剂、中间体、绝缘液

第二部分 危险性概述

紧急情况概述 高度易燃液体和蒸气，吞咽致命，皮肤接触会致命，吸入致命

GHS 危险性类别 易燃液体，类别 2；急性毒性-经口，类别 2；急性毒性-经皮，类别 1；急性毒性-吸入，类别 2；皮肤腐蚀/刺激，类别 3；严重眼损伤/眼刺激，类别 2A

标签要素

象形图

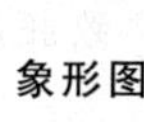

警示词 危险

危险性说明 高度易燃液体和蒸气，吞咽致命，皮肤接触会致命，吸入致命，造成轻微皮肤刺激，造成严重眼刺激

防范说明

预防措施 远离热源、火花、明火、热表面。禁止吸烟。保持容器密闭。容器和接收设备接地连接。使用防爆电器、通风、照明设备。只能使用不产生火花的工具。采取防止静电措施。戴防护手套、防护眼镜、防护面罩，穿防护服。避免接触眼睛、皮肤，操作后彻底清洗。作业场所不得进食、饮水或吸烟。避免接触眼睛、皮肤或衣服。避免吸入蒸气、雾。仅在室外或通风良好处操作

事故响应 火灾时，使用抗溶性泡沫、干粉、二氧化碳、砂土灭火。如吸入：将患者转移到空气新鲜处，休息，保持利于呼吸的体位。皮肤接触：用大量肥皂水和水轻轻地清洗。立即脱去所有被污染的衣服，被污染的衣服须经洗净后方可重新使用。立即呼叫中毒控制中心或就医。如接触眼睛：用水细心冲洗数分钟。如戴隐形眼镜并可方便地取出，取出隐形眼镜继续冲洗。食入：立即呼叫中毒控制中心或就医。漱口

安全储存 存放在通风良好的地方。保持低温。保持容器密闭。上锁保管

废弃处置 本品及内装物、容器依据国家和地方法规处置

物理和化学危险 高度易燃，其蒸气与空气混合，能形成爆炸性混合物

健康危害 本品在体内析出氰离子，抑制呼吸酶，造成缺氧

急性中毒 表现有严重头痛、头晕、恶心、呕吐、呼吸频率减慢、血压升高、心率加快；严重者意识混乱、定向力障碍，并可很快进入昏迷、癫痫样抽搐、严重酸中毒等。对皮肤黏膜有轻度刺激性

环境危害 对环境可能有害

第三部分 成分/组成信息

√物质 混合物

组分	浓度	CAS No.
丙腈		107-12-0

第四部分 急救措施

吸入 迅速脱离现场至空气新鲜处。保持呼吸道通畅。如呼吸困难，给输氧。如呼吸、心跳停止，立即进行心肺复苏术。就医

皮肤接触 立即脱去污染的衣着，用肥皂水和清水彻底冲洗。就医

眼睛接触 立即分开眼睑，用流动清水或生理盐水彻底冲洗。就医

食入 催吐（仅限于清醒者），给服活性炭悬液。就医

对保护施救者的忠告 根据需要使用个人防护设备

对医生的特别提示 使用亚硝酸钠、硫代硫酸钠、4-二甲氨基苯酚等解毒剂

第五部分 消防措施

灭火剂 用抗溶性泡沫、干粉、二氧化碳、砂土灭火

特别危险性 蒸气比空气重，沿地面扩散并易积存于低洼处，遇火源会着火回燃。在火场中，受热的容器有爆炸危险。燃烧生成有害的一氧化碳、氮氧化物

灭火注意事项及防护措施 消防人员必须佩戴空气呼吸器、穿全身防火防毒服，在上风向灭火。喷水冷却容器，尽可能将容器从火场移至空旷处。容器突然发出异常声音或出现异常现象，应立即撤离

第六部分 泄漏应急处理

作业人员防护措施、防护装备和应急处置程序 消除所有点火源。根据液体流动和蒸气扩散的影响区域划定警戒区，无关人员从侧风、上风向撤离至安全区。建议应急处理人员戴正压自给式呼吸器，穿防毒、防静电服，戴橡胶耐油手套。作业时使用的所有设备应接地。禁止接触或跨越泄漏物。尽可能切断泄漏源

环境保护措施 防止泄漏物进入水体、下水道、地下室或有限空间

泄漏化学品的收容、清除方法及所使用的处置材料 小量泄漏：用砂土或其他不燃材料吸收。使用洁净的无火花工具收集吸收材料。大量泄漏：构筑围堤或挖坑收容。用抗溶性泡沫覆盖，减少蒸发。喷水雾能减少蒸发，但不能降低泄漏物在有限空间内的易燃性。用防爆泵转移至槽车或专用收集器内

第七部分 操作处置与储存

操作注意事项 严加密闭，提供充分的局部排风和全面通风。操作尽可能机械化、自动化。操作人员必须经过专门培训，严格遵守操作规程。建议操作人员佩戴自吸过滤式防毒面具（全面罩），穿连衣式防毒衣，戴橡胶耐油手套。远离火种、热源。工作场所严禁吸烟。使用防爆型的通风系统和设备。防止蒸气泄漏到工作场所空气中。避免与氧化剂、还原剂、酸类、碱类接触。充装要控制流速，防止静电积聚。搬运时要轻装轻卸，防止包装及容器损坏。配备相应品种和数量的消防器材及泄漏应急处理设备。倒空的容器可能残留有害物

储存注意事项 储存于阴凉、通风良好的专用库房内，实行“双人收发、双人保管”制度。远离火种、热源。库温不宜超过37℃，保持容器密封。应与氧化剂、还原剂、酸类、碱类、食用化学品分开存放，切忌混储。采用防爆型照明、通风设施。禁止使用易产生火花的机械设备和工具。储区应备有泄漏应急处理设备和合适的收容材料

第八部分 接触控制/个体防护

职业接触限值

中国 未制定标准

美国(ACGIH) 未制定标准

生物接触限值 未制定标准

监测方法 空气中有毒物质测定方法：未制定标准。生物监测检验方法：未制定标准

工程控制 严加密闭，提供充分的局部排风和全面通风。提供安全淋浴和洗眼设备

个体防护装备

呼吸系统防护 可能接触毒物时，必须佩戴过滤式防毒面具（全面罩）。紧急事态抢救或撤离时，建议佩戴空气呼吸器

眼睛防护 呼吸系统防护中已作防护

皮肤和身体防护 穿连衣式防毒衣

手防护 戴橡胶耐油手套

第九部分 理化特性

外观与性状 无色透明液体，有醚样气味

pH值 无资料 **熔点(℃)** −92

沸点(℃) 97.2 **相对密度(水=1)** 0.78

相对蒸气密度(空气=1) 1.9

饱和蒸气压(kPa) 5.2（20℃）

燃烧热(kJ/mol) −1910.62 **临界温度(℃)** 291.2

临界压力(MPa) 4.18 **辛醇/水分配系数** 0.16

闪点(℃) 2（CC） **自燃温度(℃)** 512

爆炸下限(%) 3.1 **爆炸上限(%)** 14

分解温度(℃) 无资料

黏度(mPa·s) 0.454（15℃）

溶解性 溶于水、乙醇、乙醚、二甲基甲酰胺等

第十部分 稳定性和反应性

稳定性 稳定

危险反应 与强氧化剂等禁配物接触，有发生火灾和爆炸的危险

避免接触的条件 无资料

禁配物 强酸、强碱、强氧化剂、强还原剂

危险的分解产物 无资料

第十一部分 毒理学信息

急性毒性

LD_{50} 39mg/kg（大鼠经口）；36mg/kg（小鼠经口）；210mg/kg（兔经皮）

LC_{50} 500ppm（大鼠吸入，4h）；367mg/m³（小鼠吸入，1h）

皮肤刺激或腐蚀 家兔经皮：500mg（24h），轻度刺激

眼睛刺激或腐蚀 家兔经眼：100mg（24h），中度刺激

呼吸或皮肤过敏 无资料

生殖细胞突变性 性染色体缺失和不分离：黑腹果蝇吸入51ppm

致癌性 无资料

生殖毒性 大鼠孕后6～20d吸入最低中毒剂量（TCLo）100ppm（6h），致泌尿生殖系统发育畸形。仓鼠孕后8d腹腔内给予238mg/kg，致中枢神经系统、肌肉骨骼系统发育畸形。大鼠经口最低中毒剂量（TDLo）：1120mg/kg（孕6～15d），影响每窝胎数，致胚胎毒性

特异性靶器官系统毒性-一次接触 无资料

特异性靶器官系统毒性-反复接触 无资料

吸入危害 无资料

第十二部分 生态学信息

生态毒性 LC_{50}：1450～1580mg/L（96h）（黑头呆鱼）

持久性和降解性

生物降解性 无资料

非生物降解性　空气中，当羟基自由基浓度为5.00×10^5个/cm^3时，降解半衰期为83d（理论）

潜在的生物累积性　根据K_{ow}值预测，该物质的生物累积性可能较弱

土壤中的迁移性　根据K_{oc}值预测，该物质可能易发生迁移

第十三部分　废弃处置

废弃化学品　建议用焚烧法处置。焚烧炉排出的氮氧化物通过洗涤器除去

污染包装物　将容器返还生产商或按照国家和地方法规处置

废弃注意事项　处置前应参阅国家和地方有关法规

第十四部分　运输信息

联合国危险货物编号（UN号）　2404

联合国运输名称　丙腈

联合国危险性类别　3，6.1

包装类别　Ⅱ类包装

包装标志

海洋污染物　否

运输注意事项　运输时运输车辆应配备相应品种和数量的消防器材及泄漏应急处理设备。夏季最好早晚运输。运输时所用的槽（罐）车应有接地链，槽内可设孔隔板以减少震荡产生静电。严禁与氧化剂、还原剂、酸类、碱类、食用化学品等混装混运。运输途中应防曝晒、雨淋，防高温。中途停留时应远离火种、热源、高温区。装运该物品的车辆排气管必须配备阻火装置，禁止使用易产生火花的机械设备和工具装卸。公路运输时要按规定路线行驶，勿在居民区和人口稠密区停留。铁路运输时要禁止溜放。严禁用木船、水泥船散装运输

第十五部分　法规信息

下列法律、法规、规章和标准，对该化学品的管理作了相应的规定。

中华人民共和国职业病防治法　职业病分类和目录：氰及腈类化合物中毒

危险化学品安全管理条例　危险化学品目录：列入。作为剧毒化学品进行管理。易制爆危险化学品名录：未列入。重点监管的危险化学品名录：未列入。GB 18218—2009《危险化学品重大危险源辨识》（表1）：未列入

使用有毒物品作业场所劳动保护条例　高毒物品目录：未列入

易制毒化学品管理条例　易制毒化学品的分类和品种目录：未列入

国际公约　斯德哥尔摩公约：未列入。鹿特丹公约：未列入。蒙特利尔议定书：未列入

第十六部分　其他信息

编写和修订信息　　**缩略语和首字母缩写**

培训建议　　**参考文献**

免责声明

丙　　醚

第一部分　化学品标识

化学品中文名　丙醚；正丙醚；二正丙醚

化学品英文名　*n*-propyl ether；di-*n*-propyl ether

分子式　$C_6H_{14}O$　**相对分子质量**　102.20

结构式　﹨/﹨O/﹨/

化学品的推荐及限制用途　用于有机合成，也用作溶剂

第二部分　危险性概述

紧急情况概述　高度易燃液体和蒸气，可能引起昏昏欲睡或眩晕

GHS危险性类别　易燃液体，类别2；特异性靶器官毒性—一次接触，类别3（麻醉效应）；危害水生环境-急性危害，类别3

标签要素

象形图

警示词　危险

危险性说明　高度易燃液体和蒸气，可能引起昏昏欲睡或眩晕，对水生生物有害

防范说明

预防措施　远离热源、火花、明火、热表面。禁止吸烟。保持容器密闭。容器和接收设备接地连接。使用防爆电器、通风、照明设备。只能使用不产生火花的工具。采取防止静电措施。戴防护手套、防护眼镜、防护面罩。禁止排入环境

事故响应　火灾时，使用泡沫、二氧化碳、干粉、砂土灭火。如皮肤（或头发）接触：立即脱掉所有被污染的衣服。用水冲洗皮肤，淋浴

安全储存　存放在通风良好的地方。保持低温

废弃处置　本品及内装物、容器依据国家和地方法规处置

物理和化学危险　高度易燃，其蒸气与空气混合能形成爆炸性混合物

健康危害　可能具有麻醉作用

环境危害　对水生生物有害

第三部分　成分/组成信息

√物质		混合物
组分	**浓度**	**CAS No.**
丙醚		111-43-3

第四部分　急救措施

吸入　迅速脱离现场至空气新鲜处。保持呼吸道通畅。如

呼吸困难，给输氧。如呼吸、心跳停止，立即进行心肺复苏术。就医

皮肤接触 立即脱去污染的衣着，用流动清水彻底冲洗。就医

眼睛接触 立即分开眼睑，用流动清水或生理盐水彻底冲洗。就医

食入 漱口，饮水。就医

对保护施救者的忠告 根据需要使用个人防护设备

对医生的特别提示 对症处理

第五部分 消防措施

灭火剂 用泡沫、二氧化碳、干粉、砂土灭火

特别危险性 在空气中久置后能生成有爆炸性的过氧化物。蒸气比空气重，沿地面扩散并易积存于低洼处，遇火源会着火回燃。若遇高热，容器内压增大，有开裂和爆炸的危险。燃烧生成有害的一氧化碳

灭火注意事项及防护措施 消防人员须佩戴防毒面具、穿全身消防服，在上风向灭火。尽可能将容器从火场移至空旷处。喷水保持火场容器冷却，直至灭火结束。容器突然发出异常声音或出现异常现象，应立即撤离。用水灭火无效

第六部分 泄漏应急处理

作业人员防护措施、防护装备和应急处置程序 消除所有点火源。根据液体流动和蒸气扩散的影响区域划定警戒区，无关人员从侧风、上风向撤离至安全区。建议应急处理人员戴正压自给式呼吸器，穿防静电服，戴橡胶耐油手套。作业时使用的所有设备应接地。禁止接触或跨越泄漏物。尽可能切断泄漏源

环境保护措施 防止泄漏物进入水体、下水道、地下室或有限空间

泄漏化学品的收容、清除方法及所使用的处置材料 小量泄漏：用砂土或其他不燃材料吸收。使用洁净的无火花工具收集吸收材料。大量泄漏：构筑围堤或挖坑收容。用泡沫覆盖，减少蒸发。喷水雾能减少蒸发，但不能降低泄漏物在有限空间内的易燃性。用防爆泵转移至槽车或专用收集器内

第七部分 操作处置与储存

操作注意事项 密闭操作，全面通风。操作人员必须经过专门培训，严格遵守操作规程。建议操作人员佩戴过滤式防毒面具（半面罩），戴化学安全防护眼镜，穿防静电工作服，戴橡胶耐油手套。远离火种、热源。工作场所严禁吸烟。使用防爆型的通风系统和设备。防止蒸气泄漏到工作场所空气中。避免与氧化剂、卤素接触。灌装时应控制流速，且有接地装置，防止静电积聚。灌装适量，应留有5%的空容积。配备相应品种和数量的消防器材及泄漏应急处理设备。倒空的容器可能残留有害物

储存注意事项 储存于阴凉、通风的库房。远离火种、热源。库温不宜超过29℃。包装要求密封，不可与空气接触。应与氧化剂、卤素等分开存放，切忌混储。不宜大量储存或久存。采用防爆型照明、通风设施。禁止使用易产生火花的机械设备和工具。储区应备有泄漏应急处理设备和合适的收容材料

第八部分 接触控制/个体防护

职业接触限值

中国 未制定标准

美国(ACGIH) 未制定标准

生物接触限值 未制定标准

监测方法 空气中有毒物质测定方法：未制定标准。生物监测检验方法：未制定标准

工程控制 生产过程密闭，全面通风。提供安全淋浴和洗眼设备

个体防护装备

呼吸系统防护 空气中浓度超标时，佩戴过滤式防毒面具（半面罩）

眼睛防护 高浓度环境中，戴化学安全防护眼镜

皮肤和身体防护 穿防静电工作服

手防护 戴橡胶耐油手套

第九部分 理化特性

外观与性状 无色液体，有醚香味，极易挥发

pH值 无资料 **熔点(℃)** −122

沸点(℃) 89～91 **相对密度(水=1)** 0.74

相对蒸气密度(空气=1) 3.53

饱和蒸气压(kPa) 8.33 (25℃)

燃烧热(kJ/mol) 无资料 **临界温度(℃)** 无资料

临界压力(MPa) 3.028 **辛醇/水分配系数** 2.03

闪点(℃) 21 (CC) **自燃温度(℃)** 188

爆炸下限(%) 1.3 **爆炸上限(%)** 7.0

分解温度(℃) 无资料 **黏度(mPa·s)** 无资料

溶解性 微溶于水，溶于乙醇、乙醚等多数有机溶剂

第十部分 稳定性和反应性

稳定性 稳定

危险反应 与强氧化剂等禁配物接触，有发生火灾和爆炸的危险。在空气中久置后能生成有爆炸性的过氧化物

避免接触的条件 接触空气

禁配物 强氧化剂、氧、卤素、过氯酸、硫、硫化物

危险的分解产物 无资料

第十一部分 毒理学信息

急性毒性 LD_{50}：204mg/kg（小鼠静脉）

皮肤刺激或腐蚀 无资料 **眼睛刺激或腐蚀** 无资料

呼吸或皮肤过敏 无资料 **生殖细胞突变性** 无资料

致癌性 无资料 **生殖毒性** 无资料

特异性靶器官系统毒性-一次接触 无资料

特异性靶器官系统毒性-反复接触 无资料

吸入危害 无资料

第十二部分 生态学信息

生态毒性 LC_{50}：91.6mg/L (96h)（鱼类）

持久性和降解性

生物降解性 易快速生物降解

非生物降解性　空气中，当羟基自由基浓度为5.00×10^5个/cm^3时，降解半衰期21d（理论）

潜在的生物累积性　BCF：21（理论）

土壤中的迁移性　根据K_{oc}值预测，该物质可能有一定的迁移性

第十三部分　废弃处置

废弃化学品　建议用焚烧法处置

污染包装物　将容器返还生产商或按照国家和地方法规处置

废弃注意事项　处置前应参阅国家和地方有关法规

第十四部分　运输信息

联合国危险货物编号（UN号）　2384

联合国运输名称　二正丙醚

联合国危险性类别　3

包装类别　Ⅱ类包装　　**包装标志**

海洋污染物　否

运输注意事项　运输时运输车辆应配备相应品种和数量的消防器材及泄漏应急处理设备。夏季最好早晚运输。运输时所用的槽（罐）车应有接地链，槽内可设孔隔板以减少震荡产生静电。严禁与氧化剂、卤素、食用化学品等混装混运。运输途中应防曝晒、雨淋，防高温。中途停留时应远离火种、热源、高温区。装运该物品的车辆排气管必须配备阻火装置，禁止使用易产生火花的机械设备和工具装卸。公路运输时要按规定路线行驶，勿在居民区和人口稠密区停留。铁路运输时要禁止溜放。严禁用木船、水泥船散装运输

第十五部分　法规信息

下列法律、法规、规章和标准，对该化学品的管理作了相应的规定。

中华人民共和国职业病防治法　职业病分类和目录：未列入

危险化学品安全管理条例　危险化学品目录：列入。易制爆危险化学品名录：未列入。重点监管的危险化学品名录：未列入。GB 18218—2009《危险化学品重大危险源辨识》（表1）：未列入

使用有毒物品作业场所劳动保护条例　高毒物品目录：未列入

易制毒化学品管理条例　易制毒化学品的分类和品种目录：未列入

国际公约　斯德哥尔摩公约：未列入。鹿特丹公约：未列入。蒙特利尔议定书：未列入

第十六部分　其他信息

编写和修订信息　　**缩略语和首字母缩写**

培训建议　　**参考文献**

免责声明

丙　醛

第一部分　化学品标识

化学品中文名　丙醛；正丙醛

化学品英文名　propanal；propionaldehyde

分子式　C_3H_6O　　**相对分子质量**　58.1

结构式　╱╲╱O

化学品的推荐及限制用途　用于制合成树脂、橡胶促进剂和防老剂

第二部分　危险性概述

紧急情况概述　高度易燃液体和蒸气

GHS危险性类别　易燃液体，类别2；皮肤腐蚀/刺激，类别2；严重眼损伤/眼刺激，类别2；特异性靶器官毒性-一次接触，类别3（呼吸道刺激）；危害水生环境-急性危害，类别3

标签要素

象形图

警示词　危险

危险性说明　高度易燃液体和蒸气，造成皮肤刺激，造成严重眼刺激，可能引起呼吸道刺激，对水生生物有害

防范说明

预防措施　远离热源、火花、明火、热表面。禁止吸烟。保持容器密闭。容器和接收设备接地连接。使用防爆电器、通风、照明设备。只能使用不产生火花的工具。采取防止静电措施。戴防护手套、防护眼镜、防护面罩。避免接触眼睛、皮肤，操作后彻底清洗。禁止排入环境

事故响应　火灾时，使用抗溶性泡沫、干粉、二氧化碳、砂土灭火。如皮肤（或头发）接触：用大量肥皂水和水清洗。如发生皮肤刺激，就医。脱去被污染的衣服，洗净后方可重新使用。如接触眼睛：用水细心冲洗数分钟。如戴隐形眼镜并可方便地取出，取出隐形眼镜继续冲洗。如果眼睛刺激持续：就医

安全储存　存放在通风良好的地方。保持低温

废弃处置　本品及内装物、容器依据国家和地方法规处置

物理和化学危险　高度易燃，其蒸气与空气混合，能形成爆炸性混合物

健康危害　低浓度接触对眼、鼻有刺激性。高浓度接触有麻醉作用，以及引起支气管炎、肺炎、肺水肿。大量口服对消化道黏膜有刺激作用，可引起出血性胃炎。对眼和皮肤有刺激性

环境危害　对水生生物有害

第三部分　成分/组成信息

√物质　　混合物

组分	浓度	CAS No.
丙醛		123-38-6

第四部分　急救措施

吸入　迅速脱离现场至空气新鲜处。保持呼吸道通畅。如呼吸困难，给输氧。如呼吸、心跳停止，立即进行心肺复苏术。就医

皮肤接触　立即脱去污染的衣着，用流动清水彻底冲洗。就医

眼睛接触　立即分开眼睑，用流动清水或生理盐水彻底冲洗。就医

食入　漱口，饮水。就医

对保护施救者的忠告　根据需要使用个人防护设备

对医生的特别提示　对症处理

第五部分　消防措施

灭火剂　用抗溶性泡沫、干粉、二氧化碳、砂土灭火

特别危险性　若遇高热，可发生聚合反应，放出大量热量而引起容器破裂和爆炸事故。蒸气比空气重，沿地面扩散并易积存于低洼处，遇火源会着火回燃。燃烧生成有害的一氧化碳

灭火注意事项及防护措施　消防人员须佩戴防毒面具、穿全身消防服，在上风向灭火。尽可能将容器从火场移至空旷处。喷水保持火场容器冷却，直至灭火结束。容器突然发出异常声音或出现异常现象，应立即撤离

第六部分　泄漏应急处理

作业人员防护措施、防护装备和应急处置程序　消除所有点火源。根据液体流动和蒸气扩散的影响区域划定警戒区，无关人员从侧风、上风向撤离至安全区。建议应急处理人员戴正压自给式呼吸器，穿防静电、防腐蚀、防毒服，戴橡胶手套。作业时使用的所有设备应接地。禁止接触或跨越泄漏物。尽可能切断泄漏源

环境保护措施　防止泄漏物进入水体、下水道、地下室或有限空间

泄漏化学品的收容、清除方法及所使用的处置材料　小量泄漏：用砂土或其他不燃材料吸收。使用洁净的无火花工具收集吸收材料。大量泄漏：构筑围堤或挖坑收容。用抗溶性泡沫覆盖，减少蒸发。喷水雾能减少蒸发，但不能降低泄漏物在有限空间内的易燃性。用防爆、耐腐蚀泵转移至槽车或专用收集器内。喷雾状水驱散蒸气、稀释液体泄漏物

第七部分　操作处置与储存

操作注意事项　密闭操作，全面排风。操作人员必须经过专门培训，严格遵守操作规程。建议操作人员佩戴过滤式防毒面具（半面罩），戴化学安全防护眼镜，穿防静电工作服，戴橡胶手套。远离火种、热源。工作场所严禁吸烟。使用防爆型的通风系统和设备。防止蒸气泄漏到工作场所空气中。避免与氧化剂、还原剂、碱类接触。灌装时应控制流速，且有接地装置，防止静电积聚。配备相应品种和数量的消防器材及泄漏应急处理设备。倒空的容器可能残留有害物

储存注意事项　储存于阴凉、通风的库房。远离火种、热源。库温不宜超过 37℃。包装要求密封，不可与空气接触。应与氧化剂、还原剂、碱类等分开存放，切忌混储。采用防爆型照明、通风设施。禁止使用易产生火花的机械设备和工具。储区应备有泄漏应急处理设备和合适的收容材料

第八部分　接触控制/个体防护

职业接触限值

中国　未制定标准

美国(ACGIH)　TLV-TWA：20ppm

生物接触限值　未制定标准

监测方法　空气中有毒物质测定方法：未制定标准。生物监测检验方法：未制定标准

工程控制　密闭操作，全面排风。提供安全淋浴和洗眼设备

个体防护装备

呼吸系统防护　空气中浓度超标时，应该佩戴过滤式防毒面具（半面罩）

眼睛防护　戴化学安全防护眼镜

皮肤和身体防护　穿防静电工作服

手防护　戴橡胶手套

第九部分　理化特性

外观与性状　无色透明液体，有刺激性臭味

pH 值　无资料　　**熔点(℃)**　−81

沸点(℃)　48～49　　**相对密度(水=1)**　0.80

相对蒸气密度(空气=1)　2.0

饱和蒸气压(kPa)　31.3（20℃）

燃烧热(kJ/mol)　−1822.7　　**临界温度(℃)**　无资料

临界压力(MPa)　4.65

辛醇/水分配系数　0.59～0.83

闪点(℃)　−30（CC）　　**自燃温度(℃)**　207

爆炸下限(%)　2.6　　**爆炸上限(%)**　17.0

分解温度(℃)　无资料

黏度(mPa·s)　0.6（20℃）

溶解性　溶于水，可混溶于乙醇、乙醚等多数有机溶剂

第十部分　稳定性和反应性

稳定性　稳定

危险反应　与强氧化剂等禁配物接触，有发生火灾和爆炸的危险。高热下可发生聚合

避免接触的条件　受热、接触空气

禁配物　强氧化剂、强碱、强还原剂、氧

危险的分解产物　无资料

第十一部分　毒理学信息

急性毒性

LD_{50}　800mg/kg（大鼠经口）；2460mg/kg（兔经皮）

LC_{50}　21800mg/m^3（小鼠吸入，2h）

皮肤刺激或腐蚀　家兔经皮：500mg，轻度刺激（开放性刺激试验）

眼睛刺激或腐蚀　家兔经眼：41mg，重度刺激

呼吸或皮肤过敏　无资料　　**生殖细胞突变性**　无资料

致癌性　无资料　　**生殖毒性**　无资料

特异性靶器官系统毒性-一次接触 无资料

特异性靶器官系统毒性-反复接触 吸入，90ppm，每天6h，共20d，无任何明显的病理改变；浓度为1300ppm，连续6d，可发生肝损害

吸入危害 无资料

第十二部分 生态学信息

生态毒性

EC_{50} 260mg/L（72h）（栅藻）；134mg/L（24h），89mg/L（48h）（水蚤）

LC_{50} ＞180mg/L（24h）（蓝腮太阳鱼，静态）；120mg/L（48h），110mg/L（72h），105mg/L（96h）（月银汉鱼，静态）

持久性和降解性

生物降解性 易快速生物降解

非生物降解性 空气中光氧化半衰期（h）：3.3～33

潜在的生物累积性 根据 K_{ow} 值预测，该物质的生物累积性可能较弱

土壤中的迁移性 根据 K_{oc} 值预测，该物质可能易发生迁移

第十三部分 废弃处置

废弃化学品 建议用焚烧法处置

污染包装物 将容器返还生产商或按照国家和地方法规处置

废弃注意事项 处置前应参阅国家和地方有关法规

第十四部分 运输信息

联合国危险货物编号（UN号） 1275

联合国运输名称 **联合国危险性类别** 3

包装类别 Ⅱ类包装 **包装标志**

海洋污染物 否

运输注意事项 运输时运输车辆应配备相应品种和数量的消防器材及泄漏应急处理设备。夏季最好早晚运输。运输时所用的槽（罐）车应有接地链，槽内可设孔隔板以减少震荡产生静电。严禁与氧化剂、还原剂、碱类、食用化学品等混装混运。运输途中应防曝晒、雨淋，防高温。中途停留时应远离火种、热源、高温区。装运该物品的车辆排气管必须配备阻火装置，禁止使用易产生火花的机械设备和工具装卸。公路运输时要按规定路线行驶，勿在居民区和人口稠密区停留。铁路运输时要禁止溜放。严禁用木船、水泥船散装运输

第十五部分 法规信息

下列法律、法规、规章和标准，对该化学品的管理作了相应的规定。

中华人民共和国职业病防治法 职业病分类和目录：未列入

危险化学品安全管理条例 危险化学品目录：列入。易制爆危险化学品名录：未列入。重点监管的危险化学品名录：未列入。GB 18218—2009《危险化学品重大危险源辨识》（表1）：未列入

使用有毒物品作业场所劳动保护条例 高毒物品目录：未列入

易制毒化学品管理条例 易制毒化学品的分类和品种目录：未列入

国际公约 斯德哥尔摩公约：未列入。鹿特丹公约：未列入。蒙特利尔议定书：未列入

第十六部分 其他信息

编写和修订信息 **缩略语和首字母缩写**

培训建议 **参考文献**

免责声明

丙 炔

第一部分 化学品标识

化学品中文名 丙炔；甲基乙炔

化学品英文名 propyne；methyl acetylene

分子式 C_3H_4 **相对分子质量** 40.07

结构式

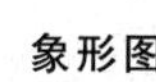

化学品的推荐及限制用途 用于制造丙酮等

第二部分 危险性概述

紧急情况概述 极易燃气体，内装加压气体：遇热可能爆炸

GHS危险性类别 易燃气体，类别1；加压气体

标签要素

象形图

警示词 危险

危险性说明 极易燃气体，内装加压气体：遇热可能爆炸

防范说明

预防措施 远离热源、火花、明火、热表面。禁止吸烟

事故响应 漏气着火：切勿灭火，除非漏气能够安全地制止。如果没有危险，消除一切点火源

安全储存 防日晒。存放在通风良好的地方

废弃处置 -

物理和化学危险 极易燃，与空气混合能形成爆炸性混合物

健康危害 急性吸入可刺激呼吸道，引起支气管炎及肺炎；并有麻醉作用。与液态本品接触可引起冻伤

环境危害 对环境可能有害

第三部分 成分/组成信息

√物质 混合物

组分	浓度	CAS No.
丙炔		74-99-7

第四部分 急救措施

吸入 迅速脱离现场至空气新鲜处。保持呼吸道通畅。如呼吸困难，给输氧。如呼吸、心跳停止，立即进行心肺复苏术。就医

皮肤接触 如发生冻伤，用温水（38～42℃）复温，忌用热水或辐射热，不要揉搓。就医

对保护施救者的忠告 根据需要使用个人防护设备

对医生的特别提示 对症处理

第五部分 消防措施

灭火剂 用雾状水、泡沫、干粉、二氧化碳灭火

特别危险性 火场温度下易发生危险的聚合反应。气体比空气重，沿地面扩散并易积存于低洼处，遇火源会着火回燃。燃烧生成有害的一氧化碳

灭火注意事项及防护措施 切断气源。若不能切断气源，则不允许熄灭泄漏处的火焰。消防人员必须佩戴空气呼吸器、穿全身防火防毒服，在上风向灭火。尽可能将容器从火场移至空旷处。喷水保持火场容器冷却，直至灭火结束

第六部分 泄漏应急处理

作业人员防护措施、防护装备和应急处置程序 消除所有点火源。根据气体扩散的影响区域划定警戒区，无关人员从侧风、上风向撤离至安全区。建议应急处理人员戴正压自给式呼吸器，穿防静电服。如果是液化气体泄漏，还应注意防冻伤。作业时使用的所有设备应接地。尽可能切断泄漏源。若可能翻转容器，使之逸出气体而非液体。喷雾状水抑制蒸气或改变蒸气云流向，避免水流接触泄漏物。禁止用水直接冲击泄漏物或泄漏源

环境保护措施 防止气体通过下水道、通风系统和有限空间扩散

泄漏化学品的收容、清除方法及所使用的处置材料 隔离泄漏区直至气体散尽

第七部分 操作处置与储存

操作注意事项 密闭操作，全面通风。操作人员必须经过专门培训，严格遵守操作规程。建议操作人员佩戴过滤式防毒面具（半面罩），穿防静电工作服。远离火种、热源。工作场所严禁吸烟。使用防爆型的通风系统和设备。防止气体泄漏到工作场所空气中。避免与氧化剂、卤素接触。在传送过程中，钢瓶和容器必须接地和跨接，防止产生静电。搬运时轻装轻卸，防止钢瓶及附件破损。配备相应品种和数量的消防器材及泄漏应急处理设备

储存注意事项 储存于阴凉、通风的易燃气体专用库房。远离火种、热源。库温不宜超过30℃。应与氧化剂、卤素分开存放，切忌混储。采用防爆型照明、通风设施。禁止使用易产生火花的机械设备和工具。储区应备有泄漏应急处理设备

第八部分 接触控制/个体防护

职业接触限值

中国 未制定标准

美国（ACGIH） TLV-TWA：1000ppm

生物接触限值 未制定标准

监测方法 空气中有毒物质测定方法：未制定标准。生物监测检验方法：未制定标准

工程控制 生产过程密闭，全面通风

个体防护装备

呼吸系统防护 高浓度环境中，建议佩戴过滤式防毒面具（半面罩）

眼睛防护 一般不需要特殊防护，高浓度接触时可戴化学安全防护眼镜

皮肤和身体防护 穿防静电工作服

手防护 戴一般作业防护手套

第九部分 理化特性

外观与性状 无色气体

pH值 无意义 **熔点(℃)** －102.7

沸点(℃) －23.2

相对密度(水＝1) 0.71（－50℃）

相对蒸气密度(空气＝1) 1.38

饱和蒸气压(kPa) 516.76（20℃）

燃烧热(kJ/mol) －1849.6 **临界温度(℃)** 129.2

临界压力(MPa) 5.63 **辛醇/水分配系数** 0.94

闪点(℃) ＜－30 **自燃温度(℃)** 340.15

爆炸下限(%) 1.7 **爆炸上限(%)** 11.7

分解温度(℃) 无资料 **黏度(mPa·s)** 无资料

溶解性 微溶于水，溶于乙醇、乙醚等多数有机溶剂

第十部分 稳定性和反应性

稳定性 稳定

危险反应 与强氧化剂等禁配物接触，有发生火灾和爆炸的危险。高热下易发生聚合

避免接触的条件 受热

禁配物 强氧化剂、碱金属、碱土金属、重金属尤其是铜、重金属盐、卤素

危险的分解产物 无资料

第十一部分 毒理学信息

急性毒性 TCLo：47000mg/m^3（大鼠吸入，7min）

皮肤刺激或腐蚀 无资料 **眼睛刺激或腐蚀** 无资料

呼吸或皮肤过敏 无资料 **生殖细胞突变性** 无资料

致癌性 无资料 **生殖毒性** 无资料

特异性靶器官系统毒性-一次接触 无资料

特异性靶器官系统毒性-反复接触 无资料

吸入危害 无资料

第十二部分 生态学信息

生态毒性 LC_{50}：140～399mg/L（96h）（鱼）

持久性和降解性

生物降解性 无资料

非生物降解性 空气中，当羟基自由基浓度为5.00×10^{5}个/cm^{3}时，降解半衰期为2.7d（理论）

潜在的生物累积性 根据K_{ow}值预测，该物质的生物累积性可能较弱

土壤中的迁移性 根据K_{oc}值预测，该物质可能易发生迁移

第十三部分 废弃处置

废弃化学品 建议用焚烧法处置

污染包装物 将容器返还生产商或按照国家和地方法规处置

废弃注意事项 处置前应参阅国家和地方有关法规

第十四部分 运输信息

联合国危险货物编号（UN号） 1954

联合国运输名称 压缩气体，易燃，未另作规定的（丙炔）

联合国危险性类别 2.1

包装类别 - **包装标志** 

海洋污染物 否

运输注意事项 采用钢瓶运输时必须戴好钢瓶上的安全帽。钢瓶一般平放，并应将瓶口朝同一方向，不可交叉；高度不得超过车辆的防护栏板，并用三角木垫卡牢，防止滚动。运输时运输车辆应配备相应品种和数量的消防器材。装运该物品的车辆排气管必须配备阻火装置，禁止使用易产生火花的机械设备和工具装卸。严禁与氧化剂、卤素、食用化学品等混装混运。夏季应早晚运输，防止日光曝晒。中途停留时应远离火种、热源。公路运输时要按规定路线行驶，禁止在居民区和人口稠密区停留。铁路运输时要禁止溜放

第十五部分 法规信息

下列法律、法规、规章和标准，对该化学品的管理作了相应的规定。

中华人民共和国职业病防治法 职业病分类和目录：未列入

危险化学品安全管理条例 危险化学品目录：未列入。易制爆危险化学品名录：未列入。重点监管的危险化学品名录：未列入。GB 18218—2009《危险化学品重大危险源辨识》（表1）：未列入

使用有毒物品作业场所劳动保护条例 高毒物品目录：未列入

易制毒化学品管理条例 易制毒化学品的分类和品种目录：未列入

国际公约 斯德哥尔摩公约：未列入。鹿特丹公约：未列入。蒙特利尔议定书：未列入

第十六部分 其他信息

编写和修订信息

缩略语和首字母缩写

培训建议

参考文献

免责声明

丙 酸

第一部分 化学品标识

化学品中文名 丙酸

化学品英文名 propionic acid；propanoic acid

分子式 $C_3H_6O_2$ **相对分子质量** 74.09

结构式 O=C(OH)CH₂CH₃

化学品的推荐及限制用途 用作酯化剂、硝酸纤维素的溶剂、增塑剂、化学试剂和配制食品原料等

第二部分 危险性概述

紧急情况概述 造成严重的皮肤灼伤和眼损伤

GHS危险性类别 皮肤腐蚀/刺激，类别1B；严重眼损伤/眼刺激，类别1；特异性靶器官毒性—一次接触，类别3（呼吸道刺激）；危害水生环境-急性危害，类别3

标签要素

象形图 

警示词 危险

危险性说明 造成严重的皮肤灼伤和眼损伤，可能引起呼吸道刺激，对水生生物有害

防范说明

预防措施 避免吸入烟雾。避免接触眼睛、皮肤，操作后彻底清洗。戴防护手套，穿防护服，戴防护眼镜、防护面罩。禁止排入环境

事故响应 如吸入：将患者转移到空气新鲜处，休息，保持利于呼吸的体位。立即呼叫中毒控制中心或就医。皮肤（或头发）接触：立即脱掉所有被污染的衣服。用水冲洗皮肤，淋浴。污染的衣服须洗净后方可重新使用。眼睛接触：用水细心地冲洗数分钟。如戴隐形眼镜并可方便地取出，则取出隐形眼镜继续冲洗。食入：漱口。不要催吐

安全储存 上锁保管

废弃处置 本品及内装物、容器依据国家和地方法规处置

物理和化学危险 易燃，其蒸气与空气混合，能形成爆炸性混合物

健康危害 吸入本品对呼吸道有强烈刺激性，可发生肺水肿。蒸气对眼有强烈刺激性，液体可致严重眼损害。皮肤接触可致灼伤。大量口服出现恶心、呕吐和腹痛

环境危害 对水生生物有害

第三部分 成分/组成信息

√物质 混合物

组分	浓度	CAS No.
丙酸		79-09-4

第四部分 急救措施

吸入 迅速脱离现场至空气新鲜处。保持呼吸道通畅。如呼吸困难，给输氧。如呼吸、心跳停止，立即进行心肺复苏术。就医

皮肤接触 立即脱去污染的衣着，用大量流动清水彻底冲洗至少15min。就医

眼睛接触 立即分开眼睑，用流动清水或生理盐水彻底冲洗至少15min。就医

食入 用水漱口，禁止催吐。给饮牛奶或蛋清。就医

对保护施救者的忠告 根据需要使用个人防护设备

对医生的特别提示 对症处理

第五部分 消防措施

灭火剂 用雾状水、抗溶性泡沫、干粉、二氧化碳、砂土灭火

特别危险性 与氧化剂能发生强烈反应。燃烧生成有害的一氧化碳

灭火注意事项及防护措施 消防人员必须穿全身耐酸碱消防服、佩戴空气呼吸器灭火。尽可能将容器从火场移至空旷处。喷水保持火场容器冷却，直至灭火结束。容器突然发出异常声音或出现异常现象，应立即撤离

第六部分 泄漏应急处理

作业人员防护措施、防护装备和应急处置程序 根据液体流动和蒸气扩散的影响区域划定警戒区，无关人员从侧风、上风向撤离至安全区。消除所有点火源。建议应急处理人员戴正压自给式呼吸器，穿防静电、防腐蚀、防毒服，戴橡胶耐酸碱手套。作业时使用的所有设备应接地。禁止接触或跨越泄漏物。尽可能切断泄漏源

环境保护措施 防止泄漏物进入水体、下水道、地下室或有限空间

泄漏化学品的收容、清除方法及所使用的处置材料 小量泄漏：用砂土或其他不燃材料吸收。使用洁净的无火花工具收集吸收材料。也可以先用水稀释，然后用石灰或苏打灰中和。大量泄漏：构筑围堤或挖坑收容。用抗溶性泡沫覆盖，减少蒸发。喷水雾能减少蒸发，但不能降低泄漏物在有限空间内的易燃性。用防爆、耐腐蚀泵转移至槽车或专用收集器内

第七部分 操作处置与储存

操作注意事项 密闭操作，加强通风。操作人员必须经过专门培训，严格遵守操作规程。建议操作人员佩戴自吸过滤式防毒面具（半面罩），戴化学安全防护眼镜，穿防酸碱工作服，戴橡胶耐酸碱手套。远离火种、热源。工作场所严禁吸烟。使用防爆型的通风系统和设备。防止蒸气泄漏到工作场所空气中。避免与氧化剂、还原剂、碱类接触。搬运时要轻装轻卸，防止包装及容器损坏。配备相应品种和数量的消防器材及泄漏应急处理设备。倒空的容器可能残留有害物

储存注意事项 储存于阴凉、通风的库房。远离火种、热源。仓库温度不超过32℃，相对湿度不超过80%。保持容器密封。应与氧化剂、还原剂、碱类分开存放，切忌混储。采用防爆型照明、通风设施。禁止使用易产生火花的机械设备和工具。储区应备有泄漏应急处理设备和合适的收容材料

第八部分 接触控制/个体防护

职业接触限值

中国 PC-TWA：30mg/m^3

美国(ACGIH) TLV-TWA：10ppm

生物接触限值 未制定标准

监测方法 空气中有毒物质测定方法：溶剂解吸-气相色谱法。生物监测检验方法：未制定标准

工程控制 生产过程密闭，加强通风。提供安全淋浴和洗眼设备

个体防护装备

呼吸系统防护 可能接触其蒸气时，应该佩戴过滤式防毒面具（半面罩）。紧急事态抢救或撤离时，建议佩戴空气呼吸器

眼睛防护 戴化学安全防护眼镜

皮肤和身体防护 穿防酸碱工作服

手防护 戴橡胶耐酸碱手套

第九部分 理化特性

外观与性状 无色油状液体，有刺激性气味

pH值 无资料 **熔点(℃)** −21.5

沸点(℃) 141.1 **相对密度(水=1)** 0.99

相对蒸气密度(空气=1) 2.56

饱和蒸气压(kPa) 1.33（39.7℃）

燃烧热(kJ/mol) −1525.8 **临界温度(℃)** 339

临界压力(MPa) 4.53

辛醇/水分配系数 0.25～0.33

闪点(℃) 54（CC） **自燃温度(℃)** 512

爆炸下限(%) 3.0 **爆炸上限(%)** 14.9

分解温度(℃) 无资料

黏度(mPa·s) 1.02（25℃）

溶解性 与水混溶，可混溶于乙醇、乙醚、氯仿

第十部分 稳定性和反应性

稳定性 稳定

危险反应 与强氧化剂等禁配物发生反应

避免接触的条件 无资料

禁配物 碱类、强氧化剂、强还原剂

危险的分解产物 无资料

第十一部分 毒理学信息

急性毒性 LD_{50}：2600mg/kg（大鼠经口）；5100mg/kg（小鼠经口）；500mg/kg（兔经皮）

皮肤刺激或腐蚀 家兔经皮：495mg，重度刺激（开放性刺激试验）

眼睛刺激或腐蚀 家兔经眼：990mg，重度刺激

呼吸或皮肤过敏 无资料 **生殖细胞突变性** 无资料

致癌性 无资料 **生殖毒性** 无资料

特异性靶器官系统毒性-一次接触 无资料

特异性靶器官系统毒性-反复接触 无资料

吸入危害 无资料

第十二部分 生态学信息

生态毒性 LC_{50}：130mg/L（24h）（水蚤）；188mg/L（24h）（蓝腮太阳鱼）；4390～5120mg/L（96h）（黑头呆鱼）

持久性和降解性

生物降解性 实验室水体厌氧实验，降解半衰期为21d

非生物降解性 空气中，当羟基自由基浓度为5.00×10^5个/cm^3时，降解半衰期为11d（理论）

潜在的生物累积性 根据K_{ow}值预测，该物质的生物累积性可能较弱

土壤中的迁移性 根据K_{oc}值预测，该物质可能易发生迁移

第十三部分 废弃处置

废弃化学品 用焚烧法处置。溶于易燃溶剂后，再焚烧

污染包装物 将容器返还生产商或按照国家和地方法规处置

废弃注意事项 处置前应参阅国家和地方有关法规。把倒空的容器归还厂商或在规定场所掩埋

第十四部分 运输信息

联合国危险货物编号（UN号） 1848

联合国运输名称 丙酸 **联合国危险性类别** 8

包装类别 Ⅲ类包装 **包装标志** 

海洋污染物 否

运输注意事项 起运时包装要完整，装载应稳妥。运输过程中要确保容器不泄漏、不倒塌、不坠落、不损坏。运输时所用的槽（罐）车应有接地链，槽内可设孔隔板以减少震荡产生静电。严禁与氧化剂、还原剂、碱类、食用化学品等混装混运。运输车辆应配备相应品种和数量的消防器材及泄漏应急处理设备。公路运输时要按规定路线行驶，勿在居民区和人口稠密区停留

第十五部分 法规信息

下列法律、法规、规章和标准，对该化学品的管理作了相应的规定。

中华人民共和国职业病防治法 职业病分类和目录：未列入

危险化学品安全管理条例 危险化学品目录：列入。易制爆危险化学品名录：未列入。重点监管的危险化学品名录：未列入。GB 18218—2009《危险化学品重大危险源辨识》（表1）：未列入

使用有毒物品作业场所劳动保护条例 高毒物品目录：未列入

易制毒化学品管理条例 易制毒化学品的分类和品种目录：未列入

国际公约 斯德哥尔摩公约：未列入。鹿特丹公约：未列入。蒙特利尔议定书：未列入

第十六部分 其他信息

编写和修订信息 **缩略语和首字母缩写**

培训建议 **参考文献**

免责声明

丙酸丁酯

第一部分 化学品标识

化学品中文名 丙酸丁酯；丙酸正丁酯

化学品英文名 *n*-butyl propionate；butyl propionate

分子式 $C_7H_{14}O_2$ **相对分子质量** 130.19

结构式 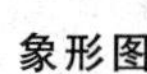

化学品的推荐及限制用途 用作硝基纤维素的溶剂、香精、香料

第二部分 危险性概述

紧急情况概述 易燃液体和蒸气

GHS危险性类别 易燃液体，类别3

标签要素

象形图 

警示词 警告

危险性说明 易燃液体和蒸气

防范说明

预防措施 远离热源、火花、明火、热表面。禁止吸烟。保持容器密闭。容器和接收设备接地连接。使用防爆电器、通风、照明设备。只能使用不产生火花的工具。采取防止静电措施。戴防护手套、防护眼镜、防护面罩

事故响应 火灾时，使用泡沫、干粉、二氧化碳、砂土灭火。如皮肤（或头发）接触：立即脱掉所有被污染的衣服。用水冲洗皮肤，淋浴

安全储存 存放在通风良好的地方。保持低温

废弃处置 本品及内装物、容器依据国家和地方法规处置

物理和化学危险 易燃，其蒸气与空气混合，能形成爆炸性混合物

健康危害 给动物致死量时发生皮毛粗糙、共济失调、气急、呼吸困难、抽搐和体温降低

环境危害 对环境可能有害

第三部分 成分/组成信息

√物质 混合物

组分	浓度	CAS No.
丙酸丁酯		590-01-2

第四部分 急救措施

吸入 迅速脱离现场至空气新鲜处。保持呼吸道通畅。如

呼吸困难，给输氧。如呼吸、心跳停止，立即进行心肺复苏术。就医

皮肤接触　立即脱去污染的衣着，用流动清水彻底冲洗。就医

眼睛接触　立即分开眼睑，用流动清水或生理盐水彻底冲洗。就医

食入　漱口，饮水。就医

对保护施救者的忠告　根据需要使用个人防护设备

对医生的特别提示　对症处理

第五部分　消防措施

灭火剂　用泡沫、干粉、二氧化碳、砂土灭火

特别危险性　与氧化剂可发生反应。燃烧生成有害的一氧化碳

灭火注意事项及防护措施　消防人员必须佩戴空气呼吸器、穿全身防火防毒服，在上风向灭火。喷水冷却容器，可能的话将容器从火场移至空旷处。容器突然发出异常声音或出现异常现象，应立即撤离

第六部分　泄漏应急处理

作业人员防护措施、防护装备和应急处置程序　消除所有点火源。根据液体流动和蒸气扩散的影响区域划定警戒区，无关人员从侧风、上风向撤离至安全区。建议应急处理人员戴正压自给式呼吸器，穿防静电服。作业时使用的所有设备应接地。禁止接触或跨越泄漏物。尽可能切断泄漏源

环境保护措施　防止泄漏物进入水体、下水道、地下室或有限空间

泄漏化学品的收容、清除方法及所使用的处置材料　小量泄漏：用砂土或其他不燃材料吸收。使用洁净的无火花工具收集吸收材料。大量泄漏：构筑围堤或挖坑收容。用泡沫覆盖，减少蒸发。喷水雾能减少蒸发，但不能降低泄漏物在有限空间内的易燃性。用防爆泵转移至槽车或专用收集器内

第七部分　操作处置与储存

操作注意事项　密闭操作，加强通风。操作人员必须经过专门培训，严格遵守操作规程。建议操作人员佩戴自吸过滤式防毒面具（半面罩），戴化学安全防护眼镜，穿防静电工作服，戴橡胶耐油手套。远离火种、热源。工作场所严禁吸烟。使用防爆型的通风系统和设备。防止蒸气泄漏到工作场所空气中。避免与氧化剂、碱类接触。充装要控制流速，防止静电积聚。搬运时要轻装轻卸，防止包装及容器损坏。配备相应品种和数量的消防器材及泄漏应急处理设备。倒空的容器可能残留有害物

储存注意事项　储存于阴凉、通风的库房。远离火种、热源。库温不宜超过37℃。保持容器密封。应与氧化剂、碱类分开存放，切忌混储。采用防爆型照明、通风设施。禁止使用易产生火花的机械设备和工具。储区应备有泄漏应急处理设备和合适的收容材料

第八部分　接触控制/个体防护

职业接触限值

中国　未制定标准

美国(ACGIH)　未制定标准

生物接触限值　未制定标准

监测方法　空气中有毒物质测定方法：未制定标准。生物监测检验方法：未制定标准

工程控制　生产过程密闭，加强通风

个体防护装备

呼吸系统防护　空气中浓度较高时，应该佩戴过滤式防毒面具（半面罩）。紧急事态抢救或撤离时，建议佩戴空气呼吸器

眼睛防护　戴化学安全防护眼镜

皮肤和身体防护　穿防静电工作服

手防护　戴橡胶耐油手套

第九部分　理化特性

外观与性状　无色液体，有类似苹果的香味

pH值　无资料　　**熔点(℃)**　−89.5

沸点(℃)　145.5　　**相对密度(水=1)**　0.88

相对蒸气密度(空气=1)　4.49

饱和蒸气压(kPa)　无资料

燃烧热(kJ/mol)　无资料　　**临界温度(℃)**　无资料

临界压力(MPa)　2.78　　**辛醇/水分配系数**　2.34

闪点(℃)　32.2　　**自燃温度(℃)**　427

爆炸下限(%)　1.1　　**爆炸上限(%)**　6.8

分解温度(℃)　无资料　　**黏度(mPa·s)**　无资料

溶解性　微溶于水，溶于醇、醚、酮、烃类

第十部分　稳定性和反应性

稳定性　稳定

危险反应　与强氧化剂等禁配物接触，有发生火灾和爆炸的危险

避免接触的条件　无资料　　**禁配物**　强氧化剂、强碱

危险的分解产物　无资料

第十一部分　毒理学信息

急性毒性　LD_{50}：5g/kg（大鼠经口）；＞14g/kg（兔经皮）

皮肤刺激或腐蚀　家兔经皮：500mg（24h），中度刺激

眼睛刺激或腐蚀　家兔经眼：100mg，重度刺激

呼吸或皮肤过敏　无资料　　**生殖细胞突变性**　无资料

致癌性　无资料　　**生殖毒性**　无资料

特异性靶器官系统毒性-一次接触　无资料

特异性靶器官系统毒性-反复接触　无资料

吸入危害　无资料

第十二部分　生态学信息

生态毒性　无资料

持久性和降解性

生物降解性　无资料

非生物降解性　无资料

潜在的生物累积性　根据 K_{ow} 值预测，该物质的生物累积性可能较弱

土壤中的迁移性　根据 K_{oc} 值预测，该物质可能有一定的迁移性

第十三部分 废弃处置

废弃化学品 建议用焚烧法处置

污染包装物 将容器返还生产商或按照国家和地方法规处置

废弃注意事项 处置前应参阅国家和地方有关法规

第十四部分 运输信息

联合国危险货物编号（UN号） 1914

联合国运输名称 丙酸丁酯

联合国危险性类别 3

包装类别 Ⅲ类包装 **包装标志** 

海洋污染物 否

运输注意事项 运输时运输车辆应配备相应品种和数量的消防器材及泄漏应急处理设备。夏季最好早晚运输。运输时所用的槽（罐）车应有接地链，槽内可设孔隔板以减少震荡产生静电。严禁与氧化剂、碱类等混装混运。运输途中应防曝晒、雨淋，防高温。中途停留时应远离火种、热源、高温区。装运该物品的车辆排气管必须配备阻火装置，禁止使用易产生火花的机械设备和工具装卸。公路运输时要按规定路线行驶，勿在居民区和人口稠密区停留。铁路运输时要禁止溜放。严禁用木船、水泥船散装运输

第十五部分 法规信息

下列法律、法规、规章和标准，对该化学品的管理作了相应的规定。

中华人民共和国职业病防治法 职业病分类和目录：未列入

危险化学品安全管理条例 危险化学品目录：列入。易制爆危险化学品名录：未列入。重点监管的危险化学品名录：未列入。GB 18218—2009《危险化学品重大危险源辨识》（表1）：未列入

使用有毒物品作业场所劳动保护条例 高毒物品目录：未列入

易制毒化学品管理条例 易制毒化学品的分类和品种目录：未列入

国际公约 斯德哥尔摩公约：未列入。鹿特丹公约：未列入。蒙特利尔议定书：未列入

第十六部分 其他信息

编写和修订信息 **缩略语和首字母缩写**

培训建议 **参考文献**

免责声明

丙 酸 酐

第一部分 化学品标识

化学品中文名 丙酸酐

化学品英文名 propionic anhydride；propanoic acid anhydride

分子式 $C_6H_{10}O_3$ **相对分子质量** 130.16

结构式

化学品的推荐及限制用途 用作酯化剂、脱水剂及用于染料和药品、香水的制造

第二部分 危险性概述

紧急情况概述 造成严重的皮肤灼伤和眼损伤

GHS危险性类别 皮肤腐蚀/刺激，类别1B；严重眼损伤/眼刺激，类别1；危害水生环境-急性危害，类别3

标签要素

象形图

警示词 危险

危险性说明 造成严重的皮肤灼伤和眼损伤，对水生生物有害

防范说明

预防措施 避免吸入烟雾。避免接触眼睛、皮肤，操作后彻底清洗。戴防护手套，穿防护服，戴防护眼镜、防护面罩。禁止排入环境

事故响应 如吸入：将患者转移到空气新鲜处，休息，保持利于呼吸的体位。立即呼叫中毒控制中心或就医。皮肤（或头发）接触：立即脱掉所有被污染的衣服。用水冲洗皮肤，淋浴。污染的衣服须洗净后方可重新使用。眼睛接触：用水细心地冲洗数分钟。如戴隐形眼镜并可方便地取出，则取出隐形眼镜继续冲洗。食入：漱口。不要催吐

安全储存 上锁保管

废弃处置 本品及内装物、容器依据国家和地方法规处置

物理和化学危险 可燃，其蒸气与空气混合，能形成爆炸性混合物

健康危害 眼和皮肤接触引起灼伤

环境危害 对水生生物有害

第三部分 成分/组成信息

√物质		混合物
组分	**浓度**	**CAS No.**
丙酸酐		123-62-6

第四部分 急救措施

吸入 迅速脱离现场至空气新鲜处。保持呼吸道通畅。如呼吸困难，给输氧。如呼吸、心跳停止，立即进行心肺复苏术。就医

皮肤接触 立即脱去污染的衣着，用大量流动清水彻底冲洗至少15min。就医

眼睛接触 立即分开眼睑，用流动清水或生理盐水彻底冲洗至少15min。就医

食入 用水漱口，禁止催吐。给饮牛奶或蛋清。就医

对保护施救者的忠告 根据需要使用个人防护设备

对医生的特别提示 对症处理

第五部分 消防措施

灭火剂 用抗溶性泡沫、干粉、砂土灭火

特别危险性 与强氧化剂接触可发生化学反应。具有腐蚀性。燃烧生成有害的一氧化碳

灭火注意事项及防护措施 消防人员必须穿全身耐酸碱消防服、佩戴空气呼吸器灭火。尽可能将容器从火场移至空旷处。喷水保持火场容器冷却，直至灭火结束。容器突然发出异常声音或出现异常现象，应立即撤离

第六部分 泄漏应急处理

作业人员防护措施、防护装备和应急处置程序 根据液体流动和蒸气扩散的影响区域划定警戒区，无关人员从侧风、上风向撤离至安全区。建议应急处理人员戴正压自给式呼吸器，穿防静电、防腐蚀服，戴橡胶耐酸碱手套。作业时使用的所有设备应接地。穿上适当的防护服前严禁接触破裂的容器和泄漏物。尽可能切断泄漏源

环境保护措施 防止泄漏物进入水体、下水道、地下室或有限空间

泄漏化学品的收容、清除方法及所使用的处置材料 严禁用水处理。小量泄漏：用干燥的砂土或其他不燃材料覆盖泄漏物。大量泄漏：构筑围堤或挖坑收容。用砂土、惰性物质或蛭石吸收大量液体。用石灰（CaO）、碎石灰石（$CaCO_3$）或碳酸氢钠（$NaHCO_3$）中和。用防爆、耐腐蚀泵转移至槽车或专用收集器内

第七部分 操作处置与储存

操作注意事项 密闭操作，加强通风。操作人员必须经过专门培训，严格遵守操作规程。建议操作人员佩戴自吸过滤式防毒面具（全面罩），穿橡胶耐酸碱服，戴橡胶耐酸碱手套。远离火种、热源。工作场所严禁吸烟。使用防爆型的通风系统和设备。防止蒸气泄漏到工作场所空气中。避免与氧化剂、碱类接触。搬运时要轻装轻卸，防止包装及容器损坏。配备相应品种和数量的消防器材及泄漏应急处理设备。倒空的容器可能残留有害物

储存注意事项 储存于阴凉、干燥、通风良好的库房。远离火种、热源。仓库温度不超过 32℃，相对湿度不超过 80%。保持容器密封。应与氧化剂、碱类等分开存放，切忌混储。配备相应品种和数量的消防器材。储区应备有泄漏应急处理设备和合适的收容材料

第八部分 接触控制/个体防护

职业接触限值

中国 未制定标准

美国(ACGIH) 未制定标准

生物接触限值 未制定标准

监测方法 空气中有毒物质测定方法：未制定标准。生物监测检验方法：未制定标准

工程控制 生产过程密闭，加强通风。提供安全淋浴和洗眼设备

个体防护装备

呼吸系统防护 可能接触其蒸气时，应该佩戴过滤式防毒面具（全面罩）。必要时佩戴空气呼吸器

眼睛防护 呼吸系统防护中已作防护

皮肤和身体防护 穿橡胶耐酸碱服

手防护 戴橡胶耐酸碱手套

第九部分 理化特性

外观与性状 无色有刺激性恶臭的液体

pH 值 无资料　　**熔点(℃)** －45

沸点(℃) 167　　**相对密度(水＝1)** 1.02

相对蒸气密度(空气＝1) 4.49

饱和蒸气压(kPa) 0.13（20.6℃）

燃烧热(kJ/mol) －3120.8　　**临界温度(℃)** 342.7

临界压力(MPa) 3.34　　**辛醇/水分配系数** 0.400

闪点(℃) 73.9（OC）；63（CC）

自燃温度(℃) 285　　**爆炸下限(%)** 1.5

爆炸上限(%) 11.9　　**分解温度(℃)** 无资料

黏度(mPa·s) 1.144（20℃）

溶解性 溶于乙醇、乙醚、氯仿、碱液

第十部分 稳定性和反应性

稳定性 稳定

危险反应 与强氧化剂、水、强碱等禁配物发生反应

避免接触的条件 潮湿空气

禁配物 水、强氧化剂、强碱

危险的分解产物 无资料

第十一部分 毒理学信息

急性毒性 LD_{50}：2360mg/kg（大鼠经口）；10200mg/kg（兔经皮）

皮肤刺激或腐蚀 家兔经皮：510mg，中度刺激（开放性刺激试验）

眼睛刺激或腐蚀 无资料　　**呼吸或皮肤过敏** 无资料

生殖细胞突变性 无资料　　**致癌性** 无资料

生殖毒性 无资料

特异性靶器官系统毒性-一次接触 无资料

特异性靶器官系统毒性-反复接触 无资料

吸入危害 无资料

第十二部分 生态学信息

生态毒性

LC_{50} 51.8mg/L（96h）（鱼）

EC_{50} 22.7mg/L（48h）（水蚤）

持久性和降解性

生物降解性 无资料

非生物降解性 空气中，当羟基自由基浓度为5.00×10^5个/cm^3时，降解半衰期为 17d（理论）在 pH 为 7 和 8 的环境中，水解半衰期分别为 10min 和 1min

潜在的生物累积性 根据 K_{ow} 值预测，该物质的生物累积性可能较弱

土壤中的迁移性 根据 K_{oc} 值预测，该物质可能易发生迁移。该物质在土壤中易转化为丙酸

第十三部分 废弃处置

废弃化学品 建议用焚烧法处置

污染包装物 将容器返还生产商或按照国家和地方法规处置

废弃注意事项 处置前应参阅国家和地方有关法规

第十四部分 运输信息

联合国危险货物编号（UN 号） 2496

联合国运输名称 丙酸酐

联合国危险性类别 8

包装类别 Ⅲ类包装 **包装标志**

海洋污染物 否

运输注意事项 起运时包装要完整，装载应稳妥。运输过程中要确保容器不泄漏、不倒塌、不坠落、不损坏。严禁与氧化剂、碱类、食用化学品等混装混运。运输时运输车辆应配备相应品种和数量的消防器材及泄漏应急处理设备。运输途中应防曝晒、雨淋，防高温。公路运输时要按规定路线行驶，勿在居民区和人口稠密区停留

第十五部分 法规信息

下列法律、法规、规章和标准，对该化学品的管理作了相应的规定。

中华人民共和国职业病防治法 职业病分类和目录：未列入

危险化学品安全管理条例 危险化学品目录：列入。易制爆危险化学品名录：未列入。重点监管的危险化学品名录：未列入。GB 18218—2009《危险化学品重大危险源辨识》(表 1)：未列入

使用有毒物品作业场所劳动保护条例 高毒物品目录：未列入

易制毒化学品管理条例 易制毒化学品的分类和品种目录：未列入

国际公约 斯德哥尔摩公约：未列入。鹿特丹公约：未列入。蒙特利尔议定书：未列入

第十六部分 其他信息

编写和修订信息 **缩略语和首字母缩写**

培训建议 **参考文献**

免责声明

丙 酸 甲 酯

第一部分 化学品标识

化学品中文名 丙酸甲酯

化学品英文名 methyl propionate；propionic acid；methyl ester

分子式 $C_4H_8O_2$ **相对分子质量** 88.12

结构式

化学品的推荐及限制用途 用作溶剂及制造香料

第二部分 危险性概述

紧急情况概述 高度易燃液体和蒸气

GHS 危险性类别 易燃液体，类别 2；急性毒性-吸入，类别 4

标签要素

象形图

警示词 危险

危险性说明 高度易燃液体和蒸气，吸入有害

防范说明

预防措施 远离热源、火花、明火、热表面。禁止吸烟。保持容器密闭。容器和接收设备接地连接。使用防爆电器、通风、照明设备。只能使用不产生火花的工具。采取防止静电措施。戴防护手套、防护眼镜、防护面罩。避免吸入蒸气、雾。仅在室外或通风良好处操作

事故响应 火灾时，使用泡沫、干粉、二氧化碳、砂土灭火。如吸入：将患者转移到空气新鲜处，休息，保持利于呼吸的体位。如感觉不适，呼叫中毒控制中心或就医。如皮肤（或头发）接触：立即脱掉所有被污染的衣服。用水冲洗皮肤，淋浴

安全储存 存放在通风良好的地方。保持低温

废弃处置 本品及内装物、容器依据国家和地方法规处置

物理和化学危险 高度易燃，其蒸气与空气混合，能形成爆炸性混合物

健康危害 在工业生产中未发现对人的危害。给动物大剂量可引起共济失调、呼吸急促、体温下降及酸中毒

环境危害 对环境可能有害

第三部分 成分/组成信息

√物质　　混合物

组分	浓度	CAS No.
丙酸甲酯		554-12-1

第四部分 急救措施

吸入 迅速脱离现场至空气新鲜处。保持呼吸道通畅。如呼吸困难，给输氧。如呼吸、心跳停止，立即进行心肺复苏术。就医

皮肤接触 立即脱去污染的衣着，用流动清水彻底冲洗。就医

眼睛接触 立即分开眼睑，用流动清水或生理盐水彻底冲洗。就医

食入 漱口，饮水。就医

对保护施救者的忠告 根据需要使用个人防护设备

对医生的特别提示 对症处理

第五部分 消防措施

灭火剂 用泡沫、干粉、二氧化碳、砂土灭火

特别危险性 蒸气比空气重，沿地面扩散并易积存于低洼处，遇火源会着火回燃。燃烧生成有害的一氧化碳

灭火注意事项及防护措施 消防人员须佩戴防毒面具、穿全身消防服，在上风向灭火。尽可能将容器从火场移至空旷处。喷水保持火场容器冷却，直至灭火结束。容器突然发出异常声音或出现异常现象，应立即撤离

第六部分 泄漏应急处理

作业人员防护措施、防护装备和应急处置程序 消除所有点火源。根据液体流动和蒸气扩散的影响区域划定警戒区，无关人员从侧风、上风向撤离至安全区。建议应急处理人员戴正压自给式呼吸器，穿防静电服。作业时使用的所有设备应接地。禁止接触或跨越泄漏物。尽可能切断泄漏源

环境保护措施 防止泄漏物进入水体、下水道、地下室或有限空间

泄漏化学品的收容、清除方法及所使用的处置材料 小量泄漏：用砂土或其他不燃材料吸收。使用洁净的无火花工具收集吸收材料。大量泄漏：构筑围堤或挖坑收容。用抗溶性泡沫覆盖，减少蒸发。喷水雾能减少蒸发，但不能降低泄漏物在有限空间内的易燃性。用防爆泵转移至槽车或专用收集器内

第七部分 操作处置与储存

操作注意事项 密闭操作，全面通风。操作人员必须经过专门培训，严格遵守操作规程。建议操作人员佩戴自吸过滤式防毒面具（半面罩），戴化学安全防护眼镜，穿防静电工作服，戴橡胶耐油手套。远离火种、热源。工作场所严禁吸烟。使用防爆型的通风系统和设备。防止蒸气泄漏到工作场所空气中。避免与氧化剂、酸类接触。灌装时应控制流速，且有接地装置，防止静电积聚。搬运时要轻装轻卸，防止包装及容器损坏。配备相应品种和数量的消防器材及泄漏应急处理设备。倒空的容器可能残留有害物

储存注意事项 储存于阴凉、通风的库房。远离火种、热源。库温不宜超过37℃。保持容器密封。应与氧化剂、酸类分开存放，切忌混储。采用防爆型照明、通风设施。禁止使用易产生火花的机械设备和工具。储区应备有泄漏应急处理设备和合适的收容材料

第八部分 接触控制/个体防护

职业接触限值

中国 未制定标准

美国(ACGIH) 未制定标准

生物接触限值 未制定标准

监测方法 空气中有毒物质测定方法：未制定标准。生物监测检验方法：未制定标准

工程控制 生产过程密闭，全面通风。提供安全淋浴和洗眼设备

个体防护装备

呼吸系统防护 高浓度环境中，应该佩戴过滤式防毒面具（半面罩）。紧急事态抢救或撤离时，建议佩戴空气呼吸器

眼睛防护 一般不需要特殊防护，高浓度接触时可戴化学安全防护眼镜

皮肤和身体防护 穿防静电工作服

手防护 戴橡胶耐油手套

第九部分 理化特性

外观与性状 无色透明液体

pH值 无资料 **熔点(℃)** −87.5

沸点(℃) 79.7 **相对密度(水=1)** 0.92

相对蒸气密度(空气=1) 3.0

饱和蒸气压(kPa) 11.35（25℃）

燃烧热(kJ/mol) 无资料 **临界温度(℃)** 无资料

临界压力(MPa) 4.0 **辛醇/水分配系数** 0.82

闪点(℃) −2.0（CC） **自燃温度(℃)** 468

爆炸下限(%) 2.5 **爆炸上限(%)** 13.0

分解温度(℃) 无资料 **黏度(mPa·s)** 无资料

溶解性 微溶于水，可混溶于乙醇、乙醚

第十部分 稳定性和反应性

稳定性 稳定

危险反应 与强氧化剂等禁配物接触，有发生火灾和爆炸的危险

避免接触的条件 无资料

禁配物 强氧化剂、酸类

危险的分解产物 无资料

第十一部分 毒理学信息

急性毒性

LD_{50} 5000mg/kg（大鼠经口）；3460mg/kg（小鼠经口）；>5000mg/kg（兔经皮）

LC_{50} 27000mg/m^3（小鼠吸入）

皮肤刺激或腐蚀 家兔经皮：500mg（24h），中度刺激

眼睛刺激或腐蚀 无资料 **呼吸或皮肤过敏** 无资料

生殖细胞突变性 无资料 **致癌性** 无资料

生殖毒性 无资料

特异性靶器官系统毒性-一次接触 无资料

特异性靶器官系统毒性-反复接触 无资料

吸入危害 无资料

第十二部分 生态学信息

生态毒性 LC_{50}：175～193mg/L（圆腹雅罗鱼）；516mg/L（24h）（水蚤）

持久性和降解性

生物降解性 无资料

非生物降解性 空气中，当羟基自由基浓度为5.00×10^{5}个/cm^{3}时，降解半衰期为24d（理论）。当pH值为7和8时，水解半衰期分别为2a和74d

（理论）

潜在的生物累积性 根据 K_{ow} 值预测，该物质的生物累积性可能较弱

土壤中的迁移性 根据 K_{oc} 值预测，该物质可能易发生迁移

第十三部分 废弃处置

废弃化学品 建议用焚烧法处置

污染包装物 将容器返还生产商或按照国家和地方法规处置

废弃注意事项 处置前应参阅国家和地方有关法规

第十四部分 运输信息

危险货物编号 1248 **联合国运输名称** 丙酸甲酯

联合国危险性类别 3

包装类别 Ⅱ类包装 **包装标志**

海洋污染物 否

运输注意事项 运输时运输车辆应配备相应品种和数量的消防器材及泄漏应急处理设备。夏季最好早晚运输。运输时所用的槽（罐）车应有接地链，槽内可设孔隔板以减少震荡产生静电。严禁与氧化剂、酸类、食用化学品等混装混运。运输途中应防曝晒、雨淋，防高温。中途停留时应远离火种、热源、高温区。装运该物品的车辆排气管必须配备阻火装置，禁止使用易产生火花的机械设备和工具装卸。公路运输时要按规定路线行驶，勿在居民区和人口稠密区停留。铁路运输时要禁止溜放。严禁用木船、水泥船散装运输

第十五部分 法规信息

下列法律、法规、规章和标准，对该化学品的管理作了相应的规定。

中华人民共和国职业病防治法 职业病分类和目录：未列入

危险化学品安全管理条例 危险化学品目录：列入。易制爆危险化学品名录：未列入。重点监管的危险化学品名录：未列入。GB 18218—2009《危险化学品重大危险源辨识》（表 1）：未列入

使用有毒物品作业场所劳动保护条例 高毒物品目录：未列入

易制毒化学品管理条例 易制毒化学品的分类和品种目录：未列入

国际公约 斯德哥尔摩公约：未列入。鹿特丹公约：未列入。蒙特利尔议定书：未列入

第十六部分 其他信息

编写和修订信息 **缩略语和首字母缩写**

培训建议 **参考文献**

免责声明

丙酸戊酯

第一部分 化学品标识

化学品中文名 丙酸戊酯；丙酸正戊酯

化学品英文名 pentyl propionate；amyl propionate

分子式 $C_8H_{16}O_2$ **相对分子质量** 144.24

结构式

化学品的推荐及限制用途 用作溶剂，还用于制油漆及香料

第二部分 危险性概述

紧急情况概述 易燃液体和蒸气

GHS 危险性类别 易燃液体，类别 3

标签要素

象形图

警示词 警告

危险性说明 易燃液体和蒸气

防范说明

预防措施 远离热源、火花、明火、热表面。禁止吸烟。保持容器密闭。容器和接收设备接地连接。使用防爆电器、通风、照明设备。只能使用不产生火花的工具。采取防止静电措施。戴防护手套、防护眼镜、防护面罩

事故响应 火灾时，使用泡沫、干粉、二氧化碳、砂土灭火。如皮肤（或头发）接触：立即脱掉所有被污染的衣服。用水冲洗皮肤，淋浴

安全储存 存放在通风良好的地方。保持低温

废弃处置 本品及内装物、容器依据国家和地方法规处置

物理和化学危险 易燃，其蒸气与空气混合，能形成爆炸性混合物

健康危害 给动物致死剂量时发生皮毛粗糙、共济失调、气急、呼吸困难、抽搐和体温降低等表现

环境危害 对环境可能有害

第三部分 成分/组成信息

√物质 混合物

组分	浓度	CAS No.
丙酸戊酯		624-54-4

第四部分 急救措施

吸入 迅速脱离现场至空气新鲜处。保持呼吸道通畅。如呼吸困难，给输氧。如呼吸、心跳停止，立即进行心肺复苏术。就医

皮肤接触 立即脱去污染的衣着，用流动清水彻底冲洗。就医

眼睛接触 立即分开眼睑，用流动清水或生理盐水彻底冲洗。就医

食入 漱口，饮水。就医

对保护施救者的忠告 根据需要使用个人防护设备

对医生的特别提示 对症处理

第五部分 消防措施

灭火剂 用泡沫、干粉、二氧化碳、砂土灭火

特别危险性 与氧化剂可发生反应。燃烧生成有害的一氧化碳

灭火注意事项及防护措施 消防人员必须佩戴空气呼吸器、穿全身防火防毒服，在上风向灭火。喷水冷却容器，尽可能将容器从火场移至空旷处。容器突然发出异常声音或出现异常现象，应立即撤离

第六部分 泄漏应急处理

作业人员防护措施、防护装备和应急处置程序 消除所有点火源。根据液体流动和蒸气扩散的影响区域划定警戒区，无关人员从侧风、上风向撤离至安全区。建议应急处理人员戴正压自给式呼吸器，穿防静电服。作业时使用的所有设备应接地。禁止接触或跨越泄漏物。尽可能切断泄漏源

环境保护措施 防止泄漏物进入水体、下水道、地下室或有限空间

泄漏化学品的收容、清除方法及所使用的处置材料 小量泄漏：用砂土或其他不燃材料吸收。使用洁净的无火花工具收集吸收材料。大量泄漏：构筑围堤或挖坑收容。用泡沫覆盖，减少蒸发。喷水雾能减少蒸发，但不能降低泄漏物在有限空间内的易燃性。用防爆泵转移至槽车或专用收集器内

第七部分 操作处置与储存

操作注意事项 密闭操作，加强通风。操作人员必须经过专门培训，严格遵守操作规程。建议操作人员佩戴自吸过滤式防毒面具（半面罩），戴化学安全防护眼镜，穿防静电工作服，戴橡胶耐油手套。远离火种、热源。工作场所严禁吸烟。使用防爆型的通风系统和设备。防止蒸气泄漏到工作场所空气中。避免与氧化剂、酸类接触。充装要控制流速，防止静电积聚。搬运时要轻装轻卸，防止包装及容器损坏。配备相应品种和数量的消防器材及泄漏应急处理设备。倒空的容器可能残留有害物

储存注意事项 储存于阴凉、通风的库房。远离火种、热源。库温不宜超过37℃，保持容器密封。应与氧化剂、酸类分开存放，切忌混储。采用防爆型照明、通风设施。禁止使用易产生火花的机械设备和工具。储区应备有泄漏应急处理设备和合适的收容材料

第八部分 接触控制/个体防护

职业接触限值

中国 未制定标准

美国(ACGIH) 未制定标准

生物接触限值 未制定标准

监测方法 空气中有毒物质测定方法：未制定标准。生物监测检验方法：未制定标准

工程控制 生产过程密闭，加强通风

个体防护装备

呼吸系统防护 一般不需要特殊防护，高浓度接触时可佩戴过滤式防毒面具（半面罩）。紧急事态抢救或撤离时，建议佩戴空气呼吸器

眼睛防护 戴化学安全防护眼镜

皮肤和身体防护 穿防静电工作服

手防护 戴橡胶耐油手套

第九部分 理化特性

外观与性状 无色液体，有类似苹果的香味

pH值 无资料 **熔点(℃)** −73.1

沸点(℃) 165～169 **相对密度(水＝1)** 0.871

相对蒸气密度(空气＝1) 5.0

饱和蒸气压(kPa) 1.33 (46.3℃)

临界压力(MPa) 无资料 **辛醇/水分配系数** 2.830

燃烧热(kJ/mol) 无资料 **临界温度(℃)** 无资料

闪点(℃) 41 (OC)；57 (CC)

自燃温度(℃) 377 **爆炸下限(%)** 无资料

爆炸上限(%) 无资料 **分解温度(℃)** 无资料

黏度(mPa·s) 无资料

溶解性 不溶于水，不溶于甘油、丙二醇，溶于乙醇、乙醚，可混溶于多数有机溶剂

第十部分 稳定性和反应性

稳定性 稳定

危险反应 与强氧化剂等禁配物接触，有发生火灾和爆炸的危险

避免接触的条件 无资料

禁配物 强氧化剂、强酸

危险的分解产物 无资料

第十一部分 毒理学信息

急性毒性 LD_{50}：＞14000mg/kg（大鼠经口）；＞14000mg/kg（兔经皮）

皮肤刺激或腐蚀 无资料

眼睛刺激或腐蚀 家兔经眼：100mg，轻度刺激

呼吸或皮肤过敏 无资料 **生殖细胞突变性** 无资料

致癌性 无资料 **生殖毒性** 无资料

特异性靶器官系统毒性-一次接触 无资料

特异性靶器官系统毒性-反复接触 无资料

吸入危害 无资料

第十二部分 生态学信息

生态毒性 无资料

持久性和降解性

生物降解性 OECD301F，28d降解98.3%，易快速生物降解

非生物降解性 无资料

潜在的生物累积性 根据K_{ow}值预测，该物质的生物累积性可能较弱

土壤中的迁移性 根据K_{oc}值预测，该物质可能有一定的迁移性

第十三部分 废弃处置

废弃化学品 建议用焚烧法处置

污染包装物 将容器返还生产商或按照国家和地方法规处置

废弃注意事项 处置前应参阅国家和地方有关法规

第十四部分 运输信息

联合国危险货物编号（UN号） 3272

联合国运输名称 酯类，未另作规定的（丙酸戊酯）

联合国危险性类别 3

包装类别 Ⅲ类包装 **包装标志**

海洋污染物 否

运输注意事项 运输时运输车辆应配备相应品种和数量的消防器材及泄漏应急处理设备。夏季最好早晚运输。运输时所用的槽（罐）车应有接地链，槽内可设孔隔板以减少震荡产生静电。严禁与氧化剂、酸类等混装混运。运输途中应防曝晒、雨淋，防高温。中途停留时应远离火种、热源、高温区。装运该物品的车辆排气管必须配备阻火装置，禁止使用易产生火花的机械设备和工具装卸。公路运输时要按规定路线行驶，勿在居民区和人口稠密区停留。铁路运输时要禁止溜放。严禁用木船、水泥船散装运输

第十五部分 法规信息

下列法律、法规、规章和标准，对该化学品的管理作了相应的规定。

中华人民共和国职业病防治法 职业病分类和目录：未列入

危险化学品安全管理条例 危险化学品目录：列入。易制爆危险化学品名录：未列入。重点监管的危险化学品名录：未列入。GB 18218—2009《危险化学品重大危险源辨识》（表1）：未列入

使用有毒物品作业场所劳动保护条例 高毒物品目录：未列入

易制毒化学品管理条例 易制毒化学品的分类和品种目录：未列入

国际公约 斯德哥尔摩公约：未列入。鹿特丹公约：未列入。蒙特利尔议定书：未列入

第十六部分 其他信息

编写和修订信息 **缩略语和首字母缩写**

培训建议 **参考文献**

免责声明

丙酸乙酯

第一部分 化学品标识

化学品中文名 丙酸乙酯

化学品英文名 ethyl propanoate；propionic acid；ethyl ester

分子式 $C_5H_{10}O_2$ **相对分子质量** 102.15

结构式

化学品的推荐及限制用途 用作溶剂，也用于有机合成

第二部分 危险性概述

紧急情况概述 高度易燃液体和蒸气

GHS危险性类别 易燃液体，类别2；危害水生环境-急性危害，类别3

标签要素

象形图

警示词 危险

危险性说明 高度易燃液体和蒸气，对水生生物有害

防范说明

预防措施 远离热源、火花、明火、热表面。禁止吸烟。保持容器密闭。容器和接收设备接地连接。使用防爆电器、通风、照明设备。只能使用不产生火花的工具。采取防止静电措施。戴防护手套、防护眼镜、防护面罩。禁止排入环境

事故响应 火灾时，使用泡沫、二氧化碳、干粉、砂土灭火。如皮肤（或头发）接触：立即脱掉所有被污染的衣服。用水冲洗皮肤，淋浴

安全储存 存放在通风良好的地方。保持低温

废弃处置 本品及内装物、容器依据国家和地方法规处置

物理和化学危险 高度易燃，其蒸气与空气混合，能形成爆炸性混合物

健康危害 给动物大剂量可引起共济失调、呼吸急促、体温下降及酸中毒

环境危害 对水生生物有害

第三部分 成分/组成信息

√物质		混合物
组分	**浓度**	**CAS No.**
丙酸乙酯		105-37-3

第四部分 急救措施

吸入 迅速脱离现场至空气新鲜处。保持呼吸道通畅。如呼吸困难，给输氧。如呼吸、心跳停止，立即进行心肺复苏术。就医

皮肤接触 立即脱去污染的衣着，用流动清水彻底冲洗。就医

眼睛接触 立即分开眼睑，用流动清水或生理盐水彻底冲洗。就医

食入 漱口，饮水。就医

对保护施救者的忠告 根据需要使用个人防护设备

对医生的特别提示 对症处理

第五部分 消防措施

灭火剂 用泡沫、二氧化碳、干粉、砂土灭火

特别危险性 与氧化剂能发生强烈反应。蒸气比空气重，沿地面扩散并易积存于低洼处，遇火源会着火回燃。燃烧生成有害的一氧化碳

灭火注意事项及防护措施 消防人员须佩戴防毒面具、穿全身消防服，在上风向灭火。尽可能将容器从火场移至空旷处。容器突然发出异常声音或出现异常现象，应立即撤离。用水灭火无效，但可用水保持火场中容器冷却

第六部分 泄漏应急处理

作业人员防护措施、防护装备和应急处置程序 消除所有点火源。根据液体流动和蒸气扩散的影响区域划定警戒区，无关人员从侧风、上风向撤离至安全区。建议应急处理人员戴正压自给式呼吸器，穿防静电服。作业时使用的所有设备应接地。禁止接触或跨越泄漏物。尽可能切断泄漏源

环境保护措施 防止泄漏物进入水体、下水道、地下室或有限空间

泄漏化学品的收容、清除方法及所使用的处置材料 小量泄漏：用砂土或其他不燃材料吸收。使用洁净的无火花工具收集吸收材料。大量泄漏：构筑围堤或挖坑收容。用泡沫覆盖，减少蒸发。喷水雾能减少蒸发，但不能降低泄漏物在有限空间内的易燃性。用防爆泵转移至槽车或专用收集器内

第七部分 操作处置与储存

操作注意事项 密闭操作，全面通风。操作人员必须经过专门培训，严格遵守操作规程。建议操作人员佩戴自吸过滤式防毒面具（半面罩），戴化学安全防护眼镜，穿防静电工作服，戴橡胶耐油手套。远离火种、热源。工作场所严禁吸烟。使用防爆型的通风系统和设备。防止蒸气泄漏到工作场所空气中。避免与氧化剂、酸类、碱类接触。灌装时应控制流速，且有接地装置，防止静电积聚。搬运时要轻装轻卸，防止包装及容器损坏。配备相应品种和数量的消防器材及泄漏应急处理设备。倒空的容器可能残留有害物

储存注意事项 储存于阴凉、通风的库房。远离火种、热源。库温不宜超过37℃。保持容器密封。应与氧化剂、酸类、碱类、食用化学品分开存放，切忌混储。采用防爆型照明、通风设施。禁止使用易产生火花的机械设备和工具。储区应备有泄漏应急处理设备和合适的收容材料

第八部分 接触控制/个体防护

职业接触限值

中国 未制定标准

美国(ACGIH) 未制定标准

生物接触限值 未制定标准

监测方法 空气中有毒物质测定方法：未制定标准。生物监测检验方法：未制定标准

工程控制 生产过程密闭，全面通风。提供安全淋浴和洗眼设备

个体防护装备

呼吸系统防护 高浓度接触时，应该佩戴过滤式防毒面具（半面罩）。紧急事态抢救或撤离时，建议佩戴空气呼吸器

眼睛防护 必要时，戴化学安全防护眼镜

皮肤和身体防护 穿防静电工作服

手防护 戴橡胶耐油手套

第九部分 理化特性

外观与性状 水白色液体，有菠萝香味

pH值 无资料 **熔点(℃)** −73.9

沸点(℃) 99.1 **相对密度(水=1)** 0.89

相对蒸气密度(空气=1) 3.52

饱和蒸气压(kPa) 5.32（27.2℃）

燃烧热(kJ/mol) 无资料 **临界温度(℃)** 无资料

临界压力(MPa) 3.362

辛醇/水分配系数 1.21～1.32

闪点(℃) 12.2（CC） **自燃温度(℃)** 440

爆炸下限(%) 1.8 **爆炸上限(%)** 11.0

分解温度(℃) 无资料 **黏度(mPa·s)** 无资料

溶解性 不溶于水，混溶于乙醇、乙醚、丙二醇等多数有机溶剂

第十部分 稳定性和反应性

稳定性 稳定

危险反应 与强氧化剂等禁配物接触，有发生火灾和爆炸的危险

避免接触的条件 无资料

禁配物 强氧化剂、碱类、酸类

危险的分解产物 无资料

第十一部分 毒理学信息

急性毒性 LD_{50}：8732mg/kg（大鼠经口）；3500mg/kg（兔经口）

皮肤刺激或腐蚀 家兔经皮：500mg（24h），中度刺激

眼睛刺激或腐蚀 家兔经眼：100mg，中度刺激

呼吸或皮肤过敏 无资料 **生殖细胞突变性** 无资料

致癌性 无资料 **生殖毒性** 无资料

特异性靶器官系统毒性-一次接触 无资料

特异性靶器官系统毒性-反复接触 无资料

吸入危害 无资料

第十二部分 生态学信息

生态毒性

LC_{50} 56mg/L（48h）（虹鳟鱼）；45～170mg/L（48h）（水蚤）

EC_{50} 811mg/L（15min）（发光菌）

IC_{50} 14mg/L（72h）（四尾栅藻）

持久性和降解性

生物降解性 易快速生物降解

非生物降解性 空气中，当羟基自由基浓度为5.00×10^5个/cm^3时，降解半衰期为7d（理论）；在pH值为7和8时，水解半衰期分别为2.5a和90d

（理论）

潜在的生物累积性 根据 K_{ow} 值预测，该物质的生物累积性可能较弱

土壤中的迁移性 根据 K_{oc} 值预测，该物质可能易发生迁移

第十三部分 废弃处置

废弃化学品 建议用焚烧法处置

污染包装物 将容器返还生产商或按照国家和地方法规处置

废弃注意事项 处置前应参阅国家和地方有关法规

第十四部分 运输信息

联合国危险货物编号（UN 号） 1195

联合国运输名称 丙酸乙酯

联合国危险性类别 3

包装类别 Ⅱ类包装 **包装标志** 

海洋污染物 否

运输注意事项 运输时运输车辆应配备相应品种和数量的消防器材及泄漏应急处理设备。夏季最好早晚运输。运输时所用的槽（罐）车应有接地链，槽内可设孔隔板以减少震荡产生静电。严禁与氧化剂、酸类、碱类、食用化学品等混装混运。运输途中应防曝晒、雨淋，防高温。中途停留时应远离火种、热源、高温区。装运该物品的车辆排气管必须配备阻火装置，禁止使用易产生火花的机械设备和工具装卸。公路运输时要按规定路线行驶，勿在居民区和人口稠密区停留。铁路运输时要禁止溜放。严禁用木船、水泥船散装运输

第十五部分 法规信息

下列法律、法规、规章和标准，对该化学品的管理作了相应的规定。

中华人民共和国职业病防治法 职业病分类和目录：未列入

危险化学品安全管理条例 危险化学品目录：列入。易制爆危险化学品名录：未列入。重点监管的危险化学品名录：未列入。GB 18218—2009《危险化学品重大危险源辨识》(表 1)：未列入

使用有毒物品作业场所劳动保护条例 高毒物品目录：未列入

易制毒化学品管理条例 易制毒化学品的分类和品种目录：未列入

国际公约 斯德哥尔摩公约：未列入。鹿特丹公约：未列入。蒙特利尔议定书：未列入

第十六部分 其他信息

编写和修订信息 **缩略语和首字母缩写**

培训建议 **参考文献**

免责声明

丙酸异丁酯

第一部分 化学品标识

化学品中文名 丙酸异丁酯

化学品英文名 isobutyl propionate；propionic acid isobutyl ester

分子式 $C_7H_{14}O_2$ **相对分子质量** 130.21

结构式

化学品的推荐及限制用途 用作油漆溶剂、香料，用于有机合成

第二部分 危险性概述

紧急情况概述 易燃液体和蒸气

GHS 危险性类别 易燃液体，类别 3

标签要素

象形图 

警示词 警告

危险性说明 易燃液体和蒸气

防范说明

预防措施 远离热源、火花、明火、热表面。禁止吸烟。保持容器密闭。容器和接收设备接地连接。使用防爆电器、通风、照明设备。只能使用不产生火花的工具。采取防止静电措施。戴防护手套、防护眼镜、防护面罩

事故响应 火灾时，使用泡沫、二氧化碳、干粉、砂土灭火。如皮肤（或头发）接触：立即脱掉所有被污染的衣服。用水冲洗皮肤，淋浴

安全储存 存放在通风良好的地方。保持低温

废弃处置 本品及内装物、容器依据国家和地方法规处置

物理和化学危险 易燃，其蒸气与空气混合，能形成爆炸性混合物

健康危害 高浓度时有麻醉作用，具有中等程度刺激性

环境危害 对环境可能有害

第三部分 成分/组成信息

√物质 混合物

组分	浓度	CAS No.
丙酸异丁酯		540-42-1

第四部分 急救措施

吸入 迅速脱离现场至空气新鲜处。保持呼吸道通畅。如呼吸困难，给输氧。如呼吸、心跳停止，立即进行心肺复苏术。就医

皮肤接触 立即脱去污染的衣着，用流动清水彻底冲洗。就医

眼睛接触 立即分开眼睑，用流动清水或生理盐水彻底冲洗。就医

食入 漱口，饮水。就医

对保护施救者的忠告 根据需要使用个人防护设备

对医生的特别提示 对症处理

第五部分 消防措施

灭火剂 用泡沫、二氧化碳、干粉、砂土灭火

特别危险性 与氧化剂能发生强烈反应。燃烧生成有害的一氧化碳

灭火注意事项及防护措施 消防人员须佩戴防毒面具、穿全身消防服，在上风向灭火。尽可能将容器从火场移至空旷处。容器突然发出异常声音或出现异常现象，应立即撤离。用水灭火无效，但可用水保持火场中容器冷却

第六部分 泄漏应急处理

作业人员防护措施、防护装备和应急处置程序 消除所有点火源。根据液体流动和蒸气扩散的影响区域划定警戒区，无关人员从侧风、上风向撤离至安全区。建议应急处理人员戴正压自给式呼吸器，穿防静电服，戴橡胶耐油手套。作业时使用的所有设备应接地。禁止接触或跨越泄漏物。尽可能切断泄漏源

环境保护措施 防止泄漏物进入水体、下水道、地下室或有限空间

泄漏化学品的收容、清除方法及所使用的处置材料 小量泄漏：用砂土或其他不燃材料吸收。使用洁净的无火花工具收集吸收材料。大量泄漏：构筑围堤或挖坑收容。用泡沫覆盖，减少蒸发。喷水雾能减少蒸发，但不能降低泄漏物在有限空间内的易燃性。用防爆泵转移至槽车或专用收集器内

第七部分 操作处置与储存

操作注意事项 密闭操作，局部排风。操作人员必须经过专门培训，严格遵守操作规程。建议操作人员佩戴自吸过滤式防毒面具（半面罩），戴化学安全防护眼镜，穿防静电工作服，戴橡胶耐油手套。远离火种、热源。工作场所严禁吸烟。使用防爆型的通风系统和设备。防止蒸气泄漏到工作场所空气中。避免与氧化剂、酸类接触。充装要控制流速，防止静电积聚。搬运时要轻装轻卸，防止包装及容器损坏。配备相应品种和数量的消防器材及泄漏应急处理设备。倒空的容器可能残留有害物

储存注意事项 储存于阴凉、通风的库房。远离火种、热源。库温不宜超过 37℃。保持容器密封。应与氧化剂、酸类分开存放，切忌混储。采用防爆型照明、通风设施。禁止使用易产生火花的机械设备和工具。储区应备有泄漏应急处理设备和合适的收容材料

第八部分 接触控制/个体防护

职业接触限值

中国 未制定标准

美国(ACGIH) 未制定标准

生物接触限值 未制定标准

监测方法 空气中有毒物质测定方法：未制定标准。生物监测检验方法：未制定标准

工程控制 密闭操作，局部排风

个体防护装备

呼吸系统防护 高浓度接触时，应该佩戴过滤式防毒面具（半面罩）。紧急事态抢救或撤离时，建议佩戴空气呼吸器

眼睛防护 必要时，戴化学安全防护眼镜

皮肤和身体防护 穿防静电工作服

手防护 戴橡胶耐油手套

第九部分 理化特性

外观与性状 水白色液体，有醚味

pH 值 无资料　**熔点(℃)** −71.4

沸点(℃) 137　**相对密度(水=1)** 0.89

相对蒸气密度(空气=1) 无资料

饱和蒸气压(kPa) 无资料

燃烧热(kJ/mol) 无资料　**临界温度(℃)** 无资料

临界压力(MPa) 无资料　**辛醇/水分配系数** 2.260

闪点(℃) 26.11　**自燃温度(℃)** 无资料

爆炸下限(%) 无资料　**爆炸上限(%)** 无资料

分解温度(℃) 无资料　**黏度(mPa·s)** 无资料

溶解性 不溶于水，易溶于乙醇、乙醚

第十部分 稳定性和反应性

稳定性 稳定

危险反应 与强氧化剂等禁配物接触，有发生火灾和爆炸的危险

避免接触的条件 无资料

禁配物 强氧化剂、强酸

危险的分解产物 无资料

第十一部分 毒理学信息

急性毒性 LD_{50}：5599mg/kg（兔经口）

皮肤刺激或腐蚀 无资料　**眼睛刺激或腐蚀** 无资料

呼吸或皮肤过敏 无资料　**生殖细胞突变性** 无资料

致癌性 无资料　**生殖毒性** 无资料

特异性靶器官系统毒性-一次接触 无资料

特异性靶器官系统毒性-反复接触 无资料

吸入危害 无资料

第十二部分 生态学信息

生态毒性 无资料

持久性和降解性

生物降解性 无资料

非生物降解性 无资料

潜在的生物累积性 根据 K_{ow} 值预测，该物质的生物累积性可能较弱

土壤中的迁移性 根据 K_{oc} 值预测，该物质可能有一定的迁移性

第十三部分 废弃处置

废弃化学品 建议用焚烧法处置

污染包装物 将容器返还生产商或按照国家和地方法规

处置

废弃注意事项 处置前应参阅国家和地方有关法规

第十四部分 运输信息

联合国危险货物编号（UN号） 2394

联合国运输名称 丙酸异丁酯

联合国危险性类别 3

包装类别 Ⅲ类包装 **包装标志** 

海洋污染物 否

运输注意事项 运输时运输车辆应配备相应品种和数量的消防器材及泄漏应急处理设备。夏季最好早晚运输。运输时所用的槽（罐）车应有接地链，槽内可设孔隔板以减少震荡产生静电。严禁与氧化剂、酸类、食用化学品等混装混运。运输途中应防曝晒、雨淋，防高温。中途停留时应远离火种、热源、高温区。装运该物品的车辆排气管必须配备阻火装置，禁止使用易产生火花的机械设备和工具装卸。公路运输时要按规定路线行驶，勿在居民区和人口稠密区停留。铁路运输时要禁止溜放。严禁用木船、水泥船散装运输

第十五部分 法规信息

下列法律、法规、规章和标准，对该化学品的管理作了相应的规定。

中华人民共和国职业病防治法 职业病分类和目录：未列入

危险化学品安全管理条例 危险化学品目录：列入。易制爆危险化学品名录：未列入。重点监管的危险化学品名录：未列入。GB 18218—2009《危险化学品重大危险源辨识》（表1）：未列入

使用有毒物品作业场所劳动保护条例 高毒物品目录：未列入

易制毒化学品管理条例 易制毒化学品的分类和品种目录：未列入

国际公约 斯德哥尔摩公约：未列入。鹿特丹公约：未列入。蒙特利尔议定书：未列入

第十六部分 其他信息

编写和修订信息 **缩略语和首字母缩写**

培训建议 **参考文献**

免责声明

丙酸异戊酯

第一部分 化学品标识

化学品中文名 丙酸异戊酯

化学品英文名 isoamyl propionate; isopentyl propanoate

分子式 $C_8H_{16}O_2$ **相对分子质量** 144.24

结构式

化学品的推荐及限制用途 用作溶剂、萃取剂

第二部分 危险性概述

紧急情况概述 易燃液体和蒸气

GHS危险性类别 易燃液体，类别3

标签要素

象形图 

警示词 警告

危险性说明 易燃液体和蒸气

防范说明

预防措施 远离热源、火花、明火、热表面。禁止吸烟。保持容器密闭。容器和接收设备接地连接。使用防爆电器、通风、照明设备。只能使用不产生火花的工具。采取防止静电措施。戴防护手套、防护眼镜、防护面罩

事故响应 火灾时，使用泡沫、干粉、二氧化碳、砂土灭火。如皮肤（或头发）接触：立即脱掉所有被污染的衣服。用水冲洗皮肤，淋浴

安全储存 存放在通风良好的地方。保持低温

废弃处置 本品及内装物、容器依据国家和地方法规处置

物理和化学危险 易燃，其蒸气与空气混合，能形成爆炸性混合物

健康危害 在高浓度下有麻醉性，有中等程度刺激性

环境危害 对环境可能有害

第三部分 成分/组成信息

√物质 混合物

组分	浓度	CAS No.
丙酸异戊酯		105-68-0

第四部分 急救措施

吸入 迅速脱离现场至空气新鲜处。保持呼吸道通畅。如呼吸困难，给输氧。如呼吸、心跳停止，立即进行心肺复苏术。就医

皮肤接触 立即脱去污染的衣着，用流动清水彻底冲洗。就医

眼睛接触 立即分开眼睑，用流动清水或生理盐水彻底冲洗。就医

食入 漱口，饮水。就医

对保护施救者的忠告 根据需要使用个人防护设备

对医生的特别提示 对症处理

第五部分 消防措施

灭火剂 用泡沫、干粉、二氧化碳、砂土灭火

特别危险性 易燃，其蒸气与空气混合，能形成爆炸性混合物，遇明火、高热能引起燃烧爆炸。与氧化剂可发生反应。燃烧生成有害的一氧化碳

灭火注意事项及防护措施 消防人员必须佩戴空气呼吸器、穿全身防火防毒服，在上风向灭火。喷水冷却容器，尽可能将容器从火场移至空旷处。容器突然发出

异常声音或出现异常现象，应立即撤离

第六部分 泄漏应急处理

作业人员防护措施、防护装备和应急处置程序 消除所有点火源。根据液体流动和蒸气扩散的影响区域划定警戒区，无关人员从侧风、上风向撤离至安全区。建议应急处理人员戴正压自给式呼吸器，穿防静电服，戴橡胶耐油手套。作业时使用的所有设备应接地。禁止接触或跨越泄漏物。尽可能切断泄漏源

环境保护措施 防止泄漏物进入水体、下水道、地下室或有限空间

泄漏化学品的收容、清除方法及所使用的处置材料 小量泄漏：用砂土或其他不燃材料吸收。使用洁净的无火花工具收集吸收材料。大量泄漏：构筑围堤或挖坑收容。用泡沫覆盖，减少蒸发。喷水雾能减少蒸发，但不能降低泄漏物在有限空间内的易燃性。用防爆泵转移至槽车或专用收集器内

第七部分 操作处置与储存

操作注意事项 密闭操作，提供良好的自然通风条件。操作人员必须经过专门培训，严格遵守操作规程。建议操作人员佩戴导管式防毒面具，戴安全防护眼镜，穿防静电工作服，戴橡胶耐油手套。远离火种、热源。工作场所严禁吸烟。使用防爆型的通风系统和设备。防止蒸气泄漏到工作场所空气中。避免与氧化剂接触。充装要控制流速，防止静电积聚。搬运时要轻装轻卸，防止包装及容器损坏。配备相应品种和数量的消防器材及泄漏应急处理设备。倒空的容器可能残留有害物

储存注意事项 储存于阴凉、通风的库房。远离火种、热源。库温不宜超过37℃。保持容器密封。应与氧化剂分开存放，切忌混储。采用防爆型照明、通风设施。禁止使用易产生火花的机械设备和工具。储区应备有泄漏应急处理设备和合适的收容材料

第八部分 接触控制/个体防护

职业接触限值

中国 未制定标准

美国(ACGIH) 未制定标准

生物接触限值 未制定标准

监测方法 空气中有毒物质测定方法：未制定标准。生物监测检验方法：未制定标准

工程控制 提供良好的自然通风条件。提供安全淋浴和洗眼设备

个体防护装备

呼吸系统防护 空气中浓度较高时，应该佩戴过滤式防毒面具（全面罩）。紧急事态抢救或撤离时，建议佩戴空气呼吸器

眼睛防护 呼吸系统防护中已作防护

皮肤和身体防护 穿防静电工作服

手防护 戴橡胶耐油手套

第九部分 理化特性

外观与性状 无色透明液体，具有苹果香味

pH值 无资料 **熔点(℃)** −73

沸点(℃) 156 **相对密度(水=1)** 0.871

相对蒸气密度(空气=1) 5.0

饱和蒸气压(kPa) 0.27（25℃）

燃烧热(kJ/mol) −4840.0 **临界温度(℃)** 无资料

临界压力(MPa) 无资料 **辛醇/水分配系数** 2.760

闪点(℃) 47.78（TCC） **自燃温度(℃)** 无资料

爆炸下限(%) 无资料 **爆炸上限(%)** 无资料

分解温度(℃) 无资料 **黏度(mPa·s)** 无资料

溶解性 微溶于水，可混溶于乙醇、乙醚，不溶于甘油、丙二醇

第十部分 稳定性和反应性

稳定性 稳定

危险反应 与强氧化剂等禁配物接触，有发生火灾和爆炸的危险

避免接触的条件 无资料

禁配物 强氧化剂

危险的分解产物 无资料

第十一部分 毒理学信息

急性毒性 LD_{50}：4355mg/kg（大鼠经口）；6900mg/kg（兔经口）；4355mg/kg（兔经皮）

皮肤刺激或腐蚀 无资料 **眼睛刺激或腐蚀** 无资料

呼吸或皮肤过敏 无资料 **生殖细胞突变性** 无资料

致癌性 无资料 **生殖毒性** 无资料

特异性靶器官系统毒性-一次接触 无资料

特异性靶器官系统毒性-反复接触 无资料

吸入危害 无资料

第十二部分 生态学信息

生态毒性 无资料

持久性和降解性

生物降解性 无资料

非生物降解性 无资料

潜在的生物累积性 根据 K_{ow} 值预测，该物质的生物累积性可能较弱

土壤中的迁移性 根据 K_{oc} 值预测，该物质可能易发生迁移

第十三部分 废弃处置

废弃化学品 建议用焚烧法处置

污染包装物 将容器返还生产商或按照国家和地方法规处置

废弃注意事项 处置前应参阅国家和地方有关法规

第十四部分 运输信息

联合国危险货物编号（UN号） 3272

联合国运输名称 酯类，未另作规定的（丙酸异戊酯）

联合国危险性类别 3

包装类别 Ⅲ类包装 **包装标志**

海洋污染物 否

运输注意事项 运输时运输车辆应配备相应品种和数量的消防器材及泄漏应急处理设备。夏季最好早晚运输。运输时所用的槽（罐）车应有接地链，槽内可设孔隔板以减少震荡产生静电。严禁与氧化剂、食用化学品等混装混运。运输途中应防曝晒、雨淋，防高温。中途停留时应远离火种、热源、高温区。装运该物品的车辆排气管必须配备阻火装置，禁止使用易产生火花的机械设备和工具装卸。公路运输时要按规定路线行驶，勿在居民区和人口稠密区停留。铁路运输时要禁止溜放。严禁用木船、水泥船散装运输

第十五部分 法规信息

下列法律、法规、规章和标准，对该化学品的管理作了相应的规定。

中华人民共和国职业病防治法 职业病分类和目录：未列入

危险化学品安全管理条例 危险化学品目录：列入。易制爆危险化学品名录：未列入。重点监管的危险化学品名录：未列入。GB 18218—2009《危险化学品重大危险源辨识》（表 1）：未列入

使用有毒物品作业场所劳动保护条例 高毒物品目录：未列入

易制毒化学品管理条例 易制毒化学品的分类和品种目录：未列入

国际公约 斯德哥尔摩公约：未列入。鹿特丹公约：未列入。蒙特利尔议定书：未列入

第十六部分 其他信息

编写和修订信息 **缩略语和首字母缩写**

培训建议 **参考文献**

免责声明

丙 酮

第一部分 化学品标识

化学品中文名 丙酮；二甲基（甲）酮；阿西通

化学品英文名 acetone；dimethyl ketone；2-propanone

分子式 C_3H_6O **相对分子质量** 58.09

结构式 

化学品的推荐及限制用途 是基本的有机原料和低沸点溶剂

第二部分 危险性概述

紧急情况概述 高度易燃液体和蒸气，可能引起昏昏欲睡或眩晕

GHS 危险性类别 易燃液体，类别 2；严重眼损伤/眼刺激，类别 2；特异性靶器官毒性-一次接触，类别 3（麻醉效应）

标签要素

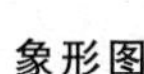
象形图 

警示词 危险

危险性说明 高度易燃液体和蒸气，造成严重眼刺激，可能引起昏昏欲睡或眩晕

防范说明

预防措施 远离热源、火花、明火、热表面。禁止吸烟。保持容器密闭。容器和接收设备接地连接。使用防爆电器、通风、照明设备。只能使用不产生火花的工具。采取防止静电措施。戴防护手套、防护眼镜、防护面罩。避免接触眼睛、皮肤，操作后彻底清洗

事故响应 火灾时，使用抗溶性泡沫、二氧化碳、干粉、砂土灭火。如皮肤（或头发）接触：立即脱掉所有被污染的衣服。用水冲洗皮肤，淋浴。如接触眼睛：用水细心冲洗数分钟。如戴隐形眼镜并可方便地取出，取出隐形眼镜继续冲洗。如果眼睛刺激持续：就医

安全储存 存放在通风良好的地方。保持低温

废弃处置 本品及内装物、容器依据国家和地方法规处置

物理和化学危险 高度易燃，其蒸气与空气混合，能形成爆炸性混合物

健康危害

急性中毒 主要表现为对中枢神经系统的麻醉作用，出现乏力、恶心、头痛、头晕、易激动。重者发生呕吐、气急、痉挛，甚至昏迷。对眼、鼻、喉有刺激性。口服后，先口唇、咽喉有烧灼感，后出现口干、呕吐、昏迷、酸中毒和酮症

慢性影响 长期接触本品出现眩晕、灼烧感、咽炎、支气管炎、乏力、易激动等。皮肤长期反复接触可致皮炎

环境危害 对环境可能有害

第三部分 成分/组成信息

√物质		混合物
组分	**浓度**	**CAS No.**
丙酮		67-64-1

第四部分 急救措施

吸入 迅速脱离现场至空气新鲜处。保持呼吸道通畅。如呼吸困难，给输氧。如呼吸、心跳停止，立即进行心肺复苏术。就医

皮肤接触 立即脱去污染的衣着，用流动清水彻底冲洗。就医

眼睛接触 立即分开眼睑，用流动清水或生理盐水彻底冲洗。就医

食入 漱口，饮水。就医

对保护施救者的忠告 根据需要使用个人防护设备

对医生的特别提示 对症处理

第五部分 消防措施

灭火剂 用抗溶性泡沫、二氧化碳、干粉、砂土灭火

特别危险性 蒸气比空气重，沿地面扩散并易积存于低洼处，遇火源会着火回燃。若遇高热，容器内压增大，

有开裂和爆炸的危险。燃烧生成有害的一氧化碳

灭火注意事项及防护措施 消防人员须佩戴防毒面具、穿全身消防服，在上风向灭火。尽可能将容器从火场移至空旷处。喷水保持火场容器冷却，直至灭火结束。容器突然发出异常声音或出现异常现象，应立即撤离

第六部分 泄漏应急处理

作业人员防护措施、防护装备和应急处置程序 消除所有点火源。根据液体流动和蒸气扩散的影响区域划定警戒区，无关人员从侧风、上风向撤离至安全区。建议应急处理人员戴正压自给式呼吸器，穿防静电服，戴橡胶耐油手套。作业时使用的所有设备应接地。禁止接触或跨越泄漏物。尽可能切断泄漏源

环境保护措施 防止泄漏物进入水体、下水道、地下室或有限空间

泄漏化学品的收容、清除方法及所使用的处置材料 小量泄漏：用砂土或其他不燃材料吸收。使用洁净的无火花工具收集吸收材料。大量泄漏：构筑围堤或挖坑收容。用砂土、惰性物质或蛭石吸收大量液体。用抗溶性泡沫覆盖，减少蒸发。喷水雾能减少蒸发，但不能降低泄漏物在有限空间内的易燃性。用防爆泵转移至槽车或专用收集器内。喷雾状水驱散蒸气、稀释液体泄漏物

第七部分 操作处置与储存

操作注意事项 密闭操作，全面通风。操作人员必须经过专门培训，严格遵守操作规程。建议操作人员佩戴过滤式防毒面具（半面罩），戴安全防护眼镜，穿防静电工作服，戴橡胶耐油手套。远离火种、热源。工作场所严禁吸烟。使用防爆型的通风系统和设备。防止蒸气泄漏到工作场所空气中。避免与氧化剂、还原剂、碱类接触。灌装时应控制流速，且有接地装置，防止静电积聚。搬运时要轻装轻卸，防止包装及容器损坏。配备相应品种和数量的消防器材及泄漏应急处理设备。倒空的容器可能残留有害物

储存注意事项 储存于阴凉、通风良好的专用库房内，远离火种、热源。库温不宜超过 29℃。保持容器密封。应与氧化剂、还原剂、碱类分开存放，切忌混储。采用防爆型照明、通风设施。禁止使用易产生火花的机械设备和工具。储区应备有泄漏应急处理设备和合适的收容材料

第八部分 接触控制/个体防护

职业接触限值

中国 PC-TWA：300mg/m^3；PC-STEL：450mg/m^3

美国(ACGIH) TLV-TWA：500ppm；TLV-STEL：750ppm

生物接触限值 未制定标准

监测方法 空气中有毒物质测定方法：溶剂解吸-气相色谱法；热解吸-气相色谱法。生物监测检验方法：未制定标准

工程控制 生产过程密闭，全面通风

个体防护装备

呼吸系统防护 空气中浓度超标时，佩戴过滤式防毒面具（半面罩）

眼睛防护 一般不需要特殊防护，高浓度接触时可戴安全防护眼镜

皮肤和身体防护 穿防静电工作服

手防护 戴橡胶耐油手套

第九部分 理化特性

外观与性状 无色透明易流动液体，有芳香气味，极易挥发

pH 值 无资料　**熔点(℃)** −95

沸点(℃) 56.5　**相对密度(水=1)** 0.80

相对蒸气密度(空气=1) 2.00

饱和蒸气压(kPa) 24（20℃）

燃烧热(kJ/mol) −1788.7　**临界温度(℃)** 235.5

临界压力(MPa) 4.72　**辛醇/水分配系数** −0.24

闪点(℃) −18（CC）；−9.4（OC）

自燃温度(℃) 465　**爆炸下限(%)** 2.5

爆炸上限(%) 12.8　**分解温度(℃)** 无资料

黏度(mPa·s) 0.32（20℃）

溶解性 与水混溶，可混溶于乙醇、乙醚、氯仿、油类、烃类等多数有机溶剂

第十部分 稳定性和反应性

稳定性 稳定

危险反应 与强氧化剂等禁配物接触，有发生火灾和爆炸的危险

避免接触的条件 无资料

禁配物 强氧化剂、强还原剂、碱

危险的分解产物 无资料

第十一部分 毒理学信息

急性毒性 LD_{50}：5800mg/kg（大鼠经口）；5340mg/kg（兔经口）；8000mg/kg（兔经皮）

皮肤刺激或腐蚀 家兔经皮：395mg，轻度刺激（开放性刺激试验）

眼睛刺激或腐蚀 家兔经眼：20mg，重度刺激

呼吸或皮肤过敏 无资料

生殖细胞突变性 细胞遗传学分析：酿酒酵母菌 200mmol/管。性染色体缺失和不分离：小鼠吸入 12g/L

致癌性 无资料

生殖毒性 无资料

特异性靶器官系统毒性-一次接触 无资料

特异性靶器官系统毒性-反复接触 大鼠 7.22g/m^3，每天 8h 吸入染毒，共 20 个月，未发现临床及组织病理学改变

吸入危害 无资料

第十二部分 生态学信息

生态毒性

LC_{50} 4740～6330mg/L（96h）（虹鳟鱼）；2100mg/L（48h）（卤虫）

LD$_{50}$　5000mg/L（24h）（金鱼）

EC$_{50}$　8600mg/L（5min）（发光菌，Microtox 测试）

持久性和降解性

生物降解性　OECD301C，28d 降解 96%～100%，易快速生物降解

非生物降解性　水相光解半衰期（h）：270；水中光氧化半衰期（h）：9.92×10^{4}～3.97×10^{6}；空气中光氧化半衰期（h）：279～2790

潜在的生物累积性　根据 K_{ow} 值预测，该物质的生物累积性可能较弱

土壤中的迁移性　根据 K_{oc} 值预测，该物质可能易发生迁移

第十三部分　废弃处置

废弃化学品　用焚烧法处置

污染包装物　将容器返还生产商或按照国家和地方法规处置

废弃注意事项　把倒空的容器归还厂商或在规定场所掩埋

第十四部分　运输信息

联合国危险货物编号（UN 号）　1090

联合国运输名称　丙酮　　**联合国危险性类别**　3

包装类别　Ⅱ类包装　　**包装标志**

海洋污染物　否

运输注意事项　运输时运输车辆应配备相应品种和数量的消防器材及泄漏应急处理设备。夏季最好早晚运输。运输时所用的槽（罐）车应有接地链，槽内可设孔隔板以减少震荡产生静电。严禁与氧化剂、还原剂、碱类、食用化学品等混装混运。运输途中应防曝晒、雨淋，防高温。中途停留时应远离火种、热源、高温区。装运该物品的车辆排气管必须配备阻火装置，禁止使用易产生火花的机械设备和工具装卸。公路运输时要按规定路线行驶，勿在居民区和人口稠密区停留。铁路运输时要禁止溜放。严禁用木船、水泥船散装运输。本品属第三类易制毒化学品，托运时，须持有运出地县级人民政府发给的备案证明

第十五部分　法规信息

下列法律、法规、规章和标准，对该化学品的管理作了相应的规定。

中华人民共和国职业病防治法　职业病分类和目录：未列入

危险化学品安全管理条例　危险化学品目录：列入。易制爆危险化学品名录：未列入。重点监管的危险化学品名录：未列入。GB 18218—2009《危险化学品重大危险源辨识》（表 1）：列入。类别：易燃液体，临界量（t）：500

使用有毒物品作业场所劳动保护条例　高毒物品目录：未列入

易制毒化学品管理条例　易制毒化学品的分类和品种目录：列入

国际公约　斯德哥尔摩公约：未列入。鹿特丹公约：未列入。蒙特利尔议定书：未列入

第十六部分　其他信息

编写和修订信息　　**缩略语和首字母缩写**

培训建议　　**参考文献**

免责声明

丙　　烷

第一部分　化学品标识

化学品中文名　丙烷

化学品英文名　propane；dimethyl methane

分子式　C_3H_8　　**相对分子质量**　44.11

结构式

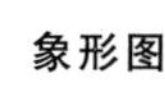

化学品的推荐及限制用途　用作燃料和冷冻剂，制造乙烯和丙烯的原料，也用于有机合成

第二部分　危险性概述

紧急情况概述　极易燃气体，内装加压气体：遇热可能爆炸

GHS 危险性类别　易燃气体，类别 1；加压气体

标签要素

象形图

警示词　危险

危险性说明　极易燃气体，内装加压气体：遇热可能爆炸

防范说明

预防措施　远离热源、火花、明火、热表面。禁止吸烟

事故响应　漏气着火：切勿灭火，除非漏气能够安全地制止。如果没有危险，消除一切点火源

安全储存　防日晒。存放在通风良好的地方

废弃处置　-

物理和化学危险　极易燃，与空气混合能形成爆炸性混合物

健康危害

急性中毒　吸入丙烷后仅有不同程度头晕。工业生产中常接触到的是丙烷、乙烷或丁烷等混合气体，可引起头晕、头痛、兴奋或嗜睡、恶心、呕吐、脉缓等症状，严重时表现为麻醉状态及意识丧失。接触液态本品可引起冻伤

慢性影响　长期低浓度吸入丙烷、丁烷者，出现神经衰弱综合征及多汗、脉搏不稳定、立毛肌反射增强、皮肤划痕症等自主神经功能紊乱现象，并有发生肢体远端感觉减退者

环境危害　对环境可能有害

第三部分　成分/组成信息

√物质　　　　　混合物

组分	浓度	CAS No.
丙烷		74-98-6

第四部分　急救措施

吸入　迅速脱离现场至空气新鲜处。保持呼吸道通畅。如呼吸困难，给输氧。如呼吸、心跳停止，立即进行心肺复苏术。就医

皮肤接触　如发生冻伤，用温水（38～42℃）复温，忌用热水或辐射热，不要揉搓。就医

对保护施救者的忠告　根据需要使用个人防护设备

对医生的特别提示　对症处理

第五部分　消防措施

灭火剂　用雾状水、泡沫、二氧化碳、干粉灭火

特别危险性　易燃气体。与空气混合能形成爆炸性混合物，遇热源和明火有燃烧爆炸的危险。与氧化剂接触发生猛烈反应。气体比空气重，沿地面扩散并易积存于低洼处，遇火源会着火回燃。燃烧生成有害的一氧化碳

灭火注意事项及防护措施　切断气源。若不能切断气源，则不允许熄灭泄漏处的火焰。消防人员必须佩戴空气呼吸器、穿全身防火防毒服，在上风向灭火。尽可能将容器从火场移至空旷处。喷水保持火场容器冷却，直至灭火结束

第六部分　泄漏应急处理

作业人员防护措施、防护装备和应急处置程序　消除所有点火源。根据气体的影响区域划定警戒区，无关人员从侧风、上风向撤离至安全区。建议应急处理人员戴正压自给式呼吸器，穿防静电服。液化气体泄漏时穿防静电、防寒服。作业时使用的所有设备应接地。尽可能切断泄漏源。若可能翻转容器，使之逸出气体而非液体。喷雾状水抑制蒸气或改变蒸气云流向，避免水流接触泄漏物。禁止用水直接冲击泄漏物或泄漏源

环境保护措施　防止气体通过下水道、通风系统和有限空间扩散

泄漏化学品的收容、清除方法及所使用的处置材料　隔离泄漏区直至气体散尽

第七部分　操作处置与储存

操作注意事项　密闭操作，全面通风。操作人员必须经过专门培训，严格遵守操作规程。远离火种、热源。工作场所严禁吸烟。使用防爆型的通风系统和设备。防止气体泄漏到工作场所空气中。避免与氧化剂、卤素接触。在传送过程中，钢瓶和容器必须接地和跨接，防止产生静电。搬运时轻装轻卸，防止钢瓶及附件破损。配备相应品种和数量的消防器材及泄漏应急处理设备

储存注意事项　储存于阴凉、通风的易燃气体专用库房。远离火种、热源。库温不宜超过30℃。应与氧化剂、卤素分开存放，切忌混储。采用防爆型照明、通风设施。禁止使用易产生火花的机械设备和工具。储区应备有泄漏应急处理设备

第八部分　接触控制/个体防护

职业接触限值

中国　未制定标准

美国(ACGIH)　未制定标准

生物接触限值　未制定标准

监测方法　空气中有毒物质测定方法：未制定标准。生物监测检验方法：未制定标准

工程控制　生产过程密闭，全面通风

个体防护装备

呼吸系统防护　一般不需要特殊防护，但建议特殊情况下佩戴过滤式防毒面具（半面罩）

眼睛防护　一般不需要特殊防护，高浓度接触时可戴安全防护眼镜

皮肤和身体防护　穿防静电工作服

手防护　戴一般作业防护手套

第九部分　理化特性

外观与性状　无色液化气体，纯品无臭

pH值　无意义　　**熔点(℃)**　−189.7

沸点(℃)　−42.1

相对密度(水=1)　0.58（−44.5℃）

相对蒸气密度(空气=1)　1.6

饱和蒸气压(kPa)　840（20℃）

燃烧热(kJ/mol)　−2217.8　　**临界温度(℃)**　96.8

临界压力(MPa)　4.25　　**辛醇/水分配系数**　2.36

闪点(℃)　−104　　**自燃温度(℃)**　450

爆炸下限(%)　2.1　　**爆炸上限(%)**　9.5

分解温度(℃)　无资料　　**黏度(mPa·s)**　无资料

溶解性　微溶于水，溶于乙醇、乙醚

第十部分　稳定性和反应性

稳定性　稳定

危险反应　与强氧化剂等禁配物接触，有发生火灾和爆炸的危险

避免接触的条件　无资料

禁配物　强氧化剂、强酸、强碱、卤素

危险的分解产物　无资料

第十一部分　毒理学信息

急性毒性　无资料　　**皮肤刺激或腐蚀**　无资料

眼睛刺激或腐蚀　无资料　　**呼吸或皮肤过敏**　无资料

生殖细胞突变性　无资料　　**致癌性**　无资料

生殖毒性　无资料

特异性靶器官系统毒性-一次接触　无资料

特异性靶器官系统毒性-反复接触　动物暴露于以丙烷为主的混合气8.53～12.16g/m^3，每天2h，共6个月，神经活动先抑制，后期兴奋，血红蛋白轻度减少，体温调节轻度改变。肺少量出血，肝和肾轻度蛋白变性

吸入危害　无资料

第十二部分 生态学信息

生态毒性 无资料

持久性和降解性

生物降解性 无资料

非生物降解性 无资料

潜在的生物累积性 根据 K_{ow} 值预测，该物质的生物累积性可能较弱

土壤中的迁移性 根据 K_{oc} 值预测，该物质可能易发生迁移

第十三部分 废弃处置

废弃化学品 用焚烧法处置

污染包装物 将容器返还生产商或按照国家和地方法规处置

废弃注意事项 处置前应参阅国家和地方有关法规

第十四部分 运输信息

联合国危险货物编号（UN号） 1978

联合国运输名称 丙烷 **联合国危险性类别** 2.1

包装类别 - **包装标志**

海洋污染物 否

运输注意事项 本品铁路运输时限使用耐压液化气企业自备罐车装运，装运前需报有关部门批准。采用钢瓶运输时必须戴好钢瓶上的安全帽。钢瓶一般平放，并应将瓶口朝同一方向，不可交叉；高度不得超过车辆的防护栏板，并用三角木垫卡牢，防止滚动。运输时运输车辆应配备相应品种和数量的消防器材。装运该物品的车辆排气管必须配备阻火装置，禁止使用易产生火花的机械设备和工具装卸。严禁与氧化剂、卤素等混装混运。夏季应早晚运输，防止日光曝晒。中途停留时应远离火种、热源。公路运输时要按规定路线行驶，勿在居民区和人口稠密区停留。铁路运输时要禁止溜放

第十五部分 法规信息

下列法律、法规、规章和标准，对该化学品的管理作了相应的规定。

中华人民共和国职业病防治法 职业病分类和目录：未列入

危险化学品安全管理条例 危险化学品目录：列入。易制爆危险化学品名录：未列入。重点监管的危险化学品名录：未列入。GB 18218—2009《危险化学品重大危险源辨识》（表1）：未列入

使用有毒物品作业场所劳动保护条例 高毒物品目录：未列入

易制毒化学品管理条例 易制毒化学品的分类和品种目录：未列入

国际公约 斯德哥尔摩公约：未列入。鹿特丹公约：未列入。蒙特利尔议定书：未列入

第十六部分 其他信息

编写和修订信息 **缩略语和首字母缩写**

培训建议 **参考文献**

免责声明

丙 烯

第一部分 化学品标识

化学品中文名 丙烯；甲基乙烯

化学品英文名 propylene；propene；methylethylene

分子式 C_3H_6 **相对分子质量** 42.09

结构式 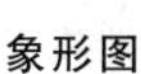

化学品的推荐及限制用途 用于制丙烯腈、环氧丙烷、丙酮等

第二部分 危险性概述

紧急情况概述 极易燃气体，内装加压气体：遇热可能爆炸

GHS危险性类别 易燃气体，类别1；加压气体

标签要素

象形图 

警示词 危险

危险性说明 极易燃气体，内装加压气体：遇热可能爆炸

防范说明

预防措施 远离热源、火花、明火、热表面。禁止吸烟

事故响应 漏气着火：切勿灭火，除非漏气能够安全地制止。如果没有危险，消除一切点火源

安全储存 防日晒。存放在通风良好的地方

废弃处置 -

物理和化学危险 极易燃，与空气混合能形成爆炸性混合物

健康危害 本品为单纯窒息剂及轻度麻醉剂。眼和上呼吸道刺激症状有流泪、咳嗽、胸闷等。中枢神经系统抑制症状有注意力不集中、表情淡漠、感觉异常、呕吐、眩晕、四肢无力、步态蹒跚、肌张力和肌力下降、膝反射亢进等。可有食欲不振及肝酶异常。严重中毒时出现血压下降和心律失常。直接接触液态产品可引起冻伤

环境危害 对环境可能有害

第三部分 成分/组成信息

√物质 混合物

组分	浓度	CAS No.
丙烯		115-07-1

第四部分 急救措施

吸入 迅速脱离现场至空气新鲜处。保持呼吸道通畅。如呼吸困难，给输氧。如呼吸、心跳停止，立即进行心

肺复苏术。就医

皮肤接触 如发生冻伤，用温水（38～42℃）复温，忌用热水或辐射热，不要揉搓。就医

眼睛接触 立即分开眼睑，用流动清水或生理盐水彻底冲洗。就医

对保护施救者的忠告 根据需要使用个人防护设备

对医生的特别提示 对症处理

第五部分 消防措施

灭火剂 用雾状水、泡沫、二氧化碳、干粉灭火

特别危险性 与二氧化氮、四氧化二氮、氧化二氮等激烈化合，与其他氧化剂接触发生剧烈反应。火场温度下易发生危险的聚合反应。气体比空气重，沿地面扩散并易积存于低洼处，遇火源会着火回燃。燃烧生成有害的一氧化碳

灭火注意事项及防护措施 切断气源。若不能切断气源，则不允许熄灭泄漏处的火焰。消防人员必须佩戴空气呼吸器、穿全身防火防毒服，在上风向灭火。尽可能将容器从火场移至空旷处。喷水保持火场容器冷却，直至灭火结束

第六部分 泄漏应急处理

作业人员防护措施、防护装备和应急处置程序 消除所有点火源。根据气体的影响区域划定警戒区，无关人员从侧风、上风向撤离至安全区。建议应急处理人员戴正压自给式呼吸器，穿防静电服。作业时使用的所有设备应接地。尽可能切断泄漏源。喷雾状水抑制蒸气或改变蒸气云流向，避免水流接触泄漏物。禁止用水直接冲击泄漏物或泄漏源

环境保护措施 防止气体通过下水道、通风系统和有限空间扩散

泄漏化学品的收容、清除方法及所使用的处置材料 隔离泄漏区直至气体散尽

第七部分 操作处置与储存

操作注意事项 密闭操作，全面通风。操作人员必须经过专门培训，严格遵守操作规程。远离火种、热源。工作场所严禁吸烟。使用防爆型的通风系统和设备。防止气体泄漏到工作场所空气中。避免与氧化剂、酸类接触。在传送过程中，钢瓶和容器必须接地和跨接，防止产生静电。搬运时轻装轻卸，防止钢瓶及附件破损。配备相应品种和数量的消防器材及泄漏应急处理设备

储存注意事项 储存于阴凉、通风的易燃气体专用库房。远离火种、热源。库温不宜超过30℃。应与氧化剂、酸类分开存放，切忌混储。采用防爆型照明、通风设施。禁止使用易产生火花的机械设备和工具。储区应备有泄漏应急处理设备

第八部分 接触控制/个体防护

职业接触限值

中国 未制定标准

美国(ACGIH) TLV-TWA：500ppm

生物接触限值 未制定标准

监测方法 空气中有毒物质测定方法：未制定标准。生物监测检验方法：未制定标准

工程控制 生产过程密闭，全面通风

个体防护装备

呼吸系统防护 一般不需要特殊防护，但建议特殊情况下佩戴过滤式防毒面具（半面罩）

眼睛防护 一般不需要特殊防护，高浓度接触时可戴化学安全防护眼镜

皮肤和身体防护 穿防静电工作服

手防护 戴一般作业防护手套

第九部分 理化特性

外观与性状 无色、有烃类气味的气体

pH值 无意义　**熔点(℃)** －185

沸点(℃) －48　**相对密度(水=1)** 0.5

相对蒸气密度(空气=1) 1.5

饱和蒸气压(kPa) 1158（25℃）

燃烧热(kJ/mol) －1927.26　**临界温度(℃)** 91.9

临界压力(MPa) 4.62　**辛醇/水分配系数** 1.77

闪点(℃) －108　**自燃温度(℃)** 460

爆炸下限(%) 2.4　**爆炸上限(%)** 10.3

分解温度(℃) 无资料　**黏度(mPa·s)** 无资料

溶解性 微溶于水，溶于乙醇、乙醚

第十部分 稳定性和反应性

稳定性 稳定

危险反应 与强氧化剂等禁配物接触，有发生火灾和爆炸的危险。高热下易发生危险的聚合反应

避免接触的条件 无资料

禁配物 强氧化剂、强酸、二氧化氮、四氧化二氮、氧化二氮

危险的分解产物 无资料

第十一部分 毒理学信息

急性毒性 LC_{50}：658000mg/m³（大鼠吸入，4h）

皮肤刺激或腐蚀 无资料　**眼睛刺激或腐蚀** 无资料

呼吸或皮肤过敏 无资料　**生殖细胞突变性** 无资料

致癌性 IARC致癌性评论：组3，现有的证据不能对人类致癌性进行分类。对人及动物致癌性证据不足

生殖毒性 无资料

特异性靶器官系统毒性-一次接触 无资料

特异性靶器官系统毒性-反复接触 小鼠吸入35%本品，20次，引起肝脏轻微脂肪浸润

吸入危害 无资料

第十二部分 生态学信息

生态毒性 无资料

持久性和降解性

生物降解性 易快速生物降解

非生物降解性 水中光氧化半衰期(h)：1070～

43000；空气中光氧化半衰期（h）：1.7～13.7

潜在的生物累积性 根据 K_{ow} 值预测，该物质的生物累积性可能较弱

土壤中的迁移性 根据 K_{oc} 值预测，该物质可能易发生迁移

第十三部分 废弃处置

废弃化学品 建议用焚烧法处置

污染包装物 将容器返还生产商或按照国家和地方法规处置

废弃注意事项 处置前应参阅国家和地方有关法规

第十四部分 运输信息

联合国危险货物编号（UN号） 1077

联合国运输名称 丙烯 **联合国危险性类别** 2.1

包装类别 - **包装标志** 

海洋污染物 否

运输注意事项 本品铁路运输时限使用耐压液化气企业自备罐车装运，装运前需报有关部门批准。采用钢瓶运输时必须戴好钢瓶上的安全帽。钢瓶一般平放，并应将瓶口朝同一方向，不可交叉；高度不得超过车辆的防护栏板，并用三角木垫卡牢，防止滚动。运输时运输车辆应配备相应品种和数量的消防器材。装运该物品的车辆排气管必须配备阻火装置，禁止使用易产生火花的机械设备和工具装卸。严禁与氧化剂、酸类等混装混运。夏季应早晚运输，防止日光曝晒。中途停留时应远离火种、热源。公路运输时要按规定路线行驶，勿在居民区和人口稠密区停留。铁路运输时要禁止溜放

第十五部分 法规信息

下列法律、法规、规章和标准，对该化学品的管理作了相应的规定。

中华人民共和国职业病防治法 职业病分类和目录：未列入

危险化学品安全管理条例 危险化学品目录：列入。易制爆危险化学品名录：未列入。重点监管的危险化学品名录：列入。GB 18218—2009《危险化学品重大危险源辨识》（表1）：未列入

使用有毒物品作业场所劳动保护条例 高毒物品目录：未列入

易制毒化学品管理条例 易制毒化学品的分类和品种目录：未列入

国际公约 斯德哥尔摩公约：未列入。鹿特丹公约：未列入。蒙特利尔议定书：未列入

第十六部分 其他信息

编写和修订信息 **缩略语和首字母缩写**

培训建议 **参考文献**

免责声明

丙烯腈［抑制了的］

第一部分 化学品标识

化学品中文名 丙烯腈［抑制了的］；乙烯基氰；氰基乙烯

化学品英文名 acrylonitrile (inhibited)；cyanoethylene；2-propenenitrile

分子式 C_3H_3N **相对分子质量** 53.1

结构式 N≡—╱

化学品的推荐及限制用途 用于制造聚丙烯腈、丁腈橡胶、染料、合成树脂、药物等

第二部分 危险性概述

紧急情况概述 高度易燃液体和蒸气，吞咽会中毒，皮肤接触会中毒，吸入会中毒，造成严重眼损伤，可能导致皮肤过敏反应

GHS危险性类别 易燃液体，类别2；急性毒性-经口，类别3；急性毒性-经皮，类别3；急性毒性-吸入，类别3；皮肤腐蚀/刺激，类别2；严重眼损伤/眼刺激，类别1；皮肤致敏物，类别1；致癌性，类别2；特异性靶器官毒性-一次接触，类别3（呼吸道刺激）；危害水生环境-急性危害，类别2；危害水生环境-长期危害，类别2

标签要素

象形图

警示词 危险

危险性说明 高度易燃液体和蒸气，吞咽会中毒，皮肤接触会中毒，吸入会中毒，造成皮肤刺激，造成严重眼损伤，可能导致皮肤过敏反应，怀疑致癌，可能引起呼吸道刺激，对水生生物有毒并具有长期持续影响

防范说明

预防措施 远离热源、火花、明火、热表面。禁止吸烟。保持容器密闭。容器和接收设备接地连接。使用防爆电器、通风、照明设备。只能使用不产生火花的工具。采取防止静电措施。戴防护手套、防护眼镜、防护面罩，穿防护服。避免接触眼睛、皮肤，操作后彻底清洗。作业场所不得进食、饮水或吸烟。避免吸入蒸气、雾。仅在室外或通风良好处操作。污染的工作服不得带出工作场所。禁止排入环境

事故响应 火灾时，使用泡沫、二氧化碳、干粉、砂土灭火。如吸入：将患者转移到空气新鲜处，休息，保持利于呼吸的体位。皮肤接触：用大量肥皂水和水清洗。立即脱去所有被污染的衣服。被污染的衣服须经洗净后方可重新使用。如出现皮肤刺激或皮疹：就医。如接触眼睛：用水细心冲洗数分钟。如戴隐形眼镜并可方便地取出，取出隐形眼镜继续冲洗。如果眼

睛刺激持续：就医。食入：立即呼叫中毒控制中心或就医。漱口。收集泄漏物

安全储存 存放在通风良好的地方。保持低温。保持容器密闭。上锁保管

废弃处置 本品及内装物、容器依据国家和地方法规处置

物理和化学危险 高度易燃，其蒸气与空气混合，能形成爆炸性混合物。容易自聚

健康危害 本品在体内析出氰离子，抑制呼吸酶；对呼吸中枢有直接麻醉作用。急性中毒表现与氢氰酸相似。职业中毒主要为吸入蒸气和皮肤污染所致

急性中毒 轻度中毒出现头痛、头昏、上腹部不适、恶心、呕吐、手足麻木、胸闷、呼吸困难、腱反射亢进、嗜睡状态或意识模糊，可有血清转氨酶升高、心电图或心肌酶谱异常。在轻度中毒的基础上，出现以下一项者为重度中毒：癫痫大发作样抽搐、昏迷、肺水肿

慢性中毒 长期接触可引起神经衰弱综合征、低血压倾向、肝损害，或有甲状腺吸碘率降低。液体污染皮肤：可致皮炎，局部出现红斑、丘疹或水疱

环境危害 对水生生物有毒并具有长期持续影响

第三部分 成分/组成信息

√物质		混合物
组分	**浓度**	**CAS No.**
丙烯腈		107-13-1

第四部分 急救措施

吸入 迅速脱离现场至空气新鲜处。保持呼吸道通畅。如呼吸困难，给输氧。如呼吸、心跳停止，立即进行心肺复苏术。就医

皮肤接触 立即脱去污染的衣着，用肥皂水和清水彻底冲洗。就医

眼睛接触 立即分开眼睑，用流动清水或生理盐水彻底冲洗。就医

食入 催吐（仅限于清醒者），给服活性炭悬液。就医

对保护施救者的忠告 根据需要使用个人防护设备

对医生的特别提示 使用亚硝酸钠、硫代硫酸钠、4-二甲氨基苯酚等解毒剂

第五部分 消防措施

灭火剂 用泡沫、二氧化碳、干粉、砂土灭火

特别危险性 遇明火、高热易引起燃烧，并放出有毒气体。与氧化剂、强酸、强碱、胺类、溴反应剧烈。在火场高温下，能发生聚合放热使容器破裂。燃烧生成有害的一氧化碳、氮氧化物

灭火注意事项及防护措施 消防人员必须佩戴空气呼吸器、穿全身防火防毒服，在上风向灭火。尽可能将容器从火场移至空旷处。喷水保持火场容器冷却，直至灭火结束。容器突然发出异常声音或出现异常现象，应立即撤离。用水灭火无效

第六部分 泄漏应急处理

作业人员防护措施、防护装备和应急处置程序 消除所有点火源。根据液体流动和蒸气扩散的影响区域划定警戒区，无关人员从侧风、上风向撤离至安全区。建议应急处理人员戴正压自给式呼吸器，穿防毒、防静电服，戴橡胶耐油手套。作业时使用的所有设备应接地。禁止接触或跨越泄漏物。尽可能切断泄漏源

环境保护措施 防止泄漏物进入水体、下水道、地下室或有限空间

泄漏化学品的收容、清除方法及所使用的处置材料 小量泄漏：用砂土或其他不燃材料吸收；使用洁净的无火花工具收集吸收材料。大量泄漏：构筑围堤或挖坑收容；用砂土、惰性物质或蛭石吸收大量液体。用抗溶性泡沫覆盖，减少蒸发。喷水雾能减少蒸发，但不能降低泄漏物在有限空间内的易燃性。用防爆泵转移至槽车或专用收集器内。喷雾状水驱散蒸气、稀释液体泄漏物

第七部分 操作处置与储存

操作注意事项 严加密闭，提供充分的局部排风和全面通风。操作尽可能机械化、自动化。操作人员必须经过专门培训，严格遵守操作规程。建议操作人员佩戴自吸过滤式防毒面具（全面罩），穿连衣式防毒衣，戴橡胶耐油手套。远离火种、热源。工作场所严禁吸烟。使用防爆型的通风系统和设备。防止蒸气泄漏到工作场所空气中。避免与氧化剂、酸类、碱类接触。充装要控制流速，防止静电积聚。搬运时要轻装轻卸，防止包装及容器损坏。配备相应品种和数量的消防器材及泄漏应急处理设备。倒空的容器可能残留有害物

储存注意事项 通常商品加有稳定剂。储存于阴凉、通风良好的库房内。远离火种、热源。库温不宜超过37℃。包装要求密封，不可与空气接触。应与氧化剂、酸类、碱类、食用化学品分开存放，切忌混储。不宜大量储存或久存。采用防爆型照明、通风设施。禁止使用易产生火花的机械设备和工具。储区应备有泄漏应急处理设备和合适的收容材料

第八部分 接触控制/个体防护

职业接触限值

中国 PC-TWA：1mg/m^3；PC-STEL：2mg/m^3［皮］［G2B］

美国(ACGIH) TLV-TWA：2ppm［皮］

生物接触限值 未制定标准

监测方法 空气中有毒物质测定方法：溶剂解吸-气相色谱法；热解吸-气相色谱法。生物监测检验方法：未制定标准

工程控制 严加密闭，提供充分的局部排风和全面通风。提供安全淋浴和洗眼设备

个体防护装备

呼吸系统防护 可能接触其蒸气时，必须佩戴过滤式防毒面具（全面罩）。紧急事态抢救或撤离时，建议佩戴空气呼吸器

眼睛防护 呼吸系统防护中已作防护

皮肤和身体防护 穿连体式防毒衣

手防护　戴橡胶耐油手套

第九部分　理化特性

外观与性状　无色液体，有刺激性气味

pH 值　6～7.5（5%溶液）　**熔点(℃)**　−83.6

沸点(℃)　77.3　**相对密度(水=1)**　0.81

相对蒸气密度(空气=1)　1.83

饱和蒸气压(kPa)　11.07（20℃）

燃烧热(kJ/mol)　−1761.5　**临界温度(℃)**　246

临界压力(MPa)　3.54　**辛醇/水分配系数**　0.25

闪点(℃)　−1（CC）　**自燃温度(℃)**　481

爆炸下限(%)　3.0　**爆炸上限(%)**　17.0

分解温度(℃)　无资料

黏度(mPa·s)　0.34（25℃）

溶解性　微溶于水，易溶于多数有机溶剂

第十部分　稳定性和反应性

稳定性　稳定

危险反应　与强氧化剂等禁配物接触，有发生火灾和爆炸的危险。高热下易发生聚合反应

避免接触的条件　受热、光照、接触空气

禁配物　强氧化剂、碱类、酸类

危险的分解产物　氰化氢

第十一部分　毒理学信息

急性毒性

LD_{50}　78mg/kg（大鼠经口）；27mg/kg（小鼠经口）；148mg/kg（大鼠经皮）；63mg/kg（兔经皮）

LC_{50}　333ppm（大鼠吸入，4h）

皮肤刺激或腐蚀　家兔经皮：500mg，轻度刺激

眼睛刺激或腐蚀　家兔经眼：20mg，重度刺激

呼吸或皮肤过敏　无资料

生殖细胞突变性　微生物致突变性：鼠伤寒沙门氏菌 25μl/皿。哺乳动物体细胞突变性：人淋巴细胞 25mg/L。人吸入 0.8mg/m^3（146 周），导致 DNA 损伤、精子形态学和细胞遗传学改变

致癌性　IARC 致癌性评论：组 2B，可疑人类致癌物。对人类致癌性证据有限，对动物致癌性证据不充分

生殖毒性　雌性大鼠孕后 8d 腹腔内注射 641mg/kg，导致仔鼠中枢神经系统和肌肉骨骼系统畸形。大鼠经口最低中毒剂量（TDLo）：650mg/kg（孕 6～15d），对雌性生育指数有影响，可引起胚胎毒性，肌肉骨骼发育异常

特异性靶器官系统毒性-一次接触　无资料

特异性靶器官系统毒性-反复接触　大鼠、豚鼠、兔和猫在 330mg/m^{3}下吸入，每天 4h，每周 5d，在 4 周内半数动物死亡；在 220mg/m^{3}浓度下，10 周，除出现呼吸道症状外，未出现明显中毒症状

吸入危害　无资料

第十二部分　生态学信息

生态毒性　LC_{50}：2.6mg/L（30d）（黑头呆鱼，静态）；10.1mg/L（96h）（黑头呆鱼，动态）；11.8mg/L（48h）（蓝鳃太阳鱼，静态）；13mg/L（24h），7.6mg/L（48h）（水蚤）

持久性和降解性

生物降解性　28d 0%降解，不易快速生物降解；OECD301C，28d 14.7%降解，不易快速生物降解

非生物降解性　光解最大光吸收（nm）：203；空气中光氧化半衰期（h）：13.4～189；一级水解半衰期（h）：1.06×10^7

潜在的生物累积性　蓝鳃太阳鱼，在流动水中接触 48h，BCF 为 48

土壤中的迁移性　根据 K_{oc}值预测，该物质可能易发生迁移

第十三部分　废弃处置

废弃化学品　用焚烧法处置。焚烧炉排出的氮氧化物通过洗涤器除去

污染包装物　将容器返还生产商或按照国家和地方法规处置

废弃注意事项　处置前应参阅国家和地方有关法规

第十四部分　运输信息

联合国危险货物编号（UN 号）　1093

联合国运输名称　丙烯腈，稳定的

联合国危险性类别　3，6.1

包装类别　Ⅰ类包装

包装标志

海洋污染物　否

运输注意事项　运输时运输车辆应配备相应品种和数量的消防器材及泄漏应急处理设备。夏季最好早晚运输。运输时所用的槽（罐）车应有接地链，槽内可设孔隔板以减少震荡产生静电。严禁与氧化剂、酸类、碱类、食用化学品等混装混运。运输途中应防曝晒、雨淋，防高温。中途停留时应远离火种、热源、高温区。装运该物品的车辆排气管必须配备阻火装置，禁止使用易产生火花的机械设备和工具装卸。公路运输时要按规定路线行驶，勿在居民区和人口稠密区停留。铁路运输时要禁止溜放。严禁用木船、水泥船散装运输

第十五部分　法规信息

下列法律、法规、规章和标准，对该化学品的管理作了相应的规定。

中华人民共和国职业病防治法　职业病分类和目录：氰及腈类化合物中毒

危险化学品安全管理条例　危险化学品目录：列入。易制爆危险化学品名录：未列入。重点监管的危险化学品名录：列入。GB 18218—2009《危险化学品重大危险源辨识》（表 1）：列入。类别：易燃液体，临界量

(t)：50

使用有毒物品作业场所劳动保护条例 高毒物品目录：列入

易制毒化学品管理条例 易制毒化学品的分类和品种目录：未列入

国际公约 斯德哥尔摩公约：未列入。鹿特丹公约：未列入。蒙特利尔议定书：未列入

第十六部分 其他信息

编写和修订信息 **缩略语和首字母缩写**

培训建议 **参考文献**

免责声明

丙烯醛［抑制了的］

第一部分 化学品标识

化学品中文名 丙烯醛［抑制了的］；烯丙醛

化学品英文名 acrolein（inhibited）；allylaldehyde；2-propenal

分子式 C_3H_4O **相对分子质量** 56.07

结构式 (结构式图：CH2=CH-CHO)

化学品的推荐及限制用途 为合成树脂工业的重要原料之一，也大量用于有机合成与药物合成

第二部分 危险性概述

紧急情况概述 高度易燃液体和蒸气，吞咽致命，皮肤接触会中毒，吸入致命，造成严重的皮肤灼伤和眼损伤

GHS危险性类别 易燃液体，类别2；急性毒性-经口，类别2；急性毒性-经皮，类别3；急性毒性-吸入，类别1；皮肤腐蚀/刺激，类别1B；严重眼损伤/眼刺激，类别1；危害水生环境-急性危害，类别1；危害水生环境-长期危害，类别1

标签要素

象形图

警示词 危险

危险性说明 高度易燃液体和蒸气，吞咽致命，皮肤接触会中毒，吸入致命，造成严重的皮肤灼伤和眼损伤，对水生生物毒性非常大并具有长期持续影响

防范说明

预防措施 远离热源、火花、明火、热表面。禁止吸烟。保持容器密闭。容器和接收设备接地连接。使用防爆电器、通风、照明设备。只能使用不产生火花的工具。采取防止静电措施。避免接触眼睛、皮肤，操作后彻底清洗。作业场所不得进食、饮水或吸烟。避免吸入蒸气、雾。仅在室外或通风良好处操作。戴呼吸防护器具，戴防护手套，穿防护服，戴防护眼镜、防护面罩。禁止排入环境

事故响应 火灾时，使用抗溶性泡沫、二氧化碳、干粉、砂土灭火。皮肤接触：用大量肥皂水和水清洗。如感觉不适，呼叫中毒控制中心或就医。被污染的衣服须经洗净后方可重新使用。如吸入：将患者转移到空气新鲜处，休息，保持利于呼吸的体位。立即呼叫中毒控制中心或就医。皮肤（或头发）接触：立即脱掉所有被污染的衣服。用水冲洗皮肤，淋浴。眼睛接触：用水细心地冲洗数分钟。如戴隐形眼镜并可方便地取出，则取出隐形眼镜继续冲洗。食入：立即漱口。不要催吐。呼叫中毒控制中心或就医。收集泄漏物

安全储存 存放在通风良好的地方。保持低温。保持容器密闭。上锁保管

废弃处置 本品及内装物、容器依据国家和地方法规处置

物理和化学危险 高度易燃，其蒸气与空气混合，能形成爆炸性混合物。容易自聚

健康危害 本品有强烈刺激性。吸入蒸气损害呼吸道，出现咽喉炎、胸部压迫感、支气管炎；大量吸入可致肺炎、肺水肿，还可出现休克、肾炎及心力衰竭。可致死。液体及蒸气损害眼睛；皮肤接触可致灼伤。口服引起口腔及胃刺激或灼伤

环境危害 对水生生物毒性非常大并具有长期持续影响

第三部分 成分/组成信息

√物质		混合物
组分	**浓度**	**CAS No.**
丙烯醛		107-02-8

第四部分 急救措施

吸入 迅速脱离现场至空气新鲜处。保持呼吸道通畅。如呼吸困难，给输氧。如呼吸、心跳停止，立即进行心肺复苏术。就医

皮肤接触 立即脱去污染的衣着，用大量流动清水彻底冲洗至少15min。就医

眼睛接触 立即分开眼睑，用流动清水或生理盐水彻底冲洗至少15min。就医

食入 用水漱口，禁止催吐。给饮牛奶或蛋清。就医

对保护施救者的忠告 根据需要使用个人防护设备

对医生的特别提示 对症处理

第五部分 消防措施

灭火剂 用抗溶性泡沫、二氧化碳、干粉、砂土灭火

特别危险性 受热分解释出有毒蒸气。在空气中久置后能生成有爆炸性的过氧化物。与酸类、碱类、氨、胺类、二氧化硫、硫脲、金属盐类、氧化剂等剧烈反应。在火场高温下，能发生聚合放热使容器破裂。燃烧生成有害的一氧化碳

灭火注意事项及防护措施 消防人员必须佩戴空气呼吸器、穿全身防火防毒服，在上风向灭火。尽可能将容器从火场移至空旷处。喷水保持火场容器冷却，直至灭火结束。容器突然发出异常声音或出现异常现象，应立即撤离

第六部分 泄漏应急处理

作业人员防护措施、防护装备和应急处置程序 消除所有

点火源。根据液体流动和蒸气扩散的影响区域划定警戒区，无关人员从侧风、上风向撤离至安全区。建议应急处理人员戴正压自给式呼吸器，穿防静电、防腐蚀、防毒服，戴橡胶耐油手套。作业时使用的所有设备应接地。禁止接触或跨越泄漏物。尽可能切断泄漏源

环境保护措施 防止泄漏物进入水体、下水道、地下室或有限空间

泄漏化学品的收容、清除方法及所使用的处置材料 小量泄漏：用砂土或其他不燃材料吸收；使用洁净的无火花工具收集吸收材料。大量泄漏：构筑围堤或挖坑收容；用硫酸氢钠（$NaHSO_4$）中和。用抗溶性泡沫覆盖，减少蒸发。喷水雾能减少蒸发，但不能降低泄漏物在有限空间内的易燃性。用防爆、耐腐蚀泵转移至槽车或专用收集器内。喷雾状水驱散蒸气、稀释液体泄漏物

第七部分 操作处置与储存

操作注意事项 密闭操作，提供充分的局部排风。操作人员必须经过专门培训，严格遵守操作规程。建议操作人员佩戴自吸过滤式防毒面具（全面罩），穿防静电工作服，戴橡胶耐油手套。远离火种、热源。工作场所严禁吸烟。使用防爆型的通风系统和设备。防止蒸气泄漏到工作场所空气中。避免与氧化剂、还原剂、酸类、碱类接触。灌装时应控制流速，且有接地装置，防止静电积聚。搬运时要轻装轻卸，防止包装及容器损坏。配备相应品种和数量的消防器材及泄漏应急处理设备。倒空的容器可能残留有害物

储存注意事项 储存于阴凉、通风良好的专用库房内。远离火种、热源。库温不宜超过 29℃。包装要求密封，不可与空气接触。应与氧化剂、还原剂、酸类、碱类、食用化学品分开存放，切忌混储。不宜大量储存或久存。采用防爆型照明、通风设施。禁止使用易产生火花的机械设备和工具。储区应备有泄漏应急处理设备和合适的收容材料

第八部分 接触控制/个体防护

职业接触限值

中国 MAC：0.3mg/m^3［皮］

美国(ACGIH) TLV-C：0.1ppm［皮］

生物接触限值 未制定标准

监测方法 空气中有毒物质测定方法：直接进样-气相色谱法。生物监测检验方法：未制定标准

工程控制 严加密闭，提供充分的局部排风。提供安全淋浴和洗眼设备

个体防护装备

呼吸系统防护 可能接触其蒸气时，必须佩戴过滤式防毒面具（全面罩）

眼睛防护 呼吸系统防护中已作防护

皮肤和身体防护 穿防静电工作服

手防护 戴橡胶耐油手套

第九部分 理化特性

外观与性状 无色或淡黄色液体，有恶臭

pH 值 6（10%水溶液） **熔点(℃)** −87.7

沸点(℃) 52.5 **相对密度(水=1)** 0.84

相对蒸气密度(空气=1) 1.94

饱和蒸气压(kPa) 29.33（20℃）

燃烧热(kJ/mol) −1625.74 **临界温度(℃)** 无资料

临界压力(MPa) 5.06

辛醇/水分配系数 −0.01-0.9

闪点(℃) −26（CC） **自燃温度(℃)** 234

爆炸下限(%) 2.8 **爆炸上限(%)** 31.0

分解温度(℃) 无资料

黏度(mPa·s) 0.35（20℃）

溶解性 溶于水，易溶于乙醇、丙酮等多数有机溶剂

第十部分 稳定性和反应性

稳定性 稳定

危险反应 与强氧化剂等禁配物接触，有发生火灾和爆炸的危险。高热下发生聚合反应。在空气中久置后能生成有爆炸性的过氧化物

避免接触的条件 受热、光照、接触空气

禁配物 强氧化剂、强还原剂、氧、酸类、碱类、氨、胺类、二氧化硫、硫脲、金属盐类等

危险的分解产物 无资料

第十一部分 毒理学信息

急性毒性

LD_{50} 26mg/kg（大鼠经口）；14mg/kg（小鼠经口）；7mg/kg（兔经口）；200mg/kg（兔经皮）

LC_{50} 18mg/m^3（大鼠吸入，4h）

皮肤刺激或腐蚀 家兔经皮：5mg，重度刺激

眼睛刺激或腐蚀 家兔经眼：1mg，重度刺激

呼吸或皮肤过敏 无资料

生殖细胞突变性 人细胞 DNA 损伤：30μmol/L。人淋巴细胞姐妹染色体交换：5μmol/l

致癌性 IARC 致癌性评论：组 3，现有的证据不能对人类致癌性进行分类。对人及动物致癌性证据不足

生殖毒性 如果直接羊膜腔内给药，丙烯醛可致畸和产生胚胎毒性。大鼠静脉最低中毒剂量（TDLo）：6mg/kg（孕后用药 9d），胚泡植入后死亡率升高

特异性靶器官系统毒性-一次接触 无资料

特异性靶器官系统毒性-反复接触 大鼠持续接触本品浓度 4.8mg/m^3，40h 后，其肝脏的碱性磷酸酶活性升高

吸入危害 无资料

第十二部分 生态学信息

生态毒性

LC_{50} 0.046mg/L（24h）（褐鳟）；0.079mg/L（24h）（金鱼）；0.0173～0.022mg/L（96h）（黑头呆鱼）；0.23mg/L（24h），0.083mg/L（48h）（水蚤）

LD$_{50}$ ＜0.08mg/L（24h）（金鱼，改良 ASTMD 1345）

EC$_{50}$ 0.034mg/L（48h）（水蚤）

NOEC 0.0114mg/L（鱼）；0.0169mg/L（水蚤）

持久性和降解性

生物降解性 无资料

非生物降解性 易发生水解生成3-羟基丙醛；空气中光氧化半衰期（h）：3.4～33.7

潜在的生物累积性 根据 K_{ow} 值预测，该物质的生物累积性可能较弱

土壤中的迁移性 根据 K_{oc} 值预测，该物质可能易发生迁移

第十三部分 废弃处置

废弃化学品 用焚烧法处置

污染包装物 将容器返还生产商或按照国家和地方法规处置

废弃注意事项 处置前应参阅国家和地方有关法规

第十四部分 运输信息

联合国危险货物编号（UN号） 1092

联合国运输名称 丙烯醛，稳定的

联合国危险性类别 6.1，3

包装类别 Ⅰ类包装

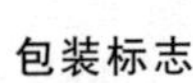
包装标志

海洋污染物 是

运输注意事项 运输时运输车辆应配备相应品种和数量的消防器材及泄漏应急处理设备。夏季最好早晚运输。运输时所用的槽（罐）车应有接地链，槽内可设孔隔板以减少震荡产生的静电。严禁与氧化剂、还原剂、酸类、碱类、食用化学品等混装混运。运输途中应防曝晒、雨淋，防高温。中途停留时应远离火种、热源、高温区。装运该物品的车辆排气管必须配备阻火装置，禁止使用易产生火花的机械设备和工具装卸。公路运输时要按规定路线行驶，勿在居民区和人口稠密区停留。铁路运输时要禁止溜放。严禁用木船、水泥船散装运输

第十五部分 法规信息

下列法律、法规、规章和标准，对该化学品的管理作了相应的规定。

中华人民共和国职业病防治法 职业病分类和目录：未列入

危险化学品安全管理条例 危险化学品目录：列入。易制爆危险化学品名录：未列入。重点监管的危险化学品名录：列入。GB 18218—2009《危险化学品重大危险源辨识》（表1）：列入。类别：毒性物质，临界量（t）：20

使用有毒物品作业场所劳动保护条例 高毒物品目录：未列入

易制毒化学品管理条例 易制毒化学品的分类和品种目录：未列入

国际公约 斯德哥尔摩公约：未列入。鹿特丹公约：未列入。蒙特利尔议定书：未列入

第十六部分 其他信息

编写和修订信息 **缩略语和首字母缩写**

培训建议 **参考文献**

免责声明

丙 烯 酸

第一部分 化学品标识

化学品中文名 丙烯酸

化学品英文名 acrylic acid；2-propenoic acid

分子式 $C_3H_4O_2$ **相对分子质量** 72.07

结构式 O OH

化学品的推荐及限制用途 用于树脂制造

第二部分 危险性概述

紧急情况概述 易燃液体和蒸气，吞咽有害，皮肤接触有害，吸入有害，造成严重的皮肤灼伤和眼损伤

GHS 危险性类别 易燃液体，类别3；急性毒性-经口，类别4；急性毒性-经皮，类别4；急性毒性-吸入，类别4；皮肤腐蚀/刺激，类别1A；严重眼损伤/眼刺激，类别1；特异性靶器官毒性-一次接触，类别3（呼吸道刺激）；危害水生环境-急性危害，类别1

标签要素

象形图

警示词 危险

危险性说明 易燃液体和蒸气，吞咽有害，皮肤接触有害，吸入有害，造成严重的皮肤灼伤和眼损伤，可能引起呼吸道刺激，对水生生物毒性非常大

防范说明

预防措施 远离热源、火花、明火、热表面。禁止吸烟。保持容器密闭。容器和接收设备接地连接。使用防爆电器、通风、照明设备。只能使用不产生火花的工具。采取防止静电措施。避免接触眼睛、皮肤，操作后彻底清洗。作业场所不得进食、饮水或吸烟。避免吸入蒸气、雾。仅在室外或通风良好处操作。戴防护手套，穿防护服，戴防护眼镜、防护面罩。禁止排入环境

事故响应 火灾时，使用雾状水、抗溶性泡沫、干粉、二氧化碳灭火。如吸入：将患者转移到空气新鲜处，休息，保持利于呼吸的体位。皮肤接触：用大量肥皂水和水清洗。如感觉不适，呼叫中毒控制中心或就医。被污染的衣服须经洗净后方可重新使用。眼睛接触：用水细心地冲洗数分钟。如戴隐形眼镜并可方便地取出，

则取出隐形眼镜继续冲洗。食入：漱口。不要催吐。如果感觉不适，立即呼叫中毒控制中心或就医。收集泄漏物

安全储存　存放在通风良好的地方。保持低温。上锁保管

废弃处置　本品及内装物、容器依据国家和地方法规处置

物理和化学危险　易燃，其蒸气与空气混合，能形成爆炸性混合物。容易自聚

健康危害　本品对皮肤、眼睛有强烈刺激作用，伤处愈合慢。接触后可发生呼吸道刺激症状

环境危害　对水生生物毒性非常大

第三部分　成分/组成信息

√物质　　混合物

组分	浓度	CAS No.
丙烯酸		79-10-7

第四部分　急救措施

吸入　迅速脱离现场至空气新鲜处。保持呼吸道通畅。如呼吸困难，给输氧。如呼吸、心跳停止，立即进行心肺复苏术。就医

皮肤接触　立即脱去污染的衣着，用大量流动清水彻底冲洗至少15min。就医

眼睛接触　立即分开眼睑，用流动清水或生理盐水彻底冲洗至少15min。就医

食入　用水漱口，禁止催吐。给饮牛奶或蛋清。就医

对保护施救者的忠告　根据需要使用个人防护设备

对医生的特别提示　对症处理

第五部分　消防措施

灭火剂　用雾状水、抗溶性泡沫、干粉、二氧化碳灭火

特别危险性　与氧化剂能发生强烈反应。若遇高热，可发生聚合反应，放出大量热量而引起容器破裂和爆炸事故。遇热、光、水分、过氧化物及铁质易自聚而引起爆炸。燃烧生成有害的一氧化碳

灭火注意事项及防护措施　消防人员必须穿全身耐酸碱消防服、佩戴空气呼吸器灭火。尽可能将容器从火场移至空旷处。喷水保持火场容器冷却，直至灭火结束。容器突然发出异常声音或出现异常现象，应立即撤离

第六部分　泄漏应急处理

作业人员防护措施、防护装备和应急处置程序　消除所有点火源。根据液体流动和蒸气扩散的影响区域划定警戒区，无关人员从侧风、上风向撤离至安全区。建议应急处理人员戴正压自给式呼吸器，穿防静电、防腐蚀、防毒服，戴橡胶耐酸碱手套。作业时使用的所有设备应接地。禁止接触或跨越泄漏物。尽可能切断泄漏源

环境保护措施　防止泄漏物进入水体、下水道、地下室或有限空间

泄漏化学品的收容、清除方法及所使用的处置材料　小量泄漏：用砂土或其他不燃材料吸收。使用洁净的无火花工具收集吸收材料。大量泄漏：构筑围堤或挖坑收容。用抗溶性泡沫覆盖，减少蒸发。喷水雾能减少蒸发，但不能降低泄漏物在有限空间内的易燃性。用碎石灰石（$CaCO_3$）、苏打灰（Na_2CO_3）或石灰（CaO）中和。用防爆、耐腐蚀泵转移至槽车或专用收集器内

第七部分　操作处置与储存

操作注意事项　密闭操作，加强通风。操作人员必须经过专门培训，严格遵守操作规程。建议操作人员佩戴自吸过滤式防毒面具（全面罩），穿橡胶耐酸碱服，戴橡胶耐酸碱手套。远离火种、热源。工作场所严禁吸烟。使用防爆型的通风系统和设备。防止蒸气泄漏到工作场所空气中。避免与氧化剂、碱类接触。尤其要注意避免与水接触。搬运时要轻装轻卸，防止包装及容器损坏。配备相应品种和数量的消防器材及泄漏应急处理设备。倒空的容器可能残留有害物

储存注意事项　通常商品加有阻聚剂。储存于阴凉、通风的库房。远离火种、热源。库温不宜超过5℃（装于受压容器中例外）。包装要求密封，不可与空气接触。应与氧化剂、碱类分开存放，切忌混储。不宜大量储存或久存。采用防爆型照明、通风设施。禁止使用易产生火花的机械设备和工具。储区应备有泄漏应急处理设备和合适的收容材料

第八部分　接触控制/个体防护

职业接触限值

中国　PC-TWA：6mg/m^3［皮］

美国(ACGIH)　TLV-TWA：2ppm［皮］

生物接触限值　未制定标准

监测方法　空气中有毒物质测定方法：溶剂解吸-气相色谱法。生物监测检验方法：未制定标准

工程控制　生产过程密闭，加强通风。提供安全淋浴和洗眼设备

个体防护装备

呼吸系统防护　可能接触其蒸气时，必须佩戴过滤式防毒面具（半面罩）。紧急事态抢救或撤离时，佩戴空气呼吸器

眼睛防护　戴化学安全防护眼镜

皮肤和身体防护　穿橡胶耐酸碱服

手防护　戴橡胶耐酸碱手套

第九部分　理化特性

外观与性状　无色液体，有刺激性气味

pH值　无资料　　**熔点(℃)**　13

沸点(℃)　141　　**相对密度(水=1)**　1.05

相对蒸气密度(空气=1)　2.45

饱和蒸气压(kPa)　1.33（39.9℃）

燃烧热(kJ/mol)　−1366.9　　**临界温度(℃)**　无资料

临界压力(MPa)　5.66　　**辛醇/水分配系数**　0.36

闪点(℃)　54（CC）；54.5（OC）

引燃温度(℃)　360　　**爆炸下限(%)**　2.4

爆炸上限(%)　8.0　　**分解温度(℃)**　无资料

黏度(mPa·s) 1.3（20℃）

溶解性 与水混溶，可混溶于乙醇、乙醚

第十部分 稳定性和反应性

稳定性 稳定

危险反应 与强氧化剂等禁配物接触，有发生火灾和爆炸的危险。高热可发生聚合反应。遇热、光、水分、过氧化物及铁质易自聚而引起爆炸

避免接触的条件 受热、光照、接触空气

禁配物 强氧化剂、强碱

危险的分解产物 无资料

第十一部分 毒理学信息

急性毒性

LD_{50} 2520mg/kg（大鼠经口）；2400mg/kg（小鼠经口）；950mg/kg（兔经皮）

LC_{50} 1200ppm（大鼠吸入，4h）；5300mg/m^3（小鼠吸入，2h）

皮肤刺激或腐蚀 家兔经皮：500mg，重度刺激（开放性刺激试验）

眼睛刺激或腐蚀 家兔经眼：250μg（24h），重度刺激

呼吸或皮肤过敏 无资料

生殖细胞突变性 细胞遗传学分析：小鼠淋巴细胞450mg/L。哺乳动物体细胞突变：小鼠淋巴细胞500mg/L。细胞遗传学分析：仓鼠卵巢116mg/L

致癌性 IARC致癌性评论：组3，现有的证据不能对人类致癌性进行分类。对人及动物致癌性证据不足

生殖毒性 大鼠孕后5～15d腹腔内给予最低中毒剂量（TDLo）7329μg/kg，致肌肉骨骼系统发育畸形。大鼠腹腔最低中毒剂量（TDLo）：73216μg/kg（孕5～15d），致胚胎毒性，肌肉骨骼发育异常

特异性靶器官系统毒性-一次接触 无资料

特异性靶器官系统毒性-反复接触 无资料

吸入危害 无资料

第十二部分 生态学信息

生态毒性

LC_{50} 27mg/L（96h）（虹鳟鱼）

EC_{50} 47mg/L（48h）（水蚤）

ErC_{50} 0.13mg/L（72h）（Scenedesmus subspicatus）

持久性和降解性

生物降解性 OECD301A，9d降解95%；OECD301C，14d降解68%；OECD301D，28d降解81%。易快速生物降解

非生物降解性 光解最大光吸收（nm）：250；空气中光氧化半衰期（h）：2.5～23.8

潜在的生物累积性 根据K_{ow}值预测，该物质的生物累积性可能较弱

土壤中的迁移性 根据K_{oc}值预测，该物质可能易发生迁移

第十三部分 废弃处置

废弃化学品 用焚烧法处置

污染包装物 将容器返还生产商或按照国家和地方法规处置

废弃注意事项 处置前应参阅国家和地方有关法规

第十四部分 运输信息

联合国危险货物编号（UN号） 2218

联合国运输名称 丙烯酸，稳定的

联合国危险性类别 8，3

包装类别 Ⅱ类包装

包装标志 

海洋污染物 是

运输注意事项 起运时包装要完整，装载应稳妥。运输过程中要确保容器不泄漏、不倒塌、不坠落、不损坏。运输时所用的槽（罐）车应有接地链，槽内可设孔隔板以减少震荡产生的静电。严禁与氧化剂、碱类、食用化学品等混装混运。运输车辆应配备相应品种和数量的消防器材及泄漏应急处理设备。公路运输时要按规定路线行驶，勿在居民区和人口稠密区停留

第十五部分 法规信息

下列法律、法规、规章和标准，对该化学品的管理作了相应的规定。

中华人民共和国职业病防治法 职业病分类和目录：未列入

危险化学品安全管理条例 危险化学品目录：列入。易制爆危险化学品名录：未列入。重点监管的危险化学品名录：列入。GB 18218—2009《危险化学品重大危险源辨识》（表1）：未列入

使用有毒物品作业场所劳动保护条例 高毒物品目录：未列入

易制毒化学品管理条例 易制毒化学品的分类和品种目录：未列入

国际公约 斯德哥尔摩公约：未列入。鹿特丹公约：未列入。蒙特利尔议定书：未列入

第十六部分 其他信息

编写和修订信息 **缩略语和首字母缩写**

培训建议 **参考文献**

免责声明

丙烯酸丁酯［抑制了的］

第一部分 化学品标识

化学品中文名 丙烯酸丁酯［抑制了的］；丙烯酸正丁酯

化学品英文名 *n*-butyl acrylate (inhibited); butyl 2-propenoate

分子式 $C_7H_{12}O_2$ **相对分子质量** 128.2

结构式

化学品的推荐及限制用途 用作有机合成中间体，用于生

产树脂、涂料、黏合剂、乳化剂等

第二部分 危险性概述

紧急情况概述 易燃液体和蒸气，可能导致皮肤过敏反应

GHS危险性类别 易燃液体，类别3；皮肤腐蚀/刺激，类别2；严重眼损伤/眼刺激，类别2；皮肤致敏物，类别1；特异性靶器官毒性-一次接触，类别3（呼吸道刺激）；危害水生环境-急性危害，类别2；危害水生环境-长期危害，类别3

标签要素

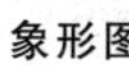

警示词 警告

危险性说明 易燃液体和蒸气，造成皮肤刺激，造成严重眼刺激，可能导致皮肤过敏反应，可能引起呼吸道刺激，对水生生物有毒，对水生生物有害并具有长期持续影响

防范说明

预防措施 远离热源、火花、明火、热表面。禁止吸烟。保持容器密闭。容器和接收设备接地连接。使用防爆电器、通风、照明设备。只能使用不产生火花的工具。采取防止静电措施。戴防护手套、防护眼镜、防护面罩。避免接触眼睛、皮肤，操作后彻底清洗。避免吸入蒸气、雾。污染的工作服不得带出工作场所。禁止排入环境

事故响应 火灾时，使用泡沫、干粉、二氧化碳、砂土灭火。皮肤接触：用大量肥皂水和水清洗。如出现皮肤刺激或皮疹：就医。脱去被污染的衣服，洗净后方可重新使用。如接触眼睛：用水细心冲洗数分钟。如戴隐形眼镜并可方便地取出，取出隐形眼镜继续冲洗。如果眼睛刺激持续：就医

安全储存 存放在通风良好的地方。保持低温

废弃处置 本品及内装物、容器依据国家和地方法规处置

物理和化学危险 易燃，其蒸气与空气混合，能形成爆炸性混合物。容易自聚

健康危害 高浓度蒸气或雾对眼睛、黏膜和呼吸道有刺激作用。中毒表现有咳嗽、喘息、喉炎、气短、头痛、恶心和呕吐，重者可致肺水肿。眼和皮肤长时间接触可致严重损害。对皮肤有致敏性

环境危害 对水生生物有毒，对水生生物有害并具有长期持续影响

第三部分 成分/组成信息

√物质		混合物
组分	**浓度**	**CAS No.**
丙烯酸丁酯		141-32-2

第四部分 急救措施

吸入 迅速脱离现场至空气新鲜处。保持呼吸道通畅。如呼吸困难，给输氧。如呼吸、心跳停止，立即进行心肺复苏术。就医

皮肤接触 立即脱去污染的衣着，用流动清水彻底冲洗。就医

眼睛接触 立即分开眼睑，用流动清水或生理盐水彻底冲洗。就医

食入 漱口，饮水。就医

对保护施救者的忠告 根据需要使用个人防护设备

对医生的特别提示 对症处理

第五部分 消防措施

灭火剂 用泡沫、干粉、二氧化碳、砂土灭火

特别危险性 容易自聚，聚合反应随着温度的上升而急骤加剧。燃烧生成有害的一氧化碳

灭火注意事项及防护措施 消防人员须佩戴防毒面具、穿全身消防服，在上风向灭火。尽可能将容器从火场移至空旷处。喷水保持火场容器冷却，直至灭火结束。容器突然发出异常声音或出现异常现象，应立即撤离。遇大火，消防人员须在有防护掩蔽处操作

第六部分 泄漏应急处理

作业人员防护措施、防护装备和应急处置程序 消除所有点火源。根据液体流动和蒸气扩散的影响区域划定警戒区，无关人员从侧风、上风向撤离至安全区。建议应急处理人员戴正压自给式呼吸器，穿防静电服，戴橡胶耐油手套。作业时使用的所有设备应接地。禁止接触或跨越泄漏物。尽可能切断泄漏源

环境保护措施 防止泄漏物进入水体、下水道、地下室或有限空间

泄漏化学品的收容、清除方法及所使用的处置材料 小量泄漏：用砂土或其他不燃材料吸收。使用洁净的无火花工具收集吸收材料。大量泄漏：构筑围堤或挖坑收容。用泡沫覆盖，减少蒸发。喷水雾能减少蒸发，但不能降低泄漏物在有限空间内的易燃性。用防爆泵转移至槽车或专用收集器内

第七部分 操作处置与储存

操作注意事项 密闭操作，加强通风。操作人员必须经过专门培训，严格遵守操作规程。建议操作人员佩戴直接式防毒面具（半面罩），戴化学安全防护眼镜，穿防静电工作服，戴橡胶耐油手套。远离火种、热源。工作场所严禁吸烟。使用防爆型的通风系统和设备。防止蒸气泄漏到工作场所空气中。避免与氧化剂、酸类、碱类接触。充装要控制流速，防止静电积聚。搬运时要轻装轻卸，防止包装及容器损坏。配备相应品种和数量的消防器材及泄漏应急处理设备。倒空的容器可能残留有害物

储存注意事项 储存于阴凉、通风的库房。远离火种、热源。库温不宜超过37℃。包装要求密封，不可与空气接触。应与氧化剂、酸类、碱类分开存放，切忌混储。不宜大量储存或久存。采用防爆型照明、通风设施。禁止使用易产生火花的机械设备和工具。储区应备有泄漏应急处理设备和合适的收容材料

第八部分 接触控制/个体防护

职业接触限值

中国 PC-TWA：25mg/m^3［敏］

美国(ACGIH) TLV-TWA：2ppm［敏］

生物接触限值 未制定标准

监测方法 空气中有毒物质测定方法：溶剂解吸-气相色谱法。生物监测检验方法：未制定标准

工程控制 生产过程密闭，加强通风。提供安全淋浴和洗眼设备

个体防护装备

呼吸系统防护 空气中浓度超标时，应该佩戴过滤式防毒面具（半面罩）。必要时，佩戴过滤式防毒面具（全面罩）或空气呼吸器

眼睛防护 戴化学安全防护眼镜

皮肤和身体防护 穿防静电工作服

手防护 戴橡胶耐油手套

第九部分 理化特性

外观与性状 无色透明液体，有强烈的水果香味

pH值 无资料 **熔点(℃)** －64.6

沸点(℃) 145～149 **相对密度(水＝1)** 0.90

相对蒸气密度(空气＝1) 4.42

饱和蒸气压(kPa) 0.43（20℃）

燃烧热(kJ/mol) －4073.2 **临界温度(℃)** 327

临界压力(MPa) 2.94 **辛醇/水分配系数** 2.38

闪点(℃) 36 **自燃温度(℃)** 267～292

爆炸下限(%) 1.3 **爆炸上限(%)** 9.9

分解温度(℃) 无资料 **黏度(mPa·s)** 无资料

溶解性 不溶于水，可混溶于乙醇、乙醚

第十部分 稳定性和反应性

稳定性 稳定

危险反应 与强氧化剂等禁配物接触，有发生火灾和爆炸的危险。容易发生自聚

避免接触的条件 受热、光照、接触空气

禁配物 强氧化剂、强碱、强酸

危险的分解产物 无资料

第十一部分 毒理学信息

急性毒性

LD_{50} 900mg/kg（大鼠经口）；5880mg/kg（小鼠经口）；1800mg/kg（兔经皮）

LC_{50} 14305mg/m^3；2730ppm（大鼠吸入，4h）

皮肤刺激或腐蚀 家兔经皮：10mg（24h），轻度刺激（开放性刺激试验）

眼睛刺激或腐蚀 家兔经眼：50mg，轻度刺激

呼吸或皮肤过敏 无资料

生殖细胞突变性 无资料

致癌性 无资料

生殖毒性 大鼠吸入最低中毒浓度（TCLo）：135ppm（6h）（孕6～15d），植入后死亡率升高

特异性靶器官系统毒性-一次接触 无资料

特异性靶器官系统毒性-反复接触 无资料

吸入危害 无资料

第十二部分 生态学信息

生态毒性

LC_{50} 23mg/L（48h）（圆腹雅罗鱼）；5mg/L（72h）（金鱼）

EC_{50} 8.2mg/L（48h）（水蚤）

ErC_{50} 2.6mg/L（96h）（羊角月牙藻）

NOEC 0.136mg/L（21d）（水蚤）

持久性和降解性

生物降解性 OECD301C，14d降解61%，易快速生物降解

非生物降解性 空气中光氧化半衰期（h）：2.3～23；一级水解半衰期（h）：3.07×10^5

潜在的生物累积性 根据K_{ow}值预测，该物质的生物累积性可能较弱

土壤中的迁移性 根据K_{oc}值预测，该物质可能有一定的迁移性

第十三部分 废弃处置

废弃化学品 建议用焚烧法处置

污染包装物 将容器返还生产商或按照国家和地方法规处置

废弃注意事项 处置前应参阅国家和地方有关法规

第十四部分 运输信息

联合国危险货物编号（UN号） 2348

联合国运输名称 丙烯酸正丁酯，稳定的

联合国危险性类别 3

包装类别 Ⅲ类包装 **包装标志**

海洋污染物 否

运输注意事项 运输时运输车辆应配备相应品种和数量的消防器材及泄漏应急处理设备。夏季最好早晚运输。运输时所用的槽（罐）车应有接地链，槽内可设孔隔板以减少震荡产生的静电。严禁与氧化剂、酸类、碱类、食用化学品等混装混运。运输途中应防曝晒、雨淋，防高温。中途停留时应远离火种、热源、高温区。装运该物品的车辆排气管必须配备阻火装置，禁止使用易产生火花的机械设备和工具装卸。公路运输时要按规定路线行驶，勿在居民区和人口稠密区停留。铁路运输时要禁止溜放。严禁用木船、水泥船散装运输

第十五部分 法规信息

下列法律、法规、规章和标准，对该化学品的管理作了相应的规定。

中华人民共和国职业病防治法 职业病分类和目录：未列入

危险化学品安全管理条例 危险化学品目录：列入。易制

爆危险化学品名录：未列入。重点监管的危险化学品名录：未列入。GB 18218—2009《危险化学品重大危险源辨识》（表 1）：未列入

使用有毒物品作业场所劳动保护条例 高毒物品目录：未列入

易制毒化学品管理条例 易制毒化学品的分类和品种目录：未列入

国际公约 斯德哥尔摩公约：未列入。鹿特丹公约：未列入。蒙特利尔议定书：未列入

第十六部分 其他信息

编写和修订信息 **缩略语和首字母缩写**

培训建议 **参考文献**

免责声明

丙烯酸甲酯［抑制了的］

第一部分 化学品标识

化学品中文名 丙烯酸甲酯［抑制了的］；败脂酸甲酯

化学品英文名 methyl acrylate (inhibited)；methyl propenoate

分子式 $C_4H_6O_2$ **相对分子质量** 86.09

结构式

化学品的推荐及限制用途 用作合成聚合物的单体，用于聚丙烯腈纤维的第二单体，胶黏剂等

第二部分 危险性概述

紧急情况概述 高度易燃液体和蒸气，可能导致皮肤过敏反应

GHS 危险性类别 易燃液体，类别 2；急性毒性-经口，类别 4；急性毒性-经皮，类别 4；急性毒性-吸入，类别 4；皮肤腐蚀/刺激，类别 2；严重眼损伤/眼刺激，类别 2；皮肤致敏物，类别 1；特异性靶器官毒性-一次接触，类别 3（呼吸道刺激）；危害水生环境-急性危害，类别 2；危害水生环境-长期危害，类别 3

标签要素

警示词 危险

危险性说明 高度易燃液体和蒸气，吞咽有害，皮肤接触有害，吸入有害，造成皮肤刺激，造成严重眼刺激，可能导致皮肤过敏反应，可能引起呼吸道刺激，对水生生物有毒，对水生生物有害并具有长期持续影响

防范说明

预防措施 远离热源、火花、明火、热表面。禁止吸烟。保持容器密闭。容器和接收设备接地连接。使用防爆电器、通风、照明设备。只能使用不产生火花的工具。采取防止静电措施。戴防护手套、防护眼镜、防护面罩。避免接触眼睛、皮肤，操作后彻底清洗。作业场所不得进食、饮水或吸烟。避免吸入蒸气、雾。仅在室外或通风良好处操作。污染的工作服不得带出工作场所。禁止排入环境

事故响应 火灾时，使用泡沫、二氧化碳、干粉、砂土灭火。如吸入：将患者转移到空气新鲜处，休息，保持利于呼吸的体位。如感觉不适，呼叫中毒控制中心或就医。皮肤接触：用大量肥皂水和水清洗。脱去被污染的衣服，洗净后方可重新使用。如出现皮肤刺激或皮疹：就医。如接触眼睛：用水细心冲洗数分钟。如戴隐形眼镜并可方便地取出，取出隐形眼镜继续冲洗。如果眼睛刺激持续：就医。食入：漱口。如果感觉不适，立即呼叫中毒控制中心或就医

安全储存 存放在通风良好的地方。保持低温

废弃处置 本品及内装物、容器依据国家和地方法规处置

物理和化学危险 高度易燃，其蒸气与空气混合，能形成爆炸性混合物。容易自聚

健康危害 高浓度接触，引起流涎、眼及呼吸道的刺激症状，严重者口唇发白、呼吸困难、痉挛，因肺水肿而死亡。误服急性中毒者，出现口腔、胃、食管腐蚀症状，伴有虚脱、呼吸困难、躁动等。长期接触可致皮肤损害，亦可致肺、肝、肾病变。对皮肤有致敏性

环境危害 对水生生物有毒，对水生生物有害并具有长期持续影响

第三部分 成分/组成信息

√物质　　　　混合物

组分	浓度	CAS No.
丙烯酸甲酯		96-33-3

第四部分 急救措施

吸入 迅速脱离现场至空气新鲜处。保持呼吸道通畅。如呼吸困难，给输氧。如呼吸、心跳停止，立即进行心肺复苏术。就医

皮肤接触 立即脱去污染的衣着，用流动清水彻底冲洗。就医

眼睛接触 立即分开眼睑，用流动清水或生理盐水彻底冲洗。就医

食入 漱口，饮水。就医

对保护施救者的忠告 根据需要使用个人防护设备

对医生的特别提示 对症处理

第五部分 消防措施

灭火剂 用泡沫、二氧化碳、干粉、砂土灭火

特别危险性 容易自聚，聚合反应随着温度的上升而急骤加剧。蒸气比空气重，沿地面扩散并易积存于低洼处，遇火源会着火回燃。燃烧生成有害的一氧化碳

灭火注意事项及防护措施 消防人员须佩戴防毒面具、穿全身消防服，在上风向灭火。尽可能将容器从火场移至空旷处。喷水保持火场容器冷却，直至灭火结束。容器突然发出异常声音或出现异常现象，应立即撤离。遇大火，消防人员须在有防护掩蔽处操作。用水

灭火无效

第六部分 泄漏应急处理

作业人员防护措施、防护装备和应急处置程序 消除所有点火源。根据液体流动和蒸气扩散的影响区域划定警戒区，无关人员从侧风、上风向撤离至安全区。建议应急处理人员戴正压自给式呼吸器，穿防毒、防静电服，戴橡胶耐油手套。作业时使用的所有设备应接地。禁止接触或跨越泄漏物。尽可能切断泄漏源

环境保护措施 防止泄漏物进入水体、下水道、地下室或有限空间

泄漏化学品的收容、清除方法及所使用的处置材料 小量泄漏：用砂土或其他不燃材料吸收。使用洁净的无火花工具收集吸收材料。大量泄漏：构筑围堤或挖坑收容。用抗溶性泡沫覆盖，减少蒸发。喷水雾能减少蒸发，但不能降低泄漏物在有限空间内的易燃性。用防爆泵转移至槽车或专用收集器内。喷雾状水驱散蒸气、稀释液体泄漏物

第七部分 操作处置与储存

操作注意事项 密闭操作，全面通风。操作人员必须经过专门培训，严格遵守操作规程。建议操作人员佩戴自吸过滤式防毒面具（半面罩），戴化学安全防护眼镜，穿防静电工作服，戴橡胶耐油手套。远离火种、热源。工作场所严禁吸烟。使用防爆型的通风系统和设备。防止蒸气泄漏到工作场所空气中。避免与氧化剂、酸类、碱类接触。灌装时应控制流速，且有接地装置，防止静电积聚。搬运时要轻装轻卸，防止包装及容器损坏。配备相应品种和数量的消防器材及泄漏应急处理设备。倒空的容器可能残留有害物

储存注意事项 通常商品加有阻聚剂。储存于阴凉、通风的库房。远离火种、热源。库温不宜超过37℃。包装要求密封，不可与空气接触。应与氧化剂、酸类、碱类分开存放，切忌混储。不宜大量储存或久存。采用防爆型照明、通风设施。禁止使用易产生火花的机械设备和工具。储区应备有泄漏应急处理设备和合适的收容材料

第八部分 接触控制/个体防护

职业接触限值

中国 PC-TWA：20mg/m^3［皮］［敏］

美国(ACGIH) TLV-TWA：2ppm［皮］［敏］

生物接触限值 未制定标准

监测方法 空气中有毒物质测定方法：溶剂解吸-气相色谱法；热解吸-气相色谱法。生物监测检验方法：未制定标准

工程控制 生产过程密闭，全面通风。提供安全淋浴和洗眼设备

个体防护装备

呼吸系统防护 空气中浓度超标时，应该佩戴过滤式防毒面具（半面罩）。必要时佩戴空气呼吸器

眼睛防护 戴化学安全防护眼镜

皮肤和身体防护 穿防静电工作服

手防护 戴橡胶耐油手套

第九部分 理化特性

外观与性状 无色透明液体，有辛辣气味

pH值 无资料 **熔点(℃)** −76.5

沸点(℃) 80.5 **相对密度(水=1)** 0.95

相对蒸气密度(空气=1) 2.97

饱和蒸气压(kPa) 9.1（20℃）

燃烧热(kJ/mol) −2102 **临界温度(℃)** 263

临界压力(MPa) 4.3 **辛醇/水分配系数** 0.8

闪点(℃) −3（OC） **自燃温度(℃)** 468

爆炸下限(%) 2.8 **爆炸上限(%)** 25.0

分解温度(℃) 无资料

黏度(mPa·s) 0.482（21℃）

溶解性 微溶于水，易溶于乙醇、乙醚、丙酮、苯

第十部分 稳定性和反应性

稳定性 稳定

危险反应 与强氧化剂等禁配物接触，有发生火灾和爆炸的危险。容易发生自聚

避免接触的条件 受热、接触空气

禁配物 酸类、碱类、强氧化剂

危险的分解产物 无资料

第十一部分 毒理学信息

急性毒性

LD_{50} 277mg/kg（大鼠经口）；827mg/kg（小鼠经口）；1243mg/kg（兔经皮）

LC_{50} 1350ppm（大鼠吸入，4h）

皮肤刺激或腐蚀 家兔经皮：10g/kg，引起刺激（开放性刺激试验）

眼睛刺激或腐蚀 家兔经眼：150mg，引起刺激

呼吸或皮肤过敏 无资料

生殖细胞突变性 微核试验：小鼠淋巴细胞2202mg/L。姐妹染色单体交换：仓鼠卵巢1500mg/L。细胞遗传学分析：仓鼠肺脏6500μg/L

致癌性 IARC致癌性评论：组3，现有的证据不能对人类致癌性进行分类

生殖毒性 大鼠吸入最低中毒浓度（TCLo）：109g/m^3（17min）（孕6～15d），致胚胎毒性，肌肉骨骼发育异常

特异性靶器官系统毒性-一次接触 无资料

特异性靶器官系统毒性-反复接触 小鼠吸入125ppm蒸气，每天4h，共14d，6只动物3只死亡

吸入危害 无资料

第十二部分 生态学信息

生态毒性

LC_{50} 7.5mg/L（48h）（圆腹雅罗鱼）；4.9mg/L（72h）（金鱼）

EC_{50} 3.6mg/L（24h），2.2mg/L（48h）（水蚤）；15mg/L（72h）（栅藻）

NOEC 0.19mg/L（21d）（水蚤）

持久性和降解性

生物降解性 OECD301D，28d 降解 59.8%；OECD310，28d 降解 99%，易快速生物降解

非生物降解性 空气中光氧化半衰期（h）：2.7～27；一级水解半衰期（h）：24700

潜在的生物累积性 根据 K_{ow} 值预测，该物质的生物累积性可能较弱

土壤中的迁移性 根据 K_{oc} 值预测，该物质可能易发生迁移

第十三部分 废弃处置

废弃化学品 建议用焚烧法处置

污染包装物 将容器返还生产商或按照国家和地方法规处置

废弃注意事项 处置前应参阅国家和地方有关法规

第十四部分 运输信息

联合国危险货物编号（UN 号） 1919

联合国运输名称 丙烯酸甲酯，稳定的

联合国危险性类别 3

包装类别 Ⅱ类包装 **包装标志**

海洋污染物 否

运输注意事项 运输时运输车辆应配备相应品种和数量的消防器材及泄漏应急处理设备。夏季最好早晚运输。运输时所用的槽（罐）车应有接地链，槽内可设孔隔板以减少震荡产生的静电。严禁与氧化剂、酸类、碱类、食用化学品等混装混运。运输途中应防曝晒、雨淋，防高温。中途停留时应远离火种、热源、高温区。装运该物品的车辆排气管必须配备阻火装置，禁止使用易产生火花的机械设备和工具装卸。公路运输时要按规定路线行驶，勿在居民区和人口稠密区停留。铁路运输时要禁止溜放。严禁用木船、水泥船散装运输

第十五部分 法规信息

下列法律、法规、规章和标准，对该化学品的管理作了相应的规定。

中华人民共和国职业病防治法 职业病分类和目录：未列入

危险化学品安全管理条例 危险化学品目录：列入。易制爆危险化学品名录：未列入。重点监管的危险化学品名录：未列入。GB 18218—2009《危险化学品重大危险源辨识》（表 1）：未列入

使用有毒物品作业场所劳动保护条例 高毒物品目录：未列入

易制毒化学品管理条例 易制毒化学品的分类和品种目录：未列入

国际公约 斯德哥尔摩公约：未列入。鹿特丹公约：未列入。蒙特利尔议定书：未列入

第十六部分 其他信息

编写和修订信息 **缩略语和首字母缩写**

培训建议 **参考文献**

免责声明

丙烯酸乙酯

第一部分 化学品标识

化学品中文名 丙烯酸乙酯

化学品英文名 ethyl acrylate；ethyl propenoate

分子式 $C_5H_8O_2$ **相对分子质量** 100.1

结构式

化学品的推荐及限制用途 用作有机合成中间体及用于聚合物的制备

第二部分 危险性概述

紧急情况概述 高度易燃液体和蒸气，可能导致皮肤过敏反应

GHS 危险性类别 易燃液体，类别 2；急性毒性-经口，类别 4；急性毒性-经皮，类别 4；急性毒性-吸入，类别 4；皮肤腐蚀/刺激，类别 2；严重眼损伤/眼刺激，类别 2；皮肤致敏物，类别 1；致癌性，类别 2；特异性靶器官毒性-一次接触，类别 3（呼吸道刺激）；危害水生环境-急性危害，类别 2；危害水生环境-长期危害，类别 3

标签要素

象形图

警示词 危险

危险性说明 高度易燃液体和蒸气，吞咽有害，皮肤接触有害，吸入有害，造成皮肤刺激，造成严重眼刺激，可能导致皮肤过敏反应，怀疑致癌，可能引起呼吸道刺激，对水生生物有毒，对水生生物有害并具有长期持续影响

防范说明

预防措施 远离热源、火花、明火、热表面。禁止吸烟。保持容器密闭。容器和接收设备接地连接。使用防爆电器、通风、照明设备。只能使用不产生火花的工具。采取防止静电措施。戴防护手套、防护眼镜、防护面罩，穿防护服。避免接触眼睛、皮肤，操作后彻底清洗。作业场所不得进食、饮水或吸烟。避免吸入蒸气、雾。仅在室外或通风良好处操作。污染的工作服不得带出工作场所。得到专门指导后操作。在阅读并了解所有安全预防措施之前，切勿操作。按要求使用个体防护装备。禁止排入环境

事故响应 火灾时，使用抗溶性泡沫、二氧化碳、干粉、砂土灭火。如吸入：将患者转移到空气新鲜处，休息，保持利于呼吸的体位。皮肤接

触：立即脱掉所有被污染的衣服。用大量肥皂水和水清洗。如出现皮肤刺激或皮疹：就医。脱去被污染的衣服，洗净后方可重新使用。如接触眼睛：用水细心冲洗数分钟。如戴隐形眼镜并可方便地取出，取出隐形眼镜继续冲洗。如果眼睛刺激持续：就医。食入：如果感觉不适，立即呼叫中毒控制中心或就医。漱口。如果接触或有担心，就医

安全储存　存放在通风良好的地方。保持低温。上锁保管

废弃处置　本品及内装物、容器依据国家和地方法规处置

物理和化学危险　高度易燃，其蒸气与空气混合，能形成爆炸性混合物。容易自聚

健康危害　对呼吸道有刺激性，高浓度吸入引起肺水肿。有麻醉作用。眼直接接触可致灼伤。对皮肤有明显的刺激和致敏作用。口服强烈刺激口腔及消化道，可出现头晕、呼吸困难、神经过敏

环境危害　对水生生物有毒，对水生生物有害并具有长期持续影响

第三部分　成分/组成信息

√物质		混合物
组分	**浓度**	**CAS No.**
丙烯酸乙酯		140-88-5

第四部分　急救措施

吸入　迅速脱离现场至空气新鲜处。保持呼吸道通畅。如呼吸困难，给输氧。如呼吸、心跳停止，立即进行心肺复苏术。就医

皮肤接触　立即脱去污染的衣着，用流动清水彻底冲洗。就医

眼睛接触　立即分开眼睑，用流动清水或生理盐水彻底冲洗至少15min。就医

食入　漱口，饮水。就医

对保护施救者的忠告　根据需要使用个人防护设备

对医生的特别提示　对症处理

第五部分　消防措施

灭火剂　用抗溶性泡沫、二氧化碳、干粉、砂土灭火

特别危险性　蒸气比空气重，沿地面扩散并易积存于低洼处，遇火源会着火回燃。容易自聚，聚合反应随着温度的上升而急骤加剧。温度超过20℃，能聚合积热引起爆炸。燃烧生成有害的一氧化碳

灭火注意事项及防护措施　消防人员须佩戴防毒面具、穿全身消防服，在上风向灭火。尽可能将容器从火场移至空旷处。喷水保持火场容器冷却，直至灭火结束。容器突然发出异常声音或出现异常现象，应立即撤离。遇大火，消防人员须在有防护掩蔽处操作

第六部分　泄漏应急处理

作业人员防护措施、防护装备和应急处置程序　消除所有点火源。根据液体流动和蒸气扩散的影响区域划定警戒区，无关人员从侧风、上风向撤离至安全区。建议应急处理人员戴正压自给式呼吸器，穿防静电服，戴橡胶耐油手套。作业时使用的所有设备应接地。禁止接触或跨越泄漏物。尽可能切断泄漏源

环境保护措施　防止泄漏物进入水体、下水道、地下室或有限空间

泄漏化学品的收容、清除方法及所使用的处置材料　小量泄漏：用砂土或其他不燃材料吸收。使用洁净的无火花工具收集吸收材料。大量泄漏：构筑围堤或挖坑收容。用抗溶性泡沫覆盖，减少蒸发。喷水雾能减少蒸发，但不能降低泄漏物在有限空间内的易燃性。用防爆泵转移至槽车或专用收集器内。喷雾状水驱散蒸气、稀释液体泄漏物

第七部分　操作处置与储存

操作注意事项　密闭操作，全面通风。操作人员必须经过专门培训，严格遵守操作规程。建议操作人员佩戴自吸过滤式防毒面具（半面罩），戴化学安全防护眼镜，穿防静电工作服，戴橡胶耐油手套。远离火种、热源。工作场所严禁吸烟。使用防爆型的通风系统和设备。防止蒸气泄漏到工作场所空气中。避免与氧化剂、酸类、碱类、过氧化物接触。灌装时应控制流速，且有接地装置，防止静电积聚。搬运时要轻装轻卸，防止包装及容器损坏。配备相应品种和数量的消防器材及泄漏应急处理设备。倒空的容器可能残留有害物

储存注意事项　通常商品加有阻聚剂。储存于阴凉、通风的库房。远离火种、热源。库温不宜超过37℃。包装要求密封，不可与空气接触。应与氧化剂、酸类、碱类、过氧化物分开存放，切忌混储。不宜大量储存或久存。采用防爆型照明、通风设施。禁止使用易产生火花的机械设备和工具。储区应备有泄漏应急处理设备和合适的收容材料

第八部分　接触控制/个体防护

职业接触限值

中国　未制定标准

美国(ACGIH)　TLV-TWA：5ppm；TLV-STEL：15ppm

生物接触限值　未制定标准

监测方法　空气中有毒物质测定方法：溶剂解吸-气相色谱法。生物监测检验方法：未制定标准

工程控制　生产过程密闭，全面通风。提供安全淋浴和洗眼设备

个体防护装备

呼吸系统防护　空气中浓度超标时，应该佩戴过滤式防毒面具（半面罩）。必要时佩戴空气呼吸器

眼睛防护　戴化学安全防护眼镜

皮肤和身体防护　穿防静电工作服

手防护　戴橡胶耐油手套

第九部分　理化特性

外观与性状　无色液体，有辛辣的刺激气味

pH值　无资料　　**熔点(℃)**　−71.2

沸点(℃) 99.4 **相对密度(水=1)** 0.92
相对蒸气密度(空气=1) 3.45
饱和蒸气压(kPa) 3.90（20℃）
燃烧热(kJ/mol) −2739.9 **临界温度(℃)** 279
临界压力(MPa) 3.7 **辛醇/水分配系数** 1.32
闪点(℃) 9 **自燃温度(℃)** 345～383
爆炸下限(%) 1.4 **爆炸上限(%)** 14.0
分解温度(℃) 无资料 **黏度(mPa·s)** 无资料
溶解性 微溶于水，易溶于乙醚、乙醇，溶于氯仿

第十部分 稳定性和反应性

稳定性 稳定
危险反应 与强氧化剂等禁配物接触，有发生火灾和爆炸的危险。容易发生自聚，温度超过 20℃，能聚合积热引起爆炸
避免接触的条件 受热、接触空气
禁配物 强氧化剂、碱类、酸类、过氧化物
危险的分解产物 无资料

第十一部分 毒理学信息

急性毒性
LD_{50} 760mg/kg（大鼠经口）；1800mg/kg（小鼠经口）；280mg/kg（兔经口）；1800mg/kg（兔经皮）
LC_{50} 1000ppm（大鼠吸入，4h）
皮肤刺激或腐蚀 家兔经皮：10mg（24h），轻度刺激
眼睛刺激或腐蚀 家兔经眼：45mg，轻度刺激
呼吸或皮肤过敏 无资料
生殖细胞突变性 微核试验：小鼠腹腔 225mg/kg。姐妹染色单体交换：仓鼠卵巢 150mg/L。细胞遗传学分析：大鼠经口 0.5 ppb
致癌性 IARC 致癌性评论：组 2B，可疑人类致癌物。对人类致癌性证据有限，对动物致癌性证据不充分
生殖毒性 无资料
特异性靶器官系统毒性-一次接触 无资料
特异性靶器官系统毒性-反复接触 大鼠吸入 2.209g/m³，19d，死亡率为 12/18
吸入危害 无资料

第十二部分 生态学信息

生态毒性
LC_{50} 4.6mg/L/（96h）（虹鳟鱼）；10～22mg/L（96h）（圆腹雅罗鱼）；5mg/L（72h）（金鱼）
EC_{50} 7.9mg/L（48h）（水蚤）
ErC_{50} 5.5mg/L（96h）（羊角月牙藻）
NOEC 0.19mg/L（21d）（水蚤）
持久性和降解性
生物降解性 易快速生物降解
非生物降解性 光解最大光吸收波长范围（nm）：196～240；空气中光氧化半衰期（h）：2.37～22.7；一级水解半衰期（h）：2.47×10^4
潜在的生物累积性 根据 K_{ow} 值预测，该物质的生物累积性可能较弱
土壤中的迁移性 根据 K_{oc} 值预测，该物质可能易发生迁移

第十三部分 废弃处置

废弃化学品 用焚烧法处置
污染包装物 将容器返还生产商或按照国家和地方法规处置
废弃注意事项 把倒空的容器归还厂商或在规定场所掩埋

第十四部分 运输信息

联合国危险货物编号（UN 号） 1917
联合国运输名称 丙烯酸乙酯，稳定的
联合国危险性类别 3
包装类别 Ⅱ类包装 **包装标志**

海洋污染物 否
运输注意事项 运输时运输车辆应配备相应品种和数量的消防器材及泄漏应急处理设备。夏季最好早晚运输。运输时所用的槽（罐）车应有接地链，槽内可设孔隔板以减少震荡产生的静电。严禁与氧化剂、酸类、碱类、过氧化物、食用化学品等混装混运。运输途中应防曝晒、雨淋，防高温。中途停留时应远离火种、热源、高温区。装运该物品的车辆排气管必须配备阻火装置，禁止使用易产生火花的机械设备和工具装卸。公路运输时要按规定路线行驶，勿在居民区和人口稠密区停留。铁路运输时要禁止溜放。严禁用木船、水泥船散装运输

第十五部分 法规信息

下列法律、法规、规章和标准，对该化学品的管理作了相应的规定。
中华人民共和国职业病防治法 职业病分类和目录：未列入
危险化学品安全管理条例 危险化学品目录：列入。易制爆危险化学品名录：未列入。重点监管的危险化学品名录：未列入。GB 18218—2009《危险化学品重大危险源辨识》（表 1）：未列入
使用有毒物品作业场所劳动保护条例 高毒物品目录：未列入
易制毒化学品管理条例 易制毒化学品的分类和品种目录：未列入
国际公约 斯德哥尔摩公约：未列入。鹿特丹公约：未列入。蒙特利尔议定书：未列入

第十六部分 其他信息

编写和修订信息 **缩略语和首字母缩写**
培训建议 **参考文献**
免责声明

丙烯酸异丁酯［抑制了的］

第一部分 化学品标识

化学品中文名 丙烯酸异丁酯［抑制了的］

化学品英文名 isobutyl acrylate (inhibited); isobutyl propenoate

分子式 $C_7H_{12}O_2$ **相对分子质量** 128.19

结构式

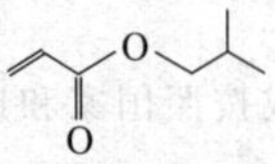

化学品的推荐及限制用途 用作有机合成中间体，丙烯酸树脂单体

第二部分 危险性概述

紧急情况概述 易燃液体和蒸气，可能导致皮肤过敏反应

GHS危险性类别 易燃液体，类别3；急性毒性-经皮，类别4；急性毒性-吸入，类别4；皮肤腐蚀/刺激，类别2；皮肤致敏物，类别1；危害水生环境-急性危害，类别2；危害水生环境-长期危害，类别3

标签要素

象形图 

警示词 警告

危险性说明 易燃液体和蒸气，皮肤接触有害，吸入有害，造成皮肤刺激，可能导致皮肤过敏反应，对水生生物有毒，对水生生物有害并具有长期持续影响

防范说明

预防措施 远离热源、火花、明火、热表面。禁止吸烟。保持容器密闭。容器和接收设备接地连接。使用防爆电器、通风、照明设备。只能使用不产生火花的工具。采取防止静电措施。戴防护手套、防护眼镜、防护面罩，穿防护服。避免吸入蒸气、雾。仅在室外或通风良好处操作。避免接触眼睛、皮肤，操作后彻底清洗。污染的工作服不得带出工作场所。戴防护手套。禁止排入环境

事故响应 火灾时，使用泡沫、干粉、二氧化碳、砂土灭火。如吸入：将患者转移到空气新鲜处，休息，保持利于呼吸的体位。皮肤接触：立即脱掉所有被污染的衣服。用大量肥皂水和水清洗。如出现皮肤刺激或皮疹：就医。脱去被污染的衣服，洗净后方可重新使用

安全储存 存放在通风良好的地方。保持低温

废弃处置 本品及内装物、容器依据国家和地方法规处置

物理和化学危险 易燃，其蒸气与空气混合，能形成爆炸性混合物。容易自聚

健康危害 高浓度蒸气或雾对眼睛、黏膜和呼吸道有刺激作用。中毒表现有烧灼感、咳嗽、喘息、喉炎、气短、头痛、恶心和呕吐，重者可致肺水肿。对皮肤有致敏性

环境危害 对水生生物有毒，对水生生物有害并具有长期持续影响

第三部分 成分/组成信息

√物质 混合物

组分	浓度	CAS No.
丙烯酸异丁酯		106-63-8

第四部分 急救措施

吸入 迅速脱离现场至空气新鲜处。保持呼吸道通畅。如呼吸困难，给输氧。如呼吸、心跳停止，立即进行心肺复苏术。就医

皮肤接触 立即脱去污染的衣着，用流动清水彻底冲洗。就医

眼睛接触 立即分开眼睑，用流动清水或生理盐水彻底冲洗。就医

食入 漱口，饮水。就医

对保护施救者的忠告 根据需要使用个人防护设备

对医生的特别提示 对症处理

第五部分 消防措施

灭火剂 用泡沫、干粉、二氧化碳、砂土灭火

特别危险性 容易自聚，聚合反应随着温度的上升而急骤加剧。燃烧生成有害的一氧化碳

灭火注意事项及防护措施 消防人员须佩戴防毒面具、穿全身消防服，在上风向灭火。尽可能将容器从火场移至空旷处。喷水保持火场容器冷却，直至灭火结束。容器突然发出异常声音或出现异常现象，应立即撤离。遇大火，消防人员须在有防护掩蔽处操作

第六部分 泄漏应急处理

作业人员防护措施、防护装备和应急处置程序 消除所有点火源。根据液体流动和蒸气扩散的影响区域划定警戒区，无关人员从侧风、上风向撤离至安全区。建议应急处理人员戴正压自给式呼吸器，穿防静电服，戴橡胶耐油手套。作业时使用的所有设备应接地。禁止接触或跨越泄漏物。尽可能切断泄漏源

环境保护措施 防止泄漏物进入水体、下水道、地下室或有限空间

泄漏化学品的收容、清除方法及所使用的处置材料 小量泄漏：用砂土或其他不燃材料吸收。使用洁净的无火花工具收集吸收材料。大量泄漏：构筑围堤或挖坑收容。用泡沫覆盖，减少蒸发。喷水雾能减少蒸发，但不能降低泄漏物在有限空间内的易燃性。用防爆泵转移至槽车或专用收集器内

第七部分 操作处置与储存

操作注意事项 密闭操作，加强通风。操作人员必须经过专门培训，严格遵守操作规程。建议操作人员佩戴直接式防毒面具（半面罩），戴化学安全防护眼镜，穿防静电工作服，戴橡胶耐油手套。远离火种、热源。工作场所严禁吸烟。使用防爆型的通风系统和设备。防止蒸气泄漏到工作场所空气中。避免与氧化剂、酸类、碱类接触。充装要控制流速，防止静电积聚。搬运时要轻装轻卸，防止包装及容器损坏。配备相应品种和数量的消防器材及泄漏应急处理设备。倒空的容器可能残留有害物

储存注意事项 储存于阴凉、通风的库房。远离火种、热源。库温不宜超过37℃。包装要求密封，不可与空气接触。应与氧化剂、酸类、碱类分开存放，切忌混

储。不宜大量储存或久存。采用防爆型照明、通风设施。禁止使用易产生火花的机械设备和工具。储区应备有泄漏应急处理设备和合适的收容材料

第八部分 接触控制/个体防护

职业接触限值

中国 未制定标准

美国(ACGIH) 未制定标准

生物接触限值 未制定标准

监测方法 空气中有毒物质测定方法：溶剂解吸-气相色谱法。生物监测检验方法：未制定标准

工程控制 生产过程密闭，加强通风。提供安全淋浴和洗眼设备

个体防护装备

呼吸系统防护 空气中浓度超标时，应该佩戴过滤式防毒面具（半面罩）。必要时，佩戴过滤式防毒面具（全面罩）或空气呼吸器

眼睛防护 戴化学安全防护眼镜

皮肤和身体防护 穿防静电工作服

手防护 戴橡胶耐油手套

第九部分 理化特性

外观与性状 无色液体，有芳香味

pH值 无资料 **熔点(℃)** −61.1

沸点(℃) 132.8 **相对密度(水=1)** 0.89

相对蒸气密度(空气=1) 4.42

饱和蒸气压(kPa) 1.08 (25℃)

燃烧热(kJ/mol) −4025.2 **临界温度(℃)** 315

临界压力(MPa) 3.0 **辛醇/水分配系数** 2.22

闪点(℃) 30 (OC) **自燃温度(℃)** 427

爆炸下限(%) 1.9 **爆炸上限(%)** 8.0

分解温度(℃) 无资料

黏度(mPa·s) 0.822 (21℃)

溶解性 微溶于水，溶于乙醇、乙醚

第十部分 稳定性和反应性

稳定性 稳定

危险反应 与强氧化剂等禁配物接触，有发生火灾和爆炸的危险。容易发生自聚

避免接触的条件 受热、接触空气

禁配物 强氧化剂、强碱、强酸

危险的分解产物 无资料

第十一部分 毒理学信息

急性毒性 LD_{50}：3700mg/kg（小鼠经口）

皮肤刺激或腐蚀 家兔经皮：500mg，轻度刺激（开放性刺激试验）

眼睛刺激或腐蚀 家兔经眼：500mg (24h)，轻度刺激

呼吸或皮肤过敏 无资料 **生殖细胞突变性** 无资料

致癌性 无资料 **生殖毒性** 无资料

特异性靶器官系统毒性-一次接触 无资料

特异性靶器官系统毒性-反复接触 无资料

吸入危害 无资料

第十二部分 生态学信息

生态毒性

LC_{50} 2.09mg/L (96h)（黑头呆鱼）

EC_{50} 9.7mg/L (48h)（水蚤）

NOEC 0.19mg/L (21d)（水蚤）

持久性和降解性

生物降解性 ISO 14593，28d降解80%～90%，易快速生物降解

非生物降解性 空气中，当羟基自由基浓度为5.00×10^5个/cm^3时，降解半衰期为1.2d（理论）；当pH值为7、8、9时，水解半衰期分别为4a、150d、15d（理论）

潜在的生物累积性 根据K_{ow}值预测，该物质的生物累积性可能较弱

土壤中的迁移性 根据K_{oc}值预测，该物质可能有一定的迁移性

第十三部分 废弃处置

废弃化学品 建议用焚烧法处置

污染包装物 将容器返还生产商或按照国家和地方法规处置

废弃注意事项 处置前应参阅国家和地方有关法规

第十四部分 运输信息

联合国危险货物编号（UN号） 2527

联合国运输名称 丙烯酸异丁酯，稳定的

联合国危险性类别 3

包装类别 Ⅲ类包装 **包装标志**

海洋污染物 否

运输注意事项 运输时运输车辆应配备相应品种和数量的消防器材及泄漏应急处理设备。夏季最好早晚运输。运输时所用的槽（罐）车应有接地链，槽内可设孔隔板以减少震荡产生的静电。严禁与氧化剂、酸类、碱类、食用化学品等混装混运。运输途中应防曝晒、雨淋，防高温。中途停留时应远离火种、热源、高温区。装运该物品的车辆排气管必须配备阻火装置，禁止使用易产生火花的机械设备和工具装卸。公路运输时要按规定路线行驶，勿在居民区和人口稠密区停留。铁路运输时要禁止溜放。严禁用木船、水泥船散装运输

第十五部分 法规信息

下列法律、法规、规章和标准，对该化学品的管理作了相应的规定。

中华人民共和国职业病防治法 职业病分类和目录：未列入

危险化学品安全管理条例 危险化学品目录：列入。易制爆危险化学品名录：未列入。重点监管的危险化学品名录：未列入。GB 18218—2009《危险化学品重大

危险源辨识》(表 1)：未列入

使用有毒物品作业场所劳动保护条例　高毒物品目录：未列入

易制毒化学品管理条例　易制毒化学品的分类和品种目录：未列入

国际公约　斯德哥尔摩公约：未列入。鹿特丹公约：未列入。蒙特利尔议定书：未列入

第十六部分　其他信息

编写和修订信息　**缩略语和首字母缩写**

培训建议　**参考文献**

免责声明

丙 烯 酰 胺

第一部分　化学品标识

化学品中文名　丙烯酰胺；2-丙烯酰胺

化学品英文名　acrylamide；2-propenamide

分子式　C_3H_5NO　**相对分子质量**　71.09

结构式

化学品的推荐及限制用途　用于生产絮凝剂、分散剂、添加剂和水溶性聚合物等

第二部分　危险性概述

紧急情况概述　吞咽会中毒，可能导致皮肤过敏反应

GHS 危险性类别　急性毒性-经口，类别 3；急性毒性-经皮，类别 4；急性毒性-吸入，类别 4；皮肤腐蚀/刺激，类别 2；严重眼损伤/眼刺激，类别 2；皮肤致敏物，类别 1；生殖细胞致突变性，类别 1B；致癌性，类别 1B；生殖毒性，类别 2；特异性靶器官毒性-反复接触，类别 1；危害水生环境-急性危害，类别 3

标签要素

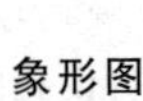
象形图　

警示词　危险

危险性说明　吞咽会中毒，皮肤接触有害，吸入有害，造成皮肤刺激，造成严重眼刺激，可能导致皮肤过敏反应，可造成遗传性缺陷，可能致癌，怀疑对生育力或胎儿造成伤害，长时间或反复接触对器官造成损伤，对水生生物有害

防范说明

预防措施　避免接触眼睛、皮肤，操作后彻底清洗。作业场所不得进食、饮水或吸烟。避免吸入粉尘、蒸气。仅在室外或通风良好处操作。避免接触眼睛、皮肤，操作后彻底清洗。戴防护眼镜、防护面罩，戴防护手套，穿防护服。污染的工作服不得带出工作场所。得到专门指导后操作。在阅读并了解所有安全预防措施之前，切勿操作。按要求使用个体防护装备。禁止排入环境

事故响应　如吸入：将患者转移到空气新鲜处，休息，保持利于呼吸的体位。皮肤接触：用大量肥皂水和水清洗。如出现皮肤刺激或皮疹：就医。被污染的衣服须经洗净后方可重新使用。如接触眼睛：用水细心冲洗数分钟。如戴隐形眼镜并可方便地取出，取出隐形眼镜继续冲洗。如果眼睛刺激持续：就医。食入：立即呼叫中毒控制中心或就医。漱口。如果接触或有担心，就医

安全储存　上锁保管

废弃处置　本品及内装物、容器依据国家和地方法规处置

物理和化学危险　可燃，其粉体与空气混合，能形成爆炸性混合物

健康危害　本品是一种蓄积性的神经毒物，主要损害神经系统。轻度中毒以周围神经损害为主；重度可引起小脑病变。中毒多为慢性经过，初起为神经衰弱综合征，继之发生周围神经病，出现四肢麻木、感觉异常、腱反射减弱或消失、抽搐、瘫痪等。重度中毒出现以小脑病变为主的中毒性脑病，出现震颤、步态紊乱、共济失调，甚至大小便失禁或小便潴留。本品中毒主要因皮肤吸收引起。皮肤接触本品，可发生粗糙、角化、脱屑。对皮肤有致敏性

环境危害　对水生生物有害

第三部分　成分/组成信息

√物质　　　　混合物

组分	浓度	CAS No.
丙烯酰胺		79-06-1

第四部分　急救措施

吸入　迅速脱离现场至空气新鲜处。保持呼吸道通畅。如呼吸困难，给输氧。如呼吸、心跳停止，立即进行心肺复苏术。就医

皮肤接触　立即脱去污染的衣着，用流动清水彻底冲洗。就医

眼睛接触　立即分开眼睑，用流动清水或生理盐水彻底冲洗。就医

食入　饮适量温水，催吐（仅限于清醒者）。就医

对保护施救者的忠告　根据需要使用个人防护设备

对医生的特别提示　对症处理

第五部分　消防措施

灭火剂　用雾状水、抗溶性泡沫、二氧化碳、干粉、砂土灭火

特别危险性　若遇高热，可发生聚合反应，放出大量热量而引起容器破裂和爆炸事故。受高热分解产生有毒的腐蚀性烟气。燃烧生成有害的一氧化碳、氮氧化物

灭火注意事项及防护措施　消防人员必须佩戴空气呼吸器、穿全身防火防毒服，在上风向灭火。尽可能将容器从火场移至空旷处。喷水保持火场容器冷却，直至灭火结束

第六部分　泄漏应急处理

作业人员防护措施、防护装备和应急处置程序　隔离泄漏

污染区，限制出入。消除所有点火源。建议应急处理人员戴防尘口罩，穿防毒服，戴橡胶手套。穿上适当的防护服前严禁接触破裂的容器和泄漏物。尽可能切断泄漏源。用塑料布覆盖泄漏物，减少飞散。勿使水进入包装容器内

环境保护措施 无资料

泄漏化学品的收容、清除方法及所使用的处置材料 用洁净的铲子收集泄漏物，置于干净、干燥、盖子较松的容器中，将容器移离泄漏区

第七部分 操作处置与储存

操作注意事项 密闭操作，提供充分的局部排风。操作人员必须经过专门培训，严格遵守操作规程。建议操作人员佩戴头罩型电动送风过滤式防尘呼吸器，穿胶布防毒衣，戴橡胶手套。远离火种、热源。工作场所严禁吸烟。使用防爆型的通风系统和设备。避免产生粉尘。避免与氧化剂、酸类、碱类接触。搬运时要轻装轻卸，防止包装及容器损坏。配备相应品种和数量的消防器材及泄漏应急处理设备。倒空的容器可能残留有害物

储存注意事项 储存于阴凉、通风的库房。远离火种、热源。包装要求密封，不可与空气接触。应与氧化剂、酸类、碱类、食用化学品分开存放，切忌混储。不宜大量储存或久存。配备相应品种和数量的消防器材。储区应备有合适的材料收容泄漏物

第八部分 接触控制/个体防护

职业接触限值

中国 PC-TWA：0.3mg/m^3［皮］［G2A］

美国(ACGIH) TLV-TWA：0.03mg/m^3（可吸入性颗粒物和蒸气）［皮］

生物接触限值 未制定标准

监测方法 空气中有毒物质测定方法：溶液采集-气相色谱法。生物监测检验方法：未制定标准

工程控制 严加密闭，提供充分的局部排风。提供安全淋浴和洗眼设备

个体防护装备

呼吸系统防护 空气中粉尘浓度超标时，应该佩戴过滤式防尘呼吸器。紧急事态抢救或撤离时，佩戴空气呼吸器

眼睛防护 戴化学安全防护眼镜

皮肤和身体防护 穿隔绝式防毒服

手防护 戴橡胶手套

第九部分 理化特性

外观与性状 白色或淡黄色结晶，无气味

pH值 5.0～6.5（50%水溶液） **熔点(℃)** 84.5

沸点(℃) 125（3.33kPa）；192.6

相对密度(水=1) 1.12

相对蒸气密度(空气=1) 2.45

饱和蒸气压(kPa) 0.21（84.5℃）

燃烧热(kJ/mol) 无资料 **临界温度(℃)** 无资料

临界压力(MPa) 5.73

辛醇/水分配系数 −0.67

闪点(℃) 138（CC） **自燃温度(℃)** 424

爆炸下限(%) 2.7 **爆炸上限(%)** 20.6

分解温度(℃) 无资料

黏度(mPa·s) 2.71（25℃）50%水溶液

溶解性 溶于水、乙醇、乙醚、丙酮，不溶于苯、己烷

第十部分 稳定性和反应性

稳定性 稳定

危险反应 与强氧化剂等禁配物接触，有发生火灾和爆炸的危险。高热下可发生聚合

避免接触的条件 受热、光照

禁配物 强氧化剂、酸类、碱类

危险的分解产物 无资料

第十一部分 毒理学信息

急性毒性 LD_{50}：150～180mg/kg（大鼠经口）

皮肤刺激或腐蚀 家兔经皮：500mg（24h），轻度刺激

眼睛刺激或腐蚀 家兔经眼：100mg（24h），中度刺激

呼吸或皮肤过敏 对皮肤有致敏作用

生殖细胞突变性 姐妹染色单体交换：大鼠经口600mg/kg（连续10d）。精子形态学改变：小鼠腹腔注射100mg/kg

致癌性 IARC致癌性评论：组2A，可能人类致癌物。对人类致癌性证据有限，对动物致癌性证据充分

生殖毒性 雌性小鼠受孕后6～17d，经口染毒540mg/kg，引发仔鼠肌肉骨骼系统发育畸形。大鼠经口最低中毒剂量（TDLo）：200mg/kg（孕7～16d），引起新生鼠生化和代谢改变。大鼠经口最低中毒剂量（TDLo）：544mg/kg（9周，雄性），引起精子、雄性生育指数改变和植入后死亡率增加

特异性靶器官系统毒性-一次接触 无资料

特异性靶器官系统毒性-反复接触 多次重复染毒，几乎全部动物发生周围神经损害，表现四肢肌肉无力、后肢严重瘫痪、肢体远端肌肉萎缩、感觉障碍及腱反射消失

吸入危害 无资料

第十二部分 生态学信息

生态毒性

LC_{50} 103～115mg/L（96h）（黑头呆鱼）；110mg/L（96h）（虹鳟鱼）；100mg/L（96h）（蓝鳃太阳鱼）

EC_{50} 98mg/L（48h）（水蚤）

ErC_{50} 67.7mg/L（72h）（羊角月牙藻）

持久性和降解性

生物降解性 易快速生物降解

非生物降解性 空气中，当羟基自由基浓度为5.00×10^{5}个/cm^{3}时，降解半衰期为1.4d（理论）

潜在的生物累积性 BCF：25.3（青鳉），7.65（鲤鱼）

土壤中的迁移性 根据K_{oc}值预测，该物质可能易发生迁移

第十三部分 废弃处置

废弃化学品 用焚烧法处置。焚烧炉排出的氮氧化物通过洗涤器除去

污染包装物 将容器返还生产商或按照国家和地方法规处置

废弃注意事项 处置前应参阅国家和地方有关法规

第十四部分 运输信息

联合国危险货物编号（UN号） 2074（固体）；3426（溶液）

联合国运输名称 丙烯酰胺，固态（固体）；丙烯酰胺溶液（溶液）

联合国危险性类别 6.1

包装类别 Ⅲ类包装 **包装标志** 

海洋污染物 否

运输注意事项 运输前应先检查包装容器是否完整、密封，运输过程中要确保容器不泄漏、不倒塌、不坠落、不损坏。严禁与酸类、氧化剂、食品及食品添加剂混运。运输车辆应配备相应品种和数量的消防器材及泄漏应急处理设备。运输途中应防曝晒、雨淋，防高温

第十五部分 法规信息

下列法律、法规、规章和标准，对该化学品的管理作了相应的规定。

中华人民共和国职业病防治法 职业病分类和目录：丙烯酰胺中毒

危险化学品安全管理条例 危险化学品目录：列入。易制爆危险化学品名录：未列入。重点监管的危险化学品名录：未列入。GB 18218—2009《危险化学品重大危险源辨识》(表1)：未列入

使用有毒物品作业场所劳动保护条例 高毒物品目录：列入

易制毒化学品管理条例 易制毒化学品的分类和品种目录：未列入

国际公约 斯德哥尔摩公约：未列入。鹿特丹公约：未列入。蒙特利尔议定书：未列入

第十六部分 其他信息

编写和修订信息 **缩略语和首字母缩写**

培训建议 **参考文献**

免责声明

次 磷 酸

第一部分 化学品标识

化学品中文名 次磷酸；卑磷酸

化学品英文名 hypophosphorous acid

分子式 H_3PO_2 **相对分子质量** 66.00

结构式

```
    PH
   /  \
 HO    OH
```

化学品的推荐及限制用途 用作还原剂，用于生产次磷酸盐，用于制药工业等

第二部分 危险性概述

紧急情况概述 造成严重的皮肤灼伤和眼损伤

GHS危险性类别 急性毒性-经口，类别4；急性毒性-经皮，类别4；急性毒性-吸入，类别4；皮肤腐蚀/刺激，类别1；严重眼损伤/眼刺激，类别1

标签要素

象形图 

警示词 危险

危险性说明 吞咽有害，皮肤接触有害，吸入有害，造成严重的皮肤灼伤和眼损伤

防范说明

预防措施 避免接触眼睛、皮肤，操作后彻底清洗。作业场所不得进食、饮水或吸烟。避免吸入粉尘、蒸气。仅在室外或通风良好处操作。避免接触眼睛、皮肤，操作后彻底清洗。戴防护手套，穿防护服，戴防护眼镜、防护面罩

事故响应 如吸入：将患者转移到空气新鲜处，休息，保持利于呼吸的体位。如感觉不适，呼叫中毒控制中心或就医。皮肤接触：立即脱掉所有被污染的衣服。用大量肥皂水和水清洗。如感觉不适，呼叫中毒控制中心或就医。被污染的衣服须经洗净后方可重新使用。眼睛接触：用水细心地冲洗数分钟。如戴隐形眼镜并可方便地取出，则取出隐形眼镜继续冲洗。食入：漱口。不要催吐。如果感觉不适，立即呼叫中毒控制中心或就医

安全储存 上锁保管

废弃处置 本品及内装物、容器依据国家和地方法规处置

物理和化学危险 不燃，无特殊燃爆特性

健康危害 吸入本品蒸气或雾对呼吸道黏膜有腐蚀作用，可引起支气管炎、肺炎或肺水肿。蒸气对眼和皮肤有刺激性，液体或雾可致灼伤。口服腐蚀消化道，出现剧烈腹痛、恶心、呕吐和虚脱

环境危害 对环境可能有害

第三部分 成分/组成信息

√物质 混合物

组分	浓度	CAS No.
次磷酸		6303-21-5

第四部分 急救措施

吸入 迅速脱离现场至空气新鲜处。保持呼吸道通畅。如呼吸困难，给输氧。如呼吸、心跳停止，立即进行心肺复苏术。就医

皮肤接触 立即脱去污染的衣着，用大量流动清水彻底冲洗至少15min。就医

眼睛接触 立即分开眼睑，用流动清水或生理盐水彻底冲洗至少15min。就医

食入 用水漱口，禁止催吐。给饮牛奶或蛋清。就医

对保护施救者的忠告 根据需要使用个人防护设备

对医生的特别提示 对症处理

第五部分 消防措施

灭火剂 本品不燃。根据着火原因选择适当灭火剂灭火

特别危险性 受热分解产生有毒的氧化磷烟气。遇发泡剂H立即燃烧。与氧化剂能发生强烈反应

灭火注意事项及防护措施 消防人员必须穿全身耐酸碱消防服、佩戴空气呼吸器灭火。尽可能将容器从火场移至空旷处。喷水保持火场容器冷却，直至灭火结束

第六部分 泄漏应急处理

作业人员防护措施、防护装备和应急处置程序 根据液体流动和蒸气扩散的影响区域划定警戒区，无关人员从侧风、上风向撤离至安全区。消除所有点火源。建议应急处理人员戴正压自给式呼吸器，穿防酸碱服，戴耐酸（碱）手套。穿上适当的防护服前严禁接触破裂的容器和泄漏物。尽可能切断泄漏源

环境保护措施 防止泄漏物进入水体、下水道、地下室或有限空间

泄漏化学品的收容、清除方法及所使用的处置材料 小量泄漏：用干燥的砂土或其他不燃材料吸收或覆盖，收集于容器中。大量泄漏：构筑围堤或挖坑收容，用砂土、惰性物质或蛭石吸收大量液体。用耐腐蚀泵转移至槽车或专用收集器内

第七部分 操作处置与储存

操作注意事项 密闭操作，注意通风。操作尽可能机械化、自动化。防止烟雾或粉尘泄漏到工作场所空气中。操作人员必须经过专门培训，严格遵守操作规程。建议操作人员佩戴过滤式防毒面具（半面罩），戴化学安全防护眼镜，穿防酸碱塑料工作服，戴耐酸（碱）手套。避免产生蒸气或粉尘。避免与氧化剂、碱类接触。搬运时要轻装轻卸，防止包装及容器损坏。配备泄漏应急处理设备。倒空的容器可能残留有害物

储存注意事项 储存于阴凉、通风的库房。远离火种、热源。包装密封。应与氧化剂、碱类分开存放，切忌混储。储区应备有泄漏应急处理设备和合适的收容材料

第八部分 接触控制/个体防护

职业接触限值

中国 未制定标准

美国(ACGIH) 未制定标准

生物接触限值 未制定标准

监测方法 空气中有毒物质测定方法：未制定标准。生物监测检验方法：未制定标准

工程控制 密闭操作，注意通风。提供安全淋浴和洗眼设备

个体防护装备

呼吸系统防护 高浓度蒸气接触可佩戴过滤式防毒面具（半面罩）；空气中粉尘浓度超标时，建议佩戴过滤式防尘呼吸器

眼睛防护 戴化学安全防护眼镜

皮肤和身体防护 穿橡胶耐酸碱服

手防护 戴耐酸碱手套

第九部分 理化特性

外观与性状 无色油状液体或潮解性结晶，商品为50%的水溶液

pH值 无资料　**熔点(℃)** 26.5

沸点(℃) 130　**相对密度(水=1)** 1.439

相对蒸气密度(空气=1) 无资料

饱和蒸气压(kPa) ＜2.27（20℃）

燃烧热(kJ/mol) 无资料　**临界温度(℃)** 无资料

临界压力(MPa) 无资料　**辛醇/水分配系数** −1.720

闪点(℃) 无意义　**自燃温度(℃)** 无意义

爆炸下限(%) 无意义　**爆炸上限(%)** 无意义

分解温度(℃) 无资料　**黏度(mPa·s)** 无资料

溶解性 与水混溶

第十部分 稳定性和反应性

稳定性 稳定

危险反应 与强氧化剂等禁配物发生强烈反应

避免接触的条件 受热

禁配物 强氧化剂、强碱

危险的分解产物 氧化磷

第十一部分 毒理学信息

急性毒性 无资料　**皮肤刺激或腐蚀** 无资料

眼睛刺激或腐蚀 无资料　**呼吸或皮肤过敏** 无资料

生殖细胞突变性 无资料　**致癌性** 无资料

生殖毒性 无资料

特异性靶器官系统毒性-一次接触 无资料

特异性靶器官系统毒性-反复接触 无资料

吸入危害 无资料

第十二部分 生态学信息

生态毒性 无资料

持久性和降解性

生物降解性 无资料

非生物降解性 无资料

潜在的生物累积性 无资料

土壤中的迁移性 无资料

第十三部分 废弃处置

废弃化学品 用石灰水中和，生成可以使用的化肥

污染包装物 将容器返还生产商或按照国家和地方法规处置

废弃注意事项 处置前应参阅国家和地方有关法规

第十四部分 运输信息

联合国危险货物编号（UN号） 3260（固态）；3264（液态）

联合国运输名称 无机酸性腐蚀性固体，未另作规定的（次磷酸）（固态）；无机酸性腐蚀性液体，未另作规定的（次磷酸）（液态）

联合国危险性类别 8

包装类别 Ⅲ类包装 **包装标志**

海洋污染物 否

运输注意事项 起运时包装要完整，装载应稳妥。运输过程中要确保容器不泄漏、不倒塌、不坠落、不损坏。严禁与氧化剂、碱类、食用化学品等混装混运。运输时运输车辆应配备泄漏应急处理设备。运输途中应防曝晒、雨淋，防高温。公路运输时要按规定路线行驶，勿在居民区和人口稠密区停留

第十五部分 法规信息

下列法律、法规、规章和标准，对该化学品的管理作了相应的规定。

中华人民共和国职业病防治法 职业病分类和目录：未列入

危险化学品安全管理条例 危险化学品目录：列入。易制爆危险化学品名录：未列入。重点监管的危险化学品名录：未列入。GB 18218—2009《危险化学品重大危险源辨识》（表1）：未列入

使用有毒物品作业场所劳动保护条例 高毒物品目录：未列入

易制毒化学品管理条例 易制毒化学品的分类和品种目录：未列入

国际公约 斯德哥尔摩公约：未列入。鹿特丹公约：未列入。蒙特利尔议定书：未列入

第十六部分 其他信息

编写和修订信息 **缩略语和首字母缩写**

培训建议 **参考文献**

免责声明

次氯酸钙

第一部分 化学品标识

化学品中文名 次氯酸钙；漂白粉

化学品英文名 calcium hypochlorite；bleaching powder

分子式 $CaCl_2O_2$ **相对分子质量** 142.98

化学品的推荐及限制用途 用作消毒剂、杀菌剂、漂白剂等

第二部分 危险性概述

紧急情况概述 可加剧燃烧，氧化剂，吞咽有害，造成严重的皮肤灼伤和眼损伤

GHS危险性类别 氧化性固体，类别2；急性毒性-经口，类别4；皮肤腐蚀/刺激，类别1B；严重眼损伤/眼刺激，类别1；特异性靶器官毒性—一次接触，类别3（呼吸道刺激）；危害水生环境-急性危害，类别1；危害水生环境-长期危害，类别1

标签要素

象形图

警示词 危险

危险性说明 可加剧燃烧，氧化剂，吞咽有害，造成严重的皮肤灼伤和眼损伤，可能引起呼吸道刺激，对水生生物毒性非常大并具有长期持续影响

防范说明

预防措施 远离热源。远离衣物、可燃物保存。采取一切预防措施，避免与可燃物混合。避免接触眼睛、皮肤，操作后彻底清洗。作业场所不得进食、饮水或吸烟。避免吸入粉尘或烟雾。戴防护手套，穿防护服，戴防护眼镜、防护面罩。禁止排入环境

事故响应 火灾时，使用直流水、雾状水、砂土灭火。如吸入：将患者转移到空气新鲜处，休息，保持利于呼吸的体位。皮肤（或头发）接触：立即脱掉所有被污染的衣服，用水冲洗皮肤，淋浴。污染的衣服须洗净后方可重新使用。眼睛接触：用水细心地冲洗数分钟。如戴隐形眼镜并可方便地取出，则取出隐形眼镜继续冲洗。食入：漱口，不要催吐。如果感觉不适，立即呼叫中毒控制中心或就医。收集泄漏物

安全储存 上锁保管

废弃处置 本品及内装物、容器依据国家和地方法规处置

物理和化学危险 助燃。与可燃物混合会发生爆炸

健康危害 本品粉尘对眼结膜及呼吸道有刺激性。眼接触引起严重损害。皮肤接触可引起中至重度损害。可引起牙齿损害

环境危害 对水生生物毒性非常大并具有长期持续影响

第三部分 成分/组成信息

√物质		混合物
组分	**浓度**	**CAS No.**
次氯酸钙		7778-54-3

第四部分 急救措施

吸入 迅速脱离现场至空气新鲜处。保持呼吸道通畅。如呼吸困难，给输氧。如呼吸、心跳停止，立即进行心肺复苏术。就医

皮肤接触 立即脱去污染的衣着，用大量流动清水彻底冲洗至少15min。就医

眼睛接触 立即分开眼睑，用流动清水或生理盐水彻底冲洗至少15min。就医

食入 用水漱口，禁止催吐。给饮牛奶或蛋清。就医

对保护施救者的忠告 根据需要使用个人防护设备
对医生的特别提示 对症处理

第五部分 消防措施

灭火剂 用直流水、雾状水、砂土灭火
特别危险性 遇水反应，产生氯气和氧气。与碱性物质混合能引起爆炸。接触有机物有引起燃烧的危险。受热、遇酸或日光照射会分解放出剧毒的氯气
灭火注意事项及防护措施 消防人员必须佩戴空气呼吸器、穿全身防火防毒服，在上风向灭火。尽可能将容器从火场移至空旷处。喷水保持火场容器冷却，直至灭火结束

第六部分 泄漏应急处理

作业人员防护措施、防护装备和应急处置程序 隔离泄漏污染区，限制出入。建议应急处理人员戴防尘口罩，穿防毒服，戴氯丁橡胶手套。勿使泄漏物与可燃物质（如木材、纸、油等）接触。穿上适当的防护服前严禁接触破裂的容器和泄漏物。尽可能切断泄漏源。勿使水进入包装容器内
环境保护措施 无资料
泄漏化学品的收容、清除方法及所使用的处置材料 小量泄漏：用洁净的铲子收集泄漏物，置于干净、干燥、盖子较松的容器中，将容器移离泄漏区。大量泄漏：泄漏物回收后，用水冲洗泄漏区

第七部分 操作处置与储存

操作注意事项 密闭操作，加强通风。操作人员必须经过专门培训，严格遵守操作规程。建议操作人员佩戴头罩型电动送风过滤式防尘呼吸器，穿胶布防毒衣，戴氯丁橡胶手套。远离火种、热源。工作场所严禁吸烟。远离易燃、可燃物。避免产生粉尘。避免与还原剂、酸类接触。搬运时要轻装轻卸，防止包装及容器损坏。禁止震动、撞击和摩擦。配备相应品种和数量的消防器材及泄漏应急处理设备。倒空的容器可能残留有害物
储存注意事项 储存于阴凉、通风的库房。远离火种、热源。库房温度不超过 30℃，相对湿度不超过 80%。包装要求密封，不可与空气接触。应与还原剂、酸类、易（可）燃物等分开存放，切忌混储。不宜大量储存或久存。储区应备有合适的材料收容泄漏物

第八部分 接触控制/个体防护

职业接触限值
中国 未制定标准
美国(ACGIH) 未制定标准
生物接触限值 未制定标准
监测方法 空气中有毒物质测定方法：未制定标准。生物监测检验方法：未制定标准
工程控制 生产过程密闭，加强通风。提供安全淋浴和洗眼设备
个体防护装备
呼吸系统防护 可能接触其粉尘时，建议佩戴过滤式防尘呼吸器
眼睛防护 戴化学安全防护眼镜
皮肤和身体防护 穿隔绝式防毒服
手防护 戴橡胶手套

第九部分 理化特性

外观与性状 白色粉末，有极强的氯臭。其溶液为黄绿色半透明液体
pH 值 11.5（5%溶液） **熔点(℃)** 100（分解）
沸点(℃) 无资料 **相对密度(水=1)** 2.35
相对蒸气密度(空气=1) 6.9
饱和蒸气压(kPa) 无资料
燃烧热(kJ/mol) 无资料 **临界温度(℃)** 无资料
临界压力(MPa) 无意义 **辛醇/水分配系数** −2.460
闪点(℃) 无意义 **自燃温度(℃)** 无意义
爆炸下限(%) 无意义 **爆炸上限(%)** 无意义
分解温度(℃) 100 **黏度(mPa·s)** 无资料
溶解性 溶于水，不溶于乙醇

第十部分 稳定性和反应性

稳定性 稳定
危险反应 与强还原剂、易燃物或可燃物等禁配物接触，有发生火灾和爆炸的危险
避免接触的条件 受热、光照、潮湿空气
禁配物 强还原剂、强酸、氨、易燃物或可燃物、水
危险的分解产物 氯化物、氧化钙

第十一部分 毒理学信息

急性毒性 LD_{50}：850mg/kg（大鼠经口）
皮肤刺激或腐蚀 无资料 **眼睛刺激或腐蚀** 无资料
呼吸或皮肤过敏 无资料
生殖细胞突变性 微生物致突变：鼠伤寒沙门氏菌 1mg/皿。细胞遗传学分析：仓鼠成纤维细胞 4g/L
致癌性 IARC 致癌性评论：组 3，现有的证据不能对人类致癌性进行分类。对人及动物致癌性证据不足
生殖毒性 无资料
特异性靶器官系统毒性-一次接触 无资料
特异性靶器官系统毒性-反复接触 无资料
吸入危害 无资料

第十二部分 生态学信息

生态毒性
LC_{50} 0.033～0.06mg TRC/L（鱼），0.005mg FAC/L（24h）（网纹溞）
NOEC 0.005mg TRC/L（134d）（鱼类）；0.003mg TRC/L（7d），0.0021mg FAC/L（7d）（藻类）（TRC=总残留氯，FAC=游离有效氯）
持久性和降解性
生物降解性 无资料
非生物降解性 无资料
潜在的生物累积性 无资料

土壤中的迁移性 无资料

第十三部分 废弃处置

废弃化学品 用安全掩埋法处置

污染包装物 将容器返还生产商或按照国家和地方法规处置

废弃注意事项 处置前应参阅国家和地方有关法规

第十四部分 运输信息

联合国危险货物编号（UN号） 3485（腐蚀）；1748（无腐蚀）

联合国运输名称 次氯酸钙，干的，腐蚀性（腐蚀）；次氯酸钙，干的（无腐蚀）

联合国危险性类别 5.1，8（腐蚀）；5.1（无腐蚀）

包装类别 Ⅱ类包装（腐蚀）；Ⅲ类包装（无腐蚀）

包装标志

海洋污染物 是

运输注意事项 运输时单独装运，运输过程中要确保容器不泄漏、不倒塌、不坠落、不损坏。运输时运输车辆应配备相应品种和数量的消防器材及泄漏应急处理设备。严禁与酸类、易燃物、有机物、还原剂、自燃物品、遇湿易燃物品等并车混运。运输时车速不宜过快，不得强行超车。运输车辆装卸前后，均应彻底清扫、洗净，严禁混入有机物、易燃物等杂质

第十五部分 法规信息

下列法律、法规、规章和标准，对该化学品的管理作了相应的规定。

中华人民共和国职业病防治法 职业病分类和目录：未列入

危险化学品安全管理条例 危险化学品目录：列入。易制爆危险化学品名录：未列入。重点监管的危险化学品名录：未列入。GB 18218—2009《危险化学品重大危险源辨识》（表1）：未列入

使用有毒物品作业场所劳动保护条例 高毒物品目录：未列入

易制毒化学品管理条例 易制毒化学品的分类和品种目录：未列入

国际公约 斯德哥尔摩公约：未列入。鹿特丹公约：未列入。蒙特利尔议定书：未列入

第十六部分 其他信息

编写和修订信息　　**缩略语和首字母缩写**

培训建议　　**参考文献**

免责声明

次氯酸钠溶液

第一部分 化学品标识

化学品中文名 次氯酸钠溶液

化学品英文名 sodium hypochlorite solution

分子式 NaClO **相对分子质量** 74.44

化学品的推荐及限制用途 用于水的净化，以及作消毒剂、纸浆漂白等，医药工业中制氯胺等

第二部分 危险性概述

紧急情况概述 造成严重的皮肤灼伤和眼损伤

GHS危险性类别 皮肤腐蚀/刺激，类别1B；严重眼损伤/眼刺激，类别1；危害水生环境-急性危害，类别1；危害水生环境-长期危害，类别1

标签要素

象形图

警示词 危险

危险性说明 造成严重的皮肤灼伤和眼损伤，对水生生物毒性非常大并具有长期持续影响

防范说明

预防措施　避免吸入烟雾。避免接触眼睛、皮肤，操作后彻底清洗。戴防护手套，穿防护服，戴防护眼镜、防护面罩。禁止排入环境

事故响应　如吸入：将患者转移到空气新鲜处，休息，保持利于呼吸的体位。立即呼叫中毒控制中心或就医。皮肤（或头发）接触：立即脱掉所有被污染的衣服，用水冲洗皮肤，淋浴。污染的衣服须洗净后方可重新使用。眼睛接触：用水细心地冲洗数分钟。如戴隐形眼镜并可方便地取出，则取出隐形眼镜继续冲洗。食入：漱口，不要催吐。收集泄漏物

安全储存　存放在通风良好的地方。保持低温

废弃处置　本品及内装物、容器依据国家和地方法规处置

物理和化学危险 不燃，无特殊燃爆特性

健康危害 吸入次氯酸气雾可引起呼吸道反应，甚至发生肺水肿。大量口服腐蚀消化道，可产生高铁血红蛋白血症。眼和皮肤接触引起灼伤

环境危害 对水生生物毒性非常大并具有长期持续影响

第三部分 成分/组成信息

物质		√混合物
组分	**浓度**	**CAS No.**
次氯酸钠		7681-52-9

第四部分 急救措施

吸入 迅速脱离现场至空气新鲜处。保持呼吸道通畅。如呼吸困难，给输氧。如呼吸、心跳停止，立即进行心肺复苏术。就医

皮肤接触 立即脱去污染的衣着，用大量流动清水彻底冲洗至少15min。就医

眼睛接触 立即分开眼睑，用流动清水或生理盐水彻底冲洗至少15min。就医

食入 用水漱口，禁止催吐。给饮牛奶或蛋清。就医

对保护施救者的忠告 根据需要使用个人防护设备

对医生的特别提示 高铁血红蛋白血症，可用美蓝和维生素C治疗

第五部分 消防措施

灭火剂 本品不燃。根据着火原因选择适当灭火剂灭火

特别危险性 受高热分解产生有毒的腐蚀性烟气。与可燃性、还原性物质反应很剧烈，与酸反应也会放出氯气。具有腐蚀性

灭火注意事项及防护措施 消防人员必须穿全身耐酸碱消防服、佩戴空气呼吸器灭火。用雾状水保持火场中容器冷却。必须在安全距离以外施救。尽可能将容器从火场移至空旷处

第六部分 泄漏应急处理

作业人员防护措施、防护装备和应急处置程序 根据液体流动和蒸气扩散的影响区域划定警戒区，无关人员从侧风、上风向撤离至安全区。建议应急处理人员戴正压自给式呼吸器，穿防酸碱服，戴橡胶手套。穿上适当的防护服前严禁接触破裂的容器和泄漏物。尽可能切断泄漏源

环境保护措施 防止泄漏物进入水体、下水道、地下室或有限空间

泄漏化学品的收容、清除方法及所使用的处置材料 小量泄漏：用干燥的砂土或其他不燃材料吸收或覆盖，收集于容器中。大量泄漏：构筑围堤或挖坑收容。用耐腐蚀泵转移至槽车或专用收集器内

第七部分 操作处置与储存

操作注意事项 密闭操作，全面通风。操作人员必须经过专门培训，严格遵守操作规程。建议操作人员佩戴直接式防毒面具（半面罩），戴化学安全防护眼镜，穿防腐蚀工作服，戴橡胶手套。防止蒸气泄漏到工作场所空气中。避免与碱类接触。搬运时要轻装轻卸，防止包装及容器损坏。配备泄漏应急处理设备。倒空的容器可能残留有害物

储存注意事项 储存于阴凉、通风的库房。远离火种、热源。库温不宜超过30℃。应与碱类分开存放，切忌混储。储区应备有泄漏应急处理设备和合适的收容材料

第八部分 接触控制/个体防护

职业接触限值

中国 未制定标准

美国(ACGIH) 未制定标准

生物接触限值 未制定标准

监测方法 空气中有毒物质测定方法：未制定标准。生物监测检验方法：未制定标准

工程控制 生产过程密闭，全面通风。提供安全淋浴和洗眼设备

个体防护装备

呼吸系统防护 高浓度环境中，应该佩戴过滤式防毒面具（半面罩）

眼睛防护 戴化学安全防护眼镜

皮肤和身体防护 穿防腐蚀工作服

手防护 戴橡胶手套

第九部分 理化特性

外观与性状 微黄色溶液，有似氯气的气味

pH值 9～10 **熔点(℃)** －6

沸点(℃) 40（分解）

相对密度(水＝1) 1.21（14%，20℃）

相对蒸气密度(空气＝1) 无资料

饱和蒸气压(kPa) 无资料 **燃烧热(kJ/mol)** 无资料

临界温度(℃) 无资料 **临界压力(MPa)** 无资料

辛醇/水分配系数 －3.42 **闪点(℃)** 无意义

自燃温度(℃) 无资料 **爆炸下限(%)** 无意义

爆炸上限(%) 无意义 **分解温度(℃)** 无资料

黏度(mPa·s) 无资料 **溶解性** 溶于水

第十部分 稳定性和反应性

稳定性 稳定

危险反应 与强还原剂、易燃物或可燃物等禁配物接触发生强烈反应

避免接触的条件 受热、光照

禁配物 酸类

危险的分解产物 氯化物

第十一部分 毒理学信息

急性毒性 LD_{50}：8500mg/kg（大鼠经口）

皮肤刺激或腐蚀 无资料

眼睛刺激或腐蚀 家兔经眼：10mg，中度刺激

呼吸或皮肤过敏 无资料

生殖细胞突变性 微生物致突变：鼠伤寒沙门氏菌1mg/皿。DNA损伤：大肠杆菌420μmol/L。细胞遗传学分析：人淋巴细胞100ppm（24h）。姐妹染色单体交换：人类胚胎149mg/L

致癌性 IARC致癌性评论：组3，现有的证据不能对人类致癌性进行分类。对人及动物致癌性证据不足

生殖毒性 无资料

特异性靶器官系统毒性-一次接触 无资料

特异性靶器官系统毒性-反复接触 无资料

吸入危害 无资料

第十二部分 生态学信息

生态毒性

LC_{50} 0.033～0.06mg TRC/L（鱼），0.005mg FAC/L（24h）（网纹溞）

NOEC 0.005mg TRC/L（134d）（鱼类）；0.003mg

TRC/L (7d), 0.0021mg FAC/L (7d) (藻类) (TRC=总残留氯, FAC=游离有效氯)

持久性和降解性

生物降解性 无资料

非生物降解性 无资料

潜在的生物累积性 无资料

土壤中的迁移性 无资料

第十三部分 废弃处置

废弃化学品 若可能，回收使用。在规定的处理厂处理和中和。滤出固体，当作有害废物在规定场所掩埋

污染包装物 将容器返还生产商或按照国家和地方法规处置

废弃注意事项 处置前应参阅国家和地方有关法规。破损容器禁止重新使用，要在规定场所掩埋

第十四部分 运输信息

联合国危险货物编号（UN 号） 1791

联合国运输名称 次氯酸盐溶液（次氯酸钠）

联合国危险性类别 8

包装类别 Ⅲ类包装 **包装标志**

海洋污染物 是

运输注意事项 起运时包装要完整，装载应稳妥。运输过程中要确保容器不泄漏、不倒塌、不坠落、不损坏。严禁与碱类、食用化学品等混装混运。运输时运输车辆应配备泄漏应急处理设备。运输途中应防曝晒、雨淋，防高温。公路运输时要按规定路线行驶，勿在居民区和人口稠密区停留

第十五部分 法规信息

下列法律、法规、规章和标准，对该化学品的管理作了相应的规定。

中华人民共和国职业病防治法 职业病分类和目录：未列入

危险化学品安全管理条例 危险化学品目录：列入。易制爆危险化学品名录：未列入。重点监管的危险化学品名录：未列入。GB 18218—2009《危险化学品重大危险源辨识》(表 1)：未列入

使用有毒物品作业场所劳动保护条例 高毒物品目录：未列入

易制毒化学品管理条例 易制毒化学品的分类和品种目录：未列入

国际公约 斯德哥尔摩公约：未列入。鹿特丹公约：未列入。蒙特利尔议定书：未列入

第十六部分 其他信息

编写和修订信息 **缩略语和首字母缩写**

培训建议 **参考文献**

免责声明

代 森 铵

第一部分 化学品标识

化学品中文名 代森铵；1,2-亚乙基双二硫代氨基甲酸铵；阿巴姆

化学品英文名 ammonium ethylene bisdithiocarbamate; amobam; dithane stainless

分子式 $C_4H_{14}N_4S_4$ **相对分子质量** 246.44

结构式 $S{=}C(S^-NH_4^+)$–NH–CH_2CH_2–NH–$C({=}S)S^-NH_4^+$

化学品的推荐及限制用途 用作农用杀菌剂

第二部分 危险性概述

紧急情况概述 吞咽有害

GHS 危险性类别 急性毒性-经口，类别 4；危害水生环境-急性危害，类别 1；危害水生环境-长期危害，类别 1

标签要素

象形图

警示词 警告

危险性说明 吞咽有害，对水生生物毒性非常大并具有长期持续影响

防范说明

预防措施 避免接触眼睛、皮肤，操作后彻底清洗。作业场所不得进食、饮水或吸烟。禁止排入环境

事故响应 食入：漱口。如果感觉不适，立即呼叫中毒控制中心或就医。收集泄漏物

安全储存 -

废弃处置 本品及内装物、容器依据国家和地方法规处置

物理和化学危险 可燃，其粉体与空气混合，能形成爆炸性混合物

健康危害 对皮肤和黏膜有刺激性。主要通过口服引起中毒，中毒表现为晕厥、呼吸急促和心率增快等。重者出现瞳孔散大、昏迷

环境危害 对水生生物毒性非常大并具有长期持续影响

第三部分 成分/组成信息

√物质		混合物
组分	**浓度**	**CAS No.**
代森铵		3566-10-7

第四部分 急救措施

吸入 迅速脱离现场至空气新鲜处。保持呼吸道通畅。如呼吸困难，给输氧。如呼吸、心跳停止，立即进行心肺复苏术。就医

皮肤接触 立即脱去污染的衣着，用流动清水彻底冲洗。

就医

眼睛接触 立即分开眼睑，用流动清水或生理盐水彻底冲洗。就医

食入 漱口，饮水，催吐（仅限于清醒者）。就医

对保护施救者的忠告 根据需要使用个人防护设备

对医生的特别提示 对症处理

第五部分 消防措施

灭火剂 用抗溶性泡沫、干粉、砂土灭火

特别危险性 受热分解，放出氮、硫的氧化物等毒性气体。燃烧生成有害的一氧化碳、氮氧化物、硫氧化物

灭火注意事项及防护措施 消防人员须佩戴防毒面具、穿全身消防服，在上风向灭火。尽可能将容器从火场移至空旷处。喷水保持火场容器冷却，直至灭火结束

第六部分 泄漏应急处理

作业人员防护措施、防护装备和应急处置程序 隔离泄漏污染区，限制出入。建议应急处理人员戴防尘口罩，穿一般作业工作服，戴氯丁橡胶手套。尽可能切断泄漏源。用塑料布覆盖泄漏物，减少飞散。勿使水进入包装容器内

环境保护措施 无资料

泄漏化学品的收容、清除方法及所使用的处置材料 用洁净的铲子收集泄漏物，置于干净、干燥、盖子较松的容器中，将容器移离泄漏区

第七部分 操作处置与储存

操作注意事项 密闭操作，加强通风。操作人员必须经过专门培训，严格遵守操作规程。建议操作人员佩戴自吸过滤式防尘口罩，戴安全防护眼镜，穿连衣式防毒衣，戴氯丁橡胶手套。远离火种、热源。工作场所严禁吸烟。使用防爆型的通风系统和设备。避免产生粉尘。避免与氧化剂、酸类、碱类接触。搬运时要轻装轻卸，防止包装及容器损坏。配备相应品种和数量的消防器材及泄漏应急处理设备。倒空的容器可能残留有害物

储存注意事项 储存于阴凉、通风的库房。远离火种、热源。避免光照。包装要求密封，不可与空气接触。应与氧化剂、酸类、碱类分开存放，切忌混储。配备相应品种和数量的消防器材。储区应备有合适的材料收容泄漏物

第八部分 接触控制/个体防护

职业接触限值

中国 未制定标准

美国(ACGIH) 未制定标准

生物接触限值 未制定标准

监测方法 空气中有毒物质测定方法：未制定标准。生物监测检验方法：未制定标准

工程控制 生产过程密闭，加强通风。提供安全淋浴和洗眼设备

个体防护装备

呼吸系统防护 生产操作或农业使用时，建议佩戴过滤式防尘呼吸器或过滤式防毒面具（半面罩）。紧急事态抢救或撤离时，应该佩戴空气呼吸器

眼睛防护 戴安全防护眼镜

皮肤和身体防护 穿连衣式防毒衣

手防护 戴橡胶手套

第九部分 理化特性

外观与性状 纯品为无色晶体，工业品为橙黄色或淡黄色水溶液，呈弱碱性，有氨及硫化氢臭味

pH 值 无意义 **熔点(℃)** 72.5～72.8

沸点(℃) 无资料 **相对密度(水＝1)** 无资料

相对蒸气密度(空气＝1) 无资料

饱和蒸气压(kPa) 无资料

燃烧热(kJ/mol) 无资料 **临界温度(℃)** 无资料

临界压力(MPa) 无资料 **辛醇/水分配系数** 无资料

闪点(℃) 无意义 **自燃温度(℃)** 无资料

爆炸下限(%) 无资料 **爆炸上限(%)** 无资料

分解温度(℃) 无资料 **黏度(mPa·s)** 无资料

溶解性 溶于水，微溶于乙醇、丙酮，不溶于苯等有机溶剂

第十部分 稳定性和反应性

稳定性 稳定

危险反应 与强氧化剂等禁配物发生反应

避免接触的条件 受热、光照

禁配物 强氧化剂、强酸、强碱

危险的分解产物 硫化物

第十一部分 毒理学信息

急性毒性 LD_{50}：450mg/kg（大鼠经口）

皮肤刺激或腐蚀 无资料 **眼睛刺激或腐蚀** 无资料

呼吸或皮肤过敏 无资料 **生殖细胞突变性** 无资料

致癌性 无资料 **生殖毒性** 无资料

特异性靶器官系统毒性-一次接触 无资料

特异性靶器官系统毒性-反复接触 无资料

吸入危害 无资料

第十二部分 生态学信息

生态毒性 根据结构类似物质的毒性数据推测，该物质对水生生物有极高毒性

持久性和降解性

生物降解性 无资料

非生物降解性 无资料

潜在的生物累积性 无资料

土壤中的迁移性 无资料

第十三部分 废弃处置

废弃化学品 建议用焚烧法处置。焚烧炉排出的气体要通过洗涤器除去

污染包装物 将容器返还生产商或按照国家和地方法规处置

废弃注意事项 处置前应参阅国家和地方有关法规

第十四部分 运输信息

联合国危险货物编号（UN 号） 3077（固体）；3082（溶液）

联合国运输名称 对环境有害的固态物质，未另作规定的（代森铵）（固体）；对环境有害的液态物质，未另作规定的（代森铵）（溶液）

联合国危险性类别 9

包装类别 Ⅲ类包装 **包装标志**

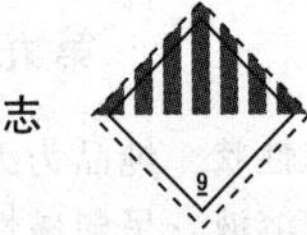

海洋污染物 是

运输注意事项 运输前应先检查包装容器是否完整、密封，运输过程中要确保容器不泄漏、不倒塌、不坠落、不损坏。严禁与酸类、氧化剂、食品及食品添加剂混运。运输车辆应配备相应品种和数量的消防器材及泄漏应急处理设备。运输途中应防曝晒、雨淋，防高温

第十五部分 法规信息

下列法律、法规、规章和标准，对该化学品的管理作了相应的规定。

中华人民共和国职业病防治法 职业病分类和目录：未列入

危险化学品安全管理条例 危险化学品目录：未列入。易制爆危险化学品名录：未列入。重点监管的危险化学品名录：未列入。GB 18218—2009《危险化学品重大危险源辨识》（表1）：未列入

使用有毒物品作业场所劳动保护条例 高毒物品目录：未列入

易制毒化学品管理条例 易制毒化学品的分类和品种目录：未列入

国际公约 斯德哥尔摩公约：未列入。鹿特丹公约：未列入。蒙特利尔议定书：未列入

第十六部分 其他信息

编写和修订信息 **缩略语和首字母缩写**

培训建议 **参考文献**

免责声明

代 森 钠

第一部分 化学品标识

化学品中文名 代森钠；1,2-亚乙基双二硫代氨基甲酸钠

化学品英文名 nabam；disodium ethylene-1,2-bis-dithiocarbamate；dithane D-14

分子式 $C_4H_6N_2Na_2S_4$ **相对分子质量** 256.35

结构式 Na–S–C(=S)–NH–CH₂CH₂–NH–C(=S)–S–Na

化学品的推荐及限制用途 用作农用杀菌剂

第二部分 危险性概述

紧急情况概述 吞咽有害，可能导致皮肤过敏反应

GHS危险性类别 急性毒性-经口，类别4；皮肤致敏物，类别1；特异性靶器官毒性—一次接触，类别3（呼吸道刺激）；危害水生环境-急性危害，类别1；危害水生环境-长期危害，类别1

标签要素

象形图

警示词 警告

危险性说明 吞咽有害，可能导致皮肤过敏反应，可能引起呼吸道刺激，对水生生物毒性非常大并具有长期持续影响

防范说明

预防措施 避免接触眼睛、皮肤，操作后彻底清洗。作业场所不得进食、饮水或吸烟。避免吸入粉尘。污染的工作服不得带出工作场所。戴防护手套。禁止排入环境

事故响应 如皮肤接触：用大量肥皂水和水清洗。如出现皮肤刺激或皮疹：就医。污染的衣服清洗后方可重新使用。食入：漱口。如果感觉不适，立即呼叫中毒控制中心或就医。收集泄漏物

安全储存 -

废弃处置 本品及内装物、容器依据国家和地方法规处置

物理和化学危险 可燃，其粉体与空气混合，能形成爆炸性混合物

健康危害 对眼、上呼吸道有刺激作用。对皮肤有刺激性和致敏作用。有致甲状腺肿作用。高浓度对中枢神经系统有抑制作用。饮酒后接触本品可致剧吐。大量口服可致死

环境危害 对水生生物毒性非常大并具有长期持续影响

第三部分 成分/组成信息

√物质		混合物
组分	**浓度**	**CAS No.**
代森钠		142-59-6

第四部分 急救措施

吸入 迅速脱离现场至空气新鲜处。保持呼吸道通畅。如呼吸困难，给输氧。如呼吸、心跳停止，立即进行心肺复苏术。就医

皮肤接触 立即脱去污染的衣着，用流动清水彻底冲洗。就医

眼睛接触 立即分开眼睑，用流动清水或生理盐水彻底冲洗。就医

食入 漱口，饮水，催吐（仅限于清醒者）。就医

对保护施救者的忠告 根据需要使用个人防护设备

对医生的特别提示 对症处理

第五部分 消防措施

灭火剂 用抗溶性泡沫、干粉、砂土灭火

特别危险性 受热分解，放出氮、硫的氧化物等毒性气体。燃烧生成有害的一氧化碳、氮氧化物、硫氧化

物、氧化钠

灭火注意事项及防护措施 消防人员须佩戴防毒面具、穿全身消防服，在上风向灭火。尽可能将容器从火场移至空旷处。喷水保持火场容器冷却，直至灭火结束

第六部分 泄漏应急处理

作业人员防护措施、防护装备和应急处置程序 隔离泄漏污染区，限制出入。建议应急处理人员戴防尘口罩，穿防毒服，戴氯丁橡胶手套。穿上适当的防护服前严禁接触破裂的容器和泄漏物。尽可能切断泄漏源。用塑料布覆盖泄漏物，减少飞散。勿使水进入包装容器内

环境保护措施 无资料

泄漏化学品的收容、清除方法及所使用的处置材料 用洁净的铲子收集泄漏物，置于干净、干燥、盖子较松的容器中，将容器移离泄漏区

第七部分 操作处置与储存

操作注意事项 密闭操作，加强通风。操作人员必须经过专门培训，严格遵守操作规程。建议操作人员佩戴自吸过滤式防尘口罩，戴安全防护眼镜，穿连衣式防毒衣，戴氯丁橡胶手套。远离火种、热源。工作场所严禁吸烟。使用防爆型的通风系统和设备。避免与氧化剂、酸类、碱类接触。搬运时要轻装轻卸，防止包装及容器损坏。配备相应品种和数量的消防器材及泄漏应急处理设备。倒空的容器可能残留有害物

储存注意事项 储存于阴凉、通风的库房。远离火种、热源。避免光照。包装要求密封，不可与空气接触。应与氧化剂、酸类、碱类等分开存放，切忌混储。配备相应品种和数量的消防器材。储区应备有合适的材料收容泄漏物

第八部分 接触控制/个体防护

职业接触限值

中国 未制定标准

美国(ACGIH) 未制定标准

生物接触限值 未制定标准

监测方法 空气中有毒物质测定方法：未制定标准。生物监测检验方法：未制定标准

工程控制 生产过程密闭，加强通风。提供安全淋浴和洗眼设备

个体防护装备

呼吸系统防护 生产操作或农业使用时，建议佩戴过滤式防尘呼吸器或过滤式防毒面具（半面罩）。紧急事态抢救或撤离时，应该佩戴空气呼吸器

眼睛防护 戴安全防护眼镜

皮肤和身体防护 穿连衣式防毒衣

手防护 戴橡胶手套

第九部分 理化特性

外观与性状 无色晶状固体，有硫样臭味

pH值 无意义 **熔点(℃)** 分解

沸点(℃) 无资料

相对密度(水=1) 1.14（20℃）

相对蒸气密度(空气=1) 无资料

饱和蒸气压(kPa) 无资料

燃烧热(kJ/mol) 无资料 **临界温度(℃)** 无资料

临界压力(MPa) 无资料 **辛醇/水分配系数** −4.240

闪点(℃) 无意义 **自燃温度(℃)** 无资料

爆炸下限(%) 无资料 **爆炸上限(%)** 无资料

分解温度(℃) 无资料 **黏度(mPa·s)** 无资料

溶解性 溶于水，不溶于普通有机溶剂

第十部分 稳定性和反应性

稳定性 稳定

危险反应 与强氧化剂等禁配物发生反应

避免接触的条件 受热、光照

禁配物 强氧化剂、强酸、强碱

危险的分解产物 硫化物

第十一部分 毒理学信息

急性毒性 LD_{50}：395mg/kg（大鼠经口）；580mg/kg（小鼠经口）

皮肤刺激或腐蚀 无资料 **眼睛刺激或腐蚀** 无资料

呼吸或皮肤过敏 无资料

生殖细胞突变性 微生物致突变：未明确生物种类 1000ppm

致癌性 无资料

生殖毒性 小鼠皮下最低中毒剂量（TDLo）：194mg/kg（孕后6～15d用药），对胎盘外部结构有影响，胎鼠死亡

特异性靶器官系统毒性-一次接触 无资料

特异性靶器官系统毒性-反复接触 有致甲状腺肿作用

吸入危害 无资料

第十二部分 生态学信息

生态毒性

LC_{50} 5.8mg/L（96h）（孔雀鱼）；0.44mg/L（48h）（水蚤）

EC_{50} 102mg/L（15min）(发光菌)；2.4mg/L（96h）（单细胞绿藻）

持久性和降解性

生物降解性 无资料

非生物降解性 无资料

潜在的生物累积性 根据 K_{ow} 值预测，该物质的生物累积性可能较弱

土壤中的迁移性 根据 K_{oc} 值预测，该物质可能易发生迁移

第十三部分 废弃处置

废弃化学品 建议用焚烧法处置。焚烧炉排出的气体要通过洗涤器除去

污染包装物 将容器返还生产商或按照国家和地方法规处置

废弃注意事项 处置前应参阅国家和地方有关法规

第十四部分 运输信息

联合国危险货物编号（UN号） 3077

联合国运输名称 对环境有害的固态物质，未另作规定的（代森钠）

联合国危险性类别 9

包装类别 Ⅲ类包装 **包装标志** 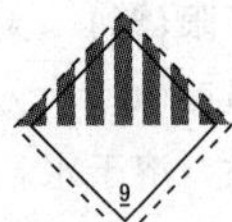

海洋污染物 是

运输注意事项 运输前应先检查包装容器是否完整、密封，运输过程中要确保容器不泄漏、不倒塌、不坠落、不损坏。严禁与酸类、氧化剂、食品及食品添加剂混运。运输车辆应配备相应品种和数量的消防器材及泄漏应急处理设备。运输途中应防曝晒、雨淋，防高温

第十五部分 法规信息

下列法律、法规、规章和标准，对该化学品的管理作了相应的规定。

中华人民共和国职业病防治法 职业病分类和目录：未列入

危险化学品安全管理条例 危险化学品目录：列入。易制爆危险化学品名录：未列入。重点监管的危险化学品名录：未列入。GB 18218—2009《危险化学品重大危险源辨识》（表1）：未列入

使用有毒物品作业场所劳动保护条例 高毒物品目录：未列入

易制毒化学品管理条例 易制毒化学品的分类和品种目录：未列入

国际公约 斯德哥尔摩公约：未列入。鹿特丹公约：未列入。蒙特利尔议定书：未列入

第十六部分 其他信息

编写和修订信息 **缩略语和首字母缩写**

培训建议 **参考文献**

免责声明

代 森 锌

第一部分 化学品标识

化学品中文名 代森锌；1,2-亚乙基双二硫代氨基甲酸锌

化学品英文名 zinc ethylenebis（dithiocarbamate）；ethylene bis（dithiocarbamato）zinc；dithane Z-78；zineb

分子式 $C_4H_6N_2S_4Zn$ **相对分子质量** 275.73

结构式 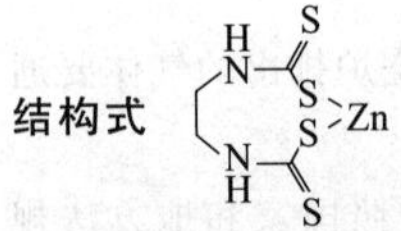

化学品的推荐及限制用途 用作硫化促进剂、农用杀虫剂和杀菌剂，有65%及80%可湿性粉剂

第二部分 危险性概述

紧急情况概述 可能导致皮肤过敏反应

GHS危险性类别 急性毒性-经口，类别4；急性毒性-经皮，类别5；皮肤致敏物，类别1；特异性靶器官毒性-一次接触，类别3（呼吸道刺激）；危害水生环境-急性危害，类别1；危害水生环境-长期危害，类别1

标签要素

象形图 

警示词 警告

危险性说明 吞咽有害，皮肤接触可能有害，可能导致皮肤过敏反应，可能引起呼吸道刺激，对水生生物毒性非常大并具有长期持续影响

防范说明

预防措施 避免接触眼睛、皮肤，操作后彻底清洗。作业场所不得进食、饮水或吸烟。避免吸入粉尘。污染的工作服不得带出工作场所。戴防护手套。禁止排入环境

事故响应 如皮肤接触：用大量肥皂水和水清洗。如出现皮肤刺激或皮疹：就医。污染的衣服清洗后方可重新使用。食入：漱口。如果感觉不适，立即呼叫中毒控制中心或就医。收集泄漏物

安全储存 -

废弃处置 本品及内装物、容器依据国家和地方法规处置

物理和化学危险 可燃，其粉体与空气混合能形成爆炸性混合物

健康危害 对皮肤、黏膜有刺激作用，可引起接触性皮炎和皮肤过敏现象。口服中毒有消化道症状。重者可发生休克、呼吸衰竭、肾衰竭。长期接触可引起肝、肾损害

环境危害 对水生生物毒性非常大并具有长期持续影响

第三部分 成分/组成信息

√物质		混合物
组分	**浓度**	**CAS No.**
代森锌		12122-67-7

第四部分 急救措施

吸入 迅速脱离现场至空气新鲜处。保持呼吸道通畅。如呼吸困难，给输氧。如呼吸、心跳停止，立即进行心肺复苏术。就医

皮肤接触 立即脱去污染的衣着，用流动清水彻底冲洗。就医

眼睛接触 立即分开眼睑，用流动清水或生理盐水彻底冲洗。就医

食入 漱口，饮水，催吐（仅限于清醒者）。就医

对保护施救者的忠告 根据需要使用个人防护设备

对医生的特别提示 对症处理

第五部分 消防措施

灭火剂 用泡沫、干粉、砂土灭火

特别危险性 受热分解，放出氮、硫的氧化物等毒性气体。燃烧生成有害的一氧化碳、氮氧化物、硫氧化物、氧化锌

灭火注意事项及防护措施 消防人员必须佩戴空气呼吸器、穿全身防火防毒服，在上风向灭火。尽可能将容器从火场移至空旷处。喷水保持火场容器冷却，直至灭火结束

第六部分 泄漏应急处理

作业人员防护措施、防护装备和应急处置程序 隔离泄漏污染区，限制出入。消除所有点火源。建议应急处理人员戴防尘口罩，穿防毒服，戴氯丁橡胶手套。作业时使用的所有设备应接地。禁止接触或跨越泄漏物。尽可能切断泄漏源。用塑料布覆盖泄漏物，减少飞散。勿使水进入包装容器内

环境保护措施 无资料

泄漏化学品的收容、清除方法及所使用的处置材料 用洁净的铲子收集泄漏物，置于干净、干燥、盖子较松的容器中，将容器移离泄漏区

第七部分 操作处置与储存

操作注意事项 密闭操作，提供良好的自然通风条件。操作人员必须经过专门培训，严格遵守操作规程。建议操作人员佩戴自吸过滤式防尘口罩，戴化学安全防护眼镜，穿胶布防毒衣，戴橡胶手套。远离火种、热源。工作场所严禁吸烟。使用防爆型的通风系统和设备。避免产生粉尘。避免与氧化剂、酸类、碱类接触。搬运时要轻装轻卸，防止包装及容器损坏。配备相应品种和数量的消防器材及泄漏应急处理设备。倒空的容器可能残留有害物

储存注意事项 储存于阴凉、通风的库房。远离火种、热源。避免光照。包装要求密封，不可与空气接触。应与氧化剂、酸类、碱类分开存放，切忌混储。配备相应品种和数量的消防器材。储区应备有合适的材料收容泄漏物

第八部分 接触控制/个体防护

职业接触限值

中国 未制定标准

美国(ACGIH) 未制定标准

生物接触限值 未制定标准

监测方法 空气中有毒物质测定方法：未制定标准。生物监测检验方法：未制定标准

工程控制 密闭操作。提供良好的自然通风条件。提供安全淋浴和洗眼设备

个体防护装备

呼吸系统防护 生产操作或农业使用时，建议佩戴过滤式防尘呼吸器。高浓度环境中，必须佩戴空气呼吸器

眼睛防护 戴化学安全防护眼镜

皮肤和身体防护 穿隔绝式防毒服

手防护 戴橡胶手套

第九部分 理化特性

外观与性状 灰白色粉末，工业品为淡黄色粉末，略带臭鸡蛋味，吸湿性强

pH 值 无意义 **熔点(℃)** 分解

沸点(℃) 无资料

相对密度(水=1) 1.74 (20℃)

相对蒸气密度(空气=1) 无资料

饱和蒸气压(kPa) 无资料

燃烧热(kJ/mol) 无资料 **临界温度(℃)** 无资料

临界压力(MPa) 无资料 **辛醇/水分配系数** 1.3

闪点(℃) 无意义 **自燃温度(℃)** 无资料

爆炸下限(%) 无资料 **爆炸上限(%)** 无资料

分解温度(℃) 无资料 **黏度(mPa·s)** 无资料

溶解性 不溶于水，溶于二硫化碳、吡啶，不溶于多数有机溶剂

第十部分 稳定性和反应性

稳定性 稳定

危险反应 与强氧化剂等禁配物发生反应

避免接触的条件 光照

禁配物 强氧化剂、强酸、强碱

危险的分解产物 硫化物

第十一部分 毒理学信息

急性毒性

LD_{50} ＞5200mg/kg (大鼠经口)

LC_{50} 1850mg/m^3 (大鼠吸入)

皮肤刺激或腐蚀 无资料

眼睛刺激或腐蚀 无资料

呼吸或皮肤过敏 无资料

生殖细胞突变性 微生物致突变：枯草杆菌1000ppm。姐妹染色单体交换：人淋巴细胞 10mg/L。DNA 抑制：人淋巴细胞 10mg/L。细胞遗传学分析：人吸入 500μg/m^3 (7h，3a) (间断性)。微核试验：人淋巴细胞 25mg/L (72h)

致癌性 IARC 致癌性评论：组 3，现有的证据不能对人类致癌性进行分类。对人及动物致癌性证据不足

生殖毒性 大鼠孕后 13d 经口给予最低中毒剂量 (TDLo) 4g/kg，致颅面部 (包括鼻、舌)、肌肉骨骼系统、眼、耳发育畸形。大鼠孕后 6～19d 经口给予最低中毒剂量 (TDLo) 28g/kg，致中枢神经系统、肌肉骨骼系统发育畸形。大鼠经口最低中毒剂量 (TDLo)：4g/kg (孕后用药 13d)，对胎鼠中枢神经系统、肌肉骨骼系统、颅面发育有影响

特异性靶器官系统毒性-一次接触 无资料

特异性靶器官系统毒性-反复接触 长期接触可能有致甲状腺肿作用

吸入危害 无资料

第十二部分　生态学信息

生态毒性　LC_{50}：7.2mg/L (96h)（孔雀鱼）；0.97mg/L (48h)（水蚤）

持久性和降解性

生物降解性　无资料

非生物降解性　空气中，当羟基自由基浓度为5.00×10^5个/cm^3时，降解半衰期为2.5h（理论）；当pH值为3.8、5.7、7.0、8.0时，水解半衰期分别为9min、6.5h、96h、405h

潜在的生物累积性　金色圆腹雅罗鱼3d，BCF<10；藻类1d，BCF约为170

土壤中的迁移性　根据K_{oc}值预测，该物质可能易发生迁移

第十三部分　废弃处置

废弃化学品　建议用焚烧法处置。焚烧炉排出的气体要通过洗涤器除去

污染包装物　将容器返还生产商或按照国家和地方法规处置

废弃注意事项　处置前应参阅国家和地方有关法规

第十四部分　运输信息

联合国危险货物编号（UN号）　3077

联合国运输名称　对环境有害的固态物质，未另作规定的（代森锌）

联合国危险性类别　9

包装类别　Ⅲ类包装　　**包装标志**

海洋污染物　是

运输注意事项　运输前应先检查包装容器是否完整、密封，运输过程中要确保容器不泄漏、不倒塌、不坠落、不损坏。严禁与酸类、氧化剂、食品及食品添加剂混运。运输车辆应配备相应品种和数量的消防器材及泄漏应急处理设备。运输途中应防曝晒、雨淋，防高温

第十五部分　法规信息

下列法律、法规、规章和标准，对该化学品的管理作了相应的规定。

中华人民共和国职业病防治法　职业病分类和目录：未列入

危险化学品安全管理条例　危险化学品目录：未列入。易制爆危险化学品名录：未列入。重点监管的危险化学品名录：未列入。GB 18218—2009《危险化学品重大危险源辨识》（表1）：未列入

使用有毒物品作业场所劳动保护条例　高毒物品目录：未列入

易制毒化学品管理条例　易制毒化学品的分类和品种目录：未列入

国际公约　斯德哥尔摩公约：未列入。鹿特丹公约：未列入。蒙特利尔议定书：未列入

第十六部分　其他信息

编写和修订信息　　**缩略语和首字母缩写**

培训建议　　**参考文献**

免责声明

氮

第一部分　化学品标识

化学品中文名　氮；氮气

化学品英文名　nitrogen；nitrogen gas

分子式　N_2　**相对分子质量**　28.01

化学品的推荐及限制用途　用于合成氨，制硝酸，用作物质保护剂、冷冻剂等

第二部分　危险性概述

紧急情况概述　内装加压气体：遇热可能爆炸

GHS危险性类别　加压气体

标签要素

象形图

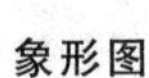

警示词　警告

危险性说明　内装加压气体：遇热可能爆炸

防范说明

预防措施　-

事故响应　-

安全储存　防日晒。存放在通风良好的地方

废弃处置　-

物理和化学危险　不燃，无特殊燃爆特性

健康危害　常压下氮气无毒。当作业环境中氮气浓度增高、氧气相对减少时，引起单纯性窒息作用。当氮浓度大于84%时，可出现头晕、头痛、眼花、恶心、呕吐、呼吸加快、脉率增加、血压升高、胸部压迫感，甚至失去知觉，出现阵发性痉挛、紫绀、瞳孔缩小等缺氧症状，如不及时脱离环境，可致死亡。氮麻醉出现一系列神经精神症状及共济失调，严重时出现昏迷。高压下氮气可引起减压病。液态氮具有低温作用，皮肤接触时可引起严重冻伤

环境危害　无环境危害

第三部分　成分/组成信息

√物质		混合物
组分	浓度	CAS No.
氮		7727-37-9

第四部分　急救措施

吸入　迅速脱离现场至空气新鲜处。保持呼吸道通畅。如呼吸困难，给输氧。如呼吸、心跳停止，立即进行心肺复苏术。就医

皮肤接触　如发生冻伤，用温水（38～42℃）复温，忌用

热水或辐射热，不要揉搓。就医

对保护施救者的忠告 根据需要使用个人防护设备

对医生的特别提示 对症处理

第五部分 消防措施

灭火剂 本品不燃。根据着火原因选择适当灭火剂灭火

特别危险性 若遇高热，容器内压增大，有开裂和爆炸的危险

灭火注意事项及防护措施 喷水冷却容器，尽可能将容器从火场移至空旷处

第六部分 泄漏应急处理

作业人员防护措施、防护装备和应急处置程序 大量泄漏：根据气体的影响区域划定警戒区，无关人员从侧风、上风向撤离至安全区。建议应急处理人员戴正压自给式呼吸器，穿一般作业工作服。液化气体泄漏时穿防寒服。尽可能切断泄漏源

环境保护措施 无资料

泄漏化学品的收容、清除方法及所使用的处置材料 漏出气允许排入大气中。泄漏场所保持通风

第七部分 操作处置与储存

操作注意事项 密闭操作，提供良好的自然通风条件。操作人员必须经过专门培训，严格遵守操作规程。防止气体泄漏到工作场所空气中。搬运时轻装轻卸，防止钢瓶及附件破损。配备泄漏应急处理设备

储存注意事项 储存于阴凉、通风的不燃气体专用库房。远离火种、热源。库温不宜超过 30℃。储区应备有泄漏应急处理设备

第八部分 接触控制/个体防护

职业接触限值

中国 未制定标准

美国(ACGIH) 未制定标准

生物接触限值 未制定标准

监测方法 空气中有毒物质测定方法：未制定标准。生物监测检验方法：未制定标准

工程控制 密闭操作。提供良好的自然通风条件

个体防护装备

呼吸系统防护 一般不需特殊防护。当作业场所空气中氧气浓度低于 18%时，必须佩戴空气呼吸器或长管面具

眼睛防护 一般不需特殊防护

皮肤和身体防护 穿一般作业工作服

手防护 戴一般作业防护手套

第九部分 理化特性

外观与性状 无色、无味、压缩气体

pH 值 无意义 **熔点(℃)** －209.9

沸点(℃) －196

相对密度(水=1) 0.81 (－196℃)

相对蒸气密度(空气=1) 0.97

饱和蒸气压(kPa) 1026.42 (－173℃)

燃烧热(kJ/mol) 无资料 **临界温度(℃)** －147.1

临界压力(MPa) 3.40 **辛醇/水分配系数** 0.67

闪点(℃) 无意义 **引燃温度(℃)** 无意义

爆炸下限(%) 无意义 **爆炸上限(%)** 无意义

分解温度(℃) 无资料

黏度(mPa·s) 0.17 (10℃)

溶解性 微溶于水、乙醇，溶于液氨

第十部分 稳定性和反应性

稳定性 稳定

危险反应 无资料

避免接触的条件 无资料

禁配物 无资料

危险的分解产物 无意义

第十一部分 毒理学信息

急性毒性 无资料 **皮肤刺激或腐蚀** 无资料

眼睛刺激或腐蚀 无资料 **呼吸或皮肤过敏** 无资料

生殖细胞突变性 无资料 **致癌性** 无资料

生殖毒性 无资料

特异性靶器官系统毒性-一次接触 无资料

特异性靶器官系统毒性-反复接触 无资料

吸入危害 无资料

第十二部分 生态学信息

生态毒性 无资料

持久性和降解性

生物降解性 不适用

非生物降解性 不适用

潜在的生物累积性 无资料

土壤中的迁移性 无资料

第十三部分 废弃处置

废弃化学品 废气直接排入大气

污染包装物 将容器返还生产商或按照国家和地方法规处置

废弃注意事项 处置前应参阅国家和地方有关法规

第十四部分 运输信息

联合国危险货物编号(UN 号) 1066 (压缩)；1977 (液化)

联合国运输名称 压缩氮 (压缩)；冷冻液态氮 (液化)

联合国危险性类别 2.2

包装类别 - **包装标志**

海洋污染物 否

运输注意事项 采用钢瓶运输时必须戴好钢瓶上的安全帽。钢瓶一般平放，并应将瓶口朝同一方向，不可交叉；高度不得超过车辆的防护栏板，并用三角木垫卡牢，防止滚动。严禁与易燃物或可燃物等混装混运。夏季应早晚运输，防止日光曝晒。铁路运输时要禁止

溜放

第十五部分　法规信息

下列法律、法规、规章和标准，对该化学品的管理作了相应的规定。

中华人民共和国职业病防治法　职业病分类和目录：未列入

危险化学品安全管理条例　危险化学品目录：列入。易制爆危险化学品名录：未列入。重点监管的危险化学品名录：列入。GB 18218—2009《危险化学品重大危险源辨识》（表1）：未列入

使用有毒物品作业场所劳动保护条例　高毒物品目录：未列入

易制毒化学品管理条例　易制毒化学品的分类和品种目录：未列入

国际公约　斯德哥尔摩公约：未列入。鹿特丹公约：未列入。蒙特利尔议定书：未列入

第十六部分　其他信息

编写和修订信息　**缩略语和首字母缩写**

培训建议　**参考文献**

免责声明

敌　百　虫

第一部分　化学品标识

化学品中文名　敌百虫；二甲基-(2,2,2-三氯-1-羟基乙基)膦酸酯

化学品英文名　*O*,*O*-dimethyl (2,2,2-tri-chloro-1-hydroxy-ethyl) phosphonate；trichlorfon；dipterex

分子式　$C_4H_8Cl_3O_4P$　**相对分子质量**　257.44

结构式

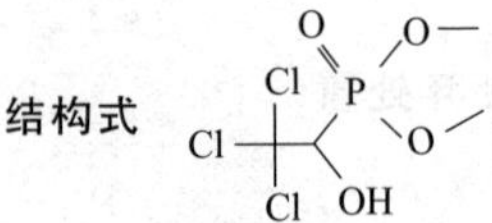

化学品的推荐及限制用途　用作杀虫剂

第二部分　危险性概述

紧急情况概述　可能导致皮肤过敏反应

GHS 危险性类别　急性毒性-经口，类别4；皮肤致敏物，类别1；危害水生环境-急性危害，类别1；危害水生环境-长期危害，类别1

标签要素

象形图

警示词　警告

危险性说明　吞咽有害，可能导致皮肤过敏反应，对水生生物毒性非常大并具有长期持续影响

防范说明

预防措施　避免接触眼睛、皮肤，操作后彻底清洗。作业场所不得进食、饮水或吸烟。避免吸入粉尘。污染的工作服不得带出工作场所。戴防护手套。禁止排入环境

事故响应　如皮肤接触：用大量肥皂水和水清洗。如出现皮肤刺激或皮疹：就医。污染的衣服清洗后方可重新使用。食入：漱口。如果感觉不适，立即呼叫中毒控制中心或就医。收集泄漏物

安全储存　-

废弃处置　本品及内装物、容器依据国家和地方法规处置

物理和化学危险　可燃，其粉体与空气混合能形成爆炸性混合物

健康危害　抑制胆碱酯酶，造成神经生理功能紊乱。出现毒蕈碱样和烟碱样症状

急性中毒　短期内大量接触引起急性中毒。表现有头痛、头昏、食欲减退、恶心、呕吐、腹痛、腹泻、流涎、瞳孔缩小、呼吸道分泌物增多、多汗、肌束震颤等。重者出现肺水肿、脑水肿、昏迷、呼吸中枢麻痹。部分病例可有心、肝、肾损害。少数严重病例在意识恢复后数周或数月发生周围神经病。个别严重病例可发生迟发性猝死。可引起皮炎。血胆碱酯酶活性下降

慢性中毒　尚有争论。有神经衰弱综合征、多汗、肌束震颤等。血胆碱酯酶活性降低

环境危害　对水生生物毒性非常大并具有长期持续影响

第三部分　成分/组成信息

√物质		混合物
组分	**浓度**	**CAS No.**
敌百虫		52-68-6

第四部分　急救措施

吸入　迅速脱离现场至空气新鲜处。保持呼吸道通畅。如呼吸困难，给输氧。如呼吸、心跳停止，立即进行心肺复苏术。就医

皮肤接触　立即脱去污染的衣着，用肥皂水及流动清水彻底冲洗污染的皮肤、头发、指甲等。就医

眼睛接触　分开眼睑，用流动清水或生理盐水冲洗。就医

食入　饮足量温水，催吐（仅限于清醒者）。口服活性炭。就医

对保护施救者的忠告　根据需要使用个人防护设备

对医生的特别提示　解毒剂：阿托品、胆碱酯酶复能剂

第五部分　消防措施

灭火剂　用抗溶性泡沫、干粉、砂土灭火

特别危险性　受热分解，放出氧化磷和氯化物等毒性气体。与强氧化剂接触可发生化学反应。燃烧生成有害的一氧化碳、氯化氢、氧化磷

灭火注意事项及防护措施　消防人员必须佩戴空气呼吸器、穿全身防火防毒服，在上风向灭火。尽可能将容器从火场移至空旷处。喷水保持火场容器冷却，直至灭火结束

第六部分　泄漏应急处理

作业人员防护措施、防护装备和应急处置程序　隔离泄漏

污染区，限制出入。建议应急处理人员戴防尘口罩，穿防毒服，戴氯丁橡胶手套。穿上适当的防护服前严禁接触破裂的容器和泄漏物。尽可能切断泄漏源。用塑料布覆盖泄漏物，减少飞散。勿使水进入包装容器内

环境保护措施 无资料

泄漏化学品的收容、清除方法及所使用的处置材料 用洁净的铲子收集泄漏物，置于干净、干燥、盖子较松的容器中，将容器移离泄漏区

第七部分 操作处置与储存

操作注意事项 密闭操作，加强通风。操作人员必须经过专门培训，严格遵守操作规程。建议操作人员佩戴头罩型电动送风过滤式防尘呼吸器，穿防毒物渗透工作服，戴氯丁橡胶手套。远离火种、热源。工作场所严禁吸烟。使用防爆型的通风系统和设备。避免产生粉尘。避免与氧化剂、碱类接触。搬运时要轻装轻卸，防止包装及容器损坏。配备相应品种和数量的消防器材及泄漏应急处理设备。倒空的容器可能残留有害物

储存注意事项 储存于阴凉、通风的库房。远离火种、热源。包装密封。应与氧化剂、碱类分开存放，切忌混储。配备相应品种和数量的消防器材。储区应备有合适的材料收容泄漏物

第八部分 接触控制/个体防护

职业接触限值

中国 PC-TWA：0.5mg/m^3；PC-STEL：1mg/m^3

美国(ACGIH) TLV-TWA：1mg/m^3（可吸入性颗粒物）

生物接触限值 全血胆碱酯酶活性（校正值）原基础值或参考值的70%（采样时间：开始接触后的3个月内），原基础值或参考值的50%（采样时间：持续接触3个月后，任意时间）

监测方法 空气中有毒物质测定方法：二硝基苯肼分光光度法。生物监测检验方法：血中胆碱酯酶活性的分光光度测定方法——羟胺三氯化铁法；血中胆碱酯酶活性的分光光度测定方法——硫代乙酰胆碱-联硫代双硝基苯甲酸法。溶剂解吸-气相色谱法

工程控制 生产过程密闭，加强通风。提供安全淋浴和洗眼设备

个体防护装备

呼吸系统防护 生产操作或农业使用时，建议佩戴过滤式防尘呼吸器

眼睛防护 戴化学安全防护眼镜

皮肤和身体防护 穿防毒物渗透工作服

手防护 戴橡胶手套

第九部分 理化特性

外观与性状 纯品为白色结晶，有醛类气味

pH值 无意义 **熔点(℃)** 83～84

沸点(℃) 100（0.133kPa）**相对密度(水=1)** 1.73

相对蒸气密度(空气=1) 无资料

饱和蒸气压(kPa) 13.33（100℃）

燃烧热(kJ/mol) 无资料 **临界温度(℃)** 无资料

临界压力(MPa) 无资料 **辛醇/水分配系数** 0.51

闪点(℃) 无意义 **自燃温度(℃)** 无资料

爆炸下限(%) 无资料 **爆炸上限(%)** 无资料

分解温度(℃) 无资料 **黏度(mPa·s)** 无资料

溶解性 溶于水、氯仿，不溶于汽油

第十部分 稳定性和反应性

稳定性 稳定

危险反应 与强氧化剂等禁配物发生反应

避免接触的条件 受热

禁配物 强氧化剂、强碱

危险的分解产物 氯化氢、氧化磷

第十一部分 毒理学信息

急性毒性 LD_{50}：400～900mg/kg（大鼠经口）；500mg/kg（兔经皮）

皮肤刺激或腐蚀 无资料

眼睛刺激或腐蚀 家兔经眼：120mg（6d，间歇），轻度刺激

呼吸或皮肤过敏 无资料

生殖细胞突变性 微生物致突变性：鼠伤寒沙门氏菌3400nmol/皿。哺乳动物体细胞突变性：小鼠淋巴细胞80mg/L。姐妹染色单体交换：仓鼠肺20mg/L。程序外DNA合成：人成纤维细胞100mg/L。细胞遗传学分析：人白细胞40mg/L

致癌性 IARC致癌性评论：组3，现有的证据不能对人类致癌性进行分类。对人及动物致癌性证据不足

生殖毒性 大鼠孕后6～15d经口给予最低中毒剂量（TDLo）1450mg/kg，致中枢神经系统、颅面部（包括鼻、舌）和肌肉骨骼系统发育畸形。小鼠孕后7～16d经口给予最低中毒剂量（TDLo）3g/kg，致泌尿生殖系统发育畸形。大鼠经口最低中毒剂量（TDLo）：1450mg/kg（孕6～15d），致中枢神经系统发育、颅面发育、肌肉骨骼发育异常

特异性靶器官系统毒性-一次接触 无资料

特异性靶器官系统毒性-反复接触 无资料

吸入危害 无资料

第十二部分 生态学信息

生态毒性

LC_{50} 1.4mg/L（96h）（虹鳟鱼）；0.94mg/L（96h）（蓝鳃太阳鱼）

EC_{50} 0.00018mg/L（48h）（水蚤）

持久性和降解性

生物降解性 无资料

非生物降解性 光解最大光吸收（nm）：<200；空气中光氧化半衰期（h）：1～101；一级水解半衰期（h）：68

潜在的生物累积性 根据K_{ow}值预测，该物质的生物累积性可能较弱

土壤中的迁移性 根据K_{oc}值预测，该物质可能易发生

迁移

第十三部分 废弃处置

废弃化学品 建议用焚烧法处置。与燃料混合后，再焚烧。焚烧炉排出的气体要通过洗涤器除去

污染包装物 将容器返还生产商或按照国家和地方法规处置

废弃注意事项 处置前应参阅国家和地方有关法规

第十四部分 运输信息

联合国危险货物编号（UN号） 3077

联合国运输名称 对环境有害的固态物质，未另作规定的（敌百虫）

联合国危险性类别 9

包装类别 Ⅲ类包装 **包装标志**

海洋污染物 是

运输注意事项 运输前应先检查包装容器是否完整、密封，运输过程中要确保容器不泄漏、不倒塌、不坠落、不损坏。严禁与酸类、氧化剂、食品及食品添加剂混运。运输车辆应配备相应品种和数量的消防器材及泄漏应急处理设备。运输途中应防曝晒、雨淋，防高温

第十五部分 法规信息

下列法律、法规、规章和标准，对该化学品的管理作了相应的规定。

中华人民共和国职业病防治法 职业病分类和目录：有机磷中毒

危险化学品安全管理条例 危险化学品目录：列入。易制爆危险化学品名录：未列入。重点监管的危险化学品名录：未列入。GB 18218—2009《危险化学品重大危险源辨识》（表 1）：未列入

使用有毒物品作业场所劳动保护条例 高毒物品目录：未列入

易制毒化学品管理条例 易制毒化学品的分类和品种目录：未列入

国际公约 斯德哥尔摩公约：未列入。鹿特丹公约：未列入。蒙特利尔议定书：未列入

第十六部分 其他信息

编写和修订信息 **缩略语和首字母缩写**

培训建议 **参考文献**

免责声明

敌 敌 畏

第一部分 化学品标识

化学品中文名 敌敌畏；*O*,*O*-二甲基-*O*-(2,2-二氯乙烯基）磷酸酯

化学品英文名 *O*,*O*-dimethyl-*O*-2,2-dichlorovinyl phosphate; dichlorvos; DDVP

分子式 $C_4H_7Cl_2O_4P$ **相对分子质量** 220.98

结构式

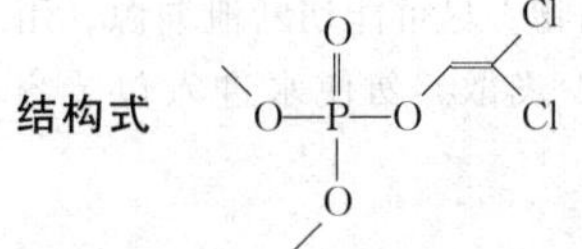

化学品的推荐及限制用途 用作杀虫剂、熏蒸剂

第二部分 危险性概述

紧急情况概述 吞咽会中毒，皮肤接触会中毒，吸入致命，可能导致皮肤过敏反应

GHS危险性类别 急性毒性-经口，类别 3；急性毒性-经皮，类别 3；急性毒性-吸入，类别 2；皮肤致敏物，类别 1；致癌性，类别 2；危害水生环境-急性危害，类别 1；危害水生环境-长期危害，类别 1

标签要素

象形图

警示词 危险

危险性说明 吞咽会中毒，皮肤接触会中毒，吸入致命，可能导致皮肤过敏反应，怀疑致癌，对水生生物毒性非常大并具有长期持续影响

防范说明

预防措施 避免接触眼睛、皮肤，操作后彻底清洗。作业场所不得进食、饮水或吸烟。戴防护手套、穿防护服。避免吸入蒸气、雾。仅在室外或通风良好处操作。戴呼吸防护器具。污染的工作服不得带出工作场所。得到专门指导后操作。在阅读并了解所有安全预防措施之前，切勿操作。按要求使用个体防护装备。禁止排入环境

事故响应 如吸入：将患者转移到空气新鲜处，休息，保持利于呼吸的体位。皮肤接触：用大量肥皂水和水清洗。如出现皮肤刺激或皮疹：就医。立即脱去所有被污染的衣服。被污染的衣服须经洗净后方可重新使用。食入：漱口。立即呼叫中毒控制中心或就医。如果接触或有担心，就医。收集泄漏物

安全储存 在通风良好处储存。保持容器密闭。上锁保管

废弃处置 本品及内装物、容器依据国家和地方法规处置

物理和化学危险 可燃，其蒸气与空气混合，能形成爆炸性混合物

健康危害 抑制体内胆碱酯酸，造成神经生理功能紊乱

急性中毒 短期内大量接触（口服、吸入、皮肤、黏膜）引起急性中毒。中毒表现有恶心、呕吐、腹痛、流涎、多汗、视物模糊、瞳孔缩小、呼吸道分泌物增加、呼吸困难、肺水肿、肌束震颤、肌麻痹。可出现中枢神经系统症状，重者有脑水肿。部分患者有心、肝、肾损害。少数重度中毒

者临床症状消失后数周出现周围神经病。重度中毒者在病情基本恢复3～5d后可发生迟发性猝死。对眼有刺激性。可致皮炎。血胆碱酯酶活性下降

慢性中毒　尚有争论。有神经衰弱综合征、多汗、肌束震颤及血胆碱酶活性下降等

环境危害　对水生生物毒性非常大并具有长期持续影响

第三部分　成分/组成信息

√物质　　混合物

组分	浓度	CAS No.
敌敌畏		62-73-7

第四部分　急救措施

吸入　迅速脱离现场至空气新鲜处。保持呼吸道通畅。如呼吸困难，给输氧。如呼吸、心跳停止，立即进行心肺复苏术。就医

皮肤接触　立即脱去污染的衣着，用肥皂水及流动清水彻底冲洗污染的皮肤、头发、指甲等。就医

眼睛接触　分开眼睑，用流动清水或生理盐水冲洗。就医

食入　饮足量温水，催吐（仅限于清醒者）。口服活性炭。就医

对保护施救者的忠告　根据需要使用个人防护设备

对医生的特别提示　解毒剂：阿托品、胆碱酯酶复能剂

第五部分　消防措施

灭火剂　用泡沫、干粉、砂土灭火

特别危险性　受热分解，放出氧化磷和氯化物的毒性气体。与强氧化剂接触可发生化学反应。燃烧生成有害的一氧化碳、氯化氢、氧化磷

灭火注意事项及防护措施　消防人员必须佩戴空气呼吸器、穿全身防火防毒服，在上风向灭火。尽可能将容器从火场移至空旷处。喷水保持火场容器冷却，直至灭火结束

第六部分　泄漏应急处理

作业人员防护措施、防护装备和应急处置程序　根据液体流动和蒸气扩散的影响区域划定警戒区，无关人员从侧风、上风向撤离至安全区。消除所有点火源。建议应急处理人员戴正压自给式呼吸器，穿防毒服，戴橡胶手套。禁止接触或跨越泄漏物。尽可能切断泄漏源

环境保护措施　防止泄漏物进入水体、下水道、地下室或有限空间

泄漏化学品的收容、清除方法及所使用的处置材料　小量泄漏：用砂土或其他不燃材料吸收。大量泄漏：构筑围堤或挖坑收容，用砂土、惰性物质或蛭石吸收大量液体。用泵转移至槽车或专用收集器内

第七部分　操作处置与储存

操作注意事项　密闭操作，提供充分的局部排风。操作尽可能机械化、自动化。操作人员必须经过专门培训，严格遵守操作规程。建议操作人员佩戴自吸过滤式防毒面具（全面罩），穿胶布防毒衣，戴橡胶手套。远离火种、热源。工作场所严禁吸烟。使用防爆型的通风系统和设备。防止蒸气泄漏到工作场所空气中。避免与氧化剂、碱类接触。搬运时要轻装轻卸，防止包装及容器损坏。配备相应品种和数量的消防器材及泄漏应急处理设备。倒空的容器可能残留有害物

储存注意事项　储存于阴凉、通风的库房。远离火种、热源。保持容器密封。应与氧化剂、碱类、食用化学品分开存放，切忌混储。配备相应品种和数量的消防器材。储区应备有泄漏应急处理设备和合适的收容材料

第八部分　接触控制/个体防护

职业接触限值

中国　未制定标准

美国（ACGIH）　TLV-TWA：0.1mg/m^3（可吸入性颗粒物和蒸气）［皮］［敏］

生物接触限值　全血胆碱酯酶活性（校正值）：原基础值或参考值的70%（采样时间：开始接触后的3个月内），原基础值或参考值的50%（采样时间：持续接触3个月后，任意时间）

监测方法　空气中有毒物质测定方法：溶剂解吸-气相色谱法。生物监测检验方法：血中胆碱酯酶活性的分光光度测定方法——羟胺三氯化铁法；血中胆碱酯酶活性的分光光度测定方法——硫代乙酰胆碱-联硫代双硝基苯甲酸法

工程控制　严加密闭，提供充分的局部排风。提供安全淋浴和洗眼设备

呼吸系统防护　生产操作或农业使用时，建议佩戴过滤式防毒面具（全面罩）。高浓度环境中，必须佩戴空气呼吸器

眼睛防护　呼吸系统防护中已作防护

皮肤和身体防护　穿隔绝式防毒服

手防护　戴橡胶手套

第九部分　理化特性

外观与性状　纯品是无色有芳香气味的液体。有挥发性

pH值　无资料　　**熔点(℃)**　<25

沸点(℃)　140（2.6 kPa）

相对密度(水=1)　1.425（25℃）

相对蒸气密度(空气=1)　7.5

饱和蒸气压(kPa)　0.001（20℃）

燃烧热(kJ/mol)　无资料　　**临界温度(℃)**　无资料

临界压力(MPa)　无资料　　**辛醇/水分配系数**　1.43

闪点(℃)　79.4　　**自燃温度(℃)**　无资料

爆炸下限(%)　无资料　　**爆炸上限(%)**　无资料

分解温度(℃)　无资料　　**黏度(mPa·s)**　无资料

溶解性　微溶于水，易溶于乙醇、芳烃等多数有机溶剂

第十部分　稳定性和反应性

稳定性　稳定

危险反应　与强氧化剂等禁配物发生反应

避免接触的条件　受热

禁配物　强氧化剂、强碱

危险的分解产物　氯化氢、氧化磷

第十一部分 毒理学信息

急性毒性

LD_{50} 50～80mg/kg（大鼠经口）；113mg/kg（大鼠经皮）

LC_{50} 15mg/m^3（大鼠吸入，4h）

皮肤刺激或腐蚀 无资料 **眼睛刺激或腐蚀** 无资料

呼吸或皮肤过敏 无资料

生殖细胞突变性 微生物致突变性：鼠伤寒沙门氏菌330μg/皿。DNA抑制：人类淋巴细胞100μl。精子形态学改变：小鼠腹腔35mg/kg（5d）

致癌性 IARC致癌性评论：组2B，可疑人类致癌物。对人类致癌性证据有限，对动物致癌性证据不充分。大鼠经口最低中毒剂量（TDLo）：4120mg/kg（2a，连续），致癌，肺肿瘤、胃肠肿瘤。小鼠经皮最低中毒剂量（TDLo）：20600mg/kg（2a，连续），致癌，胃肠肿瘤

生殖毒性 猪孕后41～70d经口给予最低中毒剂量（TDLo）255mg/kg，致中枢神经系统、血液和淋巴系统（包括脾和骨髓）、内分泌系统发育畸形。大鼠孕后11d腹腔内给予最低中毒剂量（TDLo）15mg/kg，致体壁发育畸形。大鼠经口最低中毒剂量（TDLo）：39.2mg/kg（孕14～21d），致新生鼠生化和代谢改变

特异性靶器官系统毒性-一次接触 无资料

特异性靶器官系统毒性-反复接触 兔经口剂量在0.2mg/(kg·d）以上时，经24周，引起慢性中毒，超过1mg/(kg·d)，动物肝肾发生严重病变，ChE持续下降

吸入危害 无资料

第十二部分 生态学信息

生态毒性

LC_{50} 1250ppb/96h（大西洋月银汉鱼，静态）；1000ppm/24h（蓝鳃太阳鱼）

EC_{50} 0.00007mg/L（48h）（水蚤）

NOEC（FLS） 0.07mg/L（28d）（黑头呆鱼）

NOEC 0.000012mg/L（21d）（水蚤）

持久性和降解性

生物降解性 无资料

非生物降解性 空气中，当羟基自由基浓度为5.00×10^{5}个/cm^{3}时，降解半衰期为7.25h

潜在的生物累积性 根据K_{ow}值预测，该物质的生物累积性可能较弱

土壤中的迁移性 根据K_{oc}值预测，该物质可能易发生迁移

第十三部分 废弃处置

废弃化学品 危险废物

污染包装物 建议用焚烧法处置。与燃料混合后，再焚烧。焚烧炉排出的气体要通过洗涤器除去

废弃注意事项 处置前应参阅国家和地方有关法规

第十四部分 运输信息

联合国危险货物编号（UN号） 3018

联合国运输名称 液态有机磷农药，毒性（敌敌畏）

联合国危险性类别 6.1

包装类别 Ⅱ类包装 **包装标志**

海洋污染物 是

运输注意事项 运输前应先检查包装容器是否完整、密封，运输过程中要确保容器不泄漏、不倒塌、不坠落、不损坏。严禁与酸类、氧化剂、食品及食品添加剂混运。运输时运输车辆应配备相应品种和数量的消防器材及泄漏应急处理设备。运输途中应防曝晒、雨淋，防高温。公路运输时要按规定路线行驶

第十五部分 法规信息

下列法律、法规、规章和标准，对该化学品的管理作了相应的规定。

中华人民共和国职业病防治法 职业病分类和目录：有机磷中毒

危险化学品安全管理条例 危险化学品目录：列入。易制爆危险化学品名录：未列入。重点监管的危险化学品名录：未列入。GB 18218—2009《危险化学品重大危险源辨识》（表1）：未列入

使用有毒物品作业场所劳动保护条例 高毒物品目录：未列入

易制毒化学品管理条例 易制毒化学品的分类和品种目录：未列入

国际公约 斯德哥尔摩公约：未列入。鹿特丹公约：未列入。蒙特利尔议定书：未列入

第十六部分 其他信息

编写和修订信息 **缩略语和首字母缩写**

培训建议 **参考文献**

免责声明

狄 氏 剂

第一部分 化学品标识

化学品中文名 狄氏剂；化合物-497；1,2,3,4,10,10-六氯-6,7-环氧-1,4,4a,5,6,7,8,8a-八氢-1,4-桥-5,8-挂二亚甲基萘

化学品英文名 dieldrin；1,2,3,4,10,10-hexachloro-6,7-epoxy-1,4,4a,5,6,7,8,8a-octahydro-*endo*-1,4-*exo*-5,8-dimethanonaphthalene

分子式 $C_{12}H_8Cl_6O$ **相对分子质量** 380.91

结构式

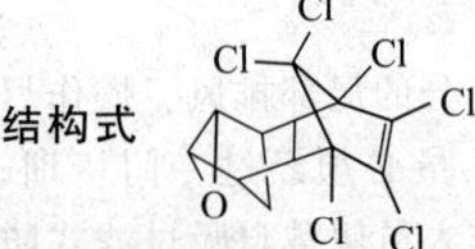

化学品的推荐及限制用途 用作杀虫剂

第二部分 危险性概述

紧急情况概述 吞咽会中毒，皮肤接触会致命

GHS 危险性类别 急性毒性-经口，类别 3；急性毒性-经皮，类别 1；特异性靶器官毒性-反复接触，类别 1；危害水生环境-急性危害，类别 1；危害水生环境-长期危害，类别 1

标签要素

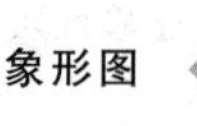
象形图

警示词 危险

危险性说明 吞咽会中毒，皮肤接触会致命，长时间或反复接触对器官造成损伤，对水生生物毒性非常大并具有长期持续影响

防范说明

预防措施 避免接触眼睛、皮肤或衣服，操作后彻底清洗。作业场所不得进食、饮水或吸烟。戴防护手套、穿防护服。避免吸入粉尘。禁止排入环境

事故响应 皮肤接触：用大量肥皂水和水轻轻地清洗。立即脱去所有被污染的衣服。被污染的衣服须经洗净后方可重新使用。如感觉不适，就医。食入：漱口。立即呼叫中毒控制中心或就医。收集泄漏物

安全储存 上锁保管

废弃处置 本品及内装物、容器依据国家和地方法规处置

物理和化学危险 可燃，其粉体与空气混合，能形成爆炸性混合物

健康危害 本品可经呼吸道、胃肠道及完整皮肤吸收入体。过量接触可引起头痛、眩晕、恶心、呕吐、乏力，以后出现肌肉抽搐、肌阵挛和搐搦，可出现昏迷，可有肾损害。吸入中毒者除上述症状外，还有咳嗽、呼吸困难、紫绀，甚至肺水肿。可致接触性皮炎

环境危害 对水生生物毒性非常大并具有长期持续影响

第三部分 成分/组成信息

√物质		混合物
组分	**浓度**	**CAS No.**
狄氏剂		60-57-1

第四部分 急救措施

吸入 迅速脱离现场至空气新鲜处。保持呼吸道通畅。如呼吸困难，给输氧。如呼吸、心跳停止，立即进行心肺复苏术。就医

皮肤接触 立即脱去污染的衣着，用流动清水彻底冲洗。就医

眼睛接触 立即分开眼睑，用流动清水或生理盐水彻底冲洗。就医

食入 饮适量温水，催吐（仅限于清醒者）。就医。避免饮牛奶、油类，避免饮酒

对保护施救者的忠告 根据需要使用个人防护设备

对医生的特别提示 对症处理

第五部分 消防措施

灭火剂 用干粉、泡沫、砂土灭火

特别危险性 遇明火、高热可燃。燃烧生成有害的一氧化碳、氯化氢

灭火注意事项及防护措施 消防人员必须佩戴空气呼吸器、穿全身防火防毒服，在上风向灭火。尽可能将容器从火场移至空旷处。喷水保持火场容器冷却，直至灭火结束

第六部分 泄漏应急处理

作业人员防护措施、防护装备和应急处置程序 隔离泄漏污染区，限制出入。建议应急处理人员戴防尘口罩，穿防毒服，戴橡胶手套。穿上适当的防护服前严禁接触破裂的容器和泄漏物。尽可能切断泄漏源。用塑料布覆盖泄漏物，减少飞散。勿使水进入包装容器内

环境保护措施 无资料

泄漏化学品的收容、清除方法及所使用的处置材料 用洁净的铲子收集泄漏物，置于干净、干燥、盖子较松的容器中，将容器移离泄漏区

第七部分 操作处置与储存

操作注意事项 密闭操作，局部排风。操作人员必须经过专门培训，严格遵守操作规程。建议操作人员佩戴自吸过滤式防毒面具（全面罩），穿聚乙烯防毒服，戴橡胶手套。远离火种、热源。工作场所严禁吸烟。使用防爆型的通风系统和设备。避免与氧化剂、酸类接触。搬运时要轻装轻卸，防止包装及容器损坏。配备相应品种和数量的消防器材及泄漏应急处理设备。倒空的容器可能残留有害物

储存注意事项 储存于阴凉、通风良好的专用库房内，实行“双人收发、双人保管”制度。远离火种、热源。包装密封。应与氧化剂、酸类、食用化学品分开存放，切忌混储。配备相应品种和数量的消防器材。储区应备有合适的材料收容泄漏物

第八部分 接触控制/个体防护

职业接触限值

中国 未制定标准

美国(ACGIH) TLV-TWA：0.1mg/m^3（可吸入性颗粒物和蒸气）[皮]

生物接触限值 未制定标准

监测方法 空气中有毒物质测定方法：未制定标准。生物监测检验方法：未制定标准

工程控制 密闭操作，局部排风。提供安全淋浴和洗眼设备

个体防护装备

呼吸系统防护 生产操作或农业使用时，建议佩戴过滤式防毒面具（全面罩）。紧急事态抢救或撤离时，佩戴空气呼吸器

眼睛防护 呼吸系统防护中已作防护

皮肤和身体防护 穿隔绝式防毒服

手防护 戴橡胶手套

第九部分 理化特性

外观与性状 工业品为褐色固体

pH 值 无意义 **熔点(℃)** 175～177

沸点(℃) 330 **相对密度(水=1)** 1.75

相对蒸气密度(空气=1) 13.2

饱和蒸气压(kPa) 无资料

燃烧热(kJ/mol) 无资料 **临界温度(℃)** 无资料

临界压力(MPa) 无资料 **辛醇/水分配系数** 5.4

闪点(℃) 无意义 **引燃温度(℃)** 无资料

爆炸下限(%) 无资料 **爆炸上限(%)** 无资料

分解温度(℃) 无资料 **黏度(mPa·s)** 无资料

溶解性 不溶于水、甲醇、脂肪烃，溶于丙酮、苯、四氯化碳

第十部分 稳定性和反应性

稳定性 稳定

危险反应 与强氧化剂等禁配物发生反应

避免接触的条件 无资料

禁配物 强氧化剂、强酸

危险的分解产物 氯化氢

第十一部分 毒理学信息

急性毒性 LD_{50}：46mg/kg（大鼠经口）

皮肤刺激或腐蚀 无资料 **眼睛刺激或腐蚀** 无资料

呼吸或皮肤过敏 无资料

生殖细胞突变性 微生物致突变性：鼠伤寒沙门氏菌 1mg/L。DNA 抑制：人 Hela 细胞 400μmol/L。程序外 DNA 合成：人成纤维细胞 1μmol/L。DNA 抑制：人淋巴细胞 100mg/L。姐妹染色单体交换：仓鼠卵巢 40mg/L。DNA 损伤：小鼠成纤维细胞 25μmol/L (24h)

致癌性 IARC 致癌性评论：组 3，现有的证据不能对人类致癌性进行分类。对人及动物致癌性证据不足

生殖毒性 小鼠孕后 6～14d 经口给予最低中毒剂量（TDLo）30600μg/kg，致中枢神经系统、眼、耳发育畸形。小鼠孕后 6～14d 经口给予最低中毒剂量（TDLo）4500μg/kg，致肌肉骨骼系统发育畸形。仓鼠孕后 8d 经口给予最低中毒剂量（TDLo）30mg/kg，致眼、耳、体壁、颅面部（包括鼻、舌）发育畸形。大鼠经口最低中毒剂量（TDLo）：336μg/kg（56d，雄性），影响前列腺、精囊、Copwer 氏腺、附属腺体、尿道。小鼠经口最低中毒剂量（TDLo）：30600μg/kg（孕 6～14d），致中枢神经系统、眼、耳发育异常

特异性靶器官系统毒性-一次接触 无资料

特异性靶器官系统毒性-反复接触 无资料

吸入危害 无资料

第十二部分 生态学信息

生态毒性

LC_{50} 0.016mg/L（96h）（黑头呆鱼）；0.008mg/L（96h）（蓝鳃太阳鱼）；0.006mg/L（96h）（大鳞大马哈鱼）；0.25mg/L（48h）（蚤状蚤）

EC_{50} 0.0795mg/L（48h）（水蚤）

持久性和降解性

生物降解性 无资料

非生物降解性 空气中光氧化半衰期（h）：4～40.5

潜在的生物累积性 BCF：4860～14500（鲤鱼，接触浓度 0.001mg/L，接触时间 10 周）；5390～12500（鲤鱼，接触浓度 0.0001mg/L，接触时间 10 周）

土壤中的迁移性 根据 K_{oc} 值预测，该物质的迁移性可能较弱

第十三部分 废弃处置

废弃化学品 建议用焚烧法处置。与燃料混合后，再焚烧。焚烧炉排出的卤化氢通过酸洗涤器除去

污染包装物 将容器返还生产商或按照国家和地方法规处置

废弃注意事项 处置前应参阅国家和地方有关法规

第十四部分 运输信息

联合国危险货物编号（UN 号） 2761

联合国运输名称 固态有机氯农药，毒性（狄氏剂）

联合国危险性类别 6.1

包装类别 Ⅰ类包装 **包装标志** 

海洋污染物 是

运输注意事项 运输前应先检查包装容器是否完整、密封，运输过程中要确保容器不泄漏、不倒塌、不坠落、不损坏。严禁与酸类、氧化剂、食品及食品添加剂混运。运输车辆应配备相应品种和数量的消防器材及泄漏应急处理设备。运输途中应防曝晒、雨淋，防高温

第十五部分 法规信息

下列法律、法规、规章和标准，对该化学品的管理作了相应的规定。

中华人民共和国职业病防治法 职业病分类和目录：未列入

危险化学品安全管理条例 危险化学品目录：列入。作为剧毒化学品进行管理。易制爆危险化学品名录：未列入。重点监管的危险化学品名录：未列入。GB 18218—2009《危险化学品重大危险源辨识》（表 1）：未列入

使用有毒物品作业场所劳动保护条例 高毒物品目录：未列入

易制毒化学品管理条例 易制毒化学品的分类和品种目录：未列入

国际公约 斯德哥尔摩公约：列入。鹿特丹公约：列入。蒙特利尔议定书：未列入

第十六部分 其他信息

编写和修订信息 **缩略语和首字母缩写**

培训建议 **参考文献**

免责声明

碲

第一部分　化学品标识

化学品中文名　碲
化学品英文名　tellurium
分子式　Te　　**相对分子质量**　127.60
化学品的推荐及限制用途　用于玻璃着色剂、橡胶的硫化剂、合金、半导体材料

第二部分　危险性概述

紧急情况概述　吞咽会中毒
GHS 危险性类别　急性毒性-经口，类别 3
标签要素

象形图 

警示词　危险
危险性说明　吞咽会中毒
防范说明

预防措施　避免接触眼睛、皮肤，操作后彻底清洗。作业场所不得进食、饮水或吸烟

事故响应　食入：漱口。立即呼叫中毒控制中心或就医

安全储存　上锁保管

废弃处置　本品及内装物、容器依据国家和地方法规处置

物理和化学危险　可燃，其粉体与空气混合，能形成爆炸性混合物
健康危害　碲可与血浆中的蛋白和含巯基的酶结合。其毒性与砷、硒相似，但毒性比砷、硒低。大量吸入，可刺激上呼吸道发生炎症；严重者发生化学性肺炎。患者呼气有蒜臭味。长期接触低浓度碲，可有口干、呼气蒜臭味、恶心、食欲不振、无汗、皮肤干燥发痒、便秘、嗜睡、无力等表现
环境危害　对环境可能有害

第三部分　成分/组成信息

√物质　　　　混合物

组分	浓度	CAS No.
碲		13494-80-9

第四部分　急救措施

吸入　迅速脱离现场至空气新鲜处，保持呼吸道通畅。如呼吸困难，给输氧。如呼吸、心跳停止，立即进行心肺复苏术。就医
皮肤接触　立即脱去污染的衣着，用流动清水彻底冲洗。就医
眼睛接触　立即分开眼睑，用流动清水或生理盐水彻底冲洗。就医
食入　饮适量温水，催吐（仅限于清醒者）。就医
对保护施救者的忠告　根据需要使用个人防护设备
对医生的特别提示　对症处理

第五部分　消防措施

灭火剂　用水、砂土灭火
特别危险性　粉体在受热、遇明火或接触氧化剂时会引起燃烧爆炸。燃烧生成有害的氧化碲
灭火注意事项及防护措施　消防人员必须佩戴空气呼吸器、穿全身防火防毒服，在上风向灭火。尽可能将容器从火场移至空旷处。喷水保持火场容器冷却，直至灭火结束

第六部分　泄漏应急处理

作业人员防护措施、防护装备和应急处置程序　隔离泄漏污染区，限制出入。消除所有点火源。建议应急处理人员戴防尘口罩，穿防毒、防静电服，戴橡胶手套。穿上适当的防护服前严禁接触破裂的容器和泄漏物。尽可能切断泄漏源。用塑料布覆盖泄漏物，减少飞散。勿使水进入包装容器内
环境保护措施　无资料
泄漏化学品的收容、清除方法及所使用的处置材料　用洁净的铲子收集泄漏物，置于干净、干燥、盖子较松的容器中，将容器移离泄漏区

第七部分　操作处置与储存

操作注意事项　密闭操作，局部排风。操作人员必须经过专门培训，严格遵守操作规程。建议操作人员佩戴自吸过滤式防尘口罩，戴化学安全防护眼镜，穿连衣式防毒衣，戴橡胶手套。远离火种、热源。工作场所严禁吸烟。使用防爆型的通风系统和设备。避免产生粉尘。避免与酸类、碱类、卤素接触。搬运时要轻装轻卸，防止包装及容器损坏。配备相应品种和数量的消防器材及泄漏应急处理设备。倒空的容器可能残留有害物
储存注意事项　储存于阴凉、通风的库房。远离火种、热源。应与酸类、碱类、卤素、食用化学品分开存放，切忌混储。配备相应品种和数量的消防器材。储区应备有合适的材料收容泄漏物

第八部分　接触控制/个体防护

职业接触限值

中国　未制定标准

美国(ACGIH)　TLV-TWA：0.1mg/m^3

生物接触限值　未制定标准
监测方法　空气中有毒物质测定方法：火焰原子吸收光谱法；氢化物发生-原子荧光光谱法。生物监测检验方法：未制定标准
工程控制　密闭操作，局部排风。提供安全淋浴和洗眼设备
个体防护装备

呼吸系统防护　可能接触其粉尘时，作业人员应该佩戴过滤式防尘呼吸器。必要时，佩戴空气呼吸器或长管面具

眼睛防护　戴化学安全防护眼镜

皮肤和身体防护　穿连衣式防毒衣

手防护　戴橡胶手套

第九部分　理化特性

外观与性状　银白色或暗灰色结晶粉末

pH 值　无意义　**熔点(℃)**　449.8

沸点(℃)　989.9

相对密度(水=1)　6.11～6.27

相对蒸气密度(空气=1)　无资料

饱和蒸气压(kPa)　0.13 (520℃)

燃烧热(kJ/mol)　无资料　**临界温度(℃)**　无资料

临界压力(MPa)　无意义　**辛醇/水分配系数**　无资料

闪点(℃)　无意义　**自燃温度(℃)**　无资料

爆炸下限(%)　无资料　**爆炸上限(%)**　无资料

分解温度(℃)　无资料　**黏度(mPa·s)**　无资料

溶解性　不溶于水、苯、二硫化碳，溶于碱、浓硫酸、硝酸

第十部分　稳定性和反应性

稳定性　稳定

危险反应　与强酸、强碱、卤素等禁配物发生反应

避免接触的条件　受热

禁配物　强酸、强碱、卤素

危险的分解产物　无意义

第十一部分　毒理学信息

急性毒性　LD_{50}：83mg/kg（大鼠经口）

皮肤刺激或腐蚀　无资料　**眼睛刺激或腐蚀**　无资料

呼吸或皮肤过敏　无资料　**生殖细胞突变性**　无资料

致癌性　无资料

生殖毒性　大鼠经口最低中毒剂量（TDLo）：3300mg/kg（孕后 1～22d 用药），对胎鼠中枢神经系统有影响

特异性靶器官系统毒性-一次接触　无资料

特异性靶器官系统毒性-反复接触　无资料

吸入危害　无资料

第十二部分　生态学信息

生态毒性　无资料

持久性和降解性

生物降解性　无资料

非生物降解性　无资料

潜在的生物累积性

土壤中的迁移性

第十三部分　废弃处置

废弃化学品　若可能，回收使用

污染包装物　将容器返还生产商或按照国家和地方法规处置

废弃注意事项　处置前应参阅国家和地方有关法规

第十四部分　运输信息

联合国危险货物编号（UN 号）　3288

联合国运输名称　无机毒性固体，未另作规定的（碲）

联合国危险性类别　6.1

包装类别　Ⅲ类包装　**包装标志**

海洋污染物　否

运输注意事项　运输前应先检查包装容器是否完整、密封，运输过程中要确保容器不泄漏、不倒塌、不坠落、不损坏。严禁与酸类、氧化剂、食品及食品添加剂混运。运输车辆应配备相应品种和数量的消防器材及泄漏应急处理设备。运输途中应防曝晒、雨淋，防高温

第十五部分　法规信息

下列法律、法规、规章和标准，对该化学品的管理作了相应的规定。

中华人民共和国职业病防治法　职业病分类和目录：未列入

危险化学品安全管理条例　危险化学品目录：未列入。易制爆危险化学品名录：未列入。重点监管的危险化学品名录：未列入。GB 18218—2009《危险化学品重大危险源辨识》(表 1)：未列入

使用有毒物品作业场所劳动保护条例　高毒物品目录：未列入

易制毒化学品管理条例　易制毒化学品的分类和品种目录：未列入

国际公约　斯德哥尔摩公约：未列入。鹿特丹公约：未列入。蒙特利尔议定书：未列入

第十六部分　其他信息

编写和修订信息　**缩略语和首字母缩写**

培训建议　**参考文献**

免责声明

1-碘丙烷

第一部分　化学品标识

化学品中文名　1-碘丙烷；碘丙烷；正丙基碘；碘代正丙烷

化学品英文名　1-iodopropane；propyl iodide

分子式　C_3H_7I　**相对分子质量**　170.00

结构式　⁄⁀I

化学品的推荐及限制用途　实验室试剂

第二部分　危险性概述

紧急情况概述　易燃液体和蒸气

GHS 危险性类别　易燃液体，类别 3

标签要素

象形图

警示词　警告

危险性说明　易燃液体和蒸气

防范说明

预防措施　远离热源、火花、明火、热表面。禁止吸烟。保持容器密闭。容器和接收设备接地连接。使用防爆电器、通风、照明设备。只能使用不产生火花的工具。采取防止静电措施。戴防护手套、防护眼镜、防护面罩

事故响应　火灾时，使用雾状水、泡沫、干粉、二氧化碳、砂土灭火。如皮肤（或头发）接触：立即脱掉所有被污染的衣服。用水冲洗皮肤，淋浴

安全储存　存放在通风良好的地方。保持低温

废弃处置　本品及内装物、容器依据国家和地方法规处置

物理和化学危险　易燃，其蒸气与空气混合，能形成爆炸性混合物

健康危害　本品具有刺激性

环境危害　对环境可能有害

第三部分　成分/组成信息

√物质　　　混合物

组分	浓度	CAS No.
1-碘丙烷		107-08-4

第四部分　急救措施

吸入　迅速脱离现场至空气新鲜处，保持呼吸道通畅。如呼吸困难，给输氧。如呼吸、心跳停止，立即进行心肺复苏术。就医

皮肤接触　立即脱去污染的衣着，用流动清水彻底冲洗。就医

眼睛接触　立即分开眼睑，用流动清水或生理盐水彻底冲洗。就医

食入　漱口，饮水。就医

对保护施救者的忠告　根据需要使用个人防护设备

对医生的特别提示　对症处理

第五部分　消防措施

灭火剂　用雾状水、泡沫、干粉、二氧化碳、砂土灭火

特别危险性　遇明火、高热或与氧化剂接触能燃烧，并散发出有毒气体。燃烧生成有害的一氧化碳、碘化氢

灭火注意事项及防护措施　消防人员须佩戴防毒面具、穿全身消防服，在上风向灭火。尽可能将容器从火场移至空旷处。喷水保持火场容器冷却，直至灭火结束。容器突然发出异常声音或出现异常现象，应立即撤离

第六部分　泄漏应急处理

作业人员防护措施、防护装备和应急处置程序　消除所有点火源。根据液体流动和蒸气扩散的影响区域划定警戒区，无关人员从侧风、上风向撤离至安全区。建议应急处理人员戴正压自给式呼吸器，穿防静电服，戴乳胶手套。作业时使用的所有设备应接地。禁止接触或跨越泄漏物。尽可能切断泄漏源

环境保护措施　防止泄漏物进入水体、下水道、地下室或有限空间

泄漏化学品的收容、清除方法及所使用的处置材料　小量泄漏：用砂土或其他不燃材料吸收，使用洁净的无火花工具收集吸收材料。大量泄漏：构筑围堤或挖坑收容，用抗溶性泡沫覆盖，减少蒸发。喷水雾能减少蒸发，但不能降低泄漏物在有限空间内的易燃性。用防爆泵转移至槽车或专用收集器内

第七部分　操作处置与储存

操作注意事项　密闭操作，加强通风。操作人员必须经过专门培训，严格遵守操作规程。建议操作人员佩戴过滤式防毒面具（全面罩）或自给式呼吸器，戴化学安全防护眼镜，穿防静电工作服，戴乳胶手套。远离火种、热源。工作场所严禁吸烟。使用防爆型的通风系统和设备。防止蒸气泄漏到工作场所空气中。避免与氧化剂、碱类接触。充装要控制流速，防止静电积聚。搬运时要轻装轻卸，防止包装及容器损坏。配备相应品种和数量的消防器材及泄漏应急处理设备。倒空的容器可能残留有害物

储存注意事项　储存于阴凉、通风的库房。远离火种、热源。避免光照。库温不宜超过 37℃。保持容器密封。应与氧化剂、碱类分开存放，切忌混储。采用防爆型照明、通风设施。禁止使用易产生火花的机械设备和工具。储区应备有泄漏应急处理设备和合适的收容材料

第八部分　接触控制/个体防护

职业接触限值

中国　未制定标准

美国(ACGIH)　未制定标准

生物接触限值　未制定标准

监测方法　空气中有毒物质测定方法：碳酸氢钠溶液解吸-离子色谱法。生物监测检验方法：未制定标准

工程控制　生产过程密闭，加强通风

个体防护装备

呼吸系统防护　可能接触毒物时，应该佩戴过滤式防毒面具（全面罩）或空气呼吸器

眼睛防护　呼吸系统防护中已作防护

皮肤和身体防护　穿防静电工作服

手防护　戴橡胶手套

第九部分　理化特性

外观与性状　无色至微黄色液体

pH 值　无资料　　**熔点(℃)**　−101

沸点(℃)　102.6　　**相对密度(水=1)**　1.75

相对蒸气密度(空气=1)　无资料

饱和蒸气压(kPa)　5.72（20℃）

燃烧热(kJ/mol)　−2149.8　　**临界温度(℃)**　无资料

临界压力(MPa)　5.3　　**辛醇/水分配系数**　2.570

闪点(℃)　44.44　　**自燃温度(℃)**　无资料

爆炸下限(%)　无资料　　**爆炸上限(%)**　无资料

分解温度(℃)　无资料　　**黏度(mPa·s)**　无资料

溶解性　微溶于水，可混溶于乙醇、乙醚

第十部分　稳定性和反应性

稳定性　稳定

危险反应 与强氧化剂等禁配物接触，有发生火灾和爆炸的危险

避免接触的条件 受热

禁配物 强氧化剂、强碱

避免接触的条件 受热碘化氢

第十一部分 毒理学信息

急性毒性

LD_{50} >1800mg/kg（小鼠经口）

LC_{50} 73000mg/m³（大鼠吸入，30 min）

皮肤刺激或腐蚀 无资料 **眼睛刺激或腐蚀** 无资料

呼吸或皮肤过敏 无资料 **生殖细胞突变性** 无资料

致癌性 无资料 **生殖毒性** 无资料

特异性靶器官系统毒性-一次接触 无资料

特异性靶器官系统毒性-反复接触 无资料

吸入危害 无资料

第十二部分 生态学信息

生态毒性 无资料

持久性和降解性

生物降解性 无资料

非生物降解性 无资料

潜在的生物累积性 根据 K_{ow} 值预测，该物质的生物累积性可能较弱

土壤中的迁移性 根据 K_{oc} 值预测，该物质可能有一定的迁移性

第十三部分 废弃处置

废弃化学品 建议用焚烧法处置。焚烧炉排出的卤化氢通过酸洗涤器除去

污染包装物 将容器返还生产商或按照国家和地方法规处置

废弃注意事项 处置前应参阅国家和地方有关法规

第十四部分 运输信息

联合国危险货物编号（UN 号） 2392

联合国运输名称 碘丙烷 **联合国危险性类别** 3

包装类别 Ⅲ类包装 **包装标志** 

海洋污染物 否

运输注意事项 运输时运输车辆应配备相应品种和数量的消防器材及泄漏应急处理设备。夏季最好早晚运输。运输时所用的槽（罐）车应有接地链，槽内可设孔隔板以减少震荡产生的静电。严禁与氧化剂、碱类、食用化学品等混装混运。运输途中应防曝晒、雨淋，防高温。中途停留时应远离火种、热源、高温区。装运该物品的车辆排气管必须配备阻火装置，禁止使用易产生火花的机械设备和工具装卸。公路运输时要按规定路线行驶，勿在居民区和人口稠密区停留。铁路运输时要禁止溜放。严禁用木船、水泥船散装运输

第十五部分 法规信息

下列法律、法规、规章和标准，对该化学品的管理作了相应的规定。

中华人民共和国职业病防治法 职业病分类和目录：未列入

危险化学品安全管理条例 危险化学品目录：列入。易制爆危险化学品名录：未列入。重点监管的危险化学品名录：未列入。GB 18218—2009《危险化学品重大危险源辨识》（表 1）：未列入

使用有毒物品作业场所劳动保护条例 高毒物品目录：未列入

易制毒化学品管理条例 易制毒化学品的分类和品种目录：未列入

国际公约 斯德哥尔摩公约：未列入。鹿特丹公约：未列入。蒙特利尔议定书：未列入

第十六部分 其他信息

编写和修订信息 **缩略语和首字母缩写**

培训建议 **参考文献**

免责声明

碘代正丁烷

第一部分 化学品标识

化学品中文名 碘代正丁烷；1-碘丁烷；正丁基碘

化学品英文名 1-iodobutane；butyl iodide

分子式 C_4H_9I **相对分子质量** 184.03

结构式 ﹀﹀I

化学品的推荐及限制用途 用作分析试剂、溶剂，也用于有机合成等

第二部分 危险性概述

紧急情况概述 易燃液体和蒸气，吸入会中毒

GHS 危险性类别 易燃液体，类别 3；急性毒性-吸入，类别 3

标签要素

象形图 

警示词 危险

危险性说明 易燃液体和蒸气，吸入会中毒

防范说明

预防措施 远离热源、火花、明火、热表面。禁止吸烟。保持容器密闭。容器和接收设备接地连接。使用防爆电器、通风、照明设备。只能使用不产生火花的工具。采取防止静电措施。戴防护手套、防护眼镜、防护面罩。避免吸入蒸气、雾。仅在室外或通风良好处操作

事故响应 火灾时，使用泡沫、二氧化碳、干粉、砂土灭火。如吸入：将患者转移到空气新鲜处，休息，保持利于呼吸的体位。呼叫中毒控

制中心或就医。如皮肤（或头发）接触：立即脱掉所有被污染的衣服。用水冲洗皮肤，淋浴

安全储存　存放在通风良好的地方。保持低温。保持容器密闭。上锁保管

废弃处置　本品及内装物、容器依据国家和地方法规处置

物理和化学危险　易燃，其蒸气与空气混合，能形成爆炸性混合物

健康危害　蒸气或雾对眼睛、黏膜和呼吸道有刺激作用

环境危害　对环境可能有害

第三部分　成分/组成信息

√物质　　混合物

组分	浓度	CAS No.
碘代正丁烷		542-69-8

第四部分　急救措施

吸入　迅速脱离现场至空气新鲜处。保持呼吸道通畅。如呼吸困难，给输氧。如呼吸、心跳停止，立即进行心肺复苏术。就医

皮肤接触　立即脱去污染的衣着，用流动清水彻底冲洗。就医

眼睛接触　立即分开眼睑，用流动清水或生理盐水彻底冲洗。就医

食入　漱口，饮水。就医

对保护施救者的忠告　根据需要使用个人防护设备

对医生的特别提示　对症处理

第五部分　消防措施

灭火剂　用泡沫、二氧化碳、干粉、砂土灭火

特别危险性　遇明火、高热或与氧化剂接触，有引起燃烧爆炸的危险。受热分解放出有毒的碘化物烟气。燃烧生成有害的一氧化碳、碘化氢

灭火注意事项及防护措施　消防人员必须佩戴空气呼吸器、穿全身防火防毒服，在上风向灭火。喷水冷却容器，尽可能将容器从火场移至空旷处。容器突然发出异常声音或出现异常现象，应立即撤离

第六部分　泄漏应急处理

作业人员防护措施、防护装备和应急处置程序　消除所有点火源。根据液体流动和蒸气扩散的影响区域划定警戒区，无关人员从侧风、上风向撤离至安全区。建议应急处理人员戴正压自给式呼吸器，穿防静电服，戴橡胶耐油手套。作业时使用的所有设备应接地。禁止接触或跨越泄漏物。尽可能切断泄漏源

环境保护措施　防止泄漏物进入水体、下水道、地下室或有限空间

泄漏化学品的收容、清除方法及所使用的处置材料　小量泄漏：用砂土或其他不燃材料吸收。使用洁净的无火花工具收集吸收材料。大量泄漏：构筑围堤或挖坑收容。用泡沫覆盖，减少蒸发。喷水雾能减少蒸发，但不能降低泄漏物在有限空间内的易燃性。用防爆泵转移至槽车或专用收集器内

第七部分　操作处置与储存

操作注意事项　密闭操作，加强通风。操作人员必须经过专门培训，严格遵守操作规程。建议操作人员佩戴直接式防毒面具（半面罩），戴化学安全防护眼镜，穿防毒物渗透工作服，戴橡胶耐油手套。远离火种、热源。工作场所严禁吸烟。使用防爆型的通风系统和设备。防止蒸气泄漏到工作场所空气中。避免与氧化剂、碱类接触。充装要控制流速，防止静电积聚。搬运时要轻装轻卸，防止包装及容器损坏。配备相应品种和数量的消防器材及泄漏应急处理设备。倒空的容器可能残留有害物

储存注意事项　储存于阴凉、通风的库房。远离火种、热源。避免光照。库温不宜超过30℃。保持容器密封。应与氧化剂、碱类分开存放，切忌混储。采用防爆型照明、通风设施。禁止使用易产生火花的机械设备和工具。储区应备有泄漏应急处理设备和合适的收容材料

第八部分　接触控制/个体防护

职业接触限值

中国　未制定标准

美国(ACGIH)　未制定标准

生物接触限值　未制定标准

监测方法　空气中有毒物质测定方法：碳酸氢钠溶液解吸-离子色谱法

生物监测检验方法　未制定标准

工程控制　生产过程密闭，加强通风。提供安全淋浴和洗眼设备

个体防护装备

呼吸系统防护　空气中浓度较高时，应该佩戴过滤式防毒面具（半面罩）。紧急事态抢救或撤离时，佩戴空气呼吸器

眼睛防护　戴化学安全防护眼镜

皮肤和身体防护　穿防毒物渗透工作服

手防护　戴橡胶耐油手套

第九部分　理化特性

外观与性状　无色液体

pH 值　无资料　　**熔点(℃)**　−130

沸点(℃)　130～131　　**相对密度(水＝1)**　1.62

相对蒸气密度(空气＝1)　5　　**饱和蒸气压(kPa)**　无资料

燃烧热(kJ/mol)　无资料　　**临界温度(℃)**　无资料

临界压力(MPa)　4.32　　**辛醇/水分配系数**　3.060

闪点(℃)　33.33　　**自燃温度(℃)**　281

爆炸下限(%)　1.4　　**爆炸上限(%)**　无资料

分解温度(℃)　无资料　　**黏度(mPa·s)**　无资料

溶解性　不溶于水，溶于乙醇、乙醚、氯仿

第十部分　稳定性和反应性

稳定性　稳定

危险反应　与强氧化剂等禁配物接触，有发生火灾和爆炸的危险

避免接触的条件 无资料
禁配物 强氧化剂、强碱
危险的分解产物 碘化氢

第十一部分 毒理学信息

急性毒性

LD_{50} 101mg/kg（小鼠腹腔）；620mg/kg（大鼠腹腔）
LC_{50} 6100mg/m³（大鼠吸入，4h）

皮肤刺激或腐蚀 无资料 **眼睛刺激或腐蚀** 无资料
呼吸或皮肤过敏 无资料 **生殖细胞突变性** 无资料
致癌性 无资料 **生殖毒性** 无资料
特异性靶器官系统毒性-一次接触 无资料
特异性靶器官系统毒性-反复接触 无资料
吸入危害 无资料

第十二部分 生态学信息

生态毒性 无资料
持久性和降解性
生物降解性 无资料
非生物降解性 无资料
潜在的生物累积性 根据 K_{ow} 值预测，该物质可能有一定的生物累积性
土壤中的迁移性 根据 K_{oc} 值预测，该物质可能有一定的迁移性

第十三部分 废弃处置

废弃化学品 建议用焚烧法处置。焚烧炉排出的卤化氢通过酸洗涤器除去
污染包装物 将容器返还生产商或按照国家和地方法规处置
废弃注意事项 处置前应参阅国家和地方有关法规

第十四部分 运输信息

联合国危险货物编号（UN号） 1992
联合国运输名称 易燃液体，毒性，未另作规定的（碘代正丁烷）
联合国危险性类别 3

包装类别 Ⅲ类包装 **包装标志** 

海洋污染物 否
运输注意事项 运输时运输车辆应配备相应品种和数量的消防器材及泄漏应急处理设备。夏季最好早晚运输。运输时所用的槽（罐）车应有接地链，槽内可设孔隔板以减少震荡产生静电。严禁与氧化剂、碱类、食用化学品等混装混运。运输途中应防曝晒、雨淋，防高温。中途停留时应远离火种、热源、高温区。装运该物品的车辆排气管必须配备阻火装置，禁止使用易产生火花的机械设备和工具装卸。公路运输时要按规定路线行驶，勿在居民区和人口稠密区停留。铁路运输时要禁止溜放。严禁用木船、水泥船散装运输

第十五部分 法规信息

下列法律、法规、规章和标准，对该化学品的管理作了相应的规定。
中华人民共和国职业病防治法 职业病分类和目录：未列入
危险化学品安全管理条例 危险化学品目录：列入。易制爆危险化学品名录：未列入。重点监管的危险化学品名录：未列入。GB 18218—2009《危险化学品重大危险源辨识》（表1）：未列入
使用有毒物品作业场所劳动保护条例 高毒物品目录：未列入
易制毒化学品管理条例 易制毒化学品的分类和品种目录：未列入
国际公约 斯德哥尔摩公约：未列入。鹿特丹公约：未列入。蒙特利尔议定书：未列入

第十六部分 其他信息

编写和修订信息 **缩略语和首字母缩写**
培训建议 **参考文献**
免责声明

碘代正戊烷

第一部分 化学品标识

化学品中文名 碘代正戊烷；1-碘戊烷；正戊基碘
化学品英文名 iodopentane；*n*-amyl iodide
分子式 $C_5H_{11}I$ **相对分子质量** 198.06
结构式 ⁄⁄⁄⁄I
化学品的推荐及限制用途 用作溶剂

第二部分 危险性概述

紧急情况概述 易燃液体和蒸气
GHS危险性类别 易燃液体，类别3
标签要素

象形图 

警示词 警告
危险性说明 易燃液体和蒸气
防范说明
预防措施 远离热源、火花、明火、热表面。禁止吸烟。保持容器密闭。容器和接收设备接地连接。使用防爆电器、通风、照明设备。只能使用不产生火花的工具。采取防止静电措施。戴防护手套、防护眼镜、防护面罩
事故响应 火灾时，使用泡沫、二氧化碳、干粉、砂土灭火。如皮肤（或头发）接触：立即脱掉所有被污染的衣服。用水冲洗皮肤，淋浴
安全储存 存放在通风良好的地方。保持低温
废弃处置 本品及内装物、容器依据国家和地方法规处置

物理和化学危险 易燃，其蒸气与空气混合，能形成爆炸性混合物

健康危害 蒸气或雾对眼、黏膜和上呼吸道可能有刺激作用

环境危害 对环境可能有害

第三部分 成分/组成信息

√物质		混合物
组分	浓度	CAS No.
碘代正戊烷		628-17-1

第四部分 急救措施

吸入 迅速脱离现场至空气新鲜处。保持呼吸道通畅。如呼吸困难，给输氧。如呼吸、心跳停止，立即进行心肺复苏术。就医

皮肤接触 立即脱去污染的衣着，用流动清水彻底冲洗。就医

眼睛接触 立即分开眼睑，用流动清水或生理盐水彻底冲洗。就医

食入 漱口，饮水。就医

对保护施救者的忠告 根据需要使用个人防护设备

对医生的特别提示 对症处理

第五部分 消防措施

灭火剂 用泡沫、二氧化碳、干粉、砂土灭火

特别危险性 受热分解放出有毒的碘化物烟气。与强氧化剂如铬酸酐、氯酸盐和高锰酸钾等接触，能发生强烈反应，引起燃烧或爆炸。燃烧生成有害的一氧化碳、碘化氢

灭火注意事项及防护措施 消防人员必须佩戴空气呼吸器、穿全身防火防毒服，在上风向灭火。喷水冷却容器，尽可能将容器从火场移至空旷处。容器突然发出异常声音或出现异常现象，应立即撤离

第六部分 泄漏应急处理

作业人员防护措施、防护装备和应急处置程序 消除所有点火源。根据液体流动和蒸气扩散的影响区域划定警戒区，无关人员从侧风、上风向撤离至安全区。建议应急处理人员戴正压自给式呼吸器，穿防静电服，戴橡胶耐油手套。作业时使用的所有设备应接地。禁止接触或跨越泄漏物。尽可能切断泄漏源

环境保护措施 防止泄漏物进入水体、下水道、地下室或有限空间

泄漏化学品的收容、清除方法及所使用的处置材料 小量泄漏：用砂土或其他不燃材料吸收；使用洁净的无火花工具收集吸收材料。大量泄漏：构筑围堤或挖坑收容；用泡沫覆盖，减少蒸发。喷水雾能减少蒸发，但不能降低泄漏物在有限空间内的易燃性。用防爆泵转移至槽车或专用收集器内

第七部分 操作处置与储存

操作注意事项 密闭操作，加强通风。操作人员必须经过专门培训，严格遵守操作规程。建议操作人员佩戴直接式防毒面具（半面罩），戴化学安全防护眼镜，穿防毒物渗透工作服，戴橡胶耐油手套。远离火种、热源。工作场所严禁吸烟。使用防爆型的通风系统和设备。防止蒸气泄漏到工作场所空气中。避免与氧化剂、碱类接触。充装要控制流速，防止静电积聚。搬运时要轻装轻卸，防止包装及容器损坏。配备相应品种和数量的消防器材及泄漏应急处理设备。倒空的容器可能残留有害物

储存注意事项 储存于阴凉、通风的库房。库温不宜超过37℃。远离火种、热源。避免光照。保持容器密封。应与氧化剂、碱类分开存放，切忌混储。采用防爆型照明、通风设施。禁止使用易产生火花的机械设备和工具。储区应备有泄漏应急处理设备和合适的收容材料

第八部分 接触控制/个体防护

职业接触限值

中国 未制定标准

美国(ACGIH) 未制定标准

生物接触限值 未制定标准

监测方法 空气中有毒物质测定方法：碳酸氢钠溶液解吸-离子色谱法。生物监测检验方法：未制定标准

工程控制 生产过程密闭，加强通风。提供安全淋浴和洗眼设备

个体防护装备

呼吸系统防护 空气中浓度较高时，应该佩戴过滤式防毒面具（半面罩）。紧急事态抢救或撤离时，佩戴空气呼吸器

眼睛防护 戴化学安全防护眼镜

皮肤和身体防护 穿防毒物渗透工作服

手防护 戴橡胶耐油手套

第九部分 理化特性

外观与性状 无色至黄色液体

pH值 无资料　**熔点(℃)** －85.6

沸点(℃) 154～155　**相对密度(水＝1)** 1.52

相对蒸气密度(空气＝1) 无资料

饱和蒸气压(kPa) 无资料

燃烧热(kJ/mol) 无资料　**临界温度(℃)** 无资料

临界压力(MPa) 无资料　**辛醇/水分配系数** 3.560

闪点(℃) 51.11　**自燃温度(℃)** 无资料

爆炸下限(%) 无资料　**爆炸上限(%)** 无资料

分解温度(℃) 无资料　**黏度(mPa·s)** 无资料

溶解性 微溶于水，溶于乙醇、乙醚

第十部分 稳定性和反应性

稳定性 稳定

危险反应 与强氧化剂等禁配物发生反应

避免接触的条件 光照

禁配物 强氧化剂、强碱

危险的分解产物 碘化氢

第十一部分 毒理学信息

急性毒性 LD_{50}：948mg/kg（大鼠静脉）；489mg/kg

（小鼠静脉）

皮肤刺激或腐蚀 无资料 **眼睛刺激或腐蚀** 无资料

呼吸或皮肤过敏 无资料 **生殖细胞突变性** 无资料

致癌性 无资料 **生殖毒性** 无资料

特异性靶器官系统毒性-一次接触 无资料

特异性靶器官系统毒性-反复接触 无资料

吸入危害 无资料

第十二部分 生态学信息

生态毒性 无资料

持久性和降解性

生物降解性 无资料

非生物降解性 无资料

潜在的生物累积性 根据 K_{ow}值预测，该物质可能有一定的生物累积性

土壤中的迁移性 根据 K_{oc}值预测，该物质可能有一定的迁移性

第十三部分 废弃处置

废弃化学品 建议用焚烧法处置。焚烧炉排出的卤化氢通过酸洗涤器除去

污染包装物 将容器返还生产商或按照国家和地方法规处置

废弃注意事项 处置前应参阅国家和地方有关法规

第十四部分 运输信息

联合国危险货物编号（UN号） 1993

联合国运输名称 易燃液体，未另作规定的（碘代正戊烷）

联合国危险性类别 3

包装类别 Ⅲ类包装 **包装标志**

海洋污染物 否

运输注意事项 运输时运输车辆应配备相应品种和数量的消防器材及泄漏应急处理设备。夏季最好早晚运输。运输时所用的槽（罐）车应有接地链，槽内可设孔隔板以减少震荡产生的静电。严禁与氧化剂、碱类、食用化学品等混装混运。运输途中应防曝晒、雨淋，防高温。中途停留时应远离火种、热源、高温区。装运该物品的车辆排气管必须配备阻火装置，禁止使用易产生火花的机械设备和工具装卸。公路运输时要按规定路线行驶，勿在居民区和人口稠密区停留。铁路运输时要禁止溜放。严禁用木船、水泥船散装运输

第十五部分 法规信息

下列法律、法规、规章和标准，对该化学品的管理作了相应的规定。

中华人民共和国职业病防治法 职业病分类和目录：未列入

危险化学品安全管理条例 危险化学品目录：列入。易制爆危险化学品名录：未列入。重点监管的危险化学品名录：未列入。GB 18218—2009《危险化学品重大危险源辨识》（表1）：未列入

使用有毒物品作业场所劳动保护条例 高毒物品目录：未列入

易制毒化学品管理条例 易制毒化学品的分类和品种目录：未列入

国际公约 斯德哥尔摩公约：未列入。鹿特丹公约：未列入。蒙特利尔议定书：未列入

第十六部分 其他信息

编写和修订信息 **缩略语和首字母缩写**

培训建议 **参考文献**

免责声明

碘 化 汞

第一部分 化学品标识

化学品中文名 碘化汞；碘化高汞；二碘化汞

化学品英文名 mercuric iodide；red mercuric iodide

分子式 HgI_2 **相对分子质量** 454.39

结构式 I—Hg—I

化学品的推荐及限制用途 用于医药和用作化学试剂

第二部分 危险性概述

紧急情况概述 吞咽致命，皮肤接触会致命，可能导致皮肤过敏反应

GHS危险性类别 急性毒性-经口，类别2；急性毒性-经皮，类别2；皮肤腐蚀/刺激，类别2；严重眼损伤/眼刺激，类别2A；皮肤致敏物，类别1；危害水生环境-急性危害，类别1；危害水生环境-长期危害，类别1

标签要素

象形图

警示词 危险

危险性说明 吞咽致命，皮肤接触会致命，造成皮肤刺激，造成严重眼刺激，可能导致皮肤过敏反应，对水生生物毒性非常大并具有长期持续影响

防范说明

预防措施 避免接触眼睛、皮肤或衣服，操作后彻底清洗。作业场所不得进食、饮水或吸烟。戴防护手套，穿防护服、防护面罩。避免吸入粉尘。污染的工作服不得带出工作场所。禁止排入环境

事故响应 皮肤接触：用大量肥皂水和水轻轻地清洗。立即呼叫中毒控制中心或就医。如出现皮肤刺激或皮疹：就医。脱去被污染的衣服，洗净后方可重新使用。如接触眼睛：用水细心冲洗数分钟。如戴隐形眼镜并可方便地取出，取出隐形眼镜。继续冲洗。如果眼睛刺激持续：就医。食入：漱口。立即呼叫中毒控制中心或就医。收集泄漏物

安全储存 上锁保管

废弃处置　本品及内装物、容器依据国家和地方法规处置

物理和化学危险　不燃，无特殊燃爆特性

健康危害　本品对眼睛、呼吸道黏膜和皮肤有强烈刺激性。汞及其化合物主要引起中枢神经系统损害及口腔炎，高浓度引起肾损害。对皮肤有致敏性

环境危害　对水生生物毒性非常大并具有长期持续影响

第三部分　成分/组成信息

√物质		混合物
组分	**浓度**	**CAS No.**
碘化汞		7774-29-0

第四部分　急救措施

吸入　迅速脱离现场至空气新鲜处。保持呼吸道通畅。如呼吸困难，给输氧。如呼吸、心跳停止，立即进行心肺复苏术。就医

皮肤接触　立即脱去污染的衣着，用流动清水彻底冲洗。就医

眼睛接触　立即分开眼睑，用流动清水或生理盐水彻底冲洗。就医

食入　口服蛋清、牛奶或豆浆。就医

对保护施救者的忠告　根据需要使用个人防护设备

对医生的特别提示　解毒剂：二巯基丙磺酸钠、二巯基丁二酸钠、青霉胺

第五部分　消防措施

灭火剂　本品不燃。根据着火原因选择适当灭火剂灭火

特别危险性　受热分解放出有毒的碘化物烟气。与三氟化氯、金属钾、金属钠剧烈反应

灭火注意事项及防护措施　消防人员必须佩戴空气呼吸器、穿全身防火防毒服，在上风向灭火。尽可能将容器从火场移至空旷处。喷水保持火场容器冷却，直至灭火结束

第六部分　泄漏应急处理

作业人员防护措施、防护装备和应急处置程序　隔离泄漏污染区，限制出入。建议应急处理人员戴防尘口罩，穿防毒服，戴橡胶手套。穿上适当的防护服前严禁接触破裂的容器和泄漏物。尽可能切断泄漏源。用塑料布覆盖泄漏物，减少飞散。勿使水进入包装容器内

环境保护措施　无资料

泄漏化学品的收容、清除方法及所使用的处置材料　用洁净的铲子收集泄漏物，置于干净、干燥、盖子较松的容器中，将容器移离泄漏区

第七部分　操作处置与储存

操作注意事项　密闭操作，局部排风。操作人员必须经过专门培训，严格遵守操作规程。建议操作人员佩戴头罩型电动送风过滤式防尘呼吸器，穿连衣式防毒衣，戴橡胶手套。避免产生粉尘。避免与氧化剂接触。搬运时要轻装轻卸，防止包装及容器损坏。配备泄漏应急处理设备。倒空的容器可能残留有害物

储存注意事项　储存于阴凉、通风良好的专用库房内。远离火种、热源。避免光照。包装密封。应与氧化剂、食用化学品分开存放，切忌混储。储区应备有合适的材料收容泄漏物

第八部分　接触控制/个体防护

职业接触限值

中国　未制定标准

美国(ACGIH)　TLV-TWA：0.025mg/m^3［按Hg计］［皮］

生物接触限值　尿总汞：20μmol/mol 肌酐（35μg/g 肌酐）（采样时间：接触6个月后工作班前）

监测方法　空气中有毒物质测定方法：原子荧光光谱法；双硫腙分光光度法；冷原子吸收光谱法。生物监测检验方法：尿中汞的双硫腙萃取分光光度测定方法；尿中汞的冷原子吸收光谱测定方法（一）碱性氯化亚锡还原法；尿中有机（甲基）汞、无机汞和总汞的分别测定方法　选择性还原-冷原子吸收光谱法

工程控制　密闭操作，局部排风。提供安全的淋浴和洗眼设备

个体防护装备

呼吸系统防护　作业人员应该佩戴过滤式防尘呼吸器。必要时佩戴空气呼吸器

眼睛防护　戴化学安全防护眼镜

皮肤和身体防护　穿连衣式防毒衣

手防护　戴橡胶手套

第九部分　理化特性

外观与性状　黄色结晶或粉末

pH值　无意义　　**熔点(℃)**　257～259

沸点(℃)　349～354　　**相对密度(水=1)**　6.28

相对蒸气密度(空气=1)　无资料

饱和蒸气压(kPa)　0.13（157℃）

燃烧热(kJ/mol)　无资料　　**临界温度(℃)**　无资料

临界压力(MPa)　无资料　　**辛醇/水分配系数**　无资料

闪点(℃)　无意义　　**自燃温度(℃)**　无意义

爆炸下限(%)　无意义　　**爆炸上限(%)**　无意义

分解温度(℃)　无资料　　**黏度(mPa·s)**　无资料

溶解性　不溶于水，溶于甲醇、乙醇、乙醚、氯仿、甘油、丙酮、二硫化碳

第十部分　稳定性和反应性

稳定性　稳定

危险反应　与强氧化剂、碱金属等禁配物发生反应

避免接触的条件　受热、光照

禁配物　强氧化剂、三氟化氯、金属钾、金属钠

危险的分解产物　无资料

第十一部分　毒理学信息

急性毒性　LD_{50}：18mg/kg（大鼠经口）；75mg/kg（大鼠经皮）

皮肤刺激或腐蚀　无资料　　**眼睛刺激或腐蚀**　无资料

呼吸或皮肤过敏　无资料　　**生殖细胞突变性**　无资料

致癌性 无资料

生殖毒性 雌性大鼠吸入最低中毒剂量 450ng/m³（24h）导致胎儿毒性 死胎、发育障碍等

特异性靶器官系统毒性-一次接触 无资料

特异性靶器官系统毒性-反复接触 无资料

吸入危害 无资料

第十二部分 生态学信息

生态毒性 LC_{50}：0.156mg/L（18h）（红藻）

持久性和降解性

生物降解性 无资料

非生物降解性 无资料

潜在的生物累积性 汞元素易在人体内累积

土壤中的迁移性 无资料

第十三部分 废弃处置

废弃化学品 根据国家和地方有关法规的要求处置。或与制造商联系确定处置方法

污染包装物 将容器返还生产商或按照国家和地方法规处置

废弃注意事项 处置前应参阅国家和地方有关法规。把倒空的容器归还厂商或在规定场所掩埋

第十四部分 运输信息

联合国危险货物编号（UN号） 1638

联合国运输名称 碘化汞

联合国危险性类别 6.1

包装类别 Ⅱ类包装 **包装标志** 

海洋污染物 是

运输注意事项 运输前应先检查包装容器是否完整、密封，运输过程中要确保容器不泄漏、不倒塌、不坠落、不损坏。严禁与酸类、氧化剂、食品及食品添加剂混运。运输时运输车辆应配备泄漏应急处理设备。运输途中应防曝晒、雨淋，防高温

第十五部分 法规信息

下列法律、法规、规章和标准，对该化学品的管理作了相应的规定。

中华人民共和国职业病防治法 职业病分类和目录：汞及其化合物中毒

危险化学品安全管理条例 危险化学品目录：列入。易制爆危险化学品名录：未列入。重点监管的危险化学品名录：未列入。GB 18218—2009《危险化学品重大危险源辨识》（表1）：未列入

使用有毒物品作业场所劳动保护条例 高毒物品目录：未列入

易制毒化学品管理条例 易制毒化学品的分类和品种目录：未列入

国际公约 斯德哥尔摩公约：未列入。鹿特丹公约：未列入。蒙特利尔议定书：未列入

第十六部分 其他信息

编写和修订信息 **缩略语和首字母缩写**

培训建议 **参考文献**

免责声明

碘化氢［无水］

第一部分 化学品标识

化学品中文名 碘化氢［无水］

化学品英文名 hydrogen iodide（anhydrous）

分子式 HI **相对分子质量** 127.91

结构式 H—I

化学品的推荐及限制用途 用于合成碘化物、杀菌剂，以及用作药物原料

第二部分 危险性概述

紧急情况概述 内装加压气体：遇热可能爆炸，造成严重的皮肤灼伤和眼损伤

GHS危险性类别 加压气体；皮肤腐蚀/刺激，类别1A；严重眼损伤/眼刺激，类别1；特异性靶器官毒性-一次接触，类别3（呼吸道刺激）

标签要素

象形图 

警示词 危险

危险性说明 内装加压气体：遇热可能爆炸，造成严重的皮肤灼伤和眼损伤，可能引起呼吸道刺激

防范说明

预防措施 避免接触眼睛、皮肤，操作后彻底清洗。戴防护手套，穿防护服，戴防护眼镜、防护面罩

事故响应 如吸入：将患者转移到空气新鲜处，休息，保持利于呼吸的体位，立即呼叫中毒控制中心或就医。皮肤（或头发）接触：立即脱掉所有被污染的衣服，用水冲洗皮肤，淋浴。污染的衣服须洗净后方可重新使用。眼睛接触：用水细心地冲洗数分钟。如戴隐形眼镜并可方便地取出，则取出隐形眼镜继续冲洗

安全储存 防日晒。存放在通风良好的地方。上锁保管

废弃处置 本品及内装物、容器依据国家和地方法规处置

物理和化学危险 不燃，无特殊燃爆特性

健康危害 对眼和呼吸道有强烈的刺激作用。氢碘酸为本品的水溶液，具有强腐蚀作用

慢性影响 长期接触较高浓度的碘化氢可引起慢性支气管炎

环境危害 对环境可能有害

第三部分 成分/组成信息

√物质 混合物

组分	浓度	CAS No.
碘化氢		10034-85-2

第四部分　急救措施

吸入　迅速脱离现场至空气新鲜处。保持呼吸道通畅。如呼吸困难，给输氧。如呼吸、心跳停止，立即进行心肺复苏术。就医

皮肤接触　立即脱去污染的衣着，用大量流动清水彻底冲洗至少15min。就医

眼睛接触　立即分开眼睑，用流动清水或生理盐水彻底冲洗至少15min。就医

对保护施救者的忠告　根据需要使用个人防护设备

对医生的特别提示　对症处理

第五部分　消防措施

灭火剂　本品不燃。根据着火原因选择适当灭火剂灭火

特别危险性　能与氟、硝酸、氯酸钾等剧烈反应。和碱金属接触会爆炸。加热可产生有毒的碘烟雾。遇水或水蒸气时有强腐蚀性，能灼伤皮肤

灭火注意事项及防护措施　但与其他物品接触引起火灾时，消防人员须穿戴全身防护服，关闭火场中钢瓶的阀门，减弱火势，并用水喷淋保护去关闭阀门的人员。喷水冷却容器，尽可能将容器从火场移至空旷处

第六部分　泄漏应急处理

作业人员防护措施、防护装备和应急处置程序　根据气体扩散的影响区域划定警戒区，无关人员从侧风、上风向撤离至安全区。建议应急处理人员穿内置正压自给式呼吸器的全封闭防化服。尽可能切断泄漏源

环境保护措施　防止气体通过下水道、通风系统和有限空间扩散

泄漏化学品的收容、清除方法及所使用的处置材料　高浓度泄漏区，喷氨水或其他稀碱液中和。隔离泄漏区直至气体散尽

第七部分　操作处置与储存

操作注意事项　密闭操作，提供充分的局部排风。操作人员必须经过专门培训，严格遵守操作规程。建议操作人员佩戴过滤式防毒面具（半面罩），穿化学防护服，戴橡胶手套。防止气体泄漏到工作场所空气中。避免与氧化剂、碱类接触。搬运时轻装轻卸，防止钢瓶及附件破损。配备泄漏应急处理设备

储存注意事项　储存于阴凉、通风的不燃气体专用库房。远离火种、热源。库温不宜超过30℃。应与氧化剂、碱类分开存放，切忌混储。储区应备有泄漏应急处理设备

第八部分　接触控制/个体防护

职业接触限值

中国　未制定标准

美国(ACGIH)　TLV-TWA：0.01ppm

生物接触限值　未制定标准

监测方法　空气中有毒物质测定方法：碳酸氢钠溶液解吸-离子色谱法。生物监测检验方法：未制定标准

工程控制　严加密闭，提供充分的局部排风。提供安全淋浴和洗眼设备

个体防护装备

呼吸系统防护　空气中浓度超标时，佩戴过滤式防毒面具（半面罩）。紧急事态抢救或撤离时，建议佩戴空气呼吸器

眼睛防护　戴化学安全防护眼镜

皮肤和身体防护　穿化学防护服

手防护　戴橡胶手套

第九部分　理化特性

外观与性状　无色气体，有刺激性气味

pH值　1（0.1mol溶液）　**熔点(℃)**　－50.8

沸点(℃)　－35.5　**相对密度(水＝1)**　5.23

相对蒸气密度(空气＝1)　5.23（25℃）

饱和蒸气压(kPa)　53.32（－48.3℃）

燃烧热(kJ/mol)　无资料　**临界温度(℃)**　150

临界压力(MPa)　8.3　**辛醇/水分配系数**　无资料

闪点(℃)　无意义　**自燃温度(℃)**　无意义

爆炸下限(%)　无意义　**爆炸上限(%)**　无意义

分解温度(℃)　无资料　**黏度(mPa·s)**　无资料

溶解性　易溶于水，混溶于乙醇

第十部分　稳定性和反应性

稳定性　稳定

危险反应　与强氧化剂等禁配物发生反应。与碱金属接触会爆炸

避免接触的条件　潮湿空气

禁配物　强氧化剂、碱类

危险的分解产物　无资料

第十一部分　毒理学信息

急性毒性　无资料　**皮肤刺激或腐蚀**　无资料

眼睛刺激或腐蚀　无资料　**呼吸或皮肤过敏**　无资料

生殖细胞突变性　无资料　**致癌性**　无资料

生殖毒性　无资料

特异性靶器官系统毒性-一次接触　无资料

特异性靶器官系统毒性-反复接触　无资料

吸入危害　无资料

第十二部分　生态学信息

生态毒性　无资料

持久性和降解性

生物降解性　无资料

非生物降解性　无资料

潜在的生物累积性　无资料

土壤中的迁移性　无资料

第十三部分　废弃处置

废弃化学品　根据国家和地方有关法规的要求处置。或与制造商联系，确定处置方法

污染包装物　将容器返还生产商或按照国家和地方法规处置

废弃注意事项　处置前应参阅国家和地方有关法规

第十四部分　运输信息

联合国危险货物编号（UN号）　2197

联合国运输名称　无水碘化氢

联合国危险性类别　2.3，8

包装类别　-

包装标志

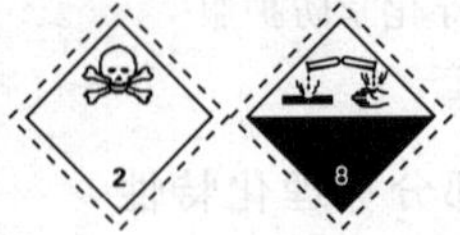

海洋污染物　否

运输注意事项　采用钢瓶运输时必须戴好钢瓶上的安全帽。钢瓶一般平放，并应将瓶口朝同一方向，不可交叉；高度不得超过车辆的防护栏板，并用三角木垫卡牢，防止滚动。严禁与氧化剂、碱类、食用化学品等混装混运。夏季应早晚运输，防止日光曝晒。公路运输时要按规定路线行驶，禁止在居民区和人口稠密区停留。铁路运输时要禁止溜放

第十五部分　法规信息

下列法律、法规、规章和标准，对该化学品的管理作了相应的规定。

中华人民共和国职业病防治法　职业病分类和目录：未列入

危险化学品安全管理条例　危险化学品目录：列入。易制爆危险化学品名录：未列入。重点监管的危险化学品名录：未列入。GB 18218—2009《危险化学品重大危险源辨识》（表1）：未列入

使用有毒物品作业场所劳动保护条例　高毒物品目录：未列入

易制毒化学品管理条例　易制毒化学品的分类和品种目录：未列入

国际公约　斯德哥尔摩公约：未列入。鹿特丹公约：未列入。蒙特利尔议定书：未列入

第十六部分　其他信息

编写和修订信息　**缩略语和首字母缩写**

培训建议　**参考文献**

免责声明

碘化亚铊

第一部分　化学品标识

化学品中文名　碘化亚铊；碘化铊；一碘化铊

化学品英文名　thallium iodide；thallous iodide

分子式　TlI　**相对分子质量**　331.27

化学品的推荐及限制用途　用于制造药物，光谱分析、热定位的特种过滤器，与溴化铊组成混合结晶，传送极长波长的红外线辐射

第二部分　危险性概述

紧急情况概述　吞咽致命，吸入致命

GHS危险性类别　急性毒性-经口，类别2；急性毒性-吸入，类别2；特异性靶器官毒性-反复接触，类别2；危害水生环境-急性危害，类别2；危害水生环境-长期危害，类别2

标签要素

象形图

警示词　危险

危险性说明　吞咽致命，吸入致命，长时间或反复接触可能对器官造成损伤，对水生生物有毒并具有长期持续影响

防范说明

预防措施　避免接触眼睛、皮肤，操作后彻底清洗。作业场所不得进食、饮水或吸烟。避免吸入粉尘、烟气。仅在室外或通风良好处操作。戴呼吸防护器具。禁止排入环境

事故响应　如吸入：将患者转移到空气新鲜处，休息，保持利于呼吸的体位。如感觉不适，就医。食入：漱口，立即呼叫中毒控制中心或就医。收集泄漏物

安全储存　在通风良好处储存。保持容器密闭。上锁保管

废弃处置　本品及内装物、容器依据国家和地方法规处置

物理和化学危险　不燃，无特殊燃爆特性

健康危害　铊及其化合物为强烈的神经毒，引起中枢神经系统损害及周围神经病，对肝、肾有损害

环境危害　对水生生物有毒并具有长期持续影响

第三部分　成分/组成信息

√物质　混合物

组分	浓度	CAS No.
碘化亚铊		7790-30-9

第四部分　急救措施

吸入　迅速脱离现场至空气新鲜处。保持呼吸道通畅。如呼吸困难，给输氧。如呼吸、心跳停止，立即进行心肺复苏术。就医

皮肤接触　立即脱去污染的衣着，用流动清水彻底冲洗。就医

眼睛接触　立即分开眼睑，用流动清水或生理盐水彻底冲洗。就医

食入　如中毒者神志清醒，催吐，洗胃。用1%碘化钠或1%碘化钾溶液洗胃效果更佳。口服牛奶、淀粉膏、氢氧化铝凝胶、次碳酸铋。口服活性炭悬液。用硫酸钠、硫酸镁或蓖麻油导泻。就医

对保护施救者的忠告　根据需要使用个人防护设备

对医生的特别提示　解毒剂：普鲁士蓝

第五部分　消防措施

灭火剂　本品不燃。根据着火原因选择适当灭火剂灭火

特别危险性 受热分解放出有毒的碘化物烟气

灭火注意事项及防护措施 消防人员须佩戴防毒面具、穿全身消防服，在上风向灭火。尽可能将容器从火场移至空旷处。喷水保持火场容器冷却，直至灭火结束

第六部分 泄漏应急处理

作业人员防护措施、防护装备和应急处置程序 隔离泄漏污染区，限制出入。建议应急处理人员戴防尘口罩，穿防毒服，戴橡胶手套。穿上适当的防护服前严禁接触破裂的容器和泄漏物。尽可能切断泄漏源。用塑料布覆盖泄漏物，减少飞散。勿使水进入包装容器内

环境保护措施 无资料

泄漏化学品的收容、清除方法及所使用的处置材料 用洁净的铲子收集泄漏物，置于干净、干燥、盖子较松的容器中，将容器移离泄漏区

第七部分 操作处置与储存

操作注意事项 严加密闭，提供充分的局部排风和全面通风。操作人员必须经过专门培训，严格遵守操作规程。建议操作人员佩戴头罩型电动送风过滤式防尘呼吸器，穿连衣式防毒衣，戴橡胶手套。避免产生粉尘。避免与氧化剂接触。搬运时要轻装轻卸，防止包装及容器损坏。配备泄漏应急处理设备。倒空的容器可能残留有害物

储存注意事项 储存于阴凉、通风的库房。远离火种、热源。包装密封。应与氧化剂、食用化学品分开存放，切忌混储。储区应备有合适的材料收容泄漏物

第八部分 接触控制/个体防护

职业接触限值

中国 PC-TWA：0.05mg/m³；PC-STEL：0.1mg/m³ ［按Tl计］［皮］

美国（ACGIH） TLV-TWA：0.02mg/m³ ［按Tl计］［皮］

生物接触限值 未制定标准

监测方法 空气中有毒物质测定方法：石墨炉原子吸收光谱法。生物监测检验方法：未制定标准

工程控制 严加密闭，提供充分的局部排风和全面通风。提供安全淋浴和洗眼设备

个体防护装备

呼吸系统防护 可能接触其粉尘时，必须佩戴过滤式防尘呼吸器。紧急事态抢救或撤离时，建议佩戴空气呼吸器

眼睛防护 戴化学安全防护眼镜

皮肤和身体防护 穿连衣式防毒衣

手防护 戴橡胶手套

第九部分 理化特性

外观与性状 红色立方体结晶或黄色粉末

pH值 无意义 **熔点(℃)** 440

沸点(℃) 824 **相对密度(水=1)** 7.1

相对蒸气密度(空气=1) 无资料

饱和蒸气压(kPa) 无资料

燃烧热(kJ/mol) 无资料 **临界温度(℃)** 无资料

临界压力(MPa) 无资料 **辛醇/水分配系数** 无资料

闪点(℃) 无意义 **自燃温度(℃)** 无意义

爆炸下限(%) 无意义 **爆炸上限(%)** 无意义

分解温度(℃) 无资料 **黏度(mPa·s)** 无资料

溶解性 微溶于水，不溶于乙醇，溶于王水及浓硫酸

第十部分 稳定性和反应性

稳定性 稳定

危险反应 与强氧化剂等禁配物发生反应

避免接触的条件 受热、光照

禁配物 强氧化剂

危险的分解产物 无资料

第十一部分 毒理学信息

急性毒性 LD_{50}：24.1mg/kg（大鼠经口）；40.7mg/kg（小鼠经口）

皮肤刺激或腐蚀 无资料 **眼睛刺激或腐蚀** 无资料

呼吸或皮肤过敏 无资料 **生殖细胞突变性** 无资料

致癌性 无资料 **生殖毒性** 无资料

特异性靶器官系统毒性-一次接触 无资料

特异性靶器官系统毒性-反复接触 无资料

吸入危害 无资料

第十二部分 生态学信息

生态毒性 铊化合物对水生生物有毒

持久性和降解性

生物降解性 无资料

非生物降解性 无资料

潜在的生物累积性 无资料

土壤中的迁移性 无资料

第十三部分 废弃处置

废弃化学品 根据国家和地方有关法规的要求处置。或与制造商联系，确定处置方法

污染包装物 将容器返还生产商或按照国家和地方法规处置

废弃注意事项 处置前应参阅国家和地方有关法规

第十四部分 运输信息

联合国危险货物编号（UN号） 1707

联合国运输名称 铊化合物，未另作规定的（碘化亚铊）

联合国危险性类别 6.1

包装类别 Ⅱ类包装 **包装标志**

海洋污染物 是

运输注意事项 运输前应先检查包装容器是否完整、密封，运输过程中要确保容器不泄漏、不倒塌、不坠落、不损坏。严禁与酸类、氧化剂、食品及食品添加剂混运。运输时运输车辆应配备泄漏应急处理设备。运输途中应防曝晒、雨淋，防高温

第十五部分　法规信息

下列法律、法规、规章和标准，对该化学品的管理作了相应的规定。

中华人民共和国职业病防治法　职业病分类和目录：铊及其化合物中毒

危险化学品安全管理条例　危险化学品目录：列入。易制爆危险化学品名录：未列入。重点监管的危险化学品名录：未列入。GB 18218—2009《危险化学品重大危险源辨识》(表 1)：未列入

使用有毒物品作业场所劳动保护条例　高毒物品目录：列入

易制毒化学品管理条例　易制毒化学品的分类和品种目录：未列入

国际公约　斯德哥尔摩公约：未列入。鹿特丹公约：未列入。蒙特利尔议定书：未列入

第十六部分　其他信息

编写和修订信息　　**缩略语和首字母缩写**

培训建议　　**参考文献**

免责声明

1-碘-2-甲基丙烷

第一部分　化学品标识

化学品中文名　1-碘-2-甲基丙烷；异丁基碘；碘代异丁烷

化学品英文名　1-iodo-2-methylpropane；1-iodo-iso-butane；isobutyl iodide

分子式　C_4H_9I　　**相对分子质量**　184.03

结构式

化学品的推荐及限制用途　可作为溶剂，并用于有机合成

第二部分　危险性概述

紧急情况概述　高度易燃液体和蒸气，吸入会中毒

GHS 危险性类别　易燃液体，类别 2；急性毒性-吸入，类别 3

标签要素

象形图

警示词　危险

危险性说明　高度易燃液体和蒸气，吸入会中毒

防范说明

预防措施　远离热源、火花、明火、热表面。禁止吸烟。保持容器密闭。容器和接收设备接地连接。使用防爆电器、通风、照明设备。只能使用不产生火花的工具。采取防静电措施。戴防护手套、防护眼镜、防护面罩。避免吸入蒸气、雾。仅在室外或通风良好处操作

事故响应　火灾时，使用雾状水、泡沫、干粉、二氧化碳、砂土灭火。如吸入：将患者转移到空气新鲜处，休息，保持利于呼吸的体位；呼叫中毒控制中心或就医。如皮肤（或头发）接触：立即脱掉所有被污染的衣服，用水冲洗皮肤，淋浴

安全储存　存放在通风良好的地方。保持低温。保持容器密闭。上锁保管

废弃处置　本品及内装物、容器依据国家和地方法规处置

物理和化学危险　高度易燃，其蒸气与空气混合，能形成爆炸性混合物

健康危害　吸入、食入对身体有害，可能具有刺激性

环境危害　对环境可能有害

第三部分　成分/组成信息

√物质　　混合物

组分	浓度	CAS No.
1-碘-2-甲基丙烷		513-38-2

第四部分　急救措施

吸入　迅速脱离现场至空气新鲜处。保持呼吸道通畅。如呼吸困难，给输氧。如呼吸、心跳停止，立即进行心肺复苏术。就医

皮肤接触　立即脱去污染的衣着，用流动清水彻底冲洗。就医

眼睛接触　立即分开眼睑，用流动清水或生理盐水彻底冲洗。就医

食入　漱口，饮水。就医

对保护施救者的忠告　根据需要使用个人防护设备

对医生的特别提示　对症处理

第五部分　消防措施

灭火剂　用雾状水、泡沫、干粉、二氧化碳、砂土灭火

特别危险性　遇明火、高热或与氧化剂接触能燃烧，并散发出有毒气体。与氧化剂能发生强烈反应。蒸气比空气重，沿地面扩散并易积存于低洼处，遇火源会着火回燃。燃烧生成有害的一氧化碳、碘化氢

灭火注意事项及防护措施　消防人员须佩戴防毒面具、穿全身消防服，在上风向灭火。尽可能将容器从火场移至空旷处。喷水保持火场容器冷却，直至灭火结束。容器突然发出异常声音或出现异常现象，应立即撤离

第六部分　泄漏应急处理

作业人员防护措施、防护装备和应急处置程序　消除所有点火源。根据液体流动和蒸气扩散的影响区域划定警戒区，无关人员从侧风、上风向撤离至安全区。建议应急处理人员戴正压自给式呼吸器，穿防静电服，戴橡胶耐油手套。作业时使用的所有设备应接地。禁止接触或跨越泄漏物。尽可能切断泄漏源

环境保护措施　防止泄漏物进入水体、下水道、地下室或有限空间

泄漏化学品的收容、清除方法及所使用的处置材料　小量泄漏：用砂土或其他不燃材料吸收，使用洁净的无火花工具收集吸收材料。大量泄漏：构筑围堤或挖坑收容，用泡沫覆盖，减少蒸发。喷水雾能减少蒸发，但

不能降低泄漏物在有限空间内的易燃性。用防爆泵转移至槽车或专用收集器内

第七部分 操作处置与储存

操作注意事项 密闭操作，加强通风。操作人员必须经过专门培训，严格遵守操作规程。建议操作人员佩戴自吸过滤式防毒面具（半面罩），戴化学安全防护眼镜，穿防静电工作服，戴橡胶耐油手套。远离火种、热源。工作场所严禁吸烟。使用防爆型的通风系统和设备。防止蒸气泄漏到工作场所空气中。避免与氧化剂接触。充装要控制流速，防止静电积聚。搬运时要轻装轻卸，防止包装及容器损坏。配备相应品种和数量的消防器材及泄漏应急处理设备。倒空的容器可能残留有害物

储存注意事项 储存于阴凉、通风的库房。远离火种、热源。避免光照。库温不宜超过37℃。保持容器密封。应与氧化剂分开存放，切忌混储。采用防爆型照明、通风设施。禁止使用易产生火花的机械设备和工具。储区应备有泄漏应急处理设备和合适的收容材料

第八部分 接触控制/个体防护

职业接触限值

中国 未制定标准

美国(ACGIH) 未制定标准

生物接触限值 未制定标准

监测方法 空气中有毒物质测定方法：碳酸氢钠溶液解吸-离子色谱法。生物监测检验方法：未制定标准

工程控制 生产过程密闭，加强通风

个体防护装备

呼吸系统防护 空气中浓度超标时，应该佩戴过滤式防毒面具（半面罩）

眼睛防护 戴化学安全防护眼镜

皮肤和身体防护 穿防静电工作服

手防护 戴橡胶耐油手套

第九部分 理化特性

外观与性状 无色或微黄色液体，见光变成棕色

pH值 无资料 **熔点(℃)** −93

沸点(℃) 120～121 **相对密度(水=1)** 1.6

相对蒸气密度(空气=1) 6.0

饱和蒸气压(kPa) 2.66（20℃）

燃烧热(kJ/mol) 无资料 **临界温度(℃)** 无资料

临界压力(MPa) 无资料 **辛醇/水分配系数** 2.990

闪点(℃) 12.8 **自燃温度(℃)** 无资料

爆炸下限(%) 无资料 **爆炸上限(%)** 无资料

分解温度(℃) 无资料 **黏度(mPa·s)** 无资料

溶解性 不溶于水，可混溶于乙醇、乙醚

第十部分 稳定性和反应性

稳定性 稳定

危险反应 与强氧化剂等禁配物发生反应

避免接触的条件 无资料

禁配物 强氧化剂、强碱、金属等

危险的分解产物 碘化氢

第十一部分 毒理学信息

急性毒性

LD_{50} 1241mg/kg（大鼠腹腔）；594mg/kg（小鼠腹腔）

LC_{50} 6700mg/m^3（大鼠吸入，4h）

皮肤刺激或腐蚀 无资料 **眼睛刺激或腐蚀** 无资料

呼吸或皮肤过敏 无资料 **生殖细胞突变性** 无资料

致癌性 无资料 **生殖毒性** 无资料

特异性靶器官系统毒性-一次接触 无资料

特异性靶器官系统毒性-反复接触 无资料

吸入危害 无资料

第十二部分 生态学信息

生态毒性 无资料

持久性和降解性

生物降解性 无资料

非生物降解性 无资料

潜在的生物累积性 根据K_{ow}值预测，该物质的生物累积性可能较弱

土壤中的迁移性 根据K_{oc}值预测，该物质可能有一定的迁移性

第十三部分 废弃处置

废弃化学品 建议用焚烧法处置。焚烧炉排出的卤化氢通过酸洗涤器除去

污染包装物 将容器返还生产商或按照国家和地方法规处置

废弃注意事项 处置前应参阅国家和地方有关法规

第十四部分 运输信息

联合国危险货物编号(UN号) 2391

联合国运输名称 碘甲基丙烷

联合国危险性类别 3

包装类别 Ⅱ类包装 **包装标志** 

海洋污染物 否

运输注意事项 运输时运输车辆应配备相应品种和数量的消防器材及泄漏应急处理设备。夏季最好早晚运输。运输时所用的槽（罐）车应有接地链，槽内可设孔隔板以减少震荡产生的静电。严禁与氧化剂、食用化学品等混装混运。运输途中应防曝晒、雨淋，防高温。中途停留时应远离火种、热源、高温区。装运该物品的车辆排气管必须配备阻火装置，禁止使用易产生火花的机械设备和工具装卸。公路运输时要按规定路线行驶，勿在居民区和人口稠密区停留。铁路运输时要禁止溜放。严禁用木船、水泥船散装运输

第十五部分 法规信息

下列法律、法规、规章和标准，对该化学品的管理作了相应的规定。

中华人民共和国职业病防治法 职业病分类和目录：未

列入

危险化学品安全管理条例 危险化学品目录：列入。易制爆危险化学品名录：未列入。重点监管的危险化学品名录：未列入。GB 18218—2009《危险化学品重大危险源辨识》（表 1）：未列入

使用有毒物品作业场所劳动保护条例 高毒物品目录：未列入

易制毒化学品管理条例 易制毒化学品的分类和品种目录：未列入

国际公约 斯德哥尔摩公约：未列入。鹿特丹公约：未列入。蒙特利尔议定书：未列入

第十六部分 其他信息

编写和修订信息 **缩略语和首字母缩写**

培训建议 **参考文献**

免责声明

碘 甲 烷

第一部分 化学品标识

化学品中文名 碘甲烷；甲基碘

化学品英文名 iodomethane；methyl iodide

分子式 CH_3I **相对分子质量** 141.95

结构式 H—C(H)(H)—I

化学品的推荐及限制用途 用于医药、有机合成、吡啶的检验、显微镜检查等

第二部分 危险性概述

紧急情况概述 吞咽会中毒，皮肤接触会中毒，吸入致命

GHS 危险性类别 急性毒性-经口，类别 3；急性毒性-经皮，类别 3；急性毒性-吸入，类别 2；皮肤腐蚀/刺激，类别 2；特异性靶器官毒性-一次接触，类别 3（呼吸道刺激）；危害水生环境-急性危害，类别 2；危害水生环境-长期危害，类别 3

标签要素

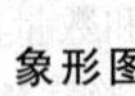

警示词 危险

危险性说明 吞咽会中毒，皮肤接触会中毒，吸入致命，造成皮肤刺激，可能引起呼吸道刺激，对水生生物有毒，对水生生物有害并具有长期持续影响

防范说明

预防措施 避免接触眼睛、皮肤，操作后彻底清洗；作业场所不得进食、饮水或吸烟。戴防护手套、穿防护服。避免吸入蒸气、雾。仅在室外或通风良好处操作。戴呼吸防护器具。禁止排入环境

事故响应 如吸入：将患者转移到空气新鲜处，休息，保持利于呼吸的体位。皮肤接触：用大量肥皂水和水清洗；如感觉不适，呼叫中毒控制中心或就医。被污染的衣服须经洗净后方可重新使用。如发生皮肤刺激，就医。食入：漱口，立即呼叫中毒控制中心或就医

安全储存 在通风良好处储存。保持容器密闭。上锁保管

废弃处置 本品及内装物、容器依据国家和地方法规处置

物理和化学危险 可燃，其蒸气与空气混合，能形成爆炸性混合物

健康危害 本品对中枢神经和周围神经有损害作用，对皮肤、黏膜有刺激作用

急性中毒 早期出现头晕、头痛、纳差、恶心、心悸、胸闷；症状加重可出现视力减退、复视、言语困难、定向障碍，甚至发生幻觉、抽搐、瘫痪、昏迷，符合中毒性脑水肿。少数患者以代谢性酸中毒表现为主，意识障碍可不明显，但 1～2d 后病情可突然恶化。血二氧化碳结合力下降。部分病例有周围神经损害。眼污染可致角膜损伤。皮肤污染可致皮炎

慢性影响 长期接触可发生神经衰弱综合征

环境危害 对水生生物有毒，对水生生物有害并具有长期持续影响

第三部分 成分/组成信息

√物质		混合物
组分	**浓度**	**CAS No.**
碘甲烷		74-88-4

第四部分 急救措施

吸入 迅速脱离现场至空气新鲜处。保持呼吸道通畅。如呼吸困难，给输氧。如呼吸、心跳停止，立即进行心肺复苏术。就医

皮肤接触 立即脱去污染的衣着，用流动清水彻底冲洗。就医

眼睛接触 立即分开眼睑，用流动清水或生理盐水彻底冲洗。就医

食入 漱口，饮水。就医

对保护施救者的忠告 根据需要使用个人防护设备

对医生的特别提示 对症处理

第五部分 消防措施

灭火剂 用雾状水、泡沫、二氧化碳、砂土灭火

特别危险性 受热分解放出有毒的碘化物烟气。燃烧生成有害的一氧化碳、碘化氢

灭火注意事项及防护措施 消防人员必须佩戴空气呼吸器、穿全身防火防毒服，在上风向灭火。尽可能将容器从火场移至空旷处。喷水保持火场容器冷却，直至灭火结束。容器突然发出异常声音或出现异常现象，应立即撤离

第六部分 泄漏应急处理

作业人员防护措施、防护装备和应急处置程序 根据液体流动和蒸气扩散的影响区域划定警戒区，无关人员从

侧风、上风向撤离至安全区。建议应急处理人员戴正压自给式呼吸器，穿防毒服，戴防化学品手套。穿上适当的防护服前严禁接触破裂的容器和泄漏物。尽可能切断泄漏源

环境保护措施 防止泄漏物进入水体、下水道、地下室或有限空间

泄漏化学品的收容、清除方法及所使用的处置材料 小量泄漏：用干燥的砂土或其他不燃材料吸收或覆盖，收集于容器中。大量泄漏：构筑围堤或挖坑收容，用砂土、惰性物质或蛭石吸收大量液体。用泵转移至槽车或专用收集器内

第七部分 操作处置与储存

操作注意事项 严加密闭，提供充分的局部排风和全面通风。操作人员必须经过专门培训，严格遵守操作规程。建议操作人员佩戴自吸过滤式防毒面具（半面罩），戴化学安全防护眼镜，穿透气型防毒服，戴防化学品手套。远离火种、热源。工作场所严禁吸烟。使用防爆型的通风系统和设备。防止蒸气泄漏到工作场所空气中。避免与氧化剂、碱类接触。搬运时要轻装轻卸，防止包装及容器损坏。配备相应品种和数量的消防器材及泄漏应急处理设备。倒空的容器可能残留有害物

储存注意事项 储存于阴凉、通风良好的专用库房内。远离火种、热源。保持容器密封。应与氧化剂、碱类、食用化学品分开存放，切忌混储。配备相应品种和数量的消防器材。储区应备有泄漏应急处理设备和合适的收容材料

第八部分 接触控制/个体防护

职业接触限值

中国 PC-TWA：10mg/m^3［皮］

美国(ACGIH) TLV-TWA：2ppm［皮］

生物接触限值 未制定标准

监测方法 空气中有毒物质测定方法：1,2-萘醌-4-磺酸钠分光光度法。生物监测检验方法：未制定标准

工程控制 严加密闭，提供充分的局部排风和全面通风。提供安排淋浴和洗眼设备

个体防护装备

呼吸系统防护 空气中浓度超标时，应该佩戴过滤式防毒面具（半面罩）

眼睛防护 戴化学安全防护眼镜

皮肤和身体防护 穿透气型防毒服

手防护 戴防化学品手套

第九部分 理化特性

外观与性状 无色透明液体，有特臭。见光变成棕色

pH值 无资料 **熔点(℃)** －66.5

沸点(℃) 42.5 **相对密度(水＝1)** 2.3

相对蒸气密度(空气＝1) 4.89

饱和蒸气压(kPa) 50（20℃）

燃烧热(kJ/mol) －813.8 **临界温度(℃)** 254.8

临界压力(MPa) 7.36

辛醇/水分配系数 1.51～1.69

闪点(℃) 无资料 **引燃温度(℃)** 无资料

爆炸下限(%) 无资料 **爆炸上限(%)** 无资料

分解温度(℃) 无资料

黏度(mPa·s) 0.424（40℃）

溶解性 微溶于水，溶于乙醇、乙醚

第十部分 稳定性和反应性

稳定性 稳定

危险反应 与强氧化剂等禁配物发生反应

避免接触的条件 无资料

禁配物 强氧化剂、强碱、亚氯酸银、钠、镁、锌等

危险的分解产物 碘化氢

第十一部分 毒理学信息

急性毒性

LD_{50} 100～200mg/kg（大鼠经口）

LC_{50} 1300mg/m^3（大鼠吸入，4h）

皮肤刺激或腐蚀 人经皮：1g（30min），轻度刺激

眼睛刺激或腐蚀 无资料 **呼吸或皮肤过敏** 无资料

生殖细胞突变性 微生物致突变性：鼠伤寒沙门氏菌2μl/皿；大肠杆菌20μmol/L。哺乳动物体细胞突变性：小鼠淋巴细胞15mg/L（2h）。DNA损伤：大肠杆菌1μmol/L

致癌性 IARC致癌性评论：组3，现有的证据不能对人类致癌性进行分类。对人及动物致癌性证据不足

生殖毒性 无资料

特异性靶器官系统毒性-一次接触 无资料

特异性靶器官系统毒性-反复接触 无资料

吸入危害 无资料

第十二部分 生态学信息

生态毒性

LC_{50} 1.4mg/L（96h）（鱼）

NOEC 0.16mg/L（21d）（水蚤）

持久性和降解性

生物降解性 无资料

非生物降解性 光解最大光吸收（nm）：260；水中光氧化半衰期（h）：480～1440；空气中光氧化半衰期（h）：535～5348；一级水解半衰期（h）：2640

潜在的生物累积性 根据K_{ow}值预测，该物质的生物累积性可能较弱

土壤中的迁移性 根据K_{oc}值预测，该物质可能易发生迁移

第十三部分 废弃处置

废弃化学品 建议用焚烧法处置。焚烧炉排出的卤化氢通过酸洗涤器除去

污染包装物 将容器返还生产商或按照国家和地方法规处置

废弃注意事项 处置前应参阅国家和地方有关法规

第十四部分 运输信息

联合国危险货物编号（UN号） 2644

联合国运输名称 甲基碘 **联合国危险性类别** 6.1

包装类别 Ⅰ类包装 **包装标志** 

海洋污染物 否

运输注意事项 运输前应先检查包装容器是否完整、密封，运输过程中要确保容器不泄漏、不倒塌、不坠落、不损坏。严禁与酸类、氧化剂、食品及食品添加剂混运。运输时运输车辆应配备相应品种和数量的消防器材及泄漏应急处理设备。运输途中应防曝晒、雨淋，防高温。公路运输时要按规定路线行驶

第十五部分 法规信息

下列法律、法规、规章和标准，对该化学品的管理作了相应的规定。

中华人民共和国职业病防治法 职业病分类和目录：碘甲烷中毒

危险化学品安全管理条例 危险化学品目录：列入。易制爆危险化学品名录：未列入。重点监管的危险化学品名录：未列入。GB 18218—2009《危险化学品重大危险源辨识》（表1）：未列入

使用有毒物品作业场所劳动保护条例 高毒物品目录：未列入

易制毒化学品管理条例 易制毒化学品的分类和品种目录：未列入

国际公约 斯德哥尔摩公约：未列入。鹿特丹公约：未列入。蒙特利尔议定书：未列入

第十六部分 其他信息

编写和修订信息 **缩略语和首字母缩写**

培训建议 **参考文献**

免责声明

碘 酸

第一部分 化学品标识

化学品中文名 碘酸

化学品英文名 iodic acid

分子式 HIO_3 **相对分子质量** 175.91

结构式 HO—I(=O)=O

化学品的推荐及限制用途 用作分析试剂，用于制造药物等

第二部分 危险性概述

紧急情况概述 可加剧燃烧：氧化剂，造成严重的皮肤灼伤和眼损伤

GHS危险性类别 氧化性固体，类别2；皮肤腐蚀/刺激，类别1；严重眼损伤/眼刺激，类别1

标签要素

象形图 

警示词 危险

危险性说明 可加剧燃烧：氧化剂，造成严重的皮肤灼伤和眼损伤

防范说明

预防措施 远离热源。远离衣物、可燃物保存。采取一切预防措施，避免与可燃物混合。避免吸入粉尘或烟雾。避免接触眼睛、皮肤，操作后彻底清洗。戴防护手套，穿防护服，戴防护眼镜、防护面罩

事故响应 本品不燃，火灾时根据着火原因选择适当灭火剂灭火。如吸入：将患者转移到空气新鲜处，休息，保持利于呼吸的体位。立即呼叫中毒控制中心或就医。皮肤（或头发）接触：立即脱掉所有被污染的衣服。用水冲洗皮肤，淋浴。污染的衣服须洗净后方可重新使用。眼睛接触：用水细心地冲洗数分钟。如戴隐形眼镜并可方便地取出，则取出隐形眼镜继续冲洗。食入：漱口。不要催吐

安全储存 上锁保管

废弃处置 本品及内装物、容器依据国家和地方法规处置

物理和化学危险 助燃。与可燃物接触易着火燃烧

健康危害 对上呼吸道有刺激性。可造成严重的皮肤灼伤和眼损伤

环境危害 对环境可能有害

第三部分 成分/组成信息

√物质		混合物
组分	**浓度**	**CAS No.**
碘酸		7782-68-5

第四部分 急救措施

吸入 迅速脱离现场至空气新鲜处。保持呼吸道通畅。如呼吸困难，给输氧。如呼吸、心跳停止，立即进行心肺复苏术。就医

皮肤接触 立即脱去污染的衣着，用大量流动清水彻底冲洗至少15min。就医

眼睛接触 立即分开眼睑，用流动清水或生理盐水彻底冲洗至少15min。就医

食入 用水漱口，禁止催吐。给饮牛奶或蛋清。就医

对保护施救者的忠告 根据需要使用个人防护设备

对医生的特别提示 对症处理

第五部分 消防措施

灭火剂 本品不燃。根据着火原因选择适当灭火剂灭火

特别危险性 强氧化剂。与易燃物硫、磷、有机物、还原剂接触，能发生化学反应，甚至燃烧

灭火注意事项及防护措施 消防人员必须穿全身耐酸碱消防服、佩戴空气呼吸器灭火。喷水冷却容器，尽可能将容器从火场移至空旷处。在火场中与可燃物混合会爆炸，消防人员须在有防爆掩蔽处操作

第六部分 泄漏应急处理

作业人员防护措施、防护装备和应急处置程序 隔离泄漏污染区，限制出入。建议应急处理人员戴防尘口罩，穿防腐蚀、防毒服，戴橡胶手套。勿使泄漏物与可燃物质（如木材、纸、油等）接触。穿上适当的防护服前严禁接触破裂的容器和泄漏物。尽可能切断泄漏源。勿使水进入包装容器内

环境保护措施 无资料

泄漏化学品的收容、清除方法及所使用的处置材料 小量泄漏：用洁净的铲子收集泄漏物，置于干净、干燥、盖子较松的容器中，将容器移离泄漏区。大量泄漏：泄漏物回收后，用水冲洗泄漏区

第七部分 操作处置与储存

操作注意事项 密闭操作，加强通风。操作人员必须经过专门培训，严格遵守操作规程。建议操作人员佩戴头罩型电动送风过滤式防尘呼吸器，穿聚乙烯防毒服，戴橡胶手套。远离火种、热源。工作场所严禁吸烟。远离易燃、可燃物。避免产生粉尘。避免与还原剂、醇类接触。搬运时要轻装轻卸，防止包装及容器损坏。配备相应品种和数量的消防器材及泄漏应急处理设备。倒空的容器可能残留有害物

储存注意事项 储存于阴凉、通风的库房。远离火种、热源。仓库温度不超过30℃，相对湿度不超过80%。避免光照。包装密封。应与还原剂、醇类、易（可）燃物分开存放，切忌混储。储区应备有合适的材料收容泄漏物

第八部分 接触控制/个体防护

职业接触限值

中国 未制定标准

美国(ACGIH) 未制定标准

生物接触限值 未制定标准

监测方法 空气中有毒物质测定方法：碳酸氢钠溶液解吸-离子色谱法。生物监测检验方法：未制定标准

工程控制 生产过程密闭，加强通风。提供安全的淋浴和洗眼设备

个体防护装备

呼吸系统防护 可能接触其粉尘时，应该佩戴过滤式防尘呼吸器

眼睛防护 戴化学安全防护眼镜

皮肤和身体防护 穿隔绝式防毒服

手防护 戴橡胶手套

第九部分 理化特性

外观与性状 无色斜方结晶，或有光泽的白色结晶

pH值 无资料　**熔点(℃)** 110（分解）

沸点(℃) 无资料　**相对密度(水=1)** 4.63

相对蒸气密度(空气=1) 无资料

饱和蒸气压(kPa) 无资料

燃烧热(kJ/mol) 无资料　**临界温度(℃)** 无资料

临界压力(MPa) 无意义　**辛醇/水分配系数** 无资料

闪点(℃) 无意义　**自燃温度(℃)** 无意义

爆炸下限(%) 无意义　**爆炸上限(%)** 无意义

分解温度(℃) 无资料　**黏度(mPa·s)** 无资料

溶解性 易溶于水、硝酸，不溶于乙醇、乙醚、乙酸、二硫化碳

第十部分 稳定性和反应性

稳定性 稳定

危险反应 与强还原剂、易燃或可燃物等禁配物接触，有发生火灾和爆炸的危险

避免接触的条件 光照

禁配物 强还原剂、醇类、易燃或可燃物、硫、磷、有机物

危险的分解产物 碘化物

第十一部分 毒理学信息

急性毒性 LD_{50}：119mg/kg（小鼠腹腔）

皮肤刺激或腐蚀 无资料　**眼睛刺激或腐蚀** 无资料

呼吸或皮肤过敏 无资料　**生殖细胞突变性** 无资料

致癌性 无资料

生殖毒性 频繁使用碘化物可致胎儿死亡，严重的甲状腺肿和甲状腺机能衰退，新生儿呈现克汀病样体征

特异性靶器官系统毒性-一次接触 无资料

特异性靶器官系统毒性-反复接触 无资料

吸入危害 无资料

第十二部分 生态学信息

生态毒性 无资料

持久性和降解性

生物降解性 无资料

非生物降解性 无资料

潜在的生物累积性 无资料

土壤中的迁移性 无资料

第十三部分 废弃处置

废弃化学品 中和、稀释后，排入废水系统

污染包装物 将容器返还生产商或按照国家和地方法规处置

废弃注意事项 处置前应参阅国家和地方有关法规

第十四部分 运输信息

联合国危险货物编号（UN号） 3085

联合国运输名称 氧化性固体，腐蚀性，未另作规定的（碘酸）

联合国危险性类别 5.1，8

包装类别 Ⅱ类包装

包装标志

海洋污染物 否

运输注意事项 运输时单独装运，运输过程中要确保容器不泄漏、不倒塌、不坠落、不损坏。运输时运输车辆应配备相应品种和数量的消防器材及泄漏应急处理设备。严禁与酸类、易燃物、有机物、还原剂、自燃物品、遇湿易燃物品等并车混运。运输时车速不宜过快，不得强行超车。运输车辆装卸前后，均应彻底清扫、洗净，严禁混入有机物、易燃物等杂质

第十五部分 法规信息

下列法律、法规、规章和标准，对该化学品的管理作了相应的规定。

中华人民共和国职业病防治法 职业病分类和目录：未列入

危险化学品安全管理条例 危险化学品目录：列入。易制爆危险化学品名录：未列入。重点监管的危险化学品名录：未列入。GB 18218—2009《危险化学品重大危险源辨识》(表1)：未列入

使用有毒物品作业场所劳动保护条例 高毒物品目录：未列入

易制毒化学品管理条例 易制毒化学品的分类和品种目录：未列入

国际公约 斯德哥尔摩公约：未列入。鹿特丹公约：未列入。蒙特利尔议定书：未列入

第十六部分 其他信息

编写和修订信息 **缩略语和首字母缩写**

培训建议 **参考文献**

免责声明

碘 酸 铵

第一部分 化学品标识

化学品中文名 碘酸铵

化学品英文名 ammonium iodate

分子式 NH_4IO_3 **相对分子质量** 192.94

化学品的推荐及限制用途 用作氧化剂和分析试剂

第二部分 危险性概述

紧急情况概述 可加剧燃烧；氧化剂

GHS 危险性类别 氧化性固体，类别2

标签要素

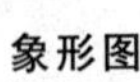

象形图 

警示词 危险

危险性说明 可加剧燃烧；氧化剂

防范说明

预防措施 远离热源。远离衣物、可燃物保存。采取一切预防措施，避免与可燃物混合。戴防护手套、防护眼镜、防护面罩

事故响应 本品不燃，火灾时根据着火原因选择适当灭火剂灭火

安全储存 -

废弃处置 本品及内装物、容器依据国家和地方法规处置

物理和化学危险 助燃。与可燃物接触易着火燃烧

健康危害 对皮肤、黏膜有刺激性。热解时释放出有毒烟雾

环境危害 对环境可能有害

第三部分 成分/组成信息

√物质		混合物
组分	浓度	CAS No.
碘酸铵		13446-09-8

第四部分 急救措施

吸入 迅速脱离现场至空气新鲜处，保持呼吸道通畅。如呼吸困难，给输氧。如呼吸、心跳停止，立即进行心肺复苏术。就医

皮肤接触 立即脱去污染的衣着，用流动清水彻底冲洗。就医

眼睛接触 立即分开眼睑，用流动清水或生理盐水彻底冲洗。就医

食入 漱口，饮水。就医

对保护施救者的忠告 根据需要使用个人防护设备

对医生的特别提示 对症处理

第五部分 消防措施

灭火剂 本品不燃。根据着火原因选择适当灭火剂灭火

特别危险性 无机氧化剂。与还原剂、有机物、易燃物如硫、磷或金属粉末等混合可形成爆炸性混合物。受热分解放出有毒的碘化物烟气

灭火注意事项及防护措施 消防人员必须佩戴空气呼吸器、穿全身防火防毒服，在上风向灭火。喷水冷却容器，尽可能将容器从火场移至空旷处。在火场中与可燃物混合会爆炸，消防人员须在有防爆掩蔽处操作

第六部分 泄漏应急处理

作业人员防护措施、防护装备和应急处置程序 隔离泄漏污染区，限制出入。消除所有点火源。建议应急处理人员戴防尘口罩，穿防毒服，戴橡胶手套。勿使泄漏物与可燃物质（如木材、纸、油等）接触。穿上适当的防护服前严禁接触破裂的容器和泄漏物。尽可能切断泄漏源。勿使水进入包装容器内

环境保护措施 无资料

泄漏化学品的收容、清除方法及所使用的处置材料 小量泄漏：用洁净的铲子收集泄漏物，置于干净、干燥、盖子较松的容器中，将容器移离泄漏区。大量泄漏：泄漏物回收后，用水冲洗泄漏区

第七部分 操作处置与储存

操作注意事项 密闭操作，加强通风。操作人员必须经过专门培训，严格遵守操作规程。建议操作人员佩戴自吸过滤式防尘口罩，戴化学安全防护眼镜，穿聚乙烯

防毒服，戴橡胶手套。远离火种、热源。工作场所严禁吸烟。远离易燃、可燃物。避免产生粉尘。避免与还原剂接触。搬运时要轻装轻卸，防止包装及容器损坏。配备相应品种和数量的消防器材及泄漏应急处理设备。倒空的容器可能残留有害物

储存注意事项 储存于阴凉、通风的库房。远离火种、热源。仓库温度不超过 30℃，相对湿度不超过 80%。包装密封。应与易（可）燃物、还原剂等分开存放，切忌混储。储区应备有合适的材料收容泄漏物

第八部分 接触控制/个体防护

职业接触限值

中国 未制定标准

美国(ACGIH) 未制定标准

生物接触限值 未制定标准

监测方法 空气中有毒物质测定方法：碳酸氢钠溶液解吸-离子色谱法。生物监测检验方法：未制定标准

工程控制 生产过程密闭，加强通风。提供安全的淋浴和洗眼设备

个体防护装备

呼吸系统防护 可能接触其粉尘时，应该佩戴过滤式防尘呼吸器

眼睛防护 戴化学安全防护眼镜

皮肤和身体防护 穿隔绝式防毒服

手防护 戴橡胶手套

第九部分 理化特性

外观与性状 白色结晶或粉末

pH 值 无意义 **熔点(℃)** 150（分解）

沸点(℃) 无资料

相对密度(水=1) 3.31（21℃）

相对蒸气密度(空气=1) 无资料

饱和蒸气压(kPa) 无资料

燃烧热(kJ/mol) 无资料 **临界温度(℃)** 无资料

临界压力(MPa) 无意义 **辛醇/水分配系数** 无资料

闪点(℃) 无意义 **自燃温度(℃)** 无意义

爆炸下限(%) 无意义 **爆炸上限(%)** 无意义

分解温度(℃) 150 **黏度(mPa·s)** 无资料

溶解性 微溶于冷水，不溶于热水

第十部分 稳定性和反应性

稳定性 稳定

危险反应 与强还原剂、易燃或可燃物等禁配物接触，有发生火灾和爆炸的危险

避免接触的条件 受热

禁配物 还原剂、易燃或可燃物、活性金属粉末、硫、磷

危险的分解产物 碘化物、氨

第十一部分 毒理学信息

急性毒性 无资料 **皮肤刺激或腐蚀** 无资料

眼睛刺激或腐蚀 无资料 **呼吸或皮肤过敏** 无资料

生殖细胞突变性 无资料 **致癌性** 无资料

生殖毒性 无资料

特异性靶器官系统毒性-一次接触 无资料

特异性靶器官系统毒性-反复接触 无资料

吸入危害 无资料

第十二部分 生态学信息

生态毒性 无资料

持久性和降解性

生物降解性 无资料

非生物降解性 无资料

潜在的生物累积性 无资料

土壤中的迁移性 无资料

第十三部分 废弃处置

废弃化学品 根据国家和地方有关法规的要求处置。或与制造商联系，确定处置方法

污染包装物 将容器返还生产商或按照国家和地方法规处置

废弃注意事项 处置前应参阅国家和地方有关法规

第十四部分 运输信息

联合国危险货物编号（UN 号） 1479

联合国运输名称 氧化性固体，未另作规定的（碘酸铵）

联合国危险性类别 5.1

包装类别 Ⅱ类包装 **包装标志**

海洋污染物 否

运输注意事项 运输时单独装运，运输过程中要确保容器不泄漏、不倒塌、不坠落、不损坏。运输时运输车辆应配备相应品种和数量的消防器材。严禁与酸类、易燃物、有机物、还原剂、自燃物品、遇湿易燃物品等并车混运。运输时车速不宜过快，不得强行超车。运输车辆装卸前后，均应彻底清扫、洗净，严禁混入有机物、易燃物等杂质

第十五部分 法规信息

下列法律、法规、规章和标准，对该化学品的管理作了相应的规定。

中华人民共和国职业病防治法 职业病分类和目录：未列入

危险化学品安全管理条例 危险化学品目录：列入。易制爆危险化学品名录：未列入。重点监管的危险化学品名录：未列入。GB 18218—2009《危险化学品重大危险源辨识》(表 1)：未列入

使用有毒物品作业场所劳动保护条例 高毒物品目录：未列入

易制毒化学品管理条例 易制毒化学品的分类和品种目录：未列入

国际公约 斯德哥尔摩公约：未列入。鹿特丹公约：未列入。蒙特利尔议定书：未列入

第十六部分 其他信息

编写和修订信息 **缩略语和首字母缩写**

培训建议 **参考文献**

免责声明

碘 酸 钡

第一部分 化学品标识

化学品中文名 碘酸钡

化学品英文名 barium iodate

分子式 $Ba(IO_3)_2$ **相对分子质量** 487.23

化学品的推荐及限制用途 用于医药，用作分析试剂

第二部分 危险性概述

紧急情况概述 可加剧燃烧：氧化剂

GHS 危险性类别 氧化性固体，类别 2；急性毒性-经口，类别 4；急性毒性-吸入，类别 4

标签要素

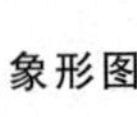
象形图 

警示词 危险

危险性说明 可加剧燃烧：氧化剂，吞咽有害，吸入有害

防范说明

预防措施 远离热源。远离衣物、可燃物保存。采取一切预防措施，避免与可燃物混合。戴防护手套、防护眼镜、防护面罩。避免接触眼睛、皮肤，操作后彻底清洗。作业场所不得进食、饮水或吸烟。避免吸入粉尘。仅在室外或通风良好处操作

事故响应 本品不燃，火灾时根据着火原因选择适当灭火剂灭火。如吸入：将患者转移到空气新鲜处，休息，保持利于呼吸的体位。如感觉不适，呼叫中毒控制中心或就医。食入：漱口。如果感觉不适，立即呼叫中毒控制中心或就医

安全储存 存放在通风良好的地方。保持低温

废弃处置 本品及内装物、容器依据国家和地方法规处置

物理和化学危险 助燃。与可燃物接触易着火燃烧

健康危害 急性中毒时，出现流涎、呕吐、腹痛、剧烈腹泻、痉挛、震颤、血压升高、肠胃及肾脏内出血等。对皮肤有刺激性

环境危害 对环境可能有害

第三部分 成分/组成信息

√物质 混合物

组分	浓度	CAS No.
碘酸钡		10567-69-8

第四部分 急救措施

吸入 迅速脱离现场至空气新鲜处。保持呼吸道通畅。如呼吸困难，给输氧。如呼吸、心跳停止，立即进行心肺复苏术。就医

皮肤接触 立即脱去污染的衣着，用流动清水彻底冲洗。就医

眼睛接触 立即分开眼睑，用流动清水或生理盐水彻底冲洗。就医

食入 饮足量温水，催吐。给服硫酸钠。就医

对保护施救者的忠告 根据需要使用个人防护设备

对医生的特别提示 解毒剂：硫酸钠、硫代硫酸钠。有低血钾者应补充钾盐

第五部分 消防措施

灭火剂 本品不燃。根据着火原因选择适当灭火剂灭火

特别危险性 无机氧化剂。能与铝、砷、铜、碳、金属硫化物、有机物、磷、硒、硫剧烈反应。受热分解放出有毒的碘化物烟气

灭火注意事项及防护措施 消防人员必须佩戴空气呼吸器、穿全身防火防毒服，在上风向灭火。喷水冷却容器，尽可能将容器从火场移至空旷处。在火场中与可燃物混合会爆炸，消防人员须在有防爆掩蔽处操作

第六部分 泄漏应急处理

作业人员防护措施、防护装备和应急处置程序 隔离泄漏污染区，限制出入。建议应急处理人员戴防尘口罩，穿防毒服，戴橡胶手套。勿使泄漏物与可燃物质（如木材、纸、油等）接触。穿上适当的防护服前严禁接触破裂的容器和泄漏物。尽可能切断泄漏源。勿使水进入包装容器内

环境保护措施 无资料

泄漏化学品的收容、清除方法及所使用的处置材料 小量泄漏：用洁净的铲子收集泄漏物，置于干净、干燥、盖子较松的容器中，将容器移离泄漏区。大量泄漏：泄漏物回收后，用水冲洗泄漏区

第七部分 操作处置与储存

操作注意事项 密闭操作，局部排风。操作人员必须经过专门培训，严格遵守操作规程。建议操作人员佩戴自吸过滤式防尘口罩，戴化学安全防护眼镜，穿胶布防毒衣，戴橡胶手套。远离火种、热源。工作场所严禁吸烟。远离易燃、可燃物。避免产生粉尘。避免与还原剂接触。搬运时要轻装轻卸，防止包装及容器损坏。配备相应品种和数量的消防器材及泄漏应急处理设备。倒空的容器可能残留有害物

储存注意事项 储存于阴凉、通风的库房。远离火种、热源。仓库温度不超过 30℃，相对湿度不超过 80%。包装密封。应与易（可）燃物、还原剂、食用化学品分开存放，切忌混储。储区应备有合适的材料收容泄漏物

第八部分 接触控制/个体防护

职业接触限值

中国 PC-TWA：$0.5mg/m^3$；PC-STEL：$1.5mg/m^3$［按 Ba 计］

美国(ACGIH) TLV-TWA：$0.5mg/m^3$［按 Ba 计］

生物接触限值 未制定标准

监测方法 空气中有毒物质测定方法：二溴对甲基偶氮甲磺分光光度法；等离子体原子发射光谱法。生物监测检验方法：未制定标准

工程控制 密闭操作，局部排风

个体防护装备

呼吸系统防护 可能接触其粉尘时，应该佩戴过滤式防尘呼吸器

眼睛防护 戴化学安全防护眼镜

皮肤和身体防护 穿隔绝式防毒服

手防护 戴橡胶手套

第九部分 理化特性

外观与性状 白色晶状粉末，有刺激性气味

pH 值 无意义 **熔点(℃)** 476（分解）

沸点(℃) 无资料 **相对密度(水=1)** 5.00

相对蒸气密度(空气=1) 无资料

饱和蒸气压(kPa) 无资料

燃烧热(kJ/mol) 无资料 **临界温度(℃)** 无资料

临界压力(MPa) 无意义 **辛醇/水分配系数** 无资料

闪点(℃) 无意义 **自燃温度(℃)** 无意义

爆炸下限(%) 无意义 **爆炸上限(%)** 无意义

分解温度(℃) 无资料 **黏度(mPa·s)** 无资料

溶解性 几乎不溶于冷水，微溶于沸水，溶于硝酸、盐酸，不溶于乙醇

第十部分 稳定性和反应性

稳定性 稳定

危险反应 与强还原剂、易燃或可燃物等禁配物接触，有发生火灾和爆炸的危险

避免接触的条件 受热

禁配物 还原剂、易燃或可燃物、活性金属粉末、硫、磷。

危险的分解产物 碘化物、氧化钡

第十一部分 毒理学信息

急性毒性 无资料 **皮肤刺激或腐蚀** 无资料

眼睛刺激或腐蚀 无资料 **呼吸或皮肤过敏** 无资料

生殖细胞突变性 无资料 **致癌性** 无资料

生殖毒性 无资料

特异性靶器官系统毒性-一次接触 无资料

特异性靶器官系统毒性-反复接触 无资料

吸入危害 无资料

第十二部分 生态学信息

生态毒性 无资料

持久性和降解性

生物降解性 无资料

非生物降解性 无资料

潜在的生物累积性 无资料

土壤中的迁移性 无资料

第十三部分 废弃处置

废弃化学品 根据国家和地方有关法规的要求处置。或与制造商联系，确定处置方法

污染包装物 将容器返还生产商或按照国家和地方法规处置

废弃注意事项 处置前应参阅国家和地方有关法规

第十四部分 运输信息

联合国危险货物编号(UN号) 1479

联合国运输名称 氧化性固体，未另作规定的（碘酸钡）

联合国危险性类别 5.1

包装类别 Ⅱ类包装 **包装标志**

海洋污染物 否

运输注意事项 运输时单独装运，运输过程中要确保容器不泄漏、不倒塌、不坠落、不损坏。运输时运输车辆应配备相应品种和数量的消防器材。严禁与酸类、易燃物、有机物、还原剂、自燃物品、遇湿易燃物品等并车混运。运输时车速不宜过快，不得强行超车。运输车辆装卸前后，均应彻底清扫、洗净，严禁混入有机物、易燃物等杂质

第十五部分 法规信息

下列法律、法规、规章和标准，对该化学品的管理作了相应的规定。

中华人民共和国职业病防治法 职业病分类和目录：钡及其化合物中毒

危险化学品安全管理条例 危险化学品目录：列入。易制爆危险化学品名录：未列入。重点监管的危险化学品名录：未列入。GB 18218—2009《危险化学品重大危险源辨识》（表1）：未列入

使用有毒物品作业场所劳动保护条例 高毒物品目录：未列入

易制毒化学品管理条例 易制毒化学品的分类和品种目录：未列入

国际公约 斯德哥尔摩公约：未列入。鹿特丹公约：未列入。蒙特利尔议定书：未列入

第十六部分 其他信息

编写和修订信息 **缩略语和首字母缩写**

培训建议 **参考文献**

免责声明

碘 酸 钙

第一部分 化学品标识

化学品中文名 碘酸钙

化学品英文名 calcium iodate; lautarite; calcium iodate monohydrate

分子式 $Ca(IO_3)_2 \cdot H_2O$ **相对分子质量** 407.90

化学品的推荐及限制用途 用作防臭剂、药物和食品添加剂

第二部分 危险性概述

紧急情况概述 可加剧燃烧；氧化剂

GHS 危险性类别 氧化性固体，类别 2

标签要素

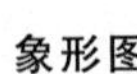

象形图

警示词 危险

危险性说明 可加剧燃烧：氧化剂

防范说明

预防措施 远离热源。远离衣物、可燃物保存。采取一切预防措施，避免与可燃物混合。戴防护手套、防护眼镜、防护面罩

事故响应 本品不燃，火灾时根据着火原因选择适当灭火剂灭火

安全储存 -

废弃处置 本品及内装物、容器依据国家和地方法规处置

物理和化学危险 助燃。与可燃物接触易着火燃烧

健康危害 本品对眼睛、皮肤、黏膜有强刺激作用

环境危害 对环境可能有害

第三部分 成分/组成信息

√物质		混合物
组分	**浓度**	**CAS No.**
碘酸钙		7789-80-2

第四部分 急救措施

吸入 迅速脱离现场至空气新鲜处。保持呼吸道通畅。如呼吸困难，给输氧。如呼吸、心跳停止，立即进行心肺复苏术。就医

皮肤接触 立即脱去污染的衣着，用流动清水彻底冲洗。就医

眼睛接触 立即分开眼睑，用流动清水或生理盐水彻底冲洗。就医

食入 漱口，饮水。就医

对保护施救者的忠告 根据需要使用个人防护设备

对医生的特别提示 对症处理

第五部分 消防措施

灭火剂 本品不燃。根据着火原因选择适当灭火剂灭火

特别危险性 无机氧化剂。能与铝、砷、铜、碳、金属硫化物、有机物、磷、硒、硫剧烈反应。受热分解放出有毒的碘化物烟气

灭火注意事项及防护措施 消防人员必须佩戴空气呼吸器、穿全身防火防毒服，在上风向灭火。喷水冷却容器，尽可能将容器从火场移至空旷处。在火场中与可燃物混合会爆炸，消防人员须在有防爆掩蔽处操作

第六部分 泄漏应急处理

作业人员防护措施、防护装备和应急处置程序 隔离泄漏污染区，限制出入。消除所有点火源。建议应急处理人员戴防尘口罩，穿防毒服，戴橡胶手套。勿使泄漏物与可燃物质（如木材、纸、油等）接触。穿上适当的防护服前严禁接触破裂的容器和泄漏物。尽可能切断泄漏源。勿使水进入包装容器内

环境保护措施 无资料

泄漏化学品的收容、清除方法及所使用的处置材料 小量泄漏：用洁净的铲子收集泄漏物，置于干净、干燥、盖子较松的容器中，将容器移离泄漏区。大量泄漏：泄漏物回收后，用水冲洗泄漏区

第七部分 操作处置与储存

操作注意事项 密闭操作，加强通风。操作人员必须经过专门培训，严格遵守操作规程。建议操作人员佩戴自吸过滤式防尘口罩，戴化学安全防护眼镜，穿胶布防毒衣，戴橡胶手套。远离火种、热源。工作场所严禁吸烟。远离易燃、可燃物。避免产生粉尘。避免与还原剂接触。搬运时要轻装轻卸，防止包装及容器损坏。配备相应品种和数量的消防器材及泄漏应急处理设备。倒空的容器可能残留有害物

储存注意事项 储存于阴凉、通风的库房。远离火种、热源。仓库温度不超过 30℃，相对湿度不超过 80%。包装密封。应与易（可）燃物、还原剂等分开存放，切忌混储。储区应备有合适的材料收容泄漏物

第八部分 接触控制/个体防护

职业接触限值

中国 未制定标准

美国(ACGIH) 未制定标准

生物接触限值 未制定标准

监测方法 空气中有毒物质测定方法：碳酸氢钠溶液解吸-离子色谱法。生物监测检验方法：未制定标准

工程控制 生产过程密闭，加强通风。提供安全的淋浴和洗眼设备

个体防护装备

呼吸系统防护 可能接触其粉尘时，应该佩戴过滤式防尘呼吸器

眼睛防护 戴化学安全防护眼镜

皮肤和身体防护 穿隔绝式防毒服

手防护 戴橡胶手套

第九部分 理化特性

外观与性状 无色斜方结晶或白色结晶或粉末，无臭

pH 值 无意义 **熔点(℃)** 540（分解）

沸点(℃) 无资料

相对密度(水=1) 4.52（15℃）

相对蒸气密度(空气=1) 无资料

饱和蒸气压(kPa) 无资料

燃烧热(kJ/mol) 无资料 **临界温度(℃)** 无资料

临界压力(MPa) 无意义 **辛醇/水分配系数** −5.28

闪点(℃) 无意义 **自燃温度(℃)** 无意义

爆炸下限(%) 无意义 **爆炸上限(%)** 无意义

分解温度(℃) 540 **黏度(mPa·s)** 无资料

溶解性 微溶于水，不溶于乙醇，溶于硝酸

第十部分 稳定性和反应性

稳定性 稳定

危险反应 与强还原剂、易燃或可燃物等禁配物接触，有发生火灾和爆炸的危险

避免接触的条件 受热

禁配物 还原剂、易燃或可燃物、活性金属粉末、硫、磷

危险的分解产物 碘化物、氧化钙

第十一部分 毒理学信息

急性毒性 无资料 **皮肤刺激或腐蚀** 无资料

眼睛刺激或腐蚀 无资料 **呼吸或皮肤过敏** 无资料

生殖细胞突变性 无资料 **致癌性** 无资料

生殖毒性 无资料

特异性靶器官系统毒性-一次接触 无资料

特异性靶器官系统毒性-反复接触 无资料

吸入危害 无资料

第十二部分 生态学信息

生态毒性 无资料

持久性和降解性

生物降解性 无资料

非生物降解性 无资料

潜在的生物累积性 无资料

土壤中的迁移性 无资料

第十三部分 废弃处置

废弃化学品 倒入碳酸氢钠溶液中，用氨水喷洒，同时加碎冰，反应停止后，用水冲入废水系统

污染包装物 将容器返还生产商或按照国家和地方法规处置

废弃注意事项 处置前应参阅国家和地方有关法规

第十四部分 运输信息

联合国危险货物编号（UN号） 1479

联合国运输名称 氧化性固体，未另作规定的（碘酸钙）

联合国危险性类别 5.1

包装类别 Ⅱ类包装 **包装标志**

海洋污染物 否

运输注意事项 运输时单独装运，运输过程中要确保容器不泄漏、不倒塌、不坠落、不损坏。运输时运输车辆应配备相应品种和数量的消防器材。严禁与酸类、易燃物、有机物、还原剂、自燃物品、遇湿易燃物品等并车混运。运输时车速不宜过快，不得强行超车。运输车辆装卸前后，均应彻底清扫、洗净，严禁混入有机物、易燃物等杂质

第十五部分 法规信息

下列法律、法规、规章和标准，对该化学品的管理作了相应的规定。

中华人民共和国职业病防治法 职业病分类和目录：未列入

危险化学品安全管理条例 危险化学品目录：列入。易制爆危险化学品名录：未列入。重点监管的危险化学品名录：未列入。GB 18218—2009《危险化学品重大危险源辨识》(表1)：未列入

使用有毒物品作业场所劳动保护条例 高毒物品目录：未列入

易制毒化学品管理条例 易制毒化学品的分类和品种目录：未列入

国际公约 斯德哥尔摩公约：未列入。鹿特丹公约：未列入。蒙特利尔议定书：未列入

第十六部分 其他信息

编写和修订信息 **缩略语和首字母缩写**

培训建议 **参考文献**

免责声明

碘 酸 镉

第一部分 化学品标识

化学品中文名 碘酸镉

化学品英文名 cadmium iodate

分子式 $Cd(IO_3)_2$ **相对分子质量** 462.27

化学品的推荐及限制用途 用作氧化剂等

第二部分 危险性概述

紧急情况概述 可加剧燃烧：氧化剂，可能致癌

GHS危险性类别 氧化性固体，类别2；急性毒性-经口，类别4；急性毒性-经皮，类别4；急性毒性-吸入，类别4；致癌性，类别1A；危害水生环境-急性危害，类别1；危害水生环境-长期危害，类别1

标签要素

象形图 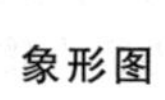   

警示词 危险

危险性说明 可加剧燃烧：氧化剂，吞咽有害，皮肤接触有害，吸入有害，可能致癌，对水生生物毒性非常大并具有长期持续影响

防范说明

预防措施 远离热源。远离衣物、可燃物保存。采取一切预防措施，避免与可燃物混合。戴防护手套、防护眼镜、防护面罩。避免接触眼睛、皮肤，操作后彻底清洗。作业场所不得进食、饮水或吸烟。避免吸入粉尘。仅在室外或通风良好处操作。得到专门指导后操作。在阅读并了解所有安全预防措施之前，切勿操作。按要求使用个体防护装备。禁止排入环境

事故响应 本品不燃，火灾时根据着火原因选择适当灭火剂灭火。如吸入：将患者转移到空气新鲜处，休息，保持利于呼吸的体位。皮肤接触：用大量肥皂水和水清洗。如感觉不适，呼叫中毒控制中心或就医。被污染的衣服须经洗净后方可重新使用。食入：漱口。如果感觉不

适，立即呼叫中毒控制中心或就医。如果接触或有担心，就医。收集泄漏物

安全储存　上锁保管

废弃处置　本品及内装物、容器依据国家和地方法规处置

物理和化学危险　助燃。与可燃物接触易着火燃烧

健康危害　粉尘对呼吸系统有刺激作用。误服能产生流涎、窒息、呕吐、腹痛、腹泻等症状。经常接触低浓度粉尘能损害肺部与肾脏，并使牙齿变黄。对皮肤有腐蚀性

环境危害　对水生生物毒性非常大并具有长期持续影响

第三部分　成分/组成信息

√物质		混合物
组分	**浓度**	**CAS No.**
碘酸镉		7790-81-0

第四部分　急救措施

吸入　迅速脱离现场至空气新鲜处。保持呼吸道通畅。如呼吸困难，给输氧。如呼吸、心跳停止，立即进行心肺复苏术。就医

皮肤接触　立即脱去污染的衣着，用流动清水彻底冲洗。就医

眼睛接触　立即分开眼睑，用流动清水或生理盐水彻底冲洗。就医

食入　漱口，饮水。就医

对保护施救者的忠告　根据需要使用个人防护设备

对医生的特别提示　对症处理

第五部分　消防措施

灭火剂　本品不燃。根据着火原因选择适当灭火剂灭火

特别危险性　无机氧化剂。与还原剂、有机物、易燃物（如硫、磷或金属粉末等）混合可形成爆炸性混合物。受热分解放出有毒的碘化物烟气

灭火注意事项及防护措施　消防人员必须佩戴空气呼吸器、穿全身防火防毒服，在上风向灭火。喷水冷却容器，尽可能将容器从火场移至空旷处。在火场中与可燃物混合会爆炸，消防人员须在有防爆掩蔽处操作

第六部分　泄漏应急处理

作业人员防护措施、防护装备和应急处置程序　隔离泄漏污染区，限制出入。消除所有点火源。建议应急处理人员戴防尘口罩，穿防毒服，戴橡胶手套。勿使泄漏物与可燃物质（如木材、纸、油等）接触。穿上适当的防护服前严禁接触破裂的容器和泄漏物。尽可能切断泄漏源。勿使水进入包装容器内

环境保护措施　无资料

泄漏化学品的收容、清除方法及所使用的处置材料　小量泄漏：用洁净的铲子收集泄漏物，置于干净、干燥、盖子较松的容器中，将容器移离泄漏区。大量泄漏：泄漏物回收后，用水冲洗泄漏区

第七部分　操作处置与储存

操作注意事项　密闭操作，全面通风。操作人员必须经过专门培训，严格遵守操作规程。建议操作人员佩戴自吸过滤式防尘口罩，戴化学安全防护眼镜，穿胶布防毒衣，戴橡胶手套。远离火种、热源。工作场所严禁吸烟。远离易燃、可燃物。避免产生粉尘。避免与还原剂接触。搬运时要轻装轻卸，防止包装及容器损坏。配备相应品种和数量的消防器材及泄漏应急处理设备。倒空的容器可能残留有害物

储存注意事项　储存于阴凉、通风的库房。远离火种、热源。仓库温度不超过30℃，相对湿度不超过80%。包装密封。应与易（可）燃物、还原剂、食用化学品分开存放，切忌混储。储区应备有合适的材料收容泄漏物

第八部分　接触控制/个体防护

职业接触限值

中国　PC-TWA：0.01mg/m^3；PC-STEL：0.02mg/m^3［按Cd计］［G1］

美国(ACGIH)　TLV-TWA：0.01mg/m^3，0.002mg/m^3（呼吸性颗粒物）［按Cd计］

生物接触限值　尿镉：5μmol/g 肌酐（5μg/g 肌酐）（采样时间：不做严格规定）；血镉：45 nmol/L（5μg/L）（采样时间：不做严格规定）

监测方法　空气中有毒物质测定方法：火焰原子吸收光谱法。生物监测检验方法：尿中镉的火焰原子吸收光谱法；尿中镉的石墨炉原子吸收光谱测定方法；尿中镉的微分电位溶出测定方法；血中镉的石墨炉原子吸收光谱测定方法

工程控制　生产过程密闭，全面通风。提供安全的淋浴和洗眼设备

个体防护装备

呼吸系统防护　可能接触其粉尘时，应该佩戴过滤式防尘呼吸器

眼睛防护　戴化学安全防护眼镜

皮肤和身体防护　穿隔绝式防毒服

手防护　戴橡胶手套

第九部分　理化特性

外观与性状　白色结晶性粉末

pH值　无意义	**熔点(℃)**　分解
沸点(℃)　无资料	**相对密度(水=1)**　6.48
相对蒸气密度(空气=1)　无资料	
饱和蒸气压(kPa)　无资料	
燃烧热(kJ/mol)　无资料	**临界温度(℃)**　无资料
临界压力(MPa)　无意义	**辛醇/水分配系数**　无资料
闪点(℃)　无意义	**自燃温度(℃)**　无意义
爆炸下限(%)　无意义	**爆炸上限(%)**　无意义
分解温度(℃)　无资料	**黏度(mPa·s)**　无资料

溶解性　微溶于水，溶于硝酸、氨水、铵盐溶液

第十部分　稳定性和反应性

稳定性　稳定

危险反应　与强还原剂、易燃或可燃物等禁配物接触，有发生火灾和爆炸的危险

避免接触的条件　受热

禁配物 还原剂、易燃或可燃物、活性金属粉末、硫、磷

危险的分解产物 碘化物、氧化镉

第十一部分 毒理学信息

急性毒性 无资料 **皮肤刺激或腐蚀** 无资料

眼睛刺激或腐蚀 无资料 **呼吸或皮肤过敏** 无资料

生殖细胞突变性 无资料

致癌性 IARC 致癌性评论：组 1，确认人类致癌物。对人类致癌性证据充分

生殖毒性 无资料

特异性靶器官系统毒性-一次接触 无资料

特异性靶器官系统毒性-反复接触 无资料

吸入危害 无资料

第十二部分 生态学信息

生态毒性 镉化合物对水生生物有极毒性

持久性和降解性

生物降解性 无资料

非生物降解性 无资料

潜在的生物累积性 元素镉易在人体内累积

土壤中的迁移性 无资料

第十三部分 废弃处置

废弃化学品 根据国家和地方有关法规的要求处置。或与制造商联系，确定处置方法

污染包装物 将容器返还生产商或按照国家和地方法规处置

废弃注意事项 处置前应参阅国家和地方有关法规

第十四部分 运输信息

联合国危险货物编号（UN 号） 1479

联合国运输名称 氧化性固体，未另作规定的（碘酸镉）

联合国危险性类别 5.1

包装类别 Ⅱ类包装 **包装标志**

海洋污染物 是

运输注意事项 运输时单独装运，运输过程中要确保容器不泄漏、不倒塌、不坠落、不损坏。运输时运输车辆应配备相应品种和数量的消防器材。严禁与酸类、易燃物、有机物、还原剂、自燃物品、遇湿易燃物品等并车混运。运输时车速不宜过快，不得强行超车。运输车辆装卸前后，均应彻底清扫、洗净，严禁混入有机物、易燃物等杂质

第十五部分 法规信息

下列法律、法规、规章和标准，对该化学品的管理作了相应的规定。

中华人民共和国职业病防治法 职业病分类和目录：镉及其化合物中毒

危险化学品安全管理条例 危险化学品目录：列入。易制爆危险化学品名录：未列入。重点监管的危险化学品名录：未列入。GB 18218—2009《危险化学品重大危险源辨识》（表 1）：未列入

使用有毒物品作业场所劳动保护条例 高毒物品目录：列入

易制毒化学品管理条例 易制毒化学品的分类和品种目录：未列入

国际公约 斯德哥尔摩公约：未列入。鹿特丹公约：未列入。蒙特利尔议定书：未列入

第十六部分 其他信息

编写和修订信息 **缩略语和首字母缩写**

培训建议 **参考文献**

免责声明

碘 酸 钾

第一部分 化学品标识

化学品中文名 碘酸钾

化学品英文名 potassium iodate

分子式 KIO_3 **相对分子质量** 214.00

化学品的推荐及限制用途 用作分析试剂、药物、饲料添加剂、食品添加剂等

第二部分 危险性概述

紧急情况概述 可加剧燃烧；氧化剂

GHS 危险性类别 氧化性固体，类别 2；急性毒性-经口，类别 4

标签要素

象形图

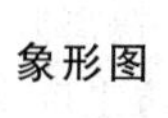

警示词 危险

危险性说明 可加剧燃烧；氧化剂，吞咽有害

防范说明

预防措施 远离热源。远离衣物、可燃物保存。采取一切预防措施，避免与可燃物混合。戴防护手套、防护眼镜、防护面罩。避免接触眼睛、皮肤，操作后彻底清洗。作业场所不得进食、饮水或吸烟

事故响应 本品不燃，火灾时根据着火原因选择适当灭火剂灭火。食入：漱口。如果感觉不适，立即呼叫中毒控制中心或就医

安全储存 -

废弃处置 本品及内装物、容器依据国家和地方法规处置

物理和化学危险 助燃。与可燃物接触易着火燃烧

健康危害 对上呼吸道、眼及皮肤有刺激性。口服引起头痛、恶心、呕吐、眩晕及胃肠道刺激。可致视神经损害

慢性影响 肝、肾、血液系统损害及中枢神经系统影响

环境危害 对环境可能有害

第三部分 成分/组成信息

√物质 混合物

组分	浓度	CAS No.
碘酸钾		7758-05-6

第四部分 急救措施

吸入 迅速脱离现场至空气新鲜处。保持呼吸道通畅。如呼吸困难，给输氧。如呼吸、心跳停止，立即进行心肺复苏术。就医

皮肤接触 立即脱去污染的衣着，用流动清水彻底冲洗。就医

眼睛接触 立即分开眼睑，用流动清水或生理盐水彻底冲洗。就医

食入 漱口，饮水。就医

对保护施救者的忠告 根据需要使用个人防护设备

对医生的特别提示 对症处理

第五部分 消防措施

灭火剂 本品不燃。根据着火原因选择适当灭火剂灭火

特别危险性 无机氧化剂。与还原剂、有机物、易燃物（如硫、磷或金属粉末等）混合可形成爆炸性混合物。与可燃物形成爆炸性混合物

灭火注意事项及防护措施 消防人员必须佩戴空气呼吸器、穿全身防火防毒服，在上风向灭火。喷水冷却容器，尽可能将容器从火场移至空旷处。在火场中与可燃物混合会爆炸，消防人员须在有防爆掩蔽处操作

第六部分 泄漏应急处理

作业人员防护措施、防护装备和应急处置程序 隔离泄漏污染区，限制出入。建议应急处理人员戴防尘口罩，穿防毒服，戴橡胶手套。勿使泄漏物与可燃物质（如木材、纸、油等）接触。穿上适当的防护服前严禁接触破裂的容器和泄漏物。尽可能切断泄漏源。勿使水进入包装容器内

环境保护措施 无资料

泄漏化学品的收容、清除方法及所使用的处置材料 小量泄漏：用洁净的铲子收集泄漏物，置于干净、干燥、盖子较松的容器中，将容器移离泄漏区。大量泄漏：泄漏物回收后，用水冲洗泄漏区

第七部分 操作处置与储存

操作注意事项 密闭操作，加强通风。操作人员必须经过专门培训，严格遵守操作规程。建议操作人员佩戴自吸过滤式防尘口罩，戴化学安全防护眼镜，穿聚乙烯防毒服，戴橡胶手套。远离火种、热源。工作场所严禁吸烟。避免产生粉尘。避免与还原剂、活性金属粉末、有机金属化合物接触。搬运时要轻装轻卸，防止包装及容器损坏。配备相应品种和数量的消防器材及泄漏应急处理设备。倒空的容器可能残留有害物

储存注意事项 储存于阴凉、通风的库房。远离火种、热源。仓库温度不超过 30℃，相对湿度不超过 80%。避免光照。包装密封。应与还原剂、活性金属粉末、有机金属化合物等分开存放，切忌混储。储区应备有合适的材料收容泄漏物

第八部分 接触控制/个体防护

职业接触限值

中国 未制定标准

美国(ACGIH) 未制定标准

生物接触限值 未制定标准

监测方法 空气中有毒物质测定方法：碳酸氢钠溶液解吸-离子色谱法。生物监测检验方法：未制定标准

工程控制 生产过程密闭，加强通风。提供安全的淋浴和洗眼设备

个体防护装备

呼吸系统防护 可能接触其粉尘时，应该佩戴过滤式防尘呼吸器

眼睛防护 戴化学安全防护眼镜

皮肤和身体防护 穿隔绝式防毒服

手防护 戴橡胶手套

第九部分 理化特性

外观与性状 无色或白色晶状粉末，无臭

pH 值 5～8（5%水溶液） **熔点(℃)** 560（分解）

沸点(℃) 无资料 **相对密度(水=1)** 3.89

相对蒸气密度(空气=1) 无资料

饱和蒸气压(kPa) 无资料

燃烧热(kJ/mol) 无资料 **临界温度(℃)** 无资料

临界压力(MPa) 无意义

辛醇/水分配系数 无资料

闪点(℃) 无意义 **自燃温度(℃)** 无意义

爆炸下限(%) 无意义 **爆炸上限(%)** 无意义

分解温度(℃) 560 **黏度(mPa·s)** 无资料

溶解性 溶于水、稀硫酸，溶于碘化钾溶液，不溶于乙醇、液氨

第十部分 稳定性和反应性

稳定性 稳定

危险反应 与强还原剂、易燃或可燃物等禁配物接触，有发生火灾和爆炸的危险

避免接触的条件 受热、光照

禁配物 强还原剂、活性金属粉末、有机金属化合物、硫、磷

危险的分解产物 碘化物、氧化钾

第十一部分 毒理学信息

急性毒性 LD_{50}：136mg/kg（小鼠腹腔）

皮肤刺激或腐蚀 无资料 **眼睛刺激或腐蚀** 无资料

呼吸或皮肤过敏 无资料 **生殖细胞突变性** 无资料

致癌性 无资料

生殖毒性 频繁使用碘化物可致胎儿死亡，严重的甲状腺肿和甲状腺机能衰退，新生儿呈现克汀病样体征

特异性靶器官系统毒性-一次接触 无资料

特异性靶器官系统毒性-反复接触 无资料

吸入危害 无资料

第十二部分　生态学信息

生态毒性　无资料

持久性和降解性

　生物降解性　无资料

　非生物降解性　无资料

潜在的生物累积性　无资料

土壤中的迁移性　无资料

第十三部分　废弃处置

废弃化学品　用安全掩埋法处置

污染包装物　将容器返还生产商或按照国家和地方法规处置

废弃注意事项　处置前应参阅国家和地方有关法规

第十四部分　运输信息

联合国危险货物编号（UN号）　1479

联合国运输名称　氧化性固体，未另作规定的（碘酸钾）

联合国危险性类别　5.1

包装类别　Ⅱ类包装　　**包装标志**

海洋污染物　否

运输注意事项　运输时单独装运，运输过程中要确保容器不泄漏、不倒塌、不坠落、不损坏。运输时运输车辆应配备相应品种和数量的消防器材。严禁与酸类、易燃物、有机物、还原剂、自燃物品、遇湿易燃物品等并车混运。运输时车速不宜过快，不得强行超车。运输车辆装卸前后，均应彻底清扫、洗净，严禁混入有机物、易燃物等杂质

第十五部分　法规信息

下列法律、法规、规章和标准，对该化学品的管理作了相应的规定。

中华人民共和国职业病防治法　职业病分类和目录：未列入

危险化学品安全管理条例　危险化学品目录：列入。易制爆危险化学品名录：未列入。重点监管的危险化学品名录：未列入。GB 18218—2009《危险化学品重大危险源辨识》(表1)：未列入

使用有毒物品作业场所劳动保护条例　高毒物品目录：未列入

易制毒化学品管理条例　易制毒化学品的分类和品种目录：未列入

国际公约　斯德哥尔摩公约：未列入。鹿特丹公约：未列入。蒙特利尔议定书：未列入

第十六部分　其他信息

编写和修订信息　　**缩略语和首字母缩写**

培训建议　　**参考文献**

免责声明

碘　酸　锂

第一部分　化学品标识

化学品中文名　碘酸锂

化学品英文名　lithium iodate

分子式　$LiIO_3$　　**相对分子质量**　181.84

化学品的推荐及限制用途　用作分析试剂、催化剂、氧化剂

第二部分　危险性概述

紧急情况概述　可加剧燃烧；氧化剂

GHS危险性类别　氧化性固体，类别2

标签要素

　象形图

　警示词　危险

　危险性说明　可加剧燃烧；氧化剂

　防范说明

　　预防措施　远离热源。远离衣物、可燃物保存。采取一切预防措施，避免与可燃物混合。戴防护手套、防护眼镜、防护面罩

　　事故响应　本品不燃，火灾时根据着火原因选择适当灭火剂灭火

　　安全储存　-

　　废弃处置　本品及内装物、容器依据国家和地方法规处置

物理和化学危险　助燃。与可燃物接触易着火燃烧

健康危害　对皮肤、黏膜有刺激作用

环境危害　对环境可能有害

第三部分　成分/组成信息

√物质		混合物
组分	**浓度**	**CAS No.**
碘酸锂		13765-03-2

第四部分　急救措施

吸入　迅速脱离现场至空气新鲜处。保持呼吸道通畅。如呼吸困难，给输氧。如呼吸、心跳停止，立即进行心肺复苏术。就医

皮肤接触　立即脱去污染的衣着，用流动清水彻底冲洗。就医

眼睛接触　立即分开眼睑，用流动清水或生理盐水彻底冲洗。就医

食入　漱口，饮水。就医

对保护施救者的忠告　根据需要使用个人防护设备

对医生的特别提示　对症处理

第五部分　消防措施

灭火剂　本品不燃。根据着火原因选择适当灭火剂灭火

特别危险性　无机氧化剂。与还原剂能发生强烈反应，引

起燃烧爆炸。受热分解放出有毒的碘化物烟气

灭火注意事项及防护措施 消防人员必须佩戴空气呼吸器、穿全身防火防毒服，在上风向灭火。喷水冷却容器，尽可能将容器从火场移至空旷处。在火场中与可燃物混合会爆炸，消防人员须在有防爆掩蔽处操作

第六部分 泄漏应急处理

作业人员防护措施、防护装备和应急处置程序 隔离泄漏污染区，限制出入。消除所有点火源。建议应急处理人员戴防尘口罩，穿防毒服，戴橡胶手套。勿使泄漏物与可燃物质（如木材、纸、油等）接触。穿上适当的防护服前严禁接触破裂的容器和泄漏物。尽可能切断泄漏源。勿使水进入包装容器内

环境保护措施 无资料

泄漏化学品的收容、清除方法及所使用的处置材料 小量泄漏：用洁净的铲子收集泄漏物，置于干净、干燥、盖子较松的容器中，将容器移离泄漏区。大量泄漏：泄漏物回收后，用水冲洗泄漏区

第七部分 操作处置与储存

操作注意事项 密闭操作，局部排风。操作人员必须经过专门培训，严格遵守操作规程。建议操作人员佩戴自吸过滤式防尘口罩，戴化学安全防护眼镜，穿胶布防毒衣，戴橡胶手套。远离火种、热源。工作场所严禁吸烟。远离易燃、可燃物。避免产生粉尘。避免与还原剂接触。搬运时要轻装轻卸，防止包装及容器损坏。配备相应品种和数量的消防器材及泄漏应急处理设备。倒空的容器可能残留有害物

储存注意事项 储存于阴凉、通风的库房。远离火种、热源。仓库温度不超过 30℃，相对湿度不超过 80%。包装密封。应与易（可）燃物、还原剂等分开存放，切忌混储。储区应备有合适的材料收容泄漏物

第八部分 接触控制/个体防护

职业接触限值

中国 未制定标准

美国(ACGIH) 未制定标准

生物接触限值 未制定标准

监测方法 空气中有毒物质测定方法：碳酸氢钠溶液解吸-离子色谱法。生物监测检验方法：未制定标准

工程控制 密闭操作，局部排风。提供安全的淋浴和洗眼设备

个体防护装备

呼吸系统防护 可能接触其粉尘时，应该佩戴过滤式防尘呼吸器

眼睛防护 戴化学安全防护眼镜

皮肤和身体防护 穿隔绝式防毒服

手防护 戴橡胶手套

第九部分 理化特性

外观与性状 无色有光泽的结晶，有潮解性

pH 值 无意义 **熔点(℃)** 420

沸点(℃) 无资料

相对密度(水＝1) 4.50 (17℃)

相对蒸气密度(空气＝1) 无资料

饱和蒸气压(kPa) 无资料

燃烧热(kJ/mol) 无资料 **临界温度(℃)** 无资料

临界压力(MPa) 无资料 **辛醇/水分配系数** 无资料

闪点(℃) 无意义 **自燃温度(℃)** 无意义

爆炸下限(%) 无意义 **爆炸上限(%)** 无意义

分解温度(℃) 无资料 **黏度(mPa·s)** 无资料

溶解性 溶于水，不溶于乙醇

第十部分 稳定性和反应性

稳定性 稳定

危险反应 与强还原剂、易燃或可燃物等禁配物接触，有发生火灾和爆炸的危险

避免接触的条件 受热

禁配物 还原剂、易燃或可燃物、活性金属粉末、硫、磷

危险的分解产物 碘化物、氧化锂

第十一部分 毒理学信息

急性毒性 无资料 **皮肤刺激或腐蚀** 无资料

眼睛刺激或腐蚀 无资料 **呼吸或皮肤过敏** 无资料

生殖细胞突变性 无资料 **致癌性** 无资料

生殖毒性 可能引起出生缺陷，孕妇不宜使用。频繁使用碘化物可致胎儿死亡，严重的甲状腺肿和甲状腺机能衰退，新生儿呈现克汀病样体征

特异性靶器官系统毒性-一次接触 无资料

特异性靶器官系统毒性-反复接触 无资料

吸入危害 无资料

第十二部分 生态学信息

生态毒性 无资料

持久性和降解性

生物降解性 无资料

非生物降解性 无资料

潜在的生物累积性 无资料

土壤中的迁移性 无资料

第十三部分 废弃处置

废弃化学品 根据国家和地方有关法规的要求处置。或与制造商联系，确定处置方法

污染包装物 将容器返还生产商或按照国家和地方法规处置

废弃注意事项 处置前应参阅国家和地方有关法规

第十四部分 运输信息

联合国危险货物编号（UN 号） 1479

联合国运输名称 氧化性固体，未另作规定的（碘酸锂）

联合国危险性类别 5.1

包装类别 Ⅱ类包装 **包装标志**

海洋污染物 否

运输注意事项 运输时单独装运，运输过程中要确保容器不泄漏、不倒塌、不坠落、不损坏。运输时运输车辆应配备相应品种和数量的消防器材。严禁与酸类、易燃物、有机物、还原剂、自燃物品、遇湿易燃物品等并车混运。运输时车速不宜过快，不得强行超车。运输车辆装卸前后，均应彻底清扫、洗净，严禁混入有机物、易燃物等杂质

第十五部分 法规信息

下列法律、法规、规章和标准，对该化学品的管理作了相应的规定。

中华人民共和国职业病防治法 职业病分类和目录：未列入

危险化学品安全管理条例 危险化学品目录：列入。易制爆危险化学品名录：未列入。重点监管的危险化学品名录：未列入。GB 18218—2009《危险化学品重大危险源辨识》(表 1)：未列入

使用有毒物品作业场所劳动保护条例 高毒物品目录：未列入

易制毒化学品管理条例 易制毒化学品的分类和品种目录：未列入

国际公约 斯德哥尔摩公约：未列入。鹿特丹公约：未列入。蒙特利尔议定书：未列入

第十六部分 其他信息

编写和修订信息 **缩略语和首字母缩写**

培训建议 **参考文献**

免责声明

碘 酸 钠

第一部分 化学品标识

化学品中文名 碘酸钠

化学品英文名 sodium iodate

分子式 $NaIO_3$ **相对分子质量** 197.89

化学品的推荐及限制用途 用作分析试剂、药物、消毒剂、饲料添加剂

第二部分 危险性概述

紧急情况概述 可加剧燃烧：氧化剂

GHS 危险性类别 氧化性固体，类别 2；急性毒性-经口，类别 4

标签要素

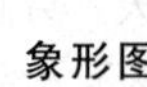
象形图 

警示词 危险

危险性说明 可加剧燃烧：氧化剂，吞咽有害

防范说明

预防措施 远离热源。远离衣物、可燃物保存。采取一切预防措施，避免与可燃物混合。戴防护手套、防护眼镜、防护面罩。避免接触眼睛、皮肤，操作后彻底清洗。作业场所不得进食、饮水或吸烟

事故响应 本品不燃，火灾时根据着火原因选择适当灭火剂灭火。食入：漱口。如果感觉不适，立即呼叫中毒控制中心或就医

安全储存 -

废弃处置 本品及内装物、容器依据国家和地方法规处置

物理和化学危险 助燃。与可燃物接触易着火燃烧

健康危害 对眼睛、上呼吸道、黏膜和皮肤有刺激性

环境危害 对环境可能有害

第三部分 成分/组成信息

√物质		混合物
组分	**浓度**	**CAS No.**
碘酸钠		7681-55-2

第四部分 急救措施

吸入 迅速脱离现场至空气新鲜处。保持呼吸道通畅。如呼吸困难，给输氧。如呼吸、心跳停止，立即进行心肺复苏术。就医

皮肤接触 立即脱去污染的衣着，用流动清水彻底冲洗。就医

眼睛接触 立即分开眼睑，用流动清水或生理盐水彻底冲洗。就医

食入 漱口，饮水。就医

对保护施救者的忠告 根据需要使用个人防护设备

对医生的特别提示 对症处理

第五部分 消防措施

灭火剂 本品不燃。根据着火原因选择适当灭火剂灭火

特别危险性 无机氧化剂。能与铝、砷、铜、碳、金属硫化物、有机物、磷、硒、硫剧烈反应。具有腐蚀性

灭火注意事项及防护措施 消防人员必须佩戴空气呼吸器、穿全身防火防毒服，在上风向灭火。喷水冷却容器，尽可能将容器从火场移至空旷处。在火场中与可燃物混合会爆炸，消防人员须在有防爆掩蔽处操作

第六部分 泄漏应急处理

作业人员防护措施、防护装备和应急处置程序 隔离泄漏污染区，限制出入。建议应急处理人员戴防尘口罩，穿防毒服，戴橡胶手套。勿使泄漏物与可燃物质（如木材、纸、油等）接触。穿上适当的防护服前严禁接触破裂的容器和泄漏物。尽可能切断泄漏源。勿使水进入包装容器内

环境保护措施 无资料

泄漏化学品的收容、清除方法及所使用的处置材料 小量泄漏：用洁净的铲子收集泄漏物，置于干净、干燥、盖子较松的容器中，将容器移离泄漏区。大量泄漏：泄漏物回收后，用水冲洗泄漏区

第七部分 操作处置与储存

操作注意事项 密闭操作，加强通风。操作人员必须经过

专门培训，严格遵守操作规程。建议操作人员佩戴自吸过滤式防尘口罩，戴化学安全防护眼镜，穿胶布防毒衣，戴橡胶手套。远离火种、热源。工作场所严禁吸烟。避免产生粉尘。避免与还原剂、活性金属粉末接触。搬运时要轻装轻卸，防止包装及容器损坏。配备相应品种和数量的消防器材及泄漏应急处理设备。倒空的容器可能残留有害物

储存注意事项 储存于阴凉、通风的库房。远离火种、热源。仓库温度不超过30℃，相对湿度不超过80%。避免光照。包装密封。应与还原剂、活性金属粉末等分开存放，切忌混储。储区应备有合适的材料收容泄漏物

第八部分 接触控制/个体防护

职业接触限值

中国 未制定标准

美国(ACGIH) 未制定标准

生物接触限值 未制定标准

监测方法 空气中有毒物质测定方法：碳酸氢钠溶液解吸-离子色谱法。生物监测检验方法：未制定标准

工程控制 生产过程密闭，加强通风。提供安全的淋浴和洗眼设备

个体防护装备

呼吸系统防护 可能接触其粉尘时，应该佩戴过滤式防尘呼吸器

眼睛防护 戴化学安全防护眼镜

皮肤和身体防护 穿隔绝式防毒服

手防护 戴橡胶手套

第九部分 理化特性

外观与性状 白色棱形结晶或晶状粉末

pH值 无意义 **熔点(℃)** 分解

沸点(℃) 无资料 **相对密度(水=1)** 4.28

相对蒸气密度(空气=1) 无资料

饱和蒸气压(kPa) 无资料

燃烧热(kJ/mol) 无资料 **临界温度(℃)** 无资料

临界压力(MPa) 无意义 **辛醇/水分配系数** −7.180

闪点(℃) 无意义 **自燃温度(℃)** 无意义

爆炸下限(%) 无意义 **爆炸上限(%)** 无意义

分解温度(℃) 425 **黏度(mPa·s)** 无资料

溶解性 溶于水、丙酮，不溶于乙醇

第十部分 稳定性和反应性

稳定性 稳定

危险反应 与强还原剂、易燃或可燃物等禁配物接触，有发生火灾和爆炸的危险

避免接触的条件 受热、光照

禁配物 强还原剂、活性金属粉末、硫、磷、铝

危险的分解产物 碘化物、氧化钠

第十一部分 毒理学信息

急性毒性 LD_{50}：505mg/kg（小鼠经口）；119mg/kg（小鼠腹腔）

皮肤刺激或腐蚀 无资料 **眼睛刺激或腐蚀** 无资料

呼吸或皮肤过敏 无资料 **生殖细胞突变性** 无资料

致癌性 无资料

生殖毒性 频繁使用碘化物可致胎儿死亡，严重的甲状腺肿和甲状腺机能衰退，新生儿呈现克汀病样体征

特异性靶器官系统毒性-一次接触 无资料

特异性靶器官系统毒性-反复接触 无资料

吸入危害 无资料

第十二部分 生态学信息

生态毒性 无资料

持久性和降解性

生物降解性 无资料

非生物降解性 无资料

潜在的生物累积性 无资料

土壤中的迁移性 无资料

第十三部分 废弃处置

废弃化学品 用安全掩埋法处置

污染包装物 将容器返还生产商或按照国家和地方法规处置

废弃注意事项 处置前应参阅国家和地方有关法规

第十四部分 运输信息

联合国危险货物编号(UN号) 1479

联合国运输名称 氧化性固体，未另作规定的（碘酸钠）

联合国危险性类别 5.1

包装类别 Ⅱ类包装 **包装标志**

海洋污染物 否

运输注意事项 运输时单独装运，运输过程中要确保容器不泄漏、不倒塌、不坠落、不损坏。运输时运输车辆应配备相应品种和数量的消防器材。严禁与酸类、易燃物、有机物、还原剂、自燃物品、遇湿易燃物品等并车混运。运输时车速不宜过快，不得强行超车。运输车辆装卸前后，均应彻底清扫、洗净，严禁混入有机物、易燃物等杂质

第十五部分 法规信息

下列法律、法规、规章和标准，对该化学品的管理作了相应的规定。

中华人民共和国职业病防治法 职业病分类和目录：未列入

危险化学品安全管理条例 危险化学品目录：列入。易制爆危险化学品名录：未列入。重点监管的危险化学品名录：未列入。GB 18218—2009《危险化学品重大危险源辨识》(表1)：未列入

使用有毒物品作业场所劳动保护条例 高毒物品目录：未列入

易制毒化学品管理条例 易制毒化学品的分类和品种目录：未列入

国际公约 斯德哥尔摩公约：未列入。鹿特丹公约：未列

入。蒙特利尔议定书：未列入

第十六部分 其他信息

编写和修订信息 **缩略语和首字母缩写**
培训建议 **参考文献**
免责声明

碘 酸 铅

第一部分 化学品标识

化学品中文名 碘酸铅
化学品英文名 lead iodate；lead（Ⅱ）iodate
分子式 $Pb(IO_3)_2$ **相对分子质量** 557.06
化学品的推荐及限制用途 用于烟花配制及用作氧化剂

第二部分 危险性概述

紧急情况概述 可加剧燃烧：氧化剂，可能致癌
GHS 危险性类别 氧化性固体，类别 2；急性毒性-经口，类别 4；急性毒性-吸入，类别 4；致癌性，类别 1B；生殖毒性，类别 1A；特异性靶器官毒性-反复接触，类别 2；危害水生环境-急性危害，类别 1；危害水生环境-长期危害，类别 1
标签要素

象形图 

警示词 危险
危险性说明 可加剧燃烧：氧化剂，吞咽有害，吸入有害，可能致癌，可能对生育力或胎儿造成伤害，长时间或反复接触可能对器官造成损伤，对水生生物毒性非常大并具有长期持续影响
防范说明
预防措施 远离热源。远离衣物、可燃物保存。采取一切预防措施，避免与可燃物混合。戴防护手套、防护眼镜、防护面罩。避免接触眼睛、皮肤，操作后彻底清洗。作业场所不得进食、饮水或吸烟。避免吸入粉尘、烟气。仅在室外或通风良好处操作。得到专门指导后操作。在阅读并了解所有安全预防措施之前，切勿操作。按要求使用个体防护装备。禁止排入环境
事故响应 本品不燃，火灾时根据着火原因选择适当灭火剂灭火。如吸入：将患者转移到空气新鲜处，休息，保持利于呼吸的体位。食入：漱口。如果感觉不适，立即呼叫中毒控制中心或就医。如果接触或有担心，就医。收集泄漏物
安全储存 上锁保管
废弃处置 本品及内装物、容器依据国家和地方法规处置
物理和化学危险 助燃。与可燃物接触易着火燃烧
健康危害 铅及其化合物损害造血、神经、消化系统及肾脏。职业中毒主要为慢性。神经系统主要表现为神经衰弱综合征、周围神经病（以运动功能受累较明显），重者出现铅中毒性脑病。消化系统表现有齿龈铅线、食欲不振、恶心、腹胀、腹泻或便秘；腹绞痛见于中度及重度中毒病例。造血系统损害出现卟啉代谢障碍、贫血等。短时大量接触可发生急性或亚急性中毒，表现类似重症慢性铅中毒。对肾脏损害多见于急性、亚急性中毒或较重慢性病例
环境危害 对水生生物毒性非常大并具有长期持续影响

第三部分 成分/组成信息

√物质 混合物

组分	浓度	CAS No.
碘酸铅		25659-31-8

第四部分 急救措施

吸入 迅速脱离现场至空气新鲜处。保持呼吸道通畅。如呼吸困难，给输氧。如呼吸、心跳停止，立即进行心肺复苏术。就医
皮肤接触 立即脱去污染的衣着，用流动清水彻底冲洗。就医
眼睛接触 立即分开眼睑，用流动清水或生理盐水彻底冲洗。就医
食入 漱口，饮水。就医
对保护施救者的忠告 根据需要使用个人防护设备
对医生的特别提示 解毒剂：依地酸二钠钙、二巯基丁二酸钠、二巯基丁二酸等

第五部分 消防措施

灭火剂 本品不燃。根据着火原因选择适当灭火剂灭火
特别危险性 无机氧化剂。与还原剂、有机物、易燃物（如硫、磷或金属粉末等）混合可形成爆炸性混合物。受热分解放出有毒的碘化物烟气
灭火注意事项及防护措施 消防人员必须佩戴空气呼吸器、穿全身防火防毒服，在上风向灭火。喷水冷却容器，尽可能将容器从火场移至空旷处。在火场中与可燃物混合会爆炸，消防人员须在有防爆掩蔽处操作

第六部分 泄漏应急处理

作业人员防护措施、防护装备和应急处置程序 隔离泄漏污染区，限制出入。消除所有点火源。建议应急处理人员戴防尘口罩，穿防毒服，戴橡胶手套。勿使泄漏物与可燃物质（如木材、纸、油等）接触。穿上适当的防护服前严禁接触破裂的容器和泄漏物。尽可能切断泄漏源。勿使水进入包装容器内
环境保护措施 无资料
泄漏化学品的收容、清除方法及所使用的处置材料 小量泄漏：用洁净的铲子收集泄漏物，置于干净、干燥、盖子较松的容器中，将容器移离泄漏区。大量泄漏：泄漏物回收后，用水冲洗泄漏区

第七部分 操作处置与储存

操作注意事项 严加密闭，提供充分的局部排风和全面通风。操作人员必须经过专门培训，严格遵守操作规程。建议操作人员佩戴自吸过滤式防尘口罩，戴化学

安全防护眼镜，穿胶布防毒衣，戴橡胶手套。远离火种、热源。工作场所严禁吸烟。远离易燃、可燃物。避免产生粉尘。避免与还原剂接触。搬运时要轻装轻卸，防止包装及容器损坏。配备相应品种和数量的消防器材及泄漏应急处理设备。倒空的容器可能残留有害物

储存注意事项 储存于阴凉、通风的库房。远离火种、热源。仓库温度不超过30℃，相对湿度不超过80%。包装密封。应与易（可）燃物、还原剂、食用化学品分开存放，切忌混储。储区应备有合适的材料收容泄漏物

第八部分 接触控制/个体防护

职业接触限值

中国 PC-TWA：0.05mg/m^3（铅尘），0.03mg/m^3（铅烟）[按Pb计][G2A]

美国（ACGIH） TLV-TWA：0.05mg/m^3 [按Pb计]

生物接触限值 血铅：2.0μmol/L（400μg/L）（采样时间：接触三周后的任意时间）

监测方法 空气中有毒物质测定方法：火焰原子吸收光谱法；双硫腙分光光度法；氢化物-原子吸收光谱法；微分电位溶出法。生物监测检验方法：血中铅的石墨炉原子吸收光谱测定方法；血中铅的微分电位溶出测定方法

工程控制 严加密闭，提供充分的局部排风和全面通风。提供安全的淋浴和洗眼设备

个体防护装备

呼吸系统防护 可能接触其粉尘时，应该佩戴过滤式防尘呼吸器

眼睛防护 戴化学安全防护眼镜

皮肤和身体防护 穿隔绝式防毒服

手防护 戴橡胶手套

第九部分 理化特性

外观与性状 白色粉末

pH值 无意义　**熔点(℃)** 300（分解）

沸点(℃) 无资料　**相对密度(水=1)** 6.16

相对蒸气密度(空气=1) 无资料

饱和蒸气压(kPa) 无资料

饱和蒸气压(kPa) 无资料　**临界温度(℃)** 无资料

临界压力(MPa) 无意义　**辛醇/水分配系数** 无资料

闪点(℃) 无意义　**自燃温度(℃)** 无意义

爆炸下限(%) 无意义　**爆炸上限(%)** 无意义

分解温度(℃) 300　**黏度(mPa·s)** 无资料

溶解性 不溶于水，微溶于硝酸，不溶于氨水、乙醇

第十部分 稳定性和反应性

稳定性 稳定

危险反应 与强还原剂、易燃或可燃物等禁配物接触，有发生火灾和爆炸的危险

避免接触的条件 受热

禁配物 还原剂、易燃或可燃物、活性金属粉末、硫、磷

危险的分解产物 碘化物、氧化铅

第十一部分 毒理学信息

急性毒性 无资料　**皮肤刺激或腐蚀** 无资料

眼睛刺激或腐蚀 无资料　**呼吸或皮肤过敏** 无资料

生殖细胞突变性 无资料

致癌性 IARC致癌性评论：组2A，可能人类致癌物

生殖毒性 无资料

特异性靶器官系统毒性-一次接触 无资料

特异性靶器官系统毒性-反复接触 无资料

吸入危害 无资料

第十二部分 生态学信息

生态毒性 铅化合物对水生生物有极高毒性

持久性和降解性

生物降解性 无资料

非生物降解性 无资料

潜在的生物累积性 铅元素易在人体内累积

土壤中的迁移性 无资料

第十三部分 废弃处置

废弃化学品 根据国家和地方有关法规的要求处置。或与制造商联系，确定处置方法

污染包装物 将容器返还生产商或按照国家和地方法规处置

废弃注意事项 处置前应参阅国家和地方有关法规

第十四部分 运输信息

联合国危险货物编号（UN号） 1479

联合国运输名称 氧化性固体，未另作规定的（碘酸铅）

联合国危险性类别 5.1

包装类别 Ⅱ类包装　**包装标志**

海洋污染物 是

运输注意事项 运输时单独装运，运输过程中要确保容器不泄漏、不倒塌、不坠落、不损坏。运输时运输车辆应配备相应品种和数量的消防器材。严禁与酸类、易燃物、有机物、还原剂、自燃物品、遇湿易燃物品等并车混运。运输时车速不宜过快，不得强行超车。运输车辆装卸前后，均应彻底清扫、洗净，严禁混入有机物、易燃物等杂质

第十五部分 法规信息

下列法律、法规、规章和标准，对该化学品的管理作了相应的规定。

中华人民共和国职业病防治法 职业病分类和目录：铅及其化合物中毒

危险化学品安全管理条例 危险化学品目录：列入。易制爆危险化学品名录：未列入。重点监管的危险化学品名录：未列入。GB 18218—2009《危险化学品重大危险源辨识》（表1）：未列入

使用有毒物品作业场所劳动保护条例 高毒物品目录：列入

易制毒化学品管理条例 易制毒化学品的分类和品种目录：未列入

国际公约 斯德哥尔摩公约：未列入。鹿特丹公约：未列入。蒙特利尔议定书：未列入

第十六部分 其他信息

编写和修订信息 **缩略语和首字母缩写**

培训建议 **参考文献**

免责声明

碘酸氢钾

第一部分 化学品标识

化学品中文名 碘酸氢钾；重碘酸钾；碘酸钾合一碘酸

化学品英文名 potassium biiodate；potassium hydrogen iodate

分子式 $KH(IO_3)_2$ **相对分子质量** 389.94

化学品的推荐及限制用途 用作标定碱的基准物、氧化剂、制造碘酸钾的中间体

第二部分 危险性概述

紧急情况概述 可加剧燃烧：氧化剂

GHS 危险性类别 氧化性固体，类别 2；皮肤腐蚀/刺激，类别 2

标签要素

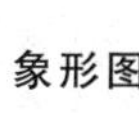
象形图

警示词 危险

危险性说明 可加剧燃烧：氧化剂，造成皮肤刺激

防范说明

预防措施 远离热源。远离衣物、可燃物保存。采取一切预防措施，避免与可燃物混合。戴防护手套、防护眼镜、防护面罩。避免接触眼睛、皮肤，操作后彻底清洗

事故响应 本品不燃，火灾时根据着火原因选择适当灭火剂灭火。皮肤接触：用大量肥皂水和水清洗。如发生皮肤刺激，就医。脱去被污染的衣服，洗净后方可重新使用

安全储存 -

废弃处置 本品及内装物、容器依据国家和地方法规处置

物理和化学危险 助燃。与可燃物混合能形成爆炸性混合物

健康危害 本品具有刺激性

环境危害 对环境可能有害

第三部分 成分/组成信息

√物质 混合物

组分	浓度	CAS No.
碘酸氢钾		13455-24-8

第四部分 急救措施

吸入 迅速脱离现场至空气新鲜处。保持呼吸道通畅。如呼吸困难，给输氧。如呼吸、心跳停止，立即进行心肺复苏术。就医

皮肤接触 立即脱去污染的衣着，用流动清水彻底冲洗。就医

眼睛接触 立即分开眼睑，用流动清水或生理盐水彻底冲洗。就医

食入 漱口，饮水。就医

对保护施救者的忠告 根据需要使用个人防护设备

对医生的特别提示 对症处理

第五部分 消防措施

灭火剂 本品不燃。根据着火原因选择适当灭火剂灭火

特别危险性 与有机物、还原剂、硫、磷等混合，能形成爆炸性混合物。具有较强的腐蚀性

灭火注意事项及防护措施 消防人员必须佩戴空气呼吸器、穿全身防火防毒服，在上风向灭火。喷水冷却容器，尽可能将容器从火场移至空旷处。在火场中与可燃物混合会爆炸，消防人员须在有防爆掩蔽处操作

第六部分 泄漏应急处理

作业人员防护措施、防护装备和应急处置程序 隔离泄漏污染区，限制出入。消除所有点火源。建议应急处理人员戴防尘口罩，穿防毒服，戴橡胶手套。勿使泄漏物与可燃物质（如木材、纸、油等）接触。穿上适当的防护服前严禁接触破裂的容器和泄漏物。尽可能切断泄漏源。勿使水进入包装容器内

环境保护措施 无资料

泄漏化学品的收容、清除方法及所使用的处置材料 小量泄漏：用洁净的铲子收集泄漏物，置于干净、干燥、盖子较松的容器中，将容器移离泄漏区。大量泄漏：泄漏物回收后，用水冲洗泄漏区

第七部分 操作处置与储存

操作注意事项 密闭操作，加强通风。操作人员必须经过专门培训，严格遵守操作规程。建议操作人员佩戴自吸过滤式防尘口罩，戴化学安全防护眼镜，穿胶布防毒衣，戴橡胶手套。远离火种、热源。工作场所严禁吸烟。远离易燃、可燃物。避免产生粉尘。避免与还原剂接触。搬运时要轻装轻卸，防止包装及容器损坏。配备相应品种和数量的消防器材及泄漏应急处理设备。倒空的容器可能残留有害物

储存注意事项 储存于阴凉、通风的库房。远离火种、热源。仓库温度不超过 30℃，相对湿度不超过 80%。包装密封。应与易（可）燃物、还原剂、食用化学品分开存放，切忌混储。储区应备有合适的材料收容泄漏物

第八部分 接触控制/个体防护

职业接触限值

中国 未制定标准

美国(ACGIH) 未制定标准

生物接触限值 未制定标准

监测方法 空气中有毒物质测定方法：碳酸氢钠溶液解吸-离子色谱法。生物监测检验方法：未制定标准

工程控制 生产过程密闭，加强通风。提供安全的淋浴和洗眼设备

个体防护装备

呼吸系统防护 可能接触其粉尘时，应该佩戴过滤式防尘呼吸器

眼睛防护 戴化学安全防护眼镜

皮肤和身体防护 穿隔绝式防毒服

手防护 戴橡胶手套

第九部分 理化特性

外观与性状 无色菱形或单斜形结晶

pH 值 无意义 **熔点(℃)** 无资料

沸点(℃) 无资料 **相对密度(水=1)** 无资料

相对蒸气密度(空气=1) 无资料

饱和蒸气压(kPa) 无资料

燃烧热(kJ/mol) 无资料 **临界温度(℃)** 无资料

临界压力(MPa) 无意义 **辛醇/水分配系数** 无资料

闪点(℃) 无意义 **自燃温度(℃)** 无意义

爆炸下限(%) 无意义 **爆炸上限(%)** 无意义

分解温度(℃) 无资料 **黏度(mPa·s)** 无资料

溶解性 微溶于冷水，溶于热水，不溶于乙醇

第十部分 稳定性和反应性

稳定性 稳定

危险反应 与强还原剂、易燃或可燃物等禁配物接触，有发生火灾和爆炸的危险

避免接触的条件 受热

禁配物 还原剂、易燃或可燃物、活性金属粉末、硫、磷

危险的分解产物 碘化物、氧化钾

第十一部分 毒理学信息

急性毒性 无资料 **皮肤刺激或腐蚀** 无资料

眼睛刺激或腐蚀 无资料 **呼吸或皮肤过敏** 无资料

生殖细胞突变性 无资料 **致癌性** 无资料

生殖毒性 频繁使用碘化物可致胎儿死亡，严重的甲状腺肿和甲状腺机能衰退，新生儿呈现克汀病样体征

特异性靶器官系统毒性-一次接触 无资料

特异性靶器官系统毒性-反复接触 无资料

吸入危害 无资料

第十二部分 生态学信息

生态毒性 无资料

持久性和降解性

生物降解性 无资料

非生物降解性 无资料

潜在的生物累积性 无资料

土壤中的迁移性 无资料

第十三部分 废弃处置

废弃化学品 用安全掩埋法处置

污染包装物 将容器返还生产商或按照国家和地方法规处置

废弃注意事项 处置前应参阅国家和地方有关法规

第十四部分 运输信息

联合国危险货物编号(UN号) 1479

联合国运输名称 氧化性固体，未另作规定的(碘酸氢钾)

联合国危险性类别 5.1

包装类别 Ⅱ类包装 **包装标志**

海洋污染物 否

运输注意事项 运输时单独装运，运输过程中要确保容器不泄漏、不倒塌、不坠落、不损坏。运输时运输车辆应配备相应品种和数量的消防器材。严禁与酸类、易燃物、有机物、还原剂、自燃物品、遇湿易燃物品等并车混运。运输时车速不宜过快，不得强行超车。运输车辆装卸前后，均应彻底清扫、洗净，严禁混入有机物、易燃物等杂质

第十五部分 法规信息

下列法律、法规、规章和标准，对该化学品的管理作了相应的规定。

中华人民共和国职业病防治法 职业病分类和目录：未列入

危险化学品安全管理条例 危险化学品目录：列入。易制爆危险化学品名录：未列入。重点监管的危险化学品名录：未列入。GB 18218—2009《危险化学品重大危险源辨识》(表1)：未列入

使用有毒物品作业场所劳动保护条例 高毒物品目录：未列入

易制毒化学品管理条例 易制毒化学品的分类和品种目录：未列入

国际公约 斯德哥尔摩公约：未列入。鹿特丹公约：未列入。蒙特利尔议定书：未列入

第十六部分 其他信息

编写和修订信息 **缩略语和首字母缩写**

培训建议 **参考文献**

免责声明

碘 酸 锶

第一部分 化学品标识

化学品中文名 碘酸锶

化学品英文名 strontium iodate

分子式 $Sr(IO_3)_2$ **相对分子质量** 437.48

化学品的推荐及限制用途 用作试剂

第二部分 危险性概述

紧急情况概述 可加剧燃烧；氧化剂

GHS 危险性类别 氧化性固体，类别 2

标签要素

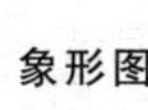

警示词　危险

危险性说明　可加剧燃烧：氧化剂

防范说明

预防措施　远离热源。远离衣物、可燃物保存。采取一切预防措施，避免与可燃物混合。戴防护手套、防护眼镜、防护面罩

事故响应　本品不燃，火灾时根据着火原因选择适当灭火剂灭火

安全储存　-

废弃处置　本品及内装物、容器依据国家和地方法规处置

物理和化学危险　助燃。与可燃物接触易着火燃烧

健康危害　对皮肤、黏膜有刺激作用

环境危害　对环境可能有害

第三部分　成分/组成信息

√物质　　混合物

组分	浓度	CAS No.
碘酸锶		13470-01-4

第四部分　急救措施

吸入　迅速脱离现场至空气新鲜处。保持呼吸道通畅。如呼吸困难，给输氧。如呼吸、心跳停止，立即进行心肺复苏术。就医

皮肤接触　立即脱去污染的衣着，用流动清水彻底冲洗。就医

眼睛接触　立即分开眼睑，用流动清水或生理盐水彻底冲洗。就医

食入　漱口，饮水。就医

对保护施救者的忠告　根据需要使用个人防护设备

对医生的特别提示　对症处理

第五部分　消防措施

灭火剂　本品不燃。根据着火原因选择适当灭火剂灭火

特别危险性　与还原剂、有机物、易燃物（如硫、磷或金属粉末等）混合可形成爆炸性混合物。受热分解放出有毒的碘化物烟气

灭火注意事项及防护措施　消防人员必须佩戴空气呼吸器、穿全身防火防毒服，在上风向灭火。喷水冷却容器，尽可能将容器从火场移至空旷处。在火场中与可燃物混合会爆炸，消防人员须在有防爆掩蔽处操作

第六部分　泄漏应急处理

作业人员防护措施、防护装备和应急处置程序　隔离泄漏污染区，限制出入。消除所有点火源。建议应急处理人员戴防尘口罩，穿防毒服，戴橡胶手套。勿使泄漏物与可燃物质（如木材、纸、油等）接触。穿上适当的防护服前严禁接触破裂的容器和泄漏物。尽可能切断泄漏源。勿使水进入包装容器内

环境保护措施　无资料

泄漏化学品的收容、清除方法及所使用的处置材料　小量泄漏：用洁净的铲子收集泄漏物，置于干净、干燥、盖子较松的容器中，将容器移离泄漏区。大量泄漏：泄漏物回收后，用水冲洗泄漏区

第七部分　操作处置与储存

操作注意事项　密闭操作。操作人员必须经过专门培训，严格遵守操作规程。建议操作人员佩戴自吸过滤式防尘口罩，戴化学安全防护眼镜，穿胶布防毒衣，戴橡胶手套。远离火种、热源。工作场所严禁吸烟。远离易燃、可燃物。避免产生粉尘。避免与还原剂接触。搬运时要轻装轻卸，防止包装及容器损坏。配备相应品种和数量的消防器材及泄漏应急处理设备。倒空的容器可能残留有害物

储存注意事项　储存于阴凉、通风的库房。远离火种、热源。仓库温度不超过 30℃，相对湿度不超过 80%。包装密封。应与易（可）燃物、还原剂、食用化学品分开存放，切忌混储。储区应备有合适的材料收容泄漏物

第八部分　接触控制/个体防护

职业接触限值

中国　未制定标准

美国(ACGIH)　未制定标准

生物接触限值　未制定标准

监测方法　空气中有毒物质测定方法：火焰原子吸收光谱法。生物监测检验方法：未制定标准

工程控制　密闭操作。提供安全淋浴和洗眼设备

个体防护装备

呼吸系统防护　可能接触其粉尘时，应该佩戴过滤式防尘呼吸器

眼睛防护　戴化学安全防护眼镜

皮肤和身体防护　穿隔绝式防毒服

手防护　戴橡胶手套

第九部分　理化特性

外观与性状　白色三斜结晶

pH 值　无意义　　熔点(℃)　无资料

沸点(℃)　无资料

相对密度(水=1)　5.05 (15℃)

相对蒸气密度(空气=1)　无资料

饱和蒸气压(kPa)　无资料

燃烧热(kJ/mol)　无资料　　临界温度(℃)　无资料

临界压力(MPa)　无意义　　辛醇/水分配系数　无资料

闪点(℃)　无意义　　自燃温度(℃)　无意义

爆炸下限(%)　无意义　　爆炸上限(%)　无意义

分解温度(℃)　无资料　　黏度(mPa·s)　无资料

溶解性　不溶于水

第十部分　稳定性和反应性

稳定性　稳定

危险反应　与强还原剂、易燃或可燃物等禁配物接触，有

发生火灾和爆炸的危险

避免接触的条件 受热

禁配物 还原剂、易燃或可燃物、活性金属粉末、硫、磷

危险的分解产物 碘化物、氧化锶

第十一部分 毒理学信息

急性毒性 无资料 **皮肤刺激或腐蚀** 无资料

眼睛刺激或腐蚀 无资料 **呼吸或皮肤过敏** 无资料

生殖细胞突变性 无资料 **致癌性** 无资料

生殖毒性 无资料

特异性靶器官系统毒性-一次接触 无资料

特异性靶器官系统毒性-反复接触 无资料

吸入危害 无资料

第十二部分 生态学信息

生态毒性 无资料

持久性和降解性

生物降解性 无资料

非生物降解性 无资料

潜在的生物累积性 无资料

土壤中的迁移性 无资料

第十三部分 废弃处置

废弃化学品 倒入碳酸氢钠溶液中，用氨水喷洒，同时加碎冰，反应停止后，用水冲入废水系统

污染包装物 将容器返还生产商或按照国家和地方法规处置

废弃注意事项 处置前应参阅国家和地方有关法规

第十四部分 运输信息

联合国危险货物编号（UN号） 1479

联合国运输名称 氧化性固体，未另作规定的（碘酸锶）

联合国危险性类别 5.1

包装类别 Ⅱ类包装 **包装标志** 

海洋污染物 否

运输注意事项 运输时单独装运，运输过程中要确保容器不泄漏、不倒塌、不坠落、不损坏。运输时运输车辆应配备相应品种和数量的消防器材。严禁与酸类、易燃物、有机物、还原剂、自燃物品、遇湿易燃物品等并车混运。运输时车速不宜过快，不得强行超车。运输车辆装卸前后，均应彻底清扫、洗净，严禁混入有机物、易燃物等杂质

第十五部分 法规信息

下列法律、法规、规章和标准，对该化学品的管理作了相应的规定。

中华人民共和国职业病防治法 职业病分类和目录：未列入

危险化学品安全管理条例 危险化学品目录：列入。易制爆危险化学品名录：未列入。重点监管的危险化学品名录：未列入。GB 18218—2009《危险化学品重大危险源辨识》（表1）：未列入

使用有毒物品作业场所劳动保护条例 高毒物品目录：未列入

易制毒化学品管理条例 易制毒化学品的分类和品种目录：未列入

国际公约 斯德哥尔摩公约：未列入。鹿特丹公约：未列入。蒙特利尔议定书：未列入

第十六部分 其他信息

编写和修订信息 **缩略语和首字母缩写**

培训建议 **参考文献**

免责声明

碘 酸 铁

第一部分 化学品标识

化学品中文名 碘酸铁；碘酸高铁

化学品英文名 ferric iodate；iron iodate

分子式 $Fe(IO_3)_3$ **相对分子质量** 580.55

化学品的推荐及限制用途 用作氧化剂

第二部分 危险性概述

紧急情况概述 可加剧燃烧：氧化剂

GHS危险性类别 氧化性固体，类别2

标签要素

象形图  **警示词** 危险

危险性说明 可加剧燃烧：氧化剂

防范说明

预防措施 远离热源。远离衣物、可燃物保存。采取一切预防措施，避免与可燃物混合。戴防护手套、防护眼镜、防护面罩

事故响应 本品不燃，火灾时根据着火原因选择适当灭火剂灭火

安全储存 -

废弃处置 本品及内装物、容器依据国家和地方法规处置

物理和化学危险 助燃。与可燃物接触易着火燃烧

健康危害 对皮肤、黏膜有刺激作用

环境危害 对环境可能有害

第三部分 成分/组成信息

√物质		混合物
组分	**浓度**	**CAS No.**
碘酸铁		29515-61-5

第四部分 急救措施

吸入 迅速脱离现场至空气新鲜处。保持呼吸道通畅。如呼吸困难，给输氧。如呼吸、心跳停止，立即进行心肺复苏术。就医

皮肤接触 立即脱去污染的衣着，用流动清水彻底冲洗。就医

眼睛接触 立即分开眼睑，用流动清水或生理盐水彻底冲洗。就医

食入 漱口，饮水。就医

对保护施救者的忠告 根据需要使用个人防护设备

对医生的特别提示 对症处理

第五部分 消防措施

灭火剂 本品不燃。根据着火原因选择适当灭火剂灭火

特别危险性 与还原剂、有机物、易燃物（如硫、磷或金属粉末等）混合可形成爆炸性混合物。受热分解放出有毒的碘化物烟气

灭火注意事项及防护措施 消防人员必须佩戴空气呼吸器、穿全身防火防毒服，在上风向灭火。喷水冷却容器，尽可能将容器从火场移至空旷处。在火场中与可燃物混合会爆炸，消防人员须在有防爆掩蔽处操作

第六部分 泄漏应急处理

作业人员防护措施、防护装备和应急处置程序 隔离泄漏污染区，限制出入。消除所有点火源。建议应急处理人员戴防尘口罩，穿防毒服，戴橡胶手套。勿使泄漏物与可燃物质（如木材、纸、油等）接触。穿上适当的防护服前严禁接触破裂的容器和泄漏物。尽可能切断泄漏源。勿使水进入包装容器内

环境保护措施 无资料

泄漏化学品的收容、清除方法及所使用的处置材料 小量泄漏：用洁净的铲子收集泄漏物，置于干净、干燥、盖子较松的容器中，将容器移离泄漏区。大量泄漏：泄漏物回收后，用水冲洗泄漏区

第七部分 操作处置与储存

操作注意事项 密闭操作，局部排风。操作人员必须经过专门培训，严格遵守操作规程。建议操作人员佩戴自吸过滤式防尘口罩，戴化学安全防护眼镜，穿胶布防毒衣，戴橡胶手套。远离火种、热源。工作场所严禁吸烟。远离易燃、可燃物。避免产生粉尘。避免与还原剂接触。搬运时要轻装轻卸，防止包装及容器损坏。配备相应品种和数量的消防器材及泄漏应急处理设备。倒空的容器可能残留有害物

储存注意事项 储存于阴凉、通风的库房。远离火种、热源。仓库温度不超过30℃，相对湿度不超过80%。包装密封。应与易（可）燃物、还原剂、食用化学品分开存放，切忌混储。储区应备有合适的材料收容泄漏物

第八部分 接触控制/个体防护

职业接触限值

中国 未制定标准

美国(ACGIH) 未制定标准

生物接触限值 未制定标准

监测方法 空气中有毒物质测定方法：碳酸氢钠溶液解吸-离子色谱法。生物监测检验方法：未制定标准

工程控制 密闭操作，局部排风。提供安全的淋浴和洗眼设备

个体防护装备

呼吸系统防护 可能接触其粉尘时，应该佩戴过滤式防尘呼吸器

眼睛防护 戴化学安全防护眼镜

皮肤和身体防护 穿隔绝式防毒服

手防护 戴橡胶手套

第九部分 理化特性

外观与性状 黄绿色粉末

pH 值 无意义 **熔点(℃)** 130（分解）

沸点(℃) 无资料

相对密度(水=1) 4.80（20℃）

相对蒸气密度(空气=1) 无资料

饱和蒸气压(kPa) 无资料

燃烧热(kJ/mol) 无资料 **临界温度(℃)** 无资料

临界压力(MPa) 无意义 **辛醇/水分配系数** 无资料

闪点(℃) 无意义 **自燃温度(℃)** 无意义

爆炸下限(%) 无意义 **爆炸上限(%)** 无意义

分解温度(℃) 130 **黏度(mPa·s)** 无资料

溶解性 微溶于水，不溶于稀硝酸

第十部分 稳定性和反应性

稳定性 稳定

危险反应 与强还原剂、易燃或可燃物等禁配物接触，有发生火灾和爆炸的危险

避免接触的条件 受热

禁配物 还原剂、易燃或可燃物、活性金属粉末、硫、磷

危险的分解产物 碘化物、氧化铁

第十一部分 毒理学信息

急性毒性 无资料 **皮肤刺激或腐蚀** 无资料

眼睛刺激或腐蚀 无资料 **呼吸或皮肤过敏** 无资料

生殖细胞突变性 无资料 **致癌性** 无资料

生殖毒性 无资料

特异性靶器官系统毒性-一次接触 无资料

特异性靶器官系统毒性-反复接触 无资料

吸入危害 无资料

第十二部分 生态学信息

生态毒性 无资料

持久性和降解性

生物降解性 无资料

非生物降解性 无资料

潜在的生物累积性 无资料

土壤中的迁移性 无资料

第十三部分 废弃处置

废弃化学品 根据国家和地方有关法规的要求处置。或与制造商联系，确定处置方法

污染包装物 将容器返还生产商或按照国家和地方法规处置

废弃注意事项 处置前应参阅国家和地方有关法规

第十四部分 运输信息

联合国危险货物编号（UN号） 1479

联合国运输名称 氧化性固体，未另作规定的（碘酸铁）

联合国危险性类别 5.1

包装类别 Ⅱ类包装 **包装标志**

海洋污染物 否

运输注意事项 运输时单独装运，运输过程中要确保容器不泄漏、不倒塌、不坠落、不损坏。运输时运输车辆应配备相应品种和数量的消防器材。严禁与酸类、易燃物、有机物、还原剂、自燃物品、遇湿易燃物品等并车混运。运输时车速不宜过快，不得强行超车。运输车辆装卸前后，均应彻底清扫、洗净，严禁混入有机物、易燃物等杂质

第十五部分 法规信息

下列法律、法规、规章和标准，对该化学品的管理作了相应的规定。

中华人民共和国职业病防治法 职业病分类和目录：未列入

危险化学品安全管理条例 危险化学品目录：列入。易制爆危险化学品名录：未列入。重点监管的危险化学品名录：未列入。GB 18218—2009《危险化学品重大危险源辨识》(表 1)：未列入

使用有毒物品作业场所劳动保护条例 高毒物品目录：未列入

易制毒化学品管理条例 易制毒化学品的分类和品种目录：未列入

国际公约 斯德哥尔摩公约：未列入。鹿特丹公约：未列入。蒙特利尔议定书：未列入

第十六部分 其他信息

编写和修订信息 **缩略语和首字母缩写**

培训建议 **参考文献**

免责声明

碘 酸 锌

第一部分 化学品标识

化学品中文名 碘酸锌

化学品英文名 zinc iodate

分子式 $Zn(IO_3)_2$ **相对分子质量** 415.24

化学品的推荐及限制用途 用于医药，用作分析试剂

第二部分 危险性概述

紧急情况概述 可加剧燃烧；氧化剂

GHS危险性类别 氧化性固体，类别 2；危害水生环境-急性危害，类别 1；危害水生环境-长期危害，类别 1

标签要素

象形图

警示词 危险

危险性说明 可加剧燃烧：氧化剂，对水生生物毒性非常大并具有长期持续影响

防范说明

预防措施 远离热源。远离衣物、可燃物保存。采取一切预防措施，避免与可燃物混合。戴防护手套、防护眼镜、防护面罩。禁止排入环境

事故响应 本品不燃，火灾时根据着火原因选择适当灭火剂灭火。收集泄漏物

安全储存 -

废弃处置 本品及内装物、容器依据国家和地方法规处置

物理和化学危险 助燃。与可燃物接触易着火燃烧

健康危害 对皮肤、黏膜有刺激作用

环境危害 对水生生物毒性非常大并具有长期持续影响

第三部分 成分/组成信息

√物质		混合物
组分	浓度	CAS No.
碘酸锌		7790-37-6

第四部分 急救措施

吸入 迅速脱离现场至空气新鲜处。保持呼吸道通畅。如呼吸困难，给输氧。如呼吸、心跳停止，立即进行心肺复苏术。就医

皮肤接触 立即脱去污染的衣着，用流动清水彻底冲洗。就医

眼睛接触 立即分开眼睑，用流动清水或生理盐水彻底冲洗。就医

食入 漱口，饮水。就医

对保护施救者的忠告 根据需要使用个人防护设备

对医生的特别提示 对症处理

第五部分 消防措施

灭火剂 本品不燃。根据着火原因选择适当灭火剂灭火

特别危险性 强氧化剂。与还原剂、有机物、易燃物（如硫、磷或金属粉末等）混合可形成爆炸性混合物。受热分解放出有毒的碘化物烟气

灭火注意事项及防护措施 消防人员必须佩戴空气呼吸器、穿全身防火防毒服，在上风向灭火。喷水冷却容器，尽可能将容器从火场移至空旷处。在火场中与可燃物混合会爆炸，消防人员须在有防爆掩蔽处操作

第六部分 泄漏应急处理

作业人员防护措施、防护装备和应急处置程序 隔离泄漏污染区，限制出入。消除所有点火源。建议应急处理人员戴防尘口罩，穿防毒服，戴橡胶手套。勿使泄漏物与可燃物质（如木材、纸、油等）接触。穿上适当

的防护服前严禁接触破裂的容器和泄漏物。尽可能切断泄漏源。勿使水进入包装容器内

环境保护措施 无资料

泄漏化学品的收容、清除方法及所使用的处置材料 小量泄漏：用洁净的铲子收集泄漏物，置于干净、干燥、盖子较松的容器中，将容器移离泄漏区。大量泄漏：泄漏物回收后，用水冲洗泄漏区

第七部分 操作处置与储存

操作注意事项 密闭操作，局部排风。操作人员必须经过专门培训，严格遵守操作规程。建议操作人员佩戴自吸过滤式防尘口罩，戴化学安全防护眼镜，穿胶布防毒衣，戴橡胶手套。远离火种、热源。工作场所严禁吸烟。远离易燃、可燃物。避免产生粉尘。避免与还原剂接触。搬运时要轻装轻卸，防止包装及容器损坏。配备相应品种和数量的消防器材及泄漏应急处理设备。倒空的容器可能残留有害物

储存注意事项 储存于阴凉、通风的库房。远离火种、热源。仓库温度不超过 30℃，相对湿度不超过 80%。包装密封。应与易（可）燃物、还原剂、食用化学品分开存放，切忌混储。储区应备有合适的材料收容泄漏物

第八部分 接触控制/个体防护

职业接触限值

中国 未制定标准

美国(ACGIH) 未制定标准

生物接触限值 未制定标准

监测方法 空气中有毒物质测定方法：火焰原子吸收光谱法；双硫腙分光光度法。生物监测检验方法：未制定标准

工程控制 密闭操作，局部排风。提供安全淋浴和洗眼设备

个体防护装备

呼吸系统防护 可能接触其粉尘时，应该佩戴过滤式防尘呼吸器

眼睛防护 戴化学安全防护眼镜

皮肤和身体防护 穿隔绝式防毒服

手防护 戴橡胶手套

第九部分 理化特性

外观与性状 白色结晶性粉末

pH 值 无意义 **熔点(℃)** 分解

沸点(℃) 无资料 **相对密度(水=1)** 4.98

相对蒸气密度(空气=1) 无资料

饱和蒸气压(kPa) 无资料

燃烧热(kJ/mol) 无资料 **临界温度(℃)** 无资料

临界压力(MPa) 无意义 **辛醇/水分配系数** 无资料

闪点(℃) 无意义 **自燃温度(℃)** 无意义

爆炸下限(%) 无意义 **爆炸上限(%)** 无意义

分解温度(℃) 无资料 **黏度(mPa·s)** 无资料

溶解性 微溶于水，溶于硝酸、碱液

第十部分 稳定性和反应性

稳定性 稳定

危险反应 与强还原剂、易燃或可燃物等禁配物接触，有发生火灾和爆炸的危险

避免接触的条件 受热

禁配物 还原剂、易燃或可燃物、活性金属粉末、硫、磷

危险的分解产物 碘化物、氧化锌

第十一部分 毒理学信息

急性毒性 无资料 **皮肤刺激或腐蚀** 无资料

眼睛刺激或腐蚀 无资料 **呼吸或皮肤过敏** 无资料

生殖细胞突变性 无资料 **致癌性** 无资料

生殖毒性 频繁使用碘化物可致胎儿死亡，严重的甲状腺肿和甲状腺机能衰退，新生儿呈现克汀病样体征

特异性靶器官系统毒性-一次接触 无资料

特异性靶器官系统毒性-反复接触 无资料

吸入危害 无资料

第十二部分 生态学信息

生态毒性 Zn^{2+} 对鱼类、水蚤、藻类的最低值分别为 0.14mg/L、0.07mg/L、0.136mg/L

持久性和降解性

生物降解性 无资料

非生物降解性 无资料

潜在的生物累积性 无资料

土壤中的迁移性 无资料

第十三部分 废弃处置

废弃化学品 倒入碳酸氢钠溶液中，用氨水喷洒，同时加碎冰，反应停止后，用水冲入废水系统

污染包装物 将容器返还生产商或按照国家和地方法规处置

废弃注意事项 处置前应参阅国家和地方有关法规

第十四部分 运输信息

联合国危险货物编号(UN 号) 1479

联合国运输名称 氧化性固体，未另作规定的（碘酸锌）

联合国危险性类别 5.1

包装类别 Ⅱ类包装 **包装标志**

海洋污染物 否

运输注意事项 运输时单独装运，运输过程中要确保容器不泄漏、不倒塌、不坠落、不损坏。运输时运输车辆应配备相应品种和数量的消防器材。严禁与酸类、易燃物、有机物、还原剂、自燃物品、遇湿易燃物品等并车混运。运输时车速不宜过快，不得强行超车。运输车辆装卸前后，均应彻底清扫、洗净，严禁混入有机物、易燃物等杂质

第十五部分 法规信息

下列法律、法规、规章和标准，对该化学品的管理作

了相应的规定。

中华人民共和国职业病防治法 职业病分类和目录：未列入

危险化学品安全管理条例 危险化学品目录：列入。易制爆危险化学品名录：未列入。重点监管的危险化学品名录：未列入。GB 18218—2009《危险化学品重大危险源辨识》(表 1)：未列入

使用有毒物品作业场所劳动保护条例 高毒物品目录：未列入

易制毒化学品管理条例 易制毒化学品的分类和品种目录：未列入

国际公约 斯德哥尔摩公约：未列入。鹿特丹公约：未列入。蒙特利尔议定书：未列入

第十六部分 其他信息

编写和修订信息 **缩略语和首字母缩写**
培训建议 **参考文献**
免责声明

碘 酸 银

第一部分 化学品标识

化学品中文名 碘酸银

化学品英文名 silver iodate

分子式 $AgIO_3$ **相对分子质量** 282.81

化学品的推荐及限制用途 用作化学试剂以及用于测定血中的少量氯化物

第二部分 危险性概述

紧急情况概述 可加剧燃烧；氧化剂

GHS 危险性类别 氧化性固体，类别 2

标签要素

象形图  **警示词** 危险

危险性说明 可加剧燃烧；氧化剂

防范说明

预防措施 远离热源。远离衣物、可燃物保存。采取一切预防措施，避免与可燃物混合。戴防护手套、防护眼镜、防护面罩

事故响应 本品不燃，火灾时根据着火原因选择适当灭火剂灭火

安全储存 -

废弃处置 本品及内装物、容器依据国家和地方法规处置

物理和化学危险 助燃。与可燃物接触易着火燃烧

健康危害 眼接触有刺激性。长期接触银化合物，吸入或食入，可发生皮肤、眼、呼吸道全身性银质沉着症。皮肤色素沉着呈灰黑色或浅石板色

环境危害 对环境可能有害

第三部分 成分/组成信息

√物质		混合物
组分	**浓度**	**CAS No.**
碘酸银		7783-97-3

第四部分 急救措施

吸入 迅速脱离现场至空气新鲜处。保持呼吸道通畅。如呼吸困难，给输氧。如呼吸、心跳停止，立即进行心肺复苏术。就医

皮肤接触 立即脱去污染的衣着，用流动清水彻底冲洗。就医

眼睛接触 立即分开眼睑，用流动清水或生理盐水彻底冲洗。就医

食入 漱口，饮水。就医

对保护施救者的忠告 根据需要使用个人防护设备

对医生的特别提示 对症处理

第五部分 消防措施

灭火剂 本品不燃。根据着火原因选择适当灭火剂灭火

特别危险性 无机氧化剂。与还原剂、有机物、易燃物(如硫、磷或金属粉末等）混合可形成爆炸性混合物。受热分解放出有毒的碘化物烟气

灭火注意事项及防护措施 消防人员必须佩戴空气呼吸器、穿全身防火防毒服，在上风向灭火。喷水冷却容器，尽可能将容器从火场移至空旷处。在火场中与可燃物混合会爆炸，消防人员须在有防爆掩蔽处操作

第六部分 泄漏应急处理

作业人员防护措施、防护装备和应急处置程序 隔离泄漏污染区，限制出入。建议应急处理人员戴防尘口罩，穿防毒服，戴橡胶手套。勿使泄漏物与可燃物质（如木材、纸、油等）接触。穿上适当的防护服前严禁接触破裂的容器和泄漏物。尽可能切断泄漏源。勿使水进入包装容器内

环境保护措施 无资料

泄漏化学品的收容、清除方法及所使用的处置材料 小量泄漏：用洁净的铲子收集泄漏物，置于干净、干燥、盖子较松的容器中，将容器移离泄漏区。大量泄漏：泄漏物回收后，用水冲洗泄漏区

第七部分 操作处置与储存

操作注意事项 密闭操作，加强通风。操作人员必须经过专门培训，严格遵守操作规程。建议操作人员佩戴自吸过滤式防尘口罩，戴化学安全防护眼镜，穿胶布防毒衣，戴橡胶手套。远离火种、热源。工作场所严禁吸烟。远离易燃、可燃物。避免产生粉尘。避免与还原剂、活性金属粉末接触。搬运时要轻装轻卸，防止包装及容器损坏。配备相应品种和数量的消防器材及泄漏应急处理设备。倒空的容器可能残留有害物

储存注意事项 储存于阴凉、通风的库房。远离火种、热源。仓库温度不超过 30℃，相对湿度不超过 80%。避免光照。包装密封。应与易（可）燃物、还原剂、活性金属粉末等分开存放，切忌混储。储区应备有合适的材料收容泄漏物

第八部分 接触控制/个体防护

职业接触限值

中国 未制定标准

美国(ACGIH) TLV-TWA：0.01mg/m³ [按 Ag 计]

生物接触限值 未制定标准

监测方法 空气中有毒物质测定方法：碳酸氢钠溶液解吸-离子色谱法。生物监测检验方法：未制定标准

工程控制 生产过程密闭，加强通风。提供安全的淋浴和洗眼设备

个体防护装备

呼吸系统防护 可能接触其粉尘时，应该佩戴过滤式防尘呼吸器

眼睛防护 戴化学安全防护眼镜

皮肤和身体防护 穿隔绝式防毒服

手防护 戴橡胶手套

第九部分 理化特性

外观与性状 白色棱状结晶或粉末

pH 值 无意义 **熔点(℃)** ＞200

沸点(℃) 无资料 **相对密度(水＝1)** 5.52

相对蒸气密度(空气＝1) 无资料

饱和蒸气压(kPa) 无资料

燃烧热(kJ/mol) 无资料 **临界温度(℃)** 无资料

临界压力(MPa) 无意义 **辛醇/水分配系数** 无资料

闪点(℃) 无意义 **自燃温度(℃)** 无意义

爆炸下限(%) 无意义 **爆炸上限(%)** 无意义

分解温度(℃) 无资料 **黏度(mPa·s)** 无资料

溶解性 微溶于水，溶于硝酸、氨水

第十部分 稳定性和反应性

稳定性 稳定

危险反应 与强还原剂、易燃或可燃物等禁配物接触，有发生火灾和爆炸的危险

避免接触的条件 受热、光照

禁配物 易燃或可燃物、强还原剂、硫、磷、活性金属粉末

危险的分解产物 碘化物、氧化银

第十一部分 毒理学信息

急性毒性 无资料 **皮肤刺激或腐蚀** 无资料

眼睛刺激或腐蚀 无资料 **呼吸或皮肤过敏** 无资料

生殖细胞突变性 无资料 **致癌性** 无资料

生殖毒性 频繁使用碘化物可致胎儿死亡，严重的甲状腺肿和甲状腺机能衰退，新生儿呈现克汀病样体征

特异性靶器官系统毒性-一次接触 无资料

特异性靶器官系统毒性-反复接触 无资料

吸入危害 无资料

第十二部分 生态学信息

生态毒性 无资料

持久性和降解性

生物降解性 无资料

非生物降解性 无资料

潜在的生物累积性 无资料

土壤中的迁移性 无资料

第十三部分 废弃处置

废弃化学品 根据国家和地方有关法规的要求处置。或与制造商联系，确定处置方法

污染包装物 将容器返还生产商或按照国家和地方法规处置

废弃注意事项 处置前应参阅国家和地方有关法规

第十四部分 运输信息

联合国危险货物编号(UN 号) 1479

联合国运输名称 氧化性固体，未另作规定的(碘酸银)

联合国危险性类别 5.1

包装类别 Ⅱ类包装 **包装标志**

海洋污染物 否

运输注意事项 运输时单独装运，运输过程中要确保容器不泄漏、不倒塌、不坠落、不损坏。运输时运输车辆应配备相应品种和数量的消防器材。严禁与酸类、易燃物、有机物、还原剂、自燃物品、遇湿易燃物品等并车混运。运输时车速不宜过快，不得强行超车。运输车辆装卸前后，均应彻底清扫、洗净，严禁混入有机物、易燃物等杂质

第十五部分 法规信息

下列法律、法规、规章和标准，对该化学品的管理作了相应的规定。

中华人民共和国职业病防治法 职业病分类和目录：未列入

危险化学品安全管理条例 危险化学品目录：列入。易制爆危险化学品名录：未列入。重点监管的危险化学品名录：未列入。GB 18218—2009《危险化学品重大危险源辨识》(表 1)：未列入

使用有毒物品作业场所劳动保护条例 高毒物品目录：未列入

易制毒化学品管理条例 易制毒化学品的分类和品种目录：未列入

国际公约 斯德哥尔摩公约：未列入。鹿特丹公约：未列入。蒙特利尔议定书：未列入

第十六部分 其他信息

编写和修订信息 **缩略语和首字母缩写**

培训建议 **参考文献**

免责声明

碘 乙 酸

第一部分 化学品标识

化学品中文名 碘乙酸；碘代醋酸；碘醋酸

化学品英文名 iodoacetic acid；monoiodoacetic acid

分子式 $C_2H_3IO_2$ **相对分子质量** 185.95

结构式 O=C(OH)–CH₂–I

化学品的推荐及限制用途 用于农业植物资源研究，染料制备，有机合成等

第二部分 危险性概述

紧急情况概述 吞咽会中毒，造成严重的皮肤灼伤和眼损伤

GHS 危险性类别 急性毒性-经口，类别 3；皮肤腐蚀/刺激，类别 1A；严重眼损伤/眼刺激，类别 1

标签要素

象形图 

警示词 危险

危险性说明 吞咽会中毒，造成严重的皮肤灼伤和眼损伤

防范说明

预防措施 避免接触眼睛、皮肤，操作后彻底清洗。作业场所不得进食、饮水或吸烟。避免吸入粉尘。戴防护手套，穿防护服，戴防护眼镜、防护面罩

事故响应 如吸入：将患者转移到空气新鲜处，休息，保持利于呼吸的体位。皮肤（或头发）接触：立即脱掉所有被污染的衣服。用水冲洗皮肤，淋浴。污染的衣服须洗净后方可重新使用。眼睛接触：用水细心地冲洗数分钟。如戴隐形眼镜并可方便地取出，则取出隐形眼镜继续冲洗。食入：漱口。不要催吐。立即呼叫中毒控制中心或就医

安全储存 上锁保管

废弃处置 本品及内装物、容器依据国家和地方法规处置

物理和化学危险 可燃，其粉体与空气混合，能形成爆炸性混合物

健康危害 对皮肤、黏膜有刺激性。可引起接触性皮炎，呈大疱和小疱样损害

环境危害 对环境可能有害

第三部分 成分/组成信息

√物质 混合物

物质	浓度	CAS No.
碘乙酸		64-69-7

第四部分 急救措施

吸入 迅速脱离现场至空气新鲜处。保持呼吸道通畅。如呼吸困难，给输氧。如呼吸、心跳停止，立即进行心肺复苏术。就医

皮肤接触 立即脱去污染的衣着，用大量流动清水彻底冲洗至少 15min。就医

眼睛接触 立即分开眼睑，用流动清水或生理盐水彻底冲洗至少 15min。就医

食入 用水漱口，禁止催吐。给饮牛奶或蛋清。就医

对保护施救者的忠告 根据需要使用个人防护设备

对医生的特别提示 对症处理

第五部分 消防措施

灭火剂 用雾状水、泡沫、二氧化碳灭火

特别危险性 受热分解放出有毒的碘化物烟气。遇潮时对大多数金属有腐蚀性。燃烧生成有害的碘化氢、一氧化碳

灭火注意事项及防护措施 消防人员必须穿全身耐酸碱消防服、佩戴空气呼吸器灭火。尽可能将容器从火场移至空旷处。喷水保持火场容器冷却，直至灭火结束

第六部分 泄漏应急处理

作业人员防护措施、防护装备和应急处置程序 隔离泄漏污染区，限制出入。消除所有点火源。建议应急处理人员戴防尘口罩，穿防酸碱服，戴橡胶耐酸碱手套。穿上适当的防护服前严禁接触破裂的容器和泄漏物。尽可能切断泄漏源。用塑料布覆盖泄漏物，减少飞散。勿使水进入包装容器内

环境保护措施 无资料

泄漏化学品的收容、清除方法及所使用的处置材料 用洁净的铲子收集泄漏物，置于干净、干燥、盖子较松的容器中，将容器移离泄漏区

第七部分 操作处置与储存

操作注意事项 密闭操作，局部排风。操作人员必须经过专门培训，严格遵守操作规程。建议操作人员佩戴头罩型电动送风过滤式防尘呼吸器，穿防酸碱工作服，戴橡胶耐酸碱手套。远离火种、热源。工作场所严禁吸烟。使用防爆型的通风系统和设备。避免产生粉尘。避免与氧化剂、还原剂、碱类接触。搬运时要轻装轻卸，防止包装及容器损坏。配备相应品种和数量的消防器材及泄漏应急处理设备。倒空的容器可能残留有害物

储存注意事项 储存于阴凉、通风的库房。远离火种、热源。包装密封。应与氧化剂、还原剂、碱类、食用化学品分开存放，切忌混储。配备相应品种和数量的消防器材。储区应备有合适的材料收容泄漏物

第八部分 接触控制/个体防护

职业接触限值

中国 未制定标准

美国(ACGIH) 未制定标准

生物接触限值 未制定标准

监测方法 空气中有毒物质测定方法：碳酸氢钠溶液解吸-离子色谱法。生物监测检验方法：未制定标准

工程控制 密闭操作，局部排风。提供安全的淋浴和洗眼设备

个体防护装备

呼吸系统防护 可能接触其粉尘时，必须佩戴过滤式防尘呼吸器。紧急事态抢救或撤离时，必须佩戴空气呼吸器

眼睛防护 戴化学安全防护眼镜

皮肤和身体防护　穿防酸碱工作服

手防护　戴橡胶耐酸碱手套

第九部分　理化特性

外观与性状　无色或白色结晶

pH 值　无意义　**熔点(℃)**　82～83

沸点(℃)　分解　**相对密度(水=1)**　无资料

相对蒸气密度(空气=1)　无资料

饱和蒸气压(kPa)　无资料

燃烧热(kJ/mol)　无资料　**临界温度(℃)**　无资料

临界压力(MPa)　无资料　**辛醇/水分配系数**　0.850

闪点(℃)　无意义　**自燃温度(℃)**　无资料

爆炸下限(%)　无资料　**爆炸上限(%)**　无资料

分解温度(℃)　无资料　**黏度(mPa·s)**　无资料

溶解性　溶于水、热石油醚、乙醇，不溶于乙醚、氯仿

第十部分　稳定性和反应性

稳定性　稳定

危险反应　与强氧化剂等禁配物发生反应

避免接触的条件　受热

禁配物　强氧化剂、强还原剂、强碱

危险的分解产物　碘化氢

第十一部分　毒理学信息

急性毒性　LD_{50}：83mg/kg（大鼠经口）；75mg/kg（大鼠腹腔）；83mg/kg（小鼠经口）

皮肤刺激或腐蚀　无资料　**眼睛刺激或腐蚀**　无资料

呼吸或皮肤过敏　无资料

生殖细胞突变性　DNA 抑制：人 Hela 细胞 500μmol/L。细胞遗传学分析：仓鼠成纤维细胞 100μg/L

致癌性　小鼠经皮最低中毒剂量（TDLo）：5800mg/kg（27 周），致肿瘤，致皮肤肿瘤，致应用部位肿瘤

生殖毒性　雄性小鼠交配前经口给药最低中毒剂量 158mg/kg，致颅面部（包括鼻和舌部）发育畸形。雌性小鼠孕后 8d 腹腔内给药 40mg/kg，导致肌肉骨骼系统发育畸形。小鼠腹腔最低中毒剂量（TDLo）：40g/kg（孕 8d），致肌肉骨骼发育异常

特异性靶器官系统毒性-一次接触　无资料

特异性靶器官系统毒性-反复接触　给大鼠喂饲含本品饲料，剂量 50～70mg/(kg·d)，在 10～40d 内死亡

吸入危害　无资料

第十二部分　生态学信息

生态毒性　无资料

持久性和降解性

生物降解性　无资料

非生物降解性　空气中，当羟基自由基浓度为 5.00×10^5 个/cm^3 个时，降解半衰期为 12d（理论）

潜在的生物累积性　根据 K_{ow} 值预测，该物质的生物累积性可能较弱

土壤中的迁移性　根据 K_{oc} 值预测，该物质可能易发生迁移

第十三部分　废弃处置

废弃化学品　建议用焚烧法处置。焚烧炉排出的卤化氢通过酸洗涤器除去

污染包装物　将容器返还生产商或按照国家和地方法规处置

废弃注意事项　处置前应参阅国家和地方有关法规

第十四部分　运输信息

联合国危险货物编号（UN 号）　2923

联合国运输名称　腐蚀性固体，毒性，未另作规定的（碘乙酸）

联合国危险性类别　8，6.1

包装类别　Ⅱ类包装

包装标志　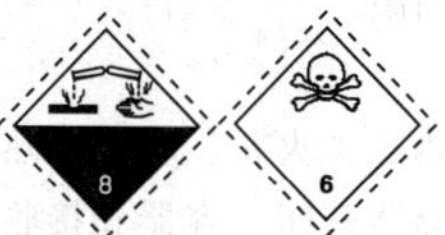

海洋污染物　否

运输注意事项　起运时包装要完整，装载应稳妥。运输过程中要确保容器不泄漏、不倒塌、不坠落、不损坏。严禁与氧化剂、还原剂、碱类、食用化学品等混装混运。运输车辆应配备相应品种和数量的消防器材及泄漏应急处理设备。运输途中应防曝晒、雨淋，防高温

第十五部分　法规信息

下列法律、法规、规章和标准，对该化学品的管理作了相应的规定。

中华人民共和国职业病防治法　职业病分类和目录：未列入

危险化学品安全管理条例　危险化学品目录：列入。易制爆危险化学品名录：未列入。重点监管的危险化学品名录：未列入。GB 18218—2009《危险化学品重大危险源辨识》(表 1)：未列入

使用有毒物品作业场所劳动保护条例　高毒物品目录：未列入

易制毒化学品管理条例　易制毒化学品的分类和品种目录：未列入

国际公约　斯德哥尔摩公约：未列入。鹿特丹公约：未列入。蒙特利尔议定书：未列入

第十六部分　其他信息

编写和修订信息　**缩略语和首字母缩写**

培训建议　**参考文献**

免责声明

碘　乙　烷

第一部分　化学品标识

化学品中文名　碘乙烷；乙基碘

化学品英文名　iodoethane；ethyl iodide

分子式　C_2H_5I　**相对分子质量**　155.97

结构式　I╲╱

化学品的推荐及限制用途 用于医药、有机合成

第二部分 危险性概述

紧急情况概述 易燃液体和蒸气，吞咽有害

GHS危险性类别 易燃液体，类别3；急性毒性-经口，类别4；皮肤腐蚀/刺激，类别2；严重眼损伤/眼刺激，类别2

标签要素

象形图 

警示词 警告

危险性说明 易燃液体和蒸气，吞咽有害，造成皮肤刺激，造成严重眼刺激

防范说明

预防措施 远离热源、火花、明火、热表面。禁止吸烟。保持容器密闭。容器和接收设备接地连接。使用防爆电器、通风、照明设备。只能使用不产生火花的工具。采取防静电措施。戴防护手套、防护眼镜、防护面罩。避免接触眼睛、皮肤，操作后彻底清洗。作业场所不得进食、饮水或吸烟

事故响应 火灾时，使用泡沫、干粉、砂土灭火。皮肤接触：用大量肥皂水和水清洗。如发生皮肤刺激，就医。脱去被污染的衣服，洗净后方可重新使用。如接触眼睛：用水细心冲洗数分钟。如戴隐形眼镜并可方便地取出，取出隐形眼镜继续冲洗。如果眼睛刺激持续：就医。食入：漱口。如果感觉不适，立即呼叫中毒控制中心或就医

安全储存 存放在通风良好的地方。保持低温

废弃处置 本品及内装物、容器依据国家和地方法规处置

物理和化学危险 易燃，其蒸气与空气混合，能形成爆炸性混合物

健康危害 吸入对呼吸道有强烈刺激性，并出现麻醉作用，可有肝、肾损害。眼和皮肤接触引起强烈刺激。可经皮肤迅速吸收

环境危害 对环境可能有害

第三部分 成分/组成信息

√物质		混合物
组分	**浓度**	**CAS No.**
碘乙烷		75-03-6

第四部分 急救措施

吸入 迅速脱离现场至空气新鲜处。保持呼吸道通畅。如呼吸困难，给输氧。如呼吸、心跳停止，立即进行心肺复苏术。就医

皮肤接触 立即脱去污染的衣着，用流动清水彻底冲洗。就医

眼睛接触 立即分开眼睑，用流动清水或生理盐水彻底冲洗。就医

食入 漱口，饮水。就医

对保护施救者的忠告 根据需要使用个人防护设备

对医生的特别提示 对症处理

第五部分 消防措施

灭火剂 用泡沫、干粉、砂土灭火

特别危险性 遇高热时能分解出有毒的碘化物烟雾。遇水或水蒸气反应放热并产生有毒的腐蚀性气体。与氧化剂接触猛烈反应。燃烧生成有害的一氧化碳、碘化氢

灭火注意事项及防护措施 消防人员须佩戴防毒面具、穿全身消防服，在上风向灭火。尽可能将容器从火场移至空旷处。喷水保持火场容器冷却，直至灭火结束。容器突然发出异常声音或出现异常现象，立即撤离

第六部分 泄漏应急处理

作业人员防护措施、防护装备和应急处置程序 根据液体流动和蒸气扩散的影响区域划定警戒区，无关人员从侧风、上风向撤离至安全区。消除所有点火源。建议应急处理人员戴正压自给式呼吸器，穿防毒服，戴防化学品手套。穿上适当的防护服前严禁接触破裂的容器和泄漏物。尽可能切断泄漏源

环境保护措施 防止泄漏物进入水体、下水道、地下室或有限空间

泄漏化学品的收容、清除方法及所使用的处置材料 小量泄漏：用干燥的砂土或其他不燃材料吸收或覆盖，收集于容器中。大量泄漏：构筑围堤或挖坑收容，用泵转移至槽车或专用收集器内

第七部分 操作处置与储存

操作注意事项 密闭操作，加强通风。操作人员必须经过专门培训，严格遵守操作规程。建议操作人员佩戴自吸过滤式防毒面具（全面罩），穿胶布防毒衣，戴防化学品手套。远离火种、热源。工作场所严禁吸烟。使用防爆型的通风系统和设备。防止蒸气泄漏到工作场所空气中。避免与氧化剂、碱类接触。尤其要注意避免与水接触。搬运时要轻装轻卸，防止包装及容器损坏。配备相应品种和数量的消防器材及泄漏应急处理设备。倒空的容器可能残留有害物

储存注意事项 储存于阴凉、通风的库房。远离火种、热源。避免光照。包装要求密封，不可与空气接触。应与氧化剂、碱类、食用化学品分开存放，切忌混储。配备相应品种和数量的消防器材。储区应备有泄漏应急处理设备和合适的收容材料

第八部分 接触控制/个体防护

职业接触限值

中国 未制定标准

美国(ACGIH) 未制定标准

生物接触限值 未制定标准

监测方法 空气中有毒物质测定方法：碳酸氢钠溶液解吸-离子色谱法。生物监测检验方法：未制定标准

工程控制 生产过程密闭，加强通风。提供安全的淋浴和洗眼设备

个体防护装备

呼吸系统防护　可能接触其蒸气时，应该佩戴过滤式防毒面具（全面罩）。紧急事态抢救或撤离时，佩戴空气呼吸器

眼睛防护　呼吸系统防护中已作防护

皮肤和身体防护　穿隔绝式防毒服

手防护　戴防化学品手套

第九部分　理化特性

外观与性状　无色澄清重质液体，有醚的气味

pH 值　无资料　**熔点(℃)**　−108

沸点(℃)　69～73　**相对密度(水=1)**　1.95

相对蒸气密度(空气=1)　5.38

饱和蒸气压(kPa)　13.33（18.0℃）

燃烧热(kJ/mol)　−1490.6　**临界温度(℃)**　无资料

临界压力(MPa)　5.99　**辛醇/水分配系数**　2.0

闪点(℃)　>71　**自燃温度(℃)**　无资料

爆炸下限(%)　无资料　**爆炸上限(%)**　无资料

分解温度(℃)　无资料

黏度(mPa·s)　5.925（20℃）

溶解性　不溶于水，溶于乙醇、乙醚、烃等多数有机溶剂

第十部分　稳定性和反应性

稳定性　稳定

危险反应　与强氧化剂等禁配物接触，有发生火灾和爆炸的危险

避免接触的条件　受热、光照、接触空气

禁配物　强氧化剂、强碱

危险的分解产物　碘化氢

第十一部分　毒理学信息

急性毒性

LD_{50}　330mg/kg（大鼠经口）；560mg/kg（小鼠经口）

LC_{50}　65000mg/m^3（大鼠吸入，0.5h）

皮肤刺激或腐蚀　无资料　**眼睛刺激或腐蚀**　无资料

呼吸或皮肤过敏　无资料

生殖细胞突变性　大肠杆菌致突变性：20μmol/L；DNA损伤：1μmol/L

致癌性　无资料　**生殖毒性**　无资料

特异性靶器官系统毒性-一次接触　无资料

特异性靶器官系统毒性-反复接触　无资料

吸入危害　无资料

第十二部分　生态学信息

生态毒性　无资料

持久性和降解性

生物降解性　无资料

非生物降解性　无资料

潜在的生物累积性　根据 K_{ow} 值预测，该物质的生物累积性可能较弱

土壤中的迁移性　根据 K_{oc} 值预测，该物质可能有一定的迁移性

第十三部分　废弃处置

废弃化学品　建议用焚烧法处置。焚烧炉排出的卤化氢通过酸洗涤器除去

污染包装物　将容器返还生产商或按照国家和地方法规处置

废弃注意事项　处置前应参阅国家和地方有关法规

第十四部分　运输信息

联合国危险货物编号（UN 号）　1993

联合国运输名称　易燃液体，未另作规定（碘乙烷）

联合国危险性类别　3

包装类别　Ⅲ类包装　**包装标志**

海洋污染物　否

运输注意事项　运输前应先检查包装容器是否完整、密封，运输过程中要确保容器不泄漏、不倒塌、不坠落、不损坏。严禁与酸类、氧化剂、食品及食品添加剂混运。运输时运输车辆应配备相应品种和数量的消防器材及泄漏应急处理设备。运输途中应防曝晒、雨淋，防高温。公路运输时要按规定路线行驶

第十五部分　法规信息

下列法律、法规、规章和标准，对该化学品的管理作了相应的规定。

中华人民共和国职业病防治法　职业病分类和目录：未列入

危险化学品安全管理条例　危险化学品目录：列入。易制爆危险化学品名录：未列入。重点监管的危险化学品名录：未列入。GB 18218—2009《危险化学品重大危险源辨识》（表 1）：未列入

使用有毒物品作业场所劳动保护条例　高毒物品目录：未列入

易制毒化学品管理条例　易制毒化学品的分类和品种目录：未列入

国际公约　斯德哥尔摩公约：未列入。鹿特丹公约：未列入。蒙特利尔议定书：未列入

第十六部分　其他信息

编写和修订信息　**缩略语和首字母缩写**

培训建议　**参考文献**

免责声明

叠氮化钠

第一部分　化学品标识

化学品中文名　叠氮化钠；叠氮钠

化学品英文名　sodium azide；hydrazoic acid，sodium salt

分子式　NaN_3　**相对分子质量**　65.02

化学品的推荐及限制用途　用于制造炸药及用作分析试剂等

第二部分　危险性概述

紧急情况概述　吞咽致命

GHS 危险性类别　急性毒性-经口，类别 2；危害水生环境-急性危害，类别 1；危害水生环境-长期危害，类别 1

标签要素

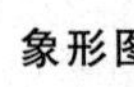
象形图 

警示词　危险

危险性说明　吞咽致命，对水生生物毒性非常大并具有长期持续影响

防范说明

预防措施　避免接触眼睛、皮肤，操作后彻底清洗。作业场所不得进食、饮水或吸烟。禁止排入环境

事故响应　食入：漱口。立即呼叫中毒控制中心或就医。收集泄漏物

安全储存　上锁保管

废弃处置　本品及内装物、容器依据国家和地方法规处置

物理和化学危险　不燃，受撞击、摩擦，遇明火或其他点火源极易爆炸

健康危害　本品和氰化物相似，对细胞色素氧化酶和其他酶有抑制作用，并能使体内氧合血红蛋白形成受阻，有显著的降压作用。对眼和皮肤有刺激性。急性中毒出现头晕、头痛、全身无力、血压下降、心动过缓和昏迷。本品在有机合成中可有叠氮酸气体逸出，吸入中毒出现眩晕、虚弱无力、视觉模糊、呼吸困难、昏厥感、血压降低、心动过缓等

环境危害　对水生生物毒性非常大并具有长期持续影响

第三部分　成分/组成信息

√物质		混合物
组分	**浓度**	**CAS No.**
叠氮（化）钠		26628-22-8

第四部分　急救措施

吸入　迅速脱离现场至空气新鲜处。保持呼吸道通畅。如呼吸困难，给输氧。如呼吸、心跳停止，立即进行心肺复苏术。就医

皮肤接触　立即脱去污染的衣着，用流动清水彻底冲洗。就医

眼睛接触　立即分开眼睑，用流动清水或生理盐水彻底冲洗。就医

食入　饮适量温水，催吐（仅限于清醒者）。就医

对保护施救者的忠告　根据需要使用个人防护设备

对医生的特别提示　对症处理

第五部分　消防措施

灭火剂　本品不燃。根据着火原因选择适当灭火剂灭火

特别危险性　与酸类剧烈反应产生爆炸性的叠氮酸。与重金属及其盐类形成十分敏感的化合物

灭火注意事项及防护措施　由于火场中可能发生容器爆破的情况，消防人员须在有防爆掩蔽处操作。尽可能将容器从火场移至空旷处。喷水保持火场容器冷却，直至灭火结束

第六部分　泄漏应急处理

作业人员防护措施、防护装备和应急处置程序　隔离泄漏污染区，限制出入。建议应急处理人员戴防尘口罩，穿防毒服，戴橡胶手套。穿上适当的防护服前严禁接触破裂的容器和泄漏物。尽可能切断泄漏源。用塑料布覆盖泄漏物，减少飞散。勿使水进入包装容器内

环境保护措施　无资料

泄漏化学品的收容、清除方法及所使用的处置材料　用洁净的铲子收集泄漏物，置于干净、干燥、盖子较松的容器中，将容器移离泄漏区

第七部分　操作处置与储存

操作注意事项　密闭操作，提供充分的局部排风。操作尽可能机械化、自动化。操作人员必须经过专门培训，严格遵守操作规程。建议操作人员佩戴头罩型电动送风过滤式防尘呼吸器，穿连衣式防毒衣，戴橡胶手套。避免产生粉尘。避免与氧化剂、酸类、活性金属粉末接触。搬运时要轻装轻卸，防止包装及容器损坏。禁止震动、撞击和摩擦。配备泄漏应急处理设备。倒空的容器可能残留有害物

储存注意事项　储存于阴凉、通风良好的专用库房内，实行“双人收发、双人保管”制度。远离火种、热源。库温不宜超过 30℃。包装密封。应与氧化剂、酸类、活性金属粉末、食用化学品分开存放，切忌混储。储区应备有合适的材料收容泄漏物

第八部分　接触控制/个体防护

职业接触限值

中国　MAC：0.3mg/m^3

美国(ACGIH)　TLV-C：0.29mg/m^3

生物接触限值　未制定标准

监测方法　空气中有毒物质测定方法：三氯化铁分光光度法。生物监测检验方法：未制定标准

工程控制　严加密闭，提供充分的局部排风。提供安全的淋浴和洗眼设备

个体防护装备

呼吸系统防护　可能接触其粉尘时，必须佩戴过滤式防尘呼吸器。紧急事态抢救或撤离时，佩戴空气呼吸器

眼睛防护　戴化学安全防护眼镜

皮肤和身体防护　穿连衣式防毒衣

手防护　戴橡胶手套

第九部分　理化特性

外观与性状　无色六角结晶性粉末

pH 值	无意义	**熔点(℃)**	275（分解）
沸点(℃)	无资料	**相对密度(水=1)**	1.85

相对蒸气密度(空气=1) 2.2
饱和蒸气压(kPa) 无资料
燃烧热(kJ/mol) 无资料 **临界温度(℃)** 无资料
临界压力(MPa) 无资料 **辛醇/水分配系数** 无资料
闪点(℃) 无意义 **自燃温度(℃)** 无意义
爆炸下限(%) 无资料 **爆炸上限(%)** 无资料
分解温度(℃) 275 **黏度(mPa·s)** 无资料
溶解性 溶于水、液氨，不溶于乙醚，微溶于乙醇

第十部分 稳定性和反应性

稳定性 不稳定
危险反应 与酸类剧烈反应产生爆炸性的叠氮酸。与重金属及其盐类反应形成十分敏感的化合物
避免接触的条件 受热、摩擦、震动、撞击
禁配物 酸类、酰基氯、活性金属粉末、强氧化剂
危险的分解产物 无资料

第十一部分 毒理学信息

急性毒性 LD_{50}：27mg/kg（大鼠经口）；27mg/kg（小鼠经口）；20mg/kg（大鼠经皮）；20mg/kg（兔经皮）
皮肤刺激或腐蚀 无资料 **眼睛刺激或腐蚀** 无资料
呼吸或皮肤过敏 无资料 **生殖细胞突变性** 无资料
致癌性 无资料 **生殖毒性** 无资料
特异性靶器官系统毒性-一次接触 无资料
特异性靶器官系统毒性-反复接触 无资料
吸入危害 无资料

第十二部分 生态学信息

生态毒性
LC_{50} 0.8～1.6mg/L（96h）（虹鳟鱼）；0.8mg/L（96h）（蓝鳃太阳鱼）
EC_{50} 8.4mg/L（96h）（低额蚤）；4.2mg/L（96h）（水蚤）
持久性和降解性
生物降解性 无资料
非生物降解性 无资料
潜在的生物累积性 无资料
土壤中的迁移性 无资料

第十三部分 废弃处置

废弃化学品 根据国家和地方有关法规的要求处置。或与制造商联系，确定处置方法
污染包装物 将容器返还生产商或按照国家和地方法规处置
废弃注意事项 把倒空的容器归还厂商或在规定场所掩埋。废弃处置人员必须接受过专门的爆炸性物质废弃处置培训

第十四部分 运输信息

联合国危险货物编号（UN号） 1687
联合国运输名称 叠氮化钠
联合国危险性类别 6.1
包装类别 Ⅱ类包装 **包装标志**

海洋污染物 否
运输注意事项 运输前应先检查包装容器是否完整、密封，运输过程中要确保容器不泄漏、不倒塌、不坠落、不损坏。严禁与酸类、氧化剂、食品及食品添加剂混运。运输时运输车辆应配备泄漏应急处理设备。运输途中应防曝晒、雨淋，防高温。公路运输时要按规定路线行驶，勿在居民区和人口稠密区停留

第十五部分 法规信息

下列法律、法规、规章和标准，对该化学品的管理作了相应的规定。
中华人民共和国职业病防治法 职业病分类和目录：未列入
危险化学品安全管理条例 危险化学品目录：列入。作为剧毒化学品进行管理。易制爆危险化学品名录：未列入。重点监管的危险化学品名录：未列入。GB 18218—2009《危险化学品重大危险源辨识》（表1）：未列入
使用有毒物品作业场所劳动保护条例 高毒物品目录：未列入
易制毒化学品管理条例 易制毒化学品的分类和品种目录：未列入
国际公约 斯德哥尔摩公约：未列入。鹿特丹公约：未列入。蒙特利尔议定书：未列入

第十六部分 其他信息

编写和修订信息 **缩略语和首字母缩写**
培训建议 **参考文献**
免责声明

丁 胺

第一部分 化学品标识

化学品中文名 丁胺；正丁胺；1-氨基丁烷
化学品英文名 *n*-butylamine；1-aminobutane
分子式 $C_4H_{11}N$ **相对分子质量** 73.16
结构式 $\diagup\!\diagdown\!\diagup\!\diagdown NH_2$
化学品的推荐及限制用途 用作乳化剂、药品、杀虫剂、橡胶品、染料制造的中间体及化学试剂

第二部分 危险性概述

紧急情况概述 高度易燃液体和蒸气，造成严重的皮肤灼伤和眼损伤
GHS危险性类别 易燃液体，类别2；急性毒性-经口，类别4；急性毒性-经皮，类别4；急性毒性-吸入，类别4；皮肤腐蚀/刺激，类别1A；严重眼损伤/眼刺激，类别1；特异性靶器官毒性-一次接触，类别3（呼吸道刺激）；危害水生环境-急性危害，类别3

标签要素

象形图

警示词 危险

危险性说明 高度易燃液体和蒸气，吞咽有害，皮肤接触有害，吸入有害，造成严重的皮肤灼伤和眼损伤，可能引起呼吸道刺激，对水生生物有害

防范说明

预防措施 远离热源、火花、明火、热表面。禁止吸烟。保持容器密闭。容器和接收设备接地连接。使用防爆电器、通风、照明设备。只能使用不产生火花的工具。采取防止静电措施。避免接触眼睛、皮肤，操作后彻底清洗。作业场所不得进食、饮水或吸烟。避免吸入蒸气、雾。仅在室外或通风良好处操作。戴防护手套，穿防护服，戴防护眼镜、防护面罩。禁止排入环境

事故响应 火灾时，使用抗溶性泡沫、二氧化碳、干粉、砂土灭火。如吸入：将患者转移到空气新鲜处，休息，保持利于呼吸的体位。皮肤接触：用大量肥皂水和水清洗。如感觉不适，呼叫中毒控制中心或就医。被污染的衣服须经洗净后方可重新使用。眼睛接触：用水细心地冲洗数分钟。如戴隐形眼镜并可方便地取出，则取出隐形眼镜继续冲洗。食入：漱口。不要催吐。如果感觉不适，立即呼叫中毒控制中心或就医

安全储存 存放在通风良好的地方。保持低温。上锁保管

废弃处置 本品及内装物、容器依据国家和地方法规处置

物理和化学危险 高度易燃，其蒸气与空气混合，能形成爆炸性混合物

健康危害 对呼吸道有强烈的刺激性，吸入后引起咳嗽、呼吸困难、胸痛、肺水肿、昏迷。对眼和皮肤有强烈刺激性甚至引起灼伤。口服刺激和腐蚀消化道

环境危害 对水生生物有害

第三部分 成分/组成信息

√物质		混合物
组分	**浓度**	**CAS No.**
正丁胺		109-73-9

第四部分 急救措施

吸入 迅速脱离现场至空气新鲜处。保持呼吸道通畅。如呼吸困难，给输氧。如呼吸、心跳停止，立即进行心肺复苏术。就医

皮肤接触 立即脱去污染的衣着，用大量流动清水彻底冲洗至少15min。就医

眼睛接触 立即分开眼睑，用流动清水或生理盐水彻底冲洗至少15min。就医

食入 用水漱口，禁止催吐。给饮牛奶或蛋清。就医

对保护施救者的忠告 根据需要使用个人防护设备

对医生的特别提示 对症处理

第五部分 消防措施

灭火剂 用抗溶性泡沫、二氧化碳、干粉、砂土灭火

特别危险性 蒸气比空气重，沿地面扩散并易积存于低洼处，遇火源会着火回燃。具有腐蚀性。燃烧生成有害的一氧化碳、氮氧化物

灭火注意事项及防护措施 消防人员必须佩戴空气呼吸器、穿全身防火防毒服，在上风向灭火。喷水冷却容器，尽可能将容器从火场移至空旷处。容器突然发出异常声音或出现异常现象，应立即撤离

第六部分 泄漏应急处理

作业人员防护措施、防护装备和应急处置程序 消除所有点火源。根据液体流动和蒸气扩散的影响区域划定警戒区，无关人员从侧风、上风向撤离至安全区。建议应急处理人员戴正压自给式呼吸器，穿防静电、防腐蚀、防毒服，戴橡胶耐油手套。作业时使用的所有设备应接地。禁止接触或跨越泄漏物。尽可能切断泄漏源

环境保护措施 防止泄漏物进入水体、下水道、地下室或有限空间

泄漏化学品的收容、清除方法及所使用的处置材料 小量泄漏：用砂土或其他不燃材料吸收，使用洁净的无火花工具收集吸收材料。大量泄漏：构筑围堤或挖坑收容，用砂土、惰性物质和蛭石吸收大量液体。用抗溶性泡沫覆盖，减少蒸发。用硫酸氢钠（$NaHSO_4$）中和。喷水雾能减少蒸发，但不能降低泄漏物在有限空间内的易燃性。用防爆、耐腐蚀泵转移至槽车或专用收集器内。喷雾状水驱散蒸气、稀释液体泄漏物

第七部分 操作处置与储存

操作注意事项 密闭操作，加强通风。操作人员必须经过专门培训，严格遵守操作规程。建议操作人员佩戴导管式防毒面具，穿胶布防毒衣，戴橡胶耐油手套。远离火种、热源。工作场所严禁吸烟。使用防爆型的通风系统和设备。防止蒸气泄漏到工作场所空气中。避免与氧化剂、酸类、铝接触。充装要控制流速，防止静电积聚。搬运时要轻装轻卸，防止包装及容器损坏。配备相应品种和数量的消防器材及泄漏应急处理设备。倒空的容器可能残留有害物

储存注意事项 储存于阴凉、通风的库房。远离火种、热源。库温不宜超过37℃。保持容器密封。应与氧化剂、酸类、铝分开存放，切忌混储。采用防爆型照明、通风设施。禁止使用易产生火花的机械设备和工具。储区应备有泄漏应急处理设备和合适的收容材料

第八部分 接触控制/个体防护

职业接触限值

中国 MAC：$15mg/m^3$［皮］

美国(ACGIH) TLV-C：5ppm［皮］

生物接触限值 未制定标准

监测方法 空气中有毒物质测定方法：溶剂解吸-气相色

谱法。生物监测检验方法：未制定标准

工程控制 生产过程密闭，加强通风。提供安全淋浴和洗眼设备

个体防护装备

呼吸系统防护 可能接触其蒸气时，佩戴过滤式防毒面具（全面罩）。紧急事态抢救或撤离时，应该佩戴空气呼吸器

眼睛防护 呼吸系统防护中已作防护

皮肤和身体防护 穿隔绝式防毒服

手防护 戴橡胶耐油手套

第九部分 理化特性

外观与性状 无色透明液体，有氨的气味

pH 值 无资料 **熔点(℃)** −50

沸点(℃) 78 **相对密度(水=1)** 0.74

相对蒸气密度(空气=1) 2.52

饱和蒸气压(kPa) 10.9（20℃）

燃烧热(kJ/mol) −3018.4 **临界温度(℃)** 251

临界压力(MPa) 4.16 **辛醇/水分配系数** 0.97

闪点(℃) −12（CC） **自燃温度(℃)** 310

爆炸下限(%) 1.7 **爆炸上限(%)** 9.8

分解温度(℃) 无资料

黏度(mPa·s) 0.574（25℃）

溶解性 与水混溶，可混溶于乙醇、乙醚

第十部分 稳定性和反应性

稳定性 稳定

危险反应 与强氧化剂等禁配物接触，有发生火灾和爆炸的危险

避免接触的条件 无资料

禁配物 强氧化剂、酸类、铝

危险的分解产物 无资料

第十一部分 毒理学信息

急性毒性

LD_{50} 366mg/kg（大鼠经口）；430mg/kg（小鼠经口）；629mg/kg（兔经皮）

LC_{50} 800mg/m³（小鼠吸入，2h）

皮肤刺激或腐蚀 家兔经皮：500mg，重度刺激（开放性刺激试验）

眼睛刺激或腐蚀 家兔经眼：250mg（24h），重度刺激

呼吸或皮肤过敏 无资料 **生殖细胞突变性** 无资料

致癌性 无资料 **生殖毒性** 无资料

特异性靶器官系统毒性-一次接触 无资料

特异性靶器官系统毒性-反复接触 无资料

吸入危害 无资料

第十二部分 生态学信息

生态毒性

LC_{50} 24～32mg/L（96h）（鱼）；30～70ppm（24h）（水蚤，静态）

EC_{50} 43mg/L（24h）（水蚤）

持久性和降解性

生物降解性 使用一般活性污泥处理，5d、10d、15d、50d 内的去除率分别为 26.5%、48.8%、50%、52.3%；使用适应苯胺环境的活性污泥处理，6d、12d 内的去除率分别为 50%、67%

非生物降解性 空气中，当羟基自由基浓度为5.00×10^5个/cm³时，降解半衰期为 11h（理论）

潜在的生物累积性 根据 K_{ow} 值预测，该物质的生物累积性可能较弱

土壤中的迁移性 根据 K_{oc} 值预测，该物质可能易发生迁移

第十三部分 废弃处置

废弃化学品 建议用焚烧法处置。焚烧炉排出的氮氧化物通过洗涤器除去

污染包装物 将容器返还生产商或按照国家和地方法规处置

废弃注意事项 处置前应参阅国家和地方有关法规

第十四部分 运输信息

联合国危险货物编号（UN 号） 1125

联合国运输名称 正丁胺

联合国危险性类别 3，8

包装类别 Ⅱ类包装

包装标志

海洋污染物 否

运输注意事项 运输时运输车辆应配备相应品种和数量的消防器材及泄漏应急处理设备。夏季最好早晚运输。运输时所用的槽（罐）车应有接地链，槽内可设孔隔板以减少震荡产生的静电。严禁与氧化剂、酸类、铝、食用化学品等混装混运。运输途中应防曝晒、雨淋，防高温。中途停留时应远离火种、热源、高温区。装运该物品的车辆排气管必须配备阻火装置，禁止使用易产生火花的机械设备和工具装卸。公路运输时要按规定路线行驶，勿在居民区和人口稠密区停留。铁路运输时要禁止溜放。严禁用木船、水泥船散装运输

第十五部分 法规信息

下列法律、法规、规章和标准，对该化学品的管理作了相应的规定。

中华人民共和国职业病防治法 职业病分类和目录：未列入

危险化学品安全管理条例 危险化学品目录：列入。易制爆危险化学品名录：未列入。重点监管的危险化学品名录：未列入。GB 18218—2009《危险化学品重大危险源辨识》（表 1）：未列入

使用有毒物品作业场所劳动保护条例 高毒物品目录：未列入

易制毒化学品管理条例 易制毒化学品的分类和品种目录：未列入

国际公约 斯德哥尔摩公约：未列入。鹿特丹公约：未列

入。蒙特利尔议定书：未列入

第十六部分　其他信息

编写和修订信息　　**缩略语和首字母缩写**

培训建议　　**参考文献**

免责声明

丁　苯

第一部分　化学品标识

化学品中文名　正丁基苯；丁基苯；正丁苯

化学品英文名　*n*-butylbenzene；1-phenylbutane

分子式　$C_{10}H_{14}$　　**相对分子质量**　134.24

结构式 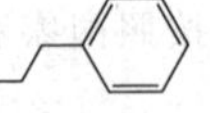

化学品的推荐及限制用途　用作溶剂及有机合成

第二部分　危险性概述

紧急情况概述　易燃液体和蒸气

GHS 危险性类别　易燃液体，类别 3；危害水生环境-急性危害，类别 1；危害水生环境-长期危害，类别 1

标签要素

象形图 

警示词　警告

危险性说明　易燃液体和蒸气，对水生生物毒性非常大并具有长期持续影响

防范说明

预防措施　远离热源、火花、明火、热表面。禁止吸烟。保持容器密闭。容器和接收设备接地连接。使用防爆电器、通风、照明设备。只能使用不产生火花的工具。采取防止静电措施。戴防护手套、防护眼镜、防护面罩。禁止排入环境

事故响应　火灾时，使用泡沫、二氧化碳、干粉、砂土灭火。如皮肤（或头发）接触：立即脱掉所有被污染的衣服。用水冲洗皮肤，淋浴。收集泄漏物

安全储存　存放在通风良好的地方。保持低温

废弃处置　本品及内装物、容器依据国家和地方法规处置

物理和化学危险　易燃，其蒸气与空气混合，能形成爆炸性混合物

健康危害　动物实验表明本品具有神经毒作用，可因血管损伤而致脊髓出血。大鼠经口摄入 0.075ml 本品后，造成不可逆的前肢麻痹。具有刺激性

环境危害　对水生生物毒性非常大并具有长期持续影响

第三部分　成分/组成信息

√物质		混合物
组分	浓度	CAS No.
丁苯		104-51-8

第四部分　急救措施

吸入　迅速脱离现场至空气新鲜处。保持呼吸道通畅。如呼吸困难，给输氧。如呼吸、心跳停止，立即进行心肺复苏术。就医

皮肤接触　立即脱去污染的衣着，用流动清水彻底冲洗。就医

眼睛接触　立即分开眼睑，用流动清水或生理盐水彻底冲洗。就医

食入　漱口，饮水。就医

对保护施救者的忠告　根据需要使用个人防护设备

对医生的特别提示　对症处理

第五部分　消防措施

灭火剂　用泡沫、二氧化碳、干粉、砂土灭火

特别危险性　遇高热、明火及强氧化剂易引起燃烧。燃烧生成有害的一氧化碳

灭火注意事项及防护措施　消防人员必须佩戴空气呼吸器、穿全身防火防毒服，在上风向灭火。喷水冷却容器，尽可能将容器从火场移至空旷处。容器突然发出异常声音或出现异常现象，应立即撤离

第六部分　泄漏应急处理

作业人员防护措施、防护装备和应急处置程序　消除所有点火源。根据液体流动和蒸气扩散的影响区域划定警戒区，无关人员从侧风、上风向撤离至安全区。建议应急处理人员戴正压自给式呼吸器，穿防静电服，戴橡胶耐油手套。作业时使用的所有设备应接地。禁止接触或跨越泄漏物。尽可能切断泄漏源

环境保护措施　防止泄漏物进入水体、下水道、地下室或有限空间

泄漏化学品的收容、清除方法及所使用的处置材料　小量泄漏：用砂土或其他不燃材料吸收，使用洁净的无火花工具收集吸收材料。大量泄漏：构筑围堤或挖坑收容。用泡沫覆盖，减少蒸发。喷水雾能减少蒸发，但不能降低泄漏物在有限空间内的易燃性。用防爆泵转移至槽车或专用收集器内

第七部分　操作处置与储存

操作注意事项　密闭操作，加强通风。操作人员必须经过专门培训，严格遵守操作规程。建议操作人员佩戴过滤式防毒面具（半面罩），戴安全防护眼镜，穿防毒物渗透工作服，戴橡胶耐油手套。远离火种、热源。工作场所严禁吸烟。使用防爆型的通风系统和设备。防止蒸气泄漏到工作场所空气中。避免与氧化剂接触。灌装时应控制流速，且有接地装置，防止静电积聚。搬运时要轻装轻卸，防止包装及容器损坏。配备相应品种和数量的消防器材及泄漏应急处理设备。倒空的容器可能残留有害物

储存注意事项　储存于阴凉、通风的库房。库温不宜超过 37℃。远离火种、热源。保持容器密封。应与氧化剂分开存放，切忌混储。采用防爆型照明、通风设施。禁止使用易产生火花的机械设备和工具。储区应备有

泄漏应急处理设备和合适的收容材料

第八部分 接触控制/个体防护

职业接触限值

中国 未制定标准

美国(ACGIH) 未制定标准

生物接触限值 未制定标准

监测方法 空气中有毒物质测定方法：未制定标准。生物监测检验方法：未制定标准

工程控制 生产过程密闭，加强通风

个体防护装备

呼吸系统防护 空气中浓度超标时，佩戴过滤式防毒面具（半面罩）。紧急事态抢救或撤离时，建议佩戴空气呼吸器

眼睛防护 戴安全防护眼镜

皮肤和身体防护 穿防毒物渗透工作服

手防护 戴橡胶耐油手套

第九部分 理化特性

外观与性状 无色透明液体

pH 值 无资料 **熔点(℃)** −87.9

沸点(℃) 183.3 **相对密度(水=1)** 0.86

相对蒸气密度(空气=1) 4.6

饱和蒸气压(kPa) 0.14（25℃）

燃烧热(kJ/mol) −5872.5 **临界温度(℃)** 446.85

临界压力(MPa) 3.65 **辛醇/水分配系数** 4.38

闪点(℃) 59.4（CC）；71（OC）

自燃温度(℃) 410 **爆炸下限(%)** 0.8

爆炸上限(%) 5.8 **分解温度(℃)** 无资料

黏度(mPa·s) 0.95（25℃）

溶解性 不溶于水，溶于乙醇等多数有机溶剂

第十部分 稳定性和反应性

稳定性 稳定

危险反应 与强氧化剂等禁配物接触，有发生火灾和爆炸的危险

避免接触的条件 无资料

禁配物 强氧化剂、酸类、卤素等

危险的分解产物 无资料

第十一部分 毒理学信息

急性毒性 LD_{50}：2240mg/kg（大鼠经口）；1995mg/kg（小鼠皮下）

皮肤刺激或腐蚀 无资料 **眼睛刺激或腐蚀** 无资料

呼吸或皮肤过敏 无资料 **生殖细胞突变性** 无资料

致癌性 无资料 **生殖毒性** 无资料

特异性靶器官系统毒性-一次接触 无资料

特异性靶器官系统毒性-反复接触 无资料

吸入危害 无资料

第十二部分 生态学信息

生态毒性 EC_{50}：0.55mg/L（24h），0.34mg/L（48h）（水蚤）

持久性和降解性

生物降解性 无资料

非生物降解性 空气中，当羟基自由基浓度为5.00×10^5个/cm^3时，降解半衰期为1.8d

潜在的生物累积性 根据 K_{ow}值预测，该物质可能有较高的生物累积性

土壤中的迁移性 根据 K_{oc}值预测，该物质的迁移性可能较弱

第十三部分 废弃处置

废弃化学品 建议用焚烧法处置

污染包装物 将容器返还生产商或按照国家和地方法规处置

废弃注意事项 处置前应参阅国家和地方有关法规

第十四部分 运输信息

联合国危险货物编号(UN号) 2709

联合国运输名称 丁基苯 **联合国危险性类别** 3

包装类别 Ⅲ类包装 **包装标志**

海洋污染物 是

运输注意事项 运输时运输车辆应配备相应品种和数量的消防器材及泄漏应急处理设备。夏季最好早晚运输。运输时所用的槽（罐）车应有接地链，槽内可设孔隔板以减少震荡产生的静电。严禁与氧化剂、食用化学品等混装混运。运输途中应防曝晒、雨淋，防高温。中途停留时应远离火种、热源、高温区。装运该物品的车辆排气管必须配备阻火装置，禁止使用易产生火花的机械设备和工具装卸。公路运输时要按规定路线行驶，勿在居民区和人口稠密区停留。铁路运输时要禁止溜放。严禁用木船、水泥船散装运输

第十五部分 法规信息

下列法律、法规、规章和标准，对该化学品的管理作了相应的规定。

中华人民共和国职业病防治法 职业病分类和目录：未列入

危险化学品安全管理条例 危险化学品目录：列入。易制爆危险化学品名录：未列入。重点监管的危险化学品名录：未列入。GB 18218—2009《危险化学品重大危险源辨识》(表1)：未列入

使用有毒物品作业场所劳动保护条例 高毒物品目录：未列入

易制毒化学品管理条例 易制毒化学品的分类和品种目录：未列入

国际公约 斯德哥尔摩公约：未列入。鹿特丹公约：未列入。蒙特利尔议定书：未列入

第十六部分 其他信息

编写和修订信息 **缩略语和首字母缩写**

培训建议 **参考文献**

免责声明

2-丁醇

第一部分 化学品标识

化学品中文名 2-丁醇；仲丁醇

化学品英文名 2-butyl alcohol；*sec*-butyl alcohol

分子式 $C_4H_{10}O$ **相对分子质量** 74.14

结构式 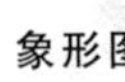

化学品的推荐及限制用途 用于制造甲乙酮，用作合成香精、染料等的原料，也用作溶剂

第二部分 危险性概述

紧急情况概述 易燃液体和蒸气，可能引起昏昏欲睡或眩晕

GHS 危险性类别 易燃液体，类别 3；严重眼损伤/眼刺激，类别 2；特异性靶器官毒性-一次接触，类别 3（呼吸道刺激、麻醉效应）

标签要素

象形图 

警示词 警告

危险性说明 易燃液体和蒸气，造成严重眼刺激，可能引起呼吸道刺激，可能引起昏昏欲睡或眩晕

防范说明

预防措施 远离热源、火花、明火、热表面。禁止吸烟。保持容器密闭。容器和接收设备接地连接。使用防爆电器、通风、照明设备。只能使用不产生火花的工具。采取防止静电措施。戴防护手套、防护眼镜、防护面罩。避免接触眼睛、皮肤，操作后彻底清洗

事故响应 火灾时，使用抗溶性泡沫、干粉、二氧化碳、雾状水、1211 灭火剂、砂土灭火。如皮肤（或头发）接触：立即脱掉所有被污染的衣服，用水冲洗皮肤，淋浴。如接触眼睛：用水细心冲洗数分钟。如戴隐形眼镜并可方便地取出，取出隐形眼镜继续冲洗。如果眼睛刺激持续：就医

安全储存 存放在通风良好的地方。保持低温

废弃处置 本品及内装物、容器依据国家和地方法规处置

物理和化学危险 易燃，其蒸气与空气混合，能形成爆炸性混合物

健康危害 本品具有刺激和麻醉作用。大量吸入对眼、鼻、喉有刺激作用，并出现头痛、眩晕、倦怠、恶心、嗜睡等症状。皮肤接触后，局部轻度充血和红斑

环境危害 对环境可能有害

第三部分 成分/组成信息

√物质		混合物
组分	**浓度**	**CAS No.**
2-丁醇		78-92-2

第四部分 急救措施

吸入 迅速脱离现场至空气新鲜处。保持呼吸道通畅。如呼吸困难，给输氧。如呼吸、心跳停止，立即进行心肺复苏术。就医

皮肤接触 立即脱去污染的衣着，用流动清水彻底冲洗。就医

眼睛接触 立即分开眼睑，用流动清水或生理盐水彻底冲洗。就医

食入 漱口，饮水。就医

对保护施救者的忠告 根据需要使用个人防护设备

对医生的特别提示 对症处理

第五部分 消防措施

灭火剂 用抗溶性泡沫、干粉、二氧化碳、雾状水、1211 灭火剂、砂土灭火

特别危险性 受热分解放出有毒气体。与氧化剂能发生强烈反应。在火场中，受热的容器有爆炸危险。燃烧生成有害的一氧化碳

灭火注意事项及防护措施 消防人员须佩戴防毒面具、穿全身消防服，在上风向灭火。尽可能将容器从火场移至空旷处。喷水保持火场容器冷却，直至灭火结束。容器突然发出异常声音或出现异常现象，应立即撤离

第六部分 泄漏应急处理

作业人员防护措施、防护装备和应急处置程序 消除所有点火源。根据液体流动和蒸气扩散的影响区域划定警戒区，无关人员从侧风、上风向撤离至安全区。建议应急处理人员戴正压自给式呼吸器，穿防静电服。作业时使用的所有设备应接地。禁止接触或跨越泄漏物。尽可能切断泄漏源

环境保护措施 防止泄漏物进入水体、下水道、地下室或有限空间

泄漏化学品的收容、清除方法及所使用的处置材料 小量泄漏：用砂土或其他不燃材料吸收，使用洁净的无火花工具收集吸收材料。大量泄漏：构筑围堤或挖坑收容。用抗溶性泡沫覆盖，减少蒸发。喷水雾能减少蒸发，但不能降低泄漏物在有限空间内的易燃性。用防爆泵转移至槽车或专用收集器内

第七部分 操作处置与储存

操作注意事项 密闭操作，全面通风。操作人员必须经过专门培训，严格遵守操作规程。建议操作人员佩戴自吸过滤式防毒面具（半面罩），戴安全防护眼镜，穿防静电工作服。远离火种、热源。工作场所严禁吸烟。使用防爆型的通风系统和设备。防止蒸气泄漏到工作场所空气中。避免与氧化剂、酸类、卤素接触。充装要控制流速，防止静电积聚。搬运时要轻装轻卸，防止包装及容器损坏。配备相应品种和数量的消防器材及泄漏应急处理设备。倒空的容器可能残留有害物

储存注意事项 储存于阴凉、通风的库房。远离火种、热源。库温不宜超过 37℃。保持容器密封。应与氧化

剂、酸类、卤素等分开存放，切忌混储。采用防爆型照明、通风设施。禁止使用易产生火花的机械设备和工具。储区应备有泄漏应急处理设备和合适的收容材料

第八部分　接触控制/个体防护

职业接触限值

中国　未制定标准

美国(ACGIH)　TLV-TWA：100ppm

生物接触限值　未制定标准

监测方法　空气中有毒物质测定方法：溶剂解吸-气相色谱法。生物监测检验方法：未制定标准

工程控制　生产过程密闭，全面通风。提供安全淋浴和洗眼设备

个体防护装备

呼吸系统防护　一般不需要特殊防护，高浓度接触时可佩戴过滤式防毒面具（半面罩）

眼睛防护　戴安全防护眼镜

皮肤和身体防护　穿防静电工作服

手防护　戴一般作业防护手套

第九部分　理化特性

外观与性状　无色透明液体，有类似葡萄酒的气味

pH值　无资料　**熔点(℃)**　−114.7

沸点(℃)　99.5　**相对密度(水＝1)**　0.81

相对蒸气密度(空气＝1)　2.6

饱和蒸气压(kPa)　1.6（20℃）

燃烧热(kJ/mol)　−2668.3　**临界温度(℃)**　263

临界压力(MPa)　4.202　**辛醇/水分配系数**　0.61

闪点(℃)　24（CC）　**自燃温度(℃)**　406

爆炸下限(%)　1.7　**爆炸上限(%)**　9.8

分解温度(℃)　无资料

黏度(mPa·s)　4.21（15℃）

溶解性　溶于水，混溶于乙醇、乙醚、芳烃

第十部分　稳定性和反应性

稳定性　稳定

危险反应　与强氧化剂等禁配物接触，有发生火灾和爆炸的危险

避免接触的条件　无资料

禁配物　酸类、酰基氯、酸酐、强氧化剂、卤素

危险的分解产物　无资料

第十一部分　毒理学信息

急性毒性　LD_{50}：2193mg/kg（大鼠经口）；4893mg/kg（兔经口）；＞2000mg/kg（大鼠经皮）

皮肤刺激或腐蚀　家兔经皮：500mg（24h），轻度刺激

眼睛刺激或腐蚀　家兔经眼：100mg（24h），中度刺激

呼吸或皮肤过敏　无资料　**生殖细胞突变性**　无资料

致癌性　无资料

生殖毒性　大鼠吸入最低中毒浓度（TCLo）：5000ppm/7h（孕1～19d），致胚胎毒性

特异性靶器官系统毒性-一次接触　无资料

特异性靶器官系统毒性-反复接触　无资料

吸入危害　无资料

第十二部分　生态学信息

生态毒性

LD_{50}　4300mg/L（24h）（金鱼）

IC_{50}　312mg/L（72h）（藻类）

持久性和降解性

生物降解性　易快速生物降解

非生物降解性　水中光氧化半衰期（h）：3100～1.00×10^6；空气中光氧化半衰期（h）：7.2～72

潜在的生物累积性　根据K_{ow}值预测，该物质的生物累积性可能较弱

土壤中的迁移性　根据K_{oc}值预测，该物质可能易发生迁移

第十三部分　废弃处置

废弃化学品　建议用焚烧法处置

污染包装物　将容器返还生产商或按照国家和地方法规处置

废弃注意事项　处置前应参阅国家和地方有关法规

第十四部分　运输信息

联合国危险货物编号（UN号）　1120

联合国运输名称　丁醇　**联合国危险性类别**　3

包装类别　Ⅲ类包装　**包装标志**

海洋污染物　否

运输注意事项　运输时运输车辆应配备相应品种和数量的消防器材及泄漏应急处理设备。夏季最好早晚运输。运输时所用的槽（罐）车应有接地链，槽内可设孔隔板以减少震荡产生的静电。严禁与氧化剂、酸类、卤素、食用化学品等混装混运。运输途中应防曝晒、雨淋，防高温。中途停留时应远离火种、热源、高温区。装运该物品的车辆排气管必须配备阻火装置，禁止使用易产生火花的机械设备和工具装卸。公路运输时要按规定路线行驶，勿在居民区和人口稠密区停留。铁路运输时要禁止溜放。严禁用木船、水泥船散装运输

第十五部分　法规信息

下列法律、法规、规章和标准，对该化学品的管理作了相应的规定。

中华人民共和国职业病防治法　职业病分类和目录：未列入

危险化学品安全管理条例　危险化学品目录：列入。易制爆危险化学品名录：未列入。重点监管的危险化学品名录：未列入。GB 18218—2009《危险化学品重大危险源辨识》（表1）：未列入

使用有毒物品作业场所劳动保护条例　高毒物品目录：未列入

易制毒化学品管理条例 易制毒化学品的分类和品种目录：未列入

国际公约 斯德哥尔摩公约：未列入。鹿特丹公约：未列入。蒙特利尔议定书：未列入

第十六部分 其他信息

编写和修订信息 **缩略语和首字母缩写**

培训建议 **参考文献**

免责声明

丁 醇

第一部分 化学品标识

化学品中文名 丁醇；正丁醇

化学品英文名 *n*-butyl alcohol；1-butanol

分子式 $C_4H_{10}O$ **相对分子质量** 74.14

结构式 OH

化学品的推荐及限制用途 用于制取酯类、塑料增塑剂、医药、喷漆，以及用作溶剂

第二部分 危险性概述

紧急情况概述 易燃液体和蒸气，造成严重眼损伤，可能引起昏昏欲睡或眩晕

GHS 危险性类别 易燃液体，类别 3；急性毒性-经口，类别 4；皮肤腐蚀/刺激，类别 2；严重眼损伤/眼刺激，类别 1；特异性靶器官毒性-一次接触，类别 3（呼吸道刺激、麻醉效应）

标签要素

象形图

警示词 危险

危险性说明 易燃液体和蒸气，吞咽有害，造成皮肤刺激，造成严重眼损伤，可能引起呼吸道刺激，可能引起昏昏欲睡或眩晕

防范说明

预防措施 远离热源、火花、明火、热表面。禁止吸烟。保持容器密闭。容器和接收设备接地连接。使用防爆电器、通风、照明设备。只能使用不产生火花的工具。采取防止静电措施。戴防护手套、防护眼镜、防护面罩。避免接触眼睛、皮肤，操作后彻底清洗。作业场所不得进食、饮水或吸烟

事故响应 火灾时，使用泡沫、干粉、二氧化碳、雾状水、1211 灭火剂、砂土灭火。皮肤接触：用大量肥皂水和水清洗。如发生皮肤刺激，就医。脱去被污染的衣服，洗净后方可重新使用。接触眼睛：用水细心冲洗数分钟。如戴隐形眼镜并可方便地取出，取出隐形眼镜继续冲洗。食入：漱口。如果感觉不适，立即呼叫中毒控制中心或就医。立即呼叫中毒控制中心或就医

安全储存 存放在通风良好的地方。保持低温

废弃处置 本品及内装物、容器依据国家和地方法规处置

物理和化学危险 易燃，其蒸气与空气混合，能形成爆炸性混合物

健康危害 本品具有刺激和麻醉作用。主要症状为眼、鼻、喉部刺激，头痛、头晕、嗜睡、共济失调、精神错乱、谵妄、昏迷。液体对眼和皮肤有刺激性

环境危害 对环境可能有害

第三部分 成分/组成信息

√物质		混合物
组分	**浓度**	**CAS No.**
丁醇		71-36-3

第四部分 急救措施

吸入 迅速脱离现场至空气新鲜处。保持呼吸道通畅。如呼吸困难，给输氧。如呼吸、心跳停止，立即进行心肺复苏术。就医

皮肤接触 立即脱去污染的衣着，用流动清水彻底冲洗。就医

眼睛接触 立即分开眼睑，用流动清水或生理盐水彻底冲洗至少 15min。就医

食入 漱口，饮水。就医

对保护施救者的忠告 根据需要使用个人防护设备

对医生的特别提示 对症处理

第五部分 消防措施

灭火剂 用泡沫、干粉、二氧化碳、雾状水、1211 灭火剂、砂土灭火

特别危险性 易燃，其蒸气与空气可形成爆炸性混合物，遇明火、高热能引起燃烧爆炸。与氧化剂接触猛烈反应。在火场中，受热的容器有爆炸危险。燃烧生成有害的一氧化碳

灭火注意事项及防护措施 消防人员须佩戴防毒面具、穿全身消防服，在上风向灭火。尽可能将容器从火场移至空旷处。喷水保持火场容器冷却，直至灭火结束。容器突然发出异常声音或出现异常现象，应立即撤离

第六部分 泄漏应急处理

作业人员防护措施、防护装备和应急处置程序 消除所有点火源。根据液体流动和蒸气扩散的影响区域划定警戒区，无关人员从侧风、上风向撤离至安全区。建议应急处理人员戴正压自给式呼吸器，穿防静电服。作业时使用的所有设备应接地。禁止接触或跨越泄漏物。尽可能切断泄漏源

环境保护措施 防止泄漏物进入水体、下水道、地下室或有限空间

泄漏化学品的收容、清除方法及所使用的处置材料 小量泄漏：用砂土或其他不燃材料吸收，使用洁净的无火花工具收集吸收材料。大量泄漏：构筑围堤或挖坑收容。用砂土、惰性物质和蛭石吸收大量液体。用抗溶性泡沫覆盖，减少蒸发。喷水雾能减少蒸发，但不能降低泄漏物在有限空间内的易燃性。用防爆泵转移至

槽车或专用收集器内

第七部分 操作处置与储存

操作注意事项 密闭操作，全面通风。操作人员必须经过专门培训，严格遵守操作规程。建议操作人员佩戴自吸过滤式防毒面具（半面罩），戴安全防护眼镜，穿防静电工作服。远离火种、热源。工作场所严禁吸烟。使用防爆型的通风系统和设备。防止蒸气泄漏到工作场所空气中。避免与氧化剂、酸类接触。充装要控制流速，防止静电积聚。搬运时要轻装轻卸，防止包装及容器损坏。配备相应品种和数量的消防器材及泄漏应急处理设备。倒空的容器可能残留有害物

储存注意事项 储存于阴凉、通风的库房。远离火种、热源。库温不宜超过37℃。保持容器密封。应与氧化剂、酸类等分开存放，切忌混储。采用防爆型照明、通风设施。禁止使用易产生火花的机械设备和工具。储区应备有泄漏应急处理设备和合适的收容材料

第八部分 接触控制/个体防护

职业接触限值

中国 PC-TWA：100mg/m^3

美国(ACGIH) TLV-TWA：20ppm

生物接触限值 未制定标准

监测方法 空气中有毒物质测定方法：溶剂解吸-气相色谱法。生物监测检验方法：未制定标准

工程控制 生产过程密闭，全面通风。提供安全淋浴和洗眼设备

个体防护装备

呼吸系统防护 一般不需要特殊防护，高浓度接触时可佩戴过滤式防毒面具（半面罩）

眼睛防护 戴安全防护眼镜

皮肤和身体防护 穿防静电工作服

手防护 戴一般作业防护手套

第九部分 理化特性

外观与性状 无色透明液体，具有特殊气味

pH值 无资料 **熔点(℃)** −89.8

沸点(℃) 117.7 **相对密度(水=1)** 0.81

相对蒸气密度(空气=1) 2.55

饱和蒸气压(kPa) 0.73（20℃）

燃烧热(kJ/mol) −2673.2 **临界温度(℃)** 289.85

临界压力(MPa) 4.414 **辛醇/水分配系数** 0.88

闪点(℃) 29 **自燃温度(℃)** 355～365

爆炸下限(%) 1.4 **爆炸上限(%)** 11.3

分解温度(℃) 无资料

黏度(mPa·s) 2.544（25℃）

溶解性 微溶于水，溶于乙醇、乙醚等多数有机溶剂

第十部分 稳定性和反应性

稳定性 稳定

危险反应 与强氧化剂等禁配物接触，有发生火灾和爆炸的危险

避免接触的条件 无资料

禁配物 强酸、酰基氯、酸酐、强氧化剂

危险的分解产物 无资料

第十一部分 毒理学信息

急性毒性

LD_{50} 790mg/kg（大鼠经口）；100mg/kg（小鼠经口）；3484mg/kg（兔经口）；3400mg/kg（兔经皮）

LC_{50} 8000ppm（大鼠吸入，4h）

皮肤刺激或腐蚀 家兔经皮：405mg（24h），中度刺激

眼睛刺激或腐蚀 家兔经眼：2mg，重度刺激

呼吸或皮肤过敏 无资料 **生殖细胞突变性** 无资料

致癌性 无资料 **生殖毒性** 无资料

特异性靶器官系统毒性-一次接触 无资料

特异性靶器官系统毒性-反复接触 大鼠、小鼠吸入0.8mg/m^3，每周24h，4个月，肝肾功能异常

吸入危害 无资料

第十二部分 生态学信息

生态毒性

LC_{50} 1910～1950mg/L（96h）（黑头呆鱼）

EC_{50} 2337mg/L（24h），1983mg/L（48h）（水蚤）

IC_{50} 650mg/L（72h）（藻类）

持久性和降解性

生物降解性 易快速生物降解

非生物降解性 水中光氧化半衰期（h）：2602～1.04×10^5；空气中光氧化半衰期（h）：8.8～87.7

潜在的生物累积性 根据K_{ow}值预测，该物质的生物累积性可能较弱

土壤中的迁移性 根据K_{oc}值预测，该物质可能易发生迁移

第十三部分 废弃处置

废弃化学品 用焚烧法处置

污染包装物 将容器返还生产商或按照国家和地方法规处置

废弃注意事项 处置前应参阅国家和地方有关法规

第十四部分 运输信息

联合国危险货物编号（UN号） 1120

联合国运输名称 丁醇

联合国危险性类别 3

包装类别 Ⅲ类包装 **包装标志**

海洋污染物 否

运输注意事项 运输时运输车辆应配备相应品种和数量的消防器材及泄漏应急处理设备。夏季最好早晚运输。运输时所用的槽（罐）车应有接地链，槽内可设孔隔板以减少震荡产生的静电。严禁与氧化剂、酸类、食用化学品等混装混运。运输途中应防曝晒、雨淋，防高温。中途停留时应远离火种、热源、高温区。装运

该物品的车辆排气管必须配备阻火装置，禁止使用易产生火花的机械设备和工具装卸。公路运输时要按规定路线行驶，勿在居民区和人口稠密区停留。铁路运输时要禁止溜放。严禁用木船、水泥船散装运输

第十五部分　法规信息

下列法律、法规、规章和标准，对该化学品的管理作了相应的规定。

中华人民共和国职业病防治法　职业病分类和目录：未列入

危险化学品安全管理条例　危险化学品目录：列入。易制爆危险化学品名录：未列入。重点监管的危险化学品名录：未列入。GB 18218—2009《危险化学品重大危险源辨识》(表 1)：未列入

使用有毒物品作业场所劳动保护条例　高毒物品目录：未列入

易制毒化学品管理条例　易制毒化学品的分类和品种目录：未列入

国际公约　斯德哥尔摩公约：未列入。鹿特丹公约：未列入。蒙特利尔议定书：未列入

第十六部分　其他信息

编写和修订信息　　**缩略语和首字母缩写**

培训建议　　**参考文献**

免责声明

1,4-丁二胺

第一部分　化学品标识

化学品中文名　1,4-丁二胺；1,4-二氨基丁烷；四亚甲基二胺；腐肉碱

化学品英文名　1,4-butanediamine；1,4-diaminobutane；1,4-tetramethylenediamine

分子式　$C_4H_{12}N_2$　**相对分子质量**　88.18

结构式　H_2N—$CH_2CH_2CH_2CH_2$—NH_2

化学品的推荐及限制用途　用作化学中间体

第二部分　危险性概述

紧急情况概述　皮肤接触会中毒，吸入致命，造成严重的皮肤灼伤和眼损伤

GHS 危险性类别　急性毒性-经口，类别 4；急性毒性-经皮，类别 3；急性毒性-吸入，类别 2；皮肤腐蚀/刺激，类别 1B；严重眼损伤/眼刺激，类别 1

标签要素

象形图

警示词　危险

危险性说明　吞咽有害，皮肤接触会中毒，吸入致命，造成严重的皮肤灼伤和眼损伤

防范说明

预防措施　避免接触眼睛、皮肤，操作后彻底清洗。作业场所不得进食、饮水或吸烟。避免吸入粉尘。仅在室外或通风良好处操作。戴呼吸防护器具。戴防护手套，穿防护服，戴防护眼镜、防护面罩

事故响应　如吸入：将患者转移到空气新鲜处，休息，保持利于呼吸的体位。皮肤接触：用大量肥皂水和水清洗。如感觉不适，呼叫中毒控制中心或就医。立即脱去所有被污染的衣服。被污染的衣服须经洗净后方可重新使用。眼睛接触：用水细心地冲洗数分钟。如戴隐形眼镜并可方便地取出，则取出隐形眼镜继续冲洗。食入：漱口。不要催吐。如果感觉不适，立即呼叫中毒控制中心或就医

安全储存　在通风良好处储存。保持容器密闭。上锁保管

废弃处置　本品及内装物、容器依据国家和地方法规处置

物理和化学危险　易燃，其蒸气与空气混合，能形成爆炸性混合物

健康危害　本品对眼睛、上呼吸道和皮肤有刺激性；接触后可引起头痛、面部皮肤发红。本品能引起动物血压降低

环境危害　对环境可能有害

第三部分　成分/组成信息

√物质		混合物
组分	**浓度**	**CAS No.**
1,4-丁二胺		110-60-1

第四部分　急救措施

吸入　迅速脱离现场至空气新鲜处。保持呼吸道通畅。如呼吸困难，给输氧。如呼吸、心跳停止，立即进行心肺复苏术。就医

皮肤接触　立即脱去污染的衣着，用大量流动清水彻底冲洗至少 15min。就医

眼睛接触　立即分开眼睑，用流动清水或生理盐水彻底冲洗至少 15min。就医

食入　用水漱口，禁止催吐。给饮牛奶或蛋清。就医

对保护施救者的忠告　根据需要使用个人防护设备

对医生的特别提示　对症处理

第五部分　消防措施

灭火剂　用抗溶性泡沫、二氧化碳、干粉、砂土灭火

特别危险性　遇明火、高热能引起燃烧爆炸。与氧化剂能发生强烈反应。具有腐蚀性。燃烧生成有害的一氧化碳、氮氧化物

灭火注意事项及防护措施　消防人员必须佩戴空气呼吸器、穿全身防火防毒服，在上风向灭火。尽可能将容器从火场移至空旷处。喷水保持火场容器冷却，直至灭火结束

第六部分　泄漏应急处理

作业人员防护措施、防护装备和应急处置程序　隔离泄漏污染区，限制出入。消除所有点火源。建议应急处理

人员戴防尘口罩，穿防毒、防静电服，戴橡胶手套。穿上适当的防护服前严禁接触破裂的容器和泄漏物。尽可能切断泄漏源。用塑料布覆盖泄漏物，减少飞散。勿使水进入包装容器内

环境保护措施 无资料

泄漏化学品的收容、清除方法及所使用的处置材料 用洁净的铲子收集泄漏物，置于干净、干燥、盖子较松的容器中，将容器移离泄漏区

第七部分 操作处置与储存

操作注意事项 密闭操作，全面排风。密闭操作，注意通风。操作人员必须经过专门培训，严格遵守操作规程。建议操作人员佩戴自吸过滤式防毒面具（半面罩），戴化学安全防护眼镜，穿防毒物渗透工作服，戴橡胶手套。远离火种、热源。工作场所严禁吸烟。使用防爆型的通风系统和设备。避免产生粉尘。避免与氧化剂、酸类接触。搬运时要轻装轻卸，防止包装及容器损坏。配备相应品种和数量的消防器材及泄漏应急处理设备。倒空的容器可能残留有害物

储存注意事项 储存于阴凉、通风的库房。远离火种、热源。包装密封。应与氧化剂、酸类、食用化学品分开存放，切忌混储。采用防爆型照明、通风设施。禁止使用易产生火花的机械设备和工具。储区应备有合适的材料收容泄漏物

第八部分 接触控制/个体防护

职业接触限值

中国 未制定标准

美国(ACGIH) 未制定标准

生物接触限值 未制定标准

监测方法 空气中有毒物质测定方法：溶剂解吸-气相色谱法。生物监测检验方法：未制定标准

工程控制 密闭操作，全面排气通风。提供安全淋浴和洗眼设备

个体防护装备

呼吸系统防护 可能接触其蒸气时，应该佩戴过滤式防毒面具（半面罩）。紧急事态抢救或撤离时，建议佩戴空气呼吸器

眼睛防护 戴化学安全防护眼镜

皮肤和身体防护 穿防毒物渗透工作服

手防护 戴橡胶手套

第九部分 理化特性

外观与性状 无色结晶，有六氢吡啶的气味

pH值 无意义　　**熔点(℃)** 27～28

沸点(℃) 158～160　　**相对密度(水＝1)** 0.88

相对蒸气密度(空气＝1) 无资料

饱和蒸气压(kPa) 无资料

燃烧热(kJ/mol) 无资料　　**临界温度(℃)** 无资料

临界压力(MPa) 无资料　　**辛醇/水分配系数** －0.7

闪点(℃) 51.67　　**自燃温度(℃)** 无资料

爆炸下限(%) 0.9　　**爆炸上限(%)** 9.1

分解温度(℃) 无资料　　**黏度(mPa·s)** 无资料

溶解性 易溶于水

第十部分 稳定性和反应性

稳定性 稳定

危险反应 与强氧化剂等禁配物发生剧烈反应

避免接触的条件 无资料

禁配物 强氧化剂、酸类、酰基氯、酸酐

危险的分解产物 无资料

第十一部分 毒理学信息

急性毒性 LD_{50}：463mg/kg（大鼠经口）；1576mg/kg（兔经皮）

皮肤刺激或腐蚀 无资料　　**眼睛刺激或腐蚀** 无资料

呼吸或皮肤过敏 无资料　　**生殖细胞突变性** 无资料

致癌性 无资料　　**生殖毒性** 无资料

特异性靶器官系统毒性-一次接触 无资料

特异性靶器官系统毒性-反复接触 无资料

吸入危害 无资料

第十二部分 生态学信息

生态毒性 无资料

持久性和降解性

生物降解性 无资料

非生物降解性 无资料

潜在的生物累积性 根据 K_{ow} 值预测，该物质的生物累积性可能较弱

土壤中的迁移性 根据 K_{oc} 值预测，该物质可能易发生迁移

第十三部分 废弃处置

废弃化学品 建议用焚烧法处置。焚烧炉排出的氮氧化物通过洗涤器除去

污染包装物 将容器返还生产商或按照国家和地方法规处置

废弃注意事项 处置前应参阅国家和地方有关法规

第十四部分 运输信息

联合国危险货物编号(UN号) 2928

联合国运输名称 有机毒性固体，腐蚀性，未另作规定的(1,4-丁二胺)

联合国危险性类别 6.1，8

包装类别 Ⅲ类包装

包装标志 

海洋污染物 否

运输注意事项 运输前应先检查包装容器是否完整、密封，运输过程中要确保容器不泄漏、不倒塌、不坠落、不损坏。严禁与酸类、氧化剂、食品及食品添加剂混运。运输时运输车辆应配备相应品种和数量的消防器材及泄漏应急处理设备。运输途中应防曝晒、雨淋，防高温。运输时所用的槽（罐）车应有接地链，

槽内可设孔隔板以减少震荡产生的静电。中途停留时应远离火种、热源

第十五部分 法规信息

下列法律、法规、规章和标准，对该化学品的管理作了相应的规定。

中华人民共和国职业病防治法 职业病分类和目录：未列入

危险化学品安全管理条例 危险化学品目录：列入。易制爆危险化学品名录：未列入。重点监管的危险化学品名录：未列入。GB 18218—2009《危险化学品重大危险源辨识》(表 1)：未列入

使用有毒物品作业场所劳动保护条例 高毒物品目录：未列入

易制毒化学品管理条例 易制毒化学品的分类和品种目录：未列入

国际公约 斯德哥尔摩公约：未列入。鹿特丹公约：未列入。蒙特利尔议定书：未列入

第十六部分 其他信息

编写和修订信息 **缩略语和首字母缩写**

培训建议 **参考文献**

免责声明

丁 二 腈

第一部分 化学品标识

化学品中文名 丁二腈；1,2-二氰基乙烷；琥珀腈

化学品英文名 butanedinitrile；1,2-dicyanoethane；succinonitrile

分子式 $C_4H_4N_2$ **相对分子质量** 80.09

结构式 N≡—_/—≡N

化学品的推荐及限制用途 用于有机合成

第二部分 危险性概述

紧急情况概述 吞咽有害

GHS 危险性类别 急性毒性-经口，类别 4；皮肤腐蚀/刺激，类别 2；严重眼损伤/眼刺激，类别 2A；特异性靶器官毒性-一次接触，类别 3（呼吸道刺激）

标签要素

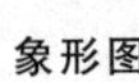
象形图  警示词 警告

危险性说明 吞咽有害，造成皮肤刺激，造成严重眼刺激，可能引起呼吸道刺激

防范说明

预防措施 避免接触眼睛、皮肤，操作后彻底清洗。作业场所不得进食、饮水或吸烟。戴防护手套、防护眼镜、防护面罩

事故响应 皮肤接触：用大量肥皂水和水清洗。如发生皮肤刺激，就医。脱去被污染的衣服，洗净后方可重新使用。如接触眼睛：用水细心冲洗数分钟。如戴隐形眼镜并可方便地取出，取出隐形眼镜继续冲洗。如果眼睛刺激持续：就医。食入：漱口。如果感觉不适，立即呼叫中毒控制中心或就医

安全储存 -

废弃处置 本品及内装物、容器依据国家和地方法规处置

物理和化学危险 可燃

健康危害 小剂量引起中枢神经系统兴奋，大剂量引起抑制，致死剂量引起抽搐、窒息

环境危害 对环境可能有害

第三部分 成分/组成信息

√物质		混合物
组分	**浓度**	**CAS No.**
丁二腈		110-61-2

第四部分 急救措施

吸入 迅速脱离现场至空气新鲜处。保持呼吸道通畅。如呼吸困难，给输氧。如呼吸、心跳停止，立即进行心肺复苏术。就医

皮肤接触 立即脱去污染的衣着，用肥皂水和清水彻底冲洗。就医

眼睛接触 立即分开眼睑，用流动清水或生理盐水彻底冲洗。就医

食入 催吐（仅限于清醒者），给服活性炭悬液。就医

对保护施救者的忠告 根据需要使用个人防护设备

对医生的特别提示 使用亚硝酸钠、硫代硫酸钠、4-二甲基氨基苯酚等解毒剂

第五部分 消防措施

灭火剂 用抗溶性泡沫、干粉、二氧化碳、砂土灭火

特别危险性 受高热或与酸接触会产生剧毒的氰化物气体。燃烧生成有害的一氧化碳、氮氧化物

灭火注意事项及防护措施 消防人员必须佩戴空气呼吸器、穿全身防火防毒服，在上风向灭火。尽可能将容器从火场移至空旷处。喷水保持火场容器冷却，直至灭火结束

第六部分 泄漏应急处理

作业人员防护措施、防护装备和应急处置程序 隔离泄漏污染区，限制出入。消除所有点火源。建议应急处理人员戴防尘口罩，穿防毒服，戴橡胶手套。穿上适当的防护服前严禁接触破裂的容器和泄漏物。尽可能切断泄漏源。用塑料布覆盖泄漏物，减少飞散。勿使水进入包装容器内

环境保护措施 无资料

泄漏化学品的收容、清除方法及所使用的处置材料 用洁净的铲子收集泄漏物，置于干净、干燥、盖子较松的容器中，将容器移离泄漏区

第七部分 操作处置与储存

操作注意事项 严加密闭，提供充分的局部排风和全面通

风。操作尽可能机械化、自动化。操作人员必须经过专门培训，严格遵守操作规程。建议操作人员佩戴自吸过滤式防毒面具（半面罩），戴安全防护眼镜，穿聚乙烯防毒服，戴橡胶手套。远离火种、热源。工作场所严禁吸烟。使用防爆型的通风系统和设备。避免与氧化剂、还原剂、酸类接触。搬运时要轻装轻卸，防止包装及容器损坏。配备相应品种和数量的消防器材及泄漏应急处理设备。倒空的容器可能残留有害物

储存注意事项 储存于阴凉、通风的库房。远离火种、热源。包装密封。应与氧化剂、还原剂、酸类、食用化学品分开存放，切忌混储。配备相应品种和数量的消防器材。储区应备有合适的材料收容泄漏物

第八部分 接触控制/个体防护

职业接触限值

中国 未制定标准

美国(ACGIH) 未制定标准

生物接触限值 未制定标准

监测方法 空气中有毒物质测定方法：未制定标准。生物监测检验方法：未制定标准

工程控制 严加密闭，提供充分的局部排风和全面通风。提供安全的淋浴和洗眼设备

个体防护装备

呼吸系统防护 可能接触毒物时，必须佩戴过滤式防毒面具（半面罩）。紧急事态抢救或撤离时，建议佩戴空气呼吸器

眼睛防护 戴安全防护眼镜

皮肤和身体防护 穿隔绝式防毒服

手防护 戴橡胶手套

第九部分 理化特性

外观与性状 无色、无臭的蜡状固体

pH 值 无意义 **熔点(℃)** 54～56

沸点(℃) 265～267 **相对密度(水＝1)** 0.985

相对蒸气密度(空气＝1) 2.8

饱和蒸气压(kPa) 0.27（100℃）

燃烧热(kJ/mol) －2281.0 **临界温度(℃)** 无资料

临界压力(MPa) 3.54 **辛醇/水分配系数** －0.99

闪点(℃) 132（CC） **自燃温度(℃)** 511

爆炸下限(%) 2.05 **爆炸上限(%)** 14.4

分解温度(℃) 无资料

黏度(mPa·s) 2.008（75℃）

溶解性 微溶于水、乙醇、苯、乙醚、二硫化碳，溶于丙酮、氯仿、二氧六环

第十部分 稳定性和反应性

稳定性 稳定

危险反应 与强氧化剂等禁配物发生反应

避免接触的条件 无资料

禁配物 强氧化剂、强还原剂、强酸、强碱

危险的分解产物 氰化物

第十一部分 毒理学信息

急性毒性 LD_{50}：450mg/kg（大鼠经口）；129mg/kg（小鼠经口）

皮肤刺激或腐蚀 无资料 **眼睛刺激或腐蚀** 无资料

呼吸或皮肤过敏 无资料 **生殖细胞突变性** 无资料

致癌性 无资料

生殖毒性 仓鼠腹腔最低中毒剂量（TDLo）：365mg/kg（孕 8d），致胚胎毒性，中枢神经系统发育异常

特异性靶器官系统毒性-一次接触 无资料

特异性靶器官系统毒性-反复接触 无资料

吸入危害 无资料

第十二部分 生态学信息

生态毒性 无资料

持久性和降解性

生物降解性 活性污泥法：污泥浓度 2500mg/L，初始浓度 500mg/L，6h、12h、24h 的去除率分别为 1.5%、2.4%、3.8%

非生物降解性 空气中光降解半衰期为 380d（理论）

潜在的生物累积性 根据 K_{ow} 值预测，该物质的生物累积性可能较弱

土壤中的迁移性 根据 K_{oc} 值预测，该物质可能易发生迁移

第十三部分 废弃处置

废弃化学品 建议用焚烧法处置。焚烧炉排出的氮氧化物通过洗涤器除去

污染包装物 将容器返还生产商或按照国家和地方法规处置

废弃注意事项 处置前应参阅国家和地方有关法规

第十四部分 运输信息

联合国危险货物编号（UN 号） 3439

联合国运输名称 固态腈类，毒性，未另作规定的（丁二腈）

联合国危险性类别 6.1

包装类别 Ⅲ类包装 **包装标志**

海洋污染物 否

运输注意事项 运输前应先检查包装容器是否完整、密封，运输过程中要确保容器不泄漏、不倒塌、不坠落、不损坏。严禁与酸类、氧化剂、食品及食品添加剂混运。运输车辆应配备相应品种和数量的消防器材及泄漏应急处理设备。运输途中应防曝晒、雨淋，防高温

第十五部分 法规信息

下列法律、法规、规章和标准，对该化学品的管理作了相应的规定。

中华人民共和国职业病防治法 职业病分类和目录：氰及腈类化合物中毒

危险化学品安全管理条例 危险化学品目录：列入。易制爆危险化学品名录：未列入。重点监管的危险化学品

名录：未列入。GB 18218—2009《危险化学品重大危险源辨识》(表1)：未列入

使用有毒物品作业场所劳动保护条例 高毒物品目录：未列入

易制毒化学品管理条例 易制毒化学品的分类和品种目录：未列入

国际公约 斯德哥尔摩公约：未列入。鹿特丹公约：未列入。蒙特利尔议定书：未列入

第十六部分 其他信息

编写和修订信息 **缩略语和首字母缩写**

培训建议 **参考文献**

免责声明

1,3-丁二烯

第一部分 化学品标识

化学品中文名 1,3-丁二烯；联乙烯

化学品英文名 1,3-butadiene；vinylethylene

分子式 C_4H_6 **相对分子质量** 54.10

结构式 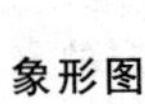

化学品的推荐及限制用途 用于合成橡胶、ABS树脂、酸酐、有机合成中间体等

第二部分 危险性概述

紧急情况概述 极易燃气体，内装加压气体：遇热可能爆炸

GHS危险性类别 易燃气体，类别1；加压气体；生殖细胞致突变性，类别1B；致癌性，类别1A

标签要素

象形图 

警示词 危险

危险性说明 极易燃气体，内装加压气体：遇热可能爆炸，可造成遗传性缺陷，可能致癌

防范说明

预防措施 远离热源、火花、明火、热表面。禁止吸烟。得到专门指导后操作。在阅读并了解所有安全预防措施之前，切勿操作。按要求使用个体防护装备

事故响应 漏气着火：切勿灭火，除非漏气能够安全地制止。如果没有危险，消除一切点火源。如果接触或有担心，就医

安全储存 防日晒。存放在通风良好的地方。上锁保管

废弃处置 本品及内装物、容器依据国家和地方法规处置

物理和化学危险 极易燃，与空气混合能形成爆炸性混合物

健康危害 本品具有麻醉和刺激作用

急性中毒 轻者有头痛、头晕、恶心、咽痛、耳鸣、全身乏力、嗜睡等。重者出现酒醉状态、呼吸困难、脉速等，后转入意识丧失和抽搐，有时也可有烦躁不安、到处乱跑等精神症状。脱离接触后，迅速恢复。头痛和嗜睡有时可持续一段时间。皮肤直接接触丁二烯可发生灼伤或冻伤

慢性影响 长期接触一定浓度的丁二烯可出现头痛、头晕、全身乏力、失眠、多梦、记忆力减退、恶心、心悸等症状。偶见皮炎和多发性神经炎

环境危害 对环境可能有害

第三部分 成分/组成信息

√物质		混合物
组分	**浓度**	**CAS No.**
1,3-丁二烯		106-99-0

第四部分 急救措施

吸入 迅速脱离现场至空气新鲜处。保持呼吸道通畅。如呼吸困难，给输氧。如呼吸、心跳停止，立即进行心肺复苏术。就医

皮肤接触 如发生冻伤，用温水（38～42℃）复温，忌用热水或辐射热，不要揉搓。就医

对保护施救者的忠告 根据需要使用个人防护设备

对医生的特别提示 对症处理

第五部分 消防措施

灭火剂 用雾状水、泡沫、二氧化碳、干粉灭火

特别危险性 遇高热，可发生聚合反应，放出大量热量而引起容器破裂和爆炸事故。气体比空气重，沿地面扩散并易积存于低洼处，遇火源会着火回燃。燃烧生成有害的一氧化碳

灭火注意事项及防护措施 切断气源。若不能切断气源，则不允许熄灭泄漏处的火焰。消防人员必须佩戴空气呼吸器、穿全身防火防毒服，在上风向灭火。尽可能将容器从火场移至空旷处。喷水保持火场容器冷却，直至灭火结束

第六部分 泄漏应急处理

作业人员防护措施、防护装备和应急处置程序 消除所有点火源。根据气体的影响区域划定警戒区，无关人员从侧风、上风向撤离至安全区。建议应急处理人员戴正压自给式呼吸器，穿防静电服。作业时使用的所有设备应接地。尽可能切断泄漏源。喷雾状水抑制蒸气或改变蒸气云流向，避免水流接触泄漏物。禁止用水直接冲击泄漏物或泄漏源

环境保护措施 防止气体通过下水道、通风系统和有限空间扩散

泄漏化学品的收容、清除方法及所使用的处置材料 隔离泄漏区直至气体散尽

第七部分 操作处置与储存

操作注意事项 密闭操作，全面通风。操作人员必须经过专门培训，严格遵守操作规程。建议操作人员佩戴自吸过滤式防毒面具（半面罩），戴化学安全防护眼镜，

穿防静电工作服。远离火种、热源。工作场所严禁吸烟。使用防爆型的通风系统和设备。防止气体泄漏到工作场所空气中。避免与氧化剂、卤素接触。在传送过程中，钢瓶和容器必须接地和跨接，防止产生静电。搬运时轻装轻卸，防止钢瓶及附件破损。配备相应品种和数量的消防器材及泄漏应急处理设备

储存注意事项 储存于阴凉、通风的易燃气体专用库房。远离火种、热源。库温不宜超过30℃。应与氧化剂、卤素等分开存放，切忌混储。采用防爆型照明、通风设施。禁止使用易产生火花的机械设备和工具。储区应备有泄漏应急处理设备

第八部分 接触控制/个体防护

职业接触限值

中国 PC-TWA：5mg/m^3［G2A］

美国(ACGIH) TLV-TWA：2ppm

生物接触限值 未制定标准

监测方法 空气中有毒物质测定方法：溶剂解吸-气相色谱法。生物监测检验方法：未制定标准

工程控制 生产过程密闭，全面通风

个体防护装备

呼吸系统防护 一般不需要特殊防护，高浓度接触时可佩戴过滤式防毒面具（半面罩）

眼睛防护 必要时，戴化学安全防护眼镜

皮肤和身体防护 穿防静电工作服

手防护 戴一般作业防护手套

第九部分 理化特性

外观与性状 轻微芳香味无色气体

pH值 无意义 **熔点(℃)** −108.9

沸点(℃) −4.4 **相对密度(水=1)** 0.62

相对蒸气密度(空气=1) 1.87

饱和蒸气压(kPa) 245.27（21℃）

燃烧热(kJ/mol) −2541.0 **临界温度(℃)** 161.8

临界压力(MPa) 4.33 **辛醇/水分配系数** 1.99

闪点(℃) −76 **自燃温度(℃)** 415

爆炸下限(%) 1.1 **爆炸上限(%)** 16.3

分解温度(℃) 无资料 **黏度(mPa·s)** 0.25（0℃）

溶解性 不溶于水，溶于丙酮、苯、乙酸、酯等多数有机溶剂

第十部分 稳定性和反应性

稳定性 稳定

危险反应 与强氧化剂、卤素等禁配物接触，有发生火灾和爆炸的危险

避免接触的条件 受热、光照

禁配物 强氧化剂、卤素、氧、铜合金、酸类

危险的分解产物 无资料

第十一部分 毒理学信息

急性毒性

LD_{50} 5480mg/kg（大鼠经口）；3210mg/kg（小鼠经口）

LC_{50} 285000mg/m^3（大鼠吸入，4h）；259ppm（小鼠吸入，7h）

皮肤刺激或腐蚀 无资料 **眼睛刺激或腐蚀** 无资料

呼吸或皮肤过敏 无资料

生殖细胞突变性 微生物致突变性：鼠伤寒沙门氏菌2pph。姐妹染色单体交换：人淋巴细胞500μmol/L

致癌性 IARC：组1，确认人类致癌物

生殖毒性 大鼠孕后6～15d吸入最低中毒剂量（TCLo）8000ppm（6h），致肌肉骨骼系统发育畸形。大鼠吸入最低中毒浓度（TCLo）：8000ppm（6h）（孕后6～15d），对胎鼠骨骼、肌肉有影响

特异性靶器官系统毒性-一次接触 无资料

特异性靶器官系统毒性-反复接触 家兔，用20%～25%的麻醉浓度，每天麻醉8～10min，每周4～5次，2～3周，未发现病变。小鼠吸入30mg/m^3，81d出现造血功能亢进，吞噬反应增强，心肌和肾脏轻度退化变性等

吸入危害 无资料

第十二部分 生态学信息

生态毒性

LC_{50} 25mg/L（96h）（蓝鳃太阳鱼）；50mg/L（96h）（黑头呆鱼）；21mg/L（96h）（斑猫鲶）；22mg/L（96h）（虹鳟鱼）

EC_{50} 25mg/L（96h）（水蚤）

持久性和降解性

生物降解性 无资料

非生物降解性 水中光氧化半衰期（h）：1200～48000；空气中光氧化半衰期（h）：0.76～7.8

潜在的生物累积性 根据K_{ow}值预测，该物质的生物累积性可能较弱

土壤中的迁移性 根据K_{oc}值预测，该物质可能易发生迁移

第十三部分 废弃处置

废弃化学品 用焚烧法处置

污染包装物 将容器返还生产商或按照国家和地方法规处置

废弃注意事项 处置前应参阅国家和地方有关法规

第十四部分 运输信息

联合国危险货物编号(UN号) 1010

联合国运输名称 丁二烯，稳定的

联合国危险性类别 2.1

包装类别 - **包装标志**

海洋污染物 否

运输注意事项 本品铁路运输时限使用耐压液化气企业自备罐车装运，装运前需报有关部门批准。采用钢瓶运输时必须戴好钢瓶上的安全帽。钢瓶一般平放，并应将瓶口朝同一方向，不可交叉；高度不得超过车辆的

防护栏板，并用三角木垫卡牢，防止滚动。运输时运输车辆应配备相应品种和数量的消防器材。装运该物品的车辆排气管必须配备阻火装置，禁止使用易产生火花的机械设备和工具装卸。严禁与氧化剂、卤素、食用化学品等混装混运。夏季应早晚运输，防止日光曝晒。中途停留时应远离火种、热源。公路运输时要按规定路线行驶，勿在居民区和人口稠密区停留。铁路运输时要禁止溜放

第十五部分 法规信息

下列法律、法规、规章和标准，对该化学品的管理作了相应的规定。

中华人民共和国职业病防治法 职业病分类和目录：未列入

危险化学品安全管理条例 危险化学品目录：列入。易制爆危险化学品名录：未列入。重点监管的危险化学品名录：列入。GB 18218—2009《危险化学品重大危险源辨识》(表 1)：列入。类别：易燃气体，临界量(t)：5

使用有毒物品作业场所劳动保护条例 高毒物品目录：未列入

易制毒化学品管理条例 易制毒化学品的分类和品种目录：未列入

国际公约 斯德哥尔摩公约：未列入。鹿特丹公约：未列入。蒙特利尔议定书：未列入

第十六部分 其他信息

编写和修订信息 **缩略语和首字母缩写**
培训建议 **参考文献**
免责声明

丁二酰氯

第一部分 化学品标识

化学品中文名 丁二酰氯；琥珀酰氯；氯化丁二酰

化学品英文名 butanedioyl chloride；succinyl chloride

分子式 $C_4H_4Cl_2O_2$ **相对分子质量** 154.98

结构式

化学品的推荐及限制用途 用于有机合成和用作树脂及塑料中间体

第二部分 危险性概述

紧急情况概述 造成严重的皮肤灼伤和眼损伤

GHS 危险性类别 易燃液体，类别 4；皮肤腐蚀/刺激，类别 1；严重眼损伤/眼刺激，类别 1

标签要素

象形图  **警示词** 危险

危险性说明 可燃液体，造成严重的皮肤灼伤和眼损伤

防范说明

预防措施　远离火焰和热表面。禁止吸烟。避免吸入烟雾。避免接触眼睛、皮肤，操作后彻底清洗。戴防护手套，穿防护服，戴防护眼镜、防护面罩

事故响应　火灾时，使用干粉、二氧化碳、砂土灭火。如吸入，将患者转移到空气新鲜处，休息，保持利于呼吸的体位。立即呼叫中毒控制中心或就医。皮肤（或头发）接触：立即脱掉所有被污染的衣服，用水冲洗皮肤，淋浴。污染的衣服须洗净后方可重新使用。眼睛接触：用水细心地冲洗数分钟。如戴隐形眼镜并可方便地取出，则取出隐形眼镜继续冲洗。食入：漱口。不要催吐

安全储存　上锁保管

废弃处置　本品及内装物、容器依据国家和地方法规处置

物理和化学危险 可燃。遇水产生刺激性气体

健康危害 对眼睛、皮肤、黏膜和呼吸道有强烈的刺激作用。眼和皮肤接触引起灼伤

环境危害 对环境可能有害

第三部分 成分/组成信息

√物质　　混合物

组分	浓度	CAS No.
丁二酰氯		543-20-4

第四部分 急救措施

吸入 迅速脱离现场至空气新鲜处。保持呼吸道通畅。如呼吸困难，给输氧。如呼吸、心跳停止，立即进行心肺复苏术。就医

皮肤接触 立即脱去污染的衣着，用大量流动清水彻底冲洗至少 15min。就医

眼睛接触 立即分开眼睑，用流动清水或生理盐水彻底冲洗至少 15min。就医

食入 用水漱口，禁止催吐。给饮牛奶或蛋清。就医

对保护施救者的忠告 根据需要使用个人防护设备

对医生的特别提示 对症处理

第五部分 消防措施

灭火剂 用干粉、二氧化碳、砂土灭火

特别危险性 受热或遇水分解放热，放出有毒的腐蚀性烟气。具有较强的腐蚀性。燃烧生成有害的一氧化碳、光气

灭火注意事项及防护措施 消防人员必须穿全身耐酸碱消防服、佩戴空气呼吸器灭火。尽可能将容器从火场移至空旷处。喷水保持火场容器冷却，直至灭火结束。容器突然发出异常声音或出现异常现象，应立即撤离。禁止用水、泡沫和酸碱灭火剂灭火

第六部分 泄漏应急处理

作业人员防护措施、防护装备和应急处置程序 根据液体流动和蒸气扩散的影响区域划定警戒区，无关人员从侧风、上风向撤离至安全区。建议应急处理人员戴正

压自给式呼吸器，穿防酸碱服，戴橡胶耐酸碱手套。穿上适当的防护服前严禁接触破裂的容器和泄漏物。尽可能切断泄漏源

环境保护措施 防止泄漏物进入水体、下水道、地下室或有限空间

泄漏化学品的收容、清除方法及所使用的处置材料 小量泄漏：用干燥的砂土或其他不燃材料吸收或覆盖，收集于容器中。大量泄漏：构筑围堤或挖坑收容。用耐腐蚀泵转移至槽车或专用收集器内

第七部分 操作处置与储存

操作注意事项 密闭操作，局部排风。操作人员必须经过专门培训，严格遵守操作规程。建议操作人员佩戴自吸过滤式防毒面具（全面罩），穿橡胶耐酸碱服，戴橡胶耐酸碱手套。远离火种、热源。工作场所严禁吸烟。使用防爆型的通风系统和设备。避免与氧化剂、碱类、醇类接触。尤其要注意避免与水接触。搬运时要轻装轻卸，防止包装及容器损坏。配备相应品种和数量的消防器材及泄漏应急处理设备。倒空的容器可能残留有害物

储存注意事项 储存于阴凉、干燥、通风良好的库房。远离火种、热源。包装必须密封，切勿受潮。应与氧化剂、碱类、醇类等分开存放，切忌混储。配备相应品种和数量的消防器材。储区应备有泄漏应急处理设备和合适的收容材料

第八部分 接触控制/个体防护

职业接触限值

中国 未制定标准

美国(ACGIH) 未制定标准

生物接触限值 未制定标准

监测方法 空气中有毒物质测定方法：未制定标准。生物监测检验方法：未制定标准

工程控制 密闭操作，局部排风。提供安全淋浴和洗眼设备

个体防护装备

呼吸系统防护 可能接触其蒸气时，应该佩戴过滤式防毒面具（全面罩）；可能接触其粉尘时，建议佩戴过滤式防尘呼吸器

眼睛防护 呼吸系统防护中已作防护

皮肤和身体防护 穿橡胶耐酸碱服

手防护 戴橡胶耐酸碱手套

第九部分 理化特性

外观与性状 黄色发烟液体

pH值 无资料 **熔点(℃)** 17

沸点(℃) 190 **相对密度(水=1)** 1.41

相对蒸气密度(空气=1) 无资料

饱和蒸气压(kPa) 无资料

燃烧热(kJ/mol) 无资料 **临界温度(℃)** 无资料

临界压力(MPa) 无资料 **辛醇/水分配系数** −1.290

闪点(℃) 76 **引燃温度(℃)** 无资料

爆炸下限(%) 无资料 **爆炸上限(%)** 无资料

分解温度(℃) 无资料 **黏度(mPa·s)** 无资料

溶解性 不溶于石油醚，可混溶于乙醚、苯

第十部分 稳定性和反应性

稳定性 稳定

危险反应 与强氧化剂等禁配物发生反应

避免接触的条件 受热、潮湿空气

禁配物 水、醇类、强氧化剂、强碱

危险的分解产物 光气

第十一部分 毒理学信息

急性毒性 LDLo：62.5mg/kg（小鼠腹腔）

皮肤刺激或腐蚀 无资料 **眼睛刺激或腐蚀** 无资料

呼吸或皮肤过敏 无资料 **生殖细胞突变性** 无资料

致癌性 无资料 **生殖毒性** 无资料

特异性靶器官系统毒性-一次接触 无资料

特异性靶器官系统毒性-反复接触 无资料

吸入危害 无资料

第十二部分 生态学信息

生态毒性 无资料

持久性和降解性

生物降解性 无资料

非生物降解性 无资料

潜在的生物累积性 根据K_{ow}值预测，该物质的生物累积性可能较弱

土壤中的迁移性 根据K_{oc}值预测，该物质可能易发生迁移

第十三部分 废弃处置

废弃化学品 建议用焚烧法处置。与燃料混合后，再焚烧。焚烧炉排出的气体通过洗涤器除去

污染包装物 将容器返还生产商或按照国家和地方法规处置

废弃注意事项 处置前应参阅国家和地方有关法规

第十四部分 运输信息

联合国危险货物编号(UN号) 2920

联合国运输名称 腐蚀性液体，易燃，未另作规定的（丁二酰氯）

联合国危险性类别 8，3

包装类别 Ⅱ类包装

包装标志 

海洋污染物 否

运输注意事项 起运时包装要完整，装载应稳妥。运输过程中要确保容器不泄漏、不倒塌、不坠落、不损坏。严禁与氧化剂、碱类、醇类、食用化学品等混装混运。运输时运输车辆应配备相应品种和数量的消防器材及泄漏应急处理设备。运输途中应防曝晒、雨淋，防高温。公路运输时要按规定路线行驶，勿在居民区

和人口稠密区停留

第十五部分　法规信息

下列法律、法规、规章和标准，对该化学品的管理作了相应的规定。

中华人民共和国职业病防治法　职业病分类和目录：未列入

危险化学品安全管理条例　危险化学品目录：列入。易制爆危险化学品名录：未列入。重点监管的危险化学品名录：未列入。GB 18218—2009《危险化学品重大危险源辨识》(表1)：未列入

使用有毒物品作业场所劳动保护条例　高毒物品目录：未列入

易制毒化学品管理条例　易制毒化学品的分类和品种目录：未列入

国际公约　斯德哥尔摩公约：未列入。鹿特丹公约：未列入。蒙特利尔议定书：未列入

第十六部分　其他信息

编写和修订信息　　**缩略语和首字母缩写**

培训建议　　**参考文献**

免责声明

丁　基　锂

第一部分　化学品标识

化学品中文名　丁基锂；正丁基锂

化学品英文名　butyllithium；*n*-butyllithium

分子式　C_4H_9Li　　**相对分子质量**　64.06

结构式　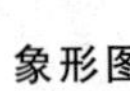

化学品的推荐及限制用途　用作聚合催化剂、烃化剂、火箭燃料等

第二部分　危险性概述

紧急情况概述　暴露在空气中自燃，遇水放出可自燃的易燃气体，造成严重的皮肤灼伤和眼损伤

GHS危险性类别　自燃液体，类别1；遇水放出易燃气体的物质，类别1；皮肤腐蚀/刺激，类别1；严重眼损伤/眼刺激，类别1

标签要素

象形图　

警示词　危险

危险性说明　暴露在空气中自燃，遇水放出可自燃的易燃气体，造成严重的皮肤灼伤和眼损伤

防范说明

预防措施　远离热源、火花、明火、热表面。禁止吸烟。不得与空气接触。因与水发生剧烈反应和可能发生暴燃，应避免与水接触。在惰性气体中操作。防潮。避免吸入烟雾。避免接触眼睛、皮肤，操作后彻底清洗。戴防护手套、穿防护服、戴防护眼镜、防护面罩

事故响应　如果皮肤接触，擦掉皮肤上的微粒，将接触部位浸入冷水中、用湿绷带包扎。火灾时，使用干粉、干砂灭火。如吸入将患者转移到空气新鲜处，休息，保持利于呼吸的体位，立即呼叫中毒控制中心或就医。皮肤（或头发）接触：立即脱掉所有被污染的衣服，用水冲洗皮肤，淋浴。污染的衣服须洗净后方可重新使用。接触眼睛：用水细心冲洗数分钟。如戴隐形眼镜并可方便地取出，取出隐形眼镜继续冲洗。食入：漱口。不要催吐

安全储存　在干燥处和密闭的容器中储存。上锁保管

废弃处置　本品及内装物、容器依据国家和地方法规处置

物理和化学危险　接触空气易自燃

健康危害　对眼睛、皮肤、黏膜和呼吸道有强烈刺激作用。可引起化学灼伤

环境危害　对环境可能有害

第三部分　成分/组成信息

√物质		混合物
组分	**浓度**	**CAS No.**
丁基锂		109-72-8

第四部分　急救措施

吸入　迅速脱离现场至空气新鲜处。保持呼吸道通畅。如呼吸困难，给输氧。如呼吸、心跳停止，立即进行心肺复苏术。就医

皮肤接触　立即脱去污染的衣着，用大量流动清水彻底冲洗至少15min。就医

眼睛接触　立即分开眼睑，用流动清水或生理盐水彻底冲洗至少15min。就医

食入　用水漱口，禁止催吐。给饮牛奶或蛋清。就医

对保护施救者的忠告　根据需要使用个人防护设备

对医生的特别提示　对症处理

第五部分　消防措施

灭火剂　用干粉、干砂灭火

特别危险性　与水、酸类、卤素类、醇类和胺类接触，会发生强烈反应。燃烧生成有害的一氧化碳、氧化锂

灭火注意事项及防护措施　消防人员必须佩戴空气呼吸器、穿全身防火防毒服，在上风向灭火。尽可能将容器从火场移至空旷处。禁止用水、泡沫和酸碱灭火剂灭火

第六部分　泄漏应急处理

作业人员防护措施、防护装备和应急处置程序　消除所有点火源。根据液体流动和蒸气扩散的影响区域划定警戒区，无关人员从侧风、上风向撤离至安全区。建议应急处理人员戴正压自给式呼吸器，穿防毒、防静电服，戴橡胶手套。禁止接触或跨越泄漏物。尽可能切断泄漏源

环境保护措施　防止泄漏物进入水体、下水道、地下室或

有限空间

泄漏化学品的收容、清除方法及所使用的处置材料 小量泄漏：用干燥的砂土或其他不燃材料覆盖泄漏物，用洁净的无火花工具收集泄漏物，置于一盖子较松的塑料容器中，待处置。大量泄漏：构筑围堤或挖坑收容，用防爆泵转移至槽车或专用收集器内

第七部分 操作处置与储存

操作注意事项 严加密闭，提供充分的局部排风和全面通风。操作人员必须经过专门培训，严格遵守操作规程。建议操作人员佩戴自吸过滤式防毒面具（全面罩），穿胶布防毒衣，戴橡胶手套。远离火种、热源。工作场所严禁吸烟。使用防爆型的通风系统和设备。防止蒸气泄漏到工作场所空气中。避免与酸类、醇类接触。尤其要注意避免与水接触。在氮气中操作处置。搬运时要轻装轻卸，避免碰撞、翻倒，防止包装破损洒漏。配备相应品种和数量的消防器材及泄漏应急处理设备。倒空的容器可能残留有害物

储存注意事项 储存于阴凉、干燥、通风良好的专用库房内，远离火种、热源。库房温度不超过 30℃，相对湿度不超过 80%。包装必须密封，切勿受潮。应与酸类、醇类等分开存放，切忌混储。不宜大量储存或久存。采用防爆型照明、通风设施。禁止使用易产生火花的机械设备和工具。储区应备有泄漏应急处理设备和合适的收容材料

第八部分 接触控制/个体防护

职业接触限值

中国 未制定标准

美国(ACGIH) 未制定标准

生物接触限值 未制定标准

监测方法 空气中有毒物质测定方法：未制定标准。生物监测检验方法：未制定标准

工程控制 严加密闭，提供充分的局部排风和全面通风。现场备有冲洗眼及皮肤的设备

个体防护装备

呼吸系统防护 可能接触毒物时，应该佩戴过滤式防毒面具（全面罩）。紧急事态抢救或撤离时，建议佩戴空气呼吸器

眼睛防护 呼吸系统防护中已作防护

皮肤和身体防护 穿隔绝式防毒服

手防护 戴橡胶手套

第九部分 理化特性

外观与性状 无色透明液体，接触空气发生燃烧

pH 值 无资料 **熔点(℃)** −76

沸点(℃) 80～90/1.33×10^{-5}kPa

相对密度(水=1) 0.765

相对蒸气密度(空气=1) 无资料

饱和蒸气压(kPa) 无资料 **燃烧热(kJ/mol)** 无资料

临界温度(℃) 无资料 **临界压力(MPa)** 无资料

辛醇/水分配系数 无资料 **闪点(℃)** −12

引燃温度(℃) 无资料

爆炸下限(%) 无资料 **爆炸上限(%)** 无资料

分解温度(℃) 无资料 **黏度(mPa·s)** 无资料

溶解性 不溶于水，溶于戊烷、己烷、环己烷、苯、醚类等烃

第十部分 稳定性和反应性

稳定性 稳定

危险反应 与酸类、醇类、水、卤素等禁配物接触，有发生火灾和爆炸的危险

避免接触的条件 潮湿空气

禁配物 酸类、醇类、水、空气、卤素类和胺类

危险的分解产物 氧化锂

第十一部分 毒理学信息

急性毒性 无资料 **皮肤刺激或腐蚀** 无资料

眼睛刺激或腐蚀 无资料 **呼吸或皮肤过敏** 无资料

生殖细胞突变性 无资料 **致癌性** 无资料

生殖毒性 无资料

特异性靶器官系统毒性-一次接触 无资料

特异性靶器官系统毒性-反复接触 无资料

吸入危害 无资料

第十二部分 生态学信息

生态毒性 无资料

持久性和降解性

生物降解性 无资料

非生物降解性 无资料

潜在的生物累积性 无资料

土壤中的迁移性 无资料

第十三部分 废弃处置

废弃化学品 建议用焚烧法处置

污染包装物 将容器返还生产商或按照国家和地方法规处置

废弃注意事项 处置前应参阅国家和地方有关法规

第十四部分 运输信息

联合国危险货物编号(UN 号) 3394

联合国运输名称 液态有机金属物质，发火，遇水反应（丁基锂）

联合国危险性类别 4.2,4.3

包装类别 Ⅰ类包装

包装标志

海洋污染物 否

运输注意事项 运输时运输车辆应配备相应品种和数量的消防器材及泄漏应急处理设备。装运本品的车辆排气管须有阻火装置。运输过程中要确保容器不泄漏、不倒塌、不坠落、不损坏。严禁与酸类、醇类、食用化学品等混装混运。运输途中应防曝晒、雨淋，防高温。中途停留时应远离火种、热源。运输用车、船必

须干燥，并有良好的防雨设施。车辆运输完毕应进行彻底清扫。铁路运输时要禁止溜放

第十五部分 法规信息

下列法律、法规、规章和标准，对该化学品的管理作了相应的规定。

中华人民共和国职业病防治法 职业病分类和目录：未列入

危险化学品安全管理条例 危险化学品目录：未列入。易制爆危险化学品名录：未列入。重点监管的危险化学品名录：未列入。GB 18218—2009《危险化学品重大危险源辨识》（表1）：未列入

使用有毒物品作业场所劳动保护条例 高毒物品目录：未列入

易制毒化学品管理条例 易制毒化学品的分类和品种目录：未列入

国际公约 斯德哥尔摩公约：未列入。鹿特丹公约：未列入。蒙特利尔议定书：未列入

第十六部分 其他信息

编写和修订信息 **缩略语和首字母缩写**

培训建议 **参考文献**

免责声明

丁 腈

第一部分 化学品标识

化学品中文名 丁腈；正丁腈；丙基氰

化学品英文名 butyronitrile；propyl cyanide

分子式 C_4H_7N **相对分子质量** 69.11

结构式 N

化学品的推荐及限制用途 用作化学药品及医药中间体等

第二部分 危险性概述

紧急情况概述 高度易燃液体和蒸气，吞咽会中毒，皮肤接触会中毒，吸入致命

GHS危险性类别 易燃液体，类别2；急性毒性-经口，类别3；急性毒性-经皮，类别3；急性毒性-吸入，类别2

标签要素

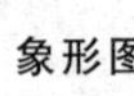
象形图

警示词 危险

危险性说明 高度易燃液体和蒸气，吞咽会中毒，皮肤接触会中毒，吸入致命

防范说明

预防措施 远离热源、火花、明火、热表面。禁止吸烟。保持容器密闭。容器和接收设备接地连接。使用防爆电器、通风、照明设备。只能使用不产生火花的工具。采取防止静电措施。戴防护手套、防护眼镜、防护面罩，穿防护服。避免接触眼睛、皮肤，操作后彻底清洗。作业场所不得进食、饮水或吸烟。避免吸入蒸气、雾。仅在室外或通风良好处操作。戴呼吸防护器具

事故响应 火灾时，使用二氧化碳、干粉、砂土灭火。如吸入：将患者转移到空气新鲜处，休息，保持利于呼吸的体位。皮肤接触：用大量肥皂水和水清洗。如感觉不适，呼叫中毒控制中心或就医。立即脱去所有被污染的衣服。被污染的衣服须经洗净后方可重新使用。食入：漱口。立即呼叫中毒控制中心或就医

安全储存 存放在通风良好的地方。保持低温。保持容器密闭。上锁保管

废弃处置 本品及内装物、容器依据国家和地方法规处置

物理和化学危险 高度易燃，其蒸气与空气混合，能形成爆炸性混合物

健康危害 急性中毒主要症状表现为无力、气急、震颤、血管扩张、血压下降，严重者抽搐、昏迷，甚至死亡。对皮肤、眼睛有轻微刺激作用

环境危害 对环境可能有害

第三部分 成分/组成信息

√物质		混合物
组分	浓度	CAS No.
丁腈		109-74-0

第四部分 急救措施

吸入 迅速脱离现场至空气新鲜处。保持呼吸道通畅。如呼吸困难，给输氧。如呼吸、心跳停止，立即进行心肺复苏术。就医

皮肤接触 立即脱去污染的衣着，用肥皂水和清水彻底冲洗。就医

眼睛接触 立即分开眼睑，用流动清水或生理盐水彻底冲洗。就医

食入 催吐（仅限于清醒者），给服活性炭悬液。就医

对保护施救者的忠告 根据需要使用个人防护设备

对医生的特别提示 使用亚硝酸钠、硫代硫酸钠、4-二甲基氨基苯酚等解毒剂

第五部分 消防措施

灭火剂 用二氧化碳、干粉、砂土灭火

特别危险性 遇高热、明火、氧化剂有引起燃烧的危险。燃烧生成有害的一氧化碳、氮氧化物

灭火注意事项及防护措施 消防人员必须佩戴空气呼吸器、穿全身防火防毒服，在上风向灭火。用水灭火无效，但须用水保持火场容器冷却。容器突然发出异常声音或出现异常现象，应立即撤离

第六部分 泄漏应急处理

作业人员防护措施、防护装备和应急处置程序 消除所有点火源。根据液体流动和蒸气扩散的影响区域划定警

戒区，无关人员从侧风、上风向撤离至安全区。建议应急处理人员戴正压自给式呼吸器，穿防毒、防静电服，戴橡胶耐油手套。禁止接触或跨越泄漏物。尽可能切断泄漏源

环境保护措施 防止泄漏物进入水体、下水道、地下室或有限空间

泄漏化学品的收容、清除方法及所使用的处置材料 小量泄漏：用砂土或其他不燃材料吸收。也可以用大量水冲洗，洗水稀释后放入废水系统。大量泄漏：构筑围堤或挖坑收容。用泡沫覆盖，减少蒸发。用防爆泵转移至槽车或专用收集器内。喷雾状水驱散蒸气、稀释液体泄漏物

第七部分 操作处置与储存

操作注意事项 严加密闭，提供充分的局部排风和全面通风。操作尽可能机械化、自动化。操作人员必须经过专门培训，严格遵守操作规程。建议操作人员佩戴自吸过滤式防毒面具（全面罩），穿胶布防毒衣，戴橡胶耐油手套。远离火种、热源。工作场所严禁吸烟。使用防爆型的通风系统和设备。防止蒸气泄漏到工作场所空气中。避免与还原剂、酸类、碱类接触。搬运时要轻装轻卸，防止包装及容器损坏。配备相应品种和数量的消防器材及泄漏应急处理设备。倒空的容器可能残留有害物

储存注意事项 储存于阴凉、通风良好的专用库房内。远离火种、热源。库温不宜超过 37℃。保持容器密封。应与还原剂、酸类、碱类、食用化学品分开存放，切忌混储。采用防爆型照明、通风设施。禁止使用易产生火花的机械设备和工具。储区应备有泄漏应急处理设备和合适的收容材料

第八部分 接触控制/个体防护

职业接触限值

中国 未制定标准

美国(ACGIH) 未制定标准

生物接触限值 未制定标准

监测方法 空气中有毒物质测定方法：未制定标准。生物监测检验方法：未制定标准

工程控制 严加密闭，提供充分的局部排风和全面通风。提供安全的淋浴和洗眼设备

个体防护装备

呼吸系统防护 可能接触毒物时，必须佩戴过滤式防毒面具（全面罩）。紧急事态抢救或撤离时，建议佩戴空气呼吸器

眼睛防护 呼吸系统防护中已作防护

皮肤和身体防护 穿隔绝式防毒服

手防护 戴橡胶耐油手套

第九部分 理化特性

外观与性状 无色液体，有刺激性气味

pH 值 无资料 **熔点(℃)** −112

沸点(℃) 117.5 **相对密度(水=1)** 0.80

相对蒸气密度(空气=1) 2.4

饱和蒸气压(kPa) 2.0（20℃）

燃烧热(kJ/mol) −2568.68 **临界温度(℃)** 309.1

临界压力(MPa) 3.8 **辛醇/水分配系数** 0.53

闪点(℃) 24（OC） **自燃温度(℃)** 501

爆炸下限(%) 1.65 **爆炸上限(%)** 11.4

分解温度(℃) 无资料

黏度(mPa·s) 0.62（20℃）

溶解性 微溶于水，混溶于乙醇、乙醚、二甲基甲酰胺，溶于苯

第十部分 稳定性和反应性

稳定性 稳定

危险反应 与强氧化剂等禁配物接触，有发生火灾和爆炸的危险

避免接触的条件 无资料

禁配物 强酸、强碱、强还原剂、强氧化剂

危险的分解产物 无资料

第十一部分 毒理学信息

急性毒性

LD_{50} 50mg/kg（大鼠经口）；27.7mg/kg（小鼠经口）；400mg/kg（兔经皮）

LC_{50} 702mg/m^3（小鼠吸入，1h）

皮肤刺激或腐蚀 家兔经皮：395mg，轻度刺激（开放性刺激试验）

眼睛刺激或腐蚀 家兔经眼：500mg（24h），轻度刺激

呼吸或皮肤过敏 无资料 **生殖细胞突变性** 无资料

致癌性 无资料

生殖毒性 大鼠吸入最低中毒浓度（TCLo）：200ppm（6h）（孕 6～20d），致胚胎毒性

特异性靶器官系统毒性-一次接触 无资料

特异性靶器官系统毒性-反复接触 无资料

吸入危害 无资料

第十二部分 生态学信息

生态毒性 无资料

持久性和降解性

生物降解性 无资料

非生物降解性 空气中，当羟基自由基浓度为5.00×10^{5}个/cm^{3}时，降解半衰期为 32d（理论）

潜在的生物累积性 根据 K_{ow}值预测，该物质的生物累积性可能较弱

土壤中的迁移性 根据 K_{oc}值预测，该物质可能易发生迁移

第十三部分 废弃处置

废弃化学品 建议用焚烧法处置。焚烧炉排出的氮氧化物通过洗涤器除去

污染包装物 将容器返还生产商或按照国家和地方法规处置

废弃注意事项 处置前应参阅国家和地方有关法规

第十四部分　运输信息

联合国危险货物编号（UN号） 2411

联合国运输名称 丁腈

联合国危险性类别 3，6.1

包装类别 Ⅱ类包装

包装标志 

海洋污染物 否

运输注意事项 运输时运输车辆应配备相应品种和数量的消防器材及泄漏应急处理设备。夏季最好早晚运输。运输时所用的槽（罐）车应有接地链，槽内可设孔隔板以减少震荡产生的静电。严禁与还原剂、酸类、碱类、食用化学品等混装混运。运输途中应防曝晒、雨淋，防高温。中途停留时应远离火种、热源、高温区。装运该物品的车辆排气管必须配备阻火装置，禁止使用易产生火花的机械设备和工具装卸。公路运输时要按规定路线行驶，勿在居民区和人口稠密区停留。铁路运输时要禁止溜放。严禁用木船、水泥船散装运输

第十五部分　法规信息

下列法律、法规、规章和标准，对该化学品的管理作了相应的规定。

中华人民共和国职业病防治法 职业病分类和目录：氰及腈类化合物中毒

危险化学品安全管理条例 危险化学品目录：列入。易制爆危险化学品名录：未列入。重点监管的危险化学品名录：未列入。GB 18218—2009《危险化学品重大危险源辨识》（表1）：未列入

使用有毒物品作业场所劳动保护条例 高毒物品目录：未列入

易制毒化学品管理条例 易制毒化学品的分类和品种目录：未列入

国际公约 斯德哥尔摩公约：未列入。鹿特丹公约：未列入。蒙特利尔议定书：未列入

第十六部分　其他信息

编写和修订信息　　**缩略语和首字母缩写**

培训建议　　**参考文献**

免责声明

丁　醛

第一部分　化学品标识

化学品中文名 丁醛；正丁醛

化学品英文名 *n*-butyraldehyde；butanal

分子式 C_4H_8O　**相对分子质量** 72.1

结构式 (structure: CH3CH2CH2CHO skeletal)

化学品的推荐及限制用途 用作树脂、塑料增塑剂、硫化促进剂、杀虫剂等的中间体

第二部分　危险性概述

紧急情况概述 高度易燃液体和蒸气

GHS危险性类别 易燃液体，类别2；危害水生环境-急性危害，类别3

标签要素

象形图 

警示词 危险

危险性说明 高度易燃液体和蒸气，对水生生物有害

防范说明

预防措施　远离热源、火花、明火、热表面。禁止吸烟。保持容器密闭。容器和接收设备接地连接。使用防爆电器、通风、照明设备。只能使用不产生火花的工具。采取防止静电措施。戴防护手套、防护眼镜、防护面罩。禁止排入环境

事故响应　火灾时，使用泡沫、干粉、二氧化碳、砂土灭火。如皮肤（或头发）接触：立即脱掉所有被污染的衣服，用水冲洗皮肤，淋浴

安全储存　存放在通风良好的地方。保持低温

废弃处置　本品及内装物、容器依据国家和地方法规处置

物理和化学危险 高度易燃，其蒸气与空气混合，能形成爆炸性混合物

健康危害 对眼、呼吸道黏膜及皮肤有强烈刺激性。吸入可引起喉、支气管的炎症、水肿和痉挛，化学性肺炎，肺水肿，并出现麻醉作用。长期或反复接触对个别敏感者可引起变态反应

环境危害 对水生生物有害

第三部分　成分/组成信息

√物质　　混合物

组分	浓度	CAS No.
丁醛		123-72-8

第四部分　急救措施

吸入 迅速脱离现场至空气新鲜处。保持呼吸道通畅。如呼吸困难，给输氧。如呼吸、心跳停止，立即进行心肺复苏术。就医

皮肤接触 立即脱去污染的衣着，用流动清水彻底冲洗。就医

眼睛接触 立即分开眼睑，用流动清水或生理盐水彻底冲洗。就医

食入 漱口，饮水。就医

对保护施救者的忠告 根据需要使用个人防护设备

对医生的特别提示 对症处理

第五部分　消防措施

灭火剂 用泡沫、干粉、二氧化碳、砂土灭火

特别危险性 若遇高热，可发生聚合反应，放出大量热量而引起容器破裂和爆炸事故。蒸气比空气重，沿地面

扩散并易积存于低洼处，遇火源会着火回燃。燃烧生成有害的一氧化碳

灭火注意事项及防护措施 消防人员须佩戴防毒面具、穿全身消防服，在上风向灭火。尽可能将容器从火场移至空旷处。喷水保持火场容器冷却，直至灭火结束。容器突然发出异常声音或出现异常现象，应立即撤离。用水灭火无效

第六部分 泄漏应急处理

作业人员防护措施、防护装备和应急处置程序 消除所有点火源。根据液体流动和蒸气扩散的影响区域划定警戒区，无关人员从侧风、上风向撤离至安全区。建议应急处理人员戴正压自给式呼吸器，穿防静电服，戴橡胶手套。作业时使用的所有设备应接地。禁止接触或跨越泄漏物。尽可能切断泄漏源

环境保护措施 防止泄漏物进入水体、下水道、地下室或有限空间

泄漏化学品的收容、清除方法及所使用的处置材料 小量泄漏：用砂土或其他不燃材料吸收，使用洁净的无火花工具收集吸收材料。大量泄漏：构筑围堤或挖坑收容。用砂土、惰性物质和蛭石吸收大量液体。用抗溶性泡沫覆盖，减少蒸发。喷水雾能减少蒸发，但不能降低泄漏物在有限空间内的易燃性。用防爆泵转移至槽车或专用收集器内

第七部分 操作处置与储存

操作注意事项 密闭操作，全面排风。操作人员必须经过专门培训，严格遵守操作规程。建议操作人员佩戴自吸过滤式防毒面具（全面罩），穿防静电工作服，戴橡胶手套。远离火种、热源。工作场所严禁吸烟。使用防爆型的通风系统和设备。防止蒸气泄漏到工作场所空气中。避免与氧化剂、还原剂、碱类接触。灌装时应控制流速，且有接地装置，防止静电积聚。配备相应品种和数量的消防器材及泄漏应急处理设备。倒空的容器可能残留有害物

储存注意事项 储存于阴凉、通风的库房。远离火种、热源。库温不宜超过37℃。包装要求密封，不可与空气接触。应与氧化剂、还原剂、碱类等分开存放，切忌混储。采用防爆型照明、通风设施。禁止使用易产生火花的机械设备和工具。储区应备有泄漏应急处理设备和合适的收容材料

第八部分 接触控制/个体防护

职业接触限值

中国 PC-TWA：5mg/m^3；PC-STEL：10mg/m^3

美国(ACGIH) 未制定标准

生物接触限值 未制定标准

监测方法 空气中有毒物质测定方法：未制定标准。生物监测检验方法：未制定标准

工程控制 密闭操作，全面排风。提供安全的淋浴和洗眼设备

个体防护装备

呼吸系统防护 空气中浓度超标时，应该佩戴过滤式防毒面具（全面罩）

眼睛防护 呼吸系统防护中已作防护

皮肤和身体防护 穿防静电工作服

手防护 戴橡胶手套

第九部分 理化特性

外观与性状 无色液体，有刺激性气味

pH值 无资料 **熔点(℃)** −99

沸点(℃) 75 **相对密度(水=1)** 0.80

相对蒸气密度(空气=1) 2.5

饱和蒸气压(kPa) 12.20 (20℃)

燃烧热(kJ/mol) −2479.34 **临界温度(℃)** 263.95

临界压力(MPa) 4.0

辛醇/水分配系数 0.88～1.18

闪点(℃) −22 (CC) **自燃温度(℃)** 218.3

爆炸下限(%) 1.9 **爆炸上限(%)** 12.5

分解温度(℃) 无资料

黏度(mPa·s) 0.45 (20℃)

溶解性 微溶于水，溶于乙醇、乙醚等多数有机溶剂

第十部分 稳定性和反应性

稳定性 稳定

危险反应 与强氧化剂等禁配物接触，有发生火灾和爆炸的危险。高热下可发生聚合

避免接触的条件 受热，接触空气

禁配物 强氧化剂、强碱、强还原剂

危险的分解产物 无资料

第十一部分 毒理学信息

急性毒性

LD_{50} 2490mg/kg（大鼠经口）；3560mg/kg（兔经皮）

LC_{50} 6400ppm（大鼠吸入，4h）

皮肤刺激或腐蚀 家兔经皮：410mg，轻度刺激（开放性刺激试验）

眼睛刺激或腐蚀 家兔经眼：20mg (24h)，中度刺激

呼吸或皮肤过敏 无资料 **生殖细胞突变性** 无资料

致癌性 无资料 **生殖毒性** 无资料

特异性靶器官系统毒性-一次接触 无资料

特异性靶器官系统毒性-反复接触 大鼠、家兔吸入0.05～0.5g/m^3，共计110～150d，出现生长发育迟缓、神经功能障碍。病理检查可见肺周围的血管水肿、支气管上皮增生和淋巴细胞浸润，以及肝、肾病理改变

吸入危害 无资料

第十二部分 生态学信息

生态毒性

LC_{50} 25.8mg/L (96h)（黑头呆鱼）

EC_{50} 19～83mg/L (48h)（水蚤）

IC_{50} 19mg/L (72h)（藻类）

持久性和降解性

生物降解性 OECD301C，14d降解100%，易快速生物降解

非生物降解性 水中光氧化半衰期（h）：2750～167000；空气中光氧化半衰期（h）：2.8～28

潜在的生物累积性 根据 K_{ow} 值预测，该物质的生物累积性可能较弱

土壤中的迁移性 根据 K_{oc} 值预测，该物质可能易发生迁移

第十三部分 废弃处置

废弃化学品 建议用焚烧法处置

污染包装物 将容器返还生产商或按照国家和地方法规处置

废弃注意事项 处置前应参阅国家和地方有关法规

第十四部分 运输信息

联合国危险货物编号（UN 号） 1129

联合国运输名称 丁醛 **联合国危险性类别** 3

包装类别 Ⅱ类包装 **包装标志**

海洋污染物 否

运输注意事项 运输时运输车辆应配备相应品种和数量的消防器材及泄漏应急处理设备。夏季最好早晚运输。运输时所用的槽（罐）车应有接地链，槽内可设孔隔板以减少震荡产生的静电。严禁与氧化剂、还原剂、碱类、食用化学品等混装混运。运输途中应防曝晒、雨淋，防高温。中途停留时应远离火种、热源、高温区。装运该物品的车辆排气管必须配备阻火装置，禁止使用易产生火花的机械设备和工具装卸。公路运输时要按规定路线行驶，勿在居民区和人口稠密区停留。铁路运输时要禁止溜放。严禁用木船、水泥船散装运输

第十五部分 法规信息

下列法律、法规、规章和标准，对该化学品的管理作了相应的规定。

中华人民共和国职业病防治法 职业病分类和目录：未列入

危险化学品安全管理条例 危险化学品目录：列入。易制爆危险化学品名录：未列入。重点监管的危险化学品名录：未列入。GB 18218—2009《危险化学品重大危险源辨识》（表 1）：未列入

使用有毒物品作业场所劳动保护条例 高毒物品目录：未列入

易制毒化学品管理条例 易制毒化学品的分类和品种目录：未列入

国际公约 斯德哥尔摩公约：未列入。鹿特丹公约：未列入。蒙特利尔议定书：未列入

第十六部分 其他信息

编写和修订信息 **缩略语和首字母缩写**

培训建议 **参考文献**

免责声明

丁 醛 肟

第一部分 化学品标识

化学品中文名 丁醛肟；丁缩醛肟

化学品英文名 butyraldoxime；butyraldehyde oxime

分子式 C_4H_9NO **相对分子质量** 87.14

结构式

化学品的推荐及限制用途 用作有机试剂

第二部分 危险性概述

紧急情况概述 易燃液体和蒸气，吸入会中毒

GHS 危险性类别 易燃液体，类别 3；急性毒性-经口，类别 4；急性毒性-经皮，类别 3；严重眼损伤/眼刺激，类别 2

标签要素

象形图

警示词 危险

危险性说明 易燃液体和蒸气，吞咽有害，吸入会中毒，造成严重眼刺激

防范说明

预防措施 远离热源、火花、明火、热表面。禁止吸烟。保持容器密闭。容器和接收设备接地连接。使用防爆电器、通风、照明设备。只能使用不产生火花的工具。采取防止静电措施。戴防护手套、防护眼镜、防护面罩。避免接触眼睛、皮肤，操作后彻底清洗。作业场所不得进食、饮水或吸烟。避免吸入蒸气、雾。仅在室外或通风良好处操作

事故响应 火灾时，使用泡沫、干粉、二氧化碳、砂土灭火。如吸入：将患者转移到空气新鲜处，休息，保持利于呼吸的体位。如皮肤（或头发）接触：立即脱掉所有被污染的衣服，用水冲洗皮肤，淋浴。如接触眼睛：用水细心冲洗数分钟。如戴隐形眼镜并可方便地取出，取出隐形眼镜继续冲洗。如果眼睛刺激持续：就医。食入：漱口。如果感觉不适，立即呼叫中毒控制中心或就医

安全储存 存放在通风良好的地方。保持低温。保持容器密闭。上锁保管

废弃处置 本品及内装物、容器依据国家和地方法规处置

物理和化学危险 易燃，其蒸气与空气混合，能形成爆炸性混合物

健康危害 本品对眼睛、皮肤、黏膜和上呼吸道有刺激作用。误服或吸入对身体有害

环境危害 对环境可能有害

第三部分 成分/组成信息

√物质		混合物
组分	**浓度**	**CAS No.**
丁醛肟		110-69-0

第四部分　急救措施

吸入　迅速脱离现场至空气新鲜处。保持呼吸道通畅。如呼吸困难，给输氧。如呼吸、心跳停止，立即进行心肺复苏术。就医

皮肤接触　立即脱去污染的衣着，用流动清水彻底冲洗。就医

眼睛接触　立即分开眼睑，用流动清水或生理盐水彻底冲洗。就医

食入　漱口，饮水。就医

对保护施救者的忠告　根据需要使用个人防护设备

对医生的特别提示　对症处理

第五部分　消防措施

灭火剂　用泡沫、干粉、二氧化碳、砂土灭火

特别危险性　易燃，其蒸气与空气混合，能形成爆炸性混合物；遇明火、高热或与氧化剂接触，有引起燃烧爆炸的危险。燃烧生成有害的一氧化碳、氮氧化物

灭火注意事项及防护措施　消防人员必须佩戴空气呼吸器、穿全身防火防毒服，在上风向灭火。喷水冷却容器，尽可能将容器从火场移至空旷处。容器突然发出异常声音或出现异常现象，应立即撤离

第六部分　泄漏应急处理

作业人员防护措施、防护装备和应急处置程序　消除所有点火源。根据液体流动和蒸气扩散的影响区域划定警戒区，无关人员从侧风、上风向撤离至安全区。建议应急处理人员戴正压自给式呼吸器，穿防毒、防静电服，戴橡胶耐油手套。作业时使用的所有设备应接地。禁止接触或跨越泄漏物。尽可能切断泄漏源

环境保护措施　防止泄漏物进入水体、下水道、地下室或有限空间

泄漏化学品的收容、清除方法及所使用的处置材料　小量泄漏：用砂土或其他不燃材料吸收，使用洁净的无火花工具收集吸收材料。大量泄漏：构筑围堤或挖坑收容。用抗溶性泡沫覆盖，减少蒸发。喷水雾能减少蒸发，但不能降低泄漏物在有限空间内的易燃性。用防爆泵转移至槽车或专用收集器内

第七部分　操作处置与储存

操作注意事项　密闭操作，全面排风。操作人员必须经过专门培训，严格遵守操作规程。建议操作人员佩戴过滤式防毒面具（半面罩），戴化学安全防护眼镜，穿防毒物渗透工作服，戴橡胶耐油手套。远离火种、热源。工作场所严禁吸烟。使用防爆型的通风系统和设备。防止蒸气泄漏到工作场所空气中。避免与氧化剂接触。充装要控制流速，防止静电积聚。搬运时要轻装轻卸，防止包装及容器损坏。配备相应品种和数量的消防器材及泄漏应急处理设备。倒空的容器可能残留有害物

储存注意事项　储存于阴凉、通风的库房。库温不宜超过37℃。远离火种、热源。避免光照。保持容器密封。应与氧化剂分开存放，切忌混储。采用防爆型照明、通风设施。禁止使用易产生火花的机械设备和工具。储区应备有泄漏应急处理设备和合适的收容材料

第八部分　接触控制/个体防护

职业接触限值

中国　未制定标准

美国(ACGIH)　未制定标准

生物接触限值　未制定标准

监测方法　空气中有毒物质测定方法：未制定标准。生物监测检验方法：未制定标准

工程控制　密闭操作，全面排风。提供安全淋浴和洗眼设备

个体防护装备

呼吸系统防护　可能接触其蒸气时，应该佩戴过滤式防毒面具（半面罩）

眼睛防护　戴化学安全防护眼镜

皮肤和身体防护　穿防毒物渗透工作服

手防护　戴橡胶耐油手套

第九部分　理化特性

外观与性状　无色、透明、油状液体

pH值　无资料　　**熔点(℃)**　−29.5

沸点(℃)　152　　**相对密度(水=1)**　0.923

相对蒸气密度(空气=1)　3.01

饱和蒸气压(kPa)　0.266（20℃）

燃烧热(kJ/mol)　无资料　　**临界温度(℃)**　无资料

临界压力(MPa)　无资料　　**辛醇/水分配系数**　0.780

闪点(℃)　57.8（CC）　　**自燃温度(℃)**　无资料

爆炸下限(%)　15　　**爆炸上限(%)**　28

溶解性　易溶于乙醇、乙醚

第十部分　稳定性和反应性

稳定性　稳定

危险反应　与强氧化剂等禁配物接触，有发生火灾和爆炸的危险

避免接触的条件　无资料　　**禁配物**　强氧化剂

危险的分解产物　无资料

第十一部分　毒理学信息

急性毒性

LD_{50}　200mg/kg（小鼠腹腔）

LDLo　100mg/kg（兔经口）

皮肤刺激或腐蚀　无资料　　**眼睛刺激或腐蚀**　无资料

呼吸或皮肤过敏　无资料　　**生殖细胞突变性**　无资料

致癌性　无资料　　**生殖毒性**　无资料

特异性靶器官系统毒性-一次接触　无资料

特异性靶器官系统毒性-反复接触　无资料

吸入危害　无资料

第十二部分　生态学信息

生态毒性　无资料

持久性和降解性

生物降解性　无资料

非生物降解性　无资料

潜在的生物累积性 根据 K_{ow}值预测，该物质的生物累积性可能较弱

土壤中的迁移性 根据 K_{oc}值预测，该物质可能易发生迁移

第十三部分 废弃处置

废弃化学品 建议用焚烧法处置。焚烧炉排出的氮氧化物通过洗涤器除去

污染包装物 将容器返还生产商或按照国家和地方法规处置

废弃注意事项 处置前应参阅国家和地方有关法规

第十四部分 运输信息

联合国危险货物编号（UN 号） 2840

联合国运输名称 丁醛肟 **联合国危险性类别** 3

包装类别 Ⅲ类包装 **包装标志** 

海洋污染物 否

运输注意事项 运输时运输车辆应配备相应品种和数量的消防器材及泄漏应急处理设备。夏季最好早晚运输。运输时所用的槽（罐）车应有接地链，槽内可设孔隔板以减少震荡产生的静电。严禁与氧化剂、食用化学品等混装混运。运输途中应防曝晒、雨淋，防高温。中途停留时应远离火种、热源、高温区。装运该物品的车辆排气管必须配备阻火装置，禁止使用易产生火花的机械设备和工具装卸。公路运输时要按规定路线行驶，勿在居民区和人口稠密区停留。铁路运输时要禁止溜放。严禁用木船、水泥船散装运输

第十五部分 法规信息

下列法律、法规、规章和标准，对该化学品的管理作了相应的规定。

中华人民共和国职业病防治法 职业病分类和目录：未列入

危险化学品安全管理条例 危险化学品目录：列入。易制爆危险化学品名录：未列入。重点监管的危险化学品名录：未列入。GB 18218—2009《危险化学品重大危险源辨识》（表 1）：未列入

使用有毒物品作业场所劳动保护条例 高毒物品目录：未列入

易制毒化学品管理条例 易制毒化学品的分类和品种目录：未列入

国际公约 斯德哥尔摩公约：未列入。鹿特丹公约：未列入。蒙特利尔议定书：未列入

第十六部分 其他信息

编写和修订信息 **缩略语和首字母缩写**

培训建议 **参考文献**

免责声明

1-丁炔

第一部分 化学品标识

化学品中文名 1-丁炔；乙基乙炔

化学品英文名 1-butyne；ethylacetylene

分子式 C_4H_6 **相对分子质量** 54

结构式 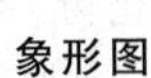

化学品的推荐及限制用途 用作有机合成的中间体及特殊燃料

第二部分 危险性概述

紧急情况概述 极易燃气体，内装加压气体：遇热可能爆炸

GHS 危险性类别 易燃气体，类别 1；加压气体

标签要素

象形图 

警示词 危险

危险性说明 极易燃气体，内装加压气体：遇热可能爆炸

防范说明

预防措施 远离热源、火花、明火、热表面。禁止吸烟

事故响应 漏气着火：切勿灭火，除非漏气能够安全地制止。如果没有危险，消除一切点火源

安全储存 防日晒。存放在通风良好的地方

废弃处置 -

物理和化学危险 极易燃，与空气混合能形成爆炸性混合物

健康危害 有刺激和窒息作用。过量接触引起眩晕、定向障碍、头痛、兴奋、中枢神经系统抑制、麻醉作用

环境危害 对环境可能有害

第三部分 成分/组成信息

√物质		混合物
组分	**浓度**	**CAS No.**
1-丁炔		107-00-6

第四部分 急救措施

吸入 迅速脱离现场至空气新鲜处。保持呼吸道通畅。如呼吸困难，给输氧。如呼吸、心跳停止，立即进行心肺复苏术。就医

皮肤接触 立即脱去污染的衣着，用流动清水彻底冲洗。就医

眼睛接触 立即分开眼睑，用流动清水或生理盐水彻底冲洗。就医

食入 漱口，饮水。就医

对保护施救者的忠告 根据需要使用个人防护设备

对医生的特别提示 对症处理

第五部分 消防措施

灭火剂 用雾状水、泡沫、二氧化碳、干粉灭火

特别危险性 本品易聚合，只有经过稳定化处理才允许储运。气体比空气重，沿地面扩散并易积存于低洼处，遇火源会着火回燃。燃烧生成有害的一氧化碳

灭火注意事项及防护措施 切断气源。若不能切断气源，则不允许熄灭泄漏处的火焰。消防人员必须佩戴空气呼吸器、穿全身防火防毒服，在上风向灭火。尽可能将容器从火场移至空旷处。喷水保持火场容器冷却，直至灭火结束

第六部分 泄漏应急处理

作业人员防护措施、防护装备和应急处置程序 消除所有点火源。根据气体扩散的影响区域划定警戒区，无关人员从侧风、上风向撤离至安全区。建议应急处理人员戴正压自给式呼吸器，穿防静电服。作业时使用的所有设备应接地。禁止接触或跨越泄漏物。尽可能切断泄漏源。喷雾状水抑制蒸气或改变蒸气云流向，避免水流接触泄漏物。禁止用水直接冲击泄漏物或泄漏源

环境保护措施 防止气体通过下水道、通风系统和有限空间扩散

泄漏化学品的收容、清除方法及所使用的处置材料 隔离泄漏区直至气体散尽

第七部分 操作处置与储存

操作注意事项 密闭操作，全面通风。操作人员必须经过专门培训，严格遵守操作规程。建议操作人员佩戴自吸过滤式防毒面具（半面罩），戴化学安全防护眼镜，穿防静电工作服。远离火种、热源。工作场所严禁吸烟。使用防爆型的通风系统和设备。防止气体泄漏到工作场所空气中。避免与氧化剂、卤素、氯代烃接触。在传送过程中，钢瓶和容器必须接地和跨接，防止产生静电。搬运时轻装轻卸，防止钢瓶及附件破损。配备相应品种和数量的消防器材及泄漏应急处理设备

储存注意事项 储存于阴凉、通风的易燃气体专用库房。远离火种、热源。库温不宜超过 30℃。应与氧化剂、卤素、氯代烃分开存放，切忌混储。采用防爆型照明、通风设施。禁止使用易产生火花的机械设备和工具。储区应备有泄漏应急处理设备

第八部分 接触控制/个体防护

职业接触限值

中国 未制定标准

美国(ACGIH) 未制定标准

生物接触限值 未制定标准

监测方法 空气中有毒物质测定方法：未制定标准。生物监测检验方法：未制定标准

工程控制 生产过程密闭，全面通风

个体防护装备

呼吸系统防护 一般不需要特殊防护，高浓度接触时可佩戴过滤式防毒面具（半面罩）

眼睛防护 必要时，戴化学安全防护眼镜

皮肤和身体防护 穿防静电工作服

手防护 戴一般作业防护手套

第九部分 理化特性

外观与性状 无色气体或挥发性液体

pH 值 无意义 **熔点(℃)** −130.2

沸点(℃) 8.0

相对密度(水=1) 0.676（0℃）

相对蒸气密度(空气=1) 1.93（25℃）

饱和蒸气压(kPa) 159.73（21℃）

燃烧热(kJ/mol) −23.426 **临界温度(℃)** 190.5

临界压力(MPa) 4.53 **辛醇/水分配系数** 1.530

闪点(℃) ＜−6.7（OC） **自燃温度(℃)** 无资料

爆炸下限(%) 1.1 **爆炸上限(%)** 6.6

分解温度(℃) 无资料 **黏度(mPa·s)** 无资料

溶解性 不溶于水，溶于乙醇、乙醚等多数有机溶剂

第十部分 稳定性和反应性

稳定性 稳定

危险反应 与强氧化剂、碱金属等禁配物接触，有发生火灾和爆炸的危险。易发生聚合

避免接触的条件 受热

禁配物 强氧化剂、碱金属、碱土金属、重金属尤其是铜、重金属盐、卤素

危险的分解产物 无资料

第十一部分 毒理学信息

急性毒性 无资料 **皮肤刺激或腐蚀** 无资料

眼睛刺激或腐蚀 无资料 **呼吸或皮肤过敏** 无资料

生殖细胞突变性 无资料 **致癌性** 无资料

生殖毒性 无资料

特异性靶器官系统毒性-一次接触 无资料

特异性靶器官系统毒性-反复接触 无资料

吸入危害 无资料

第十二部分 生态学信息

生态毒性 无资料

持久性和降解性

生物降解性 无资料

非生物降解性 无资料

潜在的生物累积性 根据 K_{ow} 值预测，该物质的生物累积性可能较弱

土壤中的迁移性 根据 K_{oc} 值预测，该物质可能易发生迁移

第十三部分 废弃处置

废弃化学品 建议用焚烧法处置

污染包装物 将容器返还生产商或按照国家和地方法规处置

废弃注意事项 处置前应参阅国家和地方有关法规

第十四部分 运输信息

联合国危险货物编号（UN号） 2452

联合国运输名称 乙基乙炔

联合国危险性类别 2.1

包装类别 - **包装标志** 

海洋污染物 否

运输注意事项 采用钢瓶运输时必须戴好钢瓶上的安全帽。钢瓶一般平放，并应将瓶口朝同一方向，不可交叉；高度不得超过车辆的防护栏板，并用三角木垫卡牢，防止滚动。运输时运输车辆应配备相应品种和数量的消防器材。装运该物品的车辆排气管必须配备阻火装置，禁止使用易产生火花的机械设备和工具装卸。严禁与氧化剂、卤素、氯代烃、食用化学品等混装混运。夏季应早晚运输，防止日光曝晒。中途停留时应远离火种、热源。公路运输时要按规定路线行驶，禁止在居民区和人口稠密区停留。铁路运输时要禁止溜放

第十五部分 法规信息

下列法律、法规、规章和标准，对该化学品的管理作了相应的规定。

中华人民共和国职业病防治法 职业病分类和目录：未列入

危险化学品安全管理条例 危险化学品目录：列入。易制爆危险化学品名录：未列入。重点监管的危险化学品名录：未列入。GB 18218—2009《危险化学品重大危险源辨识》（表1）：未列入

使用有毒物品作业场所劳动保护条例 高毒物品目录：未列入

易制毒化学品管理条例 易制毒化学品的分类和品种目录：未列入

国际公约 斯德哥尔摩公约：未列入。鹿特丹公约：未列入。蒙特利尔议定书：未列入

第十六部分 其他信息

编写和修订信息 **缩略语和首字母缩写**

培训建议 **参考文献**

免责声明

2-丁炔

第一部分 化学品标识

化学品中文名 2-丁炔；二甲基乙炔；巴豆炔

化学品英文名 2-butyne；crotonylene；dimethylacetylene

分子式 C_4H_6 **相对分子质量** 54.09

结构式 —═—

化学品的推荐及限制用途 用于有机合成中间体

第二部分 危险性概述

紧急情况概述 极易燃液体和蒸气

GHS危险性类别 易燃液体，类别1

标签要素

象形图 

警示词 危险

危险性说明 极易燃液体和蒸气

防范说明

预防措施 远离热源、火花、明火、热表面。禁止吸烟。保持容器密闭。容器和接收设备接地连接。使用防爆电器、通风、照明设备。只能使用不产生火花的工具。采取防止静电措施。戴防护手套、防护眼镜、防护面罩

事故响应 火灾时，使用泡沫、二氧化碳、干粉、砂土灭火。如皮肤（或头发）接触：立即脱掉所有被污染的衣服，用水冲洗皮肤，淋浴

安全储存 存放在通风良好的地方。保持低温

废弃处置 本品及内装物、容器依据国家和地方法规处置

物理和化学危险 极易燃，其蒸气与空气混合，能形成爆炸性混合物

健康危害 可能具有麻醉作用和刺激性

环境危害 对环境可能有害

第三部分 成分/组成信息

√物质		混合物
组分	**浓度**	**CAS No.**
2-丁炔		503-17-3

第四部分 急救措施

吸入 迅速脱离现场至空气新鲜处。保持呼吸道通畅。如呼吸困难，给输氧。如呼吸、心跳停止，立即进行心肺复苏术。就医

皮肤接触 立即脱去污染的衣着，用流动清水彻底冲洗。就医

眼睛接触 立即分开眼睑，用流动清水或生理盐水彻底冲洗。就医

食入 漱口，饮水。就医

对保护施救者的忠告 根据需要使用个人防护设备

对医生的特别提示 对症处理

第五部分 消防措施

灭火剂 用泡沫、二氧化碳、干粉、砂土灭火

特别危险性 遇高热，可发生聚合反应，放出大量热量而引起容器破裂和爆炸事故。蒸气比空气重，沿地面扩散并易积存于低洼处，遇火源会着火回燃。燃烧生成有害的一氧化碳

灭火注意事项及防护措施 消防人员须佩戴防毒面具、穿全身消防服，在上风向灭火。尽可能将容器从火场移至空旷处。喷水保持火场容器冷却，直至灭火结束。容器突然发出异常声音或出现异常现象，应立即撤离。用水灭火无效

第六部分 泄漏应急处理

作业人员防护措施、防护装备和应急处置程序 消除所有点火源。根据液体流动和蒸气扩散的影响区域划定警戒区，无关人员从侧风、上风向撤离至安全区。建议应急处理人员戴正压自给式呼吸器，穿防静电服，戴橡胶耐油手套。作业时使用的所有设备应接地。禁止接触或跨越泄漏物。尽可能切断泄漏源

环境保护措施 防止泄漏物进入水体、下水道、地下室或有限空间

泄漏化学品的收容、清除方法及所使用的处置材料 小量泄漏：用砂土或其他不燃材料吸收，使用洁净的无火花工具收集吸收材料。大量泄漏：构筑围堤或挖坑收容。用泡沫覆盖，减少蒸发。喷水雾能减少蒸发，但不能降低泄漏物在有限空间内的易燃性。用防爆泵转移至槽车或专用收集器内

第七部分 操作处置与储存

操作注意事项 密闭操作，全面通风。操作人员必须经过专门培训，严格遵守操作规程。建议操作人员佩戴自吸过滤式防毒面具（半面罩），戴化学安全防护眼镜，穿防静电工作服，戴橡胶耐油手套。远离火种、热源。工作场所严禁吸烟。使用防爆型的通风系统和设备。防止蒸气泄漏到工作场所空气中。避免与氧化剂、酸类接触。充装要控制流速，防止静电积聚。搬运时要轻装轻卸，防止包装及容器损坏。配备相应品种和数量的消防器材及泄漏应急处理设备。倒空的容器可能残留有害物

储存注意事项 储存于阴凉、通风的库房。远离火种、热源。库温不宜超过 29℃。包装要求密封，不可与空气接触。应与氧化剂、酸类分开存放，切忌混储。采用防爆型照明、通风设施。禁止使用易产生火花的机械设备和工具。储区应备有泄漏应急处理设备和合适的收容材料

第八部分 接触控制/个体防护

职业接触限值

中国 未制定标准

美国(ACGIH) 未制定标准

生物接触限值 未制定标准

监测方法 空气中有毒物质测定方法：未制定标准。生物监测检验方法：未制定标准

工程控制 生产过程密闭，全面通风。提供安全的淋浴和洗眼设备

个体防护装备

呼吸系统防护 一般不需要特殊防护，高浓度接触时可佩戴过滤式防毒面具（半面罩）

眼睛防护 戴化学安全防护眼镜

皮肤和身体防护 穿防静电工作服

手防护 戴橡胶耐油手套

第九部分 理化特性

外观与性状 无色挥发性液体

pH 值 无资料 **熔点(℃)** −32.2

沸点(℃) 27 **相对密度(水=1)** 0.691

相对蒸气密度(空气=1) 1.91

饱和蒸气压(kPa) 79 (20℃)

临界压力(MPa) 无资料 **辛醇/水分配系数** 1.46

闪点(℃) <−20 **自燃温度(℃)** 无资料

爆炸下限(%) 1.4 **爆炸上限(%)** 无资料

分解温度(℃) 无资料 **黏度(mPa·s)** 无资料

溶解性 不溶于水，溶于乙醚

第十部分 稳定性和反应性

稳定性 稳定

危险反应 与强氧化剂、碱金属等禁配物接触，有发生火灾和爆炸的危险。高热下易发生聚合

避免接触的条件 受热，接触空气

禁配物 强氧化剂、碱金属、碱土金属、重金属及重金属盐、卤素

危险的分解产物 无资料

第十一部分 毒理学信息

急性毒性 无资料 **皮肤刺激或腐蚀** 无资料

眼睛刺激或腐蚀 无资料 **呼吸或皮肤过敏** 无资料

生殖细胞突变性 无资料 **致癌性** 无资料

生殖毒性 无资料

特异性靶器官系统毒性-一次接触 无资料

特异性靶器官系统毒性-反复接触 无资料

吸入危害 无资料

第十二部分 生态学信息

生态毒性 无资料

持久性和降解性

生物降解性 无资料

非生物降解性 无资料

潜在的生物累积性 根据 K_{ow} 值预测，该物质的生物累积性可能较弱

土壤中的迁移性 根据 K_{oc} 值预测，该物质可能易发生迁移

第十三部分 废弃处置

废弃化学品 建议用焚烧法处置

污染包装物 将容器返还生产商或按照国家和地方法规处置

废弃注意事项 处置前应参阅国家和地方有关法规

第十四部分 运输信息

联合国危险货物编号(UN号) 1144

联合国运输名称 巴豆炔 **联合国危险性类别** 3

包装类别　Ⅰ类包装　　**包装标志** 

海洋污染物　否

运输注意事项　运输时运输车辆应配备相应品种和数量的消防器材及泄漏应急处理设备。夏季最好早晚运输。运输时所用的槽（罐）车应有接地链，槽内可设孔隔板以减少震荡产生的静电。严禁与氧化剂、酸类、食用化学品等混装混运。运输途中应防曝晒、雨淋，防高温。中途停留时应远离火种、热源、高温区。装运该物品的车辆排气管必须配备阻火装置，禁止使用易产生火花的机械设备和工具装卸。公路运输时要按规定路线行驶，勿在居民区和人口稠密区停留。铁路运输时要禁止溜放。严禁用木船、水泥船散装运输

第十五部分　法规信息

下列法律、法规、规章和标准，对该化学品的管理作了相应的规定。

中华人民共和国职业病防治法　职业病分类和目录：未列入

危险化学品安全管理条例　危险化学品目录：列入。易制爆危险化学品名录：未列入。重点监管的危险化学品名录：未列入。GB 18218—2009《危险化学品重大危险源辨识》(表 1)：未列入

使用有毒物品作业场所劳动保护条例　高毒物品目录：未列入

易制毒化学品管理条例　易制毒化学品的分类和品种目录：未列入

国际公约　斯德哥尔摩公约：未列入。鹿特丹公约：未列入。蒙特利尔议定书：未列入

第十六部分　其他信息

编写和修订信息　　**缩略语和首字母缩写**

培训建议　　**参考文献**

免责声明

1,4-丁炔二醇

第一部分　化学品标识

化学品中文名　1,4-丁炔二醇；1,4-二羟基-2-丁炔；电镀发光剂

化学品英文名　2-butyne-1,4-diol；1,4-dihydroxy-2-butyne

分子式　$C_4H_6O_2$　　**相对分子质量**　86.1

结构式　HO—C≡C—OH（结构式：HO/≡/OH）

化学品的推荐及限制用途　用于有机合成，用作电镀光亮剂

第二部分　危险性概述

紧急情况概述　吞咽会中毒，皮肤接触有害，吸入会中毒，造成严重的皮肤灼伤和眼损伤，可能导致皮肤过敏反应

GHS 危险性类别　急性毒性-经口，类别 3；急性毒性-经皮，类别 4；急性毒性-吸入，类别 3；皮肤腐蚀/刺激，类别 1B；严重眼损伤/眼刺激，类别 1；皮肤致敏物，类别 1；特异性靶器官毒性-反复接触，类别 2；危害水生环境-急性危害，类别 3

标签要素

象形图 

警示词　危险

危险性说明　吞咽会中毒，皮肤接触有害，吸入会中毒，造成严重的皮肤灼伤和眼损伤，可能导致皮肤过敏反应，长时间或反复接触可能对器官造成损伤，对水生生物有毒，对水生生物有害并且有长期持续影响

防范说明

预防措施　避免接触眼睛、皮肤，操作后彻底清洗。作业场所不得进食、饮水或吸烟。避免吸入粉尘。仅在室外或通风良好处操作。避免吸入粉尘或烟雾。戴防护手套，穿防护服，戴防护眼镜、防护面罩。污染的工作服不得带出工作场所。禁止排入环境

事故响应　如吸入：将患者转移到空气新鲜处，休息，保持利于呼吸的体位。皮肤接触：用大量肥皂水和水清洗。如出现皮肤刺激或皮疹：就医。被污染的衣服须经洗净后方可重新使用。眼睛接触：用水细心地冲洗数分钟。如戴隐形眼镜并可方便地取出，则取出隐形眼镜继续冲洗。食入：漱口。不要催吐。立即呼叫中毒控制中心或就医

安全储存　在通风良好处储存。保持容器密闭。上锁保管

废弃处置　本品及内装物、容器依据国家和地方法规处置

物理和化学危险　遇高热、明火或与氧化剂混合，经摩擦、撞击有引起燃烧爆炸的危险

健康危害　本品对眼和呼吸道有刺激性。对皮肤有刺激和致敏作用。口服刺激消化道，引起恶心、呕吐，可引起惊厥

环境危害　对水生生物有毒，对水生生物有害并且有长期持续影响

第三部分　成分/组成信息

√物质　　混合物

组分	浓度	CAS No.
1,4-丁炔二醇		110-65-6

第四部分　急救措施

吸入　迅速脱离现场至空气新鲜处。保持呼吸道通畅。如呼吸困难，给输氧。如呼吸、心跳停止，立即进行心肺复苏术。就医

皮肤接触 立即脱去污染的衣着，用流动清水彻底冲洗。就医

眼睛接触 立即分开眼睑，用流动清水或生理盐水彻底冲洗。就医

食入 饮适量温水，催吐（仅限于清醒者）。就医

对保护施救者的忠告 根据需要使用个人防护设备

对医生的特别提示 对症处理

第五部分 消防措施

灭火剂 用雾状水、抗溶性泡沫、二氧化碳、干粉、砂土灭火

特别危险性 遇高热、明火或与氧化剂混合，经摩擦、撞击有引起燃烧爆炸的危险。在高温时，若被汞盐、强酸、碱土金属、氢氧化物及卤化物等污染后，有可能发生爆炸。燃烧生成有害的一氧化碳

灭火注意事项及防护措施 消防人员必须佩戴空气呼吸器、穿全身防火防毒服，在上风向灭火。尽可能将容器从火场移至空旷处。喷水保持火场容器冷却，直至灭火结束

第六部分 泄漏应急处理

作业人员防护措施、防护装备和应急处置程序 隔离泄漏污染区，限制出入。消除所有点火源。建议应急处理人员戴防尘口罩，穿防毒服，戴防化学品手套。穿上适当的防护服前严禁接触破裂的容器和泄漏物。尽可能切断泄漏源。用塑料布覆盖泄漏物，减少飞散。勿使水进入包装容器内

环境保护措施 无资料

泄漏化学品的收容、清除方法及所使用的处置材料 用洁净的铲子收集泄漏物，置于干净、干燥、盖子较松的容器中，将容器移离泄漏区

第七部分 操作处置与储存

操作注意事项 密闭操作，局部排风。操作人员必须经过专门培训，严格遵守操作规程。建议操作人员佩戴自吸过滤式防尘口罩，戴化学安全防护眼镜，穿透气型防毒服，戴防化学品手套。远离火种、热源。工作场所严禁吸烟。使用防爆型的通风系统和设备。避免产生粉尘。避免与氧化剂、碱类接触。搬运时要轻装轻卸，防止包装及容器损坏。配备相应品种和数量的消防器材及泄漏应急处理设备。倒空的容器可能残留有害物

储存注意事项 储存于阴凉、通风的库房。远离火种、热源。包装密封。应与氧化剂、碱类、食用化学品分开存放，切忌混储。采用防爆型照明、通风设施。禁止使用易产生火花的机械设备和工具。储区应备有合适的材料收容泄漏物

第八部分 接触控制/个体防护

职业接触限值

中国 未制定标准

美国(ACGIH) 未制定标准

生物接触限值 未制定标准

监测方法 空气中有毒物质测定方法：未制定标准。生物监测检验方法：未制定标准

工程控制 密闭操作，局部排风。提供安全的淋浴和洗眼设备

个体防护装备

呼吸系统防护 空气中粉尘浓度较高时，佩戴过滤式防尘呼吸器

眼睛防护 戴化学安全防护眼镜

皮肤和身体防护 穿透气型防毒服

手防护 戴防化学品手套

第九部分 理化特性

外观与性状 无色至微黄色片状结晶，具有醇香味，易潮解

pH值 无意义 **熔点(℃)** 58

沸点(℃) 238

相对密度(水=1) 1.07～1.2

相对蒸气密度(空气=1) 无资料

饱和蒸气压(kPa) 0.133（102℃）

燃烧热(kJ/mol) 无资料 **临界温度(℃)** 无资料

临界压力(MPa) 无资料

辛醇/水分配系数 －0.93

闪点(℃) 128（OC） **自燃温度(℃)** 410

爆炸下限(%) 2.3 **爆炸上限(%)** 35.7

分解温度(℃) 无资料 **黏度(mPa·s)** 无资料

溶解性 易溶于水，易溶于甲醇、乙醇，不溶于乙醚、苯、氯仿

第十部分 稳定性和反应性

稳定性 稳定

危险反应 与强氧化剂等禁配物接触，有发生火灾和爆炸的危险。高温时若被汞盐、强酸、碱土金属、氢氧化物及卤化物等污染后，有可能发生爆炸

避免接触的条件 摩擦、撞击

禁配物 强氧化剂、强碱、酸酐、酰基氯、汞盐、强酸、碱土金属、氢氧化物及卤化物等

危险的分解产物 无资料

第十一部分 毒理学信息

急性毒性 LD_{50}：125mg/kg（大鼠经口）

皮肤刺激或腐蚀 无资料 **眼睛刺激或腐蚀** 无资料

呼吸或皮肤过敏 无资料 **生殖细胞突变性** 无资料

致癌性 无资料 **生殖毒性** 无资料

特异性靶器官系统毒性-一次接触 无资料

特异性靶器官系统毒性-反复接触 无资料

吸入危害 无资料

第十二部分 生态学信息

生态毒性 LC_{50}：49.3～58.3mg/L（96h）（黑头呆鱼）

持久性和降解性

生物降解性 无资料

非生物降解性　无资料

潜在的生物累积性　根据 K_{ow} 值预测，该物质的生物累积性可能较弱

土壤中的迁移性　根据 K_{oc} 值预测，该物质可能易发生迁移

第十三部分　废弃处置

废弃化学品　建议用焚烧法处置

污染包装物　将容器返还生产商或按照国家和地方法规处置

废弃注意事项　处置前应参阅国家和地方有关法规

第十四部分　运输信息

联合国危险货物编号（UN号）　2716

联合国运输名称　1,4-丁炔二醇

联合国危险性类别　6.1

包装类别　Ⅲ类包装　　**包装标志**

海洋污染物　否

运输注意事项　运输前应先检查包装容器是否完整、密封，运输过程中要确保容器不泄漏、不倒塌、不坠落、不损坏。严禁与酸类、氧化剂、食品及食品添加剂混运。运输时运输车辆应配备相应品种和数量的消防器材及泄漏应急处理设备。运输途中应防曝晒、雨淋，防高温

第十五部分　法规信息

下列法律、法规、规章和标准，对该化学品的管理作了相应的规定。

中华人民共和国职业病防治法　职业病分类和目录：未列入

危险化学品安全管理条例　危险化学品目录：列入。易制爆危险化学品名录：未列入。重点监管的危险化学品名录：未列入。GB 18218—2009《危险化学品重大危险源辨识》(表1)：未列入

使用有毒物品作业场所劳动保护条例　高毒物品目录：未列入

易制毒化学品管理条例　易制毒化学品的分类和品种目录：未列入

国际公约　斯德哥尔摩公约：未列入。鹿特丹公约：未列入。蒙特利尔议定书：未列入

第十六部分　其他信息

编写和修订信息　　**缩略语和首字母缩写**

培训建议　　**参考文献**

免责声明

丁　酸

第一部分　化学品标识

化学品中文名　丁酸；正丁酸

化学品英文名　butyric acid；butanoic acid

分子式　$C_4H_8O_2$　　**相对分子质量**　88.11

结构式　(structure: CH3CH2CH2-C(=O)OH)

化学品的推荐及限制用途　用作萃取剂、脱钙剂，用于酯类合成，也用以制取香料、杀菌剂和乳化剂等

第二部分　危险性概述

紧急情况概述　造成严重的皮肤灼伤和眼损伤

GHS危险性类别　皮肤腐蚀/刺激，类别1B；严重眼损伤/眼刺激，类别1；危害水生环境-急性危害，类别3

标签要素

象形图

警示词　危险

危险性说明　造成严重的皮肤灼伤和眼损伤，对水生生物有害

防范说明

预防措施　避免吸入烟雾。避免接触眼睛、皮肤，操作后彻底清洗。戴防护手套，穿防护服，戴防护眼镜、防护面罩。禁止排入环境

事故响应　如吸入：将患者转移到空气新鲜处，休息，保持利于呼吸的体位，立即呼叫中毒控制中心或就医。皮肤（或头发）接触：立即脱掉所有被污染的衣服，用水冲洗皮肤，淋浴。污染的衣服须洗净后方可重新使用。眼睛接触：用水细心地冲洗数分钟。如戴隐形眼镜并可方便地取出，则取出隐形眼镜继续冲洗。食入：漱口。不要催吐

安全储存　上锁保管

废弃处置　本品及内装物、容器依据国家和地方法规处置

物理和化学危险　可燃，其蒸气与空气混合，能形成爆炸性混合物

健康危害　蒸气对眼和上呼吸道有刺激性。眼和皮肤接触引起灼伤

环境危害　对水生生物有害

第三部分　成分/组成信息

√物质　　混合物

组分	浓度	CAS No.
丁酸		107-92-6

第四部分　急救措施

吸入　迅速脱离现场至空气新鲜处。保持呼吸道通畅。如呼吸困难，给输氧。如呼吸、心跳停止，立即进行心肺复苏术。就医

皮肤接触　立即脱去污染的衣着，用大量流动清水彻底冲洗至少15min。就医

眼睛接触　立即分开眼睑，用流动清水或生理盐水彻底冲洗至少15min。就医

食入 用水漱口，禁止催吐。给饮牛奶或蛋清。就医

对保护施救者的忠告 根据需要使用个人防护设备

对医生的特别提示 对症处理

第五部分 消防措施

灭火剂 用雾状水、抗溶性泡沫、干粉、二氧化碳、砂土灭火

危险特性 遇明火、高热可燃。对大多数金属有腐蚀性。燃烧生成有害的一氧化碳

灭火注意事项及防护措施 消防人员必须穿全身耐酸碱消防服、佩戴空气呼吸器灭火。尽可能将容器从火场移至空旷处。喷水保持火场容器冷却，直至灭火结束。容器突然发出异常声音或出现异常现象，应立即撤离

第六部分 泄漏应急处理

作业人员防护措施、防护装备和应急处置程序 根据液体流动和蒸气扩散的影响区域划定警戒区，无关人员从侧风、上风向撤离至安全区。消除所有点火源。建议应急处理人员戴正压自给式呼吸器，穿防酸碱服，戴橡胶耐酸碱手套。穿上适当的防护服前严禁接触破裂的容器和泄漏物。尽可能切断泄漏源

环境保护措施 防止泄漏物进入水体、下水道、地下室或有限空间

泄漏化学品的收容、清除方法及所使用的处置材料 小量泄漏：用干燥的砂土或其他不燃材料吸收或覆盖，收集于容器中。大量泄漏：构筑围堤或挖坑收容。用砂土、惰性物质和蛭石吸收大量液体。用石灰（CaO）、碎石灰石（$CaCO_3$）或碳酸氢钠（$NaHCO_3$）中和。用耐腐蚀泵转移至槽车或专用收集器内

第七部分 操作处置与储存

操作注意事项 密闭操作，加强通风。操作人员必须经过专门培训，严格遵守操作规程。建议操作人员佩戴直接式防毒面具（半面罩），戴化学安全防护眼镜，穿防酸碱工作服，戴橡胶耐酸碱手套。远离火种、热源。工作场所严禁吸烟。使用防爆型的通风系统和设备。防止蒸气泄漏到工作场所空气中。避免与氧化剂、还原剂、碱类接触。搬运时要轻装轻卸，防止包装及容器损坏。配备相应品种和数量的消防器材及泄漏应急处理设备。倒空的容器可能残留有害物

储存注意事项 储存于阴凉、通风的库房。远离火种、热源。库房温度不超过 32℃，相对湿度不超过 80%。保持容器密封。应与氧化剂、还原剂、碱类分开存放，切忌混储。配备相应品种和数量的消防器材。储区应备有泄漏应急处理设备和合适的收容材料

第八部分 接触控制/个体防护

职业接触限值

中国 未制定标准

美国(ACGIH) 未制定标准

生物接触限值 未制定标准

监测方法 空气中有毒物质测定方法：未制定标准。生物监测检验方法：未制定标准

工程控制 生产过程密闭，加强通风。提供安全的淋浴和洗眼设备

个体防护装备

呼吸系统防护 空气中浓度超标时，佩戴过滤式防毒面具（半面罩）

眼睛防护 戴化学安全防护眼镜

皮肤和身体防护 穿防酸碱工作服

手防护 戴橡胶耐酸碱手套

第九部分 理化特性

外观与性状 油状液体，有腐臭的酸味

pH 值 无资料 **熔点(℃)** −7.9

沸点(℃) 163.5 **相对密度(水=1)** 0.96

相对蒸气密度(空气=1) 3.04

饱和蒸气压(kPa) 0.10（25℃）

燃烧热(kJ/mol) −2181.4 **临界温度(℃)** 355

临界压力(MPa) 5.27 **辛醇/水分配系数** 0.79

闪点(℃) 72（CC） **自燃温度(℃)** 452

爆炸下限(%) 2.0 **爆炸上限(%)** 10.0

分解温度(℃) 无资料

黏度(mPa·s) 1.426（25℃）

溶解性 与水混溶，可混溶于乙醇、乙醚

第十部分 稳定性和反应性

稳定性 稳定

危险反应 与碱类、强氧化剂等禁配物发生反应

避免接触的条件 无资料

禁配物 碱类、强氧化剂、强还原剂

危险的分解产物 无资料

第十一部分 毒理学信息

急性毒性 LD_{50}：2000mg/kg（大鼠经口）；530mg/kg（兔经皮）

皮肤刺激或腐蚀 家兔经皮：500mg，中度刺激（开放性刺激试验）

眼睛刺激或腐蚀 无资料 **呼吸或皮肤过敏** 无资料

生殖细胞突变性 无资料 **致癌性** 无资料

生殖毒性 无资料

特异性靶器官系统毒性-一次接触 无资料

特异性靶器官系统毒性-反复接触 无资料

吸入危害 无资料

第十二部分 生态学信息

生态毒性 LC_{50}：200～5000mg/L（96h）（鱼）；61mg/L（48h）（水蚤）

持久性和降解性

生物降解性 OECD301C，易快速生物降解。活性污泥法，初始浓度 100mg/L，5d 去除率 72%

非生物降解性 无资料

潜在的生物累积性 根据 K_{ow} 值预测，该物质的生物累积性可能较弱

土壤中的迁移性 根据 K_{oc} 值预测，该物质可能易发生迁移

第十三部分　废弃处置

废弃化学品　建议用焚烧法处置

污染包装物　将容器返还生产商或按照国家和地方法规处置

废弃注意事项　处置前应参阅国家和地方有关法规

第十四部分　运输信息

联合国危险货物编号（UN号）　2820

联合国运输名称　丁酸　**联合国危险性类别**　8

包装类别　Ⅲ类包装　**包装标志**

海洋污染物　否

运输注意事项　起运时包装要完整，装载应稳妥。运输过程中要确保容器不泄漏、不倒塌、不坠落、不损坏。严禁与氧化剂、还原剂、碱类、食用化学品等混装混运。运输时运输车辆应配备相应品种和数量的消防器材及泄漏应急处理设备。运输途中应防曝晒、雨淋，防高温。公路运输时要按规定路线行驶，勿在居民区和人口稠密区停留

第十五部分　法规信息

下列法律、法规、规章和标准，对该化学品的管理作了相应的规定。

中华人民共和国职业病防治法　职业病分类和目录：未列入

危险化学品安全管理条例　危险化学品目录：列入。易制爆危险化学品名录：未列入。重点监管的危险化学品名录：未列入。GB 18218—2009《危险化学品重大危险源辨识》（表1）：未列入

使用有毒物品作业场所劳动保护条例　高毒物品目录：未列入

易制毒化学品管理条例　易制毒化学品的分类和品种目录：未列入

国际公约　斯德哥尔摩公约：未列入。鹿特丹公约：未列入。蒙特利尔议定书：未列入

第十六部分　其他信息

编写和修订信息　**缩略语和首字母缩写**

培训建议　**参考文献**

免责声明

丁酸丙酯

第一部分　化学品标识

化学品中文名　丁酸丙酯；正丁酸正丙酯

化学品英文名　*n*-propyl butyrate；butanoic acid；propyl ester

分子式　$C_7H_{14}O_2$　**相对分子质量**　130.21

结构式

化学品的推荐及限制用途　用于制纤维素以及醚的混合溶剂

第二部分　危险性概述

紧急情况概述　易燃液体和蒸气

GHS危险性类别　易燃液体，类别3

标签要素

象形图

警示词　警告

危险性说明　易燃液体和蒸气

防范说明

预防措施　远离热源、火花、明火、热表面。禁止吸烟。保持容器密闭。容器和接收设备接地连接。使用防爆电器、通风、照明设备。只能使用不产生火花的工具。采取防止静电措施。戴防护手套、防护眼镜、防护面罩

事故响应　火灾时，使用泡沫、干粉、二氧化碳、砂土灭火。如皮肤（或头发）接触：立即脱掉所有被污染的衣服，用水冲洗皮肤，淋浴

安全储存　存放在通风良好的地方。保持低温

废弃处置　本品及内装物、容器依据国家和地方法规处置

物理和化学危险　易燃，其蒸气与空气混合，能形成爆炸性混合物

健康危害　给动物致死量时发生皮毛粗糙、共济失调、气急、呼吸困难、抽搐和体温降低

环境危害　对环境可能有害

第三部分　成分/组成信息

√物质		混合物
组分	浓度	CAS No.
丁酸丙酯		105-66-8

第四部分　急救措施

吸入　迅速脱离现场至空气新鲜处。保持呼吸道通畅。如呼吸困难，给输氧。如呼吸、心跳停止，立即进行心肺复苏术。就医

皮肤接触　立即脱去污染的衣着，用流动清水彻底冲洗。就医

眼睛接触　立即分开眼睑，用流动清水或生理盐水彻底冲洗。就医

食入　漱口，饮水。就医

对保护施救者的忠告　根据需要使用个人防护设备

对医生的特别提示　对症处理

第五部分　消防措施

灭火剂　用泡沫、干粉、二氧化碳、砂土灭火

特别危险性　与氧化剂可发生反应。在火场中，受热的容

器有爆炸危险。燃烧生成有害的一氧化碳

灭火注意事项及防护措施 消防人员必须佩戴空气呼吸器、穿全身防火防毒服，在上风向灭火。喷水冷却容器，尽可能将容器从火场移至空旷处。容器突然发出异常声音或出现异常现象，应立即撤离

第六部分 泄漏应急处理

作业人员防护措施、防护装备和应急处置程序 消除所有点火源。根据液体流动和蒸气扩散的影响区域划定警戒区，无关人员从侧风、上风向撤离至安全区。建议应急处理人员戴正压自给式呼吸器，穿防静电服。作业时使用的所有设备应接地。禁止接触或跨越泄漏物。尽可能切断泄漏源

环境保护措施 防止泄漏物进入水体、下水道、地下室或有限空间

泄漏化学品的收容、清除方法及所使用的处置材料 小量泄漏：用砂土或其他不燃材料吸收，使用洁净的无火花工具收集吸收材料。大量泄漏：构筑围堤或挖坑收容。用泡沫覆盖，减少蒸发。喷水雾能减少蒸发，但不能降低泄漏物在有限空间内的易燃性。用防爆泵转移至槽车或专用收集器内

第七部分 操作处置与储存

操作注意事项 密闭操作，全面通风。操作人员必须经过专门培训，严格遵守操作规程。建议操作人员佩戴导管式防毒面具，戴化学安全防护眼镜，穿防静电工作服，戴橡胶耐油手套。远离火种、热源。工作场所严禁吸烟。使用防爆型的通风系统和设备。防止蒸气泄漏到工作场所空气中。避免与氧化剂、酸类、碱类接触。充装要控制流速，防止静电积聚。搬运时要轻装轻卸，防止包装及容器损坏。配备相应品种和数量的消防器材及泄漏应急处理设备。倒空的容器可能残留有害物

储存注意事项 储存于阴凉、通风的库房。远离火种、热源。库温不宜超过37℃。保持容器密封。应与氧化剂、酸类、碱类分开存放，切忌混储。采用防爆型照明、通风设施。禁止使用易产生火花的机械设备和工具。储区应备有泄漏应急处理设备和合适的收容材料

第八部分 接触控制/个体防护

职业接触限值

中国 未制定标准

美国(ACGIH) 未制定标准

生物接触限值 未制定标准

监测方法 空气中有毒物质测定方法：未制定标准。生物监测检验方法：未制定标准

工程控制 生产过程密闭，全面通风。提供安全的淋浴和洗眼设备

个体防护装备

呼吸系统防护 空气中浓度较高时，应该佩戴过滤式防毒面具（全面罩）。必要时佩戴空气呼吸器

眼睛防护 呼吸系统防护中已作防护

皮肤和身体防护 穿防静电工作服

手防护 戴橡胶耐油手套

第九部分 理化特性

外观与性状 无色透明液体，有水果香味

pH值 无资料　　**熔点(℃)** −95.2

沸点(℃) 142.7　　**相对密度(水=1)** 0.873

相对蒸气密度(空气=1) 4.5

饱和蒸气压(kPa) 无资料

燃烧热(kJ/mol) −316.25　　**临界温度(℃)** 326.6

临界压力(MPa) 无资料　　**辛醇/水分配系数** 2.340

闪点(℃) 38　　**自燃温度(℃)** 无资料

爆炸下限(%) 无资料　　**爆炸上限(%)** 无资料

分解温度(℃) 无资料　　**黏度(mPa·s)** 无资料

溶解性 微溶于水，溶于乙醇、乙醚

第十部分 稳定性和反应性

稳定性 稳定

危险反应 与强氧化剂等禁配物接触，有发生火灾和爆炸的危险

避免接触的条件 无资料

禁配物 强氧化剂、强酸、强碱

危险的分解产物 无资料

第十一部分 毒理学信息

急性毒性 LD_{50}：15000mg/kg（大鼠经口）

皮肤刺激或腐蚀 无资料　　**眼睛刺激或腐蚀** 无资料

呼吸或皮肤过敏 无资料　　**生殖细胞突变性** 无资料

致癌性 无资料　　**生殖毒性** 无资料

特异性靶器官系统毒性-一次接触 无资料

特异性靶器官系统毒性-反复接触 无资料

吸入危害 无资料

第十二部分 生态学信息

生态毒性 无资料

持久性和降解性

生物降解性 无资料

非生物降解性 无资料

潜在的生物累积性 根据 K_{ow} 值预测，该物质的生物累积性可能较弱

土壤中的迁移性 根据 K_{oc} 值预测，该物质可能有一定的迁移性

第十三部分 废弃处置

废弃化学品 建议用焚烧法处置

污染包装物 将容器返还生产商或按照国家和地方法规处置

废弃注意事项 处置前应参阅国家和地方有关法规

第十四部分 运输信息

联合国危险货物编号（UN号） 3272

联合国运输名称 酯类，未另作规定的（丁酸丙酯）

联合国危险性类别 3

包装类别 Ⅲ类包装 **包装标志**

海洋污染物 否

运输注意事项 运输时运输车辆应配备相应品种和数量的消防器材及泄漏应急处理设备。夏季最好早晚运输。运输时所用的槽（罐）车应有接地链，槽内可设孔隔板以减少震荡产生的静电。严禁与氧化剂、酸类、碱类等混装混运。运输途中应防曝晒、雨淋，防高温。中途停留时应远离火种、热源、高温区。装运该物品的车辆排气管必须配备阻火装置，禁止使用易产生火花的机械设备和工具装卸。公路运输时要按规定路线行驶，勿在居民区和人口稠密区停留。铁路运输时要禁止溜放。严禁用木船、水泥船散装运输

第十五部分　法规信息

下列法律、法规、规章和标准，对该化学品的管理作了相应的规定。

中华人民共和国职业病防治法 职业病分类和目录：未列入

危险化学品安全管理条例 危险化学品目录：列入。易制爆危险化学品名录：未列入。重点监管的危险化学品名录：未列入。GB 18218—2009《危险化学品重大危险源辨识》(表 1)：未列入

使用有毒物品作业场所劳动保护条例 高毒物品目录：未列入

易制毒化学品管理条例 易制毒化学品的分类和品种目录：未列入

国际公约 斯德哥尔摩公约：未列入。鹿特丹公约：未列入。蒙特利尔议定书：未列入

第十六部分　其他信息

编写和修订信息　　**缩略语和首字母缩写**

培训建议　　**参考文献**

免责声明

丁酸丁酯

第一部分　化学品标识

化学品中文名 丁酸丁酯；正丁酸正丁酯

化学品英文名 *n*-butyl *n*-butyrate；butanoic acid；butyl ester

分子式 $C_8H_{16}O_2$ **相对分子质量** 144.24

结构式

化学品的推荐及限制用途 用作溶剂、色谱分析标准物质，也用于有机合成

第二部分　危险性概述

紧急情况概述 易燃液体和蒸气

GHS 危险性类别 易燃液体，类别 3；危害水生环境-急性危害，类别 3

标签要素

象形图

警示词 警告

危险性说明 易燃液体和蒸气，对水生生物有害

防范说明

预防措施　远离热源、火花、明火、热表面。禁止吸烟。保持容器密闭。容器和接收设备接地连接。使用防爆电器、通风、照明设备。只能使用不产生火花的工具。采取防止静电措施。戴防护手套、防护眼镜、防护面罩。禁止排入环境

事故响应　火灾时，使用泡沫、干粉、二氧化碳、砂土灭火。如皮肤（或头发）接触：立即脱掉所有被污染的衣服，用水冲洗皮肤，淋浴

安全储存　存放在通风良好的地方。保持低温

废弃处置　本品及内装物、容器依据国家和地方法规处置

物理和化学危险 易燃，其蒸气与空气混合，能形成爆炸性混合物

健康危害 动物中毒的表现为暂时的兴奋，共济失调，上呼吸道刺激，迅速发展至呼吸紊乱

环境危害 对水生生物有害

第三部分　成分/组成信息

√物质　　混合物

组分	浓度	CAS No.
丁酸丁酯		109-21-7

第四部分　急救措施

吸入 迅速脱离现场至空气新鲜处。保持呼吸道通畅。如呼吸困难，给输氧。如呼吸、心跳停止，立即进行心肺复苏术。就医

皮肤接触 立即脱去污染的衣着，用流动清水彻底冲洗。就医

眼睛接触 立即分开眼睑，用流动清水或生理盐水彻底冲洗。就医

食入 漱口，饮水。就医

对保护施救者的忠告 根据需要使用个人防护设备

对医生的特别提示 对症处理

第五部分　消防措施

灭火剂 用泡沫、干粉、二氧化碳、砂土灭火

特别危险性 与氧化剂可发生反应。在火场中，受热的容器有爆炸危险。燃烧生成有害的一氧化碳

灭火注意事项及防护措施 消防人员必须佩戴空气呼吸器、穿全身防火防毒服，在上风向灭火。喷水冷却容器，尽可能将容器从火场移至空旷处。容器突然发出异常声音或出现异常现象，应立即撤离

第六部分 泄漏应急处理

作业人员防护措施、防护装备和应急处置程序 消除所有点火源。根据液体流动和蒸气扩散的影响区域划定警戒区，无关人员从侧风、上风向撤离至安全区。建议应急处理人员戴正压自给式呼吸器，穿防静电服。作业时使用的所有设备应接地。禁止接触或跨越泄漏物。尽可能切断泄漏源

环境保护措施 防止泄漏物进入水体、下水道、地下室或有限空间

泄漏化学品的收容、清除方法及所使用的处置材料 小量泄漏：用砂土或其他不燃材料吸收，使用洁净的无火花工具收集吸收材料。大量泄漏：构筑围堤或挖坑收容。用砂土、惰性物质和蛭石吸收大量液体。用泡沫覆盖，减少蒸发。喷水雾能减少蒸发，但不能降低泄漏物在有限空间内的易燃性。用防爆泵转移至槽车或专用收集器内

第七部分 操作处置与储存

操作注意事项 密闭操作，全面通风。操作人员必须经过专门培训，严格遵守操作规程。建议操作人员佩戴自吸过滤式防毒面具（半面罩），戴安全防护眼镜，穿防静电工作服，戴橡胶耐油手套。远离火种、热源。工作场所严禁吸烟。使用防爆型的通风系统和设备。防止蒸气泄漏到工作场所空气中。避免与氧化剂、酸类、碱类接触。充装要控制流速，防止静电积聚。搬运时要轻装轻卸，防止包装及容器损坏。配备相应品种和数量的消防器材及泄漏应急处理设备。倒空的容器可能残留有害物

储存注意事项 储存于阴凉、通风的库房。库温不宜超过37℃。远离火种、热源。保持容器密封。应与氧化剂、酸类、碱类分开存放，切忌混储。采用防爆型照明、通风设施。禁止使用易产生火花的机械设备和工具。储区应备有泄漏应急处理设备和合适的收容材料

第八部分 接触控制/个体防护

职业接触限值

中国 未制定标准

美国(ACGIH) 未制定标准

生物接触限值 未制定标准

监测方法 空气中有毒物质测定方法：未制定标准。生物监测检验方法：未制定标准

工程控制 生产过程密闭，全面通风。提供安全的淋浴和洗眼设备

个体防护装备

呼吸系统防护 空气中浓度较高时，应该佩戴过滤式防毒面具（半面罩）。必要时佩戴空气呼吸器

眼睛防护 戴安全防护眼镜

皮肤和身体防护 穿防静电工作服

手防护 戴橡胶耐油手套

第九部分 理化特性

外观与性状 无色液体

pH值 无资料 **熔点(℃)** −91.5

沸点(℃) 164～165 **相对密度(水=1)** 0.871

相对蒸气密度(空气=1) 5.0

饱和蒸气压(kPa) 1.73 (55℃)

燃烧热(kJ/mol) −4839.6 **临界温度(℃)** 无资料

临界压力(MPa) 无资料 **辛醇/水分配系数** 2.06

闪点(℃) 53 (OC) **自燃温度(℃)** 无资料

爆炸下限(%) 1 **爆炸上限(%)** 6.1

分解温度(℃) 无资料 **黏度(mPa·s)** 无资料

溶解性 不溶于水，可混溶于乙醇、乙醚

第十部分 稳定性和反应性

稳定性 稳定

危险反应 与强氧化剂等禁配物接触，有发生火灾和爆炸的危险

避免接触的条件 无资料

禁配物 强氧化剂、强碱、强酸

危险的分解产物 无资料

第十一部分 毒理学信息

急性毒性 LD_{50}：9520mg/kg（兔经口）

皮肤刺激或腐蚀 家兔经皮：500mg (24h)，重度刺激

眼睛刺激或腐蚀 无资料 **呼吸或皮肤过敏** 无资料

生殖细胞突变性 无资料 **致癌性** 无资料

生殖毒性 无资料

特异性靶器官系统毒性-一次接触 无资料

特异性靶器官系统毒性-反复接触 无资料

吸入危害 无资料

第十二部分 生态学信息

生态毒性 无资料

持久性和降解性

生物降解性 无资料

非生物降解性 无资料

潜在的生物累积性 根据 K_{ow} 值预测，该物质的生物累积性可能较弱

土壤中的迁移性 根据 K_{oc} 值预测，该物质可能有一定的迁移性

第十三部分 废弃处置

废弃化学品 建议用焚烧法处置

污染包装物 将容器返还生产商或按照国家和地方法规处置

废弃注意事项 处置前应参阅国家和地方有关法规

第十四部分 运输信息

联合国危险货物编号(UN号) 3272

联合国运输名称 酯类，未另作规定的（丁酸丁酯）

联合国危险性类别 3

包装类别 Ⅲ类包装 **包装标志** 

海洋污染物 否

运输注意事项 运输时运输车辆应配备相应品种和数量的消防器材及泄漏应急处理设备。夏季最好早晚运输。运输时所用的槽（罐）车应有接地链，槽内可设孔隔板以减少震荡产生的静电。严禁与氧化剂、酸类、碱类、食用化学品等混装混运。运输途中应防曝晒、雨淋，防高温。中途停留时应远离火种、热源、高温区。装运该物品的车辆排气管必须配备阻火装置，禁止使用易产生火花的机械设备和工具装卸。公路运输时要按规定路线行驶，勿在居民区和人口稠密区停留。铁路运输时要禁止溜放。严禁用木船、水泥船散装运输

第十五部分 法规信息

下列法律、法规、规章和标准，对该化学品的管理作了相应的规定。

中华人民共和国职业病防治法 职业病分类和目录：未列入

危险化学品安全管理条例 危险化学品目录：列入。易制爆危险化学品名录：未列入。重点监管的危险化学品名录：未列入。GB 18218—2009《危险化学品重大危险源辨识》（表1）：未列入

使用有毒物品作业场所劳动保护条例 高毒物品目录：未列入

易制毒化学品管理条例 易制毒化学品的分类和品种目录：未列入

国际公约 斯德哥尔摩公约：未列入。鹿特丹公约：未列入。蒙特利尔议定书：未列入

第十六部分 其他信息

编写和修订信息 **缩略语和首字母缩写**

培训建议 **参考文献**

免责声明

丁 酸 酐

第一部分 化学品标识

化学品中文名 丁酸酐

化学品英文名 butanoic anhydride；butyranhydride

分子式 $C_8H_{14}O_3$ **相对分子质量** 158.19

结构式 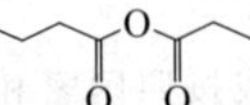

化学品的推荐及限制用途 用于制造各种丁酸酯和用于有机合成，以及用作溶剂等

第二部分 危险性概述

紧急情况概述 造成严重的皮肤灼伤和眼损伤

GHS危险性类别 急性毒性-经口，类别4；皮肤腐蚀/刺激，类别1B；严重眼损伤/眼刺激，类别1；危害水生环境-急性危害，类别3

标签要素

象形图 

警示词 危险

危险性说明 吞咽有害，造成严重的皮肤灼伤和眼损伤，对水生生物有害

防范说明

预防措施 避免吸入烟雾。避免接触眼睛、皮肤，操作后彻底清洗。作业场所不得进食、饮水或吸烟。戴防护手套，穿防护服，戴防护眼镜、防护面罩。禁止排入环境

事故响应 如吸入将患者转移到空气新鲜处，休息，保持利于呼吸的体位。皮肤（或头发）接触：立即脱掉所有被污染的衣服，用水冲洗皮肤，淋浴。污染的衣服须洗净后方可重新使用。眼睛接触：用水细心地冲洗数分钟。如戴隐形眼镜并可方便地取出，则取出隐形眼镜继续冲洗。食入：漱口。不要催吐。如果感觉不适，立即呼叫中毒控制中心或就医

安全储存 上锁保管

废弃处置 本品及内装物、容器依据国家和地方法规处置

物理和化学危险 可燃，其蒸气与空气混合，能形成爆炸性混合物

健康危害 本品对黏膜、上呼吸道、眼和皮肤有强烈的刺激性

环境危害 对水生生物有害

第三部分 成分/组成信息

√物质		混合物
组分	**浓度**	**CAS No.**
丁酸酐		106-31-0

第四部分 急救措施

吸入 迅速脱离现场至空气新鲜处。保持呼吸道通畅。如呼吸困难，给输氧。如呼吸、心跳停止，立即进行心肺复苏术。就医

皮肤接触 立即脱去污染的衣着，用大量流动清水彻底冲洗至少15min。就医

眼睛接触 立即分开眼睑，用流动清水或生理盐水彻底冲洗至少15min。就医

食入 用水漱口，禁止催吐。给饮牛奶或蛋清。就医

对保护施救者的忠告 根据需要使用个人防护设备

对医生的特别提示 对症处理

第五部分 消防措施

灭火剂 用雾状水、抗溶性泡沫、干粉、二氧化碳、砂土灭火

特别危险性 遇明火、高热可燃。具有腐蚀性。燃烧生成

有害的一氧化碳

灭火注意事项及防护措施 消防人员必须穿全身耐酸碱消防服、佩戴空气呼吸器灭火。尽可能将容器从火场移至空旷处。喷水保持火场容器冷却，直至灭火结束。容器突然发出异常声音或出现异常现象，应立即撤离

第六部分 泄漏应急处理

作业人员防护措施、防护装备和应急处置程序 根据液体流动和蒸气扩散的影响区域划定警戒区，无关人员从侧风、上风向撤离至安全区。建议应急处理人员戴正压自给式呼吸器，穿防酸碱服，戴橡胶耐酸碱手套。作业时使用的所有设备应接地。穿上适当的防护服前严禁接触破裂的容器和泄漏物。尽可能切断泄漏源

环境保护措施 防止泄漏物进入水体、下水道、地下室或有限空间

泄漏化学品的收容、清除方法及所使用的处置材料 严禁用水处理。小量泄漏：用干燥的砂土或其他不燃材料覆盖泄漏物。大量泄漏：构筑围堤或挖坑收容。用砂土、惰性物质和蛭石吸收大量液体。用石灰（CaO）、碎石灰石（$CaCO_3$）或碳酸氢钠（$NaHCO_3$）中和。用耐腐蚀泵转移至槽车或专用收集器内

第七部分 操作处置与储存

操作注意事项 密闭操作，注意通风。操作人员必须经过专门培训，严格遵守操作规程。建议操作人员佩戴自吸过滤式防毒面具（全面罩），穿防酸碱工作服，戴橡胶耐酸碱手套。远离火种、热源。工作场所严禁吸烟。使用防爆型的通风系统和设备。防止蒸气泄漏到工作场所空气中。避免与氧化剂、还原剂、酸类、碱类、醇类接触。搬运时要轻装轻卸，防止包装及容器损坏。配备相应品种和数量的消防器材及泄漏应急处理设备。倒空的容器可能残留有害物

储存注意事项 储存于阴凉、干燥、通风良好的库房。远离火种、热源。库房温度不超过 32℃，相对湿度不超过 80%。保持容器密封。应与氧化剂、还原剂、酸类、碱类、醇类等分开存放，切忌混储。配备相应品种和数量的消防器材。储区应备有泄漏应急处理设备和合适的收容材料

第八部分 接触控制/个体防护

职业接触限值

中国 未制定标准

美国(ACGIH) 未制定标准

生物接触限值 未制定标准

监测方法 空气中有毒物质测定方法：未制定标准。生物监测检验方法：未制定标准

工程控制 密闭操作，注意通风。提供安全的淋浴和洗眼设备

个体防护装备

呼吸系统防护 可能接触其蒸气时，佩戴过滤式防毒面具（全面罩）

眼睛防护 呼吸系统防护中已作防护

皮肤和身体防护 穿防酸碱工作服

手防护 戴橡胶耐酸碱手套

第九部分 理化特性

外观与性状 无色液体，有刺激性气味

pH 值 无资料 **熔点(℃)** −75

沸点(℃) 199.5 **相对密度(水=1)** 0.97

相对蒸气密度(空气=1) 5.45

饱和蒸气压(kPa) 0.04（20℃）

燃烧热(kJ/mol) 无资料 **临界温度(℃)** 无资料

临界压力(MPa) 2.64 **辛醇/水分配系数** 1.39

闪点(℃) 87.8（OC）；54（CC）

自燃温度(℃) 279.44 **爆炸下限(%)** 1.1（104℃）

爆炸上限(%) 7.6（144℃） **分解温度(℃)** 无资料

黏度(mPa·s) 1.59（20℃） **溶解性** 溶于乙醚

第十部分 稳定性和反应性

稳定性 稳定

危险反应 与强氧化剂、碱类等禁配物发生反应

避免接触的条件 潮湿空气

禁配物 强氧化剂、酸类、碱类、强还原剂、水、醇类

危险的分解产物 无资料

第十一部分 毒理学信息

急性毒性 LD_{50}：8970mg/kg（大鼠经口）；6400mg/kg（兔经皮）

皮肤刺激或腐蚀 无资料 **眼睛刺激或腐蚀** 无资料

呼吸或皮肤过敏 无资料 **生殖细胞突变性** 无资料

致癌性 无资料 **生殖毒性** 无资料

特异性靶器官系统毒性-一次接触 无资料

特异性靶器官系统毒性-反复接触 无资料

吸入危害 无资料

第十二部分 生态学信息

生态毒性 无资料

持久性和降解性

生物降解性 无资料

非生物降解性 无资料

潜在的生物累积性 根据 K_{ow} 值预测，该物质的生物累积性可能较弱

土壤中的迁移性 根据 K_{oc} 值预测，该物质可能易发生迁移

第十三部分 废弃处置

废弃化学品 建议用焚烧法处置

污染包装物 将容器返还生产商或按照国家和地方法规处置

废弃注意事项 处置前应参阅国家和地方有关法规

第十四部分 运输信息

联合国危险货物编号（UN 号） 2739

联合国运输名称 丁酸酐 **联合国危险性类别** 8

包装类别 Ⅲ类包装 **包装标志** 

海洋污染物 否

运输注意事项 起运时包装要完整，装载应稳妥。运输过程中要确保容器不泄漏、不倒塌、不坠落、不损坏。严禁与氧化剂、还原剂、酸类、碱类、醇类、食用化学品等混装混运。运输时运输车辆应配备相应品种和数量的消防器材及泄漏应急处理设备。运输途中应防曝晒、雨淋，防高温。公路运输时要按规定路线行驶，勿在居民区和人口稠密区停留

第十五部分 法规信息

下列法律、法规、规章和标准，对该化学品的管理作了相应的规定。

中华人民共和国职业病防治法 职业病分类和目录：未列入

危险化学品安全管理条例 危险化学品目录：列入。易制爆危险化学品名录：未列入。重点监管的危险化学品名录：未列入。GB 18218—2009《危险化学品重大危险源辨识》(表 1)：未列入

使用有毒物品作业场所劳动保护条例 高毒物品目录：未列入

易制毒化学品管理条例 易制毒化学品的分类和品种目录：未列入

国际公约 斯德哥尔摩公约：未列入。鹿特丹公约：未列入。蒙特利尔议定书：未列入

第十六部分 其他信息

编写和修订信息 **缩略语和首字母缩写**

培训建议 **参考文献**

免责声明

丁酸甲酯

第一部分 化学品标识

化学品中文名 丁酸甲酯；正丁酸甲酯

化学品英文名 methyl *n*-butyrate；butanoic acid methyl ester

分子式 $C_5H_{10}O_2$ **相对分子质量** 102.15

结构式

化学品的推荐及限制用途 用作溶剂和用于有机合成

第二部分 危险性概述

紧急情况概述 高度易燃液体和蒸气

GHS 危险性类别 易燃液体，类别 2

标签要素

象形图 

警示词 危险

危险性说明 高度易燃液体和蒸气

防范说明

预防措施 远离热源、火花、明火、热表面。禁止吸烟。保持容器密闭。容器和接收设备接地连接。使用防爆电器、通风、照明设备。只能使用不产生火花的工具。采取防止静电措施。戴防护手套、防护眼镜、防护面罩

事故响应 火灾时，使用泡沫、二氧化碳、干粉、砂土灭火。如皮肤（或头发）接触：立即脱掉所有被污染的衣服，用水冲洗皮肤，淋浴

安全储存 存放在通风良好的地方。保持低温

废弃处置 本品及内装物、容器依据国家和地方法规处置

物理和化学危险 高度易燃，其蒸气与空气混合，能形成爆炸性混合物

健康危害 给动物致死量时发生皮毛粗糙、共济失调、气急、呼吸困难、抽搐和体温降低

环境危害 对环境可能有害

第三部分 成分/组成信息

√物质		混合物
组分	浓度	CAS No.
丁酸甲酯		623-42-7

第四部分 急救措施

吸入 迅速脱离现场至空气新鲜处。保持呼吸道通畅。如呼吸困难，给输氧。如呼吸、心跳停止，立即进行心肺复苏术。就医

皮肤接触 立即脱去污染的衣着，用流动清水彻底冲洗。就医

眼睛接触 立即分开眼睑，用流动清水或生理盐水彻底冲洗。就医

食入 漱口，饮水。就医

对保护施救者的忠告 根据需要使用个人防护设备

对医生的特别提示 对症处理

第五部分 消防措施

灭火剂 用泡沫、二氧化碳、干粉、砂土灭火

特别危险性 蒸气比空气重，沿地面扩散并易积存于低洼处，遇火源会着火回燃。燃烧生成有害的一氧化碳

灭火注意事项及防护措施 消防人员须佩戴防毒面具、穿全身消防服，在上风向灭火。尽可能将容器从火场移至空旷处。容器突然发出异常声音或出现异常现象，应立即撤离。用水灭火无效，但可用水保持火场中容器冷却

第六部分 泄漏应急处理

作业人员防护措施、防护装备和应急处置程序 消除所有点火源。根据液体流动和蒸气的影响区域划定警戒区，无关人员从侧风、上风向撤离至安全区。建议应急处理人员戴正压自给式呼吸器，穿防静电服。作业时使用的所有设备应接地。禁止接触或跨越泄漏物。尽可能切断泄漏源

环境保护措施 防止泄漏物进入水体、下水道、地下室或有限空间

泄漏化学品的收容、清除方法及所使用的处置材料 小量

泄漏：用砂土或其他不燃材料吸收，使用洁净的无火花工具收集吸收材料。大量泄漏：构筑围堤或挖坑收容。用抗溶性泡沫覆盖，减少蒸发。喷水雾能减少蒸发，但不能降低泄漏物在有限空间内的易燃性。用防爆泵转移至槽车或专用收集器内。喷雾状水驱散蒸气、稀释液体泄漏物

第七部分　操作处置与储存

操作注意事项　密闭操作，全面通风。操作人员必须经过专门培训，严格遵守操作规程。建议操作人员佩戴自吸过滤式防毒面具（半面罩），戴化学安全防护眼镜，穿防静电工作服，戴橡胶耐油手套。远离火种、热源。工作场所严禁吸烟。使用防爆型的通风系统和设备。防止蒸气泄漏到工作场所空气中。避免与氧化剂、酸类、碱类接触。灌装时应控制流速，且有接地装置，防止静电积聚。搬运时要轻装轻卸，防止包装及容器损坏。配备相应品种和数量的消防器材及泄漏应急处理设备。倒空的容器可能残留有害物

储存注意事项　储存于阴凉、通风的库房。远离火种、热源。库温不宜超过37℃。保持容器密封。应与氧化剂、酸类、碱类分开存放，切忌混储。采用防爆型照明、通风设施。禁止使用易产生火花的机械设备和工具。储区应备有泄漏应急处理设备和合适的收容材料

第八部分　接触控制/个体防护

职业接触限值

中国　未制定标准

美国(ACGIH)　未制定标准

生物接触限值　未制定标准

监测方法　空气中有毒物质测定方法：未制定标准。生物监测检验方法：未制定标准

工程控制　生产过程密闭，全面通风。提供安全的淋浴和洗眼设备

个体防护装备

呼吸系统防护　可能接触其蒸气时，应该佩戴过滤式防毒面具（半面罩）。紧急事态抢救或撤离时，建议佩戴空气呼吸器

眼睛防护　戴化学安全防护眼镜

皮肤和身体防护　穿防静电工作服

手防护　戴橡胶耐油手套

第九部分　理化特性

外观与性状　无色液体，有苹果香味

pH值　无资料　　**熔点(℃)**　−85.8

沸点(℃)　102.8　　**相对密度(水=1)**　0.90

相对蒸气密度(空气=1)　3.5

饱和蒸气压(kPa)　4.3（25℃）

燃烧热(kJ/mol)　−2895.9　　**临界温度(℃)**　281.3

临界压力(MPa)　3.47　　**辛醇/水分配系数**　1.29

闪点(℃)　14（CC）　　**自燃温度(℃)**　无资料

爆炸下限(%)　1.6　　**爆炸上限(%)**　8.8

分解温度(℃)　无资料　　**黏度(mPa·s)**　无资料

溶解性　微溶于水，溶于乙醇、乙醚等

第十部分　稳定性和反应性

稳定性　稳定

危险反应　与强氧化剂等禁配物接触，有发生火灾和爆炸的危险

避免接触的条件　无资料

禁配物　强氧化剂、强碱、强酸

危险的分解产物　无资料

第十一部分　毒理学信息

急性毒性

LD_{50}　3380mg/kg（兔经口）；3560mg/kg（兔经皮）

LC_{50}　18000mg/m^3（小鼠吸入，2h）

皮肤刺激或腐蚀　家兔经皮：500mg（24h），重度刺激

眼睛刺激或腐蚀　无资料　　**呼吸或皮肤过敏**　无资料

生殖细胞突变性　无资料　　**致癌性**　无资料

生殖毒性　无资料

特异性靶器官系统毒性-一次接触　无资料

特异性靶器官系统毒性-反复接触　无资料

吸入危害　无资料

第十二部分　生态学信息

生态毒性　无资料

持久性和降解性

生物降解性　无资料

非生物降解性　空气中，当羟基自由基浓度为5.00×10^{5}个/cm^{3}时，降解半衰期为5d（理论）；当pH值为7、8时，水解半衰期分别为3.3a、121d（理论）

潜在的生物累积性　根据K_{ow}值预测，该物质的生物累积性可能较弱

土壤中的迁移性　根据K_{oc}值预测，该物质可能易发生迁移

第十三部分　废弃处置

废弃化学品　建议用焚烧法处置

污染包装物　将容器返还生产商或按照国家和地方法规处置

废弃注意事项　处置前应参阅国家和地方有关法规

第十四部分　运输信息

联合国危险货物编号（UN号）　1237

联合国运输名称　丁酸甲酯

联合国危险性类别　3

包装类别　Ⅱ类包装　　**包装标志**

海洋污染物　否

运输注意事项　运输时运输车辆应配备相应品种和数量的消防器材及泄漏应急处理设备。夏季最好早晚运输。运输时所用的槽（罐）车应有接地链，槽内可设孔隔板以减少震荡产生的静电。严禁与氧化剂、酸类、碱

类、食用化学品等混装混运。运输途中应防曝晒、雨淋，防高温。中途停留时应远离火种、热源、高温区。装运该物品的车辆排气管必须配备阻火装置，禁止使用易产生火花的机械设备和工具装卸。公路运输时要按规定路线行驶，勿在居民区和人口稠密区停留。铁路运输时要禁止溜放。严禁用木船、水泥船散装运输

第十五部分 法规信息

下列法律、法规、规章和标准，对该化学品的管理作了相应的规定。

中华人民共和国职业病防治法 职业病分类和目录：未列入

危险化学品安全管理条例 危险化学品目录：列入。易制爆危险化学品名录：未列入。重点监管的危险化学品名录：未列入。GB 18218—2009《危险化学品重大危险源辨识》(表 1)：未列入

使用有毒物品作业场所劳动保护条例 高毒物品目录：未列入

易制毒化学品管理条例 易制毒化学品的分类和品种目录：未列入

国际公约 斯德哥尔摩公约：未列入。鹿特丹公约：未列入。蒙特利尔议定书：未列入

第十六部分 其他信息

编写和修订信息 **缩略语和首字母缩写**

培训建议 **参考文献**

免责声明

丁酸戊酯

第一部分 化学品标识

化学品中文名 丁酸戊酯

化学品英文名 amyl butyrate；pentyl butanoate

分子式 $C_9H_{18}O_2$ **相对分子质量** 158.27

结构式

化学品的推荐及限制用途 用于有机合成

第二部分 危险性概述

紧急情况概述 易燃液体和蒸气

GHS 危险性类别 易燃液体，类别 3

标签要素

象形图

警示词 警告

危险性说明 易燃液体和蒸气

防范说明

预防措施 远离热源、火花、明火、热表面。禁止吸烟。保持容器密闭。容器和接收设备接地连接。使用防爆电器、通风、照明设备。只能使用不产生火花的工具。采取防止静电措施。戴防护手套、防护眼镜、防护面罩

事故响应 火灾时，使用泡沫、干粉、二氧化碳、砂土灭火。如皮肤（或头发）接触：立即脱掉所有被污染的衣服，用水冲洗皮肤，淋浴

安全储存 存放在通风良好的地方。保持低温

废弃处置 本品及内装物、容器依据国家和地方法规处置

物理和化学危险 易燃，其蒸气与空气混合，能形成爆炸性混合物

健康危害 给动物致死量时发生皮毛粗糙、共济失调、气急、呼吸困难、抽搐和体温降低

环境危害 对环境可能有害

第三部分 成分/组成信息

√物质 混合物

组分	浓度	CAS No.
丁酸戊酯		540-18-1

第四部分 急救措施

吸入 迅速脱离现场至空气新鲜处。保持呼吸道通畅。如呼吸困难，给输氧。如呼吸、心跳停止，立即进行心肺复苏术。就医

皮肤接触 立即脱去污染的衣着，用流动清水彻底冲洗。就医

眼睛接触 立即分开眼睑，用流动清水或生理盐水彻底冲洗。就医

食入 漱口，饮水。就医

对保护施救者的忠告 根据需要使用个人防护设备

对医生的特别提示 对症处理

第五部分 消防措施

灭火剂 用泡沫、干粉、二氧化碳、砂土灭火

特别危险性 其蒸气与空气混合，能形成爆炸性混合物，遇明火、高热能引起燃烧爆炸。与氧化剂可发生反应。燃烧生成有害的一氧化碳

灭火注意事项及防护措施 消防人员必须佩戴空气呼吸器、穿全身防火防毒服，在上风向灭火。喷水冷却容器，尽可能将容器从火场移至空旷处。容器突然发出异常声音或出现异常现象，应立即撤离

第六部分 泄漏应急处理

作业人员防护措施、防护装备和应急处置程序 消除所有点火源。根据液体流动和蒸气扩散的影响区域划定警戒区，无关人员从侧风、上风向撤离至安全区。建议应急处理人员戴正压自给式呼吸器，穿防静电服。作业时使用的所有设备应接地。禁止接触或跨越泄漏物。尽可能切断泄漏源

环境保护措施 防止泄漏物进入水体、下水道、地下室或有限空间

泄漏化学品的收容、清除方法及所使用的处置材料 小量泄漏：用砂土或其他不燃材料吸收，使用洁净的无火花工具收集吸收材料。大量泄漏：构筑围堤或挖坑收

容。用泡沫覆盖，减少蒸发。喷水雾能减少蒸发，但不能降低泄漏物在有限空间内的易燃性。用防爆泵转移至槽车或专用收集器内

第七部分 操作处置与储存

操作注意事项 密闭操作，全面通风。操作人员必须经过专门培训，严格遵守操作规程。建议操作人员佩戴自吸过滤式防毒面具（半面罩），戴化学安全防护眼镜，穿防静电工作服，戴橡胶耐油手套。远离火种、热源。工作场所严禁吸烟。使用防爆型的通风系统和设备。防止蒸气泄漏到工作场所空气中。避免与氧化剂、酸类、碱类接触。充装要控制流速，防止静电积聚。搬运时要轻装轻卸，防止包装及容器损坏。配备相应品种和数量的消防器材及泄漏应急处理设备。倒空的容器可能残留有害物

储存注意事项 储存于阴凉、通风的库房。库温不宜超过37℃。远离火种、热源。保持容器密封。应与氧化剂、酸类、碱类分开存放，切忌混储。采用防爆型照明、通风设施。禁止使用易产生火花的机械设备和工具。储区应备有泄漏应急处理设备和合适的收容材料

第八部分 接触控制/个体防护

职业接触限值

中国 未制定标准

美国(ACGIH) 未制定标准

生物接触限值 未制定标准

监测方法 空气中有毒物质测定方法：未制定标准。生物监测检验方法：未制定标准

工程控制 生产过程密闭，全面通风。提供安全的淋浴和洗眼设备

个体防护装备

呼吸系统防护 空气中浓度较高时，应该佩戴过滤式防毒面具（半面罩）。必要时佩戴空气呼吸器

眼睛防护 必要时，戴化学安全防护眼镜

皮肤和身体防护 穿防静电工作服

手防护 戴橡胶耐油手套

第九部分 理化特性

外观与性状 无色液体，有苦杏仁味

pH 值 无资料 **熔点(℃)** −73.2

沸点(℃) 185 **相对密度(水=1)** 0.87

相对蒸气密度(空气=1) 5.46

饱和蒸气压(kPa) 无资料

燃烧热(kJ/mol) 无资料 **临界温度(℃)** 无资料

临界压力(MPa) 无资料 **辛醇/水分配系数** 3.320

闪点(℃) 57 **自燃温度(℃)** 582

爆炸下限(%) 无资料 **爆炸上限(%)** 无资料

分解温度(℃) 无资料 **黏度(mPa·s)** 无资料

溶解性 不溶于水，混溶于乙醇、乙醚

第十部分 稳定性和反应性

稳定性 稳定

危险反应 与强氧化剂等禁配物接触，有发生火灾和爆炸的危险

避免接触的条件 无资料

禁配物 强氧化剂、强酸、强碱

危险的分解产物 无资料

第十一部分 毒理学信息

急性毒性 LD_{50}：12210mg/kg（大鼠经口）

皮肤刺激或腐蚀 无资料 **眼睛刺激或腐蚀** 无资料

呼吸或皮肤过敏 无资料 **生殖细胞突变性** 无资料

致癌性 无资料 **生殖毒性** 无资料

特异性靶器官系统毒性-一次接触 无资料

特异性靶器官系统毒性-反复接触 无资料

吸入危害 无资料

第十二部分 生态学信息

生态毒性 无资料

持久性和降解性

生物降解性 无资料

非生物降解性 无资料

潜在的生物累积性 根据 K_{ow} 值预测，该物质可能有一定的生物累积性

土壤中的迁移性 根据 K_{oc} 值预测，该物质可能有一定的迁移性

第十三部分 废弃处置

废弃化学品 建议用焚烧法处置

污染包装物 将容器返还生产商或按照国家和地方法规处置

废弃注意事项 处置前应参阅国家和地方有关法规

第十四部分 运输信息

联合国危险货物编号(UN 号) 2620

联合国运输名称 丁酸戊酯

联合国危险性类别 3

包装类别 Ⅲ类包装 **包装标志**

海洋污染物 否

运输注意事项 运输时运输车辆应配备相应品种和数量的消防器材及泄漏应急处理设备。夏季最好早晚运输。运输时所用的槽（罐）车应有接地链，槽内可设孔隔板以减少震荡产生的静电。严禁与氧化剂、酸类、碱类等混装混运。运输途中应防曝晒、雨淋，防高温。中途停留时应远离火种、热源、高温区。装运该物品的车辆排气管必须配备阻火装置，禁止使用易产生火花的机械设备和工具装卸。公路运输时要按规定路线行驶，勿在居民区和人口稠密区停留。铁路运输时要禁止溜放。严禁用木船、水泥船散装运输

第十五部分 法规信息

下列法律、法规、规章和标准，对该化学品的管理作了相应的规定。

中华人民共和国职业病防治法 职业病分类和目录：未列入

危险化学品安全管理条例 危险化学品目录：列入。易制爆危险化学品名录：未列入。重点监管的危险化学品名录：未列入。GB 18218—2009《危险化学品重大危险源辨识》(表 1)：未列入

使用有毒物品作业场所劳动保护条例 高毒物品目录：未列入

易制毒化学品管理条例 易制毒化学品的分类和品种目录：未列入

国际公约 斯德哥尔摩公约：未列入。鹿特丹公约：未列入。蒙特利尔议定书：未列入

第十六部分 其他信息

编写和修订信息 **缩略语和首字母缩写**

培训建议 **参考文献**

免责声明

丁酸乙酯

第一部分 化学品标识

化学品中文名 丁酸乙酯；正丁酸乙酯

化学品英文名 ethyl *n*-butyrate；ethyl butanoate

分子式 $C_6H_{12}O_2$ **相对分子质量** 116.16

结构式

化学品的推荐及限制用途 用于香料、香精萃取和作溶剂

第二部分 危险性概述

紧急情况概述 易燃液体和蒸气

GHS 危险性类别 易燃液体，类别 3；皮肤腐蚀/刺激，类别 2；特异性靶器官毒性-一次接触，类别 3（呼吸道刺激）

标签要素

象形图

警示词 警告

危险性说明 易燃液体和蒸气，造成皮肤刺激，可能引起呼吸道刺激

防范说明

预防措施 远离热源、火花、明火、热表面。禁止吸烟。保持容器密闭。容器和接收设备接地连接。使用防爆电器、通风、照明设备。只能使用不产生火花的工具。采取防止静电措施。戴防护手套、防护眼镜、防护面罩。避免接触眼睛、皮肤，操作后彻底清洗

事故响应 火灾时，使用泡沫、干粉、二氧化碳、砂土灭火。如皮肤（或头发）接触：立即脱掉所有被污染的衣服。用大量肥皂水和水清洗。如发生皮肤刺激，就医。脱去被污染的衣服，洗净后方可重新使用

安全储存 存放在通风良好的地方。保持低温

废弃处置 本品及内装物、容器依据国家和地方法规处置

物理和化学危险 易燃，其蒸气与空气混合，能形成爆炸性混合物

健康危害 给动物致死量时发生皮毛粗糙、共济失调、气急、呼吸困难、抽搐和体温降低

环境危害 对环境可能有害

第三部分 成分/组成信息

√物质		混合物
组分	浓度	CAS No.
丁酸乙酯		105-54-4

第四部分 急救措施

吸入 迅速脱离现场至空气新鲜处。保持呼吸道通畅。如呼吸困难，给输氧。如呼吸、心跳停止，立即进行心肺复苏术。就医

皮肤接触 立即脱去污染的衣着，用流动清水彻底冲洗。就医

眼睛接触 立即分开眼睑，用流动清水或生理盐水彻底冲洗。就医

食入 漱口，饮水。就医

对保护施救者的忠告 根据需要使用个人防护设备

对医生的特别提示 对症处理

第五部分 消防措施

灭火剂 用泡沫、干粉、二氧化碳、砂土灭火

特别危险性 其蒸气与空气混合，能形成爆炸性混合物，遇明火、高热或与氧化剂接触，有引起燃烧爆炸的危险。燃烧生成有害的一氧化碳

灭火注意事项及防护措施 消防人员必须佩戴空气呼吸器、穿全身防火防毒服，在上风向灭火。喷水冷却容器，尽可能将容器从火场移至空旷处。容器突然发出异常声音或出现异常现象，应立即撤离

第六部分 泄漏应急处理

作业人员防护措施、防护装备和应急处置程序 消除所有点火源。根据液体流动和蒸气扩散的影响区域划定警戒区，无关人员从侧风、上风向撤离至安全区。建议应急处理人员戴正压自给式呼吸器，穿防静电服。作业时使用的所有设备应接地。禁止接触或跨越泄漏物。尽可能切断泄漏源

环境保护措施 防止泄漏物进入水体、下水道、地下室或有限空间

泄漏化学品的收容、清除方法及所使用的处置材料 小量泄漏：用砂土或其他不燃材料吸收，使用洁净的无火花工具收集吸收材料。大量泄漏：构筑围堤或挖坑收容。用泡沫覆盖，减少蒸发。喷水雾能减少蒸发，但不能降低泄漏物在有限空间内的易燃性。用防爆泵转移至槽车或专用收集器内

第七部分 操作处置与储存

操作注意事项 密闭操作，全面通风。操作人员必须经过

专门培训，严格遵守操作规程。建议操作人员佩戴自吸过滤式防毒面具（全面罩），戴化学安全防护眼镜，穿防静电工作服，戴橡胶耐油手套。远离火种、热源。工作场所严禁吸烟。使用防爆型的通风系统和设备。防止蒸气泄漏到工作场所空气中。避免与氧化剂、酸类、碱类接触。充装要控制流速，防止静电积聚。搬运时要轻装轻卸，防止包装及容器损坏。配备相应品种和数量的消防器材及泄漏应急处理设备。倒空的容器可能残留有害物

储存注意事项 储存于阴凉、通风的库房。远离火种、热源。库温不宜超过37℃。保持容器密封。应与氧化剂、酸类、碱类分开存放，切忌混储。采用防爆型照明、通风设施。禁止使用易产生火花的机械设备和工具。储区应备有泄漏应急处理设备和合适的收容材料

第八部分 接触控制/个体防护

职业接触限值

中国 未制定标准

美国(ACGIH) 未制定标准

生物接触限值 未制定标准

监测方法 空气中有毒物质测定方法：未制定标准。生物监测检验方法：未制定标准

工程控制 生产过程密闭，全面通风。提供安全的淋浴和洗眼设备

个体防护装备

呼吸系统防护 空气中浓度较高时，应该佩戴过滤式防毒面具（全面罩）。必要时佩戴空气呼吸器

眼睛防护 呼吸系统防护中已作防护

皮肤和身体防护 穿防静电工作服

手防护 戴橡胶耐油手套

第九部分 理化特性

外观与性状 无色液体，有菠萝香味

pH值 无资料 **熔点(℃)** −97

沸点(℃) 120～121 **相对密度(水=1)** 0.879

相对蒸气密度(空气=1) 4.0

饱和蒸气压(kPa) 1.71（20℃）

燃烧热(kJ/mol) −3558.0 **临界温度(℃)** 293

临界压力(MPa) 3.2

辛醇/水分配系数 1.73（计算）

闪点(℃) 24（CC） **自燃温度(℃)** 463

爆炸下限(%) 1.3 **爆炸上限(%)** 8.8

分解温度(℃) 无资料

黏度(mPa·s) 0.711（15℃）

溶解性 不溶于水、甘油，溶于乙醇、乙醚

第十部分 稳定性和反应性

稳定性 稳定

危险反应 与强氧化剂等禁配物接触，有发生火灾和爆炸的危险

避免接触的条件 无资料

禁配物 强氧化剂、酸类、碱类

危险的分解产物 无资料

第十一部分 毒理学资料

急性毒性 LD_{50}：13000mg/kg（大鼠经口）

皮肤刺激或腐蚀 家兔经皮：500mg（24h），中度刺激

眼睛刺激或腐蚀 无资料 **呼吸或皮肤过敏** 无资料

生殖细胞突变性 无资料 **致癌性** 无资料

生殖毒性 无资料

特异性靶器官系统毒性-一次接触 无资料

特异性靶器官系统毒性-反复接触 无资料

吸入危害 无资料

第十二部分 生态学资料

生态毒性

LC_{50} 17mg/L（48h）（金色圆腹雅罗鱼）

IC_{50} 47～700mg/L（72h）（藻类）

持久性和降解性

生物降解性 无资料

非生物降解性 空气中，当羟基自由基浓度为5.00×10^5个/cm^3时，降解半衰期为6d（理论）；当pH值为5、7、8、9时，水解半衰期分别为101a、6.3a、229d、23d（理论）

潜在的生物累积性

土壤中的迁移性

第十三部分 废弃处置

废弃化学品 建议用焚烧法处置

污染包装物 将容器返还生产商或按照国家和地方法规处置

废弃注意事项 处置前应参阅国家和地方有关法规

第十四部分 运输信息

联合国危险货物编号（UN号） 1180

联合国运输名称 丁酸乙酯

联合国危险性类别 3

包装类别 Ⅲ类包装 **包装标志**

海洋污染物 否

运输注意事项 运输时运输车辆应配备相应品种和数量的消防器材及泄漏应急处理设备。夏季最好早晚运输。运输时所用的槽（罐）车应有接地链，槽内可设孔隔板以减少震荡产生的静电。严禁与氧化剂、酸类、碱类等混装混运。运输途中应防曝晒、雨淋，防高温。中途停留时应远离火种、热源、高温区。装运该物品的车辆排气管必须配备阻火装置，禁止使用易产生火花的机械设备和工具装卸。公路运输时要按规定路线行驶，勿在居民区和人口稠密区停留。铁路运输时要禁止溜放。严禁用木船、水泥船散装运输

第十五部分 法规信息

下列法律、法规、规章和标准，对该化学品的管理作了相应的规定。

中华人民共和国职业病防治法 职业病分类和目录：未列入

危险化学品安全管理条例 危险化学品目录：列入。易制爆危险化学品名录：未列入。重点监管的危险化学品名录：未列入。GB 18218—2009《危险化学品重大危险源辨识》（表 1）：未列入

使用有毒物品作业场所劳动保护条例 高毒物品目录：未列入

易制毒化学品管理条例 易制毒化学品的分类和品种目录：未列入

国际公约 斯德哥尔摩公约：未列入。鹿特丹公约：未列入。蒙特利尔议定书：未列入

第十六部分 其他信息

编写和修订信息 **缩略语和首字母缩写**

培训建议 **参考文献**

免责声明

2-丁酮

第一部分 化学品标识

化学品中文名 2-丁酮；乙基甲基酮；甲乙酮

化学品英文名 2-butanone；methyl ethyl ketone

分子式 C_4H_8O **相对分子质量** 72.11

结构式

化学品的推荐及限制用途 用作溶剂、脱蜡剂，也用于有机合成，以及作为合成香料和医药的原料

第二部分 危险性概述

紧急情况概述 高度易燃液体和蒸气，可能引起昏昏欲睡或眩晕

GHS 危险性类别 易燃液体，类别 2；严重眼损伤/眼刺激，类别 2；特异性靶器官毒性-一次接触，类别 3（麻醉效应）

标签要素

象形图

警示词 危险

危险性说明 高度易燃液体和蒸气，造成严重眼刺激，可能引起昏昏欲睡或眩晕

防范说明

预防措施 远离热源、火花、明火、热表面。禁止吸烟。保持容器密闭。容器和接收设备接地连接。使用防爆电器、通风、照明设备。只能使用不产生火花的工具。采取防止静电措施。戴防护手套、防护眼镜、防护面罩。避免接触眼睛、皮肤，操作后彻底清洗

事故响应 火灾时，使用抗溶性泡沫、干粉、二氧化碳、砂土灭火。如皮肤（或头发）接触：立即脱掉所有被污染的衣服，用水冲洗皮肤，淋浴。如接触眼睛：用水细心冲洗数分钟。如戴隐形眼镜并可方便地取出，取出隐形眼镜继续冲洗。如果眼睛刺激持续：就医

安全储存 存放在通风良好的地方。保持低温

废弃处置 本品及内装物、容器依据国家和地方法规处置

物理和化学危险 高度易燃，其蒸气与空气混合，能形成爆炸性混合物

健康危害 对眼、鼻、喉、黏膜有刺激性。长期接触本品液体和蒸气可致皮炎。动物试验显示，本品有麻醉作用

环境危害 对环境可能有害

第三部分 成分/组成信息

√物质		混合物
组分	**浓度**	**CAS No.**
2-丁酮		78-93-3

第四部分 急救措施

吸入 迅速脱离现场至空气新鲜处。保持呼吸道通畅。如呼吸困难，给输氧。如呼吸、心跳停止，立即进行心肺复苏术。就医

皮肤接触 立即脱去污染的衣着，用流动清水彻底冲洗。就医

眼睛接触 立即分开眼睑，用流动清水或生理盐水彻底冲洗。就医

食入 漱口，饮水。就医

对保护施救者的忠告 根据需要使用个人防护设备

对医生的特别提示 对症处理

第五部分 消防措施

灭火剂 用抗溶性泡沫、干粉、二氧化碳、砂土灭火

特别危险性 蒸气比空气重，沿地面扩散并易积存于低洼处，遇火源会着火回燃。燃烧生成有害的一氧化碳

灭火注意事项及防护措施 消防人员须佩戴防毒面具、穿全身消防服，在上风向灭火。尽可能将容器从火场移至空旷处。喷水保持火场容器冷却，直至灭火结束。容器突然发出异常声音或出现异常现象，应立即撤离

第六部分 泄漏应急处理

作业人员防护措施、防护装备和应急处置程序 消除所有点火源。根据液体流动和蒸气扩散的影响区域划定警戒区，无关人员从侧风、上风向撤离至安全区。建议应急处理人员戴正压自给式呼吸器，穿防静电服，戴橡胶耐油手套。作业时使用的所有设备应接地。禁止接触或跨越泄漏物。尽可能切断泄漏源

环境保护措施 防止泄漏物进入水体、下水道、地下室或有限空间

泄漏化学品的收容、清除方法及所使用的处置材料 小量泄漏：用砂土或其他不燃材料吸收，使用洁净的无火花工具收集吸收材料。大量泄漏：构筑围堤或挖坑收容。用砂土、惰性物质和蛭石吸收大量液体。用抗溶性泡沫覆盖，减少蒸发。喷水雾能减少蒸发，但不能降低泄漏物在有限空间内的易燃性。用防爆泵转移至

槽车或专用收集器内。喷雾状水驱散蒸气、稀释液体泄漏物

第七部分 操作处置与储存

操作注意事项 密闭操作，全面通风。操作人员必须经过专门培训，严格遵守操作规程。建议操作人员佩戴自吸过滤式防毒面具（半面罩），戴化学安全防护眼镜，穿防静电工作服，戴橡胶耐油手套。远离火种、热源。工作场所严禁吸烟。使用防爆型的通风系统和设备。防止蒸气泄漏到工作场所空气中。避免与氧化剂、还原剂、碱类接触。灌装时应控制流速，且有接地装置，防止静电积聚。搬运时要轻装轻卸，防止包装及容器损坏。配备相应品种和数量的消防器材及泄漏应急处理设备。倒空的容器可能残留有害物

储存注意事项 储存于阴凉、通风的库房。远离火种、热源。库温不宜超过37℃。保持容器密封。应与氧化剂、还原剂、碱类分开存放，切忌混储。采用防爆型照明、通风设施。禁止使用易产生火花的机械设备和工具。储区应备有泄漏应急处理设备和合适的收容材料

第八部分 接触控制/个体防护

职业接触限值

中国 PC-TWA：300mg/m^3；PC-STEL：600mg/m^3

美国(ACGIH) TLV-TWA：200ppm；TLV-STEL：300ppm

生物接触限值 未制定标准

监测方法 空气中有毒物质测定方法：溶剂解吸-气相色谱法；热解吸-气相色谱法。生物监测检验方法：未制定标准

工程控制 生产过程密闭，全面通风。提供安全的淋浴和洗眼设备

个体防护装备

呼吸系统防护 空气中浓度超标时，佩戴过滤式防毒面具（半面罩）

眼睛防护 必要时，戴化学安全防护眼镜

皮肤和身体防护 穿防静电工作服

手防护 戴橡胶耐油手套

第九部分 理化特性

外观与性状 无色液体，有似丙酮的气味

pH值 无资料 **熔点(℃)** −85.9

沸点(℃) 79.6 **相对密度(水=1)** 0.81

相对蒸气密度(空气=1) 2.42

饱和蒸气压(kPa) 10.5（20℃）

燃烧热(kJ/mol) −2261.7 **临界温度(℃)** 262.5

临界压力(MPa) 4.15 **辛醇/水分配系数** 0.29

闪点(℃) −9（CC） **自燃温度(℃)** 404

爆炸下限(%) 1.8 **爆炸上限(%)** 11.5

分解温度(℃) 无资料

黏度(mPa·s) 0.40（25℃）

溶解性 溶于水、乙醇、乙醚、丙酮、苯，可混溶于油类

第十部分 稳定性和反应性

稳定性 稳定

危险反应 与强氧化剂等禁配物接触，有发生火灾和爆炸的危险

避免接触的条件 无资料

禁配物 强氧化剂、碱类、强还原剂

危险的分解产物 无资料

第十一部分 毒理学信息

急性毒性

LD_{50} 2737mg/kg（大鼠经口）；6480mg/kg（兔经皮）

LC_{50} 23500mg/m^3（大鼠吸入，8h）

TCLo 100ppm（人吸入，5min）

皮肤刺激或腐蚀 家兔经皮：13780μg（24h），轻度刺激（开放性刺激试验）

眼睛刺激或腐蚀 家兔经眼：80mg，引起刺激

呼吸或皮肤过敏 无资料

生殖细胞突变性 性染色体缺失和不分离：酿酒酵母菌 33800ppm

致癌性 无资料

生殖毒性 大鼠孕后6～15d吸入最低中毒剂量（TCLo）3000ppm/7h，致颅面部（包括鼻、舌）、泌尿生殖系统发育畸形。大鼠孕后6～10d吸入最低中毒剂量（TCLo）2900mg/m^3，致颅面部（包括鼻、舌）、肌肉骨骼系统、胃肠道发育畸形。大鼠吸入最低中毒浓度（TCLo）：3000ppm（7h）（孕6～15d），致颅面部（包括鼻、舌）发育异常，致泌尿生殖系统发育异常，致凝血异常

特异性靶器官系统毒性-一次接触 无资料

特异性靶器官系统毒性-反复接触 大鼠暴露于5000ppm，每天6h，每周5d，共90d，引起雌性大鼠肝重增加，脑和脾重量下降，血液生化指标轻度变化；雄性大鼠仅轻度肝重增加

吸入危害 无资料

第十二部分 生态学信息

生态毒性

LC_{50} 1690～5640mg/L（96h）（蓝鳃太阳鱼）；3200mg/L（96h）（黑头呆鱼，pH值7.5）1950mg/L（24h）（卤虫）；＜520mg/L（48h）（水蚤，pH值8）；918～3349mg/L（48h）（水蚤，pH值7.21）

IC_{50} 110～4300mg/L（72h）（藻类）

持久性和降解性

生物降解性 OECD301D，初始浓度2mg/L，28d降解98%

非生物降解性 水中光氧化半衰期（h）：1.80×10^4～7.10×10^5；空气中光氧化半衰期（h）：64.2～642；一级水解半衰期（h）：＞50a

潜在的生物累积性 根据K_{ow}值预测，该物质的生物累积性可能较弱

土壤中的迁移性 根据 K_{oc} 值预测，该物质可能易发生迁移

第十三部分 废弃处置

废弃化学品 用焚烧法处置

污染包装物 将容器返还生产商或按照国家和地方法规处置

废弃注意事项 处置前应参阅国家和地方有关法规。把倒空的容器归还厂商或在规定场所掩埋

第十四部分 运输信息

联合国危险货物编号（UN号） 1193

联合国运输名称 乙基甲基酮

联合国危险性类别 3

包装类别 Ⅱ类包装 **包装标志**

海洋污染物 否

运输注意事项 运输时运输车辆应配备相应品种和数量的消防器材及泄漏应急处理设备。夏季最好早晚运输。运输时所用的槽（罐）车应有接地链，槽内可设孔隔板以减少震荡产生的静电。严禁与氧化剂、还原剂、碱类、食用化学品等混装混运。运输途中应防曝晒、雨淋，防高温。中途停留时应远离火种、热源、高温区。装运该物品的车辆排气管必须配备阻火装置，禁止使用易产生火花的机械设备和工具装卸。公路运输时要按规定路线行驶，勿在居民区和人口稠密区停留。铁路运输时要禁止溜放。严禁用木船、水泥船散装运输

第十五部分 法规信息

下列法律、法规、规章和标准，对该化学品的管理作了相应的规定。

中华人民共和国职业病防治法 职业病分类和目录：未列入

危险化学品安全管理条例 危险化学品目录：列入。易制爆危险化学品名录：未列入。重点监管的危险化学品名录：未列入。GB 18218—2009《危险化学品重大危险源辨识》（表 1）：未列入

使用有毒物品作业场所劳动保护条例 高毒物品目录：未列入

易制毒化学品管理条例 易制毒化学品的分类和品种目录：列入

国际公约 斯德哥尔摩公约：未列入。鹿特丹公约：未列入。蒙特利尔议定书：未列入

第十六部分 其他信息

编写和修订信息 **缩略语和首字母缩写**

培训建议 **参考文献**

免责声明

1-丁烯

第一部分 化学品标识

化学品中文名 1-丁烯

化学品英文名 1-butylene；1-butene

分子式 C_4H_8 **相对分子质量** 56.11

结构式 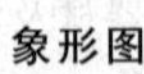

化学品的推荐及限制用途 用于制丁二烯、异戊二烯、合成橡胶等

第二部分 危险性概述

紧急情况概述 极易燃气体，内装加压气体：遇热可能爆炸

GHS危险性类别 易燃气体，类别 1；加压气体

标签要素

象形图

警示词 危险

危险性说明 极易燃气体，内装加压气体：遇热可能爆炸

防范说明

预防措施 远离热源、火花、明火、热表面。禁止吸烟

事故响应 漏气着火：切勿灭火，除非漏气能够安全地制止。如果没有危险，消除一切点火源

安全储存 防日晒。存放在通风良好的地方

废弃处置 -

物理和化学危险 极易燃，与空气混合能形成爆炸性混合物

健康危害 有轻度麻醉和刺激作用，并可引起窒息

急性中毒 出现黏膜刺激症状、嗜睡、血压稍升高、心率增快。高浓度吸入可引起窒息、昏迷。皮肤直接接触液态本品可引起冻伤

慢性影响 长期接触以丁烯为主的混合性气体，工人有头痛、头晕、嗜睡或失眠、易兴奋、易疲倦、全身乏力、记忆力减退。有时有黏膜慢性刺激症状

环境危害 对环境可能有害

第三部分 成分/组成信息

√物质		混合物
组分	**浓度**	**CAS No.**
1-丁烯		106-98-9

第四部分 急救措施

吸入 迅速脱离现场至空气新鲜处。保持呼吸道通畅。如呼吸困难，给输氧。如呼吸、心跳停止，立即进行心肺复苏术。就医

皮肤接触 如发生冻伤，用温水（38～42℃）复温，忌用热水或辐射热，不要揉搓。就医

对保护施救者的忠告 根据需要使用个人防护设备

对医生的特别提示 对症处理

第五部分 消防措施

灭火剂 用雾状水、泡沫、二氧化碳、干粉灭火

特别危险性 若遇高热，可发生聚合反应，放出大量热量而引起容器破裂和爆炸事故。与氧化剂接触发生猛烈反应。气体比空气重，沿地面扩散并易积存于低洼处，遇火源会着火回燃。燃烧生成有害的一氧化碳

灭火注意事项及防护措施 切断气源。若不能切断气源，则不允许熄灭泄漏处的火焰。消防人员必须佩戴空气呼吸器、穿全身防火防毒服，在上风向灭火。尽可能将容器从火场移至空旷处。喷水保持火场容器冷却，直至灭火结束

第六部分 泄漏应急处理

作业人员防护措施、防护装备和应急处置程序 消除所有点火源。根据气体扩散的影响区域划定警戒区，无关人员从侧风、上风向撤离至安全区。建议应急处理人员戴正压自给式呼吸器，穿防静电服。液化气体泄漏时穿防静电、防寒服。作业时使用的所有设备应接地。尽可能切断泄漏源。若可能翻转容器，使之逸出气体而非液体。喷雾状水抑制蒸气或改变蒸气云流向，避免水流接触泄漏物。禁止用水直接冲击泄漏物或泄漏源

环境保护措施 防止气体通过下水道、通风系统和有限空间扩散

泄漏化学品的收容、清除方法及所使用的处置材料 隔离泄漏区直至气体散尽

第七部分 操作处置与储存

操作注意事项 密闭操作，全面通风。操作人员必须经过专门培训，严格遵守操作规程。远离火种、热源。工作场所严禁吸烟。使用防爆型的通风系统和设备。防止气体泄漏到工作场所空气中。避免与氧化剂、酸类接触。在传送过程中，钢瓶和容器必须接地和跨接，防止产生静电。搬运时轻装轻卸，防止钢瓶及附件破损。配备相应品种和数量的消防器材及泄漏应急处理设备

储存注意事项 储存于阴凉、通风的易燃气体专用库房。远离火种、热源。库温不宜超过 30℃。应与氧化剂、酸类分开存放，切忌混储。采用防爆型照明、通风设施。禁止使用易产生火花的机械设备和工具。储区应备有泄漏应急处理设备

第八部分 接触控制/个体防护

职业接触限值

中国 未制定标准

美国(ACGIH) TLV-TWA：250ppm

生物接触限值 未制定标准

监测方法 空气中有毒物质测定方法：直接进样-气相色谱法。生物监测检验方法：未制定标准

工程控制 生产过程密闭，全面通风

个体防护装备

呼吸系统防护 一般不需要特殊防护，高浓度接触时可佩戴过滤式防毒面具（半面罩）

眼睛防护 戴化学安全防护眼镜

皮肤和身体防护 穿防静电工作服

手防护 戴一般作业防护手套

第九部分 理化特性

外观与性状 无色无味压缩或液化气体

pH 值 无意义 **熔点(℃)** －185.3

沸点(℃) －6.47

相对密度(水=1) 0.577（25℃）

相对蒸气密度(空气=1) 1.93

饱和蒸气压(kPa) 299.3（25℃）

燃烧热(kJ/mol) －2719.1 **临界温度(℃)** 146.6

临界压力(MPa) 4.023 **辛醇/水分配系数** 2.40

闪点(℃) －80（CC） **自燃温度(℃)** 385

爆炸下限(%) 1.6 **爆炸上限(%)** 10.0

分解温度(℃) 无资料 **黏度(mPa·s)** 无资料

溶解性 不溶于水，微溶于苯，易溶于乙醇、乙醚

第十部分 稳定性和反应性

稳定性 稳定

危险反应 与强氧化剂等禁配物接触，有发生火灾和爆炸的危险

避免接触的条件 受热

禁配物 强氧化剂、强酸、过氧酸、卤素

危险的分解产物 无资料

第十一部分 毒理学信息

急性毒性 LC_{50}：420000mg/m^3（小鼠吸入，2h）

皮肤刺激或腐蚀 无资料 **眼睛刺激或腐蚀** 无资料

呼吸或皮肤过敏 无资料 **生殖细胞突变性** 无资料

致癌性 无资料 **生殖毒性** 无资料

特异性靶器官系统毒性-一次接触 无资料

特异性靶器官系统毒性-反复接触 无资料

吸入危害 无资料

第十二部分 生态学信息

生态毒性 无资料

持久性和降解性

生物降解性 无资料

非生物降解性 空气中，当羟基自由基浓度为5.00×10^{5}个/cm^{3}时，降解半衰期为 12h（理论）

潜在的生物累积性 根据 K_{ow}值预测，该物质的生物累积性可能较弱

土壤中的迁移性 根据 K_{oc}值预测，该物质可能有一定的迁移性

第十三部分 废弃处置

废弃化学品 建议用焚烧法处置

污染包装物 将容器返还生产商或按照国家和地方法规处置

废弃注意事项 处置前应参阅国家和地方有关法规

第十四部分 运输信息

联合国危险货物编号（UN 号） 1012

联合国运输名称 丁烯 **联合国危险性类别** 2.1

包装类别 - **包装标志** 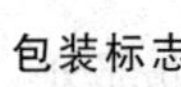 

海洋污染物 否

运输注意事项 本品铁路运输时限使用耐压液化气企业自备罐车装运，装运前需报有关部门批准。采用钢瓶运输时必须戴好钢瓶上的安全帽。钢瓶一般平放，并应将瓶口朝同一方向，不可交叉；高度不得超过车辆的防护栏板，并用三角木垫卡牢，防止滚动。运输时运输车辆应配备相应品种和数量的消防器材。装运该物品的车辆排气管必须配备阻火装置，禁止使用易产生火花的机械设备和工具装卸。严禁与氧化剂、酸类等混装混运。夏季应早晚运输，防止日光曝晒。中途停留时应远离火种、热源。公路运输时要按规定路线行驶，勿在居民区和人口稠密区停留。铁路运输时要禁止溜放

第十五部分 法规信息

下列法律、法规、规章和标准，对该化学品的管理作了相应的规定。

中华人民共和国职业病防治法 职业病分类和目录：未列入

危险化学品安全管理条例 危险化学品目录：列入。易制爆危险化学品名录：未列入。重点监管的危险化学品名录：未列入。GB 18218—2009《危险化学品重大危险源辨识》(表 1)：未列入

使用有毒物品作业场所劳动保护条例 高毒物品目录：未列入

易制毒化学品管理条例 易制毒化学品的分类和品种目录：未列入

国际公约 斯德哥尔摩公约：未列入。鹿特丹公约：未列入。蒙特利尔议定书：未列入

第十六部分 其他信息

编写和修订信息 **缩略语和首字母缩写**

培训建议 **参考文献**

免责声明

2-丁烯

第一部分 化学品标识

化学品中文名 2-丁烯［顺式］

化学品英文名 2-butylene (*cis*)；2-butene

分子式 C_4H_8 **相对分子质量** 56.11

结构式 ⌵

化学品的推荐及限制用途 用于制丁二烯、汽油及其他化学品等

第二部分 危险性概述

紧急情况概述 极易燃气体，内装加压气体：遇热可能爆炸

GHS 危险性类别 易燃气体，类别 1；加压气体

标签要素

象形图  

警示词 危险

危险性说明 极易燃气体，内装加压气体：遇热可能爆炸

防范说明

预防措施 远离热源、火花、明火、热表面。禁止吸烟

事故响应 漏气着火：切勿灭火，除非漏气能够安全地制止。如果没有危险，消除一切点火源

安全储存 防日晒。存放在通风良好的地方

废弃处置 -

物理和化学危险 极易燃，与空气混合能形成爆炸性混合物

健康危害 有轻度麻醉和刺激作用，并可引起窒息

急性中毒 人接触浓度为 805～989mg/m³ 含 2-丁烯 92.9%的不饱和烃混合气体 2h，出现黏膜刺激症状、嗜睡、血压稍升高，有时有脉速等。高浓度可造成昏迷。接触液态本品可引起冻伤

慢性影响 长期接触以丁烯为主的混合气体的工人，有头晕、头痛、嗜睡或失眠、易兴奋、易疲倦、全身乏力和记忆减退等症状，有时有黏膜慢性刺激症状

环境危害 对环境可能有害

第三部分 成分/组成信息

√物质		混合物
组分	**浓度**	**CAS No.**
2-丁烯（顺式）		590-18-1

第四部分 急救措施

吸入 迅速脱离现场至空气新鲜处。保持呼吸道通畅。如呼吸困难，给输氧。如呼吸、心跳停止，立即进行心肺复苏术。就医

皮肤接触 如发生冻伤，用温水（38～42℃）复温，忌用热水或辐射热，不要揉搓。就医

对保护施救者的忠告 根据需要使用个人防护设备

对医生的特别提示 对症处理

第五部分 消防措施

灭火剂 用雾状水、泡沫、二氧化碳、干粉灭火

特别危险性 受热可能发生剧烈的聚合反应。与氧化剂接触发生猛烈反应。气体比空气重，沿地面扩散并易积存于低洼处，遇火源会着火回燃。燃烧生成有害的一氧化碳

灭火注意事项及防护措施 切断气源。若不能切断气源，则不允许熄灭泄漏处的火焰。消防人员必须佩戴空气呼吸器、穿全身防火防毒服，在上风向灭火。尽可能将容器从火场移至空旷处。喷水保持火场容器冷却，直至灭火结束

第六部分 泄漏应急处理

作业人员防护措施、防护装备和应急处置程序 消除所有点火源。根据气体扩散的影响区域划定警戒区，无关人员从侧风、上风向撤离至安全区。建议应急处理人员戴正压自给式呼吸器，穿防静电服。液化气体泄漏时穿防静电、防寒服。作业时使用的所有设备应接地。尽可能切断泄漏源。若可能翻转容器，使之逸出气体而非液体。喷雾状水抑制蒸气或改变蒸气云流向，避免水流接触泄漏物。禁止用水直接冲击泄漏物或泄漏源

环境保护措施 防止气体通过下水道、通风系统和有限空间扩散

泄漏化学品的收容、清除方法及所使用的处置材料 隔离泄漏区直至气体散尽

第七部分 操作处置与储存

操作注意事项 密闭操作，全面通风。操作人员必须经过专门培训，严格遵守操作规程。远离火种、热源。工作场所严禁吸烟。使用防爆型的通风系统和设备。防止气体泄漏到工作场所空气中。避免与氧化剂、酸类接触。在传送过程中，钢瓶和容器必须接地和跨接，防止产生静电。搬运时轻装轻卸，防止钢瓶及附件破损。配备相应品种和数量的消防器材及泄漏应急处理设备

储存注意事项 储存于阴凉、通风的易燃气体专用库房。远离火种、热源。库温不宜超过30℃。应与氧化剂、酸类分开存放，切忌混储。采用防爆型照明、通风设施。禁止使用易产生火花的机械设备和工具。储区应备有泄漏应急处理设备

第八部分 接触控制/个体防护

职业接触限值

中国 未制定标准

美国(ACGIH) TLV-TWA：250ppm

生物接触限值 未制定标准

监测方法 空气中有毒物质测定方法：直接进样-气相色谱法。生物监测检验方法：未制定标准

工程控制 生产过程密闭，全面通风

个体防护装备

呼吸系统防护 一般不需要特殊防护，但建议特殊情况下，佩戴过滤式防毒面具（半面罩）

眼睛防护 一般不需要特殊防护，高浓度接触时可戴化学安全防护眼镜

皮肤和身体防护 穿防静电工作服

手防护 戴一般作业防护手套

第九部分 理化特性

外观与性状 无色压缩或液化气体

pH值 无意义 **熔点(℃)** −139

沸点(℃) 3.7 **相对密度(水=1)** 0.616

相对蒸气密度(空气=1) 1.9

饱和蒸气压(kPa) 188 (21℃)

燃烧热(kJ/mol) −2687.7 **临界温度(℃)** 160

临界压力(MPa) 4.10 **辛醇/水分配系数** 2.33

闪点(℃) −12 **自燃温度(℃)** 324

爆炸下限(%) 1.7 **爆炸上限(%)** 9.0

分解温度(℃) 无资料 **黏度(mPa·s)** 无资料

溶解性 不溶于水，溶于多数有机溶剂

第十部分 稳定性和反应性

稳定性 稳定

危险反应 与强氧化剂等禁配物接触，有发生火灾和爆炸的危险

避免接触的条件 受热

禁配物 强氧化剂、强酸、过氧酸、卤素

危险的分解产物 无资料

第十一部分 毒理学信息

急性毒性 LC_{50}：420000mg/m^3（小鼠吸入，2h）

皮肤刺激或腐蚀 无资料 **眼睛刺激或腐蚀** 无资料

呼吸或皮肤过敏 无资料 **生殖细胞突变性** 无资料

致癌性 无资料 **生殖毒性** 无资料

特异性靶器官系统毒性-一次接触 无资料

特异性靶器官系统毒性-反复接触 无资料

吸入危害 无资料

第十二部分 生态学信息

生态毒性 无资料

持久性和降解性

生物降解性 无资料

非生物降解性 空气中，当羟基自由基浓度为5.00×10^{5}个/cm^{3}时，降解半衰期为6h（理论）

潜在的生物累积性 根据K_{ow}值预测，该物质的生物累积性可能较弱

土壤中的迁移性 根据K_{oc}值预测，该物质可能有一定的迁移性

第十三部分 废弃处置

废弃化学品 建议用焚烧法处置

污染包装物 将容器返还生产商或按照国家和地方法规处置

废弃注意事项 处置前应参阅国家和地方有关法规

第十四部分 运输信息

联合国危险货物编号(UN号) 1012

联合国运输名称 丁烯 **联合国危险性类别** 2.1

包装类别 - **包装标志**

海洋污染物 否

运输注意事项 本品铁路运输时限使用耐压液化气企业自备罐车装运，装运前需报有关部门批准。采用钢瓶运输时必须戴好钢瓶上的安全帽。钢瓶一般平放，并应将瓶口朝同一方向，不可交叉；高度不得超过车辆的

防护栏板，并用三角木垫卡牢，防止滚动。运输时运输车辆应配备相应品种和数量的消防器材。装运该物品的车辆排气管必须配备阻火装置，禁止使用易产生火花的机械设备和工具装卸。严禁与氧化剂、酸类等混装混运。夏季应早晚运输，防止日光曝晒。中途停留时应远离火种、热源。公路运输时要按规定路线行驶，勿在居民区和人口稠密区停留。铁路运输时要禁止溜放

第十五部分　法规信息

下列法律、法规、规章和标准，对该化学品的管理作了相应的规定。

中华人民共和国职业病防治法　职业病分类和目录：未列入

危险化学品安全管理条例　危险化学品目录：列入。易制爆危险化学品名录：未列入。重点监管的危险化学品名录：未列入。GB 18218—2009《危险化学品重大危险源辨识》(表 1)：未列入

使用有毒物品作业场所劳动保护条例　高毒物品目录：未列入

易制毒化学品管理条例　易制毒化学品的分类和品种目录：未列入

国际公约　斯德哥尔摩公约：未列入。鹿特丹公约：未列入。蒙特利尔议定书：未列入

第十六部分　其他信息

编写和修订信息　　**缩略语和首字母缩写**

培训建议　　**参考文献**

免责声明

2-丁烯醛［抑制了的］

第一部分　化学品标识

化学品中文名　2-丁烯醛［抑制了的］；巴豆醛；β-甲基丙烯醛

化学品英文名　2-butenal；crotonaldehyde

分子式　C_4H_6O　**相对分子质量**　70.09

结构式　（结构式图）O

化学品的推荐及限制用途　用于制正丁醇、正丁醛、硫化促进剂

第二部分　危险性概述

紧急情况概述　高度易燃液体和蒸气，吞咽会中毒，皮肤接触会中毒，吸入致命

GHS 危险性类别　易燃液体，类别 2；急性毒性-经口，类别 3；急性毒性-经皮，类别 3；急性毒性-吸入，类别 2；皮肤腐蚀/刺激，类别 2；严重眼损伤/眼刺激，类别 1；生殖细胞致突变性，类别 2；特异性靶器官毒性-一次接触，类别 3（呼吸道刺激）；特异性靶器官毒性-反复接触，类别 2；危害水生环境-急性危害，类别 1；危害水生环境-长期危害，类别 1

标签要素

象形图

警示词　危险

危险性说明　高度易燃液体和蒸气，吞咽会中毒，皮肤接触会中毒，吸入致命，造成皮肤刺激，造成严重眼损伤，怀疑可造成遗传性缺陷，可能引起呼吸道刺激，长时间或反复接触可能对器官造成损伤，对水生生物毒性非常大并具有长期持续影响

防范说明

预防措施　远离热源、火花、明火、热表面。禁止吸烟。保持容器密闭。容器和接收设备接地连接。使用防爆电器、通风、照明设备。只能使用不产生火花的工具。采取防止静电措施。戴防护手套、防护眼镜、防护面罩，穿防护服，避免接触眼睛、皮肤，操作后彻底清洗。作业场所不得进食、饮水或吸烟。避免吸入蒸气、雾。仅在室外或通风良好处操作。戴呼吸防护器具。得到专门指导后操作。在阅读并了解所有安全预防措施之前，切勿操作。按要求使用个体防护装备。禁止排入环境

事故响应　火灾时，使用泡沫、干粉、二氧化碳、砂土灭火。如吸入：将患者转移到空气新鲜处，休息，保持利于呼吸的体位。皮肤接触：立即脱去所有被污染的衣服，用大量肥皂水和水清洗。如感觉不适，呼叫中毒控制中心或就医。被污染的衣服须经洗净后方可重新使用。如发生皮肤刺激，就医。接触眼睛：用水细心冲洗数分钟。如戴隐形眼镜并可方便地取出，取出隐形眼镜继续冲洗。食入：漱口。立即呼叫中毒控制中心或就医。如果接触或有担心，就医。收集泄漏物

安全储存　存放在通风良好的地方。保持低温。保持容器密闭。上锁保管

废弃处置　本品及内装物、容器依据国家和地方法规处置

物理和化学危险　高度易燃，其蒸气与空气混合，能形成爆炸性混合物。容易自聚。在空气中久置后能形成有爆炸性的过氧化物

健康危害　对眼结膜及上呼吸道黏膜有强烈刺激作用。高浓度吸入本品蒸气可致肺水肿。可致眼和皮肤灼伤。长期接触引起慢性鼻炎、神经系统机能障碍

环境危害　对水生生物毒性非常大并具有长期持续影响

第三部分　成分/组成信息

√物质		混合物
组分	**浓度**	**CAS No.**
2-丁烯醛		4170-30-3

第四部分　急救措施

吸入　迅速脱离现场至空气新鲜处。保持呼吸道通畅。如

呼吸困难，给输氧。如呼吸、心跳停止，立即进行心肺复苏术。就医

皮肤接触　立即脱去污染的衣着，用流动清水彻底冲洗。就医

眼睛接触　立即分开眼睑，用流动清水或生理盐水彻底冲洗至少 15min。就医

食入　漱口，饮水。就医

对保护施救者的忠告　根据需要使用个人防护设备

对医生的特别提示　对症处理

第五部分　消防措施

灭火剂　用泡沫、干粉、二氧化碳、砂土灭火

特别危险性　在空气中非常容易氧化生成过氧化物，受热或撞击、甚至轻微摩擦即发生爆炸。在火场高温下，能发生聚合放热，使容器破裂。蒸气比空气重，沿地面扩散并易积存于低洼处，遇火源会着火回燃。燃烧生成有害的一氧化碳

灭火注意事项及防护措施　消防人员须佩戴防毒面具、穿全身消防服，在上风向灭火。尽可能将容器从火场移至空旷处。喷水保持火场容器冷却，直至灭火结束。容器突然发出异常声音或出现异常现象，应立即撤离

第六部分　泄漏应急处理

作业人员防护措施、防护装备和应急处置程序　消除所有点火源。根据液体流动和蒸气扩散的影响区域划定警戒区，无关人员从侧风、上风向撤离至安全区。建议应急处理人员戴正压自给式呼吸器，穿防毒、防静电服，戴橡胶手套。作业时使用的所有设备应接地。禁止接触或跨越泄漏物。尽可能切断泄漏源

环境保护措施　防止泄漏物进入水体、下水道、地下室或有限空间

泄漏化学品的收容、清除方法及所使用的处置材料　小量泄漏：用砂土或其他不燃材料吸收，使用洁净的无火花工具收集吸收材料。大量泄漏：构筑围堤或挖坑收容。用砂土、惰性物质或蛭石吸收大量液体。用抗溶性泡沫覆盖，减少蒸发。喷水雾能减少蒸发，但不能降低泄漏物在有限空间内的易燃性。用防爆泵转移至槽车或专用收集器内。喷雾状水驱散蒸气、稀释液体泄漏物

第七部分　操作处置与储存

操作注意事项　密闭操作，提供充分的局部排风。操作人员必须经过专门培训，严格遵守操作规程。建议操作人员佩戴自吸过滤式防毒面具（全面罩），穿防静电工作服，戴橡胶手套。远离火种、热源。工作场所严禁吸烟。使用防爆型的通风系统和设备。防止蒸气泄漏到工作场所空气中。避免与氧化剂、碱类接触。灌装时应控制流速，且有接地装置，防止静电积聚。配备相应品种和数量的消防器材及泄漏应急处理设备。倒空的容器可能残留有害物

储存注意事项　储存于阴凉、通风良好的专用库房内。远离火种、热源。库温不宜超过 37℃。包装要求密封，不可与空气接触。应与氧化剂、碱类、食用化学品分开存放，切忌混储。采用防爆型照明、通风设施。禁止使用易产生火花的机械设备和工具。储区应备有泄漏应急处理设备和合适的收容材料

第八部分　接触控制/个体防护

职业接触限值

中国　MAC：12mg/m^3

美国(ACGIH)　TLV-C：0.3ppm［皮］

生物接触限值　未制定标准

监测方法　空气中有毒物质测定方法：未制定标准。生物监测检验方法：未制定标准

工程控制　严加密闭，提供充分的局部排风。提供安全的淋浴和洗眼设备

个体防护装备

呼吸系统防护　可能接触其蒸气时，应该佩戴过滤式防毒面具（全面罩）

眼睛防护　呼吸系统防护中已作防护

皮肤和身体防护　穿防静电工作服

手防护　戴橡胶手套

第九部分　理化特性

外观与性状　无色或淡黄色液体，有窒息性刺激臭味

pH 值　无资料　　**熔点(℃)**　−76.5

沸点(℃)　104　　**相对密度(水=1)**　0.85

相对蒸气密度(空气=1)　2.41

饱和蒸气压(kPa)　4.00（20℃）

燃烧热(kJ/mol)　−2268.0　　**临界温度(℃)**　无资料

临界压力(MPa)　无资料　　**辛醇/水分配系数**　0.63

闪点(℃)　13（OC）　　**自燃温度(℃)**　232.2

爆炸下限(%)　2.1　　**爆炸上限(%)**　15.5

分解温度(℃)　无资料　　**黏度(mPa·s)**　无资料

溶解性　微溶于水，可混溶于乙醇、乙醚、苯、甲苯、汽油、溶剂石脑油等多数有机溶剂

第十部分　稳定性和反应性

稳定性　稳定

危险反应　与强氧化剂等禁配物接触，有发生火灾和爆炸的危险。高温下易发生聚合。在空气中易氧化生成过氧化物，受热或撞击、甚至轻微摩擦即发生爆炸

避免接触的条件　空气、受热

禁配物　强氧化剂、碱类、氧

危险的分解产物　无资料

第十一部分　毒理学信息

急性毒性

LD_{50}　240mg/kg（小鼠经口）；380mg/kg（兔经皮）

LC_{50}　4000mg/m^3（大鼠吸入，1/2h）

皮肤刺激或腐蚀　家兔经皮：500mg，轻度刺激（开放性刺激试验）

眼睛刺激或腐蚀　人经眼：45ppm，引起刺激

呼吸或皮肤过敏　无资料

生殖细胞突变性　微生物致突变性：鼠伤寒沙门氏菌 100μl/L。精子形态学：小鼠腹腔 30mg/kg。DNA 加

合物：人成纤维细胞 100μmol/L。细胞遗传学分析：仓鼠卵巢 1600μg/L

致癌性 IARC致癌性评论：组3，现有的证据不能对人类致癌性进行分类。对人及动物致癌性证据不足

生殖毒性 无资料

特异性靶器官系统毒性-一次接触 无资料

特异性靶器官系统毒性-反复接触 无资料

吸入危害 无资料

第十二部分 生态学信息

生态毒性

LC_{50} 0.076mg/L（96h）（青鳉）1.3mg/L（96h）（月银汉鱼，静态）；3.5mg/L（96h）（蓝鳃太阳鱼，静态）

EC_{50} 1mg/L（48h）（水蚤）

ErC_{50} 0.96mg/L（72h）（羊角月牙藻）

NOEC 0.025mg/L（41d）（青鳉，ELS）；0.02mg/L（21d）（水蚤）

持久性和降解性

生物降解性 好氧生物降解（h）：24～168；厌氧生物降解（h）：96～672

非生物降解性 空气中光氧化半衰期（h）：1.94～17.9

潜在的生物累积性 根据 K_{ow} 值预测，该物质的生物累积性可能较弱

土壤中的迁移性 根据 K_{oc} 值预测，该物质可能易发生迁移

第十三部分 废弃处置

废弃化学品 用焚烧法处置

污染包装物 将容器返还生产商或按照国家和地方法规处置

废弃注意事项 处置前应参阅国家和地方有关法规

第十四部分 运输信息

联合国危险货物编号（UN号） 1143

联合国运输名称 丁烯醛，稳定的

联合国危险性类别 6.1，3

包装类别 Ⅰ类包装

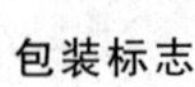

包装标志

海洋污染物 是

运输注意事项 运输时运输车辆应配备相应品种和数量的消防器材及泄漏应急处理设备。夏季最好早晚运输。运输时所用的槽（罐）车应有接地链，槽内可设孔隔板以减少震荡产生的静电。严禁与氧化剂、碱类、食用化学品等混装混运。运输途中应防曝晒、雨淋，防高温。中途停留时应远离火种、热源、高温区。装运该物品的车辆排气管必须配备阻火装置，禁止使用易产生火花的机械设备和工具装卸。公路运输时要按规定路线行驶，勿在居民区和人口稠密区停留。铁路运输时要禁止溜放。严禁用木船、水泥船散装运输

第十五部分 法规信息

下列法律、法规、规章和标准，对该化学品的管理作了相应的规定。

中华人民共和国职业病防治法 职业病分类和目录：未列入

危险化学品安全管理条例 危险化学品目录：列入。易制爆危险化学品名录：未列入。重点监管的危险化学品名录：未列入。GB 18218—2009《危险化学品重大危险源辨识》（表1）：未列入

使用有毒物品作业场所劳动保护条例 高毒物品目录：未列入

易制毒化学品管理条例 易制毒化学品的分类和品种目录：未列入

国际公约 斯德哥尔摩公约：未列入。鹿特丹公约：未列入。蒙特利尔议定书：未列入

第十六部分 其他信息

编写和修订信息 **缩略语和首字母缩写**

培训建议 **参考文献**

免责声明

3-丁烯-2-酮

第一部分 化学品标识

化学品中文名 3-丁烯-2-酮；甲基乙烯基（甲）酮；丁烯酮

化学品英文名 3-buten-2-one；methyl vinyl ketone

分子式 C_4H_6O **相对分子质量** 70.10

结构式 O

化学品的推荐及限制用途 作为聚合用单体，制造离子交换树脂和药物

第二部分 危险性概述

紧急情况概述 极易燃液体和蒸气，吞咽致命，皮肤接触会致命，吸入致命，造成严重的皮肤灼伤和眼损伤，可能导致皮肤过敏反应，可能引起昏昏欲睡或眩晕，吞咽及进入呼吸道可能有害

GHS危险性类别 易燃液体，类别1；急性毒性-经口，类别2；急性毒性-经皮，类别1；急性毒性-吸入，类别1；皮肤腐蚀/刺激，类别1A；严重眼损伤/眼刺激，类别1；皮肤致敏物，类别1；特异性靶器官毒性-一次接触，类别1；特异性靶器官毒性-一次接触，类别3（麻醉效应）；特异性靶器官毒性-反复接触，类别1；吸入危害，类别2；危害水生环境-急性危害，类别1；危害水生环境-长期危害，类别1

标签要素

象形图

警示词　危险

危险性说明　极易燃液体和蒸气，吞咽致命，皮肤接触会致命，吸入致命，造成严重的皮肤灼伤和眼损伤，可能导致皮肤过敏反应，对器官造成损害，可能引起昏昏欲睡或眩晕，长时间或反复接触对器官造成损伤，吞咽及进入呼吸道可能有害，对水生生物毒性非常大并具有长期持续影响

防范说明

预防措施　远离热源、火花、明火、热表面。禁止吸烟。保持容器密闭。容器和接收设备接地连接。使用防爆电器、通风、照明设备。只能使用不产生火花的工具。采取防止静电措施。戴防护手套、防护眼镜、防护面罩，穿防护服。避免接触眼睛、皮肤或衣服，操作后彻底清洗。作业场所不得进食、饮水或吸烟。避免吸入蒸气、雾。仅在室外或通风良好处操作。戴呼吸防护器具。污染的工作服不得带出工作场所。禁止排入环境

事故响应　火灾时，使用抗溶性泡沫、干粉、二氧化碳、砂土灭火如吸入：将患者转移到空气新鲜处，休息，保持利于呼吸的体位。皮肤接触：用大量肥皂水和水轻轻地清洗。立即脱去所有被污染的衣服。被污染的衣服须经洗净后方可重新使用。如出现皮肤刺激或皮疹：就医。接触眼睛：用水细心冲洗数分钟。如戴隐形眼镜并可方便地取出，取出隐形眼镜继续冲洗。食入：漱口。不要催吐。立即呼叫中毒控制中心或就医。如果接触：立即呼叫中毒控制中心或就医。如感觉不适，就医。收集泄漏物

安全储存　存放在通风良好的地方。保持低温。保持容器密闭。上锁保管

废弃处置　本品及内装物、容器依据国家和地方法规处置

物理和化学危险　极易燃，其蒸气与空气混合，能形成爆炸性混合物

健康危害　对呼吸道有刺激性。吸入或经皮吸收严重中毒者可能引起死亡。眼和皮肤接触引起灼伤

环境危害　对水生生物毒性非常大并具有长期持续影响

第三部分　成分/组成信息

√物质　　混合物

组分	浓度	CAS No.
3-丁烯-2-酮		78-94-4

第四部分　急救措施

吸入　迅速脱离现场至空气新鲜处。保持呼吸道通畅。如呼吸困难，给输氧。如呼吸、心跳停止，立即进行心肺复苏术。就医

皮肤接触　立即脱去污染的衣着，用大量流动清水彻底冲洗至少 15min。就医

眼睛接触　立即分开眼睑，用流动清水或生理盐水彻底冲洗至少 15min。就医

食入　用水漱口，禁止催吐。给饮牛奶或蛋清。就医

对保护施救者的忠告　根据需要使用个人防护设备

对医生的特别提示　对症处理

第五部分　消防措施

灭火剂　用抗溶性泡沫、干粉、二氧化碳、砂土灭火

特别危险性　在火场高温下，能发生聚合放热，使容器破裂。蒸气比空气重，沿地面扩散并易积存于低洼处，遇火源会着火回燃。燃烧生成有害的一氧化碳

灭火注意事项及防护措施　消防人员须佩戴防毒面具、穿全身消防服，在上风向灭火。尽可能将容器从火场移至空旷处。喷水保持火场容器冷却，直至灭火结束。容器突然发出异常声音或出现异常现象，应立即撤离

第六部分　泄漏应急处理

作业人员防护措施、防护装备和应急处置程序　消除所有点火源。根据液体流动和蒸气扩散的影响区域划定警戒区，无关人员从侧风、上风向撤离至安全区。建议应急处理人员戴正压自给式呼吸器，穿防毒、防静电服，戴橡胶耐油手套。作业时使用的所有设备应接地。禁止接触或跨越泄漏物。尽可能切断泄漏源

环境保护措施　防止泄漏物进入水体、下水道、地下室或有限空间

泄漏化学品的收容、清除方法及所使用的处置材料　小量泄漏：用砂土或其他不燃材料吸收，使用洁净的无火花工具收集吸收材料。大量泄漏：构筑围堤或挖坑收容。用砂土、惰性物质或蛭石吸收大量液体。用抗溶性泡沫覆盖，减少蒸发。喷水雾能减少蒸发，但不能降低泄漏物在有限空间内的易燃性。用防爆泵转移至槽车或专用收集器内。喷雾状水驱散蒸气、稀释液体泄漏物

第七部分　操作处置与储存

操作注意事项　密闭操作，全面通风。操作人员必须经过专门培训，严格遵守操作规程。建议操作人员佩戴自吸过滤式防毒面具（全面罩），穿聚乙烯防毒服，戴橡胶耐油手套。远离火种、热源。工作场所严禁吸烟。使用防爆型的通风系统和设备。防止蒸气泄漏到工作场所空气中。避免与氧化剂、酸类接触。充装要控制流速，防止静电积聚。搬运时要轻装轻卸，防止包装及容器损坏。配备相应品种和数量的消防器材及泄漏应急处理设备。倒空的容器可能残留有害物

储存注意事项　通常商品加有阻聚剂。储存于阴凉、通风良好的专用库房内，实行“双人收发、双人保管”制度。远离火种、热源。库温不宜超过 37℃。保持容器密封。应与氧化剂、酸类、食用化学品分开存放，切忌混储。采用防爆型照明、通风设施。禁止使用易产生火花的机械设备和工具。储区应备有泄漏应急处理设备和合适的收容材料

第八部分　接触控制/个体防护

职业接触限值

中国　未制定标准

美国(ACGIH)　TLV-C：0.2ppm［皮］［敏］

生物接触限值 未制定标准

监测方法 空气中有毒物质测定方法：未制定标准。生物监测检验方法：未制定标准

工程控制 生产过程密闭，全面通风。提供安全的淋浴和洗眼设备

个体防护装备

呼吸系统防护 可能接触其蒸气时，佩戴过滤式防毒面具（全面罩）

眼睛防护 呼吸系统防护中已作防护

皮肤和身体防护 穿隔绝式防毒服

手防护 戴橡胶耐油手套

第九部分 理化特性

外观与性状 无色或黄色液体，有刺激性气味

pH值 无资料 **熔点(℃)** −7

沸点(℃) 81 **相对密度(水=1)** 0.86

相对蒸气密度(空气=1) 2.41

饱和蒸气压(kPa) 11（25℃）

燃烧热(kJ/mol) −2383.4 **临界温度(℃)** 无资料

临界压力(MPa) 无资料 **辛醇/水分配系数** 0.117

闪点(℃) −7（CC）；−1（OC）

自燃温度(℃) 491 **爆炸下限(%)** 2.1

爆炸上限(%) 15.6 **分解温度(℃)** 无资料

黏度(mPa·s) 0.807（21℃）

溶解性 溶于水，溶于醇类等有机溶剂，微溶于烃

第十部分 稳定性和反应性

稳定性 稳定

危险反应 与强氧化剂等禁配物接触，有发生火灾和爆炸的危险。高温下易发生聚合

避免接触的条件 受热

禁配物 强氧化剂、酸类

危险的分解产物 无资料

第十一部分 毒理学信息

急性毒性

LD_{50} 30mg/kg（大鼠经口）

LC_{50} 7mg/m^3（大鼠吸入，4h）

皮肤刺激或腐蚀 小鼠经皮：1%，重度刺激

眼睛刺激或腐蚀 无资料 **呼吸或皮肤过敏** 无资料

生殖细胞突变性 无资料 **致癌性** 无资料

生殖毒性 无资料

特异性靶器官系统毒性-一次接触 无资料

特异性靶器官系统毒性-反复接触 无资料

吸入危害 无资料

第十二部分 生态学信息

生态毒性 EC_{50}：0.12mg/L（96h）（羊角月牙藻）

持久性和降解性

生物降解性 不易快速生物降解

非生物降解性 空气中，当羟基自由基浓度为5.00×10^{5}个/cm^{3}时，降解半衰期为21h（理论）

潜在的生物累积性 根据K_{ow}值预测，该物质的生物累积性可能较弱

土壤中的迁移性 根据K_{oc}值预测，该物质可能易发生迁移

第十三部分 废弃处置

废弃化学品 建议用焚烧法处置

污染包装物 将容器返还生产商或按照国家和地方法规处置

废弃注意事项 处置前应参阅国家和地方有关法规

第十四部分 运输信息

联合国危险货物编号(UN号) 1251

联合国运输名称 甲基乙烯基酮，稳定的

联合国危险性类别 6.1，3/8

包装类别 Ⅰ类包装

包装标志 

海洋污染物 否

运输注意事项 运输时运输车辆应配备相应品种和数量的消防器材及泄漏应急处理设备。夏季最好早晚运输。运输时所用的槽（罐）车应有接地链，槽内可设孔隔板以减少震荡产生的静电。严禁与氧化剂、酸类、食用化学品等混装混运。运输途中应防曝晒、雨淋，防高温。中途停留时应远离火种、热源、高温区。装运该物品的车辆排气管必须配备阻火装置，禁止使用易产生火花的机械设备和工具装卸。公路运输时要按规定路线行驶，勿在居民区和人口稠密区停留。铁路运输时要禁止溜放。严禁用木船、水泥船散装运输

第十五部分 法规信息

下列法律、法规、规章和标准，对该化学品的管理作了相应的规定。

中华人民共和国职业病防治法 职业病分类和目录：未列入

危险化学品安全管理条例 危险化学品目录：列入，作为剧毒化学品进行管理。易制爆危险化学品名录：未列入。重点监管的危险化学品名录：未列入。GB 18218—2009《危险化学品重大危险源辨识》（表1）：未列入

使用有毒物品作业场所劳动保护条例 高毒物品目录：未列入

易制毒化学品管理条例 易制毒化学品的分类和品种目录：未列入

国际公约 斯德哥尔摩公约：未列入。鹿特丹公约：未列入。蒙特利尔公约：未列入

第十六部分 其他信息

编写和修订信息 **缩略语和首字母缩写**

培训建议 **参考文献**

免责声明

对氨基苯胂酸钠

第一部分 化学品标识

化学品中文名 对氨基苯胂酸钠；4-氨基苯胂酸钠

化学品英文名 sodium arsanilate; arsanilic acid; monosodium salt

分子式 $C_6H_7AsNO_3 \cdot Na$ **相对分子质量** 239.04

结构式

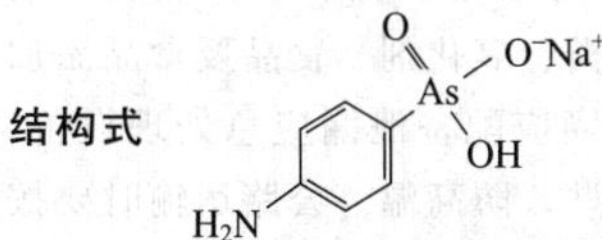

化学品的推荐及限制用途 用于药物制造和有机合成

第二部分 危险性概述

紧急情况概述 吞咽会中毒，吸入会中毒

GHS危险性类别 急性毒性-经口，类别3；急性毒性-吸入，类别3；危害水生环境-急性危害，类别1；危害水生环境-长期危害，类别1

标签要素

象形图

警示词 危险

危险性说明 吞咽会中毒，吸入会中毒，对水生生物毒性非常大并具有长期持续影响

防范说明

预防措施 避免接触眼睛、皮肤，操作后彻底清洗。作业场所不得进食、饮水或吸烟。避免吸入粉尘。仅在室外或通风良好处操作。禁止排入环境

事故响应 如吸入：将患者转移到空气新鲜处，休息，保持利于呼吸的体位。呼叫中毒控制中心或就医。食入：漱口。立即呼叫中毒控制中心或就医。收集泄漏物

安全储存 在通风良好处储存。保持容器密闭。上锁保管

废弃处置 本品及内装物、容器依据国家和地方法规处置

物理和化学危险 不燃，无特殊燃爆特性

健康危害 口服或吸入均能引起中毒。引起视野缩小，进而引起视神经萎缩。部分患者出现耳聋。受热分解放出砷、氮氧化物烟雾

环境危害 对水生生物毒性非常大并具有长期持续影响

第三部分 成分/组成信息

√物质		混合物
组分	浓度	CAS No.
对氨基苯胂酸钠		127-85-5

第四部分 急救措施

吸入 迅速脱离现场至空气新鲜处。保持呼吸道通畅。如呼吸困难，给输氧。如呼吸、心跳停止，立即进行心肺复苏术。就医

皮肤接触 立即脱去污染的衣着，用肥皂水和清水彻底冲洗。就医

眼睛接触 立即分开眼睑，用流动清水或生理盐水彻底冲洗。就医

食入 催吐、彻底洗胃，洗胃后服活性炭30～50g（用水调成浆状），而后再服用硫酸镁或硫酸钠导泻。就医

对保护施救者的忠告 根据需要使用个人防护设备

对医生的特别提示 解毒剂有二巯基丙磺酸钠、二巯基丁二酸钠等

第五部分 消防措施

灭火剂 用雾状水、泡沫、干粉、二氧化碳、砂土灭火

特别危险性 受高热分解放出有毒的气体

灭火注意事项及防护措施 消防人员必须佩戴空气呼吸器、穿全身防火防毒服，在上风向灭火。尽可能将容器从火场移至空旷处。喷水保持火场容器冷却，直至灭火结束

第六部分 泄漏应急处理

作业人员防护措施、防护装备和应急处置程序 隔离泄漏污染区，限制出入。建议应急处理人员戴防尘口罩，穿防毒服，戴乳胶手套。穿上适当的防护服前严禁接触破裂的容器和泄漏物。尽可能切断泄漏源。用塑料布覆盖泄漏物，减少飞散。勿使水进入包装容器内

环境保护措施 无资料

泄漏化学品的收容、清除方法及所使用的处置材料 用洁净的铲子收集泄漏物，置于干净、干燥、盖子较松的容器中，将容器移离泄漏区

第七部分 操作处置与储存

操作注意事项 密闭操作，局部排风。防止粉尘释放到车间空气中。操作人员必须经过专门培训，严格遵守操作规程。建议操作人员佩戴自吸过滤式防尘口罩，戴化学安全防护眼镜，穿防毒物渗透工作服，戴乳胶手套。避免产生粉尘。避免与氧化剂接触。配备泄漏应急处理设备。倒空的容器可能残留有害物

储存注意事项 储存于阴凉、通风的库房。远离火种、热源。防止阳光直射。包装密封。应与氧化剂、食用化学品分开存放，切忌混储。储区应备有合适的材料收容泄漏物

第八部分 接触控制/个体防护

职业接触限值

中国 未制定标准

美国(ACGIH) 未制定标准

生物接触限值 未制定标准

监测方法 空气中有毒物质测定方法：未制定标准。生物监测检验方法：尿中砷的二乙基二硫代氨基甲酸银-三乙醇胺分光光度测定方法；尿中砷的氢化物发生-火焰原子吸收光谱法

工程控制 密闭操作，局部排风。提供安全的淋浴和洗眼设备

个体防护装备

呼吸系统防护　空气中粉尘浓度超标时，建议佩戴过滤式防尘呼吸器。紧急事态抢救或撤离时，应该佩戴空气呼吸器

眼睛防护　戴化学安全防护眼镜

皮肤和身体防护　穿防毒物渗透工作服

手防护　戴橡胶手套

第九部分　理化特性

外观与性状　白色结晶粉末

pH值　无意义　　**熔点(℃)**　无资料

沸点(℃)　无资料　　**相对密度(水=1)**　无资料

相对蒸气密度(空气=1)　无资料

饱和蒸气压(kPa)　无资料

燃烧热(kJ/mol)　无资料　　**临界温度(℃)**　无资料

辛醇/水分配系数　−3.840　　**闪点(℃)**　无意义

临界压力(MPa)　无资料　　**自燃温度(℃)**　无意义

爆炸下限(%)　无意义　　**爆炸上限(%)**　无意义

分解温度(℃)　无资料　　**黏度(mPa·s)**　无资料

溶解性　溶于水，微溶于乙醇，不溶于氯仿、乙醚

第十部分　稳定性和反应性

稳定性　稳定

危险反应　与强氧化剂等禁配物发生反应

避免接触的条件　无资料

禁配物　强氧化剂

危险的分解产物　砷

第十一部分　毒理学信息

急性毒性　LD_{50}：75mg/kg（大鼠皮下）

皮肤刺激或腐蚀　无资料　　**眼睛刺激或腐蚀**　无资料

呼吸或皮肤过敏　无资料　　**生殖细胞突变性**　无资料

致癌性　无资料　　**生殖毒性**　无资料

特异性靶器官系统毒性-一次接触　无资料

特异性靶器官系统毒性-反复接触　无资料

吸入危害　无资料

第十二部分　生态学信息

生态毒性　含砷化合物对水生生物有极高毒性

持久性和降解性

生物降解性　无资料

非生物降解性　无资料

潜在的生物累积性　无资料

土壤中的迁移性　无资料

第十三部分　废弃处置

废弃化学品　若可能，重复使用容器或在规定场所掩埋

污染包装物　将容器返还生产商或按照国家和地方法规处置

废弃注意事项　处置前应参阅国家和地方有关法规

第十四部分　运输信息

联合国危险货物编号（UN号）　2473

联合国运输名称　对氨基苯胂酸钠

联合国危险性类别　6.1

包装类别　Ⅲ类包装　　**包装标志**

海洋污染物　否

运输注意事项　运输前应先检查包装容器是否完整、密封，运输过程中要确保容器不泄漏、不倒塌、不坠落、不损坏。严禁与酸类、氧化剂、食品及食品添加剂混运。运输时运输车辆应配备泄漏应急处理设备。运输途中应防曝晒、雨淋，防高温。公路运输时要按规定路线行驶，勿在居民区和人口稠密区停留

第十五部分　法规信息

下列法律、法规、规章和标准，对该化学品的管理作了相应的规定。

中华人民共和国职业病防治法　职业病分类和目录：砷及其化合物中毒

危险化学品安全管理条例　危险化学品目录：列入。易制爆危险化学品名录：未列入。重点监管的危险化学品名录：未列入。GB 18218—2009《危险化学品重大危险源辨识》(表1)：未列入

使用有毒物品作业场所劳动保护条例　高毒物品目录：未列入

易制毒化学品管理条例　易制毒化学品的分类和品种目录：未列入

国际公约　斯德哥尔摩公约：未列入。鹿特丹公约：未列入。蒙特利尔议定书：未列入

第十六部分　其他信息

编写和修订信息　　**缩略语和首字母缩写**

培训建议　　**参考文献**

免责声明

对苯二胺

第一部分　化学品标识

化学品中文名　对苯二胺；1,4-苯二胺；1,4-二氨基苯；乌尔丝D

化学品英文名　*p*-phenylenediamine；1,4-diaminobenzene

分子式　$C_6H_8N_2$　　**相对分子质量**　108.14

结构式　H_2N—⟨苯环⟩—NH_2

化学品的推荐及限制用途　作为染料中间体，环氧树脂固化剂，及用于橡胶防老剂DNP、DOP、DBP等的生产

第二部分　危险性概述

紧急情况概述　吞咽会中毒，皮肤接触会中毒，吸入会中毒，可能导致皮肤过敏反应

GHS危险性类别　急性毒性-经口，类别3；急性毒性-经皮，类别3；急性毒性-吸入，类别3；严重眼损伤/眼刺激，类别2；皮肤致敏物，类别1；危害水生环

境-急性危害，类别1；危害水生环境-长期危害，类别1

标签要素

象形图 

警示词 危险

危险性说明 吞咽会中毒，皮肤接触会中毒，吸入会中毒，造成严重眼刺激，可能导致皮肤过敏反应，对水生生物毒性非常大并具有长期持续影响

防范说明

预防措施 避免接触眼睛、皮肤，操作后彻底清洗。作业场所不得进食、饮水或吸烟。戴防护手套，穿防护服，戴防护眼镜、防护面罩。避免吸入粉尘。仅在室外或通风良好处操作。污染的工作服不得带出工作场所。禁止排入环境

事故响应 如吸入：将患者转移到空气新鲜处，休息，保持利于呼吸的体位。皮肤接触用大量肥皂水和水清洗。如感觉不适，呼叫中毒控制中心或就医。立即脱去所有被污染的衣服。被污染的衣服须经洗净后方可重新使用。如出现皮肤刺激或皮疹：就医。如接触眼睛：用水细心冲洗数分钟。如戴隐形眼镜并可方便地取出，取出隐形眼镜继续冲洗。如果眼睛刺激持续：就医。食入：漱口。立即呼叫中毒控制中心或就医。收集泄漏物

安全储存 在通风良好处储存。保持容器密闭。上锁保管

废弃处置 本品及内装物、容器依据国家和地方法规处置

物理和化学危险 可燃，其粉体与空气混合，能形成爆炸性混合物

健康危害 口服毒性剧烈，与苯胺同，引起高铁血红蛋白血症。吸入粉尘可引起支气管炎和支气管哮喘。皮肤接触可引起过敏性皮炎

环境危害 对水生生物毒性非常大并具有长期持续影响

第三部分 成分/组成信息

√物质 混合物

组分	浓度	CAS No.
对苯二胺		106-50-3

第四部分 急救措施

吸入 迅速脱离现场至空气新鲜处。保持呼吸道通畅。如呼吸困难，给输氧。如呼吸、心跳停止，立即进行心肺复苏术。就医

皮肤接触 立即脱去污染的衣着，用流动清水彻底冲洗。就医

眼睛接触 立即分开眼睑，用流动清水或生理盐水彻底冲洗。就医

食入 饮适量温水，催吐（仅限于清醒者）。就医

对保护施救者的忠告 根据需要使用个人防护设备

对医生的特别提示 高铁血红蛋白血症，可用美蓝和维生素C治疗

第五部分 消防措施

灭火剂 用雾状水、二氧化碳、砂土灭火

特别危险性 受热分解放出有毒烟气。燃烧生成有害的一氧化碳、氮氧化物

灭火注意事项及防护措施 消防人员必须佩戴空气呼吸器、穿全身防火防毒服，在上风向灭火。尽可能将容器从火场移至空旷处。喷水保持火场容器冷却，直至灭火结束

第六部分 泄漏应急处理

作业人员防护措施、防护装备和应急处置程序 隔离泄漏污染区，限制出入。消除所有点火源。建议应急处理人员戴防尘口罩，穿防毒服，戴橡胶手套。穿上适当的防护服前严禁接触破裂的容器和泄漏物。尽可能切断泄漏源。用塑料布覆盖泄漏物，减少飞散。勿使水进入包装容器内

环境保护措施 无资料

泄漏化学品的收容、清除方法及所使用的处置材料 用洁净的铲子收集泄漏物，置于干净、干燥、盖子较松的容器中，将容器移离泄漏区

第七部分 操作处置与储存

操作注意事项 密闭操作，提供充分的局部排风。操作人员必须经过专门培训，严格遵守操作规程。建议操作人员佩戴自吸过滤式防尘口罩，戴安全防护眼镜，穿防毒物渗透工作服，戴橡胶手套。远离火种、热源。工作场所严禁吸烟。使用防爆型的通风系统和设备。避免产生粉尘。避免与氧化剂、酸类接触。搬运时要轻装轻卸，防止包装及容器损坏。配备相应品种和数量的消防器材及泄漏应急处理设备。倒空的容器可能残留有害物

储存注意事项 储存于阴凉、通风的库房。远离火种、热源。包装密封。应与氧化剂、酸类、食用化学品分开存放，切忌混储。配备相应品种和数量的消防器材。储区应备有合适的材料收容泄漏物

第八部分 接触控制/个体防护

职业接触限值

中国 未制定标准

美国(ACGIH) TLV-TWA：$0.1mg/m^3$

生物接触限值 未制定标准

监测方法 空气中有毒物质测定方法：未制定标准。生物监测检验方法：未制定标准

工程控制 严加密闭，提供充分的局部排风。提供安全的淋浴和洗眼设备

个体防护装备

呼吸系统防护 空气中粉尘浓度超标时，佩戴过滤式防尘呼吸器。紧急事态抢救或撤离时，应该佩戴空气呼吸器

眼睛防护 戴安全防护眼镜

皮肤和身体防护 穿防毒物渗透工作服

手防护 戴橡胶手套

第九部分 理化特性

外观与性状 白色至淡紫红色晶体

pH 值 无意义 **熔点(℃)** 145～147

沸点(℃) 267 **相对密度(水=1)** 无资料

相对蒸气密度(空气=1) 3.7

饱和蒸气压(kPa) 0.14（100℃）

燃烧热(kJ/mol) 无资料 **临界温度(℃)** 无资料

临界压力(MPa) 5.18

辛醇/水分配系数 −0.25～−0.7

闪点(℃) 155 **自燃温度(℃)** 无资料

爆炸下限(%) 1.3 **爆炸上限(%)** 9.8

分解温度(℃) 无资料 **黏度(mPa·s)** 无资料

溶解性 微溶于水，溶于乙醇、乙醚、苯、氯仿、丙酮

第十部分 稳定性和反应性

稳定性 稳定

危险反应 与强氧化剂等禁配物发生反应

避免接触的条件 受热

禁配物 强氧化剂、酸类、酰基氯、酸酐、氯仿

危险的分解产物 无资料

第十一部分 毒理学信息

急性毒性 LD_{50}：80mg/kg（大鼠经口）

皮肤刺激或腐蚀 人经皮：250mg（24h），轻度刺激

眼睛刺激或腐蚀 无资料 **呼吸或皮肤过敏** 无资料

生殖细胞突变性 微生物致突变性：鼠伤寒沙门氏菌 2μmol/皿。DNA 抑制：小鼠经口 200mg/kg。细胞遗传学分析：仓鼠卵巢 15mg/L。性染色体缺失和不分离：黑腹果蝇经口 15500μmol/L（3d）

致癌性 IARC 致癌性评论：组 3，现有的证据不能对人类致癌性进行分类。对人及动物致癌性证据不足

生殖毒性 无资料

特异性靶器官系统毒性-一次接触 无资料

特异性靶器官系统毒性-反复接触 无资料

吸入危害 无资料

第十二部分 生态学信息

生态毒性

LC_{50} 5.74mg/L（48h）（金鱼）；0.066mg/L（96h）（青鳉）

EC_{50} 0.33mg/L（48h）（水蚤）

ErC_{50} 0.18mg/L（72h）（羊角月牙藻）

NOEC 0.043mg/L（21d）（水蚤）

持久性和降解性

生物降解性 不易快速生物降解

非生物降解性 光解最大光吸收-高（nm）：308；水中光氧化半衰期（h）：31～1740；空气中光氧化半衰期（h）：0.28～2.8

潜在的生物累积性 根据 K_{ow} 值预测，该物质的生物累积性可能较弱

土壤中的迁移性 根据 K_{oc} 值预测，该物质可能易发生迁移

第十三部分 废弃处置

废弃化学品 用控制焚烧法处置。焚烧炉排出的氮氧化物通过洗涤器除去

污染包装物 将容器返还生产商或按照国家和地方法规处置

废弃注意事项 把倒空的容器归还厂商或在规定场所掩埋

第十四部分 运输信息

联合国危险货物编号（UN 号） 1673

联合国运输名称 对苯二胺 **联合国危险性类别** 6.1

包装类别 Ⅲ类包装 **包装标志**

海洋污染物 否

运输注意事项 运输前应先检查包装容器是否完整、密封，运输过程中要确保容器不泄漏、不倒塌、不坠落、不损坏。严禁与酸类、氧化剂、食品及食品添加剂混运。运输车辆应配备相应品种和数量的消防器材及泄漏应急处理设备。运输途中应防曝晒、雨淋，防高温

第十五部分 法规信息

下列法律、法规、规章和标准，对该化学品的管理作了相应的规定。

中华人民共和国职业病防治法 职业病分类和目录：苯的氨基及硝基化合物中毒

危险化学品安全管理条例 危险化学品目录：列入。易制爆危险化学品名录：未列入。重点监管的危险化学品名录：未列入。GB 18218—2009《危险化学品重大危险源辨识》(表 1)：未列入

使用有毒物品作业场所劳动保护条例 高毒物品目录：未列入

易制毒化学品管理条例 易制毒化学品的分类和品种目录：未列入

国际公约 斯德哥尔摩公约：未列入。鹿特丹公约：未列入。蒙特利尔议定书：未列入

第十六部分 其他信息

编写和修订信息 **缩略语和首字母缩写**

培训建议 **参考文献**

免责声明

对苯二酚

第一部分 化学品标识

化学品中文名 对苯二酚；1,4-苯二酚；1,4-二羟基苯；氢醌

化学品英文名 *p*-dihydroxybenzene；hydroquinone；*p*-benzenediol

分子式 $C_6H_6O_2$ **相对分子质量** 110.11

结构式 HO—⟨苯环⟩—OH

化学品的推荐及限制用途 制取黑白显影剂、蒽醌染料、偶氮染料、橡胶防老剂、稳定剂和抗氧剂

第二部分 危险性概述

紧急情况概述 吞咽有害，造成严重眼损伤，可能导致皮肤过敏反应

GHS危险性类别 急性毒性-经口，类别4；严重眼损伤/眼刺激，类别1；皮肤致敏物，类别1；生殖细胞致突变性，类别2；危害水生环境-急性危害，类别1；危害水生环境-长期危害，类别1

标签要素

象形图 

警示词 危险

危险性说明 吞咽有害，造成严重眼损伤，可能导致皮肤过敏反应，怀疑可造成遗传性缺陷，对水生生物毒性非常大并具有长期持续影响

防范说明

预防措施 避免接触眼睛、皮肤，操作后彻底清洗。作业场所不得进食、饮水或吸烟。戴防护手套、防护眼镜、防护面罩。避免吸入粉尘、蒸气。污染的工作服不得带出工作场所。得到专门指导后操作。在阅读并了解所有安全预防措施之前，切勿操作。按要求使用个体防护装备。禁止排入环境

事故响应 如皮肤接触：用大量肥皂水和水清洗。如出现皮肤刺激或皮疹：就医。污染的衣服清洗后方可重新使用。接触眼睛：用水细心冲洗数分钟。如戴隐形眼镜并可方便地取出，取出隐形眼镜继续冲洗。食入：漱口。如果感觉不适，立即呼叫中毒控制中心或就医。如果接触或有担心，就医。收集泄漏物

安全储存 上锁保管

废弃处置 本品及内装物、容器依据国家和地方法规处置

物理和化学危险 可燃，其粉体与空气混合，能形成爆炸性混合物

健康危害 本品毒性比酚大。成人误服1g，即可出现头痛、头晕、耳鸣、面色苍白、紫绀、恶心、呕吐、腹痛、窒息感、呼吸困难、心动过速、震颤、肌肉抽搐、惊厥、谵妄和虚脱。严重者可出现呕血、血尿和溶血性黄疸。尿呈青色或棕绿色。皮肤可因原发性刺激和变态反应而致皮炎，可引起皮肤色素脱失。眼部接触本品粉尘或蒸气，可有结膜和角膜炎

环境危害 对水生生物毒性非常大并具有长期持续影响

第三部分 成分/组成信息

√物质 混合物

组分	浓度	CAS No.
对苯二酚		123-31-9

第四部分 急救措施

吸入 迅速脱离现场至空气新鲜处。保持呼吸道通畅。如呼吸困难，给输氧。如呼吸、心跳停止，立即进行心肺复苏术。就医

皮肤接触 立即脱去污染衣物，用大量流动清水彻底冲洗污染创面，同时使用浸过聚乙烯乙二醇（PEG 400或PEG 300）的棉球或浸过30%～50%酒精棉球擦洗创面至无酚味为止（注意不能将患处浸泡于清洗液中）。可继续用4%～5%碳酸氢钠溶液湿敷创面。就医

眼睛接触 立即分开眼睑，用大量流动清水或生理盐水彻底冲洗至少15min。就医

食入 漱口，给服植物油15～30ml，催吐。对食入时间长者禁用植物油，可口服牛奶或蛋清。就医

对保护施救者的忠告 根据需要使用个人防护设备

对医生的特别提示 对症处理

第五部分 消防措施

灭火剂 用雾状水、抗溶性泡沫、干粉、二氧化碳、砂土灭火

特别危险性 与强氧化剂接触可发生化学反应。受高热分解放出有毒的气体。燃烧生成有害的一氧化碳

灭火注意事项及防护措施 消防人员必须佩戴空气呼吸器、穿全身防火防毒服，在上风向灭火。尽可能将容器从火场移至空旷处。喷水保持火场容器冷却，直至灭火结束

第六部分 泄漏应急处理

作业人员防护措施、防护装备和应急处置程序 隔离泄漏污染区，限制出入。消除所有点火源。建议应急处理人员戴防尘口罩，穿防毒服，戴橡胶手套。穿上适当的防护服前严禁接触破裂的容器和泄漏物。尽可能切断泄漏源。用塑料布覆盖泄漏物，减少飞散。勿使水进入包装容器内

环境保护措施 无资料

泄漏化学品的收容、清除方法及所使用的处置材料 用洁净的铲子收集泄漏物，置于干净、干燥、盖子较松的容器中，将容器移离泄漏区

第七部分 操作处置与储存

操作注意事项 密闭操作，提供充分的局部排风。尽可能采取隔离操作。操作人员必须经过专门培训，严格遵守操作规程。建议操作人员佩戴自吸过滤式防尘口罩，戴化学安全防护眼镜，穿防毒物渗透工作服，戴橡胶手套。远离火种、热源。工作场所严禁吸烟。使用防爆型的通风系统和设备。避免产生粉尘。避免与氧化剂、酸类、碱类接触。搬运时要轻装轻卸，防止包装及容器损坏。配备相应品种和数量的消防器材及泄漏应急处理设备。倒空的容器可能残留有害物

储存注意事项 储存于阴凉、通风的库房。远离火种、热源。包装要求密封，不可与空气接触。应与氧化剂、酸类、碱类、食用化学品分开存放，切忌混储。配备相应品种和数量的消防器材。储区应备有合适的材料

收容泄漏物

第八部分　接触控制/个体防护

职业接触限值

中国　PC-TWA：$1mg/m^3$；PC-STEL：$2mg/m^3$

美国(ACGIH)　TLV-TWA：$2mg/m^3$［敏］

生物接触限值　未制定标准

监测方法　空气中有毒物质测定方法：高效液相色谱法。生物监测检验方法：未制定标准

工程控制　严加密闭，提供充分的局部排风。尽可能采取隔离操作。提供安全的淋浴和洗眼设备

个体防护装备

呼吸系统防护　空气中粉尘浓度超标时，佩戴过滤式防尘呼吸器。紧急事态抢救或撤离时，应该佩戴空气呼吸器

眼睛防护　戴化学安全防护眼镜

皮肤和身体防护　穿防毒物渗透工作服

手防护　戴橡胶手套

第九部分　理化特性

外观与性状　白色结晶

pH值　无意义　**熔点(℃)**　170.5

沸点(℃)　285　**相对密度(水=1)**　1.33

相对蒸气密度(空气=1)　3.81

饱和蒸气压(kPa)　0.13 (132.4℃)

燃烧热(kJ/mol)　−2849.8　**临界温度(℃)**　549.9

临界压力(MPa)　7.45　**辛醇/水分配系数**　0.59

闪点(℃)　165 (CC)　**自燃温度(℃)**　516

爆炸下限(%)　1.6　**爆炸上限(%)**　15.3

分解温度(℃)　无资料　**黏度(mPa·s)**　无资料

溶解性　溶于水，易溶于乙醇、乙醚

第十部分　稳定性和反应性

稳定性　稳定

危险反应　与强氧化剂等禁配物发生反应

避免接触的条件　光照、接触空气

禁配物　酰基氯、酸酐、碱、强氧化剂、强酸

危险的分解产物　无资料

第十一部分　毒理学信息

急性毒性　LD_{50}：320mg/kg（大鼠经口）

皮肤刺激或腐蚀　人经皮：2%，轻度刺激；5%，重度刺激

眼睛刺激或腐蚀　无资料　**呼吸或皮肤过敏**　无资料

生殖细胞突变性　微生物致突变性：鼠伤寒沙门氏菌2μmol/皿。微核试验：人淋巴细胞75μmol/L。性染色体缺失和不分离：人淋巴细胞6mg/kg。DNA损伤：人骨髓500mol/L

致癌性　IARC致癌性评论：组3，现有的证据不能对人类致癌性进行分类。对人及动物致癌性证据不足

生殖毒性　兔孕后6～14d经口给予最低中毒剂量（TDLo）1950mg/kg，致颅面部（包括鼻、舌）、肌肉骨骼系统发育畸形。大鼠经口最低中毒剂量（TDLo）：2500mg/kg（孕1～22d），致植入后的死亡率升高。大鼠皮下最低中毒剂量（TDLo）：5mg/kg（51d，雄性），影响睾丸、附睾、输精管、前列腺、精囊等，对雄性生育指数有影响

特异性靶器官系统毒性-一次接触　无资料

特异性靶器官系统毒性-反复接触　动物亚急性中毒表现为溶血性黄疸、贫血、白细胞增多、红细胞脆性增加、低血糖、皮毛无光泽和明显的恶病质

吸入危害　无资料

第十二部分　生态学信息

生态毒性

LC_{50}　0.1～0.18mg/L（黑头呆鱼）

EC_{50}　0.061mg/L（48h）（水蚤）

ErC_{50}　0.053mg/L（72h）（羊角月牙藻）

NOEC　0.0029mg/L（21d）（水蚤）

持久性和降解性

生物降解性　易快速生物降解

非生物降解性　空气中，当羟基自由基浓度为5.00×10^5个/cm^3时，降解半衰期为16.8h（理论）

潜在的生物累积性　根据K_{ow}值预测，该物质的生物累积性可能较弱

土壤中的迁移性　根据K_{oc}值预测，该物质可能易发生迁移

第十三部分　废弃处置

废弃化学品　用焚烧法处置

污染包装物　将容器返还生产商或按照国家和地方法规处置

废弃注意事项　处置前应参阅国家和地方有关法规。把倒空的容器归还厂商或在规定场所掩埋

第十四部分　运输信息

联合国危险货物编号(UN号)　3077

联合国运输名称　对环境有害的固态物质，未另作规定的(1,4-苯二酚)

联合国危险性类别　9

包装类别　Ⅲ类包装　**包装标志**

海洋污染物　是

运输注意事项　运输前应先检查包装容器是否完整、密封，运输过程中要确保容器不泄漏、不倒塌、不坠落、不损坏。严禁与酸类、氧化剂、食品及食品添加剂混运。运输车辆应配备相应品种和数量的消防器材及泄漏应急处理设备。运输途中应防曝晒、雨淋，防高温

第十五部分　法规信息

下列法律、法规、规章和标准，对该化学品的管理作了相应的规定。

中华人民共和国职业病防治法　职业病分类和目录：未

列入

危险化学品安全管理条例 危险化学品目录：列入。易制爆危险化学品名录：未列入。重点监管的危险化学品名录：未列入。GB 18218—2009《危险化学品重大危险源辨识》(表1)：未列入

使用有毒物品作业场所劳动保护条例 高毒物品目录：未列入

易制毒化学品管理条例 易制毒化学品的分类和品种目录：未列入

国际公约 斯德哥尔摩公约：未列入。鹿特丹公约：未列入。蒙特利尔议定书：未列入

第十六部分 其他信息

编写和修订信息 **缩略语和首字母缩写**

培训建议 **参考文献**

免责声明

对苯二甲酰氯

第一部分 化学品标识

化学品中文名 对苯二甲酰氯；二氯化（对）苯二甲酰

化学品英文名 terephthaloyl chloride；1,4-benzenedicarbonyl chloride

分子式 $C_8H_4Cl_2O_2$ **相对分子质量** 203.02

结构式

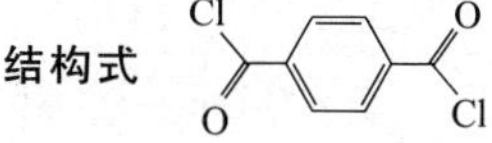

化学品的推荐及限制用途 用于有机合成

第二部分 危险性概述

紧急情况概述 吸入会中毒，造成严重的皮肤灼伤和眼损伤

GHS 危险性类别 急性毒性-吸入，类别3；皮肤腐蚀/刺激，类别1A；严重眼损伤/眼刺激，类别1

标签要素

象形图

警示词 危险

危险性说明 吸入会中毒，造成严重的皮肤灼伤和眼损伤

防范说明

预防措施 避免吸入粉尘。仅在室外或通风良好处操作。避免接触眼睛、皮肤，操作后彻底清洗。戴防护手套，穿防护服，戴防护眼镜、防护面罩

事故响应 如吸入：将患者转移到空气新鲜处，休息，保持利于呼吸的体位。皮肤（或头发）接触：立即脱掉所有被污染的衣服，用水冲洗皮肤，淋浴。污染的衣服须洗净后方可重新使用。立即呼叫中毒控制中心或就医。接触眼睛：用水细心冲洗数分钟。如戴隐形眼镜并可方便地取出，取出隐形眼镜继续冲洗。食入：漱口。不要催吐

安全储存 在通风良好处储存。保持容器密闭。上锁保管

废弃处置 本品及内装物、容器依据国家和地方法规处置

物理和化学危险 可燃。遇水产生刺激性气体

健康危害 对呼吸道有强烈刺激性。眼和皮肤接触引起灼伤

环境危害 对环境可能有害

第三部分 成分/组成信息

√物质		混合物
组分	**浓度**	**CAS No.**
对苯二甲酰氯		100-20-9

第四部分 急救措施

吸入 迅速脱离现场至空气新鲜处。保持呼吸道通畅。如呼吸困难，给输氧。如呼吸、心跳停止，立即进行心肺复苏术。就医

皮肤接触 立即脱去污染的衣着，用大量流动清水彻底冲洗至少15min。就医

眼睛接触 立即分开眼睑，用流动清水或生理盐水彻底冲洗至少15min。就医

食入 用水漱口，禁止催吐。给饮牛奶或蛋清。就医

对保护施救者的忠告 根据需要使用个人防护设备

对医生的特别提示 对症处理

第五部分 消防措施

灭火剂 用干粉、二氧化碳、砂土灭火

特别危险性 受热或遇水分解放热，放出有毒的腐蚀性烟气。与强氧化剂接触可发生化学反应。具有腐蚀性。燃烧生成有害的一氧化碳、光气、氯化氢

灭火注意事项及防护措施 消防人员必须穿全身耐酸碱消防服、佩戴空气呼吸器灭火。尽可能将容器从火场移至空旷处。喷水保持火场容器冷却，直至灭火结束。禁止用水、泡沫和酸碱灭火剂灭火

第六部分 泄漏应急处理

作业人员防护措施、防护装备和应急处置程序 隔离泄漏污染区，限制出入。消除所有点火源。建议应急处理人员戴防尘口罩，穿防酸碱服，戴橡胶耐酸碱手套。穿上适当的防护服前严禁接触破裂的容器和泄漏物。尽可能切断泄漏源。用塑料布覆盖泄漏物，减少飞散。勿使水进入包装容器内

环境保护措施 无资料

泄漏化学品的收容、清除方法及所使用的处置材料 用洁净的铲子收集泄漏物，置于干净、干燥、盖子较松的容器中，将容器移离泄漏区

第七部分 操作处置与储存

操作注意事项 密闭操作，局部排风。操作人员必须经过专门培训，严格遵守操作规程。建议操作人员佩戴头罩型电动送风过滤式防尘呼吸器，穿橡胶耐酸碱服，戴橡胶耐酸碱手套。远离火种、热源。工作场所严禁吸烟。使用防爆型的通风系统和设备。避免与氧化

剂、碱类、醇类接触。搬运时要轻装轻卸，防止包装及容器损坏。配备相应品种和数量的消防器材及泄漏应急处理设备。倒空的容器可能残留有害物

储存注意事项 储存于阴凉、干燥、通风良好的库房。远离火种、热源。包装必须密封，切勿受潮。应与氧化剂、碱类、醇类等分开存放，切忌混储。配备相应品种和数量的消防器材。储区应备有合适的材料收容泄漏物

第八部分 接触控制/个体防护

职业接触限值

中国 未制定标准

美国(ACGIH) 未制定标准

生物接触限值 未制定标准

监测方法 空气中有毒物质测定方法：未制定标准。生物监测检验方法：未制定标准

工程控制 密闭操作，局部排风。提供安全的淋浴和洗眼设备

个体防护装备

呼吸系统防护 可能接触其粉尘时，应该佩戴过滤式防尘呼吸器。紧急事态抢救或撤离时，佩戴空气呼吸器

眼睛防护 戴化学安全防护眼镜

皮肤和身体防护 穿橡胶耐酸碱服

手防护 戴橡胶耐酸碱手套

第九部分 理化特性

外观与性状 白色固体或无色针状晶体

pH值 无意义 **熔点(℃)** 82～84

沸点(℃) 266 **相对密度(水=1)** 无资料

相对蒸气密度(空气=1) 7.0

饱和蒸气压(kPa) 0.01 (38℃)

燃烧热(kJ/mol) 无资料 **临界温度(℃)** 无资料

临界压力(MPa) 无资料 **辛醇/水分配系数** 0.880

闪点(℃) 180 (OC) **自燃温度(℃)** 无资料

爆炸下限(%) 无资料 **爆炸上限(%)** 无资料

分解温度(℃) 无资料 **黏度(mPa·s)** 无资料

溶解性 溶于乙醚

第十部分 稳定性和反应性

稳定性 稳定

危险反应 与强氧化剂、水等禁配物发生反应

避免接触的条件 受热、潮湿空气

禁配物 水、醇类、强氧化剂、强碱

危险的分解产物 光气、氯化氢

第十一部分 毒理学信息

急性毒性 LD_{50}：2500mg/kg (大鼠经口)

皮肤刺激或腐蚀 无资料 **眼睛刺激或腐蚀** 无资料

呼吸或皮肤过敏 无资料 **生殖细胞突变性** 无资料

致癌性 无资料 **生殖毒性** 无资料

特异性靶器官系统毒性-一次接触 无资料

特异性靶器官系统毒性-反复接触 无资料

吸入危害 无资料

第十二部分 生态学信息

生态毒性 无资料

持久性和降解性

生物降解性 无资料

非生物降解性 无资料

潜在的生物累积性 根据 K_{ow} 值预测，该物质的生物累积性可能较弱

土壤中的迁移性 根据 K_{oc} 值预测，该物质可能易发生迁移

第十三部分 废弃处置

废弃化学品 建议用焚烧法处置。与燃料混合后，再焚烧。焚烧炉排出的气体通过洗涤器除去

污染包装物 将容器返还生产商或按照国家和地方法规处置

废弃注意事项 处置前应参阅国家和地方有关法规

第十四部分 运输信息

联合国危险货物编号(UN号) 2923

联合国运输名称 腐蚀性固体，毒性，未另作规定的(对苯二甲酰氯)

联合国危险性类别 8，6.1

包装类别 Ⅱ类包装

包装标志 

海洋污染物 否

运输注意事项 起运时包装要完整，装载应稳妥。运输过程中要确保容器不泄漏、不倒塌、不坠落、不损坏。严禁与氧化剂、碱类、醇类、食用化学品等混装混运。运输车辆应配备相应品种和数量的消防器材及泄漏应急处理设备。运输途中应防曝晒、雨淋，防高温

第十五部分 法规信息

下列法律、法规、规章和标准，对该化学品的管理作了相应的规定。

中华人民共和国职业病防治法 职业病分类和目录：列入

危险化学品安全管理条例 危险化学品目录：列入。易制爆危险化学品名录：未列入。重点监管的危险化学品名录：未列入。GB 18218—2009《危险化学品重大危险源辨识》(表1)：未列入

使用有毒物品作业场所劳动保护条例 高毒物品目录：未列入

易制毒化学品管理条例 易制毒化学品的分类和品种目录：未列入

国际公约 斯德哥尔摩公约：未列入。鹿特丹公约：未列入。蒙特利尔议定书：未列入

第十六部分 其他信息

编写和修订信息 **缩略语和首字母缩写**

培训建议 **参考文献**

免责声明

对 苯 醌

第一部分 化学品标识

化学品中文名 对苯醌；苯醌；1,4-苯醌

化学品英文名 quinone；1,4-benzoquinone；*p*-benzoquinone

分子式 $C_6H_4O_2$ **相对分子质量** 108.10

结构式 O=⟨⟩=O

化学品的推荐及限制用途 用作染料中间体，分析中用于测定氨基酸

第二部分 危险性概述

紧急情况概述 吞咽会中毒，吸入会中毒

GHS 危险性类别 急性毒性-经口，类别 3；急性毒性-吸入，类别 3；皮肤腐蚀/刺激，类别 2；严重眼损伤/眼刺激，类别 2；特异性靶器官毒性-一次接触，类别 3（呼吸道刺激）；危害水生环境-急性危害，类别 1

标签要素

象形图

警示词 危险

危险性说明 吞咽会中毒，吸入会中毒，造成皮肤刺激，造成严重眼刺激，可能引起呼吸道刺激，对水生生物毒性非常大

防范说明

预防措施 避免接触眼睛、皮肤，操作后彻底清洗。作业场所不得进食、饮水或吸烟。避免吸入粉尘。仅在室外或通风良好处操作。戴防护手套、防护眼镜、防护面罩。禁止排入环境

事故响应 如吸入：将患者转移到空气新鲜处，休息，保持利于呼吸的体位。皮肤接触：用大量肥皂水和水清洗。如发生皮肤刺激，就医。脱去被污染的衣服，洗净后方可重新使用。如接触眼睛：用水细心冲洗数分钟。如戴隐形眼镜并可方便地取出，取出隐形眼镜继续冲洗。如果眼睛刺激持续：就医。食入：漱口。立即呼叫中毒控制中心或就医。收集泄漏物

安全储存 在通风良好处储存。保持容器密闭。上锁保管

废弃处置 本品及内装物、容器依据国家和地方法规处置

物理和化学危险 可燃，其粉体与空气混合，能形成爆炸性混合物

健康危害 本品有强烈刺激性，引起高铁血红蛋白血症。高浓度接触刺激黏膜、上呼吸道、眼睛和皮肤。眼接触其蒸气可引起结膜和角膜损害，表现为结膜色素沉着，角膜溃疡。皮肤接触局部有色素减退、红斑、肿胀、丘疹和水疱，长时间接触可引起坏死。口服可致死

环境危害 对水生生物毒性非常大

第三部分 成分/组成信息

√物质		混合物
组分	**浓度**	**CAS No.**
对苯醌		106-51-4

第四部分 急救措施

吸入 迅速脱离现场至空气新鲜处。保持呼吸道通畅。如呼吸困难，给输氧。如呼吸、心跳停止，立即进行心肺复苏术。就医

皮肤接触 立即脱去污染的衣着，用流动清水彻底冲洗。就医

眼睛接触 立即分开眼睑，用流动清水或生理盐水彻底冲洗。就医

食入 饮适量温水，催吐（仅限于清醒者）。就医

对保护施救者的忠告 根据需要使用个人防护设备

对医生的特别提示 高铁血红蛋白血症，可用美蓝和维生素 C 治疗

第五部分 消防措施

灭火剂 用水、泡沫、二氧化碳、砂土灭火

特别危险性 受高热升华产生有毒气体。加热分解产生毒性气体。燃烧生成有害的一氧化碳

灭火注意事项及防护措施 消防人员必须佩戴空气呼吸器、穿全身防火防毒服，在上风向灭火。尽可能将容器从火场移至空旷处。喷水保持火场容器冷却，直至灭火结束

第六部分 泄漏应急处理

作业人员防护措施、防护装备和应急处置程序 隔离泄漏污染区，限制出入。消除所有点火源。建议应急处理人员戴防尘口罩，穿防毒服，戴橡胶手套。穿上适当的防护服前严禁接触破裂的容器和泄漏物。尽可能切断泄漏源。用塑料布覆盖泄漏物，减少飞散。勿使水进入包装容器内

环境保护措施 无资料

泄漏化学品的收容、清除方法及所使用的处置材料 用洁净的铲子收集泄漏物，置于干净、干燥、盖子较松的容器中，将容器移离泄漏区

第七部分 操作处置与储存

操作注意事项 密闭操作，提供充分的局部排风。操作人员必须经过专门培训，严格遵守操作规程。建议操作人员佩戴头罩型电动送风过滤式防尘呼吸器，穿防毒物渗透工作服，戴橡胶手套。远离火种、热源。工作场所严禁吸烟。使用防爆型的通风系统和设备。避免产生粉尘。避免与氧化剂接触。搬运时要轻装轻卸，防止包装及容器损坏。配备相应品种和数量的消防器材及泄漏应急处理设备。倒空的容器可能残留有害物

储存注意事项 储存于阴凉、通风的库房。远离火种、热源。包装密封。应与氧化剂、食用化学品分开存放，切忌混储。配备相应品种和数量的消防器材。储区应

备有合适的材料收容泄漏物

第八部分 接触控制/个体防护

职业接触限值

中国 未制定标准

美国(ACGIH) TLV-TWA：0.1ppm

生物接触限值 未制定标准

监测方法 空气中有毒物质测定方法：未制定标准。生物监测检验方法：未制定标准

工程控制 严加密闭，提供充分的局部排风。提供安全的淋浴和洗眼设备

个体防护装备

呼吸系统防护 空气中粉尘浓度超标时，应该佩戴过滤式防尘呼吸器。紧急事态抢救或撤离时，佩戴空气呼吸器

眼睛防护 戴化学安全防护眼镜

皮肤和身体防护 穿防毒物渗透工作服

手防护 戴橡胶手套

第九部分 理化特性

外观与性状 金黄色棱柱状结晶，有刺激性气味

pH 值 无意义 **熔点(℃)** 115.7

沸点(℃) 293（升华） **相对密度(水=1)** 1.32

相对蒸气密度(空气=1) 3.73

饱和蒸气压(kPa) 0.01（25℃）

燃烧热(kJ/mol) 无资料 **临界温度(℃)** 无资料

临界压力(MPa) 5.96

辛醇/水分配系数 0.2（计算值）

闪点(℃) 38～93（CC） **自燃温度(℃)** 560

爆炸下限(%) 1.7 **爆炸上限(%)** 13.5

分解温度(℃) 无资料 **黏度(mPa·s)** 无资料

溶解性 微溶于水，溶于热水、乙醇、乙醚、碱液

第十部分 稳定性和反应性

稳定性 稳定

危险反应 与强氧化剂等禁配物发生反应

避免接触的条件 无资料

禁配物 强氧化剂

危险的分解产物 无资料

第十一部分 毒理学信息

急性毒性 LD_{50}：130mg/kg（大鼠经口）

皮肤刺激或腐蚀 无资料 **眼睛刺激或腐蚀** 无资料

呼吸或皮肤过敏 无资料 **生殖细胞突变性** 无资料

致癌性 无资料 **生殖毒性** 无资料

特异性靶器官系统毒性-一次接触 无资料

特异性靶器官系统毒性-反复接触 无资料

吸入危害 无资料

第十二部分 生态学信息

生态毒性

LC_{50} 0.125mg/L（96h）（虹鳟鱼）；0.045mg/L（96h）（黑头呆鱼）

EC_{50} 2.09mg/L（5～30min）（发光菌，Microtox毒性测试）

持久性和降解性

生物降解性 易快速生物降解

非生物降解性 空气中光氧化半衰期（h）：0.66～6.6

潜在的生物累积性 根据 K_{ow} 值预测，该物质的生物累积性可能较弱

土壤中的迁移性 根据 K_{oc} 值预测，该物质可能易发生迁移

第十三部分 废弃处置

废弃化学品 用控制焚烧法处置

污染包装物 将容器返还生产商或按照国家和地方法规处置

废弃注意事项 把倒空的容器归还厂商或在规定场所掩埋

第十四部分 运输信息

联合国危险货物编号（UN 号） 2587

联合国运输名称 苯醌

联合国危险性类别 6.1

包装类别 Ⅱ类包装 **包装标志**

海洋污染物 否

运输注意事项 运输前应先检查包装容器是否完整、密封，运输过程中要确保容器不泄漏、不倒塌、不坠落、不损坏。严禁与酸类、氧化剂、食品及食品添加剂混运。运输车辆应配备相应品种和数量的消防器材及泄漏应急处理设备。运输途中应防曝晒、雨淋，防高温

第十五部分 法规信息

下列法律、法规、规章和标准，对该化学品的管理作了相应的规定。

中华人民共和国职业病防治法 职业病分类和目录：未列入

危险化学品安全管理条例 危险化学品目录：列入。易制爆危险化学品名录：未列入。重点监管的危险化学品名录：未列入。GB 18218—2009《危险化学品重大危险源辨识》（表 1）：未列入

使用有毒物品作业场所劳动保护条例 高毒物品目录：未列入

易制毒化学品管理条例 易制毒化学品的分类和品种目录：未列入

国际公约 斯德哥尔摩公约：未列入。鹿特丹公约：未列入。蒙特利尔议定书：未列入

第十六部分 其他信息

编写和修订信息 **缩略语和首字母缩写**

培训建议 **参考文献**

免责声明

对甲苯硫酚

第一部分 化学品标识

化学品中文名 对甲苯硫酚；4-甲基苯硫酚；4-巯基甲苯

化学品英文名 *p*-thiocresol；4-tolyl mercaptan

分子式 C_7H_8S **相对分子质量** 124.21

结构式 —◯—SH

化学品的推荐及限制用途 用于医药

第二部分 危险性概述

紧急情况概述 造成严重眼刺激

GHS 危险性类别 严重眼损伤/眼刺激，类别 2

标签要素

象形图 

警示词 警告

危险性说明 造成严重眼刺激

防范说明

预防措施 避免接触眼睛、皮肤，操作后彻底清洗。戴防护眼镜、防护面罩

事故响应 如接触眼睛：用水细心冲洗数分钟。如戴隐形眼镜并可方便地取出，取出隐形眼镜继续冲洗。如果眼睛刺激持续：就医

安全储存 -

废弃处置 -

物理和化学危险 可燃，其粉体与空气混合，能形成爆炸性混合物

健康危害 本品对黏膜、上呼吸道、眼和皮肤有强烈刺激性

环境危害 对环境可能有害

第三部分 成分/组成信息

√物质		混合物
组分	**浓度**	**CAS No.**
对甲苯硫酚		106-45-6

第四部分 急救措施

吸入 迅速脱离现场至空气新鲜处。保持呼吸道通畅。如呼吸困难，给输氧。如呼吸、心跳停止，立即进行心肺复苏术。就医

皮肤接触 立即脱去污染的衣着，用流动清水彻底冲洗。就医

眼睛接触 立即分开眼睑，用流动清水或生理盐水彻底冲洗。就医

食入 漱口，饮水。就医

对保护施救者的忠告 根据需要使用个人防护设备

对医生的特别提示 对症处理

第五部分 消防措施

灭火剂 用泡沫、二氧化碳、砂土灭火

特别危险性 受高热分解放出有毒的气体。与氧化剂可发生反应。燃烧生成有害的一氧化碳、氧化硫

灭火注意事项及防护措施 消防人员必须佩戴空气呼吸器、穿全身防火防毒服，在上风向灭火。尽可能将容器从火场移至空旷处。喷水保持火场容器冷却，直至灭火结束

第六部分 泄漏应急处理

作业人员防护措施、防护装备和应急处置程序 隔离泄漏污染区，限制出入。消除所有点火源。建议应急处理人员穿防酸碱服，戴橡胶手套。穿上适当的防护服前严禁接触破裂的容器和泄漏物。尽可能切断泄漏源。用塑料布覆盖泄漏物，减少飞散。勿使水进入包装容器内

环境保护措施 无资料

泄漏化学品的收容、清除方法及所使用的处置材料 用洁净的铲子收集泄漏物，置于干净、干燥、盖子较松的容器中，将容器移离泄漏区

第七部分 操作处置与储存

操作注意事项 密闭操作，注意通风。操作人员必须经过专门培训，严格遵守操作规程。建议操作人员佩戴头罩型电动送风过滤式防尘呼吸器，穿聚乙烯防毒服，戴橡胶手套。远离火种、热源。工作场所严禁吸烟。使用防爆型的通风系统和设备。避免与氧化剂、碱类接触。搬运时要轻装轻卸，防止包装及容器损坏。配备相应品种和数量的消防器材及泄漏应急处理设备。倒空的容器可能残留有害物

储存注意事项 储存于阴凉、通风的库房。远离火种、热源。包装密封。应与氧化剂、碱类分开存放，切忌混储。配备相应品种和数量的消防器材。储区应备有合适的材料收容泄漏物

第八部分 接触控制/个体防护

职业接触限值

中国 未制定标准

美国(ACGIH) 未制定标准

生物接触限值 未制定标准

监测方法 空气中有毒物质测定方法：未制定标准。生物监测检验方法：未制定标准

工程控制 密闭操作，注意通风。提供安全的淋浴和洗眼设备

个体防护装备

呼吸系统防护 可能接触其粉尘时，应该佩戴过滤式防尘呼吸器

眼睛防护 戴化学安全防护眼镜

皮肤和身体防护 穿隔绝式防毒服

手防护 戴橡胶手套

第九部分 理化特性

外观与性状 无色晶体粉末，有不愉快气味

pH 值 无意义 **熔点(℃)** 42～44

沸点(℃) 195 **相对密度(水＝1)** 无资料

相对蒸气密度(空气=1) 6.2

饱和蒸气压(kPa) 1.33(71℃)

燃烧热(kJ/mol) 无资料 **临界温度(℃)** 无资料

临界压力(MPa) 无资料 **辛醇/水分配系数** 3.230

闪点(℃) 68.33 **自燃温度(℃)** 无资料

爆炸下限(%) 无资料 **爆炸上限(%)** 无资料

分解温度(℃) 无资料 **黏度(mPa·s)** 无资料

溶解性 不溶于水,溶于乙醇,易溶于乙醚

第十部分 稳定性和反应性

稳定性 稳定

危险反应 与强氧化剂等禁配物发生反应

避免接触的条件 无资料

禁配物 强碱、强氧化剂

危险的分解产物 硫化氢

第十一部分 毒理学信息

急性毒性 LD_{50}:2500mg/kg(大鼠经口)

皮肤刺激或腐蚀 无资料 **眼睛刺激或腐蚀** 无资料

呼吸或皮肤过敏 无资料 **生殖细胞突变性** 无资料

致癌性 无资料 **生殖毒性** 无资料

特异性靶器官系统毒性-一次接触 无资料

特异性靶器官系统毒性-反复接触 无资料

吸入危害 无资料

第十二部分 生态学信息

生态毒性 无资料

持久性和降解性

生物降解性 无资料

非生物降解性 空气中,当羟基自由基浓度为5.00×10^5个/cm^3时,降解半衰期为27h(理论)

潜在的生物累积性 根据K_{ow}值预测,该物质可能有一定的生物累积性

土壤中的迁移性 根据K_{oc}值预测,该物质可能有一定的迁移性

第十三部分 废弃处置

废弃化学品 建议用焚烧法处置。焚烧炉排出的硫氧化物通过洗涤器除去

污染包装物 将容器返还生产商或按照国家和地方法规处置

废弃注意事项 处置前应参阅国家和地方有关法规

第十四部分 运输信息

联合国危险货物编号(UN号) -

联合国运输名称 - **联合国危险性类别** -

包装类别 - **包装标志** -

海洋污染物 -

运输注意事项 起运时包装要完整,装载应稳妥。运输过程中要确保容器不泄漏、不倒塌、不坠落、不损坏。严禁与氧化剂、碱类、食用化学品等混装混运。运输车辆应配备相应品种和数量的消防器材及泄漏应急处理设备。运输途中应防曝晒、雨淋,防高温

第十五部分 法规信息

下列法律、法规、规章和标准,对该化学品的管理作了相应的规定。

中华人民共和国职业病防治法 职业病分类和目录:未列入

危险化学品安全管理条例 危险化学品目录:列入。易制爆危险化学品名录:未列入。重点监管的危险化学品名录:未列入。GB 18218—2009《危险化学品重大危险源辨识》(表1):未列入

使用有毒物品作业场所劳动保护条例 高毒物品目录:未列入

易制毒化学品管理条例 易制毒化学品的分类和品种目录:未列入

国际公约 斯德哥尔摩公约:未列入。鹿特丹公约:未列入。蒙特利尔议定书:未列入

第十六部分 其他信息

编写和修订信息 **缩略语和首字母缩写**

培训建议 **参考文献**

免责声明

对硫磷

第一部分 化学品标识

化学品中文名 对硫磷;*O*,*O*-二乙基-*O*-(4-硝基苯基)硫代磷酸酯

化学品英文名 *O*,*O*-diethyl *O*-4-nitrophenyl phosphorothioate;parathion;folidol

分子式 $C_{10}H_{14}NO_5PS$ **相对分子质量** 291.27

结构式

化学品的推荐及限制用途 作农药杀虫剂、杀螨剂

第二部分 危险性概述

紧急情况概述 吞咽致命,皮肤接触会中毒,吸入致命

GHS危险性类别 急性毒性-经口,类别2;急性毒性-经皮,类别3;急性毒性-吸入,类别2;特异性靶器官毒性-反复接触,类别1;危害水生环境-急性危害,类别1;危害水生环境-长期危害,类别1

标签要素

象形图

警示词 危险

危险性说明 吞咽致命,皮肤接触会中毒,吸入致命,长时间或反复接触对器官造成损伤,对水生生物毒性非常大并具有长期持续影响

防范说明

预防措施 避免接触眼睛、皮肤,操作后彻底清

洗。作业场所不得进食、饮水或吸烟。戴防护手套、穿防护服。避免吸入蒸气、雾。仅在室外或通风良好处操作。戴呼吸防护器具。禁止排入环境

事故响应　如吸入：将患者转移到空气新鲜处，休息，保持利于呼吸的体位。如感觉不适，就医。皮肤接触：用大量肥皂水和水清洗。如感觉不适，呼叫中毒控制中心或就医。立即脱去所有被污染的衣服。被污染的衣服须经洗净后方可重新使用。食入：漱口，立即呼叫中毒控制中心或就医。收集泄漏物

安全储存　在通风良好处储存。保持容器密闭。上锁保管

废弃处置　本品及内装物、容器依据国家和地方法规处置

物理和化学危险　可燃，其蒸气与空气混合，能形成爆炸性混合物

健康危害　抑制胆碱酯酶活性，造成神经生理功能紊乱

急性中毒　短期内接触（口服、吸入、皮肤、黏膜）大量引起急性中毒，表现有头痛、头昏、食欲减退、恶心、呕吐、腹痛、腹泻、流涎、瞳孔缩小、呼吸道分泌物增多、多汗、肌束震颤等。重者出现肺水肿、脑水肿、昏迷、呼吸麻痹。部分病例可有心、肝、肾损害。少数严重病例在意识恢复后数周或数月发生周围神经病。个别严重病例可发生迟发性猝死。血胆碱酯酶活性降低

慢性中毒　尚有争论。有神经衰弱综合征、多汗、肌束震颤等。血胆碱酯酶活性降低

环境危害　对水生生物毒性非常大并具有长期持续影响

第三部分　成分/组成信息

√物质		混合物
组分	**浓度**	**CAS No.**
对硫磷		56-38-2

第四部分　急救措施

吸入　迅速脱离现场至空气新鲜处。保持呼吸道通畅。如呼吸困难，给输氧。如呼吸、心跳停止，立即进行心肺复苏术。就医

皮肤接触　立即脱去污染的衣着，用肥皂水及流动清水彻底冲洗污染的皮肤、头发、指甲等。就医

眼睛接触　分开眼睑，用流动清水或生理盐水冲洗。就医

食入　饮足量温水，催吐（仅限于清醒者）。口服活性炭。就医

对保护施救者的忠告　根据需要使用个人防护设备

对医生的特别提示　解毒剂：阿托品、胆碱酯酶复能剂

第五部分　消防措施

灭火剂　用雾状水、泡沫、干粉、砂土灭火

特别危险性　受热分解，放出磷、硫的氧化物等毒性气体。燃烧生成有害的一氧化碳、氧化磷、氧化硫、氮氧化物

灭火注意事项及防护措施　消防人员必须佩戴空气呼吸器、穿全身防火防毒服，在上风向灭火。尽可能将容器从火场移至空旷处。喷水保持火场容器冷却，直至灭火结束。容器突然发出异常声音或出现异常现象，应立即撤离

第六部分　泄漏应急处理

作业人员防护措施、防护装备和应急处置程序　根据液体流动和蒸气扩散的影响区域划定警戒区，无关人员从侧风、上风向撤离至安全区。建议应急处理人员戴正压自给式呼吸器，穿防毒服，戴橡胶手套。穿上适当的防护服前严禁接触破裂的容器和泄漏物。尽可能切断泄漏源

环境保护措施　防止泄漏物进入水体、下水道、地下室或有限空间

泄漏化学品的收容、清除方法及所使用的处置材料　小量泄漏：用干燥的砂土或其他不燃材料吸收或覆盖，收集于容器中。大量泄漏：构筑围堤或挖坑收容，用泵转移至槽车或专用收集器内

第七部分　操作处置与储存

操作注意事项　密闭操作，提供充分的局部排风。操作尽可能机械化、自动化。操作人员必须经过专门培训，严格遵守操作规程。建议操作人员佩戴自吸过滤式防毒面具（全面罩），穿连衣式防毒衣，戴橡胶手套。远离火种、热源。工作场所严禁吸烟。使用防爆型的通风系统和设备。防止蒸气泄漏到工作场所空气中。避免与氧化剂、碱类接触。搬运时要轻装轻卸，防止包装及容器损坏。配备相应品种和数量的消防器材及泄漏应急处理设备。倒空的容器可能残留有害物

储存注意事项　储存于阴凉、通风的库房。远离火种、热源。实行“双人收发、双人保管”制度。保持容器密封。应与氧化剂、碱类、食用化学品分开存放，切忌混储。配备相应品种和数量的消防器材。储区应备有泄漏应急处理设备和合适的收容材料

第八部分　接触控制/个体防护

职业接触限值

中国　PC-TWA：0.05mg/m^3；PC-STEL：0.1mg/m^3［皮］

美国（ACGIH）　TLV-TWA：0.05mg/m^3（可吸入性颗粒物和蒸气）［皮］

生物接触限值　全血胆碱酯酶活性（校正值）：原基础值或参考值的70%（采样时间：开始接触后的3个月内），原基础值或参考值的50%（采样时间：持续接触3个月后，任意时间）

监测方法　空气中有毒物质测定方法：溶剂解吸-气相色谱法。生物监测检验方法：血中胆碱酯酶活性的分光光度测定方法—羟胺三氯化铁法；血中胆碱酯酶活性的分光光度测定方法—硫代乙酰胆碱—联硫代双硝基苯甲酸法

工程控制　严加密闭，提供充分的局部排风。提供安全的

淋浴和洗眼设备

个体防护装备

呼吸系统防护　生产操作或农业使用时，佩戴过滤式防毒面具（全面罩）。空气中浓度较高时，必须佩戴空气呼吸器

眼睛防护　呼吸系统防护中已作防护

皮肤和身体防护　穿连衣式防毒衣

手防护　戴橡胶手套

第九部分　理化特性

外观与性状　纯品为无色、无臭的液体，工业品为棕色并有蒜臭的液体

pH 值　无资料　**熔点(℃)**　6.0

沸点(℃)　375　**相对密度(水=1)**　1.27

相对蒸气密度(空气=1)　无资料

饱和蒸气压(kPa)　0.08（157℃）

燃烧热(kJ/mol)　无资料　**燃烧热(kJ/mol)**　无资料

临界压力(MPa)　无资料　**辛醇/水分配系数**　3.83

闪点(℃)　174　**自燃温度(℃)**　无资料

爆炸下限(%)　无资料　**爆炸上限(%)**　无资料

分解温度(℃)　无资料　**黏度(mPa·s)**　15.3（25℃）

溶解性　不溶于水，溶于醇类、醚类、酯类、酮类、芳烃等有机溶剂，不溶于石油醚、煤油

第十部分　稳定性和反应性

稳定性　稳定

危险反应　遇强碱分解。与强氧化剂等禁配物发生反应

避免接触的条件　受热

禁配物　强氧化剂、碱类

危险的分解产物　氧化磷、氧化硫

第十一部分　毒理学信息

急性毒性

LD_{50}　6～15mg/kg（大鼠经口）；5～100mg/kg（兔经皮）

LC_{50}　31.5mg/m^3（大鼠吸入，4h）

皮肤刺激或腐蚀　无资料　**眼睛刺激或腐蚀**　无资料

呼吸或皮肤过敏　无资料

生殖细胞突变性　微生物致突变：鼠伤寒沙门氏菌 1mg/皿。姐妹染色单体交换：人淋巴细胞 200μg/L。程序外 DNA 合成：人成纤维细胞 10μmol/L。DNA 损伤：大鼠淋巴细胞 10μmol/L(16h)

致癌性　IARC 致癌性评论：组 2B，可疑人类致癌物

生殖毒性　大鼠经口最低中毒剂量（TDLo）：360μg/kg（孕 2～22d/产后 15d），影响新生鼠生化和代谢。大鼠皮下最低中毒剂量（TDLo）：9800μg/kg（孕 7～13d），致死胎

特异性靶器官系统毒性-一次接触　无资料

特异性靶器官系统毒性-反复接触　无资料

吸入危害　无资料

第十二部分　生态学信息

生态毒性　LC_{50}：1.41mg/L（96h）（黑头呆鱼）；0.065mg/L（96h）（蓝鳃太阳鱼）；0.425mg/L（96h）（绿色太阳鱼）；0.19mg/L（96h）（大口黑鲈）；0.0008mg/L（24h），0.00037mg/L（48h）（水蚤）；0.0006mg/L（48h）（蚤状蚤）

持久性和降解性

生物降解性　无资料

非生物降解性　空气中，当羟基自由基浓度为5.00×10^{5}个/cm^{3}时，降解半衰期为 4.2h（理论）

潜在的生物累积性　BCF：63～462（蓝鳃太阳鱼，接触浓度 0.51～0.64mg/L，接触时间 0.5～3d）；68～344（溪红点鲑，接触浓度 0.27～3.18mg/L，接触时间 0.33～5.83d）；根据 K_{ow} 值预测，该物质可能有一定的生物累积性

土壤中的迁移性　根据 K_{oc} 值预测，该物质可能有一定的迁移性

第十三部分　废弃处置

废弃化学品　建议用焚烧法处置。焚烧炉排出的气体要通过洗涤器除去

污染包装物　将容器返还生产商或按照国家和地方法规处置

废弃注意事项　处置前应参阅国家和地方有关法规

第十四部分　运输信息

联合国危险货物编号（UN 号）　3018

联合国运输名称　液态有机磷农药，毒性（对硫磷）

联合国危险性类别　6.1

包装类别　Ⅱ类包装　**包装标志**

海洋污染物　是

运输注意事项　须包装试验合格，经铁路局批准可以使用钙塑瓦楞箱作外包装；运输前应先检查包装容器是否完整、密封，运输过程中要确保容器不泄漏、不倒塌、不坠落、不损坏。严禁与酸类、氧化剂、食品及食品添加剂混运。运输时运输车辆应配备相应品种和数量的消防器材及泄漏应急处理设备。运输途中应防曝晒、雨淋，防高温。公路运输时要按规定路线行驶

第十五部分　法规信息

下列法律、法规、规章和标准，对该化学品的管理作了相应的规定。

中华人民共和国职业病防治法　职业病分类和目录：有机磷中毒

危险化学品安全管理条例　危险化学品目录：列入。作为剧毒化学品进行管理。易制爆危险化学品名录：未列入。重点监管的危险化学品名录：未列入。GB 18218—2009《危险化学品重大危险源辨识》（表 1）：未列入

使用有毒物品作业场所劳动保护条例　高毒物品目录：未列入

易制毒化学品管理条例　易制毒化学品的分类和品种目

录：未列入

国际公约　斯德哥尔摩公约：未列入。鹿特丹公约：列入。蒙特利尔议定书：未列入

第十六部分　其他信息

编写和修订信息　　**缩略语和首字母缩写**

培训建议　　**参考文献**

免责声明

对硫氰酸苯胺

第一部分　化学品标识

化学品中文名　对硫氰酸苯胺；对硫氰基苯胺

化学品英文名　*p*-thiocyanatoaniline；1-amino-4-thiocyanatobenzene

分子式　$C_7H_6N_2S$　　**相对分子质量**　150.20

结构式

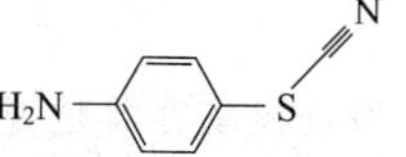

化学品的推荐及限制用途　用作有机合成的重要原料，还用作种子消毒剂硫化氰的配料

第二部分　危险性概述

紧急情况概述　吞咽会中毒

GHS 危险性类别　急性毒性-经口，类别 3

标签要素

象形图

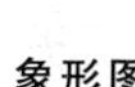

警示词　危险

危险性说明　吞咽会中毒

防范说明

预防措施　避免接触眼睛、皮肤，操作后彻底清洗。作业场所不得进食、饮水或吸烟

事故响应　食入：漱口。立即呼叫中毒控制中心或就医

安全储存　上锁保管

废弃处置　本品及内装物、容器依据国家和地方法规处置

物理和化学危险　可燃，其粉体与空气混合，能形成爆炸性混合物

健康危害　本品蒸气有恶臭，对眼睛和上呼吸道有刺激性。急性中毒是由于其解离产生的氰化物所致，后者抑制呼吸酶，造成组织缺氧。对血液作用类似苯胺，可形成高铁血红蛋白血症。其水溶液可致角膜暂时性混浊。对皮肤有致敏性，引起小丘疹、发痒

环境危害　对环境可能有害

第三部分　成分/组成信息

√物质　　混合物

组分	浓度	CAS No.
对硫氰酸苯胺		2987-46-4

第四部分　急救措施

吸入　迅速脱离现场至空气新鲜处。保持呼吸道通畅。如呼吸困难，给输氧。如呼吸、心跳停止，立即进行心肺复苏术。就医

皮肤接触　立即脱去污染的衣着，用肥皂水和清水彻底冲洗。就医

眼睛接触　立即分开眼睑，用流动清水或生理盐水彻底冲洗。就医

食入　催吐（仅限于清醒着），给服活性炭悬液。就医

对保护施救者的忠告　根据需要使用个人防护设备

对医生的特别提示　使用亚硝酸钠、硫代硫酸钠、4-二甲基氨基苯酚等解毒剂；高铁血红蛋白血症，可用美蓝和维生素 C 治疗

第五部分　消防措施

灭火剂　用泡沫、干粉、二氧化碳、砂土灭火

特别危险性　接触酸和酸雾产生剧毒气体。燃烧生成有害的一氧化碳、氧化硫、氮氧化物

灭火注意事项及防护措施　消防人员必须佩戴空气呼吸器、穿全身防火防毒服，在上风向灭火。尽可能将容器从火场移至空旷处。禁止使用酸碱灭火剂。用水灭火无效，但可用水保持火场中容器冷却

第六部分　泄漏应急处理

作业人员防护措施、防护装备和应急处置程序　隔离泄漏污染区，限制出入。消除所有点火源。建议应急处理人员戴防尘口罩，穿防毒服，戴橡胶手套。穿上适当的防护服前严禁接触破裂的容器和泄漏物。尽可能切断泄漏源。用塑料布覆盖泄漏物，减少飞散。勿使水进入包装容器内

环境保护措施　无资料

泄漏化学品的收容、清除方法及所使用的处置材料　用洁净的铲子收集泄漏物，置于干净、干燥、盖子较松的容器中，将容器移离泄漏区

第七部分　操作处置与储存

操作注意事项　密闭操作，提供充分的局部排风。操作人员必须经过专门培训，严格遵守操作规程。建议操作人员佩戴自吸过滤式防尘口罩，戴化学安全防护眼镜，穿聚乙烯防毒服，戴橡胶手套。远离火种、热源。工作场所严禁吸烟。使用防爆型的通风系统和设备。避免产生粉尘。避免与氧化剂、酸类接触。搬运时要轻装轻卸，防止包装及容器损坏。配备相应品种和数量的消防器材及泄漏应急处理设备。倒空的容器可能残留有害物

储存注意事项　储存于阴凉、通风的库房。远离火种、热源。包装密封。应与氧化剂、酸类、食用化学品分开存放，切忌混储。配备相应品种和数量的消防器材。储区应备有合适的材料收容泄漏物

第八部分　接触控制/个体防护

职业接触限值

中国　未制定标准

美国(ACGIH) 未制定标准

生物接触限值 未制定标准

监测方法 空气中有毒物质测定方法：未制定标准。生物监测检验方法：未制定标准

工程控制 严加密闭，提供充分的局部排风。提供安全的淋浴和洗眼设备

个体防护装备

呼吸系统防护 可能接触其粉尘时，佩戴过滤式防尘呼吸器

眼睛防护 戴化学安全防护眼镜

皮肤和身体防护 穿隔绝式防毒服

手防护 戴橡胶手套

第九部分 理化特性

外观与性状 针状结晶

pH 值 无意义 **熔点(℃)** 57～58

沸点(℃) 无资料 **相对密度(水=1)** 无资料

相对蒸气密度(空气=1) 无资料

饱和蒸气压(kPa) 无资料

燃烧热(kJ/mol) 无资料 **临界温度(℃)** 无资料

临界压力(MPa) 无资料 **辛醇/水分配系数** 1.480

闪点(℃) 无意义 **自燃温度(℃)** 无资料

爆炸下限(%) 无资料 **爆炸上限(%)** 无资料

分解温度(℃) 无资料 **黏度(mPa·s)** 无资料

溶解性 微溶于水，易溶于乙醇，溶于乙醚、苯

第十部分 稳定性和反应性

稳定性 稳定

危险反应 与强氧化剂、酸类等禁配物发生反应

避免接触的条件 无资料

禁配物 强氧化剂、酸类

危险的分解产物 无资料

第十一部分 毒理学信息

急性毒性 LD_{50}：228mg/kg（大鼠经口）；40mg/kg（小鼠经口）

皮肤刺激或腐蚀 家兔经皮：500mg（24h），轻度刺激

眼睛刺激或腐蚀 家兔经眼：500mg（24h），轻度刺激

呼吸或皮肤过敏 无资料 **生殖细胞突变性** 无资料

致癌性 无资料 **生殖毒性** 无资料

特异性靶器官系统毒性-一次接触 无资料

特异性靶器官系统毒性-反复接触 无资料

吸入危害 无资料

第十二部分 生态学信息

生态毒性 无资料

持久性和降解性

生物降解性 无资料

非生物降解性 无资料

潜在的生物累积性 根据 K_{ow} 值预测，该物质的生物累积性可能较弱

土壤中的迁移性 根据 K_{oc} 值预测，该物质可能易发生迁移

第十三部分 废弃处置

废弃化学品 建议用焚烧法处置。焚烧炉排出的气体要通过洗涤器除去

污染包装物 将容器返还生产商或按照国家和地方法规处置

废弃注意事项 处置前应参阅国家和地方有关法规

第十四部分 运输信息

联合国危险货物编号（UN 号） 2811

联合国运输名称 有机毒性固体，未另作规定的（对硫氰酸苯胺）

联合国危险性类别 6.1

包装类别 Ⅲ类包装 **包装标志** 

海洋污染物 否

运输注意事项 运输前应先检查包装容器是否完整、密封，运输过程中要确保容器不泄漏、不倒塌、不坠落、不损坏。严禁与酸类、氧化剂、食品及食品添加剂混运。运输车辆应配备相应品种和数量的消防器材及泄漏应急处理设备。运输途中应防曝晒、雨淋，防高温

第十五部分 法规信息

下列法律、法规、规章和标准，对该化学品的管理作了相应的规定。

中华人民共和国职业病防治法 职业病分类和目录：氰及腈类化合物中毒，苯的氨基及硝基化合物中毒

危险化学品安全管理条例 危险化学品目录：列入。易制爆危险化学品名录：未列入。重点监管的危险化学品名录：未列入。GB 18218—2009《危险化学品重大危险源辨识》（表 1）：未列入

使用有毒物品作业场所劳动保护条例 高毒物品目录：未列入

易制毒化学品管理条例 易制毒化学品的分类和品种目录：未列入

国际公约 斯德哥尔摩公约：未列入。鹿特丹公约：未列入。蒙特利尔议定书：未列入

第十六部分 其他信息

编写和修订信息 **缩略语和首字母缩写**

培训建议 **参考文献**

免责声明

对氯苯胺

第一部分 化学品标识

化学品中文名 对氯苯胺；4-氯苯胺；对氨基氯苯

化学品英文名 *p*-chloroaniline；4-chlorobenzenamine；*p*-chloroaminobenzene

分子式 C_6H_6ClN **相对分子质量** 127.6

结构式 Cl—⟨苯环⟩—NH_2

化学品的推荐及限制用途 用作染料中间体、药品、农业化学品

第二部分 危险性概述

紧急情况概述 吞咽会中毒，皮肤接触会中毒，吸入会中毒，可能导致皮肤过敏反应

GHS 危险性类别 急性毒性-经口，类别 3；急性毒性-经皮，类别 3；急性毒性-吸入，类别 3；皮肤致敏物，类别 1；致癌性，类别 2；危害水生环境-急性危害，类别 1；危害水生环境-长期危害，类别 1

标签要素

象形图

警示词 危险

危险性说明 吞咽会中毒，皮肤接触会中毒，吸入会中毒，可能导致皮肤过敏反应，怀疑致癌，对水生生物毒性非常大并具有长期持续影响

防范说明

预防措施 避免接触眼睛、皮肤，操作后彻底清洗。作业场所不得进食、饮水或吸烟。戴防护手套、穿防护服。避免吸入粉尘。仅在室外或通风良好处操作。污染的工作服不得带出工作场所。得到专门指导后操作。在阅读并了解所有安全预防措施之前，切勿操作。按要求使用个体防护装备。禁止排入环境

事故响应 如吸入将患者转移到空气新鲜处，休息，保持利于呼吸的体位。皮肤接触：用大量肥皂水和水清洗。如出现皮肤刺激或皮疹：就医。立即脱去所有被污染的衣服。被污染的衣服须经洗净后方可重新使用。食入：漱口，立即呼叫中毒控制中心或就医。如果接触或有担心，就医。收集泄漏物

安全储存 在通风良好处储存。保持容器密闭。上锁保管

废弃处置 本品及内装物、容器依据国家和地方法规处置

物理和化学危险 可燃，其粉体与空气混合，能形成爆炸性混合物

健康危害 本品为高铁血红蛋白形成剂，接触后引起头晕、头痛、乏力、胸闷、皮肤黏膜紫绀。对眼有刺激性。能经无损皮肤吸收。对皮肤有致敏性

环境危害 对水生生物毒性非常大并具有长期持续影响

第三部分 成分/组成信息

√物质　　　　　　混合物

组分	浓度	CAS No.
对氯苯胺		106-47-8

第四部分 急救措施

吸入 迅速脱离现场至空气新鲜处。保持呼吸道通畅。如呼吸困难，给吸氧。如呼吸、心跳停止，立即行心肺复苏术。就医

皮肤接触 立即脱去污染衣着，用肥皂水或清水彻底冲洗。就医

眼睛接触 分开眼睑，用清水或生理盐水冲洗。就医

食入 漱口，饮水。就医

对保护施救者的忠告 根据需要使用个人防护设备

对医生的特别提示 高铁血红蛋白血症，可用美蓝和维生素 C 治疗

第五部分 消防措施

灭火剂 用雾状水、泡沫、二氧化碳、砂土灭火

特别危险性 燃烧时分解产生有毒的氮氧化物和氯化物气体。燃烧生成有害的一氧化碳、氮氧化物、氯化氢

灭火注意事项及防护措施 消防人员必须佩戴空气呼吸器、穿全身防火防毒服，在上风向灭火。尽可能将容器从火场移至空旷处。喷水保持火场容器冷却，直至灭火结束

第六部分 泄漏应急处理

作业人员防护措施、防护装备和应急处置程序 隔离泄漏污染区，限制出入。建议应急处理人员戴防尘口罩，穿防毒服，戴橡胶手套。穿上适当的防护服前严禁接触破裂的容器和泄漏物。尽可能切断泄漏源。用塑料布覆盖泄漏物，减少飞散。勿使水进入包装容器内

环境保护措施 无资料

泄漏化学品的收容、清除方法及所使用的处置材料 用洁净的铲子收集泄漏物，置于干净、干燥、盖子较松的容器中，将容器移离泄漏区

第七部分 操作处置与储存

操作注意事项 密闭操作，提供充分的局部排风。操作人员必须经过专门培训，严格遵守操作规程。建议操作人员佩戴自吸过滤式防尘口罩，戴化学安全防护眼镜，穿防毒物渗透工作服，戴橡胶手套。远离火种、热源。工作场所严禁吸烟。使用防爆型的通风系统和设备。避免产生粉尘。避免与氧化剂、酸类接触。搬运时要轻装轻卸，防止包装及容器损坏。配备相应品种和数量的消防器材及泄漏应急处理设备。倒空的容器可能残留有害物

储存注意事项 储存于阴凉、通风的库房。远离火种、热源。包装密封。应与氧化剂、酸类、食用化学品分开存放，切忌混储。配备相应品种和数量的消防器材。储区应备有合适的材料收容泄漏物

第八部分 接触控制/个体防护

职业接触限值

中国 未制定标准

美国(ACGIH) 未制定标准

生物接触限值 未制定标准

监测方法 空气中有毒物质测定方法：未制定标准。生物监测检验方法：未制定标准

工程控制 严加密闭，提供充分的局部排风。提供安全的

淋浴和洗眼设备

个体防护装备

呼吸系统防护　空气中粉尘浓度超标时，佩戴过滤式防尘呼吸器。紧急事态抢救或撤离时，应该佩戴空气呼吸器

眼睛防护　戴化学安全防护眼镜

皮肤和身体防护　穿防毒物渗透工作服

手防护　戴橡胶手套

第九部分　理化特性

外观与性状　白色结晶或淡黄色固体

pH值　无意义　**熔点(℃)**　72.5

沸点(℃)　232　**相对密度(水=1)**　1.17

相对蒸气密度(空气=1)　4.4

饱和蒸气压(kPa)　0.0036 (26℃)

燃烧热(kJ/mol)　无资料　**临界温度(℃)**　无资料

临界压力(MPa)　4.45　**辛醇/水分配系数**　1.83

闪点(℃)　120　**自燃温度(℃)**　685

爆炸下限(%)　2.2　**爆炸上限(%)**　8.8

分解温度(℃)　无资料　**黏度(mPa·s)**　无资料

溶解性　溶于热水，溶于乙醇、乙醚、丙酮等多数有机溶剂

第十部分　稳定性和反应性

稳定性　稳定

危险反应　与强氧化剂等禁配物发生反应

避免接触的条件　受热

禁配物　酸类、酸酐、酰基氯、氯仿、强氧化剂

危险的分解产物　氯化氢

第十一部分　毒理学信息

急性毒性　LD_{50}：310mg/kg（大鼠经口）；360mg/kg（兔经皮）

皮肤刺激或腐蚀　家兔经皮：500mg（24h），轻度刺激

眼睛刺激或腐蚀　家兔经眼：250μg（24h），重度刺激

呼吸或皮肤过敏　无资料

生殖细胞突变性　微生物致突变试验：鼠伤寒沙门氏菌100μg/皿。非程序DNA合成：大鼠肝5mg/L

致癌性　IARC致癌性评论：组2B，可疑人类致癌物。对人类致癌性证据有限，对动物致癌性证据不充分

生殖毒性　无资料

特异性靶器官系统毒性-一次接触　无资料

特异性靶器官系统毒性-反复接触　无资料

吸入危害　无资料

第十二部分　生态学信息

生态毒性

LC_{50}　2.4mg/L（96h）（蓝鳃太阳鱼）；9.7～11.5mg/L（96h）（虹鳟鱼）；12mg/L（96h）（黑头呆鱼）；23mg/L（96h）（运河鲶）

EC_{50}　0.31mg/L（48h）（水蚤）

ErC_{50}　3.8mg/L（72h）（羊角月牙藻）

NOEC　0.0032mg/L（21d）（水蚤）

持久性和降解性

生物降解性　GSF生物降解试验，5d降解28%；改良OECD筛选试验，28d降解10%和18%；不易快速生物降解

非生物降解性　空气中，当羟基自由基浓度为5.00×10^5个/cm^3时，降解半衰期为9h（理论）

潜在的生物累积性　根据K_{ow}值预测，该物质的生物累积性可能较弱

土壤中的迁移性　根据K_{oc}值预测，该物质可能易发生迁移

第十三部分　废弃处置

废弃化学品　建议用焚烧法处置。与燃料混合后，再焚烧。焚烧炉排出的气体要通过洗涤器除去

污染包装物　将容器返还生产商或按照国家和地方法规处置

废弃注意事项　处置前应参阅国家和地方有关法规

第十四部分　运输信息

联合国危险货物编号(UN号)　2018

联合国运输名称　固态氯苯胺

联合国危险性类别　6.1

包装类别　Ⅱ类包装　**包装标志**

海洋污染物　否

运输注意事项　运输前应先检查包装容器是否完整、密封，运输过程中要确保容器不泄漏、不倒塌、不坠落、不损坏。严禁与酸类、氧化剂、食品及食品添加剂混运。运输车辆应配备相应品种和数量的消防器材及泄漏应急处理设备。运输途中应防曝晒、雨淋，防高温

第十五部分　法规信息

下列法律、法规、规章和标准，对该化学品的管理作了相应的规定。

中华人民共和国职业病防治法　职业病分类和目录：苯的氨基及硝基化合物中毒

危险化学品安全管理条例　危险化学品目录：列入。易制爆危险化学品名录：未列入。重点监管的危险化学品名录：未列入。GB 18218—2009《危险化学品重大危险源辨识》（表1）：未列入

使用有毒物品作业场所劳动保护条例　高毒物品目录：未列入

易制毒化学品管理条例　易制毒化学品的分类和品种目录：未列入

国际公约　斯德哥尔摩公约：未列入。鹿特丹公约：未列入。蒙特利尔议定书：未列入

第十六部分　其他信息

编写和修订信息　**缩略语和首字母缩写**

培训建议　**参考文献**

免责声明

对氯苯酚

第一部分　化学品标识

化学品中文名　对氯苯酚；4-氯苯酚；4-羟基氯苯；4-氯-1-羟基苯；对羟基氯苯

化学品英文名　*p*-chlorophenol；4-chlorophenol；4-chloro-1-hydroxybenzene

分子式　C_6H_5ClO　　**相对分子质量**　128.56

结构式　Cl—⟨苯环⟩—OH

化学品的推荐及限制用途　用作染料及药品合成的中间体

第二部分　危险性概述

紧急情况概述　吞咽有害，皮肤接触有害，吸入有害

GHS 危险性类别　急性毒性-经口，类别 4；急性毒性-经皮，类别 4；急性毒性-吸入，类别 4；危害水生环境-急性危害，类别 2；危害水生环境-长期危害，类别 2

标签要素

象形图

警示词　警告

危险性说明　吞咽有害，皮肤接触有害，吸入有害，对水生生物有毒并具有长期持续影响

防范说明

预防措施　避免接触眼睛、皮肤，操作后彻底清洗。作业场所不得进食、饮水或吸烟。戴防护手套、穿防护服。避免吸入粉尘。仅在室外或通风良好处操作。禁止排入环境

事故响应　如吸入：将患者转移到空气新鲜处，休息，保持利于呼吸的体位。皮肤接触：用大量肥皂水和水清洗。如感觉不适，呼叫中毒控制中心或就医。被污染的衣服须经洗净后方可重新使用。食入：漱口。如果感觉不适，立即呼叫中毒控制中心或就医。收集泄漏物

安全储存　-

废弃处置　本品及内装物、容器依据国家和地方法规处置

物理和化学危险　可燃，其粉体与空气混合，能形成爆炸性混合物

健康危害　对眼睛、黏膜、呼吸道及皮肤有强烈刺激作用。给动物本品后数分钟后即出现不安、呼吸加速，并迅速发展为无力、震颤、阵挛性抽搐、气急、昏迷，甚至死亡

环境危害　对水生生物有毒并具有长期持续影响

第三部分　成分/组成信息

√物质		混合物
组分	**浓度**	**CAS No.**
对氯苯酚		106-48-9

第四部分　急救措施

吸入　迅速脱离现场至空气新鲜处。保持呼吸道通畅。如呼吸困难，给输氧。如呼吸、心跳停止，立即进行心肺复苏术。就医

眼睛接触　立即分开眼睑，用流动清水或生理盐水彻底冲洗。就医

皮肤接触　立即脱去污染的衣着，用肥皂水和清水彻底冲洗。就医

食入　漱口，饮水。就医

对保护施救者的忠告　根据需要使用个人防护设备

对医生的特别提示　对症处理

第五部分　消防措施

灭火剂　用雾状水、泡沫、二氧化碳、砂土灭火

特别危险性　受高热分解产生有毒的腐蚀性烟气。与强氧化剂接触可发生化学反应。具有腐蚀性。燃烧生成有害的一氧化碳、氯化氢

灭火注意事项及防护措施　消防人员必须佩戴空气呼吸器、穿全身防火防毒服，在上风向灭火。尽可能将容器从火场移至空旷处。喷水保持火场容器冷却，直至灭火结束

第六部分　泄漏应急处理

作业人员防护措施、防护装备和应急处置程序　隔离泄漏污染区，限制出入。消除所有点火源。建议应急处理人员戴防尘口罩，穿防毒服，戴橡胶手套。穿上适当的防护服前严禁接触破裂的容器和泄漏物。尽可能切断泄漏源。用塑料布覆盖泄漏物，减少飞散。勿使水进入包装容器内

环境保护措施　无资料

泄漏化学品的收容、清除方法及所使用的处置材料　用洁净的铲子收集泄漏物，置于干净、干燥、盖子较松的容器中，将容器移离泄漏区

第七部分　操作处置与储存

操作注意事项　密闭操作，提供充分的局部排风。操作人员必须经过专门培训，严格遵守操作规程。建议操作人员佩戴头罩型电动送风过滤式防尘呼吸器，穿聚乙烯防毒服，戴橡胶手套。远离火种、热源。工作场所严禁吸烟。使用防爆型的通风系统和设备。避免产生粉尘。避免与氧化剂、酸类接触。搬运时要轻装轻卸，防止包装及容器损坏。配备相应品种和数量的消防器材及泄漏应急处理设备。倒空的容器可能残留有害物

储存注意事项　储存于阴凉、通风的库房。远离火种、热源。包装密封。应与氧化剂、酸类、食用化学品分开存放，切忌混储。配备相应品种和数量的消防器材。储区应备有合适的材料收容泄漏物

第八部分　接触控制/个体防护

职业接触限值

中国　未制定标准

美国(ACGIH)　未制定标准

生物接触限值　未制定标准

监测方法　空气中有毒物质测定方法：未制定标准。生物监测检验方法：未制定标准

工程控制　严加密闭，提供充分的局部排风。提供安全的淋浴和洗眼设备

个体防护装备

呼吸系统防护　可能接触其粉尘时，应该佩戴过滤式防尘呼吸器。紧急事态抢救或撤离时，佩戴空气呼吸器

眼睛防护　戴化学安全防护眼镜

皮肤和身体防护　穿隔绝式防毒服

手防护　戴橡胶手套

第九部分　理化特性

外观与性状　白色结晶，有不愉快气味

pH 值　无意义　　**熔点(℃)**　43～45

沸点(℃)　220　　**相对密度(水＝1)**　1.31

相对蒸气密度(空气＝1)　4.43

饱和蒸气压(kPa)　0.13 (49.8℃)

燃烧热(kJ/mol)　无资料　　**临界温度(℃)**　无资料

临界压力(MPa)　4.75～5.32

辛醇/水分配系数　2.39

闪点(℃)　121 (CC)　　**自燃温度(℃)**　无资料

爆炸下限(%)　1.7　　**爆炸上限(%)**　8.8

分解温度(℃)　无资料　　**黏度(mPa·s)**　5 (50℃)

溶解性　微溶于水，易溶于乙醇、醚、氯仿、苯

第十部分　稳定性和反应性

稳定性　稳定

危险反应　与强氧化剂等禁配物发生反应

避免接触的条件　受热

禁配物　强氧化剂、强酸、酰基氯、酸酐

危险的分解产物　氯化氢

第十一部分　毒理学信息

急性毒性

LD_{50}　670mg/kg (大鼠经口)；1500mg/kg (兔经皮)

LC_{50}　11mg/m^3 (大鼠吸入)

皮肤刺激或腐蚀　家兔经皮：2mg (24h)，重度刺激

眼睛刺激或腐蚀　家兔经眼：250μg (24h)，重度刺激

呼吸或皮肤过敏　无资料

生殖细胞突变性　微生物致突变：鼠伤寒沙门氏菌200μg/皿。细胞遗传学分析：大鼠经口 81mg/kg

致癌性　无资料　　**生殖毒性**　无资料

特异性靶器官系统毒性-一次接触　无资料

特异性靶器官系统毒性-反复接触　无资料

吸入危害　无资料

第十二部分　生态学信息

生态毒性

LC_{50}　3.83mg/L (96h) (蓝鳃太阳鱼，静态)；29mg/L (96h) (糖虾)；9mg/L (24h) (金鱼)

EC_{50}　2.5mg/L (48h) (水蚤)；4.79mg/L (96h) (绿藻)；3.27mg/L (96h) (肋骨条藻)

NOEC　0.19mg/L (21d) (水蚤)

持久性和降解性

生物降解性　不易快速生物降解

非生物降解性　空气中，当羟基自由基浓度为5.00×10^5个/cm^3时，降解半衰期为 1.6d (理论)

潜在的生物累积性　BCF：24 (鲤鱼，接触时间 42d)，10～15 (金鱼)；根据 K_{ow}值预测，该物质的生物累积性可能较弱

土壤中的迁移性　根据 K_{oc}值预测，该物质可能有一定的迁移性

第十三部分　废弃处置

废弃化学品　建议用焚烧法处置。与燃料混合后，再焚烧。焚烧炉排出的卤化氢通过酸洗涤器除去

污染包装物　将容器返还生产商或按照国家和地方法规处置

废弃注意事项　处置前应参阅国家和地方有关法规

第十四部分　运输信息

联合国危险货物编号 (UN 号)　2020

联合国运输名称　固态氯苯酚

联合国危险性类别　6.1

包装类别　Ⅲ类包装　　**包装标志**

海洋污染物　否

运输注意事项　运输前应先检查包装容器是否完整、密封，运输过程中要确保容器不泄漏、不倒塌、不坠落、不损坏。严禁与酸类、氧化剂、食品及食品添加剂混运。运输车辆应配备相应品种和数量的消防器材及泄漏应急处理设备。运输途中应防曝晒、雨淋，防高温

第十五部分　法规信息

下列法律、法规、规章和标准，对该化学品的管理作了相应的规定。

中华人民共和国职业病防治法　职业病分类和目录：未列入

危险化学品安全管理条例　危险化学品目录：列入。易制爆危险化学品名录：未列入。重点监管的危险化学品名录：未列入。GB 18218—2009《危险化学品重大危险源辨识》(表 1)：未列入

使用有毒物品作业场所劳动保护条例　高毒物品目录：未列入

易制毒化学品管理条例　易制毒化学品的分类和品种目录：未列入

国际公约　斯德哥尔摩公约：未列入。鹿特丹公约：未列入。蒙特利尔议定书：未列入

第十六部分 其他信息

编写和修订信息 **缩略语和首字母缩写**
培训建议 **参考文献**
免责声明

对叔丁基苯酚

第一部分 化学品标识

化学品中文名 对叔丁基苯酚；4-叔丁基苯酚；1-羟基-4-叔丁基苯；4-(1,1-二甲基乙基)苯酚

化学品英文名 *p-tert*-butylphenol；4-*tert*-butylphenol；1-hydroxy-4-*tert*-butylbenzene

分子式 $C_{10}H_{14}O$ **相对分子质量** 150.21

结构式 (CH₃)₃C—C₆H₄—OH

化学品的推荐及限制用途 是生产对叔丁基酚甲醛树脂的重要原料，也用于合成油溶性酚醛树脂、合成橡胶的增塑剂、油漆的添加剂，医药上用于生产驱虫剂等

第二部分 危险性概述

紧急情况概述 造成皮肤刺激，造成严重眼损伤

GHS 危险性类别 皮肤腐蚀/刺激，类别 2；严重眼损伤/眼刺激，类别 1；生殖毒性，类别 2；危害水生环境-急性危害，类别 2；危害水生环境-长期危害，类别 3

标签要素

象形图 

警示词 危险

危险性说明 造成皮肤刺激，造成严重眼损伤，怀疑对生育力或胎儿造成伤害，对水生生物有害并具有长期持续影响

防范说明

预防措施 避免接触眼睛、皮肤，操作后彻底清洗。戴防护手套、防护眼镜、防护面罩。得到专门指导后操作。在阅读并了解所有安全预防措施之前，切勿操作。按要求使用个体防护装备。禁止排入环境

事故响应 皮肤接触：用大量肥皂水和水清洗。如发生皮肤刺激，就医。脱去被污染的衣服，洗净后方可重新使用。接触眼睛：用水细心冲洗数分钟。如戴隐形眼镜并可方便地取出，取出隐形眼镜继续冲洗。立即呼叫中毒控制中心或就医。如果接触或有担心，就医

安全储存 上锁保管

废弃处置 本品及内装物、容器依据国家和地方法规处置

物理和化学危险 可燃，其粉体与空气混合，能形成爆炸性混合物

健康危害 本品对眼、皮肤、黏膜有刺激作用；对皮肤有致敏性。皮肤接触可引起皮炎。反复接触本品可引起白斑病，白斑除发生于手背、腕部等皮肤暴露部分外，亦可出现于非暴露部位皮肤，有时呈对称性。动物实验证实本品经口或经呼吸道染毒均可引起皮肤白斑

环境危害 对水生生物有害并具有长期持续影响

第三部分 成分/组成信息

√物质 混合物

组分	浓度	CAS No.
对叔丁基苯酚		98-54-4

第四部分 急救措施

吸入 迅速脱离现场至空气新鲜处。保持呼吸道通畅。如呼吸困难，给输氧。如呼吸、心跳停止，立即进行心肺复苏术。就医

皮肤接触 立即脱去污染的衣着，用流动清水彻底冲洗。就医

眼睛接触 立即分开眼睑，用流动清水或生理盐水彻底冲洗至少 15min。就医

食入 漱口，饮水。就医

对保护施救者的忠告 根据需要使用个人防护设备

对医生的特别提示 对症处理

第五部分 消防措施

灭火剂 用泡沫、干粉、二氧化碳、砂土灭火

特别危险性 受高热分解，放出刺激性烟气。与氧化剂能发生强烈反应。燃烧生成有害的一氧化碳

灭火注意事项及防护措施 消防人员必须佩戴空气呼吸器、穿全身防火防毒服，在上风向灭火。尽可能将容器从火场移至空旷处。喷水保持火场容器冷却，直至灭火结束

第六部分 泄漏应急处理

作业人员防护措施、防护装备和应急处置程序 隔离泄漏污染区，限制出入。消除所有点火源。建议应急处理人员戴防尘口罩，穿防腐蚀、防毒服，戴橡胶手套。穿上适当的防护服前严禁接触破裂的容器和泄漏物。尽可能切断泄漏源。用塑料布覆盖泄漏物，减少飞散。勿使水进入包装容器内

环境保护措施 无资料

泄漏化学品的收容、清除方法及所使用的处置材料 用洁净的铲子收集泄漏物，置于干净、干燥、盖子较松的容器中，将容器移离泄漏区

第七部分 操作处置与储存

操作注意事项 密闭操作，注意通风。操作人员必须经过专门培训，严格遵守操作规程。建议操作人员佩戴自吸过滤式防尘口罩，戴化学安全防护眼镜，穿防毒物渗透工作服，戴橡胶手套。远离火种、热源。工作场所严禁吸烟。使用防爆型的通风系统和设备。避免产生粉尘。避免与氧化剂、碱类接触。搬运时要轻装轻卸，防止包装及容器损坏。配备相应品种和数量的消防器材及泄漏应急处理设备。倒空的容器可能残留有

害物

储存注意事项 储存于阴凉、通风的库房。远离火种、热源。包装密封。应与氧化剂、碱类、食用化学品分开存放，切忌混储。配备相应品种和数量的消防器材。储区应备有合适的材料收容泄漏物

第八部分 接触控制/个体防护

职业接触限值

中国 未制定标准

美国(ACGIH) 未制定标准

生物接触限值 未制定标准

监测方法 空气中有毒物质测定方法：未制定标准。生物监测检验方法：未制定标准

工程控制 密闭操作，注意通风。提供安全的淋浴和洗眼设备

个体防护装备

呼吸系统防护 空气中粉尘浓度超标时，佩戴过滤式防尘呼吸器

眼睛防护 戴化学安全防护眼镜

皮肤和身体防护 穿防毒物渗透工作服

手防护 戴橡胶手套

第九部分 理化特性

外观与性状 白色针状结晶，有轻微的苯酚臭味

pH 值 无意义 **熔点(℃)** 98～99

沸点(℃) 236～238

相对密度(水=1) 0.91（114℃）

相对蒸气密度(空气=1) 5.1

饱和蒸气压(kPa) 1.33（114℃）

燃烧热(kJ/mol) 无资料 **临界温度(℃)** 无资料

临界压力(MPa) 3.34 **辛醇/水分配系数** 3.31

闪点(℃) 112.8 **自燃温度(℃)** 无资料

爆炸下限(%) 0.8 **爆炸上限(%)** 5.8

分解温度(℃) 无资料 **黏度(mPa·s)** 无资料

溶解性 微溶于水，溶于乙醇、乙醚、丙酮、甲醇、苯

第十部分 稳定性和反应性

稳定性 稳定

危险反应 与强氧化剂等禁配物发生反应

避免接触的条件 受热

禁配物 碱类、酰基氯、酸酐、氧化剂、铜

危险的分解产物 无资料

第十一部分 毒理学信息

急性毒性 LD_{50}：3250mg/kg（大鼠经口）；2520mg/kg（兔经皮）

皮肤刺激或腐蚀 家兔经皮：500mg（4h），轻度刺激

眼睛刺激或腐蚀 家兔经眼：10mg，重度刺激

呼吸或皮肤过敏 无资料 **生殖细胞突变性** 无资料

致癌性 无资料 **生殖毒性** 无资料

特异性靶器官系统毒性-一次接触 无资料

特异性靶器官系统毒性-反复接触 无资料

吸入危害 无资料

第十二部分 生态学信息

生态毒性

LC_{50} 5.1mg/L（96h）（黑头呆鱼）

EC_{50} 3.9～6.7mg/L（48h）（水蚤）；14mg/L（72h）（羊角月牙藻）；0.73mg/L（21d）（水蚤）

持久性和降解性

生物降解性 OECD301，易快速生物降解

非生物降解性 无资料

潜在的生物累积性 根据 K_{ow} 值预测，该物质可能有一定的生物累积性

土壤中的迁移性 根据 K_{oc} 值预测，该物质可能有一定的迁移性

第十三部分 废弃处置

废弃化学品 建议用焚烧法处置

污染包装物 将容器返还生产商或按照国家和地方法规处置

废弃注意事项 处置前应参阅国家和地方有关法规

第十四部分 运输信息

联合国危险货物编号（UN 号） -

联合国运输名称 - **联合国危险性类别** -

包装类别 - **包装标志** -

海洋污染物 -

运输注意事项 运输前应先检查包装容器是否完整、密封，运输过程中要确保容器不泄漏、不倒塌、不坠落、不损坏。严禁与酸类、氧化剂、食品及食品添加剂混运。运输车辆应配备相应品种和数量的消防器材及泄漏应急处理设备。运输途中应防曝晒、雨淋，防高温

第十五部分 法规信息

下列法律、法规、规章和标准，对该化学品的管理作了相应的规定。

中华人民共和国职业病防治法 职业病分类和目录：未列入

危险化学品安全管理条例 危险化学品目录：列入。易制爆危险化学品名录：未列入。重点监管的危险化学品名录：未列入。GB 18218—2009《危险化学品重大危险源辨识》（表 1）：未列入

使用有毒物品作业场所劳动保护条例 高毒物品目录：未列入

易制毒化学品管理条例 易制毒化学品的分类和品种目录：未列入

国际公约 斯德哥尔摩公约：未列入。鹿特丹公约：未列入。蒙特利尔议定书：未列入

第十六部分 其他信息

编写和修订信息 **缩略语和首字母缩写**

培训建议 **参考文献**

免责声明

对硝基苯胺

第一部分 化学品标识

化学品中文名 对硝基苯胺；4-硝基苯胺；1-氨基-4-硝基苯

化学品英文名 *p*-nitroaniline；4-nitroaniline；1-amino-4-nitrobenzene

分子式 $C_6H_6N_2O_2$ **相对分子质量** 138.14

结构式

化学品的推荐及限制用途 用作染料及抗氧剂的中间体、腐蚀抑制剂、分析试剂

第二部分 危险性概述

紧急情况概述 吞咽会中毒，皮肤接触会中毒，吸入会中毒

GHS危险性类别 急性毒性-经口，类别3；急性毒性-经皮，类别3；急性毒性-吸入，类别3；特异性靶器官毒性-反复接触，类别2；危害水生环境-急性危害，类别3；危害水生环境-长期危害，类别3

标签要素

象形图 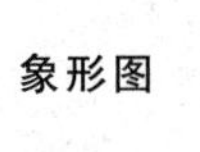 

警示词 危险

危险性说明 吞咽会中毒，皮肤接触会中毒，吸入会中毒，长时间或反复接触可能对器官造成损伤，对水生生物有害并具有长期持续影响

防范说明

预防措施 避免接触眼睛、皮肤，操作后彻底清洗。作业场所不得进食、饮水或吸烟。戴防护手套，穿防护服。仅在室外或通风良好处操作。避免吸入粉尘。禁止排入环境

事故响应 如吸入：将患者转移到空气新鲜处，休息，保持利于呼吸的体位。皮肤接触：用大量肥皂水和水清洗。如感觉不适，呼叫中毒控制中心或就医。立即脱去所有被污染的衣服。被污染的衣服须经洗净后方可重新使用。食入：漱口，立即呼叫中毒控制中心或就医

安全储存 在通风良好处储存。保持容器密闭。上锁保管

废弃处置 本品及内装物、容器依据国家和地方法规处置

物理和化学危险 可燃，其粉体与空气混合，能形成爆炸性混合物

健康危害 本品毒性比苯胺大。可通过皮肤和呼吸道吸收，是一种强烈的高铁血红蛋白形成剂。吸收后数小时内可出现紫绀。有溶血作用，可发生溶血性贫血。长期大量接触可引起肝损害

环境危害 对水生生物有害并具有长期持续影响

第三部分 成分/组成信息

√物质 混合物

组分	浓度	CAS No.
对硝基苯胺		100-01-6

第四部分 急救措施

吸入 迅速脱离现场至空气新鲜处。保持呼吸道通畅。如呼吸困难，给吸氧。如呼吸、心跳停止，立即行心肺复苏术。就医

皮肤接触 立即脱去污染衣着，用肥皂水或清水彻底冲洗。就医

眼睛接触 分开眼睑，用清水或生理盐水冲洗。就医

食入 漱口，饮水。就医

对保护施救者的忠告 根据需要使用个人防护设备

对医生的特别提示 高铁血红蛋白血症，可用美蓝和维生素C治疗

第五部分 消防措施

灭火剂 用水、泡沫、干粉、二氧化碳灭火

特别危险性 受热分解放出有毒的氧化氮烟气。与强氧化剂接触可发生化学反应。燃烧生成有害的一氧化碳、氮氧化物

灭火注意事项及防护措施 消防人员必须佩戴空气呼吸器、穿全身防火防毒服，在上风向灭火。尽可能将容器从火场移至空旷处。喷水保持火场容器冷却，直至灭火结束

第六部分 泄漏应急处理

作业人员防护措施、防护装备和应急处置程序 隔离泄漏污染区，限制出入。消除所有点火源。建议应急处理人员戴防尘口罩，穿防毒服，戴橡胶手套。穿上适当的防护服前严禁接触破裂的容器和泄漏物。尽可能切断泄漏源。用塑料布覆盖泄漏物，减少飞散。勿使水进入包装容器内

环境保护措施 无资料

泄漏化学品的收容、清除方法及所使用的处置材料 用洁净的铲子收集泄漏物，置于干净、干燥、盖子较松的容器中，将容器移离泄漏区

第七部分 操作处置与储存

操作注意事项 密闭操作，提供充分的局部排风。操作人员必须经过专门培训，严格遵守操作规程。建议操作人员佩戴自吸过滤式防尘口罩，戴化学安全防护眼镜，穿防毒物渗透工作服，戴橡胶手套。远离火种、热源。工作场所严禁吸烟。使用防爆型的通风系统和设备。避免产生粉尘。避免与氧化剂、酸类接触。搬运时要轻装轻卸，防止包装及容器损坏。配备相应品种和数量的消防器材及泄漏应急处理设备。倒空的容器可能残留有害物

储存注意事项 储存于阴凉、通风的库房。远离火种、热源。包装密封。应与氧化剂、酸类、食用化学品分开存放，切忌混储。配备相应品种和数量的消防器材。

储区应备有合适的材料收容泄漏物

第八部分 接触控制/个体防护

职业接触限值

中国 PC-TWA：3mg/m³［皮］

美国(ACGIH) TLV-TWA：3mg/m³［皮］

生物接触限值 未制定标准

监测方法 空气中有毒物质测定方法：高效液相色谱法；紫外分光光度法。生物监测检验方法：未制定标准

工程控制 严加密闭，提供充分的局部排风。提供安全的淋浴和洗眼设备

个体防护装备

呼吸系统防护 可能接触其粉尘时，佩戴过滤式防尘呼吸器。紧急事态抢救或撤离时，应该佩戴空气呼吸器

眼睛防护 戴化学安全防护眼镜

皮肤和身体防护 穿防毒物渗透工作服

手防护 戴橡胶手套

第九部分 理化特性

外观与性状 黄色结晶或粉末

pH值 无意义　**熔点(℃)** 146～148

沸点(℃) 332　**相对密度(水＝1)** 1.42

相对蒸气密度(空气＝1) 4.77

饱和蒸气压(kPa) 0.13（142.4℃）

燃烧热(kJ/mol) －3191.0　**临界温度(℃)** 无资料

临界压力(MPa) 4.42　**辛醇/水分配系数** 1.39

闪点(℃) 199（CC）　**自燃温度(℃)** 180

爆炸下限(%) 1.5　**爆炸上限(%)** 9.8

分解温度(℃) 无资料　**黏度(mPa·s)** 无资料

溶解性 不溶于水，微溶于苯，溶于乙醇、乙醚、丙酮、甲醇

第十部分 稳定性和反应性

稳定性 稳定

危险反应 与强氧化剂等禁配物发生反应

避免接触的条件 受热

禁配物 强氧化剂、强酸、酰基氯、酸酐、氯仿

危险的分解产物 氮氧化物、氨

第十一部分 毒理学信息

急性毒性 LD_{50}：750mg/kg（大鼠经口）

皮肤刺激或腐蚀 无资料　**眼睛刺激或腐蚀** 无资料

呼吸或皮肤过敏 无资料

生殖细胞突变性 微生物致突变：鼠伤寒沙门氏菌 333μg/皿。DNA修复：枯草杆菌5mg/皿。细胞遗传学分析：仓鼠卵巢173mg/L。姐妹染色单体交换：仓鼠卵巢1600mg/L

致癌性 无资料　**生殖毒性** 无资料

特异性靶器官系统毒性-一次接触 无资料

特异性靶器官系统毒性-反复接触 长期大量接触可致肝损害

吸入危害 无资料

第十二部分 生态学信息

生态毒性

LC_{50} 161mg/L（24h），106mg/L（96h）（黑头软口鲦）；35mg/L（48h）（高体雅罗鱼）；87.6mg/L（96h）（斑马鱼）

EC_{50} 24～25mg/L（24h）（水蚤）；9.7～10.4mg/L（60h）（梨形四膜虫）

ErC_{50} 43mg/L（72h）（羊角月牙藻）

持久性和降解性

生物降解性 不易快速生物降解

非生物降解性 无资料

潜在的生物累积性 根据 K_{ow} 值预测，该物质的生物累积性可能较弱

土壤中的迁移性 根据 K_{oc} 值预测，该物质可能易发生迁移

第十三部分 废弃处置

废弃化学品 用焚烧法处置。焚烧炉排出的氮氧化物通过洗涤器除去

污染包装物 将容器返还生产商或按照国家和地方法规处置

废弃注意事项 处置前应参阅国家和地方有关法规。把倒空的容器归还厂商或在规定场所掩埋

第十四部分 运输信息

联合国危险货物编号（UN号） 1661

联合国运输名称 对硝基苯胺

联合国危险性类别 6.1

包装类别 Ⅱ类包装　**包装标志**

海洋污染物 否

运输注意事项 运输前应先检查包装容器是否完整、密封，运输过程中要确保容器不泄漏、不倒塌、不坠落、不损坏。严禁与酸类、氧化剂、食品及食品添加剂混运。运输车辆应配备相应品种和数量的消防器材及泄漏应急处理设备。运输途中应防曝晒、雨淋，防高温

第十五部分 法规信息

下列法律、法规、规章和标准，对该化学品的管理作了相应的规定。

中华人民共和国职业病防治法 职业病分类和目录：苯的氨基及硝基化合物中毒

危险化学品安全管理条例 危险化学品目录：列入。易制爆危险化学品名录：未列入。重点监管的危险化学品名录：未列入。GB 18218—2009《危险化学品重大危险源辨识》(表1)：未列入

使用有毒物品作业场所劳动保护条例 高毒物品目录：列入

易制毒化学品管理条例 易制毒化学品的分类和品种目

录：未列入

国际公约 斯德哥尔摩公约：未列入。鹿特丹公约：未列入。蒙特利尔议定书：未列入

第十六部分 其他信息

编写和修订信息 **缩略语和首字母缩写**
培训建议 **参考文献**
免责声明

对硝基苯酚

第一部分 化学品标识

化学品中文名 对硝基苯酚；4-硝基苯酚；对硝基苯酚
化学品英文名 *p*-nitrophenol；4-hydroxynitrobenzene
分子式 $C_6H_5NO_3$ **相对分子质量** 139.12
结构式

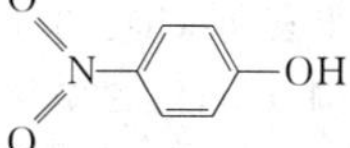

化学品的推荐及限制用途 用于染料制造、药物制造及用作试剂

第二部分 危险性概述

紧急情况概述 吞咽有害，皮肤接触有害，吸入有害
GHS危险性类别 急性毒性-经口，类别4；急性毒性-经皮，类别4；急性毒性-吸入，类别4；特异性靶器官毒性-反复接触，类别2；危害水生环境-急性危害，类别2
标签要素

象形图

警示词 危险
危险性说明 吞咽有害，皮肤接触有害，吸入有害，长时间或反复接触可能对器官造成损伤，对水生生物有毒
防范说明

预防措施 避免接触眼睛、皮肤，操作后彻底清洗。作业场所不得进食、饮水或吸烟。戴防护手套，穿防护服。避免吸入粉尘。仅在室外或通风良好处操作。禁止排入环境

事故响应 如吸入：将患者转移到空气新鲜处，休息，保持利于呼吸的体位。皮肤接触：用大量肥皂水和水清洗。如感觉不适，呼叫中毒控制中心或就医。立即脱去所有被污染的衣服。被污染的衣服须经洗净后方可重新使用。食入：漱口，立即呼叫中毒控制中心或就医。呼叫中毒控制中心或就医

安全储存 在通风良好处储存。保持容器密闭。上锁保管

废弃处置 本品及内装物、容器依据国家和地方法规处置

物理和化学危险 可燃，其粉尘与空气混合，能形成爆炸性混合物
健康危害 本品对皮肤有强烈刺激作用。能经皮肤和呼吸道吸收。动物实验可引起高铁血红蛋白血症，体温升高，肝、肾损害
环境危害 对水生生物有毒

第三部分 成分/组成信息

√物质		混合物
组分	**浓度**	**CAS No.**
对硝基苯酚		100-02-7

第四部分 急救措施

吸入 迅速脱离现场至空气新鲜处。保持呼吸道通畅。如呼吸困难，给吸氧。如呼吸、心跳停止，立即行心肺复苏术。就医
皮肤接触 立即脱去污染衣着，用肥皂水或清水彻底冲洗。就医
眼睛接触 分开眼睑，用清水或生理盐水冲洗。就医
食入 漱口，饮水。就医
对保护施救者的忠告 根据需要使用个人防护设备
对医生的特别提示 高铁血红蛋白血症，可用美蓝和维生素C治疗

第五部分 消防措施

灭火剂 用雾状水、泡沫、二氧化碳、砂土灭火
特别危险性 受热分解放出有毒的氧化氮烟气。燃烧生成有害的一氧化碳、氮氧化物
灭火注意事项及防护措施 消防人员必须佩戴空气呼吸器、穿全身防火防毒服，在上风向灭火。尽可能将容器从火场移至空旷处。喷水保持火场容器冷却，直至灭火结束

第六部分 泄漏应急处理

作业人员防护措施、防护装备和应急处置程序 隔离泄漏污染区，限制出入。消除所有点火源。建议应急处理人员戴防尘口罩，穿防毒服，戴橡胶手套。穿上适当的防护服前严禁接触破裂的容器和泄漏物。尽可能切断泄漏源。用塑料布覆盖泄漏物，减少飞散。勿使水进入包装容器内
环境保护措施 无资料
泄漏化学品的收容、清除方法及所使用的处置材料 用洁净的铲子收集泄漏物，置于干净、干燥、盖子较松的容器中，将容器移离泄漏区

第七部分 操作处置与储存

操作注意事项 密闭操作，提供充分的局部排风。操作人员必须经过专门培训，严格遵守操作规程。建议操作人员佩戴头罩型电动送风过滤式防尘呼吸器，穿胶布防毒衣，戴橡胶手套。远离火种、热源。工作场所严禁吸烟。使用防爆型的通风系统和设备。避免产生粉尘。避免与氧化剂、还原剂、碱类接触。搬运时要轻装轻卸，防止包装及容器损坏。配备相应品种和数量的消防器材及泄漏应急处理设备。倒空的容器可能残留有害物

储存注意事项 储存于阴凉、通风的库房。远离火种、热源。包装密封。应与氧化剂、还原剂、碱类、食用化学品分开存放，切忌混储。采用防爆型照明、通风设施。禁止使用易产生火花的机械设备和工具。储区应备有合适的材料收容泄漏物

第八部分 接触控制/个体防护

职业接触限值

中国 未制定标准

美国(ACGIH) 未制定标准

生物接触限值 未制定标准

监测方法 空气中有毒物质测定方法：未制定标准。生物监测检验方法：未制定标准

工程控制 严加密闭，提供充分的局部排风。提供安全的淋浴和洗眼设备

个体防护装备

呼吸系统防护 可能接触其粉尘时，佩戴过滤式防尘呼吸器。紧急事态抢救或撤离时，应该佩戴空气呼吸器

眼睛防护 戴化学安全防护眼镜

皮肤和身体防护 穿隔绝式防毒服

手防护 戴橡胶手套

第九部分 理化特性

外观与性状 无色至淡黄色结晶粉末，有似苦杏仁的气味

pH值 无意义 **熔点(℃)** 113～115

沸点(℃) 279（分解） **相对密度(水=1)** 1.27

相对蒸气密度(空气=1) 无资料

饱和蒸气压(kPa) 0.92（16℃）

燃烧热(kJ/mol) −2879.2 **临界温度(℃)** 无资料

临界压力(MPa) 无资料 **辛醇/水分配系数** 1.91

闪点(℃) 192 **自燃温度(℃)** 283

爆炸下限(%) 无资料 **爆炸上限(%)** 无资料

分解温度(℃) 无资料 **黏度(mPa·s)** 无资料

溶解性 溶于热水、乙醇、乙醚、氯仿

第十部分 稳定性和反应性

稳定性 稳定

危险反应 与强氧化剂等禁配物发生反应

避免接触的条件 受热

禁配物 强氧化剂、强还原剂、强碱

危险的分解产物 氮氧化物

第十一部分 毒理学信息

急性毒性 LD_{50}：250mg/kg（大鼠经口）

皮肤刺激或腐蚀 无资料 **眼睛刺激或腐蚀** 无资料

呼吸或皮肤过敏 无资料

生殖细胞突变性 DNA损伤：大肠杆菌 50μmol/L。DNA抑制：人成纤维细胞 1mmol/L。DNA加合物：大肠杆菌 50μmol/L。基因转化和有丝分裂重组：酿酒酵母 21mmol/L

致癌性 无资料 **生殖毒性** 无资料

特异性靶器官系统毒性-一次接触 无资料

特异性靶器官系统毒性-反复接触 无资料

吸入危害 无资料

第十二部分 生态学信息

生态毒性

LC_{50} 64.6mg/L（24h），54.4mg/L（48h），44.1mg/L（72h），41mg/L（96h）（黑头呆鱼）；7.9mg/L（96h）（虹鳟鱼）；12mg/L（24h），8.3mg/L（96h）（蓝鳃太阳鱼）；10mg/L（48h）（高体雅罗鱼）；11mg/L（24h）（水蚤）

EC_{50} 4.8mg/L（斜生栅藻）；25mg/L（6h）（肋骨条藻）；5.5mg/L（24h）（梨形四膜虫）

持久性和降解性

生物降解性 好氧生物降解（h）：18.2～168；厌氧生物降解（h）：163～235

非生物降解性 水相光解半衰期（h）：3.1～329；光解最大光吸收波长范围（nm）：227～310；水中光氧化半衰期（h）：642～4.90×10^4；空气中光氧化半衰期（h）：14.5～145

潜在的生物累积性 BCF：2～8（鲤鱼，接触浓度0.2mg/L，接触时间6周），3～5（鲤鱼，接触浓度0.02mg/L，接触时间6周）；79（黑头呆鱼）；58（金色圆腹雅罗鱼）；根据 K_{ow} 值预测，该物质的生物累积性可能较弱

土壤中的迁移性 根据 K_{oc} 值预测，该物质可能易发生迁移

第十三部分 废弃处置

废弃化学品 用控制焚烧法处置。焚烧炉排出的氮氧化物通过洗涤器除去

污染包装物 将容器返还生产商或按照国家和地方法规处置

废弃注意事项 把倒空的容器归还厂商或在规定场所掩埋

第十四部分 运输信息

联合国危险货物编号（UN号） 1663

联合国运输名称 对硝基苯酚

联合国危险性类别 6.1

包装类别 Ⅲ类包装 **包装标志** 

海洋污染物 否

运输注意事项 运输前应先检查包装容器是否完整、密封，运输过程中要确保容器不泄漏、不倒塌、不坠落、不损坏。严禁与酸类、氧化剂、食品及食品添加剂混运。运输时运输车辆应配备相应品种和数量的消防器材及泄漏应急处理设备。运输途中应防曝晒、雨淋，防高温

第十五部分 法规信息

下列法律、法规、规章和标准，对该化学品的管理作

了相应的规定。

中华人民共和国职业病防治法 职业病分类和目录：苯的氨基及硝基化合物中毒

危险化学品安全管理条例 危险化学品目录：列入。易制爆危险化学品名录：未列入。重点监管的危险化学品名录：未列入。GB 18218—2009《危险化学品重大危险源辨识》(表 1)：未列入

使用有毒物品作业场所劳动保护条例 高毒物品目录：未列入

易制毒化学品管理条例 易制毒化学品的分类和品种目录：未列入

国际公约 斯德哥尔摩公约：未列入。鹿特丹公约：未列入。蒙特利尔议定书：未列入

第十六部分 其他信息

编写和修订信息 **缩略语和首字母缩写**

培训建议 **参考文献**

免责声明

对硝基苯甲酰胺

第一部分 化学品标识

化学品中文名 对硝基苯甲酰胺；4-硝基苯甲酰胺

化学品英文名 *p*-nitrobenzamide；4-nitrobenzamide

分子式 $C_7H_6N_2O_3$ **相对分子质量** 166.15

结构式

化学品的推荐及限制用途 用于有机合成

第二部分 危险性概述

紧急情况概述 吞咽会中毒，皮肤接触会中毒，吸入会中毒

GHS 危险性类别 急性毒性-经口，类别 3；急性毒性-经皮，类别 3；急性毒性-吸入，类别 3

标签要素

象形图  **警示词** 危险

危险性说明 吞咽会中毒，皮肤接触会中毒，吸入会中毒

防范说明

预防措施 避免接触眼睛、皮肤，操作后彻底清洗。作业场所不得进食、饮水或吸烟。戴防护手套，穿防护服。避免吸入粉尘。仅在室外或通风良好处操作

事故响应 如吸入：将患者转移到空气新鲜处，休息，保持利于呼吸的体位。皮肤接触：用大量肥皂水和水清洗。如感觉不适，呼叫中毒控制中心或就医。立即脱去所有被污染的衣服。被污染的衣服须经洗净后方可重新使用。食入：漱口，立即呼叫中毒控制中心或就医

安全储存 在通风良好处储存。保持容器密闭。上锁保管

废弃处置 本品及内装物、容器依据国家和地方法规处置

物理和化学危险 可燃，其粉体与空气混合，能形成爆炸性混合物

健康危害 对皮肤有轻度刺激性。可引起高铁血红蛋白血症。动物试验出现嗜睡、肌无力、呼吸困难

环境危害 对环境可能有害

第三部分 成分/组成信息

√物质		混合物
组分	**浓度**	**CAS No.**
对硝基苯甲酰胺		619-80-7

第四部分 急救措施

吸入 迅速脱离现场至空气新鲜处。保持呼吸道通畅。如呼吸困难，给输氧。如呼吸、心跳停止，立即进行心肺复苏术。就医

皮肤接触 立即脱去污染的衣着，用流动清水彻底冲洗。就医

眼睛接触 立即分开眼睑，用流动清水或生理盐水彻底冲洗。就医

食入 漱口，饮水。就医

对保护施救者的忠告 根据需要使用个人防护设备

对医生的特别提示 高铁血红蛋白血症，可用美蓝和维生素 C 治疗

第五部分 消防措施

灭火剂 用泡沫、二氧化碳、干粉、砂土灭火

特别危险性 受热分解放出有毒的氧化氮烟气。与强氧化剂接触可发生化学反应。燃烧生成有害的一氧化碳、氮氧化物

灭火注意事项及防护措施 消防人员必须佩戴空气呼吸器、穿全身防火防毒服，在上风向灭火。尽可能将容器从火场移至空旷处。喷水保持火场容器冷却，直至灭火结束

第六部分 泄漏应急处理

作业人员防护措施、防护装备和应急处置程序 隔离泄漏污染区，限制出入。消除所有点火源。建议应急处理人员戴防尘口罩，穿防毒服，戴橡胶手套。穿上适当的防护服前严禁接触破裂的容器和泄漏物。尽可能切断泄漏源。用塑料布覆盖泄漏物，减少飞散。勿使水进入包装容器内

环境保护措施 无资料

泄漏化学品的收容、清除方法及所使用的处置材料 用洁净的铲子收集泄漏物，置于干净、干燥、盖子较松的容器中，将容器移离泄漏区

第七部分 操作处置与储存

操作注意事项 密闭操作，局部排风。操作人员必须经过专门培训，严格遵守操作规程。建议操作人员佩戴自

吸过滤式防尘口罩，戴化学安全防护眼镜，穿防毒物渗透工作服，戴橡胶手套。远离火种、热源。工作场所严禁吸烟。使用防爆型的通风系统和设备。避免产生粉尘。避免与氧化剂、还原剂、碱类接触。搬运时要轻装轻卸，防止包装及容器损坏。配备相应品种和数量的消防器材及泄漏应急处理设备。倒空的容器可能残留有害物

储存注意事项　储存于阴凉、通风的库房。远离火种、热源。包装密封。应与氧化剂、还原剂、碱类分开存放，切忌混储。配备相应品种和数量的消防器材。储区应备有合适的材料收容泄漏物

第八部分　接触控制/个体防护

职业接触限值

中国　未制定标准

美国(ACGIH)　未制定标准

生物接触限值　未制定标准

监测方法　空气中有毒物质测定方法：未制定标准。生物监测检验方法：未制定标准

工程控制　密闭操作，局部排风。提供安全的淋浴和洗眼设备

个体防护装备

呼吸系统防护　空气中粉尘浓度超标时，应该佩戴过滤式防尘呼吸器。紧急事态抢救或撤离时，佩戴空气呼吸器

眼睛防护　戴化学安全防护眼镜

皮肤和身体防护　穿防毒物渗透工作服

手防护　戴橡胶手套

第九部分　理化特性

外观与性状　针状结晶

pH 值　无意义　**熔点(℃)**　199～201

沸点(℃)　无资料　**相对密度(水=1)**　无资料

相对蒸气密度(空气=1)　无资料

饱和蒸气压(kPa)　无资料

燃烧热(kJ/mol)　无资料　**临界温度(℃)**　无资料

临界压力(MPa)　无资料　**辛醇/水分配系数**　0.82

闪点(℃)　无意义　**自燃温度(℃)**　无资料

爆炸下限(%)　无资料　**爆炸上限(%)**　无资料

分解温度(℃)　无资料　**黏度(mPa·s)**　无资料

溶解性　微溶于水，溶于乙醇、乙醚

第十部分　稳定性和反应性

稳定性　稳定

危险反应　与强氧化剂等禁配物发生反应

避免接触的条件　受热

禁配物　强氧化剂、强碱、强还原剂

危险的分解产物　氮氧化物、氨

第十一部分　毒理学资料

急性毒性　LD_{50}：476mg/kg（大鼠经口）

皮肤刺激或腐蚀　豚鼠经皮：2500mg（10d，间断），轻度刺激

眼睛刺激或腐蚀　无资料　**呼吸或皮肤过敏**　无资料

生殖细胞突变性　无资料　**致癌性**　无资料

生殖毒性　无资料

特异性靶器官系统毒性-一次接触　无资料

特异性靶器官系统毒性-反复接触　无资料

吸入危害　无资料

第十二部分　生态学资料

生态毒性

LC_{50}　133mg/L（96h）（黑头呆鱼）

IC_{50}　100mg/L（14h）（梨形四膜虫）

持久性和降解性

生物降解性　无资料

非生物降解性　无资料

潜在的生物累积性　根据 K_{ow} 值预测，该物质的生物累积性可能较弱

土壤中的迁移性　根据 K_{oc} 值预测，该物质可能易发生迁移

第十三部分　废弃处置

废弃化学品　建议用焚烧法处置。焚烧炉排出的氮氧化物通过洗涤器除去

污染包装物　将容器返还生产商或按照国家和地方法规处置

废弃注意事项　处置前应参阅国家和地方有关法规

第十四部分　运输信息

联合国危险货物编号（UN 号）　2811

联合国运输名称　有机毒性固体，未另作规定的（对硝基苯甲酰胺）

联合国危险性类别　6.1

包装类别　Ⅲ类包装　**包装标志**　

海洋污染物　否

运输注意事项　运输前应先检查包装容器是否完整、密封，运输过程中要确保容器不泄漏、不倒塌、不坠落、不损坏。严禁与酸类、氧化剂、食品及食品添加剂混运。运输车辆应配备相应品种和数量的消防器材及泄漏应急处理设备。运输途中应防曝晒、雨淋，防高温

第十五部分　法规信息

下列法律、法规、规章和标准，对该化学品的管理作了相应的规定。

中华人民共和国职业病防治法　职业病分类和目录：苯的氨基及硝基化合物中毒

危险化学品安全管理条例　危险化学品目录：列入。易制爆危险化学品名录：未列入。重点监管的危险化学品名录：未列入。GB 18218—2009《危险化学品重大危险源辨识》（表 1）：未列入

使用有毒物品作业场所劳动保护条例　高毒物品目录：未

列入

易制毒化学品管理条例 易制毒化学品的分类和品种目录：未列入

国际公约 斯德哥尔摩公约：未列入。鹿特丹公约：未列入。蒙特利尔议定书：未列入

第十六部分 其他信息

编写和修订信息 **缩略语和首字母缩写**

培训建议 **参考文献**

免责声明

对硝基邻甲苯胺

第一部分 化学品标识

化学品中文名 对硝基邻甲苯胺；4-硝基-2-甲苯胺

化学品英文名 *p*-nitro-*o*-toluidine；4-nitro-2-toluidine；2-methyl-4-nitroaniline

分子式 $C_7H_8N_2O_2$ **相对分子质量** 152.17

结构式

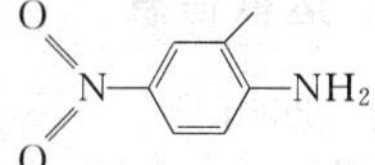

化学品的推荐及限制用途 用于棉麻纤维织物的染色和印花显色，也可用于涂料的生产

第二部分 危险性概述

紧急情况概述 吞咽会中毒，皮肤接触会中毒，吸入会中毒

GHS 危险性类别 急性毒性-经口，类别 3；急性毒性-经皮，类别 3；急性毒性-吸入，类别 3；特异性靶器官毒性-反复接触，类别 2；危害水生环境-急性危害，类别 2；危害水生环境-长期危害，类别 2

标签要素

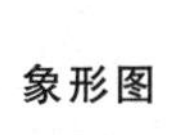

象形图

警示词 危险

危险性说明 吞咽会中毒，皮肤接触会中毒，吸入会中毒，长时间或反复接触可能对器官造成损伤，对水生生物有毒并具有长期持续影响

防范说明

预防措施 避免接触眼睛、皮肤，操作后彻底清洗。作业场所不得进食、饮水或吸烟。戴防护手套，穿防护服。避免吸入粉尘。仅在室外或通风良好处操作。禁止排入环境

事故响应 如吸入：将患者转移到空气新鲜处，休息，保持利于呼吸的体位。皮肤接触：用大量肥皂水和水清洗。如感觉不适，呼叫中毒控制中心或就医。立即脱去所有被污染的衣服。被污染的衣服须经洗净后方可重新使用。食入：漱口，立即呼叫中毒控制中心或就医。收集泄漏物

安全储存 在通风良好处储存。保持容器密闭。上锁保管

废弃处置 本品及内装物、容器依据国家和地方法规处置

物理和化学危险 可燃，其粉体与空气混合，能形成爆炸性混合物

健康危害 对眼睛、黏膜、上呼吸道和皮肤有刺激性。吸收进入体内致高铁血红蛋白血症，出现紫绀

环境危害 对水生生物有毒并具有长期持续影响

第三部分 成分/组成信息

√物质 混合物

组分	浓度	CAS No.
对硝基邻甲苯胺		99-52-5

第四部分 急救措施

吸入 迅速脱离现场至空气新鲜处。保持呼吸道通畅。如呼吸困难，给吸氧。如呼吸、心跳停止，立即行心肺复苏术。就医

皮肤接触 立即脱去污染衣着，用肥皂水或清水彻底冲洗。就医

眼睛接触 分开眼睑，用清水或生理盐水冲洗。就医

食入 漱口，饮水。就医

对保护施救者的忠告 根据需要使用个人防护设备

对医生的特别提示 高铁血红蛋白血症，可用美蓝和维生素 C 治疗

第五部分 消防措施

灭火剂 用雾状水、二氧化碳、泡沫、砂土灭火

特别危险性 燃烧分解时，放出有毒的氮氧化物气体。燃烧生成有害的一氧化碳、氮氧化物

灭火注意事项及防护措施 消防人员必须佩戴空气呼吸器、穿全身防火防毒服，在上风向灭火。尽可能将容器从火场移至空旷处。喷水保持火场容器冷却，直至灭火结束

第六部分 泄漏应急处理

作业人员防护措施、防护装备和应急处置程序 隔离泄漏污染区，限制出入。消除所有点火源。建议应急处理人员戴防尘口罩，穿防毒服，戴橡胶手套。穿上适当的防护服前严禁接触破裂的容器和泄漏物。尽可能切断泄漏源。用塑料布覆盖泄漏物，减少飞散。勿使水进入包装容器内

环境保护措施 无资料

泄漏化学品的收容、清除方法及所使用的处置材料 用洁净的铲子收集泄漏物，置于干净、干燥、盖子较松的容器中，将容器移离泄漏区

第七部分 操作处置与储存

操作注意事项 密闭操作，提供充分的局部排风。操作尽可能机械化、自动化。操作人员必须经过专门培训，严格遵守操作规程。建议操作人员佩戴自吸过滤式防尘口罩，戴化学安全防护眼镜，穿防毒物渗透工作服，戴橡胶手套。远离火种、热源。工作场所严禁吸烟。使用防爆型的通风系统和设备。避免产生粉尘。

避免与酸类接触。搬运时要轻装轻卸，防止包装及容器损坏。配备相应品种和数量的消防器材及泄漏应急处理设备。倒空的容器可能残留有害物

储存注意事项 储存于阴凉、通风的库房。远离火种、热源。包装密封。应与酸类、食用化学品分开存放，切忌混储。配备相应品种和数量的消防器材。储区应备有合适的材料收容泄漏物

第八部分 接触控制/个体防护

职业接触限值

中国 未制定标准

美国(ACGIH) 未制定标准

生物接触限值 未制定标准

监测方法 空气中有毒物质测定方法：未制定标准。生物监测检验方法：未制定标准

工程控制 严加密闭，提供充分的局部排风。提供安全的淋浴和洗眼设备

个体防护装备

呼吸系统防护 空气中粉尘浓度超标时，佩戴过滤式防尘呼吸器。紧急事态抢救或撤离时，应该佩戴空气呼吸器

眼睛防护 戴化学安全防护眼镜

皮肤和身体防护 穿防毒物渗透工作服

手防护 戴橡胶手套

第九部分 理化特性

外观与性状 黄色晶体

pH值 无意义 **熔点(℃)** 131～133

沸点(℃) 无资料 **相对密度(水=1)** 无资料

相对蒸气密度(空气=1) 无资料

饱和蒸气压(kPa) 无资料

燃烧热(kJ/mol) 无资料 **临界温度(℃)** 无资料

临界压力(MPa) 无资料

辛醇/水分配系数 1.96～2.02

闪点(℃) 无意义 **自燃温度(℃)** 无资料

爆炸下限(%) 无资料 **爆炸上限(%)** 无资料

分解温度(℃) 无资料 **黏度(mPa·s)** 无资料

溶解性 微溶于水，溶于乙醇、乙醚、丙酮、苯、氯仿

第十部分 稳定性和反应性

稳定性 稳定

危险反应 与酸类等禁配物发生反应

避免接触的条件 无资料

禁配物 酸类、酰基氯、酸酐、氯仿

危险的分解产物 无资料

第十一部分 毒理学信息

急性毒性 无资料 **皮肤刺激或腐蚀** 无资料

眼睛刺激或腐蚀 无资料 **呼吸或皮肤过敏** 无资料

生殖细胞突变性 无资料 **致癌性** 无资料

生殖毒性 无资料

特异性靶器官系统毒性-一次接触 无资料

特异性靶器官系统毒性-反复接触 无资料

吸入危害 无资料

第十二部分 生态学信息

生态毒性 根据结构类似物质预测，该物质对水生生物有毒

持久性和降解性

生物降解性 无资料

非生物降解性 无资料

潜在的生物累积性 根据 K_{ow} 值预测，该物质的生物累积性可能较弱

土壤中的迁移性 根据 K_{oc} 值预测，该物质可能易发生迁移

第十三部分 废弃处置

废弃化学品 建议用焚烧法处置。焚烧炉排出的氮氧化物通过洗涤器除去

污染包装物 将容器返还生产商或按照国家和地方法规处置

废弃注意事项 处置前应参阅国家和地方有关法规

第十四部分 运输信息

联合国危险货物编号(UN号) 2660

联合国运输名称 一硝基甲苯胺

联合国危险性类别 6.1

包装类别 Ⅲ类包装 **包装标志**

海洋污染物 否

运输注意事项 运输前应先检查包装容器是否完整、密封，运输过程中要确保容器不泄漏、不倒塌、不坠落、不损坏。严禁与酸类、氧化剂、食品及食品添加剂混运。运输车辆应配备相应品种和数量的消防器材及泄漏应急处理设备。运输途中应防曝晒、雨淋，防高温

第十五部分 法规信息

下列法律、法规、规章和标准，对该化学品的管理作了相应的规定。

中华人民共和国职业病防治法 职业病分类和目录：苯的氨基及硝基化合物中毒

危险化学品安全管理条例 危险化学品目录：列入。易制爆危险化学品名录：未列入。重点监管的危险化学品名录：未列入。GB 18218—2009《危险化学品重大危险源辨识》(表1)：未列入

使用有毒物品作业场所劳动保护条例 高毒物品目录：未列入

易制毒化学品管理条例 易制毒化学品的分类和品种目录：未列入

国际公约 斯德哥尔摩公约：未列入。鹿特丹公约：未列入。蒙特利尔议定书：未列入

第十六部分 其他信息

编写和修订信息 **缩略语和首字母缩写**

培训建议 **参考文献**

免责声明

对溴苯甲醚

第一部分 化学品标识

化学品中文名 对溴苯甲醚；4-溴苯甲醚；对溴茴香醚；1-溴-4-甲氧基苯

化学品英文名 *p*-bromoanisole；4-bromoanisole；1-bromo-4-methoxybenzene

分子式 C_7H_7BrO **相对分子质量** 187.05

结构式 

化学品的推荐及限制用途 用作溶剂及用于有机合成

第二部分 危险性概述

紧急情况概述 吞咽有害

GHS 危险性类别 急性毒性-经口，类别 4；皮肤腐蚀/刺激，类别 2

标签要素

象形图  **警示词** 警告

危险性说明 吞咽有害，造成皮肤刺激

防范说明

预防措施 避免接触眼睛、皮肤，操作后彻底清洗。作业场所不得进食、饮水或吸烟。戴防护手套

事故响应 皮肤接触：用大量肥皂水和水清洗。如发生皮肤刺激，就医。脱去被污染的衣服，洗净后方可重新使用。食入：漱口。如果感觉不适，立即呼叫中毒控制中心或就医

安全储存 -

废弃处置 本品及内装物、容器依据国家和地方法规处置

物理和化学危险 可燃，其蒸气与空气混合，能形成爆炸性混合物

健康危害 吸入其蒸气对呼吸道有刺激性，可出现兴奋、共济失调等症状。受高热分解产生有毒气体

环境危害 对环境可能有害

第三部分 成分/组成信息

√物质 混合物

组分	浓度	CAS No.
对溴苯甲醚		104-92-7

第四部分 急救措施

吸入 迅速脱离现场至空气新鲜处。保持呼吸道通畅。如呼吸困难，给输氧。如呼吸、心跳停止，立即进行心肺复苏术。就医

皮肤接触 立即脱去污染的衣着，用流动清水彻底冲洗。就医

眼睛接触 立即分开眼睑，用流动清水或生理盐水彻底冲洗。就医

食入 漱口，饮水。就医

对保护施救者的忠告 根据需要使用个人防护设备

对医生的特别提示 对症处理

第五部分 消防措施

灭火剂 用雾状水、泡沫、干粉、二氧化碳、砂土灭火

特别危险性 受高热分解放出有毒的气体。燃烧生成有害的一氧化碳、溴化氢

灭火注意事项及防护措施 消防人员必须佩戴空气呼吸器、穿全身防火防毒服，在上风向灭火。尽可能将容器从火场移至空旷处。喷水保持火场容器冷却，直至灭火结束。容器突然发出异常声音或出现异常现象，应立即撤离

第六部分 泄漏应急处理

作业人员防护措施、防护装备和应急处置程序 根据液体流动和蒸气扩散的影响区域划定警戒区，无关人员从侧风、上风向撤离至安全区。消除所有点火源。建议应急处理人员戴正压自给式呼吸器，穿一般作业工作服，戴橡胶耐油手套。尽可能切断泄漏源

环境保护措施 防止泄漏物进入水体、下水道、地下室或有限空间

泄漏化学品的收容、清除方法及所使用的处置材料 小量泄漏：用干燥的砂土或其他不燃材料吸收或覆盖，收集于容器中。大量泄漏：构筑围堤或挖坑收容，用泵转移至槽车或专用收集器内

第七部分 操作处置与储存

操作注意事项 密闭操作，全面通风。操作人员必须经过专门培训，严格遵守操作规程。建议操作人员佩戴自吸过滤式防毒面具（半面罩），戴化学安全防护眼镜，穿透气型防毒服，戴橡胶耐油手套。远离火种、热源。工作场所严禁吸烟。使用防爆型的通风系统和设备。防止蒸气泄漏到工作场所空气中。避免与氧化剂、酸类接触。搬运时要轻装轻卸，防止包装及容器损坏。配备相应品种和数量的消防器材及泄漏应急处理设备。倒空的容器可能残留有害物

储存注意事项 储存于阴凉、通风的库房。远离火种、热源。保持容器密封。应与氧化剂、酸类、食用化学品分开存放，切忌混储。配备相应品种和数量的消防器材。储区应备有泄漏应急处理设备和合适的收容材料

第八部分 接触控制/个体防护

职业接触限值

中国 未制定标准

美国(ACGIH) 未制定标准

生物接触限值 未制定标准

监测方法 空气中有毒物质测定方法：未制定标准。生物监测检验方法：未制定标准

工程控制 生产过程密闭，全面通风。提供安全的淋浴和洗眼设备

个体防护装备

呼吸系统防护 可能接触其蒸气时，应该佩戴过滤式

防毒面具（半面罩）。紧急事态抢救或撤离时，佩戴空气呼吸器

眼睛防护 高浓度接触时，戴化学安全防护眼镜

皮肤和身体防护 穿透气型防毒服

手防护 戴橡胶耐油手套

第九部分 理化特性

外观与性状 无色或淡黄色液体

pH值 无资料 **熔点(℃)** 9～13.5

沸点(℃) 215～223 **相对密度(水=1)** 1.46

相对蒸气密度(空气=1) 1.49

饱和蒸气压(kPa) 无资料

燃烧热(kJ/mol) 无资料 **临界温度(℃)** 无资料

临界压力(MPa) 无资料 **辛醇/水分配系数** 3.05

闪点(℃) 94 **自燃温度(℃)** 无资料

爆炸下限(%) 无资料 **爆炸上限(%)** 无资料

分解温度(℃) 无资料 **黏度(mPa·s)** 无资料

溶解性 不溶于水，溶于乙醇、乙醚、氯仿

第十部分 稳定性和反应性

稳定性 稳定

危险反应 与强氧化剂等禁配物发生反应

避免接触的条件 受热

禁配物 强氧化剂、强酸

危险的分解产物 溴化氢

第十一部分 毒理学信息

急性毒性 LD_{50}：3800mg/kg（大鼠经口）；2200mg/kg（小鼠经口）

皮肤刺激或腐蚀 无资料 **眼睛刺激或腐蚀** 无资料

呼吸或皮肤过敏 无资料 **生殖细胞突变性** 无资料

致癌性 无资料 **生殖毒性** 无资料

特异性靶器官系统毒性-一次接触 无资料

特异性靶器官系统毒性-反复接触 无资料

吸入危害 无资料

第十二部分 生态学信息

生态毒性 无资料

持久性和降解性

生物降解性 无资料

非生物降解性 无资料

潜在的生物累积性 根据 K_{ow} 值预测，该物质可能有一定的生物累积性

土壤中的迁移性 根据 K_{oc} 值预测，该物质可能有一定的迁移性

第十三部分 废弃处置

废弃化学品 建议用焚烧法处置。焚烧炉排出的卤化氢通过酸洗涤器除去

污染包装物 将容器返还生产商或按照国家和地方法规处置

废弃注意事项 处置前应参阅国家和地方有关法规

第十四部分 运输信息

联合国危险货物编号(UN号) -

联合国运输名称 - **联合国危险性类别** -

包装类别 - **包装标志** -

海洋污染物 -

运输注意事项 运输前应先检查包装容器是否完整、密封，运输过程中要确保容器不泄漏、不倒塌、不坠落、不损坏。严禁与酸类、氧化剂、食品及食品添加剂混运。运输时运输车辆应配备相应品种和数量的消防器材及泄漏应急处理设备。运输途中应防曝晒、雨淋，防高温。公路运输时要按规定路线行驶

第十五部分 法规信息

下列法律、法规、规章和标准，对该化学品的管理作了相应的规定。

中华人民共和国职业病防治法 职业病分类和目录：未列入

危险化学品安全管理条例 危险化学品目录：列入。易制爆危险化学品名录：未列入。重点监管的危险化学品名录：未列入。GB 18218—2009《危险化学品重大危险源辨识》(表1)：未列入

使用有毒物品作业场所劳动保护条例 高毒物品目录：未列入

易制毒化学品管理条例 易制毒化学品的分类和品种目录：未列入

国际公约 斯德哥尔摩公约：未列入。鹿特丹公约：未列入。蒙特利尔议定书：未列入

第十六部分 其他信息

编写和修订信息 **缩略语和首字母缩写**

培训建议 **参考文献**

免责声明

对溴苯肼

第一部分 化学品标识

化学品中文名 对溴苯肼；4-溴苯肼

化学品英文名 *p*-bromophenylhydrazine；4-bromophenylhydrazine

分子式 $C_6H_7BrN_2$ **相对分子质量** 187.04

结构式

H2N-NH-C6H4-Br (para)

化学品的推荐及限制用途 用于有机合成及糖类的检定

第二部分 危险性概述

紧急情况概述 吞咽有害

GHS危险性类别 急性毒性-经口，类别4

标签要素

象形图 

警示词 警告

危险性说明 吞咽有害

防范说明

预防措施 避免接触眼睛、皮肤，操作后彻底清洗。作业场所不得进食、饮水或吸烟

事故响应 食入：漱口。如果感觉不适，立即呼叫中毒控制中心或就医

安全储存 -

废弃处置 本品及内装物、容器依据国家和地方法规处置

物理和化学危险 可燃，其粉体与空气混合，能形成爆炸性混合物

健康危害 本品受高热分解放出有毒气体，对人体有刺激作用和毒性

环境危害 对环境可能有害

第三部分 成分/组成信息

√物质　　混合物

组分	浓度	CAS No.
对溴苯肼		589-21-9

第四部分 急救措施

吸入 迅速脱离现场至空气新鲜处。保持呼吸道通畅。如呼吸困难，给输氧。如呼吸、心跳停止，立即进行心肺复苏术。就医

皮肤接触 立即脱去污染的衣着，用流动清水彻底冲洗。就医

眼睛接触 立即分开眼睑，用流动清水或生理盐水彻底冲洗。就医

食入 漱口，饮水。就医

对保护施救者的忠告 根据需要使用个人防护设备

对医生的特别提示 对症处理

第五部分 消防措施

灭火剂 用雾状水、泡沫、二氧化碳、砂土灭火

特别危险性 受高热分解放出有毒的气体。燃烧生成有害的一氧化碳、氮氧化物、溴化氢

灭火注意事项及防护措施 消防人员必须佩戴空气呼吸器、穿全身防火防毒服，在上风向灭火。尽可能将容器从火场移至空旷处。喷水保持火场容器冷却，直至灭火结束

第六部分 泄漏应急处理

作业人员防护措施、防护装备和应急处置程序 隔离泄漏污染区，限制出入。消除所有点火源。建议应急处理人员戴防尘口罩，穿一般作业工作服，戴橡胶手套。尽可能切断泄漏源。用塑料布覆盖泄漏物，减少飞散。勿使水进入包装容器内

环境保护措施 无资料

泄漏化学品的收容、清除方法及所使用的处置材料 用洁净的铲子收集泄漏物，置于干净、干燥、盖子较松的容器中，将容器移离泄漏区

第七部分 操作处置与储存

操作注意事项 密闭操作，局部排风。操作人员必须经过专门培训，严格遵守操作规程。建议操作人员佩戴自吸过滤式防尘口罩，戴化学安全防护眼镜，穿防毒物渗透工作服，戴橡胶手套。远离火种、热源。工作场所严禁吸烟。使用防爆型的通风系统和设备。避免产生粉尘。避免与氧化剂、酸类接触。搬运时要轻装轻卸，防止包装及容器损坏。配备相应品种和数量的消防器材及泄漏应急处理设备。倒空的容器可能残留有害物

储存注意事项 储存于阴凉、通风的库房。远离火种、热源。包装密封。应与氧化剂、酸类、食用化学品分开存放，切忌混储。配备相应品种和数量的消防器材。储区应备有合适的材料收容泄漏物

第八部分 接触控制/个体防护

职业接触限值

中国 未制定标准

美国(ACGIH) 未制定标准

生物接触限值 未制定标准

监测方法 空气中有毒物质测定方法：未制定标准。生物监测检验方法：未制定标准

工程控制 密闭操作，局部排风。提供安全的淋浴和洗眼设备

个体防护装备

呼吸系统防护 空气中粉尘浓度较高时，应该佩戴过滤式防尘呼吸器。紧急事态抢救或撤离时，佩戴空气呼吸器

眼睛防护 戴化学安全防护眼镜

皮肤和身体防护 穿防毒物渗透工作服

手防护 戴橡胶手套

第九部分 理化特性

外观与性状 白色针状结晶

pH值 无意义　　**熔点(℃)** 106～107

沸点(℃) 无资料　　**相对密度(水=1)** 无资料

相对蒸气密度(空气=1) 无资料

饱和蒸气压(kPa) 无资料

燃烧热(kJ/mol) 无资料　　**临界温度(℃)** 无资料

临界压力(MPa) 无资料　　**辛醇/水分配系数** 1.39

闪点(℃) 无意义　　**自燃温度(℃)** 无资料

爆炸下限(%) 无资料　　**爆炸上限(%)** 无资料

分解温度(℃) 无资料　　**黏度(mPa·s)** 无资料

溶解性 微溶于水，溶于乙醇、乙醚、氯仿、苯

第十部分 稳定性和反应性

稳定性 稳定

危险反应 与强氧化剂等禁配物发生反应

避免接触的条件 受热

禁配物 强氧化剂、酸类

危险的分解产物 溴化氢

第十一部分 毒理学信息

急性毒性 LD_{50}：600mg/kg（大鼠经口）

皮肤刺激或腐蚀 无资料 **眼睛刺激或腐蚀** 无资料

呼吸或皮肤过敏 无资料 **生殖细胞突变性** 无资料

致癌性 无资料 **生殖毒性** 无资料

特异性靶器官系统毒性-一次接触 无资料

特异性靶器官系统毒性-反复接触 无资料

吸入危害 无资料

第十二部分 生态学信息

生态毒性 无资料

持久性和降解性

生物降解性 无资料

非生物降解性 无资料

潜在的生物累积性 根据 K_{ow} 值预测，该物质的生物累积性可能较弱

土壤中的迁移性 根据 K_{oc} 值预测，该物质可能易发生迁移

第十三部分 废弃处置

废弃化学品 建议用焚烧法处置。焚烧炉排出的气体要通过洗涤器除去

污染包装物 将容器返还生产商或按照国家和地方法规处置

废弃注意事项 处置前应参阅国家和地方有关法规

第十四部分 运输信息

联合国危险货物编号（UN号） -

联合国运输名称 - **联合国危险性类别** -

包装类别 - **包装标志** -

海洋污染物 -

运输注意事项 运输前应先检查包装容器是否完整、密封，运输过程中要确保容器不泄漏、不倒塌、不坠落、不损坏。严禁与酸类、氧化剂、食品及食品添加剂混运。运输车辆应配备相应品种和数量的消防器材及泄漏应急处理设备。运输途中应防曝晒、雨淋，防高温

第十五部分 法规信息

下列法律、法规、规章和标准，对该化学品的管理作了相应的规定。

中华人民共和国职业病防治法 职业病分类和目录：未列入

危险化学品安全管理条例 危险化学品目录：未列入。易制爆危险化学品名录：未列入。重点监管的危险化学品名录：未列入。GB 18218—2009《危险化学品重大危险源辨识》（表1）：未列入

使用有毒物品作业场所劳动保护条例 高毒物品目录：未列入

易制毒化学品管理条例 易制毒化学品的分类和品种目录：未列入

国际公约 斯德哥尔摩公约：未列入。鹿特丹公约：未列入。蒙特利尔议定书：未列入

第十六部分 其他信息

编写和修订信息 **缩略语和首字母缩写**

培训建议 **参考文献**

免责声明

对溴基溴化苯乙酮

第一部分 化学品标识

化学品中文名 对溴基溴化苯乙酮；4-溴苯甲酰甲基溴；4-溴基溴化苯乙酮；对溴苯甲酰甲基溴；2,4′-二溴苯乙酮

化学品英文名 *p*-bromophenacyl bromide；4-bromophenacyl bromide；2,4′-dibromoacetophenone

分子式 $C_8H_6Br_2O$ **相对分子质量** 277.96

结构式 (O, Br, Br)

化学品的推荐及限制用途 用于有机合成

第二部分 危险性概述

紧急情况概述 造成严重的皮肤灼伤和眼损伤

GHS危险性类别 皮肤腐蚀/刺激，类别1；严重眼损伤/眼刺激，类别1

标签要素

象形图

警示词 危险

危险性说明 造成严重的皮肤灼伤和眼损伤

防范说明

预防措施 避免吸入粉尘。避免接触眼睛、皮肤，操作后彻底清洗。戴防护手套，穿防护服，戴防护眼镜，防护面罩

事故响应 如吸入：将患者转移到空气新鲜处，休息，保持利于呼吸的体位，立即呼叫中毒控制中心或就医。皮肤（或头发）接触：立即脱掉所有被污染的衣服，用水冲洗皮肤，淋浴。污染的衣服须洗净后方可重新使用。接触眼睛：用水细心冲洗数分钟。如戴隐形眼镜并可方便地取出，取出隐形眼镜继续冲洗。食入：漱口。不要催吐

安全储存 上锁保管

废弃处置 本品及内装物、容器依据国家和地方法规处置

物理和化学危险 可燃，其粉体与空气混合，能形成爆炸性混合物

健康危害 本品有腐蚀性。对眼睛、皮肤、黏膜和上呼吸道有强烈刺激作用

环境危害 对环境可能有害

第三部分 成分/组成信息

√物质		混合物
组分	**浓度**	**CAS No.**
对溴基溴化苯乙酮		99-73-0

第四部分 急救措施

吸入 迅速脱离现场至空气新鲜处。保持呼吸道通畅。如呼吸困难，给输氧。如呼吸、心跳停止，立即进行心肺复苏术。就医

皮肤接触 立即脱去污染的衣着，用大量流动清水彻底冲洗至少15min。就医

眼睛接触 立即分开眼睑，用流动清水或生理盐水彻底冲洗至少15min。就医

食入 用水漱口，禁止催吐。给饮牛奶或蛋清。就医

对保护施救者的忠告 根据需要使用个人防护设备

对医生的特别提示 对症处理

第五部分 消防措施

灭火剂 采用雾状水、泡沫、二氧化碳、砂土灭火

特别危险性 受高热分解产生有毒的溴化物气体。与强氧化剂接触可发生化学反应。燃烧生成有害的一氧化碳、溴化氢

灭火注意事项及防护措施 消防人员必须佩戴空气呼吸器、穿全身防火防毒服，在上风向灭火。尽可能将容器从火场移至空旷处。喷水保持火场容器冷却，直至灭火结束

第六部分 泄漏应急处理

作业人员防护措施、防护装备和应急处置程序 隔离泄漏污染区，限制出入。消除所有点火源。建议应急处理人员戴防尘口罩，穿防毒服，戴橡胶手套。穿上适当的防护服前严禁接触破裂的容器和泄漏物。尽可能切断泄漏源。用塑料布覆盖泄漏物，减少飞散。勿使水进入包装容器内

环境保护措施 无资料

泄漏化学品的收容、清除方法及所使用的处置材料 用洁净的铲子收集泄漏物，置于干净、干燥、盖子较松的容器中，将容器移离泄漏区

第七部分 操作处置与储存

操作注意事项 密闭操作。加强局部排风。操作人员必须经过专门培训，严格遵守操作规程。建议操作人员佩戴头罩型电动送风过滤式防尘呼吸器，穿胶布防毒衣，戴橡胶手套。远离火种、热源。工作场所严禁吸烟。使用防爆型的通风系统和设备。避免产生粉尘。避免与氧化剂、还原剂、碱类接触。搬运时要轻装轻卸，防止包装及容器损坏。配备相应品种和数量的消防器材及泄漏应急处理设备。倒空的容器可能残留有害物

储存注意事项 储存于阴凉、通风的库房。远离火种、热源。包装密封。应与氧化剂、还原剂、碱类、食用化学品分开存放，切忌混储。配备相应品种和数量的消防器材。储区应备有合适的材料收容泄漏物

第八部分 接触控制/个体防护

职业接触限值

中国 未制定标准

美国(ACGIH) 未制定标准

生物接触限值 未制定标准

监测方法 空气中有毒物质测定方法：未制定标准。生物监测检验方法：未制定标准

工程控制 密闭操作。加强局部排风。提供安全的淋浴和洗眼设备

个体防护装备

呼吸系统防护 可能接触其粉尘时，建议佩戴过滤式防尘呼吸器

眼睛防护 戴化学安全防护眼镜

皮肤和身体防护 穿隔绝式防毒服

手防护 戴橡胶手套

第九部分 理化特性

外观与性状 灰白色针状结晶

pH值 无意义　**熔点(℃)** 107～111

沸点(℃) 1415　**相对密度(水=1)** 无资料

相对蒸气密度(空气=1) 无资料

饱和蒸气压(kPa) 无资料

燃烧热(kJ/mol) 无资料　**临界温度(℃)** 无资料

临界压力(MPa) 无资料　**辛醇/水分配系数** 2.91

闪点(℃) 无意义　**自燃温度(℃)** 无资料

爆炸下限(%) 无资料　**爆炸上限(%)** 无资料

分解温度(℃) 无资料　**黏度(mPa·s)** 无资料

溶解性 不溶于水，溶于热乙醇、乙醚

第十部分 稳定性和反应性

稳定性 稳定

危险反应 与强氧化剂等禁配物发生反应

避免接触的条件 受热

禁配物 强氧化剂、强还原剂、强碱

危险的分解产物 溴化氢

第十一部分 毒理学信息

急性毒性 无资料　**皮肤刺激或腐蚀** 无资料

眼睛刺激或腐蚀 无资料　**呼吸或皮肤过敏** 无资料

生殖细胞突变性 无资料　**致癌性** 无资料

生殖毒性 无资料

特异性靶器官系统毒性-一次接触 无资料

特异性靶器官系统毒性-反复接触 无资料

吸入危害 无资料

第十二部分 生态学信息

生态毒性 无资料

持久性和降解性

生物降解性 无资料

非生物降解性 无资料

潜在的生物累积性 根据 K_{ow} 值预测，该物质的生物累积性可能较弱

土壤中的迁移性 根据 K_{oc} 值预测，该物质可能有一定的迁移性

第十三部分 废弃处置

废弃化学品 建议用焚烧法处置。焚烧炉排出的卤化氢通

过酸洗涤器除去

污染包装物 将容器返还生产商或按照国家和地方法规处置

废弃注意事项 处置前应参阅国家和地方有关法规

第十四部分 运输信息

联合国危险货物编号（UN号） 1759

联合国运输名称 腐蚀性固体，未另作规定的（4-溴苯乙酰基溴）

联合国危险性类别 8

包装类别 Ⅱ类包装 **包装标志**

海洋污染物 否

运输注意事项 运输前应先检查包装容器是否完整、密封，运输过程中要确保容器不泄漏、不倒塌、不坠落、不损坏。严禁与酸类、氧化剂、食品及食品添加剂混运。运输车辆应配备相应品种和数量的消防器材及泄漏应急处理设备。运输途中应防曝晒、雨淋，防高温

第十五部分 法规信息

下列法律、法规、规章和标准，对该化学品的管理作了相应的规定。

中华人民共和国职业病防治法 职业病分类和目录：未列入

危险化学品安全管理条例 危险化学品目录：列入。易制爆危险化学品名录：未列入。重点监管的危险化学品名录：未列入。GB 18218—2009《危险化学品重大危险源辨识》（表1）：未列入

使用有毒物品作业场所劳动保护条例 高毒物品目录：未列入

易制毒化学品管理条例 易制毒化学品的分类和品种目录：未列入

国际公约 斯德哥尔摩公约：未列入。鹿特丹公约：未列入。蒙特利尔议定书：未列入

第十六部分 其他信息

编写和修订信息 **缩略语和首字母缩写**

培训建议 **参考文献**

免责声明

多聚磷酸

第一部分 化学品标识

化学品中文名 多聚磷酸；多磷酸；四磷酸

化学品英文名 polyphosphoric acid；tetraphosphoric acid

分子式 $H_6P_4O_{13}$（近似） **相对分子质量** 337.93

化学品的推荐及限制用途 主要用作分析试剂，并可在有机合成中用作化合物环化剂及酰化剂

第二部分 危险性概述

紧急情况概述 造成严重的皮肤灼伤和眼损伤

GHS危险性类别 皮肤腐蚀/刺激，类别1；严重眼损伤/眼刺激，类别1

标签要素

象形图

警示词 危险

危险性说明 造成严重的皮肤灼伤和眼损伤

防范说明

预防措施 避免吸入烟雾。避免接触眼睛、皮肤，操作后彻底清洗。戴防护手套，穿防护服，戴防护眼镜、防护面罩

事故响应 如吸入：将患者转移到空气新鲜处，休息，保持利于呼吸的体位，立即呼叫中毒控制中心或就医。皮肤（或头发）接触：立即脱掉所有被污染的衣服，用水冲洗皮肤，淋浴。污染的衣服须洗净后方可重新使用。接触眼睛：用水细心冲洗数分钟。如戴隐形眼镜并可方便地取出，取出隐形眼镜继续冲洗。食入：漱口。不要催吐

安全储存 上锁保管

废弃处置 本品及内装物、容器依据国家和地方法规处置

物理和化学危险 不燃，无特殊燃爆特性

健康危害 吸入蒸气或雾，可对呼吸道产生刺激和损害作用。皮肤和眼接触可引起灼伤

环境危害 对环境可能有害

第三部分 成分/组成信息

√物质 混合物

组分	浓度	CAS No.
多聚磷酸		8017-16-1

第四部分 急救措施

吸入 迅速脱离现场至空气新鲜处。保持呼吸道通畅。如呼吸困难，给输氧。如呼吸、心跳停止，立即进行心肺复苏术。就医

皮肤接触 立即脱去污染的衣着，用大量流动清水彻底冲洗至少15min。就医

眼睛接触 立即分开眼睑，用流动清水或生理盐水彻底冲洗至少15min。就医

食入 用水漱口，禁止催吐。给饮牛奶或蛋清。就医

对保护施救者的忠告 根据需要使用个人防护设备

对医生的特别提示 对症处理

第五部分 消防措施

灭火剂 用大量水灭火

特别危险性 受热分解产生有毒的氧化磷烟气。遇H发泡剂立即燃烧。具有腐蚀性

灭火注意事项及防护措施 消防人员必须穿全身耐酸碱消防服、佩戴空气呼吸器灭火。尽可能将容器从火场移至空旷处。喷水保持火场容器冷却，直至灭火结束

第六部分 泄漏应急处理

作业人员防护措施、防护装备和应急处置程序 根据液体

流动和蒸气扩散的影响区域划定警戒区，无关人员从侧风、上风向撤离至安全区。建议应急处理人员戴正压自给式呼吸器，穿防酸碱服，戴耐酸碱手套。禁止接触或跨越泄漏物。穿上适当的防护服前严禁接触破裂的容器和泄漏物。尽可能切断泄漏源

环境保护措施 防止泄漏物进入水体、下水道、地下室或有限空间

泄漏化学品的收容、清除方法及所使用的处置材料 小量泄漏：用干燥的砂土或其他不燃材料吸收或覆盖，收集于容器中。大量泄漏：构筑围堤或挖坑收容，用耐腐蚀泵转移至槽车或专用收集器内

第七部分 操作处置与储存

操作注意事项 密闭操作，注意通风。操作尽可能机械化、自动化。操作人员必须经过专门培训，严格遵守操作规程。建议操作人员佩戴自吸过滤式防毒面具（半面罩），戴化学安全防护眼镜，穿防酸碱塑料工作服，戴耐酸碱手套。防止蒸气泄漏到工作场所空气中。避免与氧化剂接触。搬运时要轻装轻卸，防止包装及容器损坏。配备泄漏应急处理设备。倒空的容器可能残留有害物。稀释或制备溶液时，应小心把酸慢慢加入水中，防止发生过热和飞溅

储存注意事项 储存于阴凉、通风的库房。远离火种、热源。保持容器密封。应与氧化剂分开存放，切忌混储。储区应备有泄漏应急处理设备和合适的收容材料

第八部分 接触控制/个体防护

职业接触限值

中国 未制定标准

美国(ACGIH) 未制定标准

生物接触限值 未制定标准

监测方法 空气中有毒物质测定方法：未制定标准。生物监测检验方法：未制定标准

工程控制 密闭操作，注意通风。提供安全的淋浴和洗眼设备

呼吸系统防护 空气中浓度超标时，建议佩戴过滤式防毒面具（半面罩）

眼睛防护 戴化学安全防护眼镜

皮肤和身体防护 穿橡胶耐酸碱服

手防护 戴耐酸（碱）手套

第九部分 理化特性

外观与性状 无色黏稠状液体，易潮解

pH值 无资料 **熔点(℃)** 16～30

沸点(℃) 856 **相对密度(水=1)** 2.1

相对蒸气密度(空气=1) 无资料

饱和蒸气压(kPa) 无资料 **燃烧热(kJ/mol)** 无资料

临界温度(℃) 无资料 **临界压力(MPa)** 无资料

辛醇/水分配系数 无资料 **闪点(℃)** 无意义

自燃温度(℃) 无意义 **爆炸下限(%)** 无意义

爆炸上限(%) 无意义 **分解温度(℃)** 无资料

黏度(mPa·s) 无资料 **溶解性** 与水混溶

第十部分 稳定性和反应性

稳定性 稳定

危险反应 与强氧化剂等禁配物发生反应

避免接触的条件 受热

禁配物 强氧化剂

危险的分解产物 氧化磷、磷烷

第十一部分 毒理学信息

急性毒性 LD_{50}：1530mg/kg（大鼠经口）

皮肤刺激或腐蚀 兔经皮：595mg（24h），重度刺激

眼睛刺激或腐蚀 兔经眼：119mg，重度刺激

呼吸或皮肤过敏 无资料 **生殖细胞突变性** 无资料

致癌性 无资料 **生殖毒性** 无资料

特异性靶器官系统毒性-一次接触 无资料

特异性靶器官系统毒性-反复接触 无资料

吸入危害 无资料

第十二部分 生态学信息

生态毒性 TLM：138ppm（24h）（食蚊鱼）

持久性和降解性

生物降解性 无资料

非生物降解性 无资料

潜在的生物累积性 无资料

土壤中的迁移性 无资料

第十三部分 废弃处置

废弃化学品 用石灰水中和，生成可以使用的化肥

污染包装物 将容器返还生产商或按照国家和地方法规处置

废弃注意事项 处置前应参阅国家和地方有关法规

第十四部分 运输信息

联合国危险货物编号（UN号） 3264

联合国运输名称 无机酸性腐蚀性液体，未另作规定的（多聚磷酸）

联合国危险性类别 8

包装类别 Ⅲ类包装 **包装标志** 

海洋污染物 否

运输注意事项 起运时包装要完整，装载应稳妥。运输过程中要确保容器不泄漏、不倒塌、不坠落、不损坏。严禁与氧化剂、食用化学品等混装混运。运输时运输车辆应配备泄漏应急处理设备。运输途中应防曝晒、雨淋，防高温。公路运输时要按规定路线行驶，勿在居民区和人口稠密区停留

第十五部分 法规信息

下列法律、法规、规章和标准，对该化学品的管理作了相应的规定。

中华人民共和国职业病防治法 职业病分类和目录：未

列入

危险化学品安全管理条例 危险化学品目录：列入。易制爆危险化学品名录：未列入。重点监管的危险化学品名录：未列入。GB 18218—2009《危险化学品重大危险源辨识》（表 1）：未列入

使用有毒物品作业场所劳动保护条例 高毒物品目录：未列入

易制毒化学品管理条例 易制毒化学品的分类和品种目录：未列入

国际公约 斯德哥尔摩公约：未列入。鹿特丹公约：未列入。蒙特利尔议定书：未列入

第十六部分 其他信息

编写和修订信息 **缩略语和首字母缩写**

培训建议 **参考文献**

免责声明

苊

第一部分 化学品标识

化学品中文名 苊；萘乙环

化学品英文名 acenaphthene；1,8-ethylenenaphthalene

分子式 $C_{12}H_{10}$ **相对分子质量** 154.21

结构式 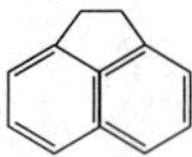

化学品的推荐及限制用途 用作染料中间体，也可用作杀虫剂、杀菌剂等

第二部分 危险性概述

紧急情况概述 易燃固体

GHS 危险性类别 易燃固体，类别 2；危害水生环境-急性危害，类别 1；危害水生环境-长期危害，类别 1

标签要素

象形图 

警示词 危险

危险性说明 易燃固体，对水生生物毒性非常大并具有长期持续影响

防范说明

预防措施 远离热源、火花、明火、热表面。禁止吸烟。容器和接收设备接地连接。使用防爆电器、通风、照明设备。戴防护手套、防护眼镜、防护面罩。禁止排入环境

事故响应 火灾时，使用雾状水、泡沫、二氧化碳、干粉、砂土灭火。收集泄漏物

安全储存 -

废弃处置 本品及内装物、容器依据国家和地方法规处置

物理和化学危险 易燃，其粉体与空气混合，能形成爆炸性混合物

健康危害 本品对眼睛、皮肤、黏膜和上呼吸道有刺激性

环境危害 对水生生物毒性非常大并具有长期持续影响

第三部分 成分/组成信息

√物质		混合物
组分	**浓度**	**CAS No.**
苊		83-32-9

第四部分 急救措施

吸入 迅速脱离现场至空气新鲜处。保持呼吸道通畅。如呼吸困难，给输氧。如呼吸、心跳停止，立即进行心肺复苏术。就医

皮肤接触 立即脱去污染的衣着，用流动清水彻底冲洗。就医

眼睛接触 立即分开眼睑，用流动清水或生理盐水彻底冲洗。就医

食入 漱口，饮水。就医

对保护施救者的忠告 根据需要使用个人防护设备

对医生的特别提示 对症处理

第五部分 消防措施

灭火剂 用雾状水、泡沫、二氧化碳、干粉、砂土灭火

特别危险性 受热分解产生有毒的烟气。燃烧生成有害的一氧化碳

灭火注意事项及防护措施 消防人员必须佩戴空气呼吸器、穿全身防火防毒服，在上风向灭火。喷水冷却容器，尽可能将容器从火场移至空旷处

第六部分 泄漏应急处理

作业人员防护措施、防护装备和应急处置程序 隔离泄漏污染区，限制出入。消除所有点火源。建议应急处理人员戴防尘口罩，穿防毒服。禁止接触或跨越泄漏物

环境保护措施 防止泄漏物进入水体、下水道、地下室或有限空间

泄漏化学品的收容、清除方法及所使用的处置材料 小量泄漏：用洁净的铲子收集泄漏物，置于干净、干燥、盖子较松的容器中，将容器移离泄漏区。大量泄漏：用水润湿，并筑堤收容

第七部分 操作处置与储存

操作注意事项 密闭操作，局部排风。操作人员必须经过专门培训，严格遵守操作规程。建议操作人员佩戴自吸过滤式防尘口罩，戴安全防护眼镜，穿防毒物渗透工作服。远离火种、热源。工作场所严禁吸烟。使用防爆型的通风系统和设备。避免产生粉尘。避免与氧化剂接触。搬运时轻装轻卸，防止包装破损。配备相应品种和数量的消防器材及泄漏应急处理设备。倒空的容器可能残留有害物

储存注意事项 储存于阴凉、通风的库房。远离火种、热源。库温不宜超过 35℃。包装密封。应与氧化剂分开存放，切忌混储。采用防爆型照明、通风设施。禁止使用易产生火花的机械设备和工具。储区应备有合适的材料收容泄漏物

第八部分 接触控制/个体防护

职业接触限值
中国 未制定标准
美国(ACGIH) 未制定标准

生物接触限值 未制定标准

监测方法 空气中有毒物质测定方法：未制定标准。生物监测检验方法：未制定标准

工程控制 密闭操作，局部排风。提供安全的淋浴和洗眼设备

个体防护装备
呼吸系统防护 空气中粉尘浓度超标时，应该佩戴过滤式防尘呼吸器
眼睛防护 戴安全防护眼镜
皮肤和身体防护 穿防毒物渗透工作服
手防护 戴一般作业防护手套

第九部分 理化特性

外观与性状 白色针状结晶
pH 值 无意义 **熔点(℃)** 95
沸点(℃) 279 **相对密度(水=1)** 1.024
相对蒸气密度(空气=1) 5.32
饱和蒸气压(kPa) 1.33 (131.2℃)
燃烧热(kJ/mol) 无资料 **临界温度(℃)** 无资料
临界压力(MPa) 3.1 **辛醇/水分配系数** 3.92
闪点(℃) 120 **自燃温度(℃)** 无资料
爆炸下限(%) 0.8 **爆炸上限(%)** 5.3
分解温度(℃) 无资料 **黏度(mPa·s)** 无资料
溶解性 不溶于水，微溶于乙醇，溶于氯仿、苯、甲苯、冰醋酸和石油醚

第十部分 稳定性和反应性

稳定性 稳定
危险反应 与强氧化剂等禁配物接触，有发生火灾和爆炸的危险
避免接触的条件 受热
禁配物 强氧化剂
危险的分解产物 无资料

第十一部分 毒理学信息

急性毒性 LD_{50}：600mg/kg (大鼠腹腔)
皮肤刺激或腐蚀 无资料 **眼睛刺激或腐蚀** 无资料
呼吸或皮肤过敏 无资料
生殖细胞突变性 微生物致突变：鼠伤寒沙门氏菌属 0.5nmol/皿 (48h)。细胞遗传学分析：仓鼠肺 10mmol/L (6h)
致癌性 IARC 致癌性评论：组 3，现有的证据不能对人类致癌性进行分类
生殖毒性 无资料
特异性靶器官系统毒性-一次接触 无资料
特异性靶器官系统毒性-反复接触 无资料
吸入危害 无资料

第十二部分 生态学信息

生态毒性
LC_{50} 1.7mg/L (72h)，1.6mg/L (96h) (黑头呆鱼)；7.2mg/L (24h)，1.7mg/L (96h) (蓝鳃太阳鱼，静态)；1.57mg/L (24h)，1.13mg/L (48h)，0.8mg/L (72h)，0.67mg/L (96h) (虹鳟鱼)；0.96mg/L (96h) (糖虾，静态)
EC_{50} 1.3mg/L (48h) (水蚤)；0.52mg/L (96h) (绿藻)；0.5mg/L (96h) (肋骨条藻)
NOEC 0.084mg/L (21 的) (水蚤)

持久性和降解性
生物降解性 不易快速生物降解
非生物降解性 水相光解半衰期 (h)：3～60；光解最大光吸收波长范围 (nm)：288～320；空气中光氧化半衰期 (h)：0.879～8.79

潜在的生物累积性 根据 K_{ow} 值预测，该物质可能有一定的生物累积性

土壤中的迁移性 根据 K_{oc} 值预测，该物质可能有一定的迁移性

第十三部分 废弃处置

废弃化学品 建议用焚烧法处置
污染包装物 将容器返还生产商或按照国家和地方法规处置
废弃注意事项 处置前应参阅国家和地方有关法规

第十四部分 运输信息

联合国危险货物编号 (UN 号) 1325
联合国运输名称 有机易燃固体，未另作规定的 (芘)
联合国危险性类别 4.1

包装类别 Ⅲ类包装 **包装标志**

海洋污染物 是

运输注意事项 运输时运输车辆应配备相应品种和数量的消防器材及泄漏应急处理设备。装运本品的车辆排气管须有阻火装置。运输过程中要确保容器不泄漏、不倒塌、不坠落、不损坏。严禁与氧化剂、食用化学品等混装混运。运输途中应防曝晒、雨淋，防高温。中途停留时应远离火种、热源。车辆运输完毕应进行彻底清扫。铁路运输时要禁止溜放

第十五部分 法规信息

下列法律、法规、规章和标准，对该化学品的管理作了相应的规定。

中华人民共和国职业病防治法 职业病分类和目录：未列入

危险化学品安全管理条例 危险化学品目录：列入。易制爆危险化学品名录：未列入。重点监管的危险化学品名录：未列入。GB 18218—2009《危险化学品重大危险源辨识》(表 1)：未列入

使用有毒物品作业场所劳动保护条例 高毒物品目录：未列入

易制毒化学品管理条例 易制毒化学品的分类和品种目录：未列入

国际公约 斯德哥尔摩公约：未列入。鹿特丹公约：未列入。蒙特利尔议定书：未列入

第十六部分 其他信息

编写和修订信息 **缩略语和首字母缩写**
培训建议 **参考文献**
免责声明

蒽

第一部分 化学品标识

化学品中文名 蒽；绿油脑

化学品英文名 anthracene；paranaphthalene；green oil

分子式 $C_{14}H_{10}$ **相对分子质量** 178.24

结构式 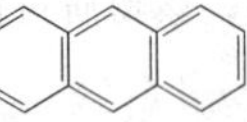

化学品的推荐及限制用途 用于蒽醌生产，也用作杀虫剂、杀菌剂、汽油阻凝剂等

第二部分 危险性概述

紧急情况概述 可能导致皮肤过敏反应

GHS危险性类别 严重眼损伤/眼刺激，类别2；皮肤致敏物，类别1；特异性靶器官毒性-一次接触，类别3（呼吸道刺激）；危害水生环境-急性危害，类别1；危害水生环境-长期危害，类别1

标签要素

象形图  

警示词 警告

危险性说明 造成严重眼刺激，可能导致皮肤过敏反应，可能引起呼吸道刺激，对水生生物毒性非常大并具有长期持续影响

防范说明

预防措施 避免接触眼睛、皮肤，操作后彻底清洗。戴防护手套、防护眼镜、防护面罩。避免吸入粉尘。污染的工作服不得带出工作场所。禁止排入环境

事故响应 如皮肤接触：用大量肥皂水和水清洗。如出现皮肤刺激或皮疹：就医。污染的衣服清洗后方可重新使用。如接触眼睛：用水细心冲洗数分钟。如戴隐形眼镜并可方便地取出，取出隐形眼镜继续冲洗。如果眼睛刺激持续：就医。收集泄漏物

安全储存 -

废弃处置 本品及内装物、容器依据国家和地方法规处置

物理和化学危险 可燃，其粉体与空气混合，能形成爆炸性混合物

健康危害 纯品基本无毒。工业品因含有菲、咔唑等杂质，毒性明显增大。由于本品蒸气压很低，故经吸入中毒可能性很小。对皮肤、黏膜有刺激性；对皮肤有致敏性。口服出现胃肠道刺激症状

环境危害 对水生生物毒性非常大并具有长期持续影响

第三部分 成分/组成信息

√物质 混合物

组分	浓度	CAS No.
蒽		120-12-7

第四部分 急救措施

吸入 迅速脱离现场至空气新鲜处。保持呼吸道通畅。如呼吸困难，给输氧。如呼吸、心跳停止，立即进行心肺复苏术。就医

皮肤接触 立即脱去污染的衣着，用流动清水彻底冲洗。就医

眼睛接触 立即分开眼睑，用流动清水或生理盐水彻底冲洗。就医

食入 漱口，饮水。就医

对保护施救者的忠告 根据需要使用个人防护设备

对医生的特别提示 对症处理

第五部分 消防措施

灭火剂 用干粉、二氧化碳、砂土灭火

特别危险性 与强氧化剂接触可发生化学反应。燃烧生成有害的一氧化碳

灭火注意事项及防护措施 消防人员必须佩戴空气呼吸器、穿全身防火防毒服，在上风向灭火。尽可能将容器从火场移至空旷处。喷水保持火场容器冷却，直至灭火结束

第六部分 泄漏应急处理

作业人员防护措施、防护装备和应急处置程序 隔离泄漏污染区，限制出入。消除所有点火源。建议应急处理人员穿防腐蚀、防毒服，戴橡胶手套。穿一般作业工作服。尽可能切断泄漏源。用塑料布覆盖泄漏物，减少飞散。勿使水进入包装容器内

环境保护措施 无资料

泄漏化学品的收容、清除方法及所使用的处置材料 用洁净的铲子收集泄漏物，置于干净、干燥、盖子较松的容器中，将容器移离泄漏区

第七部分 操作处置与储存

操作注意事项 密闭操作，注意通风。操作人员必须经过专门培训，严格遵守操作规程。建议操作人员佩戴自吸过滤式防尘口罩，戴化学安全防护眼镜。远离火种、热源。工作场所严禁吸烟。使用防爆型的通风系统和设备。避免产生粉尘。避免与氧化剂接触。搬运时要轻装轻卸，防止包装及容器损坏。配备相应品种和数量的消防器材及泄漏应急处理设备。倒空的容器

可能残留有害物

储存注意事项 储存于阴凉、通风的库房。远离火种、热源。库房温度不超过 30℃，相对湿度不超过 80%。包装密封。应与氧化剂分开存放，切忌混储。配备相应品种和数量的消防器材。储区应备有合适的材料收容泄漏物

第八部分 接触控制/个体防护

职业接触限值

中国 未制定标准

美国(ACGIH) 未制定标准

生物接触限值 未制定标准

监测方法 空气中有毒物质测定方法：高效液相色谱法。生物监测检验方法：未制定标准

工程控制 密闭操作，注意通风。提供安全的淋浴和洗眼设备

个体防护装备

呼吸系统防护 空气中粉尘浓度超标时，建议佩戴过滤式防尘呼吸器

眼睛防护 一般不需要特殊防护，但建议特殊情况下，戴化学安全防护眼镜

皮肤和身体防护 穿一般作业工作服。尽可能减少直接接触

手防护 戴一般作业防护手套

第九部分 理化特性

外观与性状 浅黄色针状结晶，有蓝色荧光

pH 值 无意义 **熔点(℃)** 217

沸点(℃) 345 **相对密度(水=1)** 1.24

相对蒸气密度(空气=1) 6.15

饱和蒸气压(kPa) 0.13 (145℃)

燃烧热(kJ/mol) −7156.2 **临界温度(℃)** 596.1

临界压力(MPa) 3.03 **辛醇/水分配系数** 4.45

闪点(℃) 121 (CC) **自燃温度(℃)** 540

爆炸下限(%) 0.6 **爆炸上限(%)** 5.2

分解温度(℃) 无资料

黏度(mPa·s) 无资料

溶解性 不溶于水，溶于乙醇、乙醚

第十部分 稳定性和反应性

稳定性 稳定

危险反应 与强氧化剂等禁配物发生反应

避免接触的条件 无资料

禁配物 强氧化剂

危险的分解产物 无资料

第十一部分 毒理学信息

急性毒性 LD_{50}：430mg/kg (小鼠静脉)

皮肤刺激或腐蚀 小鼠经皮：118μg，轻度刺激

眼睛刺激或腐蚀 无资料 **呼吸或皮肤过敏** 无资料

生殖细胞突变性 无资料

致癌性 IARC 致癌性评论：组 3，现有的证据不能对人类致癌性进行分类

生殖毒性 无资料

特异性靶器官系统毒性-一次接触 无资料

特异性靶器官系统毒性-反复接触 无资料

吸入危害 无资料

第十二部分 生态学信息

生态毒性

LC_{50} 0.36mg/L (24h) (黑头呆鱼)；11.9μg/L (96h) (蓝鳃太阳鱼，幼鱼)

NOEC 0.016mg/L (21d) (水蚤)

持久性和降解性

生物降解性 不易快速生物降解

非生物降解性 水相光解半衰期 (h)：0.58～1.7；光解最大光吸收波长范围 (nm)：251.5～374.5；水中光氧化半衰期 (h)：1111～38500；空气中光氧化半衰期 (h)：0.501～5.01

潜在的生物累积性 BCF：162 (金鱼)，1029 (食蚊鱼)，4400～9200 (虹鳟鱼)，759～912 (蚤状蚤)，7760 (绿藻)；根据 K_{ow}值预测，该物质可能有较高的生物累积性

土壤中的迁移性 根据 K_{oc}值预测，该物质的迁移性可能较弱

第十三部分 废弃处置

废弃化学品 建议用焚烧法处置

污染包装物 将容器返还生产商或按照国家和地方法规处置

废弃注意事项 处置前应参阅国家和地方有关法规

第十四部分 运输信息

联合国危险货物编号 (UN 号) 3077

联合国运输名称 对环境有害的固态物质，未另作规定的 (蒽)

联合国危险性类别 9

包装类别 Ⅲ类包装 **包装标志**

海洋污染物 是

运输注意事项 起运时包装要完整，装载应稳妥。运输过程中要确保容器不泄漏、不倒塌、不坠落、不损坏。严禁与氧化剂、食用化学品等混装混运。运输车辆应配备相应品种和数量的消防器材及泄漏应急处理设备。运输途中应防曝晒、雨淋，防高温

第十五部分 法规信息

下列法律、法规、规章和标准，对该化学品的管理作了相应的规定。

中华人民共和国职业病防治法 职业病分类和目录：未列入

危险化学品安全管理条例 危险化学品目录：列入。易制爆危险化学品名录：未列入。重点监管的危险化学品名录：未列入。GB 18218—2009《危险化学品重大

危险源辨识》(表1)：未列入

使用有毒物品作业场所劳动保护条例　高毒物品目录：未列入

易制毒化学品管理条例　易制毒化学品的分类和品种目录：未列入

国际公约　斯德哥尔摩公约：未列入。鹿特丹公约：未列入。蒙特利尔议定书：未列入

第十六部分　其他信息

编写和修订信息　**缩略语和首字母缩写**

培训建议　**参考文献**

免责声明

2,4-二氨基甲苯

第一部分　化学品标识

化学品中文名　2,4-二氨基甲苯；甲苯-2,4-二胺；2,4-甲苯二胺

化学品英文名　2,4-diaminotoluene；toluene-2,4-diamine

分子式　$C_7H_{10}N_2$　**相对分子质量**　122.19

结构式

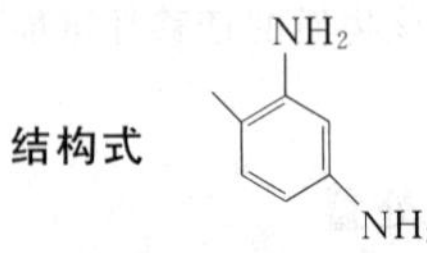

化学品的推荐及限制用途　是有机合成原料之一，可制取甲苯二异氰酸酯，也用作染料中间体、毛发染黑

第二部分　危险性概述

紧急情况概述　吞咽会中毒，皮肤接触有害，可能导致皮肤过敏反应

GHS危险性类别　急性毒性-经口，类别3；急性毒性-经皮，类别4；皮肤致敏物，类别1；生殖细胞致突变性，类别2；致癌性，类别2；生殖毒性，类别2；特异性靶器官毒性-反复接触，类别2；危害水生环境-急性危害，类别2；危害水生环境-长期危害，类别2

标签要素

象形图

警示词　危险

危险性说明　吞咽会中毒，皮肤接触有害，可能导致皮肤过敏反应，怀疑可造成遗传性缺陷，怀疑致癌，怀疑对生育力或胎儿造成伤害，长时间或反复接触可能对器官造成损伤，对水生生物有毒并具有长期持续影响

防范说明

预防措施　避免接触眼睛、皮肤，操作后彻底清洗。作业场所不得进食、饮水或吸烟。戴防护手套、穿防护服。避免吸入粉尘。污染的工作服不得带出工作场所。得到专门指导后操作。在阅读并了解所有安全预防措施之前，切勿操作。按要求使用个体防护装备。禁止排入环境

事故响应　皮肤接触：用大量肥皂水和水清洗。如感觉不适，呼叫中毒控制中心或就医。被污染的衣服须经洗净后方可重新使用。如出现皮肤刺激或皮疹：就医。污染的衣服清洗后方可重新使用。食入：漱口，立即呼叫中毒控制中心或就医。如果接触或有担心，就医。收集泄漏物

安全储存　上锁保管

废弃处置　本品及内装物、容器依据国家和地方法规处置

物理和化学危险　可燃，其粉体与空气混合，能形成爆炸性混合物

健康危害　可引起皮肤黏膜刺激症状，也可引起恶心、呕吐、高铁血红蛋白血症，出现黄疸、贫血等症状。对中枢神经系统有抑制作用。对皮肤有致敏性

环境危害　对水生生物有毒并具有长期持续影响

第三部分　成分/组成信息

√物质　　混合物

组分	浓度	CAS No.
2,4-二氨基甲苯		95-80-7

第四部分　急救措施

吸入　迅速脱离现场至空气新鲜处。保持呼吸道通畅。如呼吸困难，给吸氧。如呼吸、心跳停止，立即行心肺复苏术。就医

皮肤接触　立即脱去污染衣着，用肥皂水或清水彻底冲洗。就医

眼睛接触　分开眼睑，用清水或生理盐水冲洗。就医

食入　漱口，饮水。就医

对保护施救者的忠告　根据需要使用个人防护设备

对医生的特别提示　高铁血红蛋白血症，可用美蓝和维生素C治疗

第五部分　消防措施

灭火剂　用雾状水、抗溶性泡沫、二氧化碳、砂土灭火

特别危险性　受热分解放出有毒烟气。与强氧化剂接触可发生化学反应。燃烧生成有害的一氧化碳、氮氧化物

灭火注意事项及防护措施　消防人员必须佩戴空气呼吸器、穿全身防火防毒服，在上风向灭火。尽可能将容器从火场移至空旷处。喷水保持火场容器冷却，直至灭火结束

第六部分　泄漏应急处理

作业人员防护措施、防护装备和应急处置程序　隔离泄漏污染区，限制出入。建议应急处理人员戴防尘口罩，穿防毒服，戴橡胶手套。穿上适当的防护服前严禁接触破裂的容器和泄漏物。尽可能切断泄漏源。用塑料布覆盖泄漏物，减少飞散。勿使水进入包装容器内

环境保护措施　无资料

泄漏化学品的收容、清除方法及所使用的处置材料　用洁净的铲子收集泄漏物，置于干净、干燥、盖子较松的容器中，将容器移离泄漏区

第七部分　操作处置与储存

操作注意事项　密闭操作，提供充分的局部排风。操作人

员必须经过专门培训，严格遵守操作规程。建议操作人员佩戴自吸过滤式防尘口罩，戴化学安全防护眼镜，穿防毒物渗透工作服，戴橡胶手套。远离火种、热源。工作场所严禁吸烟。使用防爆型的通风系统和设备。避免产生粉尘。避免与氧化剂、酸类接触。搬运时要轻装轻卸，防止包装及容器损坏。配备相应品种和数量的消防器材及泄漏应急处理设备。倒空的容器可能残留有害物

储存注意事项 储存于阴凉、通风的库房。远离火种、热源。包装密封。应与氧化剂、酸类、食用化学品分开存放，切忌混储。配备相应品种和数量的消防器材。储区应备有合适的材料收容泄漏物

第八部分 接触控制/个体防护

职业接触限值

中国 未制定标准

美国(ACGIH) 未制定标准

生物接触限值 未制定标准

监测方法 空气中有毒物质测定方法：未制定标准。生物监测检验方法：未制定标准

工程控制 严加密闭，提供充分的局部排风。提供安全的淋浴和洗眼设备

个体防护装备

呼吸系统防护 空气中粉尘浓度超标时，佩戴过滤式防尘呼吸器。紧急事态抢救或撤离时，应该佩戴空气呼吸器

眼睛防护 戴化学安全防护眼镜

皮肤和身体防护 穿防毒物渗透工作服

手防护 戴橡胶手套

第九部分 理化特性

外观与性状 无色针状或菱形结晶

pH 值 无意义 **熔点(℃)** 97～99

沸点(℃) 292 **相对密度(水=1)** 无资料

相对蒸气密度(空气=1) 无资料

饱和蒸气压(kPa) 0.13 (106.5℃)

燃烧热(kJ/mol) 无资料 **临界温度(℃)** 无资料

临界压力(MPa) 4.38 **辛醇/水分配系数** 0.337

闪点(℃) 无资料 **自燃温度(℃)** 477

爆炸下限(%) 无资料 **爆炸上限(%)** 无资料

分解温度(℃) 无资料 **黏度(mPa·s)** 无资料

溶解性 溶于水，易溶于乙醇、乙醚、苯

第十部分 稳定性和反应性

稳定性 稳定

危险反应 与强氧化剂等禁配物发生反应

避免接触的条件 受热

禁配物 强氧化剂、酸类、酰基氯、酸酐、氯仿

危险的分解产物 氨

第十一部分 毒理学信息

急性毒性 LD_{50}：590mg/kg（大鼠经口，24h）；650mg/kg（兔经皮，24h）

皮肤刺激或腐蚀 家兔经皮：500mg（24h），轻度刺激

眼睛刺激或腐蚀 家兔经眼：100mg（24h），重度刺激

呼吸或皮肤过敏 无资料

生殖细胞突变性 微生物致突变：鼠伤寒沙门氏菌 100μg/皿。DNA 损伤：人成纤维细胞 100μmol/L。程序外 DNA 合成：人类肝脏 100μmol/L。微核试验：大鼠经口 300mg/kg

致癌性 IARC 致癌性评论：组 2B，可疑人类致癌物。对人类致癌性证据有限，对动物致癌性证据不充分

生殖毒性 无资料

特异性靶器官系统毒性-一次接触 无资料

特异性靶器官系统毒性-反复接触 无资料

吸入危害 无资料

第十二部分 生态学信息

生态毒性

LC_{50} 1420mg/L（96h）（黑头呆鱼）

EC_{50} 1.6mg/L（48h）（水蚤）

ErC_{50} 18mg/L（72h）（羊角月牙藻）

NOEC 0.53mg/L（21d）（水蚤）

持久性和降解性

生物降解性 不易快速生物降解

非生物降解性 水中光氧化半衰期（h）：31～1740；空气中光氧化半衰期（h）：0.27～2.7

潜在的生物累积性 根据 K_{ow} 值预测，该物质的生物累积性可能较弱

土壤中的迁移性 根据 K_{oc} 值预测，该物质可能易发生迁移

第十三部分 废弃处置

废弃化学品 建议用焚烧法处置。焚烧炉排出的氮氧化物通过洗涤器除去

污染包装物 将容器返还生产商或按照国家和地方法规处置

废弃注意事项 处置前应参阅国家和地方有关法规

第十四部分 运输信息

联合国危险货物编号（UN 号） 1709

联合国运输名称 2,4-甲苯二胺，固态

联合国危险性类别 6.1

包装类别 Ⅲ类包装 **包装标志** 

海洋污染物 否

运输注意事项 运输前应先检查包装容器是否完整、密封，运输过程中要确保容器不泄漏、不倒塌、不坠落、不损坏。严禁与酸类、氧化剂、食品及食品添加剂混运。运输车辆应配备相应品种和数量的消防器材及泄漏应急处理设备。运输途中应防曝晒、雨淋，防高温

第十五部分 法规信息

下列法律、法规、规章和标准，对该化学品的管理作

了相应的规定。

中华人民共和国职业病防治法　职业病分类和目录：苯的氨基及硝基化合物中毒

危险化学品安全管理条例　危险化学品目录：列入。易制爆危险化学品名录：未列入。重点监管的危险化学品名录：未列入。GB 18218—2009《危险化学品重大危险源辨识》（表 1）：未列入

使用有毒物品作业场所劳动保护条例　高毒物品目录：未列入

易制毒化学品管理条例　易制毒化学品的分类和品种目录：未列入

国际公约　斯德哥尔摩公约：未列入。鹿特丹公约：未列入。蒙特利尔议定书：未列入

第十六部分　其他信息

编写和修订信息　　**缩略语和首字母缩写**

培训建议　　**参考文献**

免责声明

2,5-二氨基甲苯

第一部分　化学品标识

化学品中文名　2,5-二氨基甲苯；2,5-甲苯二胺；甲苯-2,5-二胺

化学品英文名　2,5-diaminotoluene；toluene-2,5-diamine

分子式　$C_7H_{10}N_2$　　**相对分子质量**　122.19

结构式　H_2N—〔苯环，邻位甲基〕—NH_2

化学品的推荐及限制用途　用于有机合成、染料中间体

第二部分　危险性概述

紧急情况概述　吞咽会中毒，皮肤接触有害，吸入有害，可能导致皮肤过敏反应

GHS 危险性类别　急性毒性-经口，类别 3；急性毒性-经皮，类别 4；急性毒性-吸入，类别 4；皮肤致敏物，类别 1；危害水生环境-急性危害，类别 2；危害水生环境-长期危害，类别 2

标签要素

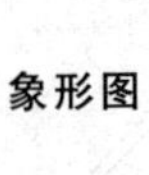

象形图　

警示词　危险

危险性说明　吞咽会中毒，皮肤接触有害，吸入有害，可能导致皮肤过敏反应，对水生生物有毒并具有长期持续影响

防范说明

预防措施　避免接触眼睛、皮肤，操作后彻底清洗，作业场所不得进食、饮水或吸烟。戴防护手套、穿防护服。避免吸入粉尘。仅在室外或通风良好处操作。污染的工作服不得带出工作场所。禁止排入环境

事故响应　如吸入：将患者转移到空气新鲜处，休息，保持利于呼吸的体位。皮肤接触：用大量肥皂水和水清洗，如感觉不适，呼叫中毒控制中心或就医。被污染的衣服须经洗净后方可重新使用。如出现皮肤刺激或皮疹：就医。食入：漱口，立即呼叫中毒控制中心或就医。收集泄漏物

安全储存　上锁保管

废弃处置　本品及内装物、容器依据国家和地方法规处置

物理和化学危险　可燃，其粉体与空气混合，能形成爆炸性混合物

健康危害　对中枢神经系统有抑制作用，可引起高铁血红蛋白血症，对肝、肾有损害

环境危害　对水生生物有毒并具有长期持续影响

第三部分　成分/组成信息

√物质　　混合物

组分	浓度	CAS No.
2,5-二氨基甲苯		95-70-5

第四部分　急救措施

吸入　迅速脱离现场至空气新鲜处。保持呼吸道通畅。如呼吸困难，给输氧。如呼吸、心跳停止，立即进行心肺复苏术。就医

皮肤接触　立即脱去污染的衣着，用流动清水彻底冲洗。就医

眼睛接触　立即分开眼睑，用流动清水或生理盐水彻底冲洗。就医

食入　饮适量温水，催吐（仅限于清醒者）。就医

对保护施救者的忠告　根据需要使用个人防护设备

对医生的特别提示　高铁血红蛋白血症，可用美蓝和维生素 C 治疗

第五部分　消防措施

灭火剂　用雾状水、抗溶性泡沫、二氧化碳、砂土灭火

特别危险性　受热分解放出有毒烟气。与强氧化剂接触可发生化学反应。燃烧生成有害的一氧化碳、氮氧化物

灭火注意事项及防护措施　消防人员必须佩戴空气呼吸器、穿全身防火防毒服，在上风向灭火。尽可能将容器从火场移至空旷处。喷水保持火场容器冷却，直至灭火结束

第六部分　泄漏应急处理

作业人员防护措施、防护装备和应急处置程序　隔离泄漏污染区，限制出入。建议应急处理人员戴防尘口罩，穿防毒服，戴橡胶手套。穿上适当的防护服前严禁接触破裂的容器和泄漏物。尽可能切断泄漏源。用塑料布覆盖泄漏物，减少飞散。勿使水进入包装容器内

环境保护措施　无资料

泄漏化学品的收容、清除方法及所使用的处置材料　用洁净的铲子收集泄漏物，置于干净、干燥、盖子较松的容器中，将容器移离泄漏区

第七部分　操作处置与储存

操作注意事项　密闭操作，提供充分的局部排风。操作人

员必须经过专门培训，严格遵守操作规程。建议操作人员佩戴自吸过滤式防尘口罩，戴化学安全防护眼镜，穿防毒物渗透工作服，戴橡胶手套。远离火种、热源。工作场所严禁吸烟。使用防爆型的通风系统和设备。避免产生粉尘。避免与氧化剂、酸类接触。搬运时要轻装轻卸，防止包装及容器损坏。配备相应品种和数量的消防器材及泄漏应急处理设备。倒空的容器可能残留有害物

储存注意事项 储存于阴凉、通风的库房。远离火种、热源。包装密封。应与氧化剂、酸类、食用化学品分开存放，切忌混储。配备相应品种和数量的消防器材。储区应备有合适的材料收容泄漏物

第八部分 接触控制/个体防护

职业接触限值

中国 未制定标准

美国(ACGIH) 未制定标准

生物接触限值 未制定标准

监测方法 空气中有毒物质测定方法：未制定标准。生物监测检验方法：未制定标准

工程控制 严加密闭，提供充分的局部排风。提供安全的淋浴和洗眼设备

个体防护装备

呼吸系统防护 空气中粉尘浓度超标时，佩戴过滤式防尘呼吸器。紧急事态抢救或撤离时，应该佩戴空气呼吸器

眼睛防护 戴化学安全防护眼镜

皮肤和身体防护 穿防毒物渗透工作服

手防护 戴橡胶手套

第九部分 理化特性

外观与性状 无色结晶

pH值 无意义 **熔点(℃)** 64

沸点(℃) 273～274 **相对密度(水=1)** 无资料

相对蒸气密度(空气=1) 无资料

饱和蒸气压(kPa) 无资料 **燃烧热(kJ/mol)** 无资料

临界温度(℃) 无资料 **临界压力(MPa)** 无资料

辛醇/水分配系数 0.16～0.25

闪点(℃) 无意义 **自燃温度(℃)** 无资料

爆炸下限(%) 无资料 **爆炸上限(%)** 无资料

分解温度(℃) 无资料 **黏度(mPa·s)** 无资料

溶解性 溶于水、乙醇、乙醚、热苯

第十部分 稳定性和反应性

稳定性 稳定

危险反应 与强氧化剂等禁配物发生反应

避免接触的条件 受热

禁配物 强氧化剂、酸类、酰基氯、酸酐、氯仿

危险的分解产物 氨

第十一部分 毒理学信息

急性毒性 LD_{50}：102mg/kg（大鼠经口）

皮肤刺激或腐蚀 家兔经皮：12500μg（24h），轻度刺激

眼睛刺激或腐蚀 无资料 **呼吸或皮肤过敏** 无资料

生殖细胞突变性 无资料 **致癌性** 无资料

生殖毒性 无资料

特异性靶器官系统毒性-一次接触 无资料

特异性靶器官系统毒性-反复接触 无资料

吸入危害 无资料

第十二部分 生态学信息

生态毒性 根据结构类似物质预测，该物质对水生生物有毒

持久性和降解性

生物降解性 无资料

非生物降解性 空气中，当羟基自由基浓度为5.00×10^5个/cm^3时，降解半衰期为2h（理论）

潜在的生物累积性 根据K_{ow}值预测，该物质的生物累积性可能较弱

土壤中的迁移性 根据K_{oc}值预测，该物质可能易发生迁移

第十三部分 废弃处置

废弃化学品 建议用焚烧法处置。焚烧炉排出的氮氧化物通过洗涤器除去

污染包装物 将容器返还生产商或按照国家和地方法规处置

废弃注意事项 处置前应参阅国家和地方有关法规

第十四部分 运输信息

联合国危险货物编号（UN号） 2811

联合国运输名称 有机毒性固体，未另作规定的（2,5-二氨基甲苯）

联合国危险性类别 6.1

包装类别 Ⅲ类包装 **包装标志**

海洋污染物 否

运输注意事项 运输前应先检查包装容器是否完整、密封，运输过程中要确保容器不泄漏、不倒塌、不坠落、不损坏。严禁与酸类、氧化剂、食品及食品添加剂混运。运输车辆应配备相应品种和数量的消防器材及泄漏应急处理设备。运输途中应防曝晒、雨淋，防高温

第十五部分 法规信息

下列法律、法规、规章和标准，对该化学品的管理作了相应的规定。

中华人民共和国职业病防治法 职业病分类和目录：苯的氨基及硝基化合物中毒

危险化学品安全管理条例 危险化学品目录：列入。易制爆危险化学品名录：未列入。重点监管的危险化学品名录：未列入。GB 18218—2009《危险化学品重大危险源辨识》（表1）：未列入

使用有毒物品作业场所劳动保护条例 高毒物品目录：未

列入

易制毒化学品管理条例 易制毒化学品的分类和品种目录：未列入

国际公约 斯德哥尔摩公约：未列入。鹿特丹公约：未列入。蒙特利尔议定书：未列入

第十六部分 其他信息

编写和修订信息 **缩略语和首字母缩写**

培训建议 **参考文献**

免责声明

二苯基汞

第一部分 化学品标识

化学品中文名 二苯基汞；二苯汞

化学品英文名 diphenylmercury

分子式 $C_{12}H_{10}Hg$ **相对分子质量** 354.81

结构式 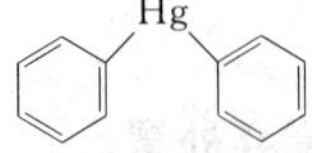

化学品的推荐及限制用途 用于农药、有机合成等

第二部分 危险性概述

紧急情况概述 吞咽致命，皮肤接触会致命，吸入致命

GHS危险性类别 急性毒性-经口，类别2；急性毒性-经皮，类别1；急性毒性-吸入，类别2；特异性靶器官毒性-反复接触，类别2；危害水生环境-急性危害，类别1；危害水生环境-长期危害，类别1

标签要素

象形图 

警示词 危险

危险性说明 吞咽致命，皮肤接触会致命，吸入致命，长时间或反复接触可能对器官造成损伤，对水生生物毒性非常大并具有长期持续影响

防范说明

预防措施 避免接触眼睛、皮肤或衣服，操作后彻底清洗。作业场所不得进食、饮水或吸烟。戴防护手套、穿防护服。避免吸入粉尘、蒸气。仅在室外或通风良好处操作。戴呼吸防护器具。禁止排入环境

事故响应 如吸入：将患者转移到空气新鲜处，休息，保持利于呼吸的体位。如感觉不适，就医。皮肤接触：用大量肥皂水和水轻轻地清洗。立即脱去所有被污染的衣服。被污染的衣服须经洗净后方可重新使用。食入：漱口，立即呼叫中毒控制中心或就医。收集泄漏物

安全储存 在通风良好处储存。保持容器密闭。上锁保管

废弃处置 本品及内装物、容器依据国家和地方法规处置

物理和化学危险 可燃，其粉体与空气混合，能形成爆炸性混合物

健康危害 本品系有机汞化合物。有机汞主要侵犯神经系统，中毒后出现头晕、头痛、共济失调、精神障碍、谵妄、昏迷、肢体无力，甚至瘫痪。口服出现消化道刺激症状，如上腹痛、恶心、呕吐、腹泻等。从任何途径侵入，均可引起口腔炎。对心、肝、肾有损害。可致接触性皮炎

环境危害 对水生生物毒性非常大并具有长期持续影响

第三部分 成分/组成信息

√物质		混合物
组分	**浓度**	**CAS No.**
二苯基汞		587-85-9

第四部分 急救措施

吸入 迅速脱离现场至空气新鲜处。保持呼吸道通畅。如呼吸困难，给输氧。如呼吸、心跳停止，立即进行心肺复苏术。就医

皮肤接触 立即脱去污染的衣着，用流动清水彻底冲洗。就医

眼睛接触 立即分开眼睑，用流动清水或生理盐水彻底冲洗。就医

食入 饮适量温水，催吐（仅限于清醒者）。就医

对保护施救者的忠告 根据需要使用个人防护设备

对医生的特别提示 解毒剂：二巯基丙磺酸钠、二巯基丁二酸钠、青霉胺

第五部分 消防措施

灭火剂 用雾状水、泡沫、干粉、二氧化碳、砂土灭火

特别危险性 受高热分解放出有毒的气体。与氧化剂可发生反应。燃烧生成有害的一氧化碳、氧化汞

灭火注意事项及防护措施 消防人员必须佩戴空气呼吸器、穿全身防火防毒服，在上风向灭火。尽可能将容器从火场移至空旷处。喷水保持火场容器冷却，直至灭火结束

第六部分 泄漏应急处理

作业人员防护措施、防护装备和应急处置程序 隔离泄漏污染区，限制出入。消除所有点火源。建议应急处理人员戴防尘口罩，穿防毒服。穿上适当的防护服前严禁接触破裂的容器和泄漏物。尽可能切断泄漏源。用塑料布覆盖泄漏物，减少飞散。勿使水进入包装容器内

环境保护措施 无资料

泄漏化学品的收容、清除方法及所使用的处置材料 用洁净的铲子收集泄漏物，置于干净、干燥、盖子较松的容器中，将容器移离泄漏区

第七部分 操作处置与储存

操作注意事项 密闭操作，局部排风。操作人员必须经过专门培训，严格遵守操作规程。建议操作人员佩戴头罩型电动送风过滤式防尘呼吸器，穿连衣式防毒衣，戴橡胶手套。远离火种、热源。工作场所严禁吸烟。

使用防爆型的通风系统和设备。避免产生粉尘。避免与氧化剂、酸类、卤素接触。搬运时要轻装轻卸，防止包装及容器损坏。配备相应品种和数量的消防器材及泄漏应急处理设备。倒空的容器可能残留有害物

储存注意事项 储存于阴凉、通风的库房。远离火种、热源。包装密封。应与氧化剂、酸类、卤素、食用化学品分开存放，切忌混储。配备相应品种和数量的消防器材。储区应备有合适的材料收容泄漏物

第八部分 接触控制/个体防护

职业接触限值

中国 PC-TWA：0.01mg/m³；PC-STEL：0.03mg/m³［按 Hg 计］［皮］

美国(ACGIH) TLV-TWA：0.1mg/m³［按 Hg 计］［皮］

生物接触限值 未制定标准

监测方法 空气中有毒物质测定方法：原子荧光光谱法；冷原子吸收光谱法。生物监测检验方法：未制定标准

工程控制 密闭操作，局部排风。提供安全的淋浴和洗眼设备

个体防护装备

呼吸系统防护 可能接触其粉尘时，应该佩戴过滤式防尘呼吸器。必要时佩戴空气呼吸器

眼睛防护 戴化学安全防护眼镜

皮肤和身体防护 穿连衣式防毒衣

手防护 戴橡胶手套

第九部分 理化特性

外观与性状 白色结晶

pH 值 无意义 **熔点(℃)** 128～129

沸点(℃) 204 (1.40kPa) **相对密度(水=1)** 2.32

相对蒸气密度(空气=1) 无资料

饱和蒸气压(kPa) 1.40 (204℃)

燃烧热(kJ/mol) 无资料 **临界温度(℃)** 无资料

临界压力(MPa) 无资料 **辛醇/水分配系数** 无资料

闪点(℃) 无资料 **自燃温度(℃)** 无资料

爆炸下限(%) 无资料 **爆炸上限(%)** 无资料

分解温度(℃) 无资料 **黏度(mPa·s)** 无资料

溶解性 不溶于水，微溶于乙醇、热醇，溶于氯仿、苯、二硫化碳

第十部分 稳定性和反应性

稳定性 稳定

危险反应 与强氧化剂等禁配物发生反应

避免接触的条件 受热

禁配物 强氧化剂、强酸、卤素

危险的分解产物 有机汞

第十一部分 毒理学信息

急性毒性 LDLo：500mg/kg (大鼠经口)

皮肤刺激或腐蚀 无资料 **眼睛刺激或腐蚀** 无资料

呼吸或皮肤过敏 无资料 **生殖细胞突变性** 无资料

致癌性 无资料 **生殖毒性** 无资料

特异性靶器官系统毒性-一次接触 无资料

特异性靶器官系统毒性-反复接触 无资料

吸入危害 无资料

第十二部分 生态学信息

生态毒性 含汞化合物对水生生物有极高毒性

持久性和降解性

生物降解性 无资料

非生物降解性 无资料

潜在的生物累积性 元素汞易在生物体内富集

土壤中的迁移性 无资料

第十三部分 废弃处置

废弃化学品 建议用焚烧法处置

污染包装物 将容器返还生产商或按照国家和地方法规处置

废弃注意事项 处置前应参阅国家和地方有关法规

第十四部分 运输信息

联合国危险货物编号(UN号) 2025

联合国运输名称 固态汞化合物，未另作规定的（二苯基汞）

联合国危险性类别 6.1

包装类别 Ⅲ类包装 **包装标志** 

海洋污染物 是

运输注意事项 运输前应先检查包装容器是否完整、密封，运输过程中要确保容器不泄漏、不倒塌、不坠落、不损坏。严禁与酸类、氧化剂、食品及食品添加剂混运。运输途中应防曝晒、雨淋，防高温

第十五部分 法规信息

下列法律、法规、规章和标准，对该化学品的管理作了相应的规定。

中华人民共和国职业病防治法 职业病分类和目录：汞及其化合物中毒

危险化学品安全管理条例 危险化学品目录：列入。易制爆危险化学品名录：未列入。重点监管的危险化学品名录：未列入。GB 18218—2009《危险化学品重大危险源辨识》(表1)：未列入

使用有毒物品作业场所劳动保护条例 高毒物品目录：未列入

易制毒化学品管理条例 易制毒化学品的分类和品种目录：未列入

国际公约 斯德哥尔摩公约：未列入。鹿特丹公约：未列入。蒙特利尔议定书：未列入

第十六部分 其他信息

编写和修订信息 **缩略语和首字母缩写**

培训建议 **参考文献**

免责声明

1,2-二苯肼

第一部分 化学品标识

化学品中文名 1,2-二苯肼；对称二苯肼

化学品英文名 1,2-diphenylhydrazine；*N*,*N'*-diphenylhydrazine；*sym*-diphenylhydrazine

分子式 $C_{12}H_{12}N_2$ **相对分子质量** 184.26

结构式

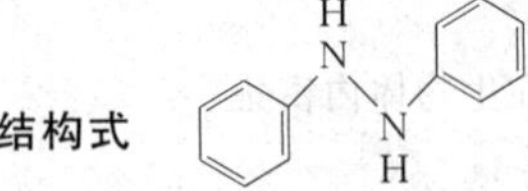

化学品的推荐及限制用途 用于阿拉伯醛糖和乳糖的测定

第二部分 危险性概述

紧急情况概述 吞咽有害

GHS危险性类别 急性毒性-经口，类别4；危害水生环境-急性危害，类别1；危害水生环境-长期危害，类别1

标签要素

象形图

警示词 警告

危险性说明 吞咽有害，对水生生物毒性非常大并具有长期持续影响

防范说明

预防措施 避免接触眼睛、皮肤，操作后彻底清洗。作业场所不得进食、饮水或吸烟。禁止排入环境

事故响应 食入：漱口。如果感觉不适，立即呼叫中毒控制中心或就医。收集泄漏物

安全储存 -

废弃处置 本品及内装物、容器依据国家和地方法规处置

物理和化学危险 可燃，其粉体与空气混合，能形成爆炸性混合物

健康危害 对动物有可疑致癌性

环境危害 对水生生物毒性非常大并具有长期持续影响

第三部分 成分/组成信息

√物质		混合物
组分	**浓度**	**CAS No.**
1,2-二苯肼		122-66-7

第四部分 急救措施

吸入 迅速脱离现场至空气新鲜处。保持呼吸道通畅。如呼吸困难，给输氧。如呼吸、心跳停止，立即进行心肺复苏术。就医

皮肤接触 立即脱去污染的衣着，用流动清水彻底冲洗。就医

眼睛接触 立即分开眼睑，用流动清水或生理盐水彻底冲洗。就医

食入 漱口，饮水。就医

对保护施救者的忠告 根据需要使用个人防护设备

对医生的特别提示 对症处理

第五部分 消防措施

灭火剂 用雾状水、泡沫、二氧化碳、砂土灭火

特别危险性 受热分解放出有毒烟气。与强氧化剂接触可发生化学反应。燃烧生成有害的一氧化碳、氮氧化物

灭火注意事项及防护措施 消防人员必须佩戴空气呼吸器、穿全身防火防毒服，在上风向灭火。尽可能将容器从火场移至空旷处。喷水保持火场容器冷却，直至灭火结束

第六部分 泄漏应急处理

作业人员防护措施、防护装备和应急处置程序 隔离泄漏污染区，限制出入。消除所有点火源。建议应急处理人员戴防尘口罩，穿防毒服。穿上适当的防护服前严禁接触破裂的容器和泄漏物。尽可能切断泄漏源。用塑料布覆盖泄漏物，减少飞散。勿使水进入包装容器内

环境保护措施 无资料

泄漏化学品的收容、清除方法及所使用的处置材料 用洁净的铲子收集泄漏物，置于干净、干燥、盖子较松的容器中，将容器移离泄漏区

第七部分 操作处置与储存

操作注意事项 密闭操作，局部排风。操作人员必须经过专门培训，严格遵守操作规程。建议操作人员佩戴自吸过滤式防尘口罩，戴化学安全防护眼镜，穿防毒物渗透工作服，戴橡胶手套。远离火种、热源。工作场所严禁吸烟。使用防爆型的通风系统和设备。避免产生粉尘。避免与氧化剂、酸类接触。搬运时要轻装轻卸，防止包装及容器损坏。配备相应品种和数量的消防器材及泄漏应急处理设备。倒空的容器可能残留有害物

储存注意事项 储存于阴凉、通风的库房。远离火种、热源。包装密封。应与氧化剂、酸类、食用化学品分开存放，切忌混储。配备相应品种和数量的消防器材。储区应备有合适的材料收容泄漏物

第八部分 接触控制/个体防护

职业接触限值

中国 未制定标准

美国(ACGIH) 未制定标准

生物接触限值 未制定标准

监测方法 空气中有毒物质测定方法：未制定标准。生物监测检验方法：未制定标准

工程控制 密闭操作，局部排风。提供安全淋浴和洗眼设备

个体防护装备

呼吸系统防护 空气中粉尘浓度较高时，应该佩戴过滤式防尘呼吸器。紧急事态抢救或撤离时，佩戴空气呼吸器

眼睛防护 戴化学安全防护眼镜

皮肤和身体防护 穿防毒物渗透工作服

手防护 戴橡胶手套

第九部分 理化特性

外观与性状 片状结晶

pH 值 无意义 **熔点(℃)** 131（分解）

沸点(℃) 分解 **相对密度(水=1)** 1.16

相对蒸气密度(空气=1) 无资料

饱和蒸气压(kPa) 无资料

燃烧热(kJ/mol) 无资料 **临界温度(℃)** 无资料

临界压力(MPa) 3.09 **辛醇/水分配系数** 2.94

闪点(℃) 230 **自燃温度(℃)** 531

爆炸下限(%) 0.72 **爆炸上限(%)** 7.6

分解温度(℃) 131 **黏度(mPa·s)** 无资料

溶解性 不溶于水、乙酸，微溶于苯，易溶于乙醇

第十部分 稳定性和反应性

稳定性 稳定

危险反应 与强氧化剂等禁配物发生反应

避免接触的条件 受热

禁配物 强氧化剂、强酸、酸酐、酰基氯

危险的分解产物 无资料

第十一部分 毒理学信息

急性毒性 LD_{50}：301mg/kg（大鼠经口）

皮肤刺激或腐蚀 无资料 **眼睛刺激或腐蚀** 无资料

呼吸或皮肤过敏 无资料 **生殖细胞突变性** 无资料

致癌性 无资料 **生殖毒性** 无资料

特异性靶器官系统毒性-一次接触 无资料

特异性靶器官系统毒性-反复接触 无资料

吸入危害 无资料

第十二部分 生态学信息

生态毒性

LC_{50} 1.2mg/L（24h），0.27mg/L（96h）（蓝鳃太阳鱼）

EC_{50} 1.1mg/L（48h）（水蚤）

ErC_{50} 1.1mg/L（72h）（羊角月牙藻）

NOEC 0.11mg/L（21d）（水蚤）

持久性和降解性

生物降解性 不易快速生物降解

非生物降解性 水中光氧化半衰期（h）：31～1740；空气中光氧化半衰期（h）：0.3～3

潜在的生物累积性 根据 K_{ow} 值预测，该物质的生物累积性可能较弱

土壤中的迁移性 根据 K_{oc} 值预测，该物质可能易发生迁移

第十三部分 废弃处置

废弃化学品 建议用焚烧法处置。焚烧炉排出的氮氧化物通过洗涤器除去

污染包装物 将容器返还生产商或按照国家和地方法规处置

废弃注意事项 处置前应参阅国家和地方有关法规

第十四部分 运输信息

联合国危险货物编号（UN 号） 3077

联合国运输名称 对环境有害的固态物质，未另作规定的（1,2-二苯肼）

联合国危险性类别 9

包装类别 Ⅲ类包装 **包装标志** 

海洋污染物 是

运输注意事项 运输前应先检查包装容器是否完整、密封，运输过程中要确保容器不泄漏、不倒塌、不坠落、不损坏。严禁与酸类、氧化剂、食品及食品添加剂混运。运输途中应防曝晒、雨淋，防高温

第十五部分 法规信息

下列法律、法规、规章和标准，对该化学品的管理作了相应的规定。

中华人民共和国职业病防治法 职业病分类和目录：未列入

危险化学品安全管理条例 危险化学品目录：列入。易制爆危险化学品名录：未列入。重点监管的危险化学品名录：未列入。GB 18218—2009《危险化学品重大危险源辨识》（表 1）：未列入

使用有毒物品作业场所劳动保护条例 高毒物品目录：未列入

易制毒化学品管理条例 易制毒化学品的分类和品种目录：未列入

国际公约 斯德哥尔摩公约：未列入。鹿特丹公约：未列入。蒙特利尔议定书：未列入

第十六部分 其他信息

编写和修订信息 **缩略语和首字母缩写**

培训建议 **参考文献**

免责声明

二丙硫醚

第一部分 化学品标识

化学品中文名 二丙硫醚；二丙基硫；正丙硫醚；硫化二正丙基

化学品英文名 dipropyl sulfide；*n*-propyl sulphide

分子式 $C_6H_{14}S$ **相对分子质量** 118.23

结构式 ⌒⌒S⌒⌒

化学品的推荐及限制用途 用作有机合成中间体

第二部分 危险性概述

紧急情况概述 易燃液体和蒸气

GHS 危险性类别 易燃液体，类别 3；危害水生环境-急性危害，类别 3

标签要素

象形图 

警示词 警告

危险性说明 易燃液体和蒸气，对水生生物有害

防范说明

预防措施 远离热源、火花、明火、热表面。禁止吸烟。保持容器密闭。容器和接收设备接地连接。使用防爆电器、通风、照明设备。只能使用不产生火花的工具。采取防止静电措施。戴防护手套，防护眼镜，防护面罩。禁止排入环境

事故响应 火灾时，使用泡沫、二氧化碳、干粉、砂土灭火。如皮肤（或头发）接触：立即脱掉所有被污染的衣服。用水冲洗皮肤，淋浴

安全储存 存放在通风良好的地方。保持低温

废弃处置 本品及内装物、容器依据国家和地方法规处置

物理和化学危险 易燃，其蒸气与空气混合，能形成爆炸性混合物

健康危害 硫醚类可使中枢神经系统先兴奋后抑制，一定浓度下可引起深度麻醉和内脏器官营养不良性变化。中毒动物呈现严重的血管障碍；能刺激皮肤，并经皮吸收

环境危害 对水生生物有害

第三部分 成分/组成信息

√物质		混合物
组分	**浓度**	**CAS No.**
二丙硫醚		111-47-7

第四部分 急救措施

吸入 迅速脱离现场至空气新鲜处。保持呼吸道通畅。如呼吸困难，给输氧。如呼吸、心跳停止，立即进行心肺复苏术。就医

皮肤接触 立即脱去污染的衣着，用流动清水彻底冲洗。就医

眼睛接触 立即分开眼睑，用流动清水或生理盐水彻底冲洗。就医

食入 漱口，饮水。就医

对保护施救者的忠告 根据需要使用个人防护设备

对医生的特别提示 对症处理

第五部分 消防措施

灭火剂 用泡沫、二氧化碳、干粉、砂土灭火

特别危险性 受高热分解产生有毒的硫化物烟气。与强氧化剂接触可发生化学反应。燃烧生成有害的一氧化碳、二氧化硫

灭火注意事项及防护措施 消防人员须佩戴防毒面具、穿全身消防服，在上风向灭火。喷水冷却容器，尽可能将容器从火场移至空旷处。容器突然发出异常声音或出现异常现象，应立即撤离

第六部分 泄漏应急处理

作业人员防护措施、防护装备和应急处置程序 消除所有点火源。根据液体流动和蒸气扩散的影响区域划定警戒区，无关人员从侧风、上风向撤离至安全区。建议应急处理人员戴正压自给式呼吸器，穿防毒、防静电服。作业时使用的所有设备应接地。禁止接触或跨越泄漏物。尽可能切断泄漏源

环境保护措施 防止泄漏物进入水体、下水道、地下室或有限空间

泄漏化学品的收容、清除方法及所使用的处置材料 小量泄漏：用砂土或其他不燃材料吸收，使用洁净的无火花工具收集吸收材料。大量泄漏：构筑围堤或挖坑收容。用泡沫覆盖，减少蒸发。喷水雾能减少蒸发，但不能降低泄漏物在有限空间内的易燃性。用防爆泵转移至槽车或专用收集器内

第七部分 操作处置与储存

操作注意事项 密闭操作，全面通风。操作人员必须经过专门培训，严格遵守操作规程。建议操作人员佩戴过滤式防毒面具（半面罩），戴化学安全防护眼镜，穿防静电工作服，戴橡胶耐油手套。远离火种、热源。工作场所严禁吸烟。使用防爆型的通风系统和设备。防止蒸气泄漏到工作场所空气中。避免与氧化剂接触。充装要控制流速，防止静电积聚。搬运时要轻装轻卸，防止包装及容器损坏。配备相应品种和数量的消防器材及泄漏应急处理设备。倒空的容器可能残留有害物

储存注意事项 储存于阴凉、通风的库房。远离火种、热源。库温不宜超过37℃。保持容器密封。应与氧化剂分开存放，切忌混储。采用防爆型照明、通风设施。禁止使用易产生火花的机械设备和工具。储区应备有泄漏应急处理设备和合适的收容材料

第八部分 接触控制/个体防护

职业接触限值

中国 未制定标准

美国(ACGIH) 未制定标准

生物接触限值 未制定标准

监测方法 空气中有毒物质测定方法：未制定标准。生物监测检验方法：未制定标准

工程控制 生产过程密闭，全面通风。提供安全的淋浴和洗眼设备

个体防护装备

呼吸系统防护 空气中浓度超标时，佩戴过滤式防毒面具（半面罩）

眼睛防护 戴化学安全防护眼镜

皮肤和身体防护 穿防静电工作服

手防护 戴橡胶耐油手套

第九部分 理化特性

外观与性状 无色或浅黄色液体，有特殊气味

pH值 无资料 **熔点(℃)** −102.5

沸点(℃) 142.4 **相对密度(水=1)** 0.84
相对蒸气密度(空气=1) 无资料
饱和蒸气压(kPa) 1.33（32.3℃）
燃烧热(kJ/mol) 无资料 **临界温度(℃)** 无资料
临界压力(MPa) 3.08～3.47
辛醇/水分配系数 2.61～2.88
闪点(℃) 28 **自燃温度(℃)** 无资料
爆炸下限(%) 1 **爆炸上限(%)** 8.6
分解温度(℃) 无资料 **黏度(mPa·s)** 无资料
溶解性 不溶于水，混溶于乙醇、乙醚、氯仿、四氯化碳

第十部分 稳定性和反应性

稳定性 稳定
危险反应 与强氧化剂等禁配物接触，有发生火灾和爆炸的危险
避免接触的条件 受热
禁配物 强氧化剂
危险的分解产物 硫化氢

第十一部分 毒理学信息

急性毒性 无资料 **皮肤刺激或腐蚀** 无资料
眼睛刺激或腐蚀 无资料 **呼吸或皮肤过敏** 无资料
生殖细胞突变性 无资料 **致癌性** 无资料
生殖毒性 无资料
特异性靶器官系统毒性-一次接触 无资料
特异性靶器官系统毒性-反复接触 无资料
吸入危害 无资料

第十二部分 生态学信息

生态毒性 LC_{50}：21.7mg/L（96h）（黑头呆鱼）
持久性和降解性
生物降解性 易快速生物降解
非生物降解性 无资料
潜在的生物累积性 根据 K_{ow} 值预测，该物质的生物累积性可能较弱
土壤中的迁移性 根据 K_{oc} 值预测，该物质可能有一定的迁移性

第十三部分 废弃处置

废弃化学品 建议用焚烧法处置。焚烧炉排出的硫氧化物通过洗涤器除去
污染包装物 将容器返还生产商或按照国家和地方法规处置
废弃注意事项 处置前应参阅国家和地方有关法规

第十四部分 运输信息

联合国危险货物编号（UN号） 1993
联合国运输名称 易燃液体，未另作规定的（二丙硫醚）
联合国危险性类别 3
包装类别 Ⅲ类包装 **包装标志** 

海洋污染物 否
运输注意事项 运输时运输车辆应配备相应品种和数量的消防器材及泄漏应急处理设备。夏季最好早晚运输。运输时所用的槽（罐）车应有接地链，槽内可设孔隔板以减少震荡产生的静电。严禁与氧化剂、食用化学品等混装混运。运输途中应防曝晒、雨淋，防高温。中途停留时应远离火种、热源、高温区。装运该物品的车辆排气管必须配备阻火装置，禁止使用易产生火花的机械设备和工具装卸。公路运输时要按规定路线行驶，勿在居民区和人口稠密区停留。铁路运输时要禁止溜放。严禁用木船、水泥船散装运输

第十五部分 法规信息

下列法律、法规、规章和标准，对该化学品的管理作了相应的规定。
中华人民共和国职业病防治法 职业病分类和目录：未列入
危险化学品安全管理条例 危险化学品目录：列入。易制爆危险化学品名录：未列入。重点监管的危险化学品名录：未列入。GB 18218—2009《危险化学品重大危险源辨识》（表1）：未列入
使用有毒物品作业场所劳动保护条例 高毒物品目录：未列入
易制毒化学品管理条例 易制毒化学品的分类和品种目录：未列入
国际公约 斯德哥尔摩公约：未列入。鹿特丹公约：未列入。蒙特利尔议定书：未列入

第十六部分 其他信息

编写和修订信息 **缩略语和首字母缩写**
培训建议 **参考文献**
免责声明

二碘甲烷

第一部分 化学品标识

化学品中文名 二碘甲烷；碘化亚甲基
化学品英文名 diiodomethane；methylene iodide
分子式 CH_2I_2 **相对分子质量** 267.83
结构式 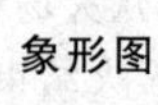
化学品的推荐及限制用途 用于有机合成及混合矿物的分离

第二部分 危险性概述

紧急情况概述 吞咽有害，吸入有害
GHS危险性类别 急性毒性-经口，类别4；急性毒性-吸入，类别4；皮肤腐蚀/刺激，类别2；严重眼损伤/眼刺激，类别2A；特异性靶器官毒性-一次接触，类别3（呼吸道刺激）
标签要素
象形图 

警示词 警告

危险性说明 吞咽有害，吸入有害，造成皮肤刺激，造成严重眼刺激，可能引起呼吸道刺激

防范说明

预防措施 避免接触眼睛、皮肤，操作后彻底清洗。作业场所不得进食、饮水或吸烟。避免吸入蒸气、雾。仅在室外或通风良好处操作。戴防护手套、防护眼镜、防护面罩

事故响应 如吸入：将患者转移到空气新鲜处，休息，保持利于呼吸的体位。如感觉不适，呼叫中毒控制中心或就医。皮肤接触：用大量肥皂水和水清洗。如发生皮肤刺激，就医。脱去被污染的衣服，洗净后方可重新使用。如接触眼睛：用水细心冲洗数分钟。如戴隐形眼镜并可方便地取出，取出隐形眼镜继续冲洗。如果眼睛刺激持续：就医。食入：漱口。如果感觉不适，立即呼叫中毒控制中心或就医

安全储存 -

废弃处置 本品及内装物、容器依据国家和地方法规处置

物理和化学危险 可燃，其蒸气与空气混合，能形成爆炸性混合物

健康危害 高浓度时有麻醉和刺激作用。大鼠腹腔注射血中产生碳氧血红蛋白

环境危害 对环境可能有害

第三部分 成分/组成信息

√物质		混合物
组分	**浓度**	**CAS No.**
二碘甲烷		75-11-6

第四部分 急救措施

吸入 迅速脱离现场至空气新鲜处。保持呼吸道通畅。如呼吸困难，给输氧。如呼吸、心跳停止，立即进行心肺复苏术。就医

皮肤接触 立即脱去污染的衣着，用流动清水彻底冲洗。就医

眼睛接触 立即分开眼睑，用流动清水或生理盐水彻底冲洗。就医

食入 漱口，饮水。就医

对保护施救者的忠告 根据需要使用个人防护设备

对医生的特别提示 对症处理

第五部分 消防措施

灭火剂 用雾状水、泡沫、二氧化碳、砂土灭火

特别危险性 受热分解放出有毒的碘化物烟气。与锂、钾钠合金接触剧烈反应。燃烧生成有害的一氧化碳、碘化氢

灭火注意事项及防护措施 消防人员须佩戴防毒面具、穿全身消防服，在上风向灭火。尽可能将容器从火场移至空旷处。喷水保持火场容器冷却，直至灭火结束。容器突然发出异常声音或出现异常现象，应立即撤离

第六部分 泄漏应急处理

作业人员防护措施、防护装备和应急处置程序 根据液体流动和蒸气扩散的影响区域划定警戒区，无关人员从侧风、上风向撤离至安全区。消除所有点火源。建议应急处理人员戴正压自给式呼吸器，穿防毒服，戴防化学品手套。穿上适当的防护服前严禁接触破裂的容器和泄漏物。尽可能切断泄漏源

环境保护措施 防止泄漏物进入水体、下水道、地下室或有限空间

泄漏化学品的收容、清除方法及所使用的处置材料 小量泄漏：用干燥的砂土或其他不燃材料吸收或覆盖，收集于容器中。大量泄漏：构筑围堤或挖坑收容，用泵转移至槽车或专用收集器内

第七部分 操作处置与储存

操作注意事项 密闭操作，加强通风。操作人员必须经过专门培训，严格遵守操作规程。建议操作人员佩戴自吸过滤式防毒面具（半面罩），戴安全防护眼镜，穿透气型防毒服，戴防化学品手套。远离火种、热源。工作场所严禁吸烟。使用防爆型的通风系统和设备。防止蒸气泄漏到工作场所空气中。避免与氧化剂、碱类、碱金属接触。搬运时要轻装轻卸，防止包装及容器损坏。配备相应品种和数量的消防器材及泄漏应急处理设备。倒空的容器可能残留有害物

储存注意事项 储存于阴凉、通风的库房。远离火种、热源。保持容器密封。应与氧化剂、碱类、碱金属、食用化学品分开存放，切忌混储。配备相应品种和数量的消防器材。储区应备有泄漏应急处理设备和合适的收容材料

第八部分 接触控制/个体防护

职业接触限值

中国 未制定标准

美国(ACGIH) 未制定标准

生物接触限值 未制定标准

监测方法 空气中有毒物质测定方法：碳酸氢钠溶液解吸-离子色谱法。生物监测检验方法：未制定标准

工程控制 生产过程密闭，加强通风。提供安全淋浴和洗眼设备

个体防护装备

呼吸系统防护 一般不需要特殊防护，高浓度接触时可佩戴过滤式防毒面具（半面罩）

眼睛防护 必要时，戴安全防护眼镜

皮肤和身体防护 穿透气型防毒服

手防护 戴防化学品手套

第九部分 理化特性

外观与性状 无色澄清到淡黄色液体

pH 值 无资料 **熔点(℃)** 5～6

沸点(℃) 181（分解） **相对密度(水=1)** 3.32

相对蒸气密度(空气=1) 9.25

饱和蒸气压(kPa) 无资料

燃烧热(kJ/mol) −745.7 临界温度(℃) 无资料
临界压力(MPa) 5.47 辛醇/水分配系数 2.3
闪点(℃) 110 自燃温度(℃) 无资料
爆炸下限(%) 无资料 爆炸上限(%) 无资料
分解温度(℃) 无资料 黏度(mPa·s) 无资料
溶解性 不溶于水，溶于乙醇、乙醚、苯、氯仿等多数有机溶剂

第十部分 稳定性和反应性

稳定性 稳定
危险反应 与强氧化剂、碱金属等禁配物发生反应
避免接触的条件 受热、光照
禁配物 强氧化剂、强碱、碱金属
危险的分解产物 碘化物

第十一部分 毒理学信息

急性毒性 LD_{50}：403mg/kg（大鼠经口）；830mg/kg（大鼠经皮）
皮肤刺激或腐蚀 无资料 眼睛刺激或腐蚀 无资料
呼吸或皮肤过敏 无资料
生殖细胞突变性 微生物致突变性：大肠杆菌 3mg/皿
致癌性 无资料 生殖毒性 无资料
特异性靶器官系统毒性-一次接触 无资料
特异性靶器官系统毒性-反复接触 无资料
吸入危害 无资料

第十二部分 生态学信息

生态毒性 无资料
持久性和降解性
生物降解性 无资料
非生物降解性 无资料
潜在的生物累积性 根据 K_{ow}值预测，该物质的生物累积性可能较弱
土壤中的迁移性 根据 K_{oc}值预测，该物质可能有一定的迁移性

第十三部分 废弃处置

废弃化学品 建议用焚烧法处置。焚烧炉排出的卤化氢通过酸洗涤器除去
污染包装物 将容器返还生产商或按照国家和地方法规处置
废弃注意事项 处置前应参阅国家和地方有关法规

第十四部分 运输信息

联合国危险货物编号（UN 号） -
联合国运输名称 - 联合国危险性类别 -
包装类别 - 包装标志 -
海洋污染物 -
运输注意事项 运输前应先检查包装容器是否完整、密封，运输过程中要确保容器不泄漏、不倒塌、不坠落、不损坏。严禁与酸类、氧化剂、食品及食品添加剂混运。运输时运输车辆应配备相应品种和数量的消防器材及泄漏应急处理设备。运输途中应防曝晒、雨淋，防高温。公路运输时要按规定路线行驶

第十五部分 法规信息

下列法律、法规、规章和标准，对该化学品的管理作了相应的规定。
中华人民共和国职业病防治法 职业病分类和目录：未列入
危险化学品安全管理条例 危险化学品目录：列入。易制爆危险化学品名录：未列入。重点监管的危险化学品名录：未列入。GB 18218—2009《危险化学品重大危险源辨识》（表 1）：未列入
使用有毒物品作业场所劳动保护条例 高毒物品目录：未列入
易制毒化学品管理条例 易制毒化学品的分类和品种目录：未列入
国际公约 斯德哥尔摩公约：未列入。鹿特丹公约：未列入。蒙特利尔议定书：未列入

第十六部分 其他信息

编写和修订信息 缩略语和首字母缩写
培训建议 参考文献
免责声明

二 丁 胺

第一部分 化学品标识

化学品中文名 二丁胺；二（正）丁胺
化学品英文名 di-*n*-butylamine；dibutylamine
分子式 $C_8H_{19}N$ 相对分子质量 129.24
结构式 （N-H 结构式）
化学品的推荐及限制用途 用作腐蚀抑制剂、乳化剂、橡胶促进剂、杀虫剂、阻聚剂等

第二部分 危险性概述

紧急情况概述 易燃液体和蒸气，吞咽有害，皮肤接触会中毒，吸入致命，造成严重的皮肤灼伤和眼损伤
GHS 危险性类别 易燃液体，类别 3；急性毒性-经口，类别 4；急性毒性-经皮，类别 3；急性毒性-吸入，类别 2；皮肤腐蚀/刺激，类别 1A；严重眼损伤/眼刺激，类别 1；特异性靶器官毒性-一次接触，类别 1；危害水生环境-急性危害，类别 2
标签要素
象形图

警示词 危险
危险性说明 易燃液体和蒸气，吞咽有害，皮肤接触会中毒，吸入致命，造成严重的皮肤灼伤和眼损伤，对器官造成损害，对水生生物有毒
防范说明
预防措施 远离热源、火花、明火、热表面。禁止吸烟。保持容器密闭。容器和接收设备接地连

接。使用防爆电器、通风、照明设备。只能使用不产生火花的工具。采取防止静电措施。避免接触眼睛、皮肤，操作后彻底清洗。作业场所不得进食、饮水或吸烟。避免吸入蒸气、雾。仅在室外或通风良好处操作。戴呼吸防护器具。戴防护手套，穿防护服，戴防护眼镜、防护面罩。禁止排入环境

事故响应　火灾时，使用水、泡沫、干粉、二氧化碳、砂土灭火。如吸入：将患者转移到空气新鲜处，休息，保持利于呼吸的体位。皮肤接触：用大量肥皂水和水清洗。如感觉不适，呼叫中毒控制中心或就医。立即脱去所有被污染的衣服。被污染的衣服须经洗净后方可重新使用。接触眼睛：用水细心冲洗数分钟。如戴隐形眼镜并可方便地取出，取出隐形眼镜继续冲洗。食入：漱口。不要催吐。如果感觉不适，立即呼叫中毒控制中心或就医。如果接触：立即呼叫中毒控制中心或就医

安全储存　存放在通风良好的地方。保持低温。保持容器密闭。上锁保管

废弃处置　本品及内装物、容器依据国家和地方法规处置

物理和化学危险　易燃，其蒸气与空气混合，能形成爆炸性混合物

健康危害　吸入后出现鼻、喉和肺刺激，恶心，头痛。液体对皮肤有强烈刺激性，短时接触即可引起灼伤。眼直接接触可引起严重损害。口服刺激口腔和消化道

环境危害　对水生生物有毒

第三部分　成分/组成信息

√物质　　混合物

组分	浓度	CAS No.
二丁胺		111-92-2

第四部分　急救措施

吸入　迅速脱离现场至空气新鲜处。保持呼吸道通畅。如呼吸困难，给输氧。如呼吸、心跳停止，立即进行心肺复苏术。就医

皮肤接触　立即脱去污染的衣着，用大量流动清水彻底冲洗至少15min。就医

眼睛接触　立即分开眼睑，用流动清水或生理盐水彻底冲洗至少15min。就医

食入　用水漱口，禁止催吐。给饮牛奶或蛋清。就医

对保护施救者的忠告　根据需要使用个人防护设备

对医生的特别提示　对症处理

第五部分　消防措施

灭火剂　用水、泡沫、干粉、二氧化碳、砂土灭火

特别危险性　遇明火、高热或与氧化剂接触，有引起燃烧爆炸的危险。燃烧生成有害的一氧化碳、氮氧化物

灭火注意事项及防护措施　消防人员须佩戴防毒面具、穿全身消防服，在上风向灭火。尽可能将容器从火场移至空旷处。喷水保持火场容器冷却，直至灭火结束。容器突然发出异常声音或出现异常现象，应立即撤离

第六部分　泄漏应急处理

作业人员防护措施、防护装备和应急处置程序　消除所有点火源。根据液体流动和蒸气扩散的影响区域划定警戒区，无关人员从侧风、上风向撤离至安全区。建议应急处理人员戴正压自给式呼吸器，穿防静电、防腐蚀、防毒服，戴橡胶耐油手套。作业时使用的所有设备应接地。禁止接触或跨越泄漏物。尽可能切断泄漏源

环境保护措施　防止泄漏物进入水体、下水道、地下室或有限空间

泄漏化学品的收容、清除方法及所使用的处置材料　小量泄漏：用砂土或其他不燃材料吸收，使用洁净的无火花工具收集吸收材料。大量泄漏：构筑围堤或挖坑收容。用抗溶性泡沫覆盖，减少蒸发。喷水雾能减少蒸发，但不能降低泄漏物在有限空间内的易燃性。用防爆、耐腐蚀泵转移至槽车或专用收集器内

第七部分　操作处置与储存

操作注意事项　密闭操作，注意通风。操作人员必须经过专门培训，严格遵守操作规程。建议操作人员佩戴导管式防毒面具，穿胶布防毒衣，戴橡胶耐油手套。远离火种、热源。工作场所严禁吸烟。使用防爆型的通风系统和设备。防止蒸气泄漏到工作场所空气中。避免与氧化剂、酸类接触。搬运时要轻装轻卸，防止包装及容器损坏。配备相应品种和数量的消防器材及泄漏应急处理设备。倒空的容器可能残留有害物

储存注意事项　储存于阴凉、通风的库房。远离火种、热源。库温不宜超过30℃。保持容器密封。应与氧化剂、酸类等分开存放，切忌混储。采用防爆型照明、通风设施。禁止使用易产生火花的机械设备和工具。储区应备有泄漏应急处理设备和合适的收容材料

第八部分　接触控制/个体防护

职业接触限值

中国　未制定标准

美国(ACGIH)　未制定标准

生物接触限值　未制定标准

监测方法　空气中有毒物质测定方法：未制定标准。生物监测检验方法：未制定标准

工程控制　密闭操作，注意通风。提供安全的淋浴和洗眼设备

个体防护装备

呼吸系统防护　可能接触其蒸气时，佩戴过滤式防毒面具（全面罩）。紧急事态抢救或撤离时，建议佩戴空气呼吸器

眼睛防护　呼吸系统防护中已作防护

皮肤和身体防护　穿隔绝式防毒服

手防护　戴橡胶耐油手套

第九部分　理化特性

外观与性状　无色液体，有氨的气味

pH 值 无资料 **熔点(℃)** －62～－59
沸点(℃) 159～160 **相对密度(水＝1)** 0.76
相对蒸气密度(空气＝1) 4.46
饱和蒸气压(kPa) 0.27 (20℃)
燃烧热(kJ/mol) 无资料 **临界温度(℃)** 无资料
临界压力(MPa) 3.11 **辛醇/水分配系数** 2.83
闪点(℃) 51.6 (OC) **自燃温度(℃)** 312.22
爆炸下限(%) 1.1 **爆炸上限(%)** 10.0
分解温度(℃) 无资料 **黏度(mPa·s)** 无资料
溶解性 微溶于水，溶于乙醇、乙醚、丙酮、苯

第十部分 稳定性和反应性

稳定性 稳定
危险反应 与强氧化剂等禁配物接触，有发生火灾和爆炸的危险
避免接触的条件 无资料
禁配物 酸类、酰基氯、酸酐、强氧化剂、二氧化碳
危险的分解产物 无资料

第十一部分 毒理学信息

急性毒性 LD_{50}：220mg/kg（大鼠经口）；1010mg/kg（兔经皮）
皮肤刺激或腐蚀 家兔经皮：500mg，中度刺激（开放性刺激试验）
眼睛刺激或腐蚀 无资料 **呼吸或皮肤过敏** 无资料
生殖细胞突变性 无资料 **致癌性** 无资料
生殖毒性 无资料
特异性靶器官系统毒性-一次接触 无资料
特异性靶器官系统毒性-反复接触 无资料
吸入危害 无资料

第十二部分 生态学信息

生态毒性

LC_{50} 5.5mg/L（96h）（虹鳟鱼，软水）；37mg/L（96h）（虹鳟鱼，硬水）

EC_{50} 87mg/L（24h），66mg/L（48h）（水蚤）；16mg/L（72h）（栅藻）；19mg/L（96h）（绿藻，静态）

持久性和降解性

生物降解性 无资料

非生物降解性 空气中，当羟基自由基浓度为5.00×10^5个/cm^3时，降解半衰期4h（理论）

潜在的生物累积性 根据K_{ow}值预测，该物质的生物累积性可能较弱
土壤中的迁移性 根据K_{oc}值预测，该物质可能有一定的迁移性

第十三部分 废弃处置

废弃化学品 建议用焚烧法处置。焚烧炉排出的氮氧化物通过洗涤器除去
污染包装物 将容器返还生产商或按照国家和地方法规处置
废弃注意事项 处置前应参阅国家和地方有关法规

第十四部分 运输信息

联合国危险货物编号（UN号） 2248
联合国运输名称 二正丁胺
联合国危险性类别 8，3
包装类别 Ⅱ类包装
包装标志 

海洋污染物 否
运输注意事项 起运时包装要完整，装载应稳妥。运输过程中要确保容器不泄漏、不倒塌、不坠落、不损坏。运输时所用的槽（罐）车应有接地链，槽内可设孔隔板以减少震荡产生的静电。严禁与氧化剂、酸类、食用化学品等混装混运。运输车辆应配备相应品种和数量的消防器材及泄漏应急处理设备。公路运输时要按规定路线行驶，勿在居民区和人口稠密区停留

第十五部分 法规信息

下列法律、法规、规章和标准，对该化学品的管理作了相应的规定。
中华人民共和国职业病防治法 职业病分类和目录：未列入
危险化学品安全管理条例 危险化学品目录：列入。易制爆危险化学品名录：未列入。重点监管的危险化学品名录：未列入。GB 18218—2009《危险化学品重大危险源辨识》（表1）：未列入
使用有毒物品作业场所劳动保护条例 高毒物品目录：未列入
易制毒化学品管理条例 易制毒化学品的分类和品种目录：未列入
国际公约 斯德哥尔摩公约：未列入。鹿特丹公约：未列入。蒙特利尔议定书：未列入

第十六部分 其他信息

编写和修订信息 **缩略语和首字母缩写**
培训建议 **参考文献**
免责声明

1,4-二氟苯

第一部分 化学品标识

化学品中文名 1,4-二氟苯；对二氟苯
化学品英文名 1,4-difluorobenzene；*p*-difluorobenzene
分子式 $C_6H_4F_2$ **相对分子质量** 114.09
结构式 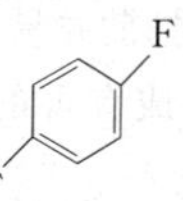

化学品的推荐及限制用途 用作有机合成中间体

第二部分 危险性概述

紧急情况概述 高度易燃液体和蒸气

GHS危险性类别 易燃液体，类别2

标签要素

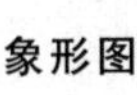

象形图 

警示词 危险

危险性说明 高度易燃液体和蒸气

防范说明

预防措施 远离热源、火花、明火、热表面。禁止吸烟。保持容器密闭。容器和接收设备接地连接。使用防爆电器、通风、照明设备。只能使用不产生火花的工具。采取防止静电措施。戴防护手套、防护眼镜、防护面罩

事故响应 火灾时，使用泡沫、干粉、二氧化碳、砂土灭火。如皮肤（或头发）接触：立即脱掉所有被污染的衣服。用水冲洗皮肤，淋浴

安全储存 存放在通风良好的地方。保持低温

废弃处置 本品及内装物、容器依据国家和地方法规处置

物理和化学危险 高度易燃，其蒸气与空气混合，能形成爆炸性混合物

健康危害 吸入、口服或经皮肤吸收，对身体有害，有刺激作用。其毒性作用比氟苯低

环境危害 对环境可能有害

第三部分 成分/组成信息

√物质		混合物
组分	**浓度**	**CAS No.**
1,4-二氟苯		540-36-3

第四部分 急救措施

吸入 迅速脱离现场至空气新鲜处。保持呼吸道通畅。如呼吸困难，给输氧。如呼吸、心跳停止，立即进行心肺复苏术。就医

皮肤接触 立即脱去污染的衣着，用流动清水彻底冲洗。就医

眼睛接触 立即分开眼睑，用流动清水或生理盐水彻底冲洗。就医

食入 漱口，饮水。就医

对保护施救者的忠告 根据需要使用个人防护设备

对医生的特别提示 对症处理

第五部分 消防措施

灭火剂 用泡沫、干粉、二氧化碳、砂土灭火

特别危险性 蒸气比空气重，沿地面扩散并易积存于低洼处，遇火源会着火回燃。燃烧生成有害的一氧化碳、氟化氢

灭火注意事项及防护措施 消防人员必须佩戴空气呼吸器、穿全身防火防毒服，在上风向灭火。喷水冷却容器，尽可能将容器从火场移至空旷处。容器突然发出异常声音或出现异常现象，应立即撤离

第六部分 泄漏应急处理

作业人员防护措施、防护装备和应急处置程序 消除所有点火源。根据液体流动和蒸气扩散的影响区域划定警戒区，无关人员从侧风、上风向撤离至安全区。建议应急处理人员戴正压自给式呼吸器，穿防静电服。作业时使用的所有设备应接地。禁止接触或跨越泄漏物。尽可能切断泄漏源

环境保护措施 防止泄漏物进入水体、下水道、地下室或有限空间

泄漏化学品的收容、清除方法及所使用的处置材料 小量泄漏：用砂土或其他不燃材料吸收，使用洁净的无火花工具收集吸收材料。大量泄漏：构筑围堤或挖坑收容。用泡沫覆盖，减少蒸发。喷水雾能减少蒸发，但不能降低泄漏物在有限空间内的易燃性。用防爆泵转移至槽车或专用收集器内

第七部分 操作处置与储存

操作注意事项 密闭操作，注意通风。操作人员必须经过专门培训，严格遵守操作规程。建议操作人员佩戴自吸过滤式防毒面具（半面罩），戴安全防护眼镜，穿防静电工作服，戴橡胶耐油手套。远离火种、热源。工作场所严禁吸烟。使用防爆型的通风系统和设备。防止蒸气泄漏到工作场所空气中。避免与氧化剂接触。灌装时应控制流速，且有接地装置，防止静电积聚。搬运时要轻装轻卸，防止包装及容器损坏。配备相应品种和数量的消防器材及泄漏应急处理设备。倒空的容器可能残留有害物

储存注意事项 储存于阴凉、通风的库房。远离火种、热源。库温不宜超过37℃。保持容器密封。应与氧化剂分开存放，切忌混储。采用防爆型照明、通风设施。禁止使用易产生火花的机械设备和工具。储区应备有泄漏应急处理设备和合适的收容材料

第八部分 接触控制/个体防护

职业接触限值

中国 未制定标准

美国(ACGIH) 未制定标准

生物接触限值 未制定标准

监测方法 空气中有毒物质测定方法：未制定标准。生物监测检验方法：未制定标准

工程控制 密闭操作，注意通风。提供安全的淋浴和洗眼设备

个体防护装备

呼吸系统防护 空气中浓度超标时，佩戴过滤式防毒面具（半面罩）。紧急事态抢救或撤离时，应该佩戴空气呼吸器

眼睛防护 戴安全防护眼镜

皮肤和身体防护 穿防静电工作服

手防护 戴橡胶耐油手套

第九部分 理化特性

外观与性状 无色、有刺激性气味的液体

pH值 无资料　**熔点(℃)** －13
沸点(℃) 88.8　**相对密度(水＝1)** 1.17
相对蒸气密度(空气＝1) 无资料
饱和蒸气压(kPa) 无资料
燃烧热(kJ/mol) 无资料　**临界温度(℃)** 无资料
临界压力(MPa) 无资料　**辛醇/水分配系数** 2.13
闪点(℃) －5　**自燃温度(℃)** 无资料
爆炸下限(%) 无资料　**爆炸上限(%)** 无资料
分解温度(℃) 无资料　**黏度(mPa·s)** 无资料
溶解性 不溶于水，溶于乙醇等

第十部分　稳定性和反应性

稳定性 稳定
危险反应 与强氧化剂等禁配物接触，有发生火灾和爆炸的危险
避免接触的条件 无资料
禁配物 强氧化剂
危险的分解产物 氟化氢

第十一部分　毒理学信息

急性毒性 LC_{50}：55000mg/m³（小鼠吸入，2h）
皮肤刺激或腐蚀 无资料　**眼睛刺激或腐蚀** 无资料
呼吸或皮肤过敏 无资料　**生殖细胞突变性** 无资料
致癌性 无资料　**生殖毒性** 无资料
特异性靶器官系统毒性-一次接触 无资料
特异性靶器官系统毒性-反复接触 无资料
吸入危害 无资料

第十二部分　生态学信息

生态毒性 无资料
持久性和降解性
　生物降解性　无资料
　非生物降解性　无资料
潜在的生物累积性 根据 K_{ow} 值预测，该物质的生物累积性可能较弱
土壤中的迁移性 根据 K_{oc} 值预测，该物质可能有一定的迁移性

第十三部分　废弃处置

废弃化学品 建议用焚烧法处置。焚烧炉排出的卤化氢通过酸洗涤器除去
污染包装物 将容器返还生产商或按照国家和地方法规处置
废弃注意事项 处置前应参阅国家和地方有关法规

第十四部分　运输信息

联合国危险货物编号（UN号） 1993
联合国运输名称 易燃液体，未另作规定的（1,4-二氟苯）
联合国危险性类别 3
包装类别 Ⅱ类包装　**包装标志** 

海洋污染物 否
运输注意事项 运输时运输车辆应配备相应品种和数量的消防器材及泄漏应急处理设备。夏季最好早晚运输。运输时所用的槽（罐）车应有接地链，槽内可设孔隔板以减少震荡产生的静电。严禁与氧化剂、食用化学品等混装混运。运输途中应防曝晒、雨淋，防高温。中途停留时应远离火种、热源、高温区。装运该物品的车辆排气管必须配备阻火装置，禁止使用易产生火花的机械设备和工具装卸。公路运输时要按规定路线行驶，勿在居民区和人口稠密区停留。铁路运输时要禁止溜放。严禁用木船、水泥船散装运输

第十五部分　法规信息

下列法律、法规、规章和标准，对该化学品的管理作了相应的规定。
中华人民共和国职业病防治法 职业病分类和目录：未列入
危险化学品安全管理条例 危险化学品目录：列入。易制爆危险化学品名录：未列入。重点监管的危险化学品名录：未列入。GB 18218—2009《危险化学品重大危险源辨识》(表1)：未列入
使用有毒物品作业场所劳动保护条例 高毒物品目录：未列入
易制毒化学品管理条例 易制毒化学品的分类和品种目录：未列入
国际公约 斯德哥尔摩公约：未列入。鹿特丹公约：未列入。蒙特利尔议定书：未列入

第十六部分　其他信息

编写和修订信息　**缩略语和首字母缩写**
培训建议　**参考文献**
免责声明

1,2-二氟苯

第一部分　化学品标识

化学品中文名 1,2-二氟苯；邻二氟苯
化学品英文名 1,2-difluorobenzene；*o*-difluorobenzene
分子式 $C_6H_4F_2$　**相对分子质量** 114.09
结构式 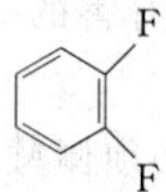

化学品的推荐及限制用途 用于有机合成中间体

第二部分　危险性概述

紧急情况概述 高度易燃液体和蒸气
GHS危险性类别 易燃液体，类别2
标签要素
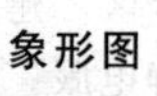
象形图 

警示词 危险

危险性说明　高度易燃液体和蒸气

防范说明

预防措施　远离热源、火花、明火、热表面。禁止吸烟。保持容器密闭。容器和接收设备接地连接。使用防爆电器、通风、照明设备。只能使用不产生火花的工具。采取防止静电措施。戴防护手套、防护眼镜、防护面罩

事故响应　火灾时，使用泡沫、干粉、二氧化碳、砂土灭火。如皮肤（或头发）接触：立即脱掉所有被污染的衣服。用水冲洗皮肤，淋浴

安全储存　存放在通风良好的地方。保持低温

废弃处置　本品及内装物、容器依据国家和地方法规处置

物理和化学危险　高度易燃，其蒸气与空气混合，能形成爆炸性混合物

健康危害　吸入、口服或经皮肤吸收对身体有害，有刺激性。其毒性作用比氟苯低

环境危害　对环境可能有害

第三部分　成分/组成信息

√物质		混合物
组分	**浓度**	**CAS No.**
1,2-二氟苯		367-11-3

第四部分　急救措施

吸入　迅速脱离现场至空气新鲜处。保持呼吸道通畅。如呼吸困难，给输氧。如呼吸、心跳停止，立即进行心肺复苏术。就医

皮肤接触　立即脱去污染的衣着，用流动清水彻底冲洗。就医

眼睛接触　立即分开眼睑，用流动清水或生理盐水彻底冲洗。就医

食入　漱口，饮水。就医

对保护施救者的忠告　根据需要使用个人防护设备

对医生的特别提示　对症处理

第五部分　消防措施

灭火剂　用泡沫、干粉、二氧化碳、砂土灭火

特别危险性　蒸气比空气重，沿地面扩散并易积存于低洼处，遇火源会着火回燃。燃烧生成有害的一氧化碳、氟化氢

灭火注意事项及防护措施　消防人员必须佩戴空气呼吸器、穿全身防火防毒服，在上风向灭火。喷水冷却容器，尽可能将容器从火场移至空旷处。容器突然发出异常声音或出现异常现象，应立即撤离

第六部分　泄漏应急处理

作业人员防护措施、防护装备和应急处置程序　消除所有点火源。根据液体流动和蒸气扩散的影响区域划定警戒区，无关人员从侧风、上风向撤离至安全区。建议应急处理人员戴正压自给式呼吸器，穿防静电服。作业时使用的所有设备应接地。禁止接触或跨越泄漏物。尽可能切断泄漏源

环境保护措施　防止泄漏物进入水体、下水道、地下室或有限空间

泄漏化学品的收容、清除方法及所使用的处置材料　小量泄漏：用砂土或其他不燃材料吸收，使用洁净的无火花工具收集吸收材料。大量泄漏：构筑围堤或挖坑收容。用泡沫覆盖，减少蒸发。喷水雾能减少蒸发，但不能降低泄漏物在有限空间内的易燃性。用防爆泵转移至槽车或专用收集器内

第七部分　操作处置与储存

操作注意事项　密闭操作，注意通风。操作人员必须经过专门培训，严格遵守操作规程。建议操作人员佩戴自吸过滤式防毒面具（半面罩），戴化学安全防护眼镜，穿防静电工作服，戴橡胶耐油手套。远离火种、热源。工作场所严禁吸烟。使用防爆型的通风系统和设备。防止蒸气泄漏到工作场所空气中。避免与氧化剂接触。灌装时应控制流速，且有接地装置，防止静电积聚。搬运时要轻装轻卸，防止包装及容器损坏。配备相应品种和数量的消防器材及泄漏应急处理设备。倒空的容器可能残留有害物

储存注意事项　储存于阴凉、通风的库房。远离火种、热源。库温不宜超过37℃。保持容器密封。应与氧化剂分开存放，切忌混储。采用防爆型照明、通风设施。禁止使用易产生火花的机械设备和工具。储区应备有泄漏应急处理设备和合适的收容材料

第八部分　接触控制/个体防护

职业接触限值

中国　未制定标准

美国(ACGIH)　未制定标准

生物接触限值　未制定标准

监测方法　空气中有毒物质测定方法：未制定标准。生物监测检验方法：未制定标准

工程控制　密闭操作，注意通风。提供安全的淋浴和洗眼设备

个体防护装备

呼吸系统防护　空气中浓度超标时，佩戴过滤式防毒面具（半面罩）。紧急事态抢救或撤离时，应该佩戴空气呼吸器

眼睛防护　戴化学安全防护眼镜

皮肤和身体防护　穿防静电工作服

手防护　戴橡胶耐油手套

第九部分　理化特性

外观与性状　无色、有刺激性气味的液体

pH值　无资料　　**熔点(℃)**　−34

沸点(℃)　92　　**相对密度(水=1)**　1.16

相对蒸气密度(空气=1)　无资料

饱和蒸气压(kPa)　无资料

燃烧热(kJ/mol)　无资料　　**临界温度(℃)**　无资料

临界压力(MPa)　无资料　　**辛醇/水分配系数**　2.37

闪点(℃)　2.22　　**自燃温度(℃)**　无资料

爆炸下限(%)　无资料　　**爆炸上限(%)**　无资料

分解温度(℃) 无资料 **黏度(mPa·s)(℃)** 无资料
溶解性 不溶于水，溶于乙醇等

第十部分 稳定性和反应性

稳定性 稳定
危险反应 与强氧化剂等禁配物接触，有发生火灾和爆炸的危险
避免接触的条件 无资料
禁配物 强氧化剂
危险的分解产物 氟化氢

第十一部分 毒理学信息

急性毒性 LC_{50}：55000mg/m^3（小鼠吸入，2h）
皮肤刺激或腐蚀 无资料 **眼睛刺激或腐蚀** 无资料
呼吸或皮肤过敏 无资料 **生殖细胞突变性** 无资料
致癌性 无资料 **生殖毒性** 无资料
特异性靶器官系统毒性-一次接触 无资料
特异性靶器官系统毒性-反复接触 无资料
吸入危害 无资料

第十二部分 生态学信息

生态毒性 无资料
持久性和降解性
生物降解性 无资料
非生物降解性 无资料
潜在的生物累积性 根据 K_{ow}值预测，该物质的生物累积性可能较弱
土壤中的迁移性 根据 K_{oc}值预测，该物质可能有一定的迁移性

第十三部分 废弃处置

废弃化学品 建议用焚烧法处置。焚烧炉排出的卤化氢通过酸洗涤器除去
污染包装物 将容器返还生产商或按照国家和地方法规处置
废弃注意事项 处置前应参阅国家和地方有关法规

第十四部分 运输信息

联合国危险货物编号（UN 号） 1993
联合国运输名称 易燃液体，未另作规定的（1,2-二氟苯）
联合国危险性类别 3

包装类别 Ⅱ类包装 **包装标志** 

海洋污染物 否
运输注意事项 运输时运输车辆应配备相应品种和数量的消防器材及泄漏应急处理设备。夏季最好早晚运输。运输时所用的槽（罐）车应有接地链，槽内可设孔隔板以减少震荡产生的静电。严禁与氧化剂、食用化学品等混装混运。运输途中应防曝晒、雨淋，防高温。中途停留时应远离火种、热源、高温区。装运该物品的车辆排气管必须配备阻火装置，禁止使用易产生火花的机械设备和工具装卸。公路运输时要按规定路线行驶，勿在居民区和人口稠密区停留。铁路运输时要禁止溜放。严禁用木船、水泥船散装运输

第十五部分 法规信息

下列法律、法规、规章和标准，对该化学品的管理作了相应的规定。
中华人民共和国职业病防治法 职业病分类和目录：未列入
危险化学品安全管理条例 危险化学品目录：列入。易制爆危险化学品名录：未列入。重点监管的危险化学品名录：未列入。GB 18218—2009《危险化学品重大危险源辨识》(表 1)：未列入
使用有毒物品作业场所劳动保护条例 高毒物品目录：未列入
易制毒化学品管理条例 易制毒化学品的分类和品种目录：未列入
国际公约 斯德哥尔摩公约：未列入。鹿特丹公约：未列入。蒙特利尔议定书：未列入

第十六部分 其他信息

编写和修订信息 **缩略语和首字母缩写**
培训建议 **参考文献**
免责声明

1,3-二氟苯

第一部分 化学品标识

化学品中文名 1,3-二氟苯；间二氟苯
化学品英文名 1,3-difluorobenzene；*m*-difluorobenzene
分子式 $C_6H_4F_2$ **相对分子质量** 114.09
结构式

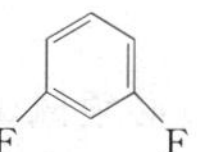

化学品的推荐及限制用途 用于有机合成中间体

第二部分 危险性概述

紧急情况概述 高度易燃液体和蒸气
GHS 危险性类别 易燃液体，类别 2
标签要素

象形图 

警示词 危险
危险性说明 高度易燃液体和蒸气
防范说明
预防措施 远离热源、火花、明火、热表面。禁止吸烟。保持容器密闭。容器和接收设备接地连接。使用防爆电器、通风、照明设备。只能使用不产生火花的工具。采取防止静电措施。戴防护手套、防护眼镜、防护面罩
事故响应 火灾时，使用泡沫、干粉、二氧化碳、

砂土灭火。如皮肤（或头发）接触：立即脱掉所有被污染的衣服。用水冲洗皮肤，淋浴

安全储存　存放在通风良好的地方。保持低温

废弃处置　本品及内装物、容器依据国家和地方法规处置

物理和化学危险　高度易燃，其蒸气与空气混合，能形成爆炸性混合物

健康危害　吸入、口服或经皮吸收对身体有害，有刺激性。其毒性作用比氟苯低

环境危害　对环境可能有害

第三部分　成分/组成信息

√物质		混合物
组分	**浓度**	**CAS No.**
1,3-二氟苯		372-18-9

第四部分　急救措施

吸入　迅速脱离现场至空气新鲜处。保持呼吸道通畅。如呼吸困难，给输氧。如呼吸、心跳停止，立即进行心肺复苏术。就医

皮肤接触　立即脱去污染的衣着，用流动清水彻底冲洗。就医

眼睛接触　立即分开眼睑，用流动清水或生理盐水彻底冲洗。就医

食入　漱口，饮水。就医

对保护施救者的忠告　根据需要使用个人防护设备

对医生的特别提示　对症处理

第五部分　消防措施

灭火剂　用泡沫、干粉、二氧化碳、砂土灭火

特别危险性　蒸气比空气重，沿地面扩散并易积存于低洼处，遇火源会着火回燃。燃烧生成有害的一氧化碳、氟化氢

灭火注意事项及防护措施　消防人员必须佩戴空气呼吸器、穿全身防火防毒服，在上风向灭火。喷水冷却容器，尽可能将容器从火场移至空旷处。容器突然发出异常声音或出现异常现象，应立即撤离

第六部分　泄漏应急处理

作业人员防护措施、防护装备和应急处置程序　消除所有点火源。根据液体流动和蒸气扩散的影响区域划定警戒区，无关人员从侧风、上风向撤离至安全区。建议应急处理人员戴正压自给式呼吸器，穿防静电服。作业时使用的所有设备应接地。禁止接触或跨越泄漏物。尽可能切断泄漏源

环境保护措施　防止泄漏物进入水体、下水道、地下室或有限空间

泄漏化学品的收容、清除方法及所使用的处置材料　小量泄漏：用砂土或其他不燃材料吸收，使用洁净的无火花工具收集吸收材料。大量泄漏：构筑围堤或挖坑收容。用泡沫覆盖，减少蒸发。喷水雾能减少蒸发，但不能降低泄漏物在有限空间内的易燃性。用防爆泵转移至槽车或专用收集器内

第七部分　操作处置与储存

操作注意事项　密闭操作，注意通风。操作人员必须经过专门培训，严格遵守操作规程。建议操作人员佩戴自吸过滤式防毒面具（半面罩），戴安全防护眼镜，穿防静电工作服，戴橡胶耐油手套。远离火种、热源。工作场所严禁吸烟。使用防爆型的通风系统和设备。防止蒸气泄漏到工作场所空气中。避免与氧化剂接触。灌装时应控制流速，且有接地装置，防止静电积聚。搬运时要轻装轻卸，防止包装及容器损坏。配备相应品种和数量的消防器材及泄漏应急处理设备。倒空的容器可能残留有害物

储存注意事项　储存于阴凉、通风的库房。远离火种、热源。库温不宜超过37℃。保持容器密封。应与氧化剂分开存放，切忌混储。采用防爆型照明、通风设施。禁止使用易产生火花的机械设备和工具。储区应备有泄漏应急处理设备和合适的收容材料

第八部分　接触控制/个体防护

职业接触限值

中国　未制定标准

美国(ACGIH)　未制定标准

生物接触限值　未制定标准

监测方法　空气中有毒物质测定方法：未制定标准。生物监测检验方法：未制定标准

工程控制　密闭操作，注意通风。提供安全的淋浴和洗眼设备

个体防护装备

呼吸系统防护　空气中浓度超标时，佩戴过滤式防毒面具（半面罩）。紧急事态抢救或撤离时，应该佩戴空气呼吸器

眼睛防护　必要时，戴安全防护眼镜

皮肤和身体防护　穿防静电工作服

手防护　戴橡胶耐油手套

第九部分　理化特性

外观与性状　无色、有刺激性气味的液体

pH值　无资料　　**熔点(℃)**　−59

沸点(℃)　82　　**相对密度(水=1)**　1.16

相对蒸气密度(空气=1)　无资料

饱和蒸气压(kPa)　无资料

燃烧热(kJ/mol)　无资料　　**临界温度(℃)**　无资料

临界压力(MPa)　无资料　　**辛醇/水分配系数**　2.21

闪点(℃)　0　　**自燃温度(℃)**　无资料

爆炸下限(%)　无资料　　**爆炸上限(%)**　无资料

分解温度(℃)　无资料　　**黏度(mPa·s)**　无资料

溶解性　不溶于水，溶于乙醇等

第十部分　稳定性和反应性

稳定性　稳定

危险反应　与强氧化剂等禁配物接触，有发生火灾和爆炸的危险

避免接触的条件　无资料

禁配物 强氧化剂

危险的分解产物 氟化氢

第十一部分 毒理学信息

急性毒性 LC_{50}：55000mg/m^3（小鼠吸入，2h）

皮肤刺激或腐蚀 无资料 **眼睛刺激或腐蚀** 无资料

呼吸或皮肤过敏 无资料 **生殖细胞突变性** 无资料

致癌性 无资料 **生殖毒性** 无资料

特异性靶器官系统毒性-一次接触 无资料

特异性靶器官系统毒性-反复接触 无资料

吸入危害 无资料

第十二部分 生态学信息

生态毒性 无资料

持久性和降解性

生物降解性 无资料

非生物降解性 无资料

潜在的生物累积性 根据 K_{ow} 值预测，该物质的生物累积性可能较弱

土壤中的迁移性 根据 K_{oc} 值预测，该物质可能有一定的迁移性

第十三部分 废弃处置

废弃化学品 建议用焚烧法处置。焚烧炉排出的卤化氢通过酸洗涤器除去

污染包装物 将容器返还生产商或按照国家和地方法规处置

废弃注意事项 处置前应参阅国家和地方有关法规

第十四部分 运输信息

联合国危险货物编号（UN号） 1993

联合国运输名称 易燃液体，未另作规定的（1,2-二氟苯）

联合国危险性类别 3

包装类别 Ⅱ类包装 **包装标志** 

海洋污染物 否

运输注意事项 运输时运输车辆应配备相应品种和数量的消防器材及泄漏应急处理设备。夏季最好早晚运输。运输时所用的槽（罐）车应有接地链，槽内可设孔隔板以减少震荡产生的静电。严禁与氧化剂、食用化学品等混装混运。运输途中应防曝晒、雨淋，防高温。中途停留时应远离火种、热源、高温区。装运该物品的车辆排气管必须配备阻火装置，禁止使用易产生火花的机械设备和工具装卸。公路运输时要按规定路线行驶，勿在居民区和人口稠密区停留。铁路运输时要禁止溜放。严禁用木船、水泥船散装运输

第十五部分 法规信息

下列法律、法规、规章和标准，对该化学品的管理作了相应的规定。

中华人民共和国职业病防治法 职业病分类和目录：未列入

危险化学品安全管理条例 危险化学品目录：列入。易制爆危险化学品名录：未列入。重点监管的危险化学品名录：未列入。GB 18218—2009《危险化学品重大危险源辨识》（表1）：未列入

使用有毒物品作业场所劳动保护条例 高毒物品目录：列入

易制毒化学品管理条例 易制毒化学品的分类和品种目录：未列入

国际公约 斯德哥尔摩公约：未列入。鹿特丹公约：未列入。蒙特利尔议定书：未列入

第十六部分 其他信息

编写和修订信息 缩略语和首字母缩写

培训建议 参考文献

免责声明

二氟化铅

第一部分 化学品标识

化学品中文名 二氟化铅；氟化铅

化学品英文名 lead difluoride；lead fluoride

分子式 PbF_2 **相对分子质量** 245.19

化学品的推荐及限制用途 用作红外线分光材料及同步加速器材料、熔接剂及除硫剂

第二部分 危险性概述

紧急情况概述 可能致癌

GHS危险性类别 急性毒性-经口，类别5；皮肤腐蚀/刺激，类别3；严重眼损伤/眼刺激，类别2；致癌性，类别1B；生殖毒性，类别1A；特异性靶器官毒性-一次接触，类别1；特异性靶器官毒性-一次接触，类别3（呼吸道刺激）；特异性靶器官毒性-反复接触，类别1；危害水生环境-急性危害，类别1；危害水生环境-长期危害，类别1

标签要素

象形图 

警示词 危险

危险性说明 吞咽可能有害，造成轻微皮肤刺激，造成严重眼刺激，可能致癌，可能对生育力或胎儿造成伤害，对器官造成损害，可能引起呼吸道刺激，长时间或反复接触对器官造成损伤，对水生生物毒性非常大并具有长期持续影响

防范说明

预防措施 避免接触眼睛、皮肤，操作后彻底清洗。戴防护眼镜、防护面罩。得到专门指导后操作。在阅读并了解所有安全预防措施之前，切勿操作。按要求使用个体防护装备。避免吸入粉尘、烟气。作业场所不得进食、饮水或吸

烟。禁止排入环境

事故响应 皮肤接触：如发生皮肤刺激，就医。如接触眼睛：用水细心冲洗数分钟。如戴隐形眼镜并可方便地取出，取出隐形眼镜继续冲洗。如果眼睛刺激持续：就医。如果接触或有担心，就医。收集泄漏物

安全储存 上锁保管

废弃处置 本品及内装物、容器依据国家和地方法规处置

物理和化学危险 不燃，无特殊燃爆特性

健康危害 铅及其化合物损害造血、神经、消化系统及肾脏。职业中毒主要为慢性。神经系统主要表现为神经衰弱综合征、周围神经病（以运动功能受累较明显），重者出现铅中毒性脑病。消化系统表现有齿龈铅线、食欲不振、恶心、腹胀、腹泻或便秘；腹绞痛见于中度及重度中毒病例。造血系统损害出现卟啉代谢障碍、贫血等。短时大量接触可发生急性或亚急性中毒，表现类似重症慢性铅中毒。对肾脏损害多见于急性、亚急性或较重慢性病例

环境危害 对水生生物毒性非常大并具有长期持续影响

第三部分 成分/组成信息

√物质		混合物
组分	**浓度**	**CAS No.**
二氟化铅		7783-46-2

第四部分 急救措施

吸入 迅速脱离现场至空气新鲜处。保持呼吸道通畅。如呼吸困难，给输氧。如呼吸、心跳停止，立即进行心肺复苏术。就医

皮肤接触 立即脱去污染的衣着，用流动清水彻底冲洗。就医

眼睛接触 立即分开眼睑，用流动清水或生理盐水彻底冲洗。就医

食入 漱口，饮水。就医

对保护施救者的忠告 根据需要使用个人防护设备

对医生的特别提示 解毒剂：依地酸二钠钙、二巯基丁二酸钠、二巯基丁二酸等

第五部分 消防措施

灭火剂 用大量水灭火。用雾状水驱散烟雾与刺激性气体

特别危险性 能与碳化钙、氟剧烈反应。与硫酸反应可产生氟化氢

灭火注意事项及防护措施 消防人员须佩戴防毒面具、穿全身消防服，在上风向灭火。尽可能将容器从火场移至空旷处。喷水保持火场容器冷却，直至灭火结束

第六部分 泄漏应急处理

作业人员防护措施、防护装备和应急处置程序 隔离泄漏污染区，限制出入。建议应急处理人员戴防尘口罩，穿防毒服。穿上适当的防护服前严禁接触破裂的容器和泄漏物。尽可能切断泄漏源。用塑料布覆盖泄漏物，减少飞散。勿使水进入包装容器内

环境保护措施 无资料

泄漏化学品的收容、清除方法及所使用的处置材料 用洁净的铲子收集泄漏物，置于干净、干燥、盖子较松的容器中，将容器移离泄漏区

第七部分 操作处置与储存

操作注意事项 密闭操作，局部排风。操作人员必须经过专门培训，严格遵守操作规程。建议操作人员佩戴自吸过滤式防尘口罩，戴化学安全防护眼镜，穿透气型防毒服，戴乳胶手套。避免产生粉尘。避免与酸类接触。搬运时要轻装轻卸，防止包装及容器损坏。配备泄漏应急处理设备。倒空的容器可能残留有害物

储存注意事项 储存于阴凉、通风的库房。包装密封。应与酸类、食用化学品分开存放，切忌混储。储区应备有合适的材料收容泄漏物

第八部分 接触控制/个体防护

职业接触限值

中国 PC-TWA：0.05mg/m^3（铅尘），0.03mg/m^3（铅烟）[按 Pb 计][G2A]

美国(ACGIH) TLV-TWA：0.05mg/m^3 [按 Pb 计]

生物接触限值 血铅：2.0μmol/L（400μg/L）（采样时间：接触三周后的任意时间）

监测方法 空气中有毒物质测定方法：火焰原子吸收光谱法；双硫腙分光光度法；氢化物-原子吸收光谱法；微分电位溶出法。生物监测检验方法：血中铅的石墨炉原子吸收光谱测定方法；血中铅的微分电位溶出测定方法

工程控制 密闭操作，局部排风。提供安全的淋浴和洗眼设备

个体防护装备

呼吸系统防护 可能接触其粉尘时，应该佩戴过滤式防尘呼吸器。紧急事态抢救或撤离时，建议佩戴空气呼吸器

眼睛防护 戴化学安全防护眼镜

皮肤和身体防护 穿透气型防毒服

手防护 戴橡胶手套

第九部分 理化特性

外观与性状 白色结晶或粉末

pH 值 无意义 **熔点(℃)** 824

沸点(℃) 1293

相对密度(水=1) 8.445（斜方晶体）；7.75（立方晶体）

相对蒸气密度(空气=1) 无资料

饱和蒸气压(kPa) 1.33（904℃）

燃烧热(kJ/mol) 无资料 **临界温度(℃)** 无资料

临界压力(MPa) 无资料 **辛醇/水分配系数** 无资料

闪点(℃) 无意义 **自燃温度(℃)** 无意义

爆炸下限(%) 无意义 **爆炸上限(%)** 无意义

分解温度(℃) 无资料 **黏度(mPa·s)** 无资料

溶解性 微溶于水，不溶于氨、丙酮、乙酸、氢氟酸，溶于硝酸

第十部分 稳定性和反应性

稳定性 稳定

危险反应 与硫酸等禁配物发生反应

避免接触的条件 无资料

禁配物 钾、硫酸

危险的分解产物 无资料

第十一部分 毒理学信息

急性毒性 LD_{50}：3031mg/kg（大鼠经口）；3015mg/kg（小鼠经口）

皮肤刺激或腐蚀 无资料 **眼睛刺激或腐蚀** 无资料

呼吸或皮肤过敏 无资料 **生殖细胞突变性** 无资料

致癌性 IARC 致癌性评论：组 2A，可能人类致癌物

生殖毒性 无资料

特异性靶器官系统毒性-一次接触 无资料

特异性靶器官系统毒性-反复接触 无资料

吸入危害 无资料

第十二部分 生态学信息

生态毒性 含铅化合物对水生生物有极高毒性

持久性和降解性

生物降解性 无资料

非生物降解性 无资料

潜在的生物累积性 元素铅易在生物体内富集

土壤中的迁移性 无资料

第十三部分 废弃处置

废弃化学品 根据国家和地方有关法规的要求处置。或与厂商或制造商联系，确定处置方法

污染包装物 将容器返还生产商或按照国家和地方法规处置

废弃注意事项 把倒空的容器归还厂商或在规定场所掩埋

第十四部分 运输信息

联合国危险货物编号（UN 号） 3077

联合国运输名称 对环境有害的固态物质，未另作规定的（二氟化铅）

联合国危险性类别 9

包装类别 Ⅲ类包装 **包装标志**

海洋污染物 是

运输注意事项 运输前应先检查包装容器是否完整、密封，运输过程中要确保容器不泄漏、不倒塌、不坠落、不损坏。严禁与酸类、氧化剂、食品及食品添加剂混运。运输时运输车辆应配备泄漏应急处理设备。运输途中应防曝晒、雨淋，防高温

第十五部分 法规信息

下列法律、法规、规章和标准，对该化学品的管理作了相应的规定。

中华人民共和国职业病防治法 职业病分类和目录：铅及其化合物中毒，氟及其无机化合物中毒

危险化学品安全管理条例 危险化学品目录：列入。易制爆危险化学品名录：未列入。重点监管的危险化学品名录：未列入。GB 18218—2009《危险化学品重大危险源辨识》（表 1）：未列入

使用有毒物品作业场所劳动保护条例 高毒物品目录：列入

易制毒化学品管理条例 易制毒化学品的分类和品种目录：未列入

国际公约 斯德哥尔摩公约：未列入。鹿特丹公约：未列入。蒙特利尔议定书：未列入

第十六部分 其他信息

编写和修订信息 **缩略语和首字母缩写**

培训建议 **参考文献**

免责声明

二氟化氧

第一部分 化学品标识

化学品中文名 二氟化氧；一氧化二氟

化学品英文名 difluorine monoxide；oxygen difluoride

分子式 F_2O **相对分子质量** 54.00

结构式 $F-O-F$

化学品的推荐及限制用途 用于氧化和氟化反应，用作火箭燃料系统中的氧化剂

第二部分 危险性概述

紧急情况概述 可引起燃烧或加剧燃烧：氧化剂；内装加压气体：遇热可能爆炸；吸入致命；造成严重的皮肤灼伤和眼损伤

GHS 危险性类别 氧化性气体，类别 1；加压气体；急性毒性-吸入，类别 1；皮肤腐蚀/刺激，类别 1；严重眼损伤/眼刺激，类别 1

标签要素

象形图

警示词 危险

危险性说明 可引起燃烧或加剧燃烧：氧化剂；内装加压气体：遇热可能爆炸；吸入致命；造成严重的皮肤灼伤和眼损伤

防范说明

预防措施 避开贮存处远离服装、可燃材料。阀门或紧固装置不得带有油脂或油剂。避免吸入气体。仅在室外或通风良好处操作。戴呼吸防护器具。避免接触眼睛、皮肤，操作后彻底清洗。戴防护手套，穿防护服，戴防护眼镜、防护面罩

事故响应 火灾时：如能保证安全，设法堵塞泄漏。如吸入：将患者转移到空气新鲜处，休

息，保持利于呼吸的体位，立即呼叫中毒控制中心或就医。皮肤（或头发）接触：立即脱掉所有被污染的衣服，用水冲洗皮肤，淋浴。污染的衣服须洗净后方可重新使用。接触眼睛：用水细心冲洗数分钟。如戴隐形眼镜并可方便地取出，取出隐形眼镜继续冲洗

安全储存　防日晒。存放在通风良好的地方。在通风良好处储存。保持容器密闭

废弃处置　本品及内装物、容器依据国家和地方法规处置

物理和化学危险　助燃。与可燃物接触易着火燃烧。遇水剧烈反应，产生有毒气体

健康危害　较高浓度接触本品一定时间，可发生迟发性刺激症状，表现有头痛、头昏、胸闷、恶心、咳嗽、气急等。严重者可导致肺水肿。眼和皮肤接触可引起灼伤

环境危害　对环境可能有害

第三部分　成分/组成信息

√物质　　　　混合物

组分	浓度	CAS No.
二氟化氧		7783-41-7

第四部分　急救措施

吸入　迅速脱离现场至空气新鲜处。保持呼吸道通畅。如呼吸困难，给输氧。如呼吸、心跳停止，立即进行心肺复苏术。就医

皮肤接触　立即脱去污染的衣着，用大量流动清水彻底冲洗至少15min。就医

眼睛接触　立即分开眼睑，用流动清水或生理盐水彻底冲洗至少15min。就医

对保护施救者的忠告　根据需要使用个人防护设备

对医生的特别提示　对症处理

第五部分　消防措施

灭火剂　本品不燃。根据着火原因选择适当灭火剂灭火

特别危险性　受热分解产生有毒的烟气。与吸附剂硅胶、氧化铝和分子筛能发生爆炸性反应。与许多物质包括水蒸气和空气可产生剧烈反应，甚至发生爆炸

灭火注意事项及防护措施　消防人员必须穿全身防火防毒服，在上风向灭火。切断气源。喷水冷却容器，尽可能将容器从火场移至空旷处。火场中有大量本品泄漏物时，禁用水、泡沫和酸碱灭火剂

第六部分　泄漏应急处理

作业人员防护措施、防护装备和应急处置程序　根据气体扩散的影响区域划定警戒区，无关人员从侧风、上风向撤离至安全区。建议应急处理人员穿内置正压自给式呼吸器的全封闭防化服。勿使泄漏物与可燃物质（如木材、纸、油等）接触。尽可能切断泄漏源。严禁用水处理

环境保护措施　防止气体通过下水道、通风系统和有限空间扩散

泄漏化学品的收容、清除方法及所使用的处置材料　隔离泄漏区直至气体散尽。泄漏场所保持通风

第七部分　操作处置与储存

操作注意事项　严加密闭，提供充分的局部排风和全面通风。操作人员必须经过专门培训，严格遵守操作规程。建议操作人员佩戴空气呼吸器，穿隔绝式防毒服，戴橡胶手套。远离火种、热源。工作场所严禁吸烟。防止气体或蒸气泄漏到工作场所空气中。远离易燃、可燃物。搬运时要轻装轻卸，防止包装及容器损坏。配备相应品种和数量的消防器材及泄漏应急处理设备

储存注意事项　储存于阴凉、通风的有毒气体专用库房。实行“双人收发、双人保管”制度。库温不宜超过30℃。远离火种、热源。防止受潮。应与易（可）燃物、食用化学品分开存放，切忌混储。储区应备有泄漏应急处理设备

第八部分　接触控制/个体防护

职业接触限值

中国　PC-TWA：$2mg/m^3$［按F计］

美国(ACGIH)　TLV-C：0.05ppm

生物接触限值　尿氟：42mmol/mol肌酐（7mg/g肌酐）（采样时间：工作班后）

监测方法　空气中有毒物质测定方法：离子选择电极法。生物监测检验方法：尿中氟的离子选择电极测定方法

工程控制　严加密闭，提供充分的局部排风和全面通风。提供安全的淋浴和洗眼设备

个体防护装备

呼吸系统防护　空气中浓度较高时，必须佩戴空气呼吸器或长管面具

眼睛防护　呼吸系统防护中已作防护

皮肤和身体防护　穿隔绝式防毒服

手防护　戴橡胶手套

第九部分　理化特性

外观与性状　无色、有轻微刺激的气体。液态时为棕黄色

pH值　无意义　　**熔点(℃)**　−223.8

沸点(℃)　−144.75

相对密度(水=1)　1.90（−224℃，液体）

相对蒸气密度(空气=1)　1.86

饱和蒸气压(kPa)　101.08（−144.6℃）

燃烧热(kJ/mol)　无资料　　**临界温度(℃)**　−58

临界压力(MPa)　0.50　　**辛醇/水分配系数**　无资料

闪点(℃)　无意义　　**自燃温度(℃)**　无意义

爆炸下限(%)　无意义　　**爆炸上限(%)**　无意义

分解温度(℃)　无资料　　**黏度(mPa·s)**　无资料

溶解性　微溶于水、乙醇、酸和碱，不溶于热水

第十部分　稳定性和反应性

稳定性　稳定

危险反应　与还原剂、易燃或可燃物、水等禁配物接触，有发生火灾和爆炸的危险

避免接触的条件 潮湿空气

禁配物 还原剂、易燃或可燃物、水蒸气

危险的分解产物 无资料

第十一部分 毒理学信息

急性毒性 LC_{50}：300mg/m³；136ppm（大鼠吸入，1h）；137mg/m³；62ppm（小鼠吸入，1h）；26ppm（猴吸入）；128ppm（狗吸入）。人吸入 TCLo：500ppb

皮肤刺激或腐蚀 无资料 **眼睛刺激或腐蚀** 无资料

呼吸或皮肤过敏 无资料 **生殖细胞突变性** 无资料

致癌性 无资料 **生殖毒性** 无资料

特异性靶器官系统毒性-一次接触 无资料

特异性靶器官系统毒性-反复接触 小鼠、大鼠、豚鼠、兔及狗于 0.1ppm 下，每天接触 7h，30 次，未见毒性影响；而 2～5ppm 时，出现不同程度的刺激症状

吸入危害 无资料

第十二部分 生态学信息

生态毒性 无资料

持久性和降解性

生物降解性 无资料

非生物降解性 无资料

潜在的生物累积性 无资料

土壤中的迁移性 无资料

第十三部分 废弃处置

废弃化学品 根据国家和地方有关法规的要求处置。或与制造商联系，确定处置方法

污染包装物 将容器返还生产商或按照国家和地方法规处置

废弃注意事项 处置前应参阅国家和地方有关法规

第十四部分 运输信息

联合国危险货物编号（UN 号） 2190

联合国运输名称 压缩二氟化氧

联合国危险性类别 2.3，5.1/8

包装类别 -

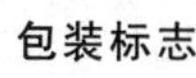

包装标志 

海洋污染物 否

运输注意事项 采用钢瓶运输时必须戴好钢瓶上的安全帽。钢瓶一般平放，并应将瓶口朝同一方向，不可交叉；高度不得超过车辆的防护栏板，并用三角木垫卡牢，防止滚动。严禁与易燃物或可燃物、食用化学品等混装混运。夏季应早晚运输，防止日光曝晒。公路运输时要按规定路线行驶，禁止在居民区和人口稠密区停留。铁路运输时要禁止溜放

第十五部分 法规信息

下列法律、法规、规章和标准，对该化学品的管理作了相应的规定。

中华人民共和国职业病防治法 职业病分类和目录：氟及其无机化合物中毒

危险化学品安全管理条例 危险化学品目录：列入。作为剧毒化学品进行管理。易制爆危险化学品名录：未列入。重点监管的危险化学品名录：未列入。GB 18218—2009《危险化学品重大危险源辨识》（表 1）：列入。类别：毒性气体，临界量（t）：1

使用有毒物品作业场所劳动保护条例 高毒物品目录：列入

易制毒化学品管理条例 易制毒化学品的分类和品种目录：未列入

国际公约 斯德哥尔摩公约：未列入。鹿特丹公约：未列入。蒙特利尔议定书：未列入

第十六部分 其他信息

编写和修订信息 **缩略语和首字母缩写**

培训建议 **参考文献**

免责声明

1,1-二氟乙烷

第一部分 化学品标识

化学品中文名 1,1-二氟乙烷；制冷剂 R-152a；氟里昂-152

化学品英文名 1,1-difluoroethane；ethylidene difluoride；Freon 152

分子式 $C_2H_4F_2$ **相对分子质量** 66.06

结构式 F F

化学品的推荐及限制用途 用作制冷剂、气溶胶喷射剂及有机合成中间体

第二部分 危险性概述

紧急情况概述 极易燃气体，内装加压气体：遇热可能爆炸，可能引起昏昏欲睡或眩晕

GHS 危险性类别 易燃气体，类别 1；加压气体；特异性靶器官毒性-一次接触，类别 3（麻醉效应）

标签要素

象形图 

警示词 危险

危险性说明 极易燃气体，内装加压气体：遇热可能爆炸，可能引起昏昏欲睡或眩晕

防范说明

预防措施 远离热源、火花、明火、热表面。禁止吸烟

事故响应 漏气着火：切勿灭火，除非漏气能够安全地制止。如果没有危险，消除一切点火源

安全储存 防日晒。存放在通风良好的地方

废弃处置 -

物理和化学危险 极易燃，与空气混合能形成爆炸性混

合物

健康危害 过量接触引起眩晕、定向障碍、易激动、中枢神经系统抑制等。对眼和上呼吸道有刺激性。皮肤直接接触液态本品可引起冻伤

环境危害 对环境可能有害

第三部分 成分/组成信息

√物质		混合物
组分	**浓度**	**CAS No.**
1,1-二氟乙烷		75-37-6

第四部分 急救措施

吸入 迅速脱离现场至空气新鲜处。保持呼吸道通畅。如呼吸困难，给输氧。如呼吸、心跳停止，立即进行心肺复苏术。就医

皮肤接触 如发生冻伤，用温水（38～42℃）复温，忌用热水或辐射热，不要揉搓。就医

对保护施救者的忠告 根据需要使用个人防护设备

对医生的特别提示 对症处理

第五部分 消防措施

灭火剂 用雾状水、泡沫、干粉、二氧化碳灭火

特别危险性 受热分解放出有毒的氟化物气体。与氧化剂接触猛烈反应。燃烧生成有害的一氧化碳、氟化氢

灭火注意事项及防护措施 切断气源。若不能切断气源，则不允许熄灭泄漏处的火焰。消防人员必须佩戴空气呼吸器、穿全身防火防毒服，在上风向灭火。尽可能将容器从火场移至空旷处。喷水保持火场容器冷却，直至灭火结束

第六部分 泄漏应急处理

作业人员防护措施、防护装备和应急处置程序 消除所有点火源。根据气体的影响区域划定警戒区，无关人员从侧风、上风向撤离至安全区。建议应急处理人员戴正压自给式呼吸器，穿防静电服。液化气体泄漏时穿防静电、防寒服。作业时使用的所有设备应接地。尽可能切断泄漏源。若可能翻转容器，使之逸出气体而非液体。喷雾状水抑制蒸气或改变蒸气云流向，避免水流接触泄漏物。禁止用水直接冲击泄漏物或泄漏源

环境保护措施 防止气体通过下水道、通风系统和有限空间扩散

泄漏化学品的收容、清除方法及所使用的处置材料 隔离泄漏区直至气体散尽

第七部分 操作处置与储存

操作注意事项 密闭操作，全面通风。操作人员必须经过专门培训，严格遵守操作规程。远离火种、热源。工作场所严禁吸烟。使用防爆型的通风系统和设备。防止气体泄漏到工作场所空气中。避免与氧化剂、活性金属粉末接触。在传送过程中，钢瓶和容器必须接地和跨接，防止产生静电。搬运时轻装轻卸，防止钢瓶及附件破损。配备相应品种和数量的消防器材及泄漏应急处理设备

储存注意事项 储存于阴凉、通风的易燃气体专用库房。远离火种、热源。库温不宜超过30℃。应与氧化剂、活性金属粉末等分开存放，切忌混储。采用防爆型照明、通风设施。禁止使用易产生火花的机械设备和工具。储区应备有泄漏应急处理设备

第八部分 接触控制/个体防护

职业接触限值

中国 未制定标准

美国(ACGIH) 未制定标准

生物接触限值 未制定标准

监测方法 空气中有毒物质测定方法：未制定标准。生物监测检验方法：未制定标准

工程控制 生产过程密闭，全面通风

个体防护装备

呼吸系统防护 一般不需要特殊防护，但建议特殊情况下，佩戴过滤式防毒面具（半面罩）

眼睛防护 必要时，戴化学安全防护眼镜

皮肤和身体防护 穿防静电工作服

手防护 戴一般作业防护手套

第九部分 理化特性

外观与性状 无色、无臭、易燃气体

pH值 无意义

熔点(℃) −117

沸点(℃) −24.7

相对密度(水=1) 0.91

相对蒸气密度(空气=1) 2.32

饱和蒸气压(kPa) 531.96 (21.1℃)

燃烧热(kJ/mol) −1222.85

临界温度(℃) 113.6

临界压力(MPa) 4.50

辛醇/水分配系数 0.75

闪点(℃) −79

自燃温度(℃) 无资料

爆炸下限(%) 3.7

爆炸上限(%) 18.0

分解温度(℃) 无资料

黏度(mPa·s) 0.263 (10℃)

溶解性 不溶于水

第十部分 稳定性和反应性

稳定性 稳定

危险反应 与强氧化剂等禁配物接触，有发生火灾和爆炸的危险

避免接触的条件 受热

禁配物 强氧化剂、镁和铝及其合金

危险的分解产物 氟化氢

第十一部分 毒理学信息

急性毒性 LC_{50}：977000mg/m^3（小鼠吸入，2h）

皮肤刺激或腐蚀 无资料

眼睛刺激或腐蚀 无资料

呼吸或皮肤过敏 无资料

生殖细胞突变性 无资料

致癌性 无资料

生殖毒性 无资料

特异性靶器官系统毒性-一次接触 无资料

特异性靶器官系统毒性-反复接触 无资料

吸入危害 无资料

第十二部分　生态学信息

生态毒性　无资料

持久性和降解性

生物降解性　无资料

非生物降解性　空气中，当羟基自由基浓度为5.00×10^5个/cm^3时，降解半衰期为472d（理论）

潜在的生物累积性　根据K_{ow}值预测，该物质的生物累积性可能较弱

土壤中的迁移性　根据K_{oc}值预测，该物质可能易发生迁移

第十三部分　废弃处置

废弃化学品　建议用焚烧法处置。焚烧炉排出的卤化氢通过酸洗涤器除去

污染包装物　将容器返还生产商或按照国家和地方法规处置

废弃注意事项　处置前应参阅国家和地方有关法规

第十四部分　运输信息

联合国危险货物编号（UN号）　1030

联合国运输名称　1,1-二氟乙烷

联合国危险性类别　2.1

包装类别　-　　**包装标志**

海洋污染物　否

运输注意事项　采用钢瓶运输时必须戴好钢瓶上的安全帽。钢瓶一般平放，并应将瓶口朝同一方向，不可交叉；高度不得超过车辆的防护栏板，并用三角木垫卡牢，防止滚动。运输时运输车辆应配备相应品种和数量的消防器材。装运该物品的车辆排气管必须配备阻火装置，禁止使用易产生火花的机械设备和工具装卸。严禁与氧化剂、活性金属粉末等混装混运。夏季应早晚运输，防止日光曝晒。中途停留时应远离火种、热源。公路运输时要按规定路线行驶，勿在居民区和人口稠密区停留。铁路运输时要禁止溜放

第十五部分　法规信息

下列法律、法规、规章和标准，对该化学品的管理作了相应的规定。

中华人民共和国职业病防治法　职业病分类和目录：未列入

危险化学品安全管理条例　危险化学品目录：列入。易制爆危险化学品名录：未列入。重点监管的危险化学品名录：未列入。GB 18218—2009《危险化学品重大危险源辨识》（表1）：未列入

使用有毒物品作业场所劳动保护条例　高毒物品目录：未列入

易制毒化学品管理条例　易制毒化学品的分类和品种目录：未列入

国际公约　斯德哥尔摩公约：未列入。鹿特丹公约：未列入。蒙特利尔议定书：未列入

第十六部分　其他信息

编写和修订信息　　**缩略语和首字母缩写**

培训建议　　**参考文献**

免责声明

1,1-二氟乙烯

第一部分　化学品标识

化学品中文名　1,1-二氟乙烯；偏二氟乙烯；制冷剂R-1132a

化学品英文名　1,1-difluoroethylene；vinylidene fluoride；R1132a

分子式　$C_2H_2F_2$　**相对分子质量**　64.04

结构式

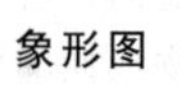

化学品的推荐及限制用途　用于制造聚偏氟乙烯、氟橡胶和氟塑料，并可作特殊溶剂和化学中间体

第二部分　危险性概述

紧急情况概述　极易燃气体，内装加压气体：遇热可能爆炸，可能引起昏昏欲睡或眩晕

GHS危险性类别　易燃气体，类别1；加压气体；特异性靶器官毒性-一次接触，类别3（麻醉效应）

标签要素

象形图

警示词　危险

危险性说明　极易燃气体，内装加压气体：遇热可能爆炸，可能引起昏昏欲睡或眩晕

防范说明

预防措施　远离热源、火花、明火、热表面。禁止吸烟

事故响应　漏气着火：切勿灭火，除非漏气能够安全地制止。如果没有危险，消除一切点火源

安全储存　防日晒。存放在通风良好的地方

废弃处置　-

物理和化学危险　极易燃，与空气混合能形成爆炸性混合物

健康危害　吸入有毒。对眼、鼻、喉有刺激性。接触后可引起头痛、头晕、恶心等。皮肤直接接触液态本品可引起冻伤

环境危害　对环境可能有害

第三部分　成分/组成信息

√物质　　混合物

组分	浓度	CAS No.
1,1-二氟乙烯		75-38-7

第四部分　急救措施

吸入　迅速脱离现场至空气新鲜处。保持呼吸道通畅。如

呼吸困难，给输氧。如呼吸、心跳停止，立即进行心肺复苏术。就医

皮肤接触 如发生冻伤，用温水（38～42℃）复温，忌用热水或辐射热，不要揉搓。就医

对保护施救者的忠告 根据需要使用个人防护设备

对医生的特别提示 对症处理

第五部分 消防措施

灭火剂 用雾状水、泡沫、干粉、二氧化碳灭火

特别危险性 若遇高热，可发生聚合反应，放出大量热量而引起容器破裂和爆炸事故。气体比空气重，沿地面扩散并易积存于低洼处，遇火源会着火回燃。燃烧生成有害的一氧化碳、氟化氢

灭火注意事项及防护措施 切断气源。若不能切断气源，则不允许熄灭泄漏处的火焰。消防人员必须佩戴空气呼吸器、穿全身防火防毒服，在上风向灭火。尽可能将容器从火场移至空旷处。喷水保持火场容器冷却，直至灭火结束

第六部分 泄漏应急处理

作业人员防护措施、防护装备和应急处置程序 消除所有点火源。根据气体的影响区域划定警戒区，无关人员从侧风、上风向撤离至安全区。建议应急处理人员戴正压自给式呼吸器，穿防静电服。液化气体泄漏时穿防静电、防寒服。作业时使用的所有设备应接地。尽可能切断泄漏源。若可能翻转容器，使之逸出气体而非液体。喷雾状水抑制蒸气或改变蒸气云流向，避免水流接触泄漏物。禁止用水直接冲击泄漏物或泄漏源

环境保护措施 防止气体通过下水道、通风系统和有限空间扩散

泄漏化学品的收容、清除方法及所使用的处置材料 隔离泄漏区直至气体散尽

第七部分 操作处置与储存

操作注意事项 生产过程密闭化。密闭操作，提供良好的自然通风条件。操作人员必须经过专门培训，严格遵守操作规程。建议操作人员佩戴自吸过滤式防毒面具（半面罩），戴化学安全防护眼镜，穿防静电工作服。远离火种、热源。工作场所严禁吸烟。使用防爆型的通风系统和设备。防止气体泄漏到工作场所空气中。避免与氧化剂、酸类接触。在传送过程中，钢瓶和容器必须接地和跨接，防止产生静电。搬运时戴好钢瓶安全帽和防震橡皮圈，防止钢瓶碰撞、损坏。配备相应品种和数量的消防器材及泄漏应急处理设备

储存注意事项 储存于阴凉、通风的易燃气体专用库房。库温不宜超过30℃。远离火种、热源。应与氧化剂、酸类分开存放，切忌混储。采用防爆型照明、通风设施。禁止使用易产生火花的机械设备和工具。储区应备有泄漏应急处理设备

第八部分 接触控制/个体防护

职业接触限值

中国 未制定标准

美国(ACGIH) TLV-TWA：500ppm

生物接触限值 未制定标准

监测方法 空气中有毒物质测定方法：未制定标准。生物监测检验方法：未制定标准

工程控制 生产过程密闭化。提供良好的自然通风条件

个体防护装备

呼吸系统防护 空气中浓度超标时，建议佩戴过滤式防毒面具（半面罩）

眼睛防护 必要时，戴化学安全防护眼镜

皮肤和身体防护 穿防静电工作服

手防护 戴一般作业防护手套

第九部分 理化特性

外观与性状 无色易燃气体，略有醚的气味

pH值 无意义 **熔点(℃)** －144

沸点(℃) －83

相对密度(水＝1) 0.617（24℃）

相对蒸气密度(空气＝1) 2.2

饱和蒸气压(kPa) 3683（21℃）

燃烧热(kJ/mol) －692 **临界温度(℃)** 30.1

临界压力(MPa) 4.43 **辛醇/水分配系数** 1.24

闪点(℃) －123 **自燃温度(℃)** 640

爆炸下限(%) 5.5 **爆炸上限(%)** 21.3

分解温度(℃) 无资料 **黏度(mPa·s)** 无资料

溶解性 微溶于水，溶于乙醇、乙醚等

第十部分 稳定性和反应性

稳定性 稳定

危险反应 与强氧化剂等禁配物接触，有发生火灾和爆炸的危险。高温下可发生聚合

避免接触的条件 受热

禁配物 强氧化剂、强酸

危险的分解产物 氟化氢

第十一部分 毒理学信息

急性毒性

LC_{50} 24000mg/m³（4h）（大鼠吸入）

LC_{100} 335360mg/m³（4h）（大鼠吸入）

皮肤刺激或腐蚀 无资料 **眼睛刺激或腐蚀** 无资料

呼吸或皮肤过敏 无资料

生殖细胞突变性 微生物致突变：鼠伤寒沙门氏菌50ppm（24h）

致癌性 IARC致癌性评论：组3，现有的证据不能对人类致癌性进行分类。对人及动物致癌性证据不足

生殖毒性 无资料

特异性靶器官系统毒性-一次接触 无资料

特异性靶器官系统毒性-反复接触 无资料

吸入危害 无资料

第十二部分 生态学信息

生态毒性 LC_{50}：695mg/L（96h）（鱼）

持久性和降解性

生物降解性 无资料

非生物降解性　无资料；空气中，当羟基自由基浓度为 5.00×10^5 个/cm^3 时，降解半衰期为 8d（理论）

潜在的生物累积性　根据 K_{ow} 值预测，该物质的生物累积性可能较弱

土壤中的迁移性　根据 K_{oc} 值预测，该物质可能易发生迁移

第十三部分　废弃处置

废弃化学品　建议用焚烧法处置。焚烧炉排出的卤化氢通过酸洗涤器除去

污染包装物　将容器返还生产商或按照国家和地方法规处置

废弃注意事项　处置前应参阅国家和地方有关法规

第十四部分　运输信息

联合国危险货物编号（UN号）　1959

联合国运输名称　1,1-二氟乙烯

联合国危险性类别　2.1

包装类别　-　　**包装标志**

海洋污染物　否

运输注意事项　采用钢瓶运输时必须戴好钢瓶上的安全帽。钢瓶一般平放，并应将瓶口朝同一方向，不可交叉；高度不得超过车辆的防护栏板，并用三角木垫卡牢，防止滚动。运输时运输车辆应配备相应品种和数量的消防器材。装运该物品的车辆排气管必须配备阻火装置，禁止使用易产生火花的机械设备和工具装卸。严禁与氧化剂、酸类等混装混运。夏季应早晚运输，防止日光曝晒。中途停留时应远离火种、热源。公路运输时要按规定路线行驶，勿在居民区和人口稠密区停留。铁路运输时要禁止溜放

第十五部分　法规信息

下列法律、法规、规章和标准，对该化学品的管理作了相应的规定。

中华人民共和国职业病防治法　职业病分类和目录：未列入

危险化学品安全管理条例　危险化学品目录：列入。易制爆危险化学品名录：未列入。重点监管的危险化学品名录：未列入。GB 18218—2009《危险化学品重大危险源辨识》（表 1）：未列入

使用有毒物品作业场所劳动保护条例　高毒物品目录：未列入

易制毒化学品管理条例　易制毒化学品的分类和品种目录：未列入

国际公约　斯德哥尔摩公约：未列入。鹿特丹公约：未列入。蒙特利尔议定书：未列入

第十六部分　其他信息

编写和修订信息　　**缩略语和首字母缩写**

培训建议　　**参考文献**

免责声明

二环己胺

第一部分　化学品标识

化学品中文名　二环己胺

化学品英文名　dicyclohexylamine；N，N-dicyclohexylamine

分子式　$C_{12}H_{23}N$　**相对分子质量**　181.32

结构式　(环己基)—NH—(环己基)

化学品的推荐及限制用途　用于有机合成和用作杀虫剂、酸性气体吸收剂、钢铁防锈剂

第二部分　危险性概述

紧急情况概述　造成严重的皮肤灼伤和眼损伤

GHS 危险性类别　急性毒性-经口，类别 4；皮肤腐蚀/刺激，类别 1B；严重眼损伤/眼刺激，类别 1；危害水生环境-急性危害，类别 1；危害水生环境-长期危害，类别 1

标签要素

象形图

警示词　危险

危险性说明　吞咽有害，造成严重的皮肤灼伤和眼损伤，对水生生物毒性非常大并具有长期持续影响

防范说明

预防措施　避免吸入烟雾。避免接触眼睛、皮肤，操作后彻底清洗。作业场所不得进食、饮水或吸烟。戴防护手套，穿防护服，戴防护眼镜、防护面罩。禁止排入环境

事故响应　如吸入：将患者转移到空气新鲜处，休息，保持利于呼吸的体位。皮肤（或头发）接触：立即脱掉所有被污染的衣服，用水冲洗皮肤，淋浴。污染的衣服须洗净后方可重新使用。接触眼睛：用水细心冲洗数分钟。如戴隐形眼镜并可方便地取出，取出隐形眼镜继续冲洗。食入：漱口。不要催吐。如果感觉不适，立即呼叫中毒控制中心或就医。收集泄漏物

安全储存　上锁保管

废弃处置　本品及内装物、容器依据国家和地方法规处置

物理和化学危险　可燃，其蒸气与空气混合，能形成爆炸性混合物

健康危害　对呼吸道有强烈刺激性。眼和皮肤接触可引起灼伤。皮肤长期接触低浓度本品，可引起皮炎

环境危害　对水生生物毒性非常大并具有长期持续影响

第三部分　成分/组成信息

√物质　　混合物

组分	浓度	CAS No.
二环己胺		101-83-7

第四部分 急救措施

吸入 迅速脱离现场至空气新鲜处。保持呼吸道通畅。如呼吸困难，给输氧。如呼吸、心跳停止，立即进行心肺复苏术。就医

皮肤接触 立即脱去污染的衣着，用大量流动清水彻底冲洗至少15min。就医

眼睛接触 立即分开眼睑，用流动清水或生理盐水彻底冲洗至少15min。就医

食入 用水漱口，禁止催吐。给饮牛奶或蛋清。就医

对保护施救者的忠告 根据需要使用个人防护设备

对医生的特别提示 对症处理

第五部分 消防措施

灭火剂 用干粉、二氧化碳、抗溶性泡沫、砂土灭火

特别危险性 遇明火、高热可燃。燃烧生成有害的一氧化碳、氮氧化物

灭火注意事项及防护措施 消防人员必须佩戴空气呼吸器、穿全身防火防毒服，在上风向灭火。尽可能将容器从火场移至空旷处。喷水保持火场容器冷却，直至灭火结束

第六部分 泄漏应急处理

作业人员防护措施、防护装备和应急处置程序 根据液体流动和蒸气扩散的影响区域划定警戒区，无关人员从侧风、上风向撤离至安全区。消除所有点火源。建议应急处理人员戴正压自给式呼吸器，穿防酸碱服，戴橡胶耐酸碱手套。穿上适当的防护服前严禁接触破裂的容器和泄漏物。尽可能切断泄漏源

环境保护措施 防止泄漏物进入水体、下水道、地下室或有限空间

泄漏化学品的收容、清除方法及所使用的处置材料 小量泄漏：用干燥的砂土或其他不燃材料吸收或覆盖，收集于容器中。大量泄漏：构筑围堤或挖坑收容。用耐腐蚀泵转移至槽车或专用收集器内

第七部分 操作处置与储存

操作注意事项 密闭操作，注意通风。操作人员必须经过专门培训，严格遵守操作规程。建议操作人员佩戴自吸过滤式防毒面具（全面罩），穿橡胶耐酸碱服，戴橡胶耐酸碱手套。远离火种、热源。工作场所严禁吸烟。使用防爆型的通风系统和设备。防止蒸气泄漏到工作场所空气中。避免与氧化剂、酸类接触。搬运时要轻装轻卸，防止包装及容器损坏。配备相应品种和数量的消防器材及泄漏应急处理设备。倒空的容器可能残留有害物

储存注意事项 储存于阴凉、通风的库房。远离火种、热源。库温不宜超过30℃。保持容器密封。应与氧化剂、酸类等分开存放，切忌混储。配备相应品种和数量的消防器材。储区应备有泄漏应急处理设备和合适的收容材料

第八部分 接触控制/个体防护

职业接触限值

中国 未制定标准

美国(ACGIH) 未制定标准

生物接触限值 未制定标准

监测方法 空气中有毒物质测定方法：未制定标准。生物监测检验方法：未制定标准

工程控制 密闭操作，注意通风。提供安全淋浴和洗眼设备

个体防护装备

呼吸系统防护 可能接触其蒸气时，必须佩戴过滤式防毒面具（全面罩）或空气呼吸器。紧急事态抢救或撤离时，建议佩戴空气呼吸器

眼睛防护 呼吸系统防护中已作防护

皮肤和身体防护 穿橡胶耐酸碱服

手防护 戴橡胶耐酸碱手套

第九部分 理化特性

外观与性状 无色透明液体，有鱼腥臭

pH值 无资料　**熔点(℃)** −0.1

沸点(℃) 256　**相对密度(水=1)** 0.91

相对蒸气密度(空气=1) 6.27

饱和蒸气压(kPa) 1.60 (37.7℃)

燃烧热(kJ/mol) 无资料　**临界温度(℃)** 无资料

临界压力(MPa) 2.52　**辛醇/水分配系数** 4.370

闪点(℃) 99 (OC)　**自燃温度(℃)** <230

爆炸下限(%) 0.6　**爆炸上限(%)** 5.6

分解温度(℃) 无资料　**黏度(mPa·s)** 无资料

溶解性 微溶于水，可混溶于乙醇、乙醚、苯

第十部分 稳定性和反应性

稳定性 稳定

危险反应 与强氧化剂等禁配物发生反应

避免接触的条件 无资料

禁配物 酸类、酰基氯、非氧化性酸、强氧化剂、氯仿

危险的分解产物 无资料

第十一部分 毒理学信息

急性毒性 LD_{50}：373mg/kg（大鼠经口）

皮肤刺激或腐蚀 家兔经皮：2mg (24h)，重度刺激

眼睛刺激或腐蚀 家兔经眼：750μg (24h)，重度刺激

呼吸或皮肤过敏 无资料

生殖细胞突变性 细胞遗传学分析：人白细胞200μg/L

致癌性 IARC致癌性评论：组3，现有的证据不能对人类致癌性进行分类。对人及动物致癌性证据不足

生殖毒性 无资料

特异性靶器官系统毒性-一次接触 无资料

特异性靶器官系统毒性-反复接触 无资料

吸入危害 无资料

第十二部分 生态学信息

生态毒性

LC_{50} 12mg/L (96h)（青鳉）

EC_{50} 8mg/L (96h)（水蚤）

NOEC 0.049mg/L (21d)（水蚤）

持久性和降解性

生物降解性　活性污泥法，初始浓度 100mg/L，2 周后降级 76.9%

非生物降解性　光降解半衰期为 2.9d（理论）

潜在的生物累积性　根据 K_{ow}值预测，该物质可能有较高的生物累积性

土壤中的迁移性　根据 K_{oc}值预测，该物质的迁移性可能较弱

第十三部分　废弃处置

废弃化学品　建议用焚烧法处置。焚烧炉排出的氮氧化物通过洗涤器除去

污染包装物　将容器返还生产商或按照国家和地方法规处置

废弃注意事项　处置前应参阅国家和地方有关法规

第十四部分　运输信息

联合国危险货物编号（UN 号）　2565

联合国运输名称　二环己胺

联合国危险性类别　8

包装类别　Ⅲ类包装　　**包装标志**

海洋污染物　否

运输注意事项　起运时包装要完整，装载应稳妥。运输过程中要确保容器不泄漏、不倒塌、不坠落、不损坏。严禁与氧化剂、酸类、食用化学品等混装混运。运输时运输车辆应配备相应品种和数量的消防器材及泄漏应急处理设备。运输途中应防曝晒、雨淋，防高温。公路运输时要按规定路线行驶，勿在居民区和人口稠密区停留

第十五部分　法规信息

下列法律、法规、规章和标准，对该化学品的管理作了相应的规定。

中华人民共和国职业病防治法　职业病分类和目录：未列入

危险化学品安全管理条例　危险化学品目录：列入。易制爆危险化学品名录：未列入。重点监管的危险化学品名录：未列入。GB 18218—2009《危险化学品重大危险源辨识》(表 1)：未列入

使用有毒物品作业场所劳动保护条例　高毒物品目录：未列入

易制毒化学品管理条例　易制毒化学品的分类和品种目录：未列入

国际公约　斯德哥尔摩公约：未列入。鹿特丹公约：未列入。蒙特利尔议定书：未列入

第十六部分　其他信息

编写和修订信息

缩略语和首字母缩写

培训建议

参考文献

免责声明

二甲胺［无水］

第一部分　化学品标识

化学品中文名　二甲胺［无水］

化学品英文名　dimethylamine；*N*-methyl methanamine

分子式　C_2H_7N　　**相对分子质量**　45.08

结构式　╲NH╱

化学品的推荐及限制用途　用于有机合成及沉淀氢氧化锌等

第二部分　危险性概述

紧急情况概述　极易燃气体，内装加压气体：遇热可能爆炸

GHS 危险性类别　易燃气体，类别 1；加压气体；急性毒性-吸入，类别 4；皮肤腐蚀/刺激，类别 2；严重眼损伤/眼刺激，类别 1；特异性靶器官毒性-一次接触，类别 3（呼吸道刺激）

标签要素

象形图

警示词　危险

危险性说明　极易燃气体，内装加压气体：遇热可能爆炸，吸入有害，造成皮肤刺激，造成严重眼损伤，可能引起呼吸道刺激

防范说明

预防措施　远离热源、火花、明火、热表面。禁止吸烟。避免吸入气体。仅在室外或通风良好处操作。避免接触眼睛、皮肤，操作后彻底清洗。戴防护手套、防护眼镜、防护面罩

事故响应　漏气着火：切勿灭火，除非漏气能够安全地制止。如果没有危险，消除一切点火源。如吸入：将患者转移到空气新鲜处，休息，保持利于呼吸的体位。如感觉不适，呼叫中毒控制中心或就医。皮肤接触：用大量肥皂水和水清洗。如发生皮肤刺激，就医。脱去被污染的衣服，洗净后方可重新使用。接触眼睛：用水细心冲洗数分钟。如戴隐形眼镜并可方便地取出，取出隐形眼镜继续冲洗

安全储存　防日晒。存放在通风良好的地方

废弃处置　-

物理和化学危险　极易燃，与空气混合能形成爆炸性混合物

健康危害　本品对眼和呼吸道有强烈的刺激作用，吸入后引起咳嗽、呼吸困难。重者发生肺水肿。皮肤接触液态二甲胺可引起坏死，眼睛接触可引起角膜损伤、混浊

环境危害　对环境可能有害

第三部分　成分/组成信息

√物质		混合物
组分	**浓度**	**CAS No.**
二甲胺		124-40-3

第四部分 急救措施

吸入 迅速脱离现场至空气新鲜处。保持呼吸道通畅。如呼吸困难，给输氧。呼吸、心跳停止，立即进行心肺复苏术。就医

皮肤接触 立即脱去污染的衣着，用大量流动清水彻底冲洗至少15min。就医

眼睛接触 立即分开眼睑，用流动清水或生理盐水彻底冲洗至少15min。就医

对保护施救者的忠告 根据需要使用个人防护设备

对医生的特别提示 对症处理

第五部分 消防措施

灭火剂 用雾状水、抗溶性泡沫、干粉、二氧化碳灭火

特别危险性 与氧化剂接触发生猛烈反应。气体比空气重，沿地面扩散并易积存于低洼处，遇火源会着火回燃。燃烧生成有害的一氧化碳、氮氧化物

灭火注意事项及防护措施 切断气源。若不能切断气源，则不允许熄灭泄漏处的火焰。消防人员必须佩戴空气呼吸器、穿全身防火防毒服，在上风向灭火。尽可能将容器从火场移至空旷处。喷水保持火场容器冷却，直至灭火结束

第六部分 泄漏应急处理

作业人员防护措施、防护装备和应急处置程序 消除所有点火源。根据气体的影响区域划定警戒区，无关人员从侧风、上风向撤离至安全区。建议应急处理人员戴正压自给式呼吸器，穿防静电、防腐蚀、防毒服。如果是液化气体泄漏，还应注意防冻伤。作业时使用的所有设备应接地。禁止接触或跨越泄漏物。尽可能切断泄漏源。若可能翻转容器，使之逸出气体而非液体。喷雾状水抑制蒸气或改变蒸气云流向，避免水流接触泄漏物。禁止用水直接冲击泄漏物或泄漏源

环境保护措施 无资料

泄漏化学品的收容、清除方法及所使用的处置材料 构筑围堤或挖坑收容液体泄漏物。用硫酸氢钠($NaHSO_4$)中和

第七部分 操作处置与储存

操作注意事项 密闭操作，加强通风。操作人员必须经过专门培训，严格遵守操作规程。建议操作人员佩戴自吸过滤式防毒面具（全面罩），穿防静电工作服，戴橡胶手套。远离火种、热源。工作场所严禁吸烟。使用防爆型的通风系统和设备。防止气体泄漏到工作场所空气中。避免与氧化剂、酸类、卤素接触。在传送过程中，钢瓶和容器必须接地和跨接，防止产生静电。搬运时轻装轻卸，防止钢瓶及附件破损。配备相应品种和数量的消防器材及泄漏应急处理设备

储存注意事项 储存于阴凉、通风的易燃气体专用库房。远离火种、热源。库温不宜超过30℃。保持容器密封。应与氧化剂、酸类、卤素分开存放，切忌混储。采用防爆型照明、通风设施。禁止使用易产生火花的机械设备和工具。储区应备有泄漏应急处理设备

第八部分 接触控制/个体防护

职业接触限值

中国 PC-TWA：5mg/m³；PC-STEL：10mg/m³

美国(ACGIH) TLV-TWA：5ppm；TLV-STEL：15ppm

生物接触限值 未制定标准

监测方法 空气中有毒物质测定方法：未制定标准。生物监测检验方法：未制定标准

工程控制 生产过程密闭，加强通风。提供安全的淋浴和洗眼设备

个体防护装备

呼吸系统防护 空气中浓度超标时，佩戴过滤式防毒面具（全面罩）。紧急事态抢救或撤离时，建议佩戴空气呼吸器

眼睛防护 呼吸系统防护中已作防护

皮肤和身体防护 穿防静电工作服

手防护 戴橡胶手套

第九部分 理化特性

外观与性状 无色气体，高浓度的带有氨味，低浓度的有烂鱼味

pH值 无意义 **熔点(℃)** −92.2

沸点(℃) 7.0 **相对密度(水=1)** 0.68

相对蒸气密度(空气=1) 1.6

饱和蒸气压(kPa) 203 (25℃)

燃烧热(kJ/mol) −1743.5（液体）；−1768.9（气体）

临界温度(℃) 164.5

临界压力(MPa) 5.31 **辛醇/水分配系数** −0.38

闪点(℃) 20 (CC) **自燃温度(℃)** 400

爆炸下限(%) 2.8 **爆炸上限(%)** 14.4

分解温度(℃) 无资料 **黏度(mPa·s)** 无资料

溶解性 易溶于水，溶于乙醇、乙醚

第十部分 稳定性和反应性

稳定性 稳定

危险反应 与强氧化剂等禁配物接触，有发生火灾和爆炸的危险

避免接触的条件 无资料

禁配物 强氧化剂、酸类、卤素

危险的分解产物 无资料

第十一部分 毒理学信息

急性毒性

LD_{50} 698mg/kg（大鼠经口）；316mg/kg（小鼠经口）；240mg/kg（兔经口）

LC_{50} 8354mg/m³；4540ppm（大鼠吸入，6h）；4725ppm（小鼠吸入，2h）

皮肤刺激或腐蚀 无资料

眼睛刺激或腐蚀 家兔经眼：50mg (5min)，引起刺激

呼吸或皮肤过敏 无资料

生殖细胞突变性 细胞遗传学分析：大鼠吸入50μg/m³。姐妹染色单体交换：仓鼠卵巢500μmol/L

致癌性 无资料 **生殖毒性** 无资料

特异性靶器官系统毒性-一次接触 无资料

特异性靶器官系统毒性-反复接触 大鼠接触 2～4mg/m^3，3 周，每天 3h，见大脑皮质活动障碍；2～7mg/m^3，7 个月，每天 3h，每周 6d，引起可逆性机能障碍和肺、肝、肾轻度损害

吸入危害 无资料

第十二部分 生态学信息

生态毒性

LC_{50} 30～50mg/L (24h)（黑斑须雅罗鱼）；120mg/L (96h)（虹鳟鱼）；210mg/L (96h)（孔雀鱼）

EC_{50} 9mg/L (96h)（绿藻）；30mg/L (96h)（单细胞绿藻）；26.8mg/L (15min)（发光菌）

持久性和降解性

生物降解性 好氧生物降解 (h)：2～79；厌氧生物降解 (h)：8～316

非生物降解性 空气中光氧化半衰期 (h)：0.892～9.2

潜在的生物累积性 根据 K_{ow} 值预测，该物质的生物累积性可能较弱

土壤中的迁移性 根据 K_{oc} 值预测，该物质可能易发生迁移

第十三部分 废弃处置

废弃化学品 建议用焚烧法处置。焚烧炉排出的氮氧化物通过洗涤器除去

污染包装物 将容器返还生产商或按照国家和地方法规处置

废弃注意事项 处置前应参阅国家和地方有关法规

第十四部分 运输信息

联合国危险货物编号（UN 号） 1032（无水）；1160（溶液）

联合国运输名称 无水二甲胺（无水）；二甲胺水溶液（溶液）

联合国危险性类别 2.1（无水），3/8（溶液）

包装类别 -（无水）；Ⅱ类包装（溶液）

包装标志 （无水） （溶液）

海洋污染物 否

运输注意事项 本品铁路运输时限使用耐压液化气企业自备罐车装运，装运前需报有关部门批准。铁路非罐装运输时应严格按照铁道部《危险货物运输规则》中的危险货物配装表进行配装。采用钢瓶运输时必须戴好钢瓶上的安全帽。钢瓶一般平放，并应将瓶口朝同一方向，不可交叉；高度不得超过车辆的防护栏板，并用三角木垫卡牢，防止滚动。运输时运输车辆应配备相应品种和数量的消防器材。装运该物品的车辆排气管必须配备阻火装置，禁止使用易产生火花的机械设备和工具装卸。严禁与氧化剂、酸类、卤素、食用化学品等混装混运。夏季应早晚运输，防止日光曝晒。中途停留时应远离火种、热源。公路运输时要按规定路线行驶，禁止在居民区和人口稠密区停留。铁路运输时要禁止溜放

第十五部分 法规信息

下列法律、法规、规章和标准，对该化学品的管理作了相应的规定。

中华人民共和国职业病防治法 职业病分类和目录：未列入

危险化学品安全管理条例 危险化学品目录：列入。易制爆危险化学品名录：未列入。重点监管的危险化学品名录：列入。GB 18218—2009《危险化学品重大危险源辨识》（表 1）：未列入

使用有毒物品作业场所劳动保护条例 高毒物品目录：未列入

易制毒化学品管理条例 易制毒化学品的分类和品种目录：未列入

国际公约 斯德哥尔摩公约：未列入。鹿特丹公约：未列入。蒙特利尔议定书：未列入

第十六部分 其他信息

编写和修订信息 **缩略语和首字母缩写**

培训建议 **参考文献**

免责声明

1,4-二甲苯

第一部分 化学品标识

化学品中文名 1,4-二甲苯；对二甲苯

化学品英文名 1,4-xylene；*p*-xylene；1,4-dimethyl benzene

分子式 C_8H_{10} **相对分子质量** 106.18

结构式

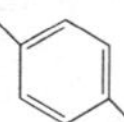

化学品的推荐及限制用途 作为合成聚酯纤维、树脂、涂料、染料和农药等的原料

第二部分 危险性概述

紧急情况概述 易燃液体和蒸气，吞咽有害，吸入有害

GHS 危险性类别 易燃液体，类别 3；急性毒性-经皮，类别 4；急性毒性-吸入，类别 4；皮肤腐蚀/刺激，类别 2；危害水生环境-急性危害，类别 2

标签要素

象形图

警示词 警告

危险性说明 易燃液体和蒸气，吞咽有害，吸入有害，造成皮肤刺激，对水生生物有毒

防范说明

预防措施 远离热源、火花、明火、热表面。禁止吸烟。保持容器密闭。容器和接收设备接地连接。使用防爆电器、通风、照明设备。只能使

用不产生火花的工具。采取防止静电措施。戴防护手套、防护眼镜、防护面罩。避免接触眼睛、皮肤，操作后彻底清洗。作业场所不得进食、饮水或吸烟。避免吸入蒸气、雾。仅在室外或通风良好处操作。禁止排入环境

事故响应　火灾时，使用泡沫、二氧化碳、干粉、砂土灭火。如吸入：将患者转移到空气新鲜处，休息，保持利于呼吸的体位。皮肤接触：用大量肥皂水和水清洗。如发生皮肤刺激，就医。脱去被污染的衣服，洗净后方可重新使用。食入：漱口。如果感觉不适，立即呼叫中毒控制中心或就医

安全储存　存放在通风良好的地方。保持低温

废弃处置　本品及内装物、容器依据国家和地方法规处置

物理和化学危险　易燃，其蒸气与空气混合，能形成爆炸性混合物

健康危害　二甲苯对眼及上呼吸道有刺激作用，高浓度时对中枢神经系统有麻醉作用

急性中毒　短期内吸入较高浓度本品可出现眼及上呼吸道明显的刺激症状、眼结膜充血、咽充血、头晕、头痛、恶心、呕吐、胸闷四肢无力、意识模糊、步态蹒跚。重者可有躁动、抽搐或昏迷。有的有癔病样发作

慢性影响　长期接触有神经衰弱综合征，女工有月经异常，工人常发生皮肤干燥、皲裂、皮炎

环境危害　对水生生物有毒

第三部分　成分/组成信息

√物质　　混合物

组分	浓度	CAS No.
1,4-二甲苯		106-42-3

第四部分　急救措施

吸入　迅速脱离现场至空气新鲜处。保持呼吸道通畅。如呼吸困难，给输氧。如呼吸、心跳停止，立即进行心肺复苏术。就医

皮肤接触　立即脱去污染的衣着，用流动清水彻底冲洗。就医

眼睛接触　立即分开眼睑，用流动清水或生理盐水彻底冲洗。就医

食入　漱口，饮水。就医

对保护施救者的忠告　根据需要使用个人防护设备

对医生的特别提示　对症处理

第五部分　消防措施

灭火剂　用泡沫、二氧化碳、干粉、砂土灭火

特别危险性　流速过快，容易产生和积聚静电。蒸气比空气重，沿地面扩散并易积存于低洼处，遇火源会着火回燃。燃烧生成有害的一氧化碳

灭火注意事项及防护措施　消防人员必须佩戴空气呼吸器、穿全身防火防毒服，在上风向灭火。喷水冷却容器，尽可能将容器从火场移至空旷处。容器突然发出异常声音或出现异常现象，应立即撤离

第六部分　泄漏应急处理

作业人员防护措施、防护装备和应急处置程序　消除所有点火源。根据液体流动和蒸气扩散的影响区域划定警戒区，无关人员从侧风、上风向撤离至安全区。建议应急处理人员戴正压自给式呼吸器，穿防静电服，戴橡胶耐油手套。作业时使用的所有设备应接地。禁止接触或跨越泄漏物。尽可能切断泄漏源

环境保护措施　防止泄漏物进入水体、下水道、地下室或有限空间

泄漏化学品的收容、清除方法及所使用的处置材料　小量泄漏：用砂土或其他不燃材料吸收，使用洁净的无火花工具收集吸收材料。大量泄漏：构筑围堤或挖坑收容。用泡沫覆盖，减少蒸发。喷水雾能减少蒸发，但不能降低泄漏物在有限空间内的易燃性。用防爆泵转移至槽车或专用收集器内

第七部分　操作处置与储存

操作注意事项　密闭操作，加强通风。操作人员必须经过专门培训，严格遵守操作规程。建议操作人员佩戴过滤式防毒面具（半面罩），戴化学安全防护眼镜，穿防毒物渗透工作服，戴橡胶耐油手套。远离火种、热源。工作场所严禁吸烟。使用防爆型的通风系统和设备。防止蒸气泄漏到工作场所空气中。避免与氧化剂接触。灌装时应控制流速，且有接地装置，防止静电积聚。搬运时要轻装轻卸，防止包装及容器损坏。配备相应品种和数量的消防器材及泄漏应急处理设备。倒空的容器可能残留有害物

储存注意事项　储存于阴凉、通风的库房。远离火种、热源。库温不宜超过37℃。保持容器密封。应与氧化剂分开存放，切忌混储。采用防爆型照明、通风设施。禁止使用易产生火花的机械设备和工具。储区应备有泄漏应急处理设备和合适的收容材料

第八部分　接触控制/个体防护

职业接触限值

中国　PC-TWA：$50mg/m^3$；PC-STEL：$100mg/m^3$

美国(ACGIH)　TLV-TWA：100ppm；TLV-STEL：150ppm

生物接触限值　未制定标准

监测方法　空气中有毒物质测定方法：溶剂解吸-气相色谱法；热解吸-气相色谱法；无泵型采样-气相色谱法。生物监测检验方法：未制定标准

工程控制　生产过程密闭，加强通风

个体防护装备

呼吸系统防护　空气中浓度超标时，佩戴过滤式防毒面具（半面罩）。紧急事态抢救或撤离时，建议佩戴空气呼吸器

眼睛防护　戴化学安全防护眼镜

皮肤和身体防护　穿防毒物渗透工作服

手防护　戴橡胶耐油手套

第九部分 理化特性

外观与性状 无色透明液体，有类似甲苯的气味
pH 值 无资料 **熔点(℃)** 13.3
沸点(℃) 138.4 **相对密度(水=1)** 0.86
相对蒸气密度(空气=1) 3.66
饱和蒸气压(kPa) 1.16 (25℃)
燃烧热(kJ/mol) −4559.8 **临界温度(℃)** 359
临界压力(MPa) 3.51 **辛醇/水分配系数** 3.15
闪点(℃) 25 (CC) **自燃温度(℃)** 528
爆炸下限(%) 1.1 **爆炸上限(%)** 7.0
分解温度(℃) 无资料
黏度(mPa·s) 0.603 (25℃)
溶解性 不溶于水，可混溶于乙醇、乙醚、氯仿、丙酮、苯等多数有机溶剂

第十部分 稳定性和反应性

稳定性 稳定
危险反应 与强氧化剂等禁配物接触，有发生火灾和爆炸的危险
避免接触的条件 无资料
禁配物 强氧化剂、酸类、卤素等
危险的分解产物 无资料

第十一部分 毒理学信息

急性毒性
LD_{50} 5000mg/kg (大鼠经口)；
LC_{50} 4550ppm (大鼠吸入，4h)
皮肤刺激或腐蚀 家兔经皮：二甲苯，500mg (24h)，中度刺激
眼睛刺激或腐蚀 家兔经眼：二甲苯 5mg (24h)，重度刺激。人经眼：二甲苯 200ppm，引起刺激
呼吸或皮肤过敏 无资料
生殖细胞突变性 细胞遗传学分析：酿酒酵母菌 1mmol/管
致癌性 IARC 致癌性评论：组 3，现有的证据不能对人类致癌性进行分类。对人及动物致癌性证据不足
生殖毒性 雌性大鼠孕后 7～14d 吸入最低中毒剂量 (TCLo) 150mg/m^3 (24h)，致肌肉骨骼系统发育畸形。雌性小鼠孕后 12～15d 经口染毒最低中毒剂量 (TCLo) 12mg/kg，致颅面部（包括鼻、舌）发育畸形
特异性靶器官系统毒性-一次接触 无资料
特异性靶器官系统毒性-反复接触 大鼠、家兔吸入 5000mg/m^3，每天 8h，每周 6d，共 130d，出现轻度白细胞减少，红细胞和血小板无变化
吸入危害 无资料

第十二部分 生态学信息

生态毒性
LC_{50} 18mg/L (24h) (金鱼)；2.6mg/L (96h) (虹鳟)
EC_{50} 8.5mg/L (48h) (水蚤)
EC_{50} 3.2mg/L (72h) (绿藻)
TLm 22ppm (96h) (蓝鳃太阳鱼)；27～29mg/L (24～96h) (黑头呆鱼)
持久性和降解性
生物降解性 OECD301F，28d 降解 87.8%，易快速生物降解
非生物降解性 光解最大光吸收波长范围 (nm)：211.5～274.5；水中光氧化半衰期 (h)：2.80×10^6～1.40×10^8；空气中光氧化半衰期 (h)：4.2～42
潜在的生物累积性 根据 K_{ow} 值预测，该物质可能有一定的生物累积性
土壤中的迁移性 根据 K_{oc} 值预测，该物质可能有一定的迁移性

第十三部分 废弃处置

废弃化学品 用焚烧法处置
污染包装物 将容器返还生产商或按照国家和地方法规处置
废弃注意事项 把倒空的容器归还厂商或在规定场所掩埋

第十四部分 运输信息

联合国危险货物编号 (UN 号) 1307
联合国运输名称 二甲苯
联合国危险性类别 3
包装类别 Ⅲ类包装 **包装标志**

海洋污染物 否
运输注意事项 本品铁路运输时限使用钢制企业自备罐车装运，装运前需报有关部门批准。运输时运输车辆应配备相应品种和数量的消防器材及泄漏应急处理设备。夏季最好早晚运输。运输时所用的槽（罐）车应有接地链，槽内可设孔隔板以减少震荡产生的静电。严禁与氧化剂、食用化学品等混装混运。运输途中应防曝晒、雨淋，防高温。中途停留时应远离火种、热源、高温区。装运该物品的车辆排气管必须配备阻火装置，禁止使用易产生火花的机械设备和工具装卸。公路运输时要按规定路线行驶，勿在居民区和人口稠密区停留。铁路运输时要禁止溜放。严禁用木船、水泥船散装运输

第十五部分 法规信息

下列法律、法规、规章和标准，对该化学品的管理作了相应的规定。
中华人民共和国职业病防治法 职业病分类和目录：二甲苯中毒
危险化学品安全管理条例 危险化学品目录：列入。易制爆危险化学品名录：未列入。重点监管的危险化学品名录：未列入。GB 18218—2009《危险化学品重大危险源辨识》(表 1)：未列入
使用有毒物品作业场所劳动保护条例 高毒物品目录：未列入

易制毒化学品管理条例 易制毒化学品的分类和品种目录：未列入

国际公约 斯德哥尔摩公约：未列入。鹿特丹公约：未列入。蒙特利尔议定书：未列入

第十六部分 其他信息

编写和修订信息 **缩略语和首字母缩写**

培训建议 **参考文献**

免责声明

1,2-二甲苯

第一部分 化学品标识

化学品中文名 1,2-二甲苯；邻二甲苯

化学品英文名 1,2-xylene；*o*-xylene；1,2-dimethylbenzene

分子式 C_8H_{10} **相对分子质量** 106.18

结构式

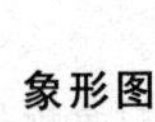

化学品的推荐及限制用途 主要用作溶剂和用于合成油漆、涂料

第二部分 危险性概述

紧急情况概述 易燃液体和蒸气，吞咽有害，吸入有害

GHS危险性类别 易燃液体，类别 3；急性毒性-经皮，类别 4；急性毒性-吸入，类别 4；皮肤腐蚀/刺激，类别 2；危害水生环境-急性危害，类别 2

标签要素

象形图

警示词 警告

危险性说明 易燃液体和蒸气，吞咽有害，吸入有害，造成皮肤刺激，对水生生物有毒

防范说明

预防措施 远离热源、火花、明火、热表面。禁止吸烟。保持容器密闭。容器和接收设备接地连接。使用防爆电器、通风、照明设备。只能使用不产生火花的工具。采取防止静电措施。戴防护手套、防护眼镜、防护面罩。避免接触眼睛、皮肤，操作后彻底清洗。作业场所不得进食、饮水或吸烟。避免吸入蒸气、雾。仅在室外或通风良好处操作。禁止排入环境

事故响应 火灾时，使用泡沫、二氧化碳、干粉、砂土灭火。如吸入：将患者转移到空气新鲜处，休息，保持利于呼吸的体位。皮肤接触：用大量肥皂水和水清洗。如发生皮肤刺激，就医。脱去被污染的衣服，洗净后方可重新使用。食入：漱口。如果感觉不适，立即呼叫中毒控制中心或就医

安全储存 存放在通风良好的地方。保持低温

废弃处置 本品及内装物、容器依据国家和地方法规处置

物理和化学危险 易燃，其蒸气与空气混合，能形成爆炸性混合物

健康危害 二甲苯对眼及上呼吸道有刺激作用，高浓度时对中枢神经系统有麻醉作用

急性中毒 短期内吸入较高浓度本品可出现眼及上呼吸道明显的刺激症状、眼结膜充血、咽充血、头晕、头痛、恶心、呕吐、胸闷、四肢无力、意识模糊、步态蹒跚。重者可有躁动、抽搐或昏迷。有的有癔病样发作

慢性影响 长期接触有神经衰弱综合征，女工有月经异常，工人常发生皮肤干燥、皲裂、皮炎

环境危害 对水生生物有毒

第三部分 成分/组成信息

√物质 混合物

组分	浓度	CAS No.
1,2-二甲苯		95-47-6

第四部分 急救措施

吸入 迅速脱离现场至空气新鲜处。保持呼吸道通畅。如呼吸困难，给输氧。如呼吸、心跳停止，立即进行心肺复苏术。就医

皮肤接触 立即脱去污染的衣着，用流动清水彻底冲洗。就医

眼睛接触 立即分开眼睑，用流动清水或生理盐水彻底冲洗。就医

食入 漱口，饮水。就医

对保护施救者的忠告 根据需要使用个人防护设备

对医生的特别提示 对症处理

第五部分 消防措施

灭火剂 用泡沫、二氧化碳、干粉、砂土灭火

特别危险性 流速过快，容易产生和积聚静电。蒸气比空气重，沿地面扩散并易积存于低洼处，遇火源会着火回燃。燃烧生成有害的一氧化碳

灭火注意事项及防护措施 消防人员必须佩戴空气呼吸器、穿全身防火防毒服，在上风向灭火。喷水冷却容器，尽可能将容器从火场移至空旷处。容器突然发出异常声音或出现异常现象，应立即撤离

第六部分 泄漏应急处理

作业人员防护措施、防护装备和应急处置程序 消除所有点火源。根据液体流动和蒸气扩散的影响区域划定警戒区，无关人员从侧风、上风向撤离至安全区。建议应急处理人员戴正压自给式呼吸器，穿防静电服，戴橡胶耐油手套。作业时使用的所有设备应接地。禁止接触或跨越泄漏物。尽可能切断泄漏源

环境保护措施 防止泄漏物进入水体、下水道、地下室或有限空间

泄漏化学品的收容、清除方法及所使用的处置材料 小量泄漏：用砂土或其他不燃材料吸收，使用洁净的无火花工具收集吸收材料。大量泄漏：构筑围堤或挖坑收容。用泡沫覆盖，减少蒸发。喷水雾能减少蒸发，但

不能降低泄漏物在有限空间内的易燃性。用防爆泵转移至槽车或专用收集器内

第七部分 操作处置与储存

操作注意事项 密闭操作，加强通风。操作人员必须经过专门培训，严格遵守操作规程。建议操作人员佩戴过滤式防毒面具（半面罩），戴化学安全防护眼镜，穿防毒物渗透工作服，戴橡胶耐油手套。远离火种、热源。工作场所严禁吸烟。使用防爆型的通风系统和设备。防止蒸气泄漏到工作场所空气中。避免与氧化剂接触。灌装时应控制流速，且有接地装置，防止静电积聚。搬运时要轻装轻卸，防止包装及容器损坏。配备相应品种和数量的消防器材及泄漏应急处理设备。倒空的容器可能残留有害物

储存注意事项 储存于阴凉、通风的库房。远离火种、热源。库温不宜超过37℃。保持容器密封。应与氧化剂分开存放，切忌混储。采用防爆型照明、通风设施。禁止使用易产生火花的机械设备和工具。储区应备有泄漏应急处理设备和合适的收容材料

第八部分 接触控制/个体防护

职业接触限值

中国 PC-TWA：50mg/m^3；PC-STEL：100mg/m^3

美国(ACGIH) TLV-TWA：100ppm；TLV-STEL：150ppm

生物接触限值 未制定标准

监测方法 空气中有毒物质测定方法：溶剂解吸-气相色谱法；热解吸-气相色谱法；无泵型采样-气相色谱法。生物监测检验方法：未制定标准

工程控制 生产过程密闭，加强通风

个体防护装备

呼吸系统防护 空气中浓度超标时，佩戴过滤式防毒面具（半面罩）。紧急事态抢救或撤离时，建议佩戴空气呼吸器

眼睛防护 戴化学安全防护眼镜

皮肤和身体防护 穿防毒物渗透工作服

手防护 戴橡胶耐油手套

第九部分 理化特性

外观与性状 无色透明液体，有类似甲苯的气味

pH值 无资料 **熔点(℃)** −25

沸点(℃) 144.4 **相对密度(水=1)** 0.88

相对蒸气密度(空气=1) 3.66

饱和蒸气压(kPa) 1.33（32℃）

燃烧热(kJ/mol) −4845.3 **临界温度(℃)** 359

临界压力(MPa) 3.70 **辛醇/水分配系数** 3.12

闪点(℃) 16（CC） **自燃温度(℃)** 463

爆炸下限(%) 0.9 **爆炸上限(%)** 7.0

分解温度(℃) 无资料

黏度(mPa·s) 0.76（25℃）

溶解性 不溶于水，可混溶于乙醇、乙醚、氯仿等多数有机溶剂

第十部分 稳定性和反应性

稳定性 稳定

危险反应 与强氧化剂等禁配物接触，有发生火灾和爆炸的危险

避免接触的条件 无资料

禁配物 强氧化剂、卤素

危险的分解产物 无资料

第十一部分 毒理学资料

急性毒性

LD_{50} 4300mg/kg（大鼠经口）；1364mg/kg（小鼠静脉）

LC_{50} 二甲苯，5000ppm（大鼠吸入，4h）；人吸入TCLo：200ppm；LCLo：10000ppm（人吸入，6h）

皮肤刺激或腐蚀 家兔经皮：二甲苯，500mg（24h），中度刺激

眼睛刺激或腐蚀 家兔经眼：二甲苯，87mg，轻度刺激；5mg（24h），重度刺激。人经眼：二甲苯，200ppm，刺激

呼吸或皮肤过敏 无资料 **生殖细胞突变性** 无资料

致癌性 IARC致癌性评论：组3，现有的证据不能对人类致癌性进行分类

生殖毒性 大鼠孕后7～14d吸入最低中毒剂量（TCLo）3000mg/m^3（24h），致肌肉骨骼系统发育畸形。大鼠吸入最低中毒浓度（TCLo）：1500mg/m^3（24h）（孕7～14d用药），有胚胎毒性

特异性靶器官系统毒性-一次接触 无资料

特异性靶器官系统毒性-反复接触 大鼠、兔吸入浓度3000mg/m^3，每天8h，每周6d，共130d，出现轻度白细胞减少，红细胞和血小板无变化

吸入危害 无资料

第十二部分 生态学信息

生态毒性

LC_{50} 13mg/L（24h），16.9ppm/96h（金鱼）；42mg/L（96h）（黑头呆鱼，静态）；13mg/L（96h）（虹鳟鱼）

EC_{50} 3.2～9.56mg/L（48h）（水蚤）；3.2～4.9mg/L（72h）（藻类）

持久性和降解性

生物降解性 易快速生物降解

非生物降解性 光解最大光吸收波长范围（nm）：262～269.5；水中光氧化半衰期（h）：3.90×10^5～2.70×10^8；空气中光氧化半衰期（h）：4.4～44

潜在的生物累积性 根据K_{ow}值预测，该物质可能有一定的生物累积性

土壤中的迁移性 根据K_{oc}值预测，该物质可能有一定的迁移性

第十三部分 废弃处置

废弃化学品 用焚烧法处置

污染包装物 将容器返还生产商或按照国家和地方法规处置

废弃注意事项 处置前应参阅国家和地方有关法规

第十四部分 运输信息

联合国危险货物编号（UN号） 1307

联合国运输名称 二甲苯 **联合国危险性类别** 3

包装类别 Ⅲ类包装 **包装标志** 

海洋污染物 否

运输注意事项 本品铁路运输时限使用钢制企业自备罐车装运，装运前需报有关部门批准。运输时运输车辆应配备相应品种和数量的消防器材及泄漏应急处理设备。夏季最好早晚运输。运输时所用的槽（罐）车应有接地链，槽内可设孔隔板以减少震荡产生的静电。严禁与氧化剂、食用化学品等混装混运。运输途中应防曝晒、雨淋，防高温。中途停留时应远离火种、热源、高温区。装运该物品的车辆排气管必须配备阻火装置，禁止使用易产生火花的机械设备和工具装卸。公路运输时要按规定路线行驶，勿在居民区和人口稠密区停留。铁路运输时要禁止溜放。严禁用木船、水泥船散装运输

第十五部分 法规信息

下列法律、法规、规章和标准，对该化学品的管理作了相应的规定。

中华人民共和国职业病防治法 职业病分类和目录：二甲苯中毒

危险化学品安全管理条例 危险化学品目录：列入。易制爆危险化学品名录：未列入。重点监管的危险化学品名录：未列入。GB 18218—2009《危险化学品重大危险源辨识》（表 1）：未列入

使用有毒物品作业场所劳动保护条例 高毒物品目录：未列入

易制毒化学品管理条例 易制毒化学品的分类和品种目录：未列入

国际公约 斯德哥尔摩公约：未列入。鹿特丹公约：未列入。蒙特利尔议定书：未列入

第十六部分 其他信息

编写和修订信息 **缩略语和首字母缩写**

培训建议 **参考文献**

免责声明

1,3-二甲苯

第一部分 化学品标识

化学品中文名 1,3-二甲苯；间二甲苯

化学品英文名 1,3-xylene；*m*-xylene；1,3-dimethyl benzene

分子式 C_8H_{10} **相对分子质量** 106.18

结构式 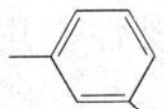

化学品的推荐及限制用途 用作溶剂、医药、染料中间体、香料等

第二部分 危险性概述

紧急情况概述 易燃液体和蒸气，吞咽有害，吸入有害

GHS 危险性类别 易燃液体，类别 3；急性毒性-经皮，类别 4；急性毒性-吸入，类别 4；皮肤腐蚀/刺激，类别 2；危害水生环境-急性危害，类别 2

标签要素

象形图 

警示词 警告

危险性说明 易燃液体和蒸气，吞咽有害，吸入有害，造成皮肤刺激，对水生生物有毒

防范说明

预防措施 远离热源、火花、明火、热表面。禁止吸烟。保持容器密闭。容器和接收设备接地连接。使用防爆电器、通风、照明设备。只能使用不产生火花的工具。采取防止静电措施。戴防护手套、防护眼镜、防护面罩。避免接触眼睛、皮肤，操作后彻底清洗。作业场所不得进食、饮水或吸烟。避免吸蒸气、雾。仅在室外或通风良好处操作。禁止排入环境

事故响应 火灾时，使用泡沫、二氧化碳、干粉、砂土灭火。如吸入：将患者转移到空气新鲜处，休息，保持利于呼吸的体位。皮肤接触：用大量肥皂水和水清洗。如发生皮肤刺激，就医。脱去被污染的衣服，洗净后方可重新使用。食入：漱口。如果感觉不适，立即呼叫中毒控制中心或就医

安全储存 存放在通风良好的地方。保持低温

废弃处置 本品及内装物、容器依据国家和地方法规处置

物理和化学危险 易燃，其蒸气与空气混合，能形成爆炸性混合物

健康危害 二甲苯对眼及上呼吸道有刺激作用，高浓度时对中枢神经系统有麻醉作用

急性中毒 短期内吸入较高浓度本品可出现眼及上呼吸道明显的刺激症状、眼结膜及咽充血、头晕、头痛、恶心、呕吐、胸闷、四肢无力、意识模糊、步态蹒跚。重者可有躁动、抽搐或昏迷。有的有癔病样发作

慢性影响 长期接触有神经衰弱综合征，女工有月经异常，工人常发生皮肤干燥、皲裂、皮炎

环境危害 对水生生物有毒

第三部分 成分/组成信息

√物质		混合物
组分	**浓度**	**CAS No.**
1,3-二甲苯		108-38-3

第四部分　急救措施

吸入　迅速脱离现场至空气新鲜处。保持呼吸道通畅。如呼吸困难，给输氧。如呼吸、心跳停止，立即进行心肺复苏术。就医

皮肤接触　立即脱去污染的衣着，用流动清水彻底冲洗。就医

眼睛接触　立即分开眼睑，用流动清水或生理盐水彻底冲洗。就医

食入　漱口，饮水。就医

对保护施救者的忠告　根据需要使用个人防护设备

对医生的特别提示　对症处理

第五部分　消防措施

灭火剂　用泡沫、二氧化碳、干粉、砂土灭火

特别危险性　与氧化剂能发生强烈反应。流速过快，容易产生和积聚静电。蒸气比空气重，沿地面扩散并易积存于低洼处，遇火源会着火回燃。燃烧生成有害的一氧化碳

灭火注意事项及防护措施　消防人员必须佩戴空气呼吸器、穿全身防火防毒服，在上风向灭火。喷水冷却容器，尽可能将容器从火场移至空旷处。容器突然发出异常声音或出现异常现象，应立即撤离

第六部分　泄漏应急处理

作业人员防护措施、防护装备和应急处置程序　消除所有点火源。根据液体流动和蒸气扩散的影响区域划定警戒区，无关人员从侧风、上风向撤离至安全区。建议应急处理人员戴正压自给式呼吸器，穿防静电服，戴橡胶耐油手套。作业时使用的所有设备应接地。禁止接触或跨越泄漏物。尽可能切断泄漏源

环境保护措施　防止泄漏物进入水体、下水道、地下室或有限空间

泄漏化学品的收容、清除方法及所使用的处置材料　小量泄漏：用砂土或其他不燃材料吸收，使用洁净的无火花工具收集吸收材料。大量泄漏：构筑围堤或挖坑收容。用泡沫覆盖，减少蒸发。喷水雾能减少蒸发，但不能降低泄漏物在有限空间内的易燃性。用防爆泵转移至槽车或专用收集器内

第七部分　操作处置与储存

操作注意事项　密闭操作，加强通风。操作人员必须经过专门培训，严格遵守操作规程。建议操作人员佩戴过滤式防毒面具（半面罩），戴化学安全防护眼镜，穿防毒物渗透工作服，戴橡胶耐油手套。远离火种、热源。工作场所严禁吸烟。使用防爆型的通风系统和设备。防止蒸气泄漏到工作场所空气中。避免与氧化剂接触。灌装时应控制流速，且有接地装置，防止静电积聚。搬运时要轻装轻卸，防止包装及容器损坏。配备相应品种和数量的消防器材及泄漏应急处理设备。倒空的容器可能残留有害物

储存注意事项　储存于阴凉、通风的库房。远离火种、热源。库温不宜超过37℃。保持容器密封。应与氧化剂分开存放，切忌混储。采用防爆型照明、通风设施。禁止使用易产生火花的机械设备和工具。储区应备有泄漏应急处理设备和合适的收容材料

第八部分　接触控制/个体防护

职业接触限值

中国　PC-TWA：50mg/m^3；PC-STEL：100mg/m^3

美国(ACGIH)　TLV-TWA：100ppm；TLV-STEL：150ppm

生物接触限值　未制定标准

监测方法　空气中有毒物质测定方法：溶剂解吸-气相色谱法；热解吸-气相色谱法；无泵型采样-气相色谱法。生物监测检验方法：未制定标准

工程控制　生产过程密闭，加强通风

个体防护装备

呼吸系统防护　空气中浓度超标时，佩戴过滤式防毒面具（半面罩）。紧急事态抢救或撤离时，建议佩戴空气呼吸器

眼睛防护　戴化学安全防护眼镜

皮肤和身体防护　穿防毒物渗透工作服

手防护　戴橡胶耐油手套

第九部分　理化特性

外观与性状　无色透明液体，有类似甲苯的气味

pH值　无资料　　**熔点(℃)**　−47.9

沸点(℃)　139　　**相对密度(水=1)**　0.86

相对蒸气密度(空气=1)　3.66

饱和蒸气压(kPa)　1.33 (28.3℃)

燃烧热(kJ/mol)　−4830.7　　**临界温度(℃)**　346

临界压力(MPa)　3.54　　**辛醇/水分配系数**　3.2

闪点(℃)　25 (CC)　　**自燃温度(℃)**　527

爆炸下限(%)　1.1　　**爆炸上限(%)**　7.0

分解温度(℃)　无资料

黏度(mPa·s)　0.581 (25℃)

溶解性　不溶于水，可混溶于乙醇、乙醚、氯仿等多数有机溶剂

第十部分　稳定性和反应性

稳定性　稳定

危险反应　与强氧化剂等禁配物接触，有发生火灾和爆炸的危险

避免接触的条件　无资料

禁配物　强氧化剂、酸类、卤素等

危险的分解产物　无资料

第十一部分　毒理学信息

急性毒性

LD_{50}　5000mg/kg（大鼠经口）；14100mg/kg（兔经皮）；1739mg/kg（小鼠腹腔）

LC_{50}　二甲苯，5000ppm（大鼠吸入，4h）；人吸入TCLo：200ppm；LCLo：10000ppm（人吸入，6h）

皮肤刺激或腐蚀　家兔经皮：二甲苯，500mg (24h)，中

度刺激（开放性刺激试验）

眼睛刺激或腐蚀 家兔经眼：二甲苯，5mg（24h），重度刺激。人经眼：二甲苯，200ppm，刺激

呼吸或皮肤过敏 无资料 **生殖细胞突变性** 无资料

致癌性 IARC 致癌性评论：组 3，现有的证据不能对人类致癌性进行分类

生殖毒性 雌性大鼠孕后 7～14d 吸入最低中毒剂量（TCLo）3000mg/m^3（24h），致肌肉骨骼系统发育畸形。雌性小鼠孕后 12～15d 经口染毒最低中毒剂量（TCLo）12mg/kg，致致颅面部（包括鼻、舌）发育畸形。大鼠吸入最低中毒浓度（TCLo）：3000mg/m^3（24h）（孕 7～14d 用药），对胚泡植入前的死亡率、胎鼠肌肉骨骼形态有影响，有胚胎毒性

特异性靶器官系统毒性-一次接触 无资料

特异性靶器官系统毒性-反复接触 大鼠、兔吸入浓度 3000mg/m^3，每天 8h，每天 6d，共 130d，出现轻度白细胞减少，红细胞和血小板无变化

吸入危害 无资料

第十二部分 生态学信息

生态毒性

LC_{50} 16mg/L（96h）（金鱼）；8.4mg/L（96h）（虹鳟）

EC_{50} 9.56mg/L（48h）（水蚤）

ErC_{50} 4.9mg/L（72h）（羊角月牙藻）

持久性和降解性

生物降解性 易快速生物降解

非生物降解性 光解最大光吸收波长范围（nm）：265～277；水中光氧化半衰期（h）：4.80×10^6～2.40×10^8；空气中光氧化半衰期（h）：2.6～26

潜在的生物累积性 根据 K_{ow} 值预测，该物质可能有一定的生物累积性

土壤中的迁移性 根据 K_{oc} 值预测，该物质可能有一定的迁移性

第十三部分 废弃处置

废弃化学品 用焚烧法处置

污染包装物 将容器返还生产商或按照国家和地方法规处置

废弃注意事项 把倒空的容器归还厂商或在规定场所掩埋

第十四部分 运输信息

联合国危险货物编号（UN 号） 1307

联合国运输名称 二甲苯 **联合国危险性类别** 3

包装类别 Ⅲ类包装 **包装标志** 

海洋污染物 否

运输注意事项 本品铁路运输时限使用钢制企业自备罐车装运，装运前需报有关部门批准。运输时运输车辆应配备相应品种和数量的消防器材及泄漏应急处理设备。夏季最好早晚运输。运输时所用的槽（罐）车应有接地链，槽内可设孔隔板以减少震荡产生的静电。严禁与氧化剂、食用化学品等混装混运。运输途中应防曝晒、雨淋，防高温。中途停留时应远离火种、热源、高温区。装运该物品的车辆排气管必须配备阻火装置，禁止使用易产生火花的机械设备和工具装卸。公路运输时要按规定路线行驶，勿在居民区和人口稠密区停留。铁路运输时要禁止溜放。严禁用木船、水泥船散装运输

第十五部分 法规信息

下列法律、法规、规章和标准，对该化学品的管理作了相应的规定。

中华人民共和国职业病防治法 职业病分类和目录：二甲苯中毒

危险化学品安全管理条例 危险化学品目录：列入。易制爆危险化学品名录：未列入。重点监管的危险化学品名录：未列入。GB 18218—2009《危险化学品重大危险源辨识》（表 1）：未列入

使用有毒物品作业场所劳动保护条例 高毒物品目录：未列入

易制毒化学品管理条例 易制毒化学品的分类和品种目录：未列入

国际公约 斯德哥尔摩公约：未列入。鹿特丹公约：未列入。蒙特利尔议定书：未列入

第十六部分 其他信息

编写和修订信息 **缩略语和首字母缩写**

培训建议 **参考文献**

免责声明

2,5-二甲基苯胺

第一部分 化学品标识

化学品中文名 2,5-二甲基苯胺；1-氨基-2,5-二甲基苯；2-氨基对二甲苯

化学品英文名 2,5-dimethylaniline；2,5-xylidine；1-amino-2,5-dimethylbenzene

分子式 $C_8H_{11}N$ **相对分子质量** 121.20

结构式 NH_2

化学品的推荐及限制用途 用于制药及染料工业

第二部分 危险性概述

紧急情况概述 吞咽有害，皮肤接触有害

GHS 危险性类别 急性毒性-经口，类别 4；急性毒性-经皮，类别 4；特异性靶器官毒性-反复接触，类别 2；危害水生环境-急性危害，类别 2；危害水生环境-长期危害，类别 2

标签要素

象形图 

警示词 警告

危险性说明 吞咽有害，皮肤接触有害，长时间或反复接触可能对器官造成损伤，对水生生物有毒并具有长期持续影响

防范说明

预防措施 避免接触眼睛、皮肤，操作后彻底清洗。作业场所不得进食、饮水或吸烟。戴防护手套，穿防护服。避免吸入粉尘、蒸气、雾。禁止排入环境

事故响应 皮肤接触：用大量肥皂水和水清洗。如感觉不适，呼叫中毒控制中心或就医。被污染的衣服须经洗净后方可重新使用。食入：漱口。如果感觉不适，立即呼叫中毒控制中心或就医。收集泄漏物

安全储存 -

废弃处置 本品及内装物、容器依据国家和地方法规处置

物理和化学危险 可燃，其蒸气与空气混合，能形成爆炸性混合物

健康危害 本品可引起高铁血红蛋白血症，造成组织缺氧；对中枢神经系统及肝脏损害较强，对血液作用较弱。极易经皮肤吸收。可引起皮炎

急性中毒 患者有恶心，呕吐，手指麻木，精神恍惚，唇、指端、耳廓紫绀；重度中毒时皮肤、黏膜严重青紫，出现呼吸困难、抽搐等，甚至昏迷、休克；可出现溶血性黄疸、中毒性肝炎和肾损害

慢性中毒 有神经衰弱综合征，伴有轻度紫绀、贫血和肝、脾肿大

环境危害 对水生生物有毒并具有长期持续影响

第三部分 成分/组成信息

√物质 混合物

组分	浓度	CAS No.
2,5-二甲基苯胺		95-78-3

第四部分 急救措施

吸入 迅速脱离现场至空气新鲜处。保持呼吸道通畅。如呼吸困难，给吸氧。如呼吸、心跳停止，立即行心肺复苏术。就医

皮肤接触 立即脱去污染衣着，用肥皂水或清水彻底冲洗。就医

眼睛接触 分开眼睑，用清水或生理盐水冲洗。就医

食入 漱口，饮水。就医

对保护施救者的忠告 根据需要使用个人防护设备

对医生的特别提示 高铁血红蛋白血症，可用美蓝和维生素C治疗

第五部分 消防措施

灭火剂 用泡沫、干粉、二氧化碳、砂土灭火

特别危险性 受热分解放出有毒烟气。燃烧生成有害的一氧化碳、氮氧化物

灭火注意事项及防护措施 消防人员必须佩戴空气呼吸器、穿全身防火防毒服，在上风向灭火。尽可能将容器从火场移至空旷处。喷水保持火场容器冷却，直至灭火结束。容器突然发出异常声音或出现异常现象，应立即撤离

第六部分 泄漏应急处理

作业人员防护措施、防护装备和应急处置程序 根据液体流动和蒸气扩散的影响区域划定警戒区，无关人员从侧风、上风向撤离至安全区。消除所有点火源。建议应急处理人员戴正压自给式呼吸器，穿防毒服，戴橡胶耐油手套。穿上适当的防护服前严禁接触破裂的容器和泄漏物。尽可能切断泄漏源

环境保护措施 防止泄漏物进入水体、下水道、地下室或有限空间

泄漏化学品的收容、清除方法及所使用的处置材料 小量泄漏：用干燥的砂土或其他不燃材料吸收或覆盖，收集于容器中。大量泄漏：构筑围堤或挖坑收容。用泵转移至槽车或专用收集器内

第七部分 操作处置与储存

操作注意事项 密闭操作，提供充分的局部排风。操作尽可能机械化、自动化。操作人员必须经过专门培训，严格遵守操作规程。建议操作人员佩戴过滤式防毒面具（半面罩），戴安全防护眼镜，穿防毒物渗透工作服，戴橡胶耐油手套。远离火种、热源。工作场所严禁吸烟。使用防爆型的通风系统和设备。防止蒸气泄漏到工作场所空气中。避免与氧化剂、酸类、卤素接触。搬运时要轻装轻卸，防止包装及容器损坏。配备相应品种和数量的消防器材及泄漏应急处理设备。倒空的容器可能残留有害物

储存注意事项 储存于阴凉、通风的库房。远离火种、热源。保持容器密封。应与氧化剂、酸类、卤素、食用化学品分开存放，切忌混储。配备相应品种和数量的消防器材。储区应备有泄漏应急处理设备和合适的收容材料

第八部分 接触控制/个体防护

职业接触限值

中国 未制定标准

美国(ACGIH) 未制定标准

生物接触限值 未制定标准

监测方法 空气中有毒物质测定方法：未制定标准。生物监测检验方法：未制定标准

工程控制 严加密闭，提供充分的局部排风。提供安全淋浴和洗眼设备

个体防护装备

呼吸系统防护 可能接触其蒸气时，佩戴过滤式防毒面具（半面罩）。紧急事态抢救或撤离时，佩戴空气呼吸器

眼睛防护 戴安全防护眼镜

皮肤和身体防护 穿防毒物渗透工作服

手防护 戴橡胶耐油手套

第九部分 理化特性

外观与性状 无色或淡黄色油状液体，低温时形成结晶

pH 值 无资料 **熔点(℃)** 15.5

沸点(℃) 214～217 **相对密度(水=1)** 0.98

相对蒸气密度(空气=1) 4.18

饱和蒸气压(kPa) 1.33 (97℃)

燃烧热(kJ/mol) 无资料 **临界温度(℃)** 无资料

临界压力(MPa) 无资料

辛醇/水分配系数 1.83～2.21

闪点(℃) 93.89 **自燃温度(℃)** 无资料

爆炸下限(%) 1.5 **爆炸上限(%)** 无资料

分解温度(℃) 无资料 **黏度(mPa·s)** 无资料

溶解性 不溶于水，微溶于醇，溶于乙醚、氯仿

第十部分 稳定性和反应性

稳定性 稳定

危险反应 与强氧化剂等禁配物发生反应

避免接触的条件 受热

禁配物 酸类、酰基氯、酸酐、强氧化剂、氯仿、卤素

危险的分解产物 无资料

第十一部分 毒理学信息

急性毒性 LD_{50}：1120mg/kg（大鼠经口）

皮肤刺激或腐蚀 无资料 **眼睛刺激或腐蚀** 无资料

呼吸或皮肤过敏 无资料 **生殖细胞突变性** 无资料

致癌性 无资料 **生殖毒性** 无资料

特异性靶器官系统毒性-一次接触 无资料

特异性靶器官系统毒性-反复接触 无资料

吸入危害 无资料

第十二部分 生态学信息

生态毒性

EC_{50} 18mg/L（48h）（水蚤）

ErC_{50} 29mg/L（72h）（羊角月牙藻）

持久性和降解性

生物降解性 不易快速生物降解

非生物降解性 空气中，当羟基自由基浓度为 5.00×10^5 个/cm^3 时，降解半衰期为 2h（理论）

潜在的生物累积性 根据 K_{ow} 值预测，该物质的生物累积性可能较弱

土壤中的迁移性 根据 K_{oc} 值预测，该物质可能易发生迁移

第十三部分 废弃处置

废弃化学品 用焚烧法处置。焚烧炉排出的氮氧化物通过洗涤器除去

污染包装物 将容器返还生产商或按照国家和地方法规处置

废弃注意事项 处置前应参阅国家和地方有关法规

第十四部分 运输信息

联合国危险货物编号（UN 号） 1711

联合国运输名称 液态二甲基苯胺

联合国危险性类别 6.1

包装类别 Ⅱ类包装 **包装标志**

海洋污染物 否

运输注意事项 运输前应先检查包装容器是否完整、密封，运输过程中要确保容器不泄漏、不倒塌、不坠落、不损坏。严禁与酸类、氧化剂、食品及食品添加剂混运。运输时运输车辆应配备相应品种和数量的消防器材及泄漏应急处理设备。运输途中应防曝晒、雨淋，防高温。公路运输时要按规定路线行驶

第十五部分 法规信息

下列法律、法规、规章和标准，对该化学品的管理作了相应的规定。

中华人民共和国职业病防治法 职业病分类和目录：苯的氨基及硝基化合物中毒

危险化学品安全管理条例 危险化学品目录：列入。易制爆危险化学品名录：未列入。重点监管的危险化学品名录：未列入。GB 18218—2009《危险化学品重大危险源辨识》(表 1)：未列入

使用有毒物品作业场所劳动保护条例 高毒物品目录：未列入

易制毒化学品管理条例 易制毒化学品的分类和品种目录：未列入

国际公约 斯德哥尔摩公约：未列入。鹿特丹公约：未列入。蒙特利尔议定书：未列入

第十六部分 其他信息

编写和修订信息 **缩略语和首字母缩写**

培训建议 **参考文献**

免责声明

2,3-二甲基苯胺

第一部分 化学品标识

化学品中文名 2,3-二甲基苯胺；1-氨基-2,3-二甲基苯；3-氨基邻二甲苯

化学品英文名 2,3-dimethylaniline；2,3-xylidine；1-amino-2,3-dimethylbenzene

分子式 $C_8H_{11}N$ **相对分子质量** 121.20

结构式

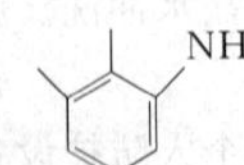

化学品的推荐及限制用途 用于有机合成及染料的制造等

第二部分 危险性概述

紧急情况概述 皮肤接触会中毒

GHS 危险性类别 急性毒性-经口，类别 4；急性毒性-经皮，类别 3；特异性靶器官毒性-反复接触，类别 2；危害水生环境-急性危害，类别 2；危害水生环境-长期危害，类别 2

标签要素

象形图

警示词 危险

危险性说明 吞咽有害，皮肤接触会中毒，长时间或反复接触可能对器官造成损伤，对水生生物有毒并具有长期持续影响

防范说明

预防措施 避免接触眼睛、皮肤，操作后彻底清洗。作业场所不得进食、饮水或吸烟。戴防护手套，穿防护服。避免吸入蒸气、雾。禁止排入环境

事故响应 皮肤接触：用大量肥皂水和水清洗。立即脱去所有被污染的衣服。被污染的衣服须经洗净后方可重新使用。食入：漱口。如果感觉不适，立即呼叫中毒控制中心或就医。收集泄漏物

安全储存 上锁保管

废弃处置 本品及内装物、容器依据国家和地方法规处置

物理和化学危险 可燃，其蒸气与空气混合，能形成爆炸性混合物

健康危害 本品可引起高铁血红蛋白血症，造成组织缺氧；对中枢神经系统及肝脏损害较强，对血液作用较弱。极易经皮肤吸收。可引起皮炎

急性中毒 患者有恶心，呕吐，手指麻木，精神恍惚，唇、指端、耳廓紫绀；重度中毒时皮肤、黏膜严重青紫，出现呼吸困难、抽搐等，甚至昏迷、休克；可出现溶血性黄疸、中毒性肝炎和肾损害

慢性中毒 有神经衰弱综合征，伴有轻度紫绀、贫血和肝、脾肿大

环境危害 对水生生物有毒并具有长期持续影响

第三部分 成分/组成信息

√物质		混合物
组分	**浓度**	**CAS No.**
2,3-二甲基苯胺		87-59-2

第四部分 急救措施

吸入 迅速脱离现场至空气新鲜处。保持呼吸道通畅。如呼吸困难，给吸氧。如呼吸、心跳停止，立即行心肺复苏术。就医

皮肤接触 立即脱去污染衣着，用肥皂水或清水彻底冲洗。就医

眼睛接触 分开眼睑，用清水或生理盐水冲洗。就医

食入 漱口，饮水。就医

对保护施救者的忠告 根据需要使用个人防护设备

对医生的特别提示 高铁血红蛋白血症，可用美蓝和维生素C治疗

第五部分 消防措施

灭火剂 用泡沫、干粉、二氧化碳、砂土灭火

特别危险性 受热分解放出有毒烟气。燃烧生成有害的一氧化碳、氮氧化物

灭火注意事项及防护措施 消防人员必须佩戴空气呼吸器、穿全身防火防毒服，在上风向灭火。尽可能将容器从火场移至空旷处。喷水保持火场容器冷却，直至灭火结束。容器突然发出异常声音或出现异常现象，应立即撤离

第六部分 泄漏应急处理

作业人员防护措施、防护装备和应急处置程序 根据液体流动和蒸气扩散的影响区域划定警戒区，无关人员从侧风、上风向撤离至安全区。消除所有点火源。建议应急处理人员戴正压自给式呼吸器，穿防毒服，戴橡胶耐油手套。穿上适当的防护服前严禁接触破裂的容器和泄漏物。尽可能切断泄漏源

环境保护措施 防止泄漏物进入水体、下水道、地下室或有限空间

泄漏化学品的收容、清除方法及所使用的处置材料 小量泄漏：用干燥的砂土或其他不燃材料吸收或覆盖，收集于容器中。大量泄漏：构筑围堤或挖坑收容。用泵转移至槽车或专用收集器内

第七部分 操作处置与储存

操作注意事项 密闭操作，提供充分的局部排风。操作尽可能机械化、自动化。操作人员必须经过专门培训，严格遵守操作规程。建议操作人员佩戴过滤式防毒面具（半面罩），戴安全防护眼镜，穿防毒物渗透工作服，戴橡胶耐油手套。远离火种、热源。工作场所严禁吸烟。使用防爆型的通风系统和设备。防止蒸气泄漏到工作场所空气中。避免与氧化剂、酸类、卤素接触。搬运时要轻装轻卸，防止包装及容器损坏。配备相应品种和数量的消防器材及泄漏应急处理设备。倒空的容器可能残留有害物

储存注意事项 储存于阴凉、通风的库房。远离火种、热源。保持容器密封。应与氧化剂、酸类、卤素、食用化学品分开存放，切忌混储。配备相应品种和数量的消防器材。储区应备有泄漏应急处理设备和合适的收容材料

第八部分 接触控制/个体防护

职业接触限值

中国 未制定标准

美国(ACGIH) 未制定标准

生物接触限值 未制定标准

监测方法 空气中有毒物质测定方法：未制定标准。生物监测检验方法：未制定标准

工程控制 严加密闭，提供充分的局部排风。提供安全淋浴和洗眼设备

个体防护装备

呼吸系统防护 可能接触其蒸气时，佩戴过滤式防毒面具（半面罩）。紧急事态抢救或撤离时，佩戴空气呼吸器

眼睛防护 戴安全防护眼镜

皮肤和身体防护　穿防毒物渗透工作服

手防护　戴橡胶耐油手套

第九部分　理化特性

外观与性状　浅黄色液体，有特殊气味

pH 值　无资料　**熔点(℃)**　<－15

沸点(℃)　221～222　**相对密度(水=1)**　0.99

相对蒸气密度(空气=1)　4.17

饱和蒸气压(kPa)　无资料　**燃烧热(kJ/mol)**　无资料

临界温度(℃)　无资料　**临界压力(MPa)**　无资料

辛醇/水分配系数　2.17～2.2

闪点(℃)　97 (CC)　**自燃温度(℃)**　无资料

爆炸下限(%)　1.5　**爆炸上限(%)**　无资料

分解温度(℃)　无资料　**黏度(mPa·s)(℃)**　无资料

溶解性　微溶于水，可混溶于乙醇、乙醚

第十部分　稳定性和反应性

稳定性　稳定

危险反应　与强氧化剂等禁配物发生反应

避免接触的条件　受热

禁配物　酸类、酰基氯、酸酐、强氧化剂、氯仿、卤素

危险的分解产物　无资料

第十一部分　毒理学信息

急性毒性　LD_{50}：933mg/kg (大鼠经口)

皮肤刺激或腐蚀　无资料　**眼睛刺激或腐蚀**　无资料

呼吸或皮肤过敏　无资料　**生殖细胞突变性**　无资料

致癌性　无资料　**生殖毒性**　无资料

特异性靶器官系统毒性-一次接触　无资料

特异性靶器官系统毒性-反复接触　无资料

吸入危害　无资料

第十二部分　生态学信息

生态毒性

EC_{50}　8.9mg/L (48h) (水蚤)

ErC_{50}　41mg/L (72h) (羊角月牙藻)

持久性和降解性

生物降解性　不易快速生物降解

非生物降解性　空气中，当羟基自由基浓度为5.00×10^5个/cm^3时，降解半衰期为 2h (理论)

潜在的生物累积性　根据 K_{ow}值预测，该物质的生物累积性可能较弱

土壤中的迁移性　根据 K_{oc}值预测，该物质可能有一定的迁移性

第十三部分　废弃处置

废弃化学品　用焚烧法处置。焚烧炉排出的氮氧化物通过洗涤器除去

污染包装物　将容器返还生产商或按照国家和地方法规处置

废弃注意事项　处置前应参阅国家和地方有关法规

第十四部分　运输信息

联合国危险货物编号 (UN 号)　1711

联合国运输名称　液态二甲基苯胺

联合国危险性类别　6.1

包装类别　Ⅱ类包装　**包装标志**

海洋污染物　否

运输注意事项　运输前应先检查包装容器是否完整、密封，运输过程中要确保容器不泄漏、不倒塌、不坠落、不损坏。严禁与酸类、氧化剂、食品及食品添加剂混运。运输时运输车辆应配备相应品种和数量的消防器材及泄漏应急处理设备。运输途中应防曝晒、雨淋，防高温。公路运输时要按规定路线行驶

第十五部分　法规信息

下列法律、法规、规章和标准，对该化学品的管理作了相应的规定。

中华人民共和国职业病防治法　职业病分类和目录：苯的氨基及硝基化合物中毒

危险化学品安全管理条例　危险化学品目录：列入。易制爆危险化学品名录：未列入。重点监管的危险化学品名录：未列入。GB 18218—2009《危险化学品重大危险源辨识》(表 1)：未列入

使用有毒物品作业场所劳动保护条例　高毒物品目录：未列入

易制毒化学品管理条例　易制毒化学品的分类和品种目录：未列入

国际公约　斯德哥尔摩公约：未列入。鹿特丹公约：未列入。蒙特利尔议定书：未列入

第十六部分　其他信息

编写和修订信息　**缩略语和首字母缩写**

培训建议　**参考文献**

免责声明

2,4-二甲基苯胺

第一部分　化学品标识

化学品中文名　2,4-二甲基苯胺；1-氨基-2,4-二甲基苯；4-氨基间二甲苯

化学品英文名　2,4-dimethylaniline；2,4-xylidine；1-amino-2,4-dimethylbenzene

分子式　$C_8H_{11}N$　**相对分子质量**　121.20

结构式

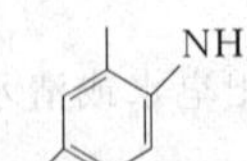

化学品的推荐及限制用途　用作分析试剂，制造染料

第二部分　危险性概述

紧急情况概述　可燃液体，吞咽有害，吸入有害

GHS 危险性类别　易燃液体，类别 4；急性毒性-经口，类别 4；急性毒性-吸入，类别 4；严重眼损伤/眼刺激，类别 2；特异性靶器官毒性—一次接触，类别 1；特异性靶器官毒性-反复接触，类别 1；危害水生环

境-急性危害，类别 2；危害水生环境-长期危害，类别 2

标签要素

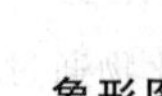

象形图 

警示词 危险

危险性说明 可燃液体，吞咽有害，吸入有害，造成严重眼刺激，对器官造成损害，长时间或反复接触对器官造成损伤，对水生生物有毒并具有长期持续影响

防范说明

预防措施 远离火焰和热表面。禁止吸烟。仅在室外或通风良好处操作。避免接触眼睛、皮肤，操作后彻底清洗。作业场所不得进食、饮水或吸烟。戴防护手套，穿防护服，戴防护眼镜、防护面罩。避免吸入蒸气、雾。禁止排入环境

事故响应 火灾时，使用泡沫、干粉、二氧化碳、砂土灭火。如吸入：将患者转移到空气新鲜处，休息，保持利于呼吸的体位。如接触眼睛：用水细心冲洗数分钟。如戴隐形眼镜并可方便地取出，取出隐形眼镜继续冲洗。如果眼睛刺激持续：就医。食入：漱口。如果感觉不适，立即呼叫中毒控制中心或就医。收集泄漏物

安全储存 存放在通风良好的地方。保持低温。上锁保管

废弃处置 本品及内装物、容器依据国家和地方法规处置

物理和化学危险 可燃，其蒸气与空气混合，能形成爆炸性混合物

健康危害 本品可引起高铁血红蛋白血症，造成组织缺氧；对中枢神经系统及肝脏损害较强，对血液作用较弱。极易经皮肤吸收。可引起皮炎

急性中毒 患者有恶心，呕吐，手指麻木，精神恍惚，唇、指端、耳廓紫绀；重度中毒时皮肤、黏膜严重青紫，出现呼吸困难、抽搐等，甚至昏迷、休克；可出现溶血性黄疸、中毒性肝炎和肾损害

慢性中毒 有神经衰弱综合征，伴有轻度紫绀、贫血和肝、脾肿大

环境危害 对水生生物有毒并具有长期持续影响

第三部分 成分/组成信息

√物质 混合物

组分	浓度	CAS No.
2,4-二甲基苯胺		95-68-1

第四部分 急救措施

吸入 迅速脱离现场至空气新鲜处。保持呼吸道通畅。如呼吸困难，给输氧。如呼吸、心跳停止，立即进行心肺复苏术。就医

皮肤接触 立即脱去污染的衣着，用流动清水彻底冲洗。就医

眼睛接触 立即分开眼睑，用流动清水或生理盐水彻底冲洗。就医

食入 漱口，饮水。就医

对保护施救者的忠告 根据需要使用个人防护设备

对医生的特别提示 高铁血红蛋白血症，可用美蓝和维生素 C 治疗

第五部分 消防措施

灭火剂 用泡沫、干粉、二氧化碳、砂土灭火

特别危险性 受热分解放出有毒烟气。燃烧生成有害的一氧化碳、氮氧化物

灭火注意事项及防护措施 消防人员必须佩戴空气呼吸器、穿全身防火防毒服，在上风向灭火。尽可能将容器从火场移至空旷处。喷水保持火场容器冷却，直至灭火结束。容器突然发出异常声音或出现异常现象，应立即撤离

第六部分 泄漏应急处理

作业人员防护措施、防护装备和应急处置程序 根据液体流动和蒸气扩散的影响区域划定警戒区，无关人员从侧风、上风向撤离至安全区。消除所有点火源。建议应急处理人员戴正压自给式呼吸器，穿防毒服，戴橡胶耐油手套。穿上适当的防护服前严禁接触破裂的容器和泄漏物。尽可能切断泄漏源

环境保护措施 防止泄漏物进入水体、下水道、地下室或有限空间

泄漏化学品的收容、清除方法及所使用的处置材料 小量泄漏：用干燥的砂土或其他不燃材料吸收或覆盖，收集于容器中。大量泄漏：构筑围堤或挖坑收容。用泵转移至槽车或专用收集器内

第七部分 操作处置与储存

操作注意事项 密闭操作，提供充分的局部排风。操作尽可能机械化、自动化。操作人员必须经过专门培训，严格遵守操作规程。建议操作人员佩戴过滤式防毒面具（半面罩），戴安全防护眼镜，穿防毒物渗透工作服，戴橡胶耐油手套。远离火种、热源。工作场所严禁吸烟。使用防爆型的通风系统和设备。防止蒸气泄漏到工作场所空气中。避免与氧化剂、酸类、卤素接触。搬运时要轻装轻卸，防止包装及容器损坏。配备相应品种和数量的消防器材及泄漏应急处理设备。倒空的容器可能残留有害物

储存注意事项 储存于阴凉、通风的库房。远离火种、热源。保持容器密封。应与氧化剂、酸类、卤素、食用化学品分开存放，切忌混储。配备相应品种和数量的消防器材。储区应备有泄漏应急处理设备和合适的收容材料

第八部分 接触控制/个体防护

职业接触限值

中国 未制定标准

美国(ACGIH) 未制定标准

生物接触限值 未制定标准

监测方法 空气中有毒物质测定方法：未制定标准。生物监测检验方法：未制定标准

工程控制 严加密闭，提供充分的局部排风。提供安全淋浴和洗眼设备

个体防护装备

呼吸系统防护 可能接触其蒸气时，佩戴过滤式防毒面具（半面罩）。紧急事态抢救或撤离时，佩戴空气呼吸器

眼睛防护 戴安全防护眼镜

皮肤和身体防护 穿防毒物渗透工作服

手防护 戴橡胶耐油手套

第九部分 理化特性

外观与性状 无色油状液体

pH值 无资料 **熔点(℃)** −14.3

沸点(℃) 214 **相对密度(水=1)** 0.97

相对蒸气密度(空气=1) 4.18

饱和蒸气压(kPa) 0.05（38℃）

燃烧热(kJ/mol) 无资料 **临界温度(℃)** 无资料

临界压力(MPa) 无资料 **辛醇/水分配系数** 1.68

闪点(℃) 90.56 **自燃温度(℃)** 460

爆炸下限(%) 1.1 **爆炸上限(%)** 7.0

分解温度(℃) 无资料 **黏度(mPa·s)** 无资料

溶解性 微溶于水，溶于乙醇、乙醚、苯等有机溶剂

第十部分 稳定性和反应性

稳定性 稳定

危险反应 与强氧化剂等禁配物发生反应

避免接触的条件 受热

禁配物 酸类、酰基氯、酸酐、强氧化剂、氯仿、卤素

危险的分解产物 无资料

第十一部分 毒理学信息

急性毒性

LD_{50} 467mg/kg（大鼠经口）

LC_{50} 149ppm（小鼠吸入，7h）

皮肤刺激或腐蚀 无资料 **眼睛刺激或腐蚀** 无资料

呼吸或皮肤过敏 无资料 **生殖细胞突变性** 无资料

致癌性 无资料 **生殖毒性** 无资料

特异性靶器官系统毒性-一次接触 无资料

特异性靶器官系统毒性-反复接触 大鼠灌胃剂量为25mg/kg、50mg/kg、100mg/kg和250mg/kg，连续7d，肝重增加。剂量为400mg/kg，7d，肝脏严重损害

吸入危害 无资料

第十二部分 生态学信息

生态毒性 EC_{50}：9.9mg/L（48h）（水蚤）

持久性和降解性

生物降解性 不易快速生物降解

非生物降解性 空气中，当羟基自由基浓度为5.00×10^5个/cm^3时，降解半衰期为2h（理论）

潜在的生物累积性 根据K_{ow}值预测，该物质的生物累积性可能较弱

土壤中的迁移性 根据K_{oc}值预测，该物质可能易发生迁移

第十三部分 废弃处置

废弃化学品 用焚烧法处置。焚烧炉排出的氮氧化物通过洗涤器除去

污染包装物 将容器返还生产商或按照国家和地方法规处置

废弃注意事项 处置前应参阅国家和地方有关法规

第十四部分 运输信息

联合国危险货物编号(UN号) 1711

联合国运输名称 液态二甲基苯胺

联合国危险性类别 6.1

包装类别 Ⅱ类包装 **包装标志** 

海洋污染物 否

运输注意事项 运输前应先检查包装容器是否完整、密封，运输过程中要确保容器不泄漏、不倒塌、不坠落、不损坏。严禁与酸类、氧化剂、食品及食品添加剂混运。运输时运输车辆应配备相应品种和数量的消防器材及泄漏应急处理设备。运输途中应防曝晒、雨淋，防高温。公路运输时要按规定路线行驶

第十五部分 法规信息

下列法律、法规、规章和标准，对该化学品的管理作了相应的规定。

中华人民共和国职业病防治法 职业病分类和目录：苯的氨基及硝基化合物中毒

危险化学品安全管理条例 危险化学品目录：列入。易制爆危险化学品名录：未列入。重点监管的危险化学品名录：未列入。GB 18218—2009《危险化学品重大危险源辨识》（表1）：未列入

使用有毒物品作业场所劳动保护条例 高毒物品目录：未列入

易制毒化学品管理条例 易制毒化学品的分类和品种目录：未列入

国际公约 斯德哥尔摩公约：未列入。鹿特丹公约：未列入。蒙特利尔议定书：未列入

第十六部分 其他信息

编写和修订信息

缩略语和首字母缩写

培训建议

参考文献

免责声明

2,6-二甲基苯胺

第一部分 化学品标识

化学品中文名 2,6-二甲基苯胺；1-氨基-2,6-二甲基苯；2-氨基间二甲苯

化学品英文名 2，6-dimethylaniline；2，6-xylidine；1-

amino-2,6-dimethylbenzene

分子式 $C_8H_{11}N$ **相对分子质量** 121.20

结构式 NH_2

化学品的推荐及限制用途 用于有机合成，制造染料

第二部分 危险性概述

紧急情况概述 吞咽有害，皮肤接触有害，吸入有害

GHS 危险性类别 急性毒性-经口，类别 4；急性毒性-经皮，类别 4；急性毒性-吸入，类别 4；皮肤腐蚀/刺激，类别 2；致癌性，类别 2；特异性靶器官毒性--次接触，类别 3（呼吸道刺激）；危害水生环境-急性危害，类别 2

标签要素

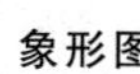

象形图 

警示词 警告

危险性说明 吞咽有害，皮肤接触有害，吸入有害，造成皮肤刺激，怀疑致癌，可能引起呼吸道刺激，对水生生物有毒

防范说明

预防措施 避免接触眼睛、皮肤，操作后彻底清洗。作业场所不得进食、饮水或吸烟。戴防护手套，穿防护服。避免吸入蒸气、雾。仅在室外或通风良好处操作，得到专门指导后操作。在阅读并了解所有安全预防措施之前，切勿操作。按要求使用个体防护装备。禁止排入环境

事故响应 如吸入：将患者转移到空气新鲜处，休息，保持利于呼吸的体位。皮肤接触：用大量肥皂水和水清洗。如发生皮肤刺激，就医。被污染的衣服须经洗净后方可重新使用。食入：漱口。如果感觉不适，立即呼叫中毒控制中心或就医。如果接触或有担心，就医。收集泄漏物

安全储存 上锁保管

废弃处置 本品及内装物、容器依据国家和地方法规处置

物理和化学危险 可燃，其蒸气与空气混合，能形成爆炸性混合物

健康危害 本品可引起高铁血红蛋白血症，造成组织缺氧；对中枢神经系统及肝脏损害较强，对血液作用较弱。极易经皮肤吸收。可引起皮炎

急性中毒 患者有恶心，呕吐，手指麻木，精神恍惚，唇、指端、耳廓紫绀；重度中毒时皮肤、黏膜严重青紫，出现呼吸困难、抽搐等，甚至昏迷、休克；可出现溶血性黄疸、中毒性肝炎和肾损害

慢性中毒 有神经衰弱综合征，伴有轻度紫绀、贫血和肝、脾肿大

环境危害 对水生生物有毒

第三部分 成分/组成信息

√物质		混合物
组分	浓度	CAS No.
2,6-二甲基苯胺		87-62-7

第四部分 急救措施

吸入 迅速脱离现场至空气新鲜处。保持呼吸道通畅。如呼吸困难，给吸氧。如呼吸、心跳停止，立即行心肺复苏术。就医

皮肤接触 立即脱去污染衣着，用肥皂水或清水彻底冲洗。就医

眼睛接触 分开眼睑，用清水或生理盐水冲洗。就医

食入 漱口，饮水。就医

对保护施救者的忠告 根据需要使用个人防护设备

对医生的特别提示 高铁血红蛋白血症，可用美蓝和维生素C治疗

第五部分 消防措施

灭火剂 用泡沫、干粉、二氧化碳、砂土灭火

特别危险性 受热分解放出有毒的氧化氮烟气。燃烧生成有害的一氧化碳、氮氧化物

灭火注意事项及防护措施 消防人员必须佩戴空气呼吸器、穿全身防火防毒服，在上风向灭火。尽可能将容器从火场移至空旷处。喷水保持火场容器冷却，直至灭火结束。容器突然发出异常声音或出现异常现象，应立即撤离

第六部分 泄漏应急处理

作业人员防护措施、防护装备和应急处置程序 根据液体流动和蒸气扩散的影响区域划定警戒区，无关人员从侧风、上风向撤离至安全区。消除所有点火源。建议应急处理人员戴正压自给式呼吸器，穿防毒服，戴橡胶耐油手套。穿上适当的防护服前严禁接触破裂的容器和泄漏物。尽可能切断泄漏源

环境保护措施 防止泄漏物进入水体、下水道、地下室或有限空间

泄漏化学品的收容、清除方法及所使用的处置材料 小量泄漏：用干燥的砂土或其他不燃材料吸收或覆盖，收集于容器中。大量泄漏：构筑围堤或挖坑收容。用砂土、惰性物质或蛭石吸收大量液体。用泵转移至槽车或专用收集器内

第七部分 操作处置与储存

操作注意事项 密闭操作，提供充分的局部排风。操作尽可能机械化、自动化。操作人员必须经过专门培训，严格遵守操作规程。建议操作人员佩戴过滤式防毒面具（半面罩），戴安全防护眼镜，穿防毒物渗透工作服，戴橡胶耐油手套。远离火种、热源。工作场所严禁吸烟。使用防爆型的通风系统和设备。防止蒸气泄漏到工作场所空气中。避免与氧化剂、酸类、卤素接触。搬运时要轻装轻卸，防止包装及容器损坏。配备

相应品种和数量的消防器材及泄漏应急处理设备。倒空的容器可能残留有害物

储存注意事项 储存于阴凉、通风的库房。远离火种、热源。保持容器密封。应与氧化剂、酸类、卤素、食用化学品分开存放，切忌混储。配备相应品种和数量的消防器材。储区应备有泄漏应急处理设备和合适的收容材料

第八部分 接触控制/个体防护

职业接触限值

中国 未制定标准

美国(ACGIH) 未制定标准

生物接触限值 未制定标准

监测方法 空气中有毒物质测定方法：未制定标准。生物监测检验方法：未制定标准

工程控制 严加密闭，提供充分的局部排风。提供安全的淋浴和洗眼设备

个体防护装备

呼吸系统防护 可能接触其蒸气时，佩戴过滤式防毒面具（半面罩）。紧急事态抢救或撤离时，佩戴空气呼吸器

眼睛防护 戴安全防护眼镜

皮肤和身体防护 穿防毒物渗透工作服

手防护 戴橡胶耐油手套

第九部分 理化特性

外观与性状 浅黄色至橙色液体

pH值 无资料 **熔点(℃)** 10～12

沸点(℃) 214 (98.5kPa)；216

相对密度(水=1) 0.98

相对蒸气密度(空气=1) 4.18

饱和蒸气压(kPa) 无资料 **燃烧热(kJ/mol)** 无资料

临界温度(℃) 无资料 **临界压力(MPa)** 无资料

辛醇/水分配系数 1.84～1.96

闪点(℃) 97 (CC) **自燃温度(℃)** 无资料

爆炸下限(%) 1.5 **爆炸上限(%)** 无资料

分解温度(℃) 无资料 **黏度(mPa·s)** 无资料

溶解性 不溶于水，溶于乙醇、乙醚

第十部分 稳定性和反应性

稳定性 稳定

危险反应 与强氧化剂等禁配物发生反应

避免接触的条件 受热

禁配物 酸类、酸酐、酰基氯、强氧化剂、氯仿、卤素

危险的分解产物 无资料

第十一部分 毒理学信息

急性毒性 LD_{50}：840mg/kg（大鼠经口）

皮肤刺激或腐蚀 无资料 **眼睛刺激或腐蚀** 无资料

呼吸或皮肤过敏 无资料

生殖细胞突变性 微生物致突变：鼠伤寒沙门氏菌50μmol/皿。细胞遗传学分析：仓鼠卵巢1g/L。姐妹染色单体交换：仓鼠卵巢301mg/L

致癌性 IARC致癌性评论：组2B，可疑人类致癌物。对人类致癌性证据有限，对动物致癌性证据不充分

生殖毒性 无资料

特异性靶器官系统毒性-一次接触 无资料

特异性靶器官系统毒性-反复接触 无资料

吸入危害 无资料

第十二部分 生态学信息

生态毒性 EC_{50}：20mg/L (48h)（水蚤）

持久性和降解性

生物降解性 不易快速生物降解

非生物降解性 水中光氧化半衰期(h)：62.4～3480；空气中光氧化半衰期(h)：0.33～3.3

潜在的生物累积性 根据K_{ow}值预测，该物质的生物累积性可能较弱

土壤中的迁移性 根据K_{oc}值预测，该物质可能易发生迁移

第十三部分 废弃处置

废弃化学品 用焚烧法处置。焚烧炉排出的氮氧化物通过洗涤器除去

污染包装物 将容器返还生产商或按照国家和地方法规处置

废弃注意事项 处置前应参阅国家和地方有关法规。把倒空的容器归还厂商或在规定场所掩埋

第十四部分 运输信息

联合国危险货物编号(UN号) 1711

联合国运输名称 液态二甲基苯胺

联合国危险性类别 6.1

包装类别 Ⅱ类包装 **包装标志** 

海洋污染物 否

运输注意事项 运输前应先检查包装容器是否完整、密封，运输过程中要确保容器不泄漏、不倒塌、不坠落、不损坏。严禁与酸类、氧化剂、食品及食品添加剂混运。运输时运输车辆应配备相应品种和数量的消防器材及泄漏应急处理设备。运输途中应防曝晒、雨淋，防高温。公路运输时要按规定路线行驶

第十五部分 法规信息

下列法律、法规、规章和标准，对该化学品的管理作了相应的规定。

中华人民共和国职业病防治法 职业病分类和目录：苯的氨基及硝基化合物中毒

危险化学品安全管理条例 危险化学品目录：列入。易制爆危险化学品名录：未列入。重点监管的危险化学品名录：未列入。GB 18218—2009《危险化学品重大危险源辨识》（表1）：未列入

使用有毒物品作业场所劳动保护条例 高毒物品目录：未列入

易制毒化学品管理条例 易制毒化学品的分类和品种目

录：未列入

国际公约　斯德哥尔摩公约：未列入。鹿特丹公约：未列入。蒙特利尔议定书：未列入

第十六部分　其他信息

编写和修订信息　　**缩略语和首字母缩写**

培训建议　　**参考文献**

免责声明

N,*N*-二甲基苯胺

第一部分　化学品标识

化学品中文名　*N*,*N*-二甲基苯胺；*N*,*N*-二甲苯胺

化学品英文名　*N*,*N*-dimethylaniline；*N*,*N*-dimethylbenzeneamine；*N*,*N*-dimethylphenylamine

分子式　$C_8H_{11}N$　　**相对分子质量**　121.2

结构式　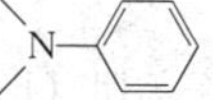

化学品的推荐及限制用途　用作染料中间体、溶剂、稳定剂、分析试剂

第二部分　危险性概述

紧急情况概述　吞咽会中毒，皮肤接触会中毒，吸入会中毒

GHS危险性类别　易燃液体，类别4；急性毒性-经口，类别3；急性毒性-经皮，类别3；急性毒性-吸入，类别3；危害水生环境-急性危害，类别2；危害水生环境-长期危害，类别2

标签要素

象形图　

警示词　危险

危险性说明　可燃液体，吞咽会中毒，皮肤接触会中毒，吸入会中毒，对水生生物有毒并具有长期持续影响

防范说明

预防措施　避免接触眼睛、皮肤，操作后彻底清洗。作业场所不得进食、饮水或吸烟。戴防护手套，穿防护服。避免吸入蒸气、雾。仅在室外或通风良好处操作。禁止排入环境

事故响应　如吸入：将患者转移到空气新鲜处，休息，保持利于呼吸的体位。呼叫中毒控制中心或就医。皮肤接触：用大量肥皂水和水清洗。如感觉不适，呼叫中毒控制中心或就医。立即脱去所有被污染的衣服。被污染的衣服须经洗净后方可重新使用。食入：漱口。立即呼叫中毒控制中心或就医。收集泄漏物

安全储存　在通风良好处储存。保持容器密闭。上锁保管

废弃处置　本品及内装物、容器依据国家和地方法规处置

物理和化学危险　可燃，其蒸气与空气混合，能形成爆炸性混合物

健康危害　毒性表现与苯胺相似，但较弱。吸收后可引起高铁血红蛋白血症。接触后出现恶心、眩晕、头痛、紫绀等。皮肤接触可发生溃疡

环境危害　对水生生物有毒并具有长期持续影响

第三部分　成分/组成信息

√物质　　混合物

组分	浓度	CAS No.
N,*N*-二甲基苯胺		121-69-7

第四部分　急救措施

吸入　迅速脱离现场至空气新鲜处。保持呼吸道通畅。如呼吸困难，给吸氧。如呼吸、心跳停止，立即行心肺复苏术。就医

皮肤接触　立即脱去污染衣着，用肥皂水或清水彻底冲洗。就医

眼睛接触　分开眼睑，用清水或生理盐水冲洗。就医

食入　漱口，饮水。就医

对保护施救者的忠告　根据需要使用个人防护设备

对医生的特别提示　高铁血红蛋白血症，可用美蓝和维生素C治疗

第五部分　消防措施

灭火剂　用雾状水、泡沫、二氧化碳、干粉、砂土灭火

特别危险性　受热分解放出有毒烟气。燃烧生成有害的一氧化碳、氮氧化物

灭火注意事项及防护措施　消防人员必须佩戴空气呼吸器、穿全身防火防毒服，在上风向灭火。尽可能将容器从火场移至空旷处。喷水保持火场容器冷却，直至灭火结束

第六部分　泄漏应急处理

作业人员防护措施、防护装备和应急处置程序　根据液体流动和蒸气扩散的影响区域划定警戒区，无关人员从侧风、上风向撤离至安全区。消除所有点火源。建议应急处理人员戴正压自给式呼吸器，穿防毒服，戴橡胶耐油手套。禁止接触或跨越泄漏物。尽可能切断泄漏源

环境保护措施　防止泄漏物进入水体、下水道、地下室或有限空间

泄漏化学品的收容、清除方法及所使用的处置材料　小量泄漏：用砂土或其他不燃材料吸收。大量泄漏：构筑围堤或挖坑收容。用砂土、惰性物质或蛭石吸收大量液体。用泵转移至槽车或专用收集器内

第七部分　操作处置与储存

操作注意事项　密闭操作，提供充分的局部排风。操作人员必须经过专门培训，严格遵守操作规程。建议操作人员佩戴过滤式防毒面具（半面罩），戴化学安全防护眼镜，穿防毒物渗透工作服，戴橡胶耐油手套。远离火种、热源。工作场所严禁吸烟。使用防爆型的通

风系统和设备。防止蒸气泄漏到工作场所空气中。避免与酸类、卤素接触。搬运时要轻装轻卸，防止包装及容器损坏。配备相应品种和数量的消防器材及泄漏应急处理设备。倒空的容器可能残留有害物

储存注意事项 储存于阴凉、通风的库房。远离火种、热源。保持容器密封。应与酸类、卤素、食用化学品分开存放，切忌混储。配备相应品种和数量的消防器材。储区应备有泄漏应急处理设备和合适的收容材料

第八部分 接触控制/个体防护

职业接触限值

中国 PC-TWA：5mg/m^3；PC-STEL：10mg/m^3［皮］

美国（ACGIH） TLV-TWA：5ppm；TLV-STEL：10ppm［皮］

生物接触限值 未制定标准

监测方法 空气中有毒物质测定方法：溶剂解吸-气相色谱法。生物监测检验方法：未制定标准

工程控制 严加密闭，提供充分的局部排风。提供安全的淋浴和洗眼设备

个体防护装备

呼吸系统防护 可能接触其蒸气时，佩戴过滤式防毒面具（半面罩）。紧急事态抢救或撤离时，佩戴空气呼吸器

眼睛防护 戴化学安全防护眼镜

皮肤和身体防护 穿防毒物渗透工作服

手防护 戴橡胶耐油手套

第九部分 理化特性

外观与性状 黄色透明油状液体，有刺激性氨味

pH 值 无资料 **熔点(℃)** 2.5

沸点(℃) 193.1 **相对密度(水=1)** 0.96

相对蒸气密度(空气=1) 4.17

饱和蒸气压(kPa) 0.13（29.5℃）

燃烧热(kJ/mol) －4776.5 **临界温度(℃)** 无资料

临界压力(MPa) 3.63 **辛醇/水分配系数** 2.31

闪点(℃) 62（CC） **自燃温度(℃)** 371

爆炸下限(%) 1.0 **爆炸上限(%)** 7.0

分解温度(℃) 无资料

黏度(mPa·s) 1.89（2.5℃）

溶解性 不溶于水，溶于乙醇、乙醚、氯仿、丙酮、苯等有机溶剂

第十部分 稳定性和反应性

稳定性 稳定

危险反应 与强氧化剂等禁配物发生反应

避免接触的条件 受热

禁配物 酸类、酸酐、酰基氯、氯仿、卤素

危险的分解产物 无资料

第十一部分 毒理学信息

急性毒性 LD$_{50}$：951mg/kg（大鼠经口）；1770mg/kg（兔经皮）

皮肤刺激或腐蚀 家兔经皮：10mg（24h），轻度刺激（开放性刺激试验）

眼睛刺激或腐蚀 无资料 **呼吸或皮肤过敏** 无资料

生殖细胞突变性 无资料 **致癌性** 无资料

生殖毒性 无资料

特异性靶器官系统毒性-一次接触 无资料

特异性靶器官系统毒性-反复接触 无资料

吸入危害 无资料

第十二部分 生态学信息

生态毒性

LC$_{50}$ 78.2mg/L（96h）（黑头呆鱼，动态）；78mg/L（48h）（青鳉，动态）；69mg/L（48h）（金鱼，动态）；5mg/L（48h）（水蚤）

EC$_{50}$ 110mg/L（24h）（梨形四膜虫）；340mg/L（96h）（栅藻）

持久性和降解性

生物降解性 不易快速生物降解

非生物降解性 水中光氧化半衰期（h）：19.3～1925；空气中光氧化半衰期（h）：2.7～21

潜在的生物累积性 BCF：3～13（鲤鱼，接触时间48h）；根据K_{ow}值预测，该物质的生物累积性可能较弱

土壤中的迁移性 根据K_{oc}值预测，该物质可能有一定的迁移性

第十三部分 废弃处置

废弃化学品 用焚烧法处置。焚烧炉排出的氮氧化物通过洗涤器除去

污染包装物 将容器返还生产商或按照国家和地方法规处置

废弃注意事项 处置前应参阅国家和地方有关法规

第十四部分 运输信息

联合国危险货物编号（UN号） 2253

联合国运输名称 *N*,*N*-二甲基苯胺

联合国危险性类别 6.1

包装类别 Ⅱ类包装 **包装标志**

海洋污染物 是

运输注意事项 运输前应先检查包装容器是否完整、密封，运输过程中要确保容器不泄漏、不倒塌、不坠落、不损坏。严禁与酸类、氧化剂、食品及食品添加剂混运。运输时运输车辆应配备相应品种和数量的消防器材及泄漏应急处理设备。运输途中应防曝晒、雨淋，防高温。公路运输时要按规定路线行驶

第十五部分 法规信息

下列法律、法规、规章和标准，对该化学品的管理作了相应的规定。

中华人民共和国职业病防治法 职业病分类和目录：苯的氨基及硝基化合物中毒

危险化学品安全管理条例 危险化学品目录：列入。易制

爆危险化学品名录：未列入。重点监管的危险化学品名录：未列入。GB 18218—2009《危险化学品重大危险源辨识》(表 1)：未列入

使用有毒物品作业场所劳动保护条例 高毒物品目录：列入

易制毒化学品管理条例 易制毒化学品的分类和品种目录：未列入

国际公约 斯德哥尔摩公约：未列入。鹿特丹公约：未列入。蒙特利尔议定书：未列入

第十六部分 其他信息

编写和修订信息 **缩略语和首字母缩写**
培训建议 **参考文献**
免责声明

3,5-二甲基吡啶

第一部分 化学品标识

化学品中文名 3,5-二甲基吡啶；3,5-卢剔啶
化学品英文名 3,5-dimethylpyridine；3,5-lutidine
分子式 C_7H_9N **相对分子质量** 107.17
结构式

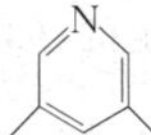

化学品的推荐及限制用途 用于有机合成中间体

第二部分 危险性概述

紧急情况概述 易燃液体和蒸气
GHS 危险性类别 易燃液体，类别 3
标签要素

象形图

警示词 警告
危险性说明 易燃液体和蒸气
防范说明

预防措施 远离热源、火花、明火、热表面。禁止吸烟。保持容器密闭。容器和接收设备接地连接。使用防爆电器、通风、照明设备。只能使用不产生火花的工具。采取防止静电措施。戴防护手套、防护眼镜、防护面罩

事故响应 火灾时，使用泡沫、干粉、二氧化碳、砂土灭火。如皮肤（或头发）接触：立即脱掉所有被污染的衣服，用水冲洗皮肤，淋浴

安全储存 存放在通风良好的地方。保持低温

废弃处置 本品及内装物、容器依据国家和地方法规处置

物理和化学危险 易燃，其蒸气与空气混合，能形成爆炸性混合物

健康危害 本品具有刺激性，对神经系统、肝、肾有损害。接触后出现眼睛、皮肤和黏膜刺激症状，并引起头痛、眩晕、恶心、呕吐、精神迟钝、腹痛、腹泻等

环境危害 对环境可能有害

第三部分 成分/组成信息

√物质		混合物
组分	**浓度**	**CAS No.**
3,5-二甲基吡啶		591-22-0

第四部分 急救措施

吸入 迅速脱离现场至空气新鲜处。保持呼吸道通畅。如呼吸困难，给输氧。如呼吸、心跳停止，立即进行心肺复苏术。就医

皮肤接触 立即脱去污染的衣着，用流动清水彻底冲洗。就医

眼睛接触 立即分开眼睑，用流动清水或生理盐水彻底冲洗。就医

食入 漱口，饮水。就医

对保护施救者的忠告 根据需要使用个人防护设备

对医生的特别提示 对症处理

第五部分 消防措施

灭火剂 用泡沫、干粉、二氧化碳、砂土灭火

特别危险性 受热分解放出有毒烟气。燃烧生成有害的一氧化碳、氮氧化物

灭火注意事项及防护措施 消防人员须佩戴防毒面具、穿全身消防服，在上风向灭火。尽可能将容器从火场移至空旷处。喷水保持火场容器冷却，直至灭火结束。容器突然发出异常声音或出现异常现象，应立即撤离

第六部分 泄漏应急处理

作业人员防护措施、防护装备和应急处置程序 消除所有点火源。根据液体流动和蒸气扩散的影响区域划定警戒区，无关人员从侧风、上风向撤离至安全区。建议应急处理人员戴正压自给式呼吸器，穿防毒、防静电服，戴橡胶耐油手套。作业时使用的所有设备应接地。禁止接触或跨越泄漏物。尽可能切断泄漏源

环境保护措施 防止泄漏物进入水体、下水道、地下室或有限空间

泄漏化学品的收容、清除方法及所使用的处置材料 小量泄漏：用砂土或其他不燃材料吸收，使用洁净的无火花工具收集吸收材料。大量泄漏：构筑围堤或挖坑收容。用泡沫覆盖，减少蒸发。喷水雾能减少蒸发，但不能降低泄漏物在有限空间内的易燃性。用防爆泵转移至槽车或专用收集器内

第七部分 操作处置与储存

操作注意事项 密闭操作，注意通风。操作人员必须经过专门培训，严格遵守操作规程。建议操作人员佩戴过滤式防毒面具（半面罩），戴化学安全防护眼镜，穿胶布防毒衣，戴橡胶耐油手套。远离火种、热源。工作场所严禁吸烟。使用防爆型的通风系统和设备。防止蒸气泄漏到工作场所空气中。避免与氧化剂、酸类接触。充装要控制流速，防止静电积聚。搬运时要轻装轻卸，防止包装及容器损坏。配备相应品种和数量的消防器材及泄漏应急处理设备。倒空的容器可能残

留有害物

储存注意事项 储存于阴凉、通风的库房。库温不宜超过37℃。远离火种、热源。保持容器密封，严禁与空气接触。应与氧化剂、酸类等分开存放，切忌混储。采用防爆型照明、通风设施。禁止使用易产生火花的机械设备和工具。储区应备有泄漏应急处理设备和合适的收容材料

第八部分 接触控制/个体防护

职业接触限值

中国 未制定标准

美国(ACGIH) 未制定标准

生物接触限值 未制定标准

监测方法 空气中有毒物质测定方法：未制定标准。生物监测检验方法：未制定标准

工程控制 密闭操作，注意通风。提供安全的淋浴和洗眼设备

个体防护装备

呼吸系统防护 可能接触其蒸气时，应该佩戴过滤式防毒面具（半面罩）。紧急事态抢救或撤离时，建议佩戴空气呼吸器

眼睛防护 戴化学安全防护眼镜

皮肤和身体防护 穿隔绝式防毒服

手防护 戴橡胶耐油手套

第九部分 理化特性

外观与性状 无色油状液体，有异味，有吸湿性

pH值 无资料 **熔点(℃)** −6.2

沸点(℃) 169～172 **相对密度(水=1)** 0.934

相对蒸气密度(空气=1) 无资料

饱和蒸气压(kPa) 0.2（20℃）

燃烧热(kJ/mol) 无资料 **临界温度(℃)** 无资料

临界压力(MPa) 无资料 **辛醇/水分配系数** 1.78

闪点(℃) 57.2（TCC） **自燃温度(℃)** 无资料

爆炸下限(%) 无资料 **爆炸上限(%)** 无资料

分解温度(℃) 无资料 **黏度(mPa·s)** 无资料

溶解性 不溶于水，溶于乙醇、乙醚

第十部分 稳定性和反应性

稳定性 稳定

危险反应 与强氧化剂等禁配物接触，有发生火灾和爆炸的危险

避免接触的条件 受热

禁配物 强氧化剂、酸类、酰基氯、酸酐

危险的分解产物 无资料

第十一部分 毒理学信息

急性毒性 无资料 **皮肤刺激或腐蚀** 无资料

眼睛刺激或腐蚀 无资料 **呼吸或皮肤过敏** 无资料

生殖细胞突变性 无资料 **致癌性** 无资料

生殖毒性 无资料

特异性靶器官系统毒性-一次接触 无资料

特异性靶器官系统毒性-反复接触 无资料

吸入危害 无资料

第十二部分 生态学信息

生态毒性 无资料

持久性和降解性

生物降解性 无资料

非生物降解性 无资料

潜在的生物累积性 根据 K_{ow} 值预测，该物质的生物累积性可能较弱

土壤中的迁移性 根据 K_{oc} 值预测，该物质可能易发生迁移

第十三部分 废弃处置

废弃化学品 建议用焚烧法处置。焚烧炉排出的氮氧化物通过洗涤器除去

污染包装物 将容器返还生产商或按照国家和地方法规处置

废弃注意事项 处置前应参阅国家和地方有关法规

第十四部分 运输信息

联合国危险货物编号（UN号） 1993

联合国运输名称 易燃液体，未另作规定的（3,5-二甲基吡啶）

联合国危险性类别 3

包装类别 Ⅲ类包装 **包装标志**

海洋污染物 否

运输注意事项 运输时运输车辆应配备相应品种和数量的消防器材及泄漏应急处理设备。夏季最好早晚运输。运输时所用的槽（罐）车应有接地链，槽内可设孔隔板以减少震荡产生的静电。严禁与氧化剂、酸类、食用化学品等混装混运。运输途中应防曝晒、雨淋，防高温。中途停留时应远离火种、热源、高温区。装运该物品的车辆排气管必须配备阻火装置，禁止使用易产生火花的机械设备和工具装卸。公路运输时要按规定路线行驶，勿在居民区和人口稠密区停留。铁路运输时要禁止溜放。严禁用木船、水泥船散装运输

第十五部分 法规信息

下列法律、法规、规章和标准，对该化学品的管理作了相应的规定。

中华人民共和国职业病防治法 职业病分类和目录：未列入

危险化学品安全管理条例 危险化学品目录：列入。易制爆危险化学品名录：未列入。重点监管的危险化学品名录：未列入。GB 18218—2009《危险化学品重大危险源辨识》(表1)：未列入

使用有毒物品作业场所劳动保护条例 高毒物品目录：未列入

易制毒化学品管理条例 易制毒化学品的分类和品种目录：未列入

国际公约 斯德哥尔摩公约：未列入。鹿特丹公约：未列入。蒙特利尔议定书：未列入

第十六部分 其他信息

编写和修订信息 **缩略语和首字母缩写**
培训建议 **参考文献**
免责声明

2,6-二甲基吡啶

第一部分 化学品标识

化学品中文名 2,6-二甲基吡啶；2,6-卢剔啶
化学品英文名 2,6-dimethylpyridine；2,6-lutidine
分子式 C_7H_9N **相对分子质量** 107.17
结构式 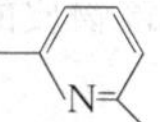

化学品的推荐及限制用途 在医药上可制治疗各种类型高血压病药及急救药，另外还用作杀虫剂及助染剂等

第二部分 危险性概述

紧急情况概述 易燃液体和蒸气，吞咽有害
GHS危险性类别 易燃液体，类别3；急性毒性-经口，类别4
标签要素

警示词 警告
危险性说明 易燃液体和蒸气，吞咽有害
防范说明

预防措施 远离热源、火花、明火、热表面。禁止吸烟。保持容器密闭。容器和接收设备接地连接。使用防爆电器、通风、照明设备。只能使用不产生火花的工具。采取防止静电措施。戴防护手套、防护眼镜、防护面罩。避免接触眼睛、皮肤，操作后彻底清洗。作业场所不得进食、饮水或吸烟

事故响应 火灾时，使用泡沫、干粉、二氧化碳、砂土灭火。如皮肤（或头发）接触：立即脱掉所有被污染的衣服，用水冲洗皮肤，淋浴。食入：漱口。如果感觉不适，立即呼叫中毒控制中心或就医

安全储存 存放在通风良好的地方。保持低温

废弃处置 本品及内装物、容器依据国家和地方法规处置

物理和化学危险 易燃，其蒸气与空气混合，能形成爆炸性混合物
健康危害 本品具有刺激性，对神经系统、肝、肾有损害。接触后出现眼睛、皮肤和黏膜刺激症状，并引起头痛、眩晕、恶心、呕吐、精神迟钝、腹痛、腹泻等
环境危害 对环境可能有害

第三部分 成分/组成信息

√物质		混合物
组分	**浓度**	**CAS No.**
2,6-二甲基吡啶		108-48-5

第四部分 急救措施

吸入 迅速脱离现场至空气新鲜处。保持呼吸道通畅。如呼吸困难，给输氧。如呼吸、心跳停止，立即进行心肺复苏术。就医
皮肤接触 立即脱去污染的衣着，用流动清水彻底冲洗。就医
眼睛接触 立即分开眼睑，用流动清水或生理盐水彻底冲洗。就医
食入 漱口，饮水。就医
对保护施救者的忠告 根据需要使用个人防护设备
对医生的特别提示 对症处理

第五部分 消防措施

灭火剂 用泡沫、干粉、二氧化碳、砂土灭火
特别危险性 易燃，遇高热、明火有引起燃烧的危险。受热分解放出有毒烟气。与氧化剂接触发生猛烈反应。燃烧生成有害的一氧化碳、氮氧化物
灭火注意事项及防护措施 消防人员须佩戴防毒面具、穿全身消防服，在上风向灭火。尽可能将容器从火场移至空旷处。喷水保持火场容器冷却，直至灭火结束。容器突然发出异常声音或出现异常现象，应立即撤离

第六部分 泄漏应急处理

作业人员防护措施、防护装备和应急处置程序 消除所有点火源。根据液体流动和蒸气扩散的影响区域划定警戒区，无关人员从侧风、上风向撤离至安全区。建议应急处理人员戴正压自给式呼吸器，穿防毒、防静电服，戴橡胶耐油手套。作业时使用的所有设备应接地。禁止接触或跨越泄漏物。尽可能切断泄漏源
环境保护措施 防止泄漏物进入水体、下水道、地下室或有限空间
泄漏化学品的收容、清除方法及所使用的处置材料 小量泄漏：用砂土或其他不燃材料吸收，使用洁净的无火花工具收集吸收材料。大量泄漏：构筑围堤或挖坑收容。用泡沫覆盖，减少蒸发。喷水雾能减少蒸发，但不能降低泄漏物在有限空间内的易燃性。用防爆泵转移至槽车或专用收集器内。喷雾状水驱散蒸气、稀释液体泄漏物

第七部分 操作处置与储存

操作注意事项 密闭操作，注意通风。操作人员必须经过专门培训，严格遵守操作规程。建议操作人员佩戴过滤式防毒面具（半面罩），戴化学安全防护眼镜，穿胶布防毒衣，戴橡胶耐油手套。远离火种、热源。工作场所严禁吸烟。使用防爆型的通风系统和设备。防止蒸气泄漏到工作场所空气中。避免与氧化剂、酸类接触。充装要控制流速，防止静电积聚。搬运时要轻

装轻卸，防止包装及容器损坏。配备相应品种和数量的消防器材及泄漏应急处理设备。倒空的容器可能残留有害物

储存注意事项 储存于阴凉、通风的库房。库温不宜超过37℃。远离火种、热源。包装要求密封，不可与空气接触。应与氧化剂、酸类等分开存放，切忌混储。采用防爆型照明、通风设施。禁止使用易产生火花的机械设备和工具。储区应备有泄漏应急处理设备和合适的收容材料

第八部分 接触控制/个体防护

职业接触限值

中国 未制定标准

美国(ACGIH) 未制定标准

生物接触限值 未制定标准

监测方法 空气中有毒物质测定方法：未制定标准。生物监测检验方法：未制定标准

工程控制 密闭操作，注意通风。提供安全的淋浴和洗眼设备

个体防护装备

呼吸系统防护 可能接触其蒸气时，应该佩戴过滤式防毒面具（半面罩）。紧急事态抢救或撤离时，建议佩戴空气呼吸器

眼睛防护 戴化学安全防护眼镜

皮肤和身体防护 穿隔绝式防毒服

手防护 戴橡胶耐油手套

第九部分 理化特性

外观与性状 无色油状液体，有特臭

pH值 无资料 **熔点(℃)** −6

沸点(℃) 141～144 **相对密度(水=1)** 0.93

相对蒸气密度(空气=1) 3.7

饱和蒸气压(kPa) 8.88（79℃）

燃烧热(kJ/mol) 无资料 **临界温度(℃)** 无资料

临界压力(MPa) 3.75 **辛醇/水分配系数** 1.68

闪点(℃) 33 **自燃温度(℃)** 无资料

爆炸下限(%) 无资料 **爆炸上限(%)** 无资料

分解温度(℃) 无资料 **黏度(mPa·s)** 无资料

溶解性 微溶于热水、乙醇，溶于乙醚、丙酮

第十部分 稳定性和反应性

稳定性 稳定

危险反应 与强氧化剂等禁配物接触，有发生火灾和爆炸的危险

避免接触的条件 无资料

禁配物 强氧化剂、酸类、酰基氯、酸酐

危险的分解产物 无资料

第十一部分 毒理学信息

急性毒性

LD_{50} 400mg/kg（大鼠经口）；2500mg/kg（豚鼠经皮）

LCLo 7500ppm（大鼠吸入，1h）

皮肤刺激或腐蚀 无资料 **眼睛刺激或腐蚀** 无资料

呼吸或皮肤过敏 无资料 **生殖细胞突变性** 无资料

致癌性 无资料 **生殖毒性** 无资料

特异性靶器官系统毒性-一次接触 无资料

特异性靶器官系统毒性-反复接触 无资料

吸入危害 无资料

第十二部分 生态学信息

生态毒性 无资料

持久性和降解性

生物降解性 污染的地表土，土壤生物降解半衰期为0.5个月；未污染的地表土，土壤生物降解半衰期为1个月

非生物降解性 空气中，当羟基自由基浓度为5.00×10^5个/cm^3时，降解半衰期为6d（理论）

潜在的生物累积性 根据K_{ow}值预测，该物质的生物累积性可能较弱

土壤中的迁移性 根据K_{oc}值预测，该物质可能易发生迁移

第十三部分 废弃处置

废弃化学品 建议用焚烧法处置。焚烧炉排出的氮氧化物通过洗涤器除去

污染包装物 将容器返还生产商或按照国家和地方法规处置

废弃注意事项 处置前应参阅国家和地方有关法规

第十四部分 运输信息

联合国危险货物编号(UN号) 1993

联合国运输名称 易燃液体，未另作规定的（2,6-二甲基吡啶）

联合国危险性类别 3

包装类别 Ⅲ类包装 **包装标志** 

海洋污染物 否

运输注意事项 运输时运输车辆应配备相应品种和数量的消防器材及泄漏应急处理设备。夏季最好早晚运输。运输时所用的槽（罐）车应有接地链，槽内可设孔隔板以减少震荡产生的静电。严禁与氧化剂、酸类、食用化学品等混装混运。运输途中应防曝晒、雨淋，防高温。中途停留时应远离火种、热源、高温区。装运该物品的车辆排气管必须配备阻火装置，禁止使用易产生火花的机械设备和工具装卸。公路运输时要按规定路线行驶，勿在居民区和人口稠密区停留。铁路运输时要禁止溜放。严禁用木船、水泥船散装运输

第十五部分 法规信息

下列法律、法规、规章和标准，对该化学品的管理作了相应的规定。

中华人民共和国职业病防治法 职业病分类和目录：未列入

危险化学品安全管理条例 危险化学品目录：列入。易制

爆危险化学品名录：未列入。重点监管的危险化学品名录：未列入。GB 18218—2009《危险化学品重大危险源辨识》（表 1）：未列入

使用有毒物品作业场所劳动保护条例 高毒物品目录：未列入

易制毒化学品管理条例 易制毒化学品的分类和品种目录：未列入

国际公约 斯德哥尔摩公约：未列入。鹿特丹公约：未列入。蒙特利尔议定书：未列入

第十六部分 其他信息

编写和修订信息 **缩略语和首字母缩写**
培训建议 **参考文献**
免责声明

2,4-二甲基吡啶

第一部分 化学品标识

化学品中文名 2,4-二甲基吡啶；2,4-卢剔啶
化学品英文名 2,4-dimethylpyridine；2,4-lutidine
分子式 C_7H_9N **相对分子质量** 107.17
结构式 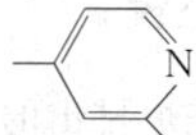

化学品的推荐及限制用途 用于有机合成，合成药物和用作溶剂

第二部分 危险性概述

紧急情况概述 易燃液体和蒸气，吞咽会中毒
GHS 危险性类别 易燃液体，类别 3；急性毒性-经口，类别 3
标签要素

象形图 

警示词 危险
危险性说明 易燃液体和蒸气，吞咽会中毒
防范说明

预防措施 远离热源、火花、明火、热表面。禁止吸烟。保持容器密闭。容器和接收设备接地连接。使用防爆电器、通风、照明设备。只能使用不产生火花的工具。采取防止静电措施。戴防护手套、防护眼镜、防护面罩。避免接触眼睛、皮肤，操作后彻底清洗。作业场所不得进食、饮水或吸烟

事故响应 火灾时，使用抗溶性泡沫、干粉、二氧化碳、砂土灭火。如皮肤（或头发）接触：立即脱掉所有被污染的衣服，用水冲洗皮肤，淋浴。食入：漱口。立即呼叫中毒控制中心或就医

安全储存 存放在通风良好的地方。保持低温。上锁保管

废弃处置 本品及内装物、容器依据国家和地方法规处置

物理和化学危险 易燃，其蒸气与空气混合，能形成爆炸性混合物

健康危害 本品具有刺激性，对神经系统、肝、肾有损害。接触后出现眼睛、皮肤和黏膜刺激症状，并引起头痛、眩晕、恶心、呕吐、精神迟钝、腹痛、腹泻等

环境危害 对环境可能有害

第三部分 成分/组成信息

√物质		混合物
组分	**浓度**	**CAS No.**
2,4-二甲基吡啶		108-47-4

第四部分 急救措施

吸入 迅速脱离现场至空气新鲜处。保持呼吸道通畅。如呼吸困难，给输氧。如呼吸、心跳停止，立即进行心肺复苏术。就医

皮肤接触 立即脱去污染的衣着，用流动清水彻底冲洗。就医

眼睛接触 立即分开眼睑，用流动清水或生理盐水彻底冲洗。就医

食入 饮适量温水，催吐（仅限于清醒者）。就医

对保护施救者的忠告 根据需要使用个人防护设备

对医生的特别提示 对症处理

第五部分 消防措施

灭火剂 用抗溶性泡沫、干粉、二氧化碳、砂土灭火

特别危险性 易燃，其蒸气与空气混合，能形成爆炸性混合物。遇明火、高热或与氧化剂接触，有引起燃烧爆炸的危险。受热分解放出有毒的氧化氮烟气。燃烧生成有害的一氧化碳、氮氧化物

灭火注意事项及防护措施 消防人员须佩戴防毒面具、穿全身消防服，在上风向灭火。尽可能将容器从火场移至空旷处。喷水保持火场容器冷却，直至灭火结束。容器突然发出异常声音或出现异常现象，应立即撤离

第六部分 泄漏应急处理

作业人员防护措施、防护装备和应急处置程序 消除所有点火源。根据液体流动和蒸气扩散的影响区域划定警戒区，无关人员从侧风、上风向撤离至安全区。建议应急处理人员戴正压自给式呼吸器，穿防毒、防静电服，戴橡胶耐油手套。作业时使用的所有设备应接地。禁止接触或跨越泄漏物。尽可能切断泄漏源

环境保护措施 防止泄漏物进入水体、下水道、地下室或有限空间

泄漏化学品的收容、清除方法及所使用的处置材料 小量泄漏：用砂土或其他不燃材料吸收，使用洁净的无火花工具收集吸收材料。大量泄漏：构筑围堤或挖坑收容。用泡沫覆盖，减少蒸发。喷水雾能减少蒸发，但不能降低泄漏物在有限空间内的易燃性。用防爆泵转移至槽车或专用收集器内

第七部分 操作处置与储存

操作注意事项 密闭操作，注意通风。操作人员必须经过

专门培训，严格遵守操作规程。建议操作人员佩戴过滤式防毒面具（半面罩），戴化学安全防护眼镜，穿胶布防毒衣，戴橡胶耐油手套。远离火种、热源。工作场所严禁吸烟。使用防爆型的通风系统和设备。防止蒸气泄漏到工作场所空气中。避免与氧化剂、酸类接触。充装要控制流速，防止静电积聚。搬运时要轻装轻卸，防止包装及容器损坏。配备相应品种和数量的消防器材及泄漏应急处理设备。倒空的容器可能残留有害物

储存注意事项 储存于阴凉、通风的库房。库温不宜超过37℃。远离火种、热源。包装要求密封，不可与空气接触。应与氧化剂、酸类等分开存放，切忌混储。采用防爆型照明、通风设施。禁止使用易产生火花的机械设备和工具。储区应备有泄漏应急处理设备和合适的收容材料

第八部分 接触控制/个体防护

职业接触限值

中国 未制定标准

美国(ACGIH) 未制定标准

生物接触限值 未制定标准

监测方法 空气中有毒物质测定方法：未制定标准。生物监测检验方法：未制定标准

工程控制 密闭操作，注意通风。提供安全的淋浴和洗眼设备

个体防护装备

呼吸系统防护 可能接触其蒸气时，应该佩戴过滤式防毒面具（半面罩）。紧急事态抢救或撤离时，建议佩戴空气呼吸器

眼睛防护 戴化学安全防护眼镜

皮肤和身体防护 穿隔绝式防毒服

手防护 戴橡胶耐油手套

第九部分 理化特性

外观与性状 无色或淡黄色油状液体，有胡椒气味，有吸湿性

pH值 无资料 **熔点(℃)** −60.0

沸点(℃) 157～158 **相对密度(水=1)** 0.93

相对蒸气密度(空气=1) 无资料

饱和蒸气压(kPa) 4740（76.3℃）

燃烧热(kJ/mol) 无资料 **临界温度(℃)** 无资料

临界压力(MPa) 无资料 **辛醇/水分配系数** 1.90

闪点(℃) 37.22 **自燃温度(℃)** 无资料

爆炸下限(%) 无资料 **爆炸上限(%)** 无资料

分解温度(℃) 无资料 **黏度(mPa·s)** 无资料

溶解性 溶于水，可混溶于多数有机溶剂

第十部分 稳定性和反应性

稳定性 稳定

危险反应 与强氧化剂等禁配物接触，有发生火灾和爆炸的危险

避免接触的条件 受热

禁配物 强氧化剂、酸类、酰基氯、酸酐

危险的分解产物 无资料

第十一部分 毒理学信息

急性毒性 LD_{50}：200mg/kg（大鼠经口）

皮肤刺激或腐蚀 无资料 **眼睛刺激或腐蚀** 无资料

呼吸或皮肤过敏 无资料 **生殖细胞突变性** 无资料

致癌性 无资料 **生殖毒性** 无资料

特异性靶器官系统毒性-一次接触 无资料

特异性靶器官系统毒性-反复接触 无资料

吸入危害 无资料

第十二部分 生态学信息

生态毒性 无资料

持久性和降解性

生物降解性 无资料

非生物降解性 无资料

潜在的生物累积性 根据 K_{ow} 值预测，该物质的生物累积性可能较弱

土壤中的迁移性 根据 K_{oc} 值预测，该物质可能易发生迁移

第十三部分 废弃处置

废弃化学品 建议用焚烧法处置。焚烧炉排出的氮氧化物通过洗涤器除去

污染包装物 将容器返还生产商或按照国家和地方法规处置

废弃注意事项 处置前应参阅国家和地方有关法规

第十四部分 运输信息

联合国危险货物编号（UN号） 1992

联合国运输名称 易燃液体，毒性，未另作规定的（2,4-二甲基吡啶）

联合国危险性类别 3，6.1

包装类别 Ⅲ类包装

包装标志 

海洋污染物 否

运输注意事项 运输时运输车辆应配备相应品种和数量的消防器材及泄漏应急处理设备。夏季最好早晚运输。运输时所用的槽（罐）车应有接地链，槽内可设孔隔板以减少震荡产生的静电。严禁与氧化剂、酸类、食用化学品等混装混运。运输途中应防曝晒、雨淋，防高温。中途停留时应远离火种、热源、高温区。装运该物品的车辆排气管必须配备阻火装置，禁止使用易产生火花的机械设备和工具装卸。公路运输时要按规定路线行驶，勿在居民区和人口稠密区停留。铁路运输时要禁止溜放。严禁用木船、水泥船散装运输

第十五部分 法规信息

下列法律、法规、规章和标准，对该化学品的管理作了相应的规定。

中华人民共和国职业病防治法 职业病分类和目录：未列入

危险化学品安全管理条例 危险化学品目录：列入。易制爆危险化学品名录：未列入。重点监管的危险化学品名录：未列入。GB 18218—2009《危险化学品重大危险源辨识》(表 1)：未列入

使用有毒物品作业场所劳动保护条例 高毒物品目录：未列入

易制毒化学品管理条例 易制毒化学品的分类和品种目录：未列入

国际公约 斯德哥尔摩公约：未列入。鹿特丹公约：未列入。蒙特利尔议定书：未列入

第十六部分 其他信息

编写和修订信息 **缩略语和首字母缩写**
培训建议 **参考文献**
免责声明

N,*N*-二甲基丙醇胺

第一部分 化学品标识

化学品中文名 *N*,*N*-二甲基丙醇胺；3-(二甲氨基)-1-丙醇

化学品英文名 *N*,*N*-dimethylpropanolamine；3-(dimethylamino)-1-propanol

分子式 $C_5H_{13}NO$ **相对分子质量** 103.18

结构式 $(CH_3)_2N-CH_2CH_2CH_2-OH$

化学品的推荐及限制用途 用于有机合成

第二部分 危险性概述

紧急情况概述 易燃液体和蒸气

GHS 危险性类别 易燃液体，类别 3；急性毒性-经口，类别 5

标签要素

象形图 

警示词 警告

危险性说明 易燃液体和蒸气，吞咽可能有害

防范说明

预防措施 远离热源、火花、明火、热表面。禁止吸烟。保持容器密闭。容器和接收设备接地连接。使用防爆电器、通风、照明设备。只能使用不产生火花的工具。采取防止静电措施。戴防护手套、防护眼镜、防护面罩

事故响应 火灾时，使用雾状水、抗溶性泡沫、干粉、二氧化碳、砂土灭火。如皮肤(或头发)接触：立即脱掉所有被污染的衣服，用水冲洗皮肤，淋浴。如果感觉不适，呼叫中毒控制中心或就医

安全储存 存放在通风良好的地方。保持低温

废弃处置 本品及内装物、容器依据国家和地方法规处置

物理和化学危险 易燃，其蒸气与空气混合，能形成爆炸性混合物

健康危害 吸入蒸气，引起咳嗽、呕吐，高浓度可引起呼吸困难和肺水肿。对眼有刺激性

环境危害 对环境可能有害

第三部分 成分/组成信息

√物质		混合物
组分	**浓度**	**CAS No.**
N,*N*-二甲基丙醇胺		3179-63-3

第四部分 急救措施

吸入 迅速脱离现场至空气新鲜处。保持呼吸道通畅。如呼吸困难，给输氧。如呼吸、心跳停止，立即进行心肺复苏术。就医

皮肤接触 立即脱去污染的衣着，用流动清水彻底冲洗。就医

眼睛接触 立即分开眼睑，用流动清水或生理盐水彻底冲洗。就医

食入 漱口，饮水。就医

对保护施救者的忠告 根据需要使用个人防护设备

对医生的特别提示 对症处理

第五部分 消防措施

灭火剂 用雾状水、抗溶性泡沫、干粉、二氧化碳、砂土灭火

特别危险性 受高热分解放出有毒的气体。与氧化剂能发生强烈反应。燃烧生成有害的一氧化碳、氮氧化物

灭火注意事项及防护措施 消防人员须佩戴防毒面具、穿全身消防服，在上风向灭火。尽可能将容器从火场移至空旷处。喷水保持火场容器冷却，直至灭火结束。容器突然发出异常声音或出现异常现象，应立即撤离

第六部分 泄漏应急处理

作业人员防护措施、防护装备和应急处置程序 消除所有点火源。根据液体流动和蒸气扩散的影响区域划定警戒区，无关人员从侧风、上风向撤离至安全区。建议应急处理人员戴正压自给式呼吸器，穿防静电服，戴橡胶手套。作业时使用的所有设备应接地。禁止接触或跨越泄漏物。尽可能切断泄漏源

环境保护措施 防止泄漏物进入水体、下水道、地下室或有限空间

泄漏化学品的收容、清除方法及所使用的处置材料 小量泄漏：用砂土或其他不燃材料吸收，使用洁净的无火花工具收集吸收材料。大量泄漏：构筑围堤或挖坑收容。用泡沫覆盖，减少蒸发。喷水雾能减少蒸发，但不能降低泄漏物在有限空间内的易燃性。用防爆泵转移至槽车或专用收集器内

第七部分 操作处置与储存

操作注意事项 密闭操作，局部排风。操作人员必须经过专门培训，严格遵守操作规程。建议操作人员佩戴过

滤式防毒面具（半面罩），戴化学安全防护眼镜，穿化学防护服，戴橡胶手套。远离火种、热源。工作场所严禁吸烟。使用防爆型的通风系统和设备。防止蒸气泄漏到工作场所空气中。避免与氧化剂、酸类接触。充装要控制流速，防止静电积聚。搬运时要轻装轻卸，防止包装及容器损坏。配备相应品种和数量的消防器材及泄漏应急处理设备。倒空的容器可能残留有害物

储存注意事项　储存于阴凉、通风的库房。库温不宜超过37℃。远离火种、热源。保持容器密封。应与氧化剂、酸类分开存放，切忌混储。采用防爆型照明、通风设施。禁止使用易产生火花的机械设备和工具。储区应备有泄漏应急处理设备和合适的收容材料

第八部分　接触控制/个体防护

职业接触限值

中国　未制定标准

美国(ACGIH)　未制定标准

生物接触限值　未制定标准

监测方法　空气中有毒物质测定方法：未制定标准。生物监测检验方法：未制定标准

工程控制　密闭操作，局部排风。提供安全的淋浴和洗眼设备

个体防护装备

呼吸系统防护　空气中浓度超标时，建议佩戴过滤式防毒面具（半面罩）。紧急事态抢救或撤离时，应该佩戴空气呼吸器

眼睛防护　戴化学安全防护眼镜

皮肤和身体防护　穿化学防护服

手防护　戴橡胶手套

第九部分　理化特性

外观与性状　无色透明或琥珀色挥发性液体

pH值　无资料　　**熔点(℃)**　−35

沸点(℃)　163～164

相对密度(水=1)　0.85（25℃）

相对蒸气密度(空气=1)　3.52

饱和蒸气压(kPa)　无资料　　**燃烧热(kJ/mol)**　无资料

临界温度(℃)　无资料　　**临界压力(MPa)**　无资料

辛醇/水分配系数　−0.440　　**闪点(℃)**　36.11

自燃温度(℃)　235　　**爆炸下限(%)**　0.9

爆炸上限(%)　11.2　　**分解温度(℃)**　无资料

黏度(mPa·s)　无资料　　**溶解性**　溶于水

第十部分　稳定性和反应性

稳定性　稳定

危险反应　与强氧化剂等禁配物接触，有发生火灾和爆炸的危险

避免接触的条件　受热

禁配物　强氧化剂、酸类

危险的分解产物　无资料

第十一部分　毒理学信息

急性毒性　LD_{50}：1890mg/kg（大鼠经口）

皮肤刺激或腐蚀　无资料　　**眼睛刺激或腐蚀**　无资料

呼吸或皮肤过敏　无资料　　**生殖细胞突变性**　无资料

致癌性　无资料　　**生殖毒性**　无资料

特异性靶器官系统毒性-一次接触　无资料

特异性靶器官系统毒性-反复接触　无资料

吸入危害　无资料

第十二部分　生态学信息

生态毒性　无资料

持久性和降解性

生物降解性　无资料

非生物降解性　无资料

潜在的生物累积性　根据K_{ow}值预测，该物质的生物累积性可能较弱

土壤中的迁移性　根据K_{oc}值预测，该物质可能易发生迁移

第十三部分　废弃处置

废弃化学品　建议用焚烧法处置。焚烧炉排出的氮氧化物通过洗涤器除去

污染包装物　将容器返还生产商或按照国家和地方法规处置

废弃注意事项　处置前应参阅国家和地方有关法规

第十四部分　运输信息

联合国危险货物编号(UN号)　1993

联合国运输名称　易燃液体，未另作规定的（N,N-二甲基丙醇胺）

联合国危险性类别　3

包装类别　Ⅲ类包装　　**包装标志**

海洋污染物　否

运输注意事项　运输时运输车辆应配备相应品种和数量的消防器材及泄漏应急处理设备。夏季最好早晚运输。运输时所用的槽（罐）车应有接地链，槽内可设孔隔板以减少震荡产生的静电。严禁与氧化剂、酸类、食用化学品等混装混运。运输途中应防曝晒、雨淋，防高温。中途停留时应远离火种、热源、高温区。装运该物品的车辆排气管必须配备阻火装置，禁止使用易产生火花的机械设备和工具装卸。公路运输时要按规定路线行驶，勿在居民区和人口稠密区停留。铁路运输时要禁止溜放。严禁用木船、水泥船散装运输

第十五部分　法规信息

下列法律、法规、规章和标准，对该化学品的管理作了相应的规定。

中华人民共和国职业病防治法　职业病分类和目录：未列入

危险化学品安全管理条例　危险化学品目录：列入。易制爆危险化学品名录：未列入。重点监管的危险化学品名录：未列入。GB 18218—2009《危险化学品重大

危险源辨识》(表1)：未列入

使用有毒物品作业场所劳动保护条例　高毒物品目录：未列入

易制毒化学品管理条例　易制毒化学品的分类和品种目录：未列入

国际公约　斯德哥尔摩公约：未列入。鹿特丹公约：未列入。蒙特利尔议定书：未列入

第十六部分　其他信息

编写和修订信息　**缩略语和首字母缩写**

培训建议　**参考文献**

免责声明

N,*N*-二甲基-1,3-丙二胺

第一部分　化学品标识

化学品中文名　*N*,*N*-二甲基-1,3-丙二胺；*N*,*N*-二甲氨基丙胺；3-二甲氨基-1-丙胺

化学品英文名　*N*,*N*-dimethyl-1,3-propanediamine；*N*,*N*-dimethylaminopropylamine；3-(dimethylamino)-1-propylamine

分子式　$C_5H_{14}N_2$　**相对分子质量**　102.21

结构式　$(CH_3)_2N-CH_2CH_2CH_2-NH_2$

化学品的推荐及限制用途　用于有机合成，用作环氧树脂固化剂

第二部分　危险性概述

紧急情况概述　易燃液体和蒸气，吞咽有害，造成严重的皮肤灼伤和眼损伤，可能导致皮肤过敏反应

GHS危险性类别　易燃液体，类别3；急性毒性-经口，类别4；皮肤腐蚀/刺激，类别1B；严重眼损伤/眼刺激，类别1；皮肤致敏物，类别1；危害水生环境-急性危害，类别3

标签要素

象形图

警示词　危险

危险性说明　易燃液体和蒸气，吞咽有害，造成严重的皮肤灼伤和眼损伤，可能导致皮肤过敏反应，对水生生物有害

防范说明

预防措施　远离热源、火花、明火、热表面。禁止吸烟。保持容器密闭。容器和接收设备接地连接。使用防爆电器、通风、照明设备。只能使用不产生火花的工具。采取防止静电措施。避免接触眼睛、皮肤，操作后彻底清洗。作业场所不得进食、饮水或吸烟。戴防护手套，穿防护服，戴防护眼镜、防护面罩。避免吸入蒸气、雾。污染的工作服不得带出工作场所。禁止排入环境

事故响应　火灾时，使用雾状水、抗溶性泡沫、干粉、二氧化碳、砂土灭火。如吸入：将患者转移到空气新鲜处，休息，保持利于呼吸的体位。如皮肤(或头发)接触：立即脱掉所有被污染的衣服，用水冲洗皮肤，淋浴。污染的衣服须洗净后方可重新使用。如出现皮肤刺激或皮疹：就医。接触眼睛：用水细心冲洗数分钟。如戴隐形眼镜并可方便地取出，取出隐形眼镜继续冲洗。食入：漱口。不要催吐。如果感觉不适，立即呼叫中毒控制中心或就医

安全储存　存放在通风良好的地方。保持低温。上锁保管

废弃处置　本品及内装物、容器依据国家和地方法规处置

物理和化学危险　易燃，其蒸气与空气混合，能形成爆炸性混合物

健康危害　对眼和皮肤有腐蚀性。对皮肤有致敏性

环境危害　对水生生物有害

第三部分　成分/组成信息

√物质		混合物
组分	**浓度**	**CAS No.**
N,*N*-二甲基-1,3-丙二胺		109-55-7

第四部分　急救措施

吸入　迅速脱离现场至空气新鲜处。保持呼吸道通畅。如呼吸困难，给输氧。如呼吸、心跳停止，立即进行心肺复苏术。就医

皮肤接触　立即脱去污染的衣着，用大量流动清水彻底冲洗至少15min。就医

眼睛接触　立即分开眼睑，用流动清水或生理盐水彻底冲洗至少15min。就医

食入　用水漱口，禁止催吐。给饮牛奶或蛋清。就医

对保护施救者的忠告　根据需要使用个人防护设备

对医生的特别提示　对症处理

第五部分　消防措施

灭火剂　用雾状水、抗溶性泡沫、干粉、二氧化碳、砂土灭火

特别危险性　具有腐蚀性。燃烧生成有害的一氧化碳、氮氧化物

灭火注意事项及防护措施　消防人员须佩戴防毒面具、穿全身消防服，在上风向灭火。尽可能将容器从火场移至空旷处。喷水保持火场容器冷却，直至灭火结束。容器突然发出异常声音或出现异常现象，应立即撤离

第六部分　泄漏应急处理

作业人员防护措施、防护装备和应急处置程序　消除所有点火源。根据液体流动和蒸气扩散的影响区域划定警戒区，无关人员从侧风、上风向撤离至安全区。建议应急处理人员戴正压自给式呼吸器，穿防静电、防腐蚀、防毒服，戴橡胶耐油手套。作业时使用的所有设备应接地。禁止接触或跨越泄漏物。尽可能切断泄漏源

环境保护措施　防止泄漏物进入水体、下水道、地下室或

有限空间

泄漏化学品的收容、清除方法及所使用的处置材料 小量泄漏：用砂土或其他不燃材料吸收，使用洁净的无火花工具收集吸收材料。大量泄漏：构筑围堤或挖坑收容。用抗溶性泡沫覆盖，减少蒸发。喷水雾能减少蒸发，但不能降低泄漏物在有限空间内的易燃性。用防爆、耐腐蚀泵转移至槽车或专用收集器内

第七部分 操作处置与储存

操作注意事项 密闭操作，全面通风。尽可能采取隔离操作。操作人员必须经过专门培训，严格遵守操作规程。建议操作人员佩戴导管式防毒面具，穿聚乙烯防毒服，戴橡胶耐油手套。远离火种、热源。工作场所严禁吸烟。使用防爆型的通风系统和设备。防止蒸气泄漏到工作场所空气中。避免与氧化剂接触。搬运时要轻装轻卸，防止包装及容器损坏。配备相应品种和数量的消防器材及泄漏应急处理设备。倒空的容器可能残留有害物

储存注意事项 储存于阴凉、通风的库房。远离火种、热源。库温不宜超过37℃。包装要求密封，不可与空气接触。应与氧化剂分开存放，切忌混储。采用防爆型照明、通风设施。禁止使用易产生火花的机械设备和工具。储区应备有泄漏应急处理设备和合适的收容材料

第八部分 接触控制/个体防护

职业接触限值

中国 未制定标准

美国(ACGIH) 未制定标准

生物接触限值 未制定标准

监测方法 空气中有毒物质测定方法：未制定标准。生物监测检验方法：未制定标准

工程控制 生产过程密闭，全面通风。尽可能采取隔离操作

个体防护装备

呼吸系统防护 可能接触其蒸气时，应该佩戴过滤式防毒面具（全面罩）

眼睛防护 呼吸系统防护中已作防护

皮肤和身体防护 穿隔绝式防毒服

手防护 戴橡胶耐油手套

第九部分 理化特性

外观与性状 无色液体，具有氨味

pH值 无资料 **熔点(℃)** <−70

沸点(℃) 123

相对密度(水=1) 0.81（30℃）

相对蒸气密度(空气=1) 3.52

饱和蒸气压(kPa) 1.33（30℃）

燃烧热(kJ/mol) 无资料 **临界温度(℃)** 无资料

临界压力(MPa) 无资料 **辛醇/水分配系数** −0.45

闪点(℃) 37.78（OC） **自燃温度(℃)** 无资料

爆炸下限(%) 无资料 **爆炸上限(%)** 无资料

分解温度(℃) 无资料 **黏度(mPa·s)** 无资料

溶解性 与水混溶，溶于有机溶剂

第十部分 稳定性和反应性

稳定性 稳定

危险反应 与强氧化剂等禁配物接触，有发生火灾和爆炸的危险

避免接触的条件 接触空气

禁配物 强氧化剂

危险的分解产物 无资料

第十一部分 毒理学信息

急性毒性 LC_{50}：1000mg/m³（大鼠吸入，2h）

皮肤刺激或腐蚀 无资料 **眼睛刺激或腐蚀** 无资料

呼吸或皮肤过敏 无资料 **生殖细胞突变性** 无资料

致癌性 无资料 **生殖毒性** 无资料

特异性靶器官系统毒性-一次接触 无资料

特异性靶器官系统毒性-反复接触 兔和狗，60mg/m³，每天5h，共30d，可引起眼睛和呼吸道刺激及体重下降

吸入危害 无资料

第十二部分 生态学信息

生态毒性 ErC_{50}：56.2mg/L（72h）（藻类）

持久性和降解性

生物降解性 易快速生物降解

非生物降解性 无资料

潜在的生物累积性 根据K_{ow}值预测，该物质的生物累积性可能较弱

土壤中的迁移性 根据K_{oc}值预测，该物质可能易发生迁移

第十三部分 废弃处置

废弃化学品 建议用焚烧法处置。焚烧炉排出的氮氧化物通过洗涤器除去

污染包装物 将容器返还生产商或按照国家和地方法规处置

废弃注意事项 处置前应参阅国家和地方有关法规

第十四部分 运输信息

联合国危险货物编号（UN号） 2734

联合国运输名称 液态胺，腐蚀性，易燃，未另作规定（N,N-二甲基-1,3-丙二胺）

联合国危险性类别 8，3

包装类别 Ⅱ类包装

包装标志

海洋污染物 否

运输注意事项 运输时运输车辆应配备相应品种和数量的消防器材及泄漏应急处理设备。夏季最好早晚运输。运输时所用的槽（罐）车应有接地链，槽内可设孔隔板以减少震荡产生的静电。严禁与氧化剂、食用化学

品等混装混运。运输途中应防曝晒、雨淋，防高温。中途停留时应远离火种、热源、高温区。装运该物品的车辆排气管必须配备阻火装置，禁止使用易产生火花的机械设备和工具装卸。公路运输时要按规定路线行驶，勿在居民区和人口稠密区停留。铁路运输时要禁止溜放。严禁用木船、水泥船散装运输

第十五部分 法规信息

下列法律、法规、规章和标准，对该化学品的管理作了相应的规定。

中华人民共和国职业病防治法 职业病分类和目录：未列入

危险化学品安全管理条例 危险化学品目录：列入。易制爆危险化学品名录：未列入。重点监管的危险化学品名录：未列入。GB 18218—2009《危险化学品重大危险源辨识》(表1)：未列入

使用有毒物品作业场所劳动保护条例 高毒物品目录：未列入

易制毒化学品管理条例 易制毒化学品的分类和品种目录：未列入

国际公约 斯德哥尔摩公约：未列入。鹿特丹公约：未列入。蒙特利尔议定书：未列入

第十六部分 其他信息

编写和修订信息 **缩略语和首字母缩写**
培训建议 **参考文献**
免责声明

1,3-二甲基丁胺

第一部分 化学品标识

化学品中文名 1,3-二甲基丁胺；2-氨基-4-甲基戊烷

化学品英文名 1,3-dimethylbutylamine；2-amino-4-methylpentane

分子式 $C_6H_{15}N$ **相对分子质量** 101.22

结构式 NH_2

化学品的推荐及限制用途 用作有机合成中间体

第二部分 危险性概述

紧急情况概述 高度易燃液体和蒸气，皮肤接触会中毒，造成严重的皮肤灼伤和眼损伤

GHS危险性类别 易燃液体，类别2；急性毒性-经皮，类别3；皮肤腐蚀/刺激，类别1；严重眼损伤/眼刺激，类别1

标签要素

象形图

警示词 危险

危险性说明 高度易燃液体和蒸气，皮肤接触会中毒，造成严重的皮肤灼伤和眼损伤

防范说明

预防措施 远离热源、火花、明火、热表面。禁止吸烟。保持容器密闭。容器和接收设备接地连接。使用防爆电器、通风、照明设备。只能使用不产生火花的工具。采取防止静电措施。避免吸入烟雾。避免接触眼睛、皮肤，操作后彻底清洗。戴防护手套，穿防护服，戴防护眼镜、防护面罩

事故响应 火灾时，使用泡沫、二氧化碳、干粉、砂土灭火。如吸入：将患者转移到空气新鲜处，休息，保持利于呼吸的体位。皮肤接触：用大量肥皂水和水清洗。如感觉不适，呼叫中毒控制中心或就医。立即脱去所有被污染的衣服。被污染的衣服须经洗净后方可重新使用。接触眼睛：用水细心冲洗数分钟。如戴隐形眼镜并可方便地取出，取出隐形眼镜继续冲洗。食入：漱口。不要催吐

安全储存 存放在通风良好的地方。保持低温。上锁保管

废弃处置 本品及内装物、容器依据国家和地方法规处置

物理和化学危险 高度易燃，其蒸气与空气混合，能形成爆炸性混合物

健康危害 吸入、口服或经皮吸收对身体有害。眼和皮肤接触引起灼伤

环境危害 对环境可能有害

第三部分 成分/组成信息

√物质		混合物
组分	**浓度**	**CAS No.**
1,3-二甲基丁胺		108-09-8

第四部分 急救措施

吸入 迅速脱离现场至空气新鲜处。保持呼吸道通畅。如呼吸困难，给输氧。如呼吸、心跳停止，立即进行心肺复苏术。就医

皮肤接触 立即脱去污染的衣着，用大量流动清水彻底冲洗至少15min。就医

眼睛接触 立即分开眼睑，用流动清水或生理盐水彻底冲洗至少15min。就医

食入 用水漱口，禁止催吐。给饮牛奶或蛋清。就医

对保护施救者的忠告 根据需要使用个人防护设备

对医生的特别提示 对症处理

第五部分 消防措施

灭火剂 用泡沫、二氧化碳、干粉、砂土灭火

特别危险性 与氧化剂接触发生强烈反应，甚至引起燃烧。蒸气比空气重，沿地面扩散并易积存于低洼处，遇火源会着火回燃。燃烧生成有害的一氧化碳、氮氧化物

灭火注意事项及防护措施 消防人员必须佩戴空气呼吸器、穿全身防火防毒服，在上风向灭火。喷水冷却容器，尽可能将容器从火场移至空旷处。用水灭火无效。容器突然发出异常声音或出现异常现象，应立即撤离

第六部分 泄漏应急处理

作业人员防护措施、防护装备和应急处置程序 消除所有点火源。根据液体流动和蒸气扩散的影响区域划定警戒区，无关人员从侧风、上风向撤离至安全区。建议应急处理人员戴正压自给式呼吸器，穿防静电、防腐蚀、防毒服，戴橡胶耐油手套。作业时使用的所有设备应接地。禁止接触或跨越泄漏物。尽可能切断泄漏源

环境保护措施 防止泄漏物进入水体、下水道、地下室或有限空间

泄漏化学品的收容、清除方法及所使用的处置材料 小量泄漏：用砂土或其他不燃材料吸收，使用洁净的无火花工具收集吸收材料。大量泄漏：构筑围堤或挖坑收容。用泡沫覆盖，减少蒸发。喷水雾能减少蒸发，但不能降低泄漏物在有限空间内的易燃性。用防爆、耐腐蚀泵转移至槽车或专用收集器内

第七部分 操作处置与储存

操作注意事项 密闭操作，全面通风。操作人员必须经过专门培训，严格遵守操作规程。建议操作人员佩戴自吸过滤式防毒面具（半面罩），戴化学安全防护眼镜，穿防毒物渗透工作服，戴橡胶耐油手套。远离火种、热源。工作场所严禁吸烟。使用防爆型的通风系统和设备。防止蒸气泄漏到工作场所空气中。避免与氧化剂、酸类接触。充装要控制流速，防止静电积聚。搬运时要轻装轻卸，防止包装及容器损坏。配备相应品种和数量的消防器材及泄漏应急处理设备。倒空的容器可能残留有害物

储存注意事项 储存于阴凉、通风的库房。远离火种、热源。库温不宜超过37℃。保持容器密封。应与氧化剂、酸类等分开存放，切忌混储。采用防爆型照明、通风设施。禁止使用易产生火花的机械设备和工具。储区应备有泄漏应急处理设备和合适的收容材料

第八部分 接触控制/个体防护

职业接触限值

中国 未制定标准

美国(ACGIH) 未制定标准

生物接触限值 未制定标准

监测方法 空气中有毒物质测定方法：未制定标准。生物监测检验方法：未制定标准

工程控制 生产过程密闭，全面通风。提供安全淋浴和洗眼设备

个体防护装备

呼吸系统防护 可能接触其蒸气时，应该佩戴过滤式防毒面具（半面罩）。紧急事态抢救或撤离时，建议佩戴空气呼吸器

眼睛防护 戴化学安全防护眼镜

皮肤和身体防护 穿防毒物渗透工作服

手防护 戴橡胶耐油手套

第九部分 理化特性

外观与性状 无色液体，有令人不愉快的气味

pH值 无资料　**熔点(℃)** 无资料

沸点(℃) 106～109　**相对密度(水=1)** 0.75

相对蒸气密度(空气=1) 3.5

饱和蒸气压(kPa) 无资料　**燃烧热(kJ/mol)** 无资料

临界温度(℃) 无资料　**临界压力(MPa)** 无资料

辛醇/水分配系数 无资料　**闪点(℃)** 12.78 (OC)

自燃温度(℃) 无资料　**爆炸下限(%)** 无资料

爆炸上限(%) 无资料　**分解温度(℃)** 无资料

黏度(mPa·s) 无资料　**溶解性** 不溶于水

第十部分 稳定性和反应性

稳定性 稳定

危险反应 与强氧化剂等禁配物接触，有发生火灾和爆炸的危险

避免接触的条件 无资料

禁配物 酸类、酰基氯、酸酐、二氧化碳、强氧化剂

危险的分解产物 无资料

第十一部分 毒理学信息

急性毒性 LD_{50}：600mg/kg（大鼠经口）；470mg/kg（小鼠经口）；600mg/kg（兔经皮）

皮肤刺激或腐蚀 家兔经皮：500mg，重度刺激

眼睛刺激或腐蚀 无资料　**呼吸或皮肤过敏** 无资料

生殖细胞突变性 无资料　**致癌性** 无资料

生殖毒性 无资料

特异性靶器官系统毒性-一次接触 无资料

特异性靶器官系统毒性-反复接触 无资料

吸入危害 无资料

第十二部分 生态学信息

生态毒性 无资料

持久性和降解性

生物降解性 无资料

非生物降解性 无资料

潜在的生物累积性 无资料

土壤中的迁移性 无资料

第十三部分 废弃处置

废弃化学品 建议用焚烧法处置。焚烧炉排出的氮氧化物通过洗涤器除去

污染包装物 将容器返还生产商或按照国家和地方法规处置

废弃注意事项 处置前应参阅国家和地方有关法规

第十四部分 运输信息

联合国危险货物编号(UN号) 2733

联合国运输名称 胺，易燃，腐蚀性，未另作规定的(1,3-二甲基丁胺)

联合国危险性类别 3，8

包装类别 Ⅱ类包装

包装标志 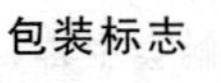 

海洋污染物 否

运输注意事项 运输时运输车辆应配备相应品种和数量的消防器材及泄漏应急处理设备。夏季最好早晚运输。运输时所用的槽（罐）车应有接地链，槽内可设孔隔板以减少震荡产生的静电。严禁与氧化剂、酸类、食用化学品等混装混运。运输途中应防曝晒、雨淋，防高温。中途停留时应远离火种、热源、高温区。装运该物品的车辆排气管必须配备阻火装置，禁止使用易产生火花的机械设备和工具装卸。公路运输时要按规定路线行驶，勿在居民区和人口稠密区停留。铁路运输时要禁止溜放。严禁用木船、水泥船散装运输

第十五部分　法规信息

下列法律、法规、规章和标准，对该化学品的管理作了相应的规定。

中华人民共和国职业病防治法 职业病分类和目录：未列入

危险化学品安全管理条例 危险化学品目录：列入。易制爆危险化学品名录：未列入。重点监管的危险化学品名录：未列入。GB 18218—2009《危险化学品重大危险源辨识》(表 1)：未列入

使用有毒物品作业场所劳动保护条例 高毒物品目录：未列入

易制毒化学品管理条例 易制毒化学品的分类和品种目录：未列入

国际公约 斯德哥尔摩公约：未列入。鹿特丹公约：未列入。蒙特利尔议定书：未列入

第十六部分　其他信息

编写和修订信息

缩略语和首字母缩写

培训建议

参考文献

免责声明

2,2-二甲基丁烷

第一部分　化学品标识

化学品中文名 2,2-二甲基丁烷；新己烷

化学品英文名 2,2-dimethyl butane；neohexane

分子式 C_6H_{14}　**相对分子质量** 86.20

结构式

化学品的推荐及限制用途 用作溶剂、航空汽油和车用汽油的添加剂，也用于有机合成及用作气相色谱对比样品

第二部分　危险性概述

紧急情况概述 高度易燃液体和蒸气，造成皮肤刺激，可能引起昏昏欲睡或眩晕，吞咽及进入呼吸道可能致命

GHS 危险性类别 易燃液体，类别 2；皮肤腐蚀/刺激，类别 2；特异性靶器官毒性-一次接触，类别 3（麻醉效应）；吸入危害，类别 1；危害水生环境-急性危害，类别 2；危害水生环境-长期危害，类别 2

标签要素

象形图

警示词 危险

危险性说明 高度易燃液体和蒸气，造成皮肤刺激，可能引起昏昏欲睡或眩晕，吞咽及进入呼吸道可能致命，对水生生物有毒并具有长期持续影响

防范说明

预防措施　远离热源、火花、明火、热表面。禁止吸烟。保持容器密闭。容器和接收设备接地连接。使用防爆电器、通风、照明设备。只能使用不产生火花的工具。采取防止静电措施。戴防护手套、防护眼镜、防护面罩。避免接触眼睛、皮肤，操作后彻底清洗。禁止排入环境

事故响应　火灾时，使用 1211 灭火剂、泡沫、干粉、二氧化碳、砂土灭火。皮肤接触：用大量肥皂水和水清洗。如发生皮肤刺激，就医。脱去被污染的衣服，洗净后方可重新使用。如果食入：不要催吐。立即呼叫中毒控制中心或就医。收集泄漏物

安全储存　存放在通风良好的地方。保持低温。上锁保管

废弃处置　本品及内装物、容器依据国家和地方法规处置

物理和化学危险 高度易燃，其蒸气与空气混合，能形成爆炸性混合物

健康危害 高浓度吸入出现呼吸道刺激、轻度恶心、头痛、头晕等；极高浓度吸入可致昏迷甚至死亡。液体对眼和皮肤有刺激性。皮肤长期接触可致皮炎。液态本品吸入呼吸道可引起吸入性肺炎

环境危害 对水生生物有毒并具有长期持续影响

第三部分　成分/组成信息

√物质　　混合物

组分	浓度	CAS No.
2,2-二甲基丁烷		75-83-2

第四部分　急救措施

吸入 迅速脱离现场至空气新鲜处。保持呼吸道通畅。如呼吸困难，给输氧。如呼吸、心跳停止，立即进行心肺复苏术。就医

皮肤接触 立即脱去污染的衣着，用流动清水彻底冲洗。就医

眼睛接触 立即分开眼睑，用流动清水或生理盐水彻底冲洗。就医

食入 漱口，饮水。禁止催吐。就医

对保护施救者的忠告 根据需要使用个人防护设备

对医生的特别提示 对症处理

第五部分　消防措施

灭火剂 用 1211 灭火剂、泡沫、干粉、二氧化碳、砂土灭火

特别危险性 在火场中，受热的容器有爆炸危险。蒸气比空气重，沿地面扩散并易积存于低洼处，遇火源会着火回燃。燃烧生成有害的一氧化碳

灭火注意事项及防护措施 消防人员须佩戴防毒面具、穿全身消防服，在上风向灭火。尽可能将容器从火场移至空旷处。喷水保持火场容器冷却，直至灭火结束。容器突然发出异常声音或出现异常现象，应立即撤离。用水灭火无效

第六部分 泄漏应急处理

作业人员防护措施、防护装备和应急处置程序 消除所有点火源。根据液体流动和蒸气扩散的影响区域划定警戒区，无关人员从侧风、上风向撤离至安全区。建议应急处理人员戴正压自给式呼吸器，穿防静电服，戴橡胶耐油手套。作业时使用的所有设备应接地。禁止接触或跨越泄漏物。尽可能切断泄漏源

环境保护措施 防止泄漏物进入水体、下水道、地下室或有限空间

泄漏化学品的收容、清除方法及所使用的处置材料 小量泄漏：用砂土或其他不燃材料吸收，使用洁净的无火花工具收集吸收材料。大量泄漏：构筑围堤或挖坑收容。用泡沫覆盖，减少蒸发。喷水雾能减少蒸发，但不能降低泄漏物在有限空间内的易燃性。用防爆泵转移至槽车或专用收集器内

第七部分 操作处置与储存

操作注意事项 密闭操作，全面通风。操作人员必须经过专门培训，严格遵守操作规程。建议操作人员佩戴自吸过滤式防毒面具（半面罩），戴化学安全防护眼镜，穿防静电工作服，戴橡胶耐油手套。远离火种、热源。工作场所严禁吸烟。使用防爆型的通风系统和设备。防止蒸气泄漏到工作场所空气中。避免与氧化剂接触。灌装时应控制流速，且有接地装置，防止静电积聚。搬运时要轻装轻卸，防止包装及容器损坏。配备相应品种和数量的消防器材及泄漏应急处理设备。倒空的容器可能残留有害物

储存注意事项 储存于阴凉、通风的库房。远离火种、热源。库温不宜超过 29℃。保持容器密封。应与氧化剂分开存放，切忌混储。采用防爆型照明、通风设施。禁止使用易产生火花的机械设备和工具。储区应备有泄漏应急处理设备和合适的收容材料

第八部分 接触控制/个体防护

职业接触限值

中国 未制定标准

美国(ACGIH) 未制定标准

生物接触限值 未制定标准

监测方法 空气中有毒物质测定方法：未制定标准。生物监测检验方法：未制定标准

工程控制 生产过程密闭，全面通风。提供安全的淋浴和洗眼设备

个体防护装备

呼吸系统防护 一般不需要特殊防护，高浓度接触时可佩戴过滤式防毒面具（半面罩）

眼睛防护 必要时，戴化学安全防护眼镜

皮肤和身体防护 穿防静电工作服

手防护 戴橡胶耐油手套

第九部分 理化特性

外观与性状 无色液体，常温下微有异臭味

pH 值 无资料 **熔点(℃)** −99.9

沸点(℃) 49.7 **相对密度(水=1)** 0.649

相对蒸气密度(空气=1) 3.0

饱和蒸气压(kPa) 36.9（20℃）

燃烧热(kJ/mol) −4159.5 **临界温度(℃)** 216.2

临界压力(MPa) 3.1 **辛醇/水分配系数** 3.82

闪点(℃) −47.8（CC） **自燃温度(℃)** 405

爆炸下限(%) 1.2 **爆炸上限(%)** 7.0

分解温度(℃) 无资料 **黏度(mPa·s)** 无资料

溶解性 不溶于水，溶于乙醇、乙醚、丙酮、苯，易溶于石油醚、四氯化碳

第十部分 稳定性和反应性

稳定性 稳定

危险反应 与强氧化剂等禁配物接触，有发生火灾和爆炸的危险

避免接触的条件 无资料

禁配物 强氧化剂、强酸、强碱、卤素

危险的分解产物 无资料

第十一部分 毒理学资料

急性毒性 无资料 **皮肤刺激或腐蚀** 无资料

眼睛刺激或腐蚀 无资料 **呼吸或皮肤过敏** 无资料

生殖细胞突变性 无资料 **致癌性** 无资料

生殖毒性 无资料

特异性靶器官系统毒性-一次接触 无资料

特异性靶器官系统毒性-反复接触 无资料

吸入危害 无资料

第十二部分 生态学资料

生态毒性 根据结构类似物质预测，该物质对水生生物有毒

持久性和降解性

生物降解性 无资料

非生物降解性 无资料

潜在的生物累积性 根据 K_{ow} 值预测，该物质可能有一定的生物累积性

土壤中的迁移性 根据 K_{oc} 值预测，该物质可能有一定的迁移性

第十三部分 废弃处置

废弃化学品 建议用焚烧法处置

污染包装物 将容器返还生产商或按照国家和地方法规处置

废弃注意事项 处置前应参阅国家和地方有关法规

第十四部分　运输信息

联合国危险货物编号（UN号） 1208

联合国运输名称 己烷　**联合国危险性类别** 3

包装类别 Ⅱ类包装　**包装标志**

海洋污染物 否

运输注意事项 运输时运输车辆应配备相应品种和数量的消防器材及泄漏应急处理设备。夏季最好早晚运输。运输时所用的槽（罐）车应有接地链，槽内可设孔隔板以减少震荡产生的静电。严禁与氧化剂、食用化学品等混装混运。运输途中应防曝晒、雨淋，防高温。中途停留时应远离火种、热源、高温区。装运该物品的车辆排气管必须配备阻火装置，禁止使用易产生火花的机械设备和工具装卸。公路运输时要按规定路线行驶，勿在居民区和人口稠密区停留。铁路运输时要禁止溜放。严禁用木船、水泥船散装运输

第十五部分　法规信息

下列法律、法规、规章和标准，对该化学品的管理作了相应的规定。

中华人民共和国职业病防治法 职业病分类和目录：未列入

危险化学品安全管理条例 危险化学品目录：列入。易制爆危险化学品名录：未列入。重点监管的危险化学品名录：未列入。GB 18218—2009《危险化学品重大危险源辨识》（表1）：未列入

使用有毒物品作业场所劳动保护条例 高毒物品目录：未列入

易制毒化学品管理条例 易制毒化学品的分类和品种目录：未列入

国际公约 斯德哥尔摩公约：未列入。鹿特丹公约：未列入。蒙特利尔议定书：未列入

第十六部分　其他信息

编写和修订信息　**缩略语和首字母缩写**

培训建议　**参考文献**

免责声明

二甲基二氯硅烷

第一部分　化学品标识

化学品中文名 二甲基二氯硅烷；二氯二甲基硅烷

化学品英文名 dimethyldichlorosilane；dichlorodimethylsilane

分子式 $C_2H_6Cl_2Si$　**相对分子质量** 129.06

结构式

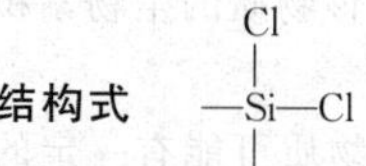

化学品的推荐及限制用途 用作制造硅树脂的中间体

第二部分　危险性概述

紧急情况概述 高度易燃液体和蒸气

GHS危险性类别 易燃液体，类别2；皮肤腐蚀/刺激，类别2；严重眼损伤/眼刺激，类别2；特异性靶器官毒性-一次接触，类别3（呼吸道刺激）

标签要素

象形图

警示词 危险

危险性说明 高度易燃液体和蒸气，造成皮肤刺激，造成严重眼刺激，可能引起呼吸道刺激

防范说明

预防措施　远离热源、火花、明火、热表面。禁止吸烟。保持容器密闭。容器和接收设备接地连接。使用防爆电器、通风、照明设备。只能使用不产生火花的工具。采取防止静电措施。戴防护手套、防护眼镜、防护面罩。避免接触眼睛、皮肤，操作后彻底清洗

事故响应　火灾时，使用二氧化碳、干粉、干砂灭火。皮肤接触：用大量肥皂水和水清洗。如发生皮肤刺激，就医。脱去被污染的衣服，洗净后方可重新使用。如接触眼睛：用水细心冲洗数分钟。如戴隐形眼镜并可方便地取出，取出隐形眼镜继续冲洗。如果眼睛刺激持续：就医

安全储存　存放在通风良好的地方。保持低温

废弃处置　本品及内装物、容器依据国家和地方法规处置

物理和化学危险 高度易燃，其蒸气与空气混合，能形成爆炸性混合物。遇水产生刺激性气体

健康危害 蒸气对眼睛和呼吸道有强烈的刺激作用，可致肺损伤。对眼和皮肤有刺激性

环境危害 对环境可能有害

第三部分　成分/组成信息

√物质　　混合物

组分	浓度	CAS No.
二甲基二氯硅烷		75-78-5

第四部分　急救措施

吸入 迅速脱离现场至空气新鲜处。保持呼吸道通畅。如呼吸困难，给输氧。如呼吸、心跳停止，立即进行心肺复苏术。就医

皮肤接触 立即脱去污染的衣着，用流动清水彻底冲洗。就医

眼睛接触 立即分开眼睑，用流动清水或生理盐水彻底冲洗。就医

食入 漱口，饮水。就医

对保护施救者的忠告 根据需要使用个人防护设备

对医生的特别提示 对症处理

第五部分 消防措施

灭火剂 用二氧化碳、干粉、干砂灭火

特别危险性 受热或遇水分解放热，放出有毒的腐蚀性烟气。具有腐蚀性。燃烧生成有害的一氧化碳、氧化硅、氯化氢

灭火注意事项及防护措施 消防人员必须佩戴空气呼吸器、穿全身防火防毒服，在上风向灭火。尽可能将容器从火场移至空旷处。容器突然发出异常声音或出现异常现象，应立即撤离。禁止用水、泡沫和酸碱灭火剂灭火

第六部分 泄漏应急处理

作业人员防护措施、防护装备和应急处置程序 消除所有点火源。根据液体流动和蒸气扩散的影响区域划定警戒区，无关人员从侧风、上风向撤离至安全区。建议应急处理人员戴正压自给式呼吸器，穿防静电、防腐蚀、防毒服，戴橡胶耐油手套。作业时使用的所有设备应接地。穿上适当的防护服前严禁接触破裂的容器和泄漏物。尽可能切断泄漏源

环境保护措施 防止泄漏物进入水体、下水道、地下室或有限空间

泄漏化学品的收容、清除方法及所使用的处置材料 严禁用水处理。小量泄漏：用干燥的砂土或其他不燃材料覆盖泄漏物。大量泄漏：构筑围堤或挖坑收容。用碎石灰石（$CaCO_3$）、苏打灰（Na_2CO_3）或石灰（CaO）中和。用防爆、耐腐蚀泵转移至槽车或专用收集器内

第七部分 操作处置与储存

操作注意事项 密闭操作，局部排风。操作人员必须经过专门培训，严格遵守操作规程。建议操作人员佩戴自吸过滤式防毒面具（全面罩），穿胶布防毒衣，戴橡胶耐油手套。远离火种、热源。工作场所严禁吸烟。使用防爆型的通风系统和设备。避免产生烟雾。防止烟雾和蒸气释放到工作场所空气中。避免与氧化剂、酸类、碱类、醇类接触，尤其要注意避免与水接触。在氮气中操作处置。充装要控制流速，防止静电积聚。搬运时要轻装轻卸，防止包装及容器损坏。配备相应品种和数量的消防器材及泄漏应急处理设备。倒空的容器可能残留有害物

储存注意事项 储存于阴凉、干燥、通风良好的库房。远离火种、热源。库温不宜超过37℃。包装要求密封，不可与空气接触。应与氧化剂、酸类、碱类、醇类等分开存放，切忌混储。采用防爆型照明、通风设施。禁止使用易产生火花的机械设备和工具。储区应备有泄漏应急处理设备和合适的收容材料

第八部分 接触控制/个体防护

职业接触限值

中国 MAC：2mg/m³

美国(ACGIH) 未制定标准

生物接触限值 未制定标准

监测方法 空气中有毒物质测定方法：未制定标准。生物监测检验方法：未制定标准

工程控制 密闭操作，局部排风。提供安全淋浴和洗眼设备

个体防护装备

呼吸系统防护 可能接触其蒸气时，应该佩戴过滤式防毒面具（全面罩）。紧急事态抢救或撤离时，建议佩戴空气呼吸器

眼睛防护 呼吸系统防护中已作防护

皮肤和身体防护 穿隔绝式防毒服

手防护 戴橡胶耐油手套

第九部分 理化特性

外观与性状 无色发烟液体，有刺激性气味

pH值 无资料　**熔点(℃)** <−70

沸点(℃) 70.5　**相对密度(水=1)** 1.07

相对蒸气密度(空气=1) 4.45

饱和蒸气压(kPa) 14.5（20℃）

燃烧热(kJ/mol) 无资料　**临界温度(℃)** 无资料

临界压力(MPa) 3.49　**辛醇/水分配系数** 2.24

闪点(℃) −9（CC）；−16（OC）

自燃温度(℃) 398.9

爆炸下限(%) 3.4　**爆炸上限(%)** 9.5

分解温度(℃) 无资料　**黏度(mPa·s)** 无资料

溶解性 溶于苯、乙醚

第十部分 稳定性和反应性

稳定性 稳定

危险反应 与强氧化剂、水等禁配物接触，有发生火灾和爆炸的危险

避免接触的条件 潮湿空气、受热

禁配物 强氧化剂、酸类、醇类、胺类、强碱

危险的分解产物 氧化硅、氯化氢

第十一部分 毒理学信息

急性毒性 LC_{50}：4910mg/m³（大鼠吸入，4h）

皮肤刺激或腐蚀 家兔经皮：20mg（24h），中度刺激

眼睛刺激或腐蚀 家兔经眼：5mg（24h），重度刺激

呼吸或皮肤过敏 无资料　**生殖细胞突变性** 无资料

致癌性 无资料　**生殖毒性** 无资料

特异性靶器官系统毒性-一次接触 无资料

特异性靶器官系统毒性-反复接触 无资料

吸入危害 无资料

第十二部分 生态学信息

生态毒性 无资料

持久性和降解性

生物降解性 无资料

非生物降解性 无资料

潜在的生物累积性 根据 K_{ow} 值预测，该物质的生物累积性可能较弱

土壤中的迁移性 根据 K_{oc} 值预测，该物质可能有一定的迁移性

第十三部分　废弃处置

废弃化学品　建议用焚烧法处置。与燃料混合后，再焚烧。焚烧炉排出的卤化氢通过酸洗涤器除去

污染包装物　将容器返还生产商或按照国家和地方法规处置

废弃注意事项　处置前应参阅国家和地方有关法规

第十四部分　运输信息

联合国危险货物编号（UN号）　1162

联合国运输名称　二甲基二氯硅烷

联合国危险性类别　3，8

包装类别　Ⅱ类包装

包装标志

海洋污染物　否

运输注意事项　运输时运输车辆应配备相应品种和数量的消防器材及泄漏应急处理设备。夏季最好早晚运输。运输时所用的槽（罐）车应有接地链，槽内可设孔隔板以减少震荡产生的静电。严禁与氧化剂、酸类、碱类、醇类、食用化学品等混装混运。运输途中应防曝晒、雨淋，防高温。中途停留时应远离火种、热源、高温区。装运该物品的车辆排气管必须配备阻火装置，禁止使用易产生火花的机械设备和工具装卸。公路运输时要按规定路线行驶，勿在居民区和人口稠密区停留。铁路运输时要禁止溜放。严禁用木船、水泥船散装运输

第十五部分　法规信息

下列法律、法规、规章和标准，对该化学品的管理作了相应的规定。

中华人民共和国职业病防治法　职业病分类和目录：未列入

危险化学品安全管理条例　危险化学品目录：列入。易制爆危险化学品名录：未列入。重点监管的危险化学品名录：未列入。GB 18218—2009《危险化学品重大危险源辨识》（表1）：未列入

使用有毒物品作业场所劳动保护条例　高毒物品目录：未列入

易制毒化学品管理条例　易制毒化学品的分类和品种目录：未列入

国际公约　斯德哥尔摩公约：未列入。鹿特丹公约：未列入。蒙特利尔议定书：未列入

第十六部分　其他信息

编写和修订信息　　**缩略语和首字母缩写**

培训建议　　**参考文献**

免责声明

N,*N*-二甲基环己胺

第一部分　化学品标识

化学品中文名　*N*,*N*-二甲基环己胺；二甲氨基环己烷

化学品英文名　*N*,*N*-dimethylcyclohexylamine；*N*-cyclohexyldimethylamine；(dimethylamino) cyclohexane

分子式　$C_8H_{17}N$　　**相对分子质量**　127.26

结构式

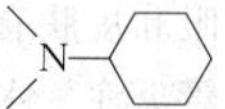

化学品的推荐及限制用途　用作催化剂、橡胶促进剂的中间体，以及用于织物处理

第二部分　危险性概述

紧急情况概述　易燃液体和蒸气，皮肤接触会中毒，吸入致命，造成严重的皮肤灼伤和眼损伤

GHS危险性类别　易燃液体，类别3；急性毒性-经口，类别4；急性毒性-经皮，类别3；急性毒性-吸入，类别2；皮肤腐蚀/刺激，类别1；严重眼损伤/眼刺激，类别1；特异性靶器官毒性-一次接触，类别1；特异性靶器官毒性-一次接触，类别3（呼吸道刺激）；危害水生环境-急性危害，类别1；危害水生环境-长期危害，类别1

标签要素

象形图

警示词　危险

危险性说明　易燃液体和蒸气，吞咽有害，皮肤接触会中毒，吸入致命，造成严重的皮肤灼伤和眼损伤，对器官造成损害，可能引起呼吸道刺激，对水生生物毒性非常大并具有长期持续影响

防范说明

预防措施　远离热源、火花、明火、热表面。禁止吸烟。保持容器密闭。容器和接收设备接地连接。使用防爆电器、通风、照明设备。只能使用不产生火花的工具。采取防止静电措施。避免接触眼睛、皮肤，操作后彻底清洗。作业场所不得进食、饮水或吸烟。避免吸入蒸气、雾。仅在室外或通风良好处操作。戴呼吸防护器具。戴防护手套，穿防护服，戴防护眼镜、防护面罩。作业场所不得进食、饮水或吸烟。禁止排入环境

事故响应　火灾时，使用雾状水、泡沫、干粉、二氧化碳、砂土灭火。如吸入：将患者转移到空气新鲜处，休息，保持利于呼吸的体位。皮肤接触：用大量肥皂水和水清洗。如感觉不适，呼叫中毒控制中心或就医。立即脱去所有被污染的衣服。被污染的衣服须经洗净后方可重新使用。接触眼睛：用水细心冲洗数分钟。如戴隐形眼镜并可方便地取出，取出隐形眼镜继续冲洗。食入：漱口。不要催吐。如果感觉不适，立即呼叫中毒控制中心或就医。如果接触：立即呼叫中毒控制中心或就医。收集泄漏物

安全储存　存放在通风良好的地方。保持低温。保持容器密闭。上锁保管

废弃处置　本品及内装物、容器依据国家和地方法

规处置

物理和化学危险　易燃，其蒸气与空气混合，能形成爆炸性混合物

健康危害　本品对黏膜、上呼吸道、眼和皮肤有强烈的刺激性。吸入后，可引起喉、支气管炎症、水肿，化学性肺炎或肺水肿。眼和皮肤接触引起灼伤

环境危害　对水生生物毒性非常大并具有长期持续影响

第三部分　成分/组成信息

√物质　　混合物

组分	浓度	CAS No.
N,*N*-二甲基环己胺		98-94-2

第四部分　急救措施

吸入　迅速脱离现场至空气新鲜处。保持呼吸道通畅。如呼吸困难，给输氧。如呼吸、心跳停止，立即进行心肺复苏术。就医

皮肤接触　立即脱去污染的衣着，用大量流动清水彻底冲洗至少 15min。就医

眼睛接触　立即分开眼睑，用流动清水或生理盐水彻底冲洗至少 15min。就医

食入　用水漱口，禁止催吐。给饮牛奶或蛋清。就医

对保护施救者的忠告　根据需要使用个人防护设备

对医生的特别提示　对症处理

第五部分　消防措施

灭火剂　用雾状水、泡沫、干粉、二氧化碳、砂土灭火

特别危险性　受高热分解放出有毒的气体。具有腐蚀性。燃烧生成有害的一氧化碳、氮氧化物

灭火注意事项及防护措施　消防人员须佩戴防毒面具、穿全身消防服，在上风向灭火。尽可能将容器从火场移至空旷处。喷水保持火场容器冷却，直至灭火结束。容器突然发出异常声音或出现异常现象，应立即撤离

第六部分　泄漏应急处理

作业人员防护措施、防护装备和应急处置程序　根据液体流动和蒸气扩散的影响区域划定警戒区，无关人员从侧风、上风向撤离至安全区。消除所有点火源。建议应急处理人员戴正压自给式呼吸器，穿防静电、防腐蚀、防毒服。戴橡胶耐油手套。作业时使用的所有设备应接地。禁止接触或跨越泄漏物。尽可能切断泄漏源

环境保护措施　防止泄漏物进入水体、下水道、地下室或有限空间

泄漏化学品的收容、清除方法及所使用的处置材料　小量泄漏：用砂土或其他不燃材料吸收，使用洁净的无火花工具收集吸收材料。大量泄漏：构筑围堤或挖坑收容。用抗溶性泡沫覆盖，减少蒸发。喷水雾能减少蒸发，但不能降低泄漏物在有限空间内的易燃性。用防爆、耐腐蚀泵转移至槽车或专用收集器内

第七部分　操作处置与储存

操作注意事项　密闭操作，注意通风。操作人员必须经过专门培训，严格遵守操作规程。建议操作人员佩戴自吸过滤式防毒面具（全面罩），戴橡胶耐酸碱手套。戴橡胶耐油手套。远离火种、热源。工作场所严禁吸烟。使用防爆型的通风系统和设备。防止蒸气泄漏到工作场所空气中。避免与氧化剂、酸类接触。搬运时要轻装轻卸，防止包装及容器损坏。配备相应品种和数量的消防器材及泄漏应急处理设备。倒空的容器可能残留有害物

储存注意事项　储存于阴凉、通风的库房。远离火种、热源。库温不宜超过 30℃。保持容器密封。应与氧化剂、酸类等分开存放，切忌混储。采用防爆型照明、通风设施。禁止使用易产生火花的机械设备和工具。储区应备有泄漏应急处理设备和合适的收容材料

第八部分　接触控制/个体防护

职业接触限值

中国　未制定标准

美国(ACGIH)　未制定标准

生物接触限值　未制定标准

监测方法　空气中有毒物质测定方法：未制定标准。生物监测检验方法：未制定标准

工程控制　密闭操作，注意通风。提供安全淋浴和洗眼设备

个体防护装备

呼吸系统防护　可能接触其蒸气时，佩戴过滤式防毒面具（全面罩）。紧急事态抢救或撤离时，建议佩戴空气呼吸器

眼睛防护　呼吸系统防护中已作防护

皮肤和身体防护　穿防腐工作服

手防护　戴橡胶耐油手套

第九部分　理化特性

外观与性状　无色液体

pH 值　无资料　　**熔点(℃)**　−77～−60

沸点(℃)　162～165　　**相对密度(水=1)**　0.85

相对蒸气密度(空气=1)　4.39

饱和蒸气压(kPa)　13（100℃）

燃烧热(kJ/mol)　无资料　　**临界温度(℃)**　无资料

临界压力(MPa)　无资料　　**辛醇/水分配系数**　2.01

闪点(℃)　42.2（CC）；43.3（OC）

自燃温度(℃)　215　　**爆炸下限(%)**　3.6

爆炸上限(%)　19　　**分解温度(℃)**　无资料

黏度(mPa·s)　无资料

溶解性　微溶于水，可混溶于乙醇、丙酮、苯

第十部分　稳定性和反应性

稳定性　稳定

危险反应　与强氧化剂等禁配物接触，有发生火灾和爆炸的危险

避免接触的条件　受热

禁配物　强氧化剂、强酸、酰基氯、酸酐

危险的分解产物　无资料

第十一部分　毒理学信息

急性毒性

LD_{50}　348mg/kg（大鼠经口）

LC_{50}　1889mg/m³（大鼠吸入，2h）

皮肤刺激或腐蚀　无资料　**眼睛刺激或腐蚀**　无资料

呼吸或皮肤过敏　无资料　**生殖细胞突变性**　无资料

致癌性　无资料　**生殖毒性**　无资料

特异性靶器官系统毒性-一次接触　无资料

特异性靶器官系统毒性-反复接触　无资料

吸入危害　无资料

第十二部分　生态学信息

生态毒性

LC_{50}　22～46mg/L（96h）（高体雅罗鱼）

EC_{50}　0.0885mg/L（96h）（淡水藻）

持久性和降解性

生物降解性　无资料

非生物降解性　无资料

潜在的生物累积性　根据 K_{ow} 值预测，该物质的生物累积性可能较弱

土壤中的迁移性　根据 K_{oc} 值预测，该物质可能有一定的迁移性

第十三部分　废弃处置

废弃化学品　建议用焚烧法处置。焚烧炉排出的氮氧化物通过洗涤器除去

污染包装物　将容器返还生产商或按照国家和地方法规处置

废弃注意事项　处置前应参阅国家和地方有关法规

第十四部分　运输信息

联合国危险货物编号（UN 号）　2264

联合国运输名称　*N*,*N*-二甲基环己胺

联合国危险性类别　8，3

包装类别　Ⅱ类包装

包装标志　

海洋污染物　否

运输注意事项　起运时包装要完整，装载应稳妥。运输过程中要确保容器不泄漏、不倒塌、不坠落、不损坏。运输时所用的槽（罐）车应有接地链，槽内可设孔隔板以减少震荡产生的静电。严禁与氧化剂、酸类、食用化学品等混装混运。运输车辆应配备相应品种和数量的消防器材及泄漏应急处理设备。公路运输时要按规定路线行驶，勿在居民区和人口稠密区停留

第十五部分　法规信息

下列法律、法规、规章和标准，对该化学品的管理作了相应的规定。

中华人民共和国职业病防治法　职业病分类和目录：未列入

危险化学品安全管理条例　危险化学品目录：列入。易制爆危险化学品名录：未列入。重点监管的危险化学品名录：未列入。GB 18218—2009《危险化学品重大危险源辨识》（表 1）：未列入

使用有毒物品作业场所劳动保护条例　高毒物品目录：未列入

易制毒化学品管理条例　易制毒化学品的分类和品种目录：未列入

国际公约　斯德哥尔摩公约：未列入。鹿特丹公约：未列入。蒙特利尔议定书：未列入

第十六部分　其他信息

编写和修订信息　**缩略语和首字母缩写**

培训建议　**参考文献**

免责声明

1,1-二甲基环己烷

第一部分　化学品标识

化学品中文名　1,1-二甲基环己烷

化学品英文名　1,1-dimethyl cyclohexane

分子式　C_8H_{16}　**相对分子质量**　112.22

结构式　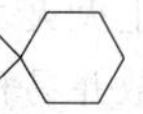

化学品的推荐及限制用途　用作化学中间体、分析试剂，用于有机合成

第二部分　危险性概述

紧急情况概述　高度易燃液体和蒸气

GHS 危险性类别　易燃液体，类别 2；危害水生环境-急性危害，类别 2；危害水生环境-长期危害，类别 2

标签要素

象形图　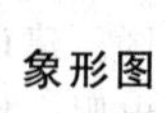 

警示词　危险

危险性说明　高度易燃液体和蒸气，对水生生物有毒并具有长期持续影响

防范说明

预防措施　远离热源、火花、明火、热表面。禁止吸烟。保持容器密闭。容器和接收设备接地连接。使用防爆电器、通风、照明设备。只能使用不产生火花的工具。采取防止静电措施。戴防护手套、防护眼镜、防护面罩。禁止排入环境

事故响应　火灾时，使用泡沫、二氧化碳、干粉、砂土灭火。如皮肤（或头发）接触：立即脱掉所有被污染的衣服，用水冲洗皮肤，淋浴。收集泄漏物

安全储存　存放在通风良好的地方。保持低温

废弃处置　本品及内装物、容器依据国家和地方法规处置

物理和化学危险 高度易燃，其蒸气与空气混合，能形成爆炸性混合物

健康危害 动物吸入有麻醉作用

环境危害 对水生生物有毒并具有长期持续影响

第三部分 成分/组成信息

√物质 混合物

组分	浓度	CAS No.
1,1-二甲基环己烷		590-66-9

第四部分 急救措施

吸入 迅速脱离现场至空气新鲜处。保持呼吸道通畅。如呼吸困难，给输氧。如呼吸、心跳停止，立即进行心肺复苏术。就医

皮肤接触 立即脱去污染的衣着，用流动清水彻底冲洗。就医

眼睛接触 立即分开眼睑，用流动清水或生理盐水彻底冲洗。就医

食入 漱口，饮水。就医

对保护施救者的忠告 根据需要使用个人防护设备

对医生的特别提示 对症处理

第五部分 消防措施

灭火剂 用泡沫、二氧化碳、干粉、砂土灭火

特别危险性 蒸气比空气重，沿地面扩散并易积存于低洼处，遇火源会着火回燃。燃烧生成有害的一氧化碳

灭火注意事项及防护措施 消防人员必须佩戴空气呼吸器、穿全身防火防毒服，在上风向灭火。喷水冷却容器，尽可能将容器从火场移至空旷处。容器突然发出异常声音或出现异常现象，应立即撤离

第六部分 泄漏应急处理

作业人员防护措施、防护装备和应急处置程序 消除所有点火源。根据液体流动和蒸气扩散的影响区域划定警戒区，无关人员从侧风、上风向撤离至安全区。建议应急处理人员戴正压自给式呼吸器，穿防静电服。作业时使用的所有设备应接地。禁止接触或跨越泄漏物。尽可能切断泄漏源

环境保护措施 防止泄漏物进入水体、下水道、地下室或有限空间

泄漏化学品的收容、清除方法及所使用的处置材料 小量泄漏：用砂土或其他不燃材料吸收，使用洁净的无火花工具收集吸收材料。大量泄漏：构筑围堤或挖坑收容。用泡沫覆盖，减少蒸发。喷水雾能减少蒸发，但不能降低泄漏物在有限空间内的易燃性。用防爆泵转移至槽车或专用收集器内

第七部分 操作处置与储存

操作注意事项 密闭操作，全面通风。操作人员必须经过专门培训，严格遵守操作规程。远离火种、热源。工作场所严禁吸烟。使用防爆型的通风系统和设备。防止蒸气泄漏到工作场所空气中。避免与氧化剂、酸类、碱类接触。灌装时应控制流速，且有接地装置，防止静电积聚。搬运时要轻装轻卸，防止包装及容器损坏。配备相应品种和数量的消防器材及泄漏应急处理设备。倒空的容器可能残留有害物

储存注意事项 储存于阴凉、通风的库房。远离火种、热源。库温不宜超过 37℃。保持容器密封。应与氧化剂、酸类、碱类等分开存放，切忌混储。采用防爆型照明、通风设施。禁止使用易产生火花的机械设备和工具。储区应备有泄漏应急处理设备和合适的收容材料

第八部分 接触控制/个体防护

职业接触限值

中国 未制定标准

美国(ACGIH) 未制定标准

生物接触限值 未制定标准

监测方法 空气中有毒物质测定方法：未制定标准。生物监测检验方法：未制定标准

工程控制 生产过程密闭，全面通风

个体防护装备

呼吸系统防护 一般不需要特殊防护，高浓度接触时可佩戴过滤式防毒面具（半面罩）

眼睛防护 必要时，戴化学安全防护眼镜

皮肤和身体防护 穿防静电工作服

手防护 戴橡胶耐油手套

第九部分 理化特性

外观与性状 无色液体

pH 值 无资料 **熔点(℃)** −33.5

沸点(℃) 118～120 **相对密度(水=1)** 0.78

相对蒸气密度(空气=1) 3.02

饱和蒸气压(kPa) 1.33 (10.2℃)

燃烧热(kJ/mol) 无资料 **临界温度(℃)** 无资料

临界压力(MPa) 2.93 **辛醇/水分配系数** 4.01

闪点(℃) 7.22 **自燃温度(℃)** 304

爆炸下限(%) 0.9 **爆炸上限(%)** 6.1

分解温度(℃) 无资料 **黏度(mPa·s)** 无资料

溶解性 不溶于水，溶于乙醇、乙醚等多数有机溶剂

第十部分 稳定性和反应性

稳定性 稳定

危险反应 与强氧化剂等禁配物接触，有发生火灾和爆炸的危险

避免接触的条件 无资料

禁配物 强氧化剂、强酸、强碱、卤素

危险的分解产物 无资料

第十一部分 毒理学信息

急性毒性 无资料 **皮肤刺激或腐蚀** 无资料

眼睛刺激或腐蚀 无资料 **呼吸或皮肤过敏** 无资料

生殖细胞突变性 无资料 **致癌性** 无资料

生殖毒性 无资料

特异性靶器官系统毒性-一次接触 无资料

特异性靶器官系统毒性-反复接触 无资料

吸入危害 无资料

第十二部分 生态学信息

生态毒性 $LC_{50}=6.9mg/L$（96h）（鱼类）

持久性和降解性

生物降解性 无资料

非生物降解性 无资料

潜在的生物累积性 根据 K_{ow} 值预测，该物质可能有较高的生物累积性

土壤中的迁移性 根据 K_{oc} 值预测，该物质的迁移性可能较弱

第十三部分 废弃处置

废弃化学品 建议用焚烧法处置

污染包装物 将容器返还生产商或按照国家和地方法规处置

废弃注意事项 处置前应参阅国家和地方有关法规

第十四部分 运输信息

联合国危险货物编号（UN号） 2263

联合国运输名称 二甲基环己烷

联合国危险性类别 3

包装类别 Ⅱ类包装 **包装标志**

海洋污染物 否

运输注意事项 运输时运输车辆应配备相应品种和数量的消防器材及泄漏应急处理设备。夏季最好早晚运输。运输时所用的槽（罐）车应有接地链，槽内可设孔隔板以减少震荡产生的静电。严禁与氧化剂、酸类、碱类等混装混运。运输途中应防曝晒、雨淋，防高温。中途停留时应远离火种、热源、高温区。装运该物品的车辆排气管必须配备阻火装置，禁止使用易产生火花的机械设备和工具装卸。公路运输时要按规定路线行驶，勿在居民区和人口稠密区停留。铁路运输时要禁止溜放。严禁用木船、水泥船散装运输

第十五部分 法规信息

下列法律、法规、规章和标准，对该化学品的管理作了相应的规定。

中华人民共和国职业病防治法 职业病分类和目录：未列入

危险化学品安全管理条例 危险化学品目录：列入。易制爆危险化学品名录：未列入。重点监管的危险化学品名录：未列入。GB 18218—2009《危险化学品重大危险源辨识》（表1）：未列入

使用有毒物品作业场所劳动保护条例 高毒物品目录：未列入

易制毒化学品管理条例 易制毒化学品的分类和品种目录：未列入

国际公约 斯德哥尔摩公约：未列入。鹿特丹公约：未列入。蒙特利尔议定书：未列入

第十六部分 其他信息

编写和修订信息 **缩略语和首字母缩写**

培训建议 **参考文献**

免责声明

1,2-二甲基环戊烷

第一部分 化学品标识

化学品中文名 1,2-二甲基环戊烷

化学品英文名 1,2-dimethylcyclopentane

分子式 C_7H_{14} **相对分子质量** 98.19

结构式

化学品的推荐及限制用途 用于有机合成

第二部分 危险性概述

紧急情况概述 高度易燃液体和蒸气

GHS危险性类别 易燃液体，类别2

标签要素

象形图

警示词 危险

危险性说明 高度易燃液体和蒸气

防范说明

预防措施 远离热源、火花、明火、热表面。禁止吸烟。保持容器密闭。容器和接收设备接地连接。使用防爆电器、通风、照明设备。只能使用不产生火花的工具。采取防止静电措施。戴防护手套、防护眼镜、防护面罩

事故响应 火灾时，使用泡沫、二氧化碳、干粉、砂土灭火。如皮肤（或头发）接触：立即脱掉所有被污染的衣服，用水冲洗皮肤，淋浴

安全储存 存放在通风良好的地方。保持低温

废弃处置 本品及内装物、容器依据国家和地方法规处置

物理和化学危险 高度易燃，其蒸气与空气混合，能形成爆炸性混合物

健康危害 本品属烃类。吸入高浓度烃类化合物蒸气可引起轻度呼吸道刺激、头晕、恶心、嗜睡；极高浓度吸入可致昏迷甚至死亡。液体进入肺部，可引起吸入性肺炎或肺水肿。高浓度蒸气对眼有刺激性；液体可引起眼部暂时性红肿和疼痛。液体对皮肤有轻度刺激性；反复接触可致皮炎。口服引起恶心和腹泻

环境危害 对环境可能有害

第三部分 成分/组成信息

√物质 混合物

组分	浓度	CAS No.
1,2-二甲基环戊烷		2452-99-5

第四部分　急救措施

吸入　迅速脱离现场至空气新鲜处。保持呼吸道通畅。如呼吸困难，给输氧。如呼吸、心跳停止，立即进行心肺复苏术。就医

皮肤接触　立即脱去污染的衣着，用流动清水彻底冲洗。就医

眼睛接触　立即分开眼睑，用流动清水或生理盐水彻底冲洗。就医

食入　漱口，饮水。禁止催吐。就医

对保护施救者的忠告　根据需要使用个人防护设备

对医生的特别提示　对症处理

第五部分　消防措施

灭火剂　用泡沫、二氧化碳、干粉、砂土灭火

特别危险性　蒸气比空气重，沿地面扩散并易积存于低洼处，遇火源会着火回燃。燃烧生成有害的一氧化碳

灭火注意事项及防护措施　消防人员必须佩戴空气呼吸器、穿全身防火防毒服，在上风向灭火。喷水冷却容器，尽可能将容器从火场移至空旷处。容器突然发出异常声音或出现异常现象，应立即撤离

第六部分　泄漏应急处理

作业人员防护措施、防护装备和应急处置程序　消除所有点火源。根据液体流动和蒸气扩散的影响区域划定警戒区，无关人员从侧风、上风向撤离至安全区。建议应急处理人员戴正压自给式呼吸器，穿防静电服，戴橡胶耐油手套。作业时使用的所有设备应接地。禁止接触或跨越泄漏物。尽可能切断泄漏源

环境保护措施　防止泄漏物进入水体、下水道、地下室或有限空间

泄漏化学品的收容、清除方法及所使用的处置材料　小量泄漏：用砂土或其他不燃材料吸收，使用洁净的无火花工具收集吸收材料。大量泄漏：构筑围堤或挖坑收容。用泡沫覆盖，减少蒸发。喷水雾能减少蒸发，但不能降低泄漏物在有限空间内的易燃性。用防爆泵转移至槽车或专用收集器内

第七部分　操作处置与储存

操作注意事项　密闭操作，提供良好的自然通风条件。操作人员必须经过专门培训，严格遵守操作规程。建议操作人员佩戴自吸过滤式防毒面具（半面罩），戴化学安全防护眼镜，穿防静电工作服，戴橡胶耐油手套。远离火种、热源。工作场所严禁吸烟。使用防爆型的通风系统和设备。防止蒸气泄漏到工作场所空气中。避免与氧化剂、酸类、卤素接触。充装要控制流速，防止静电积聚。搬运时要轻装轻卸，防止包装及容器损坏。配备相应品种和数量的消防器材及泄漏应急处理设备。倒空的容器可能残留有害物

储存注意事项　储存于阴凉、通风的库房。远离火种、热源。库温不宜超过37℃。保持容器密封。应与氧化剂、酸类、卤素分开存放，切忌混储。采用防爆型照明、通风设施。禁止使用易产生火花的机械设备和工具。储区应备有泄漏应急处理设备和合适的收容材料

第八部分　接触控制/个体防护

职业接触限值

中国　未制定标准

美国(ACGIH)　未制定标准

生物接触限值　未制定标准

监测方法　空气中有毒物质测定方法：未制定标准。生物监测检验方法：未制定标准

工程控制　生产过程密闭，加强通风

个体防护装备

呼吸系统防护　一般不需要特殊防护，高浓度接触时可佩戴过滤式防毒面具（半面罩）

眼睛防护　必要时，戴化学安全防护眼镜

皮肤和身体防护　穿防静电工作服

手防护　戴橡胶耐油手套

第九部分　理化特性

外观与性状　无色液体

pH值　无资料　**熔点(℃)**　(顺)62；(反)120

沸点(℃)　(顺)99.5；(反)91.8

相对密度(水=1)　(顺)0.77；(反)0.75

相对蒸气密度(空气=1)　无资料

饱和蒸气压(kPa)　无资料

燃烧热(kJ/mol)　无资料　**临界温度(℃)**　无资料

临界压力(MPa)　无资料　**辛醇/水分配系数**　3.520

闪点(℃)　21　**自燃温度(℃)**　无资料

爆炸下限(%)　无资料　**爆炸上限(%)**　无资料

分解温度(℃)　无资料　**黏度(mPa·s)**　无资料

溶解性　不溶于水，可混溶于多数有机溶剂

第十部分　稳定性和反应性

稳定性　稳定

危险反应　与强氧化剂等禁配物接触，有发生火灾和爆炸的危险

避免接触的条件　无资料

禁配物　强氧化剂、强酸、强碱、卤素

危险的分解产物　无资料

第十一部分　毒理学信息

急性毒性　无资料　**皮肤刺激或腐蚀**　无资料

眼睛刺激或腐蚀　无资料　**呼吸或皮肤过敏**　无资料

生殖细胞突变性　无资料　**致癌性**　无资料

生殖毒性　无资料

特异性靶器官系统毒性-一次接触　无资料

特异性靶器官系统毒性-反复接触　无资料

吸入危害　无资料

第十二部分　生态学信息

生态毒性　无资料

持久性和降解性

生物降解性　无资料

非生物降解性　无资料

潜在的生物累积性 根据 K_{ow} 值预测，该物质可能有一定的生物累积性

土壤中的迁移性 根据 K_{oc} 值预测，该物质可能有一定的迁移性

第十三部分 废弃处置

废弃化学品 建议用焚烧法处置

污染包装物 将容器返还生产商或按照国家和地方法规处置

废弃注意事项 处置前应参阅国家和地方有关法规

第十四部分 运输信息

联合国危险货物编号（UN 号） 3295

联合国运输名称 液态烃类，未另作规定的（1,2-二甲基环戊烷）

联合国危险性类别 3

包装类别 Ⅱ类包装 **包装标志** 

海洋污染物 否

运输注意事项 运输时运输车辆应配备相应品种和数量的消防器材及泄漏应急处理设备。夏季最好早晚运输。运输时所用的槽（罐）车应有接地链，槽内可设孔隔板以减少震荡产生的静电。严禁与氧化剂、酸类、卤素、食用化学品等混装混运。运输途中应防曝晒、雨淋，防高温。中途停留时应远离火种、热源、高温区。装运该物品的车辆排气管必须配备阻火装置，禁止使用易产生火花的机械设备和工具装卸。公路运输时要按规定路线行驶，勿在居民区和人口稠密区停留。铁路运输时要禁止溜放。严禁用木船、水泥船散装运输

第十五部分 法规信息

下列法律、法规、规章和标准，对该化学品的管理作了相应的规定。

中华人民共和国职业病防治法 职业病分类和目录：未列入

危险化学品安全管理条例 危险化学品目录：列入。易制爆危险化学品名录：未列入。重点监管的危险化学品名录：未列入。GB 18218—2009《危险化学品重大危险源辨识》(表 1)：未列入

使用有毒物品作业场所劳动保护条例 高毒物品目录：未列入

易制毒化学品管理条例 易制毒化学品的分类和品种目录：未列入

国际公约 斯德哥尔摩公约：未列入。鹿特丹公约：未列入。蒙特利尔议定书：未列入

第十六部分 其他信息

编写和修订信息 **缩略语和首字母缩写**

培训建议 **参考文献**

免责声明

2,2-二甲基己烷

第一部分 化学品标识

化学品中文名 2,2-二甲基己烷；正丁基三甲基甲烷

化学品英文名 2,2-dimethyl hexane；*n*-butyltrimethylmathane

分子式 C_8H_{18} **相对分子质量** 115.67

结构式

化学品的推荐及限制用途 用作化学试剂、气相色谱对比样品

第二部分 危险性概述

紧急情况概述 高度易燃液体和蒸气，可能引起昏昏欲睡或眩晕，吞咽及进入呼吸道可能致命

GHS 危险性类别 易燃液体，类别 2；皮肤腐蚀/刺激，类别 2；特异性靶器官毒性-一次接触，类别 3（麻醉效应）；吸入危害，类别 1；危害水生环境-急性危害，类别 1；危害水生环境-长期危害，类别 1

标签要素

象形图 

警示词 危险

危险性说明 高度易燃液体和蒸气，造成皮肤刺激，可能引起昏昏欲睡或眩晕，吞咽及进入呼吸道可能致命，对水生生物毒性非常大并具有长期持续影响

防范说明

预防措施 远离热源、火花、明火、热表面。禁止吸烟。保持容器密闭。容器和接收设备接地连接。使用防爆电器、通风、照明设备。只能使用不产生火花的工具。采取防止静电措施。戴防护手套、防护眼镜、防护面罩。避免接触眼睛、皮肤，操作后彻底清洗。禁止排入环境

事故响应 火灾时，使用泡沫、二氧化碳、干粉、砂土灭火。皮肤接触：用大量肥皂水和水清洗。如发生皮肤刺激，就医。脱去被污染的衣服，洗净后方可重新使用。如果食入：立即呼叫中毒控制中心或就医。不要催吐。收集泄漏物

安全储存 存放在通风良好的地方。保持低温。上锁保管

废弃处置 本品及内装物、容器依据国家和地方法规处置

物理和化学危险 高度易燃，其蒸气与空气混合，能形成爆炸性混合物

健康危害 可能具有刺激性和麻醉作用。液态本品吸入呼吸道可引起吸入性肺炎

环境危害 对水生生物毒性非常大并具有长期持续影响

第三部分 成分/组成信息

√物质 混合物

组分	浓度	CAS No.
2,2-二甲基己烷		590-73-8

第四部分 急救措施

吸入 迅速脱离现场至空气新鲜处。保持呼吸道通畅。如呼吸困难，给输氧。如呼吸、心跳停止，立即进行心肺复苏术。就医

皮肤接触 立即脱去污染的衣着，用流动清水彻底冲洗。就医

眼睛接触 立即分开眼睑，用流动清水或生理盐水彻底冲洗。就医

食入 漱口，饮水。禁止催吐。就医

对保护施救者的忠告 根据需要使用个人防护设备

对医生的特别提示 对症处理

第五部分 消防措施

灭火剂 用泡沫、二氧化碳、干粉、砂土灭火

特别危险性 在火场中，受热的容器有爆炸危险。蒸气比空气重，沿地面扩散并易积存于低洼处，遇火源会着火回燃。燃烧生成有害的一氧化碳

灭火注意事项及防护措施 消防人员必须佩戴空气呼吸器、穿全身防火防毒服，在上风向灭火。喷水冷却容器，尽可能将容器从火场移至空旷处。容器突然发出异常声音或出现异常现象，应立即撤离。用水灭火无效

第六部分 泄漏应急处理

作业人员防护措施、防护装备和应急处置程序 消除所有点火源。根据液体流动和蒸气扩散的影响区域划定警戒区，无关人员从侧风、上风向撤离至安全区。建议应急处理人员戴正压自给式呼吸器，穿防静电服，戴橡胶耐油手套。作业时使用的所有设备应接地。禁止接触或跨越泄漏物。尽可能切断泄漏源

环境保护措施 防止泄漏物进入水体、下水道、地下室或有限空间

泄漏化学品的收容、清除方法及所使用的处置材料 小量泄漏：用砂土或其他不燃材料吸收，使用洁净的无火花工具收集吸收材料。大量泄漏：构筑围堤或挖坑收容。用泡沫覆盖，减少蒸发。喷水雾能减少蒸发，但不能降低泄漏物在有限空间内的易燃性。用防爆泵转移至槽车或专用收集器内

第七部分 操作处置与储存

操作注意事项 密闭操作，全面通风。操作人员必须经过专门培训，严格遵守操作规程。建议操作人员佩戴过滤式防毒面具（半面罩），戴化学安全防护眼镜，穿防静电工作服，戴橡胶耐油手套。远离火种、热源。工作场所严禁吸烟。使用防爆型的通风系统和设备。防止蒸气泄漏到工作场所空气中。避免与氧化剂、酸类、卤素接触。充装要控制流速，防止静电积聚。搬运时要轻装轻卸，防止包装及容器损坏。配备相应品种和数量的消防器材及泄漏应急处理设备。倒空的容器可能残留有害物

储存注意事项 储存于阴凉、通风的库房。远离火种、热源。库温不宜超过37℃。保持容器密封。应与氧化剂、酸类、卤素分开存放，切忌混储。采用防爆型照明、通风设施。禁止使用易产生火花的机械设备和工具。储区应备有泄漏应急处理设备和合适的收容材料

第八部分 接触控制/个体防护

职业接触限值

中国 未制定标准

美国(ACGIH) 未制定标准

生物接触限值 未制定标准

监测方法 空气中有毒物质测定方法：未制定标准。生物监测检验方法：未制定标准

工程控制 生产过程密闭，全面通风

个体防护装备

呼吸系统防护 一般不需要特殊防护，高浓度接触时可佩戴过滤式防毒面具（半面罩）

眼睛防护 必要时，戴化学安全防护眼镜

皮肤和身体防护 穿防静电工作服

手防护 戴橡胶耐油手套

第九部分 理化特性

外观与性状 无色透明液体

pH值 无资料　**熔点(℃)** －121.2

沸点(℃) 106.8　**相对密度(水＝1)** 0.693

相对蒸气密度(空气＝1) 3.9

饱和蒸气压(kPa) 8.4 (37.7℃)

燃烧热(kJ/mol) 无资料　**临界温度(℃)** 282

临界压力(MPa) 2.61　**辛醇/水分配系数** 4.16

闪点(℃) －3.33　**自燃温度(℃)** 337

爆炸下限(%) 0.98　**爆炸上限(%)** 5.5

分解温度(℃) 无资料　**黏度(mPa·s)** 无资料

溶解性 不溶于水，易溶于乙醇，可混溶于乙醚、丙酮、氯仿、苯

第十部分 稳定性和反应性

稳定性 稳定

危险反应 与强氧化剂等禁配物接触，有发生火灾和爆炸的危险

避免接触的条件 无资料

禁配物 强氧化剂、强酸、强碱、卤素

危险的分解产物 无资料

第十一部分 毒理学信息

急性毒性 无资料　**皮肤刺激或腐蚀** 无资料

眼睛刺激或腐蚀 无资料　**呼吸或皮肤过敏** 无资料

生殖细胞突变性 无资料　**致癌性** 无资料

生殖毒性 无资料

特异性靶器官系统毒性-一次接触 无资料

特异性靶器官系统毒性-反复接触 无资料

吸入危害 无资料

第十二部分 生态学信息

生态毒性 根据结构类似物质预测，该物质对水生生物有极高毒性

持久性和降解性

生物降解性　无资料

非生物降解性　无资料

潜在的生物累积性　根据 K_{ow} 值预测，该物质可能有较高的生物累积性

土壤中的迁移性　根据 K_{oc} 值预测，该物质的迁移性可能较弱

第十三部分　废弃处置

废弃化学品　建议用焚烧法处置

污染包装物　将容器返还生产商或按照国家和地方法规处置

废弃注意事项　处置前应参阅国家和地方有关法规

第十四部分　运输信息

联合国危险货物编号（UN 号）　1262

联合国运输名称　辛烷　**联合国危险性类别**　3

包装类别　Ⅱ类包装　**包装标志**

海洋污染物　是

运输注意事项　运输时运输车辆应配备相应品种和数量的消防器材及泄漏应急处理设备。夏季最好早晚运输。运输时所用的槽（罐）车应有接地链，槽内可设孔隔板以减少震荡产生的静电。严禁与氧化剂、酸类、卤素、食用化学品等混装混运。运输途中应防曝晒、雨淋，防高温。中途停留时应远离火种、热源、高温区。装运该物品的车辆排气管必须配备阻火装置，禁止使用易产生火花的机械设备和工具装卸。公路运输时要按规定路线行驶，勿在居民区和人口稠密区停留。铁路运输时要禁止溜放。严禁用木船、水泥船散装运输

第十五部分　法规信息

下列法律、法规、规章和标准，对该化学品的管理作了相应的规定。

中华人民共和国职业病防治法　职业病分类和目录：未列入

危险化学品安全管理条例　危险化学品目录：列入。易制爆危险化学品名录：未列入。重点监管的危险化学品名录：未列入。GB 18218—2009《危险化学品重大危险源辨识》（表 1）：未列入

使用有毒物品作业场所劳动保护条例　高毒物品目录：未列入

易制毒化学品管理条例　易制毒化学品的分类和品种目录：未列入

国际公约　斯德哥尔摩公约：未列入。鹿特丹公约：未列入。蒙特利尔议定书：未列入

第十六部分　其他信息

编写和修订信息　　**缩略语和首字母缩写**

培训建议　　**参考文献**

免责声明

2,4-二甲基己烷

第一部分　化学品标识

化学品中文名　2,4-二甲基己烷

化学品英文名　2,4-dimethylhexane

分子式　C_8H_{18}　**相对分子质量**　115.67

结构式

化学品的推荐及限制用途　用作色谱分析标准物质及用于有机合成

第二部分　危险性概述

紧急情况概述　高度易燃液体和蒸气，可能引起昏昏欲睡或眩晕，吞咽及进入呼吸道可能致命

GHS 危险性类别　易燃液体，类别 2；皮肤腐蚀/刺激，类别 2；特异性靶器官毒性-一次接触，类别 3（麻醉效应）；吸入危害，类别 1；危害水生环境-急性危害，类别 1；危害水生环境-长期危害，类别 1

标签要素

象形图

警示词　危险

危险性说明　高度易燃液体和蒸气，造成皮肤刺激，可能引起昏昏欲睡或眩晕，吞咽及进入呼吸道可能致命，对水生生物毒性非常大并具有长期持续影响

防范说明

预防措施　远离热源、火花、明火、热表面。禁止吸烟。保持容器密闭。容器和接收设备接地连接。使用防爆电器、通风、照明设备。只能使用不产生火花的工具。采取防止静电措施。戴防护手套、防护眼镜、防护面罩。避免接触眼睛、皮肤，操作后彻底清洗。禁止排入环境

事故响应　火灾时，使用泡沫、二氧化碳、干粉、砂土灭火。皮肤接触：用大量肥皂水和水清洗。如发生皮肤刺激，就医。脱去被污染的衣服，洗净后方可重新使用。如果食入：立即呼叫中毒控制中心或就医。不要催吐。收集泄漏物

安全储存　存放在通风良好的地方。保持低温。上锁保管

废弃处置　本品及内装物、容器依据国家和地方法规处置

物理和化学危险　高度易燃，其蒸气与空气混合，能形成爆炸性混合物

健康危害　可能具有刺激性和麻醉作用。液态本品吸入呼吸道可引起吸入性肺炎

环境危害　对水生生物毒性非常大并具有长期持续影响

第三部分　成分/组成信息

√物质		混合物
组分	**浓度**	**CAS No.**
2,4-二甲基己烷		589-43-5

第四部分 急救措施

吸入 迅速脱离现场至空气新鲜处。保持呼吸道通畅。如呼吸困难，给输氧。如呼吸、心跳停止，立即进行心肺复苏术。就医

皮肤接触 立即脱去污染的衣着，用流动清水彻底冲洗。就医

眼睛接触 立即分开眼睑，用流动清水或生理盐水彻底冲洗。就医

食入 漱口，饮水。禁止催吐。就医

对保护施救者的忠告 根据需要使用个人防护设备

对医生的特别提示 对症处理

第五部分 消防措施

灭火剂 用泡沫、二氧化碳、干粉、砂土灭火

特别危险性 蒸气比空气重，沿地面扩散并易积存于低洼处，遇火源会着火回燃。燃烧生成有害的一氧化碳

灭火注意事项及防护措施 消防人员必须佩戴空气呼吸器、穿全身防火防毒服，在上风向灭火。喷水冷却容器，尽可能将容器从火场移至空旷处。容器突然发出异常声音或出现异常现象，应立即撤离

第六部分 泄漏应急处理

作业人员防护措施、防护装备和应急处置程序 消除所有点火源。根据液体流动和蒸气扩散的影响区域划定警戒区，无关人员从侧风、上风向撤离至安全区。建议应急处理人员戴正压自给式呼吸器，穿防静电服，戴橡胶耐油手套。作业时使用的所有设备应接地。禁止接触或跨越泄漏物。尽可能切断泄漏源

环境保护措施 防止泄漏物进入水体、下水道、地下室或有限空间

泄漏化学品的收容、清除方法及所使用的处置材料 小量泄漏：用砂土或其他不燃材料吸收，使用洁净的无火花工具收集吸收材料。大量泄漏：构筑围堤或挖坑收容。用泡沫覆盖，减少蒸发。喷水雾能减少蒸发，但不能降低泄漏物在有限空间内的易燃性。用防爆泵转移至槽车或专用收集器内

第七部分 操作处置与储存

操作注意事项 密闭操作，全面通风。操作人员必须经过专门培训，严格遵守操作规程。建议操作人员佩戴过滤式防毒面具（半面罩），戴化学安全防护眼镜，穿防静电工作服，戴橡胶耐油手套。远离火种、热源。工作场所严禁吸烟。使用防爆型的通风系统和设备。防止蒸气泄漏到工作场所空气中。避免与氧化剂、酸类、卤素接触。充装要控制流速，防止静电积聚。搬运时要轻装轻卸，防止包装及容器损坏。配备相应品种和数量的消防器材及泄漏应急处理设备。倒空的容器可能残留有害物

储存注意事项 储存于阴凉、通风的库房。远离火种、热源。库温不宜超过37℃。保持容器密封。应与氧化剂、酸类、卤素分开存放，切忌混储。采用防爆型照明、通风设施。禁止使用易产生火花的机械设备和工具。储区应备有泄漏应急处理设备和合适的收容材料

第八部分 接触控制/个体防护

职业接触限值

中国 未制定标准

美国(ACGIH) 未制定标准

生物接触限值 未制定标准

监测方法 空气中有毒物质测定方法：未制定标准。生物监测检验方法：未制定标准

工程控制 生产过程密闭，全面通风

个体防护装备

呼吸系统防护 一般不需要特殊防护，高浓度接触时可佩戴过滤式防毒面具（半面罩）

眼睛防护 必要时，戴化学安全防护眼镜

皮肤和身体防护 穿防静电工作服

手防护 戴橡胶耐油手套

第九部分 理化特性

外观与性状 无色透明液体

pH 值 无资料 **熔点(℃)** ＜25

沸点(℃) 108～109 **相对密度(水＝1)** 0.71

相对蒸气密度(空气＝1) 3.9

饱和蒸气压(kPa) 6.4（34℃）

燃烧热(kJ/mol) 无资料 **临界温度(℃)** 282

临界压力(MPa) 2.61 **辛醇/水分配系数** 4.12

闪点(℃) 10（OC） **自燃温度(℃)** 307

爆炸下限(%) 0.98 **爆炸上限(%)** 5.9

分解温度(℃) 无资料 **黏度(mPa·s)** 无资料

溶解性 不溶于水，溶于醇、乙醚

第十部分 稳定性和反应性

稳定性 稳定

危险反应 与强氧化剂等禁配物接触，有发生火灾和爆炸的危险

避免接触的条件 无资料

禁配物 强氧化剂、强酸、强碱、卤素

危险的分解产物 无资料

第十一部分 毒理学信息

急性毒性 无资料 **皮肤刺激或腐蚀** 无资料

眼睛刺激或腐蚀 无资料 **呼吸或皮肤过敏** 无资料

生殖细胞突变性 无资料 **致癌性** 无资料

生殖毒性 无资料

特异性靶器官系统毒性-一次接触 无资料

特异性靶器官系统毒性-反复接触 无资料

吸入危害 无资料

第十二部分 生态学信息

生态毒性 根据结构类似物质预测，该物质对水生生物有极高毒性

持久性和降解性

生物降解性 无资料

非生物降解性　无资料

潜在的生物累积性　根据 K_{ow} 值预测，该物质可能有较高的生物累积性

土壤中的迁移性　根据 K_{oc} 值预测，该物质的迁移性可能较弱

第十三部分　废弃处置

废弃化学品　建议用焚烧法处置

污染包装物　将容器返还生产商或按照国家和地方法规处置

废弃注意事项　处置前应参阅国家和地方有关法规

第十四部分　运输信息

联合国危险货物编号（UN 号）　1262

联合国运输名称　辛烷　**联合国危险性类别**　3

包装类别　Ⅱ类包装　**包装标志**

海洋污染物　是

运输注意事项　运输时运输车辆应配备相应品种和数量的消防器材及泄漏应急处理设备。夏季最好早晚运输。运输时所用的槽（罐）车应有接地链，槽内可设孔隔板以减少震荡产生的静电。严禁与氧化剂、酸类、卤素、食用化学品等混装混运。运输途中应防曝晒、雨淋，防高温。中途停留时应远离火种、热源、高温区。装运该物品的车辆排气管必须配备阻火装置，禁止使用易产生火花的机械设备和工具装卸。公路运输时要按规定路线行驶，勿在居民区和人口稠密区停留。铁路运输时要禁止溜放。严禁用木船、水泥船散装运输

第十五部分　法规信息

下列法律、法规、规章和标准，对该化学品的管理作了相应的规定。

中华人民共和国职业病防治法　职业病分类和目录：未列入

危险化学品安全管理条例　危险化学品目录：列入。易制爆危险化学品名录：未列入。重点监管的危险化学品名录：未列入。GB 18218—2009《危险化学品重大危险源辨识》（表 1）：未列入

使用有毒物品作业场所劳动保护条例　高毒物品目录：未列入

易制毒化学品管理条例　易制毒化学品的分类和品种目录：未列入

国际公约　斯德哥尔摩公约：未列入。鹿特丹公约：未列入。蒙特利尔议定书：未列入

第十六部分　其他信息

编写和修订信息　**缩略语和首字母缩写**

培训建议　**参考文献**

免责声明

2,3-二甲基己烷

第一部分　化学品标识

化学品中文名　2,3-二甲基己烷

化学品英文名　2,3-dimethylhexane

分子式　C_8H_{18}　**相对分子质量**　114.23

结构式

化学品的推荐及限制用途　用作化学试剂，用于有机合成

第二部分　危险性概述

紧急情况概述　高度易燃液体和蒸气，可能引起昏昏欲睡或眩晕，吞咽及进入呼吸道可能致命

GHS 危险性类别　易燃液体，类别 2；皮肤腐蚀/刺激，类别 2；特异性靶器官毒性-一次接触，类别 3（麻醉效应）；吸入危害，类别 1；危害水生环境-急性危害，类别 1；危害水生环境-长期危害，类别 1

标签要素

象形图

警示词　危险

危险性说明　高度易燃液体和蒸气，造成皮肤刺激，可能引起昏昏欲睡或眩晕，吞咽及进入呼吸道可能致命，对水生生物毒性非常大并具有长期持续影响

防范说明

预防措施　远离热源、火花、明火、热表面。禁止吸烟。保持容器密闭。容器和接收设备接地连接。使用防爆电器、通风、照明设备。只能使用不产生火花的工具。采取防止静电措施。戴防护手套、防护眼镜、防护面罩。避免接触眼睛、皮肤，操作后彻底清洗。禁止排入环境

事故响应　火灾时，使用泡沫、二氧化碳、干粉、砂土灭火。皮肤接触：用大量肥皂水和水清洗。如发生皮肤刺激，就医。脱去被污染的衣服，洗净后方可重新使用。如果食入：立即呼叫中毒控制中心或就医。不要催吐。收集泄漏物

安全储存　存放在通风良好的地方。保持低温。上锁保管

废弃处置　本品及内装物、容器依据国家和地方法规处置

物理和化学危险　高度易燃，其蒸气与空气混合，能形成爆炸性混合物

健康危害　可能具有刺激性和麻醉作用。液态本品吸入呼吸道可引起吸入性肺炎

环境危害　对水生生物毒性非常大并具有长期持续影响

第三部分　成分/组成信息

√物质		混合物
组分	**浓度**	**CAS No.**
2,3-二甲基己烷		584-94-1

第四部分　急救措施

吸入　迅速脱离现场至空气新鲜处。保持呼吸道通畅。如呼吸困难，给输氧。如呼吸、心跳停止，立即进行心肺复苏术。就医

皮肤接触　立即脱去污染的衣着，用流动清水彻底冲洗。就医

眼睛接触　立即分开眼睑，用流动清水或生理盐水彻底冲洗。就医

食入　漱口，饮水。禁止催吐。就医

对保护施救者的忠告　根据需要使用个人防护设备

对医生的特别提示　对症处理

第五部分　消防措施

灭火剂　用泡沫、二氧化碳、干粉、砂土灭火

特别危险性　在火场中，受热的容器有爆炸危险。蒸气比空气重，沿地面扩散并易积存于低洼处，遇火源会着火回燃。燃烧生成有害的一氧化碳

灭火注意事项及防护措施　消防人员必须佩戴空气呼吸器、穿全身防火防毒服，在上风向灭火。喷水冷却容器，尽可能将容器从火场移至空旷处。容器突然发出异常声音或出现异常现象，应立即撤离

第六部分　泄漏应急处理

作业人员防护措施、防护装备和应急处置程序　消除所有点火源。根据液体流动和蒸气扩散的影响区域划定警戒区，无关人员从侧风、上风向撤离至安全区。建议应急处理人员戴正压自给式呼吸器，穿防静电服，戴橡胶耐油手套。作业时使用的所有设备应接地。禁止接触或跨越泄漏物。尽可能切断泄漏源

环境保护措施　防止泄漏物进入水体、下水道、地下室或有限空间

泄漏化学品的收容、清除方法及所使用的处置材料　小量泄漏：用砂土或其他不燃材料吸收，使用洁净的无火花工具收集吸收材料。大量泄漏：构筑围堤或挖坑收容。用泡沫覆盖，减少蒸发。喷水雾能减少蒸发，但不能降低泄漏物在有限空间内的易燃性。用防爆泵转移至槽车或专用收集器内

第七部分　操作处置与储存

操作注意事项　密闭操作，全面通风。操作人员必须经过专门培训，严格遵守操作规程。建议操作人员佩戴过滤式防毒面具（半面罩），戴化学安全防护眼镜，穿防静电工作服，戴橡胶耐油手套。远离火种、热源。工作场所严禁吸烟。使用防爆型的通风系统和设备。防止蒸气泄漏到工作场所空气中。避免与氧化剂、酸类、卤素接触。充装要控制流速，防止静电积聚。搬运时要轻装轻卸，防止包装及容器损坏。配备相应品种和数量的消防器材及泄漏应急处理设备。倒空的容器可能残留有害物

储存注意事项　储存于阴凉、通风的库房。远离火种、热源。库温不宜超过37℃。保持容器密封。应与氧化剂、酸类、卤素分开存放，切忌混储。采用防爆型照明、通风设施。禁止使用易产生火花的机械设备和工具。储区应备有泄漏应急处理设备和合适的收容材料

第八部分　接触控制/个体防护

职业接触限值

中国　未制定标准

美国(ACGIH)　未制定标准

生物接触限值　未制定标准

监测方法　空气中有毒物质测定方法：未制定标准。生物监测检验方法：未制定标准

工程控制　生产过程密闭，全面通风

个体防护装备

呼吸系统防护　一般不需要特殊防护，高浓度接触时可佩戴过滤式防毒面具（半面罩）

眼睛防护　必要时，戴化学安全防护眼镜

皮肤和身体防护　穿防静电工作服

手防护　戴橡胶耐油手套

第九部分　理化特性

外观与性状　无色澄清液体

pH值　无资料　　**熔点(℃)**　无资料

沸点(℃)　115.6　　**相对密度(水=1)**　0.72

相对蒸气密度(空气=1)　4.1

饱和蒸气压(kPa)　无资料

燃烧热(kJ/mol)　无资料　　**临界温度(℃)**　无资料

临界压力(MPa)　2.63　　**辛醇/水分配系数**　4.120

闪点(℃)　5.3　　**自燃温度(℃)**　438

爆炸下限(%)　0.9　　**爆炸上限(%)**　5.9

分解温度(℃)　无资料　　**黏度(mPa·s)**　无资料

溶解性　不溶于水，溶于乙醇、乙醚、丙酮、苯等

第十部分　稳定性和反应性

稳定性　稳定

危险反应　与强氧化剂等禁配物接触，有发生火灾和爆炸的危险

避免接触的条件　无资料

禁配物　强氧化剂、强酸、强碱、卤素

危险的分解产物　无资料

第十一部分　毒理学信息

急性毒性　无资料　　**皮肤刺激或腐蚀**　无资料

眼睛刺激或腐蚀　无资料　　**呼吸或皮肤过敏**　无资料

生殖细胞突变性　无资料　　**致癌性**　无资料

生殖毒性　无资料

特异性靶器官系统毒性-一次接触　无资料

特异性靶器官系统毒性-反复接触　无资料

吸入危害　无资料

第十二部分　生态学信息

生态毒性　根据结构类似物质预测，该物质对水生生物有极高毒性

持久性和降解性

生物降解性　无资料

非生物降解性　无资料

潜在的生物累积性　根据 K_{ow} 值预测，该物质可能有较高的生物累积性

土壤中的迁移性　根据 K_{oc} 值预测，该物质的迁移性可能较弱

第十三部分　废弃处置

废弃化学品　建议用焚烧法处置

污染包装物　将容器返还生产商或按照国家和地方法规处置

废弃注意事项　处置前应参阅国家和地方有关法规

第十四部分　运输信息

联合国危险货物编号（UN 号）　1262

联合国运输名称　辛烷　**联合国危险性类别**　3

包装类别　Ⅱ类包装　**包装标志**

海洋污染物　是

运输注意事项　运输时运输车辆应配备相应品种和数量的消防器材及泄漏应急处理设备。夏季最好早晚运输。运输时所用的槽（罐）车应有接地链，槽内可设孔隔板以减少震荡产生的静电。严禁与氧化剂、酸类、卤素、食用化学品等混装混运。运输途中应防曝晒、雨淋，防高温。中途停留时应远离火种、热源、高温区。装运该物品的车辆排气管必须配备阻火装置，禁止使用易产生火花的机械设备和工具装卸。公路运输时要按规定路线行驶，勿在居民区和人口稠密区停留。铁路运输时要禁止溜放。严禁用木船、水泥船散装运输

第十五部分　法规信息

下列法律、法规、规章和标准，对该化学品的管理作了相应的规定。

中华人民共和国职业病防治法　职业病分类和目录：未列入

危险化学品安全管理条例　危险化学品目录：列入。易制爆危险化学品名录：未列入。重点监管的危险化学品名录：未列入。GB 18218—2009《危险化学品重大危险源辨识》（表 1）：未列入

使用有毒物品作业场所劳动保护条例　高毒物品目录：未列入

易制毒化学品管理条例　易制毒化学品的分类和品种目录：未列入

国际公约　斯德哥尔摩公约：未列入。鹿特丹公约：未列入。蒙特利尔议定书：未列入

第十六部分　其他信息

编写和修订信息　**缩略语和首字母缩写**

培训建议　**参考文献**

免责声明

2,5-二甲基己烷

第一部分　化学品标识

化学品中文名　2,5-二甲基己烷

化学品英文名　2,5-dimethylhexane

分子式　C_8H_{18}　**相对分子质量**　114.23

结构式

化学品的推荐及限制用途　用于有机合成

第二部分　危险性概述

紧急情况概述　易燃液体和蒸气，可能引起昏昏欲睡或眩晕，吞咽及进入呼吸道可能致命

GHS 危险性类别　易燃液体，类别 3；皮肤腐蚀/刺激，类别 2；特异性靶器官毒性-一次接触，类别 3（麻醉效应）；吸入危害，类别 1；危害水生环境-急性危害，类别 1；危害水生环境-长期危害，类别 1

标签要素

象形图

警示词　危险

危险性说明　易燃液体和蒸气，造成皮肤刺激，可能引起昏昏欲睡或眩晕，吞咽及进入呼吸道可能致命，对水生生物毒性非常大并具有长期持续影响

防范说明

预防措施　远离热源、火花、明火、热表面。禁止吸烟。保持容器密闭。容器和接收设备接地连接。使用防爆电器、通风、照明设备。只能使用不产生火花的工具。采取防止静电措施。戴防护手套、防护眼镜、防护面罩

事故响应　火灾时，使用泡沫、二氧化碳、干粉、砂土灭火。皮肤接触：用大量肥皂水和水清洗。如发生皮肤刺激，就医。脱去被污染的衣服，洗净后方可重新使用。如果食入：立即呼叫中毒控制中心或就医。不要催吐。收集泄漏物

安全储存　存放在通风良好的地方。保持低温。上锁保管

废弃处置　本品及内装物、容器依据国家和地方法规处置

物理和化学危险　易燃，其蒸气与空气混合，能形成爆炸性混合物

健康危害　可能具有刺激性和麻醉作用。液态本品吸入呼吸道可引起吸入性肺炎

环境危害　对水生生物毒性非常大并具有长期持续影响

第三部分　成分/组成信息

√物质		混合物
组分	浓度	CAS No.
2,5-二甲基己烷		592-13-2

第四部分 急救措施

吸入 迅速脱离现场至空气新鲜处。保持呼吸道通畅。如呼吸困难，给输氧。如呼吸、心跳停止，立即进行心肺复苏术。就医

皮肤接触 立即脱去污染的衣着，用流动清水彻底冲洗。就医

眼睛接触 立即分开眼睑，用流动清水或生理盐水彻底冲洗。就医

食入 漱口，饮水。禁止催吐。就医

对保护施救者的忠告 根据需要使用个人防护设备

对医生的特别提示 对症处理

第五部分 消防措施

灭火剂 用泡沫、二氧化碳、干粉、砂土灭火

特别危险性 蒸气比空气重，沿地面扩散并易积存于低洼处，遇火源会着火回燃。燃烧生成有害的一氧化碳

灭火注意事项及防护措施 消防人员必须佩戴空气呼吸器、穿全身防火防毒服，在上风向灭火。喷水冷却容器，尽可能将容器从火场移至空旷处。容器突然发出异常声音或出现异常现象，应立即撤离

第六部分 泄漏应急处理

作业人员防护措施、防护装备和应急处置程序 消除所有点火源。根据液体流动和蒸气扩散的影响区域划定警戒区，无关人员从侧风、上风向撤离至安全区。建议应急处理人员戴正压自给式呼吸器，穿防静电服，戴橡胶耐油手套。作业时使用的所有设备应接地。禁止接触或跨越泄漏物。尽可能切断泄漏源

环境保护措施 防止泄漏物进入水体、下水道、地下室或有限空间

泄漏化学品的收容、清除方法及所使用的处置材料 小量泄漏：用砂土或其他不燃材料吸收，使用洁净的无火花工具收集吸收材料。大量泄漏：构筑围堤或挖坑收容。用泡沫覆盖，减少蒸发。喷水雾能减少蒸发，但不能降低泄漏物在有限空间内的易燃性。用防爆泵转移至槽车或专用收集器内

第七部分 操作处置与储存

操作注意事项 密闭操作，全面通风。操作人员必须经过专门培训，严格遵守操作规程。建议操作人员佩戴过滤式防毒面具（半面罩），戴化学安全防护眼镜，穿防静电工作服，戴橡胶耐油手套。远离火种、热源。工作场所严禁吸烟。使用防爆型的通风系统和设备。防止蒸气泄漏到工作场所空气中。避免与氧化剂接触。充装要控制流速，防止静电积聚。搬运时要轻装轻卸，防止包装及容器损坏。配备相应品种和数量的消防器材及泄漏应急处理设备。倒空的容器可能残留有害物

储存注意事项 储存于阴凉、通风的库房。远离火种、热源。库温不宜超过37℃。保持容器密封。应与氧化剂分开存放，切忌混储。采用防爆型照明、通风设施。禁止使用易产生火花的机械设备和工具。储区应备有泄漏应急处理设备和合适的收容材料

第八部分 接触控制/个体防护

职业接触限值

中国 未制定标准

美国(ACGIH) 未制定标准

生物接触限值 未制定标准

监测方法 空气中有毒物质测定方法：未制定标准。生物监测检验方法：未制定标准

工程控制 生产过程密闭，全面通风

个体防护装备

呼吸系统防护 一般不需要特殊防护，高浓度接触时可佩戴过滤式防毒面具（半面罩）

眼睛防护 必要时，戴化学安全防护眼镜

皮肤和身体防护 穿防静电工作服

手防护 戴橡胶耐油手套

第九部分 理化特性

外观与性状 无色透明液体

pH 值 无资料 **熔点(℃)** −91

沸点(℃) 109.1 **相对密度(水=1)** 0.694

相对蒸气密度(空气=1) 无资料

临界压力(MPa) 2.49

燃烧热(kJ/mol) 无资料 **临界温度(℃)** 无资料

临界压力(MPa) 无资料 **辛醇/水分配系数** 4.12

闪点(℃) −2 **自燃温度(℃)** 315

爆炸下限(%) 0.98 **爆炸上限(%)** 5.9

分解温度(℃) 无资料 **黏度(mPa·s)** 无资料

溶解性 溶于乙醇、乙醚等多数有机溶剂

第十部分 稳定性和反应性

稳定性 稳定

危险反应 与强氧化剂等禁配物接触，有发生火灾和爆炸的危险

避免接触的条件 无资料

禁配物 强氧化剂、强酸、强碱、卤素

危险的分解产物 无资料

第十一部分 毒理学信息

急性毒性 无资料 **皮肤刺激或腐蚀** 无资料

眼睛刺激或腐蚀 无资料 **呼吸或皮肤过敏** 无资料

生殖细胞突变性 无资料 **致癌性** 无资料

生殖毒性 无资料

特异性靶器官系统毒性-一次接触 无资料

特异性靶器官系统毒性-反复接触 无资料

吸入危害 无资料

第十二部分 生态学信息

生态毒性 根据结构类似物质预测，该物质对水生生物有极高毒性

持久性和降解性

生物降解性 无资料

非生物降解性 无资料

潜在的生物累积性 根据 K_{ow} 值预测，该物质可能有较高的生物累积性

土壤中的迁移性 根据 K_{oc} 值预测，该物质的迁移性可能较弱

第十三部分 废弃处置

废弃化学品 建议用焚烧法处置

污染包装物 将容器返还生产商或按照国家和地方法规处置

废弃注意事项 处置前应参阅国家和地方有关法规

第十四部分 运输信息

联合国危险货物编号（UN 号） 1262

联合国运输名称 辛烷 **联合国危险性类别** 3

包装类别 Ⅱ类包装 **包装标志** 

海洋污染物 是

运输注意事项 运输时运输车辆应配备相应品种和数量的消防器材及泄漏应急处理设备。夏季最好早晚运输。运输时所用的槽（罐）车应有接地链，槽内可设孔隔板以减少震荡产生的静电。严禁与氧化剂、食用化学品等混装混运。运输途中应防曝晒、雨淋，防高温。中途停留时应远离火种、热源、高温区。装运该物品的车辆排气管必须配备阻火装置，禁止使用易产生火花的机械设备和工具装卸。公路运输时要按规定路线行驶，勿在居民区和人口稠密区停留。铁路运输时要禁止溜放。严禁用木船、水泥船散装运输

第十五部分 法规信息

下列法律、法规、规章和标准，对该化学品的管理作了相应的规定。

中华人民共和国职业病防治法 职业病分类和目录：未列入

危险化学品安全管理条例 危险化学品目录：未列入。易制爆危险化学品名录：未列入。重点监管的危险化学品名录：未列入。GB 18218—2009《危险化学品重大危险源辨识》（表 1）：未列入

使用有毒物品作业场所劳动保护条例 高毒物品目录：未列入

易制毒化学品管理条例 易制毒化学品的分类和品种目录：未列入

国际公约 斯德哥尔摩公约：未列入。鹿特丹公约：未列入。蒙特利尔议定书：未列入

第十六部分 其他信息

编写和修订信息 **缩略语和首字母缩写**

培训建议 **参考文献**

免责声明

N,N-二甲基甲酰胺

第一部分 化学品标识

化学品中文名 N,N-二甲基甲酰胺；甲酰二甲胺

化学品英文名 N,N-dimethylformamide；DMF

分子式 C_3H_7NO **相对分子质量** 73.09

结构式 (O=CH–N(CH₃)₂ skeletal formula)

化学品的推荐及限制用途 主要用作工业溶剂，医药工业上用于生产维生素、激素，也用于制造杀虫脒

第二部分 危险性概述

紧急情况概述 易燃液体和蒸气

GHS 危险性类别 易燃液体，类别 3；急性毒性-经皮，类别 4；急性毒性-吸入，类别 4；严重眼损伤/眼刺激，类别 2；生殖毒性，类别 1B

标签要素

象形图 

警示词 危险

危险性说明 易燃液体和蒸气，皮肤接触有害，吸入有害，造成严重眼刺激，可能对生育力或胎儿造成伤害

防范说明

预防措施 远离热源、火花、明火、热表面。禁止吸烟。保持容器密闭。容器和接收设备接地连接。使用防爆电器、通风、照明设备。只能使用不产生火花的工具。采取防止静电措施。戴防护手套、防护眼镜、防护面罩，穿防护服。避免吸入蒸气、雾。仅在室外或通风良好处操作。避免接触眼睛、皮肤，操作后彻底清洗。得到专门指导后操作。在阅读并了解所有安全预防措施之前，切勿操作。按要求使用个体防护装备

事故响应 火灾时，使用雾状水、抗溶性泡沫、干粉、二氧化碳、砂土灭火。如吸入：将患者转移到空气新鲜处，休息，保持利于呼吸的体位。皮肤接触：用大量肥皂水和水清洗。如感觉不适，呼叫中毒控制中心或就医。被污染的衣服须经洗净后方可重新使用。如接触眼睛：用水细心冲洗数分钟。如戴隐形眼镜并可方便地取出，取出隐形眼镜继续冲洗。如果眼睛刺激持续：就医。如果接触或有担心，就医

安全储存 存放在通风良好的地方。保持低温。上锁保管

废弃处置 本品及内装物、容器依据国家和地方法规处置

物理和化学危险 易燃，其蒸气与空气混合，能形成爆炸性混合物

健康危害

急性中毒 高浓度吸入或严重皮肤污染可引起急性中毒。吸入蒸气后，可产生眼和上呼吸道刺激症状。短期内大量接触，可出现头痛、头晕、焦虑、恶心、呕吐、上腹部剧痛、顽固性便秘等，中毒严重者伴消化道出血。肝、肾损害一般在中毒数日后出现，肝脏肿大，肝区痛，黄疸，肝、肾功能障碍。心血管系统可出现一过性损害。经

皮肤吸收中毒者，皮肤出现水疱、水肿、粗糙、局部麻木、瘙痒、灼痛。溅入眼内可致角膜损伤

慢性影响 有皮肤、黏膜刺激，神经衰弱综合征，血压偏低。还有恶心、呕吐、胸闷、食欲不振、胃痛、便秘及肝大和肝功能变化

环境危害 对环境可能有害

第三部分 成分/组成信息

√物质 混合物

组分	浓度	CAS No.
N,N-二甲基甲酰胺		68-12-2

第四部分 急救措施

吸入 迅速脱离现场至空气新鲜处。保持呼吸道通畅。如呼吸困难，给输氧。如呼吸、心跳停止，立即进行心肺复苏术。就医

皮肤接触 立即脱去污染的衣着，用流动清水彻底冲洗。就医

眼睛接触 立即分开眼睑，用流动清水或生理盐水彻底冲洗至少15min。就医

食入 漱口，饮水。就医

对保护施救者的忠告 根据需要使用个人防护设备

对医生的特别提示 对症处理

第五部分 消防措施

灭火剂 用雾状水、抗溶性泡沫、干粉、二氧化碳、砂土灭火

特别危险性 能与浓硫酸、发烟硝酸发生猛烈反应，甚至发生爆炸。与卤化物（如四氯化碳）能发生强烈反应。燃烧生成有害的一氧化碳、氮氧化物

灭火注意事项及防护措施 消防人员须佩戴防毒面具、穿全身消防服，在上风向灭火。尽可能将容器从火场移至空旷处。喷水保持火场容器冷却，直至灭火结束。容器突然发出异常声音或出现异常现象，应立即撤离

第六部分 泄漏应急处理

作业人员防护措施、防护装备和应急处置程序 消除所有点火源。根据液体流动和蒸气扩散的影响区域划定警戒区，无关人员从侧风、上风向撤离至安全区。建议应急处理人员戴正压自给式呼吸器，穿防静电服，戴橡胶手套。作业时使用的所有设备应接地。禁止接触或跨越泄漏物。尽可能切断泄漏源

环境保护措施 防止泄漏物进入水体、下水道、地下室或有限空间

泄漏化学品的收容、清除方法及所使用的处置材料 小量泄漏：用砂土或其他不燃材料吸收，使用洁净的无火花工具收集吸收材料。大量泄漏：构筑围堤或挖坑收容。用砂土、惰性物质或蛭石吸收大量液体。用抗溶性泡沫覆盖，减少蒸发。喷水雾能减少蒸发，但不能降低泄漏物在有限空间内的易燃性。用防爆泵转移至槽车或专用收集器内

第七部分 操作处置与储存

操作注意事项 密闭操作，全面通风。操作人员必须经过专门培训，严格遵守操作规程。建议操作人员佩戴过滤式防毒面具（半面罩），戴化学安全防护眼镜，穿化学防护服，戴橡胶手套。远离火种、热源。工作场所严禁吸烟。使用防爆型的通风系统和设备。防止蒸气泄漏到工作场所空气中。避免与氧化剂、还原剂、卤素接触。充装要控制流速，防止静电积聚。搬运时要轻装轻卸，防止包装及容器损坏。配备相应品种和数量的消防器材及泄漏应急处理设备。倒空的容器可能残留有害物

储存注意事项 储存于阴凉、通风的库房。库温不宜超过37℃。远离火种、热源。保持容器密封。应与氧化剂、还原剂、卤素等分开存放，切忌混储。采用防爆型照明、通风设施。禁止使用易产生火花的机械设备和工具。储区应备有泄漏应急处理设备和合适的收容材料

第八部分 接触控制/个体防护

职业接触限值

中国 PC-TWA：20mg/m³［皮］

美国(ACGIH) TLV-TWA：10ppm［皮］

生物接触限值 未制定标准

监测方法 空气中有毒物质测定方法：溶液采集-气相色谱法。生物监测检验方法：未制定标准

工程控制 生产过程密闭，全面通风。提供安全的淋浴和洗眼设备

个体防护装备

呼吸系统防护 空气中浓度超标时，佩戴过滤式防毒面具（半面罩）

眼睛防护 戴化学安全防护眼镜

皮肤和身体防护 穿化学防护服

手防护 戴橡胶手套

第九部分 理化特性

外观与性状 无色透明或淡黄色液体，有鱼腥味

pH值 无资料　**熔点(℃)** −61

沸点(℃) 153　**相对密度(水=1)** 0.95

相对蒸气密度(空气=1) 2.51

饱和蒸气压(kPa) 0.5（25℃）

燃烧热(kJ/mol) −1921　**临界温度(℃)** 374

临界压力(MPa) 4.48　**辛醇/水分配系数** −0.87

闪点(℃) 58（OC）　**自燃温度(℃)** 445

爆炸下限(%) 2.2　**爆炸上限(%)** 15.2

分解温度(℃) 无资料

黏度(mPa·s) 0.802（25℃）

溶解性 与水混溶，可混溶于多数有机溶剂

第十部分 稳定性和反应性

稳定性 稳定

危险反应 与强氧化剂、氯仿、卤素、浓硫酸、发烟硝酸等禁配物接触，有发生火灾和爆炸的危险

避免接触的条件 无资料

禁配物 强氧化剂、酰基氯、氯仿、强还原剂、卤素、氯代烃、浓硫酸、发烟硝酸

危险的分解产物 无资料

第十一部分 毒理学信息

急性毒性

LD_{50} 4000mg/kg（大鼠经口）；4720mg/kg（兔经皮）

LC_{50} 9400mg/m^3（小鼠吸入，2h）

皮肤刺激或腐蚀 无资料

眼睛刺激或腐蚀 家兔经眼：100%，重度刺激（用水冲洗）

呼吸或皮肤过敏 无资料 **生殖细胞突变性** 无资料

致癌性 IARC致癌性评论：组2A，可能人类致癌物

生殖毒性 无资料

特异性靶器官系统毒性-一次接触 无资料

特异性靶器官系统毒性-反复接触 大鼠吸入2500mg/m^3，每天6h，共5d，16只中有8～10只死亡，尸解可见肝脏和肺脏损伤

吸入危害 无资料

第十二部分 生态学信息

生态毒性 LC_{50}：1430mg/L（96h）（黑头呆鱼）；10000～13000mg/L（96h）（虹鳟鱼）

持久性和降解性

生物降解性 无资料

非生物降解性 空气中，当羟基自由基浓度为5.00×10^{5}个/cm^{3}时，降解半衰期为22h（理论）

潜在的生物累积性 根据K_{ow}值预测，该物质的生物累积性可能较弱

土壤中的迁移性 根据K_{oc}值预测，该物质可能易发生迁移

第十三部分 废弃处置

废弃化学品 用焚烧法处置。与燃料混合后，再焚烧。焚烧炉排出的氮氧化物通过洗涤器除去

污染包装物 将容器返还生产商或按照国家和地方法规处置

废弃注意事项 处置前应参阅国家和地方有关法规。把倒空的容器归还厂商或在规定场所掩埋

第十四部分 运输信息

联合国危险货物编号（UN号） 2265

联合国运输名称 *N*,*N*-二甲基甲酰胺

联合国危险性类别 3

包装类别 Ⅲ类包装 **包装标志**

海洋污染物 否

运输注意事项 运输时运输车辆应配备相应品种和数量的消防器材及泄漏应急处理设备。夏季最好早晚运输。运输时所用的槽（罐）车应有接地链，槽内可设孔隔板以减少震荡产生的静电。严禁与氧化剂、还原剂、卤素、食用化学品等混装混运。运输途中应防曝晒、雨淋，防高温。中途停留时应远离火种、热源、高温区。装运该物品的车辆排气管必须配备阻火装置，禁止使用易产生火花的机械设备和工具装卸。公路运输时要按规定路线行驶，勿在居民区和人口稠密区停留。铁路运输时要禁止溜放。严禁用木船、水泥船散装运输

第十五部分 法规信息

下列法律、法规、规章和标准，对该化学品的管理作了相应的规定。

中华人民共和国职业病防治法 职业病分类和目录：二甲基甲酰胺中毒

危险化学品安全管理条例 危险化学品目录：列入。易制爆危险化学品名录：未列入。重点监管的危险化学品名录：未列入。GB 18218—2009《危险化学品重大危险源辨识》（表1）：未列入

使用有毒物品作业场所劳动保护条例 高毒物品目录：未列入

易制毒化学品管理条例 易制毒化学品的分类和品种目录：未列入

国际公约 斯德哥尔摩公约：未列入。鹿特丹公约：未列入。蒙特利尔议定书：未列入

第十六部分 其他信息

编写和修订信息 **缩略语和首字母缩写**
培训建议 **参考文献**
免责声明

1,1-二甲基肼

第一部分 化学品标识

化学品中文名 1,1-二甲基肼；二甲基肼［不对称］

化学品英文名 1,1-dimethyl hydrazine；*unsym*-dimethylhydrazine

分子式 $C_2H_8N_2$ **相对分子质量** 60.1

结构式 (CH$_3$)$_2$N–NH$_2$（结构式：N上连NH$_2$及两个甲基）

化学品的推荐及限制用途 用于化学合成，用作有机过氧化物的稳定剂、酸性气体吸收剂，还用于照相及农业

第二部分 危险性概述

紧急情况概述 高度易燃液体和蒸气，吞咽会中毒，皮肤接触会中毒，吸入致命，造成严重的皮肤灼伤和眼损伤

GHS危险性类别 易燃液体，类别2；急性毒性-经口，类别3；急性毒性-经皮，类别3；急性毒性-吸入，类别2；皮肤腐蚀/刺激，类别1B；严重眼损伤/眼刺激，类别1；致癌性，类别2；危害水生环境-急性危害，类别2；危害水生环境-长期危害，类别2

标签要素

象形图

警示词 危险

危险性说明 高度易燃液体和蒸气，吞咽会中毒，皮肤接触会中毒，吸入致命，造成严重的皮肤灼伤和眼损伤，怀疑致癌，对水生生物有毒并具有长期持续影响

防范说明

预防措施 远离热源、火花、明火、热表面。禁止吸烟。保持容器密闭。容器和接收设备接地连接。使用防爆电器、通风、照明设备。只能使用不产生火花的工具。采取防止静电措施。避免接触眼睛、皮肤，操作后彻底清洗。作业场所不得进食、饮水或吸烟。避免吸入蒸气、雾。仅在室外或通风良好处操作。戴呼吸防护器具。戴防护手套，穿防护服，戴防护眼镜、防护面罩。得到专门指导后操作。在阅读并了解所有安全预防措施之前，切勿操作。按要求使用个体防护装备。禁止排入环境

事故响应 火灾时，使用抗溶性泡沫、二氧化碳、干粉、砂土灭火。如吸入：将患者转移到空气新鲜处，休息，保持利于呼吸的体位。皮肤接触：用大量肥皂水和水清洗。如感觉不适，呼叫中毒控制中心或就医。立即脱去所有被污染的衣服。被污染的衣服须经洗净后方可重新使用。接触眼睛：用水细心冲洗数分钟。如戴隐形眼镜并可方便地取出，取出隐形眼镜继续冲洗。食入：漱口。不要催吐。立即呼叫中毒控制中心或就医。如果接触或有担心，就医。收集泄漏物

安全储存 存放在通风良好的地方。保持低温。保持容器密闭。上锁保管

废弃处置 本品及内装物、容器依据国家和地方法规处置

物理和化学危险 高度易燃，其蒸气与空气混合，能形成爆炸性混合物

健康危害 意外少量吸入本品蒸气，先出现鼻、咽喉刺激，呼吸困难，以后出现恶心、剧烈呕吐及神经系统症状，出现神经衰弱、步态不稳、抽搐、昏迷等。有轻度结膜炎。眼内溅入可引起灼伤。皮肤接触其液体可致灼伤；亦可引起过敏性皮炎

慢性影响 长期接触本品，可能引起肝功能改变

环境危害 对水生生物有毒并具有长期持续影响

第三部分 成分/组成信息

√物质 混合物

组分	浓度	CAS No.
1,1-二甲基肼		57-14-7

第四部分 急救措施

吸入 迅速脱离现场至空气新鲜处。保持呼吸道通畅。如呼吸困难，给输氧。如呼吸、心跳停止，立即进行心肺复苏术。就医

皮肤接触 立即脱去污染的衣着，用大量流动清水彻底冲洗至少15min。就医

眼睛接触 立即分开眼睑，用流动清水或生理盐水彻底冲洗至少15min。就医

食入 用水漱口，禁止催吐。给饮牛奶或蛋清。就医

对保护施救者的忠告 根据需要使用个人防护设备

对医生的特别提示 对症处理

第五部分 消防措施

灭火剂 用抗溶性泡沫、二氧化碳、干粉、砂土灭火

特别危险性 遇高热分解释出剧毒的气体。遇氧化剂及铝反应剧烈。燃烧生成有害的一氧化碳、氮氧化物

灭火注意事项及防护措施 消防人员必须佩戴空气呼吸器、穿全身防火防毒服，在上风向灭火。遇大火，消防人员须在有防护掩蔽处操作。容器突然发出异常声音或出现异常现象，应立即撤离

第六部分 泄漏应急处理

作业人员防护措施、防护装备和应急处置程序 消除所有点火源。根据液体流动和蒸气扩散的影响区域划定警戒区，无关人员从侧风、上风向撤离至安全区。建议应急处理人员戴正压自给式呼吸器，穿防静电、防腐蚀、防毒服。戴橡胶耐油手套。作业时使用的所有设备应接地。禁止接触或跨越泄漏物。尽可能切断泄漏源

环境保护措施 防止泄漏物进入水体、下水道、地下室或有限空间

泄漏化学品的收容、清除方法及所使用的处置材料 小量泄漏：用砂土或其他不燃材料吸收，使用洁净的无火花工具收集吸收材料。大量泄漏：构筑围堤或挖坑收容。用抗溶性泡沫覆盖，减少蒸发。喷水雾能减少蒸发，但不能降低泄漏物在有限空间内的易燃性。用防爆、耐腐蚀泵转移至槽车或专用收集器内。喷雾状水驱散蒸气、稀释液体泄漏物

第七部分 操作处置与储存

操作注意事项 密闭操作，全面通风。操作人员必须经过专门培训，严格遵守操作规程。建议操作人员佩戴导管式防毒面具，穿胶布防毒衣，戴橡胶耐油手套。远离火种、热源。工作场所严禁吸烟。使用防爆型的通风系统和设备。防止蒸气泄漏到工作场所空气中。避免与氧化剂、金属粉末接触。充装要控制流速，防止静电积聚。搬运时要轻装轻卸，防止包装及容器损坏。配备相应品种和数量的消防器材及泄漏应急处理设备。倒空的容器可能残留有害物

储存注意事项 储存于阴凉、通风良好的专用库房内。实行“双人收发、双人保管”制度。远离火种、热源。库温不宜超过37℃。保持容器密封。应与氧化剂、金属粉末、食用化学品分开存放，切忌混储。采用防爆型照明、通风设施。禁止使用易产生火花的机械设备和工具。储区应备有泄漏应急处理设备和合适的收容材料

第八部分 接触控制/个体防护

职业接触限值

中国 PC-TWA：0.5mg/m^3［皮］［G2B］

美国(ACGIH) TLV-TWA：0.01ppm［皮］

生物接触限值 未制定标准

监测方法 空气中有毒物质测定方法：溶剂解吸-气相色谱法；氨基亚铁氰化钠分光光度法。生物监测检验方法：未制定标准

工程控制 生产过程密闭，全面通风。提供安全的淋浴和洗眼设备

个体防护装备

呼吸系统防护 可能接触其蒸气时，必须佩戴过滤式防毒面具（全面罩）

眼睛防护 呼吸系统防护中已作防护

皮肤和身体防护 穿隔绝式防毒服

手防护 戴橡胶耐油手套

第九部分 理化特性

外观与性状 无色带有氨气味的液体，具有吸湿性

pH 值 无资料 **熔点(℃)** −58

沸点(℃) 63.9

相对密度(水=1) 0.78（25℃）

相对蒸气密度(空气=1) 2.1

饱和蒸气压(kPa) 16.4（20℃）

燃烧热(kJ/mol) −1979 **临界温度(℃)** 250

临界压力(MPa) 5.42 **辛醇/水分配系数** −1.19

闪点(℃) −15（CC） **自燃温度(℃)** 249

爆炸下限(%) 2.0 **爆炸上限(%)** 95

分解温度(℃) 无资料

黏度(mPa·s) 0.492（25℃）

溶解性 与水混溶，混溶于二甲基甲酰胺、乙醇、乙醚、烃

第十部分 稳定性和反应性

稳定性 稳定

危险反应 与强氧化剂、铝、铁等禁配物接触，有发生火灾和爆炸的危险

避免接触的条件 受热

禁配物 氧化剂、铜及其合金、铝、铁、铁盐

危险的分解产物 无资料

第十一部分 毒理学信息

急性毒性

LD_{50} 122mg/kg（大鼠经口）；1060mg/kg（兔经皮）

LC_{50} 252ppm（大鼠吸入，4h）

皮肤刺激或腐蚀 无资料 **眼睛刺激或腐蚀** 无资料

呼吸或皮肤过敏 无资料

生殖细胞突变性 微生物致突变：鼠伤寒沙门氏菌 42μmol/皿。DNA 修复：大肠杆菌 600μg/皿。DNA 损伤：人成纤维细胞 300μmol/L

致癌性 IARC 致癌性评论：组 2B，可疑人类致癌物。对人类致癌性证据有限，对动物致癌性证据不充分

生殖毒性 无资料

特异性靶器官系统毒性-一次接触 无资料

特异性靶器官系统毒性-反复接触 狗吸入 12.5mg/m³，每天 6h，5 次/周，26 周，体重减轻、嗜睡、轻度贫血

吸入危害 无资料

第十二部分 生态学信息

生态毒性

LC_{50} 11.35mg/L（96h）（斑点叉尾鮰）；7.85mg/L（96h）（黑头呆鱼）

EC_{50} 1.3mg/L（48h）（水蚤）

ErC_{50} 3.4mg/L（72h）（羊角月牙藻）

持久性和降解性

生物降解性 不易快速生物降解

非生物降解性 空气中光氧化半衰期（h）：0.8～7.7

潜在的生物累积性 根据 K_{ow} 值预测，该物质的生物累积性可能较弱

土壤中的迁移性 根据 K_{oc} 值预测，该物质可能易发生迁移

第十三部分 废弃处置

废弃化学品 建议用焚烧法处置。焚烧炉排出的氮氧化物通过洗涤器除去

污染包装物 将容器返还生产商或按照国家和地方法规处置

废弃注意事项 处置前应参阅国家和地方有关法规

第十四部分 运输信息

联合国危险货物编号（UN号） 1163

联合国运输名称 不对称二甲肼

联合国危险性类别 6.1，3/8

包装类别 Ⅰ类包装

包装标志 

海洋污染物 是

运输注意事项 运输时运输车辆应配备相应品种和数量的消防器材及泄漏应急处理设备。夏季最好早晚运输。运输时所用的槽（罐）车应有接地链，槽内可设孔隔板以减少震荡产生的静电。严禁与氧化剂、金属粉末、食用化学品等混装混运。运输途中应防曝晒、雨淋，防高温。中途停留时应远离火种、热源、高温区。装运该物品的车辆排气管必须配备阻火装置，禁止使用易产生火花的机械设备和工具装卸。公路运输时要按规定路线行驶，勿在居民区和人口稠密区停留。铁路运输时要禁止溜放。严禁用木船、水泥船散装运输

第十五部分 法规信息

下列法律、法规、规章和标准，对该化学品的管理作了相应的规定。

中华人民共和国职业病防治法 职业病分类和目录：偏二甲基肼中毒

危险化学品安全管理条例 危险化学品目录：列入。作为剧毒化学品进行管理。易制爆危险化学品名录：未列入。重点监管的危险化学品名录：未列入。GB 18218—2009《危险化学品重大危险源辨识》（表 1）：

未列入

使用有毒物品作业场所劳动保护条例 高毒物品目录：列入

易制毒化学品管理条例 易制毒化学品的分类和品种目录：未列入

国际公约 斯德哥尔摩公约：未列入。鹿特丹公约：未列入。蒙特利尔议定书：未列入

第十六部分 其他信息

编写和修订信息 **缩略语和首字母缩写**

培训建议 **参考文献**

免责声明

1,2-二甲基肼

第一部分 化学品标识

化学品中文名 1,2-二甲基肼；对称二甲基肼

化学品英文名 1,2-dimethyl hydrazine；*sym*-dimethylhydrazine

分子式 $C_2H_8N_2$ **相对分子质量** 60.1

结构式 $\diagdown\underset{N}{\overset{H}{}}\overset{N}{\underset{H}{}}\diagup$

化学品的推荐及限制用途 用于有机合成中间体、高能火箭燃料

第二部分 危险性概述

紧急情况概述 易燃液体和蒸气，吞咽会中毒，皮肤接触会中毒，吸入致命

GHS危险性类别 易燃液体，类别3；急性毒性-经口，类别3；急性毒性-经皮，类别3；急性毒性-吸入，类别2；致癌性，类别1B；危害水生环境-急性危害，类别2；危害水生环境-长期危害，类别2

标签要素

象形图

警示词 危险

危险性说明 易燃液体和蒸气，吞咽会中毒，皮肤接触会中毒，吸入致命，可能致癌，对水生生物有毒并具有长期持续影响

防范说明

预防措施 远离热源、火花、明火、热表面。禁止吸烟。保持容器密闭。容器和接收设备接地连接。使用防爆电器、通风、照明设备。只能使用不产生火花的工具。采取防止静电措施。戴防护手套、防护眼镜、防护面罩，穿防护服。避免接触眼睛、皮肤，操作后彻底清洗。作业场所不得进食、饮水或吸烟。避免吸入蒸气、蒸气。仅在室外或通风良好处操作。得到专门指导后操作。在阅读并了解所有安全预防措施之前，切勿操作。按要求使用个体防护装备。禁止排入环境

事故响应 火灾时，使用抗溶性泡沫、二氧化碳、干粉、砂土灭火。如吸入：将患者转移到空气新鲜处，休息，保持利于呼吸的体位。皮肤接触：用大量肥皂水和水清洗。如感觉不适，呼叫中毒控制中心或就医。立即脱去所有被污染的衣服。被污染的衣服须经洗净后方可重新使用。食入：漱口。立即呼叫中毒控制中心或就医。如果接触或有担心，就医。收集泄漏物

安全储存 存放在通风良好的地方。保持低温。保持容器密闭。上锁保管

废弃处置 本品及内装物、容器依据国家和地方法规处置

物理和化学危险 易燃，其蒸气与空气混合，能形成爆炸性混合物

健康危害 误服、吸入或经皮肤吸收能引起中毒。蒸气对眼、黏膜和皮肤有刺激作用

环境危害 对水生生物有毒并具有长期持续影响

第三部分 成分/组成信息

√物质		混合物
物分	**浓度**	**CAS No.**
1,2-二甲基肼		540-73-8

第四部分 急救措施

吸入 迅速脱离现场至空气新鲜处。保持呼吸道通畅。如呼吸困难，给输氧。如呼吸、心跳停止，立即进行心肺复苏术。就医

皮肤接触 立即脱去污染的衣着，用流动清水彻底冲洗。就医

眼睛接触 立即分开眼睑，用流动清水或生理盐水彻底冲洗。就医

食入 漱口，饮水。就医

对保护施救者的忠告 根据需要使用个人防护设备

对医生的特别提示 对症处理

第五部分 消防措施

灭火剂 用抗溶性泡沫、二氧化碳、干粉、砂土灭火

特别危险性 遇高热分解释出剧毒的气体。与氧化剂能发生强烈反应，引起燃烧或爆炸。燃烧生成有害的一氧化碳、氮氧化物

灭火注意事项及防护措施 消防人员必须佩戴空气呼吸器、穿全身防火防毒服，在上风向灭火。遇大火，消防人员须在有防护掩蔽处操作。容器突然发出异常声音或出现异常现象，应立即撤离

第六部分 泄漏应急处理

作业人员防护措施、防护装备和应急处置程序 消除所有点火源。根据液体流动和蒸气扩散的影响区域划定警戒区，无关人员从侧风、上风向撤离至安全区。建议应急处理人员戴正压自给式呼吸器，穿防静电、防腐蚀、防毒服，戴橡胶耐油手套。作业时使用的所有设备应接地。禁止接触或跨越泄漏物。尽可能切断泄漏源

环境保护措施 防止泄漏物进入水体、下水道、地下室或

有限空间

泄漏化学品的收容、清除方法及所使用的处置材料 小量泄漏：用砂土或其他不燃材料吸收，使用洁净的无火花工具收集吸收材料。大量泄漏：构筑围堤或挖坑收容。用抗溶性泡沫覆盖，减少蒸发。喷水雾能减少蒸发，但不能降低泄漏物在有限空间内的易燃性。用防爆、耐腐蚀泵转移至槽车或专用收集器内

第七部分 操作处置与储存

操作注意事项 密闭操作，全面通风。操作人员必须经过专门培训，严格遵守操作规程。建议操作人员佩戴导管式防毒面具，穿胶布防毒衣，戴橡胶耐油手套。远离火种、热源。工作场所严禁吸烟。使用防爆型的通风系统和设备。防止蒸气泄漏到工作场所空气中。避免与氧化剂、金属粉末接触。充装要控制流速，防止静电积聚。搬运时要轻装轻卸，防止包装及容器损坏。配备相应品种和数量的消防器材及泄漏应急处理设备。倒空的容器可能残留有害物

储存注意事项 储存于阴凉、通风良好的专用库房内，实行"双人收发、双人保管"制度。远离火种、热源。库温不宜超过37℃。保持容器密封。应与氧化剂、金属粉末、食用化学品分开存放，切忌混储。采用防爆型照明、通风设施。禁止使用易产生火花的机械设备和工具。储区应备有泄漏应急处理设备和合适的收容材料

第八部分 接触控制/个体防护

职业接触限值

中国 未制定标准

美国(ACGIH) 未制定标准

生物接触限值 未制定标准

监测方法 空气中有毒物质测定方法：未制定标准。生物监测检验方法：未制定标准

工程控制 生产过程密闭，全面通风。提供安全的淋浴和洗眼设备

个体防护装备

呼吸系统防护 可能接触其蒸气时，必须佩戴过滤式防毒面具（全面罩）

眼睛防护 呼吸系统防护中已作防护

皮肤和身体防护 穿隔绝式防毒服

手防护 戴橡胶耐油手套

第九部分 理化特性

外观与性状 无色带氨气味的液体，有吸湿性的液体

pH值 无资料 **熔点(℃)** －9

沸点(℃) 81

相对密度(水=1) 0.83（20℃）

相对蒸气密度(空气=1) 无资料

饱和蒸气压(kPa) 9.32（25℃）

燃烧热(kJ/mol) 无资料 **临界温度(℃)** 无资料

临界压力(MPa) 无资料

辛醇/水分配系数 －0.54（计算）

闪点(℃) 23（CC） **自燃温度(℃)** 无资料

爆炸下限(%) 无资料 **爆炸上限(%)** 无资料

分解温度(℃) 无资料 **黏度(mPa·s)** 无资料

溶解性 与水混溶，溶于乙醇、乙醚

第十部分 稳定性和反应性

稳定性 稳定

危险反应 与强氧化剂、铁等禁配物接触，有发生火灾和爆炸的危险

避免接触的条件 受热

禁配物 氧化剂、铜及其合金、铁、铁盐

危险的分解产物 无资料

第十一部分 毒理学信息

急性毒性

LD_{50} 100mg/kg（大鼠经口）；36mg/kg（小鼠经口）；

LC_{50} 700～1000mg/m^3（大鼠吸入，4h）

LCLo 280ppm（大鼠吸入，4h）

皮肤刺激或腐蚀 无资料 **眼睛刺激或腐蚀** 无资料

呼吸或皮肤过敏 无资料

生殖细胞突变性 微生物致突变：鼠伤寒沙门氏菌25μg/皿。DNA加合物：人肺1290μmol/L。程序外DNA合成：人肺100μL/L

致癌性 IARC致癌性评论：组2A，可能人类致癌物。对人类致癌性证据有限，对动物致癌性证据充分

生殖毒性 无资料

特异性靶器官系统毒性-一次接触 无资料

特异性靶器官系统毒性-反复接触 无资料

吸入危害 无资料

第十二部分 生态学信息

生态毒性 根据结构类似物质预测，该物质对水生生物有毒

持久性和降解性

生物降解性 不易快速生物降解

非生物降解性 空气中光氧化半衰期（h）：0.5～5.2

潜在的生物累积性 根据K_{ow}值预测，该物质的生物累积性可能较弱

土壤中的迁移性 根据K_{oc}值预测，该物质可能易发生迁移

第十三部分 废弃处置

废弃化学品 建议用焚烧法处置。焚烧炉排出的氮氧化物通过洗涤器除去

污染包装物 将容器返还生产商或按照国家和地方法规处置

废弃注意事项 处置前应参阅国家和地方有关法规

第十四部分 运输信息

联合国危险货物编号(UN号) 2382

联合国运输名称 对称二甲肼

联合国危险性类别 6.1，3

包装类别 Ⅰ类包装

包装标志 

海洋污染物 是

运输注意事项 运输时运输车辆应配备相应品种和数量的消防器材及泄漏应急处理设备。夏季最好早晚运输。运输时所用的槽（罐）车应有接地链，槽内可设孔隔板以减少震荡产生的静电。严禁与氧化剂、金属粉末、食用化学品等混装混运。运输途中应防曝晒、雨淋，防高温。中途停留时应远离火种、热源、高温区。装运该物品的车辆排气管必须配备阻火装置，禁止使用易产生火花的机械设备和工具装卸。公路运输时要按规定路线行驶，勿在居民区和人口稠密区停留。铁路运输时要禁止溜放。严禁用木船、水泥船散装运输

第十五部分 法规信息

下列法律、法规、规章和标准，对该化学品的管理作了相应的规定。

中华人民共和国职业病防治法 职业病分类和目录：未列入

危险化学品安全管理条例 危险化学品目录：列入。作为剧毒化学品进行管理。易制爆危险化学品名录：未列入。重点监管的危险化学品名录：未列入。GB 18218—2009《危险化学品重大危险源辨识》（表1）：未列入

使用有毒物品作业场所劳动保护条例 高毒物品目录：未列入

易制毒化学品管理条例 易制毒化学品的分类和品种目录：未列入

国际公约 斯德哥尔摩公约：未列入。鹿特丹公约：未列入。蒙特利尔议定书：未列入

第十六部分 其他信息

编写和修订信息 **缩略语和首字母缩写**

培训建议 **参考文献**

免责声明

3,3′-二甲基联苯胺

第一部分 化学品标识

化学品中文名 3,3′-二甲基联苯胺；邻联甲苯胺；3,3′-二甲基-4,4′-二氨基联苯；邻二氨基二甲基联苯

化学品英文名 3,3′-dimethylbenzidine；3,3′-dimethyl-[1,1′-biphenyl]-4,4′-diamine；*o*-tolidine

分子式 $C_{14}H_{16}N_2$ **相对分子质量** 212.32

结构式 H_2N NH_2

化学品的推荐及限制用途 用作染料、乌来糖树脂的交联剂、鉴定金及水中游离氯的试剂

第二部分 危险性概述

紧急情况概述 吞咽有害

GHS危险性类别 急性毒性-经口，类别4；致癌性，类别2；危害水生环境-急性危害，类别2；危害水生环境-长期危害，类别2

标签要素

象形图 

警示词 警告

危险性说明 吞咽有害，怀疑致癌，对水生生物有毒并具有长期持续影响

防范说明

预防措施 避免接触眼睛、皮肤，操作后彻底清洗。作业场所不得进食、饮水或吸烟。得到专门指导后操作。在阅读并了解所有安全预防措施之前，切勿操作。按要求使用个体防护装备。禁止排入环境

事故响应 食入：漱口。如果感觉不适，立即呼叫中毒控制中心或就医。如果接触或有担心，就医。收集泄漏物

安全储存 上锁保管

废弃处置 本品及内装物、容器依据国家和地方法规处置

物理和化学危险 可燃，其粉体与空气混合，能形成爆炸性混合物

健康危害 本品对眼和皮肤有刺激性。易经皮肤吸收。其毒性类似苯胺，可引起高铁血红蛋白血症。动物喂饲本品可导致肾损害甚至肾衰竭

环境危害 对水生生物有毒并具有长期持续影响

第三部分 成分/组成信息

√物质		混合物
组分	浓度	CAS No.
3,3′-二甲基联苯胺		119-93-7

第四部分 急救措施

吸入 迅速脱离现场至空气新鲜处。保持呼吸道通畅。如呼吸困难，给输氧。如呼吸、心跳停止，立即进行心肺复苏术。就医

皮肤接触 立即脱去污染的衣着，用流动清水彻底冲洗。就医

眼睛接触 立即分开眼睑，用流动清水或生理盐水彻底冲洗。就医

食入 漱口，饮水。就医

对保护施救者的忠告 根据需要使用个人防护设备

对医生的特别提示 高铁血红蛋白血症，可用美蓝和维生素C治疗

第五部分 消防措施

灭火剂 用雾状水、泡沫、二氧化碳、砂土灭火

特别危险性 受高热分解放出有毒的气体。燃烧生成有害的一氧化碳、氮氧化物

灭火注意事项及防护措施 消防人员必须佩戴空气呼吸

器、穿全身防火防毒服，在上风向灭火。尽可能将容器从火场移至空旷处。喷水保持火场容器冷却，直至灭火结束

第六部分　泄漏应急处理

作业人员防护措施、防护装备和应急处置程序　隔离泄漏污染区，限制出入。消除所有点火源。建议应急处理人员戴防尘口罩，穿防毒服，戴橡胶手套。穿上适当的防护服前严禁接触破裂的容器和泄漏物。尽可能切断泄漏源。用塑料布覆盖泄漏物，减少飞散。勿使水进入包装容器内

环境保护措施　无资料

泄漏化学品的收容、清除方法及所使用的处置材料　用洁净的铲子收集泄漏物，置于干净、干燥、盖子较松的容器中，将容器移离泄漏区

第七部分　操作处置与储存

操作注意事项　密闭操作，提供充分的局部排风。操作人员必须经过专门培训，严格遵守操作规程。建议操作人员佩戴自吸过滤式防尘口罩，戴化学安全防护眼镜，穿防毒物渗透工作服，戴橡胶手套。远离火种、热源。工作场所严禁吸烟。使用防爆型的通风系统和设备。避免产生粉尘。避免与氧化剂、酸类接触。搬运时要轻装轻卸，防止包装及容器损坏。配备相应品种和数量的消防器材及泄漏应急处理设备。倒空的容器可能残留有害物

储存注意事项　储存于阴凉、通风的库房。远离火种、热源。包装密封。应与氧化剂、酸类、食用化学品分开存放，切忌混储。配备相应品种和数量的消防器材。储区应备有合适的材料收容泄漏物

第八部分　接触控制/个体防护

职业接触限值

中国　MAC　0.02mg/m^3 ［皮］［G2B］

美国(ACGIH)　未制定标准

生物接触限值　未制定标准

监测方法　空气中有毒物质测定方法：未制定标准。生物监测检验方法：未制定标准

工程控制　严加密闭，提供充分的局部排风。提供安全淋浴和洗眼设备

个体防护装备

呼吸系统防护　空气中粉尘浓度较高时，佩戴过滤式防尘呼吸器。紧急事态抢救或撤离时，建议佩戴空气呼吸器

眼睛防护　戴化学安全防护眼镜

皮肤和身体防护　穿防毒物渗透工作服

手防护　戴橡胶手套

第九部分　理化特性

外观与性状　白色至微红色有闪光的片状结晶

pH值　无意义　**熔点(℃)**　129～131

沸点(℃)　300～339　**相对密度(水＝1)**　1.0

相对蒸气密度(空气＝1)　无资料

饱和蒸气压(kPa)　无资料

燃烧热(kJ/mol)　无资料　**临界温度(℃)**　无资料

临界压力(MPa)　无资料　**辛醇/水分配系数**　2.34

闪点(℃)　无意义　**自燃温度(℃)**　无资料

爆炸下限(%)　无资料　**爆炸上限(%)**　无资料

分解温度(℃)　无资料　**黏度(mPa·s)**　无资料

溶解性　不溶于水，溶于乙醇、乙醚、乙酸

第十部分　稳定性和反应性

稳定性　稳定

危险反应　与强氧化剂等禁配物发生反应

避免接触的条件　受热

禁配物　强氧化剂、强酸

危险的分解产物　无资料

第十一部分　毒理学信息

急性毒性　LD_{50}：404mg/kg（大鼠经口）

皮肤刺激或腐蚀　无资料　**眼睛刺激或腐蚀**　无资料

呼吸或皮肤过敏　无资料

生殖细胞突变性　微生物致突变：鼠伤寒沙门氏菌100μg/皿。姐妹染色单体交换：兔淋巴细胞50mg/L。程序外DNA合成：人HeLa细胞1μmol/L。DNA损伤：人淋巴细胞500μmol/L（2h）

致癌性　IARC致癌性评论：组2B，可疑人类致癌物。对人类致癌性证据有限，对动物致癌性证据不充分

生殖毒性　无资料

特异性靶器官系统毒性-一次接触　无资料

特异性靶器官系统毒性-反复接触　无资料

吸入危害　无资料

第十二部分　生态学信息

生态毒性　无资料

LC_{50}　13mg/L（96h）（青鳉）

EC_{50}　4.5mg/L（48h）（水蚤）

ErC_{50}　6.3mg/L（72h）（羊角月牙藻）

NOEC　0.26mg/L（21d）（水蚤）

持久性和降解性

生物降解性　不易快速生物降解

非生物降解性　水中光氧化半衰期（h）：31.2～1740；空气中光氧化半衰期（h）：0.267～2.67

潜在的生物累积性　BCF：5～10（鲤鱼，接触浓度0.02mg/L，接触时间8周）；34～83（鲤鱼，接触浓度0.2mg/L，接触时间8周）；根据K_{ow}值预测，该物质的生物累积性可能较弱

土壤中的迁移性　根据K_{oc}值预测，该物质可能有一定的迁移性

第十三部分　废弃处置

废弃化学品　建议用焚烧法处置。焚烧炉排出的氮氧化物通过洗涤器除去

污染包装物　将容器返还生产商或按照国家和地方法规处置

废弃注意事项　处置前应参阅国家和地方有关法规

第十四部分　运输信息

联合国危险货物编号（UN号） 3077

联合国运输名称 对环境有害的固态物质，未另作规定的（3,3′-二甲基联苯胺）

联合国危险性类别 9

包装类别 Ⅲ类包装　　**包装标志**

海洋污染物 是

运输注意事项 运输前应先检查包装容器是否完整、密封，运输过程中要确保容器不泄漏、不倒塌、不坠落、不损坏。严禁与酸类、氧化剂、食品及食品添加剂混运。运输车辆应配备相应品种和数量的消防器材及泄漏应急处理设备。运输途中应防曝晒、雨淋，防高温

第十五部分　法规信息

下列法律、法规、规章和标准，对该化学品的管理作了相应的规定。

中华人民共和国职业病防治法 职业病分类和目录：苯的氨基及硝基化合物中毒

危险化学品安全管理条例 危险化学品目录：列入。易制爆危险化学品名录：未列入。重点监管的危险化学品名录：未列入。GB 18218—2009《危险化学品重大危险源辨识》（表1）：未列入

使用有毒物品作业场所劳动保护条例 高毒物品目录：未列入

易制毒化学品管理条例 易制毒化学品的分类和品种目录：未列入

国际公约 斯德哥尔摩公约：未列入。鹿特丹公约：未列入。蒙特利尔议定书：未列入

第十六部分　其他信息

编写和修订信息　　**缩略语和首字母缩写**

培训建议　　**参考文献**

免责声明

2,3-二甲基戊烷

第一部分　化学品标识

化学品中文名 2,3-二甲基戊烷；2-乙基-3-甲基丁烷

化学品英文名 2,3-dimethylpentane

分子式 C_7H_{16}　　**相对分子质量** 100.203

结构式

化学品的推荐及限制用途 用作色谱分析标准物质以及用于有机合成

第二部分　危险性概述

紧急情况概述 高度易燃液体和蒸气，可能引起昏昏欲睡或眩晕，吞咽及进入呼吸道可能致命

GHS危险性类别 易燃液体，类别2；皮肤腐蚀/刺激，类别2；特异性靶器官毒性-一次接触，类别3（麻醉效应）；吸入危害，类别1；危害水生环境-急性危害，类别1；危害水生环境-长期危害，类别1

标签要素

象形图

警示词 危险

危险性说明 高度易燃液体和蒸气，造成皮肤刺激，可能引起昏昏欲睡或眩晕，吞咽及进入呼吸道可能致命，对水生生物毒性非常大并具有长期持续影响

防范说明

预防措施　远离热源、火花、明火、热表面。禁止吸烟。保持容器密闭。容器和接收设备接地连接。使用防爆电器、通风、照明设备。只能使用不产生火花的工具。采取防止静电措施。戴防护手套、防护眼镜、防护面罩。避免接触眼睛、皮肤，操作后彻底清洗。禁止排入环境

事故响应　火灾时，使用泡沫、二氧化碳、干粉、砂土灭火。皮肤接触：用大量肥皂水和水清洗。如发生皮肤刺激，就医。脱去被污染的衣服，洗净后方可重新使用。如果食入：立即呼叫中毒控制中心或就医。不要催吐。收集泄漏物

安全储存　存放在通风良好的地方。保持低温。上锁保管

废弃处置　本品及内装物、容器依据国家和地方法规处置

物理和化学危险 高度易燃，其蒸气与空气混合，能形成爆炸性混合物

健康危害 可能具有刺激性和麻醉作用。液态本品吸入呼吸道可引起吸入性肺炎

环境危害 对水生生物毒性非常大并具有长期持续影响

第三部分　成分/组成信息

√物质		混合物
组分	**浓度**	**CAS No.**
2,3-二甲基戊烷		565-59-3

第四部分　急救措施

吸入 迅速脱离现场至空气新鲜处。保持呼吸道通畅。如呼吸困难，给输氧。如呼吸、心跳停止，立即进行心肺复苏术。就医

皮肤接触 立即脱去污染的衣着，用流动清水彻底冲洗。就医

眼睛接触 立即分开眼睑，用流动清水或生理盐水彻底冲洗。就医

食入 漱口，饮水。禁止催吐。就医

对保护施救者的忠告 根据需要使用个人防护设备

对医生的特别提示 对症处理

第五部分　消防措施

灭火剂 用泡沫、二氧化碳、干粉、砂土灭火

特别危险性 在火场中，受热的容器有爆炸危险。蒸气比空气重，沿地面扩散并易积存于低洼处，遇火源会着火回燃。燃烧生成有害的一氧化碳

灭火注意事项及防护措施 消防人员必须佩戴空气呼吸器、穿全身防火防毒服，在上风向灭火。喷水冷却容器，尽可能将容器从火场移至空旷处。容器突然发出异常声音或出现异常现象，应立即撤离。用水灭火无效

第六部分　泄漏应急处理

作业人员防护措施、防护装备和应急处置程序 消除所有点火源。根据液体流动和蒸气扩散的影响区域划定警戒区，无关人员从侧风、上风向撤离至安全区。建议应急处理人员戴正压自给式呼吸器，穿防静电服，戴橡胶耐油手套。作业时使用的所有设备应接地。禁止接触或跨越泄漏物。尽可能切断泄漏源

环境保护措施 防止泄漏物进入水体、下水道、地下室或有限空间

泄漏化学品的收容、清除方法及所使用的处置材料 小量泄漏：用砂土或其他不燃材料吸收，使用洁净的无火花工具收集吸收材料。大量泄漏：构筑围堤或挖坑收容。用泡沫覆盖，减少蒸发。喷水雾能减少蒸发，但不能降低泄漏物在有限空间内的易燃性。用防爆泵转移至槽车或专用收集器内

第七部分　操作处置与储存

操作注意事项 密闭操作，全面通风。操作人员必须经过专门培训，严格遵守操作规程。建议操作人员佩戴自吸过滤式防毒面具（半面罩），戴化学安全防护眼镜，穿防静电工作服，戴橡胶耐油手套。远离火种、热源。工作场所严禁吸烟。使用防爆型的通风系统和设备。防止蒸气泄漏到工作场所空气中。避免与氧化剂、酸类、卤素接触。充装要控制流速，防止静电积聚。搬运时要轻装轻卸，防止包装及容器损坏。配备相应品种和数量的消防器材及泄漏应急处理设备。倒空的容器可能残留有害物

储存注意事项 储存于阴凉、通风的库房。远离火种、热源。库温不宜超过 37℃。保持容器密封。应与氧化剂、酸类、卤素分开存放，切忌混储。采用防爆型照明、通风设施。禁止使用易产生火花的机械设备和工具。储区应备有泄漏应急处理设备和合适的收容材料

第八部分　接触控制/个体防护

职业接触限值

中国　未制定标准

美国(ACGIH)　未制定标准

生物接触限值 未制定标准

监测方法 空气中有毒物质测定方法：未制定标准。生物监测检验方法：未制定标准

工程控制 生产过程密闭，全面通风

个体防护装备

呼吸系统防护　一般不需要特殊防护，高浓度接触时可佩戴过滤式防毒面具（半面罩）

眼睛防护　必要时，戴化学安全防护眼镜

皮肤和身体防护　穿防静电工作服

手防护　戴橡胶耐油手套

第九部分　理化特性

外观与性状 无色液体

pH 值 无资料　**熔点(℃)** −135

沸点(℃) 89.8　**相对密度(水=1)** 0.695

相对蒸气密度(空气=1) 3.45

饱和蒸气压(kPa) 16.2 (37.7℃)

燃烧热(kJ/mol) −4802.4　**临界温度(℃)** 无资料

临界压力(MPa) 无资料　**辛醇/水分配系数** 3.63

闪点(℃) −6.67　**引燃温度(℃)** 335

爆炸下限(%) 1.0　**爆炸上限(%)** 7.0

分解温度(℃) 无资料　**黏度(mPa·s)** 无资料

溶解性 不溶于水，溶于乙醇、乙醚、苯

第十部分　稳定性和反应性

稳定性 稳定

危险反应 与强氧化剂等禁配物接触，有发生火灾和爆炸的危险

避免接触的条件 无资料

禁配物 强氧化剂、强酸、强碱、卤素

危险的分解产物 无资料

第十一部分　毒理学信息

急性毒性 无资料　**皮肤刺激或腐蚀** 无资料

眼睛刺激或腐蚀 无资料　**呼吸或皮肤过敏** 无资料

生殖细胞突变性 无资料　**致癌性** 无资料

生殖毒性 无资料

特异性靶器官系统毒性-一次接触 无资料

特异性靶器官系统毒性-反复接触 无资料

吸入危害 无资料

第十二部分　生态学信息

生态毒性 根据结构类似物质预测，该物质对水生生物有极高毒性

持久性和降解性

生物降解性　无资料

非生物降解性　无资料

潜在的生物累积性 根据 K_{ow} 值预测，该物质可能有一定的生物累积性

土壤中的迁移性 根据 K_{oc} 值预测，该物质可能有一定的迁移性

第十三部分　废弃处置

废弃化学品 建议用焚烧法处置

污染包装物 将容器返还生产商或按照国家和地方法规处置

废弃注意事项 处置前应参阅国家和地方有关法规

第十四部分　运输信息

联合国危险货物编号（UN 号） 1206

联合国运输名称　庚烷　　**联合国危险性类别**　3

包装类别　Ⅱ类包装　　**包装标志**

海洋污染物　是

运输注意事项　运输时运输车辆应配备相应品种和数量的消防器材及泄漏应急处理设备。夏季最好早晚运输。运输时所用的槽（罐）车应有接地链，槽内可设孔隔板以减少震荡产生的静电。严禁与氧化剂、酸类、卤素等混装混运。运输途中应防曝晒、雨淋，防高温。中途停留时应远离火种、热源、高温区。装运该物品的车辆排气管必须配备阻火装置，禁止使用易产生火花的机械设备和工具装卸。公路运输时要按规定路线行驶，勿在居民区和人口稠密区停留。铁路运输时要禁止溜放。严禁用木船、水泥船散装运输

第十五部分　法规信息

下列法律、法规、规章和标准，对该化学品的管理作了相应的规定。

中华人民共和国职业病防治法　职业病分类和目录：未列入

危险化学品安全管理条例　危险化学品目录：列入。易制爆危险化学品名录：未列入。重点监管的危险化学品名录：未列入。GB 18218—2009《危险化学品重大危险源辨识》（表1）：未列入

使用有毒物品作业场所劳动保护条例　高毒物品目录：未列入

易制毒化学品管理条例　易制毒化学品的分类和品种目录：未列入

国际公约　斯德哥尔摩公约：未列入。鹿特丹公约：未列入。蒙特利尔议定书：未列入

第十六部分　其他信息

编写和修订信息　　**缩略语和首字母缩写**

培训建议　　**参考文献**

免责声明

2,4-二甲基戊烷

第一部分　化学品标识

化学品中文名　2,4-二甲基戊烷；二异丙基甲烷

化学品英文名　2,4-dimethylpentane

分子式　C_7H_{16}　　**相对分子质量**　100.203

结构式

化学品的推荐及限制用途　用于有机合成

第二部分　危险性概述

紧急情况概述　高度易燃液体和蒸气，可能引起昏昏欲睡或眩晕，吞咽及进入呼吸道可能致命

GHS危险性类别　易燃液体，类别2；皮肤腐蚀/刺激，类别2；特异性靶器官毒性-一次接触，类别3（麻醉效应）；吸入危害，类别1；危害水生环境-急性危害，类别1；危害水生环境-长期危害，类别1

标签要素

象形图

警示词　危险

危险性说明　高度易燃液体和蒸气，造成皮肤刺激，可能引起昏昏欲睡或眩晕，吞咽及进入呼吸道可能致命，对水生生物毒性非常大并具有长期持续影响

防范说明

预防措施　远离热源、火花、明火、热表面。禁止吸烟。保持容器密闭。容器和接收设备接地连接。使用防爆电器、通风、照明设备。只能使用不产生火花的工具。采取防止静电措施。戴防护手套、防护眼镜、防护面罩。避免接触眼睛、皮肤，操作后彻底清洗。禁止排入环境

事故响应　火灾时，使用泡沫、二氧化碳、干粉、砂土灭火。皮肤接触：用大量肥皂水和水清洗。如发生皮肤刺激，就医。脱去被污染的衣服，洗净后方可重新使用。如果食入：立即呼叫中毒控制中心或就医。不要催吐。收集泄漏物

安全储存　存放在通风良好的地方。保持低温。上锁保管

废弃处置　本品及内装物、容器依据国家和地方法规处置

物理和化学危险　高度易燃，其蒸气与空气混合，能形成爆炸性混合物

健康危害　可能具有刺激性和麻醉作用。液态本品吸入呼吸道可引起吸入性肺炎

环境危害　对水生生物毒性非常大并具有长期持续影响

第三部分　成分/组成信息

√物质　　混合物

组分	浓度	CAS No.
2,4-二甲基戊烷		108-08-7

第四部分　急救措施

吸入　迅速脱离现场至空气新鲜处。保持呼吸道通畅。如呼吸困难，给输氧。如呼吸、心跳停止，立即进行心肺复苏术。就医

皮肤接触　立即脱去污染的衣着，用流动清水彻底冲洗。就医

眼睛接触　立即分开眼睑，用流动清水或生理盐水彻底冲洗。就医

食入　漱口，饮水。禁止催吐。就医

对保护施救者的忠告　根据需要使用个人防护设备

对医生的特别提示　对症处理

第五部分　消防措施

灭火剂　用泡沫、二氧化碳、干粉、砂土灭火

特别危险性　蒸气比空气重，沿地面扩散并易积存于低洼

处，遇火源会着火回燃。燃烧生成有害的一氧化碳

灭火注意事项及防护措施 消防人员必须佩戴空气呼吸器、穿全身防火防毒服，在上风向灭火。喷水冷却容器，尽可能将容器从火场移至空旷处。容器突然发出异常声音或出现异常现象，应立即撤离。用水灭火无效

第六部分 泄漏应急处理

作业人员防护措施、防护装备和应急处置程序 消除所有点火源。根据液体流动和蒸气扩散的影响区域划定警戒区，无关人员从侧风、上风向撤离至安全区。建议应急处理人员戴正压自给式呼吸器，穿防静电服，戴橡胶耐油手套。作业时使用的所有设备应接地。禁止接触或跨越泄漏物。尽可能切断泄漏源

环境保护措施 防止泄漏物进入水体、下水道、地下室或有限空间

泄漏化学品的收容、清除方法及所使用的处置材料 小量泄漏：用砂土或其他不燃材料吸收，使用洁净的无火花工具收集吸收材料。大量泄漏：构筑围堤或挖坑收容。用泡沫覆盖，减少蒸发。喷水雾能减少蒸发，但不能降低泄漏物在有限空间内的易燃性。用防爆泵转移至槽车或专用收集器内

第七部分 操作处置与储存

操作注意事项 密闭操作，全面通风。操作人员必须经过专门培训，严格遵守操作规程。建议操作人员佩戴自吸过滤式防毒面具（半面罩），戴化学安全防护眼镜，穿防静电工作服，戴橡胶耐油手套。远离火种、热源。工作场所严禁吸烟。使用防爆型的通风系统和设备。防止蒸气泄漏到工作场所空气中。避免与氧化剂、酸类、卤素接触。充装要控制流速，防止静电积聚。搬运时要轻装轻卸，防止包装及容器损坏。配备相应品种和数量的消防器材及泄漏应急处理设备。倒空的容器可能残留有害物

储存注意事项 储存于阴凉、通风的库房。远离火种、热源。库温不宜超过37℃。保持容器密封。应与氧化剂、酸类、卤素分开存放，切忌混储。采用防爆型照明、通风设施。禁止使用易产生火花的机械设备和工具。储区应备有泄漏应急处理设备和合适的收容材料

第八部分 接触控制/个体防护

职业接触限值

中国 未制定标准

美国(ACGIH) 未制定标准

生物接触限值 未制定标准

监测方法 空气中有毒物质测定方法：未制定标准。生物监测检验方法：未制定标准

工程控制 生产过程密闭，全面通风

个体防护装备

呼吸系统防护 一般不需要特殊防护，高浓度接触时可佩戴过滤式防毒面具（半面罩）

眼睛防护 必要时，戴化学安全防护眼镜

皮肤和身体防护 穿防静电工作服

手防护 戴橡胶耐油手套

第九部分 理化特性

外观与性状 无色液体

pH值 无资料 **熔点(℃)** −123.4

沸点(℃) 80.5 **相对密度(水=1)** 0.673

相对蒸气密度(空气=1) 3.48

饱和蒸气压(kPa) 22.7 (37.7℃)

燃烧热(kJ/mol) −4802.4 **临界温度(℃)** 247.1

临界压力(MPa) 2.78 **辛醇/水分配系数** 3.63

闪点(℃) −12.22 **自燃温度(℃)** 335

爆炸下限(%) 1.0 **爆炸上限(%)** 7.0

分解温度(℃) 无资料 **黏度(mPa·s)** 无资料

溶解性 不溶于水，溶于乙醇、乙醚、苯

第十部分 稳定性和反应性

稳定性 稳定

危险反应 与强氧化剂等禁配物接触，有发生火灾和爆炸的危险

避免接触的条件 无资料

禁配物 强氧化剂、强酸、强碱、卤素

危险的分解产物 无资料

第十一部分 毒理学信息

急性毒性 无资料 **皮肤刺激或腐蚀** 无资料

眼睛刺激或腐蚀 无资料 **呼吸或皮肤过敏** 无资料

生殖细胞突变性 无资料 **致癌性** 无资料

生殖毒性 无资料

特异性靶器官系统毒性-一次接触 无资料

特异性靶器官系统毒性-反复接触 无资料

吸入危害 无资料

第十二部分 生态学信息

生态毒性 根据结构类似物质预测，该物质对水生生物有极高毒性

持久性和降解性

生物降解性 无资料

非生物降解性 无资料

潜在的生物累积性 根据K_{ow}值预测，该物质可能有一定的生物累积性

土壤中的迁移性 根据K_{oc}值预测，该物质可能有一定的迁移性

第十三部分 废弃处置

废弃化学品 建议用焚烧法处置

污染包装物 将容器返还生产商或按照国家和地方法规处置

废弃注意事项 处置前应参阅国家和地方有关法规

第十四部分 运输信息

联合国危险货物编号(UN号) 1206

联合国运输名称 庚烷 **联合国危险性类别** 3

包装类别 Ⅱ类包装 **包装标志** 

海洋污染物 是

运输注意事项 运输时运输车辆应配备相应品种和数量的消防器材及泄漏应急处理设备。夏季最好早晚运输。运输时所用的槽（罐）车应有接地链，槽内可设孔隔板以减少震荡产生的静电。严禁与氧化剂、酸类、卤素等混装混运。运输途中应防曝晒、雨淋，防高温。中途停留时应远离火种、热源、高温区。装运该物品的车辆排气管必须配备阻火装置，禁止使用易产生火花的机械设备和工具装卸。公路运输时要按规定路线行驶，勿在居民区和人口稠密区停留。铁路运输时要禁止溜放。严禁用木船、水泥船散装运输

第十五部分 法规信息

下列法律、法规、规章和标准，对该化学品的管理作了相应的规定。

中华人民共和国职业病防治法 职业病分类和目录：未列入

危险化学品安全管理条例 危险化学品目录：列入。易制爆危险化学品名录：未列入。重点监管的危险化学品名录：未列入。GB 18218—2009《危险化学品重大危险源辨识》(表 1)：未列入

使用有毒物品作业场所劳动保护条例 高毒物品目录：未列入

易制毒化学品管理条例 易制毒化学品的分类和品种目录：未列入

国际公约 斯德哥尔摩公约：未列入。鹿特丹公约：未列入。蒙特利尔议定书：未列入

第十六部分 其他信息

编写和修订信息 **缩略语和首字母缩写**

培训建议 **参考文献**

免责声明

2,2-二甲基戊烷

第一部分 化学品标识

化学品中文名 2,2-二甲基戊烷；新庚烷

化学品英文名 2,2-dimethylpentane；neoheptane

分子式 C_7H_{16} **相对分子质量** 100.203

结构式

化学品的推荐及限制用途 用作化学试剂、有机合成中间体

第二部分 危险性概述

紧急情况概述 高度易燃液体和蒸气，可能引起昏昏欲睡或眩晕，吞咽及进入呼吸道可能致命

GHS 危险性类别 易燃液体，类别 2；皮肤腐蚀/刺激，类别 2；特异性靶器官毒性-一次接触，类别 3（麻醉效应）；吸入危害，类别 1；危害水生环境-急性危害，类别 1；危害水生环境-长期危害，类别 1

标签要素

象形图 

警示词 危险

危险性说明 高度易燃液体和蒸气，造成皮肤刺激，可能引起昏昏欲睡或眩晕，吞咽及进入呼吸道可能致命，对水生生物毒性非常大并具有长期持续影响

防范说明

预防措施 远离热源、火花、明火、热表面。禁止吸烟。保持容器密闭。容器和接收设备接地连接。使用防爆电器、通风、照明设备。只能使用不产生火花的工具。采取防止静电措施。戴防护手套、防护眼镜、防护面罩。避免接触眼睛、皮肤，操作后彻底清洗。禁止排入环境

事故响应 火灾时，使用泡沫、二氧化碳、干粉、砂土灭火。皮肤接触：用大量肥皂水和水清洗。如发生皮肤刺激，就医。脱去被污染的衣服，洗净后方可重新使用。如果食入：立即呼叫中毒控制中心或就医。不要催吐。收集泄漏物

安全储存 存放在通风良好的地方。保持低温。上锁保管

废弃处置 本品及内装物、容器依据国家和地方法规处置

物理和化学危险 高度易燃，其蒸气与空气混合，能形成爆炸性混合物

健康危害 可能具有刺激性和麻醉作用。液态本品吸入呼吸道可引起吸入性肺炎

环境危害 对水生生物毒性非常大并具有长期持续影响

第三部分 成分/组成信息

√物质		混合物
组分	**浓度**	**CAS No.**
2,2-二甲基戊烷		590-35-2

第四部分 急救措施

吸入 迅速脱离现场至空气新鲜处。保持呼吸道通畅。如呼吸困难，给输氧。如呼吸、心跳停止，立即进行心肺复苏术。就医

皮肤接触 立即脱去污染的衣着，用流动清水彻底冲洗。就医

眼睛接触 立即分开眼睑，用流动清水或生理盐水彻底冲洗。就医

食入 漱口，饮水。禁止催吐。就医

对保护施救者的忠告 根据需要使用个人防护设备

对医生的特别提示 对症处理

第五部分 消防措施

灭火剂 用泡沫、二氧化碳、干粉、砂土灭火

特别危险性 与氧化剂接触发生化学反应或引起燃烧。在火场中，受热的容器有爆炸危险。蒸气比空气重，沿

地面扩散并易积存于低洼处，遇火源会着火回燃。燃烧生成有害的一氧化碳

灭火注意事项及防护措施 消防人员必须佩戴空气呼吸器、穿全身防火防毒服，在上风向灭火。喷水冷却容器，尽可能将容器从火场移至空旷处。容器突然发出异常声音或出现异常现象，应立即撤离

第六部分 泄漏应急处理

作业人员防护措施、防护装备和应急处置程序 消除所有点火源。根据液体流动和蒸气扩散的影响区域划定警戒区，无关人员从侧风、上风向撤离至安全区。建议应急处理人员戴正压自给式呼吸器，穿防静电服，戴橡胶耐油手套。作业时使用的所有设备应接地。禁止接触或跨越泄漏物。尽可能切断泄漏源

环境保护措施 防止泄漏物进入水体、下水道、地下室或有限空间

泄漏化学品的收容、清除方法及所使用的处置材料 小量泄漏：用砂土或其他不燃材料吸收，使用洁净的无火花工具收集吸收材料。大量泄漏：构筑围堤或挖坑收容。用泡沫覆盖，减少蒸发。喷水雾能减少蒸发，但不能降低泄漏物在有限空间内的易燃性。用防爆泵转移至槽车或专用收集器内

第七部分 操作处置与储存

操作注意事项 密闭操作，全面通风。操作人员必须经过专门培训，严格遵守操作规程。建议操作人员佩戴自吸过滤式防毒面具（半面罩），戴化学安全防护眼镜，穿防静电工作服，戴橡胶耐油手套。远离火种、热源。工作场所严禁吸烟。使用防爆型的通风系统和设备。防止蒸气泄漏到工作场所空气中。避免与氧化剂、酸类接触。充装要控制流速，防止静电积聚。搬运时要轻装轻卸，防止包装及容器损坏。配备相应品种和数量的消防器材及泄漏应急处理设备。倒空的容器可能残留有害物

储存注意事项 储存于阴凉、通风的库房。远离火种、热源。库温不宜超过 37℃。保持容器密封。应与氧化剂、酸类分开存放，切忌混储。采用防爆型照明、通风设施。禁止使用易产生火花的机械设备和工具。储区应备有泄漏应急处理设备和合适的收容材料

第八部分 接触控制/个体防护

职业接触限值

中国 未制定标准

美国(ACGIH) 未制定标准

生物接触限值 未制定标准

监测方法 空气中有毒物质测定方法：未制定标准。生物监测检验方法：未制定标准

工程控制 生产过程密闭，全面通风

个体防护装备

呼吸系统防护 一般不需要特殊防护，高浓度接触时可佩戴过滤式防毒面具（半面罩）

眼睛防护 必要时，戴化学安全防护眼镜

皮肤和身体防护 穿防静电工作服

手防护 戴橡胶耐油手套

第九部分 理化特性

外观与性状 无色液体

pH 值 无资料　**熔点(℃)** −123.8

沸点(℃) 79.2　**相对密度(水=1)** 0.674

相对蒸气密度(空气=1) 无资料

饱和蒸气压(kPa) 99.04 (78℃)

燃烧热(kJ/mol) −4802.4　**临界温度(℃)** 无资料

临界压力(MPa) 2.77　**辛醇/水分配系数** 3.67

闪点(℃) −9.44　**自燃温度(℃)** 337

爆炸下限(%) 1.0　**爆炸上限(%)** 8.3

分解温度(℃) 无资料　**黏度(mPa·s)** 无资料

溶解性 不溶于水，溶于乙醇、乙醚、丙酮、苯等

第十部分 稳定性和反应性

稳定性 稳定

危险反应 与强氧化剂等禁配物接触，有发生火灾和爆炸的危险

避免接触的条件 无资料

禁配物 强氧化剂、强酸、强碱、卤素

危险的分解产物 无资料

第十一部分 毒理学信息

急性毒性 无资料　**皮肤刺激或腐蚀** 无资料

眼睛刺激或腐蚀 无资料　**呼吸或皮肤过敏** 无资料

生殖细胞突变性 无资料　**致癌性** 无资料

生殖毒性 无资料

特异性靶器官系统毒性-一次接触 无资料

特异性靶器官系统毒性-反复接触 无资料

吸入危害 无资料

第十二部分 生态学信息

生态毒性 根据结构类似物质预测，该物质对水生生物有极高毒性

持久性和降解性

生物降解性 无资料

非生物降解性 无资料

潜在的生物累积性 根据 K_{ow} 值预测，该物质可能有一定的生物累积性

土壤中的迁移性 根据 K_{oc} 值预测，该物质可能有一定的迁移性

第十三部分 废弃处置

废弃化学品 建议用焚烧法处置

污染包装物 将容器返还生产商或按照国家和地方法规处置

废弃注意事项 处置前应参阅国家和地方有关法规

第十四部分 运输信息

联合国危险货物编号（UN 号） 1206

联合国运输名称 庚烷　**联合国危险性类别** 3

包装类别　Ⅱ类包装　**包装标志** 

海洋污染物　是

运输注意事项　运输时运输车辆应配备相应品种和数量的消防器材及泄漏应急处理设备。夏季最好早晚运输。运输时所用的槽（罐）车应有接地链，槽内可设孔隔板以减少震荡产生的静电。严禁与氧化剂、酸类等混装混运。运输途中应防曝晒、雨淋，防高温。中途停留时应远离火种、热源、高温区。装运该物品的车辆排气管必须配备阻火装置，禁止使用易产生火花的机械设备和工具装卸。公路运输时要按规定路线行驶，勿在居民区和人口稠密区停留。铁路运输时要禁止溜放。严禁用木船、水泥船散装运输

第十五部分　法规信息

下列法律、法规、规章和标准，对该化学品的管理作了相应的规定。

中华人民共和国职业病防治法　职业病分类和目录：未列入

危险化学品安全管理条例　危险化学品目录：列入。易制爆危险化学品名录：未列入。重点监管的危险化学品名录：未列入。GB 18218—2009《危险化学品重大危险源辨识》（表 1）：未列入

使用有毒物品作业场所劳动保护条例　高毒物品目录：未列入

易制毒化学品管理条例　易制毒化学品的分类和品种目录：未列入

国际公约　斯德哥尔摩公约：未列入。鹿特丹公约：未列入。蒙特利尔议定书：未列入

第十六部分　其他信息

编写和修订信息　　**缩略语和首字母缩写**

培训建议　　**参考文献**

免责声明

3,3-二甲基戊烷

第一部分　化学品标识

化学品中文名　3,3-二甲基戊烷；2,2-二乙基丙烷；二乙基二甲基甲烷

化学品英文名　3,3-dimethylpentane

分子式　C_7H_{16}　**相对分子质量**　100.203

结构式

化学品的推荐及限制用途　用作气相色谱对比样品以及用于有机合成

第二部分　危险性概述

紧急情况概述　高度易燃液体和蒸气，可能引起昏昏欲睡或眩晕，吞咽及进入呼吸道可能致命

GHS 危险性类别　易燃液体，类别 2；皮肤腐蚀/刺激，类别 2；特异性靶器官毒性-一次接触，类别 3（麻醉效应）；吸入危害，类别 1；危害水生环境-急性危害，类别 1；危害水生环境-长期危害，类别 1

标签要素

象形图 

警示词　危险

危险性说明　高度易燃液体和蒸气，造成皮肤刺激，可能引起昏昏欲睡或眩晕，吞咽及进入呼吸道可能致命，对水生生物毒性非常大并具有长期持续影响

防范说明

预防措施　远离热源、火花、明火、热表面。禁止吸烟。保持容器密闭。容器和接收设备接地连接。使用防爆电器、通风、照明设备。只能使用不产生火花的工具。采取防止静电措施。戴防护手套、防护眼镜、防护面罩。避免接触眼睛、皮肤，操作后彻底清洗。禁止排入环境

事故响应　火灾时，使用泡沫、二氧化碳、干粉、砂土灭火。皮肤接触：用大量肥皂水和水清洗。如发生皮肤刺激，就医。脱去被污染的衣服，洗净后方可重新使用。如果食入：立即呼叫中毒控制中心或就医。不要催吐。收集泄漏物

安全储存　存放在通风良好的地方。保持低温。上锁保管

废弃处置　本品及内装物、容器依据国家和地方法规处置

物理和化学危险　高度易燃，其蒸气与空气混合，能形成爆炸性混合物

健康危害　可能具有刺激性和麻醉作用。液态本品吸入呼吸道可引起吸入性肺炎

环境危害　对水生生物毒性非常大并具有长期持续影响

第三部分　成分/组成信息

√物质		混合物
组分	**浓度**	**CAS No.**
3,3-二甲基戊烷		562-49-2

第四部分　急救措施

吸入　迅速脱离现场至空气新鲜处。保持呼吸道通畅。如呼吸困难，给输氧。如呼吸、心跳停止，立即进行心肺复苏术。就医

皮肤接触　立即脱去污染的衣着，用流动清水彻底冲洗。就医

眼睛接触　立即分开眼睑，用流动清水或生理盐水彻底冲洗。就医

食入　漱口，饮水。禁止催吐。就医

对保护施救者的忠告　根据需要使用个人防护设备

对医生的特别提示　对症处理

第五部分　消防措施

灭火剂　用泡沫、二氧化碳、干粉、砂土灭火

特别危险性　与氧化剂接触发生化学反应或引起燃烧。在

火场中，受热的容器有爆炸危险。蒸气比空气重，沿地面扩散并易积存于低洼处，遇火源会着火回燃。燃烧生成有害的一氧化碳

灭火注意事项及防护措施 消防人员必须佩戴空气呼吸器、穿全身防火防毒服，在上风向灭火。喷水冷却容器，尽可能将容器从火场移至空旷处。容器突然发出异常声音或出现异常现象，应立即撤离。用水灭火无效

第六部分 泄漏应急处理

作业人员防护措施、防护装备和应急处置程序 消除所有点火源。根据液体流动和蒸气扩散的影响区域划定警戒区，无关人员从侧风、上风向撤离至安全区。建议应急处理人员戴正压自给式呼吸器，穿防静电服，戴橡胶耐油手套。作业时使用的所有设备应接地。禁止接触或跨越泄漏物。尽可能切断泄漏源

环境保护措施 防止泄漏物进入水体、下水道、地下室或有限空间

泄漏化学品的收容、清除方法及所使用的处置材料 小量泄漏：用砂土或其他不燃材料吸收，使用洁净的无火花工具收集吸收材料。大量泄漏：构筑围堤或挖坑收容。用泡沫覆盖，减少蒸发。喷水雾能减少蒸发，但不能降低泄漏物在有限空间内的易燃性。用防爆泵转移至槽车或专用收集器内

第七部分 操作处置与储存

操作注意事项 密闭操作，全面通风。操作人员必须经过专门培训，严格遵守操作规程。建议操作人员佩戴自吸过滤式防毒面具（半面罩），戴化学安全防护眼镜，穿防静电工作服，戴橡胶耐油手套。远离火种、热源。工作场所严禁吸烟。使用防爆型的通风系统和设备。防止蒸气泄漏到工作场所空气中。避免与氧化剂、酸类、卤素接触。充装要控制流速，防止静电积聚。搬运时要轻装轻卸，防止包装及容器损坏。配备相应品种和数量的消防器材及泄漏应急处理设备。倒空的容器可能残留有害物

储存注意事项 储存于阴凉、通风的库房。远离火种、热源。库温不宜超过 37℃。保持容器密封。应与氧化剂、酸类、卤素分开存放，切忌混储。采用防爆型照明、通风设施。禁止使用易产生火花的机械设备和工具。储区应备有泄漏应急处理设备和合适的收容材料

第八部分 接触控制/个体防护

职业接触限值

中国 未制定标准

美国(ACGIH) 未制定标准

生物接触限值 未制定标准

监测方法 空气中有毒物质测定方法：未制定标准。生物监测检验方法：未制定标准

工程控制 生产过程密闭，全面通风

个体防护装备

呼吸系统防护 一般不需要特殊防护，高浓度接触时可佩戴过滤式防毒面具（半面罩）

眼睛防护 必要时，戴化学安全防护眼镜

皮肤和身体防护 穿防静电工作服

手防护 戴橡胶耐油手套

第九部分 理化特性

外观与性状 无色液体

pH 值 无资料 **熔点(℃)** −135

沸点(℃) 86～87 **相对密度(水=1)** 0.693

相对蒸气密度(空气=1) 无资料

饱和蒸气压(kPa) 19.1 (37.7℃)

燃烧热(kJ/mol) −4794.5 **临界温度(℃)** 无资料

临界压力(MPa) 2.95 **辛醇/水分配系数** 3.670

闪点(℃) −6.67 **自燃温度(℃)** 337

爆炸下限(%) 1.0 **爆炸上限(%)** 7.0

分解温度(℃) 无资料 **黏度(mPa·s)** 无资料

溶解性 不溶于水，溶于乙醇、乙醚

第十部分 稳定性和反应性

稳定性 稳定

危险反应 与强氧化剂等禁配物接触，有发生火灾和爆炸的危险

避免接触的条件 无资料

禁配物 强氧化剂、强酸、强碱、卤素

危险的分解产物 无资料

第十一部分 毒理学信息

急性毒性 无资料 **皮肤刺激或腐蚀** 无资料

眼睛刺激或腐蚀 无资料 **呼吸或皮肤过敏** 无资料

生殖细胞突变性 无资料 **致癌性** 无资料

生殖毒性 无资料

特异性靶器官系统毒性-一次接触 无资料

特异性靶器官系统毒性-反复接触 无资料

吸入危害 无资料

第十二部分 生态学信息

生态毒性 根据结构类似物质预测，该物质对水生生物有极高毒性

持久性和降解性

生物降解性 无资料

非生物降解性 无资料

潜在的生物累积性 根据 K_{ow} 值预测，该物质可能有一定的生物累积性

土壤中的迁移性 根据 K_{oc} 值预测，该物质可能有一定的迁移性

第十三部分 废弃处置

废弃化学品 建议用焚烧法处置

污染包装物 将容器返还生产商或按照国家和地方法规处置

废弃注意事项 处置前应参阅国家和地方有关法规

第十四部分 运输信息

联合国危险货物编号（UN 号） 1206

联合国运输名称 庚烷 **联合国危险性类别** 3

包装类别 Ⅱ类包装 **包装标志** 

海洋污染物 是

运输注意事项 运输时运输车辆应配备相应品种和数量的消防器材及泄漏应急处理设备。夏季最好早晚运输。运输时所用的槽（罐）车应有接地链，槽内可设孔隔板以减少震荡产生的静电。严禁与氧化剂、酸类、卤素等混装混运。运输途中应防曝晒、雨淋，防高温。中途停留时应远离火种、热源、高温区。装运该物品的车辆排气管必须配备阻火装置，禁止使用易产生火花的机械设备和工具装卸。公路运输时要按规定路线行驶，勿在居民区和人口稠密区停留。铁路运输时要禁止溜放。严禁用木船、水泥船散装运输

第十五部分 法规信息

下列法律、法规、规章和标准，对该化学品的管理作了相应的规定。

中华人民共和国职业病防治法 职业病分类和目录：未列入

危险化学品安全管理条例 危险化学品目录：列入。易制爆危险化学品名录：未列入。重点监管的危险化学品名录：未列入。GB 18218—2009《危险化学品重大危险源辨识》（表1）：未列入

使用有毒物品作业场所劳动保护条例 高毒物品目录：未列入

易制毒化学品管理条例 易制毒化学品的分类和品种目录：未列入

国际公约 斯德哥尔摩公约：未列入。鹿特丹公约：未列入。蒙特利尔议定书：未列入

第十六部分 其他信息

编写和修订信息 **缩略语和首字母缩写**

培训建议 **参考文献**

免责声明

2,6-二甲基硝基苯

第一部分 化学品标识

化学品中文名 2,6-二甲基硝基苯；2-硝基间二甲苯

化学品英文名 2,6-dimethylnitrobenzene；2-nitro-*m*-xylene

分子式 $C_8H_9NO_2$ **相对分子质量** 151.16

结构式 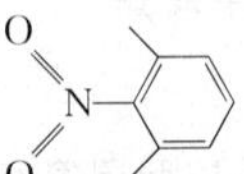

化学品的推荐及限制用途 用于有机合成

第二部分 危险性概述

紧急情况概述 可燃液体，吞咽有害，皮肤接触有害，吸入有害

GHS危险性类别 易燃液体，类别4；急性毒性-经口，类别4；急性毒性-经皮，类别4；急性毒性-吸入，类别4；危害水生环境-急性危害，类别2；危害水生环境-长期危害，类别2

标签要素

象形图 

警示词 警告

危险性说明 可燃液体，吞咽有害，皮肤接触有害，吸入有害，对水生生物有毒并具有长期持续影响

防范说明

预防措施 远离火焰和热表面。禁止吸烟。戴防护手套、防护眼镜、防护面罩，穿防护服。避免接触眼睛、皮肤，操作后彻底清洗。作业场所不得进食、饮水或吸烟。避免吸入蒸气、雾。仅在室外或通风良好处操作。禁止排入环境

事故响应 火灾时，使用泡沫、雾状水、干粉、二氧化碳、砂土灭火。如吸入：将患者转移到空气新鲜处，休息，保持利于呼吸的体位。收集泄漏物。皮肤接触：用大量肥皂水和水清洗。如感觉不适，呼叫中毒控制中心或就医。被污染的衣服须经洗净后方可重新使用。食入：漱口。如果感觉不适，立即呼叫中毒控制中心或就医

安全储存 存放在通风良好的地方。保持低温

废弃处置 本品及内装物、容器依据国家和地方法规处置

物理和化学危险 可燃，其蒸气与空气混合，能形成爆炸性混合物

健康危害 蒸气或雾对眼、黏膜和上呼吸道有刺激性。对皮肤有刺激性。吸收进入人体后，可引起高铁血红蛋白血症，出现紫绀

环境危害 对水生生物有毒并具有长期持续影响

第三部分 成分/组成信息

√物质 混合物

组分	浓度	CAS No.
2,6-二甲基硝基苯		81-20-9

第四部分 急救措施

吸入 迅速脱离现场至空气新鲜处。保持呼吸道通畅。如呼吸困难，给输氧。如呼吸、心跳停止，立即进行心肺复苏术。就医

皮肤接触 立即脱去污染的衣着，用流动清水彻底冲洗。就医

眼睛接触 立即分开眼睑，用流动清水或生理盐水彻底冲洗。就医

食入 漱口，饮水。就医

对保护施救者的忠告 根据需要使用个人防护设备

对医生的特别提示 高铁血红蛋白血症，可用美蓝和维生素C治疗

第五部分 消防措施

灭火剂 用泡沫、雾状水、干粉、二氧化碳、砂土灭火

特别危险性 受高热分解放出有毒的气体。与强氧化剂接触可发生化学反应。燃烧生成有害的一氧化碳、氮氧化物

灭火注意事项及防护措施 消防人员须佩戴防毒面具、穿全身消防服，在上风向灭火。尽可能将容器从火场移至空旷处。喷水保持火场容器冷却，直至灭火结束。容器突然发出异常声音或出现异常现象，应立即撤离

第六部分 泄漏应急处理

作业人员防护措施、防护装备和应急处置程序 根据液体流动和蒸气扩散的影响区域划定警戒区，无关人员从侧风、上风向撤离至安全区。建议应急处理人员戴正压自给式呼吸器，穿防毒服，戴橡胶耐油手套。穿上适当的防护服前严禁接触破裂的容器和泄漏物。尽可能切断泄漏源

环境保护措施 防止泄漏物进入水体、下水道、地下室或有限空间

泄漏化学品的收容、清除方法及所使用的处置材料 小量泄漏：用干燥的砂土或其他不燃材料吸收或覆盖，收集于容器中。大量泄漏：构筑围堤或挖坑收容。用泵转移至槽车或专用收集器内

第七部分 操作处置与储存

操作注意事项 密闭操作，提供充分的局部排风。操作人员必须经过专门培训，严格遵守操作规程。建议操作人员佩戴自吸过滤式防毒面具（全面罩），穿胶布防毒衣，戴橡胶耐油手套。远离火种、热源。工作场所严禁吸烟。使用防爆型的通风系统和设备。防止蒸气泄漏到工作场所空气中。避免与氧化剂、还原剂、碱类接触。搬运时要轻装轻卸，防止包装及容器损坏。配备相应品种和数量的消防器材及泄漏应急处理设备。倒空的容器可能残留有害物

储存注意事项 储存于阴凉、通风的库房。远离火种、热源。保持容器密封。应与氧化剂、还原剂、碱类、食用化学品分开存放，切忌混储。配备相应品种和数量的消防器材。储区应备有泄漏应急处理设备和合适的收容材料

第八部分 接触控制/个体防护

职业接触限值

中国 未制定标准

美国(ACGIH) 未制定标准

生物接触限值 未制定标准

监测方法 空气中有毒物质测定方法：未制定标准。生物监测检验方法：未制定标准

工程控制 严加密闭，提供充分的局部排风。提供安全淋浴和洗眼设备

个体防护装备

呼吸系统防护 可能接触其蒸气时，佩戴过滤式防毒面具（全面罩）。紧急事态抢救或撤离时，应该佩戴空气呼吸器

眼睛防护 呼吸系统防护中已作防护

皮肤和身体防护 穿隔绝式防毒服

手防护 戴橡胶耐油手套

第九部分 理化特性

外观与性状 淡黄色液体

pH值 无资料 **熔点(℃)** 14～16

沸点(℃) 225～226 **相对密度(水=1)** 1.11

相对蒸气密度(空气=1) 无资料

临界压力(MPa) 无资料

燃烧热(kJ/mol) 无资料 **临界温度(℃)** 无资料

临界压力(MPa) 无资料 **辛醇/水分配系数** 2.95

闪点(℃) 87.78 **自燃温度(℃)** 无资料

爆炸下限(%) 无资料 **爆炸上限(%)** 无资料

分解温度(℃) 无资料 **黏度(mPa·s)** 无资料

溶解性 不溶于水，易溶于乙醇

第十部分 稳定性和反应性

稳定性 稳定

危险反应 与强氧化剂等禁配物发生反应

避免接触的条件 受热

禁配物 强氧化剂、强还原剂、强碱

危险的分解产物 氮氧化物

第十一部分 毒理学信息

急性毒性 LD_{50}：45mg/kg（小鼠静脉）

皮肤刺激或腐蚀 无资料 **眼睛刺激或腐蚀** 无资料

呼吸或皮肤过敏 无资料 **生殖细胞突变性** 无资料

致癌性 无资料 **生殖毒性** 无资料

特异性靶器官系统毒性-一次接触 无资料

特异性靶器官系统毒性-反复接触 无资料

吸入危害 无资料

第十二部分 生态学信息

生态毒性 根据结构类似物质预测，该物质对水生生物有毒

持久性和降解性

生物降解性 无资料

非生物降解性 无资料

潜在的生物累积性 根据K_{ow}值预测，该物质的生物累积性可能较弱

土壤中的迁移性 根据K_{oc}值预测，该物质可能有一定的迁移性

第十三部分 废弃处置

废弃化学品 建议用焚烧法处置。焚烧炉排出的氮氧化物通过洗涤器除去

污染包装物 将容器返还生产商或按照国家和地方法规处置

废弃注意事项 处置前应参阅国家和地方有关法规

第十四部分 运输信息

联合国危险货物编号（UN号） 1665

联合国运输名称　液态硝基二甲苯

联合国危险性类别　6.1

包装类别　Ⅱ类包装　　**包装标志**

海洋污染物　否

运输注意事项　运输前应先检查包装容器是否完整、密封，运输过程中要确保容器不泄漏、不倒塌、不坠落、不损坏。严禁与酸类、氧化剂、食品及食品添加剂混运。运输时运输车辆应配备相应品种和数量的消防器材及泄漏应急处理设备。运输途中应防曝晒、雨淋，防高温。公路运输时要按规定路线行驶

第十五部分　法规信息

下列法律、法规、规章和标准，对该化学品的管理作了相应的规定。

中华人民共和国职业病防治法　职业病分类和目录：苯的氨基及硝基化合物中毒

危险化学品安全管理条例　危险化学品目录：列入。易制爆危险化学品名录：未列入。重点监管的危险化学品名录：未列入。GB 18218—2009《危险化学品重大危险源辨识》(表 1)：未列入

使用有毒物品作业场所劳动保护条例　高毒物品目录：未列入

易制毒化学品管理条例　易制毒化学品的分类和品种目录：未列入

国际公约　斯德哥尔摩公约：未列入。鹿特丹公约：未列入。蒙特利尔议定书：未列入

第十六部分　其他信息

编写和修订信息　　**缩略语和首字母缩写**

培训建议　　**参考文献**

免责声明

3,4-二甲基硝基苯

第一部分　化学品标识

化学品中文名　3,4-二甲基硝基苯；4-硝基邻二甲苯

化学品英文名　3,4-dimethylnitrobenzene；4-nitro-*o*-xylene

分子式　$C_8H_9NO_2$　　**相对分子质量**　151.16

结构式

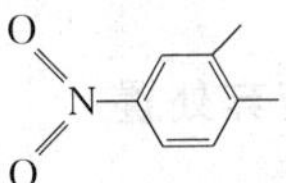

化学品的推荐及限制用途　用于有机合成

第二部分　危险性概述

紧急情况概述　吞咽可能有害

GHS 危险性类别　急性毒性-经口，类别 5；危害水生环境-急性危害，类别 3；危害水生环境-长期危害，类别 3

标签要素

象形图　-

警示词　警告

危险性说明　吞咽可能有害，对水生生物有害并具有长期持续影响

防范说明

预防措施　禁止排入环境

事故响应　如果感觉不适，呼叫中毒控制中心或就医

安全储存　-

废弃处置　本品及内装物、容器依据国家和地方法规处置

物理和化学危险　可燃，其粉体与空气混合，能形成爆炸性混合物

健康危害　对眼、黏膜和上呼吸道有刺激性。对皮肤有刺激性。吸收进入人体后，可引起高铁血红蛋白血症，出现紫绀

环境危害　对水生生物有害并具有长期持续影响

第三部分　成分/组成信息

√物质		混合物
组分	**浓度**	**CAS No.**
3,4-二甲基硝基苯		99-51-4

第四部分　急救措施

吸入　迅速脱离现场至空气新鲜处。保持呼吸道通畅。如呼吸困难，给输氧。如呼吸、心跳停止，立即进行心肺复苏术。就医

皮肤接触　立即脱去污染的衣着，用流动清水彻底冲洗。就医

眼睛接触　立即分开眼睑，用流动清水或生理盐水彻底冲洗。就医

食入　漱口，饮水。就医

对保护施救者的忠告　根据需要使用个人防护设备

对医生的特别提示　高铁血红蛋白血症，可用美蓝和维生素 C 治疗

第五部分　消防措施

灭火剂　用泡沫、雾状水、干粉、二氧化碳、砂土灭火

特别危险性　受高热分解放出有毒的气体。燃烧时放出有毒的刺激性烟雾。与强氧化剂接触可发生化学反应。燃烧生成有害的一氧化碳、氮氧化物

灭火注意事项及防护措施　消防人员须佩戴防毒面具、穿全身消防服，在上风向灭火。尽可能将容器从火场移至空旷处。喷水保持火场容器冷却，直至灭火结束。容器突然发出异常声音或出现异常现象，应立即撤离

第六部分　泄漏应急处理

作业人员防护措施、防护装备和应急处置程序　隔离泄漏污染区，限制出入。建议应急处理人员戴防尘口罩，穿防毒服，戴橡胶手套。穿上适当的防护服前严禁接触破裂的容器和泄漏物。尽可能切断泄漏源。用塑料布覆盖泄漏物，减少飞散。勿使水进入包装容器内

环境保护措施　无资料

泄漏化学品的收容、清除方法及所使用的处置材料　用洁

净的铲子收集泄漏物，置于干净、干燥、盖子较松的容器中，将容器移离泄漏区

第七部分 操作处置与储存

操作注意事项 密闭操作，提供充分的局部排风。操作人员必须经过专门培训，严格遵守操作规程。建议操作人员佩戴自吸过滤式防毒面具（全面罩），穿胶布防毒衣，戴橡胶手套。远离火种、热源。工作场所严禁吸烟。使用防爆型的通风系统和设备。避免产生粉尘。避免与氧化剂、还原剂、碱类接触。搬运时要轻装轻卸，防止包装及容器损坏。配备相应品种和数量的消防器材及泄漏应急处理设备。倒空的容器可能残留有害物

储存注意事项 储存于阴凉、通风的库房。远离火种、热源。包装密封。应与氧化剂、还原剂、碱类、食用化学品分开存放，切忌混储。配备相应品种和数量的消防器材。储区应备有合适的材料收容泄漏物

第八部分 接触控制/个体防护

职业接触限值

中国 未制定标准

美国(ACGIH) 未制定标准

生物接触限值 未制定标准

监测方法 空气中有毒物质测定方法：未制定标准。生物监测检验方法：未制定标准

工程控制 严加密闭，提供充分的局部排风。提供安全的淋浴和洗眼设备

个体防护装备

呼吸系统防护 可能接触其蒸气时，必须佩戴过滤式防毒面具（全面罩）；可能接触其粉尘时，建议佩戴过滤式防尘呼吸器

眼睛防护 呼吸系统防护中已作防护

皮肤和身体防护 穿隔绝式防毒服

手防护 戴橡胶手套

第九部分 理化特性

外观与性状 黄色片状结晶

pH值 无意义　**熔点(℃)** 29～31

沸点(℃) 258　**相对密度(水＝1)** 1.14

相对蒸气密度(空气＝1) 无资料

饱和蒸气压(kPa) 2.67 (143℃)

燃烧热(kJ/mol) 无资料　**临界温度(℃)** 无资料

临界压力(MPa) 无资料　**辛醇/水分配系数** 2.91

闪点(℃) 110　**自燃温度(℃)** 无资料

爆炸下限(%) 无资料　**爆炸上限(%)** 无资料

分解温度(℃) 无资料　**黏度(mPa·s)** 无资料

溶解性 不溶于水，微溶于热乙醇，溶于乙醚

第十部分 稳定性和反应性

稳定性 稳定

危险反应 与强氧化剂等禁配物发生反应

避免接触的条件 受热

禁配物 强氧化剂、强还原剂、强碱

危险的分解产物 氮氧化物

第十一部分 毒理学信息

急性毒性 无资料　**皮肤刺激或腐蚀** 无资料

眼睛刺激或腐蚀 无资料　**呼吸或皮肤过敏** 无资料

生殖细胞突变性 无资料　**致癌性** 无资料

生殖毒性 无资料

特异性靶器官系统毒性-一次接触 无资料

特异性靶器官系统毒性-反复接触 无资料

吸入危害 无资料

第十二部分 生态学信息

生态毒性 LC_{50}：16mg/L (48h)（水蚤）

持久性和降解性

生物降解性 无资料

非生物降解性 无资料

潜在的生物累积性 根据 K_{ow} 值预测，该物质的生物累积性可能较弱

土壤中的迁移性 根据 K_{oc} 值预测，该物质可能有一定的迁移性

第十三部分 废弃处置

废弃化学品 建议用焚烧法处置。焚烧炉排出的氮氧化物通过洗涤器除去

污染包装物 将容器返还生产商或按照国家和地方法规处置

废弃注意事项 处置前应参阅国家和地方有关法规

第十四部分 运输信息

联合国危险货物编号(UN号) 3447

联合国运输名称 固态硝基二甲苯

联合国危险性类别 6.1

包装类别 Ⅱ类包装　**包装标志** 

海洋污染物 否

运输注意事项 运输前应先检查包装容器是否完整、密封，运输过程中要确保容器不泄漏、不倒塌、不坠落、不损坏。严禁与酸类、氧化剂、食品及食品添加剂混运。运输车辆应配备相应品种和数量的消防器材及泄漏应急处理设备。运输途中应防曝晒、雨淋，防高温

第十五部分 法规信息

下列法律、法规、规章和标准，对该化学品的管理作了相应的规定。

中华人民共和国职业病防治法 职业病分类和目录：苯的氨基及硝基化合物中毒

危险化学品安全管理条例 危险化学品目录：列入。易制爆危险化学品名录：未列入。重点监管的危险化学品名录：未列入。GB 18218—2009《危险化学品重大危险源辨识》(表1)：未列入

使用有毒物品作业场所劳动保护条例 高毒物品目录：未列入

易制毒化学品管理条例 易制毒化学品的分类和品种目录：未列入

国际公约 斯德哥尔摩公约：未列入。鹿特丹公约：未列入。蒙特利尔议定书：未列入

第十六部分 其他信息

编写和修订信息 **缩略语和首字母缩写**

培训建议 **参考文献**

免责声明

2,4-二甲基硝基苯

第一部分 化学品标识

化学品中文名 2,4-二甲基硝基苯；4-硝基间二甲苯

化学品英文名 2,4-dimethylnitrobenzene；4-nitro-*m*-xylene

分子式 $C_8H_9NO_2$ **相对分子质量** 151.16

结构式

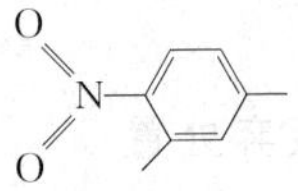

化学品的推荐及限制用途 用于有机合成，及用作火棉胶凝结促进剂

第二部分 危险性概述

紧急情况概述 吞咽会中毒，皮肤接触会中毒，吸入会中毒

GHS危险性类别 急性毒性-经口，类别3；急性毒性-经皮，类别3；急性毒性-吸入，类别3；危害水生环境-急性危害，类别2；危害水生环境-长期危害，类别2

标签要素

象形图

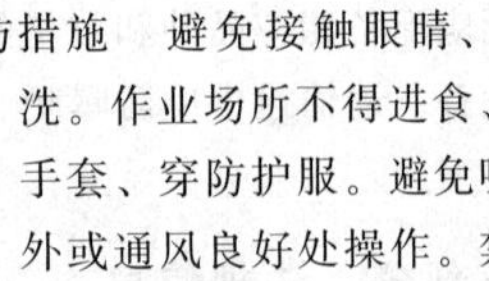

警示词 危险

危险性说明 吞咽会中毒，皮肤接触会中毒，吸入会中毒，对水生生物有毒并具有长期持续影响

防范说明

预防措施 避免接触眼睛、皮肤，操作后彻底清洗。作业场所不得进食、饮水或吸烟。戴防护手套、穿防护服。避免吸入蒸气、雾。仅在室外或通风良好处操作。禁止排入环境

事故响应 如吸入：将患者转移到空气新鲜处，休息，保持利于呼吸的体位。呼叫中毒控制中心或就医。皮肤接触：用大量肥皂水和水清洗。如感觉不适，呼叫中毒控制中心或就医。立即脱去所有被污染的衣服。被污染的衣服须经洗净后方可重新使用。食入：漱口。立即呼叫中毒控制中心或就医。收集泄漏物

安全储存 在通风良好处储存。保持容器密闭。上锁保管

废弃处置 本品及内装物、容器依据国家和地方法规处置

物理和化学危险 可燃，其蒸气与空气混合，能形成爆炸性混合物

健康危害 蒸气或雾对眼睛、黏膜和上呼吸有刺激性。对皮肤有刺激性。吸收进入人体后，可引起高铁血红蛋白血症，出现紫绀

环境危害 对水生生物有毒并具有长期持续影响

第三部分 成分/组成信息

√物质 混合物

组分	浓度	CAS No.
2,4-二甲基硝基苯		89-87-2

第四部分 急救措施

吸入 迅速脱离现场至空气新鲜处。保持呼吸道通畅。如呼吸困难，给输氧。如呼吸、心跳停止，立即进行心肺复苏术。就医

皮肤接触 立即脱去污染的衣着，用流动清水彻底冲洗。就医

眼睛接触 立即分开眼睑，用流动清水或生理盐水彻底冲洗。就医

食入 漱口，饮水。就医

对保护施救者的忠告 根据需要使用个人防护设备

对医生的特别提示 高铁血红蛋白血症，可用美蓝和维生素C治疗

第五部分 消防措施

灭火剂 用泡沫、雾状水、干粉、二氧化碳、砂土灭火

特别危险性 受高热分解放出有毒的气体。与强氧化剂接触可发生化学反应。燃烧生成有害的一氧化碳、氮氧化物

灭火注意事项及防护措施 消防人员须佩戴防毒面具、穿全身消防服，在上风向灭火。尽可能将容器从火场移至空旷处。喷水保持火场容器冷却，直至灭火结束。容器突然发出异常声音或出现异常现象，应立即撤离

第六部分 泄漏应急处理

作业人员防护措施、防护装备和应急处置程序 根据液体流动和蒸气扩散的影响区域划定警戒区，无关人员从侧风、上风向撤离至安全区。建议应急处理人员戴正压自给式呼吸器，穿防毒服，戴橡胶耐油手套。穿上适当的防护服前严禁接触破裂的容器和泄漏物。尽可能切断泄漏源

环境保护措施 防止泄漏物进入水体、下水道、地下室或有限空间

泄漏化学品的收容、清除方法及所使用的处置材料 小量泄漏：用干燥的砂土或其他不燃材料吸收或覆盖，收集于容器中。大量泄漏：构筑围堤或挖坑收容。用泵转移至槽车或专用收集器内

第七部分 操作处置与储存

操作注意事项 密闭操作，提供充分的局部排风。操作人

员必须经过专门培训，严格遵守操作规程。建议操作人员佩戴自吸过滤式防毒面具（全面罩），穿胶布防毒衣，戴橡胶耐油手套。远离火种、热源。工作场所严禁吸烟。使用防爆型的通风系统和设备。防止蒸气泄漏到工作场所空气中。避免与氧化剂、还原剂、碱类接触。搬运时要轻装轻卸，防止包装及容器损坏。配备相应品种和数量的消防器材及泄漏应急处理设备。倒空的容器可能残留有害物

储存注意事项 储存于阴凉、通风的库房。远离火种、热源。保持容器密封。应与氧化剂、还原剂、碱类、食用化学品分开存放，切忌混储。配备相应品种和数量的消防器材。储区应备有泄漏应急处理设备和合适的收容材料

第八部分 接触控制/个体防护

职业接触限值

中国 未制定标准

美国(ACGIH) 未制定标准

生物接触限值 未制定标准

监测方法 空气中有毒物质测定方法：未制定标准。生物监测检验方法：未制定标准

工程控制 严加密闭，提供充分的局部排风。提供安全的淋浴和洗眼设备

个体防护装备

呼吸系统防护 可能接触其蒸气时，佩戴过滤式防毒面具（全面罩）。紧急事态抢救或撤离时，应该佩戴空气呼吸器

眼睛防护 呼吸系统防护中已作防护

皮肤和身体防护 穿隔绝式防毒服

手防护 戴橡胶耐油手套

第九部分 理化特性

外观与性状 黄色液体

pH 值 无资料　**熔点(℃)** 2

沸点(℃) 244　**相对密度(水=1)** 1.14

相对蒸气密度(空气=1) 无资料

饱和蒸气压(kPa) 无资料

燃烧热(kJ/mol) 无资料　**临界温度(℃)** 无资料

临界压力(MPa) 无资料　**辛醇/水分配系数** 2.91

闪点(℃) 107.22　**自燃温度(℃)** 无资料

爆炸下限(%) 无资料　**爆炸上限(%)** 无资料

分解温度(℃) 无资料　**黏度(mPa·s)** 无资料

溶解性 不溶于水，溶于乙醇、乙醚

第十部分 稳定性和反应性

稳定性 稳定

危险反应 与强氧化剂等禁配物发生反应

避免接触的条件 受热

禁配物 强氧化剂、强还原剂、强碱

危险的分解产物 氮氧化物

第十一部分 毒理学信息

急性毒性 无资料　**皮肤刺激或腐蚀** 无资料

眼睛刺激或腐蚀 无资料　**呼吸或皮肤过敏** 无资料

生殖细胞突变性 无资料　**致癌性** 无资料

生殖毒性 无资料

特异性靶器官系统毒性-一次接触 无资料

特异性靶器官系统毒性-反复接触 无资料

吸入危害 无资料

第十二部分 生态学信息

生态毒性 根据结构类似物质预测，该物质对水生生物有毒

持久性和降解性

生物降解性 无资料

非生物降解性 无资料

潜在的生物累积性 根据 K_{ow} 值预测，该物质的生物累积性可能较弱

土壤中的迁移性 根据 K_{oc} 值预测，该物质可能有一定的迁移性

第十三部分 废弃处置

废弃化学品 建议用焚烧法处置。焚烧炉排出的氮氧化物通过洗涤器除去

污染包装物 将容器返还生产商或按照国家和地方法规处置

废弃注意事项 处置前应参阅国家和地方有关法规

第十四部分 运输信息

联合国危险货物编号（UN 号） 1665

联合国运输名称 液态硝基二甲苯

联合国危险性类别 6.1

包装类别 Ⅱ类包装　**包装标志**

海洋污染物 否

运输注意事项 运输前应先检查包装容器是否完整、密封，运输过程中要确保容器不泄漏、不倒塌、不坠落、不损坏。严禁与酸类、氧化剂、食品及食品添加剂混运。运输时运输车辆应配备相应品种和数量的消防器材及泄漏应急处理设备。运输途中应防曝晒、雨淋，防高温。公路运输时要按规定路线行驶

第十五部分 法规信息

下列法律、法规、规章和标准，对该化学品的管理作了相应的规定。

中华人民共和国职业病防治法 职业病分类和目录：苯的氨基及硝基化合物中毒

危险化学品安全管理条例 危险化学品目录：列入。易制爆危险化学品名录：未列入。重点监管的危险化学品名录：未列入。GB 18218—2009《危险化学品重大危险源辨识》(表 1)：未列入

使用有毒物品作业场所劳动保护条例 高毒物品目录：未列入

易制毒化学品管理条例 易制毒化学品的分类和品种目

录：未列入

国际公约　斯德哥尔摩公约：未列入。鹿特丹公约：未列入。蒙特利尔议定书：未列入

第十六部分　其他信息

编写和修订信息　　**缩略语和首字母缩写**

培训建议　　**参考文献**

免责声明

2,3-二甲基硝基苯

第一部分　化学品标识

化学品中文名　2,3-二甲基硝基苯；3-硝基邻二甲苯；3-硝基-1,2-二甲苯；1,2-二甲基-3-硝基苯

化学品英文名　2,3-dimethylnitrobenzene；3-nitro-*o*-xylene

分子式　$C_8H_9NO_2$　　**相对分子质量**　151.16

结构式

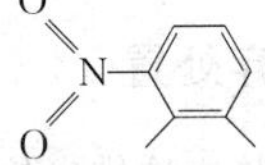

化学品的推荐及限制用途　用作增塑剂、化学中间体，用于有机合成

第二部分　危险性概述

紧急情况概述　对水生生物有毒并具有长期持续影响

GHS危险性类别　危害水生环境-急性危害，类别2；危害水生环境-长期危害，类别2

标签要素

象形图

警示词　-

危险性说明　对水生生物有毒并具有长期持续影响

防范说明

预防措施　禁止排入环境

事故响应　收集泄漏物

安全储存　-

废弃处置　本品及内装物、容器依据国家和地方法规处置

物理和化学危险　可燃，其蒸气与空气混合，能形成爆炸性混合物

健康危害　蒸气或雾对眼睛、黏膜和上呼吸有刺激性。对皮肤有刺激性。吸收进入人体后，可引起高铁血红蛋白血症，出现紫绀

环境危害　对水生生物有毒并具有长期持续影响

第三部分　成分/组成信息

√物质　　混合物

组分	浓度	CAS No.
2,3-二甲基硝基苯		83-41-0

第四部分　急救措施

吸入　迅速脱离现场至空气新鲜处。保持呼吸道通畅。如呼吸困难，给输氧。如呼吸、心跳停止，立即进行心肺复苏术。就医

皮肤接触　立即脱去污染的衣着，用流动清水彻底冲洗。就医

眼睛接触　立即分开眼睑，用流动清水或生理盐水彻底冲洗。就医

食入　漱口，饮水。就医

对保护施救者的忠告　根据需要使用个人防护设备

对医生的特别提示　高铁血红蛋白血症，可用美蓝和维生素C治疗

第五部分　消防措施

灭火剂　用泡沫、雾状水、干粉、二氧化碳、砂土灭火

特别危险性　受高热分解放出有毒的气体。与强氧化剂接触可发生化学反应。燃烧生成有害的一氧化碳、氮氧化物

灭火注意事项及防护措施　消防人员须佩戴防毒面具、穿全身消防服，在上风向灭火。尽可能将容器从火场移至空旷处。喷水保持火场容器冷却，直至灭火结束。容器突然发出异常声音或出现异常现象，应立即撤离

第六部分　泄漏应急处理

作业人员防护措施、防护装备和应急处置程序　根据液体流动和蒸气扩散的影响区域划定警戒区，无关人员从侧风、上风向撤离至安全区。建议应急处理人员戴正压自给式呼吸器，穿防毒服，戴橡胶耐油手套。穿上适当的防护服前严禁接触破裂的容器和泄漏物。尽可能切断泄漏源

环境保护措施　防止泄漏物进入水体、下水道、地下室或有限空间

泄漏化学品的收容、清除方法及所使用的处置材料　小量泄漏：用干燥的砂土或其他不燃材料吸收或覆盖，收集于容器中。大量泄漏：构筑围堤或挖坑收容。用泵转移至槽车或专用收集器内

第七部分　操作处置与储存

操作注意事项　密闭操作，提供充分的局部排风。操作人员必须经过专门培训，严格遵守操作规程。建议操作人员佩戴自吸过滤式防毒面具（全面罩），穿胶布防毒衣，戴橡胶耐油手套。远离火种、热源。工作场所严禁吸烟。使用防爆型的通风系统和设备。防止蒸气泄漏到工作场所空气中。避免与氧化剂、碱类接触。搬运时要轻装轻卸，防止包装及容器损坏。配备相应品种和数量的消防器材及泄漏应急处理设备。倒空的容器可能残留有害物

储存注意事项　储存于阴凉、通风的库房。远离火种、热源。保持容器密封。应与氧化剂、碱类、食用化学品分开存放，切忌混储。配备相应品种和数量的消防器材。储区应备有泄漏应急处理设备和合适的收容材料

第八部分　接触控制/个体防护

职业接触限值

中国　未制定标准

美国(ACGIH)　未制定标准

生物接触限值　未制定标准

监测方法　空气中有毒物质测定方法：未制定标准。生物监测检验方法：未制定标准

工程控制　严加密闭，提供充分的局部排风。提供安全淋浴和洗眼设备

个体防护装备

呼吸系统防护　可能接触其蒸气时，佩戴过滤式防毒面具（全面罩）。紧急事态抢救或撤离时，应该佩戴空气呼吸器

眼睛防护　呼吸系统防护中已作防护

皮肤和身体防护　穿隔绝式防毒服

手防护　戴橡胶耐油手套

第九部分　理化特性

外观与性状　黄色油状液体

pH值　无资料　　**熔点(℃)**　7～9

沸点(℃)　245　　**相对密度(水＝1)**　1.14

相对蒸气密度(空气＝1)　5.22

饱和蒸气压(kPa)　无资料

燃烧热(kJ/mol)　无资料　　**临界温度(℃)**　无资料

临界压力(MPa)　无资料　　**辛醇/水分配系数**　2.83

闪点(℃)　107.78　　**自燃温度(℃)**　无资料

爆炸下限(%)　无资料　　**爆炸上限(%)**　无资料

分解温度(℃)　无资料　　**黏度(mPa·s)**　无资料

溶解性　不溶于水，溶于乙醇

第十部分　稳定性和反应性

稳定性　稳定

危险反应　与强氧化剂等禁配物发生反应

避免接触的条件　受热

禁配物　强氧化剂、强碱

危险的分解产物　氮氧化物

第十一部分　毒理学信息

急性毒性　无资料　　**皮肤刺激或腐蚀**　无资料

眼睛刺激或腐蚀　无资料　　**呼吸或皮肤过敏**　无资料

生殖细胞突变性　无资料　　**致癌性**　无资料

生殖毒性　无资料

特异性靶器官系统毒性-一次接触　无资料

特异性靶器官系统毒性-反复接触　无资料

吸入危害　无资料

第十二部分　生态学信息

生态毒性　LC_{50}：4.2mg/L（48h）（水蚤）

持久性和降解性

生物降解性　无资料

非生物降解性　无资料

潜在的生物累积性　根据 K_{ow} 值预测，该物质的生物累积性可能较弱

土壤中的迁移性　根据 K_{oc} 值预测，该物质可能有一定的迁移性

第十三部分　废弃处置

废弃化学品　建议用焚烧法处置。焚烧炉排出的氮氧化物通过洗涤器除去

污染包装物　将容器返还生产商或按照国家和地方法规处置

废弃注意事项　处置前应参阅国家和地方有关法规

第十四部分　运输信息

联合国危险货物编号(UN号)　1665

联合国运输名称　液态硝基二甲苯

联合国危险性类别　6.1

包装类别　Ⅱ类包装　　**包装标志**

海洋污染物　否

运输注意事项　运输前应先检查包装容器是否完整、密封，运输过程中要确保容器不泄漏、不倒塌、不坠落、不损坏。严禁与酸类、氧化剂、食品及食品添加剂混运。运输时运输车辆应配备相应品种和数量的消防器材及泄漏应急处理设备。运输途中应防曝晒、雨淋，防高温。公路运输时要按规定路线行驶

第十五部分　法规信息

下列法律、法规、规章和标准，对该化学品的管理作了相应的规定。

中华人民共和国职业病防治法　职业病分类和目录：苯的氨基及硝基化合物中毒

危险化学品安全管理条例　危险化学品目录：列入。易制爆危险化学品名录：未列入。重点监管的危险化学品名录：未列入。GB 18218—2009《危险化学品重大危险源辨识》(表1)：未列入

使用有毒物品作业场所劳动保护条例　高毒物品目录：未列入

易制毒化学品管理条例　易制毒化学品的分类和品种目录：未列入

国际公约　斯德哥尔摩公约：未列入。鹿特丹公约：未列入。蒙特利尔议定书：未列入

第十六部分　其他信息

编写和修订信息　　**缩略语和首字母缩写**

培训建议　　**参考文献**

免责声明

2,5-二甲基硝基苯

第一部分　化学品标识

化学品中文名　2,5-二甲基硝基苯；2-硝基对二甲苯

化学品英文名　2,5-dimethylnitrobenzene；2-nitro-*p*-xylene

分子式　$C_8H_9NO_2$　　**相对分子质量**　151.16

结构式 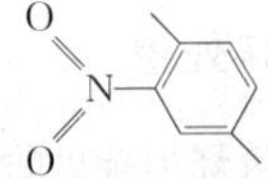

化学品的推荐及限制用途 用于有机合成

第二部分 危险性概述

紧急情况概述 吞咽可能有害

GHS 危险性类别 急性毒性-经口，类别 5；危害水生环境-急性危害，类别 3

标签要素

象形图 - **警示词** 警告

危险性说明 吞咽可能有害，对水生生物有害

防范说明

预防措施 禁止排入环境

事故响应 如果感觉不适，呼叫中毒控制中心或就医

安全储存 -

废弃处置 本品及内装物、容器依据国家和地方法规处置

物理和化学危险 可燃，其蒸气与空气混合，能形成爆炸性混合物

健康危害 蒸气或雾对眼睛、黏膜和上呼吸道有刺激性。对皮肤有刺激性。吸收进入人体后，可引起高铁血红蛋白血症，出现紫绀

环境危害 对水生生物有害

第三部分 成分/组成信息

√物质 混合物

组分	浓度	CAS No.
2,5-二甲基硝基苯		89-58-7

第四部分 急救措施

吸入 迅速脱离现场至空气新鲜处。保持呼吸道通畅。如呼吸困难，给吸氧。如呼吸、心跳停止，立即行心肺复苏术。就医

皮肤接触 立即脱去污染衣着，用肥皂水或清水彻底冲洗。就医

眼睛接触 分开眼睑，用清水或生理盐水冲洗。就医

食入 漱口，饮水。就医

对保护施救者的忠告 根据需要使用个人防护设备

对医生的特别提示 高铁血红蛋白血症，可用美蓝和维生素 C 治疗

第五部分 消防措施

灭火剂 用泡沫、雾状水、干粉、二氧化碳、砂土灭火

特别危险性 受高热分解放出有毒的气体。燃烧时放出有毒的刺激性烟雾。与强氧化剂接触可发生化学反应。燃烧生成有害的一氧化碳、氮氧化物

灭火注意事项及防护措施 消防人员须佩戴防毒面具、穿全身消防服，在上风向灭火。尽可能将容器从火场移至空旷处。喷水保持火场容器冷却，直至灭火结束。容器突然发出异常声音或出现异常现象，应立即撤离

第六部分 泄漏应急处理

作业人员防护措施、防护装备和应急处置程序 根据液体流动和蒸气扩散的影响区域划定警戒区，无关人员从侧风、上风向撤离至安全区。建议应急处理人员戴正压自给式呼吸器，穿防毒服，戴橡胶耐油手套。穿上适当的防护服前严禁接触破裂的容器和泄漏物。尽可能切断泄漏源

环境保护措施 防止泄漏物进入水体、下水道、地下室或有限空间

泄漏化学品的收容、清除方法及所使用的处置材料 小量泄漏：用干燥的砂土或其他不燃材料吸收或覆盖，收集于容器中。大量泄漏：构筑围堤或挖坑收容。用泵转移至槽车或专用收集器内

第七部分 操作处置与储存

操作注意事项 密闭操作，提供充分的局部排风。操作人员必须经过专门培训，严格遵守操作规程。建议操作人员佩戴自吸过滤式防毒面具（全面罩），穿胶布防毒衣，戴橡胶耐油手套。远离火种、热源。工作场所严禁吸烟。使用防爆型的通风系统和设备。防止蒸气泄漏到工作场所空气中。避免与氧化剂、碱类接触。搬运时要轻装轻卸，防止包装及容器损坏。配备相应品种和数量的消防器材及泄漏应急处理设备。倒空的容器可能残留有害物

储存注意事项 储存于阴凉、通风的库房。远离火种、热源。保持容器密封。应与氧化剂、碱类、食用化学品分开存放，切忌混储。配备相应品种和数量的消防器材。储区应备有泄漏应急处理设备和合适的收容材料

第八部分 接触控制/个体防护

职业接触限值

中国 未制定标准

美国(ACGIH) 未制定标准

生物接触限值 未制定标准

监测方法 空气中有毒物质测定方法：未制定标准。生物监测检验方法：未制定标准

工程控制 严加密闭，提供充分的局部排风。提供安全淋浴和洗眼设备

个体防护装备

呼吸系统防护 可能接触其蒸气时，佩戴过滤式防毒面具（全面罩）。紧急事态抢救或撤离时，应该佩戴空气呼吸器

眼睛防护 呼吸系统防护中已作防护

皮肤和身体防护 穿隔绝式防毒服

手防护 戴橡胶耐油手套

第九部分 理化特性

外观与性状 黄色液体

pH 值 无资料 **熔点(℃)** −25

沸点(℃) 240 **相对密度(水=1)** 1.32

相对蒸气密度(空气=1) 无资料

饱和蒸气压(kPa) 无资料

燃烧热(kJ/mol) 无资料 **临界温度(℃)** 无资料
临界压力(MPa) 无资料 **辛醇/水分配系数** 2.91
闪点(℃) 无资料 **自燃温度(℃)** 无资料
爆炸下限(%) 无资料 **爆炸上限(%)** 无资料
分解温度(℃) 无资料 **黏度(mPa·s)** 无资料
溶解性 不溶于水，溶于乙醇、乙醚

第十部分 稳定性和反应性

稳定性 稳定
危险反应 与强氧化剂等禁配物发生反应
避免接触的条件 受热
禁配物 强氧化剂、强碱
危险的分解产物 氮氧化物

第十一部分 毒理学信息

急性毒性 LD_{50}：2440mg/kg（大鼠经口）
皮肤刺激或腐蚀 无资料 **眼睛刺激或腐蚀** 无资料
呼吸或皮肤过敏 无资料 **生殖细胞突变性** 无资料
致癌性 无资料 **生殖毒性** 无资料
特异性靶器官系统毒性-一次接触 无资料
特异性靶器官系统毒性-反复接触 无资料
吸入危害 无资料

第十二部分 生态学信息

生态毒性 根据结构类似物质预测，该物质对水生生物有毒
持久性和降解性
生物降解性 无资料
非生物降解性 无资料
潜在的生物累积性 根据 K_{ow} 值预测，该物质的生物累积性可能较弱
土壤中的迁移性 根据 K_{oc} 值预测，该物质可能有一定的迁移性

第十三部分 废弃处置

废弃化学品 建议用焚烧法处置。焚烧炉排出的氮氧化物通过洗涤器除去
污染包装物 将容器返还生产商或按照国家和地方法规处置
废弃注意事项 处置前应参阅国家和地方有关法规

第十四部分 运输信息

联合国危险货物编号(UN号) 1665
联合国运输名称 液态硝基二甲苯
联合国危险性类别 6.1
包装类别 Ⅱ类包装 **包装标志**

海洋污染物 否
运输注意事项 运输前应先检查包装容器是否完整、密封，运输过程中要确保容器不泄漏、不倒塌、不坠落、不损坏。严禁与酸类、氧化剂、食品及食品添加剂混运。运输时运输车辆应配备相应品种和数量的消防器材及泄漏应急处理设备。运输途中应防曝晒、雨淋，防高温。公路运输时要按规定路线行驶

第十五部分 法规信息

下列法律、法规、规章和标准，对该化学品的管理作了相应的规定。
中华人民共和国职业病防治法 职业病分类和目录：苯的氨基及硝基化合物中毒
危险化学品安全管理条例 危险化学品目录：未列入。易制爆危险化学品名录：未列入。重点监管的危险化学品名录：未列入。GB 18218—2009《危险化学品重大危险源辨识》(表1)：未列入
使用有毒物品作业场所劳动保护条例 高毒物品目录：未列入
易制毒化学品管理条例 易制毒化学品的分类和品种目录：未列入
国际公约 斯德哥尔摩公约：未列入。鹿特丹公约：未列入。蒙特利尔议定书：未列入

第十六部分 其他信息

编写和修订信息 **缩略语和首字母缩写**
培训建议 **参考文献**
免责声明

3,5-二甲基硝基苯

第一部分 化学品标识

化学品中文名 3,5-二甲基硝基苯；5-硝基间二甲苯
化学品英文名 3,5-dimethylnitrobenzene；5-nitro-*m*-xylene
分子式 $C_8H_9NO_2$ **相对分子质量** 151.16
结构式
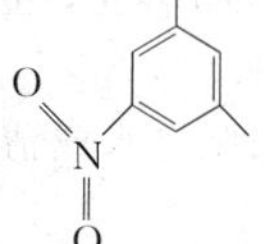
化学品的推荐及限制用途 用于有机合成

第二部分 危险性概述

紧急情况概述 吞咽会中毒，皮肤接触会中毒，吸入会中毒
GHS危险性类别 急性毒性-经口，类别3；急性毒性-经皮，类别3；急性毒性-吸入，类别3；特异性靶器官毒性-反复接触，类别2；危害水生环境-急性危害，类别2；危害水生环境-长期危害，类别2
标签要素
象形图

警示词 危险
危险性说明 吞咽会中毒，皮肤接触会中毒，吸入会中毒，长时间或反复接触可能对器官造成损伤，对水

生生物有毒并具有长期持续影响

防范说明

预防措施　避免接触眼睛、皮肤，操作后彻底清洗。作业场所不得进食、饮水或吸烟。戴防护手套，穿防护服，避免吸入粉尘。仅在室外或通风良好处操作。禁止排入环境

事故响应　如吸入：将患者转移到空气新鲜处，休息，保持利于呼吸的体位。呼叫中毒控制中心或就医。皮肤接触：用大量肥皂水和水清洗。如感觉不适，呼叫中毒控制中心或就医。立即脱去所有被污染的衣服，被污染的衣服须经洗净后方可重新使用。食入：漱口。立即呼叫中毒控制中心或就医。如感觉不适，就医。收集泄漏物

安全储存　在通风良好处储存。保持容器密闭。上锁保管

废弃处置　本品及内装物、容器依据国家和地方法规处置

物理和化学危险　可燃，粉体与空气混合，能形成爆炸性混合物

健康危害　对眼、黏膜和上呼吸道有刺激性。对皮肤有刺激性。吸收进入人体后，可引起高铁血红蛋白血症，出现紫绀

环境危害　对水生生物有毒并具有长期持续影响

第三部分　成分/组成信息

√物质		混合物
组分	浓度	CAS No.
3,5-二甲基硝基苯		99-12-7

第四部分　急救措施

吸入　迅速脱离现场至空气新鲜处。保持呼吸道通畅。如呼吸困难，给吸氧。如呼吸、心跳停止，立即行心肺复苏术。就医

皮肤接触　立即脱去污染衣着，用肥皂水或清水彻底冲洗。就医

眼睛接触　分开眼睑，用清水或生理盐水冲洗。就医

食入　漱口，饮水。就医

对保护施救者的忠告　根据需要使用个人防护设备

对医生的特别提示　高铁血红蛋白血症，可用美蓝和维生素C治疗

第五部分　消防措施

灭火剂　用泡沫、雾状水、干粉、二氧化碳、砂土灭火

特别危险性　受高热分解放出有毒的气体。与强氧化剂接触可发生化学反应。燃烧生成有害的一氧化碳、氮氧化物

灭火注意事项及防护措施　消防人员须佩戴防毒面具、穿全身消防服，在上风向灭火。尽可能将容器从火场移至空旷处。喷水保持火场容器冷却，直至灭火结束

第六部分　泄漏应急处理

作业人员防护措施、防护装备和应急处置程序　隔离泄漏污染区，限制出入。建议应急处理人员戴防尘口罩，穿防毒服，戴橡胶手套。穿上适当的防护服前严禁接触破裂的容器和泄漏物。尽可能切断泄漏源。用塑料布覆盖泄漏物，减少飞散。勿使水进入包装容器内

环境保护措施　无资料

泄漏化学品的收容、清除方法及所使用的处置材料　用洁净的铲子收集泄漏物，置于干净、干燥、盖子较松的容器中，将容器移离泄漏区

第七部分　操作处置与储存

操作注意事项　密闭操作，提供充分的局部排风。操作人员必须经过专门培训，严格遵守操作规程。建议操作人员佩戴头罩型电动送风过滤式防尘呼吸器，穿胶布防毒衣，戴橡胶手套。远离火种、热源。工作场所严禁吸烟。使用防爆型的通风系统和设备。避免产生粉尘。避免与氧化剂、还原剂、碱类接触。搬运时要轻装轻卸，防止包装及容器损坏。配备相应品种和数量的消防器材及泄漏应急处理设备。倒空的容器可能残留有害物

储存注意事项　储存于阴凉、通风的库房。远离火种、热源。包装密封。应与氧化剂、还原剂、碱类、食用化学品分开存放，切忌混储。配备相应品种和数量的消防器材。储区应备有合适的材料收容泄漏物

第八部分　接触控制/个体防护

职业接触限值

中国　未制定标准

美国(ACGIH)　未制定标准

生物接触限值　未制定标准

监测方法　空气中有毒物质测定方法：未制定标准。生物监测检验方法：未制定标准

工程控制　严加密闭，提供充分的局部排风。提供安全淋浴和洗眼设备

个体防护装备

呼吸系统防护　可能接触其粉尘时，佩戴过滤式防尘呼吸器。紧急事态抢救或撤离时，应该佩戴空气呼吸器

眼睛防护　戴化学安全防护眼镜

皮肤和身体防护　穿隔绝式防毒服

手防护　戴橡胶手套

第九部分　理化特性

外观与性状　无色针状结晶

pH值　无意义　　**熔点(℃)**　75

沸点(℃)　273 (98.5kPa)　　**相对密度(水=1)**　无资料

相对蒸气密度(空气=1)　无资料

饱和蒸气压(kPa)　98.5 (273℃)

燃烧热(kJ/mol)　无资料　　**临界温度(℃)**　无资料

临界压力(MPa)　无资料　　**辛醇/水分配系数**　2.910

闪点(℃)　无资料　　**自燃温度(℃)**　无资料

爆炸下限(%)　无资料　　**爆炸上限(%)**　无资料

分解温度(℃)　无资料　　**黏度(mPa·s)**　无资料

溶解性　不溶于水，易溶于乙醇、乙醚

第十部分　稳定性和反应性

稳定性　稳定

危险反应　与强氧化剂等禁配物发生反应

避免接触的条件　受热

禁配物　强氧化剂、强还原剂、强碱

危险的分解产物　氮氧化物

第十一部分　毒理学信息

急性毒性　无资料　　**皮肤刺激或腐蚀**　无资料

眼睛刺激或腐蚀　无资料　　**呼吸或皮肤过敏**　无资料

生殖细胞突变性　无资料　　**致癌性**　无资料

生殖毒性　无资料

特异性靶器官系统毒性-一次接触　无资料

特异性靶器官系统毒性-反复接触　无资料

吸入危害　无资料

第十二部分　生态学信息

生态毒性　根据结构类似物质预测，该物质对水生生物有毒

持久性和降解性

生物降解性　无资料

非生物降解性　无资料

潜在的生物累积性　根据 K_{ow} 值预测，该物质的生物累积性可能较弱

土壤中的迁移性　根据 K_{oc} 值预测，该物质可能有一定的迁移性

第十三部分　废弃处置

废弃化学品　建议用焚烧法处置。焚烧炉排出的氮氧化物通过洗涤器除去

污染包装物　将容器返还生产商或按照国家和地方法规处置

废弃注意事项　处置前应参阅国家和地方有关法规

第十四部分　运输信息

联合国危险货物编号（UN 号）　3447

联合国运输名称　固态硝基二甲苯

联合国危险性类别　6.1

包装类别　Ⅱ类包装　　**包装标志**

海洋污染物　否

运输注意事项　运输前应先检查包装容器是否完整、密封，运输过程中要确保容器不泄漏、不倒塌、不坠落、不损坏。严禁与酸类、氧化剂、食品及食品添加剂混运。运输车辆应配备相应品种和数量的消防器材及泄漏应急处理设备。运输途中应防曝晒、雨淋，防高温

第十五部分　法规信息

下列法律、法规、规章和标准，对该化学品的管理作了相应的规定。

中华人民共和国职业病防治法　职业病分类和目录：苯的氨基及硝基化合物中毒

危险化学品安全管理条例　危险化学品目录：列入。易制爆危险化学品名录：未列入。重点监管的危险化学品名录：未列入。GB 18218—2009《危险化学品重大危险源辨识》（表 1）：未列入

使用有毒物品作业场所劳动保护条例　高毒物品目录：未列入

易制毒化学品管理条例　易制毒化学品的分类和品种目录：未列入

国际公约　斯德哥尔摩公约：未列入。鹿特丹公约：未列入。蒙特利尔议定书：未列入

第十六部分　其他信息

编写和修订信息　　**缩略语和首字母缩写**

培训建议　　**参考文献**

免责声明

N,*N*-二甲基乙醇胺

第一部分　化学品标识

化学品中文名　*N*,*N*-二甲基乙醇胺；2-二甲基氨基乙醇；*N*,*N*-二甲基-2-羟基乙胺

化学品英文名　*N*,*N*-dimethyl ethanolamine；2-dimethylamino ethyl alcohol

分子式　$C_4H_{11}NO$　　**相对分子质量**　89.16

结构式　N　OH

化学品的推荐及限制用途　用作树脂原料，也用作医药、染料及油漆溶剂的原料

第二部分　危险性概述

紧急情况概述　易燃液体和蒸气，吞咽有害，皮肤接触有害，吸入有害，造成严重的皮肤灼伤和眼损伤

GHS 危险性类别　易燃液体，类别 3；急性毒性-经口，类别 4；急性毒性-经皮，类别 4；急性毒性-吸入，类别 4；皮肤腐蚀/刺激，类别 1B；严重眼损伤/眼刺激，类别 1；特异性靶器官毒性-一次接触，类别 3（呼吸道刺激）；危害水生环境-急性危害，类别 3

标签要素

象形图

警示词　危险

危险性说明　易燃液体和蒸气，吞咽有害，皮肤接触有害，吸入有害，造成严重的皮肤灼伤和眼损伤，可能引起呼吸道刺激，对水生生物有害

防范说明

预防措施　远离热源、火花、明火、热表面。禁止吸烟。保持容器密闭。容器和接收设备接地连接。使用防爆电器、通风、照明设备。只能使

用不产生火花的工具。采取防止静电措施。避免接触眼睛、皮肤，操作后彻底清洗。作业场所不得进食、饮水或吸烟。避免吸入蒸气、雾。仅在室外或通风良好处操作。戴防护手套，穿防护服，戴防护眼镜、防护面罩。禁止排入环境

事故响应　火灾时，使用雾状水、抗溶性泡沫、干粉、二氧化碳、砂土灭火。如吸入：将患者转移到空气新鲜处，休息，保持利于呼吸的体位。皮肤接触：用大量肥皂水和水清洗。如感觉不适，呼叫中毒控制中心或就医。被污染的衣服须经洗净后方可重新使用。接触眼睛：用水细心冲洗数分钟。如戴隐形眼镜并可方便地取出，取出隐形眼镜继续冲洗。食入：漱口。不要催吐。如果感觉不适，立即呼叫中毒控制中心或就医

安全储存　存放在通风良好的地方。保持低温。上锁保管

废弃处置　本品及内装物、容器依据国家和地方法规处置

物理和化学危险　易燃，其蒸气与空气混合，能形成爆炸性混合物

健康危害　眼和皮肤接触引起灼伤

环境危害　对水生生物有害

第三部分　成分/组成信息

√物质　　　　混合物

组分	浓度	CAS No.
N,N-二甲基乙醇胺		108-01-0

第四部分　急救措施

吸入　迅速脱离现场至空气新鲜处。保持呼吸道通畅。如呼吸困难，给输氧。如呼吸、心跳停止，立即进行心肺复苏术。就医

皮肤接触　立即脱去污染的衣着，用大量流动清水彻底冲洗至少15min。就医

眼睛接触　立即分开眼睑，用流动清水或生理盐水彻底冲洗至少15min。就医

食入　用水漱口，禁止催吐。给饮牛奶或蛋清。就医

对保护施救者的忠告　根据需要使用个人防护设备

对医生的特别提示　对症处理

第五部分　消防措施

灭火剂　用雾状水、抗溶性泡沫、干粉、二氧化碳、砂土灭火

特别危险性　遇明火、高热或与氧化剂接触，有引起燃烧爆炸的危险。燃烧生成有害的一氧化碳、氮氧化物

灭火注意事项及防护措施　消防人员须佩戴防毒面具、穿全身消防服，在上风向灭火。尽可能将容器从火场移至空旷处。喷水保持火场容器冷却，直至灭火结束。容器突然发出异常声音或出现异常现象，应立即撤离

第六部分　泄漏应急处理

作业人员防护措施、防护装备和应急处置程序　消除所有点火源。根据液体流动和蒸气扩散的影响区域划定警戒区，无关人员从侧风、上风向撤离至安全区。建议应急处理人员戴正压自给式呼吸器，穿防静电、防腐蚀、防毒服，戴橡胶手套。作业时使用的所有设备应接地。禁止接触或跨越泄漏物。尽可能切断泄漏源

环境保护措施　防止泄漏物进入水体、下水道、地下室或有限空间

泄漏化学品的收容、清除方法及所使用的处置材料　小量泄漏：用砂土或其他不燃材料吸收，使用洁净的无火花工具收集吸收材料。大量泄漏：构筑围堤或挖坑收容。用砂土、惰性物质或蛭石吸收大量液体。用抗溶性泡沫覆盖，减少蒸发。喷水雾能减少蒸发，但不能降低泄漏物在有限空间内的易燃性。用防爆、耐腐蚀泵转移至槽车或专用收集器内

第七部分　操作处置与储存

操作注意事项　密闭操作，注意通风。操作人员必须经过专门培训，严格遵守操作规程。建议操作人员佩戴自吸过滤式防毒面具（全面罩），穿胶布防毒衣，戴橡胶手套。远离火种、热源。工作场所严禁吸烟。使用防爆型的通风系统和设备。防止蒸气泄漏到工作场所空气中。避免与氧化剂、酸类、金属粉末接触。充装要控制流速，防止静电积聚。搬运时要轻装轻卸，防止包装及容器损坏。配备相应品种和数量的消防器材及泄漏应急处理设备。倒空的容器可能残留有害物

储存注意事项　储存于阴凉、通风的库房。远离火种、热源。库温不宜超过37℃。保持容器密封。应与氧化剂、酸类、金属粉末等分开存放，切忌混储。采用防爆型照明、通风设施。禁止使用易产生火花的机械设备和工具。储区应备有泄漏应急处理设备和合适的收容材料

第八部分　接触控制/个体防护

职业接触限值

中国　未制定标准

美国(ACGIH)　未制定标准

生物接触限值　未制定标准

监测方法　空气中有毒物质测定方法：未制定标准。生物监测检验方法：未制定标准

工程控制　密闭操作，注意通风。提供安全的淋浴和洗眼设备

个体防护装备

呼吸系统防护　可能接触其蒸气时，必须佩戴过滤式防毒面具（全面罩）。紧急事态抢救或撤离时，应该佩戴空气呼吸器

眼睛防护　呼吸系统防护中已作防护

皮肤和身体防护　穿隔绝式防毒服

手防护　戴橡胶手套

第九部分　理化特性

外观与性状　无色易挥发液体，有氨味

pH值　无资料　　**熔点(℃)**　−59.0

沸点(℃)　134.6

相对密度(水=1)　0.89（20℃）

相对蒸气密度(空气=1) 3.03

饱和蒸气压(kPa) 0.612 (20℃)

燃烧热(kJ/mol) 无资料 **临界温度(℃)** 无资料

临界压力(MPa) 无资料 **辛醇/水分配系数** −0.940

闪点(℃) 40.5 (OC) **自燃温度(℃)** 295

爆炸下限(%) 1.6 **爆炸上限(%)** 11.9

分解温度(℃) 无资料 **黏度(mPa·s)** 无资料

溶解性 与水混溶，可混溶于乙醚、丙酮、芳烃

第十部分 稳定性和反应性

稳定性 稳定

危险反应 与强氧化剂等禁配物接触，有发生火灾和爆炸的危险

避免接触的条件 无资料

禁配物 强氧化剂、酸类、铜、锌及其合金

危险的分解产物 无资料

第十一部分 毒理学信息

急性毒性 LD_{50}：2340mg/kg（大鼠经口）；1370mg/kg（兔经皮）

皮肤刺激或腐蚀 家兔经皮：445mg，轻度刺激（开放性刺激试验）

眼睛刺激或腐蚀 家兔经眼：5μL，重度刺激

呼吸或皮肤过敏 无资料 **生殖细胞突变性** 无资料

致癌性 无资料 **生殖毒性** 无资料

特异性靶器官系统毒性-一次接触 无资料

特异性靶器官系统毒性-反复接触 无资料

吸入危害 无资料

第十二部分 生态学信息

生态毒性

LC_{50} 81mg/L (96h)（鱼类）

EC_{50} 98mg/L (48h)（水蚤）；35mg/L (72h)（藻类）

持久性和降解性

生物降解性 易快速生物降解。

非生物降解性 无资料

潜在的生物累积性 根据 K_{ow} 值预测，该物质的生物累积性可能较弱

土壤中的迁移性 根据 K_{oc} 值预测，该物质可能易发生迁移

第十三部分 废弃处置

废弃化学品 建议用焚烧法处置。焚烧炉排出的氮氧化物通过洗涤器除去

污染包装物 将容器返还生产商或按照国家和地方法规处置

废弃注意事项 处置前应参阅国家和地方有关法规

第十四部分 运输信息

联合国危险货物编号 (UN号) 2051

联合国运输名称 2-二甲氨基乙醇

联合国危险性类别 8，3

包装类别 Ⅱ类包装

包装标志

海洋污染物 否

运输注意事项 运输时运输车辆应配备相应品种和数量的消防器材及泄漏应急处理设备。夏季最好早晚运输。运输时所用的槽（罐）车应有接地链，槽内可设孔隔板以减少震荡产生的静电。严禁与氧化剂、酸类、金属粉末、食用化学品等混装混运。运输途中应防曝晒、雨淋，防高温。中途停留时应远离火种、热源、高温区。装运该物品的车辆排气管必须配备阻火装置，禁止使用易产生火花的机械设备和工具装卸。公路运输时要按规定路线行驶，勿在居民区和人口稠密区停留。铁路运输时要禁止溜放。严禁用木船、水泥船散装运输

第十五部分 法规信息

下列法律、法规、规章和标准，对该化学品的管理作了相应的规定。

中华人民共和国职业病防治法 职业病分类和目录：未列入

危险化学品安全管理条例 危险化学品目录：列入。易制爆危险化学品名录：未列入。重点监管的危险化学品名录：未列入。GB 18218—2009《危险化学品重大危险源辨识》(表1)：未列入

使用有毒物品作业场所劳动保护条例 高毒物品目录：未列入

易制毒化学品管理条例 易制毒化学品的分类和品种目录：未列入

国际公约 斯德哥尔摩公约：未列入。鹿特丹公约：未列入。蒙特利尔议定书：未列入

第十六部分 其他信息

编写和修订信息 **缩略语和首字母缩写**

培训建议 **参考文献**

免责声明

N,*N*-二甲基异丙醇胺

第一部分 化学品标识

化学品中文名 *N*,*N*-二甲基异丙醇胺；1-(二甲氨基)-2-丙醇

化学品英文名 *N*,*N*-dimethyl-*iso*-propanolamine；1-(dimethylamino)-2-propanol

分子式 $C_5H_{13}NO$ **相对分子质量** 103.17

结构式 HO–CH(CH₃)–CH₂–N(CH₃)₂

化学品的推荐及限制用途 用作有机合成原料，用于合成异丙嗪药物的中间体

第二部分 危险性概述

紧急情况概述 易燃液体和蒸气，吞咽有害，造成严重的

皮肤灼伤和眼损伤

GHS 危险性类别 易燃液体，类别 3；急性毒性-经口，类别 4；皮肤腐蚀/刺激，类别 1B；严重眼损伤/眼刺激，类别 1

标签要素

象形图

警示词 危险

危险性说明 易燃液体和蒸气，吞咽有害，造成严重的皮肤灼伤和眼损伤

防范说明

预防措施 远离热源、火花、明火、热表面。禁止吸烟。保持容器密闭。容器和接收设备接地连接。使用防爆电器、通风、照明设备。只能使用不产生火花的工具。采取防静电措施。避免吸入烟雾。避免接触眼睛、皮肤，操作后彻底清洗。作业场所不得进食、饮水或吸烟。戴防护手套，穿防护服，戴防护眼镜、防护面罩

事故响应 火灾时，使用雾状水、抗溶性泡沫、干粉、二氧化碳、砂土灭火。如吸入：将患者转移到空气新鲜处，休息，保持利于呼吸的体位。如皮肤（或头发）接触：立即脱掉所有被污染的衣服，用水冲洗皮肤，淋浴。污染的衣服须洗净后方可重新使用。接触眼睛：用水细心冲洗数分钟。如戴隐形眼镜并可方便地取出，取出隐形眼镜继续冲洗。食入：漱口。不要催吐。如果感觉不适，立即呼叫中毒控制中心或就医

安全储存 存放在通风良好的地方。保持低温。上锁保管

废弃处置 本品及内装物、容器依据国家和地方法规处置

物理和化学危险 易燃，其蒸气与空气混合，能形成爆炸性混合物

健康危害 眼和皮肤接触引起灼伤。动物试验本品引起嗜睡、活动抑制、共济失调和腹泻

环境危害 对环境可能有害

第三部分 成分/组成信息

√物质		混合物
组分	**浓度**	**CAS No.**
N,N-二甲基异丙醇胺		108-16-7

第四部分 急救措施

吸入 迅速脱离现场至空气新鲜处。保持呼吸道通畅。如呼吸困难，给输氧。如呼吸、心跳停止，立即进行心肺复苏术。就医

皮肤接触 立即脱去污染的衣着，用大量流动清水彻底冲洗至少 15min。就医

眼睛接触 立即分开眼睑，用流动清水或生理盐水彻底冲洗至少 15min。就医

食入 用水漱口，禁止催吐。给饮牛奶或蛋清。就医

对保护施救者的忠告 根据需要使用个人防护设备

对医生的特别提示 对症处理

第五部分 消防措施

灭火剂 用雾状水、抗溶性泡沫、干粉、二氧化碳、砂土灭火

特别危险性 受高热分解放出有毒的气体。与氧化剂能发生强烈反应。燃烧生成有害的一氧化碳、氮氧化物

灭火注意事项及防护措施 消防人员须佩戴防毒面具、穿全身消防服，在上风向灭火。尽可能将容器从火场移至空旷处。喷水保持火场容器冷却，直至灭火结束。容器突然发出异常声音或出现异常现象，应立即撤离

第六部分 泄漏应急处理

特别危险性 消除所有点火源。根据液体流动和蒸气扩散的影响区域划定警戒区，无关人员从侧风、上风向撤离至安全区。建议应急处理人员戴正压自给式呼吸器，穿防静电、防腐蚀、防毒服，戴橡胶手套。作业时使用的所有设备应接地。禁止接触或跨越泄漏物。尽可能切断泄漏源

环境保护措施 防止泄漏物进入水体、下水道、地下室或有限空间

泄漏化学品的收容、清除方法及所使用的处置材料 小量泄漏：用砂土或其他不燃材料吸收，使用洁净的无火花工具收集吸收材料。大量泄漏：构筑围堤或挖坑收容。用泡沫覆盖，减少蒸发。喷水雾能减少蒸发，但不能降低泄漏物在有限空间内的易燃性。用防爆、耐腐蚀泵转移至槽车或专用收集器内

第七部分 操作处置与储存

操作注意事项 密闭操作，注意通风。操作人员必须经过专门培训，严格遵守操作规程。建议操作人员佩戴自吸过滤式防毒面具（全面罩），穿胶布防毒衣，戴橡胶手套。远离火种、热源。工作场所严禁吸烟。使用防爆型的通风系统和设备。防止蒸气泄漏到工作场所空气中。避免与氧化剂、酸类接触。充装要控制流速，防止静电积聚。搬运时要轻装轻卸，防止包装及容器损坏。配备相应品种和数量的消防器材及泄漏应急处理设备。倒空的容器可能残留有害物

储存注意事项 储存于阴凉、通风的库房。库温不宜超过 37℃。远离火种、热源。保持容器密封。应与氧化剂、酸类分开存放，切忌混储。采用防爆型照明、通风设施。禁止使用易产生火花的机械设备和工具。储区应备有泄漏应急处理设备和合适的收容材料

第八部分 接触控制/个体防护

职业接触限值

中国 未制定标准

美国(ACGIH) 未制定标准

生物接触限值 未制定标准

监测方法 空气中有毒物质测定方法：未制定标准。生物监测检验方法：未制定标准

工程控制 密闭操作，注意通风。提供安全的淋浴和洗眼设备

个体防护装备

呼吸系统防护 可能接触其蒸气时，必须佩戴过滤式防毒面具（全面罩）。紧急事态抢救或撤离时，应该佩戴空气呼吸器

眼睛防护 呼吸系统防护中已作防护

皮肤和身体防护 穿隔绝式防毒服

手防护 戴橡胶手套

第九部分 理化特性

外观与性状 无色液体

pH值 无资料 **熔点(℃)** −85

沸点(℃) 121～127

相对密度(水=1) 0.85（25℃）

相对蒸气密度(空气=1) 3.52

饱和蒸气压(kPa) 1.06（20℃）

燃烧热(kJ/mol) 无资料 **临界温度(℃)** 无资料

临界压力(MPa) 无资料 **辛醇/水分配系数** −0.52

闪点(℃) 35 **自燃温度(℃)** 225

爆炸下限(%) 2.7 **爆炸上限(%)** 11.1

分解温度(℃) 无资料 **黏度(mPa·s)** 无资料

溶解性 溶于水

第十部分 稳定性和反应性

稳定性 稳定

危险反应 与强氧化剂等禁配物接触，有发生火灾和爆炸的危险

避免接触的条件 受热

禁配物 强氧化剂、酸类

危险的分解产物 无资料

第十一部分 毒理学信息

急性毒性 LD_{50}：1890mg/kg（大鼠经口）

皮肤刺激或腐蚀 家兔经皮：500mg，中度刺激

眼睛刺激或腐蚀 家兔经眼：5μL，重度刺激

呼吸或皮肤过敏 无资料 **生殖细胞突变性** 无资料

致癌性 无资料 **生殖毒性** 无资料

特异性靶器官系统毒性-一次接触 无资料

特异性靶器官系统毒性-反复接触 无资料

吸入危害 无资料

第十二部分 生态学信息

生态毒性 无资料

持久性和降解性

生物降解性 无资料

非生物降解性 无资料

潜在的生物累积性 根据 K_{ow} 值预测，该物质的生物累积性可能较弱

土壤中的迁移性 根据 K_{oc} 值预测，该物质可能易发生迁移

第十三部分 废弃处置

废弃化学品 建议用焚烧法处置。焚烧炉排出的氮氧化物通过洗涤器除去

污染包装物 将容器返还生产商或按照国家和地方法规处置

废弃注意事项 处置前应参阅国家和地方有关法规

第十四部分 运输信息

联合国危险货物编号（UN号） 2734

联合国运输名称 液态胺，腐蚀性，易燃，未另作规定（N,N-二甲基异丙醇胺）

联合国危险性类别 8，3

包装类别 Ⅱ类包装

包装标志 

海洋污染物 否

运输注意事项 运输时运输车辆应配备相应品种和数量的消防器材及泄漏应急处理设备。夏季最好早晚运输。运输时所用的槽（罐）车应有接地链，槽内可设孔隔板以减少震荡产生的静电。严禁与氧化剂、酸类、食用化学品等混装混运。运输途中应防曝晒、雨淋，防高温。中途停留时应远离火种、热源、高温区。装运该物品的车辆排气管必须配备阻火装置，禁止使用易产生火花的机械设备和工具装卸。公路运输时要按规定路线行驶，勿在居民区和人口稠密区停留。铁路运输时要禁止溜放。严禁用木船、水泥船散装运输

第十五部分 法规信息

下列法律、法规、规章和标准，对该化学品的管理作了相应的规定。

中华人民共和国职业病防治法 职业病分类和目录：未列入

危险化学品安全管理条例 危险化学品目录：列入。易制爆危险化学品名录：未列入。重点监管的危险化学品名录：未列入。GB 18218—2009《危险化学品重大危险源辨识》（表1）：未列入

使用有毒物品作业场所劳动保护条例 高毒物品目录：未列入

易制毒化学品管理条例 易制毒化学品的分类和品种目录：未列入

国际公约 斯德哥尔摩公约：未列入。鹿特丹公约：未列入。蒙特利尔议定书：未列入

第十六部分 其他信息

编写和修订信息 **缩略语和首字母缩写**

培训建议 **参考文献**

免责声明

二甲硫醚

第一部分 化学品标识

化学品中文名 二甲硫醚；二甲基硫；甲硫醚；二甲硫

化学品英文名 dimethyl sulfide; dimethyl thioether

分子式 C_2H_6S **相对分子质量** 62.1

结构式 $H_3C-S-CH_3$

化学品的推荐及限制用途 用作多数无机物的溶剂、催化剂

第二部分 危险性概述

紧急情况概述 高度易燃液体和蒸气

GHS 危险性类别 易燃液体，类别 2；急性毒性-经口，类别 5；皮肤腐蚀/刺激，类别 3；严重眼损伤/眼刺激，类别 2B；危害水生环境-急性危害，类别 3

标签要素

象形图 

警示词 危险

危险性说明 高度易燃液体和蒸气，吞咽可能有害，造成轻微皮肤刺激，造成眼刺激，对水生生物有害

防范说明

预防措施 远离热源、火花、明火、热表面。禁止吸烟。保持容器密闭。容器和接收设备接地连接。使用防爆电器、通风、照明设备。只能使用不产生火花的工具。采取防止静电措施。戴防护手套、防护眼镜、防护面罩。避免接触眼睛、皮肤，操作后彻底清洗。禁止排入环境

事故响应 火灾时，使用泡沫、二氧化碳、干粉、砂土灭火。如皮肤（或头发）接触：立即脱掉所有被污染的衣服，用水冲洗皮肤，淋浴。如发生皮肤刺激，就医。如接触眼睛：用水细心冲洗数分钟。如戴隐形眼镜并可方便地取出，取出隐形眼镜继续冲洗。如果眼睛刺激持续：就医

安全储存 存放在通风良好的地方。保持低温

废弃处置 本品及内装物、容器依据国家和地方法规处置

物理和化学危险 高度易燃，其蒸气与空气混合，能形成爆炸性混合物

健康危害 蒸气对鼻、喉有刺激性，引起咳嗽和胸部不适。持续或高浓度吸入出现头痛、恶心和呕吐。液体或雾对眼有刺激性。可引起皮炎

环境危害 对水生生物有害

第三部分 成分/组成信息

√物质		混合物
组分	**浓度**	**CAS No.**
二甲硫醚		75-18-3

第四部分 急救措施

吸入 迅速脱离现场至空气新鲜处。保持呼吸道通畅。如呼吸困难，给输氧。如呼吸、心跳停止，立即进行心肺复苏术。就医

皮肤接触 立即脱去污染的衣着，用流动清水彻底冲洗。就医

眼睛接触 立即分开眼睑，用流动清水或生理盐水彻底冲洗。就医

食入 漱口，饮水。就医

对保护施救者的忠告 根据需要使用个人防护设备

对医生的特别提示 对症处理

第五部分 消防措施

灭火剂 用泡沫、二氧化碳、干粉、砂土灭火

特别危险性 受高热分解产生有毒的硫化物烟气。与氧化剂能发生强烈反应。蒸气比空气重，沿地面扩散并易积存于低洼处，遇火源会着火回燃。燃烧生成有害的一氧化碳、二氧化硫

灭火注意事项及防护措施 消防人员须佩戴防毒面具、穿全身消防服，在上风向灭火。尽可能将容器从火场移至空旷处。喷水保持火场容器冷却，直至灭火结束。容器突然发出异常声音或出现异常现象，应立即撤离。用水灭火无效

第六部分 泄漏应急处理

作业人员防护措施、防护装备和应急处置程序 消除所有点火源。根据液体流动和蒸气扩散的影响区域划定警戒区，无关人员从侧风、上风向撤离至安全区。建议应急处理人员戴正压自给式呼吸器，穿防静电服，戴橡胶耐油手套。作业时使用的所有设备应接地。禁止接触或跨越泄漏物。尽可能切断泄漏源

环境保护措施 防止泄漏物进入水体、下水道、地下室或有限空间

泄漏化学品的收容、清除方法及所使用的处置材料 小量泄漏：用砂土或其他不燃材料吸收，使用洁净的无火花工具收集吸收材料。大量泄漏：构筑围堤或挖坑收容。用泡沫覆盖，减少蒸发。喷水雾能减少蒸发，但不能降低泄漏物在有限空间内的易燃性。用防爆泵转移至槽车或专用收集器内

第七部分 操作处置与储存

操作注意事项 密闭操作，全面通风。操作人员必须经过专门培训，严格遵守操作规程。建议操作人员佩戴自吸过滤式防毒面具（半面罩），戴化学安全防护眼镜，穿防静电工作服，戴橡胶耐油手套。远离火种、热源。工作场所严禁吸烟。使用防爆型的通风系统和设备。防止蒸气泄漏到工作场所空气中。避免与氧化剂、碱类、氨接触。尤其要注意避免与水接触。灌装时应控制流速，且有接地装置，防止静电积聚。搬运时要轻装轻卸，防止包装及容器损坏。配备相应品种和数量的消防器材及泄漏应急处理设备。倒空的容器可能残留有害物

储存注意事项 储存于阴凉、通风的库房。远离火种、热源。库温不宜超过 29℃。包装要求密封，不可与空气接触。应与氧化剂、碱类、氨分开存放，切忌混储。采用防爆型照明、通风设施。禁止使用易产生火花的机械设备和工具。储区应备有泄漏应急处理设备和合适的收容材料

第八部分 接触控制/个体防护

职业接触限值

中国 未制定标准

美国(ACGIH) 未制定标准

生物接触限值 未制定标准

监测方法 空气中有毒物质测定方法：未制定标准。生物监测检验方法：未制定标准

工程控制 生产过程密闭，全面通风。提供安全的淋浴和洗眼设备

个体防护装备

呼吸系统防护 空气中浓度较高时，建议佩戴过滤式防毒面具（半面罩）。紧急事态抢救或撤离时，必须佩戴空气呼吸器

眼睛防护 戴化学安全防护眼镜

皮肤和身体防护 穿防静电工作服

手防护 戴橡胶耐油手套

第九部分 理化特性

外观与性状 无色液体，有不愉快的气味

pH值 无资料 **熔点(℃)** −98.3

沸点(℃) 37.3 **相对密度(水=1)** 0.85

相对蒸气密度(空气=1) 2.14

饱和蒸气压(kPa) 53.2 (20℃)

燃烧热(kJ/mol) −1907.7 **临界温度(℃)** 229

临界压力(MPa) 5.69 **辛醇/水分配系数** 0.92

闪点(℃) < −17.7 **自燃温度(℃)** 206

爆炸下限(%) 2.2 **爆炸上限(%)** 19.7

分解温度(℃) 无资料 **黏度(mPa·s)** 无资料

溶解性 不溶于水，溶于乙醇、乙醚等多数有机溶剂

第十部分 稳定性和反应性

稳定性 稳定

危险反应 与强氧化剂等禁配物接触，有发生火灾和爆炸的危险

避免接触的条件 受热

禁配物 强氧化剂、碱类、氨

危险的分解产物 硫化物

第十一部分 毒理学信息

急性毒性

LD_{50} 535mg/kg（大鼠经口）

LC_{50} 102235mg/m^3（大鼠吸入）

皮肤刺激或腐蚀 家兔经皮：500mg (24h)，轻度刺激

眼睛刺激或腐蚀 家兔经眼：259μg (24h)，重度刺激

呼吸或皮肤过敏 无资料 **生殖细胞突变性** 无资料

致癌性 无资料 **生殖毒性** 无资料

特异性靶器官系统毒性-一次接触 无资料

特异性靶器官系统毒性-反复接触 无资料

吸入危害 无资料

第十二部分 生态学信息

生态毒性 EC_{50}：23mg/L (48h)（水蚤）

持久性和降解性

生物降解性 易快速生物降解

非生物降解性 空气中，当羟基自由基浓度为5.00×10^{5}个/cm^{3}时，降解半衰期为3.5d（理论）光氧化半衰期为8h

潜在的生物累积性 根据K_{ow}值预测，该物质的生物累积性可能较弱

土壤中的迁移性 根据K_{oc}值预测，该物质可能易发生迁移

第十三部分 废弃处置

废弃化学品 建议用焚烧法处置。焚烧炉排出的硫氧化物通过洗涤器除去

污染包装物 将容器返还生产商或按照国家和地方法规处置

废弃注意事项 处置前应参阅国家和地方有关法规

第十四部分 运输信息

联合国危险货物编号(UN号) 1164

联合国运输名称 二甲硫 **联合国危险性类别** 3

包装类别 Ⅱ类包装 **包装标志** 

海洋污染物 否

运输注意事项 运输时运输车辆应配备相应品种和数量的消防器材及泄漏应急处理设备。夏季最好早晚运输。运输时所用的槽（罐）车应有接地链，槽内可设孔隔板以减少震荡产生的静电。严禁与氧化剂、碱类、氨、食用化学品等混装混运。运输途中应防曝晒、雨淋，防高温。中途停留时应远离火种、热源、高温区。装运该物品的车辆排气管必须配备阻火装置，禁止使用易产生火花的机械设备和工具装卸。公路运输时要按规定路线行驶，勿在居民区和人口稠密区停留。铁路运输时要禁止溜放。严禁用木船、水泥船散装运输

第十五部分 法规信息

下列法律、法规、规章和标准，对该化学品的管理作了相应的规定。

中华人民共和国职业病防治法 职业病分类和目录：未列入

危险化学品安全管理条例 危险化学品目录：列入。易制爆危险化学品名录：未列入。重点监管的危险化学品名录：未列入。GB 18218—2009《危险化学品重大危险源辨识》(表1)：未列入

使用有毒物品作业场所劳动保护条例 高毒物品目录：未列入

易制毒化学品管理条例 易制毒化学品的分类和品种目录：未列入

国际公约 斯德哥尔摩公约：未列入。鹿特丹公约：未列入。蒙特利尔议定书：未列入

第十六部分 其他信息

编写和修订信息 **缩略语和首字母缩写**

培训建议 **参考文献**

免责声明

2,2-二甲氧基丙烷

第一部分 化学品标识

化学品中文名 2,2-二甲氧基丙烷

化学品英文名 2,2-dimethoxypropane; acetone dimethyl acetal

分子式 $C_5H_{12}O_2$ **相对分子质量** 104.15

结构式 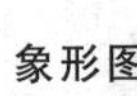

化学品的推荐及限制用途 用于生化研究、有机合成

第二部分 危险性概述

紧急情况概述 高度易燃液体和蒸气

GHS危险性类别 易燃液体，类别2

标签要素

象形图 

警示词 危险

危险性说明 高度易燃液体和蒸气

防范说明

预防措施 远离热源、火花、明火、热表面。禁止吸烟。保持容器密闭。容器和接收设备接地连接。使用防爆电器、通风、照明设备。只能使用不产生火花的工具。采取防止静电措施。戴防护手套、防护眼镜、防护面罩

事故响应 火灾时，使用泡沫、二氧化碳、干粉、砂土灭火。如皮肤（或头发）接触：立即脱掉所有被污染的衣服，用水冲洗皮肤，淋浴

安全储存 存放在通风良好的地方。保持低温

废弃处置 本品及内装物、容器依据国家和地方法规处置

物理和化学危险 高度易燃，其蒸气与空气混合，能形成爆炸性混合物

健康危害 本品对眼睛、皮肤、黏膜和上呼吸道有刺激性。吸入具有麻醉作用

环境危害 对环境可能有害

第三部分 成分/组成信息

√物质		混合物
组分	**浓度**	**CAS No.**
2,2-二甲氧基丙烷		77-76-9

第四部分 急救措施

吸入 迅速脱离现场至空气新鲜处。保持呼吸道通畅。如呼吸困难，给输氧。如呼吸、心跳停止，立即进行心肺复苏术。就医

皮肤接触 立即脱去污染的衣着，用流动清水彻底冲洗。就医

眼睛接触 立即分开眼睑，用流动清水或生理盐水彻底冲洗。就医

食入 漱口，饮水。就医

对保护施救者的忠告 根据需要使用个人防护设备

对医生的特别提示 对症处理

第五部分 消防措施

灭火剂 用泡沫、二氧化碳、干粉、砂土灭火

特别危险性 与氧化剂能发生强烈反应。蒸气比空气重，沿地面扩散并易积存于低洼处，遇火源会着火回燃。燃烧生成有害的一氧化碳

灭火注意事项及防护措施 消防人员须佩戴防毒面具、穿全身消防服，在上风向灭火。尽可能将容器从火场移至空旷处。喷水保持火场容器冷却，直至灭火结束。容器突然发出异常声音或出现异常现象，应立即撤离

第六部分 泄漏应急处理

作业人员防护措施、防护装备和应急处置程序 消除所有点火源。根据液体流动和蒸气扩散的影响区域划定警戒区，无关人员从侧风、上风向撤离至安全区。建议应急处理人员戴正压自给式呼吸器，穿防静电服，戴橡胶耐油手套。作业时使用的所有设备应接地。禁止接触或跨越泄漏物。尽可能切断泄漏源

环境保护措施 防止泄漏物进入水体、下水道、地下室或有限空间

泄漏化学品的收容、清除方法及所使用的处置材料 小量泄漏：用砂土或其他不燃材料吸收，使用洁净的无火花工具收集吸收材料。大量泄漏：构筑围堤或挖坑收容。用泡沫覆盖，减少蒸发。喷水雾能减少蒸发，但不能降低泄漏物在有限空间内的易燃性。用防爆泵转移至槽车或专用收集器内

第七部分 操作处置与储存

操作注意事项 密闭操作，全面通风。操作人员必须经过专门培训，严格遵守操作规程。建议操作人员佩戴自吸过滤式防毒面具（半面罩），戴化学安全防护眼镜，穿防静电工作服，戴橡胶耐油手套。远离火种、热源。工作场所严禁吸烟。使用防爆型的通风系统和设备。防止蒸气泄漏到工作场所空气中。避免与酸类接触。灌装时应控制流速，且有接地装置，防止静电积聚。搬运时要轻装轻卸，防止包装及容器损坏。配备相应品种和数量的消防器材及泄漏应急处理设备。倒空的容器可能残留有害物

储存注意事项 储存于阴凉、通风的库房。远离火种、热源。库温不宜超过37℃。保持容器密封。应与酸类等分开存放，切忌混储。采用防爆型照明、通风设施。禁止使用易产生火花的机械设备和工具。储区应备有泄漏应急处理设备和合适的收容材料

第八部分 接触控制/个体防护

职业接触限值

中国 未制定标准

美国(ACGIH) 未制定标准

生物接触限值 未制定标准

监测方法 空气中有毒物质测定方法：未制定标准。生物

监测检验方法：未制定标准

工程控制 生产过程密闭，全面通风。提供安全的淋浴和洗眼设备

个体防护装备

呼吸系统防护 可能接触其蒸气时，佩戴过滤式防毒面具（半面罩）

眼睛防护 戴化学安全防护眼镜

皮肤和身体防护 穿防静电工作服

手防护 戴橡胶耐油手套

第九部分 理化特性

外观与性状 无色透明液体

pH值 无资料 **熔点(℃)** −47

沸点(℃) 81 **相对密度(水=1)** 0.85

相对蒸气密度(空气=1) 3.59

饱和蒸气压(kPa) 8.00 (15.8℃)

燃烧热(kJ/mol) 无资料 **临界温度(℃)** 无资料

临界压力(MPa) 无资料 **辛醇/水分配系数** 1.380

闪点(℃) −7 **引燃温度(℃)** 无资料

爆炸下限(%) 6.0 **爆炸上限(%)** 31.0

分解温度(℃) 无资料 **黏度(mPa·s)** 无资料

溶解性 微溶于水，溶于多数有机溶剂

第十部分 稳定性和反应性

稳定性 稳定

危险反应 与强氧化剂等禁配物接触，有发生火灾和爆炸的危险

避免接触的条件 无资料

禁配物 酸类、强酸

危险的分解产物 无资料

第十一部分 毒理学信息

急性毒性 LD_{50}：71000mg/kg（大鼠经口）

皮肤刺激或腐蚀 无资料 **眼睛刺激或腐蚀** 无资料

呼吸或皮肤过敏 无资料 **生殖细胞突变性** 无资料

致癌性 无资料 **生殖毒性** 无资料

特异性靶器官系统毒性-一次接触 无资料

特异性靶器官系统毒性-反复接触 无资料

吸入危害 无资料

第十二部分 生态学信息

生态毒性 无资料

持久性和降解性

生物降解性 无资料

非生物降解性 无资料

潜在的生物累积性 根据 K_{ow} 值预测，该物质的生物累积性可能较弱

土壤中的迁移性 根据 K_{oc} 值预测，该物质可能易发生迁移

第十三部分 废弃处置

废弃化学品 建议用焚烧法处置

污染包装物 将容器返还生产商或按照国家和地方法规处置

废弃注意事项 处置前应参阅国家和地方有关法规

第十四部分 运输信息

联合国危险货物编号（UN号） 1993

联合国运输名称 易燃液体，未另作规定的（2,2-二甲氧基丙烷）

联合国危险性类别 3

包装类别 Ⅱ类包装 **包装标志**

海洋污染物 否

运输注意事项 运输时运输车辆应配备相应品种和数量的消防器材及泄漏应急处理设备。夏季最好早晚运输。运输时所用的槽（罐）车应有接地链，槽内可设孔隔板以减少震荡产生的静电。严禁与酸类、食用化学品等混装混运。运输途中应防曝晒、雨淋，防高温。中途停留时应远离火种、热源、高温区。装运该物品的车辆排气管必须配备阻火装置，禁止使用易产生火花的机械设备和工具装卸。公路运输时要按规定路线行驶，勿在居民区和人口稠密区停留。铁路运输时要禁止溜放。严禁用木船、水泥船散装运输

第十五部分 法规信息

下列法律、法规、规章和标准，对该化学品的管理作了相应的规定。

中华人民共和国职业病防治法 职业病分类和目录：未列入

危险化学品安全管理条例 危险化学品目录：列入。易制爆危险化学品名录：未列入。重点监管的危险化学品名录：未列入。GB 18218—2009《危险化学品重大危险源辨识》(表1)：未列入

使用有毒物品作业场所劳动保护条例 高毒物品目录：未列入

易制毒化学品管理条例 易制毒化学品的分类和品种目录：未列入

国际公约 斯德哥尔摩公约：未列入。鹿特丹公约：未列入。蒙特利尔议定书：未列入

第十六部分 其他信息

编写和修订信息 **缩略语和首字母缩写**

培训建议 **参考文献**

免责声明

二甲氧基甲烷

第一部分 化学品标识

化学品中文名 二甲氧基甲烷；甲缩醛；甲醛缩二甲醇

化学品英文名 dimethoxymethane；methylal

分子式 $C_3H_8O_2$ **相对分子质量** 76.1

结构式 ⁀O⁀O⁀

化学品的推荐及限制用途 用作溶剂、分析试剂，用于有

机合成等

第二部分 危险性概述

紧急情况概述 高度易燃液体和蒸气，可能引起昏昏欲睡或眩晕

GHS 危险性类别 易燃液体，类别 2；皮肤腐蚀/刺激，类别 2；严重眼损伤/眼刺激，类别 2A；特异性靶器官毒性—一次接触，类别 3（呼吸道刺激、麻醉效应）

标签要素

象形图

警示词 危险

危险性说明 高度易燃液体和蒸气，造成皮肤刺激，造成严重眼刺激，可能引起呼吸道刺激或可能引起昏昏欲睡或眩晕

防范说明

预防措施 远离热源、火花、明火、热表面。禁止吸烟。保持容器密闭。容器和接收设备接地连接。使用防爆电器、通风、照明设备。只能使用不产生火花的工具。采取防止静电措施。戴防护手套、防护眼镜、防护面罩。避免接触眼睛、皮肤，操作后彻底清洗

事故响应 火灾时，使用泡沫、二氧化碳、干粉、砂土灭火。皮肤接触：用大量肥皂水和水清洗。如发生皮肤刺激，就医。脱去被污染的衣服，洗净后方可重新使用。如接触眼睛：用水细心冲洗数分钟。如戴隐形眼镜并可方便地取出，取出隐形眼镜继续冲洗。如果眼睛刺激持续：就医

安全储存 存放在通风良好的地方。保持低温

废弃处置 本品及内装物、容器依据国家和地方法规处置

物理和化学危险 高度易燃，其蒸气与空气混合，能形成爆炸性混合物

健康危害 本品对黏膜有刺激性，有麻醉作用。吸入蒸气可引起鼻和喉刺激；高浓度吸入出现头晕等。对眼有损害，损害可持续数天。长期皮肤接触可致皮肤干燥

环境危害 对环境可能有害

第三部分 成分/组成信息

√物质 混合物

组分	浓度	CAS No.
二甲氧基甲烷		109-87-5

第四部分 急救措施

吸入 迅速脱离现场至空气新鲜处。保持呼吸道通畅。如呼吸困难，给输氧。如呼吸、心跳停止，立即进行心肺复苏术。就医

皮肤接触 立即脱去污染的衣着，用流动清水彻底冲洗。就医

眼睛接触 立即分开眼睑，用流动清水或生理盐水彻底冲洗。就医

食入 漱口，饮水。就医

对保护施救者的忠告 根据需要使用个人防护设备

对医生的特别提示 对症处理

第五部分 消防措施

灭火剂 用泡沫、二氧化碳、干粉、砂土灭火

特别危险性 与氧化剂接触发生猛烈反应。接触空气或在光照条件下可生成具有潜在爆炸危险性的过氧化物。燃烧生成有害的一氧化碳

灭火注意事项及防护措施 消防人员须佩戴防毒面具、穿全身消防服，在上风向灭火。尽可能将容器从火场移至空旷处。喷水保持火场容器冷却，直至灭火结束。容器突然发出异常声音或出现异常现象，应立即撤离。用水灭火无效

第六部分 泄漏应急处理

作业人员防护措施、防护装备和应急处置程序 消除所有点火源。根据液体流动和蒸气扩散的影响区域划定警戒区，无关人员从侧风、上风向撤离至安全区。建议应急处理人员戴正压自给式呼吸器，穿防静电服，戴橡胶耐油手套。作业时使用的所有设备应接地。禁止接触或跨越泄漏物。尽可能切断泄漏源

环境保护措施 防止泄漏物进入水体、下水道、地下室或有限空间

泄漏化学品的收容、清除方法及所使用的处置材料 小量泄漏：用砂土或其他不燃材料吸收，使用洁净的无火花工具收集吸收材料。大量泄漏：构筑围堤或挖坑收容。用泡沫覆盖，减少蒸发。喷水雾能减少蒸发，但不能降低泄漏物在有限空间内的易燃性。用防爆泵转移至槽车或专用收集器内。喷雾状水驱散蒸气、稀释液体泄漏物

第七部分 操作处置与储存

操作注意事项 密闭操作，全面通风。操作人员必须经过专门培训，严格遵守操作规程。建议操作人员佩戴过滤式防毒面具（半面罩），戴化学安全防护眼镜，穿防静电工作服，戴橡胶耐油手套。远离火种、热源。工作场所严禁吸烟。使用防爆型的通风系统和设备。防止蒸气泄漏到工作场所空气中。避免与氧化剂、酸类接触。灌装时应控制流速，且有接地装置，防止静电积聚。搬运时要轻装轻卸，防止包装及容器损坏。配备相应品种和数量的消防器材及泄漏应急处理设备。倒空的容器可能残留有害物

储存注意事项 储存于阴凉、通风的库房。远离火种、热源。库温不宜超过 29℃。保持容器密封。应与氧化剂、酸类分开存放，切忌混储。不宜大量储存或久存。采用防爆型照明、通风设施。禁止使用易产生火花的机械设备和工具。储区应备有泄漏应急处理设备和合适的收容材料

第八部分 接触控制/个体防护

职业接触限值

中国 未制定标准

美国(ACGIH) TLV-TWA：1000ppm

生物接触限值 未制定标准

监测方法 空气中有毒物质测定方法：未制定标准。生物监测检验方法：未制定标准

工程控制 生产过程密闭，全面通风。提供安全的淋浴和洗眼设备

个体防护装备

呼吸系统防护 空气中浓度超标时，佩戴过滤式防毒面具（半面罩）

眼睛防护 戴化学安全防护眼镜

皮肤和身体防护 穿防静电工作服

手防护 戴橡胶耐油手套

第九部分 理化特性

外观与性状 无色透明易挥发液体，有类似氯仿的气味

pH值 无资料 **熔点(℃)** −105

沸点(℃) 42.3 **相对密度(水=1)** 0.86

相对蒸气密度(空气=1) 2.63

饱和蒸气压(kPa) 43.98 (20℃)

燃烧热(kJ/mol) −1940.8 **临界温度(℃)** 215

临界压力(MPa) 无资料 **辛醇/水分配系数** 0

闪点(℃) −17.8 (OC) **自燃温度(℃)** 237

爆炸下限(%) 1.6 **爆炸上限(%)** 17.6

分解温度(℃) 无资料 **黏度(mPa·s)** 无资料

溶解性 微溶于水，可混溶于乙醇、乙醚等多数有机溶剂

第十部分 稳定性和反应性

稳定性 稳定

危险反应 与强氧化剂等禁配物接触，有发生火灾和爆炸的危险

避免接触的条件 空气、光照

禁配物 强氧化剂、酸类

危险的分解产物 无资料

第十一部分 毒理学信息

急性毒性

LD_{50} 5708mg/kg（兔经口）

LC_{50} 46650mg/m³（大鼠吸入）

皮肤刺激或腐蚀 无资料

眼睛刺激或腐蚀 家兔经眼：100μl，中度刺激

呼吸或皮肤过敏 无资料 **生殖细胞突变性** 无资料

致癌性 无资料 **生殖毒性** 无资料

特异性靶器官系统毒性-一次接触 无资料

特异性靶器官系统毒性-反复接触 小鼠吸入58g/m³，每天7h，2次后80%死亡；吸入35g/m³时，每天7h，在22d内染毒15次，50只小鼠中死亡6只。尸检见支气管肺炎、肺水肿，心肌、肾和肝脂肪变性

吸入危害 无资料

第十二部分 生态学信息

生态毒性 无资料

持久性和降解性

生物降解性 无资料

非生物降解性 空气中，当羟基自由基浓度为5.00×10^5个/cm³时，降解半衰期为2.3d（理论）

潜在的生物累积性 根据K_{ow}值预测，该物质的生物累积性可能较弱

土壤中的迁移性 根据K_{oc}值预测，该物质可能易发生迁移

第十三部分 废弃处置

废弃化学品 建议用焚烧法处置

污染包装物 将容器返还生产商或按照国家和地方法规处置

废弃注意事项 处置前应参阅国家和地方有关法规

第十四部分 运输信息

联合国危险货物编号(UN号) 1234

联合国运输名称 甲醛缩二甲醇

联合国危险性类别 3

包装类别 Ⅱ类包装 **包装标志**

海洋污染物 否

运输注意事项 运输时运输车辆应配备相应品种和数量的消防器材及泄漏应急处理设备。夏季最好早晚运输。运输时所用的槽（罐）车应有接地链，槽内可设孔隔板以减少震荡产生的静电。严禁与氧化剂、酸类、食用化学品等混装混运。运输途中应防曝晒、雨淋，防高温。中途停留时应远离火种、热源、高温区。装运该物品的车辆排气管必须配备阻火装置，禁止使用易产生火花的机械设备和工具装卸。公路运输时要按规定路线行驶，勿在居民区和人口稠密区停留。铁路运输时要禁止溜放。严禁用木船、水泥船散装运输

第十五部分 法规信息

下列法律、法规、规章和标准，对该化学品的管理作了相应的规定。

中华人民共和国职业病防治法 职业病分类和目录：未列入

危险化学品安全管理条例 危险化学品目录：列入。易制爆危险化学品名录：未列入。重点监管的危险化学品名录：未列入。GB 18218—2009《危险化学品重大危险源辨识》(表1)：未列入

使用有毒物品作业场所劳动保护条例 高毒物品目录：未列入

易制毒化学品管理条例 易制毒化学品的分类和品种目录：未列入

国际公约 斯德哥尔摩公约：未列入。鹿特丹公约：未列入。蒙特利尔议定书：未列入

第十六部分 其他信息

编写和修订信息 **缩略语和首字母缩写**

培训建议 **参考文献**

免责声明

二硫化碳

第一部分 化学品标识

化学品中文名 二硫化碳

化学品英文名 carbon disulfide；carbon bisulfide

分子式 CS_2 **相对分子质量** 76.13

结构式 S═C═S

化学品的推荐及限制用途 用于制造人造丝、杀虫剂、促进剂M、促进剂D，也用作溶剂

第二部分 危险性概述

紧急情况概述 高度易燃液体和蒸气，吞咽会中毒

GHS危险性类别 易燃液体，类别2；急性毒性-经口，类别3；急性毒性-吸入，类别4；严重眼损伤/眼刺激，类别2；皮肤腐蚀/刺激，类别2；生殖毒性，类别2；特异性靶器官毒性-反复接触，类别1；危害水生环境-急性危害，类别2

标签要素

象形图 

警示词 危险

危险性说明 高度易燃液体和蒸气，吞咽会中毒，吸入有害，造成皮肤刺激，造成严重眼刺激，怀疑对生育力或胎儿造成伤害，长时间或反复接触对器官造成损伤，对水生生物有毒

防范说明

预防措施 远离热源、火花、明火、热表面。禁止吸烟。保持容器密闭。容器和接收设备接地连接。使用防爆电器、通风、照明设备。只能使用不产生火花的工具。采取防静电措施。戴防护手套、防护眼镜、防护面罩。避免接触眼睛、皮肤，操作后彻底清洗。作业场所不得进食、饮水或吸烟。避免吸入蒸气、雾。仅在室外或通风良好处操作。得到专门指导后操作。在阅读并了解所有安全预防措施之前，切勿操作。按要求使用个体防护装备。禁止排入环境

事故响应 火灾时，使用雾状水、泡沫、干粉、二氧化碳、砂土灭火。如吸入：将患者转移到空气新鲜处，休息，保持利于呼吸的体位。如感觉不适，呼叫中毒控制中心或就医。皮肤接触：用大量肥皂水和水清洗。如发生皮肤刺激，就医。脱去被污染的衣服，洗净后方可重新使用。如接触眼睛：用水细心冲洗数分钟。如戴隐形眼镜并可方便地取出，取出隐形眼镜继续冲洗。如果眼睛刺激持续：就医。食入：漱口。立即呼叫中毒控制中心或就医。如果接触或有担心，就医。如感觉不适，就医

安全储存 存放在通风良好的地方。保持低温。上锁保管

废弃处置 本品及内装物、容器依据国家和地方法规处置

物理和化学危险 高度易燃，其蒸气与空气混合，能形成爆炸性混合物

健康危害 二硫化碳是损害神经和血管的毒物

急性中毒 轻度中毒表现为麻醉症状，出现头昏、头痛、眩晕、乏力、恶心、呕吐、步态蹒跚、欣快感、哭笑无常以及眼和上呼吸道黏膜刺激症状。重度中毒可呈短时间强烈兴奋状态，继之出现幻觉、谵妄、意识丧失、阵发性或强直性痉挛、体温下降、瞳孔对光反射迟钝或消失等急性中毒性脑病的临床表现，甚至呼吸衰竭死亡。急性中毒恢复后可能在一段时间内遗留头痛、失眠、多梦、乏力等神经衰弱综合征症状，个别伴有精神障碍。皮肤接触二硫化碳可引起局部红斑，甚至大疱

慢性中毒 表现有神经衰弱综合征，植物神经功能紊乱，多发性周围神经病，中毒性脑病，中毒性神经病。眼底检查出现视网膜微动脉瘤

环境危害 对水生生物有毒

第三部分 成分/组成信息

√物质 混合物

组分	浓度	CAS No.
二硫化碳		75-15-0

第四部分 急救措施

吸入 迅速脱离现场至空气新鲜处。保持呼吸道通畅。如呼吸困难，给输氧。如呼吸、心跳停止，立即进行心肺复苏术。就医

皮肤接触 立即脱去污染的衣着，用流动清水彻底冲洗。就医

眼睛接触 立即分开眼睑，用流动清水或生理盐水彻底冲洗。就医

食入 漱口，饮水。就医

对保护施救者的忠告 根据需要使用个人防护设备

对医生的特别提示 对症处理

第五部分 消防措施

灭火剂 用雾状水、泡沫、干粉、二氧化碳、砂土灭火

特别危险性 受热分解产生有毒的硫化物烟气。与铝、锌、钾、氟、氯、叠氮化物等反应剧烈，有燃烧爆炸危险。高速冲击、流动、震荡后可因产生静电火花放电引起燃烧爆炸。蒸气比空气重，沿地面扩散并易积存于低洼处，遇火源会着火回燃。燃烧生成有害的一氧化碳、氧化硫

灭火注意事项及防护措施 消防人员必须佩戴空气呼吸器、穿全身防火防毒服，在上风向灭火。喷水冷却容器，尽可能将容器从火场移至空旷处。容器突然发出异常声音或出现异常现象，应立即撤离。用水灭火无效

第六部分 泄漏应急处理

作业人员防护措施、防护装备和应急处置程序 消除所有

点火源。根据液体流动和蒸气扩散的影响区域划定警戒区，无关人员从侧风、上风向撤离至安全区。建议应急处理人员戴正压自给式呼吸器，穿防毒、防静电服，戴橡胶耐油手套。作业时使用的所有设备应接地。禁止接触或跨越泄漏物。尽可能切断泄漏源

环境保护措施 防止泄漏物进入水体、下水道、地下室或有限空间

泄漏化学品的收容、清除方法及所使用的处置材料 小量泄漏：用砂土或其他不燃材料吸收，使用洁净的无火花工具收集吸收材料。大量泄漏：构筑围堤或挖坑收容。用砂土、惰性物质或蛭石吸收大量液体。用泡沫覆盖，减少蒸发。喷水雾能减少蒸发，但不能降低泄漏物在有限空间内的易燃性。用防爆泵转移至槽车或专用收集器内

第七部分 操作处置与储存

操作注意事项 密闭操作，局部排风。操作人员必须经过专门培训，严格遵守操作规程。建议操作人员佩戴自吸过滤式防毒面具（半面罩），戴化学安全防护眼镜，穿防静电工作服，戴橡胶耐油手套。远离火种、热源。工作场所严禁吸烟。使用防爆型的通风系统和设备。防止蒸气泄漏到工作场所空气中。避免与氧化剂、胺类、碱金属接触。灌装时应控制流速，且有接地装置，防止静电积聚。配备相应品种和数量的消防器材及泄漏应急处理设备。倒空的容器可能残留有害物

储存注意事项 在室温下易挥发，因此容器内可用水封盖表面。储存于阴凉、通风的库房。远离火种、热源。库温不宜超过 29℃。保持容器密封。应与氧化剂、胺类、碱金属、食用化学品分开存放，切忌混储。采用防爆型照明、通风设施。禁止使用易产生火花的机械设备和工具。储区应备有泄漏应急处理设备和合适的收容材料

第八部分 接触控制/个体防护

职业接触限值

中国 PC-TWA：5mg/m^3；PC-STEL：10mg/m^3［皮］

美国(ACGIH) TLV-TWA：1ppm［皮］

生物接触限值 尿 2-硫代噻唑烷-4-羧酸：1.5mmol/g 肌酐（2.2mg/g 肌酐）（采样时间：工作班末或接触末）

监测方法 空气中有毒物质测定方法：二乙胺分光光度法；溶剂解吸-气相色谱法。生物监测检验方法：尿中 2-硫代噻唑烷-4-羧酸的高效液相色谱测定方法

工程控制 密闭操作，局部排风。提供安全的淋浴和洗眼设备

个体防护装备

呼吸系统防护 可能接触其蒸气时，必须佩戴过滤式防毒面具（半面罩）

眼睛防护 戴化学安全防护眼镜

皮肤和身体防护 穿防静电工作服

手防护 戴橡胶耐油手套

第九部分 理化特性

外观与性状 无色或淡黄色透明液体，有刺激性气味，易挥发

pH 值 无资料　**熔点(℃)** −111.5

沸点(℃) 46.3　**相对密度(水=1)** 1.26

相对蒸气密度(空气=1) 2.63

饱和蒸气压(kPa) 40（20℃）

燃烧热(kJ/mol) −1029.4　**临界温度(℃)** 280

临界压力(MPa) 7.39　**辛醇/水分配系数** 1.94

闪点(℃) −30（CC）　**自燃温度(℃)** 90

爆炸下限(%) 1.3　**爆炸上限(%)** 50.0

分解温度(℃) 无资料　**黏度(mPa·s)** 无资料

溶解性 不溶于水，溶于乙醇、乙醚等多数有机溶剂

第十部分 稳定性和反应性

稳定性 稳定

危险反应 与强氧化剂、碱金属等禁配物接触，有发生火灾和爆炸的危险

避免接触的条件 受热

禁配物 强氧化剂、胺类、碱金属

危险的分解产物 无资料

第十一部分 毒理学信息

急性毒性 LD_{50}：3188mg/kg（大鼠经口）

皮肤刺激或腐蚀 无资料　**眼睛刺激或腐蚀** 无资料

呼吸或皮肤过敏 无资料

生殖细胞突变性 微生物致突变：鼠伤寒沙门氏菌 100μg/皿。姐妹染色单体交换：人类淋巴细胞 10200μg/L

致癌性 无资料

生殖毒性 大鼠孕后 1～22d 吸入最低中毒剂量（TCLo）10mg/m^3（8h），致眼、耳发育畸形。大鼠孕后 1～21d 吸入最低中毒剂量（TCLo）100mg/m^3（8h），致颅面部（包括鼻和舌部）发育畸形。男性吸入最低中毒浓度（TCLo）：40mg/m^3（91 周），引起精子生成变化。大鼠吸入最低中毒浓度（TCLo）：100mg/m^3（8h）（孕 1～21d 用药），引起死胎，颅面部发育异常

特异性靶器官系统毒性-一次接触 无资料

特异性靶器官系统毒性-反复接触 家兔吸入 1.28g/m^3，5 个月，引起慢性中毒；0.5～0.6g/m^3，6.5 个月，引起血清胆固醇增加

吸入危害 无资料

第十二部分 生态学信息

生态毒性

LC_{50} 4mg/L（96h）（鱼）

EC_{50} 2.1mg/L（48h）（水蚤）

持久性和降解性

生物降解性 OECD301D，28d 降解 80%，易快速生物降解

非生物降解性 空气中，当羟基自由基浓度为 5.00×10^5 个/cm^3 时，降解半衰期为 5.5d（理论）

潜在的生物累积性　BCF：<6.1（鲤鱼，接触浓度50μg/L），<60（鲤鱼，接触浓度5μg/L）；根据 K_{ow} 值预测，该物质的生物累积性可能较弱

土壤中的迁移性　根据 K_{oc} 值预测，该物质可能易发生迁移

第十三部分　废弃处置

废弃化学品　建议用焚烧法处置。焚烧炉排出的硫氧化物通过洗涤器除去

污染包装物　将容器返还生产商或按照国家和地方法规处置

废弃注意事项　处置前应参阅国家和地方有关法规

第十四部分　运输信息

联合国危险货物编号（UN号）　1131

联合国运输名称　二硫化碳

联合国危险性类别　3，6.1

包装类别　Ⅰ类包装

包装标志

海洋污染物　否

运输注意事项　二硫化碳液面上应覆盖不少于该容器容积1/4的水。铁路运输采用小开口铝桶、小开口厚钢桶包装时，须经铁路局批准。运输时运输车辆应配备相应品种和数量的消防器材及泄漏应急处理设备。夏季最好早晚运输。运输时所用的槽（罐）车应有接地链，槽内可设孔隔板以减少震荡产生的静电。严禁与氧化剂、胺类、碱金属、食用化学品等混装混运。运输途中应防曝晒、雨淋，防高温。中途停留时应远离火种、热源、高温区。装运该物品的车辆排气管必须配备阻火装置，禁止使用易产生火花的机械设备和工具装卸。公路运输时要按规定路线行驶，勿在居民区和人口稠密区停留。铁路运输时要禁止溜放。严禁用木船、水泥船散装运输

第十五部分　法规信息

下列法律、法规、规章和标准，对该化学品的管理作了相应的规定。

中华人民共和国职业病防治法　职业病分类和目录：二硫化碳中毒

危险化学品安全管理条例　危险化学品目录：列入。易制爆危险化学品名录：未列入。重点监管的危险化学品名录：列入。GB 18218—2009《危险化学品重大危险源辨识》（表1）：列入。类别：易燃液体，临界量（t）：50

使用有毒物品作业场所劳动保护条例　高毒物品目录：列入

易制毒化学品管理条例　易制毒化学品的分类和品种目录：未列入

国际公约　斯德哥尔摩公约：未列入。鹿特丹公约：未列入。蒙特利尔议定书：未列入

第十六部分　其他信息

编写和修订信息　　**缩略语和首字母缩写**

培训建议　　**参考文献**

免责声明

1,3-二氯苯

第一部分　化学品标识

化学品中文名　1,3-二氯苯；间二氯苯

化学品英文名　1,3-dichlorobenzene；*m*-dichlorobenzene

分子式　$C_6H_4Cl_2$　　**相对分子质量**　147

结构式　Cl–⟨苯环⟩–Cl（1,3位）

化学品的推荐及限制用途　用于染料制造、有机合成中间体、溶剂

第二部分　危险性概述

紧急情况概述　吞咽有害

GHS危险性类别　急性毒性-经口，类别4；危害水生环境-急性危害，类别2；危害水生环境-长期危害，类别2

标签要素

象形图

警示词　警告

危险性说明　吞咽有害，对水生生物有毒并具有长期持续影响

防范说明

预防措施　避免接触眼睛、皮肤，操作后彻底清洗。作业场所不得进食、饮水或吸烟。禁止排入环境

事故响应　食入：漱口。如果感觉不适，立即呼叫中毒控制中心或就医。收集泄漏物

安全储存　-

废弃处置　本品及内装物、容器依据国家和地方法规处置

物理和化学危险　可燃，其蒸气与空气混合，能形成爆炸性混合物

健康危害　吸入后引起头痛、倦睡、不安和呼吸道黏膜刺激。对眼和皮肤有强烈刺激性。口服出现胃黏膜刺激、恶心、呕吐、腹泻、腹绞痛和紫绀

慢性影响　可能引起肝肾损害

环境危害　对水生生物有毒并具有长期持续影响

第三部分　成分/组成信息

√物质　　混合物

组分	浓度	CAS No.
1,3-二氯苯		541-73-1

第四部分　急救措施

吸入　迅速脱离现场至空气新鲜处。保持呼吸道通畅。如

呼吸困难，给输氧。如呼吸、心跳停止，立即进行心肺复苏术。就医

皮肤接触 立即脱去污染的衣着，用流动清水彻底冲洗。就医

眼睛接触 立即分开眼睑，用流动清水或生理盐水彻底冲洗。就医

食入 漱口，饮水。就医

对保护施救者的忠告 根据需要使用个人防护设备

对医生的特别提示 对症处理

第五部分 消防措施

灭火剂 用雾状水、泡沫、二氧化碳、砂土灭火

特别危险性 受高热分解放出有毒的气体。遇氧化剂及铝反应剧烈。燃烧生成有害的一氧化碳、氯化氢

灭火注意事项及防护措施 消防人员必须佩戴空气呼吸器、穿全身防火防毒服，在上风向灭火。尽可能将容器从火场移至空旷处。喷水保持火场容器冷却，直至灭火结束。容器突然发出异常声音或出现异常现象，应立即撤离

第六部分 泄漏应急处理

作业人员防护措施、防护装备和应急处置程序 根据液体流动和蒸气扩散的影响区域划定警戒区，无关人员从侧风、上风向撤离至安全区。消除所有点火源。建议应急处理人员戴正压自给式呼吸器，穿防毒服，戴橡胶耐油手套。穿上适当的防护服前严禁接触破裂的容器和泄漏物。尽可能切断泄漏源

环境保护措施 防止泄漏物进入水体、下水道、地下室或有限空间

泄漏化学品的收容、清除方法及所使用的处置材料 小量泄漏：用干燥的砂土或其他不燃材料吸收或覆盖，收集于容器中。大量泄漏：构筑围堤或挖坑收容。用泵转移至槽车或专用收集器内

第七部分 操作处置与储存

操作注意事项 密闭操作，提供充分的局部排风。操作人员必须经过专门培训，严格遵守操作规程。建议操作人员佩戴自吸过滤式防毒面具（半面罩），戴化学安全防护眼镜，穿防毒物渗透工作服，戴橡胶耐油手套。远离火种、热源。工作场所严禁吸烟。使用防爆型的通风系统和设备。防止蒸气泄漏到工作场所空气中。避免与氧化剂、铝接触。搬运时要轻装轻卸，防止包装及容器损坏。配备相应品种和数量的消防器材及泄漏应急处理设备。倒空的容器可能残留有害物

储存注意事项 储存于阴凉、通风的库房。远离火种、热源。保持容器密封。应与氧化剂、铝、食用化学品分开存放，切忌混储。配备相应品种和数量的消防器材。储区应备有泄漏应急处理设备和合适的收容材料

第八部分 接触控制/个体防护

职业接触限值

中国 未制定标准

美国(ACGIH) 未制定标准

生物接触限值 未制定标准

监测方法 空气中有毒物质测定方法：溶剂解吸-气相色谱法。生物监测检验方法：未制定标准

工程控制 严加密闭，提供充分的局部排风。提供安全的淋浴和洗眼设备

个体防护装备

呼吸系统防护 可能接触其蒸气时，应该佩戴过滤式防毒面具（半面罩）

眼睛防护 戴化学安全防护眼镜

皮肤和身体防护 穿防毒物渗透工作服

手防护 戴橡胶耐油手套

第九部分 理化特性

外观与性状 无色液体，有刺激性气味

pH 值 无资料 **熔点(℃)** −24.8

沸点(℃) 173 **相对密度(水=1)** 1.29

相对蒸气密度(空气=1) 5.08

饱和蒸气压(kPa) 0.13（12.1℃）

燃烧热(kJ/mol) −2952.9 **临界温度(℃)** 415.3

临界压力(MPa) 4.86 **辛醇/水分配系数** 3.53

闪点(℃) 72 **自燃温度(℃)** 647

爆炸下限(%) 1.8 **爆炸上限(%)** 7.8

分解温度(℃) 无资料

黏度(mPa·s) 1.044（25℃）

溶解性 不溶于水，溶于乙醇、乙醚，易溶于丙酮

第十部分 稳定性和反应性

稳定性 稳定

危险反应 与强氧化剂、活性金属等禁配物发生反应

避免接触的条件 受热

禁配物 强氧化剂、铝

危险的分解产物 氯化氢

第十一部分 毒理学信息

急性毒性 LD_{50}：1062mg/kg（小鼠静脉）；1062mg/kg（小鼠腹腔）

皮肤刺激或腐蚀 无资料 **眼睛刺激或腐蚀** 无资料

呼吸或皮肤过敏 无资料

生殖细胞突变性 基因转化和有丝分裂重组：酿酒酵母5ppm。微核试验：小鼠腹腔内给药175mg/kg（24h）

致癌性 IARC 致癌性评论：组 3，现有的证据不能对人类致癌性进行分类。对人及动物致癌性证据不足

生殖毒性 无资料

特异性靶器官系统毒性-一次接触 无资料

特异性靶器官系统毒性-反复接触 无资料

吸入危害 无资料

第十二部分 生态学信息

生态毒性

LC_{50} 21.8mg/L（24h）（蓝鳃太阳鱼，静态）；12.7mg/L（96h）（黑头呆鱼，静态）；8.46mg/L（24h）（红鲈，静态）；5.7mg/L（96h）（青鳉）

EC_{50} 2.5mg/L（48h）（水蚤）

持久性和降解性

生物降解性　不易快速生物降解

非生物降解性　光解最大光吸收波长范围（nm）：216～278；空气中光氧化半衰期（h）：8.91～89.1；一级水解半衰期（h）：>879a

潜在的生物累积性　BCF：60～230（鲤鱼，接触浓度100μg/L，接触时间8周），60～370（鲤鱼，接触浓度10μg/L，接触时间8周）；420～740（虹鳟鱼，接触时间119d），90（蓝鳃太阳鱼，接触时间28d）

土壤中的迁移性　根据K_{oc}值预测，该物质可能有一定的迁移性

第十三部分　废弃处置

废弃化学品　用焚烧法处置。与燃料混合后，再焚烧。焚烧炉排出的卤化氢通过酸洗涤器除去

污染包装物　将容器返还生产商或按照国家和地方法规处置

废弃注意事项　把倒空的容器归还厂商或在规定场所掩埋

第十四部分　运输信息

联合国危险货物编号（UN号）　3082

联合国运输名称　对环境有害的液态物质，未另作规定的（1,3-二氯苯）

联合国危险性类别　9

包装类别　Ⅲ类包装　　**包装标志** 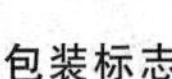 

海洋污染物　是

运输注意事项　运输前应先检查包装容器是否完整、密封，运输过程中要确保容器不泄漏、不倒塌、不坠落、不损坏。严禁与酸类、氧化剂、食品及食品添加剂混运。运输时运输车辆应配备相应品种和数量的消防器材及泄漏应急处理设备。运输途中应防曝晒、雨淋，防高温。公路运输时要按规定路线行驶

第十五部分　法规信息

下列法律、法规、规章和标准，对该化学品的管理作了相应的规定。

中华人民共和国职业病防治法　职业病分类和目录：未列入

危险化学品安全管理条例　危险化学品目录：列入。易制爆危险化学品名录：未列入。重点监管的危险化学品名录：未列入。GB 18218—2009《危险化学品重大危险源辨识》（表1）：未列入

使用有毒物品作业场所劳动保护条例　高毒物品目录：未列入

易制毒化学品管理条例　易制毒化学品的分类和品种目录：未列入

国际公约　斯德哥尔摩公约：未列入。鹿特丹公约：未列入。蒙特利尔议定书：未列入

第十六部分　其他信息

编写和修订信息　　**缩略语和首字母缩写**

培训建议　　**参考文献**

免责声明

1,4-二氯苯

第一部分　化学品标识

化学品中文名　1,4-二氯苯；对二氯苯

化学品英文名　1,4-dichlorobenzene；*p*-dichlorobenzene

分子式　$C_6H_4Cl_2$　　**相对分子质量**　147

结构式 

化学品的推荐及限制用途　用作杀虫剂、防霉剂、分析试剂及用于有机合成

第二部分　危险性概述

紧急情况概述　皮肤接触可能有害，造成严重眼刺激，怀疑致癌

GHS危险性类别　急性毒性-经皮，类别5；严重眼损伤/眼刺激，类别2A；致癌性，类别2；危害水生环境-急性危害，类别1；危害水生环境-长期危害，类别1

标签要素

象形图 

警示词　警告

危险性说明　皮肤接触可能有害，造成严重眼刺激，怀疑致癌，对水生生物毒性非常大并具有长期持续影响

防范说明

预防措施　避免接触眼睛、皮肤，操作后彻底清洗。戴防护眼镜、防护面罩。得到专门指导后操作。在阅读并了解所有安全预防措施之前，切勿操作。按要求使用个体防护装备。禁止排入环境

事故响应　如感觉不适，呼叫中毒控制中心或就医。如接触眼睛：用水细心冲洗数分钟。如戴隐形眼镜并可方便地取出，取出隐形眼镜继续冲洗。如果接触或有担心，就医。收集泄漏物

安全储存　上锁保管

废弃处置　本品及内装物、容器依据国家和地方法规处置

物理和化学危险　可燃，其粉体与空气混合，能形成爆炸性混合物

健康危害　本品对眼和上呼吸道有刺激性，对中枢神经有抑制作用，致肝、肾损害。人在接触高浓度时，可出现虚弱、眩晕、呕吐。严重时损害肝脏，出现黄疸，肝损害可发展为肝坏死或肝硬化。长时间接触本品对皮肤有轻微刺激性，引起烧灼感

环境危害　对水生生物毒性非常大并具有长期持续影响

第三部分　成分/组成信息

√物质		混合物
组分	**浓度**	**CAS No.**
1,4-二氯苯		106-46-7

第四部分　急救措施

吸入　迅速脱离现场至空气新鲜处。保持呼吸道通畅。如

呼吸困难，给输氧。如呼吸、心跳停止，立即进行心肺复苏术。就医

皮肤接触 立即脱去污染的衣着，用流动清水彻底冲洗。就医

眼睛接触 立即分开眼睑，用流动清水或生理盐水彻底冲洗。就医

食入 漱口，饮水。就医

对保护施救者的忠告 根据需要使用个人防护设备

对医生的特别提示 对症处理

第五部分 消防措施

灭火剂 用雾状水、泡沫、二氧化碳、砂土灭火

特别危险性 受高热分解产生有毒的腐蚀性烟气。与强氧化剂接触可发生化学反应。与活性金属粉末（如镁、铝等）能发生反应，引起分解。燃烧生成有害的一氧化碳、氯化氢

灭火注意事项及防护措施 消防人员必须佩戴空气呼吸器、穿全身防火防毒服，在上风向灭火。尽可能将容器从火场移至空旷处。喷水保持火场容器冷却，直至灭火结束

第六部分 泄漏应急处理

作业人员防护措施、防护装备和应急处置程序 隔离泄漏污染区，限制出入。建议应急处理人员戴防尘口罩，穿防毒服，戴橡胶手套。穿上适当的防护服前严禁接触破裂的容器和泄漏物。尽可能切断泄漏源。用塑料布覆盖泄漏物，减少飞散。勿使水进入包装容器内

环境保护措施 无资料

泄漏化学品的收容、清除方法及所使用的处置材料 用洁净的铲子收集泄漏物，置于干净、干燥、盖子较松的容器中，将容器移离泄漏区

第七部分 操作处置与储存

操作注意事项 密闭操作，局部排风。操作人员必须经过专门培训，严格遵守操作规程。建议操作人员佩戴过滤式防毒面具（半面罩），戴安全防护眼镜，穿防毒物渗透工作服，戴橡胶手套。远离火种、热源。工作场所严禁吸烟。使用防爆型的通风系统和设备。避免产生粉尘。避免与氧化剂、铝接触。搬运时要轻装轻卸，防止包装及容器损坏。配备相应品种和数量的消防器材及泄漏应急处理设备。倒空的容器可能残留有害物

储存注意事项 储存于阴凉、通风的库房。远离火种、热源。包装密封。应与氧化剂、铝、食用化学品分开存放，切忌混储。配备相应品种和数量的消防器材。储区应备有合适的材料收容泄漏物

第八部分 接触控制/个体防护

职业接触限值

中国 PC-TWA：30mg/m³；PC-STEL：60mg/m³ [G2B]

美国(ACGIH) TLV-TWA：10ppm

生物接触限值 未制定标准

监测方法 空气中有毒物质测定方法：溶剂解吸-气相色谱法。生物监测检验方法：未制定标准

工程控制 密闭操作，局部排风。提供安全的淋浴和洗眼设备

个体防护装备

呼吸系统防护 可能接触其蒸气时，应该佩戴过滤式防毒面具（半面罩）。紧急事态抢救或撤离时，佩戴空气呼吸器

眼睛防护 戴安全防护眼镜

皮肤和身体防护 穿防毒物渗透工作服

手防护 戴橡胶手套

第九部分 理化特性

外观与性状 白色结晶，有樟脑气味

pH值 无意义 **熔点(℃)** 53.1

沸点(℃) 174 **相对密度(水=1)** 1.46

相对蒸气密度(空气=1) 5.08

饱和蒸气压(kPa) 1.33（54.8℃）

燃烧热(kJ/mol) −2931.3 **临界温度(℃)** 407.5

临界压力(MPa) 4.11 **辛醇/水分配系数** 3.37

闪点(℃) 66（CC） **自燃温度(℃)** 646

爆炸下限(%) 1.8 **爆炸上限(%)** 7.8

分解温度(℃) 无资料

黏度(mPa·s) 0.839（55℃）

溶解性 不溶于水，溶于乙醇、乙醚、苯

第十部分 稳定性和反应性

稳定性 稳定

危险反应 与强氧化剂、活性金属等禁配物发生反应

避免接触的条件 受热

禁配物 强氧化剂、铝

危险的分解产物 氯化氢

第十一部分 毒理学信息

急性毒性

LD_{50} 500mg/kg（大鼠经口）；>2g/kg（兔经皮）

LC_{50} 5000mg/m³（大鼠吸入，4h）

皮肤刺激或腐蚀 无资料

眼睛刺激或腐蚀 人经眼：80ppm，引起刺激

呼吸或皮肤过敏 无资料

生殖细胞突变性 姐妹染色单体交换：人类淋巴细胞100μg/L。精子形态学：大鼠腹腔800mg/kg

致癌性 IARC致癌性评论：组2B，可疑人类致癌物。对人类致癌性证据有限，对动物致癌性证据不充分

生殖毒性 雌性大鼠受孕后6～15d经口染毒7500mg/kg引发子鼠肌肉骨骼系统发育畸形。雌性兔受孕后6～18d吸入800ppm/6h引发心血管系统发育畸形。大鼠经口最低中毒剂量（TDLo）：7500mg/kg（孕6～15d用药），引起肌肉骨骼发育异常

特异性靶器官系统毒性-一次接触 无资料

特异性靶器官系统毒性-反复接触 大鼠、豚鼠和兔接触5.23g/m³，69次，见颤抖、虚弱、减重、眼刺激和毛蓬乱，肝、肾发生病理改变

吸入危害 无资料

第十二部分 生态学信息

生态毒性

LC_{50} 4.54mg/L（24h）（蓝鳃太阳鱼，静态）；7.5～10mg/L（24h），7.17mg/L（48h），7.4mg/L（96h）（红鲈，静态）；33.7mg/L（96h）（黑头呆鱼）；5.7mg/L（96h）（青鳉）

EC_{50} 2.5mg/L（48h）（水蚤）

持久性和降解性

生物降解性 不易快速生物降解

非生物降解性 光解最大光吸收波长范围（nm）：223.5～280；空气中光氧化半衰期（h）：200.6～2006；一级水解半衰期（h）：>879a

潜在的生物累积性 BCF：78（食蚊鱼，接触浓度57～233μg/L，接触时间1～4d）；370～720（虹鳟鱼，接触时间119d）；60（蓝鳃太阳鱼，接触时间28d）

土壤中的迁移性 根据 K_{oc} 值预测，该物质可能有一定的迁移性

第十三部分 废弃处置

废弃化学品 用焚烧法处置。与燃料混合后，再焚烧。焚烧炉排出的卤化氢通过酸洗涤器除去

污染包装物 将容器返还生产商或按照国家和地方法规处置

废弃注意事项 处置前应参阅国家和地方有关法规。把空容器归还厂商

第十四部分 运输信息

联合国危险货物编号（UN号） 3077

联合国运输名称 对环境有害的固态物质，未另作规定的（1,4-二氯苯）

联合国危险性类别 9

包装类别 Ⅲ类包装 **包装标志**

海洋污染物 是

运输注意事项 运输前应先检查包装容器是否完整、密封，运输过程中要确保容器不泄漏、不倒塌、不坠落、不损坏。严禁与酸类、氧化剂、食品及食品添加剂混运。运输车辆应配备相应品种和数量的消防器材及泄漏应急处理设备。运输途中应防曝晒、雨淋，防高温

第十五部分 法规信息

下列法律、法规、规章和标准，对该化学品的管理作了相应的规定。

中华人民共和国职业病防治法 职业病分类和目录：未列入

危险化学品安全管理条例 危险化学品目录：未列入。易制爆危险化学品名录：未列入。重点监管的危险化学品名录：未列入。GB 18218—2009《危险化学品重大危险源辨识》（表1）：未列入

使用有毒物品作业场所劳动保护条例 高毒物品目录：未列入

易制毒化学品管理条例 易制毒化学品的分类和品种目录：未列入

国际公约 斯德哥尔摩公约：未列入。鹿特丹公约：未列入。蒙特利尔议定书：未列入

第十六部分 其他信息

编写和修订信息 **缩略语和首字母缩写**

培训建议 **参考文献**

免责声明

1,2-二氯苯

第一部分 化学品标识

化学品中文名 1,2-二氯苯；邻二氯苯

化学品英文名 1,2-dichlorobenzene；*o*-dichlorobenzene

分子式 $C_6H_4Cl_2$ **相对分子质量** 147

结构式

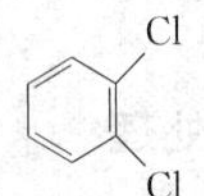

化学品的推荐及限制用途 广泛用作有机物和有色金属氧化物的溶剂、防腐剂，也可作杀虫剂

第二部分 危险性概述

紧急情况概述 吞咽有害

GHS危险性类别 急性毒性-经口，类别4；皮肤腐蚀/刺激，类别2；严重眼损伤/眼刺激，类别2；特异性靶器官毒性—一次接触，类别3（呼吸道刺激）；危害水生环境-急性危害，类别1；危害水生环境-长期危害，类别1

标签要素

象形图

警示词 警告

危险性说明 吞咽有害，造成皮肤刺激，造成严重眼刺激，可能引起呼吸道刺激，对水生生物毒性非常大并具有长期持续影响

防范说明

预防措施 避免接触眼睛、皮肤，操作后彻底清洗。作业场所不得进食、饮水或吸烟。戴防护手套、防护眼镜、防护面罩。避免接触眼睛、皮肤，操作后彻底清洗。禁止排入环境

事故响应 皮肤接触：用大量肥皂水和水清洗。如发生皮肤刺激，就医。脱去被污染的衣服，洗净后方可重新使用。如接触眼睛：用水细心冲洗数分钟。如戴隐形眼镜并可方便地取出，取出隐形眼镜继续冲洗。如果眼睛刺激持续：就医。食入：漱口。如果感觉不适，立即呼叫中毒控制中心或就医。收集泄漏物

安全储存 -

废弃处置 本品及内装物、容器依据国家和地方法规处置

物理和化学危险 可燃，其蒸气与空气混合，能形成爆炸性混合物

健康危害 吸入本品后，出现呼吸道刺激、头痛、头晕、焦虑、麻醉作用，以致意识不清。可引起溶血性贫血和严重贫血。液体及高浓度蒸气对眼有刺激性。口服引起胃肠道反应。皮肤接触可引起红斑、水肿

环境危害 对水生生物毒性非常大并具有长期持续影响

第三部分 成分/组成信息

√物质		混合物
组分	**浓度**	**CAS No.**
1,2-二氯苯		95-50-1

第四部分 急救措施

吸入 迅速脱离现场至空气新鲜处。保持呼吸道通畅。如呼吸困难，给输氧。如呼吸、心跳停止，立即进行心肺复苏术。就医

皮肤接触 立即脱去污染的衣着，用流动清水彻底冲洗。就医

眼睛接触 立即分开眼睑，用流动清水或生理盐水彻底冲洗。就医

食入 漱口，饮水。就医

对保护施救者的忠告 根据需要使用个人防护设备

对医生的特别提示 对症处理

第五部分 消防措施

灭火剂 用雾状水、泡沫、二氧化碳、砂土灭火

特别危险性 受高热分解产生有毒的腐蚀性烟气。与强氧化剂接触可发生化学反应。在潮湿空气存在下，放出热和近似白色烟雾状有刺激性和腐蚀性的氯化氢气体。与活性金属粉末（如镁、铝等）能发生反应，引起分解。燃烧生成有害的一氧化碳、氯化氢

灭火注意事项及防护措施 消防人员必须佩戴空气呼吸器、穿全身防火防毒服，在上风向灭火。尽可能将容器从火场移至空旷处。喷水保持火场容器冷却，直至灭火结束。容器突然发出异常声音或出现异常现象，应立即撤离

第六部分 泄漏应急处理

作业人员防护措施、防护装备和应急处置程序 根据液体流动和蒸气扩散的影响区域划定警戒区，无关人员从侧风、上风向撤离至安全区。建议应急处理人员戴正压自给式呼吸器，穿防毒服，戴橡胶耐油手套。穿上适当的防护服前严禁接触破裂的容器和泄漏物。尽可能切断泄漏源

环境保护措施 防止泄漏物进入水体、下水道、地下室或有限空间

泄漏化学品的收容、清除方法及所使用的处置材料 小量泄漏：用干燥的砂土或其他不燃材料吸收或覆盖，收集于容器中。大量泄漏：构筑围堤或挖坑收容。用砂土、惰性物质或蛭石吸收大量液体。用泵转移至槽车或专用收集器内

第七部分 操作处置与储存

操作注意事项 密闭操作，提供充分的局部排风。操作人员必须经过专门培训，严格遵守操作规程。建议操作人员佩戴自吸过滤式防毒面具（半面罩），戴安全防护眼镜，穿防毒物渗透工作服，戴橡胶耐油手套。远离火种、热源。工作场所严禁吸烟。使用防爆型的通风系统和设备。防止蒸气泄漏到工作场所空气中。避免与氧化剂、铝接触。搬运时要轻装轻卸，防止包装及容器损坏。配备相应品种和数量的消防器材及泄漏应急处理设备。倒空的容器可能残留有害物

储存注意事项 储存于阴凉、通风的库房。远离火种、热源。保持容器密封。应与氧化剂、铝、食用化学品分开存放，切忌混储。配备相应品种和数量的消防器材。储区应备有泄漏应急处理设备和合适的收容材料

第八部分 接触控制/个体防护

职业接触限值

中国 PC-TWA：50mg/m^3；PC-STEL：100mg/m^3

美国(ACGIH) TLV-TWA：25ppm；TLV-STEL：50ppm

生物接触限值 未制定标准

监测方法 空气中有毒物质测定方法：溶剂解吸-气相色谱法。生物监测检验方法：未制定标准

工程控制 严加密闭，提供充分的局部排风。提供安全的淋浴和洗眼设备

个体防护装备

呼吸系统防护 可能接触其蒸气时，应该佩戴过滤式防毒面具（半面罩）

眼睛防护 戴安全防护眼镜

皮肤和身体防护 穿防毒物渗透工作服

手防护 戴橡胶耐油手套

第九部分 理化特性

外观与性状 无色易挥发的液体，有芳香气味

pH值 无资料　**熔点(℃)** －17.5

沸点(℃) 180.4　**相对密度(水＝1)** 1.30

相对蒸气密度(空气＝1) 5.05

饱和蒸气压(kPa) 0.133（20℃）

燃烧热(kJ/mol) －2725.38　**临界温度(℃)** 417.2

临界压力(MPa) 4.03　**辛醇/水分配系数** 3.43

闪点(℃) 66（CC）；68（OC）　**自燃温度(℃)** 647

爆炸下限(%) 2　**爆炸上限(%)** 9.2

分解温度(℃) 无资料

黏度(mPa·s) 1.324（25℃）

溶解性 不溶于水，溶于乙醇、乙醚、苯等多数有机溶剂

第十部分 稳定性和反应性

稳定性 稳定

危险反应 与强氧化剂、活性金属等禁配物发生反应

避免接触的条件 潮湿空气、受热

禁配物　强氧化剂、铝

危险的分解产物　氯化氢

第十一部分　毒理学信息

急性毒性

LD_{50}　500mg/kg（大鼠经口）；＞10g/kg（兔经皮）

LC_{50}　8150mg/m^3（大鼠吸入，4h）

皮肤刺激或腐蚀　无资料

眼睛刺激或腐蚀　家兔经眼：100mg（30s），轻微刺激

呼吸或皮肤过敏　无资料

生殖细胞突变性　基因转化和有丝分裂重组：酿酒酵母1mmol/L。精子形态学：大鼠腹腔内给予250mg/kg。微核试验：小鼠腹腔内给予187mg/kg（24h）。微生物致突变：小鼠淋巴细胞6500μg/L。姐妹染色单体交换：仓鼠卵巢59mg/L

致癌性　无资料

生殖毒性　大鼠孕后6～15d吸入最低中毒剂量（TCLo）200ppm（6h），致肌肉骨骼系统发育畸形

特异性靶器官系统毒性-一次接触　无资料

特异性靶器官系统毒性-反复接触　大鼠经口给予邻二氯苯30～50mg/kg，每周5d，共计13周，结果表明，50mg/kg染毒组，大鼠体重下降，尿卟啉排泄增加，肝脏/体比值升高。病理可见，肝脏中央小叶变性和坏死，肾上管上皮变性

吸入危害　无资料

第十二部分　生态学信息

生态毒性

LC_{50}　1.6mg/L（96h）（虹鳟）；5.2mg/L（96h）（斑马鱼）

EC_{50}　＜1～10mg/L（48h）（水蚤）

IC_{50}　1～100mg/L（72h/96h）（藻类）

持久性和降解性

生物降解性　不易快速生物降解

非生物降解性　光解最大光吸收波长范围（nm）：219.5～269；空气中光氧化半衰期（h）：152.8～1528；一级水解半衰期（h）：＞879a

潜在的生物累积性　根据K_{ow}值预测，该物质可能有一定的生物累积性

土壤中的迁移性　根据K_{oc}值预测，该物质可能有一定的迁移性

第十三部分　废弃处置

废弃化学品　用焚烧法处置。与燃料混合后，再焚烧。焚烧炉排出的卤化氢通过酸洗涤器除去

污染包装物　将容器返还生产商或按照国家和地方法规处置

废弃注意事项　把倒空的容器归还厂商或在规定场所掩埋

第十四部分　运输信息

联合国危险货物编号（UN号）　1591

联合国运输名称　邻二氯苯　**联合国危险性类别**　6.1

包装类别　Ⅲ类包装　**包装标志**

海洋污染物　是

运输注意事项　运输前应先检查包装容器是否完整、密封，运输过程中要确保容器不泄漏、不倒塌、不坠落、不损坏。严禁与酸类、氧化剂、食品及食品添加剂混运。运输时运输车辆应配备相应品种和数量的消防器材及泄漏应急处理设备。运输途中应防曝晒、雨淋，防高温。公路运输时要按规定路线行驶

第十五部分　法规信息

下列法律、法规、规章和标准，对该化学品的管理作了相应的规定。

中华人民共和国职业病防治法　职业病分类和目录：未列入

危险化学品安全管理条例　危险化学品目录：列入。易制爆危险化学品名录：未列入。重点监管的危险化学品名录：未列入。GB 18218—2009《危险化学品重大危险源辨识》（表1）：未列入

使用有毒物品作业场所劳动保护条例　高毒物品目录：未列入

易制毒化学品管理条例　易制毒化学品的分类和品种目录：未列入

国际公约　斯德哥尔摩公约：未列入。鹿特丹公约：未列入。蒙特利尔议定书：未列入

第十六部分　其他信息

编写和修订信息　　**缩略语和首字母缩写**

培训建议　　**参考文献**

免责声明

3,4-二氯苯胺

第一部分　化学品标识

化学品中文名　3,4-二氯苯胺

化学品英文名　3,4-dichloroaniline

分子式　$C_6H_5Cl_2N$　**相对分子质量**　162.02

结构式

Cl　Cl　NH_2

化学品的推荐及限制用途　用于染料中间体、农药中间体及生物组分中间体

第二部分　危险性概述

紧急情况概述　吞咽会中毒，皮肤接触会中毒，吸入会中毒，造成严重眼损伤，可能导致皮肤过敏反应

GHS危险性类别　急性毒性-经口，类别3；急性毒性-经皮，类别3；急性毒性-吸入，类别3；严重眼损伤/眼刺激，类别1；皮肤致敏物，类别1；危害水生环境-急性危害，类别1；危害水生环境-长期危害，类别1

标签要素

象形图 

警示词　危险

危险性说明　吞咽会中毒，皮肤接触会中毒，吸入会中毒，造成严重眼损伤，可能导致皮肤过敏反应，对水生生物毒性非常大并具有长期持续影响

防范说明

预防措施　避免接触眼睛、皮肤，操作后彻底清洗。作业场所不得进食、饮水或吸烟。戴防护手套，穿防护服，戴防护眼镜、防护面罩。避免吸入粉尘。仅在室外或通风良好处操作。污染的工作服不得带出工作场所。禁止排入环境

事故响应　如吸入：将患者转移到空气新鲜处，休息，保持利于呼吸的体位。皮肤接触：用大量肥皂水和水清洗。如出现皮肤刺激或皮疹：就医。立即脱去所有被污染的衣服。被污染的衣服须经洗净后方可重新使用。接触眼睛：用水细心冲洗数分钟。如戴隐形眼镜并可方便地取出，取出隐形眼镜继续冲洗。食入：漱口。立即呼叫中毒控制中心或就医。收集泄漏物

安全储存　在通风良好处储存。保持容器密闭。上锁保管

废弃处置　本品及内装物、容器依据国家和地方法规处置

物理和化学危险　可燃，其粉体与空气混合，能形成爆炸性混合物

健康危害　本品为强高铁血红蛋白形成剂；对中枢神经系统、肝、肾有损害。引起头痛、头晕、恶心、呕吐、指端、口唇、耳廓紫绀，呼吸困难等

环境危害　对水生生物毒性非常大并具有长期持续影响

第三部分　成分/组成信息

√物质　　混合物

组分	浓度	CAS No.
3,4-二氯苯胺		95-76-1

第四部分　急救措施

吸入　迅速脱离现场至空气新鲜处。保持呼吸道通畅。如呼吸困难，给输氧。如呼吸、心跳停止，立即进行心肺复苏术。就医

皮肤接触　立即脱去污染的衣着，用流动清水彻底冲洗。就医

眼睛接触　立即分开眼睑，用流动清水或生理盐水彻底冲洗。就医

食入　漱口，饮水。就医

对保护施救者的忠告　根据需要使用个人防护设备

对医生的特别提示　高铁血红蛋白血症，可用美蓝和维生素C治疗

第五部分　消防措施

灭火剂　用雾状水、泡沫、干粉、二氧化碳、砂土灭火

特别危险性　受高热分解，产生有毒的氮氧化物和氯化物气体。与强氧化剂接触可发生化学反应。燃烧生成有害的一氧化碳、氮氧化物、氯化氢

灭火注意事项及防护措施　消防人员必须佩戴空气呼吸器、穿全身防火防毒服，在上风向灭火。尽可能将容器从火场移至空旷处。喷水保持火场容器冷却，直至灭火结束

第六部分　泄漏应急处理

作业人员防护措施、防护装备和应急处置程序　隔离泄漏污染区，限制出入。消除所有点火源。建议应急处理人员戴防尘口罩，穿防毒服，戴橡胶手套。穿上适当的防护服前严禁接触破裂的容器和泄漏物。尽可能切断泄漏源。用塑料布覆盖泄漏物，减少飞散。勿使水进入包装容器内

环境保护措施　无资料

泄漏化学品的收容、清除方法及所使用的处置材料　用洁净的铲子收集泄漏物，置于干净、干燥、盖子较松的容器中，将容器移离泄漏区

第七部分　操作处置与储存

操作注意事项　密闭操作，提供充分的局部排风。操作人员必须经过专门培训，严格遵守操作规程。建议操作人员佩戴自吸过滤式防尘口罩，戴安全防护眼镜，穿防毒物渗透工作服，戴橡胶手套。远离火种、热源。工作场所严禁吸烟。使用防爆型的通风系统和设备。避免产生粉尘。避免与氧化剂、酸类接触。搬运时要轻装轻卸，防止包装及容器损坏。配备相应品种和数量的消防器材及泄漏应急处理设备。倒空的容器可能残留有害物

储存注意事项　储存于阴凉、通风的库房。远离火种、热源。包装密封。应与氧化剂、酸类、食用化学品分开存放，切忌混储。配备相应品种和数量的消防器材。储区应备有合适的材料收容泄漏物

第八部分　接触控制/个体防护

职业接触限值

中国　未制定标准

美国(ACGIH)　未制定标准

生物接触限值　未制定标准

监测方法　空气中有毒物质测定方法：未制定标准。生物监测检验方法：未制定标准

工程控制　严加密闭，提供充分的局部排风。提供安全的淋浴和洗眼设备

个体防护装备

呼吸系统防护　可能接触其粉尘时，佩戴过滤式防尘呼吸器。紧急事态抢救或撤离时，应该佩戴空气呼吸器

眼睛防护　戴安全防护眼镜

皮肤和身体防护　穿防毒物渗透工作服

手防护　戴橡胶手套

第九部分　理化特性

外观与性状　褐色针状结晶

pH 值 无意义 **熔点(℃)** 70～72.5
沸点(℃) 272 **相对密度(水=1)** 1.33
相对蒸气密度(空气=1) 5.59
饱和蒸气压(kPa) 0.13（80.5℃）
燃烧热(kJ/mol) 无资料 **临界温度(℃)** 无资料
临界压力(MPa) 4.1 **辛醇/水分配系数** 2.69
闪点(℃) 166（OC） **自燃温度(℃)** 265
爆炸下限(%) 2.8（153℃） **爆炸上限(%)** 7.2（179℃）
分解温度(℃) 无资料 **黏度(mPa·s)** 无资料
溶解性 微溶于水，溶于多数有机溶剂

第十部分 稳定性和反应性

稳定性 稳定
危险反应 与强氧化剂等禁配物发生反应
避免接触的条件 受热
禁配物 酸类、酰基氯、酸酐、强氧化剂
危险的分解产物 氯化氢

第十一部分 毒理学信息

急性毒性 LD_{50}：545mg/kg（大鼠经口）
皮肤刺激或腐蚀 家兔经皮：2mg（24h），重度刺激
眼睛刺激或腐蚀 家兔经眼：250μg（24h），重度刺激
呼吸或皮肤过敏 无资料
生殖细胞突变性 微生物致突变：构巢曲霉 200mg/L。姐妹染色单体交换：人淋巴细胞 125μmol/L
致癌性 无资料 **生殖毒性** 无资料
特异性靶器官系统毒性-一次接触 无资料
特异性靶器官系统毒性-反复接触 无资料
吸入危害 无资料

第十二部分 生态学信息

生态毒性

LC_{50} 7.26～8.95mg/L（96h）（黑头呆鱼，36d）；11mg/L（96h）（青鳉）
EC_{50} 0.55mg/L（48h）（水蚤）
ErC_{50} 6.5mg/L（72h）（羊角月牙藻）
NOEC 0.005mg/L（21d）（水蚤）

持久性和降解性

生物降解性 不易快速生物降解
非生物降解性 空气中，当羟基自由基浓度为 5.00×10^5个/cm^3时，降解半衰期为 17h（理论）

潜在的生物累积性 根据 K_{ow}值预测，该物质的生物累积性可能较弱
土壤中的迁移性 根据 K_{oc}值预测，该物质可能有一定的迁移性

第十三部分 废弃处置

废弃化学品 建议用焚烧法处置。与燃料混合后，再焚烧。焚烧炉排出的气体要通过洗涤器除去
污染包装物 将容器返还生产商或按照国家和地方法规处置
废弃注意事项 处置前应参阅国家和地方有关法规

第十四部分 运输信息

联合国危险货物编号(UN号) 3442
联合国运输名称 固态二氯苯胺
联合国危险性类别 6.1
包装类别 Ⅱ类包装 **包装标志**

海洋污染物 是
运输注意事项 运输前应先检查包装容器是否完整、密封，运输过程中要确保容器不泄漏、不倒塌、不坠落、不损坏。严禁与酸类、氧化剂、食品及食品添加剂混运。运输车辆应配备相应品种和数量的消防器材及泄漏应急处理设备。运输途中应防曝晒、雨淋，防高温

第十五部分 法规信息

下列法律、法规、规章和标准，对该化学品的管理作了相应的规定。

中华人民共和国职业病防治法 职业病分类和目录：苯的氨基及硝基化合物中毒
危险化学品安全管理条例 危险化学品目录：列入。易制爆危险化学品名录：未列入。重点监管的危险化学品名录：未列入。GB 18218—2009《危险化学品重大危险源辨识》(表1)：未列入
使用有毒物品作业场所劳动保护条例 高毒物品目录：未列入
易制毒化学品管理条例 易制毒化学品的分类和品种目录：未列入
国际公约 斯德哥尔摩公约：未列入。鹿特丹公约：未列入。蒙特利尔议定书：未列入

第十六部分 其他信息

编写和修订信息 **缩略语和首字母缩写**
培训建议 **参考文献**
免责声明

2,3-二氯苯胺

第一部分 化学品标识

化学品中文名 2,3-二氯苯胺
化学品英文名 2,3-dichloroaniline；2,3-dichlorobenzenamine
分子式 $C_6H_5Cl_2N$ **相对分子质量** 162.02
结构式

Cl Cl NH_2

化学品的推荐及限制用途 用于有机合成

第二部分 危险性概述

紧急情况概述 吞咽会中毒，皮肤接触会中毒，吸入会中毒
GHS 危险性类别 急性毒性-经口，类别 3；急性毒性-经

皮，类别 3；急性毒性-吸入，类别 3；皮肤腐蚀/刺激，类别 2；特异性靶器官毒性-反复接触，类别 2；危害水生环境-急性危害，类别 1；危害水生环境-长期危害，类别 1

标签要素

象形图

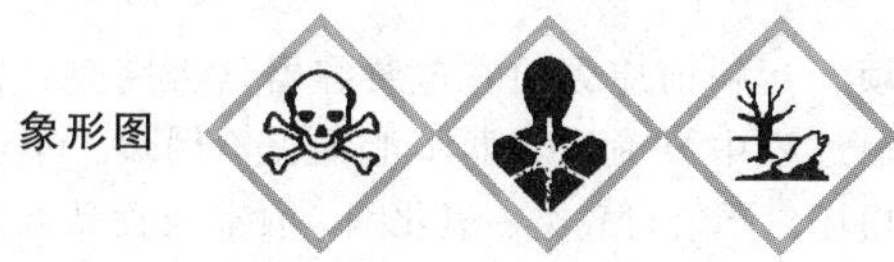

警示词 危险

危险性说明 吞咽会中毒，皮肤接触会中毒，吸入会中毒，造成皮肤刺激，长时间或反复接触可能对器官造成损伤，对水生生物毒性非常大并具有长期持续影响

防范说明

预防措施 避免接触眼睛、皮肤，操作后彻底清洗。作业场所不得进食、饮水或吸烟。戴防护手套、穿防护服。避免吸入粉尘。仅在室外或通风良好处操作。禁止排入环境

事故响应 如吸入将患者转移到空气新鲜处，休息，保持利于呼吸的体位。皮肤接触：用大量肥皂水和水清洗。如发生皮肤刺激，就医。立即脱去所有被污染的衣服。被污染的衣服须经洗净后方可重新使用。食入：漱口。立即呼叫中毒控制中心或就医。收集泄漏物

安全储存 在通风良好处储存。保持容器密闭。上锁保管

废弃处置 本品及内装物、容器依据国家和地方法规处置

物理和化学危险 可燃，其粉体与空气混合，能形成爆炸性混合物

健康危害 本品为强高铁血红蛋白形成剂。对中枢神经系统、肝、肾有损害。接触后引起头痛，头晕，恶心，呕吐，指端、口唇、耳廓紫绀，呼吸困难等

慢性影响 患者有神经衰弱综合征表现，伴有轻度紫绀、贫血和肝、脾肿大

环境危害 对水生生物毒性非常大并具有长期持续影响

第三部分 成分/组成信息

√物质 混合物

组分	浓度	CAS No.
2,3-二氯苯胺		608-27-5

第四部分 急救措施

吸入 迅速脱离现场至空气新鲜处。保持呼吸道通畅。如呼吸困难，给吸氧。如呼吸、心跳停止，立即行心肺复苏术。就医

皮肤接触 立即脱去污染衣着，用肥皂水或清水彻底冲洗。就医

眼睛接触 分开眼睑，用清水或生理盐水冲洗。就医

食入 漱口，饮水。就医

对保护施救者的忠告 根据需要使用个人防护设备

对医生的特别提示 高铁血红蛋白血症，可用美蓝和维生素 C 治疗

第五部分 消防措施

灭火剂 用雾状水、泡沫、干粉、二氧化碳、砂土灭火

特别危险性 受高热分解，产生有毒的氮氧化物和氯化物气体。与强氧化剂接触可发生化学反应。燃烧生成有害的一氧化碳、氮氧化物、氯化氢

灭火注意事项及防护措施 消防人员必须佩戴空气呼吸器、穿全身防火防毒服，在上风向灭火。尽可能将容器从火场移至空旷处。喷水保持火场容器冷却，直至灭火结束

第六部分 泄漏应急处理

作业人员防护措施、防护装备和应急处置程序 隔离泄漏污染区，限制出入。消除所有点火源。建议应急处理人员戴防尘口罩，穿防毒服，戴橡胶手套。穿上适当的防护服前严禁接触破裂的容器和泄漏物。尽可能切断泄漏源。用塑料布覆盖泄漏物，减少飞散。勿使水进入包装容器内

环境保护措施 无资料

泄漏化学品的收容、清除方法及所使用的处置材料 用洁净的铲子收集泄漏物，置于干净、干燥、盖子较松的容器中，将容器移离泄漏区

第七部分 操作处置与储存

操作注意事项 密闭操作，提供充分的局部排风。操作人员必须经过专门培训，严格遵守操作规程。建议操作人员佩戴自吸过滤式防毒面具（半面罩），戴安全防护眼镜，穿防毒物渗透工作服，戴橡胶手套。远离火种、热源。工作场所严禁吸烟。使用防爆型的通风系统和设备。避免产生粉尘。避免与氧化剂、酸类接触。搬运时要轻装轻卸，防止包装及容器损坏。配备相应品种和数量的消防器材及泄漏应急处理设备。倒空的容器可能残留有害物

储存注意事项 储存于阴凉、通风的库房。远离火种、热源。包装密封。应与氧化剂、酸类、食用化学品分开存放，切忌混储。配备相应品种和数量的消防器材。储区应备有合适的材料收容泄漏物

第八部分 接触控制/个体防护

职业接触限值

中国 未制定标准

美国(ACGIH) 未制定标准

生物接触限值 未制定标准

监测方法 空气中有毒物质测定方法：未制定标准。生物监测检验方法：未制定标准

工程控制 严加密闭，提供充分的局部排风。提供安全的淋浴和洗眼设备

个体防护装备

呼吸系统防护 可能接触其蒸气时，佩戴过滤式防毒面具（半面罩）

眼睛防护 戴安全防护眼镜

皮肤和身体防护 穿防毒物渗透工作服

手防护 戴橡胶手套

第九部分　理化特性

外观与性状　针状结晶
pH值　无意义　**熔点(℃)**　24
沸点(℃)　252　**相对密度(水=1)**　1.383
相对蒸气密度(空气=1)　无资料
饱和蒸气压(kPa)　无资料
燃烧热(kJ/mol)　无资料　**临界温度(℃)**　无资料
临界压力(MPa)　无资料　**辛醇/水分配系数**　2.78
闪点(℃)　>112 (CC)　**自燃温度(℃)**　无资料
爆炸下限(%)　无资料　**爆炸上限(%)**　无资料
分解温度(℃)　无资料　**黏度(mPa·s)**　无资料
溶解性　溶于乙醇、丙酮，易溶于乙醚，微溶于苯、石油醚

第十部分　稳定性和反应性

稳定性　稳定
危险反应　与强氧化剂等禁配物发生反应
避免接触的条件　受热
禁配物　酸类、酰基氯、酸酐、强氧化剂
危险的分解产物　氯化氢

第十一部分　毒理学信息

急性毒性　LC_{50}：>8047mg/m³ (大鼠吸入，4h)
皮肤刺激或腐蚀　无资料　**眼睛刺激或腐蚀**　无资料
呼吸或皮肤过敏　无资料　**生殖细胞突变性**　无资料
致癌性　无资料　**生殖毒性**　无资料
特异性靶器官系统毒性-一次接触　无资料
特异性靶器官系统毒性-反复接触　无资料
吸入危害　无资料

第十二部分　生态学信息

生态毒性　根据结构类似物质预测，该物质对水生生物有极高毒性
持久性和降解性
　生物降解性　无资料
　生物降解性　空气中，当羟基自由基浓度为 5.00×10^5 个/cm³时，降解半衰期为17h (理论)
潜在的生物累积性　根据 K_{ow} 值预测，该物质的生物累积性可能较弱
土壤中的迁移性　根据 K_{oc} 值预测，该物质可能有一定的迁移性

第十三部分　废弃处置

废弃化学品　建议用焚烧法处置。与燃料混合后，再焚烧。焚烧炉排出的气体要通过洗涤器除去
污染包装物　将容器返还生产商或按照国家和地方法规处置
废弃注意事项　处置前应参阅国家和地方有关法规

第十四部分　运输信息

联合国危险货物编号(UN号)　3442
联合国运输名称　固态二氯苯胺
联合国危险性类别　6.1
包装类别　Ⅱ类包装　　**包装标志**

海洋污染物　是
运输注意事项　运输前应先检查包装容器是否完整、密封，运输过程中要确保容器不泄漏、不倒塌、不坠落、不损坏。严禁与酸类、氧化剂、食品及食品添加剂混运。运输车辆应配备相应品种和数量的消防器材及泄漏应急处理设备。运输途中应防曝晒、雨淋，防高温

第十五部分　法规信息

下列法律、法规、规章和标准，对该化学品的管理作了相应的规定。

中华人民共和国职业病防治法　职业病分类和目录：苯的氨基及硝基化合物中毒
危险化学品安全管理条例　危险化学品目录：列入。易制爆危险化学品名录：未列入。重点监管的危险化学品名录：未列入。GB 18218—2009《危险化学品重大危险源辨识》(表1)：未列入
使用有毒物品作业场所劳动保护条例　高毒物品目录：未列入
易制毒化学品管理条例　易制毒化学品的分类和品种目录：未列入
国际公约　斯德哥尔摩公约：未列入。鹿特丹公约：未列入。蒙特利尔议定书：未列入

第十六部分　其他信息

编写和修订信息　　**缩略语和首字母缩写**
培训建议　　**参考文献**
免责声明

2,5-二氯苯胺

第一部分　化学品标识

化学品中文名　2,5-二氯苯胺
化学品英文名　2,5-dichloroaniline；2,5-dichlorobenzenamine
分子式　$C_6H_5Cl_2N$　　**相对分子质量**　162.02
结构式

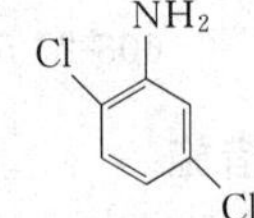

化学品的推荐及限制用途　用作染料中间体，用于有机合成

第二部分　危险性概述

紧急情况概述　吞咽有害，造成严重眼损伤，可能导致皮肤过敏反应
GHS危险性类别　急性毒性-经口，类别4；严重眼损伤/眼刺激，类别1；皮肤致敏物，类别1；特异性靶器官毒性-一次接触，类别2；特异性靶器官毒性-反复接触，类别2；危害水生环境-急性危害，类别2；危

害水生环境-长期危害，类别 2

标签要素

象形图 

警示词 危险

危险性说明 吞咽有害，造成严重眼损伤，可能导致皮肤过敏反应，可能对器官造成损害，长时间或反复接触可能对器官造成损伤，对水生生物有毒并具有长期持续影响

防范说明

预防措施 避免接触眼睛、皮肤，操作后彻底清洗。作业场所不得进食、饮水或吸烟。戴防护手套、防护眼镜、防护面罩。避免吸入粉尘。污染的工作服不得带出工作场所。禁止排入环境

事故响应 如皮肤接触：用大量肥皂水和水清洗。如出现皮肤刺激或皮疹：就医。污染的衣服清洗后方可重新使用。接触眼睛：用水细心冲洗数分钟。如戴隐形眼镜并可方便地取出，取出隐形眼镜继续冲洗。食入：漱口。如果感觉不适，立即呼叫中毒控制中心或就医。如果接触或感觉不适：呼叫中毒控制中心或就医。收集泄漏物

安全储存 上锁保管

废弃处置 本品及内装物、容器依据国家和地方法规处置

物理和化学危险 可燃，其粉体与空气混合，能形成爆炸性混合物

健康危害 本品为强高铁血红蛋白形成剂。对中枢神经系统、肝、肾有损害。接触后引起头痛，头晕，恶心，呕吐，指端、口唇、耳廓紫绀，呼吸困难等。对皮肤有致敏性

慢性影响 患者有神经衰弱综合征表现，伴有轻度紫绀、贫血和肝、脾肿大

环境危害 对水生生物有毒并具有长期持续影响

第三部分 成分/组成信息

√物质　　混合物

组分	浓度	CAS No.
2,5-二氯苯胺		95-82-9

第四部分 急救措施

吸入 迅速脱离现场至空气新鲜处。保持呼吸道通畅。如呼吸困难，给吸氧。如呼吸、心跳停止，立即行心肺复苏术。就医

皮肤接触 立即脱去污染衣着，用肥皂水或清水彻底冲洗。就医

眼睛接触 分开眼睑，用清水或生理盐水冲洗。就医

食入 漱口，饮水。就医

对保护施救者的忠告 根据需要使用个人防护设备

对医生的特别提示 高铁血红蛋白血症，可用美蓝和维生素 C 治疗

第五部分 消防措施

灭火剂 用雾状水、泡沫、干粉、二氧化碳、砂土灭火

特别危险性 受高热分解，产生有毒气体。与强氧化剂接触可发生化学反应。燃烧生成有害的一氧化碳、氮氧化物、氯化氢

灭火注意事项及防护措施 消防人员必须佩戴空气呼吸器、穿全身防火防毒服，在上风向灭火。尽可能将容器从火场移至空旷处。喷水保持火场容器冷却，直至灭火结束

第六部分 泄漏应急处理

作业人员防护措施、防护装备和应急处置程序 隔离泄漏污染区，限制出入。消除所有点火源。建议应急处理人员戴防尘口罩，穿防毒服，戴橡胶手套。穿上适当的防护服前严禁接触破裂的容器和泄漏物。尽可能切断泄漏源。用塑料布覆盖泄漏物，减少飞散。勿使水进入包装容器内

环境保护措施 无资料

泄漏化学品的收容、清除方法及所使用的处置材料 用洁净的铲子收集泄漏物，置于干净、干燥、盖子较松的容器中，将容器移离泄漏区

第七部分 操作处置与储存

操作注意事项 密闭操作，提供充分的局部排风。操作人员必须经过专门培训，严格遵守操作规程。建议操作人员佩戴自吸过滤式防尘口罩，戴安全防护眼镜，穿防毒物渗透工作服，戴橡胶手套。远离火种、热源。工作场所严禁吸烟。使用防爆型的通风系统和设备。避免产生粉尘。避免与氧化剂、酸类接触。搬运时要轻装轻卸，防止包装及容器损坏。配备相应品种和数量的消防器材及泄漏应急处理设备。倒空的容器可能残留有害物

储存注意事项 储存于阴凉、通风的库房。远离火种、热源。包装密封。应与氧化剂、酸类、食用化学品分开存放，切忌混储。配备相应品种和数量的消防器材。储区应备有合适的材料收容泄漏物

第八部分 接触控制/个体防护

职业接触限值

中国 未制定标准

美国(ACGIH) 未制定标准

生物接触限值 未制定标准

监测方法 空气中有毒物质测定方法：未制定标准。生物监测检验方法：未制定标准

工程控制 严加密闭，提供充分的局部排风。提供安全的淋浴和洗眼设备

个体防护装备

呼吸系统防护 可能接触其粉尘时，佩戴过滤式防尘呼吸器。紧急事态抢救或撤离时，应该佩戴空气呼吸器

眼睛防护 戴安全防护眼镜

皮肤和身体防护 穿防毒物渗透工作服

手防护　戴橡胶手套

第九部分　理化特性

外观与性状　淡棕色到琥珀色针状结晶

pH 值　无意义　　**熔点(℃)**　49～51

沸点(℃)　251　　**相对密度(水＝1)**　1.54

相对蒸气密度(空气＝1)　5.6

饱和蒸气压(kPa)　无资料

燃烧热(kJ/mol)　无资料　　**临界温度(℃)**　无资料

临界压力(MPa)　无资料　　**辛醇/水分配系数**　2.75

闪点(℃)　无意义　　**自燃温度(℃)**　无资料

爆炸下限(%)　无资料　　**爆炸上限(%)**　无资料

分解温度(℃)　无资料　　**黏度(mPa·s)**　无资料

溶解性　微溶于水，溶于乙醇、乙醚、苯、二硫化碳、稀盐酸

第十部分　稳定性和反应性

稳定性　稳定

危险反应　与强氧化剂等禁配物发生反应

避免接触的条件　受热

禁配物　酸类、酰基氯、酸酐、强氧化剂

危险的分解产物　氯化氢

第十一部分　毒理学信息

急性毒性　LD_{50}：1600mg/kg（大鼠经口）

皮肤刺激或腐蚀　无资料　　**眼睛刺激或腐蚀**　无资料

呼吸或皮肤过敏　无资料　　**生殖细胞突变性**　无资料

致癌性　无资料　　**生殖毒性**　无资料

特异性靶器官系统毒性-一次接触　无资料

特异性靶器官系统毒性-反复接触　无资料

吸入危害　无资料

第十二部分　生态学信息

生态毒性

LC_{50}　10.8mg/L（48h）（青鳉）

LC_{50}　2.92mg/L（48h）（水蚤）

持久性和降解性

生物降解性　改良 OECD 筛选测试，28d 降解小于25%；改良 AFNOR 测试，28d 降解小于 7%；该物质不易快速生物降解

非生物降解性　空气中，当羟基自由基浓度为5.00×10^5个/cm^3时，降解半衰期为 17h（理论）

潜在的生物累积性　根据 K_{ow}值预测，该物质的生物累积性可能较弱

土壤中的迁移性　根据 K_{oc}值预测，该物质可能有一定的迁移性

第十三部分　废弃处置

废弃化学品　建议用焚烧法处置。与燃料混合后，再焚烧。焚烧炉排出的气体要通过洗涤器除去

污染包装物　将容器返还生产商或按照国家和地方法规处置

废弃注意事项　处置前应参阅国家和地方有关法规

第十四部分　运输信息

联合国危险货物编号（UN 号）　3442

联合国运输名称　固态二氯苯胺

联合国危险性类别　6.1

包装类别　Ⅱ类包装　　**包装标志**

海洋污染物　是

运输注意事项　运输前应先检查包装容器是否完整、密封，运输过程中要确保容器不泄漏、不倒塌、不坠落、不损坏。严禁与酸类、氧化剂、食品及食品添加剂混运。运输车辆应配备相应品种和数量的消防器材及泄漏应急处理设备。运输途中应防曝晒、雨淋，防高温

第十五部分　法规信息

下列法律、法规、规章和标准，对该化学品的管理作了相应的规定。

中华人民共和国职业病防治法　职业病分类和目录：苯的氨基及硝基化合物中毒

危险化学品安全管理条例　危险化学品目录：列入。易制爆危险化学品名录：未列入。重点监管的危险化学品名录：未列入。GB 18218—2009《危险化学品重大危险源辨识》（表 1）：未列入

使用有毒物品作业场所劳动保护条例　高毒物品目录：未列入

易制毒化学品管理条例　易制毒化学品的分类和品种目录：未列入

国际公约　斯德哥尔摩公约：未列入。鹿特丹公约：未列入。蒙特利尔议定书：未列入

第十六部分　其他信息

编写和修订信息　　**缩略语和首字母缩写**

培训建议　　**参考文献**

免责声明

2,4-二氯苯胺

第一部分　化学品标识

化学品中文名　2,4-二氯苯胺

化学品英文名　2,4-dichloroaniline；2,4-dichlorobenzenamine

分子式　$C_6H_5Cl_2N$　　**相对分子质量**　162.02

结构式

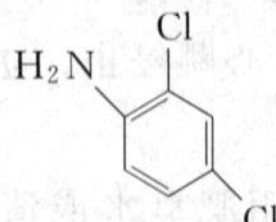

化学品的推荐及限制用途　用作染料中间体

第二部分　危险性概述

紧急情况概述　吞咽有害

GHS 危险性类别　急性毒性-经口，类别 4。特异性靶器官毒性-反复接触，类别 1。特异性靶器官毒性-一次

接触，类别1。危害水生环境-急性危害，类别2。危害水生环境-长期危害，类别2

标签要素

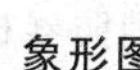
象形图 

警示词　危险

危险性说明　吞咽有害，对器官造成损害，长时间或反复接触对器官造成损伤，对水生生物有毒并具有长期持续影响

防范说明

预防措施　避免接触眼睛、皮肤，操作后彻底清洗。作业场所不得进食、饮水或吸烟。避免吸入粉尘。禁止排入环境

事故响应　食入：漱口。如果感觉不适，立即呼叫中毒控制中心或就医。如果接触：立即呼叫中毒控制中心或就医。如感觉不适，就医。收集泄漏物

安全储存　上锁保管

废弃处置　本品及内装物、容器依据国家和地方法规处置

物理和化学危险　可燃，其粉体与空气混合，能形成爆炸性混合物

健康危害　本品为强高铁血红蛋白形成剂。对中枢神经系统、肝、肾有损害。接触后引起头痛，头晕，恶心，呕吐，指端、口唇、耳廓紫绀，呼吸困难等

慢性影响　患者有神经衰弱综合征表现，伴有轻度紫绀、贫血和肝、脾肿大

环境危害　对水生生物有毒并具有长期持续影响

第三部分　成分/组成信息

√物质　　　　混合物

组分	浓度	CAS No.
2,4-二氯苯胺		554-00-7

第四部分　急救措施

吸入　迅速脱离现场至空气新鲜处。保持呼吸道通畅。如呼吸困难，给吸氧。如呼吸、心跳停止，立即行心肺复苏术。就医

皮肤接触　立即脱去污染衣着，用肥皂水或清水彻底冲洗。就医

眼睛接触　分开眼睑，用清水或生理盐水冲洗。就医

食入　漱口，饮水。就医

对保护施救者的忠告　根据需要使用个人防护设备

对医生的特别提示　高铁血红蛋白血症，可用美蓝和维生素C治疗

第五部分　消防措施

灭火剂　采用雾状水、泡沫、干粉、二氧化碳、砂土灭火

特别危险性　受高热分解，产生有毒气体。与强氧化剂接触可发生化学反应。燃烧生成有害的一氧化碳、氮氧化物、氯化氢

灭火注意事项及防护措施　消防人员必须佩戴空气呼吸器、穿全身防火防毒服，在上风向灭火。尽可能将容器从火场移至空旷处。喷水保持火场容器冷却，直至灭火结束

第六部分　泄漏应急处理

作业人员防护措施、防护装备和应急处置程序　隔离泄漏污染区，限制出入。消除所有点火源。建议应急处理人员戴防尘口罩，穿防毒服，戴橡胶手套。穿上适当的防护服前严禁接触破裂的容器和泄漏物。尽可能切断泄漏源。用塑料布覆盖泄漏物，减少飞散。勿使水进入包装容器内

环境保护措施　无资料

泄漏化学品的收容、清除方法及所使用的处置材料　用洁净的铲子收集泄漏物，置于干净、干燥、盖子较松的容器中，将容器移离泄漏区

第七部分　操作处置与储存

操作注意事项　密闭操作，提供充分的局部排风。操作人员必须经过专门培训，严格遵守操作规程。建议操作人员佩戴自吸过滤式防尘口罩，戴安全防护眼镜，穿防毒物渗透工作服，戴橡胶手套。远离火种、热源。工作场所严禁吸烟。使用防爆型的通风系统和设备。避免产生粉尘。避免与氧化剂、酸类接触。搬运时要轻装轻卸，防止包装及容器损坏。配备相应品种和数量的消防器材及泄漏应急处理设备。倒空的容器可能残留有害物

储存注意事项　储存于阴凉、通风的库房。远离火种、热源。包装密封。应与氧化剂、酸类、食用化学品分开存放，切忌混储。配备相应品种和数量的消防器材。储区应备有合适的材料收容泄漏物

第八部分　接触控制/个体防护

职业接触限值

中国　未制定标准

美国(ACGIH)　未制定标准

生物接触限值　未制定标准

监测方法　空气中有毒物质测定方法：未制定标准。生物监测检验方法：未制定标准

工程控制　严加密闭，提供充分的局部排风。提供安全的淋浴和洗眼设备

个体防护装备

呼吸系统防护　可能接触其粉尘时，佩戴过滤式防尘呼吸器。紧急事态抢救或撤离时，应该佩戴空气呼吸器

眼睛防护　戴安全防护眼镜

皮肤和身体防护　穿防毒物渗透工作服

手防护　戴橡胶手套

第九部分　理化特性

外观与性状　白色结晶

pH值　无意义　　**熔点(℃)**　59～62

沸点(℃)　245　　**相对密度(水＝1)**　1.57

相对蒸气密度(空气＝1)　无资料

饱和蒸气压(kPa) 无资料

燃烧热(kJ/mol) 无资料 **临界温度(℃)** 无资料

临界压力(MPa) 无资料 **辛醇/水分配系数** 2.78

闪点(℃) 无意义 **自燃温度(℃)** 无资料

爆炸下限(%) 无资料 **爆炸上限(%)** 无资料

分解温度(℃) 无资料 **黏度(mPa·s)** 无资料

溶解性 微溶于水，溶于乙醇、乙醚

第十部分 稳定性和反应性

稳定性 稳定

危险反应 与强氧化剂等禁配物发生反应

避免接触的条件 受热

禁配物 酸类、酰基氯、酸酐、强氧化剂

危险的分解产物 氯化氢

第十一部分 毒理学信息

急性毒性 LD_{50}：1600mg/kg（大鼠经口）

皮肤刺激或腐蚀 无资料 **眼睛刺激或腐蚀** 无资料

呼吸或皮肤过敏 无资料 **生殖细胞突变性** 无资料

致癌性 无资料 **生殖毒性** 无资料

特异性靶器官系统毒性-一次接触 无资料

特异性靶器官系统毒性-反复接触 大鼠给予2,4-二氯苯胺染毒，每日剂量为20mg/kg，能引起高铁血红蛋白血症，并能引起肝脏损害，条件反射活动障碍及免疫反应性的降低，血液中乳酸脱氢酶活性增加

吸入危害 无资料

第十二部分 生态学信息

生态毒性 LC_{50}：8.1mg/L（96h）（鱼）

持久性和降解性

生物降解性 无资料

非生物降解性 空气中，当羟基自由基浓度为5.00×10^5个/cm^3时，降解半衰期为42h（理论）

潜在的生物累积性 BCF：94.7（斑马鱼）。根据K_{ow}值预测，该物质的生物累积性可能较弱

土壤中的迁移性 根据K_{oc}值预测，该物质可能有一定的迁移性

第十三部分 废弃处置

废弃化学品 建议用焚烧法处置。与燃料混合后，再焚烧。焚烧炉排出的气体要通过洗涤器除去

污染包装物 将容器返还生产商或按照国家和地方法规处置

废弃注意事项 处置前应参阅国家和地方有关法规

第十四部分 运输信息

联合国危险货物编号（UN号） 3442

联合国运输名称 固态二氯苯胺

联合国危险性类别 6.1

包装类别 Ⅱ类包装 **包装标志**

海洋污染物 是

运输注意事项 运输前应先检查包装容器是否完整、密封，运输过程中要确保容器不泄漏、不倒塌、不坠落、不损坏。严禁与酸类、氧化剂、食品及食品添加剂混运。运输车辆应配备相应品种和数量的消防器材及泄漏应急处理设备。运输途中应防曝晒、雨淋，防高温

第十五部分 法规信息

下列法律、法规、规章和标准，对该化学品的管理作了相应的规定。

中华人民共和国职业病防治法 职业病分类和目录：苯的氨基及硝基化合物中毒

危险化学品安全管理条例 危险化学品目录：列入。易制爆危险化学品名录：未列入。重点监管的危险化学品名录：未列入。GB 18218—2009《危险化学品重大危险源辨识》（表1）：未列入

使用有毒物品作业场所劳动保护条例 高毒物品目录：未列入

易制毒化学品管理条例 易制毒化学品的分类和品种目录：未列入

国际公约 斯德哥尔摩公约：未列入。鹿特丹公约：未列入。蒙特利尔议定书：未列入

第十六部分 其他信息

编写和修订信息 **缩略语和首字母缩写**

培训建议 **参考文献**

免责声明

2,6-二氯苯胺

第一部分 化学品标识

化学品中文名 2,6-二氯苯胺

化学品英文名 2,6-dichloroaniline；2,6-dichlorobenzenamine

分子式 $C_6H_5Cl_2N$ **相对分子质量** 162.02

结构式 NH_2 Cl Cl

化学品的推荐及限制用途 用作制造除草剂、药物等的化学中间体

第二部分 危险性概述

紧急情况概述 吞咽会中毒，皮肤接触会中毒，吸入会中毒

GHS危险性类别 急性毒性-经口，类别3；急性毒性-经皮，类别3；急性毒性-吸入，类别3；危害水生环境-急性危害，类别1；危害水生环境-长期危害，类别1

标签要素

象形图

警示词 危险

危险性说明 吞咽会中毒，皮肤接触会中毒，吸入会中毒，对水生生物毒性非常大并具有长期持续影响

防范说明

预防措施 避免接触眼睛、皮肤，操作后彻底清洗。作业场所不得进食、饮水或吸烟。戴防护手套，穿防护服。避免吸入粉尘。仅在室外或通风良好处操作。禁止排入环境

事故响应 如吸入：将患者转移到空气新鲜处，休息，保持利于呼吸的体位。皮肤接触：用大量肥皂水和水清洗。如感觉不适，呼叫中毒控制中心或就医。立即脱去所有被污染的衣服。被污染的衣服须经洗净后方可重新使用。食入：漱口。立即呼叫中毒控制中心或就医。收集泄漏物

安全储存 在通风良好处储存。保持容器密闭。上锁保管

废弃处置 本品及内装物、容器依据国家和地方法规处置

物理和化学危险 可燃，其粉体与空气混合，能形成爆炸性混合物

健康危害 本品为强高铁血红蛋白形成剂。对中枢神经系统、肝、肾有损害。接触后引起头痛，头晕，恶心，呕吐，指端、口唇、耳廓紫绀，呼吸困难等

慢性影响 患者有神经衰弱综合征表现，伴有轻度发绀、贫血和肝、脾肿大

环境危害 对水生生物毒性非常大并具有长期持续影响

第三部分 成分/组成信息

√物质 混合物

组分	浓度	CAS No.
2,6-二氯苯胺		608-31-1

第四部分 急救措施

吸入 迅速脱离现场至空气新鲜处。保持呼吸道通畅。如呼吸困难，给吸氧。如呼吸、心跳停止，立即行心肺复苏术。就医

皮肤接触 立即脱去污染衣着，用肥皂水或清水彻底冲洗。就医

眼睛接触 分开眼睑，用清水或生理盐水冲洗。就医

食入 漱口，饮水。就医

对保护施救者的忠告 根据需要使用个人防护设备

对医生的特别提示 高铁血红蛋白血症，可用美蓝和维生素C治疗

第五部分 消防措施

灭火剂 用雾状水、泡沫、干粉、二氧化碳、砂土灭火

特别危险性 受高热分解，产生有毒气体。与强氧化剂接触可发生化学反应。燃烧生成有害的一氧化碳、氮氧化物、氯化氢

灭火注意事项及防护措施 消防人员必须佩戴空气呼吸器、穿全身防火防毒服，在上风向灭火。尽可能将容器从火场移至空旷处。喷水保持火场容器冷却，直至灭火结束

第六部分 泄漏应急处理

作业人员防护措施、防护装备和应急处置程序 隔离泄漏污染区，限制出入。消除所有点火源。建议应急处理人员戴防尘口罩，穿防毒服，戴橡胶手套。穿上适当的防护服前严禁接触破裂的容器和泄漏物。尽可能切断泄漏源。用塑料布覆盖泄漏物，减少飞散。勿使水进入包装容器内

环境保护措施 无资料

泄漏化学品的收容、清除方法及所使用的处置材料 用洁净的铲子收集泄漏物，置于干净、干燥、盖子较松的容器中，将容器移离泄漏区

第七部分 操作处置与储存

操作注意事项 密闭操作，提供充分的局部排风。操作人员必须经过专门培训，严格遵守操作规程。建议操作人员佩戴自吸过滤式防毒面具（半面罩），戴安全防护眼镜，穿防毒物渗透工作服，戴橡胶手套。远离火种、热源。工作场所严禁吸烟。使用防爆型的通风系统和设备。避免产生粉尘。避免与氧化剂、酸类接触。搬运时要轻装轻卸，防止包装及容器损坏。配备相应品种和数量的消防器材及泄漏应急处理设备。倒空的容器可能残留有害物

储存注意事项 储存于阴凉、通风的库房。远离火种、热源。包装密封。应与氧化剂、酸类、食用化学品分开存放，切忌混储。配备相应品种和数量的消防器材。储区应备有合适的材料收容泄漏物

第八部分 接触控制/个体防护

职业接触限值

中国 未制定标准

美国(ACGIH) 未制定标准

生物接触限值 未制定标准

监测方法 空气中有毒物质测定方法：未制定标准。生物监测检验方法：未制定标准

工程控制 严加密闭，提供充分的局部排风。提供安全的淋浴和洗眼设备

个体防护装备

呼吸系统防护 可能接触其蒸气时，佩戴过滤式防毒面具（半面罩）

眼睛防护 戴安全防护眼镜

皮肤和身体防护 穿防毒物渗透工作服

手防护 戴橡胶手套

第九部分 理化特性

外观与性状 白色至褐色针状结晶

pH值 无意义 **熔点(℃)** 38～41

沸点(℃) 97/0.7 kPa **相对密度(水=1)** 无资料

相对蒸气密度(空气=1) 5.6

饱和蒸气压(kPa) 无资料

燃烧热(kJ/mol) 无资料 **临界温度(℃)** 无资料

临界压力(MPa) 无资料 **辛醇/水分配系数** 2.76

闪点(℃) >112 **自燃温度(℃)** >600

爆炸下限(%)　无资料　**爆炸上限(%)**　无资料

分解温度(℃)　无资料　**黏度(mPa·s)**　无资料

溶解性　溶于乙醇、乙醚等多数有机溶剂

第十部分　稳定性和反应性

稳定性　稳定

危险反应　与强氧化剂等禁配物发生反应

避免接触的条件　受热

禁配物　酸类、酰基氯、酸酐、强氧化剂

危险的分解产物　氯化氢

第十一部分　毒理学信息

急性毒性　LD_{50}：3167mg/kg（大鼠经口）

皮肤刺激或腐蚀　无资料　**眼睛刺激或腐蚀**　无资料

呼吸或皮肤过敏　无资料　**生殖细胞突变性**　无资料

致癌性　无资料　**生殖毒性**　无资料

特异性靶器官系统毒性-一次接触　无资料

特异性靶器官系统毒性-反复接触　无资料

吸入危害　无资料

第十二部分　生态学信息

生态毒性　无资料

持久性和降解性

生物降解性　无资料

非生物降解性　无资料

潜在的生物累积性　根据 K_{ow} 值预测，该物质的生物累积性可能较弱

土壤中的迁移性　根据 K_{oc} 值预测，该物质可能有一定的迁移性

第十三部分　废弃处置

废弃化学品　建议用焚烧法处置。与燃料混合后，再焚烧。焚烧炉排出的气体要通过洗涤器除去

污染包装物　将容器返还生产商或按照国家和地方法规处置

废弃注意事项　处置前应参阅国家和地方有关法规

第十四部分　运输信息

联合国危险货物编号（UN 号）　3442

联合国运输名称　固态二氯苯胺

联合国危险性类别　6.1

包装类别　Ⅱ类包装　**包装标志**

海洋污染物　是

运输注意事项　运输前应先检查包装容器是否完整、密封，运输过程中要确保容器不泄漏、不倒塌、不坠落、不损坏。严禁与酸类、氧化剂、食品及食品添加剂混运。运输车辆应配备相应品种和数量的消防器材及泄漏应急处理设备。运输途中应防曝晒、雨淋，防高温

第十五部分　法规信息

下列法律、法规、规章和标准，对该化学品的管理作了相应的规定。

中华人民共和国职业病防治法　职业病分类和目录：苯的氨基及硝基化合物中毒

危险化学品安全管理条例　危险化学品目录：列入。易制爆危险化学品名录：未列入。重点监管的危险化学品名录：未列入。GB 18218—2009《危险化学品重大危险源辨识》(表 1)：未列入

使用有毒物品作业场所劳动保护条例　高毒物品目录：未列入

易制毒化学品管理条例　易制毒化学品的分类和品种目录：未列入

国际公约　斯德哥尔摩公约：未列入。鹿特丹公约：未列入。蒙特利尔议定书：未列入

第十六部分　其他信息

编写和修订信息　**缩略语和首字母缩写**

培训建议　**参考文献**

免责声明

1,3-二氯丙酮

第一部分　化学品标识

化学品中文名　1,3-二氯丙酮；对称二氯丙酮；α,γ-二氯丙酮

化学品英文名　1,3-dichloroacetone；bis (chloromethyl) ketone；α,γ-dichloroacetone

分子式　$C_3H_4Cl_2O$　**相对分子质量**　126.97

结构式　Cl　O　Cl

化学品的推荐及限制用途　用于有机合成，也用作催泪性毒剂

第二部分　危险性概述

紧急情况概述　吞咽致命，皮肤接触会致命

GHS 危险性类别　急性毒性-经口，类别 2；急性毒性-经皮，类别 2

标签要素

象形图　　**警示词**　危险

危险性说明　吞咽致命，皮肤接触会致命

防范说明

预防措施　避免接触眼睛、皮肤或衣服，操作后彻底清洗。作业场所不得进食、饮水或吸烟。戴防护手套，穿防护服

事故响应　皮肤接触：用大量肥皂水和水轻轻地清洗。食入：漱口。立即呼叫中毒控制中心或就医

安全储存　上锁保管

废弃处置　本品及内装物、容器依据国家和地方法规处置

物理和化学危险　可燃，其粉体与空气混合，能形成爆炸性混合物

健康危害　本品对眼睛有强烈刺激性；可引起皮炎。受热分解放出有毒的氯化物烟雾，有刺激性、催泪性

环境危害　对环境可能有害

第三部分　成分/组成信息

√物质　　　　混合物

有害物成分	浓度	CAS No.
1,3-二氯丙酮		534-07-6

第四部分　急救措施

吸入　迅速脱离现场至空气新鲜处。保持呼吸道通畅。如呼吸困难，给吸氧。如呼吸、心跳停止，立即行心肺复苏术。就医

皮肤接触　立即脱去污染衣着，用肥皂水或清水彻底冲洗。就医

眼睛接触　分开眼睑，用清水或生理盐水冲洗。就医

食入　饮适量温水，催吐（仅限于清醒者）。就医

对保护施救者的忠告　根据需要使用个人防护设备

对医生的特别提示　对症处理

第五部分　消防措施

灭火剂　用抗溶性泡沫、二氧化碳、砂土灭火

特别危险性　受热易分解，燃烧时产生有毒的氯化物气体。与氧化剂接触猛烈反应。燃烧生成有害的一氧化碳、氯化物

灭火注意事项及防护措施　消防人员须佩戴防毒面具、穿全身消防服，在上风向灭火。尽可能将容器从火场移至空旷处。喷水保持火场容器冷却，直至灭火结束

第六部分　泄漏应急处理

作业人员防护措施、防护装备和应急处置程序　隔离泄漏污染区，限制出入。消除所有点火源。建议应急处理人员戴防尘口罩，穿防毒服，戴橡胶手套。穿上适当的防护服前严禁接触破裂的容器和泄漏物。尽可能切断泄漏源。用塑料布覆盖泄漏物，减少飞散。勿使水进入包装容器内

环境保护措施　无资料

泄漏化学品的收容、清除方法及所使用的处置材料　用洁净的铲子收集泄漏物，置于干净、干燥、盖子较松的容器中，将容器移离泄漏区

第七部分　操作处置与储存

操作注意事项　密闭操作，局部排风。操作人员必须经过专门培训，严格遵守操作规程。建议操作人员佩戴头罩型电动送风过滤式防尘呼吸器，穿胶布防毒衣，戴橡胶手套。远离火种、热源。工作场所严禁吸烟。使用防爆型的通风系统和设备。避免产生粉尘。避免与氧化剂、还原剂、碱类接触。搬运时要轻装轻卸，防止包装及容器损坏。配备相应品种和数量的消防器材及泄漏应急处理设备。倒空的容器可能残留有害物

储存注意事项　储存于阴凉、干燥、通风良好的专用库房内。远离火种、热源。包装密封。应与氧化剂、还原剂、碱类、食用化学品分开存放，切忌混储。配备相应品种和数量的消防器材。储区应备有合适的材料收容泄漏物

第八部分　接触控制/个体防护

职业接触限值

中国　未制定标准

美国(ACGIH)　未制定标准

生物接触限值　未制定标准

监测方法　空气中有毒物质测定方法：未制定标准。生物监测检验方法：未制定标准

工程控制　密闭操作，局部排风。提供安全的淋浴和洗眼设备

个体防护装备

呼吸系统防护　可能接触其粉尘时，必须佩戴过滤式防尘呼吸器

眼睛防护　戴化学安全防护眼镜

皮肤和身体防护　穿隔绝式防毒服

手防护　戴橡胶手套

第九部分　理化特性

外观与性状　无色结晶

pH值　无意义　　**熔点(℃)**　45

沸点(℃)　173

相对密度(水=1)　1.38（46℃）

相对蒸气密度(空气=1)　4.38

饱和蒸气压(kPa)　0.93（55℃）

燃烧热(kJ/mol)　无资料　　**临界温度(℃)**　无资料

临界压力(MPa)　无资料　　**辛醇/水分配系数**　0.27

闪点(℃)　89.44　　**自燃温度(℃)**　无资料

爆炸下限(%)　无资料　　**爆炸上限(%)**　无资料

分解温度(℃)　无资料　　**黏度(mPa·s)**　无资料

溶解性　溶于水，溶于乙醇、乙醚

第十部分　稳定性和反应性

稳定性　稳定

危险反应　与强氧化剂等禁配物发生反应

避免接触的条件　受热、潮湿空气

禁配物　强氧化剂、强碱、还原剂

危险的分解产物　氯化物

第十一部分　毒理学信息

急性毒性

LD_{50}　20mg/kg（大鼠经口）；53mg/kg（兔经皮）

LC_{50}　29mg/m^3（大鼠吸入，2h）

皮肤刺激或腐蚀　家兔经皮：500mg，重度刺激

眼睛刺激或腐蚀　家兔经眼：100mg，重度刺激

呼吸或皮肤过敏　无资料

生殖细胞突变性　微生物致突变：鼠伤寒沙门氏菌 1250ng/皿。性染色体缺失和不分离：酿酒酵母菌 100

pph/8min。姐妹染色单体交换：仓鼠肺 2μmol/L

致癌性 无资料　**生殖毒性** 无资料

特异性靶器官系统毒性-一次接触 无资料

特异性靶器官系统毒性-反复接触 无资料

吸入危害 无资料

第十二部分 生态学信息

生态毒性 无资料

持久性和降解性

生物降解性 无资料

非生物降解性 无资料

潜在的生物累积性 根据 K_{ow} 值预测，该物质的生物累积性可能较弱

土壤中的迁移性 根据 K_{oc} 值预测，该物质可能易发生迁移

第十三部分 废弃处置

废弃化学品 建议用焚烧法处置。与燃料混合后，再焚烧。焚烧炉排出的卤化氢通过酸洗涤器除去

污染包装物 将容器返还生产商或按照国家和地方法规处置

废弃注意事项 处置前应参阅国家和地方有关法规

第十四部分 运输信息

联合国危险货物编号（UN号） 2649

联合国运输名称 1,3-二氯丙酮

联合国危险性类别 6.1

包装类别 Ⅱ类包装　**包装标志**

海洋污染物 否

运输注意事项 运输前应先检查包装容器是否完整、密封，运输过程中要确保容器不泄漏、不倒塌、不坠落、不损坏。严禁与酸类、氧化剂、食品及食品添加剂混运。运输车辆应配备相应品种和数量的消防器材及泄漏应急处理设备。运输途中应防曝晒、雨淋，防高温

第十五部分 法规信息

下列法律、法规、规章和标准，对该化学品的管理作了相应的规定。

中华人民共和国职业病防治法 职业病分类和目录：未列入

危险化学品安全管理条例 危险化学品目录：列入。易制爆危险化学品名录：未列入。重点监管的危险化学品名录：未列入。GB 18218—2009《危险化学品重大危险源辨识》(表1)：未列入

使用有毒物品作业场所劳动保护条例 高毒物品目录：未列入

易制毒化学品管理条例 易制毒化学品的分类和品种目录：未列入

国际公约 斯德哥尔摩公约：未列入。鹿特丹公约：未列入。蒙特利尔议定书：未列入

第十六部分 其他信息

编写和修订信息　**缩略语和首字母缩写**

培训建议　**参考文献**

免责声明

1,3-二氯丙烷

第一部分 化学品标识

化学品中文名 1,3-二氯丙烷；氯化三亚甲基

化学品英文名 1,3-dichloropropane; trimethylene dichloride

分子式 $C_3H_6Cl_2$　**相对分子质量** 112.99

结构式 Cl⁀⁀Cl

化学品的推荐及限制用途 用于有机合成，制洗涤剂，也用作溶剂

第二部分 危险性概述

紧急情况概述 高度易燃液体和蒸气，造成皮肤刺激

GHS危险性类别 易燃液体，类别2；皮肤腐蚀/刺激，类别2；危害水生环境-急性危害，类别3；危害水生环境-长期危害，类别3

标签要素

象形图

警示词 危险

危险性说明 高度易燃液体和蒸气，造成皮肤刺激，对水生生物有害并具有长期持续影响

防范说明

预防措施 远离热源、火花、明火、热表面。禁止吸烟。保持容器密闭。容器和接收设备接地连接。使用防爆电器、通风、照明设备。只能使用不产生火花的工具。采取防止静电措施。戴防护手套、防护眼镜、防护面罩。避免接触眼睛、皮肤，操作后彻底清洗。禁止排入环境

事故响应 火灾时，使用泡沫、二氧化碳、干粉、砂土灭火。如皮肤（或头发）接触：立即脱掉所有被污染的衣服。用大量肥皂水和水清洗。如发生皮肤刺激，就医。脱去被污染的衣服，洗净后方可重新使用

安全储存 存放在通风良好的地方。保持低温

废弃处置 本品及内装物、容器依据国家和地方法规处置

物理和化学危险 高度易燃，其蒸气与空气混合，能形成爆炸性混合物

健康危害 其蒸气或雾对眼睛、皮肤、黏膜和呼吸道有刺激作用，可引起皮炎。长时间接触可引起头痛、恶心、呕吐、中枢神经系统抑制。反复接触对肝、肾有损害

环境危害 对水生生物有害并具有长期持续影响

第三部分 成分/组成信息

√物质		混合物
组分	**浓度**	**CAS No.**
1,3-二氯丙烷		142-28-9

第四部分 急救措施

吸入 迅速脱离现场至空气新鲜处。保持呼吸道通畅。如呼吸困难，给输氧。如呼吸、心跳停止，立即进行心肺复苏术。就医

皮肤接触 立即脱去污染的衣着，用流动清水彻底冲洗。就医

眼睛接触 立即分开眼睑，用流动清水或生理盐水彻底冲洗。就医

食入 漱口，饮水。就医

对保护施救者的忠告 根据需要使用个人防护设备

对医生的特别提示 对症处理

第五部分 消防措施

灭火剂 用泡沫、二氧化碳、干粉、砂土灭火

特别危险性 遇明火、高热易燃。受热分解能放出剧毒的光气。与氧化剂能发生强烈反应。燃烧生成有害的一氧化碳、氯化氢、光气

灭火注意事项及防护措施 消防人员必须佩戴空气呼吸器、穿全身防火防毒服，在上风向灭火。喷水冷却容器，尽可能将容器从火场移至空旷处。容器突然发出异常声音或出现异常现象，应立即撤离

第六部分 泄漏应急处理

作业人员防护措施、防护装备和应急处置程序 消除所有点火源。根据液体流动和蒸气扩散的影响区域划定警戒区，无关人员从侧风、上风向撤离至安全区。建议应急处理人员戴正压自给式呼吸器，穿防静电服，戴橡胶耐油手套。作业时使用的所有设备应接地。禁止接触或跨越泄漏物。尽可能切断泄漏源

环境保护措施 防止泄漏物进入水体、下水道、地下室或有限空间

泄漏化学品的收容、清除方法及所使用的处置材料 小量泄漏：用砂土或其他不燃材料吸收，使用洁净的无火花工具收集吸收材料。大量泄漏：构筑围堤或挖坑收容。用泡沫覆盖，减少蒸发。喷水雾能减少蒸发，但不能降低泄漏物在有限空间内的易燃性。用防爆泵转移至槽车或专用收集器内

第七部分 操作处置与储存

操作注意事项 密闭操作，加强通风。操作人员必须经过专门培训，严格遵守操作规程。建议操作人员佩戴自吸过滤式防毒面具（半面罩），戴化学安全防护眼镜，穿防毒物渗透工作服，戴橡胶耐油手套。远离火种、热源。工作场所严禁吸烟。使用防爆型的通风系统和设备。防止蒸气泄漏到工作场所空气中。避免与氧化剂、酸类、碱类接触。充装要控制流速，防止静电积聚。搬运时要轻装轻卸，防止包装及容器损坏。配备相应品种和数量的消防器材及泄漏应急处理设备。倒空的容器可能残留有害物

储存注意事项 储存于阴凉、通风的库房。远离火种、热源。库温不宜超过37℃。保持容器密封。应与氧化剂、酸类、碱类等分开存放，切忌混储。采用防爆型照明、通风设施。禁止使用易产生火花的机械设备和工具。储区应备有泄漏应急处理设备和合适的收容材料

第八部分 接触控制/个体防护

职业接触限值

中国 未制定标准

美国(ACGIH) 未制定标准

生物接触限值 未制定标准

监测方法 空气中有毒物质测定方法：未制定标准。生物监测检验方法：未制定标准

工程控制 生产过程密闭，加强通风。提供安全的淋浴和洗眼设备

个体防护装备

呼吸系统防护 可能接触其蒸气时，应该佩戴过滤式防毒面具（半面罩）。紧急事态抢救或撤离时，佩戴空气呼吸器

眼睛防护 戴化学安全防护眼镜

皮肤和身体防护 穿防毒物渗透工作服

手防护 戴橡胶耐油手套

第九部分 理化特性

外观与性状 无色液体，有类似氯仿的气味

pH值 无资料　**熔点(℃)** −99.5

沸点(℃) 120～122　**相对密度(水=1)** 1.20

相对蒸气密度(空气=1) 3.9

饱和蒸气压(kPa) 2.4（20℃）

燃烧热(kJ/mol) −1751.8　**临界温度(℃)** 无资料

临界压力(MPa) 4.23　**辛醇/水分配系数** 2.0

闪点(℃) 15.6（OC）；21（CC）

自燃温度(℃) 无资料

爆炸下限(%) 3.4　**爆炸上限(%)** 14.5

分解温度(℃) 无资料　**黏度(mPa·s)** 无资料

溶解性 微溶于水，易溶于乙醇、乙醚等多数有机溶剂

第十部分 稳定性和反应性

稳定性 稳定

危险反应 与强氧化剂等禁配物接触，有发生火灾和爆炸的危险

避免接触的条件 受热

禁配物 强氧化剂、酸类、碱类、铝

危险的分解产物 氯化氢、光气

第十一部分 毒理学信息

急性毒性 LD_{50}：3600mg/kg（小鼠，染毒途径不详）

皮肤刺激或腐蚀 无资料　**眼睛刺激或腐蚀** 无资料

呼吸或皮肤过敏 无资料

生殖细胞突变性 微生物致突变：鼠伤寒沙门氏菌

10μmol/皿。微核试验：人淋巴细胞 500μmol/L。DNA 损伤：人淋巴细胞 500μmol/L。姐妹染色单体交换：仓鼠肺 6600μmol/L

致癌性　无资料　**生殖毒性**　无资料

特异性靶器官系统毒性-一次接触　无资料

特异性靶器官系统毒性-反复接触　无资料

吸入危害　无资料

第十二部分　生态学信息

生态毒性

LC_{50}　84ppm（7d）（孔雀鱼）；86.7mg/L（96h）（红鲈）；131mg/L（96h）（黑头呆鱼）；282mg/L（96h）（水蚤）；10.3mg/L（96h）（糖虾）

EC_{50}　72.2mg/L（96h）（绿藻）

持久性和降解性

生物降解性　不易被快速生物降解

非生物降解性　空气中，当羟基自由基浓度为 5.00×10^5 个/cm^3 时，降解半衰期为 21d（理论）；当 pH 值为 7，温度为 25℃，水解半衰期为 2.3a（理论）

潜在的生物累积性　根据 K_{ow} 值预测，该物质的生物累积性可能较弱

土壤中的迁移性　根据 K_{oc} 值预测，该物质可能易发生迁移

第十三部分　废弃处置

废弃化学品　建议用焚烧法处置。与燃料混合后，再焚烧。焚烧炉排出的卤化氢通过酸洗涤器除去

污染包装物　将容器返还生产商或按照国家和地方法规处置

废弃注意事项　处置前应参阅国家和地方有关法规

第十四部分　运输信息

联合国危险货物编号（UN 号）　1993

联合国运输名称　易燃液体，未另作规定的（1,3-二氯丙烷）

联合国危险性类别　3

包装类别　Ⅲ类包装　**包装标志**

海洋污染物　否

运输注意事项　运输时运输车辆应配备相应品种和数量的消防器材及泄漏应急处理设备。夏季最好早晚运输。运输时所用的槽（罐）车应有接地链，槽内可设孔隔板以减少震荡产生的静电。严禁与氧化剂、酸类、碱类、食用化学品等混装混运。运输途中应防曝晒、雨淋，防高温。中途停留时应远离火种、热源、高温区。装运该物品的车辆排气管必须配备阻火装置，禁止使用易产生火花的机械设备和工具装卸。公路运输时要按规定路线行驶，勿在居民区和人口稠密区停留。铁路运输时要禁止溜放。严禁用木船、水泥船散装运输

第十五部分　法规信息

下列法律、法规、规章和标准，对该化学品的管理作了相应的规定。

中华人民共和国职业病防治法　职业病分类和目录：未列入

危险化学品安全管理条例　危险化学品目录：列入。易制爆危险化学品名录：未列入。重点监管的危险化学品名录：未列入。GB 18218—2009《危险化学品重大危险源辨识》（表 1）：未列入

使用有毒物品作业场所劳动保护条例　高毒物品目录：未列入

易制毒化学品管理条例　易制毒化学品的分类和品种目录：未列入

国际公约　斯德哥尔摩公约：未列入。鹿特丹公约：未列入。蒙特利尔议定书：未列入

第十六部分　其他信息

编写和修订信息　**缩略语和首字母缩写**

培训建议　**参考文献**

免责声明

1,3-二氯丙烯

第一部分　化学品标识

化学品中文名　1,3-二氯丙烯；α-氯丙烯基氯

化学品英文名　1,3-dichloropropene；chloropropenyl chloride

分子式　$C_3H_4Cl_2$　**相对分子质量**　110.97

结构式　Cl／＝＼Cl

化学品的推荐及限制用途　用于有机合成和用作防霉剂

第二部分　危险性概述

紧急情况概述　易燃液体和蒸气，吞咽会中毒，皮肤接触会中毒，吸入有害，可能导致皮肤过敏反应，吞咽及进入呼吸道可能致命

GHS 危险性类别　易燃液体，类别 3；急性毒性-经口，类别 3；急性毒性-经皮，类别 3；急性毒性-吸入，类别 4；皮肤腐蚀/刺激，类别 2；严重眼损伤/眼刺激，类别 2；皮肤致敏物，类别 1；特异性靶器官毒性-一次接触，类别 3（呼吸道刺激）；吸入危害，类别 1；危害水生环境-急性危害，类别 1；危害水生环境-长期危害，类别 1

标签要素

象形图

警示词　危险

危险性说明　易燃液体和蒸气，吞咽会中毒，皮肤接触会中毒，吸入有害，造成皮肤刺激，造成严重眼刺激，可能导致皮肤过敏反应，可能引起呼吸道刺激，吞咽及进入呼吸道可能致命，对水生生物毒性

非常大并具有长期持续影响

防范说明

预防措施　远离热源、火花、明火、热表面。禁止吸烟。保持容器密闭。容器和接收设备接地连接。使用防爆电器、通风、照明设备。只能使用不产生火花的工具。采取防止静电措施。戴防护手套、防护眼镜、防护面罩，穿防护服。避免接触眼睛、皮肤，操作后彻底清洗。作业场所不得进食、饮水或吸烟。避免吸入蒸气、雾。仅在室外或通风良好处操作。污染的工作服不得带出工作场所。禁止排入环境

事故响应　火灾时，使用泡沫、二氧化碳、干粉、砂土灭火。如吸入：将患者转移到空气新鲜处，休息，保持利于呼吸的体位。皮肤接触：用大量肥皂水和水清洗。如出现皮肤刺激或皮疹：就医。立即脱去所有被污染的衣服。被污染的衣服须经洗净后方可重新使用。如接触眼睛：用水细心冲洗数分钟。如戴隐形眼镜并可方便地取出，取出隐形眼镜继续冲洗。如果眼睛刺激持续：就医。食入：漱口。不要催吐。立即呼叫中毒控制中心或就医。收集泄漏物

安全储存　存放在通风良好的地方。保持低温。上锁保管

废弃处置　本品及内装物、容器依据国家和地方法规处置

物理和化学危险　易燃，其蒸气与空气混合，能形成爆炸性混合物

健康危害　对眼睛、皮肤和呼吸道有刺激性。口服中毒者，刺激和腐蚀消化道，并可出现肝功能障碍、急性呼吸窘迫综合征，甚至多脏器损害。吸入急性中毒者出现呼吸系统刺激症状，严重者可致肺水肿，肺水肿可延迟24～72h后发作

环境危害　对水生生物毒性非常大并具有长期持续影响

第三部分　成分/组成信息

√物质　　　　混合物

组分	浓度	CAS No.
1,3-二氯丙烯		542-75-6

第四部分　急救措施

吸入　迅速脱离现场至空气新鲜处。保持呼吸道通畅。如呼吸困难，给输氧。如呼吸、心跳停止，立即进行心肺复苏术。就医

皮肤接触　立即脱去污染的衣着，用流动清水彻底冲洗。就医

眼睛接触　立即分开眼睑，用流动清水或生理盐水彻底冲洗。就医

食入　漱口，饮水。就医

对保护施救者的忠告　根据需要使用个人防护设备

对医生的特别提示　对症处理

第五部分　消防措施

灭火剂　用泡沫、二氧化碳、干粉、砂土灭火

特别危险性　与氧化剂能发生强烈反应。燃烧生成有害的一氧化碳、氯化氢、光气

灭火注意事项及防护措施　消防人员必须佩戴空气呼吸器、穿全身防火防毒服，在上风向灭火。喷水冷却容器，尽可能将容器从火场移至空旷处。容器突然发出异常声音或出现异常现象，应立即撤离

第六部分　泄漏应急处理

作业人员防护措施、防护装备和应急处置程序　消除所有点火源。根据液体流动和蒸气扩散的影响区域划定警戒区，无关人员从侧风、上风向撤离至安全区。建议应急处理人员戴正压自给式呼吸器，穿防毒、防静电服，戴橡胶耐油手套。作业时使用的所有设备应接地。禁止接触或跨越泄漏物。尽可能切断泄漏源

环境保护措施　防止泄漏物进入水体、下水道、地下室或有限空间

泄漏化学品的收容、清除方法及所使用的处置材料　小量泄漏：用砂土或其他不燃材料吸收，使用洁净的无火花工具收集吸收材料。大量泄漏：构筑围堤或挖坑收容。用泡沫覆盖，减少蒸发。喷水雾能减少蒸发，但不能降低泄漏物在有限空间内的易燃性。用防爆泵转移至槽车或专用收集器内

第七部分　操作处置与储存

操作注意事项　密闭操作，局部排风。操作人员必须经过专门培训，严格遵守操作规程。建议操作人员佩戴自吸过滤式防毒面具（全面罩），穿胶布防毒衣，戴橡胶耐油手套。远离火种、热源。工作场所严禁吸烟。使用防爆型的通风系统和设备。防止蒸气泄漏到工作场所空气中。避免与氧化剂、酸类接触。充装要控制流速，防止静电积聚。搬运时要轻装轻卸，防止包装及容器损坏。配备相应品种和数量的消防器材及泄漏应急处理设备。倒空的容器可能残留有害物

储存注意事项　储存于阴凉、通风的库房。远离火种、热源。库温不宜超过37℃。包装要求密封，不可与空气接触。应与氧化剂、酸类分开存放，切忌混储。不宜大量储存或久存。采用防爆型照明、通风设施。禁止使用易产生火花的机械设备和工具。储区应备有泄漏应急处理设备和合适的收容材料

第八部分　接触控制/个体防护

职业接触限值

中国　PC-TWA：4mg/m³［皮］［G2B］

美国(ACGIH)　TLV-TWA：1ppm［皮］

生物接触限值　未制定标准

监测方法　空气中有毒物质测定方法：未制定标准。生物监测检验方法：未制定标准

工程控制　密闭操作，局部排风。提供安全的淋浴和洗眼设备

个体防护装备

呼吸系统防护　可能接触其蒸气时，应该佩戴过滤式防毒面具（全面罩）。紧急事态抢救或撤离时，佩戴空气呼吸器

眼睛防护　呼吸系统防护中已作防护

皮肤和身体防护　穿隔绝式防毒服

手防护　戴橡胶耐油手套

第九部分　理化特性

外观与性状　琥珀色液体，有类似氯仿的气味

pH 值　无资料　　**熔点(℃)**　−84

沸点(℃)　108　　**相对密度(水=1)**　1.22

相对蒸气密度(空气=1)　3.8

饱和蒸气压(kPa)　4.5（25℃）

燃烧热(kJ/mol)　−1775.5　**临界温度(℃)**　无资料

临界压力(MPa)　无资料　**辛醇/水分配系数**　1.82

闪点(℃)　25（CC）；35（OC）

引燃温度(℃)　无资料

爆炸下限(%)　5.0　　**爆炸上限(%)**　14.5

分解温度(℃)　无资料　　**黏度(mPa·s)**　无资料

溶解性　不溶于水，溶于乙醇、乙醚、苯等多数有机溶剂

第十部分　稳定性和反应性

稳定性　稳定

危险反应　与强氧化剂等禁配物接触，有发生火灾和爆炸的危险

避免接触的条件　受热

禁配物　强氧化剂、酸类

危险的分解产物　氯化氢、光气

第十一部分　毒理学信息

急性毒性

LD_{50}　470～710mg/kg（大鼠经口）；640mg/kg（小鼠经口）；775mg/kg（大鼠经皮）；504mg/kg（兔经皮）

LC_{50}　500ppm（大鼠吸入）；4650mg/m^3（小鼠吸入，2h）

皮肤刺激或腐蚀　无资料　**眼睛刺激或腐蚀**　无资料

呼吸或皮肤过敏　无资料

生殖细胞突变性　微生物致突变：鼠伤寒沙门氏菌 100μg/皿。姐妹染色单体交换：仓鼠卵巢 900nmol/L。DNA 损伤：小鼠腹腔内给予 150mg/kg

致癌性　IARC 致癌性评论：组 2B，可疑人类致癌物。对人类致癌性证据有限，对动物致癌性证据不充分

生殖毒性　无资料

特异性靶器官系统毒性-一次接触　无资料

特异性靶器官系统毒性-反复接触　大鼠吸入 50ppm，每天 6h，12 周，肝肾肿大，动物存活

吸入危害　无资料。

第十二部分　生态学信息

生态毒性

LC_{50}　1.46mg/L（96h）（青鳉）

EC_{50}　0.09mg/L（48h）（水蚤）

持久性和降解性

生物降解性　好氧生物降解（h）：168～672；厌氧生物降解（h）：672～2688

非生物降解性　空气中光氧化半衰期（h）：4.66～80.3；一级水解半衰期（h）：271

潜在的生物累积性　根据 K_{ow} 值预测，该物质的生物累积性可能较弱

土壤中的迁移性　根据 K_{oc} 值预测，该物质可能易发生迁移

第十三部分　废弃处置

废弃化学品　建议用焚烧法处置。与燃料混合后，再焚烧。焚烧炉排出的卤化氢通过酸洗涤器除去

污染包装物　将容器返还生产商或按照国家和地方法规处置

废弃注意事项　处置前应参阅国家和地方有关法规

第十四部分　运输信息

联合国危险货物编号（UN 号）　2047

联合国运输名称　二氯丙烯

联合国危险性类别　3

包装类别　Ⅱ类包装　　**包装标志**

海洋污染物　否

运输注意事项　运输时运输车辆应配备相应品种和数量的消防器材及泄漏应急处理设备。夏季最好早晚运输。运输时所用的槽（罐）车应有接地链，槽内可设孔隔板以减少震荡产生的静电。严禁与氧化剂、酸类、食用化学品等混装混运。运输途中应防曝晒、雨淋，防高温。中途停留时应远离火种、热源、高温区。装运该物品的车辆排气管必须配备阻火装置，禁止使用易产生火花的机械设备和工具装卸。公路运输时要按规定路线行驶，勿在居民区和人口稠密区停留。铁路运输时要禁止溜放。严禁用木船、水泥船散装运输

第十五部分　法规信息

下列法律、法规、规章和标准，对该化学品的管理作了相应的规定。

中华人民共和国职业病防治法　职业病分类和目录：未列入

危险化学品安全管理条例　危险化学品目录：列入。易制爆危险化学品名录：未列入。重点监管的危险化学品名录：未列入。GB 18218—2009《危险化学品重大危险源辨识》（表 1）：未列入

使用有毒物品作业场所劳动保护条例　高毒物品目录：未列入

易制毒化学品管理条例　易制毒化学品的分类和品种目录：未列入

国际公约　斯德哥尔摩公约：未列入。鹿特丹公约：未列入。蒙特利尔议定书：未列入

第十六部分　其他信息

编写和修订信息　　**缩略语和首字母缩写**

培训建议　　**参考文献**

免责声明

1,2-二氯丙烯

第一部分 化学品标识

化学品中文名 1,2-二氯丙烯；邻二氯丙烯

化学品英文名 1,2-dichloropropene；1,2-dichloropropylene

分子式 $C_3H_4Cl_2$ **相对分子质量** 110.97

结构式 (H₃C—C(Cl)=CH—Cl)

化学品的推荐及限制用途 用作土壤熏蒸剂，用于有机合成

第二部分 危险性概述

紧急情况概述 高度易燃液体和蒸气，吞咽有害

GHS危险性类别 易燃液体，类别2；急性毒性-经口，类别4

标签要素

象形图

警示词 危险

危险性说明 高度易燃液体和蒸气，吞咽有害

防范说明

预防措施 远离热源、火花、明火、热表面。禁止吸烟。保持容器密闭。容器和接收设备接地连接。使用防爆电器、通风、照明设备。只能使用不产生火花的工具。采取防止静电措施。戴防护手套、防护眼镜、防护面罩。避免接触眼睛、皮肤，操作后彻底清洗。作业场所不得进食、饮水或吸烟

事故响应 火灾时，使用泡沫、二氧化碳、干粉、砂土灭火。如皮肤（或头发）接触：立即脱掉所有被污染的衣服，用水冲洗皮肤，淋浴。食入：漱口。如果感觉不适，立即呼叫中毒控制中心或就医

安全储存 存放在通风良好的地方。保持低温

废弃处置 本品及内装物、容器依据国家和地方法规处置

物理和化学危险 高度易燃，其蒸气与空气混合，能形成爆炸性混合物

健康危害 对眼睛、皮肤有刺激作用；对实验动物可引起肝、肾及肺脏的损害

环境危害 对环境可能有害

第三部分 成分/组成信息

√物质 混合物

组分	浓度	CAS No.
1,2-二氯丙烯		563-54-2

第四部分 急救措施

吸入 迅速脱离现场至空气新鲜处。保持呼吸道通畅。如呼吸困难，给输氧。如呼吸、心跳停止，立即进行心肺复苏术。就医

皮肤接触 立即脱去污染的衣着，用流动清水彻底冲洗。就医

眼睛接触 立即分开眼睑，用流动清水或生理盐水彻底冲洗。就医

食入 漱口，饮水。就医

对保护施救者的忠告 根据需要使用个人防护设备

对医生的特别提示 对症处理

第五部分 消防措施

灭火剂 用泡沫、二氧化碳、干粉、砂土灭火

特别危险性 空气中受热分解释出剧毒的光气和氯化氢气体。与氧化剂能发生强烈反应。与铜及其合金有可能生成具有爆炸性的氯乙炔。燃烧生成有害的一氧化碳、氯化氢

灭火注意事项及防护措施 消防人员必须佩戴空气呼吸器、穿全身防火防毒服，在上风向灭火。喷水冷却容器，尽可能将容器从火场移至空旷处。容器突然发出异常声音或出现异常现象，应立即撤离

第六部分 泄漏应急处理

作业人员防护措施、防护装备和应急处置程序 消除所有点火源。根据液体流动和蒸气扩散的影响区域划定警戒区，无关人员从侧风、上风向撤离至安全区。建议应急处理人员戴正压自给式呼吸器，穿防毒、防静电服，戴橡胶耐油手套。作业时使用的所有设备应接地。禁止接触或跨越泄漏物。尽可能切断泄漏源

环境保护措施 防止泄漏物进入水体、下水道、地下室或有限空间

泄漏化学品的收容、清除方法及所使用的处置材料 小量泄漏：用砂土或其他不燃材料吸收，使用洁净的无火花工具收集吸收材料。大量泄漏：构筑围堤或挖坑收容。用泡沫覆盖，减少蒸发。喷水雾能减少蒸发，但不能降低泄漏物在有限空间内的易燃性。用防爆泵转移至槽车或专用收集器内

第七部分 操作处置与储存

操作注意事项 严加密闭，提供充分的局部排风和全面通风。操作人员必须经过专门培训，严格遵守操作规程。建议操作人员佩戴自吸过滤式防毒面具（全面罩），穿胶布防毒衣，戴橡胶耐油手套。远离火种、热源。工作场所严禁吸烟。使用防爆型的通风系统和设备。防止蒸气泄漏到工作场所空气中。避免与氧化剂、酸类接触。充装要控制流速，防止静电积聚。搬运时要轻装轻卸，防止包装及容器损坏。配备相应品种和数量的消防器材及泄漏应急处理设备。倒空的容器可能残留有害物

储存注意事项 储存于阴凉、通风的库房。远离火种、热源。库温不宜超过37℃。包装要求密封，不可与空气接触。应与氧化剂、酸类分开存放，切忌混储。不宜大量储存或久存。采用防爆型照明、通风设施。禁止使用易产生火花的机械设备和工具。储区应备有泄漏应急处理设备和合适的收容材料

第八部分 接触控制/个体防护

职业接触限值

中国 未制定标准

美国(ACGIH) 未制定标准

生物接触限值 未制定标准

监测方法 空气中有毒物质测定方法：未制定标准。生物监测检验方法：未制定标准

工程控制 严加密闭，提供充分的局部排风和全面通风。提供安全的淋浴和洗眼设备

个体防护装备

呼吸系统防护 可能接触其蒸气时，应该佩戴过滤式防毒面具（全面罩）。紧急事态抢救或撤离时，佩戴空气呼吸器

眼睛防护 呼吸系统防护中已作防护

皮肤和身体防护 穿隔绝式防毒服

手防护 戴橡胶耐油手套

第九部分 理化特性

外观与性状 琥珀色液体，有类似氯仿的气味

pH值 无资料 **熔点(℃)** 无资料

沸点(℃) 75 **相对密度(水=1)** 1.18

相对蒸气密度(空气=1) 3.83

饱和蒸气压(kPa) 无资料

燃烧热(kJ/mol) 无资料 **临界温度(℃)** 无资料

临界压力(MPa) 无资料 **辛醇/水分配系数** 2.53

闪点(℃) 无资料 **自燃温度(℃)** 无资料

爆炸下限(%) 无资料 **爆炸上限(%)** 无资料

分解温度(℃) 无资料 **黏度(mPa·s)** 无资料

溶解性 不溶于水，溶于乙醇、甲醇、四氯化碳等多数有机溶剂

第十部分 稳定性和反应性

稳定性 稳定

危险反应 与强氧化剂等禁配物接触，有发生火灾和爆炸的危险

避免接触的条件 受热

禁配物 强氧化剂、强酸

危险的分解产物 氯化氢、光气

第十一部分 毒理学信息

急性毒性 LD_{50}：2g/kg（大鼠经口）；8750mg/kg（兔经皮）

皮肤刺激或腐蚀 无资料 **眼睛刺激或腐蚀** 无资料

呼吸或皮肤过敏 无资料

生殖细胞突变性 微生物致突变：鼠伤寒沙门氏菌属 10μL/皿

致癌性 无资料 **生殖毒性** 无资料

特异性靶器官系统毒性-一次接触 无资料

特异性靶器官系统毒性-反复接触 无资料

吸入危害 无资料

第十二部分 生态学信息

生态毒性 无资料

持久性和降解性

生物降解性 无资料

非生物降解性 无资料

潜在的生物累积性 根据 K_{ow} 值预测，该物质的生物累积性可能较弱

土壤中的迁移性 根据 K_{oc} 值预测，该物质可能易发生迁移

第十三部分 废弃处置

废弃化学品 建议用焚烧法处置。与燃料混合后，再焚烧。焚烧炉排出的卤化氢通过酸洗涤器除去

污染包装物 将容器返还生产商或按照国家和地方法规处置

废弃注意事项 处置前应参阅国家和地方有关法规

第十四部分 运输信息

联合国危险货物编号(UN号) 2047

联合国运输名称 二氯丙烯 **联合国危险性类别** 3

包装类别 Ⅱ类包装 **包装标志**

海洋污染物 否

运输注意事项 运输时运输车辆应配备相应品种和数量的消防器材及泄漏应急处理设备。夏季最好早晚运输。运输时所用的槽（罐）车应有接地链，槽内可设孔隔板以减少震荡产生的静电。严禁与氧化剂、酸类、食用化学品等混装混运。运输途中应防曝晒、雨淋，防高温。中途停留时应远离火种、热源、高温区。装运该物品的车辆排气管必须配备阻火装置，禁止使用易产生火花的机械设备和工具装卸。公路运输时要按规定路线行驶，勿在居民区和人口稠密区停留。铁路运输时要禁止溜放。严禁用木船、水泥船散装运输

第十五部分 法规信息

下列法律、法规、规章和标准，对该化学品的管理作了相应的规定。

中华人民共和国职业病防治法 职业病分类和目录：未列入

危险化学品安全管理条例 危险化学品目录：列入。易制爆危险化学品名录：未列入。重点监管的危险化学品名录：未列入。GB 18218—2009《危险化学品重大危险源辨识》(表1)：未列入

使用有毒物品作业场所劳动保护条例 高毒物品目录：未列入

易制毒化学品管理条例 易制毒化学品的分类和品种目录：未列入

国际公约 斯德哥尔摩公约：未列入。鹿特丹公约：未列入。蒙特利尔议定书：未列入

第十六部分 其他信息

编写和修订信息 **缩略语和首字母缩写**
培训建议 **参考文献**
免责声明

二氯代丁烯醛酸

第一部分 化学品标识

化学品中文名 二氯代丁烯醛酸；二氯醛基丙烯酸；2,3-二氯-4-氧代-2-丁烯酸；黏氯酸

化学品英文名 dichloromalealdehydic acid；mucochloric acid；2,3-dichloro-4-*oxo*-2-butenoic acid

分子式 $C_4H_2Cl_2O_3$ **相对分子质量** 168.97

结构式 (H–C(=O)–C(Cl)=C(Cl)–C(=O)–OH)

化学品的推荐及限制用途 用于有机合成和制药

第二部分 危险性概述

紧急情况概述 吞咽有害，造成严重的皮肤灼伤和眼损伤

GHS危险性类别 急性毒性-经口，类别4；皮肤腐蚀/刺激，类别1；严重眼损伤/眼刺激，类别1；生殖细胞致突变性，类别2；特异性靶器官毒性-一次接触，类别2；危害水生环境-急性危害，类别3；危害水生环境-长期危害，类别3

标签要素

象形图

警示词 危险

危险性说明 吞咽有害，造成严重的皮肤灼伤和眼损伤，怀疑可造成遗传性缺陷，可能对器官造成损害，对水生生物有害并具有长期持续影响

防范说明

预防措施 避免接触眼睛、皮肤，操作后彻底清洗。作业场所不得进食、饮水或吸烟。戴防护手套，穿防护服，戴防护眼镜、防护面罩。得到专门指导后操作。在阅读并了解所有安全预防措施之前，切勿操作。按要求使用个体防护装备。避免吸入粉尘。禁止排入环境

事故响应 如吸入：将患者转移到空气新鲜处，休息，保持利于呼吸的体位。皮肤（或头发）接触：立即脱掉所有被污染的衣服，用水冲洗皮肤，淋浴。污染的衣服须洗净后方可重新使用。眼睛接触：用水细心地冲洗数分钟。如戴隐形眼镜并可方便地取出，则取出隐形眼镜继续冲洗。食入：漱口。不要催吐。如果感觉不适，立即呼叫中毒控制中心或就医。如果接触或有担心，就医

安全储存 上锁保管

废弃处置 本品及内装物、容器依据国家和地方法规处置

物理和化学危险 可燃，其粉体与空气混合，能形成爆炸性混合物

健康危害 有腐蚀性，眼和皮肤接触可引起灼伤

环境危害 对水生生物有害并具有长期持续影响

第三部分 成分/组成信息

√物质 混合物

组分	浓度	CAS No.
二氯代丁烯醛酸		87-56-9

第四部分 急救措施

吸入 迅速脱离现场至空气新鲜处。保持呼吸道通畅。如呼吸困难，给输氧。如呼吸、心跳停止，立即进行心肺复苏术。就医

皮肤接触 立即脱去污染的衣着，用大量流动清水彻底冲洗至少15min。就医

眼睛接触 立即分开眼睑，用流动清水或生理盐水彻底冲洗至少15min。就医

食入 用水漱口，禁止催吐。给饮牛奶或蛋清。就医

对保护施救者的忠告 根据需要使用个人防护设备

对医生的特别提示 对症处理

第五部分 消防措施

灭火剂 用抗溶性泡沫、二氧化碳、砂土灭火

特别危险性 受高热分解，放出腐蚀性、刺激性的烟雾。具有腐蚀性。燃烧生成有害的一氧化碳、氯化氢

灭火注意事项及防护措施 消防人员必须穿全身耐酸碱消防服、佩戴空气呼吸器灭火。尽可能将容器从火场移至空旷处。喷水保持火场容器冷却，直至灭火结束

第六部分 泄漏应急处理

作业人员防护措施、防护装备和应急处置程序 隔离泄漏污染区，限制出入。消除所有点火源。建议应急处理人员戴防尘口罩，穿防酸碱服，戴橡胶耐酸碱手套。穿上适当的防护服前严禁接触破裂的容器和泄漏物。尽可能切断泄漏源。用塑料布覆盖泄漏物，减少飞散。勿使水进入包装容器内

环境保护措施 无资料

泄漏化学品的收容、清除方法及所使用的处置材料 用洁净的铲子收集泄漏物，置于干净、干燥、盖子较松的容器中，将容器移离泄漏区

第七部分 操作处置与储存

操作注意事项 密闭操作，提供充分的局部排风。操作人员必须经过专门培训，严格遵守操作规程。建议操作人员佩戴头罩型电动送风过滤式防尘呼吸器，穿防酸碱塑料工作服，戴橡胶耐酸碱手套。远离火种、热源。工作场所严禁吸烟。使用防爆型的通风系统和设备。避免产生粉尘。避免与氧化剂、碱类接触。搬运时要轻装轻卸，防止包装及容器损坏。配备相应品种和数量的消防器材及泄漏应急处理设备。倒空的容器可能残留有害物

储存注意事项 储存于阴凉、通风良好的专用库房内。远

离火种、热源。应与氧化剂、碱类分开存放，切忌混储。配备相应品种和数量的消防器材。储区应备有合适的材料收容泄漏物

第八部分　接触控制/个体防护

职业接触限值

中国　未制定标准

美国(ACGIH)　未制定标准

生物接触限值　未制定标准

监测方法　空气中有毒物质测定方法：未制定标准。生物监测检验方法：未制定标准

工程控制　严加密闭，提供充分的局部排风。提供安全的淋浴和洗眼设备

个体防护装备

呼吸系统防护　可能接触其粉尘时，建议佩戴过滤式防尘呼吸器。必要时佩戴空气呼吸器

眼睛防护　戴化学安全防护眼镜

皮肤和身体防护　穿橡胶耐酸碱服

手防护　戴橡胶耐酸碱手套

第九部分　理化特性

外观与性状　白色结晶或淡黄色粉末，具有刺激性气味

pH 值　无意义　**熔点(℃)**　125～128

沸点(℃)　无资料　**相对密度(水=1)**　无资料

相对蒸气密度(空气=1)　无资料

饱和蒸气压(kPa)　无资料

燃烧热(kJ/mol)　无资料　**临界温度(℃)**　无资料

临界压力(MPa)　无资料　**辛醇/水分配系数**　1.37

闪点(℃)　100 (CC)　**自燃温度(℃)**　无资料

爆炸下限(%)　无资料　**爆炸上限(%)**　无资料

分解温度(℃)　无资料　**黏度(mPa·s)**　无资料

溶解性　微溶于水，溶于热水、热苯、乙醇

第十部分　稳定性和反应性

稳定性　稳定

危险反应　与强氧化剂等禁配物发生反应

避免接触的条件　受热

禁配物　强氧化剂、碱类

危险的分解产物　氯化氢

第十一部分　毒理学信息

急性毒性　LD_{50}：50～100mg/kg（大鼠经口）

皮肤刺激或腐蚀　家兔经皮：2mg/（24h），重度刺激

眼睛刺激或腐蚀　家兔经眼：50μg（24h），重度刺激

呼吸或皮肤过敏　无资料

生殖细胞突变性　微生物致突变：鼠伤寒沙门氏菌 100ng/皿。哺乳动物体细胞突变：仓鼠卵巢 23700nmol/L

致癌性　无资料　**生殖毒性**　无资料

特异性靶器官系统毒性-一次接触

特异性靶器官系统毒性-反复接触　用较高浓度反复涂敷豚鼠皮肤，可使血红蛋白和红细胞数减少，并出现体重减轻等

吸入危害　无资料

第十二部分　生态学信息

生态毒性

LC_{50}　123mg/L（96h）（鱼）

EC_{50}　13mg/L（48h）（水蚤）

ErC_{50}　65mg/L（72h）（藻类）

持久性和降解性

生物降解性　不具有固有生物降解性，但在生物驯化后可部分降解。

非生物降解性　无资料

潜在的生物累积性　根据 K_{ow} 值预测，该物质的生物累积性可能较弱

土壤中的迁移性　根据 K_{oc} 值预测，该物质可能易发生迁移

第十三部分　废弃处置

废弃化学品　建议用焚烧法处置。与燃料混合后，再焚烧。焚烧炉排出的卤化氢通过酸洗涤器除去

污染包装物　将容器返还生产商或按照国家和地方法规处置

废弃注意事项　处置前应参阅国家和地方有关法规

第十四部分　运输信息

联合国危险货物编号（UN 号）　3265

联合国运输名称　有机酸性腐蚀性液体，未另作规定的（二氯醛基丙烯酸）

联合国危险性类别　8

包装类别　Ⅲ类包装　**包装标志**

海洋污染物　否

运输注意事项　起运时包装要完整，装载应稳妥。运输过程中要确保容器不泄漏、不倒塌、不坠落、不损坏。严禁与氧化剂、碱类、食用化学品等混装混运。运输车辆应配备相应品种和数量的消防器材及泄漏应急处理设备。运输途中应防曝晒、雨淋，防高温

第十五部分　法规信息

下列法律、法规、规章和标准，对该化学品的管理作了相应的规定。

中华人民共和国职业病防治法　职业病分类和目录：未列入

危险化学品安全管理条例　危险化学品目录：列入。易制爆危险化学品名录：未列入。重点监管的危险化学品名录：未列入。GB 18218—2009《危险化学品重大危险源辨识》（表 1）：未列入

使用有毒物品作业场所劳动保护条例　高毒物品目录：未列入

易制毒化学品管理条例　易制毒化学品的分类和品种目录：未列入

国际公约　斯德哥尔摩公约：未列入。鹿特丹公约：未列入。蒙特利尔议定书：未列入

第十六部分 其他信息

编写和修订信息 **缩略语和首字母缩写**
培训建议 **参考文献**
免责声明

1,4-二氯丁烷

第一部分 化学品标识

化学品中文名 1,4-二氯丁烷；二氯四亚甲基
化学品英文名 1,4-dichlorobutane；1,4-butylene dichloride
分子式 $C_4H_8Cl_2$ **相对分子质量** 127.01
结构式 Cl Cl
化学品的推荐及限制用途 用作有机合成中间体

第二部分 危险性概述

紧急情况概述 易燃液体和蒸气
GHS危险性类别 易燃液体，类别3；危害水生环境-急性危害，类别3；危害水生环境-长期危害，类别3
标签要素

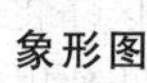
象形图 

警示词 警告
危险性说明 易燃液体和蒸气，对水生生物有害并具有长期持续影响
防范说明
预防措施 远离热源、火花、明火、热表面。禁止吸烟。保持容器密闭。容器和接收设备接地连接。使用防爆电器、通风、照明设备。只能使用不产生火花的工具。采取防止静电措施。戴防护手套、防护眼镜、防护面罩。禁止排入环境
事故响应 火灾时，使用泡沫、二氧化碳、干粉、砂土灭火。如皮肤（或头发）接触：立即脱掉所有被污染的衣服，用水冲洗皮肤，淋浴
安全储存 存放在通风良好的地方。保持低温
废弃处置 本品及内装物、容器依据国家和地方法规处置
物理和化学危险 易燃，其蒸气与空气混合，能形成爆炸性混合物
健康危害 本品可能具有麻醉作用和刺激性
环境危害 对水生生物有害并具有长期持续影响

第三部分 成分/组成信息

√物质 混合物

组分	浓度	CAS No.
1,4-二氯丁烷		110-56-5

第四部分 急救措施

吸入 迅速脱离现场至空气新鲜处。保持呼吸道通畅。如呼吸困难，给输氧。如呼吸、心跳停止，立即进行心肺复苏术。就医
皮肤接触 立即脱去污染的衣着，用流动清水彻底冲洗。就医
眼睛接触 立即分开眼睑，用流动清水或生理盐水彻底冲洗。就医
食入 漱口，饮水。就医
对保护施救者的忠告 根据需要使用个人防护设备
对医生的特别提示 对症处理

第五部分 消防措施

灭火剂 用泡沫、二氧化碳、干粉、砂土灭火
特别危险性 受热分解能放出剧毒的光气。与氧化剂能发生强烈反应。燃烧生成有害的一氧化碳、氯化氢
灭火注意事项及防护措施 消防人员必须佩戴空气呼吸器、穿全身防火防毒服，在上风向灭火。喷水冷却容器，尽可能将容器从火场移至空旷处。容器突然发出异常声音或出现异常现象，应立即撤离

第六部分 泄漏应急处理

作业人员防护措施、防护装备和应急处置程序 消除所有点火源。根据液体流动和蒸气扩散的影响区域划定警戒区，无关人员从侧风、上风向撤离至安全区。建议应急处理人员戴正压自给式呼吸器，穿防静电服，戴橡胶耐酸碱手套。作业时使用的所有设备应接地。禁止接触或跨越泄漏物。尽可能切断泄漏源
环境保护措施 防止泄漏物进入水体、下水道、地下室或有限空间
泄漏化学品的收容、清除方法及所使用的处置材料 小量泄漏：用砂土或其他不燃材料吸收，使用洁净的无火花工具收集吸收材料。大量泄漏：构筑围堤或挖坑收容。用泡沫覆盖，减少蒸发。喷水雾能减少蒸发，但不能降低泄漏物在有限空间内的易燃性。用防爆泵转移至槽车或专用收集器内

第七部分 操作处置与储存

操作注意事项 密闭操作，加强通风。操作人员必须经过专门培训，严格遵守操作规程。建议操作人员佩戴自吸过滤式防毒面具（半面罩），戴化学安全防护眼镜，穿防毒物渗透工作服，戴橡胶耐油手套。远离火种、热源。工作场所严禁吸烟。使用防爆型的通风系统和设备。防止蒸气泄漏到工作场所空气中。避免与氧化剂、碱类接触。充装要控制流速，防止静电积聚。搬运时要轻装轻卸，防止包装及容器损坏。配备相应品种和数量的消防器材及泄漏应急处理设备。倒空的容器可能残留有害物
储存注意事项 储存于阴凉、通风的库房。远离火种、热源。库温不宜超过37℃。保持容器密封。应与氧化剂、碱类分开存放，切忌混储。采用防爆型照明、通风设施。禁止使用易产生火花的机械设备和工具。储区应备有泄漏应急处理设备和合适的收容材料

第八部分 接触控制/个体防护

职业接触限值
中国 未制定标准

美国(ACGIH) 未制定标准

生物接触限值 未制定标准

监测方法 空气中有毒物质测定方法：未制定标准。生物监测检验方法：未制定标准

工程控制 生产过程密闭，加强通风。提供安全的淋浴和洗眼设备

个体防护装备

呼吸系统防护 可能接触其蒸气时，应该佩戴过滤式防毒面具（半面罩）。紧急事态抢救或撤离时，佩戴空气呼吸器

眼睛防护 戴化学安全防护眼镜

皮肤和身体防护 穿防毒物渗透工作服

手防护 戴橡胶耐油手套

第九部分 理化特性

外观与性状 无色透明液体，有芳香气味

pH 值 无资料 **熔点(℃)** −38

沸点(℃) 161～163 **相对密度(水=1)** 1.16

相对蒸气密度(空气=1) 4.4

饱和蒸气压(kPa) 0.53（20℃）

燃烧热(kJ/mol) 无资料 **临界温度(℃)** 无资料

临界压力(MPa) 3.61 **辛醇/水分配系数** 2.81

闪点(℃) 40 **自燃温度(℃)** 220

爆炸下限(%) 1.8 **爆炸上限(%)** 8.9

分解温度(℃) 无资料 **黏度(mPa·s)** 无资料

溶解性 不溶于水，溶于多数有机溶剂

第十部分 稳定性和反应性

稳定性 稳定

危险反应 与强氧化剂等禁配物接触，有发生火灾和爆炸的危险

避免接触的条件 受热

禁配物 强氧化剂、强碱

危险的分解产物 氯化氢、光气

第十一部分 毒理学信息

急性毒性 无资料 **皮肤刺激或腐蚀** 无资料

眼睛刺激或腐蚀 无资料 **呼吸或皮肤过敏** 无资料

生殖细胞突变性 无资料 **致癌性** 无资料

生殖毒性 无资料

特异性靶器官系统毒性-一次接触 无资料

特异性靶器官系统毒性-反复接触 无资料

吸入危害 无资料

第十二部分 生态学信息

生态毒性 LC_{50}：51.6mg/L（96h）（鱼）

持久性和降解性

生物降解性 不易被快速生物降解

非生物降解性 无资料

潜在的生物累积性 根据 K_{ow} 值预测，该物质的生物累积性可能较弱

土壤中的迁移性 根据 K_{oc} 值预测，该物质可能有一定的迁移性

第十三部分 废弃处置

废弃化学品 建议用焚烧法处置。与燃料混合后，再焚烧。焚烧炉排出的卤化氢通过酸洗涤器除去

污染包装物 将容器返还生产商或按照国家和地方法规处置

废弃注意事项 处置前应参阅国家和地方有关法规

第十四部分 运输信息

联合国危险货物编号（UN 号） 1993

联合国运输名称 易燃液体，未另作规定的（1,4-二氯丁烷）

联合国危险性类别 3

包装类别 Ⅲ类包装 **包装标志** 

海洋污染物 否

运输注意事项 运输时运输车辆应配备相应品种和数量的消防器材及泄漏应急处理设备。夏季最好早晚运输。运输时所用的槽（罐）车应有接地链，槽内可设孔隔板以减少震荡产生的静电。严禁与氧化剂、碱类、食用化学品等混装混运。运输途中应防曝晒、雨淋，防高温。中途停留时应远离火种、热源、高温区。装运该物品的车辆排气管必须配备阻火装置，禁止使用易产生火花的机械设备和工具装卸。公路运输时要按规定路线行驶，勿在居民区和人口稠密区停留。铁路运输时要禁止溜放。严禁用木船、水泥船散装运输

第十五部分 法规信息

下列法律、法规、规章和标准，对该化学品的管理作了相应的规定。

中华人民共和国职业病防治法 职业病分类和目录：未列入

危险化学品安全管理条例 危险化学品目录：列入。易制爆危险化学品名录：未列入。重点监管的危险化学品名录：未列入。GB 18218—2009《危险化学品重大危险源辨识》（表 1）：未列入

使用有毒物品作业场所劳动保护条例 高毒物品目录：未列入

易制毒化学品管理条例 易制毒化学品的分类和品种目录：未列入

国际公约 斯德哥尔摩公约：未列入。鹿特丹公约：未列入。蒙特利尔议定书：未列入

第十六部分 其他信息

编写和修订信息 **缩略语和首字母缩写**

培训建议 **参考文献**

免责声明

二氯二氟甲烷

第一部分 化学品标识

化学品中文名 二氯二氟甲烷；制冷剂 R-12；氟里昂-12

化学品英文名 dichlorodifluoromethane；Freon 12

分子式 CCl_2F_2 **相对分子质量** 120.91

结构式 F—C(Cl)(Cl)—F

化学品的推荐及限制用途 用作制冷剂、气溶杀虫药发射剂等

第二部分 危险性概述

紧急情况概述 内装加压气体：遇热可能爆炸

GHS 危险性类别 加压气体；特异性靶器官毒性-反复接触，类别 1；危害臭氧层，类别 1

标签要素

象形图

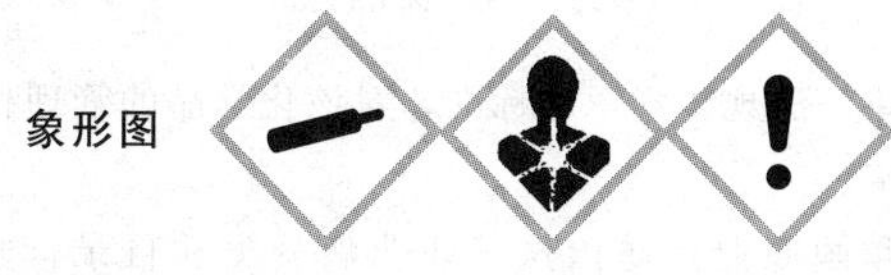

警示词 危险

危险性说明 内装加压气体：遇热可能爆炸，长时间或反复接触对器官造成损伤，破坏高层大气中的臭氧，危害公共健康和环境

防范说明

预防措施 避免吸入气体。操作后彻底清洗。操作现场不得进食、饮水或吸烟

事故响应 如感觉不适，就医

安全储存 防日晒。存放在通风良好的地方

废弃处置 本品及内装物、容器依据国家和地方法规处置

物理和化学危险 不燃，无特殊燃爆特性

健康危害 是一种对心脏毒作用强烈而又迅速的物质。能引起动物心律不齐、室性心动过速、心动过缓、房室传导阻滞、急性心力衰竭、血压降低等心血管系统的改变。国外有大量吸入引起致命性心律紊乱、虚脱、心动骤停而死亡的病例报道。皮肤直接接触液态本品可引起冻伤

环境危害 破坏高层大气中的臭氧，危害公共健康和环境

第三部分 成分/组成信息

√物质 混合物

组分	浓度	CAS No.
二氯二氟甲烷		75-71-8

第四部分 急救措施

吸入 迅速脱离现场至空气新鲜处。保持呼吸道通畅。如呼吸困难，给输氧。如呼吸、心跳停止，立即进行心肺复苏术。就医

皮肤接触 如发生冻伤，用温水（38～42℃）复温，忌用热水或辐射热，不要揉搓。就医

对保护施救者的忠告 根据需要使用个人防护设备

对医生的特别提示 对症处理

第五部分 消防措施

灭火剂 本品不燃。根据着火原因选择适当灭火剂灭火

特别危险性 受高热分解，放出有毒的氟化物和氯化物气体。燃烧生成有害的一氧化碳、氟化氢、氯化氢

灭火注意事项及防护措施 消防人员须佩戴防毒面具、穿全身消防服，在上风向灭火。切断气源。喷水冷却容器，尽可能将容器从火场移至空旷处

第六部分 泄漏应急处理

作业人员防护措施、防护装备和应急处置程序 根据气体的影响区域划定警戒区，无关人员从侧风、上风向撤离至安全区。建议应急处理人员戴正压自给式呼吸器，穿一般作业工作服。液化气体泄漏时穿防寒服。尽可能切断泄漏源。喷雾状水抑制蒸气或改变蒸气云流向，避免水流接触泄漏物。禁止用水直接冲击泄漏物或泄漏源。若可能翻转容器，使之逸出气体而非液体

环境保护措施 防止气体通过下水道、通风系统和有限空间扩散

泄漏化学品的收容、清除方法及所使用的处置材料 漏出气允许排入大气中。泄漏场所保持通风

第七部分 操作处置与储存

操作注意事项 密闭操作，全面通风。操作人员必须经过专门培训，严格遵守操作规程。建议操作人员佩戴自吸过滤式防毒面具（半面罩），戴化学安全防护眼镜，防止气体泄漏到工作场所空气中。避免与氧化剂、碱金属、碱土金属接触。搬运时轻装轻卸，防止钢瓶及附件破损。配备泄漏应急处理设备

储存注意事项 储存于阴凉、通风的不燃气体专用库房。远离火种、热源。库温不宜超过 30℃。应与氧化剂、碱金属、碱土金属、食用化学品分开存放，切忌混储。储区应备有泄漏应急处理设备

第八部分 接触控制/个体防护

职业接触限值

中国 PC-TWA：5000mg/m^3

美国(ACGIH) TLV-TWA：1000ppm

生物接触限值 未制定标准

监测方法 空气中有毒物质测定方法：溶剂解吸-气相色谱法。生物监测检验方法：未制定标准

工程控制 生产过程密闭，全面通风

个体防护装备

呼吸系统防护 一般不需要特殊防护，高浓度接触时或空气中浓度超标时，应该佩戴过滤式防毒面具（半面罩）

眼睛防护 必要时，戴化学安全防护眼镜

皮肤和身体防护 穿一般作业防护服

手防护 戴一般作业防护手套

第九部分 理化特性

外观与性状 无色、无味压缩或液化气体

pH 值 无意义 **熔点(℃)** −158

沸点(℃) −30

相对密度(水=1) 1.46（−30℃）

相对蒸气密度(空气=1) 4.2

饱和蒸气压(kPa) 568 (20℃)

燃烧热(kJ/mol) 无资料 **临界温度(℃)** 111.8

临界压力(MPa) 4.12 **辛醇/水分配系数** 2.16

闪点(℃) 无意义 **自燃温度(℃)** 无意义

爆炸下限(%) 无意义 **爆炸上限(%)** 无意义

分解温度(℃) 无资料 **黏度(mPa·s)** 无资料

溶解性 不溶于水，溶于乙醇、乙醚

第十部分 稳定性和反应性

稳定性 稳定

危险反应 与强氧化剂等禁配物发生反应

避免接触的条件 受热

禁配物 强氧化剂、碱金属、碱土金属、铝

危险的分解产物 氟化氢、氯化氢

第十一部分 毒理学信息

急性毒性

LC_{50} 800000ppm（大鼠吸入，30min）

TCLo 200000ppm（人吸入，30min）

皮肤刺激或腐蚀 无资料 **眼睛刺激或腐蚀** 无资料

呼吸或皮肤过敏 无资料 **生殖细胞突变性** 无资料

致癌性 无资料 **生殖毒性** 无资料

特异性靶器官系统毒性-一次接触 无资料

特异性靶器官系统毒性-反复接触 大鼠及豚鼠，吸入浓度 4000mg/m^3，90d 以上，15 只动物死亡 1～2 只，出现肝脂肪变化，局灶性坏死，以及肺的非特异性变化

吸入危害 无资料

第十二部分 生态学信息

生态毒性 无资料

持久性和降解性

生物降解性 好氧生物降解（h）：672～4032；厌氧生物降解（h）：2688～16128

非生物降解性 光解最大光吸收-高（nm）：<200；空气中光氧化半衰期（h）：2118～21180

潜在的生物累积性 根据 K_{ow}值预测，该物质的生物累积性可能较弱

土壤中的迁移性 根据 K_{oc}值预测，该物质可能有一定的迁移性

第十三部分 废弃处置

废弃化学品 根据国家和地方有关法规的要求处置。或与厂商或制造商联系，确定处置方法

污染包装物 将容器返还生产商或按照国家和地方法规处置

废弃注意事项 把倒空的容器归还厂商或在规定场所掩埋

第十四部分 运输信息

联合国危险货物编号（UN 号） 1028

联合国运输名称 二氯二氟甲烷

联合国危险性类别 2.2

包装类别 - **包装标志** 

海洋污染物 否

运输注意事项 采用钢瓶运输时必须戴好钢瓶上的安全帽。钢瓶一般平放，并应将瓶口朝同一方向，不可交叉；高度不得超过车辆的防护栏板，并用三角木垫卡牢，防止滚动。严禁与氧化剂、碱金属、碱土金属、食用化学品等混装混运。夏季应早晚运输，防止日光曝晒。公路运输时要按规定路线行驶，禁止在居民区和人口稠密区停留。铁路运输时要禁止溜放

第十五部分 法规信息

下列法律、法规、规章和标准，对该化学品的管理作了相应的规定。

中华人民共和国职业病防治法 职业病分类和目录：未列入

危险化学品安全管理条例 危险化学品目录：列入。易制爆危险化学品名录：未列入。重点监管的危险化学品名录：未列入。GB 18218—2009《危险化学品重大危险源辨识》(表 1)：未列入

使用有毒物品作业场所劳动保护条例 高毒物品目录：列入

易制毒化学品管理条例 易制毒化学品的分类和品种目录：未列入

国际公约 斯德哥尔摩公约：未列入。鹿特丹公约：未列入。蒙特利尔议定书：列入

第十六部分 其他信息

编写和修订信息 **缩略语和首字母缩写**

培训建议 **参考文献**

免责声明

二氯硅烷

第一部分 化学品标识

化学品中文名 二氯硅烷

化学品英文名 dichlorosilane

分子式 Cl_2H_2Si **相对分子质量** 101.01

结构式

```
H—Si—H
  /  \
Cl    Cl
```

化学品的推荐及限制用途 用于甲硅烷基化剂，及合成硅的有机化合物

第二部分 危险性概述

紧急情况概述 极易燃气体，内装加压气体：遇热可能爆炸，吸入致命，造成严重的皮肤灼伤和眼损伤

GHS 危险性类别 易燃气体，类别 1；加压气体；急性毒性-吸入，类别 2；皮肤腐蚀/刺激，类别 1；严重眼损伤/眼刺激，类别 1；特异性靶器官毒性—一次接触，类别 2

标签要素

象形图

警示词 危险

危险性说明 极易燃气体，内装加压气体：遇热可能爆炸，吸入致命，造成严重的皮肤灼伤和眼损伤，可能对器官造成损害

防范说明

预防措施 远离热源、火花、明火、热表面。禁止吸烟。避免吸入气体。仅在室外或通风良好处操作。戴呼吸防护器具。避免接触眼睛、皮肤，操作后彻底清洗。戴防护手套，穿防护服，戴防护眼镜、防护面罩。工作场所不得进食、饮水或吸烟

事故响应 漏气着火：切勿灭火，除非漏气能够安全地制止。如果没有危险，消除一切点火源。如吸入：将患者转移到空气新鲜处，休息，保持利于呼吸的体位。立即呼叫中毒控制中心或就医。皮肤（或头发）接触：立即脱掉所有被污染的衣服，用水冲洗皮肤，淋浴。污染的衣服须洗净后方可重新使用。眼睛接触：用水细心地冲洗数分钟。如戴隐形眼镜并可方便地取出，则取出隐形眼镜继续冲洗。如果接触或感觉不适：呼叫中毒控制中心或就医

安全储存 防日晒。存放在通风良好的地方。保持容器密闭。上锁保管

废弃处置 本品及内装物、容器依据国家和地方法规处置

物理和化学危险 极易燃，与空气混合能形成爆炸性混合物。遇水剧烈反应，产生有毒气体

健康危害 对呼吸道、皮肤和眼睛有腐蚀性和刺激性。本品遇水或空气中的水分迅速水解形成氯化氢（盐酸）。盐酸可致皮肤灼伤和黏膜刺激。接触后表现有流泪、咳嗽、咳痰、呼吸困难、流涎等。可引起肺炎或肺水肿。眼接触可致灼伤，导致失明

环境危害 对环境可能有害

第三部分 成分/组成信息

√物质　　混合物

组分	浓度	CAS No.
二氯硅烷		4109-96-0

第四部分 急救措施

吸入 迅速脱离现场至空气新鲜处。保持呼吸道通畅。如呼吸困难，给输氧。如呼吸、心跳停止，立即进行心肺复苏术。就医

皮肤接触 立即脱去污染的衣着，用大量流动清水彻底冲洗至少 15min。就医

眼睛接触 立即分开眼睑，用流动清水或生理盐水彻底冲洗至少 15min。就医

对保护施救者的忠告 根据需要使用个人防护设备

对医生的特别提示 对症处理

第五部分 消防措施

灭火剂 用雾状水、泡沫、干粉、二氧化碳灭火

特别危险性 与卤素及其他氧化剂发生剧烈反应。遇水或水蒸气剧烈反应，生成盐酸烟雾。燃烧生成有害的氯化氢、氧化硅

灭火注意事项及防护措施 切断气源。若不能切断气源，则不允许熄灭泄漏处的火焰。消防人员必须佩戴空气呼吸器、穿全身防火防毒服，在上风向灭火。尽可能将容器从火场移至空旷处。火场中有大量本品泄漏物时，禁用水、泡沫和酸碱灭火剂

第六部分 泄漏应急处理

作业人员防护措施、防护装备和应急处置程序 消除所有点火源。根据气体的影响区域划定警戒区，无关人员从侧风、上风向撤离至安全区。建议应急处理人员穿内置正压自给式呼吸器的全封闭防化服。如果是液化气体泄漏，还应注意防冻伤。作业时使用的所有设备应接地。尽可能切断泄漏源。使用抗溶性泡沫抑制蒸气。若可能翻转容器，使之逸出气体而非液体

环境保护措施 防止气体通过下水道、通风系统和有限空间扩散

泄漏化学品的收容、清除方法及所使用的处置材料 隔离泄漏区直至气体散尽

第七部分 操作处置与储存

操作注意事项 严加密闭，提供充分的局部排风和全面通风。操作人员必须经过专门培训，严格遵守操作规程。建议操作人员佩戴导管式防毒面具，穿胶布防毒衣，戴橡胶手套。远离火种、热源。工作场所严禁吸烟。使用防爆型的通风系统和设备。避免产生烟雾。防止气体泄漏到工作场所空气中。避免与氧化剂、碱类、醇类接触。尤其要注意避免与水接触。搬运时轻装轻卸，防止钢瓶及附件破损。配备相应品种和数量的消防器材及泄漏应急处理设备

储存注意事项 储存于阴凉、通风的有毒气体专用库房。库温不宜超过 30℃。远离火种、热源。包装必须密封，切勿受潮。应与氧化剂、碱类、醇类、食用化学品分开存放，切忌混储。采用防爆型照明、通风设施。禁止使用易产生火花的机械设备和工具。储区应备有泄漏应急处理设备

第八部分 接触控制/个体防护

职业接触限值

中国 未制定标准

美国(ACGIH) 未制定标准

生物接触限值 未制定标准

监测方法 空气中有毒物质测定方法：未制定标准。生物监测检验方法：未制定标准

工程控制 严加密闭，提供充分的局部排风和全面通风。提供安全的淋浴和洗眼设备

个体防护装备

呼吸系统防护　正常工作情况下，佩戴过滤式防毒面具（半面罩）。紧急事态抢救或撤离时，建议佩戴空气呼吸器

眼睛防护　戴化学安全防护眼镜

皮肤和身体防护　穿隔绝式防毒服

手防护　戴橡胶手套

第九部分　理化特性

外观与性状　无色气体，有特征气味

pH值　无意义　**熔点(℃)**　−122

沸点(℃)　8.3　**相对密度(水=1)**　1.26

相对蒸气密度(空气=1)　3.48

饱和蒸气压(kPa)　163.6（20℃）

燃烧热(kJ/mol)　无资料　**临界温度(℃)**　无资料

临界压力(MPa)　4.55　**辛醇/水分配系数**　1.150

闪点(℃)　−55　**自燃温度(℃)**　41～47

爆炸下限(%)　4.1　**爆炸上限(%)**　96.0

分解温度(℃)　无资料　**黏度(mPa·s)**　无资料

溶解性　溶于苯、乙醚等多数有机溶剂

第十部分　稳定性和反应性

稳定性　稳定

危险反应　与强氧化剂、水、卤素等禁配物接触，有发生火灾和爆炸的危险

避免接触的条件　潮湿空气

禁配物　强碱、水、醇类、强酸、强氧化剂、卤素

危险的分解产物　无资料

第十一部分　毒理学信息

急性毒性

LC_{50}　215ppm（大鼠吸入）；144ppm（小鼠吸入，4h）

皮肤刺激或腐蚀　无资料

眼睛刺激或腐蚀　家兔经眼：5mg（30s），轻度刺激

呼吸或皮肤过敏　无资料　**生殖细胞突变性**　无资料

致癌性　无资料　**生殖毒性**　无资料

特异性靶器官系统毒性-一次接触　无资料

特异性靶器官系统毒性-反复接触　无资料

吸入危害　无资料

第十二部分　生态学信息

生态毒性　无资料

持久性和降解性

生物降解性　无资料

非生物降解性　无资料

潜在的生物累积性　无资料

土壤中的迁移性　无资料

第十三部分　废弃处置

废弃化学品　根据国家和地方有关法规的要求处置。或与制造商联系，确定处置方法

污染包装物　将容器返还生产商或按照国家和地方法规处置

废弃注意事项　处置前应参阅国家和地方有关法规

第十四部分　运输信息

联合国危险货物编号（UN号）　2189

联合国运输名称　二氯硅烷

联合国危险性类别　2.3，2.1/8

包装类别　-

包装标志　

海洋污染物　否

运输注意事项　采用钢瓶运输时必须戴好钢瓶上的安全帽。钢瓶一般平放，并应将瓶口朝同一方向，不可交叉；高度不得超过车辆的防护栏板，并用三角木垫卡牢，防止滚动。运输时运输车辆应配备相应品种和数量的消防器材。装运该物品的车辆排气管必须配备阻火装置，禁止使用易产生火花的机械设备和工具装卸。严禁与氧化剂、碱类、醇类、食用化学品等混装混运。夏季应早晚运输，防止日光曝晒。中途停留时应远离火种、热源。公路运输时要按规定路线行驶，禁止在居民区和人口稠密区停留。铁路运输时要禁止溜放

第十五部分　法规信息

下列法律、法规、规章和标准，对该化学品的管理作了相应的规定。

中华人民共和国职业病防治法　职业病分类和目录：未列入

危险化学品安全管理条例　危险化学品目录：列入。易制爆危险化学品名录：未列入。重点监管的危险化学品名录：未列入。GB 18218—2009《危险化学品重大危险源辨识》（表1）：未列入

使用有毒物品作业场所劳动保护条例　高毒物品目录：未列入

易制毒化学品管理条例　易制毒化学品的分类和品种目录：未列入

国际公约　斯德哥尔摩公约：未列入。鹿特丹公约：未列入。蒙特利尔议定书：未列入

第十六部分　其他信息

编写和修订信息　**缩略语和首字母缩写**

培训建议　**参考文献**

免责声明

二氯化硫

第一部分　化学品标识

化学品中文名　二氯化硫

化学品英文名　sulfur dichloride；sulfur chloride

分子式　SCl_2　**相对分子质量**　102.96

结构式　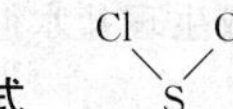

化学品的推荐及限制用途 用作试剂、橡胶硫化剂、有机化合物的氯化剂，并用于制造硫化油、溶解硫黄等

第二部分 危险性概述

紧急情况概述 造成严重的皮肤灼伤和眼损伤

GHS危险性类别 皮肤腐蚀/刺激，类别1B；严重眼损伤/眼刺激，类别1；特异性靶器官毒性-一次接触，类别3（呼吸道刺激）；危害水生环境-急性危害，类别1

标签要素

象形图

警示词 危险

危险性说明 造成严重的皮肤灼伤和眼损伤，可能引起呼吸道刺激，对水生生物毒性非常大

防范说明

预防措施 避免接触眼睛、皮肤，操作后彻底清洗。戴防护手套，穿防护服，戴防护眼镜、防护面罩。禁止排入环境

事故响应 如吸入：将患者转移到空气新鲜处，休息，保持利于呼吸的体位，立即呼叫中毒控制中心或就医。皮肤（或头发）接触：立即脱掉所有被污染的衣服，用水冲洗皮肤，淋浴。污染的衣服须洗净后方可重新使用。眼睛接触：用水细心地冲洗数分钟。如戴隐形眼镜并可方便地取出，则取出隐形眼镜继续冲洗。食入：漱口。不要催吐。收集泄漏物

安全储存 上锁保管

废弃处置 本品及内装物、容器依据国家和地方法规处置

物理和化学危险 不燃，无特殊燃爆特性。遇水产生刺激性气体

健康危害 对眼和上呼吸道黏膜有强烈的刺激性，少数严重者可引起肺水肿。可致皮肤严重灼伤

环境危害 对水生生物毒性非常大

第三部分 成分/组成信息

√物质		混合物
组分	**浓度**	**CAS No.**
二氯化硫		10545-99-0

第四部分 急救措施

吸入 迅速脱离现场至空气新鲜处。保持呼吸道通畅。如呼吸困难，给输氧。如呼吸、心跳停止，立即进行心肺复苏术。就医

皮肤接触 立即脱去污染的衣着，用大量流动清水彻底冲洗至少15min。就医

眼睛接触 立即分开眼睑，用流动清水或生理盐水彻底冲洗至少15min。就医

食入 用水漱口，禁止催吐。给饮牛奶或蛋清。就医

对保护施救者的忠告 根据需要使用个人防护设备

对医生的特别提示 对症处理

第五部分 消防措施

灭火剂 用二氧化碳、砂土灭火

特别危险性 遇水或潮气放出二氧化硫与氯化氢气体。若遇高热可发生剧烈分解，引起容器破裂或爆炸事故。对很多金属尤其是潮湿空气存在下有腐蚀性。燃烧生成有害的氯化氢、氧化硫

灭火注意事项及防护措施 消防人员必须穿全身耐酸碱消防服、佩戴空气呼吸器灭火。尽可能将容器从火场移至空旷处。喷水保持火场容器冷却，直至灭火结束

第六部分 泄漏应急处理

作业人员防护措施、防护装备和应急处置程序 根据液体流动和蒸气扩散的影响区域划定警戒区，无关人员从侧风、上风向撤离至安全区。消除所有点火源。建议应急处理人员戴正压自给式呼吸器，穿防酸碱服，戴橡胶耐酸碱手套。穿上适当的防护服前严禁接触破裂的容器和泄漏物。尽可能切断泄漏源。勿使泄漏物与可燃物质（如木材、纸、油等）接触

环境保护措施 防止泄漏物进入水体、下水道、地下室或有限空间

泄漏化学品的收容、清除方法及所使用的处置材料 小量泄漏：用干燥的砂土或其他不燃材料覆盖泄漏物，用洁净的无火花工具收集泄漏物，置于一盖子较松的塑料容器中，待处置。大量泄漏：构筑围堤或挖坑收容，用耐腐蚀泵转移至槽车或专用收集器内

第七部分 操作处置与储存

操作注意事项 密闭操作，注意通风。操作尽可能机械化、自动化。操作人员必须经过专门培训，严格遵守操作规程。建议操作人员佩戴自吸过滤式防毒面具（全面罩），穿橡胶耐酸碱服，戴橡胶耐酸碱手套。防止蒸气泄漏到工作场所空气中。避免与氧化剂、碱类、活性金属粉末接触。尤其要注意避免与水接触。搬运时要轻装轻卸，防止包装及容器损坏。配备泄漏应急处理设备。倒空的容器可能残留有害物

储存注意事项 储存于阴凉、干燥、通风良好的库房。远离火种、热源。库房温度不超过30℃，相对湿度不超过80%。保持容器密封。应与氧化剂、碱类、活性金属粉末等分开存放，切忌混储。储区应备有泄漏应急处理设备和合适的收容材料

第八部分 接触控制/个体防护

职业接触限值

中国 未制定标准

美国(ACGIH) 未制定标准

生物接触限值 未制定标准

监测方法 空气中有毒物质测定方法：未制定标准。生物监测检验方法：未制定标准

工程控制 密闭操作，注意通风。提供安全的淋浴和洗眼设备

个体防护装备

呼吸系统防护　可能接触其烟雾时，佩戴过滤式防毒面具（全面罩）或空气呼吸器。紧急事态抢救或撤离时，建议佩戴空气呼吸器

眼睛防护　呼吸系统防护中已作防护

皮肤和身体防护　穿橡胶耐酸碱服

手防护　戴橡胶耐酸碱手套

第九部分　理化特性

外观与性状　红棕色液体，有刺激性臭味

pH 值　无资料　　**熔点(℃)**　−78

沸点(℃)　60（分解）　　**相对密度(水=1)**　1.64

相对蒸气密度(空气=1)　3.55

饱和蒸气压(kPa)　22.66（20℃）

燃烧热(kJ/mol)　无资料　　**临界温度(℃)**　无资料

临界压力(MPa)　6.68　　**辛醇/水分配系数**　无资料

闪点(℃)　118（OC）　　**自燃温度(℃)**　234

爆炸下限(%)　无意义　　**爆炸上限(%)**　无意义

分解温度(℃)　无资料　　**黏度(mPa·s)**　0.548(20℃)

溶解性　可溶于己烷、四氯化碳、苯

第十部分　稳定性和反应性

稳定性　稳定

危险反应　与强氧化剂、活性金属等禁配物发生反应

避免接触的条件　潮湿空气、受热

禁配物　强氧化剂、强碱、水、铝、氨、钾、钠

危险的分解产物　氯化氢、氧化硫

第十一部分　毒理学信息

急性毒性　无资料　　**皮肤刺激或腐蚀**　无资料

眼睛刺激或腐蚀　无资料　　**呼吸或皮肤过敏**　无资料

生殖细胞突变性　无资料　　**致癌性**　无资料

生殖毒性　无资料

特异性靶器官系统毒性-一次接触　无资料

特异性靶器官系统毒性-反复接触　大鼠暴露于100mg/m^{3}本品空气中，每天6h，共8次，出现无力，眼、鼻刺激，呼吸困难，体重下降，尸检见内脏正常

吸入危害　无资料

第十二部分　生态学信息

生态毒性　无资料

持久性和降解性

生物降解性　无资料

非生物降解性　无资料

潜在的生物累积性　无资料

土壤中的迁移性　无资料

第十三部分　废弃处置

废弃化学品　中和、稀释后，排入废水系统

污染包装物　将容器返还生产商或按照国家和地方法规处置

废弃注意事项　处置前应参阅国家和地方有关法规

第十四部分　运输信息

联合国危险货物编号(UN号)　1828

联合国运输名称　氯化硫　　**联合国危险性类别**　8

包装类别　Ⅰ类包装　　**包装标志**

海洋污染物　否

运输注意事项　起运时包装要完整，装载应稳妥。运输过程中要确保容器不泄漏、不倒塌、不坠落、不损坏。严禁与氧化剂、碱类、活性金属粉末、食用化学品等混装混运。运输时运输车辆应配备泄漏应急处理设备。运输途中应防曝晒、雨淋，防高温。公路运输时要按规定路线行驶，勿在居民区和人口稠密区停留

第十五部分　法规信息

下列法律、法规、规章和标准，对该化学品的管理作了相应的规定。

中华人民共和国职业病防治法　职业病分类和目录：未列入

危险化学品安全管理条例　危险化学品目录：列入。易制爆危险化学品名录：未列入。重点监管的危险化学品名录：未列入。GB 18218—2009《危险化学品重大危险源辨识》(表1)：未列入

使用有毒物品作业场所劳动保护条例　高毒物品目录：未列入

易制毒化学品管理条例　易制毒化学品的分类和品种目录：未列入

国际公约　斯德哥尔摩公约：未列入。鹿特丹公约：未列入。蒙特利尔议定书：未列入

第十六部分　其他信息

编写和修订信息　　**缩略语和首字母缩写**

培训建议　　**参考文献**

免责声明

2,4-二氯甲苯

第一部分　化学品标识

化学品中文名　2,4-二氯甲苯；2,4-二氯-1-甲基苯

化学品英文名　2,4-dichlorotoluene；2,4-dichloro-1-methylbenzene

分子式　$C_7H_6Cl_2$　　**相对分子质量**　161.03

结构式

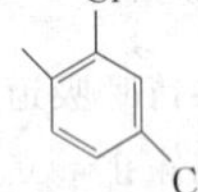

化学品的推荐及限制用途　用作溶剂，用于制药及有机合成

第二部分　危险性概述

紧急情况概述　可燃液体，造成皮肤刺激

GHS危险性类别　易燃液体，类别4；皮肤腐蚀/刺激，类别2；危害水生环境-急性危害，类别2；危害水生

环境-长期危害，类别 2

标签要素

象形图 

警示词 警告

危险性说明 可燃液体，造成皮肤刺激，对水生生物有毒并具有长期持续影响

防范说明

预防措施 远离火焰和热表面。禁止吸烟。戴防护手套、防护眼镜、防护面罩。避免接触眼睛、皮肤，操作后彻底清洗。禁止排入环境

事故响应 火灾时，使用雾状水、泡沫、二氧化碳、砂土灭火。皮肤接触：用大量肥皂水和水清洗。如发生皮肤刺激，就医。脱去被污染的衣服，洗净后方可重新使用。收集泄漏物

安全储存 存放在通风良好的地方。保持低温

废弃处置 本品及内装物、容器依据国家和地方法规处置

物理和化学危险 可燃，其蒸气与空气混合，能形成爆炸性混合物

健康危害 本品对黏膜和皮肤有强刺激性。持续吸入高浓度蒸气可出现呼吸道炎症，甚至发生肺水肿。对眼有刺激作用。皮肤接触可引起红斑、大疱或发生湿疹

环境危害 对水生生物有毒并具有长期持续影响

第三部分 成分/组成信息

√物质　　混合物

组分	浓度	CAS No.
2,4-二氯甲苯		95-73-8

第四部分 急救措施

吸入 迅速脱离现场至空气新鲜处。保持呼吸道通畅。如呼吸困难，给输氧。如呼吸、心跳停止，立即进行心肺复苏术。就医

皮肤接触 立即脱去污染的衣着，用流动清水彻底冲洗。就医

眼睛接触 立即分开眼睑，用流动清水或生理盐水彻底冲洗。就医

食入 漱口，饮水。就医

对保护施救者的忠告 根据需要使用个人防护设备

对医生的特别提示 对症处理

第五部分 消防措施

灭火剂 用雾状水、泡沫、二氧化碳、砂土灭火

特别危险性 受高热分解产生有毒的腐蚀性烟气。燃烧生成有害的一氧化碳、氯化氢

灭火注意事项及防护措施 消防人员必须佩戴空气呼吸器、穿全身防火防毒服，在上风向灭火。尽可能将容器从火场移至空旷处。喷水保持火场容器冷却，直至灭火结束。容器突然发出异常声音或出现异常现象，应立即撤离

第六部分 泄漏应急处理

作业人员防护措施、防护装备和应急处置程序 根据液体流动和蒸气扩散的影响区域划定警戒区，无关人员从侧风、上风向撤离至安全区。消除所有点火源。建议应急处理人员戴正压自给式呼吸器，穿防毒服，戴橡胶耐油手套。穿上适当的防护服前严禁接触破裂的容器和泄漏物。尽可能切断泄漏源

环境保护措施 防止泄漏物进入水体、下水道、地下室或有限空间

泄漏化学品的收容、清除方法及所使用的处置材料 小量泄漏：用干燥的砂土或其他不燃材料吸收或覆盖，收集于容器中。大量泄漏：构筑围堤或挖坑收容，用泵转移至槽车或专用收集器内

第七部分 操作处置与储存

操作注意事项 密闭操作，提供充分的局部排风。操作人员必须经过专门培训，严格遵守操作规程。建议操作人员佩戴过滤式防毒面具（半面罩），戴安全防护眼镜，穿防毒物渗透工作服，戴橡胶耐油手套。远离火种、热源。工作场所严禁吸烟。使用防爆型的通风系统和设备。防止蒸气泄漏到工作场所空气中。避免与氧化剂接触。搬运时要轻装轻卸，防止包装及容器损坏。配备相应品种和数量的消防器材及泄漏应急处理设备。倒空的容器可能残留有害物

储存注意事项 储存于阴凉、通风的库房。远离火种、热源。保持容器密封。应与氧化剂、食用化学品分开存放，切忌混储。配备相应品种和数量的消防器材。储区应备有泄漏应急处理设备和合适的收容材料

第八部分 接触控制/个体防护

职业接触限值

中国 未制定标准

美国(ACGIH) 未制定标准

生物接触限值 未制定标准

监测方法 空气中有毒物质测定方法：未制定标准。生物监测检验方法：未制定标准

工程控制 严加密闭，提供充分的局部排风。提供安全的淋浴和洗眼设备

个体防护装备

呼吸系统防护 空气中浓度超标时，应该佩戴过滤式防毒面具（半面罩）。紧急事态抢救或撤离时，佩戴空气呼吸器

眼睛防护 戴安全防护眼镜

皮肤和身体防护 穿防毒物渗透工作服

手防护 戴橡胶耐油手套

第九部分 理化特性

外观与性状 无色透明液体，有刺激性气味

pH 值 无资料　　**熔点(℃)** −13.5

沸点(℃) 200　　**相对密度(水=1)** 1.25

相对蒸气密度(空气=1) 无资料

饱和蒸气压(kPa) 无资料

燃烧热(kJ/mol) 无资料 **临界温度(℃)** 无资料

临界压力(MPa) 3.59 **辛醇/水分配系数** 4.24

闪点(℃) 79.44 **自燃温度(℃)** >500

爆炸下限(%) 1.9 **爆炸上限(%)** 4.5

分解温度(℃) 无资料 **黏度(mPa·s)** 无资料

溶解性 不溶于水，可混溶于乙醇、乙醚、苯

第十部分 稳定性和反应性

稳定性 稳定

危险反应 与强氧化剂等禁配物接触，有发生火灾和爆炸的危险

避免接触的条件 受热

禁配物 强氧化剂

危险的分解产物 氯化氢

第十一部分 毒理学信息

急性毒性 LD_{50}：2400mg/kg（大鼠经口）；2900mg/kg（小鼠经口）

皮肤刺激或腐蚀 无资料 **眼睛刺激或腐蚀** 无资料

呼吸或皮肤过敏 无资料 **生殖细胞突变性** 无资料

致癌性 无资料 **生殖毒性** 无资料

特异性靶器官系统毒性-一次接触 无资料

特异性靶器官系统毒性-反复接触 无资料

吸入危害 无资料

第十二部分 生态学信息

生态毒性

LC_{50} 2.7mg/L（96h）（鱼）

EC_{50} 19mg/L（24h）（水蚤）；9.7mg/L（72h）（藻类）

持久性和降解性

生物降解性 不易生物降解

非生物降解性 空气中，当羟基自由基浓度为5.00×10^5个/cm^3时，降解半衰期为12d（理论）

潜在的生物累积性 根据K_{ow}值预测，该物质可能有较高的生物累积性

土壤中的迁移性 根据K_{oc}值预测，该物质的迁移性可能较弱

第十三部分 废弃处置

废弃化学品 建议用焚烧法处置。与燃料混合后，再焚烧。焚烧炉排出的卤化氢通过酸洗涤器除去

污染包装物 将容器返还生产商或按照国家和地方法规处置

废弃注意事项 处置前应参阅国家和地方有关法规

第十四部分 运输信息

联合国危险货物编号（UN号） 3082

联合国运输名称 对环境有害的液态物质，未另作规定的（2,4-二氯甲苯）

联合国危险性类别 9

包装类别 Ⅲ类包装 **包装标志**

海洋污染物 是

运输注意事项 运输前应先检查包装容器是否完整、密封，运输过程中要确保容器不泄漏、不倒塌、不坠落、不损坏。严禁与酸类、氧化剂、食品及食品添加剂混运。运输时运输车辆应配备相应品种和数量的消防器材及泄漏应急处理设备。运输途中应防曝晒、雨淋，防高温。公路运输时要按规定路线行驶

第十五部分 法规信息

下列法律、法规、规章和标准，对该化学品的管理作了相应的规定。

中华人民共和国职业病防治法 职业病分类和目录：未列入

危险化学品安全管理条例 危险化学品目录：列入。易制爆危险化学品名录：未列入。重点监管的危险化学品名录：未列入。GB 18218—2009《危险化学品重大危险源辨识》（表1）：未列入

使用有毒物品作业场所劳动保护条例 高毒物品目录：未列入

易制毒化学品管理条例 易制毒化学品的分类和品种目录：未列入

国际公约 斯德哥尔摩公约：未列入。鹿特丹公约：未列入。蒙特利尔议定书：未列入

第十六部分 其他信息

编写和修订信息 **缩略语和首字母缩写**

培训建议 **参考文献**

免责声明

3,4-二氯甲苯

第一部分 化学品标识

化学品中文名 3,4-二氯甲苯

化学品英文名 3,4-dichlorotoluene；1,2-dichloro-4-methylbenzene

分子式 $C_7H_6Cl_2$ **相对分子质量** 161.03

结构式

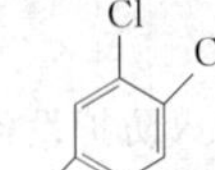

化学品的推荐及限制用途 用作溶剂及用于有机合成

第二部分 危险性概述

紧急情况概述 对水生生物有毒并具有长期持续影响

GHS危险性类别 危害水生环境-急性危害，类别2；危害水生环境-长期危害，类别2

标签要素

象形图

警示词 —

危险性说明 对水生生物有毒并具有长期持续影响

防范说明

预防措施 禁止排入环境

事故响应 收集泄漏物

安全储存 —

废弃处置 本品及内装物、容器依据国家和地方法规处置

物理和化学危险 可燃，其蒸气与空气混合，能形成爆炸性混合物

健康危害 本品对黏膜和皮肤有刺激性。持续高浓度吸入其蒸气可出现呼吸系统损害。对眼有刺激性。皮肤接触可引起红斑、大疱，或发生湿疹

环境危害 对水生生物有毒并具有长期持续影响

第三部分 成分/组成信息

√物质 混合物

组分	浓度	CAS No.
3,4-二氯甲苯		95-75-0

第四部分 急救措施

吸入 迅速脱离现场至空气新鲜处。保持呼吸道通畅。如呼吸困难，给输氧。如呼吸、心跳停止，立即进行心肺复苏术。就医

皮肤接触 立即脱去污染的衣着，用流动清水彻底冲洗。就医

眼睛接触 立即分开眼睑，用流动清水或生理盐水彻底冲洗。就医

食入 漱口，饮水。就医

对保护施救者的忠告 根据需要使用个人防护设备

对医生的特别提示 对症处理

第五部分 消防措施

灭火剂 用雾状水、泡沫、二氧化碳、砂土灭火

特别危险性 受高热分解产生有毒的腐蚀性烟气。燃烧生成有害的一氧化碳、氯化氢

灭火注意事项及防护措施 消防人员必须佩戴空气呼吸器、穿全身防火防毒服，在上风向灭火。尽可能将容器从火场移至空旷处。喷水保持火场容器冷却，直至灭火结束。容器突然发出异常声音或出现异常现象，应立即撤离

第六部分 泄漏应急处理

作业人员防护措施、防护装备和应急处置程序 根据液体流动和蒸气扩散的影响区域划定警戒区，无关人员从侧风、上风向撤离至安全区。消除所有点火源。建议应急处理人员戴正压自给式呼吸器，穿一般作业工作服，戴橡胶耐油手套。尽可能切断泄漏源

环境保护措施 防止泄漏物进入水体、下水道、地下室或有限空间

泄漏化学品的收容、清除方法及所使用的处置材料 小量泄漏：用干燥的砂土或其他不燃材料吸收或覆盖，收集于容器中。大量泄漏：构筑围堤或挖坑收容，用泵转移至槽车或专用收集器内

第七部分 操作处置与储存

操作注意事项 密闭操作，提供充分的局部排风。操作人员必须经过专门培训，严格遵守操作规程。建议操作人员佩戴过滤式防毒面具（半面罩），戴安全防护眼镜，穿防毒物渗透工作服，戴橡胶耐油手套。远离火种、热源。工作场所严禁吸烟。使用防爆型的通风系统和设备。防止蒸气泄漏到工作场所空气中。避免与氧化剂、碱类接触。搬运时要轻装轻卸，防止包装及容器损坏。配备相应品种和数量的消防器材及泄漏应急处理设备。倒空的容器可能残留有害物

储存注意事项 储存于阴凉、通风的库房。远离火种、热源。保持容器密封。应与氧化剂、碱类、食用化学品分开存放，切忌混储。配备相应品种和数量的消防器材。储区应备有泄漏应急处理设备和合适的收容材料

第八部分 接触控制/个体防护

职业接触限值

中国 未制定标准

美国(ACGIH) 未制定标准

生物接触限值 未制定标准

监测方法 空气中有毒物质测定方法：未制定标准。生物监测检验方法：未制定标准

工程控制 严加密闭，提供充分的局部排风。提供安全的淋浴和洗眼设备

个体防护装备

呼吸系统防护 空气中浓度超标时，应该佩戴过滤式防毒面具（半面罩）。紧急事态抢救或撤离时，佩戴空气呼吸器

眼睛防护 戴安全防护眼镜

皮肤和身体防护 穿防毒物渗透工作服

手防护 戴橡胶耐油手套

第九部分 理化特性

外观与性状 无色液体，有刺激性气味

pH 值 无资料　**熔点(℃)** −15.3

沸点(℃) 208.9　**相对密度(水=1)** 1.26

相对蒸气密度(空气=1) 无资料

饱和蒸气压(kPa) 无资料　**燃烧热(kJ/mol)** 无资料

临界温度(℃) 无资料　**临界压力(MPa)** 无资料

辛醇/水分配系数 3.95　**闪点(℃)** 85.56

自燃温度(℃) 450　**爆炸下限(%)** 无资料

爆炸上限(%) 无资料　**分解温度(℃)** 无资料

黏度(mPa·s) 无资料

溶解性 不溶于水，可混溶于乙醇、乙醚、丙酮、苯、四氯化碳

第十部分 稳定性和反应性

稳定性 稳定

危险反应 与强氧化剂等禁配物发生反应

避免接触的条件 受热

禁配物 强氧化剂、强碱

危险的分解产物 氯化氢

第十一部分　毒理学信息

急性毒性　无资料　**皮肤刺激或腐蚀**　无资料
眼睛刺激或腐蚀　无资料　**呼吸或皮肤过敏**　无资料
生殖细胞突变性　无资料　**致癌性**　无资料
生殖毒性　无资料
特异性靶器官系统毒性-一次接触　无资料
特异性靶器官系统毒性-反复接触　无资料
吸入危害　无资料

第十二部分　生态学信息

生态毒性　LC_{50}：2.9mg/L（96）（鱼）
持久性和降解性
生物降解性　无资料
非生物降解性　无资料
潜在的生物累积性　根据 K_{ow} 值预测，该物质可能有一定的生物累积性
土壤中的迁移性　根据 K_{oc} 值预测，该物质可能有一定的迁移性

第十三部分　废弃处置

废弃化学品　建议用焚烧法处置。与燃料混合后，再焚烧。焚烧炉排出的卤化氢通过酸洗涤器除去
污染包装物　将容器返还生产商或按照国家和地方法规处置
废弃注意事项　处置前应参阅国家和地方有关法规

第十四部分　运输信息

联合国危险货物编号（UN 号）　3082
联合国运输名称　对环境有害的液态物质，未另作规定的（3,4-二氯甲苯）
联合国危险性类别　9

包装类别　Ⅲ类包装　**包装标志**

海洋污染物　是
运输注意事项　运输前应先检查包装容器是否完整、密封，运输过程中要确保容器不泄漏、不倒塌、不坠落、不损坏。严禁与酸类、氧化剂、食品及食品添加剂混运。运输时运输车辆应配备相应品种和数量的消防器材及泄漏应急处理设备。运输途中应防曝晒、雨淋，防高温。公路运输时要按规定路线行驶

第十五部分　法规信息

下列法律、法规、规章和标准，对该化学品的管理作了相应的规定。

中华人民共和国职业病防治法　职业病分类和目录：未列入
危险化学品安全管理条例　危险化学品目录：列入。易制爆危险化学品名录：未列入。重点监管的危险化学品名录：未列入。GB 18218—2009《危险化学品重大危险源辨识》（表 1）：未列入
使用有毒物品作业场所劳动保护条例　高毒物品目录：未列入
易制毒化学品管理条例　易制毒化学品的分类和品种目录：未列入
国际公约　斯德哥尔摩公约：未列入。鹿特丹公约：未列入。蒙特利尔议定书：未列入

第十六部分　其他信息

编写和修订信息　**缩略语和首字母缩写**
培训建议　**参考文献**
免责声明

2,6-二氯甲苯

第一部分　化学品标识

化学品中文名　2,6-二氯甲苯
化学品英文名　2,6-dichlorotoluene；1,3-dichloro-2-methylbenzene
分子式　$C_7H_6Cl_2$　**相对分子质量**　161.1
结构式

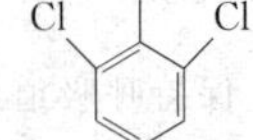

化学品的推荐及限制用途　用作有机合成原料，用于制造染料、除草剂等

第二部分　危险性概述

紧急情况概述　可燃液体
GHS 危险性类别　易燃液体，类别 4；生殖毒性，类别 2；危害水生环境-急性危害，类别 2；危害水生环境-长期危害，类别 2
标签要素

象形图

警示词　警告
危险性说明　可燃液体，怀疑对生育力或胎儿造成伤害，对水生生物有毒并具有长期持续影响
防范说明
预防措施　远离火焰和热表面。禁止吸烟。戴防护手套、防护眼镜、防护面罩。得到专门指导后操作。在阅读并了解所有安全预防措施之前，切勿操作。按要求使用个体防护装备。禁止排入环境
事故响应　火灾时，使用雾状水、泡沫、二氧化碳、砂土灭火。如果接触或有担心，就医。收集泄漏物
安全储存　存放在通风良好的地方。保持低温。上锁保管
废弃处置　本品及内装物、容器依据国家和地方法规处置
物理和化学危险　可燃，其蒸气与空气混合，能形成爆炸性混合物
健康危害　本品对黏膜和皮肤有刺激性。持续吸入高浓度

蒸气可出现呼吸道炎症，甚至发生肺水肿。对眼有刺激作用。皮肤接触可引起红斑、大疱，或发生湿疹

环境危害 对水生生物有毒并具有长期持续影响

第三部分 成分/组成信息

√物质 混合物

组分	浓度	CAS No.
2,6-二氯甲苯		118-69-4

第四部分 急救措施

吸入 迅速脱离现场至空气新鲜处。保持呼吸道通畅。如呼吸困难，给输氧。如呼吸、心跳停止，立即进行心肺复苏术。就医

皮肤接触 立即脱去污染的衣着，用流动清水彻底冲洗。就医

眼睛接触 立即分开眼睑，用流动清水或生理盐水彻底冲洗。就医

食入 漱口，饮水。就医

对保护施救者的忠告 根据需要使用个人防护设备

对医生的特别提示 对症处理

第五部分 消防措施

灭火剂 用雾状水、泡沫、二氧化碳、砂土灭火

特别危险性 遇明火、高热可燃。受高热分解产生有毒的腐蚀性烟气。燃烧生成有害的一氧化碳、氯化氢

灭火注意事项及防护措施 消防人员必须佩戴空气呼吸器、穿全身防火防毒服，在上风向灭火。尽可能将容器从火场移至空旷处。喷水保持火场容器冷却，直至灭火结束。容器突然发出异常声音或出现异常现象，应立即撤离

第六部分 泄漏应急处理

特别危险性 根据液体流动和蒸气扩散的影响区域划定警戒区，无关人员从侧风、上风向撤离至安全区。消除所有点火源。建议应急处理人员戴正压自给式呼吸器，穿一般作业工作服，戴橡胶耐油手套。尽可能切断泄漏源

环境保护措施 防止泄漏物进入水体、下水道、地下室或有限空间

泄漏化学品的收容、清除方法及所使用的处置材料 小量泄漏：用干燥的砂土或其他不燃材料吸收或覆盖，收集于容器中。大量泄漏：构筑围堤或挖坑收容，用泵转移至槽车或专用收集器内

第七部分 操作处置与储存

操作注意事项 密闭操作，提供充分的局部排风。操作人员必须经过专门培训，严格遵守操作规程。建议操作人员佩戴过滤式防毒面具（半面罩），戴安全防护眼镜，穿防毒物渗透工作服，戴橡胶耐油手套。远离火种、热源。工作场所严禁吸烟。使用防爆型的通风系统和设备。防止蒸气泄漏到工作场所空气中。避免与氧化剂、碱类接触。搬运时要轻装轻卸，防止包装及容器损坏。配备相应品种和数量的消防器材及泄漏应急处理设备。倒空的容器可能残留有害物

储存注意事项 储存于阴凉、通风的库房。远离火种、热源。保持容器密封。应与氧化剂、碱类、食用化学品分开存放，切忌混储。配备相应品种和数量的消防器材。储区应备有泄漏应急处理设备和合适的收容材料

第八部分 接触控制/个体防护

职业接触限值

中国 未制定标准

美国(ACGIH) 未制定标准

生物接触限值 未制定标准

监测方法 空气中有毒物质测定方法：未制定标准。生物监测检验方法：未制定标准

工程控制 严加密闭，提供充分的局部排风。提供安全的淋浴和洗眼设备

个体防护装备

呼吸系统防护 空气中浓度超标时，应该佩戴过滤式防毒面具（半面罩）。紧急事态抢救或撤离时，佩戴空气呼吸器

眼睛防护 戴安全防护眼镜

皮肤和身体防护 穿防毒物渗透工作服

手防护 戴橡胶耐油手套

第九部分 理化特性

外观与性状 无色液体，有刺激性气味

pH值 无资料　**熔点(℃)** 2.8

沸点(℃) 196～203　**相对密度(水=1)** 1.25

相对蒸气密度(空气=1) 5.6

饱和蒸气压(kPa) 无资料

燃烧热(kJ/mol) 无资料　**临界温度(℃)** 无资料

临界压力(MPa) 无资料　**辛醇/水分配系数** 4.25

闪点(℃) 82　**自燃温度(℃)** >600

爆炸下限(%) 无资料　**爆炸上限(%)** 无资料

分解温度(℃) 无资料　**黏度(mPa·s)** 无资料

溶解性 不溶于水，溶于氯仿

第十部分 稳定性和反应性

稳定性 稳定

危险反应 与强氧化剂等禁配物发生反应

避免接触的条件 受热

禁配物 强氧化剂、强碱

危险的分解产物 氯化氢

第十一部分 毒理学信息

急性毒性 无资料　**皮肤刺激或腐蚀** 无资料

眼睛刺激或腐蚀 无资料　**呼吸或皮肤过敏** 无资料

生殖细胞突变性 无资料　**致癌性** 无资料

生殖毒性 无资料

特异性靶器官系统毒性-一次接触 无资料

特异性靶器官系统毒性-反复接触 无资料

吸入危害 无资料

第十二部分 生态学信息

生态毒性

LC_{50} 6.4mg/L (96h)（鱼）

EC_{50}　1.8mg/L (24h) (水蚤)

持久性和降解性

生物降解性　不易快速生物降解

非生物降解性　空气中，当羟基自由基浓度为5.00×10^5个/cm^3时，降解半衰期为12d (理论)

潜在的生物累积性　根据K_{ow}值预测，该物质可能有较高的生物累积性

土壤中的迁移性　根据K_{oc}值预测，该物质的迁移性可能较弱

第十三部分　废弃处置

废弃化学品　建议用焚烧法处置。与燃料混合后，再焚烧。焚烧炉排出的卤化氢通过酸洗涤器除去

污染包装物　将容器返还生产商或按照国家和地方法规处置

废弃注意事项　处置前应参阅国家和地方有关法规

第十四部分　运输信息

联合国危险货物编号 (UN号)　3082

联合国运输名称　对环境有害的液态物质，未另作规定的(2,6-二氯甲苯)

联合国危险性类别　9

包装类别　Ⅲ类包装　　**包装标志** 

海洋污染物　是

运输注意事项　运输前应先检查包装容器是否完整、密封，运输过程中要确保容器不泄漏、不倒塌、不坠落、不损坏。严禁与酸类、氧化剂、食品及食品添加剂混运。运输时运输车辆应配备相应品种和数量的消防器材及泄漏应急处理设备。运输途中应防曝晒、雨淋，防高温。公路运输时要按规定路线行驶

第十五部分　法规信息

下列法律、法规、规章和标准，对该化学品的管理作了相应的规定。

中华人民共和国职业病防治法　职业病分类和目录：未列入

危险化学品安全管理条例　危险化学品目录：列入。易制爆危险化学品名录：未列入。重点监管的危险化学品名录：未列入。GB 18218—2009《危险化学品重大危险源辨识》(表1)：未列入

使用有毒物品作业场所劳动保护条例　高毒物品目录：未列入

易制毒化学品管理条例　易制毒化学品的分类和品种目录：未列入

国际公约　斯德哥尔摩公约：未列入。鹿特丹公约：未列入。蒙特利尔议定书：未列入

第十六部分　其他信息

编写和修订信息　　**缩略语和首字母缩写**

培训建议　　**参考文献**

免责声明

二氯甲醚

第一部分　化学品标识

化学品中文名　二氯甲醚；二氯(二)甲醚；对称二氯二甲醚

化学品英文名　dichloromethyl ether; *sym*-dichloromethyl ether

分子式　$C_2H_4OCl_2$　　**相对分子质量**　115

结构式　Cl⌒O⌒Cl

化学品的推荐及限制用途　工业上用作甲基化剂、试剂和制造离子交换树脂的中间体

第二部分　危险性概述

紧急情况概述　高度易燃液体和蒸气，吞咽有害，皮肤接触会中毒，吸入致命

GHS危险性类别　易燃液体，类别2；急性毒性-经口，类别4；急性毒性-经皮，类别3；急性毒性-吸入，类别2；致癌性，类别1A

标签要素

象形图 

警示词　危险

危险性说明　高度易燃液体和蒸气，吞咽有害，皮肤接触会中毒，吸入致命，可能致癌

防范说明

预防措施　远离热源、火花、明火、热表面。禁止吸烟。保持容器密闭。容器和接收设备接地连接。使用防爆电器、通风、照明设备。只能使用不产生火花的工具。采取防止静电措施。戴防护手套、防护眼镜、防护面罩，穿防护服。避免接触眼睛、皮肤，操作后彻底清洗，作业场所不得进食、饮水或吸烟。避免吸入蒸气、雾。仅在室外或通风良好处操作。戴呼吸防护器具。得到专门指导后操作。在阅读并了解所有安全预防措施之前，切勿操作。按要求使用个体防护装备

事故响应　火灾时，使用二氧化碳、干粉、砂土灭火。如吸入：将患者转移到空气新鲜处，休息，保持利于呼吸的体位。皮肤接触：用大量肥皂水和水清洗，立即脱去所有被污染的衣服。被污染的衣服须经洗净后方可重新使用。食入：漱口，如果感觉不适，立即呼叫中毒控制中心或就医。如果接触或有担心，就医

安全储存　存放在通风良好的地方。保持低温。保持容器密闭。上锁保管

废弃处置　本品及内装物、容器依据国家和地方法规处置

物理和化学危险　高度易燃，其蒸气与空气混合，能形成爆炸性混合物

健康危害　对眼、皮肤和黏膜有强烈的刺激作用。当浓度为470mg/m^3时1～2min接触即可引起致死性肺损

害。未稀释本品可致兔皮肤坏死。本品可引起肺癌，国际癌症研究中心（IARC）已确认为人类致癌物

环境危害 对环境可能有害

第三部分 成分/组成信息

√物质		混合物
组分	**浓度**	**CAS No.**
二氯甲醚		542-88-1

第四部分 急救措施

吸入 迅速脱离现场至空气新鲜处。保持呼吸道通畅。如呼吸困难，给输氧。如呼吸、心跳停止，立即进行心肺复苏术。就医

皮肤接触 立即脱去污染的衣着，用流动清水彻底冲洗。就医

眼睛接触 立即分开眼睑，用流动清水或生理盐水彻底冲洗。就医

食入 漱口，饮水。就医

对保护施救者的忠告 根据需要使用个人防护设备

对医生的特别提示 对症处理

第五部分 消防措施

灭火剂 用二氧化碳、干粉、砂土灭火

特别危险性 遇水或受热分解，放出有毒的腐蚀性烟气。燃烧生成有害的一氧化碳、氯化氢

灭火注意事项及防护措施 消防人员须佩戴防毒面具、穿全身消防服，在上风向灭火。尽可能将容器从火场移至空旷处。喷水保持火场容器冷却，直至灭火结束。容器突然发出异常声音或出现异常现象，应立即撤离。不宜用水

第六部分 泄漏应急处理

作业人员防护措施、防护装备和应急处置程序 消除所有点火源。根据液体流动和蒸气扩散的影响区域划定警戒区，无关人员从侧风、上风向撤离至安全区。建议应急处理人员戴正压自给式呼吸器，穿防毒、防静电服，戴防化学品手套。穿上适当的防护服前严禁接触破裂的容器和泄漏物。尽可能切断泄漏源

环境保护措施 防止泄漏物进入水体、下水道、地下室或有限空间

泄漏化学品的收容、清除方法及所使用的处置材料 小量泄漏：用干燥的砂土或其他不燃材料吸收或覆盖，收集于容器中。大量泄漏：构筑围堤或挖坑收容，用泵转移至槽车或专用收集器内

第七部分 操作处置与储存

操作注意事项 密闭操作，提供充分的局部排风。操作人员必须经过专门培训，严格遵守操作规程。建议操作人员佩戴自吸过滤式防毒面具（全面罩），穿胶布防毒衣，戴防化学品手套。远离火种、热源。工作场所严禁吸烟。使用防爆型的通风系统和设备。防止蒸气泄漏到工作场所空气中。避免与氧化剂、酸类接触。搬运时要轻装轻卸，防止包装及容器损坏。配备相应品种和数量的消防器材及泄漏应急处理设备。倒空的容器可能残留有害物

储存注意事项 储存于阴凉、通风良好的专用库房内。远离火种、热源。保持容器密封。应与氧化剂、酸类、食用化学品分开存放，切忌混储。采用防爆型照明、通风设施。禁止使用易产生火花的机械设备和工具。储区应备有泄漏应急处理设备和合适的收容材料

第八部分 接触控制/个体防护

职业接触限值

中国 MAC：0.005mg/m^3 ［G1］

美国(ACGIH) TLV-TWA：0.001ppm

生物接触限值 未制定标准

监测方法 空气中有毒物质测定方法：未制定标准。生物监测检验方法：未制定标准

工程控制 严加密闭，提供充分的局部排风。提供安全的淋浴和洗眼设备

个体防护装备

呼吸系统防护 可能接触其蒸气时，必须佩戴过滤式防毒面具（全面罩）。紧急事态抢救或撤离时，佩戴空气呼吸器

眼睛防护 呼吸系统防护中已作防护

皮肤和身体防护 穿隔绝式防毒服

手防护 戴防化学品手套

第九部分 理化特性

外观与性状 无色液体，有刺激性气味。易挥发

pH 值 无资料 **熔点(℃)** −41.5

沸点(℃) 106 **相对密度(水=1)** 1.27

相对蒸气密度(空气=1) 4.0

饱和蒸气压(kPa) 3.91（25℃）

燃烧热(kJ/mol) 无资料 **临界温度(℃)** 无资料

临界压力(MPa) 无资料 **辛醇/水分配系数** 1.04

闪点(℃) 19（CC） **自燃温度(℃)** 无资料

爆炸下限(%) 无资料 **爆炸上限(%)** 无资料

分解温度(℃) 无资料 **黏度(mPa·s)** 无资料

溶解性 可混溶于乙醇、乙醚等多数有机溶剂

第十部分 稳定性和反应性

稳定性 稳定

危险反应 与强氧化剂等禁配物接触，有发生火灾和爆炸的危险

避免接触的条件 潮湿空气、受热

禁配物 强氧化剂、强酸

危险的分解产物 氯化氢

第十一部分 毒理学信息

急性毒性

LD_{50} 210mg/kg（大鼠经口）

LC_{50} 33mg/m^3（小鼠吸入，7h）

皮肤刺激或腐蚀 无资料 **眼睛刺激或腐蚀** 无资料

呼吸或皮肤过敏 无资料

生殖细胞突变性 鼠伤寒沙门氏菌 20μg/皿。程序外 DNA 合成：小鼠皮肤染毒部位 360μmol/kg

致癌性 IARC 致癌性评论：组 1，确认人类致癌物。对人类致癌性证据充分

生殖毒性 无资料

特异性靶器官系统毒性-一次接触 无资料

特异性靶器官系统毒性-反复接触 无资料

吸入危害 无资料

第十二部分 生态学信息

生态毒性 无资料

持久性和降解性

生物降解性 好氧生物降解（h）：168～672；厌氧生物降解（h）：672～2688

非生物降解性 空气中光氧化半衰期（h）：0.196～1.96；一级水解半衰期（h）：0.106

潜在的生物累积性 根据 K_{ow} 值预测，该物质的生物累积性可能较弱

土壤中的迁移性 根据 K_{oc} 值预测，该物质可能易发生迁移

第十三部分 废弃处置

废弃化学品 用焚烧法处置。与燃料混合后，再焚烧。焚烧炉排出的卤化氢通过酸洗涤器除去

污染包装物 将容器返还生产商或按照国家和地方法规处置

废弃注意事项 处置前应参阅国家和地方有关法规

第十四部分 运输信息

联合国危险货物编号（UN 号） 2249

联合国运输名称 对称二氯二甲醚

联合国危险性类别 6.1，3

包装类别 Ⅰ类包装

包装标志

海洋污染物 否

运输注意事项 运输前应先检查包装容器是否完整、密封，运输过程中要确保容器不泄漏、不倒塌、不坠落、不损坏。严禁与酸类、氧化剂、食品及食品添加剂混运。运输时运输车辆应配备相应品种和数量的消防器材及泄漏应急处理设备。运输途中应防曝晒、雨淋，防高温。公路运输时要按规定路线行驶，勿在居民区和人口稠密区停留

第十五部分 法规信息

下列法律、法规、规章和标准，对该化学品的管理作了相应的规定。

中华人民共和国职业病防治法 职业病分类和目录：氯甲醚所致肺癌

危险化学品安全管理条例 危险化学品目录：列入。易制爆危险化学品名录：未列入。重点监管的危险化学品名录：未列入。GB 18218—2009《危险化学品重大危险源辨识》（表 1）：未列入

使用有毒物品作业场所劳动保护条例 高毒物品目录：未列入

易制毒化学品管理条例 易制毒化学品的分类和品种目录：未列入

国际公约 斯德哥尔摩公约：未列入。鹿特丹公约：未列入。蒙特利尔议定书：未列入

第十六部分 其他信息

编写和修订信息 **缩略语和首字母缩写**

培训建议 **参考文献**

免责声明

二氯甲烷

第一部分 化学品标识

化学品中文名 二氯甲烷；甲叉二氯

化学品英文名 dichloromethane；methylene dichloride

分子式 CH_2Cl_2 **相对分子质量** 84.93

结构式 Cl⌒Cl

化学品的推荐及限制用途 用作树脂及塑料工业的溶剂

第二部分 危险性概述

紧急情况概述 吞咽有害，造成皮肤刺激，可能引起昏昏欲睡或眩晕

GHS 危险性类别 急性毒性-经口，类别 4；皮肤腐蚀/刺激，类别 2；严重眼损伤/眼刺激，类别 2A；致癌性，类别 2；特异性靶器官毒性-一次接触，类别 1；特异性靶器官毒性-一次接触，类别 3（麻醉效应）；特异性靶器官毒性-反复接触，类别 1；危害水生环境-急性危害，类别 3

标签要素

象形图

警示词 危险

危险性说明 吞咽有害，造成皮肤刺激，造成严重眼刺激，怀疑致癌，对器官造成损害，可能引起昏昏欲睡或眩晕，长时间或反复接触对器官造成损伤，对水生生物有害

防范说明

预防措施 避免接触眼睛、皮肤，操作后彻底清洗。作业场所不得进食、饮水或吸烟。戴防护手套、防护眼镜、防护面罩。得到专门指导后操作。在阅读并了解所有安全预防措施之前，切勿操作。按要求使用个体防护装备。避免吸入蒸气、雾。禁止排入环境

事故响应 皮肤接触：用大量肥皂水和水清洗。如发生皮肤刺激，就医。脱去被污染的衣服，洗净后方可重新使用。如接触眼睛：用水细心冲洗数分钟。如戴隐形眼镜并可方便地取出，取

出隐形眼镜继续冲洗。如果眼睛刺激持续：就医。食入：漱口。如果感觉不适，立即呼叫中毒控制中心或就医。如果接触：立即呼叫中毒控制中心或就医

安全储存　上锁保管

废弃处置　本品及内装物、容器依据国家和地方法规处置

物理和化学危险　可燃，其蒸气与空气混合，能形成爆炸性混合物

健康危害　本品有麻醉作用，主要损害中枢神经和呼吸系统

急性中毒　轻者可有眩晕、头痛、呕吐以及眼和上呼吸道黏膜刺激症状；较重者则出现易激动、步态不稳、共济失调、嗜睡，可引起化学性支气管炎；重者昏迷，可有肺水肿。可有明显的肝、肾损害。血中碳氧血红蛋白含量增高

慢性影响　长期接触主要有头痛、乏力、眩晕、食欲减退、动作迟钝、嗜睡等。对皮肤有脱脂作用，引起干燥、脱屑和皲裂等

环境危害　对水生生物有害

第三部分　成分/组成信息

√物质　　混合物

组分	浓度	CAS No.
二氯甲烷		75-09-2

第四部分　急救措施

吸入　迅速脱离现场至空气新鲜处。保持呼吸道通畅。如呼吸困难，给输氧。如呼吸、心跳停止，立即进行心肺复苏术。就医

皮肤接触　立即脱去污染的衣着，用流动清水彻底冲洗。就医

眼睛接触　立即分开眼睑，用流动清水或生理盐水彻底冲洗。就医

食入　漱口，饮水。就医

对保护施救者的忠告　根据需要使用个人防护设备

对医生的特别提示　对症处理

第五部分　消防措施

灭火剂　用雾状水、泡沫、二氧化碳、砂土灭火

特别危险性　与明火或灼热的物体接触时能产生剧毒的光气。遇潮湿空气能水解生成微量的氯化氢，光照亦能促进水解而对金属的腐蚀性增强。燃烧生成有害的一氧化碳、氯化氢、光气

灭火注意事项及防护措施　消防人员必须佩戴空气呼吸器、穿全身防火防毒服，在上风向灭火。喷水冷却容器，尽可能将容器从火场移至空旷处。容器突然发出异常声音或出现异常现象，应立即撤离

第六部分　泄漏应急处理

作业人员防护措施、防护装备和应急处置程序　根据液体流动和蒸气扩散的影响区域划定警戒区，无关人员从侧风、上风向撤离至安全区。建议应急处理人员戴正压自给式呼吸器，穿防毒服，戴防化学品手套。尽可能切断泄漏源

环境保护措施　防止泄漏物进入水体、下水道、地下室或有限空间

泄漏化学品的收容、清除方法及所使用的处置材料　小量泄漏：用砂土或其他不燃材料吸收。大量泄漏：构筑围堤或挖坑收容。用泡沫覆盖，减少蒸发。用砂土、惰性物质或蛭石吸收大量液体。用泵转移至槽车或专用收集器内

第七部分　操作处置与储存

操作注意事项　密闭操作，局部排风。操作人员必须经过专门培训，严格遵守操作规程。建议操作人员佩戴直接式防毒面具（半面罩），戴化学安全防护眼镜，穿防毒物渗透工作服，戴防化学品手套。远离火种、热源。工作场所严禁吸烟。使用防爆型的通风系统和设备。防止蒸气泄漏到工作场所空气中。避免与碱金属接触。搬运时要轻装轻卸，防止包装及容器损坏。配备相应品种和数量的消防器材及泄漏应急处理设备。倒空的容器可能残留有害物

储存注意事项　储存于阴凉、通风的库房。远离火种、热源。库房温度不超过 32℃，相对湿度不超过 80%。保持容器密封。应与碱金属、食用化学品分开存放，切忌混储。配备相应品种和数量的消防器材。储区应备有泄漏应急处理设备和合适的收容材料

第八部分　接触控制/个体防护

职业接触限值

中国　PC-TWA：200mg/m^3 ［G2B］

美国(ACGIH)　TLV-TWA：50ppm

生物接触限值　未制定标准

监测方法　空气中有毒物质测定方法：直接进样-气相色谱法。生物监测检验方法：未制定标准

工程控制　密闭操作，局部排风。提供安全的淋浴和洗眼设备

个体防护装备

呼吸系统防护　空气中浓度超标时，应该佩戴过滤式防毒面具（半面罩）。紧急事态抢救或撤离时，佩戴空气呼吸器

眼睛防护　必要时，戴化学安全防护眼镜

皮肤和身体防护　穿防毒物渗透工作服

手防护　戴防化学品手套

第九部分　理化特性

外观与性状　无色透明液体，有芳香气味

pH 值　无资料　　**熔点(℃)**　−95

沸点(℃)　39.8　　**相对密度(水=1)**　1.33

相对蒸气密度(空气=1)　2.93

饱和蒸气压(kPa)　46.5（20℃）

燃烧热(kJ/mol)　−604.9　　**临界温度(℃)**　237

临界压力(MPa)　6.08　　**辛醇/水分配系数**　1.25

闪点(℃)　无资料　　**自燃温度(℃)**　556

爆炸下限(%)　14　　**爆炸上限(%)**　22

分解温度(℃) 无资料

黏度(mPa·s) 0.43（20℃）

溶解性 微溶于水，溶于乙醇、乙醚

第十部分 稳定性和反应性

稳定性 稳定

危险反应 与碱金属、水等禁配物发生反应

避免接触的条件 光照、潮湿空气

禁配物 碱金属、铝

危险的分解产物 氯化氢、光气

第十一部分 毒理学信息

急性毒性

LD_{50} 1600～2000mg/kg（大鼠经口）

LC_{50} 88000mg/m^3（大鼠吸入，0.5h）

皮肤刺激或腐蚀 家兔经皮：810mg（24h），重度刺激

眼睛刺激或腐蚀 家兔经眼：162mg，中度刺激

呼吸或皮肤过敏 无资料

生殖细胞突变性 微生物致突变：鼠伤寒沙门氏菌 5700ppm。DNA 抑制：人成纤维细胞 5000ppm（1h）（连续）。DNA 损伤：仓鼠卵巢 3000ppm。姐妹染色单体交换：仓鼠肺 5000ppm（1h）（连续）

致癌性 IARC 致癌性评论：组 2A，可能人类致癌物

生殖毒性 大鼠孕后 6～15d 吸入给予最低中毒剂量（TCLo）1250ppm（7h），致肌肉骨骼系统和泌尿生殖系统发育畸形。大鼠吸入最低中毒浓度（TCLo）：1250ppm（7h）（孕 6～15d），引起肌肉骨骼发育异常，泌尿生殖系统发育异常

特异性靶器官系统毒性-一次接触 无资料

特异性靶器官系统毒性-反复接触 大鼠吸入 4.69g/m^3，每天 8h，共 75d，无病理改变。暴露时间增加，有轻度肝萎缩、脂肪变性和细胞浸润

吸入危害 无资料

第十二部分 生态学信息

生态毒性

LC_{50} 193mg/L（96h）（黑头呆鱼，动态）；310mg/L（96h）（黑头呆鱼，静态）；200～250mg/L（96h）（蓝鳃太阳鱼，静态）；224mg/L（48h）（水蚤）；256mg/L（96h）（糖虾）

EC_{50} 27mg/L（48h）（水蚤）

持久性和降解性

生物降解性 易快速生物降解

非生物降解性 光解最大光吸收波长范围（nm）：220～250；空气中光氧化半衰期-高（h）：458～4584；一级水解半衰期（h）：704a

潜在的生物累积性 根据 K_{ow} 值预测，该物质的生物累积性可能较弱

土壤中的迁移性 根据 K_{oc} 值预测，该物质可能易发生迁移

第十三部分 废弃处置

废弃化学品 用焚烧法处置。与燃料混合后，再焚烧。焚烧炉排出的气体通过洗涤器除去

污染包装物 将容器返还生产商或按照国家和地方法规处置

废弃注意事项 把倒空的容器归还厂商或在规定场所掩埋

第十四部分 运输信息

联合国危险货物编号（UN 号） 1593

联合国运输名称 二氯甲烷 **联合国危险性类别** 6.1

包装类别 Ⅲ类包装 **包装标志** 

海洋污染物 否

运输注意事项 运输前应先检查包装容器是否完整、密封，运输过程中要确保容器不泄漏、不倒塌、不坠落、不损坏。严禁与酸类、氧化剂、食品及食品添加剂混运。运输时运输车辆应配备相应品种和数量的消防器材及泄漏应急处理设备。运输途中应防曝晒、雨淋，防高温。公路运输时要按规定路线行驶

第十五部分 法规信息

下列法律、法规、规章和标准，对该化学品的管理作了相应的规定。

中华人民共和国职业病防治法 职业病分类和目录：未列入

危险化学品安全管理条例 危险化学品目录：列入。易制爆危险化学品名录：未列入。重点监管的危险化学品名录：未列入。GB 18218—2009《危险化学品重大危险源辨识》（表 1）：未列入

使用有毒物品作业场所劳动保护条例 高毒物品目录：未列入

易制毒化学品管理条例 易制毒化学品的分类和品种目录：未列入

国际公约 斯德哥尔摩公约：未列入。鹿特丹公约：未列入。蒙特利尔议定书：未列入

第十六部分 其他信息

编写和修订信息 **缩略语和首字母缩写**

培训建议 **参考文献**

免责声明

二氯四氟乙烷

第一部分 化学品标识

化学品中文名 二氯四氟乙烷；1,2-二氯-1,1,2,2-四氟乙烷；四氟二氯乙烷；制冷剂 R-114

化学品英文名 dichlorotetrafluoroethane；tetrafluorodichloroethane；Freon 114；*sym*-dichlorotetrafluoroethane

分子式 $C_2Cl_2F_4$ **相对分子质量** 170.92

结构式

```
   ClF
F—┼—┼—F
   F Cl
```

化学品的推荐及限制用途 用作制冷剂、气溶胶喷射剂、发泡剂

第二部分 危险性概述

紧急情况概述 内装加压气体：遇热可能爆炸

GHS 危险性类别 加压气体；危害臭氧层，类别 1

标签要素

象形图

警示词 警告

危险性说明 内装加压气体：遇热可能爆炸，破坏高层大气中的臭氧，危害公共健康和环境

防范说明

预防措施 -

事故响应 -

安全储存 防日晒。存放在通风良好的地方

废弃处置 -

物理和化学危险 不燃，无特殊燃爆特性

健康危害 本品有轻度刺激性，蒸气对中枢神经系统有一过性轻度抑制作用。可引起皮肤冻伤

环境危害 破坏高层大气中的臭氧，危害公共健康和环境

第三部分 成分/组成信息

√物质 混合物

组分	浓度	CAS No.
二氯四氟乙烷		76-14-2

第四部分 急救措施

吸入 迅速脱离现场至空气新鲜处。保持呼吸道通畅。如呼吸困难，给输氧。如呼吸、心跳停止，立即进行心肺复苏术。就医

皮肤接触 如发生冻伤，用温水（38～42℃）复温，忌用热水或辐射热，不要揉搓。就医

对保护施救者的忠告 根据需要使用个人防护设备

对医生的特别提示 对症处理

第五部分 消防措施

灭火剂 本品不燃。根据着火原因选择适当灭火剂灭火

特别危险性 受高热分解，放出有毒的氟化物和氯化物气体。若遇高热，容器内压增大，有开裂和爆炸的危险。燃烧生成有害的一氧化碳、氯化氢、氟化氢

灭火注意事项及防护措施 消防人员须佩戴防毒面具、穿全身消防服，在上风向灭火。切断气源。喷水冷却容器，尽可能将容器从火场移至空旷处

第六部分 泄漏应急处理

作业人员防护措施、防护装备和应急处置程序 根据气体的影响区域划定警戒区，无关人员从侧风、上风向撤离至安全区。建议应急处理人员戴正压自给式呼吸器，穿一般作业工作服。尽可能切断泄漏源。喷雾状水抑制蒸气或改变蒸气云流向，避免水流接触泄漏物。禁止用水直接冲击泄漏物或泄漏源

环境保护措施 防止气体通过下水道、通风系统和有限空间扩散

泄漏化学品的收容、清除方法及所使用的处置材料 漏出气允许排入大气中。泄漏场所保持通风

第七部分 操作处置与储存

操作注意事项 严加密闭，提供充分的局部排风和全面通风。操作人员必须经过专门培训，严格遵守操作规程。建议操作人员佩戴自吸过滤式防毒面具（半面罩），戴安全防护眼镜，穿化学防护服，戴橡胶耐油手套。防止气体泄漏到工作场所空气中。远离易燃、可燃物。搬运时戴好钢瓶安全帽和防震橡皮圈，防止钢瓶碰撞、损坏。配备泄漏应急处理设备

储存注意事项 储存于阴凉、通风的不燃气体专用库房。库温不宜超过 30℃。远离火种、热源。应与易（可）燃物分开存放，切忌混储。储区应备有泄漏应急处理设备

第八部分 接触控制/个体防护

职业接触限值

中国 未制定标准

美国(ACGIH) TLV-TWA：1000ppm

生物接触限值 未制定标准

监测方法 空气中有毒物质测定方法：未制定标准。生物监测检验方法：未制定标准

工程控制 严加密闭，提供充分的局部排风和全面通风

个体防护装备

呼吸系统防护 一般不需要特殊防护，高浓度接触时可佩戴过滤式防毒面具（半面罩）

眼睛防护 必要时，戴安全防护眼镜

皮肤和身体防护 穿化学防护服

手防护 戴橡胶耐油手套

第九部分 理化特性

外观与性状 无色气体，有类似氯仿气味

pH 值 无意义 **熔点(℃)** −94

沸点(℃) 4.1

相对密度(水=1) 1.456（25℃）

相对蒸气密度(空气=1) 5.9

饱和蒸气压(kPa) 268（25℃）

燃烧热(kJ/mol) 无资料 **临界温度(℃)** 145.7

临界压力(MPa) 3.25 **辛醇/水分配系数** 2.82

闪点(℃) 无意义 **自燃温度(℃)** 无意义

爆炸下限(%) 无意义 **爆炸上限(%)** 无意义

分解温度(℃) 无资料

黏度(mPa·s) 0.012（60℃）

溶解性 不溶于水，溶于多数有机溶剂

第十部分 稳定性和反应性

稳定性 稳定

危险反应 受热发生分解，有容器爆炸危险

避免接触的条件 受热

禁配物 易燃或可燃物

危险的分解产物 氯化氢、氟化氢

第十一部分 毒理学信息

急性毒性

LD_{50} 72250mg/kg（大鼠经口）

LC_{50} 720000ppm（大鼠吸入，30min）；4970～5330mg/m^3（小鼠吸入，30min）；4970～5330mg/m^3（兔吸入，30min）

皮肤刺激或腐蚀 无资料 **眼睛刺激或腐蚀** 无资料

呼吸或皮肤过敏 无资料 **生殖细胞突变性** 无资料

致癌性 无资料 **生殖毒性** 无资料

特异性靶器官系统毒性-一次接触 无资料

特异性靶器官系统毒性-反复接触 豚鼠、狗吸入14%～21%本品，每天8h，2～21d，出现震颤及痉挛，少数动物死亡，肝脂肪变性

吸入危害 无资料

第十二部分 生态学信息

生态毒性 无资料

持久性和降解性

生物降解性 无资料

非生物降解性 空气中，当羟基自由基浓度为5.00×10^5个/cm^3时，降解半衰期为126～310a

潜在的生物累积性 根据K_{ow}值预测，该物质的生物累积性可能较弱

土壤中的迁移性 根据K_{oc}值预测，该物质可能有一定的迁移性

第十三部分 废弃处置

废弃化学品 根据国家和地方有关法规的要求处置。或与制造商联系，确定处置方法

污染包装物 将容器返还生产商或按照国家和地方法规处置

废弃注意事项 把空容器归还厂商

第十四部分 运输信息

联合国危险货物编号（UN号） 1958

联合国运输名称 1,2-二氯-1,1,2,2-四氟乙烷

联合国危险性类别 2.2

包装类别 - **包装标志**

海洋污染物 否

运输注意事项 采用钢瓶运输时必须戴好钢瓶上的安全帽。钢瓶一般平放，并应将瓶口朝同一方向，不可交叉；高度不得超过车辆的防护栏板，并用三角木垫卡牢，防止滚动。严禁与易燃物或可燃物等混装混运。夏季应早晚运输，防止日光曝晒。铁路运输时要禁止溜放

第十五部分 法规信息

下列法律、法规、规章和标准，对该化学品的管理作了相应的规定。

中华人民共和国职业病防治法 职业病分类和目录：未列入

危险化学品安全管理条例 危险化学品目录：列入。易制爆危险化学品名录：未列入。重点监管的危险化学品名录：未列入。GB 18218—2009《危险化学品重大危险源辨识》（表1）：未列入

使用有毒物品作业场所劳动保护条例 高毒物品目录：未列入

易制毒化学品管理条例 易制毒化学品的分类和品种目录：未列入

国际公约 斯德哥尔摩公约：未列入。鹿特丹公约：未列入。蒙特利尔议定书：未列入

第十六部分 其他信息

编写和修订信息 **缩略语和首字母缩写**

培训建议 **参考文献**

免责声明

1,5-二氯戊烷

第一部分 化学品标识

化学品中文名 1,5-二氯戊烷；五亚甲基二氯

化学品英文名 1,5-dichloropentane；pentamethylene dichloride

分子式 $C_5H_{10}Cl_2$ **相对分子质量** 141.05

结构式

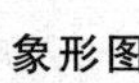

化学品的推荐及限制用途 用作溶剂

第二部分 危险性概述

紧急情况概述 易燃液体和蒸气

GHS危险性类别 易燃液体，类别3；危害水生环境-急性危害，类别3；危害水生环境-长期危害，类别3

标签要素

象形图

警示词 警告

危险性说明 易燃液体和蒸气，对水生生物有害并具有长期持续影响

防范说明

预防措施 远离热源、火花、明火、热表面。禁止吸烟。保持容器密闭。容器和接收设备接地连接。使用防爆电器、通风、照明设备。只能使用不产生火花的工具。采取防止静电措施。戴防护手套、防护眼镜、防护面罩。禁止排入环境

事故响应 火灾时，使用泡沫、二氧化碳、干粉、砂土灭火。如皮肤（或头发）接触：立即脱掉所有被污染的衣服，用水冲洗皮肤，淋浴

安全储存 防日晒。存放在通风良好的地方

废弃处置 本品及内装物、容器依据国家和地方法规处置

物理和化学危险 易燃，其蒸气与空气混合，能形成爆炸

性混合物

健康危害 本品属脂肪族卤代烃类，该类物质具有麻醉和刺激作用

环境危害 对水生生物有害并具有长期持续影响

第三部分 成分/组成信息

√物质 混合物

组分	浓度	CAS No.
1,5-二氯戊烷		628-76-2

第四部分 急救措施

吸入 迅速脱离现场至空气新鲜处。保持呼吸道通畅。如呼吸困难，给输氧。如呼吸、心跳停止，立即进行心肺复苏术。就医

皮肤接触 立即脱去污染的衣着，用流动清水彻底冲洗。就医

眼睛接触 立即分开眼睑，用流动清水或生理盐水彻底冲洗。就医

食入 漱口，饮水。就医

对保护施救者的忠告 根据需要使用个人防护设备

对医生的特别提示 对症处理

第五部分 消防措施

灭火剂 用泡沫、二氧化碳、干粉、砂土灭火

特别危险性 受热分解能放出剧毒的光气。燃烧生成有害的一氧化碳、氯化氢

灭火注意事项及防护措施 消防人员必须佩戴空气呼吸器、穿全身防火防毒服，在上风向灭火。喷水冷却容器，尽可能将容器从火场移至空旷处。容器突然发出异常声音或出现异常现象，应立即撤离

第六部分 泄漏应急处理

作业人员防护措施、防护装备和应急处置程序 消除所有点火源。根据液体流动和蒸气扩散的影响区域划定警戒区，无关人员从侧风、上风向撤离至安全区。建议应急处理人员戴正压自给式呼吸器，穿防静电服，戴橡胶耐油手套。作业时使用的所有设备应接地。禁止接触或跨越泄漏物。尽可能切断泄漏源

环境保护措施 防止泄漏物进入水体、下水道、地下室或有限空间

泄漏化学品的收容、清除方法及所使用的处置材料 小量泄漏：用砂土或其他不燃材料吸收，使用洁净的无火花工具收集吸收材料。大量泄漏：构筑围堤或挖坑收容。用泡沫覆盖，减少蒸发。喷水雾能减少蒸发，但不能降低泄漏物在有限空间内的易燃性。用防爆泵转移至槽车或专用收集器内

第七部分 操作处置与储存

操作注意事项 密闭操作，加强通风。操作人员必须经过专门培训，严格遵守操作规程。建议操作人员佩戴自吸过滤式防毒面具（半面罩），戴化学安全防护眼镜，穿防毒物渗透工作服，戴橡胶耐油手套。远离火种、热源。工作场所严禁吸烟。使用防爆型的通风系统和设备。防止蒸气泄漏到工作场所空气中。避免与氧化剂、碱类接触。搬运时要轻装轻卸，防止包装及容器损坏。配备相应品种和数量的消防器材及泄漏应急处理设备。倒空的容器可能残留有害物

储存注意事项 储存于阴凉、通风的库房。远离火种、热源。库温不宜超过 37℃。保持容器密封。应与氧化剂、碱类分开存放，切忌混储。采用防爆型照明、通风设施。禁止使用易产生火花的机械设备和工具。储区应备有泄漏应急处理设备和合适的收容材料

第八部分 接触控制/个体防护

职业接触限值

中国 未制定标准

美国(ACGIH) 未制定标准

生物接触限值 未制定标准

监测方法 空气中有毒物质测定方法：未制定标准。生物监测检验方法：未制定标准

工程控制 生产过程密闭，加强通风

个体防护装备

呼吸系统防护 可能接触其蒸气时，应该佩戴过滤式防毒面具（半面罩）。紧急事态抢救或撤离时，佩戴空气呼吸器

眼睛防护 戴化学安全防护眼镜

皮肤和身体防护 穿防毒物渗透工作服

手防护 戴橡胶耐油手套

第九部分 理化特性

外观与性状 无色液体

pH 值	无资料	**熔点(℃)**	−72
沸点(℃)	178～181	**相对密度(水=1)**	1.10
相对蒸气密度(空气=1)	4.9		
饱和蒸气压(kPa)	无资料		
燃烧热(kJ/mol)	无资料	**临界温度(℃)**	无资料
临界压力(MPa)	无资料	**辛醇/水分配系数**	3.3
闪点(℃)	26.7 (OC)	**自燃温度(℃)**	无资料
爆炸下限(%)	无资料	**爆炸上限(%)**	无资料
分解温度(℃)	无资料	**黏度(mPa·s)**	无资料

溶解性 不溶于水，可混溶于乙醇、乙醚、氯仿

第十部分 稳定性和反应性

稳定性 稳定

危险反应 与强氧化剂等禁配物接触，有发生火灾和爆炸的危险。受热分解生成剧毒光气

避免接触的条件 受热

禁配物 强氧化剂、强碱、金属等

危险的分解产物 氯化氢、光气

第十一部分 毒理学信息

急性毒性 LDLo：64mg/kg（小鼠腹腔）

皮肤刺激或腐蚀	无资料	**眼睛刺激或腐蚀**	无资料
呼吸或皮肤过敏	无资料	**生殖细胞突变性**	无资料
致癌性	无资料	**生殖毒性**	无资料

特异性靶器官系统毒性-一次接触 无资料

特异性靶器官系统毒性-反复接触 无资料

吸入危害 无资料

第十二部分 生态学信息

生态毒性 LC_{50}：25.3mg//L (96h)（鱼）

持久性和降解性

生物降解性 无资料

非生物降解性 无资料

潜在的生物累积性 根据 K_{ow}值预测，该物质可能有一定的生物累积性

土壤中的迁移性 根据 K_{oc}值预测，该物质可能有一定的迁移性

第十三部分 废弃处置

废弃化学品 建议用焚烧法处置。与燃料混合后，再焚烧。焚烧炉排出的卤化氢通过酸洗涤器除去

污染包装物 将容器返还生产商或按照国家和地方法规处置

废弃注意事项 处置前应参阅国家和地方有关法规

第十四部分 运输信息

联合国危险货物编号（UN 号） 1152

联合国运输名称 二氯戊烷 **联合国危险性类别** 3

包装类别 Ⅲ类包装 **包装标志**

海洋污染物 否

运输注意事项 运输时运输车辆应配备相应品种和数量的消防器材及泄漏应急处理设备。夏季最好早晚运输。运输时所用的槽（罐）车应有接地链，槽内可设孔隔板以减少震荡产生的静电。严禁与氧化剂、碱类、食用化学品等混装混运。运输途中应防曝晒、雨淋，防高温。中途停留时应远离火种、热源、高温区。装运该物品的车辆排气管必须配备阻火装置，禁止使用易产生火花的机械设备和工具装卸。公路运输时要按规定路线行驶，勿在居民区和人口稠密区停留。铁路运输时要禁止溜放。严禁用木船、水泥船散装运输

第十五部分 法规信息

下列法律、法规、规章和标准，对该化学品的管理作了相应的规定。

中华人民共和国职业病防治法 职业病分类和目录：未列入

危险化学品安全管理条例 危险化学品目录：列入。易制爆危险化学品名录：未列入。重点监管的危险化学品名录：未列入。GB 18218—2009《危险化学品重大危险源辨识》(表 1)：未列入

使用有毒物品作业场所劳动保护条例 高毒物品目录：未列入

易制毒化学品管理条例 易制毒化学品的分类和品种目录：未列入

国际公约 斯德哥尔摩公约：未列入。鹿特丹公约：未列入。蒙特利尔议定书：未列入

第十六部分 其他信息

编写和修订信息 **缩略语和首字母缩写**

培训建议 **参考文献**

免责声明

二氯乙腈

第一部分 化学品标识

化学品中文名 二氯乙腈；氰化二氯甲烷；二氯甲基氰

化学品英文名 dichloroacetonitrile；dichloromethyl cyanide

分子式 C_2HCl_2N **相对分子质量** 109.94

结构式

$$\mathrm{Cl_2CH{-}C{\equiv}N}$$

化学品的推荐及限制用途 用于有机合成，也用作溶剂

第二部分 危险性概述

紧急情况概述 易燃液体和蒸气，吞咽有害，造成严重的皮肤灼伤和眼损伤

GHS 危险性类别 易燃液体，类别 3；急性毒性-经口，类别 4；皮肤腐蚀/刺激，类别 1；严重眼损伤/眼刺激，类别 1

标签要素

象形图

警示词 危险

危险性说明 易燃液体和蒸气，吞咽有害，造成严重的皮肤灼伤和眼损伤

防范说明

预防措施 远离热源、火花、明火、热表面。禁止吸烟。保持容器密闭。容器和接收设备接地连接。使用防爆电器、通风、照明设备。只能使用不产生火花的工具。采取防止静电措施。避免接触眼睛、皮肤，操作后彻底清洗。作业场所不得进食、饮水或吸烟。戴防护手套，穿防护服，戴防护眼镜、防护面罩

事故响应 火灾时，使用干粉、二氧化碳、砂土灭火。如吸入：将患者转移到空气新鲜处，休息，保持利于呼吸的体位。如皮肤（或头发）接触：立即脱掉所有被污染的衣服，用水冲洗皮肤，淋浴。污染的衣服须洗净后方可重新使用。眼睛接触：用水细心地冲洗数分钟。如戴隐形眼镜并可方便地取出，则取出隐形眼镜。继续冲洗。食入：漱口。不要催吐。如果感觉不适，立即呼叫中毒控制中心或就医

安全储存 存放在通风良好的地方。保持低温。上锁保管

废弃处置 本品及内装物、容器依据国家和地方法规处置

物理和化学危险 易燃，其蒸气与空气混合，能形成爆炸性混合物

健康危害 大鼠经口给予本品，出现嗜睡、昏迷和呼吸抑制。眼和皮肤接触引起灼伤

环境危害 对环境可能有害

第三部分 成分/组成信息

√物质		混合物
组分	**浓度**	**CAS No.**
二氯乙腈		3018-12-0

第四部分 急救措施

吸入 迅速脱离现场至空气新鲜处。保持呼吸道通畅。如呼吸困难，给输氧。如呼吸、心跳停止，立即进行心肺复苏术。就医

皮肤接触 立即脱去污染的衣着，用大量流动清水彻底冲洗至少15min。就医

眼睛接触 立即分开眼睑，用流动清水或生理盐水彻底冲洗至少15min。就医

食入 用水漱口，禁止催吐。给饮牛奶或蛋清。就医

对保护施救者的忠告 根据需要使用个人防护设备

对医生的特别提示 使用亚硝酸钠、硫代硫酸钠、4-二甲基氨基苯酚等解毒剂

第五部分 消防措施

灭火剂 用干粉、二氧化碳、砂土灭火

特别危险性 受热分解放出剧毒的氰化物气体。遇水或水蒸气、酸或酸气产生剧毒的烟雾。与强氧化剂接触可发生化学反应。燃烧生成有害的一氧化碳、氯化氢、氮氧化物

灭火注意事项及防护措施 消防人员须佩戴防毒面具、穿全身消防服，在上风向灭火。尽可能将容器从火场移至空旷处。喷水保持火场容器冷却，直至灭火结束。容器突然发出异常声音或出现异常现象，应立即撤离。禁止用水、泡沫和酸碱灭火剂灭火

第六部分 泄漏应急处理

作业人员防护措施、防护装备和应急处置程序 根据液体流动和蒸气扩散的影响区域划定警戒区，无关人员从侧风、上风向撤离至安全区。消除所有点火源。建议应急处理人员戴正压自给式呼吸器，穿防毒、防静电服，戴橡胶耐油手套。禁止接触或跨越泄漏物。尽可能切断泄漏源

环境保护措施 防止泄漏物进入水体、下水道、地下室或有限空间

泄漏化学品的收容、清除方法及所使用的处置材料 小量泄漏：用砂土或其他不燃材料吸收。大量泄漏：构筑围堤或挖坑收容，用防爆泵转移至槽车或专用收集器内

第七部分 操作处置与储存

操作注意事项 密闭操作，提供充分的局部排风。操作尽可能机械化、自动化。操作人员必须经过专门培训，严格遵守操作规程。建议操作人员佩戴自吸过滤式防毒面具（全面罩），穿聚乙烯防毒服，戴橡胶耐油手套。远离火种、热源。工作场所严禁吸烟。使用防爆型的通风系统和设备。防止蒸气泄漏到工作场所空气中。避免与氧化剂、还原剂、酸类、碱类接触。尤其要注意避免与水接触。搬运时要轻装轻卸，防止包装及容器损坏。配备相应品种和数量的消防器材及泄漏应急处理设备。倒空的容器可能残留有害物

储存注意事项 储存于阴凉、通风的库房。远离火种、热源。保持容器密封。应与氧化剂、还原剂、酸类、碱类、食用化学品分开存放，切忌混储。配备相应品种和数量的消防器材。储区应备有泄漏应急处理设备和合适的收容材料

第八部分 接触控制/个体防护

职业接触限值

中国 未制定标准

美国(ACGIH) 未制定标准

生物接触限值 未制定标准

监测方法 空气中有毒物质测定方法：未制定标准。生物监测检验方法：未制定标准

工程控制 严加密闭，提供充分的局部排风。提供安全的淋浴和洗眼设备

个体防护装备

呼吸系统防护 可能接触其蒸气时，应该佩戴过滤式防毒面具（全面罩）。紧急事态抢救或撤离时，建议佩戴空气呼吸器

眼睛防护 呼吸系统防护中已作防护

皮肤和身体防护 穿隔绝式防毒服

手防护 戴橡胶耐油手套

第九部分 理化特性

外观与性状 无色液体

pH值 无资料 **熔点(℃)** 无资料

沸点(℃) 110～112 **相对密度(水=1)** 1.37

相对蒸气密度(空气=1) 3.8

饱和蒸气压(kPa) 无资料

燃烧热(kJ/mol) 无资料 **临界温度(℃)** 无资料

临界压力(MPa) 无资料 **辛醇/水分配系数** 0.290

闪点(℃) 35.56 **自燃温度(℃)** 无资料

爆炸下限(%) 无资料 **爆炸上限(%)** 无资料

分解温度(℃) 无资料 **黏度(mPa·s)** 无资料

溶解性 可混溶于乙醇、乙醚、甲醇

第十部分 稳定性和反应性

稳定性 稳定

危险反应 与强氧化剂等禁配物接触，有发生火灾和爆炸的危险

避免接触的条件 受热、潮湿空气

禁配物 强氧化剂、强还原剂、强酸、强碱

危险的分解产物 氯化氢

第十一部分 毒理学信息

急性毒性 LD_{50}：330mg/kg（大鼠经口）；270mg/kg

（小鼠经口）

皮肤刺激或腐蚀 无资料 **眼睛刺激或腐蚀** 无资料

呼吸或皮肤过敏 无资料

生殖细胞突变性 微生物致突变：鼠伤寒沙门氏菌 1nmol/皿。性染色体缺失和不分离：黑腹果蝇经口给予 200ppm。DNA 损伤：人淋巴细胞 10μmol/L

致癌性 无资料

生殖毒性 大鼠孕后 6～18d 经口染毒最低中毒剂量（TDLo）325mg/kg，致心血管、胃肠道、泌尿生殖系统发育畸形

特异性靶器官系统毒性-一次接触 无资料

特异性靶器官系统毒性-反复接触 无资料

吸入危害 无资料

第十二部分 生态学信息

生态毒性 无资料

持久性和降解性

生物降解性 无资料

非生物降解性 空气中，当羟基自由基浓度为5.00×10^5个/cm^3时，降解半衰期为 434d（理论）

潜在的生物累积性 根据 K_{ow}值预测，该物质的生物累积性可能较弱

土壤中的迁移性 根据 K_{oc}值预测，该物质可能易发生迁移

第十三部分 废弃处置

废弃化学品 建议用焚烧法处置。与燃料混合后，再焚烧。焚烧炉排出的气体要通过洗涤器除去

污染包装物 将容器返还生产商或按照国家和地方法规处置

废弃注意事项 处置前应参阅国家和地方有关法规

第十四部分 运输信息

联合国危险货物编号（UN号） 2920

联合国运输名称 腐蚀性液体，易燃，未另作规定的（二氯乙腈）

联合国危险性类别 8，3 **包装类别** Ⅱ类包装

包装标志

海洋污染物 否

运输注意事项 运输前应先检查包装容器是否完整、密封，运输过程中要确保容器不泄漏、不倒塌、不坠落、不损坏。严禁与酸类、氧化剂、食品及食品添加剂混运。运输时运输车辆应配备相应品种和数量的消防器材及泄漏应急处理设备。运输途中应防曝晒、雨淋，防高温。公路运输时要按规定路线行驶

第十五部分 法规信息

下列法律、法规、规章和标准，对该化学品的管理作了相应的规定。

中华人民共和国职业病防治法 职业病分类和目录：氰及腈类化合物中毒

危险化学品安全管理条例 危险化学品目录：列入。易制爆危险化学品名录：未列入。重点监管的危险化学品名录：未列入。GB 18218—2009《危险化学品重大危险源辨识》（表 1）：未列入

使用有毒物品作业场所劳动保护条例 高毒物品目录：未列入

易制毒化学品管理条例 易制毒化学品的分类和品种目录：未列入

国际公约 斯德哥尔摩公约：未列入。鹿特丹公约：未列入。蒙特利尔议定书：未列入

第十六部分 其他信息

编写和修订信息 **缩略语和首字母缩写**

培训建议 **参考文献**

免责声明

二氯乙醚

第一部分 化学品标识

化学品中文名 二氯乙醚；2,2′-二氯二乙醚；双（2-氯乙基）醚；β,β′-二氯代二乙醚；对称二氯二乙醚

化学品英文名 dichloroethyl ether；bis（2-chloroethyl）ether；*sym*-dichloroethyl ether

分子式 $C_4H_8Cl_2O$ **相对分子质量** 143.02

结构式 Cl‿‿O‿‿Cl

化学品的推荐及限制用途 用作溶剂、土壤熏蒸杀虫剂，也用于有机合成和制涂料

第二部分 危险性概述

紧急情况概述 易燃液体和蒸气，吞咽会中毒，皮肤接触会中毒，吸入致命，可能引起昏昏欲睡或眩晕

GHS 危险性类别 易燃液体，类别 3；急性毒性-经口，类别 3；急性毒性-经皮，类别 3；急性毒性-吸入，类别 1；皮肤腐蚀/刺激，类别 2；严重眼损伤/眼刺激，类别 2B；特异性靶器官毒性-一次接触，类别 1；特异性靶器官毒性-一次接触，类别 3（麻醉效应）

标签要素

象形图

警示词 危险

危险性说明 易燃液体和蒸气，吞咽会中毒，皮肤接触会中毒，吸入致命，造成皮肤刺激，造成严重眼刺激，对器官造成损害，可能引起昏昏欲睡或眩晕

防范说明

预防措施 远离热源、火花、明火、热表面。禁止吸烟。保持容器密闭。容器和接收设备接地连接。使用防爆电器、通风、照明设备。只能使用不产生火花的工具。采取防止静电措施。避免接触眼睛、皮肤，操作后彻底清洗。作业场所不得进食、饮水或吸烟。戴防护手套，穿防

护服，戴防护眼镜、防护面罩。避免吸入蒸气、雾。仅在室外或通风良好处操作。戴呼吸防护器具

事故响应　火灾时，使用二氧化碳、干粉、砂土灭火。如吸入：将患者转移到空气新鲜处，休息，保持利于呼吸的体位。皮肤接触：用大量肥皂水和水清洗。如发生皮肤刺激，就医。立即脱去所有被污染的衣服。被污染的衣服须经洗净后方可重新使用。如接触眼睛：用水细心冲洗数分钟。如戴隐形眼镜并可方便地取出，取出隐形眼镜继续冲洗。如果眼睛刺激持续：就医。食入：漱口，立即呼叫中毒控制中心或就医

安全储存　存放在通风良好的地方。保持低温。保持容器密闭。上锁保管

废弃处置　本品及内装物、容器依据国家和地方法规处置

物理和化学危险　易燃，其蒸气与空气混合，能形成爆炸性混合物

健康危害　接触本品对眼睛、呼吸道黏膜有明显刺激作用，并有难以忍受的感觉，发生咳嗽、恶心、呕吐。动物实验本品有麻醉和强烈的刺激作用

环境危害　对环境可能有害

第三部分　成分/组成信息

√物质		混合物
组分	**浓度**	**CAS No.**
二氯乙醚		111-44-4

第四部分　急救措施

吸入　迅速脱离现场至空气新鲜处。保持呼吸道通畅。如呼吸困难，给输氧。如呼吸、心跳停止，立即进行心肺复苏术。就医

皮肤接触　立即脱去污染的衣着，用流动清水彻底冲洗。就医

眼睛接触　立即分开眼睑，用流动清水或生理盐水彻底冲洗。就医

食入　漱口，饮水。就医

对保护施救者的忠告　根据需要使用个人防护设备

对医生的特别提示　对症处理

第五部分　消防措施

灭火剂　用二氧化碳、干粉、砂土灭火

特别危险性　受热或遇水分解放热，放出有毒的腐蚀性烟气。燃烧分解时，放出有毒的刺激性氯化物烟气。与氧化剂接触发生猛烈反应。燃烧生成有害的一氧化碳、氯化物

灭火注意事项及防护措施　消防人员须佩戴防毒面具、穿全身消防服，在上风向灭火。尽可能将容器从火场移至空旷处。喷水保持火场容器冷却，直至灭火结束。容器突然发出异常声音或出现异常现象，应立即撤离。不宜用水灭火

第六部分　泄漏应急处理

作业人员防护措施、防护装备和应急处置程序　消除所有点火源。根据液体流动和蒸气扩散的影响区域划定警戒区，无关人员从侧风、上风向撤离至安全区。建议应急处理人员戴正压自给式呼吸器，穿防毒、防静电服，戴防化学品手套。穿上适当的防护服前严禁接触破裂的容器和泄漏物。尽可能切断泄漏源

环境保护措施　防止泄漏物进入水体、下水道、地下室或有限空间

泄漏化学品的收容、清除方法及所使用的处置材料　小量泄漏：用干燥的砂土或其他不燃材料吸收或覆盖，收集于容器中。大量泄漏：构筑围堤或挖坑收容，用砂土、惰性物质或蛭石吸收大量液体，用泵转移至槽车或专用收集器内

第七部分　操作处置与储存

操作注意事项　密闭操作，提供充分的局部排风。操作人员必须经过专门培训，严格遵守操作规程。建议操作人员佩戴自吸过滤式防毒面具（半面罩），戴化学安全防护眼镜，穿透气型防毒服，戴防化学品手套。远离火种、热源。工作场所严禁吸烟。使用防爆型的通风系统和设备。避免产生烟雾。防止烟雾和蒸气释放到工作场所空气中。避免与氧化剂、酸类接触。尤其要注意避免与水接触。搬运时要轻装轻卸，防止包装及容器损坏。配备相应品种和数量的消防器材及泄漏应急处理设备。倒空的容器可能残留有害物

储存注意事项　储存于阴凉、干燥、通风良好的库房。远离火种、热源。避免光照。包装必须密封，切勿受潮。应与氧化剂、酸类、食用化学品分开存放，切忌混储。采用防爆型照明、通风设施。禁止使用易产生火花的机械设备和工具。储区应备有泄漏应急处理设备和合适的收容材料

第八部分　接触控制/个体防护

职业接触限值

中国　未制定标准

美国（ACGIH）　TLV-TWA：5ppm；TLV-STEL：10ppm［皮］

生物接触限值　未制定标准

监测方法　空气中有毒物质测定方法：未制定标准。生物监测检验方法：未制定标准

工程控制　严加密闭，提供充分的局部排风。提供安全的淋浴和洗眼设备

个体防护装备

呼吸系统防护　可能接触其蒸气时，必须佩戴过滤式防毒面具（半面罩）。紧急事态抢救或撤离时，建议佩戴空气呼吸器

眼睛防护　戴化学安全防护眼镜

皮肤和身体防护　穿透气型防毒服

手防护　戴防化学品手套

第九部分　理化特性

外观与性状　带有辣味和水果味的无色透明液体

pH值　无资料　　**熔点(℃)**　—52

沸点(℃)　178.5

相对密度(水=1) 1.22 (20℃)

相对蒸气密度(空气=1) 4.93

饱和蒸气压(kPa) 0.10 (20℃)

燃烧热(kJ/mol) 无资料 **临界温度(℃)** 无资料

临界压力(MPa) 无资料 **辛醇/水分配系数** 1.29

闪点(℃) 55 (CC) **自燃温度(℃)** 368.89

爆炸下限(%) 无资料 **爆炸上限(%)** 无资料

分解温度(℃) 无资料

黏度(mPa·s) 2.07 (25℃)

溶解性 不溶于水，可混溶于乙醇、乙醚及多数有机溶剂

第十部分 稳定性和反应性

稳定性 稳定

危险反应 与强氧化剂、水配物接触，有发生火灾和爆炸的危险

避免接触的条件 受热、潮湿空气、光照

禁配物 强氧化剂、强酸、水、卤素、硫、硫化物

危险的分解产物 氯化物

第十一部分 毒理学信息

急性毒性 LD_{50}：110mg/kg（大鼠经口）；140mg/kg（小鼠经口）

皮肤刺激或腐蚀 家兔经皮：500mg，轻度刺激（开放性刺激试验）

眼睛刺激或腐蚀 无资料 **呼吸或皮肤过敏** 无资料

生殖细胞突变性 微生物致突变：鼠伤寒沙门氏菌 1ml/皿 (2h)

致癌性 IARC 致癌性评论：组 3，现有的证据不能对人类致癌性进行分类。对人及动物致癌性证据不足

生殖毒性 无资料

特异性靶器官系统毒性-一次接触 无资料

特异性靶器官系统毒性-反复接触 无资料

吸入危害 无资料

第十二部分 生态学信息

生态毒性

EC_{50} 238mg/L (48h)（水蚤，静态）

LC_{50} 600mg/L (96h)（蓝鳃太阳鱼，静态）

持久性和降解性

生物降解性 好氧水相生物降解 (h)：672～4320；厌氧水相生物降解 (h)：2688～17280

非生物降解性 空气中光氧化半衰期 (h)：9.65～96.5；一级水解半衰期 (h)：1.93×10^5

潜在的生物累积性 根据 K_{ow} 值预测，该物质的生物累积性可能较弱

土壤中的迁移性 根据 K_{oc} 值预测，该物质可能易发生迁移

第十三部分 废弃处置

废弃化学品 用焚烧法处置。与燃料混合后，再焚烧。焚烧炉排出的卤化氢通过酸洗涤器除去

污染包装物 将容器返还生产商或按照国家和地方法规处置

废弃注意事项 处置前应参阅国家和地方有关法规

第十四部分 运输信息

联合国危险货物编号 (UN 号) 1916

联合国运输名称 2,2′-二氯二乙醚

联合国危险性类别 6.1，3

包装类别 Ⅱ类包装

包装标志

海洋污染物 否

运输注意事项 运输前应先检查包装容器是否完整、密封，运输过程中要确保容器不泄漏、不倒塌、不坠落、不损坏。严禁与酸类、氧化剂、食品及食品添加剂混运。运输时运输车辆应配备相应品种和数量的消防器材及泄漏应急处理设备。运输途中应防曝晒、雨淋，防高温。运输时所用的槽（罐）车应有接地链，槽内可设孔隔板以减少震荡产生的静电。中途停留时应远离火种、热源。公路运输时要按规定路线行驶，勿在居民区和人口稠密区停留

第十五部分 法规信息

下列法律、法规、规章和标准，对该化学品的管理作了相应的规定。

中华人民共和国职业病防治法 职业病分类和目录：未列入

危险化学品安全管理条例 危险化学品目录：列入。易制爆危险化学品名录：未列入。重点监管的危险化学品名录：未列入。GB 18218—2009《危险化学品重大危险源辨识》(表 1)：未列入

使用有毒物品作业场所劳动保护条例 高毒物品目录：未列入

易制毒化学品管理条例 易制毒化学品的分类和品种目录：未列入

国际公约 斯德哥尔摩公约：未列入。鹿特丹公约：未列入。蒙特利尔议定书：未列入

第十六部分 其他信息

编写和修订信息 **缩略语和首字母缩写**

培训建议 **参考文献**

免责声明

二氯乙酸

第一部分 化学品标识

化学品中文名 二氯乙酸；二氯醋酸

化学品英文名 dichloroacetic acid；dichloroethanoic acid

分子式 $C_2H_2Cl_2O_2$ **相对分子质量** 128.9

结构式 Cl/Cl–CH–C(=O)OH

化学品的推荐及限制用途 用于有机合成和药物制造

第二部分 危险性概述

紧急情况概述 造成严重的皮肤灼伤和眼损伤

GHS危险性类别 皮肤腐蚀/刺激，类别1A；严重眼损伤/眼刺激，类别1；致癌性，类别2；危害水生环境-急性危害，类别1

标签要素

象形图 

警示词 危险

危险性说明 造成严重的皮肤灼伤和眼损伤，怀疑致癌，对水生生物毒性非常大

防范说明

预防措施 避免吸入烟雾。避免接触眼睛、皮肤，操作后彻底清洗。戴防护手套，穿防护服，戴防护眼镜、防护面罩。禁止排入环境。得到专门指导后操作。在阅读并了解所有安全预防措施之前，切勿操作。按要求使用个体防护装备

事故响应 如吸入：将患者转移到空气新鲜处，休息，保持利于呼吸的体位。立即呼叫中毒控制中心或就医。皮肤（或头发）接触：立即脱掉所有被污染的衣服，用水冲洗皮肤，淋浴。污染的衣服须洗净后方可重新使用。眼睛接触：用水细心地冲洗数分钟。如戴隐形眼镜并可方便地取出，则取出隐形眼镜继续冲洗。食入：漱口。不要催吐。收集泄漏物。如果接触或有担心，就医

安全储存 上锁保管

废弃处置 本品及内装物、容器依据国家和地方法规处置

物理和化学危险 可燃，其蒸气与空气混合，能形成爆炸性混合物

健康危害 接触后引起结膜炎、角膜糜烂及巩膜炎；吸入后引起喉炎、支气管炎、肺炎、虚脱、蛋白尿、血尿。皮肤接触引起灼伤

环境危害 对水生生物毒性非常大

第三部分 成分/组成信息

√物质		混合物
组分	**浓度**	**CAS No.**
二氯乙酸		79-43-6

第四部分 急救措施

吸入 迅速脱离现场至空气新鲜处。保持呼吸道通畅。如呼吸困难，给输氧。如呼吸、心跳停止，立即进行心肺复苏术。就医

皮肤接触 立即脱去污染的衣着，用大量流动清水彻底冲洗至少15min。就医

眼睛接触 立即分开眼睑，用流动清水或生理盐水彻底冲洗至少15min。就医

食入 用水漱口，禁止催吐。给饮牛奶或蛋清。就医

对保护施救者的忠告 根据需要使用个人防护设备

对医生的特别提示 对症处理

第五部分 消防措施

灭火剂 用雾状水、泡沫、二氧化碳灭火

特别危险性 受高热分解产生有毒的腐蚀性烟气。与强氧化剂接触可发生化学反应。对大多数金属有腐蚀性。燃烧生成有害的一氧化碳、氯化氢

灭火注意事项及防护措施 消防人员必须穿全身耐酸碱消防服、佩戴空气呼吸器灭火。尽可能将容器从火场移至空旷处。喷水保持火场容器冷却，直至灭火结束。容器突然发出异常声音或出现异常现象，应立即撤离

第六部分 泄漏应急处理

作业人员防护措施、防护装备和应急处置程序 根据液体流动和蒸气扩散的影响区域划定警戒区，无关人员从侧风、上风向撤离至安全区。消除所有点火源。建议应急处理人员戴正压自给式呼吸器，穿防酸碱服，戴橡胶耐酸碱手套。穿上适当的防护服前严禁接触破裂的容器和泄漏物。尽可能切断泄漏源

环境保护措施 防止泄漏物进入水体、下水道、地下室或有限空间

泄漏化学品的收容、清除方法及所使用的处置材料 小量泄漏：用干燥的砂土或其他不燃材料吸收或覆盖，收集于容器中。大量泄漏：构筑围堤或挖坑收容，可用碎石灰石（$CaCO_3$）、苏打灰（Na_2CO_3）或石灰（CaO）中和。用耐腐蚀泵转移至槽车或专用收集器内

第七部分 操作处置与储存

操作注意事项 密闭操作，加强通风。操作人员必须经过专门培训，严格遵守操作规程。建议操作人员佩戴直接式防毒面具（半面罩），戴化学安全防护眼镜，穿防酸碱工作服，戴橡胶耐酸碱手套。远离火种、热源。工作场所严禁吸烟。使用防爆型的通风系统和设备。防止蒸气泄漏到工作场所空气中。避免与氧化剂、碱类、还原剂接触。搬运时要轻装轻卸，防止包装及容器损坏。配备相应品种和数量的消防器材及泄漏应急处理设备。倒空的容器可能残留有害物

储存注意事项 储存于阴凉、通风的库房。远离火种、热源。保持容器密封。应与氧化剂、碱类、还原剂分开存放，切忌混储。配备相应品种和数量的消防器材。储区应备有泄漏应急处理设备和合适的收容材料

第八部分 接触控制/个体防护

职业接触限值

中国 未制定标准

美国(ACGIH) TLV-TWA：0.5ppm［皮］

生物接触限值 未制定标准

监测方法 空气中有毒物质测定方法：未制定标准。生物监测检验方法：未制定标准

工程控制 生产过程密闭，加强通风。提供安全的淋浴和洗眼设备

个体防护装备

呼吸系统防护　空气中浓度超标时，建议佩戴过滤式防毒面具（半面罩）

眼睛防护　戴化学安全防护眼镜

皮肤和身体防护　穿防酸碱工作服

手防护　戴橡胶耐酸碱手套

第九部分　理化特性

外观与性状　无色液体，有刺鼻气味

pH值　无资料　**熔点(℃)**　9～11

沸点(℃)　194　**相对密度(水=1)**　1.56

相对蒸气密度(空气=1)　4.45

饱和蒸气压(kPa)　0.13（44℃）

燃烧热(kJ/mol)　无资料　**临界温度(℃)**　无资料

临界压力(MPa)　无资料　**辛醇/水分配系数**　0.92

闪点(℃)　110　**自燃温度(℃)**　无资料

爆炸下限(%)　11.9　**爆炸上限(%)**　43.3

分解温度(℃)　无资料　**黏度(mPa·s)**　无资料

溶解性　溶于水、乙醇、乙醚

第十部分　稳定性和反应性

稳定性　稳定

危险反应　与强氧化剂等禁配物发生反应

避免接触的条件　受热

禁配物　强氧化剂、强碱、强还原剂

危险的分解产物　氯化氢

第十一部分　毒理学信息

急性毒性　LD_{50}：2820mg/kg（大鼠经口）；510mg/kg（兔经皮）

皮肤刺激或腐蚀　家兔经皮：2mg（24h），重度刺激

眼睛刺激或腐蚀　无资料　**呼吸或皮肤过敏**　无资料

生殖细胞突变性　微核试验：小鼠经口1800mg/kg（9d）（连续）。DNA损伤：小鼠经口645mg/kg。细胞遗传学分析：小鼠淋巴细胞600mg/L。哺乳动物体细胞突变：小鼠淋巴细胞400mg/L

致癌性　IARC致癌性评论：组2B，可疑人类致癌物

生殖毒性　大鼠孕后6～15d经口染毒最低中毒剂量（TDLo）4g/kg，致心血管系统发育畸形。大鼠孕后6～15d经口染毒最低中毒剂量（TDLo）14g/kg，致泌尿生殖系统发育畸形

特异性靶器官系统毒性-一次接触　无资料

特异性靶器官系统毒性-反复接触　无资料

吸入危害　无资料

第十二部分　生态学信息

生态毒性　LC_{50}：0.07～0.12mg/L（48h）（鱼）；0.025～0.12mg/L（48h）（无脊椎动物）

持久性和降解性

生物降解性　无资料

非生物降解性　空气中，当羟基自由基浓度为5.00×10^5个/cm^3时，降解半衰期为22d（理论）

潜在的生物累积性　根据K_{ow}值预测，该物质的生物累积性可能较弱

土壤中的迁移性　根据K_{oc}值预测，该物质可能易发生迁移

第十三部分　废弃处置

废弃化学品　建议用焚烧法处置。与燃料混合后，再焚烧。焚烧炉排出的卤化氢通过酸洗涤器除去

污染包装物　将容器返还生产商或按照国家和地方法规处置

废弃注意事项　处置前应参阅国家和地方有关法规

第十四部分　运输信息

联合国危险货物编号（UN号）　1764

联合国运输名称　二氯乙酸

联合国危险性类别　8

包装类别　Ⅱ类包装　　**包装标志**

海洋污染物　否

运输注意事项　起运时包装要完整，装载应稳妥。运输过程中要确保容器不泄漏、不倒塌、不坠落、不损坏。严禁与氧化剂、碱类、还原剂、食用化学品等混装混运。运输时运输车辆应配备相应品种和数量的消防器材及泄漏应急处理设备。运输途中应防曝晒、雨淋，防高温。公路运输时要按规定路线行驶，勿在居民区和人口稠密区停留

第十五部分　法规信息

下列法律、法规、规章和标准，对该化学品的管理作了相应的规定。

中华人民共和国职业病防治法　职业病分类和目录：未列入

危险化学品安全管理条例　危险化学品目录：列入。易制爆危险化学品名录：未列入。重点监管的危险化学品名录：未列入。GB 18218—2009《危险化学品重大危险源辨识》（表1）：未列入

使用有毒物品作业场所劳动保护条例　高毒物品目录：未列入

易制毒化学品管理条例　易制毒化学品的分类和品种目录：未列入

国际公约　斯德哥尔摩公约：未列入。鹿特丹公约：未列入。蒙特利尔议定书：未列入

第十六部分　其他信息

编写和修订信息　　**缩略语和首字母缩写**

培训建议　　**参考文献**

免责声明

二氯乙酸甲酯

第一部分　化学品标识

化学品中文名　二氯乙酸甲酯；二氯醋酸甲酯

化学品英文名 methyl dichloroacetate；dichloroacetic acid methyl ester

分子式 $C_3H_4Cl_2O_2$ **相对分子质量** 142.97

结构式

化学品的推荐及限制用途 用作有机合成中间体

第二部分 危险性概述

紧急情况概述 可燃液体，吸入会中毒

GHS 危险性类别 易燃液体，类别 4；急性毒性-吸入，类别 3；皮肤腐蚀/刺激，类别 2；严重眼损伤/眼刺激，类别 2

标签要素

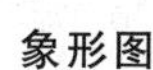
象形图  警示词 危险

危险性说明 可燃液体，吸入会中毒，造成皮肤刺激，造成严重眼刺激

防范说明

预防措施 远离火焰和热表面。禁止吸烟。戴防护手套、防护眼镜、防护面罩。避免吸入蒸气、雾。仅在室外或通风良好处操作。避免接触眼睛、皮肤，操作后彻底清洗

事故响应 火灾时，使用干粉、二氧化碳、砂土灭火。如吸入：将患者转移到空气新鲜处，休息，保持利于呼吸的体位。呼叫中毒控制中心或就医。皮肤接触：用大量肥皂水和水清洗。如发生皮肤刺激，就医。脱去被污染的衣服，洗净后方可重新使用。如接触眼睛：用水细心冲洗数分钟。如戴隐形眼镜并可方便地取出，取出隐形眼镜继续冲洗。如果眼睛刺激持续：就医

安全储存 存放在通风良好的地方。保持低温。保持容器密闭。上锁保管

废弃处置 本品及内装物、容器依据国家和地方法规处置

物理和化学危险 可燃，其蒸气与空气混合，能形成爆炸性混合物

健康危害 酯类化合物对人体的影响，主要是对神经系统的麻醉作用，以及对眼、呼吸道黏膜和皮肤的刺激作用

环境危害 对环境可能有害

第三部分 成分/组成信息

√物质 混合物

组分	浓度	CAS No.
二氯乙酸甲酯		116-54-1

第四部分 急救措施

吸入 迅速脱离现场至空气新鲜处。保持呼吸道通畅。如呼吸困难，给输氧。如呼吸、心跳停止，立即进行心肺复苏术。就医

皮肤接触 立即脱去污染的衣着，用流动清水彻底冲洗。就医

眼睛接触 立即分开眼睑，用流动清水或生理盐水彻底冲洗。就医

食入 漱口，饮水。就医

对保护施救者的忠告 根据需要使用个人防护设备

对医生的特别提示 对症处理

第五部分 消防措施

灭火剂 用干粉、二氧化碳、砂土灭火

特别危险性 受热分解能放出剧毒的光气。遇水或水蒸气反应放热并产生有毒的腐蚀性气体。与强氧化剂接触可发生化学反应。燃烧生成有害的一氧化碳、氯化氢、光气

灭火注意事项及防护措施 消防人员必须佩戴空气呼吸器、穿全身防火防毒服，在上风向灭火。喷水冷却容器，尽可能将容器从火场移至空旷处。容器突然发出异常声音或出现异常现象，应立即撤离。不宜用水

第六部分 泄漏应急处理

作业人员防护措施、防护装备和应急处置程序 根据液体流动和蒸气扩散的影响区域划定警戒区，无关人员从侧风、上风向撤离至安全区。消除所有点火源。建议应急处理人员戴正压自给式呼吸器，穿防毒服，戴橡胶耐油手套。作业时使用的所有设备应接地。穿上适当的防护服前严禁接触破裂的容器和泄漏物。尽可能切断泄漏源。严禁用水处理

环境保护措施 防止泄漏物进入水体、下水道、地下室或有限空间

泄漏化学品的收容、清除方法及所使用的处置材料 小量泄漏：用干燥的砂土或其他不燃材料覆盖泄漏物。大量泄漏：构筑围堤或挖坑收容，用泵转移至槽车或专用收集器内

第七部分 操作处置与储存

操作注意事项 密闭操作，提供充分的局部排风。操作尽可能机械化、自动化。操作人员必须经过专门培训，严格遵守操作规程。建议操作人员佩戴自吸过滤式防毒面具（全面罩），穿胶布防毒衣，戴橡胶耐油手套。远离火种、热源。工作场所严禁吸烟。使用防爆型的通风系统和设备。避免产生烟雾。防止烟雾和蒸气释放到工作场所空气中。避免与氧化剂、酸类、碱类接触。尤其要注意避免与水接触。搬运时要轻装轻卸，防止包装及容器损坏。配备相应品种和数量的消防器材及泄漏应急处理设备。倒空的容器可能残留有害物

储存注意事项 储存于阴凉、干燥、通风良好的库房。远离火种、热源。包装要求密封，不可与空气接触。应与氧化剂、酸类、碱类、食用化学品分开存放，切忌混储。不宜大量储存或久存。配备相应品种和数量的消防器材。储区应备有泄漏应急处理设备和合适的收容材料

第八部分 接触控制/个体防护

职业接触限值

中国 未制定标准

美国(ACGIH) 未制定标准

生物接触限值 未制定标准

监测方法 空气中有毒物质测定方法：未制定标准。生物监测检验方法：未制定标准

工程控制 严加密闭，提供充分的局部排风。提供安全的淋浴和洗眼设备

个体防护装备

呼吸系统防护 可能接触其蒸气时，必须佩戴过滤式防毒面具（全面罩）。紧急事态抢救或撤离时，建议佩戴空气呼吸器

眼睛防护 呼吸系统防护中已作防护

皮肤和身体防护 穿隔绝式防毒服

手防护 戴橡胶耐油手套

第九部分 理化特性

外观与性状 无色液体，有醚样气味

pH值 无资料 **熔点(℃)** −52

沸点(℃) 143 **相对密度(水=1)** 1.38

相对蒸气密度(空气=1) 4.93

饱和蒸气压(kPa) 0.665（26.7℃）

燃烧热(kJ/mol) 无资料 **临界温度(℃)** 无资料

临界压力(MPa) 无资料 **辛醇/水分配系数** 0.81

闪点(℃) 80 **自燃温度(℃)** 无资料

爆炸下限(%) 无资料 **爆炸上限(%)** 无资料

分解温度(℃) 无资料 **黏度(mPa·s)** 无资料

溶解性 微溶于水，溶于乙醇、乙醚

第十部分 稳定性和反应性

稳定性 稳定

危险反应 与强氧化剂等禁配物发生反应。受热分解放出剧毒光气

避免接触的条件 受热、潮湿空气

禁配物 酸类、碱、强氧化剂、强还原剂、水

危险的分解产物 氯化氢、光气

第十一部分 毒理学信息

急性毒性 LCLo：2000ppm（大鼠吸入，30min）

皮肤刺激或腐蚀 无资料 **眼睛刺激或腐蚀** 无资料

呼吸或皮肤过敏 无资料 **生殖细胞突变性** 无资料

致癌性 无资料 **生殖毒性** 无资料

特异性靶器官系统毒性-一次接触 无资料

特异性靶器官系统毒性-反复接触 无资料

吸入危害 无资料

第十二部分 生态学信息

生态毒性 无资料

持久性和降解性

生物降解性 无资料

非生物降解性 无资料

潜在的生物累积性 根据 K_{ow} 值预测，该物质的生物累积性可能较弱

土壤中的迁移性 根据 K_{oc} 值预测，该物质可能易发生迁移

第十三部分 废弃处置

废弃化学品 建议用焚烧法处置。与燃料混合后，再焚烧。焚烧炉排出的气体通过洗涤器除去

污染包装物 将容器返还生产商或按照国家和地方法规处置

废弃注意事项 处置前应参阅国家和地方有关法规

第十四部分 运输信息

联合国危险货物编号(UN号) 2299

联合国运输名称 二氯乙酸甲酯

联合国危险性类别 6.1

包装类别 Ⅲ类包装 **包装标志** 

海洋污染物 否

运输注意事项 运输前应先检查包装容器是否完整、密封，运输过程中要确保容器不泄漏、不倒塌、不坠落、不损坏。严禁与酸类、氧化剂、食品及食品添加剂混运。运输时运输车辆应配备相应品种和数量的消防器材及泄漏应急处理设备。运输途中应防曝晒、雨淋，防高温。公路运输时要按规定路线行驶

第十五部分 法规信息

下列法律、法规、规章和标准，对该化学品的管理作了相应的规定。

中华人民共和国职业病防治法 职业病分类和目录：未列入

危险化学品安全管理条例 危险化学品目录：列入。易制爆危险化学品名录：未列入。重点监管的危险化学品名录：未列入。GB 18218—2009《危险化学品重大危险源辨识》(表1)：未列入

使用有毒物品作业场所劳动保护条例 高毒物品目录：未列入

易制毒化学品管理条例 易制毒化学品的分类和品种目录：未列入

国际公约 斯德哥尔摩公约：未列入。鹿特丹公约：未列入。蒙特利尔议定书：未列入

第十六部分 其他信息

编写和修订信息 **缩略语和首字母缩写**

培训建议 **参考文献**

免责声明

1,1-二氯乙烷

第一部分 化学品标识

化学品中文名 1,1-二氯乙烷；亚乙基二氯；1,1-亚乙基

二氯

化学品英文名 1,1-dichloroethane；ethylidene chloride

分子式 $C_2H_4Cl_2$ **相对分子质量** 98.96

结构式

化学品的推荐及限制用途 用作溶剂、熏蒸剂及制造1,1,1-三氯乙烷的中间体

第二部分 危险性概述

紧急情况概述 高度易燃液体和蒸气，吞咽有害

GHS危险性类别 易燃液体，类别2；急性毒性-经口，类别4；严重眼损伤/眼刺激，类别2；特异性靶器官毒性-一次接触，类别3（呼吸道刺激）；危害水生环境-急性危害，类别3；危害水生环境-长期危害，类别3

标签要素

象形图

警示词 危险

危险性说明 高度易燃液体和蒸气，吞咽有害，造成严重眼刺激，可能引起呼吸道刺激，对水生生物有害并具有长期持续影响

防范说明

预防措施 远离热源、火花、明火、热表面。禁止吸烟。保持容器密闭。容器和接收设备接地连接。使用防爆电器、通风、照明设备。只能使用不产生火花的工具。采取防止静电措施。戴防护手套、防护眼镜、防护面罩。避免接触眼睛、皮肤，操作后彻底清洗。作业场所不得进食、饮水或吸烟。禁止排入环境

事故响应 火灾时，使用泡沫、干粉、二氧化碳、砂土灭火。如皮肤（或头发）接触：立即脱掉所有被污染的衣服，用水冲洗皮肤，淋浴。如接触眼睛：用水细心冲洗数分钟。如戴隐形眼镜并可方便地取出，取出隐形眼镜继续冲洗。如果眼睛刺激持续：就医。食入：漱口，如果感觉不适，立即呼叫中毒控制中心或就医

安全储存 存放在通风良好的地方。保持低温

废弃处置 本品及内装物、容器依据国家和地方法规处置

物理和化学危险 高度易燃，其蒸气与空气混合，能形成爆炸性混合物

健康危害 具有麻醉作用

环境危害 对水生生物有害并具有长期持续影响

第三部分 成分/组成信息

√物质		混合物
组分	**浓度**	**CAS No.**
1,1-二氯乙烷		75-34-3

第四部分 急救措施

吸入 迅速脱离现场至空气新鲜处。保持呼吸道通畅。如呼吸困难，给输氧。如呼吸、心跳停止，立即进行心肺复苏术。就医

皮肤接触 立即脱去污染的衣着，用流动清水彻底冲洗。就医

眼睛接触 立即分开眼睑，用流动清水或生理盐水彻底冲洗。就医

食入 漱口，饮水。就医

对保护施救者的忠告 根据需要使用个人防护设备

对医生的特别提示 对症处理

第五部分 消防措施

灭火剂 用泡沫、干粉、二氧化碳、砂土灭火

特别危险性 受高热分解产生有毒的腐蚀性烟气。与氧化剂能发生强烈反应。蒸气比空气重，沿地面扩散并易积存于低洼处，遇火源会着火回燃。燃烧生成有害的一氧化碳、氯化氢、光气

灭火注意事项及防护措施 消防人员必须佩戴空气呼吸器、穿全身防火防毒服，在上风向灭火。喷水冷却容器，尽可能将容器从火场移至空旷处。容器突然发出异常声音或出现异常现象，应立即撤离。用水灭火无效

第六部分 泄漏应急处理

作业人员防护措施、防护装备和应急处置程序 消除所有点火源。根据液体流动和蒸气扩散的影响区域划定警戒区，无关人员从侧风、上风向撤离至安全区。建议应急处理人员戴正压自给式呼吸器，穿防静电服，戴橡胶耐油手套。作业时使用的所有设备应接地。禁止接触或跨越泄漏物。尽可能切断泄漏源

环境保护措施 防止泄漏物进入水体、下水道、地下室或有限空间

泄漏化学品的收容、清除方法及所使用的处置材料 小量泄漏：用砂土或其他不燃材料吸收，使用洁净的无火花工具收集吸收材料。大量泄漏：构筑围堤或挖坑收容。用泡沫覆盖，减少蒸发。喷水雾能减少蒸发，但不能降低泄漏物在有限空间内的易燃性。用防爆泵转移至槽车或专用收集器内

第七部分 操作处置与储存

操作注意事项 密闭操作，加强通风。操作人员必须经过专门培训，严格遵守操作规程。建议操作人员佩戴过滤式防毒面具（半面罩），戴化学安全防护眼镜，穿防静电工作服，戴橡胶耐油手套。远离火种、热源。工作场所严禁吸烟。使用防爆型的通风系统和设备。防止蒸气泄漏到工作场所空气中。避免与氧化剂、酸类、碱类接触。灌装时应控制流速，且有接地装置，防止静电积聚。搬运时要轻装轻卸，防止包装及容器损坏。配备相应品种和数量的消防器材及泄漏应急处理设备。倒空的容器可能残留有害物

储存注意事项 储存于阴凉、通风的库房。远离火种、热源。库温不宜超过37℃。保持容器密封。应与氧化剂、酸类、碱类分开存放，切忌混储。采用防爆型照明、通风设施。禁止使用易产生火花的机械设备和工

具。储区应备有泄漏应急处理设备和合适的收容材料

第八部分 接触控制/个体防护

职业接触限值

中国 未制定标准

美国(ACGIH) TLV-TWA：100ppm

生物接触限值 未制定标准

监测方法 空气中有毒物质测定方法：未制定标准。生物监测检验方法：未制定标准

工程控制 生产过程密闭，加强通风。提供安全的淋浴和洗眼设备

个体防护装备

呼吸系统防护 空气中浓度超标时，建议佩戴过滤式防毒面具（半面罩）。紧急事态抢救或撤离时，佩戴空气呼吸器

眼睛防护 戴化学安全防护眼镜

皮肤和身体防护 穿防静电工作服

手防护 戴橡胶耐油手套

第九部分 理化特性

外观与性状 无色带有醚味的油状液体，有糖精甜味

pH值 无资料　**熔点(℃)** −97

沸点(℃) 57.3　**相对密度(水=1)** 1.17

相对蒸气密度(空气=1) 3.92

饱和蒸气压(kPa) 24.34（20℃）

燃烧热(kJ/mol) −1098.4　**临界温度(℃)** 261.5

临界压力(MPa) 5.05　**辛醇/水分配系数** 1.8

闪点(℃) −17（CC）；14（OC）

自燃温度(℃) 458　**爆炸下限(%)** 5.6

爆炸上限(%) 11.4　**分解温度(℃)** 无资料

黏度(mPa·s) 0.38（20℃）

溶解性 不溶于水，溶于多数有机溶剂

第十部分 稳定性和反应性

稳定性 稳定

危险反应 与强氧化剂等禁配物接触，有发生火灾和爆炸的危险

避免接触的条件 受热

禁配物 强氧化剂、酸类、碱类

危险的分解产物 氯化氢、光气

第十一部分 毒理学信息

急性毒性

LD_{50} 725mg/kg（大鼠经口）

LC_{50} 16000ppm（大鼠吸入，4h）

皮肤刺激或腐蚀 无资料　**眼睛刺激或腐蚀** 无资料

呼吸或皮肤过敏 无资料

生殖细胞突变性 性染色体缺失和不分离：构巢曲霉2000ppm。程序外DNA合成：大鼠肝13mmol/L

致癌性 无资料

生殖毒性 大鼠孕后6～15d吸入最低中毒剂量（TCLo）6000ppm（7h），致肌肉骨骼系统发育畸形

特异性靶器官系统毒性-一次接触 无资料

特异性靶器官系统毒性-反复接触 大鼠、豚鼠吸入1000ppm，每天6h，每周5d，3个月，肾损害，尿素氮量增高

吸入危害 无资料

第十二部分 生态学信息

生态毒性 LC_{50}：550ppm（96h）（蓝鳃太阳鱼，静态）；480ppm（96h）（月银汉鱼，静态）

持久性和降解性

生物降解性 好氧生物降解（h）：768～3696；厌氧生物降解（h）：3072～14784

非生物降解性 空气中光氧化半衰期-高（h）：247～2468

潜在的生物累积性 根据K_{ow}值预测，该物质的生物累积性可能较弱

土壤中的迁移性 根据K_{oc}值预测，该物质可能易发生迁移

第十三部分 废弃处置

废弃化学品 建议用焚烧法处置。与燃料混合后，再焚烧。焚烧炉排出的气体通过洗涤器除去

污染包装物 将容器返还生产商或按照国家和地方法规处置

废弃注意事项 处置前应参阅国家和地方有关法规

第十四部分 运输信息

联合国危险货物编号(UN号) 2362

联合国运输名称 1,1-二氯乙烷

联合国危险性类别 3

包装类别 Ⅱ类包装　**包装标志**

海洋污染物 否

运输注意事项 运输时运输车辆应配备相应品种和数量的消防器材及泄漏应急处理设备。夏季最好早晚运输。运输时所用的槽（罐）车应有接地链，槽内可设孔隔板以减少震荡产生的静电。严禁与氧化剂、酸类、碱类等混装混运。运输途中应防曝晒、雨淋，防高温。中途停留时应远离火种、热源、高温区。装运该物品的车辆排气管必须配备阻火装置，禁止使用易产生火花的机械设备和工具装卸。公路运输时要按规定路线行驶，勿在居民区和人口稠密区停留。铁路运输时要禁止溜放。严禁用木船、水泥船散装运输

第十五部分 法规信息

下列法律、法规、规章和标准，对该化学品的管理作了相应的规定。

中华人民共和国职业病防治法 职业病分类和目录：二氯乙烷中毒

危险化学品安全管理条例 危险化学品目录：列入。易制爆危险化学品名录：未列入。重点监管的危险化学品

名录：未列入。GB 18218—2009《危险化学品重大危险源辨识》(表 1)：未列入

使用有毒物品作业场所劳动保护条例　高毒物品目录：未列入

易制毒化学品管理条例　易制毒化学品的分类和品种目录：未列入

国际公约　斯德哥尔摩公约：未列入。鹿特丹公约：未列入。蒙特利尔议定书：未列入

第十六部分　其他信息

编写和修订信息　**缩略语和首字母缩写**

培训建议　**参考文献**

免责声明

1,2-二氯乙烷

第一部分　化学品标识

化学品中文名　1,2-二氯乙烷；二氯乙烷（对称）

化学品英文名　1,2-dichloroethane；*sym*-dichloroethane

分子式　$C_2H_4Cl_2$　**相对分子质量**　98.96

结构式　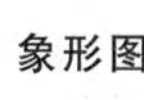

化学品的推荐及限制用途　用作蜡、脂肪、橡胶等的溶剂及谷物杀虫剂

第二部分　危险性概述

紧急情况概述　高度易燃液体和蒸气，吞咽有害

GHS 危险性类别　易燃液体，类别 2；急性毒性-经口，类别 4；严重眼损伤/眼刺激，类别 2；特异性靶器官毒性-一次接触，类别 3（呼吸道刺激）；危害水生环境-急性危害，类别 3；危害水生环境-长期危害，类别 3

标签要素

象形图　

警示词　危险

危险性说明　高度易燃液体和蒸气，吞咽有害，造成严重眼刺激，可能引起呼吸道刺激，对水生生物有害并具有长期持续影响

防范说明

预防措施　远离热源、火花、明火、热表面。禁止吸烟。保持容器密闭。容器和接收设备接地连接。使用防爆电器、通风、照明设备。只能使用不产生火花的工具。采取防止静电措施。戴防护手套、防护眼镜、防护面罩。避免接触眼睛、皮肤，操作后彻底清洗。作业场所不得进食、饮水或吸烟。禁止排入环境

事故响应　火灾时，使用泡沫、干粉、二氧化碳、砂土灭火。如皮肤（或头发）接触：立即脱掉所有被污染的衣服，用水冲洗皮肤，淋浴。如接触眼睛：用水细心冲洗数分钟。如戴隐形眼镜并可方便地取出，取出隐形眼镜继续冲洗。如果眼睛刺激持续：就医。食入：漱口。如果感觉不适，立即呼叫中毒控制中心或就医

安全储存　存放在通风良好的地方。保持低温

废弃处置　本品及内装物、容器依据国家和地方法规处置

物理和化学危险　高度易燃，其蒸气与空气混合，能形成爆炸性混合物

健康危害　本品毒作用的主要靶器官是中枢神经系统及肝、肾。麻醉作用尤为突出。对皮肤、黏膜和呼吸道有刺激作用

急性中毒　短期接触较高浓度二氯乙烷后可引起接触反应，出现头晕、头痛、乏力等中枢神经系统症状，可伴恶心、呕吐或眼及上呼吸道刺激症状，脱离接触后短时间消失。轻度中毒出现步态蹒跚、轻度意识障碍、轻度中毒性肝病、轻度中毒性肾病。重度中毒出现中度或重度意识障碍、癫痫大发作样抽搐、脑局灶受损表现（如小脑性共济失调等）、中度或重度中毒性肝病。吸入高浓度尚可引起肺水肿

慢性影响　长期接触可出现头痛、失眠、乏力、腹泻、咳嗽等，也可有肝损害、肾损害、肌肉震颤和眼球震颤。皮肤接触可引起干燥、皲裂和脱屑

环境危害　对水生生物有害并具有长期持续影响

第三部分　成分/组成信息

√物质		混合物
组分	**浓度**	**CAS No.**
1,2-二氯乙烷		107-06-2

第四部分　急救措施

吸入　迅速脱离现场至空气新鲜处。保持呼吸道通畅。如呼吸困难，给输氧。如呼吸、心跳停止，立即进行心肺复苏术。就医

皮肤接触　立即脱去污染的衣着，用流动清水彻底冲洗。就医

眼睛接触　立即分开眼睑，用流动清水或生理盐水彻底冲洗。就医

食入　漱口，饮水。就医

对保护施救者的忠告　根据需要使用个人防护设备

对医生的特别提示　对症处理

第五部分　消防措施

灭火剂　用泡沫、干粉、二氧化碳、砂土灭火

特别危险性　受高热分解产生有毒的腐蚀性烟气。与氧化剂接触发生反应，遇明火、高热易引起燃烧，并放出有毒气体。蒸气比空气重，沿地面扩散并易积存于低洼处，遇火源会着火回燃。燃烧生成有害的一氧化碳、氯化氢、光气

灭火注意事项及防护措施　消防人员必须佩戴空气呼吸器、穿全身防火防毒服，在上风向灭火。喷水冷却容器，尽可能将容器从火场移至空旷处。容器突然发出异常声音或出现异常现象，应立即撤离

第六部分　泄漏应急处理

作业人员防护措施、防护装备和应急处置程序　消除所有点火源。根据液体流动和蒸气扩散的影响区域划定警戒区，无关人员从侧风、上风向撤离至安全区。建议应急处理人员戴正压自给式呼吸器，穿防静电服，戴橡胶耐油手套。作业时使用的所有设备应接地。禁止接触或跨越泄漏物。尽可能切断泄漏源

环境保护措施　防止泄漏物进入水体、下水道、地下室或有限空间

泄漏化学品的收容、清除方法及所使用的处置材料　小量泄漏：用砂土或其他不燃材料吸收，使用洁净的无火花工具收集吸收材料。大量泄漏：构筑围堤或挖坑收容。用泡沫覆盖，减少蒸发。喷水雾能减少蒸发，但不能降低泄漏物在有限空间内的易燃性。用防爆泵转移至槽车或专用收集器内

第七部分　操作处置与储存

操作注意事项　密闭操作，局部排风。操作人员必须经过专门培训，严格遵守操作规程。建议操作人员佩戴过滤式防毒面具（半面罩），戴化学安全防护眼镜，穿防静电工作服，戴橡胶耐油手套。远离火种、热源。工作场所严禁吸烟。使用防爆型的通风系统和设备。防止蒸气泄漏到工作场所空气中。避免与氧化剂、酸类、碱类接触。灌装时应控制流速，且有接地装置，防止静电积聚。搬运时要轻装轻卸，防止包装及容器损坏。配备相应品种和数量的消防器材及泄漏应急处理设备。倒空的容器可能残留有害物

储存注意事项　储存于阴凉、通风的库房。远离火种、热源。库温不宜超过37℃。保持容器密封。应与氧化剂、酸类、碱类、食用化学品分开存放，切忌混储。采用防爆型照明、通风设施。禁止使用易产生火花的机械设备和工具。储区应备有泄漏应急处理设备和合适的收容材料

第八部分　接触控制/个体防护

职业接触限值

中国　PC-TWA：7mg/m^3；PC-STEL：15mg/m^3 [G2B]

美国(ACGIH)　TLV-TWA：10ppm

生物接触限值　未制定标准

监测方法　空气中有毒物质测定方法：溶剂解吸-气相色谱法；无泵型采样-气相色谱法。生物监测检验方法：未制定标准

工程控制　密闭操作，局部排风。提供安全的淋浴和洗眼设备

个体防护装备

呼吸系统防护　空气中浓度超标时，建议佩戴过滤式防毒面具（半面罩）。紧急事态抢救或撤离时，佩戴空气呼吸器

眼睛防护　戴化学安全防护眼镜

皮肤和身体防护　穿防静电工作服

手防护　戴橡胶耐油手套

第九部分　理化特性

外观与性状　无色或浅黄色透明液体，有类似氯仿的气味

pH值　无资料　　**熔点(℃)**　−35.7

沸点(℃)　83.5　　**相对密度(水=1)**　1.26

相对蒸气密度(空气=1)　3.42

饱和蒸气压(kPa)　13.33（29.4℃）

燃烧热(kJ/mol)　−1243.9　　**临界温度(℃)**　290

临界压力(MPa)　5.36　　**辛醇/水分配系数**　1.48

闪点(℃)　13（CC）　　**自燃温度(℃)**　413

爆炸下限(%)　6.2　　**爆炸上限(%)**　16.0

分解温度(℃)　无资料

黏度(mPa·s)　0.84（20℃）

溶解性　微溶于水，可混溶于乙醇、乙醚、氯仿和多数普通溶剂

第十部分　稳定性和反应性

稳定性　稳定

危险反应　与强氧化剂等禁配物接触，有发生火灾和爆炸的危险

避免接触的条件　受热

禁配物　强氧化剂、酸类、碱类

危险的分解产物　氯化氢

第十一部分　毒理学信息

急性毒性

LD_{50}　670mg/kg（大鼠经口）；2800mg/kg（兔经皮）

LC_{50}　1000ppm（大鼠吸入，7h）

LDLo　286mg/kg（人经口）

TDLo　428mg/kg（人经口）

TCLo　4000ppm（人吸入，1h）

皮肤刺激或腐蚀　家兔经皮：625mg，轻度刺激（开放性刺激试验）

眼睛刺激或腐蚀　家兔经眼：63mg，重度刺激

呼吸或皮肤过敏　无资料

生殖细胞突变性　DNA抑制：人淋巴细胞5ml/L。哺乳动物体细胞突变：人淋巴细胞100mg/L

致癌性　IARC致癌性评论：组2B，可疑人类致癌物。对人类致癌性证据有限，对动物致癌性证据不充分

生殖毒性　大鼠吸入最低中毒浓度（TCLo）：300ppm（7h）（孕6～15d），引起植入后死亡率增加

特异性靶器官系统毒性-一次接触　无资料

特异性靶器官系统毒性-反复接触　猴吸入0.22g/m^3，每天7h，每周5d，125次，无症状；4.11g/m^3，每天7h，每周5d，25～50次，死亡率较高

吸入危害　无资料

第十二部分　生态学信息

生态毒性

LC_{50}　225mg/L（96h）（虹鳟鱼，静态）；230～710mg/L（96h）（蓝鳃太阳鱼，静态）；136mg/L（96h）（黑头呆鱼，静态）；65mg/L（96h）（褐虾）；218mg/L（48h）（水蚤）

IC_{50}　105～710mg/L（72h）（藻类）

持久性和降解性

生物降解性　好氧生物降解（h）：2400～4320；厌氧生物降解（h）：9600～17280

非生物降解性　空气中光氧化半衰期（h）：292～2917；一级水解半衰期（h）：1.1a

潜在的生物累积性　根据 K_{ow} 值预测，该物质的生物累积性可能较弱

土壤中的迁移性　根据 K_{oc} 值预测，该物质可能易发生迁移

第十三部分　废弃处置

废弃化学品　用焚烧法处置。与燃料混合后，再焚烧。焚烧炉排出的气体通过洗涤器除去

污染包装物　将容器返还生产商或按照国家和地方法规处置

废弃注意事项　处置前应参阅国家和地方有关法规。把倒空的容器归还厂商或在规定场所掩埋

第十四部分　运输信息

联合国危险货物编号（UN 号）　1184

联合国运输名称　二氯化乙烯

联合国危险性类别　3，6.1

包装类别　Ⅱ类包装

包装标志

海洋污染物　否

运输注意事项　运输时运输车辆应配备相应品种和数量的消防器材及泄漏应急处理设备。夏季最好早晚运输。运输时所用的槽（罐）车应有接地链，槽内可设孔隔板以减少震荡产生的静电。严禁与氧化剂、酸类、碱类、食用化学品等混装混运。运输途中应防曝晒、雨淋，防高温。中途停留时应远离火种、热源、高温区。装运该物品的车辆排气管必须配备阻火装置，禁止使用易产生火花的机械设备和工具装卸。公路运输时要按规定路线行驶，勿在居民区和人口稠密区停留。铁路运输时要禁止溜放。严禁用木船、水泥船散装运输

第十五部分　法规信息

下列法律、法规、规章和标准，对该化学品的管理作了相应的规定。

中华人民共和国职业病防治法　职业病分类和目录：二氯乙烷中毒

危险化学品安全管理条例　危险化学品目录：列入。易制爆危险化学品名录：未列入。重点监管的危险化学品名录：未列入。GB 18218—2009《危险化学品重大危险源辨识》（表 1）：未列入

使用有毒物品作业场所劳动保护条例　高毒物品目录：未列入

易制毒化学品管理条例　易制毒化学品的分类和品种目录：未列入

国际公约　斯德哥尔摩公约：未列入。鹿特丹公约：列入。蒙特利尔议定书：未列入

第十六部分　其他信息

编写和修订信息　　**缩略语和首字母缩写**

培训建议　　**参考文献**

免责声明

1,1-二氯乙烯

第一部分　化学品标识

化学品中文名　1,1-二氯乙烯；偏二氯乙烯

化学品英文名　1,1-dichloroethylene；vinylidene chloride

分子式　$C_2H_2Cl_2$　　**相对分子质量**　96.94

结构式　Cl　Cl

化学品的推荐及限制用途　用于制造各种共聚物、合成纤维、黏合剂和用于有机合成

第二部分　危险性概述

紧急情况概述　极易燃液体和蒸气，吸入有害

GHS 危险性类别　易燃液体，类别 1；急性毒性-吸入，类别 4；危害水生环境-急性危害，类别 3

标签要素

象形图

警示词　危险

危险性说明　极易燃液体和蒸气，吸入有害，对水生生物有害

防范说明

预防措施　远离热源、火花、明火、热表面。禁止吸烟。保持容器密闭。容器和接收设备接地连接。使用防爆电器、通风、照明设备。只能使用不产生火花的工具。采取防止静电措施。戴防护手套、防护眼镜、防护面罩。避免吸入蒸气、雾。仅在室外或通风良好处操作。禁止排入环境

事故响应　火灾时，使用泡沫、干粉、二氧化碳、砂土灭火。如吸入：将患者转移到空气新鲜处，休息，保持利于呼吸的体位。如皮肤（或头发）接触：立即脱掉所有被污染的衣服，用水冲洗皮肤，淋浴。如感觉不适，呼叫中毒控制中心或就医

安全储存　存放在通风良好的地方。保持低温

废弃处置　本品及内装物、容器依据国家和地方法规处置

物理和化学危险　极易燃，其蒸气与空气混合，能形成爆炸性混合物

健康危害　对中枢神经系统有抑制作用，主要为麻醉作用，并有眼及上呼吸道刺激症状

急性中毒　对眼有中度刺激性，接触后出现疼痛、结

膜刺激感和短暂的角膜损害。皮肤接触高浓度本品，可出现灼伤样反应

慢性影响　长期接触，有黏膜刺激症状、头晕、失眠、接触性皮炎和肝功能损害

环境危害　对水生生物有害

第三部分　成分/组成信息

√物质		混合物
组分	**浓度**	**CAS No.**
1,1-二氯乙烯		75-35-4

第四部分　急救措施

吸入　迅速脱离现场至空气新鲜处。保持呼吸道通畅。如呼吸困难，给输氧。如呼吸、心跳停止，立即进行心肺复苏术。就医

皮肤接触　立即脱去污染的衣着，用流动清水彻底冲洗。就医

眼睛接触　立即分开眼睑，用流动清水或生理盐水彻底冲洗。就医

食入　漱口，饮水。就医

对保护施救者的忠告　根据需要使用个人防护设备

对医生的特别提示　对症处理

第五部分　消防措施

灭火剂　用泡沫、干粉、二氧化碳、砂土灭火

特别危险性　受高热分解产生有毒的腐蚀性烟气。与氧化剂接触发生猛烈反应。蒸气比空气重，沿地面扩散并易积存于低洼处，遇火源会着火回燃。燃烧生成有害的一氧化碳、氯化氢、光气

灭火注意事项及防护措施　消防人员须佩戴防毒面具、穿全身消防服，在上风向灭火。尽可能将容器从火场移至空旷处。喷水保持火场容器冷却，直至灭火结束。容器突然发出异常声音或出现异常现象，应立即撤离。用水灭火无效

第六部分　泄漏应急处理

作业人员防护措施、防护装备和应急处置程序　消除所有点火源。根据液体流动和蒸气扩散的影响区域划定警戒区，无关人员从侧风、上风向撤离至安全区。建议应急处理人员戴正压自给式呼吸器，穿防毒、防静电服，戴橡胶耐油手套。作业时使用的所有设备应接地。禁止接触或跨越泄漏物。尽可能切断泄漏源

环境保护措施　防止泄漏物进入水体、下水道、地下室或有限空间

泄漏化学品的收容、清除方法及所使用的处置材料　小量泄漏：用砂土或其他不燃材料吸收，使用洁净的无火花工具收集吸收材料。大量泄漏：构筑围堤或挖坑收容。用砂土、惰性物质或蛭石吸收大量液体。用泡沫覆盖，减少蒸发。喷水雾能减少蒸发，但不能降低泄漏物在有限空间内的易燃性。用防爆泵转移至槽车或专用收集器内

第七部分　操作处置与储存

操作注意事项　密闭操作，局部排风。操作人员必须经过专门培训，严格遵守操作规程。建议操作人员佩戴过滤式防毒面具（半面罩），戴化学安全防护眼镜，穿防静电工作服，戴橡胶耐油手套。远离火种、热源。工作场所严禁吸烟。使用防爆型的通风系统和设备。防止蒸气泄漏到工作场所空气中。避免与氧化剂、酸类、碱类接触。灌装时应控制流速，且有接地装置，防止静电积聚。搬运时要轻装轻卸，防止包装及容器损坏。配备相应品种和数量的消防器材及泄漏应急处理设备。倒空的容器可能残留有害物

储存注意事项　储存于阴凉、通风的库房。远离火种、热源。库温不宜超过37℃。包装要求密封，不可与空气接触。应与氧化剂、酸类、碱类分开存放，切忌混储。不宜久存，以免变质。采用防爆型照明、通风设施。禁止使用易产生火花的机械设备和工具。储区应备有泄漏应急处理设备和合适的收容材料

第八部分　接触控制/个体防护

职业接触限值

中国　未制定标准

美国(ACGIH)　TLV-TWA：5ppm

生物接触限值　未制定标准

监测方法　空气中有毒物质测定方法：溶剂解吸-气相色谱法；热解吸-气相色谱法。生物监测检验方法：未制定标准

工程控制　密闭操作，局部排风。提供安全的淋浴和洗眼设备

个体防护装备

呼吸系统防护　空气中浓度超标时，应该佩戴过滤式防毒面具（半面罩）。紧急事态抢救或撤离时，佩戴空气呼吸器

眼睛防护　戴化学安全防护眼镜

皮肤和身体防护　穿防静电工作服

手防护　戴橡胶耐油手套

第九部分　理化特性

外观与性状　无色液体，带有不愉快气味

pH值　无资料　　**熔点(℃)**　−122.6

沸点(℃)　31.7　　**相对密度(水=1)**　1.21

相对蒸气密度(空气=1)　3.3

饱和蒸气压(kPa)　66.5（20℃）

燃烧热(kJ/mol)　−1095.9　　**临界温度(℃)**　220.8

临界压力(MPa)　5.21　　**辛醇/水分配系数**　2.13

闪点(℃)　−19（CC）；−15（OC）

自燃温度(℃)　570　　**爆炸下限(%)**　5.6

爆炸上限(%)　16　　**分解温度(℃)**　无资料

黏度(mPa·s)　0.33（20℃）

溶解性　不溶于水

第十部分　稳定性和反应性

稳定性　稳定

危险反应　与强氧化剂等禁配物接触，有发生火灾和爆炸的危险

避免接触的条件　受热

禁配物 强氧化剂、酸类、碱类

危险的分解产物 氯化氢

第十一部分 毒理学信息

急性毒性

LD_{50} 200mg/kg（大鼠经口）

LC_{50} 6350ppm（大鼠吸入，4h）

TCLo 25ppm（人吸入）

皮肤刺激或腐蚀 无资料 **眼睛刺激或腐蚀** 无资料

呼吸或皮肤过敏 无资料

生殖细胞突变性 微生物致突变：鼠伤寒沙门氏菌 5pph。DNA 损伤：大鼠吸入 10ppm。程序外 DNA 合成：小鼠经口给予 200mg/kg。细胞遗传学分析：仓鼠肺 250mg/L

致癌性 IARC 致癌性评论：组 3，现有的证据不能对人类致癌性进行分类。对人及动物致癌性证据不足

生殖毒性 大鼠孕后 6～15d 吸入最低中毒剂量（TCLo）80ppm（7h），致肌肉骨骼系统发育畸形

特异性靶器官系统毒性-一次接触 无资料

特异性靶器官系统毒性-反复接触 动物接触 0.397g/m^3 和 0.199g/m^3，每天 8h，每周 5d，数月后出现肝、肾损害。接触低于 0.099g/m^3，出现轻度肝、肾病变

吸入危害 无资料

第十二部分 生态学信息

生态毒性 LC_{50}：169mg/L（96h）（黑头呆鱼，静态）；74mg/L（96h）（蓝鳃太阳鱼，静态）；220ppm（96h）（红鲈，静态）

持久性和降解性

生物降解性 无资料

非生物降解性 空气中，当羟基自由基浓度为5.00×10^{5}个/cm^{3}时，降解半衰期为 1.2d（理论）

潜在的生物累积性 根据 K_{ow}值预测，该物质的生物累积性可能较弱

土壤中的迁移性 根据 K_{oc}值预测，该物质可能有一定的迁移性

第十三部分 废弃处置

废弃化学品 用焚烧法处置。与燃料混合后，再焚烧。焚烧炉排出的气体通过洗涤器除去

污染包装物 将容器返还生产商或按照国家和地方法规处置

废弃注意事项 把倒空的容器归还厂商或在规定场所掩埋

第十四部分 运输信息

联合国危险货物编号（UN 号） 1303

联合国运输名称 乙烯叉二氯

联合国危险性类别 3

包装类别 Ⅰ类包装 **包装标志** 

海洋污染物 否

运输注意事项 运输时运输车辆应配备相应品种和数量的消防器材及泄漏应急处理设备。夏季最好早晚运输。运输时所用的槽（罐）车应有接地链，槽内可设孔隔板以减少震荡产生的静电。严禁与氧化剂、酸类、碱类、食用化学品等混装混运。运输途中应防曝晒、雨淋，防高温。中途停留时应远离火种、热源、高温区。装运该物品的车辆排气管必须配备阻火装置，禁止使用易产生火花的机械设备和工具装卸。公路运输时要按规定路线行驶，勿在居民区和人口稠密区停留。铁路运输时要禁止溜放。严禁用木船、水泥船散装运输

第十五部分 法规信息

下列法律、法规、规章和标准，对该化学品的管理作了相应的规定。

中华人民共和国职业病防治法 职业病分类和目录：未列入

危险化学品安全管理条例 危险化学品目录：列入。易制爆危险化学品名录：未列入。重点监管的危险化学品名录：未列入。GB 18218—2009《危险化学品重大危险源辨识》（表 1）：未列入

使用有毒物品作业场所劳动保护条例 高毒物品目录：未列入

易制毒化学品管理条例 易制毒化学品的分类和品种目录：未列入

国际公约 斯德哥尔摩公约：未列入。鹿特丹公约：未列入。蒙特利尔议定书：未列入

第十六部分 其他信息

编写和修订信息 **缩略语和首字母缩写**

培训建议 **参考文献**

免责声明

1,2-二氯乙烯

第一部分 化学品标识

化学品中文名 1,2-二氯乙烯；二氯化乙炔

化学品英文名 1,2-dichloroethylene; acetylene dichloride

分子式 $C_2H_2Cl_2$ **相对分子质量** 96.94

结构式 Cl-CH=CH-Cl

化学品的推荐及限制用途 用作萃取剂、冷冻剂，也用作溶剂，用于制造塑料和有机合成

第二部分 危险性概述

紧急情况概述 高度易燃液体和蒸气，吸入有害

GHS 危险性类别 易燃液体，类别 2；急性毒性-吸入，类别 4；危害水生环境-急性危害，类别 3；危害水生环境-长期危害，类别 3

标签要素

象形图 

警示词 危险

危险性说明 高度易燃液体和蒸气，吸入有害，对水生生物有害并具有长期持续影响

防范说明

预防措施 远离热源、火花、明火、热表面。禁止吸烟。保持容器密闭。容器和接收设备接地连接。使用防爆电器、通风、照明设备。只能使用不产生火花的工具。采取防止静电措施。戴防护手套、防护眼镜、防护面罩。避免吸入蒸气、蒸气。仅在室外或通风良好处操作。禁止排入环境

事故响应 火灾时，使用雾状水、泡沫、干粉、二氧化碳、砂土灭火。如吸入：将患者转移到空气新鲜处，休息，保持利于呼吸的体位。如感觉不适，呼叫中毒控制中心或就医。如皮肤（或头发）接触：立即脱掉所有被污染的衣服，用水冲洗皮肤，淋浴

安全储存 存放在通风良好的地方。保持低温

废弃处置 本品及内装物、容器依据国家和地方法规处置

物理和化学危险 高度易燃，其蒸气与空气混合，能形成爆炸性混合物

健康危害 主要影响中枢神经系统，并有眼及上呼吸道刺激症状

急性中毒 短时接触低浓度，眼及咽喉部有烧灼感；浓度增高，有眩晕、恶心、呕吐甚至酩酊状；吸入高浓度可致死。可致角膜损伤及皮肤灼伤

慢性影响 长期接触，有黏膜刺激症状、头晕、失眠、接触性皮炎和肝功能损害

环境危害 对水生生物有害并具有长期持续影响

第三部分 成分/组成信息

√物质		混合物
组分	**浓度**	**CAS No.**
1,2-二氯乙烯		540-59-0

第四部分 急救措施

吸入 迅速脱离现场至空气新鲜处。保持呼吸道通畅。如呼吸困难，给输氧。如呼吸、心跳停止，立即进行心肺复苏术。就医

皮肤接触 立即脱去污染的衣着，用流动清水彻底冲洗。就医

眼睛接触 立即分开眼睑，用流动清水或生理盐水彻底冲洗。就医

食入 漱口，饮水。就医

对保护施救者的忠告 根据需要使用个人防护设备

对医生的特别提示 对症处理

第五部分 消防措施

灭火剂 用雾状水、泡沫、干粉、二氧化碳、砂土灭火

特别危险性 空气中受热分解释出剧毒的光气和氯化氢气体。与氧化剂能发生强烈反应。与铜及其合金有可能生成具有爆炸性的氯乙炔。蒸气比空气重，沿地面扩散并易积存于低洼处，遇火源会着火回燃。燃烧生成有害的一氧化碳、氯化氢、光气

灭火注意事项及防护措施 消防人员须佩戴防毒面具、穿全身消防服，在上风向灭火。尽可能将容器从火场移至空旷处。喷水保持火场容器冷却，直至灭火结束。容器突然发出异常声音或出现异常现象，应立即撤离

第六部分 泄漏应急处理

作业人员防护措施、防护装备和应急处置程序 消除所有点火源。根据液体流动和蒸气扩散的影响区域划定警戒区，无关人员从侧风、上风向撤离至安全区。建议应急处理人员戴正压自给式呼吸器，穿防毒、防静电服，戴橡胶耐油手套。作业时使用的所有设备应接地。禁止接触或跨越泄漏物。尽可能切断泄漏源

环境保护措施 防止泄漏物进入水体、下水道、地下室或有限空间

泄漏化学品的收容、清除方法及所使用的处置材料 小量泄漏：用砂土或其他不燃材料吸收，使用洁净的无火花工具收集吸收材料。大量泄漏：构筑围堤或挖坑收容。用砂土、惰性物质或蛭石吸收大量液体。用泡沫覆盖，减少蒸发。喷水雾能减少蒸发，但不能降低泄漏物在有限空间内的易燃性。用防爆泵转移至槽车或专用收集器内

第七部分 操作处置与储存

操作注意事项 密闭操作，局部排风。操作人员必须经过专门培训，严格遵守操作规程。建议操作人员佩戴过滤式防毒面具（半面罩），戴化学安全防护眼镜，穿防静电工作服，戴橡胶耐油手套。远离火种、热源。工作场所严禁吸烟。使用防爆型的通风系统和设备。防止蒸气泄漏到工作场所空气中。避免与氧化剂、酸类、碱类接触。灌装时应控制流速，且有接地装置，防止静电积聚。搬运时要轻装轻卸，防止包装及容器损坏。配备相应品种和数量的消防器材及泄漏应急处理设备。倒空的容器可能残留有害物

储存注意事项 储存于阴凉、通风的库房。远离火种、热源。库温不宜超过 37℃。包装要求密封，不可与空气接触。应与氧化剂、酸类、碱类分开存放，切忌混储。不宜大量储存或久存。采用防爆型照明、通风设施。禁止使用易产生火花的机械设备和工具。储区应备有泄漏应急处理设备和合适的收容材料

第八部分 接触控制/个体防护

职业接触限值

中国 PC-TWA：800mg/m^3

美国(ACGIH) TLV-TWA：200ppm

生物接触限值 未制定标准

监测方法 空气中有毒物质测定方法：溶剂解吸-气相色谱法；热解吸-气相色谱法。生物监测检验方法：未制定标准

工程控制 密闭操作，局部排风。提供安全的淋浴和洗眼设备

个体防护装备

呼吸系统防护 空气中浓度超标时，应该佩戴过滤式

防毒面具（半面罩）。紧急事态抢救或撤离时，佩戴空气呼吸器

眼睛防护 戴化学安全防护眼镜

皮肤和身体防护 穿防静电工作服

手防护 戴橡胶耐油手套

第九部分 理化特性

外观与性状 无色液体，有氯仿气味

pH值 无资料 **熔点(℃)** −50

沸点(℃) 55 **相对密度(水=1)** 1.28

相对蒸气密度(空气=1) 3.4

饱和蒸气压(kPa) 14.7 (10℃)

燃烧热(kJ/mol) −1092.2 **临界温度(℃)** 271

临界压力(MPa) 5.87 **辛醇/水分配系数** 2.0

闪点(℃) 2 **自燃温度(℃)** 460

爆炸下限(%) 9.7 **爆炸上限(%)** 12.8

分解温度(℃) 无资料 **黏度(mPa·s)** 无资料

溶解性 不溶于水，溶于乙醇、乙醚等多数有机溶剂

第十部分 稳定性和反应性

稳定性 稳定

危险反应 与强氧化剂等禁配物接触，有发生火灾和爆炸的危险

避免接触的条件 受热

禁配物 强氧化剂、酸类、碱类、铜及其合金

危险的分解产物 氯化氢

第十一部分 毒理学信息

急性毒性 LD_{50}：770mg/kg（大鼠经口）；2000mg/kg（小鼠腹腔）

皮肤刺激或腐蚀 家兔经皮：100mg（24h），中度刺激

眼睛刺激或腐蚀 无资料 **呼吸或皮肤过敏** 无资料

生殖细胞突变性 性染色体缺失和不分离：构巢曲霉750ppm。微核试验：人淋巴细胞20mmol/L。DNA损伤：人淋巴细胞2mmol/L

致癌性 无资料 **生殖毒性** 无资料

特异性靶器官系统毒性-一次接触 无资料

特异性靶器官系统毒性-反复接触 在慢性实验中，对未见显著毒作用的动物解剖，可见肝脏有轻度营养不良性改变和肾小管上皮细胞肿胀，脾髓滤泡增大等改变

吸入危害 无资料

第十二部分 生态学信息

生态毒性 无资料

持久性和降解性

生物降解性 好氧生物降解（h）：672～4320；厌氧生物降解（h）：2688～17280

非生物降解性 空气中，当羟基自由基浓度为5.00×10^5个/cm^3时，降解半衰期为31h（理论）

潜在的生物累积性 根据K_{ow}值预测，该物质的生物累积性可能较弱

土壤中的迁移性 根据K_{oc}值预测，该物质可能有一定的迁移性

第十三部分 废弃处置

废弃化学品 用焚烧法处置。与燃料混合后，再焚烧。焚烧炉排出的气体通过洗涤器除去

污染包装物 将容器返还生产商或按照国家和地方法规处置

废弃注意事项 处置前应参阅国家和地方有关法规。把倒空的容器归还厂商或在规定场所掩埋

第十四部分 运输信息

联合国危险货物编号(UN号) 1150

联合国运输名称 1,2-二氯乙烯

联合国危险性类别 3

包装类别 Ⅱ类包装 **包装标志** 

海洋污染物 否

运输注意事项 运输时运输车辆应配备相应品种和数量的消防器材及泄漏应急处理设备。夏季最好早晚运输。运输时所用的槽（罐）车应有接地链，槽内可设孔隔板以减少震荡产生的静电。严禁与氧化剂、酸类、碱类、食用化学品等混装混运。运输途中应防曝晒、雨淋，防高温。中途停留时应远离火种、热源、高温区。装运该物品的车辆排气管必须配备阻火装置，禁止使用易产生火花的机械设备和工具装卸。公路运输时要按规定路线行驶，勿在居民区和人口稠密区停留。铁路运输时要禁止溜放。严禁用木船、水泥船散装运输

第十五部分 法规信息

下列法律、法规、规章和标准，对该化学品的管理作了相应的规定。

中华人民共和国职业病防治法 职业病分类和目录：未列入

危险化学品安全管理条例 危险化学品目录：列入。易制爆危险化学品名录：未列入。重点监管的危险化学品名录：未列入。GB 18218—2009《危险化学品重大危险源辨识》(表1)：未列入

使用有毒物品作业场所劳动保护条例 高毒物品目录：未列入

易制毒化学品管理条例 易制毒化学品的分类和品种目录：未列入

国际公约 斯德哥尔摩公约：未列入。鹿特丹公约：未列入。蒙特利尔议定书：未列入

第十六部分 其他信息

编写和修订信息 **缩略语和首字母缩写**

培训建议 **参考文献**

免责声明

二 戊 胺

第一部分　化学品标识

化学品中文名　二戊胺；二正戊胺

化学品英文名　dipentylamine；di-*n*-amylamine

分子式　$C_{10}H_{23}N$　　**相对分子质量**　157.34

结构式

化学品的推荐及限制用途　用于有机合成，用作橡胶促进剂、浮选剂

第二部分　危险性概述

紧急情况概述　易燃液体和蒸气，吞咽会中毒，皮肤接触会中毒，造成严重的皮肤灼伤和眼损伤

GHS 危险性类别　易燃液体，类别 3；急性毒性-经口，类别 3；急性毒性-经皮，类别 3；皮肤腐蚀/刺激，类别 1C；严重眼损伤/眼刺激，类别 1

标签要素

象形图

警示词　危险

危险性说明　易燃液体和蒸气，吞咽会中毒，皮肤接触会中毒，造成严重的皮肤灼伤和眼损伤

防范说明

预防措施　远离热源、火花、明火、热表面。禁止吸烟。保持容器密闭。容器和接收设备接地连接。使用防爆电器、通风、照明设备。只能使用不产生火花的工具。采取防止静电措施。戴防护手套、防护眼镜、防护面罩，穿防护服。避免吸入烟雾。避免接触眼睛、皮肤，操作后彻底清洗。作业场所不得进食、饮水或吸烟

事故响应　火灾时，使用泡沫、二氧化碳、干粉、砂土灭火。如吸入：将患者转移到空气新鲜处，休息，保持利于呼吸的体位。皮肤接触：用大量肥皂水和水清洗。如感觉不适，呼叫中毒控制中心或就医。立即脱去所有被污染的衣服。被污染的衣服须经洗净后方可重新使用。眼睛接触：用水细心地冲洗数分钟。如戴隐形眼镜并可方便地取出，则取出隐形眼镜继续冲洗。食入：漱口，不要催吐，立即呼叫中毒控制中心或就医

安全储存　存放在通风良好的地方。保持低温。上锁保管

废弃处置　本品及内装物、容器依据国家和地方法规处置

物理和化学危险　易燃，其蒸气与空气混合，能形成爆炸性混合物

健康危害　本品蒸气或雾对鼻、喉和肺部有刺激性，出现咽喉肿痛、咳嗽、胸痛和呼吸困难等。高浓度吸入可致肺水肿。中毒者可出现头痛、恶心、虚弱、焦虑等症状。对眼有刺激性，重者可致永久性眼损害。液体对皮肤有刺激性，可致灼伤。口服灼伤消化道，并出现头痛、恶心、虚弱和焦虑等症状

环境危害　对环境可能有害

第三部分　成分/组成信息

√物质		混合物
组分	**浓度**	**CAS No.**
二戊胺		2050-92-2

第四部分　急救措施

吸入　迅速脱离现场至空气新鲜处。保持呼吸道通畅。如呼吸困难，给输氧。如呼吸、心跳停止，立即进行心肺复苏术。就医

皮肤接触　立即脱去污染的衣着，用大量流动清水彻底冲洗至少 15min。就医

眼睛接触　立即分开眼睑，用流动清水或生理盐水彻底冲洗至少 15min。就医

食入　用水漱口，禁止催吐。给饮牛奶或蛋清。就医

对保护施救者的忠告　根据需要使用个人防护设备

对医生的特别提示　对症处理

第五部分　消防措施

灭火剂　用泡沫、二氧化碳、干粉、砂土灭火

特别危险性　遇明火、高热或与氧化剂接触，有引起燃烧爆炸的危险。燃烧分解时，放出有毒气体。燃烧生成有害的一氧化碳、氮氧化物

灭火注意事项及防护措施　消防人员必须佩戴空气呼吸器、穿全身防火防毒服，在上风向灭火。尽可能将容器从火场移至空旷处。喷水保持火场容器冷却，直至灭火结束。容器突然发出异常声音或出现异常现象，应立即撤离

第六部分　泄漏应急处理

作业人员防护措施、防护装备和应急处置程序　消除所有点火源。根据液体流动和蒸气扩散的影响区域划定警戒区，无关人员从侧风、上风向撤离至安全区。建议应急处理人员戴正压自给式呼吸器，穿防毒、防静电服，戴橡胶耐油手套。作业时使用的所有设备应接地。禁止接触或跨越泄漏物。尽可能切断泄漏源

环境保护措施　防止泄漏物进入水体、下水道、地下室或有限空间

泄漏化学品的收容、清除方法及所使用的处置材料　小量泄漏：用砂土或其他不燃材料吸收，使用洁净的无火花工具收集吸收材料。大量泄漏：构筑围堤或挖坑收容。用泡沫覆盖，减少蒸发。喷水雾能减少蒸发，但不能降低泄漏物在有限空间内的易燃性。用砂土、惰性物质或蛭石吸收大量液体。用防爆泵转移至槽车或专用收集器内。喷雾状水驱散蒸气、稀释液体泄漏物

第七部分　操作处置与储存

操作注意事项　密闭操作，全面通风。操作人员必须经过专门培训，严格遵守操作规程。建议操作人员佩戴自吸过滤式防毒面具（半面罩），戴化学安全防护眼镜，穿防毒物渗透工作服，戴橡胶耐油手套。远离火种、

热源。工作场所严禁吸烟。使用防爆型的通风系统和设备。防止蒸气泄漏到工作场所空气中。避免与氧化剂、酸类接触。搬运时要轻装轻卸，防止包装及容器损坏。配备相应品种和数量的消防器材及泄漏应急处理设备。倒空的容器可能残留有害物

储存注意事项 储存于阴凉、通风的库房。远离火种、热源。保持容器密封。应与氧化剂、酸类、食用化学品分开存放，切忌混储。采用防爆型照明、通风设施。禁止使用易产生火花的机械设备和工具。储区应备有泄漏应急处理设备和合适的收容材料

第八部分 接触控制/个体防护

职业接触限值

中国 未制定标准

美国(ACGIH) 未制定标准

生物接触限值 未制定标准

监测方法 空气中有毒物质测定方法：未制定标准。生物监测检验方法：未制定标准

工程控制 生产过程密闭，全面通风。提供安全的淋浴和洗眼设备

个体防护装备

呼吸系统防护 可能接触其蒸气时，应该佩戴过滤式防毒面具（半面罩）。紧急事态抢救或撤离时，建议佩戴空气呼吸器

眼睛防护 戴化学安全防护眼镜

皮肤和身体防护 穿防毒物渗透工作服

手防护 戴橡胶耐油手套

第九部分 理化特性

外观与性状 无色至浅黄色液体，有氨味

pH 值 无资料 **熔点(℃)** −7.85

沸点(℃) 200～210

相对密度(水=1) 0.78（20℃）

相对蒸气密度(空气=1) 5.42

饱和蒸气压(kPa) 0.02（20℃）

燃烧热(kJ/mol) 无资料 **临界温度(℃)** 无资料

临界压力(MPa) 无资料 **辛醇/水分配系数** 3.76

闪点(℃) 51（CC） **自燃温度(℃)** 无资料

爆炸下限(%) 无资料 **爆炸上限(%)** 无资料

分解温度(℃) 无资料 **黏度(mPa·s)** 无资料

溶解性 微溶于水，溶于乙醇、乙醚等多数有机溶剂

第十部分 稳定性和反应性

稳定性 稳定

危险反应 与强氧化剂等禁配物接触，有发生火灾和爆炸的危险

避免接触的条件 受热

禁配物 强氧化剂、强酸、酰基氯

危险的分解产物 无资料

第十一部分 毒理学信息

急性毒性 LD_{50}：270mg/kg（大鼠经口）；0.35ml/kg（兔经皮）

皮肤刺激或腐蚀 家兔经皮：500mg，重度刺激（开放性刺激试验）

眼睛刺激或腐蚀 无资料 **呼吸或皮肤过敏** 无资料

生殖细胞突变性 无资料 **致癌性** 无资料

生殖毒性 无资料

特异性靶器官系统毒性-一次接触 无资料

特异性靶器官系统毒性-反复接触 无资料

吸入危害 无资料

第十二部分 生态学信息

生态毒性 无资料

持久性和降解性

生物降解性 无资料

非生物降解性 空气中，当羟基自由基浓度为5.00×10^5个/cm^3时，降解半衰期为4h（理论）

潜在的生物累积性 根据K_{ow}值预测，该物质可能有一定的生物累积性

土壤中的迁移性 根据K_{oc}值预测，该物质可能有一定的迁移性

第十三部分 废弃处置

废弃化学品 建议用焚烧法处置。焚烧炉排出的氮氧化物通过洗涤器除去

污染包装物 将容器返还生产商或按照国家和地方法规处置

废弃注意事项 处置前应参阅国家和地方有关法规

第十四部分 运输信息

联合国危险货物编号（UN号） 2841

联合国运输名称 二正戊胺

联合国危险性类别 3，6.1

包装类别 Ⅲ类包装

包装标志 

海洋污染物 否

运输注意事项 运输前应先检查包装容器是否完整、密封，运输过程中要确保容器不泄漏、不倒塌、不坠落、不损坏。严禁与酸类、氧化剂、食品及食品添加剂混运。运输时运输车辆应配备相应品种和数量的消防器材及泄漏应急处理设备。运输途中应防曝晒、雨淋，防高温。运输时所用的槽（罐）车应有接地链，槽内可设孔隔板以减少震荡产生的静电。中途停留时应远离火种、热源。公路运输时要按规定路线行驶

第十五部分 法规信息

下列法律、法规、规章和标准，对该化学品的管理作了相应的规定。

中华人民共和国职业病防治法 职业病分类和目录：未列入

危险化学品安全管理条例 危险化学品目录：列入。易制爆危险化学品名录：未列入。重点监管的危险化学品

名录：未列入。GB 18218—2009《危险化学品重大危险源辨识》（表 1）：未列入

使用有毒物品作业场所劳动保护条例　高毒物品目录：未列入

易制毒化学品管理条例　易制毒化学品的分类和品种目录：未列入

国际公约　斯德哥尔摩公约：未列入。鹿特丹公约：未列入。蒙特利尔议定书：未列入

第十六部分　其他信息

编写和修订信息　**缩略语和首字母缩写**

培训建议　**参考文献**

免责声明

1,3-二硝基苯

第一部分　化学品标识

化学品中文名　1,3-二硝基苯；间二硝基苯

化学品英文名　1,3-dinitrobenzene；*m*-dinitrobenzene

分子式　$C_6H_4N_2O_4$　**相对分子质量**　168.12

结构式

化学品的推荐及限制用途　用于有机合成及用作染料中间体，用作分析试剂、催化剂、腐蚀抑制剂，并用于制造炸药

第二部分　危险性概述

紧急情况概述　吞咽致命，皮肤接触会致命，吸入致命

GHS 危险性类别　急性毒性-经口，类别 2；急性毒性-经皮，类别 1；急性毒性-吸入，类别 2；特异性靶器官毒性-反复接触，类别 2；危害水生环境-急性危害，类别 1；危害水生环境-长期危害，类别 1

标签要素

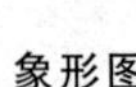

象形图

警示词　危险

危险性说明　吞咽致命，皮肤接触会致命，吸入致命，长时间或反复接触可能对器官造成损伤，对水生生物毒性非常大并具有长期持续影响

防范说明

预防措施　避免接触眼睛、皮肤或衣服，操作后彻底清洗，作业场所不得进食、饮水或吸烟。戴防护手套、穿防护服。避免吸入粉尘、蒸气。仅在室外或通风良好处操作。戴呼吸防护器具。禁止排入环境

事故响应　如吸入将患者转移到空气新鲜处，休息，保持利于呼吸的体位。如感觉不适，就医。皮肤接触：用大量肥皂水和水轻轻地清洗，立即脱去所有被污染的衣服。被污染的衣服须经洗净后方可重新使用。食入：漱口，立即呼叫中毒控制中心或就医。收集泄漏物

安全储存　存放在通风良好的地方。保持低温。保持容器密闭。上锁保管

废弃处置　本品及内装物、容器依据国家和地方法规处置

物理和化学危险　可燃，其粉体与空气混合，能形成爆炸性混合物

健康危害　本品为强烈的高铁血红蛋白形成剂。易经皮肤吸收

急性中毒　有头痛、头晕、乏力、皮肤黏膜紫绀、手指麻木等症状；严重时可出现胸闷、呼吸困难、心悸，甚至心律紊乱、昏迷、抽搐、呼吸麻痹。有时中毒后出现溶血性贫血、黄疸、中毒性肝病

慢性中毒　可有神经衰弱综合征；慢性溶血时，可出现贫血、黄疸；可引起中毒性肝病

环境危害　对水生生物毒性非常大并具有长期持续影响

第三部分　成分/组成信息

√物质　　混合物

组分	浓度	CAS No.
1,3-二硝基苯		99-65-0

第四部分　急救措施

吸入　迅速脱离现场至空气新鲜处。保持呼吸道通畅。如呼吸困难，给吸氧。如呼吸、心跳停止，立即行心肺复苏术。就医

皮肤接触　立即脱去污染衣着，用肥皂水或清水彻底冲洗。就医

眼睛接触　分开眼睑，用清水或生理盐水冲洗。就医

食入　漱口，饮水。就医

对保护施救者的忠告　根据需要使用个人防护设备

对医生的特别提示　高铁血红蛋白血症，可用美蓝和维生素 C 治疗

第五部分　消防措施

灭火剂　用雾状水、泡沫、二氧化碳灭火

特别危险性　经摩擦、震动或撞击可引起燃烧或爆炸。燃烧生成有害的一氧化碳、氮氧化物

灭火注意事项及防护措施　消防人员须佩戴防毒面具、穿全身消防服，在上风向灭火。尽可能将容器从火场移至空旷处。喷水保持火场容器冷却，直至灭火结束。切勿将水流直接射至熔融物，以免引起严重的流淌火灾或引起剧烈的沸溅。禁止用砂土压盖

第六部分　泄漏应急处理

作业人员防护措施、防护装备和应急处置程序　隔离泄漏污染区，限制出入。建议应急处理人员戴防尘口罩，穿防毒服，戴橡胶手套。穿上适当的防护服前严禁接触破裂的容器和泄漏物。尽可能切断泄漏源。用塑料布覆盖泄漏物，减少飞散。勿使水进入包装容器内

环境保护措施　无资料

泄漏化学品的收容、清除方法及所使用的处置材料 用洁净的铲子收集泄漏物，置于干净、干燥、盖子较松的容器中，将容器移离泄漏区

第七部分 操作处置与储存

操作注意事项 密闭操作，提供充分的局部排风。操作人员必须经过专门培训，严格遵守操作规程。建议操作人员佩戴头罩型电动送风过滤式防尘呼吸器，穿胶布防毒衣，戴橡胶手套。远离火种、热源。工作场所严禁吸烟。使用防爆型的通风系统和设备。避免与氧化剂、还原剂、碱类接触。搬运时要轻装轻卸，防止包装及容器损坏。禁止震动、撞击和摩擦。配备相应品种和数量的消防器材及泄漏应急处理设备。倒空的容器可能残留有害物

储存注意事项 储存于阴凉、通风的库房。远离火种、热源。包装密封。应与氧化剂、还原剂、碱类、食用化学品分开存放，切忌混储。采用防爆型照明、通风设施。禁止使用易产生火花的机械设备和工具。储区应备有合适的材料收容泄漏物

第八部分 接触控制/个体防护

职业接触限值

中国 PC-TWA：1mg/m³［皮］

美国(ACGIH) TLV-TWA：0.15ppm［皮］

生物接触限值 未制定标准

监测方法 空气中有毒物质测定方法：毛细管柱-气相色谱法；填充柱-气相色谱法。生物监测检验方法：未制定标准

工程控制 严加密闭，提供充分的局部排风。提供安全的淋浴和洗眼设备

个体防护装备

呼吸系统防护 可能接触其粉尘时，必须佩戴过滤式防尘呼吸器。紧急事态抢救或撤离时，佩戴空气呼吸器

眼睛防护 戴化学安全防护眼镜

皮肤和身体防护 穿隔绝式防毒服

手防护 戴橡胶手套

第九部分 理化特性

外观与性状 无色黄色粉末，有挥发性

pH 值 无意义 **熔点(℃)** 89

沸点(℃) 301 **相对密度(水=1)** 1.57

相对蒸气密度(空气=1) 5.8

饱和蒸气压(kPa) 无资料

燃烧热(kJ/mol) −2912.6 **临界温度(℃)** 无资料

临界压力(MPa) 无资料 **辛醇/水分配系数** 1.49

闪点(℃) 150 (CC) **自燃温度(℃)** 无资料

爆炸下限(%) 无资料 **爆炸上限(%)** 无资料

分解温度(℃) 无资料 **黏度(mPa·s)** 无资料

溶解性 微溶于水，溶于乙醇、乙醚、苯等

第十部分 稳定性和反应性

稳定性 稳定

危险反应 与强氧化剂等禁配物接触，有发生火灾和爆炸的危险

避免接触的条件 摩擦、震动、撞击

禁配物 强氧化剂、强还原剂、强碱

危险的分解产物 氮氧化物

第十一部分 毒理学信息

急性毒性 LD_{50}：59.5mg/kg（大鼠经口）；1900mg/kg（兔经皮）

皮肤刺激或腐蚀 无资料

眼睛刺激或腐蚀 兔经眼：100mg，引起刺激

呼吸或皮肤过敏 无资料

生殖细胞突变性 微生物致突变：鼠伤寒沙门氏菌3300ng/皿。微粒体诱变：鼠伤寒沙门氏菌 50μg/皿

致癌性 无资料 **生殖毒性** 无资料

特异性靶器官系统毒性-一次接触 无资料

特异性靶器官系统毒性-反复接触 大鼠经口最低中毒剂量（TDLo）：224mg/kg（16 周，雄性），影响睾丸、附睾和输精管。大鼠经口最低中毒剂量（TDLo）：33600μg/kg（交配前 16 周），对卵巢、输卵管有影响

吸入危害 无资料

第十二部分 生态学信息

生态毒性

LC_{50} 12mg/L（96h）（鱼）

EC_{50} 35mg/L（48h）（水蚤）

IC_{50} 0.1～0.7mg/L（72h）（藻类）

持久性和降解性

生物降解性 不易快速生物降解

非生物降解性 水相光解半衰期（h）：554～720；空气中光氧化半衰期（h）：2077～2.10×10^4

潜在的生物累积性 BCF：75（鱼类）；根据 K_{ow} 值预测，该物质的生物累积性可能较弱

土壤中的迁移性 根据 K_{oc} 值预测，该物质可能易发生迁移

第十三部分 废弃处置

废弃化学品 建议用焚烧法处置。焚烧炉排出的氮氧化物通过洗涤器除去

污染包装物 将容器返还生产商或按照国家和地方法规处置

废弃注意事项 处置前应参阅国家和地方有关法规

第十四部分 运输信息

联合国危险货物编号（UN 号） 3443

联合国运输名称 固态二硝基苯

联合国危险性类别 6.1

包装类别 Ⅱ类包装 **包装标志** 

海洋污染物 否

运输注意事项 凭到达地公安机关的运输证托运。运输前

应先检查包装容器是否完整、密封，运输过程中要确保容器不泄漏、不倒塌、不坠落、不损坏。严禁与酸类、氧化剂、食品及食品添加剂混运。运输时运输车辆应配备相应品种和数量的消防器材及泄漏应急处理设备。运输途中应防曝晒、雨淋，防高温

第十五部分　法规信息

下列法律、法规、规章和标准，对该化学品的管理作了相应的规定。

中华人民共和国职业病防治法　职业病分类和目录：苯的氨基及硝基化合物中毒

危险化学品安全管理条例　危险化学品目录：列入。易制爆危险化学品名录：未列入。重点监管的危险化学品名录：未列入。GB 18218—2009《危险化学品重大危险源辨识》(表1)：未列入

使用有毒物品作业场所劳动保护条例　高毒物品目录：列入

易制毒化学品管理条例　易制毒化学品的分类和品种目录：未列入

国际公约　斯德哥尔摩公约：未列入。鹿特丹公约：未列入。蒙特利尔议定书：未列入

第十六部分　其他信息

编写和修订信息　　**缩略语和首字母缩写**
培训建议　　**参考文献**
免责声明

1,4-二硝基苯

第一部分　化学品标识

化学品中文名　1,4-二硝基苯；对二硝基苯

化学品英文名　1,4-dinitrobenzene；*p*-dinitrobenzene

分子式　$C_6H_4N_2O_4$.　**相对分子质量**　168.12

结构式

化学品的推荐及限制用途　用于有机合成和染料制造

第二部分　危险性概述

紧急情况概述　吞咽致命，皮肤接触会致命，吸入致命

GHS危险性类别　急性毒性-经口，类别2；急性毒性-经皮，类别1；急性毒性-吸入，类别2；特异性靶器官毒性-反复接触，类别2；危害水生环境-急性危害，类别1；危害水生环境-长期危害，类别1

标签要素

象形图

警示词　危险

危险性说明　吞咽致命，皮肤接触会致命，吸入致命，长时间或反复接触可能对器官造成损伤，对水生生物毒性非常大并具有长期持续影响

防范说明

预防措施　避免接触眼睛、皮肤或衣服，操作后彻底清洗。作业场所不得进食、饮水或吸烟。戴防护手套、穿防护服。避免吸入粉尘、蒸气。仅在室外或通风良好处操作。戴呼吸防护器具。禁止排入环境

事故响应　如吸入：将患者转移到空气新鲜处，休息，保持利于呼吸的体位。如感觉不适，就医。皮肤接触：用大量肥皂水和水轻轻地清洗，立即脱去所有被污染的衣服。被污染的衣服须经洗净后方可重新使用。食入：漱口，立即呼叫中毒控制中心或就医。收集泄漏物

安全储存　存放在通风良好的地方。保持低温。保持容器密闭。上锁保管

废弃处置　本品及内装物、容器依据国家和地方法规处置

物理和化学危险　可燃，其粉体与空气混合，能形成爆炸性混合物

健康危害　本品为强烈的高铁血红蛋白形成剂。易经皮肤吸收

急性中毒　有头痛、头晕、乏力、皮肤黏膜紫绀、手指麻木等症状；严重时可出现胸闷、呼吸困难、心悸，甚至心律紊乱、昏迷、抽搐、呼吸麻痹。有时中毒后出现溶血性贫血、黄疸、中毒性肝病

慢性中毒　可有神经衰弱综合征；慢性溶血时，可出现贫血、黄疸；可引起中毒性肝病

环境危害　对水生生物毒性非常大并具有长期持续影响

第三部分　成分/组成信息

√物质　　混合物

组分	浓度	CAS No.
1,4-二硝基苯		100-25-4

第四部分　急救措施

吸入　迅速脱离现场至空气新鲜处。保持呼吸道通畅。如呼吸困难，给吸氧。如呼吸、心跳停止，立即行心肺复苏术。就医

皮肤接触　立即脱去污染衣着，用肥皂水或清水彻底冲洗。就医

眼睛接触　分开眼睑，用清水或生理盐水冲洗。就医

食入　漱口，饮水。就医

对保护施救者的忠告　根据需要使用个人防护设备

对医生的特别提示　高铁血红蛋白血症，可用美蓝和维生素C治疗

第五部分　消防措施

灭火剂　用雾状水、泡沫、二氧化碳灭火

特别危险性　与氧化剂混合能形成爆炸性混合物。经摩擦、震动或撞击可引起燃烧或爆炸。燃烧生成有害的一氧化碳、氮氧化物

灭火注意事项及防护措施　消防人员须佩戴防毒面具、穿全身消防服，在上风向灭火。尽可能将容器从火场移至空旷处。喷水保持火场容器冷却，直至灭火结束。

切勿将水流直接射至熔融物，以免引起严重的流淌火灾或引起剧烈的沸溅。禁止用砂土压盖

第六部分 泄漏应急处理

作业人员防护措施、防护装备和应急处置程序 隔离泄漏污染区，限制出入。建议应急处理人员戴防尘口罩，穿防毒服，戴橡胶手套。穿上适当的防护服前严禁接触破裂的容器和泄漏物。尽可能切断泄漏源。用塑料布覆盖泄漏物，减少飞散。勿使水进入包装容器内

环境保护措施 无资料

泄漏化学品的收容、清除方法及所使用的处置材料 用洁净的铲子收集泄漏物，置于干净、干燥、盖子较松的容器中，将容器移离泄漏区

第七部分 操作处置与储存

操作注意事项 密闭操作，提供充分的局部排风。操作人员必须经过专门培训，严格遵守操作规程。建议操作人员佩戴头罩型电动送风过滤式防尘呼吸器，穿胶布防毒衣，戴橡胶手套。远离火种、热源。工作场所严禁吸烟。使用防爆型的通风系统和设备。避免产生粉尘。避免与氧化剂、还原剂、碱类接触。搬运时要轻装轻卸，防止包装及容器损坏。禁止震动、撞击和摩擦。配备相应品种和数量的消防器材及泄漏应急处理设备。倒空的容器可能残留有害物

储存注意事项 储存于阴凉、通风的库房。远离火种、热源。包装密封。应与氧化剂、还原剂、碱类、食用化学品分开存放，切忌混储。采用防爆型照明、通风设施。禁止使用易产生火花的机械设备和工具。储区应备有合适的材料收容泄漏物

第八部分 接触控制/个体防护

职业接触限值

中国 PC-TWA：$1mg/m^3$ ［皮］

美国(ACGIH) TLV-TWA：0.15ppm ［皮］

生物接触限值 未制定标准

监测方法 空气中有毒物质测定方法：毛细管柱-气相色谱法；填充柱-气相色谱法。生物监测检验方法：未制定标准

工程控制 严加密闭，提供充分的局部排风。提供安全的淋浴和洗眼设备

个体防护装备

呼吸系统防护 可能接触其粉尘时，必须佩戴过滤式防尘呼吸器。紧急事态抢救或撤离时，佩戴空气呼吸器

眼睛防护 戴化学安全防护眼镜

皮肤和身体防护 穿隔绝式防毒服

手防护 戴橡胶手套

第九部分 理化特性

外观与性状 黄色至棕色结晶粉末，有挥发性

pH值 无意义 **熔点(℃)** 173

沸点(℃) 299 **相对密度(水=1)** 1.63

相对蒸气密度(空气=1) 5.8

饱和蒸气压(kPa) 无资料

燃烧热(kJ/mol) 无资料 **临界温度(℃)** 无资料

临界压力(MPa) 无资料 **辛醇/水分配系数** 1.46

闪点(℃) 无意义 **自燃温度(℃)** 无资料

爆炸下限(%) 无资料 **爆炸上限(%)** 无资料

分解温度(℃) 无资料 **黏度(mPa·s)** 无资料

溶解性 微溶于水，溶于乙醇、乙醚、苯等

第十部分 稳定性和反应性

稳定性 稳定

危险反应 与强氧化剂等禁配物接触，有发生火灾和爆炸的危险

避免接触的条件 摩擦、震动、撞击

禁配物 强氧化剂、强还原剂、强碱

危险的分解产物 氮氧化物

第十一部分 毒理学信息

急性毒性 LD_{50}：56mg/kg（大鼠腹腔）

皮肤刺激或腐蚀 无资料 **眼睛刺激或腐蚀** 无资料

呼吸或皮肤过敏 无资料

生殖细胞突变性 微生物致突变：鼠伤寒沙门氏菌5μg/皿。微粒体诱变：鼠伤寒沙门氏菌25μg/皿。Ames试验阳性：0.8～409.6μg/皿

致癌性 无资料

生殖毒性 无资料

特异性靶器官系统毒性-一次接触 无资料

特异性靶器官系统毒性-反复接触 无资料

吸入危害 无资料

第十二部分 生态学信息

生态毒性 LC_{50}：0.687mg/L（24h），0.641mg/L（48h），0.609mg/L（72h），0.603mg/L（96h）（黑头呆鱼，动态）

持久性和降解性

生物降解性 无资料

非生物降解性 空气中，当羟基自由基浓度为5.00×10^5个$/cm^3$时，降解半衰期为753d（理论）

潜在的生物累积性 根据K_{ow}值预测，该物质的生物累积性可能较弱

土壤中的迁移性 根据K_{oc}值预测，该物质可能易发生迁移

第十三部分 废弃处置

废弃化学品 建议用焚烧法处置。焚烧炉排出的氮氧化物通过洗涤器除去

污染包装物 将容器返还生产商或按照国家和地方法规处置

废弃注意事项 处置前应参阅国家和地方有关法规

第十四部分 运输信息

联合国危险货物编号(UN号) 3443

联合国运输名称 固态二硝基苯

联合国危险性类别 6.1

包装类别 Ⅱ类包装 **包装标志** 

海洋污染物 否

运输注意事项 凭到达地公安机关的运输证托运。运输前应先检查包装容器是否完整、密封，运输过程中要确保容器不泄漏、不倒塌、不坠落、不损坏。严禁与酸类、氧化剂、食品及食品添加剂混运。运输时运输车辆应配备相应品种和数量的消防器材及泄漏应急处理设备。运输途中应防曝晒、雨淋，防高温

第十五部分 法规信息

下列法律、法规、规章和标准，对该化学品的管理作了相应的规定。

中华人民共和国职业病防治法 职业病分类和目录：苯的氨基及硝基化合物中毒

危险化学品安全管理条例 危险化学品目录：列入。易制爆危险化学品名录：未列入。重点监管的危险化学品名录：未列入。GB 18218—2009《危险化学品重大危险源辨识》(表1)：未列入

使用有毒物品作业场所劳动保护条例 高毒物品目录：列入

易制毒化学品管理条例 易制毒化学品的分类和品种目录：未列入

国际公约 斯德哥尔摩公约：未列入。鹿特丹公约：未列入。蒙特利尔议定书：未列入

第十六部分 其他信息

编写和修订信息 **缩略语和首字母缩写**

培训建议 **参考文献**

免责声明

1,2-二硝基苯

第一部分 化学品标识

化学品中文名 1,2-二硝基苯；邻二硝基苯

化学品英文名 1,2-dinitrobenzene；*o*-dinitrobenzene

分子式 $C_6H_4N_2O_4$ **相对分子质量** 168.12

结构式

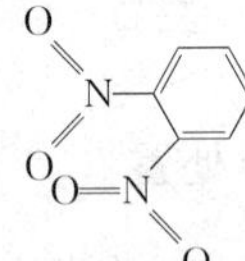

化学品的推荐及限制用途 用于有机合成及用作染料中间体

第二部分 危险性概述

紧急情况概述 吞咽致命，皮肤接触会致命，吸入致命

GHS危险性类别 急性毒性-经口，类别2；急性毒性-经皮，类别1；急性毒性-吸入，类别2；特异性靶器官毒性-反复接触，类别2；危害水生环境-急性危害，类别1；危害水生环境-长期危害，类别1

标签要素

象形图 

警示词 危险

危险性说明 吞咽致命，皮肤接触会致命，吸入致命，长时间或反复接触可能对器官造成损伤，对水生生物毒性非常大并具有长期持续影响

防范说明

预防措施 避免接触眼睛、皮肤或衣服，操作后彻底清洗。作业场所不得进食、饮水或吸烟。戴防护手套、穿防护服。避免吸入粉尘、蒸气。仅在室外或通风良好处操作。戴呼吸防护器具。禁止排入环境

事故响应 食入：漱口，立即呼叫中毒控制中心或就医。如吸入：将患者转移到空气新鲜处，休息，保持利于呼吸的体位。如感觉不适，就医。皮肤接触：用大量肥皂水和水轻轻地清洗。立即脱去所有被污染的衣服。被污染的衣服须经洗净后方可重新使用。收集泄漏物

安全储存 在通风良好处储存。保持容器密闭。上锁保管

废弃处置 本品及内装物、容器依据国家和地方法规处置

物理和化学危险 易燃，其蒸气与空气混合，能形成爆炸性混合物

健康危害 本品为强烈的高铁血红蛋白形成剂。易经皮肤吸收

急性中毒 有头痛、头晕、乏力、皮肤黏膜紫绀、手指麻木等症状；严重时可出现胸闷、呼吸困难、心悸，甚至心律紊乱、昏迷、抽搐、呼吸麻痹。有时中毒后出现溶血性贫血、黄疸、中毒性肝病

慢性中毒 可有神经衰弱综合征；慢性溶血时，可出现贫血、黄疸；可引起中毒性肝病

环境危害 对水生生物毒性非常大并具有长期持续影响

第三部分 成分/组成信息

√物质		混合物
组分	**浓度**	**CAS No.**
1,2-二硝基苯		528-29-0

第四部分 急救措施

吸入 迅速脱离现场至空气新鲜处。保持呼吸道通畅。如呼吸困难，给吸氧。如呼吸、心跳停止，立即行心肺复苏术。就医

皮肤接触 立即脱去污染衣着，用肥皂水或清水彻底冲洗。就医

眼睛接触 分开眼睑，用清水或生理盐水冲洗。就医

食入 漱口，饮水。就医

对保护施救者的忠告 根据需要使用个人防护设备

对医生的特别提示 高铁血红蛋白血症，可用美蓝和维生素C治疗

第五部分 消防措施

灭火剂 用雾状水、泡沫、二氧化碳灭火

特别危险性 与氧化剂混合能形成爆炸性混合物。经摩擦、震动或撞击可引起燃烧或爆炸。燃烧生成有害的一氧化碳、氮氧化物

灭火注意事项及防护措施 消防人员须佩戴防毒面具、穿全身消防服，在上风向灭火。尽可能将容器从火场移至空旷处。喷水保持火场容器冷却，直至灭火结束。切勿将水流直接射至熔融物，以免引起严重的流淌火灾或引起剧烈的沸溅。禁止用砂土压盖

第六部分 泄漏应急处理

作业人员防护措施、防护装备和应急处置程序 隔离泄漏污染区，限制出入。建议应急处理人员戴防尘口罩，穿防毒服，戴橡胶手套。穿上适当的防护服前严禁接触破裂的容器和泄漏物。尽可能切断泄漏源。用塑料布覆盖泄漏物，减少飞散。勿使水进入包装容器内

环境保护措施 无资料

泄漏化学品的收容、清除方法及所使用的处置材料 用洁净的铲子收集泄漏物，置于干净、干燥、盖子较松的容器中，将容器移离泄漏区

第七部分 操作处置与储存

操作注意事项 密闭操作，提供充分的局部排风。操作人员必须经过专门培训，严格遵守操作规程。建议操作人员佩戴头罩型电动送风过滤式防尘呼吸器，穿胶布防毒衣，戴橡胶手套。远离火种、热源。工作场所严禁吸烟。使用防爆型的通风系统和设备。避免产生粉尘。避免与氧化剂、还原剂、碱类接触。搬运时要轻装轻卸，防止包装及容器损坏。禁止震动、撞击和摩擦。配备相应品种和数量的消防器材及泄漏应急处理设备。倒空的容器可能残留有害物

储存注意事项 储存于阴凉、通风的库房。远离火种、热源。包装密封。应与氧化剂、还原剂、碱类、食用化学品分开存放，切忌混储。采用防爆型照明、通风设施。禁止使用易产生火花的机械设备和工具。储区应备有合适的材料收容泄漏物

第八部分 接触控制/个体防护

职业接触限值

中国 PC-TWA：1mg/m^3［皮］

美国(ACGIH) TLV-TWA：0.15ppm［皮］

生物接触限值 未制定标准

监测方法 空气中有毒物质测定方法：毛细管柱-气相色谱法；填充柱-气相色谱法。生物监测检验方法：未制定标准

工程控制 严加密闭，提供充分的局部排风。提供安全的淋浴和洗眼设备

个体防护装备

呼吸系统防护 可能接触其粉尘时，必须佩戴过滤式防尘呼吸器。紧急事态抢救或撤离时，佩戴空气呼吸器

眼睛防护 戴化学安全防护眼镜

皮肤和身体防护 穿隔绝式防毒服

手防护 戴橡胶手套

第九部分 理化特性

外观与性状 无色到黄色片状结晶，有苦杏仁味，有挥发性

pH 值 无意义　**熔点(℃)** 118

沸点(℃) 319　**相对密度(水=1)** 1.57

相对蒸气密度(空气=1) 5.79

饱和蒸气压(kPa) 无资料

燃烧热(kJ/mol) 无资料　**临界温度(℃)** 无资料

临界压力(MPa) 无资料　**辛醇/水分配系数** 1.69

闪点(℃) 150 (CC)　**自燃温度(℃)** 无资料

爆炸下限(%) 无资料　**爆炸上限(%)** 无资料

分解温度(℃) 无资料　**黏度(mPa·s)** 无资料

溶解性 微溶于水，溶于乙醇、乙醚、苯等

第十部分 稳定性和反应性

稳定性 稳定

危险反应 与强氧化剂等禁配物接触，有发生燃烧和爆炸的危险

避免接触的条件 摩擦、震动、撞击

禁配物 强氧化剂、强还原剂、强碱

危险的分解产物 氮氧化物

第十一部分 毒理学资料

急性毒性 无资料　**皮肤刺激或腐蚀** 无资料

眼睛刺激或腐蚀 无资料　**呼吸或皮肤过敏** 无资料

生殖细胞突变性 微生物致突变：沙门氏菌 250μg/皿

致癌性 无资料　**生殖毒性** 无资料

特异性靶器官系统毒性-一次接触 无资料

特异性靶器官系统毒性-反复接触 无资料

吸入危害 无资料

第十二部分 生态学资料

生态毒性 LC_{50}：0.6mg/L (96h)（黑头呆鱼）

持久性和降解性

生物降解性 无资料

非生物降解性 空气中，当羟基自由基浓度为5.00×10^5个/cm^{3}时，降解半衰期为753d（理论）

潜在的生物累积性 根据 K_{ow} 值预测，该物质的生物累积性可能较弱

土壤中的迁移性 根据 K_{oc} 值预测，该物质可能易发生迁移

第十三部分 废弃处置

废弃化学品 建议用焚烧法处置。焚烧炉排出的氮氧化物通过洗涤器除去

污染包装物 将容器返还生产商或按照国家和地方法规处置

废弃注意事项 处置前应参阅国家和地方有关法规

第十四部分 运输信息

联合国危险货物编号（UN号） 3443

联合国运输名称 固态二硝基苯

联合国危险性类别 6.1

包装类别 Ⅱ类包装 **包装标志** 

海洋污染物 否

运输注意事项 凭到达地公安机关的运输证托运。运输前应先检查包装容器是否完整、密封，运输过程中要确保容器不泄漏、不倒塌、不坠落、不损坏。严禁与酸类、氧化剂、食品及食品添加剂混运。运输时运输车辆应配备相应品种和数量的消防器材及泄漏应急处理设备。运输途中应防曝晒、雨淋，防高温

第十五部分 法规信息

下列法律、法规、规章和标准，对该化学品的管理作了相应的规定。

中华人民共和国职业病防治法 职业病分类和目录：苯的氨基及硝基化合物中毒

危险化学品安全管理条例 危险化学品目录：列入。易制爆危险化学品名录：未列入。重点监管的危险化学品名录：未列入。GB 18218—2009《危险化学品重大危险源辨识》(表1)：未列入

使用有毒物品作业场所劳动保护条例 高毒物品目录：列入

易制毒化学品管理条例 易制毒化学品的分类和品种目录：未列入

国际公约 斯德哥尔摩公约：未列入。鹿特丹公约：未列入。蒙特利尔议定书：未列入

第十六部分 其他信息

编写和修订信息 **缩略语和首字母缩写**

培训建议 **参考文献**

免责声明

2,4-二硝基苯胺

第一部分 化学品标识

化学品中文名 2,4-二硝基苯胺

化学品英文名 2,4-dinitroaniline；2,4-dinitrobenzenamine

分子式 $C_6H_5N_3O_4$ **相对分子质量** 183.12

结构式

化学品的推荐及限制用途 用作偶氮染料中间体，腐蚀抑制剂，分析试剂

第二部分 危险性概述

紧急情况概述 吞咽致命，皮肤接触会致命，吸入致命

GHS危险性类别 急性毒性-经口，类别2；急性毒性-经皮，类别1；急性毒性-吸入，类别2；特异性靶器官毒性-反复接触，类别2；危害水生环境-急性危害，类别2；危害水生环境-长期危害，类别2

标签要素

象形图 

警示词 危险

危险性说明 吞咽致命，皮肤接触会致命，吸入致命，长时间或反复接触可能对器官造成损伤，对水生生物有毒并具有长期持续影响

防范说明

预防措施 避免接触眼睛、皮肤或衣服，操作后彻底清洗。作业场所不得进食、饮水或吸烟。戴防护手套、穿防护服。避免吸入粉尘。仅在室外或通风良好处操作。戴呼吸防护器具。禁止排入环境

事故响应 如吸入：将患者转移到空气新鲜处，休息，保持利于呼吸的体位。如感觉不适，就医。皮肤接触：用大量肥皂水和水轻轻地清洗。立即脱去所有被污染的衣服。被污染的衣服须经洗净后方可重新使用。食入：漱口，立即呼叫中毒控制中心或就医。收集泄漏物

安全储存 在通风良好处储存。保持容器密闭。上锁保管

废弃处置 本品及内装物、容器依据国家和地方法规处置

物理和化学危险 可燃，其粉体与空气混合，能形成爆炸性混合物

健康危害 对眼睛、黏膜、呼吸道及皮肤有刺激作用。吸收进入体内引起高铁血红蛋白血症，出现紫绀。中毒表现有恶心、眩晕、头痛等

环境危害 对水生生物有毒并具有长期持续影响

第三部分 成分/组成信息

√物质		混合物
组分	**浓度**	**CAS No.**
2,4-二硝基苯胺		97-02-9

第四部分 急救措施

吸入 迅速脱离现场至空气新鲜处。保持呼吸道通畅。如呼吸困难，给吸氧。如呼吸、心跳停止，立即行心肺复苏术。就医

皮肤接触 立即脱去污染衣着，用肥皂水或清水彻底冲洗。就医

眼睛接触 分开眼睑，用清水或生理盐水冲洗。就医

食入 漱口，饮水。就医

对保护施救者的忠告 根据需要使用个人防护设备

对医生的特别提示 高铁血红蛋白血症，可用美蓝和维生素C治疗

第五部分 消防措施

灭火剂 用雾状水、泡沫、干粉、二氧化碳、砂土灭火

特别危险性 受热分解产生有毒的烟气。与强氧化剂接触可发生化学反应。具有爆炸性，但只有在强起爆药引爆下才能起爆。燃烧生成有害的一氧化碳、氮氧化物

灭火注意事项及防护措施 消防人员必须佩戴空气呼吸器、穿全身防火防毒服，在上风向灭火。尽可能将容器从火场移至空旷处。喷水保持火场容器冷却，直至灭火结束

第六部分 泄漏应急处理

作业人员防护措施、防护装备和应急处置程序 隔离泄漏污染区，限制出入。消除所有点火源。建议应急处理人员戴防尘口罩，穿防毒服，戴橡胶手套。穿上适当的防护服前严禁接触破裂的容器和泄漏物。尽可能切断泄漏源。用塑料布覆盖泄漏物，减少飞散。勿使水进入包装容器内

环境保护措施 无资料

泄漏化学品的收容、清除方法及所使用的处置材料 用洁净的铲子收集泄漏物，置于干净、干燥、盖子较松的容器中，将容器移离泄漏区

第七部分 操作处置与储存

操作注意事项 密闭操作，提供充分的局部排风。操作人员必须经过专门培训，严格遵守操作规程。建议操作人员佩戴头罩型电动送风过滤式防尘呼吸器，穿胶布防毒衣，戴橡胶手套。远离火种、热源。工作场所严禁吸烟。使用防爆型的通风系统和设备。避免产生粉尘。避免与氧化剂、酸类接触。搬运时要轻装轻卸，防止包装及容器损坏。配备相应品种和数量的消防器材及泄漏应急处理设备。倒空的容器可能残留有害物

储存注意事项 储存于阴凉、通风的库房。远离火种、热源。包装密封。应与氧化剂、酸类、食用化学品分开存放，切忌混储。配备相应品种和数量的消防器材。储区应备有合适的材料收容泄漏物

第八部分 接触控制/个体防护

职业接触限值

中国 未制定标准

美国(ACGIH) 未制定标准

生物接触限值 未制定标准

监测方法 空气中有毒物质测定方法：未制定标准。生物监测检验方法：未制定标准

工程控制 严加密闭，提供充分的局部排风。提供安全的淋浴和洗眼设备

个体防护装备

呼吸系统防护 可能接触其粉尘时，必须佩戴过滤式防尘呼吸器。紧急事态抢救或撤离时，应该佩戴空气呼吸器

眼睛防护 戴化学安全防护眼镜

皮肤和身体防护 穿隔绝式防毒服

手防护 戴橡胶手套

第九部分 理化特性

外观与性状 黄色针状结晶

pH值 无意义　　**熔点(℃)** 180

沸点(℃) 333.6　　**相对密度(水=1)** 1.62

相对蒸气密度(空气=1) 6.31

饱和蒸气压(kPa) 无资料

燃烧热(kJ/mol) 无资料　　**临界温度(℃)** 无资料

临界压力(MPa) 无资料　　**辛醇/水分配系数** 1.84

闪点(℃) 223.9 (CC)　　**自燃温度(℃)** 无资料

爆炸下限(%) 无资料　　**爆炸上限(%)** 无资料

分解温度(℃) 无资料　　**黏度(mPa·s)** 无资料

溶解性 不溶于水，微溶于乙醇，溶于热盐酸

第十部分 稳定性和反应性

稳定性 稳定

危险反应 与强氧化剂等禁配物发生反应

避免接触的条件 受热

禁配物 强氧化剂、强酸、酰基氯、酸酐

危险的分解产物 氮氧化物、氨

第十一部分 毒理学信息

急性毒性 LD_{50}：285mg/kg（大鼠经口）

皮肤刺激或腐蚀 无资料

眼睛刺激或腐蚀 家兔经眼：500mg (24h)，轻度刺激

呼吸或皮肤过敏 无资料　　**生殖细胞突变性** 无资料

致癌性 无资料　　**生殖毒性** 无资料

特异性靶器官系统毒性-一次接触 无资料

特异性靶器官系统毒性-反复接触 无资料

吸入危害 无资料

第十二部分 生态学信息

生态毒性 LC_{50}：14.2mg/L (96h)（黑头呆鱼）

持久性和降解性

生物降解性 无资料

非生物降解性 空气中，当羟基自由基浓度为5.00×10^5个/cm^3时，降解半衰期为17.7h

潜在的生物累积性 根据K_{ow}值预测，该物质的生物累积性可能较弱

土壤中的迁移性 根据K_{oc}值预测，该物质可能易发生迁移

第十三部分 废弃处置

废弃化学品 建议用焚烧法处置。焚烧炉排出的氮氧化物通过洗涤器除去

污染包装物 将容器返还生产商或按照国家和地方法规处置

废弃注意事项 处置前应参阅国家和地方有关法规

第十四部分 运输信息

联合国危险货物编号（UN号） 1596

联合国运输名称 二硝基苯胺

联合国危险性类别 6.1

包装类别 Ⅱ类包装　　**包装标志** 

海洋污染物 否

运输注意事项 运输前应先检查包装容器是否完整、密封，运输过程中要确保容器不泄漏、不倒塌、不坠落、不损坏。严禁与酸类、氧化剂、食品及食品添加剂混运。运输时运输车辆应配备相应品种和数量的消防器材及泄漏应急处理设备。运输途中应防曝晒、雨淋，防高温

第十五部分 法规信息

下列法律、法规、规章和标准，对该化学品的管理作了相应的规定。

中华人民共和国职业病防治法 职业病分类和目录：苯的氨基及硝基化合物中毒

危险化学品安全管理条例 危险化学品目录：列入。易制爆危险化学品名录：未列入。重点监管的危险化学品名录：未列入。GB 18218—2009《危险化学品重大危险源辨识》(表 1)：未列入

使用有毒物品作业场所劳动保护条例 高毒物品目录：未列入

易制毒化学品管理条例 易制毒化学品的分类和品种目录：未列入

国际公约 斯德哥尔摩公约：未列入。鹿特丹公约：未列入。蒙特利尔议定书：未列入

第十六部分 其他信息

编写和修订信息 **缩略语和首字母缩写**

培训建议 **参考文献**

免责声明

3,5-二硝基苯胺

第一部分 化学品标识

化学品中文名 3,5-二硝基苯胺

化学品英文名 3,5-dinitroaniline；3,5-dinitrobenzenamine

分子式 $C_6H_5N_3O_4$ **相对分子质量** 183.12

结构式

化学品的推荐及限制用途 制造偶氮染料的中间体，腐蚀抑制剂

第二部分 危险性概述

紧急情况概述 吞咽致命，皮肤接触会致命，吸入致命

GHS 危险性类别 急性毒性-经口，类别 2；急性毒性-经皮，类别 1；急性毒性-吸入，类别 2；特异性靶器官毒性-反复接触，类别 2；危害水生环境-急性危害，类别 2；危害水生环境-长期危害，类别 2

标签要素

象形图

警示词 危险

危险性说明 吞咽致命，皮肤接触会致命，吸入致命，长时间或反复接触可能对器官造成损伤，对水生生物有毒并具有长期持续影响

防范说明

预防措施 避免接触眼睛、皮肤或衣服，操作后彻底清洗。作业场所不得进食、饮水或吸烟。戴防护手套、穿防护服。避免吸入粉尘。仅在室外或通风良好处操作。戴呼吸防护器具。禁止排入环境

事故响应 如吸入：将患者转移到空气新鲜处，休息，保持利于呼吸的体位。如感觉不适，就医。皮肤接触：用大量肥皂水和水轻轻地清洗，立即脱去所有被污染的衣服。被污染的衣服须经洗净后方可重新使用。食入：漱口，立即呼叫中毒控制中心或就医。收集泄漏物

安全储存 在通风良好处储存。保持容器密闭。上锁保管

废弃处置 本品及内装物、容器依据国家和地方法规处置

物理和化学危险 可燃，其粉体与空气混合，能形成爆炸性混合物

健康危害 对眼睛、黏膜、呼吸道及皮肤有刺激作用。吸收进入体内引起高铁血红蛋白血症，出现紫绀。中毒表现有恶心、眩晕、头痛等

环境危害 对水生生物有毒并具有长期持续影响

第三部分 成分/组成信息

√物质 混合物

组分	浓度	CAS No.
3,5-二硝基苯胺		618-87-1

第四部分 急救措施

吸入 迅速脱离现场至空气新鲜处。保持呼吸道通畅。如呼吸困难，给输氧。如呼吸、心跳停止，立即进行心肺复苏术。就医

皮肤接触 立即脱去污染的衣着，用流动清水彻底冲洗。就医

眼睛接触 立即分开眼睑，用流动清水或生理盐水彻底冲洗。就医

食入 饮适量温水，催吐（仅限于清醒者）。就医

对保护施救者的忠告 根据需要使用个人防护设备

对医生的特别提示 高铁血红蛋白血症，可用美蓝和维生素 C 治疗

第五部分 消防措施

灭火剂 用雾状水、泡沫、干粉、二氧化碳、砂土灭火

特别危险性 受热分解产生有毒的烟气。与强氧化剂接触可发生化学反应。具有爆炸性，但只有在强起爆药引爆下才能起爆。燃烧生成有害的一氧化碳、氮氧化物

灭火注意事项及防护措施 消防人员必须佩戴空气呼吸器、穿全身防火防毒服，在上风向灭火。尽可能将容器从火场移至空旷处。喷水保持火场容器冷却，直至灭火结束

第六部分 泄漏应急处理

作业人员防护措施、防护装备和应急处置程序 隔离泄漏污染区，限制出入。消除所有点火源。建议应急处理人员戴防尘口罩，穿防毒服，戴橡胶手套。穿上适当的防护服前严禁接触破裂的容器和泄漏物。尽可能切断泄漏源。用塑料布覆盖泄漏物，减少飞散。勿使水进入包装容器内

环境保护措施 无资料

泄漏化学品的收容、清除方法及所使用的处置材料 用洁净的铲子收集泄漏物，置于干净、干燥、盖子较松的容器中，将容器移离泄漏区

第七部分 操作处置与储存

操作注意事项 密闭操作，提供充分的局部排风。操作人员必须经过专门培训，严格遵守操作规程。建议操作人员佩戴头罩型电动送风过滤式防尘呼吸器，穿胶布防毒衣，戴橡胶手套。远离火种、热源。工作场所严禁吸烟。使用防爆型的通风系统和设备。避免产生粉尘。避免与氧化剂、酸类接触。搬运时要轻装轻卸，防止包装及容器损坏。配备相应品种和数量的消防器材及泄漏应急处理设备。倒空的容器可能残留有害物

储存注意事项 储存于阴凉、通风的库房。远离火种、热源。包装密封。应与氧化剂、酸类、食用化学品分开存放，切忌混储。配备相应品种和数量的消防器材。储区应备有合适的材料收容泄漏物

第八部分 接触控制/个体防护

职业接触限值

中国 未制定标准

美国(ACGIH) 未制定标准

生物接触限值 未制定标准

监测方法 空气中有毒物质测定方法：未制定标准。生物监测检验方法：未制定标准

工程控制 严加密闭，提供充分的局部排风。提供安全的淋浴和洗眼设备

个体防护装备

呼吸系统防护 可能接触其粉尘时，必须佩戴过滤式防尘呼吸器。紧急事态抢救或撤离时，应该佩戴空气呼吸器

眼睛防护 戴化学安全防护眼镜

皮肤和身体防护 穿隔绝式防毒服

手防护 戴橡胶手套

第九部分 理化特性

外观与性状 黄色针状结晶

pH值 无意义 **熔点(℃)** 160～162

沸点(℃) 无资料 **相对密度(水=1)** 1.601

相对蒸气密度(空气=1) 无资料

饱和蒸气压(kPa) 无资料

燃烧热(kJ/mol) 无资料 **临界温度(℃)** 无资料

临界压力(MPa) 无资料 **辛醇/水分配系数** 1.89

闪点(℃) ＞100 **自燃温度(℃)** 无资料

爆炸下限(%) 无资料 **爆炸上限(%)** 无资料

分解温度(℃) 无资料 **黏度(mPa·s)** 无资料

溶解性 不溶于水，微溶于苯，溶于乙醇、乙醚

第十部分 稳定性和反应性

稳定性 稳定

危险反应 与强氧化剂等禁配物发生反应

避免接触的条件 受热

禁配物 强氧化剂、强酸、酸酐、酰基氯

危险的分解产物 氮氧化物、氨

第十一部分 毒理学信息

急性毒性 无资料 **皮肤刺激或腐蚀** 无资料

眼睛刺激或腐蚀 无资料 **呼吸或皮肤过敏** 无资料

生殖细胞突变性 无资料 **致癌性** 无资料

生殖毒性 无资料

特异性靶器官系统毒性-一次接触 无资料

特异性靶器官系统毒性-反复接触 无资料

吸入危害 无资料

第十二部分 生态学信息

生态毒性

LC_{50} 2.99mg/L (96h) (鱼)

EC_{50} 3.76mg/L (48h) (水蚤)

持久性和降解性

生物降解性 无资料

非生物降解性 无资料

潜在的生物累积性 根据 K_{ow} 值预测，该物质的生物累积性可能较弱

土壤中的迁移性 根据 K_{oc} 值预测，该物质可能易发生迁移

第十三部分 废弃处置

废弃化学品 建议用焚烧法处置。焚烧炉排出的氮氧化物通过洗涤器除去

污染包装物 将容器返还生产商或按照国家和地方法规处置

废弃注意事项 处置前应参阅国家和地方有关法规

第十四部分 运输信息

联合国危险货物编号(UN号) 1596

联合国运输名称 二硝基苯胺

联合国危险性类别 6.1

包装类别 Ⅱ类包装 **包装标志**

海洋污染物 否

运输注意事项 运输前应先检查包装容器是否完整、密封，运输过程中要确保容器不泄漏、不倒塌、不坠落、不损坏。严禁与酸类、氧化剂、食品及食品添加剂混运。运输时运输车辆应配备相应品种和数量的消防器材及泄漏应急处理设备。运输途中应防曝晒、雨

淋，防高温

第十五部分　法规信息

下列法律、法规、规章和标准，对该化学品的管理作了相应的规定。

中华人民共和国职业病防治法　职业病分类和目录：苯的氨基及硝基化合物中毒

危险化学品安全管理条例　危险化学品目录：列入。易制爆危险化学品名录：未列入。重点监管的危险化学品名录：未列入。GB 18218—2009《危险化学品重大危险源辨识》(表 1)：未列入

使用有毒物品作业场所劳动保护条例　高毒物品目录：未列入

易制毒化学品管理条例　易制毒化学品的分类和品种目录：未列入

国际公约　斯德哥尔摩公约：未列入。鹿特丹公约：未列入。蒙特利尔议定书：未列入

第十六部分　其他信息

编写和修订信息　　**缩略语和首字母缩写**

培训建议　　**参考文献**

免责声明

2,6-二硝基苯胺

第一部分　化学品标识

化学品中文名　2,6-二硝基苯胺

化学品英文名　2,6-dinitroaniline；2,6-dinitrobenzenamine

分子式　$C_6H_5N_3O_4$　**相对分子质量**　183.12

结构式

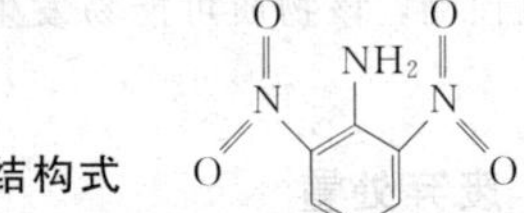

化学品的推荐及限制用途　用于有机合成及作为分析试剂

第二部分　危险性概述

紧急情况概述　吞咽致命，皮肤接触会致命，吸入致命

GHS 危险性类别　急性毒性-经口，类别 2；急性毒性-经皮，类别 1；急性毒性-吸入，类别 2；特异性靶器官毒性-反复接触，类别 2；危害水生环境-急性危害，类别 2；危害水生环境-长期危害，类别 2

标签要素

象形图

警示词　危险

危险性说明　吞咽致命，皮肤接触会致命，吸入致命，长时间或反复接触可能对器官造成损伤，对水生生物有毒并具有长期持续影响

防范说明

预防措施　避免接触眼睛、皮肤或衣服，操作后彻底清洗。作业场所不得进食、饮水或吸烟。戴防护手套、穿防护服。避免吸入粉尘。仅在室外或通风良好处操作。戴呼吸防护器具。禁止排入环境

事故响应　如吸入：将患者转移到空气新鲜处，休息，保持利于呼吸的体位。如感觉不适，就医。皮肤接触：用大量肥皂水和水轻轻地清洗，立即脱去所有被污染的衣服。被污染的衣服须经洗净后方可重新使用。食入：漱口，立即呼叫中毒控制中心或就医。收集泄漏物

安全储存　在通风良好处储存。保持容器密闭。上锁保管

废弃处置　本品及内装物、容器依据国家和地方法规处置

物理和化学危险　可燃，其粉体与空气混合，能形成爆炸性混合物

健康危害　对眼睛、黏膜、呼吸道及皮肤有刺激作用。吸收进入体内引起高铁血红蛋白血症，出现紫绀。中毒表现有恶心、眩晕、头痛等

环境危害　对水生生物有毒并具有长期持续影响

第三部分　成分/组成信息

√物质		混合物
组分	**浓度**	**CAS No.**
2,6-二硝基苯胺		606-22-4

第四部分　急救措施

吸入　迅速脱离现场至空气新鲜处。保持呼吸道通畅。如呼吸困难，给输氧。如呼吸、心跳停止，立即进行心肺复苏术。就医

皮肤接触　立即脱去污染的衣着，用流动清水彻底冲洗。就医

眼睛接触　立即分开眼睑，用流动清水或生理盐水彻底冲洗。就医

食入　饮适量温水，催吐（仅限于清醒者）。就医

对保护施救者的忠告　根据需要使用个人防护设备

对医生的特别提示　高铁血红蛋白血症，可用美蓝和维生素 C 治疗

第五部分　消防措施

灭火剂　用雾状水、泡沫、干粉、二氧化碳、砂土灭火

特别危险性　受热分解产生有毒的烟气。与强氧化剂接触可发生化学反应。具有爆炸性，但只有在强起爆药引爆下才能起爆。燃烧生成有害的一氧化碳、氮氧化物

灭火注意事项及防护措施　消防人员必须佩戴空气呼吸器、穿全身防火防毒服，在上风向灭火。尽可能将容器从火场移至空旷处。喷水保持火场容器冷却，直至灭火结束

第六部分　泄漏应急处理

作业人员防护措施、防护装备和应急处置程序　隔离泄漏污染区，限制出入。消除所有点火源。建议应急处理人员戴防尘口罩，穿防毒服，戴橡胶手套。穿上适当的防护服前严禁接触破裂的容器和泄漏物。尽可能切断泄漏源。用塑料布覆盖泄漏物，减少飞散。勿使水

进入包装容器内

环境保护措施 无资料

泄漏化学品的收容、清除方法及所使用的处置材料 用洁净的铲子收集泄漏物，置于干净、干燥、盖子较松的容器中，将容器移离泄漏区

第七部分 操作处置与储存

操作注意事项 密闭操作，提供充分的局部排风。操作人员必须经过专门培训，严格遵守操作规程。建议操作人员佩戴头罩型电动送风过滤式防尘呼吸器，穿胶布防毒衣，戴橡胶手套。远离火种、热源。工作场所严禁吸烟。使用防爆型的通风系统和设备。避免产生粉尘。避免与氧化剂、酸类接触。搬运时要轻装轻卸，防止包装及容器损坏。配备相应品种和数量的消防器材及泄漏应急处理设备。倒空的容器可能残留有害物

储存注意事项 储存于阴凉、通风的库房。远离火种、热源。包装密封。应与氧化剂、酸类、食用化学品分开存放，切忌混储。配备相应品种和数量的消防器材。储区应备有合适的材料收容泄漏物

第八部分 接触控制/个体防护

职业接触限值

中国 未制定标准

美国(ACGIH) 未制定标准

生物接触限值 未制定标准

监测方法 空气中有毒物质测定方法：未制定标准。生物监测检验方法：未制定标准

工程控制 严加密闭，提供充分的局部排风。提供安全的淋浴和洗眼设备

个体防护装备

呼吸系统防护 可能接触其粉尘时，必须佩戴过滤式防尘呼吸器。紧急事态抢救或撤离时，应该佩戴空气呼吸器

眼睛防护 戴化学安全防护眼镜

皮肤和身体防护 穿隔绝式防毒服

手防护 戴橡胶手套

第九部分 理化特性

外观与性状 黄色针状结晶

pH值 无意义 **熔点(℃)** 139～140

沸点(℃) 无资料 **相对密度(水=1)** 无资料

相对蒸气密度(空气=1) 无资料

饱和蒸气压(kPa) 无资料

燃烧热(kJ/mol) 无资料 **临界温度(℃)** 无资料

临界压力(MPa) 无资料 **辛醇/水分配系数** 无资料

闪点(℃) 无意义 **引燃温度(℃)** 无资料

爆炸下限(%) 无资料 **爆炸上限(%)** 无资料

分解温度(℃) 无资料 **黏度(mPa·s)** 无资料

溶解性 不溶于水，微溶于乙醇，溶于乙醚、热苯

第十部分 稳定性和反应性

稳定性 稳定

危险反应 与强氧化剂等禁配物发生反应

避免接触的条件 受热

禁配物 强氧化剂、强酸、酸酐、酰基氯

危险的分解产物 氮氧化物、氨

第十一部分 毒理学信息

急性毒性 LD_{50}：180mg/kg（小鼠静脉）

皮肤刺激或腐蚀 无资料 **眼睛刺激或腐蚀** 无资料

呼吸或皮肤过敏 无资料 **生殖细胞突变性** 无资料

致癌性 无资料 **生殖毒性** 无资料

特异性靶器官系统毒性-一次接触 无资料

特异性靶器官系统毒性-反复接触 无资料

吸入危害 无资料

第十二部分 生态学信息

生态毒性 根据结构类似物质预测，该物质对水生生物有毒

持久性和降解性

生物降解性 无资料

非生物降解性 无资料

潜在的生物累积性 无资料

土壤中的迁移性 无资料

第十三部分 废弃处置

废弃化学品 建议用焚烧法处置。焚烧炉排出的氮氧化物通过洗涤器除去

污染包装物 将容器返还生产商或按照国家和地方法规处置

废弃注意事项 处置前应参阅国家和地方有关法规

第十四部分 运输信息

联合国危险货物编号(UN号) 1596

联合国运输名称 二硝基苯胺

联合国危险性类别 6.1

包装类别 Ⅱ类包装 **包装标志** 

海洋污染物 否

运输注意事项 运输前应先检查包装容器是否完整、密封，运输过程中要确保容器不泄漏、不倒塌、不坠落、不损坏。严禁与酸类、氧化剂、食品及食品添加剂混运。运输时运输车辆应配备相应品种和数量的消防器材及泄漏应急处理设备。运输途中应防曝晒、雨淋，防高温

第十五部分 法规信息

下列法律、法规、规章和标准，对该化学品的管理作了相应的规定。

中华人民共和国职业病防治法 职业病分类和目录：苯的氨基及硝基化合物中毒

危险化学品安全管理条例 危险化学品目录：列入。易制爆危险化学品名录：未列入。重点监管的危险化学品名录：未列入。GB 18218—2009《危险化学品重大

危险源辨识》（表1）：未列入

使用有毒物品作业场所劳动保护条例　高毒物品目录：未列入

易制毒化学品管理条例　易制毒化学品的分类和品种目录：未列入

国际公约　斯德哥尔摩公约：未列入。鹿特丹公约：未列入。蒙特利尔议定书：未列入

第十六部分　其他信息

编写和修订信息　　**缩略语和首字母缩写**

培训建议　　**参考文献**

免责声明

2,4-二硝基苯酚［含水≥15%］

第一部分　化学品标识

化学品中文名　2,4-二硝基苯酚［含水≥15%］；2,4-二硝基酚

化学品英文名　2,4-dinitrophenol（wetted with not less than 15% water）；aldifen

分子式　$C_6H_4N_2O_5$　　**相对分子质量**　184.12

结构式

化学品的推荐及限制用途　用于有机合成、染料、炸药等

第二部分　危险性概述

紧急情况概述　易燃固体，吞咽会中毒，皮肤接触会中毒，吸入会中毒

GHS危险性类别　易燃固体，类别1；急性毒性-经口，类别3；急性毒性-经皮，类别3；急性毒性-吸入，类别3；特异性靶器官毒性-反复接触，类别2；危害水生环境-急性危害，类别1

标签要素

象形图

警示词　危险

危险性说明　易燃固体，吞咽会中毒，皮肤接触会中毒，吸入会中毒，长时间或反复接触可能对器官造成损伤，对水生生物毒性非常大

防范说明

预防措施　远离热源、火花、明火、热表面。禁止吸烟。容器和接收设备接地连接。使用防爆电器、通风、照明设备（注：如能产生粉尘云时适用）。戴防护手套，穿防护服，戴防护眼镜、防护面罩。避免接触眼睛、皮肤，操作后彻底清洗。作业场所不得进食、饮水或吸烟。避免吸入粉尘。仅在室外或通风良好处操作。禁止排入环境

事故响应　火灾时，使用二氧化碳、干粉灭火。如吸入：将患者转移到空气新鲜处，休息，保持利于呼吸的体位；如感觉不适，就医。皮肤接触：用大量肥皂水和水清洗；如感觉不适，呼叫中毒控制中心或就医。立即脱去所有被污染的衣服。被污染的衣服须经洗净后方可重新使用。食入：漱口，立即呼叫中毒控制中心或就医。收集泄漏物

安全储存　在通风良好处储存。保持容器密闭。上锁保管

废弃处置　本品及内装物、容器依据国家和地方法规处置

物理和化学危险　易燃。受撞击、摩擦，遇明火或其他点火源极易爆炸

健康危害　本品直接作用于能量代谢过程，可使细胞氧化过程增强、磷酰化过程抑制

急性中毒　急性生产性中毒主要系经皮吸收和呼吸道吸收所致，尤以经皮吸收中毒多见。一般在接触后数小时内发病，出现皮肤潮红、口渴、大汗、严重头痛、全身无力、烦躁不安、心率和呼吸加快、高热（达40℃以上）、抽搐、肌肉强直，直至昏迷。可因呼吸和循环衰竭死亡。成人口服致死量约1g。口服中毒者除有上述表现外，恶心、呕吐、腹痛等消化道症状也较明显，重者可有肝功能异常和肾损害。实验室检查可见代谢性酸中毒和尿氨基酚排泄量增高

慢性中毒　有肝、肾损害，白内障及周围神经炎。可使皮肤黄染，引起湿疹样皮炎，偶见剥脱性皮炎

环境危害　对水生生物毒性非常大

第三部分　成分/组成信息

√物质		混合物
组分	**浓度**	**CAS No.**
2,4-二硝基苯酚		51-28-5

第四部分　急救措施

吸入　迅速脱离现场至空气新鲜处。保持呼吸道通畅。如呼吸困难，给输氧。如呼吸、心跳停止，立即进行心肺复苏术。就医

皮肤接触　立即脱去污染的衣着，用流动清水彻底冲洗。就医

眼睛接触　立即分开眼睑，用流动清水或生理盐水彻底冲洗。就医

食入　饮适量温水，催吐（仅限于清醒者）。就医

对保护施救者的忠告　根据需要使用个人防护设备

对医生的特别提示　对症处理

第五部分　消防措施

灭火剂　用二氧化碳、干粉灭火

特别危险性　急剧加热时可发生爆炸。燃烧时放出有毒的刺激性烟雾。与氧化剂混合能形成爆炸性混合物。与重金属粉末能起化学反应生成金属盐，增加敏感度。燃烧生成有害的一氧化碳、氮氧化物

灭火注意事项及防护措施　消防人员须佩戴防毒面具、穿全身消防服，在上风向灭火。遇大火须远离以防炸

伤。禁止用砂土压盖

第六部分 泄漏应急处理

作业人员防护措施、防护装备和应急处置程序 消除所有点火源。隔离泄漏污染区，限制出入。建议应急处理人员戴防尘口罩，穿防毒、防静电服，戴防毒物渗透手套。作业时使用的所有设备应接地。禁止接触或跨越泄漏物

环境保护措施 无资料

泄漏化学品的收容、清除方法及所使用的处置材料 小量泄漏：用大量水冲洗，洗水稀释后放入废水系统。大量泄漏：用水润湿，并筑堤收容；通过慢慢加入大量水保持泄漏物湿润

第七部分 操作处置与储存

操作注意事项 密闭操作，局部排风。操作人员必须经过专门培训，严格遵守操作规程。建议操作人员佩戴自吸过滤式防尘口罩，戴安全防护眼镜，穿胶布防毒衣，戴防毒物渗透手套。远离火种、热源。工作场所严禁吸烟。使用防爆型的通风系统和设备。避免产生粉尘。避免与氧化剂、碱类接触。搬运时要轻装轻卸，防止包装及容器损坏。禁止震动、撞击和摩擦。配备相应品种和数量的消防器材及泄漏应急处理设备。倒空的容器可能残留有害物

储存注意事项 储存于阴凉、通风良好的专用库房内。远离火种、热源。库温不宜超过35℃。包装密封。应与氧化剂、碱类、食用化学品分开存放，切忌混储。采用防爆型照明、通风设施。禁止使用易产生火花的机械设备和工具。储区应备有合适的材料收容泄漏物

第八部分 接触控制/个体防护

职业接触限值

中国 未制定标准

美国(ACGIH) 未制定标准

生物接触限值 未制定标准

监测方法 空气中有毒物质测定方法：未制定标准。生物监测检验方法：未制定标准

工程控制 密闭操作，局部排风。提供安全的淋浴和洗眼设备

个体防护装备

呼吸系统防护 可能接触其粉尘时，必须佩戴过滤式防尘呼吸器

眼睛防护 戴安全防护眼镜

皮肤和身体防护 穿隔绝式防毒服

手防护 戴防毒物渗透手套

第九部分 理化特性

外观与性状 浅黄色结晶或粉末

pH值 无意义 **熔点(℃)** 114～115

沸点(℃) 升华 **相对密度(水=1)** 1.68

相对蒸气密度(空气=1) 6.35

饱和蒸气压(kPa) 无资料

燃烧热(kJ/mol) −2708.6 **临界温度(℃)** 无资料

临界压力(MPa) 无资料

辛醇/水分配系数 1.54～1.67

闪点(℃) 无意义 **自燃温度(℃)** 无资料

爆炸下限(%) 无资料 **爆炸上限(%)** 无资料

分解温度(℃) 无资料 **黏度(mPa·s)** 无资料

溶解性 不溶于冷水，溶于热水、乙醇、乙醚、丙酮、苯、氯仿

第十部分 稳定性和反应性

稳定性 稳定

危险反应 与强氧化剂等禁配物接触，有发生燃烧和爆炸的危险

避免接触的条件 摩擦、撞击、受热

禁配物 强氧化剂、强碱、酰基氯、酸酐、重金属粉末

危险的分解产物 氮氧化物

第十一部分 毒理学信息

急性毒性 LD_{50}：30mg/kg（大鼠经口）；72mg/kg（小鼠经口）；700mg/kg（豚鼠经皮）

皮肤刺激或腐蚀 家兔经皮：300mg（4周，间歇），轻度刺激

眼睛刺激或腐蚀 无资料 **呼吸或皮肤过敏** 无资料

生殖细胞突变性 微生物致突变：大肠杆菌200ppm（3h）。DNA抑制：仓鼠肺脏7mmol/L。DNA损伤：大鼠肝100μmol/L

致癌性 无资料

生殖毒性 小鼠腹腔最低中毒剂量（TDLo）：40800μg/kg（孕10～12d），有胚胎毒性

特异性靶器官系统毒性-一次接触 无资料

特异性靶器官系统毒性-反复接触 无资料

吸入危害 无资料

第十二部分 生态学信息

生态毒性 LC_{50}：0.62mg/L（96h）（蓝鳃太阳鱼）；0.7mg/L（96h）（大西洋鲑）；6.58～13.3mg/L（96h）（黑头呆鱼，动态）；4.85mg/L（96h）（糠虾）；4.09～4.71mg/L（96h）（水蚤）；98mg/L（96h）（肋骨条藻）

持久性和降解性

生物降解性 好氧生物降解（h）：1622～6312；厌氧生物降解（h）：68～170

非生物降解性 光解最大光吸收（nm）：365；水中光氧化半衰期（h）：77～3840；空气中光氧化半衰期（h）：111～1114

潜在的生物累积性 根据K_{ow}值预测，该物质的生物累积性可能较弱

土壤中的迁移性 根据K_{oc}值预测，该物质可能易发生迁移

第十三部分 废弃处置

废弃化学品 用焚烧法处置，焚烧炉排出的氮氧化物通过洗涤器除去

污染包装物 将容器返还生产商或按照国家和地方法规

处置

废弃注意事项　处置前应参阅国家和地方有关法规

第十四部分　运输信息

联合国危险货物编号（UN号）　1320

联合国运输名称　二硝基苯酚，湿的，按质量含水不低于15%

联合国危险性类别　4.1，6.1

包装类别　Ⅰ类包装

包装标志

海洋污染物　是

运输注意事项　运输时运输车辆应配备相应品种和数量的消防器材及泄漏应急处理设备。装运本品的车辆排气管须有阻火装置。运输过程中要确保容器不泄漏、不倒塌、不坠落、不损坏。严禁与氧化剂、碱类、食用化学品等混装混运。运输途中应防曝晒、雨淋，防高温。中途停留时应远离火种、热源。车辆运输完毕应进行彻底清扫。铁路运输时要禁止溜放

第十五部分　法规信息

下列法律、法规、规章和标准，对该化学品的管理作了相应的规定。

中华人民共和国职业病防治法　职业病分类和目录：未列入

危险化学品安全管理条例　危险化学品目录：列入。易制爆危险化学品名录：列入。重点监管的危险化学品名录：未列入。GB 18218—2009《危险化学品重大危险源辨识》(表1)：未列入

使用有毒物品作业场所劳动保护条例　高毒物品目录：未列入

易制毒化学品管理条例　易制毒化学品的分类和品种目录：未列入

国际公约　斯德哥尔摩公约：未列入。鹿特丹公约：未列入。蒙特利尔议定书：未列入

第十六部分　其他信息

编写和修订信息　　**缩略语和首字母缩写**

培训建议　　**参考文献**

免责声明

2,4-二硝基苯酚［含水<15%］

第一部分　化学品标识

化学品中文名　2,4-二硝基苯酚［含水<15%］；2,4-二硝基（苯）酚

化学品英文名　2,4-dinitrophenol (wetted with less than 15% water)；2,4-DNP

分子式　$C_6H_4N_2O_5$　　**相对分子质量**　184.12

结构式

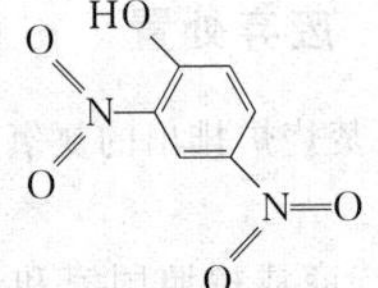

化学品的推荐及限制用途　用于有机合成、染料、炸药等

第二部分　危险性概述

紧急情况概述

GHS危险性类别　爆炸物，1.1项；急性毒性-经口，类别3；急性毒性-经皮，类别3；急性毒性-吸入，类别3；特异性靶器官毒性-反复接触，类别2；危害水生环境-急性危害，类别1

标签要素

象形图

警示词　危险

危险性说明　爆炸物、整体爆炸危险，吞咽会中毒，皮肤接触会中毒，吸入会中毒，长时间或反复接触可能对器官造成损伤，对水生生物毒性非常大

防范说明

预防措施　远离热源、火花、明火、热表面。禁止吸烟。容器和接收设备接地连接。使用防爆电器、通风、照明设备（注：如能产生粉尘云时适用）。戴防护手套，穿防护服，戴防护眼镜、防护面罩。避免接触眼睛、皮肤，操作后彻底清洗。作业场所不得进食、饮水或吸烟。避免吸入粉尘。仅在室外或通风良好处操作。禁止排入环境

事故响应　火灾时可能爆炸。如吸入：将患者转移到空气新鲜处，休息，保持利于呼吸的体位；如感觉不适，就医。皮肤接触：用大量肥皂水和水清洗；如感觉不适，呼叫中毒控制中心或就医；立即脱去所有被污染的衣服。被污染的衣服须经洗净后方可重新使用。食入：漱口，立即呼叫中毒控制中心或就医。收集泄漏物

安全储存　在通风良好处储存。保持容器密闭。上锁保管

废弃处置　本品及内装物、容器依据国家和地方法规处置

物理和化学危险　受撞击、摩擦，遇明火或其他点火源极易爆炸

健康危害　本品直接作用于能量代谢过程，可使细胞氧化过程增强，磷酰化过程抑制

急性中毒　急性生产性中毒主要系经皮吸收和呼吸道吸收所致，尤以经皮吸收中毒多见。一般在接触后数小时内发病，出现皮肤潮红、口渴、大汗、严重头痛、全身无力、烦躁不安、心率和呼吸加快、高热（达40℃以上）、抽搐、肌肉强直，直至昏迷。可因呼吸和循环衰竭死亡。成人口服致死量约1g。口服中毒者除有上述表现外，恶心、呕吐、腹痛等消化道症状也较明显，重者可有肝功能异常和肾损害。实验室检查可见代谢性酸中毒和尿氨基酚排泄量增高

慢性中毒　有肝、肾损害，白内障及周围神经炎。皮肤反复接触可使皮肤黄染，并可引起湿疹样皮炎，偶见剥脱性皮炎

环境危害 对水生生物毒性非常大

第三部分 成分/组成信息

√物质 混合物

组分	浓度	CAS No.
2,4-二硝基苯酚		51-28-5

第四部分 急救措施

吸入 迅速脱离现场至空气新鲜处。保持呼吸道通畅。如呼吸困难，给输氧。如呼吸、心跳停止，立即进行心肺复苏术。就医

皮肤接触 立即脱去污染的衣着，用流动清水彻底冲洗。就医

眼睛接触 立即分开眼睑，用流动清水或生理盐水彻底冲洗。就医

食入 饮适量温水，催吐（仅限于清醒者）。就医

对保护施救者的忠告 根据需要使用个人防护设备

对医生的特别提示 对症处理

第五部分 消防措施

灭火剂 用大量水灭火

特别危险性 遇火种、高温、摩擦、震动或接触碱性物质、氧化剂均易引起爆炸。与重金属粉末能起化学反应生成金属盐，增加敏感度。粉尘在流动和搅拌时，会有静电积累。燃烧生成有害的一氧化碳、氮氧化物

灭火注意事项及防护措施 消防人员须戴好防毒面具，在安全距离以外，在上风向灭火。遇大火切勿轻易接近。禁止用砂土压盖

第六部分 泄漏应急处理

作业人员防护措施、防护装备和应急处置程序 隔离泄漏污染区，限制出入。消除所有点火源。建议应急处理人员戴防尘口罩，穿防毒、防静电服，戴橡胶手套。作业时使用的所有设备应接地。禁止接触或跨越泄漏物

环境保护措施 无资料

泄漏化学品的收容、清除方法及所使用的处置材料 润湿泄漏物，收集回收或废弃处置。严禁设法扫除干的泄漏物

第七部分 操作处置与储存

操作注意事项 密闭操作，提供充分的局部排风。操作人员必须经过专门培训，严格遵守操作规程。建议操作人员佩戴自吸过滤式防尘口罩，戴安全防护眼镜，穿紧袖工作服、长筒胶鞋，戴橡胶手套。远离火种、热源。工作场所严禁吸烟。使用防爆型的通风系统和设备。避免与氧化剂、碱类、活性金属粉末接触。搬运时要轻装轻卸，防止包装及容器损坏。禁止震动、撞击和摩擦。配备相应品种和数量的消防器材及泄漏应急处理设备

储存注意事项 储存于阴凉、干燥、通风的爆炸品专用库房。远离火种、热源。库温不宜超过35℃。若含有水作稳定剂，库房温度不低于1℃、相对湿度小于80%。应与氧化剂、碱类、活性金属粉末、食用化学品分开存放，切忌混储。采用防爆型照明、通风设施。禁止使用易产生火花的机械设备和工具。储区应备有合适的材料收容泄漏物。禁止震动、撞击和摩擦

第八部分 接触控制/个体防护

职业接触限值

中国 未制定标准

美国(ACGIH) 未制定标准

生物接触限值 未制定标准

监测方法 空气中有毒物质测定方法：未制定标准。生物监测检验方法：未制定标准

工程控制 严加密闭，提供充分的局部排风。提供安全的淋浴和洗眼设备

个体防护装备

呼吸系统防护 空气中粉尘浓度超标时，佩戴过滤式防尘呼吸器。紧急事态抢救或撤离时，应该佩戴空气呼吸器

眼睛防护 戴安全防护眼镜

皮肤和身体防护 穿紧袖工作服、长筒胶鞋

手防护 戴橡胶手套

第九部分 理化特性

外观与性状 黄色结晶

pH值 2.6～4.4　　**熔点(℃)** 112～114

沸点(℃) 升华　　**相对密度(水=1)** 1.683

相对蒸气密度(空气=1) 6.36

饱和蒸气压(kPa) 无资料

燃烧热(kJ/mol) －2708.6　　**临界温度(℃)** 无资料

临界压力(MPa) 无资料　　**辛醇/水分配系数** 1.67

闪点(℃) 无意义　　**自燃温度(℃)** 无资料

爆炸下限(%) 无资料　　**爆炸上限(%)** 无资料

分解温度(℃) 无资料　　**黏度(mPa·s)** 无资料

溶解性 不溶于冷水，溶于热水、乙醇、乙醚、丙酮、苯、氯仿

第十部分 稳定性和反应性

稳定性 稳定

危险反应 受热、摩擦、震动、撞击、与强氧化剂等禁配物接触，有发生火灾和爆炸的危险

避免接触的条件 受热、摩擦、震动和撞击

禁配物 强氧化剂、强碱、氨、重金属粉末、胺类等

危险的分解产物 氮氧化物

第十一部分 毒理学信息

急性毒性 LD_{50}：30mg/kg（大鼠经口）；700mg/kg（豚鼠经皮）

皮肤刺激或腐蚀 家兔经皮：300mg/4周（间歇），轻度刺激

眼睛刺激或腐蚀 无资料　　**呼吸或皮肤过敏** 无资料

生殖细胞突变性 微生物致突变：大肠杆菌200ppm(3h)。DNA抑制：仓鼠肺脏7mmol/L。DNA损伤：大鼠肝100μmol/L。细胞遗传学分析：腹腔内给予

10g/kg

致癌性 无资料 **生殖毒性** 无资料

特异性靶器官系统毒性-一次接触 无资料

特异性靶器官系统毒性-反复接触 小鼠腹腔最低中毒剂量（TDLo）：40800μg/kg（孕 10～12d），有胚胎毒性

吸入危害 无资料

第十二部分 生态学信息

生态毒性 LC_{50}：0.62mg/L（96h）（蓝鳃太阳鱼）；0.7mg/L（96h）（大西洋鲑）；6.58～13.3mg/L（96h）（黑头呆鱼，动态）；4.85mg/L（96h）（糖虾）；4.09～4.71mg/L（96h）（水蚤）；98mg/L（96h）（肋骨条藻）

持久性和降解性

生物降解性 好氧生物降解（h）：1622～6312；厌氧生物降解（h）：68～170

非生物降解性 水相光解半衰期（h）：77～3840；光解最大光吸收（nm）：365；水中光氧化半衰期（h）：111～1114

潜在的生物累积性 根据 K_{ow} 值预测，该物质的生物累积性可能较弱

土壤中的迁移性 根据 K_{oc} 值预测，该物质可能易发生迁移

第十三部分 废弃处置

废弃化学品 处置前应参阅国家和地方有关法规。在公安部门指定地点引爆

污染包装物 将容器返还生产商或按照国家和地方法规处置

废弃注意事项 废弃处置人员必须接受过专门的爆炸性物质废弃处置培训

第十四部分 运输信息

联合国危险货物编号（UN 号） 0076

联合国运输名称 二硝基苯酚，干的，或湿的，按质量计含水低于 15%

联合国危险性类别 1.1D，6.1

包装类别 -

包装标志

海洋污染物 是

运输注意事项 货车编组，应按照《车辆编组隔离表》进行。起运时包装要完整，装载应稳妥。运输过程中要确保容器不泄漏、不倒塌、不坠落、不损坏。车速要加以控制，避免颠簸、震荡。不得与酸、碱、盐类、氧化剂、易燃可燃物、自燃物品、金属粉末等危险物品及钢铁材料器具混装。运输途中应防曝晒、雨淋，防高温。公路运输时要按规定路线行驶，中途停留时应严格选择停放地点，远离高压电源、火源和高温场所，要与其他车辆隔离并留有专人看管，禁止在居民区和人口稠密区停留。铁路运输时要禁止溜放

第十五部分 法规信息

下列法律、法规、规章和标准，对该化学品的管理作了相应的规定。

中华人民共和国职业病防治法 职业病分类和目录：未列入

危险化学品安全管理条例 危险化学品目录：列入。易制爆危险化学品名录：列入。重点监管的危险化学品名录：未列入。GB 18218—2009《危险化学品重大危险源辨识》（表 1）：未列入

使用有毒物品作业场所劳动保护条例 高毒物品目录：未列入

易制毒化学品管理条例 易制毒化学品的分类和品种目录：未列入

国际公约 斯德哥尔摩公约：未列入。鹿特丹公约：未列入。蒙特利尔议定书：未列入

第十六部分 其他信息

编写和修订信息 **缩略语和首字母缩写**

培训建议 **参考文献**

免责声明

2,4-二硝基苯甲醚

第一部分 化学品标识

化学品中文名 2,4-二硝基苯甲醚；2,4-二硝基茴香醚

化学品英文名 2,4-dinitroanisole；2,4-dinitrophenylmethyl ether

分子式 $C_7H_6N_2O_5$ **相对分子质量** 198.15

结构式

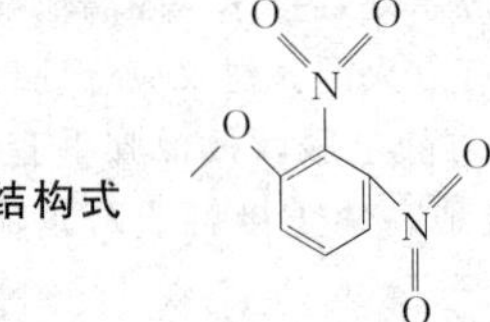

化学品的推荐及限制用途 用作染料中间体及杀虫卵剂

第二部分 危险性概述

紧急情况概述 易燃固体，吞咽会中毒

GHS 危险性类别 易燃固体，类别 1；急性毒性-经口，类别 3

标签要素

象形图

警示词 危险

危险性说明 易燃固体，吞咽会中毒

防范说明

预防措施 远离热源、火花、明火、热表面。禁止吸烟。容器和接收设备接地连接。使用防爆电器、通风、照明设备。戴防护手套、防护眼镜、防护面罩。避免接触眼睛、皮肤，操作后

彻底清洗。作业场所不得进食、饮水或吸烟

事故响应 火灾时，使用二氧化碳、泡沫、干粉灭火。食入：漱口，立即呼叫中毒控制中心或就医

安全储存 上锁保管

废弃处置 本品及内装物、容器依据国家和地方法规处置

物理和化学危险 易燃。受撞击、摩擦，遇明火或其他点火源极易爆炸

健康危害 本品吸收进入体内后，可引起高铁血红蛋白血症，出现紫绀。具有刺激性

环境危害 对环境可能有害

第三部分 成分/组成信息

√物质 混合物

组分	浓度	CAS No.
2,4-二硝基苯甲醚		119-27-7

第四部分 急救措施

吸入 迅速脱离现场至空气新鲜处。保持呼吸道通畅。如呼吸困难，给输氧。如呼吸、心跳停止，立即进行心肺复苏术。就医

皮肤接触 立即脱去污染的衣着，用流动清水彻底冲洗。就医

眼睛接触 立即分开眼睑，用流动清水或生理盐水彻底冲洗。就医

食入 漱口，饮水。就医

对保护施救者的忠告 根据需要使用个人防护设备

对医生的特别提示 高铁血红蛋白血症，可用美蓝和维生素C治疗

第五部分 消防措施

灭火剂 用二氧化碳、泡沫、干粉灭火

特别危险性 易燃，遇明火、高热、摩擦、撞击有引起燃烧的危险。燃烧时放出有毒的刺激性烟雾。与氧化剂混合能形成爆炸性混合物。燃烧生成有害的一氧化碳、氮氧化物

灭火注意事项及防护措施 消防人员须戴好防毒面具，在安全距离以外，在上风向灭火。尽可能将容器从火场移至空旷处。喷水保持火场容器冷却，直至灭火结束。禁止用砂土压盖

第六部分 泄漏应急处理

作业人员防护措施、防护装备和应急处置程序 隔离泄漏污染区，限制出入。消除所有点火源。建议应急处理人员戴防尘口罩，穿防毒服，戴防毒物渗透手套。禁止接触或跨越泄漏物

环境保护措施 防止泄漏物进入水体、下水道、地下室或有限空间

泄漏化学品的收容、清除方法及所使用的处置材料 小量泄漏：用洁净的铲子收集泄漏物，置于干净、干燥、盖子较松的容器中，将容器移离泄漏区。大量泄漏：用水润湿，并筑堤收容

第七部分 操作处置与储存

操作注意事项 密闭操作，局部排风。操作人员必须经过专门培训，严格遵守操作规程。建议操作人员佩戴自吸过滤式防尘口罩，戴安全防护眼镜，穿透气型防毒服，戴防毒物渗透手套。远离火种、热源。工作场所严禁吸烟。使用防爆型的通风系统和设备。避免产生粉尘。避免与氧化剂、碱类接触。搬运时要轻装轻卸，防止包装及容器损坏。禁止震动、撞击和摩擦。配备相应品种和数量的消防器材及泄漏应急处理设备。倒空的容器可能残留有害物

储存注意事项 储存于阴凉、通风的库房。远离火种、热源。库温不宜超过35℃。包装密封。应与氧化剂、碱类分开存放，切忌混储。采用防爆型照明、通风设施。禁止使用易产生火花的机械设备和工具。储区应备有合适的材料收容泄漏物

第八部分 接触控制/个体防护

职业接触限值

中国 未制定标准

美国(ACGIH) 未制定标准

生物接触限值 未制定标准

监测方法 空气中有毒物质测定方法：未制定标准。生物监测检验方法：未制定标准

工程控制 密闭操作，局部排风

个体防护装备

呼吸系统防护 可能接触其粉尘时，佩戴过滤式防尘呼吸器

眼睛防护 戴安全防护眼镜

皮肤和身体防护 穿透气型防毒服

手防护 戴防毒物渗透手套

第九部分 理化特性

外观与性状 无色到黄色针状结晶体

pH值 无意义　　**熔点(℃)** 87～89

沸点(℃) 升华　　**相对密度(水=1)** 1.34

相对蒸气密度(空气=1) 6.83

饱和蒸气压(kPa) 无资料

燃烧热(kJ/mol) 无资料　　**临界温度(℃)** 无资料

临界压力(MPa) 无资料　　**辛醇/水分配系数** 1.710

闪点(℃) 无资料　　**引燃温度(℃)** 无资料

爆炸下限(%) 无资料　　**爆炸上限(%)** 无资料

分解温度(℃) 无资料　　**黏度(mPa·s)** 无资料

溶解性 微溶于热水，溶于乙醇、乙醚等多数有机溶剂

第十部分 稳定性和反应性

稳定性 稳定

危险反应 与强氧化剂等禁配物接触，有发生燃烧和爆炸的危险

避免接触的条件 摩擦、撞击、受热

禁配物 强氧化剂、强碱

危险的分解产物 氮氧化物

第十一部分　毒理学信息

急性毒性　LDLo：100mg/kg（大鼠经口）
皮肤刺激或腐蚀　无资料　**眼睛刺激或腐蚀**　无资料
呼吸或皮肤过敏　无资料　**生殖细胞突变性**　无资料
致癌性　无资料　**生殖毒性**　无资料
特异性靶器官系统毒性-一次接触　无资料
特异性靶器官系统毒性-反复接触　无资料
吸入危害　无资料

第十二部分　生态学信息

生态毒性　无资料
持久性和降解性
　生物降解性　无资料
　非生物降解性　无资料
潜在的生物累积性　根据 K_{ow} 值预测，该物质的生物累积性可能较弱
土壤中的迁移性　根据 K_{oc} 值预测，该物质可能易发生迁移

第十三部分　废弃处置

废弃化学品　建议用焚烧法处置。焚烧炉排出的氮氧化物通过洗涤器除去
污染包装物　将容器返还生产商或按照国家和地方法规处置
废弃注意事项　处置前应参阅国家和地方有关法规

第十四部分　运输信息

联合国危险货物编号（UN 号）　2926
联合国运输名称　有机易燃固体，毒性，未另作规定的
联合国危险性类别　4.1，6.1
包装类别　Ⅱ类包装
包装标志

海洋污染物　否
运输注意事项　运输时运输车辆应配备相应品种和数量的消防器材及泄漏应急处理设备。装运本品的车辆排气管须有阻火装置。运输过程中要确保容器不泄漏、不倒塌、不坠落、不损坏。严禁与氧化剂、碱类、食用化学品等混装混运。运输途中应防曝晒、雨淋，防高温。中途停留时应远离火种、热源。车辆运输完毕应进行彻底清扫。铁路运输时要禁止溜放

第十五部分　法规信息

下列法律、法规、规章和标准，对该化学品的管理作了相应的规定。

中华人民共和国职业病防治法　职业病分类和目录：苯的氨基及硝基化合物中毒
危险化学品安全管理条例　危险化学品目录：列入。易制爆危险化学品名录：未列入。重点监管的危险化学品名录：未列入。GB 18218—2009《危险化学品重大危险源辨识》（表 1）：未列入
使用有毒物品作业场所劳动保护条例　高毒物品目录：未列入
易制毒化学品管理条例　易制毒化学品的分类和品种目录：未列入
国际公约　斯德哥尔摩公约：未列入。鹿特丹公约：未列入。蒙特利尔议定书：未列入

第十六部分　其他信息

编写和修订信息　**缩略语和首字母缩写**
培训建议　**参考文献**
免责声明

2,4-二硝基苯肼

第一部分　化学品标识

化学品中文名　2,4-二硝基苯肼
化学品英文名　2,4-dinitrophenylhydrazine
分子式　$C_6H_6N_4O_4$　**相对分子质量**　198.16
结构式

$H_2N—NH—$（苯环，2-位、4-位 NO_2）

化学品的推荐及限制用途　用于炸药制造，也作化学试剂

第二部分　危险性概述

紧急情况概述　易燃固体，吞咽有害
GHS 危险性类别　易燃固体，类别 1；急性毒性-经口，类别 4
标签要素

象形图

警示词　危险
危险性说明　易燃固体，吞咽有害
防范说明
　预防措施　远离热源、火花、明火、热表面。禁止吸烟。容器和接收设备接地连接。使用防爆电器、通风、照明设备。戴防护手套、防护眼镜、防护面罩。避免接触眼睛、皮肤，操作后彻底清洗。作业场所不得进食、饮水或吸烟
　事故响应　火灾时，使用二氧化碳、泡沫、干粉灭火。食入：漱口。如果感觉不适，立即呼叫中毒控制中心或就医
　安全储存　-
　废弃处置　本品及内装物、容器依据国家和地方法规处置
物理和化学危险　易燃。受撞击、摩擦，遇明火或其他点火源极易爆炸
健康危害　对眼和皮肤有刺激性。对皮肤有致敏性。本品吸收进入体内，可引起高铁血红蛋白血症，出现紫绀
环境危害　对环境可能有害

第三部分　成分/组成信息

√物质　　混合物

组分	浓度	CAS No.
2,4-二硝基苯肼		119-26-6

第四部分　急救措施

吸入　迅速脱离现场至空气新鲜处。保持呼吸道通畅。如呼吸困难，给吸氧。如呼吸、心跳停止，立即行心肺复苏术。就医

皮肤接触　立即脱去污染衣着，用肥皂水或清水彻底冲洗。就医

眼睛接触　分开眼睑，用清水或生理盐水冲洗。就医

食入　漱口，饮水。就医

对保护施救者的忠告　根据需要使用个人防护设备

对医生的特别提示　高铁血红蛋白血症，可用美蓝和维生素C治疗

第五部分　消防措施

灭火剂　用二氧化碳、泡沫、干粉灭火

特别危险性　遇明火极易燃烧爆炸。干燥时经震动、撞击会引起爆炸。燃烧时放出有毒的刺激性烟雾。与氧化剂混合能形成爆炸性混合物。燃烧生成有害的一氧化碳、氮氧化物

灭火注意事项及防护措施　消防人员须戴好防毒面具，在安全距离以外，在上风向灭火。尽可能将容器从火场移至空旷处。喷水保持火场容器冷却，直至灭火结束。禁止用砂土压盖

第六部分　泄漏应急处理

作业人员防护措施、防护装备和应急处置程序　隔离泄漏污染区，限制出入。消除所有点火源。建议应急处理人员戴防尘口罩，穿防毒、防静电服，戴防毒物渗透手套。禁止接触或跨越泄漏物

环境保护措施　防止泄漏物进入水体、下水道、地下室或有限空间

泄漏化学品的收容、清除方法及所使用的处置材料　小量泄漏：用洁净的铲子收集泄漏物，置于干净、干燥、盖子较松的容器中，将容器移离泄漏区。大量泄漏：用水润湿，并筑堤收容

第七部分　操作处置与储存

操作注意事项　密闭操作，局部排风。操作人员必须经过专门培训，严格遵守操作规程。建议操作人员佩戴自吸过滤式防尘口罩，戴化学安全防护眼镜，穿防毒物渗透工作服，戴防毒物渗透手套。远离火种、热源。工作场所严禁吸烟。使用防爆型的通风系统和设备。避免产生粉尘。避免与氧化剂接触。搬运时要轻装轻卸，防止包装及容器损坏。禁止震动、撞击和摩擦。配备相应品种和数量的消防器材及泄漏应急处理设备。倒空的容器可能残留有害物

储存注意事项　为安全起见，储存时常以不少于25%的水润湿、钝化。储存于阴凉、通风的库房。远离火种、热源。库温不宜超过35℃。包装密封。应与氧化剂分开存放，切忌混储。采用防爆型照明、通风设施。禁止使用易产生火花的机械设备和工具。储区应备有合适的材料收容泄漏物

第八部分　接触控制/个体防护

职业接触限值

中国　未制定标准

美国(ACGIH)　未制定标准

生物接触限值　未制定标准

监测方法　空气中有毒物质测定方法：未制定标准。生物监测检验方法：未制定标准

工程控制　密闭操作，局部排风。提供安全的淋浴和洗眼设备

个体防护装备

呼吸系统防护　可能接触其粉尘时，必须佩戴过滤式防尘呼吸器

眼睛防护　戴化学安全防护眼镜

皮肤和身体防护　穿防毒物渗透工作服

手防护　戴防毒物渗透手套

第九部分　理化特性

外观与性状　红色结晶性粉末

pH值　无意义　　**熔点(℃)**　196～200（分解）

沸点(℃)　无资料　　**相对密度(水=1)**　无资料

相对蒸气密度(空气=1)　无资料

饱和蒸气压(kPa)　无资料

燃烧热(kJ/mol)　无资料　　**临界温度(℃)**　无资料

临界压力(MPa)　无资料　　**辛醇/水分配系数**　1.47

闪点(℃)　无意义　　**自燃温度(℃)**　无资料

爆炸下限(%)　无资料　　**爆炸上限(%)**　无资料

分解温度(℃)　无资料　　**黏度(mPa·s)**　无资料

溶解性　微溶于水、乙醇，溶于酸

第十部分　稳定性和反应性

稳定性　稳定

危险反应　与强氧化剂等禁配物接触，有发生燃烧和爆炸的危险

避免接触的条件　受热、震动、撞击

禁配物　强氧化剂

危险的分解产物　氮氧化物

第十一部分　毒理学信息

急性毒性　LD_{50}：654mg/kg（大鼠经口）；450mg/kg（小鼠腹腔）

皮肤刺激或腐蚀　无资料

眼睛刺激或腐蚀　家兔经眼：500mg（24h），轻度刺激

呼吸或皮肤过敏　无资料　　**生殖细胞突变性**　无资料

致癌性　无资料　　**生殖毒性**　无资料

特异性靶器官系统毒性-一次接触　无资料

特异性靶器官系统毒性-反复接触　无资料

吸入危害　无资料

第十二部分　生态学信息

生态毒性　无资料

持久性和降解性

生物降解性　无资料

非生物降解性　无资料

潜在的生物累积性　根据 K_{ow} 值预测，该物质的生物累积性可能较弱

土壤中的迁移性　根据 K_{oc} 值预测，该物质可能易发生迁移

第十三部分　废弃处置

废弃化学品　建议用焚烧法处置。焚烧炉排出的氮氧化物通过洗涤器除去

污染包装物　将容器返还生产商或按照国家和地方法规处置

废弃注意事项　处置前应参阅国家和地方有关法规。废弃处置人员必须接受过专门的爆炸性物质废弃处置培训

第十四部分　运输信息

联合国危险货物编号（UN 号）　1325

联合国运输名称　有机易燃固体，未另作规定的（2,4-二硝基苯肼）

联合国危险性类别　4.1

包装类别　Ⅱ类包装　　**包装标志**

海洋污染物　否

运输注意事项　运输时运输车辆应配备相应品种和数量的消防器材及泄漏应急处理设备。装运本品的车辆排气管须有阻火装置。运输过程中要确保容器不泄漏、不倒塌、不坠落、不损坏。严禁与氧化剂、食用化学品等混装混运。运输途中应防曝晒、雨淋，防高温。中途停留时应远离火种、热源。车辆运输完毕应进行彻底清扫。铁路运输时要禁止溜放

第十五部分　法规信息

下列法律、法规、规章和标准，对该化学品的管理作了相应的规定。

中华人民共和国职业病防治法　职业病分类和目录：苯的氨基及硝基化合物中毒

危险化学品安全管理条例　危险化学品目录：列入。易制爆危险化学品名录：未列入。重点监管的危险化学品名录：未列入。GB 18218—2009《危险化学品重大危险源辨识》（表 1）：未列入

使用有毒物品作业场所劳动保护条例　高毒物品目录：未列入

易制毒化学品管理条例　易制毒化学品的分类和品种目录：未列入

国际公约　斯德哥尔摩公约：未列入。鹿特丹公约：未列入。蒙特利尔议定书：未列入

第十六部分　其他信息

编写和修订信息　　**缩略语和首字母缩写**

培训建议　　**参考文献**

免责声明

1,3-二硝基丙烷

第一部分　化学品标识

化学品中文名　1,3-二硝基丙烷

化学品英文名　1,3-dinitropropane

分子式　$C_3H_6N_2O_4$　　**相对分子质量**　134.1

结构式

化学品的推荐及限制用途　无资料

第二部分　危险性概述

紧急情况概述　易燃液体和蒸气

GHS 危险性类别　易燃液体，类别 3

标签要素

象形图

警示词　警告

危险性说明　易燃液体和蒸气

防范说明

预防措施　远离热源、火花、明火、热表面。禁止吸烟。保持容器密闭。容器和接收设备接地连接。使用防爆电器、通风、照明设备。只能使用不产生火花的工具。采取防止静电措施。戴防护手套、防护眼镜、防护面罩

事故响应　火灾时，使用雾状水、泡沫、二氧化碳、干粉灭火。如皮肤（或头发）接触：立即脱掉所有被污染的衣服，用水冲洗皮肤，淋浴

安全储存　存放在通风良好的地方。保持低温

废弃处置　本品及内装物、容器依据国家和地方法规处置

物理和化学危险　易燃，其蒸气与空气混合，能形成爆炸性混合物。强烈震动或受热均能引起燃烧爆炸

健康危害　本品属硝基烷烃类，该类物质除刺激黏膜外，对中枢神经系统亦有损害

环境危害　对环境可能有害

第三部分　成分/组成信息

√物质　　混合物

组分	浓度	CAS No.
1,3-二硝基丙烷		6125-21-9

第四部分　急救措施

吸入　迅速脱离现场至空气新鲜处。保持呼吸道通畅。如呼吸困难，给吸氧。如呼吸、心跳停止，立即行心肺

复苏术。就医

皮肤接触 立即脱去污染衣着，用肥皂水或清水彻底冲洗。就医

眼睛接触 分开眼睑，用清水或生理盐水冲洗。就医

食入 漱口，饮水。就医

对保护施救者的忠告 根据需要使用个人防护设备

对医生的特别提示 对症处理

第五部分 消防措施

灭火剂 用雾状水、泡沫、二氧化碳、干粉灭火

特别危险性 强烈震动及受热或遇无机碱类、氧化剂、烃类、胺类及三氯化铝、六甲基苯等均能引起燃烧爆炸。燃烧分解时，放出有毒的氮氧化物气体。燃烧生成有害的一氧化碳、氮氧化物

灭火注意事项及防护措施 消防人员须戴好防毒面具，在安全距离以外，在上风向灭火。尽可能将容器从火场移至空旷处。喷水保持火场容器冷却，直至灭火结束。容器突然发出异常声音或出现异常现象，应立即撤离。禁止用砂土压盖

第六部分 泄漏应急处理

作业人员防护措施、防护装备和应急处置程序 消除所有点火源。根据液体流动和蒸气扩散的影响区域划定警戒区，无关人员从侧风、上风向撤离至安全区。建议应急处理人员戴正压自给式呼吸器，穿防毒、防静电服，戴橡胶耐油手套。作业时使用的所有设备应接地。禁止接触或跨越泄漏物。尽可能切断泄漏源

环境保护措施 防止泄漏物进入水体、下水道、地下室或有限空间

泄漏化学品的收容、清除方法及所使用的处置材料 小量泄漏：用砂土或其他不燃材料吸收，使用洁净的无火花工具收集吸收材料。大量泄漏：构筑围堤或挖坑收容。用泡沫覆盖，减少蒸发。喷水雾能减少蒸发，但不能降低泄漏物在有限空间内的易燃性。用防爆泵转移至槽车或专用收集器内

第七部分 操作处置与储存

操作注意事项 密闭操作，全面通风。操作人员必须经过专门培训，严格遵守操作规程。建议操作人员佩戴自吸过滤式防毒面具（全面罩），穿胶布防毒衣，戴橡胶耐油手套。远离火种、热源。工作场所严禁吸烟。使用防爆型的通风系统和设备。防止蒸气泄漏到工作场所空气中。避免与氧化剂、还原剂、酸类接触。充装要控制流速，防止静电积聚。搬运时要轻装轻卸，防止包装及容器损坏。配备相应品种和数量的消防器材及泄漏应急处理设备。倒空的容器可能残留有害物

储存注意事项 储存于阴凉、干燥、通风良好的不燃库房。远离火种、热源。库温不宜超过 37℃。保持容器密封。应与氧化剂、还原剂、酸类、食用化学品分开存放，切忌混储。采用防爆型照明、通风设施。禁止使用易产生火花的机械设备和工具。储区应备有泄漏应急处理设备和合适的收容材料

第八部分 接触控制/个体防护

职业接触限值

中国 未制定标准

美国(ACGIH) 未制定标准

生物接触限值 未制定标准

监测方法 空气中有毒物质测定方法：未制定标准。生物监测检验方法：未制定标准

工程控制 生产过程密闭，全面通风。提供安全的淋浴和洗眼设备

个体防护装备

呼吸系统防护 可能接触其蒸气时，应该佩戴过滤式防毒面具（全面罩）。紧急事态抢救或撤离时，建议佩戴空气呼吸器

眼睛防护 呼吸系统防护中已作防护

皮肤和身体防护 穿隔绝式防毒服

手防护 戴橡胶耐油手套

第九部分 理化特性

外观与性状 黄色液体，带有刺激性气味，性质极不稳定

pH 值 无资料 **熔点(℃)** −21.4

沸点(℃) 103

相对密度(水=1) 1.35（26℃）

相对蒸气密度(空气=1) 无资料

饱和蒸气压(kPa) 无资料

燃烧热(kJ/mol) 无资料 **临界温度(℃)** 无资料

临界压力(MPa) 无资料 **辛醇/水分配系数** 无资料

闪点(℃) 无资料 **自燃温度(℃)** 无资料

爆炸下限(%) 无资料 **爆炸上限(%)** 无资料

分解温度(℃) 无资料 **黏度(mPa·s)** 无资料

溶解性 无资料

第十部分 稳定性和反应性

稳定性 稳定

危险反应 与强氧化剂、还原剂、无机碱等禁配物接触，有发生火灾和爆炸的危险

避免接触的条件 震动、受热

禁配物 强还原剂、强酸、无机碱类、胺类、氧化剂、三氯化铝、六甲基苯等

危险的分解产物 氮氧化物

第十一部分 毒理学信息

急性毒性 无资料 **皮肤刺激或腐蚀** 无资料

眼睛刺激或腐蚀 无资料 **呼吸或皮肤过敏** 无资料

生殖细胞突变性 无资料 **致癌性** 无资料

生殖毒性 无资料

特异性靶器官系统毒性-一次接触 无资料

特异性靶器官系统毒性-反复接触 无资料

吸入危害 无资料

第十二部分 生态学信息

生态毒性 无资料

持久性和降解性

生物降解性 无资料

非生物降解性　无资料

潜在的生物累积性　无资料

土壤中的迁移性　无资料

第十三部分　废弃处置

废弃化学品　建议用焚烧法处置。焚烧炉排出的氮氧化物通过洗涤器除去

污染包装物　将容器返还生产商或按照国家和地方法规处置

废弃注意事项　处置前应参阅国家和地方有关法规

第十四部分　运输信息

联合国危险货物编号（UN号）　1993

联合国运输名称　易燃液体，未另作规定的（1,3-二硝基丙烷）

联合国危险性类别　3

包装类别　Ⅲ类包装　**包装标志**

海洋污染物　否

运输注意事项　运输时运输车辆应配备相应品种和数量的消防器材及泄漏应急处理设备。夏季最好早晚运输。运输时所用的槽（罐）车应有接地链，槽内可设孔隔板以减少震荡产生的静电。严禁与氧化剂、还原剂、酸类、食用化学品等混装混运。运输途中应防曝晒、雨淋，防高温。中途停留时应远离火种、热源、高温区。装运该物品的车辆排气管必须配备阻火装置，禁止使用易产生火花的机械设备和工具装卸。公路运输时要按规定路线行驶，勿在居民区和人口稠密区停留。铁路运输时要禁止溜放。严禁用木船、水泥船散装运输

第十五部分　法规信息

下列法律、法规、规章和标准，对该化学品的管理作了相应的规定。

中华人民共和国职业病防治法　职业病分类和目录：未列入

危险化学品安全管理条例　危险化学品目录：列入。易制爆危险化学品名录：未列入。重点监管的危险化学品名录：未列入。GB 18218—2009《危险化学品重大危险源辨识》（表1）：未列入

使用有毒物品作业场所劳动保护条例　高毒物品目录：未列入

易制毒化学品管理条例　易制毒化学品的分类和品种目录：未列入

国际公约　斯德哥尔摩公约：未列入。鹿特丹公约：未列入。蒙特利尔议定书：未列入

第十六部分　其他信息

编写和修订信息　**缩略语和首字母缩写**

培训建议　**参考文献**

免责声明

2,4-二硝基二苯胺

第一部分　化学品标识

化学品中文名　2,4-二硝基二苯胺

化学品英文名　2,4-dinitrodiphenylamine；2,4-dinitro-*N*-phenylaniline

分子式　$C_{12}H_9N_3O_4$　**相对分子质量**　259.24

结构式

化学品的推荐及限制用途

第二部分　危险性概述

紧急情况概述　造成皮肤刺激

GHS危险性类别　皮肤腐蚀/刺激，类别2；严重眼损伤/眼刺激，类别2；特异性靶器官毒性-一次接触，类别3（呼吸道刺激）

标签要素

象形图

警示词　警告

危险性说明　造成皮肤刺激，造成严重眼刺激，可能引起呼吸道刺激

防范说明

预防措施　避免接触眼睛、皮肤，操作后彻底清洗。戴防护手套、防护眼镜、防护面罩

事故响应　皮肤接触：用大量肥皂水和水清洗。如发生皮肤刺激，就医。脱去被污染的衣服，洗净后方可重新使用。如接触眼睛：用水细心冲洗数分钟。如戴隐形眼镜并可方便地取出，取出隐形眼镜继续冲洗。如果眼睛刺激持续：就医

安全储存　-

废弃处置　-

物理和化学危险　可燃，其粉体与空气混合，能形成爆炸性混合物

健康危害　对眼睛、黏膜、呼吸道及皮肤有刺激作用。芳香族氨基、硝基化合物可引起高铁血红蛋白血症

环境危害　对环境可能有害

第三部分　成分/组成信息

√物质		混合物
组分	**浓度**	**CAS No.**
2,4-二硝基二苯胺		961-68-2

第四部分　急救措施

吸入　迅速脱离现场至空气新鲜处。保持呼吸道通畅。如呼吸困难，给吸氧。如呼吸、心跳停止，立即行心肺复苏术。就医

皮肤接触 立即脱去污染衣着，用肥皂水或清水彻底冲洗。就医

眼睛接触 分开眼睑，用清水或生理盐水冲洗。就医

食入 漱口，饮水。就医

对保护施救者的忠告 根据需要使用个人防护设备

对医生的特别提示 高铁血红蛋白血症，可用美蓝和维生素C治疗

第五部分 消防措施

灭火剂 用雾状水、泡沫、二氧化碳、砂土灭火

特别危险性 受热分解放出有毒的氧化氮烟气。与强氧化剂接触可发生化学反应。燃烧生成有害的一氧化碳、氮氧化物

灭火注意事项及防护措施 消防人员必须佩戴空气呼吸器、穿全身防火防毒服，在上风向灭火。尽可能将容器从火场移至空旷处。喷水保持火场容器冷却，直至灭火结束

第六部分 泄漏应急处理

作业人员防护措施、防护装备和应急处置程序 隔离泄漏污染区，限制出入。消除所有点火源。建议应急处理人员戴防尘口罩，穿一般作业工作服，戴橡胶手套。尽可能切断泄漏源。用塑料布覆盖泄漏物，减少飞散。勿使水进入包装容器内

环境保护措施 无资料

泄漏化学品的收容、清除方法及所使用的处置材料 用洁净的铲子收集泄漏物，置于干净、干燥、盖子较松的容器中，将容器移离泄漏区

第七部分 操作处置与储存

操作注意事项 密闭操作，提供充分的局部排风。操作人员必须经过专门培训，严格遵守操作规程。建议操作人员佩戴自吸过滤式防尘口罩，戴化学安全防护眼镜，穿防毒物渗透工作服，戴橡胶手套。远离火种、热源。工作场所严禁吸烟。使用防爆型的通风系统和设备。避免产生粉尘。避免与氧化剂、还原剂、酸类、碱类接触。搬运时要轻装轻卸，防止包装及容器损坏。配备相应品种和数量的消防器材及泄漏应急处理设备。倒空的容器可能残留有害物

储存注意事项 储存于阴凉、通风的库房。远离火种、热源。包装密封。应与氧化剂、还原剂、酸类、碱类、食用化学品分开存放，切忌混储。配备相应品种和数量的消防器材。储区应备有合适的材料收容泄漏物

第八部分 接触控制/个体防护

职业接触限值

中国 未制定标准

美国(ACGIH) 未制定标准

生物接触限值 未制定标准

监测方法 空气中有毒物质测定方法：未制定标准。生物监测检验方法：未制定标准

工程控制 严加密闭，提供充分的局部排风。提供安全的淋浴和洗眼设备

个体防护装备

呼吸系统防护 空气中粉尘浓度超标时，佩戴过滤式防尘呼吸器。紧急事态抢救或撤离时，应该佩戴空气呼吸器

眼睛防护 戴化学安全防护眼镜

皮肤和身体防护 穿防毒物渗透工作服

手防护 戴橡胶手套

第九部分 理化特性

外观与性状 红色针状结晶

pH值 无意义 **熔点(℃)** 159～161

沸点(℃) 无资料 **相对密度(水=1)** 无资料

相对蒸气密度(空气=1) 无资料

饱和蒸气压(kPa) 无资料

燃烧热(kJ/mol) 无资料 **临界温度(℃)** 无资料

临界压力(MPa) 无资料 **辛醇/水分配系数** 3.500

闪点(℃) 无意义 **自燃温度(℃)** 无资料

爆炸下限(%) 无资料 **爆炸上限(%)** 无资料

分解温度(℃) 无资料 **黏度(mPa·s)** 无资料

溶解性 溶于热乙醇、热苯、丙酮、氯仿

主要用途 用于染料制备

第十部分 稳定性和反应性

稳定性 稳定

危险反应 与强氧化剂等禁配物发生反应

避免接触的条件 受热

禁配物 强氧化剂、强碱、强酸、酰基氯、酸酐、强还原剂

危险的分解产物 氮氧化物

第十一部分 毒理学信息

急性毒性 LD_{50}：180mg/kg（小鼠静脉）

皮肤刺激或腐蚀 无资料 **眼睛刺激或腐蚀** 无资料

呼吸或皮肤过敏 无资料 **生殖细胞突变性** 无资料

致癌性 无资料 **生殖毒性** 无资料

特异性靶器官系统毒性-一次接触 无资料

特异性靶器官系统毒性-反复接触 无资料

吸入危害 无资料

第十二部分 生态学信息

生态毒性 无资料

持久性和降解性

生物降解性 无资料

非生物降解性 无资料

潜在的生物累积性 根据K_{ow}值预测，该物质可能有一定的生物累积性

土壤中的迁移性 根据K_{oc}值预测，该物质可能有一定的迁移性

第十三部分 废弃处置

废弃化学品 建议用焚烧法处置。焚烧炉排出的氮氧化物通过洗涤器除去

污染包装物 将容器返还生产商或按照国家和地方法规

处置

废弃注意事项 处置前应参阅国家和地方有关法规

第十四部分 运输信息

联合国危险货物编号（UN号） -

联合国运输名称 - **联合国危险性类别** -

包装类别 - **包装标志** -

海洋污染物 -

运输注意事项 运输前应先检查包装容器是否完整、密封，运输过程中要确保容器不泄漏、不倒塌、不坠落、不损坏。严禁与酸类、氧化剂、食品及食品添加剂混运。运输车辆应配备相应品种和数量的消防器材及泄漏应急处理设备。运输途中应防曝晒、雨淋，防高温

第十五部分 法规信息

下列法律、法规、规章和标准，对该化学品的管理作了相应的规定。

中华人民共和国职业病防治法 职业病分类和目录：苯的氨基及硝基化合物中毒

危险化学品安全管理条例 危险化学品目录：列入。易制爆危险化学品名录：未列入。重点监管的危险化学品名录：未列入。GB 18218—2009《危险化学品重大危险源辨识》（表1）：未列入

使用有毒物品作业场所劳动保护条例 高毒物品目录：未列入

易制毒化学品管理条例 易制毒化学品的分类和品种目录：未列入

国际公约 斯德哥尔摩公约：未列入。鹿特丹公约：未列入。蒙特利尔议定书：未列入

第十六部分 其他信息

编写和修订信息 **缩略语和首字母缩写**

培训建议 **参考文献**

免责声明

2,4-二硝基-1-氟苯

第一部分 化学品标识

化学品中文名 2,4-二硝基-1-氟苯；1-氟-2,4-二硝基苯；2,4-二硝基氟化苯

化学品英文名 2,4-dinitro-1-fluorobenzene；1-fluoro-2,4-dinitrobenzene

分子式 $C_6H_3FN_2O_4$ **相对分子质量** 186.11

结构式

化学品的推荐及限制用途 用作蛋白质分析的试剂以及测定酚、吗啡及氨基酸、醛、肟的还原剂

第二部分 危险性概述

紧急情况概述 造成皮肤刺激，可能导致皮肤过敏反应

GHS危险性类别 皮肤腐蚀/刺激，类别2；皮肤致敏物，类别1

标签要素

象形图 

警示词 警告

危险性说明 造成皮肤刺激，可能导致皮肤过敏反应

防范说明

预防措施 避免接触眼睛、皮肤，操作后彻底清洗。戴防护手套。避免吸入粉尘、蒸气、雾。污染的工作服不得带出工作场所

事故响应 皮肤接触：用大量肥皂水和水清洗。如发生皮肤刺激，就医。脱去被污染的衣服，洗净后方可重新使用。如出现皮肤刺激或皮疹：就医。污染的衣服清洗后方可重新使用

安全储存 -

废弃处置 本品及内装物、容器依据国家和地方法规处置

物理和化学危险 可燃，其粉体或蒸气与空气混合，能形成爆炸性混合物

健康危害 本品对眼和皮肤有刺激性。动物试验对皮肤有致敏性

环境危害 对环境可能有害

第三部分 成分/组成信息

√物质 混合物

组分	浓度	CAS No.
2,4-二硝基-1-氟苯		70-34-8

第四部分 急救措施

吸入 迅速脱离现场至空气新鲜处。保持呼吸道通畅。如呼吸困难，给吸氧。如呼吸、心跳停止，立即行心肺复苏术。就医

皮肤接触 立即脱去污染衣着，用肥皂水或清水彻底冲洗。就医

眼睛接触 分开眼睑，用清水或生理盐水冲洗。就医

食入 饮适量温水，催吐（仅限于清醒者）。就医

对保护施救者的忠告 根据需要使用个人防护设备

对医生的特别提示 对症处理

第五部分 消防措施

灭火剂 用泡沫、干粉、二氧化碳、砂土灭火

特别危险性 受热分解，放出有毒的氮氧化物和氟化物烟气。燃烧生成有害的一氧化碳、氮氧化物、氟化氢

灭火注意事项及防护措施 消防人员必须佩戴空气呼吸器、穿全身防火防毒服，在上风向灭火。尽可能将容器从火场移至空旷处。喷水保持火场容器冷却，直至灭火结束

第六部分 泄漏应急处理

作业人员防护措施、防护装备和应急处置程序 隔离泄漏

污染区，限制出入。消除所有点火源。建议应急处理人员戴防尘口罩，穿防毒服，戴橡胶手套。穿上适当的防护服前严禁接触破裂的容器和泄漏物。尽可能切断泄漏源。用塑料布覆盖泄漏物，减少飞散。勿使水进入包装容器内

环境保护措施 无资料

泄漏化学品的收容、清除方法及所使用的处置材料 用洁净的铲子收集泄漏物，置于干净、干燥、盖子较松的容器中，将容器移离泄漏区

第七部分 操作处置与储存

操作注意事项 密闭操作，局部排风。操作人员必须经过专门培训，严格遵守操作规程。建议操作人员佩戴自吸过滤式防毒面具（半面罩），戴化学安全防护眼镜，穿防毒物渗透工作服，戴橡胶手套。远离火种、热源。工作场所严禁吸烟。使用防爆型的通风系统和设备。避免产生粉尘。避免与氧化剂、碱类接触。搬运时要轻装轻卸，防止包装及容器损坏。配备相应品种和数量的消防器材及泄漏应急处理设备。倒空的容器可能残留有害物

储存注意事项 储存于阴凉、通风良好的专用库房内。远离火种、热源。包装密封。应与氧化剂、碱类、食用化学品分开存放，切忌混储。配备相应品种和数量的消防器材。储区应备有合适的材料收容泄漏物

第八部分 接触控制/个体防护

职业接触限值

中国 未制定标准

美国(ACGIH) 未制定标准

生物接触限值 未制定标准

监测方法 空气中有毒物质测定方法：未制定标准。生物监测检验方法：未制定标准

工程控制 密闭操作，局部排风。提供安全的淋浴和洗眼设备

个体防护装备

呼吸系统防护 可能接触其蒸气时，必须佩戴过滤式防毒面具（半面罩）；可能接触其粉尘时，建议佩戴过滤式防尘呼吸器

眼睛防护 戴化学安全防护眼镜

皮肤和身体防护 穿防毒物渗透工作服

手防护 戴橡胶手套

第九部分 理化特性

外观与性状 黄色针状结晶，液化后为橙黄色液体

pH值 无意义 **熔点(℃)** 27.5～30

沸点(℃) 178 (3.33kPa)；296

相对密度(水=1) 1.48

相对蒸气密度(空气=1) 无资料

饱和蒸气压(kPa) 0.32×10^{-3} (25℃)

燃烧热(kJ/mol) 无资料 **临界温度(℃)** 无资料

临界压力(MPa) 无资料 **辛醇/水分配系数** 1.83

闪点(℃) >110 (CC) **自燃温度(℃)** 无资料

爆炸下限(%) 无资料 **爆炸上限(%)** 无资料

分解温度(℃) 无资料 **黏度(mPa·s)** 无资料

溶解性 溶于乙醚、苯、热乙醇、丙二醇

第十部分 稳定性和反应性

稳定性 稳定

危险反应 与强氧化剂等禁配物发生反应

避免接触的条件 受热

禁配物 强氧化剂、强碱

危险的分解产物 氮氧化物、氟化氢

第十一部分 毒理学信息

急性毒性 LD_{50}：50mg/kg（大鼠经口）

皮肤刺激或腐蚀 无资料 **眼睛刺激或腐蚀** 无资料

呼吸或皮肤过敏 无资料 **生殖细胞突变性** 无资料

致癌性 无资料 **生殖毒性** 无资料

特异性靶器官系统毒性-一次接触 无资料

特异性靶器官系统毒性-反复接触 无资料

吸入危害 无资料

第十二部分 生态学信息

生态毒性 无资料

持久性和降解性

生物降解性 无资料

非生物降解性 空气中，当羟基自由基浓度为5.00×10^5个/cm^3时，降解半衰期为420d（理论）

潜在的生物累积性 根据K_{ow}值预测，该物质的生物累积性可能较弱

土壤中的迁移性 根据K_{oc}值预测，该物质可能易发生迁移

第十三部分 废弃处置

废弃化学品 建议用焚烧法处置。焚烧炉排出的气体要通过洗涤器除去

污染包装物 将容器返还生产商或按照国家和地方法规处置

废弃注意事项 处置前应参阅国家和地方有关法规

第十四部分 运输信息

联合国危险货物编号(UN号) -

联合国运输名称 - **联合国危险性类别** -

包装类别 - **包装标志** -

海洋污染物 -

运输注意事项 运输前应先检查包装容器是否完整、密封，运输过程中要确保容器不泄漏、不倒塌、不坠落、不损坏。严禁与酸类、氧化剂、食品及食品添加剂混运。运输车辆应配备相应品种和数量的消防器材及泄漏应急处理设备。运输途中应防曝晒、雨淋，防高温

第十五部分 法规信息

下列法律、法规、规章和标准，对该化学品的管理作了相应的规定。

中华人民共和国职业病防治法 职业病分类和目录：未

列入

危险化学品安全管理条例 危险化学品目录：列入。易制爆危险化学品名录：未列入。重点监管的危险化学品名录：未列入。GB 18218—2009《危险化学品重大危险源辨识》(表1)：未列入

使用有毒物品作业场所劳动保护条例 高毒物品目录：未列入

易制毒化学品管理条例 易制毒化学品的分类和品种目录：未列入

国际公约 斯德哥尔摩公约：未列入。鹿特丹公约：未列入。蒙特利尔议定书：未列入

第十六部分 其他信息

编写和修订信息 **缩略语和首字母缩写**

培训建议 **参考文献**

免责声明

2,4-二硝基甲苯

第一部分 化学品标识

化学品中文名 2,4-二硝基甲苯；1-甲基-2,4-二硝基苯；4-甲基-1,3-二硝基苯

化学品英文名 2,4-dinitrotoluene；1-methyl-2,4-dinitrobenzene

分子式 $C_7H_6N_2O_4$ **相对分子质量** 182.15

结构式

化学品的推荐及限制用途 用于制造染料中间体、炸药，用于有机合成

第二部分 危险性概述

紧急情况概述 吞咽会中毒，皮肤接触会中毒，吸入会中毒

GHS危险性类别 急性毒性-经口，类别3；急性毒性-经皮，类别3；急性毒性-吸入，类别3；生殖细胞致突变性，类别2；致癌性，类别2；生殖毒性，类别2；特异性靶器官毒性-反复接触，类别2；危害水生环境-急性危害，类别1；危害水生环境-长期危害，类别1

标签要素

象形图

警示词 危险

危险性说明 吞咽会中毒，皮肤接触会中毒，吸入会中毒，怀疑可造成遗传性缺陷，怀疑致癌，怀疑对生育力或胎儿造成伤害，长时间或反复接触可能对器官造成损伤，对水生生物毒性非常大并具有长期持续影响

防范说明

预防措施 避免接触眼睛、皮肤，操作后彻底清洗。作业场所不得进食、饮水或吸烟。戴防护手套、穿防护服。避免吸入粉尘。仅在室外或通风良好处操作。得到专门指导后操作。在阅读并了解所有安全预防措施之前，切勿操作。按要求使用个体防护装备。禁止排入环境

事故响应 如吸入：将患者转移到空气新鲜处，休息，保持利于呼吸的体位。皮肤接触：用大量肥皂水和水清洗。如感觉不适，呼叫中毒控制中心或就医。立即脱去所有被污染的衣服。被污染的衣服须经洗净后方可重新使用。食入：漱口，立即呼叫中毒控制中心或就医。如果接触或有担心，就医。收集泄漏物

安全储存 在通风良好处储存。保持容器密闭。上锁保管

废弃处置 本品及内装物、容器依据国家和地方法规处置

物理和化学危险 易燃，经摩擦、震动或撞击可引起燃烧或爆炸

健康危害 本品有引起高铁血红蛋白血症的作用

急性中毒 出现紫绀、头痛、头晕、兴奋、虚弱、恶心、呕吐、气短、倦睡，甚至神志丧失。如不及时治疗可引起死亡。本品易经皮肤吸收引起中毒。饮酒能增加机体对该品的敏感性

慢性中毒 长期作用下可有头痛、头晕、疲倦、腹痛、心悸、苍白、唇发绀、白细胞增多、贫血和黄疸等

环境危害 对水生生物毒性非常大并具有长期持续影响

第三部分 成分/组成信息

√物质 混合物

组分	浓度	CAS No.
2,4-二硝基甲苯		121-14-2

第四部分 急救措施

吸入 迅速脱离现场至空气新鲜处。保持呼吸道通畅。如呼吸困难，给吸氧。如呼吸、心跳停止，立即行心肺复苏术。就医

皮肤接触 立即脱去污染衣着，用肥皂水或清水彻底冲洗。就医

眼睛接触 分开眼睑，用清水或生理盐水冲洗。就医

食入 漱口，饮水。就医

对保护施救者的忠告 根据需要使用个人防护设备

对医生的特别提示 高铁血红蛋白血症，可用美蓝和维生素C治疗

第五部分 消防措施

灭火剂 用雾状水、泡沫、干粉、二氧化碳灭火

特别危险性 经摩擦、震动或撞击可引起燃烧或爆炸。燃烧时产生大量烟雾。燃烧生成有害的一氧化碳、氮氧化物

灭火注意事项及防护措施 小火用雾状水、二氧化碳、泡沫灭火。在火场的受热情况下，可能发生爆炸，因此不可轻易接近。遇大火只好任其燃烧，或由远方装设

的灭火设施用自动水龙头喷水，周围不可有人。禁止用砂土压盖

第六部分 泄漏应急处理

作业人员防护措施、防护装备和应急处置程序 隔离泄漏污染区，限制出入。建议应急处理人员戴防尘口罩，穿防毒服，戴橡胶手套。穿上适当的防护服前严禁接触破裂的容器和泄漏物。尽可能切断泄漏源。用塑料布覆盖泄漏物，减少飞散。勿使水进入包装容器内

环境保护措施 无资料

泄漏化学品的收容、清除方法及所使用的处置材料 用洁净的铲子收集泄漏物，置于干净、干燥、盖子较松的容器中，将容器移离泄漏区

第七部分 操作处置与储存

操作注意事项 密闭操作，提供充分的局部排风。操作人员必须经过专门培训，严格遵守操作规程。建议操作人员佩戴自吸过滤式防尘口罩，戴安全防护眼镜，穿防毒物渗透工作服，戴橡胶手套。远离火种、热源。工作场所严禁吸烟。使用防爆型的通风系统和设备。避免产生粉尘。避免与氧化剂、还原剂、碱类接触。搬运时要轻装轻卸，防止包装及容器损坏。禁止震动、撞击和摩擦。配备相应品种和数量的消防器材及泄漏应急处理设备。倒空的容器可能残留有害物

储存注意事项 储存于阴凉、通风的库房。远离火种、热源。库房温度不超过35℃，相对湿度不超过80%。包装密封。应与氧化剂、还原剂、碱类、食用化学品分开存放，切忌混储。采用防爆型照明、通风设施。禁止使用易产生火花的机械设备和工具。储区应备有合适的材料收容泄漏物

第八部分 接触控制/个体防护

职业接触限值

中国 未制定标准

美国(ACGIH) 未制定标准

生物接触限值 未制定标准

监测方法 空气中有毒物质测定方法：毛细管柱-气相色谱法；盐酸萘乙二胺分光光度法。生物监测检验方法：未制定标准

工程控制 严加密闭，提供充分的局部排风。提供安全的淋浴和洗眼设备

个体防护装备

呼吸系统防护 空气中粉尘浓度超标时，佩戴过滤式防尘呼吸器。紧急事态抢救或撤离时，佩戴空气呼吸器

眼睛防护 戴安全防护眼镜

皮肤和身体防护 穿防毒物渗透工作服

手防护 戴橡胶手套

第九部分 理化特性

外观与性状 浅黄色针状结晶，有苦杏仁味

pH值 无意义 **熔点(℃)** 69.5～71

沸点(℃) 300（分解） **相对密度(水=1)** 1.32

相对蒸气密度(空气=1) 6.27

饱和蒸气压(kPa) 13.33（157.7℃）

燃烧热(kJ/mol) −3564.7 **临界温度(℃)** 无资料

临界压力(MPa) 无资料 **辛醇/水分配系数** 1.98

闪点(℃) 206.7（CC） **自燃温度(℃)** 360

爆炸下限(%) 无资料 **爆炸上限(%)** 无资料

分解温度(℃) 无资料

黏度(mPa·s) 3.45（69℃）

溶解性 微溶于水、乙醇、乙醚，易溶于苯、丙酮

第十部分 稳定性和反应性

稳定性 稳定

危险反应 与强氧化剂等禁配物接触，有发生火灾和爆炸的危险

避免接触的条件 受热、摩擦、震动或撞击

禁配物 强氧化剂、强还原剂、强碱

危险的分解产物 氮氧化物

第十一部分 毒理学信息

急性毒性 LD_{50}：268mg/kg（大鼠经口）；＞1g/kg（豚鼠经皮）

皮肤刺激或腐蚀 家兔经皮：500mg（24h），轻度刺激

眼睛刺激或腐蚀 无资料 **呼吸或皮肤过敏** 无资料

生殖细胞突变性 微生物致突变：鼠伤寒沙门氏菌10μg/皿。性染色体缺失和不分离：黑腹果蝇胃肠外200ppm。DNA损伤：大鼠肝3mmol/L。程序外DNA合成：大鼠经口35mg/kg

致癌性 IARC致癌性评论：组2B，可疑人类致癌物。对人类致癌性证据有限，对动物致癌性证据不充分

生殖毒性 大鼠经口最低中毒剂量（TDLo）：1050mg/kg（孕7～20d），引起血液和淋巴系统（包括脾脏和骨髓）发育异常和迟发效应（新生鼠）

特异性靶器官系统毒性-一次接触 无资料

特异性靶器官系统毒性-反复接触 无资料

吸入危害 无资料

第十二部分 生态学信息

生态毒性

LC_{50} 12.8mg/L（96h）（蓝鳃太阳鱼）

EC_{50} 22mg/L（24h）（水蚤）

IC_{50} 0.13～2.7mg/L（72h）（藻类）

NOEC 0.04mg/L（21d）（水蚤）

持久性和降解性

生物降解性 不易快速生物降解；但经驯化后的接种体，满足固有生物降解的标准

非生物降解性 水相光解半衰期（h）：23～72；水中光氧化半衰期（h）：3～33；空气中光氧化半衰期（h）：284～2840

潜在的生物累积性 BCF：204（孔雀鱼）

土壤中的迁移性 根据K_{oc}值预测，该物质可能易发生迁移

第十三部分 废弃处置

废弃化学品 用焚烧法处置。与碳酸氢钠、固体易燃物充

分接触后，再焚烧。焚烧炉排出的氮氧化物通过洗涤器除去

污染包装物　将容器返还生产商或按照国家和地方法规处置

废弃注意事项　处置前应参阅国家和地方有关法规

第十四部分　运输信息

联合国危险货物编号（UN号）　3454

联合国运输名称　固态二硝基甲苯

联合国危险性类别　6.1

包装类别　Ⅱ类包装　　**包装标志** 

海洋污染物　是

运输注意事项　运输前应先检查包装容器是否完整、密封，运输过程中要确保容器不泄漏、不倒塌、不坠落、不损坏。严禁与酸类、氧化剂、食品及食品添加剂混运。运输时运输车辆应配备相应品种和数量的消防器材及泄漏应急处理设备。运输途中应防曝晒、雨淋，防高温

第十五部分　法规信息

下列法律、法规、规章和标准，对该化学品的管理作了相应的规定。

中华人民共和国职业病防治法　职业病分类和目录：苯的氨基及硝基化合物中毒

危险化学品安全管理条例　危险化学品目录：列入。易制爆危险化学品名录：列入。重点监管的危险化学品名录：未列入。GB 18218—2009《危险化学品重大危险源辨识》(表1)：未列入

使用有毒物品作业场所劳动保护条例　高毒物品目录：列入

易制毒化学品管理条例　易制毒化学品的分类和品种目录：未列入

国际公约　斯德哥尔摩公约：未列入。鹿特丹公约：未列入。蒙特利尔议定书：未列入

第十六部分　其他信息

编写和修订信息　　**缩略语和首字母缩写**

培训建议　　**参考文献**

免责声明

2,4-二硝基间苯二酚［干的或含水<15%］

第一部分　化学品标识

化学品中文名　2,4-二硝基间苯二酚［干的或含水<15%］

化学品英文名　2,4-dinitroresorcinol (dry or wetted with less than 15% water); 2,4-dinitro-1,3-benzene diol

分子式　$C_6H_4N_2O_6$　　**相对分子质量**　200.05

结构式

[structure: HO, OH, two NO_2 groups on benzene ring]

化学品的推荐及限制用途　用于制造引爆剂，染料和用作分析试剂

第二部分　危险性概述

紧急情况概述　爆炸物、整体爆炸危险

GHS危险性类别　爆炸物，1.1项

标签要素

象形图 

警示词　危险

危险性说明　爆炸物、整体爆炸危险

防范说明

预防措施　远离热源、火花、明火、热表面。禁止吸烟。保持湿润。容器和接收设备接地连接。避免研磨、撞击、摩擦。戴防护面罩

事故响应　火灾时可能爆炸。火势蔓延到爆炸物时，切勿灭火。撤离现场

安全储存　本品依据国家和地方法规贮存

废弃处置　本品及内装物、容器依据国家和地方法规处置

物理和化学危险　受撞击、摩擦，遇明火或其他点火源极易爆炸

健康危害　本品有毒。对眼睛、皮肤、黏膜和上呼吸道有刺激作用

环境危害　对环境可能有害

第三部分　成分/组成信息

√物质　　混合物

组分	浓度	CAS No.
2,4-二硝基间苯二酚		519-44-8

第四部分　急救措施

吸入　迅速脱离现场至空气新鲜处。保持呼吸道通畅。如呼吸困难，给吸氧。如呼吸、心跳停止，立即行心肺复苏术。就医

皮肤接触　立即脱去污染衣着，用肥皂水或清水彻底冲洗。就医

眼睛接触　分开眼睑，用清水或生理盐水冲洗。就医

食入　漱口，饮水。就医

对保护施救者的忠告　根据需要使用个人防护设备

对医生的特别提示　对症处理

第五部分　消防措施

灭火剂　用大量水灭火

特别危险性　与重金属粉末能起化学反应生成金属盐，增加敏感度。与氧化剂混合能形成爆炸性混合物。燃烧生成有害的一氧化碳、氮氧化物

灭火注意事项及防护措施　消防人员须戴好防毒面具，在安全距离以外，在上风向灭火。遇大火切勿轻易接近。禁止用砂土压盖

第六部分　泄漏应急处理

作业人员防护措施、防护装备和应急处置程序　隔离泄漏污染区，限制出入。消除所有点火源。建议应急处理人员戴防尘口罩，穿防毒服，戴橡胶手套。作业时使用的所有设备应接地。禁止接触或跨越泄漏物。润湿泄漏物

环境保护措施　无资料

泄漏化学品的收容、清除方法及所使用的处置材料　严禁设法扫除干的泄漏物

第七部分　操作处置与储存

操作注意事项　密闭操作，提供充分的局部排风。操作人员必须经过专门培训，严格遵守操作规程。建议操作人员佩戴自吸过滤式防尘口罩，戴化学安全防护眼镜，穿紧袖工作服、长筒胶鞋，戴橡胶手套。远离火种、热源。工作场所严禁吸烟。使用防爆型的通风系统和设备。避免产生粉尘。避免与氧化剂、活性金属粉末接触。禁止震动、撞击和摩擦。配备相应品种和数量的消防器材及泄漏应急处理设备

储存注意事项　储存于阴凉、干燥、通风的爆炸品专用库房。远离火种、热源。库房温度不超过32℃，相对湿度不超过80%。若含有水作稳定剂，库温不低于1℃，相对湿度小于80%。应与氧化剂、活性金属粉末分开存放，切忌混储。采用防爆型照明、通风设施。禁止使用易产生火花的机械设备和工具。储区应备有合适的材料收容泄漏物。禁止震动、撞击和摩擦

第八部分　接触控制/个体防护

职业接触限值

　中国　未制定标准

　美国(ACGIH)　未制定标准

生物接触限值　未制定标准

监测方法　空气中有毒物质测定方法：未制定标准。生物监测检验方法：未制定标准

工程控制　严加密闭，提供充分的局部排风。提供安全的淋浴和洗眼设备

个体防护装备

　呼吸系统防护　空气中粉尘浓度超标时，佩戴过滤式防尘呼吸器。紧急事态抢救或撤离时，应该佩戴空气呼吸器

　眼睛防护　戴化学安全防护眼镜

　皮肤和身体防护　穿紧袖工作服、长筒胶鞋

　手防护　戴橡胶手套

第九部分　理化特性

外观与性状　黄色结晶

pH值　无意义　　**熔点(℃)**　146～148

沸点(℃)　升华和爆炸　　**相对密度(水=1)**　6.79

相对蒸气密度(空气=1)　无资料

饱和蒸气压(kPa)　无资料

燃烧热(kJ/mol)　无资料　　**临界温度(℃)**　无资料

临界压力(MPa)　无资料　　**辛醇/水分配系数**　2.1

闪点(℃)　无意义　　**自燃温度(℃)**　无资料

爆炸下限(%)　无资料　　**爆炸上限(%)**　无资料

分解温度(℃)　无资料　　**黏度(mPa·s)**　无资料

溶解性　溶于水，溶于乙醇、碱等

第十部分　稳定性和反应性

稳定性　稳定

危险反应　受热、摩擦、震动、撞击、与强氧化剂等禁配物接触，有发生火灾和爆炸的危险

避免接触的条件　震动、撞击、摩擦和受热

禁配物　强氧化剂、活性金属粉末

危险的分解产物　氮氧化物

第十一部分　毒理学信息

急性毒性　无资料　　**皮肤刺激或腐蚀**　无资料

眼睛刺激或腐蚀　无资料　　**呼吸或皮肤过敏**　无资料

生殖细胞突变性　无资料　　**致癌性**　无资料

生殖毒性　无资料

特异性靶器官系统毒性-一次接触　无资料

特异性靶器官系统毒性-反复接触　无资料

吸入危害　无资料

第十二部分　生态学信息

生态毒性　无资料

持久性和降解性

　生物降解性　无资料

　非生物降解性　无资料

潜在的生物累积性　根据K_{ow}值预测，该物质的生物累积性可能较弱

土壤中的迁移性　根据K_{oc}值预测，该物质可能有一定的迁移性

第十三部分　废弃处置

废弃化学品　处置前应参阅国家和地方有关法规。在公安部门指定地点引爆

污染包装物　将容器返还生产商或按照国家和地方法规处置

废弃注意事项　废弃处置人员必须接受过专门的爆炸性物质废弃处置培训

第十四部分　运输信息

联合国危险货物编号(UN号)　0078(干的)；1322(湿的)

联合国运输名称　二硝基间苯二酚(干的)；二硝基间苯二酚，湿的(湿的)

联合国危险性类别　1.1D(干的)，4.1(湿的)

包装类别　-(干的)；Ⅰ类包装(湿的)

包装标志　(干的)　(湿的)

海洋污染物　否

运输注意事项　货车编组，应按照《车辆编组隔离表》进行。起运时包装要完整，装载应稳妥。运输过程中要确保容器不泄漏、不倒塌、不坠落、不损坏。车速要加以控制，避免颠簸、震荡。不得与酸、碱、盐类、氧化剂、易燃可燃物、自燃物品、金属粉末等危险物品及钢铁材料器具混装。运输途中应防曝晒、雨淋，防高温。公路运输时要按规定路线行驶，中途停留时应严格选择停放地点，远离高压电源、火源和高温场所，要与其他车辆隔离并留有专人看管，禁止在居民区和人口稠密区停留。铁路运输时要禁止溜放

第十五部分　法规信息

下列法律、法规、规章和标准，对该化学品的管理作了相应的规定。

中华人民共和国职业病防治法　职业病分类和目录：未列入

危险化学品安全管理条例　危险化学品目录：列入。易制爆危险化学品名录：未列入。重点监管的危险化学品名录：未列入。GB 18218—2009《危险化学品重大危险源辨识》(表 1)：未列入

使用有毒物品作业场所劳动保护条例　高毒物品目录：未列入

易制毒化学品管理条例　易制毒化学品的分类和品种目录：未列入

国际公约　斯德哥尔摩公约：未列入。鹿特丹公约：未列入。蒙特利尔议定书：未列入

第十六部分　其他信息

编写和修订信息　　**缩略语和首字母缩写**

培训建议　　**参考文献**

免责声明

2,4-二硝基氯苯

第一部分　化学品标识

化学品中文名　2,4-二硝基氯苯；1-氯-2,4-二硝基苯；4-氯-1,3-二硝基苯；6-氯-1,3-二硝基苯

化学品英文名　2,4-dinitrochlorobenzene；1-chloro-2,4-dinitrobenzene

分子式　$C_6H_3ClN_2O_4$　　**相对分子质量**　202.56

结构式

化学品的推荐及限制用途　用作合成染料、农药、医药的原料

第二部分　危险性概述

紧急情况概述　吞咽有害，皮肤接触会致命，造成严重眼损伤，可能导致皮肤过敏反应

GHS 危险性类别　急性毒性-经口，类别 4；急性毒性-经皮，类别 2；皮肤腐蚀/刺激，类别 2；严重眼损伤/眼刺激，类别 1；皮肤致敏物，类别 1；生殖细胞致突变性，类别 2；特异性靶器官毒性--次接触，类别 1；特异性靶器官毒性-一次接触，类别 3（呼吸道刺激）；特异性靶器官毒性-反复接触，类别 1；危害水生环境-急性危害，类别 1；危害水生环境-长期危害，类别 1

标签要素

象形图

警示词　危险

危险性说明　吞咽有害，皮肤接触会致命，造成皮肤刺激，造成严重眼损伤，可能导致皮肤过敏反应，怀疑可造成遗传性缺陷，对器官造成损害，可能引起呼吸道刺激，长时间或反复接触对器官造成损伤，对水生生物毒性非常大并具有长期持续影响

防范说明

预防措施　避免接触眼睛、皮肤或衣服，操作后彻底清洗。作业场所不得进食、饮水或吸烟。戴防护手套，穿防护服，戴防护眼镜、防护面罩。避免吸入粉尘。污染的工作服不得带出工作场所。得到专门指导后操作。在阅读并了解所有安全预防措施之前，切勿操作。按要求使用个体防护装备。禁止排入环境

事故响应　皮肤接触：用大量肥皂水和水轻轻地清洗。如出现皮肤刺激或皮疹：就医。脱去被污染的衣服，洗净后方可重新使用。接触眼睛：用水细心冲洗数分钟。如戴隐形眼镜并可方便地取出，取出隐形眼镜继续冲洗。食入：漱口。如果感觉不适，立即呼叫中毒控制中心或就医。如果接触或有担心，就医。收集泄漏物

安全储存　上锁保管

废弃处置　本品及内装物、容器依据国家和地方法规处置

物理和化学危险　可燃，受热或强烈震动能引起爆炸

健康危害　本品为皮肤致敏物，60%～80%的接触者发生皮炎，微量接触也能致病。表现为发痒、灼痛的丘疹、水疱，重者发生剥脱性皮炎。可引起其他过敏反应，如支气管哮喘等。本品全身性毒性微弱，偶见引起紫绀和全身中毒症状。有可能引起肝损害。可经皮吸收

环境危害　对水生生物毒性非常大并具有长期持续影响

第三部分　成分/组成信息

√物质　　混合物

组分	浓度	CAS No.
2,4-二硝基氯苯		97-00-7

第四部分　急救措施

吸入　迅速脱离现场至空气新鲜处。保持呼吸道通畅。如呼吸困难，给吸氧。如呼吸、心跳停止，立即行心肺

复苏术。就医

皮肤接触 立即脱去污染衣着，用肥皂水或清水彻底冲洗。就医

眼睛接触 分开眼睑，用清水或生理盐水冲洗。就医

食入 漱口，饮水。就医

对保护施救者的忠告 根据需要使用个人防护设备

对医生的特别提示 高铁血红蛋白血症，可用美蓝和维生素C治疗

第五部分 消防措施

灭火剂 用雾状水、泡沫、二氧化碳、干粉灭火

特别危险性 已知在150℃下受强烈震动能引起爆炸。燃烧生成有害的一氧化碳、氮氧化物、氯化氢

灭火注意事项及防护措施 消防人员须在有防爆掩蔽处操作。遇大火须远离以防炸伤。在物料附近失火，须用水保持容器冷却。禁止用砂土压盖

第六部分 泄漏应急处理

作业人员防护措施、防护装备和应急处置程序 隔离泄漏污染区，限制出入。消除所有点火源。建议应急处理人员戴防尘口罩，穿防毒服，戴橡胶手套。穿上适当的防护服前严禁接触破裂的容器和泄漏物。尽可能切断泄漏源。用塑料布覆盖泄漏物，减少飞散。勿使水进入包装容器内

环境保护措施 无资料

泄漏化学品的收容、清除方法及所使用的处置材料 用洁净的铲子收集泄漏物，置于干净、干燥、盖子较松的容器中，将容器移离泄漏区

第七部分 操作处置与储存

操作注意事项 密闭操作，提供充分的局部排风。操作人员必须经过专门培训，严格遵守操作规程。建议操作人员佩戴自吸过滤式防尘口罩，戴安全防护眼镜，穿防毒物渗透工作服，戴橡胶手套。远离火种、热源。工作场所严禁吸烟。使用防爆型的通风系统和设备。避免产生粉尘。避免与氧化剂、还原剂、碱类接触。搬运时要轻装轻卸，防止包装及容器损坏。配备相应品种和数量的消防器材及泄漏应急处理设备。倒空的容器可能残留有害物

储存注意事项 储存于阴凉、通风良好的专用库房内。远离火种、热源。包装密封。应与氧化剂、还原剂、碱类、食用化学品分开存放，切忌混储。配备相应品种和数量的消防器材。储区应备有合适的材料收容泄漏物

第八部分 接触控制/个体防护

职业接触限值

中国 未制定标准

美国(ACGIH) 未制定标准

生物接触限值 未制定标准

监测方法 空气中有毒物质测定方法：毛细管柱-气相色谱法；盐酸萘乙二胺分光光度法。生物监测检验方法：未制定标准

工程控制 严加密闭，提供充分的局部排风。提供安全的淋浴和洗眼设备

个体防护装备

呼吸系统防护 可能接触其粉尘时，佩戴过滤式防尘呼吸器。紧急事态抢救或撤离时，应该佩戴空气呼吸器

眼睛防护 戴安全防护眼镜

皮肤和身体防护 穿防毒物渗透工作服

手防护 戴橡胶手套

第九部分 理化特性

外观与性状 淡黄色或黄棕色针状结晶，有苦杏仁味

pH值 无意义　　**熔点(℃)** 52～54

沸点(℃) 315　　**相对密度(水=1)** 1.69

相对蒸气密度(空气=1) 6.98

饱和蒸气压(kPa) 无资料

燃烧热(kJ/mol) 无资料　　**临界温度(℃)** 无资料

临界压力(MPa) 无资料　　**辛醇/水分配系数** 2.17

闪点(℃) 194 (CC)　　**自燃温度(℃)** 无资料

爆炸下限(%) 2.0　　**爆炸上限(%)** 22.0

分解温度(℃) 无资料　　**黏度(mPa·s)** 无资料

溶解性 不溶于水，易溶于乙醇、乙醚

第十部分 稳定性和反应性

稳定性 稳定

危险反应 与强氧化剂等禁配物接触，有发生火灾和爆炸的危险

避免接触的条件 震动、受热

禁配物 强氧化剂、强碱、强还原剂

危险的分解产物 氮氧化物、氯化氢

第十一部分 毒理学信息

急性毒性 LD_{50}：640mg/kg（大鼠经口）；130mg/kg（兔经皮）

皮肤刺激或腐蚀 家兔经皮：100mg (24h)，引起刺激（开放性刺激试验）

眼睛刺激或腐蚀 无资料

呼吸或皮肤过敏 无资料

生殖细胞突变性 微生物致突变：鼠伤寒沙门氏菌 3μg/皿。DNA损伤：小鼠腹腔 30mg/kg

致癌性 无资料

生殖毒性 无资料

特异性靶器官系统毒性-一次接触 无资料

特异性靶器官系统毒性-反复接触 无资料

吸入危害 无资料

第十二部分 生态学信息

生态毒性

LC_{50} 0.157mg/L (96h)（青鳉）

EC_{50} 0.66mg/L (48h)（水蚤）

NOEC 0.052mg/L（青鳉，鱼类早期生活阶段毒性

试验）

NOEC　0.18mg/L（21d）（水蚤）

持久性和降解性

生物降解性　不易快速生物降解

非生物降解性　空气中，当羟基自由基浓度为5.00×10^5个/cm^3时，降解半衰期为750d（理论）

潜在的生物累积性　根据 K_{ow} 值预测，该物质的生物累积性可能较弱

土壤中的迁移性　根据 K_{oc} 值预测，该物质可能有一定的迁移性

第十三部分　废弃处置

废弃化学品　建议用焚烧法处置。与燃料混合后，再焚烧。焚烧炉排出的气体要通过洗涤器除去

污染包装物　将容器返还生产商或按照国家和地方法规处置

废弃注意事项　处置前应参阅国家和地方有关法规

第十四部分　运输信息

联合国危险货物编号（UN 号）　3441

联合国运输名称　固态二硝基氯苯

联合国危险性类别　6.1　　**包装类别**　Ⅱ类包装

包装标志

海洋污染物　是

运输注意事项　运输前应先检查包装容器是否完整、密封，运输过程中要确保容器不泄漏、不倒塌、不坠落、不损坏。严禁与酸类、氧化剂、食品及食品添加剂混运。运输时运输车辆应配备相应品种和数量的消防器材及泄漏应急处理设备。运输途中应防曝晒、雨淋，防高温

第十五部分　法规信息

下列法律、法规、规章和标准，对该化学品的管理作了相应的规定。

中华人民共和国职业病防治法　职业病分类和目录：苯的氨基及硝基化合物中毒

危险化学品安全管理条例　危险化学品目录：列入。易制爆危险化学品名录：未列入。重点监管的危险化学品名录：未列入。GB 18218—2009《危险化学品重大危险源辨识》（表1）：未列入

使用有毒物品作业场所劳动保护条例　高毒物品目录：列入

易制毒化学品管理条例　易制毒化学品的分类和品种目录：未列入

国际公约　斯德哥尔摩公约：未列入。鹿特丹公约：未列入。蒙特利尔议定书：未列入

第十六部分　其他信息

编写和修订信息　　**缩略语和首字母缩写**

培训建议　　**参考文献**

免责声明

2,4-二硝基萘酚

第一部分　化学品标识

化学品中文名　2,4-二硝基萘酚

化学品英文名　2,4-dinitronaphthol；martius yellow

分子式　$C_{10}H_6N_2O_5$　　**相对分子质量**　234.18

结构式

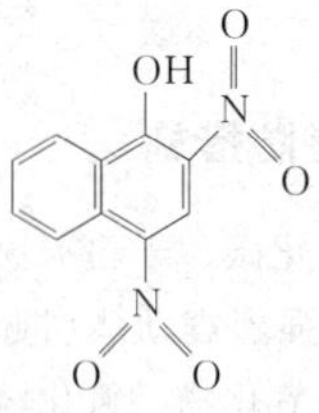

化学品的推荐及限制用途　用于制造混合炸药，用作检定钛和铊的分析试剂

第二部分　危险性概述

紧急情况概述　对水生生物毒性非常大并具有长期持续影响

GHS 危险性类别　危害水生环境-急性危害，类别1；危害水生环境-长期危害，类别1

标签要素

象形图

警示词　警告

危险性说明　对水生生物毒性非常大并具有长期持续影响

防范说明

预防措施　禁止排入环境

事故响应　收集泄漏物

安全储存　-

废弃处置　本品及内装物、容器依据国家和地方法规处置

物理和化学危险　可燃，经摩擦、撞击有引起燃烧爆炸的危险

健康危害　对眼、上呼吸道和皮肤有刺激性

环境危害　对水生生物毒性非常大并具有长期持续影响

第三部分　成分/组成信息

√物质　　混合物

组分	浓度	CAS No.
2,4-二硝基萘酚		605-69-6

第四部分　急救措施

吸入　迅速脱离现场至空气新鲜处。保持呼吸道通畅。如呼吸困难，给吸氧。如呼吸、心跳停止，立即行心肺复苏术。就医

皮肤接触　立即脱去污染衣着，用肥皂水或清水彻底冲洗。就医

眼睛接触　分开眼睑，用清水或生理盐水冲洗。就医

食入　漱口，饮水。就医

对保护施救者的忠告 根据需要使用个人防护设备

对医生的特别提示 对症处理

第五部分 消防措施

灭火剂 用雾状水、泡沫、二氧化碳灭火

特别危险性 遇高热、明火或与氧化剂混合，经摩擦、撞击有引起燃烧爆炸的危险。受热分解放出有毒的氧化氮烟气。燃烧生成有害的一氧化碳、氮氧化物

灭火注意事项及防护措施 消防人员必须佩戴空气呼吸器、穿全身防火防毒服，在上风向灭火。尽可能将容器从火场移至空旷处。喷水保持火场容器冷却，直至灭火结束。禁止用砂土压盖

第六部分 泄漏应急处理

作业人员防护措施、防护装备和应急处置程序 隔离泄漏污染区，限制出入。消除所有点火源。建议应急处理人员戴防尘口罩，穿防毒服，戴橡胶手套。穿上适当的防护服前严禁接触破裂的容器和泄漏物。尽可能切断泄漏源。用塑料布覆盖泄漏物，减少飞散。勿使水进入包装容器内

环境保护措施 无资料

泄漏化学品的收容、清除方法及所使用的处置材料 用洁净的铲子收集泄漏物，置于干净、干燥、盖子较松的容器中，将容器移离泄漏区

第七部分 操作处置与储存

操作注意事项 密闭操作，注意通风。操作人员必须经过专门培训，严格遵守操作规程。建议操作人员佩戴自吸过滤式防尘口罩，戴化学安全防护眼镜，穿防毒物渗透工作服，戴橡胶手套。远离火种、热源。工作场所严禁吸烟。使用防爆型的通风系统和设备。避免产生粉尘。避免与还原剂、酸类接触。搬运时要轻装轻卸，防止包装及容器损坏。配备相应品种和数量的消防器材及泄漏应急处理设备。倒空的容器可能残留有害物

储存注意事项 储存于阴凉、通风的库房。远离火种、热源。包装密封。应与还原剂、酸类、食用化学品分开存放，切忌混储。配备相应品种和数量的消防器材。储区应备有合适的材料收容泄漏物

第八部分 接触控制/个体防护

职业接触限值

中国 未制定标准

美国(ACGIH) 未制定标准

生物接触限值 未制定标准

监测方法 空气中有毒物质测定方法：未制定标准。生物监测检验方法：未制定标准

工程控制 密闭操作，注意通风。提供安全的淋浴和洗眼设备

个体防护装备

呼吸系统防护 空气中粉尘浓度超标时，佩戴过滤式防尘呼吸器。紧急事态抢救或撤离时，应该佩戴空气呼吸器

眼睛防护 戴化学安全防护眼镜

皮肤和身体防护 穿防毒物渗透工作服

手防护 戴橡胶手套

第九部分 理化特性

外观与性状 黄色针状结晶

pH值 无意义　**熔点(℃)** 130～132

沸点(℃) 无资料　**相对密度(水=1)** 无资料

相对蒸气密度(空气=1) 8.08

饱和蒸气压(kPa) 无资料

燃烧热(kJ/mol) 无资料　**临界温度(℃)** 无资料

临界压力(MPa) 无资料　**辛醇/水分配系数** 无资料

闪点(℃) 无意义　**自燃温度(℃)** 无资料

爆炸下限(%) 无资料　**爆炸上限(%)** 无资料

分解温度(℃) 无资料　**黏度(mPa·s)** 无资料

溶解性 微溶于热水、乙醇、乙醚，溶于丙酮

第十部分 稳定性和反应性

稳定性 稳定

危险反应 与强氧化剂等禁配物接触，有发生火灾和爆炸的危险

避免接触的条件 受热、摩擦、撞击

禁配物 强还原剂、强酸

危险的分解产物 氮氧化物

第十一部分 毒理学信息

急性毒性 LD_{50}：180mg/kg（小鼠静脉）

皮肤刺激或腐蚀 无资料　**眼睛刺激或腐蚀** 无资料

呼吸或皮肤过敏 无资料　**生殖细胞突变性** 无资料

致癌性 无资料　**生殖毒性** 无资料

特异性靶器官系统毒性-一次接触 无资料

特异性靶器官系统毒性-反复接触 无资料

吸入危害 无资料

第十二部分 生态学信息

生态毒性 LC_{50}：0.8mg/L（48h）（鱼）

持久性和降解性

生物降解性 无资料

非生物降解性 无资料

潜在的生物累积性 无资料

土壤中的迁移性 无资料

第十三部分 废弃处置

废弃化学品 建议用焚烧法处置。焚烧炉排出的氮氧化物通过洗涤器除去

污染包装物 将容器返还生产商或按照国家和地方法规处置

废弃注意事项 处置前应参阅国家和地方有关法规

第十四部分 运输信息

联合国危险货物编号(UN号) 3077

联合国运输名称 对环境有害的固态物质，未另作规定的（2,4-二硝基萘酚）

联合国危险性类别 9 **包装类别** Ⅲ类包装

包装标志  **海洋污染物** 是

运输注意事项 运输前应先检查包装容器是否完整、密封，运输过程中要确保容器不泄漏、不倒塌、不坠落、不损坏。严禁与酸类、氧化剂、食品及食品添加剂混运。运输时运输车辆应配备相应品种和数量的消防器材及泄漏应急处理设备。运输途中应防曝晒、雨淋，防高温

第十五部分 法规信息

下列法律、法规、规章和标准，对该化学品的管理作了相应的规定。

中华人民共和国职业病防治法 职业病分类和目录：未列入

危险化学品安全管理条例 危险化学品目录：列入。易制爆危险化学品名录：未列入。重点监管的危险化学品名录：未列入。GB 18218—2009《危险化学品重大危险源辨识》(表 1)：未列入

使用有毒物品作业场所劳动保护条例 高毒物品目录：未列入

易制毒化学品管理条例 易制毒化学品的分类和品种目录：未列入

国际公约 斯德哥尔摩公约：未列入。鹿特丹公约：未列入。蒙特利尔议定书：未列入

第十六部分 其他信息

编写和修订信息 **缩略语和首字母缩写**

培训建议 **参考文献**

免责声明

二硝基重氮酚

第一部分 化学品标识

化学品中文名 二硝基重氮酚；重氮二硝基苯酚；4,6-二硝基-2-重氮基-1-氧化苯

化学品英文名 diazodinitrophenol；dinol

分子式 $C_6H_2N_4O_5$ **相对分子质量** 210.10

结构式

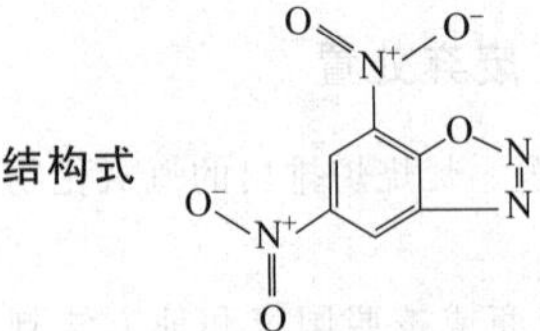

化学品的推荐及限制用途 用作起爆药。产品对摩擦敏感，运输应加 40% 的水润湿

第二部分 危险性概述

紧急情况概述 爆炸物、整体爆炸危险

GHS 危险性类别 爆炸物，1.1 项

标签要素

象形图 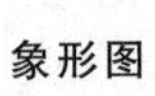

警示词 危险

危险性说明 爆炸物、整体爆炸危险

防范说明

预防措施 远离热源、火花、明火、热表面。禁止吸烟。保持湿润。容器和接收设备接地连接。避免研磨、撞击、摩擦。戴防护面罩

事故响应 火灾时可能爆炸。火势蔓延到爆炸物时，切勿灭火。撤离现场

安全储存 本品依据国家和地方法规贮存

废弃处置 本品及内装物、容器依据国家和地方法规处置

物理和化学危险 受撞击、摩擦，遇明火或其他点火源极易爆炸

健康危害 同时接触环三亚甲基三硝胺（黑索金）粉尘的工人，有消化系统和造血系统障碍的表现。皮肤接触可发生皮炎

环境危害 对环境可能有害

第三部分 成分/组成信息

√物质		混合物
组分	**浓度**	**CAS No.**
二硝基重氮酚		87-31-0

第四部分 急救措施

吸入 迅速脱离现场至空气新鲜处。保持呼吸道通畅。如呼吸困难，给吸氧。如呼吸、心跳停止，立即行心肺复苏术。就医

皮肤接触 立即脱去污染衣着，用肥皂水或清水彻底冲洗。就医

眼睛接触 分开眼睑，用清水或生理盐水冲洗。就医

食入 漱口，饮水。就医

对保护施救者的忠告 根据需要使用个人防护设备

对医生的特别提示 对症处理

第五部分 消防措施

灭火剂 用大量水灭火

特别危险性 干燥时，即使数量很少，如接触火焰、火花或受到震动、撞击、摩擦亦会引起分解爆炸。但其撞击感度和摩擦感度低于雷汞、叠氮化铅。火焰感度较敏感，与雷汞近似。含水 40% 以上时安定性较好。该物质具有腐蚀性。燃烧生成有害的一氧化碳、氮氧化物

灭火注意事项及防护措施 消防人员须戴好防毒面具，在安全距离以外，在上风向灭火。遇大火切勿轻易接近。禁止用砂土压盖

第六部分 泄漏应急处理

作业人员防护措施、防护装备和应急处置程序 隔离泄漏

污染区，限制出入。消除所有点火源。建议应急处理人员戴防尘口罩，穿防毒服，戴橡胶手套。作业时使用的所有设备应接地。禁止接触或跨越泄漏物

环境保护措施 无资料

泄漏化学品的收容、清除方法及所使用的处置材料 在专家指导下清除

第七部分 操作处置与储存

操作注意事项 严加密闭，提供充分的局部排风和全面通风。操作人员必须经过专门培训，严格遵守操作规程。建议操作人员佩戴自吸过滤式防尘口罩，戴化学安全防护眼镜，穿紧袖工作服、长筒胶鞋，戴橡胶手套。远离火种、热源。工作场所严禁吸烟。使用防爆型的通风系统和设备。避免产生粉尘。避免与氧化剂、还原剂接触。禁止震动、撞击和摩擦。配备相应品种和数量的消防器材及泄漏应急处理设备

储存注意事项 储存于阴凉、干燥、通风的爆炸品专用库房。远离火种、热源。库房温度不超过 32℃，相对湿度不超过 80%。应与氧化剂、还原剂分开存放，切忌混储。采用防爆型照明、通风设施。禁止使用易产生火花的机械设备和工具。储区应备有合适的材料收容泄漏物。禁止震动、撞击和摩擦

第八部分 接触控制/个体防护

职业接触限值

中国 未制定标准

美国(ACGIH) 未制定标准

生物接触限值 未制定标准

监测方法 空气中有毒物质测定方法：未制定标准。生物监测检验方法：未制定标准

工程控制 严加密闭，提供充分的局部排风和全面通风。提供安全的淋浴和洗眼设备

个体防护装备

呼吸系统防护 空气中粉尘浓度超标时，佩戴过滤式防尘呼吸器。紧急事态抢救或撤离时，应该佩戴空气呼吸器

眼睛防护 戴化学安全防护眼镜

皮肤和身体防护 穿紧袖工作服、长筒胶鞋

手防护 戴橡胶手套

第九部分 理化特性

外观与性状 纯品为黄色结晶，工业品为棕紫色球形聚晶

pH 值 无意义　**熔点(℃)** 158

沸点(℃) 无资料　**相对密度(水=1)** 1.63

相对蒸气密度(空气=1) 7.3

饱和蒸气压(kPa) 无资料

燃烧热(kJ/mol) 无资料　**临界温度(℃)** 无资料

临界压力(MPa) 无资料　**辛醇/水分配系数** 0.53

闪点(℃) 无意义　**自燃温度(℃)** 无资料

爆炸下限(%) 无资料　**爆炸上限(%)** 无资料

分解温度(℃) 无资料　**黏度(mPa·s)** 无资料

溶解性 微溶于水，溶于热乙醇、多数有机溶剂

第十部分 稳定性和反应性

稳定性 稳定

危险反应 受热、摩擦、震动、撞击、与强氧化剂等禁配物接触，有发生火灾和爆炸的危险

避免接触的条件 震动、撞击、摩擦和受热

禁配物 强氧化剂、强还原剂

危险的分解产物 氮氧化物

第十一部分 毒理学信息

急性毒性 无资料　**皮肤刺激或腐蚀** 无资料

眼睛刺激或腐蚀 无资料　**呼吸或皮肤过敏** 无资料

生殖细胞突变性 无资料　**致癌性** 无资料

生殖毒性 无资料

特异性靶器官系统毒性-一次接触 无资料

特异性靶器官系统毒性-反复接触 无资料

吸入危害 无资料

第十二部分 生态学信息

生态毒性 无资料

持久性和降解性

生物降解性 无资料

非生物降解性 无资料

潜在的生物累积性 根据 K_{ow} 值预测，该物质的生物累积性可能较弱

土壤中的迁移性 根据 K_{oc} 值预测，该物质可能易发生迁移

第十三部分 废弃处置

废弃化学品 处置前应参阅国家和地方有关法规。在公安部门指定地点引爆

污染包装物 将容器返还生产商或按照国家和地方法规处置

废弃注意事项 废弃处置人员必须接受过专门的爆炸性物质废弃处置培训

第十四部分 运输信息

联合国危险货物编号(UN号) 0074

联合国运输名称 二硝基重氮苯酚，湿的

联合国危险性类别 1.1A　**包装类别** -

包装标志 　**海洋污染物** 否

运输注意事项 货车编组，应按照《车辆编组隔离表》进行。起运时包装要完整，装载应稳妥。运输过程中要确保容器不泄漏、不倒塌、不坠落、不损坏。车速要加以控制，避免颠簸、震荡。不得与酸、碱、盐类、氧化剂、易燃可燃物、自燃物品、金属粉末等危险物品及钢铁材料器具混装。运输途中应防曝晒、雨淋，防高温。公路运输时要按规定路线行驶，中途停留时应严格选择停放地点，远离高压电源、火源和高温场所，要与其他车辆隔离并留有专人看管，禁止在居民

区和人口稠密区停留。铁路运输时要禁止溜放

第十五部分 法规信息

下列法律、法规、规章和标准，对该化学品的管理作了相应的规定。

中华人民共和国职业病防治法 职业病分类和目录：未列入

危险化学品安全管理条例 危险化学品目录：未列入。易制爆危险化学品名录：未列入。重点监管的危险化学品名录：未列入。GB 18218—2009《危险化学品重大危险源辨识》(表 1)：未列入

使用有毒物品作业场所劳动保护条例 高毒物品目录：未列入

易制毒化学品管理条例 易制毒化学品的分类和品种目录：未列入

国际公约 斯德哥尔摩公约：未列入。鹿特丹公约：未列入。蒙特利尔议定书：未列入

第十六部分 其他信息

编写和修订信息 **缩略语和首字母缩写**

培训建议 **参考文献**

免责声明

1,2-二溴丙烷

第一部分 化学品标识

化学品中文名 1,2-二溴丙烷

化学品英文名 1,2-dibromopropane

分子式 $C_3H_6Br_2$ **相对分子质量** 201.9

结构式 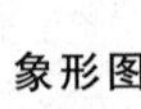

化学品的推荐及限制用途 用作溶剂及用于有机合成

第二部分 危险性概述

紧急情况概述 易燃液体和蒸气，吞咽有害，吸入有害

GHS 危险性类别 易燃液体，类别 3；急性毒性-经口，类别 4；急性毒性-吸入，类别 4；危害水生环境-急性危害，类别 2；危害水生环境-长期危害，类别 2

标签要素

象形图 

警示词 警告

危险性说明 易燃液体和蒸气，吞咽有害，吸入有害，对水生生物有毒并具有长期持续影响

防范说明

预防措施 远离热源、火花、明火、热表面。禁止吸烟。保持容器密闭。容器和接收设备接地连接。使用防爆电器、通风、照明设备。只能使用不产生火花的工具。采取防止静电措施。戴防护手套、防护眼镜、防护面罩。避免接触眼睛、皮肤，操作后彻底清洗。作业场所不得进食、饮水或吸烟。避免吸入蒸气、雾。仅在室外或通风良好处操作。禁止排入环境

事故响应 火灾时，使用泡沫、干粉、二氧化碳、砂土灭火。如吸入：将患者转移到空气新鲜处，休息，保持利于呼吸的体位。如皮肤（或头发）接触：立即脱掉所有被污染的衣服，用水冲洗皮肤，淋浴。食入：漱口。如果感觉不适，立即呼叫中毒控制中心或就医。收集泄漏物

安全储存 存放在通风良好的地方。保持低温

废弃处置 本品及内装物、容器依据国家和地方法规处置

物理和化学危险 易燃，其蒸气与空气混合，能形成爆炸性混合物

健康危害 本品具有麻醉作用。急性中毒可出现头痛、眩晕、呕吐、发绀、脉搏加速，然后血压降低、心动过速、体温升高、口腔炎、甲状腺肿大。妇女发生月经失调

环境危害 对水生生物有毒并具有长期持续影响

第三部分 成分/组成信息

√物质 混合物

组分	浓度	CAS No.
1,2-二溴丙烷		78-75-1

第四部分 急救措施

吸入 迅速脱离现场至空气新鲜处。保持呼吸道通畅。如呼吸困难，给吸氧。如呼吸、心跳停止，立即行心肺复苏术。就医

皮肤接触 立即脱去污染衣着，用肥皂水或清水彻底冲洗。就医

眼睛接触 分开眼睑，用清水或生理盐水冲洗。就医

食入 漱口，饮水。就医

对保护施救者的忠告 根据需要使用个人防护设备

对医生的特别提示 对症处理

第五部分 消防措施

灭火剂 用泡沫、干粉、二氧化碳、砂土灭火

特别危险性 受高热分解产生有毒的溴化物气体。燃烧生成有害的一氧化碳、溴化氢

灭火注意事项及防护措施 消防人员须佩戴防毒面具、穿全身消防服，在上风向灭火。尽可能将容器从火场移至空旷处。喷水保持火场容器冷却，直至灭火结束。容器突然发出异常声音或出现异常现象，应立即撤离

第六部分 泄漏应急处理

作业人员防护措施、防护装备和应急处置程序 根据液体流动和蒸气扩散的影响区域划定警戒区，无关人员从侧风、上风向撤离至安全区。消除所有点火源。建议应急处理人员戴正压自给式呼吸器，穿防毒服，戴防化学品手套。穿上适当的防护服前严禁接触破裂的容器和泄漏物。尽可能切断泄漏源

环境保护措施 防止泄漏物进入水体、下水道、地下室或

有限空间

泄漏化学品的收容、清除方法及所使用的处置材料 小量泄漏：用干燥的砂土或其他不燃材料吸收或覆盖，收集于容器中。大量泄漏：构筑围堤或挖坑收容，用泵转移至槽车或专用收集器内

第七部分 操作处置与储存

操作注意事项 密闭操作，加强通风。操作人员必须经过专门培训，严格遵守操作规程。建议操作人员佩戴自吸过滤式防毒面具（半面罩），戴安全防护眼镜，穿透气型防毒服，戴防化学品手套。远离火种、热源。工作场所严禁吸烟。使用防爆型的通风系统和设备。防止蒸气泄漏到工作场所空气中。避免与氧化剂、碱类接触。搬运时要轻装轻卸，防止包装及容器损坏。配备相应品种和数量的消防器材及泄漏应急处理设备。倒空的容器可能残留有害物

储存注意事项 储存于阴凉、通风的库房。远离火种、热源。保持容器密封。应与氧化剂、碱类、食用化学品分开存放，切忌混储。采用防爆型照明、通风设施。禁止使用易产生火花的机械设备和工具。储区应备有泄漏应急处理设备和合适的收容材料

第八部分 接触控制/个体防护

职业接触限值

中国 未制定标准

美国(ACGIH) 未制定标准

生物接触限值 未制定标准

监测方法 空气中有毒物质测定方法：未制定标准。生物监测检验方法：未制定标准

工程控制 生产过程密闭，加强通风。提供安全的淋浴和洗眼设备

个体防护装备

呼吸系统防护 空气中浓度超标时，应该佩戴过滤式防毒面具（半面罩）

眼睛防护 戴安全防护眼镜

皮肤和身体防护 穿透气型防毒服

手防护 戴防化学品手套

第九部分 理化特性

外观与性状 无色至黄色液体

pH 值 无资料　　**熔点(℃)** －55.2

沸点(℃) 140～142　　**相对密度(水＝1)** 1.94

相对蒸气密度(空气＝1) 无资料

饱和蒸气压(kPa) 1.33（35.7℃）

燃烧热(kJ/mol) 无资料　　**临界温度(℃)** 无资料

临界压力(MPa) 4.08　　**辛醇/水分配系数** 2.43

闪点(℃) 54　　**自燃温度(℃)** 无资料

爆炸下限(%) 无资料　　**爆炸上限(%)** 无资料

分解温度(℃) 无资料

黏度(mPa·s) 1.623（20℃）

溶解性 不溶于水，可混溶于乙醇、乙醚、丙酮、氯仿

第十部分 稳定性和反应性

稳定性 稳定

危险反应 与强氧化剂等禁配物接触，有发生火灾和爆炸的危险

避免接触的条件 光照、受热

禁配物 强碱、强氧化剂、镁

危险的分解产物 溴化氢

第十一部分 毒理学信息

急性毒性

LD_{50} 741mg/kg（大鼠经口）

LC_{50} 12000mg/m^3（大鼠吸入，4h）

皮肤刺激或腐蚀 无资料　　**眼睛刺激或腐蚀** 无资料

呼吸或皮肤过敏 无资料　　**生殖细胞突变性** 无资料

致癌性 无资料　　**生殖毒性** 无资料

特异性靶器官系统毒性-一次接触 无资料

特异性靶器官系统毒性-反复接触 无资料

吸入危害 无资料

第十二部分 生态学信息

生态毒性 根据结构类似物质预测，该物质对水生生物有毒

持久性和降解性

生物降解性 无资料

非生物降解性 空气中，当羟基自由基浓度为5.00×10^{5}个/cm^{3}时，降解半衰期为37d（理论）；在25℃，当pH值为7时，水解半衰期为320d（理论）

潜在的生物累积性 根据K_{ow}值预测，该物质的生物累积性可能较弱

土壤中的迁移性 根据K_{oc}值预测，该物质可能有一定的迁移性

第十三部分 废弃处置

废弃化学品 建议用焚烧法处置。焚烧炉排出的卤化氢通过酸洗涤器除去

污染包装物 将容器返还生产商或按照国家和地方法规处置

废弃注意事项 处置前应参阅国家和地方有关法规

第十四部分 运输信息

联合国危险货物编号（UN号） 1993

联合国运输名称 易燃液体，未另作规定的（1,2-二溴丙烷）

联合国危险性类别 3　　**包装类别** Ⅲ类包装

包装标志 

海洋污染物 否

运输注意事项 运输前应先检查包装容器是否完整、密封，运输过程中要确保容器不泄漏、不倒塌、不坠落、不损坏。严禁与酸类、氧化剂、食品及食品添加剂混运。运输时运输车辆应配备相应品种和数量的消防器材及泄漏应急处理设备。运输途中应防曝晒、雨淋，防高温。运输时所用的槽（罐）车应有接地链，

槽内可设孔隔板以减少震荡产生的静电。中途停留时应远离火种、热源。公路运输时要按规定路线行驶

第十五部分 法规信息

下列法律、法规、规章和标准，对该化学品的管理作了相应的规定。

中华人民共和国职业病防治法 职业病分类和目录：未列入

危险化学品安全管理条例 危险化学品目录：列入。易制爆危险化学品名录：未列入。重点监管的危险化学品名录：未列入。GB 18218—2009《危险化学品重大危险源辨识》(表 1)：未列入

使用有毒物品作业场所劳动保护条例 高毒物品目录：未列入

易制毒化学品管理条例 易制毒化学品的分类和品种目录：未列入

国际公约 斯德哥尔摩公约：未列入。鹿特丹公约：未列入。蒙特利尔议定书：未列入

第十六部分 其他信息

编写和修订信息 **缩略语和首字母缩写**

培训建议 **参考文献**

免责声明

二溴甲烷

第一部分 化学品标识

化学品中文名 二溴甲烷；二溴化亚甲基

化学品英文名 dibromomethane；methylene dibromide

分子式 CH_2Br_2 **相对分子质量** 173.8

结构式 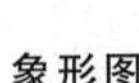

化学品的推荐及限制用途 用于有机合成，用作溶剂

第二部分 危险性概述

紧急情况概述 吸入有害

GHS 危险性类别 急性毒性-吸入，类别 4；危害水生环境-急性危害，类别 3；危害水生环境-长期危害，类别 3

标签要素

象形图 

警示词 警告

危险性说明 吸入有害，对水生生物有害并具有长期持续影响

防范说明

预防措施 避免吸入蒸气、雾。仅在室外或通风良好处操作。禁止排入环境

事故响应 如吸入：将患者转移到空气新鲜处，休息，保持利于呼吸的体位。如感觉不适，呼叫中毒控制中心或就医

安全储存 -

废弃处置 本品及内装物、容器依据国家和地方法规处置

物理和化学危险 不燃，无特殊燃爆特性

健康危害 本品蒸气具有麻醉性，并可能导致心律紊乱。反复接触可造成肝、肾损害

环境危害 对水生生物有害并具有长期持续影响

第三部分 成分/组成信息

√物质		混合物
组分	**浓度**	**CAS No.**
二溴甲烷		74-95-3

第四部分 急救措施

吸入 迅速脱离现场至空气新鲜处。保持呼吸道通畅。如呼吸困难，给吸氧。如呼吸、心跳停止，立即行心肺复苏术。就医

皮肤接触 立即脱去污染衣着，用肥皂水或清水彻底冲洗。就医

眼睛接触 分开眼睑，用清水或生理盐水冲洗。就医

食入 漱口，饮水。就医

对保护施救者的忠告 根据需要使用个人防护设备

对医生的特别提示 对症处理

第五部分 消防措施

灭火剂 用泡沫、干粉、二氧化碳、砂土灭火

特别危险性 受高热分解产生有毒的溴化物气体。燃烧生成有害的一氧化碳、溴化氢

灭火注意事项及防护措施 消防人员须佩戴防毒面具、穿全身消防服，在上风向灭火。尽可能将容器从火场移至空旷处。喷水保持火场容器冷却，直至灭火结束。容器突然发出异常声音或出现异常现象，应立即撤离

第六部分 泄漏应急处理

作业人员防护措施、防护装备和应急处置程序 根据液体流动和蒸气扩散的影响区域划定警戒区，无关人员从侧风、上风向撤离至安全区。建议应急处理人员戴正压自给式呼吸器，穿防毒服，戴防化学品手套。尽可能切断泄漏源

环境保护措施 无资料

泄漏化学品的收容、清除方法及所使用的处置材料 小量泄漏：用砂土或其他不燃材料吸收。大量泄漏：构筑围堤或挖坑收容。用泡沫覆盖，减少蒸发。用防爆泵转移至槽车或专用收集器内

第七部分 操作处置与储存

操作注意事项 密闭操作，加强通风。操作人员必须经过专门培训，严格遵守操作规程。建议操作人员佩戴自吸过滤式防毒面具（半面罩），戴安全防护眼镜，穿透气型防毒服，戴防化学品手套。防止蒸气泄漏到工作场所空气中。避免与氧化剂、铝、金属粉末接触。搬运时要轻装轻卸，防止包装及容器损坏。配备泄漏应急处理设备。倒空的容器可能残留有害物

储存注意事项 储存于阴凉、通风的库房。远离火种、热源。保持容器密封。应与氧化剂、铝、金属粉末、食用化学品分开存放，切忌混储。储区应备有泄漏应急处理设备和合适的收容材料

第八部分 接触控制/个体防护

职业接触限值

中国 未制定标准

美国(ACGIH) 未制定标准

生物接触限值 未制定标准

监测方法 空气中有毒物质测定方法：未制定标准。生物监测检验方法：未制定标准

工程控制 生产过程密闭，加强通风。提供安全的淋浴和洗眼设备

个体防护装备

呼吸系统防护 空气中浓度超标时，应选择佩戴过滤式防毒面具（半面罩）。紧急事态抢救或撤离时，佩戴空气呼吸器

眼睛防护 戴安全防护眼镜

皮肤和身体防护 穿透气型防毒服

手防护 戴防化学品手套

第九部分 理化特性

外观与性状 无色透明液体 **pH值** 无资料

熔点(℃) －52.5 **沸点(℃)** 96～98

相对密度(水＝1) 2.48

相对蒸气密度(空气＝1) 6.05

饱和蒸气压(kPa) 5（20℃）

燃烧热(kJ/mol) 无资料 **临界温度(℃)** 309.8

临界压力(MPa) 7.15 **辛醇/水分配系数** 1.7

闪点(℃) 无意义 **自燃温度(℃)** 无意义

爆炸下限(%) 无意义 **爆炸上限(%)** 无意义

分解温度(℃) 无资料

黏度(mPa·s) 0.98（25℃）

溶解性 微溶于水，可混溶于乙醇、乙醚、丙酮、氯仿

第十部分 稳定性和反应性

稳定性 稳定

危险反应 与强氧化剂等禁配物发生反应

避免接触的条件 光照、受热

禁配物 强氧化剂、铝、镁

危险的分解产物 溴化氢

第十一部分 毒理学信息

急性毒性

LD_{50} 1000mg/kg（大鼠经口）

LC_{50} 40000mg/m^3（大鼠吸入，2h）

皮肤刺激或腐蚀 无资料 **眼睛刺激或腐蚀** 无资料

呼吸或皮肤过敏 无资料 **生殖细胞突变性** 无资料

致癌性 无资料 **生殖毒性** 无资料

特异性靶器官系统毒性-一次接触 无资料

特异性靶器官系统毒性-反复接触 大鼠吸入1000ppm，54次，引起肝、肾损害，部分动物死亡

吸入危害 无资料

第十二部分 生态学信息

生态毒性 无资料

持久性和降解性

生物降解性 好氧生物降解（h）：168～672；厌氧生物降解（h）：672～2688

非生物降解性 空气中光氧化半衰期（h）：851～8510；一级水解半衰期（h）：1.60×10^6

潜在的生物累积性 根据K_{ow}值预测，该物质的生物累积性可能较弱

土壤中的迁移性 根据K_{oc}值预测，该物质可能易发生迁移

第十三部分 废弃处置

废弃化学品 建议用焚烧法处置。焚烧炉排出的卤化氢通过酸洗涤器除去

污染包装物 将容器返还生产商或按照国家和地方法规处置

废弃注意事项 处置前应参阅国家和地方有关法规

第十四部分 运输信息

联合国危险货物编号（UN号） 2664

联合国运输名称 二溴甲烷

联合国危险性类别 6.1 **包装类别** Ⅲ类包装

包装标志 

海洋污染物 否

运输注意事项 运输前应先检查包装容器是否完整、密封，运输过程中要确保容器不泄漏、不倒塌、不坠落、不损坏。严禁与酸类、氧化剂、食品及食品添加剂混运。运输时运输车辆应配备泄漏应急处理设备。运输途中应防曝晒、雨淋，防高温。公路运输时要按规定路线行驶

第十五部分 法规信息

下列法律、法规、规章和标准，对该化学品的管理作了相应的规定。

中华人民共和国职业病防治法 职业病分类和目录：未列入

危险化学品安全管理条例 危险化学品目录：列入。易制爆危险化学品名录：未列入。重点监管的危险化学品名录：未列入。GB 18218—2009《危险化学品重大危险源辨识》(表1)：未列入

使用有毒物品作业场所劳动保护条例 高毒物品目录：未列入

易制毒化学品管理条例 易制毒化学品的分类和品种目录：未列入

国际公约 斯德哥尔摩公约：未列入。鹿特丹公约：未列入。蒙特利尔议定书：未列入

第十六部分 其他信息

编写和修订信息　　缩略语和首字母缩写

培训建议　　参考文献

免责声明

二 溴 磷

第一部分 化学品标识

化学品中文名 二溴磷；O-(1,2-二溴-2,2-二氯-乙基)-O,O-二甲基磷酸酯

化学品英文名 1,2-dibromo-2,2-dichloroethyl dimethyl phosphate；bromex；dibrom

分子式 $C_4H_7Br_2Cl_2O_4P$　**相对分子质量** 380.80

结构式

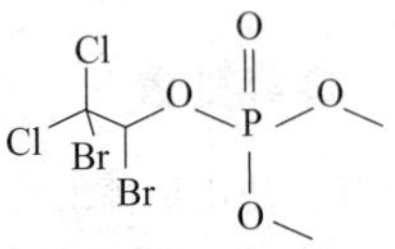

化学品的推荐及限制用途 为残效期短的杀虫剂和杀螨剂

第二部分 危险性概述

紧急情况概述 吞咽有害，皮肤接触有害

GHS 危险性类别 急性毒性-经口，类别 4；急性毒性-经皮，类别 4；皮肤腐蚀/刺激，类别 2；严重眼损伤/眼刺激，类别 2；危害水生环境-急性危害，类别 1

标签要素

象形图

警示词 警告

危险性说明 吞咽有害，皮肤接触有害，造成皮肤刺激，造成严重眼刺激，对水生生物毒性非常大

防范说明

预防措施　避免接触眼睛、皮肤，操作后彻底清洗。作业场所不得进食、饮水或吸烟。戴防护手套，穿防护服，戴防护眼镜、防护面罩。禁止排入环境

事故响应　皮肤接触：用大量肥皂水和水清洗；如感觉不适，呼叫中毒控制中心或就医。被污染的衣服须经洗净后方可重新使用。如发生皮肤刺激，就医。如接触眼睛：用水细心冲洗数分钟。如戴隐形眼镜并可方便地取出，取出隐形眼镜继续冲洗。如果眼睛刺激持续：就医。食入：漱口；如果感觉不适，立即呼叫中毒控制中心或就医。收集泄漏物

安全储存　-

废弃处置　本品及内装物、容器依据国家和地方法规处置

物理和化学危险 可燃，其粉体或蒸气与空气混合，能形成爆炸性混合物

健康危害 抑制胆碱酯酶，引起神经生理功能紊乱。中毒症状有头晕、无力、视物模糊、恶心、呕吐、瞳孔缩小、肌纤颤等。严重者出现肺水肿、大小便失禁、昏迷等

环境危害 对水生生物毒性非常大

第三部分 成分/组成信息

√物质　　混合物

组分	浓度	CAS No.
二溴磷		300-76-5

第四部分 急救措施

吸入 迅速脱离现场至空气新鲜处。保持呼吸道通畅。如呼吸困难，给输氧。如呼吸、心跳停止，立即进行心肺复苏术。就医

皮肤接触 立即脱去污染的衣着，用肥皂水及流动清水彻底冲洗污染的皮肤、头发、指甲等；就医

眼睛接触 分开眼睑，用流动清水或生理盐水冲洗；就医

食入 饮足量温水，催吐（仅限于清醒者）。口服活性炭。就医

对保护施救者的忠告 根据需要使用个人防护设备

对医生的特别提示 解毒剂：阿托品、胆碱酯酶复能剂

第五部分 消防措施

灭火剂 用泡沫、干粉、砂土灭火

特别危险性 受高热分解放出有毒的气体。燃烧生成有害的氯化氢、溴化氢、氧化磷

灭火注意事项及防护措施 消防人员必须佩戴空气呼吸器、穿全身防火防毒服，在上风向灭火。尽可能将容器从火场移至空旷处。喷水保持火场容器冷却，直至灭火结束

第六部分 泄漏应急处理

作业人员防护措施、防护装备和应急处置程序 根据液体流动和蒸气扩散的影响区域划定警戒区，无关人员从侧风、上风向撤离至安全区。建议应急处理人员戴正压自给式呼吸器，穿防毒服，戴氯丁橡胶手套。穿上适当的防护服前严禁接触破裂的容器和泄漏物。尽可能切断泄漏源

环境保护措施 防止泄漏物进入水体、下水道、地下室或有限空间

泄漏化学品的收容、清除方法及所使用的处置材料 小量泄漏：用干燥的砂土或其他不燃材料吸收或覆盖，收集于容器中。大量泄漏：构筑围堤或挖坑收容。用砂土、惰性物质或蛭石吸收大量液体。用泵转移至槽车或专用收集器内

第七部分 操作处置与储存

操作注意事项 密闭操作，局部排风。操作尽可能机械化、自动化。操作人员必须经过专门培训，严格遵守操作规程。建议操作人员佩戴过滤式防毒面具（半面罩），戴化学安全防护眼镜，穿聚乙烯防毒服，戴氯丁橡胶手套。远离火种、热源。工作场所严禁吸烟。使用防爆型的通风系统和设备。避免与还原剂、碱类接触。搬运时要轻装轻卸，防止包装及容器损坏。配

备相应品种和数量的消防器材及泄漏应急处理设备。倒空的容器可能残留有害物

储存注意事项 储存于阴凉、通风的库房。远离火种、热源。包装密封。应与还原剂、碱类、食用化学品分开存放，切忌混储。配备相应品种和数量的消防器材。储区应备有合适的材料收容泄漏物

第八部分 接触控制/个体防护

职业接触限值

中国 未制定标准

美国(ACGIH) TLV-TWA：0.1mg/m^3（可吸入性颗粒物和蒸气）[皮][敏]

生物接触限值 全血胆碱酯酶活性（校正值）：原基础值或参考值的70%（采样时间：开始接触后的3个月内），原基础值或参考值的50%（采样时间：持续接触3个月后，任意时间）

监测方法 空气中有毒物质测定方法：未制定标准。生物监测检验方法：血中胆碱酯酶活性的分光光度测定方法-羟胺三氯化铁法；血中胆碱酯酶活性的分光光度测定方法-硫代乙酰胆碱-联硫代双硝基苯甲酸法

工程控制 密闭操作，局部排风。提供安全的淋浴和洗眼设备

个体防护装备

呼吸系统防护 生产操作或农业使用时，佩戴过滤式防毒面具（半面罩）。空气中浓度较高时，必须佩戴空气呼吸器

眼睛防护 戴化学安全防护眼镜

皮肤和身体防护 穿隔绝式防毒服

手防护 戴橡胶手套

第九部分 理化特性

外观与性状 白色结晶固体或无色黏稠油状液体，微有臭味

pH值 无资料 **熔点(℃)** 26.5～27.5

沸点(℃) 110（0.066kPa） **相对密度(水=1)** 1.96

相对蒸气密度(空气=1) 无资料

饱和蒸气压(kPa) 0.066（110℃）

燃烧热(kJ/mol) 无资料 **临界温度(℃)** 无资料

临界压力(MPa) 无资料 **辛醇/水分配系数** 1.38

闪点(℃) >61 **自燃温度(℃)** 无资料

爆炸下限(%) 无资料 **爆炸上限(%)** 无资料

分解温度(℃) 无资料 **黏度(mPa·s)** 无资料

溶解性 不溶于水，易溶于芳烃，不溶于脂肪

第十部分 稳定性和反应性

稳定性 稳定

危险反应 与碱类等禁配物发生反应

避免接触的条件 受热

禁配物 还原剂、碱类

危险的分解产物 氯化氢、溴化氢、氧化磷

第十一部分 毒理学信息

急性毒性 LD_{50}：430mg/kg（大鼠经口）；1100mg/kg（兔经皮）

皮肤刺激或腐蚀 家兔经皮：500mg（24h），重度刺激

眼睛刺激或腐蚀 无资料 **呼吸或皮肤过敏** 无资料

生殖细胞突变性 微生物致突变：鼠伤寒沙门氏菌50μg/皿。微生物致突变：枯草菌50μg/皿

致癌性 无资料 **生殖毒性** 无资料

特异性靶器官系统毒性-一次接触 无资料

特异性靶器官系统毒性-反复接触 连续给兔皮下注射乳剂1月，0.1LD_{50}引起重度中毒，chE活性显著下降，死亡率达60%

吸入危害 无资料

第十二部分 生态学信息

生态毒性

LC_{50} 0.127mg/L（96h）(山鳟，静态)；0.132mg/L（96h）(虹鳟鱼)；3.3mg/L（96h）（黑头呆鱼，静态）；0.18mg/L（96h）（蓝鳃太阳鱼）

EC_{50} 0.3ppb（48h）（水蚤，静态）；1.5ppb（48h）（水蚤，动态）

持久性和降解性

生物降解性 无资料

非生物降解性 空气中，当羟基自由基浓度为5.00×10^5个/cm^3时，降解半衰期为2.5d（理论）

潜在的生物累积性 根据K_{ow}值预测，该物质的生物累积性可能较弱

土壤中的迁移性 根据K_{oc}值预测，该物质可能易发生迁移

第十三部分 废弃处置

废弃化学品 建议用焚烧法处置。与燃料混合后，再焚烧。焚烧炉排出的气体要通过洗涤器除去

污染包装物 将容器返还生产商或按照国家和地方法规处置

废弃注意事项 处置前应参阅国家和地方有关法规

第十四部分 运输信息

联合国危险货物编号（UN号） 2783（固态）；3018（液态）

联合国运输名称 固态有机磷农药，毒性（二溴磷）（固态）；液态有机磷农药，毒性（二溴磷）（液态）

联合国危险性类别 6.1 **包装类别** Ⅱ类包装

包装标志 6 **海洋污染物** 否

运输注意事项 运输前应先检查包装容器是否完整、密封，运输过程中要确保容器不泄漏、不倒塌、不坠落、不损坏。严禁与酸类、氧化剂、食品及食品添加剂混运。运输时运输车辆应配备泄漏应急处理设备。运输途中应防曝晒、雨淋，防高温

第十五部分 法规信息

下列法律、法规、规章和标准，对该化学品的管理作

了相应的规定。

中华人民共和国职业病防治法 职业病分类和目录：有机磷中毒

危险化学品安全管理条例 危险化学品目录：列入。易制爆危险化学品名录：未列入。重点监管的危险化学品名录：未列入。GB 18218—2009《危险化学品重大危险源辨识》(表 1)：未列入

使用有毒物品作业场所劳动保护条例 高毒物品目录：未列入

易制毒化学品管理条例 易制毒化学品的分类和品种目录：未列入

国际公约 斯德哥尔摩公约：未列入。鹿特丹公约：未列入。蒙特利尔议定书：未列入

第十六部分 其他信息

编写和修订信息 **缩略语和首字母缩写**

培训建议 **参考文献**

免责声明

1,2-二溴乙烷

第一部分 化学品标识

化学品中文名 1,2-二溴乙烷

化学品英文名 1,2-dibromoethane；1,2-ethylene dibromide

分子式 $C_2H_4Br_2$ **相对分子质量** 187.88

结构式 Br／＼／Br

化学品的推荐及限制用途 用作溶剂，用于有机合成，以及制造杀虫剂、药品等

第二部分 危险性概述

紧急情况概述 吞咽会中毒，皮肤接触会中毒，吸入会中毒

GHS 危险性类别 急性毒性-经口，类别 3；急性毒性-经皮，类别 3；急性毒性-吸入，类别 3；皮肤腐蚀/刺激，类别 2；严重眼损伤/眼刺激，类别 2；致癌性，类别 1B；特异性靶器官毒性-一次接触，类别 3（呼吸道刺激）；危害水生环境-急性危害，类别 2；危害水生环境-长期危害，类别 2

标签要素

象形图

警示词 危险

危险性说明 吞咽会中毒，皮肤接触会中毒，吸入会中毒，造成皮肤刺激，造成严重眼刺激，可能致癌，可能引起呼吸道刺激，对水生生物有毒并具有长期持续影响

防范说明

预防措施 避免接触眼睛、皮肤，操作后彻底清洗。作业场所不得进食、饮水或吸烟。戴防护手套，穿防护服，戴防护眼镜、防护面罩。避免吸入蒸气、雾。仅在室外或通风良好处操作。得到专门指导后操作。在阅读并了解所有安全预防措施之前，切勿操作。按要求使用个体防护装备。禁止排入环境

事故响应 如吸入：将患者转移到空气新鲜处，休息，保持利于呼吸的体位。皮肤接触：用大量肥皂水和水清洗。如发生皮肤刺激，就医。立即脱去所有被污染的衣服。被污染的衣服须经洗净后方可重新使用。如接触眼睛：用水细心冲洗数分钟。如戴隐形眼镜并可方便地取出，取出隐形眼镜继续冲洗。如果眼睛刺激持续：就医。食入：漱口，立即呼叫中毒控制中心或就医。如果接触或有担心，就医。收集泄漏物

安全储存 在通风良好处储存。保持容器密闭。上锁保管

废弃处置 本品及内装物、容器依据国家和地方法规处置

物理和化学危险 不燃，无特殊燃爆特性

健康危害 具有中度麻醉作用。对皮肤黏膜有刺激作用。重者可致肺炎和肺水肿。对中枢神经有抑制作用。可致肝、肾损害。急性中毒可有头痛、头晕、耳鸣、全身无力、面色苍白、恶心、呕吐，可死于心力衰竭。引起皮炎和结膜炎

环境危害 对水生生物有毒并具有长期持续影响

第三部分 成分/组成信息

√物质		混合物
组分	**浓度**	**CAS No.**
1,2-二溴乙烷		106-93-4

第四部分 急救措施

吸入 迅速脱离现场至空气新鲜处。保持呼吸道通畅。如呼吸困难，给吸氧。如呼吸、心跳停止，立即行心肺复苏术。就医

皮肤接触 立即脱去污染衣着，用肥皂水或清水彻底冲洗。就医

眼睛接触 分开眼睑，用清水或生理盐水冲洗。就医

食入 饮适量温水，催吐（仅限于清醒者）。就医

对保护施救者的忠告 根据需要使用个人防护设备

对医生的特别提示 对症处理

第五部分 消防措施

灭火剂 用泡沫、干粉、二氧化碳、砂土灭火

特别危险性 受高热分解产生有毒的溴化物气体。与强氧化剂接触可发生化学反应。燃烧生成有害的溴化氢

灭火注意事项及防护措施 消防人员须佩戴防毒面具、穿全身消防服，在上风向灭火。尽可能将容器从火场移至空旷处。喷水保持火场容器冷却，直至灭火结束。容器突然发出异常声音或出现异常现象，应立即撤离

第六部分 泄漏应急处理

作业人员防护措施、防护装备和应急处置程序 根据液体流动和蒸气扩散的影响区域划定警戒区，无关人员从侧风、上风向撤离至安全区。建议应急处理人员戴正

压自给式呼吸器，穿防毒服，戴防化学品手套。穿上适当的防护服前严禁接触破裂的容器和泄漏物。尽可能切断泄漏源

环境保护措施 防止泄漏物进入水体、下水道、地下室或有限空间

泄漏化学品的收容、清除方法及所使用的处置材料 小量泄漏：用干燥的砂土或其他不燃材料吸收或覆盖，收集于容器中。大量泄漏：构筑围堤或挖坑收容。用砂土、惰性物质或蛭石吸收大量液体。用泵转移至槽车或专用收集器内

第七部分 操作处置与储存

操作注意事项 密闭操作，加强通风。操作人员必须经过专门培训，严格遵守操作规程。建议操作人员佩戴自吸过滤式防毒面具（半面罩），戴安全防护眼镜，穿透气型防毒服，戴防化学品手套。防止蒸气泄漏到工作场所空气中。避免与氧化剂、碱金属接触。搬运时要轻装轻卸，防止包装及容器损坏。配备泄漏应急处理设备。倒空的容器可能残留有害物

储存注意事项 储存于阴凉、通风的库房。远离火种、热源。保持容器密封。应与氧化剂、碱金属、食用化学品分开存放，切忌混储。储区应备有泄漏应急处理设备和合适的收容材料

第八部分 接触控制/个体防护

职业接触限值

中国 未制定标准

美国(ACGIH) 未制定标准

生物接触限值 未制定标准

监测方法 空气中有毒物质测定方法：未制定标准。生物监测检验方法：未制定标准

工程控制 生产过程密闭，加强通风。提供安全的淋浴和洗眼设备

个体防护装备

呼吸系统防护 空气中浓度超标时，应该佩戴过滤式防毒面具（半面罩）

眼睛防护 戴安全防护眼镜

皮肤和身体防护 穿透气型防毒服

手防护 戴防化学品手套

第九部分 理化特性

外观与性状 无色有甜味的液体，有氯仿味

pH值 无资料　　**熔点(℃)** 9.97

沸点(℃) 131～132　　**相对密度(水=1)** 2.17

相对蒸气密度(空气=1) 6.48

饱和蒸气压(kPa) 2.32（30℃）

燃烧热(kJ/mol) 无资料　　**临界温度(℃)** 无资料

临界压力(MPa) 7.15　　**辛醇/水分配系数** 1.96

闪点(℃) 无意义　　**自燃温度(℃)** 无意义

爆炸下限(%) 无意义　　**爆炸上限(%)** 无意义

分解温度(℃) 无资料

黏度(mPa·s) 1.727（20℃）

溶解性 微溶于水，可混溶于多数有机溶剂

第十部分 稳定性和反应性

稳定性 稳定

危险反应 与强氧化剂等禁配物发生反应

避免接触的条件 光照、受热

禁配物 碱金属、强氧化剂

危险的分解产物 溴化氢

第十一部分 毒理学信息

急性毒性

LD_{50} 108mg/kg（大鼠经口）；300mg/kg（大鼠经皮）；300mg/kg（兔经皮）

LC_{50} 14300mg/m^3（大鼠吸入，30min）

皮肤刺激或腐蚀 家兔经皮：1%，14d，严重刺激

眼睛刺激或腐蚀 无资料

呼吸或皮肤过敏 无资料

生殖细胞突变性 微生物致突变：鼠伤寒沙门氏菌500nmol/皿；大肠杆菌20μl/皿。姐妹染色单体交换：人淋巴细胞10nmol/L。微核试验：人淋巴细胞1mmol/L。DNA抑制：人淋巴细胞5ml/L。哺乳动物体细胞突变：人淋巴细胞5mg/L

致癌性 IARC致癌性评论：组2A，可能人类致癌物。对人类致癌性证据有限，对动物致癌性证据充分

生殖毒性 大鼠孕后6～15d吸入最低中毒剂量（TCLo）32ppm（23h），致肌肉骨骼系统发育畸形。大鼠吸入最低中毒浓度（TCLo）：80ppm（24h），致胎鼠死亡。大鼠吸入最低中毒浓度（TCLo）：对睾丸、附睾、输精管、性腺、尿道及雄性生育指数有影响

特异性靶器官系统毒性-一次接触 无资料

特异性靶器官系统毒性-反复接触 无资料

吸入危害 无资料

第十二部分 生态学资料

生态毒性 LC_{50}：18mg/L（48h）（蓝鳃太阳鱼）

持久性和降解性

生物降解性 好氧生物降解（h）：672～4320；厌氧生物降解（h）：48～360

非生物降解性 空气中光氧化半衰期（h）：257～2567；一级水解半衰期（h）：19272

潜在的生物累积性 根据K_{ow}值预测，该物质的生物累积性可能较弱

土壤中的迁移性 根据K_{oc}值预测，该物质可能易发生迁移

第十三部分 废弃处置

废弃化学品 建议用焚烧法处置。焚烧炉排出的卤化氢通过酸洗涤器除去

污染包装物 将容器返还生产商或按照国家和地方法规处置

废弃注意事项 处置前应参阅国家和地方有关法规

第十四部分 运输信息

联合国危险货物编号（UN号） 1605

联合国运输名称 二溴化乙烯

联合国危险性类别 6.1 **包装类别** Ⅰ类包装

包装标志 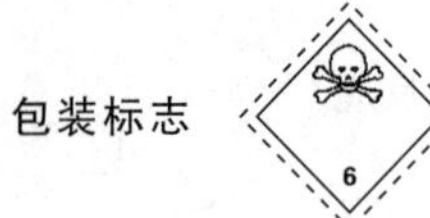 **海洋污染物** 否

运输注意事项 运输前应先检查包装容器是否完整、密封，运输过程中要确保容器不泄漏、不倒塌、不坠落、不损坏。严禁与酸类、氧化剂、食品及食品添加剂混运。运输时运输车辆应配备泄漏应急处理设备。运输途中应防曝晒、雨淋，防高温。公路运输时要按规定路线行驶

第十五部分 法规信息

下列法律、法规、规章和标准，对该化学品的管理作了相应的规定。

中华人民共和国职业病防治法 职业病分类和目录：未列入

危险化学品安全管理条例 危险化学品目录：列入。易制爆危险化学品名录：未列入。重点监管的危险化学品名录：未列入。GB 18218—2009《危险化学品重大危险源辨识》(表 1)：未列入

使用有毒物品作业场所劳动保护条例 高毒物品目录：未列入

易制毒化学品管理条例 易制毒化学品的分类和品种目录：未列入

国际公约 斯德哥尔摩公约：未列入。鹿特丹公约：列入。蒙特利尔议定书：未列入

第十六部分 其他信息

编写和修订信息 **缩略语和首字母缩写**

培训建议 **参考文献**

免责声明

二亚硝基苯

第一部分 化学品标识

化学品中文名 二亚硝基苯；1,4-二亚硝基苯

化学品英文名 1,4-dinitrosobenzene；*p*-dinitrosobenzene

分子式 $C_6H_4N_2O_2$ **相对分子质量** 136.12

结构式 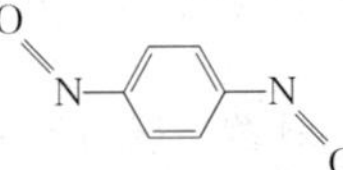

化学品的推荐及限制用途 用于制造炸药

第二部分 危险性概述

紧急情况概述 爆炸物、燃烧、爆轰或迸射危险

GHS 危险性类别 爆炸物，1.3 项

标签要素

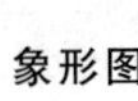 

警示词 危险

危险性说明 爆炸物、燃烧、爆轰或迸射危险

防范说明

预防措施 远离热源、火花、明火、热表面。禁止吸烟。保持湿润。容器和接收设备接地连接。避免研磨、撞击、摩擦。戴防护面罩

事故响应 火灾时可能爆炸。火势蔓延到爆炸物时，切勿灭火。撤离现场

安全储存 本品依据国家和地方法规储存

废弃处置 本品及内装物、容器依据国家和地方法规处置

物理和化学危险 受撞击、摩擦，遇明火或其他点火源极易爆炸

健康危害 高铁血红蛋白形成剂，引起肝损害。患者的黏膜、皮肤出现紫绀，有头痛、头晕、耳鸣、全身无力、心悸、恶心、呕吐，甚至休克、昏迷

环境危害 对环境可能有害

第三部分 成分/组成信息

√物质		混合物
组分	**浓度**	**CAS No.**
二亚硝基苯		105-12-4

第四部分 急救措施

吸入 迅速脱离现场至空气新鲜处。保持呼吸道通畅。如呼吸困难，给输氧。如呼吸、心跳停止，立即进行心肺复苏术。就医

皮肤接触 立即脱去污染的衣着，用流动清水彻底冲洗。就医

眼睛接触 立即分开眼睑，用流动清水或生理盐水彻底冲洗。就医

食入 漱口，饮水。就医

对保护施救者的忠告 根据需要使用个人防护设备

对医生的特别提示 高铁血红蛋白血症，可用美蓝和维生素 C 治疗

第五部分 消防措施

灭火剂 用大量水灭火

特别危险性 燃烧分解时，放出有毒的氮氧化物气体。燃烧生成有害的一氧化碳、氮氧化物

灭火注意事项及防护措施 消防人员须戴好防毒面具，在安全距离以外，在上风向灭火。遇大火切勿轻易接近。禁止用砂土压盖

第六部分 泄漏应急处理

作业人员防护措施、防护装备和应急处置程序 隔离泄漏污染区，限制出入。消除所有点火源。建议应急处理人员戴防尘口罩，穿防毒服，戴橡胶手套。作业时使用的所有设备应接地。禁止接触或跨越泄漏物

环境保护措施 无资料

泄漏化学品的收容、清除方法及所使用的处置材料 在专家指导下清除

第七部分 操作处置与储存

操作注意事项 密闭操作，提供充分的局部排风。操作人

员必须经过专门培训，严格遵守操作规程。建议操作人员佩戴自吸过滤式防尘口罩，戴化学安全防护眼镜，穿紧袖工作服、长筒胶鞋，戴橡胶手套。远离火种、热源。工作场所严禁吸烟。使用防爆型的通风系统和设备。避免产生粉尘。避免与氧化剂、酸类、活性金属粉末接触。禁止震动、撞击和摩擦。配备相应品种和数量的消防器材及泄漏应急处理设备

储存注意事项 储存于阴凉、干燥、通风的爆炸品专用库房。库房温度不超过32℃，相对湿度不超过80%。远离火种、热源。包装密封。应与氧化剂、酸类、活性金属粉末分开存放，切忌混储。采用防爆型照明、通风设施。禁止使用易产生火花的机械设备和工具。储区应备有合适的材料收容泄漏物。禁止震动、撞击和摩擦

第八部分 接触控制/个体防护

职业接触限值

中国 未制定标准

美国(ACGIH) 未制定标准

生物接触限值 未制定标准

监测方法 空气中有毒物质测定方法：未制定标准。生物监测检验方法：未制定标准

工程控制 严加密闭，提供充分的局部排风。提供安全的淋浴和洗眼设备

个体防护装备

呼吸系统防护 空气中粉尘浓度超标时，佩戴过滤式防尘呼吸器。紧急事态抢救或撤离时，应该佩戴空气呼吸器

眼睛防护 戴化学安全防护眼镜

皮肤和身体防护 穿紧袖工作服、长筒胶鞋

手防护 戴橡胶手套

第九部分 理化特性

外观与性状 棕色晶体

pH值 无意义 **熔点(℃)** 146.5

沸点(℃) 无资料 **相对密度(水=1)** 无资料

相对蒸气密度(空气=1) 无资料

饱和蒸气压(kPa) 无资料

燃烧热(kJ/mol) 无资料 **临界温度(℃)** 无资料

临界压力(MPa) 无资料 **辛醇/水分配系数** 无资料

闪点(℃) 无意义 **自燃温度(℃)** 无资料

爆炸下限(%) 无资料 **爆炸上限(%)** 无资料

分解温度(℃) 无资料 **黏度(mPa·s)** 无资料

溶解性 无资料

第十部分 稳定性和反应性

稳定性 稳定

危险反应 受热、摩擦、震动、撞击、与强氧化剂等禁配物接触，有发生火灾和爆炸的危险

避免接触的条件 受热、摩擦、震动和撞击

禁配物 强氧化剂、强酸、活性金属粉末

危险的分解产物 氮氧化物

第十一部分 毒理学信息

急性毒性 无资料 **皮肤刺激或腐蚀** 无资料

眼睛刺激或腐蚀 无资料 **呼吸或皮肤过敏** 无资料

生殖细胞突变性 无资料 **致癌性** 无资料

生殖毒性 无资料

特异性靶器官系统毒性-一次接触 无资料

特异性靶器官系统毒性-反复接触 无资料

吸入危害 无资料

第十二部分 生态学信息

生态毒性 无资料

持久性和降解性

生物降解性 无资料

非生物降解性 无资料

潜在的生物累积性 无资料

土壤中的迁移性 无资料

第十三部分 废弃处置

废弃化学品 处置前应参阅国家和地方有关法规。在公安部门指定地点引爆

污染包装物 将容器返还生产商或按照国家和地方法规处置

废弃注意事项 废弃处置人员必须接受过专门的爆炸性物质废弃处置培训

第十四部分 运输信息

联合国危险货物编号(UN号) 0406

联合国运输名称 二亚硝基苯

联合国危险性类别 1.3C **包装类别** -

包装标志  **海洋污染物** 否

运输注意事项 货车编组，应按照《车辆编组隔离表》进行。起运时包装要完整，装载应稳妥。运输过程中要确保容器不泄漏、不倒塌、不坠落、不损坏。车速要加以控制，避免颠簸、震荡。不得与酸、碱、盐类、氧化剂、易燃可燃物、自燃物品、金属粉末等危险物品及钢铁材料器具混装。运输途中应防曝晒、雨淋，防高温。公路运输时要按规定路线行驶，中途停留时应严格选择停放地点，远离高压电源、火源和高温场所，要与其他车辆隔离并留有专人看管，禁止在居民区和人口稠密区停留。铁路运输时要禁止溜放

第十五部分 法规信息

下列法律、法规、规章和标准，对该化学品的管理作了相应的规定。

中华人民共和国职业病防治法 职业病分类和目录：苯的氨基及硝基化合物中毒

危险化学品安全管理条例 危险化学品目录：列入。易制爆危险化学品名录：未列入。重点监管的危险化学品名录：未列入。GB 18218—2009《危险化学品重大

危险源辨识》(表 1)：未列入

使用有毒物品作业场所劳动保护条例　高毒物品目录：未列入

易制毒化学品管理条例　易制毒化学品的分类和品种目录：未列入

国际公约　斯德哥尔摩公约：未列入。鹿特丹公约：未列入。蒙特利尔议定书：未列入

第十六部分　其他信息

编写和修订信息　　**缩略语和首字母缩写**

培训建议　　**参考文献**

免责声明

N,N'-二亚硝基五亚甲基四胺［含钝感剂的］

第一部分　化学品标识

化学品中文名　N,N'-二亚硝基五亚甲基四胺［含钝感剂的］；发泡剂 H

化学品英文名　N,N'-dinitrosopentamethylenetetramine；3,7-dinitroso-1,3,5,7-tetraazabicyclo-(3,3,1)-nonane

分子式　$C_5H_{10}N_6O_2$　　**相对分子质量**　186.18

结构式

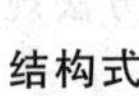

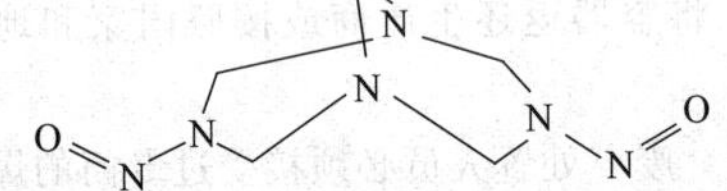

化学品的推荐及限制用途　用于橡胶、聚氯乙烯等塑料的发泡剂，制造微孔塑料

第二部分　危险性概述

紧急情况概述　加热可引能起火，吞咽有害

GHS 危险性类别　自反应物质和混合物，C 型；急性毒性-经口，类别 4

标签要素

象形图

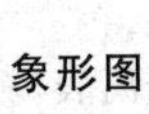

警示词　危险

危险性说明　加热可引能起火，吞咽有害

防范说明

预防措施　远离热源、火花、明火、热表面。禁止吸烟。远离衣物、可燃物保存。仅在原容器中保存。戴防护手套、防护眼镜、防护面罩。避免接触眼睛、皮肤，操作后彻底清洗。作业场所不得进食、饮水或吸烟

事故响应　火灾时，使用水、砂土灭火。食入：漱口。如果感觉不适，立即呼叫中毒控制中心或就医

安全储存　存放在通风良好的地方。保持低温。远离其他物质储存

废弃处置　本品及内装物、容器依据国家和地方法规处置

物理和化学危险　易燃。受撞击、摩擦，遇明火或其他点火源极易爆炸

健康危害　本品热解能放出有毒的氮氧化物烟雾。口服具有中等毒性

环境危害　对环境可能有害

第三部分　成分/组成信息

√物质		混合物
组分	**浓度**	**CAS No.**
N,N'-二亚硝基五亚甲基四胺		101-25-7

第四部分　急救措施

吸入　迅速脱离现场至空气新鲜处。保持呼吸道通畅。如呼吸困难，给吸氧。如呼吸、心跳停止，立即行心肺复苏术。就医

皮肤接触　立即脱去污染衣着，用肥皂水或清水彻底冲洗。就医

眼睛接触　分开眼睑，用清水或生理盐水冲洗。就医

食入　漱口，饮水。就医

对保护施救者的忠告　根据需要使用个人防护设备

对医生的特别提示　对症处理

第五部分　消防措施

灭火剂　用水、砂土灭火

特别危险性　与碱、酸或酸雾接触将迅速起火燃烧。与氧化剂混合能形成爆炸性混合物。经摩擦、震动或撞击可引起燃烧或爆炸。燃烧生成有害的一氧化碳、氮氧化物

灭火注意事项及防护措施　消防人员必须佩戴空气呼吸器、穿全身防火防毒服，在上风向灭火。尽可能将容器从火场移至空旷处。喷水保持火场容器冷却，直至灭火结束。容器突然发出异常声音或出现异常现象，应立即撤离。禁止使用酸碱灭火剂

第六部分　泄漏应急处理

作业人员防护措施、防护装备和应急处置程序　隔离泄漏污染区，限制出入。消除所有点火源。建议应急处理人员戴防尘口罩，穿防毒服，戴防毒物渗透手套。禁止接触或跨越泄漏物。尽可能切断泄漏源

环境保护措施　防止泄漏物进入水体、下水道、地下室或有限空间

泄漏化学品的收容、清除方法及所使用的处置材料　用惰性、湿润的不燃材料吸收泄漏物，用洁净的非火花工具收集于一盖子较松的塑料容器中，待处理

第七部分　操作处置与储存

操作注意事项　密闭操作，局部排风。操作人员必须经过专门培训，严格遵守操作规程。建议操作人员佩戴自吸过滤式防尘口罩，戴安全防护眼镜，穿透气型防毒服，戴防毒物渗透手套。远离火种、热源。工作场所严禁吸烟。使用防爆型的通风系统和设备。避免产生粉尘。避免与氧化剂、酸类、碱类接触。禁止震动、撞击和摩擦。配备相应品种和数量的消防器材及泄漏应急处理设备。倒空的容器可能残留有害物

储存注意事项　储存于阴凉、干燥、通风良好的不燃库

房。远离火种、热源。库温不宜超过35℃。应与氧化剂、酸类、碱类、食用化学品分开存放，切忌混储。采用防爆型照明、通风设施。禁止使用易产生火花的机械设备和工具。储区应备有合适的材料收容泄漏物

第八部分　接触控制/个体防护

职业接触限值

中国　未制定标准

美国(ACGIH)　未制定标准

生物接触限值　未制定标准

监测方法　空气中有毒物质测定方法：未制定标准。生物监测检验方法：未制定标准

工程控制　密闭操作，局部排风

个体防护装备

呼吸系统防护　可能接触其粉尘时，应该佩戴过滤式防尘呼吸器。必要时佩戴空气呼吸器

眼睛防护　戴安全防护眼镜

皮肤和身体防护　穿透气型防毒服

手防护　戴防毒物渗透手套

第九部分　理化特性

外观与性状　浅黄色粉末，无臭味

pH值　无意义　**熔点(℃)**　207（分解）

沸点(℃)　无资料

相对密度(水=1)　1.4～1.45

相对蒸气密度(空气=1)　无资料

饱和蒸气压(kPa)　无资料

燃烧热(kJ/mol)　无资料　**临界温度(℃)**　无资料

临界压力(MPa)　无资料　**辛醇/水分配系数**　无资料

闪点(℃)　无意义　**自燃温度(℃)**　无资料

爆炸下限(%)　无资料　**爆炸上限(%)**　无资料

分解温度(℃)　190～200

黏度(mPa·s)　无资料

溶解性　微溶于水，不溶于乙醚，微溶于乙醇、氯仿，溶于丙酮

第十部分　稳定性和反应性

稳定性　稳定

危险反应　与强氧化剂等禁配物接触，有发生火灾和爆炸的危险

避免接触的条件　受热、摩擦、震动或撞击

禁配物　强氧化剂、酸类、碱类

危险的分解产物　氮氧化物

第十一部分　毒理学信息

急性毒性　LD_{50}：940mg/kg（大鼠经口）

皮肤刺激或腐蚀　无资料　**眼睛刺激或腐蚀**　无资料

呼吸或皮肤过敏　无资料　**生殖细胞突变性**　无资料

致癌性　无资料　**生殖毒性**　无资料

特异性靶器官系统毒性-一次接触　无资料

特异性靶器官系统毒性-反复接触　无资料

吸入危害　无资料

第十二部分　生态学信息

生态毒性　无资料

持久性和降解性

生物降解性　无资料

非生物降解性　无资料

潜在的生物累积性　无资料

土壤中的迁移性　无资料

第十三部分　废弃处置

废弃化学品　建议用焚烧法处置。焚烧炉排出的氮氧化物通过洗涤器除去

污染包装物　将容器返还生产商或按照国家和地方法规处置

废弃注意事项　处置前应参阅国家和地方有关法规

第十四部分　运输信息

联合国危险货物编号（UN号）　3224

联合国运输名称　C型自反应固体（N,N'-二亚硝基五亚甲基四胺）

联合国危险性类别　4.1　**包装类别**　-

包装标志　　**海洋污染物**　否

运输注意事项　运输时运输车辆应配备相应品种和数量的消防器材及泄漏应急处理设备。装运本品的车辆排气管须有阻火装置。运输过程中要确保容器不泄漏、不倒塌、不坠落、不损坏。严禁与氧化剂、酸类、碱类、食用化学品等混装混运。运输途中应防曝晒、雨淋，防高温。中途停留时应远离火种、热源。车辆运输完毕应进行彻底清扫。铁路运输时要禁止溜放

第十五部分　法规信息

下列法律、法规、规章和标准，对该化学品的管理作了相应的规定。

中华人民共和国职业病防治法　职业病分类和目录：未列入

危险化学品安全管理条例　危险化学品目录：列入。易制爆危险化学品名录：未列入。重点监管的危险化学品名录：列入。GB 18218—2009《危险化学品重大危险源辨识》（表1）：未列入

使用有毒物品作业场所劳动保护条例　高毒物品目录：未列入

易制毒化学品管理条例　易制毒化学品的分类和品种目录：未列入

国际公约　斯德哥尔摩公约：未列入。鹿特丹公约：未列入。蒙特利尔议定书：未列入

第十六部分　其他信息

编写和修订信息　**缩略语和首字母缩写**

培训建议　**参考文献**

免责声明

二氧化硫

第一部分 化学品标识

化学品中文名 二氧化硫；亚硫酸酐

化学品英文名 sulfur dioxide；sulfurous anhydride

分子式 SO_2 **相对分子质量** 64.1

结构式 O═S═O

化学品的推荐及限制用途 用于制造硫酸和保险粉等

第二部分 危险性概述

紧急情况概述 内装加压气体：遇热可能爆炸，吸入会中毒，造成严重的皮肤灼伤和眼损伤

GHS 危险性类别 加压气体；急性毒性-吸入，类别 3；皮肤腐蚀/刺激，类别 1B；严重眼损伤/眼刺激，类别 1

标签要素

象形图

警示词 危险

危险性说明 内装加压气体：遇热可能爆炸，吸入会中毒，造成严重的皮肤灼伤和眼损伤

防范说明

预防措施 避免吸入气体。仅在室外或通风良好处操作。避免接触眼睛、皮肤，操作后彻底清洗。戴防护手套，穿防护服，戴防护眼镜、防护面罩

事故响应 如吸入：将患者转移到空气新鲜处，休息，保持利于呼吸的体位。呼叫中毒控制中心或就医。皮肤（或头发）接触：立即脱掉所有被污染的衣服，用水冲洗皮肤，淋浴。污染的衣服须洗净后方可重新使用。眼睛接触：用水细心地冲洗数分钟。如戴隐形眼镜并可方便地取出，则取出隐形眼镜继续冲洗

安全储存 防日晒。存放在通风良好的地方。保持容器密闭。上锁保管

废弃处置 本品及内装物、容器依据国家和地方法规处置

物理和化学危险 不燃，无特殊燃爆特性

健康危害 易被湿润的黏膜表面吸收生成亚硫酸、硫酸。对眼及呼吸道黏膜有强烈的刺激作用。大量吸入可引起肺水肿、喉水肿、声带痉挛而致窒息

急性中毒 轻度中毒时，发生流泪、畏光、咳嗽、咽喉灼痛等呼吸道及眼结膜刺激症状；严重中毒可在数小时内发生肺水肿，并可致呼吸中枢麻痹；极高浓度吸入立即引起喉痉挛、水肿，而致窒息。重度中毒可并发气胸、纵隔气肿。液态二氧化硫污染皮肤或溅入眼内，可造成皮肤灼伤和角膜上皮细胞坏死，形成白斑、疤痕

慢性影响 长期低浓度接触，可有头痛、头昏、乏力等全身症状以及慢性鼻炎、咽喉炎、支气管炎、嗅觉及味觉减退等。少数工人有牙齿酸蚀症

环境危害 对环境可能有害

第三部分 成分/组成信息

√物质 混合物

组分	浓度	CAS No.
二氧化硫		7446-09-5

第四部分 急救措施

吸入 迅速脱离现场至空气新鲜处。保持呼吸道通畅。如呼吸困难，给输氧。如呼吸、心跳停止，立即进行心肺复苏术。就医

皮肤接触 立即脱去污染的衣着，用大量流动清水彻底冲洗至少 15min。就医

眼睛接触 立即分开眼睑，用流动清水或生理盐水彻底冲洗至少 15min。就医

对保护施救者的忠告 根据需要使用个人防护设备

对医生的特别提示 对症处理

第五部分 消防措施

灭火剂 本品不燃。根据着火原因选择适当灭火剂灭火

特别危险性 若遇高热，容器内压增大，有开裂和爆炸的危险

灭火注意事项及防护措施 消防人员必须佩戴空气呼吸器、穿全身防火防毒服，在上风向灭火。切断气源。喷水冷却容器，尽可能将容器从火场移至空旷处

第六部分 泄漏应急处理

作业人员防护措施、防护装备和应急处置程序 根据气体扩散的影响区域划定警戒区，无关人员从侧风、上风向撤离至安全区。建议应急处理人员穿内置正压自给式呼吸器的全封闭防化服。如果是液化气体泄漏，还应注意防冻伤。尽可能切断泄漏源

环境保护措施 防止气体通过下水道、通风系统和有限空间扩散

泄漏化学品的收容、清除方法及所使用的处置材料 若可能翻转容器，使之逸出气体而非液体。喷雾状水抑制蒸气或改变蒸气云流向，避免水流接触泄漏物。禁止用水直接冲击泄漏物或泄漏源。用碎石灰石（$CaCO_3$）、苏打灰（Na_2CO_3）或石灰（CaO）中和。隔离泄漏区直至气体散尽

第七部分 操作处置与储存

操作注意事项 严加密闭，提供充分的局部排风和全面通风。操作人员必须经过专门培训，严格遵守操作规程。建议操作人员佩戴自吸过滤式防毒面具（全面罩），穿聚乙烯防毒服，戴橡胶手套。远离易燃、可燃物。防止气体泄漏到工作场所空气中。避免与氧化剂、还原剂接触。搬运时轻装轻卸，防止钢瓶及附件破损。配备泄漏应急处理设备

储存注意事项 储存于阴凉、通风的有毒气体专用库房。远离火种、热源。库温不宜超过 30℃。应与易（可）燃物、氧化剂、还原剂、食用化学品分开存放，切忌

混储。储区应备有泄漏应急处理设备

第八部分 接触控制/个体防护

职业接触限值

中国 PC-TWA：5mg/m³；PC-STEL：10mg/m³

美国(ACGIH) TLV-STEL：0.25ppm

生物接触限值 未制定标准

监测方法 空气中有毒物质测定方法：四氯汞钾-盐酸副玫瑰苯胺分光光度法；甲醛缓冲液-盐酸副玫瑰苯胺分光光度法。生物监测检验方法：未制定标准

工程控制 严加密闭，提供充分的局部排风和全面通风。提供安全的淋浴和洗眼设备

个体防护装备

呼吸系统防护 空气中浓度超标时，佩戴过滤式防毒面具（全面罩）。紧急事态抢救或撤离时，建议佩戴正压自给式呼吸器

眼睛防护 呼吸系统防护中已作防护

皮肤和身体防护 穿隔绝式防毒服

手防护 戴橡胶手套

第九部分 理化特性

外观与性状 无色气体，有刺激性气味

pH值 无意义 **熔点(℃)** −75.5

沸点(℃) −10

相对密度(水=1) 1.4（−10℃）

相对蒸气密度(空气=1) 2.25

饱和蒸气压(kPa) 330（20℃）

燃烧热(kJ/mol) 无资料 **临界温度(℃)** 157.8

临界压力(MPa) 7.87 **辛醇/水分配系数** −2.20

闪点(℃) 无意义 **自燃温度(℃)** 无意义

爆炸下限(%) 无意义 **爆炸上限(%)** 无意义

分解温度(℃) 无资料

黏度(mPa·s) 0.368（液体，0℃）

溶解性 溶于水、乙醇、乙醚

第十部分 稳定性和反应性

稳定性 稳定

危险反应 与强氧化剂、强还原剂等禁配物接触，有发生火灾和爆炸的危险

避免接触的条件 潮湿空气

禁配物 强还原剂、强氧化剂、易燃或可燃物

危险的分解产物 无资料

第十一部分 毒理学信息

急性毒性

LC_{50} 6600mg/m³；2520ppm（大鼠吸入，1h）

人吸入 LCLo 1000ppm（10min）

TCLo 3ppm（5d）；400～500ppm，立即危及生命

皮肤刺激或腐蚀 家兔经眼：6ppm（4h），共32d，轻度刺激

眼睛刺激或腐蚀 无资料 **呼吸或皮肤过敏** 无资料

生殖细胞突变性 DNA损伤：人淋巴细胞5700ppb。DNA抑制：人淋巴细胞5700ppb。细胞遗传学分析和姐妹染色单体交换：人多种接触途径42mg/m³

致癌性 无资料

生殖毒性 兔孕后6～18d吸入最低中毒剂量（TCLo）70ppm（7h），致肌肉骨骼系统发育畸形。大鼠吸入最低中毒浓度（TCLo）：4mg/m³，（24h）（交配前72d），引起发情周期改变或失调，对分娩有影响，对雌性生育指数有影响。小鼠吸入最低中毒浓度（TCLo）：25ppm（7h）（孕6～15d），引起胚胎毒性

特异性靶器官系统毒性-一次接触 无资料

特异性靶器官系统毒性-反复接触 小鼠吸入本品5.24mg/m³，半年，出现免疫反应受抑制

吸入危害 无资料

第十二部分 生态学信息

生态毒性 无资料

持久性和降解性

生物降解性 无资料

非生物降解性 无资料

潜在的生物累积性 无资料

土壤中的迁移性 无资料

第十三部分 废弃处置

废弃化学品 把废气通入纯碱溶液中，加次氯酸钙中和，然后用水冲入废水系统

污染包装物 将容器返还生产商或按照国家和地方法规处置

废弃注意事项 处置前应参阅国家和地方有关法规。把倒空的容器归还厂商或在规定场所掩埋

第十四部分 运输信息

联合国危险货物编号（UN号） 1079

联合国运输名称 二氧化硫

联合国危险性类别 2.3，8 **包装类别** -

包装标志

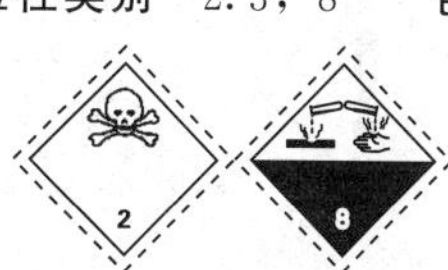

海洋污染物 否

运输注意事项 本品铁路运输时限使用耐压液化气企业自备罐车装运，装运前需报有关部门批准。采用钢瓶运输时必须戴好钢瓶上的安全帽。钢瓶一般平放，并应将瓶口朝同一方向，不可交叉；高度不得超过车辆的防护栏板，并用三角木垫卡牢，防止滚动。严禁与易燃物或可燃物、氧化剂、还原剂、食用化学品等混装混运。夏季应早晚运输，防止日光曝晒。公路运输时要按规定路线行驶，禁止在居民区和人口稠密区停留。铁路运输时要禁止溜放

第十五部分 法规信息

下列法律、法规、规章和标准，对该化学品的管理作了相应的规定。

中华人民共和国职业病防治法 职业病分类和目录：二氧化硫中毒

危险化学品安全管理条例 危险化学品目录：列入。易制爆危险化学品名录：未列入。重点监管的危险化学品名录：列入。GB 18218—2009《危险化学品重大危险源辨识》（表 1）：列入。类别：毒性气体，临界量（t）：20

使用有毒物品作业场所劳动保护条例 高毒物品目录：未列入

易制毒化学品管理条例 易制毒化学品的分类和品种目录：未列入

国际公约 斯德哥尔摩公约：未列入。鹿特丹公约：未列入。蒙特利尔议定书：未列入

第十六部分 其他信息

编写和修订信息 **缩略语和首字母缩写**

培训建议 **参考文献**

免责声明

二氧化碳

第一部分 化学品标识

化学品中文名 二氧化碳；碳（酸）酐

化学品英文名 carbon dioxide；carbonic anhydride

分子式 CO_2 **相对分子质量** 44.01

结构式 O═C═O

化学品的推荐及限制用途 用于制糖工业、制碱工业、制铅白等，也用于冷饮、灭火及有机合成

第二部分 危险性概述

紧急情况概述 内装加压气体：遇热可能爆炸，可能引起昏昏欲睡或眩晕

GHS 危险性类别 加压气体；特异性靶器官毒性-一次接触，类别 3（麻醉效应）

标签要素

象形图

警示词 警告

危险性说明 内装加压气体：遇热可能爆炸，可能引起昏昏欲睡或眩晕

防范说明

预防措施 -

事故响应 -

安全储存 防日晒。存放在通风良好的地方

废弃处置 -

物理和化学危险 不燃，无特殊燃爆特性

健康危害 在低浓度时，对呼吸中枢呈兴奋作用，高浓度时则产生抑制甚至麻痹作用。中毒机制中还兼有缺氧的因素

急性中毒 轻度中毒出现头晕、头痛、疲乏、恶心等，脱离接触后较快恢复。人进入高浓度二氧化碳环境，在几秒钟内迅速昏迷倒下，反射消失、瞳孔扩大或缩小、大小便失禁、呕吐等，更严重者出现呼吸、心跳停止及休克，甚至死亡

慢性影响 经常接触较高浓度的二氧化碳者，可有头晕、头痛、失眠、易兴奋、无力等神经功能紊乱等。但在生产中是否存在慢性中毒国内外均未见病例报道

环境危害 对环境可能有害

第三部分 成分/组成信息

√物质 混合物

组分	浓度	CAS No.
二氧化碳		124-38-9

第四部分 急救措施

吸入 迅速脱离现场至空气新鲜处。保持呼吸道通畅。如呼吸困难，给输氧。如呼吸、心跳停止，立即进行心肺复苏术。就医

对保护施救者的忠告 根据需要使用个人防护设备

对医生的特别提示 对症处理

第五部分 消防措施

灭火剂 本品不燃。根据着火原因选择适当灭火剂灭火

特别危险性 若遇高热，容器内压增大，有开裂和爆炸的危险

灭火注意事项及防护措施 喷水冷却容器，尽可能将容器从火场移至空旷处

第六部分 泄漏应急处理

作业人员防护措施、防护装备和应急处置程序 大量泄漏：根据气体扩散的影响区域划定警戒区，无关人员从侧风、上风向撤离至安全区。建议应急处理人员戴正压自给式呼吸器，穿一般作业工作服。尽可能切断泄漏源

环境保护措施 无资料

泄漏化学品的收容、清除方法及所使用的处置材料 漏出气允许排入大气中。泄漏场所保持通风

第七部分 操作处置与储存

操作注意事项 密闭操作，提供良好的自然通风条件。操作人员必须经过专门培训，严格遵守操作规程。防止气体泄漏到工作场所空气中。远离易燃、可燃物。搬运时轻装轻卸，防止钢瓶及附件破损。配备泄漏应急处理设备

储存注意事项 储存于阴凉、通风的不燃气体专用库房。远离火种、热源。库温不宜超过 30℃。应与易（可）燃物分开存放，切忌混储。储区应备有泄漏应急处理设备

第八部分 接触控制/个体防护

职业接触限值

中国 PC-TWA：9000mg/m^3；PC-STEL：18000mg/m^3

美国(ACGIH) TLV-TWA：5000ppm；TLV-STEL：30000ppm

生物接触限值 未制定标准

监测方法 空气中有害物质测定方法：不分光红外线气体分析仪法。生物监测检验方法：未制定标准

工程控制 密闭操作。提供良好的自然通风条件

个体防护装备

呼吸系统防护 一般不需要特殊防护，高浓度接触时可佩戴空气呼吸器

眼睛防护 一般不需特殊防护

皮肤和身体防护 穿一般作业工作服

手防护 戴一般作业防护手套

第九部分 理化特性

外观与性状 无色无味气体

pH 值 无资料 **熔点(℃)** －56.6（527kPa）

沸点(℃) －78.5（升华）

相对密度(水＝1) 1.56（－79℃）

相对蒸气密度(空气＝1) 1.53

饱和蒸气压(kPa) 1013.25（－39℃）

燃烧热(kJ/mol) 无资料 **临界温度(℃)** 31.3

临界压力(MPa) 7.39 **辛醇/水分配系数** 0.83

闪点(℃) 无意义 **自燃温度(℃)** 无意义

爆炸下限(%) 无意义 **爆炸上限(%)** 无意义

分解温度(℃) 无资料

黏度(mPa·s) 0.015（25℃）

溶解性 溶于水，溶于烃类等多数有机溶剂

第十部分 稳定性和反应性

稳定性 稳定

危险反应 无资料

避免接触的条件 无资料

禁配物 无资料

危险的分解产物 无资料

第十一部分 毒理学信息

急性毒性

LCLo 657190ppm（大鼠吸入，15min）

人吸入 LCLo 10pph（1min）（10%），9pph（5min）（9%）

TCLo 2000ppm

皮肤刺激或腐蚀 无资料 **眼睛刺激或腐蚀** 无资料

呼吸或皮肤过敏 无资料 **生殖细胞突变性** 无资料

致癌性 无资料 **生殖毒性** 无资料

特异性靶器官系统毒性-一次接触 无资料

特异性靶器官系统毒性-反复接触 无资料

吸入危害 无资料

第十二部分 生态学信息

生态毒性 无资料

持久性和降解性

生物降解性 无资料

非生物降解性 无资料

潜在的生物累积性 无资料

土壤中的迁移性 无资料

第十三部分 废弃处置

废弃化学品 废气直接排入大气

污染包装物 将容器返还生产商或按照国家和地方法规处置

废弃注意事项 处置前应参阅国家和地方有关法规

第十四部分 运输信息

联合国危险货物编号(UN 号) 1013；2187（冷冻液化）

联合国运输名称 二氧化碳；冷冻液态二氧化碳（冷冻液化）

联合国危险性类别 2.2 **包装类别** -

包装标志  **海洋污染物** 否

运输注意事项 采用钢瓶运输时必须戴好钢瓶上的安全帽。钢瓶一般平放，并应将瓶口朝同一方向，不可交叉；高度不得超过车辆的防护栏板，并用三角木垫卡牢，防止滚动。严禁与易燃物或可燃物等混装混运。夏季应早晚运输，防止日光曝晒。铁路运输时要禁止溜放

第十五部分 法规信息

下列法律、法规、规章和标准，对该化学品的管理作了相应的规定。

中华人民共和国职业病防治法 职业病分类和目录：未列入

危险化学品安全管理条例 危险化学品目录：列入。易制爆危险化学品名录：未列入。重点监管的危险化学品名录：未列入。GB 18218—2009《危险化学品重大危险源辨识》（表 1）：未列入

使用有毒物品作业场所劳动保护条例 高毒物品目录：未列入

易制毒化学品管理条例 易制毒化学品的分类和品种目录：未列入

国际公约 斯德哥尔摩公约：未列入。鹿特丹公约：未列入。蒙特利尔议定书：未列入

第十六部分 其他信息

编写和修订信息 **缩略语和首字母缩写**

培训建议 **参考文献**

免责声明

1,4-二氧己环

第一部分 化学品标识

化学品中文名 1,4-二氧己环；二噁烷；1,4-二氧杂环己烷

化学品英文名 1,4-dioxane；*p*-dioxane

分子式 $C_4H_8O_2$ **相对分子质量** 88.12

结构式 (1,4-二氧六环环状结构式，O 位于 1、4 位)

化学品的推荐及限制用途 用作溶剂、乳化剂、去垢剂

第二部分 危险性概述

紧急情况概述 高度易燃液体和蒸气，造成严重眼刺激

GHS危险性类别 易燃液体，类别2；严重眼损伤/眼刺激，类别2；致癌性，类别2；特异性靶器官毒性--一次接触，类别3（呼吸道刺激）

标签要素

象形图  

警示词 危险

危险性说明 高度易燃液体和蒸气，造成严重眼刺激，怀疑致癌，可能引起呼吸道刺激

防范说明

预防措施 远离热源、火花、明火、热表面。禁止吸烟。保持容器密闭。容器和接收设备接地连接。使用防爆电器、通风、照明设备。只能使用不产生火花的工具。采取防止静电措施。戴防护手套、防护眼镜、防护面罩。避免接触眼睛、皮肤，操作后彻底清洗。得到专门指导后操作。在阅读并了解所有安全预防措施之前，切勿操作。按要求使用个体防护装备

事故响应 火灾时，使用抗溶性泡沫、1211灭火剂、干粉、砂土灭火。如皮肤（或头发）接触：立即脱掉所有被污染的衣服，用水冲洗皮肤，淋浴。如接触眼睛：用水细心冲洗数分钟。如戴隐形眼镜并可方便地取出，取出隐形眼镜继续冲洗。如果眼睛刺激持续：就医。如果接触或有担心，就医

安全储存 上锁保管

废弃处置 本品及内装物、容器依据国家和地方法规处置

物理和化学危险 高度易燃，其蒸气与空气混合，能形成爆炸性混合物

健康危害 本品有麻醉和刺激作用，在体内有蓄积作用。接触大量蒸气引起眼和上呼吸道刺激，伴有头晕、头痛、嗜睡、恶心、呕吐等。可致肝、肾损害，甚至发生尿毒症

环境危害 对环境可能有害

第三部分 成分/组成信息

√物质		混合物
组分	**浓度**	**CAS No.**
1,4-二氧己环		123-91-1

第四部分 急救措施

吸入 迅速脱离现场至空气新鲜处。保持呼吸道通畅。如呼吸困难，给输氧。如呼吸、心跳停止，立即进行心肺复苏术。就医

皮肤接触 立即脱去污染的衣着，用流动清水彻底冲洗。就医

眼睛接触 立即分开眼睑，用流动清水或生理盐水彻底冲洗。就医

食入 漱口，饮水。就医

对保护施救者的忠告 根据需要使用个人防护设备

对医生的特别提示 对症处理

第五部分 消防措施

灭火剂 用抗溶性泡沫、1211灭火剂、干粉、砂土灭火

特别危险性 与氧化剂能发生强烈反应。接触空气或在光照条件下可生成具有潜在爆炸危险性的过氧化物。蒸气比空气重，沿地面扩散并易积存于低洼处，遇火源会着火回燃。燃烧生成有害的一氧化碳

灭火注意事项及防护措施 消防人员须佩戴防毒面具、穿全身消防服，在上风向灭火。尽可能将容器从火场移至空旷处。容器突然发出异常声音或出现异常现象，应立即撤离

第六部分 泄漏应急处理

作业人员防护措施、防护装备和应急处置程序 消除所有点火源。根据液体流动和蒸气扩散的影响区域划定警戒区，无关人员从侧风、上风向撤离至安全区。建议应急处理人员戴正压自给式呼吸器，穿防静电服，戴橡胶耐油手套。作业时使用的所有设备应接地。禁止接触或跨越泄漏物。尽可能切断泄漏源

环境保护措施 防止泄漏物进入水体、下水道、地下室或有限空间

泄漏化学品的收容、清除方法及所使用的处置材料 小量泄漏：用砂土或其他不燃材料吸收，使用洁净的无火花工具收集吸收材料。大量泄漏：构筑围堤或挖坑收容。用砂土、惰性物质或蛭石吸收大量液体。用抗溶性泡沫覆盖，减少蒸发。喷水雾能减少蒸发，但不能降低泄漏物在有限空间内的易燃性。用防爆泵转移至槽车或专用收集器内。喷雾状水驱散蒸气、稀释液体泄漏物

第七部分 操作处置与储存

操作注意事项 密闭操作，全面通风。操作人员必须经过专门培训，严格遵守操作规程。建议操作人员佩戴自吸过滤式防毒面具（半面罩），戴安全防护眼镜，穿防静电工作服，戴橡胶耐油手套。远离火种、热源。工作场所严禁吸烟。使用防爆型的通风系统和设备。防止蒸气泄漏到工作场所空气中。避免与氧化剂、还原剂、卤素接触。灌装时应控制流速，且有接地装置，防止静电积聚。搬运时要轻装轻卸，防止包装及容器损坏。配备相应品种和数量的消防器材及泄漏应急处理设备。倒空的容器可能残留有害物

储存注意事项 通常商品加有稳定剂。储存于阴凉、通风的库房。远离火种、热源。库温不宜超过37℃。包装要求密封，不可与空气接触。应与氧化剂、还原剂、卤素分开存放，切忌混储。不宜久存，以免变质。采用防爆型照明、通风设施。禁止使用易产生火花的机械设备和工具。储区应备有泄漏应急处理设备和合适的收容材料

第八部分 接触控制/个体防护

职业接触限值

中国 PC-TWA：70mg/m³［皮］［G2B］

美国(ACGIH) TLV-TWA：20ppm [皮]

生物接触限值 未制定标准

监测方法 空气中有毒物质测定方法：未制定标准。生物监测检验方法：未制定标准

工程控制 生产过程密闭，全面通风。提供安全的淋浴和洗眼设备

个体防护装备

呼吸系统防护 可能接触其蒸气时，佩戴过滤式防毒面具（半面罩）

眼睛防护 戴安全防护眼镜

皮肤和身体防护 穿防静电工作服

手防护 戴橡胶耐油手套

第九部分 理化特性

外观与性状 无色，带有醚味的透明液体

pH 值 无资料 **熔点(℃)** 11.8

沸点(℃) 101.3 **相对密度(水=1)** 1.04

相对蒸气密度(空气=1) 3.03

饱和蒸气压(kPa) 4.1 (20℃)

燃烧热(kJ/mol) −2428.6 **临界温度(℃)** 312

临界压力(MPa) 5.14 **辛醇/水分配系数** −0.27

闪点(℃) 12 (CC)；18.3 (OC)

自燃温度(℃) 180 **爆炸下限(%)** 2.0

爆炸上限(%) 22.2 **分解温度(℃)** 无资料

黏度(mPa·s) 0.012 (25℃)

溶解性 与水混溶，可混溶于多数有机溶剂

第十部分 稳定性和反应性

稳定性 稳定

危险反应 与强氧化剂、强还原剂、卤素等禁配物接触，有发生火灾和爆炸的危险

避免接触的条件 光照，接触空气

禁配物 强氧化剂、强还原剂、卤素

危险的分解产物 无资料

第十一部分 毒理学信息

急性毒性

LD_{50} 5170mg/kg（大鼠经口）；7600mg/kg（兔经皮）

LC_{50} 46000mg/m³（大鼠吸入，2h）

皮肤刺激或腐蚀 家兔经皮：515mg，轻度刺激（开放性刺激试验）

眼睛刺激或腐蚀 家兔经眼：100mg，重度刺激

呼吸或皮肤过敏 无资料

生殖细胞突变性 DNA 抑制：人 HeLa 细胞 400mmol/L。DNA 损伤：大鼠经口 2550mg/kg。微核试验：小鼠经口 900mg/kg。姐妹染色单体交换：仓鼠卵巢 10500mg/L

致癌性 IARC 致癌性评论：组 2B，可疑人类致癌物。对人类致癌性证据有限，对动物致癌性证据不充分

生殖毒性 大鼠孕后 6～15d 经口给予最低中毒剂量（TDLo）10g/kg，致肌肉骨骼系统发育畸形

特异性靶器官系统毒性-一次接触 无资料

特异性靶器官系统毒性-反复接触 大鼠接触浓度为 10.6g/m³，每天 8h，4～26 次，10 只动物中有 7 只死亡，存活动物出现黏膜刺激、消瘦、痉挛、麻醉、蛋白尿及严重肝肾损害

吸入危害 无资料

第十二部分 生态学信息

生态毒性

LC_{50} 10000ppm（96h）（蓝鳃太阳鱼，静态）；13000mg/L（96h）（黑头呆鱼，静态）

EC_{50} 4700mg/L（24h）（水蚤）

持久性和降解性

生物降解性 好氧生物降解（h）：672～4320；厌氧生物降解（h）：2688～17280

非生物降解性 水中光氧化半衰期（h）：1608～8.00×10^4；空气中光氧化半衰期（h）：8.1～81

潜在的生物累积性 根据 K_{ow} 值预测，该物质的生物累积性可能较弱

土壤中的迁移性 根据 K_{oc} 值预测，该物质可能易发生迁移

第十三部分 废弃处置

废弃化学品 建议用焚烧法处置

污染包装物 将容器返还生产商或按照国家和地方法规处置

废弃注意事项 处置前应参阅国家和地方有关法规

第十四部分 运输信息

联合国危险货物编号（UN 号） 1165

联合国运输名称 二噁烷

联合国危险性类别 3 **包装类别** Ⅱ类包装

包装标志 

海洋污染物 否

运输注意事项 运输时运输车辆应配备相应品种和数量的消防器材及泄漏应急处理设备。夏季最好早晚运输。运输时所用的槽（罐）车应有接地链，槽内可设孔隔板以减少震荡产生的静电。严禁与氧化剂、还原剂、卤素、食用化学品等混装混运。运输途中应防曝晒、雨淋，防高温。中途停留时应远离火种、热源、高温区。装运该物品的车辆排气管必须配备阻火装置，禁止使用易产生火花的机械设备和工具装卸。公路运输时要按规定路线行驶，勿在居民区和人口稠密区停留。铁路运输时要禁止溜放。严禁用木船、水泥船散装运输

第十五部分 法规信息

下列法律、法规、规章和标准，对该化学品的管理作了相应的规定。

中华人民共和国职业病防治法 职业病分类和目录：未列入

危险化学品安全管理条例 危险化学品目录：列入。易制

爆危险化学品名录：未列入。重点监管的危险化学品名录：未列入。GB 18218—2009《危险化学品重大危险源辨识》(表 1)：未列入

使用有毒物品作业场所劳动保护条例 高毒物品目录：未列入

易制毒化学品管理条例 易制毒化学品的分类和品种目录：未列入

国际公约 斯德哥尔摩公约：未列入。鹿特丹公约：未列入。蒙特利尔议定书：未列入

第十六部分 其他信息

编写和修订信息 **缩略语和首字母缩写**

培训建议 **参考文献**

免责声明

1,3-二氧戊环

第一部分 化学品标识

化学品中文名 1,3-二氧戊环；乙二醇缩甲醛

化学品英文名 1,3-dioxolane；formal glycol

分子式 $C_3H_6O_2$ **相对分子质量** 74.08

结构式 O⌒O

化学品的推荐及限制用途 用作低沸点化合物的溶剂，以及油脂、蜡、染料和纤维素衍生物的萃取剂

第二部分 危险性概述

紧急情况概述 高度易燃液体和蒸气

GHS 危险性类别 易燃液体，类别 2

标签要素

象形图

警示词 危险

危险性说明 高度易燃液体和蒸气

防范说明

预防措施 远离热源、火花、明火、热表面。禁止吸烟。保持容器密闭。容器和接收设备接地连接。使用防爆电器、通风、照明设备。只能使用不产生火花的工具。采取防止静电措施。戴防护手套、防护眼镜、防护面罩

事故响应 火灾时，使用抗溶性泡沫、1211 灭火剂、干粉、砂土灭火。如皮肤（或头发）接触：立即脱掉所有被污染的衣服，用水冲洗皮肤，淋浴

安全储存 存放在通风良好的地方。保持低温

废弃处置 本品及内装物、容器依据国家和地方法规处置

物理和化学危险 高度易燃，其蒸气与空气混合，能形成爆炸性混合物

健康危害 本品为麻醉剂，蒸气有刺激作用

环境危害 对环境可能有害

第三部分 成分/组成信息

√物质 混合物

组分	浓度	CAS No.
1,3-二氧戊环		646-06-0

第四部分 急救措施

吸入 迅速脱离现场至空气新鲜处。保持呼吸道通畅。如呼吸困难，给输氧。如呼吸、心跳停止，立即进行心肺复苏术。就医

皮肤接触 立即脱去污染的衣着，用流动清水彻底冲洗。就医

眼睛接触 立即分开眼睑，用流动清水或生理盐水彻底冲洗。就医

食入 漱口，饮水。就医

对保护施救者的忠告 根据需要使用个人防护设备

对医生的特别提示 对症处理

第五部分 消防措施

灭火剂 用抗溶性泡沫、1211 灭火剂、干粉、砂土灭火

特别危险性 与氧化剂能发生强烈反应。接触空气或在光照条件下可生成具有潜在爆炸危险性的过氧化物。蒸气比空气重，沿地面扩散并易积存于低洼处，遇火源会着火回燃。燃烧生成有害的一氧化碳

灭火注意事项及防护措施 消防人员须佩戴防毒面具、穿全身消防服，在上风向灭火。尽可能将容器从火场移至空旷处。容器突然发出异常声音或出现异常现象，应立即撤离

第六部分 泄漏应急处理

作业人员防护措施、防护装备和应急处置程序 消除所有点火源。根据液体流动和蒸气扩散的影响区域划定警戒区，无关人员从侧风、上风向撤离至安全区。建议应急处理人员戴正压自给式呼吸器，穿防静电服，戴橡胶耐油手套。作业时使用的所有设备应接地。禁止接触或跨越泄漏物。尽可能切断泄漏源

环境保护措施 防止泄漏物进入水体、下水道、地下室或有限空间

泄漏化学品的收容、清除方法及所使用的处置材料 小量泄漏：用砂土或其他不燃材料吸收，使用洁净的无火花工具收集吸收材料。大量泄漏：构筑围堤或挖坑收容。用抗溶性泡沫覆盖，减少蒸发。喷水雾能减少蒸发，但不能降低泄漏物在有限空间内的易燃性。用防爆泵转移至槽车或专用收集器内。喷雾状水驱散蒸气、稀释液体泄漏物

第七部分 操作处置与储存

操作注意事项 密闭操作，全面通风。操作人员必须经过专门培训，严格遵守操作规程。建议操作人员佩戴自吸过滤式防毒面具（半面罩），戴化学安全防护眼镜，穿防静电工作服，戴橡胶耐油手套。远离火种、热源。工作场所严禁吸烟。使用防爆型的通风系统和设备。防止蒸气泄漏到工作场所空气中。避免与氧化

剂、酸类接触。灌装时应控制流速，且有接地装置，防止静电积聚。搬运时要轻装轻卸，防止包装及容器损坏。配备相应品种和数量的消防器材及泄漏应急处理设备。倒空的容器可能残留有害物

储存注意事项 通常商品加有稳定剂。储存于阴凉、通风的库房。远离火种、热源。库温不宜超过37℃。包装要求密封，不可与空气接触。应与氧化剂、酸类分开存放，切忌混储。采用防爆型照明、通风设施。禁止使用易产生火花的机械设备和工具。储区应备有泄漏应急处理设备和合适的收容材料

第八部分 接触控制/个体防护

职业接触限值

中国 未制定标准

美国(ACGIH) TLV-TWA：20ppm

生物接触限值 未制定标准

监测方法 空气中有毒物质测定方法：未制定标准。生物监测检验方法：未制定标准

工程控制 生产过程密闭，全面通风。提供安全的淋浴和洗眼设备

个体防护装备

呼吸系统防护 可能接触其蒸气时，佩戴过滤式防毒面具（半面罩）

眼睛防护 戴化学安全防护眼镜

皮肤和身体防护 穿防静电工作服

手防护 戴橡胶耐油手套

第九部分 理化特性

外观与性状 水白色液体

pH值 无资料　**熔点(℃)** －95

沸点(℃) 74～75　**相对密度(水＝1)** 1.06

相对蒸气密度(空气＝1) 2.6

饱和蒸气压(kPa) 9.31（20℃）

燃烧热(kJ/mol) 无资料　**临界温度(℃)** 无资料

临界压力(MPa) 无资料　**辛醇/水分配系数** －0.37

闪点(℃) 2（OC）　**自燃温度(℃)** 无资料

爆炸下限(%) 无资料　**爆炸上限(%)** 无资料

分解温度(℃) 无资料　**黏度(mPa·s)** 无资料

溶解性 溶于水，溶于乙醇、乙醚、丙酮

第十部分 稳定性和反应性

稳定性 稳定

危险反应 与强氧化剂等禁配物接触，有发生火灾和爆炸的危险

避免接触的条件 光照，接触空气

禁配物 酸类、强氧化剂

危险的分解产物 无资料

第十一部分 毒理学信息

急性毒性

LD_{50} 3000mg/kg（大鼠经口）；8480mg/kg（兔经皮）

LC_{50} 20650mg/m^3（大鼠吸入，4h）

LCLo 32000ppm（兔吸入，4h）

皮肤刺激或腐蚀 家兔经皮：530mg，轻度刺激

眼睛刺激或腐蚀 家兔经眼：0.75mg，严重刺激

呼吸或皮肤过敏 无资料　**生殖细胞突变性** 无资料

致癌性 无资料　**生殖毒性** 无资料

特异性靶器官系统毒性-一次接触 无资料

特异性靶器官系统毒性-反复接触 无资料

吸入危害 无资料

第十二部分 生态学信息

生态毒性 无资料

持久性和降解性

生物降解性 无资料

非生物降解性 空气中，当羟基自由基浓度为5.00×10^{5}个/cm^{3}时，降解半衰期为1.1d（理论）

潜在的生物累积性 根据K_{ow}值预测，该物质的生物累积性可能较弱

土壤中的迁移性 根据K_{oc}值预测，该物质可能易发生迁移

第十三部分 废弃处置

废弃化学品 建议用焚烧法处置

污染包装物 将容器返还生产商或按照国家和地方法规处置

废弃注意事项 处置前应参阅国家和地方有关法规

第十四部分 运输信息

联合国危险货物编号（UN号） 1166

联合国运输名称 二氧戊环

联合国危险性类别 3　**包装类别** Ⅱ类包装

包装标志 

海洋污染物 否

运输注意事项 运输时运输车辆应配备相应品种和数量的消防器材及泄漏应急处理设备。夏季最好早晚运输。运输时所用的槽（罐）车应有接地链，槽内可设孔隔板以减少震荡产生的静电。严禁与氧化剂、酸类、食用化学品等混装混运。运输途中应防曝晒、雨淋，防高温。中途停留时应远离火种、热源、高温区。装运该物品的车辆排气管必须配备阻火装置，禁止使用易产生火花的机械设备和工具装卸。公路运输时要按规定路线行驶，勿在居民区和人口稠密区停留。铁路运输时要禁止溜放。严禁用木船、水泥船散装运输

第十五部分 法规信息

下列法律、法规、规章和标准，对该化学品的管理作了相应的规定。

中华人民共和国职业病防治法 职业病分类和目录：未列入

危险化学品安全管理条例 危险化学品目录：列入。易制爆危险化学品名录：未列入。重点监管的危险化学品名录：未列入。GB 18218—2009《危险化学品重大

危险源辨识》(表 1)：未列入

使用有毒物品作业场所劳动保护条例 高毒物品目录：未列入

易制毒化学品管理条例 易制毒化学品的分类和品种目录：未列入

国际公约 斯德哥尔摩公约：未列入。鹿特丹公约：未列入。蒙特利尔议定书：未列入

第十六部分 其他信息

编写和修订信息 **缩略语和首字母缩写**

培训建议 **参考文献**

免责声明

二 乙 胺

第一部分 化学品标识

化学品中文名 二乙胺

化学品英文名 diethylamine；*N*-ethylethanamine

分子式 $C_4H_{11}N$ **相对分子质量** 73.14

结构式 (H, N)

化学品的推荐及限制用途 用于有机合成和环氧树脂固化剂

第二部分 危险性概述

紧急情况概述 高度易燃液体和蒸气，吞咽有害，皮肤接触有害，吸入有害，造成严重的皮肤灼伤和眼损伤

GHS 危险性类别 易燃液体，类别 2；急性毒性-经口，类别 4；急性毒性-经皮，类别 4；急性毒性-吸入，类别 4；皮肤腐蚀/刺激，类别 1A；严重眼损伤/眼刺激，类别 1；特异性靶器官毒性-一次接触，类别 3 (呼吸道刺激)；危害水生环境-急性危害，类别 3

标签要素

象形图

警示词 危险

危险性说明 高度易燃液体和蒸气，吞咽有害，皮肤接触有害，吸入有害，造成严重的皮肤灼伤和眼损伤，可能引起呼吸道刺激，对水生生物有害

防范说明

预防措施 远离热源、火花、明火、热表面。禁止吸烟。保持容器密闭。容器和接收设备接地连接。使用防爆电器、通风、照明设备。只能使用不产生火花的工具。采取防止静电措施。避免接触眼睛、皮肤，操作后彻底清洗。作业场所不得进食、饮水或吸烟。避免吸入蒸气、雾。仅在室外或通风良好处操作。戴防护手套，穿防护服，戴防护眼镜、防护面罩。禁止排入环境

事故响应 火灾时，使用抗溶性泡沫、二氧化碳、干粉、砂土灭火。如吸入：将患者转移到空气新鲜处，休息，保持利于呼吸的体位皮肤接触用大量肥皂水和水清洗。被污染的衣服须经洗净后方可重新使用。眼睛接触：用水细心地冲洗数分钟。如戴隐形眼镜并可方便地取出，则取出隐形眼镜继续冲洗。食入漱口。不要催吐。如果感觉不适，立即呼叫中毒控制中心或就医

安全储存 上锁保管

废弃处置 本品及内装物、容器依据国家和地方法规处置

物理和化学危险 高度易燃，其蒸气与空气混合，能形成爆炸性混合物

健康危害 本品具有强烈刺激性和腐蚀性。吸入本品蒸气或雾，可引起喉头水肿、支气管炎、化学性肺炎、肺水肿；高浓度吸入可致死。蒸气对眼有刺激性，可致角膜水肿。液体或雾引起眼刺激或灼伤。长时间皮肤接触可致灼伤。口服灼伤消化道。皮肤反复接触，可引起变应性皮炎

环境危害 对水生生物有害

第三部分 成分/组成信息

√物质		混合物
组分	**浓度**	**CAS No.**
二乙胺		109-89-7

第四部分 急救措施

吸入 迅速脱离现场至空气新鲜处。保持呼吸道通畅。如呼吸困难，给输氧。如呼吸、心跳停止，立即进行心肺复苏术。就医

皮肤接触 立即脱去污染的衣着，用大量流动清水彻底冲洗至少 15min。就医

眼睛接触 立即分开眼睑，用流动清水或生理盐水彻底冲洗至少 15min。就医

食入 用水漱口，禁止催吐。给饮牛奶或蛋清。就医

对保护施救者的忠告 根据需要使用个人防护设备

对医生的特别提示 对症处理

第五部分 消防措施

灭火剂 用抗溶性泡沫、二氧化碳、干粉、砂土灭火

特别危险性 遇高热、明火及强氧化剂易引起燃烧。蒸气比空气重，沿地面扩散并易积存于低洼处，遇火源会着火回燃。有腐蚀性，能腐蚀玻璃。燃烧生成有害的一氧化碳、氮氧化物

灭火注意事项及防护措施 消防人员必须佩戴空气呼吸器、穿全身防火防毒服，在上风向灭火。喷水冷却容器，尽可能将容器从火场移至空旷处。容器突然发出异常声音或出现异常现象，应立即撤离

第六部分 泄漏应急处理

作业人员防护措施、防护装备和应急处置程序 消除所有点火源。根据液体流动和蒸气扩散的影响区域划定警戒区，无关人员从侧风、上风向撤离至安全区。建议应急处理人员戴正压自给式呼吸器，穿防静电、防腐蚀、防毒服，戴橡胶耐油手套。作业时使用的所有设备应接

地。禁止接触或跨越泄漏物。尽可能切断泄漏源

环境保护措施 防止泄漏物进入水体、下水道、地下室或有限空间

泄漏化学品的收容、清除方法及所使用的处置材料 小量泄漏：用砂土或其他不燃材料吸收，使用洁净的无火花工具收集吸收材料。大量泄漏：构筑围堤或挖坑收容。用砂土、惰性物质或蛭石吸收大量液体。用硫酸氢钠（$NaHSO_4$）中和。用抗溶性泡沫覆盖，减少蒸发。喷水雾能减少蒸发，但不能降低泄漏物在有限空间内的易燃性。用防爆、耐腐蚀泵转移至槽车或专用收集器内。喷雾状水驱散蒸气、稀释液体泄漏物

第七部分　操作处置与储存

操作注意事项 密闭操作，加强通风。操作人员必须经过专门培训，严格遵守操作规程。建议操作人员佩戴自吸过滤式防毒面具（全面罩），穿防静电工作服，戴橡胶耐油手套。远离火种、热源。工作场所严禁吸烟。使用防爆型的通风系统和设备。防止蒸气泄漏到工作场所空气中。避免与氧化剂、酸类接触。充装要控制流速，防止静电积聚。搬运时要轻装轻卸，防止包装及容器损坏。配备相应品种和数量的消防器材及泄漏应急处理设备。倒空的容器可能残留有害物

储存注意事项 储存于阴凉、通风的库房。远离火种、热源。库温不宜超过 29℃。保持容器密封。应与氧化剂、酸类等分开存放，切忌混储。采用防爆型照明、通风设施。禁止使用易产生火花的机械设备和工具。储区应备有泄漏应急处理设备和合适的收容材料

第八部分　接触控制/个体防护

职业接触限值

中国　未制定标准

美国（ACGIH）　TLV-TWA：5ppm；TLV-STEL：15ppm［皮］

生物接触限值 未制定标准

监测方法 空气中有毒物质测定方法：溶剂解吸-气相色谱法。生物监测检验方法：未制定标准

工程控制 生产过程密闭，加强通风。提供安全的淋浴和洗眼设备

个体防护装备

呼吸系统防护　可能接触其蒸气时，应该佩戴过滤式防毒面具（全面罩）

眼睛防护　呼吸系统防护中已作防护

皮肤和身体防护　穿防静电工作服。尽可能减少直接接触

手防护　戴橡胶耐油手套

第九部分　理化特性

外观与性状 水白色液体，有氨臭

pH 值 无资料　**熔点(℃)** －50

沸点(℃) 55.5　**相对密度(水＝1)** 0.71

相对蒸气密度(空气＝1) 2.53

饱和蒸气压(kPa) 25.9（20℃）

燃烧热(kJ/mol) －3001.7　**临界温度(℃)** 226.8

临界压力(MPa) 3.758　**辛醇/水分配系数** 0.58

闪点(℃) ＜－26（CC）；－15（OC）

自燃温度(℃) 312　**爆炸下限(%)** 1.7

爆炸上限(%) 10.1　**分解温度(℃)** 无资料

黏度(mPa・s) 0.571（25℃）

溶解性 溶于水，溶于乙醇、乙醚和大多数有机溶剂

第十部分　稳定性和反应性

稳定性 稳定

危险反应 与强氧化剂、酸类等禁配物接触，有发生火灾和爆炸的危险

避免接触的条件 无资料

禁配物 强氧化剂、酸类、酰基氯、酸酐

危险的分解产物 无资料

第十一部分　毒理学信息

急性毒性

LD_{50}　540mg/kg（大鼠经口）；820mg/kg（兔经皮）

LC_{50}　11960mg/m³（大鼠吸入，4h）

皮肤刺激或腐蚀 无资料

眼睛刺激或腐蚀 家兔经眼：50μg，重度刺激（开放性刺激试验）

呼吸或皮肤过敏 无资料　**生殖细胞突变性** 无资料

致癌性 无资料　**生殖毒性** 无资料

特异性靶器官系统毒性-一次接触 无资料

特异性靶器官系统毒性-反复接触 兔吸入 150mg/m³，每次 7h，每周 5 次，6 周，见支气管淋巴细胞灶性集聚，心、肝变性，角膜点状糜烂和水肿。300mg/m³ 尚有肾炎和肾小管轻度病变

吸入危害 无资料

第十二部分　生态学信息

生态毒性

LC_{50}　855mg/L（96h）（黑头呆鱼）

EC_{50}　56mg/L（48h）（水蚤）

持久性和降解性

生物降解性　易快速生物降解

非生物降解性　无资料

潜在的生物累积性 根据 K_{ow} 值预测，该物质的生物累积性可能较弱

土壤中的迁移性 根据 K_{oc} 值预测，该物质可能易发生迁移

第十三部分　废弃处置

废弃化学品 用控制焚烧法处置。焚烧炉排出的氮氧化物通过洗涤器除去

污染包装物 将容器返还生产商或按照国家和地方法规处置

废弃注意事项 处置前应参阅国家和地方有关法规

第十四部分　运输信息

联合国危险货物编号（UN 号） 1154

联合国运输名称 二乙胺

联合国危险性类别 3，8 **包装类别** Ⅱ类包装

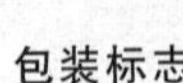

包装标志 

海洋污染物 否

运输注意事项 运输时运输车辆应配备相应品种和数量的消防器材及泄漏应急处理设备。夏季最好早晚运输。运输时所用的槽（罐）车应有接地链，槽内可设孔隔板以减少震荡产生的静电。严禁与氧化剂、酸类、食用化学品等混装混运。运输途中应防曝晒、雨淋，防高温。中途停留时应远离火种、热源、高温区。装运该物品的车辆排气管必须配备阻火装置，禁止使用易产生火花的机械设备和工具装卸。公路运输时要按规定路线行驶，勿在居民区和人口稠密区停留。铁路运输时要禁止溜放。严禁用木船、水泥船散装运输

第十五部分 法规信息

下列法律、法规、规章和标准，对该化学品的管理作了相应的规定。

中华人民共和国职业病防治法 职业病分类和目录：未列入

危险化学品安全管理条例 危险化学品目录：列入。易制爆危险化学品名录：未列入。重点监管的危险化学品名录：未列入。GB 18218—2009《危险化学品重大危险源辨识》（表 1）：未列入

使用有毒物品作业场所劳动保护条例 高毒物品目录：未列入

易制毒化学品管理条例 易制毒化学品的分类和品种目录：未列入

国际公约 斯德哥尔摩公约：未列入。鹿特丹公约：未列入。蒙特利尔议定书：未列入

第十六部分 其他信息

编写和修订信息 **缩略语和首字母缩写**

培训建议 **参考文献**

免责声明

二乙醇胺

第一部分 化学品标识

化学品中文名 二乙醇胺；2,2′-二羟基二乙胺

化学品英文名 diethanolamine；2,2′-dihydroxydiethylamine

分子式 $C_4H_{11}NO_2$ **相对分子质量** 105.14

结构式 $HO\diagup\diagdown\overset{H}{N}\diagup\diagdown OH$

化学品的推荐及限制用途 用作分析试剂、酸性气体吸收剂、软化剂和润滑剂，以及用于有机合成

第二部分 危险性概述

紧急情况概述 吞咽有害，造成皮肤刺激，造成严重眼损伤

GHS 危险性类别 急性毒性-经口，类别 4；皮肤腐蚀/刺激，类别 2；严重眼损伤/眼刺激，类别 1；特异性靶器官毒性-反复接触，类别 2；危害水生环境-急性危害，类别 2；危害水生环境-长期危害，类别 3

标签要素

象形图 

警示词 危险

危险性说明 吞咽有害，造成皮肤刺激，造成严重眼损伤，长时间或反复接触可能对器官造成损伤，对水生生物有害并具有长期持续影响

防范说明

预防措施 避免接触眼睛、皮肤，操作后彻底清洗。作业场所不得进食、饮水或吸烟。戴防护手套、防护眼镜、防护面罩。避免吸入粉尘、蒸气、雾。禁止排入环境

事故响应 皮肤接触：用大量肥皂水和水清洗。如发生皮肤刺激，就医。脱去被污染的衣服，洗净后方可重新使用。接触眼睛：用水细心冲洗数分钟。如戴隐形眼镜并可方便地取出，取出隐形眼镜继续冲洗。如感觉不适，就医。食入：漱口，如果感觉不适，立即呼叫中毒控制中心或就医

安全储存 -

废弃处置 本品及内装物、容器依据国家和地方法规处置

物理和化学危险 可燃，其粉体或蒸气与空气混合，能形成爆炸性混合物

健康危害 吸入本品蒸气或雾，刺激呼吸道。高浓度吸入出现咳嗽、头痛、恶心、呕吐、昏迷。蒸气对眼有强烈刺激性；液体或雾可致严重眼损害，甚至导致失明。长时间皮肤接触，可致灼伤。大量口服出现恶心、呕吐和腹痛

慢性影响：长期反复接触可能引起肝、肾损害

环境危害 对水生生物有害并具有长期持续影响

第三部分 成分/组成信息

√物质		混合物
组分	**浓度**	**CAS No.**
二乙醇胺		111-42-2

第四部分 急救措施

吸入 迅速脱离现场至空气新鲜处。保持呼吸道通畅。如呼吸困难，给输氧。如呼吸、心跳停止，立即进行心肺复苏术。就医

皮肤接触 立即脱去污染的衣着，用流动清水彻底冲洗。就医

眼睛接触 立即分开眼睑，用流动清水或生理盐水彻底冲洗至少 15min。就医

食入 漱口，饮水。就医

对保护施救者的忠告 根据需要使用个人防护设备

对医生的特别提示 对症处理

第五部分 消防措施

灭火剂 用水、干粉、二氧化碳、抗溶性泡沫灭火

特别危险性 受热分解放出有毒的氧化氮烟气。与强氧化剂接触可发生化学反应。能腐蚀铜及铜的化合物。燃烧生成有害的一氧化碳、氮氧化物

灭火注意事项及防护措施 消防人员须佩戴防毒面具、穿全身消防服，在上风向灭火。尽可能将容器从火场移至空旷处。喷水保持火场容器冷却，直至灭火结束。容器突然发出异常声音或出现异常现象，应立即撤离

第六部分 泄漏应急处理

作业人员防护措施、防护装备和应急处置程序 根据液体流动和蒸气扩散的影响区域划定警戒区，无关人员从侧风、上风向撤离至安全区。消除所有点火源。建议应急处理人员戴正压自给式呼吸器，穿防酸碱服，戴防化学品手套。穿上适当的防护服前严禁接触破裂的容器和泄漏物。尽可能切断泄漏源

环境保护措施 防止泄漏物进入水体、下水道、地下室或有限空间

泄漏化学品的收容、清除方法及所使用的处置材料 小量泄漏：用干燥的砂土或其他不燃材料吸收或覆盖，收集于容器中。也可以用大量水冲洗，洗水稀释后放入废水系统。大量泄漏：构筑围堤或挖坑收容，用耐腐蚀泵转移至槽车或专用收集器内

第七部分 操作处置与储存

操作注意事项 密闭操作，注意通风。操作人员必须经过专门培训，严格遵守操作规程。建议操作人员佩戴头罩型电动送风过滤式防尘呼吸器，穿聚乙烯防毒服，戴防化学品手套。远离火种、热源。工作场所严禁吸烟。使用防爆型的通风系统和设备。防止烟雾或粉尘泄漏到工作场所空气中。避免与氧化剂、酸类接触。搬运时要轻装轻卸，防止包装及容器损坏。配备相应品种和数量的消防器材及泄漏应急处理设备。倒空的容器可能残留有害物

储存注意事项 储存于阴凉、通风的库房。远离火种、热源。包装密封。应与氧化剂、酸类等分开存放，切忌混储。配备相应品种和数量的消防器材。储区应备有泄漏应急处理设备和合适的收容材料

第八部分 接触控制/个体防护

职业接触限值

中国 未制定标准

美国(ACGIH) TLV-TWA：1mg/m^3（可吸入性颗粒物和蒸气）［皮］

生物接触限值 未制定标准

监测方法 空气中有毒物质测定方法：未制定标准。生物监测检验方法：未制定标准

工程控制 密闭操作，注意通风。提供安全的淋浴和洗眼设备

个体防护装备

呼吸系统防护 空气中粉尘浓度超标时，应该佩戴过滤式防尘呼吸器；可能接触其蒸气时，建议佩戴过滤式防毒面具（半面罩）

眼睛防护 戴化学安全防护眼镜

皮肤和身体防护 穿隔绝式防毒服

手防护 戴防化学品手套

第九部分 理化特性

外观与性状 无色黏稠液体或结晶

pH 值 11.0（1%溶液） **熔点(℃)** 28

沸点(℃) 269（分解） **相对密度(水=1)** 1.092

相对蒸气密度(空气=1) 3.65

饱和蒸气压(kPa) 0.67（138℃）

燃烧热(kJ/mol) 无资料 **临界温度(℃)** 无资料

临界压力(MPa) 无资料 **辛醇/水分配系数** −1.43

闪点(℃) 137（CC）；134（OC）

自燃温度(℃) 662.2 **爆炸下限(%)** 1.8

爆炸上限(%) 13.4 **分解温度(℃)** 无资料

黏度(mPa・s) 351.9（30℃）

溶解性 易溶于水、乙醇，不溶于乙醚、苯

第十部分 稳定性和反应性

稳定性 稳定

危险反应 与强氧化剂等禁配物发生反应

避免接触的条件 受热

禁配物 酸类、强氧化剂、铜、锌

危险的分解产物 无资料

第十一部分 毒理学信息

急性毒性 LD_{50}：1820mg/kg（大鼠经口）；1220mg/kg（兔经皮）

皮肤刺激或腐蚀 家兔经皮：500mg（24h），轻度刺激

眼睛刺激或腐蚀 家兔经眼：5500mg，重度刺激

呼吸或皮肤过敏 无资料

生殖细胞突变性 无资料

致癌性 IARC 致癌性评论：组 2B，可疑人类致癌物

生殖毒性 无资料

特异性靶器官系统毒性-一次接触 无资料

特异性靶器官系统毒性-反复接触 大鼠经口 170mg/kg，90d，部分动物死亡，某些器官有损害

吸入危害 无资料

第十二部分 生态学信息

生态毒性

LC_{50} 800mg/L（24h）（金鱼，pH 值为 9.6）；
＞5000mg/L（24h）（金鱼，pH 值为 7）；
1800mg/L（24h）（蓝鳃太阳鱼）；
100mg/L（96h）（黑头呆鱼）

EC_{50} 55mg/L（48h）（水蚤）；5000mg/L（5mm）（发光菌，Microtox 测试）

ErC_{50} 2.2mg/L（96h）（水藻）

NOEC 0.78mg/L（21d）（水蚤）

持久性和降解性

生物降解性 易快速生物降解

非生物降解性 空气中光氧化半衰期（h）：0.72～7.2

潜在的生物累积性 根据 K_{ow} 值预测，该物质的生物累积

性可能较弱

土壤中的迁移性 根据 K_{oc} 值预测，该物质可能易发生迁移

第十三部分 废弃处置

废弃化学品 建议用焚烧法处置。焚烧炉排出的氮氧化物通过洗涤器除去

污染包装物 将容器返还生产商或按照国家和地方法规处置

废弃注意事项 处置前应参阅国家和地方有关法规

第十四部分 运输信息

联合国危险货物编号（UN号） -

联合国运输名称 - **联合国危险性类别** -

包装类别 - **包装标志** -

海洋污染物 -

运输注意事项 起运时包装要完整，装载应稳妥。运输过程中要确保容器不泄漏、不倒塌、不坠落、不损坏。严禁与氧化剂、酸类、食用化学品等混装混运。运输时运输车辆应配备相应品种和数量的消防器材及泄漏应急处理设备。运输途中应防曝晒、雨淋，防高温。公路运输时要按规定路线行驶，勿在居民区和人口稠密区停留

第十五部分 法规信息

下列法律、法规、规章和标准，对该化学品的管理作了相应的规定。

中华人民共和国职业病防治法 职业病分类和目录：未列入

危险化学品安全管理条例 危险化学品目录：列入。易制爆危险化学品名录：未列入。重点监管的危险化学品名录：未列入。GB 18218—2009《危险化学品重大危险源辨识》(表 1)：未列入

使用有毒物品作业场所劳动保护条例 高毒物品目录：未列入

易制毒化学品管理条例 易制毒化学品的分类和品种目录：未列入

国际公约 斯德哥尔摩公约：未列入。鹿特丹公约：未列入。蒙特利尔议定书：未列入

第十六部分 其他信息

编写和修订信息 **缩略语和首字母缩写**

培训建议 **参考文献**

免责声明

1,2-二乙基苯

第一部分 化学品标识

化学品中文名 1,2-二乙基苯；邻二乙基苯

化学品英文名 1,2-diethylbenzene；*o*-diethylbenzene

分子式 $C_{10}H_{14}$ **相对分子质量** 134.21

结构式

化学品的推荐及限制用途 用作溶剂及有机合成中间体

第二部分 危险性概述

紧急情况概述 易燃液体和蒸气，造成严重眼刺激

GHS危险性类别 易燃液体，类别 3；严重眼损伤/眼刺激，类别 2；特异性靶器官毒性-反复接触，类别 2；危害水生环境-急性危害，类别 3；危害水生环境-长期危害，类别 3

标签要素

象形图

警示词 警告

危险性说明 易燃液体和蒸气，造成严重眼刺激，长时间或反复接触可能对器官造成损伤，对水生生物有害并具有长期持续影响

防范说明

预防措施 远离热源、火花、明火、热表面。禁止吸烟。保持容器密闭。容器和接收设备接地连接。使用防爆电器、通风、照明设备。只能使用不产生火花的工具。采取防止静电措施。戴防护手套、防护眼镜、防护面罩。避免接触眼睛、皮肤，操作后彻底清洗。避免吸入蒸气、雾。禁止排入环境

事故响应 火灾时，使用泡沫、二氧化碳、干粉、砂土灭火。如皮肤（或头发）接触：立即脱掉所有被污染的衣服，用水冲洗皮肤，淋浴。如接触眼睛：用水细心冲洗数分钟。如戴隐形眼镜并可方便地取出，取出隐形眼镜继续冲洗。如果眼睛刺激持续：就医。如感觉不适，就医

安全储存 存放在通风良好的地方。保持低温

废弃处置 本品及内装物、容器依据国家和地方法规处置

物理和化学危险 易燃，其蒸气与空气混合，能形成爆炸性混合物

健康危害 蒸气或雾对眼、黏膜和上呼吸道有刺激性。对皮肤有刺激性。动物实验观察到急性中毒有麻醉作用和神经-肌肉兴奋性增强

环境危害 对水生生物有害并具有长期持续影响

第三部分 成分/组成信息

√物质 混合物

组分	浓度	CAS No.
1,2-二乙基苯		135-01-3

第四部分 急救措施

吸入 迅速脱离现场至空气新鲜处。保持呼吸道通畅。如呼吸困难，给输氧。如呼吸、心跳停止，立即进行心肺复苏术。就医

皮肤接触 立即脱去污染的衣着，用流动清水彻底冲洗。就医

眼睛接触 立即分开眼睑，用流动清水或生理盐水彻底冲

洗。就医

食入 漱口，饮水。就医

对保护施救者的忠告 根据需要使用个人防护设备

对医生的特别提示 对症处理

第五部分 消防措施

灭火剂 用泡沫、二氧化碳、干粉、砂土灭火

特别危险性 易燃，遇明火、高热或与氧化剂接触，有引起燃烧爆炸的危险。燃烧生成有害的一氧化碳

灭火注意事项及防护措施 消防人员必须佩戴空气呼吸器、穿全身防火防毒服，在上风向灭火。喷水冷却容器，尽可能将容器从火场移至空旷处。容器突然发出异常声音或出现异常现象，应立即撤离

第六部分 泄漏应急处理

作业人员防护措施、防护装备和应急处置程序 消除所有点火源。根据液体流动和蒸气扩散的影响区域划定警戒区，无关人员从侧风、上风向撤离至安全区。建议应急处理人员戴正压自给式呼吸器，穿防静电服，戴橡胶耐油手套。作业时使用的所有设备应接地。禁止接触或跨越泄漏物。尽可能切断泄漏源

环境保护措施 防止泄漏物进入水体、下水道、地下室或有限空间

泄漏化学品的收容、清除方法及所使用的处置材料 小量泄漏：用砂土或其他不燃材料吸收，使用洁净的无火花工具收集吸收材料。大量泄漏：构筑围堤或挖坑收容。用泡沫覆盖，减少蒸发。喷水雾能减少蒸发，但不能降低泄漏物在有限空间内的易燃性。用防爆泵转移至槽车或专用收集器内

第七部分 操作处置与储存

操作注意事项 密闭操作，加强通风。操作人员必须经过专门培训，严格遵守操作规程。建议操作人员佩戴过滤式防毒面具（半面罩），戴化学安全防护眼镜，穿防毒物渗透工作服，戴橡胶耐油手套。远离火种、热源。工作场所严禁吸烟。使用防爆型的通风系统和设备。防止蒸气泄漏到工作场所空气中。避免与氧化剂接触。灌装时应控制流速，且有接地装置，防止静电积聚。搬运时要轻装轻卸，防止包装及容器损坏。配备相应品种和数量的消防器材及泄漏应急处理设备。倒空的容器可能残留有害物

储存注意事项 储存于阴凉、通风的库房。库温不宜超过37℃。远离火种、热源。保持容器密封。应与氧化剂分开存放，切忌混储。采用防爆型照明、通风设施。禁止使用易产生火花的机械设备和工具。储区应备有泄漏应急处理设备和合适的收容材料

第八部分 接触控制/个体防护

职业接触限值

中国 未制定标准

美国(ACGIH) 未制定标准

生物接触限值 未制定标准

监测方法 空气中有毒物质测定方法：未制定标准。生物监测检验方法：未制定标准

工程控制 生产过程密闭，加强通风。提供安全的淋浴和洗眼设备

个体防护装备

呼吸系统防护 空气中浓度超标时，佩戴过滤式防毒面具（半面罩）。紧急事态抢救或撤离时，建议佩戴空气呼吸器

眼睛防护 戴化学安全防护眼镜

皮肤和身体防护 穿防毒物渗透工作服

手防护 戴橡胶耐油手套

第九部分 理化特性

外观与性状 无色液体 **pH值** 无资料

熔点(℃) −31.2 **沸点(℃)** 184

相对密度(水=1) 0.88

相对蒸气密度(空气=1) 4.6

饱和蒸气压(kPa) 1.33（62.8℃）

燃烧热(kJ/mol) 无资料 **临界温度(℃)** 394.8

临界压力(MPa) 2.88 **辛醇/水分配系数** 3.72

闪点(℃) 57（CC） **自燃温度(℃)** 430

爆炸下限(%) 无资料 **爆炸上限(%)** 无资料

分解温度(℃) 无资料

黏度(mPa·s) 38（−31.1℃）

溶解性 不溶于水，溶于乙醇、苯、乙醚、丙酮等多数有机溶剂

第十部分 稳定性和反应性

稳定性 稳定

危险反应 与强氧化剂等禁配物接触，有发生火灾和爆炸的危险

避免接触的条件 无资料

禁配物 强氧化剂、酸类、卤素等

危险的分解产物 无资料

第十一部分 毒理学信息

急性毒性 LD_{50}：1200mg/kg（大鼠经口）

皮肤刺激或腐蚀 无资料 **眼睛刺激或腐蚀** 无资料

呼吸或皮肤过敏 无资料 **生殖细胞突变性** 无资料

致癌性 无资料 **生殖毒性** 无资料

特异性靶器官系统毒性-一次接触 无资料

特异性靶器官系统毒性-反复接触 大鼠、豚鼠、兔和猴吸入2.61～9.5g/m^3，每天7h，共103～138d，发现肝脏、肾脏和睾丸发生轻度病理改变

吸入危害 无资料

第十二部分 生态学信息

生态毒性

LC_{50} 32mg/L（96h）（鱼）

IC_{50} 20mg/L（72h）（藻类）

持久性和降解性

生物降解性 无资料

非生物降解性 空气中，当羟基自由基浓度为5.00×10^{5}个/cm^{3}时，降解半衰期为2d（理论）

潜在的生物累积性　根据 K_{ow} 值预测，该物质可能有一定的生物累积性

土壤中的迁移性　根据 K_{oc} 值预测，该物质可能有一定的迁移性

第十三部分　废弃处置

废弃化学品　建议用焚烧法处置

污染包装物　将容器返还生产商或按照国家和地方法规处置

废弃注意事项　处置前应参阅国家和地方有关法规

第十四部分　运输信息

联合国危险货物编号（UN 号）　2049

联合国运输名称　二乙基苯

联合国危险性类别　3　**包装类别**　Ⅲ类包装

包装标志

海洋污染物　否

运输注意事项　运输时运输车辆应配备相应品种和数量的消防器材及泄漏应急处理设备。夏季最好早晚运输。运输时所用的槽（罐）车应有接地链，槽内可设孔隔板以减少震荡产生的静电。严禁与氧化剂、食用化学品等混装混运。运输途中应防曝晒、雨淋，防高温。中途停留时应远离火种、热源、高温区。装运该物品的车辆排气管必须配备阻火装置，禁止使用易产生火花的机械设备和工具装卸。公路运输时要按规定路线行驶，勿在居民区和人口稠密区停留。铁路运输时要禁止溜放。严禁用木船、水泥船散装运输

第十五部分　法规信息

下列法律、法规、规章和标准，对该化学品的管理作了相应的规定。

中华人民共和国职业病防治法　职业病分类和目录：未列入

危险化学品安全管理条例　危险化学品目录：列入。易制爆危险化学品名录：未列入。重点监管的危险化学品名录：未列入。GB 18218—2009《危险化学品重大危险源辨识》(表 1)：未列入

使用有毒物品作业场所劳动保护条例　高毒物品目录：未列入

易制毒化学品管理条例　易制毒化学品的分类和品种目录：未列入

国际公约　斯德哥尔摩公约：未列入。鹿特丹公约：未列入。蒙特利尔议定书：未列入

第十六部分　其他信息

编写和修订信息　　**缩略语和首字母缩写**

培训建议　　**参考文献**

免责声明

1,4-二乙基苯

第一部分　化学品标识

化学品中文名　1,4-二乙基苯；对二乙基苯

化学品英文名　1,4-diethylbenzene；*p*-diethylbenzene

分子式　$C_{10}H_{14}$　**相对分子质量**　134.21

结构式

化学品的推荐及限制用途　用作溶剂、有机合成中间体

第二部分　危险性概述

紧急情况概述　易燃液体和蒸气

GHS 危险性类别　易燃液体，类别 3；皮肤腐蚀/刺激，类别 2；严重眼损伤/眼刺激，类别 2；危害水生环境-急性危害，类别 2；危害水生环境-长期危害，类别 2

标签要素

象形图

警示词　警告

危险性说明　易燃液体和蒸气，造成皮肤刺激，造成严重眼刺激，对水生生物有毒并具有长期持续影响

防范说明

预防措施　远离热源、火花、明火、热表面。禁止吸烟。保持容器密闭。容器和接收设备接地连接。使用防爆电器、通风、照明设备。只能使用不产生火花的工具。采取防止静电措施。戴防护手套、防护眼镜、防护面罩。避免接触眼睛、皮肤，操作后彻底清洗。禁止排入环境

事故响应　火灾时，使用泡沫、二氧化碳、干粉、砂土灭火。皮肤接触：用大量肥皂水和水清洗。如发生皮肤刺激，就医。脱去被污染的衣服，洗净后方可重新使用。如接触眼睛：用水细心冲洗数分钟。如戴隐形眼镜并可方便地取出，取出隐形眼镜继续冲洗。如果眼睛刺激持续：就医。收集泄漏物

安全储存　存放在通风良好的地方。保持低温

废弃处置　本品及内装物、容器依据国家和地方法规处置

物理和化学危险　易燃，其蒸气与空气混合，能形成爆炸性混合物

健康危害　蒸气或雾对眼、黏膜和上呼吸道有刺激性。对皮肤有刺激性。动物实验观察到急性中毒有麻醉作用和神经-肌肉兴奋性增强

环境危害　对水生生物有毒并具有长期持续影响

第三部分　成分/组成信息

√物质　　混合物

组分	浓度	CAS No.
1,4-二乙基苯		105-05-5

第四部分　急救措施

吸入　迅速脱离现场至空气新鲜处。保持呼吸道通畅。如呼吸困难，给输氧。如呼吸、心跳停止，立即进行心肺复苏术。就医

皮肤接触 立即脱去污染的衣着，用流动清水彻底冲洗。就医

眼睛接触 立即分开眼睑，用流动清水或生理盐水彻底冲洗。就医

食入 漱口，饮水。就医

对保护施救者的忠告 根据需要使用个人防护设备

对医生的特别提示 对症处理

第五部分 消防措施

灭火剂 用泡沫、二氧化碳、干粉、砂土灭火

特别危险性 易燃，遇明火、高热或与氧化剂接触，有引起燃烧爆炸的危险。燃烧生成有害的一氧化碳

灭火注意事项及防护措施 消防人员必须佩戴空气呼吸器、穿全身防火防毒服，在上风向灭火。喷水冷却容器，尽可能将容器从火场移至空旷处。容器突然发出异常声音或出现异常现象，应立即撤离

第六部分 泄漏应急处理

作业人员防护措施、防护装备和应急处置程序 消除所有点火源。根据液体流动和蒸气扩散的影响区域划定警戒区，无关人员从侧风、上风向撤离至安全区。建议应急处理人员戴正压自给式呼吸器，穿防静电服，戴橡胶耐油手套。作业时使用的所有设备应接地。禁止接触或跨越泄漏物。尽可能切断泄漏源

环境保护措施 防止泄漏物进入水体、下水道、地下室或有限空间

泄漏化学品的收容、清除方法及所使用的处置材料 小量泄漏：用砂土或其他不燃材料吸收，使用洁净的无火花工具收集吸收材料。大量泄漏：构筑围堤或挖坑收容。用泡沫覆盖，减少蒸发。喷水雾能减少蒸发，但不能降低泄漏物在有限空间内的易燃性。用防爆泵转移至槽车或专用收集器内

第七部分 操作处置与储存

操作注意事项 密闭操作，加强通风。操作人员必须经过专门培训，严格遵守操作规程。建议操作人员佩戴过滤式防毒面具（半面罩），戴化学安全防护眼镜，穿防毒物渗透工作服，戴橡胶耐油手套。远离火种、热源。工作场所严禁吸烟。使用防爆型的通风系统和设备。防止蒸气泄漏到工作场所空气中。避免与氧化剂接触。灌装时应控制流速，且有接地装置，防止静电积聚。搬运时要轻装轻卸，防止包装及容器损坏。配备相应品种和数量的消防器材及泄漏应急处理设备。倒空的容器可能残留有害物

储存注意事项 储存于阴凉、通风的库房。库温不宜超过37℃。远离火种、热源。保持容器密封。应与氧化剂分开存放，切忌混储。采用防爆型照明、通风设施。禁止使用易产生火花的机械设备和工具。储区应备有泄漏应急处理设备和合适的收容材料

第八部分 接触控制/个体防护

职业接触限值

中国 未制定标准

美国(ACGIH) 未制定标准

生物接触限值 未制定标准

监测方法 空气中有毒物质测定方法：未制定标准。生物监测检验方法：未制定标准

工程控制 生产过程密闭，加强通风。提供的安全淋浴和洗眼设备

个体防护装备

呼吸系统防护 空气中浓度超标时，佩戴过滤式防毒面具（半面罩）。紧急事态抢救或撤离时，建议佩戴空气呼吸器

眼睛防护 戴化学安全防护眼镜

皮肤和身体防护 穿防毒物渗透工作服

手防护 戴橡胶耐油手套

第九部分 理化特性

外观与性状 无色液体

pH值 无资料 **熔点(℃)** −42.8

沸点(℃) 183.7 **相对密度(水=1)** 0.86

相对蒸气密度(空气=1) 4.6

饱和蒸气压(kPa) 1.33（62.8℃）

燃烧热(kJ/mol) 无资料 **临界温度(℃)** 无资料

临界压力(MPa) 2.8 **辛醇/水分配系数** 4.45

闪点(℃) 55（CC） **自燃温度(℃)** 430

爆炸下限(%) 0.7 **爆炸上限(%)** 6.0

分解温度(℃) 无资料

黏度(mPa·s) 3.6（−42.6℃）

溶解性 不溶于水，溶于乙醇、苯、四氯化碳、乙醚、丙酮等多数有机溶剂

第十部分 稳定性和反应性

稳定性 稳定

危险反应 与强氧化剂等禁配物接触，有发生火灾和爆炸的危险

避免接触的条件 无资料

禁配物 强氧化剂、酸类、卤素等

危险的分解产物 无资料

第十一部分 毒理学信息

急性毒性 LD_{50}：1200mg/kg（大鼠经口）

皮肤刺激或腐蚀 无资料 **眼睛刺激或腐蚀** 无资料

呼吸或皮肤过敏 无资料 **生殖细胞突变性** 无资料

致癌性 无资料 **生殖毒性** 无资料

特异性靶器官系统毒性-一次接触 无资料

特异性靶器官系统毒性-反复接触 大鼠、豚鼠、兔和猴吸入2.61～9.5g/m^3，每天7h，共103～138d，发现肝脏、肾脏和睾丸发生轻度病理改变

吸入危害 无资料

第十二部分 生态学信息

生态毒性 LC_{50}：2.49mg/L（96h）（青鳉）

持久性和降解性

生物降解性 无资料

非生物降解性　空气中，当羟基自由基浓度为5.00×10^5个/cm^3时，降解半衰期为2d（理论）

生物富集性潜在的生物累积性　K_{ow}：362～598（鲤鱼，接触浓度20mg/L，接触时间6周）；320～629（鲤鱼，接触浓度2mg/L，接触时间6周）

土壤中的迁移性　根据K_{oc}值预测，该物质的迁移性可能较弱

第十三部分　废弃处置

废弃化学品　建议用焚烧法处置

污染包装物　将容器返还生产商或按照国家和地方法规处置

废弃注意事项　处置前应参阅国家和地方有关法规

第十四部分　运输信息

联合国危险货物编号（UN号）　2049

联合国运输名称　二乙基苯

联合国危险性类别　3　　**包装类别**　Ⅲ类包装

包装标志 　　**海洋污染物**　否

运输注意事项　运输时运输车辆应配备相应品种和数量的消防器材及泄漏应急处理设备。夏季最好早晚运输。运输时所用的槽（罐）车应有接地链，槽内可设孔隔板以减少震荡产生的静电。严禁与氧化剂、食用化学品等混装混运。运输途中应防曝晒、雨淋，防高温。中途停留时应远离火种、热源、高温区。装运该物品的车辆排气管必须配备阻火装置，禁止使用易产生火花的机械设备和工具装卸。公路运输时要按规定路线行驶，勿在居民区和人口稠密区停留。铁路运输时要禁止溜放。严禁用木船、水泥船散装运输

第十五部分　法规信息

下列法律、法规、规章和标准，对该化学品的管理作了相应的规定。

中华人民共和国职业病防治法　职业病分类和目录：未列入

危险化学品安全管理条例　危险化学品目录：列入。易制爆危险化学品名录：未列入。重点监管的危险化学品名录：未列入。GB 18218—2009《危险化学品重大危险源辨识》（表1）：未列入

使用有毒物品作业场所劳动保护条例　高毒物品目录：未列入

易制毒化学品管理条例　易制毒化学品的分类和品种目录：未列入

国际公约　斯德哥尔摩公约：未列入。鹿特丹公约：未列入。蒙特利尔议定书：未列入

第十六部分　其他信息

编写和修订信息　　**缩略语和首字母缩写**

培训建议　　**参考文献**

免责声明

1,3-二乙基苯

第一部分　化学品标识

化学品中文名　1,3-二乙基苯；间二乙基苯

化学品英文名　1,3-diethylbenzene；*m*-diethylbenzene

分子式　$C_{10}H_{14}$　　**相对分子质量**　134.21

结构式 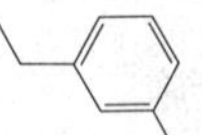

化学品的推荐及限制用途　用作溶剂及有机合成中间体

第二部分　危险性概述

紧急情况概述　易燃液体和蒸气

GHS危险性类别　易燃液体，类别3；严重眼损伤/眼刺激，类别2；危害水生环境-急性危害，类别2；危害水生环境-长期危害，类别2

标签要素

象形图 

警示词　警告

危险性说明　易燃液体和蒸气，造成严重眼刺激，对水生生物有毒并具有长期持续影响

防范说明

预防措施　远离热源、火花、明火、热表面。禁止吸烟。保持容器密闭。容器和接收设备接地连接。使用防爆电器、通风、照明设备。只能使用不产生火花的工具。采取防止静电措施。戴防护手套、防护眼镜、防护面罩。避免接触眼睛、皮肤，操作后彻底清洗。禁止排入环境

事故响应　火灾时，使用泡沫、二氧化碳、干粉、砂土灭火。如皮肤（或头发）接触：立即脱掉所有被污染的衣服、用水冲洗皮肤、淋浴。如接触眼睛：用水细心冲洗数分钟。如戴隐形眼镜并可方便地取出，取出隐形眼镜继续冲洗。如果眼睛刺激持续：就医。收集泄漏物

安全储存　存放在通风良好的地方。保持低温

废弃处置　本品及内装物、容器依据国家和地方法规处置

物理和化学危险　易燃，其蒸气与空气混合，能形成爆炸性混合物

健康危害　蒸气或雾对眼、黏膜和上呼吸道有刺激性。对皮肤有刺激性。动物实验观察到急性中毒有麻醉作用和神经-肌肉兴奋性增强

环境危害　对水生生物有毒并具有长期持续影响

第三部分　成分/组成信息

√物质　　混合物

组分	浓度	CAS No.
1,3-二乙基苯		141-93-5

第四部分　急救措施

吸入　迅速脱离现场至空气新鲜处。保持呼吸道通畅。如

呼吸困难，给输氧。如呼吸、心跳停止，立即进行心肺复苏术。就医

皮肤接触 立即脱去污染的衣着，用流动清水彻底冲洗。就医

眼睛接触 立即分开眼睑，用流动清水或生理盐水彻底冲洗。就医

食入 漱口，饮水。就医

对保护施救者的忠告 根据需要使用个人防护设备

对医生的特别提示 对症处理

第五部分 消防措施

灭火剂 用泡沫、二氧化碳、干粉、砂土灭火

特别危险性 易燃，遇明火、高热能引起燃烧爆炸。与强氧化剂发生反应，可引起燃烧。燃烧生成有害的一氧化碳

灭火注意事项及防护措施 消防人员必须佩戴空气呼吸器、穿全身防火防毒服，在上风向灭火。喷水冷却容器，尽可能将容器从火场移至空旷处。容器突然发出异常声音或出现异常现象，应立即撤离

第六部分 泄漏应急处理

作业人员防护措施、防护装备和应急处置程序 消除所有点火源。根据液体流动和蒸气扩散的影响区域划定警戒区，无关人员从侧风、上风向撤离至安全区。建议应急处理人员戴正压自给式呼吸器，穿防静电服，戴橡胶耐油手套。作业时使用的所有设备应接地。禁止接触或跨越泄漏物。尽可能切断泄漏源

环境保护措施 防止泄漏物进入水体、下水道、地下室或有限空间

泄漏化学品的收容、清除方法及所使用的处置材料 小量泄漏：用砂土或其他不燃材料吸收，使用洁净的无火花工具收集吸收材料。大量泄漏：构筑围堤或挖坑收容。用泡沫覆盖，减少蒸发。喷水雾能减少蒸发，但不能降低泄漏物在有限空间内的易燃性。用防爆泵转移至槽车或专用收集器内

第七部分 操作处置与储存

操作注意事项 密闭操作，加强通风。操作人员必须经过专门培训，严格遵守操作规程。建议操作人员佩戴过滤式防毒面具（半面罩），戴化学安全防护眼镜，穿防毒物渗透工作服，戴橡胶耐油手套。远离火种、热源。工作场所严禁吸烟。使用防爆型的通风系统和设备。防止蒸气泄漏到工作场所空气中。避免与氧化剂接触。灌装时应控制流速，且有接地装置，防止静电积聚。搬运时要轻装轻卸，防止包装及容器损坏。配备相应品种和数量的消防器材及泄漏应急处理设备。倒空的容器可能残留有害物

储存注意事项 储存于阴凉、通风的库房。库温不宜超过37℃。远离火种、热源。保持容器密封。应与氧化剂分开存放，切忌混储。采用防爆型照明、通风设施。禁止使用易产生火花的机械设备和工具。储区应备有泄漏应急处理设备和合适的收容材料

第八部分 接触控制/个体防护

职业接触限值

中国 未制定标准

美国(ACGIH) 未制定标准

生物接触限值 未制定标准

监测方法 空气中有毒物质测定方法：未制定标准。生物监测检验方法：未制定标准

工程控制 生产过程密闭，加强通风。提供安全的淋浴和洗眼设备

个体防护装备

呼吸系统防护 空气中浓度超标时，佩戴过滤式防毒面具（半面罩）。紧急事态抢救或撤离时，建议佩戴空气呼吸器

眼睛防护 戴化学安全防护眼镜

皮肤和身体防护 穿防毒物渗透工作服

手防护 戴橡胶耐油手套

第九部分 理化特性

外观与性状 无色液体，有芳香气味

pH 值 无资料 **熔点(℃)** −83.9

沸点(℃) 181.1 **相对密度(水=1)** 0.86

相对蒸气密度(空气=1) 4.6

饱和蒸气压(kPa) 1.33 (61.4℃)

燃烧热(kJ/mol) 无资料 **临界温度(℃)** 389.8

临界压力(MPa) 2.88 **辛醇/水分配系数** 4.44

闪点(℃) 56 **自燃温度(℃)** 430

爆炸下限(%) 无资料 **爆炸上限(%)** 无资料

分解温度(℃) 无资料

黏度(mPa·s) 12.4 (−87.3℃)

溶解性 不溶于水，溶于乙醇、乙醚、苯、四氯化碳等多数有机溶剂

第十部分 稳定性和反应性

稳定性 稳定

危险反应 与强氧化剂等禁配物接触，有发生火灾和爆炸的危险

避免接触的条件 无资料

禁配物 强氧化剂、酸类、卤素等

危险的分解产物 无资料

第十一部分 毒理学信息

急性毒性 LD_{50}：1200mg/kg (大鼠经口)

皮肤刺激或腐蚀 无资料 **眼睛刺激或腐蚀** 无资料

呼吸或皮肤过敏 无资料 **生殖细胞突变性** 无资料

致癌性 无资料 **生殖毒性** 无资料

特异性靶器官系统毒性-一次接触 无资料

特异性靶器官系统毒性-反复接触 大鼠、豚鼠、兔和猴吸入 2.61～9.5g/m^3，每天 7h，共 103～138d，发现肝脏、肾脏和睾丸发生轻度病理改变

吸入危害 无资料

第十二部分　生态学信息

生态毒性　LC_{50}：4.5mg/L（96h）（黑头呆鱼，动态）；3.97mg/L（96h）（青鳉）

持久性和降解性

生物降解性　无资料

非生物降解性　空气中，当羟基自由基浓度为5.00×10^5个/cm^3时，降解半衰期为1d（理论）

生物富集性潜在的生物累积性　K_{ow}：350～854（鲤鱼，接触浓度20mg/L，接触时间6周）；413～653（鲤鱼，接触浓度2mg/L，接触时间6周）

土壤中的迁移性　根据K_{oc}值预测，该物质的迁移性可能较弱

第十三部分　废弃处置

废弃化学品　建议用焚烧法处置

污染包装物　将容器返还生产商或按照国家和地方法规处置

废弃注意事项　处置前应参阅国家和地方有关法规

第十四部分　运输信息

联合国危险货物编号（UN号）　2049

联合国运输名称　二乙基苯

联合国危险性类别　3　　**包装类别**　Ⅲ类包装

包装标志　

　　海洋污染物　否

运输注意事项　运输时运输车辆应配备相应品种和数量的消防器材及泄漏应急处理设备。夏季最好早晚运输。运输时所用的槽（罐）车应有接地链，槽内可设孔隔板以减少震荡产生的静电。严禁与氧化剂、食用化学品等混装混运。运输途中应防曝晒、雨淋，防高温。中途停留时应远离火种、热源、高温区。装运该物品的车辆排气管必须配备阻火装置，禁止使用易产生火花的机械设备和工具装卸。公路运输时要按规定路线行驶，勿在居民区和人口稠密区停留。铁路运输时要禁止溜放。严禁用木船、水泥船散装运输

第十五部分　法规信息

下列法律、法规、规章和标准，对该化学品的管理作了相应的规定。

中华人民共和国职业病防治法　职业病分类和目录：未列入

危险化学品安全管理条例　危险化学品目录：列入。易制爆危险化学品名录：未列入。重点监管的危险化学品名录：未列入。GB 18218—2009《危险化学品重大危险源辨识》（表1）：未列入

使用有毒物品作业场所劳动保护条例　高毒物品目录：未列入

易制毒化学品管理条例　易制毒化学品的分类和品种目录：未列入

国际公约　斯德哥尔摩公约：未列入。鹿特丹公约：未列入。蒙特利尔议定书：未列入

第十六部分　其他信息

编写和修订信息　　**缩略语和首字母缩写**

培训建议　　**参考文献**

免责声明

N,*N*-二乙基苯胺

第一部分　化学品标识

化学品中文名　*N*,*N*-二乙基苯胺；二乙氨基苯

化学品英文名　*N*,*N*-diethylaniline；*N*,*N*-diethylphenylamine

分子式　$C_{10}H_{15}N$　　**相对分子质量**　149.26

结构式　（N原子连接两个乙基和一个苯环）

化学品的推荐及限制用途　用于染料及其中间体合成，也用于制造药品

第二部分　危险性概述

紧急情况概述　吞咽会中毒，皮肤接触会中毒，吸入会中毒

GHS危险性类别　急性毒性-经口，类别3；急性毒性-经皮，类别3；急性毒性-吸入，类别3；特异性靶器官毒性-反复接触，类别2；危害水生环境-急性危害，类别2；危害水生环境-长期危害，类别2

标签要素

象形图　

警示词　危险

危险性说明　吞咽会中毒，皮肤接触会中毒，吸入会中毒，长时间或反复接触可能对器官造成损伤，对水生生物有毒并具有长期持续影响

防范说明

预防措施　避免接触眼睛、皮肤，操作后彻底清洗。作业场所不得进食、饮水或吸烟。戴防护手套、穿防护服。避免吸入蒸气、雾。仅在室外或通风良好处操作。禁止排入环境

事故响应　如吸入：将患者转移到空气新鲜处，休息，保持利于呼吸的体位；如感觉不适，就医。皮肤接触：用大量肥皂水和水清洗；如感觉不适，呼叫中毒控制中心或就医。立即脱去所有被污染的衣服。被污染的衣服须经洗净后方可重新使用。食入：漱口；立即呼叫中毒控制中心或就医。收集泄漏物

安全储存　在通风良好处储存。保持容器密闭。上锁保管

废弃处置　本品及内装物、容器依据国家和地方法规处置

物理和化学危险　易燃，其蒸气与空气混合，能形成爆炸性混合物

健康危害 对眼、黏膜和上呼吸道有刺激性。吸收进入体内引起高铁血红蛋白血症，出现紫绀

环境危害 对水生生物有毒并具有长期持续影响

第三部分 成分/组成信息

√物质		混合物
组分	**浓度**	**CAS No.**
N,*N*-二乙基苯胺		91-66-7

第四部分 急救措施

吸入 迅速脱离现场至空气新鲜处。保持呼吸道通畅。如呼吸困难，给输氧。如呼吸、心跳停止，立即进行心肺复苏术。就医

皮肤接触 立即脱去污染的衣着，用流动清水彻底冲洗。就医

眼睛接触 立即分开眼睑，用流动清水或生理盐水彻底冲洗。就医

食入 漱口，饮水。就医

对保护施救者的忠告 根据需要使用个人防护设备

对医生的特别提示 高铁血红蛋白血症，可用美蓝和维生素C治疗

第五部分 消防措施

灭火剂 用泡沫、二氧化碳、干粉、砂土灭火

特别危险性 与氧化剂接触发生猛烈反应。燃烧生成有害的一氧化碳、氮氧化物

灭火注意事项及防护措施 消防人员必须佩戴空气呼吸器、穿全身防火防毒服，在上风向灭火。尽可能将容器从火场移至空旷处。喷水保持火场容器冷却，直至灭火结束。容器突然发出异常声音或出现异常现象，应立即撤离

第六部分 泄漏应急处理

作业人员防护措施、防护装备和应急处置程序 根据液体流动和蒸气扩散的影响区域划定警戒区，无关人员从侧风、上风向撤离至安全区。消除所有点火源。建议应急处理人员戴正压自给式呼吸器，穿防毒服，戴橡胶耐油手套。穿上适当的防护服前严禁接触破裂的容器和泄漏物。尽可能切断泄漏源

环境保护措施 防止泄漏物进入水体、下水道、地下室或有限空间

泄漏化学品的收容、清除方法及所使用的处置材料 小量泄漏：用干燥的砂土或其他不燃材料吸收或覆盖，收集于容器中。大量泄漏：构筑围堤或挖坑收容，用砂土、惰性物质或蛭石吸收大量液体，用泵转移至槽车或专用收集器内

第七部分 操作处置与储存

操作注意事项 密闭操作，提供充分的局部排风。操作尽可能机械化、自动化。操作人员必须经过专门培训，严格遵守操作规程。建议操作人员佩戴过滤式防毒面具（半面罩），戴化学安全防护眼镜，穿防毒物渗透工作服，戴橡胶耐油手套。远离火种、热源。工作场所严禁吸烟。使用防爆型的通风系统和设备。防止蒸气泄漏到工作场所空气中。避免与氧化剂、酸类接触。搬运时要轻装轻卸，防止包装及容器损坏。配备相应品种和数量的消防器材及泄漏应急处理设备。倒空的容器可能残留有害物

储存注意事项 储存于阴凉、通风的库房。远离火种、热源。保持容器密封。应与氧化剂、酸类、食用化学品分开存放，切忌混储。配备相应品种和数量的消防器材。储区应备有泄漏应急处理设备和合适的收容材料

第八部分 接触控制/个体防护

职业接触限值

中国 未制定标准

美国(ACGIH) 未制定标准

生物接触限值 未制定标准

监测方法 空气中有毒物质测定方法：未制定标准。生物监测检验方法：未制定标准

工程控制 严加密闭，提供充分的局部排风。提供安全的淋浴和洗眼设备

个体防护装备

呼吸系统防护 可能接触其蒸气时，佩戴过滤式防毒面具（半面罩）。紧急事态抢救或撤离时，佩戴空气呼吸器

眼睛防护 戴化学安全防护眼镜

皮肤和身体防护 穿防毒物渗透工作服

手防护 戴橡胶耐油手套

第九部分 理化特性

外观与性状 无色至黄色油状液体，有特臭

pH值 无资料 **熔点(℃)** −38.8

沸点(℃) 215～216

相对密度(水=1) 0.93（25℃）

相对蒸气密度(空气=1) 5.2

饱和蒸气压(kPa) 0.31（65℃）

燃烧热(kJ/mol) 无资料 **临界温度(℃)** 无资料

临界压力(MPa) 无资料 **辛醇/水分配系数** 3.31

闪点(℃) 85（CC） **自燃温度(℃)** 630

爆炸下限(%) 无资料 **爆炸上限(%)** 无资料

分解温度(℃) 无资料 **黏度(mPa·s)** 无资料

溶解性 溶于水，微溶于乙醇、乙醚、氯仿，溶于酸类

第十部分 稳定性和反应性

稳定性 稳定

危险反应 与强氧化剂等禁配物发生剧烈反应

避免接触的条件 光照

禁配物 强氧化剂、强酸

危险的分解产物 无资料

第十一部分 毒理学信息

急性毒性

LD_{50} 782mg/kg（大鼠经口）

LC_{50} 1920mg/m^3（大鼠吸入，4h）

皮肤刺激或腐蚀 无资料 **眼睛刺激或腐蚀** 无资料

呼吸或皮肤过敏 无资料 **生殖细胞突变性** 无资料
致癌性 无资料 **生殖毒性** 无资料
特异性靶器官系统毒性-一次接触 无资料
特异性靶器官系统毒性-反复接触 无资料
吸入危害 无资料

第十二部分 生态学信息

生态毒性

LC_{50} 26mg/L (96h) (鱼)

EC_{50} 1.3mg/L (48h) (水蚤); 2.8mg/L (48h) (藻类)

持久性和降解性

生物降解性 不易快速生物降解

非生物降解性 空气中，当羟基自由基浓度为5.00×10^5个/cm^3时，降解半衰期为2h（理论）

潜在的生物累积性 BCF：44～161（鲤鱼，接触浓度0.2mg/L，接触时间8周）；17～125（鲤鱼，接触浓度0.02mg/L，接触时间8周）

土壤中的迁移性 根据K_{oc}值预测，该物质可能有一定的迁移性

第十三部分 废弃处置

废弃化学品 建议用焚烧法处置。焚烧炉排出的氮氧化物通过洗涤器除去

污染包装物 将容器返还生产商或按照国家和地方法规处置

废弃注意事项 处置前应参阅国家和地方有关法规

第十四部分 运输信息

联合国危险货物编号（UN号） 2432
联合国运输名称 N,N-二乙基苯胺
联合国危险性类别 6.1 **包装类别** Ⅲ类包装

包装标志 

海洋污染物 否

运输注意事项 运输前应先检查包装容器是否完整、密封，运输过程中要确保容器不泄漏、不倒塌、不坠落、不损坏。严禁与酸类、氧化剂、食品及食品添加剂混运。运输时运输车辆应配备相应品种和数量的消防器材及泄漏应急处理设备。运输途中应防曝晒、雨淋，防高温。公路运输时要按规定路线行驶

第十五部分 法规信息

下列法律、法规、规章和标准，对该化学品的管理作了相应的规定。

中华人民共和国职业病防治法 职业病分类和目录：苯的氨基及硝基化合物中毒

危险化学品安全管理条例 危险化学品目录：列入。易制爆危险化学品名录：未列入。重点监管的危险化学品名录：未列入。GB 18218—2009《危险化学品重大危险源辨识》（表1）：未列入

使用有毒物品作业场所劳动保护条例 高毒物品目录：未列入

易制毒化学品管理条例 易制毒化学品的分类和品种目录：未列入

国际公约 斯德哥尔摩公约：未列入。鹿特丹公约：未列入。蒙特利尔议定书：未列入

第十六部分 其他信息

编写和修订信息 **缩略语和首字母缩写**
培训建议 **参考文献**
免责声明

N,N-二乙基乙醇胺

第一部分 化学品标识

化学品中文名 N,N-二乙基乙醇胺；2-二乙氨基乙醇
化学品英文名 N,N-diethyl ethanolamine；2-diethylaminoethanol
分子式 $C_6H_{15}NO$ **相对分子质量** 117.22

结构式 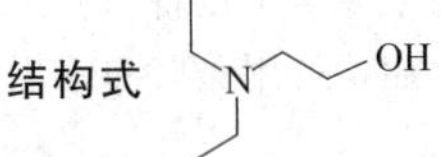

化学品的推荐及限制用途 用于有机合成，用作织物软化剂

第二部分 危险性概述

紧急情况概述 易燃液体和蒸气，吞咽有害，皮肤接触有害，吸入会中毒，造成严重的皮肤灼伤和眼损伤

GHS危险性类别 易燃液体，类别3；急性毒性-经口，类别4；急性毒性-经皮，类别4；急性毒性-吸入，类别4；皮肤腐蚀/刺激，类别1B；严重眼损伤/眼刺激，类别1；特异性靶器官毒性-一次接触，类别3（呼吸道刺激）；危害水生环境-急性危害，类别3

标签要素

象形图 

警示词 危险

危险性说明 易燃液体和蒸气，吞咽有害，皮肤接触有害，吸入会中毒，造成严重的皮肤灼伤和眼损伤，可能引起呼吸道刺激，对水生生物有害

防范说明

预防措施 远离热源、火花、明火、热表面。禁止吸烟。保持容器密闭。容器和接收设备接地连接。使用防爆电器、通风、照明设备。只能使用不产生火花的工具。采取防止静电措施。戴防护手套、防护眼镜、防护面罩，穿防护服。避免接触眼睛、皮肤，操作后彻底清洗。作业场所不得进食、饮水或吸烟。避免吸入蒸气、雾。仅在室外或通风良好处操作。禁止排入环境

事故响应 火灾时，使用雾状水、抗溶性泡沫、干粉、二氧化碳、砂土灭火。如吸入：将患者转

移到空气新鲜处，休息，保持利于呼吸的体位。皮肤接触：即脱掉所有被污染的衣服。用大量肥皂水和水清洗。被污染的衣服须经洗净后方可重新使用。如感觉不适，呼叫中毒控制中心或就医。眼睛接触：用水细心地冲洗数分钟。如戴隐形眼镜并可方便地取出，则取出隐形眼镜继续冲洗。食入：漱口。不要催吐，如果感觉不适，立即呼叫中毒控制中心或就医

安全储存　存放在通风良好的地方。保持低温。保持容器密闭。上锁保管

废弃处置　本品及内装物、容器依据国家和地方法规处置

物理和化学危险　易燃，其蒸气与空气混合，能形成爆炸性混合物

健康危害　人吸入 1000mg/m^3 的本品几秒钟，即出现恶心和呕吐。眼和皮肤接触引起灼伤

环境危害　对水生生物有害

第三部分　成分/组成信息

√物质		混合物
组分	**浓度**	**CAS No.**
N,N-二乙基乙醇胺		100-37-8

第四部分　急救措施

吸入　迅速脱离现场至空气新鲜处。保持呼吸道通畅。如呼吸困难，给输氧。如呼吸、心跳停止，立即进行心肺复苏术。就医

皮肤接触　立即脱去污染的衣着，用大量流动清水彻底冲洗至少 15min。就医

眼睛接触　立即分开眼睑，用流动清水或生理盐水彻底冲洗至少 15min。就医

食入　用水漱口，禁止催吐。给饮牛奶或蛋清。就医

对保护施救者的忠告　根据需要使用个人防护设备

对医生的特别提示　对症处理

第五部分　消防措施

灭火剂　用雾状水、抗溶性泡沫、干粉、二氧化碳、砂土灭火

特别危险性　与氧化剂接触发生猛烈反应。能腐蚀轻金属和铜。燃烧生成有害的一氧化碳、氮氧化物

灭火注意事项及防护措施　消防人员须佩戴防毒面具、穿全身消防服，在上风向灭火。尽可能将容器从火场移至空旷处。喷水保持火场容器冷却，直至灭火结束。容器突然发出异常声音或出现异常现象，应立即撤离

第六部分　泄漏应急处理

作业人员防护措施、防护装备和应急处置程序　消除所有点火源。根据液体流动和蒸气扩散的影响区域划定警戒区，无关人员从侧风、上风向撤离至安全区。建议应急处理人员戴正压自给式呼吸器，穿防静电、防腐蚀、防毒服，戴橡胶手套。作业时使用的所有设备应接地。禁止接触或跨越泄漏物。尽可能切断泄漏源

环境保护措施　防止泄漏物进入水体、下水道、地下室或有限空间

泄漏化学品的收容、清除方法及所使用的处置材料　小量泄漏：用砂土或其他不燃材料吸收，使用洁净的无火花工具收集吸收材料。大量泄漏：构筑围堤或挖坑收容。用抗溶性泡沫覆盖，减少蒸发。喷水雾能减少蒸发，但不能降低泄漏物在有限空间内的易燃性。用防爆、耐腐蚀泵转移至槽车或专用收集器内

第七部分　操作处置与储存

操作注意事项　密闭操作，提供充分的局部排风。操作人员必须经过专门培训，严格遵守操作规程。建议操作人员佩戴过滤式防毒面具（半面罩），戴化学安全防护眼镜，穿化学防护服，戴橡胶手套。远离火种、热源。工作场所严禁吸烟。使用防爆型的通风系统和设备。防止蒸气泄漏到工作场所空气中。避免与氧化剂、酸类接触。充装要控制流速，防止静电积聚。搬运时要轻装轻卸，防止包装及容器损坏。配备相应品种和数量的消防器材及泄漏应急处理设备。倒空的容器可能残留有害物

储存注意事项　储存于阴凉、通风的库房。库温不宜超过 37℃。远离火种、热源。保持容器密封。应与氧化剂、酸类、食用化学品分开存放，切忌混储。采用防爆型照明、通风设施。禁止使用易产生火花的机械设备和工具。储区应备有泄漏应急处理设备和合适的收容材料

第八部分　接触控制/个体防护

职业接触限值

中国　PC-TWA：50mg/m^3［皮］

美国(ACGIH)　TLV-TWA：2ppm［皮］

生物接触限值　未制定标准

监测方法　空气中有毒物质测定方法：未制定标准。生物监测检验方法：未制定标准

工程控制　严加密闭，提供充分的局部排风。提供安全的淋浴和洗眼设备

个体防护装备

呼吸系统防护　空气中浓度超标时，应该佩戴过滤式防毒面具（半面罩）。紧急事态抢救或撤离时，佩戴空气呼吸器

眼睛防护　戴化学安全防护眼镜

皮肤和身体防护　穿化学防护服

手防护　戴橡胶手套

第九部分　理化特性

外观与性状　无色吸湿性液体，有氨味

pH 值　无资料　　**熔点(℃)**　−70

沸点(℃)　163　　**相对密度(水=1)**　0.88

相对蒸气密度(空气=1)　4.03

饱和蒸气压(kPa)　2.8（20℃）

燃烧热(kJ/mol)　无资料　　**临界温度(℃)**　无资料

临界压力(MPa)　无资料　　**辛醇/水分配系数**　0.31

闪点(℃)　52（CC）；60（OC）

自燃温度(℃)　320　　**爆炸下限(%)**　6.7

爆炸上限(%) 11.7 **分解温度(℃)** 无资料

黏度(mPa·s) 5 (20℃)

溶解性 与水混溶，溶于乙醇、乙醚、苯、丙酮等多数有机溶剂

第十部分 稳定性和反应性

稳定性 稳定

危险反应 与强氧化剂等禁配物发生剧烈反应

避免接触的条件 无资料

禁配物 强氧化剂、强酸

危险的分解产物 无资料

第十一部分 毒理学信息

急性毒性 LD_{50}：1300mg/kg (大鼠经口)；1260mg/kg (兔经皮)

皮肤刺激或腐蚀 家兔经皮：500mg，轻度刺激 (开放性刺激试验)

眼睛刺激或腐蚀 家兔经眼：5mg，重度刺激

呼吸或皮肤过敏 无资料 **生殖细胞突变性** 无资料

致癌性 无资料 **生殖毒性** 无资料

特异性靶器官系统毒性-一次接触 无资料

特异性靶器官系统毒性-反复接触 无资料

吸入危害 无资料

第十二部分 生态学信息

生态毒性

LC_{50} 1780mg/L (96h) (黑头呆鱼)；＞1000mg/L (96h) (青鳉)

ErC_{50} 44mg/L (72h) (藻类)

持久性和降解性

生物降解性 无资料

非生物降解性 无资料

潜在的生物累积性 根据 K_{ow} 值预测，该物质的生物累积性可能较弱

土壤中的迁移性 根据 K_{oc} 值预测，该物质可能易发生迁移

第十三部分 废弃处置

废弃化学品 用控制焚烧法处置。焚烧炉排出的氮氧化物通过洗涤器除去

污染包装物 将容器返还生产商或按照国家和地方法规处置

废弃注意事项 处置前应参阅国家和地方有关法规

第十四部分 运输信息

联合国危险货物编号 (UN号) 2686

联合国运输名称 2-二乙氨基乙醇

联合国危险性类别 8，3 **包装类别** Ⅱ类包装

包装标志 

海洋污染物 否

运输注意事项 运输时运输车辆应配备相应品种和数量的消防器材及泄漏应急处理设备。夏季最好早晚运输。运输时所用的槽（罐）车应有接地链，槽内可设孔隔板以减少震荡产生的静电。严禁与氧化剂、酸类、食用化学品等混装混运。运输途中应防曝晒、雨淋，防高温。中途停留时应远离火种、热源、高温区。装运该物品的车辆排气管必须配备阻火装置，禁止使用易产生火花的机械设备和工具装卸。公路运输时要按规定路线行驶，勿在居民区和人口稠密区停留。铁路运输时要禁止溜放。严禁用木船、水泥船散装运输

第十五部分 法规信息

下列法律、法规、规章和标准，对该化学品的管理作了相应的规定。

中华人民共和国职业病防治法 职业病分类和目录：未列入

危险化学品安全管理条例 危险化学品目录：列入。易制爆危险化学品名录：未列入。重点监管的危险化学品名录：未列入。GB 18218—2009《危险化学品重大危险源辨识》(表1)：未列入

使用有毒物品作业场所劳动保护条例 高毒物品目录：未列入

易制毒化学品管理条例 易制毒化学品的分类和品种目录：未列入

国际公约 斯德哥尔摩公约：未列入。鹿特丹公约：未列入。蒙特利尔议定书：未列入

第十六部分 其他信息

编写和修订信息 **缩略语和首字母缩写**

培训建议 **参考文献**

免责声明

二乙硫醚

第一部分 化学品标识

化学品中文名 二乙硫醚；二乙基硫；硫代乙醚

化学品英文名 diethyl sulfide；1,1′-thiobisethane

分子式 $C_4H_{10}S$ **相对分子质量** 90.18

结构式 ⁀S⁀

化学品的推荐及限制用途 用于有机合成，用作特定溶剂，及用于金银电镀等

第二部分 危险性概述

紧急情况概述 高度易燃液体和蒸气

GHS危险性类别 易燃液体，类别2；急性毒性-经口，类别5；皮肤腐蚀/刺激，类别2；严重眼损伤/眼刺激，类别2B

标签要素

象形图 

警示词 危险

危险性说明 高度易燃液体和蒸气，吞咽可能有害，造

成皮肤刺激，造成严重眼刺激

防范说明

预防措施　远离热源、火花、明火、热表面。禁止吸烟。保持容器密闭。容器和接收设备接地连接。使用防爆电器、通风、照明设备。只能使用不产生火花的工具。采取防止静电措施。戴防护手套、防护眼镜、防护面罩。避免接触眼睛、皮肤，操作后彻底清洗

事故响应　火灾时，使用泡沫、二氧化碳、干粉、砂土灭火。皮肤接触：用大量肥皂水和水清洗。如发生皮肤刺激，就医。脱去被污染的衣服，洗净后方可重新使用。如果感觉不适，呼叫中毒控制中心或就医。如接触眼睛：用水细心冲洗数分钟。如戴隐形眼镜并可方便地取出，取出隐形眼镜继续冲洗。如果眼睛刺激持续，就医

安全储存　存放在通风良好的地方。保持低温

废弃处置　本品及内装物、容器依据国家和地方法规处置

物理和化学危险　高度易燃，其蒸气与空气混合，能形成爆炸性混合物

健康危害　蒸气对眼、黏膜和上呼吸道有刺激性。对皮肤有刺激性。接触后可引起头痛、恶心和呕吐

环境危害　对环境可能有害

第三部分　成分/组成信息

√物质		混合物
组分	**浓度**	**CAS No.**
二乙硫醚		352-93-2

第四部分　急救措施

吸入　迅速脱离现场至空气新鲜处。保持呼吸道通畅。如呼吸困难，给输氧。如呼吸、心跳停止，立即进行心肺复苏术。就医

皮肤接触　立即脱去污染的衣着，用流动清水彻底冲洗。就医

眼睛接触　立即分开眼睑，用流动清水或生理盐水彻底冲洗。就医

食入　漱口，饮水。就医

对保护施救者的忠告　根据需要使用个人防护设备

对医生的特别提示　对症处理

第五部分　消防措施

灭火剂　用泡沫、二氧化碳、干粉、砂土灭火

特别危险性　受热分解，遇酸及酸雾、水及水蒸气均能生成有毒和易燃的气体。燃烧生成有害的一氧化碳、硫化氢、氧化硫

灭火注意事项及防护措施　消防人员必须佩戴空气呼吸器、穿全身防火防毒服，在上风向灭火。喷水冷却容器，尽可能将容器从火场移至空旷处。容器突然发出异常声音或出现异常现象，应立即撤离

第六部分　泄漏应急处理

作业人员防护措施、防护装备和应急处置程序　消除所有点火源。根据液体流动和蒸气扩散的影响区域划定警戒区，无关人员从侧风、上风向撤离至安全区。建议应急处理人员戴正压自给式呼吸器，穿防静电服，戴橡胶耐油手套。作业时使用的所有设备应接地。禁止接触或跨越泄漏物。尽可能切断泄漏源

环境保护措施　防止泄漏物进入水体、下水道、地下室或有限空间

泄漏化学品的收容、清除方法及所使用的处置材料　小量泄漏：用砂土或其他不燃材料吸收，使用洁净的无火花工具收集吸收材料。大量泄漏：构筑围堤或挖坑收容。用抗溶性泡沫覆盖，减少蒸发。喷水雾能减少蒸发，但不能降低泄漏物在有限空间内的易燃性。用防爆泵转移至槽车或专用收集器内

第七部分　操作处置与储存

操作注意事项　密闭操作，全面通风。操作人员必须经过专门培训，严格遵守操作规程。建议操作人员佩戴过滤式防毒面具（半面罩），戴化学安全防护眼镜，穿防毒物渗透工作服，戴橡胶耐油手套。远离火种、热源。工作场所严禁吸烟。使用防爆型的通风系统和设备。防止蒸气泄漏到工作场所空气中。避免与氧化剂接触。尤其要注意避免与水接触。灌装时应控制流速，且有接地装置，防止静电积聚。搬运时要轻装轻卸，防止包装及容器损坏。配备相应品种和数量的消防器材及泄漏应急处理设备。倒空的容器可能残留有害物

储存注意事项　储存于阴凉、通风的库房。远离火种、热源。库温不宜超过37℃。保持容器密封。应与氧化剂分开存放，切忌混储。采用防爆型照明、通风设施。禁止使用易产生火花的机械设备和工具。储区应备有泄漏应急处理设备和合适的收容材料

第八部分　接触控制/个体防护

职业接触限值

中国　未制定标准

美国(ACGIH)　未制定标准

生物接触限值　未制定标准

监测方法　空气中有毒物质测定方法：未制定标准。生物监测检验方法：未制定标准

工程控制　生产过程密闭，全面通风。提供安全的淋浴和洗眼设备

个体防护装备

呼吸系统防护　可能接触其蒸气时，应该佩戴过滤式防毒面具（半面罩）

眼睛防护　戴化学安全防护眼镜

皮肤和身体防护　穿防毒物渗透工作服

手防护　戴橡胶耐油手套

第九部分　理化特性

外观与性状　无色油状液体，有大蒜样的气味

pH值　无资料　　**熔点(℃)**　−103.9

沸点(℃)　92～93　　**相对密度(水=1)**　0.84

相对蒸气密度(空气=1)　3.11

饱和蒸气压(kPa) 7.78（25℃）
燃烧热(kJ/mol) 无资料 **临界温度(℃)** 无资料
临界压力(MPa) 无资料 **辛醇/水分配系数** 1.95
闪点(℃) −6.7 **自燃温度(℃)** 无资料
爆炸下限(%) 无资料 **爆炸上限(%)** 无资料
分解温度(℃) 无资料 **黏度(mPa·s)** 无资料
溶解性 微溶于水，溶于乙醇、乙醚等

第十部分 稳定性和反应性

稳定性 稳定
危险反应 与强氧化剂、水等禁配物接触，有发生火灾和爆炸的危险
避免接触的条件 潮湿空气、受热
禁配物 强氧化剂、酸及酸雾、水及水蒸气
危险的分解产物 硫化氢

第十一部分 毒理学信息

急性毒性 LD_{50}：5930mg/kg（大鼠经口）
皮肤刺激或腐蚀 家兔经皮：20mg（24h），中度刺激
眼睛刺激或腐蚀 家兔经眼：500mg（24h），轻度刺激
呼吸或皮肤过敏 无资料 **生殖细胞突变性** 无资料
致癌性 无资料 **生殖毒性** 无资料
特异性靶器官系统毒性-一次接触 无资料
特异性靶器官系统毒性-反复接触 无资料
吸入危害 无资料

第十二部分 生态学信息

生态毒性 无资料
持久性和降解性
生物降解性 无资料
非生物降解性 空气中，当羟基自由基浓度为5.00×10^{5}个/cm^3时，降解半衰期为1.1d（理论）
潜在的生物累积性 根据K_{ow}值预测，该物质的生物累积性可能较弱
土壤中的迁移性 根据K_{oc}值预测，该物质可能易发生迁移

第十三部分 废弃处置

废弃化学品 建议用焚烧法处置。焚烧炉排出的气体通过洗涤器除去
污染包装物 将容器返还生产商或按照国家和地方法规处置
废弃注意事项 处置前应参阅国家和地方有关法规

第十四部分 运输信息

联合国危险货物编号(UN号) 2375
联合国运输名称 二乙硫醚
联合国危险性类别 3 **包装类别** Ⅱ类包装
包装标志  **海洋污染物** 否
运输注意事项 运输时运输车辆应配备相应品种和数量的消防器材及泄漏应急处理设备。夏季最好早晚运输。运输时所用的槽（罐）车应有接地链，槽内可设孔隔板以减少震荡产生的静电。严禁与氧化剂、食用化学品等混装混运。运输途中应防曝晒、雨淋，防高温。中途停留时应远离火种、热源、高温区。装运该物品的车辆排气管必须配备阻火装置，禁止使用易产生火花的机械设备和工具装卸。公路运输时要按规定路线行驶，勿在居民区和人口稠密区停留。铁路运输时要禁止溜放。严禁用木船、水泥船散装运输

第十五部分 法规信息

下列法律、法规、规章和标准，对该化学品的管理作了相应的规定。
中华人民共和国职业病防治法 职业病分类和目录：未列入
危险化学品安全管理条例 危险化学品目录：列入。易制爆危险化学品名录：未列入。重点监管的危险化学品名录：未列入。GB 18218—2009《危险化学品重大危险源辨识》（表1）：未列入
使用有毒物品作业场所劳动保护条例 高毒物品目录：未列入
易制毒化学品管理条例 易制毒化学品的分类和品种目录：未列入
国际公约 斯德哥尔摩公约：未列入。鹿特丹公约：未列入。蒙特利尔议定书：未列入

第十六部分 其他信息

编写和修订信息 **缩略语和首字母缩写**
培训建议 **参考文献**
免责声明

二乙烯基醚［抑制了的］

第一部分 化学品标识

化学品中文名 二乙烯基醚［抑制了的］；乙烯基醚
化学品英文名 divinyl ether；vinyl ether
分子式 C_4H_6O **相对分子质量** 70.1
结构式 
化学品的推荐及限制用途 用作麻醉剂，用于生产乙烯-氯乙烯共聚物

第二部分 危险性概述

紧急情况概述 极易燃液体和蒸气
GHS危险性类别 易燃液体，类别1
标签要素
象形图
警示词 危险
危险性说明 极易燃液体和蒸气
防范说明
预防措施 远离热源、火花、明火、热表面。禁止

吸烟。保持容器密闭。容器和接收设备接地连接。使用防爆电器、通风、照明设备。只能使用不产生火花的工具。采取防止静电措施。戴防护手套、防护眼镜、防护面罩

事故响应　火灾时，使用泡沫、二氧化碳、干粉、砂土灭火。如皮肤（或头发）接触：立即脱掉所有被污染的衣服，用水冲洗皮肤，淋浴

安全储存　存放在通风良好的地方。保持低温

废弃处置　本品及内装物、容器依据国家和地方法规处置

物理和化学危险　极易燃，其蒸气与空气混合，能形成爆炸性混合物。在空气中久置后能形成有爆炸性的过氧化物。容易自聚

健康危害　本品用作麻醉剂。全身麻醉为其主要作用。人吸入 0.2%（V/V）本品即可产生麻醉作用；2%～4%出现意识不清；10%～12%出现呼吸抑制、心律失常。对黏膜有刺激作用。对肝有损害

环境危害　对环境可能有害

第三部分　成分/组成信息

√物质		混合物
组分	**浓度**	**CAS No.**
二乙烯基醚		109-93-3

第四部分　急救措施

吸入　迅速脱离现场至空气新鲜处。保持呼吸道通畅。如呼吸困难，给输氧。如呼吸、心跳停止，立即进行心肺复苏术。就医

皮肤接触　立即脱去污染的衣着，用流动清水彻底冲洗。就医

眼睛接触　立即分开眼睑，用流动清水或生理盐水彻底冲洗。就医

食入　漱口，饮水。就医

对保护施救者的忠告　根据需要使用个人防护设备

对医生的特别提示　对症处理

第五部分　消防措施

灭火剂　用泡沫、二氧化碳、干粉、砂土灭火

特别危险性　与氧化剂能发生强烈反应。在空气中久置后能生成有爆炸性的过氧化物。在使用和储存过程中，易发生自聚反应，酿成事故。蒸气比空气重，沿地面扩散并易积存于低洼处，遇火源会着火回燃。燃烧生成有害的一氧化碳

灭火注意事项及防护措施　消防人员须佩戴防毒面具、穿全身消防服，在上风向灭火。尽可能将容器从火场移至空旷处。喷水保持火场容器冷却，直至灭火结束。容器突然发出异常声音或出现异常现象，应立即撤离。用水灭火无效

第六部分　泄漏应急处理

作业人员防护措施、防护装备和应急处置程序　消除所有点火源。根据液体流动和蒸气扩散的影响区域划定警戒区，无关人员从侧风、上风向撤离至安全区。建议应急处理人员戴正压自给式呼吸器，穿防静电服，戴橡胶耐油手套。作业时使用的所有设备应接地。禁止接触或跨越泄漏物。尽可能切断泄漏源

环境保护措施　防止泄漏物进入水体、下水道、地下室或有限空间

泄漏化学品的收容、清除方法及所使用的处置材料　小量泄漏：用砂土或其他不燃材料吸收，使用洁净的无火花工具收集吸收材料。大量泄漏：构筑围堤或挖坑收容。用泡沫覆盖，减少蒸发。喷水雾能减少蒸发，但不能降低泄漏物在有限空间内的易燃性。用防爆泵转移至槽车或专用收集器内

第七部分　操作处置与储存

操作注意事项　密闭操作，全面通风。操作人员必须经过专门培训，严格遵守操作规程。建议操作人员佩戴过滤式防毒面具（半面罩），戴化学安全防护眼镜，穿防静电工作服，戴橡胶耐油手套。远离火种、热源。工作场所严禁吸烟。使用防爆型的通风系统和设备。防止蒸气泄漏到工作场所空气中。避免与氧化剂、酸类、碱类接触。灌装时应控制流速，且有接地装置，防止静电积聚。搬运时要轻装轻卸，防止包装及容器损坏。配备相应品种和数量的消防器材及泄漏应急处理设备。倒空的容器可能残留有害物

储存注意事项　通常商品加有阻聚剂。储存于阴凉、通风的库房。远离火种、热源。库温不宜超过 29℃。包装要求密封，不可与空气接触。应与氧化剂、酸类、碱类分开存放，切忌混储。采用防爆型照明、通风设施。禁止使用易产生火花的机械设备和工具。储区应备有泄漏应急处理设备和合适的收容材料

第八部分　接触控制/个体防护

职业接触限值

中国　未制定标准

美国(ACGIH)　未制定标准

生物接触限值　未制定标准

监测方法　空气中有毒物质测定方法：未制定标准。生物监测检验方法：未制定标准

工程控制　生产过程密闭，全面通风。提供安全的淋浴和洗眼设备

个体防护装备

呼吸系统防护　空气中浓度超标时，佩戴过滤式防毒面具（半面罩）

眼睛防护　一般不需要特殊防护，但建议特殊情况下，戴化学安全防护眼镜

皮肤和身体防护　穿防静电工作服

手防护　戴橡胶耐油手套

第九部分　理化特性

外观与性状　无色液体，带有特殊不舒适气味，具有挥发性

pH 值　无资料　　**熔点(℃)**　－101

沸点(℃)　29　　**相对密度(水＝1)**　0.769

相对蒸气密度(空气＝1)　2.41

饱和蒸气压(kPa) 57.32（20℃）
燃烧热(kJ/mol) 无资料 **临界温度(℃)** 无资料
临界压力(MPa) 无资料 **辛醇/水分配系数** 1.68
闪点(℃) −30（CC） **自燃温度(℃)** 360
爆炸下限(%) 1.7 **爆炸上限(%)** 27
分解温度(℃) 无资料 **黏度(mPa·s)** 无资料
溶解性 不溶于水，可混溶于乙醇、乙醚、油类、丙酮等多数有机溶剂

第十部分 稳定性和反应性

稳定性 稳定
危险反应 与强氧化剂等禁配物接触，有发生火灾和爆炸的危险。易发生自聚反应
避免接触的条件 受热
禁配物 强氧化剂、强酸、强碱
危险的分解产物 无资料

第十一部分 毒理学信息

急性毒性 LC_{50}：135000ppm（大鼠吸入，3h）；233300ppm（小鼠吸入，3h）
皮肤刺激或腐蚀 无资料 **眼睛刺激或腐蚀** 无资料
呼吸或皮肤过敏 无资料 **生殖细胞突变性** 无资料
致癌性 无资料 **生殖毒性** 无资料
特异性靶器官系统毒性-一次接触 无资料
特异性靶器官系统毒性-反复接触 无资料
吸入危害 无资料

第十二部分 生态学信息

生态毒性 无资料
持久性和降解性
生物降解性 无资料
非生物降解性 无资料
潜在的生物累积性 根据 K_{ow} 值预测，该物质的生物累积性可能较弱
土壤中的迁移性 根据 K_{oc} 值预测，该物质可能易发生迁移

第十三部分 废弃处置

废弃化学品 建议用焚烧法处置
污染包装物 将容器返还生产商或按照国家和地方法规处置
废弃注意事项 处置前应参阅国家和地方有关法规

第十四部分 运输信息

联合国危险货物编号(UN号) 1167
联合国运输名称 二乙烯基醚，稳定的
联合国危险性类别 3 **包装类别** Ⅰ类包装
包装标志  **海洋污染物** 否
运输注意事项 运输时运输车辆应配备相应品种和数量的消防器材及泄漏应急处理设备。夏季最好早晚运输。运输时所用的槽（罐）车应有接地链，槽内可设孔隔板以减少震荡产生的静电。严禁与氧化剂、酸类、碱类、食用化学品等混装混运。运输途中应防曝晒、雨淋，防高温。中途停留时应远离火种、热源、高温区。装运该物品的车辆排气管必须配备阻火装置，禁止使用易产生火花的机械设备和工具装卸。公路运输时要按规定路线行驶，勿在居民区和人口稠密区停留。铁路运输时要禁止溜放。严禁用木船、水泥船散装运输

第十五部分 法规信息

下列法律、法规、规章和标准，对该化学品的管理作了相应的规定。
中华人民共和国职业病防治法 职业病分类和目录：未列入
危险化学品安全管理条例 危险化学品目录：列入。易制爆危险化学品名录：未列入。重点监管的危险化学品名录：未列入。GB 18218—2009《危险化学品重大危险源辨识》（表1）：未列入
使用有毒物品作业场所劳动保护条例 高毒物品目录：未列入
易制毒化学品管理条例 易制毒化学品的分类和品种目录：未列入
国际公约 斯德哥尔摩公约：未列入。鹿特丹公约：未列入。蒙特利尔议定书：未列入

第十六部分 其他信息

编写和修订信息 **缩略语和首字母缩写**
培训建议 **参考文献**
免责声明

二乙烯酮

第一部分 化学品标识

化学品中文名 二乙烯酮；双乙烯酮；乙酰基乙烯酮
化学品英文名 diketene；acety ketene
分子式 $C_4H_4O_2$ **相对分子质量** 84.1
结构式 O=◇=（结构式）
化学品的推荐及限制用途 用作药物中间体、食品防腐剂、颜料及调节剂

第二部分 危险性概述

紧急情况概述 易燃液体和蒸气，吸入致命
GHS危险性类别 易燃液体，类别3；急性毒性-吸入，类别2
标签要素
象形图 
警示词 危险
危险性说明 易燃液体和蒸气，吸入致命

防范说明

预防措施　远离热源、火花、明火、热表面。禁止吸烟。保持容器密闭。容器和接收设备接地连接。使用防爆电器、通风、照明设备。只能使用不产生火花的工具。采取防止静电措施。戴防护手套、防护眼镜、防护面罩。避免吸入蒸气、雾。仅在室外或通风良好处操作。戴呼吸防护器具

事故响应　火灾时，使用泡沫、干粉、二氧化碳、砂土灭火。如吸入：将患者转移到空气新鲜处，休息，保持利于呼吸的体位，立即呼叫中毒控制中心或就医。如皮肤（或头发）接触：立即脱掉所有被污染的衣服，用水冲洗皮肤，淋浴

安全储存　存放在通风良好的地方。保持低温。保持容器密闭。上锁保管

废弃处置　本品及内装物、容器依据国家和地方法规处置

物理和化学危险　易燃，其蒸气与空气混合，能形成爆炸性混合物。容易自聚

健康危害　蒸气对眼和呼吸道有强烈的刺激作用，有眼灼痛、头痛、窒息感，伴咳嗽、胸痛、眼结膜充血、流泪、流涕，肺部有干湿罗音。严重者引起肺水肿。吸入后到产生症状前有短暂的潜伏期。高浓度与皮肤接触，可引起皮炎或溃疡；眼接触可致角膜化学性灼伤，但可以治愈。长期较高浓度接触可能发生肺硬化

环境危害　对环境可能有害

第三部分　成分/组成信息

√物质		混合物
组分	**浓度**	**CAS No.**
二乙烯酮		674-82-8

第四部分　急救措施

吸入　迅速脱离现场至空气新鲜处。保持呼吸道通畅。如呼吸困难，给输氧。如呼吸、心跳停止，立即进行心肺复苏术。就医

皮肤接触　立即脱去污染的衣着，用流动清水彻底冲洗。就医

眼睛接触　立即分开眼睑，用流动清水或生理盐水彻底冲洗至少15min。就医

食入　漱口，饮水。就医

对保护施救者的忠告　根据需要使用个人防护设备

对医生的特别提示　对症处理

第五部分　消防措施

灭火剂　用泡沫、干粉、二氧化碳、砂土灭火

特别危险性　易燃，在无机酸、碱、胺存在下，能发生猛烈聚合，放出气体使容器爆破。燃烧生成有害的一氧化碳

灭火注意事项及防护措施　由于火场中可能发生容器爆破的情况，消防人员须在有防爆掩蔽处操作。尽可能将容器从火场移至空旷处。喷水保持火场容器冷却，直至灭火结束。容器突然发出异常声音或出现异常现象，应立即撤离

第六部分　泄漏应急处理

作业人员防护措施、防护装备和应急处置程序　消除所有点火源。根据液体流动和蒸气扩散的影响区域划定警戒区，无关人员从侧风、上风向撤离至安全区。建议应急处理人员戴正压自给式呼吸器，穿防静电服，戴橡胶耐油手套。作业时使用的所有设备应接地。禁止接触或跨越泄漏物。尽可能切断泄漏源

环境保护措施　防止泄漏物进入水体、下水道、地下室或有限空间

泄漏化学品的收容、清除方法及所使用的处置材料　小量泄漏：用砂土或其他不燃材料吸收，使用洁净的无火花工具收集吸收材料。大量泄漏：构筑围堤或挖坑收容。用砂土、惰性物质或蛭石吸收大量液体。用泡沫覆盖，减少蒸发。喷水雾能减少蒸发，但不能降低泄漏物在有限空间内的易燃性。用防爆泵转移至槽车或专用收集器内

第七部分　操作处置与储存

操作注意事项　密闭操作，注意通风。操作人员必须经过专门培训，严格遵守操作规程。建议操作人员佩戴过滤式防毒面具（全面罩）或自给式呼吸器，穿胶布防毒衣，戴橡胶耐油手套。远离火种、热源。工作场所严禁吸烟。使用防爆型的通风系统和设备。防止蒸气泄漏到工作场所空气中。避免与氧化剂、酸类、碱类、胺类接触。充装要控制流速，防止静电积聚。搬运时要轻装轻卸，防止包装及容器损坏。配备相应品种和数量的消防器材及泄漏应急处理设备。倒空的容器可能残留有害物

储存注意事项　储存于阴凉、通风的库房。远离火种、热源。库温不宜超过37℃。包装要求密封，不可与空气接触。应与氧化剂、酸类、碱类、胺类分开存放，切忌混储。采用防爆型照明、通风设施。禁止使用易产生火花的机械设备和工具。储区应备有泄漏应急处理设备和合适的收容材料

第八部分　接触控制/个体防护

职业接触限值

中国　未制定标准

美国(ACGIH)　未制定标准

生物接触限值　未制定标准

监测方法　空气中有毒物质测定方法：热解吸-气相色谱法。生物监测检验方法：未制定标准

工程控制　密闭操作，注意通风。提供安全的淋浴和洗眼设备

个体防护装备

呼吸系统防护　可能接触其蒸气时，应该佩戴过滤式防毒面具（全面罩）或空气呼吸器

眼睛防护　呼吸系统防护中已作防护

皮肤和身体防护　穿隔绝式防毒服

手防护　戴橡胶耐油手套

第九部分　理化特性

外观与性状　无色液体，有刺激性气味

pH值 无资料 **熔点(℃)** −7.5
沸点(℃) 127.4 **相对密度(水=1)** 1.089
相对蒸气密度(空气=1) 2.9
饱和蒸气压(kPa) 1.05(20℃)
燃烧热(kJ/mol) 无资料 **临界温度(℃)** 310
临界压力(MPa) 5.47 **辛醇/水分配系数** −0.39
闪点(℃) 34 **自燃温度(℃)** 275
爆炸下限(%) 2 **爆炸上限(%)** 11.7
分解温度(℃) 无资料 **黏度(mPa·s)** 无资料
溶解性 溶于水，溶于多数有机溶剂

第十部分 稳定性和反应性

稳定性 稳定
危险反应 与强氧化剂等禁配物接触，有发生火灾和爆炸的危险
避免接触的条件 受热
禁配物 强氧化剂、酸类、碱、胺类
危险的分解产物 无资料

第十一部分 毒理学信息

急性毒性 LD_{50}：560μl(616mg)/kg(大鼠经口)；2830μl(3113mg)/kg(兔经皮)
皮肤刺激或腐蚀 家兔经皮：开放性刺激试验，500mg，轻度刺激
眼睛刺激或腐蚀 家兔经眼：50μg(24h)，重度刺激
呼吸或皮肤过敏 无资料 **生殖细胞突变性** 无资料
致癌性 无资料 **生殖毒性** 无资料
特异性靶器官系统毒性-一次接触 无资料
特异性靶器官系统毒性-反复接触 无资料
吸入危害 无资料

第十二部分 生态学信息

生态毒性 无资料
持久性和降解性
生物降解性 MITI-I测试，初始浓度100mg/L，污泥浓度30mg/L，4周后降解94%以上
非生物降解性 空气中，当羟基自由基浓度为5.00×10^5个/cm^3时，降解半衰期为7.4h(理论)
潜在的生物累积性 根据K_{ow}值预测，该物质的生物累积性可能较弱
土壤中的迁移性 根据K_{oc}值预测，该物质可能易发生迁移

第十三部分 废弃处置

废弃化学品 建议用焚烧法处置
污染包装物 将容器返还生产商或按照国家和地方法规处置
废弃注意事项 处置前应参阅国家和地方有关法规

第十四部分 运输信息

联合国危险货物编号(UN号) 2521
联合国运输名称 双烯酮，稳定的
联合国危险性类别 6.1，3 **包装类别** Ⅰ类包装
包装标志 

海洋污染物 否
运输注意事项 铁路运输时须报铁路局进行试运，试运期为两年。试运结束后，写出试运报告，报铁道部正式公布运输条件。运输时运输车辆应配备相应品种和数量的消防器材及泄漏应急处理设备。夏季最好早晚运输。运输时所用的槽(罐)车应有接地链，槽内可设孔隔板以减少震荡产生的静电。严禁与氧化剂、酸类、碱类、胺类、食用化学品等混装混运。运输途中应防曝晒、雨淋，防高温。中途停留时应远离火种、热源、高温区。装运该物品的车辆排气管必须配备阻火装置，禁止使用易产生火花的机械设备和工具装卸。公路运输时要按规定路线行驶，勿在居民区和人口稠密区停留。铁路运输时要禁止溜放。严禁用木船、水泥船散装运输

第十五部分 法规信息

下列法律、法规、规章和标准，对该化学品的管理作了相应的规定。
中华人民共和国职业病防治法 职业病分类和目录：未列入
危险化学品安全管理条例 危险化学品目录：列入。易制爆危险化学品名录：未列入。重点监管的危险化学品名录：未列入。GB 18218—2009《危险化学品重大危险源辨识》(表1)：未列入
使用有毒物品作业场所劳动保护条例 高毒物品目录：未列入
易制毒化学品管理条例 易制毒化学品的分类和品种目录：未列入
国际公约 斯德哥尔摩公约：未列入。鹿特丹公约：未列入。蒙特利尔议定书：未列入

第十六部分 其他信息

编写和修订信息 **缩略语和首字母缩写**
培训建议 **参考文献**
免责声明

二乙氧基二甲基硅烷

第一部分 化学品标识

化学品中文名 二乙氧基二甲基硅烷；二甲基二乙氧基硅烷
化学品英文名 dimethyldiethoxylsilane；diethoxydimethylsilane
分子式 $C_6H_{16}O_2Si$ **相对分子质量** 148.31
结构式

```
    ╲           |
     ╲__ O — Si — O __
                |      ╲
```

化学品的推荐及限制用途 用作化学试剂及合成高分子有机硅化合物的原料

第二部分 危险性概述

紧急情况概述 高度易燃液体和蒸气

GHS危险性类别 易燃液体，类别2；危害水生环境-急性危害，类别2

标签要素

象形图 

警示词 危险

危险性说明 高度易燃液体和蒸气，对水生生物有毒

防范说明

预防措施 远离热源、火花、明火、热表面。禁止吸烟。保持容器密闭。容器和接收设备接地连接。使用防爆电器、通风、照明设备。只能使用不产生火花的工具。采取防止静电措施。戴防护手套、防护眼镜、防护面罩。禁止排入环境

事故响应 火灾时，使用二氧化碳、干粉、干砂灭火。如皮肤（或头发）接触：立即脱掉所有被污染的衣服，用水冲洗皮肤，淋浴

安全储存 存放在通风良好的地方。保持低温

废弃处置 本品及内装物、容器依据国家和地方法规处置

物理和化学危险 高度易燃，其蒸气与空气混合，能形成爆炸性混合物

健康危害 蒸气或雾对眼、黏膜和上呼吸道有刺激性。对皮肤有刺激性

环境危害 对水生生物有毒

第三部分 成分/组成信息

√物质		混合物
组分	**浓度**	**CAS No.**
二乙氧基二甲基硅烷		78-62-6

第四部分 急救措施

吸入 迅速脱离现场至空气新鲜处。保持呼吸道通畅。如呼吸困难，给输氧。如呼吸、心跳停止，立即进行心肺复苏术。就医

皮肤接触 立即脱去污染的衣着，用流动清水彻底冲洗。就医

眼睛接触 立即分开眼睑，用流动清水或生理盐水彻底冲洗。就医

食入 漱口，饮水。就医

对保护施救者的忠告 根据需要使用个人防护设备

对医生的特别提示 对症处理

第五部分 消防措施

灭火剂 用二氧化碳、干粉、干砂灭火

特别危险性 易燃，遇高热、明火及强氧化剂易引起燃烧。蒸气比空气重，沿地面扩散并易积存于低洼处，遇火源会着火回燃。燃烧生成有害的一氧化碳、氧化硅

灭火注意事项及防护措施 消防人员必须佩戴空气呼吸器、穿全身防火防毒服，在上风向灭火。喷水冷却容器，尽可能将容器从火场移至空旷处。容器突然发出异常声音或出现异常现象，应立即撤离。禁止用水和泡沫灭火

第六部分 泄漏应急处理

特别危险性 消除所有点火源。根据液体流动和蒸气扩散的影响区域划定警戒区，无关人员从侧风、上风向撤离至安全区。建议应急处理人员戴正压自给式呼吸器，穿防静电服，戴橡胶耐油手套。作业时使用的所有设备应接地。禁止接触或跨越泄漏物。尽可能切断泄漏源

环境保护措施 防止泄漏物进入水体、下水道、地下室或有限空间

泄漏化学品的收容、清除方法及所使用的处置材料 小量泄漏：用砂土或其他不燃材料吸收，使用洁净的无火花工具收集吸收材料。大量泄漏：构筑围堤或挖坑收容。用抗溶性泡沫覆盖，减少蒸发。喷水雾能减少蒸发，但不能降低泄漏物在有限空间内的易燃性。用防爆泵转移至槽车或专用收集器内

第七部分 操作处置与储存

操作注意事项 密闭操作，局部排风。操作人员必须经过专门培训，严格遵守操作规程。建议操作人员佩戴过滤式防毒面具（半面罩），戴化学安全防护眼镜，穿防毒物渗透工作服，戴橡胶耐油手套。远离火种、热源。工作场所严禁吸烟。使用防爆型的通风系统和设备。防止蒸气泄漏到工作场所空气中。避免与氧化剂、酸类接触。充装要控制流速，防止静电积聚。搬运时要轻装轻卸，防止包装及容器损坏。配备相应品种和数量的消防器材及泄漏应急处理设备。倒空的容器可能残留有害物

储存注意事项 储存于阴凉、干燥、通风良好的库房。远离火种、热源。库温不宜超过37℃。包装必须密封，切勿受潮。应与氧化剂、酸类等分开存放，切忌混储。不宜大量储存或久存。采用防爆型照明、通风设施。禁止使用易产生火花的机械设备和工具。储区应备有泄漏应急处理设备和合适的收容材料

第八部分 接触控制/个体防护

职业接触限值

中国 未制定标准

美国(ACGIH) 未制定标准

生物接触限值 未制定标准

监测方法 空气中有毒物质测定方法：未制定标准。生物监测检验方法：未制定标准

工程控制 密闭操作，局部排风。提供安全的淋浴和洗眼设备

个体防护装备

呼吸系统防护 可能接触其蒸气时，应该佩戴过滤式防毒面具（半面罩）

眼睛防护 戴化学安全防护眼镜

皮肤和身体防护　穿防毒物渗透工作服

手防护　戴橡胶耐油手套

第九部分　理化特性

外观与性状　无色透明液体

pH 值　无资料　　**熔点(℃)**　−87

沸点(℃)　114　　**相对密度(水=1)**　0.865

相对蒸气密度(空气=1)　5.1

饱和蒸气压(kPa)　1.33 (13.3℃)

燃烧热(kJ/mol)　无资料　　**临界温度(℃)**　无资料

临界压力(MPa)　无资料　　**辛醇/水分配系数**　0.61

闪点(℃)　11.67　　**自燃温度(℃)**　无资料

爆炸下限(%)　无资料　　**爆炸上限(%)**　无资料

分解温度(℃)　无资料　　**黏度(mPa·s)**　无资料

溶解性　可混溶于多数有机溶剂

第十部分　稳定性和反应性

稳定性　稳定

危险反应　与强氧化剂等禁配物接触，有发生火灾和爆炸的危险

避免接触的条件　受热、潮湿空气

禁配物　强氧化剂、强酸、水蒸气

危险的分解产物　氧化硅

第十一部分　毒理学信息

急性毒性　LD_{50}：9280mg/kg（大鼠经口）

皮肤刺激或腐蚀　家兔经皮：500mg (24h)，轻度刺激

眼睛刺激或腐蚀　家兔经眼：500mg (24h)，轻度刺激

呼吸或皮肤过敏　无资料　　**生殖细胞突变性**　无资料

致癌性　无资料　　**生殖毒性**　无资料

特异性靶器官系统毒性-一次接触　无资料

特异性靶器官系统毒性-反复接触　无资料

吸入危害　无资料

第十二部分　生态学信息

生态毒性　EC_{50}：1.25mg/L (48h)（水蚤）

持久性和降解性

生物降解性　无资料

非生物降解性　易水解生成易快速生物降解的醇类

潜在的生物累积性　根据 K_{ow} 值预测，该物质的生物累积性可能较弱

土壤中的迁移性　根据 K_{oc} 值预测，该物质可能易发生迁移

第十三部分　废弃处置

废弃化学品　建议用焚烧法处置

污染包装物　将容器返还生产商或按照国家和地方法规处置

废弃注意事项　处置前应参阅国家和地方有关法规

第十四部分　运输信息

联合国危险货物编号（UN 号）　2380

联合国运输名称　二甲基二乙氧基硅烷

联合国危险性类别　3　　**包装类别**　Ⅱ类包装

包装标志　　**海洋污染物**　否

运输注意事项　运输时运输车辆应配备相应品种和数量的消防器材及泄漏应急处理设备。夏季最好早晚运输。运输时所用的槽（罐）车应有接地链，槽内可设孔隔板以减少震荡产生的静电。严禁与氧化剂、酸类、食用化学品等混装混运。运输途中应防曝晒、雨淋，防高温。中途停留时应远离火种、热源、高温区。装运该物品的车辆排气管必须配备阻火装置，禁止使用易产生火花的机械设备和工具装卸。公路运输时要按规定路线行驶，勿在居民区和人口稠密区停留。铁路运输时要禁止溜放。严禁用木船、水泥船散装运输

第十五部分　法规信息

下列法律、法规、规章和标准，对该化学品的管理作了相应的规定。

中华人民共和国职业病防治法　职业病分类和目录：未列入

危险化学品安全管理条例　危险化学品目录：列入。易制爆危险化学品名录：未列入。重点监管的危险化学品名录：未列入。GB 18218—2009《危险化学品重大危险源辨识》(表 1)：未列入

使用有毒物品作业场所劳动保护条例　高毒物品目录：未列入

易制毒化学品管理条例　易制毒化学品的分类和品种目录：未列入

国际公约　斯德哥尔摩公约：未列入。鹿特丹公约：未列入。蒙特利尔议定书：未列入

第十六部分　其他信息

编写和修订信息　　**缩略语和首字母缩写**

培训建议　　**参考文献**

免责声明

1,1-二乙氧基乙烷

第一部分　化学品标识

化学品中文名　1,1-二乙氧基乙烷；乙缩醛；亚乙基二乙基醚；二乙醇缩乙醛

化学品英文名　1,1-diethoxyethane；acetal

分子式　$C_6H_{14}O_2$　　**相对分子质量**　118.18

结构式　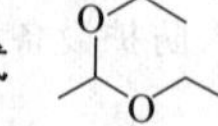

化学品的推荐及限制用途　用作溶剂，以及用于有机合成和化妆品、香料的制造

第二部分　危险性概述

紧急情况概述　高度易燃液体和蒸气

GHS 危险性类别　易燃液体，类别 2；皮肤腐蚀/刺激，类别 2；严重眼损伤/眼刺激，类别 2

标签要素

象形图 

警示词 危险

危险性说明 高度易燃液体和蒸气，造成皮肤刺激，造成严重眼刺激

防范说明

预防措施 远离热源、火花、明火、热表面。禁止吸烟。保持容器密闭。容器和接收设备接地连接。使用防爆电器、通风、照明设备。只能使用不产生火花的工具。采取防止静电措施。戴防护手套、防护眼镜、防护面罩。避免接触眼睛、皮肤，操作后彻底清洗

事故响应 火灾时，使用抗溶性泡沫、二氧化碳、干粉、砂土灭火。皮肤接触：用大量肥皂水和水清洗。如发生皮肤刺激，就医。脱去被污染的衣服，洗净后方可重新使用。如接触眼睛：用水细心冲洗数分钟。如戴隐形眼镜并可方便地取出，取出隐形眼镜继续冲洗。如果眼睛刺激持续：就医

安全储存 存放在通风良好的地方。保持低温

废弃处置 本品及内装物、容器依据国家和地方法规处置

物理和化学危险 高度易燃，其蒸气与空气混合，能形成爆炸性混合物

健康危害 具有麻醉作用和刺激性

环境危害 对环境可能有害

第三部分 成分/组成信息

√物质 混合物

组分	浓度	CAS No.
1,1-二乙氧基乙烷		105-57-7

第四部分 急救措施

吸入 迅速脱离现场至空气新鲜处。保持呼吸道通畅。如呼吸困难，给输氧。如呼吸、心跳停止，立即进行心肺复苏术。就医

皮肤接触 立即脱去污染的衣着，用流动清水彻底冲洗。就医

眼睛接触 立即分开眼睑，用流动清水或生理盐水彻底冲洗。就医

食入 漱口，饮水。就医

对保护施救者的忠告 根据需要使用个人防护设备

对医生的特别提示 对症处理

第五部分 消防措施

灭火剂 用抗溶性泡沫、二氧化碳、干粉、砂土灭火

特别危险性 与氧化剂接触猛烈反应。接触空气或在光照条件下可生成具有潜在爆炸危险性的过氧化物。蒸气比空气重，沿地面扩散并易积存于低洼处，遇火源会着火回燃。燃烧生成有害的一氧化碳

灭火注意事项及防护措施 消防人员须佩戴防毒面具、穿全身消防服，在上风向灭火。尽可能将容器从火场移至空旷处。喷水保持火场容器冷却，直至灭火结束。容器突然发出异常声音或出现异常现象，应立即撤离

第六部分 泄漏应急处理

作业人员防护措施、防护装备和应急处置程序 消除所有点火源。根据液体流动和蒸气扩散的影响区域划定警戒区，无关人员从侧风、上风向撤离至安全区。建议应急处理人员戴正压自给式呼吸器，穿防静电服，戴橡胶耐油手套。作业时使用的所有设备应接地。禁止接触或跨越泄漏物。尽可能切断泄漏源

环境保护措施 防止泄漏物进入水体、下水道、地下室或有限空间

泄漏化学品的收容、清除方法及所使用的处置材料 小量泄漏：用砂土或其他不燃材料吸收，使用洁净的无火花工具收集吸收材料。大量泄漏：构筑围堤或挖坑收容。用抗溶性泡沫覆盖，减少蒸发。喷水雾能减少蒸发，但不能降低泄漏物在有限空间内的易燃性。用防爆泵转移至槽车或专用收集器内。喷雾状水驱散蒸气、稀释液体泄漏物

第七部分 操作处置与储存

操作注意事项 密闭操作，全面通风。操作人员必须经过专门培训，严格遵守操作规程。建议操作人员佩戴过滤式防毒面具（半面罩），戴化学安全防护眼镜，穿防静电工作服，戴橡胶耐油手套。远离火种、热源。工作场所严禁吸烟。使用防爆型的通风系统和设备。防止蒸气泄漏到工作场所空气中。避免与氧化剂、酸类接触。灌装时应控制流速，且有接地装置，防止静电积聚。搬运时要轻装轻卸，防止包装及容器损坏。配备相应品种和数量的消防器材及泄漏应急处理设备。倒空的容器可能残留有害物

储存注意事项 储存于阴凉、通风的库房。远离火种、热源。库温不宜超过29℃。包装要求密封，不可与空气接触。应与氧化剂、酸类分开存放，切忌混储。不宜大量储存或久存。采用防爆型照明、通风设施。禁止使用易产生火花的机械设备和工具。储区应备有泄漏应急处理设备和合适的收容材料

第八部分 接触控制/个体防护

职业接触限值

中国 未制定标准

美国(ACGIH) 未制定标准

生物接触限值 未制定标准

监测方法 空气中有毒物质测定方法：未制定标准。生物监测检验方法：未制定标准

工程控制 生产过程密闭，全面通风。提供安全的淋浴和洗眼设备

个体防护装备

呼吸系统防护 空气中浓度超标时，佩戴过滤式防毒面具（半面罩）

眼睛防护 必要时，戴化学安全防护眼镜

皮肤和身体防护　穿防静电工作服

手防护　戴橡胶耐油手套

第九部分　理化特性

外观与性状　无色易挥发液体，有芳香气味

pH 值　无资料　**熔点(℃)**　−100

沸点(℃)　102.7　**相对密度(水=1)**　0.83

相对蒸气密度(空气=1)　4.1

饱和蒸气压(kPa)　2.7（20℃）

燃烧热(kJ/mol)　−459.4　**临界温度(℃)**　无资料

临界压力(MPa)　2.98　**辛醇/水分配系数**　0.84

闪点(℃)　−21（CC）　**引燃温度(℃)**　230

爆炸下限(%)　1.6　**爆炸上限(%)**　10.4

分解温度(℃)　无资料

黏度(mPa·s)　2.15（−73℃）

溶解性　溶于水，溶于乙醇、乙醚、丙酮、氯仿

第十部分　稳定性和反应性

稳定性　稳定

危险反应　与强氧化剂等禁配物接触，有发生火灾和爆炸的危险

避免接触的条件　空气、光照

禁配物　强氧化剂、酸类

危险的分解产物　无资料

第十一部分　毒理学信息

急性毒性　LD_{50}：4600mg/kg（大鼠经口）；3500mg/kg（小鼠经口）

皮肤刺激或腐蚀　家兔经皮：500mg（24h），轻度刺激

眼睛刺激或腐蚀　家兔经眼：500mg（24h），轻度刺激

呼吸或皮肤过敏　无资料　**生殖细胞突变性**　无资料

致癌性　无资料　**生殖毒性**　无资料

特异性靶器官系统毒性-一次接触　无资料

特异性靶器官系统毒性-反复接触　无资料

吸入危害　无资料

第十二部分　生态学信息

生态毒性　LC_{50}：2050～9550mg/L（96h）（鱼类）

持久性和降解性

生物降解性　无资料

非生物降解性　空气中，当羟基自由基浓度为5.00×10^{5}个/cm^3时，降解半衰期为19.6h（理论）

潜在的生物累积性　根据 K_{ow} 值预测，该物质的生物累积性可能较弱

土壤中的迁移性　根据 K_{oc} 值预测，该物质可能易发生迁移

第十三部分　废弃处置

废弃化学品　建议用焚烧法处置

污染包装物　将容器返还生产商或按照国家和地方法规处置

废弃注意事项　处置前应参阅国家和地方有关法规

第十四部分　运输信息

联合国危险货物编号（UN号）　1088

联合国运输名称　乙缩醛

联合国危险性类别　3　**包装类别**　Ⅱ类包装

包装标志　

海洋污染物　否

运输注意事项　运输时运输车辆应配备相应品种和数量的消防器材及泄漏应急处理设备。夏季最好早晚运输。运输时所用的槽（罐）车应有接地链，槽内可设孔隔板以减少震荡产生的静电。严禁与氧化剂、酸类、食用化学品等混装混运。运输途中应防曝晒、雨淋，防高温。中途停留时应远离火种、热源、高温区。装运该物品的车辆排气管必须配备阻火装置，禁止使用易产生火花的机械设备和工具装卸。公路运输时要按规定路线行驶，勿在居民区和人口稠密区停留。铁路运输时要禁止溜放。严禁用木船、水泥船散装运输

第十五部分　法规信息

下列法律、法规、规章和标准，对该化学品的管理作了相应的规定。

中华人民共和国职业病防治法　职业病分类和目录：未列入

危险化学品安全管理条例　危险化学品目录：列入。易制爆危险化学品名录：未列入。重点监管的危险化学品名录：未列入。GB 18218—2009《危险化学品重大危险源辨识》(表 1)：未列入

使用有毒物品作业场所劳动保护条例　高毒物品目录：未列入

易制毒化学品管理条例　易制毒化学品的分类和品种目录：未列入

国际公约　斯德哥尔摩公约：未列入。鹿特丹公约：未列入。蒙特利尔议定书：未列入

第十六部分　其他信息

编写和修订信息　**缩略语和首字母缩写**

培训建议　**参考文献**

免责声明

二异丙胺

第一部分　化学品标识

化学品中文名　二异丙胺

化学品英文名　diisopropylamine；*N*-(1-methylethyl)-2-propanamine

分子式　$C_6H_{15}N$　**相对分子质量**　101.22

结构式　(结构式：两个异丙基连于 NH)

化学品的推荐及限制用途　用作橡胶促进剂、医药中间体和农药除草剂、表面活性剂等

第二部分　危险性概述

紧急情况概述　高度易燃液体和蒸气，吞咽有害，吸入有害，造成严重的皮肤灼伤和眼损伤

GHS危险性类别　易燃液体，类别2；急性毒性-经口，类别4；急性毒性-吸入，类别4；皮肤腐蚀/刺激，类别1B；严重眼损伤/眼刺激，类别1；特异性靶器官毒性-一次接触，类别3（呼吸道刺激）；危害水生环境-急性危害，类别3

标签要素

象形图

警示词　危险

危险性说明　高度易燃液体和蒸气，吞咽有害，吸入有害，造成严重的皮肤灼伤和眼损伤，可能引起呼吸道刺激，对水生生物有害

防范说明

预防措施　远离热源、火花、明火、热表面。禁止吸烟。保持容器密闭。容器和接收设备接地连接。使用防爆电器、通风、照明设备。只能使用不产生火花的工具。采取防止静电措施。避免接触眼睛、皮肤，操作后彻底清洗。作业场所不得进食、饮水或吸烟。避免吸入蒸气、雾。仅在室外或通风良好处操作。戴防护手套，穿防护服，戴防护眼镜、防护面罩。禁止排入环境

事故响应　火灾时，使用抗溶性泡沫、二氧化碳、干粉、砂土灭火。如吸入：将患者转移到空气新鲜处，休息，保持利于呼吸的体位。如感觉不适，呼叫中毒控制中心或就医。如皮肤（或头发）接触：立即脱掉所有被污染的衣服，用水冲洗皮肤，淋浴。污染的衣服须洗净后方可重新使用。眼睛接触：用水细心地冲洗数分钟。如戴隐形眼镜并可方便地取出，则取出隐形眼镜继续冲洗。食入：漱口，不要催吐，如果感觉不适，立即呼叫中毒控制中心或就医

安全储存　存放在通风良好的地方。保持低温。上锁保管

废弃处置　本品及内装物、容器依据国家和地方法规处置

物理和化学危险　高度易燃，其蒸气与空气混合，能形成爆炸性混合物

健康危害　对呼吸道有刺激性，吸入蒸气可引起肺水肿。蒸气对眼有刺激性；眼和皮肤接触液体可致灼伤。口服引起恶心、呕吐、腹泻、腹痛、虚弱和虚脱。皮肤反复接触可引起变应性皮炎

环境危害　对水生生物有害

第三部分　成分/组成信息

√物质　　混合物

组分	浓度	CAS No.
二异丙胺		108-18-9

第四部分　急救措施

吸入　迅速脱离现场至空气新鲜处。保持呼吸道通畅。如呼吸困难，给输氧。如呼吸、心跳停止，立即进行心肺复苏术。就医

皮肤接触　立即脱去污染的衣着，用大量流动清水彻底冲洗至少15min。就医

眼睛接触　立即分开眼睑，用流动清水或生理盐水彻底冲洗至少15min。就医

食入　用水漱口，禁止催吐。给饮牛奶或蛋清。就医

对保护施救者的忠告　根据需要使用个人防护设备

对医生的特别提示　对症处理

第五部分　消防措施

灭火剂　用抗溶性泡沫、二氧化碳、干粉、砂土灭火

特别危险性　与氧化剂能发生强烈反应。蒸气比空气重，沿地面扩散并易积存于低洼处，遇火源会着火回燃。具有腐蚀性。燃烧生成有害的一氧化碳、氮氧化物

灭火注意事项及防护措施　消防人员必须佩戴空气呼吸器、穿全身防火防毒服，在上风向灭火。喷水冷却容器，尽可能将容器从火场移至空旷处。容器突然发出异常声音或出现异常现象，应立即撤离。用水灭火无效

第六部分　泄漏应急处理

作业人员防护措施、防护装备和应急处置程序　消除所有点火源。根据液体流动和蒸气扩散的影响区域划定警戒区，无关人员从侧风、上风向撤离至安全区。建议应急处理人员戴正压自给式呼吸器，穿防静电、防腐蚀、防毒服，戴橡胶耐油手套。作业时使用的所有设备应接地。禁止接触或跨越泄漏物

环境保护措施　尽可能切断泄漏源。防止泄漏物进入水体、下水道、地下室或有限空间

泄漏化学品的收容、清除方法及所使用的处置材料　小量泄漏：用砂土或其他不燃材料吸收，使用洁净的无火花工具收集吸收材料。大量泄漏：构筑围堤或挖坑收容。用抗溶性泡沫覆盖，减少蒸发。喷水雾能减少蒸发，但不能降低泄漏物在有限空间内的易燃性。用防爆、耐腐蚀泵转移至槽车或专用收集器内。喷雾状水驱散蒸气、稀释液体泄漏物

第七部分　操作处置与储存

操作注意事项　密闭操作，加强通风。操作人员必须经过专门培训，严格遵守操作规程。建议操作人员佩戴自吸过滤式防毒面具（半面罩），戴化学安全防护眼镜，穿防毒物渗透工作服，戴橡胶耐油手套。远离火种、热源。工作场所严禁吸烟。使用防爆型的通风系统和设备。防止蒸气泄漏到工作场所空气中。避免与氧化剂、酸类接触。充装要控制流速，防止静电积聚。搬运时要轻装轻卸，防止包装及容器损坏。配备相应品种和数量的消防器材及泄漏应急处理设备。倒空的容器可能残留有害物

储存注意事项　储存于阴凉、通风的库房。远离火种、热

源。库温不宜超过 37℃。包装要求密封，不可与空气接触。应与氧化剂、酸类分开存放，切忌混储。采用防爆型照明、通风设施。禁止使用易产生火花的机械设备和工具。储区应备有泄漏应急处理设备和合适的收容材料

第八部分　接触控制/个体防护

职业接触限值

中国　未制定标准

美国(ACGIH)　TLV-TWA：5ppm［皮］

生物接触限值　未制定标准

监测方法　空气中有毒物质测定方法：未制定标准。生物监测检验方法：未制定标准

工程控制　生产过程密闭，加强通风。提供安全的淋浴和洗眼设备

个体防护装备

呼吸系统防护　可能接触其蒸气时，佩戴过滤式防毒面具（半面罩）。紧急事态抢救或撤离时，应该佩戴空气呼吸器

眼睛防护　戴化学安全防护眼镜

皮肤和身体防护　穿防毒物渗透工作服

手防护　戴橡胶耐油手套

第九部分　理化特性

外观与性状　无色，带氨臭的挥发性液体

pH 值　无资料　**熔点(℃)**　−61

沸点(℃)　84　**相对密度(水=1)**　0.72

相对蒸气密度(空气=1)　3.5

饱和蒸气压(kPa)　9.3（20℃）

燃烧热(kJ/mol)　−4654.1　**临界温度(℃)**　249

临界压力(MPa)　3.04　**辛醇/水分配系数**　1.64

闪点(℃)　−1（OC）；−6（TOC）

自燃温度(℃)　316　**爆炸下限(%)**　1.1

爆炸上限(%)　7.1　**分解温度(℃)**　无资料

黏度(mPa·s)　0.4（25℃）

溶解性　微溶于水，溶于多数有机溶剂

第十部分　稳定性和反应性

稳定性　稳定

危险反应　与强氧化剂等禁配物接触，有发生火灾和爆炸的危险

避免接触的条件　无资料

禁配物　强氧化剂、酸类

危险的分解产物　无资料

第十一部分　毒理学信息

急性毒性

LD_{50}　770mg/kg（大鼠经口）

LC_{50}　4800mg/m³（大鼠吸入，2h）

皮肤刺激或腐蚀　无资料　**眼睛刺激或腐蚀**　无资料

呼吸或皮肤过敏　无资料

生殖细胞突变性　微生物致突变：鼠伤寒沙门氏菌 1μg/皿

致癌性　无资料　**生殖毒性**　无资料

特异性靶器官系统毒性-一次接触　无资料

特异性靶器官系统毒性-反复接触　动物的单胺氧化酶的活性受到抑制

吸入危害　无资料

第十二部分　生态学信息

生态毒性

LC_{50}　40～60mg/L（24h）（鱼）

NOEC　187mg/L（35d）（鱼）

持久性和降解性

生物降解性　无资料

非生物降解性　空气中，当羟基自由基浓度为5.00×10^5个/cm³时，降解半衰期为 4h（理论）

潜在的生物累积性　根据 K_{ow}值预测，该物质的生物累积性可能较弱

土壤中的迁移性　根据 K_{oc}值预测，该物质可能易发生迁移

第十三部分　废弃处置

废弃化学品　用焚烧法处置。焚烧炉排出的氮氧化物通过洗涤器除去

污染包装物　将容器返还生产商或按照国家和地方法规处置

废弃注意事项　把倒空的容器归还厂商或在规定场所掩埋

第十四部分　运输信息

联合国危险货物编号（UN 号）　1158

联合国运输名称　二异丙胺

联合国危险性类别　3，8　**包装类别**　Ⅱ类包装

包装标志 

海洋污染物　否

运输注意事项　运输时运输车辆应配备相应品种和数量的消防器材及泄漏应急处理设备。夏季最好早晚运输。运输时所用的槽（罐）车应有接地链，槽内可设孔隔板以减少震荡产生的静电。严禁与氧化剂、酸类、食用化学品等混装混运。运输途中应防曝晒、雨淋，防高温。中途停留时应远离火种、热源、高温区。装运该物品的车辆排气管必须配备阻火装置，禁止使用易产生火花的机械设备和工具装卸。公路运输时要按规定路线行驶，勿在居民区和人口稠密区停留。铁路运输时要禁止溜放。严禁用木船、水泥船散装运输

第十五部分　法规信息

下列法律、法规、规章和标准，对该化学品的管理作了相应的规定。

中华人民共和国职业病防治法　职业病分类和目录：未列入

危险化学品安全管理条例　危险化学品目录：列入。易制

爆危险化学品名录：未列入。重点监管的危险化学品名录：未列入。GB 18218—2009《危险化学品重大危险源辨识》(表 1)：未列入

使用有毒物品作业场所劳动保护条例 高毒物品目录：未列入

易制毒化学品管理条例 易制毒化学品的分类和品种目录：未列入

国际公约 斯德哥尔摩公约：未列入。鹿特丹公约：未列入。蒙特利尔议定书：未列入

第十六部分 其他信息

编写和修订信息 **缩略语和首字母缩写**

培训建议 **参考文献**

免责声明

二异丙醇胺

第一部分 化学品标识

化学品中文名 二异丙醇胺；2,2′-二羟基二丙胺

化学品英文名 diisopropanolamine；DIPA

分子式 $C_6H_{15}NO_2$ **相对分子质量** 133.19

结构式 HO N H OH

化学品的推荐及限制用途 用作乳化剂，以及用于织物处理等

第二部分 危险性概述

紧急情况概述 造成严重眼刺激

GHS 危险性类别 严重眼损伤/眼刺激，类别 2

标签要素

象形图 

警示词 警告

危险性说明 造成严重眼刺激

防范说明

预防措施 避免接触眼睛、皮肤，操作后彻底清洗。戴防护眼镜、防护面罩

事故响应 如接触眼睛：用水细心冲洗数分钟。如戴隐形眼镜并可方便地取出，取出隐形眼镜继续冲洗。如果眼睛刺激持续：就医

安全储存 -

废弃处置 -

物理和化学危险 可燃，其粉体与空气混合，能形成爆炸性混合物

健康危害 本品蒸气对鼻和呼吸道有刺激作用。对眼有强烈刺激性，接触后出现眼红肿、流泪、视力模糊及角膜损伤，可引起永久性眼损害。皮肤接触可引起红肿，长时间接触引起强烈刺激，甚至造成灼伤。口服出现恶心、呕吐和腹痛

环境危害 对环境可能有害

第三部分 成分/组成信息

√物质		混合物
组分	**浓度**	**CAS No.**
二异丙醇胺		110-97-4

第四部分 急救措施

吸入 迅速脱离现场至空气新鲜处。保持呼吸道通畅。如呼吸困难，给输氧。如呼吸、心跳停止，立即进行心肺复苏术。就医

皮肤接触 立即脱去污染的衣着，用大量流动清水彻底冲洗至少 15min。就医

眼睛接触 立即分开眼睑，用流动清水或生理盐水彻底冲洗至少 15min。就医

食入 用水漱口，禁止催吐。给饮牛奶或蛋清。就医

对保护施救者的忠告 根据需要使用个人防护设备

对医生的特别提示 对症处理

第五部分 消防措施

灭火剂 用水、干粉、二氧化碳、抗溶性泡沫灭火

特别危险性 与强氧化剂接触可发生化学反应。具有腐蚀性。燃烧生成有害的一氧化碳、氮氧化物

灭火注意事项及防护措施 消防人员须佩戴防毒面具、穿全身消防服，在上风向灭火。尽可能将容器从火场移至空旷处。喷水保持火场容器冷却，直至灭火结束

第六部分 泄漏应急处理

作业人员防护措施、防护装备和应急处置程序 隔离泄漏污染区，限制出入。消除所有点火源。建议应急处理人员戴防尘口罩，穿防酸碱服，戴防化学品手套。穿上适当的防护服前严禁接触破裂的容器和泄漏物。尽可能切断泄漏源。用塑料布覆盖泄漏物，减少飞散。勿使水进入包装容器内

环境保护措施 无资料

泄漏化学品的收容、清除方法及所使用的处置材料 用洁净的铲子收集泄漏物，置于干净、干燥、盖子较松的容器中，将容器移离泄漏区

第七部分 操作处置与储存

操作注意事项 密闭操作。操作人员必须经过专门培训，严格遵守操作规程。建议操作人员佩戴自吸过滤式防尘口罩，戴化学安全防护眼镜，穿橡胶耐酸碱服，戴防化学品手套。远离火种、热源。工作场所严禁吸烟。使用防爆型的通风系统和设备。避免产生粉尘。避免与氧化剂、酸类接触。搬运时要轻装轻卸，防止包装及容器损坏。配备相应品种和数量的消防器材及泄漏应急处理设备。倒空的容器可能残留有害物

储存注意事项 储存于阴凉、通风的库房。远离火种、热源。包装密封。应与氧化剂、酸类分开存放，切忌混储。配备相应品种和数量的消防器材。储区应备有合适的材料收容泄漏物

第八部分 接触控制/个体防护

职业接触限值

中国 未制定标准

美国(ACGIH) 未制定标准

生物接触限值 未制定标准

监测方法 空气中有毒物质测定方法：未制定标准。生物监测检验方法：未制定标准

工程控制 密闭操作。提供安全的淋浴和洗眼设备

个体防护装备

呼吸系统防护 空气中粉尘浓度超标时，佩戴过滤式防尘呼吸器

眼睛防护 戴化学安全防护眼镜

皮肤和身体防护 穿橡胶耐酸碱服

手防护 戴防化学品手套

第九部分 理化特性

外观与性状 白色结晶固体，有类似氨的气味

pH值 8～10（1%溶液） **熔点(℃)** 42

沸点(℃) 249 **相对密度(水=1)** 0.99

相对蒸气密度(空气=1) 4.59

饱和蒸气压(kPa) 0.003（42℃）

燃烧热(kJ/mol) 无资料 **临界温度(℃)** 无资料

临界压力(MPa) 无资料 **辛醇/水分配系数** －0.82

闪点(℃) 126.7（OC） **自燃温度(℃)** 374

爆炸下限(%) 1.2 **爆炸上限(%)** 9.8

分解温度(℃) 无资料

黏度(mPa·s) 1.98（45℃）

溶解性 与水混溶，混溶于乙醇，微溶于甲苯，不溶于烃类

第十部分 稳定性和反应性

稳定性 稳定

危险反应 与强氧化剂等禁配物发生反应

避免接触的条件 受热

禁配物 强氧化剂、强酸

危险的分解产物 无资料

第十一部分 毒理学信息

急性毒性 LD_{50}：6720mg/kg（大鼠经口）

皮肤刺激或腐蚀 家兔经皮：500mg，轻度刺激（开放性刺激试验）

眼睛刺激或腐蚀 家兔经眼：50mg，重度刺激

呼吸或皮肤过敏 无资料 **生殖细胞突变性** 无资料

致癌性 无资料 **生殖毒性** 无资料

特异性靶器官系统毒性-一次接触 无资料

特异性靶器官系统毒性-反复接触 无资料

吸入危害 无资料

第十二部分 生态学信息

生态毒性 LC_{50}：1100mg/L（24h）（金鱼，静态）；1000mg/L（48h）（高体雅罗鱼）

持久性和降解性

生物降解性 无资料

非生物降解性 空气中，当羟基自由基浓度为5.00×10^5个/cm^3时，降解半衰期为4h（理论）

潜在的生物累积性 根据K_{ow}值预测，该物质的生物累积性可能较弱

土壤中的迁移性 根据K_{oc}值预测，该物质可能易发生迁移

第十三部分 废弃处置

废弃化学品 建议用焚烧法处置。焚烧炉排出的氮氧化物通过洗涤器除去

污染包装物 将容器返还生产商或按照国家和地方法规处置

废弃注意事项 处置前应参阅国家和地方有关法规

第十四部分 运输信息

联合国危险货物编号（UN号） -

联合国运输名称 -

联合国危险性类别 - **包装类别** -

包装标志 -

海洋污染物 -

运输注意事项 起运时包装要完整，装载应稳妥。运输过程中要确保容器不泄漏、不倒塌、不坠落、不损坏。严禁与氧化剂、酸类、食用化学品等混装混运。运输时运输车辆应配备相应品种和数量的消防器材及泄漏应急处理设备。运输途中应防曝晒、雨淋，防高温

第十五部分 法规信息

下列法律、法规、规章和标准，对该化学品的管理作了相应的规定。

中华人民共和国职业病防治法 职业病分类和目录：未列入

危险化学品安全管理条例 危险化学品目录：列入。易制爆危险化学品名录：未列入。重点监管的危险化学品名录：未列入。GB 18218—2009《危险化学品重大危险源辨识》（表1）：未列入

使用有毒物品作业场所劳动保护条例 高毒物品目录：未列入

易制毒化学品管理条例 易制毒化学品的分类和品种目录：未列入

国际公约 斯德哥尔摩公约：未列入。鹿特丹公约：未列入。蒙特利尔议定书：未列入

第十六部分 其他信息

编写和修订信息 **缩略语和首字母缩写**

培训建议 **参考文献**

免责声明

二异丁胺

第一部分 化学品标识

化学品中文名 二异丁胺

化学品英文名　diisobutylamine；*N*,*N*-bis(2-methylpropyl)amine

分子式　$C_8H_{19}N$　**相对分子质量**　129.24

结构式

化学品的推荐及限制用途　用作有机合成中间体

第二部分　危险性概述

紧急情况概述　易燃液体和蒸气，吞咽会中毒，皮肤接触会致命，吸入致命

GHS危险性类别　易燃液体，类别3；急性毒性-经口，类别3；急性毒性-经皮，类别2；急性毒性-吸入，类别1；危害水生环境-急性危害，类别3

标签要素

象形图 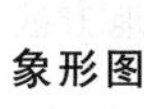 

警示词　危险

危险性说明　易燃液体和蒸气，吞咽会中毒，皮肤接触会致命，吸入致命，对水生生物有害

防范说明

预防措施　远离热源、火花、明火、热表面。禁止吸烟。保持容器密闭。容器和接收设备接地连接。使用防爆电器、通风、照明设备。只能使用不产生火花的工具。采取防止静电措施。戴防护手套、防护眼镜、防护面罩，穿防护服。避免接触眼睛、皮肤或衣服，操作后彻底清洗。作业场所不得进食、饮水或吸烟。避免吸入蒸气、雾。仅在室外或通风良好处操作。戴呼吸防护器具。禁止排入环境

事故响应　火灾时，使用雾状水、泡沫、干粉、二氧化碳、砂土灭火。如吸入：将患者转移到空气新鲜处，休息，保持利于呼吸的体位。如皮肤（或头发）接触：立即脱掉所有被污染的衣服。用大量肥皂水和水轻轻地清洗。食入：漱口，立即呼叫中毒控制中心或就医

安全储存　存放在通风良好的地方。保持低温。保持容器密闭。上锁保管

废弃处置　本品及内装物、容器依据国家和地方法规处置

物理和化学危险　易燃，其蒸气与空气混合，能形成爆炸性混合物

健康危害　本品对眼、皮肤、黏膜有强烈刺激作用；有拟交感神经作用；对心脏有抑制作用；可引起惊厥

环境危害　对水生生物有害

第三部分　成分/组成信息

√物质		混合物
组分	**浓度**	**CAS No.**
二异丁胺		110-96-3

第四部分　急救措施

吸入　迅速脱离现场至空气新鲜处。保持呼吸道通畅。如呼吸困难，给输氧。如呼吸、心跳停止，立即进行心肺复苏术。就医

皮肤接触　立即脱去污染的衣着，用流动清水彻底冲洗。就医

眼睛接触　立即分开眼睑，用流动清水或生理盐水彻底冲洗。就医

食入　漱口，饮水。就医

对保护施救者的忠告　根据需要使用个人防护设备

对医生的特别提示　对症处理

第五部分　消防措施

灭火剂　用雾状水、泡沫、干粉、二氧化碳、砂土灭火

特别危险性　易燃，遇明火、高热或与氧化剂接触，有引起燃烧爆炸的危险。受热分解放出有毒烟气。具有腐蚀性。燃烧生成有害的一氧化碳、氮氧化物

灭火注意事项及防护措施　消防人员须佩戴防毒面具、穿全身消防服，在上风向灭火。尽可能将容器从火场移至空旷处。喷水保持火场容器冷却，直至灭火结束。容器突然发出异常声音或出现异常现象，应立即撤离

第六部分　泄漏应急处理

作业人员防护措施、防护装备和应急处置程序　消除所有点火源。根据液体流动和蒸气扩散的影响区域划定警戒区，无关人员从侧风、上风向撤离至安全区。建议应急处理人员戴正压自给式呼吸器，穿防静电、防腐蚀、防毒服，戴橡胶耐油手套。作业时使用的所有设备应接地。禁止接触或跨越泄漏物。尽可能切断泄漏源

环境保护措施　防止泄漏物进入水体、下水道、地下室或有限空间

泄漏化学品的收容、清除方法及所使用的处置材料　小量泄漏：用砂土或其他不燃材料吸收，使用洁净的无火花工具收集吸收材料。大量泄漏：构筑围堤或挖坑收容。用泡沫覆盖，减少蒸发。喷水雾能减少蒸发，但不能降低泄漏物在有限空间内的易燃性。用防爆、耐腐蚀泵转移至槽车或专用收集器内

第七部分　操作处置与储存

操作注意事项　密闭操作，加强通风。操作人员必须经过专门培训，严格遵守操作规程。建议操作人员佩戴导管式防毒面具，穿胶布防毒衣，戴橡胶耐油手套。远离火种、热源。工作场所严禁吸烟。使用防爆型的通风系统和设备。防止蒸气泄漏到工作场所空气中。避免与氧化剂、酸类接触。充装要控制流速，防止静电积聚。搬运时要轻装轻卸，防止包装及容器损坏。配备相应品种和数量的消防器材及泄漏应急处理设备。倒空的容器可能残留有害物

储存注意事项　储存于阴凉、通风的库房。远离火种、热源。库温不宜超过37℃。保持容器密封。应与氧化剂、酸类分开存放，切忌混储。采用防爆型照明、通风设施。禁止使用易产生火花的机械设备和工具。储

区应备有泄漏应急处理设备和合适的收容材料

第八部分 接触控制/个体防护

职业接触限值

中国 未制定标准

美国(ACGIH) 未制定标准

生物接触限值 未制定标准

监测方法 空气中有毒物质测定方法：未制定标准。生物监测检验方法：未制定标准

工程控制 生产过程密闭，加强通风。提供安全的淋浴和洗眼设备

个体防护装备

呼吸系统防护 可能接触其蒸气时，佩戴过滤式防毒面具（全面罩）

眼睛防护 呼吸系统防护中已作防护

皮肤和身体防护 穿隔绝式防毒服

手防护 戴橡胶耐油手套

第九部分 理化特性

外观与性状 无色透明液体，有氨的气味

pH值 无资料 **熔点(℃)** －73.5

沸点(℃) 139.6 **相对密度(水＝1)** 0.745

相对蒸气密度(空气＝1) 4.46

饱和蒸气压(kPa) 0.97（25℃）

燃烧热(kJ/mol) －5644.9 **临界温度(℃)** 306.7

临界压力(MPa) 2.57

辛醇/水分配系数 2.84～3.04

闪点(℃) 29（CC） **自燃温度(℃)** 无资料

爆炸下限(%) 无资料 **爆炸上限(%)** 无资料

分解温度(℃) 无资料 **黏度(mPa·s)** 无资料

溶解性 微溶于水，溶于乙醇、乙醚、丙酮、苯

第十部分 稳定性和反应性

稳定性 稳定

危险反应 与强氧化剂等禁配物接触，有发生火灾和爆炸的危险

避免接触的条件 受热

禁配物 强氧化剂、酸类

危险的分解产物 无资料

第十一部分 毒理学信息

急性毒性 LD_{50}：258mg/kg（大鼠经口）

皮肤刺激或腐蚀 无资料 **眼睛刺激或腐蚀** 无资料

呼吸或皮肤过敏 无资料 **生殖细胞突变性** 无资料

致癌性 无资料 **生殖毒性** 无资料

特异性靶器官系统毒性-一次接触 无资料

特异性靶器官系统毒性-反复接触 无资料

吸入危害 无资料

第十二部分 生态学信息

生态毒性

LC_{50} 26mg/L（96h）（高体雅罗鱼）

EC_{50} 35mg/L（48）（水蚤）

持久性和降解性

生物降解性 MITI-I测试，初始浓度100ppm，污泥浓度30ppm，4周后降解63%～87%

非生物降解性 空气中，当羟基自由基浓度为5.00×10^5个/cm^3时，降解半衰期为4h（理论）

潜在的生物累积性 根据K_{ow}值预测，该物质的生物累积性可能较弱

土壤中的迁移性 根据K_{oc}值预测，该物质可能有一定的迁移性

第十三部分 废弃处置

废弃化学品 建议用焚烧法处置。焚烧炉排出的氮氧化物通过洗涤器除去

污染包装物 将容器返还生产商或按照国家和地方法规处置

废弃注意事项 处置前应参阅国家和地方有关法规

第十四部分 运输信息

联合国危险货物编号（UN号） 2361

联合国运输名称 二异丁胺 **联合国危险性类别** 3，8

包装类别 Ⅲ类包装

包装标志 

海洋污染物 否

运输注意事项 运输时运输车辆应配备相应品种和数量的消防器材及泄漏应急处理设备。夏季最好早晚运输。运输时所用的槽（罐）车应有接地链，槽内可设孔隔板以减少震荡产生的静电。严禁与氧化剂、酸类、食用化学品等混装混运。运输途中应防曝晒、雨淋，防高温。中途停留时应远离火种、热源、高温区。装运该物品的车辆排气管必须配备阻火装置，禁止使用易产生火花的机械设备和工具装卸。公路运输时要按规定路线行驶，勿在居民区和人口稠密区停留。铁路运输时要禁止溜放。严禁用木船、水泥船散装运输

第十五部分 法规信息

下列法律、法规、规章和标准，对该化学品的管理作了相应的规定。

中华人民共和国职业病防治法 职业病分类和目录：未列入

危险化学品安全管理条例 危险化学品目录：列入。易制爆危险化学品名录：未列入。重点监管的危险化学品名录：未列入。GB 18218—2009《危险化学品重大危险源辨识》（表1）：未列入

使用有毒物品作业场所劳动保护条例 高毒物品目录：未列入

易制毒化学品管理条例 易制毒化学品的分类和品种目录：未列入

国际公约 斯德哥尔摩公约：未列入。鹿特丹公约：未列入。蒙特利尔议定书：未列入

第十六部分　其他信息

编写和修订信息　　**缩略语和首字母缩写**
培训建议　　**参考文献**
免责声明

二异戊醚

第一部分　化学品标识

化学品中文名　二异戊醚
化学品英文名　diisoamyl ether；diisopentyl ether
分子式　$C_{10}H_{22}O$　　**相对分子质量**　158.28
结构式
化学品的推荐及限制用途　用作溶剂及用于制漆和再生橡胶工业

第二部分　危险性概述

紧急情况概述　易燃液体和蒸气
GHS 危险性类别　易燃液体，类别 3；危害水生环境-急性危害，类别 2；危害水生环境-长期危害，类别 2
标签要素

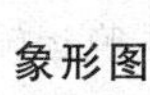
象形图

警示词　警告
危险性说明　易燃液体和蒸气，对水生生物有毒并具有长期持续影响
防范说明
预防措施　远离热源、火花、明火、热表面。禁止吸烟。保持容器密闭。容器和接收设备接地连接。使用防爆电器、通风、照明设备。只能使用不产生火花的工具。采取防止静电措施。戴防护手套、防护眼镜、防护面罩。禁止排入环境
事故响应　火灾时，使用二氧化碳、泡沫、干粉、砂土灭火。如皮肤（或头发）接触：立即脱掉所有被污染的衣服，用水冲洗皮肤，淋浴。收集泄漏物
安全储存　存放在通风良好的地方。保持低温
废弃处置　本品及内装物、容器依据国家和地方法规处置
物理和化学危险　易燃，其蒸气与空气混合，能形成爆炸性混合物
健康危害　具有麻醉作用和刺激性
环境危害　对水生生物有毒并具有长期持续影响

第三部分　成分/组成信息

√物质　　混合物

组分	浓度	CAS No.
二异戊醚		544-01-4

第四部分　急救措施

吸入　迅速脱离现场至空气新鲜处。保持呼吸道通畅。如呼吸困难，给输氧。如呼吸、心跳停止，立即进行心肺复苏术。就医
皮肤接触　立即脱去污染的衣着，用流动清水彻底冲洗。就医
眼睛接触　立即分开眼睑，用流动清水或生理盐水彻底冲洗。就医
食入　漱口，饮水。就医
对保护施救者的忠告　根据需要使用个人防护设备
对医生的特别提示　对症处理

第五部分　消防措施

灭火剂　用二氧化碳、泡沫、干粉、砂土灭火
特别危险性　易燃，遇高热、明火有引起燃烧的危险。接触空气或在光照条件下可生成具有潜在爆炸危险性的过氧化物。燃烧生成有害的一氧化碳
灭火注意事项及防护措施　消防人员必须佩戴空气呼吸器、穿全身防火防毒服，在上风向灭火。喷水冷却容器，尽可能将容器从火场移至空旷处。容器突然发出异常声音或出现异常现象，应立即撤离

第六部分　泄漏应急处理

作业人员防护措施、防护装备和应急处置程序　消除所有点火源。根据液体流动和蒸气扩散的影响区域划定警戒区，无关人员从侧风、上风向撤离至安全区。建议应急处理人员戴正压自给式呼吸器，穿防静电服，戴橡胶耐油手套。作业时使用的所有设备应接地。禁止接触或跨越泄漏物。尽可能切断泄漏源
环境保护措施　防止泄漏物进入水体、下水道、地下室或有限空间
泄漏化学品的收容、清除方法及所使用的处置材料　小量泄漏：用砂土或其他不燃材料吸收，使用洁净的无火花工具收集吸收材料。大量泄漏：构筑围堤或挖坑收容。用泡沫覆盖，减少蒸发。喷水雾能减少蒸发，但不能降低泄漏物在有限空间内的易燃性。用防爆泵转移至槽车或专用收集器内

第七部分　操作处置与储存

操作注意事项　密闭操作，全面通风。操作人员必须经过专门培训，严格遵守操作规程。建议操作人员佩戴自吸过滤式防毒面具（半面罩），戴化学安全防护眼镜，穿防静电工作服，戴橡胶耐油手套。远离火种、热源。工作场所严禁吸烟。使用防爆型的通风系统和设备。防止蒸气泄漏到工作场所空气中。避免与氧化剂接触。充装要控制流速，防止静电积聚。搬运时要轻装轻卸，防止包装及容器损坏。配备相应品种和数量的消防器材及泄漏应急处理设备。倒空的容器可能残留有害物
储存注意事项　储存于阴凉、通风的库房。库温不宜超过37℃。远离火种、热源。保持容器密封。应与氧化剂分开存放，切忌混储。不宜大量储存或久存。采用防爆型照明、通风设施。禁止使用易产生火花的机械设备和工具。储区应备有泄漏应急处理设备和合适的收容材料

第八部分 接触控制/个体防护

职业接触限值

中国 未制定标准

美国(ACGIH) 未制定标准

生物接触限值 未制定标准

监测方法 空气中有毒物质测定方法：未制定标准。生物监测检验方法：未制定标准

工程控制 生产过程密闭，全面通风。提供安全的淋浴和洗眼设备

个体防护装备

呼吸系统防护 空气中浓度超标时，佩戴过滤式防毒面具（半面罩）

眼睛防护 必要时，戴化学安全防护眼镜

皮肤和身体防护 穿防静电工作服

手防护 戴橡胶耐油手套

第九部分 理化特性

外观与性状 无色液体，微有果香味

pH值 无资料 **熔点(℃)** −69.3

沸点(℃) 172.5 **相对密度(水=1)** 0.778

相对蒸气密度(空气=1) 5.46

饱和蒸气压(kPa) 0.19（25℃）

燃烧热(kJ/mol) 无资料 **临界温度(℃)** 无资料

临界压力(MPa) 无资料 **辛醇/水分配系数** 4.25

闪点(℃) 45.56 **自燃温度(℃)** 无资料

爆炸下限(%) 无资料 **爆炸上限(%)** 无资料

分解温度(℃) 无资料 **黏度(mPa·s)** 无资料

溶解性 不溶于水，可混溶于乙醇、乙醚、氯仿、丙酮等多数有机溶剂

第十部分 稳定性和反应性

稳定性 稳定

危险反应 与强氧化剂、卤素等禁配物接触，有发生火灾和爆炸的危险

避免接触的条件 空气、光照

禁配物 强氧化剂、强酸、卤素、硫、硫化物

危险的分解产物 无资料

第十一部分 毒理学信息

急性毒性 LD_{50}：＞10g/kg（小鼠经口）

皮肤刺激或腐蚀 无资料 **眼睛刺激或腐蚀** 无资料

呼吸或皮肤过敏 无资料 **生殖细胞突变性** 无资料

致癌性 无资料 **生殖毒性** 无资料

特异性靶器官系统毒性-一次接触 无资料

特异性靶器官系统毒性-反复接触 无资料

吸入危害 无资料

第十二部分 生态学信息

生态毒性

LC_{50} 4.7mg/L（48h）（青鳉）

EC_{50} 2.3mg/L（48h）（水蚤）

持久性和降解性

生物降解性 不易快速生物降解

非生物降解性 空气中，当羟基自由基浓度为5.00×10^5个/cm^3时，降解半衰期为14h（理论）

潜在的生物累积性 BCF：117～313（鲤鱼，接触浓度60ppb，接触时间8周）；4～260（鲤鱼，接触浓度6ppb，接触时间8周）

土壤中的迁移性 根据K_{oc}值预测，该物质的迁移性可能较弱

第十三部分 废弃处置

废弃化学品 建议用焚烧法处置

污染包装物 将容器返还生产商或按照国家和地方法规处置

废弃注意事项 处置前应参阅国家和地方有关法规

第十四部分 运输信息

联合国危险货物编号（UN号） 3271

联合国运输名称 醚类，未另作规定的（二异戊醚）

联合国危险性类别 3 **包装类别** Ⅲ类包装

包装标志  **海洋污染物** 是

运输注意事项 运输时运输车辆应配备相应品种和数量的消防器材及泄漏应急处理设备。夏季最好早晚运输。运输时所用的槽（罐）车应有接地链，槽内可设孔隔板以减少震荡产生的静电。严禁与氧化剂、食用化学品等混装混运。运输途中应防曝晒、雨淋，防高温。中途停留时应远离火种、热源、高温区。装运该物品的车辆排气管必须配备阻火装置，禁止使用易产生火花的机械设备和工具装卸。公路运输时要按规定路线行驶，勿在居民区和人口稠密区停留。铁路运输时要禁止溜放。严禁用木船、水泥船散装运输

第十五部分 法规信息

下列法律、法规、规章和标准，对该化学品的管理作了相应的规定。

中华人民共和国职业病防治法 职业病分类和目录：未列入

危险化学品安全管理条例 危险化学品目录：列入。易制爆危险化学品名录：未列入。重点监管的危险化学品名录：未列入。GB 18218—2009《危险化学品重大危险源辨识》（表1）：未列入

使用有毒物品作业场所劳动保护条例 高毒物品目录：未列入

易制毒化学品管理条例 易制毒化学品的分类和品种目录：未列入

国际公约 斯德哥尔摩公约：未列入。鹿特丹公约：未列入。蒙特利尔议定书：未列入

第十六部分 其他信息

编写和修订信息 **缩略语和首字母缩写**

培训建议 **参考文献**

免责声明

二正丙胺

第一部分 化学品标识

化学品中文名 二正丙胺；二丙胺

化学品英文名 dipropylamine；di-*n*-propylamine

分子式 $C_6H_{15}N$ **相对分子质量** 101.22

结构式 (CH3CH2CH2)2NH

化学品的推荐及限制用途 用作有机合成中间体及溶剂

第二部分 危险性概述

紧急情况概述 高度易燃液体和蒸气，吞咽有害，皮肤接触有害，吸入有害，造成严重的皮肤灼伤和眼损伤

GHS危险性类别 易燃液体，类别2；急性毒性-经口，类别4；急性毒性-经皮，类别4；急性毒性-吸入，类别4；皮肤腐蚀/刺激，类别1A；严重眼损伤/眼刺激，类别1；特异性靶器官毒性-一次接触，类别3（呼吸道刺激）

标签要素

象形图

警示词 危险

危险性说明 高度易燃液体和蒸气，吞咽有害，皮肤接触有害，吸入有害，造成严重的皮肤灼伤和眼损伤，可能引起呼吸道刺激

防范说明

预防措施 远离热源、火花、明火、热表面。禁止吸烟。保持容器密闭。容器和接收设备接地连接。使用防爆电器、通风、照明设备。只能使用不产生火花的工具。采取防止静电措施。戴防护手套、防护眼镜、防护面罩，穿防护服。避免接触眼睛、皮肤，操作后彻底清洗。作业场所不得进食、饮水或吸烟。避免吸入蒸气、雾。仅在室外或通风良好处操作

事故响应 火灾时，使用抗溶性泡沫、二氧化碳、干粉、砂土灭火。如吸入：将患者转移到空气新鲜处，休息，保持利于呼吸的体位。皮肤接触：立即脱掉所有被污染的衣服，用大量肥皂水和水清洗；如感觉不适，呼叫中毒控制中心或就医。被污染的衣服须经洗净后方可重新使用。眼睛接触：用水细心地冲洗数分钟。如戴隐形眼镜并可方便地取出，则取出隐形眼镜继续冲洗。食入：漱口；不要催吐；如果感觉不适，立即呼叫中毒控制中心或就医

安全储存 存放在通风良好的地方。保持低温。上锁保管

废弃处置 本品及内装物、容器依据国家和地方法规处置

物理和化学危险 高度易燃，其蒸气与空气混合，能形成爆炸性混合物

健康危害 吸入本品对呼吸道有刺激作用。引起剧咳、胸痛，可引起肺水肿，此外尚可出现头痛、恶心、虚弱、焦虑等症状。口服刺激口腔和胃。眼接触有强烈的刺激性，角膜发生水肿。对皮肤有强烈的刺激作用，可引起坏死

环境危害 对环境可能有害

第三部分 成分/组成信息

√物质		混合物
组分	**浓度**	**CAS No.**
二正丙胺		142-84-7

第四部分 急救措施

吸入 迅速脱离现场至空气新鲜处。保持呼吸道通畅。如呼吸困难，给输氧。如呼吸、心跳停止，立即进行心肺复苏术。就医

皮肤接触 立即脱去污染的衣着，用大量流动清水彻底冲洗至少15min。就医

眼睛接触 立即分开眼睑，用流动清水或生理盐水彻底冲洗至少15min。就医

食入 用水漱口，禁止催吐。给饮牛奶或蛋清。就医

对保护施救者的忠告 根据需要使用个人防护设备

对医生的特别提示 对症处理

第五部分 消防措施

灭火剂 用抗溶性泡沫、二氧化碳、干粉、砂土灭火

特别危险性 遇高热、明火及强氧化剂易引起燃烧。蒸气比空气重，沿地面扩散并易积存于低洼处，遇火源会着火回燃。具有腐蚀性。燃烧生成有害的一氧化碳、氮氧化物

灭火注意事项及防护措施 消防人员必须佩戴空气呼吸器、穿全身防火防毒服，在上风向灭火。喷水冷却容器，尽可能将容器从火场移至空旷处。容器突然发出异常声音或出现异常现象，应立即撤离

第六部分 泄漏应急处理

作业人员防护措施、防护装备和应急处置程序 消除所有点火源。根据液体流动和蒸气扩散的影响区域划定警戒区，无关人员从侧风、上风向撤离至安全区。建议应急处理人员戴正压自给式呼吸器，穿防静电、防腐蚀、防毒服，戴橡胶耐油手套。作业时使用的所有设备应接地。禁止接触或跨越泄漏物。尽可能切断泄漏源

环境保护措施 防止泄漏物进入水体、下水道、地下室或有限空间

泄漏化学品的收容、清除方法及所使用的处置材料 小量泄漏：用砂土或其他不燃材料吸收，使用洁净的无火花工具收集吸收材料。大量泄漏：构筑围堤或挖坑收容。用砂土、惰性物质或蛭石吸收大量液体。用泡沫覆盖，减少蒸发。喷水雾能减少蒸发，但不能降低泄漏物在有限空间内的易燃性。用防爆、耐腐蚀泵转移至槽车或专用收集器内。喷雾状水驱散蒸气、稀释液体泄漏物

第七部分 操作处置与储存

操作注意事项 密闭操作，加强通风。操作人员必须经过专门培训，严格遵守操作规程。建议操作人员佩戴导管式防毒面具，穿胶布防毒衣，戴橡胶耐油手套。远离火种、热源。工作场所严禁吸烟。使用防爆型的通风系统和设备。防止蒸气泄漏到工作场所空气中。避免与氧化剂、酸类接触。充装要控制流速，防止静电积聚。搬运时要轻装轻卸，防止包装及容器损坏。配备相应品种和数量的消防器材及泄漏应急处理设备。倒空的容器可能残留有害物

储存注意事项 储存于阴凉、通风的库房。远离火种、热源。库温不宜超过37℃。保持容器密封。应与氧化剂、酸类分开存放，切忌混储。采用防爆型照明、通风设施。禁止使用易产生火花的机械设备和工具。储区应备有泄漏应急处理设备和合适的收容材料

第八部分 接触控制/个体防护

职业接触限值

中国 未制定标准

美国(ACGIH) 未制定标准

生物接触限值 未制定标准

监测方法 空气中有毒物质测定方法：未制定标准。生物监测检验方法：未制定标准

工程控制 生产过程密闭，加强通风。提供安全的淋浴和洗眼设备

个体防护装备

呼吸系统防护 可能接触其蒸气时，佩戴过滤式防毒面具（全面罩）。紧急事态抢救或撤离时，应该佩戴空气呼吸器

眼睛防护 呼吸系统防护中已作防护

皮肤和身体防护 穿隔绝式防毒服

手防护 戴橡胶耐油手套

第九部分 理化特性

外观与性状 无色透明液体，有氨的气味

pH值 无资料 **熔点(℃)** −63

沸点(℃) 109.3 **相对密度(水=1)** 0.738

相对蒸气密度(空气=1) 3.49

饱和蒸气压(kPa) 2.68（25℃）

燃烧热(kJ/mol) −4411.9 **临界温度(℃)** 277

临界压力(MPa) 3.14 **辛醇/水分配系数** 1.67

闪点(℃) 17（OC） **自燃温度(℃)** 299

爆炸下限(%) 无资料 **爆炸上限(%)** 无资料

分解温度(℃) 无资料

黏度(mPa·s) 0.517（25℃）

溶解性 溶于水，可混溶于乙醇、乙醚、苯、丙酮

第十部分 稳定性和反应性

稳定性 稳定

危险反应 与强氧化剂等禁配物接触，有发生火灾和爆炸的危险

避免接触的条件 无资料

禁配物 强氧化剂、酸类

危险的分解产物 无资料

第十一部分 毒理学信息

急性毒性

LD_{50} 300mg/kg（大鼠经口）；925mg/kg（兔经皮）

LC_{50} 4400mg/m^3（大鼠吸入，4h）

皮肤刺激或腐蚀 家兔经皮：100μg（24h），引起刺激（开放性刺激试验）

眼睛刺激或腐蚀 无资料 **呼吸或皮肤过敏** 无资料

生殖细胞突变性 无资料 **致癌性** 无资料

生殖毒性 无资料

特异性靶器官系统毒性-一次接触 无资料

特异性靶器官系统毒性-反复接触 无资料

吸入危害 无资料

第十二部分 生态学信息

生态毒性 无资料

持久性和降解性

生物降解性 无资料

非生物降解性 空气中，当羟基自由基浓度为5.00×10^5个/cm^{3}时，降解半衰期为4h（理论）

潜在的生物累积性 根据K_{ow}值预测，该物质的生物累积性可能较弱

土壤中的迁移性 根据K_{oc}值预测，该物质可能易发生迁移

第十三部分 废弃处置

废弃化学品 建议用焚烧法处置。焚烧炉排出的氮氧化物通过洗涤器除去

污染包装物 将容器返还生产商或按照国家和地方法规处置

废弃注意事项 处置前应参阅国家和地方有关法规

第十四部分 运输信息

联合国危险货物编号(UN号) 2383

联合国运输名称 二丙胺

联合国危险性类别 3，8 **包装类别** Ⅱ类包装

包装标志 

海洋污染物 否

运输注意事项 运输时运输车辆应配备相应品种和数量的消防器材及泄漏应急处理设备。夏季最好早晚运输。运输时所用的槽（罐）车应有接地链，槽内可设孔隔板以减少震荡产生的静电。严禁与氧化剂、酸类、食用化学品等混装混运。运输途中应防曝晒、雨淋，防高温。中途停留时应远离火种、热源、高温区。装运该物品的车辆排气管必须配备阻火装置，禁止使用易产生火花的机械设备和工具装卸。公路运输时要按规定路线行驶，勿在居民区和人口稠密区停留。铁路运输时要禁止溜放。严禁用木船、水泥船散装运输

第十五部分　法规信息

下列法律、法规、规章和标准，对该化学品的管理作了相应的规定。

中华人民共和国职业病防治法　职业病分类和目录：未列入

危险化学品安全管理条例　危险化学品目录：列入。易制爆危险化学品名录：未列入。重点监管的危险化学品名录：未列入。GB 18218—2009《危险化学品重大危险源辨识》(表 1)：未列入

使用有毒物品作业场所劳动保护条例　高毒物品目录：未列入

易制毒化学品管理条例　易制毒化学品的分类和品种目录：未列入

国际公约　斯德哥尔摩公约：未列入。鹿特丹公约：未列入。蒙特利尔议定书：未列入

第十六部分　其他信息

编写和修订信息　　**缩略语和首字母缩写**

培训建议　　**参考文献**

免责声明

二正丁醚

第一部分　化学品标识

化学品中文名　二正丁醚；正丁醚；氧化二丁烷

化学品英文名　dibutyl ether；butyl ether；1,1′-oxybis-butane

分子式　$C_8H_{18}O$　**相对分子质量**　130.26

结构式　O

化学品的推荐及限制用途　用作溶剂，用于有机合成

第二部分　危险性概述

紧急情况概述　易燃液体和蒸气

GHS 危险性类别　易燃液体，类别 3；皮肤腐蚀/刺激，类别 2；严重眼损伤/眼刺激，类别 2；特异性靶器官毒性-一次接触，类别 3（呼吸道刺激）；危害水生环境-急性危害，类别 3；危害水生环境-长期危害，类别 3

标签要素

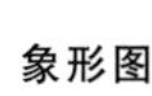

象形图

警示词　警告

危险性说明　易燃液体和蒸气，造成皮肤刺激，造成严重眼刺激，可能引起呼吸道刺激，对水生生物有害并具有长期持续影响

防范说明

预防措施　远离热源、火花、明火、热表面。禁止吸烟。保持容器密闭。容器和接收设备接地连接。使用防爆电器、通风、照明设备。只能使用不产生火花的工具。采取防止静电措施。戴防护手套、防护眼镜、防护面罩。避免接触眼睛、皮肤，操作后彻底清洗。禁止排入环境

事故响应　火灾时，使用泡沫、二氧化碳、干粉、砂土灭火。皮肤接触：立即脱掉所有被污染的衣服，用大量肥皂水和水清洗。如发生皮肤刺激，就医。被污染的衣服洗净后方可重新使用。如接触眼睛：用水细心冲洗数分钟。如戴隐形眼镜并可方便地取出，取出隐形眼镜继续冲洗。如果眼睛刺激持续：就医

安全储存　存放在通风良好的地方。保持低温

废弃处置　本品及内装物、容器依据国家和地方法规处置

物理和化学危险　易燃，其蒸气与空气混合，能形成爆炸性混合物

健康危害　对眼、呼吸道和皮肤有刺激性。吸入本品可致咳嗽、呼吸困难、头痛、头晕、恶心、疲乏和四肢无力

环境危害　对水生生物有害并具有长期持续影响

第三部分　成分/组成信息

√物质　　混合物

组分	浓度	CAS No.
二正丁醚		142-96-1

第四部分　急救措施

吸入　迅速脱离现场至空气新鲜处。保持呼吸道通畅。如呼吸困难，给输氧。如呼吸、心跳停止，立即进行心肺复苏术。就医

皮肤接触　立即脱去污染的衣着，用流动清水彻底冲洗。就医

眼睛接触　立即分开眼睑，用流动清水或生理盐水彻底冲洗。就医

食入　漱口，饮水。就医

对保护施救者的忠告　根据需要使用个人防护设备

对医生的特别提示　对症处理

第五部分　消防措施

灭火剂　用泡沫、二氧化碳、干粉、砂土灭火

特别危险性　与氧化剂能发生强烈反应。接触空气或在光照条件下可生成具有潜在爆炸危险性的过氧化物。蒸气比空气重，沿地面扩散并易积存于低洼处，遇火源会着火回燃。燃烧生成有害的一氧化碳

灭火注意事项及防护措施　消防人员必须佩戴空气呼吸器、穿全身防火防毒服，在上风向灭火。喷水冷却容器，尽可能将容器从火场移至空旷处。容器突然发出异常声音或出现异常现象，应立即撤离

第六部分　泄漏应急处理

作业人员防护措施、防护装备和应急处置程序　消除所有点火源。根据液体流动和蒸气扩散的影响区域划定警戒区，无关人员从侧风、上风向撤离至安全区。建议应急处理人员戴正压自给式呼吸器，穿防静电服，戴橡胶耐油手套。作业时使用的所有设备应接地。禁止

接触或跨越泄漏物。尽可能切断泄漏源

环境保护措施　防止泄漏物进入水体、下水道、地下室或有限空间

泄漏化学品的收容、清除方法及所使用的处置材料　小量泄漏：用砂土或其他不燃材料吸收，使用洁净的无火花工具收集吸收材料。大量泄漏：构筑围堤或挖坑收容。用砂土、惰性物质或蛭石吸收大量液体。用抗溶性泡沫覆盖，减少蒸发。喷水雾能减少蒸发，但不能降低泄漏物在有限空间内的易燃性。用防爆泵转移至槽车或专用收集器内

第七部分　操作处置与储存

操作注意事项　密闭操作，全面通风。操作人员必须经过专门培训，严格遵守操作规程。建议操作人员佩戴自吸过滤式防毒面具（半面罩），戴化学安全防护眼镜，穿防静电工作服，戴橡胶耐油手套。远离火种、热源。工作场所严禁吸烟。使用防爆型的通风系统和设备。防止蒸气泄漏到工作场所空气中。避免与氧化剂、酸类、卤素接触。充装要控制流速，防止静电积聚。搬运时要轻装轻卸，防止包装及容器损坏。配备相应品种和数量的消防器材及泄漏应急处理设备。倒空的容器可能残留有害物

储存注意事项　储存于阴凉、通风的库房。远离火种、热源。库温不宜超过37℃。保持容器密封。应与氧化剂、酸类、卤素分开存放，切忌混储。避免光照和接触空气。不宜大量储存或久存。采用防爆型照明、通风设施。禁止使用易产生火花的机械设备和工具。储区应备有泄漏应急处理设备和合适的收容材料

第八部分　接触控制/个体防护

职业接触限值

中国　未制定标准

美国(ACGIH)　未制定标准

生物接触限值　未制定标准

监测方法　空气中有毒物质测定方法：未制定标准。生物监测检验方法：未制定标准

工程控制　生产过程密闭，全面通风。提供安全的淋浴和洗眼设备

个体防护装备

呼吸系统防护　空气中浓度较高时，建议佩戴过滤式防毒面具（半面罩）

眼睛防护　高浓度接触时，戴化学安全防护眼镜

皮肤和身体防护　穿防静电工作服

手防护　戴橡胶耐油手套

第九部分　理化特性

外观与性状　无色液体，微有乙醚气味

pH值　无资料　　**熔点(℃)**　−95.4

沸点(℃)　142　　**相对密度(水=1)**　0.77

相对蒸气密度(空气=1)　4.48

饱和蒸气压(kPa)　0.64（20℃）

燃烧热(kJ/mol)　−5353.7　　**临界温度(℃)**　无资料

临界压力(MPa)　2.46

辛醇/水分配系数　3.08～3.21

闪点(℃)　25　　**自燃温度(℃)**　194.4

爆炸下限(%)　1.5　　**爆炸上限(%)**　7.6

分解温度(℃)　无资料

黏度(mPa·s)　6.9（20℃）

溶解性　微溶于水，溶于丙酮、二氯丙烷、汽油，可混溶于乙醇、乙醚

第十部分　稳定性和反应性

稳定性　稳定

危险反应　与强氧化剂等禁配物接触，有发生火灾和爆炸的危险

避免接触的条件　光照、空气

禁配物　强氧化剂、强酸、卤素、硫、硫化物

危险的分解产物　无资料

第十一部分　毒理学信息

急性毒性　LD_{50}：11000mg/kg（大鼠经口）；10000mg/kg（兔经皮）

皮肤刺激或腐蚀　家兔经皮：380mg，轻度刺激（开放性刺激试验）

眼睛刺激或腐蚀　无资料　**呼吸或皮肤过敏**　无资料

生殖细胞突变性　无资料　**致癌性**　无资料

生殖毒性　无资料

特异性靶器官系统毒性-一次接触　无资料

特异性靶器官系统毒性-反复接触　无资料

吸入危害　无资料

第十二部分　生态学信息

生态毒性

LC_{50}　32.5mg/L（96h）（黑头呆鱼）

EC_{50}　17mg/L（48h）（水蚤）

ErC_{50}　22mg/L（72h）（藻类）

持久性和降解性

生物降解性　不易快速生物降解。

非生物降解性　空气中，当羟基自由基浓度为5.00×10^5个/cm^3时，降解半衰期为13h（理论）

潜在的生物累积性　BCF：47～83（鲤鱼，接触浓度0.2mg/L）；20～114（鲤鱼，接触浓度0.02mg/L）

土壤中的迁移性　根据K_{oc}值预测，该物质可能有一定的迁移性

第十三部分　废弃处置

废弃化学品　建议用焚烧法处置

污染包装物　将容器返还生产商或按照国家和地方法规处置

废弃注意事项　处置前应参阅国家和地方有关法规

第十四部分　运输信息

联合国危险货物编号（UN号）　1149

联合国运输名称　二丁醚

联合国危险性类别　3　　**包装类别**　Ⅲ类包装

包装标志  **海洋污染物** 否

运输注意事项 运输时运输车辆应配备相应品种和数量的消防器材及泄漏应急处理设备。夏季最好早晚运输。运输时所用的槽（罐）车应有接地链，槽内可设孔隔板以减少震荡产生的静电。严禁与氧化剂、酸类、卤素等混装混运。运输途中应防曝晒、雨淋，防高温。中途停留时应远离火种、热源、高温区。装运该物品的车辆排气管必须配备阻火装置，禁止使用易产生火花的机械设备和工具装卸。公路运输时要按规定路线行驶，勿在居民区和人口稠密区停留。铁路运输时要禁止溜放。严禁用木船、水泥船散装运输

第十五部分 法规信息

下列法律、法规、规章和标准，对该化学品的管理作了相应的规定。

中华人民共和国职业病防治法 职业病分类和目录：未列入

危险化学品安全管理条例 危险化学品目录：列入。易制爆危险化学品名录：未列入。重点监管的危险化学品名录：未列入。GB 18218—2009《危险化学品重大危险源辨识》（表 1）：未列入

使用有毒物品作业场所劳动保护条例 高毒物品目录：未列入

易制毒化学品管理条例 易制毒化学品的分类和品种目录：未列入

国际公约 斯德哥尔摩公约：未列入。鹿特丹公约：未列入。蒙特利尔议定书：未列入

第十六部分 其他信息

编写和修订信息 **缩略语和首字母缩写**

培训建议 **参考文献**

免责声明

发烟硫酸

第一部分 化学品标识

化学品中文名 发烟硫酸

化学品英文名 sulphuric acid fuming；oleum

分子式 $H_2SO_4 \cdot SO_3$ **相对分子质量** 178.14

结构式 O=S(=O)=O（SO_3） HO—S(=O)(=O)—OH

化学品的推荐及限制用途 用作磺化剂，还广泛用于制造染料、炸药、硝化纤维以及药物等

第二部分 危险性概述

紧急情况概述 造成严重的皮肤灼伤和眼损伤

GHS 危险性类别 皮肤腐蚀/刺激，类别 1A；严重眼损伤/眼刺激，类别 1；特异性靶器官毒性-一次接触，类别 3（呼吸道刺激）；危害水生环境-急性危害，类别 3

标签要素

象形图 

警示词 危险

危险性说明 造成严重的皮肤灼伤和眼损伤，可能引起呼吸道刺激，对水生生物有害

防范说明

预防措施 避免吸入烟雾。避免接触眼睛、皮肤，操作后彻底清洗。戴防护手套，穿防护服，戴防护眼镜、防护面罩。禁止排入环境

事故响应 如吸入：将患者转移到空气新鲜处，休息，保持利于呼吸的体位，立即呼叫中毒控制中心或就医。皮肤（或头发）接触：立即脱掉所有被污染的衣服，用水冲洗皮肤，淋浴。污染的衣服须洗净后方可重新使用。眼睛接触：用水细心地冲洗数分钟。如戴隐形眼镜并可方便地取出，则取出隐形眼镜继续冲洗。食入：漱口。不要催吐

安全储存 上锁保管

废弃处置 本品及内装物、容器依据国家和地方法规处置

物理和化学危险 不燃，无特殊燃爆特性。与可燃物混合会发生爆炸

健康危害 对皮肤、黏膜等组织有强烈的刺激和腐蚀作用。蒸气或雾可引起结膜炎、结膜水肿、角膜混浊，以致失明；引起呼吸道刺激症状，重者发生呼吸困难和肺水肿；高浓度引起喉痉挛或声门水肿而死亡。口服后引起消化道的灼伤以致溃疡形成；严重者可能有胃穿孔、腹膜炎、肾损害、休克等。皮肤灼伤轻者出现红斑，重者形成溃疡，愈后瘢痕收缩影响功能。溅入眼内可造成灼伤，甚至角膜穿孔、全眼炎，以致失明

慢性影响 牙齿酸蚀症、慢性支气管炎、肺气肿和肺硬化

环境危害 对水生生物有害

第三部分 成分/组成信息

√物质 混合物

组分	浓度	CAS No.
发烟硫酸		8014-95-7

第四部分 急救措施

吸入 迅速脱离现场至空气新鲜处。保持呼吸道通畅。如呼吸困难，给输氧。如呼吸、心跳停止，立即进行心肺复苏术。就医

皮肤接触 立即脱去污染的衣着，用大量流动清水彻底冲洗至少 15min。就医

眼睛接触 立即分开眼睑，用流动清水或生理盐水彻底冲洗至少 15min。就医

食入 用水漱口，禁止催吐。给饮牛奶或蛋清。就医

对保护施救者的忠告 根据需要使用个人防护设备

对医生的特别提示 对症处理

第五部分 消防措施

灭火剂 用干粉、二氧化碳、砂土灭火

特别危险性 与易燃物（如苯）和可燃物（如糖、纤维素等）接触会发生剧烈反应，甚至引起燃烧或爆炸。遇电石、高氯酸盐、雷酸盐、硝酸盐、苦味酸盐、金属粉末等猛烈反应，发生爆炸或燃烧。能与普通金属发生反应，放出氢气而与空气形成爆炸性混合物。有强烈的腐蚀性和吸水性

灭火注意事项及防护措施 消防人员必须佩戴空气呼吸器、穿全身防火防毒服，在上风向灭火。尽可能将容器从火场移至空旷处。喷水保持火场容器冷却，直至灭火结束。避免水流冲击物品，以免遇水会放出大量热量发生喷溅而灼伤皮肤

第六部分 泄漏应急处理

作业人员防护措施、防护装备和应急处置程序 根据液体流动和蒸气扩散的影响区域划定警戒区，无关人员从侧风、上风向撤离至安全区。建议应急处理人员戴正压自给式呼吸器，穿防酸碱服，戴橡胶耐酸碱手套。穿上适当的防护服前严禁接触破裂的容器和泄漏物。尽可能切断泄漏源。勿使泄漏物与可燃物质（如木材、纸、油等）接触

环境保护措施 防止泄漏物进入水体、下水道、地下室或有限空间

泄漏化学品的收容、清除方法及所使用的处置材料 小量泄漏：用干燥的砂土或其他不燃材料覆盖泄漏物，用洁净的无火花工具收集泄漏物，置于一盖子较松的塑料容器中，待处置。大量泄漏：构筑围堤或挖坑收容。用砂土、惰性物质或蛭石吸收大量液体。用石灰（CaO）、碎石灰石（$CaCO_3$）或碳酸氢钠（$NaHCO_3$）中和。用耐腐蚀泵转移至槽车或专用收集器内

第七部分 操作处置与储存

操作注意事项 密闭操作，注意通风。操作尽可能机械化、自动化。操作人员必须经过专门培训，严格遵守操作规程。建议操作人员佩戴自吸过滤式防毒面具（全面罩），穿橡胶耐酸碱服，戴橡胶耐酸碱手套。远离易燃、可燃物。防止蒸气泄漏到工作场所空气中。避免与碱类、活性金属粉末、还原剂接触。搬运时要轻装轻卸，防止包装及容器损坏。配备泄漏应急处理设备。倒空的容器可能残留有害物

储存注意事项 储存于阴凉、通风的库房。保持容器密封。应与易（可）燃物、碱类、活性金属粉末、还原剂等分开存放，切忌混储。储区应备有泄漏应急处理设备和合适的收容材料

第八部分 接触控制/个体防护

职业接触限值

中国 未制定标准

美国(ACGIH) 未制定标准

生物接触限值 未制定标准

监测方法 空气中有毒物质测定方法：氰化钡比色法；离子色谱法。生物监测检验方法：未制定标准

工程控制 密闭操作，注意通风。提供安全的淋浴和洗眼设备

个体防护装备

呼吸系统防护 可能接触其烟雾时，佩戴过滤式防毒面具（全面罩）或空气呼吸器。紧急事态抢救或撤离时，建议佩戴空气呼吸器

眼睛防护 呼吸系统防护中已作防护

皮肤和身体防护 穿橡胶耐酸碱服

手防护 戴橡胶耐酸碱手套

第九部分 理化特性

外观与性状 无色或棕色油状稠厚的发烟液体，有强刺激性臭味

pH值 无资料　**熔点(℃)** −11

沸点(℃) 166.6　**相对密度(水=1)** 1.92

相对蒸气密度(空气=1) 无资料

饱和蒸气压(kPa) 无资料　**燃烧热(kJ/mol)** 无资料

临界温度(℃) 无资料　**临界压力(MPa)** 无资料

辛醇/水分配系数 无资料　**闪点(℃)** 无意义

自燃温度(℃) 无意义　**爆炸下限(%)** 无意义

爆炸上限(%) 无意义　**分解温度(℃)** 无资料

黏度(mPa·s) 无资料　**溶解性** 与水混溶

第十部分 稳定性和反应性

稳定性 稳定

危险反应 与强还原剂、易燃或可燃物、碱类、金属粉末等禁配物接触，有发生火灾和爆炸的危险。三氯甲烷室温下（约22℃）即可与发烟硫酸发生化学反应产生光气，四氯化碳与发烟硫酸在55℃时就反应产生光气

避免接触的条件 潮湿空气

禁配物 碱类、易燃或可燃物、水、强还原剂、电石、高氯酸盐、雷酸盐、硝酸盐、苦味酸盐、金属粉末等

危险的分解产物 氧化硫

第十一部分 毒理学信息

急性毒性 LD_{50}：80mg/kg（大鼠经口）

皮肤刺激或腐蚀 无资料　**眼睛刺激或腐蚀** 无资料

呼吸或皮肤过敏 无资料　**生殖细胞突变性** 无资料

致癌性 无资料　**生殖毒性** 无资料

特异性靶器官系统毒性-一次接触 无资料

特异性靶器官系统毒性-反复接触 无资料

吸入危害 无资料

第十二部分 生态学信息

生态毒性 无资料

持久性和降解性

生物降解性 无资料

非生物降解性 无资料

潜在的生物累积性 无资料

土壤中的迁移性 无资料

第十三部分 废弃处置

废弃化学品 缓慢加入纯碱-硝石灰溶液中，并不断搅拌，

反应停止后，用大量水冲入废水系统

污染包装物　将容器返还生产商或按照国家和地方法规处置

废弃注意事项　处置前应参阅国家和地方有关法规

第十四部分　运输信息

联合国危险货物编号（UN号）　1831

联合国运输名称　发烟硫酸

联合国危险性类别　8，6.1　**包装类别**　Ⅰ类包装

包装标志

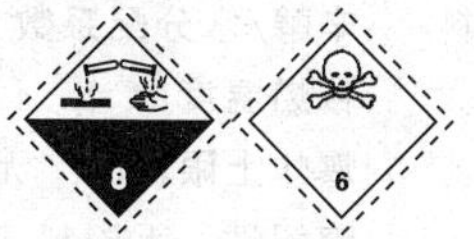

海洋污染物　否

运输注意事项　起运时包装要完整，装载应稳妥。运输过程中要确保容器不泄漏、不倒塌、不坠落、不损坏。严禁与易燃物或可燃物、碱类、活性金属粉末、还原剂、食用化学品等混装混运。运输时运输车辆应配备泄漏应急处理设备。运输途中应防曝晒、雨淋，防高温。公路运输时要按规定路线行驶，勿在居民区和人口稠密区停留

第十五部分　法规信息

下列法律、法规、规章和标准，对该化学品的管理作了相应的规定。

中华人民共和国职业病防治法　职业病分类和目录：未列入

危险化学品安全管理条例　危险化学品目录：列入。易制爆危险化学品名录：未列入。重点监管的危险化学品名录：未列入。GB 18218—2009《危险化学品重大危险源辨识》（表1）：列入。类别：氧化性物质，临界量（t）：100

使用有毒物品作业场所劳动保护条例　高毒物品目录：未列入

易制毒化学品管理条例　易制毒化学品的分类和品种目录：未列入

国际公约　斯德哥尔摩公约：未列入。鹿特丹公约：未列入。蒙特利尔议定书：未列入

第十六部分　其他信息

编写和修订信息　**缩略语和首字母缩写**

培训建议　**参考文献**

免责声明

酚醛树脂

第一部分　化学品标识

化学品中文名　酚醛树脂

化学品英文名　phenolic resin；phenol formaldehyde resin

结构式

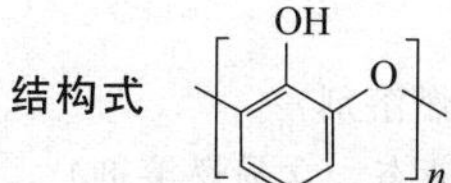

化学品的推荐及限制用途　用作层压塑料、压塑粉、玻璃纤维增强塑料和胶合工业、涂料工业黏合剂等

第二部分　危险性概述

紧急情况概述　易燃液体和蒸气

GHS危险性类别　易燃液体，类别3

标签要素

象形图

警示词　警告

危险性说明　易燃液体和蒸气

防范说明

预防措施　远离热源、火花、明火、热表面。禁止吸烟。保持容器密闭。容器和接收设备接地连接。使用防爆电器、通风、照明设备。只能使用不产生火花的工具。采取防止静电措施。戴防护手套、防护眼镜、防护面罩

事故响应　火灾时，使用雾状水、泡沫、二氧化碳、干粉、砂土灭火。如皮肤（或头发）接触：立即脱掉所有被污染的衣服，用水冲洗皮肤，淋浴

安全储存　存放在通风良好的地方。保持低温

废弃处置　本品及内装物、容器依据国家和地方法规处置

物理和化学危险　易燃，其蒸气与空气混合，能形成爆炸性混合物

健康危害　接触加工或使用本品过程中所形成的粉尘，可引起头痛、嗜睡、周身无力、呼吸道黏膜刺激症状、喘息性支气管炎和皮肤病，还可发生肾脏损害。空气环境分析发现苯酚、甲醛和氨。在缩聚过程中，可发生甲醛、酚、一氧化碳中毒

环境危害　对环境可能有害

第三部分　成分/组成信息

√物质　　混合物

组分	浓度	CAS No.
酚类和醛类的聚合物	无资料	9003-35-4

第四部分　急救措施

吸入　迅速脱离现场至空气新鲜处。保持呼吸道通畅。如呼吸困难，给输氧。如呼吸、心跳停止，立即进行心肺复苏术。就医

皮肤接触　立即脱去污染的衣着，用流动清水彻底冲洗。就医

眼睛接触　立即分开眼睑，用流动清水或生理盐水彻底冲洗。就医

食入　漱口，饮水。就医

对保护施救者的忠告　根据需要使用个人防护设备

对医生的特别提示　对症处理

第五部分　消防措施

灭火剂　用雾状水、泡沫、二氧化碳、干粉、砂土灭火

特别危险性 受高热分解放出有毒的气体。粉体与空气可形成爆炸性混合物，当达到一定浓度时，遇火星会发生爆炸。燃烧生成有害的一氧化碳

灭火注意事项及防护措施 消防人员必须佩戴空气呼吸器、穿全身防火防毒服，在上风向灭火。喷水冷却容器，尽可能将容器从火场移至空旷处。容器突然发出异常声音或出现异常现象，应立即撤离

第六部分 泄漏应急处理

作业人员防护措施、防护装备和应急处置程序 消除所有点火源。根据液体流动和蒸气扩散的影响区域划定警戒区，无关人员从侧风、上风向撤离至安全区。建议应急处理人员戴正压自给式呼吸器，穿一般作业工作服。穿上适当的防护服前严禁接触破裂的容器和泄漏物。尽可能切断泄漏源

环境保护措施 防止进入下水道等有限空间

泄漏化学品的收容、清除方法及所使用的处置材料 小量泄漏：用干燥的砂土或类似的物质吸收。大量泄漏：构筑围堤或挖坑收容。用防爆泵转移至槽车或专用收集器内，回收或废弃处置。若是固体泄漏：用塑料布覆盖泄漏物，减少飞散，勿使水进入包装容器内，用洁净的铲子收集泄漏物，置于干净、干燥、盖子较松的容器中，将容器移离泄漏区

第七部分 操作处置与储存

操作注意事项 密闭操作，提供良好的自然通风条件。操作人员必须经过专门培训，严格遵守操作规程。建议操作人员佩戴自吸过滤式防尘口罩，戴化学安全防护眼镜，穿防静电工作服。远离火种、热源。工作场所严禁吸烟。使用防爆型的通风系统和设备。防止蒸气泄漏到工作场所空气中。避免与氧化剂接触。搬运时要轻装轻卸，防止包装及容器损坏。配备相应品种和数量的消防器材及泄漏应急处理设备。倒空的容器可能残留有害物

储存注意事项 储存于阴凉、通风的库房。库温不宜超过37℃。远离火种、热源。保持容器密封。应与氧化剂分开存放，切忌混储。配备相应品种和数量的消防器材。储区应备有泄漏应急处理设备和合适的收容材料

第八部分 接触控制/个体防护

职业接触限值

中国 PC-TWA：$6mg/m^3$

美国(ACGIH) 未制定标准

生物接触限值 未制定标准

监测方法 空气中有毒物质测定方法：未制定标准。生物监测检验方法：未制定标准

工程控制 密闭操作。提供良好的自然通风条件

个体防护装备

呼吸系统防护 一般不需要特殊防护，高浓度接触时可佩戴过滤式防尘呼吸器

眼睛防护 必要时，戴化学安全防护眼镜

皮肤和身体防护 穿防静电工作服

手防护 戴一般作业防护手套

第九部分 理化特性

外观与性状 根据化学结构和分子量大小的不同，有液体或固体之分

pH值 无资料

熔点(℃) 无资料

沸点(℃) 无资料

相对密度(水=1) 无资料

相对蒸气密度(空气=1) 无资料

饱和蒸气压(kPa) 无资料

燃烧热(kJ/mol) 无资料

临界温度(℃) 无资料

临界压力(MPa) 无资料

辛醇/水分配系数 无资料

闪点(℃) 无资料

自燃温度(℃) 420（粉云）

爆炸下限(%) 20

爆炸上限(%) 无资料

分解温度(℃) 无资料

溶解性 无资料

第十部分 稳定性和反应性

稳定性 稳定

危险反应 与强氧化剂等禁配物接触，有发生火灾和爆炸的危险

避免接触的条件 受热

禁配物 强氧化剂

危险的分解产物 无资料

第十一部分 毒理学信息

急性毒性 无资料

皮肤刺激或腐蚀 无资料

眼睛刺激或腐蚀 无资料

呼吸或皮肤过敏 无资料

生殖细胞突变性 无资料

致癌性 无资料

生殖毒性 无资料

特异性靶器官系统毒性-一次接触 无资料

特异性靶器官系统毒性-反复接触 无资料

吸入危害 无资料

第十二部分 生态学信息

生态毒性 无资料

持久性和降解性

生物降解性 无资料

非生物降解性 无资料

潜在的生物累积性 无资料

土壤中的迁移性 无资料

第十三部分 废弃处置

废弃化学品 建议用焚烧法处置

污染包装物 将容器返还生产商或按照国家和地方法规处置

废弃注意事项 处置前应参阅国家和地方有关法规

第十四部分 运输信息

联合国危险货物编号（UN号） -(固态)；1866（液态，含易燃溶剂）

联合国运输名称 -(固态)；树脂溶液，易燃（液态，含易燃溶剂）

联合国危险性类别 3（液态，含易燃溶剂）

包装类别 -(固态)；随闪点变化（液态，含易燃溶剂）

包装标志 -(固态)

（液态，含易燃溶剂）

海洋污染物 否

运输注意事项 运输时运输车辆应配备相应品种和数量的消防器材及泄漏应急处理设备。夏季最好早晚运输。运输时所用的槽（罐）车应有接地链，槽内可设孔隔板以减少震荡产生的静电。严禁与氧化剂、食用化学品等混装混运。运输途中应防曝晒、雨淋，防高温。中途停留时应远离火种、热源、高温区。装运该物品的车辆排气管必须配备阻火装置，禁止使用易产生火花的机械设备和工具装卸。铁路运输时要禁止溜放。严禁用木船、水泥船散装运输

第十五部分 法规信息

下列法律、法规、规章和标准，对该化学品的管理作了相应的规定。

中华人民共和国职业病防治法 职业病分类和目录：未列入

危险化学品安全管理条例 危险化学品目录：未列入。易制爆危险化学品名录：未列入。重点监管的危险化学品名录：未列入。GB 18218—2009《危险化学品重大危险源辨识》（表1）：未列入

使用有毒物品作业场所劳动保护条例 高毒物品目录：未列入

易制毒化学品管理条例 易制毒化学品的分类和品种目录：未列入

国际公约 斯德哥尔摩公约：未列入。鹿特丹公约：未列入。蒙特利尔议定书：未列入

第十六部分 其他信息

编写和修订信息 **缩略语和首字母缩写**
培训建议 **参考文献**
免责声明

呋 喃

第一部分 化学品标识

化学品中文名 呋喃；氧（杂）茂

化学品英文名 furan；divinylene oxide

分子式 C_4H_4O **相对分子质量** 68.1

结构式

第二部分 危险性概述

危紧急情况概述 极易燃液体和蒸气，吞咽有害，吸入有害

GHS危险性类别 易燃液体，类别1；急性毒性-经口，类别4；急性毒性-吸入，类别4；皮肤腐蚀/刺激，类别2；生殖细胞致突变性，类别2；致癌性，类别2；特异性靶器官毒性-反复接触，类别2；危害水生环境-急性危害，类别3；危害水生环境-长期危害，类别3

标签要素

象形图

警示词 危险

危险性说明 极易燃液体和蒸气，吞咽有害，吸入有害，造成皮肤刺激，怀疑可造成遗传性缺陷，怀疑致癌，长时间或反复接触可能对器官造成损伤，对水生生物有害并具有长期持续影响

防范说明

预防措施 远离热源、火花、明火、热表面。禁止吸烟。保持容器密闭。容器和接收设备接地连接。使用防爆电器、通风、照明设备。只能使用不产生火花的工具。采取防止静电措施。戴防护手套、防护眼镜、防护面罩。避免接触眼睛、皮肤，操作后彻底清洗。作业场所不得进食、饮水或吸烟。避免吸入蒸气、雾。仅在室外或通风良好处操作。得到专门指导后操作。在阅读并了解所有安全预防措施之前，切勿操作。按要求使用个体防护装备。禁止排入环境

事故响应 火灾时，使用泡沫、二氧化碳、干粉、砂土灭火。如吸入：将患者转移到空气新鲜处，休息，保持利于呼吸的体位。皮肤接触：立即脱掉所有被污染的衣服，用大量肥皂水和水清洗。如发生皮肤刺激，就医。被污染的衣服洗净后方可重新使用。食入：漱口。如果感觉不适，立即呼叫中毒控制中心或就医。如果接触或有担心，就医

安全储存 存放在通风良好的地方。保持低温。上锁保管

废弃处置 本品及内装物、容器依据国家和地方法规处置

物理和化学危险 极易燃，其蒸气与空气混合，能形成爆炸性混合物

健康危害 本品有麻醉和弱刺激作用。吸入后可引起头痛、头晕、恶心、呕吐、血压下降、呼吸衰竭

慢性影响：肝、肾损害

环境危害 对水生生物有害并具有长期持续影响

第三部分 成分/组成信息

√物质		混合物
有害物成分	**浓度**	**CAS No.**
呋喃		110-00-9

第四部分 急救措施

吸入 迅速脱离现场至空气新鲜处。保持呼吸道通畅。如呼吸困难，给输氧。如呼吸、心跳停止，立即进行心肺复苏术。就医

皮肤接触 立即脱去污染的衣着，用流动清水彻底冲洗。就医

眼睛接触 立即分开眼睑，用流动清水或生理盐水彻底冲

洗。就医

食入 漱口，饮水。就医

对保护施救者的忠告 根据需要使用个人防护设备

对医生的特别提示 对症处理

第五部分 消防措施

灭火剂 用泡沫、二氧化碳、干粉、砂土灭火

特别危险性 其蒸气与空气可形成爆炸性混合物，遇明火、高热能引起燃烧爆炸。与氧化剂能发生强烈反应。在空气中能形成不稳定的过氧化物，蒸馏时易引起爆炸。本品与酸液接触，能发生强烈的放热反应。在火场中，受热的容器有爆炸危险。蒸气比空气重，沿地面扩散并易积存于低洼处，遇火源会着火回燃。燃烧生成有害的一氧化碳

灭火注意事项及防护措施 消防人员必须佩戴空气呼吸器、穿全身防火防毒服，在上风向灭火。喷水冷却容器，尽可能将容器从火场移至空旷处。容器突然发出异常声音或出现异常现象，应立即撤离。用水灭火无效

第六部分 泄漏应急处理

作业人员防护措施、防护装备和应急处置程序 消除所有点火源。根据液体流动和蒸气扩散的影响区域划定警戒区，无关人员从侧风、上风向撤离至安全区。建议应急处理人员戴正压自给式呼吸器，穿防静电服。作业时使用的所有设备应接地。禁止接触或跨越泄漏物。尽可能切断泄漏源

环境保护措施 防止泄漏物进入水体、下水道、地下室或有限空间

泄漏化学品的收容、清除方法及所使用的处置材料 小量泄漏：用砂土或其他不燃材料吸收，使用洁净的无火花工具收集吸收材料。大量泄漏：构筑围堤或挖坑收容。用泡沫覆盖，减少蒸发。喷水雾能减少蒸发，但不能降低泄漏物在有限空间内的易燃性。用防爆泵转移至槽车或专用收集器内

第七部分 操作处置与储存

操作注意事项 密闭操作，全面通风。操作人员必须经过专门培训，严格遵守操作规程。远离火种、热源。工作场所严禁吸烟。使用防爆型的通风系统和设备。防止蒸气泄漏到工作场所空气中。避免与氧化剂、酸类接触。充装要控制流速，防止静电积聚。搬运时要轻装轻卸，防止包装及容器损坏。配备相应品种和数量的消防器材及泄漏应急处理设备。倒空的容器可能残留有害物

储存注意事项 通常商品加有阻聚剂。储存于阴凉、通风的库房。远离火种、热源。库温不宜超过29℃。避光保存。包装要求密封，不可与空气接触。应与氧化剂、酸类分开存放，切忌混储。采用防爆型照明、通风设施。禁止使用易产生火花的机械设备和工具。储区应备有泄漏应急处理设备和合适的收容材料

第八部分 接触控制/个体防护

职业接触限值

中国 PC-TWA（mg/m^3）：0.5mg/m^3 ［G2B］

美国(ACGIH) 未制定标准

生物接触限值 未制定标准

监测方法 空气中有毒物质测定方法：热解吸-气相色谱法。生物监测检验方法：未制定标准

工程控制 生产过程密闭，全面通风。提供安全的淋浴和洗眼设备

呼吸系统防护 一般不需要特殊防护，高浓度接触时可佩戴过滤式防毒面具（半面罩）

眼睛防护 一般不需特殊防护。必要时，戴安全防护眼镜

皮肤和身体防护 穿防静电工作服

手防护 戴橡胶耐油手套

第九部分 理化特性

外观与性状 无色液体，有温和的香味

pH值 无资料　**熔点(℃)** －85.6

沸点(℃) 31.4　**相对密度(水＝1)** 0.94

相对蒸气密度(空气＝1) 2.35

饱和蒸气压(kPa) 65.6（20℃）

燃烧热(kJ/mol) －2090.4　**临界温度(℃)** 无资料

临界压力(MPa) 5.32　**辛醇/水分配系数** 1.34

闪点(℃) －35（CC）　**自燃温度(℃)** 无资料

爆炸下限(%) 2.3　**爆炸上限(%)** 14.3

分解温度(℃) 无资料　**黏度(mPa·s)** 无资料

溶解性 不溶于水，溶于丙酮、苯，易溶于乙醇、乙醚等多数有机溶剂

主要用途 用于有机合成或用作溶剂

第十部分 稳定性和反应性

稳定性 稳定

危险反应 与强氧化剂等禁配物接触，有发生火灾和爆炸的危险

避免接触的条件 空气

禁配物 强氧化剂、酸类

危险的分解产物 无资料

第十一部分 毒理学信息

急性毒性 LC_{50}：3398ppm（大鼠吸入，1h）；120mg/m^3（小鼠吸入，1h）

皮肤刺激或腐蚀 无资料　**眼睛刺激或腐蚀** 无资料

呼吸或皮肤过敏 无资料

生殖细胞突变性 微生物致突变：鼠伤寒沙门氏菌 825nmol/皿。DNA修复：枯草杆菌 3500μg/皿。哺乳动物体细胞突变：小鼠淋巴细胞 1139mg/L。细胞遗传学分析：仓鼠卵巢 184mmol/L

致癌性 IARC致癌性评论：组2B，可疑人类致癌物。对人类致癌性证据有限，对动物致癌性证据不充分

生殖毒性 无资料

特异性靶器官系统毒性-一次接触 无资料

特异性靶器官系统毒性-反复接触 无资料

吸入危害 无资料

第十二部分 生态学资料

生态毒性

LC_{50} 61mg/L（96h）（黑头呆鱼）；166mg/L（48h）（青鳉）

EC_{50} 110mg/L（48h）（水蚤）

持久性和降解性

生物降解性 不易快速生物降解

非生物降解性 水中光氧化半衰期（h）：13.8～1375；空气中光氧化半衰期（h）：0.477～4.72

潜在的生物累积性 根据 K_{ow} 值预测，该物质的生物累积性可能较弱

土壤中的迁移性 根据 K_{oc} 值预测，该物质可能易发生迁移

第十三部分 废弃处置

废弃物性质 危险废物

废弃处置方法 建议用焚烧法处置

废弃注意事项 处置前应参阅国家和地方有关法规

第十四部分 运输信息

联合国危险货物编号（UN 号） 2389

联合国运输名称 呋喃

联合国危险性类别 3 **包装类别** Ⅰ类包装

包装标志  **海洋污染物** 否

运输注意事项 运输时运输车辆应配备相应品种和数量的消防器材及泄漏应急处理设备。夏季最好早晚运输。运输时所用的槽（罐）车应有接地链，槽内可设孔隔板以减少震荡产生的静电。严禁与氧化剂、酸类等混装混运。运输途中应防曝晒、雨淋，防高温。中途停留时应远离火种、热源、高温区。装运该物品的车辆排气管必须配备阻火装置，禁止使用易产生火花的机械设备和工具装卸。公路运输时要按规定路线行驶，勿在居民区和人口稠密区停留。铁路运输时要禁止溜放。严禁用木船、水泥船散装运输

第十五部分 法规信息

下列法律、法规、规章和标准，对该化学品的管理作了相应的规定。

中华人民共和国职业病防治法 职业病分类和目录：未列入

危险化学品安全管理条例 危险化学品目录：列入。易制爆危险化学品名录：未列入。重点监管的危险化学品名录：未列入。GB 18218—2009《危险化学品重大危险源辨识》（表 1）：未列入

使用有毒物品作业场所劳动保护条例 高毒物品目录：未列入

易制毒化学品管理条例 易制毒化学品的分类和品种目录：未列入

国际公约 斯德哥尔摩公约：未列入。鹿特丹公约：未列入。蒙特利尔议定书：未列入

第十六部分 其他信息

编写和修订信息 **缩略语和首字母缩写**

培训建议 **参考文献**

免责声明

呋喃甲醛

第一部分 化学品标识

化学品中文名 呋喃甲醛；糠醛

化学品英文名 furfural；2-furaldehyde

分子式 $C_5H_4O_2$ **相对分子质量** 96.09

结构式 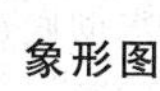

化学品的推荐及限制用途 用作溶剂，以及作为合成香料、糠醇、四氢呋喃的中间体

第二部分 危险性概述

紧急情况概述 易燃液体和蒸气，吞咽会中毒，皮肤接触有害，吸入会中毒

GHS 危险性类别 易燃液体，类别 3；急性毒性-经口，类别 3；急性毒性-经皮，类别 4；急性毒性-吸入，类别 3；皮肤腐蚀/刺激，类别 2；严重眼损伤/眼刺激，类别 2；特异性靶器官毒性-一次接触，类别 3（呼吸道刺激）；危害水生环境-急性危害，类别 3

标签要素

象形图 

警示词 危险

危险性说明 易燃液体和蒸气，吞咽会中毒，皮肤接触有害，吸入会中毒，造成皮肤刺激，造成严重眼刺激，可能引起呼吸道刺激，对水生生物有害

防范说明

预防措施 远离热源、火花、明火、热表面。禁止吸烟。保持容器密闭。容器和接收设备接地连接。使用防爆电器、通风、照明设备。只能使用不产生火花的工具。采取防止静电措施。戴防护手套、防护眼镜、防护面罩，穿防护服。避免接触眼睛、皮肤，操作后彻底清洗。作业场所不得进食、饮水或吸烟。避免吸入蒸气、雾。仅在室外或通风良好处操作。禁止排入环境

事故响应 火灾时，使用雾状水、泡沫、干粉、二氧化碳、砂土灭火。如吸入：将患者转移到空气新鲜处，休息，保持利于呼吸的体位。皮肤接触：立即脱掉所有被污染的衣服，用大量肥皂水和水清洗。如发生皮肤刺激，就医。被污染的衣服须经洗净后方可重新使用。如接触眼

睛：用水细心冲洗数分钟。如戴隐形眼镜并可方便地取出，取出隐形眼镜继续冲洗。如果眼睛刺激持续：就医。食入：漱口，立即呼叫中毒控制中心或就医

安全储存 存放在通风良好的地方。保持低温。保持容器密闭。上锁保管

废弃处置 本品及内装物、容器依据国家和地方法规处置

物理和化学危险 易燃，其蒸气与空气混合，能形成爆炸性混合物

健康危害 蒸气有强烈的刺激性，并有麻醉作用。动物吸入、经口或经皮肤吸收均可引起急性中毒，表现有呼吸道刺激、肺水肿、肝损害、中枢神经系统损害、呼吸中枢麻痹，以致死亡。兔眼高浓度接触本品时可引起角膜、结膜和眼睑损害，但能迅速痊愈。工人接触7.4～52.7mg/m^{3}糠醛 3 个月，出现黏膜刺激症状、头痛、舌麻木、呼吸困难。长期接触还可出现手、足皮肤色素沉着，皮炎，湿疹及慢性鼻炎等

环境危害 对水生生物有害

第三部分 成分/组成信息

√物质		混合物
组分	**浓度**	**CAS No.**
呋喃甲醛		98-01-1

第四部分 急救措施

吸入 迅速脱离现场至空气新鲜处。保持呼吸道通畅。如呼吸困难，给输氧。如呼吸、心跳停止，立即进行心肺复苏术。就医

皮肤接触 立即脱去污染的衣着，用流动清水彻底冲洗。就医

眼睛接触 立即分开眼睑，用流动清水或生理盐水彻底冲洗。就医

食入 漱口，饮水。就医

对保护施救者的忠告 根据需要使用个人防护设备

对医生的特别提示 对症处理

第五部分 消防措施

灭火剂 用雾状水、泡沫、干粉、二氧化碳、砂土灭火

特别危险性 受高热分解放出有毒的气体。燃烧生成有害的一氧化碳

灭火注意事项及防护措施 消防人员必须佩戴空气呼吸器、穿全身防火防毒服，在上风向灭火。尽可能将容器从火场移至空旷处。喷水保持火场容器冷却，直至灭火结束。容器突然发出异常声音或出现异常现象，应立即撤离

第六部分 泄漏应急处理

作业人员防护措施、防护装备和应急处置程序 消除所有点火源。根据液体流动和蒸气扩散的影响区域划定警戒区，无关人员从侧风、上风向撤离至安全区。建议应急处理人员戴正压自给式呼吸器，穿防静电、防腐蚀、防毒服，戴橡胶耐油手套。作业时使用的所有设备应接地。禁止接触或跨越泄漏物。尽可能切断泄漏源

环境保护措施 防止泄漏物进入水体、下水道、地下室或有限空间

泄漏化学品的收容、清除方法及所使用的处置材料 小量泄漏：用砂土或其他不燃材料吸收，使用洁净的无火花工具收集吸收材料。大量泄漏：构筑围堤或挖坑收容。用砂土、惰性物质或蛭石吸收大量液体。用硫酸氢钠（$NaHSO_4$）中和。用泡沫覆盖，减少蒸发。喷水雾能减少蒸发，但不能降低泄漏物在有限空间内的易燃性。用防爆、耐腐蚀泵转移至槽车或专用收集器内。喷雾状水驱散蒸气、稀释液体泄漏物

第七部分 操作处置与储存

操作注意事项 密闭操作，提供充分的局部排风。操作人员必须经过专门培训，严格遵守操作规程。建议操作人员佩戴过滤式防毒面具（半面罩），戴化学安全防护眼镜，穿防静电工作服，戴橡胶耐油手套。远离火种、热源。工作场所严禁吸烟。使用防爆型的通风系统和设备。防止蒸气泄漏到工作场所空气中。避免与氧化剂、碱类接触。充装要控制流速，防止静电积聚。搬运时要轻装轻卸，防止包装及容器损坏。配备相应品种和数量的消防器材及泄漏应急处理设备。倒空的容器可能残留有害物

储存注意事项 储存于阴凉、通风的库房。库温不宜超过37℃。远离火种、热源。避光保存。包装要求密封，不可与空气接触。应与氧化剂、碱类、食用化学品分开存放，切忌混储。不宜大量储存或久存。采用防爆型照明、通风设施。禁止使用易产生火花的机械设备和工具。储区应备有泄漏应急处理设备和合适的收容材料

第八部分 接触控制/个体防护

职业接触限值

中国 PC-TWA：5mg/m^3［皮］

美国(ACGIH) TLV-TWA：2ppm［皮］

生物接触限值 未制定标准

监测方法 空气中有毒物质测定方法：苯胺分光光度法。生物监测检验方法：未制定标准

工程控制 严加密闭，提供充分的局部排风。提供安全的淋浴和洗眼设备

个体防护装备

呼吸系统防护 可能接触其蒸气时，应该佩戴过滤式防毒面具（半面罩）

眼睛防护 戴化学安全防护眼镜

皮肤和身体防护 穿防静电工作服

手防护 戴橡胶耐油手套

第九部分 理化特性

外观与性状 无色至黄色油状液体，有杏仁样的气味

pH 值 无资料 **熔点(℃)** －36.5

沸点(℃) 161.8 **相对密度(水＝1)** 1.16

相对蒸气密度(空气＝1) 3.31

饱和蒸气压(kPa) 0.27 (20℃)

燃烧热(kJ/mol) −2338.7 **临界温度(℃)** 无资料

临界压力(MPa) 5.5

辛醇/水分配系数 0.41～0.69

闪点(℃) 60 (CC) **自燃温度(℃)** 315

爆炸下限(%) 2.1 **爆炸上限(%)** 19.3

分解温度(℃) 无资料

黏度(mPa·s) 1.58 (25℃)

溶解性 微溶于冷水，溶于热水、乙醇、乙醚、苯

第十部分 稳定性和反应性

稳定性 稳定

危险反应 与强氧化剂等禁配物接触，有发生火灾和爆炸的危险

避免接触的条件 受热、光照、接触空气

禁配物 强氧化剂、强碱

危险的分解产物 无资料

第十一部分 毒理学信息

急性毒性

LD_{50} 65mg/kg (大鼠经口)

LC_{50} 175ppm (大鼠吸入，6h)

皮肤刺激或腐蚀 家兔经皮：500mg (24h)，中度刺激

眼睛刺激或腐蚀 家兔经眼：20mg (24h)，重度刺激

呼吸或皮肤过敏 无资料

生殖细胞突变性 微生物致突变：鼠伤寒沙门氏菌 8094μg/皿。细胞遗传学分析：仓鼠卵巢 2500μmol/L。DNA抑制：人 HeLa 细胞 3mmol/L。姐妹染色单体交换：人淋巴细胞 70μmol/L。程序外 DNA 合成：人类肝脏 2 nmol/L (24h)

致癌性 IARC 致癌性评论：组 3，现有的证据不能对人类致癌性进行分类。对人类和动物致癌性证据不足

生殖毒性 无资料

特异性靶器官系统毒性-一次接触 无资料

特异性靶器官系统毒性-反复接触 狗吸入 507mg/m^3，每天 6h，每周 5d，共 4 周，产生肝脂肪变性

吸入危害 无资料

第十二部分 生态学信息

生态毒性

LC_{50} 24～32mg/L (96h) (鱼)

IC_{50} 2.7～31mg/L (72h) (藻类)

持久性和降解性

生物降解性 MITI-I 测试，初始浓度 100ppm，污泥浓度 30ppm，2 周后降解 93.5%

非生物降解性 无资料

潜在的生物累积性 根据 K_{ow} 值预测，该物质的生物累积性可能较弱

土壤中的迁移性 根据 K_{oc} 值预测，该物质可能易发生迁移

第十三部分 废弃处置

废弃化学品 用焚烧法处置

污染包装物 将容器返还生产商或按照国家和地方法规处置

废弃注意事项 把倒空的容器归还厂商或在规定场所掩埋

第十四部分 运输信息

联合国危险货物编号 (UN 号) 1199

联合国运输名称 糠醛

联合国危险性类别 6.1，3 **包装类别** Ⅱ类包装

包装标志 

海洋污染物 否

运输注意事项 运输时运输车辆应配备相应品种和数量的消防器材及泄漏应急处理设备。夏季最好早晚运输。运输时所用的槽（罐）车应有接地链，槽内可设孔隔板以减少震荡产生的静电。严禁与氧化剂、碱类、食用化学品等混装混运。运输途中应防曝晒、雨淋，防高温。中途停留时应远离火种、热源、高温区。装运该物品的车辆排气管必须配备阻火装置，禁止使用易产生火花的机械设备和工具装卸。公路运输时要按规定路线行驶，勿在居民区和人口稠密区停留。铁路运输时要禁止溜放。严禁用木船、水泥船散装运输

第十五部分 法规信息

下列法律、法规、规章和标准，对该化学品的管理作了相应的规定。

中华人民共和国职业病防治法 职业病分类和目录：未列入

危险化学品安全管理条例 危险化学品目录：列入。易制爆危险化学品名录：未列入。重点监管的危险化学品名录：未列入。GB 18218—2009《危险化学品重大危险源辨识》(表 1)：未列入

使用有毒物品作业场所劳动保护条例 高毒物品目录：未列入

易制毒化学品管理条例 易制毒化学品的分类和品种目录：未列入

国际公约 斯德哥尔摩公约：未列入。鹿特丹公约：未列入。蒙特利尔议定书：未列入

第十六部分 其他信息

编写和修订信息 **缩略语和首字母缩写**

培训建议 **参考文献**

免责声明

氟

第一部分 化学品标识

化学品中文名 氟 **化学品英文名** fluorine

分子式 F_2 **相对分子质量** 38.00

结构式 F—F

化学品的推荐及限制用途 用作火箭燃料中的氧化剂，以及用于氟化合物、含氟塑料、氟橡胶等的制造

第二部分 危险性概述

紧急情况概述 可引起燃烧或加剧燃烧：氧化剂，内装加压气体：遇热可能爆炸，吸入致命，造成严重的皮肤灼伤和眼损伤

GHS 危险性类别 氧化性气体，类别 1；加压气体；急性毒性-吸入，类别 2；皮肤腐蚀/刺激，类别 1A；严重眼损伤/眼刺激，类别 1

标签要素

象形图

警示词 危险

危险性说明 可引起燃烧或加剧燃烧：氧化剂，内装加压气体：遇热可能爆炸，吸入致命，造成严重的皮肤灼伤和眼损伤

防范说明

预防措施 储存处远离服装、可燃材料。阀门或紧固装置不得带有油脂或油剂。避免吸入气体。仅在室外或通风良好处操作。戴呼吸防护器具。避免接触眼睛、皮肤，操作后彻底清洗。戴防护手套，穿防护服，戴防护眼镜、防护面罩

事故响应 火灾时：如能保证安全，设法堵塞泄漏。如吸入：将患者转移到空气新鲜处，休息，保持利于呼吸的体位，立即呼叫中毒控制中心或就医。皮肤（或头发）接触：立即脱掉所有被污染的衣服，用水冲洗皮肤，淋浴。污染的衣服须洗净后方可重新使用。眼睛接触：用水细心地冲洗数分钟。如戴隐形眼镜并可方便地取出，则取出隐形眼镜继续冲洗。食入：漱口。不要催吐

安全储存 防日晒。存放在通风良好的地方。保持容器密闭。上锁保管

废弃处置 本品及内装物、容器依据国家和地方法规处置

物理和化学危险 助燃。与可燃物混合会发生爆炸。遇水剧烈反应

健康危害 本品高浓度时有强烈的腐蚀作用

急性中毒 高浓度接触眼和上呼吸道出现强烈的刺激症状，重者引起肺水肿、肺出血、喉及支气管痉挛。氟对皮肤、黏膜有强烈的刺激作用，高浓度可引起严重灼伤

慢性影响 可引起慢性鼻炎、咽炎、喉炎、气管炎、植物神经功能紊乱和骨骼改变。尿氟可增高

环境危害 对环境可能有害

第三部分 成分/组成信息

√物质		混合物
组分	**浓度**	**CAS No.**
氟		7782-41-4

第四部分 急救措施

吸入 迅速脱离现场至空气新鲜处。保持呼吸道通畅。如呼吸困难，给输氧。如呼吸、心跳停止，立即进行心肺复苏术。就医

皮肤接触 立即脱去污染的衣着，用大量流动清水彻底冲洗至少 15min。就医

眼睛接触 立即分开眼睑，用流动清水或生理盐水彻底冲洗至少 15min。就医

对保护施救者的忠告 根据需要使用个人防护设备

对医生的特别提示 对症处理

第五部分 消防措施

灭火剂 本品不燃。根据着火原因选择适当灭火剂灭火

特别危险性 几乎可与所有的物质发生剧烈反应而燃烧。与氢气混合时会引起爆炸。特别是与水或杂质接触时，可发生激烈反应而燃烧，使容器破裂。氟对许多金属有腐蚀性，并能形成一层保护性金属氟化物

灭火注意事项及防护措施 切断气源。须有无人操纵的定点水塔或雾状水保持火场中容器冷却，切不可将水直接喷到漏气的地方，否则会助长火势

第六部分 泄漏应急处理

作业人员防护措施、防护装备和应急处置程序 根据气体的影响区域划定警戒区，无关人员从侧风、上风向撤离至安全区。建议应急处理人员穿内置正压自给式呼吸器的全封闭防化服。勿使泄漏物与可燃物质（如木材、纸、油等）接触。尽可能切断泄漏源。喷雾状水抑制蒸气或改变蒸气云流向，避免水流接触泄漏物。禁止用水直接冲击泄漏物或泄漏源

环境保护措施 防止气体通过下水道、通风系统和有限空间扩散

泄漏化学品的收容、清除方法及所使用的处置材料 隔离泄漏区直至气体散尽。泄漏场所保持通风

第七部分 操作处置与储存

操作注意事项 严加密闭，提供充分的局部排风和全面通风。操作人员必须经过专门培训，严格遵守操作规程。建议操作人员佩戴导管式防毒面具，穿胶布防毒衣，戴橡胶手套。远离火种、热源。工作场所严禁吸烟。远离易燃、可燃物。防止气体泄漏到工作场所空气中。避免与活性金属粉末接触。搬运时轻装轻卸，防止钢瓶及附件破损。配备相应品种和数量的消防器材及泄漏应急处理设备

储存注意事项 储存于阴凉、通风的有毒气体专用库房。实行“双人收发、双人保管”制度。远离火种、热源。库温不宜超过 30℃。应与易（可）燃物、活性金属粉末、食用化学品分开存放，切忌混储。储区应备有泄漏应急处理设备

第八部分 接触控制/个体防护

职业接触限值

中国 未制定标准

美国(ACGIH) TLV-TWA：1ppm；TLV-STEL：2ppm

生物接触限值 尿氟：42mmol/mol 肌酐（7mg/g 肌酐）（采样时间：工作班后）

监测方法 空气中有毒物质测定方法：未制定标准。生物监测检验方法：尿中氟的离子选择电极测定方法

工程控制 严加密闭，提供充分的局部排风和全面通风。提供安全的淋浴和洗眼设备

个体防护装备

呼吸系统防护 正常工作情况下，佩戴过滤式防毒面具（半面罩）。紧急事态抢救或撤离时，必须佩戴空气呼吸器

眼睛防护 戴化学安全防护眼镜

皮肤和身体防护 穿隔绝式防毒服

手防护 戴橡胶手套

第九部分 理化特性

外观与性状 淡黄色气体，有刺激性气味

pH 值 无意义 **熔点(℃)** －219

沸点(℃) －188

相对密度(水＝1) 1.14（－200℃）

相对蒸气密度(空气＝1) 1.695

饱和蒸气压(kPa) 0.133（－223℃）

燃烧热(kJ/mol) 无资料 **临界温度(℃)** －129

临界压力(MPa) 5.57 **辛醇/水分配系数** 0.22

闪点(℃) 无意义 **自燃温度(℃)** 无意义

爆炸下限(%) 无意义 **爆炸上限(%)** 无意义

分解温度(℃) 无资料 **黏度(mPa·s)** 无资料

溶解性 与水反应

第十部分 稳定性和反应性

稳定性 稳定

危险反应 与易燃或可燃物、活性金属粉末等禁配物接触，有发生火灾和爆炸的危险

避免接触的条件 潮湿空气

禁配物 易燃或可燃物、活性金属粉末、氨、联胺等

危险的分解产物 无意义

第十一部分 毒理学信息

急性毒性 LC_{50}：233mg/m^3（大鼠吸入，1h）

皮肤刺激或腐蚀 无资料

眼睛刺激或腐蚀 人经眼：25ppm（5min），轻度刺激

呼吸或皮肤过敏 无资料 **生殖细胞突变性** 无资料

致癌性 无资料 **生殖毒性** 无资料

特异性靶器官系统毒性-一次接触 无资料

特异性靶器官系统毒性-反复接触 小鼠、豚鼠、兔和狗分别吸入 25mg/m^3、8mg/m^3、3mg/m^3、0.8mg/m^3，35d，动物死亡率＜40%，尸检见支气管炎、支气管扩张、肺出血、肺水肿

吸入危害 无资料

第十二部分 生态学信息

生态毒性 无资料

持久性和降解性

生物降解性 无资料

非生物降解性 无资料

潜在的生物累积性 无资料

土壤中的迁移性 无资料

第十三部分 废弃处置

废弃化学品 把废气通过活性炭床，生成的四氟化碳直接排空，接着进入氟-烃空气燃烧器燃烧，再通过碱溶液洗涤后经烟囱排空

污染包装物 将容器返还生产商或按照国家和地方法规处置

废弃注意事项 把空容器归还厂商

第十四部分 运输信息

联合国危险货物编号（UN 号） 1045

联合国运输名称 压缩氟

联合国危险性类别 2.3，5.1/8

包装类别 -

包装标志

海洋污染物 否

运输注意事项 采用钢瓶运输时必须戴好钢瓶上的安全帽。钢瓶一般平放，并应将瓶口朝同一方向，不可交叉；高度不得超过车辆的防护栏板，并用三角木垫卡牢，防止滚动。严禁与易燃物或可燃物、活性金属粉末、食用化学品等混装混运。夏季应早晚运输，防止日光曝晒。公路运输时要按规定路线行驶，禁止在居民区和人口稠密区停留。铁路运输时要禁止溜放

第十五部分 法规信息

下列法律、法规、规章和标准，对该化学品的管理作了相应的规定。

中华人民共和国职业病防治法 职业病分类和目录：氟及其无机化合物中毒

危险化学品安全管理条例 危险化学品目录：列入。作为剧毒化学品进行管理。易制爆危险化学品名录：未列入。重点监管的危险化学品名录：未列入。GB 18218—2009《危险化学品重大危险源辨识》(表 1)：列入。类别：毒性气体。临界量（t）：1

使用有毒物品作业场所劳动保护条例 高毒物品目录：未列入

易制毒化学品管理条例 易制毒化学品的分类和品种目录：未列入

国际公约 斯德哥尔摩公约：未列入。鹿特丹公约：未列入。蒙特利尔议定书：未列入

第十六部分 其他信息

编写和修订信息 **缩略语和首字母缩写**

培训建议 **参考文献**

免责声明

氟　苯

第一部分　化学品标识

化学品中文名　氟苯；氟代苯

化学品英文名　fluorobenzene；phenyl fluoride

分子式　C_6H_5F　**相对分子质量**　96.1

结构式 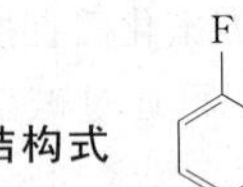

化学品的推荐及限制用途　用作杀虫、杀卵剂，以及用于塑料和树脂聚合物的鉴定

第二部分　危险性概述

紧急情况概述　高度易燃液体和蒸气

GHS危险性类别　易燃液体，类别2；急性毒性-经口，类别5；急性毒性-吸入，类别5；皮肤腐蚀/刺激，类别3；严重眼损伤/眼刺激，类别2A；危害水生环境-急性危害，类别2；危害水生环境-长期危害，类别2

标签要素

象形图 

警示词　危险

危险性说明　高度易燃液体和蒸气，吞咽可能有害，吸入可能有害，造成轻微皮肤刺激，造成严重眼刺激，对水生生物有毒并具有长期持续影响

防范说明

预防措施　远离热源、火花、明火、热表面。禁止吸烟。保持容器密闭。容器和接收设备接地连接。使用防爆电器、通风、照明设备。只能使用不产生火花的工具。采取防止静电措施。戴防护手套、防护眼镜、防护面罩。避免接触眼睛、皮肤，操作后彻底清洗。禁止排入环境

事故响应　火灾时，使用泡沫、干粉、二氧化碳、砂土灭火。如皮肤（或头发）接触：立即脱掉所有被污染的衣服，用水冲洗皮肤，淋浴。如果感觉不适，呼叫中毒控制中心或就医。如发生皮肤刺激，就医。如接触眼睛：用水细心冲洗数分钟。如戴隐形眼镜并可方便地取出，取出隐形眼镜继续冲洗。如果眼睛刺激持续：就医。收集泄漏物

安全储存　存放在通风良好的地方。保持低温

废弃处置　本品及内装物、容器依据国家和地方法规处置

物理和化学危险　高度易燃，其蒸气与空气混合，能形成爆炸性混合物

健康危害　动物实验显示，高浓度吸入有抽搐、震颤和麻醉作用

环境危害　对水生生物有毒并具有长期持续影响

第三部分　成分/组成信息

√物质		混合物
组分	浓度	CAS No.
氟苯		462-06-6

第四部分　急救措施

吸入　迅速脱离现场至空气新鲜处。保持呼吸道通畅。如呼吸困难，给输氧。如呼吸、心跳停止，立即进行心肺复苏术。就医

皮肤接触　立即脱去污染的衣着，用流动清水彻底冲洗。就医

眼睛接触　立即分开眼睑，用流动清水或生理盐水彻底冲洗。就医

食入　漱口，饮水。就医

对保护施救者的忠告　根据需要使用个人防护设备

对医生的特别提示　对症处理

第五部分　消防措施

灭火剂　用泡沫、干粉、二氧化碳、砂土灭火

特别危险性　易燃，遇高热、明火、氧化剂有引起燃烧的危险。蒸气比空气重，沿地面扩散并易积存于低洼处，遇火源会着火回燃。燃烧生成有害的一氧化碳、氟化氢

灭火注意事项及防护措施　消防人员必须佩戴空气呼吸器、穿全身防火防毒服，在上风向灭火。喷水冷却容器，尽可能将容器从火场移至空旷处。容器突然发出异常声音或出现异常现象，应立即撤离。用水灭火无效

第六部分　泄漏应急处理

作业人员防护措施、防护装备和应急处置程序　消除所有点火源。根据液体流动和蒸气扩散的影响区域划定警戒区，无关人员从侧风、上风向撤离至安全区。建议应急处理人员戴正压自给式呼吸器，穿防毒、防静电服。作业时使用的所有设备应接地。禁止接触或跨越泄漏物。尽可能切断泄漏源

环境保护措施　防止泄漏物进入水体、下水道、地下室或有限空间

泄漏化学品的收容、清除方法及所使用的处置材料　小量泄漏：用砂土或其他不燃材料吸收，使用洁净的无火花工具收集吸收材料。大量泄漏：构筑围堤或挖坑收容。用泡沫覆盖，减少蒸发。喷水雾能减少蒸发，但不能降低泄漏物在有限空间内的易燃性。用防爆泵转移至槽车或专用收集器内

第七部分　操作处置与储存

操作注意事项　密闭操作，加强通风。操作人员必须经过专门培训，严格遵守操作规程。建议操作人员佩戴自吸过滤式防毒面具（半面罩），戴安全防护眼镜，穿防静电工作服，戴橡胶耐油手套。远离火种、热源。工作场所严禁吸烟。使用防爆型的通风系统和设备。防止蒸气泄漏到工作场所空气中。避免与氧化剂接

触。灌装时应控制流速，且有接地装置，防止静电积聚。搬运时要轻装轻卸，防止包装及容器损坏。配备相应品种和数量的消防器材及泄漏应急处理设备。倒空的容器可能残留有害物

储存注意事项 储存于阴凉、通风的库房。远离火种、热源。库温不宜超过37℃。保持容器密封。应与氧化剂分开存放，切忌混储。采用防爆型照明、通风设施。禁止使用易产生火花的机械设备和工具。储区应备有泄漏应急处理设备和合适的收容材料

第八部分 接触控制/个体防护

职业接触限值

中国 未制定标准

美国(ACGIH) 未制定标准

生物接触限值 未制定标准

监测方法 空气中有毒物质测定方法：未制定标准。生物监测检验方法：未制定标准

工程控制 生产过程密闭，加强通风。提供安全的淋浴和洗眼设备

个体防护装备

呼吸系统防护 空气中浓度超标时，佩戴过滤式防毒面具（半面罩）。紧急事态抢救或撤离时，应该佩戴空气呼吸器

眼睛防护 一般不需要特殊防护，高浓度接触时可戴安全防护眼镜

皮肤和身体防护 穿防静电工作服

手防护 戴橡胶耐油手套

第九部分 理化特性

外观与性状 无色透明液体，有苯样的气味

pH值 无资料 **熔点(℃)** −42

沸点(℃) 85 **相对密度(水=1)** 1.024

相对蒸气密度(空气=1) 3.31

饱和蒸气压(kPa) 19.92 (39.4℃)

燃烧热(kJ/mol) −3123.3 **临界温度(℃)** 286.6

临界压力(MPa) 4.52 **辛醇/水分配系数** 2.27

闪点(℃) −15 **自燃温度(℃)** 无资料

爆炸下限(%) 1.6 **爆炸上限(%)** 9.1

分解温度(℃) 无资料 **黏度(mPa·s)** 无资料

溶解性 不溶于水，可混溶于乙醇、乙醚、丙酮、苯

第十部分 稳定性和反应性

稳定性 稳定

危险反应 与强氧化剂等禁配物接触，有发生火灾和爆炸的危险

避免接触的条件 无资料

禁配物 强氧化剂

危险的分解产物 氟化氢

第十一部分 毒理学信息

急性毒性

LD_{50} 4399mg/kg（大鼠经口）

LC_{50} 26908mg/m^3（大鼠吸入）

皮肤刺激或腐蚀 无资料 **眼睛刺激或腐蚀** 无资料

呼吸或皮肤过敏 无资料 **生殖细胞突变性** 无资料

致癌性 无资料 **生殖毒性** 无资料

特异性靶器官系统毒性-一次接触 无资料

特异性靶器官系统毒性-反复接触 无资料

吸入危害 无资料

第十二部分 生态学信息

生态毒性 EC_{50} 7.73mg/L (24h)（水蚤）

持久性和降解性

生物降解性 不易快速生物降解

非生物降解性 无资料

潜在的生物累积性 根据K_{ow}值预测，该物质的生物累积性可能较弱

土壤中的迁移性 根据K_{oc}值预测，该物质可能有一定的迁移性

第十三部分 废弃处置

废弃化学品 建议用焚烧法处置。焚烧炉排出的卤化氢通过酸洗涤器除去

污染包装物 将容器返还生产商或按照国家和地方法规处置

废弃注意事项 处置前应参阅国家和地方有关法规

第十四部分 运输信息

联合国危险货物编号（UN号） 2387

联合国运输名称 氟苯

联合国危险性类别 3 **包装类别** Ⅱ类包装

包装标志 

海洋污染物 否

运输注意事项 运输时运输车辆应配备相应品种和数量的消防器材及泄漏应急处理设备。夏季最好早晚运输。运输时所用的槽（罐）车应有接地链，槽内可设孔隔板以减少震荡产生的静电。严禁与氧化剂等混装混运。运输途中应防曝晒、雨淋，防高温。中途停留时应远离火种、热源、高温区。装运该物品的车辆排气管必须配备阻火装置，禁止使用易产生火花的机械设备和工具装卸。公路运输时要按规定路线行驶，勿在居民区和人口稠密区停留。铁路运输时要禁止溜放。严禁用木船、水泥船散装运输

第十五部分 法规信息

下列法律、法规、规章和标准，对该化学品的管理作了相应的规定。

中华人民共和国职业病防治法 职业病分类和目录：未列入

危险化学品安全管理条例 危险化学品目录：列入。易制爆危险化学品名录：未列入。重点监管的危险化学品名录：未列入。GB 18218—2009《危险化学品重大危险源辨识》(表1)：未列入

使用有毒物品作业场所劳动保护条例 高毒物品目录：未

列入

易制毒化学品管理条例 易制毒化学品的分类和品种目录：未列入

国际公约 斯德哥尔摩公约：未列入。鹿特丹公约：未列入。蒙特利尔议定书：未列入

第十六部分 其他信息

编写和修订信息 **缩略语和首字母缩写**

培训建议 **参考文献**

免责声明

4-氟苯胺

第一部分 化学品标识

化学品中文名 4-氟苯胺；对氟苯胺

化学品英文名 4-fluoroaniline；*p*-fluoroaniline

分子式 C_6H_6FN **相对分子质量** 111.13

结构式 F—⟨苯环⟩—NH_2

化学品的推荐及限制用途 用作制造除草剂、染料的中间体

第二部分 危险性概述

紧急情况概述 可燃液体，吞咽有害

GHS 危险性类别 易燃液体，类别 4；急性毒性-经口，类别 4；皮肤腐蚀/刺激，类别 2；严重眼损伤/眼刺激，类别 2A；特异性靶器官毒性-一次接触，类别 3（呼吸道刺激）；危害水生环境-急性危害，类别 3；危害水生环境-长期危害，类别 3

标签要素

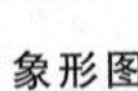 

警示词 警告

危险性说明 可燃液体，吞咽有害，造成皮肤刺激，造成严重眼刺激，可能引起呼吸道刺激，对水生生物有害并具有长期持续影响

防范说明

预防措施 远离火焰和热表面。禁止吸烟。戴防护手套、防护眼镜、防护面罩。避免接触眼睛、皮肤，操作后彻底清洗。作业场所不得进食、饮水或吸烟。禁止排入环境

事故响应 火灾时，使用雾状水、泡沫、二氧化碳、砂土灭火。皮肤接触：用大量肥皂水和水清洗。如发生皮肤刺激，就医。脱去被污染的衣服，洗净后方可重新使用。如接触眼睛：用水细心冲洗数分钟。如戴隐形眼镜并可方便地取出，取出隐形眼镜继续冲洗。如果眼睛刺激持续：就医。食入：漱口。如果感觉不适，立即呼叫中毒控制中心或就医

安全储存 存放在通风良好的地方。保持低温

废弃处置 本品及内装物、容器依据国家和地方法规处置

物理和化学危险 可燃，其蒸气与空气混合，能形成爆炸性混合物

健康危害 蒸气或雾对眼、黏膜、上呼吸道和皮肤有刺激性。吸入进入体内可引起高铁血红蛋白血症。高浓度接触引起紫绀

环境危害 对水生生物有害并具有长期持续影响

第三部分 成分/组成信息

√物质		混合物
组分	**浓度**	**CAS No.**
4-氟苯胺		371-40-4

第四部分 急救措施

吸入 迅速脱离现场至空气新鲜处。保持呼吸道通畅。如呼吸困难，给吸氧。如呼吸、心跳停止，立即行心肺复苏术。就医

皮肤接触 立即脱去污染衣着，用肥皂水或清水彻底冲洗。就医

眼睛接触 分开眼睑，用清水或生理盐水冲洗。就医

食入 漱口，饮水。就医

对保护施救者的忠告 根据需要使用个人防护设备

对医生的特别提示 高铁血红蛋白血症，可用美蓝和维生素 C 治疗

第五部分 消防措施

灭火剂 用雾状水、泡沫、二氧化碳、砂土灭火

特别危险性 受高热分解放出有毒的气体。与强氧化剂接触可发生化学反应。燃烧生成有害的一氧化碳、氮氧化物、氟化氢

灭火注意事项及防护措施 消防人员必须佩戴空气呼吸器、穿全身防火防毒服，在上风向灭火。尽可能将容器从火场移至空旷处。喷水保持火场容器冷却，直至灭火结束。容器突然发出异常声音或出现异常现象，应立即撤离

第六部分 泄漏应急处理

作业人员防护措施、防护装备和应急处置程序 根据液体流动和蒸气扩散的影响区域划定警戒区，无关人员从侧风、上风向撤离至安全区。消除所有点火源。建议应急处理人员戴正压自给式呼吸器，穿防毒服，戴橡胶耐油手套。穿上适当的防护服前严禁接触破裂的容器和泄漏物。尽可能切断泄漏源

环境保护措施 防止泄漏物进入水体、下水道、地下室或有限空间

泄漏化学品的收容、清除方法及所使用的处置材料 小量泄漏：用干燥的砂土或其他不燃材料吸收或覆盖，收集于容器中。大量泄漏：构筑围堤或挖坑收容。用泵转移至槽车或专用收集器内

第七部分 操作处置与储存

操作注意事项 密闭操作，提供充分的局部排风。操作人员必须经过专门培训，严格遵守操作规程。建议操作

人员佩戴过滤式防毒面具（半面罩），戴安全防护眼镜，穿防毒物渗透工作服，戴橡胶耐油手套。远离火种、热源。工作场所严禁吸烟。使用防爆型的通风系统和设备。防止蒸气泄漏到工作场所空气中。避免与氧化剂、酸类接触。搬运时要轻装轻卸，防止包装及容器损坏。配备相应品种和数量的消防器材及泄漏应急处理设备。倒空的容器可能残留有害物

储存注意事项 储存于阴凉、通风的库房。远离火种、热源。保持容器密封。应与氧化剂、酸类、食用化学品分开存放，切忌混储。配备相应品种和数量的消防器材。储区应备有泄漏应急处理设备和合适的收容材料

第八部分 接触控制/个体防护

职业接触限值

中国 未制定标准

美国(ACGIH) 未制定标准

生物接触限值 未制定标准

监测方法 空气中有毒物质测定方法：未制定标准。生物监测检验方法：未制定标准

工程控制 严加密闭，提供充分的局部排风。提供安全的淋浴和洗眼设备

个体防护装备

呼吸系统防护 可能接触其蒸气时，佩戴过滤式防毒面具（半面罩）。紧急事态抢救或撤离时，佩戴空气呼吸器

眼睛防护 戴安全防护眼镜

皮肤和身体防护 穿防毒物渗透工作服

手防护 戴橡胶耐油手套

第九部分 理化特性

外观与性状 淡黄色的油状液体，有刺激性气味

pH 值 无资料 **熔点(℃)** −1.9

沸点(℃) 188 **相对密度(水=1)** 1.17

相对蒸气密度(空气=1) 无资料

饱和蒸气压(kPa) 无资料

燃烧热(kJ/mol) 无资料 **临界温度(℃)** 无资料

临界压力(MPa) 无资料 **辛醇/水分配系数** 1.15

闪点(℃) 73.9 **引燃温度(℃)** 无资料

爆炸下限(%) 无资料 **爆炸上限(%)** 无资料

分解温度(℃) 无资料 **黏度(mPa·s)** 无资料

溶解性 微溶于水，溶于乙醇、乙醚等

第十部分 稳定性和反应性

稳定性 稳定

危险反应 与强氧化剂等禁配物发生反应

避免接触的条件 受热

禁配物 酸类、酰基氯、酸酐、氯仿、强氧化剂

危险的分解产物 氟化氢、氨

第十一部分 毒理学信息

急性毒性 LD_{50}：417mg/kg（大鼠经口）

皮肤刺激或腐蚀 家兔经皮：2mg（24h），重度刺激

眼睛刺激或腐蚀 家兔经眼：250μg（24h），重度刺激

呼吸或皮肤过敏 无资料 **生殖细胞突变性** 无资料

致癌性 无资料 **生殖毒性** 无资料

特异性靶器官系统毒性-一次接触 无资料

特异性靶器官系统毒性-反复接触 无资料

吸入危害 无资料

第十二部分 生态学信息

生态毒性 LC_{50}：16.9mg/L（96h）（鱼）

持久性和降解性

生物降解性 无资料

非生物降解性 无资料

潜在的生物累积性 根据 K_{ow} 值预测，该物质的生物累积性可能较弱

土壤中的迁移性 根据 K_{oc} 值预测，该物质可能易发生迁移

第十三部分 废弃处置

废弃化学品 建议用焚烧法处置。焚烧炉排出的气体要通过洗涤器除去

污染包装物 将容器返还生产商或按照国家和地方法规处置

废弃注意事项 处置前应参阅国家和地方有关法规

第十四部分 运输信息

联合国危险货物编号（UN 号） 2941

联合国运输名称 氟苯胺

联合国危险性类别 6.1 **包装类别** Ⅲ类包装

包装标志 （6） **海洋污染物** 否

运输注意事项 运输前应先检查包装容器是否完整、密封，运输过程中要确保容器不泄漏、不倒塌、不坠落、不损坏。严禁与酸类、氧化剂、食品及食品添加剂混运。运输时运输车辆应配备相应品种和数量的消防器材及泄漏应急处理设备。运输途中应防曝晒、雨淋，防高温。公路运输时要按规定路线行驶

第十五部分 法规信息

下列法律、法规、规章和标准，对该化学品的管理作了相应的规定。

中华人民共和国职业病防治法 职业病分类和目录：苯的氨基及硝基化合物中毒

危险化学品安全管理条例 危险化学品目录：列入。易制爆危险化学品名录：未列入。重点监管的危险化学品名录：未列入。GB 18218—2009《危险化学品重大危险源辨识》（表 1）：未列入

使用有毒物品作业场所劳动保护条例 高毒物品目录：未列入

易制毒化学品管理条例 易制毒化学品的分类和品种目录：未列入

国际公约 斯德哥尔摩公约：未列入。鹿特丹公约：未列入。蒙特利尔议定书：未列入

第十六部分 其他信息

编写和修订信息 **缩略语和首字母缩写**
培训建议 **参考文献**
免责声明

氟 硅 酸

第一部分 化学品标识

化学品中文名 氟硅酸；硅氟酸
化学品英文名 fluosilicic acid；silicofluoric acid
分子式 H_2SiF_6 **相对分子质量** 144.11
化学品的推荐及限制用途 制取氟硅酸盐及四氟化硅的原料，也应用于金属电镀、木材防腐、啤酒消毒等

第二部分 危险性概述

紧急情况概述 造成严重的皮肤灼伤和眼损伤
GHS 危险性类别 皮肤腐蚀/刺激，类别 1B；严重眼损伤/眼刺激，类别 1
标签要素

象形图 

警示词 危险
危险性说明 造成严重的皮肤灼伤和眼损伤
防范说明
预防措施 避免接触眼睛、皮肤，操作后彻底清洗。戴防护手套、穿防护服、戴防护眼镜、防护面罩
事故响应 食入：漱口。不要催吐。如吸入：将患者转移到空气新鲜处，休息，保持利于呼吸的体位，立即呼叫中毒控制中心或就医。皮肤（或头发）接触：立即脱掉所有被污染的衣服，用水冲洗皮肤，淋浴。污染的衣服须洗净后方可重新使用。眼睛接触：用水细心地冲洗数分钟。如戴隐形眼镜并可方便地取出，则取出隐形眼镜继续冲洗
安全储存 上锁保管
废弃处置 本品及内装物、容器依据国家和地方法规处置
物理和化学危险 不燃，无特殊燃爆特性
健康危害 皮肤直接接触，引起发红，局部有烧灼感，重者有溃疡形成。对机体的作用似氢氟酸，但较弱
环境危害 对环境可能有害

第三部分 成分/组成信息

√物质		混合物
组分	**浓度**	**CAS No.**
氟硅酸		16961-83-4

第四部分 急救措施

吸入 迅速脱离现场至空气新鲜处。保持呼吸道通畅。如呼吸困难，给输氧。如呼吸、心跳停止，立即进行心肺复苏术。就医
皮肤接触 立即脱去污染的衣着，用大量流动清水彻底冲洗至少 15min。就医
眼睛接触 立即分开眼睑，用流动清水或生理盐水彻底冲洗至少 15min。就医
食入 用水漱口，禁止催吐。给饮牛奶或蛋清。就医
对保护施救者的忠告 根据需要使用个人防护设备
对医生的特别提示 对症处理

第五部分 消防措施

灭火剂 用泡沫、干粉、二氧化碳、砂土灭火
特别危险性 受热分解放出有毒的氟化物气体。具有较强的腐蚀性
灭火注意事项及防护措施 消防人员必须穿全身耐酸碱消防服、佩戴空气呼吸器灭火。尽可能将容器从火场移至空旷处。喷水保持火场容器冷却，直至灭火结束

第六部分 泄漏应急处理

作业人员防护措施、防护装备和应急处置程序 根据液体流动和蒸气扩散的影响区域划定警戒区，无关人员从侧风、上风向撤离至安全区。建议应急处理人员戴正压自给式呼吸器，穿防腐蚀、防毒服，戴橡胶耐酸碱手套。穿上适当的防护服前严禁接触破裂的容器和泄漏物。尽可能切断泄漏源
环境保护措施 防止泄漏物进入水体、下水道、地下室或有限空间
泄漏化学品的收容、清除方法及所使用的处置材料 小量泄漏：用干燥的砂土或其他不燃材料吸收或覆盖，收集于容器中。大量泄漏：构筑围堤或挖坑收容。用碎石灰石（$CaCO_3$）、苏打灰（Na_2CO_3）或石灰（CaO）中和。用耐腐蚀泵转移至槽车或专用收集器内

第七部分 操作处置与储存

操作注意事项 密闭操作，注意通风。操作尽可能机械化、自动化。操作人员必须经过专门培训，严格遵守操作规程。建议操作人员佩戴自吸过滤式防毒面具（全面罩），穿橡胶耐酸碱服，戴橡胶耐酸碱手套。远离易燃、可燃物。防止蒸气泄漏到工作场所空气中。避免与碱类接触。搬运时要轻装轻卸，防止包装及容器损坏。配备泄漏应急处理设备。倒空的容器可能残留有害物
储存注意事项 储存于阴凉、通风的库房。远离火种、热源。库房温度不超过 30℃，相对湿度不超过 80%。保持容器密封。应与易（可）燃物、碱类分开存放，切忌混储。储区应备有泄漏应急处理设备和合适的收容材料

第八部分 接触控制/个体防护

职业接触限值
中国 PC-TWA：2mg/m³［按 F 计］

美国(ACGIH) TLV-TWA：2.5mg/m³ [按F计]

生物接触限值 尿氟：42mmol/mol 肌酐（7mg/g 肌酐）（采样时间：工作班后）

监测方法 空气中有毒物质测定方法：离子选择电极法。生物监测检验方法：尿中氟的离子选择电极测定方法

工程控制 密闭操作，注意通风。提供安全的淋浴和洗眼设备

个体防护装备

呼吸系统防护 可能接触其烟雾时，佩戴过滤式防毒面具（全面罩）或空气呼吸器。紧急事态抢救或撤离时，建议佩戴空气呼吸器

眼睛防护 呼吸系统防护中已作防护

皮肤和身体防护 穿橡胶耐酸碱服

手防护 戴橡胶耐酸碱手套

第九部分 理化特性

外观与性状 无色透明的发烟液体，有刺激性气味

pH 值 无资料 **熔点(℃)** −20～−17

沸点(℃) 105（分解） **相对密度(水=1)** 1.2

相对蒸气密度(空气=1) 无资料

饱和蒸气压(kPa) 3.19（20℃）

燃烧热(kJ/mol) 无资料 **临界温度(℃)** 无资料

临界压力(MPa) 无资料 **辛醇/水分配系数** 无资料

闪点(℃) 无意义 **自燃温度(℃)** 无意义

爆炸下限(%) 无意义 **爆炸上限(%)** 无意义

分解温度(℃) 无资料 **黏度(mPa·s)** 无资料

溶解性 溶于水

第十部分 稳定性和反应性

稳定性 稳定

危险反应 与碱类等禁配物发生反应

避免接触的条件 受热

禁配物 碱类、易燃或可燃物

危险的分解产物 氟化氢

第十一部分 毒理学信息

急性毒性 LD_{50}：430mg/kg（大鼠经口）

皮肤刺激或腐蚀 无资料 **眼睛刺激或腐蚀** 无资料

呼吸或皮肤过敏 无资料 **生殖细胞突变性** 无资料

致癌性 无资料 **生殖毒性** 无资料

特异性靶器官系统毒性-一次接触 无资料

特异性靶器官系统毒性-反复接触 无资料

吸入危害 无资料

第十二部分 生态学信息

生态毒性 无资料

持久性和降解性

生物降解性 无资料

非生物降解性 无资料

潜在的生物累积性 无资料

土壤中的迁移性 无资料

第十三部分 废弃处置

废弃化学品 根据国家和地方有关法规的要求处置。或与制造商联系，确定处置方法

污染包装物 将容器返还生产商或按照国家和地方法规处置

废弃注意事项 处置前应参阅国家和地方有关法规

第十四部分 运输信息

联合国危险货物编号(UN号) 1778

联合国运输名称 氟硅酸

联合国危险性类别 8 **包装类别** Ⅱ类包装

包装标志 

海洋污染物 否

运输注意事项 起运时包装要完整，装载应稳妥。运输过程中要确保容器不泄漏、不倒塌、不坠落、不损坏。严禁与易燃物或可燃物、碱类、食用化学品等混装混运。运输时运输车辆应配备泄漏应急处理设备。运输途中应防曝晒、雨淋，防高温。公路运输时要按规定路线行驶，勿在居民区和人口稠密区停留

第十五部分 法规信息

下列法律、法规、规章和标准，对该化学品的管理作了相应的规定。

中华人民共和国职业病防治法 职业病分类和目录：氟及其无机化合物中毒

危险化学品安全管理条例 危险化学品目录：列入。易制爆危险化学品名录：未列入。重点监管的危险化学品名录：未列入。GB 18218—2009《危险化学品重大危险源辨识》(表1)：未列入

使用有毒物品作业场所劳动保护条例 高毒物品目录：列入

易制毒化学品管理条例 易制毒化学品的分类和品种目录：未列入

国际公约 斯德哥尔摩公约：未列入。鹿特丹公约：未列入。蒙特利尔议定书：未列入

第十六部分 其他信息

编写和修订信息 **缩略语和首字母缩写**

培训建议 **参考文献**

免责声明

氟 化 铬

第一部分 化学品标识

化学品中文名 氟化铬；三氟化铬；氟化高铬

化学品英文名 chromium fluoride；chromic fluoride；chromium trifluoride

分子式 CrF_3 **相对分子质量** 109.00

结构式 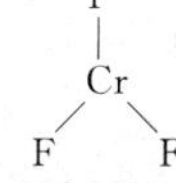

化学品的推荐及限制用途 用于印染工业，用作毛织品防蛀剂、卤化催化剂、大理石硬化及着色剂

第二部分 危险性概述

紧急情况概述 造成严重的皮肤灼伤和眼损伤

GHS危险性类别 皮肤腐蚀/刺激，类别1B；严重眼损伤/眼刺激，类别1

标签要素

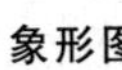

象形图 

警示词 危险

危险性说明 造成严重的皮肤灼伤和眼损伤

防范说明

预防措施 避免吸入粉尘。避免接触眼睛、皮肤，操作后彻底清洗。戴防护手套，穿防护服，戴防护眼镜、防护面罩

事故响应 如吸入：将患者转移到空气新鲜处，休息，保持利于呼吸的体位，立即呼叫中毒控制中心或就医。皮肤（或头发）接触：立即脱掉所有被污染的衣服，用水冲洗皮肤，淋浴。污染的衣服须洗净后方可重新使用。眼睛接触：用水细心地冲洗数分钟。如戴隐形眼镜并可方便地取出，则取出隐形眼镜继续冲洗。食入：漱口。不要催吐

安全储存 上锁保管

废弃处置 本品及内装物、容器依据国家和地方法规处置

物理和化学危险 不燃，无特殊燃爆特性

健康危害 具有腐蚀性。受高热分解生成氟化氢等有毒气体

环境危害 对环境可能有害

第三部分 成分/组成信息

√物质 混合物

组分	浓度	CAS No.
氟化铬		7788-97-8

第四部分 急救措施

吸入 迅速脱离现场至空气新鲜处。保持呼吸道通畅。如呼吸困难，给输氧。如呼吸、心跳停止，立即进行心肺复苏术。就医

皮肤接触 立即脱去污染的衣着，用大量流动清水彻底冲洗至少15min。就医

眼睛接触 立即分开眼睑，用流动清水或生理盐水彻底冲洗至少15min。就医

食入 用水漱口，禁止催吐。给饮牛奶或蛋清。就医

对保护施救者的忠告 根据需要使用个人防护设备

对医生的特别提示 对症处理

第五部分 消防措施

灭火剂 用水、二氧化碳、砂土灭火

特别危险性 受高热分解，放出刺激性烟气

灭火注意事项及防护措施 消防人员必须佩戴空气呼吸器、穿全身防火防毒服，在上风向灭火。尽可能将容器从火场移至空旷处。喷水保持火场容器冷却，直至灭火结束

第六部分 泄漏应急处理

作业人员防护措施、防护装备和应急处置程序 隔离泄漏污染区，限制出入。建议应急处理人员戴防尘口罩，穿防酸碱服，戴防化学品手套。穿上适当的防护服前严禁接触破裂的容器和泄漏物。尽可能切断泄漏源。用塑料布覆盖泄漏物，减少飞散。勿使水进入包装容器内

环境保护措施 无资料

泄漏化学品的收容、清除方法及所使用的处置材料 用洁净的铲子收集泄漏物，置于干净、干燥、盖子较松的容器中，将容器移离泄漏区

第七部分 操作处置与储存

操作注意事项 密闭操作，加强通风。操作人员必须经过专门培训，严格遵守操作规程。建议操作人员佩戴自吸过滤式防尘口罩，戴安全防护眼镜，穿防腐蚀工作服，戴防化学品手套。避免产生粉尘。避免与酸类接触。搬运时要轻装轻卸，防止包装及容器损坏。配备泄漏应急处理设备。倒空的容器可能残留有害物

储存注意事项 储存于阴凉、通风的库房。包装密封。应与酸类分开存放，切忌混储。储区应备有合适的材料收容泄漏物

第八部分 接触控制/个体防护

职业接触限值

中国 PC-TWA：$2mg/m^3$［按F计］

美国(ACGIH) TLV-TWA：$2.5mg/m^3$［按F计］

生物接触限值 尿氟：42mmol/mol肌酐（7mg/g肌酐）（采样时间：工作班后）

监测方法 空气中有毒物质测定方法：离子选择电极法。生物监测检验方法：尿中氟的离子选择电极测定方法

工程控制 生产过程密闭，加强通风。提供安全的淋浴和洗眼设备

个体防护装备

呼吸系统防护 空气中粉尘浓度超标时，建议佩戴过滤式防尘呼吸器

眼睛防护 戴安全防护眼镜

皮肤和身体防护 穿防腐蚀工作服

手防护 戴防化学品手套

第九部分 理化特性

外观与性状 绿色粉末或结晶

pH值 无意义 **熔点(℃)** 1100

沸点(℃) 1100～1200（升华）

相对密度(水=1) 3.78

相对蒸气密度(空气=1) 无资料

饱和蒸气压(kPa) 无资料

燃烧热(kJ/mol) 无资料 **临界温度(℃)** 无资料

临界压力(MPa) 无资料 **辛醇/水分配系数** 无资料

闪点(℃) 无意义　**引燃温度(℃)** 无意义
爆炸下限(%) 无意义　**爆炸上限(%)** 无意义
分解温度(℃) 无资料　**黏度(mPa·s)** 无资料
溶解性 不溶于水，不溶于醇，微溶于酸，溶于氢氟酸

第十部分　稳定性和反应性

稳定性 稳定
危险反应 与强酸等禁配物发生反应
避免接触的条件 受热
禁配物 强酸
危险的分解产物 氟化氢

第十一部分　毒理学信息

急性毒性 LDLo：150mg/kg（豚鼠经口）
皮肤刺激或腐蚀 无资料　**眼睛刺激或腐蚀** 无资料
呼吸或皮肤过敏 无资料　**生殖细胞突变性** 无资料
致癌性 无资料　**生殖毒性** 无资料
特异性靶器官系统毒性-一次接触 无资料
特异性靶器官系统毒性-反复接触 无资料
吸入危害 无资料

第十二部分　生态学信息

生态毒性 无资料
持久性和降解性
　生物降解性　无资料
　非生物降解性　无资料
潜在的生物累积性 无资料
土壤中的迁移性 无资料

第十三部分　废弃处置

废弃化学品 根据国家和地方有关法规的要求处置。或与制造商联系，确定处置方法
污染包装物 将容器返还生产商或按照国家和地方法规处置
废弃注意事项 处置前应参阅国家和地方有关法规

第十四部分　运输信息

联合国危险货物编号（UN号） 1756
联合国运输名称 固态氟化铬
联合国危险性类别 8　**包装类别** Ⅱ类包装
包装标志 　**海洋污染物** 否
运输注意事项 起运时包装要完整，装载应稳妥。运输过程中要确保容器不泄漏、不倒塌、不坠落、不损坏。严禁与酸类、食用化学品等混装混运。运输时运输车辆应配备泄漏应急处理设备。运输途中应防曝晒、雨淋，防高温

第十五部分　法规信息

下列法律、法规、规章和标准，对该化学品的管理作了相应的规定。
中华人民共和国职业病防治法 职业病分类和目录：氟及其无机化合物中毒
危险化学品安全管理条例 危险化学品目录：列入。易制爆危险化学品名录：未列入。重点监管的危险化学品名录：未列入。GB 18218—2009《危险化学品重大危险源辨识》（表 1）：未列入
使用有毒物品作业场所劳动保护条例 高毒物品目录：列入
易制毒化学品管理条例 易制毒化学品的分类和品种目录：未列入
国际公约 斯德哥尔摩公约：未列入。鹿特丹公约：未列入。蒙特利尔议定书：未列入

第十六部分　其他信息

编写和修订信息　**缩略语和首字母缩写**
培训建议　**参考文献**
免责声明

氟 化 钾

第一部分　化学品标识

化学品中文名 氟化钾
化学品英文名 potassium fluoride
分子式 KF　**相对分子质量** 58.10
结构式 K—F
化学品的推荐及限制用途 用作分析试剂、络合物形成剂，以及用于玻璃雕刻和食物防腐，还用作杀虫剂、氟化剂等

第二部分　危险性概述

紧急情况概述 吞咽会中毒，皮肤接触会中毒，吸入会中毒
GHS 危险性类别 急性毒性-经口，类别 3；急性毒性-经皮，类别 3；急性毒性-吸入，类别 3；危害水生环境-急性危害，类别 2
标签要素
　象形图 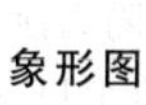 
　警示词 危险
　危险性说明 吞咽会中毒，皮肤接触会中毒，吸入会中毒，对水生生物有毒
　防范说明
　　预防措施　避免接触眼睛、皮肤，操作后彻底清洗。作业场所不得进食、饮水或吸烟。戴防护手套、穿防护服。避免吸入粉尘。仅在室外或通风良好处操作。禁止排入环境
　　事故响应　如吸入：将患者转移到空气新鲜处，休息，保持利于呼吸的体位，呼叫中毒控制中心或就医。皮肤接触：用大量肥皂水和水清洗，立即脱去所有被污染的衣服。被污染的衣服须经洗净后方可重新使用。如感觉不适，呼叫中

毒控制中心或就医。食入：漱口，如感觉不适立即呼叫中毒控制中心或就医

安全储存　在通风良好处储存。保持容器密闭。上锁保管

废弃处置　本品及内装物、容器依据国家和地方法规处置

物理和化学危险　不燃，无特殊燃爆特性

健康危害　本品对眼、呼吸道黏膜和皮肤有强烈刺激作用。长期接触氟化物可致氟骨症

环境危害　对水生生物有毒

第三部分　成分/组成信息

√物质　　混合物

组分	浓度	CAS No.
氟化钾		7789-23-3

第四部分　急救措施

吸入　迅速脱离现场至空气新鲜处。保持呼吸道通畅。如呼吸困难，给输氧。如呼吸、心跳停止，立即进行心肺复苏术。就医

皮肤接触　立即脱去污染的衣着，用流动清水彻底冲洗。就医

眼睛接触　立即分开眼睑，用流动清水或生理盐水彻底冲洗。就医

食入　漱口，饮水。就医

对保护施救者的忠告　根据需要使用个人防护设备

对医生的特别提示　对症处理

第五部分　消防措施

灭火剂　用大量水灭火。用雾状水驱散烟雾与刺激性气体

特别危险性　与酸类反应放出有腐蚀性、刺激性更强的氢氟酸，能腐蚀玻璃

灭火注意事项及防护措施　消防人员须佩戴防毒面具、穿全身消防服，在上风向灭火。尽可能将容器从火场移至空旷处。喷水保持火场容器冷却，直至灭火结束

第六部分　泄漏应急处理

作业人员防护措施、防护装备和应急处置程序　隔离泄漏污染区，限制出入。建议应急处理人员戴防尘口罩，穿防毒服，戴乳胶手套。穿上适当的防护服前严禁接触破裂的容器和泄漏物。尽可能切断泄漏源。用塑料布覆盖泄漏物，减少飞散。勿使水进入包装容器内

环境保护措施　无资料

泄漏化学品的收容、清除方法及所使用的处置材料　用洁净的铲子收集泄漏物，置于干净、干燥、盖子较松的容器中，将容器移离泄漏区

第七部分　操作处置与储存

操作注意事项　密闭操作，局部排风。操作人员必须经过专门培训，严格遵守操作规程。建议操作人员佩戴头罩型电动送风过滤式防尘呼吸器，穿胶布防毒衣，戴乳胶手套。避免产生粉尘。避免与酸类接触。搬运时要轻装轻卸，防止包装及容器损坏。配备泄漏应急处理设备。倒空的容器可能残留有害物

储存注意事项　储存于阴凉、通风的库房。远离火种、热源。包装密封。应与酸类、食用化学品分开存放，切忌混储。储区应备有合适的材料收容泄漏物

第八部分　接触控制/个体防护

职业接触限值

中国　PC-TWA：2mg/m^3［按 F 计］

美国(ACGIH)　TLV-TWA：2.5mg/m^3［按 F 计］

生物接触限值　尿氟：42mmol/mol 肌酐（7mg/g 肌酐）（采样时间：工作班后）

监测方法　空气中有毒物质测定方法：离子选择电极法。

生物监测检验方法：尿中氟的离子选择电极测定方法

工程控制　密闭操作，局部排风。提供安全的淋浴和洗眼设备

个体防护装备

呼吸系统防护　可能接触其粉尘时，应该佩戴过滤式防尘呼吸器。紧急事态抢救或撤离时，建议佩戴空气呼吸器

眼睛防护　戴化学安全防护眼镜

皮肤和身体防护　穿隔绝式防毒服

手防护　戴橡胶手套

第九部分　理化特性

外观与性状　无色立方结晶，易潮解

pH 值　无意义　　**熔点(℃)**　858

沸点(℃)　1505　　**相对密度(水=1)**　2.48

相对蒸气密度(空气=1)　无资料

饱和蒸气压(kPa)　0.133Pa（885℃）

燃烧热(kJ/mol)　无资料　　**临界温度(℃)**　无资料

临界压力(MPa)　无资料　　**辛醇/水分配系数**　无资料

闪点(℃)　无意义　　**自燃温度(℃)**　无意义

爆炸下限(%)　无意义　　**爆炸上限(%)**　无意义

分解温度(℃)　无资料　　**黏度(mPa·s)**　无资料

溶解性　溶于水、氢氟酸、液氨，不溶于乙醇

第十部分　稳定性和反应性

稳定性　稳定

危险反应　与强酸等禁配物发生反应

避免接触的条件　无资料

禁配物　强酸

危险的分解产物　无资料

第十一部分　毒理学信息

急性毒性　LD_{50}：245mg/kg（大鼠经口）

皮肤刺激或腐蚀　无资料　　**眼睛刺激或腐蚀**　无资料

呼吸或皮肤过敏　无资料　　**生殖细胞突变性**　无资料

致癌性　无资料　　**生殖毒性**　无资料

特异性靶器官系统毒性-一次接触　无资料

特异性靶器官系统毒性-反复接触　无资料

吸入危害　无资料

第十二部分　生态学信息

生态毒性　LC_{50}：9.3mg/L（96h）（鱼）

持久性和降解性
　生物降解性　无资料
　非生物降解性　无资料
潜在的生物累积性　无资料
土壤中的迁移性　无资料

第十三部分　废弃处置

废弃化学品　根据国家和地方有关法规的要求处置。或与制造商联系，确定处置方法
污染包装物　将容器返还生产商或按照国家和地方法规处置
废弃注意事项　用石灰浆清洗倒空的容器

第十四部分　运输信息

联合国危险货物编号（UN 号）　1812
联合国运输名称　氟化钾，固态
联合国危险性类别　6.1　**包装类别**　Ⅲ类包装
包装标志 

海洋污染物　否
运输注意事项　运输前应先检查包装容器是否完整、密封，运输过程中要确保容器不泄漏、不倒塌、不坠落、不损坏。严禁与酸类、氧化剂、食品及食品添加剂混运。运输时运输车辆应配备泄漏应急处理设备。运输途中应防曝晒、雨淋，防高温

第十五部分　法规信息

下列法律、法规、规章和标准，对该化学品的管理作了相应的规定。
中华人民共和国职业病防治法　职业病分类和目录：氟及其无机化合物中毒
危险化学品安全管理条例　危险化学品目录：列入。易制爆危险化学品名录：未列入。重点监管的危险化学品名录：未列入。GB 18218—2009《危险化学品重大危险源辨识》(表 1)：未列入
使用有毒物品作业场所劳动保护条例　高毒物品目录：列入
易制毒化学品管理条例　易制毒化学品的分类和品种目录：未列入
国际公约　斯德哥尔摩公约：未列入。鹿特丹公约：未列入。蒙特利尔议定书：未列入

第十六部分　其他信息

编写和修订信息　**缩略语和首字母缩写**
培训建议　**参考文献**
免责声明

氟　化　铝

第一部分　化学品标识

化学品中文名　氟化铝；三氟化铝
化学品英文名　aluminium fluoride；aluminum trifluoride
分子式　AlF_3　**相对分子质量**　83.97
结构式 

化学品的推荐及限制用途　用于电解铝时作电解剂、调节剂、催化剂

第二部分　危险性概述

紧急情况概述　吞咽会中毒
GHS 危险性类别　急性毒性 经口-类别 3；生殖毒性-类别 2；特异性靶器官毒性 反复接触-类别 1
标签要素
　象形图 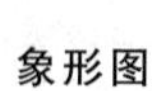 
　警示词　危险
　危险性说明　吞咽会中毒，怀疑对生育力或胎儿造成伤害，长时间或反复接触对器官造成损伤
　防范说明
　　预防措施　避免接触眼睛、皮肤，操作后彻底清洗。作业场所不得进食、饮水或吸烟。得到专门指导后操作。在阅读并了解所有安全预防措施之前，切勿操作。按要求使用个体防护装备。避免吸入粉尘
　　事故响应　食入：漱口，立即呼叫中毒控制中心或就医。如果接触或有担心，就医。如感觉不适，就医
　　安全储存　上锁保管
　　废弃处置　本品及内装物、容器依据国家和地方法规处置
物理和化学危险　不燃，无特殊燃爆特性
健康危害　本品具有刺激性。长期接触氟化物可致氟骨症
环境危害　对环境可能有害

第三部分　成分/组成信息

√物质		混合物
组分	**浓度**	**CAS No.**
氟化铝		7784-18-1

第四部分　急救措施

吸入　迅速脱离现场至空气新鲜处。保持呼吸道通畅。如呼吸困难，给输氧。如呼吸、心跳停止，立即进行心肺复苏术。就医
皮肤接触　立即脱去污染的衣着，用流动清水彻底冲洗。就医
眼睛接触　立即分开眼睑，用流动清水或生理盐水彻底冲洗。就医
食入　漱口，饮水。就医
对保护施救者的忠告　根据需要使用个人防护设备
对医生的特别提示　对症处理

第五部分　消防措施

灭火剂　用大量水灭火。用雾状水驱散烟雾与刺激性气体

特别危险性 与碱金属能发生剧烈反应

灭火注意事项及防护措施 消防人员须佩戴防毒面具、穿全身消防服，在上风向灭火。尽可能将容器从火场移至空旷处。喷水保持火场容器冷却，直至灭火结束

第六部分 泄漏应急处理

作业人员防护措施、防护装备和应急处置程序 隔离泄漏污染区，限制出入。建议应急处理人员戴防尘口罩，穿防毒服，戴乳胶手套。穿上适当的防护服前严禁接触破裂的容器和泄漏物。尽可能切断泄漏源。用塑料布覆盖泄漏物，减少飞散。勿使水进入包装容器内

环境保护措施 无资料

泄漏化学品的收容、清除方法及所使用的处置材料 用洁净的铲子收集泄漏物，置于干净、干燥、盖子较松的容器中，将容器移离泄漏区

第七部分 操作处置与储存

操作注意事项 密闭操作，局部排风。操作人员必须经过专门培训，严格遵守操作规程。建议操作人员佩戴自吸过滤式防尘口罩，戴化学安全防护眼镜，穿透气型防毒服，戴乳胶手套。避免产生粉尘。避免与酸类接触。搬运时要轻装轻卸，防止包装及容器损坏。配备泄漏应急处理设备。倒空的容器可能残留有害物

储存注意事项 储存于阴凉、通风的库房。包装密封。应与酸类、食用化学品分开存放，切忌混储。储区应备有合适的材料收容泄漏物

第八部分 接触控制/个体防护

职业接触限值

中国 PC-TWA：2mg/m^3［按 F 计］

美国(ACGIH) TLV-TWA：2.5mg/m^3［按 F 计］

生物接触限值 尿氟：42mmol/mol 肌酐（7mg/g 肌酐）（采样时间：工作班后）

监测方法 空气中有毒物质测定方法：离子选择电极法。生物监测检验方法：尿中氟的离子选择电极测定方法

工程控制 密闭操作，局部排风。提供安全的淋浴和洗眼设备

个体防护装备

呼吸系统防护 可能接触其粉尘时，应该佩戴过滤式防尘呼吸器。紧急事态抢救或撤离时，建议佩戴空气呼吸器

眼睛防护 戴化学安全防护眼镜

皮肤和身体防护 穿透气型防毒服

手防护 戴橡胶手套

第九部分 理化特性

外观与性状 无色或白色结晶

pH 值 无意义 **熔点(℃)** 1291

沸点(℃) 1537 **相对密度(水=1)** 2.88

相对蒸气密度(空气=1) 无资料

饱和蒸气压(kPa) 0.13（1238℃）

燃烧热(kJ/mol) 无资料 **临界温度(℃)** 无资料

临界压力(MPa) 无资料 **辛醇/水分配系数** 无资料

闪点(℃) 无意义 **自燃温度(℃)** 无意义

爆炸下限(%) 无意义 **爆炸上限(%)** 无意义

分解温度(℃) 无资料 **黏度(mPa·s)** 无资料

溶解性 微溶于水、酸、碱，不溶于乙醇、丙酮等有机溶剂

第十部分 稳定性和反应性

稳定性 稳定

危险反应 与强酸等禁配物发生反应

避免接触的条件 无资料

禁配物 强酸

危险的分解产物 无资料

第十一部分 毒理学信息

急性毒性 LD_{50}：103mg/kg（小鼠经口）；1800mg/kg（大鼠经口）

皮肤刺激或腐蚀 无资料

眼睛刺激或腐蚀 家兔经眼：500mg（24h），轻度刺激

呼吸或皮肤过敏 无资料 **生殖细胞突变性** 无资料

致癌性 无资料 **生殖毒性** 无资料

特异性靶器官系统毒性-一次接触 无资料

特异性靶器官系统毒性-反复接触 无资料

吸入危害 无资料

第十二部分 生态学信息

生态毒性 无资料

持久性和降解性

生物降解性 无资料

非生物降解性 无资料

潜在的生物累积性 无资料

土壤中的迁移性 无资料

第十三部分 废弃处置

废弃化学品 根据国家和地方有关法规的要求处置。或与制造商联系，确定处置方法

污染包装物 将容器返还生产商或按照国家和地方法规处置

废弃注意事项 处置前应参阅国家和地方有关法规

第十四部分 运输信息

联合国危险货物编号（UN 号） 3288

联合国运输名称 无机毒性固体，未另作规定的（氟化铝）

联合国危险性类别 6.1 **包装类别** Ⅲ类包装

包装标志 6 **海洋污染物** 否

运输注意事项 运输前应先检查包装容器是否完整、密封，运输过程中要确保容器不泄漏、不倒塌、不坠落、不损坏。严禁与酸类、氧化剂、食品及食品添加剂混运。运输时运输车辆应配备泄漏应急处理设备。运输途中应防曝晒、雨淋，防高温

第十五部分　法规信息

下列法律、法规、规章和标准，对该化学品的管理作了相应的规定。

中华人民共和国职业病防治法　职业病分类和目录：氟及其无机化合物中毒

危险化学品安全管理条例　危险化学品目录：列入。易制爆危险化学品名录：未列入。重点监管的危险化学品名录：未列入。GB 18218—2009《危险化学品重大危险源辨识》(表 1)：未列入

使用有毒物品作业场所劳动保护条例　高毒物品目录：列入

易制毒化学品管理条例　易制毒化学品的分类和品种目录：未列入

国际公约　斯德哥尔摩公约：未列入。鹿特丹公约：未列入。蒙特利尔议定书：未列入

第十六部分　其他信息

编写和修订信息　**缩略语和首字母缩写**

培训建议　**参考文献**

免责声明

氟　化　钠

第一部分　化学品标识

化学品中文名　氟化钠

化学品英文名　sodium fluoride

分子式　NaF　**相对分子质量**　41.99

结构式　Na—F

化学品的推荐及限制用途　用作杀虫剂、木材防腐剂

第二部分　危险性概述

紧急情况概述　吞咽会中毒

GHS 危险性类别　急性毒性-经口，类别 3；皮肤腐蚀/刺激，类别 2；严重眼损伤/眼刺激，类别 2；危害水生环境-急性危害，类别 3

标签要素

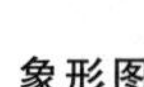**象形图**　

警示词　危险

危险性说明　吞咽会中毒，造成皮肤刺激，造成严重眼刺激，对水生生物有害

防范说明

预防措施　避免接触眼睛、皮肤，操作后彻底清洗。作业场所不得进食、饮水或吸烟。戴防护手套、防护眼镜、防护面罩。禁止排入环境

事故响应　皮肤接触：用大量肥皂水和水清洗。如发生皮肤刺激，就医。脱去被污染的衣服，洗净后方可重新使用。如接触眼睛：用水细心冲洗数分钟。如戴隐形眼镜并可方便地取出，取出隐形眼镜继续冲洗。如果眼睛刺激持续：就医。食入：漱口，立即呼叫中毒控制中心或就医

安全储存　上锁保管

废弃处置　本品及内装物、容器依据国家和地方法规处置

物理和化学危险　不燃，无特殊燃爆特性

健康危害

急性中毒　多为误服所致。服后立即出现剧烈恶心、呕吐、腹痛、腹泻，重者休克、呼吸困难、紫绀。如不及时抢救可致死亡。部分患者出现荨麻疹，吞咽肌麻痹，手足抽搐或四肢肌肉痉挛。短期内吸入大量本品粉尘，引起呼吸道刺激症状，并伴有头昏、头痛、无力及消化道症状

慢性影响　长期较高浓度吸入可引起氟骨症。可致皮炎，重者出现溃疡或大疱

环境危害　对水生生物有害

第三部分　成分/组成信息

√物质		混合物
组分	**浓度**	**CAS No.**
氟化钠		7681-49-4

第四部分　急救措施

吸入　迅速脱离现场至空气新鲜处。保持呼吸道通畅。如呼吸困难，给输氧。如呼吸、心跳停止，立即进行心肺复苏术。就医

皮肤接触　立即脱去污染的衣着，用流动清水彻底冲洗。就医

眼睛接触　立即分开眼睑，用流动清水或生理盐水彻底冲洗。就医

食入　饮适量温水，催吐（仅限清醒者）。就医

对保护施救者的忠告　根据需要使用个人防护设备

对医生的特别提示　对症处理

第五部分　消防措施

灭火剂　用大量水灭火。用雾状水驱散烟雾与刺激性气体

特别危险性　与酸类反应放出有腐蚀性、刺激性更强的氢氟酸，能腐蚀玻璃

灭火注意事项及防护措施　消防人员须佩戴防毒面具、穿全身消防服，在上风向灭火。尽可能将容器从火场移至空旷处。喷水保持火场容器冷却，直至灭火结束

第六部分　泄漏应急处理

作业人员防护措施、防护装备和应急处置程序　隔离泄漏污染区，限制出入。建议应急处理人员戴防尘口罩，穿防毒服，戴乳胶手套。穿上适当的防护服前严禁接触破裂的容器和泄漏物。尽可能切断泄漏源。用塑料布覆盖泄漏物，减少飞散。勿使水进入包装容器内

环境保护措施　无资料

泄漏化学品的收容、清除方法及所使用的处置材料　用洁净的铲子收集泄漏物，置于干净、干燥、盖子较松的容器中，将容器移离泄漏区

第七部分　操作处置与储存

操作注意事项　密闭操作，局部排风。操作人员必须经过

专门培训，严格遵守操作规程。建议操作人员佩戴自吸过滤式防尘口罩，戴化学安全防护眼镜，穿透气型防毒服，戴乳胶手套。避免产生粉尘。避免与酸类接触。搬运时要轻装轻卸，防止包装及容器损坏。配备泄漏应急处理设备。倒空的容器可能残留有害物

储存注意事项 储存于阴凉、干燥、通风良好的库房。库温不超过35℃，库相对湿度不超过80%。包装密封。应与酸类、食用化学品分开存放，切忌混储。储区应备有合适的材料收容泄漏物

第八部分 接触控制/个体防护

职业接触限值

中国 PC-TWA：$2mg/m^3$［按F计］

美国(ACGIH) TLV-TWA：$2.5mg/m^3$［按F计］

生物接触限值 尿氟：42mmol/mol肌酐（7mg/g肌酐）（采样时间：工作班后）

监测方法 空气中有毒物质测定方法：离子选择电极法。生物监测检验方法：尿中氟的离子选择电极测定方法

工程控制 密闭操作，局部排风。提供安全的淋浴和洗眼设备

个体防护装备

呼吸系统防护 可能接触其粉尘时，应该佩戴过滤式防尘呼吸器。紧急事态抢救或撤离时，建议佩戴空气呼吸器

眼睛防护 戴化学安全防护眼镜

皮肤和身体防护 穿透气型防毒服

手防护 戴橡胶手套

第九部分 理化特性

外观与性状 白色粉末或结晶，无臭

pH值 7.4（新配制的饱和溶液）

熔点(℃) 986.9～996 **沸点(℃)** 1695～1700

相对密度(水=1) 2.56～2.79

相对蒸气密度(空气=1) 无资料

饱和蒸气压(kPa) 0.13（1077℃）

燃烧热(kJ/mol) 无资料 **临界温度(℃)** 无资料

临界压力(MPa) 无资料 **辛醇/水分配系数** −0.77

闪点(℃) 无意义 **自燃温度(℃)** 无意义

爆炸下限(%) 无意义 **爆炸上限(%)** 无意义

分解温度(℃) 无资料 **黏度(mPa·s)** 无资料

溶解性 溶于水，微溶于乙醇

第十部分 稳定性和反应性

稳定性 稳定

危险反应 与强酸等禁配物发生反应

避免接触的条件 无资料

禁配物 强酸

危险的分解产物 无资料

第十一部分 毒理学信息

急性毒性 LD_{50}：52mg/kg（大鼠经口）；57mg/kg（小鼠经口）

皮肤刺激或腐蚀 无资料

眼睛刺激或腐蚀 家兔经眼：20mg（24h），中度刺激

呼吸或皮肤过敏 无资料

生殖细胞突变性 微生物致突变：鼠伤寒沙门氏菌1mg/皿。细胞遗传学分析：人成纤维细胞20mg/L。程序外DNA合成：人成纤维细胞100mg/L。DNA抑制：人成纤维细胞100mg/L

致癌性 IARC致癌性评论：组3，现有的证据不能对人类致癌性进行分类。对人及动物致癌性证据不足

生殖毒性 大鼠孕后11～14d经口给予最低中毒剂量（TDLo）240mg/kg，致肌肉骨骼系统发育畸形。雌性大鼠交配前85d，经口给予最低中毒剂量（TDLo）255mg/kg，致中枢神经系统发育畸形。大鼠多代经口给予最低中毒剂量（TDLo）3.4mg/kg，致泌尿生殖系统发育畸形。大鼠经口最低中毒剂量（TDLo）：240mg/kg（孕11～14d），肌肉骨骼发育异常

特异性靶器官系统毒性-一次接触 无资料

特异性靶器官系统毒性-反复接触 大鼠以含氟化物7～9ppm的饲料连续喂养可引起牙钙化障碍，剂量增大则致骨骼改变

吸入危害 无资料

第十二部分 生态学信息

生态毒性 无资料

持久性和降解性

生物降解性 无资料

非生物降解性 无资料

潜在的生物累积性 无资料

土壤中的迁移性 无资料

第十三部分 废弃处置

废弃化学品 根据国家和地方有关法规的要求处置。或与制造商联系，确定处置方法

污染包装物 将容器返还生产商或按照国家和地方法规处置

废弃注意事项 把空容器归还厂商

第十四部分 运输信息

联合国危险货物编号(UN号) 1690

联合国运输名称 氟化钠，固态

联合国危险性类别 6.1 **包装类别** Ⅲ类包装

包装标志 

海洋污染物 否

运输注意事项 运输前应先检查包装容器是否完整、密封，运输过程中要确保容器不泄漏、不倒塌、不坠落、不损坏。严禁与酸类、氧化剂、食品及食品添加剂混运。运输时运输车辆应配备泄漏应急处理设备。运输途中应防曝晒、雨淋，防高温

第十五部分 法规信息

下列法律、法规、规章和标准，对该化学品的管理作了相应的规定。

中华人民共和国职业病防治法 职业病分类和目录：氟及其无机化合物中毒

危险化学品安全管理条例 危险化学品目录：列入。易制爆危险化学品名录：未列入。重点监管的危险化学品名录：未列入。GB 18218—2009《危险化学品重大危险源辨识》(表1)：未列入

使用有毒物品作业场所劳动保护条例 高毒物品目录：列入

易制毒化学品管理条例 易制毒化学品的分类和品种目录：未列入

国际公约 斯德哥尔摩公约：未列入。鹿特丹公约：未列入。蒙特利尔议定书：未列入

第十六部分 其他信息

编写和修订信息 **缩略语和首字母缩写**

培训建议 **参考文献**

免责声明

氟 化 氢

第一部分 化学品标识

化学品中文名 氟化氢；无水氟化氢

化学品英文名 hydrogen fluride

分子式 HF **相对分子质量** 20

结构式 H—F

化学品的推荐及限制用途 用于蚀刻玻璃，以及制氟化合物

第二部分 危险性概述

紧急情况概述 吞咽致命，皮肤接触会致命，吸入致命，造成严重的皮肤灼伤和眼损伤

GHS危险性类别 急性毒性-经口，类别2；急性毒性-经皮，类别1；急性毒性-吸入，类别2；皮肤腐蚀/刺激，类别1A；严重眼损伤/眼刺激，类别1；危害水生环境-急性危害，类别3

标签要素

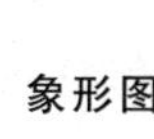
象形图

警示词 危险

危险性说明 吞咽致命，皮肤接触会致命，吸入致命，造成严重的皮肤灼伤和眼损伤，对水生生物有害

防范说明

预防措施 避免接触眼睛、皮肤或衣服，操作后彻底清洗。作业场所不得进食、饮水或吸烟。避免吸入气体。仅在室外或通风良好处操作。戴呼吸防护器具。戴防护手套，穿防护服，戴防护眼镜、防护面罩。禁止排入环境

事故响应 如吸入：将患者转移到空气新鲜处，休息，保持利于呼吸的体位。皮肤接触：用大量肥皂水和水轻轻地清洗，立即脱去所有被污染的衣服。被污染的衣服须经洗净后方可重新使用。如感不适立即呼叫中毒控制中心或就医。眼睛接触：用水细心地冲洗数分钟。如戴隐形眼镜并可方便地取出，则取出隐形眼镜继续冲洗。食入：漱口，不要催吐，立即呼叫中毒控制中心或就医

安全储存 在通风良好处储存。保持容器密闭。上锁保管

废弃处置 本品及内装物、容器依据国家和地方法规处置

物理和化学危险 不燃，无特殊燃爆特性

健康危害 对呼吸道黏膜及皮肤有强烈的刺激和腐蚀作用

急性中毒 吸入较高浓度氟化氢，可引起眼及呼吸道黏膜刺激症状，严重者可发生支气管炎、肺炎或肺水肿，甚至发生反射性窒息。眼接触局部剧烈疼痛，重者角膜损伤，甚至发生穿孔。氟化氢极易溶入水，其溶液即为氢氟酸。氢氟酸皮肤灼伤初期皮肤潮红、干燥，创面苍白、坏死，继而呈紫黑色或灰黑色。深部灼伤或处理不当时，可形成难以愈合的深溃疡，损及骨膜和骨质。本品灼伤疼痛剧烈

慢性影响 眼和上呼吸道刺激症状，或有鼻衄，嗅觉减退。可有牙齿酸蚀症。骨骼X射线异常与工业性氟病相比少见

环境危害 对水生生物有害

第三部分 成分/组成信息

√物质 混合物

组分	浓度	CAS No.
氟化氢		7664-39-3

第四部分 急救措施

吸入 迅速脱离现场至空气新鲜处。保持呼吸道通畅。如呼吸困难，给输氧。如呼吸、心跳停止，立即进行心肺复苏术。就医

皮肤接触 立即脱去污染的衣着，用氯化钙溶液和大量流动清水彻底冲洗至少15min。就医

眼睛接触 立即分开眼睑，用流动清水或生理盐水彻底冲洗至少15min。就医

食入 用水漱口，禁止催吐。给饮牛奶或蛋清。就医

对保护施救者的忠告 根据需要使用个人防护设备

对医生的特别提示 对症处理

第五部分 消防措施

灭火剂 用雾状水、泡沫灭火

特别危险性 氟化氢为反应性极强的物质，能与各种物质发生反应。腐蚀性极强

灭火注意事项及防护措施 消防人员必须佩戴空气呼吸器、穿全身防火防毒服，在上风向灭火。尽可能将容器从火场移至空旷处。喷水保持火场容器冷却，直至灭火结束

第六部分 泄漏应急处理

作业人员防护措施、防护装备和应急处置程序 根据液体

流动和蒸气扩散的影响区域划定警戒区，无关人员从侧风、上风向撤离至安全区。建议应急处理人员戴正压自给式呼吸器，穿防腐蚀、防毒服，戴橡胶耐酸碱手套。禁止接触或跨越泄漏物。尽可能切断泄漏源

环境保护措施 防止气体通过下水道、通风系统和有限空间扩散

泄漏化学品的收容、清除方法及所使用的处置材料 若可能翻转容器，使之逸出气体而非液体。喷雾状水稀释、溶解。高浓度泄漏区，喷氨水或其他稀碱液中和。用砂土、惰性物质或蛭石吸收大量液体。用石灰（CaO）、碎石灰石（$CaCO_3$）或碳酸氢钠（$NaHCO_3$）中和。隔离泄漏区直至气体散尽

第七部分 操作处置与储存

操作注意事项 密闭操作，注意通风。操作尽可能机械化、自动化。操作人员必须经过专门培训，严格遵守操作规程。建议操作人员佩戴自吸过滤式防毒面具（全面罩），穿橡胶耐酸碱服，戴橡胶耐酸碱手套。避免产生烟雾。防止气体或蒸气泄漏到工作场所空气中。远离易燃、可燃物。搬运时轻装轻卸，防止钢瓶及附件破损。配备泄漏应急处理设备。倒空的容器可能残留有害物

储存注意事项 储存于阴凉、通风的库房。远离火种、热源。库温不超过30℃，库相对湿度不超过80%。应与易（可）燃物、食用化学品分开存放，切忌混储。储区应备有泄漏应急处理设备

第八部分 接触控制/个体防护

职业接触限值

中国 MAC：2mg/m³［按F计］

美国(ACGIH) TLV-TWA：0.5ppm；

TLV-C：2ppm［皮］

生物接触限值 尿氟：42mmol/mol 肌酐（7mg/g 肌酐）（采样时间：工作班后）

监测方法 空气中有毒物质测定方法：离子选择电极法；离子色谱法。生物监测检验方法：尿中氟的离子选择电极测定方法

工程控制 密闭操作，注意通风。提供安全的淋浴和洗眼设备

个体防护装备

呼吸系统防护 可能接触其烟雾时，佩戴过滤式防毒面具（全面罩）或空气呼吸器。紧急事态抢救或撤离时，建议佩戴空气呼吸器

眼睛防护 呼吸系统防护中已作防护

皮肤和身体防护 穿橡胶耐酸碱服

手防护 戴橡胶耐酸碱手套

第九部分 理化特性

外观与性状 无色气体，有刺激性气味

pH值 无意义　**熔点(℃)** −83.3

沸点(℃) 19.4　**相对密度(水=1)** 0.988

相对蒸气密度(空气=1) 0.7

饱和蒸气压(kPa) 53.33（2.5℃）

燃烧热(kJ/mol) 无资料　**临界温度(℃)** 188

临界压力(MPa) 6.48　**辛醇/水分配系数** 0.230

闪点(℃) 无意义　**自燃温度(℃)** 无意义

爆炸下限(%) 无意义　**爆炸上限(%)** 无意义

分解温度(℃) 无资料　**黏度(mPa·s)** 无资料

溶解性 易溶于水、乙醇，微溶于乙醚

第十部分 稳定性和反应性

稳定性 稳定

危险反应 与易燃或可燃物、金属、玻璃等很多物质发生反应

避免接触的条件 潮湿空气

禁配物 易燃或可燃物

危险的分解产物 无资料

第十一部分 毒理学信息

急性毒性 LC_{50}：1276ppm（1h）（大鼠吸入）；342ppm（1h）（小鼠吸入）

皮肤刺激或腐蚀 大鼠经皮：50%（3min），重度刺激

眼睛刺激或腐蚀 人经眼：50mg，重度刺激

呼吸或皮肤过敏 无资料

生殖细胞突变性 DNA损伤：黑腹果蝇吸入1300ppb（6周）。性染色体缺失和不分离：黑腹果蝇吸入2900ppb。细胞遗传学分析：大鼠吸入1mg/m³，每天6h，共24d（间断性）

致癌性 无资料

生殖毒性 大鼠吸入最低中毒浓度（TCLo）：4980μg/m³（孕1～22d），引起死胎

特异性靶器官系统毒性-一次接触 无资料

特异性靶器官系统毒性-反复接触 家兔吸入33～41mg/m³，平均20mg/m³，经过1～5.5个月，可出现黏膜刺激、消瘦、呼吸困难、血红蛋白减少、网织红细胞增多，部分动物死亡

吸入危害 无资料

第十二部分 生态学信息

生态毒性

LC_{50} 51mg/L（96h）（鱼）

EC_{50} 97mg/L(48h)(水蚤)；10.3mg/L(96h)(藻类)

持久性和降解性

生物降解性 无资料

非生物降解性 无资料

潜在的生物累积性 无资料

土壤中的迁移性 无资料

第十三部分 废弃处置

废弃化学品 用过量石灰水中和，析出的沉淀填埋处理或回收利用，上清液稀释后排入废水系统

污染包装物 将容器返还生产商或按照国家和地方法规处置

废弃注意事项 处置前应参阅国家和地方有关法规

第十四部分 运输信息

联合国危险货物编号（UN号） 1052

联合国运输名称 无水氟化氢

联合国危险性类别 8，6.1 **包装类别** Ⅰ类包装

包装标志 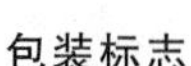 

海洋污染物 否

运输注意事项 起运时包装要完整，装载应稳妥。运输过程中要确保容器不泄漏、不倒塌、不坠落、不损坏。严禁与易燃物或可燃物、食用化学品等混装混运。运输时运输车辆应配备泄漏应急处理设备。运输途中应防曝晒、雨淋，防高温。公路运输时要按规定路线行驶，勿在居民区和人口稠密区停留

第十五部分 法规信息

下列法律、法规、规章和标准，对该化学品的管理作了相应的规定。

中华人民共和国职业病防治法 职业病分类和目录：氟及其无机化合物中毒

危险化学品安全管理条例 危险化学品目录：列入。易制爆危险化学品名录：未列入。重点监管的危险化学品名录：列入。GB 18218—2009《危险化学品重大危险源辨识》(表 1)：列入。类别：毒性物质，临界量(t)：1

使用有毒物品作业场所劳动保护条例 高毒物品目录：列入

易制毒化学品管理条例 易制毒化学品的分类和品种目录：未列入

国际公约 斯德哥尔摩公约：未列入。鹿特丹公约：未列入。蒙特利尔议定书：未列入

第十六部分 其他信息

编写和修订信息 **缩略语和首字母缩写**

培训建议 **参考文献**

免责声明

氟 化 铷

第一部分 化学品标识

化学品中文名 氟化铷

化学品英文名 rubidium fluoride

分子式 RbF **相对分子质量** 104.47

化学品的推荐及限制用途 用作试剂、制牙膏等

第二部分 危险性概述

紧急情况概述 吞咽有害，皮肤接触有害，吸入有害

GHS 危险性类别 急性毒性-经口，类别 4；急性毒性-经皮，类别 4；急性毒性-吸入，类别 4；皮肤腐蚀/刺激，类别 2；严重眼损伤/眼刺激，类别 2

标签要素

象形图 

警示词 警告

危险性说明 吞咽有害，皮肤接触有害，吸入有害，造成皮肤刺激，造成严重眼刺激

防范说明

预防措施 避免接触眼睛、皮肤，操作后彻底清洗。作业场所不得进食、饮水或吸烟。戴防护手套，穿防护服，戴防护眼镜、防护面罩。避免吸入粉尘。仅在室外或通风良好处操作

事故响应 如吸入：将患者转移到空气新鲜处，休息，保持利于呼吸的体位。皮肤接触：用大量肥皂水和水清洗。被污染的衣服须经洗净后方可重新使用。如发生皮肤刺激，就医。如接触眼睛：用水细心冲洗数分钟。如戴隐形眼镜并可方便地取出，取出隐形眼镜继续冲洗。如果眼睛刺激持续：就医。食入：漱口。如果感觉不适，立即呼叫中毒控制中心或就医

安全储存 存放在通风良好的地方。保持低温

废弃处置 本品及内装物、容器依据国家和地方法规处置

物理和化学危险 不燃，无特殊燃爆特性

健康危害 未见铷引起职业或非职业中毒的报道。长期接触氟化物可致氟骨症

环境危害 对环境可能有害

第三部分 成分/组成信息

√物质		混合物
组分	**浓度**	**CAS No.**
氟化铷		13446-74-7

第四部分 急救措施

吸入 迅速脱离现场至空气新鲜处。保持呼吸道通畅。如呼吸困难，给输氧。如呼吸、心跳停止，立即进行心肺复苏术。就医

皮肤接触 立即脱去污染的衣着，用流动清水彻底冲洗。就医

眼睛接触 立即分开眼睑，用流动清水或生理盐水彻底冲洗。就医

食入 漱口，饮水。就医

对保护施救者的忠告 根据需要使用个人防护设备

对医生的特别提示 对症处理

第五部分 消防措施

灭火剂 用大量水灭火。用雾状水驱散烟雾与刺激性气体

特别危险性 无特殊的燃烧爆炸特性

灭火注意事项及防护措施 消防人员须佩戴防毒面具、穿全身消防服，在上风向灭火。尽可能将容器从火场移至空旷处。喷水保持火场容器冷却，直至灭火结束

第六部分 泄漏应急处理

作业人员防护措施、防护装备和应急处置程序 隔离泄漏污染区，限制出入。建议应急处理人员戴防尘口罩，穿防毒服，戴乳胶手套。穿上适当的防护服前严禁接触破裂的容器和泄漏物。尽可能切断泄漏源。用塑料

布覆盖泄漏物，减少飞散。勿使水进入包装容器内

环境保护措施 无资料

泄漏化学品的收容、清除方法及所使用的处置材料 用洁净的铲子收集泄漏物，置于干净、干燥、盖子较松的容器中，将容器移离泄漏区

第七部分 操作处置与储存

操作注意事项 密闭操作，局部排风。操作人员必须经过专门培训，严格遵守操作规程。建议操作人员佩戴自吸过滤式防尘口罩，戴化学安全防护眼镜，穿透气型防毒服，戴乳胶手套。避免产生粉尘。避免与酸类接触。搬运时要轻装轻卸，防止包装及容器损坏。配备泄漏应急处理设备。倒空的容器可能残留有害物

储存注意事项 储存于阴凉、通风的库房。包装密封。应与酸类、食用化学品分开存放，切忌混储。储区应备有合适的材料收容泄漏物

第八部分 接触控制/个体防护

职业接触限值

中国 PC-TWA：2mg/m^3［按 F 计］

美国(ACGIH) TLV-TWA：2.5mg/m^3［按 F 计］

生物接触限值 尿氟：42mmol/mol 肌酐（7mg/g 肌酐）（采样时间：工作班后）

监测方法 空气中有毒物质测定方法：离子选择电极法。生物监测检验方法：尿中氟的离子选择电极测定方法

工程控制 密闭操作，局部排风。提供安全的淋浴和洗眼设备

个体防护装备

呼吸系统防护 可能接触其粉尘时，应该佩戴过滤式防尘呼吸器。紧急事态抢救或撤离时，建议佩戴空气呼吸器

眼睛防护 戴化学安全防护眼镜

皮肤和身体防护 穿透气型防毒服

手防护 戴橡胶手套

第九部分 理化特性

外观与性状 无色结晶，有吸湿性

pH 值 无意义 **熔点(℃)** 775

沸点(℃) 1410 **相对密度(水=1)** 3.56

相对蒸气密度(空气=1) 无资料

饱和蒸气压(kPa) 0.13（920℃）

燃烧热(kJ/mol) 无资料 **临界温度(℃)** 无资料

临界压力(MPa) 无资料 **辛醇/水分配系数** 无资料

闪点(℃) 无意义 **自燃温度(℃)** 无意义

爆炸下限(%) 无意义 **爆炸上限(%)** 无意义

分解温度(℃) 无资料 **黏度(mPa·s)** 无资料

溶解性 溶于水，不溶于乙醇、乙醚、液氨，溶于氢氟酸

第十部分 稳定性和反应性

稳定性 稳定

危险反应 与强酸等禁配物发生反应

避免接触的条件 无资料

禁配物 强酸

危险的分解产物 无资料

第十一部分 毒理学信息

急性毒性 无资料 **皮肤刺激或腐蚀** 无资料

眼睛刺激或腐蚀 无资料 **呼吸或皮肤过敏** 无资料

生殖细胞突变性 无资料 **致癌性** 无资料

生殖毒性 无资料

特异性靶器官系统毒性-一次接触 无资料

特异性靶器官系统毒性-反复接触 无资料

吸入危害 无资料

第十二部分 生态学信息

生态毒性 无资料

持久性和降解性

生物降解性 无资料

非生物降解性 无资料

潜在的生物累积性 无资料

土壤中的迁移性 无资料

第十三部分 废弃处置

废弃化学品 根据国家和地方有关法规的要求处置。或与制造商联系，确定处置方法

污染包装物 将容器返还生产商或按照国家和地方法规处置

废弃注意事项 处置前应参阅国家和地方有关法规

第十四部分 运输信息

联合国危险货物编号（UN 号） -

联合国运输名称 - **联合国危险性类别** -

包装类别 - **包装标志** -

海洋污染物 -

运输注意事项 运输前应先检查包装容器是否完整、密封，运输过程中要确保容器不泄漏、不倒塌、不坠落、不损坏。严禁与酸类、氧化剂、食品及食品添加剂混运。运输时运输车辆应配备泄漏应急处理设备。运输途中应防曝晒、雨淋，防高温

第十五部分 法规信息

下列法律、法规、规章和标准，对该化学品的管理作了相应的规定。

中华人民共和国职业病防治法 职业病分类和目录：氟及其无机化合物中毒

危险化学品安全管理条例 危险化学品目录：列入。易制爆危险化学品名录：未列入。重点监管的危险化学品名录：未列入。GB 18218—2009《危险化学品重大危险源辨识》（表 1）：未列入

使用有毒物品作业场所劳动保护条例 高毒物品目录：列入

易制毒化学品管理条例 易制毒化学品的分类和品种目录：未列入

国际公约 斯德哥尔摩公约：未列入。鹿特丹公约：未列入。蒙特利尔议定书：未列入

第十六部分　其他信息

编写和修订信息　　缩略语和首字母缩写
培训建议　　参考文献
免责声明

氟　化　铯

第一部分　化学品标识

化学品中文名　氟化铯
化学品英文名　cesium fluoride
分子式　CsF　**相对分子质量**　151.91
化学品的推荐及限制用途　用于制含氟异氰酸酯、催化剂等

第二部分　危险性概述

紧急情况概述　吞咽会中毒，皮肤接触会中毒，吸入会中毒，造成严重的皮肤灼伤和眼损伤
GHS危险性类别　急性毒性-经口，类别3；急性毒性-经皮，类别3；急性毒性-吸入，类别3；皮肤腐蚀/刺激，类别1；严重眼损伤/眼刺激，类别1
标签要素

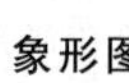

警示词　危险
危险性说明　吞咽会中毒，皮肤接触会中毒，吸入会中毒，造成严重的皮肤灼伤和眼损伤
防范说明

预防措施　避免接触眼睛、皮肤，操作后彻底清洗。作业场所不得进食、饮水或吸烟。避免吸入粉尘。仅在室外或通风良好处操作。避免吸入粉尘或烟雾。戴防护手套，穿防护服，戴防护眼镜、防护面罩

事故响应　如吸入：将患者转移到空气新鲜处，休息，保持利于呼吸的体位。皮肤接触：用大量肥皂水和水清洗。立即脱去所有被污染的衣服。被污染的衣服须经洗净后方可重新使用。如感觉不适，呼叫中毒控制中心或就医。眼睛接触：用水细心地冲洗数分钟。如戴隐形眼镜并可方便地取出，则取出隐形眼镜继续冲洗。食入：漱口，不要催吐，立即呼叫中毒控制中心或就医

安全储存　在通风良好处储存。保持容器密闭。上锁保管

废弃处置　本品及内装物、容器依据国家和地方法规处置

物理和化学危险　不燃，无特殊燃爆特性
健康危害　眼和皮肤接触引起灼伤。长期接触氟化物可致氟骨症
环境危害　对环境可能有害

第三部分　成分/组成信息

√物质		混合物
组分	**浓度**	**CAS No.**
氟化铯		13400-13-0

第四部分　急救措施

吸入　迅速脱离现场至空气新鲜处。保持呼吸道通畅。如呼吸困难，给输氧。如呼吸、心跳停止，立即进行心肺复苏术。就医
皮肤接触　立即脱去污染的衣着，用大量流动清水彻底冲洗至少15min。就医
眼睛接触　立即分开眼睑，用流动清水或生理盐水彻底冲洗至少15min。就医
食入　用水漱口，禁止催吐。给饮牛奶或蛋清。就医
对保护施救者的忠告　根据需要使用个人防护设备
对医生的特别提示　对症处理

第五部分　消防措施

灭火剂　用大量水灭火。用雾状水驱散烟雾与刺激性气体
特别危险性　无特殊的燃烧爆炸特性
灭火注意事项及防护措施　消防人员须佩戴防毒面具、穿全身消防服，在上风向灭火。尽可能将容器从火场移至空旷处。喷水保持火场容器冷却，直至灭火结束

第六部分　泄漏应急处理

作业人员防护措施、防护装备和应急处置程序　隔离泄漏污染区，限制出入。建议应急处理人员戴防尘口罩，穿防毒服，戴乳胶手套。穿上适当的防护服前严禁接触破裂的容器和泄漏物。尽可能切断泄漏源。用塑料布覆盖泄漏物，减少飞散。勿使水进入包装容器内
环境保护措施　无资料
泄漏化学品的收容、清除方法及所使用的处置材料　用洁净的铲子收集泄漏物，置于干净、干燥、盖子较松的容器中，将容器移离泄漏区

第七部分　操作处置与储存

操作注意事项　密闭操作，加强通风。操作人员必须经过专门培训，严格遵守操作规程。建议操作人员佩戴头罩型电动送风过滤式防尘呼吸器，穿胶布防毒衣，戴乳胶手套。避免产生粉尘。避免与酸类接触。搬运时要轻装轻卸，防止包装及容器损坏。配备泄漏应急处理设备。倒空的容器可能残留有害物
储存注意事项　储存于阴凉、通风的库房。包装密封。应与酸类、食用化学品分开存放，切忌混储。储区应备有合适的材料收容泄漏物

第八部分　接触控制/个体防护

职业接触限值

中国　PC-TWA：2mg/m^3［按F计］
美国(ACGIH)　TLV-TWA：2.5mg/m^3［按F计］

生物接触限值　尿氟：42mmol/mol肌酐（7mg/g肌酐）（采样时间：工作班后）

监测方法 空气中有毒物质测定方法：离子选择电极法。

生物监测检验方法：尿中氟的离子选择电极测定方法

工程控制 生产过程密闭，加强通风。提供安全的淋浴和洗眼设备

个体防护装备

呼吸系统防护 可能接触其粉尘时，应该佩戴过滤式防尘呼吸器。紧急事态抢救或撤离时，建议佩戴空气呼吸器

眼睛防护 戴化学安全防护眼镜

皮肤和身体防护 穿隔绝式防毒服

手防护 戴橡胶手套

第九部分 理化特性

外观与性状 无色立方结晶或粉末，有潮解性

pH 值 无意义 **熔点(℃)** 682～703

沸点(℃) 1251 **相对密度(水=1)** 4.12

相对蒸气密度(空气=1) 无资料

饱和蒸气压(kPa) 无资料

燃烧热(kJ/mol) 无资料 **临界温度(℃)** 无资料

临界压力(MPa) 无资料 **辛醇/水分配系数** 无资料

闪点(℃) 无意义 **自燃温度(℃)** 无意义

爆炸下限(%) 无意义 **爆炸上限(%)** 无意义

分解温度(℃) 无资料 **黏度(mPa·s)** 无资料

溶解性 易溶于水，溶于甲醇，不溶于吡啶、二噁烷

第十部分 稳定性和反应性

稳定性 稳定

危险反应 与强酸等禁配物发生反应

避免接触的条件 无资料

禁配物 强酸

危险的分解产物 无资料

第十一部分 毒理学信息

急性毒性 无资料 **皮肤刺激或腐蚀** 无资料

眼睛刺激或腐蚀 无资料 **呼吸或皮肤过敏** 无资料

生殖细胞突变性 无资料 **致癌性** 无资料

生殖毒性 无资料

特异性靶器官系统毒性-一次接触 无资料

特异性靶器官系统毒性-反复接触 无资料

吸入危害 无资料

第十二部分 生态学信息

生态毒性 无资料

持久性和降解性

生物降解性 无资料

非生物降解性 无资料

潜在的生物累积性 无资料

土壤中的迁移性 无资料

第十三部分 废弃处置

废弃化学品 根据国家和地方有关法规的要求处置。或与制造商联系，确定处置方法

污染包装物 将容器返还生产商或按照国家和地方法规处置

废弃注意事项 处置前应参阅国家和地方有关法规

第十四部分 运输信息

联合国危险货物编号(UN 号) 3288

联合国运输名称 无机毒性固体，未另作规定的（氟化铯）

联合国危险性类别 6.1 **包装类别** Ⅲ类包装

包装标志  **海洋污染物** 否

运输注意事项 运输前应先检查包装容器是否完整、密封，运输过程中要确保容器不泄漏、不倒塌、不坠落、不损坏。严禁与酸类、氧化剂、食品及食品添加剂混运。运输时运输车辆应配备泄漏应急处理设备。运输途中应防曝晒、雨淋，防高温

第十五部分 法规信息

下列法律、法规、规章和标准，对该化学品的管理作了相应的规定。

中华人民共和国职业病防治法 职业病分类和目录：氟及其无机化合物中毒

危险化学品安全管理条例 危险化学品目录：列入。易制爆危险化学品名录：未列入。重点监管的危险化学品名录：未列入。GB 18218—2009《危险化学品重大危险源辨识》(表 1)：未列入

使用有毒物品作业场所劳动保护条例 高毒物品目录：列入

易制毒化学品管理条例 易制毒化学品的分类和品种目录：未列入

国际公约 斯德哥尔摩公约：未列入。鹿特丹公约：未列入。蒙特利尔议定书：未列入

第十六部分 其他信息

编写和修订信息 **缩略语和首字母缩写**

培训建议 **参考文献**

免责声明

氟 化 锌

第一部分 化学品标识

化学品中文名 氟化锌 **化学品英文名** zinc fluoride

分子式 ZnF_2 **相对分子质量** 103.37

结构式 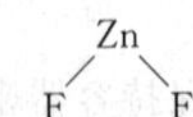

化学品的推荐及限制用途 用于陶瓷釉药，电镀；用作木材浸渍剂，钎剂和分析试剂

第二部分 危险性概述

紧急情况概述 造成眼刺激，可能引起呼吸道刺激

GHS 危险性类别 严重眼损伤/眼刺激，类别 2B；特异性靶器官毒性-一次接触，类别 3（呼吸道刺激）；特异

性靶器官毒性-反复接触，类别1

标签要素

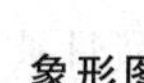

象形图 

警示词 危险

危险性说明 造成眼刺激，可能引起呼吸道刺激，长时间或反复接触对器官造成损伤

防范说明

预防措施 避免接触眼睛、皮肤，操作后彻底清洗。避免吸入粉尘。操作现场不得进食、饮水或吸烟

事故响应 如接触眼睛：用水细心冲洗数分钟。如戴隐形眼镜并可方便地取出，取出隐形眼镜继续冲洗。如果眼睛刺激持续：就医。如感觉不适，就医

安全储存 -

废弃处置 本品及内装物、容器依据国家和地方法规处置

物理和化学危险 不燃，无特殊燃爆特性

健康危害 本品对眼睛、皮肤有刺激作用。中毒表现有流涎、恶心、呕吐、腹痛、发热等。可引起血钙偏低、氟骨症等

环境危害 对环境可能有害

第三部分 成分/组成信息

√物质		混合物
组分	**浓度**	**CAS No.**
氟化锌		7783-49-5

第四部分 急救措施

吸入 迅速脱离现场至空气新鲜处。保持呼吸道通畅。如呼吸困难，给输氧。如呼吸、心跳停止，立即进行心肺复苏术。就医

皮肤接触 立即脱去污染的衣着，用流动清水彻底冲洗。就医

眼睛接触 立即分开眼睑，用流动清水或生理盐水彻底冲洗。就医

食入 漱口，饮水。就医

对保护施救者的忠告 根据需要使用个人防护设备

对医生的特别提示 对症处理

第五部分 消防措施

灭火剂 用大量水灭火。用雾状水驱散烟雾与刺激性气体

特别危险性 能与钾猛烈反应

灭火注意事项及防护措施 消防人员须佩戴防毒面具、穿全身消防服，在上风向灭火。尽可能将容器从火场移至空旷处。喷水保持火场容器冷却，直至灭火结束

第六部分 泄漏应急处理

作业人员防护措施、防护装备和应急处置程序 隔离泄漏污染区，限制出入。建议应急处理人员戴防尘口罩，穿防毒服，戴乳胶手套。禁止接触或跨越泄漏物。穿上适当的防护服前严禁接触破裂的容器和泄漏物。尽可能切断泄漏源。用塑料布覆盖泄漏物，减少飞散。勿使水进入包装容器内

环境保护措施 无资料

泄漏化学品的收容、清除方法及所使用的处置材料 用洁净的铲子收集泄漏物，置于干净、干燥、盖子较松的容器中，将容器移离泄漏区

第七部分 操作处置与储存

操作注意事项 密闭操作，局部排风。操作人员必须经过专门培训，严格遵守操作规程。建议操作人员佩戴头罩型电动送风过滤式防尘呼吸器，穿胶布防毒衣，戴乳胶手套。避免产生粉尘。避免与氧化剂接触。搬运时要轻装轻卸，防止包装及容器损坏。配备泄漏应急处理设备。倒空的容器可能残留有害物

储存注意事项 储存于阴凉、通风的库房。包装密封。应与氧化剂、食用化学品分开存放，切忌混储。储区应备有合适的材料收容泄漏物

第八部分 接触控制/个体防护

职业接触限值

中国 PC-TWA：2mg/m^3［按F计］

美国(ACGIH) TLV-TWA：2.5mg/m^3［按F计］

生物接触限值 尿氟：42mmol/mol 肌酐（7mg/g 肌酐）（采样时间：工作班后）

监测方法 空气中有毒物质测定方法：离子选择电极法。生物监测检验方法：尿中氟的离子选择电极测定方法

工程控制 密闭操作，局部排风。提供安全的淋浴和洗眼设备

个体防护装备

呼吸系统防护 可能接触其粉尘时，应该佩戴过滤式防尘呼吸器。紧急事态抢救或撤离时，建议佩戴空气呼吸器

眼睛防护 戴化学安全防护眼镜

皮肤和身体防护 穿隔绝式防毒服

手防护 戴橡胶手套

第九部分 理化特性

外观与性状 白色结晶粉末

pH值 无意义 **熔点(℃)** 872

沸点(℃) 1500 **相对密度(水=1)** 4.84

相对蒸气密度(空气=1) 无资料

饱和蒸气压(kPa) 0.13（970℃）

燃烧热(kJ/mol) 无资料 **临界温度(℃)** 无资料

临界压力(MPa) 无资料 **辛醇/水分配系数** 无资料

闪点(℃) 无意义 **自燃温度(℃)** 无意义

爆炸下限(%) 无意义 **爆炸上限(%)** 无意义

分解温度(℃) 无资料 **黏度(mPa·s)** 无资料

溶解性 微溶于水，溶于热酸、盐酸、硝酸和氢氧化铵，不溶于乙醇

第十部分 稳定性和反应性

稳定性 稳定

危险反应 与强氧化剂、强酸、钾等禁配物发生反应

避免接触的条件 无资料

禁配物 强氧化剂、钾

危险的分解产物 氟化氢

第十一部分 毒理学信息

急性毒性 无资料 **皮肤刺激或腐蚀** 无资料

眼睛刺激或腐蚀 无资料 **呼吸或皮肤过敏** 无资料

生殖细胞突变性 无资料 **致癌性** 无资料

生殖毒性 无资料

特异性靶器官系统毒性-一次接触 无资料

特异性靶器官系统毒性-反复接触 无资料

吸入危害 无资料

第十二部分 生态学信息

生态毒性

LC_{50} 0.14mg Zn^{2+}/L（鱼类）

EC_{50} 0.136mg Zn^{2+}/L（藻类）；0.07mg Zn^{2+}/L（水蚤）

持久性和降解性

生物降解性 无资料

非生物降解性 无资料

潜在的生物累积性 无资料

土壤中的迁移性 无资料

第十三部分 废弃处置

废弃化学品 根据国家和地方有关法规的要求处置。或与制造商联系，确定处置方法

污染包装物 将容器返还生产商或按照国家和地方法规处置

废弃注意事项 处置前应参阅国家和地方有关法规

第十四部分 运输信息

联合国危险货物编号（UN号） 3077

联合国运输名称 对环境有害的固态物质，未另作规定的（氟化锌）

联合国危险性类别 9 **包装类别** Ⅲ类包装

包装标志

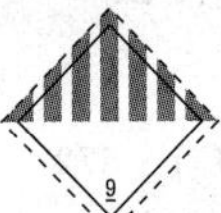

海洋污染物 是

运输注意事项 运输前应先检查包装容器是否完整、密封，运输过程中要确保容器不泄漏、不倒塌、不坠落、不损坏。严禁与酸类、氧化剂、食品及食品添加剂混运。运输时运输车辆应配备泄漏应急处理设备。运输途中应防曝晒、雨淋，防高温

第十五部分 法规信息

下列法律、法规、规章和标准，对该化学品的管理作了相应的规定。

中华人民共和国职业病防治法 职业病分类和目录：氟及其无机化合物中毒

危险化学品安全管理条例 危险化学品目录：列入。易制爆危险化学品名录：未列入。重点监管的危险化学品名录：未列入。GB 18218—2009《危险化学品重大危险源辨识》（表1）：未列入

使用有毒物品作业场所劳动保护条例 高毒物品目录：列入

易制毒化学品管理条例 易制毒化学品的分类和品种目录：未列入

国际公约 斯德哥尔摩公约：未列入。鹿特丹公约：未列入。蒙特利尔议定书：未列入

第十六部分 其他信息

编写和修订信息 **缩略语和首字母缩写**

培训建议 **参考文献**

免责声明

氟磺酸

第一部分 化学品标识

化学品中文名 氟磺酸

化学品英文名 fluorosulfonic acid；fluosulfonic acid

分子式 HSO_3F **相对分子质量** 100.07

结构式

$$F-\underset{\underset{O}{\|}}{\overset{\overset{O}{\|}}{S}}-OH$$

化学品的推荐及限制用途 用于制造药品及用于有机合成

第二部分 危险性概述

紧急情况概述 吸入有害，造成严重的皮肤灼伤和眼损伤

GHS危险性类别 急性毒性-吸入，类别4；皮肤腐蚀/刺激，类别1A；严重眼损伤/眼刺激，类别1

标签要素

象形图

警示词 危险

危险性说明 吸入有害，造成严重的皮肤灼伤和眼损伤

防范说明

预防措施 避免吸入蒸气、雾。仅在室外或通风良好处操作。避免接触眼睛、皮肤，操作后彻底清洗。戴防护手套，穿防护服，戴防护眼镜、防护面罩

事故响应 如吸入：将患者转移到空气新鲜处，休息，保持利于呼吸的体位。如感觉不适，呼叫中毒控制中心或就医。皮肤（或头发）接触：立即脱掉所有被污染的衣服，用水冲洗皮肤，淋浴。污染的衣服须洗净后方可重新使用。眼睛接触：用水细心地冲洗数分钟。如戴隐形眼镜并可方便地取出，则取出隐形眼镜继续冲洗。食入：漱口。不要催吐

安全储存 上锁保管

废弃处置 本品及内装物、容器依据国家和地方法规处置

物理和化学危险 助燃。遇水剧烈反应

健康危害 对眼睛、皮肤、黏膜和呼吸道有强烈的刺激作用。吸入后可能引起喉、支气管的炎症，化学性肺炎、肺水肿。眼和皮肤接触引起灼伤

环境危害 对环境可能有害

第三部分 成分/组成信息

√物质		混合物
组分	**浓度**	**CAS No.**
氟磺酸		7789-21-1

第四部分 急救措施

吸入 迅速脱离现场至空气新鲜处。保持呼吸道通畅。如呼吸困难，给输氧。如呼吸、心跳停止，立即进行心肺复苏术。就医

皮肤接触 立即脱去污染的衣着，用大量流动清水彻底冲洗至少15min。就医

眼睛接触 立即分开眼睑，用流动清水或生理盐水彻底冲洗至少15min。就医

食入 用水漱口，禁止催吐。给饮牛奶或蛋清。就医

对保护施救者的忠告 根据需要使用个人防护设备

对医生的特别提示 对症处理

第五部分 消防措施

灭火剂 用二氧化碳、砂土灭火

特别危险性 露置空气中冒烟，加热更甚，有强烈的刺激性和腐蚀性。遇水发生剧烈反应，散发出白色有强刺激性和腐蚀性的氟化氢烟雾。遇潮时对玻璃、其他硅质材料及大多数金属有强腐蚀性

灭火注意事项及防护措施 消防人员必须穿全身耐酸碱消防服、佩戴空气呼吸器灭火。尽可能将容器从火场移至空旷处。喷水保持火场容器冷却，直至灭火结束。禁止用水和泡沫灭火

第六部分 泄漏应急处理

作业人员防护措施、防护装备和应急处置程序 根据液体流动和蒸气扩散的影响区域划定警戒区，无关人员从侧风、上风向撤离至安全区。建议应急处理人员戴正压自给式呼吸器，穿防酸碱服，戴橡胶耐酸碱手套。穿上适当的防护服前严禁接触破裂的容器和泄漏物。尽可能切断泄漏源。勿使泄漏物与可燃物质（如木材、纸、油等）接触

环境保护措施 防止泄漏物进入水体、下水道、地下室或限制性空间

泄漏化学品的收容、清除方法及所使用的处置材料 小量泄漏：用干燥的砂土或其他不燃材料覆盖泄漏物，用洁净的无火花工具收集泄漏物，置于一盖子较松的塑料容器中，待处置。大量泄漏：构筑围堤或挖坑收容。用碎石灰石（$CaCO_3$）、苏打灰（Na_2CO_3）或石灰（CaO）中和。用耐腐蚀泵转移至槽车或专用收集器内

第七部分 操作处置与储存

操作注意事项 密闭操作，注意通风。操作尽可能机械化、自动化。操作人员必须经过专门培训，严格遵守操作规程。建议操作人员佩戴自吸过滤式防毒面具（全面罩），穿橡胶耐酸碱服，戴橡胶耐酸碱手套。防止蒸气泄漏到工作场所空气中。避免与碱类、醇类、活性金属粉末接触。尤其要注意避免与水接触。搬运时要轻装轻卸，防止包装及容器损坏。配备泄漏应急处理设备。倒空的容器可能残留有害物

储存注意事项 储存于阴凉、干燥、通风良好的库房。远离火种、热源。包装必须密封，切勿受潮。应与碱类、醇类、活性金属粉末等分开存放，切忌混储。储区应备有泄漏应急处理设备和合适的收容材料

第八部分 接触控制/个体防护

职业接触限值

中国 PC-TWA：2mg/m^3 [按F计]

美国(ACGIH) TLV-TWA：2.5mg/m^3 [按F计]

生物接触限值 尿氟：42mmol/mol肌酐（7mg/g肌酐）（采样时间：工作班后）

监测方法 空气中有毒物质测定方法：离子选择电极法。

生物监测检验方法：尿中氟的离子选择电极测定方法

工程控制 密闭操作，注意通风。提供安全的淋浴和洗眼设备

个体防护装备

呼吸系统防护 可能接触其烟雾时，佩戴过滤式防毒面具（全面罩）或空气呼吸器。紧急事态抢救或撤离时，建议佩戴空气呼吸器

眼睛防护 呼吸系统防护中已作防护

皮肤和身体防护 穿橡胶耐酸碱服

手防护 戴橡胶耐酸碱手套

第九部分 理化特性

外观与性状 无色透明的发烟液体，有强烈的刺激性气味

pH值 无资料　　**熔点(℃)** −88.9～−87.3

沸点(℃) 163　　**相对密度(水=1)** 1.74

相对蒸气密度(空气=1) 3.5

饱和蒸气压(kPa) 0.33（25℃）

燃烧热(kJ/mol) 无资料　　**临界温度(℃)** 无资料

临界压力(MPa) 无资料　　**辛醇/水分配系数** 无资料

闪点(℃) 无意义　　**自燃温度(℃)** 无意义

爆炸下限(%) 无意义　　**爆炸上限(%)** 无意义

分解温度(℃) 无资料　　**黏度(mPa·s)** 无资料

溶解性 溶于水，溶于乙酸、硝基苯、乙醚，不溶于四氯化碳、二硫化碳

第十部分 稳定性和反应性

稳定性 稳定

危险反应 与强氧化剂、水等禁配物接触发生反应

避免接触的条件 潮湿空气

禁配物 碱类、醇类、水、活性金属粉末

危险的分解产物 氟化氢、氧化硫

第十一部分 毒理学信息

急性毒性 无资料　　**皮肤刺激或腐蚀** 无资料

眼睛刺激或腐蚀 无资料　**呼吸或皮肤过敏** 无资料
生殖细胞突变性 无资料　**致癌性** 无资料
生殖毒性 无资料
特异性靶器官系统毒性-一次接触 无资料
特异性靶器官系统毒性-反复接触 无资料
吸入危害 无资料

第十二部分 生态学信息

生态毒性 无资料
持久性和降解性
生物降解性 无资料
非生物降解性 无资料
潜在的生物累积性 无资料
土壤中的迁移性 无资料

第十三部分 废弃处置

废弃化学品 根据国家和地方有关法规的要求处置。或与制造商联系，确定处置方法
污染包装物 将容器返还生产商或按照国家和地方法规处置
废弃注意事项 处置前应参阅国家和地方有关法规

第十四部分 运输信息

联合国危险货物编号（UN号） 1777
联合国运输名称 氟磺酸
联合国危险性类别 8　**包装类别** Ⅰ类包装
包装标志  **海洋污染物** 否
运输注意事项 起运时包装要完整，装载应稳妥。运输过程中要确保容器不泄漏、不倒塌、不坠落、不损坏。严禁与碱类、醇类、活性金属粉末、食用化学品等混装混运。运输时运输车辆应配备泄漏应急处理设备。运输途中应防曝晒、雨淋，防高温。公路运输时要按规定路线行驶，勿在居民区和人口稠密区停留

第十五部分 法规信息

下列法律、法规、规章和标准，对该化学品的管理作了相应的规定。
中华人民共和国职业病防治法 职业病分类和目录：氟及其无机化合物中毒
危险化学品安全管理条例 危险化学品目录：列入。易制爆危险化学品名录：未列入。重点监管的危险化学品名录：未列入。GB 18218—2009《危险化学品重大危险源辨识》（表 1）：未列入
使用有毒物品作业场所劳动保护条例 高毒物品目录：列入
易制毒化学品管理条例 易制毒化学品的分类和品种目录：未列入
国际公约 斯德哥尔摩公约：未列入。鹿特丹公约：未列入。蒙特利尔议定书：未列入

第十六部分 其他信息

编写和修订信息　**缩略语和首字母缩写**
培训建议　**参考文献**
免责声明

4-氟甲苯

第一部分 化学品标识

化学品中文名 4-氟甲苯；对氟甲苯；对甲（基）氟苯；4-甲（基）氟苯
化学品英文名 4-fluorotoluene；*p*-fluorotoluene；1-fluoro-4-methylbenzene
分子式 C_7H_7F　**相对分子质量** 110.14
结构式 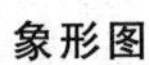
化学品的推荐及限制用途 用于有机合成

第二部分 危险性概述

紧急情况概述 高度易燃液体和蒸气
GHS 危险性类别 易燃液体，类别 2
标签要素
象形图 
警示词 危险
危险性说明 高度易燃液体和蒸气
防范说明
预防措施 远离热源、火花、明火、热表面。禁止吸烟。保持容器密闭。容器和接收设备接地连接。注：如果再充装的是静电敏感物料时适用。使用防爆电器、通风、照明设备。只能使用不产生火花的工具。采取防止静电措施。戴防护手套、防护眼镜、防护面罩
事故响应 火灾时，使用泡沫、干粉、二氧化碳、砂土灭火。如皮肤（或头发）接触：立即脱掉所有被污染的衣服，用水冲洗皮肤，淋浴
安全储存 存放在通风良好的地方。保持低温
废弃处置 本品及内装物、容器依据国家和地方法规处置
物理和化学危险 高度易燃，其蒸气与空气混合，能形成爆炸性混合物
健康危害 对中枢神经系统有麻醉作用
环境危害 对环境可能有害

第三部分 成分/组成信息

√物质		混合物
组分	**浓度**	**CAS No.**
4-氟甲苯		352-32-9

第四部分 急救措施

吸入 迅速脱离现场至空气新鲜处。保持呼吸道通畅。如

呼吸困难，给输氧。如呼吸、心跳停止，立即进行心肺复苏术。就医

皮肤接触 立即脱去污染的衣着，用流动清水彻底冲洗。就医

眼睛接触 立即分开眼睑，用流动清水或生理盐水彻底冲洗。就医

食入 漱口，饮水。就医

对保护施救者的忠告 根据需要使用个人防护设备

对医生的特别提示 对症处理

第五部分 消防措施

灭火剂 用泡沫、干粉、二氧化碳、砂土灭火

特别危险性 受高热分解放出有毒的气体。蒸气比空气重，沿地面扩散并易积存于低洼处，遇火源会着火回燃。燃烧生成有害的一氧化碳、氟化氢

灭火注意事项及防护措施 消防人员必须佩戴空气呼吸器、穿全身防火防毒服，在上风向灭火。喷水冷却容器，尽可能将容器从火场移至空旷处。容器突然发出异常声音或出现异常现象，应立即撤离

第六部分 泄漏应急处理

作业人员防护措施、防护装备和应急处置程序 消除所有点火源。根据液体流动和蒸气扩散的影响区域划定警戒区，无关人员从侧风、上风向撤离至安全区。建议应急处理人员戴正压自给式呼吸器，穿防静电服，戴橡胶耐油手套。作业时使用的所有设备应接地。禁止接触或跨越泄漏物。尽可能切断泄漏源

环境保护措施 防止泄漏物进入水体、下水道、地下室或限制性空间

泄漏化学品的收容、清除方法及所使用的处置材料 小量泄漏：用砂土或其他不燃材料吸收，使用洁净的无火花工具收集吸收材料。大量泄漏：构筑围堤或挖坑收容。用泡沫覆盖，减少蒸发。喷水雾能减少蒸发，但不能降低泄漏物在限制性空间内的易燃性。用防爆泵转移至槽车或专用收集器内

第七部分 操作处置与储存

操作注意事项 密闭操作，注意通风。操作人员必须经过专门培训，严格遵守操作规程。建议操作人员佩戴自吸过滤式防毒面具（半面罩），戴化学安全防护眼镜，穿防静电工作服，戴橡胶耐油手套。远离火种、热源。工作场所严禁吸烟。使用防爆型的通风系统和设备。防止蒸气泄漏到工作场所空气中。避免与氧化剂接触。灌装时应控制流速，且有接地装置，防止静电积聚。搬运时要轻装轻卸，防止包装及容器损坏。配备相应品种和数量的消防器材及泄漏应急处理设备。倒空的容器可能残留有害物

储存注意事项 储存于阴凉、通风的库房。远离火种、热源。库温不宜超过37℃。保持容器密封。应与氧化剂分开存放，切忌混储。采用防爆型照明、通风设施。禁止使用易产生火花的机械设备和工具。储区应备有泄漏应急处理设备和合适的收容材料

第八部分 接触控制/个体防护

职业接触限值

中国 未制定标准

美国(ACGIH) 未制定标准

生物接触限值 未制定标准

监测方法 空气中有毒物质测定方法：未制定标准。生物监测检验方法：未制定标准

工程控制 密闭操作，注意通风。提供安全的淋浴和洗眼设备

个体防护装备

呼吸系统防护 空气中浓度超标时，佩戴过滤式防毒面具（半面罩）。紧急事态抢救或撤离时，应该佩戴空气呼吸器

眼睛防护 戴化学安全防护眼镜

皮肤和身体防护 穿防静电工作服

手防护 戴橡胶耐油手套

第九部分 理化特性

外观与性状 无色至浅棕色液体，有苦杏仁味

pH值 无资料 **熔点(℃)** −56

沸点(℃) 116～117 **相对密度(水=1)** 1.00

相对蒸气密度(空气=1) 无资料

饱和蒸气压(kPa) 1.33 (11.8℃)

燃烧热(kJ/mol) 无资料 **临界温度(℃)** 无资料

临界压力(MPa) 无资料 **辛醇/水分配系数** 2.58

闪点(℃) 10 **自燃温度(℃)** 无资料

爆炸下限(%) 无资料 **爆炸上限(%)** 无资料

分解温度(℃) 无资料 **黏度(mPa·s)** 无资料

溶解性 不溶于水，溶于乙醇、乙醚、丙酮、苯等

第十部分 稳定性和反应性

稳定性 稳定

危险反应 与强氧化剂等禁配物接触，有发生火灾和爆炸的危险

避免接触的条件 受热

禁配物 强氧化剂

危险的分解产物 氟化氢

第十一部分 毒理学信息

急性毒性 LDLo：500mg/kg（小鼠胃肠外给药）

皮肤刺激或腐蚀 无资料 **眼睛刺激或腐蚀** 无资料

呼吸或皮肤过敏 无资料 **生殖细胞突变性** 无资料

致癌性 无资料 **生殖毒性** 无资料

特异性靶器官系统毒性-一次接触 无资料

特异性靶器官系统毒性-反复接触 无资料

吸入危害 无资料

第十二部分 生态学信息

生态毒性 无资料

持久性和降解性

生物降解性 无资料

非生物降解性　无资料

潜在的生物累积性　根据 K_{ow} 值预测，该物质的生物累积性可能较弱

土壤中的迁移性　根据 K_{oc} 值预测，该物质可能有一定的迁移性

第十三部分　废弃处置

废弃化学品　建议用焚烧法处置。焚烧炉排出的卤化氢通过酸洗涤器除去

污染包装物　将容器返还生产商或按照国家和地方法规处置

废弃注意事项　处置前应参阅国家和地方有关法规

第十四部分　运输信息

联合国危险货物编号（UN 号）　2388

联合国运输名称　氟代甲苯

联合国危险性类别　3　　**包装类别**　Ⅱ类包装

包装标志 　　**海洋污染物**　否

运输注意事项　运输时运输车辆应配备相应品种和数量的消防器材及泄漏应急处理设备。夏季最好早晚运输。运输时所用的槽（罐）车应有接地链，槽内可设孔隔板以减少震荡产生的静电。严禁与氧化剂、食用化学品等混装混运。运输途中应防曝晒、雨淋，防高温。中途停留时应远离火种、热源、高温区。装运该物品的车辆排气管必须配备阻火装置，禁止使用易产生火花的机械设备和工具装卸。公路运输时要按规定路线行驶，勿在居民区和人口稠密区停留。铁路运输时要禁止溜放。严禁用木船、水泥船散装运输

第十五部分　法规信息

下列法律、法规、规章和标准，对该化学品的管理作了相应的规定。

中华人民共和国职业病防治法　职业病分类和目录：未列入

危险化学品安全管理条例　危险化学品目录：列入。易制爆危险化学品名录：未列入。重点监管的危险化学品名录：未列入。GB 18218—2009《危险化学品重大危险源辨识》（表 1）：未列入

使用有毒物品作业场所劳动保护条例　高毒物品目录：未列入

易制毒化学品管理条例　易制毒化学品的分类和品种目录：未列入

国际公约　斯德哥尔摩公约：未列入。鹿特丹公约：未列入。蒙特利尔议定书：未列入

第十六部分　其他信息

编写和修订信息　　**缩略语和首字母缩写**

培训建议　　**参考文献**

免责声明

氟　甲　烷

第一部分　化学品标识

化学品中文名　氟甲烷；甲基氟

化学品英文名　methyl fluoride；fluoromethane

分子式　CH_3F　　**相对分子质量**　34.03

结构式

```
   H
   |
F—C—H
   |
   H
```

化学品的推荐及限制用途　主要用作制冷剂、麻醉剂

第二部分　危险性概述

紧急情况概述　极易燃气体，内装加压气体：遇热可能爆炸

GHS 危险性类别　易燃气体，类别 1；加压气体

标签要素

象形图 

警示词　危险

危险性说明　极易燃气体，内装加压气体：遇热可能爆炸

防范说明

预防措施　远离热源、火花、明火、热表面。禁止吸烟

事故响应　漏气着火：切勿灭火，除非漏气能够安全地制止。如果没有危险，消除一切点火源

安全储存　防日晒。存放在通风良好的地方

废弃处置　-

物理和化学危险　极易燃，与空气混合能形成爆炸性混合物

健康危害　高浓度有麻醉作用。遇热分解，释放出有毒的氟化氢气体

环境危害　对环境可能有害

第三部分　成分/组成信息

√物质　　混合物

组分	浓度	CAS No.
氟甲烷		593-53-3

第四部分　急救措施

吸入　迅速脱离现场至空气新鲜处。保持呼吸道通畅。如呼吸困难，给输氧。如呼吸、心跳停止，立即进行心肺复苏术。就医

皮肤接触　如发生冻伤，用温水（38～42℃）复温，忌用热水或辐射热，不要揉搓。就医

对保护施救者的忠告　根据需要使用个人防护设备

对医生的特别提示　对症处理

第五部分　消防措施

灭火剂　用雾状水、泡沫、干粉灭火

特别危险性 受热分解放出有毒的氟化物气体。气体比空气重，沿地面扩散并易积存于低洼处，遇火源会着火回燃。燃烧生成有害的一氧化碳、氟化氢

灭火注意事项及防护措施 切断气源。若不能切断气源，则不允许熄灭泄漏处的火焰。消防人员必须佩戴空气呼吸器、穿全身防火防毒服，在上风向灭火。尽可能将容器从火场移至空旷处。喷水保持火场容器冷却，直至灭火结束

第六部分 泄漏应急处理

作业人员防护措施、防护装备和应急处置程序 消除所有点火源。根据气体的影响区域划定警戒区，无关人员从侧风、上风向撤离至安全区。建议应急处理人员戴正压自给式呼吸器，穿防静电服。作业时使用的所有设备应接地。尽可能切断泄漏源。喷雾状水抑制蒸气或改变蒸气云流向，避免水流接触泄漏物。禁止用水直接冲击泄漏物或泄漏源

环境保护措施 防止气体通过下水道、通风系统和限制性空间扩散

泄漏化学品的收容、清除方法及所使用的处置材料 隔离泄漏区直至气体散尽

第七部分 操作处置与储存

操作注意事项 密闭操作，全面通风。操作人员必须经过专门培训，严格遵守操作规程。建议操作人员佩戴自吸过滤式防毒面具（半面罩），戴化学安全防护眼镜，穿防静电工作服。远离火种、热源。工作场所严禁吸烟。使用防爆型的通风系统和设备。防止气体泄漏到工作场所空气中。避免与氧化剂接触。在传送过程中，钢瓶和容器必须接地和跨接，防止产生静电。搬运时戴好钢瓶安全帽和防震橡皮圈，防止钢瓶碰撞、损坏。配备相应品种和数量的消防器材及泄漏应急处理设备

储存注意事项 储存于阴凉、通风的易燃气体专用库房。库温不宜超过 30℃。远离火种、热源。应与氧化剂分开存放，切忌混储。采用防爆型照明、通风设施。禁止使用易产生火花的机械设备和工具。储区应备有泄漏应急处理设备

第八部分 接触控制/个体防护

职业接触限值

中国 未制定标准

美国(ACGIH) 未制定标准

生物接触限值 未制定标准

监测方法 空气中有毒物质测定方法：未制定标准。生物监测检验方法：未制定标准

工程控制 生产过程密闭，全面通风

个体防护装备

呼吸系统防护 高浓度环境中，佩戴过滤式防毒面具（半面罩）

眼睛防护 戴化学安全防护眼镜

皮肤和身体防护 穿防静电工作服

手防护 戴一般作业防护手套

第九部分 理化特性

外观与性状 无色易燃气体，具有醚的气味

pH 值 无意义 **熔点(℃)** −142

沸点(℃) −78.2

相对密度(水=1) 0.843（−78℃）

相对蒸气密度(空气=1) 1.20

饱和蒸气压(kPa) 无资料 **燃烧热(kJ/mol)** 无资料

燃烧热(kJ/mol) 无资料 **临界压力(MPa)** 5.5

辛醇/水分配系数 0.51 **闪点(℃)** 无资料

自燃温度(℃) 无资料 **爆炸下限(%)** 无资料

爆炸上限(%) 22.2 **分解温度(℃)** 无资料

黏度(mPa·s) 无资料

溶解性 易溶于乙醇、乙醚

第十部分 稳定性和反应性

稳定性 稳定

危险反应 与强氧化剂等禁配物接触，有发生火灾和爆炸的危险

避免接触的条件 受热

禁配物 强氧化剂、强碱、金属等

危险的分解产物 氟化氢

第十一部分 毒理学信息

急性毒性 无资料 **皮肤刺激或腐蚀** 无资料

眼睛刺激或腐蚀 无资料 **呼吸或皮肤过敏** 无资料

生殖细胞突变性 无资料 **致癌性** 无资料

生殖毒性 无资料

特异性靶器官系统毒性-一次接触 无资料

特异性靶器官系统毒性-反复接触 无资料

吸入危害 无资料

第十二部分 生态学信息

生态毒性 无资料

持久性和降解性

生物降解性 无资料

非生物降解性 无资料

潜在的生物累积性 根据 K_{ow} 值预测，该物质的生物累积性可能较弱

土壤中的迁移性 根据 K_{oc} 值预测，该物质可能易发生迁移

第十三部分 废弃处置

废弃化学品 建议用焚烧法处置。焚烧炉排出的卤化氢通过酸洗涤器除去

污染包装物 将容器返还生产商或按照国家和地方法规处置

废弃注意事项 处置前应参阅国家和地方有关法规

第十四部分 运输信息

联合国危险货物编号（UN 号） 2454

联合国运输名称 甲基氟

联合国危险性类别 2.1 **包装类别** Ⅱ类包装

包装标志  海洋污染物 否

运输注意事项 采用钢瓶运输时必须戴好钢瓶上的安全帽。钢瓶一般平放，并应将瓶口朝同一方向，不可交叉；高度不得超过车辆的防护栏板，并用三角木垫卡牢，防止滚动。运输时运输车辆应配备相应品种和数量的消防器材。装运该物品的车辆排气管必须配备阻火装置，禁止使用易产生火花的机械设备和工具装卸。严禁与氧化剂等混装混运。夏季应早晚运输，防止日光曝晒。中途停留时应远离火种、热源。公路运输时要按规定路线行驶，勿在居民区和人口稠密区停留。铁路运输时要禁止溜放

第十五部分 法规信息

下列法律、法规、规章和标准，对该化学品的管理作了相应的规定。

中华人民共和国职业病防治法 职业病分类和目录：未列入

危险化学品安全管理条例 危险化学品目录：列入。易制爆危险化学品名录：未列入。重点监管的危险化学品名录：未列入。GB 18218—2009《危险化学品重大危险源辨识》(表 1)：未列入

使用有毒物品作业场所劳动保护条例 高毒物品目录：未列入

易制毒化学品管理条例 易制毒化学品的分类和品种目录：未列入

国际公约 斯德哥尔摩公约：未列入。鹿特丹公约：未列入。蒙特利尔议定书：未列入

第十六部分 其他信息

编写和修订信息 **缩略语和首字母缩写**

培训建议 **参考文献**

免责声明

氟 硼 酸

第一部分 化学品标识

化学品中文名 氟硼酸；硼氟酸

化学品英文名 fluoroboric acid；borofluoric acid

分子式 HBF_4 **相对分子质量** 87.82

化学品的推荐及限制用途 铅锡电镀时作导电液，也用作催化剂、金属表面活性剂

第二部分 危险性概述

紧急情况概述 造成严重的皮肤灼伤和眼损伤

GHS 危险性类别 皮肤腐蚀/刺激，类别 1B；严重眼损伤/眼刺激，类别 1

标签要素

象形图 

警示词 危险

危险性说明 造成严重的皮肤灼伤和眼损伤

防范说明

预防措施 避免吸入烟雾。避免接触眼睛、皮肤，操作后彻底清洗。戴防护手套，穿防护服，戴防护眼镜、防护面罩

事故响应 如吸入：将患者转移到空气新鲜处，休息，保持利于呼吸的体位，立即呼叫中毒控制中心或就医。皮肤（或头发）接触：立即脱掉所有被污染的衣服，用水冲洗皮肤，淋浴。污染的衣服须洗净后方可重新使用。眼睛接触：用水细心地冲洗数分钟。如戴隐形眼镜并可方便地取出，则取出隐形眼镜继续冲洗。食入：漱口。不要催吐

安全储存 上锁保管

废弃处置 本品及内装物、容器依据国家和地方法规处置

物理和化学危险 不燃，无特殊燃爆特性

健康危害 对眼睛、皮肤、黏膜和呼吸道有强烈刺激作用。眼和皮肤接触引起灼伤

环境危害 对环境可能有害

第三部分 成分/组成信息

√物质 混合物

组分	浓度	CAS No.
氟硼酸		16872-11-0

第四部分 急救措施

吸入 迅速脱离现场至空气新鲜处。保持呼吸道通畅。如呼吸困难，给输氧。如呼吸、心跳停止，立即进行心肺复苏术。就医

皮肤接触 立即脱去污染的衣着，用大量流动清水彻底冲洗至少 15min。就医

眼睛接触 立即分开眼睑，用流动清水或生理盐水彻底冲洗至少 15min。就医

食入 用水漱口，禁止催吐。给饮牛奶或蛋清。就医

对保护施救者的忠告 根据需要使用个人防护设备

对医生的特别提示 对症处理

第五部分 消防措施

灭火剂 本品不燃。根据着火原因选择适当灭火剂灭火

特别危险性 遇 H 发泡剂立即燃烧。受热分解放出有毒的氟化物气体。能腐蚀大多数金属及有机组织

灭火注意事项及防护措施 消防人员必须穿全身耐酸碱消防服、佩戴空气呼吸器灭火。尽可能将容器从火场移至空旷处。喷水保持火场容器冷却，直至灭火结束

第六部分 泄漏应急处理

作业人员防护措施、防护装备和应急处置程序 根据液体流动和蒸气扩散的影响区域划定警戒区，无关人员从侧风、上风向撤离至安全区。建议应急处理人员戴正压自给式呼吸器，穿防腐蚀、防毒服，戴橡胶耐酸碱手套。穿上适当的防护服前严禁接触破裂的容器和泄

漏物。尽可能切断泄漏源

环境保护措施 防止泄漏物进入水体、下水道、地下室或限制性空间

泄漏化学品的收容、清除方法及所使用的处置材料 小量泄漏：用干燥的砂土或其他不燃材料吸收或覆盖，收集于容器中。大量泄漏：构筑围堤或挖坑收容。用砂土、惰性物质或蛭石吸收大量液体。用石灰（CaO）、碎石灰石（$CaCO_3$）或碳酸氢钠（$NaHCO_3$）中和。用耐腐蚀泵转移至槽车或专用收集器内

第七部分 操作处置与储存

操作注意事项 密闭操作，注意通风。操作尽可能机械化、自动化。操作人员必须经过专门培训，严格遵守操作规程。建议操作人员佩戴自吸过滤式防毒面具（全面罩），穿橡胶耐酸碱服，戴橡胶耐酸碱手套。防止蒸气泄漏到工作场所空气中。避免与碱类接触。搬运时要轻装轻卸，防止包装及容器损坏。配备泄漏应急处理设备。倒空的容器可能残留有害物

储存注意事项 储存于阴凉、通风的库房。远离火种、热源。库温不超过 30℃，库相对湿度不超过 80%。保持容器密封。应与碱类分开存放，切忌混储。储区应备有泄漏应急处理设备和合适的收容材料

第八部分 接触控制/个体防护

职业接触限值

中国 PC-TWA：2mg/m³［按 F 计］

美国(ACGIH) TLV-TWA：2.5mg/m³［按 F 计］

生物接触限值 尿氟：42mmol/mol 肌酐（7mg/g 肌酐）（采样时间：工作班后）

监测方法 空气中有毒物质测定方法：离子选择电极法。生物监测检验方法：尿中氟的离子选择电极测定方法

工程控制 密闭操作，注意通风。提供安全的淋浴和洗眼设备

个体防护装备

呼吸系统防护 可能接触其烟雾时，佩戴过滤式防毒面具（全面罩）或空气呼吸器。紧急事态抢救或撤离时，建议佩戴空气呼吸器

眼睛防护 呼吸系统防护中已作防护

皮肤和身体防护 穿橡胶耐酸碱服

手防护 戴橡胶耐酸碱手套

第九部分 理化特性

外观与性状 无色透明液体

pH 值 无资料 **熔点(℃)** −89.9

沸点(℃) 130（分解） **相对密度(水=1)** 1.84

相对蒸气密度(空气=1) 3.0

饱和蒸气压(kPa) 0.67（20℃）

燃烧热(kJ/mol) 无资料 **临界温度(℃)** 无资料

临界压力(MPa) 无资料 **辛醇/水分配系数** 无资料

闪点(℃) 无意义 **自燃温度(℃)** 无意义

爆炸下限(%) 无意义 **爆炸上限(%)** 无意义

分解温度(℃) 无资料 **黏度(mPa·s)** 无资料

溶解性 与水混溶，可混溶于乙醇

第十部分 稳定性和反应性

稳定性 稳定

危险反应 无资料

避免接触的条件 受热

禁配物 强碱

危险的分解产物 氟化氢

第十一部分 毒理学信息

急性毒性 LD_{50}：100mg/kg（大鼠经口）；＜50mg/kg（小鼠经口）

皮肤刺激或腐蚀 无资料 **眼睛刺激或腐蚀** 无资料

呼吸或皮肤过敏 无资料 **生殖细胞突变性** 无资料

致癌性 无资料 **生殖毒性** 无资料

特异性靶器官系统毒性-一次接触 无资料

特异性靶器官系统毒性-反复接触 无资料

吸入危害 无资料

第十二部分 生态学信息

生态毒性 无资料

持久性和降解性

生物降解性 无资料

非生物降解性 无资料

潜在的生物累积性 无资料

土壤中的迁移性 无资料

第十三部分 废弃处置

废弃化学品 中和、稀释后，排入废水系统

污染包装物 将容器返还生产商或按照国家和地方法规处置

废弃注意事项 处置前应参阅国家和地方有关法规

第十四部分 运输信息

联合国危险货物编号（UN 号） 1775

联合国运输名称 氟硼酸

联合国危险性类别 8 **包装类别** Ⅱ类包装

包装标志 

海洋污染物 否

运输注意事项 起运时包装要完整，装载应稳妥。运输过程中要确保容器不泄漏、不倒塌、不坠落、不损坏。严禁与碱类、食用化学品等混装混运。运输时运输车辆应配备泄漏应急处理设备。运输途中应防曝晒、雨淋，防高温。公路运输时要按规定路线行驶，勿在居民区和人口稠密区停留

第十五部分 法规信息

下列法律、法规、规章和标准，对该化学品的管理作了相应的规定。

中华人民共和国职业病防治法 职业病分类和目录：氟及其无机化合物中毒

危险化学品安全管理条例 危险化学品目录：列入。易制

爆危险化学品名录：未列入。重点监管的危险化学品名录：未列入。GB 18218—2009《危险化学品重大危险源辨识》(表 1)：未列入

使用有毒物品作业场所劳动保护条例 高毒物品目录：列入

易制毒化学品管理条例 易制毒化学品的分类和品种目录：未列入

国际公约 斯德哥尔摩公约：未列入。鹿特丹公约：未列入。蒙特利尔议定书：未列入

第十六部分 其他信息

编写和修订信息 **缩略语和首字母缩写**

培训建议 **参考文献**

免责声明

氟 乙 酸

第一部分 化学品标识

化学品中文名 氟乙酸；氟醋酸

化学品英文名 fluoroacetic acid；fluoroethanoic acid

分子式 $C_2H_3FO_2$ **相对分子质量** 78.04

结构式 (O, F, OH)

化学品的推荐及限制用途 用于制造农药、杀鼠药

第二部分 危险性概述

紧急情况概述 吞咽致命

GHS 危险性类别 急性毒性-经口，类别 2；危害水生环境-急性危害，类别 1

标签要素

象形图 

警示词 危险

危险性说明 吞咽致命，对水生生物毒性非常大

防范说明

预防措施 避免接触眼睛、皮肤，操作后彻底清洗。作业场所不得进食、饮水或吸烟。禁止排入环境

事故响应 食入：漱口，立即呼叫中毒控制中心或就医。收集泄漏物

安全储存 上锁保管

废弃处置 本品及内装物、容器依据国家和地方法规处置

物理和化学危险 可燃，其粉体与空气混合，能形成爆炸性混合物

健康危害 急性中毒以中枢神经系统和心脏损害为主。口服中毒先有呕吐、大量流涎、麻木感、上腹痛、精神恍惚、恐惧感、肌肉震颤、视力障碍等；后出现癫痫样发作、呼吸抑制、心律紊乱和心搏骤停。患者可因心搏骤停、抽搐发作时窒息或呼吸衰竭而死亡

环境危害 对水生生物毒性非常大

第三部分 成分/组成信息

√物质		混合物
组分	**浓度**	**CAS No.**
氟乙酸		144-49-0

第四部分 急救措施

吸入 迅速脱离现场至空气新鲜处。保持呼吸道通畅。如呼吸困难，给输氧。如呼吸、心跳停止，立即进行心肺复苏术。就医

皮肤接触 立即脱去污染的衣着，用流动清水彻底冲洗。就医

眼睛接触 立即分开眼睑，用流动清水或生理盐水彻底冲洗。就医

食入 饮适量温水，催吐(仅限于清醒者)。就医

对保护施救者的忠告 根据需要使用个人防护设备

对医生的特别提示 给予甘油-醋酸酯或乙酰胺(解氟灵)

第五部分 消防措施

灭火剂 用雾状水、抗溶性泡沫、二氧化碳、砂土灭火

特别危险性 受热分解放出有毒的氟化物气体。燃烧生成有害的一氧化碳、氟化氢

灭火注意事项及防护措施 消防人员须佩戴防毒面具、穿全身消防服，在上风向灭火。尽可能将容器从火场移至空旷处。喷水保持火场容器冷却，直至灭火结束

第六部分 泄漏应急处理

作业人员防护措施、防护装备和应急处置程序 隔离泄漏污染区，限制出入。建议应急处理人员戴防尘口罩，穿防毒服。穿上适当的防护服前严禁接触破裂的容器和泄漏物。尽可能切断泄漏源，戴橡胶耐酸碱手套。用塑料布覆盖泄漏物，减少飞散。勿使水进入包装容器内

环境保护措施 无资料

泄漏化学品的收容、清除方法及所使用的处置材料 用洁净的铲子收集泄漏物，置于干净、干燥、盖子较松的容器中，将容器移离泄漏区

第七部分 操作处置与储存

操作注意事项 密闭操作，提供充分的局部排风。操作人员必须经过专门培训，严格遵守操作规程。建议操作人员佩戴自吸过滤式防毒面具(全面罩)，穿连衣式防毒衣，戴橡胶耐酸碱手套。远离火种、热源。工作场所严禁吸烟。使用防爆型的通风系统和设备。避免产生粉尘。避免与氧化剂、碱类接触。搬运时要轻装轻卸，防止包装及容器损坏。配备相应品种和数量的消防器材及泄漏应急处理设备。倒空的容器可能残留有害物

储存注意事项 储存于阴凉、通风良好的专用库房内，实行“双人收发、双人保管”制度。远离火种、热源。包装密封。应与氧化剂、碱类、食用化学品分开存放，切忌混储。配备相应品种和数量的消防器材。储区应备有合适的材料收容泄漏物

第八部分　接触控制/个体防护

职业接触限值

中国　未制定标准

美国(ACGIH)　未制定标准

生物接触限值　未制定标准

监测方法　空气中有毒物质测定方法：未制定标准。生物监测检验方法：未制定标准

工程控制　严加密闭，提供充分的局部排风。提供安全的淋浴和洗眼设备

个体防护装备

呼吸系统防护　可能接触其蒸气时，必须佩戴过滤式防毒面具（全面罩）；可能接触其粉尘时，建议佩戴过滤式防尘呼吸器

眼睛防护　呼吸系统防护中已作防护

皮肤和身体防护　穿连衣式防毒衣

手防护　戴橡胶耐酸碱手套

第九部分　理化特性

外观与性状　无色或白色结晶固体

pH 值　无意义　**熔点(℃)**　33

沸点(℃)　165～168　**相对密度(水=1)**　1.393

相对蒸气密度(空气=1)　无资料

饱和蒸气压(kPa)　无资料

燃烧热(kJ/mol)　无资料　**临界温度(℃)**　无资料

临界压力(MPa)　无资料　**辛醇/水分配系数**　0.03

闪点(℃)　无资料　**自燃温度(℃)**　无资料

爆炸下限(%)　无资料　**爆炸上限(%)**　无资料

分解温度(℃)　无资料　**黏度(mPa·s)**　无资料

溶解性　溶于水、乙醇

第十部分　稳定性和反应性

稳定性　稳定

危险反应　与强氧化剂等禁配物发生反应

避免接触的条件　受热

禁配物　强氧化剂、碱类

危险的分解产物　氟化氢

第十一部分　毒理学信息

急性毒性　LD_{50}：4.6mg/kg（大鼠经口）；0.28mg/kg（大鼠经皮）

皮肤刺激或腐蚀　无资料　**眼睛刺激或腐蚀**　无资料

呼吸或皮肤过敏　无资料　**生殖细胞突变性**　无资料

致癌性　无资料　**生殖毒性**　无资料

特异性靶器官系统毒性-一次接触　无资料

特异性靶器官系统毒性-反复接触　无资料

吸入危害　无资料

第十二部分　生态学信息

生态毒性　IC_{50}：0.0004mg/L（72h）（藻类）

持久性和降解性

生物降解性　无资料

非生物降解性　空气中，当羟基自由基浓度为5.00×10^5个/cm^3时，降解半衰期位 27d（理论）

潜在的生物累积性　根据 K_{ow} 值预测，该物质的生物累积性可能较弱

土壤中的迁移性　根据 K_{oc} 值预测，该物质可能易发生迁移

第十三部分　废弃处置

废弃化学品　建议用焚烧法处置。焚烧炉排出的卤化氢通过酸洗涤器除去

污染包装物　将容器返还生产商或按照国家和地方法规处置

废弃注意事项　处置前应参阅国家和地方有关法规

第十四部分　运输信息

联合国危险货物编号(UN 号)　2642

联合国运输名称　氟乙酸

联合国危险性类别　6.1　**包装类别**　Ⅰ类包装

包装标志　6　**海洋污染物**　否

运输注意事项　运输前应先检查包装容器是否完整、密封，运输过程中要确保容器不泄漏、不倒塌、不坠落、不损坏。运输时运输车辆应配备相应品种和数量的消防器材及泄漏应急处理设备。严禁与酸类、氧化剂、食品及食品添加剂混运。运输途中应防曝晒、雨淋，防高温

第十五部分　法规信息

下列法律、法规、规章和标准，对该化学品的管理作了相应的规定。

中华人民共和国职业病防治法　职业病分类和目录：未列入

危险化学品安全管理条例　危险化学品目录：列入。作为剧毒化学品管理。易制爆危险化学品名录：未列入。重点监管的危险化学品名录：未列入。GB 18218—2009《危险化学品重大危险源辨识》(表 1)：未列入

使用有毒物品作业场所劳动保护条例　高毒物品目录：未列入

易制毒化学品管理条例　易制毒化学品的分类和品种目录：未列入

国际公约　斯德哥尔摩公约：未列入。鹿特丹公约：未列入。蒙特利尔议定书：未列入

第十六部分　其他信息

编写和修订信息　**缩略语和首字母缩写**

培训建议　**参考文献**

免责声明

氟　乙　烷

第一部分　化学品标识

化学品中文名　氟乙烷；乙基氟；制冷剂 R-161

化学品英文名 ethyl fluoride; fluoroethane; R161

分子式 C_2H_5F **相对分子质量** 48.06

结构式 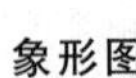

化学品的推荐及限制用途 用作制冷剂、发泡剂

第二部分 危险性概述

紧急情况概述 极易燃气体，内装加压气体：遇热可能爆炸

GHS危险性类别 易燃气体，类别1；加压气体

标签要素

象形图 

警示词 危险

危险性说明 极易燃气体，内装加压气体：遇热可能爆炸

防范说明

预防措施 远离热源、火花、明火、热表面。禁止吸烟

事故响应 漏气着火：切勿灭火，除非漏气能够安全地制止。如果没有危险，消除一切点火源

安全储存 防日晒。存放在通风良好的地方

废弃处置 -

物理和化学危险 极易燃，与空气混合能形成爆炸性混合物

健康危害 本品有麻醉性。遇热分解，释放出有毒的氟化氢气体。皮肤接触液态本品可引起冻伤

环境危害 对环境可能有害

第三部分 成分/组成信息

√物质 混合物

组分	浓度	CAS No.
氟乙烷		353-36-6

第四部分 急救措施

吸入 迅速脱离现场至空气新鲜处。保持呼吸道通畅。如呼吸困难，给输氧。如呼吸、心跳停止，立即进行心肺复苏术。就医

皮肤接触 如发生冻伤，用温水（38～42℃）复温，忌用热水或辐射热，不要揉搓。就医

对保护施救者的忠告 根据需要使用个人防护设备

对医生的特别提示 对症处理

第五部分 消防措施

灭火剂 用雾状水、泡沫、干粉灭火

特别危险性 遇明火、高热或与氧化剂接触，有引起燃烧爆炸的危险。受热分解放出有毒的氟化物气体。气体比空气重，沿地面扩散并易积存于低洼处，遇火源会着火回燃。燃烧生成有害的一氧化碳、氟化氢

灭火注意事项及防护措施 切断气源。若不能切断气源，则不允许熄灭泄漏处的火焰。消防人员必须佩戴空气呼吸器、穿全身防火防毒服，在上风向灭火。尽可能将容器从火场移至空旷处。喷水保持火场容器冷却，直至灭火结束

第六部分 泄漏应急处理

作业人员防护措施、防护装备和应急处置程序 消除所有点火源。根据气体的影响区域划定警戒区，无关人员从侧风、上风向撤离至安全区。建议应急处理人员戴正压自给式呼吸器，穿防静电服。液化气体泄漏时穿防静电、防寒服。作业时使用的所有设备应接地。尽可能切断泄漏源。喷雾状水抑制蒸气或改变蒸气云流向，避免水流接触泄漏物。禁止用水直接冲击泄漏物或泄漏源

环境保护措施 防止气体通过下水道、通风系统和限制性空间扩散

泄漏化学品的收容、清除方法及所使用的处置材料 隔离泄漏区直至气体散尽

第七部分 操作处置与储存

操作注意事项 密闭操作，全面通风。操作人员必须经过专门培训，严格遵守操作规程。建议操作人员佩戴自吸过滤式防毒面具（半面罩），穿防静电工作服。远离火种、热源。工作场所严禁吸烟。使用防爆型的通风系统和设备。防止气体泄漏到工作场所空气中。避免与氧化剂接触。在传送过程中，钢瓶和容器必须接地和跨接，防止产生静电。搬运时戴好钢瓶安全帽和防震橡皮圈，防止钢瓶碰撞、损坏。配备相应品种和数量的消防器材及泄漏应急处理设备

储存注意事项 储存于阴凉、通风的易燃气体专用库房。库温不宜超过30℃。远离火种、热源。应与氧化剂分开存放，切忌混储。采用防爆型照明、通风设施。禁止使用易产生火花的机械设备和工具。储区应备有泄漏应急处理设备

第八部分 接触控制/个体防护

职业接触限值

中国 未制定标准

美国(ACGIH) 未制定标准

生物接触限值 未制定标准

监测方法 空气中有毒物质测定方法：未制定标准。生物监测检验方法：未制定标准

工程控制 生产过程密闭，全面通风

个体防护装备

呼吸系统防护 一般不需要特殊防护，高浓度接触时可佩戴过滤式防毒面具（半面罩）

眼睛防护 必要时，戴化学安全防护眼镜

皮肤和身体防护 穿防静电工作服

手防护 戴一般作业防护手套

第九部分 理化特性

外观与性状 无色易燃液化气体

pH值 无意义 **熔点(℃)** -143.2

沸点(℃) −37.7
相对密度(水=1) 0.8158（−37.7℃）
相对蒸气密度(空气=1) 1.66
饱和蒸气压(kPa) 无资料
燃烧热(kJ/mol) 无资料 **临界温度(℃)** 无资料
临界压力(MPa) 5.03 **辛醇/水分配系数** 1.26
闪点(℃) −91 **自燃温度(℃)** 无资料
爆炸下限(%) 5 **爆炸上限(%)** 10
分解温度(℃) 无资料 **黏度(mPa·s)** 无资料
溶解性 微溶于水，溶于乙醇、乙醚

第十部分 稳定性和反应性

稳定性 稳定
危险反应 与强氧化剂等禁配物接触，有发生火灾和爆炸的危险
避免接触的条件 受热
禁配物 强氧化剂
危险的分解产物 氟化氢

第十一部分 毒理学信息

急性毒性 LCLo：26%（大鼠吸入，4h）
皮肤刺激或腐蚀 无资料 **眼睛刺激或腐蚀** 无资料
呼吸或皮肤过敏 无资料 **生殖细胞突变性** 无资料
致癌性 无资料 **生殖毒性** 无资料
特异性靶器官系统毒性-一次接触 无资料
特异性靶器官系统毒性-反复接触 无资料
吸入危害 无资料

第十二部分 生态学信息

生态毒性 无资料
持久性和降解性
生物降解性 无资料
非生物降解性 无资料
潜在的生物累积性 根据 K_{ow} 值预测，该物质的生物累积性可能较弱
土壤中的迁移性 根据 K_{oc} 值预测，该物质可能易发生迁移

第十三部分 废弃处置

废弃化学品 建议用焚烧法处置。焚烧炉排出的卤化氢通过酸洗涤器除去
污染包装物 将容器返还生产商或按照国家和地方法规处置
废弃注意事项 处置前应参阅国家和地方有关法规

第十四部分 运输信息

联合国危险货物编号（UN号） 2453
联合国运输名称 乙基氟
联合国危险性类别 2.1 **包装类别** Ⅱ类包装
包装标志  **海洋污染物** 否
运输注意事项 采用钢瓶运输时必须戴好钢瓶上的安全帽。钢瓶一般平放，并应将瓶口朝同一方向，不可交叉；高度不得超过车辆的防护栏板，并用三角木垫卡牢，防止滚动。运输时运输车辆应配备相应品种和数量的消防器材。装运该物品的车辆排气管必须配备阻火装置，禁止使用易产生火花的机械设备和工具装卸。严禁与氧化剂等混装混运。夏季应早晚运输，防止日光曝晒。中途停留时应远离火种、热源。公路运输时要按规定路线行驶，勿在居民区和人口稠密区停留。铁路运输时要禁止溜放

第十五部分 法规信息

下列法律、法规、规章和标准，对该化学品的管理作了相应的规定。
中华人民共和国职业病防治法 职业病分类和目录：未列入
危险化学品安全管理条例 危险化学品目录：列入。易制爆危险化学品名录：未列入。重点监管的危险化学品名录：未列入。GB 18218—2009《危险化学品重大危险源辨识》(表1)：未列入
使用有毒物品作业场所劳动保护条例 高毒物品目录：未列入
易制毒化学品管理条例 易制毒化学品的分类和品种目录：未列入
国际公约 斯德哥尔摩公约：未列入。鹿特丹公约：未列入。蒙特利尔议定书：未列入

第十六部分 其他信息

编写和修订信息 **缩略语和首字母缩写**
培训建议 **参考文献**
免责声明

氟 乙 烯

第一部分 化学品标识

化学品中文名 氟乙烯；乙烯基氟
化学品英文名 vinyl fluoride；inhibited；monofluoroethylene
分子式 C_2H_3F **相对分子质量** 46.04
结构式 F⁀⁀
化学品的推荐及限制用途 主要用于聚合制聚氟乙烯

第二部分 危险性概述

紧急情况概述 极易燃气体，在高压和/或高温条件下，即使没有空气也可能发生爆炸反应。内装加压气体：遇热可能爆炸，可能致癌，可能引起昏昏欲睡或眩晕
GHS危险性类别 易燃气体，类别1；化学不稳定性气体，类别B；加压气体；生殖细胞致突变性，类别2；致癌性，类别1B；特异性靶器官毒性-一次接触，类别3（麻醉效应）；特异性靶器官毒性-反复接触，类别2

标签要素

象形图

警示词　危险

危险性说明　极易燃气体，在高压和/或高温条件下，即使没有空气仍可能发生爆炸反应。内装加压气体：遇热可能爆炸，怀疑可造成遗传性缺陷，可能致癌，可能引起昏昏欲睡或眩晕，长时间或反复接触可能对器官造成损伤

防范说明

预防措施　远离热源、火花、明火、热表面。禁止吸烟。得到专门指导后操作。在阅读并了解所有安全预防措施之前，切勿操作。按要求使用个体防护装备。避免吸入气体

事故响应　漏气着火：切勿灭火，除非漏气能够安全地制止。如果没有危险，消除一切点火源。如果接触或有担心，就医

安全储存　防日晒。存放在通风良好的地方。上锁保管

废弃处置　本品及内装物、容器依据国家和地方法规处置

物理和化学危险　极易燃，与空气混合能形成爆炸性混合物

健康危害　吸入本品蒸气出现头痛、头晕。接触液化气体可引起冻伤

环境危害　对环境可能有害

第三部分　成分/组成信息

√物质		混合物
组分	**浓度**	**CAS No.**
氟乙烯		75-02-5

第四部分　急救措施

吸入　迅速脱离现场至空气新鲜处。保持呼吸道通畅。如呼吸困难，给输氧。如呼吸、心跳停止，立即进行心肺复苏术。就医

皮肤接触　如发生冻伤，用温水（38～42℃）复温，忌用热水或辐射热，不要揉搓。就医

对保护施救者的忠告　根据需要使用个人防护设备

对医生的特别提示　对症处理

第五部分　消防措施

灭火剂　用雾状水、普通泡沫、干粉灭火

特别危险性　与氧化剂接触猛烈反应。燃烧或无抑制剂时可发生剧烈聚合。气体比空气重，沿地面扩散并易积存于低洼处，遇火源会着火回燃。燃烧生成有害的一氧化碳、氟化氢

灭火注意事项及防护措施　切断气源。若不能切断气源，则不允许熄灭泄漏处的火焰。消防人员必须佩戴空气呼吸器、穿全身防火防毒服，在上风向灭火。尽可能将容器从火场移至空旷处。喷水保持火场容器冷却，直至灭火结束

第六部分　泄漏应急处理

作业人员防护措施、防护装备和应急处置程序　消除所有点火源。根据气体的影响区域划定警戒区，无关人员从侧风、上风向撤离至安全区。建议应急处理人员戴正压自给式呼吸器，穿防静电服。液化气体泄漏时穿防静电、防寒服。作业时使用的所有设备应接地。尽可能切断泄漏源。若可能翻转容器，使之逸出气体而非液体。喷雾状水抑制蒸气或改变蒸气云流向，避免水流接触泄漏物。禁止用水直接冲击泄漏物或泄漏源

环境保护措施　防止气体通过下水道、通风系统和限制性空间扩散

泄漏化学品的收容、清除方法及所使用的处置材料　隔离泄漏区直至气体散尽

第七部分　操作处置与储存

操作注意事项　密闭操作，全面通风。操作人员必须经过专门培训，严格遵守操作规程。远离火种、热源。工作场所严禁吸烟。使用防爆型的通风系统和设备。防止气体泄漏到工作场所空气中。避免与氧化剂、酸类接触。在传送过程中，钢瓶和容器必须接地和跨接，防止产生静电。搬运时戴好钢瓶安全帽和防震橡皮圈，防止钢瓶碰撞、损坏。配备相应品种和数量的消防器材及泄漏应急处理设备

储存注意事项　通常商品加有阻聚剂。储存于阴凉、通风的易燃气体专用库房。库温不宜超过30℃。远离火种、热源。应与氧化剂、酸类分开存放，切忌混储。采用防爆型照明、通风设施。禁止使用易产生火花的机械设备和工具。储区应备有泄漏应急处理设备

第八部分　接触控制/个体防护

职业接触限值

中国　未制定标准

美国(ACGIH)　TLV-TWA：1ppm

生物接触限值　未制定标准

监测方法　空气中有毒物质测定方法：未制定标准。生物监测检验方法：未制定标准

工程控制　生产过程密闭，全面通风

个体防护装备

呼吸系统防护　一般不需要特殊防护，但建议特殊情况下，佩戴过滤式防毒面具（半面罩）

眼睛防护　必要时，戴化学安全防护眼镜

皮肤和身体防护　穿防静电工作服

手防护　戴一般作业防护手套

第九部分　理化特性

外观与性状　无色、无嗅气体

pH值　无意义　　**熔点(℃)**　−160.5

沸点(℃)　−72.2

相对密度(水=1)　0.78（30℃）

相对蒸气密度(空气=1) 1.6

饱和蒸气压(kPa) 无资料

燃烧热(kJ/mol) 无资料 **临界温度(℃)** 54.7

临界压力(MPa) 5.2 **辛醇/水分配系数** 1.19

闪点(℃) −120 **自燃温度(℃)** 460

爆炸下限(%) 2.6 **爆炸上限(%)** 21.7

分解温度(℃) 无资料 **黏度(mPa·s)** 无资料

溶解性 不溶于水，溶于乙醇、乙醚、丙酮等

第十部分 稳定性和反应性

稳定性 稳定

危险反应 与强氧化剂等禁配物接触，有发生火灾和爆炸的危险。燃烧或无抑制剂时可发生剧烈聚合

避免接触的条件 受热、光照

禁配物 强氧化剂、强酸

危险的分解产物 氟化氢

第十一部分 毒理学信息

急性毒性 LC_{50}：1600g/m^3（大鼠吸入，4h）

皮肤刺激或腐蚀 无资料

眼睛刺激或腐蚀 无资料

呼吸或皮肤过敏 无资料

生殖细胞突变性 微核试验：小鼠吸入 19100ppm（6h）（连续）

致癌性 IARC 致癌性评论：组 2A，对人类致癌性证据有限，对动物致癌性证据充分

生殖毒性 无资料

特异性靶器官系统毒性-一次接触 无资料

特异性靶器官系统毒性-反复接触 无资料

吸入危害 无资料

第十二部分 生态学信息

生态毒性 无资料

持久性和降解性

生物降解性 无资料

非生物降解性 空气中，当羟基自由基浓度为5.00×10^5个/cm^{3}时，降解半衰期为 3d（理论）

潜在的生物累积性 根据 K_{ow}值预测，该物质的生物累积性可能较弱

土壤中的迁移性 根据 K_{oc}值预测，该物质可能易发生迁移

第十三部分 废弃处置

废弃化学品 建议用焚烧法处置。焚烧炉排出的卤化氢通过酸洗涤器除去

污染包装物 将容器返还生产商或按照国家和地方法规处置

废弃注意事项 处置前应参阅国家和地方有关法规

第十四部分 运输信息

联合国危险货物编号（UN号） 1860

联合国运输名称 乙烯基氟，稳定的

联合国危险性类别 2.1 **包装类别** Ⅱ类包装

包装标志 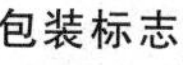  **海洋污染物** 否

运输注意事项 采用钢瓶运输时必须戴好钢瓶上的安全帽。钢瓶一般平放，并应将瓶口朝同一方向，不可交叉；高度不得超过车辆的防护栏板，并用三角木垫卡牢，防止滚动。运输时运输车辆应配备相应品种和数量的消防器材。装运该物品的车辆排气管必须配备阻火装置，禁止使用易产生火花的机械设备和工具装卸。严禁与氧化剂、酸类等混装混运。夏季应早晚运输，防止日光曝晒。中途停留时应远离火种、热源。公路运输时要按规定路线行驶，勿在居民区和人口稠密区停留。铁路运输时要禁止溜放

第十五部分 法规信息

下列法律、法规、规章和标准，对该化学品的管理作了相应的规定。

中华人民共和国职业病防治法 职业病分类和目录：未列入

危险化学品安全管理条例 危险化学品目录：列入。易制爆危险化学品名录：未列入。重点监管的危险化学品名录：未列入。GB 18218—2009《危险化学品重大危险源辨识》（表 1）：未列入

使用有毒物品作业场所劳动保护条例 高毒物品目录：未列入

易制毒化学品管理条例 易制毒化学品的分类和品种目录：未列入

国际公约 斯德哥尔摩公约：未列入。鹿特丹公约：未列入。蒙特利尔议定书：未列入

第十六部分 其他信息

编写和修订信息 **缩略语和首字母缩写**

培训建议 **参考文献**

免责声明

钙［粉］

第一部分 化学品标识

化学品中文名 钙［粉］；金属钙粉

化学品英文名 calcium

分子式 Ca **相对分子质量** 40.08

化学品的推荐及限制用途 用于与铝、铜、铅制合金，也用作制铍的还原剂、合金的脱氧剂、油脂脱氢等

第二部分 危险性概述

紧急情况概述 遇水放出易燃气体

GHS 危险性类别 遇水放出易燃气体的物质和混合物，类别 2

标签要素

象形图 

警示词 危险

危险性说明 遇水放出易燃气体

防范说明

预防措施 因与水发生剧烈反应和可能发生爆燃，应避免与水接触。在惰性气体中操作。防潮。戴防护手套、防护眼镜、防护面罩

事故响应 火灾时，使用干燥石墨粉、苏打灰、氯化钠粉末。皮肤接触：擦掉皮肤上的微粒，将接触部位浸入冷水中、用湿绷带包扎

安全储存 在干燥处和密闭的容器中储存

废弃处置 本品及内装物、容器依据国家和地方法规处置

物理和化学危险 遇潮湿空气能自燃

健康危害 吸入本品粉尘刺激呼吸道和肺，引起咳嗽、呼吸困难。对眼有刺激性，甚至引起灼伤，造成永久性损害。皮肤接触可致灼伤

环境危害 对环境可能有害

第三部分 成分/组成信息

√物质		混合物
组分	**浓度**	**CAS No.**
钙		7440-70-2

第四部分 急救措施

吸入 迅速脱离现场至空气新鲜处。保持呼吸道通畅。如呼吸困难，给输氧。如呼吸、心跳停止，立即进行心肺复苏术。就医

皮肤接触 立即脱去污染的衣着，用大量流动清水彻底冲洗 20～30min。就医

眼睛接触 立即分开眼睑，用流动清水或生理盐水彻底冲洗至少 15min。就医

食入 用水漱口，禁止催吐。给饮牛奶或蛋清。就医

对保护施救者的忠告 根据需要使用个人防护设备

对医生的特别提示 对症处理

第五部分 消防措施

灭火剂 用干燥石墨粉、苏打灰、氯化钠粉末

特别危险性 微细粉末在室温下遇潮湿空气能自燃。受高热或接触强氧化剂，有发生燃烧爆炸的危险。燃烧时放出有毒的刺激性烟雾。遇水或酸发生反应放出氢气及热量，能引起燃烧。粉尘与湿气接触能灼伤眼睛和皮肤。燃烧生成有害的氧化钙

灭火注意事项及防护措施 消防人员必须佩戴空气呼吸器、穿全身防火防毒服，在上风向灭火。尽可能将容器从火场移至空旷处。严禁用水、卤代烃灭火剂施救，也不宜用二氧化碳灭火。在灭火时，如灭火剂选用不当，也可发生猛烈反应，引起爆炸，必须特别注意消防施救安全

第六部分 泄漏应急处理

作业人员防护措施、防护装备和应急处置程序 消除所有点火源。隔离泄漏污染区，限制出入。建议应急处理人员戴防尘口罩，穿防酸碱服，戴橡胶手套。禁止接触或跨越泄漏物。尽可能切断泄漏源。用干燥的砂土或其他不燃材料覆盖泄漏物，然后用塑料布覆盖，减少飞散、避免雨淋

环境保护措施 无资料

泄漏化学品的收容、清除方法及所使用的处置材料 用洁净的无火花工具收集泄漏物，置于一盖子较松的塑料容器中，待处置

第七部分 操作处置与储存

操作注意事项 密闭操作，局部排风。操作人员必须经过专门培训，严格遵守操作规程。建议操作人员佩戴头罩型电动送风过滤式防尘呼吸器，穿胶布防毒衣，戴橡胶手套。远离火种、热源。工作场所严禁吸烟。使用防爆型的通风系统和设备。避免产生粉尘。避免与氧化剂、酸类、醇类接触。尤其要注意避免与水接触。搬运时要轻装轻卸，防止包装及容器损坏。配备相应品种和数量的消防器材及泄漏应急处理设备。倒空的容器可能残留有害物

储存注意事项 储存于阴凉、通风的库房。远离火种、热源。包装要求密封，不可与空气接触。应与氧化剂、酸类、醇类等分开存放，切忌混储。采用防爆型照明、通风设施。禁止使用易产生火花的机械设备和工具。储区应备有合适的材料收容泄漏物

第八部分 接触控制/个体防护

职业接触限值

中国 未制定标准

美国(ACGIH) 未制定标准

生物接触限值 未制定标准

监测方法 空气中有毒物质测定方法：火焰原子吸收光谱法。生物监测检验方法：未制定标准

工程控制 密闭操作，局部排风

个体防护装备

呼吸系统防护 可能接触其粉尘时，佩戴过滤式防尘呼吸器

眼睛防护 戴化学安全防护眼镜

皮肤和身体防护 穿隔绝式防毒服

手防护 戴橡胶手套

第九部分 理化特性

外观与性状 银白色至灰白色粉末

pH 值 11～12（1%溶液） **熔点(℃)** 850

沸点(℃) 1440 **相对密度(水=1)** 1.54

相对蒸气密度(空气=1) 无资料

饱和蒸气压(kPa) 1.33（983℃）

燃烧热(kJ/mol) 无资料 **临界温度(℃)** 无资料

临界压力(MPa) 15.3 **辛醇/水分配系数** −0.57

闪点(℃) 无意义 **自燃温度(℃)** 无资料

爆炸下限(%) 无资料 **爆炸上限(%)** 无资料

分解温度(℃) 无资料 **黏度(mPa·s)** 无资料

溶解性 不溶于苯、煤油，微溶于乙醇，溶于酸、液氨

第十部分 稳定性和反应性

稳定性 稳定

危险反应 与强氧化剂、水等禁配物接触，有发生火灾和爆炸的危险

避免接触的条件 潮湿空气

禁配物 酸类、强氧化剂、醇类、水

危险的分解产物 无意义

第十一部分 毒理学信息

急性毒性 无资料

皮肤刺激或腐蚀 无资料

眼睛刺激或腐蚀 无资料

呼吸或皮肤过敏 无资料

生殖细胞突变性 无资料

致癌性 无资料

生殖毒性 无资料

特异性靶器官系统毒性-一次接触 无资料

特异性靶器官系统毒性-反复接触 无资料

吸入危害 无资料

第十二部分 生态学信息

生态毒性 无资料

持久性和降解性

生物降解性 无资料

非生物降解性 无资料

潜在的生物累积性 无资料

土壤中的迁移性 无资料

第十三部分 废弃处置

废弃化学品 根据国家和地方有关法规的要求处置。或与制造商联系，确定处置方法

污染包装物 将容器返还生产商或按照国家和地方法规处置

废弃注意事项 处置前应参阅国家和地方有关法规

第十四部分 运输信息

联合国危险货物编号（UN号） 1855（发火的）；1401（非发火的）

联合国运输名称 发火钙金属（发火的）；钙金属（非发火的）

联合国危险性类别 4.2（发火的），4.3（非发火的）

包装类别 Ⅰ类包装（发火的）；Ⅱ类包装（非发火的）

包装标志 （发火的） （非发火的）

海洋污染物 否

运输注意事项 运输时运输车辆应配备相应品种和数量的消防器材及泄漏应急处理设备。装运本品的车辆排气管须有阻火装置。运输过程中要确保容器不泄漏、不倒塌、不坠落、不损坏。严禁与氧化剂、酸类、醇类、食用化学品等混装混运。运输途中应防曝晒、雨淋，防高温。中途停留时应远离火种、热源。运输用车、船必须干燥，并有良好的防雨设施。车辆运输完毕应进行彻底清扫。铁路运输时要禁止溜放

第十五部分 法规信息

下列法律、法规、规章和标准，对该化学品的管理作了相应的规定。

中华人民共和国职业病防治法 职业病分类和目录：未列入

危险化学品安全管理条例 危险化学品目录：列入。易制爆危险化学品名录：未列入。重点监管的危险化学品名录：未列入。GB 18218—2009《危险化学品重大危险源辨识》（表1）：未列入

使用有毒物品作业场所劳动保护条例 高毒物品目录：未列入

易制毒化学品管理条例 易制毒化学品的分类和品种目录：未列入

国际公约 斯德哥尔摩公约：未列入。鹿特丹公约：未列入。蒙特利尔议定书：未列入

第十六部分 其他信息

编写和修订信息

缩略语和首字母缩写

培训建议

参考文献

免责声明

高 碘 酸

第一部分 化学品标识

化学品中文名 高碘酸；过碘酸

化学品英文名 periodic acid

分子式 H_5IO_6 **相对分子质量** 227.94

化学品的推荐及限制用途 用作氧化剂

第二部分 危险性概述

紧急情况概述 可加剧燃烧：氧化剂，造成严重的皮肤灼伤和眼损伤

GHS危险性类别 氧化性固体，类别2；皮肤腐蚀/刺激，类别1；严重眼损伤/眼刺激，类别1

标签要素

象形图 

警示词 危险

危险性说明 可加剧燃烧：氧化剂，造成严重的皮肤灼伤和眼损伤

防范说明

预防措施 远离热源。远离衣物、可燃物保存。采取一切预防措施，避免与可燃物混合。避免吸入粉尘。避免接触眼睛、皮肤，操作后彻底清洗。戴防护手套，穿防护服，戴防护眼镜、防护面罩

事故响应 火灾时，根据着火原因选择适当灭火剂灭火。如吸入：将患者转移到空气新鲜处，休息，保持利于呼吸的体位，立即呼叫中毒控制中心或就医。皮肤（或头发）接触：立即脱掉所有被污染的衣服，用水冲洗皮肤，淋浴。污染的衣服须洗净后方可重新使用。眼睛接触：用水细心地冲洗数分钟。如戴隐形眼镜并可方

便地取出，则取出隐形眼镜继续冲洗。食入：漱口。不要催吐

安全储存　上锁保管

废弃处置　本品及内装物、容器依据国家和地方法规处置

物理和化学危险　助燃。与可燃物混合能形成爆炸性混合物

健康危害　具有强烈刺激和腐蚀性。皮肤和眼接触有强烈刺激性或造成灼伤。口服引起口腔及消化道灼伤

环境危害　对环境可能有害

第三部分　成分/组成信息

√物质		混合物
组分	**浓度**	**CAS No.**
高碘酸		10450-60-9

第四部分　急救措施

吸入　迅速脱离现场至空气新鲜处。保持呼吸道通畅。如呼吸困难，给输氧。如呼吸、心跳停止，立即进行心肺复苏术。就医

皮肤接触　立即脱去污染的衣着，用大量流动清水彻底冲洗至少15min。就医

眼睛接触　立即分开眼睑，用流动清水或生理盐水彻底冲洗至少15min。就医

食入　用水漱口，禁止催吐。给饮牛奶或蛋清。就医

对保护施救者的忠告　根据需要使用个人防护设备

对医生的特别提示　对症处理

第五部分　消防措施

灭火剂　本品不燃。根据着火原因选择适当灭火剂灭火

特别危险性　遇易燃物、有机物会引起爆炸。受热分解，放出氧气

灭火注意事项及防护措施　消防人员必须穿全身耐酸碱消防服、佩戴空气呼吸器灭火。喷水冷却容器，尽可能将容器从火场移至空旷处。在火场中与可燃物混合会爆炸，消防人员须在有防爆掩蔽处操作。切勿将水流直接射至熔融物，以免引起严重的流淌火灾或引起剧烈的沸溅。禁止用砂土压盖

第六部分　泄漏应急处理

作业人员防护措施、防护装备和应急处置程序　隔离泄漏污染区，限制出入。建议应急处理人员戴防尘口罩，穿防腐蚀、防毒服，戴橡胶手套。勿使泄漏物与可燃物质（如木材、纸、油等）接触。穿上适当的防护服前严禁接触破裂的容器和泄漏物。尽可能切断泄漏源。勿使水进入包装容器内

环境保护措施　无资料

泄漏化学品的收容、清除方法及所使用的处置材料　小量泄漏：用洁净的铲子收集泄漏物，置于干净、干燥、盖子较松的容器中，将容器移离泄漏区。大量泄漏：泄漏物回收后，用水冲洗泄漏区

第七部分　操作处置与储存

操作注意事项　密闭操作，加强通风。操作人员必须经过专门培训，严格遵守操作规程。建议操作人员佩戴头罩型电动送风过滤式防尘呼吸器，穿聚乙烯防毒服，戴橡胶手套。远离火种、热源。工作场所严禁吸烟。避免产生粉尘。避免与还原剂、活性金属粉末、碱类接触。搬运时要轻装轻卸，防止包装及容器损坏。配备相应品种和数量的消防器材及泄漏应急处理设备。倒空的容器可能残留有害物

储存注意事项　储存于阴凉、通风的库房。远离火种、热源。库温不超过30℃，库相对湿度不超过80%。避免光照。包装密封。应与还原剂、活性金属粉末、碱类等分开存放，切忌混储。储区应备有合适的材料收容泄漏物

第八部分　接触控制/个体防护

职业接触限值

中国　未制定标准

美国(ACGIH)　未制定标准

生物接触限值　未制定标准

监测方法　空气中有毒物质测定方法：碳酸氢钠溶液解吸-离子色谱法。生物监测检验方法：未制定标准

工程控制　生产过程密闭，加强通风。提供安全的淋浴和洗眼设备

个体防护装备

呼吸系统防护　空气中粉尘浓度超标时，应该佩戴过滤式防尘呼吸器。紧急事态抢救或撤离时，佩戴空气呼吸器

眼睛防护　戴化学安全防护眼镜

皮肤和身体防护　穿隔绝式防毒服

手防护　戴橡胶手套

第九部分　理化特性

外观与性状　无色或白色结晶，无臭。有潮解性

pH值　无意义　　**熔点(℃)**　122

沸点(℃)　140（分解）　　**相对密度(水=1)**　无资料

相对蒸气密度(空气=1)　7.9

饱和蒸气压(kPa)　无资料

燃烧热(kJ/mol)　无资料　　**临界温度(℃)**　无资料

临界压力(MPa)　无资料　　**辛醇/水分配系数**　无资料

闪点(℃)　无意义　　**自燃温度(℃)**　无意义

爆炸下限(%)　无意义　　**爆炸上限(%)**　无意义

分解温度(℃)　无资料　　**黏度(mPa·s)**　无资料

溶解性　溶于水、乙醇，微溶于乙醚

第十部分　稳定性和反应性

稳定性　稳定

危险反应　与强还原剂、易燃或可燃物等禁配物接触，有发生火灾和爆炸的危险

避免接触的条件　受热

禁配物　强还原剂、活性金属粉末、碱类、易燃或可燃物、硫、磷

危险的分解产物　碘化氢、氧气

第十一部分　毒理学信息

急性毒性　无资料　　**皮肤刺激或腐蚀**　无资料

眼睛刺激或腐蚀 无资料 **呼吸或皮肤过敏** 无资料

生殖细胞突变性 无资料 **致癌性** 无资料

生殖毒性 无资料

特异性靶器官系统毒性-一次接触 无资料

特异性靶器官系统毒性-反复接触 无资料

吸入危害 无资料

第十二部分 生态学信息

生态毒性 无资料

持久性和降解性

生物降解性 无资料

非生物降解性 无资料

潜在的生物累积性 无资料

土壤中的迁移性 无资料

第十三部分 废弃处置

废弃化学品 中和、稀释后，排入废水系统

污染包装物 将容器返还生产商或按照国家和地方法规处置

废弃注意事项 处置前应参阅国家和地方有关法规

第十四部分 运输信息

联合国危险货物编号（UN号） 3084

联合国运输名称 腐蚀性固体，氧化性，未另作规定的（高碘酸）

联合国危险性类别 8，5.1 **包装类别** Ⅱ类包装

包装标志 

海洋污染物 否

运输注意事项 运输时单独装运，运输过程中要确保容器不泄漏、不倒塌、不坠落、不损坏。运输时运输车辆应配备相应品种和数量的消防器材及泄漏应急处理设备。严禁与酸类、易燃物、有机物、还原剂、自燃物品、遇湿易燃物品等并车混运。运输时车速不宜过快，不得强行超车。运输车辆装卸前后，均应彻底清扫、洗净，严禁混入有机物、易燃物等杂质

第十五部分 法规信息

下列法律、法规、规章和标准，对该化学品的管理作了相应的规定。

中华人民共和国职业病防治法 职业病分类和目录：未列入

危险化学品安全管理条例 危险化学品目录：列入。易制爆危险化学品名录：未列入。重点监管的危险化学品名录：未列入。GB 18218—2009《危险化学品重大危险源辨识》（表1）：未列入

使用有毒物品作业场所劳动保护条例 高毒物品目录：未列入

易制毒化学品管理条例 易制毒化学品的分类和品种目录：未列入

国际公约 斯德哥尔摩公约：未列入。鹿特丹公约：未列入。蒙特利尔议定书：未列入

第十六部分 其他信息

编写和修订信息 **缩略语和首字母缩写**

培训建议 **参考文献**

免责声明

高碘酸钾

第一部分 化学品标识

化学品中文名 高碘酸钾；偏高碘酸钾

化学品英文名 potassium periodate；potassium metaperiodate

分子式 KIO_4 **相对分子质量** 230.01

化学品的推荐及限制用途 用作氧化剂，主要用于氧化锰酸盐成高锰酸盐

第二部分 危险性概述

紧急情况概述 可加剧燃烧：氧化剂

GHS危险性类别 氧化性固体，类别2

标签要素

象形图  警示词 危险

危险性说明 可加剧燃烧：氧化剂

防范说明

预防措施 远离热源。远离衣物、可燃物保存。采取一切预防措施，避免与可燃物混合。戴防护手套、防护眼镜、防护面罩

事故响应 火灾时，根据着火原因选择适当灭火剂灭火

安全储存 -

废弃处置 本品及内装物、容器依据国家和地方法规处置

物理和化学危险 助燃。与可燃物混合或急剧加热会发生爆炸

健康危害 本品对黏膜、上呼吸道、眼睛和皮肤有刺激性

环境危害 对环境可能有害

第三部分 成分/组成信息

√物质 混合物

组分	浓度	CAS No.
高碘酸钾		7790-21-8

第四部分 急救措施

吸入 迅速脱离现场至空气新鲜处。保持呼吸道通畅。如呼吸困难，给输氧。如呼吸、心跳停止，立即进行心肺复苏术。就医

皮肤接触 立即脱去污染的衣着，用流动清水彻底冲洗。就医

眼睛接触 立即分开眼睑，用流动清水或生理盐水彻底冲洗。就医

食入 漱口，饮水。就医

对保护施救者的忠告 根据需要使用个人防护设备

对医生的特别提示 对症处理

第五部分 消防措施

灭火剂 本品不燃。根据着火原因选择适当灭火剂灭火

特别危险性 与还原剂、有机物、易燃物（如硫、磷）或金属粉末等混合可形成爆炸性混合物。急剧加热时可发生爆炸

灭火注意事项及防护措施 消防人员须戴好防毒面具，在安全距离以外，在上风向灭火。喷水冷却容器，尽可能将容器从火场移至空旷处。在火场中与可燃物混合会爆炸，消防人员须在有防爆掩蔽处操作。禁止用砂土压盖

第六部分 泄漏应急处理

作业人员防护措施、防护装备和应急处置程序 隔离泄漏污染区，限制出入。建议应急处理人员戴防尘口罩，穿防毒服，戴橡胶手套。勿使泄漏物与可燃物质（如木材、纸、油等）接触。穿上适当的防护服前严禁接触破裂的容器和泄漏物。尽可能切断泄漏源。勿使水进入包装容器内

环境保护措施 无资料

泄漏化学品的收容、清除方法及所使用的处置材料 小量泄漏：用洁净的铲子收集泄漏物，置于干净、干燥、盖子较松的容器中，将容器移离泄漏区。大量泄漏：泄漏物回收后，用水冲洗泄漏区

第七部分 操作处置与储存

操作注意事项 密闭操作，加强通风。操作人员必须经过专门培训，严格遵守操作规程。建议操作人员佩戴头罩型电动送风过滤式防尘呼吸器，穿聚乙烯防毒服，戴橡胶手套。远离火种、热源。工作场所严禁吸烟。远离易燃、可燃物。避免产生粉尘。避免与还原剂接触。搬运时要轻装轻卸，防止包装及容器损坏。配备相应品种和数量的消防器材及泄漏应急处理设备。倒空的容器可能残留有害物

储存注意事项 储存于阴凉、通风的库房。远离火种、热源。库温不超过30℃，库相对湿度不超过80%。避免光照。包装密封。应与易（可）燃物、还原剂等分开存放，切忌混储。储区应备有合适的材料收容泄漏物

第八部分 接触控制/个体防护

职业接触限值

中国 未制定标准

美国(ACGIH) 未制定标准

生物接触限值 未制定标准

监测方法 空气中有毒物质测定方法：未制定标准。生物监测检验方法：未制定标准

工程控制 生产过程密闭，加强通风。提供安全的淋浴和洗眼设备

个体防护装备

呼吸系统防护 空气中粉尘浓度超标时，应该佩戴过滤式防尘呼吸器。紧急事态抢救或撤离时，佩戴空气呼吸器

眼睛防护 戴化学安全防护眼镜

皮肤和身体防护 穿隔绝式防毒服

手防护 戴橡胶手套

第九部分 理化特性

外观与性状 无色结晶或白色粉末

pH值 无意义　**熔点(℃)** 582（爆炸）

沸点(℃) 无资料　**相对密度(水=1)** 3.62

相对蒸气密度(空气=1) 无资料

饱和蒸气压(kPa) 无资料

燃烧热(kJ/mol) 无资料　**临界温度(℃)** 无资料

临界压力(MPa) 无意义　**辛醇/水分配系数** 无资料

闪点(℃) 无意义　**引燃温度(℃)** 无意义

爆炸下限(%) 无意义　**爆炸上限(%)** 无意义

分解温度(℃) 无资料　**黏度(mPa·s)** 无资料

溶解性 微溶于冷水，溶于热水

第十部分 稳定性和反应性

稳定性 稳定

危险反应 与强还原剂、易燃或可燃物等禁配物接触，有发生火灾和爆炸的危险

避免接触的条件 受热

禁配物 强还原剂、易燃或可燃物、活性金属粉末、硫、磷

危险的分解产物 无资料

第十一部分 毒理学信息

急性毒性 无资料　**皮肤刺激或腐蚀** 无资料

眼睛刺激或腐蚀 无资料　**呼吸或皮肤过敏** 无资料

生殖细胞突变性 无资料　**致癌性** 无资料

生殖毒性 无资料

特异性靶器官系统毒性-一次接触 无资料

特异性靶器官系统毒性-反复接触 无资料

吸入危害 无资料

第十二部分 生态学信息

生态毒性 无资料

持久性和降解性

生物降解性 无资料

非生物降解性 无资料

潜在的生物累积性 无资料

土壤中的迁移性 无资料

第十三部分 废弃处置

废弃化学品 用安全掩埋法处置

污染包装物 将容器返还生产商或按照国家和地方法规处置

废弃注意事项 处置前应参阅国家和地方有关法规

第十四部分 运输信息

联合国危险货物编号（UN号） 1479
联合国运输名称 氧化性固体，未另作规定的（高碘酸钾）
联合国危险性类别 5.1 **包装类别** Ⅱ类包装

包装标志 

海洋污染物 否

运输注意事项 运输时单独装运，运输过程中要确保容器不泄漏、不倒塌、不坠落、不损坏。运输时运输车辆应配备相应品种和数量的消防器材及泄漏应急处理设备。严禁与酸类、易燃物、有机物、还原剂、自燃物品、遇湿易燃物品等并车混运。运输时车速不宜过快，不得强行超车。运输车辆装卸前后，均应彻底清扫、洗净，严禁混入有机物、易燃物等杂质

第十五部分 法规信息

下列法律、法规、规章和标准，对该化学品的管理作了相应的规定。

中华人民共和国职业病防治法 职业病分类和目录：未列入

危险化学品安全管理条例 危险化学品目录：列入。易制爆危险化学品名录：未列入。重点监管的危险化学品名录：未列入。GB 18218—2009《危险化学品重大危险源辨识》(表1)：未列入

使用有毒物品作业场所劳动保护条例 高毒物品目录：未列入

易制毒化学品管理条例 易制毒化学品的分类和品种目录：未列入

国际公约 斯德哥尔摩公约：未列入。鹿特丹公约：未列入。蒙特利尔议定书：未列入

第十六部分 其他信息

编写和修订信息 **缩略语和首字母缩写**
培训建议 **参考文献**
免责声明

高碘酸钠

第一部分 化学品标识

化学品中文名 高碘酸钠；偏高碘酸钠
化学品英文名 sodium periodate；sodium metaperiodate
分子式 $NaIO_4$ **相对分子质量** 213.89
化学品的推荐及限制用途 用作分析试剂和氧化剂

第二部分 危险性概述

紧急情况概述 可加剧燃烧；氧化剂
GHS危险性类别 氧化性固体，类别2
标签要素

象形图 

警示词 危险
危险性说明 可加剧燃烧；氧化剂
防范说明

预防措施 远离热源。远离衣物、可燃物保存。采取一切预防措施，避免与可燃物混合。戴防护手套、防护眼镜、防护面罩

事故响应 火灾时，根据着火原因选择适当灭火剂灭火

安全储存 -

废弃处置 本品及内装物、容器依据国家和地方法规处置

物理和化学危险 助燃。与可燃物混合或急剧加热会发生爆炸
健康危害 本品对眼、上呼吸道、黏膜和皮肤有刺激性
环境危害 对环境可能有害

第三部分 成分/组成信息

√物质　　混合物

组分	浓度	CAS No.
高碘酸钠		7790-28-5

第四部分 急救措施

吸入 迅速脱离现场至空气新鲜处。保持呼吸道通畅。如呼吸困难，给输氧。如呼吸、心跳停止，立即进行心肺复苏术。就医
皮肤接触 立即脱去污染的衣着，用流动清水彻底冲洗。就医
眼睛接触 立即分开眼睑，用流动清水或生理盐水彻底冲洗。就医
食入 漱口，饮水。就医
对保护施救者的忠告 根据需要使用个人防护设备
对医生的特别提示 对症处理

第五部分 消防措施

灭火剂 本品不燃。根据着火原因选择适当灭火剂灭火
特别危险性 与还原剂、有机物、易燃物（如硫、磷）或金属粉末等混合可形成爆炸性混合物。急剧加热时可发生爆炸
灭火注意事项及防护措施 消防人员须戴好防毒面具，在安全距离以外，在上风向灭火。喷水冷却容器，尽可能将容器从火场移至空旷处。在火场中与可燃物混合会爆炸，消防人员须在有防爆掩蔽处操作。禁止用砂土压盖

第六部分 泄漏应急处理

作业人员防护措施、防护装备和应急处置程序 隔离泄漏污染区，限制出入。建议应急处理人员戴防尘口罩，穿防毒服，戴橡胶手套。勿使泄漏物与可燃物质（如木材、纸、油等）接触。穿上适当的防护服前严禁接触破裂的容器和泄漏物。尽可能切断泄漏源。勿使水进入包装容器内
环境保护措施 无资料
泄漏化学品的收容、清除方法及所使用的处置材料 小量

泄漏：用洁净的铲子收集泄漏物，置于干净、干燥、盖子较松的容器中，将容器移离泄漏区。大量泄漏：泄漏物回收后，用水冲洗泄漏区

第七部分 操作处置与储存

操作注意事项 密闭操作，加强通风。操作人员必须经过专门培训，严格遵守操作规程。建议操作人员佩戴头罩型电动送风过滤式防尘呼吸器，穿聚乙烯防毒服，戴橡胶手套。远离火种、热源。工作场所严禁吸烟。远离易燃、可燃物。避免产生粉尘。避免与活性金属粉末接触。搬运时要轻装轻卸，防止包装及容器损坏。配备相应品种和数量的消防器材及泄漏应急处理设备。倒空的容器可能残留有害物

储存注意事项 储存于阴凉、通风的库房。远离火种、热源。库温不超过30℃，库相对湿度不超过80%。避免光照。包装密封。应与易（可）燃物、活性金属粉末等分开存放，切忌混储。储区应备有合适的材料收容泄漏物

第八部分 接触控制/个体防护

职业接触限值

中国 未制定标准

美国(ACGIH) 未制定标准

生物接触限值 未制定标准

监测方法 空气中有毒物质测定方法：碳酸氢钠溶液解吸-离子色谱法。生物监测检验方法：未制定标准

工程控制 生产过程密闭，加强通风。提供安全的淋浴和洗眼设备

个体防护装备

呼吸系统防护 空气中粉尘浓度超标时，应该佩戴过滤式防尘呼吸器。紧急事态抢救或撤离时，佩戴空气呼吸器

眼睛防护 戴化学安全防护眼镜

皮肤和身体防护 穿隔绝式防毒服

手防护 戴橡胶手套

第九部分 理化特性

外观与性状 无色结晶或白色晶状粉末

pH值 无意义 **熔点(℃)** 300（分解）

沸点(℃) 无资料 **相对密度(水=1)** 3.87

相对蒸气密度(空气=1) 无资料

饱和蒸气压(kPa) 无资料

燃烧热(kJ/mol) 无资料 **临界温度(℃)** 无资料

临界压力(MPa) 无意义 **辛醇/水分配系数** 无资料

闪点(℃) 无意义 **自燃温度(℃)** 无意义

爆炸下限(%) 无意义 **爆炸上限(%)** 无意义

分解温度(℃) 无资料 **黏度(mPa·s)** 无资料

溶解性 易溶于水、乙酸、盐酸、硫酸、硝酸，不溶于乙醇

第十部分 稳定性和反应性

稳定性 稳定

危险反应 与强还原剂、易燃或可燃物等禁配物接触，有发生火灾和爆炸的危险

避免接触的条件 受热

禁配物 易燃或可燃物、活性金属粉末、镁、硫、磷、强还原剂

危险的分解产物 无资料

第十一部分 毒理学信息

急性毒性 LD_{50}：58mg/kg（小鼠腹腔）

皮肤刺激或腐蚀 无资料 **眼睛刺激或腐蚀** 无资料

呼吸或皮肤过敏 无资料 **生殖细胞突变性** 无资料

致癌性 无资料 **生殖毒性** 无资料

特异性靶器官系统毒性-一次接触 无资料

特异性靶器官系统毒性-反复接触 无资料

吸入危害 无资料

第十二部分 生态学信息

生态毒性 无资料

持久性和降解性

生物降解性 无资料

非生物降解性 无资料

潜在的生物累积性 无资料

土壤中的迁移性 无资料

第十三部分 废弃处置

废弃化学品 用安全掩埋法处置

污染包装物 将容器返还生产商或按照国家和地方法规处置

废弃注意事项 处置前应参阅国家和地方有关法规

第十四部分 运输信息

联合国危险货物编号（UN号） 1479

联合国运输名称 氧化性固体，未另作规定的（高碘酸钠）

联合国危险性类别 5.1 **包装类别** Ⅱ类包装

包装标志 

海洋污染物 否

运输注意事项 运输时单独装运，运输过程中要确保容器不泄漏、不倒塌、不坠落、不损坏。运输时运输车辆应配备相应品种和数量的消防器材及泄漏应急处理设备。严禁与酸类、易燃物、有机物、还原剂、自燃物品、遇湿易燃物品等并车混运。运输时车速不宜过快，不得强行超车。运输车辆装卸前后，均应彻底清扫、洗净，严禁混入有机物、易燃物等杂质

第十五部分 法规信息

下列法律、法规、规章和标准，对该化学品的管理作了相应的规定。

中华人民共和国职业病防治法 职业病分类和目录：未列入

危险化学品安全管理条例 危险化学品目录：列入。易制爆危险化学品名录：未列入。重点监管的危险化学品

名录：未列入。GB 18218—2009《危险化学品重大危险源辨识》(表 1)：未列入

使用有毒物品作业场所劳动保护条例 高毒物品目录：未列入

易制毒化学品管理条例 易制毒化学品的分类和品种目录：未列入

国际公约 斯德哥尔摩公约：未列入。鹿特丹公约：未列入。蒙特利尔议定书：未列入

第十六部分 其他信息

编写和修订信息

缩略语和首字母缩写

培训建议

参考文献

免责声明

高铼酸铵

第一部分 化学品标识

化学品中文名 高铼酸铵；过铼酸铵

化学品英文名 ammonium perrhenate

分子式 NH_4ReO_4 **相对分子质量** 254.24

化学品的推荐及限制用途 用作氧化剂

第二部分 危险性概述

紧急情况概述 可加剧燃烧：氧化剂

GHS 危险性类别 氧化性固体，类别 2；皮肤腐蚀/刺激，类别 2；严重眼损伤/眼刺激，类别 2A；特异性靶器官毒性-一次接触，类别 3（呼吸道刺激）

标签要素

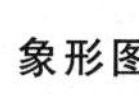
象形图

警示词 危险

危险性说明 可加剧燃烧：氧化剂，造成皮肤刺激，造成严重眼刺激，可能引起呼吸道刺激

防范说明

预防措施 远离热源。远离衣物、可燃物保存。采取一切预防措施，避免与可燃物混合。戴防护手套、防护眼镜、防护面罩。避免接触眼睛、皮肤，操作后彻底清洗

事故响应 火灾时，本品不燃。根据着火原因选择适当灭火剂灭火。皮肤接触：用大量肥皂水和水清洗。如发生皮肤刺激，就医。脱去被污染的衣服，洗净后方可重新使用。如接触眼睛：用水细心冲洗数分钟。如戴隐形眼镜并可方便地取出，取出隐形眼镜继续冲洗。如果眼睛刺激持续：就医

安全储存 -

废弃处置 本品及内装物、容器依据国家和地方法规处置

物理和化学危险 助燃。与可燃物混合能形成爆炸性混合物

健康危害 对眼睛、皮肤、黏膜及上呼吸道有刺激作用

环境危害 对环境可能有害

第三部分 成分/组成信息

√物质		混合物
组分	**浓度**	**CAS No.**
高铼酸铵		13598-65-7

第四部分 急救措施

吸入 迅速脱离现场至空气新鲜处。保持呼吸道通畅。如呼吸困难，给输氧。如呼吸、心跳停止，立即进行心肺复苏术。就医

皮肤接触 立即脱去污染的衣着，用流动清水彻底冲洗。就医

眼睛接触 立即分开眼睑，用流动清水或生理盐水彻底冲洗。就医

食入 漱口，饮水。就医

对保护施救者的忠告 根据需要使用个人防护设备

对医生的特别提示 对症处理

第五部分 消防措施

灭火剂 本品不燃。根据着火原因选择适当灭火剂灭火

特别危险性 与有机物、还原剂、硫、磷等混合，能形成爆炸性混合物

灭火注意事项及防护措施 消防人员必须佩戴空气呼吸器、穿全身防火防毒服，在上风向灭火。尽可能将容器从火场移至空旷处。喷水保持火场容器冷却，直至灭火结束

第六部分 泄漏应急处理

作业人员防护措施、防护装备和应急处置程序 隔离泄漏污染区，限制出入。建议应急处理人员戴防尘口罩，穿防毒服，戴橡胶手套。勿使泄漏物与可燃物质（如木材、纸、油等）接触。穿上适当的防护服前严禁接触破裂的容器和泄漏物。尽可能切断泄漏源。勿使水进入包装容器内

环境保护措施 无资料

泄漏化学品的收容、清除方法及所使用的处置材料 小量泄漏：用洁净的铲子收集泄漏物，置于干净、干燥、盖子较松的容器中，将容器移离泄漏区。大量泄漏：泄漏物回收后，用水冲洗泄漏区

第七部分 操作处置与储存

操作注意事项 密闭操作，加强通风。操作人员必须经过专门培训，严格遵守操作规程。建议操作人员佩戴自吸过滤式防尘口罩，戴化学安全防护眼镜，穿胶布防毒衣，戴橡胶手套。远离易燃、可燃物。避免产生粉尘。搬运时要轻装轻卸，防止包装及容器损坏。配备泄漏应急处理设备。倒空的容器可能残留有害物

储存注意事项 储存于阴凉、通风的库房。远离火种、热源。库温不超过 30℃，库相对湿度不超过 80%。包装密封。应与易（可）燃物分开存放，切忌混储。储区应备有合适的材料收容泄漏物

第八部分 接触控制/个体防护

职业接触限值

中国 未制定标准

美国(ACGIH) 未制定标准

生物接触限值 未制定标准

监测方法 空气中有毒物质测定方法：未制定标准。生物监测检验方法：未制定标准

工程控制 生产过程密闭，加强通风。提供安全的淋浴和洗眼设备

个体防护装备

呼吸系统防护 可能接触其粉尘时，必须佩戴过滤式防尘呼吸器。高浓度环境中，建议佩戴空气呼吸器

眼睛防护 戴化学安全防护眼镜

皮肤和身体防护 穿隔绝式防毒服

手防护 戴橡胶手套

第九部分 理化特性

外观与性状 白色片状结晶

pH 值 无意义 **熔点(℃)** 分解

沸点(℃) 无资料 **相对密度(水=1)** 3.97

相对蒸气密度(空气=1) 无资料

饱和蒸气压(kPa) 无资料

燃烧热(kJ/mol) 无资料 **临界温度(℃)** 无资料

临界压力(MPa) 无意义 **辛醇/水分配系数** 无资料

闪点(℃) 无意义 **引燃温度(℃)** 无意义

爆炸下限(%) 无意义 **爆炸上限(%)** 无意义

分解温度(℃) 无资料 **黏度(mPa·s)** 无资料

溶解性 微溶于冷水，溶于热水

第十部分 稳定性和反应性

稳定性 稳定

危险反应

避免接触的条件 受热

禁配物 有机物、还原剂、硫、磷、易燃或可燃物

危险的分解产物 氨气

第十一部分 毒理学信息

急性毒性 无资料 **皮肤刺激或腐蚀** 无资料

眼睛刺激或腐蚀 无资料 **呼吸或皮肤过敏** 无资料

生殖细胞突变性 无资料 **致癌性** 无资料

生殖毒性 无资料

特异性靶器官系统毒性-一次接触 无资料

特异性靶器官系统毒性-反复接触 无资料

吸入危害 无资料

第十二部分 生态学信息

生态毒性 无资料

持久性和降解性

生物降解性 无资料

非生物降解性 无资料

潜在的生物累积性 无资料

土壤中的迁移性 无资料

第十三部分 废弃处置

废弃化学品 若可能，回收使用

污染包装物 将容器返还生产商或按照国家和地方法规处置

废弃注意事项 处置前应参阅国家和地方有关法规

第十四部分 运输信息

联合国危险货物编号 (UN 号) 1479

联合国运输名称 氧化性固体，未另作规定的（高铼酸铵）

联合国危险性类别 5.1 **包装类别** Ⅱ类包装

包装标志  **海洋污染物** 否

运输注意事项 运输时单独装运，运输过程中要确保容器不泄漏、不倒塌、不坠落、不损坏。运输时运输车辆应配备相应品种和数量的消防器材及泄漏应急处理设备。严禁与酸类、易燃物、有机物、还原剂、自燃物品、遇湿易燃物品等并车混运。运输时车速不宜过快，不得强行超车。运输车辆装卸前后，均应彻底清扫、洗净，严禁混入有机物、易燃物等杂质

第十五部分 法规信息

下列法律、法规、规章和标准，对该化学品的管理作了相应的规定。

中华人民共和国职业病防治法 职业病分类和目录：未列入

危险化学品安全管理条例 危险化学品目录：未列入。易制爆危险化学品名录：未列入。重点监管的危险化学品名录：未列入。GB 18218—2009《危险化学品重大危险源辨识》(表 1)：未列入

使用有毒物品作业场所劳动保护条例 高毒物品目录：未列入

易制毒化学品管理条例 易制毒化学品的分类和品种目录：未列入

国际公约 斯德哥尔摩公约：未列入。鹿特丹公约：未列入。蒙特利尔议定书：未列入

第十六部分 其他信息

编写和修订信息 **缩略语和首字母缩写**

培训建议 **参考文献**

免责声明

高铼酸钾

第一部分 化学品标识

化学品中文名 高铼酸钾；过铼酸钾

化学品英文名 potassium perrhenate

分子式 $KReO_4$ **相对分子质量** 289.30

化学品的推荐及限制用途 用作氧化剂、分析试剂

第二部分 危险性概述

紧急情况概述 可加剧燃烧：氧化剂

GHS 危险性类别 氧化性固体，类别 2；皮肤腐蚀/刺激，类别 2；严重眼损伤/眼刺激，类别 2A；特异性靶器官毒性-一次接触，类别 3（呼吸道刺激）

标签要素

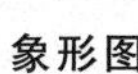

象形图 

警示词 危险

危险性说明 可加剧燃烧：氧化剂，造成皮肤刺激，造成严重眼刺激，可能引起呼吸道刺激

防范说明

预防措施 远离热源。远离衣物、可燃物保存。采取一切预防措施，避免与可燃物混合。戴防护手套、防护眼镜、防护面罩。避免接触眼睛、皮肤，操作后彻底清洗

事故响应 火灾时，本品不燃。根据着火原因选择适当灭火剂灭火。皮肤接触：用大量肥皂水和水清洗。如发生皮肤刺激，就医。脱去被污染的衣服，洗净后方可重新使用。如接触眼睛：用水细心冲洗数分钟。如戴隐形眼镜并可方便地取出，取出隐形眼镜继续冲洗。如果眼睛刺激持续：就医

安全储存 -

废弃处置 本品及内装物、容器依据国家和地方法规处置

物理和化学危险 助燃。与可燃物混合能形成爆炸性混合物

健康危害 对眼睛、皮肤、黏膜和上呼吸道有刺激作用

环境危害 对环境可能有害

第三部分 成分/组成信息

√物质		混合物
组分	**浓度**	**CAS No.**
高铼酸钾		10466-65-6

第四部分 急救措施

吸入 迅速脱离现场至空气新鲜处。保持呼吸道通畅。如呼吸困难，给输氧。如呼吸、心跳停止，立即进行心肺复苏术。就医

皮肤接触 立即脱去污染的衣着，用流动清水彻底冲洗。就医

眼睛接触 立即分开眼睑，用流动清水或生理盐水彻底冲洗。就医

食入 漱口，饮水。就医

对保护施救者的忠告 根据需要使用个人防护设备

对医生的特别提示 对症处理

第五部分 消防措施

灭火剂 本品不燃。根据着火原因选择适当灭火剂灭火

特别危险性 与有机物、还原剂、硫、磷等混合，能形成爆炸性混合物

灭火注意事项及防护措施 消防人员必须佩戴空气呼吸器、穿全身防火防毒服，在上风向灭火。尽可能将容器从火场移至空旷处。喷水保持火场容器冷却，直至灭火结束

第六部分 泄漏应急处理

作业人员防护措施、防护装备和应急处置程序 隔离泄漏污染区，限制出入。建议应急处理人员戴防尘口罩，穿防毒服，戴橡胶手套。勿使泄漏物与可燃物质（如木材、纸、油等）接触。穿上适当的防护服前严禁接触破裂的容器和泄漏物。尽可能切断泄漏源。勿使水进入包装容器内

环境保护措施 无资料

泄漏化学品的收容、清除方法及所使用的处置材料 小量泄漏：用洁净的铲子收集泄漏物，置于干净、干燥、盖子较松的容器中，将容器移离泄漏区。大量泄漏：泄漏物回收后，用水冲洗泄漏区

第七部分 操作处置与储存

操作注意事项 密闭操作，加强通风。操作人员必须经过专门培训，严格遵守操作规程。建议操作人员佩戴自吸过滤式防尘口罩，戴化学安全防护眼镜，穿胶布防毒衣，戴橡胶手套。远离易燃、可燃物。避免产生粉尘。避免与还原剂接触。搬运时要轻装轻卸，防止包装及容器损坏。配备泄漏应急处理设备。倒空的容器可能残留有害物

储存注意事项 储存于阴凉、通风的库房。远离火种、热源。库温不超过 30℃，库相对湿度不超过 80%。包装密封。应与易（可）燃物、还原剂分开存放，切忌混储。储区应备有合适的材料收容泄漏物

第八部分 接触控制/个体防护

职业接触限值

中国 未制定标准

美国(ACGIH) 未制定标准

生物接触限值 未制定标准

监测方法 空气中有毒物质测定方法：未制定标准。生物监测检验方法：未制定标准

工程控制 生产过程密闭，加强通风。提供安全的淋浴和洗眼设备

个体防护装备

呼吸系统防护 可能接触其粉尘时，必须佩戴过滤式防尘呼吸器。高浓度环境中，建议佩戴空气呼吸器

眼睛防护 戴化学安全防护眼镜

皮肤和身体防护 穿隔绝式防毒服

手防护 戴橡胶手套

第九部分 理化特性

外观与性状 白色晶状粉末。遇酸分解，放出氧气

pH 值 无意义 **熔点(℃)** 550

沸点(℃) 1370（升华） **相对密度(水=1)** 4.89
相对蒸气密度(空气=1) 无资料
饱和蒸气压(kPa) 无资料
燃烧热(kJ/mol) 无资料 **临界温度(℃)** 无资料
临界压力(MPa) 无资料 **辛醇/水分配系数** 无资料
闪点(℃) 无意义 **自燃温度(℃)** 无意义
爆炸下限(%) 无意义 **爆炸上限(%)** 无意义
分解温度(℃) 无资料 **黏度(mPa·s)** 无资料
溶解性 微溶于冷水，溶于热水，不溶于乙醇

第十部分 稳定性和反应性

稳定性 稳定
危险反应 与强还原剂、易燃或可燃物等禁配物接触，有发生火灾和爆炸的危险
避免接触的条件 受热
禁配物 还原剂、硫、磷、易燃或可燃物
危险的分解产物 无资料

第十一部分 毒理学信息

急性毒性 LD_{50}：692mg/kg（大鼠腹腔）
皮肤刺激或腐蚀 无资料 **眼睛刺激或腐蚀** 无资料
呼吸或皮肤过敏 无资料 **生殖细胞突变性** 无资料
致癌性 无资料 **生殖毒性** 无资料
特异性靶器官系统毒性-一次接触 无资料
特异性靶器官系统毒性-反复接触 无资料
吸入危害 无资料

第十二部分 生态学信息

生态毒性 无资料
持久性和降解性
生物降解性 无资料
非生物降解性 无资料
潜在的生物累积性 无资料
土壤中的迁移性 无资料

第十三部分 废弃处置

废弃化学品 根据国家和地方有关法规的要求处置。或与制造商联系，确定处置方法
污染包装物 将容器返还生产商或按照国家和地方法规处置
废弃注意事项 处置前应参阅国家和地方有关法规

第十四部分 运输信息

联合国危险货物编号（UN号） 1479
联合国运输名称 氧化性固体，未另作规定的（高铼酸钾）
联合国危险性类别 5.1 **包装类别** Ⅱ类包装
包装标志 

海洋污染物 否
运输注意事项 运输时单独装运，运输过程中要确保容器不泄漏、不倒塌、不坠落、不损坏。运输时运输车辆应配备相应品种和数量的消防器材及泄漏应急处理设备。严禁与酸类、易燃物、有机物、还原剂、自燃物品、遇湿易燃物品等并车混运。运输时车速不宜过快，不得强行超车。运输车辆装卸前后，均应彻底清扫、洗净，严禁混入有机物、易燃物等杂质

第十五部分 法规信息

下列法律、法规、规章和标准，对该化学品的管理作了相应的规定。
中华人民共和国职业病防治法 职业病分类和目录：未列入
危险化学品安全管理条例 危险化学品目录：未列入。易制爆危险化学品名录：未列入。重点监管的危险化学品名录：未列入。GB 18218—2009《危险化学品重大危险源辨识》（表1）：未列入
使用有毒物品作业场所劳动保护条例 高毒物品目录：未列入
易制毒化学品管理条例 易制毒化学品的分类和品种目录：未列入
国际公约 斯德哥尔摩公约：未列入。鹿特丹公约：未列入。蒙特利尔议定书：未列入

第十六部分 其他信息

编写和修订信息 **缩略语和首字母缩写**
培训建议 **参考文献**
免责声明

高 氯 酸

第一部分 化学品标识

化学品中文名 高氯酸；过氯酸
化学品英文名 perchloric acid
分子式 $HClO_4$ **相对分子质量** 100.46
结构式
$$HO-\overset{\overset{\displaystyle O}{\|}}{\underset{\underset{\displaystyle O}{\|}}{Cl}}=O$$
化学品的推荐及限制用途 用作分析试剂、氧化剂，用于高氯酸盐制备，也用于电镀、人造金刚石提纯和医药等

第二部分 危险性概述

紧急情况概述 可引起燃烧或爆炸；强氧化剂，造成严重的皮肤灼伤和眼损伤
GHS危险性类别 氧化性液体，类别1；皮肤腐蚀/刺激，类别1A；严重眼损伤/眼刺激，类别1
标签要素
象形图 
警示词 危险
危险性说明 可引起燃烧或爆炸；强氧化剂，造成严重的皮肤灼伤和眼损伤

防范说明

预防措施　远离热源。远离衣物和其他可燃物保存。采取一切预防措施，避免与可燃物混合。穿防火、阻燃服。避免吸入烟雾。避免接触眼睛、皮肤，操作后彻底清洗。戴防护手套，穿防护服，戴防护眼镜、防护面罩

事故响应　火灾时，根据着火原因选择适当灭火剂灭火。如果发生大火和大量物质着火：撤离现场。因有爆炸危险，应远距离灭火。如吸入：将患者转移到空气新鲜处，休息，保持利于呼吸的体位，立即呼叫中毒控制中心或就医。皮肤（或头发）接触：如溅到衣服上立即用大量清水冲洗污染的衣服和皮肤，然后脱去衣服。用水冲洗皮肤，淋浴。污染的衣服须洗净后方可重新使用。眼睛接触：用水细心地冲洗数分钟。如戴隐形眼镜并可方便地取出，则取出隐形眼镜继续冲洗。食入：漱口。不要催吐

安全储存　上锁保管

废弃处置　本品及内装物、容器依据国家和地方法规处置

物理和化学危险　与可燃物混合或急剧加热会发生爆炸。遇水剧烈反应

健康危害　本品有强烈腐蚀性。皮肤黏膜接触、误服或吸入后，引起强烈刺激症状

环境危害　对环境可能有害

第三部分　成分/组成信息

√物质　　混合物

组分	浓度	CAS No.
高氯酸		7601-90-3

第四部分　急救措施

吸入　迅速脱离现场至空气新鲜处。保持呼吸道通畅。如呼吸困难，给输氧。如呼吸、心跳停止，立即进行心肺复苏术。就医

皮肤接触　立即脱去污染的衣着，用大量流动清水彻底冲洗至少 15min。就医

眼睛接触　立即分开眼睑，用流动清水或生理盐水彻底冲洗至少 15min。就医

食入　用水漱口，禁止催吐。给饮牛奶或蛋清。就医

对保护施救者的忠告　根据需要使用个人防护设备

对医生的特别提示　对症处理

第五部分　消防措施

灭火剂　本品不燃。根据着火原因选择适当灭火剂灭火

特别危险性　在室温下分解，加热则爆炸。无水物与水起猛烈作用而放热。具有强氧化作用和腐蚀性

灭火注意事项及防护措施　消防人员必须穿全身耐酸碱消防服、佩戴空气呼吸器灭火。尽可能将容器从火场移至空旷处。喷水保持火场容器冷却，直至灭火结束。遇大火，消防人员须在有防护掩蔽处操作。禁止用砂土压盖

第六部分　泄漏应急处理

作业人员防护措施、防护装备和应急处置程序　根据液体流动和蒸气扩散的影响区域划定警戒区，无关人员从侧风、上风向撤离至安全区。建议应急处理人员戴正压自给式呼吸器，穿防腐蚀、防毒服，戴橡胶手套。勿使泄漏物与可燃物质（如木材、纸、油等）接触。穿上适当的防护服前严禁接触破裂的容器和泄漏物。喷雾状水抑制蒸气或改变蒸气云流向

环境保护措施　防止泄漏物进入水体、下水道、地下室或限制性空间

泄漏化学品的收容、清除方法及所使用的处置材料　小量泄漏：用大量水冲洗，洗水稀释后放入废水系统。大量泄漏：用碎石灰石（$CaCO_3$）、苏打灰（Na_2CO_3）或石灰（CaO）中和。在专家指导下清除

第七部分　操作处置与储存

操作注意事项　密闭操作，局部排风。操作尽可能机械化、自动化。操作人员必须经过专门培训，严格遵守操作规程。建议操作人员佩戴过滤式防毒面具（全面罩）或自给式呼吸器，穿聚乙烯防毒服，戴橡胶手套。远离火种、热源。工作场所严禁吸烟。防止蒸气泄漏到工作场所空气中。避免与酸类、碱类、胺类接触。尤其要注意避免与水接触。搬运时要轻装轻卸，防止包装及容器损坏。禁止震动、撞击和摩擦。配备相应品种和数量的消防器材及泄漏应急处理设备。倒空的容器可能残留有害物。稀释或制备溶液时，应把酸加入水中，避免沸腾和飞溅

储存注意事项　储存于阴凉、通风的库房。远离火种、热源。库温不超过 30℃，库相对湿度不超过 80%。保持容器密封。应与酸类、碱类、胺类等分开存放，切忌混储。储区应备有泄漏应急处理设备和合适的收容材料

第八部分　接触控制/个体防护

职业接触限值

中国　未制定标准

美国(ACGIH)　未制定标准

生物接触限值　未制定标准

监测方法　空气中有毒物质测定方法：未制定标准。生物监测检验方法：未制定标准

工程控制　密闭操作，局部排风。提供安全的淋浴和洗眼设备

个体防护装备

呼吸系统防护　可能接触其蒸气时，必须佩戴过滤式防毒面具（全面罩）或空气呼吸器。紧急事态抢救或撤离时，建议佩戴空气呼吸器

眼睛防护　呼吸系统防护中已作防护

皮肤和身体防护　穿隔绝式防毒服

手防护　戴橡胶手套

第九部分　理化特性

外观与性状　无色透明的发烟液体，有刺激性气味

pH 值 无资料 **熔点(℃)** −112
沸点(℃) 19 (1.46 kPa)
相对密度(水=1) 1.768 (22℃)
相对蒸气密度(空气=1) 无资料
饱和蒸气压(kPa) 2.00 (14℃)
燃烧热(kJ/mol) 无资料 **临界温度(℃)** 无资料
临界压力(MPa) 3.86 **辛醇/水分配系数** 无资料
闪点(℃) 无意义 **自燃温度(℃)** 无意义
爆炸下限(%) 无意义 **爆炸上限(%)** 无意义
分解温度(℃) 无资料 **黏度(mPa·s)** 无资料
溶解性 与水混溶

第十部分 稳定性和反应性

稳定性 稳定
危险反应 与强还原剂、易燃或可燃物等禁配物接触，有发生火灾和爆炸的危险
避免接触的条件 潮湿空气、受热
禁配物 强酸、强碱、胺类、酰基氯、醇类、水、还原剂、硫、磷、易燃或可燃物
危险的分解产物 氯化氢

第十一部分 毒理学信息

急性毒性 LD_{50}：1100mg/kg (大鼠经口)；400mg/kg (狗经口)
皮肤刺激或腐蚀 无资料 **眼睛刺激或腐蚀** 无资料
呼吸或皮肤过敏 无资料 **生殖细胞突变性** 无资料
致癌性 无资料 **生殖毒性** 无资料
特异性靶器官系统毒性-一次接触 无资料
特异性靶器官系统毒性-反复接触 无资料
吸入危害 无资料

第十二部分 生态学信息

生态毒性 LC_{50}：180ppm (24h) (鲤鱼)
持久性和降解性
生物降解性 无资料
非生物降解性 无资料
潜在的生物累积性 无资料
土壤中的迁移性 无资料

第十三部分 废弃处置

废弃化学品 用安全掩埋法处置
污染包装物 将容器返还生产商或按照国家和地方法规处置
废弃注意事项 处置前应参阅国家和地方有关法规

第十四部分 运输信息

联合国危险货物编号(UN号) 1873 (浓度 50%～72%)；1802 (浓度≤50%)
联合国运输名称 高氯酸
联合国危险性类别 5.1/8 (浓度 50%～72%)，8/5.1 (浓度≤50%)
包装类别 Ⅰ类包装 (浓度 50%～72%)；Ⅱ类包装 (浓度≤50%)
包装标志 (浓度 50%～72%)
(浓度≤50%)
海洋污染物 否
运输注意事项 运输时单独装运，运输过程中要确保容器不泄漏、不倒塌、不坠落、不损坏。严禁与酸类、易燃物、有机物、还原剂、自燃物品、遇湿易燃物品等并车混运。运输时运输车辆应配备相应品种和数量的消防器材及泄漏应急处理设备。运输时车速不宜过快，不得强行超车。公路运输时要按规定路线行驶。运输车辆装卸前后，均应彻底清扫、洗净，严禁混入有机物、易燃物等杂质

第十五部分 法规信息

下列法律、法规、规章和标准，对该化学品的管理作了相应的规定。
中华人民共和国职业病防治法 职业病分类和目录：未列入
危险化学品安全管理条例 危险化学品目录：列入。易制爆危险化学品名录：列入。重点监管的危险化学品名录：未列入。GB 18218—2009《危险化学品重大危险源辨识》(表 1)：未列入
使用有毒物品作业场所劳动保护条例 高毒物品目录：未列入
易制毒化学品管理条例 易制毒化学品的分类和品种目录：未列入
国际公约 斯德哥尔摩公约：未列入。鹿特丹公约：未列入。蒙特利尔议定书：未列入

第十六部分 其他信息

编写和修订信息 **缩略语和首字母缩写**
培训建议 **参考文献**
免责声明

高氯酸钙

第一部分 化学品标识

化学品中文名 高氯酸钙；过氯酸钙
化学品英文名 calcium perchlorate
分子式 $Ca(ClO_4)_2$ **相对分子质量** 238.98
化学品的推荐及限制用途 用作氧化剂

第二部分 危险性概述

紧急情况概述 可加剧燃烧；氧化剂
GHS 危险性类别 氧化性固体，类别 2
标签要素
象形图 

警示词 危险

危险性说明 可加剧燃烧：氧化剂

防范说明

预防措施 远离热源。远离衣物、可燃物保存。采取一切预防措施，避免与可燃物混合。戴防护手套、防护眼镜、防护面罩

事故响应 火灾时，根据着火原因选择适当灭火剂灭火

安全储存 -

废弃处置 本品及内装物、容器依据国家和地方法规处置

物理和化学危险 与可燃物混合或急剧加热会发生爆炸

健康危害 具有强刺激性

环境危害 对环境可能有害

第三部分 成分/组成信息

√物质 混合物

组分	浓度	CAS No.
高氯酸钙		13477-36-6

第四部分 急救措施

吸入 迅速脱离现场至空气新鲜处。保持呼吸道通畅。如呼吸困难，给输氧。如呼吸、心跳停止，立即进行心肺复苏术。就医

皮肤接触 立即脱去污染的衣着，用流动清水彻底冲洗。就医

眼睛接触 立即分开眼睑，用流动清水或生理盐水彻底冲洗。就医

食入 漱口，饮水。就医

对保护施救者的忠告 根据需要使用个人防护设备

对医生的特别提示 对症处理

第五部分 消防措施

灭火剂 本品不燃。根据着火原因选择适当灭火剂灭火

特别危险性 与还原剂、有机物、易燃物（如硫、磷）或金属粉末等混合可形成爆炸性混合物。急剧加热时可发生爆炸

灭火注意事项及防护措施 消防人员必须佩戴空气呼吸器、穿全身防火防毒服，在上风向灭火。尽可能将容器从火场移至空旷处。喷水保持火场容器冷却，直至灭火结束。在火场中与可燃物混合会爆炸，消防人员须在有防爆掩蔽处操作。禁止用砂土压盖

第六部分 泄漏应急处理

作业人员防护措施、防护装备和应急处置程序 隔离泄漏污染区，限制出入。建议应急处理人员戴防尘口罩，穿防毒服，戴橡胶手套。勿使泄漏物与可燃物质（如木材、纸、油等）接触。穿上适当的防护服前严禁接触破裂的容器和泄漏物。尽可能切断泄漏源。勿使水进入包装容器内

环境保护措施 无资料

泄漏化学品的收容、清除方法及所使用的处置材料 小量泄漏：用洁净的铲子收集泄漏物，置于干净、干燥、盖子较松的容器中，将容器移离泄漏区。大量泄漏：泄漏物回收后，用水冲洗泄漏区

第七部分 操作处置与储存

操作注意事项 密闭操作，加强通风。操作人员必须经过专门培训，严格遵守操作规程。建议操作人员佩戴头罩型电动送风过滤式防尘呼吸器，穿聚乙烯防毒服，戴橡胶手套。远离火种、热源。工作场所严禁吸烟。远离易燃、可燃物。避免产生粉尘。避免与还原剂接触。搬运时要轻装轻卸，防止包装及容器损坏。配备相应品种和数量的消防器材及泄漏应急处理设备。倒空的容器可能残留有害物

储存注意事项 储存于阴凉、通风的库房。库温不超过30℃，库相对湿度不超过80%。远离火种、热源。包装密封。应与易（可）燃物、还原剂等分开存放，切忌混储。储区应备有合适的材料收容泄漏物

第八部分 接触控制/个体防护

职业接触限值

中国 未制定标准

美国(ACGIH) 未制定标准

生物接触限值 未制定标准

监测方法 空气中有毒物质测定方法：未制定标准。生物监测检验方法：未制定标准

工程控制 生产过程密闭，加强通风。提供安全的淋浴和洗眼设备

个体防护装备

呼吸系统防护 可能接触其粉尘时，建议佩戴过滤式防尘呼吸器

眼睛防护 戴化学安全防护眼镜

皮肤和身体防护 穿隔绝式防毒服

手防护 戴橡胶手套

第九部分 理化特性

外观与性状 白色结晶

pH 值 无意义　**熔点(℃)** 270（分解）

沸点(℃) 无资料　**相对密度(水=1)** 2.65

相对蒸气密度(空气=1) 无资料

饱和蒸气压(kPa) 无资料

燃烧热(kJ/mol) 无资料　**临界温度(℃)** 无资料

临界压力(MPa) 无意义　**辛醇/水分配系数** 无资料

闪点(℃) 无意义　**自燃温度(℃)** 无意义

爆炸下限(%) 无意义　**爆炸上限(%)** 无意义

分解温度(℃) 无资料　**黏度(mPa·s)** 无资料

溶解性 溶于水、乙醇

第十部分 稳定性和反应性

稳定性 稳定

危险反应 与强还原剂、易燃或可燃物等禁配物接触，有发生火灾和爆炸的危险

避免接触的条件 受热

禁配物 强还原剂、易燃或可燃物、硫、磷、活性金属粉末

危险的分解产物 钙盐、氧气

第十一部分 毒理学信息

急性毒性 无资料 **皮肤刺激或腐蚀** 无资料

眼睛刺激或腐蚀 无资料 **呼吸或皮肤过敏** 无资料

生殖细胞突变性 无资料 **致癌性** 无资料

生殖毒性 无资料

特异性靶器官系统毒性-一次接触 无资料

特异性靶器官系统毒性-反复接触 无资料

吸入危害 无资料

第十二部分 生态学信息

生态毒性 无资料

持久性和降解性

生物降解性 无资料

非生物降解性 无资料

潜在的生物累积性 无资料

土壤中的迁移性 无资料

第十三部分 废弃处置

废弃化学品 用安全掩埋法处置

污染包装物 将容器返还生产商或按照国家和地方法规处置

废弃注意事项 处置前应参阅国家和地方有关法规

第十四部分 运输信息

联合国危险货物编号（UN号） 1455

联合国运输名称 高氯酸钙

联合国危险性类别 5.1 **包装类别** Ⅱ类包装

包装标志  **海洋污染物** 否

运输注意事项 运输时单独装运，运输过程中要确保容器不泄漏、不倒塌、不坠落、不损坏。运输时运输车辆应配备相应品种和数量的消防器材及泄漏应急处理设备。严禁与酸类、易燃物、有机物、还原剂、自燃物品、遇湿易燃物品等并车混运。运输时车速不宜过快，不得强行超车。运输车辆装卸前后，均应彻底清扫、洗净，严禁混入有机物、易燃物等杂质

第十五部分 法规信息

下列法律、法规、规章和标准，对该化学品的管理作了相应的规定。

中华人民共和国职业病防治法 职业病分类和目录：未列入

危险化学品安全管理条例 危险化学品目录：列入。易制爆危险化学品名录：未列入。重点监管的危险化学品名录：未列入。GB 18218—2009《危险化学品重大危险源辨识》（表1）：未列入

使用有毒物品作业场所劳动保护条例 高毒物品目录：未列入

易制毒化学品管理条例 易制毒化学品的分类和品种目录：未列入

国际公约 斯德哥尔摩公约：未列入。鹿特丹公约：未列入。蒙特利尔议定书：未列入

第十六部分 其他信息

编写和修订信息 **缩略语和首字母缩写**

培训建议 **参考文献**

免责声明

高锰酸钾

第一部分 化学品标识

化学品中文名 高锰酸钾；灰锰氧

化学品英文名 potassium permanganate; permanganic acid; potassium salt

分子式 $KMnO_4$ **相对分子质量** 158.04

结构式 $O{=}\overset{\overset{\displaystyle O}{\|}}{\underset{\underset{\displaystyle O}{\|}}{Mn}}{-}O^- \quad K^+$

化学品的推荐及限制用途 用作消毒剂、氧化剂、漂白剂、毒气吸收剂、二氧化碳精制剂、水净化剂等

第二部分 危险性概述

紧急情况概述 可加剧燃烧；氧化剂

GHS危险性类别 氧化性固体，类别2；危害水生环境-急性危害，类别1；危害水生环境-长期危害，类别1

标签要素

象形图 

警示词 危险

危险性说明 可加剧燃烧；氧化剂，对水生生物毒性非常大并具有长期持续影响

防范说明

预防措施 远离热源。远离衣物和其他可燃物。采取一切预防措施，避免与可燃物混合。戴防护手套、防护眼镜、防护面罩。禁止排入环境

事故响应 火灾时，根据着火原因选择适当灭火剂灭火。收集泄漏物

安全储存

废弃处置 本品及内装物、容器依据国家和地方法规处置

物理和化学危险 助燃，与可燃物混合会发生爆炸

健康危害 吸入后可引起呼吸道损害。溅落眼睛内，刺激结膜，重者致灼伤。刺激皮肤。浓溶液或结晶对皮肤有腐蚀性。口服腐蚀口腔和消化道，出现口内烧灼感、上腹痛、恶心、呕吐、口咽肿胀等。口服剂量大者，口腔黏膜呈棕黑色、肿胀糜烂，剧烈腹痛，呕吐，血便，休克，最后死于循环衰竭

环境危害 对水生生物毒性非常大并具有长期持续影响

第三部分　成分/组成信息

√物质　　混合物

组分	浓度	CAS No.
高锰酸钾		7722-64-7

第四部分　急救措施

吸入　迅速脱离现场至空气新鲜处。保持呼吸道通畅。如呼吸困难，给输氧。如呼吸、心跳停止，立即进行心肺复苏术。就医

皮肤接触　立即脱去污染的衣着，用流动清水彻底冲洗。如有不适感，就医

眼睛接触　立即分开眼睑，用流动清水或生理盐水彻底冲洗。如有不适感，就医

食入　用水漱口，给饮牛奶或蛋清。就医

对保护施救者的忠告　根据需要使用个人防护设备

对医生的特别提示　对症处理

第五部分　消防措施

灭火剂　本品不燃。根据着火原因选择适当灭火剂灭火

特别危险性　强氧化剂。遇硫酸、铵盐或过氧化氢能发生爆炸。遇甘油、乙醇能引起自燃。与有机物、还原剂、易燃物（如硫、磷等）接触或混合时有引起燃烧爆炸的危险。在火场中，受热的容器有爆炸危险

灭火注意事项及防护措施　消防人员必须佩戴空气呼吸器、穿全身防火防毒服，在上风向灭火。尽可能将容器从火场移至空旷处。喷水保持火场容器冷却，直至灭火结束

第六部分　泄漏应急处理

作业人员防护措施、防护装备和应急处置程序　隔离泄漏污染区，限制出入。建议应急处理人员戴防尘口罩，穿防毒服，戴橡胶手套。勿使泄漏物与可燃物质（如木材、纸、油等）接触。穿上适当的防护服前严禁接触破裂的容器和泄漏物。尽可能切断泄漏源。勿使水进入包装容器内

环境保护措施　无资料

泄漏化学品的收容、清除方法及所使用的处置材料　小量泄漏：用洁净的铲子收集泄漏物，置于干净、干燥、盖子较松的容器中，将容器移离泄漏区。大量泄漏：泄漏物回收后，用水冲洗泄漏区

第七部分　操作处置与储存

操作注意事项　密闭操作，加强通风。操作人员必须经过专门培训，严格遵守操作规程。建议操作人员佩戴头罩型电动送风过滤式防尘呼吸器，穿聚乙烯防毒服，戴橡胶手套。远离火种、热源。工作场所严禁吸烟。避免产生粉尘。避免与还原剂、活性金属粉末、酸类、醇类接触。搬运时要轻装轻卸，防止包装及容器损坏。禁止震动、撞击和摩擦。配备相应品种和数量的消防器材及泄漏应急处理设备。倒空的容器可能残留有害物

储存注意事项　储存于阴凉、通风的库房。远离火种、热源。库温不超过 30℃，库相对湿度不超过 80%。包装密封。应与还原剂、活性金属粉末、酸类、醇类等分开存放，切忌混储。储区应备有合适的材料收容泄漏物

第八部分　接触控制/个体防护

职业接触限值

中国　PC-TWA：0.15mg/m³［按 MnO_2 计］

美国(ACGIH)　TLV-TWA：0.2mg/m³［按 Mn 计］

生物接触限值　未制定标准

监测方法　空气中有毒物质测定方法：磷酸-高碘酸钾分光光度法；火焰原子吸收光谱法。生物监测检验方法：未制定标准

工程控制　生产过程密闭，加强通风。提供安全的淋浴和洗眼设备

个体防护装备

呼吸系统防护　可能接触其粉尘时，建议佩戴过滤式防尘呼吸器

眼睛防护　戴化学安全防护眼镜

皮肤和身体防护　穿隔绝式防毒服

手防护　戴橡胶手套

第九部分　理化特性

外观与性状　深紫色细长斜方柱状结晶，有金属光泽

pH 值　无意义　　**熔点(℃)**　240（分解）

沸点(℃)　无资料　　**相对密度(水=1)**　2.7

相对蒸气密度(空气=1)　无资料

饱和蒸气压(kPa)　无资料

燃烧热(kJ/mol)　无资料　　**临界温度(℃)**　无资料

临界压力(MPa)　无意义　　**辛醇/水分配系数**　无资料

闪点(℃)　无意义　　**引燃温度(℃)**　无意义

爆炸下限(%)　无意义　　**爆炸上限(%)**　无意义

分解温度(℃)　无资料　　**黏度(mPa·s)**　无资料

溶解性　溶于水、碱液，微溶于甲醇、丙酮、硫酸

第十部分　稳定性和反应性

稳定性　稳定

危险反应　与强还原剂、易燃或可燃物等禁配物接触，有发生火灾和爆炸的危险

避免接触的条件　受热

禁配物　强还原剂、活性金属粉末、硫、铝、锌、铜及其合金、易燃或可燃物。硫酸、铵盐、过氧化氢、甘油、乙二醇、磷等

危险的分解产物　氧化锰、氧化钾

第十一部分　毒理学信息

急性毒性　LD_{50}：750mg/kg（大鼠经口）；LD_{50}：2157 mg/kg（小鼠经口）

皮肤刺激或腐蚀　无资料

眼睛刺激或腐蚀　无资料

呼吸或皮肤过敏　无资料

生殖细胞突变性　DNA 损伤：大肠杆菌 200μmol/L。微生物致突变：其他微生物 10ppm。细胞遗传学分析：

小鼠乳腺 1mmol/L（48h）

致癌性 无资料

生殖毒性 大鼠睾丸内最低中毒剂量（TDLo）400mg/kg（1d，雄性），引起雄性生育指数改变

特异性靶器官系统毒性-一次接触 无资料

特异性靶器官系统毒性-反复接触 与锰相似。锰的亚急性和慢性毒性为：豆状核的苍白球、尾状核和丘脑出现胶样变性；大脑也有类似变化，甚至损及脊髓和周围神经

吸入危害 无资料

第十二部分 生态学信息

生态毒性 LC_{50} 3.6mg/L（96h）（金鱼）；0.75mg/L（96h）（斑点叉尾鮰）

持久性和降解性

生物降解性 无资料

非生物降解性 无资料

潜在的生物累积性 无资料

土壤中的迁移性 无资料

第十三部分 废弃处置

废弃化学品 用安全掩埋法处置

污染包装物 将容器返还生产商或按照国家和地方法规处置

废弃注意事项 处置前应参阅国家和地方有关法规

第十四部分 运输信息

联合国危险货物编号（UN号） 1490

联合国运输名称 高锰酸钾

联合国危险性类别 5.1 **包装类别** Ⅱ类包装

包装标志 

海洋污染物 是

运输注意事项 运输时单独装运，运输过程中要确保容器不泄漏、不倒塌、不坠落、不损坏。运输时运输车辆应配备相应品种和数量的消防器材及泄漏应急处理设备。严禁与酸类、易燃物、有机物、还原剂、自燃物品、遇湿易燃物品等并车混运。运输时车速不宜过快，不得强行超车。运输车辆装卸前后，均应彻底清扫、洗净，严禁混入有机物、易燃物等杂质

第十五部分 法规信息

下列法律、法规、规章和标准，对该化学品的管理作了相应的规定。

中华人民共和国职业病防治法 职业病分类和目录：未列入

危险化学品安全管理条例 危险化学品目录：列入。易制爆危险化学品名录：列入。重点监管的危险化学品名录：未列入。GB 18218—2009《危险化学品重大危险源辨识》（表1）：未列入

使用有毒物品作业场所劳动保护条例 高毒物品目录：未列入

易制毒化学品管理条例 易制毒化学品的分类和品种目录：未列入

国际公约 斯德哥尔摩公约：未列入。鹿特丹公约：未列入。蒙特利尔议定书：未列入

第十六部分 其他信息

编写和修订信息 **缩略语和首字母缩写**

培训建议 **参考文献**

免责声明

锆 粉

第一部分 化学品标识

化学品中文名 锆粉；金属锆粉

化学品英文名 zirconium powder；zirconium metal powder

分子式 Zr **相对分子质量** 91.22

化学品的推荐及限制用途 用于核工业及耐腐蚀合金、闪光灯、烟花等的制造，也用作冶金脱氧剂、化学试剂等

第二部分 危险性概述

紧急情况概述 易燃固体

GHS危险性类别 易燃固体，类别2

标签要素

象形图 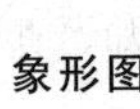 

警示词 危险

危险性说明 易燃固体

防范说明

预防措施 远离热源、火花、明火、热表面。禁止吸烟。容器和接收设备接地连接。使用防爆电器、通风、照明设备。戴防护手套、防护眼镜、防护面罩

事故响应 火灾时，使用干粉、砂土灭火

安全储存 -

废弃处置 -

物理和化学危险 微细粉末极易燃烧，能自燃

健康危害 工业上尚未见有锆中毒的报道

环境危害 对环境可能有害

第三部分 成分/组成信息

√物质		混合物
组分	浓度	CAS No.
锆粉		7440-67-7

第四部分 急救措施

吸入 脱离现场至空气新鲜处。如有不适感，就医

皮肤接触 脱去污染的衣着，用流动清水冲洗。如有不适感，就医

眼睛接触 分开眼睑，用流动清水或生理盐水冲洗。如有

不适感，就医

食入 漱口，饮水。就医

对保护施救者的忠告 根据需要使用个人防护设备

对医生的特别提示 对症处理

第五部分 消防措施

灭火剂 用干粉、砂土灭火

特别危险性 微细粉末极易燃烧，有时能自燃发生爆炸。锆粉也能在二氧化碳及氮气中燃烧。粉体在受热、遇明火或接触氧化剂时会引起燃烧爆炸。燃烧生成有害的氧化锆

灭火注意事项及防护措施 消防人员必须佩戴空气呼吸器、穿全身防火防毒服，在上风向灭火。尽可能将容器从火场移至空旷处。喷水保持火场容器冷却，直至灭火结束。严禁用水、泡沫、二氧化碳扑救

第六部分 泄漏应急处理

作业人员防护措施、防护装备和应急处置程序 消除所有点火源。隔离泄漏污染区，限制出入。建议应急处理人员戴防尘口罩，穿一般作业工作服。禁止接触或跨越泄漏物。尽可能切断泄漏源。用干燥的砂土或其他不燃材料覆盖泄漏物，然后用塑料布覆盖，减少飞散、避免雨淋

环境保护措施 无资料

泄漏化学品的收容、清除方法及所使用的处置材料 用洁净的无火花工具收集泄漏物，置于一盖子较松的塑料容器中，待处置

第七部分 操作处置与储存

操作注意事项 操作人员必须经过专门培训，严格遵守操作规程。建议操作人员佩戴自吸过滤式防尘口罩，戴化学安全防护眼镜，戴防化学品手套。远离火种、热源。工作场所严禁吸烟。使用防爆型的通风系统和设备。避免产生粉尘。避免与酸类接触。搬运时轻装轻卸，保持包装完整，防止洒漏。配备相应品种和数量的消防器材及泄漏应急处理设备。倒空的容器可能残留有害物

储存注意事项 为安全起见，储存时常以不少于25%的水润湿、钝化。储存于阴凉、通风的库房。远离火种、热源。包装密封。应与酸类等分开存放，切忌混储。采用防爆型照明、通风设施。禁止使用易产生火花的机械设备和工具。储区应备有合适的材料收容泄漏物

第八部分 接触控制/个体防护

职业接触限值

中国 PC-TWA：$5mg/m^3$；PC-STEL：$10mg/m^3$

美国(ACGIH) TLV-TWA：$5mg/m^3$；TLV-STEL：$10mg/m^3$

生物接触限值 未制定标准

监测方法 空气中有毒物质测定方法：二甲酚橙分光光度法。生物监测检验方法：未制定标准

工程控制 密闭操作。提供安全的淋浴和洗眼设备

个体防护装备

呼吸系统防护 空气中粉尘浓度超标时，建议佩戴过滤式防尘呼吸器

眼睛防护 空气中粉尘浓度超标时，戴化学安全防护眼镜

皮肤和身体防护 穿一般作业防护服

手防护 戴防化学品手套

第九部分 理化特性

外观与性状 淡灰色有光泽的金属或灰色无定形粉末。燃烧时发白光生成氧化锆

pH值 无意义　**熔点(℃)** 1852

沸点(℃) 3577　**相对密度(水=1)** 6.51

相对蒸气密度(空气=1) 无资料

饱和蒸气压(kPa) 无资料

燃烧热(kJ/mol) 无资料　**临界温度(℃)** 无资料

临界压力(MPa) 无资料　**辛醇/水分配系数** 无资料

闪点(℃) 无意义　**自燃温度(℃)** >200

爆炸下限(%) 无资料　**爆炸上限(%)** 无资料

分解温度(℃) 无资料　**黏度(mPa·s)** 无资料

溶解性 不溶于水，溶于热浓酸、氢氟酸、王水及浓硫酸

第十部分 稳定性和反应性

稳定性 稳定

危险反应 与强氧化剂等禁配物接触，有发生火灾和爆炸的危险

避免接触的条件 空气

禁配物 氧化剂、强酸、氧、铅、二氧化碳及氮气

危险的分解产物 无意义

第十一部分 毒理学信息

急性毒性 无资料　**皮肤刺激或腐蚀** 无资料

眼睛刺激或腐蚀 无资料　**呼吸或皮肤过敏** 无资料

生殖细胞突变性 无资料　**致癌性** 无资料

生殖毒性 无资料

特异性靶器官系统毒性-一次接触 无资料

特异性靶器官系统毒性-反复接触 无资料

吸入危害 无资料

第十二部分 生态学信息

生态毒性 无资料

持久性和降解性

生物降解性 无资料

非生物降解性 无资料

潜在的生物累积性 无资料

土壤中的迁移性 无资料

第十三部分 废弃处置

废弃化学品 若可能，回收使用

污染包装物 将容器返还生产商或按照国家和地方法规处置

废弃注意事项 处置前应参阅国家和地方有关法规

第十四部分 运输信息

联合国危险货物编号（UN号） 2008（干的）；1358（湿的，含水不少于25%）

联合国运输名称 干锆粉（干的）；锆粉，湿的（湿的，含水不少于25%）

联合国危险性类别 4.2（干的），4.1（湿的，含水不少于25%）

包装类别 Ⅱ类包装

包装标志 （干的）（湿的，含水不少于25%）

海洋污染物 否

运输注意事项 运输时运输车辆应配备相应品种和数量的消防器材及泄漏应急处理设备。装运本品的车辆排气管须有阻火装置。运输过程中要确保容器不泄漏、不倒塌、不坠落、不损坏。严禁与酸类等混装混运。运输途中应防曝晒、雨淋，防高温。中途停留时应远离火种、热源。车辆运输完毕应进行彻底清扫。铁路运输时要禁止溜放

第十五部分 法规信息

下列法律、法规、规章和标准，对该化学品的管理作了相应的规定。

中华人民共和国职业病防治法 职业病分类和目录：未列入

危险化学品安全管理条例 危险化学品目录：列入。易制爆危险化学品名录：列入。重点监管的危险化学品名录：未列入。GB 18218—2009《危险化学品重大危险源辨识》(表1)：未列入

使用有毒物品作业场所劳动保护条例 高毒物品目录：未列入

易制毒化学品管理条例 易制毒化学品的分类和品种目录：未列入

国际公约 斯德哥尔摩公约：未列入。鹿特丹公约：未列入。蒙特利尔议定书：未列入

第十六部分 其他信息

编写和修订信息 **缩略语和首字母缩写**

培训建议 **参考文献**

免责声明

铬 酰 氯

第一部分 化学品标识

化学品中文名 铬酰氯；氧氯化铬；氯化铬酰；二氯氧化铬

化学品英文名 chromyl chloride；chromic oxychloride

分子式 $CrCl_2O_2$ **相对分子质量** 154.90

结构式

$$O{=}Cr({-}Cl)({-}Cl){=}O$$

化学品的推荐及限制用途 有机合成中作氧化剂或氯化剂，以及铬酸酐、铬络合物、染料的溶剂

第二部分 危险性概述

紧急情况概述 可引起燃烧或爆炸：强氧化剂，造成严重的皮肤灼伤和眼损伤，可能导致皮肤过敏反应，可能致癌

GHS危险性类别 氧化性液体，类别1；皮肤腐蚀/刺激，类别1A；严重眼损伤/眼刺激，类别1；皮肤致敏物，类别1；生殖细胞致突变性，类别1B；致癌性，类别1A；特异性靶器官毒性-一次接触，类别3（呼吸道刺激）；危害水生环境-急性危害，类别1；危害水生环境-长期危害，类别1

标签要素

象形图

警示词 危险

危险性说明 可引起燃烧或爆炸：强氧化剂，造成严重的皮肤灼伤和眼损伤，可能导致皮肤过敏反应，可造成遗传性缺陷，可能致癌，可能引起呼吸道刺激，对水生生物毒性非常大并具有长期持续影响

防范说明

预防措施 远离热源。远离衣物和其他可燃物保存。采取一切预防措施，避免与可燃物混合。穿防火、阻燃服。避免接触眼睛、皮肤，操作后彻底清洗。戴防护手套，穿防护服，戴防护眼镜、防护面罩。避免吸入蒸气、雾。污染的工作服不得带出工作场所。得到专门指导后操作。在阅读并了解所有安全预防措施之前，切勿操作。按要求使用个体防护装备。禁止排入环境

事故响应 如果发生大火和大量物质着火：撤离现场。因有爆炸危险，应远距离灭火。火灾时，使用干粉、砂土灭火。如吸入：将患者转移到空气新鲜处，休息，保持利于呼吸的体位，立即呼叫中毒控制中心或就医。皮肤（或头发）接触：如溅到衣服上立即用大量清水冲洗污染的衣服和皮肤，然后脱去衣服。用大量肥皂水和水清洗。如出现皮肤刺激或皮疹：就医。污染的衣服须洗净后方可重新使用。眼睛接触：用水细心地冲洗数分钟。如戴隐形眼镜并可方便地取出，则取出隐形眼镜继续冲洗。食入：漱口。不要催吐。如果接触或有担心，就医。收集泄漏物

安全储存 上锁保管

废弃处置 本品及内装物、容器依据国家和地方法规处置

物理和化学危险 助燃。遇水剧烈反应，可引起燃烧或

爆炸

健康危害 对眼睛、皮肤、黏膜和呼吸道有强烈的刺激作用。可引起眼和皮肤灼伤。对皮肤有致敏性。六价铬化合物为对人的确认致癌物

环境危害 对水生生物毒性非常大并具有长期持续影响

第三部分 成分/组成信息

√物质		混合物
组分	**浓度**	**CAS No.**
铬酰氯		14977-61-8

第四部分 急救措施

吸入 迅速脱离现场至空气新鲜处。保持呼吸道通畅。如呼吸困难，给输氧。如呼吸、心跳停止，立即进行心肺复苏术。就医

皮肤接触 立即脱去污染的衣着，用大量流动清水彻底冲洗20～30min。就医

眼睛接触 立即分开眼睑，用流动清水或生理盐水彻底冲洗至少15min。就医

食入 用水漱口，禁止催吐。给饮牛奶或蛋清。就医

对保护施救者的忠告 根据需要使用个人防护设备

对医生的特别提示 解毒剂：硫代硫酸钠、二巯丙磺钠、二巯丁二钠

第五部分 消防措施

灭火剂 用干粉、砂土灭火

特别危险性 与易燃物（如苯）和可燃物（如糖、纤维素等）接触会发生剧烈反应，甚至引起燃烧。与水能发生强烈反应。具有强腐蚀性

灭火注意事项及防护措施 消防人员必须穿全身耐酸碱消防服、佩戴空气呼吸器灭火。尽可能将容器从火场移至空旷处。喷水保持火场容器冷却，直至灭火结束。禁止用水、泡沫和酸碱灭火剂灭火

第六部分 泄漏应急处理

作业人员防护措施、防护装备和应急处置程序 根据液体流动和蒸气扩散的影响区域划定警戒区，无关人员从侧风、上风向撤离至安全区。建议应急处理人员戴正压自给式呼吸器，穿防酸碱服，戴橡胶耐酸碱手套。穿上适当的防护服前严禁接触破裂的容器和泄漏物。尽可能切断泄漏源。勿使泄漏物与可燃物质（如木材、纸、油等）接触

环境保护措施 防止泄漏物进入水体、下水道、地下室或限制性空间

泄漏化学品的收容、清除方法及所使用的处置材料 小量泄漏：用干燥的砂土或其他不燃材料覆盖泄漏物，用洁净的无火花工具收集泄漏物，置于一盖子较松的塑料容器中，待处置。大量泄漏：构筑围堤或挖坑收容。用碎石灰石（$CaCO_3$）、苏打灰（Na_2CO_3）或石灰（CaO）中和。用耐腐蚀泵转移至槽车或专用收集器内

第七部分 操作处置与储存

操作注意事项 密闭操作，注意通风。操作尽可能机械化、自动化。操作人员必须经过专门培训，严格遵守操作规程。建议操作人员佩戴自吸过滤式防毒面具（全面罩），穿橡胶耐酸碱服，戴橡胶耐酸碱手套。远离火种、热源。工作场所严禁吸烟。远离易燃、可燃物。避免产生烟雾。防止烟雾和蒸气释放到工作场所空气中。避免与还原剂、醇类接触。尤其要注意避免与水接触。搬运时要轻装轻卸，防止包装及容器损坏。配备相应品种和数量的消防器材及泄漏应急处理设备。倒空的容器可能残留有害物

储存注意事项 储存于阴凉、干燥、通风良好的库房。包装必须密封，切勿受潮。应与易（可）燃物、还原剂、醇类等分开存放，切忌混储。储区应备有泄漏应急处理设备和合适的收容材料

第八部分 接触控制/个体防护

职业接触限值

中国 未制定标准

美国(ACGIH) TLV-TWA：0.025ppm

生物接触限值 未制定标准

监测方法 空气中有毒物质测定方法：火焰原子吸收光谱法；二苯碳酰二肼分光光度法。生物监测检验方法：未制定标准

工程控制 密闭操作，注意通风。提供安全的淋浴和洗眼设备

个体防护装备

呼吸系统防护 可能接触其蒸气时，必须佩戴过滤式防毒面具（全面罩）或空气呼吸器。紧急事态抢救或撤离时，建议佩戴空气呼吸器

眼睛防护 呼吸系统防护中已作防护

皮肤和身体防护 穿橡胶耐酸碱服

手防护 戴橡胶耐酸碱手套

第九部分 理化特性

外观与性状 深红色液体，有强烈的焦灼味，在空气中发烟

pH值 无资料　　**熔点(℃)** −96.5

沸点(℃) 117　　**相对密度(水=1)** 1.91

相对蒸气密度(空气=1) 无资料

饱和蒸气压(kPa) 2.66（20℃）

燃烧热(kJ/mol) 无资料　　**临界温度(℃)** 无资料

临界压力(MPa) 无资料　　**辛醇/水分配系数** 2.850

闪点(℃) 无意义　　**自燃温度(℃)** 无意义

爆炸下限(%) 无意义　　**爆炸上限(%)** 无意义

分解温度(℃) 无资料　　**黏度(mPa·s)** 无资料

溶解性 可溶于二硫化碳、四氯化碳、硝基苯等有机溶剂，溶于无机酰卤

第十部分 稳定性和反应性

稳定性 稳定

危险反应 与强还原剂、易燃或可燃物等禁配物接触，有发生火灾和爆炸的危险

避免接触的条件 光照、潮湿空气

禁配物 易燃或可燃物、强还原剂、醇类、水

危险的分解产物 无资料

第十一部分 毒理学信息

急性毒性 LD_{50}：5.45mg/kg（小鼠皮下）

皮肤刺激或腐蚀 无资料

眼睛刺激或腐蚀 无资料

呼吸或皮肤过敏 无资料

生殖细胞突变性 微生物致突变：鼠伤寒沙门氏菌 50μg/皿

致癌性 IARC 致癌性评论：组 1，确认人类致癌物，对人类致癌性证据充分

生殖毒性 无资料

特异性靶器官系统毒性-一次接触 无资料

特异性靶器官系统毒性-反复接触 无资料

吸入危害 无资料

第十二部分 生态学信息

生态毒性 含铬化合物对水生生物有极高毒性

持久性和降解性

生物降解性 无资料

非生物降解性 无资料

潜在的生物累积性 元素铬易在生物体内富集

土壤中的迁移性 无资料

第十三部分 废弃处置

废弃化学品 根据国家和地方有关法规的要求处置。或与制造商联系，确定处置方法

污染包装物 将容器返还生产商或按照国家和地方法规处置

废弃注意事项 处置前应参阅国家和地方有关法规

第十四部分 运输信息

联合国危险货物编号（UN号） 1758

联合国运输名称 氧氯化铬

联合国危险性类别 8 **包装类别** Ⅰ类包装

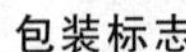

包装标志  **海洋污染物** 否

运输注意事项 起运时包装要完整，装载应稳妥。运输过程中要确保容器不泄漏、不倒塌、不坠落、不损坏。严禁与易燃物或可燃物、还原剂、醇类、食用化学品等混装混运。运输时运输车辆应配备相应品种和数量的消防器材及泄漏应急处理设备。运输途中应防曝晒、雨淋，防高温。公路运输时要按规定路线行驶，勿在居民区和人口稠密区停留

第十五部分 法规信息

下列法律、法规、规章和标准，对该化学品的管理作了相应的规定。

中华人民共和国职业病防治法 职业病分类和目录：铬鼻病；六价铬化合物所致肺癌

危险化学品安全管理条例 危险化学品目录：列入。易制爆危险化学品名录：未列入。重点监管的危险化学品名录：未列入。GB 18218—2009《危险化学品重大危险源辨识》（表 1）：未列入

使用有毒物品作业场所劳动保护条例 高毒物品目录：列入

易制毒化学品管理条例 易制毒化学品的分类和品种目录：未列入

国际公约 斯德哥尔摩公约：未列入。鹿特丹公约：未列入。蒙特利尔议定书：未列入

第十六部分 其他信息

编写和修订信息 **缩略语和首字母缩写**

培训建议 **参考文献**

免责声明

1-庚炔

第一部分 化学品标识

化学品中文名 1-庚炔；正庚炔

化学品英文名 1-heptyne；*n*-heptyne

分子式 C_7H_{12} **相对分子质量** 96.17

结构式

化学品的推荐及限制用途 用于有机合成

第二部分 危险性概述

紧急情况概述 高度易燃液体和蒸气

GHS 危险性类别 易燃液体，类别 2

标签要素

象形图 

警示词 危险

危险性说明 高度易燃液体和蒸气

防范说明

预防措施 远离热源、火花、明火、热表面。禁止吸烟。保持容器密闭。容器和接收设备接地连接。使用防爆电器、通风、照明设备。只能使用不产生火花的工具。采取防止静电措施。戴防护手套、防护眼镜、防护面罩

事故响应 火灾时，使用泡沫、干粉、二氧化碳、砂土灭火。如皮肤（或头发）接触：立即脱掉所有被污染的衣服，用水冲洗皮肤，淋浴

安全储存 存放在通风良好的地方。保持低温

废弃处置 本品及内装物、容器依据国家和地方法规处置

物理和化学危险 高度易燃，其蒸气与空气混合，能形成爆炸性混合物

健康危害 本品属于不饱和脂肪族烃类，该类物质有麻醉作用

环境危害 对环境可能有害

第三部分　成分/组成信息

√物质　　混合物

组分	浓度	CAS No.
1-庚炔		628-71-7

第四部分　急救措施

吸入　迅速脱离现场至空气新鲜处。保持呼吸道通畅。如呼吸困难，给输氧。如呼吸、心跳停止，立即进行心肺复苏术。就医

皮肤接触　立即脱去污染的衣着，用流动清水彻底冲洗。就医

眼睛接触　立即分开眼睑，用流动清水或生理盐水彻底冲洗。就医

食入　漱口，饮水。就医

对保护施救者的忠告　根据需要使用个人防护设备

对医生的特别提示　对症处理

第五部分　消防措施

灭火剂　用泡沫、干粉、二氧化碳、砂土灭火

特别危险性　若遇高热，可发生聚合反应，放出大量热量而引起容器破裂和爆炸事故。高速冲击、流动、激荡后可因产生静电火花放电引起燃烧爆炸。蒸气比空气重，沿地面扩散并易积存于低洼处，遇火源会着火回燃。燃烧生成有害的一氧化碳

灭火注意事项及防护措施　消防人员必须佩戴空气呼吸器、穿全身防火防毒服，在上风向灭火。喷水冷却容器，尽可能将容器从火场移至空旷处。容器突然发出异常声音或出现异常现象，应立即撤离。用水灭火无效

第六部分　泄漏应急处理

作业人员防护措施、防护装备和应急处置程序　消除所有点火源。根据液体流动和蒸气扩散的影响区域划定警戒区，无关人员从侧风、上风向撤离至安全区。建议应急处理人员戴正压自给式呼吸器，穿防静电服，戴橡胶耐油手套。作业时使用的所有设备应接地。禁止接触或跨越泄漏物。尽可能切断泄漏源

环境保护措施　防止泄漏物进入水体、下水道、地下室或限制性空间

泄漏化学品的收容、清除方法及所使用的处置材料　小量泄漏：用砂土或其他不燃材料吸收，使用洁净的无火花工具收集吸收材料。大量泄漏：构筑围堤或挖坑收容。用泡沫覆盖，减少蒸发。喷水雾能减少蒸发，但不能降低泄漏物在限制性空间内的易燃性。用防爆泵转移至槽车或专用收集器内

第七部分　操作处置与储存

操作注意事项　密闭操作，全面通风。操作人员必须经过专门培训，严格遵守操作规程。建议操作人员佩戴过滤式防毒面具（半面罩），戴化学安全防护眼镜，穿防静电工作服，戴橡胶耐油手套。远离火种、热源。工作场所严禁吸烟。使用防爆型的通风系统和设备。防止蒸气泄漏到工作场所空气中。避免与氧化剂接触。灌装时应控制流速，且有接地装置，防止静电积聚。搬运时要轻装轻卸，防止包装及容器损坏。配备相应品种和数量的消防器材及泄漏应急处理设备。倒空的容器可能残留有害物

储存注意事项　储存于阴凉、通风的库房。远离火种、热源。库温不宜超过37℃。包装要求密封，不可与空气接触。应与氧化剂分开存放，切忌混储。不宜大量储存或久存。采用防爆型照明、通风设施。禁止使用易产生火花的机械设备和工具。储区应备有泄漏应急处理设备和合适的收容材料

第八部分　接触控制/个体防护

职业接触限值

中国　未制定标准

美国(ACGIH)　未制定标准

生物接触限值　未制定标准

监测方法　空气中有毒物质测定方法：未制定标准。生物监测检验方法：未制定标准

工程控制　生产过程密闭，全面通风。提供安全的淋浴和洗眼设备

个体防护装备

呼吸系统防护　空气中浓度超标时，应该佩戴过滤式防毒面具（半面罩）。紧急事态抢救或撤离时，佩戴空气呼吸器

眼睛防护　戴化学安全防护眼镜

皮肤和身体防护　穿防静电工作服

手防护　戴橡胶耐油手套

第九部分　理化特性

外观与性状　无色液体

pH值　无资料　　**熔点(℃)**　−81

沸点(℃)　99.7　　**相对密度(水=1)**　0.73

相对蒸气密度(空气=1)　无资料

饱和蒸气压(kPa)　12.39（37.7℃）

燃烧热(kJ/mol)　无资料　　**临界温度(℃)**　无资料

临界压力(MPa)　2.55　　**辛醇/水分配系数**　3.010

闪点(℃)　−2　　**自燃温度(℃)**　255

爆炸下限(%)　0.98　　**爆炸上限(%)**　13.2

分解温度(℃)　无资料　　**黏度(mPa·s)**　无资料

溶解性　微溶于水，溶于苯、氯仿等

第十部分　稳定性和反应性

稳定性　稳定

危险反应　与强氧化剂等禁配物接触，有发生火灾和爆炸的危险

避免接触的条件　受热，接触空气

禁配物　强氧化剂、碱金属、碱土金属、重金属及重金属盐、卤素

危险的分解产物　无资料

第十一部分　毒理学信息

急性毒性　无资料　　**皮肤刺激或腐蚀**　无资料

眼睛刺激或腐蚀 无资料 **呼吸或皮肤过敏** 无资料
生殖细胞突变性 无资料 **致癌性** 无资料
生殖毒性 无资料
特异性靶器官系统毒性-一次接触 无资料
特异性靶器官系统毒性-反复接触 无资料
吸入危害 无资料

第十二部分 生态学信息

生态毒性 无资料
持久性和降解性
生物降解性 无资料
非生物降解性 无资料
潜在的生物累积性 根据 K_{ow} 值预测，该物质可能有一定的生物累积性
土壤中的迁移性 根据 K_{oc} 值预测，该物质可能有一定的迁移性

第十三部分 废弃处置

废弃化学品 建议用焚烧法处置
污染包装物 将容器返还生产商或按照国家和地方法规处置
废弃注意事项 处置前应参阅国家和地方有关法规

第十四部分 运输信息

联合国危险货物编号（UN 号） 3295
联合国运输名称 液态烃类，未另作规定的（1-庚炔）
联合国危险性类别 3 **包装类别** Ⅱ类包装
包装标志  **海洋污染物** 否
运输注意事项 运输时运输车辆应配备相应品种和数量的消防器材及泄漏应急处理设备。夏季最好早晚运输。运输时所用的槽（罐）车应有接地链，槽内可设孔隔板以减少震荡产生的静电。严禁与氧化剂、食用化学品等混装混运。运输途中应防曝晒、雨淋，防高温。中途停留时应远离火种、热源、高温区。装运该物品的车辆排气管必须配备阻火装置，禁止使用易产生火花的机械设备和工具装卸。公路运输时要按规定路线行驶，勿在居民区和人口稠密区停留。铁路运输时要禁止溜放。严禁用木船、水泥船散装运输

第十五部分 法规信息

下列法律、法规、规章和标准，对该化学品的管理作了相应的规定。
中华人民共和国职业病防治法 职业病分类和目录：未列入
危险化学品安全管理条例 危险化学品目录：列入。易制爆危险化学品名录：未列入。重点监管的危险化学品名录：未列入。GB 18218—2009《危险化学品重大危险源辨识》(表 1)：未列入
使用有毒物品作业场所劳动保护条例 高毒物品目录：未列入
易制毒化学品管理条例 易制毒化学品的分类和品种目录：未列入
国际公约 斯德哥尔摩公约：未列入。鹿特丹公约：未列入。蒙特利尔议定书：未列入

第十六部分 其他信息

编写和修订信息 **缩略语和首字母缩写**
培训建议 **参考文献**
免责声明

3-庚酮

第一部分 化学品标识

化学品中文名 3-庚酮；乙基正丁基（甲）酮
化学品英文名 3-heptanone；ethyl *n*-butyl ketone
分子式 $C_7H_{14}O$ **相对分子质量** 114.1866
结构式
化学品的推荐及限制用途 用于制混合溶剂及有机溶胶的分散剂

第二部分 危险性概述

紧急情况概述 易燃液体和蒸气，吸入有害
GHS 危险性类别 易燃液体，类别 3；急性毒性-吸入，类别 4；严重眼损伤/眼刺激，类别 2
标签要素
象形图 
警示词 警告
危险性说明 易燃液体和蒸气，吸入有害，造成严重眼刺激
防范说明
预防措施 远离热源、火花、明火、热表面。禁止吸烟。保持容器密闭。容器和接收设备接地连接。使用防爆电器、通风、照明设备。只能使用不产生火花的工具。采取防止静电措施。戴防护手套、防护眼镜、防护面罩。避免吸入蒸气、雾。仅在室外或通风良好处操作。避免接触眼睛、皮肤，操作后彻底清洗
事故响应 火灾时，使用泡沫、干粉、二氧化碳、砂土灭火。如吸入：将患者转移到空气新鲜处，休息，保持利于呼吸的体位。如感觉不适，呼叫中毒控制中心或就医。如皮肤（或头发）接触：立即脱掉所有被污染的衣服，用水冲洗皮肤，淋浴。如接触眼睛：用水细心冲洗数分钟。如戴隐形眼镜并可方便地取出，取出隐形眼镜继续冲洗。如果眼睛刺激持续：就医
安全储存 存放在通风良好的地方。保持低温
废弃处置 本品及内装物、容器依据国家和地方法规处置
物理和化学危险 易燃，其蒸气与空气混合，能形成爆炸

性混合物

健康危害 其蒸气对眼睛、皮肤、黏膜和上呼吸道有刺激性；对皮肤有脱脂作用，长期接触可致皮炎

环境危害 对环境可能有害

第三部分 成分/组成信息

√物质		混合物
组分	**浓度**	**CAS No.**
3-庚酮		106-35-4

第四部分 急救措施

吸入 迅速脱离现场至空气新鲜处。保持呼吸道通畅。如呼吸困难，给输氧。如呼吸、心跳停止，立即进行心肺复苏术。就医

皮肤接触 立即脱去污染的衣着，用流动清水彻底冲洗。就医

眼睛接触 立即分开眼睑，用流动清水或生理盐水彻底冲洗。就医

食入 漱口，饮水。就医

对保护施救者的忠告 根据需要使用个人防护设备

对医生的特别提示 对症处理

第五部分 消防措施

灭火剂 用泡沫、干粉、二氧化碳、砂土灭火

特别危险性 遇明火、高热或与氧化剂接触，有引起燃烧爆炸的危险。燃烧生成有害的一氧化碳

灭火注意事项及防护措施 消防人员必须佩戴空气呼吸器、穿全身防火防毒服，在上风向灭火。喷水冷却容器，尽可能将容器从火场移至空旷处。容器突然发出异常声音或出现异常现象，应立即撤离

第六部分 泄漏应急处理

作业人员防护措施、防护装备和应急处置程序 消除所有点火源。根据液体流动和蒸气扩散的影响区域划定警戒区，无关人员从侧风、上风向撤离至安全区。建议应急处理人员戴正压自给式呼吸器，穿防静电服，戴橡胶耐油手套。作业时使用的所有设备应接地。禁止接触或跨越泄漏物。尽可能切断泄漏源

环境保护措施 防止泄漏物进入水体、下水道、地下室或限制性空间

泄漏化学品的收容、清除方法及所使用的处置材料 小量泄漏：用砂土或其他不燃材料吸收，使用洁净的无火花工具收集吸收材料。大量泄漏：构筑围堤或挖坑收容。用泡沫覆盖，减少蒸发。喷水雾能减少蒸发，但不能降低泄漏物在限制性空间内的易燃性。用防爆泵转移至槽车或专用收集器内

第七部分 操作处置与储存

操作注意事项 密闭操作，注意通风。操作人员必须经过专门培训，严格遵守操作规程。建议操作人员佩戴自吸过滤式防毒面具（半面罩），戴化学安全防护眼镜，穿防静电工作服，戴橡胶耐油手套。远离火种、热源。工作场所严禁吸烟。使用防爆型的通风系统和设备。防止蒸气泄漏到工作场所空气中。避免与氧化剂、还原剂、碱类接触。充装要控制流速，防止静电积聚。搬运时要轻装轻卸，防止包装及容器损坏。配备相应品种和数量的消防器材及泄漏应急处理设备。倒空的容器可能残留有害物

储存注意事项 储存于阴凉、通风的库房。库温不宜超过37℃。远离火种、热源。保持容器密封。应与氧化剂、还原剂、碱类分开存放，切忌混储。采用防爆型照明、通风设施。禁止使用易产生火花的机械设备和工具。储区应备有泄漏应急处理设备和合适的收容材料

第八部分 接触控制/个体防护

职业接触限值

中国 未制定标准

美国(ACGIH) TLV-TWA：50ppm；TLV-STEL：75ppm

生物接触限值 未制定标准

监测方法 空气中有毒物质测定方法：未制定标准。生物监测检验方法：未制定标准

工程控制 密闭操作，注意通风。提供安全的淋浴和洗眼设备

个体防护装备

呼吸系统防护 空气中浓度超标时，佩戴过滤式防毒面具（半面罩）

眼睛防护 戴化学安全防护眼镜

皮肤和身体防护 穿防静电工作服

手防护 戴橡胶耐油手套

第九部分 理化特性

外观与性状 无色液体，具有丙酮样气味

pH值 无资料 **熔点(℃)** −39

沸点(℃) 147.3 **相对密度(水=1)** 0.82

相对蒸气密度(空气=1) 3.93

饱和蒸气压(kPa) 0.187（25℃）

燃烧热(kJ/mol) 无资料 **临界温度(℃)** 无资料

临界压力(MPa) 2.92 **辛醇/水分配系数** 1.73

闪点(℃) 46（OC） **自燃温度(℃)** 410

爆炸下限(%) 1.4 **爆炸上限(%)** 8.8

分解温度(℃) 无资料

黏度(mPa·s) 0.84（20℃）

溶解性 溶于水，溶于乙醇、乙醚

第十部分 稳定性和反应性

稳定性 稳定

危险反应 与强氧化剂等禁配物接触，有发生火灾和爆炸的危险

避免接触的条件 无资料

禁配物 强氧化剂、强还原剂、强碱

危险的分解产物 无资料

第十一部分 毒理学信息

急性毒性 LD_{50}：2760mg/kg（大鼠经口）

皮肤刺激或腐蚀　家兔经皮：500mg（24h），重度刺激

眼睛刺激或腐蚀　家兔经眼：100mg，轻度刺激

呼吸或皮肤过敏　无资料　**生殖细胞突变性**　无资料

致癌性　无资料　**生殖毒性**　无资料

特异性靶器官系统毒性-一次接触　无资料

特异性靶器官系统毒性-反复接触　无资料

吸入危害　无资料

第十二部分　生态学信息

生态毒性　无资料

持久性和降解性

生物降解性　无资料

非生物降解性　空气中，当羟基自由基浓度为5.00×10^5个/cm^3时，降解半衰期为2d（理论）

潜在的生物累积性　根据K_{ow}值预测，该物质的生物累积性可能较弱

土壤中的迁移性　根据K_{oc}值预测，该物质可能易发生迁移

第十三部分　废弃处置

废弃化学品　建议用焚烧法处置

污染包装物　将容器返还生产商或按照国家和地方法规处置

废弃注意事项　处置前应参阅国家和地方有关法规

第十四部分　运输信息

联合国危险货物编号（UN号）　1224

联合国运输名称　液态酮类，未另作规定的（3-庚酮）

联合国危险性类别　3　**包装类别**　Ⅲ类包装

包装标志 

海洋污染物　否

运输注意事项　运输时运输车辆应配备相应品种和数量的消防器材及泄漏应急处理设备。夏季最好早晚运输。运输时所用的槽（罐）车应有接地链，槽内可设孔隔板以减少震荡产生的静电。严禁与氧化剂、还原剂、碱类、食用化学品等混装混运。运输途中应防曝晒、雨淋，防高温。中途停留时应远离火种、热源、高温区。装运该物品的车辆排气管必须配备阻火装置，禁止使用易产生火花的机械设备和工具装卸。公路运输时要按规定路线行驶，勿在居民区和人口稠密区停留。铁路运输时要禁止溜放。严禁用木船、水泥船散装运输

第十五部分　法规信息

下列法律、法规、规章和标准，对该化学品的管理作了相应的规定。

中华人民共和国职业病防治法　职业病分类和目录：未列入

危险化学品安全管理条例　危险化学品目录：列入。易制爆危险化学品名录：未列入。重点监管的危险化学品名录：未列入。GB 18218—2009《危险化学品重大危险源辨识》（表1）：未列入

使用有毒物品作业场所劳动保护条例　高毒物品目录：未列入

易制毒化学品管理条例　易制毒化学品的分类和品种目录：未列入

国际公约　斯德哥尔摩公约：未列入。鹿特丹公约：未列入。蒙特利尔议定书：未列入

第十六部分　其他信息

编写和修订信息　　**缩略语和首字母缩写**

培训建议　　**参考文献**

免责声明

2-庚酮

第一部分　化学品标识

化学品中文名　2-庚酮；甲基戊基甲酮

化学品英文名　2-heptanone；methyl amyl ketone

分子式　$C_7H_{14}O$　**相对分子质量**　114.1866

结构式　（骨架式：CCCCCC(=O)C）

化学品的推荐及限制用途　用作硝化纤维素的溶剂和涂料、惰性反应介质。也用作香料原料

第二部分　危险性概述

紧急情况概述　易燃液体和蒸气，吞咽有害，吸入有害

GHS危险性类别　易燃液体，类别3；急性毒性-经口，类别4；急性毒性-吸入，类别4

标签要素

象形图 

警示词　警告

危险性说明　易燃液体和蒸气，吞咽有害，吸入有害

防范说明

预防措施　远离热源、火花、明火、热表面。禁止吸烟。保持容器密闭。容器和接收设备接地连接。使用防爆电器、通风、照明设备。只能使用不产生火花的工具。采取防止静电措施。戴防护手套、防护眼镜、防护面罩。避免接触眼睛、皮肤，操作后彻底清洗。作业场所不得进食、饮水或吸烟。避免吸入蒸气、雾。仅在室外或通风良好处操作

事故响应　火灾时，使用泡沫、干粉、二氧化碳、砂土灭火。如吸入：将患者转移到空气新鲜处，休息，保持利于呼吸的体位；如感觉不适，呼叫中毒控制中心或就医。如皮肤（或头发）接触：立即脱掉所有被污染的衣服，用水冲洗皮肤，淋浴。食入：漱口，如果感觉不适，立即呼叫中毒控制中心或就医

安全储存　存放在通风良好的地方。保持低温

废弃处置　本品及内装物、容器依据国家和地方法规处置

物理和化学危险 易燃，其蒸气与空气混合，能形成爆炸性混合物

健康危害 主要为麻醉和刺激作用。吸入高浓度蒸气可致深度麻醉；对鼻、眼有强烈刺激性

环境危害 对环境可能有害

第三部分 成分/组成信息

√物质 混合物

组分	浓度	CAS No.
2-庚酮		110-43-0

第四部分 急救措施

吸入 迅速脱离现场至空气新鲜处。保持呼吸道通畅。如呼吸困难，给输氧。如呼吸、心跳停止，立即进行心肺复苏术。就医

皮肤接触 立即脱去污染的衣着，用流动清水彻底冲洗。就医

眼睛接触 立即分开眼睑，用流动清水或生理盐水彻底冲洗。就医

食入 漱口，饮水。就医

对保护施救者的忠告 根据需要使用个人防护设备

对医生的特别提示 对症处理

第五部分 消防措施

灭火剂 用泡沫、干粉、二氧化碳、砂土灭火

特别危险性 遇明火、高热或与氧化剂接触，有引起燃烧爆炸的危险。燃烧生成有害的一氧化碳

灭火注意事项及防护措施 消防人员必须佩戴空气呼吸器、穿全身防火防毒服，在上风向灭火。喷水冷却容器，尽可能将容器从火场移至空旷处。容器突然发出异常声音或出现异常现象，应立即撤离

第六部分 泄漏应急处理

作业人员防护措施、防护装备和应急处置程序 消除所有点火源。根据液体流动和蒸气扩散的影响区域划定警戒区，无关人员从侧风、上风向撤离至安全区。建议应急处理人员戴正压自给式呼吸器，穿防静电服，戴橡胶耐油手套。作业时使用的所有设备应接地。禁止接触或跨越泄漏物。尽可能切断泄漏源

环境保护措施 防止泄漏物进入水体、下水道、地下室或限制性空间

泄漏化学品的收容、清除方法及所使用的处置材料 小量泄漏：用砂土或其他不燃材料吸收，使用洁净的无火花工具收集吸收材料。大量泄漏：构筑围堤或挖坑收容。用抗溶性泡沫覆盖，减少蒸发。喷水雾能减少蒸发，但不能降低泄漏物在限制性空间内的易燃性。用防爆泵转移至槽车或专用收集器内

第七部分 操作处置与储存

操作注意事项 密闭操作，注意通风。操作人员必须经过专门培训，严格遵守操作规程。建议操作人员佩戴自吸过滤式防毒面具（半面罩），戴化学安全防护眼镜，穿防静电工作服，戴橡胶耐油手套。远离火种、热源。工作场所严禁吸烟。使用防爆型的通风系统和设备。防止蒸气泄漏到工作场所空气中。避免与氧化剂、还原剂、碱类接触。充装要控制流速，防止静电积聚。搬运时要轻装轻卸，防止包装及容器损坏。配备相应品种和数量的消防器材及泄漏应急处理设备。倒空的容器可能残留有害物

储存注意事项 储存于阴凉、通风的库房。库温不宜超过37℃。远离火种、热源。保持容器密封。应与氧化剂、还原剂、碱类分开存放，切忌混储。采用防爆型照明、通风设施。禁止使用易产生火花的机械设备和工具。储区应备有泄漏应急处理设备和合适的收容材料

第八部分 接触控制/个体防护

职业接触限值

中国 未制定标准

美国(ACGIH) TLV-TWA：50ppm

生物接触限值 未制定标准

监测方法 空气中有毒物质测定方法：未制定标准。生物监测检验方法：未制定标准

工程控制 密闭操作，注意通风。提供安全的淋浴和洗眼设备

个体防护装备

呼吸系统防护 空气中浓度超标时，佩戴过滤式防毒面具（半面罩）

眼睛防护 戴化学安全防护眼镜

皮肤和身体防护 穿防静电工作服

手防护 戴橡胶耐油手套

第九部分 理化特性

外观与性状 无色透明液体，有类似梨的水果香味

pH值 无资料　**熔点(℃)** －35.5

沸点(℃) 151　**相对密度(水=1)** 0.82

相对蒸气密度(空气=1) 3.94

饱和蒸气压(kPa) 0.2（25℃）

燃烧热(kJ/mol) 无资料　**临界温度(℃)** 无资料

临界压力(MPa) 2.95　**辛醇/水分配系数** 1.98

闪点(℃) 39（CC）　**自燃温度(℃)** 393

爆炸下限(%) 1.1　**爆炸上限(%)** 7.9

分解温度(℃) 无资料　**黏度(mPa·s)** 无资料

溶解性 不溶于水，可混溶于多数有机溶剂

第十部分 稳定性和反应性

稳定性 稳定

危险反应 与强氧化剂等禁配物接触，有发生火灾和爆炸的危险

避免接触的条件 无资料

禁配物 强氧化剂、强还原剂、强碱

危险的分解产物 无资料

第十一部分 毒理学信息

急性毒性

LD_{50} 1670mg/kg（大鼠经口）；12600mg/kg（兔

经皮）

LC_{50} 4000ppm（大鼠吸入，4h）

皮肤刺激或腐蚀 家兔经皮：14mg（24h），轻度刺激（开放性刺激试验）

眼睛刺激或腐蚀 无资料 **呼吸或皮肤过敏** 无资料

生殖细胞突变性 无资料 **致癌性** 无资料

生殖毒性 无资料

特异性靶器官系统毒性-一次接触 无资料

特异性靶器官系统毒性-反复接触 大鼠、猴暴露于1000ppm 9个月，未见神经系统症状；暴露于1025ppm，每天6h，每周5d，共10个月，肺功能、心电图及临床生化学指标均未见变化

吸入危害 无资料

第十二部分 生态学信息

生态毒性 LC_{50}：131mg/L（96h）（黑头呆鱼，动态）

持久性和降解性

生物降解性 无资料

非生物降解性 空气中，当羟基自由基浓度为5.00×10^5个/cm^3时，降解半衰期为4.5h（理论）

潜在的生物累积性 根据K_{ow}值预测，该物质的生物累积性可能较弱

土壤中的迁移性 根据K_{oc}值预测，该物质可能易发生迁移

第十三部分 废弃处置

废弃化学品 建议用焚烧法处置

污染包装物 将容器返还生产商或按照国家和地方法规处置

废弃注意事项 处置前应参阅国家和地方有关法规

第十四部分 运输信息

联合国危险货物编号（UN号） 1110

联合国运输名称 正戊基·甲基酮

联合国危险性类别 3 **包装类别** Ⅲ类包装

包装标志  **海洋污染物** 否

运输注意事项 运输时运输车辆应配备相应品种和数量的消防器材及泄漏应急处理设备。夏季最好早晚运输。运输时所用的槽（罐）车应有接地链，槽内可设孔隔板以减少震荡产生的静电。严禁与氧化剂、还原剂、碱类、食用化学品等混装混运。运输途中应防曝晒、雨淋，防高温。中途停留时应远离火种、热源、高温区。装运该物品的车辆排气管必须配备阻火装置，禁止使用易产生火花的机械设备和工具装卸。公路运输时要按规定路线行驶，勿在居民区和人口稠密区停留。铁路运输时要禁止溜放。严禁用木船、水泥船散装运输

第十五部分 法规信息

下列法律、法规、规章和标准，对该化学品的管理作了相应的规定。

中华人民共和国职业病防治法 职业病分类和目录：未列入

危险化学品安全管理条例 危险化学品目录：列入。易制爆危险化学品名录：未列入。重点监管的危险化学品名录：未列入。GB 18218—2009《危险化学品重大危险源辨识》（表1）：未列入

使用有毒物品作业场所劳动保护条例 高毒物品目录：未列入

易制毒化学品管理条例 易制毒化学品的分类和品种目录：未列入

国际公约 斯德哥尔摩公约：未列入。鹿特丹公约：未列入。蒙特利尔议定书：未列入

第十六部分 其他信息

编写和修订信息 **缩略语和首字母缩写**

培训建议 **参考文献**

免责声明

1-庚烯

第一部分 化学品标识

化学品中文名 1-庚烯；正庚烯

化学品英文名 1-heptene；alpha-heptylene

分子式 C_7H_{14} **相对分子质量** 98.21

结构式

化学品的推荐及限制用途 用作溶剂和有机合成中间体

第二部分 危险性概述

紧急情况概述 高度易燃液体和蒸气，可能引起昏昏欲睡或眩晕，吞咽及进入呼吸道可能致命

GHS危险性类别 易燃液体，类别2；特异性靶器官毒性-一次接触，类别3（麻醉效应）；吸入危害，类别1

标签要素

象形图 

警示词 危险

危险性说明 高度易燃液体和蒸气，可能引起昏昏欲睡或眩晕，吞咽及进入呼吸道可能致命

防范说明

预防措施 远离热源、火花、明火、热表面。禁止吸烟。保持容器密闭。容器和接收设备接地/连接。使用防爆电器、通风、照明设备。只能使用不产生火花的工具。采取防止静电措施。戴防护手套、防护眼镜、防护面罩

事故响应 火灾时，使用泡沫、干粉、二氧化碳、砂土灭火。如皮肤（或头发）接触：立即脱掉所有被污染的衣服，用水冲洗皮肤，淋浴。如果食入：不要催吐。立即呼叫中毒控制中心或就医

安全储存 存放在通风良好的地方。保持低温。上

锁保管

废弃处置　本品及内装物、容器依据国家和地方法规处置

物理和化学危险　高度易燃，其蒸气与空气混合，能形成爆炸性混合物

健康危害　对动物有麻醉作用

环境危害　对环境可能有害

第三部分　成分/组成信息

√物质　　混合物

组分	浓度	CAS No.
1-庚烯		592-76-7

第四部分　急救措施

吸入　迅速脱离现场至空气新鲜处。保持呼吸道通畅。如呼吸困难，给输氧。如呼吸、心跳停止，立即进行心肺复苏术。就医

皮肤接触　立即脱去污染的衣着，用流动清水彻底冲洗。就医

眼睛接触　立即分开眼睑，用流动清水或生理盐水彻底冲洗。就医

食入　漱口，饮水。就医

对保护施救者的忠告　根据需要使用个人防护设备

对医生的特别提示　对症处理

第五部分　消防措施

灭火剂　用泡沫、干粉、二氧化碳、砂土灭火

特别危险性　若遇高热，可发生聚合反应，放出大量热量而引起容器破裂和爆炸事故。高速冲击、流动、激荡后可因产生静电火花放电引起燃烧爆炸。蒸气比空气重，沿地面扩散并易积存于低洼处，遇火源会着火回燃。燃烧生成有害的一氧化碳

灭火注意事项及防护措施　消防人员必须佩戴空气呼吸器、穿全身防火防毒服，在上风向灭火。喷水冷却容器，尽可能将容器从火场移至空旷处。容器突然发出异常声音或出现异常现象，应立即撤离。用水灭火无效

第六部分　泄漏应急处理

作业人员防护措施、防护装备和应急处置程序　消除所有点火源。根据液体流动和蒸气扩散的影响区域划定警戒区，无关人员从侧风、上风向撤离至安全区。建议应急处理人员戴正压自给式呼吸器，穿防静电服，戴橡胶耐油手套。作业时使用的所有设备应接地。禁止接触或跨越泄漏物。尽可能切断泄漏源

环境保护措施　防止泄漏物进入水体、下水道、地下室或限制性空间

泄漏化学品的收容、清除方法及所使用的处置材料　小量泄漏：用砂土或其他不燃材料吸收，使用洁净的无火花工具收集吸收材料。大量泄漏：构筑围堤或挖坑收容。用泡沫覆盖，减少蒸发。喷水雾能减少蒸发，但不能降低泄漏物在限制性空间内的易燃性。用防爆泵转移至槽车或专用收集器内

第七部分　操作处置与储存

操作注意事项　密闭操作，全面通风。操作人员必须经过专门培训，严格遵守操作规程。建议操作人员佩戴自吸过滤式防毒面具（半面罩），戴安全防护眼镜，穿防静电工作服，戴橡胶耐油手套。远离火种、热源。工作场所严禁吸烟。使用防爆型的通风系统和设备。防止蒸气泄漏到工作场所空气中。避免与氧化剂接触。灌装时应控制流速，且有接地装置，防止静电积聚。搬运时要轻装轻卸，防止包装及容器损坏。配备相应品种和数量的消防器材及泄漏应急处理设备。倒空的容器可能残留有害物

储存注意事项　储存于阴凉、通风的库房。远离火种、热源。库温不宜超过37℃。包装要求密封，不可与空气接触。应与氧化剂分开存放，切忌混储。不宜大量储存或久存。采用防爆型照明、通风设施。禁止使用易产生火花的机械设备和工具。储区应备有泄漏应急处理设备和合适的收容材料

第八部分　接触控制/个体防护

职业接触限值

中国　未制定标准

美国(ACGIH)　未制定标准

生物接触限值　未制定标准

监测方法　空气中有毒物质测定方法：未制定标准。生物监测检验方法：未制定标准

工程控制　生产过程密闭，全面通风

个体防护装备

呼吸系统防护　空气中浓度超标时，应该佩戴过滤式防毒面具（半面罩）

眼睛防护　戴安全防护眼镜

皮肤和身体防护　穿防静电工作服

手防护　戴橡胶耐油手套

第九部分　理化特性

外观与性状　无色透明液体

pH值　无资料　　**熔点(℃)**　−119.7

沸点(℃)　93.6　　**相对密度(水=1)**　0.697

相对蒸气密度(空气=1)　3.39

饱和蒸气压(kPa)　13.4 (37.7℃)

燃烧热(kJ/mol)　−4653.1　　**临界温度(℃)**　无资料

临界压力(MPa)　2.82　　**辛醇/水分配系数**　3.99

闪点(℃)　0 (CC)　　**自燃温度(℃)**　260

爆炸下限(%)　0.8　　**爆炸上限(%)**　8

分解温度(℃)　无资料　　**黏度(mPa·s)**　无资料

溶解性　不溶于水，溶于乙醚、乙醇、丙酮等多数有机溶剂

第十部分　稳定性和反应性

稳定性　稳定

危险反应　与强氧化剂等禁配物接触，有发生火灾和爆炸的危险。高热下发生聚合反应

避免接触的条件　受热，接触空气

禁配物 强氧化剂、强酸、卤代烃、卤素

危险的分解产物 无资料

第十一部分 毒理学信息

急性毒性 TCLo：60g/m³（小鼠吸入，2h）

皮肤刺激或腐蚀 无资料 **眼睛刺激或腐蚀** 无资料

呼吸或皮肤过敏 无资料 **生殖细胞突变性** 无资料

致癌性 无资料 **生殖毒性** 无资料

特异性靶器官系统毒性-一次接触 无资料

特异性靶器官系统毒性-反复接触 无资料

吸入危害 无资料

第十二部分 生态学信息

生态毒性 LC_{50}：4900mg/L（24h）（食蚊鱼）

持久性和降解性

生物降解性 无资料

非生物降解性 空气中，当羟基自由基浓度为5.00×10^5个/cm^3时，降解半衰期为9.5h（理论）

潜在的生物累积性 根据K_{ow}值预测，该物质可能有一定的生物累积性

土壤中的迁移性 根据K_{oc}值预测，该物质可能有一定的迁移性

第十三部分 废弃处置

废弃化学品 建议用焚烧法处置

污染包装物 将容器返还生产商或按照国家和地方法规处置

废弃注意事项 处置前应参阅国家和地方有关法规

第十四部分 运输信息

联合国危险货物编号（UN号） 2278

联合国运输名称 正庚烯

联合国危险性类别 3 **包装类别** Ⅱ类包装

包装标志  **海洋污染物** 否

运输注意事项 运输时运输车辆应配备相应品种和数量的消防器材及泄漏应急处理设备。夏季最好早晚运输。运输时所用的槽（罐）车应有接地链，槽内可设孔隔板以减少震荡产生的静电。严禁与氧化剂、食用化学品等混装混运。运输途中应防曝晒、雨淋，防高温。中途停留时应远离火种、热源、高温区。装运该物品的车辆排气管必须配备阻火装置，禁止使用易产生火花的机械设备和工具装卸。公路运输时要按规定路线行驶，勿在居民区和人口稠密区停留。铁路运输时要禁止溜放。严禁用木船、水泥船散装运输

第十五部分 法规信息

下列法律、法规、规章和标准，对该化学品的管理作了相应的规定。

中华人民共和国职业病防治法 职业病分类和目录：未列入

危险化学品安全管理条例 危险化学品目录：列入。易制爆危险化学品名录：未列入。重点监管的危险化学品名录：未列入。GB 18218—2009《危险化学品重大危险源辨识》（表1）：未列入

使用有毒物品作业场所劳动保护条例 高毒物品目录：未列入

易制毒化学品管理条例 易制毒化学品的分类和品种目录：未列入

国际公约 斯德哥尔摩公约：未列入。鹿特丹公约：未列入。蒙特利尔议定书：未列入

第十六部分 其他信息

编写和修订信息 **缩略语和首字母缩写**

培训建议 **参考文献**

免责声明

3-庚烯

第一部分 化学品标识

化学品中文名 3-庚烯；1-乙基-2-丙基乙烯

化学品英文名 3-heptylene；1-ethyl-2-propylethylene；*cis*-3-heptene

分子式 C_7H_{14} **相对分子质量** 98.21

结构式 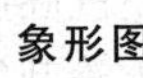

化学品的推荐及限制用途 用作有机合成中间体、溶剂及植物生长抑制剂

第二部分 危险性概述

紧急情况概述 高度易燃液体和蒸气

GHS危险性类别 易燃液体，类别2

标签要素

象形图 

警示词 危险

危险性说明 高度易燃液体和蒸气

防范说明

预防措施 远离热源、火花、明火、热表面。禁止吸烟。保持容器密闭。容器和接收设备接地连接。使用防爆电器、通风、照明设备。只能使用不产生火花的工具。采取防止静电措施。戴防护手套、防护眼镜、防护面罩

事故响应 火灾时，使用泡沫、干粉、二氧化碳、砂土灭火。如皮肤（或头发）接触：立即脱掉所有被污染的衣服，用水冲洗皮肤，淋浴

安全储存 存放在通风良好的地方。保持低温

废弃处置 本品及内装物、容器依据国家和地方法规处置

物理和化学危险 高度易燃，其蒸气与空气混合，能形成爆炸性混合物

健康危害 动物试验本品有麻醉作用

环境危害 对环境可能有害

第三部分 成分/组成信息

√物质		混合物
组分	浓度	CAS No.
3-庚烯		7642-10-6

第四部分 急救措施

吸入 迅速脱离现场至空气新鲜处。保持呼吸道通畅。如呼吸困难，给输氧。如呼吸、心跳停止，立即进行心肺复苏术。就医

皮肤接触 立即脱去污染的衣着，用流动清水彻底冲洗。就医

眼睛接触 立即分开眼睑，用流动清水或生理盐水彻底冲洗。就医

食入 漱口，饮水。就医

对保护施救者的忠告 根据需要使用个人防护设备

对医生的特别提示 对症处理

第五部分 消防措施

灭火剂 用泡沫、干粉、二氧化碳、砂土灭火

特别危险性 与氧化剂接触发生猛烈反应。蒸气比空气重，沿地面扩散并易积存于低洼处，遇火源会着火回燃。燃烧生成有害的一氧化碳

灭火注意事项及防护措施 消防人员必须佩戴空气呼吸器、穿全身防火防毒服，在上风向灭火。喷水冷却容器，尽可能将容器从火场移至空旷处。容器突然发出异常声音或出现异常现象，应立即撤离。用水灭火无效

第六部分 泄漏应急处理

作业人员防护措施、防护装备和应急处置程序 消除所有点火源。根据液体流动和蒸气扩散的影响区域划定警戒区，无关人员从侧风、上风向撤离至安全区。建议应急处理人员戴正压自给式呼吸器，穿防静电服，戴橡胶耐油手套。作业时使用的所有设备应接地。禁止接触或跨越泄漏物。尽可能切断泄漏源

环境保护措施 防止泄漏物进入水体、下水道、地下室或限制性空间

泄漏化学品的收容、清除方法及所使用的处置材料 小量泄漏：用砂土或其他不燃材料吸收，使用洁净的无火花工具收集吸收材料。大量泄漏：构筑围堤或挖坑收容。用泡沫覆盖，减少蒸发。喷水雾能减少蒸发，但不能降低泄漏物在限制性空间内的易燃性。用防爆泵转移至槽车或专用收集器内

第七部分 操作处置与储存

操作注意事项 密闭操作，全面通风。操作人员必须经过专门培训，严格遵守操作规程。建议操作人员佩戴自吸过滤式防毒面具（半面罩），戴安全防护眼镜，穿防静电工作服，戴橡胶耐油手套。远离火种、热源。工作场所严禁吸烟。使用防爆型的通风系统和设备。防止蒸气泄漏到工作场所空气中。避免与氧化剂接触。灌装时应控制流速，且有接地装置，防止静电积聚。搬运时要轻装轻卸，防止包装及容器损坏。配备相应品种和数量的消防器材及泄漏应急处理设备。倒空的容器可能残留有害物

储存注意事项 储存于阴凉、通风的库房。远离火种、热源。库温不宜超过 37℃。包装要求密封，不可与空气接触。应与氧化剂分开存放，切忌混储。采用防爆型照明、通风设施。禁止使用易产生火花的机械设备和工具。储区应备有泄漏应急处理设备和合适的收容材料

第八部分 接触控制/个体防护

职业接触限值

中国 未制定标准

美国(ACGIH) 未制定标准

生物接触限值 未制定标准

监测方法 空气中有毒物质测定方法：未制定标准。生物监测检验方法：未制定标准

工程控制 生产过程密闭，全面通风

个体防护装备

呼吸系统防护 空气中浓度超标时，应该佩戴过滤式防毒面具（半面罩）

眼睛防护 戴安全防护眼镜

皮肤和身体防护 穿防静电工作服

手防护 戴橡胶耐油手套

第九部分 理化特性

外观与性状 无色挥发性液体

pH 值 无资料　　**熔点(℃)** −136.5

沸点(℃) 95.7　　**相对密度(水=1)** 0.703

相对蒸气密度(空气=1) 3.38

饱和蒸气压(kPa) 无资料

燃烧热(kJ/mol) 无资料　　**临界温度(℃)** 无资料

临界压力(MPa) 2.8　　**辛醇/水分配系数** 3.560

闪点(℃) −9　　**自燃温度(℃)** 290

爆炸下限(%) 1.0　　**爆炸上限(%)** 7.8

分解温度(℃) 无资料　　**黏度(mPa·s)** 无资料

溶解性 不溶于水，可混溶于乙醇、乙醚、丙酮、石油醚

第十部分 稳定性和反应性

稳定性 稳定

危险反应 与强氧化剂等禁配物接触，有发生火灾和爆炸的危险

避免接触的条件 受热，接触空气

禁配物 强氧化剂、强酸、卤代烃、卤素

危险的分解产物 无资料

第十一部分 毒理学信息

急性毒性 无资料　　**皮肤刺激或腐蚀** 无资料

眼睛刺激或腐蚀 无资料　　**呼吸或皮肤过敏** 无资料

生殖细胞突变性 无资料　　**致癌性** 无资料

生殖毒性 无资料

特异性靶器官系统毒性-一次接触 无资料

特异性靶器官系统毒性-反复接触 无资料

吸入危害 无资料

第十二部分 生态学信息

生态毒性 无资料

持久性和降解性

生物降解性 无资料

非生物降解性 无资料

潜在的生物累积性 根据 K_{ow} 值预测，该物质可能有一定的生物累积性

土壤中的迁移性 根据 K_{oc} 值预测，该物质可能有一定的迁移性

第十三部分 废弃处置

废弃化学品 建议用焚烧法处置

污染包装物 将容器返还生产商或按照国家和地方法规处置

废弃注意事项 处置前应参阅国家和地方有关法规

第十四部分 运输信息

联合国危险货物编号（UN号） 2278

联合国运输名称 液态烃类，未另作规定的（3-庚烯）

联合国危险性类别 3 **包装类别** Ⅱ类包装

包装标志  **海洋污染物** 否

运输注意事项 运输时运输车辆应配备相应品种和数量的消防器材及泄漏应急处理设备。夏季最好早晚运输。运输时所用的槽（罐）车应有接地链，槽内可设孔隔板以减少震荡产生的静电。严禁与氧化剂、食用化学品等混装混运。运输途中应防曝晒、雨淋，防高温。中途停留时应远离火种、热源、高温区。装运该物品的车辆排气管必须配备阻火装置，禁止使用易产生火花的机械设备和工具装卸。公路运输时要按规定路线行驶，勿在居民区和人口稠密区停留。铁路运输时要禁止溜放。严禁用木船、水泥船散装运输

第十五部分 法规信息

下列法律、法规、规章和标准，对该化学品的管理作了相应的规定。

中华人民共和国职业病防治法 职业病分类和目录：未列入

危险化学品安全管理条例 危险化学品目录：列入。易制爆危险化学品名录：未列入。重点监管的危险化学品名录：未列入。GB 18218—2009《危险化学品重大危险源辨识》(表1)：未列入

使用有毒物品作业场所劳动保护条例 高毒物品目录：未列入

易制毒化学品管理条例 易制毒化学品的分类和品种目录：未列入

国际公约 斯德哥尔摩公约：未列入。鹿特丹公约：未列入。蒙特利尔议定书：未列入

第十六部分 其他信息

编写和修订信息 **缩略语和首字母缩写**

培训建议 **参考文献**

免责声明

2-庚烯［顺式］

第一部分 化学品标识

化学品中文名 2-庚烯［顺式］

化学品英文名 *cis*-2-heptene；*cis*-2-heptylene

分子式 C_7H_{14} **相对分子质量** 98.21

结构式

化学品的推荐及限制用途 用作溶剂，用于有机合成

第二部分 危险性概述

紧急情况概述 高度易燃液体和蒸气

GHS危险性类别 易燃液体，类别2

标签要素

象形图 

警示词 危险

危险性说明 高度易燃液体和蒸气

防范说明

预防措施 远离热源、火花、明火、热表面。禁止吸烟。保持容器密闭。容器和接收设备接地连接。使用防爆电器、通风、照明设备。只能使用不产生火花的工具。采取防止静电措施。戴防护手套、防护眼镜、防护面罩

事故响应 火灾时，使用泡沫、干粉、二氧化碳、砂土灭火。如皮肤（或头发）接触：立即脱掉所有被污染的衣服，用水冲洗皮肤，淋浴

安全储存 存放在通风良好的地方。保持低温

废弃处置 本品及内装物、容器依据国家和地方法规处置

物理和化学危险 高度易燃，其蒸气与空气混合，能形成爆炸性混合物

健康危害 动物试验显示有麻醉作用

环境危害 对环境可能有害

第三部分 成分/组成信息

√物质 混合物

组分	浓度	CAS No.
2-庚烯		6443-92-1

第四部分 急救措施

吸入 迅速脱离现场至空气新鲜处。保持呼吸道通畅。如呼吸困难，给输氧。如呼吸、心跳停止，立即进行心肺复苏术。就医

皮肤接触 立即脱去污染的衣着，用流动清水彻底冲洗。就医

眼睛接触 立即分开眼睑，用流动清水或生理盐水彻底冲洗。就医

食入 漱口，饮水。就医

对保护施救者的忠告 根据需要使用个人防护设备

对医生的特别提示 对症处理

第五部分 消防措施

灭火剂 用泡沫、干粉、二氧化碳、砂土灭火

特别危险性 与氧化剂接触发生猛烈反应。蒸气比空气重，沿地面扩散并易积存于低洼处，遇火源会着火回燃。燃烧生成有害的一氧化碳

灭火注意事项及防护措施 消防人员必须佩戴空气呼吸器、穿全身防火防毒服，在上风向灭火。喷水冷却容器，尽可能将容器从火场移至空旷处。容器突然发出异常声音或出现异常现象，应立即撤离。用水灭火无效

第六部分 泄漏应急处理

作业人员防护措施、防护装备和应急处置程序 消除所有点火源。根据液体流动和蒸气扩散的影响区域划定警戒区，无关人员从侧风、上风向撤离至安全区。建议应急处理人员戴正压自给式呼吸器，穿防静电服，戴橡胶耐油手套。作业时使用的所有设备应接地。禁止接触或跨越泄漏物。尽可能切断泄漏源

环境保护措施 防止泄漏物进入水体、下水道、地下室或限制性空间

泄漏化学品的收容、清除方法及所使用的处置材料 小量泄漏：用砂土或其他不燃材料吸收，使用洁净的无火花工具收集吸收材料。大量泄漏：构筑围堤或挖坑收容。用泡沫覆盖，减少蒸发。喷水雾能减少蒸发，但不能降低泄漏物在限制性空间内的易燃性。用防爆泵转移至槽车或专用收集器内

第七部分 操作处置与储存

操作注意事项 密闭操作，全面通风。操作人员必须经过专门培训，严格遵守操作规程。建议操作人员佩戴自吸过滤式防毒面具（半面罩），戴化学安全防护眼镜，穿防静电工作服，戴橡胶耐油手套。远离火种、热源。工作场所严禁吸烟。使用防爆型的通风系统和设备。防止蒸气泄漏到工作场所空气中。避免与氧化剂接触。灌装时应控制流速，且有接地装置，防止静电积聚。搬运时要轻装轻卸，防止包装及容器损坏。配备相应品种和数量的消防器材及泄漏应急处理设备。倒空的容器可能残留有害物

储存注意事项 储存于阴凉、通风的库房。远离火种、热源。库温不宜超过37℃。包装要求密封，不可与空气接触。应与氧化剂分开存放，切忌混储。采用防爆型照明、通风设施。禁止使用易产生火花的机械设备和工具。储区应备有泄漏应急处理设备和合适的收容材料

第八部分 接触控制/个体防护

职业接触限值

中国 未制定标准

美国(ACGIH) 未制定标准

生物接触限值 未制定标准

监测方法 空气中有毒物质测定方法：未制定标准。生物监测检验方法：未制定标准

工程控制 生产过程密闭，全面通风

个体防护装备

呼吸系统防护 空气中浓度超标时，应该佩戴过滤式防毒面具（半面罩）

眼睛防护 戴化学安全防护眼镜

皮肤和身体防护 穿防静电工作服

手防护 戴橡胶耐油手套

第九部分 理化特性

外观与性状 无色挥发性液体

pH值 无资料　　**熔点(℃)** －109.5

沸点(℃) 97～99　　**相对密度(水＝1)** 0.708

相对蒸气密度(空气＝1) 3.4

饱和蒸气压(kPa) 11.6（37.7℃）

燃烧热(kJ/mol) 无资料　　**临界温度(℃)** 无资料

临界压力(MPa) 2.84　　**辛醇/水分配系数** 3.56

闪点(℃) －8　　**自燃温度(℃)** 246

爆炸下限(%) 1.0　　**爆炸上限(%)** 7.8

分解温度(℃) 无资料　　**黏度(mPa·s)** 无资料

溶解性 不溶于水，溶于乙醇、丙酮、乙醚、石油醚

第十部分 稳定性和反应性

稳定性 稳定

危险反应 与强氧化剂等禁配物接触，有发生火灾和爆炸的危险

避免接触的条件 受热，接触空气

禁配物 强氧化剂、强酸、卤代烃、卤素

危险的分解产物 无资料

第十一部分 毒理学信息

急性毒性 无资料　　**皮肤刺激或腐蚀** 无资料

眼睛刺激或腐蚀 无资料　　**呼吸或皮肤过敏** 无资料

生殖细胞突变性 无资料　　**致癌性** 无资料

生殖毒性 无资料

特异性靶器官系统毒性-一次接触 无资料

特异性靶器官系统毒性-反复接触 无资料

吸入危害 无资料

第十二部分 生态学信息

生态毒性 无资料

持久性和降解性

生物降解性 无资料

非生物降解性 无资料

潜在的生物累积性 根据 K_{ow} 值预测，该物质可能有一定的生物累积性

土壤中的迁移性 根据 K_{oc} 值预测，该物质可能有一定的迁移性

第十三部分 废弃处置

废弃化学品 建议用焚烧法处置

污染包装物 将容器返还生产商或按照国家和地方法规处置

废弃注意事项 处置前应参阅国家和地方有关法规

第十四部分 运输信息

联合国危险货物编号（UN号） 2278

联合国运输名称 液态烃类，未另作规定的（2-庚烯）

联合国危险性类别 3 **包装类别** Ⅱ类包装

包装标志 

海洋污染物 否

运输注意事项 运输时运输车辆应配备相应品种和数量的消防器材及泄漏应急处理设备。夏季最好早晚运输。运输时所用的槽（罐）车应有接地链，槽内可设孔隔板以减少震荡产生的静电。严禁与氧化剂、食用化学品等混装混运。运输途中应防曝晒、雨淋，防高温。中途停留时应远离火种、热源、高温区。装运该物品的车辆排气管必须配备阻火装置，禁止使用易产生火花的机械设备和工具装卸。公路运输时要按规定路线行驶，勿在居民区和人口稠密区停留。铁路运输时要禁止溜放。严禁用木船、水泥船散装运输

第十五部分 法规信息

下列法律、法规、规章和标准，对该化学品的管理作了相应的规定。

中华人民共和国职业病防治法 职业病分类和目录：未列入

危险化学品安全管理条例 危险化学品目录：列入。易制爆危险化学品名录：未列入。重点监管的危险化学品名录：未列入。GB 18218—2009《危险化学品重大危险源辨识》（表1）：未列入

使用有毒物品作业场所劳动保护条例 高毒物品目录：未列入

易制毒化学品管理条例 易制毒化学品的分类和品种目录：未列入

国际公约 斯德哥尔摩公约：未列入。鹿特丹公约：未列入。蒙特利尔议定书：未列入

第十六部分 其他信息

编写和修订信息 **缩略语和首字母缩写**

培训建议 **参考文献**

免责声明

光 气

第一部分 化学品标识

化学品中文名 光气；碳酰氯

化学品英文名 phosgene；carbonyl chloride

分子式 CCl_2O **相对分子质量** 98.92

结构式 Cl–C(=O)–Cl

化学品的推荐及限制用途 用于有机合成，特别是制造异氰酸酯和聚氨酯等，还用于制造染料、橡胶、农药和塑料等

第二部分 危险性概述

紧急情况概述 内装加压气体：遇热可能爆炸，吸入致命，造成严重的皮肤灼伤和眼损伤

GHS危险性类别 加压气体；急性毒性-吸入，类别1；皮肤腐蚀/刺激，类别1B；严重眼损伤/眼刺激，类别1

标签要素

象形图 

警示词 危险

危险性说明 内装加压气体：遇热可能爆炸，吸入致命，造成严重的皮肤灼伤和眼损伤

防范说明

预防措施 避免吸入气体。仅在室外或通风良好处操作。戴呼吸防护器具。避免接触眼睛、皮肤，操作后彻底清洗。戴防护手套，穿防护服，戴防护眼镜、防护面罩

事故响应 如吸入：将患者转移到空气新鲜处，休息，保持利于呼吸的体位。立即呼叫中毒控制中心或就医。皮肤（或头发）接触：立即脱掉所有被污染的衣服，用水冲洗皮肤，淋浴。污染的衣服须洗净后方可重新使用。眼睛接触：用水细心地冲洗数分钟。如戴隐形眼镜并可方便地取出，则取出隐形眼镜继续冲洗。食入：漱口。不要催吐

安全储存 防日晒。存放在通风良好的地方。保持容器密闭。上锁保管

废弃处置 本品及内装物、容器依据国家和地方法规处置

物理和化学危险 不燃，无特殊燃爆特性。遇水产生有毒气体

健康危害 主要损害呼吸道，导致化学性支气管炎、肺炎、肺水肿。光气主要见到急性中毒，慢性中毒尚无报道。吸入光气后，一般有2～24h的潜伏期。吸入量越多则潜伏期越短，病情越重。刺激反应出现一过性的眼和上呼吸道黏膜刺激症状，肺部无阳性体征，胸部X射线表现无异常改变。轻度中毒出现咳嗽、气短、胸闷或胸痛等，临床表现和胸部X射线检查符合支气管炎或支气管周围炎。中度中毒出现胸闷、气急、咳嗽、咳痰等，可有痰中带血，呼吸困难较明显，轻度紫绀，临床表现和胸部X射线检查符合急性支气管肺炎或急性间质性肺水肿。中毒患者出现下列情况之一者，方可诊断为重度中毒：①剧烈咳嗽、咯大量泡沫痰、呼吸窘迫、明显紫绀，临床表现和胸部X射线检查符合肺泡性肺水肿或成人呼吸窘迫综合征。②窒息。③并发气胸、纵隔气肿。④严重心肌损害。⑤休克。⑥昏迷。眼和皮肤接触可引起灼伤

环境危害 对环境可能有害

第三部分　成分/组成信息

√物质　　混合物

组分	浓度	CAS No.
光气		75-44-5

第四部分　急救措施

吸入　迅速脱离现场至空气新鲜处。保持呼吸道通畅。如呼吸困难，给输氧。如呼吸、心跳停止，立即进行心肺复苏术。就医

皮肤接触　立即脱去污染的衣着，用大量流动清水彻底冲洗至少15min。就医

眼睛接触　立即分开眼睑，用流动清水或生理盐水彻底冲洗至少15min。就医

对保护施救者的忠告　根据需要使用个人防护设备

对医生的特别提示　对症处理

第五部分　消防措施

灭火剂　本品不燃。根据着火原因选择适当灭火剂灭火

特别危险性　受热分解产生有毒的烟气。化学反应活性较高，遇水后有强烈腐蚀性。与氨、强氧化剂等反应剧烈

灭火注意事项及防护措施　切断气源。喷水冷却容器，尽可能将容器从火场移至空旷处。消防人员必须佩戴空气呼吸器、穿全身防火防毒服，在上风向灭火。万一有光气漏逸，微量时可用水蒸气冲散，较大时可用液氨喷雾冲洗

第六部分　泄漏应急处理

作业人员防护措施、防护装备和应急处置程序　根据气体扩散的影响区域划定警戒区，无关人员从侧风、上风向撤离至安全区。建议应急处理人员穿内置正压自给式呼吸器的全封闭防化服。禁止接触或跨越泄漏物。尽可能切断泄漏源

环境保护措施　防止气体通过下水道、通风系统和限制性空间扩散

泄漏化学品的收容、清除方法及所使用的处置材料　高浓度泄漏区，喷氨水或其他稀碱液中和。构筑围堤或挖坑收容液体泄漏物。用石灰（CaO）、碎石灰石（$CaCO_3$）或碳酸氢钠（$NaHCO_3$）中和。用水慢慢稀释。隔离泄漏区直至气体散尽

第七部分　操作处置与储存

操作注意事项　严加密闭，提供充分的局部排风和全面通风。采用隔离式操作。操作人员必须经过专门培训，严格遵守操作规程。建议操作人员佩戴过滤式防毒面具（全面罩）或自给式呼吸器，穿胶布防毒衣，戴橡胶手套。防止气体或蒸气泄漏到工作场所空气中。避免与醇类、碱类接触。尤其要注意避免与水接触。搬运时轻装轻卸，防止钢瓶及附件破损。配备泄漏应急处理设备

储存注意事项　用特殊规定的容器盛装、储存，并配稀碱、稀氨喷淋吸收装置。储存于阴凉、通风的有毒气体专用库房。实行“双人收发、双人保管”制度。远离火种、热源。库温不宜超过30℃。应与醇类、碱类、食用化学品分开存放，切忌混储。储区应备有泄漏应急处理设备

第八部分　接触控制/个体防护

职业接触限值

中国　MAC：0.5mg/m^3

美国(ACGIH)　TLV-TWA：0.1ppm

生物接触限值　未制定标准

监测方法　空气中有毒物质测定方法：紫外分光光度法。

生物监测检验方法：未制定标准

工程控制　严加密闭，提供充分的局部排风和全面通风。采用隔离式操作。提供安全的淋浴和洗眼设备

个体防护装备

呼吸系统防护　空气中浓度超标时，应该佩戴过滤式防毒面具（全面罩）。紧急事态抢救或撤离时，建议佩戴空气呼吸器

眼睛防护　呼吸系统防护中已作防护

皮肤和身体防护　穿隔绝式防毒服

手防护　戴橡胶手套

第九部分　理化特性

外观与性状　纯品为无色有特殊气味的气体，低温时为黄绿色液体

pH值　无意义　　**熔点(℃)**　−127.9～−118

沸点(℃)　8.2　　**相对密度(水=1)**　1.4

相对蒸气密度(空气=1)　3.4

饱和蒸气压(kPa)　161.6（20℃）

燃烧热(kJ/mol)　无资料　　**临界温度(℃)**　182

临界压力(MPa)　5.67　　**辛醇/水分配系数**　−0.710

闪点(℃)　无意义　　**自燃温度(℃)**　无意义

爆炸下限(%)　无意义　　**爆炸上限(%)**　无意义

分解温度(℃)　无资料

黏度(mPa·s)　0.685（−9.8℃）

溶解性　微溶于水，溶于芳烃、苯、四氯化碳、氯仿、乙酸等多数有机溶剂

第十部分　稳定性和反应性

稳定性　稳定

危险反应　与强氧化剂、水等禁配物发生剧烈反应

避免接触的条件　潮湿空气、受热

禁配物　水、醇类、碱类

危险的分解产物　无资料

第十一部分　毒理学信息

急性毒性

LC_{50}　1400mg/m^3（大鼠吸入，1/2h）

LCLo　50ppm（人吸入，5min），360mg/m^3（人吸入30min）

TCLo　25ppm（人吸入，30min）

皮肤刺激或腐蚀　无资料　**眼睛刺激或腐蚀**　无资料

呼吸或皮肤过敏　无资料　**生殖细胞突变性**　无资料

致癌性 无资料　　**生殖毒性** 无资料

特异性靶器官系统毒性-一次接触 无资料

特异性靶器官系统毒性-反复接触 动物吸入 0.0008mg/L，每天 5h，共 5d，40%出现肺水肿

吸入危害 无资料

第十二部分 生态学信息

生态毒性 LD_{50}：60mg/L（24h）（鱼）

持久性和降解性

生物降解性 好氧生物降解（h）：168～672；厌氧生物降解（h）：678～2688

非生物降解性 光解最大光吸收波长范围（nm）：234.2～274.5；一级水解半衰期（h）：1.9

潜在的生物累积性 根据 K_{ow} 值预测，该物质的生物累积性可能较弱

土壤中的迁移性 根据 K_{oc} 值预测，该物质可能易发生迁移

第十三部分 废弃处置

废弃化学品 建议用焚烧法处置。与燃料混合后，再焚烧。焚烧炉排出的卤化氢通过酸洗涤器除去

污染包装物 将容器返还生产商或按照国家和地方法规处置

废弃注意事项 处置前应参阅国家和地方有关法规

第十四部分 运输信息

联合国危险货物编号（UN 号） 1076

联合国运输名称 光气

联合国危险性类别 2.3，8　　**包装类别** Ⅱ类包装

包装标志

海洋污染物 否

运输注意事项 严禁从外地或本地区的其他生产厂运输光气为原料进行产品生产

第十五部分 法规信息

下列法律、法规、规章和标准，对该化学品的管理作了相应的规定。

中华人民共和国职业病防治法 职业病分类和目录：光气中毒

危险化学品安全管理条例 危险化学品目录：列入。作为剧毒化学品进行管理。易制爆危险化学品名录：未列入。重点监管的危险化学品名录：列入。GB 18218—2009《危险化学品重大危险源辨识》（表 1）：列入。类别：毒性气体；临界量（t）：0.3

使用有毒物品作业场所劳动保护条例 高毒物品目录：列入

易制毒化学品管理条例 易制毒化学品的分类和品种目录：未列入

国际公约 斯德哥尔摩公约：未列入。鹿特丹公约：未列入。蒙特利尔议定书：未列入

第十六部分 其他信息

编写和修订信息　　**缩略语和首字母缩写**

培训建议　　**参考文献**

免责声明

硅粉［非晶形的］

第一部分 化学品标识

化学品中文名 硅粉［非晶形的］；无定形硅粉

化学品英文名 silicon（amorphous）

分子式 Si　　**相对分子质量** 28.08

化学品的推荐及限制用途 用于制造合金、有机硅化合物和四氯化硅等，是一种极重要的半导体材料

第二部分 危险性概述

紧急情况概述 易燃固体

GHS 危险性类别 易燃固体，类别 2；严重眼损伤/眼刺激，类别 2B

标签要素

象形图

警示词 危险

危险性说明 易燃固体，造成严重眼刺激

防范说明

预防措施 远离热源、火花、明火、热表面。禁止吸烟。容器和接收设备接地连接。使用防爆电器、通风、照明设备。戴防护手套、防护眼镜、防护面罩。避免接触眼睛、皮肤，操作后彻底清洗

事故响应 火灾时，使用干粉、干砂灭火。如接触眼睛：用水细心冲洗数分钟。如戴隐形眼镜并可方便地取出，取出隐形眼镜继续冲洗。如果眼睛刺激持续：就医

安全储存 -

废弃处置 -

物理和化学危险 易燃，其粉体与空气混合，能形成爆炸性混合物

健康危害 本品对人体无毒。高浓度吸入引起呼吸道轻度刺激，进入眼内作为异物有刺激性

环境危害 对环境可能有害

第三部分 成分/组成信息

√物质		混合物
组分	**浓度**	**CAS No.**
硅		7440-21-3

第四部分 急救措施

吸入 脱离现场至空气新鲜处。如有不适感，就医

皮肤接触 脱去污染的衣着，用流动清水冲洗。如有不适感，就医

眼睛接触 分开眼睑，用流动清水或生理盐水冲洗。如有不适感，就医

食入 漱口，饮水。就医

对保护施救者的忠告 根据需要使用个人防护设备

对医生的特别提示 对症处理

第五部分 消防措施

灭火剂 用干粉、干砂灭火

特别危险性 与钙、碳化铯、氯、氟化钴、氟、三氟化碘、三氟化锰、碳化铷、氟化银、钾钠合金发生剧烈反应。粉尘遇火焰或与氧化剂接触发生反应，有中等程度的危险性。燃烧生成有害的氧化硅

灭火注意事项及防护措施 消防人员必须佩戴空气呼吸器、穿全身防火防毒服，在上风向灭火。尽可能将容器从火场移至空旷处。喷水保持火场容器冷却，直至灭火结束。禁用水和二氧化碳灭火

第六部分 泄漏应急处理

作业人员防护措施、防护装备和应急处置程序 消除所有点火源。隔离泄漏污染区，限制出入。建议应急处理人员戴防尘口罩，穿防静电服。禁止接触或跨越泄漏物。尽可能切断泄漏源

环境保护措施 防止泄漏物进入水体、下水道、地下室或限制性空间

泄漏化学品的收容、清除方法及所使用的处置材料 用洁净的无火花工具收集泄漏物，置于一盖子较松的塑料容器中，待处置

第七部分 操作处置与储存

操作注意事项 密闭操作，局部排风。操作人员必须经过专门培训，严格遵守操作规程。远离火种、热源。工作场所严禁吸烟。使用防爆型的通风系统和设备。避免产生粉尘。避免与氧化剂接触。搬运时要轻装轻卸，防止包装及容器损坏。配备相应品种和数量的消防器材及泄漏应急处理设备。倒空的容器可能残留有害物

储存注意事项 储存于阴凉、干燥、通风良好的库房。库温不宜超过35℃。远离火种、热源。包装要求密封，不可与空气接触。应与氧化剂等分开存放，切忌混储。采用防爆型照明、通风设施。禁止使用易产生火花的机械设备和工具。储区应备有合适的材料收容泄漏物

第八部分 接触控制/个体防护

职业接触限值

中国 PC-TWA：8mg/m^3

美国(ACGIH) TLV-TWA：10mg/m^3

生物接触限值 未制定标准

监测方法 空气中有毒物质测定方法：滤膜称量法。生物监测检验方法：未制定标准

工程控制 密闭操作，局部排风

个体防护装备

呼吸系统防护 一般不需要特殊防护，但建议特殊情况下，佩戴过滤式防尘呼吸器

眼睛防护 一般不需要特殊防护，高浓度接触时可戴化学安全防护眼镜

皮肤和身体防护 穿一般作业防护服

手防护 戴一般作业防护手套

第九部分 理化特性

外观与性状 黑褐色无定形非金属粉末

pH值 无意义 **熔点(℃)** 1410

沸点(℃) 2355

相对密度(水=1) 2.30（20℃）

相对蒸气密度(空气=1) 无资料

饱和蒸气压(kPa) 0.13（1724℃）

燃烧热(kJ/mol) 无资料 **临界温度(℃)** 无资料

临界压力(MPa) 53.6 **辛醇/水分配系数** 无资料

闪点(℃) 无意义 **自燃温度(℃)** 无资料

爆炸下限(%) 无资料 **爆炸上限(%)** 无资料

分解温度(℃) 无资料 **黏度(mPa·s)** 无资料

溶解性 不溶于水，不溶于盐酸、硝酸，溶于氢氟酸、碱液

第十部分 稳定性和反应性

稳定性 稳定

危险反应 与强氧化剂等禁配物接触，有发生火灾和爆炸的危险

避免接触的条件 潮湿空气

禁配物 强氧化剂、水蒸气

危险的分解产物 无意义

第十一部分 毒理学信息

急性毒性 LD_{50}：3160mg/kg（大鼠经口）

皮肤刺激或腐蚀 无资料 **眼睛刺激或腐蚀** 无资料

呼吸或皮肤过敏 无资料 **生殖细胞突变性** 无资料

致癌性 无资料 **生殖毒性** 无资料

特异性靶器官系统毒性-一次接触 无资料

特异性靶器官系统毒性-反复接触 无资料

吸入危害 无资料

第十二部分 生态学信息

生态毒性 无资料

持久性和降解性

生物降解性 无资料

非生物降解性 无资料

潜在的生物累积性 无资料

土壤中的迁移性 无资料

第十三部分 废弃处置

废弃化学品 若可能，回收使用。或用安全掩埋法处置

污染包装物 将容器返还生产商或按照国家和地方法规处置

废弃注意事项 处置前应参阅国家和地方有关法规

第十四部分 运输信息

联合国危险货物编号（UN号） 1346

联合国运输名称 非晶形硅粉

联合国危险性类别 4.1 **包装类别** Ⅲ类包装

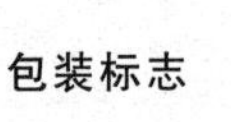
包装标志  **海洋污染物** 否

运输注意事项 运输时运输车辆应配备相应品种和数量的消防器材及泄漏应急处理设备。装运本品的车辆排气管须有阻火装置。运输过程中要确保容器不泄漏、不倒塌、不坠落、不损坏。严禁与氧化剂等混装混运。运输途中应防曝晒、雨淋，防高温。中途停留时应远离火种、热源。车辆运输完毕应进行彻底清扫。铁路运输时要禁止溜放

第十五部分 法规信息

下列法律、法规、规章和标准，对该化学品的管理作了相应的规定。

中华人民共和国职业病防治法 职业病分类和目录：未列入

危险化学品安全管理条例 危险化学品目录：列入。易制爆危险化学品名录：未列入。重点监管的危险化学品名录：未列入。GB 18218—2009《危险化学品重大危险源辨识》(表1)：未列入

使用有毒物品作业场所劳动保护条例 高毒物品目录：未列入

易制毒化学品管理条例 易制毒化学品的分类和品种目录：未列入

国际公约 斯德哥尔摩公约：未列入。鹿特丹公约：未列入。蒙特利尔议定书：未列入

第十六部分 其他信息

编写和修订信息 **缩略语和首字母缩写**

培训建议 **参考文献**

免责声明

癸 烷

第一部分 化学品标识

化学品中文名 癸烷；正癸烷；十碳烷

化学品英文名 *n*-decane；*n*-decyl hydride

分子式 $C_{10}H_{22}$ **相对分子质量** 142.29

结构式

化学品的推荐及限制用途 用作溶剂，以及用于有机合成，也用于燃料研究

第二部分 危险性概述

紧急情况概述 易燃液体和蒸气

GHS危险性类别 易燃液体，类别3；危害水生环境-急性危害，类别1；危害水生环境-长期危害，类别1

标签要素

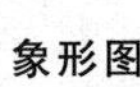
象形图 

警示词 警告

危险性说明 易燃液体和蒸气，对水生生物毒性非常大并具有长期持续影响

防范说明

预防措施 远离热源、火花、明火、热表面。禁止吸烟。保持容器密闭。容器和接收设备接地连接。使用防爆电器、通风、照明设备。只能使用不产生火花的工具。采取防止静电措施。戴防护手套、防护眼镜、防护面罩。禁止排入环境

事故响应 火灾时，使用泡沫、二氧化碳、干粉、砂土灭火。如皮肤（或头发）接触：立即脱掉所有被污染的衣服，用水冲洗皮肤，淋浴。收集泄漏物

安全储存 存放在通风良好的地方。保持低温

废弃处置 本品及内装物、容器依据国家和地方法规处置

物理和化学危险 易燃，其蒸气与空气混合，能形成爆炸性混合物

健康危害 高浓度对中枢神经系统有抑制作用

环境危害 对水生生物毒性非常大并具有长期持续影响

第三部分 成分/组成信息

√物质		混合物
组分	**浓度**	**CAS No.**
癸烷		124-18-5

第四部分 急救措施

吸入 迅速脱离现场至空气新鲜处。保持呼吸道通畅。如呼吸困难，给输氧。如呼吸、心跳停止，立即进行心肺复苏术。就医

皮肤接触 立即脱去污染的衣着，用流动清水彻底冲洗。就医

眼睛接触 立即分开眼睑，用流动清水或生理盐水彻底冲洗。就医

食入 漱口，饮水。就医

对保护施救者的忠告 根据需要使用个人防护设备

对医生的特别提示 对症处理

第五部分 消防措施

灭火剂 用泡沫、二氧化碳、干粉、砂土灭火

特别危险性 与氧化剂能发生强烈反应。在火场中，受热的容器有爆炸危险。燃烧生成有害的一氧化碳

灭火注意事项及防护措施 消防人员必须佩戴空气呼吸器、穿全身防火防毒服，在上风向灭火。尽可能将容器从火场移至空旷处。喷水保持火场容器冷却，直至灭火结束。容器突然发出异常声音或出现异常现象，应立即撤离

第六部分 泄漏应急处理

作业人员防护措施、防护装备和应急处置程序 消除所有点火源。根据液体流动和蒸气扩散的影响区域划定警戒区，无关人员从侧风、上风向撤离至安全区。建议

应急处理人员戴正压自给式呼吸器，穿防静电服，戴橡胶耐油手套。作业时使用的所有设备应接地。禁止接触或跨越泄漏物。尽可能切断泄漏源

环境保护措施 防止泄漏物进入水体、下水道、地下室或限制性空间

泄漏化学品的收容、清除方法及所使用的处置材料 小量泄漏：用砂土或其他不燃材料吸收，使用洁净的无火花工具收集吸收材料。大量泄漏：构筑围堤或挖坑收容。用泡沫覆盖，减少蒸发。喷水雾能减少蒸发，但不能降低泄漏物在限制性空间内的易燃性。用防爆泵转移至槽车或专用收集器内

第七部分 操作处置与储存

操作注意事项 密闭操作，全面通风。操作人员必须经过专门培训，严格遵守操作规程。建议操作人员佩戴自吸过滤式防毒面具（半面罩），戴安全防护眼镜，穿防静电工作服，戴橡胶耐油手套。远离火种、热源。工作场所严禁吸烟。使用防爆型的通风系统和设备。防止蒸气泄漏到工作场所空气中。避免与氧化剂接触。灌装时应控制流速，且有接地装置，防止静电积聚。搬运时要轻装轻卸，防止包装及容器损坏。配备相应品种和数量的消防器材及泄漏应急处理设备。倒空的容器可能残留有害物

储存注意事项 储存于阴凉、通风的库房。远离火种、热源。库温不宜超过37℃。保持容器密封。应与氧化剂分开存放，切忌混储。采用防爆型照明、通风设施。禁止使用易产生火花的机械设备和工具。储区应备有泄漏应急处理设备和合适的收容材料

第八部分 接触控制/个体防护

职业接触限值

中国 未制定标准

美国(ACGIH) 未制定标准

生物接触限值 未制定标准

监测方法 空气中有毒物质测定方法：未制定标准。生物监测检验方法：未制定标准

工程控制 生产过程密闭，全面通风。提供安全的淋浴和洗眼设备

个体防护装备

呼吸系统防护 空气中浓度较高时，应该佩戴过滤式防毒面具（半面罩）

眼睛防护 戴安全防护眼镜

皮肤和身体防护 穿防静电工作服

手防护 戴橡胶耐油手套

第九部分 理化特性

外观与性状 无色透明液体

pH值 无资料 **熔点(℃)** −29.7

沸点(℃) 174.2 **相对密度(水=1)** 0.73

相对蒸气密度(空气=1) 4.9

饱和蒸气压(kPa) 0.17（25℃）

燃烧热(kJ/mol) −6778.29 **临界温度(℃)** 344.6

临界压力(MPa) 2.11 **辛醇/水分配系数** 5.01

闪点(℃) 46（CC） **自燃温度(℃)** 210

爆炸下限(%) 0.8 **爆炸上限(%)** 5.4

分解温度(℃) 无资料

黏度(mPa·s) 0.84（25℃）

溶解性 不溶于水，可混溶于乙醇、乙醚

第十部分 稳定性和反应性

稳定性 稳定

危险反应 与强氧化剂等禁配物接触，有发生火灾和爆炸的危险

避免接触的条件 无资料

禁配物 强氧化剂、强酸、强碱、卤素

危险的分解产物 无资料

第十一部分 毒理学信息

急性毒性 LC_{50}：72300mg/m^3（小鼠吸入，2h）

皮肤刺激或腐蚀 无资料 **眼睛刺激或腐蚀** 无资料

呼吸或皮肤过敏 无资料 **生殖细胞突变性** 无资料

致癌性 小鼠经皮最低中毒剂量（TDLo）：25g/kg（52周，间歇），致肿瘤阳性

生殖毒性 无资料

特异性靶器官系统毒性-一次接触 无资料

特异性靶器官系统毒性-反复接触 大鼠吸入540ppm，每天18h，历时57d，对体重有明显影响，白细胞总数明显下降，但无骨髓或其他明显的病理改变。大鼠30昼夜连续吸入500mg/m^3，见血中过氧化氢酶、胆碱酯酶、二羟基核糖核酸酶活性降低，巯基含量也降低，且随染毒时间延长愈显著

吸入危害 无资料

第十二部分 生态学信息

生态毒性 EC_{50}：0.05mg/L（48h）（水蚤）；0.043mg/L（24h）（藻类）

持久性和降解性

生物降解性 无资料

非生物降解性 空气中，当羟基自由基浓度为5.00×10^{5}个/cm^{3}时，降解半衰期为33.2h（理论）

潜在的生物累积性 根据K_{ow}值预测，该物质可能有较高的生物累积性

土壤中的迁移性 根据K_{oc}值预测，该物质的迁移性可能较弱

第十三部分 废弃处置

废弃化学品 建议用焚烧法处置

污染包装物 将容器返还生产商或按照国家和地方法规处置

废弃注意事项 处置前应参阅国家和地方有关法规

第十四部分 运输信息

联合国危险货物编号（UN号） 2247

联合国运输名称 正癸烷

联合国危险性类别 3 **包装类别** Ⅲ类包装

包装标志  **海洋污染物** 否

运输注意事项 运输时运输车辆应配备相应品种和数量的消防器材及泄漏应急处理设备。夏季最好早晚运输。运输时所用的槽（罐）车应有接地链，槽内可设孔隔板以减少震荡产生的静电。严禁与氧化剂、食用化学品等混装混运。运输途中应防曝晒、雨淋，防高温。中途停留时应远离火种、热源、高温区。装运该物品的车辆排气管必须配备阻火装置，禁止使用易产生火花的机械设备和工具装卸。公路运输时要按规定路线行驶，勿在居民区和人口稠密区停留。铁路运输时要禁止溜放。严禁用木船、水泥船散装运输

第十五部分 法规信息

下列法律、法规、规章和标准，对该化学品的管理作了相应的规定。

中华人民共和国职业病防治法 职业病分类和目录：未列入

危险化学品安全管理条例 危险化学品目录：列入。易制爆危险化学品名录：未列入。重点监管的危险化学品名录：未列入。GB 18218—2009《危险化学品重大危险源辨识》（表1）：未列入

使用有毒物品作业场所劳动保护条例 高毒物品目录：未列入

易制毒化学品管理条例 易制毒化学品的分类和品种目录：未列入

国际公约 斯德哥尔摩公约：未列入。鹿特丹公约：未列入。蒙特利尔议定书：未列入

第十六部分 其他信息

编写和修订信息 **缩略语和首字母缩写**

培训建议 **参考文献**

免责声明

1-癸烯

第一部分 化学品标识

化学品中文名 1-癸烯

化学品英文名 1-decene；1-decylene

分子式 $C_{10}H_{20}$ **相对分子质量** 140.27

结构式

化学品的推荐及限制用途 用于香精、香料、药品、染料、油脂、树脂等的有机合成

第二部分 危险性概述

紧急情况概述 易燃液体和蒸气，吞咽及进入呼吸道可能致命

GHS危险性类别 易燃液体，类别3；皮肤腐蚀/刺激，类别2；严重眼损伤/眼刺激，类别2B；吸入危害，类别1；危害水生环境-急性危害，类别1；危害水生环境-长期危害，类别1

标签要素

象形图 

警示词 危险

危险性说明 易燃液体和蒸气，造成皮肤刺激，造成严重眼刺激，吞咽及进入呼吸道可能致命，对水生生物毒性非常大并具有长期持续影响

防范说明

预防措施 远离热源、火花、明火、热表面。禁止吸烟。保持容器密闭。容器和接收设备接地连接。使用防爆电器、通风、照明设备。只能使用不产生火花的工具。采取防止静电措施。戴防护手套、防护眼镜、防护面罩。避免接触眼睛、皮肤，操作后彻底清洗。禁止排入环境

事故响应 火灾时，使用泡沫、二氧化碳、干粉、砂土灭火。如皮肤（或头发）接触：立即脱掉所有被污染的衣服，用大量肥皂水和水清洗。如发生皮肤刺激，就医。被污染的衣服经洗净后方可重新使用。如接触眼睛：用水细心冲洗数分钟。如戴隐形眼镜并可方便地取出，取出隐形眼镜继续冲洗。如果眼睛刺激持续：就医。如果食入：不要催吐，立即呼叫中毒控制中心或就医。收集泄漏物

安全储存 存放在通风良好的地方。保持低温。上锁保管

废弃处置 本品及内装物、容器依据国家和地方法规处置

物理和化学危险 易燃，其蒸气与空气混合，能形成爆炸性混合物

健康危害 高浓度蒸气对眼、呼吸道有轻度刺激性，有弱麻醉作用。对皮肤有刺激性

环境危害 对水生生物毒性非常大并具有长期持续影响

第三部分 成分/组成信息

√物质 混合物

组分	浓度	CAS No.
1-癸烯		872-05-9

第四部分 急救措施

吸入 迅速脱离现场至空气新鲜处。保持呼吸道通畅。如呼吸困难，给输氧。如呼吸、心跳停止，立即进行心肺复苏术。就医

皮肤接触 立即脱去污染的衣着，用流动清水彻底冲洗。就医

眼睛接触 立即分开眼睑，用流动清水或生理盐水彻底冲洗。就医

食入 漱口，饮水。禁止催吐。就医

对保护施救者的忠告 根据需要使用个人防护设备

对医生的特别提示 对症处理

第五部分 消防措施

灭火剂 用泡沫、二氧化碳、干粉、砂土灭火

特别危险性 遇明火、高热、摩擦、撞击有引起燃烧的危险。与氧化剂接触发生猛烈反应。若遇高热，可发生聚合反应，放出大量热量而引起容器破裂和爆炸事故。燃烧生成有害的一氧化碳

灭火注意事项及防护措施 消防人员必须佩戴空气呼吸器、穿全身防火防毒服，在上风向灭火。喷水冷却容器，尽可能将容器从火场移至空旷处。容器突然发出异常声音或出现异常现象，应立即撤离

第六部分 泄漏应急处理

作业人员防护措施、防护装备和应急处置程序 消除所有点火源。根据液体流动和蒸气扩散的影响区域划定警戒区，无关人员从侧风、上风向撤离至安全区。建议应急处理人员戴正压自给式呼吸器，穿防静电服，戴橡胶耐油手套。作业时使用的所有设备应接地。禁止接触或跨越泄漏物。尽可能切断泄漏源

环境保护措施 防止泄漏物进入水体、下水道、地下室或限制性空间

泄漏化学品的收容、清除方法及所使用的处置材料 小量泄漏：用砂土或其他不燃材料吸收，使用洁净的无火花工具收集吸收材料。大量泄漏：构筑围堤或挖坑收容。用泡沫覆盖，减少蒸发。喷水雾能减少蒸发，但不能降低泄漏物在限制性空间内的易燃性。用防爆泵转移至槽车或专用收集器内

第七部分 操作处置与储存

操作注意事项 密闭操作，全面通风。操作人员必须经过专门培训，严格遵守操作规程。建议操作人员佩戴自吸过滤式防毒面具（半面罩），戴安全防护眼镜，穿防静电工作服，戴橡胶耐油手套。远离火种、热源。工作场所严禁吸烟。使用防爆型的通风系统和设备。防止蒸气泄漏到工作场所空气中。避免与氧化剂、酸类接触。充装要控制流速，防止静电积聚。搬运时要轻装轻卸，防止包装及容器损坏。配备相应品种和数量的消防器材及泄漏应急处理设备。倒空的容器可能残留有害物

储存注意事项 储存于阴凉、通风的库房。远离火种、热源。库温不宜超过37℃。包装要求密封，不可与空气接触。应与氧化剂、酸类分开存放，切忌混储。采用防爆型照明、通风设施。禁止使用易产生火花的机械设备和工具。储区应备有泄漏应急处理设备和合适的收容材料

第八部分 接触控制/个体防护

职业接触限值

中国 未制定标准

美国(ACGIH) 未制定标准

生物接触限值 未制定标准

监测方法 空气中有毒物质测定方法：未制定标准。生物监测检验方法：未制定标准

工程控制 生产过程密闭，全面通风。提供安全的淋浴和洗眼设备

个体防护装备

呼吸系统防护 可能接触其蒸气时，应该佩戴过滤式防毒面具（半面罩）

眼睛防护 戴安全防护眼镜

皮肤和身体防护 穿防静电工作服

手防护 戴橡胶耐油手套

第九部分 理化特性

外观与性状 无色液体

pH值 无资料　**熔点(℃)** −66.3

沸点(℃) 170.6　**相对密度(水=1)** 0.74

相对蒸气密度(空气=1) 4.84

饱和蒸气压(kPa) 0.23（20℃）

燃烧热(kJ/mol) −6223.9　**临界温度(℃)** 344

临界压力(MPa) 2.17　**辛醇/水分配系数** 5.7

闪点(℃) 47.8　**自燃温度(℃)** 235

爆炸下限(%) 0.5　**爆炸上限(%)** 5.4

分解温度(℃) 无资料

黏度(mPa·s) 0.81（20℃）

溶解性 不溶于水，溶于乙醇、乙醚

第十部分 稳定性和反应性

稳定性 稳定

危险反应 与强氧化剂等禁配物接触，有发生火灾和爆炸的危险。高热下发生聚合反应

避免接触的条件 受热，接触空气

禁配物 强氧化剂、酸类、卤代烃、卤素等

危险的分解产物 无资料

第十一部分 毒理学信息

急性毒性 LD：>10g/kg（大鼠经口）

皮肤刺激或腐蚀 无资料　**眼睛刺激或腐蚀** 无资料

呼吸或皮肤过敏 无资料　**生殖细胞突变性** 无资料

致癌性 无资料　**生殖毒性** 无资料

特异性靶器官系统毒性-一次接触 无资料

特异性靶器官系统毒性-反复接触 无资料

吸入危害 无资料

第十二部分 生态学信息

生态毒性

LC >1.5mg/L（96h）（虹鳟）

EC_{50} 0.56～1mg/L（48h）（水蚤）

EbC_{50} 1～1.8mg/L（72h）（羊角月牙藻）

NOEC 0.0194mg/L（21d）（水蚤）

持久性和降解性

生物降解性 无资料

非生物降解性 空气中，当羟基自由基浓度为5.00×10^5个/cm^3时，降解半衰期为11h（理论）

潜在的生物累积性 根据K_{ow}值预测，该物质可能有较高的生物累积性

土壤中的迁移性 根据K_{oc}值预测，该物质的迁移性可能较弱

第十三部分 废弃处置

废弃化学品 建议用焚烧法处置

污染包装物 将容器返还生产商或按照国家和地方法规处置

废弃注意事项 处置前应参阅国家和地方有关法规

第十四部分 运输信息

联合国危险货物编号（UN号） 3295

联合国运输名称 液态烃类，未另作规定的（1-癸烯）

联合国危险性类别 3 **包装类别** Ⅲ类包装

包装标志  **海洋污染物** 是

运输注意事项 运输时运输车辆应配备相应品种和数量的消防器材及泄漏应急处理设备。夏季最好早晚运输。运输时所用的槽（罐）车应有接地链，槽内可设孔隔板以减少震荡产生的静电。严禁与氧化剂、酸类、食用化学品等混装混运。运输途中应防曝晒、雨淋，防高温。中途停留时应远离火种、热源、高温区。装运该物品的车辆排气管必须配备阻火装置，禁止使用易产生火花的机械设备和工具装卸。公路运输时要按规定路线行驶，勿在居民区和人口稠密区停留。铁路运输时要禁止溜放。严禁用木船、水泥船散装运输

第十五部分 法规信息

下列法律、法规、规章和标准，对该化学品的管理作了相应的规定。

中华人民共和国职业病防治法 职业病分类和目录：未列入

危险化学品安全管理条例 危险化学品目录：列入。易制爆危险化学品名录：未列入。重点监管的危险化学品名录：未列入。GB 18218—2009《危险化学品重大危险源辨识》（表1）：未列入

使用有毒物品作业场所劳动保护条例 高毒物品目录：未列入

易制毒化学品管理条例 易制毒化学品的分类和品种目录：未列入

国际公约 斯德哥尔摩公约：未列入。鹿特丹公约：未列入。蒙特利尔议定书：未列入

第十六部分 其他信息

编写和修订信息 **缩略语和首字母缩写**

培训建议 **参考文献**

免责声明

过 甲 酸

第一部分 化学品标识

化学品中文名 过甲酸；过蚁酸

化学品英文名 performic acid；peroxyformic acid

分子式 CH_2O_3 **相对分子质量** 62.03

结构式 O=C-O-OH（结构式图）

化学品的推荐及限制用途 用作氧化剂及用于有机合成

第二部分 危险性概述

紧急情况概述 易燃液体和蒸气，可加剧燃烧；氧化剂，加热可引起燃烧或爆炸

GHS危险性类别 易燃液体，类别3；氧化性液体，类别3；有机过氧化物，B型；皮肤腐蚀/刺激，类别2；严重眼损伤/眼刺激，类别2A；特异性靶器官毒性-一次接触，类别3（呼吸道刺激）

标签要素

象形图 

警示词 危险

危险性说明 易燃液体和蒸气，可加剧燃烧；氧化剂，加热可引起燃烧或爆炸，造成皮肤刺激，造成严重眼刺激，可能引起呼吸道刺激

防范说明

预防措施 远离热源、火花、明火、热表面。禁止吸烟。保持容器密闭。容器和接收设备接地连接。使用防爆电器、通风、照明设备。只能使用不产生火花的工具。采取防止静电措施。戴防护手套、防护眼镜、防护面罩。远离衣物、可燃物保存。采取一切预防措施，避免与可燃物混合。仅在原容器中保存。避免接触眼睛、皮肤，操作后彻底清洗

事故响应 火灾时，使用雾状水、二氧化碳灭火。如皮肤（或头发）接触：立即脱掉所有被污染的衣服，用水冲洗皮肤，淋浴。皮肤接触：用大量肥皂水和水清洗。如发生皮肤刺激，就医。被污染的衣服须洗净后方可重新使用。如接触眼睛：用水细心冲洗数分钟。如戴隐形眼镜并可方便地取出，取出隐形眼镜继续冲洗。如果眼睛刺激持续：就医

安全储存 存放在通风良好的地方。保持低温。避免日照。远离其他物质储存

废弃处置 本品及内装物、容器依据国家和地方法规处置

物理和化学危险 易燃。受撞击、摩擦，遇明火或其他点火源极易爆炸

健康危害 可能具有刺激性

环境危害 对环境可能有害

第三部分 成分/组成信息

√物质		混合物
组分	**浓度**	**CAS No.**
过甲酸		107-32-4

第四部分 急救措施

吸入 迅速脱离现场至空气新鲜处。保持呼吸道通畅。如呼吸困难，给输氧。如呼吸、心跳停止，立即进行心

肺复苏术。就医

皮肤接触 立即脱去污染的衣着，用流动清水彻底冲洗。就医

眼睛接触 立即分开眼睑，用流动清水或生理盐水彻底冲洗。就医

食入 漱口，饮水。就医

对保护施救者的忠告 根据需要使用个人防护设备

对医生的特别提示 对症处理

第五部分　消防措施

灭火剂 用雾状水、二氧化碳灭火

特别危险性 本品极不稳定，90%的过甲酸与金属接触时就会发生爆炸。对摩擦、撞击和热敏感，易起爆。有强腐蚀性。燃烧生成有害的一氧化碳

灭火注意事项及防护措施 消防人员必须穿全身耐酸碱消防服、佩戴空气呼吸器灭火。遇大火切勿轻易接近。在物料附近失火，须用水保持容器冷却。禁止用砂土压盖

第六部分　泄漏应急处理

作业人员防护措施、防护装备和应急处置程序 根据液体流动和蒸气扩散的影响区域划定警戒区，无关人员从侧风、上风向撤离至安全区。消除所有点火源。建议应急处理人员戴正压自给式呼吸器，穿防腐蚀、防毒服，戴橡胶手套。勿使泄漏物与可燃物质（如木材、纸、油等）接触。穿上适当的防护服前严禁接触破裂的容器和泄漏物。尽可能切断泄漏源

环境保护措施 防止泄漏物进入水体、下水道、地下室或限制性空间

泄漏化学品的收容、清除方法及所使用的处置材料 小量泄漏：用惰性、湿润的不燃材料吸收泄漏物，用洁净的非火花工具收集于一盖子较松的塑料容器中，待处理。大量泄漏：构筑围堤或挖坑收容，在专家指导下清除

第七部分　操作处置与储存

操作注意事项 密闭操作，加强通风。操作人员必须经过专门培训，严格遵守操作规程。建议操作人员佩戴过滤式防毒面具（半面罩），穿聚乙烯防毒服，戴橡胶手套。远离火种、热源。工作场所严禁吸烟。使用防爆型的通风系统和设备。防止蒸气泄漏到工作场所空气中。避免与氧化剂、还原剂、酸类接触。搬运时要轻装轻卸，防止包装及容器损坏。禁止震动、撞击和摩擦。配备相应品种和数量的消防器材及泄漏应急处理设备。倒空的容器可能残留有害物

储存注意事项 储存于阴凉、通风的库房。远离火种、热源。库温不超过 30℃，库相对湿度不超过 80%。避免光照。保持容器密封。应与氧化剂、还原剂、酸类等分开存放，切忌混储。采用防爆型照明、通风设施。禁止使用易产生火花的机械设备和工具。储区应备有泄漏应急处理设备和合适的收容材料。禁止震动、撞击和摩擦

第八部分　接触控制/个体防护

职业接触限值

中国　未制定标准

美国(ACGIH)　未制定标准

生物接触限值 未制定标准

监测方法 空气中有毒物质测定方法：未制定标准。生物监测检验方法：未制定标准

工程控制 生产过程密闭，加强通风。提供安全的淋浴和洗眼设备

个体防护装备

呼吸系统防护　可能接触其蒸气时，应该佩戴过滤式防毒面具（半面罩）

眼睛防护　呼吸系统防护中已作防护

皮肤和身体防护　穿隔绝式防毒服

手防护　戴橡胶手套

第九部分　理化特性

外观与性状 无色液体，有强烈刺激性气味

pH 值 无资料　**熔点(℃)** 无资料

沸点(℃) 105　**相对密度(水=1)** 无资料

相对蒸气密度(空气=1) 无资料

饱和蒸气压(kPa) 无资料

燃烧热(kJ/mol) 无资料　**临界温度(℃)** 无资料

临界压力(MPa) 无资料　**辛醇/水分配系数** 无资料

闪点(℃) 40　**引燃温度(℃)** 无资料

爆炸下限(%) 无资料　**爆炸上限(%)** 无资料

分解温度(℃) 无资料　**黏度(mPa·s)** 无资料

溶解性 与水混溶，溶于苯、氯仿，可混溶于乙醇、乙醚

第十部分　稳定性和反应性

稳定性 不稳定

危险反应 受热、摩擦、震动、撞击，与强氧化剂、活性金属等禁配物接触，有发生火灾和爆炸的危险

避免接触的条件 受热、摩擦、撞击

禁配物 强氧化剂、酸类、强还原剂、金属、碱类

危险的分解产物 无资料

第十一部分　毒理学信息

急性毒性 LC_{50}：690mg/m^3（小鼠吸入，1h）

皮肤刺激或腐蚀 无资料　**眼睛刺激或腐蚀** 无资料

呼吸或皮肤过敏 无资料　**生殖细胞突变性** 无资料

致癌性 无资料　**生殖毒性** 无资料

特异性靶器官系统毒性-一次接触 无资料

特异性靶器官系统毒性-反复接触 无资料

吸入危害 无资料

第十二部分　生态学信息

生态毒性 无资料

持久性和降解性

生物降解性　无资料

非生物降解性　无资料

潜在的生物累积性 无资料

土壤中的迁移性 无资料

第十三部分 废弃处置

废弃化学品 建议用控制焚烧法处置

污染包装物 将容器返还生产商或按照国家和地方法规处置

废弃注意事项 处置前应参阅国家和地方有关法规

第十四部分 运输信息

联合国危险货物编号（UN号） -

联合国运输名称 - **联合国危险性类别**

包装类别 Ⅱ类包装 **包装标志** 有机过氧化物

海洋污染物 -

运输注意事项 运输时单独装运，运输过程中要确保容器不泄漏、不倒塌、不坠落、不损坏。运输时运输车辆应配备相应品种和数量的消防器材及泄漏应急处理设备。严禁与酸类、易燃物、有机物、还原剂、自燃物品、遇湿易燃物品等并车混运。车速要加以控制，避免颠簸、震荡。夏季应早晚运输，防止日光曝晒。公路运输时要按规定路线行驶，勿在居民区和人口稠密区停留。运输车辆装卸前后，均应彻底清扫、洗净，严禁混入有机物、易燃物等杂质

第十五部分 法规信息

下列法律、法规、规章和标准，对该化学品的管理作了相应的规定。

中华人民共和国职业病防治法 职业病分类和目录：未列入

危险化学品安全管理条例 危险化学品目录：未列入。易制爆危险化学品名录：未列入。重点监管的危险化学品名录：未列入。GB 18218—2009《危险化学品重大危险源辨识》(表1)：未列入

使用有毒物品作业场所劳动保护条例 高毒物品目录：未列入

易制毒化学品管理条例 易制毒化学品的分类和品种目录：未列入

国际公约 斯德哥尔摩公约：未列入。鹿特丹公约：未列入。蒙特利尔议定书：未列入

第十六部分 其他信息

编写和修订信息 **缩略语和首字母缩写**

培训建议 **参考文献**

免责声明

过硫酸铵

第一部分 化学品标识

化学品中文名 过硫酸铵；高硫酸铵；过二硫酸铵

化学品英文名 ammonium persulfate；ammonium peroxodisulphate

分子式 $(NH_4)_2S_2O_8$ **相对分子质量** 228.22

化学品的推荐及限制用途 用作氧化剂、漂白剂、照相材料、分析试剂等

第二部分 危险性概述

紧急情况概述 可加剧燃烧：氧化剂，吸入可能导致过敏或哮喘症状或呼吸困难，可能导致皮肤过敏反应

GHS危险性类别 氧化性固体，类别3；急性毒性-经口，类别4；皮肤腐蚀/刺激，类别2；严重眼损伤/眼刺激，类别2；呼吸道致敏物，类别1；皮肤致敏物，类别1；特异性靶器官毒性-一次接触，类别3（呼吸道刺激）；危害水生环境-急性危害，类别3

标签要素

象形图 

警示词 危险

危险性说明 可加剧燃烧：氧化剂，吞咽有害，造成皮肤刺激，造成严重眼刺激，吸入可能导致过敏或哮喘症状或呼吸困难，可能导致皮肤过敏反应，可能引起呼吸道刺激，对水生生物有害

防范说明

预防措施 远离热源。远离衣物、可燃物保存。采取一切预防措施，避免与可燃物混合。戴防护手套、防护眼镜、防护面罩。避免接触眼睛、皮肤，操作后彻底清洗。作业场所不得进食、饮水或吸烟。避免吸入粉尘。通风不良时，戴呼吸防护器具。污染的工作服不得带出工作场所。禁止排入环境

事故响应 火灾时，根据着火原因选择适当灭火剂灭火。如吸入：如果呼吸困难，将患者转移到空气新鲜处，休息，保持利于呼吸的体位。如有呼吸系统症状，呼叫中毒控制中心或就医。皮肤接触：用大量肥皂水和水清洗。如出现皮肤刺激或皮疹：就医。被污染的衣服须洗净后方可重新使用。如接触眼睛：用水细心冲洗数分钟。如戴隐形眼镜并可方便地取出，取出隐形眼镜继续冲洗。如果眼睛刺激持续：就医。食入：漱口；如果感觉不适，立即呼叫中毒控制中心或就医

安全储存 -

废弃处置 本品及内装物、容器依据国家和地方法规处置

物理和化学危险 助燃。受高热或撞击时即爆炸。与可燃物混合能形成爆炸性混合物

健康危害 吸入后引起鼻炎、喉炎、气短和咳嗽等。对眼和皮肤有刺激性。口服引起腹痛、恶心和呕吐。对呼吸道和皮肤有致敏性

环境危害 对水生生物有害

第三部分 成分/组成信息

√物质 混合物

组分	浓度	CAS No.
过硫酸铵		7727-54-0

第四部分 急救措施

吸入 迅速脱离现场至空气新鲜处。保持呼吸道通畅。如呼吸困难，给输氧。如呼吸、心跳停止，立即进行心肺复苏术。就医

皮肤接触 立即脱去污染的衣着，用流动清水彻底冲洗。就医

眼睛接触 立即分开眼睑，用流动清水或生理盐水彻底冲洗。就医

食入 漱口，饮水。就医

对保护施救者的忠告 根据需要使用个人防护设备

对医生的特别提示 对症处理

第五部分 消防措施

灭火剂 本品不燃。根据着火原因选择适当灭火剂灭火

特别危险性 受高热或撞击时即发生爆炸。与还原剂、有机物、易燃物（如硫、磷）或金属粉末等混合可形成爆炸性混合物

灭火注意事项及防护措施 消防人员必须佩戴空气呼吸器、穿全身防火防毒服，在上风向灭火。尽可能将容器从火场移至空旷处。喷水保持火场容器冷却，直至灭火结束。在火场中与可燃物混合会爆炸，消防人员须在有防爆掩蔽处操作。禁止用砂土压盖

第六部分 泄漏应急处理

作业人员防护措施、防护装备和应急处置程序 隔离泄漏污染区，限制出入。建议应急处理人员戴防尘口罩，穿防毒服，戴橡胶手套。勿使泄漏物与可燃物质（如木材、纸、油等）接触。穿上适当的防护服前严禁接触破裂的容器和泄漏物。尽可能切断泄漏源。勿使水进入包装容器内

环境保护措施 无资料

泄漏化学品的收容、清除方法及所使用的处置材料 小量泄漏：用洁净的铲子收集泄漏物，置于干净、干燥、盖子较松的容器中，将容器移离泄漏区。大量泄漏：泄漏物回收后，用水冲洗泄漏区

第七部分 操作处置与储存

操作注意事项 密闭操作，局部排风。操作人员必须经过专门培训，严格遵守操作规程。建议操作人员佩戴头罩型电动送风过滤式防尘呼吸器，穿聚乙烯防毒服，戴橡胶手套。远离火种、热源。工作场所严禁吸烟。避免产生粉尘。避免与还原剂、活性金属粉末接触。搬运时要轻装轻卸，防止包装及容器损坏。禁止震动、撞击和摩擦。配备相应品种和数量的消防器材及泄漏应急处理设备。倒空的容器可能残留有害物

储存注意事项 储存于阴凉、干燥、通风良好的库房。库温不超过30℃，库相对湿度不超过80%。远离火种、热源。包装必须密封，防止受潮。应与还原剂、活性金属粉末等分开存放，切忌混储。储区应备有合适的材料收容泄漏物

第八部分 接触控制/个体防护

职业接触限值

中国 未制定标准

美国(ACGIH) TLV-TWA：0.1mg/m^3

生物接触限值 未制定标准

监测方法 空气中有毒物质测定方法：未制定标准。生物监测检验方法：未制定标准

工程控制 密闭操作，局部排风。提供安全的淋浴和洗眼设备

个体防护装备

呼吸系统防护 可能接触其粉尘时，应该佩戴过滤式防尘呼吸器。高浓度环境中，建议佩戴空气呼吸器

眼睛防护 戴化学安全防护眼镜

皮肤和身体防护 穿隔绝式防毒服

手防护 戴橡胶手套

第九部分 理化特性

外观与性状 无色单斜晶体，有时略带浅绿色，有潮解性

pH值 无意义 **熔点(℃)** 120（分解）

沸点(℃) （分解） **相对密度(水=1)** 1.98

相对蒸气密度(空气=1) 7.9

饱和蒸气压(kPa) 无资料

燃烧热(kJ/mol) 无资料 **临界温度(℃)** 无资料

临界压力(MPa) 无意义 **辛醇/水分配系数** 无资料

闪点(℃) 无意义 **自燃温度(℃)** 无意义

爆炸下限(%) 无意义 **爆炸上限(%)** 无意义

分解温度(℃) 120 **黏度(mPa·s)** 无资料

溶解性 易溶于水

第十部分 稳定性和反应性

稳定性 稳定

危险反应 与强还原剂、易燃或可燃物等禁配物接触，有发生火灾和爆炸的危险

避免接触的条件 撞击、受热

禁配物 强还原剂、活性金属粉末、硫、磷

危险的分解产物 氨气、氧化硫

第十一部分 毒理学信息

急性毒性 LD_{50}：689mg/kg（大鼠经口）

皮肤刺激或腐蚀 无资料 **眼睛刺激或腐蚀** 无资料

呼吸或皮肤过敏 无资料 **生殖细胞突变性** 无资料

致癌性 无资料 **生殖毒性** 无资料

特异性靶器官系统毒性-一次接触 无资料

特异性靶器官系统毒性-反复接触 无资料

吸入危害 无资料

第十二部分 生态学信息

生态毒性 TLm：76.3ppm（96h）（虹鳟鱼）；103ppm（96h）（蓝鳃太阳鱼）；120ppm（48h）（水蚤）

持久性和降解性

生物降解性　无资料

非生物降解性　无资料

潜在的生物累积性　无资料

土壤中的迁移性　无资料

第十三部分　废弃处置

废弃化学品　根据国家和地方有关法规的要求处置。或与制造商联系，确定处置方法

污染包装物　将容器返还生产商或按照国家和地方法规处置

废弃注意事项　把倒空的容器归还厂商或在规定场所掩埋

第十四部分　运输信息

联合国危险货物编号（UN号）　1444

联合国运输名称　过硫酸铵

联合国危险性类别　5.1　**包装类别**　Ⅲ类包装

包装标志

海洋污染物　否

运输注意事项　运输时单独装运，运输过程中要确保容器不泄漏、不倒塌、不坠落、不损坏。运输时运输车辆应配备相应品种和数量的消防器材及泄漏应急处理设备。严禁与酸类、易燃物、有机物、还原剂、自燃物品、遇湿易燃物品等并车混运。运输时车速不宜过快，不得强行超车。运输车辆装卸前后，均应彻底清扫、洗净，严禁混入有机物、易燃物等杂质

第十五部分　法规信息

下列法律、法规、规章和标准，对该化学品的管理作了相应的规定。

中华人民共和国职业病防治法　职业病分类和目录：未列入

危险化学品安全管理条例　危险化学品目录：列入。易制爆危险化学品名录：未列入。重点监管的危险化学品名录：未列入。GB 18218—2009《危险化学品重大危险源辨识》(表1)：未列入

使用有毒物品作业场所劳动保护条例　高毒物品目录：未列入

易制毒化学品管理条例　易制毒化学品的分类和品种目录：未列入

国际公约　斯德哥尔摩公约：未列入。鹿特丹公约：未列入。蒙特利尔议定书：未列入

第十六部分　其他信息

编写和修订信息　**缩略语和首字母缩写**

培训建议　**参考文献**

免责声明

过硫酸钾

第一部分　化学品标识

化学品中文名　过硫酸钾；高硫酸钾；过二硫酸钾

化学品英文名　potassium persulfate; potassium peroxydisulfate

分子式　$K_2S_2O_8$　**相对分子质量**　272.34

结构式

$$\mathrm{KO{-}\overset{\overset{\displaystyle O}{\|}}{\underset{\underset{\displaystyle O}{\|}}{S}}{-}O{-}O{-}\overset{\overset{\displaystyle O}{\|}}{\underset{\underset{\displaystyle O}{\|}}{S}}{-}OK}$$

化学品的推荐及限制用途　用作漂白剂、还原剂、照相药品、分析试剂、聚合促进剂等

第二部分　危险性概述

紧急情况概述　可加剧燃烧：氧化剂，吞咽有害，吸入可能导致过敏或哮喘症状或呼吸困难，可能导致皮肤过敏反应

GHS危险性类别　氧化性固体，类别3；急性毒性-经口，类别4；皮肤腐蚀/刺激，类别2；严重眼损伤/眼刺激，类别2；呼吸道致敏物，类别1；皮肤致敏物，类别1；特异性靶器官毒性-一次接触，类别3（呼吸道刺激）；危害水生环境-急性危害，类别3

标签要素

象形图

警示词　危险

危险性说明　可加剧燃烧：氧化剂，吞咽有害，造成皮肤刺激，造成严重眼刺激，吸入可能导致过敏或哮喘症状或呼吸困难，可能导致皮肤过敏反应，可能引起呼吸道刺激，对水生生物有害

防范说明

预防措施　远离热源。远离衣物、可燃物保存。采取一切预防措施，避免与可燃物混合。戴防护手套、防护眼镜、防护面罩。避免接触眼睛、皮肤，操作后彻底清洗。作业场所不得进食、饮水或吸烟。避免吸入粉尘。通风不良时，戴呼吸防护器具。污染的工作服不得带出工作场所。禁止排入环境

事故响应　火灾时，根据着火原因选择适当灭火剂灭火。如吸入：如果呼吸困难，将患者转移到空气新鲜处，休息，保持利于呼吸的体位。如有呼吸系统症状，呼叫中毒控制中心或就医。皮肤接触：用大量肥皂水和水清洗。如出现皮肤刺激或皮疹：就医。脱去被污染的衣服，衣服洗净后方可重新使用。如接触眼睛：用水细心冲洗数分钟。如戴隐形眼镜并可方便地取出，取出隐形眼镜继续冲洗。如果眼睛刺激持续：就医。食入：漱口；如果感觉不适，立即呼叫中毒控制中心或就医

安全储存　-

废弃处置　本品及内装物、容器依据国家和地方法规处置

物理和化学危险　助燃。受高热或撞击时即爆炸。与可燃物混合能形成爆炸性混合物

健康危害　吸入本品粉尘对鼻、喉和呼吸道有刺激性，引

起咳嗽及胸部不适。对眼和皮肤有刺激性。吞咽刺激口腔及胃肠道，引起腹痛、恶心和呕吐。对呼吸道和皮肤有致敏性

环境危害 对水生生物有害

第三部分 成分/组成信息

√物质 混合物

组分	浓度	CAS No.
过硫酸钾		7727-21-1

第四部分 急救措施

吸入 迅速脱离现场至空气新鲜处。保持呼吸道通畅。如呼吸困难，给输氧。如呼吸、心跳停止，立即进行心肺复苏术。就医

皮肤接触 立即脱去污染的衣着，用流动清水彻底冲洗。就医

眼睛接触 立即分开眼睑，用流动清水或生理盐水彻底冲洗。就医

食入 漱口，饮水。就医

对保护施救者的忠告 根据需要使用个人防护设备

对医生的特别提示 对症处理

第五部分 消防措施

灭火剂 本品不燃。根据着火原因选择适当灭火剂灭火

特别危险性 与有机物、还原剂、易燃物（如硫、磷等）接触或混合时有引起燃烧爆炸的危险。急剧加热时可发生爆炸

灭火注意事项及防护措施 消防人员必须佩戴空气呼吸器、穿全身防火防毒服，在上风向灭火。尽可能将容器从火场移至空旷处。喷水保持火场容器冷却，直至灭火结束。在火场中与可燃物混合会爆炸，消防人员须在有防爆掩蔽处操作。禁止用砂土压盖

第六部分 泄漏应急处理

作业人员防护措施、防护装备和应急处置程序 隔离泄漏污染区，限制出入。建议应急处理人员戴防尘口罩，穿防毒服，戴橡胶手套。勿使泄漏物与可燃物质（如木材、纸、油等）接触。穿上适当的防护服前严禁接触破裂的容器和泄漏物。尽可能切断泄漏源。勿使水进入包装容器内

环境保护措施 无资料

泄漏化学品的收容、清除方法及所使用的处置材料 小量泄漏：用洁净的铲子收集泄漏物，置于干净、干燥、盖子较松的容器中，将容器移离泄漏区。大量泄漏：泄漏物回收后，用水冲洗泄漏区

第七部分 操作处置与储存

操作注意事项 密闭操作，加强通风。操作人员必须经过专门培训，严格遵守操作规程。建议操作人员佩戴头罩型电动送风过滤式防尘呼吸器，穿聚乙烯防毒服，戴橡胶手套。远离火种、热源。工作场所严禁吸烟。避免产生粉尘。避免与还原剂、活性金属粉末、碱类、醇类接触。搬运时要轻装轻卸，防止包装及容器损坏。禁止震动、撞击和摩擦。配备相应品种和数量的消防器材及泄漏应急处理设备。倒空的容器可能残留有害物

储存注意事项 储存于阴凉、干燥、通风良好的库房。库温不超过30℃，库相对湿度不超过80%。远离火种、热源。包装密封。应与还原剂、活性金属粉末、碱类、醇类等分开存放，切忌混储。储区应备有合适的材料收容泄漏物

第八部分 接触控制/个体防护

职业接触限值

中国 未制定标准

美国(ACGIH) TLV-TWA：$0.1mg/m^3$

生物接触限值 未制定标准

监测方法 空气中有毒物质测定方法：未制定标准。生物监测检验方法：未制定标准

工程控制 生产过程密闭，加强通风。提供安全的淋浴和洗眼设备

个体防护装备

呼吸系统防护 可能接触其粉尘时，应该佩戴过滤式防尘呼吸器。高浓度环境中，建议佩戴空气呼吸器

眼睛防护 戴化学安全防护眼镜

皮肤和身体防护 穿隔绝式防毒服

手防护 戴橡胶手套

第九部分 理化特性

外观与性状 无色三斜细晶或白色片状结晶，无气味，有潮解性

pH值 无意义 **熔点(℃)** 100（分解）

沸点(℃) 无资料 **相对密度(水=1)** 2.48

相对蒸气密度(空气=1) 无资料

饱和蒸气压(kPa) 无资料

燃烧热(kJ/mol) 无资料 **临界温度(℃)** 无资料

临界压力(MPa) 无意义 **辛醇/水分配系数** 无资料

闪点(℃) 无意义 **引燃温度(℃)** 无意义

爆炸下限(%) 无意义 **爆炸上限(%)** 无意义

分解温度(℃) 无资料 **黏度(mPa·s)** 无资料

溶解性 溶于水，不溶于乙醇

第十部分 稳定性和反应性

稳定性 稳定

危险反应 与强还原剂、易燃或可燃物等禁配物接触，有发生火灾和爆炸的危险

避免接触的条件 受热

禁配物 强还原剂、活性金属粉末、强碱、醇类、易燃物（如硫、磷）

危险的分解产物 氧化硫、氧气

第十一部分 毒理学信息

急性毒性 LD_{50}：802mg/kg（大鼠经口）

皮肤刺激或腐蚀 无资料 **眼睛刺激或腐蚀** 无资料

呼吸或皮肤过敏 无资料 **生殖细胞突变性** 无资料
致癌性 无资料 **生殖毒性** 无资料
特异性靶器官系统毒性-一次接触 无资料
特异性靶器官系统毒性-反复接触 无资料
吸入危害 无资料

第十二部分 生态学信息

生态毒性 LC_{50}：92mg/L（48h）（水蚤）
持久性和降解性
生物降解性 无资料
非生物降解性 无资料
潜在的生物累积性 无资料
土壤中的迁移性 无资料

第十三部分 废弃处置

废弃化学品 根据国家和地方有关法规的要求处置。或与制造商联系，确定处置方法
污染包装物 将容器返还生产商或按照国家和地方法规处置
废弃注意事项 用水清洗倒空的容器

第十四部分 运输信息

联合国危险货物编号（UN号） 1492
联合国运输名称 过硫酸钾
联合国危险性类别 5.1 **包装类别** Ⅲ类包装
包装标志 

海洋污染物 否
运输注意事项 运输时单独装运，运输过程中要确保容器不泄漏、不倒塌、不坠落、不损坏。运输时运输车辆应配备相应品种和数量的消防器材及泄漏应急处理设备。严禁与酸类、易燃物、有机物、还原剂、自燃物品、遇湿易燃物品等并车混运。运输时车速不宜过快，不得强行超车。运输车辆装卸前后，均应彻底清扫、洗净，严禁混入有机物、易燃物等杂质

第十五部分 法规信息

下列法律、法规、规章和标准，对该化学品的管理作了相应的规定。
中华人民共和国职业病防治法 职业病分类和目录：未列入
危险化学品安全管理条例 危险化学品目录：列入。易制爆危险化学品名录：未列入。重点监管的危险化学品名录：未列入。GB 18218—2009《危险化学品重大危险源辨识》（表1）：未列入
使用有毒物品作业场所劳动保护条例 高毒物品目录：未列入
易制毒化学品管理条例 易制毒化学品的分类和品种目录：未列入
国际公约 斯德哥尔摩公约：未列入。鹿特丹公约：未列入。蒙特利尔议定书：未列入

第十六部分 其他信息

编写和修订信息 **缩略语和首字母缩写**
培训建议 **参考文献**
免责声明

过硫酸钠

第一部分 化学品标识

化学品中文名 过硫酸钠；高硫酸钠；过二硫酸钠
化学品英文名 sodium persulfate；sodium peroxydisulfate
分子式 $Na_2S_2O_8$ **相对分子质量** 238.10
化学品的推荐及限制用途 用作漂白剂、氧化剂、乳液聚合促进剂

第二部分 危险性概述

紧急情况概述 可加剧燃烧；氧化剂，吞咽有害，吸入可能导致过敏或哮喘症状或呼吸困难，可能导致皮肤过敏反应
GHS危险性类别 氧化性固体，类别3；急性毒性-经口，类别4；皮肤腐蚀/刺激，类别3；严重眼损伤/眼刺激，类别2B；呼吸道致敏物，类别1；皮肤致敏物，类别1；特异性靶器官毒性-一次接触，类别3（呼吸道刺激）
标签要素
象形图 
警示词 危险
危险性说明 可加剧燃烧；氧化剂，吞咽有害，造成轻微皮肤刺激，造成皮肤刺激，造成严重眼刺激，吸入可能导致过敏或哮喘症状或呼吸困难，可能导致皮肤过敏反应，可能引起呼吸道刺激
防范说明
预防措施 远离热源。远离衣物、可燃物保存。采取一切预防措施，避免与可燃物混合。戴防护手套、防护眼镜、防护面罩。避免接触眼睛、皮肤，操作后彻底清洗。作业场所不得进食、饮水或吸烟。避免吸入粉尘。通风不良时，戴呼吸防护器具。污染的工作服不得带出工作场所
事故响应 火灾时，根据着火原因选择适当灭火剂灭火。如吸入：如果呼吸困难，将患者转移到空气新鲜处，休息，保持利于呼吸的体位。如有呼吸系统症状，呼叫中毒控制中心或就医。皮肤接触：用大量肥皂水和水清洗。如出现皮肤刺激或皮疹：就医。脱去被污染的衣服，衣服洗净后方可重新使用。如接触眼睛：用水细心冲洗数分钟。如戴隐形眼镜并可方便地取出，取出隐形眼镜继续冲洗。如果眼睛刺激持续：就医。食入：漱口；如果感觉不适，立即呼叫中毒控制中心或就医

安全储存 -

废弃处置 本品及内装物、容器依据国家和地方法规处置

物理和化学危险 助燃。受高热或撞击时即爆炸。与可燃物混合能形成爆炸性混合物

健康危害 本品对眼、上呼吸道和皮肤有刺激性。某些敏感个体接触本品后，可能发生皮疹和（或）哮喘

环境危害 对环境可能有害

第三部分 成分/组成信息

√物质 混合物

组分	浓度	CAS No.
过硫酸钠		7775-27-1

第四部分 急救措施

吸入 迅速脱离现场至空气新鲜处。保持呼吸道通畅。如呼吸困难，给输氧。如呼吸、心跳停止，立即进行心肺复苏术。就医

皮肤接触 立即脱去污染的衣着，用流动清水彻底冲洗。就医

眼睛接触 立即分开眼睑，用流动清水或生理盐水彻底冲洗。就医

食入 漱口，饮水。就医

对保护施救者的忠告 根据需要使用个人防护设备

对医生的特别提示 对症处理

第五部分 消防措施

灭火剂 本品不燃。根据着火原因选择适当灭火剂灭火

特别危险性 与有机物、还原剂、易燃物（如硫、磷等）接触或混合时有引起燃烧爆炸的危险。急剧加热时可发生爆炸

灭火注意事项及防护措施 消防人员必须佩戴空气呼吸器、穿全身防火防毒服，在上风向灭火。尽可能将容器从火场移至空旷处。喷水保持火场容器冷却，直至灭火结束。在火场中与可燃物混合会发生爆炸，消防人员须在有防爆掩蔽处操作。禁止用砂土压盖

第六部分 泄漏应急处理

作业人员防护措施、防护装备和应急处置程序 隔离泄漏污染区，限制出入。建议应急处理人员戴防尘口罩，穿防毒服，戴橡胶手套。勿使泄漏物与可燃物质（如木材、纸、油等）接触。穿上适当的防护服前严禁接触破裂的容器和泄漏物。尽可能切断泄漏源。勿使水进入包装容器内

环境保护措施 无资料

泄漏化学品的收容、清除方法及所使用的处置材料 小量泄漏：用洁净的铲子收集泄漏物，置于干净、干燥、盖子较松的容器中，将容器移离泄漏区。大量泄漏：泄漏物回收后，用水冲洗泄漏区

第七部分 操作处置与储存

操作注意事项 密闭操作，加强通风。操作人员必须经过专门培训，严格遵守操作规程。建议操作人员佩戴头罩型电动送风过滤式防尘呼吸器，穿聚乙烯防毒服，戴橡胶手套。远离火种、热源。工作场所严禁吸烟。避免产生粉尘。避免与还原剂、活性金属粉末、碱类、醇类接触。搬运时要轻装轻卸，防止包装及容器损坏。禁止震动、撞击和摩擦。配备相应品种和数量的消防器材及泄漏应急处理设备。倒空的容器可能残留有害物

储存注意事项 储存于阴凉、干燥、通风良好的库房。远离火种、热源。库房温度不超过 30℃，相对湿度不超过 80%。包装密封。应与还原剂、活性金属粉末、碱类、醇类等分开存放，切忌混储。储区应备有合适的材料收容泄漏物

第八部分 接触控制/个体防护

职业接触限值

中国 未制定标准

美国(ACGIH) TLV-TWA：0.1mg/m^3

生物接触限值 未制定标准

监测方法 空气中有毒物质测定方法：未制定标准。生物监测检验方法：未制定标准

工程控制 生产过程密闭，加强通风。提供安全的淋浴和洗眼设备

个体防护装备

呼吸系统防护 可能接触其粉尘时，应该佩戴过滤式防尘呼吸器。高浓度环境中，建议佩戴空气呼吸器

眼睛防护 戴化学安全防护眼镜

皮肤和身体防护 穿隔绝式防毒服

手防护 戴橡胶手套

第九部分 理化特性

外观与性状 白色晶状粉末，无臭

pH 值 无意义　**熔点(℃)** 分解

沸点(℃) 无资料　**相对密度(水=1)** 2.4

相对蒸气密度(空气=1) 无资料

饱和蒸气压(kPa) 无资料

燃烧热(kJ/mol) 无资料　**临界温度(℃)** 无资料

临界压力(MPa) 无意义　**辛醇/水分配系数** 无资料

闪点(℃) 无意义　**自燃温度(℃)** 无意义

爆炸下限(%) 无意义　**爆炸上限(%)** 无意义

分解温度(℃) 无资料　**黏度(mPa·s)** 无资料

溶解性 溶于水，不溶于乙醇

第十部分 稳定性和反应性

稳定性 稳定

危险反应 与强还原剂、易燃或可燃物等禁配物接触，有发生火灾和爆炸的危险

避免接触的条件 受热

禁配物 强还原剂、活性金属粉末、强碱、醇类、硫、磷

危险的分解产物 氧化硫

第十一部分 毒理学信息

急性毒性 LD_{50}：226mg/kg（小鼠腹腔）

皮肤刺激或腐蚀 无资料 **眼睛刺激或腐蚀** 无资料
呼吸或皮肤过敏 无资料 **生殖细胞突变性** 无资料
致癌性 无资料 **生殖毒性** 无资料
特异性靶器官系统毒性-一次接触 无资料
特异性靶器官系统毒性-反复接触 无资料
吸入危害 无资料

第十二部分 生态学信息

生态毒性

LC_{50} 771mg/L (96h)(蓝鳃太阳鱼，FMC 研究)；
323mg/L (96h)(孔雀鱼，OECD TG203)；
133mg/L (48h)(水蚤，FMC 研究)

持久性和降解性

生物降解性 无资料

非生物降解性 无资料

潜在的生物累积性 无资料

土壤中的迁移性 无资料

第十三部分 废弃处置

废弃化学品 根据国家和地方有关法规的要求处置。或与制造商联系，确定处置方法

污染包装物 将容器返还生产商或按照国家和地方法规处置

废弃注意事项 在规定场所掩埋空容器

第十四部分 运输信息

联合国危险货物编号（UN 号） 1505

联合国运输名称 过硫酸钠

联合国危险性类别 5.1 **包装类别** Ⅲ类包装

包装标志 

海洋污染物 否

运输注意事项 运输时单独装运，运输过程中要确保容器不泄漏、不倒塌、不坠落、不损坏。运输时运输车辆应配备相应品种和数量的消防器材及泄漏应急处理设备。严禁与酸类、易燃物、有机物、还原剂、自燃物品、遇湿易燃物品等并车混运。运输时车速不宜过快，不得强行超车。运输车辆装卸前后，均应彻底清扫、洗净，严禁混入有机物、易燃物等杂质

第十五部分 法规信息

下列法律、法规、规章和标准，对该化学品的管理作了相应的规定。

中华人民共和国职业病防治法 职业病分类和目录：未列入

危险化学品安全管理条例 危险化学品目录：列入。易制爆危险化学品名录：未列入。重点监管的危险化学品名录：未列入。GB 18218—2009《危险化学品重大危险源辨识》(表 1)：未列入

使用有毒物品作业场所劳动保护条例 高毒物品目录：未列入

易制毒化学品管理条例 易制毒化学品的分类和品种目录：未列入

国际公约 斯德哥尔摩公约：未列入。鹿特丹公约：未列入。蒙特利尔议定书：未列入

第十六部分 其他信息

编写和修订信息 **缩略语和首字母缩写**
培训建议 **参考文献**
免责声明

过氯酸铵

第一部分 化学品标识

化学品中文名 过氯酸铵；高氯酸铵

化学品英文名 ammonium perchlorate

分子式 NH_4ClO_4 **相对分子质量** 117.50

结构式

$$\mathrm{O{=}Cl({=}O)({=}O){-}O^{-}\ \ NH_4^{+}}$$

化学品的推荐及限制用途 用于制造炸药、烟火，并用作分析试剂、氧化剂

第二部分 危险性概述

紧急情况概述 爆炸物，整体爆炸危险，可引起燃烧或爆炸，强氧化剂

GHS 危险性类别 爆炸物，1.1 项；氧化性固体，类别 1

标签要素

象形图 

警示词 危险

危险性说明 爆炸物，整体爆炸危险，可引起燃烧或爆炸，强氧化剂

防范说明

预防措施 远离热源、火花、明火、热表面。禁止吸烟。保持湿润。容器和接收设备接地连接。避免研磨、撞击、摩擦。远离衣物和其他可燃物。采取一切预防措施，避免与可燃物混合。戴防护手套、防护眼镜、防护面罩。穿防火、阻燃服

事故响应 火灾时可能爆炸。火势蔓延到爆炸物时，切勿灭火，撤离现场。如果发生大火和大量物质着火：撤离现场。因有爆炸危险，应远距离灭火。如溅到衣服上：立即用大量清水冲洗污染的衣服和皮肤，然后脱去衣服

安全储存 依据国家和地方法规储存

废弃处置 本品及内装物、容器依据国家和地方法规处置

物理和化学危险 与可燃物混合或急剧加热会发生爆炸

健康危害 对眼、皮肤、黏膜和上呼吸道有刺激性

环境危害 对环境可能有害

第三部分 成分/组成信息

√物质　　　　混合物

组分	浓度	CAS No.
过氯酸铵		7790-98-9

第四部分 急救措施

吸入 迅速脱离现场至空气新鲜处。保持呼吸道通畅。如呼吸困难，给输氧。如呼吸、心跳停止，立即进行心肺复苏术。就医

皮肤接触 立即脱去污染的衣着，用流动清水彻底冲洗。就医

眼睛接触 立即分开眼睑，用流动清水或生理盐水彻底冲洗。就医

食入 漱口，饮水。就医

对保护施救者的忠告 根据需要使用个人防护设备

对医生的特别提示 对症处理

第五部分 消防措施

灭火剂 爆炸品。根据着火原因选择适当灭火剂灭火

特别危险性 与还原剂、有机物、易燃物（如硫、磷）或金属粉末等混合可形成爆炸性混合物。急剧加热时可发生爆炸

灭火注意事项及防护措施 消防人员必须佩戴空气呼吸器、穿全身防火防毒服，在上风向灭火。尽可能将容器从火场移至空旷处。喷水保持火场容器冷却，直至灭火结束。在火场中与可燃物混合会爆炸，消防人员须在有防爆掩蔽处操作。禁止用砂土压盖

第六部分 泄漏应急处理

作业人员防护措施、防护装备和应急处置程序 隔离泄漏污染区，限制出入。建议应急处理人员戴防尘口罩，穿防毒服，戴橡胶手套。勿使泄漏物与可燃物质（如木材、纸、油等）接触。穿上适当的防护服前严禁接触破裂的容器和泄漏物

环境保护措施 无资料

泄漏化学品的收容、清除方法及所使用的处置材料 小量泄漏：用大量水冲洗，洗水稀释后放入废水系统。大量泄漏：在专家指导下清除

第七部分 操作处置与储存

操作注意事项 密闭操作，加强通风。操作人员必须经过专门培训，严格遵守操作规程。建议操作人员佩戴头罩型电动送风过滤式防尘呼吸器，穿聚乙烯防毒服，戴橡胶手套。远离火种、热源。工作场所严禁吸烟。远离易燃、可燃物。避免产生粉尘。避免与还原剂、酸类、卤素、金属氧化物接触。搬运时要轻装轻卸，防止包装及容器损坏。禁止震动、撞击和摩擦。配备相应品种和数量的消防器材及泄漏应急处理设备。倒空的容器可能残留有害物

储存注意事项 储存于阴凉、通风的库房。库房温度不超过30℃，相对湿度不超过80%。远离火种、热源。包装密封。应与易（可）燃物、还原剂、酸类、卤素、金属氧化物等分开存放，切忌混储。储区应备有合适的材料收容泄漏物

第八部分 接触控制/个体防护

职业接触限值

中国　未制定标准

美国(ACGIH)　未制定标准

生物接触限值 未制定标准

监测方法 空气中有毒物质测定方法：未制定标准。生物监测检验方法：未制定标准

工程控制 生产过程密闭，加强通风。提供安全的淋浴和洗眼设备

个体防护装备

呼吸系统防护　可能接触其粉尘时，建议佩戴过滤式防尘呼吸器

眼睛防护　戴化学安全防护眼镜

皮肤和身体防护　穿隔绝式防毒服

手防护　戴橡胶手套

第九部分 理化特性

外观与性状 无色或白色结晶，有刺激气味

pH值 无意义　　**熔点(℃)** 130（分解/爆炸）

沸点(℃) 无资料　　**相对密度(水=1)** 1.95

相对蒸气密度(空气=1) 无资料

饱和蒸气压(kPa) 无资料

燃烧热(kJ/mol) 无资料　　**临界温度(℃)** 无资料

临界压力(MPa) 无意义　　**辛醇/水分配系数** −5.840

闪点(℃) 无意义　　**引燃温度(℃)** 无意义

爆炸下限(%) 无意义　　**爆炸上限(%)** 无意义

分解温度(℃) 无资料　　**黏度(mPa·s)** 无资料

溶解性 易溶于水，微溶于乙醇、丙酮，溶于甲醇，不溶于乙醚、乙酸乙酯

第十部分 稳定性和反应性

稳定性 稳定

危险反应 与强还原剂、易燃或可燃物等禁配物接触，有发生火灾和爆炸的危险

避免接触的条件 受热

禁配物 强还原剂、强酸、铝、铜、金属氧化物、卤素、易燃或可燃物

危险的分解产物 氨、氯化物

第十一部分 毒理学信息

急性毒性 LD_{50}：4200mg/kg（大鼠经口）

皮肤刺激或腐蚀 无资料　　**眼睛刺激或腐蚀** 无资料

呼吸或皮肤过敏 无资料　　**生殖细胞突变性** 无资料

致癌性 无资料　　**生殖毒性** 无资料

特异性靶器官系统毒性-一次接触 无资料

特异性靶器官系统毒性-反复接触 无资料

吸入危害 无资料

第十二部分 生态学信息

生态毒性 无资料

持久性和降解性

生物降解性 无资料

非生物降解性 无资料

潜在的生物累积性 无资料

土壤中的迁移性 无资料

第十三部分 废弃处置

废弃化学品 当作炸药处置

污染包装物 将容器返还生产商或按照国家和地方法规处置

废弃注意事项 处置前应参阅国家和地方有关法规。废弃处置人员必须接受过专门的爆炸性物质废弃处置培训

第十四部分 运输信息

联合国危险货物编号（UN号） 0402或1442（随粒径和容器的不同而异，其分类应按《规章范本》2.1.3中的分类程序进行）

联合国运输名称 高氯酸铵

联合国危险性类别 1.1D（0402），5.1（1442）

包装类别 -（0402）；Ⅱ类包装（1442）

包装标志 

（0402） 

（1442）

海洋污染物 否

运输注意事项 运输时单独装运，运输过程中要确保容器不泄漏、不倒塌、不坠落、不损坏。运输时运输车辆应配备相应品种和数量的消防器材及泄漏应急处理设备。严禁与酸类、易燃物、有机物、还原剂、自燃物品、遇湿易燃物品等并车混运。运输时车速不宜过快，不得强行超车。运输车辆装卸前后，均应彻底清扫、洗净，严禁混入有机物、易燃物等杂质

第十五部分 法规信息

下列法律、法规、规章和标准，对该化学品的管理作了相应的规定。

中华人民共和国职业病防治法 职业病分类和目录：未列入

危险化学品安全管理条例 危险化学品目录：列入。易制爆危险化学品名录：列入。重点监管的危险化学品名录：列入。GB 18218—2009《危险化学品重大危险源辨识》（表1）：未列入

使用有毒物品作业场所劳动保护条例 高毒物品目录：未列入

易制毒化学品管理条例 易制毒化学品的分类和品种目录：未列入

国际公约 斯德哥尔摩公约：未列入。鹿特丹公约：未列入。蒙特利尔议定书：未列入

第十六部分 其他信息

编写和修订信息 **缩略语和首字母缩写**

培训建议 **参考文献**

免责声明

过氯酸钡

第一部分 化学品标识

化学品中文名 过氯酸钡；高氯酸钡

化学品英文名 barium perchlorate

分子式 $Ba(ClO_4)_2$ **相对分子质量** 336.24

化学品的推荐及限制用途 用作干燥剂及脱水剂，用于制造炸药等

第二部分 危险性概述

紧急情况概述 可引起燃烧或爆炸：强氧化剂，吞咽有害，吸入有害

GHS危险性类别 氧化性固体，类别1；急性毒性-经口，类别4；急性毒性-吸入，类别4

标签要素

象形图 

警示词 危险

危险性说明 可引起燃烧或爆炸：强氧化剂，吞咽有害，吸入有害

防范说明

预防措施 远离热源。远离衣物和其他可燃物。采取一切预防措施，避免与可燃物混合。戴防护手套、防护眼镜、防护面罩。穿防火、阻燃服。避免接触眼睛、皮肤，操作后彻底清洗。作业场所不得进食、饮水或吸烟。避免吸入粉尘。仅在室外或通风良好处操作

事故响应 火灾时，根据着火原因选择适当灭火剂灭火。如果发生大火和大量物质着火：撤离现场。因有爆炸危险，应远距离灭火。如吸入：将患者转移到空气新鲜处，休息，保持利于呼吸的体位。如溅到衣服上：立即用大量清水冲洗污染的衣服和皮肤，然后脱去衣服。食入：漱口。如果感觉不适，立即呼叫中毒控制中心或就医

安全储存 -

废弃处置 本品及内装物、容器依据国家和地方法规处置

物理和化学危险 与可燃物混合或急剧加热会发生爆炸

健康危害 本品对呼吸道、眼及皮肤有刺激性。口服引起流涎、呕吐、腹部痉挛性疼痛、脉缓、血压升高、血钾降低，胃肠道可能发生出血，随之发生进行性肌麻痹和心肌损害。重者可死于心律紊乱和呼吸肌麻痹

环境危害 对环境可能有害

第三部分 成分/组成信息

√物质		混合物
组分	**浓度**	**CAS No.**
过氯酸钡		13465-95-7

第四部分 急救措施

吸入 迅速脱离现场至空气新鲜处。保持呼吸道通畅。如呼吸困难，给输氧。如呼吸、心跳停止，立即进行心肺复苏术。就医

皮肤接触 立即脱去污染的衣着，用流动清水彻底冲洗。就医

眼睛接触 立即分开眼睑，用流动清水或生理盐水彻底冲洗。就医

食入 饮足量温水，催吐。给服硫酸钠。就医

对保护施救者的忠告 根据需要使用个人防护设备

对医生的特别提示 解毒剂：硫酸钠、硫代硫酸钠。有低血钾者应补充钾盐

第五部分 消防措施

灭火剂 本品不燃。根据着火原因选择适当灭火剂灭火

特别危险性 与还原剂、有机物、易燃物（如硫、磷）或金属粉末等混合可形成爆炸性混合物。受热分解，放出氧气

灭火注意事项及防护措施 消防人员必须佩戴空气呼吸器、穿全身防火防毒服，在上风向灭火。尽可能将容器从火场移至空旷处。喷水保持火场容器冷却，直至灭火结束。在火场中与可燃物混合会爆炸，消防人员须在有防爆掩蔽处操作。禁止用砂土压盖

第六部分 泄漏应急处理

作业人员防护措施、防护装备和应急处置程序 隔离泄漏污染区，限制出入。建议应急处理人员戴防尘口罩，穿防毒服，戴橡胶手套。勿使泄漏物与可燃物质（如木材、纸、油等）接触。穿上适当的防护服前严禁接触破裂的容器和泄漏物。尽可能切断泄漏源

环境保护措施 无资料

泄漏化学品的收容、清除方法及所使用的处置材料 用洁净的铲子收集泄漏物，置于干净、干燥、盖子较松的容器中，将容器移离泄漏区

第七部分 操作处置与储存

操作注意事项 密闭操作，加强通风。操作人员必须经过专门培训，严格遵守操作规程。建议操作人员佩戴头罩型电动送风过滤式防尘呼吸器，穿聚乙烯防毒服，戴橡胶手套。远离火种、热源。工作场所严禁吸烟。远离易燃、可燃物。避免产生粉尘。避免与还原剂、醇类接触。搬运时要轻装轻卸，防止包装及容器损坏。禁止震动、撞击和摩擦。配备相应品种和数量的消防器材及泄漏应急处理设备。倒空的容器可能残留有害物

储存注意事项 储存于阴凉、通风的库房。库房温度不超过30℃，相对湿度不超过80%。远离火种、热源。包装必须密封，防止受潮。应与还原剂、醇类、易（可）燃物、食用化学品分开存放，切忌混储。储区应备有合适的材料收容泄漏物

第八部分 接触控制/个体防护

职业接触限值

中国 PC-TWA：0.5mg/m^3；PC-STEL：1.5mg/m^3［按Ba计］

美国(ACGIH) TLV-TWA：0.5mg/m^3［按Ba计］

生物接触限值 未制定标准

监测方法 空气中有毒物质测定方法：二溴对甲基偶氮甲磺分光光度法；等离子体原子发射光谱法。生物监测检验方法：未制定标准

工程控制 生产过程密闭，加强通风。提供安全的淋浴和洗眼设备

个体防护装备

呼吸系统防护 可能接触其粉尘时，建议佩戴过滤式防尘呼吸器

眼睛防护 戴化学安全防护眼镜

皮肤和身体防护 穿隔绝式防毒服

手防护 戴橡胶手套

第九部分 理化特性

外观与性状 白色粒状粉末，有吸湿性

pH值 无意义　**熔点(℃)** 505

沸点(℃) 无资料

相对密度(水=1) 2.74～3.2

相对蒸气密度(空气=1) 无资料

饱和蒸气压(kPa) 无资料

燃烧热(kJ/mol) 无资料　**临界温度(℃)** 无资料

临界压力(MPa) 无意义　**辛醇/水分配系数** 无资料

闪点(℃) 无意义　**自燃温度(℃)** 无意义

爆炸下限(%) 无意义　**爆炸上限(%)** 无意义

分解温度(℃) 无资料　**黏度(mPa·s)** 无资料

溶解性 易溶于水、乙醇，溶于甲醇

第十部分 稳定性和反应性

稳定性 稳定

危险反应 与强还原剂、易燃或可燃物等禁配物接触，有发生火灾和爆炸的危险

避免接触的条件 受热

禁配物 强还原剂、醇类、易燃或可燃物、金属粉末

危险的分解产物 氧化钡

第十一部分 毒理学信息

急性毒性 无资料　**皮肤刺激或腐蚀** 无资料

眼睛刺激或腐蚀 无资料　**呼吸或皮肤过敏** 无资料

生殖细胞突变性 无资料

致癌性 IARC致癌性评论：组3，现有的证据不能对人类致癌性进行分类。对人及动物致癌性证据不足

生殖毒性 无资料

特异性靶器官系统毒性-一次接触 无资料

特异性靶器官系统毒性-反复接触 无资料

吸入危害 无资料

第十二部分 生态学信息

生态毒性 无资料

持久性和降解性

生物降解性 无资料

非生物降解性 无资料

潜在的生物累积性 无资料

土壤中的迁移性 无资料

第十三部分 废弃处置

废弃化学品 用安全掩埋法处置

污染包装物 将容器返还生产商或按照国家和地方法规处置

废弃注意事项 处置前应参阅国家和地方有关法规

第十四部分 运输信息

联合国危险货物编号（UN 号） 1447；3406（溶液）

联合国运输名称 高氯酸钡，固态；高氯酸钡溶液（溶液）

联合国危险性类别 5.1，6.1 **包装类别** Ⅱ类包装

包装标志 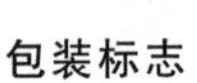 

海洋污染物 否

运输注意事项 运输时单独装运，运输过程中要确保容器不泄漏、不倒塌、不坠落、不损坏。运输时运输车辆应配备相应品种和数量的消防器材及泄漏应急处理设备。严禁与酸类、易燃物、有机物、还原剂、自燃物品、遇湿易燃物品等并车混运。运输时车速不宜过快，不得强行超车。运输车辆装卸前后，均应彻底清扫、洗净，严禁混入有机物、易燃物等杂质

第十五部分 法规信息

下列法律、法规、规章和标准，对该化学品的管理作了相应的规定。

中华人民共和国职业病防治法 职业病分类和目录：钡及其化合物中毒

危险化学品安全管理条例 危险化学品目录：列入。易制爆危险化学品名录：未列入。重点监管的危险化学品名录：未列入。GB 18218—2009《危险化学品重大危险源辨识》（表 1）：未列入

使用有毒物品作业场所劳动保护条例 高毒物品目录：未列入

易制毒化学品管理条例 易制毒化学品的分类和品种目录：未列入

国际公约 斯德哥尔摩公约：未列入。鹿特丹公约：未列入。蒙特利尔议定书：未列入

第十六部分 其他信息

编写和修订信息 **缩略语和首字母缩写**

培训建议 **参考文献**

免责声明

过氯酸钾

第一部分 化学品标识

化学品中文名 过氯酸钾；高氯酸钾

化学品英文名 potassium perchlorate；potassium hyperchloride

分子式 $KClO_4$ **相对分子质量** 138.55

结构式 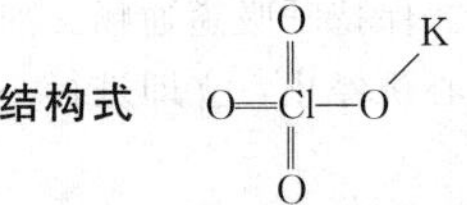

化学品的推荐及限制用途 用作分析试剂、氧化剂、固体火箭燃料，也用于烟火及照明

第二部分 危险性概述

紧急情况概述 可引起燃烧或爆炸：强氧化剂，吞咽有害

GHS 危险性类别 氧化性固体，类别 1；急性毒性-经口，类别 4

标签要素

象形图 

警示词 危险

危险性说明 可引起燃烧或爆炸：强氧化剂，吞咽有害

防范说明

预防措施 远离热源。远离衣物和其他可燃物。采取一切预防措施，避免与可燃物混合。戴防护手套、防护眼镜、防护面罩。穿防火、阻燃服。避免接触眼睛、皮肤，操作后彻底清洗。作业场所不得进食、饮水或吸烟

事故响应 火灾时，根据着火原因选择适当灭火剂灭火。如果发生大火和大量物质着火：撤离现场。因有爆炸危险，应远距离灭火。如溅到衣服上：立即用大量清水冲洗污染的衣服和皮肤，然后脱去衣服。食入：漱口。如果感觉不适，立即呼叫中毒控制中心或就医

安全储存 -

废弃处置 本品及内装物、容器依据国家和地方法规处置

物理和化学危险 与可燃物混合或急剧加热会发生爆炸

健康危害 本品对皮肤、黏膜有强烈刺激性

环境危害 对环境可能有害

第三部分 成分/组成信息

√物质 混合物

组分	浓度	CAS No.
过氯酸钾		7778-74-7

第四部分 急救措施

吸入 迅速脱离现场至空气新鲜处。保持呼吸道通畅。如呼吸困难，给输氧。如呼吸、心跳停止，立即进行心肺复苏术。就医

皮肤接触 立即脱去污染的衣着，用流动清水彻底冲洗。就医

眼睛接触 立即分开眼睑，用流动清水或生理盐水彻底冲洗。就医

食入 漱口，饮水。就医

对保护施救者的忠告 根据需要使用个人防护设备

对医生的特别提示 对症处理

第五部分 消防措施

灭火剂 本品不燃。根据着火原因选择适当灭火剂灭火

特别危险性 与还原剂、有机物、易燃物（如硫、磷）或金属粉末等混合可形成爆炸性混合物。在火场中，受热的容器有爆炸危险。受热分解，放出氧气

灭火注意事项及防护措施 消防人员必须佩戴空气呼吸器、穿全身防火防毒服，在上风向灭火。尽可能将容器从火场移至空旷处。喷水保持火场容器冷却，直至灭火结束。在火场中与可燃物混合会爆炸，消防人员须在有防爆掩蔽处操作。禁止用砂土压盖

第六部分 泄漏应急处理

作业人员防护措施、防护装备和应急处置程序 隔离泄漏污染区，限制出入。建议应急处理人员戴防尘口罩，穿防毒服，戴橡胶手套。勿使泄漏物与可燃物质（如木材、纸、油等）接触。穿上适当的防护服前严禁接触破裂的容器和泄漏物。尽可能切断泄漏源。勿使水进入包装容器内

环境保护措施 无资料

泄漏化学品的收容、清除方法及所使用的处置材料 小量泄漏：用洁净的铲子收集泄漏物，置于干净、干燥、盖子较松的容器中，将容器移离泄漏区。大量泄漏：泄漏物回收后，用水冲洗泄漏区

第七部分 操作处置与储存

操作注意事项 密闭操作，加强通风。操作人员必须经过专门培训，严格遵守操作规程。建议操作人员佩戴头罩型电动送风过滤式防尘呼吸器，穿聚乙烯防毒服，戴橡胶手套。远离火种、热源。工作场所严禁吸烟。避免产生粉尘。避免与还原剂、活性金属粉末、酸类、醇类接触。搬运时要轻装轻卸，防止包装及容器损坏。禁止震动、撞击和摩擦。配备相应品种和数量的消防器材及泄漏应急处理设备。倒空的容器可能残留有害物

储存注意事项 储存于阴凉、通风的库房。远离火种、热源。库房温度不超过30℃，相对湿度不超过80%。包装密封。应与还原剂、活性金属粉末、酸类、醇类等分开存放，切忌混储。储区应备有合适的材料收容泄漏物

第八部分 接触控制/个体防护

职业接触限值

中国 未制定标准

美国(ACGIH) 未制定标准

生物接触限值 未制定标准

监测方法 空气中有毒物质测定方法：未制定标准。生物监测检验方法：未制定标准

工程控制 生产过程密闭，加强通风。提供安全的淋浴和洗眼设备

个体防护装备

呼吸系统防护 可能接触其粉尘时，建议佩戴过滤式防尘呼吸器

眼睛防护 戴化学安全防护眼镜

皮肤和身体防护 穿隔绝式防毒服

手防护 戴橡胶手套

第九部分 理化特性

外观与性状 无色结晶或白色晶状粉末

pH值 无意义　　**熔点(℃)** 400～525（分解）

沸点(℃) 分解　　**相对密度(水=1)** 2.52

相对蒸气密度(空气=1) 4.8

饱和蒸气压(kPa) 无资料

燃烧热(kJ/mol) 无资料　　**临界温度(℃)** 无资料

临界压力(MPa) 无意义　　**辛醇/水分配系数** 无资料

闪点(℃) 无意义　　**自燃温度(℃)** 无意义

爆炸下限(%) 无意义　　**爆炸上限(%)** 无意义

分解温度(℃) 600　　**黏度(mPa·s)** 无资料

溶解性 溶于水，不溶于乙醇、乙醚

第十部分 稳定性和反应性

稳定性 稳定

危险反应 与强还原剂、易燃或可燃物等禁配物接触，有发生火灾和爆炸的危险

避免接触的条件 受热

禁配物 强还原剂、活性金属粉末、强酸、醇类、易燃或可燃物

危险的分解产物 氯化物、氧化钾

第十一部分 毒理学信息

急性毒性 无资料　　**皮肤刺激或腐蚀** 无资料

眼睛刺激或腐蚀 无资料　　**呼吸或皮肤过敏** 无资料

生殖细胞突变性 无资料　　**致癌性** 无资料

生殖毒性 大鼠孕后1～9d经口给予最低中毒剂量(TDLo) 27675mg/kg，致内分泌系统发育畸形

特异性靶器官系统毒性-一次接触 无资料

特异性靶器官系统毒性-反复接触 无资料

吸入危害 无资料

第十二部分 生态学信息

生态毒性 无资料

持久性和降解性

生物降解性 无资料

非生物降解性 无资料

潜在的生物累积性 无资料

土壤中的迁移性 无资料

第十三部分 废弃处置

废弃化学品 用安全掩埋法处置

污染包装物 将容器返还生产商或按照国家和地方法规处置

废弃注意事项 处置前应参阅国家和地方有关法规

第十四部分 运输信息

联合国危险货物编号(UN号) 1489

联合国运输名称 高氯酸钾

联合国危险性类别 5.1 **包装类别** Ⅱ类包装

包装标志  **海洋污染物** 否

运输注意事项 运输时单独装运，运输过程中要确保容器不泄漏、不倒塌、不坠落、不损坏。运输时运输车辆应配备相应品种和数量的消防器材及泄漏应急处理设备。严禁与酸类、易燃物、有机物、还原剂、自燃物品、遇湿易燃物品等并车混运。运输时车速不宜过快，不得强行超车。运输车辆装卸前后，均应彻底清扫、洗净，严禁混入有机物、易燃物等杂质

第十五部分 法规信息

下列法律、法规、规章和标准，对该化学品的管理作了相应的规定。

中华人民共和国职业病防治法 职业病分类和目录：未列入

危险化学品安全管理条例 危险化学品目录：列入。易制爆危险化学品名录：列入。重点监管的危险化学品名录：未列入。GB 18218—2009《危险化学品重大危险源辨识》(表1)：未列入

使用有毒物品作业场所劳动保护条例 高毒物品目录：未列入

易制毒化学品管理条例 易制毒化学品的分类和品种目录：未列入

国际公约 斯德哥尔摩公约：未列入。鹿特丹公约：未列入。蒙特利尔议定书：未列入

第十六部分 其他信息

编写和修订信息 **缩略语和首字母缩写**
培训建议 **参考文献**
免责声明

过氯酸锂

第一部分 化学品标识

化学品中文名 过氯酸锂；高氯酸锂

化学品英文名 lithium perchlorate; perchloric acid lithium salt

分子式 $LiClO_4$ **相对分子质量** 106.4

结构式

$$O=\overset{\overset{O}{\|}}{\underset{\underset{O}{\|}}{Cl}}-O-Li$$

化学品的推荐及限制用途 用作固体火箭燃料、试剂

第二部分 危险性概述

紧急情况概述 可加剧燃烧；氧化剂

GHS危险性类别 氧化性固体，类别2

标签要素

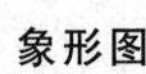 

警示词 危险

危险性说明 可加剧燃烧；氧化剂

防范说明

预防措施 远离热源。远离衣物、可燃物保存。采取一切预防措施，避免与可燃物混合。戴防护手套、防护眼镜、防护面罩

事故响应 火灾时，根据着火原因选择适当灭火剂灭火

安全储存 -

废弃处置 本品及内装物、容器依据国家和地方法规处置

物理和化学危险 与可燃物混合或急剧加热会发生爆炸

健康危害 本品对眼睛、皮肤、黏膜和上呼吸道有刺激性

环境危害 对环境可能有害

第三部分 成分/组成信息

√物质 混合物

组分	浓度	CAS No.
过氯酸锂		7791-03-9

第四部分 急救措施

吸入 迅速脱离现场至空气新鲜处。保持呼吸道通畅。如呼吸困难，给输氧。如呼吸、心跳停止，立即进行心肺复苏术。就医

皮肤接触 立即脱去污染的衣着，用流动清水彻底冲洗。就医

眼睛接触 立即分开眼睑，用流动清水或生理盐水彻底冲洗。就医

食入 漱口，饮水。就医

对保护施救者的忠告 根据需要使用个人防护设备

对医生的特别提示 对症处理

第五部分 消防措施

灭火剂 本品不燃。根据着火原因选择适当灭火剂灭火

特别危险性 与还原剂、有机物、易燃物（如硫、磷）或金属粉末等混合可形成爆炸性混合物。受热分解，放出氧气

灭火注意事项及防护措施 消防人员必须佩戴空气呼吸器、穿全身防火防毒服，在上风向灭火。尽可能将容器从火场移至空旷处。喷水保持火场容器冷却，直至灭火结束。在火场中与可燃物混合会发生爆炸，消防人员须在有防爆掩蔽处操作。禁止用砂土压盖

第六部分 泄漏应急处理

作业人员防护措施、防护装备和应急处置程序 隔离泄漏污染区，限制出入。建议应急处理人员戴防尘口罩，穿防毒服，戴橡胶手套。勿使泄漏物与可燃物质（如木材、纸、油等）接触。穿上适当的防护服前严禁接触破裂的容器和泄漏物。尽可能切断泄漏源。勿使水进入包装容器内

环境保护措施 无资料

泄漏化学品的收容、清除方法及所使用的处置材料 小量泄漏：用洁净的铲子收集泄漏物，置于干净、干燥、

盖子较松的容器中，将容器移离泄漏区。大量泄漏：泄漏物回收后，用水冲洗泄漏区

第七部分 操作处置与储存

操作注意事项 密闭操作，全面通风。操作人员必须经过专门培训，严格遵守操作规程。建议操作人员佩戴头罩型电动送风过滤式防尘呼吸器，穿聚乙烯防毒服，戴橡胶手套。远离火种、热源。工作场所严禁吸烟。远离易燃、可燃物。避免产生粉尘。避免与活性金属粉末接触。搬运时要轻装轻卸，防止包装及容器损坏。配备相应品种和数量的消防器材及泄漏应急处理设备。倒空的容器可能残留有害物

储存注意事项 储存于阴凉、通风的库房。库房温度不超过30℃，相对湿度不超过80%。远离火种、热源。包装必须密封，切勿受潮。应与易（可）燃物、活性金属粉末等分开存放，切忌混储。储区应备有合适的材料收容泄漏物

第八部分 接触控制/个体防护

职业接触限值

中国 未制定标准

美国(ACGIH) 未制定标准

生物接触限值 未制定标准

监测方法 空气中有毒物质测定方法：未制定标准。生物监测检验方法：未制定标准

工程控制 生产过程密闭，全面通风。提供安全的淋浴和洗眼设备

个体防护装备

呼吸系统防护 可能接触其粉尘时，建议佩戴过滤式防尘呼吸器

眼睛防护 戴化学安全防护眼镜

皮肤和身体防护 穿隔绝式防毒服

手防护 戴橡胶手套

第九部分 理化特性

外观与性状 无色结晶，有潮解性

pH值 无意义 **熔点(℃)** 236

沸点(℃) 430（分解） **相对密度(水=1)** 2.43

相对蒸气密度(空气=1) 无资料

饱和蒸气压(kPa) 无资料

燃烧热(kJ/mol) 无资料 **临界温度(℃)** 无资料

临界压力(MPa) 无意义 **辛醇/水分配系数** 无资料

闪点(℃) 无意义 **自燃温度(℃)** 无意义

爆炸下限(%) 无意义 **爆炸上限(%)** 无意义

分解温度(℃) 430 **黏度(mPa·s)** 无资料

溶解性 溶于水，溶于乙醇

第十部分 稳定性和反应性

稳定性 稳定

危险反应 与强还原剂、易燃或可燃物等禁配物接触，有发生火灾和爆炸的危险

避免接触的条件 受热

禁配物 易燃或可燃物、活性金属粉末、硫、磷、肼

危险的分解产物 氯化物、氧化锂

第十一部分 毒理学信息

急性毒性 无资料 **皮肤刺激或腐蚀** 无资料

眼睛刺激或腐蚀 无资料 **呼吸或皮肤过敏** 无资料

生殖细胞突变性 无资料 **致癌性** 无资料

生殖毒性 无资料

特异性靶器官系统毒性-一次接触 无资料

特异性靶器官系统毒性-反复接触 无资料

吸入危害 无资料

第十二部分 生态学信息

生态毒性 无资料

持久性和降解性

生物降解性 无资料

非生物降解性 无资料

潜在的生物累积性 无资料

土壤中的迁移性 无资料

第十三部分 废弃处置

废弃化学品 用安全掩埋法处置

污染包装物 将容器返还生产商或按照国家和地方法规处置

废弃注意事项 处置前应参阅国家和地方有关法规

第十四部分 运输信息

联合国危险货物编号（UN号） 1481

联合国运输名称 无机高氯酸盐，未另作规定的（高氯酸锂）

联合国危险性类别 5.1 **包装类别** Ⅱ类包装

包装标志 

海洋污染物 否

运输注意事项 运输时单独装运，运输过程中要确保容器不泄漏、不倒塌、不坠落、不损坏。运输时运输车辆应配备相应品种和数量的消防器材及泄漏应急处理设备。严禁与酸类、易燃物、有机物、还原剂、自燃物品、遇湿易燃物品等并车混运。运输时车速不宜过快，不得强行超车。运输车辆装卸前后，均应彻底清扫、洗净，严禁混入有机物、易燃物等杂质

第十五部分 法规信息

下列法律、法规、规章和标准，对该化学品的管理作了相应的规定。

中华人民共和国职业病防治法 职业病分类和目录：未列入

危险化学品安全管理条例 危险化学品目录：列入。易制爆危险化学品名录：列入。重点监管的危险化学品名录：未列入。GB 18218—2009《危险化学品重大危险源辨识》（表1）：未列入

使用有毒物品作业场所劳动保护条例 高毒物品目录：未列入

易制毒化学品管理条例 易制毒化学品的分类和品种目录：未列入

国际公约 斯德哥尔摩公约：未列入。鹿特丹公约：未列入。蒙特利尔议定书：未列入

第十六部分 其他信息

编写和修订信息 **缩略语和首字母缩写**

培训建议 **参考文献**

免责声明

过氯酸镁

第一部分 化学品标识

化学品中文名 过氯酸镁；高氯酸镁

化学品英文名 magnesium perchlorate；anhydrone

分子式 $Mg(ClO_4)_2$ **相对分子质量** 223.21

结构式

$$O{=}\overset{\overset{O}{\|}}{\underset{\underset{O}{\|}}{Cl}}{-}O \diagdown^{Mg} \diagup O{-}\overset{\overset{O}{\|}}{\underset{\underset{O}{\|}}{Cl}}{=}O$$

化学品的推荐及限制用途 用作气体干燥剂、氧化剂

第二部分 危险性概述

紧急情况概述 可加剧燃烧；氧化剂

GHS 危险性类别 氧化性固体，类别 2

标签要素

象形图 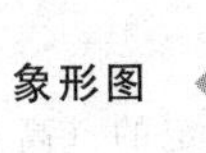 

警示词 危险

危险性说明 可加剧燃烧；氧化剂

防范说明

预防措施 远离热源。远离衣物可燃物保存。采取一切预防措施，避免与可燃物混合。戴防护手套、防护眼镜、防护面罩

事故响应 火灾时，根据着火原因选择适当灭火剂灭火

安全储存 -

废弃处置 本品及内装物、容器依据国家和地方法规处置

物理和化学危险 与可燃物混合或急剧加热会发生爆炸

健康危害 本品对眼睛、皮肤、黏膜和上呼吸道有刺激作用。过量口服镁盐，可引起上腹痛、呕吐、烦渴、呼吸困难、紫绀以及肾损害

环境危害 对环境可能有害

第三部分 成分/组成信息

√物质 混合物

组分	浓度	CAS No.
过氯酸镁		10034-81-8

第四部分 急救措施

吸入 迅速脱离现场至空气新鲜处。保持呼吸道通畅。如呼吸困难，给输氧。如呼吸、心跳停止，立即进行心肺复苏术。就医

皮肤接触 立即脱去污染的衣着，用流动清水彻底冲洗。就医

眼睛接触 立即分开眼睑，用流动清水或生理盐水彻底冲洗。就医

食入 漱口，饮水。就医

对保护施救者的忠告 根据需要使用个人防护设备

对医生的特别提示 对症处理

第五部分 消防措施

灭火剂 本品不燃。根据着火原因选择适当灭火剂灭火

特别危险性 与还原剂、有机物、易燃物如硫、磷或金属粉末等混合可形成爆炸性混合物。受热分解，放出氧气

灭火注意事项及防护措施 消防人员必须佩戴空气呼吸器、穿全身防火防毒服，在上风向灭火。尽可能将容器从火场移至空旷处。喷水保持火场容器冷却，直至灭火结束。在火场中与可燃物混合会发生爆炸，消防人员须在有防爆掩蔽处操作。禁止用砂土压盖

第六部分 泄漏应急处理

作业人员防护措施、防护装备和应急处置程序 隔离泄漏污染区，限制出入。建议应急处理人员戴防尘口罩，穿防毒服，戴橡胶手套。勿使泄漏物与可燃物质（如木材、纸、油等）接触。穿上适当的防护服前严禁接触破裂的容器和泄漏物。尽可能切断泄漏源。勿使水进入包装容器内

环境保护措施 无资料

泄漏化学品的收容、清除方法及所使用的处置材料 小量泄漏：用洁净的铲子收集泄漏物，置于干净、干燥、盖子较松的容器中，将容器移离泄漏区。大量泄漏：泄漏物回收后，用水冲洗泄漏区

第七部分 操作处置与储存

操作注意事项 密闭操作，加强通风。操作人员必须经过专门培训，严格遵守操作规程。建议操作人员佩戴头罩型电动送风过滤式防尘呼吸器，穿聚乙烯防毒服，戴橡胶手套。远离火种、热源。工作场所严禁吸烟。远离易燃、可燃物。避免产生粉尘。避免与还原剂接触。搬运时要轻装轻卸，防止包装及容器损坏。配备相应品种和数量的消防器材及泄漏应急处理设备。倒空的容器可能残留有害物

储存注意事项 储存于阴凉、通风的库房。库房温度不超过 30℃，相对湿度不超过 80%。远离火种、热源。包装必须密封，切勿受潮。应与易（可）燃物、还原剂等分开存放，切忌混储。储区应备有合适的材料收容泄漏物

第八部分 接触控制/个体防护

职业接触限值

中国 未制定标准

美国(ACGIH) 未制定标准

生物接触限值 未制定标准

监测方法 空气中有毒物质测定方法：火焰原子吸收光谱法。生物监测检验方法：未制定标准

工程控制 生产过程密闭，加强通风。提供安全的淋浴和洗眼设备

个体防护装备

呼吸系统防护 可能接触其粉尘时，建议佩戴过滤式防尘呼吸器

眼睛防护 戴化学安全防护眼镜

皮肤和身体防护 穿隔绝式防毒服

手防护 戴橡胶手套

第九部分 理化特性

外观与性状 白色结晶或粉末，易潮解，有强烈的吸湿性

pH 值 无意义 **熔点(℃)** 251（分解）

沸点(℃) 无资料

相对密度(水＝1) 2.60（25℃）

相对蒸气密度(空气＝1) 无资料

饱和蒸气压(kPa) 无资料

燃烧热(kJ/mol) 无资料 **临界温度(℃)** 无资料

临界压力(MPa) 无意义 **辛醇/水分配系数** 无资料

闪点(℃) 无意义 **自燃温度(℃)** 无意义

爆炸下限(%) 无意义 **爆炸上限(%)** 无意义

分解温度(℃) 250 **黏度(mPa·s)** 无资料

溶解性 易溶于水、乙醇

第十部分 稳定性和反应性

稳定性 稳定

危险反应 与强还原剂、易燃或可燃物等禁配物接触，有发生火灾和爆炸的危险

避免接触的条件 受热

禁配物 还原剂、易燃或可燃物、硫、磷、肼

危险的分解产物 氧化镁

第十一部分 毒理学信息

急性毒性 LD_{50}：1500mg/kg（小鼠腹腔）

皮肤刺激或腐蚀 无资料 **眼睛刺激或腐蚀** 无资料

呼吸或皮肤过敏 无资料 **生殖细胞突变性** 无资料

致癌性 无资料 **生殖毒性** 无资料

特异性靶器官系统毒性-一次接触 无资料

特异性靶器官系统毒性-反复接触 无资料

吸入危害 无资料

第十二部分 生态学信息

生态毒性 无资料

持久性和降解性

生物降解性 无资料

非生物降解性 无资料

潜在的生物累积性 无资料

土壤中的迁移性 无资料

第十三部分 废弃处置

废弃化学品 用安全掩埋法处置

污染包装物 将容器返还生产商或按照国家和地方法规处置

废弃注意事项 处置前应参阅国家和地方有关法规

第十四部分 运输信息

联合国危险货物编号（UN 号） 1475

联合国运输名称 高氯酸镁

联合国危险性类别 5.1 **包装类别** Ⅱ类包装

包装标志

海洋污染物 否

运输注意事项 运输时单独装运，运输过程中要确保容器不泄漏、不倒塌、不坠落、不损坏。运输时运输车辆应配备相应品种和数量的消防器材及泄漏应急处理设备。严禁与酸类、易燃物、有机物、还原剂、自燃物品、遇湿易燃物品等并车混运。运输时车速不宜过快，不得强行超车。运输车辆装卸前后，均应彻底清扫、洗净，严禁混入有机物、易燃物等杂质

第十五部分 法规信息

下列法律、法规、规章和标准，对该化学品的管理作了相应的规定。

中华人民共和国职业病防治法 职业病分类和目录：未列入

危险化学品安全管理条例 危险化学品目录：列入。易制爆危险化学品名录：未列入。重点监管的危险化学品名录：未列入。GB 18218—2009《危险化学品重大危险源辨识》(表 1)：未列入

使用有毒物品作业场所劳动保护条例 高毒物品目录：未列入

易制毒化学品管理条例 易制毒化学品的分类和品种目录：未列入

国际公约 斯德哥尔摩公约：未列入。鹿特丹公约：未列入。蒙特利尔议定书：未列入

第十六部分 其他信息

编写和修订信息 **缩略语和首字母缩写**

培训建议 **参考文献**

免责声明

过氯酸钠

第一部分 化学品标识

化学品中文名 过氯酸钠；高氯酸钠

化学品英文名 sodium perchlorate

分子式 $NaClO_4$ **相对分子质量** 122.44

结构式

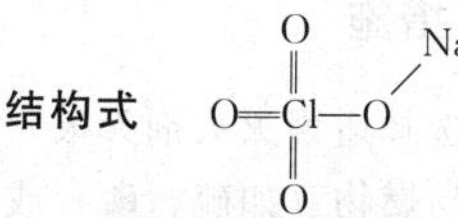

化学品的推荐及限制用途 用于制造炸药，用作分析试剂、氧化剂等

第二部分　危险性概述

紧急情况概述　可引起燃烧或爆炸：强氧化剂，吞咽有害

GHS 危险性类别　氧化性固体，类别 1；急性毒性-经口，类别 4

标签要素

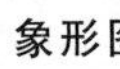

象形图 

警示词　危险

危险性说明　可引起燃烧或爆炸：强氧化剂，吞咽有害

防范说明

预防措施　远离热源。远离衣物和其他可燃物。采取一切预防措施，避免与可燃物混合。戴防护手套、防护眼镜、防护面罩。穿防火、阻燃服。避免接触眼睛、皮肤，操作后彻底清洗。作业场所不得进食、饮水或吸烟

事故响应　火灾时，根据着火原因选择适当灭火剂灭火。如果发生大火和大量物质着火：撤离现场。因有爆炸危险，应远距离灭火。如溅到衣服上：立即用大量清水冲洗污染的衣服和皮肤，然后脱去衣服。食入：漱口。如果感觉不适，立即呼叫中毒控制中心或就医

安全储存　-

废弃处置　本品及内装物、容器依据国家和地方法规处置

物理和化学危险　与可燃物混合或急剧加热会发生爆炸

健康危害　本品对皮肤、黏膜有强烈刺激性

环境危害　对环境可能有害

第三部分　成分/组成信息

√物质　　混合物

组分	浓度	CAS No.
过氯酸钠		7601-89-0

第四部分　急救措施

吸入　迅速脱离现场至空气新鲜处。保持呼吸道通畅。如呼吸困难，给输氧。如呼吸、心跳停止，立即进行心肺复苏术。就医

皮肤接触　立即脱去污染的衣着，用流动清水彻底冲洗。就医

眼睛接触　立即分开眼睑，用流动清水或生理盐水彻底冲洗。就医

食入　漱口，饮水。就医

对保护施救者的忠告　根据需要使用个人防护设备

对医生的特别提示　对症处理

第五部分　消防措施

灭火剂　本品不燃。根据着火原因选择适当灭火剂灭火

特别危险性　与还原剂、有机物、易燃物（如硫、磷）或金属粉末等混合可形成爆炸性混合物。急剧加热时可发生爆炸

灭火注意事项及防护措施　消防人员必须佩戴空气呼吸器、穿全身防火防毒服，在上风向灭火。尽可能将容器从火场移至空旷处。喷水保持火场容器冷却，直至灭火结束。在火场中与可燃物混合会发生爆炸，消防人员须在有防爆掩蔽处操作。禁止用砂土压盖

第六部分　泄漏应急处理

作业人员防护措施、防护装备和应急处置程序　隔离泄漏污染区，限制出入。建议应急处理人员戴防尘口罩，穿防毒服，戴橡胶手套。勿使泄漏物与可燃物质（如木材、纸、油等）接触。穿上适当的防护服前严禁接触破裂的容器和泄漏物。尽可能切断泄漏源。勿使水进入包装容器内

环境保护措施　无资料

泄漏化学品的收容、清除方法及所使用的处置材料　小量泄漏：用洁净的铲子收集泄漏物，置于干净、干燥、盖子较松的容器中，将容器移离泄漏区。大量泄漏：泄漏物回收后，用水冲洗泄漏区

第七部分　操作处置与储存

操作注意事项　密闭操作，加强通风。操作人员必须经过专门培训，严格遵守操作规程。建议操作人员佩戴头罩型电动送风过滤式防尘呼吸器，穿聚乙烯防毒服，戴橡胶手套。远离火种、热源。工作场所严禁吸烟。远离易燃、可燃物。避免产生粉尘。避免与还原剂、酸类、活性金属粉末接触。搬运时要轻装轻卸，防止包装及容器损坏。禁止震动、撞击和摩擦。配备相应品种和数量的消防器材及泄漏应急处理设备。倒空的容器可能残留有害物

储存注意事项　储存于阴凉、通风的库房。远离火种、热源。库房温度不超过 30℃，相对湿度不超过 80%。包装必须密封，防止受潮。应与易（可）燃物、还原剂、酸类、活性金属粉末等分开存放，切忌混储。储区应备有合适的材料收容泄漏物

第八部分　接触控制/个体防护

职业接触限值

中国　未制定标准

美国(ACGIH)　未制定标准

生物接触限值　未制定标准

监测方法　空气中有毒物质测定方法：未制定标准。生物监测检验方法：未制定标准

工程控制　生产过程密闭，加强通风。提供安全的淋浴和洗眼设备

个体防护装备

呼吸系统防护　可能接触其粉尘时，建议佩戴过滤式防尘呼吸器

眼睛防护　戴化学安全防护眼镜

皮肤和身体防护　穿隔绝式防毒服

手防护　戴橡胶手套

第九部分　理化特性

外观与性状　无色或白色斜方晶系结晶，有吸湿性

pH 值 无意义　**熔点(℃)** 482（分解）
沸点(℃) 无资料　**相对密度(水=1)** 2.52
相对蒸气密度(空气=1) 无资料
饱和蒸气压(kPa) 无资料
燃烧热(kJ/mol) 无资料　**临界温度(℃)** 无资料
临界压力(MPa) 无意义　**辛醇/水分配系数** −7.18
闪点(℃) 无意义　**自燃温度(℃)** 无意义
爆炸下限(%) 无意义　**爆炸上限(%)** 无意义
分解温度(℃) 400　**黏度(mPa·s)** 无资料
溶解性 溶于水、乙醇

第十部分　稳定性和反应性

稳定性 稳定
危险反应 与强还原剂、易燃或可燃物等禁配物接触，有发生火灾和爆炸的危险
避免接触的条件 受热
禁配物 易燃或可燃物、强酸、强还原剂、活性金属粉末、镁
危险的分解产物 氯化物

第十一部分　毒理学信息

急性毒性 LD_{50}：2100mg/kg（大鼠经口）
皮肤刺激或腐蚀 无资料
眼睛刺激或腐蚀 无资料
呼吸或皮肤过敏 无资料
生殖细胞突变性 DNA 修复：大肠杆菌 1500pmol/皿
致癌性 无资料
生殖毒性 无资料
特异性靶器官系统毒性-一次接触 无资料
特异性靶器官系统毒性-反复接触 无资料
吸入危害 无资料

第十二部分　生态学信息

生态毒性 无资料
持久性和降解性
　生物降解性　无资料
　非生物降解性　无资料
潜在的生物累积性 无资料
土壤中的迁移性 无资料

第十三部分　废弃处置

废弃化学品 用安全掩埋法处置
污染包装物 将容器返还生产商或按照国家和地方法规处置
废弃注意事项 处置前应参阅国家和地方有关法规

第十四部分　运输信息

联合国危险货物编号（UN 号） 1502
联合国运输名称 高氯酸钠
联合国危险性类别 5.1　**包装类别** Ⅱ类包装
包装标志 

海洋污染物 否
运输注意事项 运输时单独装运，运输过程中要确保容器不泄漏、不倒塌、不坠落、不损坏。运输时运输车辆应配备相应品种和数量的消防器材及泄漏应急处理设备。严禁与酸类、易燃物、有机物、还原剂、自燃物品、遇湿易燃物品等并车混运。运输时车速不宜过快，不得强行超车。运输车辆装卸前后，均应彻底清扫、洗净，严禁混入有机物、易燃物等杂质

第十五部分　法规信息

下列法律、法规、规章和标准，对该化学品的管理作了相应的规定。
中华人民共和国职业病防治法 职业病分类和目录：未列入
危险化学品安全管理条例 危险化学品目录：列入。易制爆危险化学品名录：列入。重点监管的危险化学品名录：未列入。GB 18218—2009《危险化学品重大危险源辨识》(表 1)：未列入
使用有毒物品作业场所劳动保护条例 高毒物品目录：未列入
易制毒化学品管理条例 易制毒化学品的分类和品种目录：未列入
国际公约 斯德哥尔摩公约：未列入。鹿特丹公约：未列入。蒙特利尔议定书：未列入

第十六部分　其他信息

编写和修订信息　**缩略语和首字母缩写**
培训建议　**参考文献**
免责声明

过氯酸铅

第一部分　化学品标识

化学品中文名 过氯酸铅；高氯酸铅
化学品英文名 lead perchlorate
分子式 $Pb(ClO_4)_2$　**相对分子质量** 406.10
结构式 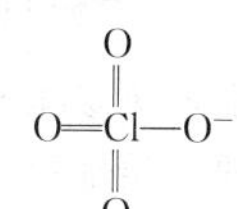
化学品的推荐及限制用途 用作涂料中的耐腐蚀颜料，制造蓄电池、化学药品

第二部分　危险性概述

紧急情况概述 可加剧燃烧：氧化剂，吞咽有害，吸入有害，可能致癌
GHS 危险性类别 氧化性固体，类别 2；急性毒性-经口，类别 4；急性毒性-吸入，类别 4；生殖毒性，类别 1A；致癌性，类别 1B；特异性靶器官毒性-反复接触，类别 2；危害水生环境-急性危害，类别 1；危害水生环境-长期危害，类别 1
标签要素
象形图 

警示词 危险

危险性说明 可加剧燃烧：氧化剂，吞咽有害，吸入有害，可能对生育力或胎儿造成伤害，可能致癌，长时间或反复接触可能对器官造成损伤，对水生生物毒性非常大并具有长期持续影响

防范说明

预防措施 远离热源。远离衣物、可燃物保存。采取一切预防措施，避免与可燃物混合。戴防护手套、防护眼镜、防护面罩。避免接触眼睛、皮肤，操作后彻底清洗。作业场所不得进食、饮水或吸烟。避免吸入粉尘、烟。仅在室外或通风良好处操作。得到专门指导后操作。在阅读并了解所有安全预防措施之前，切勿操作。按要求使用个体防护装备。禁止排入环境

事故响应 火灾时，根据着火原因选择适当灭火剂灭火。如吸入：将患者转移到空气新鲜处，休息，保持利于呼吸的体位；如感觉不适，呼叫中毒控制中心或就医。食入：漱口；如果感觉不适，立即呼叫中毒控制中心或就医。如果接触或有担心，就医。收集泄漏物

安全储存 上锁保管

废弃处置 本品及内装物、容器依据国家和地方法规处置

物理和化学危险 与可燃物混合或急剧加热会发生爆炸

健康危害 本品的毒性与其他铅化合物相似，可造成造血系统、神经系统及肾脏损害。对皮肤和黏膜有强刺激性

环境危害 对水生生物毒性非常大并具有长期持续影响

第三部分 成分/组成信息

√物质 混合物

组分	浓度	CAS No.
过氯酸铅		13637-76-8

第四部分 急救措施

吸入 迅速脱离现场至空气新鲜处。保持呼吸道通畅。如呼吸困难，给输氧。如呼吸、心跳停止，立即进行心肺复苏术。就医

皮肤接触 立即脱去污染的衣着，用流动清水彻底冲洗。就医

眼睛接触 立即分开眼睑，用流动清水或生理盐水彻底冲洗。就医

食入 漱口，饮水。就医

对保护施救者的忠告 根据需要使用个人防护设备

对医生的特别提示 解毒剂：依地酸二钠钙、二巯基丁二酸钠、二巯基丁二酸等

第五部分 消防措施

灭火剂 本品不燃。根据着火原因选择适当灭火剂灭火

特别危险性 与还原剂、有机物、易燃物（如硫、磷）或金属粉末等混合可形成爆炸性混合物。与甲醇接触会发生剧烈反应引起爆炸

灭火注意事项及防护措施 消防人员必须佩戴空气呼吸器、穿全身防火防毒服，在上风向灭火。尽可能将容器从火场移至空旷处。喷水保持火场容器冷却，直至灭火结束。在火场中与可燃物混合会发生爆炸，消防人员须在有防爆掩蔽处操作。禁止用砂土压盖

第六部分 泄漏应急处理

作业人员防护措施、防护装备和应急处置程序 隔离泄漏污染区，限制出入。建议应急处理人员戴防尘口罩，穿防毒服，戴橡胶手套。勿使泄漏物与可燃物质（如木材、纸、油等）接触。穿上适当的防护服前严禁接触破裂的容器和泄漏物。尽可能切断泄漏源

环境保护措施 无资料

泄漏化学品的收容、清除方法及所使用的处置材料 用洁净的铲子收集泄漏物，置于干净、干燥、盖子较松的容器中，将容器移离泄漏区

第七部分 操作处置与储存

操作注意事项 密闭操作，加强通风。操作人员必须经过专门培训，严格遵守操作规程。建议操作人员佩戴头罩型电动送风过滤式防尘呼吸器，穿聚乙烯防毒服，戴橡胶手套。远离火种、热源。工作场所严禁吸烟。远离易燃、可燃物。避免产生粉尘。避免与还原剂接触。搬运时要轻装轻卸，防止包装及容器损坏。禁止震动、撞击和摩擦。配备相应品种和数量的消防器材及泄漏应急处理设备。倒空的容器可能残留有害物

储存注意事项 储存于阴凉、通风的库房。库房温度不超过30℃，相对湿度不超过80%。远离火种、热源。包装必须密封，切勿受潮。应与易（可）燃物、还原剂、食用化学品分开存放，切忌混储。储区应备有合适的材料收容泄漏物

第八部分 接触控制/个体防护

职业接触限值

中国 PC-TWA：0.05mg/m^3（铅尘），0.03mg/m^3（铅烟）[按Pb计][G2A]

美国(ACGIH) TLV-TWA：0.05mg/m^3 [按Pb计]

生物接触限值 血铅：2.0μmol/L（400μg/L）（采样时间：接触3周后的任意时间）

监测方法 空气中有毒物质测定方法：火焰原子吸收光谱法；双硫腙分光光度法；氢化物-原子吸收光谱法；微分电位溶出法。生物监测检验方法：血中铅的石墨炉原子吸收光谱测定方法；血中铅的微分电位溶出测定方法

工程控制 生产过程密闭，加强通风。提供安全的淋浴和洗眼设备

个体防护装备

呼吸系统防护 可能接触其粉尘时，建议佩戴过滤式防尘呼吸器

眼睛防护 戴化学安全防护眼镜

皮肤和身体防护 穿隔绝式防毒服

手防护 戴橡胶手套

第九部分 理化特性

外观与性状 白色斜方结晶，有潮解性

pH 值 无意义 **熔点(℃)** 100（分解）

沸点(℃) 无资料 **相对密度(水=1)** 2.6

相对蒸气密度(空气=1) 无资料

饱和蒸气压(kPa) 无资料

燃烧热(kJ/mol) 无资料 **临界温度(℃)** 无资料

临界压力(MPa) 无意义 **辛醇/水分配系数** 无资料

闪点(℃) 无意义 **自燃温度(℃)** 无意义

爆炸下限(%) 无意义 **爆炸上限(%)** 无意义

分解温度(℃) 无资料 **黏度(mPa·s)** 无资料

溶解性 易溶于冷水，溶于乙醇

第十部分 稳定性和反应性

稳定性 稳定

危险反应 与强还原剂、易燃或可燃物等禁配物接触，有发生火灾和爆炸的危险

避免接触的条件 受热

禁配物 还原剂、易燃或可燃物

危险的分解产物 氧化铅

第十一部分 毒理学信息

急性毒性 无资料 **皮肤刺激或腐蚀** 无资料

眼睛刺激或腐蚀 无资料 **呼吸或皮肤过敏** 无资料

生殖细胞突变性 无资料

致癌性 IARC 致癌性评论：组 2A，可能人类致癌物

生殖毒性 无资料

特异性靶器官系统毒性-一次接触 无资料

特异性靶器官系统毒性-反复接触 无资料

吸入危害 无资料

第十二部分 生态学信息

生态毒性 含铅化合物对水生生物有极高毒性

持久性和降解性

生物降解性 无资料

非生物降解性 无资料

潜在的生物累积性 元素铅易在生物体内富集

土壤中的迁移性 无资料

第十三部分 废弃处置

废弃化学品 根据国家和地方有关法规的要求处置。或与制造商联系，确定处置方法

污染包装物 将容器返还生产商或按照国家和地方法规处置

废弃注意事项 处置前应参阅国家和地方有关法规。废弃处置人员必须接受过专门的爆炸性物质废弃处置培训

第十四部分 运输信息

联合国危险货物编号（UN 号） 1470

联合国运输名称 高氯酸铅，固态

联合国危险性类别 5.1，6.1 **包装类别** Ⅱ类包装

包装标志

海洋污染物 是

运输注意事项 运输时单独装运，运输过程中要确保容器不泄漏、不倒塌、不坠落、不损坏。运输时运输车辆应配备相应品种和数量的消防器材及泄漏应急处理设备。严禁与酸类、易燃物、有机物、还原剂、自燃物品、遇湿易燃物品等并车混运。运输时车速不宜过快，不得强行超车。运输车辆装卸前后，均应彻底清扫、洗净，严禁混入有机物、易燃物等杂质

第十五部分 法规信息

下列法律、法规、规章和标准，对该化学品的管理作了相应的规定。

中华人民共和国职业病防治法 职业病分类和目录：铅及其化合物中毒

危险化学品安全管理条例 危险化学品目录：列入。易制爆危险化学品名录：未列入。重点监管的危险化学品名录：未列入。GB 18218—2009《危险化学品重大危险源辨识》(表 1)：未列入

使用有毒物品作业场所劳动保护条例 高毒物品目录：列入

易制毒化学品管理条例 易制毒化学品的分类和品种目录：未列入

国际公约 斯德哥尔摩公约：未列入。鹿特丹公约：未列入。蒙特利尔议定书：未列入

第十六部分 其他信息

编写和修订信息 **缩略语和首字母缩写**

培训建议 **参考文献**

免责声明

过氯酸银

第一部分 化学品标识

化学品中文名 过氯酸银；高氯酸银

化学品英文名 silver perchlorate

分子式 $AgClO_4$ **相对分子质量** 207.32

结构式

$$\mathrm{Ag{-}O{-}\overset{\overset{\displaystyle O}{\|}}{\underset{\underset{\displaystyle O}{\|}}{Cl}}{=}O}$$

化学品的推荐及限制用途 用作氧化剂

第二部分 危险性概述

紧急情况概述 可加剧燃烧；氧化剂

GHS 危险性类别 氧化性固体，类别 2

标签要素

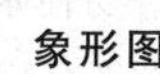

象形图

警示词 危险

危险性说明 可加剧燃烧；氧化剂

防范说明

预防措施 远离热源。远离衣物、可燃物保存。采取一切预防措施，避免与可燃物混合。戴防护手套、防护眼镜、防护面罩

事故响应 火灾时，根据着火原因选择适当灭火剂灭火

安全储存 -

废弃处置 本品及内装物、容器依据国家和地方法规处置

物理和化学危险 与可燃物混合或急剧加热会发生爆炸

健康危害 本品对黏膜、上呼吸道、眼睛和皮肤有强刺激性。长期接触银化合物可引起皮肤、眼、呼吸道全身性银质沉着。皮肤色素沉着，呈灰黑色或浅石板色

环境危害 对环境可能有害

第三部分 成分/组成信息

√物质		混合物
组分	**浓度**	**CAS No.**
过氯酸银		7783-93-9

第四部分 急救措施

吸入 迅速脱离现场至空气新鲜处。保持呼吸道通畅。如呼吸困难，给输氧。如呼吸、心跳停止，立即进行心肺复苏术。就医

皮肤接触 立即脱去污染的衣着，用流动清水彻底冲洗。就医

眼睛接触 立即分开眼睑，用流动清水或生理盐水彻底冲洗。就医

食入 漱口，饮水。就医

对保护施救者的忠告 根据需要使用个人防护设备

对医生的特别提示 对症处理

第五部分 消防措施

灭火剂 本品不燃。根据着火原因选择适当灭火剂灭火

特别危险性 极不稳定，摩擦能爆炸。与还原剂、有机物、易燃物（如硫、磷）或金属粉末等混合可形成爆炸性混合物

灭火注意事项及防护措施 消防人员必须佩戴空气呼吸器、穿全身防火防毒服，在上风向灭火。尽可能将容器从火场移至空旷处。喷水保持火场容器冷却，直至灭火结束。在火场中与可燃物混合会发生爆炸，消防人员须在有防爆掩蔽处操作。禁止用砂土压盖

第六部分 泄漏应急处理

作业人员防护措施、防护装备和应急处置程序 隔离泄漏污染区，限制出入。建议应急处理人员戴防尘口罩，穿防毒服，戴橡胶手套。勿使泄漏物与可燃物质（如木材、纸、油等）接触。穿上适当的防护服前严禁接触破裂的容器和泄漏物。尽可能切断泄漏源。勿使水进入包装容器内

环境保护措施 无资料

泄漏化学品的收容、清除方法及所使用的处置材料 小量泄漏：用洁净的铲子收集泄漏物，置于干净、干燥、盖子较松的容器中，将容器移离泄漏区。大量泄漏：泄漏物回收后，用水冲洗泄漏区

第七部分 操作处置与储存

操作注意事项 密闭操作，加强通风。操作人员必须经过专门培训，严格遵守操作规程。建议操作人员佩戴头罩型电动送风过滤式防尘呼吸器，穿聚乙烯防毒服，戴橡胶手套。远离火种、热源。工作场所严禁吸烟。远离易燃、可燃物。避免产生粉尘。避免与还原剂、醇类、活性金属粉末接触。搬运时要轻装轻卸，防止包装及容器损坏。禁止震动、撞击和摩擦。配备相应品种和数量的消防器材及泄漏应急处理设备。倒空的容器可能残留有害物

储存注意事项 储存于阴凉、通风的库房。库房温度不超过30℃，相对湿度不超过80%。远离火种、热源。包装必须密封，切勿受潮。应与易（可）燃物、还原剂、醇类、活性金属粉末等分开存放，切忌混储。储区应备有合适的材料收容泄漏物

第八部分 接触控制/个体防护

职业接触限值

中国 未制定标准

美国(ACGIH) TLV-TWA：0.01mg/m^3 [按Ag计]

生物接触限值 未制定标准

监测方法 空气中有毒物质测定方法：未制定标准。生物监测检验方法：未制定标准

工程控制 生产过程密闭，加强通风。提供安全的淋浴和洗眼设备

个体防护装备

呼吸系统防护 可能接触其粉尘时，建议佩戴过滤式防尘呼吸器

眼睛防护 戴化学安全防护眼镜

皮肤和身体防护 穿隔绝式防毒服

手防护 戴橡胶手套

第九部分 理化特性

外观与性状 白色结晶，有潮解性

pH值 无意义 **熔点(℃)** 486（分解）

沸点(℃) 无资料

相对密度(水=1) 2.806（25℃/4℃）

相对蒸气密度(空气=1) 无资料

饱和蒸气压(kPa) 无资料

燃烧热(kJ/mol) 无资料 **临界温度(℃)** 无资料

临界压力(MPa) 无意义 **辛醇/水分配系数** −5.73

闪点(℃) 无意义 **自燃温度(℃)** 无意义

爆炸下限(%) 无意义 **爆炸上限(%)** 无意义

分解温度(℃) 486 **黏度(mPa·s)** 无资料

溶解性 溶于水，溶于乙醇、苯、甲苯等

第十部分 稳定性和反应性

稳定性 稳定

危险反应 与强还原剂、易燃或可燃物等禁配物接触，有发生火灾和爆炸的危险

避免接触的条件 摩擦、撞击、受热

禁配物 强还原剂、醇类、易燃或可燃物、活性金属粉末、硫、磷

危险的分解产物 氯化物

第十一部分 毒理学信息

急性毒性 无资料 **皮肤刺激或腐蚀** 无资料

眼睛刺激或腐蚀 无资料 **呼吸或皮肤过敏** 无资料

生殖细胞突变性 无资料 **致癌性** 无资料

生殖毒性 无资料

特异性靶器官系统毒性-一次接触 无资料

特异性靶器官系统毒性-反复接触 无资料

吸入危害 无资料

第十二部分 生态学信息

生态毒性 无资料

持久性和降解性

生物降解性 无资料

非生物降解性 无资料

潜在的生物累积性 无资料

土壤中的迁移性 无资料

第十三部分 废弃处置

废弃化学品 根据国家和地方有关法规的要求处置。或与制造商联系，确定处置方法

污染包装物 将容器返还生产商或按照国家和地方法规处置

废弃注意事项 处置前应参阅国家和地方有关法规。废弃处置人员必须接受过专门的爆炸性物质废弃处置培训

第十四部分 运输信息

联合国危险货物编号（UN号） 1481

联合国运输名称 无机高氯酸盐，未另作规定的（高氯酸银）

联合国危险性类别 5.1 **包装类别** Ⅱ类包装

包装标志 

海洋污染物 否

运输注意事项 运输时单独装运，运输过程中要确保容器不泄漏、不倒塌、不坠落、不损坏。运输时运输车辆应配备相应品种和数量的消防器材及泄漏应急处理设备。严禁与酸类、易燃物、有机物、还原剂、自燃物品、遇湿易燃物品等并车混运。运输时车速不宜过快，不得强行超车。运输车辆装卸前后，均应彻底清扫、洗净，严禁混入有机物、易燃物等杂质

第十五部分 法规信息

下列法律、法规、规章和标准，对该化学品的管理作了相应的规定。

中华人民共和国职业病防治法 职业病分类和目录：未列入

危险化学品安全管理条例 危险化学品目录：列入。易制爆危险化学品名录：未列入。重点监管的危险化学品名录：未列入。GB 18218—2009《危险化学品重大危险源辨识》（表1）：未列入

使用有毒物品作业场所劳动保护条例 高毒物品目录：未列入

易制毒化学品管理条例 易制毒化学品的分类和品种目录：未列入

国际公约 斯德哥尔摩公约：未列入。鹿特丹公约：未列入。蒙特利尔议定书：未列入

第十六部分 其他信息

编写和修订信息 **缩略语和首字母缩写**

培训建议 **参考文献**

免责声明

过锰酸钙

第一部分 化学品标识

化学品中文名 过锰酸钙；高锰酸钙

化学品英文名 calcium permanganate；acerdol

分子式 $Ca(MnO_4)_2$ **相对分子质量** 277.96

化学品的推荐及限制用途 用于纺织工业及水的消毒

第二部分 危险性概述

紧急情况概述 可加剧燃烧：氧化剂

GHS危险性类别 氧化性固体，类别2

标签要素

象形图 

警示词 危险

危险性说明 可加剧燃烧：氧化剂

防范说明

预防措施 远离热源。远离衣物、可燃物保存。采取一切预防措施，避免与可燃物混合。戴防护手套、防护眼镜、防护面罩

事故响应 火灾时，根据着火原因选择适当灭火剂灭火

安全储存 -

废弃处置 本品及内装物、容器依据国家和地方法规处置

物理和化学危险 助燃。与可燃物混合会发生爆炸

健康危害 可能具有刺激性

环境危害 对环境可能有害

第三部分 成分/组成信息

√物质 混合物

组分	浓度	CAS No.
过锰酸钙		10118-76-0

第四部分 急救措施

吸入 迅速脱离现场至空气新鲜处。保持呼吸道通畅。如呼吸困难，给输氧。如呼吸、心跳停止，立即进行心肺复苏术。就医

皮肤接触 立即脱去污染的衣着，用流动清水彻底冲洗。就医

眼睛接触 立即分开眼睑，用流动清水或生理盐水彻底冲洗。就医

食入 漱口，饮水。就医

对保护施救者的忠告 根据需要使用个人防护设备

对医生的特别提示 对症处理

第五部分 消防措施

灭火剂 本品不燃。根据着火原因选择适当灭火剂灭火

特别危险性 与有机物、还原剂、易燃物（如硫、磷）等接触或混合时有引起燃烧爆炸的危险。遇硫酸、铵盐或过氧化氢能发生爆炸。遇甘油、乙醇能引起自燃

灭火注意事项及防护措施 消防人员须戴好防毒面具，在安全距离以外，在上风向灭火。尽可能将容器从火场移至空旷处。喷水保持火场容器冷却，直至灭火结束

第六部分 泄漏应急处理

作业人员防护措施、防护装备和应急处置程序 隔离泄漏污染区，限制出入。建议应急处理人员戴防尘口罩，穿防毒服戴氯丁橡胶手套。勿使泄漏物与可燃物质（如木材、纸、油等）接触。穿上适当的防护服前严禁接触破裂的容器和泄漏物。尽可能切断泄漏源。勿使水进入包装容器内

环境保护措施 无资料

泄漏化学品的收容、清除方法及所使用的处置材料 小量泄漏：用洁净的铲子收集泄漏物，置于干净、干燥、盖子较松的容器中，将容器移离泄漏区。大量泄漏：泄漏物回收后，用水冲洗泄漏区

第七部分 操作处置与储存

操作注意事项 密闭操作，加强通风。操作人员必须经过专门培训，严格遵守操作规程。建议操作人员佩戴头罩型电动送风过滤式防尘呼吸器，穿聚乙烯防毒服，戴氯丁橡胶手套。远离火种、热源。工作场所严禁吸烟。远离易燃、可燃物。避免产生粉尘。避免与还原剂、活性金属粉末接触。搬运时要轻装轻卸，防止包装及容器损坏。禁止震动、撞击和摩擦。配备相应品种和数量的消防器材及泄漏应急处理设备。倒空的容器可能残留有害物

储存注意事项 储存于阴凉、通风的库房。库房温度不超过 30℃，相对湿度不超过 80%。远离火种、热源。包装密封。应与易（可）燃物、还原剂、活性金属粉末等分开存放，切忌混储。储区应备有合适的材料收容泄漏物

第八部分 接触控制/个体防护

职业接触限值

中国 PC-TWA：0.15mg/m³［按 MnO_2 计］

美国(ACGIH) TLV-TWA：0.2mg/m³［按 Mn 计］

生物接触限值 未制定标准

监测方法 空气中有毒物质测定方法：磷酸-高碘酸钾分光光度法；火焰原子吸收光谱法。生物监测检验方法：未制定标准

工程控制 生产过程密闭，加强通风。提供安全的淋浴和洗眼设备

个体防护装备

呼吸系统防护 可能接触其粉尘时，建议佩戴过滤式防尘呼吸器

眼睛防护 戴化学安全防护眼镜

皮肤和身体防护 穿隔绝式防毒服

手防护 戴橡胶手套

第九部分 理化特性

外观与性状 紫色结晶 **pH 值** 无意义

熔点(℃) 130～140（分解）

沸点(℃) 无资料 **相对密度(水=1)** 2.4

相对蒸气密度(空气=1) 无资料

饱和蒸气压(kPa) 无资料

燃烧热(kJ/mol) 无资料 **临界温度(℃)** 无资料

临界压力(MPa) 无意义 **辛醇/水分配系数** 无资料

闪点(℃) 无意义 **自燃温度(℃)** 无意义

爆炸下限(%) 无意义 **爆炸上限(%)** 无意义

分解温度(℃) 140 **黏度(mPa·s)** 无资料

溶解性 溶于水、液氨

第十部分 稳定性和反应性

稳定性 稳定

危险反应 与强还原剂、易燃或可燃物等禁配物接触，有发生火灾和爆炸的危险

避免接触的条件 受热，震动和撞击

禁配物 易燃或可燃物、强还原剂、磷、硫、活性金属粉末。硫酸、铵盐、过氧化氢、甘油、乙醇

危险的分解产物 氧化钙、氧化锰

第十一部分 毒理学信息

急性毒性 LDLo：50mg/kg（兔静脉内）

皮肤刺激或腐蚀 无资料 **眼睛刺激或腐蚀** 无资料

呼吸或皮肤过敏 无资料 **生殖细胞突变性** 无资料

致癌性 无资料 **生殖毒性** 无资料

特异性靶器官系统毒性-一次接触 无资料

特异性靶器官系统毒性-反复接触 无资料

吸入危害 无资料

第十二部分 生态学信息

生态毒性 无资料

持久性和降解性

生物降解性　无资料

非生物降解性　无资料

潜在的生物累积性　无资料

土壤中的迁移性　无资料

第十三部分　废弃处置

废弃化学品　根据国家和地方有关法规的要求处置。或与制造商联系，确定处置方法

污染包装物　将容器返还生产商或按照国家和地方法规处置

废弃注意事项　处置前应参阅国家和地方有关法规

第十四部分　运输信息

联合国危险货物编号（UN号）　1456

联合国运输名称　高锰酸钙

联合国危险性类别　5.1　**包装类别**　Ⅱ类包装

包装标志

海洋污染物　否

运输注意事项　运输时单独装运，运输过程中要确保容器不泄漏、不倒塌、不坠落、不损坏。运输时运输车辆应配备相应品种和数量的消防器材及泄漏应急处理设备。严禁与酸类、易燃物、有机物、还原剂、自燃物品、遇湿易燃物品等并车混运。运输时车速不宜过快，不得强行超车。运输车辆装卸前后，均应彻底清扫、洗净，严禁混入有机物、易燃物等杂质

第十五部分　法规信息

下列法律、法规、规章和标准，对该化学品的管理作了相应的规定。

中华人民共和国职业病防治法　职业病分类和目录：未列入

危险化学品安全管理条例　危险化学品目录：列入。易制爆危险化学品名录：未列入。重点监管的危险化学品名录：未列入。GB 18218—2009《危险化学品重大危险源辨识》(表1)：未列入

使用有毒物品作业场所劳动保护条例　高毒物品目录：列入

易制毒化学品管理条例　易制毒化学品的分类和品种目录：未列入

国际公约　斯德哥尔摩公约：未列入。鹿特丹公约：未列入。蒙特利尔议定书：未列入

第十六部分　其他信息

编写和修订信息　　**缩略语和首字母缩写**

培训建议　　**参考文献**

免责声明

过锰酸钠

第一部分　化学品标识

化学品中文名　过锰酸钠；高锰酸钠

化学品英文名　sodium permanganate

分子式　$NaMnO_4$　**相对分子质量**　141.93

化学品的推荐及限制用途　用作氧化剂、杀菌剂、解毒剂，也可作高锰酸钾的代用品

第二部分　危险性概述

紧急情况概述　可加剧燃烧：氧化剂，吞咽有害，造成严重的皮肤灼伤和眼损伤，对水生生物毒性非常大并具有长期持续影响

GHS危险性类别　氧化性固体，类别2；急性毒性-经口，类别4；皮肤腐蚀/刺激，类别1B；严重眼损伤/眼刺激，类别1；危害水生环境-急性危害，类别1；危害水生环境-长期危害，类别1

标签要素

象形图

警示词　危险

危险性说明　可加剧燃烧：氧化剂，吞咽有害，造成严重的皮肤灼伤和眼损伤，对水生生物毒性非常大并具有长期持续影响

防范说明

预防措施　远离热源。远离衣物、可燃物保存。采取一切预防措施，避免与可燃物混合。避免接触眼睛、皮肤，操作后彻底清洗。作业场所不得进食、饮水或吸烟。避免吸入粉尘或烟雾。戴防护手套，穿防护服，戴防护眼镜、防护面罩。禁止排入环境

事故响应　火灾时，根据着火原因选择适当灭火剂灭火。如吸入：将患者转移到空气新鲜处，休息，保持利于呼吸的体位。皮肤（或头发）接触：立即脱掉所有被污染的衣服，用水冲洗皮肤，淋浴。污染的衣服须洗净后方可重新使用。眼睛接触：用水细心地冲洗数分钟。如戴隐形眼镜并可方便地取出，则取出隐形眼镜继续冲洗。食入：漱口。不要催吐。如果感觉不适，立即呼叫中毒控制中心或就医。收集泄漏物

安全储存　上锁保管

废弃处置　本品及内装物、容器依据国家和地方法规处置

物理和化学危险　助燃。与可燃物混合会发生爆炸

健康危害　眼和皮肤接触引起灼伤

环境危害　对水生生物毒性非常大并具有长期持续影响

第三部分　成分/组成信息

√物质　　混合物

组分	浓度	CAS No.
过锰酸钠		10101-50-5

第四部分　急救措施

吸入　迅速脱离现场至空气新鲜处。保持呼吸道通畅。如

呼吸困难，给输氧。如呼吸、心跳停止，立即进行心肺复苏术。就医

皮肤接触 立即脱去污染的衣着，用大量流动清水彻底冲洗至少15min。就医

眼睛接触 立即分开眼睑，用流动清水或生理盐水彻底冲洗至少15min。就医

食入 用水漱口，禁止催吐。给饮牛奶或蛋清。就医

对保护施救者的忠告 根据需要使用个人防护设备

对医生的特别提示 对症处理

第五部分 消防措施

灭火剂 本品不燃。根据着火原因选择适当灭火剂灭火

特别危险性 遇硫酸、铵盐或过氧化氢能发生爆炸。遇甘油、乙醇能引起自燃。与有机物、还原剂、易燃物（如硫、磷等）接触或混合时有引起燃烧爆炸的危险

灭火注意事项及防护措施 消防人员必须佩戴空气呼吸器、穿全身防火防毒服，在上风向灭火。尽可能将容器从火场移至空旷处。喷水保持火场容器冷却，直至灭火结束

第六部分 泄漏应急处理

作业人员防护措施、防护装备和应急处置程序 隔离泄漏污染区，限制出入。建议应急处理人员戴防尘口罩，穿防毒服戴氯丁橡胶手套。勿使泄漏物与可燃物质（如木材、纸、油等）接触。穿上适当的防护服前严禁接触破裂的容器和泄漏物。尽可能切断泄漏源。勿使水进入包装容器内

环境保护措施 无资料

泄漏化学品的收容、清除方法及所使用的处置材料 小量泄漏：用洁净的铲子收集泄漏物，置于干净、干燥、盖子较松的容器中，将容器移离泄漏区。大量泄漏：泄漏物回收后，用水冲洗泄漏区

第七部分 操作处置与储存

操作注意事项 密闭操作，加强通风。操作人员必须经过专门培训，严格遵守操作规程。建议操作人员佩戴头罩型电动送风过滤式防尘呼吸器，穿胶布防毒衣，戴氯丁橡胶手套。远离火种、热源。工作场所严禁吸烟。远离易燃、可燃物。避免产生粉尘。避免与还原剂、活性金属粉末接触。搬运时要轻装轻卸，防止包装及容器损坏。禁止震动、撞击和摩擦。配备相应品种和数量的消防器材及泄漏应急处理设备。倒空的容器可能残留有害物

储存注意事项 储存于阴凉、通风的库房。库房温度不超过30℃，相对湿度不超过80%。远离火种、热源。包装必须密封，防止受潮。应与易（可）燃物、还原剂、活性金属粉末等分开存放，切忌混储。储区应备有合适的材料收容泄漏物

第八部分 接触控制/个体防护

职业接触限值

中国 PC-TWA：0.15mg/m³［按 MnO_2 计］

美国(ACGIH) TLV-TWA：0.2mg/m³［按Mn计］

生物接触限值 未制定标准

监测方法 空气中有毒物质测定方法：磷酸-高碘酸钾分光光度法；火焰原子吸收光谱法。生物监测检验方法：未制定标准

工程控制 生产过程密闭，加强通风。提供安全的淋浴和洗眼设备

个体防护装备

呼吸系统防护 可能接触其粉尘时，建议佩戴过滤式防尘呼吸器

眼睛防护 戴化学安全防护眼镜

皮肤和身体防护 穿隔绝式防毒服

手防护 戴橡胶手套

第九部分 理化特性

外观与性状 紫色到红紫色结晶或粉末，易潮解

pH值 无意义 **熔点(℃)** 104～107（分解）

沸点(℃) 无资料 **相对密度(水＝1)** 1.972

相对蒸气密度(空气＝1) 无资料

饱和蒸气压(kPa) 无资料

燃烧热(kJ/mol) 无资料 **临界温度(℃)** 无资料

辛醇/水分配系数 无资料 **临界压力(MPa)** 无意义

闪点(℃) 无意义 **自燃温度(℃)** 无意义

爆炸下限(%) 无意义 **爆炸上限(%)** 无意义

分解温度(℃) 104～107 **黏度(mPa·s)** 无资料

溶解性 溶于水、乙醇、乙醚、液氨

第十部分 稳定性和反应性

稳定性 稳定

危险反应 与强还原剂、易燃或可燃物等禁配物接触，有发生火灾和爆炸的危险

避免接触的条件 受热，震动和撞击

禁配物 强还原剂、活性金属粉末、易燃或可燃物、硫、磷。硫酸、铵盐、过氧化氢、甘油、乙醇

危险的分解产物 氧化锰

第十一部分 毒理学信息

急性毒性 无资料 **皮肤刺激或腐蚀** 无资料

眼睛刺激或腐蚀 无资料 **呼吸或皮肤过敏** 无资料

生殖细胞突变性 无资料 **致癌性** 无资料

生殖毒性 无资料

特异性靶器官系统毒性-一次接触 无资料

特异性靶器官系统毒性-反复接触 无资料

吸入危害 无资料

第十二部分 生态学信息

生态毒性 根据结构类似物质预测，该物质对水生生物有极高毒性

持久性和降解性

生物降解性 无资料

非生物降解性 无资料

潜在的生物累积性 无资料

土壤中的迁移性 无资料

第十三部分　废弃处置

废弃化学品　处理后，用安全掩埋法处置

污染包装物　将容器返还生产商或按照国家和地方法规处置

废弃注意事项　处置前应参阅国家和地方有关法规

第十四部分　运输信息

联合国危险货物编号（UN号）　1503

联合国运输名称　高锰酸钠

联合国危险性类别　5.1　**包装类别**　Ⅱ类包装

包装标志 

海洋污染物　否

运输注意事项　运输时单独装运，运输过程中要确保容器不泄漏、不倒塌、不坠落、不损坏。运输时运输车辆应配备相应品种和数量的消防器材及泄漏应急处理设备。严禁与酸类、易燃物、有机物、还原剂、自燃物品、遇湿易燃物品等并车混运。运输时车速不宜过快，不得强行超车。运输车辆装卸前后，均应彻底清扫、洗净，严禁混入有机物、易燃物等杂质

第十五部分　法规信息

下列法律、法规、规章和标准，对该化学品的管理作了相应的规定。

中华人民共和国职业病防治法　职业病分类和目录：未列入

危险化学品安全管理条例　危险化学品目录：列入。易制爆危险化学品名录：列入。重点监管的危险化学品名录：未列入。GB 18218—2009《危险化学品重大危险源辨识》(表1)：未列入

使用有毒物品作业场所劳动保护条例　高毒物品目录：列入

易制毒化学品管理条例　易制毒化学品的分类和品种目录：未列入

国际公约　斯德哥尔摩公约：未列入。鹿特丹公约：未列入。蒙特利尔议定书：未列入

第十六部分　其他信息

编写和修订信息　　**缩略语和首字母缩写**

培训建议　　**参考文献**

免责声明

过氧化钡

第一部分　化学品标识

化学品中文名　过氧化钡；二氧化钡

化学品英文名　barium peroxide；barium dioxide

分子式　BaO_2　**相对分子质量**　169.34

结构式

$$\begin{array}{c} Ba \\ / \; \backslash \\ O—O \end{array}$$

化学品的推荐及限制用途　用于钡盐或过氧化氢的制备，用作氧化剂、漂白剂、媒染剂、消毒剂等

第二部分　危险性概述

紧急情况概述　可加剧燃烧：氧化剂，吞咽有害，吸入有害

GHS危险性类别　氧化性固体，类别2；急性毒性-经口，类别4；急性毒性-吸入，类别4

标签要素

象形图 

警示词　危险

危险性说明　可加剧燃烧：氧化剂，吞咽有害，吸入有害

防范说明

预防措施　远离热源。远离衣物、可燃物保存。采取一切预防措施，避免与可燃物混合。戴防护手套、防护眼镜、防护面罩。避免接触眼睛、皮肤，操作后彻底清洗。作业场所不得进食、饮水或吸烟。避免吸入粉尘。仅在室外或通风良好处操作

事故响应　火灾时，根据着火原因选择适当灭火剂灭火。如吸入：将患者转移到空气新鲜处，休息，保持利于呼吸的体位。食入：漱口。如果感觉不适，立即呼叫中毒控制中心或就医

安全储存　-

废弃处置　本品及内装物、容器依据国家和地方法规处置

物理和化学危险　与可燃物混合或急剧加热会发生爆炸

健康危害　口服后急性中毒表现为恶心、呕吐、腹痛、腹泻、脉缓、进行性肌麻痹、心律紊乱、血钾明显降低等。可致死。本品粉尘对呼吸道有刺激性。眼及皮肤接触有强烈刺激性，甚至造成灼伤

慢性影响　长期接触钡化合物的工人，可有无力、气促、流涎、口腔黏膜肿胀糜烂、鼻炎、结膜炎、腹泻、心动过速、血压增高、脱发等

环境危害　对环境可能有害

第三部分　成分/组成信息

√物质　　混合物

组分	浓度	CAS No.
过氧化钡		1304-29-6

第四部分　急救措施

吸入　迅速脱离现场至空气新鲜处。保持呼吸道通畅。如呼吸困难，给输氧。如呼吸、心跳停止，立即进行心肺复苏术。就医

皮肤接触　立即脱去污染的衣着，用流动清水彻底冲洗。就医

眼睛接触　立即分开眼睑，用流动清水或生理盐水彻底冲洗。就医

食入　饮足量温水，催吐。给服硫酸钠。就医

对保护施救者的忠告 根据需要使用个人防护设备

对医生的特别提示 解毒剂：硫酸钠、硫代硫酸钠。有低血钾者应补充钾盐

第五部分 消防措施

灭火剂 本品不燃。根据着火原因选择适当灭火剂灭火

特别危险性 在少量水的润湿下，与可燃物的混合物在轻微的碰撞或摩擦下会燃烧。遇低级醇和水起化学反应而分解。急剧加热时可发生爆炸

灭火注意事项及防护措施 消防人员须戴好防毒面具，在安全距离以外，在上风向灭火。尽可能将容器从火场移至空旷处。喷水保持火场容器冷却，直至灭火结束。严禁用水、泡沫、二氧化碳扑救。禁止用砂土压盖

第六部分 泄漏应急处理

作业人员防护措施、防护装备和应急处置程序 隔离泄漏污染区，限制出入。建议应急处理人员戴防尘口罩，穿防毒服戴氯丁橡胶手套。勿使泄漏物与可燃物质（如木材、纸、油等）接触。穿上适当的防护服前严禁接触破裂的容器和泄漏物。尽可能切断泄漏源

环境保护措施 无资料

泄漏化学品的收容、清除方法及所使用的处置材料 用洁净的铲子收集泄漏物，置于干净、干燥、盖子较松的容器中，将容器移离泄漏区

第七部分 操作处置与储存

操作注意事项 密闭操作，加强通风。操作人员必须经过专门培训，严格遵守操作规程。建议操作人员佩戴头罩型电动送风过滤式防尘呼吸器，穿聚乙烯防毒服，戴氯丁橡胶手套。远离火种、热源。工作场所严禁吸烟。避免产生粉尘。避免与还原剂、酸类、醇类、活性金属粉末接触。搬运时要轻装轻卸，防止包装及容器损坏。禁止震动、撞击和摩擦。配备相应品种和数量的消防器材及泄漏应急处理设备。倒空的容器可能残留有害物

储存注意事项 储存于阴凉、干燥、通风良好的库房。库房温度不超过30℃，相对湿度不超过80%。远离火种、热源。包装密封。注意防潮和防雨淋。应与还原剂、酸类、醇类、活性金属粉末、食用化学品分开存放，切忌混储。储区应备有合适的材料收容泄漏物

第八部分 接触控制/个体防护

职业接触限值

中国 PC-TWA：0.5mg/m^3；PC-STEL：1.5mg/m^3［按Ba计］

美国(ACGIH) TLV-TWA：0.5mg/m^3［按Ba计］

生物接触限值 未制定标准

监测方法 空气中有毒物质测定方法：二溴对甲基偶氮甲磺分光光度法；等离子体原子发射光谱法。生物监测检验方法：未制定标准

工程控制 生产过程密闭，加强通风。提供安全的淋浴和洗眼设备

个体防护装备

呼吸系统防护 可能接触其粉尘时，建议佩戴过滤式防尘呼吸器

眼睛防护 戴化学安全防护眼镜

皮肤和身体防护 穿隔绝式防毒服

手防护 戴橡胶手套

第九部分 理化特性

外观与性状 白色或灰白色粉末

pH值 无意义 **熔点(℃)** 450

沸点(℃) 800（分解） **相对密度(水=1)** 4.96

相对蒸气密度(空气=1) 无资料

饱和蒸气压(kPa) 无资料

饱和蒸气压(kPa) 无资料 **临界温度(℃)** 无资料

临界压力(MPa) 无意义 **辛醇/水分配系数** 无资料

闪点(℃) 无意义 **自燃温度(℃)** 无意义

爆炸下限(%) 无意义 **爆炸上限(%)** 无意义

分解温度(℃) 800 **黏度(mPa·s)** 无资料

溶解性 微溶于水，不溶于乙醇、乙醚、丙酮

第十部分 稳定性和反应性

稳定性 稳定

危险反应 与强还原剂、水、易燃或可燃物等禁配物接触，有发生火灾和爆炸的危险

避免接触的条件 撞击、摩擦、潮湿空气

禁配物 强还原剂、水、酸类、易燃或可燃物、醇类、二氧化碳、活性金属粉末

危险的分解产物 氧化钡

第十一部分 毒理学信息

急性毒性 LD_{50}：50mg/kg（小鼠皮下）

皮肤刺激或腐蚀 无资料 **眼睛刺激或腐蚀** 无资料

呼吸或皮肤过敏 无资料 **生殖细胞突变性** 无资料

致癌性 无资料 **生殖毒性** 无资料

特异性靶器官系统毒性-一次接触 无资料

特异性靶器官系统毒性-反复接触 无资料

吸入危害 无资料

第十二部分 生态学信息

生态毒性 无资料

持久性和降解性

生物降解性 无资料

非生物降解性 无资料

潜在的生物累积性 无资料

土壤中的迁移性 无资料

第十三部分 废弃处置

废弃化学品 根据国家和地方有关法规的要求处置。或与制造商联系，确定处置方法

污染包装物 将容器返还生产商或按照国家和地方法规处置

废弃注意事项 处置前应参阅国家和地方有关法规

第十四部分　运输信息

联合国危险货物编号（UN 号） 1449

联合国运输名称 过氧化钡

联合国危险性类别 5.1，6.1　**包装类别** Ⅱ类包装

包装标志

海洋污染物 否

运输注意事项 运输时单独装运，运输过程中要确保容器不泄漏、不倒塌、不坠落、不损坏。运输时运输车辆应配备相应品种和数量的消防器材及泄漏应急处理设备。严禁与酸类、易燃物、有机物、还原剂、自燃物品、遇湿易燃物品等并车混运。运输时车速不宜过快，不得强行超车。运输车辆装卸前后，均应彻底清扫、洗净，严禁混入有机物、易燃物等杂质

第十五部分　法规信息

下列法律、法规、规章和标准，对该化学品的管理作了相应的规定。

中华人民共和国职业病防治法 职业病分类和目录：钡及其化合物中毒

危险化学品安全管理条例 危险化学品目录：列入。易制爆危险化学品名录：列入。重点监管的危险化学品名录：未列入。GB 18218—2009《危险化学品重大危险源辨识》(表 1)：未列入

使用有毒物品作业场所劳动保护条例 高毒物品目录：未列入

易制毒化学品管理条例 易制毒化学品的分类和品种目录：未列入

国际公约 斯德哥尔摩公约：未列入。鹿特丹公约：未列入。蒙特利尔议定书：未列入

第十六部分　其他信息

编写和修订信息　**缩略语和首字母缩写**

培训建议　**参考文献**

免责声明

过氧化丁二酸

第一部分　化学品标识

化学品中文名 过氧化丁二酸；过氧化琥珀酸；过氧化二丁二酸；过氧化丁二酰

化学品英文名 succinic acid peroxide；succinyl peroxide

分子式 $C_8H_{10}O_8$　**相对分子质量** 234.18

结构式 HO–C(=O)–CH₂CH₂–C(=O)–O–O–C(=O)–CH₂CH₂–C(=O)–OH

化学品的推荐及限制用途 用作聚合催化剂、除臭剂、防腐剂、不饱和聚酯固化剂

第二部分　危险性概述

紧急情况概述 加热可引起燃烧或爆炸

GHS 危险性类别 有机过氧化物，B 型

标签要素

象形图

警示词 危险

危险性说明 加热可引起燃烧或爆炸

防范说明

预防措施　远离热源、火花、明火、热表面。禁止吸烟。远离衣物、可燃物保存。仅在原容器中保存。戴防护手套、防护眼镜、防护面罩

事故响应　-

安全储存　保持阴凉，储存温度不超过 10℃。避免日照。远离其他物质储存

废弃处置　本品及内装物、容器依据国家和地方法规处置

物理和化学危险 易燃。受撞击、摩擦，遇明火或其他点火源极易爆炸

健康危害 本品对眼、黏膜和皮肤有强刺激性

环境危害 对环境可能有害

第三部分　成分/组成信息

√物质　　混合物

组分	浓度	CAS No.
过氧化丁二酸		123-23-9

第四部分　急救措施

吸入 迅速脱离现场至空气新鲜处。保持呼吸道通畅。如呼吸困难，给输氧。如呼吸、心跳停止，立即进行心肺复苏术。就医

皮肤接触 立即脱去污染的衣着，用流动清水彻底冲洗。就医

眼睛接触 立即分开眼睑，用流动清水或生理盐水彻底冲洗。就医

食入 漱口，饮水。就医

对保护施救者的忠告 根据需要使用个人防护设备

对医生的特别提示 对症处理

第五部分　消防措施

灭火剂 用水、雾状水、抗溶性泡沫、二氧化碳灭火

特别危险性 遇光或受热易分解。经摩擦、震动或撞击可引起燃烧或爆炸。与还原剂、促进剂、有机物、可燃物等接触会发生剧烈反应，有燃烧爆炸的危险。燃烧生成有害的一氧化碳

灭火注意事项及防护措施 消防人员必须穿全身耐酸碱消防服、佩戴空气呼吸器灭火。在物料附近失火，须用水保持容器冷却。消防人员须在有防爆掩蔽处操作。禁止用砂土压盖

第六部分　泄漏应急处理

作业人员防护措施、防护装备和应急处置程序 隔离泄漏污染区，限制出入。消除所有点火源。建议应急处理

人员戴防尘口罩，穿一般作业工作服，戴橡胶手套。勿使泄漏物与可燃物质（如木材、纸、油等）接触。用雾状水保持泄漏物湿润。尽可能切断泄漏源

环境保护措施 防止泄漏物进入水体、下水道、地下室或有限空间

泄漏化学品的收容、清除方法及所使用的处置材料 小量泄漏：用惰性、湿润的不燃材料吸收泄漏物，用洁净的非火花工具收集于一盖子较松的塑料容器中，待处理。大量泄漏：用水润湿，并筑堤收容。在专家指导下清除

第七部分 操作处置与储存

操作注意事项 密闭操作，局部排风。操作人员必须经过专门培训，严格遵守操作规程。建议操作人员佩戴头罩型电动送风过滤式防尘呼吸器，穿聚乙烯防毒服，戴橡胶手套。远离火种、热源。工作场所严禁吸烟。使用防爆型的通风系统和设备。远离易燃、可燃物。避免产生粉尘。避免与氧化剂、还原剂接触。搬运时要轻装轻卸，防止包装及容器损坏。禁止震动、撞击和摩擦。配备相应品种和数量的消防器材及泄漏应急处理设备。倒空的容器可能残留有害物

储存注意事项 储存于阴凉、通风的库房。远离火种、热源。避免光照。库温不宜超过 10℃。包装密封。应与易（可）燃物、氧化剂、还原剂分开存放，切忌混储。采用防爆型照明、通风设施。禁止使用易产生火花的机械设备和工具。储区应备有合适的材料收容泄漏物。禁止震动、撞击和摩擦

第八部分 接触控制/个体防护

职业接触限值

中国 未制定标准

美国(ACGIH) 未制定标准

生物接触限值 未制定标准

监测方法 空气中有毒物质测定方法：未制定标准。生物监测检验方法：未制定标准

工程控制 密闭操作，局部排风。提供安全的淋浴和洗眼设备

个体防护装备

呼吸系统防护 可能接触其粉尘时，应该佩戴过滤式防尘呼吸器

眼睛防护 戴化学安全防护眼镜

皮肤和身体防护 穿隔绝式防毒服

手防护 戴橡胶手套

第九部分 理化特性

外观与性状 白色细粉末，无臭，有酸味

pH 值 无意义 **熔点(℃)** 125（分解）

沸点(℃) 无资料 **相对密度(水=1)** 无资料

相对蒸气密度(空气=1) 无资料

饱和蒸气压(kPa) 无资料

燃烧热(kJ/mol) 无资料 **临界温度(℃)** 无资料

临界压力(MPa) 无资料 **辛醇/水分配系数** −0.570

闪点(℃) 无意义 **自燃温度(℃)** 无资料

爆炸下限(%) 无资料 **爆炸上限(%)** 无资料

分解温度(℃) 125 **黏度(mPa·s)** 无资料

溶解性 溶于水，溶于乙醇、丙酮，微溶于乙醚，不溶于苯、氯仿

第十部分 稳定性和反应性

稳定性 不稳定

危险反应 受热、摩擦、震动、撞击，与强氧化剂、易燃或可燃物等禁配物接触，有发生火灾和爆炸的危险

避免接触的条件 受热、光、摩擦、震动、撞击

禁配物 强氧化剂、强还原剂、易燃或可燃物

危险的分解产物 无资料

第十一部分 毒理学信息

急性毒性 LD_{50}：187.3μg/kg（小鼠经口）

皮肤刺激或腐蚀 无资料 **眼睛刺激或腐蚀** 无资料

呼吸或皮肤过敏 无资料 **生殖细胞突变性** 无资料

致癌性 无资料 **生殖毒性** 无资料

特异性靶器官系统毒性-一次接触 无资料

特异性靶器官系统毒性-反复接触 无资料

吸入危害 无资料

第十二部分 生态学信息

生态毒性 无资料

持久性和降解性

生物降解性 无资料

非生物降解性 无资料

潜在的生物累积性 无资料

土壤中的迁移性 无资料

第十三部分 废弃处置

废弃化学品 建议用控制焚烧法处置

污染包装物 将容器返还生产商或按照国家和地方法规处置

废弃注意事项 处置前应参阅国家和地方有关法规

第十四部分 运输信息

联合国危险货物编号（UN 号） 3102（72%＜含量≤100%）；3116（含量≤72%）

联合国运输名称 固态 B 型有机过氧化物（过氧化二琥珀酸）（72%＜含量≤100%）；固态 D 型有机过氧化物，控制温度的（过氧化二琥珀酸）（含量≤72%）

联合国危险性类别 5.2/1（72%＜含量≤100%），5.2（含量≤72%）

包装类别 -

包装标志

（72%＜含量≤100%）

5.2

（含量≤72%）

海洋污染物 否

运输注意事项 运输时单独装运，运输过程中要确保容器不泄漏、不倒塌、不坠落、不损坏。运输时运输车辆应配备相应品种和数量的消防器材及泄漏应急处理设备。严禁与酸类、易燃物、有机物、还原剂、自燃物品、遇湿易燃物品等并车混运。车速要加以控制，避免颠簸、震荡。夏季应早晚运输，防止日光曝晒。运输车辆装卸前后，均应彻底清扫、洗净，严禁混入有机物、易燃物等杂质

第十五部分 法规信息

下列法律、法规、规章和标准，对该化学品的管理作了相应的规定。

中华人民共和国职业病防治法 职业病分类和目录：未列入

危险化学品安全管理条例 危险化学品目录：列入。易制爆危险化学品名录：未列入。重点监管的危险化学品名录：未列入。GB 18218—2009《危险化学品重大危险源辨识》(表 1)：未列入

使用有毒物品作业场所劳动保护条例 高毒物品目录：未列入

易制毒化学品管理条例 易制毒化学品的分类和品种目录：未列入

国际公约 斯德哥尔摩公约：未列入。鹿特丹公约：未列入。蒙特利尔议定书：未列入

第十六部分 其他信息

编写和修订信息 **缩略语和首字母缩写**

培训建议 **参考文献**

免责声明

过氧化对氯苯甲酰

第一部分 化学品标识

化学品中文名 过氧化对氯苯甲酰；过氧化二-(4-氯苯甲酰)；过氧化二（对氯苯甲酰）

化学品英文名 *p*-chlorobenzoyl peroxide；bis(*p*-chlorobenzoyl) peroxide

分子式 $C_{14}H_8Cl_2O_4$ **相对分子质量** 311.12

结构式 Cl—C₆H₄—C(=O)—O—O—C(=O)—C₆H₄—Cl

化学品的推荐及限制用途 用于有机合成，用作聚合催化剂、漂白剂

第二部分 危险性概述

紧急情况概述 加热可引起燃烧或爆炸

GHS 危险性类别 有机过氧化物，B 型

标签要素

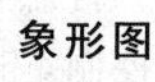

象形图 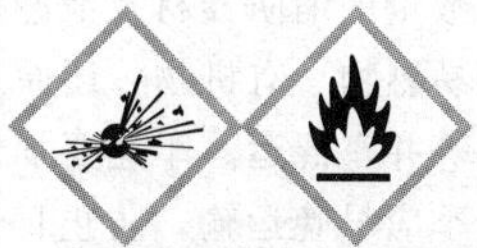

警示词 危险

危险性说明 加热可引起燃烧或爆炸

防范说明

预防措施 远离热源、火花、明火、热表面。禁止吸烟。远离衣物、可燃物保存。仅在原容器中保存。戴防护手套、防护眼镜、防护面罩

事故响应 -

安全储存 保持阴凉，储存温度不超过 30℃。避免日照。远离其他物质储存

废弃处置 本品及内装物、容器依据国家和地方法规处置

物理和化学危险 易燃。受撞击、摩擦，遇明火或其他点火源极易爆炸

健康危害 对皮肤、黏膜有刺激性。热解能释放出有毒的氯化氢烟雾

环境危害 对环境可能有害

第三部分 成分/组成信息

√物质		混合物
组分	**浓度**	**CAS No.**
过氧化对氯苯甲酰		94-17-7

第四部分 急救措施

吸入 迅速脱离现场至空气新鲜处。保持呼吸道通畅。如呼吸困难，给输氧。如呼吸、心跳停止，立即进行心肺复苏术。就医

皮肤接触 立即脱去污染的衣着，用流动清水彻底冲洗。就医

眼睛接触 立即分开眼睑，用流动清水或生理盐水彻底冲洗。就医

食入 漱口，饮水。就医

对保护施救者的忠告 无资料

对医生的特别提示 无资料

第五部分 消防措施

灭火剂 用水、雾状水、抗溶性泡沫、二氧化碳灭火

特别危险性 对撞击、摩擦较敏感，加热或卷入火时会产生剧烈分解，引起燃烧爆炸。与还原剂、促进剂、有机物、可燃物等接触会发生剧烈反应，有燃烧爆炸的危险。燃烧生成有害的一氧化碳、氯化氢

灭火注意事项及防护措施 消防人员须在有防爆掩蔽处操作。遇大火切勿轻易接近。在物料附近失火，须用水保持容器冷却。禁止用砂土压盖

第六部分 泄漏应急处理

作业人员防护措施、防护装备和应急处置程序 隔离泄漏污染区，限制出入。消除所有点火源。建议应急处理人员戴防尘口罩，穿一般作业工作服，戴橡胶手套。勿使泄漏物与可燃物质（如木材、纸、油等）接触。用雾状水保持泄漏物湿润。尽可能切断泄漏源

环境保护措施 防止泄漏物进入水体、下水道、地下室或有限空间

泄漏化学品的收容、清除方法及所使用的处置材料 小量泄漏：用惰性、湿润的不燃材料吸收泄漏物，用洁净

的非火花工具收集于一盖子较松的塑料容器中，待处理。大量泄漏：用水润湿，并筑堤收容。在专家指导下清除

第七部分 操作处置与储存

操作注意事项 密闭操作，局部排风。操作人员必须经过专门培训，严格遵守操作规程。建议操作人员佩戴头罩型电动送风过滤式防尘呼吸器，穿聚乙烯防毒服，戴橡胶手套。远离火种、热源。工作场所严禁吸烟。使用防爆型的通风系统和设备。远离易燃、可燃物。避免产生粉尘。避免与还原剂接触。搬运时要轻装轻卸，防止包装及容器损坏。禁止震动、撞击和摩擦。配备相应品种和数量的消防器材及泄漏应急处理设备。倒空的容器可能残留有害物

储存注意事项 储存于阴凉、通风的库房。远离火种、热源。库房温度不超过30℃，相对湿度不超过80%。包装密封。应与易（可）燃物、还原剂等分开存放，切忌混储。采用防爆型照明、通风设施。禁止使用易产生火花的机械设备和工具。储区应备有合适的材料收容泄漏物。禁止震动、撞击和摩擦

第八部分 接触控制/个体防护

职业接触限值

中国 未制定标准

美国(ACGIH) 未制定标准

生物接触限值 未制定标准

监测方法 空气中有毒物质测定方法：未制定标准。生物监测检验方法：未制定标准

工程控制 密闭操作，局部排风。提供安全的淋浴和洗眼设备

个体防护装备

呼吸系统防护 可能接触其粉尘时，应该佩戴过滤式防尘呼吸器

眼睛防护 戴化学安全防护眼镜

皮肤和身体防护 穿隔绝式防毒服

手防护 戴橡胶手套

第九部分 理化特性

外观与性状 白色粒状物

pH值 无意义 **熔点(℃)** 137～138

沸点(℃) 爆炸 **相对密度(水=1)** 1.17

相对蒸气密度(空气=1) 无资料

饱和蒸气压(kPa) 无资料

燃烧热(kJ/mol) 无资料 **临界温度(℃)** 无资料

临界压力(MPa) 无资料 **辛醇/水分配系数** 4.720

闪点(℃) 无资料 **引燃温度(℃)** 无资料

爆炸下限(%) 无资料 **爆炸上限(%)** 无资料

分解温度(℃) 无资料 **黏度(mPa·s)** 无资料

溶解性 不溶于水，溶于多数有机溶剂

第十部分 稳定性和反应性

稳定性 不稳定

危险反应 受热、摩擦、震动、撞击，与强氧化剂、易燃或可燃物等禁配物接触，有发生火灾和爆炸的危险

避免接触的条件 受热、撞击、摩擦

禁配物 还原剂、易燃或可燃物、硫、磷

危险的分解产物 氯化氢

第十一部分 毒理学信息

急性毒性 LD_{50}：500mg/kg（小鼠腹腔）

皮肤刺激或腐蚀 无资料 **眼睛刺激或腐蚀** 无资料

呼吸或皮肤过敏 无资料 **生殖细胞突变性** 无资料

致癌性 无资料 **生殖毒性** 无资料

特异性靶器官系统毒性-一次接触 无资料

特异性靶器官系统毒性-反复接触 无资料

吸入危害 无资料

第十二部分 生态学信息

生态毒性 无资料

持久性和降解性

生物降解性 无资料

非生物降解性 无资料

潜在的生物累积性 无资料

土壤中的迁移性 无资料

第十三部分 废弃处置

废弃化学品 建议用控制焚烧法处置。焚烧炉排出的卤化氢通过酸洗涤器除去

污染包装物 将容器返还生产商或按照国家和地方法规处置

废弃注意事项 处置前应参阅国家和地方有关法规

第十四部分 运输信息

联合国危险货物编号(UN号) 3102（含量≤77%）；3106（糊状物，含量≤52%）

联合国运输名称 固态B型有机过氧化物（过氧化二-4-氯苯甲酰）（含量≤77%）。固态D型有机过氧化物（过氧化二-4-氯苯甲酰）（糊状物，含量≤52%）

联合国危险性类别 5.2/1（含量≤77%），5.2（糊状物，含量≤52%）

包装类别 -

包装标志 

（含量≤77%）

（糊状物，含量≤52%）

海洋污染物 否

运输注意事项 运输时单独装运，运输过程中要确保容器不泄漏、不倒塌、不坠落、不损坏。运输时运输车辆应配备相应品种和数量的消防器材及泄漏应急处理设备。严禁与酸类、易燃物、有机物、还原剂、自燃物品、遇湿易燃物品等并车混运。车速要加以控制，避免颠簸、震荡。夏季应早晚运输，防止日光曝晒。运输车辆装卸前后，均应彻底清扫、洗净，严禁混入有

机物、易燃物等杂质

第十五部分　法规信息

下列法律、法规、规章和标准，对该化学品的管理作了相应的规定。

中华人民共和国职业病防治法　职业病分类和目录：未列入

危险化学品安全管理条例　危险化学品目录：列入。易制爆危险化学品名录：未列入。重点监管的危险化学品名录：未列入。GB 18218—2009《危险化学品重大危险源辨识》(表 1)：未列入

使用有毒物品作业场所劳动保护条例　高毒物品目录：未列入

易制毒化学品管理条例　易制毒化学品的分类和品种目录：未列入

国际公约　斯德哥尔摩公约：未列入。鹿特丹公约：未列入。蒙特利尔议定书：未列入

第十六部分　其他信息

编写和修订信息　　**缩略语和首字母缩写**

培训建议　　**参考文献**

免责声明

过氧化二苯甲酰

第一部分　化学品标识

化学品中文名　过氧化二苯甲酰；过氧化苯甲酰；过氧化二苯基乙二醛

化学品英文名　benzoyl peroxide；benzoyl superoxide；diphenylglyoxal peroxide

分子式　$C_{14}H_{10}O_4$　**相对分子质量**　242.24

结构式

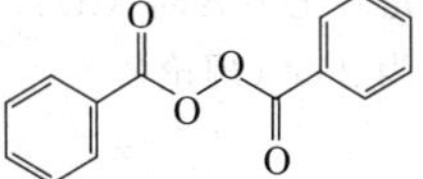

化学品的推荐及限制用途　用作聚合反应催化剂，用于油脂的精制、蜡的脱色、医药的制造等

第二部分　危险性概述

紧急情况概述　加热可引起燃烧或爆炸，造成严重眼刺激，可能导致皮肤过敏反应

GHS 危险性类别　有机过氧化物，B 型；严重眼损伤/眼刺激，类别 2；皮肤致敏物，类别 1；危害水生环境-急性危害，类别 1

标签要素

象形图

警示词　危险

危险性说明　加热可引起燃烧或爆炸，造成严重眼刺激，可能导致皮肤过敏反应，对水生生物毒性非常大

防范说明

预防措施　远离热源、火花、明火、热表面。禁止吸烟。远离衣物、可燃物保存。仅在原容器中保存。戴防护手套、防护眼镜、防护面罩。避免接触眼睛、皮肤，操作后彻底清洗。避免吸入粉尘。污染的工作服不得带出工作场所。禁止排入环境

事故响应　如皮肤接触：用大量肥皂水和水清洗。如出现皮肤刺激或皮疹：就医。污染的衣服清洗后方可重新使用。如接触眼睛：用水细心冲洗数分钟。如戴隐形眼镜并可方便地取出，取出隐形眼镜继续冲洗。如果眼睛刺激持续：就医。收集泄漏物

安全储存　保持阴凉，避免日照。远离其他物质储存

废弃处置　本品及内装物、容器依据国家和地方法规处置

物理和化学危险　易燃。受撞击、摩擦，遇明火或其他点火源极易爆炸

健康危害　本品对上呼吸道有刺激性。对皮肤有强烈刺激及致敏作用。进入眼内可造成损害

环境危害　对水生生物毒性非常大

第三部分　成分/组成信息

√物质		混合物
组分	**浓度**	**CAS No.**
过氧化二苯甲酰		94-36-0

第四部分　急救措施

吸入　迅速脱离现场至空气新鲜处。保持呼吸道通畅。如呼吸困难，给输氧。如呼吸、心跳停止，立即进行心肺复苏术。就医

皮肤接触　立即脱去污染的衣着，用流动清水彻底冲洗。就医

眼睛接触　立即分开眼睑，用流动清水或生理盐水彻底冲洗。就医

食入　漱口，饮水。就医

对保护施救者的忠告　根据需要使用个人防护设备

对医生的特别提示　对症处理

第五部分　消防措施

灭火剂　用水、雾状水、抗溶性泡沫、二氧化碳灭火

特别危险性　干燥状态下非常易燃，遇热、摩擦、震动或杂质污染均能引起爆炸性分解。急剧加热时可发生爆炸。与强酸、强碱、硫化物、还原剂、聚合用助催化剂和促进剂（如二甲基苯胺、胺类）或金属环烷酸盐接触会发生剧烈反应。燃烧生成有害的一氧化碳

灭火注意事项及防护措施　消防人员须在有防爆掩蔽处操作。遇大火切勿轻易接近。在物料附近失火，须用水保持容器冷却。禁止用砂土压盖

第六部分　泄漏应急处理

作业人员防护措施、防护装备和应急处置程序　隔离泄漏污染区，限制出入。消除所有点火源。建议应急处理人员戴防尘口罩，穿一般作业工作服，戴橡胶手套。

勿使泄漏物与可燃物质（如木材、纸、油等）接触。用雾状水保持泄漏物湿润。尽可能切断泄漏源

环境保护措施 防止泄漏物进入水体、下水道、地下室或有限空间

泄漏化学品的收容、清除方法及所使用的处置材料 小量泄漏：用惰性、湿润的不燃材料吸收泄漏物，用洁净的非火花工具收集于一盖子较松的塑料容器中，待处理。大量泄漏：用水润湿，并筑堤收容。在专家指导下清除

第七部分 操作处置与储存

操作注意事项 密闭操作，局部排风。操作人员必须经过专门培训，严格遵守操作规程。建议操作人员佩戴头罩型电动送风过滤式防尘呼吸器，穿聚乙烯防毒服，戴橡胶手套。远离火种、热源。工作场所严禁吸烟。使用防爆型的通风系统和设备。避免产生粉尘。避免与还原剂、酸类、碱类、醇类接触。搬运时要轻装轻卸，防止包装及容器损坏。禁止震动、撞击和摩擦。配备相应品种和数量的消防器材及泄漏应急处理设备。倒空的容器可能残留有害物

储存注意事项 储存时以水作稳定剂，一般含水 30%。库温应保持在 2～25℃。应与还原剂、酸类、碱类、醇类分开存放，切忌混储。不宜久存，以免变质。采用防爆型照明、通风设施。禁止使用易产生火花的机械设备和工具。储区应备有合适的材料收容泄漏物。禁止震动、撞击和摩擦

第八部分 接触控制/个体防护

职业接触限值

中国 PC-TWA：$5mg/m^3$

美国(ACGIH) TLV-TWA：$5mg/m^3$

生物接触限值 未制定标准

监测方法 空气中有毒物质测定方法：未制定标准。生物监测检验方法：未制定标准

工程控制 密闭操作，局部排风。提供安全的淋浴和洗眼设备

个体防护装备

呼吸系统防护 可能接触其粉尘时，应该佩戴过滤式防尘呼吸器

眼睛防护 戴化学安全防护眼镜

皮肤和身体防护 穿隔绝式防毒服

手防护 戴橡胶手套

第九部分 理化特性

外观与性状 白色或淡黄色细粒，微有苦杏仁气味

pH值 无意义 **熔点(℃)** 103～108

沸点(℃) 分解（爆炸） **相对密度(水=1)** 1.33

相对蒸气密度(空气=1) 无资料

饱和蒸气压(kPa) 无资料

燃烧热(kJ/mol) −6855.2 **临界温度(℃)** 无资料

临界压力(MPa) 2.57 **辛醇/水分配系数** 3.46

闪点(℃) 80 **自燃温度(℃)** 80

爆炸下限(%) 无资料 **爆炸上限(%)** 无资料

分解温度(℃) 103～105 **黏度(mPa·s)** 无资料

溶解性 不溶于水，微溶于醇类，溶于丙酮、苯、二硫化碳、氯仿等

第十部分 稳定性和反应性

稳定性 不稳定

危险反应 受热、摩擦、震动、撞击，与强氧化剂、易燃或可燃物等禁配物接触，有发生火灾和爆炸的危险

避免接触的条件 受热、光照、摩擦、震动

禁配物 强还原剂、酸类、碱、醇类

危险的分解产物 二氧化碳、苯甲酸、苯、苯甲酸苯酯

第十一部分 毒理学信息

急性毒性 LD_{50}：7710mg/kg（大鼠经口）

皮肤刺激或腐蚀 无资料

眼睛刺激或腐蚀 家兔经眼：500mg（24h），轻度刺激

呼吸或皮肤过敏 无资料 **生殖细胞突变性** 无资料

致癌性 无资料 **生殖毒性** 无资料

特异性靶器官系统毒性-一次接触 无资料

特异性靶器官系统毒性-反复接触 无资料

吸入危害 无资料

第十二部分 生态学信息

生态毒性

LC_{50} 0.24mg/L（96h）（鱼）

EC_{50} 0.07mg/L（48h）（水蚤）；0.07mg/L（72h）（藻类）

持久性和降解性

生物降解性 好氧生物降解（h）：24～168；厌氧生物降解（h）：96～672

非生物降解性 光解最大光吸收波长范围（nm）：235～275；空气中光氧化半衰期（h）：51～510；生物富集性：BCF 为 250（理论）

潜在的生物累积性 无资料

土壤中的迁移性 无资料

第十三部分 废弃处置

废弃化学品 用控制焚烧法处置。与不燃性物料混合后，再焚烧

污染包装物 将容器返还生产商或按照国家和地方法规处置

废弃注意事项 处置前应参阅国家和地方有关法规

第十四部分 运输信息

联合国危险货物编号（UN号） 3102（51%＜含量≤100%，惰性固体含量≤48%或者 77%＜含量≤94%，含水≥6%）；3104（含量≤77%，含水≥23%）；3106（35%＜含量≤52%，惰性固体含量≥48%或者含量≤62%，惰性固体含量≥28%，含水≥10%或者糊状物，52%＜含量≤62%）；3107（36%＜含量≤42%，含 A 型稀释剂≥18%，含水≤40%）；3108（糊状物，含量≤52%或者糊状物，含量≤56.5%，含水≥15%）；3109（含量≤42%，在

水中稳定弥散）

联合国运输名称 固态B型有机过氧化物（过氧化二苯甲酰）（51%＜含量≤100%，惰性固体含量≤48%或者77%＜含量≤94%，含水≥6%）。固态C型有机过氧化物（过氧化二苯甲酰）（含量≤77%，含水≥23%）。固态D型有机过氧化物（过氧化二苯甲酰）（35%＜含量≤52%，惰性固体含量≥48%或者含量≤62%，惰性固体含量≥28%，含水≥10%或者糊状物，52%＜含量≤62%）。液态E型有机过氧化物（过氧化二苯甲酰）（36%＜含量≤42%，含A型稀释剂≥18%，含水≤40%）。固态E型有机过氧化物（过氧化二苯甲酰）（糊状物，含量≤52%或者糊状物，含量≤56.5%，含水≥15%）。液态F型有机过氧化物（过氧化二苯甲酰）（含量≤42%，在水中稳定弥散）

联合国危险性类别 5.2/1（51%＜含量≤100%，惰性固体含量≤48%或者77%＜含量≤94%，含水≥6%），5.2（其他）

包装类别 -

包装标志

（51%＜含量≤100%，惰性固体含量≤48%或者77%＜含量≤94%，含水≥6%）

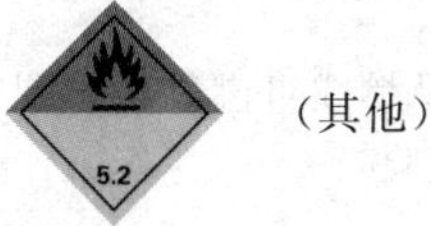

（其他）

海洋污染物 否

运输注意事项 运输时单独装运，运输过程中要确保容器不泄漏、不倒塌、不坠落、不损坏。运输时运输车辆应配备相应品种和数量的消防器材及泄漏应急处理设备。严禁与酸类、易燃物、有机物、还原剂、自燃物品、遇湿易燃物品等并车混运。车速要加以控制，避免颠簸、震荡。夏季应早晚运输，防止日光曝晒。运输车辆装卸前后，均应彻底清扫、洗净，严禁混入有机物、易燃物等杂质

第十五部分 法规信息

下列法律、法规、规章和标准，对该化学品的管理作了相应的规定。

中华人民共和国职业病防治法 职业病分类和目录：未列入

危险化学品安全管理条例 危险化学品目录：列入。易制爆危险化学品名录：未列入。重点监管的危险化学品名录：列入。GB 18218—2009《危险化学品重大危险源辨识》（表1）：未列入

使用有毒物品作业场所劳动保护条例 高毒物品目录：未列入

易制毒化学品管理条例 易制毒化学品的分类和品种目录：未列入

国际公约 斯德哥尔摩公约：未列入。鹿特丹公约：未列入。蒙特利尔议定书：未列入

第十六部分 其他信息

编写和修订信息 **缩略语和首字母缩写**

培训建议 **参考文献**

免责声明

过氧化钙

第一部分 化学品标识

化学品中文名 过氧化钙；二氧化钙

化学品英文名 calcium peroxide; calcium superoxide

分子式 CaO_2 **相对分子质量** 72.08

结构式

```
  Ca
 /  \
O————O
```

化学品的推荐及限制用途 用作种子消毒剂、高温氧化剂，用于药物制造、油脂漂白等

第二部分 危险性概述

紧急情况概述 可加剧燃烧：氧化剂，造成严重眼损伤

GHS危险性类别 氧化性固体，类别2；严重眼损伤/眼刺激，类别1

标签要素

象形图

警示词 危险

危险性说明 可加剧燃烧：氧化剂，造成严重眼损伤

防范说明

预防措施 远离热源。远离衣物、可燃物保存。采取一切预防措施，避免与可燃物混合。戴防护手套、防护眼镜、防护面罩

事故响应 火灾时，根据着火原因选择适当灭火剂灭火。接触眼睛：用水细心冲洗数分钟。如戴隐形眼镜并可方便地取出，取出隐形眼镜继续冲洗。立即呼叫中毒控制中心或就医

安全储存 -

废弃处置 本品及内装物、容器依据国家和地方法规处置

物理和化学危险 与可燃物混合会发生爆炸

健康危害 本品粉尘对眼、鼻、喉及呼吸道有刺激性。眼接触引起严重损伤。口服刺激胃肠道，发生恶心、呕吐等。长期反复接触引起皮肤及眼部损害

环境危害 对环境可能有害

第三部分 成分/组成信息

√物质 混合物

组分	浓度	CAS No.
过氧化钙		1305-79-9

第四部分 急救措施

吸入 迅速脱离现场至空气新鲜处。保持呼吸道通畅。如呼吸困难，给输氧。如呼吸、心跳停止，立即进行心

肺复苏术。就医

皮肤接触 立即脱去污染的衣着，用流动清水彻底冲洗。就医

眼睛接触 立即分开眼睑，用流动清水或生理盐水彻底冲洗至少15min。就医

食入 漱口，饮水。就医

对保护施救者的忠告 根据需要使用个人防护设备

对医生的特别提示 对症处理

第五部分 消防措施

灭火剂 本品不燃。根据着火原因选择适当灭火剂灭火

特别危险性 与有机物、还原剂、易燃物（如硫、磷等）接触或混合时有引起燃烧爆炸的危险。遇潮气逐渐分解。具有较强的腐蚀性

灭火注意事项及防护措施 消防人员须戴好防毒面具，在安全距离以外，在上风向灭火。尽可能将容器从火场移至空旷处。喷水保持火场容器冷却，直至灭火结束。严禁用水、泡沫、二氧化碳扑救。禁止用砂土压盖

第六部分 泄漏应急处理

作业人员防护措施、防护装备和应急处置程序 隔离泄漏污染区，限制出入。建议应急处理人员戴防尘口罩，穿一般作业工作服，戴氯丁橡胶手套。勿使泄漏物与可燃物质（如木材、纸、油等）接触。尽可能切断泄漏源。勿使水进入包装容器内

环境保护措施 无资料

泄漏化学品的收容、清除方法及所使用的处置材料 小量泄漏：用洁净的铲子收集泄漏物，置于干净、干燥、盖子较松的容器中，将容器移离泄漏区。大量泄漏：泄漏物回收后，用水冲洗泄漏区

第七部分 操作处置与储存

操作注意事项 密闭操作，加强通风。操作人员必须经过专门培训，严格遵守操作规程。建议操作人员佩戴头罩型电动送风过滤式防尘呼吸器，穿聚乙烯防毒服，戴氯丁橡胶手套。远离火种、热源。工作场所严禁吸烟。远离易燃、可燃物。避免产生粉尘。避免与还原剂、酸类接触。搬运时要轻装轻卸，防止包装及容器损坏。配备相应品种和数量的消防器材及泄漏应急处理设备。倒空的容器可能残留有害物

储存注意事项 储存于阴凉、干燥、通风良好的库房。库房温度不超过30℃，相对湿度不超过75%。远离火种、热源。包装密封。注意防潮和防雨淋。应与还原剂、酸类、易（可）燃物等分开存放，切忌混储。储区应备有合适的材料收容泄漏物

第八部分 接触控制/个体防护

职业接触限值

中国 未制定标准

美国(ACGIH) 未制定标准

生物接触限值 未制定标准

监测方法 空气中有毒物质测定方法：未制定标准。生物监测检验方法：未制定标准

工程控制 生产过程密闭，加强通风。提供安全的淋浴和洗眼设备

个体防护装备

呼吸系统防护 可能接触其粉尘时，建议佩戴过滤式防尘呼吸器

眼睛防护 戴化学安全防护眼镜

皮肤和身体防护 穿隔绝式防毒服

手防护 戴橡胶手套

第九部分 理化特性

外观与性状 白色结晶，无臭无味，有潮解性

pH值 无意义 **熔点(℃)** 200（分解）

沸点(℃) 无资料 **相对密度(水=1)** 3.34

相对蒸气密度(空气=1) 无资料

饱和蒸气压(kPa) 无资料

燃烧热(kJ/mol) 无资料 **临界温度(℃)** 无资料

临界压力(MPa) 无意义 **辛醇/水分配系数** 无资料

闪点(℃) 无意义 **自燃温度(℃)** 无意义

爆炸下限(%) 无意义 **爆炸上限(%)** 无意义

分解温度(℃) 200 **黏度(mPa·s)** 无资料

溶解性 不溶于水，溶于乙醇、乙醚、酸类

第十部分 稳定性和反应性

稳定性 稳定

危险反应 与强还原剂、水、易燃或可燃物等禁配物接触，有发生火灾和爆炸的危险

避免接触的条件 潮湿空气

禁配物 强还原剂、水、酸类、易燃或可燃物

危险的分解产物 氧化钙、氧气

第十一部分 毒理学信息

急性毒性 无资料 **皮肤刺激或腐蚀** 无资料

眼睛刺激或腐蚀 无资料 **呼吸或皮肤过敏** 无资料

生殖细胞突变性 无资料 **致癌性** 无资料

生殖毒性 无资料

特异性靶器官系统毒性-一次接触 无资料

特异性靶器官系统毒性-反复接触 无资料

吸入危害 无资料

第十二部分 生态学信息

生态毒性 无资料

持久性和降解性

生物降解性 无资料

非生物降解性 无资料

潜在的生物累积性 无资料

土壤中的迁移性 无资料

第十三部分 废弃处置

废弃化学品 根据国家和地方有关法规的要求处置。或与制造商联系，确定处置方法

污染包装物 将容器返还生产商或按照国家和地方法规处置

废弃注意事项 处置前应参阅国家和地方有关法规

第十四部分 运输信息

联合国危险货物编号（UN号） 1457

联合国运输名称 过氧化钙

联合国危险性类别 5.1 **包装类别** Ⅱ类包装

包装标志  **海洋污染物** 否

运输注意事项 运输时单独装运，运输过程中要确保容器不泄漏、不倒塌、不坠落、不损坏。运输时运输车辆应配备相应品种和数量的消防器材及泄漏应急处理设备。严禁与酸类、易燃物、有机物、还原剂、自燃物品、遇湿易燃物品等并车混运。运输时车速不宜过快，不得强行超车。运输车辆装卸前后，均应彻底清扫、洗净，严禁混入有机物、易燃物等杂质

第十五部分 法规信息

下列法律、法规、规章和标准，对该化学品的管理作了相应的规定。

中华人民共和国职业病防治法 职业病分类和目录：未列入

危险化学品安全管理条例 危险化学品目录：列入。易制爆危险化学品名录：列入。重点监管的危险化学品名录：未列入。GB 18218—2009《危险化学品重大危险源辨识》(表1)：未列入

使用有毒物品作业场所劳动保护条例 高毒物品目录：未列入

易制毒化学品管理条例 易制毒化学品的分类和品种目录：未列入

国际公约 斯德哥尔摩公约：未列入。鹿特丹公约：未列入。蒙特利尔议定书：未列入

第十六部分 其他信息

编写和修订信息 **缩略语和首字母缩写**

培训建议 **参考文献**

免责声明

过氧化环己酮

第一部分 化学品标识

化学品中文名 过氧化环己酮；1-羟基-1′-过氧化氢二环己基过氧化物

化学品英文名 cyclohexanone peroxide；1-hydroperoxycyclohexyl-1′-hydroxycyclohexyl peroxide

分子式 $C_{12}H_{22}O_5$ **相对分子质量** 246.34

结构式

化学品的推荐及限制用途 用作橡胶、塑料合成中的交联剂和引发剂

第二部分 危险性概述

紧急情况概述 加热可引起燃烧，吞咽有害，造成严重的皮肤灼伤和眼损伤

GHS危险性类别 有机过氧化物，D型；急性毒性-经口，类别4；皮肤腐蚀/刺激，类别1；严重眼损伤/眼刺激，类别1；特异性靶器官毒性-一次接触，类别3（呼吸道刺激）

标签要素

象形图

警示词 危险

危险性说明 加热可引起燃烧，吞咽有害，造成严重的皮肤灼伤和眼损伤，可能引起呼吸道刺激

防范说明

预防措施 远离热源、火花、明火、热表面。禁止吸烟。远离衣物、可燃物保存。仅在原容器中保存。避免接触眼睛、皮肤，操作后彻底清洗。作业场所不得进食、饮水或吸烟。避免吸入粉尘。戴防护手套，穿防护服，戴防护眼镜、防护面罩

事故响应 如吸入：将患者转移到空气新鲜处，休息，保持利于呼吸的体位，立即呼叫中毒控制中心或就医。皮肤（或头发）接触：立即脱掉所有被污染的衣服，用水冲洗皮肤，淋浴。污染的衣服须洗净后方可重新使用。眼睛接触：用水细心地冲洗数分钟。如戴隐形眼镜并可方便地取出，则取出隐形眼镜继续冲洗。食入：漱口。不要催吐。如果感觉不适，立即呼叫中毒控制中心或就医

安全储存 保持阴凉，储存温度不超过30℃。避免日照。远离其他物质储存。上锁保管

废弃处置 本品及内装物、容器依据国家和地方法规处置

物理和化学危险 易燃。受撞击、摩擦，遇明火或其他点火源极易爆炸

健康危害 蒸气对眼睛和上呼吸道刺激作用。造成严重的皮肤灼伤和眼损伤

环境危害 对环境可能有害

第三部分 成分/组成信息

√物质		混合物
组分	**浓度**	**CAS No.**
过氧化环己酮		78-18-2

第四部分 急救措施

吸入 迅速脱离现场至空气新鲜处。保持呼吸道通畅。如呼吸困难，给输氧。如呼吸、心跳停止，立即进行心肺复苏术。就医

皮肤接触 立即脱去污染的衣着，用大量流动清水彻底冲洗至少15min。就医

眼睛接触 立即分开眼睑，用流动清水或生理盐水彻底冲洗至少15min。就医

食入 用水漱口，禁止催吐。给饮牛奶或蛋清。就医

对保护施救者的忠告 根据需要使用个人防护设备

对医生的特别提示 对症处理

第五部分 消防措施

灭火剂 用水、雾状水、抗溶性泡沫、二氧化碳灭火

特别危险性 干燥状态下极易分解和燃烧爆炸，加热后能发生爆炸着火。与过渡金属化合物接触时，常温下即可着火。对撞击、摩擦敏感，易发生爆炸。燃烧生成有害的一氧化碳

灭火注意事项及防护措施 消防人员须在有防爆掩蔽处操作。遇大火切勿轻易接近。在物料附近失火，须用水保持容器冷却。禁止用砂土压盖

第六部分 泄漏应急处理

作业人员防护措施、防护装备和应急处置程序 隔离泄漏污染区，限制出入。消除所有点火源。建议应急处理人员戴防尘口罩，穿防毒服，戴橡胶手套。勿使泄漏物与可燃物质（如木材、纸、油等）接触。穿上适当的防护服前严禁接触破裂的容器和泄漏物。用雾状水保持泄漏物湿润。尽可能切断泄漏源

环境保护措施 防止泄漏物进入水体、下水道、地下室或有限空间

泄漏化学品的收容、清除方法及所使用的处置材料 小量泄漏：用惰性、湿润的不燃材料吸收泄漏物，用洁净的非火花工具收集于一盖子较松的塑料容器中，待处理。大量泄漏：用水润湿，并筑堤收容。在专家指导下清除

第七部分 操作处置与储存

操作注意事项 密闭操作，局部排风。操作人员必须经过专门培训，严格遵守操作规程。建议操作人员佩戴头罩型电动送风过滤式防尘呼吸器，穿聚乙烯防毒服，戴橡胶手套。远离火种、热源。工作场所严禁吸烟。使用防爆型的通风系统和设备。远离易燃、可燃物。避免产生粉尘。避免与还原剂接触。搬运时要轻装轻卸，防止包装及容器损坏。禁止震动、撞击和摩擦。配备相应品种和数量的消防器材及泄漏应急处理设备。倒空的容器可能残留有害物

储存注意事项 储存于阴凉、通风的库房。远离火种、热源。库房温度不超过30℃，相对湿度不超过80%。包装密封。应与易（可）燃物、还原剂分开存放，切忌混储。采用防爆型照明、通风设施。禁止使用易产生火花的机械设备和工具。储区应备有合适的材料收容泄漏物。禁止震动、撞击和摩擦

第八部分 接触控制/个体防护

职业接触限值

中国 未制定标准

美国(ACGIH) 未制定标准

生物接触限值 未制定标准

监测方法 空气中有毒物质测定方法：未制定标准。生物监测检验方法：未制定标准

工程控制 密闭操作，局部排风。提供安全的淋浴和洗眼设备

个体防护装备

呼吸系统防护 可能接触其粉尘时，应该佩戴过滤式防尘呼吸器

眼睛防护 戴化学安全防护眼镜

皮肤和身体防护 穿隔绝式防毒服

手防护 戴橡胶手套

第九部分 理化特性

外观与性状 白色及淡黄色针状结晶或粉末

pH值 无意义 **熔点(℃)** 76～80

沸点(℃) 无资料 **相对密度(水=1)** 无资料

相对蒸气密度(空气=1) 无资料

饱和蒸气压(kPa) 无资料

燃烧热(kJ/mol) 无资料 **临界温度(℃)** 无资料

临界压力(MPa) 无资料 **辛醇/水分配系数** 3.880

闪点(℃) 78 **自燃温度(℃)** 无资料

爆炸下限(%) 无资料 **爆炸上限(%)** 无资料

分解温度(℃) 无资料 **黏度(mPa·s)** 无资料

溶解性 不溶于水，溶于丙酮、乙醇、石油醚、酸

第十部分 稳定性和反应性

稳定性 不稳定

危险反应 受热、摩擦、震动、撞击，与强氧化剂、易燃或可燃物等禁配物接触，有发生火灾和爆炸的危险

避免接触的条件 受热、撞击、摩擦

禁配物 强还原剂、易燃或可燃物

危险的分解产物 二氧化碳、环己酮、己酸、异十二酸

第十一部分 毒理学信息

急性毒性 LD_{50}：2g/kg（小鼠胃肠外给药）

皮肤刺激或腐蚀 无资料

眼睛刺激或腐蚀 家兔经眼：80mg（1min），重度刺激（用水冲洗）

呼吸或皮肤过敏 无资料 **生殖细胞突变性** 无资料

致癌性 无资料 **生殖毒性** 无资料

特异性靶器官系统毒性-一次接触 无资料

特异性靶器官系统毒性-反复接触 无资料

吸入危害 无资料

第十二部分 生态学信息

生态毒性 无资料

持久性和降解性

生物降解性 无资料

非生物降解性 无资料

潜在的生物累积性 无资料

土壤中的迁移性 无资料

第十三部分 废弃处置

废弃化学品 建议用控制焚烧法处置

污染包装物 将容器返还生产商或按照国家和地方法规处置

废弃注意事项 处置前应参阅国家和地方有关法规。废弃处置人员必须接受过专门的爆炸性物质废弃处置培训

第十四部分 运输信息

联合国危险货物编号（UN号） 3104（含量≤91%，含水≥9%）；3105（含量≤72%，含A型稀释剂≥28%）；3106（糊状物，含量≤72%）

联合国运输名称 固态C型有机过氧化物（过氧化环己酮）（含量≤91%，含水≥9%）。液态D型有机过氧化物（过氧化环己酮）（含量≤72%，含A型稀释剂≥28%）。固态D型有机过氧化物（过氧化环己酮）（糊状物，含量≤72%）

联合国危险性类别 5.2/8（含量≤91%，含水≥9%），5.2（含量≤72%，含A型稀释剂≥28%）（糊状物，含量≤72%）

包装类别 -

包装标志

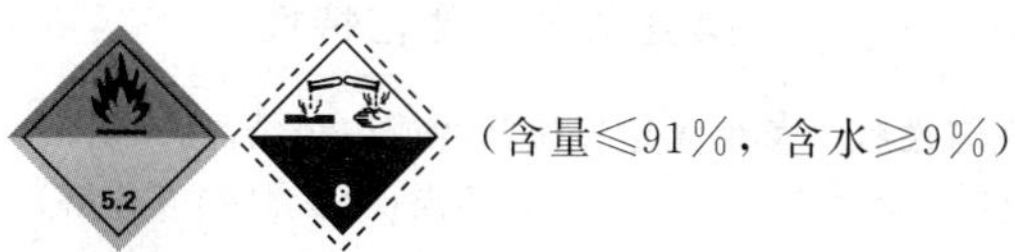

（含量≤91%，含水≥9%）

（含量≤72%，含A型稀释剂≥28%）（糊状物，含量≤72%）

海洋污染物 否

运输注意事项 运输时单独装运，运输过程中要确保容器不泄漏、不倒塌、不坠落、不损坏。运输时运输车辆应配备相应品种和数量的消防器材及泄漏应急处理设备。严禁与酸类、易燃物、有机物、还原剂、自燃物品、遇湿易燃物品等并车混运。车速要加以控制，避免颠簸、震荡。夏季应早晚运输，防止日光曝晒。运输车辆装卸前后，均应彻底清扫、洗净，严禁混入有机物、易燃物等杂质

第十五部分 法规信息

下列法律、法规、规章和标准，对该化学品的管理作了相应的规定。

中华人民共和国职业病防治法 职业病分类和目录：未列入

危险化学品安全管理条例 危险化学品目录：列入。易制爆危险化学品名录：未列入。重点监管的危险化学品名录：未列入。GB 18218—2009《危险化学品重大危险源辨识》（表1）：未列入

使用有毒物品作业场所劳动保护条例 高毒物品目录：未列入

易制毒化学品管理条例 易制毒化学品的分类和品种目录：未列入

国际公约 斯德哥尔摩公约：未列入。鹿特丹公约：未列入。蒙特利尔议定书：未列入

第十六部分 其他信息

编写和修订信息 **缩略语和首字母缩写**
培训建议 **参考文献**
免责声明

过氧化钾

第一部分 化学品标识

化学品中文名 过氧化钾；二氧化钾

化学品英文名 potassium peroxide；potassium dioxide

分子式 K_2O_2 **相对分子质量** 110.2

结构式 K—O—O—K

化学品的推荐及限制用途 用作氧化剂、漂白剂、氧发生剂

第二部分 危险性概述

紧急情况概述 可引起燃烧或爆炸：强氧化剂，造成皮肤刺激，造成严重眼刺激

GHS危险性类别 氧化性固体，类别1；皮肤腐蚀/刺激，类别2；严重眼损伤/眼刺激，类别2A；特异性靶器官毒性-一次接触，类别3（呼吸道刺激）

标签要素

象形图

警示词 危险

危险性说明 可引起燃烧或爆炸：强氧化剂，造成皮肤刺激，造成严重眼刺激，可能引起呼吸道刺激

防范说明

预防措施 远离热源。远离衣物和其他可燃物。采取一切预防措施，避免与可燃物混合。戴防护手套、防护眼镜、防护面罩。穿防火、阻燃服。避免接触眼睛、皮肤，操作后彻底清洗

事故响应 火灾时，根据着火原因选择适当灭火剂灭火。如果发生大火和大量物质着火：撤离现场。因有爆炸危险，应远距离灭火。皮肤接触：如溅到衣服上，立即用大量清水冲洗污染的衣服和皮肤，然后脱去衣服用大量肥皂水和水清洗。如发生皮肤刺激，就医。被污染的衣服经洗净后方可重新使用。如接触眼睛：用水细心冲洗数分钟。如戴隐形眼镜并可方便地取出，取出隐形眼镜继续冲洗。如果眼睛刺激持续：就医

安全储存 -

废弃处置 本品及内装物、容器依据国家和地方法规处置

物理和化学危险 与可燃物混合或急剧加热会发生爆炸

健康危害 对局部有刺激和腐蚀性。刺激眼和呼吸道，腐蚀鼻中隔；眼和皮肤直接接触可引起灼伤；误服可造成消化道灼伤

环境危害 对环境可能有害

第三部分 成分/组成信息

√物质 混合物

组分	浓度	CAS No.
过氧化钾		17014-71-0

第四部分 急救措施

吸入 迅速脱离现场至空气新鲜处。保持呼吸道通畅。如呼吸困难，给输氧。如呼吸、心跳停止，立即进行心肺复苏术。就医

皮肤接触 立即脱去污染的衣着，用大量流动清水彻底冲洗至少15min。就医

眼睛接触 立即分开眼睑，用流动清水或生理盐水彻底冲洗至少15min。就医

食入 用水漱口，禁止催吐。给饮牛奶或蛋清。就医

对保护施救者的忠告 根据需要使用个人防护设备

对医生的特别提示 对症处理

第五部分 消防措施

灭火剂 本品不燃。根据着火原因选择适当灭火剂灭火

特别危险性 能与可燃物、有机物或易氧化物质形成爆炸性混合物，经摩擦和与少量水接触可导致燃烧或爆炸。与硫黄、酸性腐蚀液体接触时，能发生燃烧或爆炸。遇潮气、酸类会发生分解并放出氧气而助燃。急剧加热时可发生爆炸。具有较强的腐蚀性

灭火注意事项及防护措施 消防人员须戴好防毒面具，在安全距离以外，在上风向灭火。尽可能将容器从火场移至空旷处。喷水保持火场容器冷却，直至灭火结束。严禁用水、泡沫、二氧化碳扑救。禁止用砂土压盖

第六部分 泄漏应急处理

作业人员防护措施、防护装备和应急处置程序 隔离泄漏污染区，限制出入。建议应急处理人员戴防尘口罩，穿防酸碱服，戴氯丁橡胶手套。穿上适当的防护服前严禁接触破裂的容器和泄漏物。尽可能切断泄漏源

环境保护措施 无资料

泄漏化学品的收容、清除方法及所使用的处置材料 小量泄漏：用干燥的砂土或其他不燃材料覆盖泄漏物，然后用塑料布覆盖，减少飞散、避免雨淋。大量泄漏：在专家指导下清除

第七部分 操作处置与储存

操作注意事项 密闭操作，加强通风。操作人员必须经过专门培训，严格遵守操作规程。建议操作人员佩戴头罩型电动送风过滤式防尘呼吸器，穿聚乙烯防毒服，戴氯丁橡胶手套。远离火种、热源。工作场所严禁吸烟。避免与还原剂、酸类、醇类、活性金属粉末接触。尤其要注意避免与水接触。搬运时要轻装轻卸，防止包装及容器损坏。禁止震动、撞击和摩擦。配备相应品种和数量的消防器材及泄漏应急处理设备。倒空的容器可能残留有害物

储存注意事项 储存于阴凉、干燥、通风良好的库房。远离火种、热源。库房温度不超过30℃，相对湿度不超过75%。包装密封。注意防潮和防雨淋。应与还原剂、酸类、醇类、活性金属粉末等分开存放，切忌混储。储区应备有合适的材料收容泄漏物

第八部分 接触控制/个体防护

职业接触限值

中国 未制定标准

美国(ACGIH) 未制定标准

生物接触限值 未制定标准

监测方法 空气中有毒物质测定方法：未制定标准。生物监测检验方法：未制定标准

工程控制 生产过程密闭，加强通风。提供安全的淋浴和洗眼设备

个体防护装备

呼吸系统防护 可能接触其粉尘时，建议佩戴过滤式防尘呼吸器

眼睛防护 戴化学安全防护眼镜

皮肤和身体防护 穿隔绝式防毒服

手防护 戴橡胶手套

第九部分 理化特性

外观与性状 黄色无定形块状物或白色结晶，易潮解

pH值 无意义 **熔点(℃)** 490（分解）

沸点(℃) 无资料 **相对密度(水=1)** 3.5

相对蒸气密度(空气=1) 无资料

饱和蒸气压(kPa) 无资料

燃烧热(kJ/mol) 无资料 **临界温度(℃)** 无资料

临界压力(MPa) 无意义 **辛醇/水分配系数** 无资料

闪点(℃) 无意义 **自燃温度(℃)** 无意义

爆炸下限(%) 无意义 **爆炸上限(%)** 无意义

分解温度(℃) 无资料 **黏度(mPa·s)** 无资料

溶解性 不溶于乙醇

第十部分 稳定性和反应性

稳定性 稳定

危险反应 与强还原剂、水、易燃或可燃物等禁配物接触，有发生火灾和爆炸的危险

避免接触的条件 摩擦、潮湿空气

禁配物 强还原剂、水、酸类、易燃或可燃物、醇类、二氧化碳、活性金属粉末

危险的分解产物 氧化钾，氧气

第十一部分 毒理学信息

急性毒性 无资料 **皮肤刺激或腐蚀** 无资料

眼睛刺激或腐蚀 无资料 **呼吸或皮肤过敏** 无资料

生殖细胞突变性 无资料 **致癌性** 无资料

生殖毒性 无资料

特异性靶器官系统毒性-一次接触 无资料

特异性靶器官系统毒性-反复接触 无资料

吸入危害 无资料

第十二部分 生态学信息

生态毒性 无资料

持久性和降解性

生物降解性　无资料

非生物降解性　无资料

潜在的生物累积性　无资料

土壤中的迁移性　无资料

第十三部分　废弃处置

废弃化学品　中和、稀释后，排入废水系统

污染包装物　将容器返还生产商或按照国家和地方法规处置

废弃注意事项　处置前应参阅国家和地方有关法规

第十四部分　运输信息

联合国危险货物编号（UN号）　1491

联合国运输名称　过氧化钾

联合国危险性类别　5.1　**包装类别**　Ⅰ类包装

包装标志

海洋污染物　否

运输注意事项　运输时单独装运，运输过程中要确保容器不泄漏、不倒塌、不坠落、不损坏。运输时运输车辆应配备相应品种和数量的消防器材及泄漏应急处理设备。严禁与酸类、易燃物、有机物、还原剂、自燃物品、遇湿易燃物品等并车混运。运输时车速不宜过快，不得强行超车。运输车辆装卸前后，均应彻底清扫、洗净，严禁混入有机物、易燃物等杂质

第十五部分　法规信息

下列法律、法规、规章和标准，对该化学品的管理作了相应的规定。

中华人民共和国职业病防治法　职业病分类和目录：未列入

危险化学品安全管理条例　危险化学品目录：列入。易制爆危险化学品名录：未列入。重点监管的危险化学品名录：未列入。GB 18218—2009《危险化学品重大危险源辨识》（表1）：列入。类别：氧化性物质，临界量（t）：20

使用有毒物品作业场所劳动保护条例　高毒物品目录：未列入

易制毒化学品管理条例　易制毒化学品的分类和品种目录：未列入

国际公约　斯德哥尔摩公约：未列入。鹿特丹公约：未列入。蒙特利尔议定书：未列入

第十六部分　其他信息

编写和修订信息　　**缩略语和首字母缩写**

培训建议　　**参考文献**

免责声明

过氧化钠

第一部分　化学品标识

化学品中文名　过氧化钠；二氧化钠；双氧化钠

化学品英文名　sodium peroxide; sodium dioxide

分子式　Na_2O_2　**相对分子质量**　77.98

结构式　Na—O—O—Na

化学品的推荐及限制用途　用于医药、印染、漂白及用作分析试剂等

第二部分　危险性概述

紧急情况概述　可引起燃烧或爆炸；强氧化剂，造成严重的皮肤灼伤和眼损伤

GHS危险性类别　氧化性固体，类别1；皮肤腐蚀/刺激，类别1A；严重眼损伤/眼刺激，类别1

标签要素

象形图

警示词　危险

危险性说明　可引起燃烧或爆炸；强氧化剂，造成严重的皮肤灼伤和眼损伤

防范说明

预防措施　远离热源。远离衣物和其他可燃物。采取一切预防措施，避免与可燃物混合。穿防火、阻燃服。避免吸入粉尘或烟雾。避免接触眼睛、皮肤，操作后彻底清洗。戴防护手套，穿防护服，戴防护眼镜、防护面罩

事故响应　火灾时，根据着火原因选择适当灭火剂灭火。如果发生大火和大量物质着火：撤离现场。因有爆炸危险，应远距离灭火。如吸入：将患者转移到空气新鲜处，休息，保持利于呼吸的体位，立即呼叫中毒控制中心或就医。皮肤（或头发）接触：如溅到衣服上立即用大量清水冲洗污染的衣服和皮肤，然后脱去衣服，用水冲洗皮肤，淋浴。污染的衣服须洗净后方可重新使用。眼睛接触：用水细心地冲洗数分钟。如戴隐形眼镜并可方便地取出，则取出隐形眼镜继续冲洗。食入：漱口。不要催吐

安全储存　上锁保管

废弃处置　本品及内装物、容器依据国家和地方法规处置

物理和化学危险　与可燃物混合或急剧加热会发生爆炸

健康危害　本品粉尘刺激眼和呼吸道，腐蚀鼻中隔；眼和皮肤直接接触可引起灼伤；误服可造成消化道灼伤

环境危害　对环境可能有害

第三部分　成分/组成信息

√物质		混合物
组分	**浓度**	**CAS No.**
过氧化钠		1313-60-6

第四部分　急救措施

吸入　迅速脱离现场至空气新鲜处。保持呼吸道通畅。如呼吸困难，给输氧。如呼吸、心跳停止，立即进行心

肺复苏术。就医

皮肤接触 立即脱去污染的衣着，用大量流动清水彻底冲洗至少15min。就医

眼睛接触 立即分开眼睑，用流动清水或生理盐水彻底冲洗至少15min。就医

食入 用水漱口，禁止催吐。给饮牛奶或蛋清。就医

对保护施救者的忠告 根据需要使用个人防护设备

对医生的特别提示 对症处理

第五部分 消防措施

灭火剂 本品不燃。根据着火原因选择适当灭火剂灭火

特别危险性 能与可燃物、有机物或易氧化物质形成爆炸性混合物，经摩擦和与少量水接触可导致燃烧或爆炸。与硫黄、酸性腐蚀液体接触时，能发生燃烧或爆炸。遇潮气、酸类会发生分解并放出氧气而助燃。急剧加热时可发生爆炸。具有较强的腐蚀性

灭火注意事项及防护措施 消防人员须戴好防毒面具，在安全距离以外，在上风向灭火。尽可能将容器从火场移至空旷处。喷水保持火场容器冷却，直至灭火结束。严禁用水、泡沫、二氧化碳扑救。禁止用砂土压盖

第六部分 泄漏应急处理

作业人员防护措施、防护装备和应急处置程序 隔离泄漏污染区，限制出入。建议应急处理人员戴防尘口罩，穿防酸碱服，戴氯丁橡胶手套。穿上适当的防护服前严禁接触破裂的容器和泄漏物。尽可能切断泄漏源

环境保护措施 无资料

泄漏化学品的收容、清除方法及所使用的处置材料 小量泄漏：用干燥的砂土或其他不燃材料覆盖泄漏物，然后用塑料布覆盖，减少飞散、避免雨淋。大量泄漏：在专家指导下清除

第七部分 操作处置与储存

操作注意事项 密闭操作，加强通风。操作人员必须经过专门培训，严格遵守操作规程。建议操作人员佩戴头罩型电动送风过滤式防尘呼吸器，穿聚乙烯防毒服，戴氯丁橡胶手套。远离火种、热源。工作场所严禁吸烟。避免产生粉尘。避免与还原剂、酸类、醇类、活性金属粉末接触。尤其要注意避免与水接触。搬运时要轻装轻卸，防止包装及容器损坏。禁止震动、撞击和摩擦。配备相应品种和数量的消防器材及泄漏应急处理设备。倒空的容器可能残留有害物

储存注意事项 储存于阴凉、干燥、通风良好的专用库房内，远离火种、热源。库温不超过30℃，库相对湿度不超过75%。包装密封。注意防潮和避免雨淋。应与还原剂、酸类、醇类、活性金属粉末等分开存放，切忌混储。储区应备有合适的材料收容泄漏物

第八部分 接触控制/个体防护

职业接触限值

中国 未制定标准

美国(ACGIH) 未制定标准

生物接触限值 未制定标准

监测方法 空气中有毒物质测定方法：未制定标准。生物监测检验方法：未制定标准

工程控制 生产过程密闭，加强通风。提供安全的淋浴和洗眼设备

个体防护装备

呼吸系统防护 可能接触其粉尘时，建议佩戴过滤式防尘呼吸器

眼睛防护 戴化学安全防护眼镜

皮肤和身体防护 穿隔绝式防毒服

手防护 戴橡胶手套

第九部分 理化特性

外观与性状 米黄色粉末或颗粒，加热则变为黄色，有吸湿性

pH值 无意义　**熔点(℃)** 460（分解）

沸点(℃) 657（分解）　**相对密度(水=1)** 2.80

相对蒸气密度(空气=1) 无资料

饱和蒸气压(kPa) 无资料

燃烧热(kJ/mol) 无资料　**临界温度(℃)** 无资料

临界压力(MPa) 无意义　**辛醇/水分配系数** 无资料

闪点(℃) 无意义　**自燃温度(℃)** 无意义

爆炸下限(%) 无意义　**爆炸上限(%)** 无意义

分解温度(℃) 450　**黏度(mPa·s)** 无资料

溶解性 溶于水、酸，不溶于碱

第十部分 稳定性和反应性

稳定性 稳定

危险反应 与强还原剂、水、易燃或可燃物等禁配物接触，有发生火灾和爆炸的危险

避免接触的条件 摩擦、潮湿空气

禁配物 强还原剂、水、酸类、易燃或可燃物、醇类、二氧化碳、硫黄、活性金属粉末

危险的分解产物 氧气、氧化钠

第十一部分 毒理学信息

急性毒性 无资料　**皮肤刺激或腐蚀** 无资料

眼睛刺激或腐蚀 无资料　**呼吸或皮肤过敏** 无资料

生殖细胞突变性 无资料　**致癌性** 无资料

生殖毒性 无资料

特异性靶器官系统毒性-一次接触 无资料

特异性靶器官系统毒性-反复接触 无资料

吸入危害 无资料

第十二部分 生态学信息

生态毒性 无资料

持久性和降解性

生物降解性 无资料

非生物降解性 无资料

潜在的生物累积性 无资料

土壤中的迁移性 无资料

第十三部分 废弃处置

废弃化学品 中和、稀释后，排入废水系统

污染包装物　将容器返还生产商或按照国家和地方法规处置

废弃注意事项　处置前应参阅国家和地方有关法规

第十四部分　运输信息

联合国危险货物编号（UN号）　1504

联合国运输名称　过氧化钠

联合国危险性类别　5.1　　**包装类别**　Ⅰ类包装

包装标志　

海洋污染物　否

运输注意事项　运输时单独装运，运输过程中要确保容器不泄漏、不倒塌、不坠落、不损坏。运输时运输车辆应配备相应品种和数量的消防器材及泄漏应急处理设备。严禁与酸类、易燃物、有机物、还原剂、自燃物品、遇湿易燃物品等并车混运。运输时车速不宜过快，不得强行超车。运输车辆装卸前后，均应彻底清扫、洗净，严禁混入有机物、易燃物等杂质

第十五部分　法规信息

下列法律、法规、规章和标准，对该化学品的管理作了相应的规定。

中华人民共和国职业病防治法　职业病分类和目录：未列入

危险化学品安全管理条例　危险化学品目录：列入。易制爆危险化学品名录：列入。重点监管的危险化学品名录：未列入。GB 18218—2009《危险化学品重大危险源辨识》（表1）：列入。类别：氧化性物质，临界量（t）：20

使用有毒物品作业场所劳动保护条例　高毒物品目录：未列入

易制毒化学品管理条例　易制毒化学品的分类和品种目录：未列入

国际公约　斯德哥尔摩公约：未列入。鹿特丹公约：未列入。蒙特利尔议定书：未列入

第十六部分　其他信息

编写和修订信息　　**缩略语和首字母缩写**

培训建议　　**参考文献**

免责声明

过氧化氢

第一部分　化学品标识

化学品中文名　过氧化氢；双氧水

化学品英文名　hydrogen peroxide

分子式　H_2O_2　　**相对分子质量**　34.02

结构式　HO—OH

化学品的推荐及限制用途　用于漂白、医药，也用作分析试剂

第二部分　危险性概述

紧急情况概述　可引起燃烧或爆炸；强氧化剂，吞咽有害，吸入有害，造成严重的皮肤灼伤和眼损伤

GHS危险性类别　氧化性液体，类别1；急性毒性-经口，类别4；急性毒性-吸入，类别4；皮肤腐蚀/刺激，类别1A；严重眼损伤/眼刺激，类别1；特异性靶器官毒性-一次接触，类别3（呼吸道刺激）；危害水生环境-急性危害，类别3

标签要素

象形图　

警示词　危险

危险性说明　可引起燃烧或爆炸；强氧化剂，吞咽有害，吸入有害，造成严重的皮肤灼伤和眼损伤，可能引起呼吸道刺激，对水生生物有害

防范说明

预防措施　远离热源。远离衣物和其他可燃物保存。采取一切预防措施，避免与可燃物混合。穿防火、阻燃服。避免接触眼睛、皮肤，操作后彻底清洗。作业场所不得进食、饮水或吸烟。避免吸入蒸气、雾。仅在室外或通风良好处操作。戴防护手套，穿防护服，戴防护眼镜、防护面罩。禁止排入环境

事故响应　如果发生大火和大量物质着火：撤离现场。因有爆炸危险，应远距离灭火。火灾时，根据着火原因选择适当灭火剂灭火。如吸入：将患者转移到空气新鲜处，休息，保持利于呼吸的体位；如感觉不适，呼叫中毒控制中心或就医。皮肤（或头发）接触：如溅到衣服上立即用大量清水冲洗污染的衣服和皮肤，然后脱去衣服。或者立即脱掉所有被污染的衣服，用水冲洗皮肤，淋浴。污染的衣服须洗净后方可重新使用。眼睛接触：用水细心地冲洗数分钟。如戴隐形眼镜并可方便地取出，则取出隐形眼镜继续冲洗。食入：漱口，不要催吐；如果感觉不适，立即呼叫中毒控制中心或就医

安全储存　上锁保管

废弃处置　本品及内装物、容器依据国家和地方法规处置

物理和化学危险　助燃。与可燃物混合会发生爆炸。在有限空间中加热有爆炸危险

健康危害　吸入本品蒸气或雾对呼吸道有强烈刺激性，一次大量吸入可引起肺炎或肺水肿。眼直接接触液体可致不可逆损伤甚至失明。皮肤接触引起灼伤。口服中毒出现腹痛、胸口痛、呼吸困难、呕吐、一时性运动和感觉障碍、体温升高等。个别病例出现视力障碍、癫痫样痉挛、轻瘫。长期接触本品可致接触性皮炎

环境危害　对水生生物有害

第三部分　成分/组成信息

√物质		混合物
组分	**浓度**	**CAS No.**
过氧化氢		7722-84-1

第四部分 急救措施

吸入 迅速脱离现场至空气新鲜处。保持呼吸道通畅。如呼吸困难，给输氧。如呼吸、心跳停止，立即进行心肺复苏术。就医

皮肤接触 立即脱去污染的衣着，用大量流动清水彻底冲洗至少15min。就医

眼睛接触 立即分开眼睑，用流动清水或生理盐水彻底冲洗至少15min。就医

食入 用水漱口，禁止催吐。给饮牛奶或蛋清。就医

对保护施救者的忠告 根据需要使用个人防护设备

对医生的特别提示 对症处理

第五部分 消防措施

灭火剂 本品不燃。根据着火原因选择适当灭火剂灭火

特别危险性 本身不燃，但能与可燃物反应放出大量热量和氧气而引起着火爆炸。过氧化氢在pH值为3.5～4.5时最稳定；在碱性溶液中极易分解；在遇强光，特别是短波射线照射时也能发生分解。当加热到100℃以上时，开始急剧分解。它与许多有机物如糖、淀粉、醇类、石油产品等形成爆炸性混合物，在撞击、受热或电火花作用下能发生爆炸。过氧化氢与许多无机化合物或杂质接触后会迅速分解而导致爆炸，放出大量的热量、氧和水蒸气。大多数重金属（如铁、铜、银、铅、汞、锌、钴、镍、铬、锰等）及其氧化物和盐类都是活性催化剂，尘土、香烟灰、碳粉、铁锈等也能加速分解。浓度超过74%的过氧化氢，在具有适当的点火源或温度的密闭容器中，能产生气相爆炸

灭火注意事项及防护措施 消防人员须戴好防毒面具，在安全距离以外，在上风向灭火。尽可能将容器从火场移至空旷处。喷水保持火场容器冷却，直至灭火结束。容器突然发出异常声音或出现异常现象，应立即撤离。禁止用砂土压盖

第六部分 泄漏应急处理

作业人员防护措施、防护装备和应急处置程序 根据液体流动和蒸气扩散的影响区域划定警戒区，无关人员从侧风、上风向撤离至安全区。建议应急处理人员戴正压自给式呼吸器，穿防腐蚀、防毒服，戴氯丁橡胶手套。远离易燃、可燃物（如木材、纸张、油品等）。尽可能切断泄漏源

环境保护措施 小量泄漏：用砂土、蛭石或其他惰性材料吸收。也可以用大量水冲洗，洗水稀释后放入废水系统。大量泄漏：构筑围堤或挖坑收容。喷雾状水冷却和稀释蒸气，保护现场人员，把泄漏物稀释成不燃物。用泵转移至槽车或专用收集器内

泄漏化学品的收容、清除方法及所使用的处置材料 防止泄漏物进入水体、下水道、地下室或有限空间

第七部分 操作处置与储存

操作注意事项 密闭操作，全面通风。操作人员必须经过专门培训，严格遵守操作规程。建议操作人员佩戴自吸过滤式防毒面具（全面罩），穿聚乙烯防毒服，戴氯丁橡胶手套。远离火种、热源。工作场所严禁吸烟。远离易燃、可燃物。防止蒸气泄漏到工作场所空气中。避免与还原剂、活性金属粉末接触。搬运时要轻装轻卸，防止包装及容器损坏。配备相应品种和数量的消防器材及泄漏应急处理设备。倒空的容器可能残留有害物

储存注意事项 储存于阴凉、干燥、通风良好的专用库房内，远离火种、热源。库温不超过30℃，库相对湿度不超过80%。保持容器密封。应与易（可）燃物、还原剂、活性金属粉末等分开存放，切忌混储。储区应备有泄漏应急处理设备和合适的收容材料

第八部分 接触控制/个体防护

职业接触限值

中国 PC-TWA：1.5mg/m^3

美国(ACGIH) TLV-TWA：1ppm

生物接触限值 未制定标准

监测方法 空气中有毒物质测定方法：四氯化钛分光光度法。生物监测检验方法：未制定标准

工程控制 生产过程密闭，全面通风。提供安全的淋浴和洗眼设备

个体防护装备

呼吸系统防护 可能接触其蒸气时，应该佩戴过滤式防毒面具（全面罩）

眼睛防护 呼吸系统防护中已作防护

皮肤和身体防护 穿隔绝式防毒服

手防护 戴橡胶手套

第九部分 理化特性

外观与性状 无色透明液体，有微弱的特殊气味

pH值 无资料 **熔点(℃)** －0.4

沸点(℃) 150.2

相对密度(水=1) 1.46（无水）

相对蒸气密度(空气=1) 1

饱和蒸气压(kPa) 0.67（30℃）

燃烧热(kJ/mol) 无资料 **临界温度(℃)** 无资料

临界压力(MPa) 20.99 **辛醇/水分配系数** －1.36

闪点(℃) 无意义 **自燃温度(℃)** 无意义

爆炸下限(%) 无意义 **爆炸上限(%)** 无意义

分解温度(℃) 无资料 **黏度(mPa·s)** 无资料

溶解性 溶于水、乙醇、乙醚，不溶于苯、石油醚

第十部分 稳定性和反应性

稳定性 不稳定

危险反应 与强还原剂、易燃或可燃物等禁配物接触，有发生火灾和爆炸的危险

避免接触的条件 强光、受热、撞击

禁配物 易燃或可燃物、强还原剂、铜、铁、铁盐、锌、活性金属粉末

危险的分解产物 氧气、水

第十一部分 毒理学信息

急性毒性 LD_{50}：浓度为90%，376mg/kg（大鼠经口）

皮肤刺激或腐蚀　无资料

眼睛刺激或腐蚀　家兔经眼：90%，1mg，重度刺激

呼吸或皮肤过敏　无资料

生殖细胞突变性　微生物致突变：鼠伤寒沙门氏菌 6μg/皿。姐妹染色单体交换：仓鼠肺 353μmol/L。DNA 损伤：人成纤维细胞 28μmol/L；人淋巴细胞 100μmol/L。程序外 DNA 合成：人成纤维细胞 1mmol/L

致癌性　IARC 致癌性评论：组 3，现有的证据不能对人类致癌性进行分类。对人及动物致癌性证据不足

生殖毒性　无资料

特异性靶器官系统毒性-一次接触　无资料

特异性靶器官系统毒性-反复接触　无资料

吸入危害　无资料

第十二部分　生态学信息

生态毒性

LC_{50}　37.4mg/L（96h）（鲶鱼）；16.4mg/L（96h）（黑头呆鱼）；42mg/L（48h）（鲤鱼）

EC_{50}　2.4mg/L（96h）（水蚤）

持久性和降解性

生物降解性　无资料

非生物降解性　无资料

潜在的生物累积性　无资料

土壤中的迁移性　无资料

第十三部分　废弃处置

废弃化学品　经水稀释后，发生分解放出氧气，待充分分解后，把废液排入废水系统

污染包装物　将容器返还生产商或按照国家和地方法规处置

废弃注意事项　处置前应参阅国家和地方有关法规

第十四部分　运输信息

联合国危险货物编号（UN 号）　2014（20%≤含量＜60%）；2015（含量≥60%）

联合国运输名称　过氧化氢水溶液（20%≤含量＜60%）；过氧化氢，稳定的或过氧化氢水溶液，稳定的（含量≥60%）

联合国危险性类别　5.1，8

包装类别　Ⅰ类包装（含量≥60%）；Ⅱ类包装（20%≤含量＜60%）

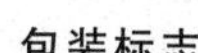

包装标志

海洋污染物　否

运输注意事项　双氧水应添加足够的稳定剂。含量≥40%的双氧水，运输时须经主管部门批准。双氧水限用全钢棚车按规定办理运输。试剂包装（含量＜40%），可以按零担办理。设计的桶、罐、箱，须包装试验合格，并经主管部门批准；含量≤3%的双氧水，可按普通货物条件运输。运输时单独装运，运输过程中要确保容器不泄漏、不倒塌、不坠落、不损坏。严禁与酸类、易燃物、有机物、还原剂、自燃物品、遇湿易燃物品等并车混运。运输时车速不宜过快，不得强行超车。公路运输时要按规定路线行驶。运输车辆应配备泄漏应急处理设备。运输车辆装卸前后，均应彻底清扫、洗净，严禁混入有机物、易燃物等杂质

第十五部分　法规信息

下列法律、法规、规章和标准，对该化学品的管理作了相应的规定。

中华人民共和国职业病防治法　职业病分类和目录：未列入

危险化学品安全管理条例　危险化学品目录：列入。易制爆危险化学品名录：列入。重点监管的危险化学品名录：未列入。GB 18218—2009《危险化学品重大危险源辨识》（表 1）：未列入

使用有毒物品作业场所劳动保护条例　高毒物品目录：未列入

易制毒化学品管理条例　易制毒化学品的分类和品种目录：未列入

国际公约　斯德哥尔摩公约：未列入。鹿特丹公约：未列入。蒙特利尔议定书：未列入

第十六部分　其他信息

编写和修订信息　**缩略语和首字母缩写**

培训建议　**参考文献**

免责声明

过氧化叔丁醇

第一部分　化学品标识

化学品中文名　过氧化叔丁醇；过氧化氢叔丁基；叔丁基过氧化氢；过氧化氢第三丁基

化学品英文名　*tert*-butyl hydroperoxide；1,1-dimethylethylhydroperoxide

分子式　$C_4H_{10}O_2$　**相对分子质量**　90.14

结构式　OH O

化学品的推荐及限制用途　用作催化剂、漂白粉和除臭剂、不饱和聚酯的交联剂、聚合用引发剂、橡胶硫化剂

第二部分　危险性概述

紧急情况概述　加热可引起燃烧，吞咽有害，皮肤接触会中毒，吸入会中毒，造成严重的皮肤灼伤和眼损伤

GHS 危险性类别　有机过氧化物，C 型；急性毒性-经口，类别 4；急性毒性-经皮，类别 3；急性毒性-吸入，类别 3；皮肤腐蚀/刺激，类别 1；严重眼损伤/眼刺激，类别 1；生殖细胞致突变性，类别 2；特异性靶器官毒性-一次接触，类别 2；特异性靶器官毒性-反复接触，类别 1；危害水生环境-急性危害，类别 2；危害水生环境-长期危害，类别 2

标签要素

象形图

警示词　危险

危险性说明　加热可引起燃烧，吞咽有害，皮肤接触会中毒，吸入会中毒，造成严重的皮肤灼伤和眼损伤，怀疑可造成遗传性缺陷，可能对器官造成损害，长时间或反复接触对器官造成损伤，对水生生物有毒并具有长期持续影响

防范说明

预防措施　远离热源、火花、明火、热表面。禁止吸烟。远离衣物、可燃物保存。仅在原容器中保存。避免接触眼睛、皮肤，操作后彻底清洗。作业场所不得进食、饮水或吸烟。避免吸入蒸气、雾。仅在室外或通风良好处操作。戴防护手套，穿防护服，戴防护眼镜、防护面罩。得到专门指导后操作。在阅读并了解所有安全预防措施之前，切勿操作。按要求使用个体防护装备。禁止排入环境

事故响应　如吸入：将患者转移到空气新鲜处，休息，保持利于呼吸的体位。皮肤接触：立即脱掉所有被污染的衣服。用大量肥皂水和水清洗。被污染的衣服须经洗净后方可重新使用。眼睛接触：用水细心地冲洗数分钟。如戴隐形眼镜并可方便地取出，则取出隐形眼镜继续冲洗。食入：漱口。不要催吐。如果感觉不适，立即呼叫中毒控制中心或就医。如果接触或有担心，就医。收集泄漏物

安全储存　保持阴凉。避免日照。在通风良好处储存。远离其他物质储存。保持容器密闭。上锁保管

废弃处置　本品及内装物、容器依据国家和地方法规处置

物理和化学危险　易燃。受撞击、摩擦，遇明火或其他点火源极易爆炸

健康危害　吸入后可引起烧灼感、咳嗽、喘息、气短、头痛、恶心及呕吐等。造成严重的皮肤灼伤和眼损伤

环境危害　对水生生物有毒并具有长期持续影响

第三部分　成分/组成信息

√物质　　　　　　混合物

组分	浓度	CAS No.
过氧化叔丁醇		75-91-2

第四部分　急救措施

吸入　迅速脱离现场至空气新鲜处。保持呼吸道通畅。如呼吸困难，给输氧。如呼吸、心跳停止，立即进行心肺复苏术。就医

皮肤接触　立即脱去污染的衣着，用大量流动清水彻底冲洗至少15min。就医

眼睛接触　立即分开眼睑，用流动清水或生理盐水彻底冲洗至少15min。就医

食入　用水漱口，禁止催吐。给饮牛奶或蛋清。就医

对保护施救者的忠告　无资料

对医生的特别提示　无资料

第五部分　消防措施

灭火剂　用水、泡沫、二氧化碳灭火

特别危险性　受高热、阳光曝晒、撞击或与还原剂以及易燃物硫、磷接触时，有引起燃烧爆炸的危险。燃烧生成有害的一氧化碳

灭火注意事项及防护措施　消防人员须在有防爆掩蔽处操作。遇大火切勿轻易接近。在物料附近失火，须用水保持容器冷却。容器突然发出异常声音或出现异常现象，应立即撤离

第六部分　泄漏应急处理

作业人员防护措施、防护装备和应急处置程序　根据液体流动和蒸气扩散的影响区域划定警戒区，无关人员从侧风、上风向撤离至安全区。消除所有点火源。建议应急处理人员戴正压自给式呼吸器，穿防静电、防腐蚀、防毒服，戴橡胶手套。勿使泄漏物与可燃物质（如木材、纸、油等）接触。穿上适当的防护服前严禁接触破裂的容器和泄漏物。尽可能切断泄漏源

环境保护措施　防止泄漏物进入水体、下水道、地下室或有限空间

泄漏化学品的收容、清除方法及所使用的处置材料　小量泄漏：用惰性、湿润的不燃材料吸收泄漏物，用洁净的非火花工具收集于一盖子较松的塑料容器中，待处理。大量泄漏：构筑围堤或挖坑收容。用泡沫覆盖，减少蒸发。在专家指导下清除

第七部分　操作处置与储存

操作注意事项　密闭操作，全面通风。操作人员必须经过专门培训，严格遵守操作规程。建议操作人员佩戴过滤式防毒面具（半面罩），戴化学安全防护眼镜，穿聚乙烯防毒服，戴橡胶手套。远离火种、热源。工作场所严禁吸烟。使用防爆型的通风系统和设备。远离易燃、可燃物。防止蒸气泄漏到工作场所空气中。避免与还原剂、酸类、活性金属粉末接触。搬运时要轻装轻卸，防止包装及容器损坏。禁止震动、撞击和摩擦。配备相应品种和数量的消防器材及泄漏应急处理设备。倒空的容器可能残留有害物

储存注意事项　储存于阴凉、通风的库房。远离火种、热源。库温不超过30℃，库相对湿度不超过80%。保持容器密封。应与还原剂、酸类、易（可）燃物、活性金属粉末分开存放，切忌混储。不宜久存，以免变质。采用防爆型照明、通风设施。禁止使用易产生火花的机械设备和工具。储区应备有泄漏应急处理设备和合适的收容材料。禁止震动、撞击和摩擦

第八部分 接触控制/个体防护

职业接触限值

中国 未制定标准

美国(ACGIH) 未制定标准

生物接触限值 未制定标准

监测方法 空气中有毒物质测定方法：未制定标准。生物监测检验方法：未制定标准

工程控制 生产过程密闭，全面通风。提供安全的淋浴和洗眼设备

个体防护装备

呼吸系统防护 可能接触其蒸气时，应该佩戴过滤式防毒面具（半面罩）

眼睛防护 戴化学安全防护眼镜

皮肤和身体防护 穿隔绝式防毒服

手防护 戴橡胶手套

第九部分 理化特性

外观与性状 水白色液体。一般商品为非挥发性溶剂的溶液

pH值 无资料 **熔点(℃)** −8

沸点(℃) 35 (2.66 kPa) **相对密度(水=1)** 0.88

相对蒸气密度(空气=1) 2.07

饱和蒸气压(kPa) 2.27 (35～37℃)

燃烧热(kJ/mol) 无资料 **临界温度(℃)** 无资料

临界压力(MPa) 4.34 **辛醇/水分配系数** 0.94

闪点(℃) 26.7 **自燃温度(℃)** 238

爆炸下限(%) 5 **爆炸上限(%)** 10

分解温度(℃) 无资料 **黏度(mPa·s)** 无资料

溶解性 微溶于水，易溶于乙醇、乙醚等多数有机溶剂和氢氧化钠水溶液

第十部分 稳定性和反应性

稳定性 不稳定

危险反应 受热、摩擦、震动、撞击，与强氧化剂、易燃或可燃物等禁配物接触，有发生火灾和爆炸的危险

避免接触的条件 受热、阳光曝晒、撞击

禁配物 还原剂、强酸、易燃或可燃物、活性金属粉末

危险的分解产物 甲烷、丙酮、叔丁醇

第十一部分 毒理学信息

急性毒性

LD_{50} 370mg/kg（大鼠经口）；790mg/kg（大鼠经皮）；460μl (427.8mg) /kg（兔经皮）

LC_{50} 1840mg/m³（大鼠吸入，4h）

皮肤刺激或腐蚀 家兔经皮：500mg (24h)，重度刺激

眼睛刺激或腐蚀 家兔经眼：100mg (24h)，中度刺激

呼吸或皮肤过敏 无资料 **生殖细胞突变性** 无资料

致癌性 无资料 **生殖毒性** 无资料

特异性靶器官系统毒性-一次接触 无资料

特异性靶器官系统毒性-反复接触 无资料

吸入危害 无资料

第十二部分 生态学信息

生态毒性 LC_{50}：220mg/L (48h)（青鳉）

持久性和降解性

生物降解性 无资料

非生物降解性 空气中，当羟基自由基浓度为5.00×10⁵个/cm³时，降解半衰期为5d（理论）

潜在的生物累积性 无资料

土壤中的迁移性 无资料

第十三部分 废弃处置

废弃化学品 建议用控制焚烧法处置

污染包装物 将容器返还生产商或按照国家和地方法规处置

废弃注意事项 处置前应参阅国家和地方有关法规

第十四部分 运输信息

联合国危险货物编号（UN号） 3103（79%<含量≤90%，含水≥10%）；3105（含量≤80%，含A型稀释剂≥20%）；3107（含量≤79%，含水>14%）；3109（含量≤72%，含水≥28%）

联合国运输名称 液态C型有机过氧化物（叔丁基过氧化氢）（79%<含量≤90%，含水≥10%）。液态D型有机过氧化物（叔丁基过氧化氢）（含量≤80%，含A型稀释剂≥20%）。液态E型有机过氧化物（含量≤79%，含水>14%）。液态F型有机过氧化物（含量≤72%，含水≥28%）

联合国危险性类别 5.2，8 **包装类别** -

包装标志 

海洋污染物 否

运输注意事项 运输时单独装运，运输过程中要确保容器不泄漏、不倒塌、不坠落、不损坏。运输时运输车辆应配备相应品种和数量的消防器材及泄漏应急处理设备。严禁与酸类、易燃物、有机物、还原剂、自燃物品、遇湿易燃物品等并车混运。车速要加以控制，避免颠簸、震荡。夏季应早晚运输，防止日光曝晒。公路运输时要按规定路线行驶，勿在居民区和人口稠密区停留。运输车辆装卸前后，均应彻底清扫、洗净，严禁混入有机物、易燃物等杂质

第十五部分 法规信息

下列法律、法规、规章和标准，对该化学品的管理作了相应的规定。

中华人民共和国职业病防治法 职业病分类和目录：未列入

危险化学品安全管理条例 危险化学品目录：列入。易制爆危险化学品名录：未列入。重点监管的危险化学品名录：未列入。GB 18218—2009《危险化学品重大危险源辨识》(表1)：未列入

使用有毒物品作业场所劳动保护条例 高毒物品目录：未

列入

易制毒化学品管理条例 易制毒化学品的分类和品种目录：未列入

国际公约 斯德哥尔摩公约：未列入。鹿特丹公约：未列入。蒙特利尔议定书：未列入

第十六部分 其他信息

编写和修订信息 **缩略语和首字母缩写**
培训建议 **参考文献**
免责声明

过氧化锶

第一部分 化学品标识

化学品中文名 过氧化锶；二氧化锶

化学品英文名 strontium peroxide；strontium dioxide

分子式 SrO_2 **相对分子质量** 119.62

化学品的推荐及限制用途 用作漂白剂、分析试剂等，并用于有机合成

第二部分 危险性概述

紧急情况概述 可加剧燃烧：氧化剂

GHS危险性类别 氧化性固体，类别2

标签要素

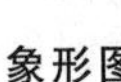
象形图 

警示词 危险

危险性说明 可加剧燃烧：氧化剂

防范说明

预防措施 远离热源。远离衣物、可燃物保存。采取一切预防措施，避免与可燃物混合。戴防护手套、防护眼镜、防护面罩

事故响应 火灾时，根据着火原因选择适当灭火剂灭火

安全储存 -

废弃处置 本品及内装物、容器依据国家和地方法规处置

物理和化学危险 与可燃物混合或急剧加热会发生爆炸

健康危害 本品粉尘对眼睛、皮肤和呼吸系统有刺激作用。水溶液为碱性腐蚀液体，对皮肤、黏膜有刺激性

环境危害 对环境可能有害

第三部分 成分/组成信息

√物质		混合物
组分	**浓度**	**CAS No.**
过氧化锶		1314-18-7

第四部分 急救措施

吸入 迅速脱离现场至空气新鲜处。保持呼吸道通畅。如呼吸困难，给输氧。如呼吸、心跳停止，立即进行心肺复苏术。就医

皮肤接触 立即脱去污染的衣着，用流动清水彻底冲洗。就医

眼睛接触 立即分开眼睑，用流动清水或生理盐水彻底冲洗。就医

食入 漱口，饮水。就医

对保护施救者的忠告 根据需要使用个人防护设备

对医生的特别提示 对症处理

第五部分 消防措施

灭火剂 本品不燃。根据着火原因选择适当灭火剂灭火

特别危险性 在少量水的润湿下，与可燃物的混合物在轻微的碰撞或摩擦下会燃烧。水溶液为碱性腐蚀液体

灭火注意事项及防护措施 消防人员须戴好防毒面具，在安全距离以外，在上风向灭火。尽可能将容器从火场移至空旷处。喷水保持火场容器冷却，直至灭火结束。严禁用水、泡沫、二氧化碳扑救。禁止用砂土压盖

第六部分 泄漏应急处理

作业人员防护措施、防护装备和应急处置程序 隔离泄漏污染区，限制出入。建议应急处理人员戴防尘口罩，穿防毒服，戴橡胶手套。勿使泄漏物与可燃物质（如木材、纸、油等）接触。穿上适当的防护服前严禁接触破裂的容器和泄漏物

环境保护措施 无资料

泄漏化学品的收容、清除方法及所使用的处置材料 小量泄漏：用大量水冲洗，洗水稀释后放入废水系统。大量泄漏：在专家指导下清除

第七部分 操作处置与储存

操作注意事项 密闭操作，加强通风。操作人员必须经过专门培训，严格遵守操作规程。建议操作人员佩戴自吸过滤式防尘口罩，戴化学安全防护眼镜，穿聚乙烯防毒服，戴氯丁橡胶手套。远离火种、热源。工作场所严禁吸烟。远离易燃、可燃物。避免产生粉尘。搬运时要轻装轻卸，防止包装及容器损坏。禁止震动、撞击和摩擦。配备相应品种和数量的消防器材及泄漏应急处理设备。倒空的容器可能残留有害物

储存注意事项 储存于阴凉、干燥、通风良好的库房。库温不超过30℃，库相对湿度不超过80%。远离火种、热源。包装要求密封，不可与空气接触。应与易（可）燃物等分开存放，切忌混储。储区应备有合适的材料收容泄漏物

第八部分 接触控制/个体防护

职业接触限值

中国 未制定标准

美国(ACGIH) 未制定标准

生物接触限值 未制定标准

监测方法 空气中有毒物质测定方法：火焰原子吸收光谱法。生物监测检验方法：未制定标准

工程控制 生产过程密闭，加强通风。提供安全的淋浴和洗眼设备

个体防护装备

呼吸系统防护　可能接触其粉尘时，建议佩戴过滤式防尘呼吸器

眼睛防护　戴化学安全防护眼镜

皮肤和身体防护　穿隔绝式防毒服

手防护　戴橡胶手套

第九部分　理化特性

外观与性状　白色粉末，无臭、无味

pH 值　无意义　**熔点(℃)**　215（分解）

沸点(℃)　无资料　**相对密度(水=1)**　4.56

相对蒸气密度(空气=1)　无资料

饱和蒸气压(kPa)　无资料

燃烧热(kJ/mol)　无资料　**临界温度(℃)**　无资料

临界压力(MPa)　无意义　**辛醇/水分配系数**　无资料

闪点(℃)　无意义　**自燃温度(℃)**　无意义

爆炸下限(%)　无意义　**爆炸上限(%)**　无意义

分解温度(℃)　215　**黏度(mPa·s)**　无资料

溶解性　微溶于冷水，热水中分解，溶于乙醇、氯化铵溶液

第十部分　稳定性和反应性

稳定性　稳定

危险反应　与强还原剂、易燃或可燃物等禁配物接触，有发生火灾和爆炸的危险

避免接触的条件　碰撞、摩擦、受热、潮湿空气

禁配物　易燃或可燃物、硫、磷

危险的分解产物　氧化锶、氧气

第十一部分　毒理学信息

急性毒性　无资料　**皮肤刺激或腐蚀**　无资料

眼睛刺激或腐蚀　无资料　**呼吸或皮肤过敏**　无资料

生殖细胞突变性　无资料　**致癌性**　无资料

生殖毒性　无资料

特异性靶器官系统毒性-一次接触　无资料

特异性靶器官系统毒性-反复接触　无资料

吸入危害　无资料

第十二部分　生态学信息

生态毒性　无资料

持久性和降解性

生物降解性　无资料

非生物降解性　无资料

潜在的生物累积性　无资料

土壤中的迁移性　无资料

第十三部分　废弃处置

废弃化学品　根据国家和地方有关法规的要求处置。或与制造商联系，确定处置方法

污染包装物　将容器返还生产商或按照国家和地方法规处置

废弃注意事项　处置前应参阅国家和地方有关法规

第十四部分　运输信息

联合国危险货物编号（UN 号）　1509

联合国运输名称　过氧化锶

联合国危险性类别　5.1　**包装类别**　Ⅱ类包装

包装标志

海洋污染物　否

运输注意事项　运输时单独装运，运输过程中要确保容器不泄漏、不倒塌、不坠落、不损坏。运输时运输车辆应配备相应品种和数量的消防器材及泄漏应急处理设备。严禁与酸类、易燃物、有机物、还原剂、自燃物品、遇湿易燃物品等并车混运。运输时车速不宜过快，不得强行超车。运输车辆装卸前后，均应彻底清扫、洗净，严禁混入有机物、易燃物等杂质

第十五部分　法规信息

下列法律、法规、规章和标准，对该化学品的管理作了相应的规定。

中华人民共和国职业病防治法　职业病分类和目录：未列入

危险化学品安全管理条例　危险化学品目录：列入。易制爆危险化学品名录：列入。重点监管的危险化学品名录：未列入。GB 18218—2009《危险化学品重大危险源辨识》（表 1）：未列入

使用有毒物品作业场所劳动保护条例　高毒物品目录：未列入

易制毒化学品管理条例　易制毒化学品的分类和品种目录：未列入

国际公约　斯德哥尔摩公约：未列入。鹿特丹公约：未列入。蒙特利尔议定书：未列入

第十六部分　其他信息

编写和修订信息　　**缩略语和首字母缩写**

培训建议　　**参考文献**

免责声明

过氧化锌

第一部分　化学品标识

化学品中文名　过氧化锌；二氧化锌

化学品英文名　zinc peroxide；zinc dioxide

分子式　ZnO_2　**相对分子质量**　97.37

化学品的推荐及限制用途　用于制造化妆品、药品、硫化促进剂、防腐剂、收敛剂等

第二部分　危险性概述

紧急情况概述　可加剧燃烧：氧化剂

GHS 危险性类别　氧化性固体，类别 2

标签要素

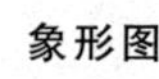

象形图

警示词 危险

危险性说明 可加剧燃烧：氧化剂

防范说明

预防措施 远离热源。远离衣物、可燃物保存。采取一切预防措施，避免与可燃物混合。戴防护手套、防护眼镜、防护面罩

事故响应 火灾时，根据着火原因选择适当灭火剂灭火

安全储存 -

废弃处置 本品及内装物、容器依据国家和地方法规处置

物理和化学危险 与可燃物混合或急剧加热会发生爆炸

健康危害 吸入本品粉尘，对鼻、喉及呼吸道有刺激性，引起咳嗽和胸部不适。对眼有刺激性。口服引起恶心、呕吐。反复接触其粉尘对皮肤有刺激性

环境危害 对环境可能有害

第三部分 成分/组成信息

√物质		混合物
组分	**浓度**	**CAS No.**
过氧化锌		1314-22-3

第四部分 急救措施

吸入 迅速脱离现场至空气新鲜处。保持呼吸道通畅。如呼吸困难，给输氧。如呼吸、心跳停止，立即进行心肺复苏术。就医

皮肤接触 立即脱去污染的衣着，用流动清水彻底冲洗。就医

眼睛接触 立即分开眼睑，用流动清水或生理盐水彻底冲洗。就医

食入 漱口，饮水。就医

对保护施救者的忠告 根据需要使用个人防护设备

对医生的特别提示 对症处理

第五部分 消防措施

灭火剂 本品不燃。根据着火原因选择适当灭火剂灭火

特别危险性 在少量水的润湿下，与可燃物的混合物在轻微的碰撞或摩擦下会燃烧。遇低级醇和水起化学反应而分解。急剧加热时可发生爆炸。水溶液为碱性腐蚀液体

灭火注意事项及防护措施 消防人员须戴好防毒面具，在安全距离以外，在上风向灭火。尽可能将容器从火场移至空旷处。喷水保持火场容器冷却，直至灭火结束。严禁用水、泡沫、二氧化碳扑救。禁止用砂土压盖

第六部分 泄漏应急处理

作业人员防护措施、防护装备和应急处置程序 隔离泄漏污染区，限制出入。建议应急处理人员戴防尘口罩，穿一般作业工作服，戴氯丁橡胶手套。勿使泄漏物与可燃物质（如木材、纸、油等）接触

环境保护措施 无资料

泄漏化学品的收容、清除方法及所使用的处置材料 小量泄漏：用大量水冲洗，洗水稀释后放入废水系统。大量泄漏：在专家指导下清除

第七部分 操作处置与储存

操作注意事项 密闭操作，加强通风。操作人员必须经过专门培训，严格遵守操作规程。建议操作人员佩戴自吸过滤式防尘口罩，戴化学安全防护眼镜，穿聚乙烯防毒服，戴氯丁橡胶手套。远离火种、热源。工作场所严禁吸烟。远离易燃、可燃物。避免产生粉尘。避免与还原剂、酸类、醇类、活性金属粉末接触。搬运时要轻装轻卸，防止包装及容器损坏。禁止震动、撞击和摩擦。配备相应品种和数量的消防器材及泄漏应急处理设备。倒空的容器可能残留有害物

储存注意事项 储存于阴凉、干燥、通风良好的库房。库温不超过 30℃，库相对湿度不超过 80%。远离火种、热源。包装密封。注意防潮和避免雨淋。应与还原剂、酸类、易（可）燃物、醇类、活性金属粉末等分开存放，切忌混储。储区应备有合适的材料收容泄漏物

第八部分 接触控制/个体防护

职业接触限值

中国 未制定标准

美国(ACGIH) 未制定标准

生物接触限值 未制定标准

监测方法 空气中有毒物质测定方法：火焰原子吸收光谱法；双硫腙分光光度法。生物监测检验方法：未制定标准

工程控制 生产过程密闭，加强通风。提供安全的淋浴和洗眼设备

个体防护装备

呼吸系统防护 可能接触其粉尘时，建议佩戴过滤式防尘呼吸器

眼睛防护 戴化学安全防护眼镜

皮肤和身体防护 穿隔绝式防毒服

手防护 戴橡胶手套

第九部分 理化特性

外观与性状 白色粉末，无臭

pH 值 无意义 **熔点(℃)** 182.2（分解）

沸点(℃) 无资料

相对密度(水=1) 1.57（理论）

相对蒸气密度(空气=1) 无资料

饱和蒸气压(kPa) 无资料

燃烧热(kJ/mol) 无资料 **临界温度(℃)** 无资料

临界压力(MPa) 无意义 **辛醇/水分配系数** 无资料

闪点(℃) 无意义 **自燃温度(℃)** 无意义

爆炸下限(%) 无意义 **爆炸上限(%)** 无意义

分解温度(℃) 无资料 **黏度(mPa·s)** 无资料

溶解性 不溶于水，溶于稀酸

第十部分 稳定性和反应性

稳定性 稳定

危险反应　与强还原剂、易燃或可燃物等禁配物接触，有发生火灾和爆炸的危险

避免接触的条件　碰撞、摩擦、潮湿空气

禁配物　强还原剂、水、酸类、易燃或可燃物、醇类、活性金属粉末、硫、磷

危险的分解产物　氧化锌

第十一部分　毒理学信息

急性毒性　无资料　**皮肤刺激或腐蚀**　无资料

眼睛刺激或腐蚀　无资料　**呼吸或皮肤过敏**　无资料

生殖细胞突变性　无资料　**致癌性**　无资料

生殖毒性　无资料

特异性靶器官系统毒性-一次接触　无资料

特异性靶器官系统毒性-反复接触　无资料

吸入危害　无资料

第十二部分　生态学信息

生态毒性　无资料

持久性和降解性

生物降解性　无资料

非生物降解性　无资料

潜在的生物累积性　无资料

土壤中的迁移性　无资料

第十三部分　废弃处置

废弃化学品　根据国家和地方有关法规的要求处置。或与制造商联系，确定处置方法

污染包装物　将容器返还生产商或按照国家和地方法规处置

废弃注意事项　处置前应参阅国家和地方有关法规

第十四部分　运输信息

联合国危险货物编号（UN号）　1516

联合国运输名称　过氧化锌

联合国危险性类别　5.1　**包装类别**　Ⅱ类包装

包装标志

海洋污染物　否

运输注意事项　运输时单独装运，运输过程中要确保容器不泄漏、不倒塌、不坠落、不损坏。运输时运输车辆应配备相应品种和数量的消防器材及泄漏应急处理设备。严禁与酸类、易燃物、有机物、还原剂、自燃物品、遇湿易燃物品等并车混运。运输时车速不宜过快，不得强行超车。运输车辆装卸前后，均应彻底清扫、洗净，严禁混入有机物、易燃物等杂质

第十五部分　法规信息

下列法律、法规、规章和标准，对该化学品的管理作了相应的规定。

中华人民共和国职业病防治法　职业病分类和目录：未列入

危险化学品安全管理条例　危险化学品目录：列入。易制爆危险化学品名录：列入。重点监管的危险化学品名录：未列入。GB 18218—2009《危险化学品重大危险源辨识》（表1）：未列入

使用有毒物品作业场所劳动保护条例　高毒物品目录：未列入

易制毒化学品管理条例　易制毒化学品的分类和品种目录：未列入

国际公约　斯德哥尔摩公约：未列入。鹿特丹公约：未列入。蒙特利尔议定书：未列入

第十六部分　其他信息

编写和修订信息　**缩略语和首字母缩写**

培训建议　**参考文献**

免责声明

过氧乙酸

第一部分　化学品标识

化学品中文名　过氧乙酸；过乙酸；过醋酸；过氧化乙酸；乙酰过氧化氢

化学品英文名　peroxyacetic acid；peracetic acid；acetyl hydroperoxide

分子式　$C_2H_4O_3$　**相对分子质量**　76.06

结构式　HO–O–C(=O)–CH₃

化学品的推荐及限制用途　用作漂白剂、催化剂、氧化剂及环氧化剂，也用作消毒剂和杀菌剂

第二部分　危险性概述

紧急情况概述　加热可引起燃烧，吞咽有害，皮肤接触有害，吸入有害，造成严重的皮肤灼伤和眼损伤

GHS危险性类别　有机过氧化物，F型；急性毒性-经口，类别4；急性毒性-经皮，类别4；急性毒性-吸入，类别4；皮肤腐蚀/刺激，类别1A；严重眼损伤/眼刺激，类别1；特异性靶器官毒性-一次接触，类别3（呼吸道刺激）；危害水生环境-急性危害，类别1

标签要素

象形图

警示词　危险

危险性说明　加热可引起燃烧，吞咽有害，皮肤接触有害，吸入有害，造成严重的皮肤灼伤和眼损伤，可能引起呼吸道刺激，对水生生物毒性非常大

防范说明

预防措施　远离热源、火花、明火、热表面。禁止吸烟。远离衣物、可燃物保存。仅在原容器中保存。避免接触眼睛、皮肤，操作后彻底清洗。作业场所不得进食、饮水或吸烟。避免吸入蒸气、雾。仅在室外或通风良好处操作。戴防护手套，穿防护服，戴防护眼镜、防护面罩。禁止排入环境

事故响应 如吸入：将患者转移到空气新鲜处，休息，保持利于呼吸的体位。皮肤接触：立即脱掉所有被污染的衣服。用大量肥皂水和水清洗。被污染的衣服须经洗净后方可重新使用。如感觉不适，呼叫中毒控制中心或就医。眼睛接触：用水细心地冲洗数分钟。如戴隐形眼镜并可方便地取出，则取出隐形眼镜。继续冲洗。食入：漱口；不要催吐；如果感觉不适，立即呼叫中毒控制中心或就医。收集泄漏物

安全储存 保持阴凉。避免日照。远离其他物质储存。上锁保管

废弃处置 本品及内装物、容器依据国家和地方法规处置

物理和化学危险 易燃。受撞击、摩擦，遇明火或其他点火源极易爆炸

健康危害 本品对皮肤黏膜有腐蚀性。口服急性中毒可引起中毒性休克和肺水肿

环境危害 对水生生物毒性非常大

第三部分 成分/组成信息

√物质　　　　混合物

组分	浓度	CAS No.
过氧乙酸		79-21-0

第四部分 急救措施

吸入 迅速脱离现场至空气新鲜处。保持呼吸道通畅。如呼吸困难，给输氧。如呼吸、心跳停止，立即进行心肺复苏术。就医

皮肤接触 立即脱去污染的衣着，用大量流动清水彻底冲洗至少 15min。就医

眼睛接触 立即分开眼睑，用流动清水或生理盐水彻底冲洗至少 15min。就医

食入 用水漱口，禁止催吐。给饮牛奶或蛋清。就医

对保护施救者的忠告 根据需要使用个人防护设备

对医生的特别提示 对症处理

第五部分 消防措施

灭火剂 用水、雾状水、抗溶性泡沫、二氧化碳灭火

特别危险性 易燃，加热至100℃即猛烈分解，遇火或受热、受震都可起爆。与还原剂、促进剂、有机物、可燃物等接触会发生剧烈反应，有燃烧爆炸的危险。有强腐蚀性。燃烧生成有害的一氧化碳

灭火注意事项及防护措施 消防人员必须穿全身耐酸碱消防服、佩戴空气呼吸器灭火。在物料附近失火，须用水保持容器冷却。消防人员须在有防爆掩蔽处操作。容器突然发出异常声音或出现异常现象，应立即撤离。禁止用砂土压盖

第六部分 泄漏应急处理

作业人员防护措施、防护装备和应急处置程序 根据液体流动和蒸气扩散的影响区域划定警戒区，无关人员从侧风、上风向撤离至安全区。消除所有点火源。建议应急处理人员戴正压自给式呼吸器，穿防静电、防腐蚀、防毒服，戴橡胶手套。勿使泄漏物与可燃物质（如木材、纸、油等）接触。穿上适当的防护服前严禁接触破裂的容器和泄漏物。尽可能切断泄漏源

环境保护措施 防止泄漏物进入水体、下水道、地下室或有限空间

泄漏化学品的收容、清除方法及所使用的处置材料 小量泄漏：用惰性、湿润的不燃材料吸收泄漏物，用洁净的非火花工具收集于一盖子较松的塑料容器中，待处理。大量泄漏：构筑围堤或挖坑收容。用泡沫覆盖，减少蒸发。在专家指导下清除

第七部分 操作处置与储存

操作注意事项 密闭操作，全面通风。操作人员必须经过专门培训，严格遵守操作规程。建议操作人员佩戴自吸过滤式防毒面具（全面罩），穿聚乙烯防毒服，戴橡胶手套。远离火种、热源。工作场所严禁吸烟。使用防爆型的通风系统和设备。防止蒸气泄漏到工作场所空气中。避免与还原剂、碱类、金属盐类接触。搬运时要轻装轻卸，防止包装及容器损坏。禁止震动、撞击和摩擦。配备相应品种和数量的消防器材及泄漏应急处理设备。倒空的容器可能残留有害物

储存注意事项 储存于有冷藏装置、通风良好、散热良好的不燃结构的库房内。远离火种、热源。库温不超过30℃，库相对湿度不超过80%。避免光照。保持容器密封。应与还原剂、碱类、金属盐类分开存放，切忌混储。采用防爆型照明、通风设施。禁止使用易产生火花的机械设备和工具。储区应备有泄漏应急处理设备和合适的收容材料。禁止震动、撞击和摩擦

第八部分 接触控制/个体防护

职业接触限值

中国 未制定标准

美国(ACGIH) 未制定标准

生物接触限值 未制定标准

监测方法 空气中有毒物质测定方法：未制定标准。生物监测检验方法：未制定标准

工程控制 生产过程密闭，全面通风。提供安全的淋浴和洗眼设备

个体防护装备

呼吸系统防护 可能接触其蒸气时，应该佩戴过滤式防毒面具（全面罩）

眼睛防护 呼吸系统防护中已作防护

皮肤和身体防护 穿隔绝式防毒服

手防护 戴橡胶手套

第九部分 理化特性

外观与性状 无色液体，有强烈刺激性气味

pH 值 <1.5 **熔点(℃)** 0.1

沸点(℃) 105

相对密度(水=1) 1.15 (20℃)

相对蒸气密度(空气=1) 2.6

饱和蒸气压(kPa) 2.6 (20℃)

燃烧热(kJ/mol) 无资料 **临界温度(℃)** 无资料

临界压力(MPa) 6.4 **辛醇/水分配系数** −1.07
闪点(℃) 40.5（OC） **自燃温度(℃)** 200
爆炸下限(%) 无资料 **爆炸上限(%)** 无资料
分解温度(℃) 无资料
黏度(mPa·s) 3.28（25℃）
溶解性 溶于水，溶于乙醇、乙醚、硫酸

第十部分 稳定性和反应性

稳定性 不稳定
危险反应 与强还原剂、易燃或可燃物等禁配物接触，有发生火灾和爆炸的危险
避免接触的条件 受热、光照、震动
禁配物 强还原剂、强碱、金属盐类
危险的分解产物 氧气

第十一部分 毒理学信息

急性毒性
LD_{50} 1540μl（1771mg）/kg（大鼠经口）；1410μl（1622mg）/kg（兔经皮）
LC_{50} 450mg/m^3（大鼠吸入）
皮肤刺激或腐蚀 无资料
眼睛刺激或腐蚀 家兔经眼：1mg，重度刺激
呼吸或皮肤过敏 无资料
生殖细胞突变性 无资料 **致癌性** 无资料
生殖毒性 无资料
特异性靶器官系统毒性-一次接触 无资料
特异性靶器官系统毒性-反复接触 无资料
吸入危害 无资料

第十二部分 生态学信息

生态毒性
LC_{50} 0.9～3.3mg/L（96h）（鱼）
EC_{50} 0.5～1mg/L（48h）（水蚤）
持久性和降解性
生物降解性 好氧生物降解（h）：24～168；厌氧生物降解（h）：96～672
非生物降解性 水中光氧化半衰期（h）：4～198；空气中光氧化半衰期（h）：13.8～138
潜在的生物累积性 无资料
土壤中的迁移性 无资料

第十三部分 废弃处置

废弃化学品 建议用控制焚烧法处置
污染包装物 将容器返还生产商或按照国家和地方法规处置
废弃注意事项 处置前应参阅国家和地方有关法规

第十四部分 运输信息

联合国危险货物编号（UN号） 3105；3107；3109
联合国运输名称 液态D型有机过氧化物（过乙酸）（3105）。液态E型有机过氧化物（过乙酸）（3107）。液态F型有机过氧化物（过乙酸）（3109）
联合国危险性类别 5.2 **包装类别** -
包装标志  **海洋污染物** 否
运输注意事项 运输时单独装运，运输过程中要确保容器不泄漏、不倒塌、不坠落、不损坏。运输时运输车辆应配备相应品种和数量的消防器材及泄漏应急处理设备。严禁与酸类、易燃物、有机物、还原剂、自燃物品、遇湿易燃物品等并车混运。车速要加以控制，避免颠簸、震荡。夏季应早晚运输，防止日光曝晒。公路运输时要按规定路线行驶，勿在居民区和人口稠密区停留。运输车辆装卸前后，均应彻底清扫、洗净，严禁混入有机物、易燃物等杂质

第十五部分 法规信息

下列法律、法规、规章和标准，对该化学品的管理作了相应的规定。
中华人民共和国职业病防治法 职业病分类和目录：未列入
危险化学品安全管理条例 危险化学品目录：列入。易制爆危险化学品名录：列入。重点监管的危险化学品名录：列入。GB 18218—2009《危险化学品重大危险源辨识》（表1）：列入。类别：有机过氧化物；临界量（t）：10
使用有毒物品作业场所劳动保护条例 高毒物品目录：未列入
易制毒化学品管理条例 易制毒化学品的分类和品种目录：未列入
国际公约 斯德哥尔摩公约：未列入。鹿特丹公约：未列入。蒙特利尔议定书：未列入

第十六部分 其他信息

编写和修订信息 **缩略语和首字母缩写**
培训建议 **参考文献**
免责声明

氦

第一部分 化学品标识

化学品中文名 氦 **化学品英文名** helium
分子式 He **相对分子质量** 4.0026
化学品的推荐及限制用途 用于气球、温度计、电子管、潜水服等的充气

第二部分 危险性概述

紧急情况概述 内装加压气体：遇热可能爆炸
GHS危险性类别 加压气体
标签要素
象形图 
警示词 警告
危险性说明 内装加压气体：遇热可能爆炸

防范说明

预防措施 -

事故响应 -

安全储存 防日晒。存放在通风良好的地方

废弃处置 -

物理和化学危险 不燃，无特殊燃爆特性

健康危害 本品为惰性气体，高浓度时可使氧分压降低而有窒息危险。当空气中氦浓度增高时，患者先出现呼吸加快、注意力不集中、共济失调；继之出现疲倦无力、烦躁不安、恶心、呕吐、昏迷、抽搐，以致死亡。皮肤接触液态本品可引起冻伤

环境危害 无环境危害

第三部分 成分/组成信息

√物质		混合物
组分	**浓度**	**CAS No.**
氦		7440-59-7

第四部分 急救措施

吸入 迅速脱离现场至空气新鲜处。保持呼吸道通畅。如呼吸困难，给输氧。如呼吸、心跳停止，立即进行心肺复苏术。就医

皮肤接触 如发生冻伤，用温水（38～42℃）复温，忌用热水或辐射热，不要揉搓。就医

对保护施救者的忠告 根据需要使用个人防护设备

对医生的特别提示 对症处理

第五部分 消防措施

灭火剂 本品不燃。根据着火原因选择适当灭火剂灭火

特别危险性 若遇高热，容器内压增大，有开裂和爆炸的危险

灭火注意事项及防护措施 消防人员须佩戴防毒面具、穿全身消防服，在上风向灭火。喷水冷却容器，尽可能将容器从火场移至空旷处

第六部分 泄漏应急处理

作业人员防护措施、防护装备和应急处置程序 大量泄漏：根据气体扩散的影响区域划定警戒区，无关人员从侧风、上风向撤离至安全区。建议应急处理人员戴正压自给式呼吸器，穿一般作业工作服。尽可能切断泄漏源

环境保护措施 无资料

泄漏化学品的收容、清除方法及所使用的处置材料 漏出气允许排入大气中。泄漏场所保持通风

第七部分 操作处置与储存

操作注意事项 密闭操作，提供良好的自然通风条件。操作人员必须经过专门培训，严格遵守操作规程。防止气体泄漏到工作场所空气中。远离易燃、可燃物。搬运时轻装轻卸，防止钢瓶及附件破损。配备泄漏应急处理设备

储存注意事项 储存于阴凉、通风的不燃气体专用库房。远离火种、热源。库温不宜超过 30℃。应与易（可）燃物分开存放，切忌混储。储区应备有泄漏应急处理设备

第八部分 接触控制/个体防护

职业接触限值

中国 未制定标准

美国(ACGIH) 未制定标准

生物接触限值 未制定标准

监测方法 空气中有毒物质测定方法：未制定标准。生物监测检验方法：未制定标准

工程控制 密闭操作。提供良好的自然通风条件

个体防护装备

呼吸系统防护 一般不需特殊防护。当作业场所空气中氧气浓度低于 18%时，必须佩戴空气呼吸器或长管面具

眼睛防护 一般不需特殊防护

皮肤和身体防护 穿一般作业工作服

手防护 戴一般作业防护手套

第九部分 理化特性

外观与性状 无色无味的惰性气体

pH 值 无意义 **熔点(℃)** −272.2

沸点(℃) −268.9

相对密度(水=1) 0.15（−271℃）

相对蒸气密度(空气=1) 0.14

饱和蒸气压(kPa) 202.64（−268℃）

燃烧热(kJ/mol) 无资料 **临界温度(℃)** −267.9

临界压力(MPa) 0.23

辛醇/水分配系数 0.28～0.7

闪点(℃) 无意义 **引燃温度(℃)** 无意义

爆炸下限(%) 无意义 **爆炸上限(%)** 无意义

分解温度(℃) 无资料

黏度(mPa·s) 0.2（27℃）

溶解性 不溶于水、乙醇

第十部分 稳定性和反应性

稳定性 稳定

危险反应 无资料

避免接触的条件 无资料

禁配物 无资料

危险的分解产物 无意义

第十一部分 毒理学信息

急性毒性 无资料 **皮肤刺激或腐蚀** 无资料

眼睛刺激或腐蚀 无资料 **呼吸或皮肤过敏** 无资料

生殖细胞突变性 无资料 **致癌性** 无资料

生殖毒性 无资料

特异性靶器官系统毒性-一次接触 无资料

特异性靶器官系统毒性-反复接触 无资料

吸入危害 无资料

第十二部分 生态学信息

生态毒性 无资料

持久性和降解性

生物降解性　无资料

非生物降解性　无资料

潜在的生物累积性　无资料

土壤中的迁移性　无资料

第十三部分　废弃处置

废弃化学品　废气直接排入大气

污染包装物　将容器返还生产商或按照国家和地方法规处置

废弃注意事项　处置前应参阅国家和地方有关法规

第十四部分　运输信息

联合国危险货物编号（UN号）　1046（压缩）；1963（液化）

联合国运输名称　压缩氦（压缩）；冷冻液态氦（液化）

联合国危险性类别　2.2　　**包装类别**　Ⅲ类包括

包装标志 　　**海洋污染物**　否

运输注意事项　采用钢瓶运输时必须戴好钢瓶上的安全帽。钢瓶一般平放，并应将瓶口朝同一方向，不可交叉；高度不得超过车辆的防护栏板，并用三角木垫卡牢，防止滚动。严禁与易燃物或可燃物等混装混运。夏季应早晚运输，防止日光曝晒。铁路运输时要禁止溜放

第十五部分　法规信息

下列法律、法规、规章和标准，对该化学品的管理作了相应的规定。

中华人民共和国职业病防治法　职业病分类和目录：未列入

危险化学品安全管理条例　危险化学品目录：列入。易制爆危险化学品名录：未列入。重点监管的危险化学品名录：未列入。GB 18218—2009《危险化学品重大危险源辨识》(表1)：未列入

使用有毒物品作业场所劳动保护条例　高毒物品目录：未列入

易制毒化学品管理条例　易制毒化学品的分类和品种目录：未列入

国际公约　斯德哥尔摩公约：未列入。鹿特丹公约：未列入。蒙特利尔议定书：未列入

第十六部分　其他信息

编写和修订信息　　**缩略语和首字母缩写**

培训建议　　**参考文献**

免责声明

红　　磷

第一部分　化学品标识

化学品中文名　红磷；赤磷

化学品英文名　phosphorus red；phosphorus；amorphous

分子式　P_4　　**相对分子质量**　123.88

化学品的推荐及限制用途　用于制造火柴、农药，及用于有机合成

第二部分　危险性概述

紧急情况概述　易燃固体

GHS危险性类别　易燃固体，类别1；危害水生环境-急性危害，类别3；危害水生环境-长期危害，类别3

标签要素

象形图 

警示词　危险

危险性说明　易燃固体，对水生生物有害并具有长期持续影响

防范说明

预防措施　远离热源、火花、明火、热表面。禁止吸烟。容器和接收设备接地连接。使用防爆电器、通风、照明设备。戴防护手套、防护眼镜、防护面罩。禁止排入环境

事故响应　火灾时，小火可用干燥砂土闷熄。大火用水灭火。待火熄灭后，须用湿沙土覆盖，以防复燃

安全储存　-

废弃处置　本品及内装物、容器依据国家和地方法规处置

物理和化学危险　易燃。与氧化剂混合能形成爆炸性混合物

健康危害　如制品不纯时可含少量黄磷，可致黄磷中毒。经常吸入红磷尘，可引起慢性磷中毒

环境危害　对水生生物有害并具有长期持续影响

第三部分　成分/组成信息

√物质		混合物
组分	**浓度**	**CAS No.**
红磷		7723-14-0

第四部分　急救措施

吸入　迅速脱离现场至空气新鲜处。保持呼吸道通畅。如呼吸困难，给输氧。如呼吸、心跳停止，立即进行心肺复苏术。就医

皮肤接触　立即脱去污染的衣着，用流动清水彻底冲洗。就医

眼睛接触　立即分开眼睑，用流动清水或生理盐水彻底冲洗。就医

食入　漱口，饮水。就医

对保护施救者的忠告　根据需要使用个人防护设备

对医生的特别提示　对症处理

第五部分　消防措施

灭火剂　小火可用干燥砂土闷熄。大火用水灭火。待火熄

灭后，须用湿砂土覆盖，以防复燃

特别危险性 与溴混合能发生燃烧。与大多数氧化剂如氯酸盐、硝酸盐、高氯酸盐或高锰酸盐等组成爆炸性能十分敏感的化合物。燃烧时放出有毒的刺激性烟雾。燃烧生成有害的氧化磷

灭火注意事项及防护措施 小火可用干燥砂土闷熄。大火用水灭火。待火熄灭后，须用湿砂土覆盖，以防复燃。清理时须注意防范，以免灼伤

第六部分 泄漏应急处理

作业人员防护措施、防护装备和应急处置程序 消除所有点火源。隔离泄漏污染区，限制出入。建议应急处理人员戴防尘口罩，穿防毒、防静电服。禁止接触或跨越泄漏物

环境保护措施 防止泄漏物进入水体、下水道、地下室或有限空间

泄漏化学品的收容、清除方法及所使用的处置材料 小量泄漏：用洁净的铲子收集泄漏物，置于干净、干燥、盖子较松的容器中，将容器移离泄漏区。大量泄漏：用水润湿，并筑堤收容

第七部分 操作处置与储存

操作注意事项 密闭操作，局部排风。操作人员必须经过专门培训，严格遵守操作规程。建议操作人员佩戴自吸过滤式防尘口罩，戴化学安全防护眼镜。远离火种、热源。工作场所严禁吸烟。使用防爆型的通风系统和设备。避免产生粉尘。避免与氧化剂、卤素、卤化物接触。搬运时要轻装轻卸，防止包装及容器损坏。禁止震动、撞击和摩擦。配备相应品种和数量的消防器材及泄漏应急处理设备。倒空的容器可能残留有害物

储存注意事项 储存于阴凉、通风的库房。库温不超过35℃，库相对湿度低于80%。远离火种、热源。应与氧化剂、卤素、卤化物等分开存放，切忌混储。采用防爆型照明、通风设施。禁止使用易产生火花的机械设备和工具。储区应备有合适的材料收容泄漏物。禁止震动、撞击和摩擦

第八部分 接触控制/个体防护

职业接触限值

中国 未制定标准

美国(ACGIH) 未制定标准

生物接触限值 未制定标准

监测方法 空气中有毒物质测定方法：未制定标准。生物监测检验方法：未制定标准

工程控制 密闭操作，局部排风

个体防护装备

呼吸系统防护 可能接触其粉尘时，应该佩戴过滤式防尘呼吸器

眼睛防护 戴化学安全防护眼镜

皮肤和身体防护 穿一般作业工作服

手防护 戴一般作业防护手套

第九部分 理化特性

外观与性状 紫红色无定形粉末，无臭，具有金属光泽，暗处不发光

pH值 无意义 **熔点(℃)** 590 (4357kPa)

沸点(℃) 280 **相对密度(水=1)** 2.34

相对蒸气密度(空气=1) 4.77

饱和蒸气压(kPa) 4357 (590℃)

燃烧热(kJ/mol) 无资料 **临界温度(℃)** 无资料

临界压力(MPa) 8.1 **辛醇/水分配系数** −0.27

闪点(℃) 无意义 **自燃温度(℃)** 260

爆炸下限(%) 48～64mg/m^3

爆炸上限(%) 无资料 **分解温度(℃)** 无资料

黏度(mPa·s) 无资料

溶解性 不溶于水、二硫化碳，微溶于无水乙醇，溶于碱液

第十部分 稳定性和反应性

稳定性 稳定

危险反应 与强氧化剂、卤素、金属粉末等禁配物接触，有发生火灾和爆炸的危险

避免接触的条件 受热、摩擦、撞击

禁配物 卤素、卤化物、硫、强氧化剂、铜、氧、氯酸盐、硝酸盐、高氯酸盐或高锰酸盐

危险的分解产物 无意义

第十一部分 毒理学信息

急性毒性 LD_{50}：11.5mg/kg (大鼠经口)

皮肤刺激或腐蚀 无资料 **眼睛刺激或腐蚀** 无资料

呼吸或皮肤过敏 无资料 **生殖细胞突变性** 无资料

致癌性 无资料 **生殖毒性** 无资料

特异性靶器官系统毒性-一次接触 无资料

特异性靶器官系统毒性-反复接触 无资料

吸入危害 无资料

第十二部分 生态学信息

生态毒性 无资料

持久性和降解性

生物降解性 无资料

非生物降解性 无资料

潜在的生物累积性 无资料

土壤中的迁移性 无资料

第十三部分 废弃处置

废弃化学品 用控制焚烧法处置

污染包装物 将容器返还生产商或按照国家和地方法规处置

废弃注意事项 把倒空的容器归还厂商或在规定场所掩埋

第十四部分 运输信息

联合国危险货物编号(UN号) 1338

联合国运输名称 非晶形磷

联合国危险性类别 4.1 **包装类别** Ⅲ类包装

包装标志  **海洋污染物** 否

运输注意事项 运输时运输车辆应配备相应品种和数量的消防器材及泄漏应急处理设备。装运本品的车辆排气管须有阻火装置。运输过程中要确保容器不泄漏、不倒塌、不坠落、不损坏。严禁与氧化剂、卤素、卤化物等混装混运。运输途中应防曝晒、雨淋，防高温。中途停留时应远离火种、热源。车辆运输完毕应进行彻底清扫。铁路运输时要禁止溜放

第十五部分 法规信息

下列法律、法规、规章和标准，对该化学品的管理作了相应的规定。

中华人民共和国职业病防治法 职业病分类和目录：磷及其化合物中毒

危险化学品安全管理条例 危险化学品目录：列入。易制爆危险化学品名录：未列入。重点监管的危险化学品名录：未列入。GB 18218—2009《危险化学品重大危险源辨识》(表 1)：未列入

使用有毒物品作业场所劳动保护条例 高毒物品目录：未列入

易制毒化学品管理条例 易制毒化学品的分类和品种目录：未列入

国际公约 斯德哥尔摩公约：未列入。鹿特丹公约：未列入。蒙特利尔议定书：未列入

第十六部分 其他信息

编写和修订信息 **缩略语和首字母缩写**

培训建议 **参考文献**

免责声明

环 丙 烷

第一部分 化学品标识

化学品中文名 环丙烷

化学品英文名 cyclopropane

分子式 C_3H_6 **相对分子质量** 42.09

结构式 △

化学品的推荐及限制用途 工业上用于有机合成，医药上可作麻醉剂

第二部分 危险性概述

紧急情况概述 极易燃气体，内装加压气体：遇热可能爆炸

GHS 危险性类别 易燃气体，类别 1；加压气体

标签要素

象形图 

警示词 危险

危险性说明 极易燃气体，内装加压气体：遇热可能爆炸

防范说明

预防措施 远离热源、火花、明火、热表面。禁止吸烟

事故响应 漏气着火：切勿灭火，除非漏气能够安全地制止。如果没有危险，消除一切点火源

安全储存 防日晒。存放在通风良好的地方

废弃处置 -

物理和化学危险 极易燃，与空气混合能形成爆炸性混合物

健康危害 吸入后引起肺部损害，可致死，尸解见肺充血和出血性水肿，气管充血，并较早发生细胞自溶现象

环境危害 对环境可能有害

第三部分 成分/组成信息

√物质		混合物
组分	**浓度**	**CAS No.**
环丙烷		75-19-4

第四部分 急救措施

吸入 迅速脱离现场至空气新鲜处。保持呼吸道通畅。如呼吸困难，给输氧。如呼吸、心跳停止，立即进行心肺复苏术。就医

皮肤接触 如发生冻伤，用温水（38～42℃）复温，忌用热水或辐射热，不要揉搓。就医

对保护施救者的忠告 根据需要使用个人防护设备

对医生的特别提示 对症处理

第五部分 消防措施

灭火剂 用雾状水、泡沫、二氧化碳、干粉灭火

特别危险性 遇明火、高热极易燃烧爆炸。气体比空气重，沿地面扩散并易积存于低洼处，遇火源会着火回燃。燃烧生成有害的一氧化碳

灭火注意事项及防护措施 切断气源。若不能切断气源，则不允许熄灭泄漏处的火焰。消防人员必须佩戴空气呼吸器、穿全身防火防毒服，在上风向灭火。尽可能将容器从火场移至空旷处。喷水保持火场容器冷却，直至灭火结束

第六部分 泄漏应急处理

作业人员防护措施、防护装备和应急处置程序 消除所有点火源。根据气体扩散的影响区域划定警戒区，无关人员从侧风、上风向撤离至安全区。建议应急处理人员戴正压自给式呼吸器，穿防静电服。液化气体泄漏时穿防静电、防寒服。作业时使用的所有设备应接地。尽可能切断泄漏源。若可能翻转容器，使之逸出气体而非液体。喷雾状水抑制蒸气或改变蒸气云流向，避免水流接触泄漏物。禁止用水直接冲击泄漏物或泄漏源

环境保护措施 防止气体通过下水道、通风系统和有限空间扩散

泄漏化学品的收容、清除方法及所使用的处置材料 隔离泄漏区直至气体散尽

第七部分 操作处置与储存

操作注意事项 密闭操作，全面通风。操作人员必须经过专门培训，严格遵守操作规程。远离火种、热源。工作场所严禁吸烟。使用防爆型的通风系统和设备。防止气体泄漏到工作场所空气中。避免与氧化剂、卤素接触。在传送过程中，钢瓶和容器必须接地和跨接，防止产生静电。搬运时要轻装轻卸，防止包装及容器损坏。配备相应品种和数量的消防器材及泄漏应急处理设备

储存注意事项 储存于阴凉、通风的易燃气体专用库房。远离火种、热源。库温不宜超过30℃。应与氧化剂、卤素分开存放，切忌混储。采用防爆型照明、通风设施。禁止使用易产生火花的机械设备和工具。储区应备有泄漏应急处理设备

第八部分 接触控制/个体防护

职业接触限值

中国 未制定标准

美国(ACGIH) 未制定标准

生物接触限值 未制定标准

监测方法 空气中有毒物质测定方法：未制定标准。生物监测检验方法：未制定标准

工程控制 生产过程密闭，全面通风

个体防护装备

呼吸系统防护 一般不需要特殊防护，高浓度接触时可佩戴过滤式防毒面具（半面罩）

眼睛防护 必要时，戴化学安全防护眼镜

皮肤和身体防护 穿防静电工作服

手防护 戴一般作业防护手套

第九部分 理化特性

外观与性状 无色气体，有石油醚样气味

pH值 无意义 **熔点(℃)** －127.4

沸点(℃) －32.8

相对密度(水＝1) 1.879（0℃）

相对蒸气密度(空气＝1) 1.88

饱和蒸气压(kPa) 无资料

燃烧热(kJ/mol) －2076.3 **临界温度(℃)** 124.7

临界压力(MPa) 5.49 **辛醇/水分配系数** 1.72

闪点(℃) －94 **自燃温度(℃)** 500

爆炸下限(%) 2.4 **爆炸上限(%)** 10.3

分解温度(℃) 无资料 **黏度(mPa·s)** 无资料

溶解性 微溶于水，易溶于乙醇、乙醚等多数有机溶剂

第十部分 稳定性和反应性

稳定性 稳定

危险反应 与强氧化剂等禁配物接触，有发生火灾和爆炸的危险

避免接触的条件 无资料

禁配物 强氧化剂、强酸、强碱、卤素

危险的分解产物 无资料

第十一部分 毒理学信息

急性毒性 LCLo：282g/m^3（2h）（小鼠吸入）

皮肤刺激或腐蚀 无资料

眼睛刺激或腐蚀 无资料

呼吸或皮肤过敏 无资料

生殖细胞突变性 细胞遗传学分析：鸡吸入 20pph（3h）

致癌性 IARC：对动物致癌证据不足

生殖毒性 无资料

特异性靶器官系统毒性-一次接触 无资料

特异性靶器官系统毒性-反复接触 无资料

吸入危害 无资料

第十二部分 生态学信息

生态毒性 无资料

持久性和降解性

生物降解性 无资料

非生物降解性 空气中，当羟基自由基浓度为5.00×10^{5}个/cm^{3}时，降解半衰期为 230d（理论）

潜在的生物累积性 根据 K_{ow}值预测，该物质的生物累积性可能较弱

土壤中的迁移性 根据 K_{oc}值预测，该物质可能易发生迁移

第十三部分 废弃处置

废弃化学品 用焚烧法处置

污染包装物 将容器返还生产商或按照国家和地方法规处置

废弃注意事项 处置前应参阅国家和地方有关法规

第十四部分 运输信息

联合国危险货物编号（UN 号） 1027

联合国运输名称 环丙烷

联合国危险性类别 2.1 **包装类别** -

包装标志  **海洋污染物** 否

运输注意事项 采用钢瓶运输时必须戴好钢瓶上的安全帽。钢瓶一般平放，并应将瓶口朝同一方向，不可交叉；高度不得超过车辆的防护栏板，并用三角木垫卡牢，防止滚动。运输时运输车辆应配备相应品种和数量的消防器材。装运该物品的车辆排气管必须配备阻火装置，禁止使用易产生火花的机械设备和工具装卸。严禁与氧化剂、卤素等混装混运。夏季应早晚运输，防止日光曝晒。中途停留时应远离火种、热源。公路运输时要按规定路线行驶，勿在居民区和人口稠密区停留。铁路运输时要禁止溜放

第十五部分 法规信息

下列法律、法规、规章和标准，对该化学品的管理作了相应的规定。

中华人民共和国职业病防治法 职业病分类和目录：未

列入

危险化学品安全管理条例 危险化学品目录：列入。易制爆危险化学品名录：未列入。重点监管的危险化学品名录：未列入。GB 18218—2009《危险化学品重大危险源辨识》(表1)：未列入

使用有毒物品作业场所劳动保护条例 高毒物品目录：未列入

易制毒化学品管理条例 易制毒化学品的分类和品种目录：未列入

国际公约 斯德哥尔摩公约：未列入。鹿特丹公约：未列入。蒙特利尔议定书：未列入

第十六部分 其他信息

编写和修订信息 **缩略语和首字母缩写**
培训建议 **参考文献**
免责声明

环 庚 酮

第一部分 化学品标识

化学品中文名 环庚酮；软木酮

化学品英文名 cycloheptanone；suberone

分子式 $C_7H_{12}O$ **相对分子质量** 112.2

结构式 O=(七元环)

化学品的推荐及限制用途 用作有机合成中间体，用于化学研究

第二部分 危险性概述

紧急情况概述 易燃液体和蒸气

GHS 危险性类别 易燃液体，类别3

标签要素

象形图 

警示词 警告

危险性说明 易燃液体和蒸气

防范说明

预防措施 远离热源、火花、明火、热表面。禁止吸烟。保持容器密闭。容器和接收设备接地连接。使用防爆电器、通风、照明设备。只能使用不产生火花的工具。采取防止静电措施。戴防护手套、防护眼镜、防护面罩

事故响应 火灾时，使用泡沫、干粉、二氧化碳、砂土灭火。如皮肤（或头发）接触：立即脱掉所有被污染的衣服，用水冲洗皮肤，淋浴

安全储存 存放在通风良好的地方。保持低温

废弃处置 本品及内装物、容器依据国家和地方法规处置

物理和化学危险 易燃，其蒸气与空气混合，能形成爆炸性混合物

健康危害 对眼睛、呼吸道和皮肤有刺激作用

环境危害 对环境可能有害

第三部分 成分/组成信息

√物质		混合物
组分	**浓度**	**CAS No.**
环庚酮		502-42-1

第四部分 急救措施

吸入 迅速脱离现场至空气新鲜处。保持呼吸道通畅。如呼吸困难，给输氧。如呼吸、心跳停止，立即进行心肺复苏术。就医

皮肤接触 立即脱去污染的衣着，用流动清水彻底冲洗。就医

眼睛接触 立即分开眼睑，用流动清水或生理盐水彻底冲洗。就医

食入 漱口，饮水。就医

对保护施救者的忠告 根据需要使用个人防护设备

对医生的特别提示 对症处理

第五部分 消防措施

灭火剂 用泡沫、干粉、二氧化碳、砂土灭火

特别危险性 易燃，遇明火、高热或与氧化剂接触，有引起燃烧爆炸的危险。燃烧生成有害的一氧化碳

灭火注意事项及防护措施 消防人员必须佩戴空气呼吸器、穿全身防火防毒服，在上风向灭火。喷水冷却容器，尽可能将容器从火场移至空旷处。容器突然发出异常声音或出现异常现象，应立即撤离

第六部分 泄漏应急处理

作业人员防护措施、防护装备和应急处置程序 消除所有点火源。根据液体流动和蒸气扩散的影响区域划定警戒区，无关人员从侧风、上风向撤离至安全区。建议应急处理人员戴正压自给式呼吸器，穿防静电服，戴橡胶耐油手套。作业时使用的所有设备应接地。禁止接触或跨越泄漏物。尽可能切断泄漏源

环境保护措施 防止泄漏物进入水体、下水道、地下室或有限空间

泄漏化学品的收容、清除方法及所使用的处置材料 小量泄漏：用砂土或其他不燃材料吸收，使用洁净的无火花工具收集吸收材料。大量泄漏：构筑围堤或挖坑收容。用泡沫覆盖，减少蒸发。喷水雾能减少蒸发，但不能降低泄漏物在有限空间内的易燃性。用防爆泵转移至槽车或专用收集器内

第七部分 操作处置与储存

操作注意事项 密闭操作，注意通风。操作人员必须经过专门培训，严格遵守操作规程。建议操作人员佩戴自吸过滤式防毒面具（半面罩），戴安全防护眼镜，穿防静电工作服，戴橡胶耐油手套。远离火种、热源。工作场所严禁吸烟。使用防爆型的通风系统和设备。防止蒸气泄漏到工作场所空气中。避免与氧化剂、还原剂、碱类接触。灌装时应控制流速，且有接地装置，防止静电积聚。搬运时要轻装轻卸，防止包装及

容器损坏。配备相应品种和数量的消防器材及泄漏应急处理设备。倒空的容器可能残留有害物

储存注意事项 储存于阴凉、通风的库房。库温不宜超过37℃。远离火种、热源。保持容器密封。应与氧化剂、还原剂、碱类分开存放，切忌混储。采用防爆型照明、通风设施。禁止使用易产生火花的机械设备和工具。储区应备有泄漏应急处理设备和合适的收容材料

第八部分 接触控制/个体防护

职业接触限值

中国 未制定标准

美国(ACGIH) 未制定标准

生物接触限值 未制定标准

监测方法 空气中有毒物质测定方法：未制定标准。生物监测检验方法：未制定标准

工程控制 密闭操作，注意通风。提供安全的淋浴和洗眼设备

个体防护装备

呼吸系统防护 可能接触其蒸气时，应该佩戴过滤式防毒面具（半面罩）

眼睛防护 戴安全防护眼镜

皮肤和身体防护 穿防静电工作服

手防护 戴橡胶耐油手套

第九部分 理化特性

外观与性状 无色液体，有薄荷气味

pH值 无资料 **熔点(℃)** 25

沸点(℃) 179 **相对密度(水=1)** 0.951

相对蒸气密度(空气=1) 无资料

饱和蒸气压(kPa) 无资料

燃烧热(kJ/mol) 无资料 **临界温度(℃)** 无资料

临界压力(MPa) 无资料 **辛醇/水分配系数** 1.620

闪点(℃) 55.56 **自燃温度(℃)** 无资料

爆炸下限(%) 无资料 **爆炸上限(%)** 无资料

分解温度(℃) 无资料 **黏度(mPa·s)** 无资料

溶解性 不溶于水，溶于乙醇等多数有机溶剂

第十部分 稳定性和反应性

稳定性 稳定

危险反应 与强氧化剂等禁配物接触，有发生火灾和爆炸的危险

避免接触的条件 无资料

禁配物 强氧化剂、强碱、强还原剂

危险的分解产物 无资料

第十一部分 毒理学信息

急性毒性 LDLo：930mg/kg（小鼠皮下）

皮肤刺激或腐蚀 无资料 **眼睛刺激或腐蚀** 无资料

呼吸或皮肤过敏 无资料 **生殖细胞突变性** 无资料

致癌性 无资料 **生殖毒性** 无资料

特异性靶器官系统毒性-一次接触 无资料

特异性靶器官系统毒性-反复接触 无资料

吸入危害 无资料

第十二部分 生态学信息

生态毒性 无资料

持久性和降解性

生物降解性 无资料

非生物降解性 无资料

潜在的生物累积性 根据 K_{ow} 值预测，该物质的生物累积性可能较弱

土壤中的迁移性 根据 K_{oc} 值预测，该物质可能易发生迁移

第十三部分 废弃处置

废弃化学品 建议用焚烧法处置

污染包装物 将容器返还生产商或按照国家和地方法规处置

废弃注意事项 处置前应参阅国家和地方有关法规

第十四部分 运输信息

联合国危险货物编号（UN号） 1224

联合国运输名称 液态酮类，未另作规定的（环庚酮）

联合国危险性类别 3 **包装类别** Ⅲ类包装

包装标志  **海洋污染物** 否

运输注意事项 运输时运输车辆应配备相应品种和数量的消防器材及泄漏应急处理设备。夏季最好早晚运输。运输时所用的槽（罐）车应有接地链，槽内可设孔隔板以减少震荡产生的静电。严禁与氧化剂、还原剂、碱类、食用化学品、等混装混运。运输途中应防曝晒、雨淋，防高温。中途停留时应远离火种、热源、高温区。装运该物品的车辆排气管必须配备阻火装置，禁止使用易产生火花的机械设备和工具装卸。公路运输时要按规定路线行驶，勿在居民区和人口稠密区停留。铁路运输时要禁止溜放。严禁用木船、水泥船散装运输

第十五部分 法规信息

下列法律、法规、规章和标准，对该化学品的管理作了相应的规定。

中华人民共和国职业病防治法 职业病分类和目录：未列入

危险化学品安全管理条例 危险化学品目录：列入。易制爆危险化学品名录：未列入。重点监管的危险化学品名录：未列入。GB 18218—2009《危险化学品重大危险源辨识》（表1）：未列入

使用有毒物品作业场所劳动保护条例 高毒物品目录：未列入

易制毒化学品管理条例 易制毒化学品的分类和品种目录：未列入

国际公约 斯德哥尔摩公约：未列入。鹿特丹公约：未列入。蒙特利尔议定书：未列入

第十六部分　其他信息

编写和修订信息　　缩略语和首字母缩写
培训建议　　参考文献
免责声明

环　庚　烷

第一部分　化学品标识

化学品中文名　环庚烷；软木烷
化学品英文名　cycloheptane；heptamethylene
分子式　C_7H_{14}　**相对分子质量**　98.19
结构式

化学品的推荐及限制用途　用于有机合成，用作溶剂、实验室试剂

第二部分　危险性概述

紧急情况概述　高度易燃液体和蒸气，可能引起昏昏欲睡或眩晕
GHS 危险性类别　易燃液体，类别 2；特异性靶器官毒性—一次接触，类别 3（麻醉效应）
标签要素

象形图 

警示词　危险
危险性说明　高度易燃液体和蒸气，可能引起昏昏欲睡或眩晕
防范说明
预防措施　远离热源、火花、明火、热表面。禁止吸烟。保持容器密闭。容器和接收设备接地连接。使用防爆电器、通风、照明设备。只能使用不产生火花的工具。采取防止静电措施。戴防护手套、防护眼镜、防护面罩
事故响应　火灾时，使用泡沫、干粉、二氧化碳、砂土灭火。如皮肤（或头发）接触：立即脱掉所有被污染的衣服，用水冲洗皮肤，淋浴
安全储存　存放在通风良好的地方。保持低温
废弃处置　本品及内装物、容器依据国家和地方法规处置

物理和化学危险　高度易燃，其蒸气与空气混合，能形成爆炸性混合物
健康危害　吸入本品有麻醉作用。对眼睛、皮肤有刺激性
环境危害　对环境可能有害

第三部分　成分/组成信息

√物质		混合物
组分	**浓度**	**CAS No.**
环庚烷		291-64-5

第四部分　急救措施

吸入　迅速脱离现场至空气新鲜处。保持呼吸道通畅。如呼吸困难，给输氧。如呼吸、心跳停止，立即进行心肺复苏术。就医
皮肤接触　立即脱去污染的衣着，用流动清水彻底冲洗。就医
眼睛接触　立即分开眼睑，用流动清水或生理盐水彻底冲洗。就医
食入　漱口，饮水。就医
对保护施救者的忠告　根据需要使用个人防护设备
对医生的特别提示　对症处理

第五部分　消防措施

灭火剂　用泡沫、干粉、二氧化碳、砂土灭火
特别危险性　与氧化剂能发生强烈反应，引起燃烧或爆炸。在火场中，受热的容器有爆炸危险。蒸气比空气重，沿地面扩散并易积存于低洼处，遇火源会着火回燃。燃烧生成有害的一氧化碳
灭火注意事项及防护措施　消防人员必须佩戴空气呼吸器、穿全身防火防毒服，在上风向灭火。喷水冷却容器，尽可能将容器从火场移至空旷处。容器突然发出异常声音或出现异常现象，应立即撤离

第六部分　泄漏应急处理

作业人员防护措施、防护装备和应急处置程序　消除所有点火源。根据液体流动和蒸气扩散的影响区域划定警戒区，无关人员从侧风、上风向撤离至安全区。建议应急处理人员戴正压自给式呼吸器，穿防静电服，戴橡胶耐油手套。作业时使用的所有设备应接地。禁止接触或跨越泄漏物。尽可能切断泄漏源
环境保护措施　防止泄漏物进入水体、下水道、地下室或有限空间
泄漏化学品的收容、清除方法及所使用的处置材料　小量泄漏：用砂土或其他不燃材料吸收，使用洁净的无火花工具收集吸收材料。大量泄漏：构筑围堤或挖坑收容。用砂土、惰性物质或蛭石吸收大量液体。用泡沫覆盖，减少蒸发。喷水雾能减少蒸发，但不能降低泄漏物在有限空间内的易燃性。用防爆泵转移至槽车或专用收集器内

第七部分　操作处置与储存

操作注意事项　密闭操作，全面通风。操作人员必须经过专门培训，严格遵守操作规程。建议操作人员佩戴过滤式防毒面具（半面罩），戴安全防护眼镜，穿防静电工作服，戴橡胶耐油手套。远离火种、热源。工作场所严禁吸烟。使用防爆型的通风系统和设备。防止蒸气泄漏到工作场所空气中。避免与氧化剂接触。灌装时应控制流速，且有接地装置，防止静电积聚。搬运时要轻装轻卸，防止包装及容器损坏。配备相应品种和数量的消防器材及泄漏应急处理设备。倒空的容器可能残留有害物
储存注意事项　储存于阴凉、通风的库房。远离火种、热源。库温不宜超过 37℃。保持容器密封。应与氧化剂分开存放，切忌混储。采用防爆型照明、通风设

施。禁止使用易产生火花的机械设备和工具。储区应备有泄漏应急处理设备和合适的收容材料

第八部分 接触控制/个体防护

职业接触限值

中国 未制定标准

美国(ACGIH) 未制定标准

生物接触限值 未制定标准

监测方法 空气中有毒物质测定方法：未制定标准。生物监测检验方法：未制定标准

工程控制 生产过程密闭，全面通风。提供安全的淋浴和洗眼设备

个体防护装备

呼吸系统防护 空气中浓度较高时，佩戴过滤式防毒面具（半面罩）

眼睛防护 戴安全防护眼镜

皮肤和身体防护 穿防静电工作服

手防护 戴橡胶耐油手套

第九部分 理化特性

外观与性状 无色透明液体

pH值 无资料 **熔点(℃)** −12

沸点(℃) 118.5 **相对密度(水=1)** 0.81

相对蒸气密度(空气=1) 3.39

饱和蒸气压(kPa) 2.88（25℃）

燃烧热(kJ/mol) 无资料 **临界温度(℃)** 无资料

临界压力(MPa) 3.8 **辛醇/水分配系数** 4.0

闪点(℃) 6.11 **自燃温度(℃)** 155

爆炸下限(%) 1.1 **爆炸上限(%)** 7.1

分解温度(℃) 无资料 **黏度(mPa·s)** 无资料

溶解性 不溶于水，溶于乙醇、乙醚、苯

第十部分 稳定性和反应性

稳定性 稳定

危险反应 与强氧化剂等禁配物接触，有发生火灾和爆炸的危险

避免接触的条件 无资料

禁配物 强氧化剂、强酸、强碱、卤素

危险的分解产物 无资料

第十一部分 毒理学信息

急性毒性 LD_{50}：>86.7g/kg（兔经皮）

皮肤刺激或腐蚀 无资料 **眼睛刺激或腐蚀** 无资料

呼吸或皮肤过敏 无资料 **生殖细胞突变性** 无资料

致癌性 无资料 **生殖毒性** 无资料

特异性靶器官系统毒性-一次接触 无资料

特异性靶器官系统毒性-反复接触 无资料

吸入危害 无资料

第十二部分 生态学信息

生态毒性 无资料

持久性和降解性

生物降解性 无资料

非生物降解性 空气中，当羟基自由基浓度为5.00×10^5个/cm^3时，降解半衰期为39h（理论）

潜在的生物累积性 根据K_{ow}值预测，该物质可能有较高的生物累积性

土壤中的迁移性 根据K_{oc}值预测，该物质的迁移性可能较弱

第十三部分 废弃处置

废弃化学品 建议用焚烧法处置

污染包装物 将容器返还生产商或按照国家和地方法规处置

废弃注意事项 处置前应参阅国家和地方有关法规

第十四部分 运输信息

联合国危险货物编号（UN号） 2241

联合国运输名称 环庚烷

联合国危险性类别 3 **包装类别** Ⅱ类包装

包装标志  **海洋污染物** 否

运输注意事项 运输时运输车辆应配备相应品种和数量的消防器材及泄漏应急处理设备。夏季最好早晚运输。运输时所用的槽（罐）车应有接地链，槽内可设孔隔板以减少震荡产生的静电。严禁与氧化剂、食用化学品等混装混运。运输途中应防曝晒、雨淋，防高温。中途停留时应远离火种、热源、高温区。装运该物品的车辆排气管必须配备阻火装置，禁止使用易产生火花的机械设备和工具装卸。公路运输时要按规定路线行驶，勿在居民区和人口稠密区停留。铁路运输时要禁止溜放。严禁用木船、水泥船散装运输

第十五部分 法规信息

下列法律、法规、规章和标准，对该化学品的管理作了相应的规定。

中华人民共和国职业病防治法 职业病分类和目录：未列入

危险化学品安全管理条例 危险化学品目录：列入。易制爆危险化学品名录：未列入。重点监管的危险化学品名录：未列入。GB 18218—2009《危险化学品重大危险源辨识》（表1）：未列入

使用有毒物品作业场所劳动保护条例 高毒物品目录：未列入

易制毒化学品管理条例 易制毒化学品的分类和品种目录：未列入

国际公约 斯德哥尔摩公约：未列入。鹿特丹公约：未列入。蒙特利尔议定书：未列入

第十六部分 其他信息

编写和修订信息 **缩略语和首字母缩写**

培训建议 **参考文献**

免责声明

环 己 胺

第一部分 化学品标识

化学品中文名 环己胺；六氢苯胺；氨基环己烷

化学品英文名 cyclohexylamine；hexahydroaniline；aminocyclohexane

分子式 $C_6H_{13}N$ **相对分子质量** 99.17

结构式 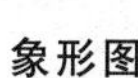

化学品的推荐及限制用途 用作锅炉水处理剂及腐蚀抑制剂、橡胶促进剂、有机合成中间体

第二部分 危险性概述

紧急情况概述 易燃液体和蒸气，吞咽有害，皮肤接触有害，造成严重的皮肤灼伤和眼损伤

GHS 危险性类别 易燃液体，类别 3；急性毒性-经口，类别 4；急性毒性-经皮，类别 4；皮肤腐蚀/刺激，类别 1B；严重眼损伤/眼刺激，类别 1；生殖毒性，类别 2；危害水生环境-急性危害，类别 3

标签要素

象形图 

警示词 危险

危险性说明 易燃液体和蒸气，吞咽有害，皮肤接触有害，造成严重的皮肤灼伤和眼损伤，怀疑对生育力或胎儿造成伤害，对水生生物有害

防范说明

预防措施 远离热源、火花、明火、热表面。禁止吸烟。保持容器密闭。容器和接收设备接地连接。使用防爆电器、通风、照明设备。只能使用不产生火花的工具。采取防止静电措施。避免吸入烟雾。避免接触眼睛、皮肤，操作后彻底清洗。作业场所不得进食、饮水或吸烟。戴防护手套，穿防护服，戴防护眼镜、防护面罩。得到专门指导后操作。在阅读并了解所有安全预防措施之前，切勿操作。按要求使用个体防护装备。禁止排入环境

事故响应 火灾时，使用水、抗溶性泡沫、干粉、二氧化碳、砂土灭火。如吸入：将患者转移到空气新鲜处，休息，保持利于呼吸的体位。皮肤接触：立即脱掉所有被污染的衣服。用大量肥皂水和水清洗。被污染的衣服须经洗净后方可重新使用。眼睛接触：用水细心地冲洗数分钟。如戴隐形眼镜并可方便地取出，则取出隐形眼镜继续冲洗。食入：漱口。不要催吐。如果感觉不适，立即呼叫中毒控制中心或就医。如果接触或有担心，就医

安全储存 存放在通风良好的地方。保持低温。上锁保管

废弃处置 本品及内装物、容器依据国家和地方法规处置

物理和化学危险 易燃，其蒸气与空气混合，能形成爆炸性混合物

健康危害 高浓度蒸气对眼和上呼吸道有刺激性。急性中毒可出现眩晕、烦躁、忧虑、恶心、言语不清、呕吐及瞳孔散大。眼和皮肤接触可引起灼伤

环境危害 对水生生物有害

第三部分 成分/组成信息

√物质		混合物
组分	**浓度**	**CAS No.**
环己胺		108-91-8

第四部分 急救措施

吸入 迅速脱离现场至空气新鲜处。保持呼吸道通畅。如呼吸困难，给输氧。如呼吸、心跳停止，立即进行心肺复苏术。就医

皮肤接触 立即脱去污染的衣着，用大量流动清水彻底冲洗至少 15min。就医

眼睛接触 立即分开眼睑，用流动清水或生理盐水彻底冲洗至少 15min。就医

食入 用水漱口，禁止催吐。给饮牛奶或蛋清。就医

对保护施救者的忠告 根据需要使用个人防护设备

对医生的特别提示 对症处理

第五部分 消防措施

灭火剂 用水、抗溶性泡沫、干粉、二氧化碳、砂土灭火

特别危险性 受热分解释出有毒的烟雾。与氧化剂接触发生猛烈反应。蒸气比空气重，沿地面扩散并易积存于低洼处，遇火源会着火回燃。燃烧生成有害的一氧化碳、氮氧化物

灭火注意事项及防护措施 消防人员须佩戴防毒面具、穿全身消防服，在上风向灭火。尽可能将容器从火场移至空旷处。喷水保持火场容器冷却，直至灭火结束。容器突然发出异常声音或出现异常现象，应立即撤离

第六部分 泄漏应急处理

作业人员防护措施、防护装备和应急处置程序 消除所有点火源。根据液体流动和蒸气扩散的影响区域划定警戒区，无关人员从侧风、上风向撤离至安全区。建议应急处理人员戴正压自给式呼吸器，穿防静电、防腐蚀、防毒服，戴橡胶耐油手套。作业时使用的所有设备应接地。禁止接触或跨越泄漏物。尽可能切断泄漏源

环境保护措施 防止泄漏物进入水体、下水道、地下室或有限空间

泄漏化学品的收容、清除方法及所使用的处置材料 小量泄漏：用砂土或其他不燃材料吸收，使用洁净的无火花工具收集吸收材料。大量泄漏：构筑围堤或挖坑收容。用抗溶性泡沫覆盖，减少蒸发。喷水雾能减少蒸发，但不能降低泄漏物在有限空间内的易燃性。用防爆、耐腐蚀泵转移至槽车或专用收集器内。喷雾状水驱散蒸气、稀释液体泄漏物

第七部分 操作处置与储存

操作注意事项 密闭操作，注意通风。操作人员必须经过专门培训，严格遵守操作规程。建议操作人员佩戴直接式防毒面具（半面罩），戴化学安全防护眼镜，穿防腐工作服，戴橡胶耐油手套。远离火种、热源。工作场所严禁吸烟。使用防爆型的通风系统和设备。防止蒸气泄漏到工作场所空气中。避免与酸类接触。搬运时要轻装轻卸，防止包装及容器损坏。配备相应品种和数量的消防器材及泄漏应急处理设备。倒空的容器可能残留有害物

储存注意事项 储存于阴凉、通风的库房。远离火种、热源。库温不宜超过30℃。保持容器密封。应与酸类、食用化学品分开存放，切忌混储。采用防爆型照明、通风设施。禁止使用易产生火花的机械设备和工具。储区应备有泄漏应急处理设备和合适的收容材料

第八部分 接触控制/个体防护

职业接触限值

中国 PC-TWA：10mg/m^3；PC-STEL：20mg/m^3

美国(ACGIH) TLV-TWA：10ppm

生物接触限值 溶剂解吸-气相色谱法

监测方法 空气中有毒物质测定方法：未制定标准。生物监测检验方法：未制定标准

工程控制 密闭操作，注意通风。提供安全的淋浴和洗眼设备

个体防护装备

呼吸系统防护 空气中浓度超标时，佩戴过滤式防毒面具（半面罩）。紧急事态抢救或撤离时，建议佩戴空气呼吸器

眼睛防护 戴化学安全防护眼镜

皮肤和身体防护 穿防腐蚀工作服

手防护 戴橡胶耐油手套

第九部分 理化特性

外观与性状 无色至黄色液体，有强烈的氨味

pH值 10.5（1%溶液） **熔点(℃)** −17.7

沸点(℃) 134.5 **相对密度(水=1)** 0.86

相对蒸气密度(空气=1) 3.42

饱和蒸气压(kPa) 1.2（20℃）

燃烧热(kJ/mol) 无资料 **临界温度(℃)** 无资料

临界压力(MPa) 4.2 **辛醇/水分配系数** 1.49

闪点(℃) 26（CC） **自燃温度(℃)** 293

爆炸下限(%) 1.5 **爆炸上限(%)** 9.4

分解温度(℃) 无资料 **黏度(mPa·s)** 无资料

溶解性 溶于水，可混溶于多数有机溶剂

第十部分 稳定性和反应性

稳定性 稳定

危险反应 与强氧化剂等禁配物接触，有发生火灾和爆炸的危险

避免接触的条件 受热

禁配物 酸类、酰基氯、酸酐、强氧化剂

危险的分解产物 氨

第十一部分 毒理学信息

急性毒性

LD_{50} 156mg/kg（大鼠经口）；277mg/kg（兔经皮）

LC_{50} 7500mg/m^3（大鼠吸入）

皮肤刺激或腐蚀 人经皮：125mg（48h），重度刺激

眼睛刺激或腐蚀 无资料 **呼吸或皮肤过敏** 无资料

生殖细胞突变性 DNA抑制：人Hela细胞100μg/L。显性致死实验：小鼠腹腔500mg/kg。细胞遗传学分析：人类白细胞10μmol/L（5h）

致癌性 IARC致癌性评论：组3，现有的证据不能对人类致癌性进行分类。对人及动物致癌性证据不足

生殖毒性 大鼠经口最低中毒剂量（TDLo）：5600mg/kg（雄性交配前用药4周），对精子产生影响。小鼠经口最低中毒剂量（TDLo）：600mg/kg（孕6～11d用药），胚泡植入后死亡率升高，胎鼠死亡

特异性靶器官系统毒性-一次接触 无资料

特异性靶器官系统毒性-反复接触 无资料

吸入危害 无资料

第十二部分 生态学信息

生态毒性

LC_{50} 90mg/L（96h）（虹鳟鱼，静态）

EC_{50} 20mg/L（96h）（绿藻）；80mg/L（24h）（水蚤）

持久性和降解性

生物降解性 MITI-I测试，初始浓度100ppm，污泥浓度30ppm，2周后降解61.1%

非生物降解性 空气中，当羟基自由基浓度为5.00×10^{5}个/cm^{3}时，降解半衰期为7h（理论）

潜在的生物累积性 根据K_{ow}值预测，该物质的生物累积性可能较弱

土壤中的迁移性 根据K_{oc}值预测，该物质可能易发生迁移

第十三部分 废弃处置

废弃化学品 用焚烧法处置。焚烧炉排出的氮氧化物通过洗涤器除去

污染包装物 将容器返还生产商或按照国家和地方法规处置

废弃注意事项 处置前应参阅国家和地方有关法规

第十四部分 运输信息

联合国危险货物编号（UN号） 2357

联合国运输名称 环己胺

联合国危险性类别 8，3 **包装类别** Ⅱ类包装

包装标志 

海洋污染物 否

运输注意事项 起运时包装要完整，装载应稳妥。运输过

程中要确保容器不泄漏、不倒塌、不坠落、不损坏。运输时所用的槽（罐）车应有接地链，槽内可设孔隔板以减少震荡产生的静电。严禁与酸类、食用化学品等混装混运。运输车辆应配备相应品种和数量的消防器材及泄漏应急处理设备。公路运输时要按规定路线行驶，勿在居民区和人口稠密区停留

第十五部分　法规信息

下列法律、法规、规章和标准，对该化学品的管理作了相应的规定。

中华人民共和国职业病防治法　职业病分类和目录：未列入

危险化学品安全管理条例　危险化学品目录：列入。易制爆危险化学品名录：未列入。重点监管的危险化学品名录：未列入。GB 18218—2009《危险化学品重大危险源辨识》(表 1)：未列入

使用有毒物品作业场所劳动保护条例　高毒物品目录：未列入

易制毒化学品管理条例　易制毒化学品的分类和品种目录：未列入

国际公约　斯德哥尔摩公约：未列入。鹿特丹公约：未列入。蒙特利尔议定书：未列入

第十六部分　其他信息

编写和修订信息　**缩略语和首字母缩写**

培训建议　**参考文献**

免责声明

1,3-环己二烯

第一部分　化学品标识

化学品中文名　1,3-环己二烯；1,2-二氢苯

化学品英文名　1,3-cyclohexadiene

分子式　C_6H_8　**相对分子质量**　80.13

结构式

化学品的推荐及限制用途　用作有机合成中间体

第二部分　危险性概述

紧急情况概述　易燃液体和蒸气

GHS 危险性类别　易燃液体，类别 3。皮肤腐蚀/刺激，类别 3。严重眼损伤/眼刺激，类别 2B。特异性靶器官毒性-一次接触，类别 3（呼吸道刺激）

标签要素

象形图

警示词　警告

危险性说明　易燃液体和蒸气，造成轻微皮肤刺激，造成眼刺激，可能引起呼吸道刺激

防范说明

预防措施　远离热源、火花、明火、热表面。禁止吸烟。保持容器密闭。容器和接收设备接地连接。使用防爆电器、通风、照明设备。只能使用不产生火花的工具。采取防止静电措施。戴防护手套、防护眼镜、防护面罩。避免接触眼睛、皮肤，操作后彻底清洗

事故响应　火灾时，使用泡沫、干粉、二氧化碳、砂土灭火。如皮肤（或头发）接触：立即脱掉所有被污染的衣服，用水冲洗皮肤，淋浴。如发生皮肤刺激，就医。如接触眼睛：用水细心冲洗数分钟。如戴隐形眼镜并可方便地取出，取出隐形眼镜继续冲洗。如果眼睛刺激持续：就医

安全储存　存放在通风良好的地方。保持低温

废弃处置　本品及内装物、容器依据国家和地方法规处置

物理和化学危险　易燃，其蒸气与空气混合，能形成爆炸性混合物

健康危害　吸入、食入对身体有害。动物实验有麻醉作用

环境危害　对环境可能有害

第三部分　成分/组成信息

√物质　　混合物

组分	浓度	CAS No.
1,3-环己二烯		592-57-4

第四部分　急救措施

吸入　迅速脱离现场至空气新鲜处。保持呼吸道通畅。如呼吸困难，给输氧。如呼吸、心跳停止，立即进行心肺复苏术。就医

皮肤接触　立即脱去污染的衣着，用流动清水彻底冲洗。就医

眼睛接触　立即分开眼睑，用流动清水或生理盐水彻底冲洗。就医

食入　漱口，饮水。就医

对保护施救者的忠告　根据需要使用个人防护设备

对医生的特别提示　对症处理

第五部分　消防措施

灭火剂　用泡沫、干粉、二氧化碳、砂土灭火

特别危险性　与氧化剂能发生强烈反应。高速冲击、流动、激荡后可因产生静电火花放电引起燃烧爆炸。蒸气比空气重，沿地面扩散并易积存于低洼处，遇火源会着火回燃。燃烧生成有害的一氧化碳

灭火注意事项及防护措施　消防人员必须佩戴空气呼吸器、穿全身防火防毒服，在上风向灭火。喷水冷却容器，尽可能将容器从火场移至空旷处。容器突然发出异常声音或出现异常现象，应立即撤离

第六部分　泄漏应急处理

作业人员防护措施、防护装备和应急处置程序　消除所有点火源。根据液体流动和蒸气扩散的影响区域划定警戒区，无关人员从侧风、上风向撤离至安全区。建议应急处理人员戴正压自给式呼吸器，穿防静电服，戴

橡胶耐油手套。作业时使用的所有设备应接地。禁止接触或跨越泄漏物。尽可能切断泄漏源

环境保护措施 防止泄漏物进入水体、下水道、地下室或有限空间

泄漏化学品的收容、清除方法及所使用的处置材料 小量泄漏：用砂土或其他不燃材料吸收，使用洁净的无火花工具收集吸收材料。大量泄漏：构筑围堤或挖坑收容。用泡沫覆盖，减少蒸发。喷水雾能减少蒸发，但不能降低泄漏物在有限空间内的易燃性。用防爆泵转移至槽车或专用收集器内

第七部分 操作处置与储存

操作注意事项 密闭操作，全面通风。操作人员必须经过专门培训，严格遵守操作规程。建议操作人员佩戴自吸过滤式防毒面具（半面罩），戴化学安全防护眼镜，穿防静电工作服，戴橡胶耐油手套。远离火种、热源。工作场所严禁吸烟。使用防爆型的通风系统和设备。防止蒸气泄漏到工作场所空气中。避免与氧化剂、酸类接触。灌装时应控制流速，且有接地装置，防止静电积聚。搬运时要轻装轻卸，防止包装及容器损坏。配备相应品种和数量的消防器材及泄漏应急处理设备。倒空的容器可能残留有害物

储存注意事项 储存于阴凉、通风的库房。远离火种、热源。库温不宜超过37℃。包装要求密封，不可与空气接触。应与氧化剂、酸类分开存放，切忌混储。不宜大量储存或久存。采用防爆型照明、通风设施。禁止使用易产生火花的机械设备和工具。储区应备有泄漏应急处理设备和合适的收容材料

第八部分 接触控制/个体防护

职业接触限值

中国 未制定标准

美国(ACGIH) 未制定标准

生物接触限值 未制定标准

监测方法 空气中有毒物质测定方法：未制定标准。生物监测检验方法：未制定标准

工程控制 生产过程密闭，全面通风。提供安全的淋浴和洗眼设备

个体防护装备

呼吸系统防护 空气中浓度超标时，应该佩戴过滤式防毒面具（半面罩）

眼睛防护 戴化学安全防护眼镜

皮肤和身体防护 穿防静电工作服

手防护 戴橡胶耐油手套

第九部分 理化特性

外观与性状 无色液体 **pH值** 无资料

熔点(℃) −89 **沸点(℃)** 81

相对密度(水=1) 0.84 **相对蒸气密度(空气=1)** 2.8

饱和蒸气压(kPa) 无资料 **燃烧热(kJ/mol)** 无资料

临界温度(℃) 无资料 **临界压力(MPa)** 4.45

辛醇/水分配系数 2.47 **闪点(℃)** 26

自燃温度(℃) 无资料 **爆炸下限(%)** 1.4

爆炸上限(%) 7.8 **分解温度(℃)** 无资料

黏度(mPa·s) 无资料

溶解性 不溶于水，溶于乙醇、乙醚等多数有机溶剂

第十部分 稳定性和反应性

稳定性 稳定

危险反应 与强氧化剂等禁配物接触，有发生火灾和爆炸的危险

避免接触的条件 受热，接触空气

禁配物 强氧化剂、酸类

危险的分解产物 无资料

第十一部分 毒理学信息

急性毒性 LC_{50}：45000mg/m^3（小鼠吸入，2h）

皮肤刺激或腐蚀 无资料 **眼睛刺激或腐蚀** 无资料

呼吸或皮肤过敏 无资料 **生殖细胞突变性** 无资料

致癌性 无资料 **生殖毒性** 无资料

特异性靶器官系统毒性-一次接触 无资料

特异性靶器官系统毒性-反复接触 无资料

吸入危害 无资料

第十二部分 生态学信息

生态毒性 无资料

持久性和降解性

生物降解性 无资料

非生物降解性 无资料

潜在的生物累积性 根据 K_{ow} 值预测，该物质的生物累积性可能较弱

土壤中的迁移性 根据 K_{oc} 值预测，该物质可能有一定的迁移性

第十三部分 废弃处置

废弃化学品 建议用焚烧法处置

污染包装物 将容器返还生产商或按照国家和地方法规处置

废弃注意事项 处置前应参阅国家和地方有关法规

第十四部分 运输信息

联合国危险货物编号(UN号) 3295

联合国运输名称 液态烃类，未另作规定的（1,3-环己二烯）

联合国危险性类别 3 **包装类别** Ⅱ类包装

包装标志  **海洋污染物** 否

运输注意事项 运输时运输车辆应配备相应品种和数量的消防器材及泄漏应急处理设备。夏季最好早晚运输。运输时所用的槽（罐）车应有接地链，槽内可设孔隔板以减少震荡产生的静电。严禁与氧化剂、酸类、食用化学品等混装混运。运输途中应防曝晒、雨淋，防高温。中途停留时应远离火种、热源、高温区。装运该物品的车辆排气管必须配备阻火装置，禁止使用易

产生火花的机械设备和工具装卸。公路运输时要按规定路线行驶，勿在居民区和人口稠密区停留。铁路运输时要禁止溜放。严禁用木船、水泥船散装运输

第十五部分　法规信息

下列法律、法规、规章和标准，对该化学品的管理作了相应的规定。

中华人民共和国职业病防治法　职业病分类和目录：未列入

危险化学品安全管理条例　危险化学品目录：列入。易制爆危险化学品名录：未列入。重点监管的危险化学品名录：未列入。GB 18218—2009《危险化学品重大危险源辨识》(表1)：未列入

使用有毒物品作业场所劳动保护条例　高毒物品目录：未列入

易制毒化学品管理条例　易制毒化学品的分类和品种目录：未列入

国际公约　斯德哥尔摩公约：未列入。鹿特丹公约：未列入。蒙特利尔议定书：未列入

第十六部分　其他信息

编写和修订信息　　**缩略语和首字母缩写**

培训建议　　**参考文献**

免责声明

1,4-环己二烯

第一部分　化学品标识

化学品中文名　1,4-环己二烯；1,4-二氢苯

化学品英文名　1,4-cyclohexadiene；1,4-dihydrobenzene

分子式　C_6H_8　**相对分子质量**　80.13

结构式

化学品的推荐及限制用途　用作有机合成中间体

第二部分　危险性概述

紧急情况概述　高度易燃液体和蒸气

GHS危险性类别　易燃液体，类别2

标签要素

象形图

警示词　危险

危险性说明　高度易燃液体和蒸气

防范说明

预防措施　远离热源、火花、明火、热表面。禁止吸烟。保持容器密闭。容器和接收设备接地连接。使用防爆电器、通风、照明设备。只能使用不产生火花的工具。采取防止静电措施。戴防护手套、防护眼镜、防护面罩

事故响应　火灾时，使用泡沫、干粉、二氧化碳、砂土灭火。如皮肤(或头发)接触：立即脱掉所有被污染的衣服，用水冲洗皮肤，淋浴

安全储存　存放在通风良好的地方。保持低温

废弃处置　本品及内装物、容器依据国家和地方法规处置

物理和化学危险　高度易燃，其蒸气与空气混合，能形成爆炸性混合物

健康危害　本品属脂环族烃类，该类物质有麻醉和刺激作用

环境危害　对环境可能有害

第三部分　成分/组成信息

√物质		混合物
组分	**浓度**	**CAS No.**
1,4-环己二烯		628-41-1

第四部分　急救措施

吸入　迅速脱离现场至空气新鲜处。保持呼吸道通畅。如呼吸困难，给输氧。如呼吸、心跳停止，立即进行心肺复苏术。就医

皮肤接触　立即脱去污染的衣着，用流动清水彻底冲洗。就医

眼睛接触　立即分开眼睑，用流动清水或生理盐水彻底冲洗。就医

食入　漱口，饮水。就医

对保护施救者的忠告　根据需要使用个人防护设备

对医生的特别提示　对症处理

第五部分　消防措施

灭火剂　用泡沫、干粉、二氧化碳、砂土灭火

特别危险性　本品易聚合，只有经过稳定化处理才允许储运。高速冲击、流动、激荡后可因产生静电火花放电引起燃烧爆炸。蒸气比空气重，沿地面扩散并易积存于低洼处，遇火源会着火回燃。燃烧生成有害的一氧化碳

灭火注意事项及防护措施　消防人员必须佩戴空气呼吸器、穿全身防火防毒服，在上风向灭火。喷水冷却容器，尽可能将容器从火场移至空旷处。容器突然发出异常声音或出现异常现象，应立即撤离。用水灭火无效

第六部分　泄漏应急处理

作业人员防护措施、防护装备和应急处置程序　消除所有点火源。根据液体流动和蒸气扩散的影响区域划定警戒区，无关人员从侧风、上风向撤离至安全区。建议应急处理人员戴正压自给式呼吸器，穿防静电服，戴橡胶耐油手套。作业时使用的所有设备应接地。禁止接触或跨越泄漏物。尽可能切断泄漏源

环境保护措施　防止泄漏物进入水体、下水道、地下室或有限空间

泄漏化学品的收容、清除方法及所使用的处置材料　小量泄漏：用砂土或其他不燃材料吸收。使用洁净的无火花工具收集吸收材料。大量泄漏：构筑围堤或挖坑收容。用泡沫覆盖，减少蒸发。喷水雾能减少蒸发，但

不能降低泄漏物在有限空间内的易燃性。用防爆泵转移至槽车或专用收集器内

第七部分 操作处置与储存

操作注意事项 密闭操作，全面通风。操作人员必须经过专门培训，严格遵守操作规程。建议操作人员佩戴自吸过滤式防毒面具（半面罩），戴化学安全防护眼镜，穿防静电工作服，戴橡胶耐油手套。远离火种、热源。工作场所严禁吸烟。使用防爆型的通风系统和设备。防止蒸气泄漏到工作场所空气中。避免与氧化剂、酸类接触。灌装时应控制流速，且有接地装置，防止静电积聚。搬运时要轻装轻卸，防止包装及容器损坏。配备相应品种和数量的消防器材及泄漏应急处理设备。倒空的容器可能残留有害物

储存注意事项 储存于阴凉、通风的库房。远离火种、热源。库温不宜超过37℃。包装要求密封，不可与空气接触。应与氧化剂、酸类分开存放，切忌混储。不宜大量储存或久存。采用防爆型照明、通风设施。禁止使用易产生火花的机械设备和工具。储区应备有泄漏应急处理设备和合适的收容材料

第八部分 接触控制/个体防护

职业接触限值

中国 未制定标准

美国(ACGIH) 未制定标准

生物接触限值 未制定标准

监测方法 空气中有毒物质测定方法：未制定标准。生物监测检验方法：未制定标准

工程控制 生产过程密闭，全面通风。提供安全的淋浴和洗眼设备

个体防护装备

呼吸系统防护 空气中浓度超标时，应该佩戴过滤式防毒面具（半面罩）

眼睛防护 戴化学安全防护眼镜

皮肤和身体防护 穿防静电工作服

手防护 戴橡胶耐油手套

第九部分 理化特性

外观与性状 无色液体 **pH值** 无资料

熔点(℃) －49.2 **沸点(℃)** 85.6

相对密度(水＝1) 0.85

相对蒸气密度(空气＝1) 无资料

饱和蒸气压(kPa) 无资料

燃烧热(kJ/mol) 无资料 **临界温度(℃)** 无资料

临界压力(MPa) 4.73 **辛醇/水分配系数** 2.3

闪点(℃) －6.7 **自燃温度(℃)** 无资料

爆炸下限(%) 1.4 **爆炸上限(%)** 11.9

分解温度(℃) 无资料 **黏度(mPa·s)** 无资料

溶解性 不溶于水，溶于乙醇、乙醚等多数有机溶剂

第十部分 稳定性和反应性

稳定性 稳定

危险反应 与强氧化剂等禁配物接触，有发生火灾和爆炸的危险。易发生聚合

避免接触的条件 受热，接触空气

禁配物 强氧化剂、酸类

危险的分解产物 无资料

第十一部分 毒理学信息

急性毒性 无资料 **皮肤刺激或腐蚀** 无资料

眼睛刺激或腐蚀 无资料 **呼吸或皮肤过敏** 无资料

生殖细胞突变性 无资料 **致癌性** 无资料

生殖毒性 无资料

特异性靶器官系统毒性-一次接触 无资料

特异性靶器官系统毒性-反复接触 无资料

吸入危害 无资料

第十二部分 生态学信息

生态毒性 无资料

持久性和降解性

生物降解性 无资料

非生物降解性 无资料

潜在的生物累积性 根据 K_{ow} 值预测，该物质的生物累积性可能较弱

土壤中的迁移性 根据 K_{oc} 值预测，该物质可能有一定的迁移性

第十三部分 废弃处置

废弃化学品 建议用焚烧法处置

污染包装物 将容器返还生产商或按照国家和地方法规处置

废弃注意事项 处置前应参阅国家和地方有关法规

第十四部分 运输信息

联合国危险货物编号(UN号) 3295

联合国运输名称 液态烃类，未另作规定的（1,4-环己二烯）

联合国危险性类别 3 **包装类别** Ⅱ类包装

包装标志  **海洋污染物** 否

运输注意事项 运输时运输车辆应配备相应品种和数量的消防器材及泄漏应急处理设备。夏季最好早晚运输。运输时所用的槽（罐）车应有接地链，槽内可设孔隔板以减少震荡产生的静电。严禁与氧化剂、酸类、食用化学品等混装混运。运输途中应防曝晒、雨淋，防高温。中途停留时应远离火种、热源、高温区。装运该物品的车辆排气管必须配备阻火装置，禁止使用易产生火花的机械设备和工具装卸。公路运输时要按规定路线行驶，勿在居民区和人口稠密区停留。铁路运输时要禁止溜放。严禁用木船、水泥船散装运输

第十五部分 法规信息

下列法律、法规、规章和标准，对该化学品的管理作了相应的规定。

中华人民共和国职业病防治法 职业病分类和目录：未列入

危险化学品安全管理条例 危险化学品目录：列入。易制爆危险化学品名录：未列入。重点监管的危险化学品名录：未列入。GB 18218—2009《危险化学品重大危险源辨识》(表1)：未列入

使用有毒物品作业场所劳动保护条例 高毒物品目录：未列入

易制毒化学品管理条例 易制毒化学品的分类和品种目录：未列入

国际公约 斯德哥尔摩公约：未列入。鹿特丹公约：未列入。蒙特利尔议定书：未列入

第十六部分 其他信息

编写和修订信息 **缩略语和首字母缩写**

培训建议 **参考文献**

免责声明

环己基硫醇

第一部分 化学品标识

化学品中文名 环己基硫醇；环己硫醇

化学品英文名 cyclohexyl mercaptan；cyclohexanethiol

分子式 $C_6H_{12}S$ **相对分子质量** 116.2

结构式 HS—⬡

化学品的推荐及限制用途 用作制造医药、杀虫剂的中间体，以及调味剂

第二部分 危险性概述

紧急情况概述 易燃液体和蒸气

GHS 危险性类别 易燃液体，类别 3；皮肤腐蚀/刺激，类别 2

标签要素

象形图

警示词 警告

危险性说明 易燃液体和蒸气，造成皮肤刺激

防范说明

预防措施 远离热源、火花、明火、热表面。禁止吸烟。保持容器密闭。容器和接收设备接地连接。使用防爆电器、通风、照明设备。只能使用不产生火花的工具。采取防止静电措施。戴防护手套、防护眼镜、防护面罩。避免接触眼睛、皮肤，操作后彻底清洗

事故响应 火灾时，使用泡沫、二氧化碳、干粉、砂土灭火。如皮肤（或头发）接触：立即脱掉所有被污染的衣服。用大量肥皂水和水清洗。如发生皮肤刺激，就医。被污染的衣服洗净后方可重新使用

安全储存 存放在通风良好的地方。保持低温

废弃处置 本品及内装物、容器依据国家和地方法规处置

物理和化学危险 易燃，其蒸气与空气混合，能形成爆炸性混合物

健康危害 硫醇类物质有恶臭，主要作用于中枢神经系统，高浓度吸入有麻醉作用

环境危害 对环境可能有害

第三部分 成分/组成信息

√物质		混合物
组分	**浓度**	**CAS No.**
环己基硫醇		1569-69-3

第四部分 急救措施

吸入 迅速脱离现场至空气新鲜处。保持呼吸道通畅。如呼吸困难，给输氧。如呼吸、心跳停止，立即进行心肺复苏术。就医

皮肤接触 立即脱去污染的衣着，用流动清水彻底冲洗。就医

眼睛接触 立即分开眼睑，用流动清水或生理盐水彻底冲洗。就医

食入 漱口，饮水。就医

对保护施救者的忠告 根据需要使用个人防护设备

对医生的特别提示 对症处理

第五部分 消防措施

灭火剂 用泡沫、二氧化碳、干粉、砂土灭火

特别危险性 易燃，遇高热、明火有引起燃烧的危险。燃烧生成有害的一氧化碳、二氧化硫

灭火注意事项及防护措施 消防人员必须佩戴空气呼吸器、穿全身防火防毒服，在上风向灭火。喷水冷却容器，尽可能将容器从火场移至空旷处。容器突然发出异常声音或出现异常现象，应立即撤离

第六部分 泄漏应急处理

作业人员防护措施、防护装备和应急处置程序 消除所有点火源。根据液体流动和蒸气扩散的影响区域划定警戒区，无关人员从侧风、上风向撤离至安全区。建议应急处理人员戴正压自给式呼吸器，穿防毒、防静电服，戴橡胶手套。作业时使用的所有设备应接地。禁止接触或跨越泄漏物。尽可能切断泄漏源

环境保护措施 防止泄漏物进入水体、下水道、地下室或有限空间

泄漏化学品的收容、清除方法及所使用的处置材料 小量泄漏：用砂土或其他不燃材料吸收，使用洁净的无火花工具收集吸收材料。大量泄漏：构筑围堤或挖坑收容。用泡沫覆盖，减少蒸发。喷水雾能减少蒸发，但不能降低泄漏物在有限空间内的易燃性。用防爆泵转移至槽车或专用收集器内

第七部分 操作处置与储存

操作注意事项 密闭操作，提供充分的局部排风。操作人员必须经过专门培训，严格遵守操作规程。建议操作人员佩戴自吸过滤式防毒面具（全面罩），穿胶布防

毒衣，戴橡胶手套。远离火种、热源。工作场所严禁吸烟。使用防爆型的通风系统和设备。防止蒸气泄漏到工作场所空气中。避免与氧化剂、还原剂、碱类、碱金属接触。充装要控制流速，防止静电积聚。搬运时要轻装轻卸，防止包装及容器损坏。配备相应品种和数量的消防器材及泄漏应急处理设备。倒空的容器可能残留有害物

储存注意事项 储存于阴凉、通风的库房。远离火种、热源。库温不宜超过37℃。保持容器密封。应与氧化剂、还原剂、碱类、碱金属分开存放，切忌混储。采用防爆型照明、通风设施。禁止使用易产生火花的机械设备和工具。储区应备有泄漏应急处理设备和合适的收容材料

第八部分 接触控制/个体防护

职业接触限值

中国 未制定标准

美国(ACGIH) 未制定标准

生物接触限值 未制定标准

监测方法 空气中有毒物质测定方法：未制定标准。生物监测检验方法：未制定标准

工程控制 严加密闭，提供充分的局部排风

个体防护装备

呼吸系统防护 可能接触其蒸气时，应该佩戴过滤式防毒面具（全面罩）。紧急事态抢救或撤离时，建议佩戴空气呼吸器

眼睛防护 呼吸系统防护中已作防护

皮肤和身体防护 穿隔绝式防毒服

手防护 戴橡胶手套

第九部分 理化特性

外观与性状 无色液体，有强烈的大蒜气味

pH值 无资料 **熔点(℃)** −118.3

沸点(℃) 158.9 **相对密度(水=1)** 0.98

相对蒸气密度(空气=1) 4.0

饱和蒸气压(kPa) 1.3（20℃）

燃烧热(kJ/mol) 无资料 **临界温度(℃)** 无资料

临界压力(MPa) 3.85 **辛醇/水分配系数** 3.05

闪点(℃) 43（CC） **自燃温度(℃)** 无资料

爆炸下限(%) 1.1 **爆炸上限(%)** 无资料

分解温度(℃) 无资料 **黏度(mPa·s)** 无资料

溶解性 不溶于水，溶于乙醇、乙醚、丙酮、苯、氯仿

第十部分 稳定性和反应性

稳定性 稳定

危险反应 与强氧化剂等禁配物接触，有发生火灾和爆炸的危险

避免接触的条件 受热

禁配物 碱类、氧化剂、还原剂、碱金属

危险的分解产物 硫化氢

第十一部分 毒理学信息

急性毒性 LD_{50}：560mg/kg（大鼠经口）

皮肤刺激或腐蚀 家兔经皮：2mg（24h），重度刺激

眼睛刺激或腐蚀 家兔经眼：500mg（24h），轻度刺激

呼吸或皮肤过敏 无资料 **生殖细胞突变性** 无资料

致癌性 无资料 **生殖毒性** 无资料

特异性靶器官系统毒性-一次接触 无资料

特异性靶器官系统毒性-反复接触 无资料

吸入危害 无资料

第十二部分 生态学信息

生态毒性 无资料

持久性和降解性

生物降解性 无资料

非生物降解性 无资料

潜在的生物累积性 根据 K_{ow} 值预测，该物质可能有一定的生物累积性

土壤中的迁移性 根据 K_{oc} 值预测，该物质可能有一定的迁移性

第十三部分 废弃处置

废弃化学品 建议用焚烧法处置。焚烧炉排出的硫氧化物通过洗涤器除去

污染包装物 将容器返还生产商或按照国家和地方法规处置

废弃注意事项 处置前应参阅国家和地方有关法规

第十四部分 运输信息

联合国危险货物编号（UN号） 3054

联合国运输名称 环己基硫醇

联合国危险性类别 3 **包装类别** Ⅲ类包装

包装标志  **海洋污染物** 否

运输注意事项 运输时运输车辆应配备相应品种和数量的消防器材及泄漏应急处理设备。夏季最好早晚运输。运输时所用的槽（罐）车应有接地链，槽内可设孔隔板以减少震荡产生的静电。严禁与氧化剂、还原剂、碱类、碱金属、食用化学品等混装混运。运输途中应防曝晒、雨淋，防高温。中途停留时应远离火种、热源、高温区。装运该物品的车辆排气管必须配备阻火装置，禁止使用易产生火花的机械设备和工具装卸。公路运输时要按规定路线行驶，勿在居民区和人口稠密区停留。铁路运输时要禁止溜放。严禁用木船、水泥船散装运输

第十五部分 法规信息

下列法律、法规、规章和标准，对该化学品的管理作了相应的规定。

中华人民共和国职业病防治法 职业病分类和目录：未列入

危险化学品安全管理条例 危险化学品目录：列入。易制爆危险化学品名录：未列入。重点监管的危险化学品名录：未列入。GB 18218—2009《危险化学品重大危险源辨识》（表1）：未列入

使用有毒物品作业场所劳动保护条例　高毒物品目录：未列入

易制毒化学品管理条例　易制毒化学品的分类和品种目录：未列入

国际公约　斯德哥尔摩公约：未列入。鹿特丹公约：未列入。蒙特利尔议定书：未列入

第十六部分　其他信息

编写和修订信息　　**缩略语和首字母缩写**

培训建议　　**参考文献**

免责声明

环　己　酮

第一部分　化学品标识

化学品中文名　环己酮

化学品英文名　cyclohexanone；ketohexamethylene

分子式　$C_6H_{10}O$　**相对分子质量**　98.16

结构式　O=⬡

化学品的推荐及限制用途　主要用于制造己内酰胺和己二酸，也是优良的溶剂

第二部分　危险性概述

紧急情况概述　易燃液体和蒸气，吸入有害

GHS危险性类别　易燃液体，类别3；急性毒性-吸入，类别4

标签要素

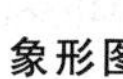

象形图 

警示词　警告

危险性说明　易燃液体和蒸气，吸入有害

防范说明

预防措施　远离热源、火花、明火、热表面。禁止吸烟。保持容器密闭。容器和接收设备接地连接。使用防爆电器、通风、照明设备。只能使用不产生火花的工具。采取防止静电措施。戴防护手套、防护眼镜、防护面罩。避免吸入蒸气、雾。仅在室外或通风良好处操作

事故响应　火灾时，使用泡沫、干粉、二氧化碳、砂土灭火。如吸入：将患者转移到空气新鲜处，休息，保持利于呼吸的体位。如感觉不适，呼叫中毒控制中心或就医。如皮肤（或头发）接触：立即脱掉所有被污染的衣服，用水冲洗皮肤，淋浴

安全储存　存放在通风良好的地方。保持低温

废弃处置　本品及内装物、容器依据国家和地方法规处置

物理和化学危险　易燃，其蒸气与空气混合，能形成爆炸性混合物

健康危害　本品具有麻醉和刺激作用。因气味强烈，在生产环境中一般不会大量吸入而引起急性中毒。发生意外事故过量接触后，可引起眼、鼻和上呼吸道刺激症状，并可有头晕和中枢神经系统抑制表现。口服中毒出现意识不清、烦躁不安、气促、呼出气中有环己酮气味、呕吐咖啡样或红色血样胃液、双上肢抽搐、大便潜血阳性等。有报道口服引起肝、肾功能衰竭。长期反复接触可致皮炎

环境危害　对环境可能有害

第三部分　成分/组成信息

√物质		混合物
组分	**浓度**	**CAS No.**
环己酮		108-94-1

第四部分　急救措施

吸入　迅速脱离现场至空气新鲜处。保持呼吸道通畅。如呼吸困难，给输氧。如呼吸、心跳停止，立即进行心肺复苏术。就医

皮肤接触　立即脱去污染的衣着，用流动清水彻底冲洗。就医

眼睛接触　立即分开眼睑，用流动清水或生理盐水彻底冲洗。就医

食入　漱口，饮水。就医

对保护施救者的忠告　根据需要使用个人防护设备

对医生的特别提示　对症处理

第五部分　消防措施

灭火剂　用泡沫、干粉、二氧化碳、砂土灭火

特别危险性　易燃，遇高热、明火有引起燃烧的危险。与氧化剂接触发生猛烈反应。燃烧生成有害的一氧化碳

灭火注意事项及防护措施　消防人员必须佩戴空气呼吸器、穿全身防火防毒服，在上风向灭火。喷水冷却容器，尽可能将容器从火场移至空旷处。容器突然发出异常声音或出现异常现象，应立即撤离

第六部分　泄漏应急处理

作业人员防护措施、防护装备和应急处置程序　消除所有点火源。根据液体流动和蒸气扩散的影响区域划定警戒区，无关人员从侧风、上风向撤离至安全区。建议应急处理人员戴正压自给式呼吸器，穿防毒、防静电服，戴橡胶耐油手套。作业时使用的所有设备应接地。禁止接触或跨越泄漏物。尽可能切断泄漏源

环境保护措施　防止泄漏物进入水体、下水道、地下室或有限空间

泄漏化学品的收容、清除方法及所使用的处置材料　小量泄漏：用砂土或其他不燃材料吸收，使用洁净的无火花工具收集吸收材料。大量泄漏：构筑围堤或挖坑收容。用抗溶性泡沫覆盖，减少蒸发。喷水雾能减少蒸发，但不能降低泄漏物在有限空间内的易燃性。用防爆泵转移至槽车或专用收集器内

第七部分　操作处置与储存

操作注意事项　密闭操作，注意通风。操作人员必须经过专门培训，严格遵守操作规程。建议操作人员佩戴自

吸过滤式防毒面具（半面罩），戴化学安全防护眼镜，穿防静电工作服，戴橡胶耐油手套。远离火种、热源。工作场所严禁吸烟。使用防爆型的通风系统和设备。防止蒸气泄漏到工作场所空气中。避免与氧化剂、还原剂接触。充装要控制流速，防止静电积聚。搬运时要轻装轻卸，防止包装及容器损坏。配备相应品种和数量的消防器材及泄漏应急处理设备。倒空的容器可能残留有害物

储存注意事项 储存于阴凉、通风的库房。远离火种、热源。库温不宜超过 37℃。保持容器密封。应与氧化剂、还原剂等分开存放，切忌混储。采用防爆型照明、通风设施。禁止使用易产生火花的机械设备和工具。储区应备有泄漏应急处理设备和合适的收容材料

第八部分 接触控制/个体防护

职业接触限值

中国 PC-TWA：50mg/m³［皮］

美国(ACGIH) TLV-TWA：20ppm；TLV-STEL：50ppm［皮］

生物接触限值 未制定标准

监测方法 空气中有毒物质测定方法：溶剂解吸-气相色谱法。生物监测检验方法：未制定标准

工程控制 密闭操作，注意通风

个体防护装备

呼吸系统防护 可能接触其蒸气时，应该佩戴过滤式防毒面具（半面罩）

眼睛防护 戴化学安全防护眼镜

皮肤和身体防护 穿防静电工作服

手防护 戴橡胶耐油手套

第九部分 理化特性

外观与性状 无色或浅黄色透明油状液体，有强烈的刺激性臭味

pH 值 无资料 **熔点(℃)** －32.1

沸点(℃) 136.9～155.6 **相对密度(水＝1)** 0.95

相对蒸气密度(空气＝1) 3.4

饱和蒸气压(kPa) 0.5（20℃）

燃烧热(kJ/mol) －3521.3 **临界温度(℃)** 356

临界压力(MPa) 3.8 **辛醇/水分配系数** 0.81

闪点(℃) 44（CC） **自燃温度(℃)** 420

爆炸下限(%) 1.1 **爆炸上限(%)** 9.4

分解温度(℃) 无资料

黏度(mPa·s) 0.89（25℃）

溶解性 微溶于水，可混溶于乙醇、乙醚、苯、丙酮等多数有机溶剂

第十部分 稳定性和反应性

稳定性 稳定

危险反应 与强氧化剂等禁配物接触，有发生火灾和爆炸的危险

避免接触的条件 无资料

禁配物 强氧化剂、强还原剂、塑料

危险的分解产物 无资料

第十一部分 毒理学信息

急性毒性

LD_{50} 1620μl（1544mg）/kg（大鼠经口）；1ml（950mg）/kg（兔经皮）

LC_{50} 38000ppm（大鼠吸入，4h）

皮肤刺激或腐蚀 家兔经皮：500mg，轻度刺激（开放性刺激试验）

眼睛刺激或腐蚀 人经眼：75ppm，引起刺激

呼吸或皮肤过敏 无资料

生殖细胞突变性 微生物致突变试验：鼠伤寒沙门氏菌 20μl/L。细胞遗传学分析：人淋巴细胞 5μg/L

致癌性 IARC 致癌性评论：致癌性无足够的证据

生殖毒性 小鼠孕后 6～17d 吸入最低中毒剂量（TCLo）1400ppm（6h），致肌肉骨骼系统发育畸形。大鼠吸入最低中毒浓度（TCLo）：105mg/m³（4h）（孕 1～20d 用药），致植入前的死亡率升高。小鼠经口最低中毒剂量（TDLo）：11g/kg（孕 8～12d 用药），影响新生鼠的生长统计（如体重增长的减少）

特异性靶器官系统毒性-一次接触 无资料

特异性靶器官系统毒性-反复接触 家兔吸入 12.39g/m³，每天 6h，3 周，4 只中 2 只死亡；5.68g/m³，10 周，轻微黏膜刺激

吸入危害 无资料

第十二部分 生态学信息

生态毒性

LC_{50} 527mg/L（96h）（黑头呆鱼，动态）

EC_{50} 20mg/L（96h）（绿藻）；820mg/L（48h）（水蚤）；18.7mg/L（5min）（发光菌，Microtox 测试）

持久性和降解性

生物降解性 MITI-I 测试，初始浓度 100ppm，污泥浓度 30ppm，2 周后降解 87.4％

非生物降解性 空气中，当羟基自由基浓度为 5.00×10^5 个/cm³时，降解半衰期为 1.3d（理论）

潜在的生物累积性 根据 K_{ow} 值预测，该物质的生物累积性可能较弱

土壤中的迁移性 根据 K_{oc} 值预测，该物质可能易发生迁移

第十三部分 废弃处置

废弃化学品 建议用焚烧法处置

污染包装物 将容器返还生产商或按照国家和地方法规处置

废弃注意事项 处置前应参阅国家和地方有关法规

第十四部分 运输信息

联合国危险货物编号（UN 号） 1915

联合国运输名称 环己酮

联合国危险性类别 3 **包装类别** Ⅲ类包装

包装标志  **海洋污染物** 否

运输注意事项 运输时运输车辆应配备相应品种和数量的消防器材及泄漏应急处理设备。夏季最好早晚运输。运输时所用的槽（罐）车应有接地链，槽内可设孔隔板以减少震荡产生的静电。严禁与氧化剂、还原剂、食用化学品等混装混运。运输途中应防曝晒、雨淋，防高温。中途停留时应远离火种、热源、高温区。装运该物品的车辆排气管必须配备阻火装置，禁止使用易产生火花的机械设备和工具装卸。公路运输时要按规定路线行驶，勿在居民区和人口稠密区停留。铁路运输时要禁止溜放。严禁用木船、水泥船散装运输

第十五部分 法规信息

下列法律、法规、规章和标准，对该化学品的管理作了相应的规定。

中华人民共和国职业病防治法 职业病分类和目录：未列入

危险化学品安全管理条例 危险化学品目录：列入。易制爆危险化学品名录：未列入。重点监管的危险化学品名录：未列入。GB 18218—2009《危险化学品重大危险源辨识》(表1)：未列入

使用有毒物品作业场所劳动保护条例 高毒物品目录：未列入

易制毒化学品管理条例 易制毒化学品的分类和品种目录：未列入

国际公约 斯德哥尔摩公约：未列入。鹿特丹公约：未列入。蒙特利尔议定书：未列入

第十六部分 其他信息

编写和修订信息 **缩略语和首字母缩写**

培训建议 **参考文献**

免责声明

环 己 烷

第一部分 化学品标识

化学品中文名 环己烷；六氢化苯

化学品英文名 cyclohexane；hexahydrobenzene

分子式 C_6H_{12} **相对分子质量** 84.18

结构式 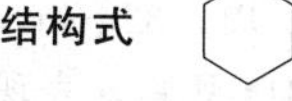

化学品的推荐及限制用途 用作一般溶剂、色谱分析标准物质及用于有机合成

第二部分 危险性概述

紧急情况概述 高度易燃液体和蒸气，可能引起昏昏欲睡或眩晕，吞咽及进入呼吸道可能致命

GHS危险性类别 易燃液体，类别2；皮肤腐蚀/刺激，类别2；特异性靶器官毒性—一次接触，类别3（麻醉效应）；吸入危害，类别1；危害水生环境-急性危害，类别1

标签要素

象形图 

警示词 危险

危险性说明 高度易燃液体和蒸气，造成皮肤刺激，可能引起昏昏欲睡或眩晕，吞咽及进入呼吸道可能致命，对水生生物毒性非常大

防范说明

预防措施 远离热源、火花、明火、热表面。禁止吸烟。保持容器密闭。容器和接收设备接地连接。使用防爆电器、通风、照明设备。只能使用不产生火花的工具。采取防止静电措施。戴防护手套、防护眼镜、防护面罩。避免接触眼睛、皮肤，操作后彻底清洗。禁止排入环境

事故响应 火灾时，使用泡沫、二氧化碳、干粉、砂土灭火。如皮肤（或头发）接触：立即脱掉所有被污染的衣服。用大量肥皂水和水清洗。如发生皮肤刺激，就医。被污染的衣服洗净后方可重新使用。如果食入：不要催吐，立即呼叫中毒控制中心或就医。收集泄漏物

安全储存 存放在通风良好的地方。保持低温。上锁保管

废弃处置 本品及内装物、容器依据国家和地方法规处置

物理和化学危险 高度易燃，其蒸气与空气混合，能形成爆炸性混合物

健康危害 对眼和上呼吸道有轻度刺激作用。持续吸入可引起头晕、恶心、倦睡和其他一些麻醉症状。液体污染皮肤可引起痒感

环境危害 对水生生物毒性非常大

第三部分 成分/组成信息

√物质		混合物
组分	**浓度**	**CAS No.**
环己烷		110-82-7

第四部分 急救措施

吸入 迅速脱离现场至空气新鲜处。保持呼吸道通畅。如呼吸困难，给输氧。如呼吸、心跳停止，立即进行心肺复苏术。就医

皮肤接触 立即脱去污染的衣着，用流动清水彻底冲洗。就医

眼睛接触 立即分开眼睑，用流动清水或生理盐水彻底冲洗。就医

食入 漱口，饮水。禁止催吐。就医

对保护施救者的忠告 根据需要使用个人防护设备

对医生的特别提示 对症处理

第五部分 消防措施

灭火剂 用泡沫、二氧化碳、干粉、砂土灭火

特别危险性 与氧化剂接触发生强烈反应，甚至引起燃

烧。在火场中，受热的容器有爆炸危险。蒸气比空气重，沿地面扩散并易积存于低洼处，遇火源会着火回燃。燃烧生成有害的一氧化碳

灭火注意事项及防护措施 消防人员必须佩戴空气呼吸器、穿全身防火防毒服，在上风向灭火。喷水冷却容器，尽可能将容器从火场移至空旷处。容器突然发出异常声音或出现异常现象，应立即撤离。用水灭火无效

第六部分 泄漏应急处理

作业人员防护措施、防护装备和应急处置程序 消除所有点火源。根据液体流动和蒸气扩散的影响区域划定警戒区，无关人员从侧风、上风向撤离至安全区。建议应急处理人员戴正压自给式呼吸器，穿防静电服，戴橡胶耐油手套。作业时使用的所有设备应接地。禁止接触或跨越泄漏物。尽可能切断泄漏源

环境保护措施 防止泄漏物进入水体、下水道、地下室或有限空间

泄漏化学品的收容、清除方法及所使用的处置材料 小量泄漏：用砂土或其他不燃材料吸收，使用洁净的无火花工具收集吸收材料。大量泄漏：构筑围堤或挖坑收容。用砂土、惰性物质或蛭石吸收大量液体。用泡沫覆盖，减少蒸发。喷水雾能减少蒸发，但不能降低泄漏物在有限空间内的易燃性。用防爆泵转移至槽车或专用收集器内

第七部分 操作处置与储存

操作注意事项 密闭操作，全面通风。操作人员必须经过专门培训，严格遵守操作规程。建议操作人员佩戴自吸过滤式防毒面具（半面罩），戴安全防护眼镜，穿防静电工作服，戴橡胶耐油手套。远离火种、热源。工作场所严禁吸烟。使用防爆型的通风系统和设备。防止蒸气泄漏到工作场所空气中。避免与氧化剂接触。灌装时应控制流速，且有接地装置，防止静电积聚。搬运时要轻装轻卸，防止包装及容器损坏。配备相应品种和数量的消防器材及泄漏应急处理设备。倒空的容器可能残留有害物

储存注意事项 储存于阴凉、通风的库房。远离火种、热源。库温不宜超过29℃。保持容器密封。应与氧化剂分开存放，切忌混储。采用防爆型照明、通风设施。禁止使用易产生火花的机械设备和工具。储区应备有泄漏应急处理设备和合适的收容材料

第八部分 接触控制/个体防护

职业接触限值

中国 PC-TWA：250mg/m^3

美国(ACGIH) TLV-TWA：100ppm

生物接触限值 未制定标准

监测方法 空气中有毒物质测定方法：溶剂解吸-气相色谱法；热解吸-气相色谱法。生物监测检验方法：未制定标准

工程控制 生产过程密闭，全面通风。提供安全的淋浴和洗眼设备

个体防护装备

呼吸系统防护 一般不需要特殊防护，高浓度接触时可佩戴过滤式防毒面具（半面罩）

眼睛防护 空气中浓度超标时，戴安全防护眼镜

皮肤和身体防护 穿防静电工作服

手防护 戴橡胶耐油手套

第九部分 理化特性

外观与性状 无色液体，有刺激性气味

pH值 无资料 **熔点(℃)** 6.47

沸点(℃) 80.7 **相对密度(水=1)** 0.78

相对蒸气密度(空气=1) 2.90

饱和蒸气压(kPa) 12.7（20℃）

燃烧热(kJ/mol) −3919.6 **临界温度(℃)** 280.4

临界压力(MPa) 4.05 **辛醇/水分配系数** 3.44

闪点(℃) −18（CC） **自燃温度(℃)** 245

爆炸下限(%) 1.3 **爆炸上限(%)** 8.4

分解温度(℃) 无资料

黏度(mPa·s) 0.98（20℃）

溶解性 不溶于水，溶于乙醇、乙醚、苯、丙酮等多数有机溶剂

第十部分 稳定性和反应性

稳定性 稳定

危险反应 与强氧化剂等禁配物接触，有发生火灾和爆炸的危险

避免接触的条件 无资料

禁配物 强氧化剂、强酸、强碱、卤素

危险的分解产物 无资料

第十一部分 毒理学信息

急性毒性

LD_{50} 12705mg/kg（大鼠经口）

LD_{50} 70000mg/m^3（小鼠吸入，2h）

皮肤刺激或腐蚀 家兔经皮：1548mg（2d，间歇），皮肤刺激

眼睛刺激或腐蚀 无资料 **呼吸或皮肤过敏** 无资料

生殖细胞突变性 DNA加合物：大肠杆菌10μmol/L

致癌性 无资料 **生殖毒性** 无资料

特异性靶器官系统毒性-一次接触 无资料

特异性靶器官系统毒性-反复接触 家兔分别吸入65g/m^3，每天6h，2周；44g/m^3，每天6h，2周；32g/m^3，每天6h，5周，分别出现3/4，1/4，3/4死亡。表现有足爪节律性痉挛、麻醉、暂时轻瘫、流涎、结膜刺激等症状

吸入危害 无资料

第十二部分 生态学信息

生态毒性

LC_{50} 93mg/L（24h），117mg/L（96h）（黑头呆鱼，静态）；34.72mg/L（96h）（蓝鳃太阳鱼）；9mg/L（48h）（青鳉）

EC_{50} 0.9mg/L（48h）（水蚤）

持久性和降解性

生物降解性　OECD301F，28天降解77%，易快速生物降解

非生物降解性　水中光氧化半衰期（h）：$1.40\times10^{9}\sim6.90\times10^{10}$；空气中光氧化半衰期（h）：8.7～87

潜在的生物累积性　BCF：31～102（鲤鱼，接触浓度100ppb，接触时间8周），27～129（鲤鱼，接触浓度10ppb，接触时间8周）；根据K_{ow}值预测，该物质可能有一定的生物累积性

土壤中的迁移性　根据K_{oc}值预测，该物质可能有一定的迁移性

第十三部分　废弃处置

废弃化学品　用焚烧法处置

污染包装物　将容器返还生产商或按照国家和地方法规处置

废弃注意事项　处置前应参阅国家和地方有关法规

第十四部分　运输信息

联合国危险货物编号（UN号）　1145

联合国运输名称　环己烷

联合国危险性类别　3　**包装类别**　Ⅱ类包装

包装标志  **海洋污染物**　否

运输注意事项　运输时运输车辆应配备相应品种和数量的消防器材及泄漏应急处理设备。夏季最好早晚运输。运输时所用的槽（罐）车应有接地链，槽内可设孔隔板以减少震荡产生的静电。严禁与氧化剂等混装混运。运输途中应防曝晒、雨淋，防高温。中途停留时应远离火种、热源、高温区。装运该物品的车辆排气管必须配备阻火装置，禁止使用易产生火花的机械设备和工具装卸。公路运输时要按规定路线行驶，勿在居民区和人口稠密区停留。铁路运输时要禁止溜放。严禁用木船、水泥船散装运输

第十五部分　法规信息

下列法律、法规、规章和标准，对该化学品的管理作了相应的规定。

中华人民共和国职业病防治法　职业病分类和目录：未列入

危险化学品安全管理条例　危险化学品目录：列入。易制爆危险化学品名录：未列入。重点监管的危险化学品名录：未列入。GB 18218—2009《危险化学品重大危险源辨识》（表1）：列入。类别：易燃液体，临界量（t）：500

使用有毒物品作业场所劳动保护条例　高毒物品目录：未列入

易制毒化学品管理条例　易制毒化学品的分类和品种目录：未列入

国际公约　斯德哥尔摩公约：未列入。鹿特丹公约：未列入。蒙特利尔议定书：未列入

第十六部分　其他信息

编写和修订信息　**缩略语和首字母缩写**

培训建议　**参考文献**

免责声明

环　己　烯

第一部分　化学品标识

化学品中文名　环己烯；四氢化苯

化学品英文名　cyclohexene；tetrahydrobenzene

分子式　C_6H_{10}　**相对分子质量**　82.14

结构式

化学品的推荐及限制用途　用于有机合成、油类萃取及用作溶剂

第二部分　危险性概述

紧急情况概述　高度易燃液体和蒸气，吞咽有害，可能引起呼吸道刺激或可能引起昏昏欲睡或眩晕，吞咽及进入呼吸道可能致命

GHS危险性类别　易燃液体，类别2；急性毒性-经口，类别4；严重眼损伤/眼刺激，类别2；特异性靶器官毒性-一次接触，类别3（呼吸道刺激、麻醉效应）；吸入危害，类别1；危害水生环境-急性危害，类别2；危害水生环境-长期危害，类别2

标签要素

象形图 

警示词　危险

危险性说明　高度易燃液体和蒸气，吞咽有害，造成严重眼刺激，可能引起呼吸道刺激或可能引起昏昏欲睡或眩晕，吞咽及进入呼吸道可能致命，对水生生物有毒并具有长期持续影响

防范说明

预防措施　远离热源、火花、明火、热表面。禁止吸烟。保持容器密闭。容器和接收设备接地连接。使用防爆电器、通风、照明设备。只能使用不产生火花的工具。采取防止静电措施。戴防护手套、防护眼镜、防护面罩。避免接触眼睛、皮肤，操作后彻底清洗。作业场所不得进食、饮水或吸烟。禁止排入环境

事故响应　火灾时，使用泡沫、干粉、二氧化碳、砂土灭火。如皮肤（或头发）接触：立即脱掉所有被污染的衣服，用水冲洗皮肤，淋浴。如接触眼睛：用水细心冲洗数分钟。如戴隐形眼镜并可方便地取出，取出隐形眼镜继续冲洗。如果眼睛刺激持续：就医。如果食入：漱口。不要催吐。如果感觉不适，立即呼叫中毒控制中心或就医。收集泄漏物

安全储存　存放在通风良好的地方。保持低温。上锁保管

废弃处置　本品及内装物、容器依据国家和地方法规处置

物理和化学危险　高度易燃，其蒸气与空气混合，能形成爆炸性混合物

健康危害　本品有麻醉作用，吸入后引起恶心、呕吐、头痛和神志丧失。对眼和皮肤有刺激性

环境危害　对水生生物有毒并具有长期持续影响

第三部分　成分/组成信息

√物质		混合物
组分	**浓度**	**CAS No.**
环己烯		110-83-8

第四部分　急救措施

吸入　迅速脱离现场至空气新鲜处。保持呼吸道通畅。如呼吸困难，给输氧。如呼吸、心跳停止，立即进行心肺复苏术。就医

皮肤接触　立即脱去污染的衣着，用流动清水彻底冲洗。就医

眼睛接触　立即分开眼睑，用流动清水或生理盐水彻底冲洗。就医

食入　漱口，饮水。禁止催吐。就医

对保护施救者的忠告　根据需要使用个人防护设备

对医生的特别提示　对症处理

第五部分　消防措施

灭火剂　用泡沫、干粉、二氧化碳、砂土灭火

特别危险性　与氧化剂能发生强烈反应，引起燃烧或爆炸。长期储存，可生成具有潜在爆炸危险性的过氧化物。蒸气比空气重，沿地面扩散并易积存于低洼处，遇火源会着火回燃。燃烧生成有害的一氧化碳

灭火注意事项及防护措施　消防人员必须佩戴空气呼吸器、穿全身防火防毒服，在上风向灭火。喷水冷却容器，尽可能将容器从火场移至空旷处。容器突然发出异常声音或出现异常现象，应立即撤离。用水灭火无效

第六部分　泄漏应急处理

作业人员防护措施、防护装备和应急处置程序　消除所有点火源。根据液体流动和蒸气扩散的影响区域划定警戒区，无关人员从侧风、上风向撤离至安全区。建议应急处理人员戴正压自给式呼吸器，穿防静电服，戴橡胶耐油手套。作业时使用的所有设备应接地。禁止接触或跨越泄漏物。尽可能切断泄漏源

环境保护措施　防止泄漏物进入水体、下水道、地下室或有限空间

泄漏化学品的收容、清除方法及所使用的处置材料　小量泄漏：用砂土或其他不燃材料吸收，使用洁净的无火花工具收集吸收材料。大量泄漏：构筑围堤或挖坑收容。用泡沫覆盖，减少蒸发。喷水雾能减少蒸发，但不能降低泄漏物在有限空间内的易燃性。用防爆泵转移至槽车或专用收集器内

第七部分　操作处置与储存

操作注意事项　密闭操作，全面通风。操作人员必须经过专门培训，严格遵守操作规程。建议操作人员佩戴自吸过滤式防毒面具（半面罩），戴化学安全防护眼镜，穿防静电工作服，戴橡胶耐油手套。远离火种、热源。工作场所严禁吸烟。使用防爆型的通风系统和设备。防止蒸气泄漏到工作场所空气中。避免与氧化剂、酸类接触。灌装时应控制流速，且有接地装置，防止静电积聚。搬运时要轻装轻卸，防止包装及容器损坏。配备相应品种和数量的消防器材及泄漏应急处理设备。倒空的容器可能残留有害物

储存注意事项　储存于阴凉、通风的库房。远离火种、热源。库温不宜超过37℃。包装要求密封，不可与空气接触。应与氧化剂、酸类分开存放，切忌混储。不宜大量储存或久存。采用防爆型照明、通风设施。禁止使用易产生火花的机械设备和工具。储区应备有泄漏应急处理设备和合适的收容材料

第八部分　接触控制/个体防护

职业接触限值

中国　未制定标准

美国(ACGIH)　TLV-TWA：300ppm

生物接触限值　未制定标准

监测方法　空气中有毒物质测定方法：未制定标准。生物监测检验方法：未制定标准

工程控制　生产过程密闭，全面通风。提供安全的淋浴和洗眼设备

个体防护装备

呼吸系统防护　空气中浓度超标时，应该佩戴过滤式防毒面具（半面罩）

眼睛防护　戴化学安全防护眼镜

皮肤和身体防护　穿防静电工作服

手防护　戴橡胶耐油手套

第九部分　理化特性

外观与性状　无色透明液体，有特殊刺激性气味

pH值　无资料　**熔点(℃)**　−104

沸点(℃)　83.0　**相对密度(水=1)**　0.81

相对蒸气密度(空气=1)　2.8

饱和蒸气压(kPa)　8.9（20℃）

燃烧热(kJ/mol)　−3751.7　**临界温度(℃)**　287.4

临界压力(MPa)　4.347　**辛醇/水分配系数**　2.86

闪点(℃)　−11.7　**自燃温度(℃)**　244

爆炸下限(%)　1.0　**爆炸上限(%)**　5.0

分解温度(℃)　无资料

黏度(mPa·s)　0.62（25℃）

溶解性　不溶于水，混溶于乙醇、乙醚、丙酮、苯、四氯化碳、石油醚等

第十部分　稳定性和反应性

稳定性　稳定

危险反应 与强氧化剂等禁配物接触，有发生火灾和爆炸的危险。长期储存下可能生成过氧化物

避免接触的条件 受热，接触空气

禁配物 强氧化剂、酸类、卤代烃、卤素等

危险的分解产物 无资料

第十一部分 毒理学信息

急性毒性

LD_{50} 1300mg/kg（大鼠经口）

LC_{50} 50000mg/m^3（大鼠吸入）

皮肤刺激或腐蚀 无资料 **眼睛刺激或腐蚀** 无资料

呼吸或皮肤过敏 无资料 **生殖细胞突变性** 无资料

致癌性 无资料 **生殖毒性** 无资料

特异性靶器官系统毒性-一次接触 无资料

特异性靶器官系统毒性-反复接触 大鼠和豚鼠吸入0.25g/m^3，每天6h，每周5d，引起碱性磷酸酶增加

吸入危害 无资料

第十二部分 生态学信息

生态毒性

LC_{50} 5.8mg/L（96h）（青鳉）

EC_{50} 2.1mg/L（48h）（水蚤）

NOEC 0.74mg/L（72h）（水蚤）

持久性和降解性

生物降解性 无资料

非生物降解性 空气中，当羟基自由基浓度为5.00×10^5个/cm^3时，降解半衰期为8.3h（理论）

潜在的生物累积性 根据K_{ow}值预测，该物质的生物累积性可能较弱

土壤中的迁移性 根据K_{oc}值预测，该物质可能有一定的迁移性

第十三部分 废弃处置

废弃化学品 建议用焚烧法处置

污染包装物 将容器返还生产商或按照国家和地方法规处置

废弃注意事项 处置前应参阅国家和地方有关法规

第十四部分 运输信息

联合国危险货物编号（UN号） 2256

联合国运输名称 环己烯

联合国危险性类别 3 **包装类别** Ⅱ类包装

包装标志  **海洋污染物** 否

运输注意事项 运输时运输车辆应配备相应品种和数量的消防器材及泄漏应急处理设备。夏季最好早晚运输。运输时所用的槽（罐）车应有接地链，槽内可设孔隔板以减少震荡产生的静电。严禁与氧化剂、酸类、食用化学品等混装混运。运输途中应防曝晒、雨淋，防高温。中途停留时应远离火种、热源、高温区。装运该物品的车辆排气管必须配备阻火装置，禁止使用易产生火花的机械设备和工具装卸。公路运输时要按规定路线行驶，勿在居民区和人口稠密区停留。铁路运输时要禁止溜放。严禁用木船、水泥船散装运输

第十五部分 法规信息

下列法律、法规、规章和标准，对该化学品的管理作了相应的规定。

中华人民共和国职业病防治法 职业病分类和目录：未列入

危险化学品安全管理条例 危险化学品目录：列入。易制爆危险化学品名录：未列入。重点监管的危险化学品名录：未列入。GB 18218—2009《危险化学品重大危险源辨识》（表1）：未列入

使用有毒物品作业场所劳动保护条例 高毒物品目录：未列入

易制毒化学品管理条例 易制毒化学品的分类和品种目录：未列入

国际公约 斯德哥尔摩公约：未列入。鹿特丹公约：未列入。蒙特利尔议定书：未列入

第十六部分 其他信息

编写和修订信息 **缩略语和首字母缩写**

培训建议 **参考文献**

免责声明

环 戊 醇

第一部分 化学品标识

化学品中文名 环戊醇；羟基环戊烷

化学品英文名 cyclopentanol；cyclopentyl alcohol

分子式 $C_5H_{10}O$ **相对分子质量** 86.14

结构式 HO—⬠

化学品的推荐及限制用途 用作香料及药品的溶剂和染料中间体

第二部分 危险性概述

紧急情况概述 易燃液体和蒸气，吞咽会中毒，皮肤接触会致命

GHS危险性类别 易燃液体，类别3；急性毒性-经口，类别3；急性毒性-经皮，类别2；严重眼损伤/眼刺激，类别2；特异性靶器官毒性-反复接触，类别2

标签要素

象形图 

警示词 危险

危险性说明 易燃液体和蒸气，吞咽会中毒，皮肤接触会致命，造成严重眼刺激，长时间或反复接触可能对器官造成损伤

防范说明

预防措施 远离热源、火花、明火、热表面。禁止吸烟。保持容器密闭。容器和接收设备接地连接。使用防爆电器、通风、照明设备。只能使用不产生火花的工具。采取防止静电措施。戴防护手套、防护眼镜、防护面罩，穿防护服。避免接触眼睛、皮肤或衣服，操作后彻底清洗。作业场所不得进食、饮水或吸烟。避免吸入蒸气、雾

事故响应 火灾时，使用泡沫、干粉、二氧化碳、1211灭火剂、砂土灭火。如皮肤（或头发）接触：立即脱掉所有被污染的衣服。用大量肥皂水和水轻轻地清洗。如接触眼睛：用水细心冲洗数分钟。如戴隐形眼镜并可方便地取出，取出隐形眼镜继续冲洗。如果眼睛刺激持续：就医。食入：漱口，立即呼叫中毒控制中心或就医。如感觉不适，就医

安全储存 存放在通风良好的地方。保持低温。上锁保管

废弃处置 本品及内装物、容器依据国家和地方法规处置

物理和化学危险 易燃，其蒸气与空气混合，能形成爆炸性混合物

健康危害 吸入或口服对身体有害。高浓度下可能有麻醉作用。具有刺激性

环境危害 对环境可能有害

第三部分 成分/组成信息

√物质		混合物
组分	**浓度**	**CAS No.**
环戊醇		96-41-3

第四部分 急救措施

吸入 迅速脱离现场至空气新鲜处。保持呼吸道通畅。如呼吸困难，给输氧。如呼吸、心跳停止，立即进行心肺复苏术。就医

皮肤接触 立即脱去污染的衣着，用流动清水彻底冲洗。就医

眼睛接触 立即分开眼睑，用流动清水或生理盐水彻底冲洗。就医

食入 漱口，饮水。就医

对保护施救者的忠告 根据需要使用个人防护设备

对医生的特别提示 对症处理

第五部分 消防措施

灭火剂 用泡沫、干粉、二氧化碳、1211灭火剂、砂土灭火

特别危险性 易燃，遇明火、高热或与氧化剂接触，有引起燃烧爆炸的危险。在火场中，受热的容器有爆炸危险。燃烧生成有害的一氧化碳

灭火注意事项及防护措施 消防人员必须佩戴空气呼吸器、穿全身防火防毒服，在上风向灭火。喷水冷却容器，尽可能将容器从火场移至空旷处。容器突然发出异常声音或出现异常现象，应立即撤离

第六部分 泄漏应急处理

作业人员防护措施、防护装备和应急处置程序 消除所有点火源。根据液体流动和蒸气扩散的影响区域划定警戒区，无关人员从侧风、上风向撤离至安全区。建议应急处理人员戴正压自给式呼吸器，穿防静电服。作业时使用的所有设备应接地。禁止接触或跨越泄漏物。尽可能切断泄漏源

环境保护措施 防止泄漏物进入水体、下水道、地下室或有限空间

泄漏化学品的收容、清除方法及所使用的处置材料 小量泄漏：用砂土或其他不燃材料吸收，使用洁净的无火花工具收集吸收材料。大量泄漏：构筑围堤或挖坑收容。用抗溶性泡沫覆盖，减少蒸发。喷水雾能减少蒸发，但不能降低泄漏物在有限空间内的易燃性。用防爆泵转移至槽车或专用收集器内

第七部分 操作处置与储存

操作注意事项 密闭操作，全面通风。操作人员必须经过专门培训，严格遵守操作规程。建议操作人员佩戴自吸过滤式防毒面具（半面罩），戴安全防护眼镜，穿防静电工作服。远离火种、热源。工作场所严禁吸烟。使用防爆型的通风系统和设备。防止蒸气泄漏到工作场所空气中。避免与氧化剂接触。充装要控制流速，防止静电积聚。搬运时要轻装轻卸，防止包装及容器损坏。配备相应品种和数量的消防器材及泄漏应急处理设备。倒空的容器可能残留有害物

储存注意事项 储存于阴凉、通风的库房。远离火种、热源。库温不宜超过37℃。保持容器密封。应与氧化剂分开存放，切忌混储。采用防爆型照明、通风设施。禁止使用易产生火花的机械设备和工具。储区应备有泄漏应急处理设备和合适的收容材料

第八部分 接触控制/个体防护

职业接触限值

中国 未制定标准

美国(ACGIH) 未制定标准

生物接触限值 未制定标准

监测方法 空气中有毒物质测定方法：未制定标准。生物监测检验方法：未制定标准

工程控制 生产过程密闭，全面通风

个体防护装备

呼吸系统防护 一般不需要特殊防护，高浓度接触时可过滤式防毒面具（半面罩）

眼睛防护 必要时，戴安全防护眼镜

皮肤和身体防护 穿防静电工作服

手防护 戴一般作业防护手套

第九部分 理化特性

外观与性状 无色黏性液体，有令人愉快的气味

pH值 无资料 **熔点(℃)** −19

沸点(℃) 140.4

相对密度(水=1) 0.95 (20℃)
相对蒸气密度(空气=1) 2.97
饱和蒸气压(kPa) 252.2 (25℃)
燃烧热(kJ/mol) 无资料 **临界温度(℃)** 无资料
临界压力(MPa) 无资料 **辛醇/水分配系数** 0.71
闪点(℃) 51 (CC) **自燃温度(℃)** 无资料
爆炸下限(%) 无资料 **爆炸上限(%)** 无资料
分解温度(℃) 无资料 **黏度(mPa·s)** 无资料
溶解性 微溶于水，溶于乙醇、丙酮、乙醚

第十部分 稳定性和反应性

稳定性 稳定
危险反应 与强氧化剂等禁配物接触，有发生火灾和爆炸的危险
避免接触的条件 无资料
禁配物 强氧化剂
危险的分解产物 无资料

第十一部分 毒理学信息

急性毒性 无资料 **皮肤刺激或腐蚀** 无资料
眼睛刺激或腐蚀 无资料 **呼吸或皮肤过敏** 无资料
生殖细胞突变性 无资料 **致癌性** 无资料
生殖毒性 无资料
特异性靶器官系统毒性-一次接触 无资料
特异性靶器官系统毒性-反复接触 无资料
吸入危害 无资料

第十二部分 生态学信息

生态毒性 IC_{50}：28～255mg/L (72h) (藻类)
持久性和降解性
生物降解性 活性污泥法，5d降解95%
非生物降解性 空气中，当羟基自由基浓度为5.00×10^5个/cm^3时，降解半衰期为1.5d (理论)
潜在的生物累积性 根据K_{ow}值预测，该物质的生物累积性可能较弱
土壤中的迁移性 根据K_{oc}值预测，该物质可能易发生迁移

第十三部分 废弃处置

废弃化学品 建议用焚烧法处置
污染包装物 将容器返还生产商或按照国家和地方法规处置
废弃注意事项 处置前应参阅国家和地方有关法规

第十四部分 运输信息

联合国危险货物编号(UN号) 2244
联合国运输名称 环戊醇
联合国危险性类别 3 **包装类别** Ⅲ类包装
包装标志  **海洋污染物** 否
运输注意事项 运输时运输车辆应配备相应品种和数量的消防器材及泄漏应急处理设备。夏季最好早晚运输。运输时所用的槽（罐）车应有接地链，槽内可设孔隔板以减少震荡产生的静电。严禁与氧化剂、食用化学品等混装混运。运输途中应防曝晒、雨淋，防高温。中途停留时应远离火种、热源、高温区。装运该物品的车辆排气管必须配备阻火装置，禁止使用易产生火花的机械设备和工具装卸。公路运输时要按规定路线行驶，勿在居民区和人口稠密区停留。铁路运输时要禁止溜放。严禁用木船、水泥船散装运输

第十五部分 法规信息

下列法律、法规、规章和标准，对该化学品的管理作了相应的规定。
中华人民共和国职业病防治法 职业病分类和目录：未列入
危险化学品安全管理条例 危险化学品目录：列入。易制爆危险化学品名录：未列入。重点监管的危险化学品名录：未列入。GB 18218—2009《危险化学品重大危险源辨识》(表1)：未列入
使用有毒物品作业场所劳动保护条例 高毒物品目录：未列入
易制毒化学品管理条例 易制毒化学品的分类和品种目录：未列入
国际公约 斯德哥尔摩公约：未列入。鹿特丹公约：未列入。蒙特利尔议定书：未列入

第十六部分 其他信息

编写和修订信息 **缩略语和首字母缩写**
培训建议 **参考文献**
免责声明

1,3-环戊二烯

第一部分 化学品标识

化学品中文名 1,3-环戊二烯；茂
化学品英文名 1,3-cyclopentadiene；cyclopentadiene
分子式 C_5H_6 **相对分子质量** 66.1
结构式 ⬠
化学品的推荐及限制用途 用作有机合成中间体，以及用于制造农药杀虫剂氯丹等

第二部分 危险性概述

紧急情况概述 高度易燃液体和蒸气，吞咽会中毒，皮肤接触会中毒，吸入有害
GHS危险性类别 易燃液体，类别2；急性毒性-经口，类别3；急性毒性-经皮，类别3；急性毒性-吸入，类别4；严重眼损伤/眼刺激，类别2；特异性靶器官毒性-一次接触，类别3（呼吸道刺激）；特异性靶器官毒性-反复接触，类别2
标签要素
象形图 

警示词 危险

危险性说明 高度易燃液体和蒸气，吞咽会中毒，皮肤接触会中毒，吸入有害，造成严重眼刺激，可能引起呼吸道刺激，长时间或反复接触可能对器官造成损伤

防范说明

预防措施 远离热源、火花、明火、热表面。禁止吸烟。保持容器密闭。容器和接收设备接地连接。使用防爆电器、通风、照明设备。只能使用不产生火花的工具。采取防止静电措施。戴防护手套、防护眼镜、防护面罩，穿防护服。避免接触眼睛、皮肤，操作后彻底清洗。作业场所不得进食、饮水或吸烟。避免吸入蒸气、雾。仅在室外或通风良好处操作

事故响应 火灾时，使用泡沫、干粉、二氧化碳、砂土灭火。如吸入：将患者转移到空气新鲜处，休息，保持利于呼吸的体位。如皮肤（或头发）接触：立即脱掉所有被污染的衣服。用大量肥皂水和水清洗。被污染的衣服须经洗净后方可重新使用。如感觉不适，呼叫中毒控制中心或就医。如接触眼睛：用水细心冲洗数分钟。如戴隐形眼镜并可方便地取出，取出隐形眼镜继续冲洗。如果眼睛刺激持续：就医。食入：漱口，立即呼叫中毒控制中心或就医

安全储存 存放在通风良好的地方。保持低温。上锁保管

废弃处置 本品及内装物、容器依据国家和地方法规处置

物理和化学危险 高度易燃，其蒸气与空气混合，能形成爆炸性混合物

健康危害 本品有麻醉作用，对皮肤及黏膜有强烈刺激作用。急性吸入后出现呼吸道刺激症状和麻醉症状，严重中毒者早期呈现兴奋症状，后期麻醉加深，患者出现嗜睡甚至昏迷

环境危害 对环境可能有害

第三部分 成分/组成信息

√物质 混合物

组分	浓度	CAS No.
1,3-环戊二烯		542-92-7

第四部分 急救措施

吸入 迅速脱离现场至空气新鲜处。保持呼吸道通畅。如呼吸困难，给输氧。如呼吸、心跳停止，立即进行心肺复苏术。就医

皮肤接触 立即脱去污染的衣着，用流动清水彻底冲洗。就医

眼睛接触 立即分开眼睑，用流动清水或生理盐水彻底冲洗。就医

食入 漱口，饮水。就医

对保护施救者的忠告 根据需要使用个人防护设备

对医生的特别提示 对症处理

第五部分 消防措施

灭火剂 用泡沫、干粉、二氧化碳、砂土灭火

特别危险性 高温时能强烈分解。与氧化剂能发生强烈反应。高速冲击、流动、激荡后可因产生静电火花放电引起燃烧爆炸。蒸气比空气重，沿地面扩散并易积存于低洼处，遇火源会着火回燃。燃烧生成有害的一氧化碳

灭火注意事项及防护措施 消防人员必须佩戴空气呼吸器、穿全身防火防毒服，在上风向灭火。喷水冷却容器，尽可能将容器从火场移至空旷处。容器突然发出异常声音或出现异常现象，应立即撤离

第六部分 泄漏应急处理

作业人员防护措施、防护装备和应急处置程序 消除所有点火源。根据液体流动和蒸气扩散的影响区域划定警戒区，无关人员从侧风、上风向撤离至安全区。建议应急处理人员戴正压自给式呼吸器，穿防静电服，戴橡胶耐油手套。作业时使用的所有设备应接地。禁止接触或跨越泄漏物。尽可能切断泄漏源

环境保护措施 防止泄漏物进入水体、下水道、地下室或有限空间

泄漏化学品的收容、清除方法及所使用的处置材料 小量泄漏：用砂土或其他不燃材料吸收，使用洁净的无火花工具收集吸收材料。大量泄漏：构筑围堤或挖坑收容。用泡沫覆盖，减少蒸发。喷水雾能减少蒸发，但不能降低泄漏物在有限空间内的易燃性。用防爆泵转移至槽车或专用收集器内

第七部分 操作处置与储存

操作注意事项 密闭操作，全面通风。操作人员必须经过专门培训，严格遵守操作规程。建议操作人员佩戴自吸过滤式防毒面具（全面罩），戴化学安全防护眼镜，穿防静电工作服，戴橡胶耐油手套。远离火种、热源。工作场所严禁吸烟。使用防爆型的通风系统和设备。防止蒸气泄漏到工作场所空气中。避免与氧化剂、酸类接触。灌装时应控制流速，且有接地装置，防止静电积聚。搬运时要轻装轻卸，防止包装及容器损坏。配备相应品种和数量的消防器材及泄漏应急处理设备。倒空的容器可能残留有害物

储存注意事项 储存于阴凉、通风的库房。远离火种、热源。库温不宜超过37℃。包装要求密封，不可与空气接触。应与氧化剂、酸类分开存放，切忌混储。不宜大量储存或久存。采用防爆型照明、通风设施。禁止使用易产生火花的机械设备和工具。储区应备有泄漏应急处理设备和合适的收容材料

第八部分 接触控制/个体防护

职业接触限值

中国 未制定标准

美国(ACGIH) TLV-TWA：75ppm

生物接触限值 未制定标准

监测方法 空气中有毒物质测定方法：未制定标准。生物监测检验方法：未制定标准

工程控制 生产过程密闭，全面通风。提供安全的淋浴和洗眼设备

个体防护装备

呼吸系统防护 空气中浓度超标时，应该佩戴过滤式防毒面具（全面罩）

眼睛防护 呼吸系统防护中已作防护

皮肤和身体防护 穿防静电工作服

手防护 戴橡胶耐油手套

第九部分 理化特性

外观与性状 无色液体，有类似萜烯气味

pH 值 无资料　**熔点(℃)** −85

沸点(℃) 41.5～42　**相对密度(水=1)** 0.80

相对蒸气密度(空气=1) 2.3

饱和蒸气压(kPa) 无资料

燃烧热(kJ/mol) −703　**临界温度(℃)** 无资料

临界压力(MPa) 5.15　**辛醇/水分配系数** 2.25

闪点(℃) 25（OC）　**自燃温度(℃)** 640

爆炸下限(%) 1.7　**爆炸上限(%)** 14.6

分解温度(℃) 无资料　**黏度(mPa·s)** 无资料

溶解性 不溶于水，混溶于乙醇、乙醚、苯、四氯化碳，溶于二硫化碳、丙酮、乙酸、苯胺等

第十部分 稳定性和反应性

稳定性 稳定

危险反应 与强氧化剂等禁配物接触，有发生火灾和爆炸的危险

避免接触的条件 受热，接触空气

禁配物 强氧化剂、酸类

危险的分解产物 无资料

第十一部分 毒理学信息

急性毒性 LC_{50}：39000mg/m³（大鼠吸入）；14000mg/m³（小鼠吸入）

皮肤刺激或腐蚀 无资料　**眼睛刺激或腐蚀** 无资料

呼吸或皮肤过敏 无资料　**生殖细胞突变性** 无资料

致癌性 无资料　**生殖毒性** 无资料

特异性靶器官系统毒性-一次接触 无资料

特异性靶器官系统毒性-反复接触 大鼠暴露于 1.5g/m³，2.5 个月，出现体重下降，血红蛋白和红细胞数减少，病理检查见实质性器官的脂肪性或颗粒性变

吸入危害 无资料

第十二部分 生态学信息

生态毒性 无资料

持久性和降解性

生物降解性 无资料

非生物降解性 空气中，当羟基自由基浓度为5.00×10^5个/cm³时，降解半衰期为 2.8h（理论）

潜在的生物累积性 根据 K_{ow} 值预测，该物质的生物累积性可能较弱

土壤中的迁移性 根据 K_{oc} 值预测，该物质可能有一定的迁移性

第十三部分 废弃处置

废弃化学品 用焚烧法处置

污染包装物 将容器返还生产商或按照国家和地方法规处置

废弃注意事项 处置前应参阅国家和地方有关法规

第十四部分 运输信息

联合国危险货物编号（UN 号） 1992

联合国运输名称 易燃液体，毒性，未另作规定的（1,3-环戊二烯）

联合国危险性类别 3，6.1　**包装类别** Ⅱ类包装

包装标志 

海洋污染物 否

运输注意事项 运输时运输车辆应配备相应品种和数量的消防器材及泄漏应急处理设备。夏季最好早晚运输。运输时所用的槽（罐）车应有接地链，槽内可设孔隔板以减少震荡产生的静电。严禁与氧化剂、酸类、食用化学品等混装混运。运输途中应防曝晒、雨淋，防高温。中途停留时应远离火种、热源、高温区。装运该物品的车辆排气管必须配备阻火装置，禁止使用易产生火花的机械设备和工具装卸。公路运输时要按规定路线行驶，勿在居民区和人口稠密区停留。铁路运输时要禁止溜放。严禁用木船、水泥船散装运输

第十五部分 法规信息

下列法律、法规、规章和标准，对该化学品的管理作了相应的规定。

中华人民共和国职业病防治法 职业病分类和目录：未列入

危险化学品安全管理条例 危险化学品目录：列入。易制爆危险化学品名录：未列入。重点监管的危险化学品名录：未列入。GB 18218—2009《危险化学品重大危险源辨识》(表 1)：未列入

使用有毒物品作业场所劳动保护条例 高毒物品目录：未列入

易制毒化学品管理条例 易制毒化学品的分类和品种目录：未列入

国际公约 斯德哥尔摩公约：未列入。鹿特丹公约：未列入。蒙特利尔议定书：未列入

第十六部分 其他信息

编写和修订信息　**缩略语和首字母缩写**

培训建议　**参考文献**

免责声明

环 戊 酮

第一部分 化学品标识

化学品中文名 环戊酮

化学品英文名 cyclopentanone；ketocyclopentane

分子式 C_5H_8O　**相对分子质量** 84.12

结构式 O=⬠

化学品的推荐及限制用途 用作药品、生物制品、杀虫剂和合成橡胶的中间体

第二部分 危险性概述

紧急情况概述 易燃液体和蒸气

GHS危险性类别 易燃液体，类别3；皮肤腐蚀/刺激，类别2；严重眼损伤/眼刺激，类别2

标签要素

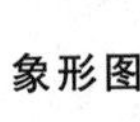

象形图 

警示词 警告

危险性说明 易燃液体和蒸气，造成皮肤刺激，造成严重眼刺激

防范说明

预防措施 远离热源、火花、明火、热表面。禁止吸烟。保持容器密闭。容器和接收设备接地连接。使用防爆电器、通风、照明设备。只能使用不产生火花的工具。采取防止静电措施。戴防护手套、防护眼镜、防护面罩。避免接触眼睛、皮肤，操作后彻底清洗

事故响应 火灾时，使用泡沫、干粉、二氧化碳、砂土灭火。如皮肤（或头发）接触：立即脱掉所有被污染的衣服。用大量肥皂水和水清洗。如发生皮肤刺激，就医。被污染的衣服经洗净后方可重新使用。如接触眼睛：用水细心冲洗数分钟。如戴隐形眼镜并可方便地取出，取出隐形眼镜继续冲洗。如果眼睛刺激持续：就医

安全储存 存放在通风良好的地方。保持低温

废弃处置 本品及内装物、容器依据国家和地方法规处置

物理和化学危险 易燃，其蒸气与空气混合，能形成爆炸性混合物

健康危害 高浓度吸入对中枢神经系统有抑制作用。对眼、皮肤有刺激性

环境危害 对环境可能有害

第三部分 成分/组成信息

√物质		混合物
组分	**浓度**	**CAS No.**
环戊酮		120-92-3

第四部分 急救措施

吸入 迅速脱离现场至空气新鲜处。保持呼吸道通畅。如呼吸困难，给输氧。如呼吸、心跳停止，立即进行心肺复苏术。就医

皮肤接触 立即脱去污染的衣着，用流动清水彻底冲洗。就医

眼睛接触 立即分开眼睑，用流动清水或生理盐水彻底冲洗。就医

食入 漱口，饮水。就医

对保护施救者的忠告 根据需要使用个人防护设备

对医生的特别提示 对症处理

第五部分 消防措施

灭火剂 用泡沫、干粉、二氧化碳、砂土灭火

特别危险性 易燃，遇明火、高热或与氧化剂接触，有引起燃烧爆炸的危险。燃烧生成有害的一氧化碳

灭火注意事项及防护措施 消防人员必须佩戴空气呼吸器、穿全身防火防毒服，在上风向灭火。喷水冷却容器，尽可能将容器从火场移至空旷处。容器突然发出异常声音或出现异常现象，应立即撤离

第六部分 泄漏应急处理

作业人员防护措施、防护装备和应急处置程序 消除所有点火源。根据液体流动和蒸气扩散的影响区域划定警戒区，无关人员从侧风、上风向撤离至安全区。建议应急处理人员戴正压自给式呼吸器，穿防静电服，戴橡胶耐油手套。作业时使用的所有设备应接地。禁止接触或跨越泄漏物。尽可能切断泄漏源

环境保护措施 防止泄漏物进入水体、下水道、地下室或有限空间

泄漏化学品的收容、清除方法及所使用的处置材料 小量泄漏：用砂土或其他不燃材料吸收，使用洁净的无火花工具收集吸收材料。大量泄漏：构筑围堤或挖坑收容。用泡沫覆盖，减少蒸发。喷水雾能减少蒸发，但不能降低泄漏物在有限空间内的易燃性。用防爆泵转移至槽车或专用收集器内

第七部分 操作处置与储存

操作注意事项 密闭操作，注意通风。操作人员必须经过专门培训，严格遵守操作规程。建议操作人员佩戴自吸过滤式防毒面具（半面罩），戴化学安全防护眼镜，穿防静电工作服，戴橡胶耐油手套。远离火种、热源。工作场所严禁吸烟。使用防爆型的通风系统和设备。防止蒸气泄漏到工作场所空气中。避免与氧化剂、还原剂接触。充装要控制流速，防止静电积聚。搬运时要轻装轻卸，防止包装及容器损坏。配备相应品种和数量的消防器材及泄漏应急处理设备。倒空的容器可能残留有害物

储存注意事项 储存于阴凉、通风的库房。远离火种、热源。库温不宜超过37℃。保持容器密封。应与氧化剂、还原剂等分开存放，切忌混储。采用防爆型照明、通风设施。禁止使用易产生火花的机械设备和工具。储区应备有泄漏应急处理设备和合适的收容材料

第八部分 接触控制/个体防护

职业接触限值

中国 未制定标准

美国(ACGIH) 未制定标准

生物接触限值 未制定标准

监测方法 空气中有毒物质测定方法：未制定标准。生物监测检验方法：未制定标准

工程控制 密闭操作，注意通风。提供安全的淋浴和洗眼设备

个体防护装备

呼吸系统防护　空气中浓度超标时，应该佩戴过滤式防毒面具（半面罩）

眼睛防护　戴化学安全防护眼镜

皮肤和身体防护　穿防静电工作服

手防护　戴橡胶耐油手套

第九部分　理化特性

外观与性状　水白色液体，有醚样的气味

pH 值　无资料　**熔点(℃)**　−51.3

沸点(℃)　130.6　**相对密度(水=1)**　0.95

相对蒸气密度(空气=1)　2.3

饱和蒸气压(kPa)　1.52（25℃）

燃烧热(kJ/mol)　无资料　**临界温度(℃)**　无资料

临界压力(MPa)　5.2　**辛醇/水分配系数**　0.63

闪点(℃)　26；30.5（CC）　**自燃温度(℃)**　无资料

爆炸下限(%)　1.7　**爆炸上限(%)**　10.4

分解温度(℃)　无资料　**黏度(mPa·s)**　无资料

溶解性　不溶于水，溶于乙醇、乙醚、丙酮等多数有机溶剂

第十部分　稳定性和反应性

稳定性　稳定

危险反应　与强氧化剂等禁配物接触，有发生火灾和爆炸的危险

避免接触的条件　无资料

禁配物　强氧化剂、强碱、强还原剂

危险的分解产物　无资料

第十一部分　毒理学信息

急性毒性

LD_{50}　1820mg/kg（小鼠经口）；1950mg/kg（小鼠静脉）

LC_{50}　19500mg/m^3（大鼠吸入）

皮肤刺激或腐蚀　家兔经皮：500mg，轻度刺激

眼睛刺激或腐蚀　家兔经眼：100mg，重度刺激

呼吸或皮肤过敏　无资料　**生殖细胞突变性**　无资料

致癌性　无资料　**生殖毒性**　无资料

特异性靶器官系统毒性-一次接触　无资料

特异性靶器官系统毒性-反复接触　无资料

吸入危害　无资料

第十二部分　生态学信息

生态毒性　IC_{50}：63～1900mg/L（72h）（藻类）

持久性和降解性

生物降解性　无资料

非生物降解性　空气中，当羟基自由基浓度为5.00×10^5个/cm^{3}时，降解半衰期为5.5d（理论）

潜在的生物累积性　根据 K_{ow} 值预测，该物质的生物累积性可能较弱

土壤中的迁移性　根据 K_{oc} 值预测，该物质可能易发生迁移

第十三部分　废弃处置

废弃化学品　建议用焚烧法处置

污染包装物　将容器返还生产商或按照国家和地方法规处置

废弃注意事项　处置前应参阅国家和地方有关法规。把倒空的容器归还厂商或在规定场所掩埋

第十四部分　运输信息

联合国危险货物编号（UN 号）　2245

联合国运输名称　环戊酮

联合国危险性类别　3　**包装类别**　Ⅲ类包装

包装标志  **海洋污染物**　否

运输注意事项　运输时运输车辆应配备相应品种和数量的消防器材及泄漏应急处理设备。夏季最好早晚运输。运输时所用的槽（罐）车应有接地链，槽内可设孔隔板以减少震荡产生的静电。严禁与氧化剂、还原剂、食用化学品等混装混运。运输途中应防曝晒、雨淋，防高温。中途停留时应远离火种、热源、高温区。装运该物品的车辆排气管必须配备阻火装置，禁止使用易产生火花的机械设备和工具装卸。公路运输时要按规定路线行驶，勿在居民区和人口稠密区停留。铁路运输时要禁止溜放。严禁用木船、水泥船散装运输

第十五部分　法规信息

下列法律、法规、规章和标准，对该化学品的管理作了相应的规定。

中华人民共和国职业病防治法　职业病分类和目录：未列入

危险化学品安全管理条例　危险化学品目录：列入。易制爆危险化学品名录：未列入。重点监管的危险化学品名录：未列入。GB 18218—2009《危险化学品重大危险源辨识》（表 1）：未列入

使用有毒物品作业场所劳动保护条例　高毒物品目录：未列入

易制毒化学品管理条例　易制毒化学品的分类和品种目录：未列入

国际公约　斯德哥尔摩公约：未列入。鹿特丹公约：未列入。蒙特利尔议定书：未列入

第十六部分　其他信息

编写和修订信息　**缩略语和首字母缩写**

培训建议　**参考文献**

免责声明

环　戊　烷

第一部分　化学品标识

化学品中文名　环戊烷

化学品英文名　cyclopentane；pentamethylene

分子式 C_5H_{10} **相对分子质量** 70.1

结构式 

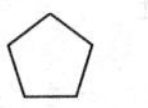

化学品的推荐及限制用途 用作溶剂和色谱分析的标准物质

第二部分 危险性概述

紧急情况概述 高度易燃液体和蒸气

GHS 危险性类别 易燃液体，类别 2；危害水生环境-急性危害，类别 3；危害水生环境-长期危害，类别 3

标签要素

象形图

警示词 危险

危险性说明 高度易燃液体和蒸气，对水生生物有害并具有长期持续影响

防范说明

预防措施 远离热源、火花、明火、热表面。禁止吸烟。保持容器密闭。容器和接收设备接地连接。使用防爆电器、通风、照明设备。只能使用不产生火花的工具。采取防止静电措施。戴防护手套、防护眼镜、防护面罩。禁止排入环境

事故响应 火灾时，使用泡沫、二氧化碳、干粉、砂土灭火。如皮肤（或头发）接触：立即脱掉所有被污染的衣服，用水冲洗皮肤，淋浴

安全储存 存放在通风良好的地方。保持低温

废弃处置 本品及内装物、容器依据国家和地方法规处置

物理和化学危险 高度易燃，其蒸气与空气混合，能形成爆炸性混合物

健康危害 本品对中枢神经系统有麻醉作用

环境危害 对水生生物有害并具有长期持续影响

第三部分 成分/组成信息

√物质		混合物
组分	**浓度**	**CAS No.**
环戊烷		287-92-3

第四部分 急救措施

吸入 迅速脱离现场至空气新鲜处。保持呼吸道通畅。如呼吸困难，给输氧。如呼吸、心跳停止，立即进行心肺复苏术。就医

皮肤接触 立即脱去污染的衣着，用流动清水彻底冲洗。就医

眼睛接触 立即分开眼睑，用流动清水或生理盐水彻底冲洗。就医

食入 漱口，饮水。就医

对保护施救者的忠告 根据需要使用个人防护设备

对医生的特别提示 对症处理

第五部分 消防措施

灭火剂 用泡沫、二氧化碳、干粉、砂土灭火

特别危险性 与氧化剂接触发生强烈反应，甚至引起燃烧。在火场中，受热的容器有爆炸危险。蒸气比空气重，沿地面扩散并易积存于低洼处，遇火源会着火回燃。燃烧生成有害的一氧化碳

灭火注意事项及防护措施 消防人员必须佩戴空气呼吸器、穿全身防火防毒服，在上风向灭火。喷水冷却容器，尽可能将容器从火场移至空旷处。容器突然发出异常声音或出现异常现象，应立即撤离。用水灭火无效

第六部分 泄漏应急处理

作业人员防护措施、防护装备和应急处置程序 消除所有点火源。根据液体流动和蒸气扩散的影响区域划定警戒区，无关人员从侧风、上风向撤离至安全区。建议应急处理人员戴正压自给式呼吸器，穿防静电服，戴橡胶耐油手套。作业时使用的所有设备应接地。禁止接触或跨越泄漏物。尽可能切断泄漏源

环境保护措施 防止泄漏物进入水体、下水道、地下室或有限空间

泄漏化学品的收容、清除方法及所使用的处置材料 小量泄漏：用砂土或其他不燃材料吸收，使用洁净的无火花工具收集吸收材料。大量泄漏：构筑围堤或挖坑收容。用泡沫覆盖，减少蒸发。喷水雾能减少蒸发，但不能降低泄漏物在有限空间内的易燃性。用防爆泵转移至槽车或专用收集器内

第七部分 操作处置与储存

操作注意事项 密闭操作，全面通风。操作人员必须经过专门培训，严格遵守操作规程。建议操作人员佩戴自吸过滤式防毒面具（半面罩），穿防静电工作服，戴橡胶耐油手套。远离火种、热源。工作场所严禁吸烟。使用防爆型的通风系统和设备。防止蒸气泄漏到工作场所空气中。避免与氧化剂接触。灌装时应控制流速，且有接地装置，防止静电积聚。搬运时要轻装轻卸，防止包装及容器损坏。配备相应品种和数量的消防器材及泄漏应急处理设备。倒空的容器可能残留有害物

储存注意事项 储存于阴凉、通风的库房。远离火种、热源。库温不宜超过 29℃。保持容器密封。应与氧化剂分开存放，切忌混储。采用防爆型照明、通风设施。禁止使用易产生火花的机械设备和工具。储区应备有泄漏应急处理设备和合适的收容材料

第八部分 接触控制/个体防护

职业接触限值

中国 未制定标准

美国(ACGIH) TLV-TWA：600ppm

生物接触限值 未制定标准

监测方法 空气中有毒物质测定方法：未制定标准。生物监测检验方法：未制定标准

工程控制 生产过程密闭，全面通风。提供安全的淋浴和洗眼设备

个体防护装备

呼吸系统防护　空气中浓度超标时，佩戴过滤式防毒面具（半面罩）

眼睛防护　一般不需要特殊防护，高浓度接触时可戴化学安全防护眼镜

皮肤和身体防护　穿防静电工作服

手防护　戴橡胶耐油手套

第九部分　理化特性

外观与性状　无色透明液体，有苯样的气味

pH值　无资料　**熔点(℃)**　−94

沸点(℃)　49.2　**相对密度(水=1)**　0.75

相对蒸气密度(空气=1)　2.42

饱和蒸气压(kPa)　45（20℃）

燃烧热(kJ/mol)　−3287.8　**临界温度(℃)**　238.6

临界压力(MPa)　4.52　**辛醇/水分配系数**　3.0

闪点(℃)　−37（CC）　**自燃温度(℃)**　361

爆炸下限(%)　1.1　**爆炸上限(%)**　8.7

分解温度(℃)　无资料

黏度(mPa·s)　0.41（25℃）

溶解性　不溶于水，溶于乙醇、乙醚、苯、四氯化碳、丙酮等多数有机溶剂

第十部分　稳定性和反应性

稳定性　稳定

危险反应　与强氧化剂等禁配物接触，有发生火灾和爆炸的危险

避免接触的条件　无资料

禁配物　强氧化剂、强酸、强碱、卤素

危险的分解产物　无资料

第十一部分　毒理学信息

急性毒性

LD_{50}　11400mg/kg（大鼠经口）

LC_{50}　$106g/m^3$（大鼠吸入）

皮肤刺激或腐蚀　无资料　**眼睛刺激或腐蚀**　无资料

呼吸或皮肤过敏　无资料　**生殖细胞突变性**　无资料

致癌性　无资料　**生殖毒性**　无资料

特异性靶器官系统毒性-一次接触　无资料

特异性靶器官系统毒性-反复接触　无资料

吸入危害　无资料

第十二部分　生态学信息

生态毒性

LC_{50}　100mg/L（96h）（鱼）

EC_{50}　10.5mg/L（48h）（水蚤）

持久性和降解性

生物降解性　无资料

非生物降解性　空气中，当羟基自由基浓度为5.00×10^5个$/cm^3$时，降解半衰期为66h（理论）

潜在的生物累积性　根据K_{ow}值预测，该物质的生物累积性可能较弱

土壤中的迁移性　根据K_{oc}值预测，该物质可能有一定的迁移性

第十三部分　废弃处置

废弃化学品　建议用焚烧法处置

污染包装物　将容器返还生产商或按照国家和地方法规处置

废弃注意事项　处置前应参阅国家和地方有关法规

第十四部分　运输信息

联合国危险货物编号（UN号）　1146

联合国运输名称　环戊烷

联合国危险性类别　3　**包装类别**　Ⅱ类包装

包装标志

海洋污染物　否

运输注意事项　运输时运输车辆应配备相应品种和数量的消防器材及泄漏应急处理设备。夏季最好早晚运输。运输时所用的槽（罐）车应有接地链，槽内可设孔隔板以减少震荡产生的静电。严禁与氧化剂等混装混运。运输途中应防曝晒、雨淋，防高温。中途停留时应远离火种、热源、高温区。装运该物品的车辆排气管必须配备阻火装置，禁止使用易产生火花的机械设备和工具装卸。公路运输时要按规定路线行驶，勿在居民区和人口稠密区停留。铁路运输时要禁止溜放。严禁用木船、水泥船散装运输

第十五部分　法规信息

下列法律、法规、规章和标准，对该化学品的管理作了相应的规定。

中华人民共和国职业病防治法　职业病分类和目录：未列入

危险化学品安全管理条例　危险化学品目录：列入。易制爆危险化学品名录：未列入。重点监管的危险化学品名录：未列入。GB 18218—2009《危险化学品重大危险源辨识》（表1）：未列入

使用有毒物品作业场所劳动保护条例　高毒物品目录：未列入

易制毒化学品管理条例　易制毒化学品的分类和品种目录：未列入

国际公约　斯德哥尔摩公约：未列入。鹿特丹公约：未列入。蒙特利尔议定书：未列入

第十六部分　其他信息

编写和修订信息　**缩略语和首字母缩写**

培训建议　**参考文献**

免责声明

环戊烯

第一部分　化学品标识

化学品中文名　环戊烯　**化学品英文名**　cyclopentene

分子式　C_5H_8　**相对分子质量**　68.12

结构式 ⬠

化学品的推荐及限制用途 用作溶剂、实验室试剂

第二部分 危险性概述

紧急情况概述 高度易燃液体和蒸气

GHS 危险性类别 易燃液体，类别 2

标签要素

象形图 

警示词 危险

危险性说明 高度易燃液体和蒸气

防范说明

预防措施 远离热源、火花、明火、热表面。禁止吸烟。保持容器密闭。容器和接收设备接地连接。使用防爆电器、通风、照明设备。只能使用不产生火花的工具。采取防止静电措施。戴防护手套、防护眼镜、防护面罩

事故响应 火灾时，使用泡沫、二氧化碳、干粉、砂土灭火。如皮肤（或头发）接触：立即脱掉所有被污染的衣服，用水冲洗皮肤，淋浴

安全储存 存放在通风良好的地方。保持低温

废弃处置 本品及内装物、容器依据国家和地方法规处置

物理和化学危险 高度易燃，其蒸气与空气混合，能形成爆炸性混合物

健康危害 本品恶臭，较低浓度时已难耐受，因此一般不易发性中毒。本品嗅阈为 36.14mg/m^3

环境危害 对环境可能有害

第三部分 成分/组成信息

√物质		混合物
组分	浓度	CAS No.
环戊烯		142-29-0

第四部分 急救措施

吸入 迅速脱离现场至空气新鲜处。保持呼吸道通畅。如呼吸困难，给输氧。如呼吸、心跳停止，立即进行心肺复苏术。就医

皮肤接触 立即脱去污染的衣着，用流动清水彻底冲洗。就医

眼睛接触 立即分开眼睑，用流动清水或生理盐水彻底冲洗。就医

食入 漱口，饮水。就医

对保护施救者的忠告 根据需要使用个人防护设备

对医生的特别提示 对症处理

第五部分 消防措施

灭火剂 用泡沫、二氧化碳、干粉、砂土灭火

特别危险性 与氧化剂接触发生强烈反应，甚至引起燃烧。蒸气比空气重，沿地面扩散并易积存于低洼处，遇火源会着火回燃。燃烧生成有害的一氧化碳

灭火注意事项及防护措施 消防人员须佩戴防毒面具、穿全身消防服，在上风向灭火。尽可能将容器从火场移至空旷处。喷水保持火场容器冷却，直至灭火结束。容器突然发出异常声音或出现异常现象，应立即撤离。用水灭火无效

第六部分 泄漏应急处理

作业人员防护措施、防护装备和应急处置程序 消除所有点火源。根据液体流动和蒸气扩散的影响区域划定警戒区，无关人员从侧风、上风向撤离至安全区。建议应急处理人员戴正压自给式呼吸器，穿防毒、防静电服，戴橡胶耐油手套。作业时使用的所有设备应接地。禁止接触或跨越泄漏物。尽可能切断泄漏源

环境保护措施 防止泄漏物进入水体、下水道、地下室或有限空间

泄漏化学品的收容、清除方法及所使用的处置材料 小量泄漏：用砂土或其他不燃材料吸收，使用洁净的无火花工具收集吸收材料。大量泄漏：构筑围堤或挖坑收容。用泡沫覆盖，减少蒸发。喷水雾能减少蒸发，但不能降低泄漏物在有限空间内的易燃性。用防爆泵转移至槽车或专用收集器内

第七部分 操作处置与储存

操作注意事项 密闭操作，全面通风。操作人员必须经过专门培训，严格遵守操作规程。建议操作人员佩戴过滤式防毒面具（半面罩），穿防静电工作服，戴橡胶耐油手套。远离火种、热源。工作场所严禁吸烟。使用防爆型的通风系统和设备。防止蒸气泄漏到工作场所空气中。避免与氧化剂接触。灌装时应控制流速，且有接地装置，防止静电积聚。搬运时要轻装轻卸，防止包装及容器损坏。配备相应品种和数量的消防器材及泄漏应急处理设备。倒空的容器可能残留有害物

储存注意事项 储存于阴凉、通风的库房。远离火种、热源。库温不宜超过 29℃。包装要求密封，不可与空气接触。应与氧化剂分开存放，切忌混储。不宜大量储存或久存。采用防爆型照明、通风设施。禁止使用易产生火花的机械设备和工具。储区应备有泄漏应急处理设备和合适的收容材料

第八部分 接触控制/个体防护

职业接触限值

中国 未制定标准

美国(ACGIH) 未制定标准

生物接触限值 未制定标准

监测方法 空气中有毒物质测定方法：未制定标准。生物监测检验方法：未制定标准

工程控制 生产过程密闭，全面通风。提供安全的淋浴和洗眼设备

个体防护装备

呼吸系统防护 空气中浓度超标时，佩戴过滤式防毒面具（半面罩）

眼睛防护 必要时，戴化学安全防护眼镜

皮肤和身体防护 穿防静电工作服

手防护　戴橡胶耐油手套

第九部分　理化特性

外观与性状　无色液体　**pH 值**　无资料

熔点(℃)　−135　**沸点(℃)**　44.2

相对密度(水=1)　0.774

相对蒸气密度(空气=1)　2.35

饱和蒸气压(kPa)　42.1（20℃）

燃烧热(kJ/mol)　无资料　**临界温度(℃)**　233

临界压力(MPa)　4.79　**辛醇/水分配系数**　2.47

闪点(℃)　−29　**自燃温度(℃)**　395

爆炸下限(%)　1.5　**爆炸上限(%)**　12.1

分解温度(℃)　无资料　**黏度(mPa·s)**　无资料

溶解性　不溶于水，溶于乙醇、乙醚、苯等多数有机溶剂

第十部分　稳定性和反应性

稳定性　稳定

危险反应　与强氧化剂等禁配物接触，有发生火灾和爆炸的危险

避免接触的条件　受热，接触空气

禁配物　强氧化剂、酸类、卤代烃、卤素等

危险的分解产物　无资料

第十一部分　毒理学信息

急性毒性　LD_{50}：2.14ml（1656mg)/kg（大鼠经口）；1.59ml（1231mg)/kg（兔经皮）

皮肤刺激或腐蚀　无资料　**眼睛刺激或腐蚀**　无资料

呼吸或皮肤过敏　无资料　**生殖细胞突变性**　无资料

致癌性　无资料　**生殖毒性**　无资料

特异性靶器官系统毒性-一次接触　无资料

特异性靶器官系统毒性-反复接触　无资料

吸入危害　无资料

第十二部分　生态学信息

生态毒性　LC_{50}：100mg/L（96h)（鱼）

持久性和降解性

生物降解性　无资料

非生物降解性　无资料

潜在的生物累积性　根据 K_{ow} 值预测，该物质的生物累积性可能较弱

土壤中的迁移性　根据 K_{oc} 值预测，该物质可能有一定的迁移性

第十三部分　废弃处置

废弃化学品　建议用焚烧法处置

污染包装物　将容器返还生产商或按照国家和地方法规处置

废弃注意事项　处置前应参阅国家和地方有关法规

第十四部分　运输信息

联合国危险货物编号（UN 号）　2246

联合国运输名称　环戊烯

联合国危险性类别　3　**包装类别**　Ⅱ类包装

包装标志  **海洋污染物**　否

运输注意事项　运输时运输车辆应配备相应品种和数量的消防器材及泄漏应急处理设备。夏季最好早晚运输。运输时所用的槽（罐）车应有接地链，槽内可设孔隔板以减少震荡产生的静电。严禁与氧化剂等混装混运。运输途中应防曝晒、雨淋，防高温。中途停留时应远离火种、热源、高温区。装运该物品的车辆排气管必须配备阻火装置，禁止使用易产生火花的机械设备和工具装卸。公路运输时要按规定路线行驶，勿在居民区和人口稠密区停留。铁路运输时要禁止溜放。严禁用木船、水泥船散装运输

第十五部分　法规信息

下列法律、法规、规章和标准，对该化学品的管理作了相应的规定。

中华人民共和国职业病防治法　职业病分类和目录：未列入

危险化学品安全管理条例　危险化学品目录：列入。易制爆危险化学品名录：未列入。重点监管的危险化学品名录：未列入。GB 18218—2009《危险化学品重大危险源辨识》(表 1)：未列入

使用有毒物品作业场所劳动保护条例　高毒物品目录：未列入

易制毒化学品管理条例　易制毒化学品的分类和品种目录：未列入

国际公约　斯德哥尔摩公约：未列入。鹿特丹公约：未列入。蒙特利尔议定书：未列入

第十六部分　其他信息

编写和修订信息　**缩略语和首字母缩写**

培训建议　**参考文献**

免责声明

环辛四烯

第一部分　化学品标识

化学品中文名　环辛四烯；1,3,5,7-环辛四烯

化学品英文名　1,3,5,7-cyclooctatetraene；cyclooctatetraene

分子式　C_8H_8　**相对分子质量**　104.15

结构式 

化学品的推荐及限制用途　用作溶剂、实验室试剂

第二部分　危险性概述

紧急情况概述　高度易燃液体和蒸气

GHS 危险性类别　易燃液体，类别 2

标签要素

象形图 

警示词 危险

危险性说明 高度易燃液体和蒸气

防范说明

预防措施 远离热源、火花、明火、热表面。禁止吸烟。保持容器密闭。容器和接收设备接地连接。使用防爆电器、通风、照明设备。只能使用不产生火花的工具。采取防止静电措施。戴防护手套、防护眼镜、防护面罩

事故响应 火灾时，使用泡沫、干粉、二氧化碳、砂土灭火。如皮肤（或头发）接触：立即脱掉所有被污染的衣服，用水冲洗皮肤，淋浴

安全储存 存放在通风良好的地方。保持低温

废弃处置 本品及内装物、容器依据国家和地方法规处置

物理和化学危险 高度易燃，其蒸气与空气混合，能形成爆炸性混合物

健康危害 本品属脂环族烃类，该类物质具有麻醉和中枢神经抑制作用，对皮肤有刺激性和脱脂作用

环境危害 对环境可能有害

第三部分 成分/组成信息

√物质		混合物
组分	**浓度**	**CAS No.**
环辛四烯		629-20-9

第四部分 急救措施

吸入 迅速脱离现场至空气新鲜处。保持呼吸道通畅。如呼吸困难，给输氧。如呼吸、心跳停止，立即进行心肺复苏术。就医

皮肤接触 立即脱去污染的衣着，用流动清水彻底冲洗。就医

眼睛接触 立即分开眼睑，用流动清水或生理盐水彻底冲洗。就医

食入 漱口，饮水。就医

对保护施救者的忠告 根据需要使用个人防护设备

对医生的特别提示 对症处理

第五部分 消防措施

灭火剂 用泡沫、干粉、二氧化碳、砂土灭火

特别危险性 易燃，遇明火、高热或与氧化剂接触，有引起燃烧爆炸的危险。燃烧生成有害的一氧化碳

灭火注意事项及防护措施 消防人员必须佩戴空气呼吸器、穿全身防火防毒服，在上风向灭火。喷水冷却容器，尽可能将容器从火场移至空旷处。容器突然发出异常声音或出现异常现象，应立即撤离

第六部分 泄漏应急处理

作业人员防护措施、防护装备和应急处置程序 消除所有点火源。根据液体流动和蒸气扩散的影响区域划定警戒区，无关人员从侧风、上风向撤离至安全区。建议应急处理人员戴正压自给式呼吸器，穿防静电服，戴橡胶耐油手套。作业时使用的所有设备应接地。禁止接触或跨越泄漏物。尽可能切断泄漏源

环境保护措施 防止泄漏物进入水体、下水道、地下室或有限空间

泄漏化学品的收容、清除方法及所使用的处置材料 小量泄漏：用砂土或其他不燃材料吸收，使用洁净的无火花工具收集吸收材料。大量泄漏：构筑围堤或挖坑收容。用泡沫覆盖，减少蒸发。喷水雾能减少蒸发，但不能降低泄漏物在有限空间内的易燃性。用防爆泵转移至槽车或专用收集器内

第七部分 操作处置与储存

操作注意事项 密闭操作，全面通风。操作人员必须经过专门培训，严格遵守操作规程。建议操作人员佩戴自吸过滤式防毒面具（半面罩），戴化学安全防护眼镜，穿防静电工作服，戴橡胶耐油手套。远离火种、热源。工作场所严禁吸烟。使用防爆型的通风系统和设备。防止蒸气泄漏到工作场所空气中。避免与氧化剂接触。充装要控制流速，防止静电积聚。搬运时要轻装轻卸，防止包装及容器损坏。配备相应品种和数量的消防器材及泄漏应急处理设备。倒空的容器可能残留有害物

储存注意事项 储存于阴凉、通风的库房。远离火种、热源。库温不宜超过37℃。包装要求密封，不可与空气接触。应与氧化剂分开存放，切忌混储。不宜大量储存或久存。采用防爆型照明、通风设施。禁止使用易产生火花的机械设备和工具。储区应备有泄漏应急处理设备和合适的收容材料

第八部分 接触控制/个体防护

职业接触限值

中国 未制定标准

美国(ACGIH) 未制定标准

生物接触限值 未制定标准

监测方法 空气中有毒物质测定方法：未制定标准。生物监测检验方法：未制定标准

工程控制 生产过程密闭，全面通风

个体防护装备

呼吸系统防护 空气中浓度超标时，应该佩戴过滤式防毒面具（半面罩）

眼睛防护 戴化学安全防护眼镜

皮肤和身体防护 穿防静电工作服

手防护 戴橡胶耐油手套

第九部分 理化特性

外观与性状 无色至黄色液体

pH 值	无资料	**熔点(℃)**	−5～−7
沸点(℃)	142～143	**相对密度(水=1)**	0.925
相对蒸气密度(空气=1)	无资料		
饱和蒸气压(kPa)	1.05 (25℃)		
燃烧热(kJ/mol)	无资料	**临界温度(℃)**	无资料
临界压力(MPa)	无资料	**辛醇/水分配系数**	3.08
闪点(℃)	<22	**自燃温度(℃)**	无资料
爆炸下限(%)	无资料	**爆炸上限(%)**	无资料
分解温度(℃)	无资料	**黏度(mPa·s)**	无资料

溶解性 不溶于水，溶于乙醇、乙醚、丙酮、苯

第十部分 稳定性和反应性

稳定性 稳定

危险反应 与强氧化剂等禁配物接触，有发生火灾和爆炸的危险

避免接触的条件 受热，接触空气

禁配物 强氧化剂、强酸、卤代烃、卤素

危险的分解产物 无资料

第十一部分 毒理学信息

急性毒性 无资料 **皮肤刺激或腐蚀** 无资料

眼睛刺激或腐蚀 无资料 **呼吸或皮肤过敏** 无资料

生殖细胞突变性 无资料 **致癌性** 无资料

生殖毒性 无资料

特异性靶器官系统毒性-一次接触 无资料

特异性靶器官系统毒性-反复接触 无资料

吸入危害 无资料

第十二部分 生态学信息

生态毒性 无资料

持久性和降解性

生物降解性 无资料

非生物降解性 无资料

潜在的生物累积性 根据 K_{ow} 值预测，该物质的生物累积性可能较弱

土壤中的迁移性 根据 K_{oc} 值预测，该物质可能有一定的迁移性

第十三部分 废弃处置

废弃化学品 建议用焚烧法处置

污染包装物 将容器返还生产商或按照国家和地方法规处置

废弃注意事项 处置前应参阅国家和地方有关法规

第十四部分 运输信息

联合国危险货物编号（UN 号） 2358

联合国运输名称 环辛四烯

联合国危险性类别 3 **包装类别** Ⅱ类包装

包装标志  **海洋污染物** 否

运输注意事项 运输时运输车辆应配备相应品种和数量的消防器材及泄漏应急处理设备。夏季最好早晚运输。运输时所用的槽（罐）车应有接地链，槽内可设孔隔板以减少震荡产生的静电。严禁与氧化剂、食用化学品等混装混运。运输途中应防曝晒、雨淋，防高温。中途停留时应远离火种、热源、高温区。装运该物品的车辆排气管必须配备阻火装置，禁止使用易产生火花的机械设备和工具装卸。公路运输时要按规定路线行驶，勿在居民区和人口稠密区停留。铁路运输时要禁止溜放。严禁用木船、水泥船散装运输

第十五部分 法规信息

下列法律、法规、规章和标准，对该化学品的管理作了相应的规定。

中华人民共和国职业病防治法 职业病分类和目录：未列入

危险化学品安全管理条例 危险化学品目录：列入。易制爆危险化学品名录：未列入。重点监管的危险化学品名录：未列入。GB 18218—2009《危险化学品重大危险源辨识》（表 1）：未列入

使用有毒物品作业场所劳动保护条例 高毒物品目录：未列入

易制毒化学品管理条例 易制毒化学品的分类和品种目录：未列入

国际公约 斯德哥尔摩公约：未列入。鹿特丹公约：未列入。蒙特利尔议定书：未列入

第十六部分 其他信息

编写和修订信息 **缩略语和首字母缩写**

培训建议 **参考文献**

免责声明

环 辛 烷

第一部分 化学品标识

化学品中文名 环辛烷

化学品英文名 cyclooctane；octamethylene

分子式 C_8H_{16} **相对分子质量** 144

结构式 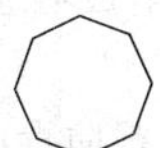

化学品的推荐及限制用途 用作有机合成中间体，也用作化学试剂

第二部分 危险性概述

紧急情况概述 易燃液体和蒸气

GHS 危险性类别 易燃液体，类别 3

标签要素

象形图 

警示词 警告

危险性说明 易燃液体和蒸气

防范说明

预防措施 远离热源、火花、明火、热表面。禁止吸烟。保持容器密闭。容器和接收设备接地连接。使用防爆电器、通风、照明设备。只能使用不产生火花的工具。采取防止静电措施。戴防护手套、防护眼镜、防护面罩

事故响应 火灾时，使用泡沫、二氧化碳、干粉、砂土灭火。如皮肤（或头发）接触：立即脱掉所有被污染的衣服，用水冲洗皮肤，淋浴

安全储存 存放在通风良好的地方。保持低温

废弃处置　本品及内装物、容器依据国家和地方法规处置

物理和化学危险　易燃，其蒸气与空气混合，能形成爆炸性混合物

健康危害　本品属脂环族烃类，该类物质具有麻醉和中枢神经抑制作用，对皮肤有刺激性和脱脂作用

环境危害　对环境可能有害

第三部分　成分/组成信息

√物质		混合物
组分	**浓度**	**CAS No.**
环辛烷		292-64-8

第四部分　急救措施

吸入　迅速脱离现场至空气新鲜处。保持呼吸道通畅。如呼吸困难，给输氧。如呼吸、心跳停止，立即进行心肺复苏术。就医

皮肤接触　立即脱去污染的衣着，用流动清水彻底冲洗。就医

眼睛接触　立即分开眼睑，用流动清水或生理盐水彻底冲洗。就医

食入　漱口，饮水。就医

对保护施救者的忠告　根据需要使用个人防护设备

对医生的特别提示　对症处理

第五部分　消防措施

灭火剂　用泡沫、二氧化碳、干粉、砂土灭火

特别危险性　与强氧化剂接触可发生化学反应。在火场中，受热的容器有爆炸危险。燃烧生成有害的一氧化碳

灭火注意事项及防护措施　消防人员须佩戴防毒面具、穿全身消防服，在上风向灭火。尽可能将容器从火场移至空旷处。用水灭火无效，但须用水保持火场容器冷却。用雾状水保护消防人员，用砂土堵逸出液体。容器突然发出异常声音或出现异常现象，应立即撤离

第六部分　泄漏应急处理

作业人员防护措施、防护装备和应急处置程序　消除所有点火源。根据液体流动和蒸气扩散的影响区域划定警戒区，无关人员从侧风、上风向撤离至安全区。建议应急处理人员戴正压自给式呼吸器，穿防静电服，戴橡胶耐油手套。作业时使用的所有设备应接地。禁止接触或跨越泄漏物。尽可能切断泄漏源

环境保护措施　防止泄漏物进入水体、下水道、地下室或有限空间

泄漏化学品的收容、清除方法及所使用的处置材料　小量泄漏：用砂土或其他不燃材料吸收，使用洁净的无火花工具收集吸收材料。大量泄漏：构筑围堤或挖坑收容。用泡沫覆盖，减少蒸发。喷水雾能减少蒸发，但不能降低泄漏物在有限空间内的易燃性。用防爆泵转移至槽车或专用收集器内

第七部分　操作处置与储存

操作注意事项　密闭操作，全面通风。操作人员必须经过专门培训，严格遵守操作规程。建议操作人员佩戴自吸过滤式防毒面具（半面罩），戴化学安全防护眼镜，穿防静电工作服，戴橡胶耐油手套。远离火种、热源。工作场所严禁吸烟。使用防爆型的通风系统和设备。防止蒸气泄漏到工作场所空气中。避免与氧化剂接触。充装要控制流速，防止静电积聚。搬运时要轻装轻卸，防止包装及容器损坏。配备相应品种和数量的消防器材及泄漏应急处理设备。倒空的容器可能残留有害物

储存注意事项　储存于阴凉、通风的库房。远离火种、热源。库温不宜超过 37℃。保持容器密封。应与氧化剂分开存放，切忌混储。采用防爆型照明、通风设施。禁止使用易产生火花的机械设备和工具。储区应备有泄漏应急处理设备和合适的收容材料

第八部分　接触控制/个体防护

职业接触限值

中国　未制定标准

美国(ACGIH)　未制定标准

生物接触限值　未制定标准

监测方法　空气中有毒物质测定方法：未制定标准。生物监测检验方法：未制定标准

工程控制　生产过程密闭，全面通风

个体防护装备

呼吸系统防护　空气中浓度超标时，应该佩戴过滤式防毒面具（半面罩）。紧急事态抢救或撤离时，建议佩戴空气呼吸器

眼睛防护　戴化学安全防护眼镜

皮肤和身体防护　穿防静电工作服

手防护　戴橡胶耐油手套

第九部分　理化特性

外观与性状　无色液体或潮湿的白色固体，有类似樟脑的气味

pH 值　无资料　　**熔点(℃)**　14.7

沸点(℃)　149～151　　**相对密度(水=1)**　0.834

相对蒸气密度(空气=1)　无资料

饱和蒸气压(kPa)　2.13（37.7℃）

燃烧热(kJ/mol)　无资料　　**临界温度(℃)**　无资料

临界压力(MPa)　3.55　　**辛醇/水分配系数**　4.45

闪点(℃)　27　　**自燃温度(℃)**　157

爆炸下限(%)　0.95　　**爆炸上限(%)**　6

分解温度(℃)　无资料　　**黏度(mPa·s)**　无资料

溶解性　不溶于水，溶于苯

第十部分　稳定性和反应性

稳定性　稳定

危险反应　与强氧化剂等禁配物接触，有发生火灾和爆炸的危险

避免接触的条件　无资料

禁配物　强氧化剂、强酸、强碱、卤素

危险的分解产物　无资料

第十一部分 毒理学信息

急性毒性 无资料 **皮肤刺激或腐蚀** 无资料

眼睛刺激或腐蚀 无资料 **呼吸或皮肤过敏** 无资料

生殖细胞突变性 无资料 **致癌性** 无资料

生殖毒性 无资料

特异性靶器官系统毒性-一次接触 无资料

特异性靶器官系统毒性-反复接触 无资料

吸入危害 无资料

第十二部分 生态学信息

生态毒性 无资料

持久性和降解性

生物降解性 无资料

非生物降解性 无资料

潜在的生物累积性 根据 K_{ow} 值预测，该物质可能有较高的生物累积性

土壤中的迁移性 根据 K_{oc} 值预测，该物质的迁移性可能较弱

第十三部分 废弃处置

废弃化学品 建议用焚烧法处置

污染包装物 将容器返还生产商或按照国家和地方法规处置

废弃注意事项 处置前应参阅国家和地方有关法规

第十四部分 运输信息

联合国危险货物编号（UN号） 3295

联合国运输名称 液态烃类，未另作规定的（环辛烷）

联合国危险性类别 3 **包装类别** Ⅲ类包装

包装标志  **海洋污染物** 否

运输注意事项 运输时运输车辆应配备相应品种和数量的消防器材及泄漏应急处理设备。夏季最好早晚运输。运输时所用的槽（罐）车应有接地链，槽内可设孔隔板以减少震荡产生的静电。严禁与氧化剂、食用化学品等混装混运。运输途中应防曝晒、雨淋，防高温。中途停留时应远离火种、热源、高温区。装运该物品的车辆排气管必须配备阻火装置，禁止使用易产生火花的机械设备和工具装卸。公路运输时要按规定路线行驶，勿在居民区和人口稠密区停留。铁路运输时要禁止溜放。严禁用木船、水泥船散装运输

第十五部分 法规信息

下列法律、法规、规章和标准，对该化学品的管理作了相应的规定。

中华人民共和国职业病防治法 职业病分类和目录：未列入

危险化学品安全管理条例 危险化学品目录：列入。易制爆危险化学品名录：未列入。重点监管的危险化学品名录：未列入。GB 18218—2009《危险化学品重大危险源辨识》（表1）：未列入

使用有毒物品作业场所劳动保护条例 高毒物品目录：未列入

易制毒化学品管理条例 易制毒化学品的分类和品种目录：未列入

国际公约 斯德哥尔摩公约：未列入。鹿特丹公约：未列入。蒙特利尔议定书：未列入

第十六部分 其他信息

编写和修订信息 **缩略语和首字母缩写**

培训建议 **参考文献**

免责声明

环 辛 烯

第一部分 化学品标识

化学品中文名 环辛烯

化学品英文名 cyclooctene；(*Z*)-cyclooctene

分子式 C_8H_{14} **相对分子质量** 110.2

结构式 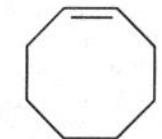

化学品的推荐及限制用途 用作有机合成中间体

第二部分 危险性概述

紧急情况概述 易燃液体和蒸气

GHS危险性类别 易燃液体，类别3；急性毒性-经口，类别5；危害水生环境-急性危害，类别1；危害水生环境-长期危害，类别1

标签要素

象形图 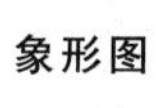 

警示词 警告

危险性说明 易燃液体和蒸气，吞咽可能有害，对水生生物毒性非常大并具有长期持续影响

防范说明

预防措施 远离热源、火花、明火、热表面。禁止吸烟。保持容器密闭。容器和接收设备接地连接。使用防爆电器、通风、照明设备。只能使用不产生火花的工具。采取防止静电措施。戴防护手套、防护眼镜、防护面罩。禁止排入环境

事故响应 火灾时，使用泡沫、干粉、二氧化碳、砂土灭火。如皮肤（或头发）接触：立即脱掉所有被污染的衣服，用水冲洗皮肤，淋浴。如果感觉不适，呼叫中毒控制中心或就医。收集泄漏物

安全储存 存放在通风良好的地方。保持低温

废弃处置 本品及内装物、容器依据国家和地方法规处置

物理和化学危险 易燃，其蒸气与空气混合，能形成爆炸性混合物

健康危害 本品属脂环族烃类，该类物质具有麻醉和中枢

神经抑制作用，对皮肤有刺激性和脱脂作用

环境危害 对水生生物毒性非常大并具有长期持续影响

第三部分 成分/组成信息

√物质 混合物

组分	浓度	CAS No.
环辛烯		931-87-3

第四部分 急救措施

吸入 迅速脱离现场至空气新鲜处。保持呼吸道通畅。如呼吸困难，给输氧。如呼吸、心跳停止，立即进行心肺复苏术。就医

皮肤接触 立即脱去污染的衣着，用流动清水彻底冲洗。就医

眼睛接触 立即分开眼睑，用流动清水或生理盐水彻底冲洗。就医

食入 漱口，饮水。就医

对保护施救者的忠告 根据需要使用个人防护设备

对医生的特别提示 对症处理

第五部分 消防措施

灭火剂 用泡沫、干粉、二氧化碳、砂土灭火

特别危险性 若遇高热，可发生聚合反应，放出大量热量而引起容器破裂和爆炸事故。燃烧生成有害的一氧化碳

灭火注意事项及防护措施 消防人员必须佩戴空气呼吸器、穿全身防火防毒服，在上风向灭火。喷水冷却容器，尽可能将容器从火场移至空旷处。容器突然发出异常声音或出现异常现象，应立即撤离

第六部分 泄漏应急处理

作业人员防护措施、防护装备和应急处置程序 消除所有点火源。根据液体流动和蒸气扩散的影响区域划定警戒区，无关人员从侧风、上风向撤离至安全区。建议应急处理人员戴正压自给式呼吸器，穿防静电服，戴橡胶耐油手套。作业时使用的所有设备应接地。禁止接触或跨越泄漏物。尽可能切断泄漏源

环境保护措施 防止泄漏物进入水体、下水道、地下室或有限空间

泄漏化学品的收容、清除方法及所使用的处置材料 小量泄漏：用砂土或其他不燃材料吸收，使用洁净的无火花工具收集吸收材料。大量泄漏：构筑围堤或挖坑收容。用泡沫覆盖，减少蒸发。喷水雾能减少蒸发，但不能降低泄漏物在有限空间内的易燃性。用防爆泵转移至槽车或专用收集器内

第七部分 操作处置与储存

操作注意事项 密闭操作，全面通风。操作人员必须经过专门培训，严格遵守操作规程。建议操作人员佩戴过滤式防毒面具（全面罩）或自给式呼吸器，戴化学安全防护眼镜，穿防静电工作服，戴橡胶耐油手套。远离火种、热源。工作场所严禁吸烟。使用防爆型的通风系统和设备。防止蒸气泄漏到工作场所空气中。避免与氧化剂接触。充装要控制流速，防止静电积聚。搬运时要轻装轻卸，防止包装及容器损坏。配备相应品种和数量的消防器材及泄漏应急处理设备。倒空的容器可能残留有害物

储存注意事项 通常商品加有阻聚剂。储存于阴凉、通风的库房。远离火种、热源。库温不宜超过37℃。包装要求密封，不可与空气接触。应与氧化剂分开存放，切忌混储。不宜大量储存或久存。采用防爆型照明、通风设施。禁止使用易产生火花的机械设备和工具。储区应备有泄漏应急处理设备和合适的收容材料

第八部分 接触控制/个体防护

职业接触限值

中国 未制定标准

美国(ACGIH) 未制定标准

生物接触限值 未制定标准

监测方法 空气中有毒物质测定方法：未制定标准。生物监测检验方法：未制定标准

工程控制 生产过程密闭，全面通风

个体防护装备

呼吸系统防护 空气中浓度超标时，应该佩戴过滤式防毒面具（半面罩）

眼睛防护 戴化学安全防护眼镜

皮肤和身体防护 穿防静电工作服

手防护 戴橡胶耐油手套

第九部分 理化特性

外观与性状 无色液体

pH值 无资料 **熔点(℃)** −12～−16

沸点(℃) 138～146 **相对密度(水=1)** 0.846

相对蒸气密度(空气=1) 无资料

饱和蒸气压(kPa) 0.8 (20C)

燃烧热(kJ/mol) 无资料 **临界温度(℃)** 无资料

临界压力(MPa) 3.56 **辛醇/水分配系数** 3.94

闪点(℃) 25 **自燃温度(℃)** 无资料

爆炸下限(%) 无资料 **爆炸上限(%)** 无资料

分解温度(℃) 无资料 **黏度(mPa·s)** 无资料

溶解性 不溶于水，溶于乙醇、乙醚

第十部分 稳定性和反应性

稳定性 稳定

危险反应 与强氧化剂等禁配物接触，有发生火灾和爆炸的危险。高热下发生聚合

避免接触的条件 受热，接触空气

禁配物 强氧化剂、酸类、卤代烃、卤素等

危险的分解产物 无资料

第十一部分 毒理学信息

急性毒性 无资料 **皮肤刺激或腐蚀** 无资料

眼睛刺激或腐蚀 无资料 **呼吸或皮肤过敏** 无资料

生殖细胞突变性 无资料 **致癌性** 无资料

生殖毒性 无资料

特异性靶器官系统毒性-一次接触 无资料

特异性靶器官系统毒性-反复接触 无资料

吸入危害 无资料

第十二部分 生态学信息

生态毒性

LC_{50} 9.2mg/L (48h)(高体雅罗鱼)

EC_{50} 0.61mg/L (48h)(水蚤)

持久性和降解性

生物降解性 不易快速生物降解

非生物降解性 无资料

潜在的生物累积性 根据K_{ow}值预测，该物质可能有一定的生物累积性

土壤中的迁移性 根据K_{oc}值预测，该物质可能有一定的迁移性

第十三部分 废弃处置

废弃化学品 建议用焚烧法处置

污染包装物 将容器返还生产商或按照国家和地方法规处置

废弃注意事项 处置前应参阅国家和地方有关法规

第十四部分 运输信息

联合国危险货物编号(UN号) 3295

联合国运输名称 液态烃类，未另作规定的(环辛烯)

联合国危险性类别 3 **包装类别** Ⅲ类包装

包装标志  **海洋污染物** 否

运输注意事项 运输时运输车辆应配备相应品种和数量的消防器材及泄漏应急处理设备。夏季最好早晚运输。运输时所用的槽(罐)车应有接地链，槽内可设孔隔板以减少震荡产生的静电。严禁与氧化剂、食用化学品等混装混运。运输途中应防曝晒、雨淋，防高温。中途停留时应远离火种、热源、高温区。装运该物品的车辆排气管必须配备阻火装置，禁止使用易产生火花的机械设备和工具装卸。公路运输时要按规定路线行驶，勿在居民区和人口稠密区停留。铁路运输时要禁止溜放。严禁用木船、水泥船散装运输

第十五部分 法规信息

下列法律、法规、规章和标准，对该化学品的管理作了相应的规定。

中华人民共和国职业病防治法 职业病分类和目录：未列入

危险化学品安全管理条例 危险化学品目录：列入。易制爆危险化学品名录：未列入。重点监管的危险化学品名录：未列入。GB 18218—2009《危险化学品重大危险源辨识》(表1)：未列入

使用有毒物品作业场所劳动保护条例 高毒物品目录：未列入

易制毒化学品管理条例 易制毒化学品的分类和品种目录：未列入

国际公约 斯德哥尔摩公约：未列入。鹿特丹公约：未列入。蒙特利尔议定书：未列入

第十六部分 其他信息

编写和修订信息 **缩略语和首字母缩写**

培训建议 **参考文献**

免责声明

1,2-环氧丙烷

第一部分 化学品标识

化学品中文名 1,2-环氧丙烷；氧化丙烯；甲基环氧乙烷

化学品英文名 1,2-epoxypropane；propylene oxide；methyl ethylene oxide

分子式 C_3H_6O **相对分子质量** 58.08

结构式 (O-环氧丙烷结构)

化学品的推荐及限制用途 是有机合成的重要原料。用于合成润滑剂、表面活性剂、去垢剂，以及制造杀虫剂、生产聚氨酯泡沫和树脂等

第二部分 危险性概述

紧急情况概述 极易燃液体和蒸气，吞咽有害，皮肤接触有害，吸入有害

GHS危险性类别 易燃液体，类别1；急性毒性-经口，类别4；急性毒性-经皮，类别4；急性毒性-吸入，类别4；皮肤腐蚀/刺激，类别2；严重眼损伤/眼刺激，类别2；生殖细胞致突变性，类别1B；致癌性，类别2；特异性靶器官毒性--一次接触，类别3(呼吸道刺激)；危害水生环境-急性危害，类别3

标签要素

象形图 

警示词 危险

危险性说明 极易燃液体和蒸气，吞咽有害，皮肤接触有害，吸入有害，造成皮肤刺激，造成严重眼刺激，可造成遗传性缺陷，怀疑对生育力或胎儿造成伤害，可能引起呼吸道刺激，对水生生物有害

防范说明

预防措施 远离热源、火花、明火、热表面。禁止吸烟。保持容器密闭。容器和接收设备接地连接。使用防爆电器、通风、照明设备。只能使用不产生火花的工具。采取防止静电措施。避免接触眼睛、皮肤，操作后彻底清洗。作业场所不得进食、饮水或吸烟。戴防护手套，穿防护服，戴防护眼镜、防护面罩。避免吸入蒸气、雾。仅在室外或通风良好处操作。得到专门指导后操作。在阅读并了解所有安全预防措施之前，切勿操作。按要求使用个体防护装备。禁止排入环境

事故响应 火灾时，使用抗溶性泡沫、二氧化碳、干粉、砂土灭火。如吸入：将患者转移到空气

新鲜处，休息，保持利于呼吸的体位。皮肤接触：立即脱掉所有被污染的衣服，用大量肥皂水和水清洗。被污染的衣服须经洗净后方可重新使用。如发生皮肤刺激，就医。如接触眼睛：用水细心冲洗数分钟。如戴隐形眼镜并可方便地取出，取出隐形眼镜继续冲洗。如果眼睛刺激持续：就医。食入：漱口。如果感觉不适，立即呼叫中毒控制中心或就医。如果接触或有担心，就医

安全储存　存放在通风良好的地方。保持低温。上锁保管

废弃处置　本品及内装物、容器依据国家和地方法规处置

物理和化学危险　极易燃，其蒸气与空气混合，能形成爆炸性混合物

健康危害　在工业生产中主要经呼吸道吸收。液态也可经皮肤吸收。是一种原发性刺激剂，轻度中枢神经系统抑制剂和原浆毒。接触高浓度蒸气，出现结膜充血、流泪、咽痛、咳嗽、呼吸困难；并伴有头胀、头晕、步态不稳、共济失调、恶心和呕吐。重者可见有烦躁不安、多语、谵妄，甚至昏迷。少数出现血压升高、心律不齐、心肌损害、中毒性肠麻痹、消化道出血以及肝、肾损害。液体可致角膜灼伤。皮肤接触有刺激作用，严重者可引起皮肤坏死

环境危害　对水生生物有害

第三部分　成分/组成信息

√物质　　混合物

组分	浓度	CAS No.
1,2-环氧丙烷		75-56-9

第四部分　急救措施

吸入　迅速脱离现场至空气新鲜处。保持呼吸道通畅。如呼吸困难，给输氧。如呼吸、心跳停止，立即进行心肺复苏术。就医

皮肤接触　立即脱去污染的衣着，用大量流动清水彻底冲洗至少15min。就医

眼睛接触　立即分开眼睑，用流动清水或生理盐水彻底冲洗至少15min。就医

食入　用水漱口，禁止催吐。给饮牛奶或蛋清。就医

对保护施救者的忠告　根据需要使用个人防护设备

对医生的特别提示　对症处理

第五部分　消防措施

灭火剂　用抗溶性泡沫、二氧化碳、干粉、砂土灭火

特别危险性　与铁、锡、铝的无水氯化物，铁、铝的过氧化物以及碱金属氢氧化物等催化剂的活性表面接触能聚合放热，使容器爆破。遇氨水、氯磺酸、盐酸、氟化氢、硝酸、硫酸、发烟硫酸猛烈反应，有爆炸危险。燃烧生成有害的一氧化碳

灭火注意事项及防护措施　消防人员须佩戴防毒面具、穿全身消防服，在上风向灭火。尽可能将容器从火场移至空旷处。喷水保持火场容器冷却，直至灭火结束。容器突然发出异常声音或出现异常现象，应立即撤离

第六部分　泄漏应急处理

作业人员防护措施、防护装备和应急处置程序　消除所有点火源。根据液体流动和蒸气扩散的影响区域划定警戒区，无关人员从侧风、上风向撤离至安全区。建议应急处理人员戴正压自给式呼吸器，穿防毒、防静电服，戴橡胶耐油手套。作业时使用的所有设备应接地。禁止接触或跨越泄漏物。尽可能切断泄漏源

环境保护措施　防止泄漏物进入水体、下水道、地下室或有限空间

泄漏化学品的收容、清除方法及所使用的处置材料　小量泄漏：用砂土或其他不燃材料吸收，使用洁净的无火花工具收集吸收材料。大量泄漏：构筑围堤或挖坑收容。用砂土、惰性物质或蛭石吸收大量液体。用抗溶性泡沫覆盖，减少蒸发。喷水雾能减少蒸发，但不能降低泄漏物在有限空间内的易燃性。用防爆泵转移至槽车或专用收集器内。喷雾状水驱散蒸气、稀释液体泄漏物

第七部分　操作处置与储存

操作注意事项　密闭操作，全面通风。操作人员必须经过专门培训，严格遵守操作规程。建议操作人员佩戴自吸过滤式防毒面具（全面罩），穿防静电工作服，戴橡胶耐油手套。远离火种、热源。工作场所严禁吸烟。使用防爆型的通风系统和设备。防止蒸气泄漏到工作场所空气中。避免与氧化剂、酸类、碱类接触。灌装时应控制流速，且有接地装置，防止静电积聚。搬运时要轻装轻卸，防止包装及容器损坏。配备相应品种和数量的消防器材及泄漏应急处理设备。倒空的容器可能残留有害物

储存注意事项　储存于阴凉、通风的库房。库温不宜超过29℃。远离火种、热源。保持容器密封。应与氧化剂、酸类、碱类分开存放，切忌混储。采用防爆型照明、通风设施。禁止使用易产生火花的机械设备和工具。储区应备有泄漏应急处理设备和合适的收容材料

第八部分　接触控制/个体防护

职业接触限值

中国　PC-TWA：5mg/m³［敏］［G2B］

美国(ACGIH)　TLV-TWA：2ppm［敏］

生物接触限值　未制定标准

监测方法　空气中有毒物质测定方法：直接进样-气相色谱法。生物监测检验方法：未制定标准

工程控制　生产过程密闭，全面通风。提供安全的淋浴和洗眼设备

个体防护装备

呼吸系统防护　可能接触其蒸气时，佩戴过滤式防毒面具（全面罩）

眼睛防护　呼吸系统防护中已作防护

皮肤和身体防护　穿防静电工作服

手防护 戴橡胶耐油手套

第九部分 理化特性

外观与性状 无色液体，有类似乙醚的气味

pH值 无资料 **熔点(℃)** −112

沸点(℃) 34 **相对密度(水=1)** 0.83

相对蒸气密度(空气=1) 2.0

饱和蒸气压(kPa) 71.7 (25℃)

燃烧热(kJ/mol) −1755.8 **临界温度(℃)** 209.1

临界压力(MPa) 4.93 **辛醇/水分配系数** 0.03

闪点(℃) −37 (CC)；−28.8 (OC)

自燃温度(℃) 449 **爆炸下限(%)** 2.3

爆炸上限(%) 36.0 **分解温度(℃)** 无资料

黏度(mPa·s) 0.28 (25℃)

溶解性 溶于水，混溶于甲醇、乙醚、丙酮、苯、四氯化碳等多数有机溶剂

第十部分 稳定性和反应性

稳定性 稳定

危险反应 与强氧化剂、硝酸、硫酸等禁配物接触，有发生火灾和爆炸的危险。与铁、锡、铝的无水氯化物，铁、铝的过氧化物以及碱金属氢氧化物等催化剂的活性表面接触能聚合放热

避免接触的条件 受热

禁配物 酸类、碱类、强氧化剂。铁、锡、铝的无水氯化物，铁、铝的过氧化物，氨水、氯磺酸、盐酸、氟化氢、硝酸、硫酸、发烟硫酸等

危险的分解产物 无资料

第十一部分 毒理学信息

急性毒性

LD_{50} 380mg/kg (大鼠经口)；1245mg/kg (兔经皮)

LC_{50} 4000ppm (大鼠吸入，4h)；4127mg/m^3 (小鼠吸入，4h)

皮肤刺激或腐蚀 家兔经皮：50mg (6min)，重度刺激；415mg，中度刺激 (开放性刺激试验)

眼睛刺激或腐蚀 家兔经眼：20mg (2h)，中度刺激

呼吸或皮肤过敏 无资料

生殖细胞突变性 微生物致突变：鼠伤寒沙门氏菌 350μg/皿。DNA损伤：大肠杆菌 1μmol/L。显性致死实验：大鼠吸入 300ppm (5d) (间歇)。细胞遗传学分析：人淋巴细胞 1850μg/L。姐妹染色单体交换：人淋巴细胞 25000ppm

致癌性 IARC致癌性评论：组2B，可疑人类致癌物。对人类致癌性证据有限，对动物致癌性证据不充分

生殖毒性 大鼠孕后7～16d吸入最低中毒剂量 (TCLo) 500ppm (7h)，致肌肉骨骼系统、颅面部 (包括鼻、舌) 发育畸形。大鼠吸入最低中毒浓度 (TCLo)：500ppm (7h) (孕后7～16d用药)，致胚胎毒性，致肌肉骨骼发育异常

特异性靶器官系统毒性-一次接触 无资料

特异性靶器官系统毒性-反复接触 0.3g/kg 灌胃，每周5次，18次，大鼠体重减轻，出现胃刺激和肝脏损害

吸入危害 无资料

第十二部分 生态学信息

生态毒性

LC_{50} 52mg/L (96h) (鱼)

TLm 141mg/L (96h) (食蚊鱼，静态)；215mg/L (96h) (蓝鳃太阳鱼，静态)

持久性和降解性

生物降解性 MITI-I测试，初始浓度100ppm，污泥浓度30ppm，2周后降解96%

非生物降解性 空气中，当羟基自由基浓度为5.00×10^{5}个/cm^{3}时，降解半衰期位30d (理论)；在25℃，当pH值为7～9、5时，水解半衰期分别为11.6d、6.6d (理论)

潜在的生物累积性 根据 K_{ow} 值预测，该物质的生物累积性可能较弱

土壤中的迁移性 根据 K_{oc} 值预测，该物质可能易发生迁移

第十三部分 废弃处置

废弃化学品 不含过氧化物的废液经浓缩后，控制一定的速度燃烧。含过氧化物的废液经浓缩后，在安全距离外敞口燃烧

污染包装物 将容器返还生产商或按照国家和地方法规处置

废弃注意事项 处置前应参阅国家和地方有关法规

第十四部分 运输信息

联合国危险货物编号 (UN号) 1280

联合国运输名称 氧化丙烯

联合国危险性类别 3 **包装类别** Ⅰ类包装

包装标志 

海洋污染物 否

运输注意事项 运输时运输车辆应配备相应品种和数量的消防器材及泄漏应急处理设备。夏季最好早晚运输。运输时所用的槽 (罐) 车应有接地链，槽内可设孔隔板以减少震荡产生的静电。严禁与氧化剂、酸类、碱类、食用化学品等混装混运。运输途中应防曝晒、雨淋，防高温。中途停留时应远离火种、热源、高温区。装运该物品的车辆排气管必须配备阻火装置，禁止使用易产生火花的机械设备和工具装卸。公路运输时要按规定路线行驶，勿在居民区和人口稠密区停留。铁路运输时要禁止溜放。严禁用木船、水泥船散装运输

第十五部分 法规信息

下列法律、法规、规章和标准，对该化学品的管理作了相应的规定。

中华人民共和国职业病防治法 职业病分类和目录：未列入

危险化学品安全管理条例 危险化学品目录：列入。易制爆危险化学品名录：未列入。重点监管的危险化学品

名录：列入。GB 18218—2009《危险化学品重大危险源辨识》(表1)：列入。类别：易燃液体，临界量(t)：10

使用有毒物品作业场所劳动保护条例　高毒物品目录：未列入

易制毒化学品管理条例　易制毒化学品的分类和品种目录：未列入

国际公约　斯德哥尔摩公约：未列入。鹿特丹公约：未列入。蒙特利尔议定书：未列入

第十六部分　其他信息

编写和修订信息　**缩略语和首字母缩写**

培训建议　**参考文献**

免责声明

1,2-环氧丁烷

第一部分　化学品标识

化学品中文名　1,2-环氧丁烷；氧化丁烯

化学品英文名　1,2-epoxybutane；1,2-butylene oxide

分子式　C_4H_8O　**相对分子质量**　72.12

结构式　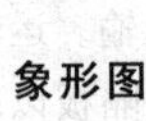

化学品的推荐及限制用途　用作溶剂、氯化溶剂的稳定剂、有机合成的中间体

第二部分　危险性概述

紧急情况概述　高度易燃液体和蒸气，吞咽有害，皮肤接触有害，吸入有害

GHS危险性类别　易燃液体，类别2；急性毒性-经口，类别4；急性毒性-经皮，类别4；急性毒性-吸入，类别4；皮肤腐蚀/刺激，类别2；严重眼损伤/眼刺激，类别2；致癌性，类别2；特异性靶器官毒性-一次接触，类别3(呼吸道刺激)；危害水生环境-急性危害，类别3；危害水生环境-长期危害，类别3

标签要素

象形图　

警示词　危险

危险性说明　高度易燃液体和蒸气，吞咽有害，皮肤接触有害，吸入有害，造成皮肤刺激，造成严重眼刺激，可造成遗传性缺陷，怀疑对生育力或胎儿造成伤害，可能引起呼吸道刺激，对水生生物有害并具有长期持续影响

防范说明

预防措施　远离热源、火花、明火、热表面。禁止吸烟。保持容器密闭。容器和接收设备接地连接。使用防爆电器、通风、照明设备。只能使用不产生火花的工具。采取防止静电措施。避免接触眼睛、皮肤，操作后彻底清洗。作业场所不得进食、饮水或吸烟。戴防护手套，穿防护服，戴防护眼镜、防护面罩。避免吸入蒸气、雾。仅在室外或通风良好处操作。得到专门指导后操作。在阅读并了解所有安全预防措施之前，切勿操作。按要求使用个体防护装备。禁止排入环境

事故响应　火灾时，使用抗溶性泡沫、1211灭火剂、干粉、砂土灭火。如吸入：将患者转移到空气新鲜处，休息，保持利于呼吸的体位。皮肤接触：立即脱掉所有被污染的衣服，用大量肥皂水和水清洗。被污染的衣服须经洗净后方可重新使用。如发生皮肤刺激，就医。如接触眼睛：用水细心冲洗数分钟。如戴隐形眼镜并可方便地取出，取出隐形眼镜继续冲洗。如果眼睛刺激持续：就医。食入：漱口。如果感觉不适，立即呼叫中毒控制中心或就医。如果接触或有担心，就医

安全储存　存放在通风良好的地方。保持低温。上锁保管

废弃处置　本品及内装物、容器依据国家和地方法规处置

物理和化学危险　高度易燃，其蒸气与空气混合，能形成爆炸性混合物

健康危害　本品对呼吸道有刺激性，可发生支气管炎和肺炎。对中枢神经系统有麻醉和抑制作用。眼接触可有眼痛、结膜刺激和暂时性角膜损害。皮肤一次接触呈轻度刺激；反复或长期接触，可引起水疱和坏死

环境危害　对水生生物有害并具有长期持续影响

第三部分　成分/组成信息

√物质　　混合物

组分	浓度	CAS No.
1,2-环氧丁烷		106-88-7

第四部分　急救措施

吸入　迅速脱离现场至空气新鲜处。保持呼吸道通畅。如呼吸困难，给输氧。如呼吸、心跳停止，立即进行心肺复苏术。就医

皮肤接触　立即脱去污染的衣着，用流动清水彻底冲洗。就医

眼睛接触　立即分开眼睑，用流动清水或生理盐水彻底冲洗。就医

食入　漱口，饮水。就医

对保护施救者的忠告　根据需要使用个人防护设备

对医生的特别提示　对症处理

第五部分　消防措施

灭火剂　用抗溶性泡沫、1211灭火剂、干粉、砂土灭火

特别危险性　与氧化剂能发生强烈反应。在空气中久置后能生成有爆炸性的过氧化物。蒸气比空气重，沿地面扩散并易积存于低洼处，遇火源会着火回燃。燃烧生成有害的一氧化碳

灭火注意事项及防护措施　消防人员须佩戴防毒面具、穿全身消防服，在上风向灭火。尽可能将容器从火场移

至空旷处。喷水保持火场容器冷却，直至灭火结束。容器突然发出异常声音或出现异常现象，应立即撤离

第六部分 泄漏应急处理

作业人员防护措施、防护装备和应急处置程序 消除所有点火源。根据液体流动和蒸气扩散的影响区域划定警戒区，无关人员从侧风、上风向撤离至安全区。建议应急处理人员戴正压自给式呼吸器，穿防静电服，戴橡胶耐油手套。作业时使用的所有设备应接地。禁止接触或跨越泄漏物。尽可能切断泄漏源

环境保护措施 防止泄漏物进入水体、下水道、地下室或有限空间

泄漏化学品的收容、清除方法及所使用的处置材料 小量泄漏：用砂土或其他不燃材料吸收，使用洁净的无火花工具收集吸收材料。大量泄漏：构筑围堤或挖坑收容。用抗溶性泡沫覆盖，减少蒸发。喷水雾能减少蒸发，但不能降低泄漏物在有限空间内的易燃性。用防爆泵转移至槽车或专用收集器内

第七部分 操作处置与储存

操作注意事项 密闭操作，全面通风。操作人员必须经过专门培训，严格遵守操作规程。建议操作人员佩戴自吸过滤式防毒面具（全面罩），穿防静电工作服，戴橡胶耐油手套。远离火种、热源。工作场所严禁吸烟。使用防爆型的通风系统和设备。防止蒸气泄漏到工作场所空气中。避免与氧化剂、酸类接触。灌装时应控制流速，且有接地装置，防止静电积聚。搬运时要轻装轻卸，防止包装及容器损坏。配备相应品种和数量的消防器材及泄漏应急处理设备。倒空的容器可能残留有害物

储存注意事项 通常商品加有稳定剂。储存于阴凉、通风的库房。远离火种、热源。库温不宜超过 37℃。保持容器密封。应与氧化剂、酸类、食用化学品分开存放，切忌混储。不宜久存，以免变质。采用防爆型照明、通风设施。禁止使用易产生火花的机械设备和工具。储区应备有泄漏应急处理设备和合适的收容材料

第八部分 接触控制/个体防护

职业接触限值

中国 未制定标准

美国(ACGIH) 未制定标准

生物接触限值 未制定标准

监测方法 空气中有毒物质测定方法：未制定标准。生物监测检验方法：未制定标准

工程控制 生产过程密闭，全面通风。提供安全的淋浴和洗眼设备

个体防护装备

呼吸系统防护 可能接触其蒸气时，佩戴过滤式防毒面具（全面罩）

眼睛防护 呼吸系统防护中已作防护

皮肤和身体防护 穿防静电工作服

手防护 戴橡胶耐油手套

第九部分 理化特性

外观与性状 无色液体，有醚样的气味

pH 值 无资料 **熔点(℃)** −150

沸点(℃) 63.3 **相对密度(水＝1)** 0.83

相对蒸气密度(空气＝1) 2.2

饱和蒸气压(kPa) 18.62 (20℃)

燃烧热(kJ/mol) − 2552.3 **临界温度(℃)** 无资料

临界压力(MPa) 4.39 **辛醇/水分配系数** 0.416

闪点(℃) −22 (CC) **引燃温度(℃)** 439

爆炸下限(%) 1.5 **爆炸上限(%)** 18.3

分解温度(℃) 无资料 **黏度(mPa·s)** 无资料

溶解性 溶于水，可混溶于多数有机溶剂

第十部分 稳定性和反应性

稳定性 稳定

危险反应 与强氧化剂等禁配物接触，有发生火灾和爆炸的危险

避免接触的条件 受热，接触空气

禁配物 强氧化剂、酸类

危险的分解产物 无资料

第十一部分 毒理学信息

急性毒性 LD_{50}：500mg/kg（大鼠经口）；2100mg/kg（兔经皮）

皮肤刺激或腐蚀 家兔经皮：500mg (24h)，轻度刺激

眼睛刺激或腐蚀 无资料 **呼吸或皮肤过敏** 无资料

生殖细胞突变性 微生物致突变：鼠伤寒沙门氏菌 3333μg/皿。DNA 损伤：大肠杆菌 1μmol/L。姐妹染色单体交换：仓鼠肺脏 2500μmol/L

致癌性 IARC 致癌性评论：组 2B，可疑人类致癌物。对人类致癌性证据有限，对动物致癌性证据不充分

生殖毒性 无资料

特异性靶器官系统毒性-一次接触

特异性靶器官系统毒性-反复接触 大鼠、豚鼠及兔反复吸入 1.18g/m³，每天 7h，能长期耐受

吸入危害 无资料

第十二部分 生态学信息

生态毒性

LC_{50} 72mg/L (96h)（蓝鳃太阳鱼，静态）；52.9 mg/L (96h)(黑头呆鱼，动态)；52～72mg/L (96h)(红鲈)

EC_{50} 69.8mg/L (48h)（水蚤）

持久性和降解性

生物降解性 好氧生物降解 (h)：168～310；厌氧生物降解 (h)：627～2688

非生物降解性 水中光氧化半衰期 (h)：12000～480000；空气中光氧化半衰期 (h)：30.5～350；一级水解半衰期 (h)：310

潜在的生物累积性 根据 K_{ow} 值预测，该物质的生物累积性可能较弱

土壤中的迁移性 根据 K_{oc} 值预测，该物质可能易发生迁移

第十三部分 废弃处置

废弃化学品 不含过氧化物的废液经浓缩后，控制一定的

速度燃烧。含过氧化物的废液经浓缩后，在安全距离外敞口燃烧

污染包装物 将容器返还生产商或按照国家和地方法规处置

废弃注意事项 处置前应参阅国家和地方有关法规

第十四部分 运输信息

联合国危险货物编号（UN号） 3022

联合国运输名称 1,2-丁撑氧，稳定的

联合国危险性类别 3 **包装类别** Ⅱ类包装

包装标志  **海洋污染物** 否

运输注意事项 运输时运输车辆应配备相应品种和数量的消防器材及泄漏应急处理设备。夏季最好早晚运输。运输时所用的槽（罐）车应有接地链，槽内可设孔隔板以减少震荡产生的静电。严禁与氧化剂、酸类、食用化学品等混装混运。运输途中应防曝晒、雨淋，防高温。中途停留时应远离火种、热源、高温区。装运该物品的车辆排气管必须配备阻火装置，禁止使用易产生火花的机械设备和工具装卸。公路运输时要按规定路线行驶，勿在居民区和人口稠密区停留。铁路运输时要禁止溜放。严禁用木船、水泥船散装运输

第十五部分 法规信息

下列法律、法规、规章和标准，对该化学品的管理作了相应的规定。

中华人民共和国职业病防治法 职业病分类和目录：未列入

危险化学品安全管理条例 危险化学品目录：列入。易制爆危险化学品名录：未列入。重点监管的危险化学品名录：未列入。GB 18218—2009《危险化学品重大危险源辨识》(表1)：未列入

使用有毒物品作业场所劳动保护条例 高毒物品目录：未列入

易制毒化学品管理条例 易制毒化学品的分类和品种目录：未列入

国际公约 斯德哥尔摩公约：未列入。鹿特丹公约：未列入。蒙特利尔议定书：未列入

第十六部分 其他信息

编写和修订信息 **缩略语和首字母缩写**

培训建议 **参考文献**

免责声明

环氧树脂

第一部分 化学品标识

化学品中文名 环氧树脂 **化学品英文名** epoxy resin

化学品的推荐及限制用途 用作金属涂料、金属黏合剂、玻璃纤维增强结构材料、防腐蚀材料、金属加工用模具等，在电器工业中用作绝缘材料

第二部分 危险性概述

紧急情况概述 造成皮肤刺激，造成严重眼刺激，可能导致皮肤过敏反应

GHS危险性类别 皮肤腐蚀/刺激，类别2；严重眼损伤/眼刺激，类别2A；皮肤致敏物，类别1；危害水生环境-急性危害，类别2；危害水生环境-长期危害，类别2

标签要素

象形图

警示词 警告

危险性说明 造成皮肤刺激，造成严重眼刺激，可能导致皮肤过敏反应，对水生生物有毒并具有长期持续影响

防范说明

预防措施 避免接触眼睛、皮肤，操作后彻底清洗。戴防护手套、防护眼镜、防护面罩。避免吸入粉尘、蒸气、雾。污染的工作服不得带出工作场所。禁止排入环境

事故响应 皮肤接触：用大量肥皂水和水清洗。如出现皮肤刺激或皮疹：就医。脱去被污染的衣服，洗净后方可重新使用。如接触眼睛：用水细心冲洗数分钟。如戴隐形眼镜并可方便地取出，取出隐形眼镜继续冲洗。如果眼睛刺激持续：就医。收集泄漏物

安全储存 -

废弃处置 本品及内装物、容器依据国家和地方法规处置

物理和化学危险 易燃，其蒸气与空气混合，能形成爆炸性混合物

健康危害 制备和使用环氧树脂的工人，可有头痛、恶心、食欲不振、眼灼痛、眼睑水肿、上呼吸道刺激、皮肤病症等。本品的主要危害为引起过敏性皮肤病，其表现形式为瘙痒性红斑、丘疹、疱疹、湿疹性皮炎等

环境危害 对水生生物有毒并具有长期持续影响

第三部分 成分/组成信息

√物质 混合物

组分	浓度	CAS No.
环氧基烃类聚合物	无资料	25068-38-6

第四部分 急救措施

吸入 迅速脱离现场至空气新鲜处。保持呼吸道通畅。如呼吸困难，给输氧。如呼吸、心跳停止，立即进行心肺复苏术。就医

皮肤接触 立即脱去污染的衣着，用流动清水彻底冲洗。就医

眼睛接触 立即分开眼睑，用流动清水或生理盐水彻底冲洗。就医

食入 漱口，饮水。就医

对保护施救者的忠告 根据需要使用个人防护设备

对医生的特别提示 对症处理

第五部分 消防措施

灭火剂 用雾状水、泡沫、二氧化碳、干粉、砂土灭火

特别危险性 受高热分解放出有毒的气体。粉体与空气可形成爆炸性混合物，当达到一定浓度时，遇火星会发生爆炸。燃烧生成有害的一氧化碳

灭火注意事项及防护措施 消防人员必须佩戴空气呼吸器、穿全身防火防毒服，在上风向灭火。喷水冷却容器，尽可能将容器从火场移至空旷处。容器突然发出异常声音或出现异常现象，应立即撤离

第六部分 泄漏应急处理

作业人员防护措施、防护装备和应急处置程序 消除所有点火源。根据液体流动和蒸气扩散的影响区域划定警戒区，无关人员从侧风、上风向撤离至安全区。建议应急处理人员戴正压自给式呼吸器，穿一般作业工作服。穿上适当的防护服前严禁接触破裂的容器和泄漏物。尽可能切断泄漏源

环境保护措施 防止进入下水道等有限空间

泄漏化学品的收容、清除方法及所使用的处置材料 小量泄漏：用干燥的砂土或类似的物质吸收。大量泄漏：构筑围堤或挖坑收容。用防爆泵转移至槽车或专用收集器内，回收或废弃处置。若是固体泄漏：用塑料布覆盖泄漏物，减少飞散。勿使水进入包装容器内。用洁净的铲子收集泄漏物，置于干净、干燥、盖子较松的容器中，将容器移离泄漏区

第七部分 操作处置与储存

操作注意事项 密闭操作，提供良好的自然通风条件。操作人员必须经过专门培训，严格遵守操作规程。建议操作人员佩戴自吸过滤式防尘口罩，戴化学安全防护眼镜。远离火种、热源。工作场所严禁吸烟。使用防爆型的通风系统和设备。防止蒸气泄漏到工作场所空气中。避免与氧化剂接触。搬运时要轻装轻卸，防止包装及容器损坏。配备相应品种和数量的消防器材及泄漏应急处理设备。倒空的容器可能残留有害物

储存注意事项 储存于阴凉、通风的库房。远离火种、热源。保持容器密封。应与氧化剂分开存放，切忌混储。采用防爆型照明、通风设施。禁止使用易产生火花的机械设备和工具。储区应备有泄漏应急处理设备和合适的收容材料

第八部分 接触控制/个体防护

职业接触限值

中国 未制定标准

美国(ACGIH) 未制定标准

生物接触限值 未制定标准

监测方法 空气中有毒物质测定方法：未制定标准。生物监测检验方法：未制定标准

工程控制 密闭操作。提供良好的自然通风条件

个体防护装备

呼吸系统防护 空气中浓度超标时，佩戴过滤式防尘呼吸器

眼睛防护 一般不需要特殊防护，高浓度接触时可戴化学安全防护眼镜

皮肤和身体防护 穿一般作业防护服

手防护 戴一般作业防护手套

第九部分 理化特性

外观与性状 根据分子结构和分子量大小的不同，其物态可从无臭、无味的黄色透明液体至固体

pH 值 无资料　**熔点(℃)** 145～155

沸点(℃) 无资料　**相对密度(水=1)** 无资料

相对蒸气密度(空气=1) 无资料

饱和蒸气压(kPa) 无资料

燃烧热(kJ/mol) 无资料　**临界温度(℃)** 无资料

临界压力(MPa) 无资料　**辛醇/水分配系数** 无资料

闪点(℃) 无资料　**自燃温度(℃)** 无资料

爆炸下限(%) 无资料　**爆炸上限(%)** 无资料

分解温度(℃) 无资料　**黏度(mPa·s)** 无资料

溶解性 溶于丙酮、环己酮、乙二醇、甲苯和苯乙烯等

第十部分 稳定性和反应性

稳定性 稳定

危险反应 与强氧化剂等禁配物接触，有发生火灾和爆炸的危险

避免接触的条件 受热

禁配物 强氧化剂

危险的分解产物 无资料

第十一部分 毒理学信息

急性毒性 LD_{50}：11400mg/kg（大鼠经口）

皮肤刺激或腐蚀 无资料　**眼睛刺激或腐蚀** 无资料

呼吸或皮肤过敏 无资料　**生殖细胞突变性** 无资料

致癌性 无资料　**生殖毒性** 无资料

特异性靶器官系统毒性-一次接触 无资料

特异性靶器官系统毒性-反复接触 无资料

吸入危害 无资料

第十二部分 生态学信息

生态毒性 无资料

持久性和降解性

生物降解性 无资料

非生物降解性 无资料

潜在的生物累积性 无资料

土壤中的迁移性 无资料

第十三部分 废弃处置

废弃化学品 建议用焚烧法处置

污染包装物 将容器返还生产商或按照国家和地方法规处置

废弃注意事项 处置前应参阅国家和地方有关法规

第十四部分　运输信息

联合国危险货物编号（UN号）　-(不含易燃溶剂)；1866(含易燃溶剂)

联合国运输名称　-(不含易燃溶剂)；树脂溶液，易燃(含易燃溶剂)

联合国危险性类别　3

包装类别　-(不含易燃溶剂)；Ⅱ类或Ⅲ类包装（含易燃溶剂）

包装标志　-(不含易燃溶剂)

易燃液体（含易燃溶剂）

海洋污染物　-

运输注意事项　运输时运输车辆应配备相应品种和数量的消防器材及泄漏应急处理设备。严禁与氧化剂、食用化学品混装混运。运输途中应防曝晒、雨淋，防高温。按规定路线行驶，勿在居民区和人口稠密区停留

第十五部分　法规信息

下列法律、法规、规章和标准，对该化学品的管理作了相应的规定。

中华人民共和国职业病防治法　职业病分类和目录：未列入

危险化学品安全管理条例　危险化学品目录：未列入。易制爆危险化学品名录：未列入。重点监管的危险化学品名录：未列入。GB 18218—2009《危险化学品重大危险源辨识》（表1)：未列入

使用有毒物品作业场所劳动保护条例　高毒物品目录：未列入

易制毒化学品管理条例　易制毒化学品的分类和品种目录：未列入

国际公约　斯德哥尔摩公约：未列入。鹿特丹公约：未列入。蒙特利尔议定书：未列入

第十六部分　其他信息

编写和修订信息　　**缩略语和首字母缩写**

培训建议　　**参考文献**

免责声明

环氧溴丙烷

第一部分　化学品标识

化学品中文名　环氧溴丙烷；3-溴-1,2-环氧丙烷；溴环氧丙烷；表溴醇

化学品英文名　epibromohydrin；1-bromo-2,3-epoxypropane

分子式　C_3H_5BrO　　**相对分子质量**　136.99

结构式　(O-环氧环-CH₂Br 结构式)

化学品的推荐及限制用途　用作纤维素溶剂、中间体等

第二部分　危险性概述

紧急情况概述　易燃液体和蒸气，吞咽会中毒，皮肤接触会中毒

GHS危险性类别　易燃液体，类别3；急性毒性-经口，类别3；急性毒性-经皮，类别3

标签要素

象形图

警示词　危险

危险性说明　易燃液体和蒸气，吞咽会中毒，皮肤接触会中毒

防范说明

预防措施　远离热源、火花、明火、热表面。禁止吸烟。保持容器密闭。容器和接收设备接地连接。使用防爆电器、通风、照明设备。只能使用不产生火花的工具。采取防止静电措施。戴防护手套、防护眼镜、防护面罩，穿防护服。避免接触眼睛、皮肤，操作后彻底清洗。作业场所不得进食、饮水或吸烟

事故响应　火灾时，使用泡沫、二氧化碳、干粉、砂土灭火。皮肤接触：立即脱去所有被污染的衣服，用大量肥皂水和水清洗。如感觉不适，呼叫中毒控制中心或就医。被污染的衣服须经洗净后方可重新使用。食入：漱口，立即呼叫中毒控制中心或就医

安全储存　存放在通风良好的地方。保持低温。上锁保管

废弃处置　本品及内装物、容器依据国家和地方法规处置

物理和化学危险　易燃，其蒸气与空气混合，能形成爆炸性混合物

健康危害　本品对眼睛、皮肤、黏膜和上呼吸道有刺激作用。吸入后可引起喉炎、支气管炎、化学性肺炎，甚至发生肺水肿

环境危害　对环境可能有害

第三部分　成分/组成信息

√物质		混合物
组分	浓度	CAS No.
环氧溴丙烷		3132-64-7

第四部分　急救措施

吸入　迅速脱离现场至空气新鲜处。保持呼吸道通畅。如呼吸困难，给输氧。如呼吸、心跳停止，立即进行心肺复苏术。就医

皮肤接触　立即脱去污染的衣着，用流动清水彻底冲洗。就医

眼睛接触　立即分开眼睑，用流动清水或生理盐水彻底冲洗。就医

食入　漱口，饮水。就医

对保护施救者的忠告 根据需要使用个人防护设备

对医生的特别提示 对症处理

第五部分 消防措施

灭火剂 用泡沫、二氧化碳、干粉、砂土灭火

特别危险性 易燃，遇明火、高热或与氧化剂接触，有引起燃烧爆炸的危险。受高热分解产生有毒的溴化物气体。在酸、碱、水分等催化剂存在下，能发生聚合放热反应。燃烧生成有害的一氧化碳、溴化氢

灭火注意事项及防护措施 消防人员须佩戴防毒面具、穿全身消防服，在上风向灭火。尽可能将容器从火场移至空旷处。喷水保持火场容器冷却，直至灭火结束。容器突然发出异常声音或出现异常现象，应立即撤离

第六部分 泄漏应急处理

作业人员防护措施、防护装备和应急处置程序 消除所有点火源。根据液体流动和蒸气扩散的影响区域划定警戒区，无关人员从侧风、上风向撤离至安全区。建议应急处理人员戴正压自给式呼吸器，穿防毒、防静电服，戴橡胶手套。作业时使用的所有设备应接地。禁止接触或跨越泄漏物。尽可能切断泄漏源

环境保护措施 防止泄漏物进入水体、下水道、地下室或有限空间

泄漏化学品的收容、清除方法及所使用的处置材料 小量泄漏：用砂土或其他不燃材料吸收，使用洁净的无火花工具收集吸收材料。大量泄漏：构筑围堤或挖坑收容。用抗溶性泡沫覆盖，减少蒸发。喷水雾能减少蒸发，但不能降低泄漏物在有限空间内的易燃性。用防爆泵转移至槽车或专用收集器内

第七部分 操作处置与储存

操作注意事项 严加密闭，提供充分的局部排风和全面通风。操作人员必须经过专门培训，严格遵守操作规程。建议操作人员佩戴自吸过滤式防毒面具（全面罩），穿连衣式防毒衣，戴橡胶手套。远离火种、热源。工作场所严禁吸烟。使用防爆型的通风系统和设备。防止蒸气泄漏到工作场所空气中。避免与氧化剂接触。搬运时要轻装轻卸，防止包装及容器损坏。配备相应品种和数量的消防器材及泄漏应急处理设备。倒空的容器可能残留有害物

储存注意事项 储存于阴凉、通风的库房。远离火种、热源。包装要求密封，不可与空气接触。应与氧化剂、食用化学品分开存放，切忌混储。采用防爆型照明、通风设施。禁止使用易产生火花的机械设备和工具。储区应备有泄漏应急处理设备和合适的收容材料

第八部分 接触控制/个体防护

职业接触限值

中国 未制定标准

美国(ACGIH) 未制定标准

生物接触限值 未制定标准

监测方法 空气中有毒物质测定方法：未制定标准。生物监测检验方法：未制定标准

工程控制 严加密闭，提供充分的局部排风和全面通风。提供安全的淋浴和洗眼设备

个体防护装备

呼吸系统防护 可能接触其蒸气时，必须佩戴过滤式防毒面具（全面罩）。紧急事态抢救或撤离时，建议佩戴空气呼吸器

眼睛防护 呼吸系统防护中已作防护

皮肤和身体防护 穿连衣式防毒衣

手防护 戴橡胶手套

第九部分 理化特性

外观与性状 无色或淡黄色透明液体，易挥发

pH 值 无资料　**熔点(℃)** −40

沸点(℃) 134～136　**相对密度(水＝1)** 1.60

相对蒸气密度(空气＝1) 无资料

饱和蒸气压(kPa) 无资料

燃烧热(kJ/mol) 无资料　**临界温度(℃)** 无资料

临界压力(MPa) 无资料　**辛醇/水分配系数** 0.85

闪点(℃) 56　**自燃温度(℃)** 无资料

爆炸下限(%) 无资料　**爆炸上限(%)** 无资料

分解温度(℃) 无资料　**黏度(mPa·s)** 无资料

溶解性 不溶于水，溶于热乙醇、乙醚、苯、氯仿

第十部分 稳定性和反应性

稳定性 稳定

危险反应 与强氧化剂等禁配物接触，有发生火灾和爆炸的危险。在酸、碱、水分等催化剂存在下，能发生聚合放热反应

避免接触的条件 受热

禁配物 强氧化剂

危险的分解产物 溴化氢

第十一部分 毒理学信息

急性毒性 LD_{50}：300mg/kg（小鼠腹腔）

皮肤刺激或腐蚀 无资料　**眼睛刺激或腐蚀** 无资料

呼吸或皮肤过敏 无资料　**生殖细胞突变性** 无资料

致癌性 无资料　**生殖毒性** 无资料

特异性靶器官系统毒性-一次接触 无资料

特异性靶器官系统毒性-反复接触 无资料

吸入危害 无资料

第十二部分 生态学信息

生态毒性 无资料

持久性和降解性

生物降解性 无资料

非生物降解性 空气中，当羟基自由基浓度为5.00×10^5个/cm^3时，降解半衰期为34d（理论）；在25℃，当pH值为7时，降解半衰期为16d（理论）

潜在的生物累积性 根据K_{ow}值预测，该物质的生物累积性可能较弱

土壤中的迁移性 根据K_{oc}值预测，该物质可能易发生迁移

第十三部分 废弃处置

废弃化学品 建议用焚烧法处置。焚烧炉排出的卤化氢通过酸洗涤器除去

污染包装物 将容器返还生产商或按照国家和地方法规处置

废弃注意事项 处置前应参阅国家和地方有关法规

第十四部分 运输信息

联合国危险货物编号（UN号） 2558

联合国运输名称 表溴醇

联合国危险性类别 6.1，3 **包装类别** Ⅰ类包装

包装标志 

海洋污染物 否

运输注意事项 运输前应先检查包装容器是否完整、密封，运输过程中要确保容器不泄漏、不倒塌、不坠落、不损坏。严禁与酸类、氧化剂、食品及食品添加剂混运。运输时运输车辆应配备相应品种和数量的消防器材及泄漏应急处理设备。运输途中应防曝晒、雨淋，防高温。运输时所用的槽（罐）车应有接地链，槽内可设孔隔板以减少震荡产生的静电。中途停留时应远离火种、热源。公路运输时要按规定路线行驶，勿在居民区和人口稠密区停留

第十五部分 法规信息

下列法律、法规、规章和标准，对该化学品的管理作了相应的规定。

中华人民共和国职业病防治法 职业病分类和目录：未列入

危险化学品安全管理条例 危险化学品目录：列入。易制爆危险化学品名录：未列入。重点监管的危险化学品名录：未列入。GB 18218—2009《危险化学品重大危险源辨识》（表1）：列入。类别：毒性物质；临界量（t）：20

使用有毒物品作业场所劳动保护条例 高毒物品目录：未列入

易制毒化学品管理条例 易制毒化学品的分类和品种目录：未列入

国际公约 斯德哥尔摩公约：未列入。鹿特丹公约：未列入。蒙特利尔议定书：未列入

第十六部分 其他信息

编写和修订信息 **缩略语和首字母缩写**

培训建议 **参考文献**

免责声明

环氧乙烷

第一部分 化学品标识

化学品中文名 环氧乙烷；氧丙环

化学品英文名 epoxyethane；ethylene oxide；oxirane

分子式 C_2H_4O **相对分子质量** 44.06

结构式 （三元环，含O）

化学品的推荐及限制用途 用于制造乙二醇、表面活性剂、洗涤剂、增塑剂以及树脂等

第二部分 危险性概述

紧急情况概述 极易燃气体，无空气也可能迅速反应。内装加压气体：遇热可能爆炸，吸入会中毒

GHS危险性类别 易燃气体，类别1；化学不稳定性气体，类别A；加压气体；急性毒性-吸入，类别3；皮肤腐蚀/刺激，类别2；严重眼损伤/眼刺激，类别2；生殖细胞致突变性，类别1B；致癌性，类别1A；特异性靶器官毒性-一次接触，类别3（呼吸道刺激）；危害水生环境-急性危害，类别3

标签要素

象形图 

警示词 危险

危险性说明 极易燃气体，无空气也可能迅速反应。内装加压气体：遇热可能爆炸，吸入会中毒，造成皮肤刺激，造成严重眼刺激，可造成遗传性缺陷，可能致癌，可能引起呼吸道刺激，对水生生物有害

防范说明

预防措施 远离热源、火花、明火、热表面。禁止吸烟。避免吸入气体。仅在室外或通风良好处操作。避免接触眼睛、皮肤，操作后彻底清洗。戴防护手套、防护眼镜、防护面罩。得到专门指导后操作。在阅读并了解所有安全预防措施之前，切勿操作。按要求使用个体防护装备。禁止排入环境

事故响应 漏气着火：切勿灭火，除非漏气能够安全地制止。如果没有危险，消除一切点火源。如吸入：将患者转移到空气新鲜处，休息，保持利于呼吸的体位，呼叫中毒控制中心或就医。皮肤接触：用大量肥皂水和水清洗。如发生皮肤刺激，就医。脱去被污染的衣服，污染的衣服洗净后方可重新使用。如接触眼睛：用水细心冲洗数分钟。如戴隐形眼镜并可方便地取出，取出隐形眼镜继续冲洗。如果眼睛刺激持续：就医。如果接触或有担心，就医

安全储存 防日晒。存放在通风良好的地方。保持容器密闭。上锁保管

废弃处置 本品及内装物、容器依据国家和地方法规处置

物理和化学危险 极易燃，与空气混合能形成爆炸性混合物

健康危害 是一种中枢神经抑制剂、刺激剂和原浆毒物。有致癌性

急性中毒 患者有剧烈的搏动性头痛、头晕、恶心、

呕吐、咳嗽、胸闷、呼吸困难；重者全身肌肉颤动、出汗、神志不清，以致昏迷。X线胸片显示支气管炎、支气管周围炎或肺炎。严重时也可出现肺水肿。可出现心肌损害和肝损害。皮肤接触迅速发生红肿，数小时后起疱，反复接触可致敏。皮肤直接接触液态本品可致冻伤。蒸气对眼有强烈刺激性，严重时发生角膜灼伤；液体溅入眼内，可致角膜灼伤

慢性影响　长期接触，可见有神经衰弱综合征、植物神经功能紊乱、周围神经损害、晶体混浊等。接触环氧乙烷女工自然流产率增高，有胚胎毒性

环境危害　对水生生物有害

第三部分　成分/组成信息

√物质　　　　　　混合物

组分	浓度	CAS No.
环氧乙烷		75-21-8

第四部分　急救措施

吸入　迅速脱离现场至空气新鲜处。保持呼吸道通畅。如呼吸困难，给输氧。如呼吸、心跳停止，立即进行心肺复苏术。就医

皮肤接触　如发生冻伤，用温水（38～42℃）复温，忌用热水或辐射热，不要揉搓。就医

眼睛接触　立即分开眼睑，用流动清水或生理盐水彻底冲洗至少15min。就医

对保护施救者的忠告　根据需要使用个人防护设备

对医生的特别提示　对症处理

第五部分　消防措施

灭火剂　用水、雾状水、抗溶性泡沫、干粉、二氧化碳灭火

特别危险性　其蒸气能与空气形成范围广阔的爆炸性混合物，遇热源和明火有燃烧爆炸的危险。若遇高热可发生剧烈分解，引起容器破裂或爆炸事故。接触碱金属、氢氧化物或高活性催化剂（如铁、锡和铝的无水氯化物）及铁和铝的氧化物可大量放热，并可能引起爆炸。蒸气比空气重，沿地面扩散并易积存于低洼处，遇火源会着火回燃。燃烧生成有害的一氧化碳

灭火注意事项及防护措施　切断气源。若不能切断气源，则不允许熄灭泄漏处的火焰。消防人员必须佩戴空气呼吸器、穿全身防火防毒服，在上风向灭火。尽可能将容器从火场移至空旷处。喷水保持火场容器冷却，直至灭火结束

第六部分　泄漏应急处理

作业人员防护措施、防护装备和应急处置程序　消除所有点火源。根据气体扩散的影响区域划定警戒区，无关人员从侧风、上风向撤离至安全区。建议应急处理人员戴正压自给式呼吸器，穿防静电服，戴橡胶手套。作业时使用的所有设备应接地。尽可能切断泄漏源。喷雾状水抑制蒸气或改变蒸气云流向，避免水流接触泄漏物。禁止用水直接冲击泄漏物或泄漏源

环境保护措施　防止气体通过下水道、通风系统和有限空间扩散

泄漏化学品的收容、清除方法及所使用的处置材料　隔离泄漏区直至气体散尽

第七部分　操作处置与储存

操作注意事项　密闭操作，局部排风。操作人员必须经过专门培训，严格遵守操作规程。建议操作人员佩戴自吸过滤式防毒面具（全面罩），穿防静电工作服，戴橡胶手套。远离火种、热源。工作场所严禁吸烟。使用防爆型的通风系统和设备。防止气体泄漏到工作场所空气中。避免与酸类、碱类、醇类接触。在传送过程中，钢瓶和容器必须接地和跨接，防止产生静电。禁止撞击和震荡。配备相应品种和数量的消防器材及泄漏应急处理设备

储存注意事项　储存于阴凉、通风的易燃气体专用库房。远离火种、热源。避免光照。库温不宜超过30℃。应与酸类、碱类、醇类、食用化学品分开存放，切忌混储。采用防爆型照明、通风设施。禁止使用易产生火花的机械设备和工具。储区应备有泄漏应急处理设备

第八部分　接触控制/个体防护

职业接触限值

中国 PC-TWA：2mg/m³［G1］

美国(ACGIH) TLV-TWA：1ppm

生物接触限值　未制定标准

监测方法　空气中有毒物质测定方法：直接进样-气相色谱法；热解吸-气相色谱法。生物监测检验方法：未制定标准

工程控制　密闭操作，局部排风。提供安全的淋浴和洗眼设备

个体防护装备

呼吸系统防护　空气中浓度超标时，建议佩戴过滤式防毒面具（全面罩）。紧急事态抢救或撤离时，建议佩戴空气呼吸器

眼睛防护　呼吸系统防护中已作防护

皮肤和身体防护　穿防静电工作服

手防护　戴橡胶手套

第九部分　理化特性

外观与性状　无色气体，有特征气味

pH值　无意义　　**熔点(℃)**　−111.7

沸点(℃)　10.7

相对密度(水＝1)　0.87（20℃）

相对蒸气密度(空气＝1)　1.52

饱和蒸气压(kPa)　146（20℃）

燃烧热(kJ/mol)　−1306.1　**临界温度(℃)**　195.8

临界压力(MPa)　7.19　**辛醇/水分配系数**　−0.30

闪点(℃)　−29（OC）　**自燃温度(℃)**　429

爆炸下限(%)　3.0　**爆炸上限(%)**　100

分解温度(℃)　无资料

黏度(mPa·s)　0.01（25℃）

溶解性 易溶于水、多数有机溶剂

第十部分 稳定性和反应性

稳定性 稳定

危险反应 与强氧化剂、碱金属、氢氧化物等禁配物接触，有发生火灾和爆炸的危险

避免接触的条件 受热，光照

禁配物 酸类、碱、醇类、氨、铜

危险的分解产物 无资料

第十一部分 毒理学信息

急性毒性

LD_{50} 72mg/kg（大鼠经口）

LC_{50} 800ppm（大鼠吸入，4h）

TCLo 12500ppm（人吸入，10s）；TCLo：500ppm（女人吸入，2min）

皮肤刺激或腐蚀 人经皮：1%（7s），皮肤刺激

眼睛刺激或腐蚀 家兔经眼：18mg（6h），中度刺激

呼吸或皮肤过敏 无资料

生殖细胞突变性 微生物致突变试验：鼠伤寒沙门氏菌20ppm。微生物致突变：酿酒酵母菌25mmol/L。姐妹染色单体交换：人淋巴细胞4pph。体细胞突变：人成纤维细胞5mmol/L。程序外DNA合成：人白细胞4mmol/L。DNA损伤：人成纤维细胞5mmol/L

致癌性 IARC致癌性评论：组1，确认人类致癌物。对人类致癌性证据充分

生殖毒性 大鼠孕后7～16d吸入最低中毒剂量（TCLo）150ppm（7h），致颅面部（包括鼻、舌）发育畸形。小鼠腹腔内给予最低中毒剂量（TDLo）125mg/kg，致眼、耳发育畸形。大鼠吸入最低中毒浓度（TCLo）：3600μg/m^3（24h）（60d，雄性），影响睾丸、附睾和输精管。致植入前的死亡率升高。大鼠吸入最低中毒浓度（TCLo）：150ppm（7h）（孕7～16d用药），致胚胎毒性，致颅面部发育异常，致肌肉骨骼发育异常

特异性靶器官系统毒性-一次接触 无资料

特异性靶器官系统毒性-反复接触 动物反复吸入0.63～0.72g/m^{3}蒸气，可见有生长抑制或体重减轻、流涕、腹泻及呼吸道刺激症状。动物死亡原因，大多由于原发性肺刺激，或由于继发感染

吸入危害 无资料

第十二部分 生态学信息

生态毒性 LC_{50}：90mg/L（24h）（金鱼）

持久性和降解性

生物降解性 好氧生物降解（h）：672～4320；厌氧生物降解（h）：2688～17280

非生物降解性 空气中光氧化半衰期（h）：917～9167；一级水解半衰期（h）：285

潜在的生物累积性 根据K_{ow}值预测，该物质的生物累积性可能较弱

土壤中的迁移性 根据K_{oc}值预测，该物质可能易发生迁移

第十三部分 废弃处置

废弃化学品 不含过氧化物的废液经浓缩后，控制一定的速度燃烧。含过氧化物的废液经浓缩后，在安全距离外敞口燃烧

污染包装物 将容器返还生产商或按照国家和地方法规处置

废弃注意事项 处置前应参阅国家和地方有关法规。把空容器归还厂商

第十四部分 运输信息

联合国危险货物编号（UN号） 1040

联合国运输名称 环氧乙烷

联合国危险性类别 2.3，2.1

包装类别 -

包装标志 

海洋污染物 否

运输注意事项 采用钢瓶运输时必须戴好钢瓶上的安全帽。钢瓶一般平放，并应将瓶口朝同一方向，不可交叉；高度不得超过车辆的防护栏板，并用三角木垫卡牢，防止滚动。运输时运输车辆应配备相应品种和数量的消防器材。装运该物品的车辆排气管必须配备阻火装置，禁止使用易产生火花的机械设备和工具装卸。严禁与酸类、碱类、醇类、食用化学品等混装混运。夏季应早晚运输，防止日光曝晒。中途停留时应远离火种、热源。公路运输时要按规定路线行驶，禁止在居民区和人口稠密区停留。铁路运输时要禁止溜放

第十五部分 法规信息

下列法律、法规、规章和标准，对该化学品的管理作了相应的规定。

中华人民共和国职业病防治法 职业病分类和目录：环氧乙烷中毒

危险化学品安全管理条例 危险化学品目录：列入。易制爆危险化学品名录：未列入。重点监管的危险化学品名录：列入。GB 18218—2009《危险化学品重大危险源辨识》（表1）：列入。类别：毒性气体，临界量（t）：10

使用有毒物品作业场所劳动保护条例 高毒物品目录：未列入

易制毒化学品管理条例 易制毒化学品的分类和品种目录：未列入

国际公约 斯德哥尔摩公约：未列入。鹿特丹公约：列入。蒙特利尔议定书：未列入

第十六部分 其他信息

编写和修订信息 **缩略语和首字母缩写**

培训建议 **参考文献**

免责声明

磺 酰 氯

第一部分 化学品标识

化学品中文名 磺酰氯；硫酰氯；氧氯化硫；二氯硫酰

化学品英文名 sulfuryl chloride；sulphuric oxychloride；sulphuryl dichloride

分子式 Cl_2O_2S **相对分子质量** 134.96

结构式 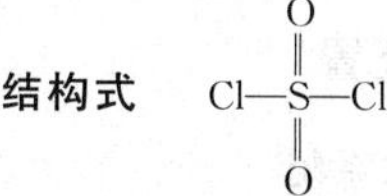

化学品的推荐及限制用途 用作药剂、有机氯化剂，以及用于制造染料、橡胶等

第二部分 危险性概述

紧急情况概述 造成严重的皮肤灼伤和眼损伤

GHS 危险性类别 皮肤腐蚀/刺激，类别 1B；严重眼损伤/眼刺激，类别 1；特异性靶器官毒性—一次接触，类别 3（呼吸道刺激）；危害水生环境-急性危害，类别 2

标签要素

象形图 

警示词 危险

危险性说明 造成严重的皮肤灼伤和眼损伤，可能引起呼吸道刺激，对水生生物有毒

防范说明

预防措施 避免吸入烟雾。避免接触眼睛、皮肤，操作后彻底清洗。戴防护手套，穿防护服，戴防护眼镜、防护面罩。禁止排入环境

事故响应 如吸入：将患者转移到空气新鲜处，休息，保持利于呼吸的体位。立即呼叫中毒控制中心或就医。皮肤（或头发）接触：立即脱掉所有被污染的衣服，用水冲洗皮肤，淋浴。污染的衣服须洗净后方可重新使用。眼睛接触：用水细心地冲洗数分钟。如戴隐形眼镜并可方便地取出，则取出隐形眼镜继续冲洗。食入：漱口。不要催吐

安全储存 上锁保管

废弃处置 本品及内装物、容器依据国家和地方法规处置

物理和化学危险 不燃，无特殊燃爆特性。遇水剧烈反应，产生有毒气体

健康危害 对眼和上呼吸道黏膜有强烈的刺激性，重者可引起肺水肿。可致眼和皮肤严重灼伤

环境危害 对水生生物有毒

第三部分 成分/组成信息

√物质 混合物

组分	浓度	CAS No.
磺酰氯		7791-25-5

第四部分 急救措施

吸入 迅速脱离现场至空气新鲜处。保持呼吸道通畅。如呼吸困难，给输氧。如呼吸、心跳停止，立即进行心肺复苏术。就医

皮肤接触 立即脱去污染的衣着，用大量流动清水彻底冲洗至少 15min。就医

眼睛接触 立即分开眼睑，用流动清水或生理盐水彻底冲洗至少 15min。就医

食入 用水漱口，禁止催吐。给饮牛奶或蛋清。就医

对保护施救者的忠告 根据需要使用个人防护设备

对医生的特别提示 对症处理

第五部分 消防措施

灭火剂 用干粉、干燥砂土灭火

特别危险性 遇水发生剧烈反应，散发出具有刺激性和腐蚀性的氯化氢气体。对很多金属尤其是潮湿空气存在下有腐蚀性

灭火注意事项及防护措施 消防人员必须穿全身耐酸碱消防服、佩戴空气呼吸器灭火。尽可能将容器从火场移至空旷处。喷水保持火场容器冷却，直至灭火结束。容器突然发出异常声音或出现异常现象，应立即撤离。禁止用水、泡沫和酸碱灭火剂灭火

第六部分 泄漏应急处理

作业人员防护措施、防护装备和应急处置程序 根据液体流动和蒸气扩散的影响区域划定警戒区，无关人员从侧风、上风向撤离至安全区。建议应急处理人员戴正压自给式呼吸器，穿防酸碱服，戴橡胶耐酸碱手套。穿上适当的防护服前严禁接触破裂的容器和泄漏物。尽可能切断泄漏源。勿使泄漏物与可燃物质（如木材、纸、油等）接触

环境保护措施 防止泄漏物进入水体、下水道、地下室或有限空间

泄漏化学品的收容、清除方法及所使用的处置材料 小量泄漏：用干燥的砂土或其他不燃材料覆盖泄漏物，用洁净的无火花工具收集泄漏物，置于一盖子较松的塑料容器中，待处置。大量泄漏：构筑围堤或挖坑收容。用碎石灰石（$CaCO_3$）、苏打灰（Na_2CO_3）或石灰（CaO）中和。用耐腐蚀泵转移至槽车或专用收集器内

第七部分 操作处置与储存

操作注意事项 密闭操作，注意通风。操作尽可能机械化、自动化。操作人员必须经过专门培训，严格遵守操作规程。建议操作人员佩戴自吸过滤式防毒面具（全面罩），穿橡胶耐酸碱服，戴橡胶耐酸碱手套。远离火种、热源。工作场所严禁吸烟。避免产生烟雾。防止烟雾和蒸气释放到工作场所空气中。避免与酸类、碱类、醇类、活性金属粉末接触。尤其要注意避免与水接触。搬运时要轻装轻卸，防止包装及容器损坏。配备相应品种和数量的消防器材及泄漏应急处理设备。倒空的容器可能残留有害物

储存注意事项 储存于阴凉、干燥、通风良好的库房。远离火种、热源。库温不超过30℃，库相对湿度不超过75%。包装必须密封，切勿受潮。应与酸类、碱类、醇类、活性金属粉末等分开存放，切忌混储。储区应备有泄漏应急处理设备和合适的收容材料

第八部分 接触控制/个体防护

职业接触限值
中国 未制定标准
美国(ACGIH) 未制定标准
生物接触限值 未制定标准
监测方法 空气中有毒物质测定方法：未制定标准。生物监测检验方法：未制定标准
工程控制 密闭操作，注意通风。提供安全的淋浴和洗眼设备
个体防护装备
呼吸系统防护 可能接触其烟雾时，佩戴过滤式防毒面具（全面罩）或空气呼吸器。紧急事态抢救或撤离时，建议佩戴空气呼吸器
眼睛防护 呼吸系统防护中已作防护
皮肤和身体防护 穿橡胶耐酸碱服
手防护 戴橡胶耐酸碱手套

第九部分 理化特性

外观与性状 无色发烟液体，有强烈的刺激性臭味
pH值 无资料 **熔点(℃)** −54.1
沸点(℃) 69.2 **相对密度(水=1)** 1.67
相对蒸气密度(空气=1) 4.65
饱和蒸气压(kPa) 13.33 (17.8℃)
燃烧热(kJ/mol) 无资料 **临界温度(℃)** 无资料
临界压力(MPa) 4.61 **辛醇/水分配系数** 1.04
闪点(℃) 无意义 **自燃温度(℃)** 无意义
爆炸下限(%) 无意义 **爆炸上限(%)** 无意义
分解温度(℃) 无资料
黏度(mPa·s) 0.92 (0℃)
溶解性 溶于乙酸、苯、氯仿、乙醚

第十部分 稳定性和反应性

稳定性 稳定
危险反应 与水、酸类、碱类等禁配物发生剧烈反应
避免接触的条件 潮湿空气
禁配物 酸类、碱类、醇类、过氧化物、胺类、水、活性金属粉末
危险的分解产物 氯化氢、氧化硫、硫化氢

第十一部分 毒理学信息

急性毒性 LC_{50}：159ppm（大鼠吸入，4h）
皮肤刺激或腐蚀 无资料 **眼睛刺激或腐蚀** 无资料
呼吸或皮肤过敏 无资料 **生殖细胞突变性** 无资料
致癌性 无资料 **生殖毒性** 无资料
特异性靶器官系统毒性-一次接触 无资料
特异性靶器官系统毒性-反复接触 无资料
吸入危害 无资料

第十二部分 生态学信息

生态毒性 无资料
持久性和降解性
生物降解性 无资料
非生物降解性 无资料
潜在的生物累积性 无资料
土壤中的迁移性 无资料

第十三部分 废弃处置

废弃化学品 中和、稀释后，排入废水系统
污染包装物 将容器返还生产商或按照国家和地方法规处置
废弃注意事项 处置前应参阅国家和地方有关法规

第十四部分 运输信息

联合国危险货物编号（UN号） 1834
联合国运输名称 硫酰氯 **联合国危险性类别** 6.1，8
包装类别 Ⅰ类包装
包装标志

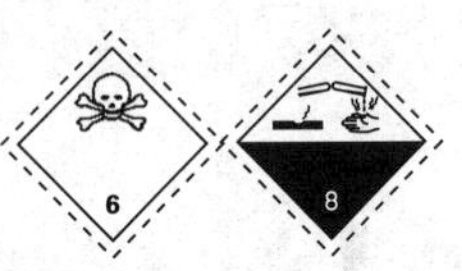

海洋污染物 否
运输注意事项 起运时包装要完整，装载应稳妥。运输过程中要确保容器不泄漏、不倒塌、不坠落、不损坏。严禁与酸类、碱类、醇类、活性金属粉末、食用化学品等混装混运。运输时运输车辆应配备泄漏应急处理设备。运输途中应防曝晒、雨淋，防高温。公路运输时要按规定路线行驶，勿在居民区和人口稠密区停留

第十五部分 法规信息

下列法律、法规、规章和标准，对该化学品的管理作了相应的规定。
中华人民共和国职业病防治法 职业病分类和目录：未列入
危险化学品安全管理条例 危险化学品目录：列入。易制爆危险化学品名录：未列入。重点监管的危险化学品名录：未列入。GB 18218—2009《危险化学品重大危险源辨识》（表1）：未列入
使用有毒物品作业场所劳动保护条例 高毒物品目录：未列入
易制毒化学品管理条例 易制毒化学品的分类和品种目录：未列入
国际公约 斯德哥尔摩公约：未列入。鹿特丹公约：未列入。蒙特利尔议定书：未列入

第十六部分 其他信息

编写和修订信息 **缩略语和首字母缩写**
培训建议 **参考文献**
免责声明

2-己醇

第一部分　化学品标识

化学品中文名　2-己醇；1-甲基戊醇；仲己醇

化学品英文名　2-hexanol；*sec*-hexyl alcohol

分子式　$C_6H_{14}O$　**相对分子质量**　102.18

结构式　(OH)

化学品的推荐及限制用途　用作溶剂

第二部分　危险性概述

紧急情况概述　易燃液体和蒸气

GHS 危险性类别　易燃液体，类别 3

标签要素

象形图 

警示词　警告

危险性说明　易燃液体和蒸气

防范说明

预防措施　远离热源、火花、明火、热表面。禁止吸烟。保持容器密闭。容器和接收设备接地连接。使用防爆电器、通风、照明设备。只能使用不产生火花的工具。采取防止静电措施。戴防护手套、防护眼镜、防护面罩

事故响应　火灾时，使用泡沫、干粉、二氧化碳、砂土灭火。如皮肤（或头发）接触：立即脱掉所有被污染的衣服，用水冲洗皮肤，淋浴

安全储存　存放在通风良好的地方。保持低温

废弃处置　本品及内装物、容器依据国家和地方法规处置

物理和化学危险　易燃，其蒸气与空气混合，能形成爆炸性混合物

健康危害　吸入高浓度时，可出现眼和呼吸道刺激症状及中枢神经系统抑制症状

环境危害　对环境可能有害

第三部分　成分/组成信息

√物质　　　混合物

组分	浓度	CAS No.
2-己醇		626-93-7

第四部分　急救措施

吸入　迅速脱离现场至空气新鲜处。保持呼吸道通畅。如呼吸困难，给输氧。如呼吸、心跳停止，立即进行心肺复苏术。就医

皮肤接触　立即脱去污染的衣着，用流动清水彻底冲洗。就医

眼睛接触　立即分开眼睑，用流动清水或生理盐水彻底冲洗。就医

食入　漱口，饮水。就医

对保护施救者的忠告　根据需要使用个人防护设备

对医生的特别提示　对症处理

第五部分　消防措施

灭火剂　用泡沫、干粉、二氧化碳、砂土灭火

特别危险性　受热放出辛辣的腐蚀性烟雾。燃烧生成有害的一氧化碳

灭火注意事项及防护措施　消防人员须佩戴防毒面具、穿全身消防服，在上风向灭火。尽可能将容器从火场移至空旷处。喷水保持火场容器冷却，直至灭火结束。容器突然发出异常声音或出现异常现象，应立即撤离

第六部分　泄漏应急处理

作业人员防护措施、防护装备和应急处置程序　消除所有点火源。根据液体流动和蒸气扩散的影响区域划定警戒区，无关人员从侧风、上风向撤离至安全区。建议应急处理人员戴正压自给式呼吸器，穿防静电服。作业时使用的所有设备应接地。禁止接触或跨越泄漏物。尽可能切断泄漏源

环境保护措施　防止泄漏物进入水体、下水道、地下室或有限空间

泄漏化学品的收容、清除方法及所使用的处置材料　小量泄漏：用砂土或其他不燃材料吸收，使用洁净的无火花工具收集吸收材料。大量泄漏：构筑围堤或挖坑收容。用泡沫覆盖，减少蒸发。喷水雾能减少蒸发，但不能降低泄漏物在有限空间内的易燃性。用防爆泵转移至槽车或专用收集器内

第七部分　操作处置与储存

操作注意事项　操作人员必须经过专门培训，严格遵守操作规程。建议操作人员佩戴自吸过滤式防毒面具（半面罩），戴安全防护眼镜，穿防静电工作服。远离火种、热源。工作场所严禁吸烟。使用防爆型的通风系统和设备。避免与氧化剂、酸类接触。充装要控制流速，防止静电积聚。搬运时要轻装轻卸，防止包装及容器损坏。配备相应品种和数量的消防器材及泄漏应急处理设备。倒空的容器可能残留有害物

储存注意事项　储存于阴凉、通风的库房。远离火种、热源。库温不宜超过 37℃。保持容器密封。应与氧化剂、酸类等分开存放，切忌混储。采用防爆型照明、通风设施。禁止使用易产生火花的机械设备和工具

第八部分　接触控制/个体防护

职业接触限值

中国　未制定标准

美国(ACGIH)　未制定标准

生物接触限值　未制定标准

监测方法　空气中有毒物质测定方法：未制定标准。生物监测检验方法：未制定标准

工程控制　生产过程密闭，全面通风。提供安全的淋浴和洗眼设备

个体防护装备

呼吸系统防护　一般不需要特殊防护，空气中浓度超标时，佩戴过滤式防毒面具（半面罩）

眼睛防护　戴安全防护眼镜

皮肤和身体防护　穿防静电工作服

手防护　戴一般作业防护手套

第九部分　理化特性

外观与性状　无色液体

pH值　无资料　　**熔点(℃)**　−22.9

沸点(℃)　136　　**相对密度(水=1)**　0.81

相对蒸气密度(空气=1)　3.53

饱和蒸气压(kPa)　0.13 (14.6℃)

燃烧热(kJ/mol)　无资料　　**临界温度(℃)**　无资料

临界压力(MPa)　3.38　　**辛醇/水分配系数**　1.76

闪点(℃)　41.7　　**自燃温度(℃)**　319

爆炸下限(%)　1.29　　**爆炸上限(%)**　8.03

分解温度(℃)　无资料　　**黏度(mPa·s)**　无资料

溶解性　不溶于水，可混溶于乙醇、乙醚

第十部分　稳定性和反应性

稳定性　稳定

危险反应　与强氧化剂等禁配物接触，有发生火灾和爆炸的危险

避免接触的条件　受热

禁配物　酸类、酰基氯、强氧化剂、酸酐

危险的分解产物　无资料

第十一部分　毒理学信息

急性毒性　TCLo：270mg/m^3（人吸入）

皮肤刺激或腐蚀　无资料　　**眼睛刺激或腐蚀**　无资料

呼吸或皮肤过敏　无资料　　**生殖细胞突变性**　无资料

致癌性　无资料　　**生殖毒性**　无资料

特异性靶器官系统毒性-一次接触　无资料

特异性靶器官系统毒性-反复接触　无资料

吸入危害　无资料

第十二部分　生态学信息

生态毒性　无资料

持久性和降解性

生物降解性　无资料

非生物降解性　无资料

潜在的生物累积性　根据K_{ow}值预测，该物质的生物累积性可能较弱

土壤中的迁移性　根据K_{oc}值预测，该物质可能易发生迁移

第十三部分　废弃处置

废弃化学品　建议用焚烧法处置

污染包装物　将容器返还生产商或按照国家和地方法规处置

废弃注意事项　处置前应参阅国家和地方有关法规

第十四部分　运输信息

联合国危险货物编号(UN号)　2282

联合国运输名称　己醇

联合国危险性类别　3　　**包装类别**　Ⅲ类包装

包装标志 　　**海洋污染物**　否

运输注意事项　运输时运输车辆应配备相应品种和数量的消防器材及泄漏应急处理设备。夏季最好早晚运输。运输时所用的槽（罐）车应有接地链，槽内可设孔隔板以减少震荡产生的静电。严禁与氧化剂、酸类、食用化学品等混装混运。运输途中应防曝晒、雨淋，防高温。中途停留时应远离火种、热源、高温区。装运该物品的车辆排气管必须配备阻火装置，禁止使用易产生火花的机械设备和工具装卸。公路运输时要按规定路线行驶，勿在居民区和人口稠密区停留。铁路运输时要禁止溜放。严禁用木船、水泥船散装运输

第十五部分　法规信息

下列法律、法规、规章和标准，对该化学品的管理作了相应的规定。

中华人民共和国职业病防治法　职业病分类和目录：未列入

危险化学品安全管理条例　危险化学品目录：列入。易制爆危险化学品名录：未列入。重点监管的危险化学品名录：未列入。GB 18218—2009《危险化学品重大危险源辨识》(表1)：未列入

使用有毒物品作业场所劳动保护条例　高毒物品目录：未列入

易制毒化学品管理条例　易制毒化学品的分类和品种目录：未列入

国际公约　斯德哥尔摩公约：未列入。鹿特丹公约：未列入。蒙特利尔议定书：未列入

第十六部分　其他信息

编写和修订信息　　**缩略语和首字母缩写**

培训建议　　**参考文献**

免责声明

1,6-己二胺

第一部分　化学品标识

化学品中文名　1,6-己二胺；1,6-二氨基己烷；六亚甲基二胺

化学品英文名　1,6-hexylenediamine；1, 6-diaminohexane；1,6-hexanediamine

分子式　$C_6H_{16}N_2$　　**相对分子质量**　116.24

结构式　H_2N〰〰NH_2

化学品的推荐及限制用途　用于有机合成，生产聚合物(如：尼龙66)，也作环氧树脂固化剂、化学试剂

第二部分　危险性概述

紧急情况概述　吞咽有害，皮肤接触有害，造成严重的皮肤灼伤和眼损伤

GHS危险性类别 急性毒性-经口，类别4；急性毒性-经皮，类别4；皮肤腐蚀/刺激，类别1B；严重眼损伤/眼刺激，类别1；特异性靶器官毒性-一次接触，类别3（呼吸道刺激）；危害水生环境-急性危害，类别3

标签要素

象形图 

警示词 危险

危险性说明 吞咽有害，皮肤接触有害，造成严重的皮肤灼伤和眼损伤，可能引起呼吸道刺激，对水生生物有害

防范说明

预防措施 避免接触眼睛、皮肤，操作后彻底清洗。作业场所不得进食、饮水或吸烟。避免吸入粉尘。戴防护手套，穿防护服，戴防护眼镜、防护面罩

事故响应 如吸入：将患者转移到空气新鲜处，休息，保持利于呼吸的体位。皮肤（或头发）接触：立即脱掉所有被污染的衣服，用大量肥皂水和水清洗。污染的衣服须洗净后方可重新使用。眼睛接触：用水细心地冲洗数分钟。如戴隐形眼镜并可方便地取出，则取出隐形眼镜继续冲洗。食入：漱口。不要催吐。如果感觉不适，立即呼叫中毒控制中心或就医

安全储存 上锁保管

废弃处置 本品及内装物、容器依据国家和地方法规处置

物理和化学危险 可燃，其粉体与空气混合，能形成爆炸性混合物

健康危害 本品对黏膜有明显刺激作用，可引起结膜炎、上呼吸道炎症等。吸入高浓度时，可引起剧烈头痛、头昏及失眠。眼和皮肤接触可引起灼伤。对皮肤有致敏性

环境危害 对水生生物有害

第三部分 成分/组成信息

√物质		混合物
组分	**浓度**	**CAS No.**
1,6-己二胺		124-09-4

第四部分 急救措施

吸入 迅速脱离现场至空气新鲜处。保持呼吸道通畅。如呼吸困难，给输氧。如呼吸、心跳停止，立即进行心肺复苏术。就医

皮肤接触 立即脱去污染的衣着，用大量流动清水彻底冲洗至少15min。就医

眼睛接触 立即分开眼睑，用流动清水或生理盐水彻底冲洗至少15min。就医

食入 用水漱口，禁止催吐。给饮牛奶或蛋清。就医

对保护施救者的忠告 根据需要使用个人防护设备

对医生的特别提示 对症处理

第五部分 消防措施

灭火剂 用抗溶性泡沫、干粉、二氧化碳、砂土灭火

特别危险性 加热分解产生易燃的有毒气体。具有腐蚀性。燃烧生成有害的一氧化碳、氮氧化物

灭火注意事项及防护措施 消防人员必须佩戴空气呼吸器、穿全身防火防毒服，在上风向灭火。尽可能将容器从火场移至空旷处。喷水保持火场容器冷却，直至灭火结束

第六部分 泄漏应急处理

作业人员防护措施、防护装备和应急处置程序 隔离泄漏污染区，限制出入。消除所有点火源。建议应急处理人员戴防尘口罩，穿防酸碱服，戴橡胶手套。穿上适当的防护服前严禁接触破裂的容器和泄漏物。尽可能切断泄漏源。用塑料布覆盖泄漏物，减少飞散。勿使水进入包装容器内

环境保护措施 无资料

泄漏化学品的收容、清除方法及所使用的处置材料 用洁净的铲子收集泄漏物，置于干净、干燥、盖子较松的容器中，将容器移离泄漏区

第七部分 操作处置与储存

操作注意事项 密闭操作。操作人员必须经过专门培训，严格遵守操作规程。建议操作人员佩戴自吸过滤式防尘口罩，戴安全防护眼镜，穿防腐工作服，戴橡胶手套。远离火种、热源。工作场所严禁吸烟。使用防爆型的通风系统和设备。避免产生粉尘。避免与氧化剂、酸类接触。搬运时要轻装轻卸，防止包装及容器损坏。配备相应品种和数量的消防器材及泄漏应急处理设备。倒空的容器可能残留有害物

储存注意事项 储存于阴凉、通风的库房。远离火种、热源。库温不宜超过30℃。包装密封。应与氧化剂、酸类等分开存放，切忌混储。配备相应品种和数量的消防器材。储区应备有合适的材料收容泄漏物

第八部分 接触控制/个体防护

职业接触限值

中国 未制定标准

美国(ACGIH) TLV-TWA：0.5ppm

生物接触限值 未制定标准

监测方法 空气中有毒物质测定方法：未制定标准。生物监测检验方法：未制定标准

工程控制 密闭操作。提供安全的淋浴和洗眼设备

个体防护装备

呼吸系统防护 空气中粉尘浓度超标时，应该佩戴过滤式防尘呼吸器；可能接触其蒸气时，应该佩戴过滤式防毒面具（半面罩）

眼睛防护 戴安全防护眼镜

皮肤和身体防护 穿防腐蚀工作服

手防护 戴橡胶手套

第九部分 理化特性

外观与性状 具有氨味的无色片状结晶

pH 值 无意义　**熔点(℃)** 42～45
沸点(℃) 205　**相对密度(水＝1)** 0.85
相对蒸气密度(空气＝1) 4.01
饱和蒸气压(kPa) 2.00 (90℃)
燃烧热(kJ/mol) －4440　**临界温度(℃)** 无资料
临界压力(MPa) 3.29　**辛醇/水分配系数** 0.35
闪点(℃) 71 (OC)　**自燃温度(℃)** 无资料
爆炸下限(%) 0.7　**爆炸上限(%)** 6.3
分解温度(℃) 无资料　**黏度(mPa・s)** 无资料
溶解性 易溶于水，微溶于乙醇、苯、乙醚

第十部分　稳定性和反应性

稳定性 稳定
危险反应 与强氧化剂、酸类等禁配物发生反应
避免接触的条件 受热
禁配物 酸类、酰基氯、酸酐、强氧化剂
危险的分解产物 氨

第十一部分　毒理学信息

急性毒性 LD_{50}：750mg/kg（大鼠经口）；1110mg/kg（兔经皮）
皮肤刺激或腐蚀 无资料　**眼睛刺激或腐蚀** 无资料
呼吸或皮肤过敏 无资料　**生殖细胞突变性** 无资料
致癌性 无资料
生殖毒性 大鼠经口最低中毒剂量（TDLo）：3g/kg（孕6～16d 用药），致胚胎毒性，致肝胆系统发育异常。大鼠经口最低中毒剂量（TDLo）：1840mg/kg（孕6～16d 用药），致泌尿生殖系统发育异常
特异性靶器官系统毒性-一次接触 无资料
特异性靶器官系统毒性-反复接触 大鼠在 $7mg/m^3$ 浓度下染毒 3 个半月，见肺、肝、肾血管有组织学改变。反复给豚鼠己二胺，引起贫血、体重减轻，镜下见肾、肝变性及心肌轻度变性
吸入危害 无资料

第十二部分　生态学信息

生态毒性
LC_{50}　14mg/L（96h）（鱼类）
EC_{50}　50mg/L（48h）（水蚤）
持久性和降解性
生物降解性　MITI-I 测试，初始浓度 100ppm，污泥浓度 30ppm，2 周后降解 55.5%
非生物降解性　空气中，当羟基自由基浓度为 5.00×10^5 个/cm^3 时，降解半衰期为 6h（理论）
潜在的生物累积性 根据 K_{ow} 值预测，该物质的生物累积性可能较弱
土壤中的迁移性 根据 K_{oc} 值预测，该物质可能易发生迁移

第十三部分　废弃处置

废弃化学品 建议用焚烧法处置。焚烧炉排出的氮氧化物通过洗涤器除去
污染包装物 将容器返还生产商或按照国家和地方法规处置
废弃注意事项 处置前应参阅国家和地方有关法规

第十四部分　运输信息

联合国危险货物编号（UN 号） 2280
联合国运输名称 己撑二胺
联合国危险性类别 8　**包装类别** Ⅲ类包装
包装标志 

海洋污染物 否
运输注意事项 起运时包装要完整，装载应稳妥。运输过程中要确保容器不泄漏、不倒塌、不坠落、不损坏。严禁与氧化剂、酸类、食用化学品等混装混运。运输时运输车辆应配备相应品种和数量的消防器材及泄漏应急处理设备。运输途中应防曝晒、雨淋，防高温

第十五部分　法规信息

下列法律、法规、规章和标准，对该化学品的管理作了相应的规定。
中华人民共和国职业病防治法 职业病分类和目录：未列入
危险化学品安全管理条例 危险化学品目录：列入。易制爆危险化学品名录：未列入。重点监管的危险化学品名录：未列入。GB 18218—2009《危险化学品重大危险源辨识》（表 1）：未列入
使用有毒物品作业场所劳动保护条例 高毒物品目录：未列入
易制毒化学品管理条例 易制毒化学品的分类和品种目录：未列入
国际公约 斯德哥尔摩公约：未列入。鹿特丹公约：未列入。蒙特利尔议定书：未列入

第十六部分　其他信息

编写和修订信息　**缩略语和首字母缩写**
培训建议　**参考文献**
免责声明

己　二　腈

第一部分　化学品标识

化学品中文名 己二腈；1,4-二氰基丁烷
化学品英文名 hexanedinitrile；1,4-dicyanobutane；adiponitrile
分子式 $C_6H_8N_2$　**相对分子质量** 108.16
结构式
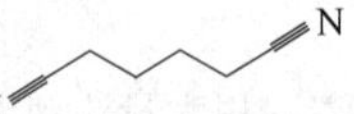

化学品的推荐及限制用途 用作制造尼龙的中间体和用于有机合成

第二部分　危险性概述

紧急情况概述 吞咽会中毒，皮肤接触会中毒，吸入有害
GHS 危险性类别 急性毒性-经口，类别 3；急性毒性-经

皮，类别 3；急性毒性-吸入，类别 4；严重眼损伤/眼刺激，类别 2B；特异性靶器官毒性-一次接触，类别 1；特异性靶器官毒性-反复接触，类别 2

标签要素

象形图 

警示词 危险

危险性说明 吞咽会中毒，皮肤接触会中毒，吸入有害，造成眼刺激，对器官造成损害，长时间或反复接触可能对器官造成损伤

防范说明

预防措施 避免接触眼睛、皮肤，操作后彻底清洗。作业场所不得进食、饮水或吸烟。戴防护手套、穿防护服。避免吸入蒸气、雾。仅在室外或通风良好处操作

事故响应 如吸入：将患者转移到空气新鲜处，休息，保持利于呼吸的体位。皮肤接触：用大量肥皂水和水清洗。如感觉不适，呼叫中毒控制中心或就医。立即脱去所有被污染的衣服。被污染的衣服须经洗净后方可重新使用。如接触眼睛：用水细心冲洗数分钟。如戴隐形眼镜并可方便地取出，取出隐形眼镜继续冲洗。如果眼睛刺激持续：就医。食入：漱口，立即呼叫中毒控制中心或就医。如果接触：立即呼叫中毒控制中心或就医

安全储存 上锁保管

废弃处置 本品及内装物、容器依据国家和地方法规处置

物理和化学危险 可燃，其蒸气与空气混合，能形成爆炸性混合物

健康危害 口服数毫升本品，立即发生急性中毒。表现有乏力、呕吐、呼吸急促、心动过速、意识模糊和抽搐。在室温下蒸气压低，吸入中毒的危险性不大。本品可经无损皮肤吸收

环境危害 对环境可能有害

第三部分 成分/组成信息

√物质　　　　混合物

组分	浓度	CAS No.
己二腈		111-69-3

第四部分 急救措施

吸入 迅速脱离现场至空气新鲜处。保持呼吸道通畅。如呼吸困难，给输氧。如呼吸、心跳停止，立即进行心肺复苏术。就医

皮肤接触 立即脱去污染的衣着，用肥皂水和清水彻底冲洗。就医

眼睛接触 立即分开眼睑，用流动清水或生理盐水彻底冲洗。就医

食入 催吐（仅限于清醒着），给服活性炭悬液。就医

对保护施救者的忠告 根据需要使用个人防护设备

对医生的特别提示 使用亚硝酸钠、硫代硫酸钠、4-二甲基氨基苯酚等解毒剂

第五部分 消防措施

灭火剂 用雾状水、泡沫、干粉、二氧化碳、砂土灭火

特别危险性 遇高热分解释出剧毒的气体。与氧化剂可发生反应。燃烧生成有害的一氧化碳、氮氧化物

灭火注意事项及防护措施 消防人员必须佩戴空气呼吸器、穿全身防火防毒服，在上风向灭火。尽可能将容器从火场移至空旷处。喷水保持火场容器冷却，直至灭火结束。容器突然发出异常声音或出现异常现象，应立即撤离

第六部分 泄漏应急处理

作业人员防护措施、防护装备和应急处置程序 根据液体流动和蒸气扩散的影响区域划定警戒区，无关人员从侧风、上风向撤离至安全区。消除所有点火源。建议应急处理人员戴正压自给式呼吸器，穿防毒服，戴橡胶耐油手套。穿上适当的防护服前严禁接触破裂的容器和泄漏物。尽可能切断泄漏源

环境保护措施 防止泄漏物进入水体、下水道、地下室或有限空间

泄漏化学品的收容、清除方法及所使用的处置材料 小量泄漏：用干燥的砂土或其他不燃材料吸收或覆盖，收集于容器中。大量泄漏：构筑围堤或挖坑收容，用泵转移至槽车或专用收集器内

第七部分 操作处置与储存

操作注意事项 密闭操作，提供充分的局部排风。操作尽可能机械化、自动化。操作人员必须经过专门培训，严格遵守操作规程。建议操作人员佩戴自吸过滤式防毒面具（半面罩），戴化学安全防护眼镜，穿聚乙烯防毒服，戴橡胶耐油手套。远离火种、热源。工作场所严禁吸烟。使用防爆型的通风系统和设备。防止蒸气泄漏到工作场所空气中。避免与氧化剂、还原剂、酸类、碱类接触。搬运时要轻装轻卸，防止包装及容器损坏。配备相应品种和数量的消防器材及泄漏应急处理设备。倒空的容器可能残留有害物

储存注意事项 储存于阴凉、通风的库房。远离火种、热源。保持容器密封。应与氧化剂、还原剂、酸类、碱类、食用化学品分开存放，切忌混储。配备相应品种和数量的消防器材。储区应备有泄漏应急处理设备和合适的收容材料

第八部分 接触控制/个体防护

职业接触限值

中国 未制定标准

美国(ACGIH) TLV-TWA：2ppm［皮］

生物接触限值 未制定标准

监测方法 空气中有毒物质测定方法：未制定标准。生物监测检验方法：未制定标准

工程控制 严加密闭，提供充分的局部排风。提供安全的淋浴和洗眼设备

个体防护装备

呼吸系统防护　可能接触毒物时，必须佩戴过滤式防毒面具（半面罩）。紧急事态抢救或撤离时，建议佩戴空气呼吸器

眼睛防护　戴化学安全防护眼镜

皮肤和身体防护　穿隔绝式防毒服

手防护　戴橡胶耐油手套

第九部分　理化特性

外观与性状　无色油状液体，略有气味

pH 值　无资料　　**熔点(℃)**　1～3

沸点(℃)　295　　**相对密度(水=1)**　0.96

相对蒸气密度(空气=1)　3.73

饱和蒸气压(kPa)　0.267（100℃）

燃烧热(kJ/mol)　−4368.8　　**临界温度(℃)**　507

临界压力(MPa)　2.80　　**辛醇/水分配系数**　−0.32

闪点(℃)　93（OC）　　**自燃温度(℃)**　550

爆炸下限(%)　1.7　　**爆炸上限(%)**　5.0

分解温度(℃)　无资料

黏度(mPa·s)　9.1（20℃）

溶解性　微溶于水，溶于乙醇、氯仿，不溶于乙醚、二硫化碳

第十部分　稳定性和反应性

稳定性　稳定

危险反应　与强氧化剂等禁配物发生反应

避免接触的条件　受热

禁配物　强氧化剂、强还原剂、强酸、强碱

危险的分解产物　无资料

第十一部分　毒理学信息

急性毒性

LD_{50}　300mg/kg（大鼠经口）

LC_{50}　1710mg/m³（大鼠吸入，4h）

皮肤刺激或腐蚀　无资料　　**眼睛刺激或腐蚀**　无资料

呼吸或皮肤过敏　无资料　　**生殖细胞突变性**　无资料

致癌性　无资料　　**生殖毒性**　无资料

特异性靶器官系统毒性-一次接触　无资料

特异性靶器官系统毒性-反复接触　大鼠吸入 120～150mg/m³，每天 4h，共 5 个月，出现蛋白尿，血中硫氰酸盐和尿素含量增加及脏器重量系数增大等毒作用

吸入危害　无资料

第十二部分　生态学信息

生态毒性

TLm：820mg/L（96h）（黑头呆鱼，硬水）；1250mg/L（96h）（黑头呆鱼，软水）；1250mg/L（24h）（蓝鳃鱼，软水）

持久性和降解性

生物降解性　MITI-I 测试，初始浓度 100ppm，污泥浓度 30ppm，28d 后降解 35%～66%

非生物降解性　空气中，当羟基自由基浓度为 5.00×10⁵ 个/cm³ 时，降解半衰期为 23d（理论）

潜在的生物累积性　根据 K_{ow} 值预测，该物质的生物累积性可能较弱

土壤中的迁移性　根据 K_{oc} 值预测，该物质可能易发生迁移

第十三部分　废弃处置

废弃化学品　建议用焚烧法处置。焚烧炉排出的氮氧化物通过洗涤器除去

污染包装物　将容器返还生产商或按照国家和地方法规处置

废弃注意事项　处置前应参阅国家和地方有关法规

第十四部分　运输信息

联合国危险货物编号（UN 号）　2205

联合国运输名称　己二腈

联合国危险性类别　6.1　　**包装类别**　Ⅲ类包装

包装标志　　**海洋污染物**　否

运输注意事项　运输前应先检查包装容器是否完整、密封，运输过程中要确保容器不泄漏、不倒塌、不坠落、不损坏。严禁与酸类、氧化剂、食品及食品添加剂混运。运输时运输车辆应配备相应品种和数量的消防器材及泄漏应急处理设备。运输途中应防曝晒、雨淋，防高温。公路运输时要按规定路线行驶

第十五部分　法规信息

下列法律、法规、规章和标准，对该化学品的管理作了相应的规定。

中华人民共和国职业病防治法　职业病分类和目录：氰及腈类化合物中毒

危险化学品安全管理条例　危险化学品目录：列入。易制爆危险化学品名录：未列入。重点监管的危险化学品名录：未列入。GB 18218—2009《危险化学品重大危险源辨识》（表 1）：未列入

使用有毒物品作业场所劳动保护条例　高毒物品目录：未列入

易制毒化学品管理条例　易制毒化学品的分类和品种目录：未列入

国际公约　斯德哥尔摩公约：未列入。鹿特丹公约：未列入。蒙特利尔议定书：未列入

第十六部分　其他信息

编写和修订信息　　**缩略语和首字母缩写**

培训建议　　**参考文献**

免责声明

1,5-己二烯

第一部分　化学品标识

化学品中文名　1,5-己二烯；双烯丙基

化学品英文名 1,5-hexadiene；diallyl

分子式 C_6H_{10} **相对分子质量** 82.16

结构式

化学品的推荐及限制用途 用于有机合成及用作色谱分析标准物质

第二部分 危险性概述

紧急情况概述 高度易燃液体和蒸气

GHS 危险性类别 易燃液体，类别 2

标签要素

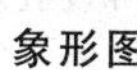
象形图 

警示词 危险

危险性说明 高度易燃液体和蒸气

防范说明

预防措施 远离热源、火花、明火、热表面。禁止吸烟。保持容器密闭。容器和接收设备接地连接。使用防爆电器、通风、照明设备。只能使用不产生火花的工具。采取防止静电措施。戴防护手套、防护眼镜、防护面罩

事故响应 火灾时，使用泡沫、二氧化碳、干粉、砂土灭火。如皮肤（或头发）接触：立即脱掉所有被污染的衣服，用水冲洗皮肤，淋浴

安全储存 存放在通风良好的地方。保持低温

废弃处置 本品及内装物、容器依据国家和地方法规处置

物理和化学危险 高度易燃，其蒸气与空气混合，能形成爆炸性混合物

健康危害 本品属于不饱和脂肪族烃类，该类物质有麻醉和刺激作用

环境危害 对环境可能有害

第三部分 成分/组成信息

√物质		混合物
组分	**浓度**	**CAS No.**
1,5-己二烯		592-42-7

第四部分 急救措施

吸入 迅速脱离现场至空气新鲜处。保持呼吸道通畅。如呼吸困难，给输氧。如呼吸、心跳停止，立即进行心肺复苏术。就医

皮肤接触 立即脱去污染的衣着，用流动清水彻底冲洗。就医

眼睛接触 立即分开眼睑，用流动清水或生理盐水彻底冲洗。就医

食入 漱口，饮水。就医

对保护施救者的忠告 根据需要使用个人防护设备

对医生的特别提示 对症处理

第五部分 消防措施

灭火剂 用泡沫、二氧化碳、干粉、砂土灭火

特别危险性 若遇高热，可发生聚合反应，放出大量热量而引起容器破裂和爆炸事故。蒸气比空气重，沿地面扩散并易积存于低洼处，遇火源会着火回燃。燃烧生成有害的一氧化碳

灭火注意事项及防护措施 消防人员须佩戴防毒面具、穿全身消防服，在上风向灭火。尽可能将容器从火场移至空旷处。喷水保持火场容器冷却，直至灭火结束。容器突然发出异常声音或出现异常现象，应立即撤离。用水灭火无效

第六部分 泄漏应急处理

作业人员防护措施、防护装备和应急处置程序 消除所有点火源。根据液体流动和蒸气扩散的影响区域划定警戒区，无关人员从侧风、上风向撤离至安全区。建议应急处理人员戴正压自给式呼吸器，穿防静电服，戴橡胶耐油手套。作业时使用的所有设备应接地。禁止接触或跨越泄漏物。尽可能切断泄漏源

环境保护措施 防止泄漏物进入水体、下水道、地下室或有限空间

泄漏化学品的收容、清除方法及所使用的处置材料 小量泄漏：用砂土或其他不燃材料吸收，使用洁净的无火花工具收集吸收材料。大量泄漏：构筑围堤或挖坑收容。用泡沫覆盖，减少蒸发。喷水雾能减少蒸发，但不能降低泄漏物在有限空间内的易燃性。用防爆泵转移至槽车或专用收集器内

第七部分 操作处置与储存

操作注意事项 密闭操作，全面通风。操作人员必须经过专门培训，严格遵守操作规程。建议操作人员佩戴过滤式防毒面具（半面罩），戴化学安全防护眼镜，穿防静电工作服，戴橡胶耐油手套。远离火种、热源。工作场所严禁吸烟。使用防爆型的通风系统和设备。防止蒸气泄漏到工作场所空气中。避免与氧化剂、酸类接触。充装要控制流速，防止静电积聚。搬运时要轻装轻卸，防止包装及容器损坏。配备相应品种和数量的消防器材及泄漏应急处理设备。倒空的容器可能残留有害物

储存注意事项 通常商品加有阻聚剂。储存于阴凉、通风的库房。远离火种、热源。库温不宜超过 29℃。包装要求密封，不可与空气接触。应与氧化剂、酸类分开存放，切忌混储。不宜大量储存或久存。采用防爆型照明、通风设施。禁止使用易产生火花的机械设备和工具。储区应备有泄漏应急处理设备和合适的收容材料

第八部分 接触控制/个体防护

职业接触限值

中国 未制定标准

美国(ACGIH) 未制定标准

生物接触限值 未制定标准

监测方法 空气中有毒物质测定方法：未制定标准。生物监测检验方法：未制定标准

工程控制 生产过程密闭，全面通风。提供安全的淋浴和

洗眼设备

个体防护装备

呼吸系统防护　空气中浓度超标时，佩戴过滤式防毒面具（半面罩）

眼睛防护　戴化学安全防护眼镜

皮肤和身体防护　穿防静电工作服

手防护　戴橡胶耐油手套

第九部分　理化特性

外观与性状　无色液体

pH值　无资料　　**熔点(℃)**　−141

沸点(℃)　58.9～60.9　　**相对密度(水=1)**　0.69

相对蒸气密度(空气=1)　无资料

饱和蒸气压(kPa)　48.8 (37.7℃)

燃烧热(kJ/mol)　无资料　　**临界温度(℃)**　无资料

临界压力(MPa)　3.35　　**辛醇/水分配系数**　2.78

闪点(℃)　−46　　**自燃温度(℃)**　319.15

爆炸下限(%)　2.0　　**爆炸上限(%)**　6.1

分解温度(℃)　无资料　　**黏度(mPa·s)**　无资料

溶解性　不溶于水

第十部分　稳定性和反应性

稳定性　稳定

危险反应　与强氧化剂等禁配物接触，有发生火灾和爆炸的危险

避免接触的条件　受热，接触空气

禁配物　强氧化剂、酸类、卤代烃、卤素

危险的分解产物　无资料

第十一部分　毒理学信息

急性毒性　LC_{50}：>11pph（大鼠吸入，4h）

皮肤刺激或腐蚀　无资料　　**眼睛刺激或腐蚀**　无资料

呼吸或皮肤过敏　无资料　　**生殖细胞突变性**　无资料

致癌性　无资料　　**生殖毒性**　无资料

特异性靶器官系统毒性-一次接触　无资料

特异性靶器官系统毒性-反复接触　无资料

吸入危害　无资料

第十二部分　生态学信息

生态毒性　无资料

持久性和降解性

生物降解性　无资料

非生物降解性　无资料

潜在的生物累积性　根据 K_{ow} 值预测，该物质的生物累积性可能较弱

土壤中的迁移性　根据 K_{oc} 值预测，该物质可能有一定的迁移性

第十三部分　废弃处置

废弃化学品　建议用焚烧法处置

污染包装物　将容器返还生产商或按照国家和地方法规处置

废弃注意事项　处置前应参阅国家和地方有关法规

第十四部分　运输信息

联合国危险货物编号(UN号)　2458

联合国运输名称　己二烯

联合国危险性类别　3　　**包装类别**　Ⅱ类包装

包装标志  **海洋污染物**　否

运输注意事项　运输时运输车辆应配备相应品种和数量的消防器材及泄漏应急处理设备。夏季最好早晚运输。运输时所用的槽（罐）车应有接地链，槽内可设孔隔板以减少震荡产生的静电。严禁与氧化剂、酸类、食用化学品等混装混运。运输途中应防曝晒、雨淋，防高温。中途停留时应远离火种、热源、高温区。装运该物品的车辆排气管必须配备阻火装置，禁止使用易产生火花的机械设备和工具装卸。公路运输时要按规定路线行驶，勿在居民区和人口稠密区停留。铁路运输时要禁止溜放。严禁用木船、水泥船散装运输

第十五部分　法规信息

下列法律、法规、规章和标准，对该化学品的管理作了相应的规定。

中华人民共和国职业病防治法　职业病分类和目录：未列入

危险化学品安全管理条例　危险化学品目录：列入。易制爆危险化学品名录：未列入。重点监管的危险化学品名录：未列入。GB 18218—2009《危险化学品重大危险源辨识》（表1）：未列入

使用有毒物品作业场所劳动保护条例　高毒物品目录：未列入

易制毒化学品管理条例　易制毒化学品的分类和品种目录：未列入

国际公约　斯德哥尔摩公约：未列入。鹿特丹公约：未列入。蒙特利尔议定书：未列入

第十六部分　其他信息

编写和修订信息　　**缩略语和首字母缩写**

培训建议　　**参考文献**

免责声明

1,4-己二烯

第一部分　化学品标识

化学品中文名　1,4-己二烯；1-烯丙基丙烯

化学品英文名　1,4-hexadiene；1-allylpropene

分子式　C_6H_{10}　　**相对分子质量**　82.15

结构式

化学品的推荐及限制用途　用于有机合成中间体

第二部分　危险性概述

紧急情况概述　高度易燃液体和蒸气

GHS危险性类别　易燃液体，类别2

标签要素

象形图 

警示词 危险

危险性说明 高度易燃液体和蒸气

防范说明

预防措施 远离热源、火花、明火、热表面。禁止吸烟。保持容器密闭。容器和接收设备接地连接。使用防爆电器、通风、照明设备。只能使用不产生火花的工具。采取防止静电措施。戴防护手套、防护眼镜、防护面罩

事故响应 火灾时，使用泡沫、二氧化碳、干粉、砂土灭火。如皮肤（或头发）接触：立即脱掉所有被污染的衣服，用水冲洗皮肤，淋浴

安全储存 存放在通风良好的地方。保持低温

废弃处置 本品及内装物、容器依据国家和地方法规处置

物理和化学危险 高度易燃，其蒸气与空气混合，能形成爆炸性混合物

健康危害 本品属于不饱和脂肪族烃类，该类物质有麻醉和刺激作用

环境危害 对环境可能有害

第三部分 成分/组成信息

√物质 混合物

组分	浓度	CAS No.
1,4-己二烯		592-45-0

第四部分 急救措施

吸入 迅速脱离现场至空气新鲜处。保持呼吸道通畅。如呼吸困难，给输氧。如呼吸、心跳停止，立即进行心肺复苏术。就医

皮肤接触 立即脱去污染的衣着，用流动清水彻底冲洗。就医

眼睛接触 立即分开眼睑，用流动清水或生理盐水彻底冲洗。就医

食入 漱口，饮水。就医

对保护施救者的忠告 根据需要使用个人防护设备

对医生的特别提示 对症处理

第五部分 消防措施

灭火剂 用泡沫、二氧化碳、干粉、砂土灭火

特别危险性 与氧化剂能发生强烈反应，引起燃烧或爆炸。若遇高热，可发生聚合反应，放出大量热量而引起容器破裂和爆炸事故。蒸气比空气重，沿地面扩散并易积存于低洼处，遇火源会着火回燃。燃烧生成有害的一氧化碳

灭火注意事项及防护措施 消防人员须佩戴防毒面具、穿全身消防服，在上风向灭火。尽可能将容器从火场移至空旷处。喷水保持火场容器冷却，直至灭火结束。容器突然发出异常声音或出现异常现象，应立即撤离。用水灭火无效

第六部分 泄漏应急处理

作业人员防护措施、防护装备和应急处置程序 消除所有点火源。根据液体流动和蒸气扩散的影响区域划定警戒区，无关人员从侧风、上风向撤离至安全区。建议应急处理人员戴正压自给式呼吸器，穿防静电服，戴橡胶耐油手套。作业时使用的所有设备应接地。禁止接触或跨越泄漏物。尽可能切断泄漏源

环境保护措施 防止泄漏物进入水体、下水道、地下室或有限空间

泄漏化学品的收容、清除方法及所使用的处置材料 小量泄漏：用砂土或其他不燃材料吸收，使用洁净的无火花工具收集吸收材料。大量泄漏：构筑围堤或挖坑收容。用泡沫覆盖，减少蒸发。喷水雾能减少蒸发，但不能降低泄漏物在有限空间内的易燃性。用防爆泵转移至槽车或专用收集器内

第七部分 操作处置与储存

操作注意事项 密闭操作，全面通风。操作人员必须经过专门培训，严格遵守操作规程。建议操作人员佩戴过滤式防毒面具（半面罩），戴化学安全防护眼镜，穿防静电工作服，戴橡胶耐油手套。远离火种、热源。工作场所严禁吸烟。使用防爆型的通风系统和设备。防止蒸气泄漏到工作场所空气中。避免与氧化剂、酸类接触。充装要控制流速，防止静电积聚。搬运时要轻装轻卸，防止包装及容器损坏。配备相应品种和数量的消防器材及泄漏应急处理设备。倒空的容器可能残留有害物

储存注意事项 通常商品加有阻聚剂。储存于阴凉、通风的库房。远离火种、热源。库温不宜超过29℃。包装要求密封，不可与空气接触。应与氧化剂、酸类分开存放，切忌混储。不宜大量储存或久存。采用防爆型照明、通风设施。禁止使用易产生火花的机械设备和工具。储区应备有泄漏应急处理设备和合适的收容材料

第八部分 接触控制/个体防护

职业接触限值

中国 未制定标准

美国(ACGIH) 未制定标准

生物接触限值 未制定标准

监测方法 空气中有毒物质测定方法：未制定标准。生物监测检验方法：未制定标准

工程控制 生产过程密闭，全面通风。提供安全的淋浴和洗眼设备

个体防护装备

呼吸系统防护 空气中浓度超标时，佩戴过滤式防毒面具（半面罩）

眼睛防护 戴化学安全防护眼镜

皮肤和身体防护 穿防静电工作服

手防护 戴橡胶耐油手套

第九部分 理化特性

外观与性状 无色液体

pH值 无资料 **熔点(℃)** −138.55

沸点(℃) 64～66 **相对密度(水=1)** 0.70

相对蒸气密度(空气=1) 2.8

饱和蒸气压(kPa) 99.31 (64℃)

燃烧热(kJ/mol) 无资料 **临界温度(℃)** 无资料

临界压力(MPa) 3.26 **辛醇/水分配系数** 2.94

闪点(℃) −21 (CC) **自燃温度(℃)** 无资料

爆炸下限(%) 2.0 **爆炸上限(%)** 6.1

分解温度(℃) 无资料 **黏度(mPa·s)** 无资料

溶解性 不溶于水，溶于乙醇、乙醚、苯

第十部分 稳定性和反应性

稳定性 稳定

危险反应 与强氧化剂等禁配物接触，有发生火灾和爆炸的危险。高热下发生可聚合反应

避免接触的条件 受热，接触空气

禁配物 强氧化剂、酸类、卤代烃、卤素

危险的分解产物 无资料

第十一部分 毒理学信息

急性毒性 无资料 **皮肤刺激或腐蚀** 无资料

眼睛刺激或腐蚀 无资料 **呼吸或皮肤过敏** 无资料

生殖细胞突变性 无资料 **致癌性** 无资料

生殖毒性 无资料

特异性靶器官系统毒性-一次接触 无资料

特异性靶器官系统毒性-反复接触 无资料

吸入危害 无资料

第十二部分 生态学信息

生态毒性 无资料

持久性和降解性

生物降解性 无资料

非生物降解性 空气中，当羟基自由基浓度为5.00×10^5个/cm^3时，降解半衰期为4.6h（顺式），4.2h（反式）（理论）

潜在的生物累积性 根据K_{ow}值预测，该物质的生物累积性可能较弱

土壤中的迁移性 根据K_{oc}值预测，该物质可能有一定的迁移性

第十三部分 废弃处置

废弃化学品 建议用焚烧法处置

污染包装物 将容器返还生产商或按照国家和地方法规处置

废弃注意事项 处置前应参阅国家和地方有关法规

第十四部分 运输信息

联合国危险货物编号(UN号) 2458

联合国运输名称 己二烯

联合国危险性类别 3 **包装类别** Ⅱ类包装

包装标志  **海洋污染物** 否

运输注意事项 运输时运输车辆应配备相应品种和数量的消防器材及泄漏应急处理设备。夏季最好早晚运输。运输时所用的槽（罐）车应有接地链，槽内可设孔隔板以减少震荡产生的静电。严禁与氧化剂、酸类、食用化学品等混装混运。运输途中应防曝晒、雨淋，防高温。中途停留时应远离火种、热源、高温区。装运该物品的车辆排气管必须配备阻火装置，禁止使用易产生火花的机械设备和工具装卸。公路运输时要按规定路线行驶，勿在居民区和人口稠密区停留。铁路运输时要禁止溜放。严禁用木船、水泥船散装运输

第十五部分 法规信息

下列法律、法规、规章和标准，对该化学品的管理作了相应的规定。

中华人民共和国职业病防治法 职业病分类和目录：未列入

危险化学品安全管理条例 危险化学品目录：列入。易制爆危险化学品名录：未列入。重点监管的危险化学品名录：未列入。GB 18218—2009《危险化学品重大危险源辨识》(表1)：未列入

使用有毒物品作业场所劳动保护条例 高毒物品目录：未列入

易制毒化学品管理条例 易制毒化学品的分类和品种目录：未列入

国际公约 斯德哥尔摩公约：未列入。鹿特丹公约：未列入。蒙特利尔议定书：未列入

第十六部分 其他信息

编写和修订信息 **缩略语和首字母缩写**

培训建议 **参考文献**

免责声明

己 腈

第一部分 化学品标识

化学品中文名 己腈；戊基氰

化学品英文名 hexanenitrile; amyl cyanide; capronitrile

分子式 $C_6H_{11}N$ **相对分子质量** 97.18

结构式 (N)

化学品的推荐及限制用途 用于有机合成

第二部分 危险性概述

紧急情况概述 易燃液体和蒸气

GHS危险性类别 易燃液体，类别3；急性毒性-经口，类别4；皮肤腐蚀/刺激，类别2；严重眼损伤/眼刺激，类别2A；特异性靶器官毒性-一次接触，类别3（呼吸道刺激）

标签要素

象形图 

警示词 警告

危险性说明 易燃液体和蒸气，吞咽有害，造成皮肤刺激，造成严重眼刺激，可能引起呼吸道刺激

防范说明

预防措施 远离热源、火花、明火、热表面。禁止吸烟。保持容器密闭。容器和接收设备接地连接。使用防爆电器、通风、照明设备。只能使用不产生火花的工具。采取防止静电措施。戴防护手套、防护眼镜、防护面罩。避免接触眼睛、皮肤，操作后彻底清洗。作业场所不得进食、饮水或吸烟

事故响应 火灾时，使用泡沫、干粉、二氧化碳、砂土灭火。如皮肤（或头发）接触：用大量肥皂水和水清洗。如发生皮肤刺激，就医。被污染的衣服经洗净后方可重新使用。如接触眼睛：用水细心冲洗数分钟。如戴隐形眼镜并可方便地取出，取出隐形眼镜继续冲洗。如果眼睛刺激持续：就医。食入：漱口。如果感觉不适，立即呼叫中毒控制中心或就医

安全储存 存放在通风良好的地方。保持低温

废弃处置 本品及内装物、容器依据国家和地方法规处置

物理和化学危险 易燃，其蒸气与空气混合，能形成爆炸性混合物

健康危害 腈类物质可抑制细胞呼吸，造成组织缺氧。腈类中毒出现恶心、呕吐、腹痛、腹泻、胸闷、乏力等症状，重者出现呼吸抑制、血压下降、昏迷、抽搐等。对眼、皮肤和呼吸道有刺激性

环境危害 对环境可能有害

第三部分 成分/组成信息

√物质 混合物

组分	浓度	CAS No.
己腈		628-73-9

第四部分 急救措施

吸入 迅速脱离现场至空气新鲜处。保持呼吸道通畅。如呼吸困难，给输氧。如呼吸、心跳停止，立即进行心肺复苏术。就医

皮肤接触 立即脱去污染的衣着，用肥皂水和清水彻底冲洗。就医

眼睛接触 立即分开眼睑，用流动清水或生理盐水彻底冲洗。就医

食入 催吐（仅限于清醒者），给服活性炭悬液。就医

对保护施救者的忠告 根据需要使用个人防护设备

对医生的特别提示 使用亚硝酸钠、硫代硫酸钠、4-二甲基氨基苯酚等解毒剂

第五部分 消防措施

灭火剂 用泡沫、干粉、二氧化碳、砂土灭火

特别危险性 遇明火能燃烧。遇高热分解释出剧毒的气体。与氧化剂可发生反应。燃烧生成有害的一氧化碳、氮氧化物

灭火注意事项及防护措施 消防人员必须佩戴空气呼吸器、穿全身防火防毒服，在上风向灭火。喷水冷却容器，尽可能将容器从火场移至空旷处。容器突然发出异常声音或出现异常现象，应立即撤离。禁止使用酸碱灭火剂

第六部分 泄漏应急处理

作业人员防护措施、防护装备和应急处置程序 根据液体流动和蒸气扩散的影响区域划定警戒区，无关人员从侧风、上风向撤离至安全区。消除所有点火源。建议应急处理人员戴正压自给式呼吸器，穿防毒、防静电服，戴橡胶耐油手套。作业时使用的所有设备应接地。禁止接触或跨越泄漏物。尽可能切断泄漏源

环境保护措施 防止泄漏物进入水体、下水道、地下室或有限空间

泄漏化学品的收容、清除方法及所使用的处置材料 小量泄漏：用砂土或其他不燃材料吸收，使用洁净的无火花工具收集吸收材料。大量泄漏：构筑围堤或挖坑收容。用泡沫覆盖，减少蒸发。喷水雾能减少蒸发，但不能降低泄漏物在有限空间内的易燃性。用防爆泵转移至槽车或专用收集器内

第七部分 操作处置与储存

操作注意事项 密闭操作，提供充分的局部排风。操作尽可能机械化、自动化。操作人员必须经过专门培训，严格遵守操作规程。建议操作人员佩戴自吸过滤式防毒面具（半面罩），戴化学安全防护眼镜，穿聚乙烯防毒服，戴橡胶耐油手套。远离火种、热源。工作场所严禁吸烟。使用防爆型的通风系统和设备。防止蒸气泄漏到工作场所空气中。避免与氧化剂、还原剂、酸类、碱类接触。充装要控制流速，防止静电积聚。搬运时要轻装轻卸，防止包装及容器损坏。配备相应品种和数量的消防器材及泄漏应急处理设备。倒空的容器可能残留有害物

储存注意事项 储存于阴凉、通风的库房。远离火种、热源。保持容器密封。应与氧化剂、还原剂、酸类、碱类、食用化学品分开存放，切忌混储。采用防爆型照明、通风设施。禁止使用易产生火花的机械设备和工具。储区应备有泄漏应急处理设备和合适的收容材料

第八部分 接触控制/个体防护

职业接触限值

中国 未制定标准

美国(ACGIH) 未制定标准

生物接触限值 未制定标准

监测方法 空气中有毒物质测定方法：未制定标准。生物监测检验方法：未制定标准

工程控制 严加密闭，提供充分的局部排风。提供安全的淋浴和洗眼设备

个体防护装备

呼吸系统防护 可能接触毒物时，必须佩戴过滤式防毒面具（半面罩）。紧急事态抢救或撤离时，建议佩戴空气呼吸器

眼睛防护 戴化学安全防护眼镜

皮肤和身体防护 穿隔绝式防毒服

手防护 戴橡胶耐油手套

第九部分 理化特性

外观与性状 无色液体

pH 值 无资料 **熔点(℃)** −80

沸点(℃) 161～164 **相对密度(水=1)** 0.81

相对蒸气密度(空气=1) 无资料

饱和蒸气压(kPa) 1.33（47.5℃）

燃烧热(kJ/mol) 无资料 **临界温度(℃)** 348.8

临界压力(MPa) 3.25 **辛醇/水分配系数** 1.66

闪点(℃) 43.33 **自燃温度(℃)** 无资料

爆炸下限(%) 1.3 **爆炸上限(%)** 8.2

分解温度(℃) 无资料 **黏度(mPa·s)** 无资料

溶解性 不溶于水，可混溶于乙醇、乙醚

第十部分 稳定性和反应性

稳定性 稳定

危险反应 与强氧化剂等禁配物接触，有发生火灾和爆炸的危险

避免接触的条件 受热

禁配物 强氧化剂、强还原剂、强酸、强碱

危险的分解产物 无资料

第十一部分 毒理学信息

急性毒性 LD_{50}：463mg/kg（大鼠经口）

皮肤刺激或腐蚀 无资料 **眼睛刺激或腐蚀** 无资料

呼吸或皮肤过敏 无资料 **生殖细胞突变性** 无资料

致癌性 无资料 **生殖毒性** 无资料

特异性靶器官系统毒性-一次接触 无资料

特异性靶器官系统毒性-反复接触 无资料

吸入危害 无资料

第十二部分 生态学信息

生态毒性 无资料

持久性和降解性

生物降解性 无资料

非生物降解性 无资料

潜在的生物累积性 根据 K_{ow} 值预测，该物质的生物累积性可能较弱

土壤中的迁移性 根据 K_{oc} 值预测，该物质可能易发生迁移

第十三部分 废弃处置

废弃化学品 建议用焚烧法处置。焚烧炉排出的氮氧化物通过洗涤器除去

污染包装物 将容器返还生产商或按照国家和地方法规处置

废弃注意事项 处置前应参阅国家和地方有关法规

第十四部分 运输信息

联合国危险货物编号（UN 号） 1993

联合国运输名称 易燃液体，未另作规定的（己腈）

联合国危险性类别 3 **包装类别** Ⅲ类包装

包装标志 

海洋污染物 否

运输注意事项 运输前应先检查包装容器是否完整、密封，运输过程中要确保容器不泄漏、不倒塌、不坠落、不损坏。严禁与酸类、氧化剂、食品及食品添加剂混运。运输时运输车辆应配备相应品种和数量的消防器材及泄漏应急处理设备。运输途中应防曝晒、雨淋，防高温。运输时所用的槽（罐）车应有接地链，槽内可设孔隔板以减少震荡产生的静电。中途停留时应远离火种、热源。公路运输时要按规定路线行驶

第十五部分 法规信息

下列法律、法规、规章和标准，对该化学品的管理作了相应的规定。

中华人民共和国职业病防治法 职业病分类和目录：氰及腈类化合物中毒

危险化学品安全管理条例 危险化学品目录：列入。易制爆危险化学品名录：未列入。重点监管的危险化学品名录：未列入。GB 18218—2009《危险化学品重大危险源辨识》（表 1）：未列入

使用有毒物品作业场所劳动保护条例 高毒物品目录：未列入

易制毒化学品管理条例 易制毒化学品的分类和品种目录：未列入

国际公约 斯德哥尔摩公约：未列入。鹿特丹公约：未列入。蒙特利尔议定书：未列入

第十六部分 其他信息

编写和修订信息 **缩略语和首字母缩写**

培训建议 **参考文献**

免责声明

己 醛

第一部分 化学品标识

化学品中文名 己醛；正己醛

化学品英文名 *n*-hexaldehyde；1-hexanal；caproaldehyde

分子式 $C_6H_{12}O$ **相对分子质量** 100.18

结构式 [结构式：直链己醛骨架，末端 =O]

化学品的推荐及限制用途 用作增塑剂，以及用于橡胶、树脂、杀虫剂的有机合成

第二部分 危险性概述

紧急情况概述 易燃液体和蒸气

GHS危险性类别 易燃液体，类别3；急性毒性-经口，类别5；皮肤腐蚀/刺激，类别2；严重眼损伤/眼刺激，类别2A；特异性靶器官毒性-一次接触，类别3（呼吸道刺激）；危害水生环境-急性危害，类别3

标签要素

象形图 

警示词 警告

危险性说明 易燃液体和蒸气，吞咽可能有害，造成皮肤刺激，造成严重眼刺激，可能引起呼吸道刺激，对水生生物有害

防范说明

预防措施 远离热源、火花、明火、热表面。禁止吸烟。保持容器密闭。容器和接收设备接地连接。使用防爆电器、通风、照明设备。只能使用不产生火花的工具。采取防止静电措施。戴防护手套、防护眼镜、防护面罩。避免接触眼睛、皮肤，操作后彻底清洗。禁止排入环境

事故响应 火灾时，使用泡沫、干粉、二氧化碳、砂土灭火。如皮肤（或头发）接触：立即脱掉所有被污染的衣服，用大量肥皂水和水清洗。如发生皮肤刺激，就医。被污染的衣服经洗净后方可重新使用。如接触眼睛：用水细心冲洗数分钟。如戴隐形眼镜并可方便地取出，取出隐形眼镜继续冲洗。如果眼睛刺激持续：就医

安全储存 存放在通风良好的地方。保持低温

废弃处置 本品及内装物、容器依据国家和地方法规处置

物理和化学危险 易燃，其蒸气与空气混合，能形成爆炸性混合物。容易自聚

健康危害 其蒸气或雾对眼睛、黏膜和上呼吸道有刺激作用，引起咳嗽、流泪、流涎；个别人有恶心、头痛、胸骨后疼痛和呼吸困难等。对皮肤有刺激性

环境危害 对水生生物有害

第三部分 成分/组成信息

√物质 混合物

组分	浓度	CAS No.
己醛		66-25-1

第四部分 急救措施

吸入 迅速脱离现场至空气新鲜处。保持呼吸道通畅。如呼吸困难，给输氧。如呼吸、心跳停止，立即进行心肺复苏术。就医

皮肤接触 立即脱去污染的衣着，用流动清水彻底冲洗。就医

眼睛接触 立即分开眼睑，用流动清水或生理盐水彻底冲洗。就医

食入 漱口，饮水。就医

对保护施救者的忠告 根据需要使用个人防护设备

对医生的特别提示 对症处理

第五部分 消防措施

灭火剂 用泡沫、干粉、二氧化碳、砂土灭火

特别危险性 在潮湿空气中缓慢分解。燃烧生成有害的一氧化碳

灭火注意事项及防护措施 消防人员必须佩戴空气呼吸器、穿全身防火防毒服，在上风向灭火。喷水冷却容器，尽可能将容器从火场移至空旷处。容器突然发出异常声音或出现异常现象，应立即撤离

第六部分 泄漏应急处理

作业人员防护措施、防护装备和应急处置程序 消除所有点火源。根据液体流动和蒸气扩散的影响区域划定警戒区，无关人员从侧风、上风向撤离至安全区。建议应急处理人员戴正压自给式呼吸器，穿防静电服，戴橡胶耐油手套。作业时使用的所有设备应接地。禁止接触或跨越泄漏物。尽可能切断泄漏源

环境保护措施 防止泄漏物进入水体、下水道、地下室或有限空间

泄漏化学品的收容、清除方法及所使用的处置材料 小量泄漏：用砂土或其他不燃材料吸收，使用洁净的无火花工具收集吸收材料。大量泄漏：构筑围堤或挖坑收容。用泡沫覆盖，减少蒸发。喷水雾能减少蒸发，但不能降低泄漏物在有限空间内的易燃性。用防爆泵转移至槽车或专用收集器内

第七部分 操作处置与储存

操作注意事项 密闭操作，全面排风。操作人员必须经过专门培训，严格遵守操作规程。建议操作人员佩戴自吸过滤式防毒面具（半面罩），戴安全防护眼镜，穿防静电工作服，戴橡胶耐油手套。远离火种、热源。工作场所严禁吸烟。使用防爆型的通风系统和设备。防止蒸气泄漏到工作场所空气中。避免与氧化剂、还原剂、碱类接触。充装要控制流速，防止静电积聚。搬运时要轻装轻卸，防止包装及容器损坏。配备相应品种和数量的消防器材及泄漏应急处理设备。倒空的容器可能残留有害物

储存注意事项 储存于阴凉、通风的库房。远离火种、热源。库温不宜超过37℃。包装要求密封，不可与空气接触。应与氧化剂、还原剂、碱类分开存放，切忌混储。不宜久存，以免变质。采用防爆型照明、通风设施。禁止使用易产生火花的机械设备和工具。储区应备有泄漏应急处理设备和合适的收容材料

第八部分 接触控制/个体防护

职业接触限值

中国 未制定标准

美国(ACGIH) 未制定标准

生物接触限值 未制定标准

监测方法 空气中有毒物质测定方法：未制定标准。生物监测检验方法：未制定标准

工程控制 密闭操作，全面排风。提供安全的淋浴和洗眼设备

个体防护装备

呼吸系统防护　空气中浓度超标时，佩戴过滤式防毒面具（半面罩）

眼睛防护　戴安全防护眼镜

皮肤和身体防护　穿防静电工作服

手防护　戴橡胶耐油手套

第九部分　理化特性

外观与性状　无色透明液体，有刺激性气味

pH值　无资料　**熔点(℃)**　−56.3

沸点(℃)　128～131　**相对密度(水=1)**　0.83

相对蒸气密度(空气=1)　3.45

饱和蒸气压(kPa)　1.33（20℃）

燃烧热(kJ/mol)　−3946.3　**临界温度(℃)**　无资料

临界压力(MPa)　3.46　**辛醇/水分配系数**　1.78

闪点(℃)　32（OC）　**自燃温度(℃)**　197

爆炸下限(%)　1.3　**爆炸上限(%)**　8.1

分解温度(℃)　无资料　**黏度(mPa·s)**　无资料

溶解性　不溶于水，溶于苯、丙酮，易溶于乙醇、乙醚

第十部分　稳定性和反应性

稳定性　稳定

危险反应　与强氧化剂等禁配物接触，有发生火灾和爆炸的危险

避免接触的条件　受热、潮湿空气

禁配物　强氧化剂、强还原剂、强碱

危险的分解产物　无资料

第十一部分　毒理学信息

急性毒性　LD_{50}：4890mg/kg（大鼠经口）

皮肤刺激或腐蚀　家兔经皮：500mg（24h），轻度刺激

眼睛刺激或腐蚀　家兔经眼：100mg（24h），轻度刺激

呼吸或皮肤过敏　无资料　**生殖细胞突变性**　无资料

致癌性　无资料　**生殖毒性**　无资料

特异性靶器官系统毒性-一次接触　无资料

特异性靶器官系统毒性-反复接触　小鼠吸入0.75～27mg/m³，每天2～4h，1个月后，2/13死亡

吸入危害　无资料

第十二部分　生态学信息

生态毒性　LC_{50}：14mg/L（96h）（鱼）

持久性和降解性

生物降解性　MITI-I测试，初始浓度100ppm，污泥浓度30ppm，4周后降解50%

非生物降解性　空气中，当羟基自由基浓度为5.00×10⁵个/cm³时，降解半衰期为13h（理论）

潜在的生物累积性　根据K_{ow}值预测，该物质的生物累积性可能较弱

土壤中的迁移性　根据K_{oc}值预测，该物质可能易发生迁移

第十三部分　废弃处置

废弃化学品　建议用焚烧法处置

污染包装物　将容器返还生产商或按照国家和地方法规处置

废弃注意事项　处置前应参阅国家和地方有关法规

第十四部分　运输信息

联合国危险货物编号（UN号）　1207

联合国运输名称　己醛

联合国危险性类别　3　**包装类别**　Ⅲ类包装

包装标志　　**海洋污染物**　否

运输注意事项　运输时运输车辆应配备相应品种和数量的消防器材及泄漏应急处理设备。夏季最好早晚运输。运输时所用的槽（罐）车应有接地链，槽内可设孔隔板以减少震荡产生的静电。严禁与氧化剂、还原剂、碱类、食用化学品等混装混运。运输途中应防曝晒、雨淋，防高温。中途停留时应远离火种、热源、高温区。装运该物品的车辆排气管必须配备阻火装置，禁止使用易产生火花的机械设备和工具装卸。公路运输时要按规定路线行驶，勿在居民区和人口稠密区停留。铁路运输时要禁止溜放。严禁用木船、水泥船散装运输

第十五部分　法规信息

下列法律、法规、规章和标准，对该化学品的管理作了相应的规定。

中华人民共和国职业病防治法　职业病分类和目录：未列入

危险化学品安全管理条例　危险化学品目录：列入。易制爆危险化学品名录：未列入。重点监管的危险化学品名录：未列入。GB 18218—2009《危险化学品重大危险源辨识》（表1）：未列入

使用有毒物品作业场所劳动保护条例　高毒物品目录：未列入

易制毒化学品管理条例　易制毒化学品的分类和品种目录：未列入

国际公约　斯德哥尔摩公约：未列入。鹿特丹公约：未列入。蒙特利尔议定书：未列入

第十六部分　其他信息

编写和修订信息　**缩略语和首字母缩写**

培训建议　**参考文献**

免责声明

3-己炔

第一部分　化学品标识

化学品中文名　3-己炔；二乙基乙炔

化学品英文名　3-hexyne；diethylacetylene

分子式　C_6H_{10}　**相对分子质量**　82.14

结构式

化学品的推荐及限制用途　用作有机合成中间体

第二部分　危险性概述

紧急情况概述　高度易燃液体和蒸气

GHS 危险性类别　易燃液体，类别 2

标签要素

象形图 

警示词　危险

危险性说明　高度易燃液体和蒸气

防范说明

预防措施　远离热源、火花、明火、热表面。禁止吸烟。保持容器密闭。容器和接收设备接地连接。使用防爆电器、通风、照明设备。只能使用不产生火花的工具。采取防止静电措施。戴防护手套、防护眼镜、防护面罩

事故响应　火灾时，使用泡沫、干粉、二氧化碳、砂土灭火。如皮肤（或头发）接触：立即脱掉所有被污染的衣服，用水冲洗皮肤，淋浴

安全储存　存放在通风良好的地方。保持低温

废弃处置　本品及内装物、容器依据国家和地方法规处置

物理和化学危险　高度易燃，其蒸气与空气混合，能形成爆炸性混合物

健康危害　本品属不饱和脂肪族烃类，该类物质有麻醉作用

环境危害　对环境可能有害

第三部分　成分/组成信息

√物质　　　　混合物

组分	浓度	CAS No.
3-己炔		928-49-4

第四部分　急救措施

吸入　迅速脱离现场至空气新鲜处。保持呼吸道通畅。如呼吸困难，给输氧。如呼吸、心跳停止，立即进行心肺复苏术。就医

皮肤接触　立即脱去污染的衣着，用流动清水彻底冲洗。就医

眼睛接触　立即分开眼睑，用流动清水或生理盐水彻底冲洗。就医

食入　漱口，饮水。就医

对保护施救者的忠告　根据需要使用个人防护设备

对医生的特别提示　对症处理

第五部分　消防措施

灭火剂　用泡沫、干粉、二氧化碳、砂土灭火

特别危险性　与氧化剂能发生强烈反应。蒸气比空气重，沿地面扩散并易积存于低洼处，遇火源会着火回燃。燃烧生成有害的一氧化碳

灭火注意事项及防护措施　消防人员必须佩戴空气呼吸器、穿全身防火防毒服，在上风向灭火。喷水冷却容器，尽可能将容器从火场移至空旷处。容器突然发出异常声音或出现异常现象，应立即撤离。用水灭火无效

第六部分　泄漏应急处理

作业人员防护措施、防护装备和应急处置程序　消除所有点火源。根据液体流动和蒸气扩散的影响区域划定警戒区，无关人员从侧风、上风向撤离至安全区。建议应急处理人员戴正压自给式呼吸器，穿防静电服，戴橡胶耐油手套。作业时使用的所有设备应接地。禁止接触或跨越泄漏物。尽可能切断泄漏源

环境保护措施　防止泄漏物进入水体、下水道、地下室或有限空间

泄漏化学品的收容、清除方法及所使用的处置材料　小量泄漏：用砂土或其他不燃材料吸收，使用洁净的无火花工具收集吸收材料。大量泄漏：构筑围堤或挖坑收容。用泡沫覆盖，减少蒸发。喷水雾能减少蒸发，但不能降低泄漏物在有限空间内的易燃性。用防爆泵转移至槽车或专用收集器内

第七部分　操作处置与储存

操作注意事项　密闭操作，全面通风。操作人员必须经过专门培训，严格遵守操作规程。建议操作人员佩戴过滤式防毒面具（半面罩），戴化学安全防护眼镜，穿防静电工作服，戴橡胶耐油手套。远离火种、热源。工作场所严禁吸烟。使用防爆型的通风系统和设备。防止蒸气泄漏到工作场所空气中。避免与氧化剂、酸类、金属粉末接触。灌装时应控制流速，且有接地装置，防止静电积聚。搬运时要轻装轻卸，防止包装及容器损坏。配备相应品种和数量的消防器材及泄漏应急处理设备。倒空的容器可能残留有害物

储存注意事项　储存于阴凉、通风的库房。远离火种、热源。库温不宜超过 37℃。包装要求密封，不可与空气接触。应与氧化剂、酸类、金属粉末等分开存放，切忌混储。采用防爆型照明、通风设施。禁止使用易产生火花的机械设备和工具。储区应备有泄漏应急处理设备和合适的收容材料

第八部分　接触控制/个体防护

职业接触限值

中国　未制定标准

美国(ACGIH)　未制定标准

生物接触限值　未制定标准

监测方法　空气中有毒物质测定方法：未制定标准。生物监测检验方法：未制定标准

工程控制　生产过程密闭，全面通风

个体防护装备

呼吸系统防护　空气中浓度超标时，应该佩戴过滤式防毒面具（半面罩）。紧急事态抢救或撤离时，佩戴空气呼吸器

眼睛防护　戴化学安全防护眼镜

皮肤和身体防护　穿防静电工作服

手防护　戴橡胶耐油手套

第九部分　理化特性

外观与性状　无色液体

pH 值　无资料　　**熔点(℃)**　−103

沸点(℃)　81.5（99.2kPa）　**相对密度(水=1)**　0.72

相对蒸气密度(空气=1)　无资料

饱和蒸气压(kPa)　24.74（37.7℃）

燃烧热(kJ/mol)　无资料　**临界温度(℃)**　无资料

临界压力(MPa)　3.53　**辛醇/水分配系数**　2.57

闪点(℃)　−14.44　**自燃温度(℃)**　281

爆炸下限(%)　无资料　**爆炸上限(%)**　无资料

分解温度(℃)　无资料　**黏度(mPa·s)**　无资料

溶解性　不溶于水，溶于乙醇、乙醚、苯

第十部分　稳定性和反应性

稳定性　稳定

危险反应　与强氧化剂等禁配物接触，有发生火灾和爆炸的危险

避免接触的条件　受热，接触空气

禁配物　强氧化剂、酸类、铜、银或其盐类

危险的分解产物　无资料

第十一部分　毒理学信息

急性毒性　无资料　**皮肤刺激或腐蚀**　无资料

眼睛刺激或腐蚀　无资料　**呼吸或皮肤过敏**　无资料

生殖细胞突变性　无资料　**致癌性**　无资料

生殖毒性　无资料

特异性靶器官系统毒性-一次接触　无资料

特异性靶器官系统毒性-反复接触　无资料

吸入危害　无资料

第十二部分　生态学信息

生态毒性　无资料

持久性和降解性

生物降解性　无资料

非生物降解性　无资料

潜在的生物累积性

土壤中的迁移性

第十三部分　废弃处置

废弃化学品　建议用焚烧法处置

污染包装物　将容器返还生产商或按照国家和地方法规处置

废弃注意事项　处置前应参阅国家和地方有关法规

第十四部分　运输信息

联合国危险货物编号（UN 号）　3295

联合国运输名称　液态烃类，未另作规定的（3-己炔）

联合国危险性类别　3　**包装类别**　Ⅱ类包装

包装标志

海洋污染物　否

运输注意事项　运输时运输车辆应配备相应品种和数量的消防器材及泄漏应急处理设备。夏季最好早晚运输。运输时所用的槽（罐）车应有接地链，槽内可设孔隔板以减少震荡产生的静电。严禁与氧化剂、酸类、金属粉末、食用化学品等混装混运。运输途中应防曝晒、雨淋，防高温。中途停留时应远离火种、热源、高温区。装运该物品的车辆排气管必须配备阻火装置，禁止使用易产生火花的机械设备和工具装卸。公路运输时要按规定路线行驶，勿在居民区和人口稠密区停留。铁路运输时要禁止溜放。严禁用木船、水泥船散装运输

第十五部分　法规信息

下列法律、法规、规章和标准，对该化学品的管理作了相应的规定。

中华人民共和国职业病防治法　职业病分类和目录：未列入

危险化学品安全管理条例　危险化学品目录：列入。易制爆危险化学品名录：未列入。重点监管的危险化学品名录：未列入。GB 18218—2009《危险化学品重大危险源辨识》（表 1）：未列入

使用有毒物品作业场所劳动保护条例　高毒物品目录：未列入

易制毒化学品管理条例　易制毒化学品的分类和品种目录：未列入

国际公约　斯德哥尔摩公约：未列入。鹿特丹公约：未列入。蒙特利尔议定书：未列入

第十六部分　其他信息

编写和修订信息　**缩略语和首字母缩写**

培训建议　**参考文献**

免责声明

1-己炔

第一部分　化学品标识

化学品中文名　1-己炔；正丁基乙炔

化学品英文名　1-hexyne；*n*-butyl acetylene

分子式　C_6H_{10}　**相对分子质量**　82.14

结构式

化学品的推荐及限制用途　用作有机合成中间体

第二部分　危险性概述

紧急情况概述　高度易燃液体和蒸气

GHS 危险性类别　易燃液体，类别 2

标签要素

象形图

警示词　危险

危险性说明　高度易燃液体和蒸气

防范说明

预防措施　远离热源、火花、明火、热表面。禁止

吸烟。保持容器密闭。容器和接收设备接地连接。使用防爆电器、通风、照明设备。只能使用不产生火花的工具。采取防止静电措施。戴防护手套、防护眼镜、防护面罩

事故响应　火灾时，使用泡沫、干粉、二氧化碳、砂土灭火。如皮肤（或头发）接触：立即脱掉所有被污染的衣服，用水冲洗皮肤，淋浴

安全储存　存放在通风良好的地方。保持低温

废弃处置　本品及内装物、容器依据国家和地方法规处置

物理和化学危险　高度易燃，其蒸气与空气混合，能形成爆炸性混合物

健康危害　本品属于不饱和脂肪族烃类，该类物质有麻醉作用

环境危害　对环境可能有害

第三部分　成分/组成信息

√纯品　　混合物

有害成分	浓度	CAS No.
1-己炔		693-02-7

第四部分　急救措施

吸入　迅速脱离现场至空气新鲜处。保持呼吸道通畅。如呼吸困难，给输氧。如呼吸、心跳停止，立即进行心肺复苏术。就医

皮肤接触　立即脱去污染的衣着，用流动清水彻底冲洗。就医

眼睛接触　立即分开眼睑，用流动清水或生理盐水彻底冲洗。就医

食入　漱口，饮水。就医

对保护施救者的忠告　根据需要使用个人防护设备

对医生的特别提示　对症处理

第五部分　消防措施

灭火剂　用泡沫、干粉、二氧化碳、砂土灭火

特别危险性　若遇高热，可发生聚合反应，放出大量热量而引起容器破裂和爆炸事故。高速冲击、流动、激荡后可因产生静电火花放电引起燃烧爆炸。蒸气比空气重，沿地面扩散并易积存于低洼处，遇火源会着火回燃。燃烧生成有害的一氧化碳

灭火注意事项及防护措施　消防人员必须佩戴空气呼吸器、穿全身防火防毒服，在上风向灭火。喷水冷却容器，尽可能将容器从火场移至空旷处。容器突然发出异常声音或出现异常现象，应立即撤离

第六部分　泄漏应急处理

作业人员防护措施、防护装备和应急处置程序　消除所有点火源。根据液体流动和蒸气扩散的影响区域划定警戒区，无关人员从侧风、上风向撤离至安全区。建议应急处理人员戴正压自给式呼吸器，穿防静电服，戴橡胶耐油手套。作业时使用的所有设备应接地。禁止接触或跨越泄漏物。尽可能切断泄漏源

环境保护措施　防止泄漏物进入水体、下水道、地下室或有限空间

泄漏化学品的收容、清除方法及所使用的处置材料　小量泄漏：用砂土或其他不燃材料吸收，使用洁净的无火花工具收集吸收材料。大量泄漏：构筑围堤或挖坑收容。用泡沫覆盖，减少蒸发。喷水雾能减少蒸发，但不能降低泄漏物在有限空间内的易燃性。用防爆泵转移至槽车或专用收集器内

第七部分　操作处置与储存

操作注意事项　密闭操作，全面通风。操作人员必须经过专门培训，严格遵守操作规程。建议操作人员佩戴过滤式防毒面具（半面罩），戴化学安全防护眼镜，穿防静电工作服，戴橡胶耐油手套。远离火种、热源。工作场所严禁吸烟。使用防爆型的通风系统和设备。防止蒸气泄漏到工作场所空气中。避免与氧化剂接触。灌装时应控制流速，且有接地装置，防止静电积聚。搬运时要轻装轻卸，防止包装及容器损坏。配备相应品种和数量的消防器材及泄漏应急处理设备。倒空的容器可能残留有害物

储存注意事项　储存于阴凉、通风的库房。远离火种、热源。库温不宜超过37℃。包装要求密封，不可与空气接触。应与氧化剂分开存放，切忌混储。不宜大量储存或久存。采用防爆型照明、通风设施。禁止使用易产生火花的机械设备和工具。储区应备有泄漏应急处理设备和合适的收容材料

第八部分　接触控制/个体防护

职业接触限值

中国　未制定标准

美国(ACGIH)　未制定标准

生物接触限值　未制定标准

监测方法　空气中有毒物质测定方法：未制定标准。生物监测检验方法：未制定标准

工程控制　生产过程密闭，全面通风。提供安全的淋浴和洗眼设备

个体防护装备

呼吸系统防护　空气中浓度超标时，应该佩戴过滤式防毒面具（半面罩）。紧急事态抢救或撤离时，佩戴空气呼吸器

眼睛防护　戴化学安全防护眼镜

皮肤和身体防护　穿防静电工作服

手防护　戴橡胶耐油手套

第九部分　理化特性

外观与性状　无色液体，有特殊气味

pH值　无资料　　**熔点(℃)**　−132

沸点(℃)　71.4　　**相对密度(水=1)**　0.72

相对蒸气密度(空气=1)　无资料

饱和蒸气压(kPa)　33.65 (37.7℃)

燃烧热(kJ/mol)　无资料　　**临界温度(℃)**　无资料

临界压力(MPa)　3.62　　**辛醇/水分配系数**　2.73

闪点(℃)　−21.1　　**自燃温度(℃)**　268

爆炸下限(%)　1.1　　**爆炸上限(%)**　16.6

分解温度(℃) 无资料 **黏度(mPa·s)** 无资料

溶解性 不溶于水，溶于乙醇、乙醚、苯等

第十部分 稳定性和反应性

稳定性 稳定

危险反应 与强氧化剂等禁配物接触，有发生火灾和爆炸的危险

避免接触的条件 受热，接触空气

禁配物 强氧化剂、碱金属、碱土金属、重金属及重金属盐、卤素

危险的分解产物 无资料

第十一部分 毒理学信息

急性毒性 LD_{50}：＞400mg/kg（小鼠皮下）；＞100mg/kg（小鼠腹腔）

皮肤刺激或腐蚀 无资料 **眼睛刺激或腐蚀** 无资料

呼吸或皮肤过敏 无资料 **生殖细胞突变性** 无资料

致癌性 无资料 **生殖毒性** 无资料

特异性靶器官系统毒性-一次接触 无资料

特异性靶器官系统毒性-反复接触 无资料

吸入危害 无资料

第十二部分 生态学信息

生态毒性 无资料

持久性和降解性

生物降解性 无资料

非生物降解性 无资料

潜在的生物累积性 根据 K_{ow}值预测，该物质的生物累积性可能较弱

土壤中的迁移性 根据 K_{oc}值预测，该物质可能有一定的迁移性

第十三部分 废弃处置

废弃化学品 建议用焚烧法处置

污染包装物 将容器返还生产商或按照国家和地方法规处置

废弃注意事项 处置前应参阅国家和地方有关法规

第十四部分 运输信息

联合国危险货物编号（UN号） 3295

联合国运输名称 液态烃类，未另作规定的（1-己炔）

联合国危险性类别 3 **包装类别** Ⅱ类包装

包装标志

海洋污染物 否

运输注意事项 运输时运输车辆应配备相应品种和数量的消防器材及泄漏应急处理设备。夏季最好早晚运输。运输时所用的槽（罐）车应有接地链，槽内可设孔隔板以减少震荡产生的静电。严禁与氧化剂、食用化学品等混装混运。运输途中应防曝晒、雨淋，防高温。中途停留时应远离火种、热源、高温区。装运该物品的车辆排气管必须配备阻火装置，禁止使用易产生火花的机械设备和工具装卸。公路运输时要按规定路线行驶，勿在居民区和人口稠密区停留。铁路运输时要禁止溜放。严禁用木船、水泥船散装运输

第十五部分 法规信息

下列法律、法规、规章和标准，对该化学品的管理作了相应的规定。

中华人民共和国职业病防治法 职业病分类和目录：未列入

危险化学品安全管理条例 危险化学品目录：列入。易制爆危险化学品名录：未列入。重点监管的危险化学品名录：未列入。GB 18218—2009《危险化学品重大危险源辨识》（表1）：未列入

使用有毒物品作业场所劳动保护条例 高毒物品目录：未列入

易制毒化学品管理条例 易制毒化学品的分类和品种目录：未列入

国际公约 斯德哥尔摩公约：未列入。鹿特丹公约：未列入。蒙特利尔议定书：未列入

第十六部分 其他信息

编写和修订信息 **缩略语和首字母缩写**

培训建议 **参考文献**

免责声明

己酸乙酯

第一部分 化学品标识

化学品中文名 己酸乙酯；正己酸乙酯

化学品英文名 ethyl caproate；ethyl hexanoate

分子式 $C_8H_{16}O_2$ **相对分子质量** 144.24

结构式

化学品的推荐及限制用途 用于有机合成、配制人造香精

第二部分 危险性概述

紧急情况概述 易燃液体和蒸气

GHS危险性类别 易燃液体，类别3；危害水生环境-急性危害，类别2

标签要素

象形图

警示词 警告

危险性说明 易燃液体和蒸气，对水生生物有毒

防范说明

预防措施 远离热源、火花、明火、热表面。禁止吸烟。保持容器密闭。容器和接收设备接地连接。使用防爆电器、通风、照明设备。只能使用不产生火花的工具。采取防止静电措施。戴防护手套、防护眼镜、防护面罩。禁止排入环境

事故响应 火灾时，使用泡沫、干粉、二氧化碳、砂土灭火。如皮肤（或头发）接触：立即脱掉

所有被污染的衣服，用水冲洗皮肤，淋浴

安全储存　存放在通风良好的地方。保持低温

废弃处置　本品及内装物、容器依据国家和地方法规处置

物理和化学危险　易燃，其蒸气与空气混合，能形成爆炸性混合物

健康危害　未见人中毒报道

环境危害　对水生生物有毒

第三部分　成分/组成信息

√物质　　　混合物

组分	浓度	CAS No.
己酸乙酯		123-66-0

第四部分　急救措施

吸入　迅速脱离现场至空气新鲜处。保持呼吸道通畅。如呼吸困难，给输氧。如呼吸、心跳停止，立即进行心肺复苏术。就医

皮肤接触　立即脱去污染的衣着，用流动清水彻底冲洗。就医

眼睛接触　立即分开眼睑，用流动清水或生理盐水彻底冲洗。就医

食入　漱口，饮水。就医

对保护施救者的忠告　根据需要使用个人防护设备

对医生的特别提示　对症处理

第五部分　消防措施

灭火剂　用泡沫、干粉、二氧化碳、砂土灭火

特别危险性　受热放出辛辣的腐蚀性烟雾。燃烧生成有害的一氧化碳

灭火注意事项及防护措施　消防人员必须佩戴空气呼吸器、穿全身防火防毒服，在上风向灭火。喷水冷却容器，尽可能将容器从火场移至空旷处。容器突然发出异常声音或出现异常现象，应立即撤离

第六部分　泄漏应急处理

作业人员防护措施、防护装备和应急处置程序　消除所有点火源。根据液体流动和蒸气扩散的影响区域划定警戒区，无关人员从侧风、上风向撤离至安全区。建议应急处理人员戴正压自给式呼吸器，穿防静电服，戴橡胶耐油手套。作业时使用的所有设备应接地。禁止接触或跨越泄漏物。尽可能切断泄漏源

环境保护措施　防止泄漏物进入水体、下水道、地下室或有限空间

泄漏化学品的收容、清除方法及所使用的处置材料　小量泄漏：用砂土或其他不燃材料吸收，使用洁净的无火花工具收集吸收材料。大量泄漏：构筑围堤或挖坑收容。用泡沫覆盖，减少蒸发。喷水雾能减少蒸发，但不能降低泄漏物在有限空间内的易燃性。用防爆泵转移至槽车或专用收集器内

第七部分　操作处置与储存

操作注意事项　密闭操作，全面通风。操作人员必须经过专门培训，严格遵守操作规程。建议操作人员佩戴自吸过滤式防毒面具（半面罩），戴化学安全防护眼镜，穿防静电工作服，戴橡胶耐油手套。远离火种、热源。工作场所严禁吸烟。使用防爆型的通风系统和设备。防止蒸气泄漏到工作场所空气中。避免与氧化剂、还原剂、酸类、碱类接触。充装要控制流速，防止静电积聚。搬运时要轻装轻卸，防止包装及容器损坏。配备相应品种和数量的消防器材及泄漏应急处理设备。倒空的容器可能残留有害物

储存注意事项　储存于阴凉、通风的库房。库温不宜超过37℃。远离火种、热源。保持容器密封。应与氧化剂、还原剂、酸类、碱类分开存放，切忌混储。采用防爆型照明、通风设施。禁止使用易产生火花的机械设备和工具。储区应备有泄漏应急处理设备和合适的收容材料

第八部分　接触控制/个体防护

职业接触限值

中国　未制定标准

美国(ACGIH)　未制定标准

生物接触限值　未制定标准

监测方法　空气中有毒物质测定方法：未制定标准。生物监测检验方法：未制定标准

工程控制　生产过程密闭，全面通风。提供安全的淋浴和洗眼设备

个体防护装备

呼吸系统防护　空气中浓度超标时，应该佩戴过滤式防毒面具（半面罩）。必要时佩戴空气呼吸器

眼睛防护　戴化学安全防护眼镜

皮肤和身体防护　穿防静电工作服

手防护　戴橡胶耐油手套

第九部分　理化特性

外观与性状　无色至黄色液体，有愉快的气味

pH值　无资料　　**熔点(℃)**　−67

沸点(℃)　161.9～168　　**相对密度(水=1)**　0.869

相对蒸气密度(空气=1)　5.0

饱和蒸气压(kPa)　无资料

燃烧热(kJ/mol)　无资料　　**临界温度(℃)**　无资料

临界压力(MPa)　无资料　　**辛醇/水分配系数**　2.83

闪点(℃)　54.4（OC）　　**自燃温度(℃)**　无资料

爆炸下限(%)　无资料　　**爆炸上限(%)**　无资料

分解温度(℃)　无资料　　**黏度(mPa·s)**　无资料

溶解性　不溶于水、甘油，溶于乙醇、乙醚等多数有机溶剂

第十部分　稳定性和反应性

稳定性　稳定

危险反应　与强氧化剂等禁配物接触，有发生火灾和爆炸的危险

避免接触的条件　受热

禁配物　酸类、碱、强氧化剂、强还原剂

危险的分解产物　无资料

第十一部分　毒理学信息

急性毒性　无资料　　**皮肤刺激或腐蚀**　无资料

眼睛刺激或腐蚀　无资料　　**呼吸或皮肤过敏**　无资料

生殖细胞突变性　无资料　　**致癌性**　无资料

生殖毒性　无资料

特异性靶器官系统毒性-一次接触　无资料

特异性靶器官系统毒性-反复接触　无资料

吸入危害　无资料

第十二部分　生态学信息

生态毒性　LC_{50}：8.94mg/L（96h）（鱼类）

持久性和降解性

生物降解性　无资料

非生物降解性　无资料

潜在的生物累积性　根据 K_{ow} 值预测，该物质的生物累积性可能较弱

土壤中的迁移性　根据 K_{oc} 值预测，该物质可能有一定的迁移性

第十三部分　废弃处置

废弃化学品　建议用焚烧法处置

污染包装物　将容器返还生产商或按照国家和地方法规处置

废弃注意事项　处置前应参阅国家和地方有关法规

第十四部分　运输信息

联合国危险货物编号（UN号）　3272

联合国运输名称　酯类，未另作规定的（己酸乙酯）

联合国危险性类别　3　　**包装类别**　Ⅲ类包装

包装标志　　　**海洋污染物**　否

运输注意事项　运输时运输车辆应配备相应品种和数量的消防器材及泄漏应急处理设备。夏季最好早晚运输。运输时所用的槽（罐）车应有接地链，槽内可设孔隔板以减少震荡产生的静电。严禁与氧化剂、还原剂、酸类、碱类、食用化学品等混装混运。运输途中应防曝晒、雨淋，防高温。中途停留时应远离火种、热源、高温区。装运该物品的车辆排气管必须配备阻火装置，禁止使用易产生火花的机械设备和工具装卸。公路运输时要按规定路线行驶，勿在居民区和人口稠密区停留。铁路运输时要禁止溜放。严禁用木船、水泥船散装运输

第十五部分　法规信息

下列法律、法规、规章和标准，对该化学品的管理作了相应的规定。

中华人民共和国职业病防治法　职业病分类和目录：未列入

危险化学品安全管理条例　危险化学品目录：列入。易制爆危险化学品名录：未列入。重点监管的危险化学品名录：未列入。GB 18218—2009《危险化学品重大危险源辨识》（表1）：未列入

使用有毒物品作业场所劳动保护条例　高毒物品目录：未列入

易制毒化学品管理条例　易制毒化学品的分类和品种目录：未列入

国际公约　斯德哥尔摩公约：未列入。鹿特丹公约：未列入。蒙特利尔议定书：未列入

第十六部分　其他信息

编写和修订信息　　**缩略语和首字母缩写**

培训建议　　**参考文献**

免责声明

3-己酮

第一部分　化学品标识

化学品中文名　3-己酮；乙基丙基（甲）酮

化学品英文名　3-hexanone；ethyl propyl ketone

分子式　$C_6H_{12}O$　　**相对分子质量**　100.16

结构式　（结构式图）

化学品的推荐及限制用途　用作溶剂

第二部分　危险性概述

紧急情况概述　易燃液体和蒸气

GHS危险性类别　易燃液体，类别3；急性毒性-经口，类别5

标签要素

象形图　

警示词　警告

危险性说明　易燃液体和蒸气，吞咽可能有害

防范说明

预防措施　远离热源、火花、明火、热表面。禁止吸烟。保持容器密闭。容器和接收设备接地连接。使用防爆电器、通风、照明设备。只能使用不产生火花的工具。采取防止静电措施。戴防护手套、防护眼镜、防护面罩

事故响应　火灾时，使用泡沫、干粉、二氧化碳、砂土灭火。如皮肤（或头发）接触：立即脱掉所有被污染的衣服，用水冲洗皮肤，淋浴。如果感觉不适，呼叫中毒控制中心或就医

安全储存　存放在通风良好的地方。保持低温

废弃处置　本品及内装物、容器依据国家和地方法规处置

物理和化学危险　易燃，其蒸气与空气混合，能形成爆炸性混合物

健康危害　未见人类中毒报道。动物实验显示本品可致周围神经损害，出现弛缓性瘫痪

环境危害　对环境可能有害

第三部分 成分/组成信息

√物质 混合物

组分	浓度	CAS No.
3-己酮		589-38-8

第四部分 急救措施

吸入 迅速脱离现场至空气新鲜处。保持呼吸道通畅。如呼吸困难，给输氧。如呼吸、心跳停止，立即进行心肺复苏术。就医

皮肤接触 立即脱去污染的衣着，用流动清水彻底冲洗。就医

眼睛接触 立即分开眼睑，用流动清水或生理盐水彻底冲洗。就医

食入 漱口，饮水。就医

对保护施救者的忠告 根据需要使用个人防护设备

对医生的特别提示 对症处理

第五部分 消防措施

灭火剂 用泡沫、干粉、二氧化碳、砂土灭火

特别危险性 与强氧化剂接触可发生化学反应。燃烧生成有害的一氧化碳

灭火注意事项及防护措施 消防人员必须佩戴空气呼吸器、穿全身防火防毒服，在上风向灭火。喷水冷却容器，尽可能将容器从火场移至空旷处。容器突然发出异常声音或出现异常现象，应立即撤离

第六部分 泄漏应急处理

作业人员防护措施、防护装备和应急处置程序 消除所有点火源。根据液体流动和蒸气扩散的影响区域划定警戒区，无关人员从侧风、上风向撤离至安全区。建议应急处理人员戴正压自给式呼吸器，穿防静电服，戴橡胶耐油手套。作业时使用的所有设备应接地。禁止接触或跨越泄漏物。尽可能切断泄漏源

环境保护措施 防止泄漏物进入水体、下水道、地下室或有限空间

泄漏化学品的收容、清除方法及所使用的处置材料 小量泄漏：用砂土或其他不燃材料吸收，使用洁净的无火花工具收集吸收材料。大量泄漏：构筑围堤或挖坑收容。用泡沫覆盖，减少蒸发。喷水雾能减少蒸发，但不能降低泄漏物在有限空间内的易燃性。用防爆泵转移至槽车或专用收集器内

第七部分 操作处置与储存

操作注意事项 密闭操作，注意通风。操作人员必须经过专门培训，严格遵守操作规程。建议操作人员佩戴自吸过滤式防毒面具（半面罩），戴化学安全防护眼镜，穿防静电工作服，戴橡胶耐油手套。远离火种、热源。工作场所严禁吸烟。使用防爆型的通风系统和设备。防止蒸气泄漏到工作场所空气中。避免与氧化剂、还原剂、碱类接触。充装要控制流速，防止静电积聚。搬运时要轻装轻卸，防止包装及容器损坏。配备相应品种和数量的消防器材及泄漏应急处理设备。倒空的容器可能残留有害物

储存注意事项 储存于阴凉、通风的库房。远离火种、热源。库温不宜超过37℃。保持容器密封。应与氧化剂、还原剂、碱类分开存放，切忌混储。采用防爆型照明、通风设施。禁止使用易产生火花的机械设备和工具。储区应备有泄漏应急处理设备和合适的收容材料

第八部分 接触控制/个体防护

职业接触限值

中国 未制定标准

美国(ACGIH) 未制定标准

生物接触限值 未制定标准

监测方法 空气中有毒物质测定方法：未制定标准。生物监测检验方法：未制定标准

工程控制 密闭操作，注意通风

个体防护装备

呼吸系统防护 空气中浓度超标时，佩戴过滤式防毒面具（半面罩）

眼睛防护 必要时，戴化学安全防护眼镜

皮肤和身体防护 穿防静电工作服

手防护 戴橡胶耐油手套

第九部分 理化特性

外观与性状 透明液体 **pH值** 无资料

熔点(℃) −55.4 **沸点(℃)** 121.9～124

相对密度(水=1) 0.81

相对蒸气密度(空气=1) 3.46

饱和蒸气压(kPa) 无资料

燃烧热(kJ/mol) 无资料 **临界温度(℃)** 无资料

临界压力(MPa) 3.32 **辛醇/水分配系数** 1.24

闪点(℃) 35（OC） **自燃温度(℃)** 439

爆炸下限(%) 1.0 **爆炸上限(%)** 8.0

分解温度(℃) 无资料 **黏度(mPa·s)** 无资料

溶解性 微溶于水，溶于丙酮，可混溶于乙醇、乙醚

第十部分 稳定性和反应性

稳定性 稳定

危险反应 与强氧化剂等禁配物接触，有发生火灾和爆炸的危险

避免接触的条件 无资料

禁配物 强氧化剂、强还原剂、强碱

危险的分解产物 无资料

第十一部分 毒理学信息

急性毒性 LD_{50}：3360mg/kg（大鼠经口）；3170mg/kg（兔经皮）

皮肤刺激或腐蚀 家兔经皮：500mg（24h），轻度刺激

眼睛刺激或腐蚀 家兔经眼：500mg（24h），轻度刺激

呼吸或皮肤过敏 无资料 **生殖细胞突变性** 无资料

致癌性 无资料 **生殖毒性** 无资料

特异性靶器官系统毒性-一次接触 无资料

特异性靶器官系统毒性-反复接触 无资料

吸入危害 无资料

第十二部分 生态学信息

生态毒性 无资料

持久性和降解性

生物降解性 无资料

非生物降解性 无资料

潜在的生物累积性 根据 K_{ow} 值预测，该物质的生物累积性可能较弱

土壤中的迁移性 根据 K_{oc} 值预测，该物质可能易发生迁移

第十三部分 废弃处置

废弃化学品 建议用焚烧法处置

污染包装物 将容器返还生产商或按照国家和地方法规处置

废弃注意事项 处置前应参阅国家和地方有关法规

第十四部分 运输信息

联合国危险货物编号（UN 号） 1224

联合国运输名称 液态酮类，未另作规定的（3-己酮）

联合国危险性类别 3 **包装类别** Ⅲ类包装

包装标志  **海洋污染物** 否

运输注意事项 运输时运输车辆应配备相应品种和数量的消防器材及泄漏应急处理设备。夏季最好早晚运输。运输时所用的槽（罐）车应有接地链，槽内可设孔隔板以减少震荡产生的静电。严禁与氧化剂、还原剂、碱类、食用化学品等混装混运。运输途中应防曝晒、雨淋，防高温。中途停留时应远离火种、热源、高温区。装运该物品的车辆排气管必须配备阻火装置，禁止使用易产生火花的机械设备和工具装卸。公路运输时要按规定路线行驶，勿在居民区和人口稠密区停留。铁路运输时要禁止溜放。严禁用木船、水泥船散装运输

第十五部分 法规信息

下列法律、法规、规章和标准，对该化学品的管理作了相应的规定。

中华人民共和国职业病防治法 职业病分类和目录：未列入

危险化学品安全管理条例 危险化学品目录：列入。易制爆危险化学品名录：未列入。重点监管的危险化学品名录：未列入。GB 18218—2009《危险化学品重大危险源辨识》（表 1）：未列入

使用有毒物品作业场所劳动保护条例 高毒物品目录：未列入

易制毒化学品管理条例 易制毒化学品的分类和品种目录：未列入

国际公约 斯德哥尔摩公约：未列入。鹿特丹公约：未列入。蒙特利尔议定书：未列入

第十六部分 其他信息

编写和修订信息 **缩略语和首字母缩写**

培训建议 **参考文献**

免责声明

己 烷

第一部分 化学品标识

化学品中文名 己烷；正己烷

化学品英文名 *n*-hexane；hexyl hydride

分子式 C_6H_{14} **相对分子质量** 86.2

结构式

化学品的推荐及限制用途 用于有机合成，用作溶剂、化学试剂、涂料稀释剂、聚合反应的介质等

第二部分 危险性概述

紧急情况概述 高度易燃液体和蒸气，可能引起昏昏欲睡或眩晕，吞咽及进入呼吸道可能致命

GHS 危险性类别 易燃液体，类别 2；皮肤腐蚀/刺激，类别 2；生殖毒性，类别 2；特异性靶器官毒性-一次接触，类别 3（麻醉效应）；特异性靶器官毒性-反复接触，类别 2；吸入危害，类别 1；危害水生环境-急性危害，类别 2；危害水生环境-长期危害，类别 2

标签要素

象形图 

警示词 危险

危险性说明 高度易燃液体和蒸气，造成皮肤刺激，怀疑对生育力或胎儿造成伤害，可能引起昏昏欲睡或眩晕，长时间或反复接触可能对器官造成损伤，吞咽及进入呼吸道可能致命，对水生生物有毒并具有长期持续影响

防范说明

预防措施 远离热源、火花、明火、热表面。禁止吸烟。保持容器密闭。容器和接收设备接地连接。使用防爆电器、通风、照明设备。只能使用不产生火花的工具。采取防止静电措施。戴防护手套、防护眼镜、防护面罩。避免接触眼睛、皮肤，操作后彻底清洗。得到专门指导后操作。在阅读并了解所有安全预防措施之前，切勿操作。按要求使用个体防护装备。避免吸入蒸气、雾。禁止排入环境

事故响应 火灾时，使用泡沫、二氧化碳、干粉、砂土灭火。如皮肤（或头发）接触：立即脱掉所有被污染的衣服。用大量肥皂水和水清洗。如发生皮肤刺激，就医。被污染的衣服经洗净后方可重新使用。如果接触或有担心，就医

安全储存 存放在通风良好的地方。保持低温。上锁保管

废弃处置 本品及内装物、容器依据国家和地方法

规处置

物理和化学危险 高度易燃，其蒸气与空气混合，能形成爆炸性混合物

健康危害 本品有麻醉和刺激作用。长期接触可致周围神经炎

急性中毒 吸入高浓度本品出现头痛、头晕、恶心、共济失调等，重者引起神志丧失甚至死亡。成人口服正己烷 50ml 可致急性中毒死亡。对眼和上呼吸道有刺激性。液态本品吸入呼吸道可引起吸入性肺炎

慢性中毒 长期接触出现头痛、头晕、乏力、胃纳减退；其后四肢远端逐渐发展成感觉异常，麻木，触、痛、震动和位置等感觉减退，尤以下肢为甚，上肢较少受累。进一步发展为下肢无力，肌肉疼痛，肌肉萎缩及运动障碍。神经-肌电图检查示感觉神经及运动神经传导速度减慢

环境危害 对水生生物有毒并具有长期持续影响

第三部分 成分/组成信息

√物质 混合物

组分	浓度	CAS No.
己烷		110-54-3

第四部分 急救措施

吸入 迅速脱离现场至空气新鲜处。保持呼吸道通畅。如呼吸困难，给输氧。如呼吸、心跳停止，立即进行心肺复苏术。就医

皮肤接触 立即脱去污染的衣着，用流动清水彻底冲洗。就医

眼睛接触 立即分开眼睑，用流动清水或生理盐水彻底冲洗。就医

食入 漱口，饮水。禁止催吐。就医

对保护施救者的忠告 根据需要使用个人防护设备

对医生的特别提示 对症处理

第五部分 消防措施

灭火剂 用泡沫、二氧化碳、干粉、砂土灭火

特别危险性 与氧化剂接触发生强烈反应，甚至引起燃烧。在火场中，受热的容器有爆炸危险。蒸气比空气重，沿地面扩散并易积存于低洼处，遇火源会着火回燃。燃烧生成有害的一氧化碳

灭火注意事项及防护措施 消防人员必须佩戴空气呼吸器、穿全身防火防毒服，在上风向灭火。喷水冷却容器，尽可能将容器从火场移至空旷处。容器突然发出异常声音或出现异常现象，应立即撤离。用水灭火无效

第六部分 泄漏应急处理

作业人员防护措施、防护装备和应急处置程序 消除所有点火源。根据液体流动和蒸气扩散的影响区域划定警戒区，无关人员从侧风、上风向撤离至安全区。建议应急处理人员戴正压自给式呼吸器，穿防静电服，戴橡胶耐油手套。作业时使用的所有设备应接地。禁止接触或跨越泄漏物。尽可能切断泄漏源

环境保护措施 防止泄漏物进入水体、下水道、地下室或有限空间

泄漏化学品的收容、清除方法及所使用的处置材料 小量泄漏：用砂土或其他不燃材料吸收，使用洁净的无火花工具收集吸收材料。大量泄漏：构筑围堤或挖坑收容。用砂土、惰性物质或蛭石吸收大量液体。用泡沫覆盖，减少蒸发。喷水雾能减少蒸发，但不能降低泄漏物在有限空间内的易燃性。用防爆泵转移至槽车或专用收集器内

第七部分 操作处置与储存

操作注意事项 密闭操作，全面通风。操作人员必须经过专门培训，严格遵守操作规程。建议操作人员佩戴自吸过滤式防毒面具（半面罩），戴化学安全防护眼镜，穿防静电工作服，戴橡胶耐油手套。远离火种、热源。工作场所严禁吸烟。使用防爆型的通风系统和设备。防止蒸气泄漏到工作场所空气中。避免与氧化剂接触。灌装时应控制流速，且有接地装置，防止静电积聚。搬运时要轻装轻卸，防止包装及容器损坏。配备相应品种和数量的消防器材及泄漏应急处理设备。倒空的容器可能残留有害物

储存注意事项 储存于阴凉、通风的库房。远离火种、热源。库温不宜超过 29℃。保持容器密封。应与氧化剂分开存放，切忌混储。采用防爆型照明、通风设施。禁止使用易产生火花的机械设备和工具。储区应备有泄漏应急处理设备和合适的收容材料

第八部分 接触控制/个体防护

职业接触限值

中国 PC-TWA：100mg/m^3；PC-STEL（mg/m^3）：180mg/m^3［皮］

美国(ACGIH) TLV-TWA：50ppm［皮］

生物接触限值 尿 2,5-己二酮：35.0μmol/L（4.0mg/L）

监测方法 空气中有毒物质测定方法：热解吸-气相色谱法；溶剂解吸-气相色谱法。生物监测检验方法：气相色谱法（按 WST 243—2004 附录 A 执行）

工程控制 生产过程密闭，全面通风。提供安全的淋浴和洗眼设备

个体防护装备

呼吸系统防护 空气中浓度超标时，佩戴过滤式防毒面具（半面罩）

眼睛防护 必要时，戴化学安全防护眼镜

皮肤和身体防护 穿防静电工作服

手防护 戴橡胶耐油手套

第九部分 理化特性

外观与性状 高度挥发性无色液体，有汽油味

pH 值 无资料 **熔点(℃)** －94.3～－95.3

沸点(℃) 69 **相对密度(水=1)** 0.66

相对蒸气密度(空气=1) 2.97

饱和蒸气压(kPa) 17（20℃）

燃烧热(kJ/mol) －4159.1 **临界温度(℃)** 234.8

临界压力(MPa) 3.09 **辛醇/水分配系数** 3.9
闪点(℃) −22 **自燃温度(℃)** 225
爆炸下限(%) 1.1 **爆炸上限(%)** 7.5
分解温度(℃) 无资料
黏度(mPa·s) 0.294 (25℃)
溶解性 不溶于水，溶于乙醇、乙醚、丙酮、氯仿等多数有机溶剂

第十部分 稳定性和反应性

稳定性 稳定
危险反应 与强氧化剂等禁配物接触，有发生火灾和爆炸的危险
避免接触的条件 无资料
禁配物 强氧化剂、强酸、强碱、卤素
危险的分解产物 无资料

第十一部分 毒理学信息

急性毒性
LD_{50} 25g/kg（大鼠经口）
LC_{50} 48000ppm（大鼠吸入，4h）
皮肤刺激或腐蚀 无资料
眼睛刺激或腐蚀 家兔经眼：10mg，轻度刺激
呼吸或皮肤过敏 无资料 **生殖细胞突变性** 无资料
致癌性 无资料 **生殖毒性** 无资料
特异性靶器官系统毒性-一次接触 无资料
特异性靶器官系统毒性-反复接触 大鼠每天吸入 2.76 g/m^3，持续 143d，夜间活动减少，网状内皮系统轻度异常反应，末梢神经有髓鞘退行性变，轴突轻度变化，腓肠肌肌纤维轻度萎缩
吸入危害 无资料

第十二部分 生态学信息

生态毒性
LC_{50} 4mg/L (24h)（金鱼）；>50mg/L (24h)（水蚤）
IC_{50} 10mg/L (72h)（藻类）
持久性和降解性
生物降解性 MITI-I 测试，初始浓度 100ppm，污泥浓度 30ppm，4 周后降解 100%
非生物降解性 空气中，当羟基自由基浓度为 5.00×10^5 个/cm^3时，降解半衰期为 3d（理论）
潜在的生物累积性 根据 K_{ow}值预测，该物质可能有一定的生物累积性
土壤中的迁移性 根据 K_{oc}值预测，该物质可能有一定的迁移性

第十三部分 废弃处置

废弃化学品 用焚烧法处置
污染包装物 将容器返还生产商或按照国家和地方法规处置
废弃注意事项 处置前应参阅国家和地方有关法规

第十四部分 运输信息

联合国危险货物编号 (UN 号) 1208
联合国运输名称 己烷
联合国危险性类别 3 **包装类别** Ⅱ类包装
包装标志  **海洋污染物** 否
运输注意事项 运输时运输车辆应配备相应品种和数量的消防器材及泄漏应急处理设备。夏季最好早晚运输。运输时所用的槽（罐）车应有接地链，槽内可设孔隔板以减少震荡产生的静电。严禁与氧化剂、食用化学品等混装混运。运输途中应防曝晒、雨淋，防高温。中途停留时应远离火种、热源、高温区。装运该物品的车辆排气管必须配备阻火装置，禁止使用易产生火花的机械设备和工具装卸。公路运输时要按规定路线行驶，勿在居民区和人口稠密区停留。铁路运输时要禁止溜放。严禁用木船、水泥船散装运输

第十五部分 法规信息

下列法律、法规、规章和标准，对该化学品的管理作了相应的规定。
中华人民共和国职业病防治法 职业病分类和目录：正己烷中毒
危险化学品安全管理条例 危险化学品目录：列入。易制爆危险化学品名录：未列入。重点监管的危险化学品名录：未列入。GB 18218—2009《危险化学品重大危险源辨识》（表 1）：列入。类别：易燃液体，临界量 (t)：500
使用有毒物品作业场所劳动保护条例 高毒物品目录：未列入
易制毒化学品管理条例 易制毒化学品的分类和品种目录：未列入
国际公约 斯德哥尔摩公约：未列入。鹿特丹公约：未列入。蒙特利尔议定书：未列入

第十六部分 其他信息

编写和修订信息 **缩略语和首字母缩写**
培训建议 **参考文献**
免责声明

1-己烯

第一部分 化学品标识

化学品中文名 1-己烯；丁基乙烯
化学品英文名 1-hexene; butylethene
分子式 C_6H_{12} **相对分子质量** 84.2
结构式
化学品的推荐及限制用途 用于制造香料、染料及合成树脂

第二部分 危险性概述

紧急情况概述 高度易燃液体和蒸气，可能引起昏昏欲睡或眩晕，吞咽及进入呼吸道可能致命
GHS 危险性类别 易燃液体，类别 2；特异性靶器官毒

性-一次接触，类别 3（呼吸道刺激、麻醉效应）；吸入危害，类别 1；危害水生环境-急性危害，类别 2

标签要素

象形图

警示词 危险

危险性说明 高度易燃液体和蒸气，可能引起呼吸道刺激或可能引起昏昏欲睡或眩晕，吞咽及进入呼吸道可能致命，对水生生物有毒

防范说明

预防措施 远离热源、火花、明火、热表面。禁止吸烟。保持容器密闭。容器和接收设备接地连接。使用防爆电器、通风、照明设备。只能使用不产生火花的工具。采取防止静电措施。戴防护手套、防护眼镜、防护面罩

事故响应 火灾时，使用泡沫、二氧化碳、干粉、砂土灭火。如皮肤（或头发）接触：立即脱掉所有被污染的衣服，用水冲洗皮肤，淋浴

安全储存 存放在通风良好的地方。保持低温

废弃处置 本品及内装物、容器依据国家和地方法规处置

物理和化学危险 高度易燃，其蒸气与空气混合，能形成爆炸性混合物

健康危害 本品有刺激和麻醉作用。吸入后引起头痛、咳嗽、呼吸困难；大量吸入出现中枢神经系统抑制、精神错乱、神志丧失。液态本品吸入呼吸道可引起吸入性肺炎

环境危害 对水生生物有毒

第三部分 成分/组成信息

√物质		混合物
组分	**浓度**	**CAS No.**
1-己烯		592-41-6

第四部分 急救措施

吸入 迅速脱离现场至空气新鲜处。保持呼吸道通畅。如呼吸困难，给输氧。如呼吸、心跳停止，立即进行心肺复苏术。就医

皮肤接触 立即脱去污染的衣着，用流动清水彻底冲洗。就医

眼睛接触 立即分开眼睑，用流动清水或生理盐水彻底冲洗。就医

食入 漱口，饮水。禁止催吐。就医

对保护施救者的忠告 根据需要使用个人防护设备

对医生的特别提示 对症处理

第五部分 消防措施

灭火剂 用泡沫、二氧化碳、干粉、砂土灭火

特别危险性 与氧化剂接触猛烈反应。若遇高热，可发生聚合反应，放出大量热量而引起容器破裂和爆炸事故。蒸气比空气重，沿地面扩散并易积存于低洼处，遇火源会着火回燃。燃烧生成有害的一氧化碳

灭火注意事项及防护措施 消防人员须佩戴防毒面具、穿全身消防服，在上风向灭火。尽可能将容器从火场移至空旷处。喷水保持火场容器冷却，直至灭火结束。容器突然发出异常声音或出现异常现象，应立即撤离。用水灭火无效

第六部分 泄漏应急处理

作业人员防护措施、防护装备和应急处置程序 消除所有点火源。根据液体流动和蒸气扩散的影响区域划定警戒区，无关人员从侧风、上风向撤离至安全区。建议应急处理人员戴正压自给式呼吸器，穿防静电服，戴橡胶耐油手套。作业时使用的所有设备应接地。禁止接触或跨越泄漏物。尽可能切断泄漏源

环境保护措施 防止泄漏物进入水体、下水道、地下室或有限空间

泄漏化学品的收容、清除方法及所使用的处置材料 小量泄漏：用砂土或其他不燃材料吸收，使用洁净的无火花工具收集吸收材料。大量泄漏：构筑围堤或挖坑收容。用砂土、惰性物质或蛭石吸收大量液体。用泡沫覆盖，减少蒸发。喷水雾能减少蒸发，但不能降低泄漏物在有限空间内的易燃性。用防爆泵转移至槽车或专用收集器内

第七部分 操作处置与储存

操作注意事项 密闭操作，全面通风。操作人员必须经过专门培训，严格遵守操作规程。建议操作人员佩戴过滤式防毒面具（半面罩），戴化学安全防护眼镜，穿防静电工作服，戴橡胶耐油手套。远离火种、热源。工作场所严禁吸烟。使用防爆型的通风系统和设备。防止蒸气泄漏到工作场所空气中。避免与氧化剂、酸类接触。灌装时应控制流速，且有接地装置，防止静电积聚。搬运时要轻装轻卸，防止包装及容器损坏。配备相应品种和数量的消防器材及泄漏应急处理设备。倒空的容器可能残留有害物

储存注意事项 储存于阴凉、通风的库房。远离火种、热源。库温不宜超过 29℃。包装要求密封，不可与空气接触。应与氧化剂、酸类分开存放，切忌混储。不宜大量储存或久存。采用防爆型照明、通风设施。禁止使用易产生火花的机械设备和工具。储区应备有泄漏应急处理设备和合适的收容材料

第八部分 接触控制/个体防护

职业接触限值

中国 未制定标准

美国(ACGIH) TLV-TWA：50ppm

生物接触限值 未制定标准

监测方法 空气中有毒物质测定方法：未制定标准。生物监测检验方法：未制定标准

工程控制 生产过程密闭，全面通风。提供安全的淋浴和洗眼设备

个体防护装备

呼吸系统防护 空气中浓度超标时，佩戴过滤式防毒

面具（半面罩）

眼睛防护　必要时，戴化学安全防护眼镜

皮肤和身体防护　穿防静电工作服

手防护　戴橡胶耐油手套

第九部分　理化特性

外观与性状　无色易挥发液体

pH 值　无资料　　**熔点(℃)**　−139.9

沸点(℃)　63.4～64.5　　**相对密度(水=1)**　0.67

相对蒸气密度(空气=1)　3.0

饱和蒸气压(kPa)　41.32（38℃）

燃烧热(kJ/mol)　−3981.9　　**临界温度(℃)**　243.5

临界压力(MPa)　3.14　　**辛醇/水分配系数**　3.39

闪点(℃)　−26　　**自燃温度(℃)**　253

爆炸下限(%)　1.2　　**爆炸上限(%)**　6.9

分解温度(℃)　无资料

黏度(mPa·s)　0.26（20℃）

溶解性　不溶于水，溶于乙醇、乙醚、苯、石油醚等多数有机溶剂

第十部分　稳定性和反应性

稳定性　稳定

危险反应　与强氧化剂等禁配物接触，有发生火灾和爆炸的危险。高热下可发生聚合反应

避免接触的条件　受热，接触空气

禁配物　强氧化剂、酸类、卤代烃、卤素等

危险的分解产物　无资料

第十一部分　毒理学信息

急性毒性

LD_{50}　28710mg/kg（大鼠经口）

LC_{50}　40000ppm（小鼠吸入）

皮肤刺激或腐蚀　无资料　　**眼睛刺激或腐蚀**　无资料

呼吸或皮肤过敏　无资料　　**生殖细胞突变性**　无资料

致癌性　无资料　　**生殖毒性**　无资料

特异性靶器官系统毒性-一次接触　无资料

特异性靶器官系统毒性-反复接触　无资料

吸入危害　无资料

第十二部分　生态学信息

生态毒性　LC_{50}：5.6mg/L（96h）（虹鳟）

持久性和降解性

生物降解性　MITI-I 测试，初始浓度 100ppm，污泥浓度 30ppm，4 周后降解 67%～98%

非生物降解性　空气中，当羟基自由基浓度为 5.00×10^5 个/cm^3 时，降解半衰期为 10h（理论）

潜在的生物累积性　根据 K_{ow} 值预测，该物质可能有一定的生物累积性

土壤中的迁移性　根据 K_{oc} 值预测，该物质可能有一定的迁移性

第十三部分　废弃处置

废弃化学品　建议用焚烧法处置

污染包装物　将容器返还生产商或按照国家和地方法规处置

废弃注意事项　处置前应参阅国家和地方有关法规

第十四部分　运输信息

联合国危险货物编号（UN 号）　2370

联合国运输名称　1-己烯

联合国危险性类别　3　　**包装类别**　Ⅱ类包装

包装标志  **海洋污染物**　否

运输注意事项　运输时运输车辆应配备相应品种和数量的消防器材及泄漏应急处理设备。夏季最好早晚运输。运输时所用的槽（罐）车应有接地链，槽内可设孔隔板以减少震荡产生的静电。严禁与氧化剂、酸类、食用化学品等混装混运。运输途中应防曝晒、雨淋，防高温。中途停留时应远离火种、热源、高温区。装运该物品的车辆排气管必须配备阻火装置，禁止使用易产生火花的机械设备和工具装卸。公路运输时要按规定路线行驶，勿在居民区和人口稠密区停留。铁路运输时要禁止溜放。严禁用木船、水泥船散装运输

第十五部分　法规信息

下列法律、法规、规章和标准，对该化学品的管理作了相应的规定。

中华人民共和国职业病防治法　职业病分类和目录：未列入

危险化学品安全管理条例　危险化学品目录：列入。易制爆危险化学品名录：未列入。重点监管的危险化学品名录：未列入。GB 18218—2009《危险化学品重大危险源辨识》（表 1）：未列入

使用有毒物品作业场所劳动保护条例　高毒物品目录：未列入

易制毒化学品管理条例　易制毒化学品的分类和品种目录：未列入

国际公约　斯德哥尔摩公约：未列入。鹿特丹公约：未列入。蒙特利尔议定书：未列入

第十六部分　其他信息

编写和修订信息　　**缩略语和首字母缩写**

培训建议　　**参考文献**

免责声明

钾

第一部分　化学品标识

化学品中文名　钾；金属钾

化学品英文名　potassium

分子式　K　　**相对分子质量**　39.098

化学品的推荐及限制用途　用于制过氧化钾、合金的热交换剂，也用作试剂

第二部分　危险性概述

紧急情况概述　遇水放出可自燃的易燃气体，造成严重的皮肤灼伤和眼损伤

GHS危险性类别　遇水放出易燃气体的物质和混合物，类别1；皮肤腐蚀/刺激，类别1B；严重眼损伤/眼刺激，类别1

标签要素

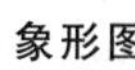

警示词　危险

危险性说明　遇水放出可自燃的易燃气体，造成严重的皮肤灼伤和眼损伤

防范说明

预防措施　因与水发生剧烈反应和可能发生爆燃，应避免与水接触。在惰性气体中操作。防潮。避免吸入粉尘或烟雾。避免接触眼睛、皮肤，操作后彻底清洗。戴防护手套，穿防护服，戴防护眼镜、防护面罩

事故响应　火灾时，使用干燥氯化钠粉末、碳酸钠干粉、碳酸钙干粉、干砂等灭火。如吸入：将患者转移到空气新鲜处，休息，保持利于呼吸的体位，立即呼叫中毒控制中心或就医。皮肤（或头发）接触：立即脱掉所有被污染的衣服。擦掉皮肤上的微粒，将接触部位浸入冷水中、用湿绷带包扎。污染的衣服须洗净后方可重新使用。接触眼睛：用水细心冲洗数分钟。如戴隐形眼镜并可方便地取出，取出隐形眼镜继续冲洗。食入：漱口。不要催吐

安全储存　在干燥处和密闭的容器中储存。上锁保管

废弃处置　本品及内装物、容器依据国家和地方法规处置

物理和化学危险　接触空气易自燃。遇水剧烈反应，可引起燃烧或爆炸

健康危害　钾在空气中能自燃生成氧化钾，后者与水反应生成氢氧化钾。氧化钾和氢氧化钾均为强碱性物质，对眼和皮肤有强烈刺激和腐蚀性，可致灼伤

环境危害　对环境可能有害

第三部分　成分/组成信息

√物质　　　　混合物

组分	浓度	CAS No.
钾		7440-09-7

第四部分　急救措施

吸入　迅速脱离现场至空气新鲜处。保持呼吸道通畅。如呼吸困难，给输氧。如呼吸、心跳停止，立即进行心肺复苏术。就医

皮肤接触　立即脱去污染的衣着，用大量流动清水彻底冲洗至少15min。就医

眼睛接触　立即分开眼睑，用流动清水或生理盐水彻底冲洗至少15min。就医

食入　用水漱口，禁止催吐。给饮牛奶或蛋清。就医

对保护施救者的忠告　根据需要使用个人防护设备

对医生的特别提示　对症处理

第五部分　消防措施

灭火剂　用干燥氯化钠粉末、碳酸钠干粉、碳酸钙干粉、干砂等灭火

特别危险性　化学反应活性很高，在潮湿空气中能自燃。遇水或潮气发生猛烈反应放出氢气，大量放热，引起燃烧或爆炸。暴露在空气或氧气中能自行燃烧并爆炸使熔融物飞溅。遇水、二氧化碳都能发生猛烈反应。与卤素、磷、许多氧化物、氧化剂和酸类发生剧烈反应。燃烧时发出紫色火焰。燃烧生成有害的氧化钾

灭火注意事项及防护措施　消防人员必须佩戴空气呼吸器、穿全身防火防毒服，在上风向灭火。尽可能将容器从火场移至空旷处。喷水保持火场容器冷却，直至灭火结束。不可用水、卤代烃（如1211灭火剂）、碳酸氢钠、碳酸氢钾作为灭火剂。即使石墨干粉对钾亦不适用

第六部分　泄漏应急处理

作业人员防护措施、防护装备和应急处置程序　严禁用水处理。隔离泄漏污染区，限制出入。消除所有点火源。建议应急处理人员戴正压自给式呼吸器，穿防静电、防腐蚀、防毒服。禁止接触或跨越泄漏物。尽可能切断泄漏源。保持泄漏物干燥

环境保护措施　无资料

泄漏化学品的收容、清除方法及所使用的处置材料　小量泄漏：用干燥的砂土或其他不燃材料覆盖泄漏物，然后用塑料布覆盖，减少飞散、避免雨淋。收入金属容器并保存在煤油或液体石蜡中。粉末泄漏：用塑料布或帆布覆盖泄漏物，减少飞散，保持干燥。严禁设法扫除干的泄漏物。在专家指导下清除

第七部分　操作处置与储存

操作注意事项　密闭操作。操作人员必须经过专门培训，严格遵守操作规程。建议操作人员佩戴自吸过滤式防毒面具（半面罩），戴安全防护面罩，穿化学防护服，戴橡胶手套。远离火种、热源。工作场所严禁吸烟。使用防爆型的通风系统和设备。避免与氧化剂、酸类、卤素接触。尤其要注意避免与水接触。在氮气中操作处置。搬运时要轻装轻卸，防止包装及容器损坏。配备相应品种和数量的消防器材及泄漏应急处理设备。倒空的容器可能残留有害物

储存注意事项　浸于煤油中。储存于阴凉、干燥、通风良好的专用库房内，远离火种、热源。库温不超过32℃，库相对湿度不超过75%。包装要求密封，不可与空气接触。应与氧化剂、酸类、卤素等分开存放，切忌混储。采用防爆型照明、通风设施。禁止使用易产生火花的机械设备和工具。储区应备有合适的材料收容泄漏物

第八部分 接触控制/个体防护

职业接触限值
中国 未制定标准
美国(ACGIH) 未制定标准
生物接触限值 未制定标准
监测方法 空气中有毒物质测定方法：火焰原子吸收光谱法。生物监测检验方法：未制定标准
工程控制 密闭操作。提供安全的淋浴和洗眼设备
个体防护装备
呼吸系统防护 一般不需要特殊防护，但建议特殊情况下，佩戴过滤式防毒面具（半面罩）
眼睛防护 戴安全防护面罩
皮肤和身体防护 穿化学防护服
手防护 戴橡胶手套

第九部分 理化特性

外观与性状 银白色柔软金属
pH 值 无意义 **熔点(℃)** 63.2
沸点(℃) 765.5
相对密度(水=1) 0.86 (20℃)
相对蒸气密度(空气=1) 无资料
饱和蒸气压(kPa) 1.33 (443℃)
燃烧热(kJ/mol) 无资料 **临界温度(℃)** 无资料
临界压力(MPa) 1.54 **辛醇/水分配系数** −0.77
闪点(℃) 无资料 **自燃温度(℃)** 无资料
爆炸下限(%) 无资料 **爆炸上限(%)** 无资料
分解温度(℃) 无资料 **黏度(mPa·s)** 无资料
溶解性 不溶于烃类，溶于液氨、乙二胺、苯胺等

第十部分 稳定性和反应性

稳定性 稳定
危险反应 与强氧化剂、水、卤素、非金属氧化物等禁配物接触，有发生火灾和爆炸的危险
避免接触的条件 潮湿空气
禁配物 强氧化剂、空气、水、氧、酸类、卤素、二氧化碳、磷及许多氧化物
危险的分解产物 无意义

第十一部分 毒理学信息

急性毒性 LD_{50}：700mg/kg（小鼠腹腔）
皮肤刺激或腐蚀 无资料 **眼睛刺激或腐蚀** 无资料
呼吸或皮肤过敏 无资料 **生殖细胞突变性** 无资料
致癌性 无资料 **生殖毒性** 无资料
特异性靶器官系统毒性-一次接触 无资料
特异性靶器官系统毒性-反复接触 无资料
吸入危害 无资料

第十二部分 生态学信息

生态毒性 无资料
持久性和降解性
生物降解性 无资料
非生物降解性 无资料
潜在的生物累积性 无资料
土壤中的迁移性 无资料

第十三部分 废弃处置

废弃化学品 根据国家和地方有关法规的要求处置。或与制造商联系，确定处置方法
污染包装物 将容器返还生产商或按照国家和地方法规处置
废弃注意事项 处置前应参阅国家和地方有关法规

第十四部分 运输信息

联合国危险货物编号(UN 号) 2257
联合国运输名称 钾
联合国危险性类别 4.3 **包装类别** Ⅰ类包装

包装标志 

海洋污染物 否

运输注意事项 运输时运输车辆应配备相应品种和数量的消防器材及泄漏应急处理设备。装运本品的车辆排气管须有阻火装置。运输过程中要确保容器不泄漏、不倒塌、不坠落、不损坏。严禁与氧化剂、酸类、卤素、食用化学品等混装混运。运输途中应防曝晒、雨淋，防高温。中途停留时应远离火种、热源。运输用车、船必须干燥，并有良好的防雨设施。车辆运输完毕应进行彻底清扫。铁路运输时要禁止溜放

第十五部分 法规信息

下列法律、法规、规章和标准，对该化学品的管理作了相应的规定。
中华人民共和国职业病防治法 职业病分类和目录：未列入
危险化学品安全管理条例 危险化学品目录：列入。易制爆危险化学品名录：列入。重点监管的危险化学品名录：未列入。GB 18218—2009《危险化学品重大危险源辨识》(表 1)：列入。类别：遇水放出易燃气体的物质，临界量 (t)：1
使用有毒物品作业场所劳动保护条例 高毒物品目录：未列入
易制毒化学品管理条例 易制毒化学品的分类和品种目录：未列入
国际公约 斯德哥尔摩公约：未列入。鹿特丹公约：未列入。蒙特利尔议定书：未列入

第十六部分 其他信息

编写和修订信息 **缩略语和首字母缩写**
培训建议 **参考文献**
免责声明

甲 胺 磷

第一部分 化学品标识

化学品中文名 甲胺磷；杀螨隆；多灭磷；多灭灵；克螨

隆；脱麦隆；O,S-二甲基硫代磷酰胺

化学品英文名 methamidophos；O,S-dimethylphosphoramidothioate

分子式 $C_2H_8NO_2PS$ **相对分子质量** 141.14

结构式

```
      O
      ‖
 \O—P—NH2
      |
      S
     /
```

化学品的推荐及限制用途 广谱高效杀虫剂，用于防治棉红蜘蛛、蚜、螨等，对抗药性虫害有良好防治效果

第二部分 危险性概述

紧急情况概述 吞咽致命，皮肤接触会中毒，吸入致命

GHS 危险性类别 急性毒性-经口，类别 2；急性毒性-经皮，类别 3；急性毒性-吸入，类别 2；危害水生环境-急性危害，类别 1

标签要素

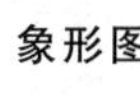

象形图 

警示词 危险

危险性说明 吞咽致命，皮肤接触会中毒，吸入致命，对水生生物毒性非常大

防范说明

预防措施 避免接触眼睛、皮肤，操作后彻底清洗。作业场所不得进食、饮水或吸烟。戴防护手套、穿防护服。避免吸入粉尘、蒸气、雾。仅在室外或通风良好处操作。戴呼吸防护器具。禁止排入环境

事故响应 如吸入：将患者转移到空气新鲜处，休息，保持利于呼吸的体位。皮肤接触：立即脱去所有被污染的衣服，用大量肥皂水和水清洗。被污染的衣服须经洗净后方可重新使用。如感觉不适，呼叫中毒控制中心或就医。食入：漱口，立即呼叫中毒控制中心或就医。收集泄漏物

安全储存 在通风良好处储存。保持容器密闭。上锁保管

废弃处置 本品及内装物、容器依据国家和地方法规处置

物理和化学危险 可燃，其粉体或蒸气与空气混合，能形成爆炸性混合物

健康危害 抑制胆碱酯酶活性，造成神经生理功能紊乱

急性中毒 短期内接触（口服、吸入、皮肤、黏膜）大量引起急性中毒。表现有头痛、头昏、食欲减退、恶心、呕吐、腹痛、腹泻、流涎、瞳孔缩小、呼吸道分泌物增多、多汗、肌束震颤等。重者出现肺水肿、脑水肿、昏迷、呼吸麻痹。部分病例可有心、肝、肾损害。少数严重病例在意识恢复后数周或数月发生周围神经病。个别严重病例可发生迟发性猝死。血胆碱酯酶活性降低

慢性中毒 有神经衰弱综合征、多汗、肌束震颤等。血胆碱酯酶活性降低

环境危害 对水生生物毒性非常大

第三部分 成分/组成信息

√物质		混合物
组分	浓度	CAS No.
甲胺磷		10265-92-6

第四部分 急救措施

吸入 迅速脱离现场至空气新鲜处。保持呼吸道通畅。如呼吸困难，给输氧。如呼吸、心跳停止，立即进行心肺复苏术。就医

皮肤接触 立即脱去污染的衣着，用肥皂水及流动清水彻底冲洗污染的皮肤、头发、指甲等。就医

眼睛接触 分开眼睑，用流动清水或生理盐水冲洗。就医

食入 饮足量温水，催吐（仅限于清醒者）。口服活性炭。就医

对保护施救者的忠告 根据需要使用个人防护设备

对医生的特别提示 解毒剂：阿托品、胆碱酯酶复能剂

第五部分 消防措施

灭火剂 用干粉、泡沫、砂土灭火

特别危险性 受热分解，放出氮、磷的氧化物等毒性气体。燃烧生成有害的一氧化碳、氮氧化物、氧化磷

灭火注意事项及防护措施 消防人员必须佩戴空气呼吸器、穿全身防火防毒服，在上风向灭火。尽可能将容器从火场移至空旷处。喷水保持火场容器冷却，直至灭火结束

第六部分 泄漏应急处理

作业人员防护措施、防护装备和应急处置程序 隔离泄漏污染区，限制出入。建议应急处理人员戴防尘口罩，穿防毒服，戴橡胶手套。穿上适当的防护服前严禁接触破裂的容器和泄漏物。尽可能切断泄漏源。用塑料布覆盖泄漏物，减少飞散。勿使水进入包装容器内

环境保护措施 无资料

泄漏化学品的收容、清除方法及所使用的处置材料 用洁净的铲子收集泄漏物，置于干净、干燥、盖子较松的容器中，将容器移离泄漏区

第七部分 操作处置与储存

操作注意事项 密闭操作，提供充分的局部排风。操作尽可能机械化、自动化。操作人员必须经过专门培训，严格遵守操作规程。建议操作人员佩戴自吸过滤式防毒面具（全面罩），穿聚乙烯防毒服，戴橡胶手套。远离火种、热源。工作场所严禁吸烟。使用防爆型的通风系统和设备。防止烟雾或粉尘泄漏到工作场所空气中。避免与氧化剂、碱类接触。搬运时要轻装轻卸，防止包装及容器损坏。配备相应品种和数量的消防器材及泄漏应急处理设备。倒空的容器可能残留有害物

储存注意事项 储存于阴凉、通风良好的专用库房内，实行“双人收发、双人保管”制度。远离火种、热源。

包装密封。应与氧化剂、碱类、食用化学品分开存放，切忌混储。配备相应品种和数量的消防器材。储区应备有泄漏应急处理设备和合适的收容材料

第八部分 接触控制/个体防护

职业接触限值

中国 未制定标准

美国(ACGIH) 未制定标准

生物接触限值 全血胆碱酯酶活性（校正值)：原基础值或参考值的70%（采样时间：开始接触后的3个月内)，原基础值或参考值的50%（采样时间：持续接触3个月后，任意时间)

监测方法 空气中有毒物质测定方法：未制定标准。生物监测检验方法：血中胆碱酯酶活性的分光光度测定方法——羟胺三氯化铁法；血中胆碱酯酶活性的分光光度测定方法——硫代乙酰胆碱-联硫代双硝基苯甲酸法

工程控制 严加密闭，提供充分的局部排风。提供安全的淋浴和洗眼设备

个体防护装备

呼吸系统防护 生产操作或农业使用时，必须佩戴过滤式防毒面具（全面罩)。紧急事态抢救或撤离时，佩戴空气呼吸器

眼睛防护 呼吸系统防护中已作防护

皮肤和身体防护 穿隔绝式防毒服

手防护 戴橡胶手套

第九部分 理化特性

外观与性状 纯品为白色针状晶体，工业品为无色黏稠状液体，冷却或放置后能析出针状结晶

pH值 无意义

熔点(℃) 43（纯)；18～25（工业品)

沸点(℃) 分解 **相对密度(水=1)** 1.31

相对蒸气密度(空气=1) 无资料

饱和蒸气压(kPa) 0.00004（30℃)

燃烧热(kJ/mol) 无资料 **临界温度(℃)** 无资料

临界压力(MPa) 无资料 **辛醇/水分配系数** −0.8

闪点(℃) 93 **自燃温度(℃)** 无资料

爆炸下限(%) 无资料 **爆炸上限(%)** 无资料

分解温度(℃) 无资料 **黏度(mPa·s)** 无资料

溶解性 微溶于水，溶于醇类、氯化烃，微溶于乙醚

第十部分 稳定性和反应性

稳定性 稳定

危险反应 遇强酸或碱分解。与强氧化剂等禁配物发生反应

避免接触的条件 受热

禁配物 强氧化剂、强碱

危险的分解产物 氨、氧化磷

第十一部分 毒理学信息

急性毒性

LD_{50} 20～29.9mg/kg（大鼠经口)；50mg/kg（大鼠经皮)

LC_{50} 525mg/m^3（大鼠吸入，1h)；19mg/m^3（小鼠吸入)

皮肤刺激或腐蚀 无资料 **眼睛刺激或腐蚀** 无资料

呼吸或皮肤过敏 无资料

生殖细胞突变性 微核试验：小鼠腹腔6mg/kg；小鼠经口84mg/kg（周）（连续)；小鼠经皮96mg/kg（2周)（间歇)。姐妹染色单体交换：小鼠腹腔6mg/kg

致癌性 无资料

生殖毒性 大鼠孕后6～15d经口给予最低中毒剂量(TDLo) 10mg/kg，致中枢神经系统、眼、耳发育畸形。大鼠孕后1～6d经口给予最低中毒剂量（TDLo) 6mg/kg，致眼、耳、皮肤及附属组织、泌尿生殖系统发育畸形。大鼠经口最低中毒剂量（TDLo)：10mg/kg（孕6～16d用药)，致胚胎毒性，中枢神经系统发育异常，眼、耳发育异常

特异性靶器官系统毒性-一次接触 无资料

特异性靶器官系统毒性-反复接触 无资料

吸入危害 无资料

第十二部分 生态学信息

生态毒性

LC_{50} 25ppm（96h)(虹鳟鱼，静态)；34ppm（96h)（蓝鳃太阳鱼，静态)；300ng/L（12h)，85ng/L（24h)，2.4ng/L（36h)(南美蓝对虾)

EC_{50} 39ppb（96h)（牡蛎)

持久性和降解性

生物降解性 无资料

非生物降解性 空气中，当羟基自由基浓度为5.00×10^{5}个/cm^{3}时，降解半衰期为12h（理论)；在22℃，当pH值为4、7、9时，水解半衰期分别为1.8a、120h、70h（理论)

潜在的生物累积性 根据K_{ow}值预测，该物质的生物累积性可能较弱

土壤中的迁移性 根据K_{oc}值预测，该物质可能易发生迁移

第十三部分 废弃处置

废弃化学品 建议用焚烧法处置。焚烧炉排出的气体要通过洗涤器除去

污染包装物 将容器返还生产商或按照国家和地方法规处置

废弃注意事项 处置前应参阅国家和地方有关法规

第十四部分 运输信息

联合国危险货物编号(UN号) 2783（固态)；3018（乳剂)

联合国运输名称 固态有机磷农药，毒性（甲胺磷)（固态)；液态有机磷农药，毒性（甲胺磷)（乳剂)

联合国危险性类别 6.1 **包装类别** Ⅱ类包装

包装标志 6 **海洋污染物** 是

运输注意事项 运输前应先检查包装容器是否完整、密封，运输过程中要确保容器不泄漏、不倒塌、不坠落、不损坏。严禁与酸类、氧化剂、食品及食品添加剂混运。运输时运输车辆应配备相应品种和数量的消防器材及泄漏应急处理设备。运输途中应防曝晒、雨淋，防高温。公路运输时要按规定路线行驶，勿在居民区和人口稠密区停留

第十五部分 法规信息

下列法律、法规、规章和标准，对该化学品的管理作了相应的规定。

中华人民共和国职业病防治法 职业病分类和目录：有机磷中毒

危险化学品安全管理条例 危险化学品目录：列入。作为剧毒化学品进行管理。易制爆危险化学品名录：未列入。重点监管的危险化学品名录：未列入。GB 18218—2009《危险化学品重大危险源辨识》（表 1)：未列入

使用有毒物品作业场所劳动保护条例 高毒物品目录：未列入

易制毒化学品管理条例 易制毒化学品的分类和品种目录：未列入

国际公约 斯德哥尔摩公约：未列入。鹿特丹公约：列入。蒙特利尔议定书：未列入

第十六部分 其他信息

编写和修订信息　**缩略语和首字母缩写**
培训建议　**参考文献**
免责声明

甲 拌 磷

第一部分 化学品标识

化学品中文名 甲拌磷；西梅脱；3911；*O*,*O*-二乙基-*S*-[(乙硫基)甲基]二硫代磷酸酯

化学品英文名 *O*,*O*-diethyl *S*-ethylthiomethyl phosphorodithioate；phorate；thimet

分子式 $C_7H_{17}O_2PS_3$　**相对分子质量** 260.39

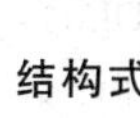
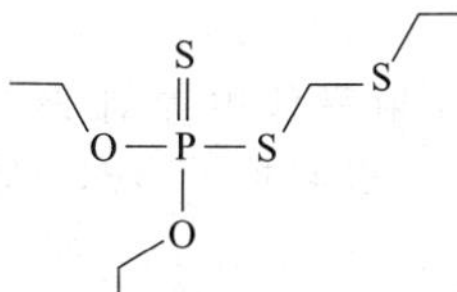

化学品的推荐及限制用途 农业上用于棉花、甜菜、萝卜等浸种、拌种，不能用于喷洒

第二部分 危险性概述

紧急情况概述 吞咽致命，皮肤接触会致命

GHS 危险性类别 急性毒性-经口，类别 2；急性毒性-经皮，类别 1；危害水生环境-急性危害，类别 1；危害水生环境-长期危害，类别 1

标签要素

象形图

警示词 危险

危险性说明 吞咽致命，皮肤接触会致命，对水生生物毒性非常大并具有长期持续影响

防范说明

预防措施 避免接触眼睛、皮肤或衣服，操作后彻底清洗。作业场所不得进食、饮水或吸烟。戴防护手套、穿防护服。禁止排入环境

事故响应 皮肤接触：用大量肥皂水和水轻轻地清洗，立即脱去所有被污染的衣服。被污染的衣服须经洗净后方可重新使用。食入：漱口，立即呼叫中毒控制中心或就医。收集泄漏物

安全储存 上锁保管

废弃处置 本品及内装物、容器依据国家和地方法规处置

物理和化学危险 可燃

健康危害 抑制胆碱酯酶活性，造成神经生理功能紊乱

急性中毒 短期内接触（口服、吸入、皮肤、黏膜）大量引起急性中毒。表现有头痛、头昏、食欲减退、恶心、呕吐、腹痛、腹泻、流涎、瞳孔缩小、呼吸道分泌物增多、多汗、肌束震颤等。重者出现肺水肿、脑水肿、昏迷、呼吸麻痹。部分病例可有心、肝、肾损害。少数严重病例在意识恢复后数周或数月发生周围神经病。个别严重病例可发生迟发性猝死。血胆碱酯酶活性降低

慢性中毒 有神经衰弱综合征、多汗、肌束震颤等。血胆碱酯酶活性降低

环境危害 对水生生物毒性非常大并具有长期持续影响

第三部分 成分/组成信息

√物质		混合物
组分	**浓度**	**CAS No.**
甲拌磷		298-02-2

第四部分 急救措施

吸入 迅速脱离现场至空气新鲜处。保持呼吸道通畅。如呼吸困难，给输氧。如呼吸、心跳停止，立即进行心肺复苏术。就医

皮肤接触 立即脱去污染的衣着，用肥皂水及流动清水彻底冲洗污染的皮肤、头发、指甲等。就医

眼睛接触 分开眼睑，用流动清水或生理盐水冲洗。就医

食入 饮足量温水，催吐（仅限于清醒者）。口服活性炭。就医

对保护施救者的忠告 根据需要使用个人防护设备

对医生的特别提示 解毒剂：阿托品、胆碱酯酶复能剂

第五部分 消防措施

灭火剂 用泡沫、干粉、砂土灭火

特别危险性 受热分解，放出磷、硫的氧化物等毒性气体。燃烧生成有害的一氧化碳、氧化磷、氧化硫

灭火注意事项及防护措施 消防人员必须佩戴空气呼吸器、穿全身防火防毒服，在上风向灭火。尽可能将容器从火场移至空旷处。喷水保持火场容器冷却，直至灭火结束

第六部分 泄漏应急处理

作业人员防护措施、防护装备和应急处置程序 根据液体流动和蒸气扩散的影响区域划定警戒区，无关人员从侧风、上风向撤离至安全区。消除所有点火源。建议应急处理人员戴正压自给式呼吸器，穿防毒服，戴氯丁橡胶手套。穿上适当的防护服前严禁接触破裂的容器和泄漏物。尽可能切断泄漏源

环境保护措施 防止泄漏物进入水体、下水道、地下室或有限空间

泄漏化学品的收容、清除方法及所使用的处置材料 小量泄漏：用干燥的砂土或其他不燃材料吸收或覆盖，收集于容器中。大量泄漏：构筑围堤或挖坑收容。用泵转移至槽车或专用收集器内

第七部分 操作处置与储存

操作注意事项 密闭操作，提供充分的局部排风。操作尽可能机械化、自动化。操作人员必须经过专门培训，严格遵守操作规程。建议操作人员佩戴自吸过滤式防毒面具（全面罩），穿连衣式防毒衣，戴氯丁橡胶手套。远离火种、热源。工作场所严禁吸烟。使用防爆型的通风系统和设备。防止蒸气泄漏到工作场所空气中。避免与氧化剂、碱类接触。搬运时要轻装轻卸，防止包装及容器损坏。配备相应品种和数量的消防器材及泄漏应急处理设备。倒空的容器可能残留有害物

储存注意事项 储存于阴凉、通风良好的专用库房内，实行“双人收发、双人保管”制度。远离火种、热源。保持容器密封。应与氧化剂、碱类、食用化学品分开存放，切忌混储。配备相应品种和数量的消防器材。储区应备有泄漏应急处理设备和合适的收容材料

第八部分 接触控制/个体防护

职业接触限值

中国 MAC：0.01mg/m^3［皮］

美国(ACGIH) TLV-TWA：0.05mg/m^3（可吸入性颗粒物和蒸气）［皮］

生物接触限值 全血胆碱酯酶活性（校正值）：原基础值或参考值的70%（采样时间：开始接触后的3个月内），原基础值或参考值的50%（采样时间：持续接触3个月后，任意时间）

监测方法 空气中有毒物质测定方法：溶剂解吸-气相色谱法。生物监测检验方法：血中胆碱酯酶活性的分光光度测定方法——羟胺三氯化铁法；血中胆碱酯酶活性的分光光度测定方法——硫代乙酰胆碱-联硫代双硝基苯甲酸法

工程控制 严加密闭，提供充分的局部排风。提供安全的淋浴和洗眼设备

个体防护装备

呼吸系统防护 生产操作或农业使用时，必须佩戴过滤式防毒面具（全面罩）。紧急事态抢救或撤离时，应该佩戴空气呼吸器

眼睛防护 呼吸系统防护中已作防护

皮肤和身体防护 穿连衣式防毒衣

手防护 戴橡胶手套

第九部分 理化特性

外观与性状 纯品为无色透明，有蒜臭的油状液体，工业品为棕黄色

pH值 无资料 **熔点(℃)** −43.7

沸点(℃) 118～120 (0.11kPa)

相对密度(水=1) 1.17

相对蒸气密度(空气=1) 无资料

饱和蒸气压(kPa) 无资料

燃烧热(kJ/mol) 无资料 **临界温度(℃)** 无资料

临界压力(MPa) 无资料 **辛醇/水分配系数** 3.56

闪点(℃) 160 (OC) **自燃温度(℃)** 无资料

爆炸下限(%) 无资料 **爆炸上限(%)** 无资料

分解温度(℃) 无资料 **黏度(mPa·s)** 无资料

溶解性 不溶于水，溶于乙醇、乙醚、丙酮、四氯化碳、二甲苯等多数有机溶剂

第十部分 稳定性和反应性

稳定性 稳定

危险反应 遇强酸或碱分解。与强氧化剂等禁配物发生反应

避免接触的条件 受热

禁配物 强氧化剂、碱类

危险的分解产物 氧化磷、硫化物

第十一部分 毒理学信息

急性毒性 LD_{50}：3.7mg/kg（大鼠经口）；70～300mg/kg（大鼠经皮）

皮肤刺激或腐蚀 无资料 **眼睛刺激或腐蚀** 无资料

呼吸或皮肤过敏 无资料

生殖细胞突变性 微核试验：大鼠腹腔注射750μg/kg (5d)，连续染毒。小鼠腹腔注射750μg/kg (5d)。姐妹染色单体交换：人淋巴细胞2mg/L；仓鼠肝细胞40mg/L

致癌性 无资料

生殖毒性 砂土鼠腹腔注射最低中毒剂量（TDLo）：2.5mg/kg（1d，雄性），引起精子形态、活力计数改变

特异性靶器官系统毒性-一次接触 无资料

特异性靶器官系统毒性-反复接触 无资料

吸入危害 无资料

第十二部分 生态学信息

生态毒性

LC_{50} 0.013mg/L (96h)（虹鳟鱼，静态）；0.11mg/L (96h)（白斑狗鱼，静态）；0.002mg/L (96h)（蓝鳃太阳鱼，静态）

持久性和降解性

生物降解性 无资料

非生物降解性 空气中，当羟基自由基浓度为5.00×10^{5}个/cm^{3}时，降解半衰期为1.5h（理论）；当

pH 值为 5.7、8.5、9.4、10.25 时，水解半衰期分别为 52d、61d、62d、33d

潜在的生物累积性 BCF：90（红鲈，接触时间 28d）；根据 K_{ow} 值预测，该物质可能有一定的生物累积性

土壤中的迁移性 根据 K_{oc} 值预测，该物质可能有一定的迁移性

第十三部分 废弃处置

废弃化学品 建议用焚烧法处置。焚烧炉排出的气体要通过洗涤器除去

污染包装物 将容器返还生产商或按照国家和地方法规处置

废弃注意事项 处置前应参阅国家和地方有关法规

第十四部分 运输信息

联合国危险货物编号（UN 号） 3018（乳剂）；2783（粉剂）

联合国运输名称 固态有机磷农药，毒性（甲拌磷）（乳剂）；液态有机磷农药，毒性（甲拌磷）（粉剂）

联合国危险性类别 6.1 **包装类别** Ⅱ类包装

包装标志  **海洋污染物** 是

运输注意事项 运输前应先检查包装容器是否完整、密封，运输过程中要确保容器不泄漏、不倒塌、不坠落、不损坏。严禁与酸类、氧化剂、食品及食品添加剂混运。运输时运输车辆应配备相应品种和数量的消防器材及泄漏应急处理设备。运输途中应防曝晒、雨淋，防高温。公路运输时要按规定路线行驶，勿在居民区和人口稠密区停留

第十五部分 法规信息

下列法律、法规、规章和标准，对该化学品的管理作了相应的规定。

中华人民共和国职业病防治法 职业病分类和目录：有机磷中毒

危险化学品安全管理条例 危险化学品目录：列入。作为剧毒化学品进行管理。易制爆危险化学品名录：未列入。重点监管的危险化学品名录：未列入。GB 18218—2009《危险化学品重大危险源辨识》（表 1）：未列入

使用有毒物品作业场所劳动保护条例 高毒物品目录：未列入

易制毒化学品管理条例 易制毒化学品的分类和品种目录：未列入

国际公约 斯德哥尔摩公约：未列入。鹿特丹公约：未列入。蒙特利尔议定书：未列入

第十六部分 其他信息

编写和修订信息 **缩略语和首字母缩写**

培训建议 **参考文献**

免责声明

甲　苯

第一部分 化学品标识

化学品中文名 甲苯；甲基苯

化学品英文名 methylbenzene；toluene

分子式 C_7H_8 **相对分子质量** 92.15

结构式

化学品的推荐及限制用途 用于掺合汽油组成及作为生产甲苯衍生物、炸药、染料中间体、药物等的主要原料

第二部分 危险性概述

紧急情况概述 高度易燃液体和蒸气，可能引起昏昏欲睡或眩晕，吞咽及进入呼吸道可能致命

GHS 危险性类别 易燃液体，类别 2；皮肤腐蚀/刺激，类别 2；生殖毒性，类别 2；特异性靶器官毒性-一次接触，类别 3（麻醉效应）；特异性靶器官毒性-反复接触，类别 2；吸入危害，类别 1；危害水生环境-急性危害，类别 2；危害水生环境-长期危害，类别 3

标签要素

象形图 

警示词 危险

危险性说明 高度易燃液体和蒸气，造成皮肤刺激，怀疑对生育力或胎儿造成伤害，可能引起昏昏欲睡或眩晕，长时间或反复接触可能对器官造成损伤，吞咽及进入呼吸道可能致命，对水生生物有害并具有长期持续影响

防范说明

预防措施 远离热源、火花、明火、热表面。禁止吸烟。保持容器密闭。容器和接收设备接地连接。使用防爆电器、通风、照明设备。只能使用不产生火花的工具。采取防止静电措施。戴防护手套、防护眼镜、防护面罩。避免接触眼睛、皮肤，操作后彻底清洗。得到专门指导后操作。在阅读并了解所有安全预防措施之前，切勿操作。按要求使用个体防护装备。避免吸入蒸气、雾。禁止排入环境

事故响应 火灾时，使用泡沫、干粉、二氧化碳、砂土灭火。如皮肤（或头发）接触：立即脱掉所有被污染的衣服，用大量肥皂水和水清洗。如发生皮肤刺激，就医。被污染的衣服经洗净后方可重新使用。如果接触或有担心，就医

安全储存 存放在通风良好的地方。保持低温。上锁保管

废弃处置 本品及内装物、容器依据国家和地方法规处置

物理和化学危险 高度易燃，其蒸气与空气混合，能形成爆炸性混合物

健康危害 对皮肤、黏膜有刺激性，对中枢神经系统有麻

醉作用

急性中毒　短时间内吸入较高浓度本品表现为中枢神经系统麻醉作用，出现头晕、头痛、恶心、呕吐、胸闷、四肢无力、步态蹒跚、意识模糊。重症者可有躁动、抽搐、昏迷。呼吸道和眼结膜可有明显刺激症状。液体吸入肺内可引起肺炎、肺水肿和肺出血。可出现明显的心脏损害。液态本品吸入呼吸道可引起吸入性肺炎

慢性影响　长期接触可发生神经衰弱综合征，肝肿大，女工月经异常等。皮肤干燥、皲裂、皮炎

环境危害　对水生生物有害并具有长期持续影响

第三部分　成分/组成信息

√物质		混合物
组分	**浓度**	**CAS No.**
甲苯		108-88-3

第四部分　急救措施

吸入　迅速脱离现场至空气新鲜处。保持呼吸道通畅。如呼吸困难，给吸氧。如呼吸、心跳停止，立即行心肺复苏术。就医

皮肤接触　立即脱去污染衣着，用肥皂水或清水彻底冲洗。就医

眼睛接触　分开眼睑，用清水或生理盐水冲洗。就医

食入　漱口，饮水。禁止催吐。就医

对保护施救者的忠告　根据需要使用个人防护设备

对医生的特别提示　对症处理

第五部分　消防措施

灭火剂　用泡沫、干粉、二氧化碳、砂土灭火

特别危险性　与氧化剂能发生强烈反应。流速过快，容易产生和积聚静电。蒸气比空气重，沿地面扩散并易积存于低洼处，遇火源会着火回燃。燃烧生成有害的一氧化碳

灭火注意事项及防护措施　消防人员必须佩戴空气呼吸器、穿全身防火防毒服，在上风向灭火。喷水冷却容器，尽可能将容器从火场移至空旷处。容器突然发出异常声音或出现异常现象，应立即撤离

第六部分　泄漏应急处理

作业人员防护措施、防护装备和应急处置程序　消除所有点火源。根据液体流动和蒸气扩散的影响区域划定警戒区，无关人员从侧风、上风向撤离至安全区。建议应急处理人员戴正压自给式呼吸器，穿防毒、防静电服，戴橡胶耐油手套。作业时使用的所有设备应接地。禁止接触或跨越泄漏物。尽可能切断泄漏源

环境保护措施　防止泄漏物进入水体、下水道、地下室或有限空间

泄漏化学品的收容、清除方法及所使用的处置材料　小量泄漏：用砂土或其他不燃材料吸收，使用洁净的无火花工具收集吸收材料。大量泄漏：构筑围堤或挖坑收容。用砂土、惰性物质或蛭石吸收大量液体。用泡沫覆盖，减少蒸发。喷水雾能减少蒸发，但不能降低泄漏物在有限空间内的易燃性。用防爆泵转移至槽车或专用收集器内

第七部分　操作处置与储存

操作注意事项　密闭操作，加强通风。操作人员必须经过专门培训，严格遵守操作规程。建议操作人员佩戴自吸过滤式防毒面具（半面罩），戴化学安全防护眼镜，穿防毒物渗透工作服，戴橡胶耐油手套。远离火种、热源。工作场所严禁吸烟。使用防爆型的通风系统和设备。防止蒸气泄漏到工作场所空气中。避免与氧化剂接触。灌装时应控制流速，且有接地装置，防止静电积聚。搬运时要轻装轻卸，防止包装及容器损坏。配备相应品种和数量的消防器材及泄漏应急处理设备。倒空的容器可能残留有害物

储存注意事项　储存于阴凉、通风的库房。远离火种、热源。库温不宜超过 37℃。保持容器密封。应与氧化剂分开存放，切忌混储。采用防爆型照明、通风设施。禁止使用易产生火花的机械设备和工具。储区应备有泄漏应急处理设备和合适的收容材料

第八部分　接触控制/个体防护

职业接触限值

中国　PC-TWA：50mg/m^3；PC-STEL：100 mg/m^3［皮］

美国(ACGIH)　TLV-TWA：50ppm［皮］

生物接触限值　尿马尿酸：1mol/mol 肌酐（1.5g/g 肌酐）或 11mmol/L（2.0g/L）（采样时间：工作班末）（停止接触后）；终末呼出气甲苯：20mg/m^3（采样时间：工作班末）（停止接触后 15～30min），5mg/m^3（工作班前）

监测方法　空气中有毒物质测定方法：溶剂解吸-气相色谱法；热解吸-气相色谱法；无泵型采样-气相色谱法。生物监测检验方法：尿中马尿酸的分光光度测定方法；尿中马尿酸、甲基马尿酸的高效液相色谱测定方法；呼出气中甲苯的气相色谱测定法

工程控制　生产过程密闭，加强通风。提供安全的淋浴和洗眼设备

个体防护装备

呼吸系统防护　空气中浓度超标时，佩戴过滤式防毒面具（半面罩）。紧急事态抢救或撤离时，应该佩戴空气呼吸器

眼睛防护　戴化学安全防护眼镜

皮肤和身体防护　穿防毒物渗透工作服

手防护　戴橡胶耐油手套

第九部分　理化特性

外观与性状　无色透明液体，有类似苯的芳香气味

pH 值　无资料　　**熔点(℃)**　−94.9

沸点(℃)　110.6　　**相对密度(水=1)**　0.87

相对蒸气密度(空气=1)　3.14

饱和蒸气压(kPa)　3.8（25℃）

燃烧热(kJ/mol)　−3910.3　　**临界温度(℃)**　318.6

临界压力(MPa) 4.11 **辛醇/水分配系数** 2.73
闪点(℃) 4（CC）；16（OC） **自燃温度(℃)** 480
爆炸下限(%) 1.1 **爆炸上限(%)** 7.1
分解温度(℃) 无资料
黏度(mPa·s) 0.56（25℃）
溶解性 不溶于水，可混溶于苯、乙醇、乙醚、氯仿等多数有机溶剂

第十部分 稳定性和反应性

稳定性 稳定
危险反应 与强氧化剂等禁配物接触，有发生火灾和爆炸的危险
避免接触的条件 无资料
禁配物 强氧化剂、酸类、卤素等
危险的分解产物 无资料

第十一部分 毒理学信息

急性毒性

LD_{50} 636mg/kg（大鼠经口）；12124mg/kg（兔经皮）

LC_{50} 49g/m³（大鼠吸入，4h）；30g/m³（小鼠吸入，2h）

皮肤刺激或腐蚀 家兔经皮：500mg，中度刺激
眼睛刺激或腐蚀 人经眼：300ppm，引起刺激
呼吸或皮肤过敏 无资料
生殖细胞突变性 微核试验：小鼠经口 200mg/kg。细胞遗传学分析：大鼠吸入 5400μg/m³（16 周）（间歇）。姐妹染色单体交换：人吸入 252μg/L（19a）。非程序DNA 合成：大肠杆菌 1pph
致癌性 无资料
生殖毒性 雌性大鼠孕后 7～20d 吸入最低中毒剂量（TCLo）1800ppm，致中枢神经系统发育畸形。雌性小鼠孕后 6～15d 经口染毒最低中毒剂量（TCLo）8700mg/kg，致颅面部（包括鼻、舌）发育畸形。雌兔孕后 6～18d 吸入最低中毒剂量（TCLo）100ppm（6h），致泌尿生殖系统发育畸形。大鼠吸入最低中毒浓度（TCLo）：1.5g/m³（24h）（孕 1～18d 用药），致胚胎毒性和肌肉发育异常。小鼠吸入最低中毒浓度（TCLo）：500mg/m³（24h）（孕 6～13d 用药），致胚胎毒性
特异性靶器官系统毒性-一次接触 无资料
特异性靶器官系统毒性-反复接触 大鼠、豚鼠吸入 390mg/m³，每天 8h，90～127d，引起造血系统和实质性脏器改变
吸入危害 无资料

第十二部分 生态学信息

生态毒性

LC_{50} 34.27mg/L（96h）（黑头呆鱼）；57.68mg/L（96h）（金鱼）；313mg/L（48h）（水蚤）；9.5mg/L（96h）(草虾)

EC_{50} 11.5mg/L（48h）(水蚤)

NOEC 0.53～1mg/L（21d）(水蚤)

持久性和降解性

生物降解性 易快速生物降解

非生物降解性 光解最大光吸收波长范围（nm）：253.5～268；水中光氧化半衰期（h）：321～1284；空气中光氧化半衰期（h）：10～104

潜在的生物累积性 BCF：90（金鱼），13（鳗鱼）；根据 K_{ow} 值预测，该物质的生物累积性可能较弱
土壤中的迁移性 根据 K_{oc} 值预测，该物质可能有一定的迁移性

第十三部分 废弃处置

废弃化学品 用焚烧法处置
污染包装物 将容器返还生产商或按照国家和地方法规处置
废弃注意事项 把倒空的容器归还厂商或在规定场所掩埋

第十四部分 运输信息

联合国危险货物编号（UN 号） 1294
联合国运输名称 甲苯
联合国危险性类别 3 **包装类别** Ⅱ类包装
包装标志  **海洋污染物** 否
运输注意事项 本品铁路运输时限使用钢制企业自备罐车装运，装运前需报有关部门批准。运输时运输车辆应配备相应品种和数量的消防器材及泄漏应急处理设备。夏季最好早晚运输。运输时所用的槽（罐）车应有接地链，槽内可设孔隔板以减少震荡产生的静电。严禁与氧化剂、食用化学品等混装混运。运输途中应防曝晒、雨淋，防高温。中途停留时应远离火种、热源、高温区。装运该物品的车辆排气管必须配备阻火装置，禁止使用易产生火花的机械设备和工具装卸。公路运输时要按规定路线行驶，勿在居民区和人口稠密区停留。铁路运输时要禁止溜放。严禁用木船、水泥船散装运输

第十五部分 法规信息

下列法律、法规、规章和标准，对该化学品的管理作了相应的规定。

中华人民共和国职业病防治法 职业病分类和目录：甲苯中毒
危险化学品安全管理条例 危险化学品目录：列入。易制爆危险化学品名录：未列入。重点监管的危险化学品名录：列入。GB 18218—2009《危险化学品重大危险源辨识》（表 1）：列入。类别：易燃液体，临界量（t）：500
使用有毒物品作业场所劳动保护条例 高毒物品目录：未列入
易制毒化学品管理条例 易制毒化学品的分类和品种目录：列入
国际公约 斯德哥尔摩公约：未列入。鹿特丹公约：未列入。蒙特利尔议定书：未列入

第十六部分 其他信息

编写和修订信息 **缩略语和首字母缩写**
培训建议 **参考文献**
免责声明

4-甲苯磺酰氯

第一部分 化学品标识

化学品中文名 4-甲苯磺酰氯；对甲苯磺酰氯

化学品英文名 4-toluene sulfonyl chloride；*p*-toluene sulfonyl chloride

分子式 $C_7H_7ClO_2S$ **相对分子质量** 190.64

结构式

O
O=S—
Cl

化学品的推荐及限制用途 用于有机合成，制造染料、糖精等

第二部分 危险性概述

紧急情况概述 造成严重的皮肤灼伤和眼损伤

GHS 危险性类别 皮肤腐蚀/刺激，类别 1C；严重眼损伤/眼刺激，类别 1；危害水生环境-急性危害，类别 3

标签要素

象形图 

警示词 危险

危险性说明 造成严重的皮肤灼伤和眼损伤，对水生生物有害

防范说明

预防措施 避免吸入粉尘。避免接触眼睛、皮肤，操作后彻底清洗。戴防护手套，穿防护服，戴防护眼镜、防护面罩。禁止排入环境

事故响应 如吸入：将患者转移到空气新鲜处，休息，保持利于呼吸的体位，立即呼叫中毒控制中心或就医。皮肤（或头发）接触：立即脱掉所有被污染的衣服，用水冲洗皮肤，淋浴。污染的衣服须洗净后方可重新使用。接触眼睛：用水细心冲洗数分钟。如戴隐形眼镜并可方便地取出，取出隐形眼镜继续冲洗。食入：漱口，不要催吐

安全储存 上锁保管

废弃处置 本品及内装物、容器依据国家和地方法规处置

物理和化学危险 可燃，其粉体与空气混合，能形成爆炸性混合物

健康危害 本品对皮肤和黏膜有刺激性，并引起迟发性深层疱疹和变态反应。可引起眼和皮肤灼伤。长期接触引起头痛、酩酊感、恶心、呕吐、食欲不振、胃部压迫感和胃肠炎等症状

环境危害 对水生生物有害

第三部分 成分/组成信息

√物质		混合物
组分	**浓度**	**CAS No.**
4-甲苯磺酰氯		98-59-9

第四部分 急救措施

吸入 迅速脱离现场至空气新鲜处。保持呼吸道通畅。如呼吸困难，给输氧。如呼吸、心跳停止，立即进行心肺复苏术。就医

皮肤接触 立即脱去污染的衣着，用大量流动清水彻底冲洗至少 15min。就医

眼睛接触 立即分开眼睑，用流动清水或生理盐水彻底冲洗至少 15min。就医

食入 用水漱口，禁止催吐。给饮牛奶或蛋清。就医

对保护施救者的忠告 根据需要使用个人防护设备

对医生的特别提示 对症处理

第五部分 消防措施

灭火剂 用干粉、二氧化碳、砂土灭火

特别危险性 受高热分解放出有毒的气体。与强氧化剂接触可发生化学反应。燃烧生成有害的一氧化碳、氧化硫、氯化氢

灭火注意事项及防护措施 消防人员必须穿全身耐酸碱消防服、佩戴空气呼吸器灭火。尽可能将容器从火场移至空旷处。喷水保持火场容器冷却，直至灭火结束。禁止用水、泡沫和酸碱灭火剂灭火

第六部分 泄漏应急处理

作业人员防护措施、防护装备和应急处置程序 隔离泄漏污染区，限制出入。消除所有点火源。建议应急处理人员戴防尘口罩，穿防毒服，戴橡胶手套。作业时使用的所有设备应接地。禁止接触或跨越泄漏物。尽可能切断泄漏源。用塑料布覆盖泄漏物，减少飞散。勿使水进入包装容器内

环境保护措施 无资料

泄漏化学品的收容、清除方法及所使用的处置材料 用洁净的铲子收集泄漏物，置于干净、干燥、盖子较松的容器中，将容器移离泄漏区

第七部分 操作处置与储存

操作注意事项 密闭操作，提供充分的局部排风。操作人员必须经过专门培训，严格遵守操作规程。建议操作人员佩戴自吸过滤式防尘口罩，戴化学安全防护眼镜，穿防毒物渗透工作服，戴橡胶手套。远离火种、热源。工作场所严禁吸烟。使用防爆型的通风系统和设备。避免产生粉尘。避免与氧化剂、碱类接触。搬运时要轻装轻卸，防止包装及容器损坏。配备相应品种和数量的消防器材及泄漏应急处理设备。倒空的容器可能残留有害物

储存注意事项 储存于阴凉、干燥、通风良好的库房。远离火种、热源。包装必须密封，切勿受潮。应与氧化剂、碱类、食用化学品分开存放，切忌混储。配备相

应品种和数量的消防器材。储区应备有合适的材料收容泄漏物

第八部分 接触控制/个体防护

职业接触限值

中国 未制定标准

美国(ACGIH) 未制定标准

生物接触限值 未制定标准

监测方法 空气中有毒物质测定方法：未制定标准。生物监测检验方法：未制定标准

工程控制 严加密闭，提供充分的局部排风。提供安全的淋浴和洗眼设备

个体防护装备

呼吸系统防护 可能接触其粉尘时，佩戴过滤式防尘呼吸器。紧急事态抢救或撤离时，应该佩戴空气呼吸器

眼睛防护 戴化学安全防护眼镜

皮肤和身体防护 穿防毒物渗透工作服

手防护 戴橡胶手套

第九部分 理化特性

外观与性状 白色菱状结晶，有刺激性恶臭

pH值 无意义 **熔点(℃)** 67～71

沸点(℃) 145～146 (2.0kPa)

相对密度(水=1) 1.33

相对蒸气密度(空气=1) 无资料

饱和蒸气压(kPa) 0.13 (88℃)

燃烧热(kJ/mol) 无资料 **临界温度(℃)** 无资料

临界压力(MPa) 无资料 **辛醇/水分配系数** 3.49

闪点(℃) 110 (COC) **自燃温度(℃)** 无资料

爆炸下限(%) 无资料 **爆炸上限(%)** 无资料

分解温度(℃) 无资料 **黏度(mPa·s)** 无资料

溶解性 不溶于水，易溶于乙醇、乙醚、苯

第十部分 稳定性和反应性

稳定性 稳定

危险反应 与强氧化剂等禁配物发生反应

避免接触的条件 潮湿空气、受热

禁配物 强氧化剂、强碱

危险的分解产物 氧化硫、氯化氢

第十一部分 毒理学信息

急性毒性 无资料 **皮肤刺激或腐蚀** 无资料

眼睛刺激或腐蚀 无资料 **呼吸或皮肤过敏** 无资料

生殖细胞突变性 无资料 **致癌性** 无资料

生殖毒性 无资料

特异性靶器官系统毒性-一次接触 无资料

特异性靶器官系统毒性-反复接触 无资料

吸入危害 无资料

第十二部分 生态学信息

生态毒性

LC_{50} 55mg/L (96h) (鱼)

EC_{50} 70mg/L/48h (水蚤)

持久性和降解性

生物降解性 MITI-I测试，初始浓度100ppm，污泥浓度30ppm，3周后降解93%

非生物降解性 无资料

潜在的生物累积性 根据K_{ow}值预测，该物质可能有一定的生物累积性

土壤中的迁移性 根据K_{oc}值预测，该物质可能有一定的迁移性

第十三部分 废弃处置

废弃化学品 建议用焚烧法处置。与燃料混合后，再焚烧。焚烧炉排出的气体要通过洗涤器除去

污染包装物 将容器返还生产商或按照国家和地方法规处置

废弃注意事项 处置前应参阅国家和地方有关法规

第十四部分 运输信息

联合国危险货物编号(UN号) 3291

联合国运输名称 有机酸性腐蚀性固体，未另作规定的(对甲苯磺酰氯)

联合国危险性类别 8 **包装类别** Ⅲ类包装

包装标志 

海洋污染物 否

运输注意事项 运输前应先检查包装容器是否完整、密封，运输过程中要确保容器不泄漏、不倒塌、不坠落、不损坏。严禁与酸类、氧化剂、食品及食品添加剂混运。运输时运输车辆应配备相应品种和数量的消防器材及泄漏应急处理设备。运输途中应防曝晒、雨淋，防高温

第十五部分 法规信息

下列法律、法规、规章和标准，对该化学品的管理作了相应的规定。

中华人民共和国职业病防治法 职业病分类和目录：未列入

危险化学品安全管理条例 危险化学品目录：列入。易制爆危险化学品名录：未列入。重点监管的危险化学品名录：未列入。GB 18218—2009《危险化学品重大危险源辨识》(表1)：未列入

使用有毒物品作业场所劳动保护条例 高毒物品目录：未列入

易制毒化学品管理条例 易制毒化学品的分类和品种目录：未列入

国际公约 斯德哥尔摩公约：未列入。鹿特丹公约：未列入。蒙特利尔议定书：未列入

第十六部分 其他信息

编写和修订信息 **缩略语和首字母缩写**

培训建议 **参考文献**

免责声明

甲　醇

第一部分　化学品标识

化学品中文名　甲醇；木精

化学品英文名　methyl alcohol；methanol；wood spirits

分子式　CH_4O　**相对分子质量**　32.0

结构式

```
    H   H
    |  /
H---+--O
    |
    H
```

化学品的推荐及限制用途　主要用于制甲醛、香精、染料、医药、火药，也用作防冻剂、溶剂等

第二部分　危险性概述

紧急情况概述　高度易燃液体和蒸气，吞咽会中毒，皮肤接触会中毒，吸入会中毒

GHS 危险性类别　易燃液体，类别 2；急性毒性-经口，类别 3；急性毒性-经皮，类别 3；急性毒性-吸入，类别 3；特异性靶器官毒性-一次接触，类别 1

标签要素

象形图

警示词　危险

危险性说明　高度易燃液体和蒸气，吞咽会中毒，皮肤接触会中毒，吸入会中毒，对器官造成损害

防范说明

预防措施　远离热源、火花、明火、热表面。禁止吸烟。保持容器密闭。容器和接收设备接地连接。使用防爆电器、通风、照明设备。只能使用不产生火花的工具。采取防止静电措施。戴防护手套、防护眼镜、防护面罩，穿防护服。避免接触眼睛、皮肤，操作后彻底清洗。作业场所不得进食、饮水或吸烟。避免吸入蒸气、雾。仅在室外或通风良好处操作

事故响应　火灾时，使用抗溶性泡沫、干粉、二氧化碳、砂土灭火。如吸入：将患者转移到空气新鲜处，休息，保持利于呼吸的体位。如皮肤（或头发）接触：立即脱掉所有被污染的衣服，用大量肥皂水和水清洗。被污染的衣服须经洗净后方可重新使用。如感觉不适，呼叫中毒控制中心或就医。食入：漱口，立即呼叫中毒控制中心或就医。如果接触：立即呼叫中毒控制中心或就医

安全储存　存放在通风良好的地方。保持低温。保持容器密闭。上锁保管

废弃处置　本品及内装物、容器依据国家和地方法规处置

物理和化学危险　高度易燃，其蒸气与空气混合，能形成爆炸性混合物

健康危害

急性中毒　大多数为饮用掺有甲醇的酒或饮料所致口服中毒。短期内吸入高浓度甲醇蒸气或容器破裂泄漏经皮肤吸收大量甲醇溶液亦可引起急性或亚急性中毒。中枢神经系统损害轻者表现为头痛、眩晕、乏力、嗜睡和轻度意识障碍等。重者出现昏迷和癫痫样抽搐。少数严重口服中毒者在急性期或恢复期可有锥体外系损害或帕金森综合征的表现。眼部最初表现为眼前黑影、飞雪感、闪光感、视物模糊、眼球疼痛、畏光、幻视等。重者视力急剧下降，甚至失明。视神经损害严重者可出现视神经萎缩。引起代谢性酸中毒。高浓度对眼和上呼吸道轻度刺激症状。口服中毒者恶心、呕吐和上腹部疼痛等胃肠道症状较明显，并发急性胰腺炎的比例较高，少数可伴有心、肝、肾损害

慢性中毒　主要为神经系统症状，有头晕、无力、眩晕、震颤性麻痹及视神经损害。皮肤反复接触甲醇溶液，可引起局部脱脂和皮炎

环境危害　对环境可能有害

第三部分　成分/组成信息

√物质		混合物
组分	**浓度**	**CAS No.**
甲醇		67-56-1

第四部分　急救措施

吸入　迅速脱离现场至空气新鲜处。保持呼吸道通畅。如呼吸困难，给输氧。如呼吸、心跳停止，立即进行心肺复苏术。就医

皮肤接触　立即脱去污染的衣着，用流动清水彻底冲洗。就医

眼睛接触　立即分开眼睑，用流动清水或生理盐水彻底冲洗。就医

食入　饮适量温水，催吐（仅限于清醒者）。就医

对保护施救者的忠告　根据需要使用个人防护设备

对医生的特别提示　给予乙醇

第五部分　消防措施

灭火剂　用抗溶性泡沫、干粉、二氧化碳、砂土灭火

特别危险性　在火场中，受热的容器有爆炸危险。蒸气比空气重，沿地面扩散并易积存于低洼处，遇火源会着火回燃。燃烧生成有害的一氧化碳

灭火注意事项及防护措施　消防人员须佩戴防毒面具、穿全身消防服，在上风向灭火。尽可能将容器从火场移至空旷处。喷水保持火场容器冷却，直至灭火结束。容器突然发出异常声音或出现异常现象，应立即撤离

第六部分　泄漏应急处理

作业人员防护措施、防护装备和应急处置程序　消除所有点火源。根据液体流动和蒸气扩散的影响区域划定警戒区，无关人员从侧风、上风向撤离至安全区。建议应急处理人员戴正压自给式呼吸器，穿防毒、防静电服，戴橡胶手套。作业时使用的所有设备应

接地。禁止接触或跨越泄漏物。尽可能切断泄漏源

环境保护措施 防止泄漏物进入水体、下水道、地下室或有限空间

泄漏化学品的收容、清除方法及所使用的处置材料 小量泄漏：用砂土或其他不燃材料吸收，使用洁净的无火花工具收集吸收材料。大量泄漏：构筑围堤或挖坑收容。用抗溶性泡沫覆盖，减少蒸发。喷水雾能减少蒸发，但不能降低泄漏物在有限空间内的易燃性。用防爆泵转移至槽车或专用收集器内。喷雾状水驱散蒸气、稀释液体泄漏物

第七部分 操作处置与储存

操作注意事项 密闭操作，加强通风。操作人员必须经过专门培训，严格遵守操作规程。建议操作人员佩戴过滤式防毒面具（半面罩），戴化学安全防护眼镜，穿防静电工作服，戴橡胶手套。远离火种、热源。工作场所严禁吸烟。使用防爆型的通风系统和设备。防止蒸气泄漏到工作场所空气中。避免与氧化剂、酸类、碱金属接触。灌装时应控制流速，且有接地装置，防止静电积聚。配备相应品种和数量的消防器材及泄漏应急处理设备。倒空的容器可能残留有害物

储存注意事项 储存于阴凉、通风良好的专用库房内，远离火种、热源。库温不宜超过37℃，保持容器密封。应与氧化剂、酸类、碱金属等分开存放，切忌混储。采用防爆型照明、通风设施。禁止使用易产生火花的机械设备和工具。储区应备有泄漏应急处理设备和合适的收容材料

第八部分 接触控制/个体防护

职业接触限值

中国 PC-TWA：25mg/m^3；PC-STEL：50 mg/m^3［皮］

美国(ACGIH) TLV-TWA：200ppm；TLV-STEL：250ppm［皮］

生物接触限值 未制定标准

监测方法 空气中有毒物质测定方法：溶剂解吸-气相色谱法；热解吸-气相色谱法。生物监测检验方法：未制定标准

工程控制 生产过程密闭，加强通风。提供安全的淋浴和洗眼设备

个体防护装备

呼吸系统防护 可能接触其蒸气时，应该佩戴过滤式防毒面具（半面罩）。紧急事态抢救或撤离时，建议佩戴空气呼吸器

眼睛防护 戴化学安全防护眼镜

皮肤和身体防护 穿防静电工作服

手防护 戴橡胶手套

第九部分 理化特性

外观与性状 无色透明液体，有刺激性气味

pH值 无资料 **熔点(℃)** −97.8

沸点(℃) 64.7 **相对密度(水=1)** 0.79

相对蒸气密度(空气=1) 1.1

饱和蒸气压(kPa) 12.3（20℃）

燃烧热(kJ/mol) −723 **临界温度(℃)** 240

临界压力(MPa) 7.95

辛醇/水分配系数 −0.82～−0.77

闪点(℃) 12（CC）；12.2（OC）

自燃温度(℃) 464 **爆炸下限(%)** 6

爆炸上限(%) 36.5 **分解温度(℃)** 无资料

黏度(mPa·s) 0.544（25℃）

溶解性 溶于水，可混溶于醇类、乙醚等多数有机溶剂

第十部分 稳定性和反应性

稳定性 稳定

危险反应 与强氧化剂等禁配物接触，有发生火灾和爆炸的危险

避免接触的条件 无资料

禁配物 酸类、酸酐、强氧化剂、碱金属

危险的分解产物 无资料

第十一部分 毒理学信息

急性毒性

LD_{50} 7300mg/kg（小鼠经口）；15800mg/kg（兔经皮）

LC_{50} 64000ppm（大鼠吸入，4h）

皮肤刺激或腐蚀 家兔经皮：20mg（24h），中度刺激

眼睛刺激或腐蚀 家兔经眼：40mg，中度刺激

呼吸或皮肤过敏 无资料

生殖细胞突变性 微生物致突变：酿酒酵母菌12pph。DNA抑制：人类淋巴细胞300mmol/L

致癌性 无资料

生殖毒性 鼠孕后6～14d吸入最低中毒剂量（TCLo）20000ppm（7h），致肌肉骨骼系统、心血管系统、泌尿生殖系统发育畸形。大鼠、小鼠孕后不同时间给予不同剂量，可致内分泌系统、眼、耳、中枢神经系统、颅面部（包括鼻、舌）发育畸形。大鼠经口最低中毒剂量（TDLo）：7500mg/kg（孕7～19d），对新生鼠行为有影响。大鼠吸入最低中毒浓度（TCLo）：20000ppm（7h）（孕1～22d），引起肌肉骨骼、心血管系统和泌尿系统发育异常

特异性靶器官系统毒性-一次接触 无资料

特异性靶器官系统毒性-反复接触 大鼠吸入50mg/m^3，每天12h，3个月，在8～10周内可见到气管、支气管黏膜损害，大脑皮质细胞营养障碍等

吸入危害 无资料

第十二部分 生态学信息

生态毒性 LC_{50}：15.4g～29.4g/L（96h）（黑头呆鱼）

持久性和降解性

生物降解性 MITI-I测试，初始浓度100ppm，污泥浓度30ppm，2周后降解92%

非生物降解性 空气中，当羟基自由基浓度为5.00×10^{5}个/cm^{3}时，降解半衰期为17d（理论）

潜在的生物累积性 根据K_{ow}值预测，该物质的生物累积性可能较弱

土壤中的迁移性　根据 K_{oc} 值预测，该物质可能易发生迁移

第十三部分　废弃处置

废弃化学品　用焚烧法处置

污染包装物　将容器返还生产商或按照国家和地方法规处置

废弃注意事项　把倒空的容器归还厂商或在规定场所掩埋

第十四部分　运输信息

联合国危险货物编号（UN 号）　1230

联合国运输名称　甲醇

联合国危险性类别　3，6.1

包装类别　Ⅱ类包装

包装标志

海洋污染物　否

运输注意事项　本品铁路运输时限使用钢制企业自备罐车装运，装运前需报有关部门批准。运输时运输车辆应配备相应品种和数量的消防器材及泄漏应急处理设备。夏季最好早晚运输。运输时所用的槽（罐）车应有接地链，槽内可设孔隔板以减少震荡产生静电。严禁与氧化剂、酸类、碱金属、食用化学品等混装混运。运输途中应防曝晒、雨淋，防高温。中途停留时应远离火种、热源、高温区。装运该物品的车辆排气管必须配备阻火装置，禁止使用易产生火花的机械设备和工具装卸。公路运输时要按规定路线行驶，勿在居民区和人口稠密区停留。铁路运输时要禁止溜放。严禁用木船、水泥船散装运输

第十五部分　法规信息

下列法律、法规、规章和标准，对该化学品的管理作了相应的规定。

中华人民共和国职业病防治法　职业病分类和目录：甲醇中毒

危险化学品安全管理条例　危险化学品目录：列入。易制爆危险化学品名录：未列入。重点监管的危险化学品名录：列入。GB 18218—2009《危险化学品重大危险源辨识》（表 1）：列入。类别：易燃液体，临界量（t）：500

使用有毒物品作业场所劳动保护条例　高毒物品目录：未列入

易制毒化学品管理条例　易制毒化学品的分类和品种目录：未列入

国际公约　斯德哥尔摩公约：未列入。鹿特丹公约：未列入。蒙特利尔议定书：未列入

第十六部分　其他信息

编写和修订信息

培训建议

免责声明

缩略语和首字母缩写

参考文献

3-甲酚

第一部分　化学品标识

化学品中文名　3-甲酚；3-甲苯酚；间甲（苯）酚

化学品英文名　3-methylphenol；*m*-cresol

分子式　C_7H_8O　　**相对分子质量**　108.15

结构式　HO-（苯环）-CH_3（间位）

化学品的推荐及限制用途　用作分析试剂并用于有机合成

第二部分　危险性概述

紧急情况概述　吞咽会中毒，皮肤接触会中毒，造成严重的皮肤灼伤和眼损伤

GHS 危险性类别　急性毒性-经口，类别 3；急性毒性-经皮，类别 3；皮肤腐蚀/刺激，类别 1B；严重眼损伤/眼刺激，类别 1；危害水生环境-急性危害，类别 2

标签要素

象形图

警示词　危险

危险性说明　吞咽会中毒，皮肤接触会中毒，造成严重的皮肤灼伤和眼损伤，对水生生物有毒

防范说明

预防措施　避免吸入烟雾。避免接触眼睛、皮肤，操作后彻底清洗。作业场所不得进食、饮水或吸烟。戴防护手套，穿防护服，戴防护眼镜、防护面罩。禁止排入环境

事故响应　如吸入：将患者转移到空气新鲜处，休息，保持利于呼吸的体位。皮肤接触：立即脱去所有被污染的衣服，用大量肥皂水和水清洗。被污染的衣服须经洗净后方可重新使用。如感觉不适，呼叫中毒控制中心或就医。接触眼睛：用水细心冲洗数分钟。如戴隐形眼镜并可方便地取出，取出隐形眼镜继续冲洗。食入：漱口，不要催吐，立即呼叫中毒控制中心或就医

安全储存　上锁保管

废弃处置　本品及内装物、容器依据国家和地方法规处置

物理和化学危险　可燃，其蒸气与空气混合，能形成爆炸性混合物

健康危害　急性中毒可由口服、皮肤吸收及呼吸道吸入蒸气引起。本品对皮肤、黏膜有强烈刺激腐蚀作用。引起多脏器损害

急性中毒　引起肌肉无力、胃肠道症状、中枢神经抑制、虚脱、体温下降和昏迷，并可引起肺水肿和肝、肾、胰等脏器损害，最终发生呼吸衰竭。灼伤面积 30% 的病例，即可引起中毒性脑病、肾病、心肌损害及溶血

慢性影响　可引起消化道功能障碍，肝、肾损害和皮疹

环境危害 对水生生物有毒

第三部分 成分/组成信息

√纯品 混合物

有害成分	浓度	CAS No.
3-甲酚		108-39-4

第四部分 急救措施

吸入 迅速脱离现场至空气新鲜处。保持呼吸道通畅。如呼吸困难，给输氧。如呼吸、心跳停止，立即进行心肺复苏术。就医

皮肤接触 立即脱去污染衣物，用大量流动清水彻底冲洗污染创面，同时使用浸过聚乙烯乙二醇（PEG400 或 PEG300）的棉球或浸过 30%～50%酒精棉球擦洗创面至无酚味为止（注意不能将患处浸泡于清洗液中）。可继续用 4%～5%碳酸氢钠溶液湿敷创面。就医

眼睛接触 立即分开眼睑，用大量流动清水或生理盐水彻底冲洗至少 15min。就医

食入 漱口，给服植物油 15～30ml，催吐。对食入时间长者禁用植物油，可口服牛奶或蛋清。就医

对保护施救者的忠告 根据需要使用个人防护设备

对医生的特别提示 对症处理

第五部分 消防措施

灭火剂 用雾状水、泡沫、干粉、二氧化碳、砂土灭火

特别危险性 遇明火、高热可燃。燃烧生成有害的一氧化碳

灭火注意事项及防护措施 消防人员必须佩戴空气呼吸器、穿全身防火防毒服，在上风向灭火。尽可能将容器从火场移至空旷处。喷水保持火场容器冷却，直至灭火结束

第六部分 泄漏应急处理

作业人员防护措施、防护装备和应急处置程序 根据液体流动和蒸气扩散的影响区域划定警戒区，无关人员从侧风、上风向撤离至安全区。消除所有点火源。建议应急处理人员戴正压自给式呼吸器，穿防腐蚀、防毒服，戴橡胶手套。穿上适当的防护服前严禁接触破裂的容器和泄漏物。尽可能切断泄漏源

环境保护措施 防止泄漏物进入水体、下水道、地下室或有限空间

泄漏化学品的收容、清除方法及所使用的处置材料 小量泄漏：用干燥的砂土或其他不燃材料吸收或覆盖，收集于容器中。大量泄漏：构筑围堤或挖坑收容。用泵转移至槽车或专用收集器内

第七部分 操作处置与储存

操作注意事项 密闭操作，提供充分的局部排风。操作人员必须经过专门培训，严格遵守操作规程。建议操作人员佩戴头罩型电动送风过滤式防尘呼吸器，穿胶布防毒衣，戴橡胶手套。远离火种、热源。工作场所严禁吸烟。使用防爆型的通风系统和设备。防止蒸气泄漏到工作场所空气中。避免与氧化剂、碱类接触。搬运时要轻装轻卸，防止包装及容器损坏。配备相应品种和数量的消防器材及泄漏应急处理设备。倒空的容器可能残留有害物

储存注意事项 储存于阴凉、通风的库房。远离火种、热源。库温不超过 32℃，库相对湿度不超过 80%。包装要求密封，不可与空气接触。应与氧化剂、碱类、食用化学品分开存放，切忌混储。配备相应品种和数量的消防器材。储区应备有泄漏应急处理设备和合适的收容材料

第八部分 接触控制/个体防护

职业接触限值

中国 PC-TWA：10mg/m³［皮］

美国(ACGIH) TLV-TWA：20mg/m³（可吸入性颗粒物和蒸气）［皮］

生物接触限值 未制定标准

监测方法 空气中有毒物质测定方法：溶剂解吸-气相色谱法。生物监测检验方法：未制定标准

工程控制 严加密闭，提供充分的局部排风。提供安全的淋浴和洗眼设备

个体防护装备

呼吸系统防护 空气中粉尘浓度超标时，应该佩戴过滤式防尘呼吸器；可能接触其蒸气时，应该佩戴过滤式防毒面具（全面罩）

眼睛防护 戴化学安全防护眼镜

皮肤和身体防护 穿隔绝式防毒服

手防护 戴橡胶手套

第九部分 理化特性

外观与性状 无色至淡黄色透明液体，有芳香气味

pH 值 无资料　**熔点(℃)** 12

沸点(℃) 202.8　**相对密度(水=1)** 1.03

相对蒸气密度(空气=1) 3.72

饱和蒸气压(kPa) 0.13（72℃）

燃烧热(kJ/mol) −3680.5　**临界温度(℃)** 432

临界压力(MPa) 4.56　**辛醇/水分配系数** 1.96

闪点(℃) 86（CC）　**自燃温度(℃)** 558

爆炸下限(%) 1.1　**爆炸上限(%)** 7.6

分解温度(℃) 无资料

黏度(mPa·s) 12.9（25℃）

溶解性 微溶于水，可混溶于乙醇、乙醚、氢氧化钠水溶液、丙酮、氯仿等

第十部分 稳定性和反应性

稳定性 稳定

危险反应 与强氧化剂等禁配物发生反应

避免接触的条件 光照

禁配物 强氧化剂、碱类

危险的分解产物 无资料

第十一部分 毒理学信息

急性毒性

LD_{50} 242mg/kg（大鼠经口）；1100mg/kg（兔

经皮）

LC_{50}　>710mg/m³（大鼠吸入，1h）

皮肤刺激或腐蚀　家兔经皮：517mg（24h），重度刺激

眼睛刺激或腐蚀　家兔经眼：103mg，重度刺激

呼吸或皮肤过敏　无资料

生殖细胞突变性　DNA 抑制：人 HeLa 细胞 10μmol/L（4h）

致癌性　无资料　**生殖毒性**　无资料

特异性靶器官系统毒性-一次接触　无资料

特异性靶器官系统毒性-反复接触　动物喂饲甲酚对胃肠道有刺激、腐蚀作用，可引起胃肠道出血、肾小管损害、局灶性肺炎及肺充血和肝细胞坏死

吸入危害　无资料

第十二部分　生态学信息

生态毒性

LC_{50}　13.6～25mg/L（96h）（鱼）

IC_{50}　13～15mg/L（72h）（藻类）

持久性和降解性

生物降解性　好氧生物降解（h）：48～696；厌氧生物降解（h）：360～1176

非生物降解性　水中光氧化半衰期（h）：66～3480；空气中光氧化半衰期（h）：1.1～11.3

潜在的生物累积性　根据 K_{ow} 值预测，该物质的生物累积性可能较弱

土壤中的迁移性　根据 K_{oc} 值预测，该物质可能易发生迁移

第十三部分　废弃处置

废弃化学品　用焚烧法处置

污染包装物　将容器返还生产商或按照国家和地方法规处置

废弃注意事项　处置前应参阅国家和地方有关法规。把倒空的容器归还厂商或在规定场所掩埋

第十四部分　运输信息

联合国危险货物编号（UN 号）　2076

联合国运输名称　液态甲酚

联合国危险性类别　6.1，8　**包装类别**　Ⅱ类包装

包装标志

海洋污染物　否

运输注意事项　运输前应先检查包装容器是否完整、密封，运输过程中要确保容器不泄漏、不倒塌、不坠落、不损坏。严禁与酸类、氧化剂、食品及食品添加剂混运。运输时运输车辆应配备相应品种和数量的消防器材及泄漏应急处理设备。运输途中应防曝晒、雨淋，防高温。公路运输时要按规定路线行驶，勿在居民区和人口稠密区停留

第十五部分　法规信息

下列法律、法规、规章和标准，对该化学品的管理作了相应的规定。

中华人民共和国职业病防治法　职业病分类和目录：未列入

危险化学品安全管理条例　危险化学品目录：列入。易制爆危险化学品名录：未列入。重点监管的危险化学品名录：未列入。GB 18218—2009《危险化学品重大危险源辨识》（表 1）：未列入

使用有毒物品作业场所劳动保护条例　高毒物品目录：未列入

易制毒化学品管理条例　易制毒化学品的分类和品种目录：未列入

国际公约　斯德哥尔摩公约：未列入。鹿特丹公约：未列入。蒙特利尔议定书：未列入

第十六部分　其他信息

编写和修订信息　　缩略语和首字母缩写

培训建议　　参考文献

免责声明

4-甲酚

第一部分　化学品标识

化学品中文名　4-甲酚；4-甲苯酚；对甲（苯）酚

化学品英文名　4-methylphenol；*p*-cresol

分子式　C_7H_8O　**相对分子质量**　108.15

结构式　（4-甲基苯酚结构式，—OH）

化学品的推荐及限制用途　用于有机合成和用作杀菌剂、防霉剂

第二部分　危险性概述

紧急情况概述　吞咽会中毒，皮肤接触会中毒，造成严重的皮肤灼伤和眼损伤

GHS 危险性类别　急性毒性-经口，类别 3；急性毒性-经皮，类别 3；皮肤腐蚀/刺激，类别 1B；严重眼损伤/眼刺激，类别 1；危害水生环境-急性危害，类别 2

标签要素

象形图

警示词　危险

危险性说明　吞咽会中毒，皮肤接触会中毒，造成严重的皮肤灼伤和眼损伤，对水生生物有毒

防范说明

预防措施　避免接触眼睛、皮肤，操作后彻底清洗。作业场所不得进食、饮水或吸烟。避免吸入粉尘、蒸气。戴防护手套，穿防护服，戴防护眼镜、防护面罩。禁止排入环境

事故响应　如吸入：将患者转移到空气新鲜处，休息，保持利于呼吸的体位。皮肤接触：立即脱掉所有被污染的衣服，用大量肥皂水和水清洗。被污染的衣服须经洗净后方可重新使用。

如感觉不适，呼叫中毒控制中心或就医。接触眼睛：用水细心冲洗数分钟。如戴隐形眼镜并可方便地取出，取出隐形眼镜继续冲洗。食入：漱口，不要催吐，立即呼叫中毒控制中心或就医

安全储存　上锁保管

废弃处置　本品及内装物、容器依据国家和地方法规处置

物理和化学危险　可燃，其粉体与空气混合，能形成爆炸性混合物

健康危害　急性中毒可由口服、皮肤吸收及呼吸道吸入蒸气引起。本品对皮肤、黏膜有强烈刺激和腐蚀作用。引起多脏器损害

急性中毒　引起肌肉无力、胃肠道症状、中枢神经抑制、虚脱、体温下降和昏迷，并可引起肺水肿和肝、肾、胰等脏器损害，最终发生呼吸衰竭。灼伤面积30%的病例，即可引起中毒性脑病、肾病、心肌损害及溶血

慢性影响　可引起消化道功能障碍，肝、肾损害和皮疹

环境危害　对水生生物有毒

第三部分　成分/组成信息

√物质　　混合物

组分	浓度	CAS No.
4-甲酚		106-44-5

第四部分　急救措施

吸入　迅速脱离现场至空气新鲜处。保持呼吸道通畅。如呼吸困难，给输氧。如呼吸、心跳停止，立即进行心肺复苏术。就医

皮肤接触　立即脱去污染衣物，用大量流动清水彻底冲洗污染创面，同时使用浸过聚乙烯乙二醇（PEG400或PEG300）的棉球或浸过30%～50%酒精棉球擦洗创面至无酚味为止（注意不能将患处浸泡于清洗液中）。可继续用4%～5%碳酸氢钠溶液湿敷创面。就医

眼睛接触　立即分开眼睑，用大量流动清水或生理盐水彻底冲洗至少15min。就医

食入　漱口，给服植物油15～30ml，催吐。对食入时间长者禁用植物油，可口服牛奶或蛋清。就医

对保护施救者的忠告　根据需要使用个人防护设备

对医生的特别提示　对症处理

第五部分　消防措施

灭火剂　用雾状水、泡沫、干粉、二氧化碳、砂土灭火

特别危险性　遇明火、高热可燃。燃烧生成有害的一氧化碳

灭火注意事项及防护措施　消防人员必须佩戴空气呼吸器、穿全身防火防毒服，在上风向灭火。尽可能将容器从火场移至空旷处。喷水保持火场容器冷却，直至灭火结束

第六部分　泄漏应急处理

作业人员防护措施、防护装备和应急处置程序　隔离泄漏污染区，限制出入。消除所有点火源。建议应急处理人员戴防尘口罩，穿防毒服，戴橡胶手套。穿上适当的防护服前严禁接触破裂的容器和泄漏物。尽可能切断泄漏源。用塑料布覆盖泄漏物，减少飞散。勿使水进入包装容器内

环境保护措施　无资料

泄漏化学品的收容、清除方法及所使用的处置材料　用洁净的铲子收集泄漏物，置于干净、干燥、盖子较松的容器中，将容器移离泄漏区

第七部分　操作处置与储存

操作注意事项　密闭操作，提供充分的局部排风。尽可能采取隔离操作。操作人员必须经过专门培训，严格遵守操作规程。建议操作人员佩戴头罩型电动送风过滤式防尘呼吸器，穿胶布防毒衣，戴橡胶手套。远离火种、热源。工作场所严禁吸烟。使用防爆型的通风系统和设备。避免产生粉尘。避免与氧化剂、碱类接触。搬运时要轻装轻卸，防止包装及容器损坏。配备相应品种和数量的消防器材及泄漏应急处理设备。倒空的容器可能残留有害物

储存注意事项　储存于阴凉、通风的库房。远离火种、热源。包装要求密封，不可与空气接触。应与氧化剂、碱类、食用化学品分开存放，切忌混储。配备相应品种和数量的消防器材。储区应备有合适的材料收容泄漏物

第八部分　接触控制/个体防护

职业接触限值

中国　PC-TWA：10mg/m³［皮］

美国(ACGIH)　TLV-TWA：20mg/m³（可吸入性颗粒物和蒸气）［皮］

生物接触限值　未制定标准

监测方法　空气中有毒物质测定方法：溶剂解吸-气相色谱法。生物监测检验方法：未制定标准

工程控制　严加密闭，提供充分的局部排风。尽可能采取隔离操作。提供安全的淋浴和洗眼设备

个体防护装备

呼吸系统防护　空气中粉尘浓度超标时，应该佩戴过滤式防尘呼吸器；可能接触其蒸气时，应该佩戴过滤式防毒面具（全面罩）

眼睛防护　戴化学安全防护眼镜

皮肤和身体防护　穿隔绝式防毒服

手防护　戴橡胶手套

第九部分　理化特性

外观与性状　无色结晶，有芳香气味

pH值　无意义　　**熔点(℃)**　35.5

沸点(℃)　201.8　　**相对密度(水=1)**　1.039

相对蒸气密度(空气=1)　3.72

饱和蒸气压(kPa)　0.13（53℃）

燃烧热(kJ/mol)　−3695.1　　**临界温度(℃)**　431.6

临界压力(MPa)　5.51　　**辛醇/水分配系数**　1.94

闪点(℃)　86（CC）　　**自燃温度(℃)**　559

爆炸下限(%) 1.1（150℃） **爆炸上限(%)** 7.6
分解温度(℃) 无资料
黏度(mPa·s) 7.0（40℃）
溶解性 微溶于水，溶于乙醇、乙醚、氯仿、碱液等

第十部分 稳定性和反应性

稳定性 稳定
危险反应 与强氧化剂等禁配物发生反应
避免接触的条件 光照
禁配物 强氧化剂、碱类
危险的分解产物 无资料

第十一部分 毒理学信息

急性毒性
LD_{50} 207mg/kg（大鼠经口）；301mg/kg（兔经皮）
LC_{50} >710mg/m^3（大鼠吸入，1h）
皮肤刺激或腐蚀 家兔经皮：517mg（24h），重度刺激
眼睛刺激或腐蚀 家兔经眼：103mg，重度刺激
呼吸或皮肤过敏 无资料
生殖细胞突变性 DNA抑制：人淋巴细胞 25μmol/L
致癌性 无资料 **生殖毒性** 无资料
特异性靶器官系统毒性-一次接触 无资料
特异性靶器官系统毒性-反复接触 动物喂饲甲酚对胃肠道有刺激、腐蚀作用，可引起胃肠道出血、肾小管损害、局灶性肺炎及肺充血和肝细胞坏死
吸入危害 无资料

第十二部分 生态学信息

生态毒性
LC_{50} 19～28.6mg/L（96h）（黑头呆鱼）；21mg/L（24h）（鲫鱼）
EC_{50} 12mg/L（48h）（水蚤）；1.6mg/L（15min）（发光菌，Microtox 测试）IC_{50}：6mg/L（72h）（藻类）
持久性和降解性
生物降解性 好氧生物降解（h）：1～16；厌氧生物降解（h）：240～672
非生物降解性 光解最大光吸收波长范围（h）：279～283；水中光氧化半衰期（h）：144～11325；空气中光氧化半衰期（h）：1.5～15
潜在的生物累积性 根据 K_{ow} 值预测，该物质的生物累积性可能较弱
土壤中的迁移性 根据 K_{oc} 值预测，该物质可能易发生迁移

第十三部分 废弃处置

废弃化学品 用焚烧法处置
污染包装物 将容器返还生产商或按照国家和地方法规处置
废弃注意事项 处置前应参阅国家和地方有关法规。把倒空的容器归还厂商或在规定场所掩埋

第十四部分 运输信息

联合国危险货物编号（UN号） 3455
联合国运输名称 固态甲酚
联合国危险性类别 6.1，8 **包装类别** Ⅱ类包装
包装标志 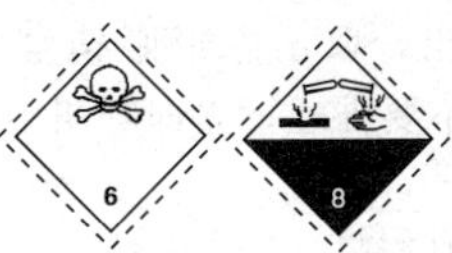

海洋污染物 否
运输注意事项 运输前应先检查包装容器是否完整、密封，运输过程中要确保容器不泄漏、不倒塌、不坠落、不损坏。严禁与酸类、氧化剂、食品及食品添加剂混运。运输时运输车辆应配备相应品种和数量的消防器材及泄漏应急处理设备。运输途中应防曝晒、雨淋，防高温

第十五部分 法规信息

下列法律、法规、规章和标准，对该化学品的管理作了相应的规定。
中华人民共和国职业病防治法 职业病分类和目录：未列入
危险化学品安全管理条例 危险化学品目录：列入。易制爆危险化学品名录：未列入。重点监管的危险化学品名录：未列入。GB 18218—2009《危险化学品重大危险源辨识》(表1)：未列入
使用有毒物品作业场所劳动保护条例 高毒物品目录：未列入
易制毒化学品管理条例 易制毒化学品的分类和品种目录：未列入
国际公约 斯德哥尔摩公约：未列入。鹿特丹公约：未列入。蒙特利尔议定书：未列入

第十六部分 其他信息

编写和修订信息 **缩略语和首字母缩写**
培训建议 **参考文献**
免责声明

2-甲酚

第一部分 化学品标识

化学品中文名 2-甲酚；2-甲苯酚；邻甲（苯）酚
化学品英文名 2-methylphenol；*o*-cresol
分子式 C_7H_8O **相对分子质量** 108.15
结构式 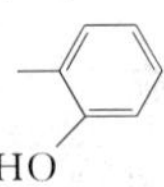

化学品的推荐及限制用途 用作分析试剂并用于有机合成

第二部分 危险性概述

紧急情况概述 吞咽会中毒，皮肤接触会中毒，造成严重的皮肤灼伤和眼损伤
GHS危险性类别 急性毒性-经口，类别3；急性毒性-经皮，类别3；皮肤腐蚀/刺激，类别1B；严重眼损伤/眼刺激，类别1；危害水生环境-急性危害，类别2

标签要素

象形图 

警示词 危险

危险性说明 吞咽会中毒，皮肤接触会中毒，造成严重的皮肤灼伤和眼损伤，对水生生物有毒

防范说明

预防措施 避免接触眼睛、皮肤，操作后彻底清洗。作业场所不得进食、饮水或吸烟。避免吸入粉尘、蒸气。戴防护手套，穿防护服，戴防护眼镜、防护面罩。禁止排入环境

事故响应 如吸入：将患者转移到空气新鲜处，休息，保持利于呼吸的体位。皮肤接触：立即脱去所有被污染的衣服，用大量肥皂水和水清洗。如感觉不适，呼叫中毒控制中心或就医。被污染的衣服须经洗净后方可重新使用。接触眼睛：用水细心冲洗数分钟。如戴隐形眼镜并可方便地取出，取出隐形眼镜继续冲洗。食入：漱口，不要催吐，立即呼叫中毒控制中心或就医

安全储存 上锁保管

废弃处置 本品及内装物、容器依据国家和地方法规处置

物理和化学危险 可燃，其粉体与空气混合，能形成爆炸性混合物

健康危害 急性中毒可由口服、皮肤吸收及呼吸道吸入蒸气引起。本品对皮肤、黏膜有强烈刺激和腐蚀作用。引起多脏器损害

急性中毒 引起肌肉无力、胃肠道症状、中枢神经抑制、虚脱、体温下降和昏迷，并可引起肺水肿和肝、肾、胰等脏器损害，最终发生呼吸衰竭。灼伤面积30%的病例，即可引起中毒性脑病、肾病、心肌损害及溶血

慢性影响 可引起消化道功能障碍，肝、肾损害和皮疹

环境危害 对水生生物有毒

第三部分 成分/组成信息

√物质　　　混合物

组分	浓度	CAS No.
2-甲酚		95-48-7

第四部分 急救措施

吸入 迅速脱离现场至空气新鲜处。保持呼吸道通畅。如呼吸困难，给输氧。如呼吸、心跳停止，立即进行心肺复苏术。就医

皮肤接触 立即脱去污染衣物，用大量流动清水彻底冲洗污染创面，同时使用浸过聚乙烯乙二醇（PEG400或PEG300）的棉球或浸过30%～50%酒精棉球擦洗创面至无酚味为止（注意不能将患处浸泡于清洗液中）。可继续用4%～5%碳酸氢钠溶液湿敷创面。就医

眼睛接触 立即分开眼睑，用大量流动清水或生理盐水彻底冲洗至少15min。就医

食入 漱口，给服植物油15～30ml，催吐。对食入时间长者禁用植物油，可口服牛奶或蛋清。就医

对保护施救者的忠告 根据需要使用个人防护设备

对医生的特别提示 对症处理

第五部分 消防措施

灭火剂 用雾状水、泡沫、干粉、二氧化碳、砂土灭火

特别危险性 遇明火、高热可燃。具有腐蚀性。燃烧生成有害的一氧化碳

灭火注意事项及防护措施 消防人员必须佩戴空气呼吸器、穿全身防火防毒服，在上风向灭火。尽可能将容器从火场移至空旷处。喷水保持火场容器冷却，直至灭火结束

第六部分 泄漏应急处理

作业人员防护措施、防护装备和应急处置程序 隔离泄漏污染区，限制出入。消除所有点火源。建议应急处理人员戴防尘口罩，穿防毒服，戴橡胶手套。穿上适当的防护服前严禁接触破裂的容器和泄漏物。尽可能切断泄漏源。用塑料布覆盖泄漏物，减少飞散。勿使水进入包装容器内

环境保护措施 无资料

泄漏化学品的收容、清除方法及所使用的处置材料 用洁净的铲子收集泄漏物，置于干净、干燥、盖子较松的容器中，将容器移离泄漏区

第七部分 操作处置与储存

操作注意事项 密闭操作，提供充分的局部排风。尽可能采取隔离操作。操作人员必须经过专门培训，严格遵守操作规程。建议操作人员佩戴头罩型电动送风过滤式防尘呼吸器，穿胶布防毒衣，戴橡胶手套。远离火种、热源。工作场所严禁吸烟。使用防爆型的通风系统和设备。避免产生粉尘。避免与氧化剂、碱类接触。搬运时要轻装轻卸，防止包装及容器损坏。配备相应品种和数量的消防器材及泄漏应急处理设备。倒空的容器可能残留有害物

储存注意事项 储存于阴凉、通风的库房。远离火种、热源。包装要求密封，不可与空气接触。应与氧化剂、碱类、食用化学品分开存放，切忌混储。配备相应品种和数量的消防器材。储区应备有合适的材料收容泄漏物

第八部分 接触控制/个体防护

职业接触限值

中国 PC-TWA：10mg/m³［皮］

美国(ACGIH) TLV-TWA：10mg/m³（可吸入性颗粒物和蒸气）［皮］

生物接触限值 未制定标准

监测方法 空气中有毒物质测定方法：溶剂解吸-气相色谱法。生物监测检验方法：未制定标准

工程控制 严加密闭，提供充分的局部排风。尽可能采取隔离操作。提供安全的淋浴和洗眼设备

个体防护装备

呼吸系统防护 空气中粉尘浓度超标时，应该佩戴过

滤式防尘呼吸器；可能接触其蒸气时，应该佩戴过滤式防毒面具（全面罩）

眼睛防护 戴化学安全防护眼镜

皮肤和身体防护 穿隔绝式防毒服

手防护 戴橡胶手套

第九部分 理化特性

外观与性状 白色结晶，有芳香气味

pH值 无意义　**熔点(℃)** 29.8～31

沸点(℃) 191～192　**相对密度(水=1)** 1.05

相对蒸气密度(空气=1) 3.72

饱和蒸气压(kPa) 0.133（38.2℃）

燃烧热(kJ/mol) －3689.8　**临界温度(℃)** 424.5

临界压力(MPa) 5.01　**辛醇/水分配系数** 1.95

闪点(℃) 81（CC）　**自燃温度(℃)** 598

爆炸下限(%) 1.4（148℃）　**爆炸上限(%)** 7.6

分解温度(℃) 无资料

黏度(mPa·s) 3.03（50℃）

溶解性 微溶于水，溶于乙醇、乙醚、氯仿等

第十部分 稳定性和反应性

稳定性 稳定

危险反应 与强氧化剂等禁配物发生反应

避免接触的条件 光照

禁配物 强氧化剂、碱类

危险的分解产物 无资料

第十一部分 毒理学信息

急性毒性

LD_{50} 121mg/kg（大鼠经口）；890mg/kg（兔经皮）

LC_{50} 29mg/m^3（大鼠吸入）

皮肤刺激或腐蚀 家兔经皮：524mg（24h），重度刺激

眼睛刺激或腐蚀 家兔经眼：105mg，重度刺激

呼吸或皮肤过敏 无资料

生殖细胞突变性 姐妹染色单体交换：人成纤维细胞 8mmol/L

致癌性 无资料　**生殖毒性** 无资料

特异性靶器官系统毒性-一次接触 无资料

特异性靶器官系统毒性-反复接触 动物喂饲甲酚对胃肠道有刺激、腐蚀作用，可引起胃肠道出血、肾小管损害、局灶性肺炎及肺充血和肝细胞坏死

吸入危害 无资料

第十二部分 生态学信息

生态毒性

LC_{50} 18～20.8mg/L（96h）（鱼类）

IC_{50} 6.8～33mg/L（72h）（藻类）

持久性和降解性

生物降解性 好氧生物降解（h）：24～168；厌氧生物降解（h）：96～672

非生物降解性 水相光解半衰期（h）：214～282；水中光氧化半衰期（h）：66～3480；空气中光氧化半衰期（h）：1.6～16

潜在的生物累积性 根据 K_{ow} 值预测，该物质的生物累积性可能较弱

土壤中的迁移性 根据 K_{oc} 值预测，该物质可能易发生迁移

第十三部分 废弃处置

废弃化学品 用焚烧法处置

污染包装物 将容器返还生产商或按照国家和地方法规处置

废弃注意事项 处置前应参阅国家和地方有关法规。把倒空的容器归还厂商或在规定场所掩埋

第十四部分 运输信息

联合国危险货物编号（UN号） 3455

联合国运输名称 固态甲酚

联合国危险性类别 6.1，8　**包装类别** Ⅱ类包装

包装标志

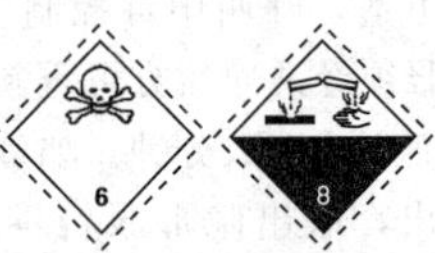

海洋污染物 否

运输注意事项 运输前应先检查包装容器是否完整、密封，运输过程中要确保容器不泄漏、不倒塌、不坠落、不损坏。严禁与酸类、氧化剂、食品及食品添加剂混运。运输时运输车辆应配备相应品种和数量的消防器材及泄漏应急处理设备。运输途中应防曝晒、雨淋，防高温

第十五部分 法规信息

下列法律、法规、规章和标准，对该化学品的管理作了相应的规定。

中华人民共和国职业病防治法 职业病分类和目录：未列入

危险化学品安全管理条例 危险化学品目录：列入。易制爆危险化学品名录：未列入。重点监管的危险化学品名录：未列入。GB 18218—2009《危险化学品重大危险源辨识》（表1）：未列入

使用有毒物品作业场所劳动保护条例 高毒物品目录：未列入

易制毒化学品管理条例 易制毒化学品的分类和品种目录：未列入

国际公约 斯德哥尔摩公约：未列入。鹿特丹公约：未列入。蒙特利尔议定书：未列入

第十六部分 其他信息

编写和修订信息　**缩略语和首字母缩写**

培训建议　**参考文献**

免责声明

3-甲基苯胺

第一部分 化学品标识

化学品中文名 3-甲基苯胺；间甲苯胺；3-氨基甲苯；间

氨基甲苯

化学品英文名 3-toluidine；*m*-toluidine；3-aminotoluene

分子式 C_7H_9N **相对分子质量** 107.2

结构式 H_2N-（3-甲基苯基结构式）

化学品的推荐及限制用途 用作制造还原染料的中间体

第二部分 危险性概述

紧急情况概述 吞咽会中毒，皮肤接触会中毒，吸入会中毒

GHS危险性类别 急性毒性-经口，类别3；急性毒性-经皮，类别3；急性毒性-吸入，类别3；特异性靶器官毒性-反复接触，类别2；危害水生环境-急性危害，类别1；危害水生环境-长期危害，类别2

标签要素

象形图 

警示词 危险

危险性说明 吞咽会中毒，皮肤接触会中毒，吸入会中毒，长时间或反复接触可能对器官造成损伤，对水生生物有毒并具有长期持续影响

防范说明

预防措施 避免接触眼睛、皮肤，操作后彻底清洗。作业场所不得进食、饮水或吸烟。戴防护手套、穿防护服。避免吸入蒸气、雾。仅在室外或通风良好处操作。禁止排入环境

事故响应 如吸入：将患者转移到空气新鲜处，休息，保持利于呼吸的体位。皮肤接触：用大量肥皂水和水清洗。立即脱去所有被污染的衣服。如感觉不适，呼叫中毒控制中心或就医。被污染的衣服须经洗净后方可重新使用。食入：漱口，立即呼叫中毒控制中心或就医。收集泄漏物

安全储存 在通风良好处储存。保持容器密闭。上锁保管

废弃处置 本品及内装物、容器依据国家和地方法规处置

物理和化学危险 可燃，其蒸气与空气混合，能形成爆炸性混合物

健康危害 本品是强烈的高铁血红蛋白形成剂，并能刺激膀胱尿道，能致血尿

急性中毒 多由皮肤污染而吸收引起。自觉脸部灼热、剧烈头痛、头晕、呼吸困难，呈现紫绀症。以后出现血尿、尿闭、精神障碍、肌肉抽搐

慢性中毒 可引起膀胱刺激症状

环境危害 对水生生物有毒并具有长期持续影响

第三部分 成分/组成信息

√物质		混合物
组分	**浓度**	**CAS No.**
3-甲基苯胺		108-44-1

第四部分 急救措施

吸入 迅速脱离现场至空气新鲜处。保持呼吸道通畅。如呼吸困难，给吸氧。如呼吸、心跳停止，立即行心肺复苏术。就医

皮肤接触 立即脱去污染衣着，用肥皂水或清水彻底冲洗。就医

眼睛接触 分开眼睑，用清水或生理盐水冲洗。就医

食入 漱口，饮水。就医

对保护施救者的忠告 根据需要使用个人防护设备

对医生的特别提示 高铁血红蛋白血症，可用美蓝和维生素C治疗

第五部分 消防措施

灭火剂 用雾状水、泡沫、干粉、二氧化碳、砂土灭火

特别危险性 遇明火、高热可燃。受高热分解放出有毒的气体。燃烧生成有害的一氧化碳、氮氧化物

灭火注意事项及防护措施 消防人员必须佩戴空气呼吸器、穿全身防火防毒服，在上风向灭火。尽可能将容器从火场移至空旷处。喷水保持火场容器冷却，直至灭火结束。容器突然发出异常声音或出现异常现象，应立即撤离

第六部分 泄漏应急处理

作业人员防护措施、防护装备和应急处置程序 根据液体流动和蒸气扩散的影响区域划定警戒区，无关人员从侧风、上风向撤离至安全区。消除所有点火源。建议应急处理人员戴正压自给式呼吸器，穿防毒服，戴橡胶耐油手套。穿上适当的防护服前严禁接触破裂的容器和泄漏物。尽可能切断泄漏源

环境保护措施 防止泄漏物进入水体、下水道、地下室或有限空间

泄漏化学品的收容、清除方法及所使用的处置材料 小量泄漏：用干燥的砂土或其他不燃材料吸收或覆盖，收集于容器中。大量泄漏：构筑围堤或挖坑收容。用泵转移至槽车或专用收集器内

第七部分 操作处置与储存

操作注意事项 密闭操作，提供充分的局部排风。操作尽可能机械化、自动化。操作人员必须经过专门培训，严格遵守操作规程。建议操作人员佩戴自吸过滤式防毒面具（全面罩），穿胶布防毒衣，戴橡胶耐油手套。远离火种、热源。工作场所严禁吸烟。使用防爆型的通风系统和设备。防止蒸气泄漏到工作场所空气中。避免与氧化剂、酸类接触。搬运时要轻装轻卸，防止包装及容器损坏。配备相应品种和数量的消防器材及泄漏应急处理设备。倒空的容器可能残留有害物

储存注意事项 储存于阴凉、通风的库房。远离火种、热源。包装要求密封，不可与空气接触。应与氧化剂、酸类、食用化学品分开存放，切忌混储。配备相应品种和数量的消防器材。储区应备有泄漏应急处理设备和合适的收容材料

第八部分　接触控制/个体防护

职业接触限值

中国　未制定标准

美国(ACGIH)　TLV-TWA：2ppm［皮］

生物接触限值　未制定标准

监测方法　空气中有毒物质测定方法：未制定标准。生物监测检验方法：未制定标准

工程控制　严加密闭，提供充分的局部排风。提供安全的淋浴和洗眼设备

个体防护装备

呼吸系统防护　可能接触其蒸气时，佩戴过滤式防毒面具（全面罩）。紧急事态抢救或撤离时，佩戴空气呼吸器

眼睛防护　呼吸系统防护中已作防护

皮肤和身体防护　穿隔绝式防毒服

手防护　戴橡胶耐油手套

第九部分　理化特性

外观与性状　无色油状黏性液体

pH 值　无资料　　**熔点(℃)**　−30～−31.5

沸点(℃)　203.3　　**相对密度(水=1)**　0.999

相对蒸气密度(空气=1)　3.90

饱和蒸气压(kPa)　0.13（41℃）

燃烧热(kJ/mol)　−4035.0　**临界温度(℃)**　无资料

临界压力(MPa)　4.15　　**辛醇/水分配系数**　1.40

闪点(℃)　86（CC）　　**自燃温度(℃)**　481.67

爆炸下限(%)　1.1　　**爆炸上限(%)**　6.6

分解温度(℃)　无资料

黏度(mPa·s)　3.31（25℃）

溶解性　微溶于水，溶于乙醇、乙醚、稀酸

第十部分　稳定性和反应性

稳定性　稳定

危险反应　与强氧化剂、卤素、酸酐、金属等禁配物接触，有发生火灾和爆炸的危险

避免接触的条件　光照

禁配物　酸类、酰基氯、酸酐、氯仿、强氧化剂

危险的分解产物　氨

第十一部分　毒理学信息

急性毒性　LD_{50}：450mg/kg（大鼠经口）；3250mg/kg（兔经皮）

皮肤刺激或腐蚀　家兔经皮：500mg（24h），轻度刺激

眼睛刺激或腐蚀　家兔经眼：20mg（24h），中度刺激

呼吸或皮肤过敏　无资料　**生殖细胞突变性**　无资料

致癌性　无资料　　**生殖毒性**　无资料

特异性靶器官系统毒性-一次接触　无资料

特异性靶器官系统毒性-反复接触　无资料

吸入危害　无资料

第十二部分　生态学信息

生态毒性

EC_{50}　0.6mg/L（48h）（水蚤）

NOEC　0.012mg/L（16d）（水蚤）

持久性和降解性

生物降解性　OECD301E，易快速生物降解

非生物降解性　空气中，当羟基自由基浓度为5.00×10^5个/cm^3时，降解半衰期为2h（理论）

潜在的生物累积性　根据 K_{ow} 值预测，该物质的生物累积性可能较弱

土壤中的迁移性　根据 K_{oc} 值预测，该物质可能易发生迁移

第十三部分　废弃处置

废弃化学品　用控制焚烧法处置。焚烧炉排出的氮氧化物通过洗涤器除去

污染包装物　将容器返还生产商或按照国家和地方法规处置

废弃注意事项　处置前应参阅国家和地方有关法规

第十四部分　运输信息

联合国危险货物编号（UN 号）　1708

联合国运输名称　液态甲苯胺

联合国危险性类别　6.1　　**包装类别**　Ⅱ类包装

包装标志　

　海洋污染物　是

运输注意事项　运输前应先检查包装容器是否完整、密封，运输过程中要确保容器不泄漏、不倒塌、不坠落、不损坏。严禁与酸类、氧化剂、食品及食品添加剂混运。运输时运输车辆应配备相应品种和数量的消防器材及泄漏应急处理设备。运输途中应防曝晒、雨淋，防高温。公路运输时要按规定路线行驶

第十五部分　法规信息

下列法律、法规、规章和标准，对该化学品的管理作了相应的规定。

中华人民共和国职业病防治法　职业病分类和目录：苯的氨基及硝基化合物中毒

危险化学品安全管理条例　危险化学品目录：列入。易制爆危险化学品名录：未列入。重点监管的危险化学品名录：未列入。GB 18218—2009《危险化学品重大危险源辨识》（表1）：未列入

使用有毒物品作业场所劳动保护条例　高毒物品目录：未列入

易制毒化学品管理条例　易制毒化学品的分类和品种目录：未列入

国际公约　斯德哥尔摩公约：未列入。鹿特丹公约：未列入。蒙特利尔议定书：未列入

第十六部分　其他信息

编写和修订信息　　**缩略语和首字母缩写**

培训建议　　**参考文献**

免责声明

N-甲基苯胺

第一部分 化学品标识

化学品中文名 N-甲基苯胺

化学品英文名 N-methylaniline；N-methyl benzeneamine

分子式 C_7H_9N **相对分子质量** 107.2

结构式 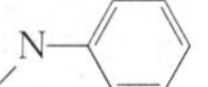

化学品的推荐及限制用途 用于有机合成及用作溶剂

第二部分 危险性概述

紧急情况概述 吞咽会中毒，皮肤接触会中毒，吸入会中毒

GHS 危险性类别 急性毒性-经口，类别 3；急性毒性-经皮，类别 3；急性毒性-吸入，类别 3；特异性靶器官毒性-反复接触，类别 2；危害水生环境-急性危害，类别 1；危害水生环境-长期危害，类别 1

标签要素

象形图 

警示词 危险

危险性说明 吞咽会中毒，皮肤接触会中毒，吸入会中毒，长时间或反复接触可能对器官造成损伤，对水生生物毒性非常大并具有长期持续影响

防范说明

预防措施 避免接触眼睛、皮肤，操作后彻底清洗。作业场所不得进食、饮水或吸烟。戴防护手套、穿防护服。避免吸入蒸气、雾。仅在室外或通风良好处操作。禁止排入环境

事故响应 如吸入：将患者转移到空气新鲜处，休息，保持利于呼吸的体位。皮肤接触：用大量肥皂水和水清洗。立即脱去所有被污染的衣服。如感觉不适，呼叫中毒控制中心或就医。被污染的衣服须经洗净后方可重新使用。食入：漱口，立即呼叫中毒控制中心或就医。收集泄漏物

安全储存 在通风良好处储存。保持容器密闭。上锁保管

废弃处置 本品及内装物、容器依据国家和地方法规处置

物理和化学危险 可燃，其蒸气与空气混合，能形成爆炸性混合物

健康危害 可形成高铁血红蛋白，造成组织缺氧；引起中枢神经系统及肝、肾损害

急性中毒 表现为口唇、指端、耳廓紫绀，出现恶心、呕吐、手指麻木、精神恍惚；重者皮肤、黏膜严重青紫，出现呼吸困难、抽搐等，甚至昏迷、休克。可出现溶血性黄疸、中毒性肝炎和肾损害

慢性中毒 患者有神经衰弱综合征表现，伴有轻度紫绀、贫血和肝、脾肿大

环境危害 对水生生物毒性非常大并具有长期持续影响

第三部分 成分/组成信息

√物质		混合物
组分	浓度	CAS No.
N-甲基苯胺		100-61-8

第四部分 急救措施

吸入 迅速脱离现场至空气新鲜处。保持呼吸道通畅。如呼吸困难，给吸氧。如呼吸、心跳停止，立即行心肺复苏术。就医

皮肤接触 立即脱去污染衣着，用肥皂水或清水彻底冲洗。就医

眼睛接触 分开眼睑，用清水或生理盐水冲洗。就医

食入 漱口，饮水。就医

对保护施救者的忠告 根据需要使用个人防护设备

对医生的特别提示 高铁血红蛋白血症，可用美蓝和维生素 C 治疗

第五部分 消防措施

灭火剂 用雾状水、泡沫、干粉、二氧化碳、砂土灭火

特别危险性 遇明火、高热或与氧化剂接触，有引起燃烧爆炸的危险。受热分解放出有毒烟气。燃烧生成有害的一氧化碳、氮氧化物

灭火注意事项及防护措施 消防人员须佩戴防毒面具、穿全身消防服，在上风向灭火。尽可能将容器从火场移至空旷处。喷水保持火场容器冷却，直至灭火结束。容器突然发出异常声音或出现异常现象，应立即撤离

第六部分 泄漏应急处理

作业人员防护措施、防护装备和应急处置程序 根据液体流动和蒸气扩散的影响区域划定警戒区，无关人员从侧风、上风向撤离至安全区。消除所有点火源。建议应急处理人员戴正压自给式呼吸器，穿防毒服，戴橡胶耐油手套。穿上适当的防护服前严禁接触破裂的容器和泄漏物。尽可能切断泄漏源

环境保护措施 防止泄漏物进入水体、下水道、地下室或有限空间

泄漏化学品的收容、清除方法及所使用的处置材料 小量泄漏：用干燥的砂土或其他不燃材料吸收或覆盖，收集于容器中。大量泄漏：构筑围堤或挖坑收容。用泵转移至槽车或专用收集器内

第七部分 操作处置与储存

操作注意事项 密闭操作，提供充分的局部排风。操作尽可能机械化、自动化。操作人员必须经过专门培训，严格遵守操作规程。建议操作人员佩戴过滤式防毒面具（半面罩），戴安全防护眼镜，穿防毒物渗透工作服，戴橡胶耐油手套。远离火种、热源。工作场所严禁吸烟。使用防爆型的通风系统和设备。防止蒸气泄漏到工作场所空气中。避免与氧化剂、酸类接触。搬运时要轻装轻卸，防止包装及容器损坏。配备相应品

种和数量的消防器材及泄漏应急处理设备。倒空的容器可能残留有害物

储存注意事项 储存于阴凉、通风的库房。远离火种、热源。保持容器密封。应与氧化剂、酸类、食用化学品分开存放，切忌混储。配备相应品种和数量的消防器材。储区应备有泄漏应急处理设备和合适的收容材料

第八部分 接触控制/个体防护

职业接触限值

中国 PC-TWA：2mg/m^3［皮］

美国(ACGIH) TLV-TWA：0.5ppm［皮］

生物接触限值 未制定标准

监测方法 空气中有毒物质测定方法：溶剂解吸-气相色谱法。生物监测检验方法：未制定标准

工程控制 严加密闭，提供充分的局部排风。提供安全的淋浴和洗眼设备

个体防护装备

呼吸系统防护 可能接触其蒸气时，佩戴过滤式防毒面具（半面罩）。紧急事态抢救或撤离时，佩戴空气呼吸器

眼睛防护 戴安全防护眼镜

皮肤和身体防护 穿防毒物渗透工作服

手防护 戴橡胶耐油手套

第九部分 理化特性

外观与性状 无色到红棕色油状液体

pH值 无资料 **熔点(℃)** －57

沸点(℃) 196.2 **相对密度(水＝1)** 0.99

相对蒸气密度(空气＝1) 3.70

饱和蒸气压(kPa) 0.13（36.0℃）

燃烧热(kJ/mol) －4069.2 **临界温度(℃)** 无资料

临界压力(MPa) 5.2 **辛醇/水分配系数** 1.66

闪点(℃) 78.89 **自燃温度(℃)** 511

爆炸下限(%) 1.2 **爆炸上限(%)** 7.4

分解温度(℃) 无资料

黏度(mPa·s) 2.568（15℃）

溶解性 微溶于水，溶于乙醇、乙醚、氯仿

第十部分 稳定性和反应性

稳定性 稳定

危险反应 与强氧化剂、卤素、酸酐、金属等禁配物接触，有发生火灾和爆炸的危险

避免接触的条件 受热

禁配物 酸类、酰基氯、酸酐、强氧化剂

危险的分解产物 无资料

第十一部分 毒理学信息

急性毒性 LDLo：280mg/kg（兔经口）

皮肤刺激或腐蚀 无资料 **眼睛刺激或腐蚀** 无资料

呼吸或皮肤过敏 无资料 **生殖细胞突变性** 无资料

致癌性 无资料 **生殖毒性** 无资料

特异性靶器官系统毒性-一次接触 无资料

特异性靶器官系统毒性-反复接触 无资料

吸入危害 无资料

第十二部分 生态学信息

生态毒性

LC_{50} 58mg/L（96h）（青鳉）

EC_{50} 5.6mg/L（48h）（水蚤）

NOEC 0.29mg/L（21d）（水蚤）

持久性和降解性

生物降解性 不易快速生物降解

非生物降解性 空气中，当羟基自由基浓度为5.00×10^5个/cm^{3}时，降解半衰期为8.8h（理论）

潜在的生物累积性 根据K_{ow}值预测，该物质的生物累积性可能较弱

土壤中的迁移性 根据K_{oc}值预测，该物质可能易发生迁移

第十三部分 废弃处置

废弃化学品 用控制焚烧法处置。焚烧炉排出的氮氧化物通过洗涤器除去

污染包装物 将容器返还生产商或按照国家和地方法规处置

废弃注意事项 把倒空的容器归还厂商或在规定场所掩埋

第十四部分 运输信息

联合国危险货物编号(UN号) 2294

联合国运输名称 *N*-甲基苯胺

联合国危险性类别 6.1 **包装类别** Ⅲ类包装

包装标志  **海洋污染物** 否

运输注意事项 运输前应先检查包装容器是否完整、密封，运输过程中要确保容器不泄漏、不倒塌、不坠落、不损坏。严禁与酸类、氧化剂、食品及食品添加剂混运。运输时运输车辆应配备相应品种和数量的消防器材及泄漏应急处理设备。运输途中应防曝晒、雨淋，防高温。公路运输时要按规定路线行驶

第十五部分 法规信息

下列法律、法规、规章和标准，对该化学品的管理作了相应的规定。

中华人民共和国职业病防治法 职业病分类和目录：苯的氨基及硝基化合物中毒

危险化学品安全管理条例 危险化学品目录：列入。易制爆危险化学品名录：未列入。重点监管的危险化学品名录：未列入。GB 18218—2009《危险化学品重大危险源辨识》(表1)：未列入

使用有毒物品作业场所劳动保护条例 高毒物品目录：未列入

易制毒化学品管理条例 易制毒化学品的分类和品种目录：未列入

国际公约 斯德哥尔摩公约：未列入。鹿特丹公约：未列入。蒙特利尔议定书：未列入

第十六部分　其他信息

编写和修订信息　　**缩略语和首字母缩写**

培训建议　　**参考文献**

免责声明

4-甲基苯胺

第一部分　化学品标识

化学品中文名　4-甲基苯胺；对甲苯胺；4-氨基甲苯；对氨基甲苯

化学品英文名　4-toluidine；*p*-toluidine；*p*-aminotoluene

分子式　C_7H_9N　　**相对分子质量**　107.2

结构式　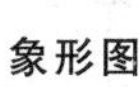

化学品的推荐及限制用途　用作染料中间体及医药品乙胺嘧啶的中间体

第二部分　危险性概述

紧急情况概述　吞咽会中毒，皮肤接触会中毒，吸入会中毒，可能导致皮肤过敏反应

GHS 危险性类别　急性毒性-经口，类别 3；急性毒性-经皮，类别 3；急性毒性-吸入，类别 3；严重眼损伤/眼刺激，类别 2；皮肤致敏物，类别 1；危害水生环境-急性危害，类别 1

标签要素

象形图　

警示词　危险

危险性说明　吞咽会中毒，皮肤接触会中毒，吸入会中毒，造成严重眼刺激，可能导致皮肤过敏反应，对水生生物毒性非常大

防范说明

预防措施　避免接触眼睛、皮肤，操作后彻底清洗。作业场所不得进食、饮水或吸烟。戴防护手套，穿防护服，戴防护眼镜、防护面罩。避免吸入粉尘。仅在室外或通风良好处操作。污染的工作服不得带出工作场所。禁止排入环境

事故响应　如吸入：将患者转移到空气新鲜处，休息，保持利于呼吸的体位。皮肤接触：用大量肥皂水和水清洗，立即脱去所有被污染的衣服。被污染的衣服须经洗净后方可重新使用。如出现皮肤刺激或皮疹：就医。如接触眼睛：用水细心冲洗数分钟。如戴隐形眼镜并可方便地取出，取出隐形眼镜继续冲洗。如果眼睛刺激持续：就医。食入：漱口，立即呼叫中毒控制中心或就医。收集泄漏物

安全储存　在通风良好处储存。保持容器密闭。上锁保管

废弃处置　本品及内装物、容器依据国家和地方法规处置

物理和化学危险　可燃，其粉体与空气混合，能形成爆炸性混合物

健康危害　本品是强烈的高铁血红蛋白形成剂，并能刺激膀胱尿道，能致血尿

急性中毒　多由皮肤污染而吸收引起。自觉脸部灼热、剧烈头痛、头晕、呼吸困难，呈现紫绀症，以后出现血尿、尿闭、精神障碍、肌肉抽搐

慢性中毒　可引起膀胱刺激症状。对皮肤有致敏性

环境危害　对水生生物毒性非常大

第三部分　成分/组成信息

√物质		混合物
组分	**浓度**	**CAS No.**
4-甲基苯胺		106-49-0

第四部分　急救措施

吸入　迅速脱离现场至空气新鲜处。保持呼吸道通畅。如呼吸困难，给吸氧。如呼吸、心跳停止，立即行心肺复苏术。就医

皮肤接触　立即脱去污染衣着，用肥皂水或清水彻底冲洗。就医

眼睛接触　分开眼睑，用清水或生理盐水冲洗。就医

食入　漱口，饮水。就医

对保护施救者的忠告　根据需要使用个人防护设备

对医生的特别提示　高铁血红蛋白血症，可用美蓝和维生素 C 治疗

第五部分　消防措施

灭火剂　用雾状水、泡沫、干粉、二氧化碳、砂土灭火

特别危险性　遇明火、高热可燃。受高热分解放出有毒的气体。燃烧生成有害的一氧化碳、氮氧化物

灭火注意事项及防护措施　消防人员必须佩戴空气呼吸器、穿全身防火防毒服，在上风向灭火。尽可能将容器从火场移至空旷处。喷水保持火场容器冷却，直至灭火结束

第六部分　泄漏应急处理

作业人员防护措施、防护装备和应急处置程序　隔离泄漏污染区，限制出入。消除所有点火源。建议应急处理人员戴防尘口罩，穿防毒服，戴橡胶手套。穿上适当的防护服前严禁接触破裂的容器和泄漏物。尽可能切断泄漏源。用塑料布覆盖泄漏物，减少飞散。勿使水进入包装容器内

环境保护措施　无资料

泄漏化学品的收容、清除方法及所使用的处置材料　用洁净的铲子收集泄漏物，置于干净、干燥、盖子较松的容器中，将容器移离泄漏区

第七部分　操作处置与储存

操作注意事项　密闭操作，提供充分的局部排风。操作人员必须经过专门培训，严格遵守操作规程。建议操作人员佩戴头罩型电动送风过滤式防尘呼吸器，穿胶布防毒衣，戴橡胶手套。远离火种、热源。工作场所严

禁吸烟。使用防爆型的通风系统和设备。避免产生粉尘。避免与氧化剂、酸类接触。搬运时要轻装轻卸，防止包装及容器损坏。配备相应品种和数量的消防器材及泄漏应急处理设备。倒空的容器可能残留有害物

储存注意事项 储存于阴凉、通风的库房。远离火种、热源。包装要求密封，不可与空气接触。应与氧化剂、酸类、食用化学品分开存放，切忌混储。配备相应品种和数量的消防器材。储区应备有合适的材料收容泄漏物

第八部分 接触控制/个体防护

职业接触限值

中国 未制定标准

美国(ACGIH) TLV-TWA：2ppm［皮］

生物接触限值 未制定标准

监测方法 空气中有毒物质测定方法：未制定标准。生物监测检验方法：未制定标准

工程控制 严加密闭，提供充分的局部排风。提供安全的淋浴和洗眼设备

个体防护装备

呼吸系统防护 可能接触其粉尘时，佩戴过滤式防尘呼吸器。紧急事态抢救或撤离时，应该佩戴空气呼吸器

眼睛防护 戴化学安全防护眼镜

皮肤和身体防护 穿隔绝式防毒服

手防护 戴橡胶手套

第九部分 理化特性

外观与性状 纯品为无色片状结晶

pH值 无意义　**熔点(℃)** 44.5

沸点(℃) 200.4　**相对密度(水=1)** 1.05

相对蒸气密度(空气=1) 3.90

饱和蒸气压(kPa) 0.0346（25℃）

燃烧热(kJ/mol) －4006.1　**临界温度(℃)** 无资料

临界压力(MPa) 4.4　**辛醇/水分配系数** 1.39

闪点(℃) 86（CC）　**自燃温度(℃)** 482

爆炸下限(%) 1.1　**爆炸上限(%)** 6.6

分解温度(℃) 无资料　**黏度(mPa·s)** 无资料

溶解性 微溶于水，溶于乙醇、乙醚、苯、盐酸

第十部分 稳定性和反应性

稳定性 稳定

危险反应 与强氧化剂、卤素、酸酐、金属等禁配物接触，有发生火灾和爆炸的危险

避免接触的条件 光照

禁配物 强氧化剂、酸类、酰基氯、酸酐、氯仿

危险的分解产物 氨

第十一部分 毒理学信息

急性毒性

LD_{50} 336mg/kg（大鼠经口）；890mg/kg（兔经皮）

LC_{50} ＞640mg/m³（大鼠吸入，1h）

皮肤刺激或腐蚀 家兔经皮：500mg（24h），重度刺激

眼睛刺激或腐蚀 家兔经眼：20mg（24h），中度刺激

呼吸或皮肤过敏 无资料

生殖细胞突变性 DNA抑制：小鼠经口200mg/kg。DNA损伤：小鼠腹腔35mg/kg。程序外DNA合成：大鼠肝脏100μmol/L

致癌性 无资料　**生殖毒性** 无资料

特异性靶器官系统毒性-一次接触 无资料

特异性靶器官系统毒性-反复接触 无资料

吸入危害 无资料

第十二部分 生态学信息

生态毒性 EC_{50}：0.6mg/L（48h）（水蚤）

持久性和降解性

生物降解性 无资料

非生物降解性 空气中，当羟基自由基浓度为5.00×10⁵个/cm³时，降解半衰期为2.9h（理论）

潜在的生物累积性 根据K_{ow}值预测，该物质的生物累积性可能较弱

土壤中的迁移性 根据K_{oc}值预测，该物质可能易发生迁移

第十三部分 废弃处置

废弃化学品 用控制焚烧法处置。焚烧炉排出的氮氧化物通过洗涤器除去

污染包装物 将容器返还生产商或按照国家和地方法规处置

废弃注意事项 处置前应参阅国家和地方有关法规

第十四部分 运输信息

联合国危险货物编号(UN号) 3451

联合国运输名称 固态甲苯胺

联合国危险性类别 6.1　**包装类别** Ⅱ类包装

包装标志 

海洋污染物 是

运输注意事项 运输前应先检查包装容器是否完整、密封，运输过程中要确保容器不泄漏、不倒塌、不坠落、不损坏。严禁与酸类、氧化剂、食品及食品添加剂混运。运输时运输车辆应配备相应品种和数量的消防器材及泄漏应急处理设备。运输途中应防曝晒、雨淋，防高温

第十五部分 法规信息

下列法律、法规、规章和标准，对该化学品的管理作了相应的规定。

中华人民共和国职业病防治法 职业病分类和目录：苯的氨基及硝基化合物中毒

危险化学品安全管理条例 危险化学品目录：列入。易制爆危险化学品名录：未列入。重点监管的危险化学品名录：未列入。GB 18218—2009《危险化学品重大危险源辨识》(表1)：未列入

使用有毒物品作业场所劳动保护条例 高毒物品目录：未

列入

易制毒化学品管理条例 易制毒化学品的分类和品种目录：未列入

国际公约 斯德哥尔摩公约：未列入。鹿特丹公约：未列入。蒙特利尔议定书：未列入

第十六部分 其他信息

编写和修订信息 **缩略语和首字母缩写**

培训建议 **参考文献**

免责声明

2-甲基苯胺

第一部分 化学品标识

化学品中文名 2-甲基苯胺；邻甲苯胺；2-氨基甲苯；邻氨基甲苯

化学品英文名 2-toluidine；*o*-toluidine；2-aminotoluene

分子式 C_7H_9N **相对分子质量** 107.2

结构式 H_2N-（苯环，邻位甲基）

化学品的推荐及限制用途 用作染料中间体，用于有机合成及合成糖精等

第二部分 危险性概述

紧急情况概述 吞咽会中毒，吸入会中毒，可能致癌

GHS危险性类别 急性毒性-经口，类别3；急性毒性-吸入，类别3；严重眼损伤/眼刺激，类别2；致癌性，类别1A；危害水生环境-急性危害，类别1；危害水生环境-长期危害，类别2

标签要素

象形图

警示词 危险

危险性说明 吞咽会中毒，吸入会中毒，造成严重眼刺激，可能致癌，对水生生物毒性非常大，对水生生物有毒并具有长期持续影响

防范说明

预防措施 避免接触眼睛、皮肤，操作后彻底清洗。作业场所不得进食、饮水或吸烟。避免吸入蒸气、雾。仅在室外或通风良好处操作。戴防护眼镜、防护面罩。得到专门指导后操作。在阅读并了解所有安全预防措施之前，切勿操作。按要求使用个体防护装备。禁止排入环境

事故响应 如吸入：将患者转移到空气新鲜处，休息，保持利于呼吸的体位。如接触眼睛：用水细心冲洗数分钟。如戴隐形眼镜并可方便地取出，取出隐形眼镜继续冲洗。如果眼睛刺激持续：就医。食入：漱口，立即呼叫中毒控制中心或就医。如果接触或有担心，就医。收集泄漏物

安全储存 在通风良好处储存。保持容器密闭。上锁保管

废弃处置 本品及内装物、容器依据国家和地方法规处置

物理和化学危险 可燃，其蒸气与空气混合，能形成爆炸性混合物

健康危害 本品是强烈的高铁血红蛋白形成剂，并能刺激膀胱尿道，能致血尿

急性中毒 多由皮肤污染而吸收引起。自觉脸部灼热、剧烈头痛、头晕、呼吸困难，呈现紫绀症，以后出现血尿、尿闭、精神障碍、肌肉抽搐

慢性中毒 可引起膀胱刺激症状。本品有致癌性，引起膀胱癌

环境危害 对水生生物毒性非常大，对水生生物有毒并具有长期持续影响

第三部分 成分/组成信息

√物质		混合物
组分	**浓度**	**CAS No.**
2-甲基苯胺		95-53-4

第四部分 急救措施

吸入 迅速脱离现场至空气新鲜处。保持呼吸道通畅。如呼吸困难，给吸氧。如呼吸、心跳停止，立即行心肺复苏术。就医

皮肤接触 立即脱去污染衣着，用肥皂水或清水彻底冲洗。就医

眼睛接触 分开眼睑，用清水或生理盐水冲洗。就医

食入 漱口，饮水。就医

对保护施救者的忠告 根据需要使用个人防护设备

对医生的特别提示 高铁血红蛋白血症，可用美蓝和维生素C治疗

第五部分 消防措施

灭火剂 用雾状水、泡沫、干粉、二氧化碳、砂土灭火

特别危险性 遇明火、高热可燃。受高热分解放出有毒的气体。与硝酸反应强烈。燃烧生成有害的一氧化碳、氮氧化物

灭火注意事项及防护措施 消防人员必须佩戴空气呼吸器、穿全身防火防毒服，在上风向灭火。尽可能将容器从火场移至空旷处。喷水保持火场容器冷却，直至灭火结束。容器突然发出异常声音或出现异常现象，应立即撤离

第六部分 泄漏应急处理

作业人员防护措施、防护装备和应急处置程序 根据液体流动和蒸气扩散的影响区域划定警戒区，无关人员从侧风、上风向撤离至安全区。消除所有点火源。建议应急处理人员戴正压自给式呼吸器，穿防毒服，戴橡胶耐油手套。穿上适当的防护服前严禁接触破裂的容器和泄漏物。尽可能切断泄漏源

环境保护措施 防止泄漏物进入水体、下水道、地下室或有限空间

泄漏化学品的收容、清除方法及所使用的处置材料 小量泄漏：用干燥的砂土或其他不燃材料吸收或覆盖，收

集于容器中。大量泄漏：构筑围堤或挖坑收容。用泵转移至槽车或专用收集器内

第七部分 操作处置与储存

操作注意事项 密闭操作，提供充分的局部排风。操作尽可能机械化、自动化。操作人员必须经过专门培训，严格遵守操作规程。建议操作人员佩戴自吸过滤式防毒面具（全面罩），穿胶布防毒衣，戴橡胶耐油手套。远离火种、热源。工作场所严禁吸烟。使用防爆型的通风系统和设备。防止蒸气泄漏到工作场所空气中。避免与氧化剂、酸类接触。搬运时要轻装轻卸，防止包装及容器损坏。配备相应品种和数量的消防器材及泄漏应急处理设备。倒空的容器可能残留有害物

储存注意事项 储存于阴凉、通风的库房。远离火种、热源。包装要求密封，不可与空气接触。应与氧化剂、酸类、食用化学品分开存放，切忌混储。配备相应品种和数量的消防器材。储区应备有泄漏应急处理设备和合适的收容材料

第八部分 接触控制/个体防护

职业接触限值

中国 未制定标准

美国(ACGIH) TLV-TWA：2ppm［皮］

生物接触限值 未制定标准

监测方法 空气中有毒物质测定方法：未制定标准。生物监测检验方法：未制定标准

工程控制 严加密闭，提供充分的局部排风。提供安全的淋浴和洗眼设备

个体防护装备

呼吸系统防护 可能接触其蒸气时，佩戴过滤式防毒面具（全面罩）。紧急事态抢救或撤离时，佩戴空气呼吸器

眼睛防护 呼吸系统防护中已作防护

皮肤和身体防护 穿隔绝式防毒服

手防护 戴橡胶耐油手套

第九部分 理化特性

外观与性状 无色或淡黄色油状液体

pH值 无资料 **熔点(℃)** −16.3

沸点(℃) 200.3 **相对密度(水=1)** 1.008

相对蒸气密度(空气=1) 3.69

饱和蒸气压(kPa) 0.0346（25℃）

燃烧热(kJ/mol) −4054.3 **临界温度(℃)** 无资料

临界压力(MPa) 3.75 **辛醇/水分配系数** 1.32

闪点(℃) 85（CC） **自燃温度(℃)** 481.67

爆炸下限(%) 1.5 **爆炸上限(%)** 7.6

分解温度(℃) 无资料

黏度(mPa·s) 3.823（25℃）

溶解性 微溶于水，溶于乙醇、乙醚、稀酸

第十部分 稳定性和反应性

稳定性 稳定

危险反应 与强氧化剂、卤素、酸酐、金属等禁配物接触，有发生火灾和爆炸的危险

避免接触的条件 光照、受热

禁配物 强氧化剂、酸类、酰基氯、酸酐、氯仿

危险的分解产物 氨

第十一部分 毒理学信息

急性毒性

LD_{50} 670mg/kg（大鼠经口）；3250μl（3250mg）/kg（兔经皮）

LC_{50} 862ppm（大鼠吸入，4h）

皮肤刺激或腐蚀 家兔经皮：500mg（24h），轻度刺激

眼睛刺激或腐蚀 家兔经眼：750μg（24h），重度刺激

呼吸或皮肤过敏

生殖细胞突变性 微生物致突变性：鼠伤寒沙门氏菌40μg/皿。微核试验：人淋巴细胞2mmol/L。程序外DNA合成：人HeLa细胞50μl/L。DNA抑制：人HeLa细胞50μl/L。姐妹染色单体交换：人淋巴细胞200μmol/L。哺乳动物体细胞突变：人淋巴细胞450mg/L

致癌性 IARC致癌性评论：组1，确认人类致癌物

生殖毒性 无资料

特异性靶器官系统毒性-一次接触 无资料

特异性靶器官系统毒性-反复接触 无资料

吸入危害 无资料

第十二部分 生态学信息

生态毒性

LC_{50} 100mg/L（96h）（鱼）

EC_{50} 0.52mg/L（48h）（水蚤）

IC_{50} 0.31～6.3mg/L（72h）（藻类）

NOEC 0.0126mg/L（21d）（水蚤）

持久性和降解性

生物降解性 OECD301A、OECD301E，易快速生物降解

非生物降解性 空气中，当羟基自由基浓度为5.00×10^5个/cm^3时，降解半衰期为2.9h（理论）

潜在的生物累积性 根据K_{ow}值预测，该物质的生物累积性可能较弱

土壤中的迁移性 根据K_{oc}值预测，该物质可能易发生迁移

第十三部分 废弃处置

废弃化学品 用控制焚烧法处置。焚烧炉排出的氮氧化物通过洗涤器除去

污染包装物 将容器返还生产商或按照国家和地方法规处置

废弃注意事项 处置前应参阅国家和地方有关法规。把倒空的容器归还厂商或在规定场所掩埋

第十四部分 运输信息

联合国危险货物编号(UN号) 1708

联合国运输名称 液态甲苯胺

联合国危险性类别 6.1 **包装类别** Ⅱ类包装

包装标志  **海洋污染物** 是

运输注意事项 运输前应先检查包装容器是否完整、密封，运输过程中要确保容器不泄漏、不倒塌、不坠落、不损坏。严禁与酸类、氧化剂、食品及食品添加剂混运。运输时运输车辆应配备相应品种和数量的消防器材及泄漏应急处理设备。运输途中应防曝晒、雨淋，防高温。公路运输时要按规定路线行驶

第十五部分 法规信息

下列法律、法规、规章和标准，对该化学品的管理作了相应的规定。

中华人民共和国职业病防治法 职业病分类和目录：苯的氨基及硝基化合物中毒

危险化学品安全管理条例 危险化学品目录：列入。易制爆危险化学品名录：未列入。重点监管的危险化学品名录：未列入。GB 18218—2009《危险化学品重大危险源辨识》(表1)：未列入

使用有毒物品作业场所劳动保护条例 高毒物品目录：未列入

易制毒化学品管理条例 易制毒化学品的分类和品种目录：未列入

国际公约 斯德哥尔摩公约：未列入。鹿特丹公约：未列入。蒙特利尔议定书：未列入

第十六部分 其他信息

编写和修订信息 **缩略语和首字母缩写**
培训建议 **参考文献**
免责声明

甲基苯基二氯硅烷

第一部分 化学品标识

化学品中文名 甲基苯基二氯硅烷；二氯甲基苯基硅烷

化学品英文名 methylphenyldichlorosilane；dichloromethyl phenyl silane

分子式 $C_7H_8Cl_2Si$ **相对分子质量** 191.14

结构式 (Cl—Si(CH₃)(Cl)—C₆H₅ 结构图)

化学品的推荐及限制用途 制备高温硅油和其他有机硅化合物的原料

第二部分 危险性概述

紧急情况概述 造成严重的皮肤灼伤和眼损伤

GHS 危险性类别 皮肤腐蚀/刺激，类别1；严重眼损伤/眼刺激，类别1

标签要素

象形图 

警示词 危险

危险性说明 造成严重的皮肤灼伤和眼损伤

防范说明

预防措施 避免吸入烟雾。避免接触眼睛、皮肤，操作后彻底清洗。戴防护手套，穿防护服，戴防护眼镜、防护面罩

事故响应 如吸入：将患者转移到空气新鲜处，休息，保持利于呼吸的体位。立即呼叫中毒控制中心或就医。皮肤（或头发）接触：立即脱掉所有被污染的衣服，用水冲洗皮肤，淋浴。污染的衣服须洗净后方可重新使用。接触眼睛：用水细心冲洗数分钟。如戴隐形眼镜并可方便地取出，取出隐形眼镜继续冲洗。食入：漱口，不要催吐

安全储存 上锁保管

废弃处置 本品及内装物、容器依据国家和地方法规处置

物理和化学危险 易燃，其蒸气与空气混合，能形成爆炸性混合物。遇水产生刺激性气体

健康危害 本品有强烈刺激性和腐蚀性。吸入后可引起喉、支气管炎症，化学性肺炎或肺水肿。眼和皮肤接触引起灼伤

环境危害 对环境可能有害

第三部分 成分/组成信息

√物质		混合物
组分	**浓度**	**CAS No.**
甲基苯基二氯硅烷		149-74-6

第四部分 急救措施

吸入 迅速脱离现场至空气新鲜处。保持呼吸道通畅。如呼吸困难，给输氧。如呼吸、心跳停止，立即进行心肺复苏术。就医

皮肤接触 立即脱去污染的衣着，用大量流动清水彻底冲洗至少15min。就医

眼睛接触 立即分开眼睑，用流动清水或生理盐水彻底冲洗至少15min。就医

食入 用水漱口，禁止催吐。给饮牛奶或蛋清。就医

对保护施救者的忠告 根据需要使用个人防护设备

对医生的特别提示 对症处理

第五部分 消防措施

灭火剂 用干粉、二氧化碳灭火

特别危险性 易燃，遇明火、高热或与氧化剂接触能燃烧，并散发出有毒气体。与水或潮气发生反应，散发出刺激性和腐蚀性的氯化氢气体。燃烧生成有害的一氧化碳、氧化硅、氯化氢

灭火注意事项及防护措施 消防人员必须佩戴空气呼吸器、穿全身防火防毒服，在上风向灭火。尽可能将容器从火场移至空旷处。喷水保持火场容器冷却，直至灭火结束。容器突然发出异常声音或出现异常现象，应立即撤离。禁止用水和泡沫灭火

第六部分 泄漏应急处理

作业人员防护措施、防护装备和应急处置程序 根据液体

流动和蒸气扩散的影响区域划定警戒区，无关人员从侧风、上风向撤离至安全区。建议应急处理人员戴正压自给式呼吸器，穿防腐蚀、防毒服，戴橡胶耐酸碱手套。作业时使用的所有设备应接地。穿上适当的防护服前严禁接触破裂的容器和泄漏物。尽可能切断泄漏源

环境保护措施　防止泄漏物进入水体、下水道、地下室或有限空间。严禁用水处理

泄漏化学品的收容、清除方法及所使用的处置材料　小量泄漏：用干燥的砂土或其他不燃材料覆盖泄漏物。大量泄漏：构筑围堤或挖坑收容。用耐腐蚀泵转移至槽车或专用收集器内

第七部分　操作处置与储存

操作注意事项　严加密闭，提供充分的局部排风和全面通风。操作人员必须经过专门培训，严格遵守操作规程。建议操作人员佩戴自吸过滤式防毒面具（全面罩），穿橡胶耐酸碱服，戴橡胶耐酸碱手套。远离火种、热源。工作场所严禁吸烟。使用防爆型的通风系统和设备。防止蒸气泄漏到工作场所空气中。避免与氧化剂、酸类、碱类、醇类接触。搬运时要轻装轻卸，防止包装及容器损坏。配备相应品种和数量的消防器材及泄漏应急处理设备。倒空的容器可能残留有害物

储存注意事项　储存于阴凉、干燥、通风良好的库房。远离火种、热源。包装必须密封，切勿受潮。应与氧化剂、酸类、碱类、醇类等分开存放，切忌混储。采用防爆型照明、通风设施。禁止使用易产生火花的机械设备和工具。储区应备有泄漏应急处理设备和合适的收容材料

第八部分　接触控制/个体防护

职业接触限值

中国　未制定标准

美国(ACGIH)　未制定标准

生物接触限值　未制定标准

监测方法　空气中有毒物质测定方法：未制定标准。生物监测检验方法：未制定标准

工程控制　严加密闭，提供充分的局部排风和全面通风。提供安全的淋浴和洗眼设备

个体防护装备

呼吸系统防护　可能接触其蒸气时，佩戴过滤式防毒面具（全面罩）

眼睛防护　呼吸系统防护中已作防护

皮肤和身体防护　穿橡胶耐酸碱服

手防护　戴橡胶耐酸碱手套

第九部分　理化特性

外观与性状　无色透明液体

pH值　无资料　　**熔点(℃)**　−43.4

沸点(℃)　206～207　　**相对密度(水=1)**　1.176

相对蒸气密度(空气=1)　无资料

饱和蒸气压(kPa)　无资料

燃烧热(kJ/mol)　无资料　　**临界温度(℃)**　无资料

临界压力(MPa)　2.8　　**辛醇/水分配系数**　3.84

闪点(℃)　82　　**自燃温度(℃)**　>400

爆炸下限(%)　0.2　　**爆炸上限(%)**　8.6

分解温度(℃)　无资料　　**黏度(mPa·s)**　无资料

溶解性　溶于甲醇、乙醚、苯

第十部分　稳定性和反应性

稳定性　稳定

危险反应　与强氧化剂、水等禁配物接触，有发生火灾和爆炸的危险

避免接触的条件　潮湿空气

禁配物　强氧化剂、强酸、强碱、醇类、水蒸气

危险的分解产物　氯化氢

第十一部分　毒理学信息

急性毒性　LDLo：100mg/kg（大鼠腹腔）

皮肤刺激或腐蚀　无资料　　**眼睛刺激或腐蚀**　无资料

呼吸或皮肤过敏　无资料　　**生殖细胞突变性**　无资料

致癌性　无资料　　**生殖毒性**　无资料

特异性靶器官系统毒性-一次接触　无资料

特异性靶器官系统毒性-反复接触　无资料

吸入危害　无资料

第十二部分　生态学信息

生态毒性　无资料

持久性和降解性

生物降解性　无资料

非生物降解性　无资料

潜在的生物累积性　根据K_{ow}值预测，该物质可能有一定的生物累积性

土壤中的迁移性　根据K_{oc}值预测，该物质可能有一定的迁移性

第十三部分　废弃处置

废弃化学品　建议用焚烧法处置。与燃料混合后，再焚烧。焚烧炉排出的卤化氢通过酸洗涤器除去

污染包装物　将容器返还生产商或按照国家和地方法规处置

废弃注意事项　处置前应参阅国家和地方有关法规

第十四部分　运输信息

联合国危险货物编号(UN号)　2437

联合国运输名称　甲基苯基二氯硅烷

联合国危险性类别　8　　**包装类别**　Ⅱ类包装

包装标志　

　海洋污染物　否

运输注意事项　起运时包装要完整，装载应稳妥。运输过程中要确保容器不泄漏、不倒塌、不坠落、不损坏。运输时所用的槽（罐）车应有接地链，槽内可设孔隔板以减少震荡产生的静电。严禁与氧化剂、酸类、碱

类、醇类、食用化学品等混装混运。运输时运输车辆应配备相应品种和数量的消防器材及泄漏应急处理设备。公路运输时要按规定路线行驶，勿在居民区和人口稠密区停留

第十五部分 法规信息

下列法律、法规、规章和标准，对该化学品的管理作了相应的规定。

中华人民共和国职业病防治法 职业病分类和目录：未列入

危险化学品安全管理条例 危险化学品目录：列入。易制爆危险化学品名录：未列入。重点监管的危险化学品名录：未列入。GB 18218—2009《危险化学品重大危险源辨识》(表 1)：未列入

使用有毒物品作业场所劳动保护条例 高毒物品目录：未列入

易制毒化学品管理条例 易制毒化学品的分类和品种目录：未列入

国际公约 斯德哥尔摩公约：未列入。鹿特丹公约：未列入。蒙特利尔议定书：未列入

第十六部分 其他信息

编写和修订信息 **缩略语和首字母缩写**
培训建议 **参考文献**
免责声明

4-甲基苯乙烯［抑制了的］

第一部分 化学品标识

化学品中文名 4-甲基苯乙烯［抑制了的］；对甲基苯乙烯

化学品英文名 4-methylstyrene; inhibited; *p*-methylstyrene

分子式 C_9H_{10} **相对分子质量** 118.18

结构式

化学品的推荐及限制用途 用作聚合物单体及用于制造涂料

第二部分 危险性概述

紧急情况概述 易燃液体和蒸气

GHS 危险性类别 易燃液体，类别 3；急性毒性-经口，类别 5；危害水生环境-急性危害，类别 2

标签要素

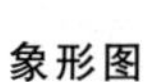
象形图 

警示词 警告

危险性说明 易燃液体和蒸气，吞咽可能有害，对水生生物有毒

防范说明

预防措施 远离热源、火花、明火、热表面。禁止吸烟。保持容器密闭。容器和接收设备接地连接。使用防爆电器、通风、照明设备。只能使用不产生火花的工具。采取防止静电措施。戴防护手套、防护眼镜、防护面罩。禁止排入环境

事故响应 火灾时，使用泡沫、干粉、二氧化碳、砂土灭火。如皮肤（或头发）接触：立即脱掉所有被污染的衣服，用水冲洗皮肤，淋浴。如果感觉不适，呼叫中毒控制中心或就医

安全储存 存放在通风良好的地方。保持低温

废弃处置 本品及内装物、容器依据国家和地方法规处置

物理和化学危险 易燃，其蒸气与空气混合，能形成爆炸性混合物。容易自聚

健康危害 动物试验出现呼吸抑制、抽搐和共济失调

环境危害 对水生生物有毒

第三部分 成分/组成信息

√物质 混合物

组分	浓度	CAS No.
4-甲基苯乙烯		622-97-9

第四部分 急救措施

吸入 迅速脱离现场至空气新鲜处。保持呼吸道通畅。如呼吸困难，给输氧。如呼吸、心跳停止，立即进行心肺复苏术。就医

皮肤接触 立即脱去污染的衣着，用流动清水彻底冲洗。就医

眼睛接触 立即分开眼睑，用流动清水或生理盐水彻底冲洗。就医

食入 漱口，饮水。就医

对保护施救者的忠告 根据需要使用个人防护设备

对医生的特别提示 对症处理

第五部分 消防措施

灭火剂 用泡沫、干粉、二氧化碳、砂土灭火

特别危险性 本品易聚合，只有经过稳定化处理才允许储运。若遇高热，可发生聚合反应，放出大量热量而引起容器破裂和爆炸事故。燃烧生成有害的一氧化碳

灭火注意事项及防护措施 尽可能将容器从火场移至空旷处。喷水保持火场容器冷却，直至灭火结束。容器突然发出异常声音或出现异常现象，应立即撤离。遇大火，消防人员须在有防护掩蔽处操作

第六部分 泄漏应急处理

作业人员防护措施、防护装备和应急处置程序 消除所有点火源。根据液体流动和蒸气扩散的影响区域划定警戒区，无关人员从侧风、上风向撤离至安全区。建议应急处理人员戴正压自给式呼吸器，穿防静电服。作业时使用的所有设备应接地。禁止接触或跨越泄漏物。尽可能切断泄漏源

环境保护措施 防止泄漏物进入水体、下水道、地下室或有限空间

泄漏化学品的收容、清除方法及所使用的处置材料 小量泄漏：用砂土或其他不燃材料吸收，使用洁净的无火花工具收集吸收材料。大量泄漏：构筑围堤或挖坑收容。用砂土、惰性物质或蛭石吸收大量液体。用泡沫覆盖，减少蒸发。喷水雾能减少蒸发，但不能降低泄漏物在有限空间内的易燃性。用防爆泵转移至槽车或专用收集器内

第七部分 操作处置与储存

操作注意事项 密闭操作，加强通风。操作人员必须经过专门培训，严格遵守操作规程。建议操作人员佩戴过滤式防毒面具（半面罩），戴化学安全防护眼镜，穿防毒物渗透工作服，戴橡胶耐油手套。远离火种、热源。工作场所严禁吸烟。使用防爆型的通风系统和设备。防止蒸气泄漏到工作场所空气中。避免与氧化剂、酸类接触。灌装时应控制流速，且有接地装置，防止静电积聚。搬运时要轻装轻卸，防止包装及容器损坏。配备相应品种和数量的消防器材及泄漏应急处理设备。倒空的容器可能残留有害物

储存注意事项 通常商品加有阻聚剂。储存于阴凉、通风的库房。远离火种、热源。库温不宜超过 37℃。包装要求密封，不可与空气接触。应与氧化剂、酸类分开存放，切忌混储。不宜大量储存或久存。采用防爆型照明、通风设施。禁止使用易产生火花的机械设备和工具。储区应备有泄漏应急处理设备和合适的收容材料

第八部分 接触控制/个体防护

职业接触限值

中国 未制定标准

美国(ACGIH) 未制定标准

生物接触限值 未制定标准

监测方法 空气中有毒物质测定方法：未制定标准。生物监测检验方法：未制定标准

工程控制 生产过程密闭，加强通风

个体防护装备

呼吸系统防护 可能接触其蒸气时，建议佩戴过滤式防毒面具（半面罩）。紧急事态抢救或撤离时，建议佩戴空气呼吸器

眼睛防护 戴化学安全防护眼镜

皮肤和身体防护 穿防毒物渗透工作服

手防护 戴橡胶耐油手套

第九部分 理化特性

外观与性状 无色或黄色液体

pH 值 无资料 **熔点(℃)** −34.2

沸点(℃) 172.8 **相对密度(水=1)** 0.9173

相对蒸气密度(空气=1) 4.1

饱和蒸气压(kPa) <0.13 (20℃)

燃烧热(kJ/mol) −4822.9 **临界温度(℃)** 391.9

临界压力(MPa) 3.36 **辛醇/水分配系数** 3.35

闪点(℃) 46 **自燃温度(℃)** 515

爆炸下限(%) 1.1 **爆炸上限(%)** 5.3

分解温度(℃) 无资料 **黏度(mPa·s)** 无资料

溶解性 不溶于水，溶于乙醇、乙醚、苯

第十部分 稳定性和反应性

稳定性 稳定

危险反应 与强氧化剂等禁配物接触，有发生火灾和爆炸的危险。高热下可发生聚合反应

避免接触的条件 受热，接触空气

禁配物 强氧化剂、酸类

危险的分解产物 无资料

第十一部分 毒理学信息

急性毒性 LD_{50}：2255mg/kg（大鼠经口）；1072mg/kg（小鼠经口）

皮肤刺激或腐蚀 无资料 **眼睛刺激或腐蚀** 无资料

呼吸或皮肤过敏 无资料 **生殖细胞突变性** 无资料

致癌性 无资料 **生殖毒性** 无资料

特异性靶器官系统毒性-一次接触 无资料

特异性靶器官系统毒性-反复接触 无资料

吸入危害 无资料

第十二部分 生态学信息

生态毒性 LC_{50}：9.64～12.04mg/L (96h)(鱼)；10.41mg/L (96h)(无脊椎动物)

持久性和降解性

生物降解性 易快速生物降解

非生物降解性 空气中，当羟基自由基浓度为5.00×10^5个/cm^3时，降解半衰期为 13h（理论）

潜在的生物累积性 根据 K_{ow} 值预测，该物质可能有一定的生物累积性

土壤中的迁移性 根据 K_{oc} 值预测，该物质可能有一定的迁移性

第十三部分 废弃处置

废弃化学品 建议用焚烧法处置

污染包装物 将容器返还生产商或按照国家和地方法规处置

废弃注意事项 处置前应参阅国家和地方有关法规

第十四部分 运输信息

联合国危险货物编号(UN 号) 2618

联合国运输名称 乙烯基甲苯，稳定的

联合国危险性类别 3 **包装类别** Ⅲ类包装

包装标志 

海洋污染物 否

运输注意事项 运输时运输车辆应配备相应品种和数量的消防器材及泄漏应急处理设备。夏季最好早晚运输。运输时所用的槽（罐）车应有接地链，槽内可设孔隔板以减少震荡产生的静电。严禁与氧化剂、酸类、食用化学品等混装混运。运输途中应防曝晒、雨淋，防高温。中途停留时应远离火种、热源、高温区。装运

该物品的车辆排气管必须配备阻火装置，禁止使用易产生火花的机械设备和工具装卸。公路运输时要按规定路线行驶，勿在居民区和人口稠密区停留。铁路运输时要禁止溜放。严禁用木船、水泥船散装运输

第十五部分 法规信息

下列法律、法规、规章和标准，对该化学品的管理作了相应的规定。

中华人民共和国职业病防治法 职业病分类和目录：未列入

危险化学品安全管理条例 危险化学品目录：列入。易制爆危险化学品名录：未列入。重点监管的危险化学品名录：未列入。GB 18218—2009《危险化学品重大危险源辨识》(表 1)：未列入

使用有毒物品作业场所劳动保护条例 高毒物品目录：未列入

易制毒化学品管理条例 易制毒化学品的分类和品种目录：未列入

国际公约 斯德哥尔摩公约：未列入。鹿特丹公约：未列入。蒙特利尔议定书：未列入

第十六部分 其他信息

编写和修订信息 **缩略语和首字母缩写**

培训建议 **参考文献**

免责声明

3-甲基吡啶

第一部分 化学品标识

化学品中文名 3-甲基吡啶；β-皮考林

化学品英文名 3-methylpyridine；β-picoline

分子式 C_6H_7N **相对分子质量** 93.1

结构式 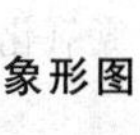

化学品的推荐及限制用途 有机合成中用作溶剂，以及用于烟碱及烟酰胺制备

第二部分 危险性概述

紧急情况概述 易燃液体和蒸气，皮肤接触会中毒，吸入会中毒，造成严重的皮肤灼伤和眼损伤

GHS 危险性类别 易燃液体，类别 3；急性毒性-经口，类别 4；急性毒性-经皮，类别 3；急性毒性-吸入，类别 3；皮肤腐蚀/刺激，类别 1；严重眼损伤/眼刺激，类别 1；特异性靶器官毒性--次接触，类别 3（呼吸道刺激）；特异性靶器官毒性-反复接触，类别 1；危害水生环境-急性危害，类别 3

标签要素

象形图 

警示词 危险

危险性说明 易燃液体和蒸气，吞咽有害，皮肤接触会中毒，吸入会中毒，造成严重的皮肤灼伤和眼损伤，可能引起呼吸道刺激，长时间或反复接触对器官造成损伤，对水生生物有害

防范说明

预防措施 远离热源、火花、明火、热表面。禁止吸烟。保持容器密闭。容器和接收设备接地连接。使用防爆电器、通风、照明设备。只能使用不产生火花的工具。采取防止静电措施。避免接触眼睛、皮肤，操作后彻底清洗。作业场所不得进食、饮水或吸烟。避免吸入蒸气、雾。仅在室外或通风良好处操作。戴防护手套，穿防护服，戴防护眼镜、防护面罩。禁止排入环境

事故响应 火灾时，使用抗溶性泡沫、干粉、二氧化碳、砂土灭火。如吸入：将患者转移到空气新鲜处，休息，保持利于呼吸的体位。皮肤接触：立即脱掉所有被污染的衣服，用大量肥皂水和水清洗，如感觉不适，呼叫中毒控制中心或就医。被污染的衣服须经洗净后方可重新使用。接触眼睛：用水细心冲洗数分钟。如戴隐形眼镜并可方便地取出，取出隐形眼镜继续冲洗。食入：漱口，不要催吐，如果感觉不适，立即呼叫中毒控制中心或就医

安全储存 存放在通风良好的地方。保持低温。保持容器密闭。上锁保管

废弃处置 本品及内装物、容器依据国家和地方法规处置

物理和化学危险 易燃，其蒸气与空气混合，能形成爆炸性混合物

健康危害 接触本品出现疲乏、全身无力、嗜睡等，重者出现神经系统症状，如步态不稳、短暂意识丧失等。眼和皮肤接触引起灼伤

环境危害 对水生生物有害

第三部分 成分/组成信息

√物质		混合物
组分	**浓度**	**CAS No.**
3-甲基吡啶		108-99-6

第四部分 急救措施

吸入 迅速脱离现场至空气新鲜处。保持呼吸道通畅。如呼吸困难，给输氧。如呼吸、心跳停止，立即进行心肺复苏术。就医

皮肤接触 立即脱去污染的衣着，用大量流动清水彻底冲洗至少 15min。就医

眼睛接触 立即分开眼睑，用流动清水或生理盐水彻底冲洗至少 15min。就医

食入 用水漱口，禁止催吐。给饮牛奶或蛋清。就医

对保护施救者的忠告 根据需要使用个人防护设备

对医生的特别提示 对症处理

第五部分 消防措施

灭火剂 用抗溶性泡沫、干粉、二氧化碳、砂土灭火

特别危险性 受热分解放出有毒烟气。燃烧生成有害的一氧化碳、氮氧化物

灭火注意事项及防护措施 消防人员须佩戴防毒面具、穿全身消防服，在上风向灭火。尽可能将容器从火场移至空旷处。喷水保持火场容器冷却，直至灭火结束。容器突然发出异常声音或出现异常现象，应立即撤离

第六部分 泄漏应急处理

作业人员防护措施、防护装备和应急处置程序 消除所有点火源。根据液体流动和蒸气扩散的影响区域划定警戒区，无关人员从侧风、上风向撤离至安全区。建议应急处理人员戴正压自给式呼吸器，穿防毒、防静电服，戴橡胶耐油手套。作业时使用的所有设备应接地。禁止接触或跨越泄漏物。尽可能切断泄漏源

环境保护措施 防止泄漏物进入水体、下水道、地下室或有限空间

泄漏化学品的收容、清除方法及所使用的处置材料 小量泄漏：用砂土或其他不燃材料吸收，使用洁净的无火花工具收集吸收材料。大量泄漏：构筑围堤或挖坑收容。用泡沫覆盖，减少蒸发。喷水雾能减少蒸发，但不能降低泄漏物在有限空间内的易燃性。用防爆泵转移至槽车或专用收集器内

第七部分 操作处置与储存

操作注意事项 密闭操作，全面通风。操作人员必须经过专门培训，严格遵守操作规程。建议操作人员佩戴过滤式防毒面具（半面罩），戴化学安全防护眼镜，穿防毒物渗透工作服，戴橡胶耐油手套。远离火种、热源。工作场所严禁吸烟。使用防爆型的通风系统和设备。防止蒸气泄漏到工作场所空气中。避免与氧化剂、酸类接触。充装要控制流速，防止静电积聚。搬运时要轻装轻卸，防止包装及容器损坏。配备相应品种和数量的消防器材及泄漏应急处理设备。倒空的容器可能残留有害物

储存注意事项 储存于阴凉、通风的库房。远离火种、热源。库温不宜超过 37℃。保持容器密封。应与氧化剂、酸类等分开存放，切忌混储。采用防爆型照明、通风设施。禁止使用易产生火花的机械设备和工具。储区应备有泄漏应急处理设备和合适的收容材料

第八部分 接触控制/个体防护

职业接触限值

中国 未制定标准

美国(ACGIH) 未制定标准

生物接触限值 未制定标准

监测方法 空气中有毒物质测定方法：未制定标准。生物监测检验方法：未制定标准

工程控制 生产过程密闭，全面通风。提供安全的淋浴和洗眼设备

个体防护装备

呼吸系统防护 可能接触其蒸气时，应该佩戴过滤式防毒面具（半面罩）。必要时佩戴空气呼吸器

眼睛防护 戴化学安全防护眼镜

皮肤和身体防护 穿防毒物渗透工作服

手防护 戴橡胶耐油手套

第九部分 理化特性

外观与性状 无色或黄色吸湿性液体，有甜味

pH 值 无资料 **熔点(℃)** －18.1

沸点(℃) 143～144 **相对密度(水＝1)** 0.96

相对蒸气密度(空气＝1) 3.21

饱和蒸气压(kPa) 0.6（20℃）

燃烧热(kJ/mol) －3420.0 **临界温度(℃)** 无资料

临界压力(MPa) 4.4 **辛醇/水分配系数** 1.20

闪点(℃) 38（CC） **自燃温度(℃)** 500

爆炸下限(%) 1.3 **爆炸上限(%)** 8.7

分解温度(℃) 无资料 **黏度(mPa·s)** 无资料

溶解性 溶于水，溶于乙醇、乙醚等多数有机溶剂

第十部分 稳定性和反应性

稳定性 稳定

危险反应 与强氧化剂等禁配物发生反应

避免接触的条件 受热

禁配物 酸类、酰基氯、强氧化剂、氯仿

危险的分解产物 无资料

第十一部分 毒理学信息

急性毒性 LD_{50}：400mg/kg（大鼠经口）；1000mg/kg（豚鼠经皮）

皮肤刺激或腐蚀 家兔经皮：200μl（24h），重度刺激

眼睛刺激或腐蚀 家兔经眼：100μl（24h），重度刺激

呼吸或皮肤过敏 无资料 **生殖细胞突变性** 无资料

致癌性 无资料 **生殖毒性** 无资料

特异性靶器官系统毒性-一次接触 无资料

特异性靶器官系统毒性-反复接触 无资料

吸入危害 无资料

第十二部分 生态学信息

生态毒性

EC_{50} 34mg/L（48h）（水蚤）

NOEC 1mg/L（21d）（水蚤）

持久性和降解性

生物降解性 OECD301B，易快速生物降解

非生物降解性 空气中，当羟基自由基浓度为5.00×10^5时，降解半衰期为 12d（理论）

潜在的生物累积性 根据 K_{ow} 值预测，该物质的生物累积性可能较弱

土壤中的迁移性 根据 K_{oc} 值预测，该物质可能易发生迁移

第十三部分 废弃处置

废弃化学品 建议用焚烧法处置。焚烧炉排出的氮氧化物通过洗涤器除去

污染包装物 将容器返还生产商或按照国家和地方法规处置

废弃注意事项 处置前应参阅国家和地方有关法规

第十四部分 运输信息

联合国危险货物编号（UN号） 2313

联合国运输名称 甲基吡啶

联合国危险性类别 3 **包装类别** Ⅲ类包装

包装标志  **海洋污染物** 否

运输注意事项 运输时运输车辆应配备相应品种和数量的消防器材及泄漏应急处理设备。夏季最好早晚运输。运输时所用的槽（罐）车应有接地链，槽内可设孔隔板以减少震荡产生的静电。严禁与氧化剂、酸类等混装混运。运输途中应防曝晒、雨淋，防高温。中途停留时应远离火种、热源、高温区。装运该物品的车辆排气管必须配备阻火装置，禁止使用易产生火花的机械设备和工具装卸。公路运输时要按规定路线行驶，勿在居民区和人口稠密区停留。铁路运输时要禁止溜放。严禁用木船、水泥船散装运输

第十五部分 法规信息

下列法律、法规、规章和标准，对该化学品的管理作了相应的规定。

中华人民共和国职业病防治法 职业病分类和目录：未列入

危险化学品安全管理条例 危险化学品目录：列入。易制爆危险化学品名录：未列入。重点监管的危险化学品名录：未列入。GB 18218—2009《危险化学品重大危险源辨识》（表1）：未列入

使用有毒物品作业场所劳动保护条例 高毒物品目录：未列入

易制毒化学品管理条例 易制毒化学品的分类和品种目录：未列入

国际公约 斯德哥尔摩公约：未列入。鹿特丹公约：未列入。蒙特利尔议定书：未列入

第十六部分 其他信息

编写和修订信息 **缩略语和首字母缩写**

培训建议 **参考文献**

免责声明

2-甲基吡啶

第一部分 化学品标识

化学品中文名 2-甲基吡啶；α-皮考林

化学品英文名 2-methylpyridine；2-picoline；α-picoline

分子式 C_6H_7N **相对分子质量** 93.1

结构式 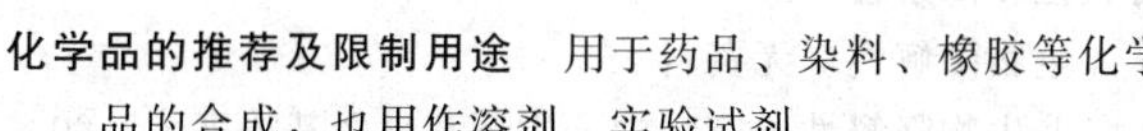

化学品的推荐及限制用途 用于药品、染料、橡胶等化学品的合成，也用作溶剂、实验试剂

第二部分 危险性概述

紧急情况概述 易燃液体和蒸气

GHS危险性类别 易燃液体，类别3；急性毒性-经口，类别4；急性毒性-经皮，类别4；急性毒性-吸入，类别4；严重眼损伤/眼刺激，类别2；特异性靶器官毒性-一次接触，类别3（呼吸道刺激）

标签要素

象形图 

警示词 警告

危险性说明 易燃液体和蒸气，吞咽有害，皮肤接触有害，吸入有害，造成严重眼刺激，可能引起呼吸道刺激

防范说明

预防措施 远离热源、火花、明火、热表面。禁止吸烟。保持容器密闭。容器和接收设备接地连接。使用防爆电器、通风、照明设备。只能使用不产生火花的工具。采取防止静电措施。戴防护手套、防护眼镜、防护面罩，穿防护服。避免接触眼睛、皮肤，操作后彻底清洗。作业场所不得进食、饮水或吸烟。避免吸入蒸气、雾。仅在室外或通风良好处操作

事故响应 火灾时，使用抗溶性泡沫、干粉、二氧化碳、砂土灭火。如吸入：将患者转移到空气新鲜处，休息，保持利于呼吸的体位。皮肤接触：立即脱掉所有被污染的衣服，用大量肥皂水和水清洗，如感觉不适，呼叫中毒控制中心或就医。被污染的衣服须经洗净后方可重新使用。如接触眼睛：用水细心冲洗数分钟。如戴隐形眼镜并可方便地取出，取出隐形眼镜继续冲洗。如果眼睛刺激持续：就医。食入：漱口，如果感觉不适，立即呼叫中毒控制中心或就医

安全储存 存放在通风良好的地方。保持低温

废弃处置 本品及内装物、容器依据国家和地方法规处置

物理和化学危险 易燃，其蒸气与空气混合，能形成爆炸性混合物

健康危害 接触本品可出现疲乏、全身无力、嗜睡等，重者出现神经系统症状，如步态不稳、短暂意识丧失等

环境危害 对环境可能有害

第三部分 成分/组成信息

√物质 混合物

组分	浓度	CAS No.
2-甲基吡啶		109-06-8

第四部分 急救措施

吸入 迅速脱离现场至空气新鲜处。保持呼吸道通畅。如呼吸困难，给输氧。如呼吸、心跳停止，立即进行心肺复苏术。就医

皮肤接触 立即脱去污染的衣着，用流动清水彻底冲洗。就医

眼睛接触 立即分开眼睑，用流动清水或生理盐水彻底冲洗。就医

食入 漱口，饮水。就医

对保护施救者的忠告 根据需要使用个人防护设备

对医生的特别提示 对症处理

第五部分 消防措施

灭火剂 用抗溶性泡沫、干粉、二氧化碳、砂土灭火

特别危险性 受热分解放出有毒烟气。燃烧生成有害的一氧化碳、氮氧化物

灭火注意事项及防护措施 消防人员须佩戴防毒面具、穿全身消防服，在上风向灭火。尽可能将容器从火场移至空旷处。喷水保持火场容器冷却，直至灭火结束。容器突然发出异常声音或出现异常现象，应立即撤离

第六部分 泄漏应急处理

作业人员防护措施、防护装备和应急处置程序 消除所有点火源。根据液体流动和蒸气扩散的影响区域划定警戒区，无关人员从侧风、上风向撤离至安全区。建议应急处理人员戴正压自给式呼吸器，穿防毒、防静电服，戴橡胶耐油手套。作业时使用的所有设备应接地。禁止接触或跨越泄漏物。尽可能切断泄漏源

环境保护措施 防止泄漏物进入水体、下水道、地下室或有限空间

泄漏化学品的收容、清除方法及所使用的处置材料 小量泄漏：用砂土或其他不燃材料吸收。也可以用大量水冲洗，洗水稀释后放入废水系统。使用洁净的无火花工具收集吸收材料。大量泄漏：构筑围堤或挖坑收容。用泡沫覆盖，减少蒸发。喷水雾能减少蒸发，但不能降低泄漏物在有限空间内的易燃性。用防爆泵转移至槽车或专用收集器内

第七部分 操作处置与储存

操作注意事项 密闭操作，全面通风。操作人员必须经过专门培训，严格遵守操作规程。建议操作人员佩戴过滤式防毒面具（半面罩），戴化学安全防护眼镜，穿防毒物渗透工作服，戴橡胶耐油手套。远离火种、热源。工作场所严禁吸烟。使用防爆型的通风系统和设备。防止蒸气泄漏到工作场所空气中。避免与氧化剂、酸类接触。充装要控制流速，防止静电积聚。搬运时要轻装轻卸，防止包装及容器损坏。配备相应品种和数量的消防器材及泄漏应急处理设备。倒空的容器可能残留有害物

储存注意事项 储存于阴凉、通风的库房。远离火种、热源。库温不宜超过37℃。保持容器密封。应与氧化剂、酸类等分开存放，切忌混储。采用防爆型照明、通风设施。禁止使用易产生火花的机械设备和工具。储区应备有泄漏应急处理设备和合适的收容材料

第八部分 接触控制/个体防护

职业接触限值

中国 未制定标准

美国(ACGIH) 未制定标准

生物接触限值 未制定标准

监测方法 空气中有毒物质测定方法：未制定标准。生物监测检验方法：未制定标准

工程控制 生产过程密闭，全面通风。提供安全的淋浴和洗眼设备

个体防护装备

呼吸系统防护 可能接触其蒸气时，应该佩戴过滤式防毒面具（半面罩）。必要时佩戴空气呼吸器

眼睛防护 戴化学安全防护眼镜

皮肤和身体防护 穿防毒物渗透工作服

手防护 戴橡胶耐油手套

第九部分 理化特性

外观与性状 无色液体，有特殊气味

pH值 无资料 **熔点(℃)** －70

沸点(℃) 128～129 **相对密度(水＝1)** 0.95

相对蒸气密度(空气＝1) 3.2

饱和蒸气压(kPa) 1.2（20℃）

燃烧热(kJ/mol) －3414.7 **临界温度(℃)** 无资料

临界压力(MPa) 4.6 **辛醇/水分配系数** 1.11

闪点(℃) 39（OC） **自燃温度(℃)** 538

爆炸下限(%) 1.4 **爆炸上限(%)** 8.6

分解温度(℃) 无资料 **黏度(mPa·s)** 无资料

溶解性 与水混溶，溶于多数有机溶剂

第十部分 稳定性和反应性

稳定性 稳定

危险反应 与强氧化剂等禁配物接触，有发生火灾和爆炸的危险

避免接触的条件 受热

禁配物 酸类、酰基氯、强氧化剂、氯仿

危险的分解产物 无资料

第十一部分 毒理学信息

急性毒性 LD_{50}：790mg/kg（大鼠经口）；529mg/kg（小鼠经口）；410mg/kg（兔经皮）

皮肤刺激或腐蚀 家兔经皮：470mg，轻度刺激（开放性刺激试验）

眼睛刺激或腐蚀 家兔经眼：750μg，重度刺激

呼吸或皮肤过敏 无资料 **生殖细胞突变性** 无资料

致癌性 无资料 **生殖毒性** 无资料

特异性靶器官系统毒性-一次接触 无资料

特异性靶器官系统毒性-反复接触 无资料

吸入危害 无资料

第十二部分 生态学信息

生态毒性 LC_{50}：897mg/L（96h）（黑头呆鱼，动态）

持久性和降解性

生物降解性 无资料

非生物降解性 空气中，当羟基自由基浓度为5.00×10^5个/cm^3时，降解半衰期为15d（理论）

潜在的生物累积性 根据K_{ow}值预测，该物质的生物累积性可能较弱

土壤中的迁移性 根据 K_{oc} 值预测，该物质可能易发生迁移

第十三部分 废弃处置

废弃化学品 建议用焚烧法处置。焚烧炉排出的氮氧化物通过洗涤器除去

污染包装物 将容器返还生产商或按照国家和地方法规处置

废弃注意事项 处置前应参阅国家和地方有关法规

第十四部分 运输信息

联合国危险货物编号（UN号） 2313

联合国运输名称 甲基吡啶

联合国危险性类别 3 **包装类别** Ⅲ类包装

包装标志  **海洋污染物** 否

运输注意事项 运输时运输车辆应配备相应品种和数量的消防器材及泄漏应急处理设备。夏季最好早晚运输。运输时所用的槽（罐）车应有接地链，槽内可设孔隔板以减少震荡产生的静电。严禁与氧化剂、酸类等混装混运。运输途中应防曝晒、雨淋，防高温。中途停留时应远离火种、热源、高温区。装运该物品的车辆排气管必须配备阻火装置，禁止使用易产生火花的机械设备和工具装卸。公路运输时要按规定路线行驶，勿在居民区和人口稠密区停留。铁路运输时要禁止溜放。严禁用木船、水泥船散装运输

第十五部分 法规信息

下列法律、法规、规章和标准，对该化学品的管理作了相应的规定。

中华人民共和国职业病防治法 职业病分类和目录：未列入

危险化学品安全管理条例 危险化学品目录：列入。易制爆危险化学品名录：未列入。重点监管的危险化学品名录：未列入。GB 18218—2009《危险化学品重大危险源辨识》（表1）：未列入

使用有毒物品作业场所劳动保护条例 高毒物品目录：未列入

易制毒化学品管理条例 易制毒化学品的分类和品种目录：未列入

国际公约 斯德哥尔摩公约：未列入。鹿特丹公约：未列入。蒙特利尔议定书：未列入

第十六部分 其他信息

编写和修订信息 **缩略语和首字母缩写**

培训建议 **参考文献**

免责声明

甲基丙烯酸

第一部分 化学品标识

化学品中文名 甲基丙烯酸；异丁烯酸

化学品英文名 methacrylic acid；2-methylpropenoic acid

分子式 $C_4H_6O_2$ **相对分子质量** 86.10

结构式 (结构式：$CH_2=C(CH_3)COOH$，O / OH)

化学品的推荐及限制用途 用于有机合成及聚合物制备

第二部分 危险性概述

紧急情况概述 吞咽有害，皮肤接触有害，造成严重的皮肤灼伤和眼损伤

GHS危险性类别 急性毒性-经口，类别4；急性毒性-经皮，类别4；皮肤腐蚀/刺激，类别1A；严重眼损伤/眼刺激，类别1；特异性靶器官毒性-一次接触，类别3（呼吸道刺激）；危害水生环境-急性危害，类别3

标签要素

象形图 

警示词 危险

危险性说明 吞咽有害，皮肤接触有害，造成严重的皮肤灼伤和眼损伤，可能引起呼吸道刺激，对水生生物有害

防范说明

预防措施 避免吸入烟雾。避免接触眼睛、皮肤，操作后彻底清洗。作业场所不得进食、饮水或吸烟。戴防护手套，穿防护服，戴防护眼镜、防护面罩。禁止排入环境

事故响应 如吸入：将患者转移到空气新鲜处，休息，保持利于呼吸的体位。皮肤（或头发）接触：立即脱掉所有被污染的衣服，用大量肥皂水和水清洗，如感觉不适，呼叫中毒控制中心或就医。被污染的衣服须经洗净后方可重新使用。接触眼睛：用水细心冲洗数分钟。如戴隐形眼镜并可方便地取出，取出隐形眼镜继续冲洗。食入：漱口，不要催吐，如果感觉不适，立即呼叫中毒控制中心或就医

安全储存 上锁保管

废弃处置 本品及内装物、容器依据国家和地方法规处置

物理和化学危险 可燃，其蒸气与空气混合，能形成爆炸性混合物。容易自聚

健康危害 本品对鼻、喉有刺激性；高浓度接触可能引起肺部改变。对皮肤有刺激性，可致灼伤。眼接触可致灼伤，造成永久性损害

慢性影响 可能引起肺、肝、肾损害。对皮肤有致敏性，致敏后，即使接触极低水平的本品，也能引起皮肤刺痒和皮疹

环境危害 对水生生物有害

第三部分 成分/组成信息

√物质		混合物
组分	**浓度**	**CAS No.**
甲基丙烯酸		79-41-4

第四部分 急救措施

吸入 迅速脱离现场至空气新鲜处。保持呼吸道通畅。如呼吸困难，给输氧。如呼吸、心跳停止，立即进行心肺复苏术。就医

皮肤接触 立即脱去污染的衣着，用大量流动清水彻底冲洗至少15min。就医

眼睛接触 立即分开眼睑，用流动清水或生理盐水彻底冲洗至少15min。就医

食入 用水漱口，禁止催吐。给饮牛奶或蛋清。就医

对保护施救者的忠告 根据需要使用个人防护设备

对医生的特别提示 对症处理

第五部分 消防措施

灭火剂 用雾状水、抗溶性泡沫、干粉、二氧化碳灭火

特别危险性 与氧化剂能发生强烈反应。若遇高热，可发生聚合反应，放出大量热量而引起容器破裂和爆炸事故。具有腐蚀性。燃烧生成有害的一氧化碳

灭火注意事项及防护措施 消防人员必须穿全身耐酸碱消防服、佩戴空气呼吸器灭火。尽可能将容器从火场移至空旷处。喷水保持火场容器冷却，直至灭火结束。容器突然发出异常声音或出现异常现象，应立即撤离

第六部分 泄漏应急处理

作业人员防护措施、防护装备和应急处置程序 消除所有点火源。根据液体流动和蒸气扩散的影响区域划定警戒区，无关人员从侧风、上风向撤离至安全区。建议应急处理人员戴正压自给式呼吸器，穿防静电、防腐服，戴橡胶耐酸碱手套。穿上适当的防护服前严禁接触破裂的容器和泄漏物。尽可能切断泄漏源

环境保护措施 防止泄漏物进入水体、下水道、地下室或有限空间

泄漏化学品的收容、清除方法及所使用的处置材料 小量泄漏：用干燥的砂土或其他不燃材料吸收或覆盖，收集于容器中。大量泄漏：构筑围堤或挖坑收容。用石灰（CaO）、碎石灰石（$CaCO_3$）或碳酸氢钠（$NaHCO_3$）中和。用防爆、耐腐蚀泵转移至槽车或专用收集器内

第七部分 操作处置与储存

操作注意事项 密闭操作，加强通风。操作人员必须经过专门培训，严格遵守操作规程。建议操作人员佩戴直接式防毒面具（半面罩），戴化学安全防护眼镜，穿防酸碱工作服，戴橡胶耐酸碱手套。远离火种、热源。工作场所严禁吸烟。使用防爆型的通风系统和设备。防止蒸气泄漏到工作场所空气中。避免与氧化剂、胺类、碱类接触。搬运时要轻装轻卸，防止包装及容器损坏。配备相应品种和数量的消防器材及泄漏应急处理设备。倒空的容器可能残留有害物

储存注意事项 通常商品加有阻聚剂。储存于阴凉、通风的库房。远离火种、热源。包装要求密封，不可与空气接触。应与氧化剂、胺类、碱类分开存放，切忌混储。不宜大量储存或久存。配备相应品种和数量的消防器材。储区应备有泄漏应急处理设备和合适的收容材料

第八部分 接触控制/个体防护

职业接触限值

中国 PC-TWA：70mg/m^3

美国(ACGIH) TLV-TWA：20ppm

生物接触限值 未制定标准

监测方法 空气中有毒物质测定方法：未制定标准。生物监测检验方法：未制定标准

工程控制 生产过程密闭，加强通风。提供安全的淋浴和洗眼设备

个体防护装备

呼吸系统防护 空气中浓度超标时，佩戴过滤式防毒面具（半面罩）

眼睛防护 戴化学安全防护眼镜

皮肤和身体防护 穿防酸碱工作服

手防护 戴橡胶耐酸碱手套

第九部分 理化特性

外观与性状 无色结晶或透明液体，有刺激性气味

pH值 无资料 **熔点(℃)** 16

沸点(℃) 160～163 **相对密度(水=1)** 1.02

相对蒸气密度(空气=1) 2.97

饱和蒸气压(kPa) 1.33（60.6℃）

燃烧热(kJ/mol) 无资料 **临界温度(℃)** 无资料

临界压力(MPa) 4.7 **辛醇/水分配系数** 0.93

闪点(℃) 77（OC） **自燃温度(℃)** 435

爆炸下限(%) 1.6 **爆炸上限(%)** 8.7

分解温度(℃) 无资料

黏度(mPa·s) 1.38（24℃）

溶解性 溶于水，溶于乙醇、乙醚等多数有机溶剂

第十部分 稳定性和反应性

稳定性 稳定

危险反应 与强氧化剂等禁配物接触，有发生火灾和爆炸的危险。易发生聚合反应放出大量热量

避免接触的条件 光照、受热、紫外线、接触空气

禁配物 强氧化剂、胺类、强碱

危险的分解产物 无资料

第十一部分 毒理学信息

急性毒性 LD_{50}：1600mg/kg（小鼠经口）；500mg/kg（兔经皮）

皮肤刺激或腐蚀 无资料 **眼睛刺激或腐蚀** 无资料

呼吸或皮肤过敏 无资料

生殖细胞突变性 DNA加合物：大肠杆菌50μmol/L

致癌性 无资料 **生殖毒性** 无资料

特异性靶器官系统毒性-一次接触 无资料

特异性靶器官系统毒性-反复接触 大鼠吸入4.5g/m^3（5h），5次，出现鼻眼刺激，体重减轻，血与尿检验

正常，解剖内脏正常

吸入危害 无资料

第十二部分 生态学信息

生态毒性

LC_{50} 85mg/L（96h）（鱼）

ErC_{50} 14mg/L（72h）（羊角月牙藻）

持久性和降解性

生物降解性 易快速生物降解

非生物降解性 空气中，当羟基自由基浓度为5.00×10^5个/cm^3时，降解半衰期为21h（理论）

潜在的生物累积性 根据K_{ow}值预测，该物质的生物累积性可能较弱

土壤中的迁移性 根据K_{oc}值预测，该物质可能易发生迁移

第十三部分 废弃处置

废弃化学品 建议用焚烧法处置

废弃化学品 将容器返还生产商或按照国家和地方法规处置

废弃注意事项 处置前应参阅国家和地方有关法规

第十四部分 运输信息

联合国危险货物编号（UN号） 2531

联合国运输名称 甲基丙烯酸，稳定的

联合国危险性类别 8 **包装类别** Ⅱ类包装

包装标志 

海洋污染物 否

运输注意事项 起运时包装要完整，装载应稳妥。运输过程中要确保容器不泄漏、不倒塌、不坠落、不损坏。严禁与氧化剂、胺类、碱类、食用化学品等混装混运。运输时运输车辆应配备相应品种和数量的消防器材及泄漏应急处理设备。运输途中应防曝晒、雨淋，防高温。公路运输时要按规定路线行驶，勿在居民区和人口稠密区停留

第十五部分 法规信息

下列法律、法规、规章和标准，对该化学品的管理作了相应的规定。

中华人民共和国职业病防治法 职业病分类和目录：未列入

危险化学品安全管理条例 危险化学品目录：列入。易制爆危险化学品名录：未列入。重点监管的危险化学品名录：未列入。GB 18218—2009《危险化学品重大危险源辨识》（表1）：未列入

使用有毒物品作业场所劳动保护条例 高毒物品目录：未列入

易制毒化学品管理条例 易制毒化学品的分类和品种目录：未列入

国际公约 斯德哥尔摩公约：未列入。鹿特丹公约：未列入。蒙特利尔议定书：未列入

第十六部分 其他信息

编写和修订信息 **缩略语和首字母缩写**

培训建议 **参考文献**

免责声明

甲基丙烯酸甲酯

第一部分 化学品标识

化学品中文名 甲基丙烯酸甲酯；α-甲基丙烯酸甲酯；异丁烯酸甲酯；牙托水；有机玻璃单体

化学品英文名 methyl methacrylate；methacrylic acid methyl ester；MMA

分子式 $C_5H_8O_2$ **相对分子质量** 100.11

结构式

化学品的推荐及限制用途 用作有机玻璃的单体，也用于制造其他树脂、塑料、涂料、黏合剂、润滑剂、木材和软木的浸润剂、纸张上光剂等

第二部分 危险性概述

紧急情况概述 高度易燃液体和蒸气，可能导致皮肤过敏反应

GHS危险性类别 易燃液体，类别2；皮肤腐蚀/刺激，类别2；皮肤致敏物，类别1；特异性靶器官毒性-一次接触，类别3（呼吸道刺激）；危害水生环境-急性危害，类别3

标签要素

象形图 

警示词 危险

危险性说明 高度易燃液体和蒸气，造成皮肤刺激，可能导致皮肤过敏反应，可能引起呼吸道刺激，对水生生物有害

防范说明

预防措施 远离热源、火花、明火、热表面。禁止吸烟。保持容器密闭。容器和接收设备接地连接。使用防爆电器、通风、照明设备。只能使用不产生火花的工具。采取防止静电措施。戴防护手套、防护眼镜、防护面罩。避免接触眼睛、皮肤，操作后彻底清洗。避免吸入蒸气、雾。污染的工作服不得带出工作场所。禁止排入环境

事故响应 火灾时，使用泡沫、二氧化碳、干粉、砂土灭火。皮肤接触：立即脱掉所有被污染的衣服，用大量肥皂水和水清洗。如发生皮肤刺激，就医。如出现皮肤刺激或皮疹：就医。污染的衣服清洗后方可重新使用

安全储存 存放在通风良好的地方。保持低温

废弃处置 本品及内装物、容器依据国家和地方法规处置

物理和化学危险 高度易燃，其蒸气与空气混合，能形成

爆炸性混合物。容易自聚

健康危害 本品有麻醉作用，有刺激性

急性中毒 表现有黏膜刺激症状、乏力、恶心、反复呕吐、头痛、头晕、胸闷，可有意识障碍

慢性影响 长期接触可致萎缩性鼻炎、结膜炎和植物神经功能障碍。对皮肤有致敏性

环境危害 对水生生物有害

第三部分 成分/组成信息

√物质		混合物
组分	**浓度**	**CAS No.**
甲基丙烯酸甲酯		80-62-6

第四部分 急救措施

吸入 迅速脱离现场至空气新鲜处。保持呼吸道通畅。如呼吸困难，给输氧。如呼吸、心跳停止，立即进行心肺复苏术。就医

皮肤接触 立即脱去污染的衣着，用流动清水彻底冲洗。就医

眼睛接触 立即分开眼睑，用流动清水或生理盐水彻底冲洗。就医

食入 漱口，饮水。就医

对保护施救者的忠告 根据需要使用个人防护设备

对医生的特别提示 对症处理

第五部分 消防措施

灭火剂 用泡沫、二氧化碳、干粉、砂土灭火

特别危险性 在受热、光和紫外线的作用下易发生聚合，黏度逐渐增加，严重时整个容器的单体可全部发生不规则爆发性聚合。蒸气比空气重，沿地面扩散并易积存于低洼处，遇火源会着火回燃。燃烧生成有害的一氧化碳

灭火注意事项及防护措施 消防人员须佩戴防毒面具、穿全身消防服，在上风向灭火。尽可能将容器从火场移至空旷处。喷水保持火场容器冷却，直至灭火结束。容器突然发出异常声音或出现异常现象，应立即撤离。遇大火，消防人员须在有防护掩蔽处操作

第六部分 泄漏应急处理

作业人员防护措施、防护装备和应急处置程序 消除所有点火源。根据液体流动和蒸气扩散的影响区域划定警戒区，无关人员从侧风、上风向撤离至安全区。建议应急处理人员戴正压自给式呼吸器，穿防静电服，戴橡胶耐油手套。作业时使用的所有设备应接地。禁止接触或跨越泄漏物。尽可能切断泄漏源

环境保护措施 防止泄漏物进入水体、下水道、地下室或有限空间

泄漏化学品的收容、清除方法及所使用的处置材料 小量泄漏：用砂土或其他不燃材料吸收，使用洁净的无火花工具收集吸收材料。大量泄漏：构筑围堤或挖坑收容。用砂土、惰性物质或蛭石吸收大量液体。用泡沫覆盖，减少蒸发。喷水雾能减少蒸发，但不能降低泄漏物在有限空间内的易燃性。用防爆泵转移至槽车或专用收集器内

第七部分 操作处置与储存

操作注意事项 密闭操作，加强通风。操作人员必须经过专门培训，严格遵守操作规程。建议操作人员佩戴自吸过滤式防毒面具（半面罩），戴化学安全防护眼镜，穿防静电工作服，戴橡胶耐油手套。远离火种、热源。工作场所严禁吸烟。使用防爆型的通风系统和设备。防止蒸气泄漏到工作场所空气中。避免与氧化剂、酸类、碱类、卤素接触。充装要控制流速，防止静电积聚。搬运时要轻装轻卸，防止包装及容器损坏。配备相应品种和数量的消防器材及泄漏应急处理设备。倒空的容器可能残留有害物

储存注意事项 通常商品加有阻聚剂。储存于阴凉、通风的库房。远离火种、热源。避光保存。库温不宜超过37℃。包装要求密封，不可与空气接触。应与氧化剂、酸类、碱类、卤素等分开存放，切忌混储。不宜大量储存或久存。采用防爆型照明、通风设施。禁止使用易产生火花的机械设备和工具。储区应备有泄漏应急处理设备和合适的收容材料

第八部分 接触控制/个体防护

职业接触限值

中国 PC-TWA（mg/m^3）：$100mg/m^3$［敏］

美国（ACGIH） TLV-TWA：50ppm；TLV-STEL：100ppm［敏］

生物接触限值 未制定标准

监测方法 空气中有毒物质测定方法：直接进样-气相色谱法。生物监测检验方法：未制定标准

工程控制 生产过程密闭，加强通风

个体防护装备

呼吸系统防护 可能接触其蒸气时，应该佩戴过滤式防毒面具（半面罩）

眼睛防护 戴化学安全防护眼镜

皮肤和身体防护 穿防静电工作服

手防护 戴橡胶耐油手套

第九部分 理化特性

外观与性状 无色易挥发液体，并具有强辣味

pH值 无资料 **熔点(℃)** −48

沸点(℃) 100.5

相对密度(水=1) 0.94（20℃）

相对蒸气密度(空气=1) 3.45

饱和蒸气压(kPa) 3.9（20℃）

燃烧热(kJ/mol) −2642.9 **临界温度(℃)** 294

临界压力(MPa) 3.3 **辛醇/水分配系数** 1.38

闪点(℃) 10（OC）

自燃温度(℃) 421～435 **爆炸下限(%)** 2.1

爆炸上限(%) 12.5 **分解温度(℃)** 无资料

黏度(mPa·s) 0.6（20℃）

溶解性 微溶于水，溶于乙醇等多数有机溶剂

第十部分 稳定性和反应性

稳定性 稳定

危险反应 与强氧化剂等禁配物接触，有发生火灾和爆炸的危险。易发生聚合反应

避免接触的条件 受热、光照、紫外线、接触空气

禁配物 氧化剂、酸类、碱类、还原剂、过氧化物、胺类、卤素

危险的分解产物 无资料

第十一部分 毒理学信息

急性毒性

LD_{50} 7872mg/kg（大鼠经口）

LC_{50} 78000mg/m^3（大鼠吸入，4h）

皮肤刺激或腐蚀 无资料 **眼睛刺激或腐蚀** 无资料

呼吸或皮肤过敏 无资料

生殖细胞突变性 细胞遗传学分析：小鼠淋巴细胞 2202mg/L

致癌性 无资料

生殖毒性 大鼠孕后6～15d吸入最低中毒剂量（TCLo）109g/m^3（17min），致肌肉骨骼系统发育畸形。大鼠吸入最低中毒浓度（TCLo）：109g/kg（孕6～15d用药），致胚胎毒性，对肌肉骨骼系统有影响

特异性靶器官系统毒性-一次接触 无资料

特异性靶器官系统毒性-反复接触 狗吸入11700ppm，每天1.5h，共8d，可引起动物死亡，尸检可见肝、肾脂肪变性

吸入危害 无资料

第十二部分 生态学信息

生态毒性

TLm 499～159mg/L（24～96h）（黑头呆鱼）；368～232mg/L（24～96h）（蓝鳃太阳鱼）；423～277mg/L（24～96h）（金鱼）

EC_{50} 69mg/L（48h）（水蚤）

持久性和降解性

生物降解性 MITI-I测试，初始浓度100ppm，污泥浓度30ppm，2周后降解94%

非生物降解性 空气中，当羟基自由基浓度为5.00×10^{5}个/cm^{3}时，降解半衰期为7.4h（理论）；当pH值为7、8、9、11时，水解半衰期分别为4a、140d、14d、3.4h（理论）

潜在的生物累积性 根据K_{ow}值预测，该物质的生物累积性可能较弱

土壤中的迁移性 根据K_{oc}值预测，该物质可能易发生迁移

第十三部分 废弃处置

废弃化学品 建议用焚烧法处置

污染包装物 将容器返还生产商或按照国家和地方法规处置

废弃注意事项 处置前应参阅国家和地方有关法规

第十四部分 运输信息

联合国危险货物编号（UN号） 1247

联合国运输名称 单体丙烯酸甲酯，稳定的

联合国危险性类别 3 **包装类别** Ⅱ类包装

包装标志  **海洋污染物** 否

运输注意事项 运输时运输车辆应配备相应品种和数量的消防器材及泄漏应急处理设备。夏季最好早晚运输。运输时所用的槽（罐）车应有接地链，槽内可设孔隔板以减少震荡产生的静电。严禁与氧化剂、酸类、碱类、卤素、食用化学品等混装混运。运输途中应防曝晒、雨淋，防高温。中途停留时应远离火种、热源、高温区。装运该物品的车辆排气管必须配备阻火装置，禁止使用易产生火花的机械设备和工具装卸。公路运输时要按规定路线行驶，勿在居民区和人口稠密区停留。铁路运输时要禁止溜放。严禁用木船、水泥船散装运输

第十五部分 法规信息

下列法律、法规、规章和标准，对该化学品的管理作了相应的规定。

中华人民共和国职业病防治法 职业病分类和目录：未列入

危险化学品安全管理条例 危险化学品目录：列入。易制爆危险化学品名录：未列入。重点监管的危险化学品名录：未列入。GB 18218—2009《危险化学品重大危险源辨识》（表1）：未列入

使用有毒物品作业场所劳动保护条例 高毒物品目录：未列入

易制毒化学品管理条例 易制毒化学品的分类和品种目录：未列入

国际公约 斯德哥尔摩公约：未列入。鹿特丹公约：未列入。蒙特利尔议定书：未列入

第十六部分 其他信息

编写和修订信息 **缩略语和首字母缩写**

培训建议 **参考文献**

免责声明

甲基丙烯酸异丁酯

第一部分 化学品标识

化学品中文名 甲基丙烯酸异丁酯；异丁烯酸异丁酯

化学品英文名 isobutyl methacrylate; methacrylic acid isobutyl ester

分子式 $C_8H_{14}O_2$ **相对分子质量** 142.22

结构式

化学品的推荐及限制用途 作为有机合成的单体，用于合成树脂、塑料和涂料等

第二部分 危险性概述

紧急情况概述 易燃液体和蒸气，可能导致皮肤过敏反应

GHS危险性类别 易燃液体，类别3；皮肤腐蚀/刺激，

类别 2；严重眼损伤/眼刺激，类别 2；皮肤致敏物，类别 1；特异性靶器官毒性-一次接触，类别 3（呼吸道刺激）；危害水生环境-急性危害，类别 1

标签要素

象形图 

警示词 警告

危险性说明 易燃液体和蒸气，造成皮肤刺激，造成严重眼刺激，可能导致皮肤过敏反应，可能引起呼吸道刺激，对水生生物毒性非常大

防范说明

预防措施 远离热源、火花、明火、热表面。禁止吸烟。保持容器密闭。容器和接收设备接地连接。使用防爆电器、通风、照明设备。只能使用不产生火花的工具。采取防止静电措施。戴防护手套、防护眼镜、防护面罩。避免接触眼睛、皮肤，操作后彻底清洗。避免吸入蒸气、雾。污染的工作服不得带出工作场所。禁止排入环境

事故响应 火灾时，使用泡沫、干粉、二氧化碳、砂土灭火。皮肤接触：立即脱掉所有被污染的衣服，用大量肥皂水和水清洗。如出现皮肤刺激或皮疹：就医。被污染的衣服经洗净后方可重新使用。如接触眼睛：用水细心冲洗数分钟。如戴隐形眼镜并可方便地取出，取出隐形眼镜继续冲洗。如果眼睛刺激持续：就医。收集泄漏物

安全储存 存放在通风良好的地方。保持低温

废弃处置 本品及内装物、容器依据国家和地方法规处置

物理和化学危险 易燃，其蒸气与空气混合，能形成爆炸性混合物。容易自聚

健康危害 蒸气对眼、呼吸道有刺激性。对皮肤有刺激性和致敏性

环境危害 对水生生物毒性非常大

第三部分 成分/组成信息

√物质 混合物

组分	浓度	CAS No.
甲基丙烯酸异丁酯		97-86-9

第四部分 急救措施

吸入 迅速脱离现场至空气新鲜处。保持呼吸道通畅。如呼吸困难，给输氧。如呼吸、心跳停止，立即进行心肺复苏术。就医

皮肤接触 立即脱去污染的衣着，用流动清水彻底冲洗。就医

眼睛接触 立即分开眼睑，用流动清水或生理盐水彻底冲洗。就医

食入 漱口，饮水。就医

对保护施救者的忠告 根据需要使用个人防护设备

对医生的特别提示 对症处理

第五部分 消防措施

灭火剂 用泡沫、干粉、二氧化碳、砂土灭火

特别危险性 在受热、光和紫外线的作用下易发生聚合，黏度逐渐增加，严重时整个容器的单体可全部发生不规则爆发性聚合。蒸气比空气重，沿地面扩散并易积存于低洼处，遇火源会着火回燃。燃烧生成有害的一氧化碳

灭火注意事项及防护措施 消防人员须佩戴防毒面具、穿全身消防服，在上风向灭火。尽可能将容器从火场移至空旷处。喷水保持火场容器冷却，直至灭火结束。容器突然发出异常声音或出现异常现象，应立即撤离。遇大火，消防人员须在有防护掩蔽处操作

第六部分 泄漏应急处理

作业人员防护措施、防护装备和应急处置程序 消除所有点火源。根据液体流动和蒸气扩散的影响区域划定警戒区，无关人员从侧风、上风向撤离至安全区。建议应急处理人员戴正压自给式呼吸器，穿防静电服，戴橡胶耐油手套。作业时使用的所有设备应接地。禁止接触或跨越泄漏物。尽可能切断泄漏源

环境保护措施 防止泄漏物进入水体、下水道、地下室或有限空间

泄漏化学品的收容、清除方法及所使用的处置材料 小量泄漏：用砂土或其他不燃材料吸收，使用洁净的无火花工具收集吸收材料。大量泄漏：构筑围堤或挖坑收容。用泡沫覆盖，减少蒸发。喷水雾能减少蒸发，但不能降低泄漏物在有限空间内的易燃性。用防爆泵转移至槽车或专用收集器内

第七部分 操作处置与储存

操作注意事项 密闭操作，注意通风。操作人员必须经过专门培训，严格遵守操作规程。建议操作人员佩戴直接式防毒面具（半面罩），戴化学安全防护眼镜，穿防静电工作服，戴橡胶耐油手套。远离火种、热源。工作场所严禁吸烟。使用防爆型的通风系统和设备。防止蒸气泄漏到工作场所空气中。避免与氧化剂、酸类、碱类接触。充装要控制流速，防止静电积聚。搬运时要轻装轻卸，防止包装及容器损坏。配备相应品种和数量的消防器材及泄漏应急处理设备。倒空的容器可能残留有害物

储存注意事项 通常商品加有阻聚剂。储存于阴凉、通风的库房。库温不宜超过 37℃。远离火种、热源。包装要求密封，不可与空气接触。应与氧化剂、酸类、碱类分开存放，切忌混储。不宜大量储存或久存。采用防爆型照明、通风设施。禁止使用易产生火花的机械设备和工具。储区应备有泄漏应急处理设备和合适的收容材料

第八部分 接触控制/个体防护

职业接触限值

中国 未制定标准

美国(ACGIH) 未制定标准

生物接触限值 未制定标准

监测方法 空气中有毒物质测定方法：未制定标准。生物监测检验方法：未制定标准

工程控制 密闭操作，注意通风。提供安全的淋浴和洗眼设备

个体防护装备

呼吸系统防护 空气中浓度超标时，应该佩戴过滤式防毒面具（半面罩）。必要时，佩戴过滤式防毒面具（全面罩）或空气呼吸器

眼睛防护 必要时，戴化学安全防护眼镜

皮肤和身体防护 穿防静电工作服

手防护 戴橡胶耐油手套

第九部分 理化特性

外观与性状 无色透明液体

pH 值 无资料 **熔点(℃)** −60.9

沸点(℃) 155 **相对密度(水=1)** 0.89

相对蒸气密度(空气=1) 4.91

饱和蒸气压(kPa) 0.48 (25℃)

燃烧热(kJ/mol) 无资料 **临界温度(℃)** 无资料

临界压力(MPa) 2.67 **辛醇/水分配系数** 2.66

闪点(℃) 35 (CC) **自燃温度(℃)** 294

爆炸下限(%) 2.0 **爆炸上限(%)** 8

分解温度(℃) 无资料 **黏度(mPa·s)** 无资料

溶解性 不溶于水，易溶于乙醇、乙醚

第十部分 稳定性和反应性

稳定性 稳定

危险反应 与强氧化剂等禁配物接触，有发生火灾和爆炸的危险。易发生聚合反应

避免接触的条件 受热、光照、紫外线、接触空气

禁配物 强氧化剂、强酸、强碱

危险的分解产物 无资料

第十一部分 毒理学信息

急性毒性 LD_{50}：6400～12800mg/kg（大鼠经口）；11990mg/kg（小鼠经口）

皮肤刺激或腐蚀 无资料 **眼睛刺激或腐蚀** 无资料

呼吸或皮肤过敏 无资料 **生殖细胞突变性** 无资料

致癌性 无资料 **生殖毒性** 无资料

特异性靶器官系统毒性-一次接触 无资料

特异性靶器官系统毒性-反复接触 无资料

吸入危害 无资料

第十二部分 生态学信息

生态毒性 无资料

持久性和降解性

生物降解性 MITI-I 测试，初始浓度 100ppm，污泥浓度 30ppm，28d 降解 33%

非生物降解性 空气中，当羟基自由基浓度为5.00×10^5个/cm^3时，降解半衰期为 17h（理论）

潜在的生物累积性 根据 K_{ow}值预测，该物质的生物累积性可能较弱

土壤中的迁移性 根据 K_{oc}值预测，该物质可能有一定的迁移性

第十三部分 废弃处置

废弃物性质 危险废物

废弃处置方法 建议用焚烧法处置

废弃注意事项 处置前应参阅国家和地方有关法规

第十四部分 运输信息

联合国危险货物编号（UN 号） 2283

联合国运输名称 甲基丙烯酸异丁酯，稳定的

联合国危险性类别 3 **包装类别** Ⅲ类包装

包装标志 

海洋污染物 否

运输注意事项 运输时运输车辆应配备相应品种和数量的消防器材及泄漏应急处理设备。夏季最好早晚运输。运输时所用的槽（罐）车应有接地链，槽内可设孔隔板以减少震荡产生的静电。严禁与氧化剂、酸类、碱类、食用化学品等混装混运。运输途中应防曝晒、雨淋，防高温。中途停留时应远离火种、热源、高温区。装运该物品的车辆排气管必须配备阻火装置，禁止使用易产生火花的机械设备和工具装卸。公路运输时要按规定路线行驶，勿在居民区和人口稠密区停留。铁路运输时要禁止溜放。严禁用木船、水泥船散装运输

第十五部分 法规信息

下列法律、法规、规章和标准，对该化学品的管理作了相应的规定。

中华人民共和国职业病防治法 职业病分类和目录：未列入

危险化学品安全管理条例 危险化学品目录：列入。易制爆危险化学品名录：未列入。重点监管的危险化学品名录：未列入。GB 18218—2009《危险化学品重大危险源辨识》(表 1)：未列入

使用有毒物品作业场所劳动保护条例 高毒物品目录：未列入

易制毒化学品管理条例 易制毒化学品的分类和品种目录：未列入

国际公约 斯德哥尔摩公约：未列入。鹿特丹公约：未列入。蒙特利尔议定书：未列入

第十六部分 其他信息

编写和修订信息 **缩略语和首字母缩写**

培训建议 **参考文献**

免责声明

甲基丙烯酸乙酯

第一部分 化学品标识

化学品中文名 甲基丙烯酸乙酯；异丁烯酸乙酯

化学品英文名 ethyl methacrylate；ethyl α-methylacrylate

分子式 $C_6H_{10}O_2$ **相对分子质量** 114.16

结构式

化学品的推荐及限制用途 用于制备聚合物和共聚物、合成树脂、有机玻璃和涂料等

第二部分 危险性概述

紧急情况概述 高度易燃液体和蒸气，可能导致皮肤过敏反应

GHS 危险性类别 易燃液体，类别 2；皮肤腐蚀/刺激，类别 2；严重眼损伤/眼刺激，类别 2；皮肤致敏物，类别 1；特异性靶器官毒性—一次接触，类别 3（呼吸道刺激）

标签要素

象形图

警示词 危险

危险性说明 高度易燃液体和蒸气，造成皮肤刺激，造成严重眼刺激，可能导致皮肤过敏反应，可能引起呼吸道刺激

防范说明

预防措施 远离热源、火花、明火、热表面。禁止吸烟。保持容器密闭。容器和接收设备接地连接。使用防爆电器、通风、照明设备。只能使用不产生火花的工具。采取防止静电措施。避免接触眼睛、皮肤，操作后彻底清洗。戴防护手套、防护眼镜、防护面罩。避免吸入蒸气、雾。污染的工作服不得带出工作场所

事故响应 火灾时，使用泡沫、二氧化碳、干粉、砂土灭火。皮肤接触：立即脱掉所有被污染的衣服，用大量肥皂水和水清洗。如出现皮肤刺激或皮疹：就医。污染的衣服清洗后方可重新使用。如接触眼睛：用水细心冲洗数分钟。如戴隐形眼镜并可方便地取出，取出隐形眼镜继续冲洗。如果眼睛刺激持续：就医

安全储存 存放在通风良好的地方。保持低温

废弃处置 本品及内装物、容器依据国家和地方法规处置

物理和化学危险 高度易燃，其蒸气与空气混合，能形成爆炸性混合物。容易自聚

健康危害 蒸气对眼和呼吸系统有刺激性，对中枢神经系统有抑制作用。对皮肤有刺激性和致敏性

环境危害 对环境可能有害

第三部分 成分/组成信息

√物质		混合物
组分	**浓度**	**CAS No.**
甲基丙烯酸乙酯		97-63-2

第四部分 急救措施

吸入 迅速脱离现场至空气新鲜处。保持呼吸道通畅。如呼吸困难，给输氧。如呼吸、心跳停止，立即进行心肺复苏术。就医

皮肤接触 立即脱去污染的衣着，用流动清水彻底冲洗。就医

眼睛接触 立即分开眼睑，用流动清水或生理盐水彻底冲洗。就医

食入 漱口，饮水。就医

对保护施救者的忠告 根据需要使用个人防护设备

对医生的特别提示 对症处理

第五部分 消防措施

灭火剂 用泡沫、二氧化碳、干粉、砂土灭火

特别危险性 在受热、光和紫外线的作用下易发生聚合，黏度逐渐增加，严重时整个容器的单体可全部发生不规则爆发性聚合。蒸气比空气重，沿地面扩散并易积存于低洼处，遇火源会着火回燃。燃烧生成有害的一氧化碳

灭火注意事项及防护措施 消防人员须佩戴防毒面具、穿全身消防服，在上风向灭火。尽可能将容器从火场移至空旷处。喷水保持火场容器冷却，直至灭火结束。容器突然发出异常声音或出现异常现象，应立即撤离。遇大火，消防人员须在有防护掩蔽处操作

第六部分 泄漏应急处理

作业人员防护措施、防护装备和应急处置程序 消除所有点火源。根据液体流动和蒸气扩散的影响区域划定警戒区，无关人员从侧风、上风向撤离至安全区。建议应急处理人员戴正压自给式呼吸器，穿防静电服，戴橡胶耐油手套。作业时使用的所有设备应接地。禁止接触或跨越泄漏物。尽可能切断泄漏源

环境保护措施 防止泄漏物进入水体、下水道、地下室或有限空间

泄漏化学品的收容、清除方法及所使用的处置材料 小量泄漏：用砂土或其他不燃材料吸收，使用洁净的无火花工具收集吸收材料。大量泄漏：构筑围堤或挖坑收容。用抗溶性泡沫覆盖，减少蒸发。喷水雾能减少蒸发，但不能降低泄漏物在有限空间内的易燃性。用防爆泵转移至槽车或专用收集器内

第七部分 操作处置与储存

操作注意事项 密闭操作，注意通风。操作人员必须经过专门培训，严格遵守操作规程。建议操作人员佩戴自吸过滤式防毒面具（半面罩），戴化学安全防护眼镜，穿防静电工作服，戴橡胶耐油手套。远离火种、热源。工作场所严禁吸烟。使用防爆型的通风系统和设备。防止蒸气泄漏到工作场所空气中。避免与氧化剂、酸类、碱类接触。充装要控制流速，防止静电积聚。搬运时要轻装轻卸，防止包装及容器损坏。配备相应品种和数量的消防器材及泄漏应急处理设备。倒空的容器可能残留有害物

储存注意事项 通常商品加有阻聚剂。储存于阴凉、通风的库房。远离火种、热源。避光保存。库温不宜超过37℃。包装要求密封，不可与空气接触。应与氧化剂、酸类、碱类分开存放，切忌混储。不宜大量储存或久存。采用防爆型照明、通风设施。禁止使用易产生火花的机械设备和工具。储区应备有泄漏应急处理设备和合适的收容材料

第八部分 接触控制/个体防护

职业接触限值

中国 未制定标准

美国(ACGIH) 未制定标准

生物接触限值 未制定标准

监测方法 空气中有毒物质测定方法：未制定标准。生物监测检验方法：未制定标准

工程控制 密闭操作，注意通风。提供安全的淋浴和洗眼设备

个体防护装备

呼吸系统防护 可能接触其蒸气时，应该佩戴过滤式防毒面具（半面罩）

眼睛防护 戴化学安全防护眼镜

皮肤和身体防护 穿防静电工作服

手防护 戴橡胶耐油手套

第九部分 理化特性

外观与性状 无色液体，易挥发，有辛辣味

pH 值 无资料 **熔点(℃)** −75

沸点(℃) 117～119

相对密度(水=1) 0.91（25℃）

相对蒸气密度(空气=1) 3.9

饱和蒸气压(kPa) 2.0（20℃）

燃烧热(kJ/mol) −3356.3 **临界温度(℃)** 无资料

临界压力(MPa) 3.25 **辛醇/水分配系数** 1.94

闪点(℃) 20（OC） **自燃温度(℃)** 370

爆炸下限(%) 1.8 **爆炸上限(%)** 9.6

分解温度(℃) 无资料 **黏度(mPa·s)** 无资料

溶解性 微溶于水，可混溶于乙醇、乙醚

第十部分 稳定性和反应性

稳定性 稳定

危险反应 与强氧化剂等禁配物接触，有发生火灾和爆炸的危险。易发生聚合反应

避免接触的条件 受热、光照、紫外线、接触空气

禁配物 强氧化剂、强酸、强碱

危险的分解产物 无资料

第十一部分 毒理学信息

急性毒性

LD_{50} 14800mg/kg（大鼠经口）

LC_{50} 8300ppm（大鼠吸入，4h）

皮肤刺激或腐蚀 无资料 **眼睛刺激或腐蚀** 无资料

呼吸或皮肤过敏 无资料 **生殖细胞突变性** 无资料

致癌性 无资料

生殖毒性 大鼠腹腔最低中毒剂量（TDLo）：735mg/kg（孕5～15d用药），致胚胎毒性

特异性靶器官系统毒性-一次接触 无资料

特异性靶器官系统毒性-反复接触 无资料

吸入危害 无资料

第十二部分 生态学信息

生态毒性 无资料

持久性和降解性

生物降解性 无资料

非生物降解性 空气中，当羟基自由基浓度为5.00×10^5个/cm^3时，降解半衰期为19h（理论）；当pH值为11时，水解半衰期为2.5h

潜在的生物累积性 根据K_{ow}值预测，该物质的生物累积性可能较弱

土壤中的迁移性 根据K_{oc}值预测，该物质可能易发生迁移

第十三部分 废弃处置

废弃化学品 建议用焚烧法处置。把倒空的容器归还厂商或在规定场所掩埋

污染包装物 将容器返还生产商或按照国家和地方法规处置

废弃注意事项 处置前应参阅国家和地方有关法规

第十四部分 运输信息

联合国危险货物编号（UN号） 2277

联合国运输名称 甲基丙烯酸乙酯，稳定的

联合国危险性类别 3 **包装类别** Ⅱ类包装

包装标志  **海洋污染物** 否

运输注意事项 运输时运输车辆应配备相应品种和数量的消防器材及泄漏应急处理设备。夏季最好早晚运输。运输时所用的槽（罐）车应有接地链，槽内可设孔隔板以减少震荡产生的静电。严禁与氧化剂、酸类、碱类、食用化学品等混装混运。运输途中应防曝晒、雨淋，防高温。中途停留时应远离火种、热源、高温区。装运该物品的车辆排气管必须配备阻火装置，禁止使用易产生火花的机械设备和工具装卸。公路运输时要按规定路线行驶，勿在居民区和人口稠密区停留。铁路运输时要禁止溜放。严禁用木船、水泥船散装运输

第十五部分 法规信息

下列法律、法规、规章和标准，对该化学品的管理作了相应的规定。

中华人民共和国职业病防治法 职业病分类和目录：未列入

危险化学品安全管理条例 危险化学品目录：列入。易制爆危险化学品名录：未列入。重点监管的危险化学品名录：未列入。GB 18218—2009《危险化学品重大

危险源辨识》(表 1)：未列入

使用有毒物品作业场所劳动保护条例 高毒物品目录：未列入

易制毒化学品管理条例 易制毒化学品的分类和品种目录：未列入

国际公约 斯德哥尔摩公约：未列入。鹿特丹公约：未列入。蒙特利尔议定书：未列入

第十六部分 其他信息

编写和修订信息 **缩略语和首字母缩写**

培训建议 **参考文献**

免责声明

甲基丙烯酸正丁酯

第一部分 化学品标识

化学品中文名 甲基丙烯酸正丁酯；异丁烯酸正丁酯

化学品英文名 *n*-butyl methacrylate；methacrylic acid *n*-butyl ester

分子式 $C_8H_{14}O_2$ **相对分子质量** 142.22

结构式 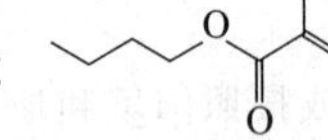

化学品的推荐及限制用途 用于有机合成，制造塑料、光学玻璃的黏结剂以及纺织、皮革及造纸用助剂

第二部分 危险性概述

紧急情况概述 易燃液体和蒸气，可能导致皮肤过敏反应

GHS 危险性类别 易燃液体，类别 3；皮肤腐蚀/刺激，类别 2；严重眼损伤/眼刺激，类别 2；皮肤致敏物，类别 1；特异性靶器官毒性-一次接触，类别 3 (呼吸道刺激)；危害水生环境-急性危害，类别 2

标签要素

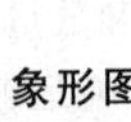

象形图 

警示词 警告

危险性说明 易燃液体和蒸气，造成皮肤刺激，造成严重眼刺激，可能导致皮肤过敏反应，可能引起呼吸道刺激，对水生生物有毒

防范说明

预防措施 远离热源、火花、明火、热表面。禁止吸烟。保持容器密闭。容器和接收设备接地、连接。使用防爆电器、通风、照明设备。只能使用不产生火花的工具。采取防止静电措施。戴防护手套、防护眼镜、防护面罩。避免接触眼睛、皮肤，操作后彻底清洗。避免吸入蒸气、雾。污染的工作服不得带出工作场所。禁止排入环境

事故响应 火灾时，使用泡沫、干粉、二氧化碳、砂土灭火。皮肤接触：用大量肥皂水和水清洗。如出现皮肤刺激或皮疹：就医。被污染的衣服经洗净后方可重新使用。如接触眼睛：用水细心冲洗数分钟。如戴隐形眼镜并可方便地取出，取出隐形眼镜继续冲洗。如果眼睛刺激持续：就医

安全储存 存放在通风良好的地方。保持低温

废弃处置 本品及内装物、容器依据国家和地方法规处置

物理和化学危险 易燃，其蒸气与空气混合，能形成爆炸性混合物。容易自聚

健康危害 本品对皮肤、黏膜有中等刺激作用。对皮肤有致敏性。误服或吸入可引起局部刺激症状与全身性症状。高浓度时可引起肺水肿，肝、肾可有损害

环境危害 对水生生物有毒

第三部分 成分/组成信息

√物质		混合物
组分	**浓度**	**CAS No.**
甲基丙烯酸正丁酯		97-88-1

第四部分 急救措施

吸入 迅速脱离现场至空气新鲜处。保持呼吸道通畅。如呼吸困难，给输氧。如呼吸、心跳停止，立即进行心肺复苏术。就医

皮肤接触 立即脱去污染的衣着，用流动清水彻底冲洗。就医

眼睛接触 立即分开眼睑，用流动清水或生理盐水彻底冲洗。就医

食入 漱口，饮水。就医

对保护施救者的忠告 根据需要使用个人防护设备

对医生的特别提示 对症处理

第五部分 消防措施

灭火剂 用泡沫、干粉、二氧化碳、砂土灭火

特别危险性 在受热、光和紫外线的作用下易发生聚合，黏度逐渐增加，严重时整个容器的单体可全部发生不规则爆发性聚合。燃烧生成有害的一氧化碳

灭火注意事项及防护措施 消防人员须佩戴防毒面具、穿全身消防服，在上风向灭火。尽可能将容器从火场移至空旷处。喷水保持火场容器冷却，直至灭火结束。容器突然发出异常声音或出现异常现象，应立即撤离。遇大火，消防人员须在有防护掩蔽处操作

第六部分 泄漏应急处理

作业人员防护措施、防护装备和应急处置程序 消除所有点火源。根据液体流动和蒸气扩散的影响区域划定警戒区，无关人员从侧风、上风向撤离至安全区。建议应急处理人员戴正压自给式呼吸器，穿防静电服，戴橡胶耐油手套。作业时使用的所有设备应接地。禁止接触或跨越泄漏物。尽可能切断泄漏源

环境保护措施 防止泄漏物进入水体、下水道、地下室或有限空间

泄漏化学品的收容、清除方法及所使用的处置材料 小量泄漏：用砂土或其他不燃材料吸收，使用洁净的无火花工具收集吸收材料。大量泄漏：构筑围堤或挖坑收

容。用砂土、惰性物质或蛭石吸收大量液体。用泡沫覆盖，减少蒸发。喷水雾能减少蒸发，但不能降低泄漏物在有限空间内的易燃性。用防爆泵转移至槽车或专用收集器内

第七部分 操作处置与储存

操作注意事项 密闭操作，注意通风。操作人员必须经过专门培训，严格遵守操作规程。建议操作人员佩戴直接式防毒面具（半面罩），戴化学安全防护眼镜，穿防静电工作服，戴橡胶耐油手套。远离火种、热源。工作场所严禁吸烟。使用防爆型的通风系统和设备。防止蒸气泄漏到工作场所空气中。避免与氧化剂、酸类、碱类接触。充装要控制流速，防止静电积聚。搬运时要轻装轻卸，防止包装及容器损坏。配备相应品种和数量的消防器材及泄漏应急处理设备。倒空的容器可能残留有害物

储存注意事项 通常商品加有阻聚剂。储存于阴凉、通风的库房。远离火种、热源。库温不宜超过 37℃。包装要求密封，不可与空气接触。应与氧化剂、酸类、碱类分开存放，切忌混储。不宜大量储存或久存。采用防爆型照明、通风设施。禁止使用易产生火花的机械设备和工具。储区应备有泄漏应急处理设备和合适的收容材料

第八部分 接触控制/个体防护

职业接触限值

中国 未制定标准

美国(ACGIH) 未制定标准

生物接触限值 未制定标准

监测方法 空气中有毒物质测定方法：未制定标准。生物监测检验方法：未制定标准

工程控制 密闭操作，注意通风。提供安全的淋浴和洗眼设备

个体防护装备

呼吸系统防护 空气中浓度超标时，应该佩戴过滤式防毒面具（半面罩）。必要时，佩戴过滤式防毒面具（全面罩）或空气呼吸器

眼睛防护 戴化学安全防护眼镜

皮肤和身体防护 穿防静电工作服

手防护 戴橡胶耐油手套

第九部分 理化特性

外观与性状 无色透明液体，具有甜味和酯气味

pH 值 无资料 **熔点(℃)** －76.3～－74.9

沸点(℃) 160～163

相对密度(水＝1) 0.90（20℃）

相对蒸气密度(空气＝1) 4.8

饱和蒸气压(kPa) 0.65（20℃）

燃烧热(kJ/mol) －4891.7 **临界温度(℃)** 无资料

临界压力(MPa) 2.6 **辛醇/水分配系数** 2.88

闪点(℃) 52（OC）

自燃温度(℃) 294 **爆炸下限(%)** 2

爆炸上限(%) 8 **分解温度(℃)** 无资料

黏度(mPa·s) 3.116（21℃）

溶解性 不溶于水，可混溶于醇、醚，溶于多数有机溶剂

第十部分 稳定性和反应性

稳定性 稳定

危险反应 与强氧化剂等禁配物接触，有发生火灾和爆炸的危险。易发生聚合反应

避免接触的条件 受热、光照、紫外线、接触空气

禁配物 强氧化剂、强酸、强碱

危险的分解产物 无资料

第十一部分 毒理学信息

急性毒性

LD_{50} 16g/kg（大鼠经口）；1490mg/kg（小鼠腹腔）；11300mg/kg（兔经皮）

LC_{50} 4910ppm（大鼠吸入，4h）

皮肤刺激或腐蚀 家兔经皮：500μl，轻度刺激

眼睛刺激或腐蚀 无资料 **呼吸或皮肤过敏** 无资料

生殖细胞突变性 无资料 **致癌性** 无资料

生殖毒性 无资料

特异性靶器官系统毒性-一次接触 无资料

特异性靶器官系统毒性-反复接触 大鼠经口 5%LD_{50}，4～6 个月（喂饲），中度蓄积

吸入危害 无资料

第十二部分 生态学信息

生态毒性

LC_{50} 5.6mg/L（96h）（青鳉）

EC_{50} 25mg/L（48h）（水蚤）

ErC_{50} 23mg/L（72h）（羊角月牙藻）

NOEC 1.1mg/L（21d）（水蚤）

持久性和降解性

生物降解性 易快速生物降解

非生物降解性 空气中，当羟基自由基浓度为5.00×10^5个/cm^3时，降解半衰期为 17h（理论）；当 pH 值为 11 时，水解半衰期为 4h

潜在的生物累积性 根据 K_{ow}值预测，该物质的生物累积性可能较弱

土壤中的迁移性 根据 K_{oc}值预测，该物质可能有一定的迁移性

第十三部分 废弃处置

废弃化学品 建议用焚烧法处置

污染包装物 将容器返还生产商或按照国家和地方法规处置

废弃注意事项 处置前应参阅国家和地方有关法规

第十四部分 运输信息

联合国危险货物编号（UN 号） 2227

联合国运输名称 甲基丙烯酸正丁酯，稳定的

联合国危险性类别 3 **包装类别** Ⅲ类包装

包装标志  **海洋污染物** 否

运输注意事项 运输时运输车辆应配备相应品种和数量的消防器材及泄漏应急处理设备。夏季最好早晚运输。运输时所用的槽（罐）车应有接地链，槽内可设孔隔板以减少震荡产生的静电。严禁与氧化剂、酸类、碱类、食用化学品等混装混运。运输途中应防曝晒、雨淋，防高温。中途停留时应远离火种、热源、高温区。装运该物品的车辆排气管必须配备阻火装置，禁止使用易产生火花的机械设备和工具装卸。公路运输时要按规定路线行驶，勿在居民区和人口稠密区停留。铁路运输时要禁止溜放。严禁用木船、水泥船散装运输

第十五部分 法规信息

下列法律、法规、规章和标准，对该化学品的管理作了相应的规定。

中华人民共和国职业病防治法 职业病分类和目录：未列入

危险化学品安全管理条例 危险化学品目录：列入。易制爆危险化学品名录：未列入。重点监管的危险化学品名录：未列入。GB 18218—2009《危险化学品重大危险源辨识》（表 1）：未列入

使用有毒物品作业场所劳动保护条例 高毒物品目录：未列入

易制毒化学品管理条例 易制毒化学品的分类和品种目录：未列入

国际公约 斯德哥尔摩公约：未列入。鹿特丹公约：未列入。蒙特利尔议定书：未列入

第十六部分 其他信息

编写和修订信息 **缩略语和首字母缩写**

培训建议 **参考文献**

免责声明

N-甲基丁胺

第一部分 化学品标识

化学品中文名 N-甲基丁胺；N-甲基正丁胺；N-丁基甲胺

化学品英文名 N-methyl butylamine；N-methyl-n-butylamine

分子式 $C_5H_{13}N$ **相对分子质量** 87.19

结构式

化学品的推荐及限制用途 用于有机合成

第二部分 危险性概述

紧急情况概述 高度易燃液体和蒸气，皮肤接触会中毒，造成严重的皮肤灼伤和眼损伤

GHS 危险性类别 易燃液体，类别 2；急性毒性-经口，类别 4；急性毒性-经皮，类别 3；皮肤腐蚀/刺激，类别 1；严重眼损伤/眼刺激，类别 1

标签要素

象形图 

警示词 危险

危险性说明 高度易燃液体和蒸气，吞咽有害，皮肤接触会中毒，造成严重的皮肤灼伤和眼损伤

防范说明

预防措施 远离热源、火花、明火、热表面。禁止吸烟。保持容器密闭。容器和接收设备接地连接。使用防爆电器、通风、照明设备。只能使用不产生火花的工具。采取防止静电措施。避免吸入烟雾。避免接触眼睛、皮肤，操作后彻底清洗。作业场所不得进食、饮水或吸烟。戴防护手套，穿防护服，戴防护眼镜、防护面罩

事故响应 火灾时，使用抗溶性泡沫、二氧化碳、干粉、砂土灭火。如吸入：将患者转移到空气新鲜处，休息，保持利于呼吸的体位。皮肤接触：用大量肥皂水和水清洗。立即脱去所有被污染的衣服。如感觉不适，呼叫中毒控制中心或就医。被污染的衣服须经洗净后方可重新使用。接触眼睛：用水细心冲洗数分钟。如戴隐形眼镜并可方便地取出，取出隐形眼镜继续冲洗。食入：漱口，不要催吐，如果感觉不适，立即呼叫中毒控制中心或就医

安全储存 存放在通风良好的地方。保持低温。上锁保管

废弃处置 本品及内装物、容器依据国家和地方法规处置

物理和化学危险 高度易燃，其蒸气与空气混合，能形成爆炸性混合物

健康危害 眼和皮肤接触引起灼伤

环境危害 对环境可能有害

第三部分 成分/组成信息

√物质 混合物

组分	浓度	CAS No.
N-甲基丁胺		110-68-9

第四部分 急救措施

吸入 迅速脱离现场至空气新鲜处。保持呼吸道通畅。如呼吸困难，给输氧。如呼吸、心跳停止，立即进行心肺复苏术。就医

皮肤接触 立即脱去污染的衣着，用大量流动清水彻底冲洗至少 15min。就医

眼睛接触 立即分开眼睑，用流动清水或生理盐水彻底冲洗至少 15min。就医

食入 用水漱口，禁止催吐。给饮牛奶或蛋清。就医

对保护施救者的忠告 根据需要使用个人防护设备

对医生的特别提示 对症处理

第五部分 消防措施

灭火剂 用抗溶性泡沫、二氧化碳、干粉、砂土灭火

特别危险性 蒸气比空气重，沿地面扩散并易积存于低洼处，遇火源会着火回燃。燃烧生成有害的一氧化碳、氮氧化物

灭火注意事项及防护措施 消防人员必须佩戴空气呼吸

器、穿全身防火防毒服，在上风向灭火。喷水冷却容器，尽可能将容器从火场移至空旷处。容器突然发出异常声音或出现异常现象，应立即撤离

第六部分 泄漏应急处理

作业人员防护措施、防护装备和应急处置程序 消除所有点火源。根据液体流动和蒸气扩散的影响区域划定警戒区，无关人员从侧风、上风向撤离至安全区。建议应急处理人员戴正压自给式呼吸器，穿防静电、防腐蚀、防毒服，戴橡胶耐油手套。作业时使用的所有设备应接地。禁止接触或跨越泄漏物。尽可能切断泄漏源

环境保护措施 防止泄漏物进入水体、下水道、地下室或有限空间

泄漏化学品的收容、清除方法及所使用的处置材料 小量泄漏：用砂土或其他不燃材料吸收，使用洁净的无火花工具收集吸收材料。大量泄漏：构筑围堤或挖坑收容。用抗溶性泡沫覆盖，减少蒸发。喷水雾能减少蒸发，但不能降低泄漏物在有限空间内的易燃性。用防爆、耐腐蚀泵转移至槽车或专用收集器内

第七部分 操作处置与储存

操作注意事项 密闭操作，全面通风。尽可能采取隔离操作。操作人员必须经过专门培训，严格遵守操作规程。建议操作人员佩戴导管式防毒面具，穿胶布防毒衣，戴橡胶耐油手套。远离火种、热源。工作场所严禁吸烟。使用防爆型的通风系统和设备。防止蒸气泄漏到工作场所空气中。避免与氧化剂、酸类接触。充装要控制流速，防止静电积聚。搬运时要轻装轻卸，防止包装及容器损坏。配备相应品种和数量的消防器材及泄漏应急处理设备。倒空的容器可能残留有害物

储存注意事项 储存于阴凉、通风的库房。远离火种、热源。库温不宜超过37℃。保持容器密封。应与氧化剂、酸类等分开存放，切忌混储。采用防爆型照明、通风设施。禁止使用易产生火花的机械设备和工具。储区应备有泄漏应急处理设备和合适的收容材料

第八部分 接触控制/个体防护

职业接触限值

中国 未制定标准

美国(ACGIH) 未制定标准

生物接触限值 未制定标准

监测方法 空气中有毒物质测定方法：未制定标准。生物监测检验方法：未制定标准

工程控制 生产过程密闭，全面通风。尽可能采取隔离操作。提供安全的淋浴和洗眼设备

个体防护装备

呼吸系统防护 可能接触其蒸气时，佩戴过滤式防毒面具（全面罩）。紧急事态抢救或撤离时，应该佩戴空气呼吸器

眼睛防护 呼吸系统防护中已作防护

皮肤和身体防护 穿隔绝式防毒服

手防护 戴橡胶耐油手套

第九部分 理化特性

外观与性状 无色液体，具有挥发性，有强烈的氨气味

pH值 无资料 **熔点(℃)** −75

沸点(℃) 90.5～91.5 **相对密度(水=1)** 0.74

相对蒸气密度(空气=1) 3.0

饱和蒸气压(kPa) 无资料 **燃烧热(kJ/mol)** 无资料

临界温度(℃) 无资料 **临界压力(MPa)** 无资料

辛醇/水分配系数 1.33

闪点(℃) 13（OC）

自燃温度(℃) 无资料 **爆炸下限(%)** 无资料

爆炸上限(%) 无资料 **分解温度(℃)** 无资料

黏度(mPa·s) 无资料

溶解性 与水混溶，可混溶于乙醇

第十部分 稳定性和反应性

稳定性 稳定

危险反应 与强氧化剂、卤素、酸酐、金属等禁配物接触，有发生火灾和爆炸的危险

避免接触的条件 无资料

禁配物 强氧化剂、酸类、酸酐、酰基氯

危险的分解产物 氨

第十一部分 毒理学信息

急性毒性 LD_{50}：420mg/kg（大鼠经口）；1260mg/kg（小鼠经口）

皮肤刺激或腐蚀 家兔经皮：100μg（24h），引起刺激（开放性刺激试验）

眼睛刺激或腐蚀 家兔经眼：74mg，重度刺激

呼吸或皮肤过敏 无资料 **生殖细胞突变性** 无资料

致癌性 无资料 **生殖毒性** 无资料

特异性靶器官系统毒性-一次接触 无资料

特异性靶器官系统毒性-反复接触 无资料

吸入危害 无资料

第十二部分 生态学信息

生态毒性 无资料

持久性和降解性

生物降解性 无资料

非生物降解性 空气中，当羟基自由基浓度为5.00×10^5个/cm^3时，降解半衰期为5h（理论）

潜在的生物累积性 根据K_{ow}值预测，该物质的生物累积性可能较弱

土壤中的迁移性 根据K_{oc}值预测，该物质可能易发生迁移

第十三部分 废弃处置

废弃化学品 建议用焚烧法处置。焚烧炉排出的氮氧化物通过洗涤器除去

污染包装物 将容器返还生产商或按照国家和地方法规处置

废弃注意事项 处置前应参阅国家和地方有关法规

第十四部分 运输信息

联合国危险货物编号（UN号） 2945

联合国运输名称 *N*-甲基丁胺

联合国危险性类别 3，8 **包装类别** Ⅱ类包装

包装标志 

海洋污染物 否

运输注意事项 运输时运输车辆应配备相应品种和数量的消防器材及泄漏应急处理设备。夏季最好早晚运输。运输时所用的槽（罐）车应有接地链，槽内可设孔隔板以减少震荡产生的静电。严禁与氧化剂、酸类、食用化学品等混装混运。运输途中应防曝晒、雨淋，防高温。中途停留时应远离火种、热源、高温区。装运该物品的车辆排气管必须配备阻火装置，禁止使用易产生火花的机械设备和工具装卸。公路运输时要按规定路线行驶，勿在居民区和人口稠密区停留。铁路运输时要禁止溜放。严禁用木船、水泥船散装运输

第十五部分 法规信息

下列法律、法规、规章和标准，对该化学品的管理作了相应的规定。

中华人民共和国职业病防治法 职业病分类和目录：未列入

危险化学品安全管理条例 危险化学品目录：列入。易制爆危险化学品名录：未列入。重点监管的危险化学品名录：未列入。GB 18218—2009《危险化学品重大危险源辨识》（表1）：未列入

使用有毒物品作业场所劳动保护条例 高毒物品目录：未列入

易制毒化学品管理条例 易制毒化学品的分类和品种目录：未列入

国际公约 斯德哥尔摩公约：未列入。鹿特丹公约：未列入。蒙特利尔议定书：未列入

第十六部分 其他信息

编写和修订信息 **缩略语和首字母缩写**

培训建议 **参考文献**

免责声明

2-甲基-1,3-丁二烯

第一部分 化学品标识

化学品中文名 2-甲基-1,3-丁二烯；异戊二烯

化学品英文名 2-methyl-1,3-butadiene；isoprene

分子式 C_5H_8 **相对分子质量** 68.13

结构式

化学品的推荐及限制用途 重要的有机化工原料，用作合成橡胶、丁基橡胶等单体

第二部分 危险性概述

紧急情况概述 极易燃液体和蒸气

GHS危险性类别 易燃液体，类别1；生殖细胞致突变性，类别2；致癌性，类别2；危害水生环境-急性危害，类别2；危害水生环境-长期危害，类别2

标签要素

象形图 

警示词 危险

危险性说明 极易燃液体和蒸气，怀疑可造成遗传性缺陷，怀疑致癌，对水生生物有毒并具有长期持续影响

防范说明

预防措施 远离热源、火花、明火、热表面。禁止吸烟。保持容器密闭。容器和接收设备接地连接。使用防爆电器、通风、照明设备。只能使用不产生火花的工具。采取防止静电措施。戴防护手套、防护眼镜、防护面罩。得到专门指导后操作。在阅读并了解所有安全预防措施之前，切勿操作。按要求使用个体防护装备。禁止排入环境

事故响应 火灾时，使用泡沫、二氧化碳、干粉、砂土灭火。如皮肤（或头发）接触：立即脱掉所有被污染的衣服，用水冲洗皮肤，淋浴。如果接触或有担心，就医。收集泄漏物

安全储存 存放在通风良好的地方。保持低温。上锁保管

废弃处置 本品及内装物、容器依据国家和地方法规处置

物理和化学危险 极易燃，其蒸气与空气混合，能形成爆炸性混合物

健康危害 本品有麻醉和刺激作用。高浓度大量吸入，可迅速出现头痛、头昏、耳鸣、无力、恶心、眼痛、流泪、喷嚏、喉痛、咳嗽、胸闷、呼吸困难。不久出现中枢神经系统麻醉前的兴奋症状，如烦躁不安、大声哭闹、肌肉抽搐、震颤等；严重者昏迷。一般在数小时后逐步清醒。通常无后遗症。本品可引起皮肤充血与水肿，其后可有轻度剥脱。可经完整皮肤吸收

环境危害 对水生生物有毒并具有长期持续影响

第三部分 成分/组成信息

√物质 混合物

组分	浓度	CAS No.
2-甲基-1,3-丁二烯		78-79-5

第四部分 急救措施

吸入 迅速脱离现场至空气新鲜处。保持呼吸道通畅。如呼吸困难，给输氧。如呼吸、心跳停止，立即进行心肺复苏术。就医

皮肤接触 立即脱去污染的衣着，用流动清水彻底冲洗。就医

眼睛接触 立即分开眼睑，用流动清水或生理盐水彻底冲洗。就医

食入 漱口，饮水。就医

对保护施救者的忠告 根据需要使用个人防护设备

对医生的特别提示 对症处理

第五部分 消防措施

灭火剂 用泡沫、二氧化碳、干粉、砂土灭火

特别危险性 与氧化剂、发烟硫酸、硝酸、硫酸、氯磺酸接触剧烈反应。若遇高热，可发生聚合反应，放出大量热量而引起容器破裂和爆炸事故。蒸气比空气重，沿地面扩散并易积存于低洼处，遇火源会着火回燃。燃烧生成有害的一氧化碳

灭火注意事项及防护措施 消防人员须佩戴防毒面具、穿全身消防服，在上风向灭火。尽可能将容器从火场移至空旷处。喷水保持火场容器冷却，直至灭火结束。容器突然发出异常声音或出现异常现象，应立即撤离。用水灭火无效

第六部分 泄漏应急处理

作业人员防护措施、防护装备和应急处置程序 消除所有点火源。根据液体流动和蒸气扩散的影响区域划定警戒区，无关人员从侧风、上风向撤离至安全区。建议应急处理人员戴正压自给式呼吸器，穿防毒、防静电服，戴橡胶耐油手套。作业时使用的所有设备应接地。禁止接触或跨越泄漏物。尽可能切断泄漏源

环境保护措施 防止泄漏物进入水体、下水道、地下室或有限空间

泄漏化学品的收容、清除方法及所使用的处置材料 小量泄漏：用砂土或其他不燃材料吸收，使用洁净的无火花工具收集吸收材料。大量泄漏：构筑围堤或挖坑收容。用砂土、惰性物质或蛭石吸收大量液体。用泡沫覆盖，减少蒸发。喷水雾能减少蒸发，但不能降低泄漏物在有限空间内的易燃性。用防爆泵转移至槽车或专用收集器内

第七部分 操作处置与储存

操作注意事项 密闭操作，全面通风。操作人员必须经过专门培训，严格遵守操作规程。建议操作人员佩戴过滤式防毒面具（半面罩），戴化学安全防护眼镜，穿防静电工作服，戴橡胶耐油手套。远离火种、热源。工作场所严禁吸烟。使用防爆型的通风系统和设备。防止蒸气泄漏到工作场所空气中。避免与氧化剂、酸类、卤素接触。灌装时应控制流速，且有接地装置，防止静电积聚。搬运时要轻装轻卸，防止包装及容器损坏。配备相应品种和数量的消防器材及泄漏应急处理设备。倒空的容器可能残留有害物

储存注意事项 通常商品加有阻聚剂。储存于阴凉、通风的库房。库温不宜超过29℃。远离火种、热源。包装要求密封，不可与空气接触。应与氧化剂、酸类、卤素等分开存放，切忌混储。不宜大量储存或久存。采用防爆型照明、通风设施。禁止使用易产生火花的机械设备和工具。储区应备有泄漏应急处理设备和合适的收容材料

第八部分 接触控制/个体防护

职业接触限值

中国 未制定标准

美国(ACGIH) 未制定标准

生物接触限值 未制定标准

监测方法 空气中有毒物质测定方法：未制定标准。生物监测检验方法：未制定标准

工程控制 生产过程密闭，全面通风。提供安全的淋浴和洗眼设备

个体防护装备

呼吸系统防护 空气中浓度超标时，佩戴过滤式防毒面具（半面罩）

眼睛防护 必要时，戴化学安全防护眼镜

皮肤和身体防护 穿防静电工作服

手防护 戴橡胶耐油手套

第九部分 理化特性

外观与性状 无色易挥发液体

pH值 无资料　**熔点(℃)** −146

沸点(℃) 34.0　**相对密度(水=1)** 0.68

相对蒸气密度(空气=1) 2.35

饱和蒸气压(kPa) 62.1 (20℃)

燃烧热(kJ/mol) −2986.4　**临界温度(℃)** 211.1

临界压力(MPa) 3.79　**辛醇/水分配系数** 2.42

闪点(℃) −54 (CC)　**自燃温度(℃)** 427

爆炸下限(%) 1.5　**爆炸上限(%)** 10.0

分解温度(℃) 无资料　**黏度(mPa·s)** 无资料

溶解性 不溶于水，溶于乙醇、乙醚等多数有机溶剂

第十部分 稳定性和反应性

稳定性 稳定

危险反应 与强氧化剂等禁配物接触，有发生火灾和爆炸的危险。高热下可发生聚合反应

避免接触的条件 受热

禁配物 氧化剂、酸类、卤代烃、卤素、发烟硫酸、硝酸、硫酸、氯磺酸等

危险的分解产物 无资料

第十一部分 毒理学信息

急性毒性 LC_{50}：180000mg/m^3（大鼠吸入，4h）

皮肤刺激或腐蚀 无资料　**眼睛刺激或腐蚀** 无资料

呼吸或皮肤过敏 无资料

生殖细胞突变性 微核试验：小鼠吸入438ppm，每天6h，连续12d

致癌性 IARC致癌性评论：组2B，可疑人类致癌物。对人类致癌性证据有限，对动物致癌性证据不充分

生殖毒性 小鼠孕后6～19d吸入最低中毒剂量（TCLo）7000ppm，致肌肉骨骼系统、泌尿生殖系统发育畸形

特异性靶器官系统毒性-一次接触 无资料

特异性靶器官系统毒性-反复接触 大鼠、小鼠、兔慢性毒性表现为：中枢神经系统改变、肝脏功能改变。处死动物尸检发现卡他-剥脱性支气管炎，有的为化脓

性支气管炎。大鼠有甲状腺功能亢进反应

吸入危害 无资料

第十二部分 生态学信息

生态毒性

LC_{50} 7.3mg/L (96h)(虹鳟)

EC_{50} 5.8mg/L (48h)(水蚤)

持久性和降解性

生物降解性 OECD301D，28d降解2%～58%，不易快速生物降解

非生物降解性 空气中光氧化半衰期(h)：0.556～5.14

潜在的生物累积性 根据K_{ow}值预测，该物质的生物累积性可能较弱

土壤中的迁移性 根据K_{oc}值预测，该物质可能有一定的迁移性

第十三部分 废弃处置

废弃化学品 建议用焚烧法处置

污染包装物 将容器返还生产商或按照国家和地方法规处置

废弃注意事项 处置前应参阅国家和地方有关法规

第十四部分 运输信息

联合国危险货物编号(UN号) 1218

联合国运输名称 异戊二烯，稳定的

联合国危险性类别 3 **包装类别** Ⅰ类包装

包装标志  **海洋污染物** 否

运输注意事项 运输时运输车辆应配备相应品种和数量的消防器材及泄漏应急处理设备。夏季最好早晚运输。运输时所用的槽(罐)车应有接地链，槽内可设孔隔板以减少震荡产生的静电。严禁与氧化剂、酸类、卤素、食用化学品等混装混运。运输途中应防曝晒、雨淋，防高温。中途停留时应远离火种、热源、高温区。装运该物品的车辆排气管必须配备阻火装置，禁止使用易产生火花的机械设备和工具装卸。公路运输时要按规定路线行驶，勿在居民区和人口稠密区停留。铁路运输时要禁止溜放。严禁用木船、水泥船散装运输

第十五部分 法规信息

下列法律、法规、规章和标准，对该化学品的管理作了相应的规定。

中华人民共和国职业病防治法 职业病分类和目录：未列入

危险化学品安全管理条例 危险化学品目录：列入。易制爆危险化学品名录：未列入。重点监管的危险化学品名录：未列入。GB 18218—2009《危险化学品重大危险源辨识》(表1)：未列入

使用有毒物品作业场所劳动保护条例 高毒物品目录：未列入

易制毒化学品管理条例 易制毒化学品的分类和品种目录：未列入

国际公约 斯德哥尔摩公约：未列入。鹿特丹公约：未列入。蒙特利尔议定书：未列入

第十六部分 其他信息

编写和修订信息 **缩略语和首字母缩写**

培训建议 **参考文献**

免责声明

3-甲基丁醛

第一部分 化学品标识

化学品中文名 3-甲基丁醛；异戊醛

化学品英文名 3-methyl butyraldehyde；isopentaldehyde

分子式 $C_5H_{10}O$ **相对分子质量** 86.15

结构式

化学品的推荐及限制用途 用作生产香精、香料和其他有机化学品的中间体

第二部分 危险性概述

紧急情况概述 高度易燃液体和蒸气

GHS危险性类别 易燃液体，类别2；急性毒性-吸入，类别4；皮肤腐蚀/刺激，类别2；严重眼损伤/眼刺激，类别2；特异性靶器官毒性-一次接触，类别3(呼吸道刺激)；危害水生环境-急性危害，类别2

标签要素

象形图 

警示词 危险

危险性说明 高度易燃液体和蒸气，吸入有害，造成皮肤刺激，造成严重眼刺激，可能引起呼吸道刺激，对水生生物有毒

防范说明

预防措施 远离热源、火花、明火、热表面。禁止吸烟。保持容器密闭。容器和接收设备接地连接。使用防爆电器、通风、照明设备。只能使用不产生火花的工具。采取防止静电措施。避免吸入蒸气、雾。仅在室外或通风良好处操作。避免接触眼睛、皮肤，操作后彻底清洗。戴防护手套、防护眼镜、防护面罩。禁止排入环境

事故响应 火灾时，使用泡沫、干粉、二氧化碳、砂土灭火。如吸入：将患者转移到空气新鲜处，休息，保持利于呼吸的体位。如感觉不适，呼叫中毒控制中心或就医。皮肤接触：立即脱掉所有被污染的衣服，用大量肥皂水和水清洗。如发生皮肤刺激，就医。被污染的衣服经洗净后方可重新使用。如接触眼睛：用水细

心冲洗数分钟。如戴隐形眼镜并可方便地取出，取出隐形眼镜继续冲洗。如果眼睛刺激持续：就医

安全储存　存放在通风良好的地方。保持低温

废弃处置　本品及内装物、容器依据国家和地方法规处置

物理和化学危险　高度易燃，其蒸气与空气混合，能形成爆炸性混合物

健康危害　对眼、呼吸道和皮肤有刺激性。接触本品蒸气可引起胸部压迫感、上呼吸道刺激、眩晕、头痛、恶心、呕吐、疲倦无力等

环境危害　对水生生物有毒

第三部分　成分/组成信息

√物质　　　　混合物

组分	浓度	CAS No.
3-甲基丁醛		590-86-3

第四部分　急救措施

吸入　迅速脱离现场至空气新鲜处。保持呼吸道通畅。如呼吸困难，给输氧。如呼吸、心跳停止，立即进行心肺复苏术。就医

皮肤接触　立即脱去污染的衣着，用流动清水彻底冲洗。就医

眼睛接触　立即分开眼睑，用流动清水或生理盐水彻底冲洗。就医

食入　漱口，饮水。就医

对保护施救者的忠告　根据需要使用个人防护设备

对医生的特别提示　对症处理

第五部分　消防措施

灭火剂　用泡沫、干粉、二氧化碳、砂土灭火

特别危险性　与氧化剂能发生强烈反应。蒸气比空气重，沿地面扩散并易积存于低洼处，遇火源会着火回燃。燃烧生成有害的一氧化碳

灭火注意事项及防护措施　消防人员须佩戴防毒面具、穿全身消防服，在上风向灭火。尽可能将容器从火场移至空旷处。喷水保持火场容器冷却，直至灭火结束。容器突然发出异常声音或出现异常现象，应立即撤离。用水灭火无效

第六部分　泄漏应急处理

作业人员防护措施、防护装备和应急处置程序　消除所有点火源。根据液体流动和蒸气扩散的影响区域划定警戒区，无关人员从侧风、上风向撤离至安全区。建议应急处理人员戴正压自给式呼吸器，穿防静电服，戴橡胶手套。作业时使用的所有设备应接地。禁止接触或跨越泄漏物。尽可能切断泄漏源

环境保护措施　防止泄漏物进入水体、下水道、地下室或有限空间

泄漏化学品的收容、清除方法及所使用的处置材料　小量泄漏：用砂土或其他不燃材料吸收，使用洁净的无火花工具收集吸收材料。大量泄漏：构筑围堤或挖坑收容。用泡沫覆盖，减少蒸发。喷水雾能减少蒸发，但不能降低泄漏物在有限空间内的易燃性。用防爆泵转移至槽车或专用收集器内

第七部分　操作处置与储存

操作注意事项　密闭操作，全面排风。操作人员必须经过专门培训，严格遵守操作规程。建议操作人员佩戴过滤式防毒面具（半面罩），戴安全防护眼镜，穿防静电工作服，戴橡胶手套。远离火种、热源。工作场所严禁吸烟。使用防爆型的通风系统和设备。防止蒸气泄漏到工作场所空气中。避免与氧化剂、还原剂、碱类接触。灌装时应控制流速，且有接地装置，防止静电积聚。搬运时要轻装轻卸，防止包装及容器损坏。配备相应品种和数量的消防器材及泄漏应急处理设备。倒空的容器可能残留有害物

储存注意事项　储存于阴凉、通风的库房。远离火种、热源。库温不宜超过37℃。包装要求密封，不可与空气接触。应与氧化剂、还原剂、碱类等分开存放，切忌混储。采用防爆型照明、通风设施。禁止使用易产生火花的机械设备和工具。储区应备有泄漏应急处理设备和合适的收容材料

第八部分　接触控制/个体防护

职业接触限值

中国　未制定标准

美国(ACGIH)　未制定标准

生物接触限值　未制定标准

监测方法　空气中有毒物质测定方法：未制定标准。生物监测检验方法：未制定标准

工程控制　密闭操作，全面排风。提供安全的淋浴和洗眼设备

个体防护装备

呼吸系统防护　可能接触其蒸气时，应该佩戴过滤式防毒面具（半面罩）

眼睛防护　戴安全防护眼镜

皮肤和身体防护　穿防静电工作服

手防护　戴橡胶手套

第九部分　理化特性

外观与性状　无色液体，有苹果香味

pH值　无资料　　**熔点(℃)**　−51

沸点(℃)　92.5　　**相对密度(水=1)**　0.80

相对蒸气密度(空气=1)　2.96

饱和蒸气压(kPa)　6.66（25℃）

燃烧热(kJ/mol)　无资料　　**临界温度(℃)**　无资料

临界压力(MPa)　3.83　　**辛醇/水分配系数**　1.23

闪点(℃)　−5　　**自燃温度(℃)**　222

爆炸下限(%)　1.24　　**爆炸上限(%)**　12.9

分解温度(℃)　无资料

黏度(mPa·s)　0.58（20℃）

溶解性　微溶于水，溶于乙醇、乙醚

第十部分　稳定性和反应性

稳定性　稳定

危险反应 与强氧化剂等禁配物接触，有发生火灾和爆炸的危险

避免接触的条件 无资料

禁配物 强氧化剂、强碱、强还原剂、氧

危险的分解产物 无资料

第十一部分 毒理学信息

急性毒性 LD_{50}：8910mg/kg（大鼠经口）；3180mg/kg（兔经皮）

皮肤刺激或腐蚀 家兔经皮：500mg（24h），轻度刺激

眼睛刺激或腐蚀 家兔经眼：100mg（24h），重度刺激

呼吸或皮肤过敏 无资料 **生殖细胞突变性** 无资料

致癌性 无资料 **生殖毒性** 无资料

特异性靶器官系统毒性-一次接触 无资料

特异性靶器官系统毒性-反复接触 无资料

吸入危害 无资料

第十二部分 生态学信息

生态毒性

LC_{50} 3.25mg/L（96h）（鱼）

EC_{50} 177mg/L（48h）（水蚤）；80mg/L（72h）（藻类）

持久性和降解性

生物降解性 易快速生物降解

非生物降解性 空气中，当羟基自由基浓度为5.00×10^5个/cm^3时，降解半衰期为14h（理论）

潜在的生物累积性 根据K_{ow}值预测，该物质的生物累积性可能较弱

土壤中的迁移性 根据K_{oc}值预测，该物质可能易发生迁移

第十三部分 废弃处置

废弃化学品 建议用焚烧法处置

污染包装物 将容器返还生产商或按照国家和地方法规处置

废弃注意事项 处置前应参阅国家和地方有关法规

第十四部分 运输信息

联合国危险货物编号（UN号） 1989

联合国运输名称 醛类，未另作规定的（3-甲基丁醛）

联合国危险性类别 3 **包装类别** Ⅱ类包装

包装标志  **海洋污染物** 否

运输注意事项 运输时运输车辆应配备相应品种和数量的消防器材及泄漏应急处理设备。夏季最好早晚运输。运输时所用的槽（罐）车应有接地链，槽内可设孔隔板以减少震荡产生的静电。严禁与氧化剂、还原剂、碱类、食用化学品等混装混运。运输途中应防曝晒、雨淋，防高温。中途停留时应远离火种、热源、高温区。装运该物品的车辆排气管必须配备阻火装置，禁止使用易产生火花的机械设备和工具装卸。公路运输时要按规定路线行驶，勿在居民区和人口稠密区停留。铁路运输时要禁止溜放。严禁用木船、水泥船散装运输

第十五部分 法规信息

下列法律、法规、规章和标准，对该化学品的管理作了相应的规定。

中华人民共和国职业病防治法 职业病分类和目录：未列入

危险化学品安全管理条例 危险化学品目录：列入。易制爆危险化学品名录：未列入。重点监管的危险化学品名录：未列入。GB 18218—2009《危险化学品重大危险源辨识》（表1）：未列入

使用有毒物品作业场所劳动保护条例 高毒物品目录：未列入

易制毒化学品管理条例 易制毒化学品的分类和品种目录：未列入

国际公约 斯德哥尔摩公约：未列入。鹿特丹公约：未列入。蒙特利尔议定书：未列入

第十六部分 其他信息

编写和修订信息 **缩略语和首字母缩写**

培训建议 **参考文献**

免责声明

3-甲基丁酮

第一部分 化学品标识

化学品中文名 3-甲基丁酮；3-甲基-2-丁酮；甲基异丙基（甲）酮

化学品英文名 3-methyl-2-butanone；methyl isopropyl ketone

分子式 $C_5H_{10}O$ **相对分子质量** 86.15

结构式

化学品的推荐及限制用途 用作溶剂、脱蜡剂，也用于有机合成

第二部分 危险性概述

紧急情况概述 高度易燃液体和蒸气

GHS危险性类别 易燃液体，类别2

标签要素

象形图 

警示词 危险

危险性说明 高度易燃液体和蒸气

防范说明

预防措施 远离热源、火花、明火、热表面。禁止吸烟。保持容器密闭。容器和接收设备接地连接。使用防爆电器、通风、照明设备。只能使用不产生火花的工具。采取防止静电措施。戴

防护手套、防护眼镜、防护面罩

事故响应　火灾时，使用抗溶性泡沫、干粉、二氧化碳、砂土灭火。如皮肤（或头发）接触：立即脱掉所有被污染的衣服，用水冲洗皮肤，淋浴

安全储存　存放在通风良好的地方。保持低温

废弃处置　本品及内装物、容器依据国家和地方法规处置

物理和化学危险　高度易燃，其蒸气与空气混合，能形成爆炸性混合物

健康危害　本品属酮类，酮类物质有麻醉作用和刺激性

环境危害　对环境可能有害

第三部分　成分/组成信息

√物质		混合物
组分	**浓度**	**CAS No.**
3-甲基丁酮		563-80-4

第四部分　急救措施

吸入　迅速脱离现场至空气新鲜处。保持呼吸道通畅。如呼吸困难，给输氧。如呼吸、心跳停止，立即进行心肺复苏术。就医

皮肤接触　立即脱去污染的衣着，用流动清水彻底冲洗。就医

眼睛接触　立即分开眼睑，用流动清水或生理盐水彻底冲洗。就医

食入　漱口，饮水。就医

对保护施救者的忠告　根据需要使用个人防护设备

对医生的特别提示　对症处理

第五部分　消防措施

灭火剂　用抗溶性泡沫、干粉、二氧化碳、砂土灭火

特别危险性　与氧化剂能发生强烈反应。蒸气比空气重，沿地面扩散并易积存于低洼处，遇火源会着火回燃。燃烧生成有害的一氧化碳

灭火注意事项及防护措施　消防人员须佩戴防毒面具、穿全身消防服，在上风向灭火。尽可能将容器从火场移至空旷处。喷水保持火场容器冷却，直至灭火结束。容器突然发出异常声音或出现异常现象，应立即撤离

第六部分　泄漏应急处理

作业人员防护措施、防护装备和应急处置程序　消除所有点火源。根据液体流动和蒸气扩散的影响区域划定警戒区，无关人员从侧风、上风向撤离至安全区。建议应急处理人员戴正压自给式呼吸器，穿防静电服，戴橡胶耐油手套。作业时使用的所有设备应接地。禁止接触或跨越泄漏物。尽可能切断泄漏源

环境保护措施　防止泄漏物进入水体、下水道、地下室或有限空间

泄漏化学品的收容、清除方法及所使用的处置材料　小量泄漏：用砂土或其他不燃材料吸收，使用洁净的无火花工具收集吸收材料。大量泄漏：构筑围堤或挖坑收容。用抗溶性泡沫覆盖，减少蒸发。喷水雾能减少蒸发，但不能降低泄漏物在有限空间内的易燃性。用防爆泵转移至槽车或专用收集器内

第七部分　操作处置与储存

操作注意事项　密闭操作，全面通风。操作人员必须经过专门培训，严格遵守操作规程。建议操作人员佩戴过滤式防毒面具（半面罩），戴化学安全防护眼镜，穿防静电工作服，戴橡胶耐油手套。远离火种、热源。工作场所严禁吸烟。使用防爆型的通风系统和设备。防止蒸气泄漏到工作场所空气中。避免与氧化剂、还原剂、碱类接触。灌装时应控制流速，且有接地装置，防止静电积聚。搬运时要轻装轻卸，防止包装及容器损坏。配备相应品种和数量的消防器材及泄漏应急处理设备。倒空的容器可能残留有害物

储存注意事项　储存于阴凉、通风的库房。远离火种、热源。库温不宜超过37℃。保持容器密封。应与氧化剂、还原剂、碱类分开存放，切忌混储。采用防爆型照明、通风设施。禁止使用易产生火花的机械设备和工具。储区应备有泄漏应急处理设备和合适的收容材料

第八部分　接触控制/个体防护

职业接触限值

中国　未制定标准

美国(ACGIH)　TLV-TWA：200ppm

生物接触限值　未制定标准

监测方法　空气中有毒物质测定方法：未制定标准。生物监测检验方法：未制定标准

工程控制　生产过程密闭，全面通风

个体防护装备

呼吸系统防护　空气中浓度超标时，佩戴过滤式防毒面具（半面罩）

眼睛防护　戴化学安全防护眼镜

皮肤和身体防护　穿防静电工作服

手防护　戴橡胶耐油手套

第九部分　理化特性

外观与性状　无色液体，有丙酮气味

pH值　无资料　　**熔点(℃)**　−92

沸点(℃)　93～95　　**相对密度(水=1)**　0.81

相对蒸气密度(空气=1)　2.97

饱和蒸气压(kPa)　5.5（20℃）

燃烧热(kJ/mol)　无资料　　**临界温度(℃)**　无资料

临界压力(MPa)　3.8　　**辛醇/水分配系数**　0.84

闪点(℃)　6（CC）　　**自燃温度(℃)**　475

爆炸下限(%)　1.2　　**爆炸上限(%)**　8.0

分解温度(℃)　无资料　　**黏度(mPa·s)**　无资料

溶解性　微溶于水，溶于多数有机溶剂

第十部分　稳定性和反应性

稳定性　稳定

危险反应　与强氧化剂等禁配物接触，有发生火灾和爆炸的危险

避免接触的条件　无资料

禁配物 强氧化剂、强碱、强还原剂
危险的分解产物 无资料

第十一部分 毒理学信息

急性毒性 LD_{50}：148mg/kg（大鼠经口）；6350mg/kg（兔经皮）
皮肤刺激或腐蚀 家兔经皮：500mg（24h），中度刺激
眼睛刺激或腐蚀 家兔经眼：100mg（24h），轻度刺激
呼吸或皮肤过敏 无资料 **生殖细胞突变性** 无资料
致癌性 无资料 **生殖毒性** 无资料
特异性靶器官系统毒性-一次接触 无资料
特异性靶器官系统毒性-反复接触 无资料
吸入危害 无资料

第十二部分 生态学信息

生态毒性 LD_{50}：2g/L（24h）（鱼）
持久性和降解性
生物降解性 无资料
非生物降解性 无资料
潜在的生物累积性 根据 K_{ow} 值预测，该物质的生物累积性可能较弱
土壤中的迁移性 根据 K_{oc} 值预测，该物质可能易发生迁移

第十三部分 废弃处置

废弃化学品 建议用焚烧法处置
污染包装物 将容器返还生产商或按照国家和地方法规处置
废弃注意事项 处置前应参阅国家和地方有关法规

第十四部分 运输信息

联合国危险货物编号（UN号） 2397
联合国运输名称 3-甲基-2-丁酮
联合国危险性类别 3 **包装类别** Ⅱ类包装
包装标志  **海洋污染物** 否
运输注意事项 运输时运输车辆应配备相应品种和数量的消防器材及泄漏应急处理设备。夏季最好早晚运输。运输时所用的槽（罐）车应有接地链，槽内可设孔隔板以减少震荡产生的静电。严禁与氧化剂、还原剂、碱类、食用化学品等混装混运。运输途中应防曝晒、雨淋，防高温。中途停留时应远离火种、热源、高温区。装运该物品的车辆排气管必须配备阻火装置，禁止使用易产生火花的机械设备和工具装卸。公路运输时要按规定路线行驶，勿在居民区和人口稠密区停留。铁路运输时要禁止溜放。严禁用木船、水泥船散装运输

第十五部分 法规信息

下列法律、法规、规章和标准，对该化学品的管理作了相应的规定。

中华人民共和国职业病防治法 职业病分类和目录：未列入
危险化学品安全管理条例 危险化学品目录：列入。易制爆危险化学品名录：未列入。重点监管的危险化学品名录：未列入。GB 18218—2009《危险化学品重大危险源辨识》(表1)：未列入
使用有毒物品作业场所劳动保护条例 高毒物品目录：未列入
易制毒化学品管理条例 易制毒化学品的分类和品种目录：未列入
国际公约 斯德哥尔摩公约：未列入。鹿特丹公约：未列入。蒙特利尔议定书：未列入

第十六部分 其他信息

编写和修订信息 **缩略语和首字母缩写**
培训建议 **参考文献**
免责声明

2-甲基-2-丁烯

第一部分 化学品标识

化学品中文名 2-甲基-2-丁烯；β-异戊烯
化学品英文名 2-methyl-2-butene；β-isopentene
分子式 C_5H_{10} **相对分子质量** 70.13
结构式
化学品的推荐及限制用途 用于有机合成

第二部分 危险性概述

紧急情况概述 高度易燃液体和蒸气，可能引起昏昏欲睡或眩晕
GHS危险性类别 易燃液体，类别2；急性毒性-经口，类别4；生殖细胞致突变性，类别2；特异性靶器官毒性-一次接触，类别3（麻醉效应）；危害水生环境-急性危害，类别2；危害水生环境-长期危害，类别2
标签要素
象形图 
警示词 危险
危险性说明 高度易燃液体和蒸气，吞咽有害，怀疑可造成遗传性缺陷，可能引起昏昏欲睡或眩晕，对水生生物有毒并具有长期持续影响
防范说明
预防措施 远离热源、火花、明火、热表面。禁止吸烟。保持容器密闭。容器和接收设备接地连接。使用防爆电器、通风、照明设备。只能使用不产生火花的工具。采取防止静电措施。戴防护手套、防护眼镜、防护面罩。避免接触眼睛、皮肤，操作后彻底清洗。作业场所不得进食、饮水或吸烟。得到专门指导后操作。在阅读并了解所有安全预防措施之前，切勿操作。

按要求使用个体防护装备。禁止排入环境

事故响应　火灾时，使用泡沫、二氧化碳、干粉、砂土灭火。如皮肤（或头发）接触：立即脱掉所有被污染的衣服，用水冲洗皮肤，淋浴。食入：漱口。如果感觉不适，立即呼叫中毒控制中心或就医。如果接触或有担心，就医

安全储存　上锁保管

废弃处置　本品及内装物、容器依据国家和地方法规处置

物理和化学危险　高度易燃，其蒸气与空气混合，能形成爆炸性混合物

健康危害　本品具有刺激性和麻醉作用。接触后出现咽干、咳嗽、胸闷和气促等。并出现头晕、恶心、心悸、乏力、呕吐、步态蹒跚，以及下肢肌肉肌束颤动等

环境危害　对水生生物有毒并具有长期持续影响

第三部分　成分/组成信息

√物质　　混合物

组分	浓度	CAS No.
2-甲基-2-丁烯		513-35-9

第四部分　急救措施

吸入　迅速脱离现场至空气新鲜处。保持呼吸道通畅。如呼吸困难，给输氧。如呼吸、心跳停止，立即进行心肺复苏术。就医

皮肤接触　立即脱去污染的衣着，用流动清水彻底冲洗。就医

眼睛接触　立即分开眼睑，用流动清水或生理盐水彻底冲洗。就医

食入　漱口，饮水。就医

对保护施救者的忠告　根据需要使用个人防护设备

对医生的特别提示　对症处理

第五部分　消防措施

灭火剂　用泡沫、二氧化碳、干粉、砂土灭火

特别危险性　在火场中，受热的容器有爆炸危险。蒸气比空气重，沿地面扩散并易积存于低洼处，遇火源会着火回燃。燃烧生成有害的一氧化碳

灭火注意事项及防护措施　消防人员须佩戴防毒面具、穿全身消防服，在上风向灭火。尽可能将容器从火场移至空旷处。喷水保持火场容器冷却，直至灭火结束。容器突然发出异常声音或出现异常现象，应立即撤离。用水灭火无效

第六部分　泄漏应急处理

作业人员防护措施、防护装备和应急处置程序　消除所有点火源。根据液体流动和蒸气扩散的影响区域划定警戒区，无关人员从侧风、上风向撤离至安全区。建议应急处理人员戴正压自给式呼吸器，穿防静电服，戴橡胶耐油手套。作业时使用的所有设备应接地。禁止接触或跨越泄漏物。尽可能切断泄漏源

环境保护措施　防止泄漏物进入水体、下水道、地下室或有限空间

泄漏化学品的收容、清除方法及所使用的处置材料　小量泄漏：用砂土或其他不燃材料吸收，使用洁净的无火花工具收集吸收材料。大量泄漏：构筑围堤或挖坑收容。用砂土、惰性物质或蛭石吸收大量液体。用泡沫覆盖，减少蒸发。喷水雾能减少蒸发，但不能降低泄漏物在有限空间内的易燃性。用防爆泵转移至槽车或专用收集器内

第七部分　操作处置与储存

操作注意事项　密闭操作，全面通风。操作人员必须经过专门培训，严格遵守操作规程。建议操作人员佩戴过滤式防毒面具（半面罩），戴化学安全防护眼镜，穿防静电工作服，戴橡胶耐油手套。远离火种、热源。工作场所严禁吸烟。使用防爆型的通风系统和设备。防止蒸气泄漏到工作场所空气中。避免与氧化剂接触。灌装时应控制流速，且有接地装置，防止静电积聚。搬运时要轻装轻卸，防止包装及容器损坏。配备相应品种和数量的消防器材及泄漏应急处理设备。倒空的容器可能残留有害物

储存注意事项　储存于阴凉、通风的库房。远离火种、热源。库温不宜超过29℃。包装要求密封，不可与空气接触。应与氧化剂分开存放，切忌混储。不宜大量储存或久存。采用防爆型照明、通风设施。禁止使用易产生火花的机械设备和工具。储区应备有泄漏应急处理设备和合适的收容材料

第八部分　接触控制/个体防护

职业接触限值

中国　未制定标准

美国(ACGIH)　未制定标准

生物接触限值　未制定标准

监测方法　空气中有毒物质测定方法：未制定标准。生物监测检验方法：未制定标准

工程控制　生产过程密闭，全面通风。提供安全的淋浴和洗眼设备

个体防护装备

呼吸系统防护　空气中浓度超标时，佩戴过滤式防毒面具（半面罩）

眼睛防护　戴化学安全防护眼镜

皮肤和身体防护　穿防静电工作服

手防护　戴橡胶耐油手套

第九部分　理化特性

外观与性状　无色易挥发液体，有不愉快的气味

pH值　无资料　　**熔点(℃)**　−133.61

沸点(℃)　35～38　　**相对密度(水=1)**　0.66

相对蒸气密度(空气=1)　2.4

饱和蒸气压(kPa)　96.3（37.8℃）

燃烧热(kJ/mol)　无资料　　**临界温度(℃)**　197.8

临界压力(MPa)　3.44　　**辛醇/水分配系数**　2.67

闪点(℃)　−45.56　　**自燃温度(℃)**　365

爆炸下限(%)　1.6　　**爆炸上限(%)**　8.7

分解温度(℃) 无资料

黏度(mPa·s) 3.16（−133.6℃）

溶解性 不溶于水，溶于乙醇、乙醚等多数有机溶剂

第十部分 稳定性和反应性

稳定性 稳定

危险反应 与强氧化剂等禁配物接触，有发生火灾和爆炸的危险

避免接触的条件 受热

禁配物 氧化剂、酸类、卤代烃、卤素等

危险的分解产物 无资料

第十一部分 毒理学信息

急性毒性 无资料 **皮肤刺激或腐蚀** 无资料

眼睛刺激或腐蚀 无资料 **呼吸或皮肤过敏** 无资料

生殖细胞突变性 无资料 **致癌性** 无资料

生殖毒性 无资料

特异性靶器官系统毒性-一次接触 无资料

特异性靶器官系统毒性-反复接触 无资料

吸入危害 无资料

第十二部分 生态学信息

生态毒性

LC_{50} 4.99mg/L（96h）（虹鳟）

EC_{50} 3.84mg/L（48h）（水蚤）；10.1～13.2mg/L（96h）（藻类）

持久性和降解性

生物降解性 无资料

非生物降解性 空气中，当羟基自由基浓度为5.00×10^5个/cm^3时，降解半衰期为4.4h（理论）

潜在的生物累积性 根据K_{ow}值预测，该物质的生物累积性可能较弱

土壤中的迁移性 根据K_{oc}值预测，该物质可能有一定的迁移性

第十三部分 废弃处置

废弃化学品 危险废物

污染包装物 建议用焚烧法处置

废弃注意事项 处置前应参阅国家和地方有关法规

第十四部分 运输信息

联合国危险货物编号（UN号） 2460

联合国运输名称 2-甲基-2-丁烯

联合国危险性类别 3 **包装类别** Ⅱ类包装

包装标志  **海洋污染物** 否

运输注意事项 运输时运输车辆应配备相应品种和数量的消防器材及泄漏应急处理设备。夏季最好早晚运输。运输时所用的槽（罐）车应有接地链，槽内可设孔隔板以减少震荡产生的静电。严禁与氧化剂、食用化学品等混装混运。运输途中应防曝晒、雨淋，防高温。中途停留时应远离火种、热源、高温区。装运该物品的车辆排气管必须配备阻火装置，禁止使用易产生火花的机械设备和工具装卸。公路运输时要按规定路线行驶，勿在居民区和人口稠密区停留。铁路运输时要禁止溜放。严禁用木船、水泥船散装运输

第十五部分 法规信息

下列法律、法规、规章和标准，对该化学品的管理作了相应的规定。

中华人民共和国职业病防治法 职业病分类和目录：未列入

危险化学品安全管理条例 危险化学品目录：列入。易制爆危险化学品名录：未列入。重点监管的危险化学品名录：未列入。GB 18218—2009《危险化学品重大危险源辨识》（表1）：未列入

使用有毒物品作业场所劳动保护条例 高毒物品目录：未列入

易制毒化学品管理条例 易制毒化学品的分类和品种目录：未列入

国际公约 斯德哥尔摩公约：未列入。鹿特丹公约：未列入。蒙特利尔议定书：未列入

第十六部分 其他信息

编写和修订信息 **缩略语和首字母缩写**

培训建议 **参考文献**

免责声明

2-甲基-1-丁烯

第一部分 化学品标识

化学品中文名 2-甲基-1-丁烯；γ-异戊烯

化学品英文名 2-methylbutene；γ-isopentene

分子式 C_5H_{10} **相对分子质量** 70.13

结构式

化学品的推荐及限制用途 用于有机合成

第二部分 危险性概述

紧急情况概述 极易燃液体和蒸气，吞咽及进入呼吸道可能致命

GHS危险性类别 易燃液体，类别1；吸入危害，类别1；危害水生环境-急性危害，类别3；危害水生环境-长期危害，类别3

标签要素

象形图 

警示词 危险

危险性说明 极易燃液体和蒸气，吞咽及进入呼吸道可能致命，对水生生物有害并具有长期持续影响

防范说明

预防措施 远离热源、火花、明火、热表面。禁止吸烟。保持容器密闭。容器和接收设备接地连接。使用防爆电器、通风、照明设备。只能使

用不产生火花的工具。采取防止静电措施。戴防护手套、防护眼镜、防护面罩。禁止排入环境

事故响应 火灾时，使用泡沫、二氧化碳、干粉、砂土灭火。如皮肤（或头发）接触：立即脱掉所有被污染的衣服，用水冲洗皮肤，淋浴。如果食入：不要催吐，立即呼叫中毒控制中心或就医。收集泄漏物

安全储存 存放在通风良好的地方。保持低温。上锁保管

废弃处置 本品及内装物、容器依据国家和地方法规处置

物理和化学危险 极易燃，其蒸气与空气混合，能形成爆炸性混合物

健康危害 可能具有麻醉和刺激作用。液态本品吸入呼吸道可引起吸入性肺炎

环境危害 对水生生物有害并具有长期持续影响

第三部分 成分/组成信息

√物质 混合物

组分	浓度	CAS No.
2-甲基-1-丁烯		563-46-2

第四部分 急救措施

吸入 迅速脱离现场至空气新鲜处。保持呼吸道通畅。如呼吸困难，给输氧。如呼吸、心跳停止，立即进行心肺复苏术。就医

皮肤接触 立即脱去污染的衣着，用流动清水彻底冲洗。就医

眼睛接触 立即分开眼睑，用流动清水或生理盐水彻底冲洗。就医

食入 漱口，饮水。禁止催吐。就医

对保护施救者的忠告 根据需要使用个人防护设备

对医生的特别提示 对症处理

第五部分 消防措施

灭火剂 用泡沫、二氧化碳、干粉、砂土灭火

特别危险性 遇水分解产生有毒气体。若遇高热，可发生聚合反应，放出大量热量而引起容器破裂和爆炸事故。蒸气比空气重，沿地面扩散并易积存于低洼处，遇火源会着火回燃。燃烧生成有害的一氧化碳

灭火注意事项及防护措施 消防人员须佩戴防毒面具、穿全身消防服，在上风向灭火。尽可能将容器从火场移至空旷处。喷水保持火场容器冷却，直至灭火结束。容器突然发出异常声音或出现异常现象，应立即撤离。用水灭火无效

第六部分 泄漏应急处理

作业人员防护措施、防护装备和应急处置程序 消除所有点火源。根据液体流动和蒸气扩散的影响区域划定警戒区，无关人员从侧风、上风向撤离至安全区。建议应急处理人员戴正压自给式呼吸器，穿防静电服，戴橡胶耐油手套。作业时使用的所有设备应接地。禁止接触或跨越泄漏物。尽可能切断泄漏源

环境保护措施 防止泄漏物进入水体、下水道、地下室或有限空间

泄漏化学品的收容、清除方法及所使用的处置材料 小量泄漏：用砂土或其他不燃材料吸收，使用洁净的无火花工具收集吸收材料。大量泄漏：构筑围堤或挖坑收容。用泡沫覆盖，减少蒸发。喷水雾能减少蒸发，但不能降低泄漏物在有限空间内的易燃性。用防爆泵转移至槽车或专用收集器内

第七部分 操作处置与储存

操作注意事项 密闭操作，全面通风。操作人员必须经过专门培训，严格遵守操作规程。建议操作人员佩戴过滤式防毒面具（半面罩），戴化学安全防护眼镜，穿防静电工作服，戴橡胶耐油手套。远离火种、热源。工作场所严禁吸烟。使用防爆型的通风系统和设备。防止蒸气泄漏到工作场所空气中。避免与氧化剂、酸类接触。灌装时应控制流速，且有接地装置，防止静电积聚。搬运时要轻装轻卸，防止包装及容器损坏。配备相应品种和数量的消防器材及泄漏应急处理设备。倒空的容器可能残留有害物

储存注意事项 储存于阴凉、通风的库房。远离火种、热源。库温不宜超过 29℃。包装要求密封，不可与空气接触。应与氧化剂、酸类分开存放，切忌混储。不宜大量储存或久存。采用防爆型照明、通风设施。禁止使用易产生火花的机械设备和工具。储区应备有泄漏应急处理设备和合适的收容材料

第八部分 接触控制/个体防护

职业接触限值

中国 未制定标准

美国(ACGIH) 未制定标准

生物接触限值 未制定标准

监测方法 空气中有毒物质测定方法：未制定标准。生物监测检验方法：未制定标准

工程控制 生产过程密闭，全面通风。提供安全的淋浴和洗眼设备

个体防护装备

呼吸系统防护 空气中浓度超标时，佩戴过滤式防毒面具（半面罩）

眼睛防护 戴化学安全防护眼镜

皮肤和身体防护 穿防静电工作服

手防护 戴橡胶耐油手套

第九部分 理化特性

外观与性状 无色透明易挥发液体，有不愉快的气味

pH 值 无资料　**熔点(℃)** −137.5

沸点(℃) 31.2　**相对密度(水=1)** 0.65

相对蒸气密度(空气=1) 2.4

饱和蒸气压(kPa) 81.32（25℃）

燃烧热(kJ/mol) 无资料　**临界温度(℃)** 无资料

临界压力(MPa) 3.4　**辛醇/水分配系数** 2.72

闪点(℃) −34　**自燃温度(℃)** 365

爆炸下限(%) 1.4 **爆炸上限(%)** 9.6
分解温度(℃) 无资料 **黏度(mPa·s)** 无资料
溶解性 不溶于水，溶于乙醇、乙醚、苯等多数有机溶剂

第十部分 稳定性和反应性

稳定性 稳定
危险反应 与强氧化剂等禁配物接触，有发生火灾和爆炸的危险
避免接触的条件 受热
禁配物 强氧化剂、酸类、卤代烃、卤素等
危险的分解产物 无资料

第十一部分 毒理学信息

急性毒性 无资料 **皮肤刺激或腐蚀** 无资料
眼睛刺激或腐蚀 无资料 **呼吸或皮肤过敏** 无资料
生殖细胞突变性 无资料 **致癌性** 无资料
生殖毒性 无资料
特异性靶器官系统毒性-一次接触 无资料
特异性靶器官系统毒性-反复接触 无资料
吸入危害 无资料

第十二部分 生态学信息

生态毒性 根据结构类似物质预测，该物质对水生生物有害
持久性和降解性
生物降解性 无资料
非生物降解性 空气中，当羟基自由基浓度为5.00×10^5个/cm^3时，降解半衰期为6.3h（理论）
潜在的生物累积性 根据K_{ow}值预测，该物质的生物累积性可能较弱
土壤中的迁移性 根据K_{oc}值预测，该物质可能有一定的迁移性

第十三部分 废弃处置

废弃化学品 建议用焚烧法处置
污染包装物 将容器返还生产商或按照国家和地方法规处置
废弃注意事项 处置前应参阅国家和地方有关法规

第十四部分 运输信息

联合国危险货物编号(UN号) 2459
联合国运输名称 2-甲基-1-丁烯
联合国危险性类别 3 **包装类别** Ⅰ类包装
包装标志  **海洋污染物** 否
运输注意事项 运输时运输车辆应配备相应品种和数量的消防器材及泄漏应急处理设备。夏季最好早晚运输。运输时所用的槽（罐）车应有接地链，槽内可设孔隔板以减少震荡产生的静电。严禁与氧化剂、酸类、食用化学品等混装混运。运输途中应防曝晒、雨淋，防高温。中途停留时应远离火种、热源、高温区。装运该物品的车辆排气管必须配备阻火装置，禁止使用易产生火花的机械设备和工具装卸。公路运输时要按规定路线行驶，勿在居民区和人口稠密区停留。铁路运输时要禁止溜放。严禁用木船、水泥船散装运输

第十五部分 法规信息

下列法律、法规、规章和标准，对该化学品的管理作了相应的规定。
中华人民共和国职业病防治法 职业病分类和目录：未列入
危险化学品安全管理条例 危险化学品目录：列入。易制爆危险化学品名录：未列入。重点监管的危险化学品名录：未列入。GB 18218—2009《危险化学品重大危险源辨识》（表1）：未列入
使用有毒物品作业场所劳动保护条例 高毒物品目录：未列入
易制毒化学品管理条例 易制毒化学品的分类和品种目录：未列入
国际公约 斯德哥尔摩公约：未列入。鹿特丹公约：未列入。蒙特利尔议定书：未列入

第十六部分 其他信息

编写和修订信息 **缩略语和首字母缩写**
培训建议 **参考文献**
免责声明

甲基对硫磷

第一部分 化学品标识

化学品中文名 甲基对硫磷；甲基1605；*O*,*O*-二甲基-*O*-(4-硝基苯基）硫代磷酸酯
化学品英文名 *O*,*O*-dimethyl *O*-4-nitrophenyl phosphorothioate；methyl parathion；metaphos
分子式 $C_8H_{10}NO_5PS$ **相对分子质量** 263.23
结构式 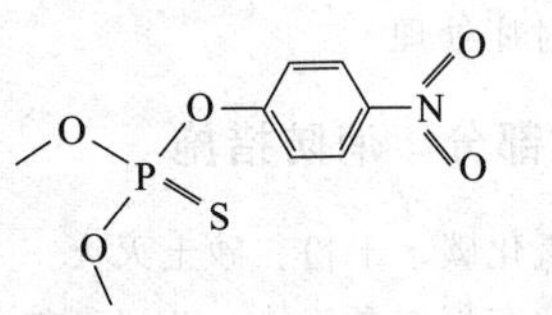
化学品的推荐及限制用途 用作杀虫剂

第二部分 危险性概述

紧急情况概述 易燃液体和蒸气，吞咽致命，皮肤接触会中毒，吸入致命
GHS危险性类别 易燃液体，类别3；急性毒性-经口，类别2；急性毒性-经皮，类别3；急性毒性-吸入，类别2；特异性靶器官毒性-反复接触，类别2；危害水生环境-急性危害，类别1；危害水生环境-长期危害，类别1
标签要素
象形图 
警示词 危险

危险性说明 易燃液体和蒸气，吞咽致命，皮肤接触会中毒，吸入致命，长时间或反复接触可能对器官造成损伤，对水生生物毒性非常大并具有长期持续影响

防范说明

预防措施 远离热源、火花、明火、热表面。禁止吸烟。保持容器密闭。容器和接收设备接地连接。使用防爆电器、通风、照明设备。只能使用不产生火花的工具。采取防止静电措施。戴防护手套、防护眼镜、防护面罩，穿防护服。避免接触眼睛、皮肤，操作后彻底清洗。作业场所不得进食、饮水或吸烟。避免吸入粉尘、蒸气、雾、喷雾。仅在室外或通风良好处操作。戴呼吸防护器具。禁止排入环境

事故响应 火灾时，使用干粉、泡沫、砂土灭火。如吸入：将患者转移到空气新鲜处，休息，保持利于呼吸的体位。皮肤接触：立即脱掉所有被污染的衣服。用大量肥皂水和水清洗。如感觉不适，呼叫中毒控制中心或就医。被污染的衣服须经洗净后方可重新使用。食入：漱口，立即呼叫中毒控制中心或就医。收集泄漏物

安全储存 存放在通风良好的地方。保持低温。保持容器密闭。上锁保管

废弃处置 本品及内装物、容器依据国家和地方法规处置

物理和化学危险 可燃，其粉体与空气混合，能形成爆炸性混合物

健康危害 抑制胆碱酯酶，造成神经生理功能紊乱

急性中毒 短期接触（口服、吸入、皮肤、黏膜）大量引起急性中毒。表现有头痛、头昏、食欲减退、恶心、呕吐、腹痛、腹泻、流涎、瞳孔缩小、呼吸道分泌物增多、多汗、肌束震颤等。重者出现肺水肿、脑水肿、昏迷、呼吸麻痹。部分病例可有心、肝、肾损害。严重中毒可在脱离昏迷状态后出现精神症状。血胆碱酯酶活性下降

慢性中毒 有神经衰弱综合征、多汗、肌束震颤等。血胆碱酯酶活性降低

环境危害 对水生生物毒性非常大并具有长期持续影响

第三部分 成分/组成信息

√物质 混合物

组分	浓度	CAS No.
甲基对硫磷		298-00-0

第四部分 急救措施

吸入 迅速脱离现场至空气新鲜处。保持呼吸道通畅。如呼吸困难，给输氧。如呼吸、心跳停止，立即进行心肺复苏术。就医

皮肤接触 立即脱去污染的衣着，用肥皂水及流动清水彻底冲洗污染的皮肤、头发、指甲等。就医

眼睛接触 分开眼睑，用流动清水或生理盐水冲洗。就医

食入 饮足量温水，催吐（仅限于清醒者）。口服活性炭。就医

对保护施救者的忠告 根据需要使用个人防护设备

对医生的特别提示 解毒剂：阿托品、胆碱酯酶复能剂

第五部分 消防措施

灭火剂 用干粉、泡沫、砂土灭火

特别危险性 受热分解，放出磷、硫的氧化物等毒性气体。在碱液中能迅速分解。燃烧生成有害的一氧化碳、氮氧化物、氧化硫、氧化磷

灭火注意事项及防护措施 消防人员必须佩戴空气呼吸器、穿全身防火防毒服，在上风向灭火。尽可能将容器从火场移至空旷处。喷水保持火场容器冷却，直至灭火结束

第六部分 泄漏应急处理

作业人员防护措施、防护装备和应急处置程序 隔离泄漏污染区，限制出入。建议应急处理人员戴防尘口罩，穿防毒服，戴橡胶手套。穿上适当的防护服前严禁接触破裂的容器和泄漏物。尽可能切断泄漏源。用塑料布覆盖泄漏物，减少飞散。勿使水进入包装容器内

环境保护措施 无资料

泄漏化学品的收容、清除方法及所使用的处置材料 用洁净的铲子收集泄漏物，置于干净、干燥、盖子较松的容器中，将容器移离泄漏区

第七部分 操作处置与储存

操作注意事项 密闭操作，局部排风。操作人员必须经过专门培训，严格遵守操作规程。建议操作人员佩戴自吸过滤式防毒面具（全面罩），穿连衣式防毒衣，戴橡胶手套。远离火种、热源。工作场所严禁吸烟。使用防爆型的通风系统和设备。防止烟雾或粉尘泄漏到工作场所空气中。避免与氧化剂接触。搬运时要轻装轻卸，防止包装及容器损坏。配备相应品种和数量的消防器材及泄漏应急处理设备。倒空的容器可能残留有害物

储存注意事项 储存于阴凉、通风良好的专用库房内。远离火种、热源。库温不宜超过30℃。包装密封。应与氧化剂、食用化学品分开存放，切忌混储。配备相应品种和数量的消防器材。储区应备有泄漏应急处理设备和合适的收容材料

第八部分 接触控制/个体防护

职业接触限值

中国 未制定标准

美国(ACGIH) TLV-TWA：0.02mg/m^3（可吸入性颗粒物和蒸气）[皮]

生物接触限值 全血胆碱酯酶活性（校正值）：原基础值或参考值的70%（采样时间：开始接触后的3个月内），原基础值或参考值的50%（采样时间：持续接触3个月后，任意时间）

监测方法 空气中有毒物质测定方法：溶剂解吸-气相色谱法。生物监测检验方法：血中胆碱酯酶活性的分光光度测定方法——羟胺三氯化铁法；血中胆碱酯酶活性的分光光度测定方法——硫代乙酰胆碱-联硫代双硝基苯甲酸法

工程控制 密闭操作，局部排风。提供安全的淋浴和洗眼设备

个体防护装备

呼吸系统防护 生产操作或农业使用时，必须佩戴过滤式防毒面具（全面罩）。紧急事态抢救或撤离时，佩戴空气呼吸器

眼睛防护 呼吸系统防护中已作防护

皮肤和身体防护 穿连衣式防毒衣

手防护 戴橡胶手套

第九部分 理化特性

外观与性状 无色结晶粉末，工业品为棕色或黄色液体或固体

pH值 无意义 **熔点(℃)** 35

沸点(℃) 154（0.136kPa）**相对密度(水=1)** 1.36

相对蒸气密度(空气=1) 9.1

饱和蒸气压(kPa) 无资料

燃烧热(kJ/mol) 无资料 **临界温度(℃)** 无资料

临界压力(MPa) 无资料 **辛醇/水分配系数** 2.86

闪点(℃) 无资料 **自燃温度(℃)** 120

爆炸下限(%) 无资料 **爆炸上限(%)** 无资料

分解温度(℃) 无资料 **黏度(mPa·s)** 无资料

溶解性 微溶于水，溶于乙醇、氯仿，易溶于芳烃

第十部分 稳定性和反应性

稳定性 稳定

危险反应 遇强酸或碱分解。与强氧化剂等禁配物发生反应

避免接触的条件 受热

禁配物 强氧化剂

危险的分解产物 氮氧化物、氧化硫、氧化磷

第十一部分 毒理学信息

急性毒性

LD_{50} 14～42mg/kg（大鼠经口）；63mg/kg（大鼠经皮）

LC_{50} 34mg/m^3（大鼠吸入，4h）

皮肤刺激或腐蚀 无资料 **眼睛刺激或腐蚀** 无资料

呼吸或皮肤过敏 无资料

生殖细胞突变性 微生物致突变性：鼠伤寒沙门氏菌 667μg/皿；大肠杆菌：10mmol/L。微核试验：大鼠腹腔注射 2.5mg/kg（5d）

致癌性 IARC 致癌性评论：组 3，现有的证据不能对人类致癌性进行分类。对人及动物致癌性证据不足

生殖毒性 大鼠孕后 6～15d 经口给予最低中毒剂量（TDLo）15mg/kg，致血液和淋巴系统发育畸形（包括脾和骨髓）。小鼠孕后 11d 腹腔内给予最低中毒剂量（TDLo）60mg/kg，致颅面部（包括鼻、舌）、肌肉骨骼系统发育畸形。小鼠腹腔注射最低中毒剂量（TDLo）：60mg/kg（孕 11d 用药），引起死胎，颅面部、骨骼肌肉发育异常。大鼠腹腔注射最低中毒剂量（TDLo）：15mg/kg（孕 13d 用药），引起胚胎发育迟缓

特异性靶器官系统毒性-一次接触 无资料

特异性靶器官系统毒性-反复接触 无资料

吸入危害 无资料

第十二部分 生态学信息

生态毒性

LC_{50} 3.7mg/L（96h）（虹鳟鱼，静态）；9mg/L（96h）（金鱼）；7.13mg/L（96h）（鲤鱼，静态）；8.9mg/L（96h）（黑头呆鱼，静态）；4.38mg/L（96h）（蓝鳃太阳鱼，静态）

EC_{50} 0.14μg/L（48h）（水蚤）

持久性和降解性

生物降解性 无资料

非生物降解性 无资料

潜在的生物累积性 根据 K_{ow} 值预测，该物质的生物累积性可能较弱

土壤中的迁移性 根据 K_{oc} 值预测，该物质可能有一定的迁移性

第十三部分 废弃处置

废弃化学品 建议用焚烧法处置。焚烧炉排出的气体要通过洗涤器除去

污染包装物 将容器返还生产商或按照国家和地方法规处置

废弃注意事项 处置前应参阅国家和地方有关法规

第十四部分 运输信息

联合国危险货物编号（UN 号） 3018（乳剂）；2783（粉剂）

联合国运输名称 液态有机磷农药，毒性（甲基对硫磷）（乳剂）；固态有机磷农药，毒性（甲基对硫磷）（粉剂）

联合国危险性类别 6.1 **包装类别** Ⅱ类包装

包装标志 

海洋污染物 是

运输注意事项 运输前应先检查包装容器是否完整、密封，运输过程中要确保容器不泄漏、不倒塌、不坠落、不损坏。严禁与酸类、氧化剂、食品及食品添加剂混运。运输时运输车辆应配备相应品种和数量的消防器材及泄漏应急处理设备。运输途中应防曝晒、雨淋，防高温。公路运输时要按规定路线行驶，勿在居民区和人口稠密区停留

第十五部分 法规信息

下列法律、法规、规章和标准，对该化学品的管理作了相应的规定。

中华人民共和国职业病防治法 职业病分类和目录：有机磷中毒

危险化学品安全管理条例 危险化学品目录：列入。易制爆危险化学品名录：未列入。重点监管的危险化学品名录：未列入。GB 18218—2009《危险化学品重大危险源辨识》（表 1）：未列入

使用有毒物品作业场所劳动保护条例 高毒物品目录：未列入

易制毒化学品管理条例 易制毒化学品的分类和品种目录：未列入

国际公约 斯德哥尔摩公约：未列入。鹿特丹公约：列入。蒙特利尔议定书：未列入

第十六部分 其他信息

编写和修订信息
缩略语和首字母缩写
培训建议
参考文献
免责声明

甲基二氯硅烷

第一部分 化学品标识

化学品中文名 甲基二氯硅烷；二氯甲基硅烷

化学品英文名 methyldichlorosilane；dichloromethylsilane

分子式 CH_4Cl_2Si **相对分子质量** 115.4

结构式

$$\begin{array}{c} \text{H} \\ | \\ \text{—Si—Cl} \\ | \\ \text{Cl} \end{array}$$

化学品的推荐及限制用途 用于硅酮化合物的制造

第二部分 危险性概述

紧急情况概述 高度易燃液体和蒸气，遇水放出可自燃的易燃气体，吸入致命，造成严重的皮肤灼伤和眼损伤

GHS危险性类别 易燃液体，类别2；遇水放出易燃气体的物质和混合物，类别1；急性毒性-吸入，类别2；皮肤腐蚀/刺激，类别1；严重眼损伤/眼刺激，类别1；特异性靶器官毒性-一次接触，类别3（呼吸道刺激）

标签要素

象形图

警示词 危险

危险性说明 高度易燃液体和蒸气，遇水放出可自燃的易燃气体，吸入致命，造成严重的皮肤灼伤和眼损伤，可能引起呼吸道刺激

防范说明

预防措施 远离热源、火花、明火、热表面。禁止吸烟。保持容器密闭。容器和接收设备接地连接。使用防爆电器、通风、照明设备。只能使用不产生火花的工具。采取防止静电措施。因与水发生剧烈反应和可能发生爆燃，应避免与水接触。在惰性气体中操作。防潮。避免吸入蒸气、雾。仅在室外或通风良好处操作。戴呼吸防护器具。避免接触眼睛、皮肤，操作后彻底清洗。戴防护手套，穿防护服，戴防护眼镜、防护面罩

事故响应 火灾时，使用二氧化碳、干粉、砂土灭火。如吸入：将患者转移到空气新鲜处，休息，保持利于呼吸的体位，立即呼叫中毒控制中心或就医。如皮肤（或头发）接触：立即脱掉所有被污染的衣服。擦掉皮肤上的微粒，将接触部位浸入冷水中、用湿绷带包扎。污染的衣服须洗净后方可重新使用。接触眼睛：用水细心冲洗数分钟。如戴隐形眼镜并可方便地取出，取出隐形眼镜继续冲洗。食入：漱口。不要催吐

安全储存 存放在通风良好的地方。保持低温。在干燥处和密闭的容器中储存。上锁保管

废弃处置 本品及内装物、容器依据国家和地方法规处置

物理和化学危险 高度易燃，遇湿易燃。遇水产生有毒气体

健康危害 本品对呼吸道有强烈刺激作用。可引起皮肤和眼刺激或灼伤。口服导致消化道灼伤

慢性影响 皮炎，呼吸道和眼损害

环境危害 对环境可能有害

第三部分 成分/组成信息

√物质　　混合物

组分	浓度	CAS No.
甲基二氯硅烷		75-54-7

第四部分 急救措施

吸入 迅速脱离现场至空气新鲜处。保持呼吸道通畅。如呼吸困难，给输氧。如呼吸、心跳停止，立即进行心肺复苏术。就医

皮肤接触 立即脱去污染的衣着，用大量流动清水彻底冲洗至少15min。就医

眼睛接触 立即分开眼睑，用流动清水或生理盐水彻底冲洗至少15min。就医

食入 用水漱口，禁止催吐。给饮牛奶或蛋清。就医

对保护施救者的忠告 根据需要使用个人防护设备

对医生的特别提示 对症处理

第五部分 消防措施

灭火剂 用二氧化碳、干粉、砂土灭火

特别危险性 遇水或水蒸气剧烈反应，放出的热量可导致其自燃，并放出有毒和腐蚀性的烟雾。与氧化剂接触猛烈反应。燃烧生成有害的一氧化碳、氯化氢、氧化硅

灭火注意事项及防护措施 消防人员必须穿全身防火防毒服，在上风向灭火。尽可能将容器从火场移至空旷处。喷水保持火场容器冷却，直至灭火结束。容器突然发出异常声音或出现异常现象，应立即撤离。禁止用水和泡沫灭火

第六部分 泄漏应急处理

作业人员防护措施、防护装备和应急处置程序 消除所有点火源。根据液体流动和蒸气扩散的影响区域划定警戒区，无关人员从侧风、上风向撤离至安全区。建议应急处理人员戴正压自给式呼吸器，穿防静电、防腐

蚀、防毒服，戴橡胶手套。禁止接触或跨越泄漏物。尽可能切断泄漏源

环境保护措施 防止泄漏物进入水体、下水道、地下室或有限空间。严禁用水处理

泄漏化学品的收容、清除方法及所使用的处置材料 小量泄漏：用干燥的砂土或其他不燃材料覆盖泄漏物。大量泄漏：构筑围堤或挖坑收容。用碎石灰石（$CaCO_3$）、苏打灰（Na_2CO_3）或石灰（CaO）中和。在专家指导下清除

第七部分 操作处置与储存

操作注意事项 密闭操作，局部排风。操作人员必须经过专门培训，严格遵守操作规程。建议操作人员佩戴自吸过滤式防毒面具（全面罩），穿胶布防毒衣，戴橡胶手套。远离火种、热源。工作场所严禁吸烟。使用防爆型的通风系统和设备。避免产生烟雾。防止烟雾和蒸气释放到工作场所空气中。避免与氧化剂、酸类接触。尤其要注意避免与水接触。搬运时要轻装轻卸，防止包装及容器损坏。配备相应品种和数量的消防器材及泄漏应急处理设备。倒空的容器可能残留有害物

储存注意事项 储存于阴凉、干燥、通风良好的专用库房内，远离火种、热源。库房温度不超过 32℃，相对湿度不超过 75%。包装必须密封，切勿受潮。应与氧化剂、酸类等分开存放，切忌混储。采用防爆型照明、通风设施。禁止使用易产生火花的机械设备和工具。储区应备有泄漏应急处理设备和合适的收容材料

第八部分 接触控制/个体防护

职业接触限值

中国 未制定标准

美国(ACGIH) 未制定标准

生物接触限值 未制定标准

监测方法 空气中有毒物质测定方法：未制定标准。生物监测检验方法：未制定标准

工程控制 密闭操作，局部排风。提供安全的淋浴和洗眼设备

个体防护装备

呼吸系统防护 可能接触其蒸气时，应该佩戴过滤式防毒面具（全面罩）。紧急事态抢救或撤离时，建议佩戴空气呼吸器

眼睛防护 呼吸系统防护中已作防护

皮肤和身体防护 穿隔绝式防毒服

手防护 戴橡胶手套

第九部分 理化特性

外观与性状 无色液体，潮湿空气中会发烟，具有刺鼻气味，易潮解

pH 值 无意义 **熔点(℃)** −93

沸点(℃) 41.9 **相对密度(水=1)** 1.105

相对蒸气密度(空气=1) 4.0

饱和蒸气压(kPa) 46.78（20℃）

燃烧热(kJ/mol) 无资料 **临界温度(℃)** 无资料

临界压力(MPa) 3.95 **辛醇/水分配系数** 1.70

闪点(℃) −32.22；−9(CC) **自燃温度(℃)** 290

爆炸下限(%) 2.4 **爆炸上限(%)** 55.0

分解温度(℃) 无资料 **黏度(mPa·s)** 无资料

溶解性 溶于苯、乙醚、庚烷

第十部分 稳定性和反应性

稳定性 稳定

危险反应 与强氧化剂、水等禁配物接触，有发生火灾和爆炸的危险

避免接触的条件 潮湿空气

禁配物 强氧化剂、酸类、水

危险的分解产物 氯化氢

第十一部分 毒理学信息

急性毒性

LD_{50} 2830μl（3113mg）/kg（大鼠经口）

LC_{50} 300ppm（大鼠吸入，4h）

皮肤刺激或腐蚀 家兔经皮：2mg（24h），重度刺激

眼睛刺激或腐蚀 家兔经眼：20mg（24h），中度刺激

呼吸或皮肤过敏 无资料 **生殖细胞突变性** 无资料

致癌性 无资料 **生殖毒性** 无资料

特异性靶器官系统毒性-一次接触 无资料

特异性靶器官系统毒性-反复接触 无资料

吸入危害 无资料

第十二部分 生态学信息

生态毒性 无资料

持久性和降解性

生物降解性 无资料

非生物降解性 无资料

潜在的生物累积性 根据 K_{ow} 值预测，该物质的生物累积性可能较弱

土壤中的迁移性 根据 K_{oc} 值预测，该物质可能易发生迁移

第十三部分 废弃处置

废弃化学品 建议用焚烧法处置。与燃料混合后，再焚烧。焚烧炉排出的卤化氢通过酸洗涤器除去

污染包装物 将容器返还生产商或按照国家和地方法规处置

废弃注意事项 处置前应参阅国家和地方有关法规

第十四部分 运输信息

联合国危险货物编号（UN 号） 1242

联合国运输名称 甲基二氯硅烷

联合国危险性类别 4.3，3/8

包装类别 Ⅰ类包装

包装标志 

海洋污染物 否

运输注意事项 运输时运输车辆应配备相应品种和数量的消防器材及泄漏应急处理设备。装运本品的车辆排气管须有阻火装置。运输过程中要确保容器不泄漏、不倒塌、不坠落、不损坏。严禁与氧化剂、酸类、食用化学品等混装混运。运输途中应防曝晒、雨淋，防高温。中途停留时应远离火种、热源。运输用车、船必须干燥，并有良好的防雨设施。车辆运输完毕应进行彻底清扫。铁路运输时要禁止溜放

第十五部分　法规信息

下列法律、法规、规章和标准，对该化学品的管理作了相应的规定。

中华人民共和国职业病防治法 职业病分类和目录：未列入

危险化学品安全管理条例 危险化学品目录：列入。易制爆危险化学品名录：未列入。重点监管的危险化学品名录：未列入。GB 18218—2009《危险化学品重大危险源辨识》(表 1)：未列入

使用有毒物品作业场所劳动保护条例 高毒物品目录：未列入

易制毒化学品管理条例 易制毒化学品的分类和品种目录：未列入

国际公约 斯德哥尔摩公约：未列入。鹿特丹公约：未列入。蒙特利尔议定书：未列入

第十六部分　其他信息

编写和修订信息　　**缩略语和首字母缩写**

培训建议　　**参考文献**

免责声明

甲基环己烷

第一部分　化学品标识

化学品中文名 甲基环己烷；六氢化甲苯；环己基甲烷

化学品英文名 methylcyclohexane；cyclohexylmethane

分子式 C_7H_{14}　**相对分子质量** 98.19

结构式 (环己烷环上带甲基)

化学品的推荐及限制用途 用作溶剂、色谱分析标准物质，以及作为校正温度计的标准物，也用于有机合成

第二部分　危险性概述

紧急情况概述 高度易燃液体和蒸气，可能引起昏昏欲睡或眩晕，吞咽及进入呼吸道可能致命

GHS 危险性类别 易燃液体，类别 2；皮肤腐蚀/刺激，类别 2；特异性靶器官毒性-一次接触，类别 3 (麻醉效应)；吸入危害，类别 1；危害水生环境-急性危害，类别 2；危害水生环境-长期危害，类别 2

标签要素

象形图

警示词 危险

危险性说明 高度易燃液体和蒸气，造成皮肤刺激，可能引起昏昏欲睡或眩晕，吞咽及进入呼吸道可能致命，对水生生物有毒并具有长期持续影响

防范说明

预防措施　远离热源、火花、明火、热表面。禁止吸烟。保持容器密闭。容器和接收设备接地连接。使用防爆电器、通风、照明设备。只能使用不产生火花的工具。采取防止静电措施。戴防护手套、防护眼镜、防护面罩。避免接触眼睛、皮肤，操作后彻底清洗。禁止排入环境

事故响应　火灾时，使用泡沫、二氧化碳、干粉、砂土灭火。如皮肤(或头发)接触：立即脱掉所有被污染的衣服。用大量肥皂水和水清洗。如发生皮肤刺激，就医。被污染的衣服经洗净后方可重新使用。如果食入：不要催吐，立即呼叫中毒控制中心或就医。收集泄漏物

安全储存　存放在通风良好的地方。保持低温。上锁保管

废弃处置　本品及内装物、容器依据国家和地方法规处置

物理和化学危险 高度易燃，其蒸气与空气混合，能形成爆炸性混合物

健康危害 对眼和呼吸道黏膜有轻度刺激作用。有麻醉作用。液态本品吸入呼吸道可引起吸入性肺炎。皮肤接触可引起发红、干燥、皲裂、溃疡等

环境危害 对水生生物有毒并具有长期持续影响

第三部分　成分/组成信息

√物质		混合物
组分	浓度	CAS No.
甲基环己烷		108-87-2

第四部分　急救措施

吸入 迅速脱离现场至空气新鲜处。保持呼吸道通畅。如呼吸困难，给输氧。如呼吸、心跳停止，立即进行心肺复苏术。就医

皮肤接触 立即脱去污染的衣着，用流动清水彻底冲洗。就医

眼睛接触 立即分开眼睑，用流动清水或生理盐水彻底冲洗。就医

食入 漱口，饮水。禁止催吐。就医

对保护施救者的忠告 根据需要使用个人防护设备

对医生的特别提示 对症处理

第五部分　消防措施

灭火剂 用泡沫、二氧化碳、干粉、砂土灭火

特别危险性 高速冲击、流动、激荡后可因产生静电火花放电引起燃烧爆炸。蒸气比空气重，沿地面扩散并易积存于低洼处，遇火源会着火回燃。燃烧生成有害的一氧化碳

灭火注意事项及防护措施 消防人员必须佩戴空气呼吸器、穿全身防火防毒服，在上风向灭火。喷水冷却容器，尽可能将容器从火场移至空旷处。容器突然发出异常声音

或出现异常现象，应立即撤离。用水灭火无效

第六部分 泄漏应急处理

作业人员防护措施、防护装备和应急处置程序 消除所有点火源。根据液体流动和蒸气扩散的影响区域划定警戒区，无关人员从侧风、上风向撤离至安全区。建议应急处理人员戴正压自给式呼吸器，穿防静电服，戴橡胶耐油手套。作业时使用的所有设备应接地。禁止接触或跨越泄漏物。尽可能切断泄漏源

环境保护措施 防止泄漏物进入水体、下水道、地下室或有限空间

泄漏化学品的收容、清除方法及所使用的处置材料 小量泄漏：用砂土或其他不燃材料吸收，使用洁净的无火花工具收集吸收材料。大量泄漏：构筑围堤或挖坑收容。用泡沫覆盖，减少蒸发。喷水雾能减少蒸发，但不能降低泄漏物在有限空间内的易燃性。用防爆泵转移至槽车或专用收集器内

第七部分 操作处置与储存

操作注意事项 密闭操作，全面通风。操作人员必须经过专门培训，严格遵守操作规程。建议操作人员佩戴过滤式防毒面具（半面罩），穿防静电工作服，戴橡胶耐油手套。远离火种、热源。工作场所严禁吸烟。使用防爆型的通风系统和设备。防止蒸气泄漏到工作场所空气中。避免与氧化剂接触。灌装时应控制流速，且有接地装置，防止静电积聚。配备相应品种和数量的消防器材及泄漏应急处理设备。倒空的容器可能残留有害物

储存注意事项 储存于阴凉、通风的库房。远离火种、热源。库温不宜超过37℃。保持容器密封。应与氧化剂分开存放，切忌混储。采用防爆型照明、通风设施。禁止使用易产生火花的机械设备和工具。储区应备有泄漏应急处理设备和合适的收容材料

第八部分 接触控制/个体防护

职业接触限值

中国 未制定标准

美国(ACGIH) TLV-TWA：400ppm

生物接触限值 未制定标准

监测方法 空气中有毒物质测定方法：溶剂解吸-气相色谱法；热解吸-气相色谱法。生物监测检验方法：未制定标准

工程控制 生产过程密闭，全面通风。提供安全的淋浴和洗眼设备

个体防护装备

呼吸系统防护 空气中浓度超标时，佩戴过滤式防毒面具（半面罩）

眼睛防护 一般不需要特殊防护，高浓度接触时可戴化学安全防护眼镜

皮肤和身体防护 穿防静电工作服

手防护 戴橡胶耐油手套

第九部分 理化特性

外观与性状 无色透明液体，有芳香味

pH值 无资料 **熔点(℃)** −126.7

沸点(℃) 100.9 **相对密度(水=1)** 0.77

相对蒸气密度(空气=1) 3.4

饱和蒸气压(kPa) 5.73 (25℃)

燃烧热(kJ/mol) −4565.3 **临界温度(℃)** 299.1

临界压力(MPa) 3.471 **辛醇/水分配系数** 3.61

闪点(℃) −4 (CC)；−3.5 (OC)

自燃温度(℃) 250 **爆炸下限(%)** 1.2

爆炸上限(%) 6.7 **分解温度(℃)** 无资料

黏度(mPa·s) 无资料

溶解性 不溶于水，溶于乙醇、乙醚、丙酮、苯、石油醚、四氯化碳等

第十部分 稳定性和反应性

稳定性 稳定

危险反应 与强氧化剂等禁配物接触，有发生火灾和爆炸的危险

避免接触的条件 无资料

禁配物 强氧化剂、强酸、强碱、卤素

危险的分解产物 无资料

第十一部分 毒理学信息

急性毒性

LD_{50} ＞3200mg/kg（大鼠经口）；2250mg/kg（小鼠经口）

LC_{50} 36900mg/m³（小鼠吸入，2h）

皮肤刺激或腐蚀 家兔经皮：500μL（24h），轻度刺激

眼睛刺激或腐蚀 家兔经眼：100μL（24h），轻度刺激

呼吸或皮肤过敏 无资料 **生殖细胞突变性** 无资料

致癌性 无资料 **生殖毒性** 无资料

特异性靶器官系统毒性-一次接触 无资料

特异性靶器官系统毒性-反复接触 兔暴露于40g/m³，每天6h，每周5d，2周后全部死亡；13.3g/m³，10周共300h，出现肝肾轻微损害

吸入危害 无资料

第十二部分 生态学信息

生态毒性 LC_{50}：72mg/L（96h）（金体美洲鳊鱼）；5.02mg/L（48h）（青鳉）

持久性和降解性

生物降解性 无资料

非生物降解性 无资料

潜在的生物累积性 BCF：95～321（鲤鱼，接触浓度100mg/L，接触时间8周），134～237（鲤鱼，接触浓度10mg/L，接触时间8周）；根据 K_{ow} 值预测，该物质可能有一定的生物累积性

土壤中的迁移性 根据 K_{oc} 值预测，该物质可能有一定的迁移性

第十三部分 废弃处置

废弃化学品 建议用焚烧法处置

污染包装物 将容器返还生产商或按照国家和地方法规处置

废弃注意事项 处置前应参阅国家和地方有关法规

第十四部分 运输信息

联合国危险货物编号（UN号） 2296

联合国运输名称 甲基环己烷

联合国危险性类别 3 **包装类别** Ⅱ类包装

包装标志  **海洋污染物** 否

运输注意事项 运输时运输车辆应配备相应品种和数量的消防器材及泄漏应急处理设备。夏季最好早晚运输。运输时所用的槽（罐）车应有接地链，槽内可设孔隔板以减少震荡产生的静电。严禁与氧化剂等混装混运。运输途中应防曝晒、雨淋，防高温。中途停留时应远离火种、热源、高温区。装运该物品的车辆排气管必须配备阻火装置，禁止使用易产生火花的机械设备和工具装卸。公路运输时要按规定路线行驶，勿在居民区和人口稠密区停留。铁路运输时要禁止溜放。严禁用木船、水泥船散装运输

第十五部分 法规信息

下列法律、法规、规章和标准，对该化学品的管理作了相应的规定。

中华人民共和国职业病防治法 职业病分类和目录：未列入

危险化学品安全管理条例 危险化学品目录：列入。易制爆危险化学品名录：未列入。重点监管的危险化学品名录：未列入。GB 18218—2009《危险化学品重大危险源辨识》（表1）：未列入

使用有毒物品作业场所劳动保护条例 高毒物品目录：未列入

易制毒化学品管理条例 易制毒化学品的分类和品种目录：未列入

国际公约 斯德哥尔摩公约：未列入。鹿特丹公约：未列入。蒙特利尔议定书：未列入

第十六部分 其他信息

编写和修订信息 **缩略语和首字母缩写**

培训建议 **参考文献**

免责声明

甲基环戊烷

第一部分 化学品标识

化学品中文名 甲基环戊烷

化学品英文名 methylcyclopentane；methylpentamethylene

分子式 C_6H_{12} **相对分子质量** 84.18

结构式 —⬠

化学品的推荐及限制用途 用作溶剂及色谱分析标准物质，也用于有机合成

第二部分 危险性概述

紧急情况概述 高度易燃液体和蒸气，吞咽及进入呼吸道可能致命

GHS危险性类别 易燃液体，类别2；吸入危害，类别1

标签要素

象形图 

警示词 危险

危险性说明 高度易燃液体和蒸气，吞咽及进入呼吸道可能致命

防范说明

预防措施 远离热源、火花、明火、热表面。禁止吸烟。保持容器密闭。容器和接收设备接地连接。使用防爆电器、通风、照明设备。只能使用不产生火花的工具。采取防止静电措施。戴防护手套、防护眼镜、防护面罩

事故响应 火灾时，使用泡沫、二氧化碳、干粉、砂土灭火。如皮肤（或头发）接触：立即脱掉所有被污染的衣服，用水冲洗皮肤，淋浴。如果食入：不要催吐，立即呼叫中毒控制中心或就医

安全储存 存放在通风良好的地方。保持低温。上锁保管

废弃处置 本品及内装物、容器依据国家和地方法规处置

物理和化学危险 高度易燃，其蒸气与空气混合，能形成爆炸性混合物

健康危害 其蒸气或雾对眼睛和上呼吸道有刺激性。对中枢神经系统有抑制作用。液体对眼和皮肤有刺激性。液态本品吸入呼吸道可引起吸入性肺炎

环境危害 对环境可能有害

第三部分 成分/组成信息

√物质 混合物

组分	浓度	CAS No.
甲基环戊烷		96-37-7

第四部分 急救措施

吸入 迅速脱离现场至空气新鲜处。保持呼吸道通畅。如呼吸困难，给输氧。如呼吸、心跳停止，立即进行心肺复苏术。就医

皮肤接触 立即脱去污染的衣着，用流动清水彻底冲洗。就医

眼睛接触 立即分开眼睑，用流动清水或生理盐水彻底冲洗。就医

食入 漱口，饮水。禁止催吐。就医

对保护施救者的忠告 根据需要使用个人防护设备

对医生的特别提示 对症处理

第五部分 消防措施

灭火剂 用泡沫、二氧化碳、干粉、砂土灭火

特别危险性 在火场中，受热的容器有爆炸危险。高速冲击、流动、激荡后可因产生静电火花放电引起燃烧爆

炸。蒸气比空气重，沿地面扩散并易积存于低洼处，遇火源会着火回燃。燃烧生成有害的一氧化碳

灭火注意事项及防护措施 消防人员必须佩戴空气呼吸器、穿全身防火防毒服，在上风向灭火。喷水冷却容器，尽可能将容器从火场移至空旷处。容器突然发出异常声音或出现异常现象，应立即撤离。用水灭火无效

第六部分 泄漏应急处理

作业人员防护措施、防护装备和应急处置程序 消除所有点火源。根据液体流动和蒸气扩散的影响区域划定警戒区，无关人员从侧风、上风向撤离至安全区。建议应急处理人员戴正压自给式呼吸器，穿防静电服，戴橡胶耐油手套。作业时使用的所有设备应接地。禁止接触或跨越泄漏物。尽可能切断泄漏源

环境保护措施 防止泄漏物进入水体、下水道、地下室或有限空间

泄漏化学品的收容、清除方法及所使用的处置材料 小量泄漏：用砂土或其他不燃材料吸收，使用洁净的无火花工具收集吸收材料。大量泄漏：构筑围堤或挖坑收容。用泡沫覆盖，减少蒸发。喷水雾能减少蒸发，但不能降低泄漏物在有限空间内的易燃性。用防爆泵转移至槽车或专用收集器内

第七部分 操作处置与储存

操作注意事项 密闭操作，全面通风。操作人员必须经过专门培训，严格遵守操作规程。建议操作人员佩戴过滤式防毒面具（半面罩），戴化学安全防护眼镜，穿防静电工作服，戴橡胶耐油手套。远离火种、热源。工作场所严禁吸烟。使用防爆型的通风系统和设备。防止蒸气泄漏到工作场所空气中。避免与氧化剂接触。灌装时应控制流速，且有接地装置，防止静电积聚。配备相应品种和数量的消防器材及泄漏应急处理设备。倒空的容器可能残留有害物

储存注意事项 储存于阴凉、通风的库房。远离火种、热源。库温不宜超过37℃。保持容器密封。应与氧化剂分开存放，切忌混储。采用防爆型照明、通风设施。禁止使用易产生火花的机械设备和工具。储区应备有泄漏应急处理设备和合适的收容材料

第八部分 接触控制/个体防护

职业接触限值

中国 未制定标准

美国(ACGIH) 未制定标准

生物接触限值 未制定标准

监测方法 空气中有毒物质测定方法：未制定标准。生物监测检验方法：未制定标准

工程控制 生产过程密闭，全面通风。提供安全的淋浴和洗眼设备

个体防护装备

呼吸系统防护 空气中浓度超标时，佩戴过滤式防毒面具（半面罩）

眼睛防护 戴化学安全防护眼镜

皮肤和身体防护 穿防静电工作服

手防护 戴橡胶耐油手套

第九部分 理化特性

外观与性状 无色液体，有汽油味

pH值 无资料 **熔点(℃)** −142.5

沸点(℃) 71.8 **相对密度(水=1)** 0.75

相对蒸气密度(空气=1) 2.9

饱和蒸气压(kPa) 18.4（25℃）

燃烧热(kJ/mol) −3938.1 **临界温度(℃)** 259.6

临界压力(MPa) 3.784 **辛醇/水分配系数** 3.37

闪点(℃) <−7（CC） **自燃温度(℃)** 258

爆炸下限(%) 1.2 **爆炸上限(%)** 8.4

分解温度(℃) 无资料 **黏度(mPa·s)** 无资料

溶解性 不溶于水，溶于乙醇、乙醚、苯、丙酮等多数有机溶剂

第十部分 稳定性和反应性

稳定性 稳定

危险反应 与强氧化剂等禁配物接触，有发生火灾和爆炸的危险

避免接触的条件 无资料

禁配物 强氧化剂、强酸、强碱、卤素

危险的分解产物 无资料

第十一部分 毒理学信息

急性毒性 LCLo：95g/m³（小鼠吸入）

皮肤刺激或腐蚀 无资料 **眼睛刺激或腐蚀** 无资料

呼吸或皮肤过敏 无资料 **生殖细胞突变性** 无资料

致癌性 无资料 **生殖毒性** 无资料

特异性靶器官系统毒性-一次接触 无资料

特异性靶器官系统毒性-反复接触 无资料

吸入危害 无资料

第十二部分 生态学信息

生态毒性 无资料

持久性和降解性

生物降解性 无资料

非生物降解性 空气中，当羟基自由基浓度为5.00×10^5个/cm³时，降解半衰期为2.3d（理论）

潜在的生物累积性 根据K_{ow}值预测，该物质可能有一定的生物累积性

土壤中的迁移性 根据K_{oc}值预测，该物质可能有一定的迁移性

第十三部分 废弃处置

废弃化学品 建议用焚烧法处置

污染包装物 将容器返还生产商或按照国家和地方法规处置

废弃注意事项 处置前应参阅国家和地方有关法规

第十四部分 运输信息

联合国危险货物编号（UN号） 2298

联合国运输名称　甲基环戊烷

联合国危险性类别　3　**包装类别**　Ⅱ类包装

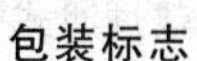
包装标志 　**海洋污染物**　否

运输注意事项　运输时运输车辆应配备相应品种和数量的消防器材及泄漏应急处理设备。夏季最好早晚运输。运输时所用的槽（罐）车应有接地链，槽内可设孔隔板以减少震荡产生的静电。严禁与氧化剂、食用化学品等混装混运。运输途中应防曝晒、雨淋，防高温。中途停留时应远离火种、热源、高温区。装运该物品的车辆排气管必须配备阻火装置，禁止使用易产生火花的机械设备和工具装卸。公路运输时要按规定路线行驶，勿在居民区和人口稠密区停留。铁路运输时要禁止溜放。严禁用木船、水泥船散装运输

第十五部分　法规信息

下列法律、法规、规章和标准，对该化学品的管理作了相应的规定。

中华人民共和国职业病防治法　职业病分类和目录：未列入

危险化学品安全管理条例　危险化学品目录：列入。易制爆危险化学品名录：未列入。重点监管的危险化学品名录：未列入。GB 18218—2009《危险化学品重大危险源辨识》(表1)：未列入

使用有毒物品作业场所劳动保护条例　高毒物品目录：未列入

易制毒化学品管理条例　易制毒化学品的分类和品种目录：未列入

国际公约　斯德哥尔摩公约：未列入。鹿特丹公约：未列入。蒙特利尔议定书：未列入

第十六部分　其他信息

编写和修订信息　**缩略语和首字母缩写**

培训建议　**参考文献**

免责声明

甲基磺酰氯

第一部分　化学品标识

化学品中文名　甲基磺酰氯；甲烷磺酰氯；氯化磺酰甲烷

化学品英文名　methanesulfonyl chloride；mesyl chloride

分子式　CH_3SO_2Cl　**相对分子质量**　114.55

结构式

```
    O
    ‖
 —S═O
    |
    Cl
```

化学品的推荐及限制用途　用作分析试剂

第二部分　危险性概述

紧急情况概述　吞咽会中毒，皮肤接触会中毒，吸入致命，造成严重的皮肤灼伤和眼损伤

GHS危险性类别　急性毒性-经口，类别3；急性毒性-经皮，类别3；急性毒性-吸入，类别1；皮肤腐蚀/刺激，类别1；严重眼损伤/眼刺激，类别1；特异性靶器官毒性-一次接触，类别1；危害水生环境-急性危害，类别3；危害水生环境-长期危害，类别3

标签要素

象形图 

警示词　危险

危险性说明　吞咽会中毒，皮肤接触会中毒，吸入致命，造成严重的皮肤灼伤和眼损伤，对器官造成损害，对水生生物有害并具有长期持续影响

防范说明

预防措施　避免接触眼睛、皮肤，操作后彻底清洗。作业场所不得进食、饮水或吸烟。避免吸入蒸气、雾。仅在室外或通风良好处操作。戴呼吸防护器具。避免接触眼睛、皮肤，操作后彻底清洗。戴防护手套，穿防护服，戴防护眼镜、防护面罩。禁止排入环境

事故响应　如吸入：将患者转移到空气新鲜处，休息，保持利于呼吸的体位。皮肤接触：用大量肥皂水和水清洗。如感不适，呼叫中毒控制中心或就医。立即脱去所有被污染的衣服。被污染的衣服须经洗净后方可重新使用。接触眼睛：用水细心冲洗数分钟。如戴隐形眼镜并可方便地取出，取出隐形眼镜继续冲洗。食入：漱口，不要催吐，立即呼叫中毒控制中心或就医。如果接触：立即呼叫中毒控制中心或就医

安全储存　在通风良好处储存。保持容器密闭。上锁保管

废弃处置　本品及内装物、容器依据国家和地方法规处置

物理和化学危险　可燃。遇水产生刺激性气体

健康危害　本品对黏膜、上呼吸道、眼睛和皮肤有强烈刺激性。可致灼伤。吸入后，可引起喉和支气管炎症，化学性肺炎或肺水肿

环境危害　对水生生物有害并具有长期持续影响

第三部分　成分/组成信息

√物质		混合物
组分	**浓度**	**CAS No.**
甲基磺酰氯		124-63-0

第四部分　急救措施

吸入　迅速脱离现场至空气新鲜处。保持呼吸道通畅。如呼吸困难，给输氧。如呼吸、心跳停止，立即进行心肺复苏术。就医

皮肤接触　立即脱去污染的衣着，用大量流动清水彻底冲洗至少15min。就医

眼睛接触　立即分开眼睑，用流动清水或生理盐水彻底冲洗至少15min。就医

食入　用水漱口，禁止催吐。给饮牛奶或蛋清。就医

对保护施救者的忠告 根据需要使用个人防护设备

对医生的特别提示 对症处理

第五部分 消防措施

灭火剂 用干粉、二氧化碳灭火

特别危险性 受热或遇水分解放热，放出有毒的腐蚀性烟气。能与碱、氨发生剧烈反应，造成火灾和爆炸。具有腐蚀性。燃烧生成有害的氯化氢、氧化硫

灭火注意事项及防护措施 消防人员必须穿全身耐酸碱消防服、佩戴空气呼吸器灭火。尽可能将容器从火场移至空旷处。喷水保持火场容器冷却，直至灭火结束。容器突然发出异常声音或出现异常现象，应立即撤离。禁止用水、泡沫和酸碱灭火剂灭火

第六部分 泄漏应急处理

作业人员防护措施、防护装备和应急处置程序 根据液体流动和蒸气扩散的影响区域划定警戒区，无关人员从侧风、上风向撤离至安全区。消除所有点火源。建议应急处理人员戴正压自给式呼吸器，穿防酸碱服，戴橡胶耐酸碱手套。穿上适当的防护服前严禁接触破裂的容器和泄漏物。尽可能切断泄漏源

环境保护措施 防止泄漏物进入水体、下水道、地下室或有限空间

泄漏化学品的收容、清除方法及所使用的处置材料 小量泄漏：用干燥的砂土或其他不燃材料吸收或覆盖，收集于容器中。大量泄漏：构筑围堤或挖坑收容。用砂土、惰性物质或蛭石吸收大量液体。用耐腐蚀泵转移至槽车或专用收集器内

第七部分 操作处置与储存

操作注意事项 密闭操作，局部排风。操作人员必须经过专门培训，严格遵守操作规程。建议操作人员佩戴过滤式防毒面具（全面罩）或自给式呼吸器，穿橡胶耐酸碱服，戴橡胶耐酸碱手套。远离火种、热源。工作场所严禁吸烟。使用防爆型的通风系统和设备。避免产生烟雾。防止烟雾和蒸气释放到工作场所空气中。避免与氧化剂、碱类、醇类接触。尤其要注意避免与水接触。搬运时要轻装轻卸，防止包装及容器损坏。配备相应品种和数量的消防器材及泄漏应急处理设备。倒空的容器可能残留有害物

储存注意事项 储存于阴凉、干燥、通风良好的专用库房内，实行“双人收发、双人保管”制度。远离火种、热源。保持容器密封。应与氧化剂、碱类、醇类等分开存放，切忌混储。配备相应品种和数量的消防器材。储区应备有泄漏应急处理设备和合适的收容材料

第八部分 接触控制/个体防护

职业接触限值

中国 未制定标准

美国(ACGIH) 未制定标准

生物接触限值 未制定标准

监测方法 空气中有毒物质测定方法：未制定标准。生物监测检验方法：未制定标准

工程控制 密闭操作，局部排风。提供安全的淋浴和洗眼设备

个体防护装备

呼吸系统防护 可能接触其蒸气时，必须佩戴过滤式防毒面具（全面罩）或空气呼吸器。紧急事态抢救或撤离时，佩戴空气呼吸器

眼睛防护 呼吸系统防护中已作防护

皮肤和身体防护 穿橡胶耐酸碱服

手防护 戴橡胶耐酸碱手套

第九部分 理化特性

外观与性状 无色或微黄色液体

pH 值 无资料 **熔点(℃)** −32

沸点(℃) 164 **相对密度(水=1)** 1.48

相对蒸气密度(空气=1) 3.9

饱和蒸气压(kPa) 1.60（53℃）

燃烧热(kJ/mol) 无资料 **临界温度(℃)** 无资料

临界压力(MPa) 5.23 **辛醇/水分配系数** 1.27

闪点(℃) 110 **自燃温度(℃)** 无资料

爆炸下限(%) 无资料 **爆炸上限(%)** 无资料

分解温度(℃) 无资料

黏度(mPa·s) 1.97（25℃）

溶解性 不溶于水，溶于乙醇、乙醚和大多数有机溶剂

第十部分 稳定性和反应性

稳定性 稳定

危险反应 与强氧化剂等禁配物发生反应

避免接触的条件 受热、潮湿空气

禁配物 水、醇类、强氧化剂、强碱

危险的分解产物 氯化氢、氧化硅

第十一部分 毒理学信息

急性毒性 LD_{50}：50mg/kg（大鼠经口）；200mg/kg（小鼠经口）

皮肤刺激或腐蚀 无资料

眼睛刺激或腐蚀 家兔经眼：5mg（30s），轻度刺激

呼吸或皮肤过敏 无资料

生殖细胞突变性 微生物致突变：鼠伤寒沙门氏菌 250μg/皿。细胞遗传学分析：仓鼠卵巢 32μmol/L

致癌性 无资料 **生殖毒性** 无资料

特异性靶器官系统毒性-一次接触 无资料

特异性靶器官系统毒性-反复接触 无资料

吸入危害 无资料

第十二部分 生态学信息

生态毒性 LC_{50}：11mg/L（96h）（蓝鳃太阳鱼）

持久性和降解性

生物降解性 无资料

非生物降解性 空气中，当羟基自由基浓度为5.00×10^5个/cm^{3}时，降解半衰期为 13d（理论）

潜在的生物累积性 根据 K_{ow}值预测，该物质的生物累积性可能较弱

土壤中的迁移性 根据 K_{oc}值预测，该物质可能易发生

迁移

第十三部分　废弃处置

废弃化学品　建议用焚烧法处置。与燃料混合后，再焚烧。焚烧炉排出的气体要通过洗涤器除去

污染包装物　将容器返还生产商或按照国家和地方法规处置

废弃注意事项　处置前应参阅国家和地方有关法规

第十四部分　运输信息

联合国危险货物编号（UN号）　3246

联合国运输名称　甲磺酰氯

联合国危险性类别　6.1，8

包装类别　Ⅰ类包装

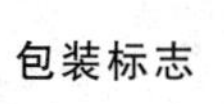
包装标志

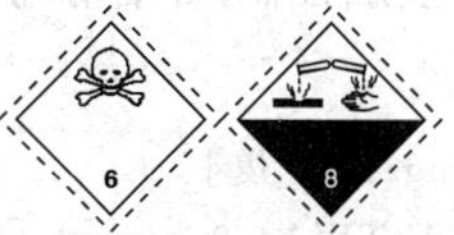

海洋污染物　否

运输注意事项　起运时包装要完整，装载应稳妥。运输过程中要确保容器不泄漏、不倒塌、不坠落、不损坏。严禁与氧化剂、碱类、醇类、食用化学品等混装混运。运输时运输车辆应配备相应品种和数量的消防器材及泄漏应急处理设备。运输途中应防曝晒、雨淋，防高温。公路运输时要按规定路线行驶，勿在居民区和人口稠密区停留

第十五部分　法规信息

下列法律、法规、规章和标准，对该化学品的管理作了相应的规定。

中华人民共和国职业病防治法　职业病分类和目录：未列入

危险化学品安全管理条例　危险化学品目录：列入。作为剧毒化学品进行管理。易制爆危险化学品名录：未列入。重点监管的危险化学品名录：未列入。GB 18218—2009《危险化学品重大危险源辨识》（表1）：未列入

使用有毒物品作业场所劳动保护条例　高毒物品目录：未列入

易制毒化学品管理条例　易制毒化学品的分类和品种目录：未列入

国际公约　斯德哥尔摩公约：未列入。鹿特丹公约：未列入。蒙特利尔议定书：未列入

第十六部分　其他信息

编写和修订信息　　**缩略语和首字母缩写**

培训建议　　**参考文献**

免责声明

甲　基　肼

第一部分　化学品标识

化学品中文名　甲基肼；甲基联氨；甲肼

化学品英文名　methylhydrazine；hydrazomethane

分子式　CH_6N_2　**相对分子质量**　46.09

结构式

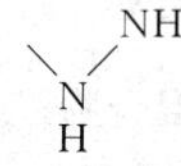

化学品的推荐及限制用途　用作有机合成中间体、溶剂

第二部分　危险性概述

紧急情况概述　极易燃液体和蒸气，吞咽致命，皮肤接触会致命，吸入致命

GHS危险性类别　易燃液体，类别1；急性毒性-经口，类别2；急性毒性-经皮，类别2；急性毒性-吸入，类别1；皮肤腐蚀/刺激，类别2；严重眼损伤/眼刺激，类别2A；生殖毒性，类别2；特异性靶器官毒性-一次接触，类别1；特异性靶器官毒性-反复接触，类别1；危害水生环境-急性危害，类别1；危害水生环境-长期危害，类别1

标签要素

象形图

警示词　危险

危险性说明　极易燃液体和蒸气，吞咽致命，皮肤接触会致命，吸入致命，造成皮肤刺激，造成严重眼刺激，怀疑对生育力或胎儿造成伤害，对器官造成损害，长时间或反复接触对器官造成损伤，对水生生物毒性非常大并具有长期持续影响

防范说明

预防措施　远离热源、火花、明火、热表面。禁止吸烟。保持容器密闭。容器和接收设备接地连接。使用防爆电器、通风、照明设备。只能使用不产生火花的工具。采取防止静电措施。戴防护手套、防护眼镜、防护面罩，穿防护服。避免接触眼睛、皮肤或衣服，操作后彻底清洗。作业场所不得进食、饮水或吸烟。仅在室外或通风良好处操作。戴呼吸防护器具。得到专门指导后操作。在阅读并了解所有安全预防措施之前，切勿操作。按要求使用个体防护装备。避免吸入蒸气、雾。禁止排入环境

事故响应　火灾时，使用抗溶性泡沫、二氧化碳、干粉、砂土灭火。如皮肤（或头发）接触：立即脱掉所有被污染的衣服，用水冲洗皮肤，淋浴

安全储存　存放在通风良好的地方。保持低温

废弃处置　本品及内装物、容器依据国家和地方法规处置

物理和化学危险　极易燃，其蒸气与空气混合，能形成爆炸性混合物。在空气中遇尘土、石棉、木材等疏松性物质能自燃

健康危害　意外吸入甲基肼蒸气可出现流泪、喷嚏、咳嗽，以后可见眼充血、支气管痉挛、呼吸困难，继之恶心、呕吐。慢性吸入甲基肼可致轻度高铁血红蛋白形成，可引起溶血

环境危害 对水生生物毒性非常大并具有长期持续影响

第三部分 成分/组成信息

√物质 混合物

组分	浓度	CAS No.
甲基肼		60-34-4

第四部分 急救措施

吸入 迅速脱离现场至空气新鲜处。保持呼吸道通畅。如呼吸困难，给输氧。如呼吸、心跳停止，立即进行心肺复苏术。就医

皮肤接触 立即脱去污染的衣着，用流动清水彻底冲洗。就医

眼睛接触 立即分开眼睑，用流动清水或生理盐水彻底冲洗。就医

食入 饮适量温水，催吐（仅限于清醒者）。就医

对保护施救者的忠告 根据需要使用个人防护设备

对医生的特别提示 对症处理

第五部分 消防措施

灭火剂 用抗溶性泡沫、二氧化碳、干粉、砂土灭火

特别危险性 在空气中遇尘土、石棉、木材等疏松性物质能自燃。遇过氧化氢或硝酸等氧化剂，也能自燃。高热时其蒸气能发生爆炸。具有腐蚀性。燃烧生成有害的一氧化碳、氮氧化物

灭火注意事项及防护措施 消防人员必须佩戴空气呼吸器、穿全身防火防毒服，在上风向灭火。遇大火，消防人员须在有防护掩蔽处操作。容器突然发出异常声音或出现异常现象，应立即撤离

第六部分 泄漏应急处理

作业人员防护措施、防护装备和应急处置程序 消除所有点火源。根据液体流动和蒸气扩散的影响区域划定警戒区，无关人员从侧风、上风向撤离至安全区。建议应急处理人员戴正压自给式呼吸器，穿防静电、防腐蚀、防毒服，戴橡胶耐油手套。作业时使用的所有设备应接地。禁止接触或跨越泄漏物。尽可能切断泄漏源

环境保护措施 防止泄漏物进入水体、下水道、地下室或有限空间

泄漏化学品的收容、清除方法及所使用的处置材料 小量泄漏：用砂土或其他不燃材料吸收，使用洁净的无火花工具收集吸收材料。大量泄漏：构筑围堤或挖坑收容。用抗溶性泡沫覆盖，减少蒸发。喷水雾能减少蒸发，但不能降低泄漏物在有限空间内的易燃性。用防爆、耐腐蚀泵转移至槽车或专用收集器内。喷雾状水驱散蒸气、稀释液体泄漏物

第七部分 操作处置与储存

操作注意事项 密闭操作，加强通风。操作人员必须经过专门培训，严格遵守操作规程。建议操作人员佩戴导管式防毒面具，穿连衣式防毒衣，戴橡胶耐油手套。远离火种、热源。工作场所严禁吸烟。使用防爆型的通风系统和设备。防止蒸气泄漏到工作场所空气中。避免与氧化剂接触。在氮气中操作处置。充装要控制流速，防止静电积聚。搬运时要轻装轻卸，防止包装及容器损坏。配备相应品种和数量的消防器材及泄漏应急处理设备。倒空的容器可能残留有害物

储存注意事项 储存于阴凉、通风良好的专用库房内，实行“双人收发、双人保管”制度。远离火种、热源。库温不宜超过 37℃。包装要求密封，不可与空气接触。应与氧化剂、过氧化物、食用化学品分开存放，切忌混储。采用防爆型照明、通风设施。禁止使用易产生火花的机械设备和工具。储区应备有泄漏应急处理设备和合适的收容材料

第八部分 接触控制/个体防护

职业接触限值

中国 MAC：0.08mg/m³［皮］

美国(ACGIH) TLV-TWA：0.01ppm［皮］

生物接触限值 未制定标准

监测方法 空气中有毒物质测定方法：对二甲氨基苯甲醛分光光度法；溶剂解吸-气相色谱法。生物监测检验方法：未制定标准

工程控制 生产过程密闭，加强通风。提供安全的淋浴和洗眼设备

个体防护装备

呼吸系统防护 正常工作情况下，佩戴过滤式防毒面具（半面罩）。紧急事态抢救或撤离时，建议佩戴空气呼吸器

眼睛防护 戴化学安全防护眼镜

皮肤和身体防护 穿连衣式防毒衣

手防护 戴橡胶耐油手套

第九部分 理化特性

外观与性状 无色透明液体，有氨的气味

pH 值 无资料 **熔点(℃)** －52.4

沸点(℃) 87.5 **相对密度(水＝1)** 0.874

相对蒸气密度(空气＝1) 1.6

饱和蒸气压(kPa) 4.8（20℃）

燃烧热(kJ/mol) －1304.2 **临界温度(℃)** 312

临界压力(MPa) 8.24 **辛醇/水分配系数** －1.05

闪点(℃) －8.3（CC） **自燃温度(℃)** 194

爆炸下限(%) 2.5 **爆炸上限(%)** 97±2

分解温度(℃) 无资料

黏度(mPa·s) 0.775（25℃）

溶解性 溶于水、乙醇、乙醚

第十部分 稳定性和反应性

稳定性 稳定

危险反应 与强氧化剂、氧等禁配物接触，有发生火灾和爆炸的危险

避免接触的条件 受热

禁配物 强氧化剂、氧、过氧化物

危险的分解产物 氨

第十一部分 毒理学信息

急性毒性

LD_{50} 32mg/kg（大鼠经口）；183mg/kg（大鼠经皮）；95mg/kg（兔经皮）

LC_{50} 34ppm（大鼠吸入，4h）

皮肤刺激或腐蚀 无资料 **眼睛刺激或腐蚀** 无资料

呼吸或皮肤过敏 无资料

生殖细胞突变性 DNA 加合物：人成纤维细胞 116pmol。程序外 DNA 合成：大鼠肺脏 1μmol/L

致癌性 无资料

生殖毒性 大鼠孕后 6～15d 腹腔内给予最低中毒剂量（TDLo）50mg/kg，致眼、耳发育畸形。小鼠经口最低中毒剂量（TDLo）：100mg/kg（孕 8～12d），致畸胎阳性

特异性靶器官系统毒性-一次接触 无资料

特异性靶器官系统毒性-反复接触 大鼠、狗和猴吸入 0.4～9.4mg/m³，每天 6h，6 个月，大鼠生长迟缓，狗和猴有溶血，骨髓髓母细胞数有变化

吸入危害 无资料

第十二部分 生态学信息

生态毒性

LC_{50} 3.54mg/L（96h）（斑点叉尾鮰）；2.27mg/L（96h）（金体美洲鳊鱼）

EC_{50} 0.04mg/L（48h）（水蚤）

持久性和降解性

生物降解性 好氧生物降解（h）：312～576；厌氧生物降解（h）：1248～2304

非生物降解性 空气中光氧化半衰期（h）：0.06～0.37

潜在的生物累积性 根据 K_{ow} 值预测，该物质的生物累积性可能较弱

土壤中的迁移性 根据 K_{oc} 值预测，该物质可能易发生迁移

第十三部分 废弃处置

废弃化学品 建议用焚烧法处置。焚烧炉排出的氮氧化物通过洗涤器除去

污染包装物 将容器返还生产商或按照国家和地方法规处置

废弃注意事项 处置前应参阅国家和地方有关法规

第十四部分 运输信息

联合国危险货物编号（UN 号） 1244

联合国运输名称 甲基肼

联合国危险性类别 6.1，3/8

包装类别 Ⅰ类包装

包装标志 

海洋污染物 否

运输注意事项 运输时运输车辆应配备相应品种和数量的消防器材及泄漏应急处理设备。夏季最好早晚运输。运输时所用的槽（罐）车应有接地链，槽内可设孔隔板以减少震荡产生的静电。严禁与氧化剂、过氧化物、食用化学品等混装混运。运输途中应防曝晒、雨淋，防高温。中途停留时应远离火种、热源、高温区。装运该物品的车辆排气管必须配备阻火装置，禁止使用易产生火花的机械设备和工具装卸。公路运输时要按规定路线行驶，勿在居民区和人口稠密区停留。铁路运输时要禁止溜放。严禁用木船、水泥船散装运输

第十五部分 法规信息

下列法律、法规、规章和标准，对该化学品的管理作了相应的规定。

中华人民共和国职业病防治法 职业病分类和目录：未列入

危险化学品安全管理条例 危险化学品目录：列入。作为剧毒化学品进行管理。易制爆危险化学品名录：未列入。重点监管的危险化学品名录：列入。GB 18218—2009《危险化学品重大危险源辨识》（表 1）：未列入

使用有毒物品作业场所劳动保护条例 高毒物品目录：列入

易制毒化学品管理条例 易制毒化学品的分类和品种目录：未列入

国际公约 斯德哥尔摩公约：未列入。鹿特丹公约：未列入。蒙特利尔议定书：未列入

第十六部分 其他信息

编写和修订信息 **缩略语和首字母缩写**

培训建议 **参考文献**

免责声明

甲基氯硅烷

第一部分 化学品标识

化学品中文名 甲基氯硅烷；氯甲基硅烷

化学品英文名 methylchlorosilane；chloromethyl silane

分子式 CH_5ClSi **相对分子质量** 80.59

结构式 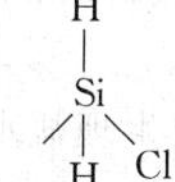

化学品的推荐及限制用途 用于制取硅橡胶、硅油和发泡灵等

第二部分 危险性概述

紧急情况概述 极易燃气体，内装加压气体：遇热可能爆炸，造成严重的皮肤灼伤和眼损伤

GHS 危险性类别 易燃气体，类别 1；加压气体；皮肤腐蚀/刺激，类别 1A；严重眼损伤/眼刺激，类别 1

标签要素

象形图 

警示词 危险

危险性说明 极易燃气体，内装加压气体：遇热可能爆炸，造成严重的皮肤灼伤和眼损伤

防范说明

预防措施 远离热源、火花、明火、热表面。禁止吸烟。避免接触眼睛、皮肤，操作后彻底清洗。戴防护手套，穿防护服，戴防护眼镜、防护面罩

事故响应 漏气着火：切勿灭火，除非漏气能够安全地制止。如果没有危险，消除一切点火源。如吸入：将患者转移到空气新鲜处，休息，保持利于呼吸的体位。立即呼叫中毒控制中心或就医。皮肤（或头发）接触：立即脱掉所有被污染的衣服，用水冲洗皮肤，淋浴。污染的衣服须洗净后方可重新使用。接触眼睛：用水细心冲洗数分钟。如戴隐形眼镜并可方便地取出，取出隐形眼镜继续冲洗。食入：漱口。不要催吐

安全储存 防日晒。存放在通风良好的地方。上锁保管

废弃处置 本品及内装物、容器依据国家和地方法规处置

物理和化学危险 极易燃，与空气混合能形成爆炸性混合物。遇水产生有毒气体

健康危害 本品遇潮气易水解并放出有毒和腐蚀性氯化氢气体。本品对眼、皮肤和黏膜有刺激性，可致眼和皮肤灼伤

环境危害 对环境可能有害

第三部分 成分/组成信息

√物质 混合物

组分	浓度	CAS No.
甲基氯硅烷		993-00-0

第四部分 急救措施

吸入 迅速脱离现场至空气新鲜处。保持呼吸道通畅。如呼吸困难，给输氧。如呼吸、心跳停止，立即进行心肺复苏术。就医

皮肤接触 立即脱去污染的衣着，用大量流动清水彻底冲洗至少15min。就医

眼睛接触 立即分开眼睑，用流动清水或生理盐水彻底冲洗至少15min。就医

食入 用水漱口，禁止催吐。给饮牛奶或蛋清。就医

对保护施救者的忠告 根据需要使用个人防护设备

对医生的特别提示 对症处理

第五部分 消防措施

灭火剂 用干粉、二氧化碳、砂土灭火

特别危险性 遇水或水蒸气反应放热并产生有毒的腐蚀性气体。燃烧生成有害的一氧化碳、氯化氢、氧化硅

灭火注意事项及防护措施 切断气源。若不能切断气源，则不允许熄灭泄漏处的火焰。消防人员必须佩戴空气呼吸器、穿全身防火防毒服，在上风向灭火。尽可能将容器从火场移至空旷处。火场中有大量本品泄漏物时，禁用水、泡沫和酸碱灭火剂

第六部分 泄漏应急处理

作业人员防护措施、防护装备和应急处置程序 消除所有点火源。根据气体扩散的影响区域划定警戒区，无关人员从侧风、上风向撤离至安全区。建议应急处理人员穿内置正压自给式呼吸器的全封闭防化服。如果是液化气体泄漏，还应注意防冻伤。作业时使用的所有设备应接地。禁止接触或跨越泄漏物。尽可能切断泄漏源。使用抗溶性泡沫抑制蒸气。若可能翻转容器，使之逸出气体而非液体

环境保护措施 防止气体通过下水道、通风系统和有限空间扩散

泄漏化学品的收容、清除方法及所使用的处置材料 构筑围堤或挖坑收容液体泄漏物。隔离泄漏区直至气体散尽

第七部分 操作处置与储存

操作注意事项 密闭操作，局部排风。操作人员必须经过专门培训，严格遵守操作规程。建议操作人员佩戴过滤式防毒面具（全面罩）或自给式呼吸器，穿防静电工作服，戴橡胶手套。远离火种、热源。工作场所严禁吸烟。使用防爆型的通风系统和设备。避免产生烟雾。防止气体或蒸气泄漏到工作场所空气中。避免与氧化剂接触。尤其要注意避免与水接触。在传送过程中，钢瓶和容器必须接地和跨接，防止产生静电。搬运时戴好钢瓶安全帽和防震橡皮圈，防止钢瓶碰撞、损坏。配备相应品种和数量的消防器材及泄漏应急处理设备

储存注意事项 储存于阴凉、通风的易燃气体专用库房。库温不宜超过30℃。远离火种、热源。包装要求密封，不可与空气接触。应与氧化剂等分开存放，切忌混储。采用防爆型照明、通风设施。禁止使用易产生火花的机械设备和工具。储区应备有泄漏应急处理设备

第八部分 接触控制/个体防护

职业接触限值

中国 未制定标准

美国(ACGIH) 未制定标准

生物接触限值 未制定标准

监测方法 空气中有毒物质测定方法：未制定标准。生物监测检验方法：未制定标准

工程控制 密闭操作，局部排风。提供安全的淋浴和洗眼设备

个体防护装备

呼吸系统防护 正常工作情况下，佩戴过滤式防毒面具（半面罩）。紧急事态抢救或撤离时，建议佩戴空气呼吸器

眼睛防护 戴化学安全防护眼镜

皮肤和身体防护 穿防静电工作服

手防护 戴橡胶手套

第九部分 理化特性

外观与性状 无色气体或液体，具有强烈的气味

pH 值　无资料　**熔点(℃)**　−135
沸点(℃)　7～8　**相对密度(水=1)**　无资料
相对蒸气密度(空气=1)　>1
饱和蒸气压(kPa)　无资料
燃烧热(kJ/mol)　无资料　**临界温度(℃)**　无资料
临界压力(MPa)　4.17　**辛醇/水分配系数**　1.33
闪点(℃)　−9　**自燃温度(℃)**　无资料
爆炸下限(%)　无资料　**爆炸上限(%)**　无资料
分解温度(℃)　无资料　**黏度(mPa·s)**　无资料
溶解性　不溶于水

第十部分　稳定性和反应性

稳定性　稳定
危险反应　与强氧化剂、水等禁配物接触，有发生火灾和爆炸的危险
禁配物　强氧化剂、水蒸气
避免接触的条件　潮湿空气
危险的分解产物　氯化氢

第十一部分　毒理学信息

急性毒性　无资料　**皮肤刺激或腐蚀**　无资料
眼睛刺激或腐蚀　家兔经眼：5mg (30s)，轻度刺激
呼吸或皮肤过敏　无资料　**生殖细胞突变性**　无资料
致癌性　无资料　**生殖毒性**　无资料
特异性靶器官系统毒性-一次接触　无资料
特异性靶器官系统毒性-反复接触　无资料
吸入危害　无资料

第十二部分　生态学信息

生态毒性　无资料
持久性和降解性
　生物降解性　无资料
　非生物降解性　无资料
潜在的生物累积性　根据 K_{ow} 值预测，该物质的生物累积性可能较弱
土壤中的迁移性　根据 K_{oc} 值预测，该物质可能易发生迁移

第十三部分　废弃处置

废弃化学品　根据国家和地方有关法规的要求处置。或与制造商联系，确定处置方法
污染包装物　将容器返还生产商或按照国家和地方法规处置
废弃注意事项　处置前应参阅国家和地方有关法规

第十四部分　运输信息

联合国危险货物编号 (UN 号)　2534
联合国运输名称　甲基氯硅烷
联合国危险性类别　2.3，2.1/8
包装类别　-
包装标志

海洋污染物　否
运输注意事项　采用钢瓶运输时必须戴好钢瓶上的安全帽。钢瓶一般平放，并应将瓶口朝同一方向，不可交叉；高度不得超过车辆的防护栏板，并用三角木垫卡牢，防止滚动。运输时运输车辆应配备相应品种和数量的消防器材。装运该物品的车辆排气管必须配备阻火装置，禁止使用易产生火花的机械设备和工具装卸。严禁与氧化剂、食用化学品等混装混运。夏季应早晚运输，防止日光曝晒。中途停留时应远离火种、热源。公路运输时要按规定路线行驶，禁止在居民区和人口稠密区停留。铁路运输时要禁止溜放

第十五部分　法规信息

下列法律、法规、规章和标准，对该化学品的管理作了相应的规定。
中华人民共和国职业病防治法　职业病分类和目录：未列入
危险化学品安全管理条例　危险化学品目录：列入。易制爆危险化学品名录：未列入。重点监管的危险化学品名录：未列入。GB 18218—2009《危险化学品重大危险源辨识》(表 1)：未列入
使用有毒物品作业场所劳动保护条例　高毒物品目录：未列入
易制毒化学品管理条例　易制毒化学品的分类和品种目录：未列入
国际公约　斯德哥尔摩公约：未列入。鹿特丹公约：未列入。蒙特利尔议定书：未列入

第十六部分　其他信息

编写和修订信息　**缩略语和首字母缩写**
培训建议　**参考文献**
免责声明

N-甲基吗啉

第一部分　化学品标识

化学品中文名　*N*-甲基吗啉
化学品英文名　*N*-methyl morpholine；4-methyl-1-oxa-4-azacyclohexane
分子式　$C_5H_{11}NO$　**相对分子质量**　101.47
结构式　—N(吗啉环)O
化学品的推荐及限制用途　用作催化剂、萃取剂、氯烃的稳定剂、腐蚀抑制剂、分析试剂及用于药品制造等

第二部分　危险性概述

紧急情况概述　高度易燃液体和蒸气
GHS 危险性类别　易燃液体，类别 2；急性毒性-经皮，类别 4
标签要素
象形图

警示词 危险

危险性说明 高度易燃液体和蒸气，皮肤接触有害

防范说明

预防措施 远离热源、火花、明火、热表面。禁止吸烟。保持容器密闭。容器和接收设备接地连接。使用防爆电器、通风、照明设备。只能使用不产生火花的工具。采取防止静电措施。戴防护手套、防护眼镜、防护面罩

事故响应 火灾时，使用泡沫、二氧化碳、干粉、砂土灭火。皮肤接触：立即脱掉所有被污染的衣服。用大量肥皂水和水清洗。如感觉不适，呼叫中毒控制中心或就医。被污染的衣服须经洗净后方可重新使用

安全储存 存放在通风良好的地方。保持低温

废弃处置 本品及内装物、容器依据国家和地方法规处置

物理和化学危险 高度易燃，其蒸气与空气混合，能形成爆炸性混合物

健康危害 吸入本品蒸气或雾对呼吸道有刺激性。眼和皮肤接触有刺激作用

环境危害 对环境可能有害

第三部分 成分/组成信息

√物质		混合物
组分	浓度	CAS No.
N-甲基吗啉		109-02-4

第四部分 急救措施

吸入 迅速脱离现场至空气新鲜处。保持呼吸道通畅。如呼吸困难，给输氧。如呼吸、心跳停止，立即进行心肺复苏术。就医

皮肤接触 立即脱去污染的衣着，用流动清水彻底冲洗。就医

眼睛接触 立即分开眼睑，用流动清水或生理盐水彻底冲洗。就医

食入 漱口，饮水。就医

对保护施救者的忠告 根据需要使用个人防护设备

对医生的特别提示 对症处理

第五部分 消防措施

灭火剂 用泡沫、二氧化碳、干粉、砂土灭火

特别危险性 受热分解放出有毒的氧化氮烟气。燃烧生成有害的一氧化碳、氮氧化物

灭火注意事项及防护措施 消防人员必须佩戴空气呼吸器、穿全身防火防毒服，在上风向灭火。喷水冷却容器，尽可能将容器从火场移至空旷处。容器突然发出异常声音或出现异常现象，应立即撤离

第六部分 泄漏应急处理

作业人员防护措施、防护装备和应急处置程序 消除所有点火源。根据液体流动和蒸气扩散的影响区域划定警戒区，无关人员从侧风、上风向撤离至安全区。建议应急处理人员戴正压自给式呼吸器，穿防静电、防腐蚀、防毒服，戴橡胶耐油手套。作业时使用的所有设备应接地。禁止接触或跨越泄漏物。尽可能切断泄漏源

环境保护措施 防止泄漏物进入水体、下水道、地下室或有限空间

泄漏化学品的收容、清除方法及所使用的处置材料 小量泄漏：用砂土或其他不燃材料吸收，使用洁净的无火花工具收集吸收材料。大量泄漏：构筑围堤或挖坑收容。用泡沫覆盖，减少蒸发。喷水雾能减少蒸发，但不能降低泄漏物在有限空间内的易燃性。用防爆、耐腐蚀泵转移至槽车或专用收集器内

第七部分 操作处置与储存

操作注意事项 密闭操作，局部排风。操作人员必须经过专门培训，严格遵守操作规程。建议操作人员佩戴过滤式防毒面具（半面罩），戴化学安全防护眼镜，穿胶布防毒衣，戴橡胶耐油手套。远离火种、热源。工作场所严禁吸烟。使用防爆型的通风系统和设备。防止蒸气泄漏到工作场所空气中。避免与氧化剂、酸类接触。灌装时应控制流速，且有接地装置，防止静电积聚。搬运时要轻装轻卸，防止包装及容器损坏。配备相应品种和数量的消防器材及泄漏应急处理设备。倒空的容器可能残留有害物

储存注意事项 储存于阴凉、通风的库房。远离火种、热源。库温不宜超过 37℃。保持容器密封。应与氧化剂、酸类等分开存放，切忌混储。采用防爆型照明、通风设施。禁止使用易产生火花的机械设备和工具。储区应备有泄漏应急处理设备和合适的收容材料

第八部分 接触控制/个体防护

职业接触限值

中国 未制定标准

美国(ACGIH) 未制定标准

生物接触限值 未制定标准

监测方法 空气中有毒物质测定方法：未制定标准。生物监测检验方法：未制定标准

工程控制 密闭操作，局部排风。提供安全的淋浴和洗眼设备

个体防护装备

呼吸系统防护 可能接触其蒸气时，佩戴过滤式防毒面具（半面罩）。紧急事态抢救或撤离时，建议佩戴空气呼吸器

眼睛防护 戴化学安全防护眼镜

皮肤和身体防护 穿隔绝式防毒服

手防护 戴橡胶耐油手套

第九部分 理化特性

外观与性状 无色液体，有氨的气味

pH 值 无资料 **熔点(℃)** −66

沸点(℃) 115～116 **相对密度(水=1)** 0.92

相对蒸气密度(空气=1) 3.5

饱和蒸气压(kPa) 2.39（20℃）

燃烧热(kJ/mol) 无资料 **临界温度(℃)** 无资料

临界压力(MPa) 无资料 **辛醇/水分配系数** −0.33

闪点(℃) 14（CC） **自燃温度(℃)** 无资料

爆炸下限(%) 无资料 **爆炸上限(%)** 无资料

分解温度(℃) 无资料 **黏度(mPa·s)** 无资料

溶解性 与水混溶，溶于苯

第十部分 稳定性和反应性

稳定性 稳定

危险反应 与强氧化剂等禁配物接触，有发生火灾和爆炸的危险

避免接触的条件 受热

禁配物 酸类、酸酐、强氧化剂、二氧化碳

危险的分解产物 无资料

第十一部分 毒理学信息

急性毒性

LD_{50} 1960mg/kg（大鼠经口）；1242mg/kg（兔经皮）

LC_{50} 25200mg/m^3（小鼠吸入，2h）

皮肤刺激或腐蚀 家兔经皮：460mg，轻度刺激（开放性刺激试验）

眼睛刺激或腐蚀 家兔经眼：920μg，重度刺激

呼吸或皮肤过敏 无资料 **生殖细胞突变性** 无资料

致癌性 无资料 **生殖毒性** 无资料

特异性靶器官系统毒性-一次接触 无资料

特异性靶器官系统毒性-反复接触 无资料

吸入危害 无资料

第十二部分 生态学信息

生态毒性 TLm：159～499mg/L（24～96h）（鱼）

持久性和降解性

生物降解性 无资料

非生物降解性 无资料

潜在的生物累积性 根据 K_{ow} 值预测，该物质的生物累积性可能较弱

土壤中的迁移性 根据 K_{oc} 值预测，该物质可能易发生迁移

第十三部分 废弃处置

废弃化学品 建议用焚烧法处置。焚烧炉排出的氮氧化物通过洗涤器除去

污染包装物 将容器返还生产商或按照国家和地方法规处置

废弃注意事项 处置前应参阅国家和地方有关法规

第十四部分 运输信息

联合国危险货物编号（UN号） 2535

联合国运输名称 4-甲基吗啉

联合国危险性类别 3，8 **包装类别** Ⅱ类包装

包装标志 

海洋污染物 否

运输注意事项 运输时运输车辆应配备相应品种和数量的消防器材及泄漏应急处理设备。夏季最好早晚运输。运输时所用的槽（罐）车应有接地链，槽内可设孔隔板以减少震荡产生的静电。严禁与氧化剂、酸类、食用化学品等混装混运。运输途中应防曝晒、雨淋，防高温。中途停留时应远离火种、热源、高温区。装运该物品的车辆排气管必须配备阻火装置，禁止使用易产生火花的机械设备和工具装卸。公路运输时要按规定路线行驶，勿在居民区和人口稠密区停留。铁路运输时要禁止溜放。严禁用木船、水泥船散装运输

第十五部分 法规信息

下列法律、法规、规章和标准，对该化学品的管理作了相应的规定。

中华人民共和国职业病防治法 职业病分类和目录：未列入

危险化学品安全管理条例 危险化学品目录：列入。易制爆危险化学品名录：未列入。重点监管的危险化学品名录：未列入。GB 18218—2009《危险化学品重大危险源辨识》（表1）：未列入

使用有毒物品作业场所劳动保护条例 高毒物品目录：未列入

易制毒化学品管理条例 易制毒化学品的分类和品种目录：未列入

国际公约 斯德哥尔摩公约：未列入。鹿特丹公约：未列入。蒙特利尔议定书：未列入

第十六部分 其他信息

编写和修订信息 **缩略语和首字母缩写**

培训建议 **参考文献**

免责声明

2-甲基萘

第一部分 化学品标识

化学品中文名 2-甲基萘；β-甲基萘

化学品英文名 2-methylnaphthalene；beta-methylnaphthalene

分子式 $C_{11}H_{10}$ **相对分子质量** 142.21

结构式 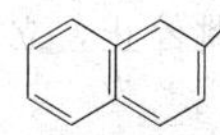

化学品的推荐及限制用途 用于有机合成，也用于制杀虫剂、维生素K、染料等

第二部分 危险性概述

紧急情况概述 易燃固体，吞咽有害

GHS危险性类别 易燃固体，类别2；急性毒性-经口，类别4；严重眼损伤/眼刺激，类别2；特异性靶器官毒性-一次接触，类别3（呼吸道刺激、麻醉效应）；特异性靶器官毒性-反复接触，类别2；危害水生环境-急性危害，类别2；危害水生环境-长期危害，类

别 2

标签要素

象形图 

警示词 危险

危险性说明 易燃固体，吞咽有害，造成严重眼刺激，可能引起呼吸道刺激或可能引起昏昏欲睡或眩晕，长时间或反复接触可能对器官造成损伤，对水生生物有毒并具有长期持续影响

防范说明

预防措施 远离热源、火花、明火、热表面。禁止吸烟。容器和接收设备接地连接。使用防爆电器、通风、照明设备。戴防护手套、防护眼镜、防护面罩。避免接触眼睛、皮肤，操作后彻底清洗。作业场所不得进食、饮水或吸烟。避免吸入粉尘。禁止排入环境

事故响应 火灾时，使用雾状水、二氧化碳、砂土灭火。如接触眼睛：用水细心冲洗数分钟。如戴隐形眼镜并可方便地取出，取出隐形眼镜继续冲洗。如果眼睛刺激持续：就医。食入：漱口。如果感觉不适，立即呼叫中毒控制中心或就医

安全储存 -

废弃处置 本品及内装物、容器依据国家和地方法规处置

物理和化学危险 易燃，其粉体与空气混合，能形成爆炸性混合物

健康危害 接触本品对眼、上呼吸道和皮肤有刺激性。可引起头痛、恶心、呕吐、腹泻、贫血、黄疸、欣快感、视觉障碍、惊厥和昏迷

环境危害 对水生生物有毒并具有长期持续影响

第三部分 成分/组成信息

√物质 混合物

组分	浓度	CAS No.
2-甲基萘		91-57-6

第四部分 急救措施

吸入 迅速脱离现场至空气新鲜处。保持呼吸道通畅。如呼吸困难，给输氧。如呼吸、心跳停止，立即进行心肺复苏术。就医

皮肤接触 立即脱去污染的衣着，用流动清水彻底冲洗。就医

眼睛接触 立即分开眼睑，用流动清水或生理盐水彻底冲洗。就医

食入 漱口，饮水。就医

对保护施救者的忠告 根据需要使用个人防护设备

对医生的特别提示 对症处理

第五部分 消防措施

灭火剂 用雾状水、二氧化碳、砂土灭火

特别危险性 燃烧时放出有毒的刺激性烟雾。与强氧化剂如铬酸酐、氯酸盐和高锰酸钾等接触，能发生强烈反应，引起燃烧或爆炸。粉体与空气可形成爆炸性混合物，当达到一定浓度时，遇火星会发生爆炸。燃烧生成有害的一氧化碳

灭火注意事项及防护措施 消防人员必须佩戴空气呼吸器、穿全身防火防毒服，在上风向灭火。尽可能将容器从火场移至空旷处。喷水保持火场容器冷却，直至灭火结束

第六部分 泄漏应急处理

作业人员防护措施、防护装备和应急处置程序 隔离泄漏污染区，限制出入。消除所有点火源。建议应急处理人员戴防尘口罩，穿防毒服。禁止接触或跨越泄漏物

环境保护措施 无资料

泄漏化学品的收容、清除方法及所使用的处置材料 小量泄漏：用洁净的铲子收集泄漏物，置于干净、干燥、盖子较松的容器中，将容器移离泄漏区。大量泄漏：用水润湿，并筑堤收容。防止泄漏物进入水体、下水道、地下室或有限空间

第七部分 操作处置与储存

操作注意事项 密闭操作，局部排风。操作人员必须经过专门培训，严格遵守操作规程。远离火种、热源。工作场所严禁吸烟。使用防爆型的通风系统和设备。避免产生粉尘。避免与氧化剂接触。搬运时要轻装轻卸，防止包装及容器损坏。配备相应品种和数量的消防器材及泄漏应急处理设备。倒空的容器可能残留有害物

储存注意事项 储存于阴凉、通风的库房。远离火种、热源。库温不宜超过35℃。包装密封。应与氧化剂分开存放，切忌混储。配备相应品种和数量的消防器材。储区应备有合适的材料收容泄漏物

第八部分 接触控制/个体防护

职业接触限值

中国 未制定标准

美国(ACGIH) 0.5ppm［皮］

生物接触限值 未制定标准

监测方法 空气中有毒物质测定方法：未制定标准。生物监测检验方法：未制定标准

工程控制 密闭操作，局部排风。提供安全的淋浴和洗眼设备

个体防护装备

呼吸系统防护 一般不需要特殊防护，高浓度接触时可佩戴过滤式防毒面具（半面罩）

眼睛防护 必要时，戴安全防护眼镜

皮肤和身体防护 穿一般作业防护服

手防护 戴一般作业防护手套

第九部分 理化特性

外观与性状 白色至浅黄色单斜晶体或熔融状固体

pH值 无意义 **熔点(℃)** 34～36

沸点(℃) 241.1 **相对密度(水=1)** 1.03

相对蒸气密度(空气=1) 无资料

饱和蒸气压(kPa) 无资料

燃烧热(kJ/mol) 无资料 **临界温度(℃)** 无资料

临界压力(MPa) 3.5 **辛醇/水分配系数** 3.86

闪点(℃) 98 (CC) **自燃温度(℃)** 529

爆炸下限(%) 无资料 **爆炸上限(%)** 无资料

分解温度(℃) 无资料 **黏度(mPa·s)** 无资料

溶解性 不溶于水，溶于乙醇、乙醚、苯等多数有机溶剂

第十部分 稳定性和反应性

稳定性 稳定

危险反应 与强氧化剂接触，有发生火灾和爆炸的危险

避免接触的条件 受热

禁配物 强氧化剂

危险的分解产物 无资料

第十一部分 毒理学信息

急性毒性 LD_{50}：1630mg/kg (大鼠经口)

皮肤刺激或腐蚀 家兔经皮：0.05ml (24h)，重度刺激

眼睛刺激或腐蚀 无资料 **呼吸或皮肤过敏** 无资料

生殖细胞突变性 无资料 **致癌性** 无资料

生殖毒性 无资料

特异性靶器官系统毒性-一次接触 无资料

特异性靶器官系统毒性-反复接触 无资料

吸入危害 无资料

第十二部分 生态学信息

生态毒性 LC_{50}：9mg/L (96h) (鱼类)

持久性和降解性

生物降解性 MITI-I 测试，初始浓度 100ppm，污泥浓度 30ppm，28d 后降解 72%

非生物降解性 空气中，当羟基自由基浓度为5.00×10^5个/cm^3时，降解半衰期为 7.4h (理论)

潜在的生物累积性 BCF：407 (蓝鳃太阳鱼，接触浓度 0.013μg/L，接触时间 26d)；根据 K_{ow}值预测，该物质可能有一定的生物累积性

土壤中的迁移性 根据 K_{oc}值预测，该物质可能有一定的迁移性

第十三部分 废弃处置

废弃化学品 建议用焚烧法处置

污染包装物 将容器返还生产商或按照国家和地方法规处置

废弃注意事项 处置前应参阅国家和地方有关法规

第十四部分 运输信息

联合国危险货物编号 (UN 号) 1325

联合国运输名称 有机易燃固体，未另作规定的 (2-甲基萘)

联合国危险性类别 4.1 **包装类别** Ⅲ类包装

包装标志  **海洋污染物** 是

运输注意事项 运输时运输车辆应配备相应品种和数量的消防器材及泄漏应急处理设备。装运本品的车辆排气管须有阻火装置。运输过程中要确保容器不泄漏、不倒塌、不坠落、不损坏。严禁与氧化剂等混装混运。运输途中应防曝晒、雨淋，防高温。中途停留时应远离火种、热源。车辆运输完毕应进行彻底清扫。铁路运输时要禁止溜放

第十五部分 法规信息

下列法律、法规、规章和标准，对该化学品的管理作了相应的规定。

中华人民共和国职业病防治法 职业病分类和目录：未列入

危险化学品安全管理条例 危险化学品目录：列入。易制爆危险化学品名录：未列入。重点监管的危险化学品名录：未列入。GB 18218—2009《危险化学品重大危险源辨识》(表 1)：未列入

使用有毒物品作业场所劳动保护条例 高毒物品目录：未列入

易制毒化学品管理条例 易制毒化学品的分类和品种目录：未列入

国际公约 斯德哥尔摩公约：未列入。鹿特丹公约：未列入。蒙特利尔议定书：未列入

第十六部分 其他信息

编写和修订信息 **缩略语和首字母缩写**

培训建议 **参考文献**

免责声明

1-甲基萘

第一部分 化学品标识

化学品中文名 1-甲基萘；α-甲基萘

化学品英文名 1-methylnaphthalene; alpha-methylnaphthalene

分子式 $C_{11}H_{10}$ **相对分子质量** 142.21

结构式 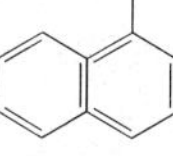

化学品的推荐及限制用途 用于有机合成，用作印染载体、热载体、增塑剂等

第二部分 危险性概述

紧急情况概述 可燃液体，吞咽有害，可能引起呼吸道刺激或可能引起昏昏欲睡或眩晕

GHS 危险性类别 易燃液体，类别 4；急性毒性-经口，类别 4；严重眼损伤/眼刺激，类别 2；特异性靶器官毒性-一次接触，类别 3 (呼吸道刺激、麻醉效应)；特异性靶器官毒性-反复接触，类别 2；危害水生环境-急性危害，类别 2；危害水生环境-长期危害，类

别 2

标签要素

象形图

警示词 警告

危险性说明 可燃液体，吞咽有害，造成严重眼刺激，可能引起呼吸道刺激或可能引起昏昏欲睡或眩晕，长时间或反复接触可能对器官造成损伤，对水生生物有毒并具有长期持续影响

防范说明

预防措施 远离火焰和热表面。禁止吸烟。戴防护手套、防护眼镜、防护面罩。避免接触眼睛、皮肤，操作后彻底清洗。作业场所不得进食、饮水或吸烟。避免吸入蒸气、雾。禁止排入环境

事故响应 火灾时，使用二氧化碳、雾状水、砂土灭火。如接触眼睛：用水细心冲洗数分钟。如戴隐形眼镜并可方便地取出，取出隐形眼镜继续冲洗。如果眼睛刺激持续：就医。食入：漱口。如果感觉不适，立即呼叫中毒控制中心或就医。收集泄漏物

安全储存 存放在通风良好的地方。保持低温

废弃处置 本品及内装物、容器依据国家和地方法规处置

物理和化学危险 可燃，其蒸气与空气混合，能形成爆炸性混合物

健康危害 接触本品对眼、上呼吸道和皮肤有刺激性。可引起头痛、恶心、呕吐、腹泻、贫血、黄疸、欣快感、视觉障碍、惊厥和昏迷。对皮肤有致敏性

环境危害 对水生生物有毒并具有长期持续影响

第三部分 成分/组成信息

√物质　　　　混合物

组分	浓度	CAS No.
1-甲基萘		90-12-0

第四部分 急救措施

吸入 迅速脱离现场至空气新鲜处。保持呼吸道通畅。如呼吸困难，给输氧。如呼吸、心跳停止，立即进行心肺复苏术。就医

皮肤接触 立即脱去污染的衣着，用流动清水彻底冲洗。就医

眼睛接触 立即分开眼睑，用流动清水或生理盐水彻底冲洗。就医

食入 漱口，饮水。就医

对保护施救者的忠告 根据需要使用个人防护设备

对医生的特别提示 对症处理

第五部分 消防措施

灭火剂 用二氧化碳、雾状水、砂土灭火

特别危险性 燃烧时放出有毒的刺激性烟雾。与强氧化剂如铬酸酐、氯酸盐和高锰酸钾等接触，能发生强烈反应，引起燃烧或爆炸。燃烧生成有害的一氧化碳

灭火注意事项及防护措施 消防人员必须佩戴空气呼吸器、穿全身防火防毒服，在上风向灭火。尽可能将容器从火场移至空旷处。喷水保持火场容器冷却，直至灭火结束。容器突然发出异常声音或出现异常现象，应立即撤离

第六部分 泄漏应急处理

作业人员防护措施、防护装备和应急处置程序 根据液体流动和蒸气扩散的影响区域划定警戒区，无关人员从侧风、上风向撤离至安全区。消除所有点火源。建议应急处理人员戴防毒面具，穿防毒服。禁止接触或跨越泄漏物。尽可能切断泄漏源

环境保护措施 防止泄漏物进入水体、下水道、地下室或有限空间

泄漏化学品的收容、清除方法及所使用的处置材料 小量泄漏：用砂土或其他不燃材料吸收，使用洁净的无火花工具收集吸收材料。大量泄漏：构筑围堤或挖坑收容。用泡沫覆盖，减少蒸发。喷水雾能减少蒸发。用防爆泵转移至槽车或专用收集器内

第七部分 操作处置与储存

操作注意事项 密闭操作，注意通风。操作人员必须经过专门培训，严格遵守操作规程。远离火种、热源。工作场所严禁吸烟。使用防爆型的通风系统和设备。防止蒸气泄漏到工作场所空气中。避免与氧化剂接触。搬运时要轻装轻卸，防止包装及容器损坏。配备相应品种和数量的消防器材及泄漏应急处理设备。倒空的容器可能残留有害物

储存注意事项 储存于阴凉、通风的库房。远离火种、热源。库温不宜超过35℃。保持容器密封。应与氧化剂分开存放，切忌混储。配备相应品种和数量的消防器材。储区应备有泄漏应急处理设备和合适的收容材料

第八部分 接触控制/个体防护

职业接触限值

中国 未制定标准

美国(ACGIH) 0.5ppm［皮］

生物接触限值 未制定标准

监测方法 空气中有毒物质测定方法：未制定标准。生物监测检验方法：未制定标准

工程控制 密闭操作，注意通风。提供安全的淋浴和洗眼设备

个体防护装备

呼吸系统防护 一般不需要特殊防护，高浓度接触时可佩戴过滤式防毒面具（半面罩）

眼睛防护 必要时，戴安全防护眼镜

皮肤和身体防护 穿一般作业防护服

手防护 戴一般作业防护手套

第九部分 理化特性

外观与性状 无色油状液体，有类似萘的气味

pH值 无意义　　熔点(℃) －22

沸点(℃) 240～243　　相对密度(水＝1) 1.02

相对蒸气密度(空气＝1) 4.91

饱和蒸气压(kPa) 无资料

燃烧热(kJ/mol) 无资料　　临界温度(℃) 无资料

临界压力(MPa) 3.5　　辛醇/水分配系数 3.87

闪点(℃) 82 (CC)　　自燃温度(℃) 529

爆炸下限(%) 0.8　　爆炸上限(%) 5.3

分解温度(℃) 无资料　　黏度(mPa·s) 无资料

溶解性 不溶于水，溶于乙醇、乙醚等多数有机溶剂

第十部分　稳定性和反应性

稳定性 稳定

危险反应 与强氧化剂接触，有发生火灾和爆炸的危险

避免接触的条件 受热

禁配物 强氧化剂、铬酸酐、氯酸盐、高锰酸钾

危险的分解产物 无资料

第十一部分　毒理学信息

急性毒性 LD_{50}：1840mg/kg (大鼠经口)

皮肤刺激或腐蚀 家兔经皮：0.05ml (24h)，中度刺激

眼睛刺激或腐蚀 无资料　呼吸或皮肤过敏 无资料

生殖细胞突变性 无资料　致癌性 无资料

生殖毒性 无资料

特异性靶器官系统毒性-一次接触 无资料

特异性靶器官系统毒性-反复接触 无资料

吸入危害 无资料

第十二部分　生态学信息

生态毒性 LC_{50}：8.4mg/L (48h) (褐鳟，1年生，静态)；9mg/L (96h) (黑头呆鱼，静态)

持久性和降解性

生物降解性 无资料

非生物降解性 空气中，当羟基自由基浓度为5.00×10^5个/cm^3时，降解半衰期为7.3h (理论)

潜在的生物累积性 BCF：680 (星斑川鲽，2周)，205 (红鲈，4h)；根据K_{ow}值预测，该物质可能有一定的生物累积性

土壤中的迁移性 根据K_{oc}值预测，该物质可能有一定的迁移性

第十三部分　废弃处置

废弃化学品 建议用焚烧法处置

污染包装物 将容器返还生产商或按照国家和地方法规处置

废弃注意事项 处置前应参阅国家和地方有关法规

第十四部分　运输信息

联合国危险货物编号 (UN号) 3283

联合国运输名称 对环境有害的液态物质，未另作规定的 (1-甲基萘)

联合国危险性类别 9　　包装类别 Ⅲ类包装

包装标志 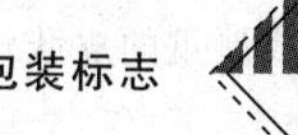 海洋污染物 是

运输注意事项 运输时运输车辆应配备相应品种和数量的消防器材及泄漏应急处理设备。装运本品的车辆排气管须有阻火装置。运输过程中要确保容器不泄漏、不倒塌、不坠落、不损坏。严禁与氧化剂等混装混运。运输途中应防曝晒、雨淋，防高温。中途停留时应远离火种、热源。车辆运输完毕应进行彻底清扫。铁路运输时要禁止溜放

第十五部分　法规信息

下列法律、法规、规章和标准，对该化学品的管理作了相应的规定。

中华人民共和国职业病防治法 职业病分类和目录：未列入

危险化学品安全管理条例 危险化学品目录：列入。易制爆危险化学品名录：未列入。重点监管的危险化学品名录：未列入。GB 18218—2009《危险化学品重大危险源辨识》(表1)：未列入

使用有毒物品作业场所劳动保护条例 高毒物品目录：未列入

易制毒化学品管理条例 易制毒化学品的分类和品种目录：未列入

国际公约 斯德哥尔摩公约：未列入。鹿特丹公约：未列入。蒙特利尔议定书：未列入

第十六部分　其他信息

编写和修订信息　　缩略语和首字母缩写

培训建议　　参考文献

免责声明

2-甲基哌啶

第一部分　化学品标识

化学品中文名 2-甲基哌啶；2-甲基六氢吡啶

化学品英文名 2-methyl piperidine；2-methyl hexahydropyridine

分子式 $C_6H_{13}N$　　相对分子质量 99.20

结构式 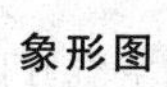

化学品的推荐及限制用途 用作有机合成的中间体

第二部分　危险性概述

紧急情况概述 高度易燃液体和蒸气，造成严重的皮肤灼伤和眼损伤

GHS危险性类别 易燃液体，类别2；皮肤腐蚀/刺激，类别1；严重眼损伤/眼刺激，类别1

标签要素

象形图 

警示词 危险

危险性说明 高度易燃液体和蒸气，造成严重的皮肤灼伤和眼损伤

防范说明

预防措施 远离热源、火花、明火、热表面。禁止吸烟。保持容器密闭。容器和接收设备接地连接。使用防爆电器、通风、照明设备。只能使用不产生火花的工具。采取防止静电措施。避免吸入烟雾。避免接触眼睛、皮肤，操作后彻底清洗。戴防护手套，穿防护服，戴防护眼镜、防护面罩

事故响应 火灾时，使用泡沫、二氧化碳、干粉、砂土灭火。如吸入：将患者转移到空气新鲜处，休息，保持利于呼吸的体位。立即呼叫中毒控制中心或就医。如皮肤（或头发）接触：立即脱掉所有被污染的衣服，用水冲洗皮肤，淋浴。污染的衣服须洗净后方可重新使用。接触眼睛：用水细心冲洗数分钟。如戴隐形眼镜并可方便地取出，取出隐形眼镜继续冲洗。食入：漱口。不要催吐

安全储存 存放在通风良好的地方。保持低温。上锁保管

废弃处置 本品及内装物、容器依据国家和地方法规处置

物理和化学危险 高度易燃，其蒸气与空气混合，能形成爆炸性混合物

健康危害 蒸气或雾对眼、上呼吸道黏膜有刺激作用。眼和皮肤接触引起灼伤

环境危害 对环境可能有害

第三部分 成分/组成信息

√物质 混合物

组分	浓度	CAS No.
2-甲基哌啶		109-05-7

第四部分 急救措施

吸入 迅速脱离现场至空气新鲜处。保持呼吸道通畅。如呼吸困难，给输氧。如呼吸、心跳停止，立即进行心肺复苏术。就医

皮肤接触 立即脱去污染的衣着，用大量流动清水彻底冲洗至少15min。就医

眼睛接触 立即分开眼睑，用流动清水或生理盐水彻底冲洗至少15min。就医

食入 用水漱口，禁止催吐。给饮牛奶或蛋清。就医

对保护施救者的忠告 根据需要使用个人防护设备

对医生的特别提示 对症处理

第五部分 消防措施

灭火剂 用泡沫、二氧化碳、干粉、砂土灭火

特别危险性 受热分解放出有毒烟气。燃烧生成有害的一氧化碳、氮氧化物

灭火注意事项及防护措施 消防人员必须佩戴空气呼吸器、穿全身防火防毒服，在上风向灭火。喷水冷却容器，尽可能将容器从火场移至空旷处。容器突然发出异常声音或出现异常现象，应立即撤离。用水灭火无效

第六部分 泄漏应急处理

作业人员防护措施、防护装备和应急处置程序 消除所有点火源。根据液体流动和蒸气扩散的影响区域划定警戒区，无关人员从侧风、上风向撤离至安全区。建议应急处理人员戴正压自给式呼吸器，穿防静电服，戴橡胶耐油手套。作业时使用的所有设备应接地。禁止接触或跨越泄漏物。尽可能切断泄漏源

环境保护措施 防止泄漏物进入水体、下水道、地下室或有限空间

泄漏化学品的收容、清除方法及所使用的处置材料 小量泄漏：用砂土或其他不燃材料吸收，使用洁净的无火花工具收集吸收材料。大量泄漏：构筑围堤或挖坑收容。用泡沫覆盖，减少蒸发。喷水雾能减少蒸发，但不能降低泄漏物在有限空间内的易燃性。用防爆泵转移至槽车或专用收集器内

第七部分 操作处置与储存

操作注意事项 密闭操作，加强通风。操作人员必须经过专门培训，严格遵守操作规程。建议操作人员佩戴过滤式防毒面具（半面罩），戴化学安全防护眼镜，穿防毒物渗透工作服，戴橡胶耐油手套。远离火种、热源。工作场所严禁吸烟。使用防爆型的通风系统和设备。防止蒸气泄漏到工作场所空气中。避免与氧化剂、酸类接触。灌装时应控制流速，且有接地装置，防止静电积聚。搬运时要轻装轻卸，防止包装及容器损坏。配备相应品种和数量的消防器材及泄漏应急处理设备。倒空的容器可能残留有害物

储存注意事项 储存于阴凉、通风的库房。远离火种、热源。库温不宜超过37℃。保持容器密封。应与氧化剂、酸类等分开存放，切忌混储。采用防爆型照明、通风设施。禁止使用易产生火花的机械设备和工具。储区应备有泄漏应急处理设备和合适的收容材料

第八部分 接触控制/个体防护

职业接触限值

中国 未制定标准 美国(ACGIH) 未制定标准

生物接触限值 未制定标准

监测方法 空气中有毒物质测定方法：未制定标准。生物监测检验方法：未制定标准

工程控制 生产过程密闭，加强通风。提供安全的淋浴和洗眼设备

个体防护装备

呼吸系统防护 可能接触其蒸气时，佩戴过滤式防毒面具（半面罩）。紧急事态抢救或撤离时，建议佩戴空气呼吸器

眼睛防护 戴化学安全防护眼镜

皮肤和身体防护 穿防毒物渗透工作服

手防护 戴橡胶耐油手套

第九部分 理化特性

外观与性状 无色液体，有刺激性气味

pH 值 无资料 **熔点(℃)** −4.2

沸点(℃) 118.2 **相对密度(水=1)** 0.84

相对蒸气密度(空气=1) 无资料

饱和蒸气压(kPa) 无资料

燃烧热(kJ/mol) 无资料 **临界温度(℃)** 无资料

临界压力(MPa) 无资料 **辛醇/水分配系数** 1.610

闪点(℃) 8.33 **自燃温度(℃)** 无资料

爆炸下限(%) 无资料 **爆炸上限(%)** 无资料

分解温度(℃) 无资料 **黏度(mPa·s)** 无资料

溶解性 与水混溶

第十部分 稳定性和反应性

稳定性 稳定

危险反应 与强氧化剂等禁配物接触，有发生火灾和爆炸的危险

避免接触的条件 无资料

禁配物 强氧化剂、强酸、酸酐、二氧化碳

危险的分解产物 无资料

第十一部分 毒理学信息

急性毒性 LDLo：300mg/kg（兔皮下）

皮肤刺激或腐蚀 无资料 **眼睛刺激或腐蚀** 无资料

呼吸或皮肤过敏 无资料 **生殖细胞突变性** 无资料

致癌性 无资料 **生殖毒性** 无资料

特异性靶器官系统毒性-一次接触 无资料

特异性靶器官系统毒性-反复接触 无资料

吸入危害 无资料

第十二部分 生态学信息

生态毒性 无资料

持久性和降解性

生物降解性 无资料

非生物降解性 无资料

潜在的生物累积性 根据 K_{ow} 值预测，该物质的生物累积性可能较弱

土壤中的迁移性 根据 K_{oc} 值预测，该物质可能易发生迁移

第十三部分 废弃处置

废弃化学品 建议用焚烧法处置。焚烧炉排出的氮氧化物通过洗涤器除去

污染包装物 将容器返还生产商或按照国家和地方法规处置

废弃注意事项 处置前应参阅国家和地方有关法规

第十四部分 运输信息

联合国危险货物编号（UN 号） 1993

联合国运输名称 易燃液体，未另作规定的（2-甲基哌啶）

联合国危险性类别 3 **包装类别** Ⅱ类包装

包装标志  **海洋污染物** 否

运输注意事项 运输时运输车辆应配备相应品种和数量的消防器材及泄漏应急处理设备。夏季最好早晚运输。运输时所用的槽（罐）车应有接地链，槽内可设孔隔板以减少震荡产生的静电。严禁与氧化剂、酸类、食用化学品等混装混运。运输途中应防曝晒、雨淋，防高温。中途停留时应远离火种、热源、高温区。装运该物品的车辆排气管必须配备阻火装置，禁止使用易产生火花的机械设备和工具装卸。公路运输时要按规定路线行驶，勿在居民区和人口稠密区停留。铁路运输时要禁止溜放。严禁用木船、水泥船散装运输

第十五部分 法规信息

下列法律、法规、规章和标准，对该化学品的管理作了相应的规定。

中华人民共和国职业病防治法 职业病分类和目录：未列入

危险化学品安全管理条例 危险化学品目录：列入。易制爆危险化学品名录：未列入。重点监管的危险化学品名录：未列入。GB 18218—2009《危险化学品重大危险源辨识》（表 1）：未列入

使用有毒物品作业场所劳动保护条例 高毒物品目录：未列入

易制毒化学品管理条例 易制毒化学品的分类和品种目录：未列入

国际公约 斯德哥尔摩公约：未列入。鹿特丹公约：未列入。蒙特利尔议定书：未列入

第十六部分 其他信息

编写和修订信息 **缩略语和首字母缩写**

培训建议 **参考文献**

免责声明

甲基三氯硅烷

第一部分 化学品标识

化学品中文名 甲基三氯硅烷；三氯甲基硅烷

化学品英文名 methyltrichlorosilane；trichloromethylsilane

分子式 CH_3Cl_3Si **相对分子质量** 149.48

结构式

```
    Cl
    |
 —Si—Cl
    |
    Cl
```

化学品的推荐及限制用途 用于制造硅酮化合物

第二部分 危险性概述

紧急情况概述 高度易燃液体和蒸气

GHS 危险性类别 易燃液体，类别 2；皮肤腐蚀/刺激，类别 2；严重眼损伤/眼刺激，类别 2；特异性靶器官毒性-一次接触，类别 3（呼吸道刺激）

标签要素

象形图 

警示词 危险

危险性说明 高度易燃液体和蒸气，造成皮肤刺激，造成严重眼刺激，可能引起呼吸道刺激

防范说明

预防措施 远离热源、火花、明火、热表面。禁止吸烟。保持容器密闭。容器和接收设备接地连接。使用防爆电器、通风、照明设备。只能使用不产生火花的工具。采取防止静电措施。戴防护手套、防护眼镜、防护面罩。避免接触眼睛、皮肤，操作后彻底清洗

事故响应 火灾时，使用二氧化碳、干粉、干砂灭火。皮肤接触：用大量肥皂水和水清洗。如发生皮肤刺激，就医。脱去被污染的衣服，污染的衣服洗净后方可重新使用。如接触眼睛：用水细心冲洗数分钟。如戴隐形眼镜并可方便地取出，取出隐形眼镜继续冲洗。如果眼睛刺激持续：就医

安全储存 存放在通风良好的地方。保持低温

废弃处置 本品及内装物、容器依据国家和地方法规处置

物理和化学危险 高度易燃，其蒸气与空气混合，能形成爆炸性混合物。遇水产生刺激性气体

健康危害 对呼吸道和眼结膜有强烈刺激作用。接触者可有流泪、咳嗽、头痛、恶心、呕吐、喘息等症状。吸入后可因喉、支气管的痉挛、水肿，化学性肺炎、肺水肿而致死。食入腐蚀消化道。液体可致眼和皮肤灼伤

环境危害 对环境可能有害

第三部分 成分/组成信息

√物质		混合物
组分	**浓度**	**CAS No.**
甲基三氯硅烷		75-79-6

第四部分 急救措施

吸入 迅速脱离现场至空气新鲜处。保持呼吸道通畅。如呼吸困难，给输氧。如呼吸、心跳停止，立即进行心肺复苏术。就医

皮肤接触 立即脱去污染的衣着，用大量流动清水彻底冲洗至少15min。就医

眼睛接触 立即分开眼睑，用流动清水或生理盐水彻底冲洗至少15min。就医

食入 用水漱口，禁止催吐。给饮牛奶或蛋清。就医

对保护施救者的忠告 根据需要使用个人防护设备

对医生的特别提示 对症处理

第五部分 消防措施

灭火剂 用二氧化碳、干粉、干砂灭火

特别危险性 受热或遇水分解放热，放出有毒的腐蚀性烟气。具有腐蚀性。燃烧生成有害的一氧化碳、氧化硅、氯化氢、光气

灭火注意事项及防护措施 消防人员必须佩戴空气呼吸器、穿全身防火防毒服，在上风向灭火。尽可能将容器从火场移至空旷处。容器突然发出异常声音或出现异常现象，应立即撤离。禁止用水、泡沫和酸碱灭火剂灭火

第六部分 泄漏应急处理

作业人员防护措施、防护装备和应急处置程序 消除所有点火源。根据液体流动和蒸气扩散的影响区域划定警戒区，无关人员从侧风、上风向撤离至安全区。建议应急处理人员戴正压自给式呼吸器，穿防静电、防腐蚀、防毒服，戴橡胶耐油手套。作业时使用的所有设备应接地。穿上适当的防护服前严禁接触破裂的容器和泄漏物。尽可能切断泄漏源

环境保护措施 防止泄漏物进入水体、下水道、地下室或有限空间。严禁用水处理

泄漏化学品的收容、清除方法及所使用的处置材料 小量泄漏：用干燥的砂土或其他不燃材料覆盖泄漏物。大量泄漏：构筑围堤或挖坑收容。用碎石灰石（$CaCO_3$）、苏打灰（Na_2CO_3）或石灰（CaO）中和。用防爆、耐腐蚀泵转移至槽车或专用收集器内

第七部分 操作处置与储存

操作注意事项 密闭操作，局部排风。操作人员必须经过专门培训，严格遵守操作规程。建议操作人员佩戴自吸过滤式防毒面具（全面罩），穿胶布防毒衣，戴橡胶耐油手套。远离火种、热源。工作场所严禁吸烟。使用防爆型的通风系统和设备。避免产生烟雾。防止烟雾和蒸气释放到工作场所空气中。避免与氧化剂、酸类、碱类接触。尤其要注意避免与水接触。在氮气中操作处置。充装要控制流速，防止静电积聚。搬运时要轻装轻卸，防止包装及容器损坏。配备相应品种和数量的消防器材及泄漏应急处理设备。倒空的容器可能残留有害物

储存注意事项 储存于阴凉、通风的库房。远离火种、热源。库温不宜超过37℃。包装要求密封，不可与空气接触。应与氧化剂、酸类、碱类等分开存放，切忌混储。采用防爆型照明、通风设施。禁止使用易产生火花的机械设备和工具。储区应备有泄漏应急处理设备和合适的收容材料

第八部分 接触控制/个体防护

职业接触限值

中国 未制定标准

美国(ACGIH) 未制定标准

生物接触限值 未制定标准

监测方法 空气中有毒物质测定方法：未制定标准。生物监测检验方法：未制定标准

工程控制 密闭操作，局部排风。提供安全的淋浴和洗眼设备

个体防护装备

呼吸系统防护　可能接触其蒸气时，应该佩戴过滤式防毒面具（全面罩）。紧急事态抢救或撤离时，建议佩戴空气呼吸器

眼睛防护　呼吸系统防护中已作防护

皮肤和身体防护　穿隔绝式防毒服

手防护　戴橡胶耐油手套

第九部分　理化特性

外观与性状　无色液体，具有刺鼻恶臭，易潮解

pH值　无资料　**熔点(℃)**　−90

沸点(℃)　66.4　**相对密度(水=1)**　1.28

相对蒸气密度(空气=1)　5.2

饱和蒸气压(kPa)　17.9（20℃）

燃烧热(kJ/mol)　无资料　**临界温度(℃)**　无资料

临界压力(MPa)　3.53　**辛醇/水分配系数**　2.01

闪点(℃)　−9（CC）；7.2（OC）

自燃温度(℃)　490　**爆炸下限(%)**　7.2

爆炸上限(%)　11.9　**分解温度(℃)**　无资料

黏度(mPa·s)　无资料

溶解性　溶于苯、乙醚

第十部分　稳定性和反应性

稳定性　稳定

危险反应　与强氧化剂、水等禁配物接触，有发生火灾和爆炸的危险

避免接触的条件　潮湿空气、受热

禁配物　强酸、强碱、强氧化剂、水

危险的分解产物　氯化氢

第十一部分　毒理学信息

急性毒性

LD_{50}　1620μl（2173.6mg）/kg（大鼠经口）；840μl（1075.2mg）/kg（兔经皮）

LC_{50}　450ppm（大鼠吸入，4h）

皮肤刺激或腐蚀　家兔经皮：500μl，重度刺激

眼睛刺激或腐蚀　家兔经眼：5mg（24h），重度刺激

呼吸或皮肤过敏　无资料　**生殖细胞突变性**　无资料

致癌性　无资料　**生殖毒性**　无资料

特异性靶器官系统毒性-一次接触　无资料

特异性靶器官系统毒性-反复接触　无资料

吸入危害　无资料

第十二部分　生态学信息

生态毒性　无资料

持久性和降解性

生物降解性　无资料

非生物降解性　无资料

潜在的生物累积性　根据 K_{ow} 值预测，该物质的生物累积性可能较弱

土壤中的迁移性　根据 K_{oc} 值预测，该物质可能有一定的迁移性

第十三部分　废弃处置

废弃化学品　建议用焚烧法处置。与燃料混合后，再焚烧。焚烧炉排出的卤化氢通过酸洗涤器除去

污染包装物　将容器返还生产商或按照国家和地方法规处置

废弃注意事项　处置前应参阅国家和地方有关法规

第十四部分　运输信息

联合国危险货物编号（UN号）　1250

联合国运输名称　甲基三氯硅烷

联合国危险性类别　3,8　**包装类别**　Ⅰ类包装

包装标志

海洋污染物　否

运输注意事项　运输时运输车辆应配备相应品种和数量的消防器材及泄漏应急处理设备。夏季最好早晚运输。运输时所用的槽（罐）车应有接地链，槽内可设孔隔板以减少震荡产生的静电。严禁与氧化剂、酸类、碱类、食用化学品等混装混运。运输途中应防曝晒、雨淋，防高温。中途停留时应远离火种、热源、高温区。装运该物品的车辆排气管必须配备阻火装置，禁止使用易产生火花的机械设备和工具装卸。公路运输时要按规定路线行驶，勿在居民区和人口稠密区停留。铁路运输时要禁止溜放。严禁用木船、水泥船散装运输

第十五部分　法规信息

下列法律、法规、规章和标准，对该化学品的管理作了相应的规定。

中华人民共和国职业病防治法　职业病分类和目录：未列入

危险化学品安全管理条例　危险化学品目录：列入。易制爆危险化学品名录：未列入。重点监管的危险化学品名录：未列入。GB 18218—2009《危险化学品重大危险源辨识》（表1）：未列入

使用有毒物品作业场所劳动保护条例　高毒物品目录：未列入

易制毒化学品管理条例　易制毒化学品的分类和品种目录：未列入

国际公约　斯德哥尔摩公约：未列入。鹿特丹公约：未列入。蒙特利尔议定书：未列入

第十六部分　其他信息

编写和修订信息　**缩略语和首字母缩写**

培训建议　**参考文献**

免责声明

甲基胂酸锌

第一部分　化学品标识

化学品中文名　甲基胂酸锌；稻脚青

化学品英文名 zinc methanearsonate

分子式 $CH_3AsO_3Zn \cdot H_2O$ **相对分子质量** 221.35

化学品的推荐及限制用途 用作农药、防虫药，有20%可湿性粉剂

第二部分 危险性概述

紧急情况概述 吞咽致命，皮肤接触会中毒

GHS危险性类别 急性毒性-经口，类别2；急性毒性-经皮，类别3；危害水生环境-急性危害，类别1；危害水生环境-长期危害，类别1

标签要素

象形图

警示词 危险

危险性说明 吞咽致命，皮肤接触会中毒，对水生生物毒性非常大并具有长期持续影响

防范说明

预防措施 避免接触眼睛、皮肤，操作后彻底清洗。作业场所不得进食、饮水或吸烟。戴防护手套、穿防护服。禁止排入环境

事故响应 皮肤接触：立即脱去所有被污染的衣服。用大量肥皂水和水清洗。如感觉不适，呼叫中毒控制中心或就医。被污染的衣服须经洗净后方可重新使用。食入：漱口，立即呼叫中毒控制中心或就医。收集泄漏物

安全储存 上锁保管

废弃处置 本品及内装物、容器依据国家和地方法规处置

物理和化学危险 可燃，其粉体与空气混合，能形成爆炸性混合物

健康危害 本品毒作用机理及中毒表现与砷的无机化合物基本类似。在水稻区接触本品者患神经衰弱综合征者较多，尿砷及发砷量明显增加

环境危害 对水生生物毒性非常大并具有长期持续影响

第三部分 成分/组成信息

√物质　　　　混合物

组分	浓度	CAS No.
甲基胂酸锌		51952-65-9

第四部分 急救措施

吸入 迅速脱离现场至空气新鲜处。保持呼吸道通畅。如呼吸困难，给输氧。如呼吸、心跳停止，立即进行心肺复苏术。就医

皮肤接触 立即脱去污染的衣着，用肥皂水和清水彻底冲洗。就医

眼睛接触 立即分开眼睑，用流动清水或生理盐水彻底冲洗。就医

食入 催吐、彻底洗胃，洗胃后服活性炭30～50g（用水调成浆状），而后再服用硫酸镁或硫酸钠导泻。就医

对保护施救者的忠告 根据需要使用个人防护设备

对医生的特别提示 解毒剂有二巯基丙磺酸钠、二巯基丁二酸钠等

第五部分 消防措施

灭火剂 用雾状水、泡沫、干粉、二氧化碳、砂土灭火

特别危险性 在高温下可燃烧。受高热分解放出有毒的气体。燃烧生成有害的一氧化碳、氧化砷、氧化锌

灭火注意事项及防护措施 消防人员须佩戴防毒面具、穿全身消防服，在上风向灭火。尽可能将容器从火场移至空旷处。喷水保持火场容器冷却，直至灭火结束

第六部分 泄漏应急处理

作业人员防护措施、防护装备和应急处置程序 隔离泄漏污染区，限制出入。建议应急处理人员戴防尘口罩，穿防毒服，戴氯丁橡胶手套。穿上适当的防护服前严禁接触破裂的容器和泄漏物。尽可能切断泄漏源。用塑料布覆盖泄漏物，减少飞散。勿使水进入包装容器内

环境保护措施 无资料

泄漏化学品的收容、清除方法及所使用的处置材料 用洁净的铲子收集泄漏物，置于干净、干燥、盖子较松的容器中，将容器移离泄漏区

第七部分 操作处置与储存

操作注意事项 密闭操作，提供充分的局部排风。操作人员必须经过专门培训，严格遵守操作规程。建议操作人员佩戴自吸过滤式防尘口罩，戴化学安全防护眼镜，穿连衣式防毒衣，戴氯丁橡胶手套。远离火种、热源。工作场所严禁吸烟。使用防爆型的通风系统和设备。避免产生粉尘。避免与氧化剂接触。搬运时要轻装轻卸，防止包装及容器损坏。配备相应品种和数量的消防器材及泄漏应急处理设备。倒空的容器可能残留有害物

储存注意事项 储存于阴凉、通风的库房。远离火种、热源。包装密封。应与氧化剂、食用化学品分开存放，切忌混储。配备相应品种和数量的消防器材。储区应备有合适的材料收容泄漏物

第八部分 接触控制/个体防护

职业接触限值

中国 未制定标准

美国(ACGIH) 未制定标准

生物接触限值 未制定标准

监测方法 空气中有毒物质测定方法：未制定标准。生物监测检验方法：尿中砷的二乙基二硫代氨基甲酸银-三乙醇胺分光光度测定方法；尿中砷的氢化物发生-火焰原子吸收光谱法

工程控制 严加密闭，提供充分的局部排风。提供安全的淋浴和洗眼设备

个体防护装备

呼吸系统防护 生产操作或农业使用时，必须佩戴过滤式防尘呼吸器。紧急事态抢救或撤离时，应该佩戴空气呼吸器

眼睛防护　戴化学安全防护眼镜

皮肤和身体防护　穿连衣式防毒衣

手防护　戴橡胶手套

第九部分　理化特性

外观与性状　纯品为白色有光泽的晶体，工业品为土黄色粉末

pH 值　无意义　**熔点(℃)**　无资料

沸点(℃)　无资料　**相对密度(水=1)**　无资料

相对蒸气密度(空气=1)　无资料

饱和蒸气压(kPa)　无资料

燃烧热(kJ/mol)　无资料　**临界温度(℃)**　无资料

临界压力(MPa)　无资料　**辛醇/水分配系数**　无资料

闪点(℃)　无意义　**自燃温度(℃)**　无资料

爆炸下限(%)　无资料　**爆炸上限(%)**　无资料

分解温度(℃)　无资料　**黏度(mPa·s)**　无资料

溶解性　不溶于水及多数有机溶剂，溶于氢氧化钠水溶液

第十部分　稳定性和反应性

稳定性　稳定

危险反应　与强氧化剂等禁配物发生反应

避免接触的条件　受热

禁配物　强氧化剂

危险的分解产物　氧化砷、氧化锌

第十一部分　毒理学信息

急性毒性　LD_{50}：349.7～446.9mg/kg（小鼠经口）

皮肤刺激或腐蚀　无资料　**眼睛刺激或腐蚀**　无资料

呼吸或皮肤过敏　无资料　**生殖细胞突变性**　无资料

致癌性　无资料　**生殖毒性**　无资料

特异性靶器官系统毒性-一次接触　无资料

特异性靶器官系统毒性-反复接触　大鼠，按 150mg/(kg·d) 以上喂养 6 个半月，主要引起肝、肾不同程度的病理改变（充血、浊肿变性等），组织含砷量明显增高。而剂量在 50mg/kg 以下，主要脏器无病理变化

吸入危害　无资料

第十二部分　生态学信息

生态毒性　含砷化合物对水生生物有极高毒性

持久性和降解性

生物降解性　无资料

非生物降解性　无资料

潜在的生物累积性　无资料

土壤中的迁移性　无资料

第十三部分　废弃处置

废弃化学品　根据国家和地方有关法规的要求处置。或与制造商联系，确定处置方法

污染包装物　将容器返还生产商或按照国家和地方法规处置

废弃注意事项　处置前应参阅国家和地方有关法规

第十四部分　运输信息

联合国危险货物编号（UN 号）　2759

联合国运输名称　固态含砷农药，毒性（甲基胂酸锌）

联合国危险性类别　6.1　**包装类别**　Ⅱ类包装

包装标志 

海洋污染物　是

运输注意事项　运输前应先检查包装容器是否完整、密封，运输过程中要确保容器不泄漏、不倒塌、不坠落、不损坏。严禁与酸类、氧化剂、食品及食品添加剂混运。运输时运输车辆应配备相应品种和数量的消防器材及泄漏应急处理设备。运输途中应防曝晒、雨淋，防高温

第十五部分　法规信息

下列法律、法规、规章和标准，对该化学品的管理作了相应的规定。

中华人民共和国职业病防治法　职业病分类和目录：砷及其化合物中毒

危险化学品安全管理条例　危险化学品目录：列入。易制爆危险化学品名录：未列入。重点监管的危险化学品名录：未列入。GB 18218—2009《危险化学品重大危险源辨识》（表 1）：未列入

使用有毒物品作业场所劳动保护条例　高毒物品目录：未列入

易制毒化学品管理条例　易制毒化学品的分类和品种目录：未列入

国际公约　斯德哥尔摩公约：未列入。鹿特丹公约：未列入。蒙特利尔议定书：未列入

第十六部分　其他信息

编写和修订信息　　**缩略语和首字母缩写**

培训建议　　**参考文献**

免责声明

甲基叔丁基（甲）酮

第一部分　化学品标识

化学品中文名　甲基叔丁基（甲）酮；3,3-二甲基-2-丁酮

化学品英文名　*tert*-butyl methyl ketone；3，3-dimethyl-2-butanone

分子式　$C_6H_{12}O$　**相对分子质量**　100.1

结构式　O

化学品的推荐及限制用途　用作溶剂、实验室试剂

第二部分　危险性概述

紧急情况概述　易燃液体和蒸气，吞咽有害，吸入会中毒

GHS 危险性类别　易燃液体，类别 3；急性毒性-经口，类别 4；急性毒性-吸入，类别 3；危害水生环境-急性危害，类别 3

标签要素

象形图 

警示词 危险

危险性说明 易燃液体和蒸气，吞咽有害，吸入会中毒，对水生生物有害

防范说明

预防措施 远离热源、火花、明火、热表面。禁止吸烟。保持容器密闭。容器和接收设备接地连接。使用防爆电器、通风、照明设备。只能使用不产生火花的工具。采取防止静电措施。戴防护手套、防护眼镜、防护面罩。避免接触眼睛、皮肤，操作后彻底清洗。作业场所不得进食、饮水或吸烟。避免吸入蒸气、蒸气。仅在室外或通风良好处操作。禁止排入环境

事故响应 火灾时，使用泡沫、干粉、二氧化碳、砂土灭火。如吸入：将患者转移到空气新鲜处，休息，保持利于呼吸的体位。如皮肤（或头发）接触：立即脱掉所有被污染的衣服，用水冲洗皮肤，淋浴。食入：漱口。如果感觉不适，立即呼叫中毒控制中心或就医

安全储存 存放在通风良好的地方。保持低温。保持容器密闭。上锁保管

废弃处置 本品及内装物、容器依据国家和地方法规处置

物理和化学危险 易燃，其蒸气与空气混合，能形成爆炸性混合物

健康危害 酮类物质对眼和呼吸道有刺激作用，吸入高浓度或延长接触时间，可产生麻醉作用。皮肤长期反复接触可引起脱脂和皮炎

环境危害 对水生生物有害

第三部分 成分/组成信息

√物质		混合物
组分	**浓度**	**CAS No.**
甲基叔丁基（甲）酮		75-97-8

第四部分 急救措施

吸入 迅速脱离现场至空气新鲜处。保持呼吸道通畅。如呼吸困难，给输氧。如呼吸、心跳停止，立即进行心肺复苏术。就医

皮肤接触 立即脱去污染的衣着，用流动清水彻底冲洗。就医

眼睛接触 立即分开眼睑，用流动清水或生理盐水彻底冲洗。就医

食入 漱口，饮水。就医

对保护施救者的忠告 根据需要使用个人防护设备

对医生的特别提示 对症处理

第五部分 消防措施

灭火剂 用泡沫、干粉、二氧化碳、砂土灭火

特别危险性 易燃，其蒸气与空气混合，能形成爆炸性混合物，遇明火、高热或与氧化剂接触，有引起燃烧爆炸的危险。燃烧生成有害的一氧化碳

灭火注意事项及防护措施 消防人员必须佩戴空气呼吸器、穿全身防火防毒服，在上风向灭火。喷水冷却容器，尽可能将容器从火场移至空旷处。容器突然发出异常声音或出现异常现象，应立即撤离

第六部分 泄漏应急处理

作业人员防护措施、防护装备和应急处置程序 消除所有点火源。根据液体流动和蒸气扩散的影响区域划定警戒区，无关人员从侧风、上风向撤离至安全区。建议应急处理人员戴正压自给式呼吸器，穿防静电服，戴橡胶耐油手套。作业时使用的所有设备应接地。禁止接触或跨越泄漏物。尽可能切断泄漏源

环境保护措施 防止泄漏物进入水体、下水道、地下室或有限空间

泄漏化学品的收容、清除方法及所使用的处置材料 小量泄漏：用砂土或其他不燃材料吸收，使用洁净的无火花工具收集吸收材料。大量泄漏：构筑围堤或挖坑收容。用泡沫覆盖，减少蒸发。喷水雾能减少蒸发，但不能降低泄漏物在有限空间内的易燃性。用防爆泵转移至槽车或专用收集器内

第七部分 操作处置与储存

操作注意事项 密闭操作，注意通风。操作人员必须经过专门培训，严格遵守操作规程。建议操作人员佩戴自吸过滤式防毒面具（半面罩），戴化学安全防护眼镜，穿防静电工作服，戴橡胶耐油手套。远离火种、热源。工作场所严禁吸烟。使用防爆型的通风系统和设备。防止蒸气泄漏到工作场所空气中。避免与氧化剂接触。充装要控制流速，防止静电积聚。搬运时要轻装轻卸，防止包装及容器损坏。配备相应品种和数量的消防器材及泄漏应急处理设备。倒空的容器可能残留有害物

储存注意事项 储存于阴凉、通风的库房。远离火种、热源。库温不宜超过37℃。保持容器密封。应与氧化剂分开存放，切忌混储。采用防爆型照明、通风设施。禁止使用易产生火花的机械设备和工具。储区应备有泄漏应急处理设备和合适的收容材料

第八部分 接触控制/个体防护

职业接触限值

中国 未制定标准

美国（ACGIH） 未制定标准

生物接触限值 未制定标准

监测方法 空气中有毒物质测定方法：未制定标准。生物监测检验方法：未制定标准

工程控制 密闭操作，注意通风。提供安全的淋浴和洗眼设备

个体防护装备

呼吸系统防护 空气中浓度超标时，应该佩戴过滤式防毒面具（半面罩）。高浓度环境中，建议佩戴空气呼吸器

眼睛防护 可能接触其蒸气时，戴化学安全防护眼镜

皮肤和身体防护 穿防静电工作服

手防护 戴橡胶耐油手套

第九部分 理化特性

外观与性状 无色至浅黄色液体，有薄荷味

pH 值 无资料 **熔点(℃)** −52.5

沸点(℃) 106.1

相对密度(水=1) 0.80 (25℃)

相对蒸气密度(空气=1) 无资料

饱和蒸气压(kPa) 4.2 (25℃)

燃烧热(kJ/mol) −3483.7 **临界温度(℃)** 290.9

临界压力(MPa) 3.32 **辛醇/水分配系数** 1.2

闪点(℃) 23.89；12 **自燃温度(℃)** 461

爆炸下限(%) 无资料 **爆炸上限(%)** 无资料

分解温度(℃) 无资料

黏度(mPa·s) 2.47 (−52.5℃)

溶解性 微溶于水，溶于乙醇、乙醚、丙酮

第十部分 稳定性和反应性

稳定性 稳定

危险反应 与强氧化剂接触，有发生火灾和爆炸的危险

避免接触的条件 无资料

禁配物 强氧化剂

危险的分解产物 无资料

第十一部分 毒理学信息

急性毒性

LD_{50} 610mg/kg (大鼠经口)

LC_{50} 5700mg/m^3 (小鼠吸入)

皮肤刺激或腐蚀 无资料 **眼睛刺激或腐蚀** 无资料

呼吸或皮肤过敏 无资料 **生殖细胞突变性** 无资料

致癌性 无资料 **生殖毒性** 无资料

特异性靶器官系统毒性-一次接触 无资料

特异性靶器官系统毒性-反复接触 无资料

吸入危害 无资料

第十二部分 生态学信息

生态毒性 LC_{50}：87mg/L (96h) (黑头呆鱼，动态)

持久性和降解性

生物降解性 易快速生物降解

非生物降解性 空气中，当羟基自由基浓度为5.00×10^{5}个/cm^{3}时，降解半衰期为13d (理论)

潜在的生物累积性 根据 K_{ow}值预测，该物质的生物累积性可能较弱

土壤中的迁移性 根据 K_{oc}值预测，该物质可能易发生迁移

第十三部分 废弃处置

废弃化学品 建议用焚烧法处置

污染包装物 将容器返还生产商或按照国家和地方法规处置

废弃注意事项 处置前应参阅国家和地方有关法规

第十四部分 运输信息

联合国危险货物编号 (UN 号) 1224

联合国运输名称 液态酮类，未另作规定的 (甲基叔丁基甲酮)

联合国危险性类别 3 **包装类别** Ⅲ类包装

包装标志  **海洋污染物** 否

运输注意事项 运输时运输车辆应配备相应品种和数量的消防器材及泄漏应急处理设备。夏季最好早晚运输。运输时所用的槽 (罐) 车应有接地链，槽内可设孔隔板以减少震荡产生的静电。严禁与氧化剂、食用化学品等混装混运。运输途中应防曝晒、雨淋，防高温。中途停留时应远离火种、热源、高温区。装运该物品的车辆排气管必须配备阻火装置，禁止使用易产生火花的机械设备和工具装卸。公路运输时要按规定路线行驶，勿在居民区和人口稠密区停留。铁路运输时要禁止溜放。严禁用木船、水泥船散装运输

第十五部分 法规信息

下列法律、法规、规章和标准，对该化学品的管理作了相应的规定。

中华人民共和国职业病防治法 职业病分类和目录：未列入

危险化学品安全管理条例 危险化学品目录：列入。易制爆危险化学品名录：未列入。重点监管的危险化学品名录：未列入。GB 18218—2009《危险化学品重大危险源辨识》(表 1)：未列入

使用有毒物品作业场所劳动保护条例 高毒物品目录：未列入

易制毒化学品管理条例 易制毒化学品的分类和品种目录：未列入

国际公约 斯德哥尔摩公约：未列入。鹿特丹公约：未列入。蒙特利尔议定书：未列入

第十六部分 其他信息

编写和修订信息 **缩略语和首字母缩写**

培训建议 **参考文献**

免责声明

甲基叔丁基醚

第一部分 化学品标识

化学品中文名 甲基叔丁基醚

化学品英文名 methyl *tert*-butyl ether；*tert*-butyl methyl ether

分子式 $C_5H_{12}O$ **相对分子质量** 88.17

结构式 (tert-butyl–O–CH₃ skeletal formula)

化学品的推荐及限制用途 用作汽油添加剂

第二部分 危险性概述

紧急情况概述 高度易燃液体和蒸气

GHS 危险性类别 易燃液体，类别 2；皮肤腐蚀/刺激，类别 2

标签要素

象形图 

警示词 危险

危险性说明 高度易燃液体和蒸气，造成皮肤刺激

防范说明

预防措施 远离热源、火花、明火、热表面。禁止吸烟。保持容器密闭。容器和接收设备接地连接。使用防爆电器、通风、照明、设备。只能使用不产生火花的工具。采取防止静电措施。戴防护手套、防护眼镜、防护面罩。避免接触眼睛、皮肤，操作后彻底清洗

事故响应 火灾时，使用泡沫、干粉、二氧化碳、砂土灭火。如皮肤（或头发）接触：立即脱掉所有被污染的衣服。用大量肥皂水和水清洗。如发生皮肤刺激，就医。被污染的衣服须经洗净后方可重新使用

安全储存 存放在通风良好的地方。保持低温

废弃处置 本品及内装物、容器依据国家和地方法规处置

物理和化学危险 高度易燃，其蒸气与空气混合，能形成爆炸性混合物

健康危害 本品对中枢神经系统有抑制作用和麻醉作用，对眼和呼吸道有轻度刺激性。曾有报道用其作为溶石剂治疗胆石症，患者出现意识浑浊、嗜睡、昏迷和无尿等

环境危害 对环境可能有害

第三部分 成分/组成信息

√物质 混合物

组分	浓度	CAS No.
甲基叔丁基醚		1634-04-4

第四部分 急救措施

吸入 迅速脱离现场至空气新鲜处。保持呼吸道通畅。如呼吸困难，给输氧。如呼吸、心跳停止，立即进行心肺复苏术。就医

皮肤接触 立即脱去污染的衣着，用流动清水彻底冲洗。就医

眼睛接触 立即分开眼睑，用流动清水或生理盐水彻底冲洗。就医

食入 漱口，饮水。就医

对保护施救者的忠告 根据需要使用个人防护设备

对医生的特别提示 对症处理

第五部分 消防措施

灭火剂 用泡沫、干粉、二氧化碳、砂土灭火

特别危险性 与氧化剂接触发生猛烈反应。蒸气比空气重，沿地面扩散并易积存于低洼处，遇火源会着火回燃。燃烧生成有害的一氧化碳

灭火注意事项及防护措施 消防人员须佩戴防毒面具、穿全身消防服，在上风向灭火。尽可能将容器从火场移至空旷处。喷水保持火场容器冷却，直至灭火结束。容器突然发出异常声音或出现异常现象，应立即撤离。用水灭火无效

第六部分 泄漏应急处理

作业人员防护措施、防护装备和应急处置程序 消除所有点火源。根据液体流动和蒸气扩散的影响区域划定警戒区，无关人员从侧风、上风向撤离至安全区。建议应急处理人员戴正压自给式呼吸器，穿防静电服，戴橡胶耐油手套。作业时使用的所有设备应接地。禁止接触或跨越泄漏物。尽可能切断泄漏源

环境保护措施 防止泄漏物进入水体、下水道、地下室或有限空间

泄漏化学品的收容、清除方法及所使用的处置材料 小量泄漏：用砂土或其他不燃材料吸收，使用洁净的无火花工具收集吸收材料。大量泄漏：构筑围堤或挖坑收容。用泡沫覆盖，减少蒸发。喷水雾能减少蒸发，但不能降低泄漏物在有限空间内的易燃性。用防爆泵转移至槽车或专用收集器内

第七部分 操作处置与储存

操作注意事项 密闭操作，全面通风。操作人员必须经过专门培训，严格遵守操作规程。建议操作人员佩戴过滤式防毒面具（半面罩），戴化学安全防护眼镜，穿防静电工作服，戴橡胶耐油手套。远离火种、热源。工作场所严禁吸烟。使用防爆型的通风系统和设备。防止蒸气泄漏到工作场所空气中。避免与氧化剂接触。灌装时应控制流速，且有接地装置，防止静电积聚。搬运时要轻装轻卸，防止包装及容器损坏。配备相应品种和数量的消防器材及泄漏应急处理设备。倒空的容器可能残留有害物

储存注意事项 储存于阴凉、通风的库房。远离火种、热源。库温不宜超过 37℃。保持容器密封。应与氧化剂分开存放，切忌混储。采用防爆型照明、通风设施。禁止使用易产生火花的机械设备和工具。储区应备有泄漏应急处理设备和合适的收容材料

第八部分 接触控制/个体防护

职业接触限值

中国 未制定标准

美国(ACGIH) TLV-TWA：50ppm

生物接触限值 未制定标准

监测方法 空气中有毒物质测定方法：未制定标准。生物监测检验方法：未制定标准

工程控制 生产过程密闭，全面通风

个体防护装备

呼吸系统防护 可能接触其蒸气时，佩戴过滤式防毒面具（半面罩）

眼睛防护 戴化学安全防护眼镜

皮肤和身体防护 穿防静电工作服

手防护 戴橡胶耐油手套

第九部分 理化特性

外观与性状 无色液体，具有醚样气味

pH值 无资料 **熔点(℃)** −108.6
沸点(℃) 55.2 **相对密度(水=1)** 0.74
相对蒸气密度(空气=1) 3.1
饱和蒸气压(kPa) 27（20℃）
燃烧热(kJ/mol) −3360.7 **临界温度(℃)** 无资料
临界压力(MPa) 3.4
辛醇/水分配系数 0.94～1.24
闪点(℃) −28～−34 **自燃温度(℃)** 375
爆炸下限(%) 1 **爆炸上限(%)** 8
分解温度(℃) 无资料 **黏度(mPa·s)** 无资料
溶解性 不溶于水，易溶于乙醇、乙醚

第十部分 稳定性和反应性

稳定性 稳定
危险反应 与强氧化剂接触，有发生火灾和爆炸的危险
避免接触的条件 无资料
禁配物 强氧化剂
危险的分解产物 无资料

第十一部分 毒理学信息

急性毒性
LD_{50} 4g/kg（大鼠经口）；＞7500mg/kg（兔经皮）
LC_{50} 41000mg/m^3（大鼠吸入，4h）
皮肤刺激或腐蚀 无资料 **眼睛刺激或腐蚀** 无资料
呼吸或皮肤过敏 无资料 **生殖细胞突变性** 无资料
致癌性 无资料 **生殖毒性** 无资料
特异性靶器官系统毒性-一次接触 无资料
特异性靶器官系统毒性-反复接触 无资料
吸入危害 无资料

第十二部分 生态学信息

生态毒性
LC_{50} 110mg/L（96h）（黑头呆鱼）
EC_{50} 11.4～55mg/L（5min，15min，30min）（发光菌，Microtox 测试）
持久性和降解性
生物降解性 好氧生物降解（h）：672～4320；厌氧生物降解（h）：2688～17280
非生物降解性 空气中光氧化半衰期（h）：20.7～265
潜在的生物累积性 根据 K_{ow} 值预测，该物质的生物累积性可能较弱
土壤中的迁移性 根据 K_{oc} 值预测，该物质可能易发生迁移

第十三部分 废弃处置

废弃化学品 建议用焚烧法处置
污染包装物 将容器返还生产商或按照国家和地方法规处置
废弃注意事项 处置前应参阅国家和地方有关法规

第十四部分 运输信息

联合国危险货物编号（UN号） 2398
联合国运输名称 甲基叔丁基醚
联合国危险性类别 3 **包装类别** Ⅱ类包装
包装标志  **海洋污染物** 否
运输注意事项 运输时运输车辆应配备相应品种和数量的消防器材及泄漏应急处理设备。夏季最好早晚运输。运输时所用的槽（罐）车应有接地链，槽内可设孔隔板以减少震荡产生的静电。严禁与氧化剂、食用化学品等混装混运。运输途中应防曝晒、雨淋，防高温。中途停留时应远离火种、热源、高温区。装运该物品的车辆排气管必须配备阻火装置，禁止使用易产生火花的机械设备和工具装卸。公路运输时要按规定路线行驶，勿在居民区和人口稠密区停留。铁路运输时要禁止溜放。严禁用木船、水泥船散装运输

第十五部分 法规信息

下列法律、法规、规章和标准，对该化学品的管理作了相应的规定。
中华人民共和国职业病防治法 职业病分类和目录：未列入
危险化学品安全管理条例 危险化学品目录：列入。易制爆危险化学品名录：未列入。重点监管的危险化学品名录：列入。GB 18218—2009《危险化学品重大危险源辨识》（表1）：未列入
使用有毒物品作业场所劳动保护条例 高毒物品目录：未列入
易制毒化学品管理条例 易制毒化学品的分类和品种目录：未列入
国际公约 斯德哥尔摩公约：未列入。鹿特丹公约：未列入。蒙特利尔议定书：未列入

第十六部分 其他信息

编写和修订信息 **缩略语和首字母缩写**
培训建议 **参考文献**
免责声明

3-甲基戊烷

第一部分 化学品标识

化学品中文名 3-甲基戊烷
化学品英文名 3-methylpentane；diethylmethylmethane
分子式 C_6H_{14} **相对分子质量** 86.18
结构式
化学品的推荐及限制用途 用于有机合成及用作溶剂

第二部分 危险性概述

紧急情况概述 高度易燃液体和蒸气，可能引起昏昏欲睡或眩晕，吞咽及进入呼吸道可能致命
GHS危险性类别 易燃液体，类别2；皮肤腐蚀/刺激，类别2；特异性靶器官毒性-一次接触，类别3（麻醉效应）；吸入危害，类别1；危害水生环境-急性危害，

类别 2；危害水生环境-长期危害，类别 2

标签要素

象形图

警示词 危险

危险性说明 高度易燃液体和蒸气，造成皮肤刺激，可能引起昏昏欲睡或眩晕，吞咽及进入呼吸道可能致命，对水生生物有毒并具有长期持续影响

防范说明

预防措施 远离热源、火花、明火、热表面。禁止吸烟。保持容器密闭。容器和接收设备接地连接。使用防爆电器、通风、照明设备。只能使用不产生火花的工具。采取防止静电措施。戴防护手套、防护眼镜、防护面罩。避免接触眼睛、皮肤，操作后彻底清洗。禁止排入环境

事故响应 火灾时，使用泡沫、二氧化碳、干粉、砂土灭火。如皮肤（或头发）接触：立即脱掉所有被污染的衣服。用大量肥皂水和水清洗。如发生皮肤刺激，就医。被污染的衣服须洗净后方可重新使用。如果食入：不要催吐，立即呼叫中毒控制中心或就医。收集泄漏物

安全储存 存放在通风良好的地方。保持低温。上锁保管

废弃处置 本品及内装物、容器依据国家和地方法规处置

物理和化学危险 高度易燃，其蒸气与空气混合，能形成爆炸性混合物

健康危害 本品属烷烃类，该类物质有麻醉作用。液态本品吸入呼吸道可引起吸入性肺炎

环境危害 对水生生物有毒并具有长期持续影响

第三部分 成分/组成信息

√物质 混合物

组分	浓度	CAS No.
3-甲基戊烷		96-14-0

第四部分 急救措施

吸入 迅速脱离现场至空气新鲜处。保持呼吸道通畅。如呼吸困难，给输氧。如呼吸、心跳停止，立即进行心肺复苏术。就医

皮肤接触 立即脱去污染的衣着，用流动清水彻底冲洗。就医

眼睛接触 立即分开眼睑，用流动清水或生理盐水彻底冲洗。就医

食入 漱口，饮水。禁止催吐。就医

对保护施救者的忠告 根据需要使用个人防护设备

对医生的特别提示 对症处理

第五部分 消防措施

灭火剂 用泡沫、二氧化碳、干粉、砂土灭火

特别危险性 与氧化剂接触发生化学反应或引起燃烧。蒸气比空气重，沿地面扩散并易积存于低洼处，遇火源会着火回燃。燃烧生成有害的一氧化碳

灭火注意事项及防护措施 消防人员必须佩戴空气呼吸器、穿全身防火防毒服，在上风向灭火。喷水冷却容器，尽可能将容器从火场移至空旷处。容器突然发出异常声音或出现异常现象，应立即撤离。用水灭火无效

第六部分 泄漏应急处理

作业人员防护措施、防护装备和应急处置程序 消除所有点火源。根据液体流动和蒸气扩散的影响区域划定警戒区，无关人员从侧风、上风向撤离至安全区。建议应急处理人员戴正压自给式呼吸器，穿防静电服，戴橡胶耐油手套。作业时使用的所有设备应接地。禁止接触或跨越泄漏物。尽可能切断泄漏源

环境保护措施 防止泄漏物进入水体、下水道、地下室或有限空间

泄漏化学品的收容、清除方法及所使用的处置材料 小量泄漏：用砂土或其他不燃材料吸收，使用洁净的无火花工具收集吸收材料。大量泄漏：构筑围堤或挖坑收容。用泡沫覆盖，减少蒸发。喷水雾能减少蒸发，但不能降低泄漏物在有限空间内的易燃性。用防爆泵转移至槽车或专用收集器内

第七部分 操作处置与储存

操作注意事项 密闭操作，全面通风。操作人员必须经过专门培训，严格遵守操作规程。建议操作人员佩戴自吸过滤式防毒面具（半面罩），戴化学安全防护眼镜，穿防静电工作服，戴橡胶耐油手套。远离火种、热源。工作场所严禁吸烟。使用防爆型的通风系统和设备。防止蒸气泄漏到工作场所空气中。避免与氧化剂接触。灌装时应控制流速，且有接地装置，防止静电积聚。搬运时要轻装轻卸，防止包装及容器损坏。配备相应品种和数量的消防器材及泄漏应急处理设备。倒空的容器可能残留有害物

储存注意事项 储存于阴凉、通风的库房。远离火种、热源。库温不宜超过 37℃。保持容器密封。应与氧化剂分开存放，切忌混储。采用防爆型照明、通风设施。禁止使用易产生火花的机械设备和工具。储区应备有泄漏应急处理设备和合适的收容材料

第八部分 接触控制/个体防护

职业接触限值

中国 未制定标准

美国(ACGIH) 未制定标准

生物接触限值 未制定标准

监测方法 空气中有毒物质测定方法：未制定标准。生物监测检验方法：未制定标准

工程控制 生产过程密闭，全面通风。提供安全的淋浴和洗眼设备

个体防护装备

呼吸系统防护 空气中浓度超标时，佩戴过滤式防毒面具（半面罩）

眼睛防护　一般不需要特殊防护，高浓度接触时可戴化学安全防护眼镜

皮肤和身体防护　穿防静电工作服

手防护　戴橡胶耐油手套

第九部分　理化特性

外观与性状　无色透明易挥发液体

pH 值　无资料　　**熔点(℃)**　−118

沸点(℃)　63.3　　**相对密度(水=1)**　0.66

相对蒸气密度(空气=1)　2.97

饱和蒸气压(kPa)　20.5（20℃）

燃烧热(kJ/mol)　−4155.5　　**临界温度(℃)**　231.2

临界压力(MPa)　3.12　　**辛醇/水分配系数**　3.6

闪点(℃)　<−20　　**自燃温度(℃)**　278

爆炸下限(%)　1.2　　**爆炸上限(%)**　7.0

分解温度(℃)　无资料

黏度(mPa·s)　0.307（25℃）

溶解性　不溶于水，微溶于乙醚、丙酮、苯，溶于乙醇

第十部分　稳定性和反应性

稳定性　稳定

危险反应　与强氧化剂等禁配物接触，有发生火灾和爆炸的危险

避免接触的条件　无资料

禁配物　强氧化剂、强酸、强碱、卤素

危险的分解产物　无资料

第十一部分　毒理学信息

急性毒性　无资料　　**皮肤刺激或腐蚀**　无资料

眼睛刺激或腐蚀　无资料　　**呼吸或皮肤过敏**　无资料

生殖细胞突变性　无资料　　**致癌性**　无资料

生殖毒性　无资料

特异性靶器官系统毒性-一次接触　无资料

特异性靶器官系统毒性-反复接触　无资料

吸入危害　无资料

第十二部分　生态学信息

生态毒性　根据结构类似物质预测，该物质对水生生物有毒

持久性和降解性

生物降解性　无资料

非生物降解性　空气中，当羟基自由基浓度为5.00×10^5个/cm^3时，降解半衰期为2.8d（理论）

潜在的生物累积性　根据K_{ow}值预测，该物质可能有一定的生物累积性

土壤中的迁移性　根据K_{oc}值预测，该物质可能有一定的迁移性

第十三部分　废弃处置

废弃化学品　建议用焚烧法处置

污染包装物　将容器返还生产商或按照国家和地方法规处置

废弃注意事项　处置前应参阅国家和地方有关法规

第十四部分　运输信息

联合国危险货物编号(UN号)　1208

联合国运输名称　己烷

联合国危险性类别　3　　**包装类别**　Ⅱ类包装

包装标志

海洋污染物　否

运输注意事项　运输时运输车辆应配备相应品种和数量的消防器材及泄漏应急处理设备。夏季最好早晚运输。运输时所用的槽（罐）车应有接地链，槽内可设孔隔板以减少震荡产生的静电。严禁与氧化剂、食用化学品等混装混运。运输途中应防曝晒、雨淋，防高温。中途停留时应远离火种、热源、高温区。装运该物品的车辆排气管必须配备阻火装置，禁止使用易产生火花的机械设备和工具装卸。公路运输时要按规定路线行驶，勿在居民区和人口稠密区停留。铁路运输时要禁止溜放。严禁用木船、水泥船散装运输

第十五部分　法规信息

下列法律、法规、规章和标准，对该化学品的管理作了相应的规定。

中华人民共和国职业病防治法　职业病分类和目录：未列入

危险化学品安全管理条例　危险化学品目录：列入。易制爆危险化学品名录：未列入。重点监管的危险化学品名录：未列入。GB 18218—2009《危险化学品重大危险源辨识》(表1)：未列入

使用有毒物品作业场所劳动保护条例　高毒物品目录：未列入

易制毒化学品管理条例　易制毒化学品的分类和品种目录：未列入

国际公约　斯德哥尔摩公约：未列入。鹿特丹公约：未列入。蒙特利尔议定书：未列入

第十六部分　其他信息

编写和修订信息　　**缩略语和首字母缩写**

培训建议　　**参考文献**

免责声明

2-甲基戊烷

第一部分　化学品标识

化学品中文名　2-甲基戊烷；异己烷；二甲基丙基甲烷

化学品英文名　2-methyl pentane；isohexene；dimethylpropylmethane

分子式　C_6H_{14}　　**相对分子质量**　86.18

结构式

化学品的推荐及限制用途　用作溶剂、有机合成中间体、化学试剂

第二部分　危险性概述

紧急情况概述　高度易燃液体和蒸气，可能引起昏昏欲睡

或眩晕，吞咽及进入呼吸道可能致命

GHS危险性类别 易燃液体，类别2；皮肤腐蚀/刺激，类别2；特异性靶器官毒性—一次接触，类别3（麻醉效应）；吸入危害，类别1；危害水生环境-急性危害，类别2；危害水生环境-长期危害，类别2

标签要素

象形图 

警示词 危险

危险性说明 高度易燃液体和蒸气，造成皮肤刺激，可能引起昏昏欲睡或眩晕，吞咽及进入呼吸道可能致命，对水生生物有毒并具有长期持续影响

防范说明

预防措施 远离热源、火花、明火、热表面。禁止吸烟。保持容器密闭。容器和接收设备接地连接。使用防爆电器、通风、照明设备。只能使用不产生火花的工具。采取防止静电措施。戴防护手套、防护眼镜、防护面罩。避免接触眼睛、皮肤，操作后彻底清洗。禁止排入环境

事故响应 火灾时，使用泡沫、二氧化碳、干粉、砂土灭火。皮肤接触：立即脱掉所有被污染的衣服。用大量肥皂水和水清洗。如发生皮肤刺激，就医。被污染的衣服须洗净后方可重新使用。如果食入：不要催吐，立即呼叫中毒控制中心或就医。收集泄漏物

安全储存 存放在通风良好的地方。保持低温。上锁保管

废弃处置 本品及内装物、容器依据国家和地方法规处置

物理和化学危险 高度易燃，其蒸气与空气混合，能形成爆炸性混合物

健康危害 可能具有刺激性和麻醉作用。液态本品吸入呼吸道可引起吸入性肺炎

环境危害 对水生生物有毒并具有长期持续影响

第三部分 成分/组成信息

√物质 混合物

组分	浓度	CAS No.
2-甲基戊烷		107-83-5

第四部分 急救措施

吸入 迅速脱离现场至空气新鲜处。保持呼吸道通畅。如呼吸困难，给输氧。如呼吸、心跳停止，立即进行心肺复苏术。就医

皮肤接触 立即脱去污染的衣着，用流动清水彻底冲洗。就医

眼睛接触 立即分开眼睑，用流动清水或生理盐水彻底冲洗。就医

食入 漱口，饮水。禁止催吐。就医

对保护施救者的忠告 根据需要使用个人防护设备

对医生的特别提示 对症处理

第五部分 消防措施

灭火剂 用泡沫、二氧化碳、干粉、砂土灭火

特别危险性 在火场中，受热的容器有爆炸危险。蒸气比空气重，沿地面扩散并易积存于低洼处，遇火源会着火回燃。燃烧生成有害的一氧化碳

灭火注意事项及防护措施 消防人员须佩戴防毒面具、穿全身消防服，在上风向灭火。尽可能将容器从火场移至空旷处。喷水保持火场容器冷却，直至灭火结束。容器突然发出异常声音或出现异常现象，应立即撤离。用水灭火无效

第六部分 泄漏应急处理

作业人员防护措施、防护装备和应急处置程序 消除所有点火源。根据液体流动和蒸气扩散的影响区域划定警戒区，无关人员从侧风、上风向撤离至安全区。建议应急处理人员戴正压自给式呼吸器，穿防静电服，戴橡胶耐油手套。作业时使用的所有设备应接地。禁止接触或跨越泄漏物。尽可能切断泄漏源

环境保护措施 防止泄漏物进入水体、下水道、地下室或有限空间

泄漏化学品的收容、清除方法及所使用的处置材料 小量泄漏：用砂土或其他不燃材料吸收，使用洁净的无火花工具收集吸收材料。大量泄漏：构筑围堤或挖坑收容。用泡沫覆盖，减少蒸发。喷水雾能减少蒸发，但不能降低泄漏物在有限空间内的易燃性。用防爆泵转移至槽车或专用收集器内

第七部分 操作处置与储存

操作注意事项 密闭操作，全面通风。操作人员必须经过专门培训，严格遵守操作规程。建议操作人员佩戴自吸过滤式防毒面具（半面罩），戴化学安全防护眼镜，穿防静电工作服，戴橡胶耐油手套。远离火种、热源。工作场所严禁吸烟。使用防爆型的通风系统和设备。防止蒸气泄漏到工作场所空气中。避免与氧化剂接触。灌装时应控制流速，且有接地装置，防止静电积聚。搬运时要轻装轻卸，防止包装及容器损坏。配备相应品种和数量的消防器材及泄漏应急处理设备。倒空的容器可能残留有害物

储存注意事项 储存于阴凉、通风的库房。远离火种、热源。库温不宜超过29℃。保持容器密封。应与氧化剂分开存放，切忌混储。采用防爆型照明、通风设施。禁止使用易产生火花的机械设备和工具。储区应备有泄漏应急处理设备和合适的收容材料

第八部分 接触控制/个体防护

职业接触限值

中国 未制定标准

美国(ACGIH) TLV-TWA：500ppm；

TLV-STEL：1000ppm

生物接触限值 未制定标准

监测方法 空气中有毒物质测定方法：未制定标准。生物监测检验方法：未制定标准

工程控制 生产过程密闭，全面通风。提供安全的淋浴和洗眼设备

个体防护装备

呼吸系统防护 空气中浓度超标时，佩戴过滤式防毒面具（半面罩）

眼睛防护 一般不需要特殊防护，高浓度接触时可戴化学安全防护眼镜

皮肤和身体防护 穿防静电工作服

手防护 戴橡胶耐油手套

第九部分 理化特性

外观与性状 无色透明易挥发液体

pH 值 无资料 **熔点(℃)** −153.7

沸点(℃) 60.3 **相对密度(水=1)** 0.65

相对蒸气密度(空气=1) 3.0

饱和蒸气压(kPa) 53.32（41.6℃）

燃烧热(kJ/mol) −4153.7 **临界温度(℃)** 224.3

临界压力(MPa) 3.10 **辛醇/水分配系数** 3.21

闪点(℃) −32（CC） **自燃温度(℃)** 264

爆炸下限(%) 1.0 **爆炸上限(%)** 7.0

分解温度(℃) 无资料 **黏度(mPa·s)** 无资料

溶解性 不溶于水，溶于乙醇、乙醚、苯等多数有机溶剂

第十部分 稳定性和反应性

稳定性 稳定

危险反应 与强氧化剂等禁配物接触，有发生火灾和爆炸的危险

避免接触的条件 无资料

禁配物 强氧化剂、强酸、强碱、卤素

危险的分解产物 无资料

第十一部分 毒理学信息

急性毒性 无资料 **皮肤刺激或腐蚀** 无资料

眼睛刺激或腐蚀 无资料 **呼吸或皮肤过敏** 无资料

生殖细胞突变性 无资料 **致癌性** 无资料

生殖毒性 无资料

特异性靶器官系统毒性-一次接触 无资料

特异性靶器官系统毒性-反复接触 无资料

吸入危害 无资料

第十二部分 生态学信息

生态毒性 根据结构类似物质预测，该物质对水生生物有毒

持久性和降解性

生物降解性 无资料

非生物降解性 空气中，当羟基自由基浓度为5.00×10^5个/cm^3时，降解半衰期为2.9d（理论）

潜在的生物累积性 根据K_{ow}值预测，该物质可能有一定的生物累积性

土壤中的迁移性 根据K_{oc}值预测，该物质可能有一定的迁移性

第十三部分 废弃处置

废弃化学品 建议用焚烧法处置

污染包装物 将容器返还生产商或按照国家和地方法规处置

废弃注意事项 处置前应参阅国家和地方有关法规

第十四部分 运输信息

联合国危险货物编号（UN 号） 1208

联合国运输名称 己烷

联合国危险性类别 3 **包装类别** Ⅱ类包装

包装标志  **海洋污染物** 否

运输注意事项 运输时运输车辆应配备相应品种和数量的消防器材及泄漏应急处理设备。夏季最好早晚运输。运输时所用的槽（罐）车应有接地链，槽内可设孔隔板以减少震荡产生的静电。严禁与氧化剂、食用化学品等混装混运。运输途中应防曝晒、雨淋，防高温。中途停留时应远离火种、热源、高温区。装运该物品的车辆排气管必须配备阻火装置，禁止使用易产生火花的机械设备和工具装卸。公路运输时要按规定路线行驶，勿在居民区和人口稠密区停留。铁路运输时要禁止溜放。严禁用木船、水泥船散装运输

第十五部分 法规信息

下列法律、法规、规章和标准，对该化学品的管理作了相应的规定。

中华人民共和国职业病防治法 职业病分类和目录：未列入

危险化学品安全管理条例 危险化学品目录：列入。易制爆危险化学品名录：未列入。重点监管的危险化学品名录：未列入。GB 18218—2009《危险化学品重大危险源辨识》（表1）：未列入

使用有毒物品作业场所劳动保护条例 高毒物品目录：未列入

易制毒化学品管理条例 易制毒化学品的分类和品种目录：未列入

国际公约 斯德哥尔摩公约：未列入。鹿特丹公约：未列入。蒙特利尔议定书：未列入

第十六部分 其他信息

编写和修订信息 **缩略语和首字母缩写**

培训建议 **参考文献**

免责声明

甲基异丁基（甲）酮

第一部分 化学品标识

化学品中文名 甲基异丁基（甲）酮；4-甲基-2-戊酮；异己酮

化学品英文名 methyl isobutyl ketone；4-methyl-2-pentanone

分子式 $C_6H_{12}O$ **相对分子质量** 100.18

结构式

化学品的推荐及限制用途 用作喷漆、硝基纤维、某些纤维醚、樟脑、油脂、天然和合成橡胶的溶剂

第二部分 危险性概述

紧急情况概述 高度易燃液体和蒸气

GHS 危险性类别 易燃液体，类别 2；急性毒性-吸入，类别 4；严重眼损伤/眼刺激，类别 2；特异性靶器官毒性-一次接触，类别 3（呼吸道刺激）

标签要素

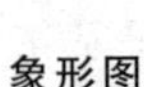
象形图

警示词 危险

危险性说明 高度易燃液体和蒸气，吸入有害，造成严重眼刺激，可能引起呼吸道刺激

防范说明

预防措施 远离热源、火花、明火、热表面。禁止吸烟。保持容器密闭。容器和接收设备接地连接。使用防爆电器、通风、照明设备。只能使用不产生火花的工具。采取防止静电措施。戴防护手套、防护眼镜、防护面罩。避免吸入蒸气、雾。仅在室外或通风良好处操作。避免接触眼睛、皮肤，操作后彻底清洗

事故响应 火灾时，使用泡沫、干粉、二氧化碳、砂土灭火。如吸入：将患者转移到空气新鲜处，休息，保持利于呼吸的体位。如感觉不适，呼叫中毒控制中心或就医。如皮肤（或头发）接触：立即脱掉所有被污染的衣服，用水冲洗皮肤，淋浴。如接触眼睛：用水细心冲洗数分钟。如戴隐形眼镜并可方便地取出，取出隐形眼镜继续冲洗。如果眼睛刺激持续：就医

安全储存 存放在通风良好的地方。保持低温

废弃处置 本品及内装物、容器依据国家和地方法规处置

物理和化学危险 高度易燃，其蒸气与空气混合，能形成爆炸性混合物

健康危害 本品具有麻醉和刺激作用。人吸入 4.1g/m^3 时引起中枢神经系统的抑制和麻醉；吸入 0.41～2.05g/m^{3}时，可引起胃肠道反应，如恶心、呕吐、食欲不振、腹泻，以及呼吸道刺激症状；低于 84mg/m^{3}时没有不适感

环境危害 对环境可能有害

第三部分 成分/组成信息

√物质 混合物

组分	浓度	CAS No.
甲基异丁基（甲）酮		108-10-1

第四部分 急救措施

吸入 迅速脱离现场至空气新鲜处。保持呼吸道通畅。如呼吸困难，给输氧。如呼吸、心跳停止，立即进行心肺复苏术。就医

皮肤接触 立即脱去污染的衣着，用流动清水彻底冲洗。就医

眼睛接触 立即分开眼睑，用流动清水或生理盐水彻底冲洗。就医

食入 漱口，饮水。就医

对保护施救者的忠告 根据需要使用个人防护设备

对医生的特别提示 对症处理

第五部分 消防措施

灭火剂 用泡沫、干粉、二氧化碳、砂土灭火

特别危险性 易燃，遇高热、明火、氧化剂有引起燃烧的危险。蒸气比空气重，沿地面扩散并易积存于低洼处，遇火源会着火回燃。燃烧生成有害的一氧化碳

灭火注意事项及防护措施 消防人员须佩戴防毒面具、穿全身消防服，在上风向灭火。尽可能将容器从火场移至空旷处。喷水保持火场容器冷却，直至灭火结束。容器突然发出异常声音或出现异常现象，应立即撤离

第六部分 泄漏应急处理

作业人员防护措施、防护装备和应急处置程序 消除所有点火源。根据液体流动和蒸气扩散的影响区域划定警戒区，无关人员从侧风、上风向撤离至安全区。建议应急处理人员戴正压自给式呼吸器，穿防静电服，戴橡胶耐油手套。作业时使用的所有设备应接地。禁止接触或跨越泄漏物。尽可能切断泄漏源

环境保护措施 防止泄漏物进入水体、下水道、地下室或有限空间

泄漏化学品的收容、清除方法及所使用的处置材料 小量泄漏：用砂土或其他不燃材料吸收，使用洁净的无火花工具收集吸收材料。大量泄漏：构筑围堤或挖坑收容。用泡沫覆盖，减少蒸发。喷水雾能减少蒸发，但不能降低泄漏物在有限空间内的易燃性。用防爆泵转移至槽车或专用收集器内。喷雾状水驱散蒸气、稀释液体泄漏物

第七部分 操作处置与储存

操作注意事项 密闭操作，局部排风。操作人员必须经过专门培训，严格遵守操作规程。建议操作人员佩戴自吸过滤式防毒面具（半面罩），戴化学安全防护眼镜，穿防静电工作服，戴橡胶耐油手套。远离火种、热源。工作场所严禁吸烟。使用防爆型的通风系统和设备。防止蒸气泄漏到工作场所空气中。避免与氧化剂、还原剂、碱类接触。充装要控制流速，防止静电积聚。搬运时要轻装轻卸，防止包装及容器损坏。配备相应品种和数量的消防器材及泄漏应急处理设备。倒空的容器可能残留有害物

储存注意事项 储存于阴凉、通风的库房。远离火种、热源。库温不宜超过 37℃。保持容器密封。应与氧化剂、还原剂、碱类分开存放，切忌混储。采用防爆型照明、通风设施。禁止使用易产生火花的机械设备和工具。储区应备有泄漏应急处理设备和合适的收容材料

第八部分　接触控制/个体防护

职业接触限值

中国　未制定标准

美国(ACGIH)　TLV-TWA：20ppm；TLV-STEL：75ppm

生物接触限值　未制定标准

监测方法　空气中有毒物质测定方法：溶剂解吸-气相色谱法；热解吸-气相色谱法。生物监测检验方法：未制定标准

工程控制　密闭操作，局部排风

个体防护装备

呼吸系统防护　空气中浓度超标时，佩戴过滤式防毒面具（半面罩）

眼睛防护　可能接触其蒸气时，戴化学安全防护眼镜

皮肤和身体防护　穿防静电工作服

手防护　戴橡胶耐油手套

第九部分　理化特性

外观与性状　无色透明液体，有令人愉快的酮样香味

pH值　无资料　**熔点(℃)**　−85

沸点(℃)　115.8

相对密度(水=1)　0.80（25℃）

相对蒸气密度(空气=1)　3.5

饱和蒸气压(kPa)　2.13（20℃）

燃烧热(kJ/mol)　−3740　**临界温度(℃)**　298.2

临界压力(MPa)　3.27　**辛醇/水分配系数**　1.31

闪点(℃)　14（CC）

自燃温度(℃)　449　**爆炸下限(%)**　1.4

爆炸上限(%)　7.5　**分解温度(℃)**　无资料

黏度(mPa·s)　0.58（20℃）

溶解性　微溶于水，易溶于多数有机溶剂

第十部分　稳定性和反应性

稳定性　稳定

危险反应　与强氧化剂等禁配物接触，有发生火灾和爆炸的危险

避免接触的条件　无资料

禁配物　强氧化剂、强还原剂、强碱

危险的分解产物　无资料

第十一部分　毒理学信息

急性毒性

LD_{50}　2080mg/kg（大鼠经口）

LC_{50}　100g/m^3（大鼠吸入）；23300mg/m^3（小鼠吸入）

皮肤刺激或腐蚀　家兔经皮：500mg（24h），中度刺激

眼睛刺激或腐蚀　家兔经眼：40mg，重度刺激

呼吸或皮肤过敏　无资料　**生殖细胞突变性**　无资料

致癌性　IARC致癌性评论：组2B，可疑人类致癌物

生殖毒性　无资料

特异性靶器官系统毒性-一次接触　无资料

特异性靶器官系统毒性-反复接触　无资料

吸入危害　无资料

第十二部分　生态学信息

生态毒性

LC_{50}　460mg/L（96h）（金鱼）；505mg/L（96h）（黑头呆鱼）

EC_{50}　4280mg/L（24h）（水蚤）；79.6mg/L（5min）（发光菌，Microtox测试）；400mg/L（96h）（绿藻）

持久性和降解性

生物降解性　好氧生物降解（h）：24～672；厌氧生物降解（h）：22～96

非生物降解性　光解最大光吸收波长范围（nm）：232～283；空气中光氧化半衰期（h）：4.6～45.5

潜在的生物累积性　根据K_{ow}值预测，该物质的生物累积性可能较弱

土壤中的迁移性　根据K_{oc}值预测，该物质可能易发生迁移

第十三部分　废弃处置

废弃化学品　用焚烧法处置

污染包装物　将容器返还生产商或按照国家和地方法规处置

废弃注意事项　把倒空的容器归还厂商或在规定场所掩埋

第十四部分　运输信息

联合国危险货物编号(UN号)　1245

联合国运输名称　甲基异丁基酮

联合国危险性类别　3　**包装类别**　Ⅱ类包装

包装标志 

海洋污染物　否

运输注意事项　运输时运输车辆应配备相应品种和数量的消防器材及泄漏应急处理设备。夏季最好早晚运输。运输时所用的槽（罐）车应有接地链，槽内可设孔隔板以减少震荡产生的静电。严禁与氧化剂、还原剂、碱类、食用化学品等混装混运。运输途中应防曝晒、雨淋，防高温。中途停留时应远离火种、热源、高温区。装运该物品的车辆排气管必须配备阻火装置，禁止使用易产生火花的机械设备和工具装卸。公路运输时要按规定路线行驶，勿在居民区和人口稠密区停留。铁路运输时要禁止溜放。严禁用木船、水泥船散装运输

第十五部分　法规信息

下列法律、法规、规章和标准，对该化学品的管理作了相应的规定。

中华人民共和国职业病防治法　职业病分类和目录：未列入

危险化学品安全管理条例　危险化学品目录：列入。易制爆危险化学品名录：未列入。重点监管的危险化学品

名录：未列入。GB 18218—2009《危险化学品重大危险源辨识》(表 1)：未列入

使用有毒物品作业场所劳动保护条例 高毒物品目录：未列入

易制毒化学品管理条例 易制毒化学品的分类和品种目录：未列入

国际公约 斯德哥尔摩公约：未列入。鹿特丹公约：未列入。蒙特利尔议定书：未列入

第十六部分 其他信息

编写和修订信息 **缩略语和首字母缩写**

培训建议 **参考文献**

免责声明

甲基异氰酸酯

第一部分 化学品标识

化学品中文名 甲基异氰酸酯；异氰酸甲酯

化学品英文名 methyl isocyanate；isocyanatomethane

分子式 C_2H_3NO **相对分子质量** 57.06

结构式 O═C═N╱

化学品的推荐及限制用途 作为有机合成原料，用作农药西维因的中间体

第二部分 危险性概述

紧急情况概述 高度易燃液体和蒸气，吞咽会中毒，皮肤接触会中毒，吸入致命，吸入可能导致过敏或哮喘症状或呼吸困难，可能导致皮肤过敏反应

GHS 危险性类别 易燃液体，类别 2；急性毒性-经口，类别 3；急性毒性-经皮，类别 3；急性毒性-吸入，类别 2；皮肤腐蚀/刺激，类别 2；严重眼损伤/眼刺激，类别 1；呼吸道致敏物，类别 1；皮肤致敏物，类别 1；生殖毒性，类别 2；特异性靶器官毒性-一次接触，类别 3（呼吸道刺激）

标签要素

象形图

警示词 危险

危险性说明 高度易燃液体和蒸气，吞咽会中毒，皮肤接触会中毒，吸入致命，造成皮肤刺激，造成严重眼损伤，吸入可能导致过敏或哮喘症状或呼吸困难，可能导致皮肤过敏反应，怀疑对生育力或胎儿造成伤害，可能引起呼吸道刺激

防范说明

预防措施 远离热源、火花、明火、热表面。禁止吸烟。保持容器密闭。容器和接收设备接地连接。使用防爆电器、通风、照明设备。只能使用不产生火花的工具。采取防止静电措施。避免接触眼睛、皮肤，操作后彻底清洗。作业场所不得进食、饮水或吸烟。戴防护手套，穿防护服，戴防护眼镜、防护面罩。避免吸入蒸气、雾。仅在室外或通风良好处操作。通风不良时，戴呼吸防护器具。污染的工作服不得带出工作场所。得到专门指导后操作。在阅读并了解所有安全预防措施之前，切勿操作。按要求使用个体防护装备

事故响应 火灾时，使用二氧化碳、干粉、砂土灭火。如吸入：将患者转移到空气新鲜处，休息，保持利于呼吸的体位。如有呼吸系统症状，呼叫中毒控制中心或就医。皮肤接触：立即脱掉所有被污染的衣服。用大量肥皂水和水清洗。如出现皮肤刺激或皮疹：就医。被污染的衣服须经洗净后方可重新使用。接触眼睛：用水细心冲洗数分钟。如戴隐形眼镜并可方便地取出，取出隐形眼镜继续冲洗。食入：漱口，立即呼叫中毒控制中心或就医。如果接触或有担心，就医

安全储存 存放在通风良好的地方。保持低温。保持容器密闭。上锁保管

废弃处置 本品及内装物、容器依据国家和地方法规处置

物理和化学危险 高度易燃，其蒸气与空气混合，能形成爆炸性混合物。遇水产生有毒和易燃的气体。容易自聚

健康危害 吸入低浓度本品蒸气或雾对呼吸道有刺激性；高浓度吸入可因支气管和喉的炎症、痉挛，严重的肺水肿而致死。蒸气对眼有强烈的刺激性，引起流泪、角膜上皮水肿、角膜云翳。溅入眼内可造成角膜坏死而失明。液态对皮肤有强烈的刺激性。口服刺激胃肠道。对皮肤和呼吸道有致敏性

环境危害 对环境可能有害

第三部分 成分/组成信息

√物质　　混合物

组分	浓度	CAS No.
甲基异氰酸酯		624-83-9

第四部分 急救措施

吸入 迅速脱离现场至空气新鲜处。保持呼吸道通畅。如呼吸困难，给输氧。如呼吸、心跳停止，立即进行心肺复苏术。就医

皮肤接触 立即脱去污染的衣着，用流动清水彻底冲洗。就医

眼睛接触 立即分开眼睑，用流动清水或生理盐水彻底冲洗至少 15min。就医

食入 漱口，饮水。就医

对保护施救者的忠告 根据需要使用个人防护设备

对医生的特别提示 对症处理

第五部分 消防措施

灭火剂 用二氧化碳、干粉、砂土灭火

特别危险性 化学反应性强，易聚合，易吸湿。遇水、酸类或与有机物、氧化剂接触，都可放出大量热而引起剧烈燃烧，并放出有毒易燃气体。遇水或水蒸气反应

放出有毒易燃气体。在火场中，受热的容器有爆炸危险。燃烧生成有害的一氧化碳、氮氧化物、氰化氢

灭火注意事项及防护措施 消防人员须佩戴防毒面具、穿全身消防服，在上风向灭火。尽可能将容器从火场移至空旷处。容器突然发出异常声音或出现异常现象，应立即撤离。禁止用水、泡沫和酸碱灭火剂灭火

第六部分 泄漏应急处理

作业人员防护措施、防护装备和应急处置程序 消除所有点火源。根据液体流动和蒸气扩散的影响区域划定警戒区，无关人员从侧风、上风向撤离至安全区。建议应急处理人员戴正压自给式呼吸器，穿防毒、防静电服，戴橡胶耐油手套。作业时使用的所有设备应接地。穿上适当的防护服前严禁接触破裂的容器和泄漏物。尽可能切断泄漏源

环境保护措施 防止泄漏物进入水体、下水道、地下室或有限空间。严禁用水处理

泄漏化学品的收容、清除方法及所使用的处置材料 小量泄漏：用干燥的砂土或其他不燃材料覆盖泄漏物。大量泄漏：构筑围堤或挖坑收容。用防爆泵转移至槽车或专用收集器内

第七部分 操作处置与储存

操作注意事项 密闭操作，加强通风。操作人员必须经过专门培训，严格遵守操作规程。建议操作人员佩戴过滤式防毒面具（全面罩）或自给式呼吸器，穿连衣式防毒衣，戴橡胶耐油手套。远离火种、热源。工作场所严禁吸烟。使用防爆型的通风系统和设备。防止蒸气泄漏到工作场所空气中。避免与氧化剂、酸类、醇类、碱类接触。尤其要注意避免与水接触。充装要控制流速，防止静电积聚。搬运时要轻装轻卸，防止包装及容器损坏。配备相应品种和数量的消防器材及泄漏应急处理设备。倒空的容器可能残留有害物

储存注意事项 储存于阴凉、干燥、通风良好的专用库房内，实行“双人收发、双人保管”制度。远离火种、热源。库温不宜超过37℃，包装要求密封，不可与空气接触。应与氧化剂、酸类、醇类、碱类、食用化学品分开存放，切忌混储。采用防爆型照明、通风设施。禁止使用易产生火花的机械设备和工具。储区应备有泄漏应急处理设备和合适的收容材料

第八部分 接触控制/个体防护

职业接触限值

中国 PC-TWA：0.05mg/m^3；PC-STEL：0.08mg/m^3［皮］

美国(ACGIH) TLV-TWA：0.02ppm［皮］

生物接触限值 未制定标准

监测方法 空气中有毒物质测定方法：未制定标准。生物监测检验方法：未制定标准

工程控制 生产过程密闭，加强通风。提供安全的淋浴和洗眼设备

个体防护装备

呼吸系统防护 可能接触其蒸气时，应该佩戴过滤式防毒面具（半面罩）。紧急事态抢救或撤离时，佩戴空气呼吸器

眼睛防护 戴化学安全防护眼镜

皮肤和身体防护 穿连衣式防毒衣

手防护 戴橡胶耐油手套

第九部分 理化特性

外观与性状 带有强烈气味的无色液体，有催泪性

pH值 无资料 **熔点(℃)** −45

沸点(℃) 37～39 **相对密度(水=1)** 0.96

相对蒸气密度(空气=1) 1.42～1.97

饱和蒸气压(kPa) 46.3（20℃）

燃烧热(kJ/mol) −1126.1 **临界温度(℃)** 无资料

临界压力(MPa) 5.48 **辛醇/水分配系数** 0.79

闪点(℃) −7（CC） **自燃温度(℃)** 535

爆炸下限(%) 5.3 **爆炸上限(%)** 26

分解温度(℃) 无资料 **黏度(mPa·s)** 无资料

溶解性 与水反应

第十部分 稳定性和反应性

稳定性 稳定

危险反应 与强氧化剂、水等禁配物接触，有发生火灾和爆炸的危险

避免接触的条件 潮湿空气

禁配物 水、醇类、强碱、酸类、强氧化剂

危险的分解产物 氰化氢

第十一部分 毒理学信息

急性毒性

LD_{50} 51.5mg/kg（大鼠经口）；213mg/kg（兔经皮）

LC_{50} 6100ppb（大鼠吸入，6h）

皮肤刺激或腐蚀 家兔经皮：10μl（24h），中度刺激

眼睛刺激或腐蚀 家兔经眼：5μl（24h），重度刺激

呼吸或皮肤过敏 无资料

生殖细胞突变性 姐妹染色单体交换：小鼠吸入3ppm（6h），共4d（连续）

致癌性 无资料

生殖毒性 雌性小鼠受孕后8d吸入9ppm（3h），引发仔鼠肌肉骨骼系统畸形

特异性靶器官系统毒性-一次接触 无资料

特异性靶器官系统毒性-反复接触 无资料

吸入危害 无资料

第十二部分 生态学信息

生态毒性 无资料

持久性和降解性

生物降解性 好氧生物降解（h）：672～2688

非生物降解性 空气中光氧化半衰期（h）：1.86～18.6；一级水解半衰期（h）：0.326

潜在的生物累积性 根据K_{ow}值预测，该物质的生物累积性可能较弱

土壤中的迁移性 根据K_{oc}值预测，该物质可能易发生迁移

第十三部分　废弃处置

废弃化学品　建议用焚烧法处置

污染包装物　将容器返还生产商或按照国家和地方法规处置

废弃注意事项　处置前应参阅国家和地方有关法规

第十四部分　运输信息

联合国危险货物编号（UN号）　2480

联合国运输名称　异氰酸甲酯

联合国危险性类别　6.1，3　**包装类别**　Ⅰ类包装

包装标志

海洋污染物　否

运输注意事项　运输时运输车辆应配备相应品种和数量的消防器材及泄漏应急处理设备。夏季最好早晚运输。运输时所用的槽（罐）车应有接地链，槽内可设孔隔板以减少震荡产生的静电。严禁与氧化剂、酸类、醇类、碱类、食用化学品等混装混运。运输途中应防曝晒、雨淋，防高温。中途停留时应远离火种、热源、高温区。装运该物品的车辆排气管必须配备阻火装置，禁止使用易产生火花的机械设备和工具装卸。公路运输时要按规定路线行驶，勿在居民区和人口稠密区停留。铁路运输时要禁止溜放。严禁用木船、水泥船散装运输

第十五部分　法规信息

下列法律、法规、规章和标准，对该化学品的管理作了相应的规定。

中华人民共和国职业病防治法　职业病分类和目录：未列入

危险化学品安全管理条例　危险化学品目录：列入。作为剧毒化学品进行管理。易制爆危险化学品名录：未列入。重点监管的危险化学品名录：列入。GB 18218—2009《危险化学品重大危险源辨识》（表1）：列入

使用有毒物品作业场所劳动保护条例　高毒物品目录：未列入

易制毒化学品管理条例　易制毒化学品的分类和品种目录：未列入

国际公约　斯德哥尔摩公约：未列入。鹿特丹公约：未列入。蒙特利尔议定书：未列入

第十六部分　其他信息

编写和修订信息　　**缩略语和首字母缩写**

培训建议　　**参考文献**

免责声明

甲基正丁基醚

第一部分　化学品标识

化学品中文名　甲基正丁基醚；1-甲氧基丁烷；甲丁醚

化学品英文名　methyl *n*-butyl ether；*n*-butyl methyl ether；1-methoxybutane

分子式　$C_5H_{12}O$　**相对分子质量**　88.09

结构式　（结构式图：O）

化学品的推荐及限制用途　用作溶剂、麻醉剂，并用于有机合成

第二部分　危险性概述

紧急情况概述　高度易燃液体和蒸气

GHS危险性类别　易燃液体，类别2

标签要素

象形图

警示词　危险

危险性说明　高度易燃液体和蒸气

防范说明

预防措施　远离热源、火花、明火、热表面。禁止吸烟。保持容器密闭。容器和接收设备接地连接。使用防爆电器、通风、照明设备。只能使用不产生火花的工具。采取防止静电措施。戴防护手套、防护眼镜、防护面罩

事故响应　火灾时，使用泡沫、干粉、二氧化碳、砂土灭火。如皮肤（或头发）接触：立即脱掉所有被污染的衣服，用水冲洗皮肤，淋浴

安全储存　存放在通风良好的地方。保持低温

废弃处置　本品及内装物、容器依据国家和地方法规处置

物理和化学危险　高度易燃，其蒸气与空气混合，能形成爆炸性混合物

健康危害　本品具有麻醉和刺激作用

环境危害　对环境可能有害

第三部分　成分/组成信息

√物质		混合物
组分	**浓度**	**CAS No.**
甲基正丁基醚		628-28-4

第四部分　急救措施

吸入　迅速脱离现场至空气新鲜处。保持呼吸道通畅。如呼吸困难，给输氧。如呼吸、心跳停止，立即进行心肺复苏术。就医

皮肤接触　立即脱去污染的衣着，用流动清水彻底冲洗。就医

眼睛接触　立即分开眼睑，用流动清水或生理盐水彻底冲洗。就医

食入　漱口，饮水。就医

对保护施救者的忠告　根据需要使用个人防护设备

对医生的特别提示　对症处理

第五部分　消防措施

灭火剂　用泡沫、干粉、二氧化碳、砂土灭火

特别危险性 与氧化剂能发生强烈反应。接触空气或在光照条件下可生成具有潜在爆炸危险性的过氧化物。蒸气比空气重，沿地面扩散并易积存于低洼处，遇火源会着火回燃。燃烧生成有害的一氧化碳

灭火注意事项及防护措施 消防人员须佩戴防毒面具、穿全身消防服，在上风向灭火。尽可能将容器从火场移至空旷处。喷水保持火场容器冷却，直至灭火结束。容器突然发出异常声音或出现异常现象，应立即撤离。用水灭火无效

第六部分 泄漏应急处理

作业人员防护措施、防护装备和应急处置程序 消除所有点火源。根据液体流动和蒸气扩散的影响区域划定警戒区，无关人员从侧风、上风向撤离至安全区。建议应急处理人员戴正压自给式呼吸器，穿防静电服，戴橡胶耐油手套。作业时使用的所有设备应接地。禁止接触或跨越泄漏物。尽可能切断泄漏源

环境保护措施 防止泄漏物进入水体、下水道、地下室或有限空间

泄漏化学品的收容、清除方法及所使用的处置材料 小量泄漏：用砂土或其他不燃材料吸收，使用洁净的无火花工具收集吸收材料。大量泄漏：构筑围堤或挖坑收容。用泡沫覆盖，减少蒸发。喷水雾能减少蒸发，但不能降低泄漏物在有限空间内的易燃性。用防爆泵转移至槽车或专用收集器内

第七部分 操作处置与储存

操作注意事项 密闭操作，全面通风。操作人员必须经过专门培训，严格遵守操作规程。建议操作人员佩戴过滤式防毒面具（半面罩），戴化学安全防护眼镜，穿防静电工作服，戴橡胶耐油手套。远离火种、热源。工作场所严禁吸烟。使用防爆型的通风系统和设备。防止蒸气泄漏到工作场所空气中。避免与氧化剂接触。灌装时应控制流速，且有接地装置，防止静电积聚。搬运时要轻装轻卸，防止包装及容器损坏。配备相应品种和数量的消防器材及泄漏应急处理设备。倒空的容器可能残留有害物

储存注意事项 储存于阴凉、通风的库房。远离火种、热源。库温不宜超过37℃。包装要求密封，不可与空气接触。应与氧化剂分开存放，切忌混储。采用防爆型照明、通风设施。禁止使用易产生火花的机械设备和工具。储区应备有泄漏应急处理设备和合适的收容材料

第八部分 接触控制/个体防护

职业接触限值

中国 未制定标准

美国(ACGIH) 未制定标准

生物接触限值 未制定标准

监测方法 空气中有毒物质测定方法：未制定标准。生物监测检验方法：未制定标准

工程控制 生产过程密闭，全面通风

个体防护装备

呼吸系统防护 空气中浓度较高时，佩戴过滤式防毒面具（半面罩）

眼睛防护 高浓度接触时，戴化学安全防护眼镜

皮肤和身体防护 穿防静电工作服

手防护 戴橡胶耐油手套

第九部分 理化特性

外观与性状 无色液体　**pH值** 无资料

熔点(℃) −115.5　**沸点(℃)** 70～71

相对密度(水=1) 0.74

相对蒸气密度(空气=1) 无资料

饱和蒸气压(kPa) 18.5 (25℃)

燃烧热(kJ/mol) −3360.72　**临界温度(℃)** 无资料

临界压力(MPa) 3.34　**辛醇/水分配系数** 0.94

闪点(℃) −10　**自燃温度(℃)** 238

爆炸下限(%) 1.4　**爆炸上限(%)** 11.4

分解温度(℃) 无资料　**黏度(mPa·s)** 无资料

溶解性 不溶于水，可混溶于乙醇、乙醚

第十部分 稳定性和反应性

稳定性 稳定

危险反应 与强氧化剂等禁配物接触，有发生火灾和爆炸的危险

避免接触的条件 接触空气、光照

禁配物 强氧化剂

危险的分解产物 无资料

第十一部分 毒理学信息

急性毒性 LC_{50}: 176g/m³ (小鼠吸入，15min)

皮肤刺激或腐蚀 无资料　**眼睛刺激或腐蚀** 无资料

呼吸或皮肤过敏 无资料　**生殖细胞突变性** 无资料

致癌性 无资料　**生殖毒性** 无资料

特异性靶器官系统毒性-一次接触 无资料

特异性靶器官系统毒性-反复接触 无资料

吸入危害 无资料

第十二部分 生态学信息

生态毒性 无资料

持久性和降解性

生物降解性 无资料

非生物降解性 无资料

潜在的生物累积性 根据 K_{ow} 值预测，该物质的生物累积性可能较弱

土壤中的迁移性 根据 K_{oc} 值预测，该物质可能易发生迁移

第十三部分 废弃处置

废弃化学品 建议用焚烧法处置

污染包装物 将容器返还生产商或按照国家和地方法规处置

废弃注意事项 处置前应参阅国家和地方有关法规

第十四部分 运输信息

联合国危险货物编号（UN号） 2350

联合国运输名称 甲基丁基醚

联合国危险性类别 3 **包装类别** Ⅱ类包装

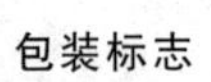
包装标志  **海洋污染物** 否

运输注意事项 运输时运输车辆应配备相应品种和数量的消防器材及泄漏应急处理设备。夏季最好早晚运输。运输时所用的槽（罐）车应有接地链，槽内可设孔隔板以减少震荡产生的静电。严禁与氧化剂、食用化学品等混装混运。运输途中应防曝晒、雨淋，防高温。中途停留时应远离火种、热源、高温区。装运该物品的车辆排气管必须配备阻火装置，禁止使用易产生火花的机械设备和工具装卸。公路运输时要按规定路线行驶，勿在居民区和人口稠密区停留。铁路运输时要禁止溜放。严禁用木船、水泥船散装运输

第十五部分 法规信息

下列法律、法规、规章和标准，对该化学品的管理作了相应的规定。

中华人民共和国职业病防治法 职业病分类和目录：未列入

危险化学品安全管理条例 危险化学品目录：列入。易制爆危险化学品名录：未列入。重点监管的危险化学品名录：未列入。GB 18218—2009《危险化学品重大危险源辨识》（表 1）：未列入

使用有毒物品作业场所劳动保护条例 高毒物品目录：未列入

易制毒化学品管理条例 易制毒化学品的分类和品种目录：未列入

国际公约 斯德哥尔摩公约：未列入。鹿特丹公约：未列入。蒙特利尔议定书：未列入

第十六部分 其他信息

编写和修订信息 **缩略语和首字母缩写**

培训建议 **参考文献**

免责声明

甲 硫 醇

第一部分 化学品标识

化学品中文名 甲硫醇；巯基甲烷；硫氢甲烷

化学品英文名 methyl mercaptan；methanethiol

分子式 CH_4S **相对分子质量** 48.11

结构式

```
   H
   |
H—C—S
   |   \
   H    H
```

化学品的推荐及限制用途 用于合成医药、农药、蛋氨酸，以及用作无臭气体增（臭）味剂等

第二部分 危险性概述

紧急情况概述 极易燃气体，内装加压气体：遇热可能爆炸，吸入会中毒

GHS 危险性类别 易燃气体，类别 1；加压气体；急性毒性-吸入，类别 3；危害水生环境-急性危害，类别 1；危害水生环境-长期危害，类别 1

标签要素

象形图 

警示词 危险

危险性说明 极易燃气体，内装加压气体：遇热可能爆炸，吸入会中毒，对水生生物毒性非常大并具有长期持续影响

防范说明

预防措施 远离热源、火花、明火、热表面。禁止吸烟。避免吸入气体。仅在室外或通风良好处操作。禁止排入环境

事故响应 漏气着火：切勿灭火，除非漏气能够安全地制止。如果没有危险，消除一切点火源。如吸入：将患者转移到空气新鲜处，休息，保持利于呼吸的体位。呼叫中毒控制中心或就医。收集泄漏物

安全储存 防日晒。存放在通风良好的地方。保持容器密闭。上锁保管

废弃处置 本品及内装物、容器依据国家和地方法规处置

物理和化学危险 极易燃，与空气混合能形成爆炸性混合物

健康危害 吸入后可引起头痛、恶心及不同程度的麻醉作用；高浓度吸入可引起呼吸麻痹而死亡

环境危害 对水生生物毒性非常大并具有长期持续影响

第三部分 成分/组成信息

√物质		混合物
组分	**浓度**	**CAS No.**
甲硫醇		74-93-1

第四部分 急救措施

吸入 迅速脱离现场至空气新鲜处。保持呼吸道通畅。如呼吸困难，给输氧。如呼吸、心跳停止，立即进行心肺复苏术。就医

对保护施救者的忠告 根据需要使用个人防护设备

对医生的特别提示 对症处理

第五部分 消防措施

灭火剂 用雾状水、泡沫、干粉、二氧化碳灭火

特别危险性 易燃，其蒸气与空气可形成爆炸性混合物，遇热源、明火、氧化剂有燃烧爆炸的危险。与水、水蒸气、酸类反应产生有毒和易燃气体。与氧化剂接触发生猛烈反应。燃烧生成有害的一氧化碳、二氧化硫

灭火注意事项及防护措施 切断气源。若不能切断气源，则不允许熄灭泄漏处的火焰。消防人员必须佩戴空气呼吸器、穿全身防火防毒服，在上风向灭火。尽可能

将容器从火场移至空旷处。喷水保持火场容器冷却，直至灭火结束

第六部分　泄漏应急处理

作业人员防护措施、防护装备和应急处置程序　消除所有点火源。根据气体扩散的影响区域划定警戒区，无关人员从侧风、上风向撤离至安全区。建议应急处理人员戴正压自给式呼吸器，穿防静电服。作业时使用的所有设备应接地。尽可能切断泄漏源。喷雾状水抑制蒸气或改变蒸气云流向，避免水流接触泄漏物。禁止用水直接冲击泄漏物或泄漏源

环境保护措施　防止气体通过下水道、通风系统和有限空间扩散

泄漏化学品的收容、清除方法及所使用的处置材料　用砂土、惰性物质或蛭石吸收大量液体。隔离泄漏区直至气体散尽。可考虑引燃漏出气，以消除有毒气体的影响

第七部分　操作处置与储存

操作注意事项　密闭操作，全面通风。操作人员必须经过专门培训，严格遵守操作规程。建议操作人员佩戴过滤式防毒面具（全面罩）或自给式呼吸器，穿防静电工作服，戴防化学品手套。远离火种、热源。工作场所严禁吸烟。使用防爆型的通风系统和设备。防止气体泄漏到工作场所空气中。避免与氧化剂、酸类、卤素接触。尤其要注意避免与水接触。在传送过程中，钢瓶和容器必须接地和跨接，防止产生静电。搬运时轻装轻卸，防止钢瓶及附件破损。配备相应品种和数量的消防器材及泄漏应急处理设备

储存注意事项　储存于阴凉、通风的易燃气体专用库房。远离火种、热源。库温不宜超过30℃。保持容器密封。应与氧化剂、酸类、卤素分开存放，切忌混储。采用防爆型照明、通风设施。禁止使用易产生火花的机械设备和工具。储区应备有泄漏应急处理设备

第八部分　接触控制/个体防护

职业接触限值

中国　PC-TWA：1mg/m³

美国(ACGIH)　TLV-TWA：0.5ppm

生物接触限值　未制定标准

监测方法　空气中有毒物质测定方法：溶剂洗脱-气相色谱法。生物监测检验方法：未制定标准

工程控制　生产过程密闭，全面通风

个体防护装备

呼吸系统防护　空气中浓度超标时，佩戴过滤式防毒面具（半面罩）。紧急事态抢救或撤离时，建议佩戴空气呼吸器

眼睛防护　戴化学安全防护眼镜

皮肤和身体防护　穿防静电工作服

手防护　戴防化学品手套

第九部分　理化特性

外观与性状　无色气体，有不愉快的气味

pH值　无意义　**熔点(℃)**　−123.1

沸点(℃)　6　**相对密度(水=1)**　0.9

相对蒸气密度(空气=1)　1.66

饱和蒸气压(kPa)　202（26.1℃）

燃烧热(kJ/mol)　−1235.0　**临界温度(℃)**　196.8

临界压力(MPa)　7.23　**辛醇/水分配系数**　0.65

闪点(℃)　<−17.78　**自燃温度(℃)**　325

爆炸下限(%)　3.9　**爆炸上限(%)**　21.8

分解温度(℃)　无资料　**黏度(mPa·s)**　无资料

溶解性　不溶于水，溶于乙醇、乙醚、石脑油等

第十部分　稳定性和反应性

稳定性　稳定

危险反应　与水、水蒸气发生反应。与强氧化剂、酸类等禁配物接触，有发生火灾和爆炸的危险

避免接触的条件　潮湿空气

禁配物　强氧化剂、卤素、酸类

危险的分解产物　无资料

第十一部分　毒理学信息

急性毒性

LD_{50}　60.67mg/kg，（哺乳动物，品种不详）

LC_{50}　1325mg/m³（675ppm）（大鼠吸入）；6.5mg/m³（小鼠吸入，2h）

皮肤刺激或腐蚀　无资料　**眼睛刺激或腐蚀**　无资料

呼吸或皮肤过敏　无资料　**生殖细胞突变性**　无资料

致癌性　无资料　**生殖毒性**　无资料

特异性靶器官系统毒性-一次接触　无资料

特异性靶器官系统毒性-反复接触　无资料

吸入危害　无资料

第十二部分　生态学信息

生态毒性　LC_{50}：0.55～0.9mg/L（96h）（鲑鱼）

持久性和降解性

生物降解性　OECD301D，易快速生物降解

非生物降解性　空气中，当羟基自由基浓度为5.00×10^5个/cm³时，降解半衰期为11.7h（理论）

潜在的生物累积性　根据K_{ow}值预测，该物质的生物累积性可能较弱

土壤中的迁移性　根据K_{oc}值预测，该物质可能易发生迁移

第十三部分　废弃处置

废弃化学品　建议用焚烧法处置。焚烧炉排出的硫氧化物通过洗涤器除去

污染包装物　将容器返还生产商或按照国家和地方法规处置

废弃注意事项　处置前应参阅国家和地方有关法规

第十四部分　运输信息

联合国危险货物编号（UN号）　1064

联合国运输名称　甲硫醇

联合国危险性类别　2.3，2.1

包装类别 -

包装标志 

海洋污染物 是

运输注意事项 采用钢瓶运输时必须戴好钢瓶上的安全帽。钢瓶一般平放，并应将瓶口朝同一方向，不可交叉；高度不得超过车辆的防护栏板，并用三角木垫卡牢，防止滚动。运输时运输车辆应配备相应品种和数量的消防器材。装运该物品的车辆排气管必须配备阻火装置，禁止使用易产生火花的机械设备和工具装卸。严禁与氧化剂、酸类、卤素等混装混运。夏季应早晚运输，防止日光曝晒。中途停留时应远离火种、热源。公路运输时要按规定路线行驶，勿在居民区和人口稠密区停留。铁路运输时要禁止溜放

第十五部分 法规信息

下列法律、法规、规章和标准，对该化学品的管理作了相应的规定。

中华人民共和国职业病防治法 职业病分类和目录：未列入

危险化学品安全管理条例 危险化学品目录：列入。易制爆危险化学品名录：未列入。重点监管的危险化学品名录：未列入。GB 18218—2009《危险化学品重大危险源辨识》(表1)：未列入

使用有毒物品作业场所劳动保护条例 高毒物品目录：未列入

易制毒化学品管理条例 易制毒化学品的分类和品种目录：未列入

国际公约 斯德哥尔摩公约：未列入。鹿特丹公约：未列入。蒙特利尔议定书：未列入

第十六部分 其他信息

编写和修订信息 **缩略语和首字母缩写**

培训建议 **参考文献**

免责声明

甲 醚

第一部分 化学品标识

化学品中文名 甲醚；二甲醚

化学品英文名 methyl ether；dimethyl ether

分子式 C_2H_6O **相对分子质量** 46.08

结构式 $\diagdown_{O}\diagup$

化学品的推荐及限制用途 用作制冷剂、溶剂、萃取剂、聚合物的催化剂和稳定剂

第二部分 危险性概述

紧急情况概述 极易燃气体，内装加压气体：遇热可能爆炸

GHS危险性类别 易燃气体，类别1；加压气体

标签要素

象形图 

警示词 危险

危险性说明 极易燃气体，内装加压气体：遇热可能爆炸

防范说明

预防措施 远离热源、火花、明火、热表面。禁止吸烟

事故响应 漏气着火：切勿灭火，除非漏气能够安全地制止。如果没有危险，消除一切点火源

安全储存 防日晒。存放在通风良好的地方

废弃处置 -

物理和化学危险 极易燃，与空气混合能形成爆炸性混合物

健康危害 对中枢神经系统有抑制作用，麻醉作用弱。吸入后可引起麻醉、窒息感。对皮肤有刺激性，引起发红、水肿、起疱，长期反复接触，可使皮肤敏感性增加。皮肤直接与液态本品接触，可引起冻伤

环境危害 对环境可能有害

第三部分 成分/组成信息

√物质　　混合物

组分	浓度	CAS No.
甲醚		115-10-6

第四部分 急救措施

吸入 迅速脱离现场至空气新鲜处。保持呼吸道通畅。如呼吸困难，给输氧。如呼吸、心跳停止，立即进行心肺复苏术。就医

皮肤接触 如发生冻伤，用温水（38～42℃）复温，忌用热水或辐射热，不要揉搓。就医

对保护施救者的忠告 根据需要使用个人防护设备

对医生的特别提示 对症处理

第五部分 消防措施

灭火剂 用雾状水、抗溶性泡沫、干粉、二氧化碳、砂土灭火

特别危险性 接触空气或在光照条件下可生成具有潜在爆炸危险性的过氧化物。气体比空气重，沿地面扩散并易积存于低洼处，遇火源会着火回燃。若遇高热，容器内压增大，有开裂和爆炸的危险。燃烧生成有害的一氧化碳

灭火注意事项及防护措施 切断气源。若不能切断气源，则不允许熄灭泄漏处的火焰。消防人员必须佩戴空气呼吸器、穿全身防火防毒服，在上风向灭火。尽可能将容器从火场移至空旷处。喷水保持火场容器冷却，直至灭火结束

第六部分 泄漏应急处理

作业人员防护措施、防护装备和应急处置程序 消除所有点火源。根据气体扩散的影响区域划定警戒区，无关

人员从侧风、上风向撤离至安全区。建议应急处理人员戴正压自给式呼吸器，穿防静电服。作业时使用的所有设备应接地。尽可能切断泄漏源。喷雾状水抑制蒸气或改变蒸气云流向，避免水流接触泄漏物。禁止用水直接冲击泄漏物或泄漏源

环境保护措施 防止气体通过下水道、通风系统和有限空间扩散。隔离泄漏区直至气体散尽

泄漏化学品的收容、清除方法及所使用的处置材料 无资料

第七部分 操作处置与储存

操作注意事项 密闭操作，全面通风。操作人员必须经过专门培训，严格遵守操作规程。建议操作人员佩戴自吸过滤式防毒面具（半面罩），戴化学安全防护眼镜，穿防静电工作服，戴防化学品手套。远离火种、热源。工作场所严禁吸烟。使用防爆型的通风系统和设备。防止气体泄漏到工作场所空气中。避免与氧化剂、酸类、卤素接触。在传送过程中，钢瓶和容器必须接地和跨接，防止产生静电。搬运时轻装轻卸，防止钢瓶及附件破损。配备相应品种和数量的消防器材及泄漏应急处理设备

储存注意事项 储存于阴凉、通风的易燃气体专用库房。远离火种、热源。库温不宜超过30℃。应与氧化剂、酸类、卤素分开存放，切忌混储。采用防爆型照明、通风设施。禁止使用易产生火花的机械设备和工具。储区应备有泄漏应急处理设备

第八部分 接触控制/个体防护

职业接触限值

中国 未制定标准

美国(ACGIH) 未制定标准

生物接触限值 未制定标准

监测方法 空气中有毒物质测定方法：未制定标准。生物监测检验方法：未制定标准

工程控制 生产过程密闭，全面通风

个体防护装备

呼吸系统防护 空气中浓度超标时，建议佩戴过滤式防毒面具（半面罩）

眼睛防护 戴化学安全防护眼镜

皮肤和身体防护 穿防静电工作服

手防护 戴防化学品手套

第九部分 理化特性

外观与性状 无色气体，有醚类特有的气味

pH值 无意义 **熔点(℃)** −141.5

沸点(℃) −24.8 **相对密度(水=1)** 0.61

相对蒸气密度(空气=1) 1.6

饱和蒸气压(kPa) 533.2（20℃）

燃烧热(kJ/mol) −1453 **临界温度(℃)** 127

临界压力(MPa) 5.33 **辛醇/水分配系数** 0.10

闪点(℃) −41（CC） **自燃温度(℃)** 350

爆炸下限(%) 3.4 **爆炸上限(%)** 27

分解温度(℃) 无资料 **黏度(mPa·s)** 无资料

溶解性 溶于水、乙醇、乙醚

第十部分 稳定性和反应性

稳定性 稳定

危险反应 与强氧化剂等禁配物接触，有发生火灾和爆炸的危险

避免接触的条件 接触空气、光照

禁配物 强氧化剂、强酸、卤素、硫、硫化物

危险的分解产物 无资料

第十一部分 毒理学信息

急性毒性 LC_{50}：308000mg/m³（大鼠吸入）

皮肤刺激或腐蚀 无资料 **眼睛刺激或腐蚀** 无资料

呼吸或皮肤过敏 无资料 **生殖细胞突变性** 无资料

致癌性 无资料 **生殖毒性** 无资料

特异性靶器官系统毒性-一次接触 无资料

特异性靶器官系统毒性-反复接触 大鼠，吸入2%甲醚，每天6h，每周5d，30周，体重增加，血、尿及组织病理学检查均未见明显异常，但血清丙氨酸和天冬氨酸和天冬氨酸转氨酶增高，示有肝毒性

吸入危害 无资料

第十二部分 生态学信息

生态毒性 无资料

持久性和降解性

生物降解性 无资料

非生物降解性 空气中，当羟基自由基浓度为5.00×10⁵个/cm³时，降解半衰期为5.4d（理论）

潜在的生物累积性 根据K_{ow}值预测，该物质的生物累积性可能较弱

土壤中的迁移性 根据K_{oc}值预测，该物质可能易发生迁移

第十三部分 废弃处置

废弃化学品 建议用焚烧法处置

污染包装物 将容器返还生产商或按照国家和地方法规处置

废弃注意事项 处置前应参阅国家和地方有关法规

第十四部分 运输信息

联合国危险货物编号（UN号） 1033

联合国运输名称 二甲醚

联合国危险性类别 2.1 **包装类别** -

包装标志 

海洋污染物 否

运输注意事项 采用钢瓶运输时必须戴好钢瓶上的安全帽。钢瓶一般平放，并应将瓶口朝同一方向，不可交叉；高度不得超过车辆的防护栏板，并用三角木垫卡牢，防止滚动。运输时运输车辆应配备相应品种和数量的消防器材。装运该物品的车辆排气管必须配备阻火装置，禁止使用易产生火花的机械设备和工具装卸。严禁与氧化

剂、酸类、卤素、食用化学品等混装混运。夏季应早晚运输，防止日光曝晒。中途停留时应远离火种、热源。公路运输时要按规定路线行驶，禁止在居民区和人口稠密区停留。铁路运输时要禁止溜放

第十五部分 法规信息

下列法律、法规、规章和标准，对该化学品的管理作了相应的规定。

中华人民共和国职业病防治法 职业病分类和目录：未列入

危险化学品安全管理条例 危险化学品目录：列入。易制爆危险化学品名录：未列入。重点监管的危险化学品名录：列入。GB 18218—2009《危险化学品重大危险源辨识》(表 1)：列入。类别：易燃气体，临界量 (t)：50

使用有毒物品作业场所劳动保护条例 高毒物品目录：未列入

易制毒化学品管理条例 易制毒化学品的分类和品种目录：未列入

国际公约 斯德哥尔摩公约：未列入。鹿特丹公约：未列入。蒙特利尔议定书：未列入

第十六部分 其他信息

编写和修订信息 **缩略语和首字母缩写**

培训建议 **参考文献**

免责声明

甲醛溶液

第一部分 化学品标识

化学品中文名 甲醛溶液

化学品英文名 formaldehyde solution；methanal solution

分子式 CH_2O **相对分子质量** 30.03

结构式

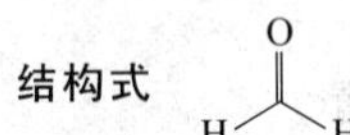

化学品的推荐及限制用途 是一种重要的有机原料，也是炸药、染料、医药、农药的原料，也作杀菌剂、消毒剂等

第二部分 危险性概述

紧急情况概述 吞咽会中毒，皮肤接触会中毒，吸入会中毒，造成严重的皮肤灼伤和眼损伤，可能导致皮肤过敏反应，可能致癌

GHS 危险性类别 急性毒性-经口，类别 3；急性毒性-经皮，类别 3；急性毒性-吸入，类别 3；皮肤腐蚀/刺激，类别 1B；严重眼损伤/眼刺激，类别 1；皮肤致敏物，类别 1；生殖细胞致突变性，类别 2；致癌性，类别 1A；特异性靶器官毒性-一次接触，类别 3（呼吸道刺激）；危害水生环境-急性危害，类别 2

标签要素

象形图 

警示词 危险

危险性说明 吞咽会中毒，皮肤接触会中毒，吸入会中毒，造成严重的皮肤灼伤和眼损伤，可能导致皮肤过敏反应，怀疑可造成遗传性缺陷，可能致癌，可能引起呼吸道刺激，对水生生物有毒

防范说明

预防措施 避免接触眼睛、皮肤，操作后彻底清洗。作业场所不得进食、饮水或吸烟。避免吸入蒸气、雾。仅在室外或通风良好处操作。戴防护手套，穿防护服，戴防护眼镜、防护面罩。污染的工作服不得带出工作场所。得到专门指导后操作。在阅读并了解所有安全预防措施之前，切勿操作。按要求使用个体防护装备。禁止排入环境

事故响应 食入：立即呼叫中毒控制中心或就医。如吸入：将患者转移到空气新鲜处，休息，保持利于呼吸的体位。皮肤接触：用大量肥皂水和水清洗。如出现皮肤刺激或皮疹：就医。立即脱去所有被污染的衣服。被污染的衣服须经洗净后方可重新使用。接触眼睛：用水细心冲洗数分钟。如戴隐形眼镜并可方便地取出，取出隐形眼镜继续冲洗。食入：漱口。不要催吐。如果接触或有担心，就医

安全储存 在通风良好处储存。保持容器密闭。上锁保管

废弃处置 本品及内装物、容器依据国家和地方法规处置

物理和化学危险 易燃，其蒸气与空气混合，能形成爆炸性混合物

健康危害 本品对黏膜、上呼吸道、眼睛和皮肤有强烈刺激性。接触其蒸气，引起结膜炎、角膜炎、鼻炎、支气管炎；重者发生喉痉挛、声门水肿和肺炎等。肺水肿较少见。对皮肤有原发性刺激和致敏作用，可致皮炎；浓溶液可引起皮肤凝固性坏死。口服灼伤口腔和消化道，可发生胃肠道穿孔，休克，肾和肝脏损害

慢性影响 长期接触低浓度甲醛可有轻度眼、鼻、咽喉刺激症状，皮肤干燥、皲裂、甲软化等。甲醛对人有致癌性

环境危害 对水生生物有毒

第三部分 成分/组成信息

√物质		混合物
组分	**浓度**	**CAS No.**
甲醛		50-00-0

第四部分 急救措施

吸入 迅速脱离现场至空气新鲜处。保持呼吸道通畅。如呼吸困难，给输氧。如呼吸、心跳停止，立即进行心肺复苏术。就医

皮肤接触 立即脱去污染的衣着，用大量流动清水彻底冲洗至少 15min。就医

眼睛接触 立即分开眼睑，用流动清水或生理盐水彻底冲洗至少 15min。就医

食入 用水漱口，禁止催吐。给饮牛奶或蛋清。就医

对保护施救者的忠告 根据需要使用个人防护设备

对医生的特别提示 对症处理

第五部分 消防措施

灭火剂 用雾状水、抗溶性泡沫、干粉、二氧化碳、砂土灭火

特别危险性 其蒸气与空气可形成爆炸性混合物，遇明火、高热能引起燃烧爆炸。与氧化剂接触发生猛烈反应。燃烧生成有害的一氧化碳

灭火注意事项及防护措施 消防人员须佩戴防毒面具、穿全身消防服，在上风向灭火。尽可能将容器从火场移至空旷处。喷水保持火场容器冷却，直至灭火结束。容器突然发出异常声音或出现异常现象，应立即撤离

第六部分 泄漏应急处理

作业人员防护措施、防护装备和应急处置程序 根据液体流动和蒸气扩散的影响区域划定警戒区，无关人员从侧风、上风向撤离至安全区。消除所有点火源。建议应急处理人员戴正压自给式呼吸器，穿防腐蚀、防毒服，戴橡胶手套。作业时使用的所有设备应接地。尽可能切断泄漏源

环境保护措施 防止泄漏物进入水体、下水道、地下室或有限空间

泄漏化学品的收容、清除方法及所使用的处置材料 小量泄漏：用砂土或其他不燃材料吸收，使用洁净的无火花工具收集吸收材料。大量泄漏：构筑围堤或挖坑收容。用抗溶性泡沫覆盖，减少蒸发。喷水雾能减少蒸发，但不能降低泄漏物在有限空间内的易燃性。用砂土、惰性物质或蛭石吸收大量液体。用亚硫酸氢（$NaHSO_3$）中和。用耐腐蚀泵转移至槽车或专用收集器内。喷雾状水驱散蒸气、稀释液体泄漏物

第七部分 操作处置与储存

操作注意事项 密闭操作，提供充分的局部排风。操作人员必须经过专门培训，严格遵守操作规程。建议操作人员佩戴自吸过滤式防毒面具（全面罩），穿橡胶耐酸碱服，戴橡胶手套。远离火种、热源。工作场所严禁吸烟。使用防爆型的通风系统和设备。防止蒸气泄漏到工作场所空气中。避免与氧化剂、酸类、碱类接触。搬运时要轻装轻卸，防止包装及容器损坏。配备相应品种和数量的消防器材及泄漏应急处理设备。倒空的容器可能残留有害物

储存注意事项 储存于阴凉、通风的库房。远离火种、热源。包装要求密封，不可与空气接触。应与氧化剂、酸类、碱类分开存放，切忌混储。采用防爆型照明、通风设施。禁止使用易产生火花的机械设备和工具。储区应备有泄漏应急处理设备和合适的收容材料

第八部分 接触控制/个体防护

职业接触限值

中国 MAC：0.5mg/m³［敏］［G1］

美国(ACGIH) TLV-C：0.3ppm［敏］

生物接触限值 未制定标准

监测方法 空气中有毒物质测定方法：酚试剂分光光度法。生物监测检验方法：未制定标准

工程控制 严加密闭，提供充分的局部排风。提供安全的淋浴和洗眼设备

个体防护装备

呼吸系统防护 可能接触其蒸气时，建议佩戴过滤式防毒面具（全面罩）。紧急事态抢救或撤离时，佩戴空气呼吸器

眼睛防护 呼吸系统防护中已作防护

皮肤和身体防护 穿橡胶耐酸碱服

手防护 戴橡胶手套

第九部分 理化特性

外观与性状 甲醛为无色气体，具有刺激性和窒息性，商品为其水溶液

pH 值 无资料　　**熔点(℃)** −92

沸点(℃) −21～−19　　**相对密度(水=1)** 0.84

相对蒸气密度(空气=1) 1.03

饱和蒸气压(kPa) 13.33（−57.3℃）

燃烧热(kJ/mol) −570.7

临界温度(℃) 137.2～141.2

临界压力(MPa) 6.81　　**辛醇/水分配系数** 0.35

闪点(℃) 83（CC）（37%水溶液）

自燃温度(℃) 430　　**爆炸下限(%)** 7.0

爆炸上限(%) 73.0　　**分解温度(℃)** 无资料

黏度(mPa·s) 无资料

溶解性 易溶于水，溶于乙醇、乙醚、丙酮等多数有机溶剂

第十部分 稳定性和反应性

稳定性 稳定

危险反应 其蒸气与强氧化剂等禁配物接触，有发生火灾和爆炸的危险

避免接触的条件 接触空气

禁配物 强氧化剂、强酸、强碱

危险的分解产物 无资料

第十一部分 毒理学信息

急性毒性

LD_{50} 800mg/kg（大鼠经口）；270mg/kg（兔经皮）

LC_{50} 590mg/m³（大鼠吸入）

皮肤刺激或腐蚀 家兔经皮：50mg（24h），中度刺激

眼睛刺激或腐蚀 家兔经眼：750μg（24h），重度刺激

呼吸或皮肤过敏 无资料

生殖细胞突变性 微生物致突变：鼠伤寒沙门氏菌 4mg/L。哺乳动物体细胞突变：人淋巴细胞 130μmol/L。姐妹染色单体互换：人淋巴细胞 37pph

致癌性 IARC 致癌性评论：组 1，确认人类致癌物。对人类致癌性证据充分

生殖毒性 大鼠孕后 1～21d 经口给予最低中毒剂量（TDLo）168mg/kg，致肝胆管系统发育畸形。小鼠孕后 7～14d 腹腔内给予最低中毒剂量（TDLo）

240mg/kg，致颅面部（包括鼻、舌）、肌肉骨骼系统发育畸形。大鼠孕后1～21d腹腔内给予最低中毒剂量（TDLo）10.5mg/kg，致肝胆管系统、泌尿生殖系统、呼吸系统发育畸形。大鼠经口最低中毒剂量（TDLo）：200mg/kg（1d，雄性），对精子生存有影响。大鼠吸入最低中毒浓度（TCLo）：12μg/m³（24h）（孕1～22d），引起新生鼠生化和代谢改变

特异性靶器官系统毒性-一次接触 无资料

特异性靶器官系统毒性-反复接触 大鼠吸入50～70mg/m³，每天1h，每周3d，35周，发现气管及支气管基底细胞增生及生化改变

吸入危害 无资料

第十二部分 生态学信息

生态毒性

LC_{50} 96～7200mg/L（96h）（鱼）

EC_{50} 2mg/L（48h）（水蚤）

IC_{50} 0.39～14mg/L（72h）（藻类）

持久性和降解性

生物降解性 好氧生物降解（h）：24～168；厌氧生物降解（h）：96～672

非生物降解性 水相光解半衰期（h）：1.25～6；水中光氧化半衰期（h）：4813～1.9×10^5；空气中光氧化半衰期（h）：7.13～71.3

潜在的生物累积性 根据K_{ow}值预测，该物质的生物累积性可能较弱

土壤中的迁移性 根据K_{oc}值预测，该物质可能易发生迁移

第十三部分 废弃处置

废弃化学品 用焚烧法处置

污染包装物 将容器返还生产商或按照国家和地方法规处置

废弃注意事项 处置前应参阅国家和地方有关法规

第十四部分 运输信息

联合国危险货物编号（UN号） 1198（易燃）；2209（不易燃，甲醛含量不低于25%）

联合国运输名称 甲醛溶液

联合国危险性类别 3/8（易燃），8（不易燃，甲醛含量不低于25%）

包装类别 Ⅲ类包装

包装标志 （易燃）

（不易燃，甲醛含量不低于25%）

海洋污染物 否

运输注意事项 本品铁路运输时限使用铝制企业自备罐车装运，装运前需报有关部门批准。起运时包装要完整，装载应稳妥。运输过程中要确保容器不泄漏、不倒塌、不坠落、不损坏。运输时所用的槽（罐）车应有接地链，槽内可设孔隔板以减少震荡产生静电。严禁与氧化剂、酸类、碱类、食用化学品等混装混运。运输车辆应配备相应品种和数量的消防器材及泄漏应急处理设备。公路运输时要按规定路线行驶，勿在居民区和人口稠密区停留

第十五部分 法规信息

下列法律、法规、规章和标准，对该化学品的管理作了相应的规定。

中华人民共和国职业病防治法 职业病分类和目录：甲醛中毒

危险化学品安全管理条例 危险化学品目录：列入。易制爆危险化学品名录：未列入。重点监管的危险化学品名录：未列入。GB 18218—2009《危险化学品重大危险源辨识》（表1）：未列入

使用有毒物品作业场所劳动保护条例 高毒物品目录：列入

易制毒化学品管理条例 易制毒化学品的分类和品种目录：未列入

国际公约 斯德哥尔摩公约：未列入。鹿特丹公约：未列入。蒙特利尔议定书：未列入

第十六部分 其他信息

编写和修订信息 **缩略语和首字母缩写**

培训建议 **参考文献**

免责声明

甲酸

第一部分 化学品标识

化学品中文名 甲酸；蚁酸

化学品英文名 formic acid；methanoic acid

分子式 CH_2O_2 **相对分子质量** 46.03

结构式 O⌄OH

化学品的推荐及限制用途 用于制化学药品、橡胶凝固剂及纺织、印染、电镀等

第二部分 危险性概述

紧急情况概述 造成严重的皮肤灼伤和眼损伤

GHS危险性类别 皮肤腐蚀/刺激，类别1A；严重眼损伤/眼刺激，类别1；危害水生环境-急性危害，类别3

标签要素

象形图 

警示词 危险

危险性说明 造成严重的皮肤灼伤和眼损伤，对水生生物有害

防范说明

预防措施 避免吸入烟雾。避免接触眼睛、皮肤，

操作后彻底清洗。戴防护手套，穿防护服，戴防护眼镜、防护面罩。禁止排入环境

事故响应　如吸入：将患者转移到空气新鲜处，休息，保持利于呼吸的体位。立即呼叫中毒控制中心或就医。皮肤（或头发）接触：立即脱掉所有被污染的衣服，用水冲洗皮肤，淋浴。污染的衣服须洗净后方可重新使用。接触眼睛：用水细心冲洗数分钟。如戴隐形眼镜并可方便地取出，取出隐形眼镜继续冲洗。食入：漱口。不要催吐

安全储存　上锁保管

废弃处置　本品及内装物、容器依据国家和地方法规处置

物理和化学危险　可燃，其蒸气与空气混合，能形成爆炸性混合物

健康危害　主要引起皮肤、黏膜的刺激症状。接触后可引起结膜炎、眼睑水肿、鼻炎、支气管炎，重者可引起急性化学性肺炎。浓甲酸口服后可腐蚀口腔及消化道黏膜，引起呕吐、腹泻及胃肠出血，甚至因急性肾功能衰竭或呼吸功能衰竭而致死。眼和皮肤接触引起灼伤。偶有过敏反应

环境危害　对水生生物有害

第三部分　成分/组成信息

√物质		混合物
组分	**浓度**	**CAS No.**
甲酸		64-18-6

第四部分　急救措施

吸入　迅速脱离现场至空气新鲜处。保持呼吸道通畅。如呼吸困难，给输氧。如呼吸、心跳停止，立即进行心肺复苏术。就医

皮肤接触　立即脱去污染的衣着，用大量流动清水彻底冲洗至少15min。就医

眼睛接触　立即分开眼睑，用流动清水或生理盐水彻底冲洗至少15min。就医

食入　用水漱口，禁止催吐。给饮牛奶或蛋清。就医

对保护施救者的忠告　根据需要使用个人防护设备

对医生的特别提示　对症处理

第五部分　消防措施

灭火剂　用抗溶性泡沫、干粉、二氧化碳灭火

特别危险性　与强氧化剂接触可发生化学反应。具有较强的腐蚀性。燃烧生成有害的一氧化碳

灭火注意事项及防护措施　消防人员必须穿全身耐酸碱消防服、佩戴空气呼吸器灭火。尽可能将容器从火场移至空旷处。喷水保持火场容器冷却，直至灭火结束。容器突然发出异常声音或出现异常现象，应立即撤离。用水喷淋保护堵漏的人员

第六部分　泄漏应急处理

作业人员防护措施、防护装备和应急处置程序　根据液体流动和蒸气扩散的影响区域划定警戒区，无关人员从侧风、上风向撤离至安全区。消除所有点火源。建议应急处理人员戴正压自给式呼吸器，穿防腐蚀、防毒服，戴橡胶耐酸碱手套。穿上适当的防护服前严禁接触破裂的容器和泄漏物。尽可能切断泄漏源

环境保护措施　防止泄漏物进入水体、下水道、地下室或有限空间

泄漏化学品的收容、清除方法及所使用的处置材料　小量泄漏：用干燥的砂土或其他不燃材料吸收或覆盖，收集于容器中。大量泄漏：构筑围堤或挖坑收容。用砂土、惰性物质或蛭石吸收大量液体。用石灰（CaO）、碎石灰石（$CaCO_3$）或碳酸氢钠（$NaHCO_3$）中和。用耐腐蚀泵转移至槽车或专用收集器内

第七部分　操作处置与储存

操作注意事项　密闭操作，加强通风。操作人员必须经过专门培训，严格遵守操作规程。建议操作人员佩戴自吸过滤式防毒面具（全面罩），穿橡胶耐酸碱服，戴橡胶耐酸碱手套。远离火种、热源。工作场所严禁吸烟。使用防爆型的通风系统和设备。防止蒸气泄漏到工作场所空气中。避免与氧化剂、碱类、活性金属粉末接触。搬运时要轻装轻卸，防止包装及容器损坏。配备相应品种和数量的消防器材及泄漏应急处理设备。倒空的容器可能残留有害物

储存注意事项　储存于阴凉、通风的库房。远离火种、热源。库房温度不超过32℃，相对湿度不超过80%。保持容器密封。应与氧化剂、碱类、活性金属粉末分开存放，切忌混储。配备相应品种和数量的消防器材。储区应备有泄漏应急处理设备和合适的收容材料

第八部分　接触控制/个体防护

职业接触限值

中国　PC-TWA：10mg/m³；PC-STEL：20mg/m³

美国(ACGIH)　TLV-TWA：5ppm；TLV-STEL：10ppm

生物接触限值　未制定标准

监测方法　空气中有毒物质测定方法：溶剂解吸-气相色谱法。生物监测检验方法：未制定标准

工程控制　生产过程密闭，加强通风。提供安全的淋浴和洗眼设备

个体防护装备

呼吸系统防护　可能接触其蒸气时，必须佩戴过滤式防毒面具（全面罩）或长管面具。紧急事态抢救或撤离时，建议佩戴空气呼吸器

眼睛防护　呼吸系统防护中已作防护

皮肤和身体防护　穿橡胶耐酸碱服

手防护　戴橡胶耐酸碱手套

第九部分　理化特性

外观与性状　无色透明发烟液体，有强烈刺激性酸味

pH值　2.2（1%溶液）　**熔点(℃)**　8.4

沸点(℃)　100.8　**相对密度(水=1)**　1.23

相对蒸气密度(空气=1)　1.59

饱和蒸气压(kPa)　5.33（24℃）

燃烧热(kJ/mol)　−254.4　**临界温度(℃)**　315

临界压力(MPa)　8.63　**辛醇/水分配系数**　−0.54

闪点(℃)　68.9 (OC)；69 (CC)

自燃温度(℃)　480　**爆炸下限(%)**　12.0

爆炸上限(%)　57.0　**分解温度(℃)**　无资料

黏度(mPa·s)　1.607 (25℃)

溶解性　与水混溶，不溶于烃类，可混溶于乙醇、乙醚，溶于苯

第十部分　稳定性和反应性

稳定性　稳定

危险反应　与强氧化剂等禁配物接触，有发生火灾和爆炸的危险

避免接触的条件　无资料

禁配物　强氧化剂、强碱、活性金属粉末

危险的分解产物　无资料

第十一部分　毒理学信息

急性毒性

LD_{50}　1100mg/kg（大鼠经口）

LC_{50}　15000mg/m^3（大鼠吸入，15min）

皮肤刺激或腐蚀　家兔经皮：610mg，轻度刺激（开放性刺激试验）

眼睛刺激或腐蚀　家兔经眼：122mg，重度刺激

呼吸或皮肤过敏　无资料

生殖细胞突变性　微生物致突变：大肠杆菌 70ppm (3h)。姐妹染色单体互换：人淋巴细胞 10mmol/L。细胞遗传学分析：仓鼠卵巢 10mmol/L

致癌性　无资料

生殖毒性　无资料

特异性靶器官系统毒性-一次接触　无资料

特异性靶器官系统毒性-反复接触　小鼠饮水中含 0.01%～0.25%游离甲酸，2～4 个月内无任何影响；0.5%则影响食欲并使其生长缓慢。小鼠吸入 10g/m^3 以上时，1～4d 后死亡

吸入危害　无资料

第十二部分　生态学信息

生态毒性　LC_{50}：175mg/L (24h)（蓝鳃太阳鱼）；46mg/L (96h)（金鱼）；122mg/L (48h)（金色圆腹雅罗鱼，静态）；34mg/L (48h)（水蚤）

持久性和降解性

生物降解性　MITI-I 测试，初始浓度 100ppm，污泥浓度 30ppm，2 周后降解 100%

非生物降解性　空气中，当羟基自由基浓度为 5.00×10^5 个/cm^3 时，降解半衰期为 36d（理论）

潜在的生物累积性　根据 K_{ow} 值预测，该物质的生物累积性可能较弱

土壤中的迁移性　根据 K_{oc} 值预测，该物质可能易发生迁移

第十三部分　废弃处置

废弃化学品　用焚烧法处置

污染包装物　将容器返还生产商或按照国家和地方法规处置

废弃注意事项　处置前应参阅国家和地方有关法规

第十四部分　运输信息

联合国危险货物编号（UN 号）　1779

联合国运输名称　甲酸

联合国危险性类别　8，3　**包装类别**　Ⅱ类包装

包装标志　

海洋污染物　否

运输注意事项　起运时包装要完整，装载应稳妥。运输过程中要确保容器不泄漏、不倒塌、不坠落、不损坏。严禁与氧化剂、碱类、活性金属粉末、食用化学品等混装混运。运输时运输车辆应配备相应品种和数量的消防器材及泄漏应急处理设备。运输途中应防曝晒、雨淋，防高温。公路运输时要按规定路线行驶，勿在居民区和人口稠密区停留

第十五部分　法规信息

下列法律、法规、规章和标准，对该化学品的管理作了相应的规定。

中华人民共和国职业病防治法　职业病分类和目录：未列入

危险化学品安全管理条例　危险化学品目录：列入。易制爆危险化学品名录：未列入。重点监管的危险化学品名录：未列入。GB 18218—2009《危险化学品重大危险源辨识》（表 1）：未列入

使用有毒物品作业场所劳动保护条例　高毒物品目录：未列入

易制毒化学品管理条例　易制毒化学品的分类和品种目录：未列入

国际公约　斯德哥尔摩公约：未列入。鹿特丹公约：未列入。蒙特利尔议定书：未列入

第十六部分　其他信息

编写和修订信息　　**缩略语和首字母缩写**

培训建议　　**参考文献**

免责声明

甲酸丁酯

第一部分　化学品标识

化学品中文名　甲酸丁酯；甲酸正丁酯；蚁酸正丁酯

化学品英文名　*n*-butyl formate；butyl methanoate；formic acid；butyl ester

分子式　$C_5H_{10}O_2$　**相对分子质量**　102.15

结构式　（结构式图：O、O）

化学品的推荐及限制用途　用作溶剂、化学试剂，用于香料制造、有机合成等

第二部分　危险性概述

紧急情况概述　高度易燃液体和蒸气

GHS 危险性类别 易燃液体，类别 2；严重眼损伤/眼刺激，类别 2；特异性靶器官毒性-一次接触，类别 3（呼吸道刺激）

标签要素

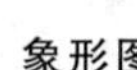

象形图

警示词 危险

危险性说明 高度易燃液体和蒸气，造成严重眼刺激，可能引起呼吸道刺激

防范说明

预防措施 远离热源、火花、明火、热表面。禁止吸烟。保持容器密闭。容器和接收设备接地连接。使用防爆电器、通风、照明设备。只能使用不产生火花的工具。采取防止静电措施。戴防护手套、防护眼镜、防护面罩。避免接触眼睛、皮肤，操作后彻底清洗

事故响应 火灾时，使用泡沫、二氧化碳、干粉、砂土灭火。如皮肤（或头发）接触：立即脱掉所有被污染的衣服，用水冲洗皮肤，淋浴。如接触眼睛：用水细心冲洗数分钟。如戴隐形眼镜并可方便地取出，取出隐形眼镜继续冲洗。如果眼睛刺激持续：就医

安全储存 存放在通风良好的地方。保持低温

废弃处置 本品及内装物、容器依据国家和地方法规处置

物理和化学危险 高度易燃，其蒸气与空气混合，能形成爆炸性混合物

健康危害 具有麻醉和刺激作用。强烈刺激眼和呼吸道，可有流泪、结膜充血、剧烈咳嗽

环境危害 对环境可能有害

第三部分 成分/组成信息

√物质 混合物

组分	浓度	CAS No.
甲酸丁酯		592-84-7

第四部分 急救措施

吸入 迅速脱离现场至空气新鲜处。保持呼吸道通畅。如呼吸困难，给输氧。如呼吸、心跳停止，立即进行心肺复苏术。就医

皮肤接触 立即脱去污染的衣着，用流动清水彻底冲洗。就医

眼睛接触 立即分开眼睑，用流动清水或生理盐水彻底冲洗。就医

食入 漱口，饮水。就医

对保护施救者的忠告 根据需要使用个人防护设备

对医生的特别提示 对症处理

第五部分 消防措施

灭火剂 用泡沫、二氧化碳、干粉、砂土灭火

特别危险性 与氧化剂接触发生猛烈反应。蒸气比空气重，沿地面扩散并易积存于低洼处，遇火源会着火回燃。燃烧生成有害的一氧化碳

灭火注意事项及防护措施 消防人员必须佩戴空气呼吸器、穿全身防火防毒服，在上风向灭火。尽可能将容器从火场移至空旷处。喷水保持火场容器冷却，直至灭火结束。容器突然发出异常声音或出现异常现象，应立即撤离

第六部分 泄漏应急处理

作业人员防护措施、防护装备和应急处置程序 消除所有点火源。根据液体流动和蒸气扩散的影响区域划定警戒区，无关人员从侧风、上风向撤离至安全区。建议应急处理人员戴正压自给式呼吸器，穿防静电服，戴橡胶耐油手套。作业时使用的所有设备应接地。禁止接触或跨越泄漏物。尽可能切断泄漏源

环境保护措施 防止泄漏物进入水体、下水道、地下室或有限空间

泄漏化学品的收容、清除方法及所使用的处置材料 小量泄漏：用砂土或其他不燃材料吸收，使用洁净的无火花工具收集吸收材料。大量泄漏：构筑围堤或挖坑收容。用泡沫覆盖，减少蒸发。喷水雾能减少蒸发，但不能降低泄漏物在有限空间内的易燃性。用防爆泵转移至槽车或专用收集器内。喷雾状水驱散蒸气、稀释液体泄漏物

第七部分 操作处置与储存

操作注意事项 密闭操作，全面通风。操作人员必须经过专门培训，严格遵守操作规程。建议操作人员佩戴自吸过滤式防毒面具（半面罩），戴化学安全防护眼镜，穿防静电工作服，戴橡胶耐油手套。远离火种、热源。工作场所严禁吸烟。使用防爆型的通风系统和设备。防止蒸气泄漏到工作场所空气中。避免与氧化剂、酸类、碱类接触。灌装时应控制流速，且有接地装置，防止静电积聚。搬运时要轻装轻卸，防止包装及容器损坏。配备相应品种和数量的消防器材及泄漏应急处理设备。倒空的容器可能残留有害物

储存注意事项 储存于阴凉、通风的库房。远离火种、热源。库温不宜超过 37℃。保持容器密封。应与氧化剂、酸类、碱类分开存放，切忌混储。采用防爆型照明、通风设施。禁止使用易产生火花的机械设备和工具。储区应备有泄漏应急处理设备和合适的收容材料

第八部分 接触控制/个体防护

职业接触限值

中国 未制定标准

美国(ACGIH) 未制定标准

生物接触限值 未制定标准

监测方法 空气中有毒物质测定方法：未制定标准。生物监测检验方法：未制定标准

工程控制 生产过程密闭，全面通风。提供安全的淋浴和洗眼设备

个体防护装备

呼吸系统防护 可能接触其蒸气时，应该佩戴过滤式

防毒面具（半面罩）。紧急事态抢救或撤离时，建议佩戴空气呼吸器

眼睛防护 戴化学安全防护眼镜

皮肤和身体防护 穿防静电工作服

手防护 戴橡胶耐油手套

第九部分 理化特性

外观与性状 无色透明液体，有刺激性气味

pH 值 无资料 **熔点(℃)** −90.0

沸点(℃) 106.8 **相对密度(水=1)** 0.91

相对蒸气密度(空气=1) 3.52

饱和蒸气压(kPa) 5.33 (31.6℃)

燃烧热(kJ/mol) 无资料 **临界温度(℃)** 无资料

临界压力(MPa) 3.5 **辛醇/水分配系数** 1.30

闪点(℃) 17.7 (CC) **自燃温度(℃)** 322.5

爆炸下限(%) 1.7 **爆炸上限(%)** 8.0

分解温度(℃) 无资料 **黏度(mPa·s)** 无资料

溶解性 微溶于水，可混溶于醇类、醚类、苯、丙酮、石油醚

第十部分 稳定性和反应性

稳定性 稳定

危险反应 与强氧化剂等禁配物接触，有发生火灾和爆炸的危险

避免接触的条件 无资料

禁配物 强氧化剂、强酸、强碱

危险的分解产物 无资料

第十一部分 毒理学信息

急性毒性 LD_{50}：2656mg/kg（兔经口）

皮肤刺激或腐蚀 无资料 **眼睛刺激或腐蚀** 无资料

呼吸或皮肤过敏 无资料 **生殖细胞突变性** 无资料

致癌性 无资料 **生殖毒性** 无资料

特异性靶器官系统毒性-一次接触 无资料

特异性靶器官系统毒性-反复接触 无资料

吸入危害 无资料

第十二部分 生态学信息

生态毒性 无资料

持久性和降解性

生物降解性 无资料

非生物降解性 无资料

潜在的生物累积性 根据 K_{ow} 值预测，该物质的生物累积性可能较弱

土壤中的迁移性 根据 K_{oc} 值预测，该物质可能易发生迁移

第十三部分 废弃处置

废弃化学品 建议用焚烧法处置

污染包装物 将容器返还生产商或按照国家和地方法规处置

废弃注意事项 处置前应参阅国家和地方有关法规

第十四部分 运输信息

联合国危险货物编号（UN 号） 1128

联合国运输名称 甲酸正丁酯

联合国危险性类别 3 **包装类别** Ⅱ类包装

包装标志  **海洋污染物** 否

运输注意事项 运输时运输车辆应配备相应品种和数量的消防器材及泄漏应急处理设备。夏季最好早晚运输。运输时所用的槽（罐）车应有接地链，槽内可设孔隔板以减少震荡产生的静电。严禁与氧化剂、酸类、碱类、食用化学品等混装混运。运输途中应防曝晒、雨淋，防高温。中途停留时应远离火种、热源、高温区。装运该物品的车辆排气管必须配备阻火装置，禁止使用易产生火花的机械设备和工具装卸。公路运输时要按规定路线行驶，勿在居民区和人口稠密区停留。铁路运输时要禁止溜放。严禁用木船、水泥船散装运输

第十五部分 法规信息

下列法律、法规、规章和标准，对该化学品的管理作了相应的规定。

中华人民共和国职业病防治法 职业病分类和目录：未列入

危险化学品安全管理条例 危险化学品目录：列入。易制爆危险化学品名录：未列入。重点监管的危险化学品名录：未列入。GB 18218—2009《危险化学品重大危险源辨识》(表 1)：未列入

使用有毒物品作业场所劳动保护条例 高毒物品目录：未列入

易制毒化学品管理条例 易制毒化学品的分类和品种目录：未列入

国际公约 斯德哥尔摩公约：未列入。鹿特丹公约：未列入。蒙特利尔议定书：未列入

第十六部分 其他信息

编写和修订信息 **缩略语和首字母缩写**

培训建议 **参考文献**

免责声明

甲酸甲酯

第一部分 化学品标识

化学品中文名 甲酸甲酯；蚁酸甲酯

化学品英文名 methyl formate; methyl methanoate

分子式 $C_2H_4O_2$ **相对分子质量** 60.1

结构式 O⁀O

化学品的推荐及限制用途 用于有机合成，用作乙酸纤维素的溶剂、杀虫剂、杀菌剂和分析试剂等

第二部分 危险性概述

紧急情况概述 极易燃液体和蒸气

GHS 危险性类别 易燃液体，类别 1；急性毒性-经口，类别 4；急性毒性-吸入，类别 4；严重眼损伤/眼刺激，类别 2；特异性靶器官毒性-一次接触，类别 3（呼吸道刺激）

标签要素

象形图

警示词 危险

危险性说明 极易燃液体和蒸气，吞咽有害，吸入有害，造成严重眼刺激，可能引起呼吸道刺激

防范说明

预防措施 远离热源、火花、明火、热表面。禁止吸烟。保持容器密闭。容器和接收设备接地连接。使用防爆电器、通风、照明设备。只能使用不产生火花的工具。采取防止静电措施。戴防护手套、防护眼镜、防护面罩。避免接触眼睛、皮肤，操作后彻底清洗。作业场所不得进食、饮水或吸烟。避免吸入蒸气、雾。仅在室外或通风良好处操作

事故响应 火灾时，使用抗溶性泡沫、二氧化碳、干粉、砂土灭火。如吸入：将患者转移到空气新鲜处，休息，保持利于呼吸的体位，如感觉不适，呼叫中毒控制中心或就医。如皮肤（或头发）接触：立即脱掉所有被污染的衣服，用水冲洗皮肤，淋浴。如接触眼睛：用水细心冲洗数分钟。如戴隐形眼镜并可方便地取出，取出隐形眼镜。继续冲洗。如果眼睛刺激持续：就医。食入：漱口，如果感觉不适，立即呼叫中毒控制中心或就医

安全储存 存放在通风良好的地方。保持低温

废弃处置 本品及内装物、容器依据国家和地方法规处置

物理和化学危险 极易燃，其蒸气与空气混合，能形成爆炸性混合物

健康危害 本品有麻醉和刺激作用。人接触一定浓度的本品，发生明显的刺激作用；反复接触可致痉挛甚至死亡。长期接触可致神经衰弱综合征

环境危害 对环境可能有害

第三部分 成分/组成信息

√物质 混合物

组分	浓度	CAS No.
甲酸甲酯		107-31-3

第四部分 急救措施

吸入 迅速脱离现场至空气新鲜处。保持呼吸道通畅。如呼吸困难，给输氧。如呼吸、心跳停止，立即进行心肺复苏术。就医

皮肤接触 立即脱去污染的衣着，用流动清水彻底冲洗。就医

眼睛接触 立即分开眼睑，用流动清水或生理盐水彻底冲洗。就医

食入 漱口，饮水。就医

对保护施救者的忠告 根据需要使用个人防护设备

对医生的特别提示 对症处理

第五部分 消防措施

灭火剂 用抗溶性泡沫、二氧化碳、干粉、砂土灭火

特别危险性 极易燃，其蒸气与空气可形成爆炸性混合物，遇明火、高热或与氧化剂接触，有引起燃烧爆炸的危险。在火场中，受热的容器有爆炸危险。蒸气比空气重，沿地面扩散并易积存于低洼处，遇火源会着火回燃。燃烧生成有害的一氧化碳

灭火注意事项及防护措施 消防人员须佩戴防毒面具、穿全身消防服，在上风向灭火。尽可能将容器从火场移至空旷处。喷水保持火场容器冷却，直至灭火结束。容器突然发出异常声音或出现异常现象，应立即撤离。用水灭火无效

第六部分 泄漏应急处理

作业人员防护措施、防护装备和应急处置程序 消除所有点火源。根据液体流动和蒸气扩散的影响区域划定警戒区，无关人员从侧风、上风向撤离至安全区。建议应急处理人员戴正压自给式呼吸器，穿防静电服，戴橡胶耐油手套。作业时使用的所有设备应接地。禁止接触或跨越泄漏物。尽可能切断泄漏源

环境保护措施 防止泄漏物进入水体、下水道、地下室或有限空间

泄漏化学品的收容、清除方法及所使用的处置材料 小量泄漏：用砂土或其他不燃材料吸收，使用洁净的无火花工具收集吸收材料。大量泄漏：构筑围堤或挖坑收容。用抗溶性泡沫覆盖，减少蒸发。喷水雾能减少蒸发，但不能降低泄漏物在有限空间内的易燃性。用防爆泵转移至槽车或专用收集器内

第七部分 操作处置与储存

操作注意事项 密闭操作，提供充分的局部排风。操作人员必须经过专门培训，严格遵守操作规程。建议操作人员佩戴自吸过滤式防毒面具（半面罩），戴化学安全防护眼镜，穿防静电工作服，戴橡胶耐油手套。远离火种、热源。工作场所严禁吸烟。使用防爆型的通风系统和设备。防止蒸气泄漏到工作场所空气中。避免与氧化剂、碱类接触。灌装时应控制流速，且有接地装置，防止静电积聚。搬运时要轻装轻卸，防止包装及容器损坏。配备相应品种和数量的消防器材及泄漏应急处理设备。倒空的容器可能残留有害物

储存注意事项 储存于阴凉、通风的库房。远离火种、热源。库温不宜超过 29℃。保持容器密封。应与氧化剂、碱类分开存放，切忌混储。采用防爆型照明、通风设施。禁止使用易产生火花的机械设备和工具。储区应备有泄漏应急处理设备和合适的收容材料

第八部分 接触控制/个体防护

职业接触限值

中国 未制定标准

美国(ACGIH) TLV-TWA：100ppm；TLV-STEL：150ppm

生物接触限值 未制定标准

监测方法 空气中有毒物质测定方法：溶剂解吸-气相色谱法。生物监测检验方法：未制定标准

工程控制 严加密闭，提供充分的局部排风。提供安全的淋浴和洗眼设备

个体防护装备

呼吸系统防护 空气中浓度超标时，应该佩戴过滤式防毒面具（半面罩）。紧急事态抢救或撤离时，建议佩戴空气呼吸器

眼睛防护 戴化学安全防护眼镜

皮肤和身体防护 穿防静电工作服

手防护 戴橡胶耐油手套

第九部分 理化特性

外观与性状 无色液体，有芳香气味

pH 值 无资料 **熔点(℃)** −99.8

沸点(℃) 31.5 **相对密度(水=1)** 0.98

相对蒸气密度(空气=1) 2.07

饱和蒸气压(kPa) 64（20℃）

燃烧热(kJ/mol) −973 **临界温度(℃)** 214

临界压力(MPa) 6.00 **辛醇/水分配系数** 0.03

闪点(℃) −19（CC） **自燃温度(℃)** 449

爆炸下限(%) 5.9 **爆炸上限(%)** 20

分解温度(℃) 无资料

黏度(mPa·s) 0.325（25℃）

溶解性 溶于水、乙醇、乙醚、甲醇

第十部分 稳定性和反应性

稳定性 稳定

危险反应 与强氧化剂等禁配物接触，有发生火灾和爆炸的危险

避免接触的条件 无资料

禁配物 强氧化剂、碱类

危险的分解产物 无资料

第十一部分 毒理学信息

急性毒性

LD_{50} 475mg/kg（大鼠经口）；1622mg/kg（兔经口）

LC_{50} >5200mg/m³（大鼠吸入，4h）

皮肤刺激或腐蚀 无资料 **眼睛刺激或腐蚀** 无资料

呼吸或皮肤过敏 无资料 **生殖细胞突变性** 无资料

致癌性 无资料 **生殖毒性** 无资料

特异性靶器官系统毒性-一次接触 无资料

特异性靶器官系统毒性-反复接触 猫吸入 2300mg/m³，25h，1.5h 后运动失调，侧卧 2～3h 内死亡（肺水肿）

吸入危害 无资料

第十二部分 生态学信息

生态毒性

LC_{50} 120mg/L（96h）（圆腹雅罗鱼，静态）

EC_{50} >500mg/L（24h）（水蚤）；190mg/L（96h）（栅藻）

持久性和降解性

生物降解性 无资料

非生物降解性 空气中，当羟基自由基浓度为 5.00×10⁵ 个/cm³ 时，降解半衰期为 71d（理论）；当 pH 值为 7、8 时，水解半衰期分别为 5.1d、12d（理论）

潜在的生物累积性 根据 K_{ow} 值预测，该物质的生物累积性可能较弱

土壤中的迁移性 根据 K_{oc} 值预测，该物质可能易发生迁移

第十三部分 废弃处置

废弃化学品 用焚烧法处置

污染包装物 将容器返还生产商或按照国家和地方法规处置

废弃注意事项 把倒空的容器归还厂商或在规定场所掩埋

第十四部分 运输信息

联合国危险货物编号（UN 号） 1243

联合国运输名称 甲酸甲酯

联合国危险性类别 3 **包装类别** Ⅰ类包装

包装标志 

海洋污染物 否

运输注意事项 运输时运输车辆应配备相应品种和数量的消防器材及泄漏应急处理设备。夏季最好早晚运输。运输时所用的槽（罐）车应有接地链，槽内可设孔隔板以减少震荡产生的静电。严禁与氧化剂、碱类、食用化学品等混装混运。运输途中应防曝晒、雨淋，防高温。中途停留时应远离火种、热源、高温区。装运该物品的车辆排气管必须配备阻火装置，禁止使用易产生火花的机械设备和工具装卸。公路运输时要按规定路线行驶，勿在居民区和人口稠密区停留。铁路运输时要禁止溜放。严禁用木船、水泥船散装运输

第十五部分 法规信息

下列法律、法规、规章和标准，对该化学品的管理作了相应的规定。

中华人民共和国职业病防治法 职业病分类和目录：未列入

危险化学品安全管理条例 危险化学品目录：列入。易制爆危险化学品名录：未列入。重点监管的危险化学品名录：未列入。GB 18218—2009《危险化学品重大危险源辨识》（表 1）：未列入

使用有毒物品作业场所劳动保护条例 高毒物品目录：未列入

易制毒化学品管理条例 易制毒化学品的分类和品种目录：未列入

国际公约 斯德哥尔摩公约：未列入。鹿特丹公约：未列入。蒙特利尔议定书：未列入

第十六部分　其他信息

编写和修订信息　　缩略语和首字母缩写
培训建议　　参考文献
免责声明

甲酸乙酯

第一部分　化学品标识

化学品中文名　甲酸乙酯；蚁酸乙酯

化学品英文名　ethyl formate；ethyl methanoate

分子式　$C_3H_6O_2$　**相对分子质量**　74.09

结构式　(结构式)

化学品的推荐及限制用途　用作醋酸纤维素或硝酸纤维素的溶剂，以及用于香精合成和医药生产

第二部分　危险性概述

紧急情况概述

GHS 危险性类别　高度易燃液体和蒸气；易燃液体，类别2；急性毒性-经口，类别4；急性毒性-吸入，类别4；严重眼损伤/眼刺激，类别2；特异性靶器官毒性-一次接触，类别3（呼吸道刺激）

标签要素

象形图

警示词　危险

危险性说明　高度易燃液体和蒸气，吞咽有害，吸入有害，造成严重眼刺激，可能引起呼吸道刺激

防范说明

预防措施　远离热源、火花、明火、热表面。禁止吸烟。保持容器密闭。容器和接收设备接地连接。使用防爆电器、通风、照明设备。只能使用不产生火花的工具。采取防止静电措施。戴防护手套、防护眼镜、防护面罩。避免接触眼睛、皮肤，操作后彻底清洗。作业场所不得进食、饮水或吸烟。避免吸入蒸气、雾。仅在室外或通风良好处操作

事故响应　火灾时，使用泡沫、二氧化碳、干粉、砂土灭火。如吸入：将患者转移到空气新鲜处，休息，保持利于呼吸的体位，如感觉不适，呼叫中毒控制中心或就医。如皮肤（或头发）接触：立即脱掉所有被污染的衣服，用水冲洗皮肤，淋浴。如接触眼睛：用水细心冲洗数分钟。如戴隐形眼镜并可方便地取出，取出隐形眼镜继续冲洗。如果眼睛刺激持续：就医。食入：漱口，如果感觉不适，立即呼叫中毒控制中心或就医

安全储存　存放在通风良好的地方。保持低温

废弃处置　本品及内装物、容器依据国家和地方法规处置

物理和化学危险　高度易燃，其蒸气与空气混合，能形成爆炸性混合物

健康危害　具有麻醉和刺激作用。吸入后，引起眼和呼吸道刺激，重者发生支气管炎。中枢神经系统抑制表现有头痛、头晕、恶心、呕吐、倦睡、神志丧失。对眼和皮肤有刺激性。口服刺激口腔和胃，引起中枢神经系统抑制

环境危害　对环境可能有害

第三部分　成分/组成信息

√物质　　混合物

组分	浓度	CAS No.
甲酸乙酯		109-94-4

第四部分　急救措施

吸入　迅速脱离现场至空气新鲜处。保持呼吸道通畅。如呼吸困难，给输氧。如呼吸、心跳停止，立即进行心肺复苏术。就医

皮肤接触　立即脱去污染的衣着，用流动清水彻底冲洗。就医

眼睛接触　立即分开眼睑，用流动清水或生理盐水彻底冲洗。就医

食入　漱口，饮水。就医

对保护施救者的忠告　根据需要使用个人防护设备

对医生的特别提示　对症处理

第五部分　消防措施

灭火剂　用泡沫、二氧化碳、干粉、砂土灭火

特别危险性　极易燃，其蒸气与空气可形成爆炸性混合物，遇明火、高热或与氧化剂接触，有引起燃烧爆炸的危险。在火场中，受热的容器有爆炸危险。蒸气比空气重，沿地面扩散并易积存于低洼处，遇火源会着火回燃。燃烧生成有害的一氧化碳

灭火注意事项及防护措施　消防人员须佩戴防毒面具、穿全身消防服，在上风向灭火。尽可能将容器从火场移至空旷处。喷水保持火场容器冷却，直至灭火结束。容器突然发出异常声音或出现异常现象，应立即撤离。用水灭火无效

第六部分　泄漏应急处理

作业人员防护措施、防护装备和应急处置程序　消除所有点火源。根据液体流动和蒸气扩散的影响区域划定警戒区，无关人员从侧风、上风向撤离至安全区。建议应急处理人员戴正压自给式呼吸器，穿防静电服，戴橡胶耐油手套。作业时使用的所有设备应接地。禁止接触或跨越泄漏物。尽可能切断泄漏源

环境保护措施　防止泄漏物进入水体、下水道、地下室或有限空间

泄漏化学品的收容、清除方法及所使用的处置材料　小量泄漏：用砂土或其他不燃材料吸收，使用洁净的无火花工具收集吸收材料。大量泄漏：构筑围堤或挖坑收容。用抗溶性泡沫覆盖，减少蒸发。喷水雾能减少蒸发，但不能降低泄漏物在有限空间内的易燃性。用防爆泵转移至槽车或专用收集器内

第七部分 操作处置与储存

操作注意事项 密闭操作，提供充分的局部排风。操作人员必须经过专门培训，严格遵守操作规程。建议操作人员佩戴自吸过滤式防毒面具（半面罩），戴化学安全防护眼镜，穿防静电工作服，戴橡胶耐油手套。远离火种、热源。工作场所严禁吸烟。使用防爆型的通风系统和设备。防止蒸气泄漏到工作场所空气中。避免与氧化剂、碱类接触。灌装时应控制流速，且有接地装置，防止静电积聚。搬运时要轻装轻卸，防止包装及容器损坏。配备相应品种和数量的消防器材及泄漏应急处理设备。倒空的容器可能残留有害物

储存注意事项 储存于阴凉、干燥、通风良好的库房。远离火种、热源。库温不宜超过29℃。保持容器密封。应与氧化剂、碱类分开存放，切忌混储。采用防爆型照明、通风设施。禁止使用易产生火花的机械设备和工具。储区应备有泄漏应急处理设备和合适的收容材料

第八部分 接触控制/个体防护

职业接触限值

中国 未制定标准

美国(ACGIH) TLV-STEL：100ppm

生物接触限值 未制定标准

监测方法 空气中有毒物质测定方法：溶剂解吸-气相色谱法。生物监测检验方法：未制定标准

工程控制 严加密闭，提供充分的局部排风。提供安全的淋浴和洗眼设备

个体防护装备

呼吸系统防护 空气中浓度超标时，应该佩戴过滤式防毒面具（半面罩）。紧急事态抢救或撤离时，建议佩戴空气呼吸器

眼睛防护 戴化学安全防护眼镜

皮肤和身体防护 穿防静电工作服

手防护 戴橡胶耐油手套

第九部分 理化特性

外观与性状 无色易流动液体，有芳香气味

pH值	无资料	**熔点(℃)**	−80
沸点(℃)	54.3	**相对密度(水=1)**	0.92
相对蒸气密度(空气=1)	2.55		
饱和蒸气压(kPa)	25.6（20℃）		
燃烧热(kJ/mol)	−1630	**临界温度(℃)**	235.3
临界压力(MPa)	4.74	**辛醇/水分配系数**	0.23
闪点(℃)	−20（CC）	**自燃温度(℃)**	455
爆炸下限(%)	2.7	**爆炸上限(%)**	16.5
分解温度(℃)	无资料	**黏度(mPa·s)**	无资料

溶解性 微溶于水，溶于苯、乙醇、乙醚等多数有机溶剂

第十部分 稳定性和反应性

稳定性 稳定

危险反应 与强氧化剂等禁配物接触，有发生火灾和爆炸的危险

避免接触的条件 无资料

禁配物 强氧化剂、碱

危险的分解产物 无资料

第十一部分 毒理学信息

急性毒性 LD_{50}：1850mg/kg（大鼠经口）；20000mg/kg（兔经皮）

皮肤刺激或腐蚀 家兔经皮：460mg，轻度刺激（开放性刺激试验）

眼睛刺激或腐蚀 无资料 **呼吸或皮肤过敏** 无资料

生殖细胞突变性 无资料 **致癌性** 无资料

生殖毒性 无资料

特异性靶器官系统毒性-一次接触 无资料

特异性靶器官系统毒性-反复接触 无资料

吸入危害 无资料

第十二部分 生态学信息

生态毒性 无资料

持久性和降解性

生物降解性 无资料

非生物降解性 空气中，当羟基自由基浓度为5.00×10^5个/cm^3时，降解半衰期为11d（理论）；当pH值为7、8时，水解半衰期分别为3.1d、7.5h（理论）

潜在的生物累积性 根据K_{ow}值预测，该物质的生物累积性可能较弱

土壤中的迁移性 根据K_{oc}值预测，该物质可能易发生迁移

第十三部分 废弃处置

废弃化学品 用焚烧法处置

污染包装物 将容器返还生产商或按照国家和地方法规处置

废弃注意事项 处置前应参阅国家和地方有关法规

第十四部分 运输信息

联合国危险货物编号（UN号） 1190

联合国运输名称 甲酸乙酯

联合国危险性类别 3 **包装类别** Ⅱ类包装

包装标志 

海洋污染物 否

运输注意事项 运输时运输车辆应配备相应品种和数量的消防器材及泄漏应急处理设备。夏季最好早晚运输。运输时所用的槽（罐）车应有接地链，槽内可设孔隔板以减少震荡产生的静电。严禁与氧化剂、碱类、食用化学品等混装混运。运输途中应防曝晒、雨淋，防高温。中途停留时应远离火种、热源、高温区。装运该物品的车辆排气管必须配备阻火装置，禁止使用易产生火花的机械设备和工具装卸。公路运输时要按规定路线行驶，勿在居民区和人口稠密区停留。铁路运输时要禁止溜放。严禁用木船、水泥船散装运输

第十五部分 法规信息

下列法律、法规、规章和标准，对该化学品的管理作了相应的规定。

中华人民共和国职业病防治法 职业病分类和目录：未列入

危险化学品安全管理条例 危险化学品目录：列入。易制爆危险化学品名录：未列入。重点监管的危险化学品名录：未列入。GB 18218—2009《危险化学品重大危险源辨识》(表1)：未列入

使用有毒物品作业场所劳动保护条例 高毒物品目录：未列入

易制毒化学品管理条例 易制毒化学品的分类和品种目录：未列入

国际公约 斯德哥尔摩公约：未列入。鹿特丹公约：未列入。蒙特利尔议定书：未列入

第十六部分 其他信息

编写和修订信息 **缩略语和首字母缩写**

培训建议 **参考文献**

免责声明

甲酸异丁酯

第一部分 化学品标识

化学品中文名 甲酸异丁酯；蚁酸异丁酯

化学品英文名 isobutyl formate；isobutyl methanoate

分子式 $C_5H_{10}O_2$ **相对分子质量** 102.15

结构式

化学品的推荐及限制用途 用作纤维素、树脂和漆的溶剂，还用于制造香料、杀虫剂和有机合成

第二部分 危险性概述

紧急情况概述 高度易燃液体和蒸气

GHS危险性类别 易燃液体，类别2；严重眼损伤/眼刺激，类别2；特异性靶器官毒性-一次接触，类别3(呼吸道刺激)

标签要素

象形图

警示词 危险

危险性说明 高度易燃液体和蒸气，造成严重眼刺激，可能引起呼吸道刺激

防范说明

预防措施 远离热源、火花、明火、热表面。禁止吸烟。保持容器密闭。容器和接收设备接地连接。使用防爆电器、通风、照明设备。只能使用不产生火花的工具。采取防止静电措施。戴防护手套、防护眼镜、防护面罩。避免接触眼睛、皮肤，操作后彻底清洗

事故响应 火灾时，使用泡沫、二氧化碳、干粉、砂土灭火。如皮肤（或头发）接触：立即脱掉所有被污染的衣服，用水冲洗皮肤，淋浴。如接触眼睛：用水细心冲洗数分钟。如戴隐形眼镜并可方便地取出，取出隐形眼镜继续冲洗。如果眼睛刺激持续：就医

安全储存 存放在通风良好的地方。保持低温

废弃处置 本品及内装物、容器依据国家和地方法规处置

物理和化学危险 高度易燃，其蒸气与空气混合，能形成爆炸性混合物

健康危害 本品可能有刺激和麻醉作用

环境危害 对环境可能有害

第三部分 成分/组成信息

√物质		混合物
组分	**浓度**	**CAS No.**
甲酸异丁酯		542-55-2

第四部分 急救措施

吸入 迅速脱离现场至空气新鲜处。保持呼吸道通畅。如呼吸困难，给输氧。如呼吸、心跳停止，立即进行心肺复苏术。就医

皮肤接触 立即脱去污染的衣着，用流动清水彻底冲洗。就医

眼睛接触 立即分开眼睑，用流动清水或生理盐水彻底冲洗。就医

食入 漱口，饮水。就医

对保护施救者的忠告 根据需要使用个人防护设备

对医生的特别提示 对症处理

第五部分 消防措施

灭火剂 用泡沫、二氧化碳、干粉、砂土灭火

特别危险性 与氧化剂接触发生猛烈反应。在火场中，受热的容器有爆炸危险。蒸气比空气重，沿地面扩散并易积存于低洼处，遇火源会着火回燃。燃烧生成有害的一氧化碳

灭火注意事项及防护措施 消防人员必须佩戴空气呼吸器、穿全身防火防毒服，在上风向灭火。尽可能将容器从火场移至空旷处。喷水保持火场容器冷却，直至灭火结束。容器突然发出异常声音或出现异常现象，应立即撤离

第六部分 泄漏应急处理

作业人员防护措施、防护装备和应急处置程序 消除所有点火源。根据液体流动和蒸气扩散的影响区域划定警戒区，无关人员从侧风、上风向撤离至安全区。建议应急处理人员戴正压自给式呼吸器，穿防毒、防静电服，戴橡胶耐油手套。作业时使用的所有设备应接地。禁止接触或跨越泄漏物。尽可能切断泄漏源

环境保护措施 防止泄漏物进入水体、下水道、地下室或有限空间

泄漏化学品的收容、清除方法及所使用的处置材料 小量泄漏：用砂土或其他不燃材料吸收，使用洁净的无火

花工具收集吸收材料。大量泄漏：构筑围堤或挖坑收容。用抗溶性泡沫覆盖，减少蒸发。喷水雾能减少蒸发，但不能降低泄漏物在有限空间内的易燃性。用防爆泵转移至槽车或专用收集器内

第七部分 操作处置与储存

操作注意事项 严加密闭，提供充分的局部排风和全面通风。操作人员必须经过专门培训，严格遵守操作规程。建议操作人员佩戴自吸过滤式防毒面具（全面罩），穿胶布防毒衣，戴橡胶耐油手套。远离火种、热源。工作场所严禁吸烟。使用防爆型的通风系统和设备。防止蒸气泄漏到工作场所空气中。避免与氧化剂、酸类、碱类接触。充装要控制流速，防止静电积聚。搬运时要轻装轻卸，防止包装及容器损坏。配备相应品种和数量的消防器材及泄漏应急处理设备。倒空的容器可能残留有害物

储存注意事项 储存于阴凉、通风的库房。远离火种、热源。库温不宜超过 37℃。保持容器密封。应与氧化剂、酸类、碱类分开存放，切忌混储。采用防爆型照明、通风设施。禁止使用易产生火花的机械设备和工具。储区应备有泄漏应急处理设备和合适的收容材料

第八部分 接触控制/个体防护

职业接触限值

中国 未制定标准

美国(ACGIH) 未制定标准

生物接触限值 未制定标准

监测方法 空气中有毒物质测定方法：溶剂解吸-气相色谱法。生物监测检验方法：未制定标准

工程控制 严加密闭，提供充分的局部排风和全面通风

个体防护装备

呼吸系统防护 可能接触其蒸气时，应该佩戴过滤式防毒面具（全面罩）。紧急事态抢救或撤离时，建议佩戴空气呼吸器

眼睛防护 呼吸系统防护中已作防护

皮肤和身体防护 穿隔绝式防毒服

手防护 戴橡胶耐油手套

第九部分 理化特性

外观与性状 无色液体，有水果香味

pH 值 无资料 **熔点(℃)** −95.8

沸点(℃) 98.4 **相对密度(水=1)** 0.89

相对蒸气密度(空气=1) 3.52

饱和蒸气压(kPa) 4.35（20℃）

燃烧热(kJ/mol) 无资料 **临界温度(℃)** 无资料

临界压力(MPa) 3.85 **辛醇/水分配系数** 1.23

闪点(℃) 4 **自燃温度(℃)** 322

爆炸下限(%) 1.7 **爆炸上限(%)** 8

分解温度(℃) 无资料 **黏度(mPa·s)** 无资料

溶解性 微溶于水，可混溶于乙醇、乙醚、苯、石油醚

第十部分 稳定性和反应性

稳定性 稳定

危险反应 与强氧化剂等禁配物接触，有发生火灾和爆炸的危险

避免接触的条件 无资料

禁配物 强氧化剂、碱、酸类

危险的分解产物 无资料

第十一部分 毒理学信息

急性毒性 LD_{50}：3064mg/kg（兔经口）

皮肤刺激或腐蚀 无资料 **眼睛刺激或腐蚀** 无资料

呼吸或皮肤过敏 无资料 **生殖细胞突变性** 无资料

致癌性 无资料 **生殖毒性** 无资料

特异性靶器官系统毒性-一次接触 无资料

特异性靶器官系统毒性-反复接触 无资料

吸入危害 无资料

第十二部分 生态学信息

生态毒性 无资料

持久性和降解性

生物降解性 无资料

非生物降解性 无资料

潜在的生物累积性 根据 K_{ow} 值预测，该物质的生物累积性可能较弱

土壤中的迁移性 根据 K_{oc} 值预测，该物质可能易发生迁移

第十三部分 废弃处置

废弃化学品 建议用焚烧法处置

污染包装物 将容器返还生产商或按照国家和地方法规处置

废弃注意事项 处置前应参阅国家和地方有关法规

第十四部分 运输信息

联合国危险货物编号（UN 号） 2393

联合国运输名称 甲酸异丁酯

联合国危险性类别 3 **包装类别** Ⅱ类包装

包装标志  **海洋污染物** 否

运输注意事项 运输时运输车辆应配备相应品种和数量的消防器材及泄漏应急处理设备。夏季最好早晚运输。运输时所用的槽（罐）车应有接地链，槽内可设孔隔板以减少震荡产生的静电。严禁与氧化剂、酸类、碱类、食用化学品等混装混运。运输途中应防曝晒、雨淋，防高温。中途停留时应远离火种、热源、高温区。装运该物品的车辆排气管必须配备阻火装置，禁止使用易产生火花的机械设备和工具装卸。公路运输时要按规定路线行驶，勿在居民区和人口稠密区停留。铁路运输时要禁止溜放。严禁用木船、水泥船散装运输

第十五部分 法规信息

下列法律、法规、规章和标准，对该化学品的管理作

了相应的规定。

中华人民共和国职业病防治法 职业病分类和目录：未列入

危险化学品安全管理条例 危险化学品目录：列入。易制爆危险化学品名录：未列入。重点监管的危险化学品名录：未列入。GB 18218—2009《危险化学品重大危险源辨识》(表 1)：未列入

使用有毒物品作业场所劳动保护条例 高毒物品目录：未列入

易制毒化学品管理条例 易制毒化学品的分类和品种目录：未列入

国际公约 斯德哥尔摩公约：未列入。鹿特丹公约：未列入。蒙特利尔议定书：未列入

第十六部分 其他信息

编写和修订信息 **缩略语和首字母缩写**
培训建议 **参考文献**
免责声明

甲酸异戊酯

第一部分 化学品标识

化学品中文名 甲酸异戊酯；蚁酸异戊酯

化学品英文名 isoamyl formate；isopentyl formate

分子式 $C_6H_{12}O_2$ **相对分子质量** 116.18

结构式

化学品的推荐及限制用途 用作有机溶剂，用于制造香料、熏蒸杀虫剂和杀菌剂

第二部分 危险性概述

紧急情况概述 高度易燃液体和蒸气

GHS 危险性类别 易燃液体，类别 2；严重眼损伤/眼刺激，类别 2；特异性靶器官毒性-一次接触，类别 3 (呼吸道刺激)

标签要素

象形图 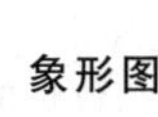 

警示词 危险

危险性说明 高度易燃液体和蒸气，造成严重眼刺激，可能引起呼吸道刺激

防范说明

预防措施 远离热源、火花、明火、热表面。禁止吸烟。保持容器密闭。容器和接收设备接地连接。使用防爆电器、通风、照明设备。只能使用不产生火花的工具。采取防止静电措施。戴防护手套、防护眼镜、防护面罩。避免接触眼睛、皮肤，操作后彻底清洗

事故响应 火灾时，使用泡沫、干粉、二氧化碳、砂土灭火。如皮肤（或头发）接触：立即脱掉所有被污染的衣服，用水冲洗皮肤，淋浴。如接触眼睛：用水细心冲洗数分钟。如戴隐形眼镜并可方便地取出，取出隐形眼镜继续冲洗。如果眼睛刺激持续：就医

安全储存 存放在通风良好的地方。保持低温

废弃处置 本品及内装物、容器依据国家和地方法规处置

物理和化学危险 高度易燃，其蒸气与空气混合，能形成爆炸性混合物

健康危害 对眼睛、皮肤和上呼吸道黏膜有刺激作用

环境危害 对环境可能有害

第三部分 成分/组成信息

√物质 混合物

组分	浓度	CAS No.
甲酸异戊酯		110-45-2

第四部分 急救措施

吸入 迅速脱离现场至空气新鲜处。保持呼吸道通畅。如呼吸困难，给输氧。如呼吸、心跳停止，立即进行心肺复苏术。就医

皮肤接触 立即脱去污染的衣着，用流动清水彻底冲洗。就医

眼睛接触 立即分开眼睑，用流动清水或生理盐水彻底冲洗。就医

食入 漱口，饮水。就医

对保护施救者的忠告 根据需要使用个人防护设备

对医生的特别提示 对症处理

第五部分 消防措施

灭火剂 用泡沫、干粉、二氧化碳、砂土灭火

特别危险性 蒸气比空气重，沿地面扩散并易积存于低洼处，遇火源会着火回燃。燃烧生成有害的一氧化碳

灭火注意事项及防护措施 消防人员必须佩戴空气呼吸器、穿全身防火防毒服，在上风向灭火。喷水冷却容器，尽可能将容器从火场移至空旷处。容器突然发出异常声音或出现异常现象，应立即撤离

第六部分 泄漏应急处理

作业人员防护措施、防护装备和应急处置程序 消除所有点火源。根据液体流动和蒸气扩散的影响区域划定警戒区，无关人员从侧风、上风向撤离至安全区。建议应急处理人员戴正压自给式呼吸器，穿防静电服，戴橡胶耐油手套。作业时使用的所有设备应接地。禁止接触或跨越泄漏物。尽可能切断泄漏源

环境保护措施 防止泄漏物进入水体、下水道、地下室或有限空间

泄漏化学品的收容、清除方法及所使用的处置材料 小量泄漏：用砂土或其他不燃材料吸收，使用洁净的无火花工具收集吸收材料。大量泄漏：构筑围堤或挖坑收容。用泡沫覆盖，减少蒸发。喷水雾能减少蒸发，但不能降低泄漏物在有限空间内的易燃性。用防爆泵转移至槽车或专用收集器内

第七部分　操作处置与储存

操作注意事项　密闭操作，加强通风。操作人员必须经过专门培训，严格遵守操作规程。建议操作人员佩戴直接式防毒面具（半面罩），戴化学安全防护眼镜，穿防静电工作服，戴橡胶耐油手套。远离火种、热源。工作场所严禁吸烟。使用防爆型的通风系统和设备。防止蒸气泄漏到工作场所空气中。避免与氧化剂、酸类、碱类、卤素接触。充装要控制流速，防止静电积聚。搬运时要轻装轻卸，防止包装及容器损坏。配备相应品种和数量的消防器材及泄漏应急处理设备。倒空的容器可能残留有害物

储存注意事项　储存于阴凉、通风的库房。远离火种、热源。库温不宜超过 37℃。保持容器密封。应与氧化剂、酸类、碱类、卤素分开存放，切忌混储。采用防爆型照明、通风设施。禁止使用易产生火花的机械设备和工具。储区应备有泄漏应急处理设备和合适的收容材料

第八部分　接触控制/个体防护

职业接触限值

中国　未制定标准

美国(ACGIH)　未制定标准

生物接触限值　未制定标准

监测方法　空气中有毒物质测定方法：溶剂解吸-气相色谱法。生物监测检验方法：未制定标准

工程控制　生产过程密闭，加强通风。提供安全的淋浴和洗眼设备

个体防护装备

呼吸系统防护　空气中浓度较高时，应该佩戴过滤式防毒面具（半面罩）

眼睛防护　戴化学安全防护眼镜

皮肤和身体防护　穿防静电工作服

手防护　戴橡胶耐油手套

第九部分　理化特性

外观与性状　无色至黄色易燃液体，有水果香味

pH 值　无资料　**熔点(℃)**　−93.5

沸点(℃)　123～124　**相对密度(水=1)**　0.877

相对蒸气密度(空气=1)　4.0

饱和蒸气压(kPa)　1.33（17℃）

燃烧热(kJ/mol)　无资料　**临界温度(℃)**　无资料

临界压力(MPa)　无资料　**辛醇/水分配系数**　1.72

闪点(℃)　22（CC）　**自燃温度(℃)**　无资料

爆炸下限(%)　1.2　**爆炸上限(%)**　8.0

分解温度(℃)　无资料　**黏度(mPa·s)**　无资料

溶解性　微溶于水，溶于多数有机溶剂

第十部分　稳定性和反应性

稳定性　稳定

危险反应　与强氧化剂等禁配物接触，有发生火灾和爆炸的危险

避免接触的条件　无资料

禁配物　强氧化剂、强酸、强碱、卤素

危险的分解产物　无资料

第十一部分　毒理学信息

急性毒性　LD_{50}：9840mg/kg（大鼠经口）；>5g/kg（兔经皮）

皮肤刺激或腐蚀　家兔经皮 500mg（24h），中度刺激

眼睛刺激或腐蚀　无资料　**呼吸或皮肤过敏**　无资料

生殖细胞突变性　无资料　**致癌性**　无资料

生殖毒性　无资料

特异性靶器官系统毒性-一次接触　无资料

特异性靶器官系统毒性-反复接触　无资料

吸入危害　无资料

第十二部分　生态学信息

生态毒性　无资料

持久性和降解性

生物降解性　无资料

非生物降解性　无资料

潜在的生物累积性　根据 K_{ow} 值预测，该物质的生物累积性可能较弱

土壤中的迁移性　根据 K_{oc} 值预测，该物质可能易发生迁移

第十三部分　废弃处置

废弃化学品　建议用焚烧法处置

污染包装物　将容器返还生产商或按照国家和地方法规处置

废弃注意事项　处置前应参阅国家和地方有关法规

第十四部分　运输信息

联合国危险货物编号（UN 号）　1109

联合国运输名称　甲酸戊酯

联合国危险性类别　3　**包装类别**　Ⅲ类包装

包装标志　

海洋污染物　否

运输注意事项　运输时运输车辆应配备相应品种和数量的消防器材及泄漏应急处理设备。夏季最好早晚运输。运输时所用的槽（罐）车应有接地链，槽内可设孔隔板以减少震荡产生的静电。严禁与氧化剂、酸类、碱类、卤素、食用化学品等混装混运。运输途中应防曝晒、雨淋，防高温。中途停留时应远离火种、热源、高温区。装运该物品的车辆排气管必须配备阻火装置，禁止使用易产生火花的机械设备和工具装卸。公路运输时要按规定路线行驶，勿在居民区和人口稠密区停留。铁路运输时要禁止溜放。严禁用木船、水泥船散装运输

第十五部分　法规信息

下列法律、法规、规章和标准，对该化学品的管理作了相应的规定。

中华人民共和国职业病防治法 职业病分类和目录：未列入

危险化学品安全管理条例 危险化学品目录：列入。易制爆危险化学品名录：未列入。重点监管的危险化学品名录：未列入。GB 18218—2009《危险化学品重大危险源辨识》(表 1)：未列入

使用有毒物品作业场所劳动保护条例 高毒物品目录：未列入

易制毒化学品管理条例 易制毒化学品的分类和品种目录：未列入

国际公约 斯德哥尔摩公约：未列入。鹿特丹公约：未列入。蒙特利尔议定书：未列入

第十六部分 其他信息

编写和修订信息 **缩略语和首字母缩写**

培训建议 **参考文献**

免责声明

甲酸正丙酯

第一部分 化学品标识

化学品中文名 甲酸正丙酯；蚁酸正丙酯

化学品英文名 *n*-propyl formate；propyl methanoate

分子式 $C_4H_8O_2$ **相对分子质量** 88.12

结构式

化学品的推荐及限制用途 用作有机溶剂，并用于制造香料、熏蒸杀虫剂和杀菌剂

第二部分 危险性概述

紧急情况概述 高度易燃液体和蒸气，可能引起昏昏欲睡或眩晕

GHS 危险性类别 易燃液体，类别 2；严重眼损伤/眼刺激，类别 2；特异性靶器官毒性-一次接触，类别 3 (呼吸道刺激、麻醉效应)

标签要素

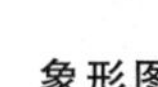
象形图

警示词 危险

危险性说明 高度易燃液体和蒸气，造成严重眼刺激，可能引起呼吸道刺激或可能引起昏昏欲睡或眩晕

防范说明

预防措施 远离热源、火花、明火、热表面。禁止吸烟。保持容器密闭。容器和接收设备接地连接。使用防爆电器、通风、照明设备。只能使用不产生火花的工具。采取防止静电措施。戴防护手套、防护眼镜、防护面罩。避免接触眼睛、皮肤，操作后彻底清洗

事故响应 火灾时，使用泡沫、二氧化碳、干粉、砂土灭火。如皮肤（或头发）接触：立即脱掉所有被污染的衣服，用水冲洗皮肤，淋浴。如接触眼睛：用水细心冲洗数分钟。如戴隐形眼镜并可方便地取出，取出隐形眼镜继续冲洗。如果眼睛刺激持续：就医

安全储存 存放在通风良好的地方。保持低温

废弃处置 本品及内装物、容器依据国家和地方法规处置

物理和化学危险 高度易燃，其蒸气与空气混合，能形成爆炸性混合物

健康危害 其蒸气或雾对眼睛、黏膜和上呼吸道有刺激性。对皮肤有刺激性

环境危害 对环境可能有害

第三部分 成分/组成信息

√物质		混合物
组分	**浓度**	**CAS No.**
甲酸正丙酯		110-74-7

第四部分 急救措施

吸入 迅速脱离现场至空气新鲜处。保持呼吸道通畅。如呼吸困难，给输氧。如呼吸、心跳停止，立即进行心肺复苏术。就医

皮肤接触 立即脱去污染的衣着，用流动清水彻底冲洗。就医

眼睛接触 立即分开眼睑，用流动清水或生理盐水彻底冲洗。就医

食入 漱口，饮水。就医

对保护施救者的忠告 根据需要使用个人防护设备

对医生的特别提示 对症处理

第五部分 消防措施

灭火剂 用泡沫、二氧化碳、干粉、砂土灭火

特别危险性 在火场中，受热的容器有爆炸危险。蒸气比空气重，沿地面扩散并易积存于低洼处，遇火源会着火回燃。燃烧生成有害的一氧化碳

灭火注意事项及防护措施 消防人员必须佩戴空气呼吸器、穿全身防火防毒服，在上风向灭火。尽可能将容器从火场移至空旷处。喷水保持火场容器冷却，直至灭火结束。容器突然发出异常声音或出现异常现象，应立即撤离。用水灭火无效

第六部分 泄漏应急处理

作业人员防护措施、防护装备和应急处置程序 消除所有点火源。根据液体流动和蒸气扩散的影响区域划定警戒区，无关人员从侧风、上风向撤离至安全区。建议应急处理人员戴正压自给式呼吸器，穿防静电服，戴橡胶耐油手套。作业时使用的所有设备应接地。禁止接触或跨越泄漏物。尽可能切断泄漏源

环境保护措施 防止泄漏物进入水体、下水道、地下室或有限空间

泄漏化学品的收容、清除方法及所使用的处置材料 小量泄漏：用砂土或其他不燃材料吸收，使用洁净的无火花工具收集吸收材料。大量泄漏：构筑围堤或挖坑收容。用泡沫覆盖，减少蒸发。喷水雾能减少蒸发，但不能降低泄漏物在有限空间内的易燃性。用防爆泵转

移至槽车或专用收集器内

第七部分 操作处置与储存

操作注意事项 密闭操作，注意通风。操作人员必须经过专门培训，严格遵守操作规程。建议操作人员佩戴自吸过滤式防毒面具（半面罩），戴化学安全防护眼镜，穿防静电工作服，戴橡胶耐油手套。远离火种、热源。工作场所严禁吸烟。使用防爆型的通风系统和设备。防止蒸气泄漏到工作场所空气中。避免与氧化剂、酸类、碱类、卤素接触。充装要控制流速，防止静电积聚。搬运时要轻装轻卸，防止包装及容器损坏。配备相应品种和数量的消防器材及泄漏应急处理设备。倒空的容器可能残留有害物

储存注意事项 储存于阴凉、通风的库房。远离火种、热源。库温不宜超过 37℃。保持容器密封。应与氧化剂、酸类、碱类、卤素分开存放，切忌混储。采用防爆型照明、通风设施。禁止使用易产生火花的机械设备和工具。储区应备有泄漏应急处理设备和合适的收容材料

第八部分 接触控制/个体防护

职业接触限值

中国 未制定标准

美国(ACGIH) 未制定标准

生物接触限值 未制定标准

监测方法 空气中有毒物质测定方法：溶剂解吸-气相色谱法。生物监测检验方法：未制定标准

工程控制 密闭操作，注意通风。提供安全的淋浴和洗眼设备

个体防护装备

呼吸系统防护 可能接触其蒸气时，应该佩戴过滤式防毒面具（半面罩）。紧急事态抢救或撤离时，建议佩戴空气呼吸器

眼睛防护 戴化学安全防护眼镜

皮肤和身体防护 穿防静电工作服

手防护 戴橡胶耐油手套

第九部分 理化特性

外观与性状 无色液体，具有特殊香味

pH 值 无资料 **熔点(℃)** −92.9

沸点(℃) 81.3 **相对密度(水=1)** 0.901

相对蒸气密度(空气=1) 3.03

饱和蒸气压(kPa) 6.65（20℃）

燃烧热(kJ/mol) 无资料 **临界温度(℃)** 无资料

临界压力(MPa) 4.06 **辛醇/水分配系数** 0.83

闪点(℃) −2.8（CC） **自燃温度(℃)** 455

爆炸下限(%) 2.1 **爆炸上限(%)** 11.3

分解温度(℃) 无资料 **黏度(mPa·s)** 无资料

溶解性 微溶于水，溶于多数有机溶剂

第十部分 稳定性和反应性

稳定性 稳定

危险反应 与强氧化剂等禁配物接触，有发生火灾和爆炸的危险

避免接触的条件 无资料

禁配物 强氧化剂、强碱、强酸、卤素

危险的分解产物 无资料

第十一部分 毒理学信息

急性毒性 LD_{50}：3980mg/kg（大鼠经口）；3400mg/kg（小鼠经口）

皮肤刺激或腐蚀 无资料 **眼睛刺激或腐蚀** 无资料

呼吸或皮肤过敏 无资料 **生殖细胞突变性** 无资料

致癌性 无资料 **生殖毒性** 无资料

特异性靶器官系统毒性-一次接触 无资料

特异性靶器官系统毒性-反复接触 无资料

吸入危害 无资料

第十二部分 生态学信息

生态毒性 无资料

持久性和降解性

生物降解性 无资料

非生物降解性 无资料

潜在的生物累积性 根据 K_{ow} 值预测，该物质的生物累积性可能较弱

土壤中的迁移性 根据 K_{oc} 值预测，该物质可能易发生迁移

第十三部分 废弃处置

废弃化学品 建议用焚烧法处置

污染包装物 将容器返还生产商或按照国家和地方法规处置

废弃注意事项 处置前应参阅国家和地方有关法规

第十四部分 运输信息

联合国危险货物编号（UN 号） 1281

联合国运输名称 甲酸丙酯

联合国危险性类别 3 **包装类别** Ⅱ类包装

包装标志 

海洋污染物 否

运输注意事项 运输时运输车辆应配备相应品种和数量的消防器材及泄漏应急处理设备。夏季最好早晚运输。运输时所用的槽（罐）车应有接地链，槽内可设孔隔板以减少震荡产生的静电。严禁与氧化剂、酸类、碱类、卤素、食用化学品等混装混运。运输途中应防曝晒、雨淋，防高温。中途停留时应远离火种、热源、高温区。装运该物品的车辆排气管必须配备阻火装置，禁止使用易产生火花的机械设备和工具装卸。公路运输时要按规定路线行驶，勿在居民区和人口稠密区停留。铁路运输时要禁止溜放。严禁用木船、水泥船散装运输

第十五部分 法规信息

下列法律、法规、规章和标准，对该化学品的管理作

了相应的规定。

中华人民共和国职业病防治法 职业病分类和目录：未列入

危险化学品安全管理条例 危险化学品目录：列入。易制爆危险化学品名录：未列入。重点监管的危险化学品名录：未列入。GB 18218—2009《危险化学品重大危险源辨识》(表 1)：未列入

使用有毒物品作业场所劳动保护条例 高毒物品目录：未列入

易制毒化学品管理条例 易制毒化学品的分类和品种目录：未列入

国际公约 斯德哥尔摩公约：未列入。鹿特丹公约：未列入。蒙特利尔议定书：未列入

第十六部分 其他信息

编写和修订信息 **缩略语和首字母缩写**

培训建议 **参考文献**

免责声明

甲酸正己酯

第一部分 化学品标识

化学品中文名 甲酸正己酯；甲酸己酯

化学品英文名 *n*-hexyl formate；hexyl methanoate

分子式 $C_7H_{14}O_2$ **相对分子质量** 130.19

结构式 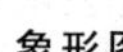

化学品的推荐及限制用途 用作溶剂及合成香料的原料

第二部分 危险性概述

紧急情况概述 易燃液体和蒸气

GHS 危险性类别 易燃液体，类别 3

标签要素

象形图 

警示词 警告

危险性说明 易燃液体和蒸气

防范说明

预防措施 远离热源、火花、明火、热表面。禁止吸烟。保持容器密闭。容器和接收设备接地连接。使用防爆电器、通风、照明设备。只能使用不产生火花的工具。采取防止静电措施。戴防护手套、防护眼镜、防护面罩

事故响应 火灾时，使用泡沫、干粉、二氧化碳、砂土灭火。如皮肤(或头发)接触：立即脱掉所有被污染的衣服，用水冲洗皮肤，淋浴

安全储存 存放在通风良好的地方。保持低温

废弃处置 本品及内装物、容器依据国家和地方法规处置

物理和化学危险 易燃，其蒸气与空气混合，能形成爆炸性混合物

健康危害 本品对眼睛、皮肤和黏膜有刺激作用

环境危害 对环境可能有害

第三部分 成分/组成信息

√物质		混合物
组分	**浓度**	**CAS No.**
甲酸正己酯		629-33-4

第四部分 急救措施

吸入 迅速脱离现场至空气新鲜处。保持呼吸道通畅。如呼吸困难，给输氧。如呼吸、心跳停止，立即进行心肺复苏术。就医

皮肤接触 立即脱去污染的衣着，用流动清水彻底冲洗。就医

眼睛接触 立即分开眼睑，用流动清水或生理盐水彻底冲洗。就医

食入 漱口，饮水。就医

对保护施救者的忠告 根据需要使用个人防护设备

对医生的特别提示 对症处理

第五部分 消防措施

灭火剂 用泡沫、干粉、二氧化碳、砂土灭火

特别危险性 易燃，其蒸气与空气混合，能形成爆炸性混合物，遇明火、高热或与氧化剂接触，有引起燃烧爆炸的危险。燃烧生成有害的一氧化碳

灭火注意事项及防护措施 消防人员必须佩戴空气呼吸器、穿全身防火防毒服，在上风向灭火。喷水冷却容器，尽可能将容器从火场移至空旷处。容器突然发出异常声音或出现异常现象，应立即撤离

第六部分 泄漏应急处理

作业人员防护措施、防护装备和应急处置程序 消除所有点火源。根据液体流动和蒸气扩散的影响区域划定警戒区，无关人员从侧风、上风向撤离至安全区。建议应急处理人员戴正压自给式呼吸器，穿防静电服，戴橡胶耐油手套。作业时使用的所有设备应接地。禁止接触或跨越泄漏物。尽可能切断泄漏源

环境保护措施 防止泄漏物进入水体、下水道、地下室或有限空间

泄漏化学品的收容、清除方法及所使用的处置材料 小量泄漏：用砂土或其他不燃材料吸收，使用洁净的无火花工具收集吸收材料。大量泄漏：构筑围堤或挖坑收容。用泡沫覆盖，减少蒸发。喷水雾能减少蒸发，但不能降低泄漏物在有限空间内的易燃性。用防爆泵转移至槽车或专用收集器内

第七部分 操作处置与储存

操作注意事项 密闭操作，全面通风。操作人员必须经过专门培训，严格遵守操作规程。建议操作人员佩戴自吸过滤式防毒面具(半面罩)，戴化学安全防护眼镜，穿防静电工作服，戴橡胶耐油手套。远离火种、热源。工作场所严禁吸烟。使用防爆型的通风系统和设备。防止蒸气泄漏到工作场所空气中。避免与氧化剂、酸类接触。充装要控制流速，防止静电积聚。搬

运时要轻装轻卸，防止包装及容器损坏。配备相应品种和数量的消防器材及泄漏应急处理设备。倒空的容器可能残留有害物

储存注意事项 储存于阴凉、通风的库房。远离火种、热源。库温不宜超过37℃。保持容器密封。应与氧化剂、酸类分开存放，切忌混储。采用防爆型照明、通风设施。禁止使用易产生火花的机械设备和工具。储区应备有泄漏应急处理设备和合适的收容材料

第八部分 接触控制/个体防护

职业接触限值

中国 未制定标准

美国(ACGIH) 未制定标准

生物接触限值 未制定标准

监测方法 空气中有毒物质测定方法：溶剂解吸-气相色谱法。生物监测检验方法：未制定标准

工程控制 生产过程密闭，全面通风。提供安全的淋浴和洗眼设备

个体防护装备

呼吸系统防护 空气中浓度超标时，佩戴过滤式防毒面具（半面罩）

眼睛防护 戴化学安全防护眼镜

皮肤和身体防护 穿防静电工作服

手防护 戴橡胶耐油手套

第九部分 理化特性

外观与性状 无色液体，有水果香味

pH值 无资料 **熔点(℃)** －62.7

沸点(℃) 155.5 **相对密度(水＝1)** 0.898

相对蒸气密度(空气＝1) 无资料

饱和蒸气压(kPa) 无资料

燃烧热(kJ/mol) 无资料 **临界温度(℃)** 无资料

临界压力(MPa) 2.8 **辛醇/水分配系数** 2.28

闪点(℃) 44 **自燃温度(℃)** 无资料

爆炸下限(%) 1.1 **爆炸上限(%)** 7.1

分解温度(℃) 无资料 **黏度(mPa·s)** 无资料

溶解性 不溶于水，可混溶于乙醇、乙醚

第十部分 稳定性和反应性

稳定性 稳定

危险反应 与强氧化剂等禁配物接触，有发生火灾和爆炸的危险

避免接触的条件 无资料

禁配物 强氧化剂、强酸

危险的分解产物 无资料

第十一部分 毒理学信息

急性毒性 LD_{50}：＞5g/kg（大鼠经口）；＞5g/kg（兔经皮）

皮肤刺激或腐蚀 无资料 **眼睛刺激或腐蚀** 无资料

呼吸或皮肤过敏 无资料 **生殖细胞突变性** 无资料

致癌性 无资料 **生殖毒性** 无资料

特异性靶器官系统毒性-一次接触 无资料

特异性靶器官系统毒性-反复接触 无资料

吸入危害 无资料

第十二部分 生态学信息

生态毒性 无资料

持久性和降解性

生物降解性 无资料

非生物降解性 无资料

潜在的生物累积性 根据 K_{ow} 值预测，该物质的生物累积性可能较弱

土壤中的迁移性 根据 K_{oc} 值预测，该物质可能有一定的迁移性

第十三部分 废弃处置

废弃化学品 建议用焚烧法处置

污染包装物 将容器返还生产商或按照国家和地方法规处置

废弃注意事项 处置前应参阅国家和地方有关法规

第十四部分 运输信息

联合国危险货物编号(UN号) 3272

联合国运输名称 酯类，未另作规定的（甲酸正己酯）

联合国危险性类别 3 **包装类别** Ⅲ类包装

包装标志 

海洋污染物 否

运输注意事项 运输时运输车辆应配备相应品种和数量的消防器材及泄漏应急处理设备。夏季最好早晚运输。运输时所用的槽（罐）车应有接地链，槽内可设孔隔板以减少震荡产生的静电。严禁与氧化剂、酸类、食用化学品等混装混运。运输途中应防曝晒、雨淋，防高温。中途停留时应远离火种、热源、高温区。装运该物品的车辆排气管必须配备阻火装置，禁止使用易产生火花的机械设备和工具装卸。公路运输时要按规定路线行驶，勿在居民区和人口稠密区停留。铁路运输时要禁止溜放。严禁用木船、水泥船散装运输

第十五部分 法规信息

下列法律、法规、规章和标准，对该化学品的管理作了相应的规定。

中华人民共和国职业病防治法 职业病分类和目录：未列入

危险化学品安全管理条例 危险化学品目录：列入。易制爆危险化学品名录：未列入。重点监管的危险化学品名录：未列入。GB 18218—2009《危险化学品重大危险源辨识》(表1)：未列入

使用有毒物品作业场所劳动保护条例 高毒物品目录：未列入

易制毒化学品管理条例 易制毒化学品的分类和品种目录：未列入

国际公约 斯德哥尔摩公约：未列入。鹿特丹公约：未列入。蒙特利尔议定书：未列入

第十六部分　其他信息

编写和修订信息　　**缩略语和首字母缩写**

培训建议　　**参考文献**

免责声明

甲酸正戊酯

第一部分　化学品标识

化学品中文名　甲酸正戊酯；蚁酸戊酯

化学品英文名　*n*-amyl formate；*n*-pentyl formate

分子式　$C_6H_{12}O_2$　**相对分子质量**　116.16

结构式

化学品的推荐及限制用途　用作油脂、树脂及涂料的溶剂，也用作合成杀虫剂及杀菌剂的中间体

第二部分　危险性概述

紧急情况概述　高度易燃液体和蒸气

GHS 危险性类别　易燃液体，类别 2；严重眼损伤/眼刺激，类别 2；特异性靶器官毒性-一次接触，类别 3（呼吸道刺激）

标签要素

象形图

警示词　危险

危险性说明　高度易燃液体和蒸气，造成严重眼刺激，可能引起呼吸道刺激

防范说明

预防措施　远离热源、火花、明火、热表面。禁止吸烟。保持容器密闭。容器和接收设备接地连接。使用防爆电器、通风、照明设备。只能使用不产生火花的工具。采取防止静电措施。戴防护手套、防护眼镜、防护面罩。避免接触眼睛、皮肤，操作后彻底清洗

事故响应　火灾时，使用泡沫、干粉、二氧化碳、砂土灭火。如皮肤（或头发）接触：立即脱掉所有被污染的衣服，用水冲洗皮肤，淋浴。如接触眼睛：用水细心冲洗数分钟。如戴隐形眼镜并可方便地取出，取出隐形眼镜继续冲洗。如果眼睛刺激持续：就医

安全储存　存放在通风良好的地方。保持低温

废弃处置　本品及内装物、容器依据国家和地方法规处置

物理和化学危险　高度易燃，其蒸气与空气混合，能形成爆炸性混合物

健康危害　对眼睛、黏膜和皮肤有刺激作用，具麻醉作用

环境危害　对环境可能有害

第三部分　成分/组成信息

√物质　　混合物

组分	浓度	CAS No.
甲酸正戊酯		638-49-3

第四部分　急救措施

吸入　迅速脱离现场至空气新鲜处。保持呼吸道通畅。如呼吸困难，给输氧。如呼吸、心跳停止，立即进行心肺复苏术。就医

皮肤接触　立即脱去污染的衣着，用流动清水彻底冲洗。就医

眼睛接触　立即分开眼睑，用流动清水或生理盐水彻底冲洗。就医

食入　漱口，饮水。就医

对保护施救者的忠告　根据需要使用个人防护设备

对医生的特别提示　对症处理

第五部分　消防措施

灭火剂　用泡沫、干粉、二氧化碳、砂土灭火

特别危险性　蒸气比空气重，沿地面扩散并易积存于低洼处，遇火源会着火回燃。燃烧生成有害的一氧化碳

灭火注意事项及防护措施　消防人员必须佩戴空气呼吸器、穿全身防火防毒服，在上风向灭火。喷水冷却容器，尽可能将容器从火场移至空旷处。容器突然发出异常声音或出现异常现象，应立即撤离

第六部分　泄漏应急处理

作业人员防护措施、防护装备和应急处置程序　消除所有点火源。根据液体流动和蒸气扩散的影响区域划定警戒区，无关人员从侧风、上风向撤离至安全区。建议应急处理人员戴正压自给式呼吸器，穿防静电服，戴橡胶耐油手套。作业时使用的所有设备应接地。禁止接触或跨越泄漏物。尽可能切断泄漏源

环境保护措施　防止泄漏物进入水体、下水道、地下室或有限空间

泄漏化学品的收容、清除方法及所使用的处置材料　小量泄漏：用砂土或其他不燃材料吸收，使用洁净的无火花工具收集吸收材料。大量泄漏：构筑围堤或挖坑收容。用砂土、惰性物质或蛭石吸收大量液体。用泡沫覆盖，减少蒸发。喷水雾能减少蒸发，但不能降低泄漏物在有限空间内的易燃性。用防爆泵转移至槽车或专用收集器内

第七部分　操作处置与储存

操作注意事项　密闭操作，全面通风。操作人员必须经过专门培训，严格遵守操作规程。建议操作人员佩戴自吸过滤式防毒面具（半面罩），戴化学安全防护眼镜，穿防静电工作服，戴橡胶耐油手套。远离火种、热源。工作场所严禁吸烟。使用防爆型的通风系统和设备。防止蒸气泄漏到工作场所空气中。避免与氧化剂、酸类接触。充装要控制流速，防止静电积聚。搬运时要轻装轻卸，防止包装及容器损坏。配备相应品种和数量的消防器材及泄漏应急处理设备。倒空的容器可能残留有害物

储存注意事项　储存于阴凉、通风的库房。远离火种、热源。库温不宜超过 37℃。保持容器密封。应与氧化剂、酸类分开存放，切忌混储。采用防爆型照明、通

风设施。禁止使用易产生火花的机械设备和工具。储区应备有泄漏应急处理设备和合适的收容材料

第八部分 接触控制/个体防护

职业接触限值

中国 未制定标准

美国(ACGIH) 未制定标准

生物接触限值 未制定标准

监测方法 空气中有毒物质测定方法：溶剂解吸-气相色谱法。生物监测检验方法：未制定标准

工程控制 生产过程密闭，全面通风。提供安全的淋浴和洗眼设备

个体防护装备

呼吸系统防护 空气中浓度超标时，应该佩戴过滤式防毒面具（半面罩）。必要时佩戴空气呼吸器

眼睛防护 戴化学安全防护眼镜

皮肤和身体防护 穿防静电工作服

手防护 戴橡胶耐油手套

第九部分 理化特性

外观与性状 无色至黄色易燃液体，有水果香味

pH 值 无资料 **熔点(℃)** −73.5

沸点(℃) 131 **相对密度(水=1)** 0.89

相对蒸气密度(空气=1) 4.0

饱和蒸气压(kPa) 6.53（50℃）

燃烧热(kJ/mol) 无资料 **临界温度(℃)** 302.6

临界压力(MPa) 3.12 **辛醇/水分配系数** 1.790

闪点(℃) 26.7 **自燃温度(℃)** 379

爆炸下限(%) 1.3 **爆炸上限(%)** 8.1

分解温度(℃) 无资料 **黏度(mPa·s)** 无资料

溶解性 微溶于水，混溶于乙醇、乙醚

第十部分 稳定性和反应性

稳定性 稳定

危险反应 与强氧化剂等禁配物接触，有发生火灾和爆炸的危险

避免接触的条件 无资料

禁配物 强氧化剂、强酸

危险的分解产物 无资料

第十一部分 毒理学信息

急性毒性 LD_{50}：＞5g/kg（大鼠经口）；＞5g/kg（兔经皮）

皮肤刺激或腐蚀 家兔经皮：500mg（24h），轻度刺激

眼睛刺激或腐蚀 无资料 **呼吸或皮肤过敏** 无资料

生殖细胞突变性 无资料 **致癌性** 无资料

生殖毒性 无资料

特异性靶器官系统毒性-一次接触 无资料

特异性靶器官系统毒性-反复接触 无资料

吸入危害 无资料

第十二部分 生态学信息

生态毒性 无资料

持久性和降解性

生物降解性 无资料

非生物降解性 无资料

潜在的生物累积性 根据 K_{ow}值预测，该物质的生物累积性可能较弱

土壤中的迁移性 根据 K_{oc}值预测，该物质可能易发生迁移

第十三部分 废弃处置

废弃化学品 建议用焚烧法处置

污染包装物 将容器返还生产商或按照国家和地方法规处置

废弃注意事项 处置前应参阅国家和地方有关法规

第十四部分 运输信息

联合国危险货物编号（UN 号） 1109

联合国运输名称 甲酸戊酯

联合国危险性类别 3 **包装类别** Ⅲ类包装

包装标志  **海洋污染物** 否

运输注意事项 运输时运输车辆应配备相应品种和数量的消防器材及泄漏应急处理设备。夏季最好早晚运输。运输时所用的槽（罐）车应有接地链，槽内可设孔隔板以减少震荡产生的静电。严禁与氧化剂、酸类、食用化学品等混装混运。运输途中应防曝晒、雨淋，防高温。中途停留时应远离火种、热源、高温区。装运该物品的车辆排气管必须配备阻火装置，禁止使用易产生火花的机械设备和工具装卸。公路运输时要按规定路线行驶，勿在居民区和人口稠密区停留。铁路运输时要禁止溜放。严禁用木船、水泥船散装运输

第十五部分 法规信息

下列法律、法规、规章和标准，对该化学品的管理作了相应的规定。

中华人民共和国职业病防治法 职业病分类和目录：未列入

危险化学品安全管理条例 危险化学品目录：列入。易制爆危险化学品名录：未列入。重点监管的危险化学品名录：未列入。GB 18218—2009《危险化学品重大危险源辨识》(表 1)：未列入

使用有毒物品作业场所劳动保护条例 高毒物品目录：未列入

易制毒化学品管理条例 易制毒化学品的分类和品种目录：未列入

国际公约 斯德哥尔摩公约：未列入。鹿特丹公约：未列入。蒙特利尔议定书：未列入

第十六部分 其他信息

编写和修订信息 **缩略语和首字母缩写**

培训建议 **参考文献**

免责声明

甲　　烷

第一部分　化学品标识

化学品中文名　甲烷；沼气

化学品英文名　methane；marsh gas

分子式　CH_4　　**相对分子质量**　16.05

结构式

```
   H
   |
H--+--H
   |
   H
```

化学品的推荐及限制用途　用作燃料和用于炭黑、氢、乙炔、甲醛等的制造

第二部分　危险性概述

紧急情况概述　极易燃气体，内装加压气体：遇热可能爆炸

GHS 危险性类别　易燃气体，类别 1；加压气体

标签要素

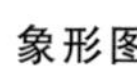

警示词　危险

危险性说明　极易燃气体，内装加压气体：遇热可能爆炸

防范说明

预防措施　远离热源、火花、明火、热表面。禁止吸烟

事故响应　漏气着火：切勿灭火，除非漏气能够安全地制止。如果没有危险，消除一切点火源

安全储存　防日晒。存放在通风良好的地方

废弃处置　-

物理和化学危险　极易燃，与空气混合能形成爆炸性混合物

健康危害　空气中甲烷浓度过高，能使人窒息。当空气中甲烷达 25%～30%时，可引起头痛、头晕、乏力、注意力不集中、呼吸和心跳加速、共济失调。若不及时脱离，可致窒息死亡。皮肤接触液化气体可致冻伤

环境危害　对环境可能有害

第三部分　成分/组成信息

√物质		混合物
组分	**浓度**	**CAS No.**
甲烷		74-82-8

第四部分　急救措施

吸入　迅速脱离现场至空气新鲜处。保持呼吸道通畅。如呼吸困难，给输氧。如呼吸、心跳停止，立即进行心肺复苏术。就医

皮肤接触　如发生冻伤，用温水（38～42℃）复温，忌用热水或辐射热，不要搓揉。就医

对保护施救者的忠告　根据需要使用个人防护设备

对医生的特别提示　对症处理

第五部分　消防措施

灭火剂　用雾状水、泡沫、二氧化碳、干粉灭火

特别危险性　与五氧化溴、氯气、次氯酸、三氟化氮、液氧、二氟化氧及其他强氧化剂接触发生剧烈反应。燃烧生成有害的一氧化碳

灭火注意事项及防护措施　切断气源。若不能切断气源，则不允许熄灭泄漏处的火焰。消防人员必须佩戴空气呼吸器、穿全身防火防毒服，在上风向灭火。尽可能将容器从火场移至空旷处。喷水保持火场容器冷却，直至灭火结束

第六部分　泄漏应急处理

作业人员防护措施、防护装备和应急处置程序　消除所有点火源。根据气体扩散的影响区域划定警戒区，无关人员从侧风、上风向撤离至安全区。建议应急处理人员戴正压自给式呼吸器，穿防静电服。作业时使用的所有设备应接地。尽可能切断泄漏源。若可能翻转容器，使之逸出气体而非液体。喷雾状水抑制蒸气或改变蒸气云流向，避免水流接触泄漏物。禁止用水直接冲击泄漏物或泄漏源

环境保护措施　防止气体通过下水道、通风系统和有限空间扩散。隔离泄漏区直至气体散尽

泄漏化学品的收容、清除方法及所使用的处置材料　无资料

第七部分　操作处置与储存

操作注意事项　密闭操作，全面通风。操作人员必须经过专门培训，严格遵守操作规程。远离火种、热源。工作场所严禁吸烟。使用防爆型的通风系统和设备。防止气体泄漏到工作场所空气中。避免与氧化剂接触。在传送过程中，钢瓶和容器必须接地和跨接，防止产生静电。搬运时轻装轻卸，防止钢瓶及附件破损。配备相应品种和数量的消防器材及泄漏应急处理设备

储存注意事项　钢瓶装本品储存于阴凉、通风的易燃气体专用库房。远离火种、热源。库温不宜超过 30℃。应与氧化剂等分开存放，切忌混储。采用防爆型照明、通风设施。禁止使用易产生火花的机械设备和工具。储区应备有泄漏应急处理设备

第八部分　接触控制/个体防护

职业接触限值

中国　未制定标准

美国（ACGIH）　未制定标准

生物接触限值　未制定标准

监测方法　空气中有毒物质测定方法：未制定标准。生物监测检验方法：未制定标准

工程控制　生产过程密闭，全面通风

个体防护装备

呼吸系统防护　一般不需要特殊防护，但建议特殊情况下，佩戴过滤式防毒面具（半面罩）

眼睛防护　一般不需要特殊防护，高浓度接触时可戴

安全防护眼镜

皮肤和身体防护　穿防静电工作服

手防护　戴一般作业防护手套

第九部分　理化特性

外观与性状　无色无味气体

pH 值　无意义　　**熔点(℃)**　−182.6

沸点(℃)　−161.4

相对密度(水＝1)　0.42（−164℃）

相对蒸气密度(空气＝1)　0.6

饱和蒸气压(kPa)　53.32（−168.8℃）

燃烧热(kJ/mol)　−890.8　　**临界温度(℃)**　−82.25

临界压力(MPa)　4.59　　**辛醇/水分配系数**　1.09

闪点(℃)　−218　　**自燃温度(℃)**　537

爆炸下限(%)　5　　**爆炸上限(%)**　15

分解温度(℃)　无资料　　**黏度(mPa·s)**　无资料

溶解性　微溶于水，溶于乙醇、乙醚、苯、甲苯等

第十部分　稳定性和反应性

稳定性　稳定

危险反应　与强氧化剂等禁配物接触，有发生火灾和爆炸的危险

避免接触的条件　无资料

禁配物　强氧化剂、强酸、强碱、卤素

危险的分解产物　无资料

第十一部分　毒理学信息

急性毒性　LC_{50}：50pph（小鼠吸入，2h）

皮肤刺激或腐蚀　无资料　　**眼睛刺激或腐蚀**　无资料

呼吸或皮肤过敏　无资料　　**生殖细胞突变性**　无资料

致癌性　无资料　　**生殖毒性**　无资料

特异性靶器官系统毒性-一次接触　无资料

特异性靶器官系统毒性-反复接触　无资料

吸入危害　无资料

第十二部分　生态学信息

生态毒性　无资料

持久性和降解性

生物降解性　无资料

非生物降解性　空气中，当羟基自由基浓度为5.00×10^5个/cm^3时，降解半衰期 6a（理论）

潜在的生物累积性　根据 K_{ow}值预测，该物质的生物累积性可能较弱

土壤中的迁移性　根据 K_{oc}值预测，该物质可能易发生迁移

第十三部分　废弃处置

废弃化学品　建议用焚烧法处置

污染包装物　将容器返还生产商或按照国家和地方法规处置

废弃注意事项　处置前应参阅国家和地方有关法规。把倒空的容器归还厂商或在规定场所掩埋

第十四部分　运输信息

联合国危险货物编号（UN 号）　1971（压缩）；1972（液化）

联合国运输名称　压缩甲烷（压缩）；冷冻液态甲烷（液化）

联合国危险性类别　2.1　　**包装类别**　-

包装标志　　　**海洋污染物**　否

运输注意事项　采用钢瓶运输时必须戴好钢瓶上的安全帽。钢瓶一般平放，并应将瓶口朝同一方向，不可交叉；高度不得超过车辆的防护栏板，并用三角木垫卡牢，防止滚动。运输时运输车辆应配备相应品种和数量的消防器材。装运该物品的车辆排气管必须配备阻火装置，禁止使用易产生火花的机械设备和工具装卸。严禁与氧化剂等混装混运。夏季应早晚运输，防止日光曝晒。中途停留时应远离火种、热源。公路运输时要按规定路线行驶，勿在居民区和人口稠密区停留。铁路运输时要禁止溜放

第十五部分　法规信息

下列法律、法规、规章和标准，对该化学品的管理作了相应的规定。

中华人民共和国职业病防治法　职业病分类和目录：未列入

危险化学品安全管理条例　危险化学品目录：列入。易制爆危险化学品名录：未列入。重点监管的危险化学品名录：列入。GB 18218—2009《危险化学品重大危险源辨识》(表 1)：列入。类别：易燃气体，临界量（t)：50

使用有毒物品作业场所劳动保护条例　高毒物品目录：未列入

易制毒化学品管理条例　易制毒化学品的分类和品种目录：未列入

国际公约　斯德哥尔摩公约：未列入。鹿特丹公约：未列入。蒙特利尔议定书：未列入

第十六部分　其他信息

编写和修订信息　　**缩略语和首字母缩写**

培训建议　　**参考文献**

免责声明

甲　乙　醚

第一部分　化学品标识

化学品中文名　甲乙醚；甲氧基乙烷；甲基乙基醚

化学品英文名　methyl ethyl ether；methoxyethane

分子式　C_3H_8O　　**相对分子质量**　60.11

结构式　⌒O⌒

化学品的推荐及限制用途　用于医药（麻醉剂）

第二部分　危险性概述

紧急情况概述　极易燃气体，内装加压气体：遇热可能

爆炸

GHS危险性类别 易燃气体，类别1；加压气体

标签要素

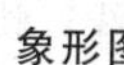

象形图 

警示词 危险

危险性说明 极易燃气体，内装加压气体：遇热可能爆炸

防范说明

预防措施 远离热源、火花、明火、热表面。禁止吸烟

事故响应 漏气着火：切勿灭火，除非漏气能够安全地制止。如果没有危险，消除一切点火源

安全储存 防日晒。存放在通风良好的地方

废弃处置 -

物理和化学危险 极易燃，与空气混合能形成爆炸性混合物

健康危害 对皮肤、黏膜有刺激作用；对中枢神经系统有抑制、麻醉作用

环境危害 对环境可能有害

第三部分 成分/组成信息

√物质　　　　混合物

组分	浓度	CAS No.
甲乙醚		540-67-0

第四部分 急救措施

吸入 迅速脱离现场至空气新鲜处。保持呼吸道通畅。如呼吸困难，给输氧。如呼吸、心跳停止，立即进行心肺复苏术。就医

皮肤接触 立即脱去污染的衣着，用流动清水彻底冲洗。就医

眼睛接触 立即分开眼睑，用流动清水或生理盐水彻底冲洗。就医

食入 漱口，饮水。就医

对保护施救者的忠告 根据需要使用个人防护设备

对医生的特别提示 对症处理

第五部分 消防措施

灭火剂 用抗溶性泡沫、干粉、二氧化碳灭火

特别危险性 长期储存，可生成具有潜在爆炸危险性的过氧化物。蒸气比空气重，沿地面扩散并易积存于低洼处，遇火源会着火回燃。燃烧生成有害的一氧化碳

灭火注意事项及防护措施 切断气源。若不能切断气源，则不允许熄灭泄漏处的火焰。消防人员必须佩戴空气呼吸器、穿全身防火防毒服，在上风向灭火。尽可能将容器从火场移至空旷处。喷水保持火场容器冷却，直至灭火结束。用水灭火无效

第六部分 泄漏应急处理

作业人员防护措施、防护装备和应急处置程序 消除所有点火源。根据气体扩散的影响区域划定警戒区，无关人员从侧风、上风向撤离至安全区。建议应急处理人员戴正压自给式呼吸器，穿防静电服。作业时使用的所有设备应接地。禁止接触或跨越泄漏物。尽可能切断泄漏源。喷雾状水抑制蒸气或改变蒸气云流向，避免水流接触泄漏物。禁止用水直接冲击泄漏物或泄漏源

环境保护措施 防止气体通过下水道、通风系统和有限空间扩散。隔离泄漏区直至气体散尽

泄漏化学品的收容、清除方法及所使用的处置材料 无资料

第七部分 操作处置与储存

操作注意事项 密闭操作，全面通风。操作人员必须经过专门培训，严格遵守操作规程。建议操作人员佩戴自吸过滤式防毒面具（半面罩），戴化学安全防护眼镜，穿防静电工作服。远离火种、热源。工作场所严禁吸烟。使用防爆型的通风系统和设备。防止气体或蒸气泄漏到工作场所空气中。避免与氧化剂、酸类、卤素接触。在传送过程中，钢瓶和容器必须接地和跨接，防止产生静电。搬运时轻装轻卸，防止钢瓶及附件破损。配备相应品种和数量的消防器材及泄漏应急处理设备

储存注意事项 储存于阴凉、通风的易燃气体专用库房。远离火种、热源。库温不宜超过30℃。应与氧化剂、酸类、卤素分开存放，切忌混储。不宜久存。采用防爆型照明、通风设施。禁止使用易产生火花的机械设备和工具。储区应备有泄漏应急处理设备

第八部分 接触控制/个体防护

职业接触限值

中国 未制定标准

美国(ACGIH) 未制定标准

生物接触限值 未制定标准

监测方法 空气中有毒物质测定方法：未制定标准。生物监测检验方法：未制定标准

工程控制 生产过程密闭，全面通风

个体防护装备

呼吸系统防护 空气中浓度超标时，建议佩戴过滤式防毒面具（半面罩）。紧急事态抢救或撤离时，必须佩戴空气呼吸器

眼睛防护 一般不需要特殊防护，高浓度接触时可戴化学安全防护眼镜

皮肤和身体防护 穿防静电工作服

手防护 戴一般作业防护手套

第九部分 理化特性

外观与性状 无色气体或液体

pH值 无意义　　**熔点(℃)** −113

沸点(℃) 7.4　　**相对密度(水=1)** 0.73

相对蒸气密度(空气=1) 2.1

饱和蒸气压(kPa) 53.32(−7.8℃)

燃烧热(kJ/mol) −2105.4　**临界温度(℃)** 164.7

临界压力(MPa) 4.40 **辛醇/水分配系数** 0.56
闪点(℃) −37 (CC) **自燃温度(℃)** 190
爆炸下限(%) 2.0 **爆炸上限(%)** 10.1
分解温度(℃) 无资料
黏度(mPa·s) 0.224 (25℃)
溶解性 溶于水，可混溶于乙醇、乙醚

第十部分 稳定性和反应性

稳定性 稳定
危险反应 与强氧化剂等禁配物接触，有发生火灾和爆炸的危险
避免接触的条件 无资料
禁配物 强氧化剂、强酸、卤素、硫、硫化物
危险的分解产物 无资料

第十一部分 毒理学信息

急性毒性 LC_{50}：1082mg/m^3 (小鼠吸入，15 min)
皮肤刺激或腐蚀 无资料 **眼睛刺激或腐蚀** 无资料
呼吸或皮肤过敏 无资料 **生殖细胞突变性** 无资料
致癌性 无资料 **生殖毒性** 无资料
特异性靶器官系统毒性-一次接触 无资料
特异性靶器官系统毒性-反复接触 无资料
吸入危害 无资料

第十二部分 生态学信息

生态毒性 无资料
持久性和降解性
生物降解性 无资料
非生物降解性 空气中，当羟基自由基浓度为5.00×10^5个/cm^{3}时，降解半衰期为2.3d (理论)
潜在的生物累积性 根据 K_{ow}值预测，该物质的生物累积性可能较弱
土壤中的迁移性 根据 K_{oc}值预测，该物质可能易发生迁移

第十三部分 废弃处置

废弃化学品 建议用焚烧法处置
污染包装物 将容器返还生产商或按照国家和地方法规处置
废弃注意事项 处置前应参阅国家和地方有关法规

第十四部分 运输信息

联合国危险货物编号 (UN 号) 1039
联合国运输名称 甲乙醚
联合国危险性类别 2.1 **包装类别** -
包装标志  **海洋污染物** 否
运输注意事项 采用钢瓶运输时必须戴好钢瓶上的安全帽。钢瓶一般平放，并应将瓶口朝同一方向，不可交叉；高度不得超过车辆的防护栏板，并用三角木垫卡牢，防止滚动。运输时运输车辆应配备相应品种和数量的消防器材。装运该物品的车辆排气管必须配备阻火装置，禁止使用易产生火花的机械设备和工具装卸。严禁与氧化剂、酸类、卤素、食用化学品等混装混运。夏季应早晚运输，防止日光曝晒。中途停留时应远离火种、热源。公路运输时要按规定路线行驶，禁止在居民区和人口稠密区停留。铁路运输时要禁止溜放

第十五部分 法规信息

下列法律、法规、规章和标准，对该化学品的管理作了相应的规定。
中华人民共和国职业病防治法 职业病分类和目录：未列入
危险化学品安全管理条例 危险化学品目录：列入。易制爆危险化学品名录：未列入。重点监管的危险化学品名录：未列入。GB 18218—2009《危险化学品重大危险源辨识》(表 1)：未列入
使用有毒物品作业场所劳动保护条例 高毒物品目录：未列入
易制毒化学品管理条例 易制毒化学品的分类和品种目录：未列入
国际公约 斯德哥尔摩公约：未列入。鹿特丹公约：未列入。蒙特利尔议定书：未列入

第十六部分 其他信息

编写和修订信息 **缩略语和首字母缩写**
培训建议 **参考文献**
免责声明

间苯二胺

第一部分 化学品标识

化学品中文名 间苯二胺；1,3-苯二胺；1,3-二氨基苯
化学品英文名 *m*-phenylenediamine；1,3-diaminobenzene
分子式 $C_6H_8N_2$ **相对分子质量** 108.16
结构式 H_2N–(苯环)–NH_2
化学品的推荐及限制用途 用作染料中间体，环氧树脂的固化剂和水泥的促凝剂

第二部分 危险性概述

紧急情况概述 吞咽会中毒，皮肤接触会中毒，吸入会中毒，可能导致皮肤过敏反应
GHS 危险性类别 急性毒性-经口，类别 3；急性毒性-经皮，类别 3；急性毒性-吸入，类别 3；严重眼损伤/眼刺激，类别 2；皮肤致敏物，类别 1；生殖细胞致突变性，类别 2；危害水生环境-急性危害，类别 1；危害水生环境-长期危害，类别 1
标签要素
象形图 

警示词 危险

危险性说明 吞咽会中毒，皮肤接触会中毒，吸入会中毒，造成严重眼刺激，可能导致皮肤过敏反应，怀疑可造成遗传性缺陷，对水生生物毒性非常大并具有长期持续影响

防范说明

预防措施 避免接触眼睛、皮肤，操作后彻底清洗。作业场所不得进食、饮水或吸烟。戴防护手套，穿防护服，戴防护眼镜、防护面罩。避免吸入粉尘、蒸气。仅在室外或通风良好处操作。避免接触眼睛、皮肤，操作后彻底清洗。污染的工作服不得带出工作场所。得到专门指导后操作。在阅读并了解所有安全预防措施之前，切勿操作。按要求使用个体防护装备。禁止排入环境

事故响应 食入：漱口。立即呼叫中毒控制中心或就医。如吸入：将患者转移到空气新鲜处，休息，保持利于呼吸的体位。皮肤接触：用大量肥皂水和水清洗。如出现皮肤刺激或皮疹：就医。立即脱去所有被污染的衣服。被污染的衣服须经洗净后方可重新使用。如接触眼睛：用水细心冲洗数分钟。如戴隐形眼镜并可方便地取出，取出隐形眼镜继续冲洗。如果眼睛刺激持续：就医。如果接触或有担心，就医。收集泄漏物

安全储存 在通风良好处储存。保持容器密闭。上锁保管

废弃处置 本品及内装物、容器依据国家和地方法规处置

物理和化学危险 可燃，其粉体与空气混合，能形成爆炸性混合物

健康危害 因挥发性很小，不易吸入中毒。口服则毒作用剧烈，与苯胺同，引起高铁血红蛋白血症，使组织缺氧，出现紫绀。对皮肤有致敏性

环境危害 对水生生物毒性非常大并具有长期持续影响

第三部分 成分/组成信息

√物质　　　　混合物

组分	浓度	CAS No.
间苯二胺		108-45-2

第四部分 急救措施

吸入 迅速脱离现场至空气新鲜处。保持呼吸道通畅。如呼吸困难，给吸氧。如呼吸、心跳停止，立即行心肺复苏术。就医

皮肤接触 立即脱去污染衣着，用肥皂水或清水彻底冲洗。就医

眼睛接触 分开眼睑，用清水或生理盐水冲洗。就医

食入 漱口，饮水。就医

对保护施救者的忠告 根据需要使用个人防护设备

对医生的特别提示 高铁血红蛋白血症，可用美蓝和维生素C治疗

第五部分 消防措施

灭火剂 用雾状水、二氧化碳、砂土灭火

特别危险性 燃烧分解放出有毒烟气。燃烧生成有害的一氧化碳、氮氧化物

灭火注意事项及防护措施 消防人员必须佩戴空气呼吸器、穿全身防火防毒服，在上风向灭火。尽可能将容器从火场移至空旷处。喷水保持火场容器冷却，直至灭火结束

第六部分 泄漏应急处理

作业人员防护措施、防护装备和应急处置程序 隔离泄漏污染区，限制出入。消除所有点火源。建议应急处理人员戴防尘口罩，穿防毒服，戴橡胶手套。穿上适当的防护服前严禁接触破裂的容器和泄漏物。尽可能切断泄漏源。用塑料布覆盖泄漏物，减少飞散。勿使水进入包装容器内

环境保护措施 无资料

泄漏化学品的收容、清除方法及所使用的处置材料 用洁净的铲子收集泄漏物，置于干净、干燥、盖子较松的容器中，将容器移离泄漏区

第七部分 操作处置与储存

操作注意事项 密闭操作，提供充分的局部排风。操作人员必须经过专门培训，严格遵守操作规程。建议操作人员佩戴自吸过滤式防尘口罩，戴安全防护眼镜，穿防毒物渗透工作服，戴橡胶手套。远离火种、热源。工作场所严禁吸烟。使用防爆型的通风系统和设备。避免产生粉尘。避免与氧化剂、酸类接触。搬运时要轻装轻卸，防止包装及容器损坏。配备相应品种和数量的消防器材及泄漏应急处理设备。倒空的容器可能残留有害物

储存注意事项 储存于阴凉、通风的库房。远离火种、热源。包装密封。应与氧化剂、酸类、食用化学品分开存放，切忌混储。配备相应品种和数量的消防器材。储区应备有合适的材料收容泄漏物

第八部分 接触控制/个体防护

职业接触限值

中国 未制定标准

美国(ACGIH) TLV-TWA：0.1mg/m^3

生物接触限值 未制定标准

监测方法 空气中有毒物质测定方法：未制定标准。生物监测检验方法：未制定标准

工程控制 严加密闭，提供充分的局部排风。提供安全的淋浴和洗眼设备

个体防护装备

呼吸系统防护 空气中粉尘浓度超标时，佩戴过滤式防尘呼吸器。紧急事态抢救或撤离时，应该佩戴空气呼吸器

眼睛防护 戴安全防护眼镜

皮肤和身体防护 穿防毒物渗透工作服

手防护 戴橡胶手套

第九部分 理化特性

外观与性状 无色针状结晶，有芳香味

pH值 9.2（1%溶液） **熔点(℃)** 63
沸点(℃) 282～287 **相对密度(水=1)** 1.14
相对蒸气密度(空气=1) 3.7
饱和蒸气压(kPa) 1.33（100℃）
燃烧热(kJ/mol) 无资料 **临界温度(℃)** 无资料
临界压力(MPa) 5.18 **辛醇/水分配系数** −0.33
闪点(℃) 138 **自燃温度(℃)** 560
爆炸下限(%) 无资料 **爆炸上限(%)** 无资料
分解温度(℃) 无资料 **黏度(mPa·s)** 无资料
溶解性 溶于水、乙醇、甲醇、氯仿、丙酮，微溶于乙醚、四氯化碳

第十部分 稳定性和反应性

稳定性 稳定
危险反应 与强氧化剂、卤素、酸酐、金属等禁配物接触，有发生火灾和爆炸的危险
避免接触的条件 受热、光照
禁配物 强酸、强氧化剂、酸酐、酰基氯
危险的分解产物 氨

第十一部分 毒理学信息

急性毒性 LD_{50}：650mg/kg（大鼠经口）
皮肤刺激或腐蚀 无资料
眼睛刺激或腐蚀 家兔经眼：100μl，重度刺激
呼吸或皮肤过敏 无资料
生殖细胞突变性 微生物致突变性：鼠伤寒沙门氏菌10μg/皿。DNA抑制：小鼠经口200mg/kg
致癌性 IARC致癌性评论：组3，现有的证据不能对人类致癌性进行分类。对人及动物致癌性证据不足
生殖毒性 大鼠腹腔最低中毒剂量（TDLo）：375mg/kg（30d，雄性），引起死胎
特异性靶器官系统毒性-一次接触 无资料
特异性靶器官系统毒性-反复接触 无资料
吸入危害 无资料

第十二部分 生态学信息

生态毒性
LC_{50} 0.028mg/L（96h）（黑头呆鱼）；3.9mg/L（96h）（虹鳟鱼）；5.74mg/L（48h）（金鱼）
EC_{50} 3.9mg/L（48h）（水蚤）
持久性和降解性
生物降解性 不易快速生物降解
非生物降解性 水中光氧化半衰期（h）：31～1740；空气中光氧化半衰期（h）：0.278～2.78
潜在的生物累积性 根据 K_{ow} 值预测，该物质的生物累积性可能较弱
土壤中的迁移性 根据 K_{oc} 值预测，该物质可能易发生迁移

第十三部分 废弃处置

废弃化学品 建议用焚烧法处置。焚烧炉排出的氮氧化物通过洗涤器除去
污染包装物 将容器返还生产商或按照国家和地方法规处置
废弃注意事项 处置前应参阅国家和地方有关法规

第十四部分 运输信息

联合国危险货物编号（UN号） 1673
联合国运输名称 间苯二胺
联合国危险性类别 6.1 **包装类别** Ⅲ类包装
包装标志  **海洋污染物** 否
运输注意事项 运输前应先检查包装容器是否完整、密封，运输过程中要确保容器不泄漏、不倒塌、不坠落、不损坏。严禁与酸类、氧化剂、食品及食品添加剂混运。运输时运输车辆应配备相应品种和数量的消防器材及泄漏应急处理设备。运输途中应防曝晒、雨淋，防高温

第十五部分 法规信息

下列法律、法规、规章和标准，对该化学品的管理作了相应的规定。
中华人民共和国职业病防治法 职业病分类和目录：苯的氨基及硝基化合物中毒
危险化学品安全管理条例 危险化学品目录：列入。易制爆危险化学品名录：未列入。重点监管的危险化学品名录：未列入。GB 18218—2009《危险化学品重大危险源辨识》（表1）：未列入
使用有毒物品作业场所劳动保护条例 高毒物品目录：未列入
易制毒化学品管理条例 易制毒化学品的分类和品种目录：未列入
国际公约 斯德哥尔摩公约：未列入。鹿特丹公约：未列入。蒙特利尔议定书：未列入

第十六部分 其他信息

编写和修订信息 **缩略语和首字母缩写**
培训建议 **参考文献**
免责声明

间苯二酚

第一部分 化学品标识

化学品中文名 间苯二酚；1,3-苯二酚；1,3-二羟基苯；雷锁辛
化学品英文名 1,3-benzenediol; *m*-dihydroxybenzene; resorcinol
分子式 $C_6H_6O_2$ **相对分子质量** 110.12
结构式 HO–C₆H₄–OH（1,3-位）
化学品的推荐及限制用途 用于制染料、塑料、药物、合成纤维等

第二部分 危险性概述

紧急情况概述 吞咽有害

GHS危险性类别 急性毒性-经口，类别4；皮肤腐蚀/刺激，类别2；严重眼损伤/眼刺激，类别2；危害水生环境-急性危害，类别1

标签要素

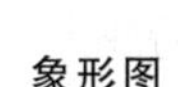

警示词 警告

危险性说明 吞咽有害，造成皮肤刺激，造成严重眼刺激，对水生生物毒性非常大

防范说明

预防措施 避免接触眼睛、皮肤，操作后彻底清洗。作业场所不得进食、饮水或吸烟。戴防护手套、防护眼镜、防护面罩。禁止排入环境

事故响应 食入：漱口。如果感觉不适，立即呼叫中毒控制中心或就医。皮肤接触：用大量肥皂水和水清洗。如发生皮肤刺激，就医。脱去被污染的衣服，洗净后方可重新使用。如接触眼睛：用水细心冲洗数分钟。如戴隐形眼镜并可方便地取出，取出隐形眼镜继续冲洗。如果眼睛刺激持续：就医。收集泄漏物

安全储存 -

废弃处置 本品及内装物、容器依据国家和地方法规处置

物理和化学危险 可燃，其粉体与空气混合，能形成爆炸性混合物

健康危害 急性中毒与酚类似，引起头痛、头昏、烦躁、嗜睡、紫绀（由于高铁血红蛋白血症）、抽搐、心动过速、呼吸困难、体温及血压下降，甚至死亡。本品3%～25%的水溶液或油膏涂在皮肤上引起皮肤损害，并可吸收中毒引起死亡

慢性影响 长期低浓度接触，可引起呼吸道刺激症状及皮肤损害

环境危害 对水生生物毒性非常大

第三部分 成分/组成信息

√物质 混合物

组分	浓度	CAS No.
间苯二酚		108-46-3

第四部分 急救措施

吸入 迅速脱离现场至空气新鲜处。保持呼吸道通畅。如呼吸困难，给输氧。如呼吸、心跳停止，立即进行心肺复苏术。就医

皮肤接触 立即脱去污染衣物，用大量流动清水彻底冲洗污染创面，同时使用浸过聚乙烯乙二醇（PEG400或PEG300）的棉球或浸过30%～50%酒精棉球擦洗创面至无酚味为止（注意不能将患处浸泡于清洗液中）。可继续用4%～5%碳酸氢钠溶液湿敷创面。就医

眼睛接触 立即分开眼睑，用大量流动清水或生理盐水彻底冲洗至少15min。就医

食入 漱口，给服植物油15～30ml，催吐。对食入时间长者禁用植物油，可口服牛奶或蛋清。就医

对保护施救者的忠告 根据需要使用个人防护设备

对医生的特别提示 高铁血红蛋白血症，可用美蓝和维生素C治疗

第五部分 消防措施

灭火剂 用雾状水、抗溶性泡沫、干粉、二氧化碳、砂土灭火

特别危险性 受高热分解放出有毒的气体。与强氧化剂接触可发生化学反应。燃烧生成有害的一氧化碳

灭火注意事项及防护措施 消防人员必须佩戴空气呼吸器、穿全身防火防毒服，在上风向灭火。尽可能将容器从火场移至空旷处。喷水保持火场容器冷却，直至灭火结束

第六部分 泄漏应急处理

作业人员防护措施、防护装备和应急处置程序 隔离泄漏污染区，限制出入。消除所有点火源。建议应急处理人员戴防尘口罩，穿一般作业工作服，戴橡胶手套。尽可能切断泄漏源。用塑料布覆盖泄漏物，减少飞散。勿使水进入包装容器内

环境保护措施 无资料

泄漏化学品的收容、清除方法及所使用的处置材料 用洁净的铲子收集泄漏物，置于干净、干燥、盖子较松的容器中，将容器移离泄漏区

第七部分 操作处置与储存

操作注意事项 密闭操作，提供充分的局部排风。尽可能采取隔离操作。操作人员必须经过专门培训，严格遵守操作规程。建议操作人员佩戴自吸过滤式防尘口罩，戴安全防护眼镜，穿防毒物渗透工作服，戴橡胶手套。远离火种、热源。工作场所严禁吸烟。使用防爆型的通风系统和设备。避免产生粉尘。避免与氧化剂、酸类、碱类接触。搬运时要轻装轻卸，防止包装及容器损坏。配备相应品种和数量的消防器材及泄漏应急处理设备。倒空的容器可能残留有害物

储存注意事项 储存于阴凉、通风的库房。远离火种、热源。库房温度不超过35℃，相对湿度不超过80%。包装要求密封，不可与空气接触。应与氧化剂、酸类、碱类、食用化学品分开存放，切忌混储。配备相应品种和数量的消防器材。储区应备有合适的材料收容泄漏物

第八部分 接触控制/个体防护

职业接触限值

中国 PC-TWA：20mg/m^3

美国(ACGIH) TLV-TWA：10ppm；TLV-STEL：20ppm

生物接触限值 未制定标准

监测方法 空气中有毒物质测定方法：碳酸钠分光光度法。生物监测检验方法：未制定标准

工程控制 严加密闭，提供充分的局部排风。尽可能采取隔离操作。提供安全的淋浴和洗眼设备

个体防护装备

呼吸系统防护 空气中粉尘浓度超标时，佩戴过滤式防尘呼吸器。紧急事态抢救或撤离时，应该佩戴空气呼吸器

眼睛防护 戴安全防护眼镜

皮肤和身体防护 穿防毒物渗透工作服

手防护 戴橡胶手套

第九部分 理化特性

外观与性状 白色针状结晶，有不愉快的气味，置于空气中逐渐变红

pH值 5.2 **熔点(℃)** 110.7

沸点(℃) 276.5 **相对密度(水=1)** 1.27

相对蒸气密度(空气=1) 3.79

饱和蒸气压(kPa) 0.13 (108.4℃)

燃烧热(kJ/mol) −2847.8 **临界温度(℃)** 无资料

临界压力(MPa) 7.49 **辛醇/水分配系数** 0.8

闪点(℃) 127 **自燃温度(℃)** 608

爆炸下限(%) 1.4 **爆炸上限(%)** 9.8

分解温度(℃) 无资料 **黏度(mPa·s)** 无资料

溶解性 易溶于水、乙醇、乙醚，微溶于氯仿

第十部分 稳定性和反应性

稳定性 稳定

危险反应 与强氧化剂等禁配物发生反应

避免接触的条件 受热、光照

禁配物 酰基氯、酸酐、碱、强氧化剂、强酸

危险的分解产物 无资料

第十一部分 毒理学信息

急性毒性 LD_{50}：301mg/kg（大鼠经口）；3360mg/kg（兔经皮）

皮肤刺激或腐蚀 家兔经皮：20mg（24h），中度刺激

眼睛刺激或腐蚀 家兔经眼：100mg，重度刺激

呼吸或皮肤过敏 无资料

生殖细胞突变性 微生物致突变：鼠伤寒沙门氏菌20μmol/皿。细胞遗传学分析：人淋巴细胞80mg/L

致癌性 IARC致癌性评论：组3，现有的证据不能对人类致癌性进行分类。对人及动物致癌性证据不足

生殖毒性 无资料

特异性靶器官系统毒性-一次接触 无资料

特异性靶器官系统毒性-反复接触 兔、豚鼠接触34mg/m³，每天6h，2周，肝、肾、心肌、脾、肺均发生病理改变

吸入危害 无资料

第十二部分 生态学信息

生态毒性

LC_{50} 88.6mg/L（24h），72.6mg/L（48h），53.4mg/L（96h）（黑头呆鱼）；170mg/L（24h），78mg/L（48h），42mg/L（96h）（草虾）

EC_{50} 0.8mg/L（48h）（水蚤）

持久性和降解性

生物降解性 MITI-I测试，初始浓度100ppm，污泥浓度30ppm，2周后降解66.7%

非生物降解性 空气中，当羟基自由基浓度为5.00×10^5个/cm³时，降解半衰期为2h（理论）

潜在的生物累积性 根据K_{ow}值预测，该物质的生物累积性可能较弱

土壤中的迁移性 根据K_{oc}值预测，该物质可能易发生迁移

第十三部分 废弃处置

废弃化学品 用焚烧法处置。与碳酸氢钠、固体易燃物充分接触后，再焚烧

污染包装物 将容器返还生产商或按照国家和地方法规处置

废弃注意事项 把倒空的容器归还厂商或在规定场所掩埋

第十四部分 运输信息

联合国危险货物编号(UN号) 2876

联合国运输名称 间苯二酚

联合国危险性类别 6.1 **包装类别** Ⅲ类包装

包装标志 

海洋污染物 否

运输注意事项 运输前应先检查包装容器是否完整、密封，运输过程中要确保容器不泄漏、不倒塌、不坠落、不损坏。严禁与酸类、氧化剂、食品及食品添加剂混运。运输时运输车辆应配备相应品种和数量的消防器材及泄漏应急处理设备。运输途中应防曝晒、雨淋，防高温

第十五部分 法规信息

下列法律、法规、规章和标准，对该化学品的管理作了相应的规定。

中华人民共和国职业病防治法 职业病分类和目录：未列入

危险化学品安全管理条例 危险化学品目录：列入。易制爆危险化学品名录：未列入。重点监管的危险化学品名录：未列入。GB 18218—2009《危险化学品重大危险源辨识》（表1）：未列入

使用有毒物品作业场所劳动保护条例 高毒物品目录：未列入

易制毒化学品管理条例 易制毒化学品的分类和品种目录：未列入

国际公约 斯德哥尔摩公约：未列入。鹿特丹公约：未列入。蒙特利尔议定书：未列入

第十六部分 其他信息

编写和修订信息 **缩略语和首字母缩写**

培训建议 **参考文献**

免责声明

间苯三酚

第一部分 化学品标识

化学品中文名 间苯三酚；1,3,5-三羟基苯

化学品英文名 *m*-trihydroxybenzene；1,3,5-trihydroxybenzene；phloroglucinol

分子式 $C_6H_6O_3$ **相对分子质量** 126.12

结构式

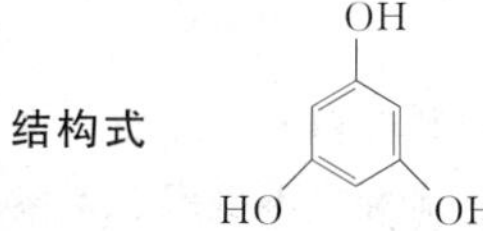

化学品的推荐及限制用途 用作生物试剂，用于制染料、药物、树脂，以及用于检验香草素、木质素，测定糖醛、多缩戊糖等

第二部分 危险性概述

紧急情况概述 造成皮肤刺激

GHS 危险性类别 皮肤腐蚀/刺激，类别 2；严重眼损伤/眼刺激，类别 2；特异性靶器官毒性-一次接触，类别 3（呼吸道刺激）

标签要素

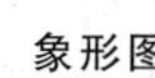

警示词 警告

危险性说明 造成皮肤刺激，造成严重眼刺激，可能引起呼吸道刺激

防范说明

预防措施 避免接触眼睛、皮肤，操作后彻底清洗。戴防护手套、防护眼镜、防护面罩

事故响应 皮肤接触：用大量肥皂水和水清洗。如发生皮肤刺激，就医。被污染的衣服须洗净后方可重新使用。如接触眼睛：用水细心冲洗数分钟。如戴隐形眼镜并可方便地取出，取出隐形眼镜继续冲洗。如果眼睛刺激持续：就医

安全储存 -

废弃处置 -

物理和化学危险 可燃，其粉体与空气混合，能形成爆炸性混合物

健康危害 急性中毒能引起呕吐、体温低、无力、共济失调、紫绀、昏迷、窒息，甚至死亡。长期接触可出现贫血、黄疸等；对皮肤有致敏性，引起湿疹

环境危害 对环境可能有害

第三部分 成分/组成信息

√物质 混合物

组分	浓度	CAS No.
间苯三酚		108-73-6

第四部分 急救措施

吸入 迅速脱离现场至空气新鲜处。保持呼吸道通畅。如呼吸困难，给输氧。如呼吸、心跳停止，立即进行心肺复苏术。就医

皮肤接触 立即脱去污染的衣着，用流动清水彻底冲洗。就医

眼睛接触 立即分开眼睑，用流动清水或生理盐水彻底冲洗。就医

食入 漱口，饮水。就医

对保护施救者的忠告 根据需要使用个人防护设备

对医生的特别提示 对症处理

第五部分 消防措施

灭火剂 用雾状水、泡沫、干粉、二氧化碳、砂土灭火

特别危险性 受高热分解放出有毒的气体。与强氧化剂接触可发生化学反应。燃烧生成有害的一氧化碳

灭火注意事项及防护措施 消防人员必须佩戴空气呼吸器、穿全身防火防毒服，在上风向灭火。尽可能将容器从火场移至空旷处。喷水保持火场容器冷却，直至灭火结束

第六部分 泄漏应急处理

作业人员防护措施、防护装备和应急处置程序 隔离泄漏污染区，限制出入。消除所有点火源。建议应急处理人员戴防尘口罩，穿防毒服，戴橡胶手套。穿上适当的防护服前严禁接触破裂的容器和泄漏物。尽可能切断泄漏源。用塑料布覆盖泄漏物，减少飞散。勿使水进入包装容器内

环境保护措施 无资料

泄漏化学品的收容、清除方法及所使用的处置材料 用洁净的铲子收集泄漏物，置于干净、干燥、盖子较松的容器中，将容器移离泄漏区

第七部分 操作处置与储存

操作注意事项 密闭操作，提供充分的局部排风。尽可能采取隔离操作。操作人员必须经过专门培训，严格遵守操作规程。建议操作人员佩戴自吸过滤式防尘口罩，戴安全防护眼镜，穿防毒物渗透工作服，戴橡胶手套。远离火种、热源。工作场所严禁吸烟。使用防爆型的通风系统和设备。避免产生粉尘。避免与氧化剂、酸类接触。搬运时要轻装轻卸，防止包装及容器损坏。配备相应品种和数量的消防器材及泄漏应急处理设备。倒空的容器可能残留有害物

储存注意事项 储存于阴凉、通风的库房。远离火种、热源。包装要求密封，不可与空气接触。应与氧化剂、酸类、食用化学品分开存放，切忌混储。配备相应品种和数量的消防器材。储区应备有合适的材料收容泄漏物

第八部分 接触控制/个体防护

职业接触限值

中国 未制定标准

美国(ACGIH) 未制定标准

生物接触限值 未制定标准

监测方法 空气中有毒物质测定方法：未制定标准。生物监测检验方法：未制定标准

工程控制 严加密闭，提供充分的局部排风。尽可能采取隔离操作。提供安全的淋浴和洗眼设备

个体防护装备

呼吸系统防护 空气中粉尘浓度超标时，佩戴过滤式防尘呼吸器。紧急事态抢救或撤离时，应该佩戴空气呼吸器

眼睛防护 戴安全防护眼镜

皮肤和身体防护 穿防毒物渗透工作服

手防护 戴橡胶手套

第九部分 理化特性

外观与性状 白色或淡黄色结晶粉末

pH 值 无意义 **熔点(℃)** 218

沸点(℃) 升华 **相对密度(水=1)** 1.46

相对蒸气密度(空气=1) 4.3

饱和蒸气压(kPa) 无资料

燃烧热(kJ/mol) −2657.2 **临界温度(℃)** 无资料

临界压力(MPa) 无资料 **辛醇/水分配系数** −0.19

闪点(℃) 无意义 **自燃温度(℃)** 无资料

爆炸下限(%) 无资料 **爆炸上限(%)** 无资料

分解温度(℃) 无资料 **黏度(mPa·s)** 无资料

溶解性 微溶于水，溶于乙醇、乙醚、苯

第十部分 稳定性和反应性

稳定性 稳定

危险反应 与强氧化剂等禁配物发生反应

避免接触的条件 光照、受热

禁配物 强氧化剂、强酸、酰基氯、酸酐

危险的分解产物 无资料

第十一部分 毒理学信息

急性毒性 LD_{50}：5200mg/kg（大鼠经口）

皮肤刺激或腐蚀 无资料 **眼睛刺激或腐蚀** 无资料

呼吸或皮肤过敏 无资料 **生殖细胞突变性** 无资料

致癌性 无资料 **生殖毒性** 无资料

特异性靶器官系统毒性-一次接触 无资料

特异性靶器官系统毒性-反复接触 无资料

吸入危害 无资料

第十二部分 生态学信息

生态毒性

LC_{50} 630mg/L（48h）（鱼）

IC_{50} 200mg/L（72h）（藻类）

持久性和降解性

生物降解性 无资料

非生物降解性 无资料

潜在的生物累积性 根据 K_{ow} 值预测，该物质的生物累积性可能较弱

土壤中的迁移性 根据 K_{oc} 值预测，该物质可能易发生迁移

第十三部分 废弃处置

废弃化学品 建议用焚烧法处置

污染包装物 将容器返还生产商或按照国家和地方法规处置

废弃注意事项 处置前应参阅国家和地方有关法规

第十四部分 运输信息

联合国危险货物编号（UN 号） -

联合国运输名称 - **联合国危险性类别** -

包装类别 - **包装标志** -

海洋污染物 -

运输注意事项 运输前应先检查包装容器是否完整、密封，运输过程中要确保容器不泄漏、不倒塌、不坠落、不损坏。严禁与酸类、氧化剂、食品及食品添加剂混运。运输时运输车辆应配备相应品种和数量的消防器材及泄漏应急处理设备。运输途中应防曝晒、雨淋，防高温

第十五部分 法规信息

下列法律、法规、规章和标准，对该化学品的管理作了相应的规定。

中华人民共和国职业病防治法 职业病分类和目录：未列入

危险化学品安全管理条例 危险化学品目录：列入。易制爆危险化学品名录：未列入。重点监管的危险化学品名录：未列入。GB 18218—2009《危险化学品重大危险源辨识》（表 1）：未列入

使用有毒物品作业场所劳动保护条例 高毒物品目录：未列入

易制毒化学品管理条例 易制毒化学品的分类和品种目录：未列入

国际公约 斯德哥尔摩公约：未列入。鹿特丹公约：未列入。蒙特利尔议定书：未列入

第十六部分 其他信息

编写和修订信息 **缩略语和首字母缩写**

培训建议 **参考文献**

免责声明

间甲苯硫酚

第一部分 化学品标识

化学品中文名 间甲苯硫酚；3-甲基苯硫酚；3-巯基甲苯

化学品英文名 *m*-tolyl mercaptan；*m*-thiocresol

分子式 C_7H_8S **相对分子质量** 124.21

结构式 HS

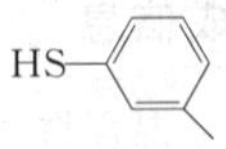

化学品的推荐及限制用途 用于医药工业

第二部分 危险性概述

紧急情况概述 可燃液体

GHS 危险性类别 易燃液体，类别 4；严重眼损伤/眼刺激，类别 2

标签要素

象形图 

警示词 警告

危险性说明 可燃液体，造成严重眼刺激

防范说明

预防措施 远离火焰和热表面。禁止吸烟。戴防护手套，防护眼镜，防护面罩。避免接触眼睛、皮肤，操作后彻底清洗

事故响应 火灾时，使用泡沫、二氧化碳、砂土灭火。如接触眼睛：用水细心冲洗数分钟。如戴隐形眼镜并可方便地取出，取出隐形眼镜继续冲洗。如果眼睛刺激持续：就医

安全储存 存放在通风良好的地方。保持低温

废弃处置 本品及内装物、容器依据国家和地方法规处置

物理和化学危险 可燃，其蒸气与空气混合，能形成爆炸性混合物

健康危害 本品蒸气或雾对眼睛、黏膜和上呼吸道有刺激作用。接触后可引起头痛、恶心和呕吐。对皮肤有刺激性

环境危害 对环境可能有害

第三部分 成分/组成信息

√物质		混合物
组分	**浓度**	**CAS No.**
间甲苯硫酚		108-40-7

第四部分 急救措施

吸入 迅速脱离现场至空气新鲜处。保持呼吸道通畅。如呼吸困难，给输氧。如呼吸、心跳停止，立即进行心肺复苏术。就医

皮肤接触 立即脱去污染的衣着，用流动清水彻底冲洗。就医

眼睛接触 立即分开眼睑，用流动清水或生理盐水彻底冲洗。就医

食入 漱口，饮水。就医

对保护施救者的忠告 根据需要使用个人防护设备

对医生的特别提示 对症处理

第五部分 消防措施

灭火剂 用泡沫、二氧化碳、砂土灭火

特别危险性 遇明火、高热或与氧化剂接触能燃烧，并散发出有毒气体。燃烧生成有害的一氧化碳、硫化氢、氧化硫

灭火注意事项及防护措施 消防人员必须佩戴空气呼吸器、穿全身防火防毒服，在上风向灭火。尽可能将容器从火场移至空旷处。喷水保持火场容器冷却，直至灭火结束。容器突然发出异常声音或出现异常现象，应立即撤离

第六部分 泄漏应急处理

作业人员防护措施、防护装备和应急处置程序 根据液体流动和蒸气扩散的影响区域划定警戒区，无关人员从侧风、上风向撤离至安全区。消除所有点火源。建议应急处理人员戴正压自给式呼吸器，穿防酸碱服，戴防化学品手套。作业时使用的所有设备应接地。禁止接触或跨越泄漏物。尽可能切断泄漏源

环境保护措施 防止泄漏物进入水体、下水道、地下室或有限空间

泄漏化学品的收容、清除方法及所使用的处置材料 小量泄漏：用砂土或其他不燃材料吸收，使用洁净的无火花工具收集吸收材料。大量泄漏：构筑围堤或挖坑收容。用耐腐蚀泵转移至槽车或专用收集器内

第七部分 操作处置与储存

操作注意事项 密闭操作，注意通风。操作人员必须经过专门培训，严格遵守操作规程。建议操作人员佩戴过滤式防毒面具（半面罩），戴化学安全防护眼镜，穿防腐工作服，戴防化学品手套。远离火种、热源。工作场所严禁吸烟。使用防爆型的通风系统和设备。防止蒸气泄漏到工作场所空气中。避免与氧化剂、碱类接触。搬运时要轻装轻卸，防止包装及容器损坏。配备相应品种和数量的消防器材及泄漏应急处理设备。倒空的容器可能残留有害物

储存注意事项 储存于阴凉、通风的库房。远离火种、热源。保持容器密封。应与氧化剂、碱类分开存放，切忌混储。配备相应品种和数量的消防器材。储区应备有泄漏应急处理设备和合适的收容材料

第八部分 接触控制/个体防护

职业接触限值

中国 未制定标准

美国(ACGIH) 未制定标准

生物接触限值 未制定标准

监测方法 空气中有毒物质测定方法：未制定标准。生物监测检验方法：未制定标准

工程控制 密闭操作，注意通风。提供安全的淋浴和洗眼设备

个体防护装备

呼吸系统防护 空气中浓度较高时，应该佩戴过滤式防毒面具（半面罩）

眼睛防护 戴化学安全防护眼镜

皮肤和身体防护 穿防腐蚀工作服

手防护 戴防化学品手套

第九部分 理化特性

外观与性状 无色至淡黄色液体，有不愉快的气味

pH值 无资料　**熔点(℃)** ＜－20

沸点(℃) 196　**相对密度(水＝1)** 1.044

相对蒸气密度(空气＝1) 无资料

饱和蒸气压(kPa) 无资料

燃烧热(kJ/mol) 无资料　**临界温度(℃)** 无资料

临界压力(MPa) 无资料 **辛醇/水分配系数** 3.23
闪点(℃) 72.8 **自燃温度(℃)** 无资料
爆炸下限(%) 无资料 **爆炸上限(%)** 无资料
分解温度(℃) 无资料 **黏度(mPa·s)** 无资料
溶解性 不溶于水，溶于乙醇、乙醚

第十部分 稳定性和反应性

稳定性 稳定
危险反应 与强氧化剂等禁配物发生反应
避免接触的条件 无资料
禁配物 强氧化剂、强碱
危险的分解产物 硫化氢

第十一部分 毒理学信息

急性毒性 LD_{50}：50mg/kg（小鼠腹腔）
皮肤刺激或腐蚀 无资料 **眼睛刺激或腐蚀** 无资料
呼吸或皮肤过敏 无资料 **生殖细胞突变性** 无资料
致癌性 无资料 **生殖毒性** 无资料
特异性靶器官系统毒性-一次接触 无资料
特异性靶器官系统毒性-反复接触 无资料
吸入危害 无资料

第十二部分 生态学信息

生态毒性 无资料
持久性和降解性
生物降解性 无资料
非生物降解性 空气中，当羟基自由基浓度为5.00×10^5个/cm^3时，降解半衰期为13h（理论）
潜在的生物累积性 根据K_{ow}值预测，该物质可能有一定的生物累积性
土壤中的迁移性 根据K_{oc}值预测，该物质可能有一定的迁移性

第十三部分 废弃处置

废弃化学品 建议用焚烧法处置。焚烧炉排出的硫氧化物通过洗涤器除去
污染包装物 将容器返还生产商或按照国家和地方法规处置
废弃注意事项 处置前应参阅国家和地方有关法规

第十四部分 运输信息

联合国危险货物编号（UN号） -
联合国运输名称 - **联合国危险性类别** -
包装类别 - **包装标志** -
海洋污染物 -
运输注意事项 起运时包装要完整，装载应稳妥。运输过程中要确保容器不泄漏、不倒塌、不坠落、不损坏。严禁与氧化剂、碱类、食用化学品等混装混运。运输时运输车辆应配备相应品种和数量的消防器材及泄漏应急处理设备。运输途中应防曝晒、雨淋，防高温。公路运输时要按规定路线行驶，勿在居民区和人口稠密区停留

第十五部分 法规信息

下列法律、法规、规章和标准，对该化学品的管理作了相应的规定。
中华人民共和国职业病防治法 职业病分类和目录：未列入
危险化学品安全管理条例 危险化学品目录：列入。易制爆危险化学品名录：未列入。重点监管的危险化学品名录：未列入。GB 18218—2009《危险化学品重大危险源辨识》(表1)：未列入
使用有毒物品作业场所劳动保护条例 高毒物品目录：未列入
易制毒化学品管理条例 易制毒化学品的分类和品种目录：未列入
国际公约 斯德哥尔摩公约：未列入。鹿特丹公约：未列入。蒙特利尔议定书：未列入

第十六部分 其他信息

编写和修订信息 **缩略语和首字母缩写**
培训建议 **参考文献**
免责声明

间氯苯胺

第一部分 化学品标识

化学品中文名 间氯苯胺；3-氯苯胺；间氨基氯苯
化学品英文名 *m*-chloroaniline；3-chlorobenzeneamine
分子式 C_6H_6ClN **相对分子质量** 127.6
结构式
化学品的推荐及限制用途 用于制偶氮染料、颜料、药物、杀虫剂等

第二部分 危险性概述

紧急情况概述 吞咽会中毒，皮肤接触会中毒，吸入会中毒
GHS危险性类别 急性毒性-经口，类别3；急性毒性-经皮，类别3；急性毒性-吸入，类别3；皮肤腐蚀/刺激，类别3；严重眼损伤/眼刺激，类别2；危害水生环境-急性危害，类别1；危害水生环境-长期危害，类别1
标签要素
象形图
警示词 危险
危险性说明 吞咽会中毒，皮肤接触会中毒，吸入会中毒，造成轻微皮肤刺激，造成严重眼刺激，对水生生物毒性非常大并具有长期持续影响
防范说明
预防措施 避免接触眼睛、皮肤，操作后彻底清

洗。作业场所不得进食、饮水或吸烟。戴防护手套，穿防护服，戴防护眼镜、防护面罩。避免吸入蒸气、雾。仅在室外或通风良好处操作。禁止排入环境

事故响应　如吸入：将患者转移到空气新鲜处，休息，保持利于呼吸的体位。皮肤接触：用大量肥皂水和水清洗。如发生皮肤刺激，就医。立即脱去所有被污染的衣服。被污染的衣服须经洗净后方可重新使用。如接触眼睛：用水细心冲洗数分钟。如戴隐形眼镜并可方便地取出，取出隐形眼镜继续冲洗。如果眼睛刺激持续：就医。食入：漱口，立即呼叫中毒控制中心或就医。收集泄漏物

安全储存　在通风良好处储存。保持容器密闭。上锁保管

废弃处置　本品及内装物、容器依据国家和地方法规处置

物理和化学危险　可燃，其蒸气与空气混合，能形成爆炸性混合物

健康危害　能引起高铁血红蛋白血症，对肝、肾有损害。能经无损皮肤吸收

环境危害　对水生生物毒性非常大并具有长期持续影响

第三部分　成分/组成信息

√物质　　混合物

组分	浓度	CAS No.
间氯苯胺		108-42-9

第四部分　急救措施

吸入　迅速脱离现场至空气新鲜处。保持呼吸道通畅。如呼吸困难，给吸氧。如呼吸、心跳停止，立即行心肺复苏术。就医

皮肤接触　立即脱去污染衣着，用肥皂水或清水彻底冲洗。就医

眼睛接触　分开眼睑，用清水或生理盐水冲洗。就医

食入　漱口，饮水。就医

对保护施救者的忠告　根据需要使用个人防护设备

对医生的特别提示　高铁血红蛋白血症，可用美蓝和维生素C治疗

第五部分　消防措施

灭火剂　用雾状水、泡沫、二氧化碳、砂土灭火

特别危险性　受高热分解，产生有毒气体。燃烧生成有害的一氧化碳、氮氧化物、氯化氢

灭火注意事项及防护措施　消防人员必须佩戴空气呼吸器、穿全身防火防毒服，在上风向灭火。尽可能将容器从火场移至空旷处。喷水保持火场容器冷却，直至灭火结束。容器突然发出异常声音或出现异常现象，应立即撤离

第六部分　泄漏应急处理

作业人员防护措施、防护装备和应急处置程序　根据液体流动和蒸气扩散的影响区域划定警戒区，无关人员从侧风、上风向撤离至安全区。建议应急处理人员戴正压自给式呼吸器，穿防毒服，戴橡胶耐油手套。穿上适当的防护服前严禁接触破裂的容器和泄漏物。尽可能切断泄漏源

环境保护措施　防止泄漏物进入水体、下水道、地下室或有限空间

泄漏化学品的收容、清除方法及所使用的处置材料　小量泄漏：用干燥的砂土或其他不燃材料吸收或覆盖，收集于容器中。大量泄漏：构筑围堤或挖坑收容。用泵转移至槽车或专用收集器内

第七部分　操作处置与储存

操作注意事项　密闭操作，提供充分的局部排风。操作人员必须经过专门培训，严格遵守操作规程。建议操作人员佩戴自吸过滤式防毒面具（半面罩），戴安全防护眼镜，穿防毒物渗透工作服，戴橡胶耐油手套。远离火种、热源。工作场所严禁吸烟。使用防爆型的通风系统和设备。防止蒸气泄漏到工作场所空气中。避免与氧化剂、酸类接触。搬运时要轻装轻卸，防止包装及容器损坏。配备相应品种和数量的消防器材及泄漏应急处理设备。倒空的容器可能残留有害物

储存注意事项　储存于阴凉、通风的库房。远离火种、热源。保持容器密封。应与氧化剂、酸类、食用化学品分开存放，切忌混储。配备相应品种和数量的消防器材。储区应备有泄漏应急处理设备和合适的收容材料

第八部分　接触控制/个体防护

职业接触限值

中国　未制定标准

美国(ACGIH)　未制定标准

生物接触限值　未制定标准

监测方法　空气中有毒物质测定方法：未制定标准。生物监测检验方法：未制定标准

工程控制　严加密闭，提供充分的局部排风。提供安全的淋浴和洗眼设备

个体防护装备

呼吸系统防护　可能接触其蒸气时，佩戴过滤式防毒面具（半面罩）。紧急事态抢救或撤离时，应该佩戴空气呼吸器

眼睛防护　戴安全防护眼镜

皮肤和身体防护　穿防毒物渗透工作服

手防护　戴橡胶耐油手套

第九部分　理化特性

外观与性状　无色液体到淡琥珀色液体

pH值　无资料　　**熔点(℃)**　−10.4

沸点(℃)　230.5　　**相对密度(水＝1)**　1.22

相对蒸气密度(空气＝1)　4.4

饱和蒸气压(kPa)　0.13(63.5℃)

燃烧热(kJ/mol)　无资料　　**临界温度(℃)**　无资料

临界压力(MPa)　4.59　　**辛醇/水分配系数**　1.88

闪点(℃)　105　　**自燃温度(℃)**　540

爆炸下限(%)　1.5　　**爆炸上限(%)**　8.8

分解温度(℃) 无资料 **黏度(mPa·s)** 无资料

溶解性 不溶于水，溶于多数有机溶剂

第十部分 稳定性和反应性

稳定性 稳定

危险反应 与强氧化剂等禁配物发生反应

避免接触的条件 受热

禁配物 酸类、酰基氯、酸酐、氯仿、强氧化剂

危险的分解产物 氨、氯化氢

第十一部分 毒理学信息

急性毒性

LD_{50} 256mg/kg（大鼠经口）；250mg/kg（大鼠经皮）

LC_{50} 550mg/m^3（小鼠吸入，4h）

皮肤刺激或腐蚀 无资料 **眼睛刺激或腐蚀** 无资料

呼吸或皮肤过敏 无资料

生殖细胞突变性 微生物致突变：鼠伤寒沙门氏菌 200mg/L。哺乳动物体细胞突变：仓鼠肺 300μg/L

致癌性 无资料 **生殖毒性** 无资料

特异性靶器官系统毒性-一次接触 无资料

特异性靶器官系统毒性-反复接触 无资料

吸入危害 无资料

第十二部分 生态学信息

生态毒性

LC_{50} 6.8mg/L（28d）（斑马鱼）；13mg/L（14d）（虹鳟）

EC_{50} 26mg/L（48h）（绿藻）；0.49mg/L（48h）（水蚤）；100mg/L（24h）（梨形四膜虫，静态）

NOEC 0.0032mg/L（21d）（水蚤）

持久性和降解性

生物降解性 不易快速生物降解

非生物降解性 空气中，当羟基自由基浓度为5.00×10^{5}个/cm^{3}时，降解半衰期为5.1h（理论）

潜在的生物累积性 根据K_{ow}值预测，该物质的生物累积性可能较弱

土壤中的迁移性 根据K_{oc}值预测，该物质可能易发生迁移

第十三部分 废弃处置

废弃化学品 建议用焚烧法处置。与燃料混合后，再焚烧。焚烧炉排出的气体要通过洗涤器除去

污染包装物 将容器返还生产商或按照国家和地方法规处置

废弃注意事项 处置前应参阅国家和地方有关法规

第十四部分 运输信息

联合国危险货物编号（UN号） 2019

联合国运输名称 液态氯苯胺

联合国危险性类别 6.1 **包装类别** Ⅱ类包装

包装标志  **海洋污染物** 否

运输注意事项 运输前应先检查包装容器是否完整、密封，运输过程中要确保容器不泄漏、不倒塌、不坠落、不损坏。严禁与酸类、氧化剂、食品及食品添加剂混运。运输时运输车辆应配备相应品种和数量的消防器材及泄漏应急处理设备。运输途中应防曝晒、雨淋，防高温。公路运输时要按规定路线行驶

第十五部分 法规信息

下列法律、法规、规章和标准，对该化学品的管理作了相应的规定。

中华人民共和国职业病防治法 职业病分类和目录：苯的氨基及硝基化合物中毒

危险化学品安全管理条例 危险化学品目录：列入。易制爆危险化学品名录：未列入。重点监管的危险化学品名录：未列入。GB 18218—2009《危险化学品重大危险源辨识》（表1）：未列入

使用有毒物品作业场所劳动保护条例 高毒物品目录：未列入

易制毒化学品管理条例 易制毒化学品的分类和品种目录：未列入

国际公约 斯德哥尔摩公约：未列入。鹿特丹公约：未列入。蒙特利尔议定书：未列入

第十六部分 其他信息

编写和修订信息 **缩略语和首字母缩写**

培训建议 **参考文献**

免责声明

间氯（苯）酚

第一部分 化学品标识

化学品中文名 间氯（苯）酚；3-氯苯酚；3-羟基氯苯；3-氯-1-羟基苯；间羟基氯苯

化学品英文名 *m*-chlorophenol；3-chloro-1-hydroxybenzene

分子式 C_6H_5ClO **相对分子质量** 128.6

结构式 Cl- OH

化学品的推荐及限制用途 用作有机合成中间体

第二部分 危险性概述

紧急情况概述 吞咽有害，皮肤接触有害，吸入有害

GHS危险性类别 急性毒性-经口，类别4；急性毒性-经皮，类别4；急性毒性-吸入，类别4；危害水生环境-急性危害，类别2；危害水生环境-长期危害，类别2

标签要素

象形图

警示词 警告

危险性说明 吞咽有害，皮肤接触有害，吸入有害，对水生生物有毒并具有长期持续影响

防范说明

预防措施　避免接触眼睛、皮肤，操作后彻底清洗。作业场所不得进食、饮水或吸烟。戴防护手套、穿防护服。避免吸入粉尘。仅在室外或通风良好处操作。禁止排入环境

事故响应　如吸入：将患者转移到空气新鲜处，休息，保持利于呼吸的体位。皮肤接触：用大量肥皂水和水清洗，如感觉不适，呼叫中毒控制中心或就医。被污染的衣服须经洗净后方可重新使用。食入：漱口，如果感觉不适，立即呼叫中毒控制中心或就医。收集泄漏物

安全储存　存放在通风良好的地方。保持低温

废弃处置　本品及内装物、容器依据国家和地方法规处置

物理和化学危险　可燃，其粉体与空气混合，能形成爆炸性混合物

健康危害　给动物染毒后几分钟即出现不安和呼吸加速，继之无力、震颤、阵挛性抽搐、气急、昏迷，直至死亡。易经皮肤吸收

环境危害　对水生生物有毒并具有长期持续影响

第三部分　成分/组成信息

√物质　　混合物

组分	浓度	CAS No.
间氯（苯）酚		108-43-0

第四部分　急救措施

吸入　迅速脱离现场至空气新鲜处。保持呼吸道通畅。如呼吸困难，给输氧。如呼吸、心跳停止，立即进行心肺复苏术。就医

皮肤接触　立即脱去污染的衣着，用流动清水彻底冲洗。就医

眼睛接触　立即分开眼睑，用流动清水或生理盐水彻底冲洗。就医

食入　漱口，饮水。就医

对保护施救者的忠告　根据需要使用个人防护设备

对医生的特别提示　对症处理

第五部分　消防措施

灭火剂　用雾状水、泡沫、二氧化碳、砂土灭火

特别危险性　受高热分解产生有毒的腐蚀性烟气。与强氧化剂接触可发生化学反应。燃烧生成有害的一氧化碳、氯化氢

灭火注意事项及防护措施　消防人员必须佩戴空气呼吸器、穿全身防火防毒服，在上风向灭火。尽可能将容器从火场移至空旷处。喷水保持火场容器冷却，直至灭火结束

第六部分　泄漏应急处理

作业人员防护措施、防护装备和应急处置程序　隔离泄漏污染区，限制出入。消除所有点火源。建议应急处理人员戴防尘口罩，穿防毒服，戴橡胶手套。穿上适当的防护服前严禁接触破裂的容器和泄漏物。尽可能切断泄漏源。用塑料布覆盖泄漏物，减少飞散。勿使水进入包装容器内

环境保护措施　无资料

泄漏化学品的收容、清除方法及所使用的处置材料　用洁净的铲子收集泄漏物，置于干净、干燥、盖子较松的容器中，将容器移离泄漏区

第七部分　操作处置与储存

操作注意事项　密闭操作，提供充分的局部排风。操作人员必须经过专门培训，严格遵守操作规程。建议操作人员佩戴自吸过滤式防毒面具（半面罩），戴安全防护眼镜，穿防毒物渗透工作服，戴橡胶手套。远离火种、热源。工作场所严禁吸烟。使用防爆型的通风系统和设备。避免产生粉尘。避免与氧化剂、酸类接触。搬运时要轻装轻卸，防止包装及容器损坏。配备相应品种和数量的消防器材及泄漏应急处理设备。倒空的容器可能残留有害物

储存注意事项　储存于阴凉、通风的库房。远离火种、热源。包装密封。应与氧化剂、酸类、食用化学品分开存放，切忌混储。配备相应品种和数量的消防器材。储区应备有合适的材料收容泄漏物

第八部分　接触控制/个体防护

职业接触限值

中国　未制定标准

美国(ACGIH)　未制定标准

生物接触限值　未制定标准

监测方法　空气中有毒物质测定方法：未制定标准。生物监测检验方法：未制定标准

工程控制　严加密闭，提供充分的局部排风。提供安全的淋浴和洗眼设备

个体防护装备

呼吸系统防护　可能接触其蒸气时，必须佩戴过滤式防毒面具（半面罩）；可能接触其粉尘时，建议佩戴过滤式防尘呼吸器

眼睛防护　戴安全防护眼镜

皮肤和身体防护　穿防毒物渗透工作服

手防护　戴橡胶手套

第九部分　理化特性

外观与性状　白色至黄色结晶，有苯酚的气味

pH值　无意义　　**熔点(℃)**　32～33

沸点(℃)　214

相对密度(水=1)　1.268（25℃）

相对蒸气密度(空气=1)　无资料

饱和蒸气压(kPa)　0.13（44.2℃）

燃烧热(kJ/mol)　无资料　　**临界温度(℃)**　无资料

临界压力(MPa)　4.75～5.31

辛醇/水分配系数　2.47～2.5

闪点(℃)　91　　**自燃温度(℃)**　无资料

爆炸下限(%)　1.7　　**爆炸上限(%)**　8.8

分解温度(℃)　无资料

黏度(mPa·s)　11.55（25℃）

溶解性 微溶于水，溶于乙醇、乙醚、碱液，易溶于苯

第十部分 稳定性和反应性

稳定性 稳定
危险反应 与强氧化剂等禁配物发生反应
避免接触的条件 受热
禁配物 强氧化剂、强酸、酰基氯、酸酐
危险的分解产物 氯化氢

第十一部分 毒理学信息

急性毒性 LD_{50}：570mg/kg（大鼠经口）
皮肤刺激或腐蚀 无资料 **眼睛刺激或腐蚀** 无资料
呼吸或皮肤过敏 无资料
生殖细胞突变性 微生物致突变：鼠伤寒沙门氏菌 10μg/皿
致癌性 小鼠经皮最低中毒剂量（TDLo）：6000mg/kg，15周（间歇），疑致肿瘤剂，致皮肤肿瘤
生殖毒性 无资料
特异性靶器官系统毒性-一次接触 无资料
特异性靶器官系统毒性-反复接触 无资料
吸入危害 无资料

第十二部分 生态学信息

生态毒性 LC_{50}：10mg/L（48h）（虹鳟鱼）；3.8mg/L（48h）（青鳉）
持久性和降解性
生物降解性 无资料
非生物降解性 空气中，当羟基自由基浓度为5.00×10^5个/cm^3时，降解半衰期为12h（理论）
潜在的生物累积性 根据K_{ow}值预测，该物质的生物累积性可能较弱
土壤中的迁移性 根据K_{oc}值预测，该物质可能有一定的迁移性

第十三部分 废弃处置

废弃化学品 建议用焚烧法处置。与燃料混合后，再焚烧。焚烧炉排出的卤化氢通过酸洗涤器除去
污染包装物 将容器返还生产商或按照国家和地方法规处置
废弃注意事项 处置前应参阅国家和地方有关法规

第十四部分 运输信息

联合国危险货物编号（UN号） 2020（固态）；2021（液态）
联合国运输名称 固态氯苯酚（固态）；液态氯苯酚（液态）
联合国危险性类别 6.1 **包装类别** Ⅲ类包装
包装标志 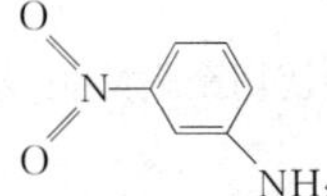

海洋污染物 否
运输注意事项 运输前应先检查包装容器是否完整、密封，运输过程中要确保容器不泄漏、不倒塌、不坠落、不损坏。严禁与酸类、氧化剂、食品及食品添加剂混运。运输时运输车辆应配备相应品种和数量的消防器材及泄漏应急处理设备。运输途中应防曝晒、雨淋，防高温

第十五部分 法规信息

下列法律、法规、规章和标准，对该化学品的管理作了相应的规定。
中华人民共和国职业病防治法 职业病分类和目录：未列入
危险化学品安全管理条例 危险化学品目录：列入。易制爆危险化学品名录：未列入。重点监管的危险化学品名录：未列入。GB 18218—2009《危险化学品重大危险源辨识》（表1）：未列入
使用有毒物品作业场所劳动保护条例 高毒物品目录：未列入
易制毒化学品管理条例 易制毒化学品的分类和品种目录：未列入
国际公约 斯德哥尔摩公约：未列入。鹿特丹公约：未列入。蒙特利尔议定书：未列入

第十六部分 其他信息

编写和修订信息 **缩略语和首字母缩写**
培训建议 **参考文献**
免责声明

间硝基苯胺

第一部分 化学品标识

化学品中文名 间硝基苯胺；3-硝基苯胺；1-氨基-3-硝基苯
化学品英文名 *m*-nitroaniline；3-nitroaniline；1-amino-3-nitrobenzene
分子式 $C_6H_6N_2O_2$ **相对分子质量** 138.14
结构式 (O₂N–C₆H₄–NH₂ structure: O, N, O, NH₂)

化学品的推荐及限制用途 用作染料中间体及用于有机合成，也用于松木颜色的检验

第二部分 危险性概述

紧急情况概述 吞咽会中毒，皮肤接触会中毒，吸入会中毒
GHS危险性类别 急性毒性-经口，类别3；急性毒性-经皮，类别3；急性毒性-吸入，类别3；特异性靶器官毒性-反复接触，类别2；危害水生环境-急性危害，类别3；危害水生环境-长期危害，类别3
标签要素
象形图 
警示词 危险

危险性说明 吞咽会中毒，皮肤接触会中毒，吸入会中毒，长时间或反复接触可能对器官造成损伤，对水生生物有害并具有长期持续影响

防范说明

预防措施 避免接触眼睛、皮肤，操作后彻底清洗。作业场所不得进食、饮水或吸烟。戴防护手套、穿防护服。避免吸入粉尘。仅在室外或通风良好处操作。禁止排入环境

事故响应 如吸入：将患者转移到空气新鲜处，休息，保持利于呼吸的体位，如感觉不适，就医。皮肤接触：用大量肥皂水和水清洗，如感觉不适，呼叫中毒控制中心或就医。立即脱去所有被污染的衣服。被污染的衣服须经洗净后方可重新使用。食入：漱口，立即呼叫中毒控制中心或就医

安全储存 在通风良好处储存。保持容器密闭。上锁保管

废弃处置 本品及内装物、容器依据国家和地方法规处置

物理和化学危险 可燃，其粉体与空气混合，能形成爆炸性混合物

健康危害 本品毒性比苯胺大。可通过皮肤和呼吸道吸收，是一种强烈的高铁血红蛋白形成剂。吸收后数小时内可出现紫绀。有溶血作用，可发生溶血性贫血。长期大量接触可引起肝损害

环境危害 对水生生物有害并具有长期持续影响

第三部分 成分/组成信息

√物质		混合物
组分	**浓度**	**CAS No.**
间硝基苯胺		99-09-2

第四部分 急救措施

吸入 迅速脱离现场至空气新鲜处。保持呼吸道通畅。如呼吸困难，给吸氧。如呼吸、心跳停止，立即行心肺复苏术。就医

皮肤接触 立即脱去污染衣着，用肥皂水或清水彻底冲洗。就医

眼睛接触 分开眼睑，用清水或生理盐水冲洗。就医

食入 漱口，饮水。就医

对保护施救者的忠告 根据需要使用个人防护设备

对医生的特别提示 高铁血红蛋白血症，可用美蓝和维生素C治疗

第五部分 消防措施

灭火剂 用泡沫、干粉、二氧化碳灭火

特别危险性 受热分解放出有毒烟气。与强氧化剂接触可发生化学反应。燃烧生成有害的一氧化碳、氮氧化物

灭火注意事项及防护措施 消防人员必须佩戴空气呼吸器、穿全身防火防毒服，在上风向灭火。尽可能将容器从火场移至空旷处。喷水保持火场容器冷却，直至灭火结束

第六部分 泄漏应急处理

作业人员防护措施、防护装备和应急处置程序 隔离泄漏污染区，限制出入。消除所有点火源。建议应急处理人员戴防尘口罩，穿防毒服，戴橡胶手套。穿上适当的防护服前严禁接触破裂的容器和泄漏物。尽可能切断泄漏源。用塑料布覆盖泄漏物，减少飞散。勿使水进入包装容器内

环境保护措施 无资料

泄漏化学品的收容、清除方法及所使用的处置材料 用洁净的铲子收集泄漏物，置于干净、干燥、盖子较松的容器中，将容器移离泄漏区

第七部分 操作处置与储存

操作注意事项 密闭操作，提供充分的局部排风。操作人员必须经过专门培训，严格遵守操作规程。建议操作人员佩戴自吸过滤式防尘口罩，戴安全防护眼镜，穿防毒物渗透工作服，戴橡胶手套。远离火种、热源。工作场所严禁吸烟。使用防爆型的通风系统和设备。避免产生粉尘。避免与氧化剂、还原剂、酸类接触。搬运时要轻装轻卸，防止包装及容器损坏。配备相应品种和数量的消防器材及泄漏应急处理设备。倒空的容器可能残留有害物

储存注意事项 储存于阴凉、通风的库房。远离火种、热源。包装密封。应与氧化剂、还原剂、酸类、食用化学品分开存放，切忌混储。配备相应品种和数量的消防器材。储区应备有合适的材料收容泄漏物

第八部分 接触控制/个体防护

职业接触限值

中国 未制定标准

美国(ACGIH) 未制定标准

生物接触限值 未制定标准

监测方法 空气中有毒物质测定方法：未制定标准。生物监测检验方法：未制定标准

工程控制 严加密闭，提供充分的局部排风。提供安全的淋浴和洗眼设备

个体防护装备

呼吸系统防护 空气中粉尘浓度超标时，佩戴过滤式防尘呼吸器。紧急事态抢救或撤离时，应该佩戴空气呼吸器

眼睛防护 戴安全防护眼镜

皮肤和身体防护 穿防毒物渗透工作服

手防护 戴橡胶手套

第九部分 理化特性

外观与性状 亮黄色针状结晶

pH值 无意义 **熔点(℃)** 112～114

沸点(℃) 306（分解） **相对密度(水=1)** 0.9011

相对蒸气密度(空气=1) 无资料

饱和蒸气压(kPa) 0.13（119.3℃）

燃烧热(kJ/mol) −3198.5 **临界温度(℃)** 无资料

临界压力(MPa) 4.42 **辛醇/水分配系数** 1.37

闪点(℃) 199.2 **自燃温度(℃)** 577
爆炸下限(%) 无资料 **爆炸上限(%)** 无资料
分解温度(℃) 无资料 **黏度(mPa·s)** 无资料
溶解性 微溶于冷水、苯，溶于热水、热苯、乙醇、乙醚

第十部分 稳定性和反应性

稳定性 稳定
危险反应 与强氧化剂等禁配物发生反应
避免接触的条件 受热
禁配物 强氧化剂、酸类、酰基氯、酸酐、氯仿、强还原剂
危险的分解产物 氮氧化物，氨

第十一部分 毒理学信息

急性毒性 LD_{50}：536mg/kg（大鼠经口）
皮肤刺激或腐蚀 无资料 **眼睛刺激或腐蚀** 无资料
呼吸或皮肤过敏 无资料
生殖细胞突变性 微生物致突变：鼠伤寒沙门氏菌 10μmol/皿。DNA修复：枯草杆菌 5mg/皿
致癌性 无资料 **生殖毒性** 无资料
特异性靶器官系统毒性-一次接触 无资料
特异性靶器官系统毒性-反复接触 无资料
吸入危害 无资料

第十二部分 生态学信息

生态毒性
LC_{50} 90mg/L（96h）（青鳉）
ErC_{50} 43mg/L（72h）（羊角月牙藻）
持久性和降解性
生物降解性 不易快速生物降解
非生物降解性 空气中，当羟基自由基浓度为 5.00×10^5 个/cm^3 时，降解半衰期为 1.7d（理论）
潜在的生物累积性 根据 K_{ow} 值预测，该物质的生物累积性可能较弱
土壤中的迁移性 根据 K_{oc} 值预测，该物质可能易发生迁移

第十三部分 废弃处置

废弃化学品 建议用焚烧法处置。焚烧炉排出的氮氧化物通过洗涤器除去
污染包装物 将容器返还生产商或按照国家和地方法规处置
废弃注意事项 处置前应参阅国家和地方有关法规

第十四部分 运输信息

联合国危险货物编号（UN号） 1661
联合国运输名称 间硝基苯胺
联合国危险性类别 6.1 **包装类别** Ⅱ类包装
包装标志  **海洋污染物** 否
运输注意事项 运输前应先检查包装容器是否完整、密封，运输过程中要确保容器不泄漏、不倒塌、不坠落、不损坏。严禁与酸类、氧化剂、食品及食品添加剂混运。运输时运输车辆应配备相应品种和数量的消防器材及泄漏应急处理设备。运输途中应防曝晒、雨淋，防高温

第十五部分 法规信息

下列法律、法规、规章和标准，对该化学品的管理作了相应的规定。

中华人民共和国职业病防治法 职业病分类和目录：苯的氨基及硝基化合物中毒
危险化学品安全管理条例 危险化学品目录：列入。易制爆危险化学品名录：未列入。重点监管的危险化学品名录：未列入。GB 18218—2009《危险化学品重大危险源辨识》（表1）：未列入
使用有毒物品作业场所劳动保护条例 高毒物品目录：未列入
易制毒化学品管理条例 易制毒化学品的分类和品种目录：未列入
国际公约 斯德哥尔摩公约：未列入。鹿特丹公约：未列入。蒙特利尔议定书：未列入

第十六部分 其他信息

编写和修订信息 **缩略语和首字母缩写**
培训建议 **参考文献**
免责声明

间硝基（苯）酚

第一部分 化学品标识

化学品中文名 间硝基（苯）酚；3-硝基（苯）酚
化学品英文名 *m*-nitrophenol；3-hydroxy-1-nitrobenzene
分子式 $C_6H_5NO_3$ **相对分子质量** 139.12
结构式
化学品的推荐及限制用途 用作指示剂、杀真菌剂，用于有机合成

第二部分 危险性概述

紧急情况概述 吞咽有害
GHS危险性类别 急性毒性-经口，类别4；危害水生环境-急性危害，类别2
标签要素
象形图
警示词 警告
危险性说明 吞咽有害，对水生生物有毒
防范说明
预防措施 避免接触眼睛、皮肤，操作后彻底清洗。作业场所不得进食、饮水或吸烟。禁止排

入环境

事故响应　食入：漱口。如果感觉不适，立即呼叫中毒控制中心或就医

安全储存　-

废弃处置　本品及内装物、容器依据国家和地方法规处置

物理和化学危险　其粉尘与空气混合，能形成爆炸性混合物

健康危害　本品对皮肤有强烈刺激作用。能经皮肤和呼吸道吸收。动物实验可引起高铁血红蛋白血症，体温升高，肝、肾损害

环境危害　对水生生物有毒

第三部分　成分/组成信息

√物质　　混合物

组分	浓度	CAS No.
间硝基（苯）酚		554-84-7

第四部分　急救措施

吸入　迅速脱离现场至空气新鲜处。保持呼吸道通畅。如呼吸困难，给输氧。如呼吸、心跳停止，立即进行心肺复苏术。就医

皮肤接触　立即脱去污染的衣着，用流动清水彻底冲洗。就医

眼睛接触　立即分开眼睑，用流动清水或生理盐水彻底冲洗。就医

食入　漱口，饮水。就医

对保护施救者的忠告　根据需要使用个人防护设备

对医生的特别提示　高铁血红蛋白血症，可用美蓝和维生素C治疗

第五部分　消防措施

灭火剂　用雾状水、泡沫、二氧化碳、砂土灭火

特别危险性　其粉尘与空气混合，能形成爆炸性混合物，遇明火、高热或与氧化剂接触，有引起燃烧爆炸的危险。受热分解放出有毒烟气。燃烧生成有害的一氧化碳、氮氧化物

灭火注意事项及防护措施　消防人员必须佩戴空气呼吸器、穿全身防火防毒服，在上风向灭火。尽可能将容器从火场移至空旷处。喷水保持火场容器冷却，直至灭火结束

第六部分　泄漏应急处理

作业人员防护措施、防护装备和应急处置程序　隔离泄漏污染区，限制出入。消除所有点火源。建议应急处理人员戴防尘口罩，穿防毒服，戴橡胶手套。穿上适当的防护服前严禁接触破裂的容器和泄漏物。尽可能切断泄漏源。用塑料布覆盖泄漏物，减少飞散。勿使水进入包装容器内

环境保护措施　无资料

泄漏化学品的收容、清除方法及所使用的处置材料　用洁净的铲子收集泄漏物，置于干净、干燥、盖子较松的容器中，将容器移离泄漏区

第七部分　操作处置与储存

操作注意事项　密闭操作，提供充分的局部排风。操作人员必须经过专门培训，严格遵守操作规程。建议操作人员佩戴自吸过滤式防尘口罩，戴化学安全防护眼镜，穿防毒物渗透工作服，戴橡胶手套。远离火种、热源。工作场所严禁吸烟。使用防爆型的通风系统和设备。避免产生粉尘。避免与氧化剂、还原剂、碱类接触。搬运时要轻装轻卸，防止包装及容器损坏。配备相应品种和数量的消防器材及泄漏应急处理设备。倒空的容器可能残留有害物

储存注意事项　储存于阴凉、通风的库房。远离火种、热源。包装密封。应与氧化剂、还原剂、碱类、食用化学品分开存放，切忌混储。采用防爆型照明、通风设施。禁止使用易产生火花的机械设备和工具。储区应备有合适的材料收容泄漏物

第八部分　接触控制/个体防护

职业接触限值

中国　未制定标准

美国(ACGIH)　未制定标准

生物接触限值　未制定标准

监测方法　空气中有毒物质测定方法：未制定标准。生物监测检验方法：未制定标准

工程控制　严加密闭，提供充分的局部排风。提供安全的淋浴和洗眼设备

个体防护装备

呼吸系统防护　空气中粉尘浓度超标时，佩戴过滤式防尘呼吸器。紧急事态抢救或撤离时，应该佩戴空气呼吸器

眼睛防护　戴化学安全防护眼镜

皮肤和身体防护　穿防毒物渗透工作服

手防护　戴橡胶手套

第九部分　理化特性

外观与性状　无色至淡黄色结晶

pH值　无意义　　**熔点(℃)**　96～97

沸点(℃)　194 (9.33kPa)

相对密度(水=1)　1.49 (20℃)

相对蒸气密度(空气=1)　无资料

饱和蒸气压(kPa)　9.33 (194℃)

燃烧热(kJ/mol)　−2860.8　　**临界温度(℃)**　无资料

临界压力(MPa)　无资料　　**辛醇/水分配系数**　2

闪点(℃)　无意义　　**自燃温度(℃)**　无资料

爆炸下限(%)　无资料　　**爆炸上限(%)**　无资料

分解温度(℃)　无资料　　**黏度(mPa·s)**　无资料

溶解性　微溶于水，溶于乙醇、乙醚、丙酮、稀酸、碱溶液等

第十部分　稳定性和反应性

稳定性　稳定

危险反应　与强氧化剂等禁配物发生反应

避免接触的条件 受热
禁配物 强氧化剂、强还原剂、强碱
危险的分解产物 氮氧化物

第十一部分 毒理学信息

急性毒性 LD_{50}：328mg/kg（大鼠经口）
皮肤刺激或腐蚀 家兔经皮：500mg（24h），中度刺激
眼睛刺激或腐蚀 家兔经眼：5mg（24h），重度刺激
呼吸或皮肤过敏 无资料
生殖细胞突变性 DNA 修复：枯草菌 500μg/皿。微生物致突变：鼠伤寒沙门氏菌 1mg/皿
致癌性 无资料 **生殖毒性** 无资料
特异性靶器官系统毒性-一次接触 无资料
特异性靶器官系统毒性-反复接触 无资料
吸入危害 无资料

第十二部分 生态学信息

生态毒性

LC_{50} 9～10mg/L（6h）（鱼）
EC_{50} 24mg/L（48h）（水蚤）
IC_{50} 28mg/L（72h）（藻类）

持久性和降解性

生物降解性 MITI-Ⅱ测试，初始浓度 30ppm，污泥浓度 100ppm，2 周后 48%～64%
非生物降解性 空气中，当羟基自由基浓度为 5.00×10^5 个/cm^3 时，降解半衰期为 5d（理论）

潜在的生物累积性 根据 K_{ow} 值预测，该物质的生物累积性可能较弱
土壤中的迁移性 根据 K_{oc} 值预测，该物质可能易发生迁移

第十三部分 废弃处置

废弃化学品 用控制焚烧法处置。焚烧炉排出的氮氧化物通过洗涤器除去
污染包装物 将容器返还生产商或按照国家和地方法规处置
废弃注意事项 处置前应参阅国家和地方有关法规

第十四部分 运输信息

联合国危险货物编号（UN 号） 1663
联合国运输名称 间硝基苯酚
联合国危险性类别 6.1 **包装类别** Ⅲ类包装
包装标志 

海洋污染物 否
运输注意事项 运输前应先检查包装容器是否完整、密封，运输过程中要确保容器不泄漏、不倒塌、不坠落、不损坏。严禁与酸类、氧化剂、食品及食品添加剂混运。运输时运输车辆应配备相应品种和数量的消防器材及泄漏应急处理设备。运输途中应防曝晒、雨淋，防高温

第十五部分 法规信息

下列法律、法规、规章和标准，对该化学品的管理作了相应的规定。

中华人民共和国职业病防治法 职业病分类和目录：苯的氨基及硝基化合物中毒
危险化学品安全管理条例 危险化学品目录：列入。易制爆危险化学品名录：未列入。重点监管的危险化学品名录：未列入。GB 18218—2009《危险化学品重大危险源辨识》（表 1）：未列入
使用有毒物品作业场所劳动保护条例 高毒物品目录：未列入
易制毒化学品管理条例 易制毒化学品的分类和品种目录：未列入
国际公约 斯德哥尔摩公约：未列入。鹿特丹公约：未列入。蒙特利尔议定书：未列入

第十六部分 其他信息

编写和修订信息 **缩略语和首字母缩写**
培训建议 **参考文献**
免责声明

金属钛粉［含水≥25%］

第一部分 化学品标识

化学品中文名 金属钛粉［含水≥25%］；钛粉；海绵钛粉
化学品英文名 titanium（with not less than 20% water）
分子式 Ti **相对分子质量** 47.87
化学品的推荐及限制用途 用于合金制造等

第二部分 危险性概述

紧急情况概述 暴露在空气中自燃
GHS 危险性类别 自燃固体，类别 1
标签要素

象形图 

警示词 危险
危险性说明 暴露在空气中自燃
防范说明

预防措施 远离热源、火花、明火、热表面。禁止吸烟。不得与空气接触。戴防护手套、防护眼镜、防护面罩
事故响应 火灾时，使用干粉、干砂灭火。擦掉皮肤上的微粒，将接触部位浸入冷水中，用湿绷带包扎
安全储存 在干燥处和密闭的容器中储存
废弃处置 -

物理和化学危险 易燃
健康危害 未见本品对人体产生危害的报道
环境危害 对环境可能有害

第三部分　成分/组成信息

√物质　　　　　　混合物

组分	浓度	CAS No.
钛		7440-32-6

第四部分　急救措施

吸入　脱离现场至空气新鲜处。如有不适感，就医

皮肤接触　脱去污染的衣着，用流动清水冲洗。如有不适感，就医

眼睛接触　分开眼睑，用流动清水或生理盐水冲洗。如有不适感，就医

食入　漱口，饮水。就医

对保护施救者的忠告　根据需要使用个人防护设备

对医生的特别提示　对症处理

第五部分　消防措施

灭火剂　用干粉、干砂灭火

特别危险性　金属钛粉尘具有爆炸性，遇热、明火或发生化学反应会引起燃烧爆炸。其粉体化学活性很高，在空气中能自燃。金属钛不仅能在空气中燃烧，也能在二氧化碳或氮气中燃烧。高温时易与卤素、氧、硫、氮化合。燃烧生成有害的氧化钛

灭火注意事项及防护措施　消防人员必须佩戴空气呼吸器、穿全身防火防毒服，在上风向灭火。尽可能将容器从火场移至空旷处。喷水保持火场容器冷却，直至灭火结束。严禁用水、泡沫、二氧化碳扑救。高热或剧烈燃烧时，用水扑救可能会引起爆炸

第六部分　泄漏应急处理

作业人员防护措施、防护装备和应急处置程序　消除所有点火源。隔离泄漏污染区，限制出入。建议应急处理人员戴防尘口罩，穿防静电服。禁止接触或跨越泄漏物。尽可能切断泄漏源

环境保护措施　防止泄漏物进入水体、下水道、地下室或有限空间

泄漏化学品的收容、清除方法及所使用的处置材料　无资料

第七部分　操作处置与储存

操作注意事项　密闭操作，局部排风。操作人员必须经过专门培训，严格遵守操作规程。建议操作人员佩戴自吸过滤式防尘口罩，戴安全防护眼镜，穿透气型防毒服，戴防毒物渗透手套。远离火种、热源。工作场所严禁吸烟。使用防爆型的通风系统和设备。避免产生粉尘。避免与氧化剂、酸类、卤素接触。在氩气中操作处置。搬运时要轻装轻卸，防止包装及容器损坏。配备相应品种和数量的消防器材及泄漏应急处理设备。倒空的容器可能残留有害物

储存注意事项　为安全起见，储存时常以不少于25%的水润湿、钝化。储存于阴凉、通风的库房。远离火种、热源。库温不宜超过35℃。保持容器密封，严禁与空气接触。应与氧化剂、酸类、卤素等分开存放，切忌混储。配备相应品种和数量的消防器材。储区应备有合适的材料收容泄漏物

第八部分　接触控制/个体防护

职业接触限值

中国　未制定标准

美国(ACGIH)　未制定标准

生物接触限值　未制定标准

监测方法　空气中有毒物质测定方法：未制定标准。生物监测检验方法：未制定标准

工程控制　密闭操作，局部排风

个体防护装备

呼吸系统防护　可能接触其粉尘时，必须佩戴过滤式防尘呼吸器

眼睛防护　戴安全防护眼镜

皮肤和身体防护　穿透气型防毒服

手防护　戴防毒物渗透手套

第九部分　理化特性

外观与性状　深灰色或黑色发亮的无定形粉末

pH值　无意义　　**熔点(℃)**　1650～1670

沸点(℃)　3287　　**相对密度(水=1)**　4.5 (20°C)

相对蒸气密度(空气=1)　无资料

饱和蒸气压(kPa)　无资料

燃烧热(kJ/mol)　无资料　　**临界温度(℃)**　无资料

临界压力(MPa)　无资料　　**辛醇/水分配系数**　无资料

闪点(℃)　无意义　　**自燃温度(℃)**　250（粉末）

爆炸下限(%)　无资料　　**爆炸上限(%)**　无资料

分解温度(℃)　无资料　　**黏度(mPa·s)**　无资料

溶解性　不溶于水，溶于氢氟酸、硝酸、浓硫酸

第十部分　稳定性和反应性

稳定性　稳定

危险反应　与强氧化剂、氧、卤素等接触，有发生火灾和爆炸的危险

避免接触的条件　潮湿空气

禁配物　氧、卤素、铝、强酸、强氧化剂、二氧化碳、金属钛、氮气、硫

危险的分解产物　无意义

第十一部分　毒理学信息

急性毒性　无资料　　**皮肤刺激或腐蚀**　无资料

眼睛刺激或腐蚀　无资料　　**呼吸或皮肤过敏**　无资料

生殖细胞突变性　无资料　　**致癌性**　无资料

生殖毒性　无资料

特异性靶器官系统毒性-一次接触　无资料

特异性靶器官系统毒性-反复接触　无资料

吸入危害　无资料

第十二部分　生态学信息

生态毒性　无资料

持久性和降解性

生物降解性　无资料

非生物降解性　无资料

潜在的生物累积性　无资料

土壤中的迁移性　无资料

第十三部分　废弃处置

废弃化学品　恢复材料的原状态，以便重新使用

污染包装物　将容器返还生产商或按照国家和地方法规处置

废弃注意事项　处置前应参阅国家和地方有关法规

第十四部分　运输信息

联合国危险货物编号（UN号）　1352（湿的）；2546（干的）

联合国运输名称　钛粉，湿的（湿的）；钛粉，干的（干的）

联合国危险性类别　4.1（湿的），4.2（干的）

包装类别　Ⅱ类包装（湿的）Ⅰ、Ⅱ或Ⅲ类包装（干的）

包装标志 （湿的） （干的）

海洋污染物　否

运输注意事项　运输时运输车辆应配备相应品种和数量的消防器材及泄漏应急处理设备。装运本品的车辆排气管须有阻火装置。运输过程中要确保容器不泄漏、不倒塌、不坠落、不损坏。严禁与氧化剂、酸类、卤素、食用化学品等混装混运。运输途中应防曝晒、雨淋，防高温。中途停留时应远离火种、热源。车辆运输完毕应进行彻底清扫。铁路运输时要禁止溜放

第十五部分　法规信息

下列法律、法规、规章和标准，对该化学品的管理作了相应的规定。

中华人民共和国职业病防治法　职业病分类和目录：未列入

危险化学品安全管理条例　危险化学品目录：列入。易制爆危险化学品名录：未列入。重点监管的危险化学品名录：未列入。GB 18218—2009《危险化学品重大危险源辨识》（表1）：未列入

使用有毒物品作业场所劳动保护条例　高毒物品目录：未列入

易制毒化学品管理条例　易制毒化学品的分类和品种目录：未列入

国际公约　斯德哥尔摩公约：未列入。鹿特丹公约：未列入。蒙特利尔议定书：未列入

第十六部分　其他信息

编写和修订信息　　**缩略语和首字母缩写**

培训建议　　**参考文献**

免责声明

莰　烯

第一部分　化学品标识

化学品中文名　莰烯；2,2-二甲基-3-亚甲基降菠烷；樟脑萜；莰芬

化学品英文名　camphene；2,2-dimethyl-3-methylenebicyclo[2.2.1] heptane

分子式　$C_{10}H_{16}$　　**相对分子质量**　136.24

结构式 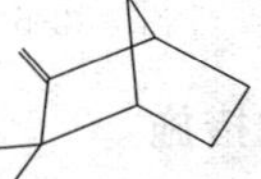

化学品的推荐及限制用途　用于医药工业，用作防腐剂及合成樟脑、香料等的原料

第二部分　危险性概述

紧急情况概述　易燃固体

GHS危险性类别　易燃固体，类别1；严重眼损伤/眼刺激，类别2A；危害水生环境-急性危害，类别2；危害水生环境-长期危害，类别2

标签要素

象形图 

警示词　危险

危险性说明　易燃固体，造成严重眼刺激，对水生生物有毒并具有长期持续影响

防范说明

预防措施　远离热源、火花、明火、热表面。禁止吸烟。容器和接收设备接地连接。使用防爆电器、通风、照明设备。戴防护手套、防护眼镜、防护面罩。避免接触眼睛、皮肤，操作后彻底清洗。禁止排入环境

事故响应　火灾时，使用雾状水、二氧化碳、干粉、泡沫、砂土灭火。如接触眼睛：用水细心冲洗数分钟。如戴隐形眼镜并可方便地取出，取出隐形眼镜继续冲洗。如果眼睛刺激持续：就医。收集泄漏物

安全储存　-

废弃处置　本品及内装物、容器依据国家和地方法规处置

物理和化学危险　易燃，其粉体与空气混合，能形成爆炸性混合物

健康危害　对眼、鼻、咽喉有刺激性。高浓度接触引起头痛、恶心、兴奋、出汗。极高浓度接触出现精神错乱、昏睡，甚至昏迷。高浓度对肾脏有损害。对皮肤有刺激性

环境危害　对水生生物有毒并具有长期持续影响

第三部分　成分/组成信息

√物质		混合物
组分	**浓度**	**CAS No.**
莰烯		79-92-5

第四部分　急救措施

吸入　迅速脱离现场至空气新鲜处。保持呼吸道通畅。如呼吸困难，给输氧。如呼吸、心跳停止，立即进行心

肺复苏术。就医

皮肤接触 立即脱去污染的衣着，用流动清水彻底冲洗。就医

眼睛接触 立即分开眼睑，用流动清水或生理盐水彻底冲洗。就医

食入 漱口，饮水。就医

对保护施救者的忠告 根据需要使用个人防护设备

对医生的特别提示 对症处理

第五部分 消防措施

灭火剂 用雾状水、二氧化碳、干粉、泡沫、砂土灭火

特别危险性 其粉体与空气混合，能形成爆炸性混合物，遇明火、高热或与氧化剂接触，有引起燃烧爆炸的危险。燃烧时产生大量烟雾。燃烧生成有害的一氧化碳

灭火注意事项及防护措施 消防人员须佩戴防毒面具、穿全身消防服，在上风向灭火。尽可能将容器从火场移至空旷处。喷水保持火场容器冷却，直至灭火结束

第六部分 泄漏应急处理

作业人员防护措施、防护装备和应急处置程序 消除所有点火源。隔离泄漏污染区，限制出入。建议应急处理人员戴防尘口罩，穿防静电服，戴防化学品手套。禁止接触或跨越泄漏物

环境保护措施 无资料

泄漏化学品的收容、清除方法及所使用的处置材料 小量泄漏：用洁净的铲子收集泄漏物，置于干净、干燥、盖子较松的容器中，将容器移离泄漏区。大量泄漏：用水润湿，并筑堤收容。防止泄漏物进入水体、下水道、地下室或有限空间

第七部分 操作处置与储存

操作注意事项 密闭操作，局部排风。操作人员必须经过专门培训，严格遵守操作规程。建议操作人员佩戴自吸过滤式防尘口罩，戴安全防护眼镜，穿透气型防毒服，戴防化学品手套。远离火种、热源。工作场所严禁吸烟。使用防爆型的通风系统和设备。避免产生粉尘。避免与氧化剂接触。搬运时要轻装轻卸，防止包装及容器损坏。配备相应品种和数量的消防器材及泄漏应急处理设备。倒空的容器可能残留有害物

储存注意事项 储存于阴凉、通风的库房。远离火种、热源。库温不宜超过 35℃。包装密封。应与氧化剂分开存放，切忌混储。采用防爆型照明、通风设施。禁止使用易产生火花的机械设备和工具。储区应备有合适的材料收容泄漏物

第八部分 接触控制/个体防护

职业接触限值

中国 未制定标准

美国(ACGIH) 未制定标准

生物接触限值 未制定标准

监测方法 空气中有毒物质测定方法：未制定标准。生物监测检验方法：未制定标准

工程控制 密闭操作，局部排风

个体防护装备

呼吸系统防护 空气中浓度超标时，佩戴过滤式防尘呼吸器

眼睛防护 一般不需特殊防护。必要时，戴安全防护眼镜

皮肤和身体防护 穿透气型防毒服

手防护 戴防化学品手套

第九部分 理化特性

外观与性状 无色或微黄结晶，具有樟脑的气味

pH 值 无意义 **熔点(℃)** 51～52

沸点(℃) 158.5～159.5 **相对密度(水=1)** 0.84

相对蒸气密度(空气=1) 无资料

饱和蒸气压(kPa) 5.32 (75.7℃)

燃烧热(kJ/mol) −6139.6 **临界温度(℃)** 无资料

临界压力(MPa) 2.75 **辛醇/水分配系数** 4.02

闪点(℃) 33 (CC)；42 (OC)

自燃温度(℃) 无资料 **爆炸下限(%)** 无资料

爆炸上限(%) 无资料 **分解温度(℃)** 无资料

黏度(mPa·s) 无资料

溶解性 不溶于水，微溶于乙醇，溶于乙醚，混溶于固定油

第十部分 稳定性和反应性

稳定性 稳定

危险反应 与强氧化剂接触，有发生火灾和爆炸的危险

避免接触的条件 无资料

禁配物 强氧化剂、酸类、卤代烃、卤素等

危险的分解产物 无资料

第十一部分 毒理学信息

急性毒性

LD_{50} ＞5g/kg (大鼠经口)；＞2500mg/kg (兔经皮)

LC_{50} 17100mg/m³ (大鼠吸入，4h)

皮肤刺激或腐蚀 无资料 **眼睛刺激或腐蚀** 无资料

呼吸或皮肤过敏 无资料 **生殖细胞突变性** 无资料

致癌性 无资料 **生殖毒性** 无资料

特异性靶器官系统毒性-一次接触 无资料

特异性靶器官系统毒性-反复接触 无资料

吸入危害 无资料

第十二部分 生态学信息

生态毒性 LC_{50}：1.9mg/L (96h) (红鲈)；46mg/L (24h) (水蚤)；2.03mg/L (48h) (青鳉)

持久性和降解性

生物降解性 无资料

非生物降解性 空气中，当羟基自由基浓度为5.00×10^5个/cm³时，降解半衰期为 7.2h (理论)

潜在的生物累积性 BCF：432～922 (鲤鱼，接触浓度 15mg/L，接触时间 8 周)，606～1290 (鲤鱼，接触浓度 1.5mg/L，接触时间 8 周)；根据 K_{ow} 值预测，该物质可能有较高的生物累积性

土壤中的迁移性 根据 K_{oc} 值预测，该物质的迁移性可能较弱

第十三部分 废弃处置

废弃化学品 建议用焚烧法处置

污染包装物 将容器返还生产商或按照国家和地方法规处置

废弃注意事项 处置前应参阅国家和地方有关法规

第十四部分 运输信息

联合国危险货物编号（UN号） 1325

联合国运输名称 有机易燃固体，未另作规定的（莰烯）

联合国危险性类别 4.1 **包装类别** Ⅱ类包装

包装标志  **海洋污染物** 否

运输注意事项 运输时运输车辆应配备相应品种和数量的消防器材及泄漏应急处理设备。装运本品的车辆排气管须有阻火装置。运输过程中要确保容器不泄漏、不倒塌、不坠落、不损坏。严禁与氧化剂、食用化学品等混装混运。运输途中应防曝晒、雨淋，防高温。中途停留时应远离火种、热源。车辆运输完毕应进行彻底清扫。铁路运输时要禁止溜放

第十五部分 法规信息

下列法律、法规、规章和标准，对该化学品的管理作了相应的规定。

中华人民共和国职业病防治法 职业病分类和目录：未列入

危险化学品安全管理条例 危险化学品目录：列入。易制爆危险化学品名录：未列入。重点监管的危险化学品名录：未列入。GB 18218—2009《危险化学品重大危险源辨识》(表1)：未列入

使用有毒物品作业场所劳动保护条例 高毒物品目录：未列入

易制毒化学品管理条例 易制毒化学品的分类和品种目录：未列入

国际公约 斯德哥尔摩公约：未列入。鹿特丹公约：未列入。蒙特利尔议定书：未列入

第十六部分 其他信息

编写和修订信息 **缩略语和首字母缩写**

培训建议 **参考文献**

免责声明

喹 啉

第一部分 化学品标识

化学品中文名 喹啉；苯并吡啶；氮杂萘

化学品英文名 quinoline；1-azanaphthalene

分子式 C_9H_7N **相对分子质量** 129.2

结构式

化学品的推荐及限制用途 用于药物、染料合成

第二部分 危险性概述

紧急情况概述 吞咽会中毒

GHS危险性类别 急性毒性-经皮，类别3；急性毒性-经口，类别4；生殖细胞致突变性，类别2；皮肤腐蚀/刺激，类别2；严重眼损伤/眼刺激性，类别2；危害水生环境-急性危害，类别2；危害水生环境-长期危害，类别2

标签要素

象形图

警示词 危险

危险性说明 吞咽会中毒，皮肤接触有害，造成皮肤刺激，造成严重眼刺激，怀疑可造成遗传性缺陷，对水生生物有毒并具有长期持续影响

防范说明

预防措施 得到专门指导后操作。在阅读并了解所有安全预防措施之前，切勿操作。按要求使用个体防护装备。避免接触眼睛、皮肤，操作后彻底清洗。作业场所不得进食、饮水或吸烟。戴防护手套，穿防护服，戴防护眼镜、防护面罩。禁止排入环境

事故响应 皮肤接触：用大量肥皂水和水清洗。如感觉不适，呼叫中毒控制中心或就医。如发生皮肤刺激，就医。脱去被污染的衣服，洗净后方可重新使用。如接触眼睛：用水细心冲洗数分钟。如戴隐形眼镜并可方便地取出，取出隐形眼镜继续冲洗。如果眼睛刺激持续：就医。食入：漱口，立即呼叫中毒控制中心或就医。如果接触或有担心，就医。收集泄漏物

安全储存 上锁保管

废弃处置 本品及内装物、容器依据国家和地方法规处置

物理和化学危险 可燃，其蒸气与空气混合，能形成爆炸性混合物

健康危害 对眼及皮肤有刺激性。动物实验引起呼吸肌麻痹，出现呼吸困难、虚脱、昏睡、昏迷。可引起视网膜及视神经损害

环境危害 对水生生物有毒并具有长期持续影响

第三部分 成分/组成信息

√物质		混合物
组分	**浓度**	**CAS No.**
喹啉		91-22-5

第四部分 急救措施

吸入 迅速脱离现场至空气新鲜处。保持呼吸道通畅。如呼吸困难，给输氧。如呼吸、心跳停止，立即进行心肺复苏术。就医

皮肤接触 立即脱去污染的衣着，用流动清水彻底冲洗。

就医

眼睛接触 立即分开眼睑，用流动清水或生理盐水彻底冲洗。就医

食入 漱口，饮水。就医

对保护施救者的忠告 根据需要使用个人防护设备

对医生的特别提示 对症处理

第五部分 消防措施

灭火剂 用雾状水、泡沫、干粉、二氧化碳、砂土灭火

特别危险性 燃烧放出有毒烟气。与强氧化剂接触可发生化学反应。燃烧生成有害的一氧化碳、氮氧化物

灭火注意事项及防护措施 消防人员必须佩戴空气呼吸器、穿全身防火防毒服，在上风向灭火。尽可能将容器从火场移至空旷处。喷水保持火场容器冷却，直至灭火结束。容器突然发出异常声音或出现异常现象，应立即撤离

第六部分 泄漏应急处理

作业人员防护措施、防护装备和应急处置程序 根据液体流动和蒸气扩散的影响区域划定警戒区，无关人员从侧风、上风向撤离至安全区。建议应急处理人员戴正压自给式呼吸器，穿防毒服，戴橡胶耐油手套。穿上适当的防护服前严禁接触破裂的容器和泄漏物。尽可能切断泄漏源

环境保护措施 防止泄漏物进入水体、下水道、地下室或有限空间

泄漏化学品的收容、清除方法及所使用的处置材料 小量泄漏：用干燥的砂土或其他不燃材料吸收或覆盖，收集于容器中。大量泄漏：构筑围堤或挖坑收容。用砂土、惰性物质或蛭石吸收大量液体。用耐腐蚀泵转移至槽车或专用收集器内

第七部分 操作处置与储存

操作注意事项 密闭操作，提供充分的局部排风。操作人员必须经过专门培训，严格遵守操作规程。建议操作人员佩戴过滤式防毒面具（半面罩），戴化学安全防护眼镜，穿防毒物渗透工作服，戴橡胶耐油手套。远离火种、热源。工作场所严禁吸烟。使用防爆型的通风系统和设备。防止蒸气泄漏到工作场所空气中。避免与氧化剂、酸类接触。搬运时要轻装轻卸，防止包装及容器损坏。配备相应品种和数量的消防器材及泄漏应急处理设备。倒空的容器可能残留有害物

储存注意事项 储存于阴凉、通风的库房。远离火种、热源。保持容器密封。应与氧化剂、酸类、食用化学品分开存放，切忌混储。配备相应品种和数量的消防器材。储区应备有泄漏应急处理设备和合适的收容材料

第八部分 接触控制/个体防护

职业接触限值

中国 未制定标准

美国(ACGIH) 未制定标准

生物接触限值 未制定标准

监测方法 空气中有毒物质测定方法：未制定标准。生物监测检验方法：未制定标准

工程控制 严加密闭，提供充分的局部排风。提供安全的淋浴和洗眼设备

个体防护装备

呼吸系统防护 空气中浓度超标时，应该佩戴过滤式防毒面具（半面罩）。紧急事态抢救或撤离时，建议佩戴空气呼吸器

眼睛防护 戴化学安全防护眼镜

皮肤和身体防护 穿防毒物渗透工作服

手防护 戴橡胶耐油手套

第九部分 理化特性

外观与性状 无色液体，日久变黄，有特殊气味

pH 值 无资料 **熔点(℃)** −14.5

沸点(℃) 237.7 **相对密度(水=1)** 1.09

相对蒸气密度(空气=1) 4.45

饱和蒸气压(kPa) 0.13（59.7℃）

燃烧热(kJ/mol) −4696.2 **临界温度(℃)** 无资料

临界压力(MPa) 4.66

辛醇/水分配系数 2.03～2.06

闪点(℃) 99（CC） **自燃温度(℃)** 480

爆炸下限(%) 1.2 **爆炸上限(%)** 7

分解温度(℃) 无资料

黏度(mPa·s) 2.997（30℃）

溶解性 溶于水，溶于乙醇、乙醚、二硫化碳等多数有机溶剂

第十部分 稳定性和反应性

稳定性 稳定

危险反应 与强氧化剂接触，有发生火灾和爆炸的危险

避免接触的条件 受热、光照

禁配物 强氧化剂、强酸

危险的分解产物 氮氧化物

第十一部分 毒理学信息

急性毒性 LD_{50}：460mg/kg（大鼠经口）；540mg/kg（兔经皮）

皮肤刺激或腐蚀 家兔经皮：100mg（24），中度刺激

眼睛刺激或腐蚀 无资料 **呼吸或皮肤过敏** 无资料

生殖细胞突变性 无资料 **致癌性** 无资料

生殖毒性 无资料

特异性靶器官系统毒性-一次接触 无资料

特异性靶器官系统毒性-反复接触 大鼠食用含本品0.05%～0.25%的饲料16～40周，出现体重增长减慢，死亡率升高

吸入危害 无资料

第十二部分 生态学信息

生态毒性

LC_{50} 67mg/L（96h）（青鳉）

EC_{50} 25mg/L（48h）（水蚤）

持久性和降解性

生物降解性 不易快速生物降解

非生物降解性　水相光解半衰期（h）：535～3851；光解最大光吸收（nm）：340；空气中光氧化半衰期（h）：10～99

潜在的生物累积性　根据 K_{ow} 值预测，该物质的生物累积性可能较弱

土壤中的迁移性　根据 K_{oc} 值预测，该物质可能有一定的迁移性

第十三部分　废弃处置

废弃化学品　建议用焚烧法处置。焚烧炉排出的氮氧化物通过洗涤器除去

污染包装物　将容器返还生产商或按照国家和地方法规处置

废弃注意事项　处置前应参阅国家和地方有关法规

第十四部分　运输信息

联合国危险货物编号（UN号）　2656

联合国运输名称　喹啉

联合国危险性类别　6.1　**包装类别**　Ⅲ类包装

包装标志  **海洋污染物**　否

运输注意事项　运输前应先检查包装容器是否完整、密封，运输过程中要确保容器不泄漏、不倒塌、不坠落、不损坏。严禁与酸类、氧化剂、食品及食品添加剂混运。运输时运输车辆应配备相应品种和数量的消防器材及泄漏应急处理设备。运输途中应防曝晒、雨淋，防高温。公路运输时要按规定路线行驶

第十五部分　法规信息

下列法律、法规、规章和标准，对该化学品的管理作了相应的规定。

中华人民共和国职业病防治法　职业病分类和目录：未列入

危险化学品安全管理条例　危险化学品目录：列入。易制爆危险化学品名录：未列入。重点监管的危险化学品名录：未列入。GB 18218—2009《危险化学品重大危险源辨识》（表1）：未列入

使用有毒物品作业场所劳动保护条例　高毒物品目录：未列入

易制毒化学品管理条例　易制毒化学品的分类和品种目录：未列入

国际公约　斯德哥尔摩公约：未列入。鹿特丹公约：未列入。蒙特利尔议定书：未列入

第十六部分　其他信息

编写和修订信息　**缩略语和首字母缩写**

培训建议　**参考文献**

免责声明

乐　果

第一部分　化学品标识

化学品中文名　乐果；大灭松；*O*,*O*-二甲基-*S*-(*N*-甲基氨基甲酰甲基)二硫代磷酸酯

化学品英文名　*O*,*O*-dimethyl *S*-methylcarbamoylmethyl phosphorodithioate；dimethoate；rogor

分子式　$C_5H_{12}NO_3PS_2$　**相对分子质量**　229.27

结构式

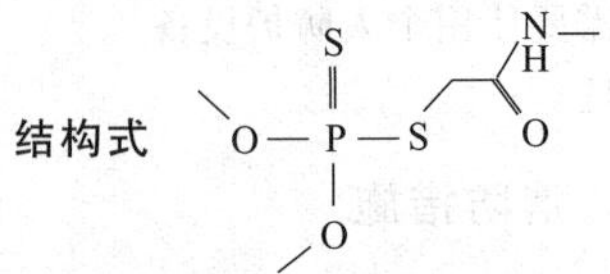

化学品的推荐及限制用途　用作杀虫剂

第二部分　危险性概述

紧急情况概述　吞咽会中毒，皮肤接触会中毒

GHS危险性类别　急性毒性-经口，类别3；急性毒性-经皮，类别3；严重眼损伤/眼刺激，类别2B；特异性靶器官毒性-一次接触，类别1；特异性靶器官毒性-反复接触，类别2；危害水生环境-急性危害，类别2；危害水生环境-长期危害，类别2

标签要素

象形图

警示词　危险

危险性说明　吞咽会中毒，皮肤接触会中毒，造成眼刺激，对器官造成损害，长时间或反复接触可能对器官造成损伤，对水生生物有毒并具有长期持续影响

防范说明

预防措施　避免接触眼睛、皮肤，操作后彻底清洗。作业场所不得进食、饮水或吸烟。戴防护手套、穿防护服。避免吸入粉尘、蒸气。禁止排入环境

事故响应　皮肤接触：用大量肥皂水和水清洗。如感觉不适，呼叫中毒控制中心或就医。立即脱去所有被污染的衣服。被污染的衣服须经洗净后方可重新使用。如接触眼睛：用水细心冲洗数分钟。如戴隐形眼镜并可方便地取出，取出隐形眼镜继续冲洗。如果眼睛刺激持续：就医。食入：漱口，立即呼叫中毒控制中心或就医。如果接触：立即呼叫中毒控制中心或就医。收集泄漏物

安全储存　上锁保管

废弃处置　本品及内装物、容器依据国家和地方法规处置

物理和化学危险　可燃，其粉体或蒸气与空气混合，能形成爆炸性混合物

健康危害　抑制体内胆碱酯酶活性，造成神经生理功能紊乱。大量误服出现典型急性有机磷中毒症状。表现有头痛、头昏、乏力、食欲不振、恶心、呕吐、腹痛、腹泻、流涎、瞳孔缩小、呼吸道分泌物增多、多汗、肌束震颤等。重度中毒者出现肺水肿、昏迷、呼吸麻痹、脑水肿。血胆碱酯酶活性降低

环境危害　对水生生物有毒并具有长期持续影响

第三部分 成分/组成信息

√物质　　混合物

组分	浓度	CAS No.
乐果		60-51-5

第四部分 急救措施

吸入 迅速脱离现场至空气新鲜处。保持呼吸道通畅。如呼吸困难，给输氧。如呼吸、心跳停止，立即进行心肺复苏术。就医

皮肤接触 立即脱去污染的衣着，用肥皂水及流动清水彻底冲洗污染的皮肤、头发、指甲等。就医

眼睛接触 分开眼睑，用流动清水或生理盐水冲洗。就医

食入 饮足量温水，催吐（仅限于清醒者）。口服活性炭。就医

对保护施救者的忠告 根据需要使用个人防护设备

对医生的特别提示 解毒剂：阿托品、胆碱酯酶复能剂

第五部分 消防措施

灭火剂 用泡沫、干粉、砂土灭火

特别危险性 受热分解，放出磷、硫的氧化物等毒性气体。与强氧化剂接触可发生化学反应。燃烧生成有害的一氧化碳、氧化硫、氮氧化物、氧化磷

灭火注意事项及防护措施 消防人员必须佩戴空气呼吸器、穿全身防火防毒服，在上风向灭火。尽可能将容器从火场移至空旷处。喷水保持火场容器冷却，直至灭火结束

第六部分 泄漏应急处理

作业人员防护措施、防护装备和应急处置程序 隔离泄漏污染区，限制出入。建议应急处理人员戴防尘口罩，穿防毒服，戴氯丁橡胶手套。穿上适当的防护服前严禁接触破裂的容器和泄漏物。尽可能切断泄漏源。用塑料布覆盖泄漏物，减少飞散。勿使水进入包装容器内

环境保护措施 无资料

泄漏化学品的收容、清除方法及所使用的处置材料 用洁净的铲子收集泄漏物，置于干净、干燥、盖子较松的容器中，将容器移离泄漏区

第七部分 操作处置与储存

操作注意事项 密闭操作，局部排风。操作人员必须经过专门培训，严格遵守操作规程。建议操作人员佩戴自吸过滤式防尘口罩，戴安全防护眼镜，穿聚乙烯防毒服，戴氯丁橡胶手套。远离火种、热源。工作场所严禁吸烟。使用防爆型的通风系统和设备。避免产生粉尘。避免与氧化剂、碱类接触。搬运时要轻装轻卸，防止包装及容器损坏。配备相应品种和数量的消防器材及泄漏应急处理设备。倒空的容器可能残留有害物

储存注意事项 储存于阴凉、通风的库房。远离火种、热源。包装密封。应与氧化剂、碱类、食用化学品分开存放，切忌混储。配备相应品种和数量的消防器材。储区应备有合适的材料收容泄漏物

第八部分 接触控制/个体防护

职业接触限值

中国 PC-TWA：1mg/m³［皮］

美国(ACGIH) 未制定标准

生物接触限值 全血胆碱酯酶活性（校正值）：原基础值或参考值的70%（采样时间：开始接触后的3个月内），原基础值或参考值的50%（采样时间：持续接触3个月后，任意时间）

监测方法 空气中有毒物质测定方法：溶剂解吸-气相色谱法。生物监测检验方法：血中胆碱酯酶活性的分光光度测定方法——羟胺三氯化铁法；血中胆碱酯酶活性的分光光度测定方法——硫代乙酰胆碱-联硫代双硝基苯甲酸法

工程控制 密闭操作，局部排风。提供安全的淋浴和洗眼设备

个体防护装备

呼吸系统防护 生产操作或农业使用时，佩戴过滤式防尘呼吸器或过滤式防毒面具（半面罩）。紧急事态抢救或撤离时，应该佩戴空气呼吸器

眼睛防护 戴安全防护眼镜

皮肤和身体防护 穿隔绝式防毒服

手防护 戴橡胶手套

第九部分 理化特性

外观与性状 白色结晶，有樟脑气味，工业品通常是浅黄棕色的乳剂

pH值 无资料　**熔点(℃)** 51～52

沸点(℃) 117（0.013kPa）　**相对密度(水=1)** 1.28

相对蒸气密度(空气=1) 无资料

饱和蒸气压(kPa) 无资料

燃烧热(kJ/mol) 无资料　**临界温度(℃)** 无资料

临界压力(MPa) 无资料　**辛醇/水分配系数** 0.78

闪点(℃) 107（CC）　**自燃温度(℃)** 无资料

爆炸下限(%) 无资料　**爆炸上限(%)** 无资料

分解温度(℃) 无资料　**黏度(mPa·s)** 无资料

溶解性 微溶于水，溶于乙醇、氯仿、苯、酮类等

第十部分 稳定性和反应性

稳定性 稳定

危险反应 与强氧化剂接触，有发生火灾和爆炸的危险

避免接触的条件 受热

禁配物 强氧化剂、碱类

危险的分解产物 氧化硫、氮氧化物、氧化磷

第十一部分 毒理学信息

急性毒性 LD_{50}：60mg/kg（大鼠经口）；750mg/kg（兔经皮）

皮肤刺激或腐蚀 无资料　**眼睛刺激或腐蚀** 无资料

呼吸或皮肤过敏 无资料

生殖细胞突变性 微生物致突变：鼠伤寒沙门氏菌5μg/皿。姐妹染色单体交换：人类淋巴细胞2mg/kg。微核试验：小鼠经口103mg/kg（24h）。程序外DNA

合成：人成纤维细胞 100μmol/L

致癌性 无资料

生殖毒性 大鼠孕后 6～15d 经口给予最低中毒剂量（TDLo）120mg/kg，致肌肉骨骼系统发育畸形

特异性靶器官系统毒性-一次接触 无资料

特异性靶器官系统毒性-反复接触 大鼠经口最低中毒剂量（TDLo）：120mg/kg（孕 6～15d），致肌肉骨骼发育异常。大鼠经口最低中毒剂量（TDLo）：256mg/kg，每周（间歇），致癌，肝肿瘤，血液系统肿瘤

吸入危害 无资料

第十二部分 生态学信息

生态毒性 LC_{50}：6.2mg/L（96h）（虹鳟鱼，静态）；6mg/L（96h）（蓝鳃太阳鱼，静态）；2.5mg/L（48h）（水蚤）

持久性和降解性

生物降解性 不易快速生物降解

非生物降解性 空气中光氧化半衰期（h）：0.469～4.69；一级水解半衰期（h）：2822

潜在的生物累积性 根据 K_{ow} 值预测，该物质的生物累积性可能较弱

土壤中的迁移性 根据 K_{oc} 值预测，该物质可能易发生迁移

第十三部分 废弃处置

废弃化学品 建议用焚烧法处置。焚烧炉排出的气体要通过洗涤器除去

污染包装物 将容器返还生产商或按照国家和地方法规处置

废弃注意事项 处置前应参阅国家和地方有关法规

第十四部分 运输信息

联合国危险货物编号（UN 号） 3018（乳剂）；2783（粉剂）

联合国运输名称 液态有机磷农药，毒性（乐果）（乳剂）；固态有机磷农药，毒性（乐果）（粉剂）

联合国危险性类别 6.1 **包装类别** Ⅲ类包装

包装标志  **海洋污染物** 是

运输注意事项 运输前应先检查包装容器是否完整、密封，运输过程中要确保容器不泄漏、不倒塌、不坠落、不损坏。严禁与酸类、氧化剂、食品及食品添加剂混运。运输时运输车辆应配备相应品种和数量的消防器材及泄漏应急处理设备。运输途中应防曝晒、雨淋，防高温

第十五部分 法规信息

下列法律、法规、规章和标准，对该化学品的管理作了相应的规定。

中华人民共和国职业病防治法 职业病分类和目录：有机磷中毒

危险化学品安全管理条例 危险化学品目录：未列入。易制爆危险化学品名录：未列入。重点监管的危险化学品名录：未列入。GB 18218—2009《危险化学品重大危险源辨识》（表 1）：未列入

使用有毒物品作业场所劳动保护条例 高毒物品目录：未列入

易制毒化学品管理条例 易制毒化学品的分类和品种目录：未列入

国际公约 斯德哥尔摩公约：未列入。鹿特丹公约：未列入。蒙特利尔议定书：未列入

第十六部分 其他信息

编写和修订信息 **缩略语和首字母缩写**

培训建议 **参考文献**

免责声明

锂

第一部分 化学品标识

化学品中文名 锂；金属锂

化学品英文名 lithium；lithium metal

分子式 Li **相对分子质量** 6.94

化学品的推荐及限制用途 用作锂电池、还原剂与氢化剂、合金硬化剂、铜和铜合金中脱氧剂，也用于有机合成

第二部分 危险性概述

紧急情况概述 遇水放出可自燃的易燃气体，造成严重的皮肤灼伤和眼损伤

GHS 危险性类别 遇水放出易燃气体的物质和混合物，类别 1；皮肤腐蚀/刺激，类别 1B；严重眼损伤/眼刺激，类别 1

标签要素

象形图 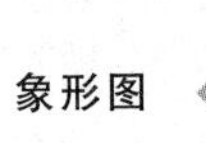 

警示词 危险

危险性说明 遇水放出可自燃的易燃气体，造成严重的皮肤灼伤和眼损伤

防范说明

预防措施 因与水发生剧烈反应和可能发生爆燃，应避免与水接触。在惰性气体中操作。防潮。避免吸入粉尘或烟雾。避免接触眼睛、皮肤，操作后彻底清洗。戴防护手套，穿防护服，戴防护眼镜、防护面罩

事故响应 火灾时，用干燥石墨粉和干砂闷熄火苗，隔绝空气。如吸入：将患者转移到空气新鲜处，休息，保持利于呼吸的体位，立即呼叫中毒控制中心或就医。皮肤（或头发）接触：立即脱掉所有被污染的衣服。擦掉皮肤上的微粒，将接触部位浸入冷水中、用湿绷带包扎。污染的衣服须洗净后方可重新使用。接触眼睛：用水细心冲洗数分钟。如戴隐形眼镜并可

方便地取出，取出隐形眼镜继续冲洗。食入：漱口。不要催吐

安全储存　在干燥处和密闭的容器中储存。上锁保管

废弃处置　本品及内装物、容器依据国家和地方法规处置

物理和化学危险　遇湿易燃。遇水剧烈反应，可引起燃烧或爆炸

健康危害　本品具有强烈腐蚀性，眼和皮肤接触引起刺激或灼伤

环境危害　对环境可能有害

第三部分　成分/组成信息

√物质		混合物
组分	**浓度**	**CAS No.**
锂		7439-93-2

第四部分　急救措施

吸入　迅速脱离现场至空气新鲜处。保持呼吸道通畅。如呼吸困难，给输氧。如呼吸、心跳停止，立即进行心肺复苏术。就医

皮肤接触　立即脱去污染的衣着，用大量流动清水彻底冲洗至少15min。就医

眼睛接触　立即分开眼睑，用流动清水或生理盐水彻底冲洗至少15min。就医

食入　用水漱口，禁止催吐。给饮牛奶或蛋清。就医

对保护施救者的忠告　根据需要使用个人防护设备

对医生的特别提示　对症处理

第五部分　消防措施

灭火剂　用干燥石墨粉和干砂闷熄火苗，隔绝空气

特别危险性　化学反应活性很高，加热至熔融状态时能在空气中自燃，而粉尘能在常温下燃烧。遇水或酸发生反应放出氢气及热量，能引起燃烧。燃烧后即成熔融物流散，并放出白色浓烟，使火场全部荫蔽。金属锂能在空气、氧气、氮气或二氧化碳中燃烧，特别是有氧化锂或氮化锂存在下极易燃烧。锂在高温下能与混凝土或其他含湿的材料发生猛烈反应，反应放出的氢气与空气能形成爆炸性混合物。与卤素、硫、磷等发生剧烈的化学反应，引起燃烧。燃烧生成有害的氧化锂

灭火注意事项及防护措施　消防人员必须佩戴空气呼吸器、穿全身防火防毒服，在上风向灭火。尽可能将容器从火场移至空旷处。喷水保持火场容器冷却，直至灭火结束。禁止使用水、泡沫或卤化物灭火剂。用二氧化碳与干粉灭火无效

第六部分　泄漏应急处理

作业人员防护措施、防护装备和应急处置程序　严禁用水处理。隔离泄漏污染区，限制出入。消除所有点火源。建议应急处理人员戴防尘口罩，穿防静电、防腐蚀、防毒服，戴橡胶手套。禁止接触或跨越泄漏物。尽可能切断泄漏源。保持泄漏物干燥

环境保护措施　无资料

泄漏化学品的收容、清除方法及所使用的处置材料　小量泄漏：用干燥的砂土或其他不燃材料覆盖泄漏物，然后用塑料布覆盖，减少飞散、避免雨淋。粉末泄漏：用塑料布或帆布覆盖泄漏物，减少飞散，保持干燥。在专家指导下清除

第七部分　操作处置与储存

操作注意事项　密闭操作。操作人员必须经过专门培训，严格遵守操作规程。建议操作人员佩戴自吸过滤式防尘口罩，戴化学安全防护眼镜，穿化学防护服，戴橡胶手套。远离火种、热源。工作场所严禁吸烟。使用防爆型的通风系统和设备。避免与酸类、卤素接触。尤其要注意避免与水接触。在氩气中操作处置。搬运时要轻装轻卸，防止包装及容器损坏。配备相应品种和数量的消防器材及泄漏应急处理设备。倒空的容器可能残留有害物

储存注意事项　存于液体石蜡中，注意包装完整密封。储存于阴凉、干燥、通风良好的专用库房内，远离火种、热源。库房温度不超过32℃，相对湿度不超过75%。应与酸类、卤素等分开存放，切忌混储。采用防爆型照明、通风设施。禁止使用易产生火花的机械设备和工具。储区应备有合适的材料收容泄漏物

第八部分　接触控制/个体防护

职业接触限值

中国　未制定标准

美国(ACGIH)　未制定标准

生物接触限值　未制定标准

监测方法　空气中有毒物质测定方法：未制定标准。生物监测检验方法：未制定标准

工程控制　密闭操作。提供安全的淋浴和洗眼设备

个体防护装备

呼吸系统防护　一般不需要特殊防护，但建议特殊情况下，佩戴过滤式防尘呼吸器

眼睛防护　戴化学安全防护眼镜

皮肤和身体防护　穿化学防护服

手防护　戴橡胶手套

第九部分　理化特性

外观与性状　银白色软金属

pH值　无意义　**熔点(℃)**　180.54

沸点(℃)　1317～1342

相对密度(水=1)　0.534 (20℃)

相对蒸气密度(空气=1)　无资料

饱和蒸气压(kPa)　0.13 (723℃)

燃烧热(kJ/mol)　无资料　**临界温度(℃)**　无资料

临界压力(MPa)　68.9　**辛醇/水分配系数**　无资料

闪点(℃)　无意义　**自燃温度(℃)**　无资料

爆炸下限(%)　无资料　**爆炸上限(%)**　无资料

分解温度(℃)　无资料　**黏度(mPa·s)**　无资料

溶解性　不溶于烃类，溶于硝酸、液氨

第十部分　稳定性和反应性

稳定性　稳定

危险反应 与强氧化剂、水、卤素、非金属氧化物等禁配物接触，有发生火灾和爆炸的危险

避免接触的条件 空气、潮湿空气

禁配物 卤素、酸类、氧、氯代烃、硫、磷、氮气或二氧化碳

危险的分解产物 无意义

第十一部分 毒理学信息

急性毒性 LD_{50}：1000mg/kg（小鼠腹腔）

皮肤刺激或腐蚀 无资料 **眼睛刺激或腐蚀** 无资料

呼吸或皮肤过敏 无资料

生殖细胞突变性 细胞遗传学分析：人 714mg/kg（8 周，间断）

致癌性 无资料 **生殖毒性** 无资料

特异性靶器官系统毒性-一次接触 无资料

特异性靶器官系统毒性-反复接触 无资料

吸入危害 无资料

第十二部分 生态学信息

生态毒性 无资料

持久性和降解性

生物降解性 无资料

非生物降解性 无资料

潜在的生物累积性

土壤中的迁移性

第十三部分 废弃处置

废弃化学品 用无水正丁醇破坏

污染包装物 将容器返还生产商或按照国家和地方法规处置

废弃注意事项 处置前应参阅国家和地方有关法规

第十四部分 运输信息

联合国危险货物编号（UN 号） 1415

联合国运输名称 锂

联合国危险性类别 4.3 **包装类别** Ⅰ类包装

包装标志  **海洋污染物** 否

运输注意事项 运输时运输车辆应配备相应品种和数量的消防器材及泄漏应急处理设备。装运本品的车辆排气管须有阻火装置。运输过程中要确保容器不泄漏、不倒塌、不坠落、不损坏。严禁与酸类、卤素、食用化学品等混装混运。运输途中应防曝晒、雨淋，防高温。中途停留时应远离火种、热源。运输用车、船必须干燥，并有良好的防雨设施。车辆运输完毕应进行彻底清扫。铁路运输时要禁止溜放

第十五部分 法规信息

下列法律、法规、规章和标准，对该化学品的管理作了相应的规定。

中华人民共和国职业病防治法 职业病分类和目录：未列入

危险化学品安全管理条例 危险化学品目录：列入。易制爆危险化学品名录：未列入。重点监管的危险化学品名录：未列入。GB 18218—2009《危险化学品重大危险源辨识》（表 1）：未列入

使用有毒物品作业场所劳动保护条例 高毒物品目录：未列入

易制毒化学品管理条例 易制毒化学品的分类和品种目录：列入

国际公约 斯德哥尔摩公约：未列入。鹿特丹公约：未列入。蒙特利尔议定书：未列入

第十六部分 其他信息

编写和修订信息 **缩略语和首字母缩写**

培训建议 **参考文献**

免责声明

连二亚硫酸钠

第一部分 化学品标识

化学品中文名 连二亚硫酸钠；保险粉；低亚硫酸钠

化学品英文名 sodium hydrosulfite；sodium dithionite

分子式 $Na_2S_2O_4$ **相对分子质量** 174.10

化学品的推荐及限制用途 印染工业中作还原剂，丝、毛的漂白剂，还用于医药工业、选矿、硫脲及其硫化物的合成等

第二部分 危险性概述

紧急情况概述 自热：可能燃烧，吞咽有害

GHS 危险性类别 自热物质和混合物，类别 1；急性毒性-经口，类别 4；危害水生环境-急性危害，类别 3

标签要素

象形图 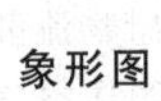 

警示词 危险

危险性说明 自热：可能燃烧，吞咽有害，对水生生物有害

防范说明

预防措施 保持阴凉，避免日照。戴防护手套、防护眼镜、防护面罩。避免接触眼睛、皮肤，操作后彻底清洗。作业场所不得进食、饮水或吸烟。禁止排入环境

事故响应 食入：漱口。如果感觉不适，立即呼叫中毒控制中心或就医

安全储存 跺、货架之间留有空隙。远离其他物质储存

废弃处置 本品及内装物、容器依据国家和地方法规处置

物理和化学危险 自燃物品。遇水剧烈反应，可引起燃烧

健康危害 本品有致敏性和刺激性

环境危害 对水生生物有害

第三部分　成分/组成信息

√物质　　混合物

组分	浓度	CAS No.
连二亚硫酸钠		7775-14-6

第四部分　急救措施

吸入　迅速脱离现场至空气新鲜处。保持呼吸道通畅。如呼吸困难，给输氧。如呼吸、心跳停止，立即进行心肺复苏术。就医

皮肤接触　立即脱去污染的衣着，用流动清水彻底冲洗。就医

眼睛接触　立即分开眼睑，用流动清水或生理盐水彻底冲洗。就医

食入　漱口，饮水。就医

对保护施救者的忠告　根据需要使用个人防护设备

对医生的特别提示　对症处理

第五部分　消防措施

灭火剂　用干粉、二氧化碳、砂土灭火

特别危险性　强还原剂。250℃时能自燃。加热或接触明火能燃烧。暴露在空气中会被氧化而变质。遇水、酸类或与有机物、氧化剂接触，都可放出大量热而引起剧烈燃烧，并放出有毒和易燃的二氧化硫。燃烧生成有害的硫化物

灭火注意事项及防护措施　消防人员须佩戴防毒面具、穿全身消防服，在上风向灭火。尽可能将容器从火场移至空旷处。喷水保持火场容器冷却，直至灭火结束。禁止用水、泡沫、酸碱灭火剂灭火

第六部分　泄漏应急处理

作业人员防护措施、防护装备和应急处置程序　严禁用水处理。隔离泄漏污染区，限制出入。消除所有点火源。建议应急处理人员戴防尘口罩，穿防毒、防静电服，戴乳胶手套。禁止接触或跨越泄漏物。保持泄漏物干燥。用干燥的砂土或其他不燃材料覆盖泄漏物，然后用塑料布覆盖，减少飞散、避免雨淋

环境保护措施　无资料

泄漏化学品的收容、清除方法及所使用的处置材料　用洁净的无火花工具收集泄漏物，置于一盖子较松的塑料容器中，待处置

第七部分　操作处置与储存

操作注意事项　密闭操作，局部排风。操作人员必须经过专门培训，严格遵守操作规程。建议操作人员佩戴自吸过滤式防尘口罩，戴安全防护眼镜，穿化学防护服，戴乳胶手套。远离火种、热源。工作场所严禁吸烟。使用防爆型的通风系统和设备。远离易燃、可燃物。避免产生粉尘。避免与氧化剂、酸类接触。尤其要注意避免与水接触。搬运时要轻装轻卸，防止包装及容器损坏。配备相应品种和数量的消防器材及泄漏应急处理设备。倒空的容器可能残留有害物

储存注意事项　储存于阴凉、通风的库房。包装要求密封，不可与空气接触。应与氧化剂、酸类、易（可）燃物分开存放，切忌混储。采用防爆型照明、通风设施。禁止使用易产生火花的机械设备和工具。储区应备有合适的材料收容泄漏物

第八部分　接触控制/个体防护

职业接触限值

中国　未制定标准

美国(ACGIH)　未制定标准

生物接触限值　未制定标准

监测方法　空气中有毒物质测定方法：未制定标准。生物监测检验方法：未制定标准

工程控制　密闭操作，局部排风。提供安全的淋浴和洗眼设备

个体防护装备

呼吸系统防护　可能接触其粉尘时，应该佩戴过滤式防尘呼吸器。必要时佩戴空气呼吸器

眼睛防护　戴安全防护眼镜

皮肤和身体防护　穿化学防护服

手防护　戴橡胶手套

第九部分　理化特性

外观与性状　白色砂状结晶或淡黄色粉末

pH值　无意义　　**熔点(℃)**　52～55（分解）

沸点(℃)　130（分解）　　**相对密度(水=1)**　2.1～2.2

相对蒸气密度(空气=1)　无资料

饱和蒸气压(kPa)　无资料

燃烧热(kJ/mol)　无资料　　**临界温度(℃)**　无资料

临界压力(MPa)　无资料　　**辛醇/水分配系数**　无资料

闪点(℃)　无意义　　**自燃温度(℃)**　250

爆炸下限(%)　无资料　　**爆炸上限(%)**　无资料

分解温度(℃)　无资料　　**黏度(mPa·s)**　无资料

溶解性　溶于水，不溶于乙醇

第十部分　稳定性和反应性

稳定性　稳定

危险反应　与强氧化剂、氧、卤素、易燃物品等接触，有发生火灾和爆炸的危险

避免接触的条件　潮湿空气

禁配物　强氧化剂、酸类、易燃或可燃物

危险的分解产物　硫化物

第十一部分　毒理学信息

急性毒性　无资料　　**皮肤刺激或腐蚀**　无资料

眼睛刺激或腐蚀　无资料　　**呼吸或皮肤过敏**　无资料

生殖细胞突变性　无资料　　**致癌性**　无资料

生殖毒性　无资料

特异性靶器官系统毒性-一次接触　无资料

特异性靶器官系统毒性-反复接触　无资料

吸入危害　无资料

第十二部分　生态学信息

生态毒性　LC_{50}：13～48mg/L（48h）（金色圆腹雅罗鱼）
持久性和降解性
生物降解性　无资料
非生物降解性　无资料
潜在的生物累积性　无资料
土壤中的迁移性　无资料

第十三部分　废弃处置

废弃化学品　根据国家和地方有关法规的要求处置。或与制造商联系，确定处置方法
污染包装物　将容器返还生产商或按照国家和地方法规处置
废弃注意事项　把倒空的容器归还厂商或在规定场所掩埋

第十四部分　运输信息

联合国危险货物编号（UN号）　1384
联合国运输名称　连二亚硫酸钠
联合国危险性类别　4.2　**包装类别**　Ⅱ类包装
包装标志 　**海洋污染物**　否
运输注意事项　运输时运输车辆应配备相应品种和数量的消防器材及泄漏应急处理设备。装运本品的车辆排气管须有阻火装置。运输过程中要确保容器不泄漏、不倒塌、不坠落、不损坏。严禁与氧化剂、酸类、易燃物或可燃物、食用化学品等混装混运。运输途中应防曝晒、雨淋，防高温。中途停留时应远离火种、热源。运输用车、船必须干燥，并有良好的防雨设施。车辆运输完毕应进行彻底清扫。铁路运输时要禁止溜放

第十五部分　法规信息

下列法律、法规、规章和标准，对该化学品的管理作了相应的规定。
中华人民共和国职业病防治法　职业病分类和目录：未列入
危险化学品安全管理条例　危险化学品目录：列入。易制爆危险化学品名录：未列入。重点监管的危险化学品名录：未列入。GB 18218—2009《危险化学品重大危险源辨识》（表 1）：未列入
使用有毒物品作业场所劳动保护条例　高毒物品目录：未列入
易制毒化学品管理条例　易制毒化学品的分类和品种目录：未列入
国际公约　斯德哥尔摩公约：未列入。鹿特丹公约：未列入。蒙特利尔议定书：未列入

第十六部分　其他信息

编写和修订信息　**缩略语和首字母缩写**
培训建议　**参考文献**
免责声明

磷　化　铝

第一部分　化学品标识

化学品中文名　磷化铝
化学品英文名　aluminium phosphide；aluminum monophosphide
分子式　AlP　**相对分子质量**　57.95
结构式　Al═P
化学品的推荐及限制用途　用作粮仓熏蒸杀虫剂，与氨基甲酸铵的混合物可作为一种农药，也用于焊接

第二部分　危险性概述

紧急情况概述　遇水放出可自燃的易燃气体，吞咽致命，皮肤接触会中毒，吸入致命
GHS 危险性类别　遇水放出易燃气体的物质和混合物，类别 1；急性毒性-经口，类别 2；急性毒性-经皮，类别 3；急性毒性-吸入，类别 1；危害水生环境-急性危害，类别 1
标签要素
象形图 
警示词　危险
危险性说明　遇水放出可自燃的易燃气体，吞咽致命，皮肤接触会中毒，吸入致命，对水生生物毒性非常大
防范说明
预防措施　因与水发生剧烈反应和可能发生爆燃，应避免与水接触。在惰性气体中操作。防潮。戴防护手套、防护眼镜、防护面罩，穿防护服。避免接触眼睛、皮肤，操作后彻底清洗。作业场所不得进食、饮水或吸烟。避免吸入粉尘、烟气。仅在室外或通风良好处操作。戴呼吸防护器具。禁止排入环境
事故响应　火灾时，使用干粉、干燥砂土灭火。如吸入：将患者转移到空气新鲜处，休息，保持利于呼吸的体位。皮肤接触：立即脱去所有被污染的衣服。擦掉皮肤上的微粒，将接触部位浸入冷水中、用湿绷带包扎。被污染的衣服须经洗净后方可重新使用。如感觉不适，呼叫中毒控制中心或就医。食入：漱口，立即呼叫中毒控制中心或就医。收集泄漏物
安全储存　在干燥处和密闭的容器中储存。在通风良好处储存。上锁保管
废弃处置　本品及内装物、容器依据国家和地方法规处置
物理和化学危险　遇湿易燃
健康危害　本品遇水或酸产生磷化氢而引起中毒。吸入磷化氢气体引起头晕、头痛、恶心、乏力、食欲减退、胸闷及上腹部疼痛等。严重者有中毒性精神症状，脑水肿，肺水肿，肝、肾及心肌损害，心律紊乱等。口服产生磷化氢中毒，有胃肠道症状，以及发热、畏

寒、头晕、兴奋及心律紊乱，严重者有气急、少尿、抽搐、休克及昏迷等

环境危害 对水生生物毒性非常大

第三部分 成分/组成信息

√物质 混合物

组分	浓度	CAS No.
磷化铝		20859-73-8

第四部分 急救措施

吸入 迅速脱离现场至空气新鲜处。保持呼吸道通畅。如呼吸困难，给输氧。如呼吸、心跳停止，立即进行心肺复苏术。就医

皮肤接触 立即脱去污染的衣着，用流动清水彻底冲洗。就医

眼睛接触 立即分开眼睑，用流动清水或生理盐水彻底冲洗。就医

食入 饮适量温水，催吐（仅限于清醒者）。就医

对保护施救者的忠告 根据需要使用个人防护设备

对医生的特别提示 对症处理

第五部分 消防措施

灭火剂 用干粉、干燥砂土灭火

特别危险性 遇酸或水和潮气时，能发生剧烈反应，放出剧毒的自燃的磷化氢气体，当温度超过60℃时会立即在空气中自燃。与氧化剂能发生强烈反应，引起燃烧或爆炸。燃烧生成有害的磷氧化物、铝氧化物

灭火注意事项及防护措施 消防人员必须穿全身防火防毒服，在上风向灭火。尽可能将容器从火场移至空旷处。喷水保持火场容器冷却，直至灭火结束。禁止用水、泡沫和酸碱灭火剂灭火

第六部分 泄漏应急处理

作业人员防护措施、防护装备和应急处置程序 严禁用水处理。隔离泄漏污染区，限制出入。消除所有点火源。建议应急处理人员戴防尘口罩，穿防静电服，戴橡胶手套。禁止接触或跨越泄漏物。尽可能切断泄漏源。保持泄漏物干燥

环境保护措施 无资料

泄漏化学品的收容、清除方法及所使用的处置材料 小量泄漏：用干燥的砂土或其他不燃材料覆盖泄漏物，然后用塑料布覆盖，减少飞散、避免雨淋。粉末泄漏：用塑料布或帆布覆盖泄漏物，减少飞散，保持干燥。在专家指导下清除

第七部分 操作处置与储存

操作注意事项 密闭操作，局部排风。操作人员必须经过专门培训，严格遵守操作规程。建议操作人员佩戴自吸过滤式防尘口罩，戴化学安全防护眼镜，穿化学防护服，戴橡胶手套。避免产生粉尘。避免与氧化剂、酸类接触。尤其要注意避免与水接触。搬运时轻装轻卸，保持包装完整，防止洒漏。配备泄漏应急处理设备。倒空的容器可能残留有害物

储存注意事项 储存于阴凉、干燥、通风良好的专用库房内，库房温度不超过32℃，相对湿度不超过75%。远离火种、热源。包装要求密封，不可与空气接触。应与氧化剂、酸类、食用化学品分开存放，切忌混储。储区应备有合适的材料收容泄漏物

第八部分 接触控制/个体防护

职业接触限值

中国 未制定标准

美国(ACGIH) TLV-TWA：1mg/m^3（呼吸性颗粒物））［按Al计］

生物接触限值 未制定标准

监测方法 空气中有毒物质测定方法：未制定标准。生物监测检验方法：未制定标准

工程控制 密闭操作，局部排风。提供安全的淋浴和洗眼设备

个体防护装备

呼吸系统防护 作业时，应该佩戴过滤式防尘呼吸器。空气中浓度较高时，建议佩戴空气呼吸器

眼睛防护 戴化学安全防护眼镜

皮肤和身体防护 穿化学防护服

手防护 戴橡胶手套

第九部分 理化特性

外观与性状 浅黄色或灰绿色粉末，无味，易潮解

pH值 无意义 **熔点(℃)** 2550

沸点(℃) 升华

相对密度(水=1) 2.85（15℃）

相对蒸气密度(空气=1) 4.1

饱和蒸气压(kPa) 无资料

燃烧热(kJ/mol) 无资料 **临界温度(℃)** 无资料

临界压力(MPa) 无资料 **辛醇/水分配系数** −0.17

闪点(℃) 无资料 **自燃温度(℃)** 无资料

爆炸下限(%) 无资料 **爆炸上限(%)** 无资料

分解温度(℃) 无资料 **黏度(mPa·s)** 无资料

溶解性 不溶于冷水，溶于乙醇、乙醚

第十部分 稳定性和反应性

稳定性 稳定

危险反应 与强氧化剂、水等禁配物接触，有发生火灾和爆炸的危险

避免接触的条件 潮湿空气

禁配物 氧化剂、酸类

危险的分解产物 无资料

第十一部分 毒理学信息

急性毒性

LD_{50} 11.5mg/kg（大鼠经口）

LC_{50} 15.5mg/m^3（大鼠吸入，4h）

皮肤刺激或腐蚀 无资料 **眼睛刺激或腐蚀** 无资料

呼吸或皮肤过敏 无资料 **生殖细胞突变性** 无资料

致癌性 无资料 **生殖毒性** 无资料

特异性靶器官系统毒性-一次接触 无资料

特异性靶器官系统毒性-反复接触 无资料

吸入危害 无资料

第十二部分 生态学信息

生态毒性 无资料

持久性和降解性

生物降解性 无资料

非生物降解性 无资料

潜在的生物累积性 无资料

土壤中的迁移性 无资料

第十三部分 废弃处置

废弃化学品 根据国家和地方有关法规的要求处置。或与制造商联系，确定处置方法

污染包装物 将容器返还生产商或按照国家和地方法规处置

废弃注意事项 处置前应参阅国家和地方有关法规

第十四部分 运输信息

联合国危险货物编号（UN号） 1397

联合国运输名称 磷化铝 **联合国危险性类别** 4.3，6.1

包装类别 Ⅰ类包装

包装标志

海洋污染物 否

运输注意事项 运输时运输车辆应配备相应品种和数量的消防器材及泄漏应急处理设备。装运本品的车辆排气管须有阻火装置。运输过程中要确保容器不泄漏、不倒塌、不坠落、不损坏。严禁与氧化剂、酸类、食用化学品等混装混运。运输途中应防曝晒、雨淋，防高温。中途停留时应远离火种、热源。运输用车、船必须干燥，并有良好的防雨设施。车辆运输完毕应进行彻底清扫。铁路运输时要禁止溜放

第十五部分 法规信息

下列法律、法规、规章和标准，对该化学品的管理作了相应的规定。

中华人民共和国职业病防治法 职业病分类和目录：磷化铝中毒

危险化学品安全管理条例 危险化学品目录：列入。易制爆危险化学品名录：未列入。重点监管的危险化学品名录：未列入。GB 18218—2009《危险化学品重大危险源辨识》（表1）：未列入

使用有毒物品作业场所劳动保护条例 高毒物品目录：未列入

易制毒化学品管理条例 易制毒化学品的分类和品种目录：未列入

国际公约 斯德哥尔摩公约：未列入。鹿特丹公约：未列入。蒙特利尔议定书：未列入

第十六部分 其他信息

编写和修订信息 **缩略语和首字母缩写**

培训建议 **参考文献**

免责声明

磷 化 氢

第一部分 化学品标识

化学品中文名 磷化氢；磷化三氢；膦

化学品英文名 hydrogen phosphide；phosphine

分子式 H_3P **相对分子质量** 34.00

结构式

```
H   H
 \ /
  P
  |
  H
```

化学品的推荐及限制用途 用于缩合催化剂，聚合引发剂及制备磷的有机化合物等

第二部分 危险性概述

紧急情况概述 极易燃气体，内装加压气体：遇热可能爆炸，吸入致命，造成严重的皮肤灼伤和眼损伤

GHS危险性类别 易燃气体，类别1；加压气体；急性毒性-吸入，类别2；皮肤腐蚀/刺激，类别1B；严重眼损伤/眼刺激，类别1；危害水生环境-急性危害，类别1

标签要素

象形图

警示词 危险

危险性说明 极易燃气体，内装加压气体：遇热可能爆炸，吸入致命，造成严重的皮肤灼伤和眼损伤，对水生生物毒性非常大

防范说明

预防措施 远离热源、火花、明火、热表面。禁止吸烟。避免吸入气体。仅在室外或通风良好处操作。戴呼吸防护器具。避免接触眼睛、皮肤，操作后彻底清洗。戴防护手套，穿防护服，戴防护眼镜、防护面罩。禁止排入环境

事故响应 漏气着火：切勿灭火，除非漏气能够安全地制止。如果没有危险，消除一切点火源。如吸入：将患者转移到空气新鲜处，休息，保持利于呼吸的体位，立即呼叫中毒控制中心或就医。皮肤（或头发）接触：立即脱掉所有被污染的衣服，用水冲洗皮肤，淋浴。污染的衣服须洗净后方可重新使用。接触眼睛：用水细心冲洗数分钟。如戴隐形眼镜并可方便地取出，取出隐形眼镜继续冲洗。收集泄漏物

安全储存　防日晒。存放在通风良好的地方。保持容器密闭。上锁保管

废弃处置　本品及内装物、容器依据国家和地方法规处置

物理和化学危险　极易燃。接触空气易自燃

健康危害　磷化氢主要损害神经系统、呼吸系统、心脏、肾脏及肝脏。10mg/m^{3}接触6h，有中毒症状；409～846mg/m^{3}时，30min～1h发生死亡。急性轻度中毒，病人有头痛、乏力、恶心、失眠、口渴、鼻咽发干、胸闷、咳嗽和低热等；中度中毒，病人出现轻度意识障碍、呼吸困难、心肌损伤；重度中毒，则出现昏迷、抽搐、肺水肿及明显的心肌、肝脏及肾脏损害。眼和皮肤接触引起灼伤

环境危害　对水生生物毒性非常大

第三部分　成分/组成信息

√物质　　混合物

组分	浓度	CAS No.
磷化氢		7803-51-2

第四部分　急救措施

吸入　迅速脱离现场至空气新鲜处。保持呼吸道通畅。如呼吸困难，给输氧。如呼吸、心跳停止，立即进行心肺复苏术。就医

皮肤接触　立即脱去污染的衣着，用大量流动清水彻底冲洗至少15min。就医

眼睛接触　立即分开眼睑，用流动清水或生理盐水彻底冲洗至少15min。就医

对保护施救者的忠告　根据需要使用个人防护设备

对医生的特别提示　对症处理

第五部分　消防措施

灭火剂　用雾状水、泡沫、干粉、二氧化碳灭火

特别危险性　极易燃，具有强还原性。与空气混合，能形成爆炸性混合物，遇热源和明火有燃烧爆炸的危险。暴露在空气中能自燃。与氧接触会爆炸，与卤素接触发生激烈反应。与氧化剂能发生强烈反应。燃烧生成有害的氧化磷

灭火注意事项及防护措施　切断气源。若不能切断气源，则不允许熄灭泄漏处的火焰。消防人员必须佩戴空气呼吸器、穿全身防火防毒服，在上风向灭火。尽可能将容器从火场移至空旷处。喷水保持火场容器冷却，直至灭火结束

第六部分　泄漏应急处理

作业人员防护措施、防护装备和应急处置程序　消除所有点火源。根据气体扩散的影响区域划定警戒区，无关人员从侧风、上风向撤离至安全区。建议应急处理人员穿内置正压自给式呼吸器的全封闭防化服。如果是液化气体泄漏，还应注意防冻伤。作业时使用的所有设备应接地。尽可能切断泄漏源。喷雾状水抑制蒸气或改变蒸气云流向，避免水流接触泄漏物。禁止用水直接冲击泄漏物或泄漏源。若可能翻转容器，使之逸出气体而非液体

环境保护措施　防止气体通过下水道、通风系统和有限空间扩散。隔离泄漏区直至气体散尽

泄漏化学品的收容、清除方法及所使用的处置材料　无资料

第七部分　操作处置与储存

操作注意事项　严加密闭，提供充分的局部排风和全面通风。操作人员必须经过专门培训，严格遵守操作规程。建议操作人员佩戴导管式防毒面具，戴化学安全防护眼镜，穿带面罩式防毒衣，戴橡胶手套。远离火种、热源。工作场所严禁吸烟。使用防爆型的通风系统和设备。防止气体泄漏到工作场所空气中。避免与氧化剂接触。搬运时轻装轻卸，防止钢瓶及附件破损。配备相应品种和数量的消防器材及泄漏应急处理设备

储存注意事项　储存于阴凉、通风的有毒气体专用库房。实行“双人收发、双人保管”制度。远离火种、热源。库温不宜超过30℃。应与氧化剂、食用化学品分开存放，切忌混储。采用防爆型照明、通风设施。禁止使用易产生火花的机械设备和工具。储区应备有泄漏应急处理设备

第八部分　接触控制/个体防护

职业接触限值

中国　MAC：0.3mg/m^3

美国(ACGIH)　TLV-TWA：0.3ppm；TLV-STEL：1ppm

生物接触限值　未制定标准

监测方法　空气中有毒物质测定方法：钼酸铵分光光度法；气相色谱法。生物监测检验方法：未制定标准

工程控制　严加密闭，提供充分的局部排风和全面通风。提供安全的淋浴和洗眼设备

个体防护装备

呼吸系统防护　正常工作情况下，佩戴过滤式防毒面具（半面罩）。紧急事态抢救或撤离时，建议佩戴空气呼吸器

眼睛防护　戴化学安全防护眼镜

皮肤和身体防护　穿隔绝式防毒服

手防护　戴橡胶手套

第九部分　理化特性

外观与性状　无色，有类似大蒜气味的气体

pH值　无意义　　**熔点(℃)**　−133

沸点(℃)　−87.7　　**相对密度(水=1)**　0.8

相对蒸气密度(空气=1)　1.17

饱和蒸气压(kPa)　53.32（−98.3℃）

燃烧热(kJ/mol)　无资料　　**临界温度(℃)**　52

临界压力(MPa)　6.58　　**辛醇/水分配系数**　−0.27

闪点(℃)　−88　　**自燃温度(℃)**　38

爆炸下限(%)　1.8　　**爆炸上限(%)**　98

分解温度(℃)　无资料　　**黏度(mPa·s)**　无资料

溶解性　不溶于热水，微溶于冷水，溶于乙醇、乙醚

第十部分 稳定性和反应性

稳定性 稳定

危险反应 与强氧化剂等禁配物接触，有发生火灾和爆炸的危险

避免接触的条件 空气

禁配物 强氧化剂

危险的分解产物 无资料

第十一部分 毒理学信息

急性毒性

LC_{50} 15.3mg/m^3（大鼠吸入，4h）

LCLo 1000ppm（人吸入 5min）

皮肤刺激或腐蚀 无资料 **眼睛刺激或腐蚀** 无资料

呼吸或皮肤过敏 无资料 **生殖细胞突变性** 无资料

致癌性 无资料 **生殖毒性** 无资料

特异性靶器官系统毒性-一次接触 无资料

特异性靶器官系统毒性-反复接触 大鼠吸入 7mg/m^3，27～36h，死亡；3.5mg/m^3，存活；1.4mg/m^3，3d，存活

吸入危害 无资料

第十二部分 生态学信息

生态毒性 无资料

持久性和降解性

生物降解性 无资料

非生物降解性 无资料

潜在的生物累积性 无资料

土壤中的迁移性 无资料

第十三部分 废弃处置

废弃化学品 根据国家和地方有关法规的要求处置。或与制造商联系，确定处置方法

污染包装物 将容器返还生产商或按照国家和地方法规处置

废弃注意事项 处置前应参阅国家和地方有关法规

第十四部分 运输信息

联合国危险货物编号（UN号） 2199

联合国运输名称 磷化氢

联合国危险性类别 2.3，2.1 **包装类别** -

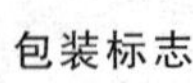

包装标志 

海洋污染物 否

运输注意事项 采用钢瓶运输时必须戴好钢瓶上的安全帽。钢瓶一般平放，并应将瓶口朝同一方向，不可交叉；高度不得超过车辆的防护栏板，并用三角木垫卡牢，防止滚动。运输时运输车辆应配备相应品种和数量的消防器材。装运该物品的车辆排气管必须配备阻火装置，禁止使用易产生火花的机械设备和工具装卸。严禁与氧化剂、食用化学品等混装混运。夏季应早晚运输，防止日光曝晒。中途停留时应远离火种、热源。公路运输时要按规定路线行驶，禁止在居民区和人口稠密区停留。铁路运输时要禁止溜放

第十五部分 法规信息

下列法律、法规、规章和标准，对该化学品的管理作了相应的规定。

中华人民共和国职业病防治法 职业病分类和目录：磷化氢中毒

危险化学品安全管理条例 危险化学品目录：列入。作为剧毒化学品进行管理。易制爆危险化学品名录：未列入。重点监管的危险化学品名录：列入。GB 18218—2009《危险化学品重大危险源辨识》（表1）：列入。类别：毒性气体，临界量（t）：1

使用有毒物品作业场所劳动保护条例 高毒物品目录：列入

易制毒化学品管理条例 易制毒化学品的分类和品种目录：未列入

国际公约 斯德哥尔摩公约：未列入。鹿特丹公约：未列入。蒙特利尔议定书：未列入

第十六部分 其他信息

编写和修订信息 **缩略语和首字母缩写**

培训建议 **参考文献**

免责声明

磷　　酸

第一部分 化学品标识

化学品中文名 磷酸

化学品英文名 phosphoric acid；orthophosphoric acid

分子式 H_3PO_4 **相对分子质量** 98.00

结构式

```
      O
      ‖
HO—P—OH
      |
      OH
```

化学品的推荐及限制用途 用于制药、颜料、电镀、防锈等

第二部分 危险性概述

紧急情况概述 造成严重的皮肤灼伤和眼损伤

GHS危险性类别 皮肤腐蚀/刺激，类别1B；严重眼损伤/眼刺激，类别1；危害水生环境-急性危害，类别3

标签要素

象形图 

警示词 危险

危险性说明 造成严重的皮肤灼伤和眼损伤，对水生生物有害

防范说明

预防措施 避免吸入烟雾。避免接触眼睛、皮肤，操作后彻底清洗。戴防护手套，穿防护服，戴

防护眼镜、防护面罩。禁止排入环境

事故响应　如吸入：将患者转移到空气新鲜处，休息，保持利于呼吸的体位，立即呼叫中毒控制中心或就医。皮肤（或头发）接触：立即脱掉所有被污染的衣服，用水冲洗皮肤，淋浴。污染的衣服须洗净后方可重新使用。接触眼睛：用水细心冲洗数分钟。如戴隐形眼镜并可方便地取出，取出隐形眼镜继续冲洗。食入：漱口。不要催吐

安全储存　上锁保管

废弃处置　本品及内装物、容器依据国家和地方法规处置

物理和化学危险　不燃，无特殊燃爆特性

健康危害　蒸气或雾对眼、鼻、喉有刺激性。口服液体可引起恶心、呕吐、腹痛、血便或休克。皮肤或眼接触可致灼伤

慢性影响　鼻黏膜萎缩、鼻中隔穿孔。长期反复皮肤接触，可引起皮肤刺激

环境危害　对水生生物有害

第三部分　成分/组成信息

√物质　　混合物

组分	浓度	CAS No.
磷酸		7664-38-2

第四部分　急救措施

吸入　迅速脱离现场至空气新鲜处。保持呼吸道通畅。如呼吸困难，给输氧。如呼吸、心跳停止，立即进行心肺复苏术。就医

皮肤接触　立即脱去污染的衣着，用大量流动清水彻底冲洗至少15min。就医

眼睛接触　立即分开眼睑，用流动清水或生理盐水彻底冲洗至少15min。就医

食入　用水漱口，禁止催吐。给饮牛奶或蛋清。就医

对保护施救者的忠告　根据需要使用个人防护设备

对医生的特别提示　对症处理

第五部分　消防措施

灭火剂　本品不燃。根据着火原因选择适当灭火剂灭火

特别危险性　遇金属反应放出氢气，能与空气形成爆炸性混合物。受热分解产生有毒的氧化磷烟气。具有腐蚀性

灭火注意事项及防护措施　消防人员必须穿全身耐酸碱消防服、佩戴空气呼吸器灭火。尽可能将容器从火场移至空旷处。喷水保持火场容器冷却，直至灭火结束

第六部分　泄漏应急处理

作业人员防护措施、防护装备和应急处置程序　隔离泄漏污染区，限制出入。建议应急处理人员戴防尘口罩，穿防酸碱服，戴橡胶耐酸碱手套。穿上适当的防护服前严禁接触破裂的容器和泄漏物。尽可能切断泄漏源。用塑料布覆盖泄漏物，减少飞散。勿使水进入包装容器内

环境保护措施　无资料

泄漏化学品的收容、清除方法及所使用的处置材料　用洁净的铲子收集泄漏物，置于干净、干燥、盖子较松的容器中，将容器移离泄漏区

第七部分　操作处置与储存

操作注意事项　密闭操作，注意通风。操作尽可能机械化、自动化。操作人员必须经过专门培训，严格遵守操作规程。建议操作人员佩戴自吸过滤式防毒面具（半面罩），戴化学安全防护眼镜，穿橡胶耐酸碱服，戴橡胶耐酸碱手套。远离易燃、可燃物。避免产生粉尘。避免与碱类、活性金属粉末接触。搬运时要轻装轻卸，防止包装及容器损坏。配备泄漏应急处理设备。倒空的容器可能残留有害物。稀释或制备溶液时，应小心把酸慢慢加入水中，防止发生过热和飞溅

储存注意事项　储存于阴凉、通风的库房。远离火种、热源。库房温度不超过30℃，相对湿度不超过80%。包装密封。应与易（可）燃物、碱类、活性金属粉末分开存放，切忌混储。储区应备有合适的材料收容泄漏物

第八部分　接触控制/个体防护

职业接触限值

中国　PC-TWA：1mg/m^3；PC-STEL：3mg/m^3

美国(ACGIH)　TLV-TWA：1mg/m^3；TLV-STEL：3mg/m^3

生物接触限值　未制定标准

监测方法　空气中有毒物质测定方法：钼酸铵分光光度法。生物监测检验方法：未制定标准

工程控制　密闭操作，注意通风。提供安全的淋浴和洗眼设备

个体防护装备

呼吸系统防护　可能接触其蒸气时，必须佩戴过滤式防毒面具（半面罩）；可能接触其粉尘时，建议佩戴过滤式防尘呼吸器

眼睛防护　戴化学安全防护眼镜

皮肤和身体防护　穿橡胶耐酸碱服

手防护　戴橡胶耐酸碱手套

第九部分　理化特性

外观与性状　纯磷酸为无色结晶，无臭，具有酸味

pH值　无意义　　**熔点(℃)**　42.4（纯品）

沸点(℃)　260

相对密度(水=1)　1.87（纯品）

相对蒸气密度(空气=1)　3.38

饱和蒸气压(kPa)　0.0038（20°C）

燃烧热(kJ/mol)　无资料　　**临界温度(℃)**　无资料

临界压力(MPa)　5.07　　**辛醇/水分配系数**　−0.77

闪点(℃)　无意义　　**自燃温度(℃)**　无意义

爆炸下限(%)　无意义　　**爆炸上限(%)**　无意义

分解温度(℃)　无资料　　**黏度(mPa·s)**　无资料

溶解性　与水混溶，可混溶于乙醇等许多有机溶剂

第十部分　稳定性和反应性

稳定性　稳定

危险反应 与强碱禁配物发生反应。与活性金属反应放出易燃气体

避免接触的条件 受热、潮湿空气

禁配物 强碱、活性金属粉末、易燃或可燃物

危险的分解产物 氧化磷

第十一部分 毒理学信息

急性毒性 LD_{50}：1530mg/kg（大鼠经口）；2740mg/kg（兔经皮）

皮肤刺激或腐蚀 家兔经皮：595mg（24h），重度刺激

眼睛刺激或腐蚀 家兔经眼：119mg，重度刺激

呼吸或皮肤过敏 无资料 **生殖细胞突变性** 无资料

致癌性 无资料 **生殖毒性** 无资料

特异性靶器官系统毒性-一次接触 无资料

特异性靶器官系统毒性-反复接触 动物长期吸入 10.6mg/m^3，使血清蛋白含量增加及肝糖原降低

吸入危害 无资料

第十二部分 生态学信息

生态毒性

LC_{50} 75.1mg/L（96h）（未调节 pH，pH＝3.39～4.45）（青鳉）；EC_{50}＞376mg/L（48h）（调节 pH，pH＝7.53～7.95）（水蚤）

ErC_{50} 77.9mg/L（72h）（未调节 pH，pH＝3.40～5.61）（羊角月牙藻）

持久性和降解性

生物降解性 无资料

非生物降解性 无资料

潜在的生物累积性 无资料

土壤中的迁移性 无资料

第十三部分 废弃处置

废弃化学品 缓慢加入碱液（石灰水）中，并不断搅拌，反应停止后，用大量水冲入废水系统

污染包装物 将容器返还生产商或按照国家和地方法规处置

废弃注意事项 处置前应参阅国家和地方有关法规

第十四部分 运输信息

联合国危险货物编号（UN 号） 1805（溶液）；3453（固态）

联合国运输名称 磷酸溶液（溶液）；固态磷酸（固态）

联合国危险性类别 8 **包装类别** Ⅲ类包装

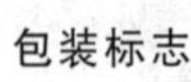

包装标志

海洋污染物 否

运输注意事项 起运时包装要完整，装载应稳妥。运输过程中要确保容器不泄漏、不倒塌、不坠落、不损坏。严禁与易燃物或可燃物、碱类、活性金属粉末、食用化学品等混装混运。运输时运输车辆应配备泄漏应急处理设备。运输途中应防曝晒、雨淋，防高温

第十五部分 法规信息

下列法律、法规、规章和标准，对该化学品的管理作了相应的规定。

中华人民共和国职业病防治法 职业病分类和目录：未列入

危险化学品安全管理条例 危险化学品目录：列入。易制爆危险化学品名录：未列入。重点监管的危险化学品名录：未列入。GB 18218—2009《危险化学品重大危险源辨识》（表 1）：未列入

使用有毒物品作业场所劳动保护条例 高毒物品目录：未列入

易制毒化学品管理条例 易制毒化学品的分类和品种目录：未列入

国际公约 斯德哥尔摩公约：未列入。鹿特丹公约：未列入。蒙特利尔议定书：未列入

第十六部分 其他信息

编写和修订信息 **缩略语和首字母缩写**

培训建议 **参考文献**

免责声明

磷酸三甲苯酯

第一部分 化学品标识

化学品中文名 磷酸三甲苯酯；磷酸三甲酚酯；增塑剂 TCP

化学品英文名 tricresyl phosphate；tritolyl phosphate

分子式 $C_{21}H_{21}O_4P$ **相对分子质量** 368.37

结构式

化学品的推荐及限制用途 用作塑料增塑剂、喷漆增塑剂

第二部分 危险性概述

紧急情况概述 可能对生育力或胎儿造成伤害

GHS 危险性类别 生殖毒性，类别 1B；特异性靶器官毒性-一次接触，类别 1；特异性靶器官毒性-反复接触，类别 1；危害水生环境-急性危害，类别 1

标签要素

象形图

警示词 危险

危险性说明 可能对生育力或胎儿造成伤害，对器官造成损害，长时间或反复接触对器官造成损伤，对水生生物毒性非常大

防范说明

预防措施 得到专门指导后操作。在阅读并了解所有安全预防措施之前，切勿操作。按要求使用

个体防护装备。避免吸入蒸气、雾。避免接触眼睛、皮肤，操作后彻底清洗。作业场所不得进食、饮水或吸烟。禁止排入环境

事故响应　如果接触或有担心，就医。收集泄漏物

安全储存　上锁保管

废弃处置　本品及内装物、容器依据国家和地方法规处置

物理和化学危险　可燃，其蒸气与空气混合，能形成爆炸性混合物

健康危害　本品引起中毒性神经病，对体内假性胆碱酯酶有抑制作用，但不抑制真性胆碱酯酶

急性中毒　大量口服先出现恶心、呕吐、腹泻，后出现肌肉疼痛，继之迅即出现肢体发麻和肌无力，可引起足、腕下垂。损害以运动神经为主。重者可有咽喉肌肉、眼肌和呼吸肌麻痹。可因呼吸麻痹而致死。亦可经皮肤、呼吸道吸收

慢性中毒　长期小量接触邻位磷酸三甲苯酯，可出现与急性中毒相同的神经系统损害

环境危害　对水生生物毒性非常大

第三部分　成分/组成信息

√物质　　混合物

组分	浓度	CAS No.
磷酸三甲苯酯		1330-78-5

第四部分　急救措施

吸入　迅速脱离现场至空气新鲜处。保持呼吸道通畅。如呼吸困难，给输氧。如呼吸、心跳停止，立即进行心肺复苏术。就医

皮肤接触　立即脱去污染的衣着，用流动清水彻底冲洗。就医

眼睛接触　立即分开眼睑，用流动清水或生理盐水彻底冲洗。就医

食入　漱口，饮水。就医

对保护施救者的忠告　根据需要使用个人防护设备

对医生的特别提示　对症处理

第五部分　消防措施

灭火剂　用干粉、二氧化碳、砂土灭火

特别危险性　燃烧产生有毒烟气。与氧化剂能发生强烈反应。燃烧生成有害的一氧化碳、氧化磷、磷烷

灭火注意事项及防护措施　消防人员必须佩戴空气呼吸器、穿全身防火防毒服，在上风向灭火。尽可能将容器从火场移至空旷处。喷水保持火场容器冷却，直至灭火结束。容器突然发出异常声音或出现异常现象，应立即撤离

第六部分　泄漏应急处理

作业人员防护措施、防护装备和应急处置程序　根据液体流动和蒸气扩散的影响区域划定警戒区，无关人员从侧风、上风向撤离至安全区。建议应急处理人员戴正压自给式呼吸器，穿防毒服，戴防化学品手套。穿上适当的防护服前严禁接触破裂的容器和泄漏物。尽可能切断泄漏源

环境保护措施　防止泄漏物进入水体、下水道、地下室或有限空间。喷雾状水抑制蒸气或改变蒸气云流向

泄漏化学品的收容、清除方法及所使用的处置材料　小量泄漏：用干燥的砂土或其他不燃材料吸收或覆盖，收集于容器中。大量泄漏：构筑围堤或挖坑收容。用砂土、惰性物质或蛭石吸收大量液体。用泵转移至槽车或专用收集器内

第七部分　操作处置与储存

操作注意事项　密闭操作，提供充分的局部排风。操作尽可能机械化、自动化。操作人员必须经过专门培训，严格遵守操作规程。建议操作人员佩戴自吸过滤式防毒面具（半面罩），戴化学安全防护眼镜，穿胶布防毒衣，戴防化学品手套。远离火种、热源。工作场所严禁吸烟。使用防爆型的通风系统和设备。防止蒸气泄漏到工作场所空气中。避免与氧化剂、酸类接触。搬运时要轻装轻卸，防止包装及容器损坏。配备相应品种和数量的消防器材及泄漏应急处理设备。倒空的容器可能残留有害物

储存注意事项　储存于阴凉、通风的库房。远离火种、热源。保持容器密封。应与氧化剂、酸类、食用化学品分开存放，切忌混储。配备相应品种和数量的消防器材。储区应备有泄漏应急处理设备和合适的收容材料

第八部分　接触控制/个体防护

职业接触限值

中国　PC-TWA：0.3mg/m^3［皮］

美国(ACGIH)　未制定标准

生物接触限值　未制定标准

监测方法　空气中有毒物质测定方法：紫外分光光度法。生物监测检验方法：未制定标准

工程控制　严加密闭，提供充分的局部排风。提供安全的淋浴和洗眼设备

个体防护装备

呼吸系统防护　可能接触其蒸气时，应该佩戴过滤式防毒面具（半面罩）。紧急事态抢救或撤离时，佩戴空气呼吸器

眼睛防护　戴化学安全防护眼镜

皮肤和身体防护　穿隔绝式防毒服

手防护　戴防化学品手套

第九部分　理化特性

外观与性状　无色或淡黄色的透明油状液体

pH值　无资料　　**熔点(℃)**　−33

沸点(℃)　410　　**相对密度(水=1)**　1.16

相对蒸气密度(空气=1)　12.7 (H_2=1)

饱和蒸气压(kPa)　1.33 (265℃)

燃烧热(kJ/mol)　无资料　　**临界温度(℃)**　无资料

临界压力(MPa)　无资料　　**辛醇/水分配系数**　5.11

闪点(℃)　210　　**自燃温度(℃)**　385

爆炸下限(%)　0.4［计算值］

爆炸上限(%)　1.4［估算值］

分解温度(℃) 无资料 **黏度(mPa·s)** 无资料

溶解性 不溶于水，溶于乙醇、苯等多数有机溶剂

第十部分 稳定性和反应性

稳定性 稳定

危险反应 与强氧化剂接触，有发生火灾和爆炸的危险

避免接触的条件 受热

禁配物 强氧化剂、强酸

危险的分解产物 氧化磷、磷烷

第十一部分 毒理学信息

急性毒性 LD_{50}：5190mg/kg（大鼠经口）

皮肤刺激或腐蚀 家兔经皮：500mg，轻度刺激（开放性刺激试验）

眼睛刺激或腐蚀 家兔经眼：500mg（24h），轻度刺激

呼吸或皮肤过敏 无资料 **生殖细胞突变性** 无资料

致癌性 无资料 **生殖毒性** 无资料

特异性靶器官系统毒性-一次接触 无资料

特异性靶器官系统毒性-反复接触 大鼠经口最低中毒剂量（TDLo）：3150mg/kg（雄性，21d），对睾丸、输精管、附睾有影响

吸入危害 无资料

第十二部分 生态学信息

生态毒性

LC_{50} 0.26mg/L（96h)(虹鳟鱼，动态)；0.84mg/L（96h）（青鳉）；0.15mg/L（96h）（蓝鳃太阳鱼，动态）

EC_{50} 0.25mg/L（48h）(水蚤)

NOEC 0.62mg/L（21d）(水蚤)

持久性和降解性

生物降解性 OECD301D，28d 降解 24.2%，不易快速生物降解

非生物降解性 无资料

潜在的生物累积性 BCF：165（黑头呆鱼，接触时间32d，动态)，700（斑马鱼，接触时间 14d，动态)，3700（食蚊鱼)；根据 K_{ow} 值预测，该物质可能有较高的生物累积性

土壤中的迁移性 根据 K_{oc} 值预测，该物质的迁移性可能较弱

第十三部分 废弃处置

废弃化学品 建议用焚烧法处置。焚烧炉排出的气体要通过洗涤器除去

污染包装物 将容器返还生产商或按照国家和地方法规处置

废弃注意事项 处置前应参阅国家和地方有关法规

第十四部分 运输信息

联合国危险货物编号（UN 号） 2574

联合国运输名称 磷酸三甲苯酯

联合国危险性类别 6.1 **包装类别** Ⅱ类包装

包装标志  **海洋污染物** 是

运输注意事项 运输前应先检查包装容器是否完整、密封，运输过程中要确保容器不泄漏、不倒塌、不坠落、不损坏。严禁与酸类、氧化剂、食品及食品添加剂混运。运输时运输车辆应配备相应品种和数量的消防器材及泄漏应急处理设备。运输途中应防曝晒、雨淋，防高温。公路运输时要按规定路线行驶

第十五部分 法规信息

下列法律、法规、规章和标准，对该化学品的管理作了相应的规定。

中华人民共和国职业病防治法 职业病分类和目录：有机磷中毒

危险化学品安全管理条例 危险化学品目录：列入。易制爆危险化学品名录：未列入。重点监管的危险化学品名录：未列入。GB 18218—2009《危险化学品重大危险源辨识》(表 1)：未列入

使用有毒物品作业场所劳动保护条例 高毒物品目录：未列入

易制毒化学品管理条例 易制毒化学品的分类和品种目录：未列入

国际公约 斯德哥尔摩公约：未列入。鹿特丹公约：未列入。蒙特利尔议定书：未列入

第十六部分 其他信息

编写和修订信息 **缩略语和首字母缩写**

培训建议 **参考文献**

免责声明

磷酸乙基汞

第一部分 化学品标识

化学品中文名 磷酸乙基汞；谷乐生；谷仁乐生；乌斯普龙；汞制剂 2 号；磷酸二乙基汞

化学品英文名 ethylmercury phosphate；ethylmercuric phosphate

分子式 $C_2H_7HgO_4P$ **相对分子质量** 326.65

结构式

$$HO-P(=O)(OH)-O-Hg-CH_2-CH_3$$

化学品的推荐及限制用途 农业上用于处理种子，防治害虫

第二部分 危险性概述

紧急情况概述 吞咽致命，皮肤接触会致命，吸入致命

GHS 危险性类别 急性毒性-经口，类别 2；急性毒性-经皮，类别 1；急性毒性-吸入，类别 2；特异性靶器官毒性-反复接触，类别 2；危害水生环境-急性危害，类别 1；危害水生环境-长期危害，类别 1

标签要素

象形图 

警示词 危险

危险性说明 吞咽致命，皮肤接触会致命，吸入致命，长时间或反复接触可能对器官造成损伤，对水生生物毒性非常大并具有长期持续影响

防范说明

预防措施 避免接触眼睛、皮肤或衣服，操作后彻底清洗。作业场所不得进食、饮水或吸烟。戴防护手套、穿防护服。避免吸入粉尘、蒸气。仅在室外或通风良好处操作。戴呼吸防护器具。禁止排入环境

事故响应 如吸入：将患者转移到空气新鲜处，休息，保持利于呼吸的体位。如感觉不适，就医。皮肤接触：用大量肥皂水和水轻轻地清洗。立即脱去所有被污染的衣服。被污染的衣服须经洗净后方可重新使用。食入：漱口，立即呼叫中毒控制中心或就医。收集泄漏物

安全储存 在通风良好处储存。保持容器密闭。上锁保管

废弃处置 本品及内装物、容器依据国家和地方法规处置

物理和化学危险 可燃，其粉体与空气混合，能形成爆炸性混合物

健康危害 本品属有机汞。有机汞系亲脂性毒物，主要侵犯神经系统。有机汞中毒的主要表现有：无论经任何途径侵入，均可发生口腔炎；口服引起急性胃肠炎；神经精神症状有神经衰弱综合征、精神障碍、谵妄、昏迷、瘫痪、震颤、共济失调、向心性视野缩小等；可发生肾脏损害，重者可致急性肾功能衰竭。此外尚可致心脏、肝脏损害。可致皮肤损害

环境危害 对水生生物毒性非常大并具有长期持续影响

第三部分 成分/组成信息

√物质　　　　混合物

组分	浓度	CAS No.
磷酸乙基汞		2235-25-8

第四部分 急救措施

吸入 迅速脱离现场至空气新鲜处。保持呼吸道通畅。如呼吸困难，给输氧。如呼吸、心跳停止，立即进行心肺复苏术。就医

皮肤接触 立即脱去污染的衣着，用流动清水彻底冲洗。就医

眼睛接触 立即分开眼睑，用流动清水或生理盐水彻底冲洗。就医

食入 饮适量温水，催吐（仅限于清醒者）。就医

对保护施救者的忠告 根据需要使用个人防护设备

对医生的特别提示 解毒剂：二巯基丙磺酸钠、二巯基丁二酸钠、青霉胺

第五部分 消防措施

灭火剂 用水、干粉、泡沫、二氧化碳、砂土灭火

特别危险性 燃烧时放出极毒气体。燃烧生成有害的氧化磷、氧化汞

灭火注意事项及防护措施 消防人员须佩戴防毒面具、穿全身消防服，在上风向灭火。尽可能将容器从火场移至空旷处。喷水保持火场容器冷却，直至灭火结束

第六部分 泄漏应急处理

作业人员防护措施、防护装备和应急处置程序 隔离泄漏污染区，限制出入。消除所有点火源。建议应急处理人员戴防尘口罩，穿防毒服。穿上适当的防护服前严禁接触破裂的容器和泄漏物。尽可能切断泄漏源。用塑料布覆盖泄漏物，减少飞散。勿使水进入包装容器内

环境保护措施 无资料

泄漏化学品的收容、清除方法及所使用的处置材料 用洁净的铲子收集泄漏物，置于干净、干燥、盖子较松的容器中，将容器移离泄漏区

第七部分 操作处置与储存

操作注意事项 密闭操作，局部排风。操作人员必须经过专门培训，严格遵守操作规程。建议操作人员佩戴自吸过滤式防尘口罩，戴化学安全防护眼镜，穿聚乙烯防毒服，戴橡胶手套。远离火种、热源。工作场所严禁吸烟。使用防爆型的通风系统和设备。避免产生粉尘。避免与氧化剂、碱类接触。搬运时要轻装轻卸，防止包装及容器损坏。配备相应品种和数量的消防器材及泄漏应急处理设备。倒空的容器可能残留有害物

储存注意事项 储存于阴凉、通风良好的专用库房内。远离火种、热源。包装密封。应与氧化剂、碱类、食用化学品分开存放，切忌混储。配备相应品种和数量的消防器材。储区应备有合适的材料收容泄漏物

第八部分 接触控制/个体防护

职业接触限值

中国 PC-TWA：0.01mg/m^3；PC-STEL：0.03mg/m^3［按 Hg 计］［皮］

美国（ACGIH） TLV-TWA：0.01mg/m^3；TLV-STEL：0.03mg/m^3［按 Hg 计］［皮］

生物接触限值 未制定标准

监测方法 空气中有毒物质测定方法：原子荧光光谱法；冷原子吸收光谱法。生物监测检验方法：未制定标准

工程控制 密闭操作，局部排风。提供安全的淋浴和洗眼设备

个体防护装备

呼吸系统防护 作业人员应该佩戴过滤式防尘呼吸器。必要时，佩戴空气呼吸器或长管面具

眼睛防护 戴化学安全防护眼镜

皮肤和身体防护 穿隔绝式防毒服

手防护 戴橡胶手套

第九部分 理化特性

外观与性状 无色晶体或白色粉末。易挥发，渗透性强

pH 值 无意义 **熔点(℃)** 176

沸点(℃) 无资料 **相对密度(水=1)** 无资料

相对蒸气密度(空气=1) 无资料

饱和蒸气压(kPa) 无资料

燃烧热(kJ/mol) 无资料 **临界温度(℃)** 无资料

临界压力(MPa) 无资料 **辛醇/水分配系数** −0.92

闪点(℃) 无意义 **自燃温度(℃)** 无资料

爆炸下限(%) 无资料 **爆炸上限(%)** 无资料

分解温度(℃) 无资料 **黏度(mPa·s)** 无资料

溶解性 易溶于水，易溶于多数有机溶剂

第十部分 稳定性和反应性

稳定性 稳定

危险反应 与强氧化剂等禁配物发生反应

避免接触的条件 受热

禁配物 强氧化剂、强碱

危险的分解产物 氧化磷、氧化汞

第十一部分 毒理学信息

急性毒性 LD_{50}：50.8mg/kg（小鼠经口）

皮肤刺激或腐蚀 无资料 **眼睛刺激或腐蚀** 无资料

呼吸或皮肤过敏 无资料 **生殖细胞突变性** 无资料

致癌性 无资料

生殖毒性 小鼠皮下最低中毒剂量（TDLo）：40mg/kg（孕 10d），引起细胞学改变

特异性靶器官系统毒性-一次接触 无资料

特异性靶器官系统毒性-反复接触 每天以浓度为 0.04mg/m^3（按 Hg 计）磷酸乙基汞蒸气染毒 6h，66d 后引起 100%的小鼠死亡

吸入危害 无资料

第十二部分 生态学信息

生态毒性 含汞化合物对水生生物有极高毒性

持久性和降解性

生物降解性 无资料

非生物降解性 无资料

潜在的生物累积性 元素汞易在生物体内富集

土壤中的迁移性 无资料

第十三部分 废弃处置

废弃化学品 根据国家和地方有关法规的要求处置。或与制造商联系，确定处置方法

污染包装物 将容器返还生产商或按照国家和地方法规处置

废弃注意事项 处置前应参阅国家和地方有关法规

第十四部分 运输信息

联合国危险货物编号（UN号） 2777

联合国运输名称 固态汞基农药，毒性（磷酸乙基汞）

联合国危险性类别 6.1 **包装类别** Ⅱ类包装

包装标志  **海洋污染物** 是

运输注意事项 运输前应先检查包装容器是否完整、密封，运输过程中要确保容器不泄漏、不倒塌、不坠落、不损坏。严禁与酸类、氧化剂、食品及食品添加剂混运。运输时运输车辆应配备相应品种和数量的消防器材及泄漏应急处理设备。运输途中应防曝晒、雨淋，防高温

第十五部分 法规信息

下列法律、法规、规章和标准，对该化学品的管理作了相应的规定。

中华人民共和国职业病防治法 职业病分类和目录：汞及其化合物中毒

危险化学品安全管理条例 危险化学品目录：列入。易制爆危险化学品名录：未列入。重点监管的危险化学品名录：未列入。GB 18218—2009《危险化学品重大危险源辨识》(表 1)：未列入

使用有毒物品作业场所劳动保护条例 高毒物品目录：未列入

易制毒化学品管理条例 易制毒化学品的分类和品种目录：未列入

国际公约 斯德哥尔摩公约：未列入。鹿特丹公约：未列入。蒙特利尔议定书：未列入

第十六部分 其他信息

编写和修订信息 **缩略语和首字母缩写**

培训建议 **参考文献**

免责声明

邻苯二胺

第一部分 化学品标识

化学品中文名 邻苯二胺；1,2-苯二胺；1,2-二氨基苯

化学品英文名 *o*-phenylenediamine；1,2-diaminobenzene

分子式 $C_6H_8N_2$ **相对分子质量** 108.16

结构式 H_2N H_2N

化学品的推荐及限制用途 作为农药中间体，染料中间体

第二部分 危险性概述

紧急情况概述 吞咽会中毒，可能导致皮肤过敏反应

GHS 危险性类别 急性毒性-经口，类别 3；急性毒性-经皮，类别 4；急性毒性-吸入，类别 4；严重眼损伤/眼刺激，类别 2；皮肤致敏物，类别 1；生殖细胞致突变性，类别 2；危害水生环境-急性危害，类别 1；危害水生环境-长期危害，类别 1

标签要素

象形图 

警示词 危险

危险性说明 吞咽会中毒，皮肤接触有害，吸入有害，造成皮肤刺激，可能导致皮肤过敏反应，怀疑可造成遗传性缺陷，对水生生物毒性非常大并具有长期持续影响

防范说明

预防措施 避免接触眼睛、皮肤，操作后彻底清洗。作业场所不得进食、饮水或吸烟。戴防护手套、穿防护服。避免吸入粉尘。仅在室外或通风良好处操作。污染的工作服不得带出工作场所。得到专门指导后操作。在阅读并了解所有安全预防措施之前，切勿操作。按要求使用个体防护装备。禁止排入环境

事故响应 如吸入：将患者转移到空气新鲜处，休息，保持利于呼吸的体位。如感觉不适，呼叫中毒控制中心或就医。皮肤接触：用大量肥皂水和水清洗。如出现皮肤刺激或皮疹：就医。被污染的衣服须经洗净后方可重新使用。食入：漱口，立即呼叫中毒控制中心或就医。如果接触或有担心，就医。收集泄漏物

安全储存 上锁保管

废弃处置 本品及内装物、容器依据国家和地方法规处置

物理和化学危险 可燃，其粉体与空气混合，能形成爆炸性混合物

健康危害 对眼睛、黏膜、呼吸道有刺激性。可引起皮炎。可引起高铁血红蛋白血症

环境危害 对水生生物毒性非常大并具有长期持续影响

第三部分 成分/组成信息

√物质　　混合物

组分	浓度	CAS No.
邻苯二胺		95-54-5

第四部分 急救措施

吸入 迅速脱离现场至空气新鲜处。保持呼吸道通畅。如呼吸困难，给吸氧。如呼吸、心跳停止，立即行心肺复苏术。就医

皮肤接触 立即脱去污染衣着，用肥皂水或清水彻底冲洗。就医

眼睛接触 分开眼睑，用清水或生理盐水冲洗。就医

食入 漱口，饮水。就医

对保护施救者的忠告 根据需要使用个人防护设备

对医生的特别提示 高铁血红蛋白血症，可用美蓝和维生素C治疗

第五部分 消防措施

灭火剂 用雾状水、二氧化碳、砂土灭火

特别危险性 燃烧放出有毒烟气。燃烧生成有害的一氧化碳、氮氧化物

灭火注意事项及防护措施 消防人员必须佩戴空气呼吸器、穿全身防火防毒服，在上风向灭火。尽可能将容器从火场移至空旷处。喷水保持火场容器冷却，直至灭火结束

第六部分 泄漏应急处理

作业人员防护措施、防护装备和应急处置程序 隔离泄漏污染区，限制出入。消除所有点火源。建议应急处理人员戴防尘口罩，穿防毒服，戴橡胶手套。穿上适当的防护服前严禁接触破裂的容器和泄漏物。尽可能切断泄漏源。用塑料布覆盖泄漏物，减少飞散。勿使水进入包装容器内

环境保护措施 无资料

泄漏化学品的收容、清除方法及所使用的处置材料 用洁净的铲子收集泄漏物，置于干净、干燥、盖子较松的容器中，将容器移离泄漏区

第七部分 操作处置与储存

操作注意事项 密闭操作，提供充分的局部排风。操作人员必须经过专门培训，严格遵守操作规程。建议操作人员佩戴自吸过滤式防尘口罩，戴安全防护眼镜，穿防毒物渗透工作服，戴橡胶手套。远离火种、热源。工作场所严禁吸烟。使用防爆型的通风系统和设备。避免产生粉尘。避免与氧化剂、酸类接触。搬运时要轻装轻卸，防止包装及容器损坏。配备相应品种和数量的消防器材及泄漏应急处理设备。倒空的容器可能残留有害物

储存注意事项 储存于阴凉、通风的库房。远离火种、热源。包装密封。应与氧化剂、酸类、食用化学品分开存放，切忌混储。配备相应品种和数量的消防器材。储区应备有合适的材料收容泄漏物

第八部分 接触控制/个体防护

职业接触限值

中国 未制定标准

美国(ACGIH) TLV-TWA：0.1mg/m^3

生物接触限值 未制定标准

监测方法 空气中有毒物质测定方法：未制定标准。生物监测检验方法：未制定标准

工程控制 严加密闭，提供充分的局部排风。提供安全的淋浴和洗眼设备

个体防护装备

呼吸系统防护 空气中粉尘浓度超标时，佩戴过滤式防尘呼吸器。紧急事态抢救或撤离时，应该佩戴空气呼吸器

眼睛防护 戴安全防护眼镜

皮肤和身体防护 穿防毒物渗透工作服

手防护 戴橡胶手套

第九部分 理化特性

外观与性状 无色单斜晶体

pH值 8.7（1%溶液）　**熔点(℃)** 102～104

沸点(℃) 252～258　**相对密度(水=1)** 1.03

相对蒸气密度(空气=1) 3.7

饱和蒸气压(kPa) 0.33（100℃）

燃烧热(kJ/mol) 无资料　**临界温度(℃)** 无资料

临界压力(MPa) 5.18 **辛醇/水分配系数** 0.15
闪点(℃) 156 (CC) **自燃温度(℃)** 无资料
爆炸下限(%) 1.5 **爆炸上限(%)** 9.8
分解温度(℃) 无资料 **黏度(mPa·s)** 无资料
溶解性 微溶于冷水，易溶于乙醇、乙醚、氯仿

第十部分 稳定性和反应性

稳定性 稳定
危险反应 与强氧化剂、卤素、酸酐、金属等禁配物接触，有发生火灾和爆炸的危险
避免接触的条件 受热、光照
禁配物 强酸、强氧化剂、酸酐、酰基氯
危险的分解产物 氨

第十一部分 毒理学信息

急性毒性 LD_{50}：1070mg/kg (大鼠经口)
皮肤刺激或腐蚀 无资料 **眼睛刺激或腐蚀** 无资料
呼吸或皮肤过敏 无资料
生殖细胞突变性 微生物致突变：鼠伤寒沙门氏菌 1g/L。微核试验：小鼠经口 216mg/kg (24 h)。DNA 损伤：人淋巴细胞 15mmol/L。DNA 抑制：人 HeLa 细胞 7mmol/L。细胞遗传学分析：人淋巴细胞 10mmol/L
致癌性 无资料 **生殖毒性** 无资料
特异性靶器官系统毒性-一次接触 无资料
特异性靶器官系统毒性-反复接触 无资料
吸入危害 无资料

第十二部分 生态学信息

生态毒性
LC_{50} 24mg/L (96h) (斑马鱼)；4.6mg/L (96h) (青鳉)
EC_{50} 1.4mg/L (48h) (水蚤)
ErC_{50} 0.82mg/L (72h) (羊角月牙藻)
NOEC 0.083mg/L (21d) (水蚤)
持久性和降解性
生物降解性 不易快速生物降解
非生物降解性 空气中，当羟基自由基浓度为5.00×10^5个/cm^3时，降解半衰期为 2.2h (理论)
潜在的生物累积性 根据 K_{ow} 值预测，该物质的生物累积性可能较弱
土壤中的迁移性 根据 K_{oc} 值预测，该物质可能易发生迁移

第十三部分 废弃处置

废弃化学品 建议用焚烧法处置。焚烧炉排出的氮氧化物通过洗涤器除去
污染包装物 将容器返还生产商或按照国家和地方法规处置
废弃注意事项 处置前应参阅国家和地方有关法规

第十四部分 运输信息

联合国危险货物编号 (UN 号) 1673
联合国运输名称 邻苯二胺
联合国危险性类别 6.1 **包装类别** Ⅲ类包装
包装标志  **海洋污染物** 否
运输注意事项 运输前应先检查包装容器是否完整、密封，运输过程中要确保容器不泄漏、不倒塌、不坠落、不损坏。严禁与酸类、氧化剂、食品及食品添加剂混运。运输时运输车辆应配备相应品种和数量的消防器材及泄漏应急处理设备。运输途中应防曝晒、雨淋，防高温

第十五部分 法规信息

下列法律、法规、规章和标准，对该化学品的管理作了相应的规定。
中华人民共和国职业病防治法 职业病分类和目录：苯的氨基及硝基化合物中毒
危险化学品安全管理条例 危险化学品目录：列入。易制爆危险化学品名录：未列入。重点监管的危险化学品名录：未列入。GB 18218—2009《危险化学品重大危险源辨识》(表 1)：未列入
使用有毒物品作业场所劳动保护条例 高毒物品目录：未列入
易制毒化学品管理条例 易制毒化学品的分类和品种目录：未列入
国际公约 斯德哥尔摩公约：未列入。鹿特丹公约：未列入。蒙特利尔议定书：未列入

第十六部分 其他信息

编写和修订信息 **缩略语和首字母缩写**
培训建议 **参考文献**
免责声明

邻 苯 二 酚

第一部分 化学品标识

化学品中文名 邻苯二酚；1,2-苯二酚；儿茶酚
化学品英文名 *o*-dihydroxybenzene；catechol；1,2-benzenediol
分子式 $C_6H_6O_2$ **相对分子质量** 110.11
结构式 HO–C₆H₄–OH (1,2-位)
化学品的推荐及限制用途 用于照相、染料、抗氧剂、光稳定剂，并为重要的医药中间体

第二部分 危险性概述

紧急情况概述 吞咽有害，皮肤接触有害
GHS 危险性类别 急性毒性-经口，类别 4；急性毒性-经皮，类别 4；皮肤腐蚀/刺激，类别 2；严重眼损伤/眼刺激，类别 2；致癌性，类别 2；危害水生环境-急性危害，类别 2
标签要素
象形图 

警示词 警告

危险性说明 吞咽有害，皮肤接触有害，造成皮肤刺激，造成严重眼刺激，怀疑致癌，对水生生物有毒

防范说明

预防措施 避免接触眼睛、皮肤，操作后彻底清洗。作业场所不得进食、饮水或吸烟。戴防护手套，穿防护服，戴防护眼镜、防护面罩。得到专门指导后操作。在阅读并了解所有安全预防措施之前，切勿操作。按要求使用个体防护装备。禁止排入环境

事故响应 皮肤接触：用大量肥皂水和水清洗，如感觉不适，呼叫中毒控制中心或就医。如发生皮肤刺激，就医。脱去被污染的衣服，污染的衣服洗净后方可重新使用。如接触眼睛：用水细心冲洗数分钟。如戴隐形眼镜并可方便地取出，取出隐形眼镜继续冲洗。如果眼睛刺激持续：就医。食入：漱口，如果感觉不适，立即呼叫中毒控制中心或就医。如果接触或有担心，就医

安全储存 上锁保管

废弃处置 本品及内装物、容器依据国家和地方法规处置

物理和化学危险 可燃，其粉体与空气混合，能形成爆炸性混合物

健康危害 急性中毒时症状与酚相似，但抽搐比较剧烈。接触工人中体检发现呼吸道刺激症状及皮疹患病率增高，并见到儿茶酚胺代谢异常、血压升高、体温不稳定及肝、肾损害

环境危害 对水生生物有毒

第三部分 成分/组成信息

√物质		混合物
组分	**浓度**	**CAS No.**
邻苯二酚		120-80-9

第四部分 急救措施

吸入 迅速脱离现场至空气新鲜处。保持呼吸道通畅。如呼吸困难，给输氧。如呼吸、心跳停止，立即进行心肺复苏术。就医

皮肤接触 立即脱去污染衣物，用大量流动清水彻底冲洗污染创面，同时使用浸过聚乙烯乙二醇（PEG400或PEG300）的棉球或浸过30%～50%酒精棉球擦洗创面至无酚味为止（注意不能将患处浸泡于清洗液中）。可继续用4%～5%碳酸氢钠溶液湿敷创面。就医

眼睛接触 立即分开眼睑，用大量流动清水或生理盐水彻底冲洗至少15min。就医

食入 漱口，给服植物油15～30ml，催吐。对食入时间长者禁用植物油，可口服牛奶或蛋清。就医

对保护施救者的忠告 根据需要使用个人防护设备

对医生的特别提示 对症处理

第五部分 消防措施

灭火剂 用雾状水、抗溶性泡沫、干粉、二氧化碳、砂土灭火

特别危险性 受高热分解放出有毒的气体。与强氧化剂接触可发生化学反应。燃烧生成有害的一氧化碳

灭火注意事项及防护措施 消防人员必须佩戴空气呼吸器、穿全身防火防毒服，在上风向灭火。尽可能将容器从火场移至空旷处。喷水保持火场容器冷却，直至灭火结束

第六部分 泄漏应急处理

作业人员防护措施、防护装备和应急处置程序 隔离泄漏污染区，限制出入。消除所有点火源。建议应急处理人员戴防尘口罩，穿防毒服，戴橡胶手套。穿上适当的防护服前严禁接触破裂的容器和泄漏物。尽可能切断泄漏源。用塑料布覆盖泄漏物，减少飞散。勿使水进入包装容器内

环境保护措施 无资料

泄漏化学品的收容、清除方法及所使用的处置材料 用洁净的铲子收集泄漏物，置于干净、干燥、盖子较松的容器中，将容器移离泄漏区

第七部分 操作处置与储存

操作注意事项 密闭操作，提供充分的局部排风。尽可能采取隔离操作。操作人员必须经过专门培训，严格遵守操作规程。建议操作人员佩戴自吸过滤式防尘口罩，戴化学安全防护眼镜，穿防毒物渗透工作服，戴橡胶手套。远离火种、热源。工作场所严禁吸烟。使用防爆型的通风系统和设备。避免产生粉尘。避免与氧化剂、酸类、碱类接触。搬运时要轻装轻卸，防止包装及容器损坏。配备相应品种和数量的消防器材及泄漏应急处理设备。倒空的容器可能残留有害物

储存注意事项 储存于阴凉、通风的库房。远离火种、热源。包装要求密封，不可与空气接触。应与氧化剂、酸类、碱类、食用化学品分开存放，切忌混储。配备相应品种和数量的消防器材。储区应备有合适的材料收容泄漏物

第八部分 接触控制/个体防护

职业接触限值

中国 未制定标准

美国(ACGIH) TLV-TWA：5ppm［皮］

生物接触限值 未制定标准

监测方法 空气中有毒物质测定方法：未制定标准。生物监测检验方法：未制定标准

工程控制 严加密闭，提供充分的局部排风。尽可能采取隔离操作。提供安全的淋浴和洗眼设备

个体防护装备

呼吸系统防护 空气中粉尘浓度超标时，佩戴过滤式防尘呼吸器。紧急事态抢救或撤离时，应该佩戴空气呼吸器

眼睛防护 戴化学安全防护眼镜

皮肤和身体防护 穿防毒物渗透工作服

手防护 戴橡胶手套

第九部分 理化特性

外观与性状 无色结晶，见光或露置空气中变色，能升华

pH值 <7 (1%溶液) **熔点(℃)** 105
沸点(℃) 245～246 **相对密度(水=1)** 1.34
相对蒸气密度(空气=1) 3.79
饱和蒸气压(kPa) 0.0039 (20℃)
燃烧热(kJ/mol) −2854.9 **临界温度(℃)** 无资料
临界压力(MPa) 7.49 **辛醇/水分配系数** 0.88
闪点(℃) 127 (CC) **自燃温度(℃)** 510
爆炸下限(%) 1.6 **爆炸上限(%)** 9.8
分解温度(℃) 无资料 **黏度(mPa·s)** 无资料
溶解性 溶于水、乙醇、乙醚、苯、氯仿、碱液

第十部分 稳定性和反应性

稳定性 稳定
危险反应 与强氧化剂等禁配物发生反应
避免接触的条件 光照、受热
禁配物 酰基氯、酸酐、碱、强氧化剂、强酸
危险的分解产物 无资料

第十一部分 毒理学信息

急性毒性 LD_{50}：260mg/kg（大鼠经口）；800mg/kg（兔经皮）
皮肤刺激或腐蚀 无资料 **眼睛刺激或腐蚀** 无资料
呼吸或皮肤过敏 无资料
生殖细胞突变性 微生物致突变：鼠伤寒沙门氏菌 15μmol/皿。DNA抑制：人Hela细胞10μmol/L。姐妹染色单体互换：人淋巴细胞μmol/L。细胞遗传学分析：仓鼠肺60μmol/L (2h)
致癌性 IARC致癌性评论：组2B，可疑人类致癌物。对人类致癌性证据有限，对动物致癌性证据不充分
生殖毒性 大鼠经口最低中毒剂量（TDLo）：1g/kg（孕11d），影响每窝胎数
特异性靶器官系统毒性-一次接触 无资料
特异性靶器官系统毒性-反复接触 无资料
吸入危害 无资料

第十二部分 生态学信息

生态毒性
LC_{50} 9.22mg/L (96h)（黑头呆鱼）
EC_{50} 1.7mg/L (24h)（水蚤）
持久性和降解性
生物降解性 好氧生物降解 (h)：24～168；厌氧生物降解 (h)：96～672
非生物降解性 水中光氧化半衰期 (h)：77～3840；空气中光氧化半衰期 (h)：2.6～26
潜在的生物累积性 根据K_{ow}值预测，该物质的生物累积性可能较弱
土壤中的迁移性 根据K_{oc}值预测，该物质可能易发生迁移

第十三部分 废弃处置

废弃化学品 建议用焚烧法处置
污染包装物 将容器返还生产商或按照国家和地方法规处置
废弃注意事项 处置前应参阅国家和地方有关法规

第十四部分 运输信息

联合国危险货物编号（UN号） 2811
联合国运输名称 有机毒性固体，未另作规定的（邻苯二酚）
联合国危险性类别 6.1 **包装类别** Ⅲ类包装
包装标志  **海洋污染物** 否
运输注意事项 运输前应先检查包装容器是否完整、密封，运输过程中要确保容器不泄漏、不倒塌、不坠落、不损坏。严禁与酸类、氧化剂、食品及食品添加剂混运。运输时运输车辆应配备相应品种和数量的消防器材及泄漏应急处理设备。运输途中应防曝晒、雨淋，防高温

第十五部分 法规信息

下列法律、法规、规章和标准，对该化学品的管理作了相应的规定。
中华人民共和国职业病防治法 职业病分类和目录：未列入
危险化学品安全管理条例 危险化学品目录：列入。易制爆危险化学品名录：未列入。重点监管的危险化学品名录：未列入。GB 18218—2009《危险化学品重大危险源辨识》（表1）：未列入
使用有毒物品作业场所劳动保护条例 高毒物品目录：未列入
易制毒化学品管理条例 易制毒化学品的分类和品种目录：未列入
国际公约 斯德哥尔摩公约：未列入。鹿特丹公约：未列入。蒙特利尔议定书：未列入

第十六部分 其他信息

编写和修订信息 **缩略语和首字母缩写**
培训建议 **参考文献**
免责声明

邻苯二甲酸酐

第一部分 化学品标识

化学品中文名 邻苯二甲酸酐；苯酐
化学品英文名 *o*-phthalic anhydride；1,2-benzenedicarboxylic acid anhydride
分子式 $C_8H_4O_3$ **相对分子质量** 148.11
结构式 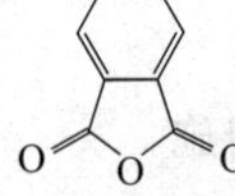
化学品的推荐及限制用途 用于制造增塑剂、苯二甲酸二丁酯、树脂和染料等

第二部分 危险性概述

紧急情况概述 吞咽有害，造成严重的皮肤灼伤和眼损伤，吸入可能导致过敏或哮喘病发或呼吸困难，可能导致皮肤过敏反应

GHS 危险性类别 急性毒性-经口，类别 4；皮肤腐蚀/刺激，类别 1；严重眼损伤/眼刺激，类别 1；呼吸道致敏物，类别 1；皮肤致敏物，类别 1；特异性靶器官毒性-一次接触，类别 3（呼吸道刺激）；危害水生环境-急性危害，类别 3

标签要素

象形图

警示词 危险

危险性说明 吞咽有害，造成严重的皮肤灼伤和眼损伤，吸入可能导致过敏或哮喘症状或呼吸困难，可能导致皮肤过敏反应，可能引起呼吸道刺激，对水生生物有害

防范说明

预防措施 避免接触眼睛、皮肤，操作后彻底清洗。作业场所不得进食、饮水或吸烟。戴防护手套，穿防护服，戴防护眼镜、防护面罩。避免吸入粉尘。污染的工作服不得带出工作场所。禁止排入环境

事故响应 如吸入：将患者转移到空气新鲜处，休息，保持利于呼吸的体位，立即呼叫中毒控制中心或就医。皮肤（或头发）接触：立即脱掉所有被污染的衣服。用大量肥皂水和水清洗。污染的衣服须洗净后方可重新使用。如出现皮肤刺激或皮疹：就医。接触眼睛：用水细心冲洗数分钟。如戴隐形眼镜并可方便地取出，取出隐形眼镜继续冲洗。食入：漱口。不要催吐。如果感觉不适，立即呼叫中毒控制中心或就医

安全储存 上锁保管

废弃处置 本品及内装物、容器依据国家和地方法规处置

物理和化学危险 可燃，其粉体与空气混合，能形成爆炸性混合物

健康危害 本品对眼、鼻、喉和皮肤有刺激作用。吸入本品粉尘或蒸气，引起咳嗽、喷嚏和鼻衄。可致眼和皮肤灼伤

慢性影响 长期反复接触可引起慢性眼刺激。反复接触对皮肤有致敏作用。可引起慢性支气管炎。对呼吸道有致敏性，可引起哮喘

环境危害 对水生生物有害

第三部分 成分/组成信息

√物质　　混合物

组分	浓度	CAS No.
邻苯二甲酸酐		85-44-9

第四部分 急救措施

吸入 迅速脱离现场至空气新鲜处。保持呼吸道通畅。如呼吸困难，给输氧。如呼吸、心跳停止，立即进行心肺复苏术。就医

皮肤接触 立即脱去污染的衣着，用大量流动清水彻底冲洗至少 15min。就医

眼睛接触 立即分开眼睑，用流动清水或生理盐水彻底冲洗至少 15min。就医

食入 用水漱口，禁止催吐。给饮牛奶或蛋清。就医

对保护施救者的忠告 根据需要使用个人防护设备

对医生的特别提示 对症处理

第五部分 消防措施

灭火剂 用抗溶性泡沫、干粉、二氧化碳灭火

特别危险性 遇明火、高热可燃。燃烧生成有害的一氧化碳

灭火注意事项及防护措施 消防人员必须穿全身耐酸碱消防服、佩戴空气呼吸器灭火。尽可能将容器从火场移至空旷处。喷水保持火场容器冷却，直至灭火结束

第六部分 泄漏应急处理

作业人员防护措施、防护装备和应急处置程序 隔离泄漏污染区，限制出入。建议应急处理人员戴防尘口罩，穿防酸碱服，戴橡胶耐酸碱手套。作业时使用的所有设备应接地。穿上适当的防护服前严禁接触破裂的容器和泄漏物。尽可能切断泄漏源

环境保护措施 无资料

泄漏化学品的收容、清除方法及所使用的处置材料 小量泄漏：用干燥的砂土或其他不燃材料覆盖泄漏物，然后用塑料布覆盖，减少飞散、避免雨淋。用洁净的铲子收集泄漏物，置于干净、干燥、盖子较松的容器中，将容器移离泄漏区

第七部分 操作处置与储存

操作注意事项 密闭操作，局部排风。操作人员必须经过专门培训，严格遵守操作规程。建议操作人员佩戴自吸过滤式防尘口罩，戴安全防护眼镜，穿防酸碱塑料工作服，戴橡胶耐酸碱手套。远离火种、热源。工作场所严禁吸烟。使用防爆型的通风系统和设备。避免产生粉尘。避免与氧化剂、还原剂、酸类、碱类接触。搬运时要轻装轻卸，防止包装及容器损坏。配备相应品种和数量的消防器材及泄漏应急处理设备。倒空的容器可能残留有害物

储存注意事项 储存于阴凉、干燥、通风良好的库房。远离火种、热源。包装必须密封，切勿受潮。应与氧化剂、还原剂、酸类、碱类分开存放，切忌混储。配备相应品种和数量的消防器材。储区应备有合适的材料收容泄漏物

第八部分 接触控制/个体防护

职业接触限值

中国 MAC：1mg/m^3［敏］

美国(ACGIH) TLV-TWA：1ppm［敏］

生物接触限值 未制定标准

监测方法 空气中有毒物质测定方法：溶剂洗脱-气相色

谱法。生物监测检验方法：未制定标准

工程控制 密闭操作，局部排风。提供安全的淋浴和洗眼设备

个体防护装备

呼吸系统防护 空气中粉尘浓度超标时，建议佩戴过滤式防尘呼吸器

眼睛防护 戴安全防护眼镜

皮肤和身体防护 穿橡胶耐酸碱服

手防护 戴橡胶耐酸碱手套

第九部分 理化特性

外观与性状 白色针状结晶

pH值 无意义 **熔点(℃)** 131.2

沸点(℃) 295 **相对密度(水=1)** 1.53

相对蒸气密度(空气=1) 5.2

饱和蒸气压(kPa) 0.13（96.5℃）

燃烧热(kJ/mol) 无资料 **临界温度(℃)** 无资料

临界压力(MPa) 4.72 **辛醇/水分配系数** 1.6

闪点(℃) 151（CC）；165（OC）

自燃温度(℃) 569 **爆炸下限(%)** 1.7

爆炸上限(%) 10.4 **分解温度(℃)** 无资料

黏度(mPa·s) 无资料

溶解性 不溶于冷水，微溶于热水、乙醚，溶于乙醇、吡啶、苯、二硫化碳等多数有机溶剂

第十部分 稳定性和反应性

稳定性 稳定

危险反应 与强氧化剂等禁配物发生反应

避免接触的条件 潮湿空气

禁配物 强酸、强碱、强氧化剂、强还原剂

危险的分解产物 无资料

第十一部分 毒理学信息

急性毒性 LD_{50}：4020mg/kg（大鼠经口）

皮肤刺激或腐蚀 家兔经皮：500mg（24h），轻度刺激

眼睛刺激或腐蚀 家兔经眼：100mg，重度刺激

呼吸或皮肤过敏 无资料 **生殖细胞突变性** 无资料

致癌性 无资料

生殖毒性 动物长期吸入本品可能对生殖系统有所损害。大鼠吸入0.2，1mg/m^{3}引起精子存活时间缩短

特异性靶器官系统毒性-一次接触 无资料

特异性靶器官系统毒性-反复接触 无资料

吸入危害 无资料

第十二部分 生态学信息

生态毒性

EC_{50} 71mg/L（48h）（水蚤）

ErC_{50} 68mg/L（72h）（羊角月牙藻）

NOEC 16mg/L（21d）（水蚤）

持久性和降解性

生物降解性 好氧生物降解（h）：24～168；厌氧生物降解（h）：96～672

非生物降解性 水相光解半衰期（h）：224～274；空气中光氧化半衰期（h）：485～4847；一级水解半衰期（h）：0.45

潜在的生物累积性 根据K_{ow}值预测，该物质的生物累积性可能较弱

土壤中的迁移性 根据K_{oc}值预测，该物质可能易发生迁移

第十三部分 废弃处置

废弃化学品 用焚烧法处置

污染包装物 将容器返还生产商或按照国家和地方法规处置

废弃注意事项 处置前应参阅国家和地方有关法规。把倒空的容器归还厂商或在规定场所掩埋

第十四部分 运输信息

联合国危险货物编号（UN号） 2214

联合国运输名称 邻苯二甲酸酐

联合国危险性类别 8 **包装类别** Ⅲ类包装

包装标志  **海洋污染物** 否

运输注意事项 起运时包装要完整，装载应稳妥。运输过程中要确保容器不泄漏、不倒塌、不坠落、不损坏。严禁与氧化剂、还原剂、酸类、碱类、食用化学品等混装混运。运输时运输车辆应配备相应品种和数量的消防器材及泄漏应急处理设备。运输途中应防曝晒、雨淋，防高温

第十五部分 法规信息

下列法律、法规、规章和标准，对该化学品的管理作了相应的规定。

中华人民共和国职业病防治法 职业病分类和目录：未列入

危险化学品安全管理条例 危险化学品目录：列入。易制爆危险化学品名录：未列入。重点监管的危险化学品名录：未列入。GB 18218—2009《危险化学品重大危险源辨识》（表1）：未列入

使用有毒物品作业场所劳动保护条例 高毒物品目录：未列入

易制毒化学品管理条例 易制毒化学品的分类和品种目录：未列入

国际公约 斯德哥尔摩公约：未列入。鹿特丹公约：未列入。蒙特利尔议定书：未列入

第十六部分 其他信息

编写和修订信息 **缩略语和首字母缩写**

培训建议 **参考文献**

免责声明

邻甲氧基联苯胺

第一部分 化学品标识

化学品中文名 邻甲氧基联苯胺；3,3′-二甲氧基-4,4′-二

氨基联苯；联大茴香胺；3,3′-二甲氧基联苯胺；邻联（二）茴香胺

化学品英文名 *o*-dimethoxybenzidine；*o*-dianisidine

分子式 $C_{14}H_{16}N_2O_2$ **相对分子质量** 244.32

结构式

化学品的推荐及限制用途 用作染料中间体

第二部分 危险性概述

紧急情况概述 吞咽有害

GHS危险性类别 急性毒性-经口，类别4；致癌性，类别2

标签要素

象形图

警示词 警告

危险性说明 吞咽有害，怀疑致癌

防范说明

预防措施 避免接触眼睛、皮肤，操作后彻底清洗。作业场所不得进食、饮水或吸烟。得到专门指导后操作。在阅读并了解所有安全预防措施之前，切勿操作。按要求使用个体防护装备

事故响应 食入：漱口。如果感觉不适，立即呼叫中毒控制中心或就医。如果接触或有担心，就医

安全储存 上锁保管

废弃处置 本品及内装物、容器依据国家和地方法规处置

物理和化学危险 可燃，其粉体与空气混合，能形成爆炸性混合物

健康危害 对皮肤有刺激作用。动物试验显示对肝、肾有损害

环境危害 对环境可能有害

第三部分 成分/组成信息

√物质 混合物

组分	浓度	CAS No.
邻甲氧基联苯胺		119-90-4

第四部分 急救措施

吸入 迅速脱离现场至空气新鲜处。保持呼吸道通畅。如呼吸困难，给输氧。如呼吸、心跳停止，立即进行心肺复苏术。就医

皮肤接触 立即脱去污染的衣着，用流动清水彻底冲洗。就医

眼睛接触 立即分开眼睑，用流动清水或生理盐水彻底冲洗。就医

食入 漱口，饮水。就医

对保护施救者的忠告 根据需要使用个人防护设备

对医生的特别提示 对症处理

第五部分 消防措施

灭火剂 用雾状水、泡沫、二氧化碳、砂土灭火

特别危险性 受热分解放出有毒的氧化氮烟气。与强氧化剂接触可发生化学反应。燃烧生成有害的一氧化碳、氮氧化物

灭火注意事项及防护措施 消防人员必须佩戴空气呼吸器、穿全身防火防毒服，在上风向灭火。尽可能将容器从火场移至空旷处。喷水保持火场容器冷却，直至灭火结束

第六部分 泄漏应急处理

作业人员防护措施、防护装备和应急处置程序 隔离泄漏污染区，限制出入。消除所有点火源。建议应急处理人员戴防尘口罩，穿防毒服，戴橡胶手套。穿上适当的防护服前严禁接触破裂的容器和泄漏物。尽可能切断泄漏源。用塑料布覆盖泄漏物，减少飞散。勿使水进入包装容器内

环境保护措施 无资料

泄漏化学品的收容、清除方法及所使用的处置材料 用洁净的铲子收集泄漏物，置于干净、干燥、盖子较松的容器中，将容器移离泄漏区

第七部分 操作处置与储存

操作注意事项 密闭操作，提供充分的局部排风。操作人员必须经过专门培训，严格遵守操作规程。建议操作人员佩戴自吸过滤式防尘口罩，戴安全防护眼镜，穿防毒物渗透工作服，戴橡胶手套。远离火种、热源。工作场所严禁吸烟。使用防爆型的通风系统和设备。避免产生粉尘。避免与氧化剂、酸类接触。搬运时要轻装轻卸，防止包装及容器损坏。配备相应品种和数量的消防器材及泄漏应急处理设备。倒空的容器可能残留有害物

储存注意事项 储存于阴凉、通风的库房。远离火种、热源。包装密封。应与氧化剂、酸类、食用化学品分开存放，切忌混储。配备相应品种和数量的消防器材。储区应备有合适的材料收容泄漏物

第八部分 接触控制/个体防护

职业接触限值

中国 未制定标准

美国(ACGIH) 未制定标准

生物接触限值 未制定标准

监测方法 空气中有毒物质测定方法：未制定标准。生物监测检验方法：未制定标准

工程控制 严加密闭，提供充分的局部排风。提供安全的淋浴和洗眼设备

个体防护装备

呼吸系统防护 空气中粉尘浓度较高时，佩戴过滤式防尘呼吸器。紧急事态抢救或撤离时，建议佩戴空气呼吸器

眼睛防护 戴安全防护眼镜

皮肤和身体防护　穿防毒物渗透工作服

手防护　戴橡胶手套

第九部分　理化特性

外观与性状　棕褐色粉末

pH 值　无意义　　**熔点(℃)**　137～138

沸点(℃)　356　　**相对密度(水=1)**　无资料

相对蒸气密度(空气=1)　8.43

饱和蒸气压(kPa)　无资料

燃烧热(kJ/mol)　无资料　　**临界温度(℃)**　无资料

临界压力(MPa)　无资料　　**辛醇/水分配系数**　1.81

闪点(℃)　206 (CC)　　**自燃温度(℃)**　无资料

爆炸下限(%)　无资料　　**爆炸上限(%)**　无资料

分解温度(℃)　无资料　　**黏度(mPa·s)**　无资料

溶解性　不溶于水，溶于乙醇、乙醚、苯、氯仿、丙酮等

第十部分　稳定性和反应性

稳定性　稳定

危险反应　与强氧化剂等禁配物发生反应

避免接触的条件　受热

禁配物　强氧化剂、酸类、酸酐、酰基氯

危险的分解产物　氨

第十一部分　毒理学信息

急性毒性　LD_{50}：1920mg/kg (大鼠经口)

皮肤刺激或腐蚀　无资料　　**眼睛刺激或腐蚀**　无资料

呼吸或皮肤过敏　无资料

生殖细胞突变性　程序外 DNA 合成：人 HeLa 细胞 100nmol/L。DNA 损伤：人淋巴细胞 200μmol/L (2h)

致癌性　IARC 致癌性评论：组 2B，可疑人类致癌物。对人类致癌性证据有限，对动物致癌性证据不充分

生殖毒性　无资料

特异性靶器官系统毒性-一次接触　无资料

特异性靶器官系统毒性-反复接触　无资料

吸入危害　无资料

第十二部分　生态学信息

生态毒性　无资料

持久性和降解性

　生物降解性　好氧生物降解 (h)：672～4320；厌氧生物降解 (h)：672～2688

　非生物降解性　光解最大光吸收波长范围 (nm)：212～302；水中光氧化半衰期 (h)：31.2～1740；空气中光氧化半衰期 (h)：0.347～3.47

潜在的生物累积性　根据 K_{ow} 值预测，该物质的生物累积性可能较弱

土壤中的迁移性　根据 K_{oc} 值预测，该物质可能易发生迁移

第十三部分　废弃处置

废弃化学品　建议用焚烧法处置。焚烧炉排出的氮氧化物通过洗涤器除去

污染包装物　将容器返还生产商或按照国家和地方法规处置

废弃注意事项　处置前应参阅国家和地方有关法规

第十四部分　运输信息

联合国危险货物编号 (UN 号)　-

联合国运输名称　-　　**联合国危险性类别**　-

包装类别　-　　**包装标志**　-

海洋污染物　-

运输注意事项　运输前应先检查包装容器是否完整、密封，运输过程中要确保容器不泄漏、不倒塌、不坠落、不损坏。严禁与酸类、氧化剂、食品及食品添加剂混运。运输时运输车辆应配备相应品种和数量的消防器材及泄漏应急处理设备。运输途中应防曝晒、雨淋，防高温

第十五部分　法规信息

下列法律、法规、规章和标准，对该化学品的管理作了相应的规定。

中华人民共和国职业病防治法　职业病分类和目录：未列入

危险化学品安全管理条例　危险化学品目录：列入。易制爆危险化学品名录：未列入。重点监管的危险化学品名录：未列入。GB 18218—2009《危险化学品重大危险源辨识》(表 1)：未列入

使用有毒物品作业场所劳动保护条例　高毒物品目录：未列入

易制毒化学品管理条例　易制毒化学品的分类和品种目录：未列入

国际公约　斯德哥尔摩公约：未列入。鹿特丹公约：未列入。蒙特利尔议定书：未列入

第十六部分　其他信息

编写和修订信息　　**缩略语和首字母缩写**

培训建议　　**参考文献**

免责声明

邻氯苯胺

第一部分　化学品标识

化学品中文名　邻氯苯胺；2-氯苯胺；邻氨基氯苯

化学品英文名　*o*-chloroaniline；2-chlorophenylamine；*o*-aminochlorobenzene

分子式　C_6H_6ClN　　**相对分子质量**　127.58

结构式　（苯环，邻位 Cl 与 H_2N）

化学品的推荐及限制用途　用作染料中间体、溶剂、防霉剂及试剂

第二部分　危险性概述

紧急情况概述　吞咽有害，皮肤接触会中毒，吸入有害

GHS 危险性类别　急性毒性-经口，类别 4；急性毒性-经皮，类别 3；急性毒性-吸入，类别 4；严重眼损伤/

眼刺激，类别 2B；生殖细胞致突变性，类别 2；生殖毒性，类别 2；危害水生环境-急性危害，类别 1；危害水生环境-长期危害，类别 1

标签要素

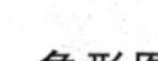

象形图 

警示词 危险

危险性说明 吞咽有害，皮肤接触会中毒，吸入有害，造成眼刺激，怀疑可造成遗传性缺陷，怀疑对生育力或胎儿造成伤害，对水生生物毒性非常大并具有长期持续影响

防范说明

预防措施 避免接触眼睛、皮肤，操作后彻底清洗。作业场所不得进食、饮水或吸烟。戴防护手套、穿防护服。避免吸入蒸气、雾。仅在室外或通风良好处操作。得到专门指导后操作。在阅读并了解所有安全预防措施之前，切勿操作。按要求使用个体防护装备。禁止排入环境

事故响应 如吸入：将患者转移到空气新鲜处，休息，保持利于呼吸的体位。皮肤接触：用大量肥皂水和水清洗，如感觉不适，呼叫中毒控制中心或就医。立即脱去所有被污染的衣服。被污染的衣服须经洗净后方可重新使用。如接触眼睛：用水细心冲洗数分钟。如戴隐形眼镜并可方便地取出，取出隐形眼镜继续冲洗。如果眼睛刺激持续：就医。食入：漱口，如果感觉不适，立即呼叫中毒控制中心或就医。如果接触或有担心，就医。收集泄漏物

安全储存 上锁保管

废弃处置 本品及内装物、容器依据国家和地方法规处置

物理和化学危险 可燃，其蒸气与空气混合，能形成爆炸性混合物

健康危害 能经无损皮肤吸收。引起高铁血红蛋白血症，对肾、肝有损害

环境危害 对水生生物毒性非常大并具有长期持续影响

第三部分 成分/组成信息

√物质		混合物
组分	**浓度**	**CAS No.**
邻氯苯胺		95-51-2

第四部分 急救措施

吸入 迅速脱离现场至空气新鲜处。保持呼吸道通畅。如呼吸困难，给吸氧。如呼吸、心跳停止，立即行心肺复苏术。就医

皮肤接触 立即脱去污染衣着，用肥皂水或清水彻底冲洗。就医

眼睛接触 分开眼睑，用清水或生理盐水冲洗。就医

食入 漱口，饮水。就医

对保护施救者的忠告 根据需要使用个人防护设备

对医生的特别提示 高铁血红蛋白血症，可用美蓝和维生素 C 治疗

第五部分 消防措施

灭火剂 用雾状水、泡沫、二氧化碳、砂土灭火

特别危险性 受高热分解，产生有毒气体。燃烧生成有害的一氧化碳、氮氧化物

灭火注意事项及防护措施 消防人员必须佩戴空气呼吸器、穿全身防火防毒服，在上风向灭火。尽可能将容器从火场移至空旷处。喷水保持火场容器冷却，直至灭火结束。容器突然发出异常声音或出现异常现象，应立即撤离

第六部分 泄漏应急处理

作业人员防护措施、防护装备和应急处置程序 根据液体流动和蒸气扩散的影响区域划定警戒区，无关人员从侧风、上风向撤离至安全区。建议应急处理人员戴正压自给式呼吸器，穿防毒服，戴橡胶耐油手套。穿上适当的防护服前严禁接触破裂的容器和泄漏物。尽可能切断泄漏源

环境保护措施 防止泄漏物进入水体、下水道、地下室或有限空间

泄漏化学品的收容、清除方法及所使用的处置材料 小量泄漏：用干燥的砂土或其他不燃材料吸收或覆盖，收集于容器中。大量泄漏：构筑围堤或挖坑收容。用泵转移至槽车或专用收集器内

第七部分 操作处置与储存

操作注意事项 密闭操作，提供充分的局部排风。操作人员必须经过专门培训，严格遵守操作规程。建议操作人员佩戴自吸过滤式防毒面具（半面罩），戴安全防护眼镜，穿防毒物渗透工作服，戴橡胶耐油手套。远离火种、热源。工作场所严禁吸烟。使用防爆型的通风系统和设备。防止蒸气泄漏到工作场所空气中。避免与氧化剂、酸类接触。搬运时要轻装轻卸，防止包装及容器损坏。配备相应品种和数量的消防器材及泄漏应急处理设备。倒空的容器可能残留有害物

储存注意事项 储存于阴凉、通风的库房。远离火种、热源。保持容器密封。应与氧化剂、酸类、食用化学品分开存放，切忌混储。配备相应品种和数量的消防器材。储区应备有泄漏应急处理设备和合适的收容材料

第八部分 接触控制/个体防护

职业接触限值

中国 未制定标准

美国(ACGIH) 未制定标准

生物接触限值 未制定标准

监测方法 空气中有毒物质测定方法：未制定标准。生物监测检验方法：未制定标准

工程控制 严加密闭，提供充分的局部排风。提供安全的淋浴和洗眼设备

个体防护装备

呼吸系统防护 可能接触其蒸气时，佩戴过滤式防毒

面具（半面罩）。紧急事态抢救或撤离时，应该佩戴空气呼吸器

眼睛防护 戴安全防护眼镜

皮肤和身体防护 穿防毒物渗透工作服

手防护 戴橡胶耐油手套

第九部分 理化特性

外观与性状 无色透明至浅黄色油状液体，有氨臭

pH 值 无资料 **熔点(℃)** −1.94

沸点(℃) 209 **相对密度(水=1)** 1.21

相对蒸气密度(空气=1) 4.4

饱和蒸气压(kPa) 0.13（46.3℃）

燃烧热(kJ/mol) 无资料 **临界温度(℃)** 无资料

临界压力(MPa) 4.59 **辛醇/水分配系数** 1.9

闪点(℃) 103（CC） **自燃温度(℃)** 500

爆炸下限(%) 1.5 **爆炸上限(%)** 8.8

分解温度(℃) 无资料

黏度(mPa·s) 2.92（20℃）

溶解性 不溶于水，溶于乙醇、乙醚和多数有机溶剂

第十部分 稳定性和反应性

稳定性 稳定

危险反应 与强氧化剂、酸酐等禁配物接触发生反应

避免接触的条件 受热

禁配物 酸类、酰基氯、酸酐、氯仿、强氧化剂

危险的分解产物 氨、氯化物

第十一部分 毒理学资料

急性毒性 LD_{50}：256mg/kg（小鼠经口）

皮肤刺激或腐蚀 无资料 **眼睛刺激或腐蚀** 无资料

呼吸或皮肤过敏 无资料

生殖细胞突变性 DNA 修复：大肠杆菌 500μg/L。微生物致突变：构巢曲霉 200mg/L。哺乳动物体细胞突变：仓鼠肺 600μg/L

致癌性 无资料 **生殖毒性** 无资料

特异性靶器官系统毒性-一次接触 无资料

特异性靶器官系统毒性-反复接触 无资料

吸入危害 无资料

第十二部分 生态学信息

生态毒性

LC_{50} 5.65mg/L（96h）(黑头呆鱼，动态)；7.3mg/L（96h）(青鳉)

EC_{50} 4.2mg/L（24h），1.8mg/L（48h）（水蚤）；200mg/L（24h）（梨形四膜虫，静态）；90mg/L（48h），40mg/L（72h），35mg/L（96h）（栅藻，静态）

NOEC 0.032mg/L（21d）（水蚤）

持久性和降解性

生物降解性 MITI-Ⅰ测试，初始浓度 100ppm，污泥浓度 30ppm，2 周后降解 2.7%

非生物降解性 空气中，当羟基自由基浓度为 5.00×10^5 个/cm^3 时，降解半衰期为 12h（理论）

潜在的生物累积性 BCF：5.4～9（鲤鱼，接触浓度 0.1ppm，接触时间 8 周），14～32（鲤鱼，接触浓度 0.01ppm，接触时间 8 周）；根据 K_{ow} 值预测，该物质的生物累积性可能较弱

土壤中的迁移性 根据 K_{oc} 值预测，该物质可能易发生迁移

第十三部分 废弃处置

废弃化学品 建议用焚烧法处置。与燃料混合后，再焚烧。焚烧炉排出的气体要通过洗涤器除去

污染包装物 将容器返还生产商或按照国家和地方法规处置

废弃注意事项 处置前应参阅国家和地方有关法规

第十四部分 运输信息

联合国危险货物编号（UN 号） 2019

联合国运输名称 液态氯苯胺

联合国危险性类别 6.1 **包装类别** Ⅱ类包装

包装标志 

海洋污染物 否

运输注意事项 运输前应先检查包装容器是否完整、密封，运输过程中要确保容器不泄漏、不倒塌、不坠落、不损坏。严禁与酸类、氧化剂、食品及食品添加剂混运。运输时运输车辆应配备相应品种和数量的消防器材及泄漏应急处理设备。运输途中应防曝晒、雨淋，防高温。公路运输时要按规定路线行驶

第十五部分 法规信息

下列法律、法规、规章和标准，对该化学品的管理作了相应的规定。

中华人民共和国职业病防治法 职业病分类和目录：苯的氨基及硝基化合物中毒

危险化学品安全管理条例 危险化学品目录：列入。易制爆危险化学品名录：未列入。重点监管的危险化学品名录：未列入。GB 18218—2009《危险化学品重大危险源辨识》(表 1)：未列入

使用有毒物品作业场所劳动保护条例 高毒物品目录：未列入

易制毒化学品管理条例 易制毒化学品的分类和品种目录：未列入

国际公约 斯德哥尔摩公约：未列入。鹿特丹公约：未列入。蒙特利尔议定书：未列入

第十六部分 其他信息

编写和修订信息 **缩略语和首字母缩写**

培训建议 **参考文献**

免责声明

邻 氯 酚

第一部分 化学品标识

化学品中文名 邻氯酚；2-氯苯酚；邻氯苯酚；2-羟基氯

苯；2-氯-1-羟基苯；邻羟基氯苯

化学品英文名 *o*-chlorophenol；2-chloro-1-hydroxybenzene

分子式 C_6H_5ClO **相对分子质量** 128.6

结构式

Cl-

HO

化学品的推荐及限制用途 用于有机合成

第二部分 危险性概述

紧急情况概述 吞咽有害，皮肤接触有害，吸入有害

GHS 危险性类别 急性毒性-经口，类别 4；急性毒性-经皮，类别 4；急性毒性-吸入，类别 4；危害水生环境-急性危害，类别 2；危害水生环境-长期危害，类别 2

标签要素

象形图

警示词 警告

危险性说明 吞咽有害，皮肤接触有害，吸入有害，对水生生物有毒并具有长期持续影响

防范说明

预防措施 避免接触眼睛、皮肤，操作后彻底清洗。作业场所不得进食、饮水或吸烟。戴防护手套、穿防护服。避免吸入蒸气、雾。仅在室外或通风良好处操作。禁止排入环境

事故响应 如吸入：将患者转移到空气新鲜处，休息，保持利于呼吸的体位。皮肤接触：用大量肥皂水和水清洗。被污染的衣服须经洗净后方可重新使用。如感觉不适，呼叫中毒控制中心或就医。食入 漱口，如果感觉不适，立即呼叫中毒控制中心或就医。收集泄漏物

安全储存 -

废弃处置 本品及内装物、容器依据国家和地方法规处置

物理和化学危险 可燃，其蒸气与空气混合，能形成爆炸性混合物

健康危害 给动物染毒后几分钟后即出现不安和呼吸加速，继之无力、震颤、阵挛性抽搐、气急、昏迷，直至死亡。易经皮肤吸收

环境危害 对水生生物有毒并具有长期持续影响

第三部分 成分/组成信息

√物质 混合物

组分	浓度	CAS No.
邻氯酚		95-57-8

第四部分 急救措施

吸入 迅速脱离现场至空气新鲜处。保持呼吸道通畅。如呼吸困难，给输氧。如呼吸、心跳停止，立即进行心肺复苏术。就医

皮肤接触 立即脱去污染的衣着，用流动清水彻底冲洗。就医

眼睛接触 立即分开眼睑，用流动清水或生理盐水彻底冲洗。就医

食入 漱口，饮水。就医

对保护施救者的忠告 根据需要使用个人防护设备

对医生的特别提示 对症处理

第五部分 消防措施

灭火剂 用雾状水、泡沫、二氧化碳、砂土灭火

特别危险性 受高热分解产生有毒的腐蚀性烟气。与强氧化剂接触可发生化学反应。燃烧生成有害的一氧化碳、氯化氢

灭火注意事项及防护措施 消防人员必须佩戴空气呼吸器、穿全身防火防毒服，在上风向灭火。尽可能将容器从火场移至空旷处。喷水保持火场容器冷却，直至灭火结束。容器突然发出异常声音或出现异常现象，应立即撤离

第六部分 泄漏应急处理

作业人员防护措施、防护装备和应急处置程序 根据液体流动和蒸气扩散的影响区域划定警戒区，无关人员从侧风、上风向撤离至安全区。消除所有点火源。建议应急处理人员戴正压自给式呼吸器，穿防毒服，戴橡胶耐油手套。穿上适当的防护服前严禁接触破裂的容器和泄漏物。尽可能切断泄漏源

环境保护措施 防止泄漏物进入水体、下水道、地下室或有限空间

泄漏化学品的收容、清除方法及所使用的处置材料 小量泄漏：用干燥的砂土或其他不燃材料吸收或覆盖，收集于容器中。大量泄漏：构筑围堤或挖坑收容。用碳酸氢钠（$NaHCO_3$）中和。用泵转移至槽车或专用收集器内

第七部分 操作处置与储存

操作注意事项 密闭操作，提供充分的局部排风。操作人员必须经过专门培训，严格遵守操作规程。建议操作人员佩戴自吸过滤式防毒面具（半面罩），戴化学安全防护眼镜，穿防毒物渗透工作服，戴橡胶耐油手套。远离火种、热源。工作场所严禁吸烟。使用防爆型的通风系统和设备。防止蒸气泄漏到工作场所空气中。避免与氧化剂、酸类接触。搬运时要轻装轻卸，防止包装及容器损坏。配备相应品种和数量的消防器材及泄漏应急处理设备。倒空的容器可能残留有害物

储存注意事项 储存于阴凉、通风的库房。远离火种、热源。保持容器密封。应与氧化剂、酸类、食用化学品分开存放，切忌混储。配备相应品种和数量的消防器材。储区应备有泄漏应急处理设备和合适的收容材料

第八部分 接触控制/个体防护

职业接触限值

中国 未制定标准

美国(ACGIH) 未制定标准

生物接触限值 未制定标准

监测方法 空气中有毒物质测定方法：未制定标准。生物监测检验方法：未制定标准

工程控制 严加密闭，提供充分的局部排风。提供安全的淋浴和洗眼设备

个体防护装备

呼吸系统防护 可能接触其蒸气时，应该佩戴过滤式防毒面具（半面罩）。紧急事态抢救或撤离时，佩戴空气呼吸器

眼睛防护 戴化学安全防护眼镜

皮肤和身体防护 穿防毒物渗透工作服

手防护 戴橡胶耐油手套

第九部分 理化特性

外观与性状 无色到黄棕色液体，有不愉快的气味

pH 值 无资料 **熔点(℃)** 9.3

沸点(℃) 174～175 **相对密度(水＝1)** 1.26

相对蒸气密度(空气＝1) 4.4

饱和蒸气压(kPa) 0.13（12.1℃）

燃烧热(kJ/mol) 无资料 **临界温度(℃)** 无资料

临界压力(MPa) 5.3 **辛醇/水分配系数** 2.15～2.19

闪点(℃) 63.9（CC） **自燃温度(℃)** 无资料

爆炸下限(%) 1.7 **爆炸上限(%)** 8.8

分解温度(℃) 无资料

黏度(mPa·s) 3.579（25℃）

溶解性 易溶于水，溶于乙醇、乙醚、氢氧化钠水溶液

第十部分 稳定性和反应性

稳定性 稳定

危险反应 与强氧化剂等禁配物发生反应

避免接触的条件 受热

禁配物 酰基氯、强氧化剂、酸酐、强酸

危险的分解产物 氯化氢

第十一部分 毒理学信息

急性毒性 LD_{50}：670mg/kg（大鼠经口）

皮肤刺激或腐蚀 无资料 **眼睛刺激或腐蚀** 无资料

呼吸或皮肤过敏 无资料

生殖细胞突变性 性染色体缺失和不分离，仓鼠肺脏 800μmol/L

致癌性 无资料

生殖毒性 大鼠经口最低中毒剂量（TDLo）：4550mg/kg（交配前 70d/孕 1～21d），影响每窝胎数，致死产

特异性靶器官系统毒性-一次接触 无资料

特异性靶器官系统毒性-反复接触 无资料

吸入危害 无资料

第十二部分 生态学信息

生态毒性

LC_{50} 12.37mg/L（96h）（金鱼，静态）；11.63mg/L（96h）(黑头呆鱼，静态)；6.59mg/L（96h）(蓝鳃太阳鱼，静态)；16.7mg/L（48h）（青鳉）；2.58mg/L（96h）(水蚤)

IC_{50} 96mg/L（72h）(藻类)

持久性和降解性

生物降解性 无资料

非生物降解性 空气中，当羟基自由基浓度为5.00×10^5个/cm^3时，降解半衰期为 1.6d（理论）

潜在的生物累积性 BCF：214（蓝鳃太阳鱼，接触时间 28d），14～24（鲤鱼，接触浓度 40ppb，接触时间 6 周），16～29（鲤鱼，接触浓度 4ppb，接触时间 6 周）；根据 K_{ow} 值预测，该物质的生物累积性可能较弱

土壤中的迁移性 根据 K_{oc} 值预测，该物质可能有一定的迁移性

第十三部分 废弃处置

废弃化学品 用焚烧法处置。与碳酸氢钠、固体易燃物充分接触后，再焚烧。焚烧炉排出的卤化氢通过酸洗涤器除去

污染包装物 将容器返还生产商或按照国家和地方法规处置

废弃注意事项 处置前应参阅国家和地方有关法规

第十四部分 运输信息

联合国危险货物编号（UN 号） 2021（液态）；2020（固态）

联合国运输名称 液态氯苯酚（液态）；固态氯苯酚（固态）

联合国危险性类别 6.1 **包装类别** Ⅲ类包装

包装标志 

海洋污染物 否

运输注意事项 运输前应先检查包装容器是否完整、密封，运输过程中要确保容器不泄漏、不倒塌、不坠落、不损坏。严禁与酸类、氧化剂、食品及食品添加剂混运。运输时运输车辆应配备相应品种和数量的消防器材及泄漏应急处理设备。运输途中应防曝晒、雨淋，防高温。公路运输时要按规定路线行驶

第十五部分 法规信息

下列法律、法规、规章和标准，对该化学品的管理作了相应的规定。

中华人民共和国职业病防治法 职业病分类和目录：未列入

危险化学品安全管理条例 危险化学品目录：列入。易制爆危险化学品名录：未列入。重点监管的危险化学品名录：未列入。GB 18218—2009《危险化学品重大危险源辨识》(表 1)：未列入

使用有毒物品作业场所劳动保护条例 高毒物品目录：未列入

易制毒化学品管理条例 易制毒化学品的分类和品种目录：未列入

国际公约 斯德哥尔摩公约：未列入。鹿特丹公约：未列入。蒙特利尔议定书：未列入

第十六部分 其他信息

编写和修订信息 **缩略语和首字母缩写**
培训建议 **参考文献**
免责声明

邻硝基苯胺

第一部分 化学品标识

化学品中文名 邻硝基苯胺；2-硝基苯胺；1-氨基-2-硝基苯

化学品英文名 *o*-nitroaniline；2-nitroaniline；1-amino-2-nitrobenzene

分子式 $C_6H_6N_2O_2$ **相对分子质量** 138.14

结构式

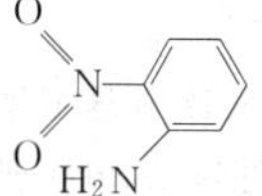

化学品的推荐及限制用途 用作染料中间体，用于合成照相防翳剂，也用于微量碘化物的测定、农药多菌灵的生产等

第二部分 危险性概述

紧急情况概述 吞咽会中毒，皮肤接触会中毒，吸入会中毒

GHS 危险性类别 急性毒性-经口，类别 3；急性毒性-经皮，类别 3；急性毒性-吸入，类别 3；特异性靶器官毒性-反复接触，类别 2；危害水生环境-急性危害，类别 3；危害水生环境-长期危害，类别 3

标签要素

象形图

警示词 危险

危险性说明 吞咽会中毒，皮肤接触会中毒，吸入会中毒，长时间或反复接触可能对器官造成损伤，对水生生物有害并具有长期持续影响

防范说明

预防措施 避免接触眼睛、皮肤，操作后彻底清洗。作业场所不得进食、饮水或吸烟。戴防护手套、穿防护服。避免吸入粉尘。仅在室外或通风良好处操作。禁止排入环境

事故响应 如吸入：将患者转移到空气新鲜处，休息，保持利于呼吸的体位。皮肤接触：立即脱去所有被污染的衣服。用大量肥皂水和水清洗。如感觉不适，呼叫中毒控制中心或就医。被污染的衣服须经洗净后方可重新使用。食入：漱口，立即呼叫中毒控制中心或就医。如感觉不适，就医

安全储存 在通风良好处储存。保持容器密闭。上锁保管

废弃处置 本品及内装物、容器依据国家和地方法规处置

物理和化学危险 可燃，其粉体与空气混合，能形成爆炸性混合物

健康危害 本品毒性比苯胺大。可通过皮肤和呼吸道吸收，是一种强烈的高铁血红蛋白形成剂。吸收后数小时内可出现紫绀，可发生溶血性贫血。长期大量接触可引起肝损害

环境危害 对水生生物有害并具有长期持续影响

第三部分 成分/组成信息

√物质 混合物

组分	浓度	CAS No.
邻硝基苯胺		88-74-4

第四部分 急救措施

吸入 迅速脱离现场至空气新鲜处。保持呼吸道通畅。如呼吸困难，给吸氧。如呼吸、心跳停止，立即行心肺复苏术。就医

皮肤接触 立即脱去污染衣着，用肥皂水或清水彻底冲洗。就医

眼睛接触 分开眼睑，用清水或生理盐水冲洗。就医

食入 漱口，饮水。就医

对保护施救者的忠告 根据需要使用个人防护设备

对医生的特别提示 高铁血红蛋白血症，可用美蓝和维生素 C 治疗

第五部分 消防措施

灭火剂 用雾状水、泡沫、干粉、二氧化碳灭火

特别危险性 受热分解放出有毒烟气。与强氧化剂接触可发生化学反应。燃烧生成有害的一氧化碳、氮氧化物

灭火注意事项及防护措施 消防人员必须佩戴空气呼吸器、穿全身防火防毒服，在上风向灭火。尽可能将容器从火场移至空旷处。喷水保持火场容器冷却，直至灭火结束

第六部分 泄漏应急处理

作业人员防护措施、防护装备和应急处置程序 隔离泄漏污染区，限制出入。消除所有点火源。建议应急处理人员戴防尘口罩，穿防毒服，戴橡胶手套。穿上适当的防护服前严禁接触破裂的容器和泄漏物。尽可能切断泄漏源。用塑料布覆盖泄漏物，减少飞散。勿使水进入包装容器内

环境保护措施 无资料

泄漏化学品的收容、清除方法及所使用的处置材料 用洁净的铲子收集泄漏物，置于干净、干燥、盖子较松的容器中，将容器移离泄漏区

第七部分 操作处置与储存

操作注意事项 密闭操作，提供充分的局部排风。操作人员必须经过专门培训，严格遵守操作规程。建议操作人员佩戴自吸过滤式防尘口罩，戴化学安全防护眼镜，穿防毒物渗透工作服，戴橡胶手套。远离火种、热源。工作场所严禁吸烟。使用防爆型的通风系统和设备。避免产生粉尘。避免与氧化剂、还原剂、酸类

接触。搬运时要轻装轻卸，防止包装及容器损坏。配备相应品种和数量的消防器材及泄漏应急处理设备。倒空的容器可能残留有害物

储存注意事项 储存于阴凉、通风的库房。远离火种、热源。包装密封。应与氧化剂、还原剂、酸类、食用化学品分开存放，切忌混储。配备相应品种和数量的消防器材。储区应备有合适的材料收容泄漏物

第八部分 接触控制/个体防护

职业接触限值

中国 未制定标准

美国(ACGIH) 未制定标准

生物接触限值 未制定标准

监测方法 空气中有毒物质测定方法：未制定标准。生物监测检验方法：未制定标准

工程控制 严加密闭，提供充分的局部排风。提供安全的淋浴和洗眼设备

个体防护装备

呼吸系统防护 空气中粉尘浓度超标时，佩戴过滤式防尘呼吸器。紧急事态抢救或撤离时，应该佩戴空气呼吸器

眼睛防护 戴化学安全防护眼镜

皮肤和身体防护 穿防毒物渗透工作服

手防护 戴橡胶手套

第九部分 理化特性

外观与性状 橙黄色针状结晶

pH值 无意义 **熔点(℃)** 73～76

沸点(℃) 284.5 **相对密度(水＝1)** 1.44

相对蒸气密度(空气＝1) 4.77

饱和蒸气压(kPa) 0.13 (104℃)

燃烧热(kJ/mol) －3201.1 **临界温度(℃)** 无资料

临界压力(MPa) 4.42

辛醇/水分配系数 1.44～1.83

闪点(℃) 168 **自燃温度(℃)** 521

爆炸下限(%) 无资料 **爆炸上限(%)** 无资料

分解温度(℃) 无资料 **黏度(mPa·s)** 无资料

溶解性 微溶于冷水，溶于热水、乙醇，易溶于乙醚、丙酮、苯

第十部分 稳定性和反应性

稳定性 稳定

危险反应 与强氧化剂、酸酐等禁配物接触发生反应

避免接触的条件 受热

禁配物 酸类、酰基氯、酸酐、氯仿、强氧化剂、强还原剂

危险的分解产物 氮氧化物、氨

第十一部分 毒理学信息

急性毒性 LD_{50}：1600mg/kg (大鼠经口)；20000mg/kg (兔经皮)

皮肤刺激或腐蚀 无资料 **眼睛刺激或腐蚀** 无资料

呼吸或皮肤过敏 无资料

生殖细胞突变性 微生物致突变：鼠伤寒沙门氏菌 50μg/皿。DNA修复：枯草菌 5mg/皿。微核试验：小鼠经口 738mg/kg。细胞遗传学分析：仓鼠卵巢 10mmol/L

致癌性 无资料 **生殖毒性** 无资料

特异性靶器官系统毒性-一次接触 无资料

特异性靶器官系统毒性-反复接触 无资料

吸入危害 无资料

第十二部分 生态学信息

生态毒性

LC_{50} 42mg/L (96h) (青鳉)

EC_{50} 10mg/L (48h) (水蚤)

ErC_{50} 44mg/L (72h) (羊角月牙藻)

持久性和降解性

生物降解性 不易快速生物降解

非生物降解性 空气中，当羟基自由基浓度为5.00×10^5个/cm^3时，降解半衰期为1.2d (理论)

潜在的生物累积性 根据K_{ow}值预测，该物质的生物累积性可能较弱

土壤中的迁移性 根据K_{oc}值预测，该物质可能易发生迁移

第十三部分 废弃处置

废弃化学品 用焚烧法处置。焚烧炉排出的氮氧化物通过洗涤器除去

污染包装物 将容器返还生产商或按照国家和地方法规处置

废弃注意事项 处置前应参阅国家和地方有关法规

第十四部分 运输信息

联合国危险货物编号(UN号) 1661

联合国运输名称 邻硝基苯胺

联合国危险性类别 6.1 **包装类别** Ⅱ类包装

包装标志 

海洋污染物 否

运输注意事项 运输前应先检查包装容器是否完整、密封，运输过程中要确保容器不泄漏、不倒塌、不坠落、不损坏。严禁与酸类、氧化剂、食品及食品添加剂混运。运输时运输车辆应配备相应品种和数量的消防器材及泄漏应急处理设备。运输途中应防曝晒、雨淋，防高温

第十五部分 法规信息

下列法律、法规、规章和标准，对该化学品的管理作了相应的规定。

中华人民共和国职业病防治法 职业病分类和目录：苯的氨基及硝基化合物中毒

危险化学品安全管理条例 危险化学品目录：列入。易制爆危险化学品名录：未列入。重点监管的危险化学品名录：未列入。GB 18218—2009《危险化学品重大危险源辨识》(表1)：未列入

使用有毒物品作业场所劳动保护条例　高毒物品目录：未列入

易制毒化学品管理条例　易制毒化学品的分类和品种目录：未列入

国际公约　斯德哥尔摩公约：未列入。鹿特丹公约：未列入。蒙特利尔议定书：未列入

第十六部分　其他信息

编写和修订信息　　**缩略语和首字母缩写**

培训建议　　**参考文献**

免责声明

邻硝基（苯）酚

第一部分　化学品标识

化学品中文名　邻硝基（苯）酚；2-硝基（苯）酚

化学品英文名　*o*-nitrophenol；2-hydroxynitrobenzene

分子式　$C_6H_5NO_3$　　**相对分子质量**　139.12

结构式

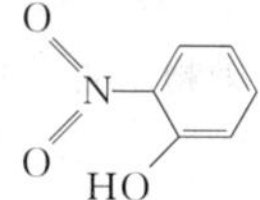

化学品的推荐及限制用途　用作有机合成中间体、指示剂、分析试剂

第二部分　危险性概述

紧急情况概述　吞咽会中毒

GHS 危险性类别　急性毒性-经口，类别 3；危害水生环境-急性危害，类别 2

标签要素

象形图

警示词　危险

危险性说明　吞咽会中毒，对水生生物有毒

防范说明

预防措施　避免接触眼睛、皮肤，操作后彻底清洗。作业场所不得进食、饮水或吸烟。禁止排入环境

事故响应　食入：漱口，立即呼叫中毒控制中心或就医

安全储存　上锁保管

废弃处置　本品及内装物、容器依据国家和地方法规处置

物理和化学危险　遇高热、明火可燃

健康危害　本品对皮肤有强烈刺激作用。能经皮肤和呼吸道吸收。动物实验可引起高铁血红蛋白血症，体温升高，肝、肾损害

环境危害　对水生生物有毒

第三部分　成分/组成信息

√物质		混合物
组分	**浓度**	**CAS No.**
邻硝基（苯）酚		88-75-5

第四部分　急救措施

吸入　迅速脱离现场至空气新鲜处。保持呼吸道通畅。如呼吸困难，给输氧。如呼吸、心跳停止，立即进行心肺复苏术。就医

皮肤接触　立即脱去污染的衣着，用流动清水彻底冲洗。就医

眼睛接触　立即分开眼睑，用流动清水或生理盐水彻底冲洗。就医

食入　漱口，饮水。就医

对保护施救者的忠告　根据需要使用个人防护设备

对医生的特别提示　高铁血红蛋白血症，可用美蓝和维生素 C 治疗

第五部分　消防措施

灭火剂　用雾状水、泡沫、二氧化碳、砂土灭火

特别危险性　受热分解放出有毒的氧化氮烟气。燃烧生成有害的一氧化碳、氮氧化物

灭火注意事项及防护措施　消防人员必须佩戴空气呼吸器、穿全身防火防毒服，在上风向灭火。尽可能将容器从火场移至空旷处。喷水保持火场容器冷却，直至灭火结束

第六部分　泄漏应急处理

作业人员防护措施、防护装备和应急处置程序　隔离泄漏污染区，限制出入。消除所有点火源。建议应急处理人员戴防尘口罩，穿防毒服，戴橡胶手套。穿上适当的防护服前严禁接触破裂的容器和泄漏物。尽可能切断泄漏源。用塑料布覆盖泄漏物，减少飞散。勿使水进入包装容器内

环境保护措施　无资料

泄漏化学品的收容、清除方法及所使用的处置材料　用洁净的铲子收集泄漏物，置于干净、干燥、盖子较松的容器中，将容器移离泄漏区

第七部分　操作处置与储存

操作注意事项　密闭操作，提供充分的局部排风。操作人员必须经过专门培训，严格遵守操作规程。建议操作人员佩戴自吸过滤式防尘口罩，戴化学安全防护眼镜，穿防毒物渗透工作服，戴橡胶手套。远离火种、热源。工作场所严禁吸烟。使用防爆型的通风系统和设备。避免产生粉尘。避免与氧化剂、还原剂、碱类接触。搬运时要轻装轻卸，防止包装及容器损坏。配备相应品种和数量的消防器材及泄漏应急处理设备。倒空的容器可能残留有害物

储存注意事项　储存于阴凉、通风的库房。远离火种、热源。包装密封。应与氧化剂、还原剂、碱类、食用化学品分开存放，切忌混储。采用防爆型照明、通风设施。禁止使用易产生火花的机械设备和工具。储区应备有合适的材料收容泄漏物

第八部分　接触控制/个体防护

职业接触限值

中国　未制定标准

美国(ACGIH) 未制定标准

生物接触限值 未制定标准

监测方法 空气中有毒物质测定方法：未制定标准。生物监测检验方法：未制定标准

工程控制 严加密闭，提供充分的局部排风。提供安全的淋浴和洗眼设备

个体防护装备

呼吸系统防护 空气中粉尘浓度超标时，佩戴过滤式防尘呼吸器。紧急事态抢救或撤离时，应该佩戴空气呼吸器

眼睛防护 戴化学安全防护眼镜

皮肤和身体防护 穿防毒物渗透工作服

手防护 戴橡胶手套

第九部分 理化特性

外观与性状 淡黄色结晶，有芳香气味

pH 值 无意义 **熔点(℃)** 45

沸点(℃) 214.5～216 **相对密度(水=1)** 1.495

相对蒸气密度(空气=1) 无资料

饱和蒸气压(kPa) 0.13 (49.3℃)

燃烧热(kJ/mol) −2880.4 **临界温度(℃)** 无资料

临界压力(MPa) 无资料 **辛醇/水分配系数** 1.79

闪点(℃) 无资料 **自燃温度(℃)** 无资料

爆炸下限(%) 无资料 **爆炸上限(%)** 无资料

分解温度(℃) 无资料 **黏度(mPa·s)** 无资料

溶解性 溶于热水，易溶于乙醇、乙醚、苯

第十部分 稳定性和反应性

稳定性 稳定

危险反应 与强氧化剂等禁配物接触发生反应

避免接触的条件 受热

禁配物 强氧化剂、强还原剂、强碱

危险的分解产物 氮氧化物

第十一部分 毒理学信息

急性毒性 LD_{50}：334mg/kg (大鼠经口)

皮肤刺激或腐蚀 无资料 **眼睛刺激或腐蚀** 无资料

呼吸或皮肤过敏 无资料 **生殖细胞突变性** 无资料

致癌性 无资料 **生殖毒性** 无资料

特异性靶器官系统毒性-一次接触 无资料

特异性靶器官系统毒性-反复接触 无资料

吸入危害 无资料

第十二部分 生态学信息

生态毒性

LC_{50} 100mg/L (48h) (青鳉)；210mg/L (24h) (水蚤)

TLm 46.3～67mg/L (96h) (蓝鳃太阳鱼)

IC_{50} 4.3～27mg/L (72h) (藻类)

持久性和降解性

生物降解性 好氧生物降解 (h)：168～672；厌氧生物降解 (h)：168～672

非生物降解性 水相光解半衰期 (h)：230～408；空气中光氧化半衰期 (h)：7～71

潜在的生物累积性 根据 K_{ow} 值预测，该物质的生物累积性可能较弱

土壤中的迁移性 根据 K_{oc} 值预测，该物质可能易发生迁移

第十三部分 废弃处置

废弃化学品 用控制焚烧法处置。焚烧炉排出的氮氧化物通过洗涤器除去

污染包装物 将容器返还生产商或按照国家和地方法规处置

废弃注意事项 处置前应参阅国家和地方有关法规

第十四部分 运输信息

联合国危险货物编号 (UN 号) 1663

联合国运输名称 邻硝基苯酚

联合国危险性类别 6.1 **包装类别** Ⅲ类包装

包装标志  **海洋污染物** 否

运输注意事项 运输前应先检查包装容器是否完整、密封，运输过程中要确保容器不泄漏、不倒塌、不坠落、不损坏。严禁与酸类、氧化剂、食品及食品添加剂混运。运输时运输车辆应配备相应品种和数量的消防器材及泄漏应急处理设备。运输途中应防曝晒、雨淋，防高温

第十五部分 法规信息

下列法律、法规、规章和标准，对该化学品的管理作了相应的规定。

中华人民共和国职业病防治法 职业病分类和目录：苯的氨基及硝基化合物中毒

危险化学品安全管理条例 危险化学品目录：列入。易制爆危险化学品名录：未列入。重点监管的危险化学品名录：未列入。GB 18218—2009《危险化学品重大危险源辨识》(表 1)：未列入

使用有毒物品作业场所劳动保护条例 高毒物品目录：未列入

易制毒化学品管理条例 易制毒化学品的分类和品种目录：未列入

国际公约 斯德哥尔摩公约：未列入。鹿特丹公约：未列入。蒙特利尔议定书：未列入

第十六部分 其他信息

编写和修订信息 **缩略语和首字母缩写**

培训建议 **参考文献**

免责声明

硫

第一部分 化学品标识

化学品中文名 硫；硫黄 **化学品英文名** sulfur

分子式 S **相对分子质量** 32.06

化学品的推荐及限制用途 用于制造染料、农药、火柴、火药、橡胶、人造丝、药物等

第二部分 危险性概述

紧急情况概述 易燃固体

GHS危险性类别 易燃固体，类别2

标签要素

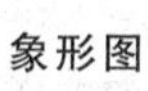

警示词 危险

危险性说明 易燃固体

防范说明

预防措施 远离热源、火花、明火、热表面。禁止吸烟。容器和接收设备接地连接。使用防爆电器、通风、照明设备。戴防护手套、防护眼镜、防护面罩

事故响应 火灾时，遇小火用砂土闷熄。遇大火可用雾状水灭火

安全储存 -

废弃处置 -

物理和化学危险 易燃。与氧化剂混合能形成爆炸性混合物

健康危害 因其能在肠内部分转化为硫化氢而被吸收，故大量口服可致硫化氢中毒。急性硫化氢中毒的全身毒作用表现为中枢神经系统症状，有头痛、头晕、乏力、呕吐、共济失调、昏迷等。本品可引起眼结膜炎、皮肤湿疹。对皮肤有弱刺激性。生产中长期吸入硫粉尘一般无明显毒性作用

环境危害 对环境可能有害

第三部分 成分/组成信息

√物质 混合物

组分	浓度	CAS No.
硫		7704-34-9

第四部分 急救措施

吸入 迅速脱离现场至空气新鲜处。保持呼吸道通畅。如呼吸困难，给输氧。如呼吸、心跳停止，立即进行心肺复苏术。就医

皮肤接触 立即脱去污染的衣着，用流动清水彻底冲洗。就医

眼睛接触 立即分开眼睑，用流动清水或生理盐水彻底冲洗。就医

食入 漱口，饮水。就医

对保护施救者的忠告 根据需要使用个人防护设备

对医生的特别提示 对症处理

第五部分 消防措施

灭火剂 遇小火用砂土闷熄。遇大火可用雾状水灭火

特别危险性 与卤素、金属粉末等接触剧烈反应。硫黄为不良导体，在储运过程中易产生静电荷，可导致硫尘起火。粉尘或蒸气与空气或氧化剂混合形成爆炸性混合物。燃烧生成有害的氧化硫

灭火注意事项及防护措施 消防人员须佩戴防毒面具、穿全身消防服，在上风向灭火。尽可能将容器从火场移至空旷处。喷水保持火场容器冷却，直至灭火结束

第六部分 泄漏应急处理

作业人员防护措施、防护装备和应急处置程序 隔离泄漏污染区，限制出入。消除所有点火源。建议应急处理人员戴防尘口罩，穿防静电服。禁止接触或跨越泄漏物

环境保护措施 防止泄漏物进入水体、下水道、地下室或有限空间

泄漏化学品的收容、清除方法及所使用的处置材料 小量泄漏：用洁净的铲子收集泄漏物，置于干净、干燥、盖子较松的容器中，将容器移离泄漏区。大量泄漏：用水润湿，并筑堤收容

第七部分 操作处置与储存

操作注意事项 密闭操作，局部排风。操作人员必须经过专门培训，严格遵守操作规程。建议操作人员佩戴自吸过滤式防尘口罩。远离火种、热源。工作场所严禁吸烟。使用防爆型的通风系统和设备。避免产生粉尘。避免与氧化剂接触。搬运时要轻装轻卸，防止包装及容器损坏。配备相应品种和数量的消防器材及泄漏应急处理设备。倒空的容器可能残留有害物

储存注意事项 储存于阴凉、通风的库房。库温不宜超过35℃。远离火种、热源。包装密封。应与氧化剂分开存放，切忌混储。采用防爆型照明、通风设施。禁止使用易产生火花的机械设备和工具。储区应备有合适的材料收容泄漏物

第八部分 接触控制/个体防护

职业接触限值

中国 未制定标准

美国(ACGIH) 未制定标准

生物接触限值 未制定标准

监测方法 空气中有毒物质测定方法：未制定标准。生物监测检验方法：未制定标准

工程控制 密闭操作，局部排风

个体防护装备

呼吸系统防护 一般不需特殊防护。空气中粉尘浓度较高时，佩戴过滤式防尘呼吸器

眼睛防护 一般不需特殊防护

皮肤和身体防护 穿一般作业防护服

手防护 戴一般作业防护手套

第九部分 理化特性

外观与性状 淡黄色脆性结晶或粉末，有特殊臭味

pH值 无意义 **熔点(℃)** 112.8～120

沸点(℃) 444.6 **相对密度(水=1)** 1.92～2.07

相对蒸气密度(空气=1) 无资料

饱和蒸气压(kPa) 0.13（183.8℃）

燃烧热(kJ/mol) 无资料 **临界温度(℃)** 1040

临界压力(MPa) 11.75 **辛醇/水分配系数** 0.23

闪点(℃) 207（CC） **自燃温度(℃)** 232

爆炸下限(%) $35g/m^3$ **爆炸上限(%)** $1400g/m^3$

分解温度(℃) 无资料 **黏度(mPa·s)** 无资料

溶解性 不溶于水，微溶于乙醇、乙醚，易溶于二硫化碳、苯、甲苯

第十部分 稳定性和反应性

稳定性 稳定

危险反应 与强氧化剂、卤素、金属粉末等禁配物接触，有发生火灾和爆炸的危险

避免接触的条件 无资料

禁配物 强氧化剂、卤素、金属粉末

危险的分解产物 无意义

第十一部分 毒理学信息

急性毒性

LD_{50} ＞8437mg/kg（大鼠经口）

LDLo 8mg/kg（大鼠静脉）；175mg/kg（兔经口）

皮肤刺激或腐蚀 无资料 **眼睛刺激或腐蚀** 无资料

呼吸或皮肤过敏 无资料 **生殖细胞突变性** 无资料

致癌性 无资料 **生殖毒性** 无资料

特异性靶器官系统毒性-一次接触 无资料

特异性靶器官系统毒性-反复接触 无资料

吸入危害 无资料

第十二部分 生态学信息

生态毒性 无资料

持久性和降解性

生物降解性 无资料

非生物降解性 无资料

潜在的生物累积性

土壤中的迁移性

第十三部分 废弃处置

废弃化学品 建议用焚烧法处置。与燃料混合后，再焚烧。焚烧炉排出的硫氧化物通过洗涤器除去

污染包装物 将容器返还生产商或按照国家和地方法规处置

废弃注意事项 处置前应参阅国家和地方有关法规

第十四部分 运输信息

联合国危险货物编号（UN号） 1350；2448（熔融）

联合国运输名称 硫；熔融硫黄（熔融）

联合国危险性类别 4.1 **包装类别** Ⅲ类包装

包装标志 

海洋污染物 否

运输注意事项 硫黄散装经铁路运输时：限在港口发往收货人的专用线或专用铁路上装车；装车前托运人需用席子在车内衬垫好；装车后苫盖自备篷布；托运人需派人押运。运输时运输车辆应配备相应品种和数量的消防器材及泄漏应急处理设备。装运本品的车辆排气管须有阻火装置。运输过程中要确保容器不泄漏、不倒塌、不坠落、不损坏。严禁与氧化剂等混装混运。运输途中应防曝晒、雨淋，防高温。中途停留时应远离火种、热源。车辆运输完毕应进行彻底清扫。铁路运输时要禁止溜放

第十五部分 法规信息

下列法律、法规、规章和标准，对该化学品的管理作了相应的规定。

中华人民共和国职业病防治法 职业病分类和目录：未列入

危险化学品安全管理条例 危险化学品目录：列入。易制爆危险化学品名录：列入。重点监管的危险化学品名录：未列入。GB 18218—2009《危险化学品重大危险源辨识》(表1)：未列入

使用有毒物品作业场所劳动保护条例 高毒物品目录：未列入

易制毒化学品管理条例 易制毒化学品的分类和品种目录：未列入

国际公约 斯德哥尔摩公约：未列入。鹿特丹公约：未列入。蒙特利尔议定书：未列入

第十六部分 其他信息

编写和修订信息 **缩略语和首字母缩写**

培训建议 **参考文献**

免责声明

硫代磷酰氯

第一部分 化学品标识

化学品中文名 硫代磷酰氯；三氯化硫磷；硫代氯化磷酰

化学品英文名 thiophosphoryl chloride；phosphorothionic trichloride

分子式 Cl_3PS **相对分子质量** 169.38

结构式

$$S{=}P(-Cl)(-Cl)-Cl$$

化学品的推荐及限制用途 作为制造农药的原料

第二部分 危险性概述

紧急情况概述 吞咽有害，吸入致命，造成严重的皮肤灼伤和眼损伤

GHS危险性类别 急性毒性-经口，类别4；急性毒性-吸入，类别1；皮肤腐蚀/刺激，类别1；严重眼损伤/眼刺激，类别1；危害水生环境-急性危害，类别3

标签要素

象形图 

警示词 危险

危险性说明 吞咽有害，吸入致命，造成严重的皮肤灼伤和眼损伤，对水生生物有害

防范说明

预防措施 避免接触眼睛、皮肤，操作后彻底清洗。作业场所不得进食、饮水或吸烟。避免吸入蒸气、雾。仅在室外或通风良好处操作。戴呼吸防护器具。戴防护手套，穿防护服，戴防护眼镜、防护面罩。禁止排入环境

事故响应 如吸入：将患者转移到空气新鲜处，休息，保持利于呼吸的体位。皮肤（或头发）接触：立即脱掉所有被污染的衣服，用水冲洗皮肤，淋浴。污染的衣服须洗净后方可重新使用。接触眼睛：用水细心冲洗数分钟。如戴隐形眼镜并可方便地取出，取出隐形眼镜继续冲洗。食入：漱口。不要催吐。如果感觉不适，立即呼叫中毒控制中心或就医

安全储存 在通风良好处储存。保持容器密闭。上锁保管

废弃处置 本品及内装物、容器依据国家和地方法规处置

物理和化学危险 不燃，无特殊燃爆特性。遇水产生刺激性气体

健康危害 对眼睛、皮肤、黏膜和呼吸道有强烈的刺激作用。吸入后可能引起喉、支气管的炎症，化学性肺炎或肺水肿。眼和皮肤接触引起灼伤

环境危害 对水生生物有害

第三部分 成分/组成信息

√物质　　　　混合物

组分	浓度	CAS No.
硫代磷酰氯		3982-91-0

第四部分 急救措施

吸入 迅速脱离现场至空气新鲜处。保持呼吸道通畅。如呼吸困难，给输氧。如呼吸、心跳停止，立即进行心肺复苏术。就医

皮肤接触 立即脱去污染的衣着，用大量流动清水彻底冲洗至少15min。就医

眼睛接触 立即分开眼睑，用流动清水或生理盐水彻底冲洗至少15min。就医

食入 用水漱口，禁止催吐。给饮牛奶或蛋清。就医

对保护施救者的忠告 根据需要使用个人防护设备

对医生的特别提示 对症处理

第五部分 消防措施

灭火剂 用二氧化碳、砂土灭火

特别危险性 与乙醇、甲醇发生激烈反应。受热或遇水分解放热，放出有毒的腐蚀性烟气。具有较强的腐蚀性。燃烧生成有害的氯化氢、氧化磷

灭火注意事项及防护措施 消防人员必须穿全身耐酸碱消防服、佩戴空气呼吸器灭火。尽可能将容器从火场移至空旷处。喷水保持火场容器冷却，直至灭火结束。容器突然发出异常声音或出现异常现象，应立即撤离。禁止用水、泡沫和酸碱灭火剂灭火

第六部分 泄漏应急处理

作业人员防护措施、防护装备和应急处置程序 根据液体流动和蒸气扩散的影响区域划定警戒区，无关人员从侧风、上风向撤离至安全区。建议应急处理人员戴正压自给式呼吸器，穿防腐蚀、防毒服，戴橡胶耐酸碱手套。作业时使用的所有设备应接地。穿上适当的防护服前严禁接触破裂的容器和泄漏物。勿使水进入包装容器内。尽可能切断泄漏源

环境保护措施 防止泄漏物进入水体、下水道、地下室或有限空间

泄漏化学品的收容、清除方法及所使用的处置材料 小量泄漏：用干燥的砂土或其他不燃材料覆盖泄漏物。大量泄漏：构筑围堤或挖坑收容。用碎石灰石（$CaCO_3$）、苏打灰（Na_2CO_3）或石灰（CaO）中和。用耐腐蚀泵转移至槽车或专用收集器内

第七部分 操作处置与储存

操作注意事项 密闭操作，注意通风。操作尽可能机械化、自动化。操作人员必须经过专门培训，严格遵守操作规程。建议操作人员佩戴导管式防毒面具，穿橡胶耐酸碱服，戴橡胶耐酸碱手套。避免产生烟雾。防止烟雾和蒸气释放到工作场所空气中。避免与氧化剂、醇类、碱类接触。尤其要注意避免与水接触。搬运时要轻装轻卸，防止包装及容器损坏。配备泄漏应急处理设备。倒空的容器可能残留有害物

储存注意事项 储存于阴凉、干燥、通风良好的专用库房内，实行“双人收发、双人保管”制度。远离火种、热源。库房温度不超过30℃，相对湿度不超过75%。包装必须密封，切勿受潮。应与氧化剂、醇类、碱类等分开存放，切忌混储。储区应备有泄漏应急处理设备和合适的收容材料

第八部分 接触控制/个体防护

职业接触限值

中国 MAC：$0.5mg/m^3$

美国(ACGIH) 未制定标准

生物接触限值 未制定标准

监测方法 空气中有毒物质测定方法：对氨基二甲基苯胺分光光度法。生物监测检验方法：未制定标准

工程控制 密闭操作，注意通风。提供安全的淋浴和洗眼设备

个体防护装备

呼吸系统防护 可能接触其蒸气时，必须佩戴过滤式防毒面具（全面罩）或长管面具。紧急事态抢救或撤离时，建议佩戴空气呼吸器

眼睛防护 呼吸系统防护中已作防护

皮肤和身体防护 穿橡胶耐酸碱服

手防护 戴橡胶耐酸碱手套

第九部分 理化特性

外观与性状 无色或浅黄色油状发烟液体，有刺激性气味

pH 值 无资料 **熔点(℃)** −35
沸点(℃) 125 **相对密度(水=1)** 1.63
相对蒸气密度(空气=1) 5.86
饱和蒸气压(kPa) 2.93 (25℃)
燃烧热(kJ/mol) 无资料 **临界温度(℃)** 无资料
临界压力(MPa) 无资料 **辛醇/水分配系数** 1.85
闪点(℃) 无意义 **自燃温度(℃)** 无意义
爆炸下限(%) 无意义 **爆炸上限(%)** 无意义
分解温度(℃) 无资料 **黏度(mPa·s)** 无资料
溶解性 溶于二硫化碳、四氯化碳、苯

第十部分 稳定性和反应性

稳定性 稳定
危险反应 与强氧化剂、水、醇类等禁配物接触，有发生火灾和爆炸的危险
避免接触的条件 受热、潮湿空气
禁配物 强氧化剂、水、醇类、碱类
危险的分解产物 无资料

第十一部分 毒理学信息

急性毒性
LD_{50} 750mg/kg (大鼠经口)
LC_{50} 138mg/m³ (大鼠吸入，4h)
皮肤刺激或腐蚀 无资料 **眼睛刺激或腐蚀** 无资料
呼吸或皮肤过敏 无资料 **生殖细胞突变性** 无资料
致癌性 无资料 **生殖毒性** 无资料
特异性靶器官系统毒性-一次接触 无资料
特异性靶器官系统毒性-反复接触 无资料
吸入危害 无资料

第十二部分 生态学信息

生态毒性 无资料
持久性和降解性
生物降解性 无资料
非生物降解性 空气中，当羟基自由基浓度为5.00×10^5个/cm³时，降解半衰期为0.3d (理论)
潜在的生物累积性 无资料
土壤中的迁移性 无资料

第十三部分 废弃处置

废弃化学品 中和、稀释后，排入废水系统
污染包装物 将容器返还生产商或按照国家和地方法规处置
废弃注意事项 处置前应参阅国家和地方有关法规

第十四部分 运输信息

联合国危险货物编号(UN 号) 1837
联合国运输名称 硫代磷酰氯
联合国危险性类别 8 **包装类别** Ⅱ类包装
包装标志  **海洋污染物** 否
运输注意事项 起运时包装要完整，装载应稳妥。运输过程中要确保容器不泄漏、不倒塌、不坠落、不损坏。严禁与氧化剂、醇类、碱类、食用化学品等混装混运。运输时运输车辆应配备泄漏应急处理设备。运输途中应防曝晒、雨淋，防高温。公路运输时要按规定路线行驶，勿在居民区和人口稠密区停留

第十五部分 法规信息

下列法律、法规、规章和标准，对该化学品的管理作了相应的规定。

中华人民共和国职业病防治法 职业病分类和目录：未列入
危险化学品安全管理条例 危险化学品目录：列入。作为剧毒化学品进行管理。易制爆危险化学品名录：未列入。重点监管的危险化学品名录：未列入。GB 18218—2009《危险化学品重大危险源辨识》(表 1)：未列入
使用有毒物品作业场所劳动保护条例 高毒物品目录：未列入
易制毒化学品管理条例 易制毒化学品的分类和品种目录：未列入
国际公约 斯德哥尔摩公约：未列入。鹿特丹公约：未列入。蒙特利尔议定书：未列入

第十六部分 其他信息

编写和修订信息 **缩略语和首字母缩写**
培训建议 **参考文献**
免责声明

硫代乙酸

第一部分 化学品标识

化学品中文名 硫代乙酸；硫代醋酸
化学品英文名 thioacetic acid；ethanethioic acid
分子式 C_2H_4OS **相对分子质量** 76.12
结构式 S OH
化学品的推荐及限制用途 用作化学试剂、有机合成试剂、催泪剂等

第二部分 危险性概述

紧急情况概述 高度易燃液体和蒸气，造成严重的皮肤灼伤和眼损伤，可能导致皮肤过敏反应
GHS 危险性类别 易燃液体，类别 2；皮肤腐蚀/刺激，类别 1；严重眼损伤/眼刺激，类别 1；皮肤致敏物，类别 1
标签要素
象形图 
警示词 危险
危险性说明 高度易燃液体和蒸气，造成严重的皮肤灼

伤和眼损伤，可能导致皮肤过敏反应

防范说明

预防措施　远离热源、火花、明火、热表面。禁止吸烟。保持容器密闭。容器和接收设备接地连接。使用防爆电器、通风、照明设备。只能使用不产生火花的工具。采取防止静电措施。避免接触眼睛、皮肤，操作后彻底清洗。戴防护手套，穿防护服，戴防护眼镜、防护面罩。避免吸入蒸气、雾。污染的工作服不得带出工作场所

事故响应　火灾时，使用雾状水、泡沫、二氧化碳、砂土灭火。如吸入：将患者转移到空气新鲜处，休息，保持利于呼吸的体位。如皮肤（或头发）接触：立即脱掉所有被污染的衣服，用大量肥皂水和水清洗。如出现皮肤刺激或皮疹：就医。污染的衣服须洗净后方可重新使用。接触眼睛：用水细心冲洗数分钟。如戴隐形眼镜并可方便地取出，取出隐形眼镜继续冲洗。食入：漱口，不要催吐，立即呼叫中毒控制中心或就医

安全储存　存放在通风良好的地方。保持低温。上锁保管

废弃处置　本品及内装物、容器依据国家和地方法规处置

物理和化学危险　高度易燃，其蒸气与空气混合，能形成爆炸性混合物

健康危害　蒸气对鼻、咽喉和皮肤有强烈刺激作用，并可经皮肤吸收而中毒。眼和皮肤接触引起灼伤

环境危害　对环境可能有害

第三部分　成分/组成信息

√物质　　　混合物

组分	浓度	CAS No.
硫代乙酸		507-09-5

第四部分　急救措施

吸入　迅速脱离现场至空气新鲜处。保持呼吸道通畅。如呼吸困难，给输氧。如呼吸、心跳停止，立即进行心肺复苏术。就医

皮肤接触　立即脱去污染的衣着，用大量流动清水彻底冲洗至少15min。就医

眼睛接触　立即分开眼睑，用流动清水或生理盐水彻底冲洗至少15min。就医

食入　用水漱口，禁止催吐。给饮牛奶或蛋清。就医

对保护施救者的忠告　根据需要使用个人防护设备

对医生的特别提示　对症处理

第五部分　消防措施

灭火剂　用雾状水、泡沫、二氧化碳、砂土灭火

特别危险性　受高热分解产生有毒的硫化物烟气。具有腐蚀性。燃烧生成有害的一氧化碳、硫化氢、氧化硫

灭火注意事项及防护措施　消防人员必须穿全身耐酸碱消防服、佩戴空气呼吸器灭火。喷水冷却容器，尽可能将容器从火场移至空旷处。容器突然发出异常声音或出现异常现象，应立即撤离

第六部分　泄漏应急处理

作业人员防护措施、防护装备和应急处置程序　消除所有点火源。根据液体流动和蒸气扩散的影响区域划定警戒区，无关人员从侧风、上风向撤离至安全区。建议应急处理人员戴正压自给式呼吸器，穿防毒、防静电服，戴乳胶手套。作业时使用的所有设备应接地。禁止接触或跨越泄漏物。尽可能切断泄漏源

环境保护措施　防止泄漏物进入水体、下水道、地下室或有限空间

泄漏化学品的收容、清除方法及所使用的处置材料　小量泄漏：用砂土或其他不燃材料吸收，使用洁净的无火花工具收集吸收材料。大量泄漏：构筑围堤或挖坑收容。用抗溶性泡沫覆盖，减少蒸发。喷水雾能减少蒸发，但不能降低泄漏物在有限空间内的易燃性。用防爆泵转移至槽车或专用收集器内

第七部分　操作处置与储存

操作注意事项　密闭操作，加强通风。操作人员必须经过专门培训，严格遵守操作规程。建议操作人员佩戴过滤式防毒面具（半面罩），戴化学安全防护眼镜，穿聚乙烯防毒服，戴乳胶手套。远离火种、热源。工作场所严禁吸烟。使用防爆型的通风系统和设备。防止蒸气泄漏到工作场所空气中。避免与氧化剂、碱类接触。灌装时应控制流速，且有接地装置，防止静电积聚。搬运时要轻装轻卸，防止包装及容器损坏。配备相应品种和数量的消防器材及泄漏应急处理设备。倒空的容器可能残留有害物

储存注意事项　储存于阴凉、通风的库房。远离火种、热源。库温不宜超过37℃。保持容器密封。应与氧化剂、碱类、食用化学品分开存放，切忌混储。采用防爆型照明、通风设施。禁止使用易产生火花的机械设备和工具。储区应备有泄漏应急处理设备和合适的收容材料

第八部分　接触控制/个体防护

职业接触限值

中国　未制定标准

美国(ACGIH)　未制定标准

生物接触限值　未制定标准

监测方法　空气中有毒物质测定方法：未制定标准。生物监测检验方法：未制定标准

工程控制　生产过程密闭，加强通风。提供安全的淋浴和洗眼设备

个体防护装备

呼吸系统防护　可能接触其蒸气时，应该佩戴过滤式防毒面具（半面罩）。必要时佩戴空气呼吸器

眼睛防护　戴化学安全防护眼镜

皮肤和身体防护　穿隔绝式防毒服

手防护　戴橡胶手套

第九部分　理化特性

外观与性状　无色透明液体，有刺激性气味

pH 值 无资料 **熔点(℃)** −17
沸点(℃) 93 **相对密度(水=1)** 1.07
相对蒸气密度(空气=1) 2.62
饱和蒸气压(kPa) 无资料
燃烧热(kJ/mol) 无资料 **临界温度(℃)** 无资料
临界压力(MPa) 6.92 **辛醇/水分配系数** 0.14
闪点(℃) 18～21 **自燃温度(℃)** 427
爆炸下限(%) 1.1 **爆炸上限(%)** 16
分解温度(℃) 无资料 **黏度(mPa·s)** 无资料
溶解性 溶于水、乙醇、乙醚等

第十部分 稳定性和反应性

稳定性 稳定
危险反应 与强氧化剂等禁配物接触，有发生火灾和爆炸的危险
避免接触的条件 受热
禁配物 强氧化剂、强碱
危险的分解产物 硫化氢

第十一部分 毒理学信息

急性毒性 LD_{50}：200～400mg/kg（大鼠经口）；75mg/kg（小鼠腹腔）
皮肤刺激或腐蚀 无资料 **眼睛刺激或腐蚀** 无资料
呼吸或皮肤过敏 无资料 **生殖细胞突变性** 无资料
致癌性 无资料 **生殖毒性** 无资料
特异性靶器官系统毒性-一次接触 无资料
特异性靶器官系统毒性-反复接触 无资料
吸入危害 无资料

第十二部分 生态学信息

生态毒性 无资料
持久性和降解性
生物降解性 无资料
非生物降解性 无资料
潜在的生物累积性 根据 K_{ow} 值预测，该物质的生物累积性可能较弱
土壤中的迁移性 根据 K_{oc} 值预测，该物质可能易发生迁移

第十三部分 废弃处置

废弃化学品 建议用焚烧法处置。焚烧炉排出的硫氧化物通过洗涤器除去
污染包装物 将容器返还生产商或按照国家和地方法规处置
废弃注意事项 处置前应参阅国家和地方有关法规

第十四部分 运输信息

联合国危险货物编号（UN 号） 2436
联合国运输名称 硫代乙酸
联合国危险性类别 3 **包装类别** Ⅱ类包装
包装标志 

海洋污染物 否
运输注意事项 运输时运输车辆应配备相应品种和数量的消防器材及泄漏应急处理设备。夏季最好早晚运输。运输时所用的槽（罐）车应有接地链，槽内可设孔隔板以减少震荡产生的静电。严禁与氧化剂、碱类、食用化学品等混装混运。运输途中应防曝晒、雨淋，防高温。中途停留时应远离火种、热源、高温区。装运该物品的车辆排气管必须配备阻火装置，禁止使用易产生火花的机械设备和工具装卸。公路运输时要按规定路线行驶，勿在居民区和人口稠密区停留。铁路运输时要禁止溜放。严禁用木船、水泥船散装运输

第十五部分 法规信息

下列法律、法规、规章和标准，对该化学品的管理作了相应的规定。
中华人民共和国职业病防治法 职业病分类和目录：未列入
危险化学品安全管理条例 危险化学品目录：列入。易制爆危险化学品名录：未列入。重点监管的危险化学品名录：未列入。GB 18218—2009《危险化学品重大危险源辨识》(表 1)：未列入
使用有毒物品作业场所劳动保护条例 高毒物品目录：未列入
易制毒化学品管理条例 易制毒化学品的分类和品种目录：未列入
国际公约 斯德哥尔摩公约：未列入。鹿特丹公约：未列入。蒙特利尔议定书：未列入

第十六部分 其他信息

编写和修订信息 **缩略语和首字母缩写**
培训建议 **参考文献**
免责声明

硫 化 钡

第一部分 化学品标识

化学品中文名 硫化钡；一硫化钡
化学品英文名 barium sulfide；barium monosulfide
分子式 BaS **相对分子质量** 169.4
结构式 Ba═S
化学品的推荐及限制用途 用于制钡盐和立德粉，也作橡胶硫化剂及皮革脱毛剂，在农业上用作杀螨剂及灭菌剂

第二部分 危险性概述

紧急情况概述 吞咽有害，吸入有害
GHS 危险性类别 急性毒性-经口，类别 4；急性毒性-吸入，类别 4；危害水生环境-急性危害，类别 1
标签要素
象形图 
警示词 警告

危险性说明 吞咽有害，吸入有害，对水生生物毒性非常大

防范说明

预防措施 避免接触眼睛、皮肤，操作后彻底清洗。作业场所不得进食、饮水或吸烟。避免吸入粉尘。仅在室外或通风良好处操作。禁止排入环境

事故响应 如吸入：将患者转移到空气新鲜处，休息，保持利于呼吸的体位。食入：漱口。如果感觉不适，立即呼叫中毒控制中心或就医。收集泄漏物

安全储存 -

废弃处置 本品及内装物、容器依据国家和地方法规处置

物理和化学危险 易燃

健康危害

急性中毒 主要由误服引起。中毒表现有恶心、呕吐、腹痛、腹泻、脉缓、进行性肌麻痹、心律紊乱、血钾明显降低等。可因心律紊乱和呼吸麻痹而死亡。肾脏可受损害。吸入粉尘可引起中毒，但消化道症状不明显

慢性影响 长期接触钡化合物的工人，可有无力、气促、流涎、口腔黏膜肿胀糜烂、鼻炎、结膜炎、腹泻、心动过速、血压增高、脱发等

环境危害 对水生生物毒性非常大

第三部分 成分/组成信息

√物质		混合物
组分	**浓度**	**CAS No.**
硫化钡		21109-95-5

第四部分 急救措施

吸入 迅速脱离现场至空气新鲜处。保持呼吸道通畅。如呼吸困难，给输氧。如呼吸、心跳停止，立即进行心肺复苏术。就医

皮肤接触 立即脱去污染的衣着，用流动清水彻底冲洗。就医

眼睛接触 立即分开眼睑，用流动清水或生理盐水彻底冲洗。就医

食入 饮足量温水，催吐。给服硫酸钠。就医

对保护施救者的忠告 根据需要使用个人防护设备

对医生的特别提示 解毒剂：硫酸钠、硫代硫酸钠。有低血钾者应补充钾盐

第五部分 消防措施

灭火剂 用雾状水、砂土灭火

特别危险性 在潮湿空气中或酸雾中能发生强烈的化学反应，可能引起燃烧。具有腐蚀性。燃烧生成有害的二氧化硫、氧化钡

灭火注意事项及防护措施 消防人员必须穿全身耐酸碱消防服、佩戴空气呼吸器灭火。尽可能将容器从火场移至空旷处。喷水保持火场容器冷却，直至灭火结束。禁止使用酸碱灭火剂

第六部分 泄漏应急处理

作业人员防护措施、防护装备和应急处置程序 隔离泄漏污染区，限制出入。建议应急处理人员戴防尘口罩，穿防酸碱服，戴橡胶耐酸碱手套。穿上适当的防护服前严禁接触破裂的容器和泄漏物。尽可能切断泄漏源。用塑料布覆盖泄漏物，减少飞散。勿使水进入包装容器内

环境保护措施 无资料

泄漏化学品的收容、清除方法及所使用的处置材料 用洁净的铲子收集泄漏物，置于干净、干燥、盖子较松的容器中，将容器移离泄漏区

第七部分 操作处置与储存

操作注意事项 密闭操作，局部排风。操作人员必须经过专门培训，严格遵守操作规程。建议操作人员佩戴自吸过滤式防尘口罩，戴化学安全防护眼镜，穿橡胶耐酸碱服，戴橡胶耐酸碱手套。远离火种、热源。工作场所严禁吸烟。使用防爆型的通风系统和设备。避免产生粉尘。避免与氧化剂、酸类接触。搬运时要轻装轻卸，防止包装及容器损坏。配备相应品种和数量的消防器材及泄漏应急处理设备。倒空的容器可能残留有害物

储存注意事项 储存于阴凉、干燥、通风良好的库房。远离火种、热源。包装必须密封，切勿受潮。应与氧化剂、酸类、食用化学品分开存放，切忌混储。不宜久存，以免变质。配备相应品种和数量的消防器材。储区应备有合适的材料收容泄漏物

第八部分 接触控制/个体防护

职业接触限值

中国 PC-TWA：0.5mg/m^3；PC-STEL：1.5mg/m^3［按 Ba 计］

美国(ACGIH) TLV-TWA：0.5mg/m^3［按 Ba 计］

生物接触限值 未制定标准

监测方法 空气中有毒物质测定方法：二溴对甲基偶氮甲磺分光光度法；等离子体原子发射光谱法。生物监测检验方法：未制定标准

工程控制 密闭操作，局部排风。提供安全的淋浴和洗眼设备

个体防护装备

呼吸系统防护 可能接触其粉尘时，必须佩戴过滤式防尘呼吸器。必要时佩戴空气呼吸器

眼睛防护 戴化学安全防护眼镜

皮肤和身体防护 穿橡胶耐酸碱服

手防护 戴橡胶耐酸碱手套

第九部分 理化特性

外观与性状 白色或灰白色结晶粉末，工业品是淡棕色至黑色粉末，也有块状，易吸潮水解

pH 值 无意义 **熔点(℃)** 1200

沸点(℃) 无资料

相对密度(水＝1) 4.25 (15℃)

相对蒸气密度(空气=1) 无资料
饱和蒸气压(kPa) 无资料 **燃烧热(kJ/mol)** 无资料
临界温度(℃) 无资料 **临界压力(MPa)** 无意义
辛醇/水分配系数 无资料 **闪点(℃)** 无意义
自燃温度(℃) 无资料 **爆炸下限(%)** 无资料
爆炸上限(%) 无资料 **分解温度(℃)** 无资料
黏度(mPa·s) 无资料 **溶解性** 溶于水

第十部分 稳定性和反应性

稳定性 稳定
危险反应 与强氧化剂、水、酸雾等接触，有发生火灾的危险
避免接触的条件 潮湿空气
禁配物 强氧化剂、水蒸气、酸类
危险的分解产物 无资料

第十一部分 毒理学信息

急性毒性 无资料 **皮肤刺激或腐蚀** 无资料
眼睛刺激或腐蚀 无资料 **呼吸或皮肤过敏** 无资料
生殖细胞突变性 无资料 **致癌性** 无资料
生殖毒性 无资料
特异性靶器官系统毒性-一次接触 无资料
特异性靶器官系统毒性-反复接触 无资料
吸入危害 无资料

第十二部分 生态学信息

生态毒性 无资料
持久性和降解性
生物降解性 无资料
非生物降解性 无资料
潜在的生物累积性 无资料
土壤中的迁移性 无资料

第十三部分 废弃处置

废弃化学品 根据国家和地方有关法规的要求处置。或与制造商联系，确定处置方法
污染包装物 将容器返还生产商或按照国家和地方法规处置
废弃注意事项 处置前应参阅国家和地方有关法规

第十四部分 运输信息

联合国危险货物编号（UN号） 3077
联合国运输名称 对环境有害的固态物质，未另作规定的(硫化钡)
联合国危险性类别 9 **包装类别** Ⅲ类包装
包装标志 **海洋污染物** 是
运输注意事项 起运时包装要完整，装载应稳妥。运输过程中要确保容器不泄漏、不倒塌、不坠落、不损坏。严禁与氧化剂、酸类、食用化学品等混装混运。运输时运输车辆应配备相应品种和数量的消防器材及泄漏应急处理设备

第十五部分 法规信息

下列法律、法规、规章和标准，对该化学品的管理作了相应的规定。
中华人民共和国职业病防治法 职业病分类和目录：钡及其化合物中毒
危险化学品安全管理条例 危险化学品目录：列入。易制爆危险化学品名录：未列入。重点监管的危险化学品名录：未列入。GB 18218—2009《危险化学品重大危险源辨识》(表1)：未列入
使用有毒物品作业场所劳动保护条例 高毒物品目录：未列入
易制毒化学品管理条例 易制毒化学品的分类和品种目录：未列入
国际公约 斯德哥尔摩公约：未列入。鹿特丹公约：未列入。蒙特利尔议定书：未列入

第十六部分 其他信息

编写和修订信息 **缩略语和首字母缩写**
培训建议 **参考文献**
免责声明

硫 化 钾

第一部分 化学品标识

化学品中文名 硫化钾
化学品英文名 potassium sulfide；potassium monosulfide
分子式 K_2S **相对分子质量** 110.26
结构式

```
  S
 / \
K   K
```

化学品的推荐及限制用途 用作分析试剂、脱毛剂和用于医药工业

第二部分 危险性概述

紧急情况概述 造成严重的皮肤灼伤和眼损伤
GHS危险性类别 皮肤腐蚀/刺激，类别1B；严重眼损伤/眼刺激，类别1；危害水生环境-急性危害，类别1
标签要素
象形图
警示词 危险
危险性说明 造成严重的皮肤灼伤和眼损伤，对水生生物毒性非常大
防范说明
预防措施 避免吸入粉尘。避免接触眼睛、皮肤，操作后彻底清洗。戴防护手套，穿防护服，戴防护眼镜、防护面罩。禁止排入环境
事故响应 如吸入：将患者转移到空气新鲜处，休息，保持利于呼吸的体位，立即呼叫中毒控制

中心或就医。皮肤（或头发）接触：立即脱掉所有被污染的衣服，用水冲洗皮肤，淋浴。污染的衣服须洗净后方可重新使用。接触眼睛：用水细心冲洗数分钟。如戴隐形眼镜并可方便地取出，取出隐形眼镜继续冲洗。食入：漱口，不要催吐。收集泄漏物

安全储存　上锁保管

废弃处置　本品及内装物、容器依据国家和地方法规处置

物理和化学危险　易燃

健康危害　本品粉尘对眼、鼻、喉有刺激性，接触后引起喷嚏、咳嗽和喉炎等。高浓度吸入引起肺水肿。眼和皮肤接触可致灼伤

慢性影响　长期接触可发生鼻黏膜溃疡

环境危害　对水生生物毒性非常大

第三部分　成分/组成信息

√物质		混合物
组分	**浓度**	**CAS No.**
硫化钾		1312-73-8

第四部分　急救措施

吸入　迅速脱离现场至空气新鲜处。保持呼吸道通畅。如呼吸困难，给输氧。如呼吸、心跳停止，立即进行心肺复苏术。就医

皮肤接触　立即脱去污染的衣着，用大量流动清水彻底冲洗至少15min。就医

眼睛接触　立即分开眼睑，用流动清水或生理盐水彻底冲洗至少15min。就医

食入　用水漱口，禁止催吐。给饮牛奶或蛋清。就医

对保护施救者的忠告　根据需要使用个人防护设备

对医生的特别提示　对症处理

第五部分　消防措施

灭火剂　用雾状水、砂土灭火

特别危险性　无水物为自燃物品，其粉尘易在空气中自燃。遇酸分解，放出剧毒的易燃气体。其水溶液有腐蚀性和强烈的刺激性。100℃时开始蒸发，蒸气可侵蚀玻璃。燃烧生成有害的氧化钾、二氧化硫

灭火注意事项及防护措施　消防人员必须穿全身耐酸碱消防服、佩戴空气呼吸器灭火。尽可能将容器从火场移至空旷处。喷水保持火场容器冷却，直至灭火结束。禁止使用酸碱灭火剂

第六部分　泄漏应急处理

作业人员防护措施、防护装备和应急处置程序　隔离泄漏污染区，限制出入。建议应急处理人员戴防尘口罩，穿防酸碱服，戴橡胶耐酸碱手套。穿上适当的防护服前严禁接触破裂的容器和泄漏物。尽可能切断泄漏源。用塑料布覆盖泄漏物，减少飞散。勿使水进入包装容器内

环境保护措施　无资料

泄漏化学品的收容、清除方法及所使用的处置材料　用洁净的铲子收集泄漏物，置于干净、干燥、盖子较松的容器中，将容器移离泄漏区

第七部分　操作处置与储存

操作注意事项　密闭操作。操作人员必须经过专门培训，严格遵守操作规程。建议操作人员佩戴自吸过滤式防尘口罩，戴化学安全防护眼镜，穿橡胶耐酸碱服，戴橡胶耐酸碱手套。远离火种、热源。工作场所严禁吸烟。使用防爆型的通风系统和设备。避免产生粉尘。避免与氧化剂、酸类接触。搬运时要轻装轻卸，防止包装及容器损坏。配备相应品种和数量的消防器材及泄漏应急处理设备。倒空的容器可能残留有害物

储存注意事项　储存于阴凉、通风的库房。远离火种、热源。包装必须密封，切勿受潮。应与氧化剂、酸类分开存放，切忌混储。不宜久存，以免变质。配备相应品种和数量的消防器材。储区应备有合适的材料收容泄漏物

第八部分　接触控制/个体防护

职业接触限值

中国　未制定标准

美国(ACGIH)　未制定标准

生物接触限值　未制定标准

监测方法　空气中有毒物质测定方法：未制定标准。生物监测检验方法：未制定标准

工程控制　密闭操作。提供安全的淋浴和洗眼设备

个体防护装备

呼吸系统防护　可能接触其粉尘时，必须佩戴过滤式防尘呼吸器。必要时佩戴空气呼吸器

眼睛防护　戴化学安全防护眼镜

皮肤和身体防护　穿橡胶耐酸碱服

手防护　戴橡胶耐酸碱手套

第九部分　理化特性

外观与性状　红色结晶，易潮解

pH值　无意义　　**熔点(℃)**　912

沸点(℃)　无资料　　**相对密度(水=1)**　1.74

相对蒸气密度(空气=1)　无资料

饱和蒸气压(kPa)　无资料

燃烧热(kJ/mol)　无资料　　**临界温度(℃)**　无资料

临界压力(MPa)　无意义　　**辛醇/水分配系数**　−4.23

闪点(℃)　无意义　　**自燃温度(℃)**　无资料

爆炸下限(%)　无资料　　**爆炸上限(%)**　无资料

分解温度(℃)　无资料　　**黏度(mPa·s)**　无资料

溶解性　溶于水、乙醇、甘油，不溶于乙醚

第十部分　稳定性和反应性

稳定性　稳定

危险反应　与强氧化剂、水、酸雾等接触，有发生火灾的危险

避免接触的条件　空气

禁配物　酸类、强氧化剂

危险的分解产物　无资料

第十一部分 毒理学信息

急性毒性 无资料
皮肤刺激或腐蚀 无资料
眼睛刺激或腐蚀 无资料
呼吸或皮肤过敏 无资料
生殖细胞突变性 无资料
致癌性 无资料
生殖毒性 无资料
特异性靶器官系统毒性-一次接触 无资料
特异性靶器官系统毒性-反复接触 无资料
吸入危害 无资料

第十二部分 生态学信息

生态毒性 无资料
持久性和降解性
生物降解性 无资料
非生物降解性 无资料
潜在的生物累积性 无资料
土壤中的迁移性 无资料

第十三部分 废弃处置

废弃化学品 用安全掩埋法处置
污染包装物 将容器返还生产商或按照国家和地方法规处置
废弃注意事项 处置前应参阅国家和地方有关法规

第十四部分 运输信息

联合国危险货物编号(UN号) 1847(含结晶水≥30%);1382(无水或含结晶水<30%)
联合国运输名称 水合硫化钾(含结晶水≥30%);无水硫化钾(无水或含结晶水<30%)
联合国危险性类别 8(含结晶水≥30%),4.2(无水或含结晶水<30%)
包装类别 Ⅱ类包装
包装标志

(含结晶水≥30%)

(无水或含结晶水<30%)

海洋污染物 否
运输注意事项 铁路运输时,钢桶包装的可用敞车运输。起运时包装要完整,装载应稳妥。运输过程中要确保容器不泄漏、不倒塌、不坠落、不损坏。严禁与氧化剂、酸类、食用化学品等混装混运。运输时运输车辆应配备相应品种和数量的消防器材及泄漏应急处理设备

第十五部分 法规信息

下列法律、法规、规章和标准,对该化学品的管理作了相应的规定。
中华人民共和国职业病防治法 职业病分类和目录:未列入
危险化学品安全管理条例 危险化学品目录:列入。易制爆危险化学品名录:未列入。重点监管的危险化学品名录:未列入。GB 18218—2009《危险化学品重大危险源辨识》(表1):未列入
使用有毒物品作业场所劳动保护条例 高毒物品目录:未列入
易制毒化学品管理条例 易制毒化学品的分类和品种目录:未列入
国际公约 斯德哥尔摩公约:未列入。鹿特丹公约:未列入。蒙特利尔议定书:未列入

第十六部分 其他信息

编写和修订信息
缩略语和首字母缩写
培训建议
参考文献
免责声明

硫 化 钠

第一部分 化学品标识

化学品中文名 硫化钠;臭碱;硫化碱
化学品英文名 sodium sulfide; sodium monosulfide
分子式 Na_2S **相对分子质量** 78.04
结构式 Na—S—Na
化学品的推荐及限制用途 用于制造硫化染料、皮革脱毛剂,用于金属冶炼、照相、人造丝脱硝等

第二部分 危险性概述

紧急情况概述 吞咽有害,皮肤接触会中毒,造成严重的皮肤灼伤和眼损伤
GHS危险性类别 急性毒性-经口,类别4;急性毒性-经皮,类别3;皮肤腐蚀/刺激,类别1B;严重眼损伤/眼刺激,类别1;危害水生环境-急性危害,类别1
标签要素
象形图

警示词 危险
危险性说明 吞咽有害,皮肤接触会中毒,造成严重的皮肤灼伤和眼损伤,对水生生物毒性非常大
防范说明
预防措施 避免接触眼睛、皮肤,操作后彻底清洗。作业场所不得进食、饮水或吸烟。避免吸入粉尘。戴防护手套,穿防护服,戴防护眼镜、防护面罩。禁止排入环境
事故响应 如吸入:将患者转移到空气新鲜处,休息,保持利于呼吸的体位。皮肤接触:用大量肥皂水和水清洗,如感觉不适,呼叫中毒控制中心或就医。立即脱去所有被污染的衣服。被污染的衣服须经洗净后方可重新使用。接触眼睛:用水细心冲洗数分钟。如戴隐形眼镜并可方便地取出,取出隐形眼镜继续冲洗。食入:漱口,不要催吐,如果感觉不适,立即呼叫中

毒控制中心或就医。收集泄漏物

安全储存 上锁保管

废弃处置 本品及内装物、容器依据国家和地方法规处置

物理和化学危险 易燃

健康危害 本品在胃肠道中能分解出硫化氢，口服后能引起硫化氢中毒。对皮肤和眼睛有腐蚀作用

环境危害 对水生生物毒性非常大

第三部分 成分/组成信息

√物质 混合物

组分	浓度	CAS No.
硫化钠		1313-82-2

第四部分 急救措施

吸入 迅速脱离现场至空气新鲜处。保持呼吸道通畅。如呼吸困难，给输氧。如呼吸、心跳停止，立即进行心肺复苏术。就医

皮肤接触 立即脱去污染的衣着，用大量流动清水彻底冲洗至少15min。就医

眼睛接触 立即分开眼睑，用流动清水或生理盐水彻底冲洗至少15min。就医

食入 用水漱口，禁止催吐。给饮牛奶或蛋清。就医

对保护施救者的忠告 根据需要使用个人防护设备

对医生的特别提示 对症处理

第五部分 消防措施

灭火剂 用水、雾状水、砂土灭火

特别危险性 无水物为自燃物品，其粉尘易在空气中自燃。遇酸分解，放出剧毒的易燃气体。粉体与空气可形成爆炸性混合物。其水溶液有腐蚀性和强烈的刺激性。100℃时开始蒸发，蒸气可侵蚀玻璃。燃烧生成有害的氧化钠、二氧化硫

灭火注意事项及防护措施 消防人员必须穿全身耐酸碱消防服、佩戴空气呼吸器灭火。尽可能将容器从火场移至空旷处。喷水保持火场容器冷却，直至灭火结束。禁止使用酸碱灭火剂

第六部分 泄漏应急处理

作业人员防护措施、防护装备和应急处置程序 隔离泄漏污染区，限制出入。消除所有点火源。建议应急处理人员戴防尘口罩，穿防酸碱服，戴橡胶耐酸碱手套。穿上适当的防护服前严禁接触破裂的容器和泄漏物。尽可能切断泄漏源。用塑料布覆盖泄漏物，减少飞散。勿使水进入包装容器内

环境保护措施 无资料

泄漏化学品的收容、清除方法及所使用的处置材料 用洁净的铲子收集泄漏物，置于干净、干燥、盖子较松的容器中，将容器移离泄漏区

第七部分 操作处置与储存

操作注意事项 密闭操作。操作人员必须经过专门培训，严格遵守操作规程。建议操作人员佩戴自吸过滤式防尘口罩，戴化学安全防护眼镜，穿橡胶耐酸碱服，戴橡胶耐酸碱手套。远离火种、热源。工作场所严禁吸烟。使用防爆型的通风系统和设备。避免产生粉尘。避免与氧化剂、酸类接触。搬运时要轻装轻卸，防止包装及容器损坏。配备相应品种和数量的消防器材及泄漏应急处理设备。倒空的容器可能残留有害物

储存注意事项 储存于阴凉、通风的库房。远离火种、热源。包装密封。应与氧化剂、酸类分开存放，切忌混储。不宜久存，以免变质。配备相应品种和数量的消防器材。储区应备有合适的材料收容泄漏物

第八部分 接触控制/个体防护

职业接触限值

中国 未制定标准

美国(ACGIH) 未制定标准

生物接触限值 未制定标准

监测方法 空气中有毒物质测定方法：未制定标准。生物监测检验方法：未制定标准

工程控制 密闭操作。提供安全的淋浴和洗眼设备

个体防护装备

呼吸系统防护 可能接触其粉尘时，必须佩戴过滤式防尘呼吸器。必要时佩戴空气呼吸器

眼睛防护 戴化学安全防护眼镜

皮肤和身体防护 穿橡胶耐酸碱服

手防护 戴橡胶耐酸碱手套

第九部分 理化特性

外观与性状 无色或米黄色颗粒结晶，工业品为红褐色或砖红色块状

pH值 ＞7(1%溶液) **熔点(℃)** 1180

沸点(℃) 无资料 **相对密度(水=1)** 1.86

相对蒸气密度(空气=1) 无资料

饱和蒸气压(kPa) 无资料

燃烧热(kJ/mol) 无资料 **临界温度(℃)** 无资料

临界压力(MPa) 无意义 **辛醇/水分配系数** −4.23

闪点(℃) 无意义 **自燃温度(℃)** 无资料

爆炸下限(%) 无资料 **爆炸上限(%)** 无资料

分解温度(℃) 无资料 **黏度(mPa·s)** 无资料

溶解性 易溶于水，不溶于乙醚，微溶于乙醇

第十部分 稳定性和反应性

稳定性 稳定

危险反应 与强氧化剂、水、酸雾等接触，有发生火灾的危险

避免接触的条件 空气

禁配物 酸类、强氧化剂

危险的分解产物 无资料

第十一部分 毒理学信息

急性毒性 LD_{50}：208mg/kg(大鼠经口)；205mg/kg(小鼠经口)

皮肤刺激或腐蚀 无资料 **眼睛刺激或腐蚀** 无资料

呼吸或皮肤过敏 无资料 **生殖细胞突变性** 无资料

致癌性 无资料 **生殖毒性** 无资料

特异性靶器官系统毒性-一次接触 无资料

特异性靶器官系统毒性-反复接触 无资料

吸入危害 无资料

第十二部分 生态学信息

生态毒性 EC_{50}：4.29mg/L（15min）（发光菌，Microtox 测试）

持久性和降解性

生物降解性 无资料

非生物降解性 无资料

潜在的生物累积性 无资料

土壤中的迁移性 无资料

第十三部分 废弃处置

废弃化学品 用安全掩埋法处置

污染包装物 将容器返还生产商或按照国家和地方法规处置

废弃注意事项 处置前应参阅国家和地方有关法规

第十四部分 运输信息

联合国危险货物编号（UN号） 1385（无水或含结晶水<30%）；1849（含结晶水≥30%）

联合国运输名称 无水硫化钠（无水或含结晶水<30%）；水合硫化钠（含结晶水≥30%）

联合国危险性类别 4.2（无水或含结晶水<30%），8（含结晶水≥30%）

包装类别 Ⅱ类包装

包装标志 （无水或含结晶水<30%）

（含结晶水≥30%）

海洋污染物 否

运输注意事项 铁路运输时，钢桶包装的可用敞车运输。起运时包装要完整，装载应稳妥。运输过程中要确保容器不泄漏、不倒塌、不坠落、不损坏。严禁与氧化剂、酸类、食用化学品等混装混运。运输时运输车辆应配备相应品种和数量的消防器材及泄漏应急处理设备

第十五部分 法规信息

下列法律、法规、规章和标准，对该化学品的管理作了相应的规定。

中华人民共和国职业病防治法 职业病分类和目录：未列入

危险化学品安全管理条例 危险化学品目录：列入。易制爆危险化学品名录：未列入。重点监管的危险化学品名录：未列入。GB 18218—2009《危险化学品重大危险源辨识》（表1）：未列入

使用有毒物品作业场所劳动保护条例 高毒物品目录：未列入

易制毒化学品管理条例 易制毒化学品的分类和品种目录：未列入

国际公约 斯德哥尔摩公约：未列入。鹿特丹公约：未列入。蒙特利尔议定书：未列入

第十六部分 其他信息

编写和修订信息 **缩略语和首字母缩写**

培训建议 **参考文献**

免责声明

硫 化 氢

第一部分 化学品标识

化学品中文名 硫化氢

化学品英文名 hydrogen sulfide；sulfur hydride

分子式 H_2S **相对分子质量** 34.08

结构式

$$\overset{\displaystyle S}{H\diagup\ \ \diagdown H}$$

化学品的推荐及限制用途 用于制造无机硫化物，还用于化学分析如鉴定金属离子

第二部分 危险性概述

紧急情况概述 极易燃气体，内装加压气体：遇热可能爆炸，吸入致命

GHS危险性类别 易燃气体，类别1；加压气体；急性毒性-吸入，类别2；危害水生环境-急性危害，类别1

标签要素

象形图 

警示词 危险

危险性说明 极易燃气体，内装加压气体：遇热可能爆炸，吸入致命，对水生生物毒性非常大

防范说明

预防措施 远离热源、火花、明火、热表面。禁止吸烟。避免吸入气体。仅在室外或通风良好处操作。戴呼吸防护器具。禁止排入环境

事故响应 漏气着火：切勿灭火，除非漏气能够安全地制止。如果没有危险，消除一切点火源。如吸入：将患者转移到空气新鲜处，休息，保持利于呼吸的体位，立即呼叫中毒控制中心或就医。收集泄漏物

安全储存 防日晒。存放在通风良好的地方。保持容器密闭。上锁保管

废弃处置 本品及内装物、容器依据国家和地方法规处置

物理和化学危险 极易燃，与空气混合能形成爆炸性混合物

健康危害 本品是强烈的神经毒物，对黏膜有强烈刺激作用

急性中毒 接触反应表现为接触后出现眼刺痛、羞

明、流泪、结膜充血、咽部灼热感、咳嗽等眼和上呼吸道刺激表现，或有头痛、头晕、乏力、恶心等神经系统症状，脱离接触后在短时间内消失。具有下列情况之一者为急性轻度中毒：出现明显的头痛、头晕、乏力等症状，并出现轻度至中度意识障碍；出现急性气管-支气管炎或支气管周围炎。具有下列情况之一者为中度中毒：意识障碍表现为浅至中度昏迷；出现急性支气管肺炎。具有下列情况之一者为重度中毒：意识障碍程度达深昏迷或呈植物状态；肺水肿；多脏器衰竭；猝死。高浓度（1000mg/m^{3}以上）接触硫化氢时可在数秒钟内突然昏迷，呼吸和心跳骤停，发生闪电型死亡。严重中毒可留有神经、精神后遗症

慢性影响 长期接触低浓度的硫化氢，可引起神经衰弱综合征和植物神经功能紊乱等

环境危害 对水生生物毒性非常大

第三部分 成分/组成信息

√物质		混合物
组分	**浓度**	**CAS No.**
硫化氢		7783-06-4

第四部分 急救措施

吸入 迅速脱离现场至空气新鲜处。保持呼吸道通畅。如呼吸困难，给输氧。如呼吸、心跳停止，立即进行心肺复苏术（避免口对口人工呼吸）。就医

皮肤接触 立即脱去污染的衣着，用流动清水彻底冲洗。就医

眼睛接触 立即分开眼睑，用流动清水或生理盐水彻底冲洗至少15min。就医

对保护施救者的忠告 根据需要使用个人防护设备

对医生的特别提示 对症处理

第五部分 消防措施

灭火剂 用雾状水、抗溶性泡沫、干粉灭火

特别危险性 与浓硝酸、发烟硝酸或其他强氧化剂发生剧烈反应，引起爆炸。气体比空气重，沿地面扩散并易积存于低洼处，遇火源会着火回燃。燃烧生成有害的氧化硫

灭火注意事项及防护措施 切断气源。若不能切断气源，则不允许熄灭泄漏处的火焰。消防人员必须佩戴空气呼吸器、穿全身防火防毒服，在上风向灭火。尽可能将容器从火场移至空旷处。喷水保持火场容器冷却，直至灭火结束

第六部分 泄漏应急处理

作业人员防护措施、防护装备和应急处置程序 消除所有点火源。根据气体扩散的影响区域划定警戒区，无关人员从侧风、上风向撤离至安全区。建议应急处理人员戴正压自给式呼吸器，穿内置正压自给式呼吸器的全封闭防化服，戴防化学品手套。如果是液化气体泄漏，还应注意防冻伤。作业时使用的所有设备应接地。尽可能切断泄漏源。若可能翻转容器，使之逸出气体而非液体。喷雾状水抑制蒸气或改变蒸气云流向，避免水流接触泄漏物。禁止用水直接冲击泄漏物或泄漏源

环境保护措施 防止气体通过下水道、通风系统和有限空间扩散

泄漏化学品的收容、清除方法及所使用的处置材料 隔离泄漏区直至气体散尽。可考虑引燃漏出气，以消除有毒气体的影响

第七部分 操作处置与储存

操作注意事项 严加密闭，提供充分的局部排风和全面通风。操作人员必须经过专门培训，严格遵守操作规程。建议操作人员佩戴过滤式防毒面具（半面罩），戴化学安全防护眼镜，穿防静电工作服，戴防化学品手套。远离火种、热源。工作场所严禁吸烟。使用防爆型的通风系统和设备。防止气体泄漏到工作场所空气中。避免与氧化剂、碱类接触。在传送过程中，钢瓶和容器必须接地和跨接，防止产生静电。搬运时轻装轻卸，防止钢瓶及附件破损。配备相应品种和数量的消防器材及泄漏应急处理设备

储存注意事项 储存于阴凉、通风的易燃气体专用库房。远离火种、热源。库温不宜超过30℃。保持容器密封。应与氧化剂、碱类分开存放，切忌混储。采用防爆型照明、通风设施。禁止使用易产生火花的机械设备和工具。储区应备有泄漏应急处理设备

第八部分 接触控制/个体防护

职业接触限值

中国 MAC：10mg/m^3

美国(ACGIH) TLV-TWA：1ppm；TLV-STEL：5ppm

生物接触限值 未制定标准

监测方法 空气中有毒物质测定方法：硝酸银比色法。生物监测检验方法：未制定标准

工程控制 严加密闭，提供充分的局部排风和全面通风。提供安全的淋浴和洗眼设备

个体防护装备

呼吸系统防护 空气中浓度超标时，佩戴过滤式防毒面具（半面罩）。紧急事态抢救或撤离时，建议佩戴空气呼吸器

眼睛防护 戴化学安全防护眼镜

皮肤和身体防护 穿防静电工作服

手防护 戴防化学品手套

第九部分 理化特性

外观与性状 无色、有恶臭味的气体

pH值 4.5（1%水溶液） **熔点(℃)** −85.5

沸点(℃) −60.3 **相对密度(水=1)** 1.54

相对蒸气密度(空气=1) 1.19

饱和蒸气压(kPa) 2026.5（25.5℃）

燃烧热(kJ/mol) 无资料 **临界温度(℃)** 100.4

临界压力(MPa) 9.01 **辛醇/水分配系数** 0.23

闪点(℃)　−106　　**自燃温度(℃)**　260

爆炸下限(%)　4.3　　**爆炸上限(%)**　46.0

分解温度(℃)　无资料

黏度(mPa·s)　0.0128（25℃，101.3kPa）

溶解性　溶于水、乙醇、二硫化碳、甘油、汽油、煤油等

第十部分　稳定性和反应性

稳定性　稳定

危险反应　与强氧化剂等禁配物接触，有发生火灾和爆炸的危险

避免接触的条件　无资料

禁配物　强氧化剂、碱类

危险的分解产物　无资料

第十一部分　毒理学信息

急性毒性

LC_{50}　618mg/m³（444ppm）（大鼠吸入）

LCLo　600ppm（人吸入 30min）

皮肤刺激或腐蚀　无资料　**眼睛刺激或腐蚀**　无资料

呼吸或皮肤过敏　无资料　**生殖细胞突变性**　无资料

致癌性　无资料　**生殖毒性**　无资料

特异性靶器官系统毒性-一次接触　无资料

特异性靶器官系统毒性-反复接触　家兔吸入 0.01mg/L，每天 2h，3 个月，引起中枢神经系统的机能改变，气管、支气管黏膜刺激症状，大脑皮层出现病理改变。小鼠长期接触低浓度硫化氢，有小气道损害

吸入危害　无资料

第十二部分　生态学信息

生态毒性　TLm：0.0071～0.55mg/L（96h）（黑头呆鱼）；0.0448～0.0478mg/L（96h）（蓝鳃太阳鱼）

持久性和降解性

生物降解性　无资料

非生物降解性　无资料

潜在的生物累积性　无资料

土壤中的迁移性　无资料

第十三部分　废弃处置

废弃化学品　用焚烧法处置。焚烧炉排出的硫氧化物通过洗涤器除去

污染包装物　将容器返还生产商或按照国家和地方法规处置

废弃注意事项　处置前应参阅国家和地方有关法规。把倒空的容器归还厂商或在规定场所掩埋

第十四部分　运输信息

联合国危险货物编号（UN 号）　1053

联合国运输名称　硫化氢

联合国危险性类别　2.3，2.1　　**包装类别**　Ⅱ类包装

包装标志　

海洋污染物　否

运输注意事项　采用钢瓶运输时必须戴好钢瓶上的安全帽。钢瓶一般平放，并应将瓶口朝同一方向，不可交叉；高度不得超过车辆的防护栏板，并用三角木垫卡牢，防止滚动。运输时运输车辆应配备相应品种和数量的消防器材。装运该物品的车辆排气管必须配备阻火装置，禁止使用易产生火花的机械设备和工具装卸。严禁与氧化剂、碱类、食用化学品等混装混运。夏季应早晚运输，防止日光曝晒。中途停留时应远离火种、热源。公路运输时要按规定路线行驶，禁止在居民区和人口稠密区停留。铁路运输时要禁止溜放

第十五部分　法规信息

下列法律、法规、规章和标准，对该化学品的管理作了相应的规定。

中华人民共和国职业病防治法　职业病分类和目录：硫化氢中毒

危险化学品安全管理条例　危险化学品目录：列入。易制爆危险化学品名录：未列入。重点监管的危险化学品名录：列入。GB 18218—2009《危险化学品重大危险源辨识》（表 1）：列入。类别：毒性气体，临界量（t）：5

使用有毒物品作业场所劳动保护条例　高毒物品目录：列入

易制毒化学品管理条例　易制毒化学品的分类和品种目录：未列入

国际公约　斯德哥尔摩公约：未列入。鹿特丹公约：未列入。蒙特利尔议定书：未列入

第十六部分　其他信息

编写和修订信息　　**缩略语和首字母缩写**

培训建议　　**参考文献**

免责声明

硫　　脲

第一部分　化学品标识

化学品中文名　硫脲；硫代尿素

化学品英文名　thiourea；thiocarbamide

分子式　CH_4N_2S　　**相对分子质量**　76.13

结构式　S=C(NH₂)NH₂

化学品的推荐及限制用途　用于有机合成，也用作药品、橡胶促进剂、镀金材料等

第二部分　危险性概述

紧急情况概述　吞咽有害

GHS 危险性类别　急性毒性-经口，类别 4；生殖毒性，类别 2；危害水生环境-急性危害，类别 2；危害水生环境-长期危害，类别 2

标签要素

象形图 

警示词 警告

危险性说明 吞咽有害，怀疑对生育力或胎儿造成伤害，对水生生物有毒并具有长期持续影响

防范说明

预防措施 避免接触眼睛、皮肤，操作后彻底清洗。作业场所不得进食、饮水或吸烟。得到专门指导后操作。在阅读并了解所有安全预防措施之前，切勿操作。按要求使用个体防护装备。禁止排入环境

事故响应 食入：漱口。如果感觉不适，立即呼叫中毒控制中心或就医。如果接触或有担心，就医。收集泄漏物

安全储存 上锁保管

废弃处置 本品及内装物、容器依据国家和地方法规处置

物理和化学危险 可燃，其粉体与空气混合，能形成爆炸性混合物

健康危害 一次作用时毒性小，反复作用时可抑制甲状腺和造血器官的机能。可引起变态反应。可经皮肤吸收。本品粉尘对眼和上呼吸道有刺激性，吸入后引起咳嗽、胸部不适。口服刺激胃肠道

慢性影响 长期接触出现头痛、嗜睡、无力、面色苍白、面部虚肿、基础代谢降低、血压下降、脉搏变慢、白细胞减少等。对皮肤有损害，出现皮肤瘙痒、手掌出汗、皮炎、皲裂等

环境危害 对水生生物有毒并具有长期持续影响

第三部分 成分/组成信息

√物质　　混合物

组分	浓度	CAS No.
硫脲		62-56-6

第四部分 急救措施

吸入 迅速脱离现场至空气新鲜处。保持呼吸道通畅。如呼吸困难，给输氧。如呼吸、心跳停止，立即进行心肺复苏术。就医

皮肤接触 立即脱去污染的衣着，用流动清水彻底冲洗。就医

眼睛接触 立即分开眼睑，用流动清水或生理盐水彻底冲洗。就医

食入 漱口，饮水。就医

对保护施救者的忠告 根据需要使用个人防护设备

对医生的特别提示 对症处理

第五部分 消防措施

灭火剂 用水、雾状水、泡沫、二氧化碳、砂土灭火

特别危险性 燃烧分解，放出氮、硫的氧化物等毒性气体。与氧化剂能发生强烈反应。燃烧生成有害的氮氧化物、氧化硫

灭火注意事项及防护措施 消防人员必须佩戴空气呼吸器、穿全身防火防毒服，在上风向灭火。尽可能将容器从火场移至空旷处。喷水保持火场容器冷却，直至灭火结束

第六部分 泄漏应急处理

作业人员防护措施、防护装备和应急处置程序 隔离泄漏污染区，限制出入。消除所有点火源。建议应急处理人员戴防尘口罩，穿防毒服，戴橡胶手套。穿上适当的防护服前严禁接触破裂的容器和泄漏物。尽可能切断泄漏源。用塑料布覆盖泄漏物，减少飞散。勿使水进入包装容器内

环境保护措施 无资料

泄漏化学品的收容、清除方法及所使用的处置材料 用洁净的铲子收集泄漏物，置于干净、干燥、盖子较松的容器中，将容器移离泄漏区

第七部分 操作处置与储存

操作注意事项 密闭操作，局部排风。操作人员必须经过专门培训，严格遵守操作规程。建议操作人员佩戴自吸过滤式防尘口罩，戴化学安全防护眼镜，戴橡胶手套。远离火种、热源。工作场所严禁吸烟。使用防爆型的通风系统和设备。避免产生粉尘。避免与氧化剂、酸类接触。搬运时要轻装轻卸，防止包装及容器损坏。配备相应品种和数量的消防器材及泄漏应急处理设备。倒空的容器可能残留有害物

储存注意事项 储存于阴凉、通风的库房。远离火种、热源。包装密封。应与氧化剂、酸类、食用化学品分开存放，切忌混储。配备相应品种和数量的消防器材。储区应备有合适的材料收容泄漏物

第八部分 接触控制/个体防护

职业接触限值

中国 未制定标准

美国(ACGIH) 未制定标准

生物接触限值 未制定标准

监测方法 空气中有毒物质测定方法：未制定标准。生物监测检验方法：未制定标准

工程控制 密闭操作，局部排风。提供安全的淋浴和洗眼设备

个体防护装备

呼吸系统防护 空气中粉尘浓度较高时，应该佩戴过滤式防尘呼吸器

眼睛防护 一般不需特殊防护。必要时，戴化学安全防护眼镜

皮肤和身体防护 穿一般作业防护服

手防护 戴橡胶手套

第九部分 理化特性

外观与性状 白色光亮苦味晶体

pH 值 无意义　　**熔点(℃)** 182

沸点(℃) 263（分解）　　**相对密度(水=1)** 1.41

相对蒸气密度(空气=1) 无资料

饱和蒸气压(kPa) 无资料 **燃烧热(kJ/mol)** 无资料

临界温度(℃) 无资料 **临界压力(MPa)** 8.23

辛醇/水分配系数 −1.02～−1.08

闪点(℃) >182 **自燃温度(℃)** 无资料

爆炸下限(%) 无资料 **爆炸上限(%)** 无资料

分解温度(℃) 无资料 **黏度(mPa·s)** 无资料

溶解性 溶于冷水、乙醇，微溶于乙醚

第十部分 稳定性和反应性

稳定性 稳定

危险反应 与强氧化剂等禁配物接触，有发生火灾和爆炸的危险

避免接触的条件 受热

禁配物 强氧化剂、强酸

危险的分解产物 硫化物

第十一部分 毒理学信息

急性毒性 LD_{50}：125mg/kg（大鼠经口）；100mg/kg（小鼠腹腔）

皮肤刺激或腐蚀 无资料

眼睛刺激或腐蚀 兔经眼：14%，引起刺激

呼吸或皮肤过敏 无资料

生殖细胞突变性 微生物致突变：鼠伤寒沙门氏菌 150μg/皿；酿酒酵母菌 52600μmol/L

致癌性 IARC致癌性评论：组3，现有的证据不能对人类致癌性进行分类。对人及动物致癌性证据不足

生殖毒性 大鼠孕后12d经口给予最低中毒剂量（TDLo）240mg/kg，致中枢神经系统、肌肉骨骼系统发育畸形。大鼠孕后16～22d经口给予最低中毒剂量（TDLo）1400mg/kg，致内分泌系统发育畸形。大鼠经口最低中毒剂量（TDLo）：40mg/kg（孕后用药1d），对胎鼠中枢神经系统、肌肉、骨骼系统有影响

特异性靶器官系统毒性-一次接触 无资料

特异性靶器官系统毒性-反复接触 无资料

吸入危害 无资料

第十二部分 生态学信息

生态毒性

LC_{50} >100mg/L（96h）（黑头呆鱼）

EC_{50} 5.6～18mg/L（48h）（水蚤）

持久性和降解性

生物降解性 MITI-Ⅰ测试，初始浓度100ppm，污泥浓度30ppm，2周后降解2.6%

非生物降解性 空气中，当羟基自由基浓度为5.00×10^5个/cm^3时，降解半衰期为0.4d（理论）

潜在的生物累积性 根据K_{ow}值预测，该物质的生物累积性可能较弱

土壤中的迁移性 根据K_{oc}值预测，该物质可能易发生迁移

第十三部分 废弃处置

废弃化学品 建议用焚烧法处置。焚烧炉排出的气体要通过洗涤器除去

污染包装物 将容器返还生产商或按照国家和地方法规处置

废弃注意事项 处置前应参阅国家和地方有关法规

第十四部分 运输信息

联合国危险货物编号(UN号) 3077

联合国运输名称 对环境有害的固态物质，未另作规定的（硫脲）

联合国危险性类别 9 **包装类别** Ⅲ类包装

包装标志  **海洋污染物** 是

运输注意事项 运输前应先检查包装容器是否完整、密封，运输过程中要确保容器不泄漏、不倒塌、不坠落、不损坏。严禁与酸类、氧化剂、食品及食品添加剂混运。运输途中应防曝晒、雨淋，防高温。运输时运输车辆应配备相应品种和数量的消防器材及泄漏应急处理设备

第十五部分 法规信息

下列法律、法规、规章和标准，对该化学品的管理作了相应的规定。

中华人民共和国职业病防治法 职业病分类和目录：未列入

危险化学品安全管理条例 危险化学品目录：列入。易制爆危险化学品名录：未列入。重点监管的危险化学品名录：未列入。GB 18218—2009《危险化学品重大危险源辨识》(表1)：未列入

使用有毒物品作业场所劳动保护条例 高毒物品目录：未列入

易制毒化学品管理条例 易制毒化学品的分类和品种目录：未列入

国际公约 斯德哥尔摩公约：未列入。鹿特丹公约：未列入。蒙特利尔议定书：未列入

第十六部分 其他信息

编写和修订信息 **缩略语和首字母缩写**

培训建议 **参考文献**

免责声明

硫氢基乙酸

第一部分 化学品标识

化学品中文名 硫氢基乙酸；硫代乙醇酸；巯基乙酸

化学品英文名 thioglycolic acid；mercaptoacetic acid

分子式 $C_2H_4O_2S$ **相对分子质量** 92.12

结构式 O=C(OH)–CH₂–SH

化学品的推荐及限制用途 用作测定铁的试剂及稳定剂，用于药水、烫发水制造等

第二部分　危险性概述

紧急情况概述　吞咽会中毒，皮肤接触会中毒，吸入会中毒，造成严重的皮肤灼伤和眼损伤

GHS 危险性类别　急性毒性-经口，类别 3；急性毒性-经皮，类别 3；急性毒性-吸入，类别 3；皮肤腐蚀/刺激，类别 1B；严重眼损伤/眼刺激，类别 1；危害水生环境-急性危害，类别 3

标签要素

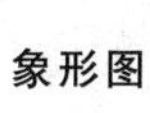

警示词　危险

危险性说明　吞咽会中毒，皮肤接触会中毒，吸入会中毒，造成严重的皮肤灼伤和眼损伤，对水生生物有害

防范说明

预防措施　避免接触眼睛、皮肤，操作后彻底清洗。作业场所不得进食、饮水或吸烟。避免吸入蒸气、雾。仅在室外或通风良好处操作。戴防护手套，穿防护服，戴防护眼镜、防护面罩。禁止排入环境

事故响应　如吸入：将患者转移到空气新鲜处，休息，保持利于呼吸的体位。皮肤接触：立即脱去所有被污染的衣服，用大量肥皂水和水清洗。被污染的衣服须经洗净后方可重新使用。如感觉不适，呼叫中毒控制中心或就医。接触眼睛：用水细心冲洗数分钟。如戴隐形眼镜并可方便地取出，取出隐形眼镜继续冲洗。食入：漱口，不要催吐，立即呼叫中毒控制中心或就医

安全储存　在通风良好处储存。保持容器密闭。上锁保管

废弃处置　本品及内装物、容器依据国家和地方法规处置

物理和化学危险　可燃，其蒸气与空气混合，能形成爆炸性混合物

健康危害　本品的毒作用，可能是其与某些酶的巯基的特殊作用有关，本品有强烈的刺激性。眼接触可致严重损害，导致永久性失明。可致皮肤灼伤；对皮肤有致敏性，引起过敏性皮炎。能经皮肤吸收引起中毒，动物皮肤贴敷本品 10%溶液小于 5ml/kg 即引起死亡

环境危害　对水生生物有害

第三部分　成分/组成信息

√物质　　　　混合物

组分	浓度	CAS No.
硫氢基乙酸		68-11-1

第四部分　急救措施

吸入　迅速脱离现场至空气新鲜处。保持呼吸道通畅。如呼吸困难，给输氧。如呼吸、心跳停止，立即进行心肺复苏术。就医

皮肤接触　立即脱去污染的衣着，用大量流动清水彻底冲洗至少 15min。就医

眼睛接触　立即分开眼睑，用流动清水或生理盐水彻底冲洗至少 15min。就医

食入　用水漱口，禁止催吐。给饮牛奶或蛋清。就医

对保护施救者的忠告　根据需要使用个人防护设备

对医生的特别提示　对症处理

第五部分　消防措施

灭火剂　用雾状水、泡沫、砂土灭火

特别危险性　受热分解产生有毒的硫化物烟气。具有较强的腐蚀性。燃烧生成有害的一氧化碳、硫化物

灭火注意事项及防护措施　消防人员必须穿全身耐酸碱消防服、佩戴空气呼吸器灭火。尽可能将容器从火场移至空旷处。喷水保持火场容器冷却，直至灭火结束。容器突然发出异常声音或出现异常现象，应立即撤离

第六部分　泄漏应急处理

作业人员防护措施、防护装备和应急处置程序　根据液体流动和蒸气扩散的影响区域划定警戒区，无关人员从侧风、上风向撤离至安全区。消除所有点火源。建议应急处理人员戴正压自给式呼吸器，穿防腐蚀、防毒服，戴橡胶耐酸碱手套。穿上适当的防护服前严禁接触破裂的容器和泄漏物。尽可能切断泄漏源

环境保护措施　防止泄漏物进入水体、下水道、地下室或有限空间

泄漏化学品的收容、清除方法及所使用的处置材料　小量泄漏：用干燥的砂土或其他不燃材料吸收或覆盖，收集于容器中。大量泄漏：构筑围堤或挖坑收容。用碎石灰石（$CaCO_3$）、苏打灰（Na_2CO_3）或石灰（CaO）中和。用耐腐蚀泵转移至槽车或专用收集器内

第七部分　操作处置与储存

操作注意事项　密闭操作，注意通风。操作尽可能机械化、自动化。操作人员必须经过专门培训，严格遵守操作规程。建议操作人员佩戴自吸过滤式防毒面具（半面罩），戴化学安全防护眼镜，穿防酸碱工作服，戴橡胶耐酸碱手套。远离火种、热源。工作场所严禁吸烟。使用防爆型的通风系统和设备。防止蒸气泄漏到工作场所空气中。避免与氧化剂接触。搬运时轻装轻卸，保持包装完整，防止洒漏。配备相应品种和数量的消防器材及泄漏应急处理设备。倒空的容器可能残留有害物

储存注意事项　储存于阴凉、通风的库房。远离火种、热源。保持容器密封。应与氧化剂分开存放，切忌混储。配备相应品种和数量的消防器材。储区应备有泄漏应急处理设备和合适的收容材料

第八部分　接触控制/个体防护

职业接触限值

中国　未制定标准

美国(ACGIH)　TLV-TWA：1ppm［皮］

生物接触限值 未制定标准

监测方法 空气中有毒物质测定方法：未制定标准。生物监测检验方法：未制定标准

工程控制 密闭操作，注意通风。提供安全的淋浴和洗眼设备

个体防护装备

呼吸系统防护 可能接触其蒸气时，应该佩戴过滤式防毒面具（半面罩）。紧急事态抢救或撤离时，建议佩戴空气呼吸器

眼睛防护 戴化学安全防护眼镜

皮肤和身体防护 穿防酸碱工作服

手防护 戴橡胶耐酸碱手套

第九部分 理化特性

外观与性状 无色透明液体，有强烈令人不愉快的气味

pH 值 无资料 **熔点(℃)** −16.5

沸点(℃) 120 (2.67 kPa)；220

相对密度(水=1) 1.33

相对蒸气密度(空气=1) 3.18

饱和蒸气压(kPa) 1.47 (104～106℃)

燃烧热(kJ/mol) 无资料 **临界温度(℃)** 无资料

临界压力(MPa) 6.1 **辛醇/水分配系数** 0.09

闪点(℃) 125 **自燃温度(℃)** 350

爆炸下限(%) 5.9 **爆炸上限(%)** 无资料

分解温度(℃) 无资料

黏度(mPa·s) 6.55 (20℃)

溶解性 与水混溶，可混溶于乙醇、乙醚，溶于普通溶剂

第十部分 稳定性和反应性

稳定性 稳定

危险反应 与强氧化剂等禁配物接触，有发生火灾和爆炸的危险

避免接触的条件 受热

禁配物 强氧化剂

危险的分解产物 硫化物

第十一部分 毒理学信息

急性毒性 LD_{50}：<50mg/kg（大鼠经口）；250mg/kg（小鼠经口）

皮肤刺激或腐蚀 无资料 **眼睛刺激或腐蚀** 无资料

呼吸或皮肤过敏 无资料 **生殖细胞突变性** 无资料

致癌性 无资料 **生殖毒性** 无资料

特异性靶器官系统毒性-一次接触 无资料

特异性靶器官系统毒性-反复接触 无资料

吸入危害 无资料

第十二部分 生态学信息

生态毒性 EC_{50}：38mg/L (48h)（水蚤）

持久性和降解性

生物降解性 MITI-Ⅰ测试，初始浓度 100ppm，污泥浓度 30ppm，4 周后降解 100%

非生物降解性 空气中，当羟基自由基浓度为 5.00×10^5 个/cm^3 时，降解半衰期为 10h（理论）

潜在的生物累积性 根据 K_{ow} 值预测，该物质的生物累积性可能较弱

土壤中的迁移性 根据 K_{oc} 值预测，该物质可能易发生迁移

第十三部分 废弃处置

废弃化学品 建议用焚烧法处置。焚烧炉排出的硫氧化物通过洗涤器除去

污染包装物 将容器返还生产商或按照国家和地方法规处置

废弃注意事项 处置前应参阅国家和地方有关法规

第十四部分 运输信息

联合国危险货物编号（UN 号） 1940

联合国运输名称 巯基乙酸

联合国危险性类别 8 **包装类别** Ⅱ类包装

包装标志  **海洋污染物** 否

运输注意事项 起运时包装要完整，装载应稳妥。运输过程中要确保容器不泄漏、不倒塌、不坠落、不损坏。严禁与氧化剂、食用化学品等混装混运。运输时运输车辆应配备相应品种和数量的消防器材及泄漏应急处理设备。运输途中应防曝晒、雨淋，防高温。公路运输时要按规定路线行驶，勿在居民区和人口稠密区停留

第十五部分 法规信息

下列法律、法规、规章和标准，对该化学品的管理作了相应的规定。

中华人民共和国职业病防治法 职业病分类和目录：未列入

危险化学品安全管理条例 危险化学品目录：列入。易制爆危险化学品名录：未列入。重点监管的危险化学品名录：未列入。GB 18218—2009《危险化学品重大危险源辨识》（表 1）：未列入

使用有毒物品作业场所劳动保护条例 高毒物品目录：未列入

易制毒化学品管理条例 易制毒化学品的分类和品种目录：未列入

国际公约 斯德哥尔摩公约：未列入。鹿特丹公约：未列入。蒙特利尔议定书：未列入

第十六部分 其他信息

编写和修订信息 **缩略语和首字母缩写**

培训建议 **参考文献**

免责声明

硫氰酸甲酯

第一部分 化学品标识

化学品中文名 硫氰酸甲酯

化学品英文名 methyl thiocyanate

分子式 C_2H_3NS **相对分子质量** 73.12

结构式 N≡—S/

化学品的推荐及限制用途 用于有机合成

第二部分 危险性概述

紧急情况概述 易燃液体和蒸气，吞咽会中毒

GHS 危险性类别 易燃液体，类别 3；急性毒性-经口，类别 3

标签要素

象形图 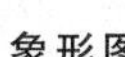

警示词 危险

危险性说明 易燃液体和蒸气，吞咽会中毒

防范说明

预防措施 远离热源、火花、明火、热表面。禁止吸烟。保持容器密闭。容器和接收设备接地连接。使用防爆电器、通风、照明设备。只能使用不产生火花的工具。采取防止静电措施。戴防护手套、防护眼镜、防护面罩。避免接触眼睛、皮肤，操作后彻底清洗。作业场所不得进食、饮水或吸烟

事故响应 火灾时，使用雾状水、干粉、泡沫、砂土灭火。如皮肤（或头发）接触：立即脱掉所有被污染的衣服，用水冲洗皮肤，淋浴。食入：漱口，立即呼叫中毒控制中心或就医

安全储存 存放在通风良好的地方。保持低温。上锁保管

废弃处置 本品及内装物、容器依据国家和地方法规处置

物理和化学危险 易燃，其蒸气与空气混合，能形成爆炸性混合物

健康危害 本品毒作用与氰化物类似。动物吸入气溶胶（雾）时，在相当短暂的兴奋后发生抑制状态，呼吸抑制，常发生窒息、痉挛和死亡。本品对皮肤本身无明显作用，但大鼠涂皮后可出现抑制和呼吸障碍，有时发生痉挛，死亡

环境危害 对环境可能有害

第三部分 成分/组成信息

√物质		混合物
组分	**浓度**	**CAS No.**
硫氰酸甲酯		556-64-9

第四部分 急救措施

吸入 迅速脱离现场至空气新鲜处。保持呼吸道通畅。如呼吸困难，给输氧。如呼吸、心跳停止，立即进行心肺复苏术。就医

皮肤接触 立即脱去污染的衣着，用肥皂水和流动清水彻底冲洗。就医

眼睛接触 立即分开眼睑，用流动清水或生理盐水彻底冲洗。就医

食入 催吐（仅限于清醒着），给服活性炭悬液。就医

对保护施救者的忠告 根据需要使用个人防护设备

对医生的特别提示 使用亚硝酸钠、硫代硫酸钠、4-二甲基氨基苯酚等解毒剂

第五部分 消防措施

灭火剂 用雾状水、干粉、泡沫、砂土灭火

特别危险性 受高热分解释出有毒气体。燃烧生成有害的一氧化碳、氮氧化物、氧化硫

灭火注意事项及防护措施 消防人员必须佩戴空气呼吸器、穿全身防火防毒服，在上风向灭火。尽可能将容器从火场移至空旷处。喷水保持火场容器冷却，直至灭火结束。容器突然发出异常声音或出现异常现象，应立即撤离

第六部分 泄漏应急处理

作业人员防护措施、防护装备和应急处置程序 根据液体流动和蒸气扩散的影响区域划定警戒区，无关人员从侧风、上风向撤离至安全区。消除所有点火源。建议应急处理人员戴正压自给式呼吸器，穿防毒、防静电服，戴防化学品手套。穿上适当的防护服前严禁接触破裂的容器和泄漏物。尽可能切断泄漏源

环境保护措施 防止泄漏物进入水体、下水道、地下室或有限空间

泄漏化学品的收容、清除方法及所使用的处置材料 小量泄漏：用干燥的砂土或其他不燃材料吸收或覆盖，收集于容器中。大量泄漏：构筑围堤或挖坑收容。用防爆泵转移至槽车或专用收集器内

第七部分 操作处置与储存

操作注意事项 密闭操作，提供充分的局部排风。操作尽可能机械化、自动化。操作人员必须经过专门培训，严格遵守操作规程。建议操作人员佩戴自吸过滤式防毒面具（半面罩），戴化学安全防护眼镜，穿防毒物渗透工作服，戴防化学品手套。远离火种、热源。工作场所严禁吸烟。使用防爆型的通风系统和设备。防止蒸气泄漏到工作场所空气中。避免与氧化剂、酸类、碱类、醇类接触。搬运时要轻装轻卸，防止包装及容器损坏。配备相应品种和数量的消防器材及泄漏应急处理设备。倒空的容器可能残留有害物

储存注意事项 储存于阴凉、通风的库房。远离火种、热源。库房温度不超过 32℃，相对湿度不超过 80%。保持容器密封。应与氧化剂、酸类、碱类、醇类、食用化学品分开存放，切忌混储。采用防爆型照明、通风设施。禁止使用易产生火花的机械设备和工具。储区应备有泄漏应急处理设备和合适的收容材料

第八部分 接触控制/个体防护

职业接触限值

中国 未制定标准

美国(ACGIH) 未制定标准

生物接触限值 未制定标准

监测方法 空气中有毒物质测定方法：未制定标准。生物监测检验方法：未制定标准

工程控制 严加密闭，提供充分的局部排风。提供安全的淋浴和洗眼设备

个体防护装备

呼吸系统防护 可能接触其蒸气时，应该佩戴过滤式防毒面具（半面罩）。紧急事态抢救或撤离时，佩戴空气呼吸器

眼睛防护 戴化学安全防护眼镜

皮肤和身体防护 穿防毒物渗透工作服

手防护 戴防化学品手套

第九部分 理化特性

外观与性状 无色液体，有蒜的气味

pH值 无资料 **熔点(℃)** －51

沸点(℃) 130～133 **相对密度(水＝1)** 1.07

相对蒸气密度(空气＝1) 无资料

饱和蒸气压(kPa) 1.33（21.6℃）

燃烧热(kJ/mol) －1894.0 **临界温度(℃)** 无资料

临界压力(MPa) 无资料 **辛醇/水分配系数** 0.73

闪点(℃) 38.33 **自燃温度(℃)** 无资料

爆炸下限(%) 无资料 **爆炸上限(%)** 无资料

分解温度(℃) 无资料

黏度(mPa·s) 无资料

溶解性 不溶于水，可混溶于乙醇、乙醚

第十部分 稳定性和反应性

稳定性 稳定

危险反应 与强氧化剂等禁配物接触，有发生火灾和爆炸的危险

避免接触的条件 受热

禁配物 醇类、强碱、胺类、酸类、强氧化剂

危险的分解产物 硫化物、氰化氢

第十一部分 毒理学信息

急性毒性 LD_{50}：60mg/kg（大鼠经口）

皮肤刺激或腐蚀 无资料 **眼睛刺激或腐蚀** 无资料

呼吸或皮肤过敏 无资料 **生殖细胞突变性** 无资料

致癌性 无资料 **生殖毒性** 无资料

特异性靶器官系统毒性-一次接触 无资料

特异性靶器官系统毒性-反复接触 无资料

吸入危害 无资料

第十二部分 生态学信息

生态毒性 无资料

持久性和降解性

生物降解性 无资料

非生物降解性 空气中，当羟基自由基浓度为5.00×10^5个/cm^3时，降解半衰期为15d（理论）

潜在的生物累积性 根据K_{ow}值预测，该物质的生物累积性可能较弱

土壤中的迁移性 根据K_{oc}值预测，该物质可能易发生迁移

第十三部分 废弃处置

废弃化学品 建议用焚烧法处置。焚烧炉排出的气体要通过洗涤器除去

污染包装物 将容器返还生产商或按照国家和地方法规处置

废弃注意事项 处置前应参阅国家和地方有关法规

第十四部分 运输信息

联合国危险货物编号（UN号） 2929

联合国运输名称 有机毒性液体，易燃，未另作规定的（硫氰酸甲酯）

联合国危险性类别 6.1，3 **包装类别** Ⅱ类包装

包装标志 

海洋污染物 否

运输注意事项 运输前应先检查包装容器是否完整、密封，运输过程中要确保容器不泄漏、不倒塌、不坠落、不损坏。严禁与酸类、氧化剂、食品及食品添加剂混运。运输时运输车辆应配备相应品种和数量的消防器材及泄漏应急处理设备。运输途中应防曝晒、雨淋，防高温。运输时所用的槽（罐）车应有接地链，槽内可设孔隔板以减少震荡产生的静电。中途停留时应远离火种、热源。公路运输时要按规定路线行驶

第十五部分 法规信息

下列法律、法规、规章和标准，对该化学品的管理作了相应的规定。

中华人民共和国职业病防治法 职业病分类和目录：氰及腈类化合物中毒

危险化学品安全管理条例 危险化学品目录：列入。易制爆危险化学品名录：未列入。重点监管的危险化学品名录：未列入。GB 18218—2009《危险化学品重大危险源辨识》（表1）：未列入

使用有毒物品作业场所劳动保护条例 高毒物品目录：未列入

易制毒化学品管理条例 易制毒化学品的分类和品种目录：未列入

国际公约 斯德哥尔摩公约：未列入。鹿特丹公约：未列入。蒙特利尔议定书：未列入

第十六部分 其他信息

编写和修订信息 **缩略语和首字母缩写**

培训建议 **参考文献**

免责声明

硫氰酸乙酯

第一部分 化学品标识

化学品中文名 硫氰酸乙酯

化学品英文名 ethyl thiocyanate；ethyl sulfocyanate

分子式 C_3H_5NS **相对分子质量** 84.14

结构式 N≡C–S–C_2H_5

化学品的推荐及限制用途 用作杀虫剂和杀霉菌剂、中间体

第二部分 危险性概述

紧急情况概述 易燃液体和蒸气

GHS 危险性类别 易燃液体，类别 3

标签要素

象形图 

警示词 警告

危险性说明 易燃液体和蒸气

防范说明

预防措施 远离热源、火花、明火、热表面。禁止吸烟。保持容器密闭。容器和接收设备接地连接。使用防爆电器、通风、照明设备。只能使用不产生火花的工具。采取防止静电措施。戴防护手套、防护眼镜、防护面罩

事故响应 火灾时，使用泡沫、干粉、二氧化碳、砂土灭火。如皮肤（或头发）接触：立即脱掉所有被污染的衣服，用水冲洗皮肤，淋浴

安全储存 存放在通风良好的地方。保持低温

废弃处置 本品及内装物、容器依据国家和地方法规处置

物理和化学危险 易燃，其蒸气与空气混合，能形成爆炸性混合物

健康危害 本品毒作用与氰化物类似。动物吸入气溶胶（雾）时，在相当短暂的兴奋后进入抑制状态，呼吸抑制，常发生窒息、痉挛和死亡。大鼠涂皮后可出现抑制和呼吸障碍，有时发生痉挛、死亡

环境危害 对环境可能有害

第三部分 成分/组成信息

√物质		混合物
组分	**浓度**	**CAS No.**
硫氰酸乙酯		542-90-5

第四部分 急救措施

吸入 迅速脱离现场至空气新鲜处。保持呼吸道通畅。如呼吸困难，给输氧。如呼吸、心跳停止，立即进行心肺复苏术。就医

皮肤接触 立即脱去污染的衣着，用肥皂水和流动清水彻底冲洗。就医

眼睛接触 立即分开眼睑，用流动清水或生理盐水彻底冲洗。就医

食入 催吐（仅限于清醒着），给服活性炭悬液。就医

对保护施救者的忠告 根据需要使用个人防护设备

对医生的特别提示 使用亚硝酸钠、硫代硫酸钠、4-二甲基氨基苯酚等解毒剂

第五部分 消防措施

灭火剂 用泡沫、干粉、二氧化碳、砂土灭火

特别危险性 受高热燃烧并分解产生有毒气体。燃烧生成有害的一氧化碳、硫化物、氰化氢、氮氧化物

灭火注意事项及防护措施 消防人员必须佩戴空气呼吸器、穿全身防火防毒服，在上风向灭火。尽可能将容器从火场移至空旷处。容器突然发出异常声音或出现异常现象，应立即撤离。禁止使用酸碱灭火剂。用水灭火无效，但可用水保持火场中容器冷却

第六部分 泄漏应急处理

作业人员防护措施、防护装备和应急处置程序 根据液体流动和蒸气扩散的影响区域划定警戒区，无关人员从侧风、上风向撤离至安全区。消除所有点火源。建议应急处理人员戴正压自给式呼吸器，穿防毒、防静电服，戴橡胶耐油手套。穿上适当的防护服前严禁接触破裂的容器和泄漏物。尽可能切断泄漏源

环境保护措施 防止泄漏物进入水体、下水道、地下室或有限空间

泄漏化学品的收容、清除方法及所使用的处置材料 小量泄漏：用干燥的砂土或其他不燃材料吸收或覆盖，收集于容器中。大量泄漏：构筑围堤或挖坑收容。用防爆泵转移至槽车或专用收集器内

第七部分 操作处置与储存

操作注意事项 严加密闭，提供充分的局部排风和全面通风。尽可能采取隔离操作。操作人员必须经过专门培训，严格遵守操作规程。建议操作人员佩戴自吸过滤式防毒面具（半面罩），戴化学安全防护眼镜，穿聚乙烯防毒服，戴橡胶耐油手套。远离火种、热源。工作场所严禁吸烟。使用防爆型的通风系统和设备。防止蒸气泄漏到工作场所空气中。避免与氧化剂、还原剂、酸类接触。搬运时要轻装轻卸，防止包装及容器损坏。配备相应品种和数量的消防器材及泄漏应急处理设备。倒空的容器可能残留有害物

储存注意事项 储存于阴凉、干燥、通风良好的库房。远离火种、热源。库房温度不超过 35℃，相对湿度不超过 85%。包装要求密封，不可与空气接触。应与氧化剂、还原剂、酸类、食用化学品分开存放，切忌混储。采用防爆型照明、通风设施。禁止使用易产生火花的机械设备和工具。储区应备有泄漏应急处理设备和合适的收容材料

第八部分 接触控制/个体防护

职业接触限值

中国 未制定标准

美国(ACGIH) 未制定标准

生物接触限值 未制定标准

监测方法 空气中有毒物质测定方法：未制定标准。生物监测检验方法：未制定标准

工程控制 严加密闭，提供充分的局部排风和全面通风。尽可能采取隔离操作。提供安全的淋浴和洗眼设备

个体防护装备

呼吸系统防护　可能接触其蒸气时，应该佩戴过滤式防毒面具（半面罩）。紧急事态抢救或撤离时，佩戴空气呼吸器

眼睛防护　戴化学安全防护眼镜

皮肤和身体防护　穿隔绝式防毒服

手防护　戴橡胶耐油手套

第九部分　理化特性

外观与性状　带葱气味的浅黄色液体

pH 值　无资料　**熔点(℃)**　−85.5

沸点(℃)　146

相对密度(水=1)　1.01（20℃）

相对蒸气密度(空气=1)　无资料

饱和蒸气压(kPa)　无资料

燃烧热(kJ/mol)　无资料　**临界温度(℃)**　无资料

临界压力(MPa)　无资料　**辛醇/水分配系数**　1.22

闪点(℃)　42.78　**自燃温度(℃)**　无资料

爆炸下限(%)　无资料　**爆炸上限(%)**　无资料

分解温度(℃)　无资料　**黏度(mPa·s)**　无资料

溶解性　不溶于水，可混溶于乙醇、乙醚，溶于氯仿

第十部分　稳定性和反应性

稳定性　稳定

危险反应　与强氧化剂等禁配物发生反应

避免接触的条件　受热

禁配物　强氧化剂、强还原剂、强酸

危险的分解产物　硫化物、氰化氢

第十一部分　毒理学信息

急性毒性　LD_{50}：40mg/kg（小鼠经口）

皮肤刺激或腐蚀　无资料　**眼睛刺激或腐蚀**　无资料

呼吸或皮肤过敏　无资料

生殖细胞突变性　微生物致突变：鼠伤寒沙门氏菌 100μg/皿

致癌性　无资料　**生殖毒性**　无资料

特异性靶器官系统毒性-一次接触　无资料

特异性靶器官系统毒性-反复接触　无资料

吸入危害　无资料

第十二部分　生态学信息

生态毒性　无资料

持久性和降解性

生物降解性　无资料

非生物降解性　空气中，当羟基自由基浓度为 5.00×10^5 个/cm^3 时，降解半衰期为 2.2d（理论）

潜在的生物累积性　根据 K_{ow} 值预测，该物质的生物累积性可能较弱

土壤中的迁移性　根据 K_{oc} 值预测，该物质可能易发生迁移

第十三部分　废弃处置

废弃化学品　建议用焚烧法处置。焚烧炉排出的气体要通过洗涤器除去

污染包装物　将容器返还生产商或按照国家和地方法规处置

废弃注意事项　处置前应参阅国家和地方有关法规

第十四部分　运输信息

联合国危险货物编号(UN 号)　2929

联合国运输名称　有机毒性液体，易燃，未另作规定的（硫氰酸乙酯）

联合国危险性类别　6.1，3　**包装类别**　Ⅱ类包装

包装标志

海洋污染物　否

运输注意事项　运输前应先检查包装容器是否完整、密封，运输过程中要确保容器不泄漏、不倒塌、不坠落、不损坏。严禁与酸类、氧化剂、食品及食品添加剂混运。运输时运输车辆应配备相应品种和数量的消防器材及泄漏应急处理设备。运输途中应防曝晒、雨淋，防高温。运输时所用的槽（罐）车应有接地链，槽内可设孔隔板以减少震荡产生的静电。中途停留时应远离火种、热源。公路运输时要按规定路线行驶

第十五部分　法规信息

下列法律、法规、规章和标准，对该化学品的管理作了相应的规定。

中华人民共和国职业病防治法　职业病分类和目录：氰及腈类化合物中毒

危险化学品安全管理条例　危险化学品目录：列入。易制爆危险化学品名录：未列入。重点监管的危险化学品名录：未列入。GB 18218—2009《危险化学品重大危险源辨识》（表 1）：未列入

使用有毒物品作业场所劳动保护条例　高毒物品目录：未列入

易制毒化学品管理条例　易制毒化学品的分类和品种目录：未列入

国际公约　斯德哥尔摩公约：未列入。鹿特丹公约：未列入。蒙特利尔议定书：未列入

第十六部分　其他信息

编写和修订信息　**缩略语和首字母缩写**

培训建议　**参考文献**

免责声明

硫氰酸异丙酯

第一部分　化学品标识

化学品中文名　硫氰酸异丙酯

化学品英文名　isopropyl thiocyanate；2-thiocyanatopropane

分子式　C_4H_7NS　**相对分子质量**　101.17

结构式　H_3C—CH(CH_3)—S—≡N

化学品的推荐及限制用途　用于有机合成

第二部分　危险性概述

紧急情况概述　高度易燃液体和蒸气

GHS 危险性类别 易燃液体，类别 2

标签要素

象形图 

警示词 危险

危险性说明 高度易燃液体和蒸气

防范说明

预防措施 远离热源、火花、明火、热表面。禁止吸烟。保持容器密闭。容器和接收设备接地连接。使用防爆电器、通风、照明设备。只能使用不产生火花的工具。采取防止静电措施。戴防护手套、防护眼镜、防护面罩

事故响应 火灾时，使用泡沫、干粉、二氧化碳、砂土灭火。如皮肤（或头发）接触：立即脱掉所有被污染的衣服，用水冲洗皮肤，淋浴

安全储存 存放在通风良好的地方。保持低温

废弃处置 本品及内装物、容器依据国家和地方法规处置

物理和化学危险 高度易燃。其蒸气与空气混合，能形成爆炸性混合物

健康危害 低碳类硫氰酸酯类化合物在体内可释出 CN^-，故毒性与氰化物相似。该类物质动物染毒出现流涎、呼吸抑制、抽搐、发绀、痉挛、窒息而死亡

环境危害 对环境可能有害

第三部分 成分/组成信息

√物质 混合物

组分	浓度	CAS No.
硫氰酸异丙酯		625-59-2

第四部分 急救措施

吸入 迅速脱离现场至空气新鲜处。保持呼吸道通畅。如呼吸困难，给输氧。如呼吸、心跳停止，立即进行心肺复苏术。就医

皮肤接触 立即脱去污染的衣着，用肥皂水和流动清水彻底冲洗。就医

眼睛接触 立即分开眼睑，用流动清水或生理盐水彻底冲洗。就医

食入 催吐（仅限于清醒着），给服活性炭悬液。就医

对保护施救者的忠告 根据需要使用个人防护设备

对医生的特别提示 使用亚硝酸钠、硫代硫酸钠、4-二甲基氨基苯酚等解毒剂

第五部分 消防措施

灭火剂 用泡沫、干粉、二氧化碳、砂土灭火

特别危险性 受高热燃烧并分解产生有毒气体。与强氧化剂接触可发生化学反应。燃烧生成有害的一氧化碳、氮氧化物、氧化硫

灭火注意事项及防护措施 消防人员必须佩戴空气呼吸器、穿全身防火防毒服，在上风向灭火。尽可能将容器从火场移至空旷处。容器突然发出异常声音或出现异常现象，应立即撤离。禁止使用酸碱灭火剂。用水灭火无效，但可用水保持火场中容器冷却

第六部分 泄漏应急处理

作业人员防护措施、防护装备和应急处置程序 根据液体流动和蒸气扩散的影响区域划定警戒区，无关人员从侧风、上风向撤离至安全区。消除所有点火源。建议应急处理人员戴正压自给式呼吸器，穿一般作业工作服，戴橡胶耐油手套。尽可能切断泄漏源

环境保护措施 防止泄漏物进入水体、下水道、地下室或有限空间

泄漏化学品的收容、清除方法及所使用的处置材料 小量泄漏：用干燥的砂土或其他不燃材料吸收或覆盖，收集于容器中。大量泄漏：构筑围堤或挖坑收容。用泵转移至槽车或专用收集器内

第七部分 操作处置与储存

操作注意事项 密闭操作，提供充分的局部排风。操作尽可能机械化、自动化。操作人员必须经过专门培训，严格遵守操作规程。建议操作人员佩戴自吸过滤式防毒面具（半面罩），戴化学安全防护眼镜，穿聚乙烯防毒服，戴橡胶耐油手套。远离火种、热源。工作场所严禁吸烟。使用防爆型的通风系统和设备。防止蒸气泄漏到工作场所空气中。避免与氧化剂、还原剂、酸类、碱类接触。搬运时要轻装轻卸，防止包装及容器损坏。配备相应品种和数量的消防器材及泄漏应急处理设备。倒空的容器可能残留有害物

储存注意事项 储存于阴凉、通风的库房。远离火种、热源。保持容器密封。应与氧化剂、还原剂、酸类、碱类、食用化学品分开存放，切忌混储。采用防爆型照明、通风设施。禁止使用易产生火花的机械设备和工具。储区应备有泄漏应急处理设备和合适的收容材料

第八部分 接触控制/个体防护

职业接触限值

中国 未制定标准

美国(ACGIH) 未制定标准

生物接触限值 未制定标准

监测方法 空气中有毒物质测定方法：未制定标准。生物监测检验方法：未制定标准

工程控制 严加密闭，提供充分的局部排风。提供安全的淋浴和洗眼设备

个体防护装备

呼吸系统防护 可能接触其蒸气时，应该佩戴过滤式防毒面具（半面罩）。紧急事态抢救或撤离时，佩戴空气呼吸器

眼睛防护 戴化学安全防护眼镜

皮肤和身体防护 穿隔绝式防毒服

手防护 戴橡胶耐油手套

第九部分 理化特性

外观与性状 无色液体

pH 值 无资料 **熔点(℃)** 无资料

沸点(℃) 197 **相对密度(水=1)** 0.99
相对蒸气密度(空气=1) 无资料
饱和蒸气压(kPa) 100.51 (152℃)
燃烧热(kJ/mol) 无资料 **临界温度(℃)** 无资料
临界压力(MPa) 无资料 **辛醇/水分配系数** 无资料
闪点(℃) 无资料 **自燃温度(℃)** 无资料
爆炸下限(%) 无资料 **爆炸上限(%)** 无资料
分解温度(℃) 无资料 **黏度(mPa·s)** 无资料
溶解性 不溶于水，可混溶于乙醇、乙醚

第十部分 稳定性和反应性

稳定性 稳定
危险反应 与强氧化剂等禁配物发生反应
避免接触的条件 受热
禁配物 强氧化剂、强还原剂、强酸、强碱
危险的分解产物 硫化物、氰化氢

第十一部分 毒理学信息

急性毒性 无资料 **皮肤刺激或腐蚀** 无资料
眼睛刺激或腐蚀 无资料 **呼吸或皮肤过敏** 无资料
生殖细胞突变性 无资料 **致癌性** 无资料
生殖毒性 无资料
特异性靶器官系统毒性-一次接触 无资料
特异性靶器官系统毒性-反复接触 无资料
吸入危害 无资料

第十二部分 生态学信息

生态毒性 无资料
持久性和降解性
生物降解性 无资料
非生物降解性 无资料
潜在的生物累积性 无资料
土壤中的迁移性

第十三部分 废弃处置

废弃化学品 建议用焚烧法处置。焚烧炉排出的气体要通过洗涤器除去
污染包装物 将容器返还生产商或按照国家和地方法规处置
废弃注意事项 处置前应参阅国家和地方有关法规

第十四部分 运输信息

联合国危险货物编号(UN号) 1992
联合国运输名称 易燃液体，毒性，未另作规定的（硫氰酸异丙酯）
联合国危险性类别 3，6.1 **包装类别** Ⅲ类包装
包装标志

海洋污染物 否
运输注意事项 运输前应先检查包装容器是否完整、密封，运输过程中要确保容器不泄漏、不倒塌、不坠落、不损坏。严禁与酸类、氧化剂、食品及食品添加剂混运。运输时运输车辆应配备相应品种和数量的消防器材及泄漏应急处理设备。运输途中应防曝晒、雨淋，防高温。公路运输时要按规定路线行驶

第十五部分 法规信息

下列法律、法规、规章和标准，对该化学品的管理作了相应的规定。
中华人民共和国职业病防治法 职业病分类和目录：氰及腈类化合物中毒
危险化学品安全管理条例 危险化学品目录：列入。易制爆危险化学品名录：未列入。重点监管的危险化学品名录：未列入。GB 18218—2009《危险化学品重大危险源辨识》(表 1)：未列入
使用有毒物品作业场所劳动保护条例 高毒物品目录：未列入
易制毒化学品管理条例 易制毒化学品的分类和品种目录：未列入
国际公约 斯德哥尔摩公约：未列入。鹿特丹公约：未列入。蒙特利尔议定书：未列入

第十六部分 其他信息

编写和修订信息 **缩略语和首字母缩写**
培训建议 **参考文献**
免责声明

硫 酸

第一部分 化学品标识

化学品中文名 硫酸 **化学品英文名** sulfuric acid
分子式 H_2SO_4 **相对分子质量** 98.08
结构式

```
     O
     ‖
HO—S—OH
     ‖
     O
```

化学品的推荐及限制用途 用于生产化学肥料，在化工、医药、塑料、染料、石油提炼等工业也有广泛的应用

第二部分 危险性概述

紧急情况概述 造成严重的皮肤灼伤和眼损伤
GHS 危险性类别 皮肤腐蚀/刺激，类别 1A；严重眼损伤/眼刺激，类别 1；危害水生环境-急性危害，类别 3
标签要素
象形图
警示词 危险
危险性说明 造成严重的皮肤灼伤和眼损伤，对水生生物有害
防范说明
预防措施 避免吸入烟雾。避免接触眼睛、皮肤，操作后彻底清洗。戴防护手套，穿防护服，戴

防护眼镜、防护面罩。禁止排入环境

事故响应　如吸入：将患者转移到空气新鲜处，休息，保持利于呼吸的体位。立即呼叫中毒控制中心或就医。皮肤（或头发）接触：立即脱掉所有被污染的衣服，用水冲洗皮肤，淋浴。污染的衣服须洗净后方可重新使用。接触眼睛：用水细心冲洗数分钟。如戴隐形眼镜并可方便地取出，取出隐形眼镜继续冲洗。食入：漱口。不要催吐

安全储存　上锁保管

废弃处置　本品及内装物、容器依据国家和地方法规处置

物理和化学危险　不燃，无特殊燃爆特性。浓硫酸与可燃物接触易着火燃烧

健康危害　对皮肤、黏膜等组织有强烈的刺激和腐蚀作用。蒸气或雾可引起结膜炎、结膜水肿、角膜混浊，以致失明；引起呼吸道刺激，重者发生呼吸困难和肺水肿；高浓度引起喉痉挛或声门水肿而窒息死亡。口服后引起消化道灼伤以致溃疡形成；严重者可能有胃穿孔、腹膜炎、肾损害、休克等。皮肤灼伤轻者出现红斑、重者形成溃疡，愈后瘢痕收缩影响功能。溅入眼内可造成灼伤，甚至角膜穿孔、全眼炎以致失明

慢性影响　牙齿酸蚀症、慢性支气管炎、肺气肿和肺硬化

环境危害　对水生生物有害

第三部分　成分/组成信息

√物质　　　　混合物

组分	浓度	CAS No.
硫酸		7664-93-9

第四部分　急救措施

吸入　迅速脱离现场至空气新鲜处。保持呼吸道通畅。如呼吸困难，给输氧。如呼吸、心跳停止，立即进行心肺复苏术。就医

皮肤接触　立即脱去污染的衣着，用大量流动清水彻底冲洗至少15min。就医

眼睛接触　立即分开眼睑，用流动清水或生理盐水彻底冲洗至少15min。就医

食入　用水漱口，禁止催吐。给饮牛奶或蛋清。就医

对保护施救者的忠告　根据需要使用个人防护设备

对医生的特别提示　对症处理

第五部分　消防措施

灭火剂　本品不燃。根据着火原因选择适当灭火剂灭火

特别危险性　遇水大量放热，可发生沸溅。与易燃物（如苯）和可燃物（如糖、纤维素等）接触会发生剧烈反应，甚至引起燃烧。遇电石、高氯酸盐、雷酸盐、硝酸盐、苦味酸盐、金属粉末等发生猛烈反应，引起爆炸或燃烧。有强烈的腐蚀性和吸水性

灭火注意事项及防护措施　消防人员必须穿全身耐酸碱消防服、佩戴空气呼吸器灭火。尽可能将容器从火场移至空旷处。喷水保持火场容器冷却，直至灭火结束。避免水流冲击物品，以免遇水会放出大量热量发生喷溅而灼伤皮肤

第六部分　泄漏应急处理

作业人员防护措施、防护装备和应急处置程序　根据液体流动和蒸气扩散的影响区域划定警戒区，无关人员从侧风、上风向撤离至安全区。建议应急处理人员戴正压自给式呼吸器，穿防酸碱服，戴橡胶耐酸碱手套。穿上适当的防护服前严禁接触破裂的容器和泄漏物。尽可能切断泄漏源。勿使泄漏物与可燃物质（如木材、纸、油等）接触

环境保护措施　防止泄漏物进入水体、下水道、地下室或有限空间

泄漏化学品的收容、清除方法及所使用的处置材料　小量泄漏：用干燥的砂土或其他不燃材料覆盖泄漏物，用洁净的无火花工具收集泄漏物，置于一盖子较松的塑料容器中，待处置。大量泄漏：构筑围堤或挖坑收容。用砂土、惰性物质或蛭石吸收大量液体。用石灰（CaO）、碎石灰石（$CaCO_3$）或碳酸氢钠（$NaHCO_3$）中和。用耐腐蚀泵转移至槽车或专用收集器内

第七部分　操作处置与储存

操作注意事项　密闭操作，注意通风。操作尽可能机械化、自动化。操作人员必须经过专门培训，严格遵守操作规程。建议操作人员佩戴自吸过滤式防毒面具（全面罩），穿橡胶耐酸碱服，戴橡胶耐酸碱手套。远离火种、热源。工作场所严禁吸烟。远离易燃、可燃物。防止蒸气泄漏到工作场所空气中。避免与还原剂、碱类、碱金属接触。搬运时要轻装轻卸，防止包装及容器损坏。配备相应品种和数量的消防器材及泄漏应急处理设备。倒空的容器可能残留有害物。稀释或制备溶液时，应把酸加入水中，避免沸腾和飞溅

储存注意事项　储存于阴凉、通风的库房。保持容器密封。应与易（可）燃物、还原剂、碱类、碱金属、食用化学品分开存放，切忌混储。储区应备有泄漏应急处理设备和合适的收容材料

第八部分　接触控制/个体防护

职业接触限值

中国　PC-TWA：$1mg/m^3$ ［G1］

美国(ACGIH)　TLV-TWA：$0.2mg/m^3$

生物接触限值　未制定标准

监测方法　空气中有毒物质测定方法：氯化钡比色法；离子色谱法。生物监测检验方法：未制定标准

工程控制　密闭操作，注意通风。提供安全的淋浴和洗眼设备

个体防护装备

呼吸系统防护　可能接触其烟雾时，佩戴过滤式防毒面具（全面罩）或空气呼吸器。紧急事态抢救或撤离时，建议佩戴空气呼吸器

眼睛防护　呼吸系统防护中已作防护

皮肤和身体防护　穿橡胶耐酸碱服

手防护　戴橡胶耐酸碱手套

第九部分　理化特性

外观与性状　纯品为无色透明油状液体，无臭

pH 值　无资料　**熔点(℃)**　10～10.49

沸点(℃)　330　**相对密度(水=1)**　1.84

相对蒸气密度(空气=1)　3.4

饱和蒸气压(kPa)　0.13（145.8℃）

燃烧热(kJ/mol)　无资料　**临界温度(℃)**　无资料

临界压力(MPa)　6.4　**辛醇/水分配系数**　−2.2

闪点(℃)　无意义　**自燃温度(℃)**　无意义

爆炸下限(%)　无意义　**爆炸上限(%)**　无意义

分解温度(℃)　无资料

黏度(mPa·s)　21（25℃）

溶解性　与水、乙醇混溶

第十部分　稳定性和反应性

稳定性　稳定

危险反应　与易燃或可燃物、电石、高氯酸盐、金属粉末等发生剧烈反应，有发生火

避免接触的条件　水

禁配物　碱类、强还原剂、易燃或可燃物、电石、高氯酸盐、雷酸盐、硝酸盐、苦味酸盐、金属粉末等

危险的分解产物　氧化硫

第十一部分　毒理学信息

急性毒性

LD_{50}　2140mg/kg（大鼠经口）

LC_{50}　510mg/m^3（大鼠吸入，2h）；320mg/m^3（小鼠吸入，2h）

皮肤刺激或腐蚀　无资料

眼睛刺激或腐蚀　家兔经眼：1380μg，重度刺激

呼吸或皮肤过敏　无资料　**生殖细胞突变性**　无资料

致癌性　无资料　**生殖毒性**　无资料

特异性靶器官系统毒性-一次接触　无资料

特异性靶器官系统毒性-反复接触　牛长期每天摄入含硫酸的饮水（剂量 110～190mg/kg），出现疲乏、外观极度衰弱，以致转入死亡。狗长期摄入含硫酸（115mg/kg）饮水，出现腹泻

吸入危害　无资料

第十二部分　生态学信息

生态毒性　TLm：42mg/L（48h）（食蚊鱼）；49mg/L（48h）（蓝鳃太阳鱼）

持久性和降解性

生物降解性　无资料

非生物降解性　无资料

潜在的生物累积性　无资料

土壤中的迁移性　无资料

第十三部分　废弃处置

废弃化学品　缓慢加入碱液（石灰水）中，并不断搅拌，反应停止后，用大量水冲入废水系统

污染包装物　将容器返还生产商或按照国家和地方法规处置

废弃注意事项　处置前应参阅国家和地方有关法规

第十四部分　运输信息

联合国危险货物编号（UN 号）　1830（>51%）；2796（≤51%）

联合国运输名称　硫酸

联合国危险性类别　8　**包装类别**　Ⅱ类包装

包装标志  **海洋污染物**　否

运输注意事项　本品铁路运输时限使用钢制企业自备罐车装运，装运前需报有关部门批准。铁路非罐装运输时应严格按照《危险货物运输规则》中的危险货物配装表进行配装。起运时包装要完整，装载应稳妥。运输过程中要确保容器不泄漏、不倒塌、不坠落、不损坏。严禁与易燃物或可燃物、还原剂、碱类、碱金属、食用化学品等混装混运。运输时运输车辆应配备泄漏应急处理设备。运输途中应防曝晒、雨淋，防高温。公路运输时要按规定路线行驶，勿在居民区和人口稠密区停留。本品属第三类易制毒化学品，托运时，须持有运出地县级人民政府发给的备案证明

第十五部分　法规信息

下列法律、法规、规章和标准，对该化学品的管理作了相应的规定。

中华人民共和国职业病防治法　职业病分类和目录：未列入

危险化学品安全管理条例　危险化学品目录：列入。易制爆危险化学品名录：未列入。重点监管的危险化学品名录：未列入。GB 18218—2009《危险化学品重大危险源辨识》（表 1）：未列入

使用有毒物品作业场所劳动保护条例　高毒物品目录：未列入

易制毒化学品管理条例　易制毒化学品的分类和品种目录：列入

国际公约　斯德哥尔摩公约：未列入。鹿特丹公约：未列入。蒙特利尔议定书：未列入

第十六部分　其他信息

编写和修订信息　**缩略语和首字母缩写**

培训建议　**参考文献**

免责声明

硫酸甲酯

第一部分　化学品标识

化学品中文名　硫酸甲酯；硫酸二甲酯

化学品英文名　methyl sulfate；dimethyl sulfate

分子式　$C_2H_6SO_4$　**相对分子质量**　126.13

结构式

```
        O
 \      ‖
  O—S—O
        ‖     \
        O
```

化学品的推荐及限制用途 用于制造染料及作为胺类和醇类的甲基化剂

第二部分 危险性概述

紧急情况概述 吞咽会中毒，吸入致命，造成严重的皮肤灼伤和眼损伤，可能导致皮肤过敏反应

GHS危险性类别 急性毒性-经口，类别3；急性毒性-吸入，类别2；皮肤腐蚀/刺激，类别1B；严重眼损伤/眼刺激，类别1；皮肤致敏物，类别1；生殖细胞致突变性，类别2；致癌性，类别1B；特异性靶器官毒性-一次接触，类别3（呼吸道刺激）；危害水生环境-急性危害，类别2

标签要素

象形图 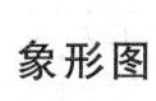 

警示词 危险

危险性说明 吞咽会中毒，吸入致命，造成严重的皮肤灼伤和眼损伤，可能导致皮肤过敏反应，怀疑可造成遗传性缺陷，可能致癌，可能引起呼吸道刺激，对水生生物有毒

防范说明

预防措施 避免接触眼睛、皮肤，操作后彻底清洗。作业场所不得进食、饮水或吸烟。避免吸入蒸气、雾。仅在室外或通风良好处操作。戴呼吸防护器具。戴防护手套，穿防护服，戴防护眼镜、防护面罩。污染的工作服不得带出工作场所。得到专门指导后操作。在阅读并了解所有安全预防措施之前，切勿操作。按要求使用个体防护装备。禁止排入环境

事故响应 如吸入：将患者转移到空气新鲜处，休息，保持利于呼吸的体位。皮肤（或头发）接触：立即脱掉所有被污染的衣服。用大量肥皂水和水清洗。污染的衣服须洗净后方可重新使用。如出现皮肤刺激或皮疹：就医。接触眼睛：用水细心冲洗数分钟。如戴隐形眼镜并可方便地取出，取出隐形眼镜继续冲洗。食入：漱口。不要催吐。立即呼叫中毒控制中心或就医。如果接触或有担心，就医

安全储存 在通风良好处储存。保持容器密闭。上锁保管

废弃处置 本品及内装物、容器依据国家和地方法规处置

物理和化学危险 可燃

健康危害 本品对黏膜和皮肤有强烈的刺激作用

急性中毒 短期内大量吸入，初始仅有眼和上呼吸道刺激症状。经数小时至24h，刺激症状加重，可有畏光、流泪、结膜充血、眼睑水肿或痉挛、咳嗽、胸闷、气急、紫绀；可发生喉头水肿或支气管黏膜脱落致窒息，肺水肿，成人呼吸窘迫症；并可并发皮下气肿、气胸、纵隔气肿。误服灼伤消化道；可致眼、皮肤灼伤

慢性影响 长期接触低浓度，可有眼和上呼吸道刺激。对皮肤有致敏性

环境危害 对水生生物有毒

第三部分 成分/组成信息

√物质　　混合物

组分	浓度	CAS No.
硫酸甲酯		77-78-1

第四部分 急救措施

吸入 迅速脱离现场至空气新鲜处。保持呼吸道通畅。如呼吸困难，给输氧。如呼吸、心跳停止，立即进行心肺复苏术。就医

皮肤接触 立即脱去污染的衣着，用大量流动清水彻底冲洗至少15min。就医

眼睛接触 立即分开眼睑，用流动清水或生理盐水彻底冲洗至少15min。就医

食入 用水漱口，禁止催吐。给饮牛奶或蛋清。就医

对保护施救者的忠告 根据需要使用个人防护设备

对医生的特别提示 对症处理

第五部分 消防措施

灭火剂 用雾状水、二氧化碳、泡沫、砂土灭火

特别危险性 遇高热可发生剧烈分解，引起容器破裂或爆炸事故。与氨水反应强烈。燃烧生成有害的一氧化碳、氧化硫

灭火注意事项及防护措施 消防人员必须佩戴空气呼吸器、穿全身防火防毒服，在上风向灭火。尽可能将容器从火场移至空旷处。喷水保持火场容器冷却，直至灭火结束。容器突然发出异常声音或出现异常现象，应立即撤离

第六部分 泄漏应急处理

作业人员防护措施、防护装备和应急处置程序 根据液体流动和蒸气扩散的影响区域划定警戒区，无关人员从侧风、上风向撤离至安全区。建议应急处理人员戴正压自给式呼吸器，穿防毒服，戴橡胶手套。作业时使用的所有设备应接地。穿上适当的防护服前严禁接触破裂的容器和泄漏物。尽可能切断泄漏源。严禁用水处理

环境保护措施 防止泄漏物进入水体、下水道、地下室或有限空间

泄漏化学品的收容、清除方法及所使用的处置材料 小量泄漏：用干燥的砂土或其他不燃材料覆盖泄漏物。大量泄漏：构筑围堤或挖坑收容。用碎石灰石（$CaCO_3$）、苏打灰（Na_2CO_3）或石灰（CaO）中和。用泵转移至槽车或专用收集器内

第七部分 操作处置与储存

操作注意事项 密闭操作，提供充分的局部排风。操作尽

可能机械化、自动化。操作人员必须经过专门培训，严格遵守操作规程。建议操作人员佩戴自吸过滤式防毒面具（半面罩），戴化学安全防护眼镜，穿胶布防毒衣，戴橡胶手套。远离火种、热源。工作场所严禁吸烟。使用防爆型的通风系统和设备。防止蒸气泄漏到工作场所空气中。避免与氧化剂、碱类接触。搬运时要轻装轻卸，防止包装及容器损坏。配备相应品种和数量的消防器材及泄漏应急处理设备。倒空的容器可能残留有害物

储存注意事项 储存于阴凉、干燥、通风良好的专用库房内。远离火种、热源。库房温度不超过32℃，相对湿度不超过80%。保持容器密封。应与氧化剂、碱类、食用化学品分开存放，切忌混储。配备相应品种和数量的消防器材。储区应备有泄漏应急处理设备和合适的收容材料

第八部分 接触控制/个体防护

职业接触限值

中国 PC-TWA：0.5mg/m³［皮］［G2A］

美国(ACGIH) TLV-TWA：0.1ppm［皮］

生物接触限值 未制定标准

监测方法 空气中有毒物质测定方法：高效液相色谱法。生物监测检验方法：未制定标准

工程控制 严加密闭，提供充分的局部排风。提供安全的淋浴和洗眼设备

个体防护装备

呼吸系统防护 可能接触其蒸气时，应该佩戴过滤式防毒面具（半面罩）。紧急事态抢救或撤离时，佩戴空气呼吸器

眼睛防护 戴化学安全防护眼镜

皮肤和身体防护 穿隔绝式防毒服

手防护 戴橡胶手套

第九部分 理化特性

外观与性状 无色或浅黄色透明液体，微带洋葱臭味

pH值 ＜7（1%溶液） **熔点(℃)** －31.8

沸点(℃) 188（分解）

相对密度(水＝1) 1.33（20℃）

相对蒸气密度(空气＝1) 4.35

饱和蒸气压(kPa) 2.00（76℃）

燃烧热(kJ/mol) 无资料 **临界温度(℃)** 无资料

临界压力(MPa) 7.01 **辛醇/水分配系数** 0.16

闪点(℃) 83（O.C）；83.3（CC）

自燃温度(℃) 188 **爆炸下限(%)** 3.6

爆炸上限(%) 23.3 **分解温度(℃)** 无资料

黏度(mPa·s) 无资料

溶解性 微溶于水，溶于乙醇、乙醚、丙酮等

第十部分 稳定性和反应性

稳定性 稳定

危险反应 与强氧化剂、氨水等禁配物发生剧烈反应，有发生火灾和爆炸的危险

避免接触的条件 潮湿空气

禁配物 强氧化剂、强碱、氨、水

危险的分解产物 氧化硫

第十一部分 毒理学信息

急性毒性

LD_{50} 205mg/kg（大鼠经口）

LC_{50} 45mg/m³（大鼠吸入，4h）

皮肤刺激或腐蚀 家兔经皮：10mg（24h），重度刺激（开放性刺激试验）

眼睛刺激或腐蚀 家兔经眼：100mg（4s），重度刺激（用水冲洗）

呼吸或皮肤过敏 无资料

生殖细胞突变性 DNA损伤：人淋巴细胞1mmol/L。姐妹染色单体交换：人成纤维细胞1μmol/L。DNA加合物：人HeLa细胞5μmol/L。程序外DNA合成：人淋巴细胞10μmol/L

致癌性 IARC致癌性评论：组2A，可能人类致癌物。对人类致癌性证据有限，对动物致癌性证据充分

生殖毒性 无资料

特异性靶器官系统毒性-一次接触 无资料

特异性靶器官系统毒性-反复接触 大鼠吸入0.5ppm，每周6h，2周，无影响。动物染毒半年之后，可以看出对疼痛的感受性降低

吸入危害 无资料

第十二部分 生态学信息

生态毒性 LC_{50}：7.5～15mg/L（96h）（鱼）

持久性和降解性

生物降解性 好氧生物降解（h）：168～672；厌氧生物降解（h）：672～2688

非生物降解性 空气中光氧化半衰期（h）：36.5～365

潜在的生物累积性 根据K_{ow}值预测，该物质的生物累积性可能较弱

土壤中的迁移性 根据K_{oc}值预测，该物质可能易发生迁移

第十三部分 废弃处置

废弃化学品 用焚烧法处置。稀释中和后，再焚烧。焚烧炉排出的硫氧化物通过洗涤器除去

污染包装物 将容器返还生产商或按照国家和地方法规处置

废弃注意事项 处置前应参阅国家和地方有关法规

第十四部分 运输信息

联合国危险货物编号(UN号) 1595

联合国运输名称 硫酸二甲酯

联合国危险性类别 6.1，8 **包装类别** Ⅰ类包装

包装标志

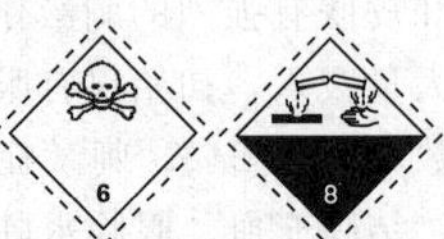

海洋污染物 否

运输注意事项 运输前应先检查包装容器是否完整、密封，运输过程中要确保容器不泄漏、不倒塌、不坠落、不损坏。严禁与酸类、氧化剂、食品及食品添加剂混运。运输时运输车辆应配备相应品种和数量的消防器材及泄漏应急处理设备。运输途中应防曝晒、雨淋，防高温。公路运输时要按规定路线行驶，勿在居民区和人口稠密区停留

第十五部分 法规信息

下列法律、法规、规章和标准，对该化学品的管理作了相应的规定。

中华人民共和国职业病防治法 职业病分类和目录：硫酸二甲酯中毒

危险化学品安全管理条例 危险化学品目录：列入。易制爆危险化学品名录：未列入。重点监管的危险化学品名录：列入。GB 18218—2009《危险化学品重大危险源辨识》(表 1)：未列入

使用有毒物品作业场所劳动保护条例 高毒物品目录：列入

易制毒化学品管理条例 易制毒化学品的分类和品种目录：未列入

国际公约 斯德哥尔摩公约：未列入。鹿特丹公约：未列入。蒙特利尔议定书：未列入

第十六部分 其他信息

编写和修订信息

缩略语和首字母缩写

培训建议

参考文献

免责声明

硫酸乙酯

第一部分 化学品标识

化学品中文名 硫酸乙酯；硫酸二乙酯

化学品英文名 ethyl sulfate；diethyl sulfate

分子式 $C_4H_{10}SO_4$ **相对分子质量** 154.1

结构式

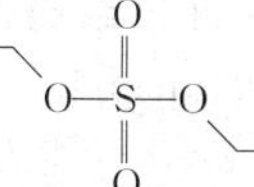

化学品的推荐及限制用途 有机合成中用作乙基化剂

第二部分 危险性概述

紧急情况概述 造成严重的皮肤灼伤和眼损伤

GHS 危险性类别 急性毒性-经口，类别 4；急性毒性-经皮，类别 4；急性毒性-吸入，类别 4；皮肤腐蚀/刺激，类别 1B；严重眼损伤/眼刺激，类别 1；生殖细胞致突变性，类别 1B；致癌性，类别 1B；危害水生环境-急性危害，类别 3

标签要素

象形图

警示词 危险

危险性说明 吞咽有害，皮肤接触有害，吸入有害，造成严重的皮肤灼伤和眼损伤，可能致癌，对水生生物有害

防范说明

预防措施 避免接触眼睛、皮肤，操作后彻底清洗。作业场所不得进食、饮水或吸烟。避免吸入蒸气、雾。仅在室外或通风良好处操作。戴防护手套，穿防护服，戴防护眼镜、防护面罩。得到专门指导后操作。在阅读并了解所有安全预防措施之前，切勿操作。按要求使用个体防护装备。禁止排入环境

事故响应 如吸入：将患者转移到空气新鲜处，休息，保持利于呼吸的体位。皮肤接触：立即脱掉所有被污染的衣服，用大量肥皂水和水清洗，如感觉不适，呼叫中毒控制中心或就医。被污染的衣服须经洗净后方可重新使用。接触眼睛：用水细心冲洗数分钟。如戴隐形眼镜并可方便地取出，取出隐形眼镜继续冲洗。食入：漱口，不要催吐，如果感觉不适，立即呼叫中毒控制中心或就医。如果接触或有担心，就医

安全储存 上锁保管

废弃处置 本品及内装物、容器依据国家和地方法规处置

物理和化学危险 可燃，其蒸气与空气混合，能形成爆炸性混合物

健康危害 吸入本品可出现呼吸道刺激症状及恶心、呕吐。液体或雾对眼有强烈刺激性，可引起眼灼伤。皮肤短时接触引起刺激，较长时间接触可发生水疱。大量口服引起恶心、呕吐、腹痛和虚脱

环境危害 对水生生物有害

第三部分 成分/组成信息

√物质 混合物

组分	浓度	CAS No.
硫酸乙酯		64-67-5

第四部分 急救措施

吸入 迅速脱离现场至空气新鲜处。保持呼吸道通畅。如呼吸困难，给输氧。如呼吸、心跳停止，立即进行心肺复苏术。就医

皮肤接触 立即脱去污染的衣着，用大量流动清水彻底冲洗至少 15min。就医

眼睛接触 立即分开眼睑，用流动清水或生理盐水彻底冲洗至少 15min。就医

食入 用水漱口，禁止催吐。给饮牛奶或蛋清。就医

对保护施救者的忠告 根据需要使用个人防护设备

对医生的特别提示 对症处理

第五部分 消防措施

灭火剂 用泡沫、干粉、二氧化碳、砂土灭火

特别危险性 遇明火、氧化剂能燃烧，并散发出有毒气体。若遇高热可发生剧烈分解，引起容器破裂或爆炸

事故。遇叔丁氧基钾发生剧烈反应。遇潮气易分解，生成腐蚀性液体硫酸。燃烧生成有害的一氧化碳、氧化硫

灭火注意事项及防护措施 消防人员必须佩戴空气呼吸器、穿全身防火防毒服，在上风向灭火。尽可能将容器从火场移至空旷处。喷水保持火场容器冷却，直至灭火结束。容器突然发出异常声音或出现异常现象，应立即撤离

第六部分 泄漏应急处理

作业人员防护措施、防护装备和应急处置程序 根据液体流动和蒸气扩散的影响区域划定警戒区，无关人员从侧风、上风向撤离至安全区。建议应急处理人员戴正压自给式呼吸器，穿防毒服，戴橡胶手套。穿上适当的防护服前严禁接触破裂的容器和泄漏物。尽可能切断泄漏源

环境保护措施 防止泄漏物进入水体、下水道、地下室或有限空间

泄漏化学品的收容、清除方法及所使用的处置材料 小量泄漏：用干燥的砂土或其他不燃材料吸收或覆盖，收集于容器中。大量泄漏：构筑围堤或挖坑收容。用碎石灰石（$CaCO_3$）、苏打灰（Na_2CO_3）或石灰（CaO）中和。用泵转移至槽车或专用收集器内

第七部分 操作处置与储存

操作注意事项 密闭操作，提供充分的局部排风。操作尽可能机械化、自动化。操作人员必须经过专门培训，严格遵守操作规程。建议操作人员佩戴自吸过滤式防毒面具（半面罩），戴化学安全防护眼镜，穿防静电工作服，戴橡胶手套。远离火种、热源。工作场所严禁吸烟。使用防爆型的通风系统和设备。防止蒸气泄漏到工作场所空气中。避免与氧化剂、碱类接触。搬运时要轻装轻卸，防止包装及容器损坏。配备相应品种和数量的消防器材及泄漏应急处理设备。倒空的容器可能残留有害物

储存注意事项 储存于阴凉、干燥、通风良好的库房。远离火种、热源。保持容器密封。应与氧化剂、碱类、食用化学品分开存放，切忌混储。配备相应品种和数量的消防器材。储区应备有泄漏应急处理设备和合适的收容材料

第八部分 接触控制/个体防护

职业接触限值

中国 未制定标准

美国(ACGIH) 未制定标准

生物接触限值 未制定标准

监测方法 空气中有毒物质测定方法：未制定标准。生物监测检验方法：未制定标准

工程控制 严加密闭，提供充分的局部排风。提供安全的淋浴和洗眼设备

个体防护装备

呼吸系统防护 可能接触其蒸气时，应该佩戴过滤式防毒面具（半面罩）

眼睛防护 戴化学安全防护眼镜

皮肤和身体防护 穿防静电工作服

手防护 戴橡胶手套

第九部分 理化特性

外观与性状 无色油状液体，略有醚的气味

pH 值 无资料　　**熔点(℃)** －24.0

沸点(℃) 208（分解）　　**相对密度(水＝1)** 1.18

相对蒸气密度(空气＝1) 5.31

饱和蒸气压(kPa) 0.13（47.0℃）

燃烧热(kJ/mol) 无资料　　**临界温度(℃)** 无资料

临界压力(MPa) 6.48　　**辛醇/水分配系数** 1.14

闪点(℃) 78.33；104（CC）　　**自燃温度(℃)** 436

爆炸下限(%) 4.1　　**爆炸上限(%)** 无资料

分解温度(℃) 无资料

黏度(mPa·s) 1.79（20℃）

溶解性 不溶于水，溶于乙醇、乙醚

第十部分 稳定性和反应性

稳定性 稳定

危险反应 与强氧化剂等禁配物接触，有发生火灾和爆炸的危险。遇水易分解

避免接触的条件 潮湿空气、受热

禁配物 强氧化剂、强碱、水

危险的分解产物 氧化硫

第十一部分 毒理学信息

急性毒性 LD_{50}：880mg/kg（大鼠经口）；600mg/kg（兔经皮）

皮肤刺激或腐蚀 家兔经皮：10mg（24h），重度刺激（开放性刺激试验）

眼睛刺激或腐蚀 家兔经眼：2mg，重度刺激

呼吸或皮肤过敏 无资料

生殖细胞突变性 微生物致突变：鼠伤寒沙门氏菌 5mg/皿；大肠杆菌 10mmol/L。DNA 损伤：人 HeLa 细胞 20mg。细胞遗传学分析：人淋巴细胞 300μmol/L。程序外 DNA 合成：大鼠肝 100μmol/L

致癌性 IARC 致癌性评论：组 2A，可能人类致癌物。对人类致癌性证据有限，对动物致癌性证据充分

生殖毒性 无资料

特异性靶器官系统毒性-一次接触 无资料

特异性靶器官系统毒性-反复接触 无资料

吸入危害 无资料

第十二部分 生态学信息

生态毒性 LC_{50}：20mg/L（96h）（虹鳟）

持久性和降解性

生物降解性 好氧生物降解（h）：168～672；厌氧生物降解（h）：672～2688

非生物降解性 空气中光氧化半衰期（h）：3.6～36；一级水解半衰期（h）：1.7

潜在的生物累积性 根据 K_{ow} 值预测，该物质的生物累积性可能较弱

土壤中的迁移性 根据 K_{oc} 值预测，该物质可能易发生迁移

第十三部分 废弃处置

废弃化学品 建议用焚烧法处置。焚烧炉排出的硫氧化物通过洗涤器除去

污染包装物 将容器返还生产商或按照国家和地方法规处置

废弃注意事项 处置前应参阅国家和地方有关法规

第十四部分 运输信息

联合国危险货物编号（UN 号） 1594

联合国运输名称 硫酸二乙酯

联合国危险性类别 6.1 **包装类别** Ⅱ类包装

包装标志 

海洋污染物 否

运输注意事项 运输前应先检查包装容器是否完整、密封，运输过程中要确保容器不泄漏、不倒塌、不坠落、不损坏。严禁与酸类、氧化剂、食品及食品添加剂混运。运输时运输车辆应配备相应品种和数量的消防器材及泄漏应急处理设备。运输途中应防曝晒、雨淋，防高温。公路运输时要按规定路线行驶

第十五部分 法规信息

下列法律、法规、规章和标准，对该化学品的管理作了相应的规定。

中华人民共和国职业病防治法 职业病分类和目录：未列入

危险化学品安全管理条例 危险化学品目录：列入。易制爆危险化学品名录：未列入。重点监管的危险化学品名录：未列入。GB 18218—2009《危险化学品重大危险源辨识》（表 1）：未列入

使用有毒物品作业场所劳动保护条例 高毒物品目录：未列入

易制毒化学品管理条例 易制毒化学品的分类和品种目录：未列入

国际公约 斯德哥尔摩公约：未列入。鹿特丹公约：未列入。蒙特利尔议定书：未列入

第十六部分 其他信息

编写和修订信息 **缩略语和首字母缩写**

培训建议 **参考文献**

免责声明

六氟丙烯

第一部分 化学品标识

化学品中文名 六氟丙烯；全氟丙烯

化学品英文名 hexafluoropropylene；perfluoropropylene

分子式 C_3F_6 **相对分子质量** 150.03

结构式 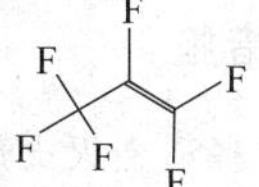

化学品的推荐及限制用途 作为制备氟磺酸离子交换膜、氟碳油和全氟环氧丙烷等的原料

第二部分 危险性概述

紧急情况概述 内装加压气体：遇热可能爆炸

GHS 危险性类别 加压气体；急性毒性-吸入，类别 4；特异性靶器官毒性-一次接触，类别 1；特异性靶器官毒性-反复接触，类别 1

标签要素

象形图 

警示词 危险

危险性说明 内装加压气体：遇热可能爆炸，吸入有害，对器官造成损害，长时间或反复接触对器官造成损伤

防范说明

预防措施 避免吸入气体。仅在室外或通风良好处操作。避免接触眼睛、皮肤，操作后彻底清洗。作业场所不得进食、饮水或吸烟

事故响应 如吸入：将患者转移到空气新鲜处，休息，保持利于呼吸的体位，如感觉不适，呼叫中毒控制中心或就医。如果接触：立即呼叫中毒控制中心或就医

安全储存 防日晒。存放在通风良好的地方。上锁保管

废弃处置 本品及内装物、容器依据国家和地方法规处置

物理和化学危险 不燃，无特殊燃爆特性

健康危害 主要损害呼吸系统和肾脏

急性中毒 吸入后可引起中毒性支气管炎、肺炎，甚至发生肺水肿。常有肾脏损害，尿检可见蛋白尿、血尿和管型尿。部分患者出现肾功能损害。皮肤接触液态本品可引起冻伤

环境危害 对环境可能有害

第三部分 成分/组成信息

√物质 混合物

组分	浓度	CAS No.
六氟丙烯		116-15-4

第四部分 急救措施

吸入 迅速脱离现场至空气新鲜处。保持呼吸道通畅。如呼吸困难，给输氧。如呼吸、心跳停止，立即进行心肺复苏术。就医

皮肤接触 如发生冻伤，用温水（38～42℃）复温，忌用热水或辐射热，不要揉搓。就医

对保护施救者的忠告 根据需要使用个人防护设备

对医生的特别提示 对症处理

第五部分 消防措施

灭火剂 本品不燃。根据着火原因选择适当灭火剂灭火

特别危险性 若遇高热，容器内压增大，有开裂和爆炸的危险。燃烧生成有害的一氧化碳、氟化氢

灭火注意事项及防护措施 消防人员须佩戴防毒面具、穿全身消防服，在上风向灭火。尽可能将容器从火场移至空旷处。喷水保持火场容器冷却，直至灭火结束

第六部分 泄漏应急处理

作业人员防护措施、防护装备和应急处置程序 根据气体扩散的影响区域划定警戒区，无关人员从侧风、上风向撤离至安全区。建议应急处理人员戴正压自给式呼吸器，穿一般作业工作服。液化气体泄漏时穿防寒服。尽可能切断泄漏源。喷雾状水抑制蒸气或改变蒸气云流向，避免水流接触泄漏物。禁止用水直接冲击泄漏物或泄漏源

环境保护措施 防止气体通过下水道、通风系统和有限空间扩散。漏出气允许排入大气中。泄漏场所保持通风

泄漏化学品的收容、清除方法及所使用的处置材料 无资料

第七部分 操作处置与储存

操作注意事项 密闭操作，全面排风。操作人员必须经过专门培训，严格遵守操作规程。建议操作人员自吸过滤式防毒面具（半面罩），远离易燃、可燃物。防止气体泄漏到工作场所空气中。避免与氧化剂接触。搬运时轻装轻卸，防止钢瓶及附件破损。配备泄漏应急处理设备

储存注意事项 储存于阴凉、通风的不燃气体专用库房。远离火种、热源。库温不宜超过30℃。应与易（可）燃物、氧化剂分开存放，切忌混储。储区应备有泄漏应急处理设备

第八部分 接触控制/个体防护

职业接触限值

中国 PC-TWA：4mg/m^3

美国(ACGIH) TLV-TWA：0.1ppm

生物接触限值 未制定标准

监测方法 空气中有毒物质测定方法：未制定标准。生物监测检验方法：未制定标准

工程控制 密闭操作，全面排风

个体防护装备

呼吸系统防护 空气中浓度较高时，应视污染气体浓度的高低和作业环境中是否缺氧来选择过滤式防毒面具（半面罩）或空气呼吸器

眼睛防护 一般不需特殊防护

皮肤和身体防护 穿一般作业工作服

手防护 戴一般作业防护手套

第九部分 理化特性

外观与性状 无色无味气体

pH值 无意义 **熔点(℃)** －156.5

沸点(℃) －29.6 **相对密度(水＝1)** 1.58

相对蒸气密度(空气＝1) 5.18

饱和蒸气压(kPa) 687.15（21.1℃）

燃烧热(kJ/mol) 无资料 **临界温度(℃)** 86

临界压力(MPa) 2.75 **辛醇/水分配系数** 2.12

闪点(℃) 无意义 **自燃温度(℃)** 无意义

爆炸下限(%) 无意义 **爆炸上限(%)** 无意义

分解温度(℃) 无资料 **黏度(mPa·s)** 无资料

溶解性 微溶于乙醇、乙醚

第十部分 稳定性和反应性

稳定性 稳定

危险反应 与强氧化剂等禁配物接触，有发生容器爆炸的危险

避免接触的条件 受热

禁配物 强氧化剂、易燃或可燃物

危险的分解产物 无资料

第十一部分 毒理学信息

急性毒性 LC_{50}：11200mg/m^3（大鼠吸入，4h）；750ppm（小鼠吸入，4h）

皮肤刺激或腐蚀 无资料 **眼睛刺激或腐蚀** 无资料

呼吸或皮肤过敏 无资料 **生殖细胞突变性** 无资料

致癌性 无资料 **生殖毒性** 无资料

特异性靶器官系统毒性-一次接触 无资料

特异性靶器官系统毒性-反复接触 无资料

吸入危害 无资料

第十二部分 生态学信息

生态毒性 无资料

持久性和降解性

生物降解性 无资料

非生物降解性 空气中，当羟基自由基浓度为5.00×10^{5}个/cm^{3}时，降解半衰期为21d（理论）

潜在的生物累积性 根据K_{ow}值预测，该物质的生物累积性可能较弱

土壤中的迁移性 根据K_{oc}值预测，该物质可能有一定的迁移性

第十三部分 废弃处置

废弃化学品 根据国家和地方有关法规的要求处置。或与制造商联系，确定处置方法

污染包装物 将容器返还生产商或按照国家和地方法规处置

废弃注意事项 把空容器归还厂商

第十四部分 运输信息

联合国危险货物编号(UN号) 1858

联合国运输名称 六氟丙烯

联合国危险性类别 2.2 **包装类别** -

包装标志  **海洋污染物** 否

运输注意事项 采用钢瓶运输时必须戴好钢瓶上的安全帽。钢瓶一般平放，并应将瓶口朝同一方向，不可交叉；高度不得超过车辆的防护栏板，并用三角木垫卡牢，防止滚动。严禁与易燃物或可燃物、氧化剂等混装混运。夏季应早晚运输，防止日光曝晒。铁路运输时要禁止溜放

第十五部分 法规信息

下列法律、法规、规章和标准，对该化学品的管理作了相应的规定。

中华人民共和国职业病防治法 职业病分类和目录：有机氟聚合物单体及其热裂解物中毒

危险化学品安全管理条例 危险化学品目录：列入。易制爆危险化学品名录：未列入。重点监管的危险化学品名录：未列入。GB 18218—2009《危险化学品重大危险源辨识》(表 1)：未列入

使用有毒物品作业场所劳动保护条例 高毒物品目录：未列入

易制毒化学品管理条例 易制毒化学品的分类和品种目录：未列入

国际公约 斯德哥尔摩公约：未列入。鹿特丹公约：未列入。蒙特利尔议定书：未列入

第十六部分 其他信息

编写和修订信息 **缩略语和首字母缩写**

培训建议 **参考文献**

免责声明

六氟化硫

第一部分 化学品标识

化学品中文名 六氟化硫

化学品英文名 sulfur hexafluoride

分子式 SF_6 **相对分子质量** 146.06

结构式

$$F-S-F \text{ (S bonded to six F)}$$

化学品的推荐及限制用途 用作电子设备和雷达波导的气体绝缘体

第二部分 危险性概述

紧急情况概述 装加压气体：遇热可能爆炸，可能引起昏昏欲睡或眩晕

GHS 危险性类别 加压气体；特异性靶器官毒性-一次接触，类别 3（麻醉效应）

标签要素

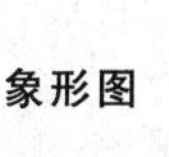

警示词 警告

危险性说明 装加压气体：遇热可能爆炸，可能引起昏昏欲睡或眩晕

防范说明

预防措施 -

事故响应 -

安全储存 防日晒。存放在通风良好的地方

废弃处置 -

物理和化学危险 不燃，无特殊燃爆特性

健康危害 空气中高浓度引起缺氧，有神志不清和死亡危险。工业品中如混杂低氟化硫、氟化氢，特别是十氟化硫时，则毒性增强。皮肤直接接触液态本品，可引起冻伤

环境危害 对环境可能有害

第三部分 成分/组成信息

√物质 混合物

组分	浓度	CAS No.
六氟化硫		2551-62-4

第四部分 急救措施

吸入 迅速脱离现场至空气新鲜处。保持呼吸道通畅。如呼吸困难，给输氧。如呼吸、心跳停止，立即进行心肺复苏术。就医

皮肤接触 如发生冻伤，用温水（38～42℃）复温，忌用热水或辐射热，不要揉搓。就医

对保护施救者的忠告 根据需要使用个人防护设备

对医生的特别提示 对症处理

第五部分 消防措施

灭火剂 本品不燃。根据着火原因选择适当灭火剂灭火

特别危险性 若遇高热，容器内压增大，有开裂和爆炸的危险

灭火注意事项及防护措施 消防人员须佩戴防毒面具、穿全身消防服，在上风向灭火。切断气源。喷水冷却容器，尽可能将容器从火场移至空旷处

第六部分 泄漏应急处理

作业人员防护措施、防护装备和应急处置程序 根据气体扩散的影响区域划定警戒区，无关人员从侧风、上风向撤离至安全区。建议应急处理人员戴正压自给式呼吸器，穿一般作业工作服。尽可能切断泄漏源。喷雾状水抑制蒸气或改变蒸气云流向，避免水流接触泄漏物。禁止用水直接冲击泄漏物或泄漏源

环境保护措施 防止气体通过下水道、通风系统和有限空间扩散。漏出气允许排入大气中。泄漏场所保持通风

泄漏化学品的收容、清除方法及所使用的处置材料 无资料

第七部分 操作处置与储存

操作注意事项 密闭操作，局部排风。操作人员必须经过专门培训，严格遵守操作规程。建议操作人员佩戴滤式防毒面具（半面罩），远离易燃、可燃物。防止气体泄漏到工作场所空气中。避免与氧化剂接触。搬运时轻装轻卸，防止钢瓶及附件破损。配备泄漏应急

处理设备

储存注意事项 储存于阴凉、通风的不燃气体专用库房。远离火种、热源。库温不宜超过30℃。应与易（可）燃物、氧化剂分开存放，切忌混储。储区应备有泄漏应急处理设备

第八部分 接触控制/个体防护

职业接触限值

中国 PC-TWA：6000mg/m³

美国(ACGIH) TLV-TWA：1000ppm

生物接触限值 尿氟：42mmol/mol 肌酐（7mg/g 肌酐）（采样时间：工作班后）

监测方法 空气中有毒物质测定方法：直接进样-气相色谱法。生物监测检验方法：尿中氟的离子选择电极测定方法

工程控制 密闭操作，局部排风

个体防护装备

呼吸系统防护 一般不需要特殊防护，高浓度接触时可佩戴过滤式防毒面具（半面罩）或自给式呼吸器

眼睛防护 必要时，戴安全防护眼镜

皮肤和身体防护 穿一般作业防护服

手防护 戴一般作业防护手套

第九部分 理化特性

外观与性状 无色无味气体

pH 值 无意义 **熔点(℃)** −51

沸点(℃) −64

相对密度(水=1) 1.67（−100℃）

相对蒸气密度(空气=1) 6.602

饱和蒸气压(kPa) 2450（25℃）

燃烧热(kJ/mol) 无资料 **临界温度(℃)** 45.6

临界压力(MPa) 3.76 **辛醇/水分配系数** 1.68

闪点(℃) 无意义 **自燃温度(℃)** 无意义

爆炸下限(%) 无意义 **爆炸上限(%)** 无意义

分解温度(℃) 无资料

黏度(mPa·s) 0.015（25℃，101.3kPa）

溶解性 微溶于水，溶于乙醇、乙醚

第十部分 稳定性和反应性

稳定性 稳定

危险反应 与强氧化剂等禁配物接触，有发生容器爆炸的危险

避免接触的条件 无资料

禁配物 强氧化剂、易燃或可燃物

危险的分解产物 氟化氢

第十一部分 毒理学信息

急性毒性 LD_{50}：5790mg/kg（兔静脉）

皮肤刺激或腐蚀 无资料 **眼睛刺激或腐蚀** 无资料

呼吸或皮肤过敏 无资料 **生殖细胞突变性** 无资料

致癌性 无资料 **生殖毒性** 无资料

特异性靶器官系统毒性-一次接触 无资料

特异性靶器官系统毒性-反复接触 无资料

吸入危害 无资料

第十二部分 生态学信息

生态毒性 无资料

持久性和降解性

生物降解性 无资料

非生物降解性 无资料

潜在的生物累积性 根据 K_{ow} 值预测，该物质的生物累积性可能较弱

土壤中的迁移性 根据 K_{oc} 值预测，该物质可能易发生迁移

第十三部分 废弃处置

废弃化学品 废气直接排入大气

污染包装物 将容器返还生产商或按照国家和地方法规处置

废弃注意事项 处置前应参阅国家和地方有关法规

第十四部分 运输信息

联合国危险货物编号（UN 号） 1080

联合国运输名称 六氟化硫

联合国危险性类别 2.2 **包装类别** -

包装标志  **海洋污染物** 否

运输注意事项 采用钢瓶运输时必须戴好钢瓶上的安全帽。钢瓶一般平放，并应将瓶口朝同一方向，不可交叉；高度不得超过车辆的防护栏板，并用三角木垫卡牢，防止滚动。严禁与易燃物或可燃物、氧化剂等混装混运。夏季应早晚运输，防止日光曝晒。铁路运输时要禁止溜放

第十五部分 法规信息

下列法律、法规、规章和标准，对该化学品的管理作了相应的规定。

中华人民共和国职业病防治法 职业病分类和目录：氟及其无机化合物中毒

危险化学品安全管理条例 危险化学品目录：列入。易制爆危险化学品名录：未列入。重点监管的危险化学品名录：未列入。GB 18218—2009《危险化学品重大危险源辨识》(表1)：未列入

使用有毒物品作业场所劳动保护条例 高毒物品目录：列入

易制毒化学品管理条例 易制毒化学品的分类和品种目录：未列入

国际公约 斯德哥尔摩公约：未列入。鹿特丹公约：未列入。蒙特利尔议定书：未列入

第十六部分 其他信息

编写和修订信息 **缩略语和首字母缩写**

培训建议 **参考文献**

免责声明

六甲基二硅醚

第一部分 化学品标识

化学品中文名 六甲基二硅醚；六甲基氧二硅烷

化学品英文名 hexamethyl disiloxane; hexamethyloxy disilane; bis(trimethylsilyl) ether

分子式 $C_6H_{18}OSi_2$ **相对分子质量** 162.42

结构式 $(CH_3)_3Si-O-Si(CH_3)_3$

化学品的推荐及限制用途 用作硅油、硅橡胶、药品、气相色谱固定液、分析试剂、憎水剂等

第二部分 危险性概述

紧急情况概述 高度易燃液体和蒸气

GHS危险性类别 易燃液体，类别2；危害水生环境-急性危害，类别1；危害水生环境-长期危害，类别1

标签要素

象形图

警示词 危险

危险性说明 高度易燃液体和蒸气，对水生生物毒性非常大并具有长期持续影响

防范说明

预防措施 远离热源、火花、明火、热表面。禁止吸烟。保持容器密闭。容器和接收设备接地连接。使用防爆电器、通风、照明设备。只能使用不产生火花的工具。采取防止静电措施。戴防护手套、防护眼镜、防护面罩。禁止排入环境

事故响应 火灾时，使用二氧化碳、干粉、干砂灭火。如皮肤（或头发）接触：立即脱掉所有被污染的衣服，用水冲洗皮肤，淋浴。收集泄漏物

安全储存 存放在通风良好的地方。保持低温

废弃处置 本品及内装物、容器依据国家和地方法规处置

物理和化学危险 高度易燃，其蒸气与空气混合，能形成爆炸性混合物

健康危害 本品高浓度蒸气对眼睛和呼吸道有强烈刺激性，甚至可引起肺水肿和出血。对皮肤有刺激性

环境危害 对水生生物毒性非常大并具有长期持续影响

第三部分 成分/组成信息

√物质 混合物

组分	浓度	CAS No.
六甲基二硅醚		107-46-0

第四部分 急救措施

吸入 迅速脱离现场至空气新鲜处。保持呼吸道通畅。如呼吸困难，给输氧。如呼吸、心跳停止，立即进行心肺复苏术。就医

皮肤接触 立即脱去污染的衣着，用流动清水彻底冲洗。就医

眼睛接触 立即分开眼睑，用流动清水或生理盐水彻底冲洗。就医

食入 漱口，饮水。就医

对保护施救者的忠告 根据需要使用个人防护设备

对医生的特别提示 对症处理

第五部分 消防措施

灭火剂 用二氧化碳、干粉、干砂灭火

特别危险性 遇高热、明火及强氧化剂易引起燃烧。燃烧生成有害的一氧化碳、氧化硅

灭火注意事项及防护措施 消防人员必须佩戴空气呼吸器、穿全身防火防毒服，在上风向灭火。喷水冷却容器，尽可能将容器从火场移至空旷处。容器突然发出异常声音或出现异常现象，应立即撤离。用水灭火无效。禁止用水和泡沫灭火

第六部分 泄漏应急处理

作业人员防护措施、防护装备和应急处置程序 消除所有点火源。根据液体流动和蒸气扩散的影响区域划定警戒区，无关人员从侧风、上风向撤离至安全区。建议应急处理人员戴正压自给式呼吸器，穿防静电服，戴橡胶耐油手套。作业时使用的所有设备应接地。禁止接触或跨越泄漏物。尽可能切断泄漏源

环境保护措施 防止泄漏物进入水体、下水道、地下室或有限空间

泄漏化学品的收容、清除方法及所使用的处置材料 小量泄漏：用砂土或其他不燃材料吸收，使用洁净的无火花工具收集吸收材料。大量泄漏：构筑围堤或挖坑收容。用泡沫覆盖，减少蒸发。喷水雾能减少蒸发，但不能降低泄漏物在有限空间内的易燃性。用防爆泵转移至槽车或专用收集器内

第七部分 操作处置与储存

操作注意事项 密闭操作，全面排风。操作人员必须经过专门培训，严格遵守操作规程。建议操作人员佩戴自吸过滤式防毒面具（半面罩），戴化学安全防护眼镜，穿防毒物渗透工作服，戴橡胶耐油手套。远离火种、热源。工作场所严禁吸烟。使用防爆型的通风系统和设备。防止蒸气泄漏到工作场所空气中。避免与氧化剂、酸类、碱类接触。充装要控制流速，防止静电积聚。搬运时要轻装轻卸，防止包装及容器损坏。配备相应品种和数量的消防器材及泄漏应急处理设备。倒空的容器可能残留有害物

储存注意事项 储存于阴凉、干燥、通风良好的不燃库房。远离火种、热源。库温不宜超过37℃。包装要求密封，不可与空气接触。应与氧化剂、酸类、碱类等分开存放，切忌混储。采用防爆型照明、通风设施。禁止使用易产生火花的机械设备和工具。储区应备有泄漏应急处理设备和合适的收容材料

第八部分 接触控制/个体防护

职业接触限值

中国 未制定标准

美国(ACGIH) 未制定标准

生物接触限值 未制定标准

监测方法 空气中有毒物质测定方法：未制定标准。生物监测检验方法：未制定标准

工程控制 密闭操作，全面排风

个体防护装备

呼吸系统防护 空气中浓度超标时，佩戴过滤式防毒面具（半面罩）。紧急事态抢救或撤离时，建议佩戴空气呼吸器

眼睛防护 戴化学安全防护眼镜

皮肤和身体防护 穿防毒物渗透工作服

手防护 戴橡胶耐油手套

第九部分 理化特性

外观与性状 无色透明液体，易潮解

pH值 无资料 **熔点(℃)** −68

沸点(℃) 99.5

相对密度(水=1) 0.764（25℃）

相对蒸气密度(空气=1) 5.5

饱和蒸气压(kPa) 5.6（25℃）

燃烧热(kJ/mol) 无资料 **临界温度(℃)** 无资料

临界压力(MPa) 1.91 **辛醇/水分配系数** 4.2

闪点(℃) −2 **自燃温度(℃)** 341

爆炸下限(%) 0.6 **爆炸上限(%)** 32

分解温度(℃) 无资料

黏度(mPa·s) 0.39（20℃）

溶解性 不溶于水，溶于多数有机溶剂

第十部分 稳定性和反应性

稳定性 稳定

危险反应 与强氧化剂、水等禁配物接触，有发生火灾和爆炸的危险

避免接触的条件 潮湿空气

禁配物 强酸、强碱、强氧化剂、水及水蒸气

危险的分解产物 氧化硅

第十一部分 毒理学信息

急性毒性

LD_{50} 4500mg/kg（小鼠腹腔）；16ml（12224mg）/kg（兔经皮）

LC_{50} 15956ppm（大鼠吸入，4h）

皮肤刺激或腐蚀 家兔经皮：500mg（24h），轻度刺激

眼睛刺激或腐蚀 家兔经眼：100μl（24h），轻度刺激

呼吸或皮肤过敏 无资料 **生殖细胞突变性** 无资料

致癌性 无资料 **生殖毒性** 无资料

特异性靶器官系统毒性-一次接触 无资料

特异性靶器官系统毒性-反复接触 无资料

吸入危害 无资料

第十二部分 生态学信息

生态毒性

LC_{50} 0.46mg/L（96h）（鱼类）

NOEC 0.08mg/L（21d）（水蚤）

持久性和降解性

生物降解性 易水解生成不易快速生物降解的三甲基硅醇

非生物降解性 空气中，当羟基自由基浓度为5.00×10^5个/cm^3时，降解半衰期为12d（理论）

潜在的生物累积性 根据K_{ow}值预测，该物质可能有较高的生物累积性

土壤中的迁移性 根据K_{oc}值预测，该物质的迁移性可能较弱

第十三部分 废弃处置

废弃化学品 建议用焚烧法处置

污染包装物 将容器返还生产商或按照国家和地方法规处置

废弃注意事项 处置前应参阅国家和地方有关法规

第十四部分 运输信息

联合国危险货物编号(UN号) 1993

联合国运输名称 易燃液体，未另作规定的（六甲基二硅醚）

联合国危险性类别 3 **包装类别** Ⅱ类包装

包装标志  **海洋污染物** 是

运输注意事项 运输时运输车辆应配备相应品种和数量的消防器材及泄漏应急处理设备。夏季最好早晚运输。运输时所用的槽（罐）车应有接地链，槽内可设孔隔板以减少震荡产生的静电。严禁与氧化剂、酸类、碱类、食用化学品等混装混运。运输途中应防曝晒、雨淋，防高温。中途停留时应远离火种、热源、高温区。装运该物品的车辆排气管必须配备阻火装置，禁止使用易产生火花的机械设备和工具装卸。公路运输时要按规定路线行驶，勿在居民区和人口稠密区停留。铁路运输时要禁止溜放。严禁用木船、水泥船散装运输

第十五部分 法规信息

下列法律、法规、规章和标准，对该化学品的管理作了相应的规定。

中华人民共和国职业病防治法 职业病分类和目录：未列入

危险化学品安全管理条例 危险化学品目录：列入。易制爆危险化学品名录：未列入。重点监管的危险化学品名录：未列入。GB 18218—2009《危险化学品重大危险源辨识》（表1）：未列入

使用有毒物品作业场所劳动保护条例 高毒物品目录：未列入

易制毒化学品管理条例 易制毒化学品的分类和品种目录：未列入

国际公约 斯德哥尔摩公约：未列入。鹿特丹公约：未列入。蒙特利尔议定书：未列入

第十六部分 其他信息

编写和修订信息 **缩略语和首字母缩写**

培训建议 **参考文献**

免责声明

六 氯 苯

第一部分 化学品标识

化学品中文名 六氯苯；全氯代苯；灭黑穗药

化学品英文名 hexachlorobenzene；hexachlorbenzol

分子式 C_6Cl_6 **相对分子质量** 284.76

结构式 (Cl、Cl、Cl、Cl、Cl、Cl 取代苯环)

化学品的推荐及限制用途 用于防治麦类黑穗病，种子和土壤消毒

第二部分 危险性概述

紧急情况概述 怀疑致癌

GHS 危险性类别 致癌性，类别 2；特异性靶器官毒性-反复接触，类别 1；危害水生环境-急性危害，类别 1；危害水生环境-长期危害，类别 1

标签要素

象形图

警示词 危险

危险性说明 怀疑致癌，长时间或反复接触对器官造成损伤，对水生生物毒性非常大并具有长期持续影响

防范说明

预防措施 得到专门指导后操作。在阅读并了解所有安全预防措施之前，切勿操作。按要求使用个体防护装备。避免吸入粉尘。操作后彻底清洗。操作现场不得进食、饮水或吸烟。禁止排入环境

事故响应 如果接触或有担心，就医。收集泄漏物

安全储存 上锁保管

废弃处置 本品及内装物、容器依据国家和地方法规处置

物理和化学危险 可燃，其粉体与空气混合，能形成爆炸性混合物

健康危害 接触后引起眼刺激、烧灼感、口鼻发干、疲乏、头痛、恶心等。中毒时可影响肝脏、中枢神经系统和心血管系统。可致皮肤溃疡

环境危害 对水生生物毒性非常大并具有长期持续影响

第三部分 成分/组成信息

√物质		混合物
组分	**浓度**	**CAS No.**
六氯苯		118-74-1

第四部分 急救措施

吸入 迅速脱离现场至空气新鲜处。保持呼吸道通畅。如呼吸困难，给输氧。如呼吸、心跳停止，立即进行心肺复苏术。就医

皮肤接触 立即脱去污染的衣着，用流动清水彻底冲洗。就医

眼睛接触 立即分开眼睑，用流动清水或生理盐水彻底冲洗。就医

食入 漱口，饮水。就医

对保护施救者的忠告 根据需要使用个人防护设备

对医生的特别提示 对症处理

第五部分 消防措施

灭火剂 用雾状水、泡沫、干粉、二氧化碳、砂土灭火

特别危险性 受高热分解产生有毒的腐蚀性烟气。燃烧生成有害的一氧化碳、氯化氢

灭火注意事项及防护措施 消防人员须佩戴防毒面具、穿全身消防服，在上风向灭火。尽可能将容器从火场移至空旷处。喷水保持火场容器冷却，直至灭火结束

第六部分 泄漏应急处理

作业人员防护措施、防护装备和应急处置程序 隔离泄漏污染区，限制出入。建议应急处理人员戴防尘口罩，穿防毒服，戴氯丁橡胶手套。穿上适当的防护服前严禁接触破裂的容器和泄漏物。尽可能切断泄漏源。用塑料布覆盖泄漏物，减少飞散。勿使水进入包装容器内

环境保护措施 无资料

泄漏化学品的收容、清除方法及所使用的处置材料 用洁净的铲子收集泄漏物，置于干净、干燥、盖子较松的容器中，将容器移离泄漏区

第七部分 操作处置与储存

操作注意事项 密闭操作，局部排风。操作人员必须经过专门培训，严格遵守操作规程。建议操作人员佩戴自吸过滤式防尘口罩，戴化学安全防护眼镜，穿连衣式防毒衣，戴氯丁橡胶手套。远离火种、热源。工作场所严禁吸烟。使用防爆型的通风系统和设备。避免产生粉尘。避免与氧化剂接触。搬运时要轻装轻卸，防止包装及容器损坏。配备相应品种和数量的消防器材及泄漏应急处理设备。倒空的容器可能残留有害物

储存注意事项 储存于阴凉、通风的库房。远离火种、热源。包装密封。应与氧化剂、食用化学品分开存放，切忌混储。配备相应品种和数量的消防器材。储区应备有合适的材料收容泄漏物

第八部分 接触控制/个体防护

职业接触限值

中国 未制定标准

美国(ACGIH) TLV-TWA：0.002mg/m^3［皮］

生物接触限值 未制定标准

监测方法 空气中有毒物质测定方法：未制定标准。生物监测检验方法：未制定标准

工程控制 密闭操作，局部排风。提供安全的淋浴和洗眼设备

个体防护装备

呼吸系统防护 可能接触其粉尘时，应该佩戴过滤式防尘呼吸器。紧急事态抢救或撤离时，建议佩戴空气呼吸器

眼睛防护 戴化学安全防护眼镜

皮肤和身体防护 穿连衣式防毒衣

手防护 戴橡胶手套

第九部分 理化特性

外观与性状 纯品为无色细针状或小片状晶体，工业品为淡黄色或淡棕色晶体

pH值 无意义 **熔点(℃)** 229～231

沸点(℃) 323～326（升华）

相对密度(水=1) 1.57～2.04

相对蒸气密度(空气=1) 9.8

饱和蒸气压(kPa) 0.13（114.4℃）

燃烧热(kJ/mol) 无资料 **临界温度(℃)** 无资料

临界压力(MPa) 2.85 **辛醇/水分配系数** 5.73

闪点(℃) 242（CC） **自燃温度(℃)** 无资料

爆炸下限(%) 无资料 **爆炸上限(%)** 无资料

分解温度(℃) 无资料 **黏度(mPa·s)** 无资料

溶解性 不溶于水，溶于乙醚、氯仿、苯等多数有机溶剂

第十部分 稳定性和反应性

稳定性 稳定

危险反应 与强氧化剂等禁配物发生反应

避免接触的条件 受热

禁配物 强氧化剂

危险的分解产物 氯化氢

第十一部分 毒理学信息

急性毒性 LD_{50}：3500mg/kg（大鼠经口）；4000mg/kg（小鼠经口）；2600mg/kg（兔经口）

皮肤刺激或腐蚀 无资料 **眼睛刺激或腐蚀** 无资料

呼吸或皮肤过敏 无资料

生殖细胞突变性 DNA损伤：鼠伤寒沙门氏菌20μmol/L。微生物致突变：酿酒酵母菌100ppm。DNA加合物：大肠杆菌20μmol/L。哺乳动物体细胞突变：仓鼠肺6mg/L

致癌性 IARC致癌性评论：组2B，可疑人类致癌物。对人类致癌性证据有限，对动物致癌性证据不充分

生殖毒性 大鼠孕后10～13d经口给予最低中毒剂量（TDLo）40mg/kg，致肌肉骨骼系统发育畸形。大鼠孕后1～22d经口给予最低中毒剂量（TDLo）6450mg/kg，致血液和淋巴系统（包括脾和骨髓）、免疫和网状内皮系统发育畸形。小鼠孕后7～16d经口给予最低中毒剂量（TDLo）1g/kg，颅面部（包括鼻、舌）、泌尿系统发育畸形。雌鼠交配前14d经口给予最低中毒剂量（TDLo）100mg/kg，致中枢神经系统发育畸形。大鼠经口最低中毒剂量（TDLo）：40mg/kg（孕后10～13d用药），对胎鼠肌肉、骨骼系统有影响。小鼠经口最低中毒剂量（TDLo）：1g/kg，有胚胎毒性，对泌尿生殖系统有影响

特异性靶器官系统毒性-一次接触 无资料

特异性靶器官系统毒性-反复接触 动物亚急性和慢性毒性反应有神经毒性症状，肝、肾重量增加，尿中粪卟啉排泄增加等

吸入危害 无资料

第十二部分 生态学信息

生态毒性

LC_{50} 22mg/L（96h）（黑头呆鱼，静态）；12mg/L（96h）（蓝鳃太阳鱼，静态）

EC_{50} 0.03mg/L（72h）（羊角月牙藻）

持久性和降解性

生物降解性 好氧生物降解（h）：23256～50136；厌氧生物降解（h）：93024～200544

非生物降解性 光解最大光吸收波长范围（nm）：291～301；空气中光氧化半衰期（h）：3753～37530

潜在的生物累积性 BCF：11000～27000（鲤鱼，接触浓度0.5ppb，接触时间8周），6000～30000（鲤鱼，接触浓度0.05ppb，接触时间8周）；根据K_{ow}值预测，该物质可能有较高的生物累积性

土壤中的迁移性 根据K_{oc}值预测，该物质的迁移性可能较弱

第十三部分 废弃处置

废弃化学品 用焚烧法处置。与燃料混合后，再焚烧。焚烧炉排出的卤化氢通过酸洗涤器除去

污染包装物 将容器返还生产商或按照国家和地方法规处置

废弃注意事项 处置前应参阅国家和地方有关法规

第十四部分 运输信息

联合国危险货物编号(UN号) 2729

联合国运输名称 六氯苯

联合国危险性类别 6.1 **包装类别** Ⅲ类包装

包装标志 

海洋污染物 否

运输注意事项 运输前应先检查包装容器是否完整、密封，运输过程中要确保容器不泄漏、不倒塌、不坠落、不损坏。严禁与酸类、氧化剂、食品及食品添加剂混运。运输途中应防曝晒、雨淋，防高温。运输时运输车辆应配备相应品种和数量的消防器材及泄漏应急处理设备

第十五部分 法规信息

下列法律、法规、规章和标准，对该化学品的管理作

了相应的规定。

中华人民共和国职业病防治法 职业病分类和目录：未列入

危险化学品安全管理条例 危险化学品目录：列入。易制爆危险化学品名录：未列入。重点监管的危险化学品名录：未列入。GB 18218—2009《危险化学品重大危险源辨识》(表 1)：未列入

使用有毒物品作业场所劳动保护条例 高毒物品目录：未列入

易制毒化学品管理条例 易制毒化学品的分类和品种目录：未列入

国际公约 斯德哥尔摩公约：列入。鹿特丹公约：列入。蒙特利尔议定书：未列入

第十六部分 其他信息

编写和修订信息 **缩略语和首字母缩写**

培训建议 **参考文献**

免责声明

六氯乙烷

第一部分 化学品标识

化学品中文名 六氯乙烷；全氯乙烷；六氯化碳

化学品英文名 hexachloroethane；perchloroethane；carbon hexachloride

分子式 C_2Cl_6 **相对分子质量** 236.72

结构式 $Cl_3C{-}CCl_3$ (ClCl / Cl—┼┼—Cl / ClCl)

化学品的推荐及限制用途 用于有机合成、医药工业等。也用作溶剂

第二部分 危险性概述

紧急情况概述 吞咽可能有害

GHS 危险性类别 急性毒性-经口，类别 5；皮肤腐蚀/刺激，类别 3；严重眼损伤/眼刺激，类别 2B；致癌性，类别 2；特异性靶器官毒性-反复接触，类别 2；危害水生环境-急性危害，类别 1；危害水生环境-长期危害，类别 1

标签要素

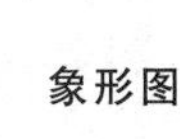

警示词 警告

危险性说明 吞咽可能有害，造成轻微皮肤刺激，造成眼刺激，怀疑致癌，长时间或反复接触可能对器官造成损伤，对水生生物毒性非常大并具有长期持续影响

防范说明

预防措施 避免接触眼睛、皮肤，操作后彻底清洗。得到专门指导后操作。在阅读并了解所有安全预防措施之前，切勿操作。按要求使用个体防护装备。避免吸入粉尘。禁止排入环境

事故响应 如发生皮肤刺激，就医。如接触眼睛：用水细心冲洗数分钟。如戴隐形眼镜并可方便地取出，取出隐形眼镜继续冲洗。如果眼睛刺激持续：就医。如果接触或有担心，就医。收集泄漏物

安全储存 上锁保管

废弃处置 本品及内装物、容器依据国家和地方法规处置

物理和化学危险 不燃，无特殊燃爆特性

健康危害 本品对中枢神经系统具有麻醉作用，对肝、肾有损害；对皮肤黏膜有轻度刺激作用。误服出现眩晕、呕吐、肝区痛、血中胆红素增高、心率减慢、肾炎及无尿。动物实验见软弱无力、嗜睡、步态不稳、后肢轻瘫；亦可见痉挛、心率加快、昏睡、腹泻、食欲减退等

环境危害 对水生生物毒性非常大并具有长期持续影响

第三部分 成分/组成信息

√物质		混合物
组分	**浓度**	**CAS No.**
六氯乙烷		67-72-1

第四部分 急救措施

吸入 迅速脱离现场至空气新鲜处。保持呼吸道通畅。如呼吸困难，给输氧。如呼吸、心跳停止，立即进行心肺复苏术。就医

皮肤接触 立即脱去污染的衣着，用流动清水彻底冲洗。就医

眼睛接触 立即分开眼睑，用流动清水或生理盐水彻底冲洗。就医

食入 漱口，饮水。就医

对保护施救者的忠告 根据需要使用个人防护设备

对医生的特别提示 对症处理

第五部分 消防措施

灭火剂 用雾状水、泡沫、二氧化碳、砂土灭火

特别危险性 高热时能分解出剧毒的光气。燃烧生成有害的氯化氢、光气

灭火注意事项及防护措施 消防人员须佩戴防毒面具、穿全身消防服，在上风向灭火。尽可能将容器从火场移至空旷处。喷水保持火场容器冷却，直至灭火结束

第六部分 泄漏应急处理

作业人员防护措施、防护装备和应急处置程序 隔离泄漏污染区，限制出入。建议应急处理人员戴防尘口罩，穿防毒服，戴防化学品手套。穿上适当的防护服前严禁接触破裂的容器和泄漏物。尽可能切断泄漏源。用塑料布覆盖泄漏物，减少飞散。勿使水进入包装容器内

环境保护措施 无资料

泄漏化学品的收容、清除方法及所使用的处置材料 用洁净的铲子收集泄漏物，置于干净、干燥、盖子较松的容器中，将容器移离泄漏区

第七部分 操作处置与储存

操作注意事项 密闭操作，局部排风。操作人员必须经过专门培训，严格遵守操作规程。建议操作人员佩戴自吸过滤式防尘口罩，戴安全防护眼镜，穿透气型防毒服，戴防化学品手套。避免产生粉尘。避免与氧化剂、碱类接触。搬运时要轻装轻卸，防止包装及容器损坏。配备泄漏应急处理设备。倒空的容器可能残留有害物

储存注意事项 储存于阴凉、通风的库房。远离火种、热源。包装密封。应与氧化剂、碱类、食用化学品分开存放，切忌混储。储区应备有合适的材料收容泄漏物

第八部分 接触控制/个体防护

职业接触限值

中国 PC-TWA：10mg/m^3［皮］［G2B］

美国(ACGIH) TLV-TWA：1ppm［皮］

生物接触限值 未制定标准

监测方法 空气中有毒物质测定方法：溶剂解吸-气相色谱法。生物监测检验方法：未制定标准

工程控制 密闭操作，局部排风。提供安全的淋浴和洗眼设备

个体防护装备

呼吸系统防护 可能接触其粉尘时，应该佩戴过滤式防尘呼吸器。紧急事态抢救或撤离时，建议佩戴空气呼吸器

眼睛防护 一般不需要特殊防护，高浓度接触时可戴安全防护眼镜

皮肤和身体防护 穿透气型防毒服

手防护 戴防化学品手套

第九部分 理化特性

外观与性状 无色结晶，有樟脑样气味

pH值 无意义 **熔点(℃)** 186（升华）

沸点(℃) 186（103.34 kPa，升华）

相对密度(水=1) 2.09

相对蒸气密度(空气=1) 8.16

饱和蒸气压(kPa) 0.13（32.7℃）

燃烧热(kJ/mol) 无资料 **临界温度(℃)** 无资料

临界压力(MPa) 3.34 **辛醇/水分配系数** 3.82～4.19

闪点(℃) 无意义 **自燃温度(℃)** 无意义

爆炸下限(%) 无意义 **爆炸上限(%)** 无意义

分解温度(℃) 无资料 **黏度(mPa·s)** 无资料

溶解性 不溶于水，溶于乙醇、乙醚、苯、氯仿、油类等多数有机溶剂

第十部分 稳定性和反应性

稳定性 稳定

危险反应 与强氧化剂等禁配物发生反应

避免接触的条件 光照、受热

禁配物 强氧化剂、强碱、金属等

危险的分解产物 氯化氢、光气

第十一部分 毒理学信息

急性毒性 LD_{50}：4460mg/kg（大鼠经口）

皮肤刺激或腐蚀 无资料 **眼睛刺激或腐蚀** 无资料

呼吸或皮肤过敏 无资料

生殖细胞突变性 姐妹染色单体交换：仓鼠卵巢330mg/L

致癌性 IARC致癌性评论：组2B，可疑人类致癌物。对人类致癌性证据有限，对动物致癌性证据不充分

生殖毒性 无资料

特异性靶器官系统毒性-一次接触 无资料

特异性靶器官系统毒性-反复接触 无资料

吸入危害 无资料

第十二部分 生态学信息

生态毒性 LC_{50}：0.98mg/L（96h）（虹鳟鱼，动态）；1.53mg/L（96h）（黑头呆鱼，动态）；2.9mg/L（48h）（水蚤）

持久性和降解性

生物降解性 好氧生物降解（h）：672～4320；厌氧生物降解（h）：2688～17280

非生物降解性 无资料

潜在的生物累积性 根据K_{ow}值预测，该物质可能有较高的生物累积性

土壤中的迁移性 根据K_{oc}值预测，该物质的迁移性可能较弱

第十三部分 废弃处置

废弃化学品 用焚烧法处置。与燃料混合后，再焚烧。焚烧炉排出的气体通过洗涤器除去

污染包装物 将容器返还生产商或按照国家和地方法规处置

废弃注意事项 处置前应参阅国家和地方有关法规

第十四部分 运输信息

联合国危险货物编号(UN号) 3077

联合国运输名称 对环境有害的固态物质，未另作规定的（六氯乙烷）

联合国危险性类别 9 **包装类别** Ⅲ类包装

包装标志 9 **海洋污染物** 是

运输注意事项 运输前应先检查包装容器是否完整、密封，运输过程中要确保容器不泄漏、不倒塌、不坠落、不损坏。严禁与酸类、氧化剂、食品及食品添加剂混运。运输时运输车辆应配备泄漏应急处理设备。运输途中应防曝晒、雨淋，防高温

第十五部分 法规信息

下列法律、法规、规章和标准，对该化学品的管理作了相应的规定。

中华人民共和国职业病防治法 职业病分类和目录：未

列入

危险化学品安全管理条例 危险化学品目录：列入。易制爆危险化学品名录：未列入。重点监管的危险化学品名录：未列入。GB 18218—2009《危险化学品重大危险源辨识》(表1)：未列入

使用有毒物品作业场所劳动保护条例 高毒物品目录：未列入

易制毒化学品管理条例 易制毒化学品的分类和品种目录：未列入

国际公约 斯德哥尔摩公约：未列入。鹿特丹公约：未列入。蒙特利尔议定书：未列入

第十六部分 其他信息

编写和修订信息 **缩略语和首字母缩写**

培训建议 **参考文献**

免责声明

2,4,6,2′,4′,6′-六硝基二苯胺

第一部分 化学品标识

化学品中文名 2,4,6,2′,4′,6′-六硝基二苯胺；黑喜尔；六硝基二苯胺；六硝炸药；二苦基胺

化学品英文名 2,4,6,2′,4′,6′-hexanitrodiphenylamine; hexyl

分子式 $C_{12}H_5N_7O_{12}$ **相对分子质量** 439.24

结构式

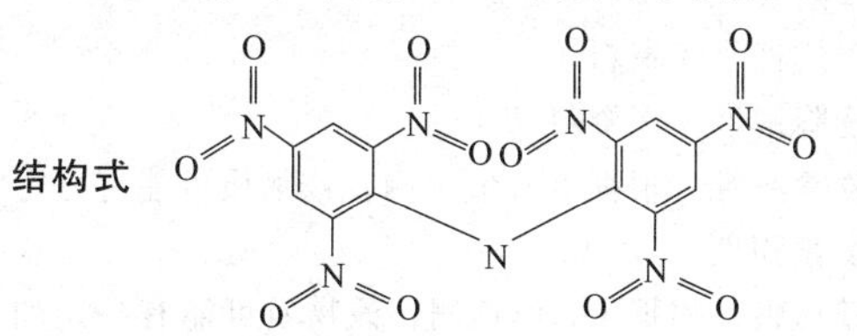

化学品的推荐及限制用途 用于制造弹药及用于钾盐的分析

第二部分 危险性概述

紧急情况概述 爆炸物、整体爆炸危险，吞咽致命，皮肤接触会致命，吸入致命

GHS危险性类别 爆炸物，1.1项；急性毒性-经口，类别2；急性毒性-经皮，类别1；急性毒性-吸入，类别2；特异性靶器官毒性-反复接触，类别2；危害水生环境-急性危害，类别2；危害水生环境-长期危害，类别2

标签要素

象形图

警示词 危险

危险性说明 爆炸物、整体爆炸危险，吞咽致命，皮肤接触会致命，吸入致命，长时间或反复接触可能对器官造成损伤，对水生生物有毒并具有长期持续影响

防范说明

预防措施 远离热源、火花、明火、热表面。禁止吸烟。保持湿润。容器和接收设备接地连接。避免研磨、撞击、摩擦。戴防护面罩、防护手套，穿防护服。避免接触眼睛、皮肤或衣服，操作后彻底清洗。作业场所不得进食、饮水或吸烟。避免吸入粉尘。仅在室外或通风良好处操作。戴呼吸防护器具。禁止排入环境

事故响应 火灾时可能爆炸。火势蔓延到爆炸物时，切勿灭火。撤离现场。如吸入：将患者转移到空气新鲜处，休息，保持利于呼吸的体位，如感觉不适，就医。皮肤接触：用大量肥皂水和水轻轻地清洗。立即脱去所有被污染的衣服。被污染的衣服须经洗净后方可重新使用。食入：漱口，立即呼叫中毒控制中心或就医。收集泄漏物

安全储存 在通风良好处储存。保持容器密闭。上锁保管

废弃处置 本品及内装物、容器依据国家和地方法规处置

物理和化学危险 受撞击、摩擦，遇明火或其他点火源极易爆炸

健康危害 在生产、使用和处理本品过程中，可经皮肤吸收引起中毒。本品属芳香基氨基化合物，该类物质可引起高铁血红蛋白血症

环境危害 对水生生物有毒并具有长期持续影响

第三部分 成分/组成信息

√物质 混合物

组分	浓度	CAS No.
2,4,6,2′,4′,6′-六硝基二苯胺		131-73-7

第四部分 急救措施

吸入 迅速脱离现场至空气新鲜处。保持呼吸道通畅。如呼吸困难，给吸氧。如呼吸、心跳停止，立即行心肺复苏术。就医

皮肤接触 立即脱去污染衣着，用肥皂水或清水彻底冲洗。就医

眼睛接触 分开眼睑，用清水或生理盐水冲洗。就医

食入 漱口，饮水。就医

对保护施救者的忠告 根据需要使用个人防护设备

对医生的特别提示 高铁血红蛋白血症，可用美蓝和维生素C治疗

第五部分 消防措施

灭火剂 用大量水灭火

特别危险性 受热、接触明火、或受到摩擦、震动、撞击时可发生爆炸。燃烧生成有害的一氧化碳、氮氧化物

灭火注意事项及防护措施 消防人员须在有防爆掩蔽处操作。遇大火须远离以防炸伤。在物料附近失火，须用水保持容器冷却。禁止用砂土压盖

第六部分 泄漏应急处理

作业人员防护措施、防护装备和应急处置程序 消除所有点火源。隔离泄漏污染区，限制出入。建议应急处理人员戴防尘口罩，穿防毒服，戴橡胶手套。作业时使

用的所有设备应接地。禁止接触或跨越泄漏物

环境保护措施 无资料

泄漏化学品的收容、清除方法及所使用的处置材料 润湿泄漏物。严禁设法扫除干的泄漏物

第七部分 操作处置与储存

操作注意事项 密闭操作，提供充分的局部排风。操作人员必须经过专门培训，严格遵守操作规程。建议操作人员佩戴自吸过滤式防尘口罩，戴化学安全防护眼镜，穿紧袖工作服、长筒胶鞋，戴橡胶手套。远离火种、热源。工作场所严禁吸烟。使用防爆型的通风系统和设备。避免产生粉尘。避免与氧化剂、酸类、碱类接触。搬运时要轻装轻卸，防止包装及容器损坏。禁止震动、撞击和摩擦。配备相应品种和数量的消防器材及泄漏应急处理设备

储存注意事项 储存于阴凉、干燥、通风的爆炸品专用库房。库房温度不超过 32℃，相对湿度不超过 80%。远离火种、热源。应与氧化剂、酸类、碱类分开存放，切忌混储。配备相应品种和数量的消防器材。储区应备有合适的材料收容泄漏物。禁止震动、撞击和摩擦

第八部分 接触控制/个体防护

职业接触限值

中国 未制定标准

美国(ACGIH) 未制定标准

生物接触限值 未制定标准

监测方法 空气中有毒物质测定方法：未制定标准。生物监测检验方法：未制定标准

工程控制 严加密闭，提供充分的局部排风。提供安全的淋浴和洗眼设备

个体防护装备

呼吸系统防护 空气中粉尘浓度超标时，佩戴过滤式防尘呼吸器。紧急事态抢救或撤离时，应该佩戴空气呼吸器

眼睛防护 戴化学安全防护眼镜

皮肤和身体防护 穿紧袖工作服、长筒胶鞋

手防护 戴橡胶手套

第九部分 理化特性

外观与性状 黄色针状或菱形结晶，对光敏感

pH 值 无意义 **熔点(℃)** 244

沸点(℃) 爆炸 **相对密度(水=1)** 1.64

相对蒸气密度(空气=1) 无资料

饱和蒸气压(kPa) 无资料

燃烧热(kJ/mol) 无资料 **临界温度(℃)** 无资料

临界压力(MPa) 无资料 **辛醇/水分配系数** 3.35

闪点(℃) 无意义 **自燃温度(℃)** 无资料

爆炸下限(%) 无资料 **爆炸上限(%)** 无资料

分解温度(℃) 无资料 **黏度(mPa·s)** 无资料

溶解性 不溶于水、乙醇、乙醚，微溶于丙酮，溶于碱、热乙酸

第十部分 稳定性和反应性

稳定性 稳定

危险反应 受热、摩擦、震动、撞击、与强氧化剂等禁配物接触，有发生火灾和爆炸的危险

避免接触的条件 受热、摩擦、震动、撞击

禁配物 强氧化剂、氨、胺类等

危险的分解产物 氮氧化物、氨

第十一部分 毒理学信息

急性毒性 LDLo：250mg/kg（大鼠经口）

皮肤刺激或腐蚀 无资料 **眼睛刺激或腐蚀** 无资料

呼吸或皮肤过敏 无资料

生殖细胞突变性 微生物致突变：鼠伤寒沙门氏菌 57 nmol/皿

致癌性 无资料 **生殖毒性** 无资料

特异性靶器官系统毒性-一次接触 无资料

特异性靶器官系统毒性-反复接触 大鼠、狗和豚鼠吸入 2.52g/m^3，每天 6h，每周 5d，6 周，致死亡，解剖见脏器严重损害

吸入危害 无资料

第十二部分 生态学信息

生态毒性 无资料

持久性和降解性

生物降解性 无资料

非生物降解性 无资料

潜在的生物累积性 根据 K_{ow}值预测，该物质可能有一定的生物累积性

土壤中的迁移性 根据 K_{oc}值预测，该物质可能有一定的迁移性

第十三部分 废弃处置

废弃化学品 处置前应参阅国家和地方有关法规。在公安部门指定地点引爆

污染包装物 将容器返还生产商或按照国家和地方法规处置

废弃注意事项 废弃处置人员必须接受过专门的爆炸性物质废弃处置培训

第十四部分 运输信息

联合国危险货物编号(UN 号) 0079

联合国运输名称 六硝基二苯胺

联合国危险性类别 1.1D **包装类别** -

包装标志  **海洋污染物** 否

运输注意事项 凭到达地公安机关的运输证托运。铁路运输时含水量＞75% 的六硝基二苯胺，可按 T41061，一级易燃固体运输。货车编组，应按照《车辆编组隔离表》进行。起运时包装要完整，装载应稳妥。运输过程中要确保容器不泄漏、不倒塌、不坠落、不损

坏。车速要加以控制，避免颠簸、震荡。不得与酸、碱、盐类、氧化剂、易燃可燃物、自燃物品、金属粉末等危险物品及钢铁材料器具混装。运输途中应防曝晒、雨淋，防高温。公路运输时要按规定路线行驶，中途停留时应严格选择停放地点，远离高压电源、火源和高温场所，要与其他车辆隔离并留有专人看管，禁止在居民区和人口稠密区停留。运输时运输车辆应配备泄漏应急处理设备。铁路运输时要禁止溜放

第十五部分 法规信息

下列法律、法规、规章和标准，对该化学品的管理作了相应的规定。

中华人民共和国职业病防治法 职业病分类和目录：苯的氨基及硝基化合物中毒

危险化学品安全管理条例 危险化学品目录：列入。易制爆危险化学品名录：未列入。重点监管的危险化学品名录：未列入。GB 18218—2009《危险化学品重大危险源辨识》(表 1)：未列入

使用有毒物品作业场所劳动保护条例 高毒物品目录：未列入

易制毒化学品管理条例 易制毒化学品的分类和品种目录：未列入

国际公约 斯德哥尔摩公约：未列入。鹿特丹公约：未列入。蒙特利尔议定书：未列入

第十六部分 其他信息

编写和修订信息 **缩略语和首字母缩写**

培训建议 **参考文献**

免责声明

六亚甲基四胺

第一部分 化学品标识

化学品中文名 六亚甲基四胺；乌洛托品

化学品英文名 hexamethylenetetramine；urotropine

分子式 $C_6H_{12}N_4$ **相对分子质量** 140.22

结构式 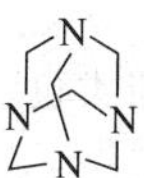

化学品的推荐及限制用途 用作纺织品的防缩整理剂、亚氯酸钠漂白活化剂、防水剂 CR 的缓冲剂等

第二部分 危险性概述

紧急情况概述 易燃固体，可能导致皮肤过敏反应

GHS 危险性类别 易燃固体，类别 2；皮肤致敏物，类别 1；危害水生环境-急性危害，类别 2

标签要素

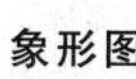

象形图 

警示词 危险

危险性说明 易燃固体，可能导致皮肤过敏反应，对水生生物有毒

防范说明

预防措施 远离热源、火花、明火、热表面。禁止吸烟。容器和接收设备接地连接。使用防爆电器、通风、照明设备。戴防护手套、防护眼镜、防护面罩。避免吸入粉尘。污染的工作服不得带出工作场所。禁止排入环境

事故响应 火灾时，使用泡沫、二氧化碳、雾状水、砂土灭火。如皮肤接触：用大量肥皂水和水清洗。如出现皮肤刺激或皮疹：就医。污染的衣服清洗后方可重新使用

安全储存 -

废弃处置 本品及内装物、容器依据国家和地方法规处置

物理和化学危险 易燃，其粉体与空气混合，能形成爆炸性混合物

健康危害 生产条件下，主要引起皮炎和湿疹。皮疹多为多形性，奇痒，初起局限于接触部位，以后可蔓延，甚至遍及全身

环境危害 对水生生物有毒

第三部分 成分/组成信息

√物质 混合物

组分	浓度	CAS No.
六亚甲基四胺		100-97-0

第四部分 急救措施

吸入 迅速脱离现场至空气新鲜处。保持呼吸道通畅。如呼吸困难，给输氧。如呼吸、心跳停止，立即进行心肺复苏术。就医

皮肤接触 立即脱去污染的衣着，用流动清水彻底冲洗。就医

眼睛接触 立即分开眼睑，用流动清水或生理盐水彻底冲洗。就医

食入 漱口，饮水。就医

对保护施救者的忠告 根据需要使用个人防护设备

对医生的特别提示 对症处理

第五部分 消防措施

灭火剂 用泡沫、二氧化碳、雾状水、砂土灭火

特别危险性 受热分解放出有毒烟气。与氧化剂混合能形成爆炸性混合物。具有腐蚀性。燃烧生成有害的一氧化碳、氮氧化物

灭火注意事项及防护措施 消防人员必须佩戴空气呼吸器、穿全身防火防毒服，在上风向灭火。喷水冷却容器，尽可能将容器从火场移至空旷处

第六部分 泄漏应急处理

作业人员防护措施、防护装备和应急处置程序 消除所有点火源。隔离泄漏污染区，限制出入。建议应急处理人员戴防尘口罩，穿防静电服。禁止接触或跨越泄漏物

环境保护措施 无资料

泄漏化学品的收容、清除方法及所使用的处置材料 小量泄漏：用洁净的铲子收集泄漏物，置于干净、干燥、盖子较松的容器中，将容器移离泄漏区。大量泄漏：用水润湿，并筑堤收容。防止泄漏物进入水体、下水道、地下室或有限空间

第七部分 操作处置与储存

操作注意事项 密闭操作，局部排风。操作人员必须经过专门培训，严格遵守操作规程。建议操作人员佩戴自吸过滤式防尘口罩，戴化学安全防护眼镜，穿防毒物渗透工作服。远离火种、热源。工作场所严禁吸烟。使用防爆型的通风系统和设备。避免产生粉尘。避免与氧化剂、酸类接触。搬运时要轻装轻卸，防止包装及容器损坏。配备相应品种和数量的消防器材及泄漏应急处理设备。倒空的容器可能残留有害物

储存注意事项 储存于阴凉、通风的库房。库温不宜超过35℃。远离火种、热源。包装密封。应与氧化剂、酸类分开存放，切忌混储。采用防爆型照明、通风设施。禁止使用易产生火花的机械设备和工具。储区应备有合适的材料收容泄漏物

第八部分 接触控制/个体防护

职业接触限值

中国 未制定标准

美国(ACGIH) 未制定标准

生物接触限值 未制定标准

监测方法 空气中有毒物质测定方法：未制定标准。生物监测检验方法：未制定标准

工程控制 密闭操作，局部排风

个体防护装备

呼吸系统防护 粉尘浓度较高的环境中，佩戴过滤式防尘呼吸器。必要时佩戴空气呼吸器

眼睛防护 戴化学安全防护眼镜

皮肤和身体防护 穿防毒物渗透工作服

手防护 戴一般作业防护手套

第九部分 理化特性

外观与性状 白色细粒状结晶，味初甜后苦

pH值 8.4（0.2mol/L水溶液）

熔点(℃) 280～295（分解） **沸点(℃)** 263（升华）

相对密度(水=1) 1.33

相对蒸气密度(空气=1) 4.9

饱和蒸气压(kPa) 无资料

燃烧热(kJ/mol) −239.7

临界温度(℃) 无资料 **临界压力(MPa)** 3.68

辛醇/水分配系数 −4.15 **闪点(℃)** 250（CC）

自燃温度(℃) 无资料 **爆炸下限(%)** 无资料

爆炸上限(%) 无资料 **分解温度(℃)** 无资料

黏度(mPa·s) 无资料

溶解性 溶于水、乙醇、氯仿、四氯化碳，不溶于乙醚、石油醚、芳烃

第十部分 稳定性和反应性

稳定性 稳定

危险反应 与强氧化剂等禁配物接触，有发生容器爆炸的危险

避免接触的条件 受热

禁配物 强氧化剂、强酸

危险的分解产物 氨

第十一部分 毒理学信息

急性毒性 LD_{50}：9200mg/kg（大鼠静脉）；569mg/kg（小鼠经口）

皮肤刺激或腐蚀 无资料 **眼睛刺激或腐蚀** 无资料

呼吸或皮肤过敏 无资料 **生殖细胞突变性** 无资料

致癌性 无资料 **生殖毒性** 无资料

特异性靶器官系统毒性-一次接触 无资料

特异性靶器官系统毒性-反复接触 无资料

吸入危害 无资料

第十二部分 生态学信息

生态毒性

LC_{50} 24.8mg/L（96h）（鲴鱼）

EC_{50} 5.8mg/L（48h）（水蚤）

持久性和降解性

生物降解性 易快速生物降解

非生物降解性 在37.5℃，当pH值为2、5.8时，水解半衰期分别为1.6、13.8h（理论）

潜在的生物累积性 根据K_{ow}值预测，该物质的生物累积性可能较弱

土壤中的迁移性 根据K_{oc}值预测，该物质可能易发生迁移

第十三部分 废弃处置

废弃化学品 建议用焚烧法处置。焚烧炉排出的氮氧化物通过洗涤器除去

污染包装物 将容器返还生产商或按照国家和地方法规处置

废弃注意事项 处置前应参阅国家和地方有关法规

第十四部分 运输信息

联合国危险货物编号(UN号) 1328

联合国运输名称 环六亚甲基四胺

联合国危险性类别 4.1 **包装类别** Ⅲ类包装

包装标志  **海洋污染物** 否

运输注意事项 运输时运输车辆应配备相应品种和数量的消防器材及泄漏应急处理设备。装运本品的车辆排气管须有阻火装置。运输过程中要确保容器不泄漏、不倒塌、不坠落、不损坏。严禁与氧化剂、酸类、食用化学品等混装混运。运输途中应防曝晒、雨淋，防高温。中途停留时应远离火种、热源。车辆运输完毕应进行彻底清扫。铁路运输时要禁止溜放

第十五部分 法规信息

下列法律、法规、规章和标准，对该化学品的管理作了相应的规定。

中华人民共和国职业病防治法 职业病分类和目录：未列入

危险化学品安全管理条例 危险化学品目录：列入。易制爆危险化学品名录：列入。重点监管的危险化学品名录：未列入。GB 18218—2009《危险化学品重大危险源辨识》(表1)：未列入

使用有毒物品作业场所劳动保护条例 高毒物品目录：未列入

易制毒化学品管理条例 易制毒化学品的分类和品种目录：未列入

国际公约 斯德哥尔摩公约：未列入。鹿特丹公约：未列入。蒙特利尔议定书：未列入

第十六部分 其他信息

编写和修订信息 **缩略语和首字母缩写**

培训建议 **参考文献**

免责声明

六亚甲基亚胺

第一部分 化学品标识

化学品中文名 六亚甲基亚胺

化学品英文名 hexamethyleneimine；azacycloheptane

分子式 $C_6H_{13}N$ **相对分子质量** 99.20

结构式

化学品的推荐及限制用途 用作生产农药、医药品和橡胶制品的原料

第二部分 危险性概述

紧急情况概述 高度易燃液体和蒸气，吞咽致命，吸入会中毒，造成严重的皮肤灼伤和眼损伤

GHS危险性类别 易燃液体，类别2；急性毒性-经口，类别2；急性毒性-吸入，类别3；皮肤腐蚀/刺激，类别1；严重眼损伤/眼刺激，类别1；特异性靶器官毒性--次接触，类别2

标签要素

象形图

警示词 危险

危险性说明 高度易燃液体和蒸气，吞咽致命，吸入会中毒，造成严重的皮肤灼伤和眼损伤，可能对器官造成损害

防范说明

预防措施 远离热源、火花、明火、热表面。禁止吸烟。保持容器密闭。容器和接收设备接地连接。使用防爆电器、通风、照明设备。只能使用不产生火花的工具。采取防止静电措施。避免接触眼睛、皮肤，操作后彻底清洗。作业场所不得进食、饮水或吸烟。避免吸入蒸气、雾。仅在室外或通风良好处操作。戴防护手套，穿防护服，戴防护眼镜、防护面罩。工作场所不得进食、饮水或吸烟

事故响应 火灾时，使用抗溶性泡沫、二氧化碳、干粉、砂土灭火。如吸入：将患者转移到空气新鲜处，休息，保持利于呼吸的体位。皮肤(或头发)接触：立即脱掉所有被污染的衣服，用水冲洗皮肤，淋浴。污染的衣服须洗净后方可重新使用。接触眼睛：用水细心冲洗数分钟。如戴隐形眼镜并可方便地取出，取出隐形眼镜继续冲洗。食入：漱口，不要催吐，立即呼叫中毒控制中心或就医。如果接触或感觉不适：呼叫中毒控制中心或就医

安全储存 存放在通风良好的地方。保持低温。保持容器密闭。上锁保管

废弃处置 本品及内装物、容器依据国家和地方法规处置

物理和化学危险 高度易燃，其蒸气与空气混合，能形成爆炸性混合物

健康危害 本品对皮肤、黏膜和眼睛有强烈刺激性。可致眼和皮肤灼伤。吸入高浓度蒸气对中枢神经系统有抑制作用

环境危害 对环境可能有害

第三部分 成分/组成信息

√物质 混合物

组分	浓度	CAS No.
六亚甲基亚胺		111-49-9

第四部分 急救措施

吸入 迅速脱离现场至空气新鲜处。保持呼吸道通畅。如呼吸困难，给输氧。如呼吸、心跳停止，立即进行心肺复苏术。就医

皮肤接触 立即脱去污染的衣着，用大量流动清水彻底冲洗至少15min。就医

眼睛接触 立即分开眼睑，用流动清水或生理盐水彻底冲洗至少15min。就医

食入 用水漱口，禁止催吐。给饮牛奶或蛋清。就医

对保护施救者的忠告 根据需要使用个人防护设备

对医生的特别提示 对症处理

第五部分 消防措施

灭火剂 用抗溶性泡沫、二氧化碳、干粉、砂土灭火

特别危险性 遇明火、高热或与氧化剂接触，有引起燃烧爆炸的危险。燃烧生成有害的一氧化碳、氮氧化物

灭火注意事项及防护措施 消防人员必须佩戴空气呼吸器、穿全身防火防毒服，在上风向灭火。喷水冷却容器，尽可能将容器从火场移至空旷处。容器突然发出异常声音或出现异常现象，应立即撤离

第六部分 泄漏应急处理

作业人员防护措施、防护装备和应急处置程序 消除所有

点火源。根据液体流动和蒸气扩散的影响区域划定警戒区，无关人员从侧风、上风向撤离至安全区。建议应急处理人员戴正压自给式呼吸器，穿防静电、防腐蚀、防毒服，戴橡胶耐油手套。作业时使用的所有设备应接地。禁止接触或跨越泄漏物。尽可能切断泄漏源

环境保护措施　防止泄漏物进入水体、下水道、地下室或有限空间

泄漏化学品的收容、清除方法及所使用的处置材料　小量泄漏：用砂土或其他不燃材料吸收，使用洁净的无火花工具收集吸收材料。大量泄漏：构筑围堤或挖坑收容。用抗溶性泡沫覆盖，减少蒸发。喷水雾能减少蒸发，但不能降低泄漏物在有限空间内的易燃性。用防爆、耐腐蚀泵转移至槽车或专用收集器内

第七部分　操作处置与储存

操作注意事项　密闭操作，注意通风。操作人员必须经过专门培训，严格遵守操作规程。建议操作人员佩戴导管式防毒面具，穿带面罩式防毒衣，戴橡胶耐油手套。远离火种、热源。工作场所严禁吸烟。使用防爆型的通风系统和设备。防止蒸气泄漏到工作场所空气中。避免与氧化剂、酸类接触。充装要控制流速，防止静电积聚。搬运时要轻装轻卸，防止包装及容器损坏。配备相应品种和数量的消防器材及泄漏应急处理设备。倒空的容器可能残留有害物

储存注意事项　储存于阴凉、通风良好的专用库房内。远离火种、热源。库温不宜超过37℃。保持容器密封。应与氧化剂、酸类分开存放，切忌混储。采用防爆型照明、通风设施。禁止使用易产生火花的机械设备和工具。储区应备有泄漏应急处理设备和合适的收容材料

第八部分　接触控制/个体防护

职业接触限值

中国　未制定标准

美国(ACGIH)　未制定标准

生物接触限值　未制定标准

监测方法　空气中有毒物质测定方法：未制定标准。生物监测检验方法：未制定标准

工程控制　密闭操作，注意通风。提供安全的淋浴和洗眼设备

个体防护装备

呼吸系统防护　可能接触其蒸气时，应该佩戴过滤式防毒面具（全面罩）。紧急事态抢救或撤离时，建议佩戴空气呼吸器

眼睛防护　呼吸系统防护中已作防护

皮肤和身体防护　穿隔绝式防毒服

手防护　戴橡胶耐油手套

第九部分　理化特性

外观与性状　无色至微黄色透明液体，具有氨气味

pH值　无资料　　**熔点(℃)**　−37

沸点(℃)　138

相对密度(水=1)　0.88（20℃）

相对蒸气密度(空气=1)　无资料

饱和蒸气压(kPa)　0.98（21.1℃）

燃烧热(kJ/mol)　无资料　　**临界温度(℃)**　无资料

临界压力(MPa)　4.27　　**辛醇/水分配系数**　1.68

闪点(℃)　18.33；37（OC）　　**自燃温度(℃)**　330

爆炸下限(%)　1.6　　**爆炸上限(%)**　2.3

分解温度(℃)　无资料　　**黏度(mPa·s)**　无资料

溶解性　溶于水，易溶于乙醇、乙醚

第十部分　稳定性和反应性

稳定性　稳定

危险反应　与强氧化剂等禁配物接触，有发生火灾和爆炸的危险

避免接触的条件　无资料

禁配物　强氧化剂、强酸

危险的分解产物　无资料

第十一部分　毒理学信息

急性毒性

LD_{50}　20.7mg/kg（大鼠经口）

LC_{50}　10800mg/m³（小鼠吸入，2h）

皮肤刺激或腐蚀　无资料　　**眼睛刺激或腐蚀**　无资料

呼吸或皮肤过敏　无资料　　**生殖细胞突变性**　无资料

致癌性　无资料　　**生殖毒性**　无资料

特异性靶器官系统毒性-一次接触　无资料

特异性靶器官系统毒性-反复接触　无资料

吸入危害　无资料

第十二部分　生态学信息

生态毒性　无资料

持久性和降解性

生物降解性　无资料

非生物降解性　无资料

潜在的生物累积性　根据 K_{ow} 值预测，该物质的生物累积性可能较弱

土壤中的迁移性　根据 K_{oc} 值预测，该物质可能易发生迁移

第十三部分　废弃处置

废弃化学品　建议用焚烧法处置。焚烧炉排出的氮氧化物通过洗涤器除去

污染包装物　将容器返还生产商或按照国家和地方法规处置

废弃注意事项　处置前应参阅国家和地方有关法规

第十四部分　运输信息

联合国危险货物编号(UN号)　2493

联合国运输名称　六亚甲基亚胺

联合国危险性类别　3,8　　**包装类别**　Ⅱ类包装

包装标志　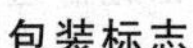

海洋污染物 否

运输注意事项 运输时运输车辆应配备相应品种和数量的消防器材及泄漏应急处理设备。夏季最好早晚运输。运输时所用的槽（罐）车应有接地链，槽内可设孔隔板以减少震荡产生的静电。严禁与氧化剂、酸类、食用化学品等混装混运。运输途中应防曝晒、雨淋，防高温。中途停留时应远离火种、热源、高温区。装运该物品的车辆排气管必须配备阻火装置，禁止使用易产生火花的机械设备和工具装卸。公路运输时要按规定路线行驶，勿在居民区和人口稠密区停留。铁路运输时要禁止溜放。严禁用木船、水泥船散装运输

第十五部分 法规信息

下列法律、法规、规章和标准，对该化学品的管理作了相应的规定。

中华人民共和国职业病防治法 职业病分类和目录：未列入

危险化学品安全管理条例 危险化学品目录：列入。易制爆危险化学品名录：未列入。重点监管的危险化学品名录：未列入。GB 18218—2009《危险化学品重大危险源辨识》（表 1）：未列入

使用有毒物品作业场所劳动保护条例 高毒物品目录：未列入

易制毒化学品管理条例 易制毒化学品的分类和品种目录：未列入

国际公约 斯德哥尔摩公约：未列入。鹿特丹公约：未列入。蒙特利尔议定书：未列入

第十六部分 其他信息

编写和修订信息

缩略语和首字母缩写

培训建议

参考文献

免责声明

铝粉［无涂层的］

第一部分 化学品标识

化学品中文名 铝粉［无涂层的］；银粉；铝银粉

化学品英文名 aluminium powder (uncoated)

分子式 Al **相对分子质量** 26.98

化学品的推荐及限制用途 用于颜料、油漆、烟花等工业，也用于冶金工业

第二部分 危险性概述

紧急情况概述

GHS 危险性类别 遇水放出易燃气体的物质和混合物，类别 2

标签要素

象形图 

警示词 危险

危险性说明 遇水放出易燃气体

防范说明

预防措施 因与水发生剧烈反应和可能发生爆燃，应避免与水接触。在惰性气体中操作。防潮。戴防护手套、防护眼镜、防护面罩

事故响应 火灾时，可用适当的干砂、石粉将火闷熄。擦掉皮肤上的微粒，将接触部位浸入冷水中，用湿绷带包扎

安全储存 在干燥处和密闭的容器中储存

废弃处置 本品及内装物、容器依据国家和地方法规处置

物理和化学危险 遇湿易燃。与氧化性物质混合会发生爆炸

健康危害 长期吸入可致铝尘肺，表现为消瘦、极易疲劳、呼吸困难、咳嗽、咳痰等。溅入眼内，可发生局灶性坏死，角膜色素沉着，晶体改变及玻璃体混浊。对鼻、口、性器官黏膜有刺激性，甚至发生溃疡。可引起痤疮、湿疹、皮炎

环境危害 对环境可能有害

第三部分 成分/组成信息

√物质		混合物
组分	**浓度**	**CAS No.**
铝		7429-90-5

第四部分 急救措施

吸入 迅速脱离现场至空气新鲜处。保持呼吸道通畅。如呼吸困难，给输氧。如呼吸、心跳停止，立即进行心肺复苏术。就医

皮肤接触 立即脱去污染的衣着，用流动清水彻底冲洗。就医

眼睛接触 立即分开眼睑，用流动清水或生理盐水彻底冲洗至少 15min。就医

食入 漱口，饮水。就医

对保护施救者的忠告 根据需要使用个人防护设备

对医生的特别提示 对症处理

第五部分 消防措施

灭火剂 可用适当的干砂、石粉将火闷熄

特别危险性 大量粉尘遇潮湿、水蒸气能自燃。与氧化剂混合能形成爆炸性混合物。与氟、氯等接触会发生剧烈的化学反应。与酸类或与强碱接触也能产生氢气，引起燃烧爆炸。粉体与空气可形成爆炸性混合物，当达到一定浓度时，遇火星会发生爆炸。燃烧生成有害的氧化铝

灭火注意事项及防护措施 消防人员须佩戴防毒面具、穿全身消防服，在上风向灭火。尽可能将容器从火场移至空旷处。喷水保持火场容器冷却，直至灭火结束

第六部分 泄漏应急处理

作业人员防护措施、防护装备和应急处置程序 消除所有点火源。隔离泄漏污染区，限制出入。建议应急处理人员戴防尘口罩，穿防静电服。禁止接触或跨越泄漏

物。尽可能切断泄漏源。严禁用水处理

环境保护措施　无资料

泄漏化学品的收容、清除方法及所使用的处置材料　小量泄漏：用干燥的砂土或其他不燃材料覆盖泄漏物，然后用塑料布覆盖，减少飞散、避免雨淋。粉末泄漏：用塑料布或帆布覆盖泄漏物，减少飞散，保持干燥。在专家指导下清除

第七部分　操作处置与储存

操作注意事项　密闭操作，局部排风。最好采用湿式操作。操作人员必须经过专门培训，严格遵守操作规程。建议操作人员佩戴自吸过滤式防尘口罩，戴化学安全防护眼镜，穿防静电工作服。远离火种、热源。工作场所严禁吸烟。使用防爆型的通风系统和设备。避免产生粉尘。避免与氧化剂、酸类、卤素接触。尤其要注意避免与水接触。在氮气中操作处置。搬运时要轻装轻卸，防止包装及容器损坏。配备相应品种和数量的消防器材及泄漏应急处理设备。倒空的容器可能残留有害物

储存注意事项　储存于阴凉、干燥、通风良好的专用库房内，库房温度不超过32℃，相对湿度不超过75%。远离火种、热源。包装密封。应与氧化剂、酸类、卤素等分开存放，切忌混储。采用防爆型照明、通风设施。禁止使用易产生火花的机械设备和工具。储区应备有合适的材料收容泄漏物

第八部分　接触控制/个体防护

职业接触限值

中国　PC-TWA：3mg/m^3（总尘）

美国(ACGIH)　TLV-TWA：1mg/m^3（呼尘）

生物接触限值　未制定标准

监测方法　空气中有毒物质测定方法：GBZ/T 192 工作场所空气中粉尘测定。生物监测检验方法：未制定标准

工程控制　密闭操作，局部排风。最好采用湿式操作

个体防护装备

呼吸系统防护　空气中粉尘浓度超标时，应该佩戴过滤式防尘呼吸器。必要时佩戴空气呼吸器

眼睛防护　戴化学安全防护眼镜

皮肤和身体防护　穿防静电工作服

手防护　戴一般作业防护手套

第九部分　理化特性

外观与性状　银白色粉末

pH值　无意义　　**熔点(℃)**　660

沸点(℃)　2327～2494　　**相对密度(水=1)**　2.70

相对蒸气密度(空气=1)　无资料

饱和蒸气压(kPa)　0.13（1284℃）

燃烧热(kJ/mol)　−822.9　　**临界温度(℃)**　无资料

临界压力(MPa)　5.46　　**辛醇/水分配系数**　无资料

闪点(℃)　无意义　　**自燃温度(℃)**　590

爆炸下限(%)　37～50mg/m^3　　**爆炸上限(%)**　无资料

分解温度(℃)　无资料　　**黏度(mPa·s)**　无资料

溶解性　不溶于水，溶于碱、盐酸、硫酸

第十部分　稳定性和反应性

稳定性　稳定

危险反应　与强氧化剂、氧、卤素等接触，有发生火灾和爆炸的危险

避免接触的条件　潮湿空气

禁配物　酸类、强碱、酰基氯、强氧化剂、卤素（氟、氯等）、氧

危险的分解产物　无意义

第十一部分　毒理学信息

急性毒性　无资料　　**皮肤刺激或腐蚀**　无资料

眼睛刺激或腐蚀　无资料　　**呼吸或皮肤过敏**　无资料

生殖细胞突变性　无资料　　**致癌性**　无资料

生殖毒性　无资料

特异性靶器官系统毒性-一次接触　无资料

特异性靶器官系统毒性-反复接触　无资料

吸入危害　无资料

第十二部分　生态学信息

生态毒性　无资料

持久性和降解性

生物降解性　无资料

非生物降解性　无资料

潜在的生物累积性　无资料

土壤中的迁移性　无资料

第十三部分　废弃处置

废弃化学品　若可能，回收使用。也可以用安全掩埋法处置

污染包装物　将容器返还生产商或按照国家和地方法规处置

废弃注意事项　处置前应参阅国家和地方有关法规

第十四部分　运输信息

联合国危险货物编号(UN号)　1309（有涂层）；1396（无涂层）

联合国运输名称　铝粉，有涂层的（有涂层）；铝粉，无涂层的（无涂层）

联合国危险性类别　4.1（有涂层），4.3（无涂层）

包装类别　Ⅱ类或Ⅲ类包装

包装标志

（有涂层）

（无涂层）

海洋污染物　否

运输注意事项　运输时运输车辆应配备相应品种和数量的消防器材及泄漏应急处理设备。装运本品的车辆排气管须有阻火装置。运输过程中要确保容器不泄漏、不倒塌、不坠落、不损坏。严禁与氧化剂、酸类、卤素、食用化学品等混装混运。运输途中应防曝晒、雨淋，防高温。中途停留时应远离火种、热源。运输用

车、船必须干燥，并有良好的防雨设施。车辆运输完毕应进行彻底清扫。铁路运输时要禁止溜放

第十五部分 法规信息

下列法律、法规、规章和标准，对该化学品的管理作了相应的规定。

中华人民共和国职业病防治法 职业病分类和目录：铝尘肺

危险化学品安全管理条例 危险化学品目录：列入。易制爆危险化学品名录：列入。重点监管的危险化学品名录：未列入。GB 18218—2009《危险化学品重大危险源辨识》(表 1)：未列入

使用有毒物品作业场所劳动保护条例 高毒物品目录：未列入

易制毒化学品管理条例 易制毒化学品的分类和品种目录：未列入

国际公约 斯德哥尔摩公约：未列入。鹿特丹公约：未列入。蒙特利尔议定书：未列入

第十六部分 其他信息

编写和修订信息 **缩略语和首字母缩写**

培训建议 **参考文献**

免责声明

氯

第一部分 化学品标识

化学品中文名 氯；氯气

化学品英文名 chlorine

分子式 Cl_2 **相对分子质量** 70.90

结构式 Cl—Cl

化学品的推荐及限制用途 用于漂白，制造氯化合物、盐酸、聚氯乙烯等

第二部分 危险性概述

紧急情况概述 吸入致命

GHS 危险性类别 急性毒性-吸入，类别 2；皮肤腐蚀/刺激，类别 2；严重眼损伤/眼刺激，类别 2；特异性靶器官毒性--一次接触，类别 3（呼吸道刺激）；危害水生环境-急性危害，类别 1

标签要素

象形图

警示词 危险

危险性说明 吸入致命，造成皮肤刺激，造成严重眼刺激，可能引起呼吸道刺激，对水生生物毒性非常大

防范说明

预防措施 避免吸入气体。仅在室外或通风良好处操作。戴呼吸防护器具。避免接触眼睛、皮肤，操作后彻底清洗。戴防护手套、防护眼镜、防护面罩。禁止排入环境

事故响应 如吸入：将患者转移到空气新鲜处，休息，保持利于呼吸的体位。立即呼叫中毒控制中心或就医。皮肤接触：用大量肥皂水和水清洗。如发生皮肤刺激，就医。被污染的衣服须洗净后方可重新使用。如接触眼睛：用水细心冲洗数分钟。如戴隐形眼镜并可方便地取出，取出隐形眼镜继续冲洗。如果眼睛刺激持续：就医。收集泄漏物

安全储存 在通风良好处储存。保持容器密闭。上锁保管

废弃处置 本品及内装物、容器依据国家和地方法规处置

物理和化学危险 助燃。与可燃物混合会发生爆炸

健康危害 氯是一种强烈的刺激性气体

急性中毒 轻度者有流泪、咳嗽、咳少量痰、胸闷，出现气管-支气管炎或支气管周围炎的表现；中度中毒发生支气管肺炎、局限性肺泡性肺水肿、间质性肺水肿，或哮喘样发作，病人除有上述症状的加重外，出现呼吸困难、轻度紫绀等；重者发生肺泡性水肿、急性呼吸窘迫综合征、严重窒息、昏迷和休克，可出现气胸、纵隔气肿等并发症。吸入极高浓度的氯气，可引起迷走神经反射性心跳骤停或喉头痉挛而发生“电击样”死亡。眼接触可引起急性结膜炎，高浓度造成角膜损伤。皮肤接触液氯或高浓度氯，在暴露部位可有灼伤或急性皮炎

慢性影响 长期低浓度接触，可引起慢性牙龈炎、慢性咽炎、慢性支气管炎、肺气肿、支气管哮喘等。可引起牙齿酸蚀症

环境危害 对水生生物毒性非常大

第三部分 成分/组成信息

√物质 混合物

组分	浓度	CAS No.
氯		7782-50-5

第四部分 急救措施

吸入 迅速脱离现场至空气新鲜处。保持呼吸道通畅。如呼吸困难，给输氧。如呼吸、心跳停止，立即进行心肺复苏术。就医

皮肤接触 立即脱去污染的衣着，用流动清水彻底冲洗。就医

眼睛接触 立即分开眼睑，用流动清水或生理盐水彻底冲洗。就医

对保护施救者的忠告 根据需要使用个人防护设备

对医生的特别提示 对症处理

第五部分 消防措施

灭火剂 本品不燃。根据着火原因选择适当灭火剂灭火

特别危险性 一般可燃物大都能在氯气中燃烧，一般易燃气体或蒸气也都能与氯气形成爆炸性混合物。氯气能与许多化学品如乙炔、松节油、乙醚、氨、燃料气、烃类、氢气、金属粉末等猛烈反应发生爆炸或生成爆炸性物质。它对金属和非金属几乎都有腐蚀作用

灭火注意事项及防护措施 消防人员必须佩戴空气呼吸

器、穿全身防火防毒服，在上风向灭火。切断气源。尽可能将容器从火场移至空旷处。喷水保持火场容器冷却，直至灭火结束

第六部分 泄漏应急处理

作业人员防护措施、防护装备和应急处置程序 根据气体扩散的影响区域划定警戒区，无关人员从侧风、上风向撤离至安全区。建议应急处理人员穿内置正压自给式呼吸器的全封闭防化服，戴橡胶手套。如果是液化气体泄漏，还应注意防冻伤。勿使泄漏物与可燃物质（如木材、纸、油等）接触。尽可能切断泄漏源。喷雾状水抑制蒸气或改变蒸气云流向，避免水流接触泄漏物。禁止用水直接冲击泄漏物或泄漏源。若可能翻转容器，使之逸出气体而非液体

环境保护措施 防止气体通过下水道、通风系统和有限空间扩散

泄漏化学品的收容、清除方法及所使用的处置材料 构筑围堤堵截液体泄漏物。喷稀碱液中和、稀释。也可将泄漏的储罐或钢瓶浸入石灰乳池中。隔离泄漏区直至气体散尽。泄漏场所保持通风

第七部分 操作处置与储存

操作注意事项 严加密闭，提供充分的局部排风和全面通风。操作人员必须经过专门培训，严格遵守操作规程。建议操作人员佩戴空气呼吸器，穿带面罩式防毒衣，戴橡胶手套。远离火种、热源。工作场所严禁吸烟。远离易燃、可燃物。防止气体泄漏到工作场所空气中。避免与醇类接触。搬运时轻装轻卸，防止钢瓶及附件破损。配备相应品种和数量的消防器材及泄漏应急处理设备

储存注意事项 储存于阴凉、通风的有毒气体专用库房。实行“双人收发、双人保管”制度。远离火种、热源。库温不宜超过30℃。应与易（可）燃物、醇类、食用化学品分开存放，切忌混储。储区应备有泄漏应急处理设备

第八部分 接触控制/个体防护

职业接触限值

中国 MAC：1mg/m^3

美国(ACGIH) TLV-TWA：0.5ppm；TLV-STEL：1ppm

生物接触限值 未制定标准

监测方法 空气中有毒物质测定方法：甲基橙分光光度法。生物监测检验方法：未制定标准

工程控制 严加密闭，提供充分的局部排风和全面通风。提供安全的淋浴和洗眼设备

个体防护装备

呼吸系统防护 空气中浓度超标时，建议佩戴过滤式防毒面具（全面罩）。紧急事态抢救或撤离时，必须佩戴空气呼吸器

眼睛防护 呼吸系统防护中已作防护

皮肤和身体防护 穿隔绝式防毒服

手防护 戴橡胶手套

第九部分 理化特性

外观与性状 黄绿色、有刺激性气味的气体

pH值 无意义 **熔点(℃)** −101

沸点(℃) −34.0

相对密度(水=1) 1.41（20℃）

相对蒸气密度(空气=1) 2.5

饱和蒸气压(kPa) 673（20℃）

燃烧热(kJ/mol) 无资料 **临界温度(℃)** 144

临界压力(MPa) 7.71 **辛醇/水分配系数** 0.85

闪点(℃) 无意义 **自燃温度(℃)** 无意义

爆炸下限(%) 无意义 **爆炸上限(%)** 无意义

分解温度(℃) 无资料

黏度(mPa·s) 无资料

溶解性 微溶于冷水，溶于碱、氯化物和醇类

第十部分 稳定性和反应性

稳定性 稳定

危险反应 与易燃或可燃物、烷烃、芳香烃、金属、非金属氧化物等禁配物发生剧烈反应，有发生火灾和爆炸的危险

避免接触的条件 无资料

禁配物 易燃或可燃物、烷烃、炔烃、卤代烷烃、芳香烃、胺类、醇类、乙醚、氢、金属、苛性碱、非金属单质、非金属氧化物、金属氢化物等

危险的分解产物 无资料

第十一部分 毒理学信息

急性毒性

LC_{50} 850mg/m^3（大鼠吸入，1h）

LCLo 2530mg/m^3（人吸入 30min），500ppm（人吸入 5min）

皮肤刺激或腐蚀 无资料 **眼睛刺激或腐蚀** 无资料

呼吸或皮肤过敏 无资料

生殖细胞突变性 细胞遗传学分析：人淋巴细胞 20ppm。精子形态学分析：小鼠经口 20mg/kg（5d）（连续）。微生物致突变：鼠伤寒沙门氏菌 1800μg/L

致癌性 无资料 **生殖毒性** 无资料

特异性靶器官系统毒性-一次接触 无资料

特异性靶器官系统毒性-反复接触 家兔吸入 2～5mg/m^3，每天 5h，1～9 个月，出现消瘦、上呼吸道炎、肺炎、胸膜炎及肺气肿等。大鼠吸入 41～97mg/m^3，每天 1～2h，3～4 周，引起严重但非致死性的肺气肿与气管病变

吸入危害 无资料

第十二部分 生态学信息

生态毒性 LC_{50}：0.44mg/L（96h）（蓝鳃太阳鱼）；0.49mg/L（96h）（水蚤）

持久性和降解性

生物降解性 无资料

非生物降解性 无资料

潜在的生物累积性 无资料

土壤中的迁移性 无资料

第十三部分 废弃处置

废弃化学品 把废气通入过量的还原性溶液（亚硫酸氢盐、亚铁盐、硫代亚硫酸钠溶液）中，中和后用水冲入下水道

污染包装物 将容器返还生产商或按照国家和地方法规处置

废弃注意事项 处置前应参阅国家和地方有关法规

第十四部分 运输信息

联合国危险货物编号（UN号） 1017

联合国运输名称 氯

联合国危险性类别 2.3，5.1/8 **包装类别** Ⅱ类包装

包装标志

海洋污染物 是

运输注意事项 本品铁路运输时限使用耐压液化气企业自备罐车装运，装运前需报有关部门批准。采用钢瓶运输时必须戴好钢瓶上的安全帽。钢瓶一般平放，并应将瓶口朝同一方向，不可交叉；高度不得超过车辆的防护栏板，并用三角木垫卡牢，防止滚动。严禁与易燃物或可燃物、醇类、食用化学品等混装混运。夏季应早晚运输，防止日光曝晒。运输时运输车辆应配备泄漏应急处理设备。公路运输时要按规定路线行驶，禁止在居民区和人口稠密区停留。铁路运输时要禁止溜放。每年4～9月使用2包装时，限按冷藏运输

第十五部分 法规信息

下列法律、法规、规章和标准，对该化学品的管理作了相应的规定。

中华人民共和国职业病防治法 职业病分类和目录：氯气中毒

危险化学品安全管理条例 危险化学品目录：列入。作为剧毒化学品进行管理。易制爆危险化学品名录：未列入。重点监管的危险化学品名录：列入。GB 18218—2009《危险化学品重大危险源辨识》（表1）：列入。类别：毒性气体，临界量（t）：5

使用有毒物品作业场所劳动保护条例 高毒物品目录：列入

易制毒化学品管理条例 易制毒化学品的分类和品种目录：未列入

国际公约 斯德哥尔摩公约：未列入。鹿特丹公约：未列入。蒙特利尔议定书：未列入

第十六部分 其他信息

编写和修订信息

缩略语和首字母缩写

培训建议

参考文献

免责声明

氯 苯

第一部分 化学品标识

化学品中文名 氯苯；一氯化苯；一氯代苯

化学品英文名 chlorobenzene；monochlorobenzene；phenyl chloride

分子式 C_6H_5Cl **相对分子质量** 112.6

结构式 Cl—⟨苯环⟩

化学品的推荐及限制用途 作为有机合成的重要原料

第二部分 危险性概述

紧急情况概述 易燃液体和蒸气，吸入有害

GHS危险性类别 易燃液体，类别3；急性毒性-吸入，类别4；危害水生环境-急性危害，类别2；危害水生环境-长期危害，类别2

标签要素

象形图

警示词 警告

危险性说明 易燃液体和蒸气，吸入有害，对水生生物有毒并具有长期持续影响

防范说明

预防措施 远离热源、火花、明火、热表面。禁止吸烟。保持容器密闭。容器和接收设备接地连接。使用防爆电器、通风、照明设备。只能使用不产生火花的工具。采取防止静电措施。戴防护手套、防护眼镜、防护面罩。避免吸入蒸气、雾。仅在室外或通风良好处操作。禁止排入环境

事故响应 火灾时，使用雾状水、泡沫、干粉、二氧化碳、砂土灭火。如吸入：将患者转移到空气新鲜处，休息，保持利于呼吸的体位。如感觉不适，呼叫中毒控制中心或就医。如皮肤（或头发）接触：立即脱掉所有被污染的衣服，用水冲洗皮肤，淋浴。收集泄漏物

安全储存 存放在通风良好的地方。保持低温

废弃处置 本品及内装物、容器依据国家和地方法规处置

物理和化学危险 易燃，其蒸气与空气混合，能形成爆炸性混合物

健康危害 对中枢神经系统有抑制和麻醉作用；对皮肤和黏膜有刺激性

急性中毒 接触高浓度可引起麻醉症状，甚至昏迷。脱离现场，积极救治后，可较快恢复，但数日内仍有头痛、头晕、无力、食欲减退等症状。液体对皮肤有轻度刺激性，但反复接触，则引起红斑或有轻度表浅性坏死

慢性中毒 常有眼痛、流泪、结膜充血；早期有头痛、失眠、记忆力减退等神经衰弱症状；重者引起中毒性肝炎，个别可发生肾脏损害

环境危害　对水生生物有毒并具有长期持续影响

第三部分　成分/组成信息

√物质　　混合物

组分	浓度	CAS No.
氯苯		108-90-7

第四部分　急救措施

吸入　迅速脱离现场至空气新鲜处。保持呼吸道通畅。如呼吸困难，给输氧。如呼吸、心跳停止，立即进行心肺复苏术。就医

皮肤接触　立即脱去污染的衣着，用流动清水彻底冲洗。就医

眼睛接触　立即分开眼睑，用流动清水或生理盐水彻底冲洗。就医

食入　漱口，饮水。就医

对保护施救者的忠告　根据需要使用个人防护设备

对医生的特别提示　对症处理

第五部分　消防措施

灭火剂　用雾状水、泡沫、干粉、二氧化碳、砂土灭火

特别危险性　与过氯酸银、二甲亚砜反应剧烈。燃烧生成有害的一氧化碳、氯化物

灭火注意事项及防护措施　消防人员必须佩戴空气呼吸器、穿全身防火防毒服，在上风向灭火。喷水冷却容器，尽可能将容器从火场移至空旷处。容器突然发出异常声音或出现异常现象，应立即撤离

第六部分　泄漏应急处理

作业人员防护措施、防护装备和应急处置程序　消除所有点火源。根据液体流动和蒸气扩散的影响区域划定警戒区，无关人员从侧风、上风向撤离至安全区。建议应急处理人员戴正压自给式呼吸器，穿防静电服。作业时使用的所有设备应接地。禁止接触或跨越泄漏物。尽可能切断泄漏源

环境保护措施　防止泄漏物进入水体、下水道、地下室或有限空间

泄漏化学品的收容、清除方法及所使用的处置材料　小量泄漏：用砂土或其他不燃材料吸收，使用洁净的无火花工具收集吸收材料。大量泄漏：构筑围堤或挖坑收容。用砂土、惰性物质或蛭石吸收大量液体。用泡沫覆盖，减少蒸发。喷水雾能减少蒸发，但不能降低泄漏物在有限空间内的易燃性。用防爆泵转移至槽车或专用收集器内

第七部分　操作处置与储存

操作注意事项　密闭操作，局部排风。操作人员必须经过专门培训，严格遵守操作规程。建议操作人员佩戴自吸过滤式防毒面具（半面罩），戴化学安全防护眼镜，穿防毒物渗透工作服，戴橡胶耐油手套。远离火种、热源。工作场所严禁吸烟。使用防爆型的通风系统和设备。防止蒸气泄漏到工作场所空气中。避免与氧化剂接触。灌装时应控制流速，且有接地装置，防止静电积聚。搬运时要轻装轻卸，防止包装及容器损坏。配备相应品种和数量的消防器材及泄漏应急处理设备。倒空的容器可能残留有害物

储存注意事项　储存于阴凉、通风的库房。远离火种、热源。库温不宜超过37℃。保持容器密封。应与氧化剂分开存放，切忌混储。采用防爆型照明、通风设施。禁止使用易产生火花的机械设备和工具。储区应备有泄漏应急处理设备和合适的收容材料

第八部分　接触控制/个体防护

职业接触限值

中国　PC-TWA：50mg/m^3

美国(ACGIH)　TLV-TWA：10ppm

生物接触限值　未制定标准

监测方法　空气中有毒物质测定方法：溶剂解吸-气相色谱法；无泵型采样-气相色谱法。生物监测检验方法：未制定标准

工程控制　密闭操作，局部排风。提供安全的淋浴和洗眼设备

个体防护装备

呼吸系统防护　空气中浓度超标时，应该佩戴过滤式防毒面具（半面罩）

眼睛防护　一般不需要特殊防护，高浓度接触时可戴化学安全防护眼镜

皮肤和身体防护　穿防毒物渗透工作服

手防护　戴橡胶耐油手套

第九部分　理化特性

外观与性状　无色透明液体，具有不愉快的苦杏仁味

pH值　无资料　　**熔点(℃)**　−45.2

沸点(℃)　131.7　　**相对密度(水=1)**　1.11

相对蒸气密度(空气=1)　3.88

饱和蒸气压(kPa)　1.17（20℃）

燃烧热(kJ/mol)　−3100　　**临界温度(℃)**　359.2

临界压力(MPa)　4.52　　**辛醇/水分配系数**　2.18～2.89

闪点(℃)　29　　**自燃温度(℃)**　638

爆炸下限(%)　1.3　　**爆炸上限(%)**　11

分解温度(℃)　无资料　　**黏度(mPa·s)**　0.806（20℃）

溶解性　不溶于水，溶于乙醇、乙醚、氯仿、二硫化碳、苯等多数有机溶剂

第十部分　稳定性和反应性

稳定性　稳定

危险反应　与强氧化剂等禁配物接触，有发生火灾和爆炸的危险

避免接触的条件　无资料

禁配物　强氧化剂、过氯酸银、二甲亚砜

危险的分解产物　氯化物

第十一部分　毒理学信息

急性毒性

LD_{50}　1110mg/kg（大鼠经口）

LC_{50}　2965ppm（大鼠吸入）

皮肤刺激或腐蚀 无资料 **眼睛刺激或腐蚀** 无资料

呼吸或皮肤过敏 无资料

生殖细胞突变性 基因转化和有丝分裂重组：酿酒酵母1000ppm。微核试验：小鼠腹腔内给予225mg/kg(24h)。细胞遗传学分析：小鼠腹腔内给予1 g/kg。哺乳动物体细胞突变：小鼠淋巴细胞100mg/L

致癌性 无资料

生殖毒性 大鼠孕后6～15d吸入最低中毒剂量（TCLo）75ppm/6h，致肌肉骨骼系统发育畸形。大鼠孕后6～15d吸入最低中毒剂量（TCLo）210ppm（6h），致肝胆管系统发育畸形

特异性靶器官系统毒性-一次接触 无资料

特异性靶器官系统毒性-反复接触 大鼠、兔和豚鼠每天吸入7h，每周5次，共3次，在5g/m^{3}时见肺、肝和肾病理组织学改变，生长缓慢；2.4g/m^{3}时肝重略增，有轻微病理组织学改变；1g/m^{3}时未见异常

吸入危害 无资料

第十二部分 生态学信息

生态毒性 LC_{50}：6.6mg/L（96h）（青鳉）

持久性和降解性

生物降解性 不易快速生物降解

非生物降解性 光解最大光吸收波长范围（nm）：215.5～265；水中光氧化半衰期（h）：1553～62106；空气中光氧化半衰期（h）：72.9～729；一级水解半衰期：＞879a

潜在的生物累积性 根据K_{ow}值预测，该物质的生物累积性可能较弱

土壤中的迁移性 根据K_{oc}值预测，该物质可能有一定的迁移性

第十三部分 废弃处置

废弃化学品 用焚烧法处置。与燃料混合后，再焚烧。焚烧炉排出的卤化氢通过酸洗涤器除去

污染包装物 将容器返还生产商或按照国家和地方法规处置

废弃注意事项 处置前应参阅国家和地方有关法规。把倒空的容器归还厂商或在规定场所掩埋

第十四部分 运输信息

联合国危险货物编号（UN号） 1134

联合国运输名称 氯苯

联合国危险性类别 3 **包装类别** Ⅲ类包装

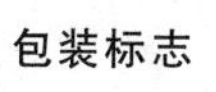

海洋污染物 否

运输注意事项 本品铁路运输时限使用钢制企业自备罐车装运，装运前需报有关部门批准。运输时运输车辆应配备相应品种和数量的消防器材及泄漏应急处理设备。夏季最好早晚运输。运输时所用的槽（罐）车应有接地链，槽内可设孔隔板以减少震荡产生的静电。严禁与氧化剂、食用化学品等混装混运。运输途中应防曝晒、雨淋，防高温。中途停留时应远离火种、热源、高温区。装运该物品的车辆排气管必须配备阻火装置，禁止使用易产生火花的机械设备和工具装卸。公路运输时要按规定路线行驶，勿在居民区和人口稠密区停留。铁路运输时要禁止溜放。严禁用木船、水泥船散装运输

第十五部分 法规信息

下列法律、法规、规章和标准，对该化学品的管理作了相应的规定。

中华人民共和国职业病防治法 职业病分类和目录：未列入

危险化学品安全管理条例 危险化学品目录：列入。易制爆危险化学品名录：未列入。重点监管的危险化学品名录：列入。GB 18218—2009《危险化学品重大危险源辨识》（表1）：未列入

使用有毒物品作业场所劳动保护条例 高毒物品目录：未列入

易制毒化学品管理条例 易制毒化学品的分类和品种目录：未列入

国际公约 斯德哥尔摩公约：未列入。鹿特丹公约：未列入。蒙特利尔议定书：未列入

第十六部分 其他信息

编写和修订信息 **缩略语和首字母缩写**

培训建议 **参考文献**

免责声明

3-氯丙腈

第一部分 化学品标识

化学品中文名 3-氯丙腈；β-氯丙腈；氰化-β-氯乙烷

化学品英文名 3-chloropropionitrile；β-chloropropionitrile

分子式 C_3H_4ClN **相对分子质量** 89.53

结构式 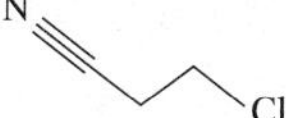

化学品的推荐及限制用途 用作有机合成中间体

第二部分 危险性概述

紧急情况概述 可燃液体，吞咽会中毒

GHS危险性类别 易燃液体，类别4；急性毒性-经口，类别3；严重眼损伤/眼刺激，类别2B；特异性靶器官毒性-一次接触，类别1

标签要素

象形图  

警示词 危险

危险性说明 可燃液体，吞咽会中毒，造成眼刺激，对器官造成损害

防范说明

预防措施 远离火焰和热表面。禁止吸烟。戴防护

手套、防护眼镜、防护面罩。避免接触眼睛、皮肤，操作后彻底清洗。作业场所不得进食、饮水或吸烟。避免吸入蒸气、雾

事故响应　火灾时，使用抗溶性泡沫、干粉、二氧化碳、砂土灭火。如接触眼睛：用水细心冲洗数分钟。如戴隐形眼镜并可方便地取出，取出隐形眼镜继续冲洗。如果眼睛刺激持续：就医。食入：漱口，立即呼叫中毒控制中心或就医。如果接触：立即呼叫中毒控制中心或就医

安全储存　存放在通风良好的地方。保持低温。上锁保管

废弃处置　本品及内装物、容器依据国家和地方法规处置

物理和化学危险　可燃，其蒸气与空气混合，能形成爆炸性混合物

健康危害　毒性类似丙烯腈。丙烯腈轻度中毒出现头痛、头昏、恶心、呕吐、手足麻木、胸闷、呼吸困难、腱反射亢进、嗜睡状态或意识模糊；在轻度中毒的基础上，出现以下一项者为重度中毒：癫痫大发作样抽搐、昏迷、肺水肿。本品动物中毒时出现深度麻醉作用

环境危害　对环境可能有害

第三部分　成分/组成信息

√物质		混合物
组分	**浓度**	**CAS No.**
3-氯丙腈		542-76-7

第四部分　急救措施

吸入　迅速脱离现场至空气新鲜处。保持呼吸道通畅。如呼吸困难，给输氧。如呼吸、心跳停止，立即进行心肺复苏术。就医

皮肤接触　立即脱去污染的衣着，用肥皂水和清水彻底冲洗。就医

眼睛接触　立即分开眼睑，用流动清水或生理盐水彻底冲洗。就医

食入　催吐（仅限于清醒着），给服活性炭悬液。就医

对保护施救者的忠告　根据需要使用个人防护设备

对医生的特别提示　使用亚硝酸钠、硫代硫酸钠、4-二甲基氨基苯酚等解毒剂

第五部分　消防措施

灭火剂　用抗溶性泡沫、干粉、二氧化碳、砂土灭火

特别危险性　受高热分解，产生有毒气体。燃烧生成有害的一氧化碳、氰化氢、氯化氢、氮氧化物

灭火注意事项及防护措施　消防人员须佩戴防毒面具、穿全身消防服，在上风向灭火。尽可能将容器从火场移至空旷处。喷水保持火场容器冷却，直至灭火结束。容器突然发出异常声音或出现异常现象，应立即撤离。禁止使用酸碱灭火剂

第六部分　泄漏应急处理

作业人员防护措施、防护装备和应急处置程序　根据液体流动和蒸气扩散的影响区域划定警戒区，无关人员从侧风、上风向撤离至安全区。消除所有点火源。建议应急处理人员戴正压自给式呼吸器，穿防毒服，戴防化学品手套。穿上适当的防护服前严禁接触破裂的容器和泄漏物。尽可能切断泄漏源

环境保护措施　防止泄漏物进入水体、下水道、地下室或有限空间

泄漏化学品的收容、清除方法及所使用的处置材料　小量泄漏：用干燥的砂土或其他不燃材料吸收或覆盖，收集于容器中。大量泄漏：构筑围堤或挖坑收容。用泵转移至槽车或专用收集器内

第七部分　操作处置与储存

操作注意事项　严加密闭，提供充分的局部排风和全面通风。操作尽可能机械化、自动化。操作人员必须经过专门培训，严格遵守操作规程。建议操作人员佩戴导管式防毒面具，穿连衣式防毒衣，戴防化学品手套。远离火种、热源。工作场所严禁吸烟。使用防爆型的通风系统和设备。防止蒸气泄漏到工作场所空气中。避免与氧化剂、酸类、碱类接触。搬运时要轻装轻卸，防止包装及容器损坏。配备相应品种和数量的消防器材及泄漏应急处理设备。倒空的容器可能残留有害物

储存注意事项　储存于阴凉、通风良好的专用库房内。远离火种、热源。库房温度不超过25℃，相对湿度不超过75%。保持容器密封。应与氧化剂、酸类、碱类、食用化学品分开存放，切忌混储。配备相应品种和数量的消防器材。储区应备有泄漏应急处理设备和合适的收容材料

第八部分　接触控制/个体防护

职业接触限值

中国　未制定标准

美国(ACGIH)　未制定标准

生物接触限值　未制定标准

监测方法　空气中有毒物质测定方法：未制定标准。生物监测检验方法：未制定标准

工程控制　严加密闭，提供充分的局部排风。提供安全的淋浴和洗眼设备

个体防护装备

呼吸系统防护　可能接触其蒸气时，应该佩戴过滤式防毒面具（全面罩）。紧急事态抢救或撤离时，佩戴空气呼吸器

眼睛防护　呼吸系统防护中已作防护

皮肤和身体防护　穿连衣式防毒衣

手防护　戴防化学品手套

第九部分　理化特性

外观与性状　无色有特殊臭味的液体

pH值　无资料　　**熔点(℃)**　−51

沸点(℃)　175～176（分解）

相对密度(水=1)　1.144

相对蒸气密度(空气=1)　3.09

饱和蒸气压(kPa) 0.80（50℃）
燃烧热(kJ/mol) 无资料 **临界温度(℃)** 无资料
临界压力(MPa) 无资料 **辛醇/水分配系数** 0.18
闪点(℃) 75.6（CC） **自燃温度(℃)** 无资料
爆炸下限(%) 无资料 **爆炸上限(%)** 无资料
分解温度(℃) 无资料
黏度(mPa·s) 无资料
溶解性 可混溶于乙醇、丙酮、乙醚、苯、四氯化碳

第十部分 稳定性和反应性

稳定性 稳定
危险反应 与强氧化剂等禁配物发生反应
避免接触的条件 受热
禁配物 强酸、强碱、强氧化剂、强还原剂
危险的分解产物 氰化氢、氯化氢

第十一部分 毒理学信息

急性毒性 LD_{50}：100mg/kg（大鼠经口）；9mg/kg（小鼠经口）
皮肤刺激或腐蚀 无资料 **眼睛刺激或腐蚀** 无资料
呼吸或皮肤过敏 无资料 **生殖细胞突变性** 无资料
致癌性 无资料 **生殖毒性** 无资料
特异性靶器官系统毒性-一次接触 无资料
特异性靶器官系统毒性-反复接触 无资料
吸入危害 无资料

第十二部分 生态学信息

生态毒性 无资料
持久性和降解性
生物降解性 无资料
非生物降解性 无资料
潜在的生物累积性 根据 K_{ow} 值预测，该物质的生物累积性可能较弱
土壤中的迁移性 根据 K_{oc} 值预测，该物质可能易发生迁移

第十三部分 废弃处置

废弃化学品 建议用焚烧法处置。与燃料混合后，再焚烧。焚烧炉排出的气体要通过洗涤器除去
污染包装物 将容器返还生产商或按照国家和地方法规处置
废弃注意事项 处置前应参阅国家和地方有关法规

第十四部分 运输信息

联合国危险货物编号（UN号） 3276
联合国运输名称 腈类，毒性，液态，未另作规定的（3-氯丙腈）
联合国危险性类别 6.1 **包装类别** Ⅱ类包装
包装标志 

海洋污染物 否
运输注意事项 运输前应先检查包装容器是否完整、密封，运输过程中要确保容器不泄漏、不倒塌、不坠落、不损坏。严禁与酸类、氧化剂、食品及食品添加剂混运。运输时运输车辆应配备相应品种和数量的消防器材及泄漏应急处理设备。运输途中应防曝晒、雨淋，防高温。公路运输时要按规定路线行驶

第十五部分 法规信息

下列法律、法规、规章和标准，对该化学品的管理作了相应的规定。
中华人民共和国职业病防治法 职业病分类和目录：氰及腈类化合物中毒
危险化学品安全管理条例 危险化学品目录：列入。易制爆危险化学品名录：未列入。重点监管的危险化学品名录：未列入。GB 18218—2009《危险化学品重大危险源辨识》（表1）：未列入
使用有毒物品作业场所劳动保护条例 高毒物品目录：未列入
易制毒化学品管理条例 易制毒化学品的分类和品种目录：未列入
国际公约 斯德哥尔摩公约：未列入。鹿特丹公约：未列入。蒙特利尔议定书：未列入

第十六部分 其他信息

编写和修订信息 **缩略语和首字母缩写**
培训建议 **参考文献**
免责声明

3-氯丙酸

第一部分 化学品标识

化学品中文名 3-氯丙酸；β-氯（化）丙酸；3-氯代丙酸
化学品英文名 3-chloropropionic acid；β-chloropropion-ic acid
分子式 $C_3H_5ClO_2$ **相对分子质量** 108.53
结构式 O Cl OH
化学品的推荐及限制用途 用于有机合成

第二部分 危险性概述

紧急情况概述 吞咽有害，造成严重的皮肤灼伤和眼损伤
GHS危险性类别 急性毒性-经口，类别4；皮肤腐蚀/刺激，类别1；严重眼损伤/眼刺激，类别1
标签要素
象形图 
警示词 危险
危险性说明 吞咽有害，造成严重的皮肤灼伤和眼损伤
防范说明
预防措施 避免接触眼睛、皮肤，操作后彻底清洗。作业场所不得进食、饮水或吸烟。避免吸入粉尘或烟雾。戴防护手套，穿防护服，戴防护眼镜、防护面罩

事故响应 如吸入：将患者转移到空气新鲜处，休息，保持利于呼吸的体位。皮肤（或头发）接触：立即脱掉所有被污染的衣服，用水冲洗皮肤，淋浴。污染的衣服须洗净后方可重新使用。眼睛接触：用水细心地冲洗数分钟。如戴隐形眼镜并可方便地取出，则取出隐形眼镜继续冲洗。食入：漱口，不要催吐。如果感觉不适，立即呼叫中毒控制中心或就医

安全储存 上锁保管

废弃处置 本品及内装物、容器依据国家和地方法规处置

物理和化学危险 可燃，其粉体与空气混合，能形成爆炸性混合物

健康危害 本品对黏膜、上呼吸道、眼睛和皮肤有强烈刺激性。可引起灼伤。吸入后，可引起喉和支气管的痉挛、炎症和水肿，化学性肺炎或肺水肿

环境危害 对环境可能有害

第三部分 成分/组成信息

√物质		混合物
组分	**浓度**	**CAS No.**
3-氯丙酸		107-94-8

第四部分 急救措施

吸入 迅速脱离现场至空气新鲜处。保持呼吸道通畅。如呼吸困难，给输氧。如呼吸、心跳停止，立即进行心肺复苏术。就医

皮肤接触 立即脱去污染的衣着，用大量流动清水彻底冲洗至少15min。就医

眼睛接触 立即分开眼睑，用流动清水或生理盐水彻底冲洗至少15min。就医

食入 用水漱口，禁止催吐。给饮牛奶或蛋清。就医

对保护施救者的忠告 根据需要使用个人防护设备

对医生的特别提示 对症处理

第五部分 消防措施

灭火剂 用雾状水、抗溶性泡沫、二氧化碳、砂土灭火

特别危险性 遇明火、高热或与氧化剂接触能燃烧，并散发出有毒气体。具有腐蚀性。燃烧生成有害的一氧化碳、氯化氢

灭火注意事项及防护措施 消防人员必须佩戴空气呼吸器、穿全身防火防毒服，在上风向灭火。尽可能将容器从火场移至空旷处。喷水保持火场容器冷却，直至灭火结束

第六部分 泄漏应急处理

作业人员防护措施、防护装备和应急处置程序 隔离泄漏污染区，限制出入。消除所有点火源。建议应急处理人员戴防尘口罩，穿防酸碱服，戴橡胶耐酸碱手套。穿上适当的防护服前严禁接触破裂的容器和泄漏物。尽可能切断泄漏源。用塑料布覆盖泄漏物，减少飞散。勿使水进入包装容器内

环境保护措施 无资料

泄漏化学品的收容、清除方法及所使用的处置材料 用洁净的铲子收集泄漏物，置于干净、干燥、盖子较松的容器中，将容器移离泄漏区

第七部分 操作处置与储存

操作注意事项 密闭操作，局部排风。操作人员必须经过专门培训，严格遵守操作规程。建议操作人员佩戴自吸过滤式防尘口罩，戴化学安全防护眼镜，穿防酸碱工作服，戴橡胶耐酸碱手套。远离火种、热源。工作场所严禁吸烟。使用防爆型的通风系统和设备。避免产生粉尘。避免与氧化剂、碱类接触。搬运时要轻装轻卸，防止包装及容器损坏。配备相应品种和数量的消防器材及泄漏应急处理设备。倒空的容器可能残留有害物

储存注意事项 储存于阴凉、通风的库房。远离火种、热源。包装密封。应与氧化剂、碱类分开存放，切忌混储。配备相应品种和数量的消防器材。储区应备有合适的材料收容泄漏物

第八部分 接触控制/个体防护

职业接触限值

中国 未制定标准

美国(ACGIH) 未制定标准

生物接触限值 未制定标准

监测方法 空气中有毒物质测定方法：未制定标准。生物监测检验方法：未制定标准

工程控制 密闭操作，局部排风。提供安全的淋浴和洗眼设备

个体防护装备

呼吸系统防护 空气中粉尘浓度超标时，建议佩戴过滤式防尘呼吸器；可能接触其蒸气时，应该佩戴过滤式防毒面具（半面罩）

眼睛防护 戴化学安全防护眼镜

皮肤和身体防护 穿防酸碱工作服

手防护 戴橡胶耐酸碱手套

第九部分 理化特性

外观与性状 白色针状结晶，有吸湿性

pH值 无意义 **熔点(℃)** 38～41

沸点(℃) 203～205 **相对密度(水=1)** 无资料

相对蒸气密度(空气=1) 无资料

饱和蒸气压(kPa) 无资料

燃烧热(kJ/mol) 无资料 **临界温度(℃)** 无资料

临界压力(MPa) 无资料 **辛醇/水分配系数** 0.41

闪点(℃) ＞110 **自燃温度(℃)** 无资料

爆炸下限(%) 无资料 **爆炸上限(%)** 无资料

分解温度(℃) 无资料 **黏度(mPa·s)** 无资料

溶解性 溶于水，溶于乙醇、乙醚、氯仿

第十部分 稳定性和反应性

稳定性 稳定

危险反应 与强氧化剂等禁配物接触，有发生火灾和爆炸的危险

禁配物 强氧化剂、碱类

避免接触的条件 受热

危险的分解产物 氯化氢

第十一部分 毒理学信息

急性毒性 LD_{50}：>2000mg/kg（小鼠经口）

皮肤刺激或腐蚀 无资料 **眼睛刺激或腐蚀** 无资料

呼吸或皮肤过敏 无资料

生殖细胞突变性 微生物致突变：鼠伤寒沙门氏菌 100μg/皿

致癌性 无资料 **生殖毒性** 无资料

特异性靶器官系统毒性-一次接触 无资料

特异性靶器官系统毒性-反复接触 无资料

吸入危害 无资料

第十二部分 生态学信息

生态毒性 无资料

持久性和降解性

生物降解性 无资料

非生物降解性 无资料

潜在的生物累积性 根据 K_{ow} 值预测，该物质的生物累积性可能较弱

土壤中的迁移性 根据 K_{oc} 值预测，该物质可能易发生迁移

第十三部分 废弃处置

废弃化学品 建议用焚烧法处置。与燃料混合后，再焚烧。焚烧炉排出的卤化氢通过酸洗涤器除去

污染包装物 将容器返还生产商或按照国家和地方法规处置

废弃注意事项 处置前应参阅国家和地方有关法规

第十四部分 运输信息

联合国危险货物编号（UN 号） 3261

联合国运输名称 有机酸性腐蚀性固体，未另作规定的（3-氯丙酸）

联合国危险性类别 8 **包装类别** Ⅲ类包装

包装标志  **海洋污染物** 否

运输注意事项 起运时包装要完整，装载应稳妥。运输过程中要确保容器不泄漏、不倒塌、不坠落、不损坏。严禁与氧化剂、碱类、食用化学品等混装混运。运输途中应防曝晒、雨淋，防高温。运输时运输车辆应配备相应品种和数量的消防器材及泄漏应急处理设备

第十五部分 法规信息

下列法律、法规、规章和标准，对该化学品的管理作了相应的规定。

中华人民共和国职业病防治法 职业病分类和目录：未列入

危险化学品安全管理条例 危险化学品目录：列入。易制爆危险化学品名录：未列入。重点监管的危险化学品名录：未列入。GB 18218—2009《危险化学品重大危险源辨识》(表 1)：未列入

使用有毒物品作业场所劳动保护条例 高毒物品目录：未列入

易制毒化学品管理条例 易制毒化学品的分类和品种目录：未列入

国际公约 斯德哥尔摩公约：未列入。鹿特丹公约：未列入。蒙特利尔议定书：未列入

第十六部分 其他信息

编写和修订信息 **缩略语和首字母缩写**

培训建议 **参考文献**

免责声明

2-氯丙酸

第一部分 化学品标识

化学品中文名 2-氯丙酸；2-氯代丙酸

化学品英文名 2-chloropropionic acid；alpha-chloropropionic acid

分子式 $C_3H_5ClO_2$ **相对分子质量** 108.53

结构式 (Cl–CH(CH₃)–C(=O)OH)

化学品的推荐及限制用途 用于有机合成及作为除草剂的中间体

第二部分 危险性概述

紧急情况概述 吞咽有害，造成严重的皮肤灼伤和眼损伤

GHS 危险性类别 急性毒性-经口，类别 4；皮肤腐蚀/刺激，类别 1A；严重眼损伤/眼刺激，类别 1；危害水生环境-急性危害，类别 3

标签要素

象形图 

警示词 危险

危险性说明 吞咽有害，造成严重的皮肤灼伤和眼损伤，对水生生物有害

防范说明

预防措施 避免吸入烟雾。避免接触眼睛、皮肤，操作后彻底清洗。作业场所不得进食、饮水或吸烟。戴防护手套，穿防护服，戴防护眼镜、防护面罩。禁止排入环境

事故响应 如吸入：将患者转移到空气新鲜处，休息，保持利于呼吸的体位。皮肤（或头发）接触：立即脱掉所有被污染的衣服，用水冲洗皮肤，淋浴。污染的衣服须洗净后方可重新使用。眼睛接触：用水细心地冲洗数分钟。如戴隐形眼镜并可方便地取出，则取出隐形眼镜继续冲洗。食入：漱口，不要催吐。如果感觉不适，立即呼叫中毒控制中心或就医

安全储存　上锁保管

废弃处置　本品及内装物、容器依据国家和地方法规处置

物理和化学危险　可燃，其蒸气与空气混合，能形成爆炸性混合物

健康危害　本品对黏膜、上呼吸道、眼睛和皮肤有强烈刺激性。可引起灼伤。吸入后，可引起喉和支气管的痉挛、炎症和水肿，化学性肺炎或肺水肿

环境危害　对水生生物有害

第三部分　成分/组成信息

√物质　　混合物

组分	浓度	CAS No.
2-氯丙酸		598-78-7

第四部分　急救措施

吸入　迅速脱离现场至空气新鲜处。保持呼吸道通畅。如呼吸困难，给输氧。如呼吸、心跳停止，立即进行心肺复苏术。就医

皮肤接触　立即脱去污染的衣着，用大量流动清水彻底冲洗至少 15min。就医

眼睛接触　立即分开眼睑，用流动清水或生理盐水彻底冲洗至少 15min。就医

食入　用水漱口，禁止催吐。给饮牛奶或蛋清。就医

对保护施救者的忠告　根据需要使用个人防护设备

对医生的特别提示　对症处理

第五部分　消防措施

灭火剂　用雾状水、抗溶性泡沫、二氧化碳、砂土灭火

特别危险性　遇明火、高热可燃。与强氧化剂接触可发生化学反应。受高热分解产生有毒的腐蚀性烟气。具有腐蚀性。燃烧生成有害的一氧化碳、氯化氢

灭火注意事项及防护措施　消防人员必须佩戴空气呼吸器、穿全身防火防毒服，在上风向灭火。尽可能将容器从火场移至空旷处。喷水保持火场容器冷却，直至灭火结束。容器突然发出异常声音或出现异常现象，应立即撤离

第六部分　泄漏应急处理

作业人员防护措施、防护装备和应急处置程序　根据液体流动和蒸气扩散的影响区域划定警戒区，无关人员从侧风、上风向撤离至安全区。消除所有点火源。建议应急处理人员戴正压自给式呼吸器，穿防酸碱服，戴橡胶耐酸碱手套。穿上适当的防护服前严禁接触破裂的容器和泄漏物。尽可能切断泄漏源

环境保护措施　防止泄漏物进入水体、下水道、地下室或有限空间

泄漏化学品的收容、清除方法及所使用的处置材料　小量泄漏：用干燥的砂土或其他不燃材料吸收或覆盖，收集于容器中。大量泄漏：构筑围堤或挖坑收容。用耐腐蚀泵转移至槽车或专用收集器内

第七部分　操作处置与储存

操作注意事项　密闭操作，加强通风。操作人员必须经过专门培训，严格遵守操作规程。建议操作人员佩戴过滤式防毒面具（半面罩），戴化学安全防护眼镜，穿防酸碱工作服，戴橡胶耐酸碱手套。远离火种、热源。工作场所严禁吸烟。使用防爆型的通风系统和设备。防止蒸气泄漏到工作场所空气中。避免与氧化剂、碱类接触。搬运时要轻装轻卸，防止包装及容器损坏。配备相应品种和数量的消防器材及泄漏应急处理设备。倒空的容器可能残留有害物

储存注意事项　储存于阴凉、通风的库房。远离火种、热源。库温不宜超过 30℃。保持容器密封。应与氧化剂、碱类分开存放，切忌混储。配备相应品种和数量的消防器材。储区应备有泄漏应急处理设备和合适的收容材料

第八部分　接触控制/个体防护

职业接触限值

中国　未制定标准

美国(ACGIH)　TLV-TWA：0.1ppm［皮］

生物接触限值　未制定标准

监测方法　空气中有毒物质测定方法：未制定标准。生物监测检验方法：未制定标准

工程控制　生产过程密闭，加强通风。提供安全的淋浴和洗眼设备

个体防护装备

呼吸系统防护　可能接触其蒸气时，必须佩戴过滤式防毒面具（半面罩）。必要时佩戴空气呼吸器

眼睛防护　戴化学安全防护眼镜

皮肤和身体防护　穿防酸碱工作服

手防护　戴橡胶耐酸碱手套

第九部分　理化特性

外观与性状　无色液体，有特殊臭味

pH 值　无意义　　**熔点(℃)**　−12

沸点(℃)　183～187

相对密度(水=1)　1.26（20℃）

相对蒸气密度(空气=1)　无资料

饱和蒸气压(kPa)　0.14（25℃）

燃烧热(kJ/mol)　无资料　　**临界温度(℃)**　无资料

临界压力(MPa)　无资料　　**辛醇/水分配系数**　0.76

闪点(℃)　107（CC）　　**自燃温度(℃)**　500

爆炸下限(%)　无资料　　**爆炸上限(%)**　无资料

分解温度(℃)　无资料

黏度(mPa·s)　无资料

溶解性　与水混溶，可混溶于乙醚、丙酮、苯、四氯化碳

第十部分　稳定性和反应性

稳定性　稳定

危险反应　与强氧化剂等禁配物发生反应

避免接触的条件　受热

禁配物　强氧化剂、强碱

危险的分解产物　氯化氢

第十一部分　毒理学信息

急性毒性　LD_{50}：5000mg/kg（大鼠经口）；5500mg/kg

（兔经口）

皮肤刺激或腐蚀 无资料 **眼睛刺激或腐蚀** 无资料

呼吸或皮肤过敏 无资料 **生殖细胞突变性** 无资料

致癌性 无资料 **生殖毒性** 无资料

特异性靶器官系统毒性-一次接触 无资料

特异性靶器官系统毒性-反复接触 无资料

吸入危害 无资料

第十二部分 生态学信息

生态毒性

EC_{50} 74.4mg/L（48h）（水蚤）

ErC_{50} 54.5mg/L（72h）（藻类）

持久性和降解性

生物降解性 MITI-Ⅰ测试，初始浓度100mg/L，污泥浓度30mg/L，28d后降解56%～91%

非生物降解性 无资料

潜在的生物累积性 根据K_{ow}值预测，该物质的生物累积性可能较弱

土壤中的迁移性 根据K_{oc}值预测，该物质可能易发生迁移

第十三部分 废弃处置

废弃化学品 建议用焚烧法处置。与燃料混合后，再焚烧。焚烧炉排出的卤化氢通过酸洗涤器除去

污染包装物 将容器返还生产商或按照国家和地方法规处置

废弃注意事项 处置前应参阅国家和地方有关法规

第十四部分 运输信息

联合国危险货物编号（UN号） 2511

联合国运输名称 2-氯丙酸

联合国危险性类别 8 **包装类别** Ⅲ类包装

包装标志 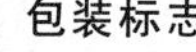  **海洋污染物** 否

运输注意事项 起运时包装要完整，装载应稳妥。运输过程中要确保容器不泄漏、不倒塌、不坠落、不损坏。严禁与氧化剂、碱类、食用化学品等混装混运。运输时运输车辆应配备相应品种和数量的消防器材及泄漏应急处理设备。运输途中应防曝晒、雨淋，防高温。公路运输时要按规定路线行驶，勿在居民区和人口稠密区停留

第十五部分 法规信息

下列法律、法规、规章和标准，对该化学品的管理作了相应的规定。

中华人民共和国职业病防治法 职业病分类和目录：未列入

危险化学品安全管理条例 危险化学品目录：列入。易制爆危险化学品名录：未列入。重点监管的危险化学品名录：未列入。GB 18218—2009《危险化学品重大危险源辨识》（表1）：未列入

使用有毒物品作业场所劳动保护条例 高毒物品目录：未列入

易制毒化学品管理条例 易制毒化学品的分类和品种目录：未列入

国际公约 斯德哥尔摩公约：未列入。鹿特丹公约：未列入。蒙特利尔议定书：未列入

第十六部分 其他信息

编写和修订信息 **缩略语和首字母缩写**

培训建议 **参考文献**

免责声明

2-氯丙烷

第一部分 化学品标识

化学品中文名 2-氯丙烷；异丙基氯；氯化异丙烷

化学品英文名 2-chloropropane；isopropyl chloride

分子式 C_3H_7Cl **相对分子质量** 78.54

结构式 Cl（结构式图）

化学品的推荐及限制用途 用作溶剂和用于异丙胺制造

第二部分 危险性概述

紧急情况概述 高度易燃液体和蒸气，吞咽、皮肤接触、吸入有害

GHS危险性类别 易燃液体，类别2；急性毒性-经口，类别4；急性毒性-经皮，类别4；急性毒性-吸入，类别4

标签要素

象形图 

警示词 危险

危险性说明 高度易燃液体和蒸气，吞咽有害，皮肤接触有害，吸入有害

防范说明

预防措施 远离热源、火花、明火、热表面。禁止吸烟。保持容器密闭。容器和接收设备接地连接。使用防爆电器、通风、照明设备。只能使用不产生火花的工具。采取防止静电措施。戴防护手套、防护眼镜、防护面罩，穿防护服。避免接触眼睛、皮肤，操作后彻底清洗。作业场所不得进食、饮水或吸烟。避免吸入蒸气、雾。仅在室外或通风良好处操作

事故响应 火灾时，使用泡沫、二氧化碳、干粉、砂土灭火。如吸入：将患者转移到空气新鲜处，休息，保持利于呼吸的体位。如皮肤（或头发）接触：立即脱掉所有被污染的衣服，用大量肥皂水和水清洗，如感觉不适，呼叫中毒控制中心或就医。被污染的衣服须经洗净后方可重新使用。食入：漱口，如果感觉不适，立即呼叫中毒控制中心或就医

安全储存　存放在通风良好的地方。保持低温

废弃处置　本品及内装物、容器依据国家和地方法规处置

物理和化学危险　高度易燃，其蒸气与空气混合，能形成爆炸性混合物

健康危害　本品具有很强的麻醉作用；对肝和肾脏有损害；对皮肤和黏膜有轻度刺激作用；溅入眼内引起疼痛和刺激症状

环境危害　对环境可能有害

第三部分　成分/组成信息

√物质		混合物
组分	**浓度**	**CAS No.**
2-氯丙烷		75-29-6

第四部分　急救措施

吸入　迅速脱离现场至空气新鲜处。保持呼吸道通畅。如呼吸困难，给输氧。如呼吸、心跳停止，立即进行心肺复苏术。就医

皮肤接触　立即脱去污染的衣着，用流动清水彻底冲洗。就医

眼睛接触　立即分开眼睑，用流动清水或生理盐水彻底冲洗。就医

食入　漱口，饮水。就医

对保护施救者的忠告　根据需要使用个人防护设备

对医生的特别提示　对症处理

第五部分　消防措施

灭火剂　用泡沫、二氧化碳、干粉、砂土灭火

特别危险性　受高热分解产生有毒的氯化物气体。蒸气比空气重，沿地面扩散并易积存于低洼处，遇火源会着火回燃。燃烧生成有害的一氧化碳、氯化氢

灭火注意事项及防护措施　消防人员须佩戴防毒面具、穿全身消防服，在上风向灭火。尽可能将容器从火场移至空旷处。喷水保持火场容器冷却，直至灭火结束。容器突然发出异常声音或出现异常现象，应立即撤离。用水灭火无效

第六部分　泄漏应急处理

作业人员防护措施、防护装备和应急处置程序　消除所有点火源。根据液体流动和蒸气扩散的影响区域划定警戒区，无关人员从侧风、上风向撤离至安全区。建议应急处理人员戴正压自给式呼吸器，穿防静电服。作业时使用的所有设备应接地。禁止接触或跨越泄漏物。尽可能切断泄漏源

环境保护措施　防止泄漏物进入水体、下水道、地下室或有限空间

泄漏化学品的收容、清除方法及所使用的处置材料　小量泄漏：用砂土或其他不燃材料吸收，使用洁净的无火花工具收集吸收材料。大量泄漏：构筑围堤或挖坑收容。用抗溶性泡沫覆盖，减少蒸发。喷水雾能减少蒸发，但不能降低泄漏物在有限空间内的易燃性。用防爆泵转移至槽车或专用收集器内

第七部分　操作处置与储存

操作注意事项　密闭操作，加强通风。操作人员必须经过专门培训，严格遵守操作规程。建议操作人员佩戴自吸过滤式防毒面具（半面罩），戴化学安全防护眼镜，穿防静电工作服，戴橡胶耐油手套。远离火种、热源。工作场所严禁吸烟。使用防爆型的通风系统和设备。防止蒸气泄漏到工作场所空气中。避免与氧化剂、碱类接触。充装要控制流速，防止静电积聚。搬运时要轻装轻卸，防止包装及容器损坏。配备相应品种和数量的消防器材及泄漏应急处理设备。倒空的容器可能残留有害物

储存注意事项　储存于阴凉、通风的库房。远离火种、热源。库温不宜超过29℃。保持容器密封。应与氧化剂、碱类分开存放，切忌混储。采用防爆型照明、通风设施。禁止使用易产生火花的机械设备和工具。储区应备有泄漏应急处理设备和合适的收容材料

第八部分　接触控制/个体防护

职业接触限值

中国　未制定标准

美国(ACGIH)　未制定标准

生物接触限值　未制定标准

监测方法　空气中有毒物质测定方法：未制定标准。生物监测检验方法：未制定标准

工程控制　生产过程密闭，加强通风。提供安全的淋浴和洗眼设备

个体防护装备

呼吸系统防护　空气中浓度超标时，佩戴过滤式防毒面具（半面罩）

眼睛防护　戴化学安全防护眼镜

皮肤和身体防护　穿防静电工作服

手防护　戴橡胶耐油手套

第九部分　理化特性

外观与性状　无色透明液体

pH值　无资料　　**熔点(℃)**　−117.2

沸点(℃)　35.7

相对密度(水=1)　0.86（20℃）

相对蒸气密度(空气=1)　2.71

饱和蒸气压(kPa)　68.7（25.5℃）

燃烧热(kJ/mol)　−2014.8　　**临界温度(℃)**　212

临界压力(MPa)　4.72　　**辛醇/水分配系数**　1.9

闪点(℃)　−32（CC）　　**自燃温度(℃)**　593

爆炸下限(%)　2.8　　**爆炸上限(%)**　10.7

分解温度(℃)　无资料

黏度(mPa·s)　0.32（20℃）

溶解性　微溶于水，溶于甲醇、乙醚、苯

第十部分　稳定性和反应性

稳定性　稳定

危险反应　与强氧化剂等禁配物接触，有发生火灾和爆炸的危险

避免接触的条件 受热

禁配物 强氧化剂、强碱

危险的分解产物 氯化氢

第十一部分 毒理学信息

急性毒性

LD_{50} 5g/kg（大鼠经口）；1300mg/kg（小鼠经口）

LC_{50} 120g/m^3（大鼠吸入）

皮肤刺激或腐蚀 无资料 **眼睛刺激或腐蚀** 无资料

呼吸或皮肤过敏 无资料

生殖细胞突变性 微生物致突变：鼠伤寒沙门氏菌 1g/皿

致癌性 无资料 **生殖毒性** 无资料

特异性靶器官系统毒性-一次接触 无资料

特异性靶器官系统毒性-反复接触 大鼠、兔、小鼠、豚鼠和猴吸入 3.21g/m^3，每天 7h，每周 5 d，127 次，动物均存活，生长及外观无异常。部分动物有肝、肾病理学改变

吸入危害 无资料

第十二部分 生态学信息

生态毒性 无资料

持久性和降解性

生物降解性 无资料

非生物降解性 空气中，当羟基自由基浓度为5.00×10^{5}个/cm^{3}时，降解半衰期为 17d（理论）

潜在的生物累积性 根据 K_{ow} 值预测，该物质的生物累积性可能较弱

土壤中的迁移性 根据 K_{oc} 值预测，该物质可能易发生迁移

第十三部分 废弃处置

废弃化学品 建议用焚烧法处置。与燃料混合后，再焚烧。焚烧炉排出的卤化氢通过酸洗涤器除去

污染包装物 将容器返还生产商或按照国家和地方法规处置

废弃注意事项 处置前应参阅国家和地方有关法规

第十四部分 运输信息

联合国危险货物编号（UN 号） 2356

联合国运输名称 2-氯丙烷

联合国危险性类别 3 **包装类别** Ⅰ类包装

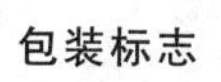

包装标志  **海洋污染物** 否

运输注意事项 运输时运输车辆应配备相应品种和数量的消防器材及泄漏应急处理设备。夏季最好早晚运输。运输时所用的槽（罐）车应有接地链，槽内可设孔隔板以减少震荡产生的静电。严禁与氧化剂、碱类等混装混运。运输途中应防曝晒、雨淋，防高温。中途停留时应远离火种、热源、高温区。装运该物品的车辆排气管必须配备阻火装置，禁止使用易产生火花的机械设备和工具装卸。公路运输时要按规定路线行驶，勿在居民区和人口稠密区停留。铁路运输时要禁止溜放。严禁用木船、水泥船散装运输

第十五部分 法规信息

下列法律、法规、规章和标准，对该化学品的管理作了相应的规定。

中华人民共和国职业病防治法 职业病分类和目录：未列入

危险化学品安全管理条例 危险化学品目录：列入。易制爆危险化学品名录：未列入。重点监管的危险化学品名录：未列入。GB 18218—2009《危险化学品重大危险源辨识》（表 1）：未列入

使用有毒物品作业场所劳动保护条例 高毒物品目录：未列入

易制毒化学品管理条例 易制毒化学品的分类和品种目录：未列入

国际公约 斯德哥尔摩公约：未列入。鹿特丹公约：未列入。蒙特利尔议定书：未列入

第十六部分 其他信息

编写和修订信息 **缩略语和首字母缩写**

培训建议 **参考文献**

免责声明

1-氯丙烷

第一部分 化学品标识

化学品中文名 1-氯丙烷；丙基氯；氯（正）丙烷

化学品英文名 1-chloropropane；*n*-propyl chloride

分子式 C_3H_7Cl **相对分子质量** 78.54

结构式 [结构式：Cl]

化学品的推荐及限制用途 用作有机合成中间体及溶剂

第二部分 危险性概述

紧急情况概述 高度易燃液体和蒸气，吞咽、皮肤接触、吸入有害

GHS 危险性类别 易燃液体，类别 2；急性毒性-经口，类别 4；急性毒性-经皮，类别 4；急性毒性-吸入，类别 4

标签要素

象形图 

警示词 危险

危险性说明 高度易燃液体和蒸气，吞咽有害，皮肤接触有害，吸入有害

防范说明

预防措施 远离热源、火花、明火、热表面。禁止吸烟。保持容器密闭。容器和接收设备接地连接。使用防爆电器、通风、照明设备。只能使用不产生火花的工具。采取防止静电措施。戴防护手套、防护眼镜、防护面罩，穿防护服。避免接触眼睛、皮肤，操作后彻底清洗。作业场所不得进食、饮水或吸烟。避免吸入蒸气、

雾。仅在室外或通风良好处操作

事故响应　火灾时，使用泡沫、二氧化碳、干粉、砂土灭火。如吸入：将患者转移到空气新鲜处，休息，保持利于呼吸的体位。皮肤接触：立即脱掉所有被污染的衣服，用大量肥皂水和水清洗，如感觉不适，呼叫中毒控制中心或就医。被污染的衣服须经洗净后方可重新使用。食入：漱口，如果感觉不适，立即呼叫中毒控制中心或就医

安全储存　存放在通风良好的地方。保持低温

废弃处置　本品及内装物、容器依据国家和地方法规处置

物理和化学危险　高度易燃，其蒸气与空气混合，能形成爆炸性混合物

健康危害　高浓度下抑制中枢神经系统。长期过量接触对肝、肾有损害

环境危害　对环境可能有害

第三部分　成分/组成信息

√物质　　混合物

组分	浓度	CAS No.
1-氯丙烷		540-54-5

第四部分　急救措施

吸入　迅速脱离现场至空气新鲜处。保持呼吸道通畅。如呼吸困难，给输氧。如呼吸、心跳停止，立即进行心肺复苏术。就医

皮肤接触　立即脱去污染的衣着，用流动清水彻底冲洗。就医

眼睛接触　立即分开眼睑，用流动清水或生理盐水彻底冲洗。就医

食入　漱口，饮水。就医

对保护施救者的忠告　根据需要使用个人防护设备

对医生的特别提示　对症处理

第五部分　消防措施

灭火剂　用泡沫、二氧化碳、干粉、砂土灭火

特别危险性　受高热分解产生有毒的氯化物气体。蒸气比空气重，沿地面扩散并易积存于低洼处，遇火源会着火回燃。燃烧生成有害的一氧化碳、氯化氢

灭火注意事项及防护措施　消防人员须佩戴防毒面具、穿全身消防服，在上风向灭火。尽可能将容器从火场移至空旷处。喷水保持火场容器冷却，直至灭火结束。容器突然发出异常声音或出现异常现象，应立即撤离

第六部分　泄漏应急处理

作业人员防护措施、防护装备和应急处置程序　消除所有点火源。根据液体流动和蒸气扩散的影响区域划定警戒区，无关人员从侧风、上风向撤离至安全区。建议应急处理人员戴正压自给式呼吸器，穿防静电服。作业时使用的所有设备应接地。禁止接触或跨越泄漏物。尽可能切断泄漏源

环境保护措施　防止泄漏物进入水体、下水道、地下室或有限空间

泄漏化学品的收容、清除方法及所使用的处置材料　小量泄漏：用砂土或其他不燃材料吸收，使用洁净的无火花工具收集吸收材料。大量泄漏：构筑围堤或挖坑收容。用抗溶性泡沫覆盖，减少蒸发。喷水雾能减少蒸发，但不能降低泄漏物在有限空间内的易燃性。用防爆泵转移至槽车或专用收集器内

第七部分　操作处置与储存

操作注意事项　密闭操作，加强通风。操作人员必须经过专门培训，严格遵守操作规程。建议操作人员佩戴自吸过滤式防毒面具（半面罩），戴化学安全防护眼镜，穿防静电工作服，戴橡胶耐油手套。远离火种、热源。工作场所严禁吸烟。使用防爆型的通风系统和设备。防止蒸气泄漏到工作场所空气中。避免与氧化剂、碱类接触。充装要控制流速，防止静电积聚。搬运时要轻装轻卸，防止包装及容器损坏。配备相应品种和数量的消防器材及泄漏应急处理设备。倒空的容器可能残留有害物

储存注意事项　储存于阴凉、通风的库房。远离火种、热源。库温不宜超过 29℃。保持容器密封。应与氧化剂、碱类分开存放，切忌混储。采用防爆型照明、通风设施。禁止使用易产生火花的机械设备和工具。储区应备有泄漏应急处理设备和合适的收容材料

第八部分　接触控制/个体防护

职业接触限值

中国　未制定标准

美国(ACGIH)　未制定标准

生物接触限值　未制定标准

监测方法　空气中有毒物质测定方法：未制定标准。生物监测检验方法：未制定标准

工程控制　生产过程密闭，加强通风。提供安全的淋浴和洗眼设备

个体防护装备

呼吸系统防护　空气中浓度超标时，佩戴过滤式防毒面具（半面罩）

眼睛防护　戴化学安全防护眼镜

皮肤和身体防护　穿防静电工作服

手防护　戴橡胶耐油手套

第九部分　理化特性

外观与性状　无色液体，有氯仿的气味

pH 值　无资料　　**熔点(℃)**　−122.8

沸点(℃)　46.6　　**相对密度(水=1)**　0.89

相对蒸气密度(空气=1)　2.71

饱和蒸气压(kPa)　45.9 (25℃)

燃烧热(kJ/mol)　−1999.3　　**临界温度(℃)**　230

临界压力(MPa)　4.58　　**辛醇/水分配系数**　2.04

闪点(℃)　−32　　**自燃温度(℃)**　520

爆炸下限(%)　2.6　　**爆炸上限(%)**　11.1

分解温度(℃)　无资料　　**黏度(mPa·s)**　无资料

溶解性　微溶于水，溶于乙醇、乙醚、苯、氯仿

第十部分 稳定性和反应性

稳定性 稳定

危险反应 与强氧化剂等禁配物接触，有发生火灾和爆炸的危险

避免接触的条件 受热

禁配物 强氧化剂、强碱

危险的分解产物 氯化氢

第十一部分 毒理学信息

急性毒性 LD_{50}：＞2000mg/kg（大鼠经口）

皮肤刺激或腐蚀 无资料 **眼睛刺激或腐蚀** 无资料

呼吸或皮肤过敏 无资料 **生殖细胞突变性** 无资料

致癌性 无资料 **生殖毒性** 无资料

特异性靶器官系统毒性-一次接触 无资料

特异性靶器官系统毒性-反复接触 大鼠吸入本品 128.4 g/m^3，每天 1h，共 4d，有轻度肺充血和肝细胞坏死

吸入危害 无资料

第十二部分 生态学信息

生态毒性 无资料

持久性和降解性

生物降解性 无资料

非生物降解性 空气中，当羟基自由基浓度为5.00×10^5个/cm^3时，降解半衰期为 15d（理论）

潜在的生物累积性 根据 K_{ow}值预测，该物质的生物累积性可能较弱

土壤中的迁移性 根据 K_{oc}值预测，该物质可能有一定的迁移性

第十三部分 废弃处置

废弃化学品 用焚烧法处置

污染包装物 将容器返还生产商或按照国家和地方法规处置

废弃注意事项 处置前应参阅国家和地方有关法规

第十四部分 运输信息

联合国危险货物编号（UN 号） 1278

联合国运输名称 1-氯丙烷

联合国危险性类别 3 **包装类别** Ⅱ类包装

包装标志 

海洋污染物 否

运输注意事项 运输时运输车辆应配备相应品种和数量的消防器材及泄漏应急处理设备。夏季最好早晚运输。运输时所用的槽（罐）车应有接地链，槽内可设孔隔板以减少震荡产生的静电。严禁与氧化剂、碱类等混装混运。运输途中应防曝晒、雨淋，防高温。中途停留时应远离火种、热源、高温区。装运该物品的车辆排气管必须配备阻火装置，禁止使用易产生火花的机械设备和工具装卸。公路运输时要按规定路线行驶，勿在居民区和人口稠密区停留。铁路运输时要禁止溜放。严禁用木船、水泥船散装运输

第十五部分 法规信息

下列法律、法规、规章和标准，对该化学品的管理作了相应的规定。

中华人民共和国职业病防治法 职业病分类和目录：未列入

危险化学品安全管理条例 危险化学品目录：列入。易制爆危险化学品名录：未列入。重点监管的危险化学品名录：未列入。GB 18218—2009《危险化学品重大危险源辨识》（表 1）：未列入

使用有毒物品作业场所劳动保护条例 高毒物品目录：未列入

易制毒化学品管理条例 易制毒化学品的分类和品种目录：未列入

国际公约 斯德哥尔摩公约：未列入。鹿特丹公约：未列入。蒙特利尔议定书：未列入

第十六部分 其他信息

编写和修订信息 **缩略语和首字母缩写**

培训建议 **参考文献**

免责声明

2-氯丙烯

第一部分 化学品标识

化学品中文名 2-氯丙烯；异丙烯基氯

化学品英文名 2-chloropropene；isopropenyl chloride

分子式 C_3H_5Cl **相对分子质量** 76.53

结构式 Cl（结构式）

化学品的推荐及限制用途 用于有机合成

第二部分 危险性概述

紧急情况概述 极易燃液体和蒸气

GHS 危险性类别 易燃液体，类别 1

标签要素

象形图 

警示词 危险

危险性说明 极易燃液体和蒸气

防范说明

预防措施 远离热源、火花、明火、热表面。禁止吸烟。保持容器密闭。容器和接收设备接地连接。使用防爆电器、通风、照明设备。只能使用不产生火花的工具。采取防止静电措施。戴防护手套、防护眼镜、防护面罩

事故响应 火灾时，使用泡沫、二氧化碳、干粉、砂土灭火。如皮肤（或头发）接触：立即脱掉所有被污染的衣服，用水冲洗皮肤，淋浴

安全储存 存放在通风良好的地方。保持低温

废弃处置　本品及内装物、容器依据国家和地方法规处置

物理和化学危险　极易燃，其蒸气与空气混合，能形成爆炸性混合物

健康危害　低浓度接触出现呼吸道刺激和中枢神经系统抑制。高浓度吸入引起呼吸困难、胸骨下疼痛、极端呼吸窘迫。头痛严重，可迅速昏迷。对眼有刺激性。对皮肤有强烈刺激性，可引起皮炎。口服损害胃肠道，出现中枢神经系统抑制。经任何途径吸收，均可损害肝、肾和心脏

环境危害　对环境可能有害

第三部分　成分/组成信息

√物质　　混合物

组分	浓度	CAS No.
2-氯丙烯		557-98-2

第四部分　急救措施

吸入　迅速脱离现场至空气新鲜处。保持呼吸道通畅。如呼吸困难，给输氧。如呼吸、心跳停止，立即进行心肺复苏术。就医

皮肤接触　立即脱去污染的衣着，用流动清水彻底冲洗。就医

眼睛接触　立即分开眼睑，用流动清水或生理盐水彻底冲洗。就医

食入　漱口，饮水。就医

对保护施救者的忠告　根据需要使用个人防护设备

对医生的特别提示　对症处理

第五部分　消防措施

灭火剂　用泡沫、二氧化碳、干粉、砂土灭火

特别危险性　本品遇火焰或受热会发生分解，产生剧毒的光气和腐蚀性的氯化氢气体。在火场高温下，能发生聚合放热，使容器破裂。在硫酸、氯化铁、氯化铝存在下能发生猛烈聚合，放出大量热量。蒸气比空气重，沿地面扩散并易积存于低洼处，遇火源会着火回燃。对很多金属尤其是潮湿空气存在下有腐蚀性。燃烧生成有害的一氧化碳、氯化氢

灭火注意事项及防护措施　消防人员须佩戴防毒面具、穿全身消防服，在上风向灭火。尽可能将容器从火场移至空旷处。喷水保持火场容器冷却，直至灭火结束。容器突然发出异常声音或出现异常现象，应立即撤离。用水灭火无效

第六部分　泄漏应急处理

作业人员防护措施、防护装备和应急处置程序　消除所有点火源。根据液体流动和蒸气扩散的影响区域划定警戒区，无关人员从侧风、上风向撤离至安全区。建议应急处理人员戴正压自给式呼吸器，穿防毒、防静电服。作业时使用的所有设备应接地。禁止接触或跨越泄漏物。尽可能切断泄漏源

环境保护措施　防止泄漏物进入水体、下水道、地下室或有限空间

泄漏化学品的收容、清除方法及所使用的处置材料　小量泄漏：用砂土或其他不燃材料吸收，使用洁净的无火花工具收集吸收材料。大量泄漏：构筑围堤或挖坑收容。用泡沫覆盖，减少蒸发。喷水雾能减少蒸发，但不能降低泄漏物在有限空间内的易燃性。用防爆泵转移至槽车或专用收集器内

第七部分　操作处置与储存

操作注意事项　密闭操作，全面通风。操作人员必须经过专门培训，严格遵守操作规程。建议操作人员佩戴自吸过滤式防毒面具（半面罩），戴化学安全防护眼镜，穿防静电工作服，戴橡胶耐油手套。远离火种、热源。工作场所严禁吸烟。使用防爆型的通风系统和设备。防止蒸气泄漏到工作场所空气中。避免与氧化剂、酸类、碱类接触。充装要控制流速，防止静电积聚。搬运时要轻装轻卸，防止包装及容器损坏。配备相应品种和数量的消防器材及泄漏应急处理设备。倒空的容器可能残留有害物

储存注意事项　储存于阴凉、通风的库房。远离火种、热源。库温不宜超过29℃。包装要求密封，不可与空气接触。应与氧化剂、酸类、碱类分开存放，切忌混储。不宜大量储存或久存。采用防爆型照明、通风设施。禁止使用易产生火花的机械设备和工具。储区应备有泄漏应急处理设备和合适的收容材料

第八部分　接触控制/个体防护

职业接触限值

中国　未制定标准

美国(ACGIH)　未制定标准

生物接触限值　未制定标准

监测方法　空气中有毒物质测定方法：直接进样-气相色谱法。生物监测检验方法：未制定标准

工程控制　生产过程密闭，全面通风。提供安全的淋浴和洗眼设备

个体防护装备

呼吸系统防护　空气中浓度超标时，佩戴过滤式防毒面具（半面罩）

眼睛防护　戴化学安全防护眼镜

皮肤和身体防护　穿防静电工作服

手防护　戴橡胶耐油手套

第九部分　理化特性

外观与性状　无色透明液体，有刺激性气味

pH值　无资料　　**熔点(℃)**　−137～−138.6

沸点(℃)　22.6　　**相对密度(水=1)**　0.90

相对蒸气密度(空气=1)　2.63

饱和蒸气压(kPa)　109.2（25℃）

燃烧热(kJ/mol)　无资料　　**临界温度(℃)**　无资料

临界压力(MPa)　4.71　　**辛醇/水分配系数**　2.0

闪点(℃)　−34　　**自燃温度(℃)**　无资料

爆炸下限(%)　4.5　　**爆炸上限(%)**　16.0

分解温度(℃)　无资料

黏度(mPa·s)　无资料

溶解性 不溶于水，溶于乙醇、乙醚、苯、氯仿等多数有机溶剂

第十部分 稳定性和反应性

稳定性 稳定

危险反应 与强氧化剂等禁配物接触，有发生火灾和爆炸的危险

避免接触的条件 受热，接触空气

禁配物 强氧化剂、酸类、碱

危险的分解产物 氯化氢

第十一部分 毒理学信息

急性毒性 LC_{50}：267000mg/m^3（小鼠吸入）

皮肤刺激或腐蚀 无资料 **眼睛刺激或腐蚀** 无资料

呼吸或皮肤过敏 无资料

生殖细胞突变性 微生物致突变：鼠伤寒沙门氏菌 100μmol/皿

致癌性 无资料 **生殖毒性** 无资料

特异性靶器官系统毒性-一次接触 无资料

特异性靶器官系统毒性-反复接触 无资料

吸入危害 无资料

第十二部分 生态学信息

生态毒性 无资料

持久性和降解性

生物降解性 无资料

非生物降解性 无资料

潜在的生物累积性 根据 K_{ow} 值预测，该物质的生物累积性可能较弱

土壤中的迁移性 根据 K_{oc} 值预测，该物质可能有一定的迁移性

第十三部分 废弃处置

废弃化学品 建议用焚烧法处置。与燃料混合后，再焚烧。焚烧炉排出的卤化氢通过酸洗涤器除去

污染包装物 将容器返还生产商或按照国家和地方法规处置

废弃注意事项 处置前应参阅国家和地方有关法规

第十四部分 运输信息

联合国危险货物编号（UN 号） 2456

联合国运输名称 2-氯丙烯

联合国危险性类别 3 **包装类别** Ⅰ类包装

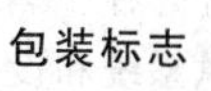
包装标志  **海洋污染物** 否

运输注意事项 运输时运输车辆应配备相应品种和数量的消防器材及泄漏应急处理设备。夏季最好早晚运输。运输时所用的槽（罐）车应有接地链，槽内可设孔隔板以减少震荡产生的静电。严禁与氧化剂、酸类、碱类、食用化学品等混装混运。运输途中应防曝晒、雨淋，防高温。中途停留时应远离火种、热源、高温区。装运该物品的车辆排气管必须配备阻火装置，禁止使用易产生火花的机械设备和工具装卸。公路运输时要按规定路线行驶，勿在居民区和人口稠密区停留。铁路运输时要禁止溜放。严禁用木船、水泥船散装运输

第十五部分 法规信息

下列法律、法规、规章和标准，对该化学品的管理作了相应的规定。

中华人民共和国职业病防治法 职业病分类和目录：未列入

危险化学品安全管理条例 危险化学品目录：列入。易制爆危险化学品名录：未列入。重点监管的危险化学品名录：未列入。GB 18218—2009《危险化学品重大危险源辨识》(表 1)：未列入

使用有毒物品作业场所劳动保护条例 高毒物品目录：未列入

易制毒化学品管理条例 易制毒化学品的分类和品种目录：未列入

国际公约 斯德哥尔摩公约：未列入。鹿特丹公约：未列入。蒙特利尔议定书：未列入

第十六部分 其他信息

编写和修订信息 **缩略语和首字母缩写**

培训建议 **参考文献**

免责声明

3-氯丙烯

第一部分 化学品标识

化学品中文名 3-氯丙烯；α-氯丙烯；烯丙基氯

化学品英文名 3-chloropropene；α-chloropropene；allyl chloride

分子式 C_3H_5Cl **相对分子质量** 76.53

结构式 (CH₂=CH–CH₂–Cl 键线式) Cl

化学品的推荐及限制用途 用作药品、杀虫剂、塑料等的中间体

第二部分 危险性概述

紧急情况概述 高度易燃液体和蒸气，吞咽、皮肤接触、吸入有害

GHS 危险性类别 易燃液体，类别 2；急性毒性-经口，类别 4；急性毒性-经皮，类别 4；急性毒性-吸入，类别 4；严重眼损伤/眼刺激，类别 2；皮肤腐蚀/刺激，类别 2；生殖细胞致突变性，类别 2；特异性靶器官毒性-一次接触，类别 3（呼吸道刺激）；特异性靶器官毒性-反复接触，类别 2；危害水生环境-急性危害，类别 1

标签要素

象形图 

警示词 危险

危险性说明 高度易燃液体和蒸气，吞咽有害，皮肤接触有害，吸入有害，造成皮肤刺激，造成严重眼刺激，怀疑可造成遗传性缺陷，可能引起呼吸道刺激，长时间或反复接触可能对器官造成损伤，对水生生物毒性非常大

防范说明

预防措施 远离热源、火花、明火、热表面。禁止吸烟。保持容器密闭。容器和接收设备接地连接。使用防爆电器、通风、照明设备。只能使用不产生火花的工具。采取防止静电措施。戴防护手套、防护眼镜、防护面罩，穿防护服。避免接触眼睛、皮肤，操作后彻底清洗。作业场所不得进食、饮水或吸烟。避免吸入蒸气、雾。仅在室外或通风良好处操作。得到专门指导后操作。在阅读并了解所有安全预防措施之前，切勿操作。按要求使用个体防护装备。禁止排入环境

事故响应 火灾时，使用泡沫、二氧化碳、干粉、砂土灭火。如吸入：将患者转移到空气新鲜处，休息，保持利于呼吸的体位，如感觉不适，呼叫中毒控制中心或就医。皮肤接触：立即脱掉所有被污染的衣服。用大量肥皂水和水清洗。被污染的衣服须经洗净后方可重新使用。如接触眼睛：用水细心冲洗数分钟。如戴隐形眼镜并可方便地取出，取出隐形眼镜继续冲洗。食入：漱口，如果感觉不适，立即呼叫中毒控制中心或就医。如果接触或有担心，就医。收集泄漏物

安全储存 存放在通风良好的地方。保持低温。上锁保管

废弃处置 本品及内装物、容器依据国家和地方法规处置

物理和化学危险 高度易燃，其蒸气与空气混合，能形成爆炸性混合物

健康危害

急性中毒 高浓度对皮肤黏膜具有刺激性，并有轻度麻醉作用。接触者觉咽干、鼻子发呛、胸闷，可出现头晕、头沉、嗜睡、全身无力等。脱离接触，一般很快恢复。尚未见到症状更加严重的中毒病例。溅入眼内，出现流泪、疼痛等严重眼刺激症状

慢性中毒 长期接触引起中毒性多发性神经炎。出现手足麻木，小腿酸痛力弱，四肢对称性手套袜套样分布痛觉、触觉、音叉振动觉障碍。跟腱反射减弱或消失。神经-肌电图示神经源性损害

环境危害 对水生生物毒性非常大

第三部分 成分/组成信息

√物质 混合物

组分	浓度	CAS No.
3-氯丙烯		107-05-1

第四部分 急救措施

吸入 迅速脱离现场至空气新鲜处。保持呼吸道通畅。如呼吸困难，给输氧。如呼吸、心跳停止，立即进行心肺复苏术。就医

皮肤接触 立即脱去污染的衣着，用流动清水彻底冲洗。就医

眼睛接触 立即分开眼睑，用流动清水或生理盐水彻底冲洗。就医

食入 漱口，饮水。就医

对保护施救者的忠告 根据需要使用个人防护设备

对医生的特别提示 对症处理

第五部分 消防措施

灭火剂 用泡沫、二氧化碳、干粉、砂土灭火

特别危险性 在火场高温下，能发生聚合放热，使容器破裂。在硫酸、氯化铁、氯化铝存在下能发生猛烈聚合，放出大量热量。蒸气比空气重，沿地面扩散并易积存于低洼处，遇火源会着火回燃。燃烧生成有害的一氧化碳、氯化氢

灭火注意事项及防护措施 消防人员须佩戴防毒面具、穿全身消防服，在上风向灭火。尽可能将容器从火场移至空旷处。喷水保持火场容器冷却，直至灭火结束。容器突然发出异常声音或出现异常现象，应立即撤离。用水灭火无效

第六部分 泄漏应急处理

作业人员防护措施、防护装备和应急处置程序 消除所有点火源。根据液体流动和蒸气扩散的影响区域划定警戒区，无关人员从侧风、上风向撤离至安全区。建议应急处理人员戴正压自给式呼吸器，穿防毒、防静电服。作业时使用的所有设备应接地。禁止接触或跨越泄漏物。尽可能切断泄漏源

环境保护措施 防止泄漏物进入水体、下水道、地下室或有限空间

泄漏化学品的收容、清除方法及所使用的处置材料 小量泄漏：用砂土或其他不燃材料吸收，使用洁净的无火花工具收集吸收材料。大量泄漏：构筑围堤或挖坑收容。用泡沫覆盖，减少蒸发。喷水雾能减少蒸发，但不能降低泄漏物在有限空间内的易燃性。用防爆泵转移至槽车或专用收集器内。喷雾状水驱散蒸气、稀释液体泄漏物

第七部分 操作处置与储存

操作注意事项 密闭操作，全面通风。操作人员必须经过专门培训，严格遵守操作规程。建议操作人员佩戴自吸过滤式防毒面具（半面罩），戴化学安全防护眼镜，穿防静电工作服，戴橡胶耐油手套。远离火种、热源。工作场所严禁吸烟。使用防爆型的通风系统和设备。防止蒸气泄漏到工作场所空气中。避免与氧化剂、酸类、碱类接触。充装要控制流速，防止静电积聚。搬运时要轻装轻卸，防止包装及容器损坏。配备相应品种和数量的消防器材及泄漏应急处理设备。倒空的容器可能残留有害物

储存注意事项 储存于阴凉、通风的库房。远离火种、热源。库温不宜超过29℃。包装要求密封，不可与空

气接触。应与氧化剂、酸类、碱类分开存放，切忌混储。不宜大量储存或久存。采用防爆型照明、通风设施。禁止使用易产生火花的机械设备和工具。储区应备有泄漏应急处理设备和合适的收容材料

第八部分 接触控制/个体防护

职业接触限值

中国 PC-TWA：2mg/m³；PC-STEL：4mg/m³

美国(ACGIH) TLV-TWA：1ppm；TLV-STEL：2ppm

生物接触限值 未制定标准

监测方法 空气中有毒物质测定方法：直接进样-气相色谱法。生物监测检验方法：未制定标准

工程控制 生产过程密闭，全面通风。提供安全的淋浴和洗眼设备

个体防护装备

呼吸系统防护 空气中浓度超标时，佩戴过滤式防毒面具（半面罩）

眼睛防护 戴化学安全防护眼镜

皮肤和身体防护 穿防静电工作服

手防护 戴橡胶耐油手套

第九部分 理化特性

外观与性状 无色透明液体，有不愉快的刺激性气味

pH 值 无资料 **熔点(℃)** －134.5

沸点(℃) 44～45 **相对密度(水=1)** 0.94

相对蒸气密度(空气=1) 2.64

饱和蒸气压(kPa) 45.2（20℃）

燃烧热(kJ/mol) －1842.5 **临界温度(℃)** 241

临界压力(MPa) 4.76

辛醇/水分配系数 1.45～1.93

闪点(℃) －31.7（CC）；－28.9（OC）

自燃温度(℃) 392 **爆炸下限(%)** 2.9

爆炸上限(%) 11.2 **分解温度(℃)** 无资料

黏度(mPa·s) 无资料

溶解性 不溶于水，可混溶于乙醇、乙醚、氯仿、石油醚等多数有机溶剂

第十部分 稳定性和反应性

稳定性 稳定

危险反应 与强氧化剂、酸类等禁配物接触，有发生火灾和爆炸的危险

避免接触的条件 受热，接触空气

禁配物 强氧化剂、酸类、硝酸、发烟硫酸、氯磺酸、乙烯亚胺、乙烯二胺、碱类（如氢氧化钠）

危险的分解产物 氯化氢

第十一部分 毒理学信息

急性毒性

LD_{50} 700mg/kg（大鼠经口）；2066mg/kg（兔经皮）

LC_{50} 11000mg/m³（大鼠吸入，2h）

皮肤刺激或腐蚀 家兔经皮：10mg（24h），引起刺激（开放性刺激试验）

眼睛刺激或腐蚀 家兔经眼：469mg，引起刺激

呼吸或皮肤过敏 无资料

生殖细胞突变性 微生物致突变：鼠伤寒沙门氏菌 938μg/皿；大肠杆菌 20μl/皿。程序外 DNA 合成：人 HeLa 细胞 1mmol/L

致癌性 IARC 致癌性评论：组 3，现有的证据不能对人类致癌性进行分类。对人及动物致癌性证据不足

生殖毒性 大鼠孕后 6～15d 吸入最低中毒剂量（TCLo）300ppm（7h），致肌肉骨骼系统发育畸形。大鼠吸入最低中毒浓度（TCLo）：300ppm（7h）（孕前 6～15d），引起肌肉骨骼发育异常

特异性靶器官系统毒性-一次接触 无资料

特异性靶器官系统毒性-反复接触 大鼠、小鼠吸入 20ppm，每天 7h，共 90d，未见异常反应；而剂量达 50ppm，则引起肝、肾损害

吸入危害 无资料

第十二部分 生态学信息

生态毒性

LC_{50} 21mg/L（96h）（金鱼，静态）；42mg/L（96h）（蓝鳃太阳鱼，静态）；20mg/L（96h）（黑头呆鱼，静态）；250mg/L（24h）（水蚤，静态）

LC_{50} 0.34mg/L（48h）（有爪蟾蜍）

持久性和降解性

生物降解性 好氧生物降解（h）：168～672 厌氧生物降解（h）：672～2688

非生物降解性 空气中光氧化半衰期（h）：3.03～28.8 一级水解半衰期（h）：335

潜在的生物累积性 根据 K_{ow} 值预测，该物质的生物累积性可能较弱

土壤中的迁移性 根据 K_{oc} 值预测，该物质可能易发生迁移

第十三部分 废弃处置

废弃化学品 建议用焚烧法处置。与燃料混合后，再焚烧。焚烧炉排出的卤化氢通过酸洗涤器除去

污染包装物 将容器返还生产商或按照国家和地方法规处置

废弃注意事项 处置前应参阅国家和地方有关法规

第十四部分 运输信息

联合国危险货物编号（UN 号） 1100

联合国运输名称 烯丙基氯

联合国危险性类别 3，6.1 **包装类别** Ⅰ类包装

包装标志

海洋污染物 否

运输注意事项 运输时运输车辆应配备相应品种和数量的消防器材及泄漏应急处理设备。夏季最好早晚运输。运输时所用的槽（罐）车应有接地链，槽内可设孔隔板以减少震荡产生的静电。严禁与氧化剂、酸类、碱类、食用化学品等混装混运。运输途中应防曝晒、雨

淋，防高温。中途停留时应远离火种、热源、高温区。装运该物品的车辆排气管必须配备阻火装置，禁止使用易产生火花的机械设备和工具装卸。公路运输时要按规定路线行驶，勿在居民区和人口稠密区停留。铁路运输时要禁止溜放。严禁用木船、水泥船散装运输

第十五部分 法规信息

下列法律、法规、规章和标准，对该化学品的管理作了相应的规定。

中华人民共和国职业病防治法 职业病分类和目录：氯丙烯中毒

危险化学品安全管理条例 危险化学品目录：列入。易制爆危险化学品名录：未列入。重点监管的危险化学品名录：未列入。GB 18218—2009《危险化学品重大危险源辨识》(表 1)：未列入

使用有毒物品作业场所劳动保护条例 高毒物品目录：未列入

易制毒化学品管理条例 易制毒化学品的分类和品种目录：未列入

国际公约 斯德哥尔摩公约：未列入。鹿特丹公约：未列入。蒙特利尔议定书：未列入

第十六部分 其他信息

编写和修订信息 **缩略语和首字母缩写**

培训建议 **参考文献**

免责声明

氯代正丁烷

第一部分 化学品标识

化学品中文名 氯代正丁烷；1-氯丁烷；正丁基氯

化学品英文名 1-chlorobutane；*n*-butyl chloride

分子式 C_4H_9Cl **相对分子质量** 92.58

结构式 (Cl 结构式)

化学品的推荐及限制用途 用于有机合成及用作溶剂

第二部分 危险性概述

紧急情况概述 高度易燃液体和蒸气

GHS 危险性类别 易燃液体，类别 2

标签要素

象形图 

警示词 危险

危险性说明 高度易燃液体和蒸气

防范说明

预防措施 远离热源、火花、明火、热表面。禁止吸烟。保持容器密闭。容器和接收设备接地连接。使用防爆电器、通风、照明设备。只能使用不产生火花的工具。采取防止静电措施。戴防护手套、防护眼镜、防护面罩

事故响应 火灾时，使用泡沫、干粉、二氧化碳、砂土灭火。如皮肤（或头发）接触：立即脱掉所有被污染的衣服，用水冲洗皮肤，淋浴

安全储存 存放在通风良好的地方。保持低温

废弃处置 本品及内装物、容器依据国家和地方法规处置

物理和化学危险 高度易燃，其蒸气与空气混合，能形成爆炸性混合物

健康危害 吸入或口服对身体有害。本品加热分解时，可产生剧毒品光气，应注意

环境危害 对环境可能有害

第三部分 成分/组成信息

√物质 混合物

组分	浓度	CAS No.
氯代正丁烷		109-69-3

第四部分 急救措施

吸入 迅速脱离现场至空气新鲜处。保持呼吸道通畅。如呼吸困难，给输氧。如呼吸、心跳停止，立即进行心肺复苏术。就医

皮肤接触 立即脱去污染的衣着，用流动清水彻底冲洗。就医

眼睛接触 立即分开眼睑，用流动清水或生理盐水彻底冲洗。就医

食入 漱口，饮水。就医

对保护施救者的忠告 根据需要使用个人防护设备

对医生的特别提示 对症处理

第五部分 消防措施

灭火剂 用泡沫、干粉、二氧化碳、砂土灭火

特别危险性 受高热分解产生有毒的腐蚀性烟气。与氧化剂能发生强烈反应。蒸气比空气重，沿地面扩散并易积存于低洼处，遇火源会着火回燃。燃烧生成有害的一氧化碳、氯化氢

灭火注意事项及防护措施 消防人员必须佩戴空气呼吸器、穿全身防火防毒服，在上风向灭火。喷水冷却容器，尽可能将容器从火场移至空旷处。容器突然发出异常声音或出现异常现象，应立即撤离。用水灭火无效

第六部分 泄漏应急处理

作业人员防护措施、防护装备和应急处置程序 消除所有点火源。根据液体流动和蒸气扩散的影响区域划定警戒区，无关人员从侧风、上风向撤离至安全区。建议应急处理人员戴正压自给式呼吸器，穿防静电服。作业时使用的所有设备应接地。禁止接触或跨越泄漏物。尽可能切断泄漏源

环境保护措施 防止泄漏物进入水体、下水道、地下室或有限空间

泄漏化学品的收容、清除方法及所使用的处置材料 小量泄漏：用砂土或其他不燃材料吸收，使用洁净的无火花工具收集吸收材料。大量泄漏：构筑围堤或挖坑收

容。用砂土、惰性物质或蛭石吸收大量液体。用泡沫覆盖，减少蒸发。喷水雾能减少蒸发，但不能降低泄漏物在有限空间内的易燃性。用防爆泵转移至槽车或专用收集器内

第七部分　操作处置与储存

操作注意事项　密闭操作，加强通风。操作人员必须经过专门培训，严格遵守操作规程。建议操作人员佩戴过滤式防毒面具（半面罩），穿防静电工作服，戴橡胶耐油手套。远离火种、热源。工作场所严禁吸烟。使用防爆型的通风系统和设备。防止蒸气泄漏到工作场所空气中。避免与氧化剂、碱类接触。灌装时应控制流速，且有接地装置，防止静电积聚。搬运时要轻装轻卸，防止包装及容器损坏。配备相应品种和数量的消防器材及泄漏应急处理设备。倒空的容器可能残留有害物

储存注意事项　储存于阴凉、通风的库房。远离火种、热源。库温不宜超过37℃。保持容器密封。应与氧化剂、碱类分开存放，切忌混储。采用防爆型照明、通风设施。禁止使用易产生火花的机械设备和工具。储区应备有泄漏应急处理设备和合适的收容材料

第八部分　接触控制/个体防护

职业接触限值

中国　未制定标准

美国(ACGIH)　未制定标准

生物接触限值　未制定标准

监测方法　空气中有毒物质测定方法：未制定标准。生物监测检验方法：未制定标准

工程控制　生产过程密闭，加强通风。提供安全的淋浴和洗眼设备

个体防护装备

呼吸系统防护　空气中浓度超标时，应该佩戴过滤式防毒面具（半面罩）。紧急事态抢救或撤离时，佩戴空气呼吸器

眼睛防护　一般不需要特殊防护，高浓度接触时可戴化学安全防护眼镜

皮肤和身体防护　穿防静电工作服

手防护　戴橡胶耐油手套

第九部分　理化特性

外观与性状　无色液体，有刺激性气味

pH 值　无资料　**熔点(℃)**　−123.1

沸点(℃)　78.5　**相对密度(水=1)**　0.89

相对蒸气密度(空气=1)　3.20

饱和蒸气压(kPa)　10.7（20℃）

燃烧热(kJ/mol)　−2696.7　**临界温度(℃)**　269

临界压力(MPa)　3.68　**辛醇/水分配系数**　2.39

闪点(℃)　−9（CC）　**自燃温度(℃)**　460

爆炸下限(%)　1.9　**爆炸上限(%)**　10.1

分解温度(℃)　无资料

黏度(mPa·s)　0.45（20℃）

溶解性　不溶于水，可混溶于乙醇、乙醚等多数有机溶剂

第十部分　稳定性和反应性

稳定性　稳定

危险反应　与强氧化剂等禁配物接触，有发生火灾和爆炸的危险

避免接触的条件　受热

禁配物　强氧化剂、强碱

危险的分解产物　氯化氢

第十一部分　毒理学信息

急性毒性　LD_{50}：2670mg/kg（大鼠经口）

皮肤刺激或腐蚀　无资料　**眼睛刺激或腐蚀**　无资料

呼吸或皮肤过敏　无资料

生殖细胞突变性　哺乳动物体细胞突变：小鼠淋巴细胞500mg/L

致癌性　无资料　**生殖毒性**　无资料

特异性靶器官系统毒性-一次接触　无资料

特异性靶器官系统毒性-反复接触　无资料

吸入危害　无资料

第十二部分　生态学信息

生态毒性　LC_{50}：97ppm（7d）（虹鳟）；79mg/L（48h）（青鳉）

持久性和降解性

生物降解性　无资料

非生物降解性　空气中，当羟基自由基浓度为5.00×10^5个/cm^3时，降解半衰期为7d（理论）

潜在的生物累积性　根据K_{ow}值预测，该物质的生物累积性可能较弱

土壤中的迁移性　根据K_{oc}值预测，该物质可能有一定的迁移性

第十三部分　废弃处置

废弃化学品　建议用焚烧法处置。与燃料混合后，再焚烧。焚烧炉排出的卤化氢通过酸洗涤器除去

污染包装物　将容器返还生产商或按照国家和地方法规处置

废弃注意事项　处置前应参阅国家和地方有关法规

第十四部分　运输信息

联合国危险货物编号（UN 号）　1127

联合国运输名称　氯丁烷

联合国危险性类别　3　**包装类别**　Ⅱ类包装

包装标志

海洋污染物　否

运输注意事项　运输时运输车辆应配备相应品种和数量的消防器材及泄漏应急处理设备。夏季最好早晚运输。运输时所用的槽（罐）车应有接地链，槽内可设孔隔板以减少震荡产生的静电。严禁与氧化剂、碱类等混装混运。运输途中应防曝晒、雨淋，防高温。中途停留时应远离火种、热源、高温区。装运该物品的车辆

排气管必须配备阻火装置，禁止使用易产生火花的机械设备和工具装卸。公路运输时要按规定路线行驶，勿在居民区和人口稠密区停留。铁路运输时要禁止溜放。严禁用木船、水泥船散装运输

第十五部分　法规信息

下列法律、法规、规章和标准，对该化学品的管理作了相应的规定。

中华人民共和国职业病防治法　职业病分类和目录：未列入

危险化学品安全管理条例　危险化学品目录：列入。易制爆危险化学品名录：未列入。重点监管的危险化学品名录：未列入。GB 18218—2009《危险化学品重大危险源辨识》(表1)：未列入

使用有毒物品作业场所劳动保护条例　高毒物品目录：未列入

易制毒化学品管理条例　易制毒化学品的分类和品种目录：未列入

国际公约　斯德哥尔摩公约：未列入。鹿特丹公约：未列入。蒙特利尔议定书：未列入

第十六部分　其他信息

编写和修订信息　　**缩略语和首字母缩写**

培训建议　　**参考文献**

免责声明

2-氯-1,3-丁二烯［抑制了的］

第一部分　化学品标识

化学品中文名　2-氯-1,3-丁二烯［抑制了的］；氯代丁二烯

化学品英文名　2-chloro-1,3-butadiene；chloroprene

分子式　C_4H_5Cl　**相对分子质量**　88.54

结构式　$CH_2=C(Cl)-CH=CH_2$

化学品的推荐及限制用途　重要有机化工原料，用作有机合成中间体、氯丁橡胶的单体等

第二部分　危险性概述

紧急情况概述　高度易燃液体和蒸气，吞咽、吸入有害

GHS危险性类别　易燃液体，类别2；急性毒性-经口，类别4；急性毒性-吸入，类别4；皮肤腐蚀/刺激，类别2；严重眼损伤/眼刺激，类别2；致癌性，类别2；特异性靶器官毒性-一次接触，类别3（呼吸道刺激）；特异性靶器官毒性-反复接触，类别2

标签要素

象形图

警示词　危险

危险性说明　高度易燃液体和蒸气，吞咽有害，吸入有害，造成皮肤刺激，造成严重眼刺激，可能引起呼吸道刺激，长时间或反复接触可能对器官造成损伤

防范说明

预防措施　远离热源、火花、明火、热表面。禁止吸烟。保持容器密闭。容器和接收设备接地连接。使用防爆电器、通风、照明设备。只能使用不产生火花的工具。采取防止静电措施。戴防护手套、防护眼镜、防护面罩。避免接触眼睛、皮肤，操作后彻底清洗。作业场所不得进食、饮水或吸烟。避免吸入蒸气、雾。仅在室外或通风良好处操作

事故响应　火灾时，使用泡沫、二氧化碳、干粉、砂土灭火。如吸入：将患者转移到空气新鲜处，休息，保持利于呼吸的体位，如感觉不适，呼叫中毒控制中心或就医。皮肤接触：立即脱掉所有被污染的衣服。用大量肥皂水和水清洗。如发生皮肤刺激，就医。脱去被污染的衣服，洗净后方可重新使用。如接触眼睛：用水细心冲洗数分钟。如戴隐形眼镜并可方便地取出，取出隐形眼镜继续冲洗。如果眼睛刺激持续：就医。食入：漱口，如果感觉不适，立即呼叫中毒控制中心或就医

安全储存　存放在通风良好的地方。保持低温

废弃处置　本品及内装物、容器依据国家和地方法规处置

物理和化学危险　高度易燃，其蒸气与空气混合，能形成爆炸性混合物

健康危害　以中枢神经系统抑制和呼吸道刺激作用为主

急性中毒　短期吸入高浓度蒸气出现流泪、咽干痛、胸闷、呼吸困难；结膜及咽部充血；肺部散在罗音；并有头昏、头痛、乏力、四肢麻木、步态不稳、恶心、呕吐、昏迷、抽搐等。个别发生急性肺水肿而死亡。急性期后可出现肝、肾损害及脱发

慢性中毒　长期密切接触可引起神经衰弱综合征、中毒性肝病。重者出现肝硬化。多数患者有脱发，可伴有眉毛、腋毛、睫毛脱落，指甲变灰褐色

环境危害　对环境可能有害

第三部分　成分/组成信息

√物质　　混合物

组分	浓度	CAS No.
2-氯-1,3-丁二烯		126-99-8

第四部分　急救措施

吸入　迅速脱离现场至空气新鲜处。保持呼吸道通畅。如呼吸困难，给输氧。如呼吸、心跳停止，立即进行心肺复苏术。就医

皮肤接触　立即脱去污染的衣着，用流动清水彻底冲洗。就医

眼睛接触　立即分开眼睑，用流动清水或生理盐水彻底冲洗。就医

食入　漱口，饮水。就医

对保护施救者的忠告　根据需要使用个人防护设备

对医生的特别提示　对症处理

第五部分 消防措施

灭火剂 用泡沫、二氧化碳、干粉、砂土灭火

特别危险性 受高热分解产生有毒的氯化物气体。与强氧化剂发生反应，可引起燃烧。若遇高热，可发生聚合反应，放出大量热量而引起容器破裂和爆炸事故。蒸气比空气重，沿地面扩散并易积存于低洼处，遇火源会着火回燃。燃烧生成有害的一氧化碳、氯化氢

灭火注意事项及防护措施 消防人员须佩戴防毒面具、穿全身消防服，在上风向灭火。尽可能将容器从火场移至空旷处。喷水保持火场容器冷却，直至灭火结束。容器突然发出异常声音或出现异常现象，应立即撤离。用水灭火无效

第六部分 泄漏应急处理

作业人员防护措施、防护装备和应急处置程序 消除所有点火源。根据液体流动和蒸气扩散的影响区域划定警戒区，无关人员从侧风、上风向撤离至安全区。建议应急处理人员戴正压自给式呼吸器，穿防毒、防静电服，戴橡胶耐油手套。作业时使用的所有设备应接地。禁止接触或跨越泄漏物。尽可能切断泄漏源

环境保护措施 防止泄漏物进入水体、下水道、地下室或有限空间

泄漏化学品的收容、清除方法及所使用的处置材料 小量泄漏：用砂土或其他不燃材料吸收，使用洁净的无火花工具收集吸收材料。大量泄漏：构筑围堤或挖坑收容。用砂土、惰性物质或蛭石吸收大量液体。用泡沫覆盖，减少蒸发。喷水雾能减少蒸发，但不能降低泄漏物在有限空间内的易燃性。用防爆泵转移至槽车或专用收集器内

第七部分 操作处置与储存

操作注意事项 密闭操作，加强通风。操作人员必须经过专门培训，严格遵守操作规程。建议操作人员佩戴过滤式防毒面具（半面罩），戴化学安全防护眼镜，穿防静电工作服，戴橡胶耐油手套。远离火种、热源。工作场所严禁吸烟。使用防爆型的通风系统和设备。防止蒸气泄漏到工作场所空气中。避免与氧化剂、酸类接触。灌装时应控制流速，且有接地装置，防止静电积聚。搬运时要轻装轻卸，防止包装及容器损坏。配备相应品种和数量的消防器材及泄漏应急处理设备。倒空的容器可能残留有害物

储存注意事项 通常商品加有阻聚剂。储存于阴凉、通风的库房。远离火种、热源。库温不宜超过 29℃。包装要求密封，不可与空气接触。应与氧化剂、酸类、食用化学品分开存放，切忌混储。不宜大量储存或久存。采用防爆型照明、通风设施。禁止使用易产生火花的机械设备和工具。储区应备有泄漏应急处理设备和合适的收容材料

第八部分 接触控制/个体防护

职业接触限值

中国 PC-TWA：4mg/m^3［皮］［G2B］

美国(ACGIH) TLV-TWA：10ppm［皮］

生物接触限值 未制定标准

监测方法 空气中有毒物质测定方法：直接进样-气相色谱法。生物监测检验方法：未制定标准

工程控制 生产过程密闭，加强通风。提供安全的淋浴和洗眼设备

个体防护装备

呼吸系统防护 空气中浓度超标时，佩戴过滤式防毒面具（半面罩）

眼睛防护 戴化学安全防护眼镜

皮肤和身体防护 穿防静电工作服

手防护 戴橡胶耐油手套

第九部分 理化特性

外观与性状 无色液体，有醚的气味

pH 值 无资料 **熔点(℃)** −130

沸点(℃) 59.4 **相对密度(水=1)** 0.96

相对蒸气密度(空气=1) 3.0

饱和蒸气压(kPa) 23.2（20℃）

燃烧热(kJ/mol) 无资料 **临界温度(℃)** 无资料

临界压力(MPa) 4.26 **辛醇/水分配系数** 2.53

闪点(℃) −20（OC） **自燃温度(℃)** 320

爆炸下限(%) 4.0 **爆炸上限(%)** 20.0

分解温度(℃) 无资料

黏度(mPa·s) 无资料

溶解性 微溶于水，溶于乙醇、乙醚、丙酮、苯等多数有机溶剂

第十部分 稳定性和反应性

稳定性 稳定

危险反应 与强氧化剂等禁配物接触，有发生火灾和爆炸的危险

避免接触的条件 受热，接触空气

禁配物 强氧化剂、酸类

危险的分解产物 氯化氢

第十一部分 毒理学信息

急性毒性

LD_{50} 450mg/kg（大鼠经口）；260mg/kg（小鼠经口）

LC_{50} 11800mg/m^3（大鼠吸入，4h）

皮肤刺激或腐蚀 家兔经皮：500μl（24h），重度刺激

眼睛刺激或腐蚀 无资料 **呼吸或皮肤过敏** 无资料

生殖细胞突变性 微生物致突变：鼠伤寒沙门氏菌 70 μmol/L。细胞遗传学分析：大鼠吸入 1960μg/m^3（16 周）。显性致死试验：大鼠吸入 4μg/L（48d）（间断性）

致癌性 IARC 致癌性评论：组 2B，可疑人类致癌物。对人类致癌性证据有限，对动物致癌性证据不充分

生殖毒性 鼠孕后 11～12d 经口给予最低中毒剂量（TDLo）1mg/kg，致中枢神经系统发育畸形。大鼠经口最低中毒剂量（TDLo）：1mg/kg（孕 3～4d），引起胚胎毒性。大鼠吸入最低中毒浓度（TCLo）：4mg/m^3（24h）（孕 3～4d），引起死胎

特异性靶器官系统毒性-一次接触 无资料

特异性靶器官系统毒性-反复接触 大、小鼠吸入100～350mg/m^3，每天8h，共3个月，发生阑尾溃疡，肝、心肌改变，淋巴组织和脾、髓网状细胞增殖等

吸入危害 无资料

第十二部分 生态学信息

生态毒性

LC_{50} 245mg/L（96h）（蓝鳃太阳鱼）

EC_{50} 348mg/L（96h）（水蚤）

NOEC 3.2mg/L（21d）（水蚤）

持久性和降解性

生物降解性 OECD301D，28d降解10%，不易快速生物降解

非生物降解性 空气中光氧化半衰期（h）：2.9～27.8

潜在的生物累积性 根据K_{ow}值预测，该物质的生物累积性可能较弱

土壤中的迁移性 根据K_{oc}值预测，该物质可能有一定的迁移性

第十三部分 废弃处置

废弃化学品 建议用焚烧法处置。与燃料混合后，再焚烧。焚烧炉排出的卤化氢通过酸洗涤器除去

污染包装物 将容器返还生产商或按照国家和地方法规处置

废弃注意事项 处置前应参阅国家和地方有关法规

第十四部分 运输信息

联合国危险货物编号（UN号） 1991

联合国运输名称 氯丁二烯，稳定的

联合国危险性类别 3，6.1 **包装类别** Ⅰ类包装

包装标志

海洋污染物 否

运输注意事项 运输时运输车辆应配备相应品种和数量的消防器材及泄漏应急处理设备。夏季最好早晚运输。运输时所用的槽（罐）车应有接地链，槽内可设孔隔板以减少震荡产生的静电。严禁与氧化剂、酸类、食用化学品等混装混运。运输途中应防曝晒、雨淋，防高温。中途停留时应远离火种、热源、高温区。装运该物品的车辆排气管必须配备阻火装置，禁止使用易产生火花的机械设备和工具装卸。公路运输时要按规定路线行驶，勿在居民区和人口稠密区停留。铁路运输时要禁止溜放。严禁用木船、水泥船散装运输

第十五部分 法规信息

下列法律、法规、规章和标准，对该化学品的管理作了相应的规定。

中华人民共和国职业病防治法 职业病分类和目录：氯丁二烯中毒

危险化学品安全管理条例 危险化学品目录：列入。易制爆危险化学品名录：未列入。重点监管的危险化学品名录：未列入。GB 18218—2009《危险化学品重大危险源辨识》（表1）：未列入

使用有毒物品作业场所劳动保护条例 高毒物品目录：未列入

易制毒化学品管理条例 易制毒化学品的分类和品种目录：未列入

国际公约 斯德哥尔摩公约：未列入。鹿特丹公约：未列入。蒙特利尔议定书：未列入

第十六部分 其他信息

编写和修订信息 **缩略语和首字母缩写**

培训建议 **参考文献**

免责声明

2-氯丁烷

第一部分 化学品标识

化学品中文名 2-氯丁烷；仲丁基氯；氯代仲丁烷

化学品英文名 2-chlorobutane；*sec*-butylchloride

分子式 C_4H_9Cl **相对分子质量** 92.58

结构式 （结构式图：Cl）

化学品的推荐及限制用途 用于有机合成，以及用作溶剂

第二部分 危险性概述

紧急情况概述 高度易燃液体和蒸气

GHS危险性类别 易燃液体，类别2

标签要素

象形图

警示词 危险

危险性说明 高度易燃液体和蒸气

防范说明

预防措施 远离热源、火花、明火、热表面。禁止吸烟。保持容器密闭。容器和接收设备接地连接。使用防爆电器、通风、照明设备。只能使用不产生火花的工具。采取防止静电措施。戴防护手套、防护眼镜、防护面罩

事故响应 火灾时，使用泡沫、干粉、二氧化碳、砂土灭火。如皮肤（或头发）接触：立即脱掉所有被污染的衣服，用水冲洗皮肤，淋浴

安全储存 存放在通风良好的地方。保持低温

废弃处置 本品及内装物、容器依据国家和地方法规处置

物理和化学危险 高度易燃，其蒸气与空气混合，能形成爆炸性混合物

健康危害 可能具有麻醉作用和刺激性

环境危害 对环境可能有害

第三部分 成分/组成信息

√物质 混合物

组分	浓度	CAS No.
2-氯丁烷		78-86-4

第四部分 急救措施

吸入 迅速脱离现场至空气新鲜处。保持呼吸道通畅。如呼吸困难，给输氧。如呼吸、心跳停止，立即进行心肺复苏术。就医

皮肤接触 立即脱去污染的衣着，用流动清水彻底冲洗。就医

眼睛接触 立即分开眼睑，用流动清水或生理盐水彻底冲洗。就医

食入 漱口，饮水。就医

对保护施救者的忠告 根据需要使用个人防护设备

对医生的特别提示 对症处理

第五部分 消防措施

灭火剂 用泡沫、干粉、二氧化碳、砂土灭火

特别危险性 受高热分解产生有毒的腐蚀性烟气。与氧化剂能发生强烈反应。蒸气比空气重，沿地面扩散并易积存于低洼处，遇火源会着火回燃。燃烧生成有害的一氧化碳、氯化氢

灭火注意事项及防护措施 消防人员必须佩戴空气呼吸器、穿全身防火防毒服，在上风向灭火。喷水冷却容器，尽可能将容器从火场移至空旷处。容器突然发出异常声音或出现异常现象，应立即撤离。用水灭火无效。用水灭火无效

第六部分 泄漏应急处理

作业人员防护措施、防护装备和应急处置程序 消除所有点火源。根据液体流动和蒸气扩散的影响区域划定警戒区，无关人员从侧风、上风向撤离至安全区。建议应急处理人员戴正压自给式呼吸器，穿防静电服。作业时使用的所有设备应接地。禁止接触或跨越泄漏物

环境保护措施 尽可能切断泄漏源。防止泄漏物进入水体、下水道、地下室或有限空间

泄漏化学品的收容、清除方法及所使用的处置材料 小量泄漏：用砂土或其他不燃材料吸收，使用洁净的无火花工具收集吸收材料。大量泄漏：构筑围堤或挖坑收容。用泡沫覆盖，减少蒸发。喷水雾能减少蒸发，但不能降低泄漏物在有限空间内的易燃性。用防爆泵转移至槽车或专用收集器内

第七部分 操作处置与储存

操作注意事项 密闭操作，加强通风。操作人员必须经过专门培训，严格遵守操作规程。建议操作人员佩戴过滤式防毒面具（半面罩），戴安全防护眼镜，穿防静电工作服，戴橡胶耐油手套。远离火种、热源。工作场所严禁吸烟。使用防爆型的通风系统和设备。防止蒸气泄漏到工作场所空气中。避免与氧化剂、碱类接触。灌装时应控制流速，且有接地装置，防止静电积聚。搬运时要轻装轻卸，防止包装及容器损坏。配备相应品种和数量的消防器材及泄漏应急处理设备。倒空的容器可能残留有害物

储存注意事项 储存于阴凉、通风的库房。远离火种、热源。库温不宜超过37℃。保持容器密封。应与氧化剂、碱类分开存放，切忌混储。采用防爆型照明、通风设施。禁止使用易产生火花的机械设备和工具。储区应备有泄漏应急处理设备和合适的收容材料

第八部分 接触控制/个体防护

职业接触限值

中国 未制定标准

美国(ACGIH) 未制定标准

生物接触限值 未制定标准

监测方法 空气中有毒物质测定方法：未制定标准。生物监测检验方法：未制定标准

工程控制 生产过程密闭，加强通风。提供安全的淋浴和洗眼设备

个体防护装备

呼吸系统防护 空气中浓度超标时，应该佩戴过滤式防毒面具（半面罩）。紧急事态抢救或撤离时，佩戴空气呼吸器

眼睛防护 戴安全防护眼镜

皮肤和身体防护 穿防静电工作服

手防护 戴橡胶耐油手套

第九部分 理化特性

外观与性状 无色透明液体，有类似醚的气味

pH值 无资料 **熔点(℃)** −131～−140

沸点(℃) 68～70 **相对密度(水=1)** 0.87

相对蒸气密度(空气=1) 3.2

饱和蒸气压(kPa) 10.65 (78.4℃)

燃烧热(kJ/mol) 无资料 **临界温度(℃)** 247.5

临界压力(MPa) 3.9 **辛醇/水分配系数** 2.33

闪点(℃) −15 **自燃温度(℃)** 无资料

爆炸下限(%) 1.8 **爆炸上限(%)** 10.1

分解温度(℃) 无资料

黏度(mPa·s) 无资料

溶解性 微溶于水，可混溶于乙醇、乙醚、氯仿等多数有机溶剂

第十部分 稳定性和反应性

稳定性 稳定

危险反应 与强氧化剂等禁配物接触，有发生火灾和爆炸的危险

避免接触的条件 受热

禁配物 强氧化剂、强碱

危险的分解产物 氯化氢

第十一部分 毒理学信息

急性毒性 LD_{50}：17460mg/kg（大鼠经口）；20000mg/kg（兔经皮）

皮肤刺激或腐蚀 无资料 **眼睛刺激或腐蚀** 无资料

呼吸或皮肤过敏 无资料 **生殖细胞突变性** 无资料

致癌性 无资料 **生殖毒性** 无资料

特异性靶器官系统毒性-一次接触 无资料

特异性靶器官系统毒性-反复接触 无资料

吸入危害 无资料

第十二部分 生态学信息

生态毒性 无资料

持久性和降解性

生物降解性 无资料

非生物降解性 无资料

潜在的生物累积性 根据 K_{ow} 值预测，该物质的生物累积性可能较弱

土壤中的迁移性 根据 K_{oc} 值预测，该物质可能有一定的迁移性

第十三部分 废弃处置

废弃化学品 建议用焚烧法处置。与燃料混合后，再焚烧。焚烧炉排出的卤化氢通过酸洗涤器除去

污染包装物 将容器返还生产商或按照国家和地方法规处置

废弃注意事项 处置前应参阅国家和地方有关法规

第十四部分 运输信息

联合国危险货物编号（UN 号） 1127

联合国运输名称 氯丁烷

联合国危险性类别 3 **包装类别** Ⅱ类包装

包装标志  **海洋污染物** 否

运输注意事项 运输时运输车辆应配备相应品种和数量的消防器材及泄漏应急处理设备。夏季最好早晚运输。运输时所用的槽（罐）车应有接地链，槽内可设孔隔板以减少震荡产生的静电。严禁与氧化剂、碱类、食用化学品等混装混运。运输途中应防曝晒、雨淋，防高温。中途停留时应远离火种、热源、高温区。装运该物品的车辆排气管必须配备阻火装置，禁止使用易产生火花的机械设备和工具装卸。公路运输时要按规定路线行驶，勿在居民区和人口稠密区停留。铁路运输时要禁止溜放。严禁用木船、水泥船散装运输

第十五部分 法规信息

下列法律、法规、规章和标准，对该化学品的管理作了相应的规定。

中华人民共和国职业病防治法 职业病分类和目录：未列入

危险化学品安全管理条例 危险化学品目录：列入。易制爆危险化学品名录：未列入。重点监管的危险化学品名录：未列入。GB 18218—2009《危险化学品重大危险源辨识》（表 1）：未列入

使用有毒物品作业场所劳动保护条例 高毒物品目录：未列入

易制毒化学品管理条例 易制毒化学品的分类和品种目录：未列入

国际公约 斯德哥尔摩公约：未列入。鹿特丹公约：未列入。蒙特利尔议定书：未列入

第十六部分 其他信息

编写和修订信息 **缩略语和首字母缩写**

培训建议 **参考文献**

免责声明

氯 化 钡

第一部分 化学品标识

化学品中文名 氯化钡

化学品英文名 barium chloride

分子式 $BaCl_2$ **相对分子质量** 208.24

结构式 Cl—Ba—Cl

化学品的推荐及限制用途 用作制造钡盐的原料。也用作杀虫剂、人造丝的消光剂及用于制造色淀和颜料

第二部分 危险性概述

紧急情况概述 吞咽会中毒，吸入有害

GHS 危险性类别 急性毒性-经口，类别 3；急性毒性-吸入，类别 4；危害水生环境-急性危害，类别 3

标签要素

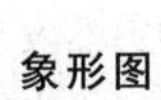
象形图 

警示词 危险

危险性说明 吞咽会中毒，吸入有害，对水生生物有害

防范说明

预防措施 避免接触眼睛、皮肤，操作后彻底清洗。作业场所不得进食、饮水或吸烟。避免吸入粉尘。仅在室外或通风良好处操作。禁止排入环境

事故响应 如吸入：将患者转移到空气新鲜处，休息，保持利于呼吸的体位，如感觉不适，呼叫中毒控制中心或就医。食入：漱口，立即呼叫中毒控制中心或就医

安全储存 上锁保管

废弃处置 本品及内装物、容器依据国家和地方法规处置

物理和化学危险 不燃，无特殊燃爆特性

健康危害 口服后急性中毒表现为恶心、呕吐、腹痛、腹泻、脉缓、进行性肌麻痹、心律紊乱、血钾明显降低等。可因心律紊乱和呼吸肌麻痹而死亡。吸入烟尘可引起中毒，但消化道症状不明显。接触高温本品溶液造成皮肤灼伤可同时吸收中毒

慢性影响 长期接触钡化合物的工人，可有无力、气促、流涎、口腔黏膜肿胀糜烂、鼻炎、结膜炎、腹泻、心动过速、血压增高、脱发等

环境危害 对水生生物有害

第三部分 成分/组成信息

√物质 混合物

组分	浓度	CAS No.
氯化钡		10361-37-2

第四部分 急救措施

吸入 迅速脱离现场至空气新鲜处。保持呼吸道通畅。如呼吸困难，给输氧。如呼吸、心跳停止，立即进行心肺复苏术。就医

皮肤接触 立即脱去污染的衣着，用流动清水彻底冲洗。就医

眼睛接触 立即分开眼睑，用流动清水或生理盐水彻底冲洗。就医

食入 饮足量温水，催吐。给服硫酸钠。就医

对保护施救者的忠告 根据需要使用个人防护设备

对医生的特别提示 解毒剂：硫酸钠、硫代硫酸钠。有低血钾者应补充钾盐

第五部分 消防措施

灭火剂 本品不燃。根据着火原因选择适当灭火剂灭火

特别危险性 与三氟化硼接触剧烈反应

灭火注意事项及防护措施 消防人员必须佩戴空气呼吸器、穿全身防火防毒服，在上风向灭火。尽可能将容器从火场移至空旷处。喷水保持火场容器冷却，直至灭火结束

第六部分 泄漏应急处理

作业人员防护措施、防护装备和应急处置程序 隔离泄漏污染区，限制出入。建议应急处理人员戴防尘口罩，穿防毒服，戴橡胶手套。穿上适当的防护服前严禁接触破裂的容器和泄漏物。尽可能切断泄漏源。用塑料布覆盖泄漏物，减少飞散。勿使水进入包装容器内

环境保护措施 无资料

泄漏化学品的收容、清除方法及所使用的处置材料 用洁净的铲子收集泄漏物，置于干净、干燥、盖子较松的容器中，将容器移离泄漏区

第七部分 操作处置与储存

操作注意事项 密闭操作，局部排风。操作人员必须经过专门培训，严格遵守操作规程。建议操作人员佩戴自吸过滤式防尘口罩，戴化学安全防护眼镜，穿连衣式防毒衣，戴橡胶手套。避免产生粉尘。避免与氧化剂、酸类接触。搬运时要轻装轻卸，防止包装及容器损坏。配备泄漏应急处理设备。倒空的容器可能残留有害物

储存注意事项 储存于阴凉、通风的库房。远离火种、热源。包装密封。应与氧化剂、酸类、食用化学品分开存放，切忌混储。储区应备有合适的材料收容泄漏物

第八部分 接触控制/个体防护

职业接触限值

中国 PC-TWA：0.5mg/m³；PC-STEL：1.5mg/m³ [按 Ba 计]

美国(ACGIH) TLV-TWA：0.5mg/m³ [按 Ba 计]

生物接触限值 未制定标准

监测方法 空气中有毒物质测定方法：二溴对甲基偶氮甲磺分光光度法；等离子体原子发射光谱法。生物监测检验方法：未制定标准

工程控制 密闭操作，局部排风。提供安全的淋浴和洗眼设备

个体防护装备

呼吸系统防护 可能接触其粉尘时，必须佩戴过滤式防尘呼吸器。紧急事态抢救或撤离时，建议佩戴空气呼吸器

眼睛防护 戴化学安全防护眼镜

皮肤和身体防护 穿连衣式防毒衣

手防护 戴橡胶手套

第九部分 理化特性

外观与性状 无色晶体或白色粉末，无臭

pH 值 无意义 **熔点(℃)** 963

沸点(℃) 1560 **相对密度(水=1)** 3.86

相对蒸气密度(空气=1) 无资料

饱和蒸气压(kPa) **燃烧热(kJ/mol)** 无资料

临界温度(℃) 无资料 **临界压力(MPa)** 无资料

辛醇/水分配系数 无资料 **闪点(℃)** 无意义

自燃温度(℃) 无意义 **爆炸下限(%)** 无意义

爆炸上限(%) 无意义 **分解温度(℃)** 无资料

黏度(mPa·s) 无资料

溶解性 溶于水，不溶于丙酮、乙醇，微溶于乙酸、硫酸

第十部分 稳定性和反应性

稳定性 稳定

危险反应 与强氧化剂等禁配物发生反应

避免接触的条件 潮湿空气

禁配物 酸类、强氧化剂

危险的分解产物 无资料

第十一部分 毒理学信息

急性毒性 LD_{50}：118mg/kg (大鼠经口)

皮肤刺激或腐蚀 无资料 **眼睛刺激或腐蚀** 无资料

呼吸或皮肤过敏 无资料

生殖细胞突变性 基因转化与有丝分裂重组：酿酒酵母菌 14mmol/L

致癌性 无资料 **生殖毒性** 无资料

特异性靶器官系统毒性-一次接触 无资料

特异性靶器官系统毒性-反复接触 无资料

吸入危害 无资料

第十二部分 生态学信息

生态毒性

LC_{50} >76.9mg/L (48h) (青鳉)

EC_{50} 14.5mg Ba/L (48h) (水蚤)

持久性和降解性

生物降解性 无资料

非生物降解性 无资料

潜在的生物累积性 无资料

土壤中的迁移性 无资料

第十三部分 废弃处置

废弃化学品 中和后，用安全掩埋法处置

污染包装物 将容器返还生产商或按照国家和地方法规处置

废弃注意事项 处置前应参阅国家和地方有关法规

第十四部分 运输信息

联合国危险货物编号（UN号） 1564

联合国运输名称 钡化合物，未另作规定的（氯化钡）

联合国危险性类别 6.1 **包装类别** Ⅲ类包装

包装标志  **海洋污染物** 否

运输注意事项 运输前应先检查包装容器是否完整、密封，运输过程中要确保容器不泄漏、不倒塌、不坠落、不损坏。严禁与酸类、氧化剂、食品及食品添加剂混运。运输时运输车辆应配备泄漏应急处理设备。运输途中应防曝晒、雨淋，防高温

第十五部分 法规信息

下列法律、法规、规章和标准，对该化学品的管理作了相应的规定。

中华人民共和国职业病防治法 职业病分类和目录：钡及其化合物中毒

危险化学品安全管理条例 危险化学品目录：列入。易制爆危险化学品名录：未列入。重点监管的危险化学品名录：未列入。GB 18218—2009《危险化学品重大危险源辨识》（表1）：未列入

使用有毒物品作业场所劳动保护条例 高毒物品目录：未列入

易制毒化学品管理条例 易制毒化学品的分类和品种目录：未列入

国际公约 斯德哥尔摩公约：未列入。鹿特丹公约：未列入。蒙特利尔议定书：未列入

第十六部分 其他信息

编写和修订信息 **缩略语和首字母缩写**

培训建议 **参考文献**

免责声明

氯化苄

第一部分 化学品标识

化学品中文名 氯化苄；苄基氯；α-氯甲苯

化学品英文名 benzyl chloride；alpha-chlorotoluene

分子式 C_7H_7Cl **相对分子质量** 126.6

结构式 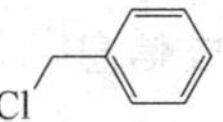

化学品的推荐及限制用途 用作染料中间体及用于单宁、香料、药品等的合成

第二部分 危险性概述

紧急情况概述 吞咽有害，吸入会中毒

GHS危险性类别 急性毒性-经口，类别4；急性毒性-吸入，类别3；皮肤腐蚀/刺激，类别2；严重眼损伤/眼刺激，类别1；致癌性，类别1B；特异性靶器官毒性-一次接触，类别3（呼吸道刺激）；特异性靶器官毒性-反复接触，类别2；危害水生环境-急性危害，类别2

标签要素

象形图 

警示词 危险

危险性说明 吞咽有害，吸入会中毒，造成皮肤刺激，造成严重眼损伤，可能致癌，可能引起呼吸道刺激，长时间或反复接触可能对器官造成损伤，对水生生物有毒

防范说明

预防措施 避免接触眼睛、皮肤，操作后彻底清洗。作业场所不得进食、饮水或吸烟。避免吸入蒸气、雾。仅在室外或通风良好处操作。避免接触眼睛、皮肤，操作后彻底清洗。戴防护手套、防护眼镜、防护面罩。得到专门指导后操作。在阅读并了解所有安全预防措施之前，切勿操作。按要求使用个体防护装备。禁止排入环境

事故响应 如吸入：将患者转移到空气新鲜处，休息，保持利于呼吸的体位。皮肤接触：用大量肥皂水和水清洗。如发生皮肤刺激，就医。脱去被污染的衣服，洗净后方可重新使用。接触眼睛：用水细心冲洗数分钟。如戴隐形眼镜并可方便地取出，取出隐形眼镜继续冲洗。食入：漱口。如果感觉不适，立即呼叫中毒控制中心或就医。如果接触或有担心，就医

安全储存 在通风良好处储存。保持容器密闭。上锁保管

废弃处置 本品及内装物、容器依据国家和地方法规处置

物理和化学危险 可燃，其蒸气与空气混合，能形成爆炸性混合物

健康危害 持续吸入高浓度蒸气可出现呼吸道炎症，甚至发生肺水肿。蒸气对眼有刺激性，液体溅入眼内引起结膜和角膜蛋白变性。皮肤接触可引起红斑、大疱或发生湿疹。口服引起胃肠道刺激反应、头痛、头晕、恶心、呕吐及中枢神经系统抑制。

慢性影响 肝、肾损害

环境危害 对水生生物有毒

第三部分 成分/组成信息

√物质 混合物

组分	浓度	CAS No.
氯化苄		100-44-7

第四部分 急救措施

吸入 迅速脱离现场至空气新鲜处。保持呼吸道通畅。如呼吸困难，给输氧。如呼吸、心跳停止，立即进行心肺复苏术。就医

皮肤接触 立即脱去污染的衣着，用流动清水彻底冲洗。就医

眼睛接触 立即分开眼睑，用流动清水或生理盐水彻底冲洗至少15min。就医

食入 漱口，饮水。就医

对保护施救者的忠告 根据需要使用个人防护设备

对医生的特别提示 对症处理

第五部分 消防措施

灭火剂 用雾状水、泡沫、干粉、二氧化碳灭火

特别危险性 受高热分解产生有毒的腐蚀性烟气。与铜、铝、镁、锌及锡等接触放出热量及氯化氢气体。燃烧生成有害的一氧化碳、氯化氢

灭火注意事项及防护措施 消防人员须佩戴防毒面具、穿全身消防服，在上风向灭火。尽可能将容器从火场移至空旷处。喷水保持火场容器冷却，直至灭火结束。容器突然发出异常声音或出现异常现象，应立即撤离

第六部分 泄漏应急处理

作业人员防护措施、防护装备和应急处置程序 根据液体流动和蒸气扩散的影响区域划定警戒区，无关人员从侧风、上风向撤离至安全区。建议应急处理人员戴正压自给式呼吸器，穿防毒服，戴橡胶耐油手套。作业时使用的所有设备应接地。穿上适当的防护服前严禁接触破裂的容器和泄漏物。尽可能切断泄漏源

环境保护措施 防止泄漏物进入水体、下水道、地下室或有限空间。严禁用水处理

泄漏化学品的收容、清除方法及所使用的处置材料 小量泄漏：用干燥的砂土或其他不燃材料覆盖泄漏物。大量泄漏：构筑围堤或挖坑收容。用泵转移至槽车或专用收集器内

第七部分 操作处置与储存

操作注意事项 密闭操作，提供充分的局部排风。操作人员必须经过专门培训，严格遵守操作规程。建议操作人员佩戴自吸过滤式防毒面具（半面罩），戴化学安全防护眼镜，穿透气型防毒服，戴橡胶耐油手套。远离火种、热源。工作场所严禁吸烟。使用防爆型的通风系统和设备。防止蒸气泄漏到工作场所空气中。避免与氧化剂、金属粉末、醇类接触。搬运时要轻装轻卸，防止包装及容器损坏。配备相应品种和数量的消防器材及泄漏应急处理设备。倒空的容器可能残留有害物

储存注意事项 储存于阴凉、干燥、通风良好的库房。远离火种、热源。库房温度不超过30℃，相对湿度不超过70%。包装必须密封，切勿受潮。应与氧化剂、金属粉末、醇类、食用化学品分开存放，切忌混储。配备相应品种和数量的消防器材。储区应备有泄漏应急处理设备和合适的收容材料

第八部分 接触控制/个体防护

职业接触限值

中国 MAC：5mg/m³［G2A］

美国(ACGIH) TLV-TWA：1ppm

生物接触限值 未制定标准

监测方法 空气中有毒物质测定方法：溶剂解吸-气相色谱法。生物监测检验方法：未制定标准

工程控制 严加密闭，提供充分的局部排风。提供安全的淋浴和洗眼设备

个体防护装备

呼吸系统防护 可能接触毒物时，佩戴过滤式防毒面具（半面罩）。紧急事态抢救或撤离时，应该佩戴空气呼吸器

眼睛防护 戴化学安全防护眼镜

皮肤和身体防护 穿透气型防毒服

手防护 戴橡胶耐油手套

第九部分 理化特性

外观与性状 无色至黄色液体，有不愉快的刺激性气味

pH值 无资料 **熔点(℃)** −48～−39

沸点(℃) 175～179 **相对密度(水=1)** 1.10

相对蒸气密度(空气=1) 4.36

饱和蒸气压(kPa) 2.93（78℃）

燃烧热(kJ/mol) −3705.2 **临界温度(℃)** 无资料

临界压力(MPa) 3.91 **辛醇/水分配系数** 2.3

闪点(℃) 67（CC）；74（OC）

自燃温度(℃) 585 **爆炸下限(%)** 1.1

爆炸上限(%) 14 **分解温度(℃)** 无资料

黏度(mPa·s) 无资料

溶解性 不溶于水，可混溶于乙醇、氯仿、乙醚等多数有机溶剂

第十部分 稳定性和反应性

稳定性 稳定

危险反应 与强氧化剂、活泼金属等禁配物发生反应

避免接触的条件 潮湿空气、受热

禁配物 强氧化剂、铁、铁盐、铝、水、醇类

危险的分解产物 氯化氢

第十一部分 毒理学信息

急性毒性

LD_{50} 1231mg/kg（大鼠经口）

LC_{50} 778mg/m³（大鼠吸入，2h）

皮肤刺激或腐蚀 无资料 **眼睛刺激或腐蚀** 无资料

呼吸或皮肤过敏 无资料

生殖细胞突变性 微生物致突变：鼠伤寒沙门氏菌

600μmol/皿；大肠杆菌 10mg/L。微生物致突变：鼠伤寒沙门氏菌 7900nmol/皿。DNA 损伤：人成纤维细胞 1mmol/L。程序外 DNA 合成：人类 Hela 细胞 50μmol/L。微核试验：仓鼠胚胎 1μmol/L。姐妹染色单体交换：仓鼠卵巢 100μmol/L

致癌性　IARC 致癌性评论：组 2A，可能人类致癌物。对人类致癌性证据有限，对动物致癌性证据充分

生殖毒性　无资料

特异性靶器官系统毒性-一次接触　无资料

特异性靶器官系统毒性-反复接触　无资料

吸入危害　无资料

第十二部分　生态学信息

生态毒性

LC_{50}　6mg/L（96h）（黑头呆鱼，静态）；4mg/L（96h）（斑马鱼，静态）；1.9mg/L（96h）（青鳉）

EC_{50}　3.2mg/L（48h）（水蚤）

持久性和降解性

生物降解性　好氧生物降解（h）：168～672 厌氧生物降解（h）：672～2688

非生物降解性　空气中光氧化半衰期（h）：22～218 一级水解半衰期（h）：15

潜在的生物累积性　根据 K_{ow} 值预测，该物质的生物累积性可能较弱

土壤中的迁移性　根据 K_{oc} 值预测，该物质可能有一定的迁移性

第十三部分　废弃处置

废弃化学品　用焚烧法处置。燃烧过程中要喷入蒸汽或甲烷，以免生成氯气。焚烧炉排出的卤化氢通过酸洗涤器除去

污染包装物　将容器返还生产商或按照国家和地方法规处置

废弃注意事项　处置前应参阅国家和地方有关法规

第十四部分　运输信息

联合国危险货物编号（UN 号）　1738

联合国运输名称　苄基氯

联合国危险性类别　6.1，8　**包装类别**　Ⅱ类包装

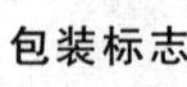

包装标志

海洋污染物　否

运输注意事项　运输前应先检查包装容器是否完整、密封，运输过程中要确保容器不泄漏、不倒塌、不坠落、不损坏。严禁与酸类、氧化剂、食品及食品添加剂混运。运输时运输车辆应配备相应品种和数量的消防器材及泄漏应急处理设备。运输途中应防曝晒、雨淋，防高温。公路运输时要按规定路线行驶，勿在居民区和人口稠密区停留

第十五部分　法规信息

下列法律、法规、规章和标准，对该化学品的管理作了相应的规定。

中华人民共和国职业病防治法　职业病分类和目录：未列入

危险化学品安全管理条例　危险化学品目录：列入。易制爆危险化学品名录：未列入。重点监管的危险化学品名录：未列入。GB 18218—2009《危险化学品重大危险源辨识》（表 1）：未列入

使用有毒物品作业场所劳动保护条例　高毒物品目录：未列入

易制毒化学品管理条例　易制毒化学品的分类和品种目录：未列入

国际公约　斯德哥尔摩公约：未列入。鹿特丹公约：未列入。蒙特利尔议定书：未列入

第十六部分　其他信息

编写和修订信息　　**缩略语和首字母缩写**

培训建议　　**参考文献**

免责声明

氯化镉

第一部分　化学品标识

化学品中文名　氯化镉

化学品英文名　cadmium chloride；cadmium dichloride

分子式　$CdCl_2$　**相对分子质量**　183.30

结构式

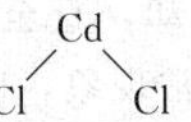

化学品的推荐及限制用途　用于照相术、印染、电镀等工业，并用于制特殊镜子

第二部分　危险性概述

紧急情况概述　吞咽会中毒，吸入致命

GHS 危险性类别　急性毒性-经口，类别 3；急性毒性-吸入，类别 2；生殖细胞致突变性，类别 1B；致癌性，类别 1A；生殖毒性，类别 1B；特异性靶器官毒性-反复接触，类别 1；危害水生环境-急性危害，类别 1；危害水生环境-长期危害，类别 1

标签要素

象形图

警示词　危险

危险性说明　吞咽会中毒，吸入致命，可造成遗传性缺陷，可能致癌，可能对生育力或胎儿造成伤害，长时间或反复接触对器官造成损伤，对水生生物毒性非常大并具有长期持续影响

防范说明

预防措施　避免接触眼睛、皮肤，操作后彻底清洗。作业场所不得进食、饮水或吸烟。避免吸入粉尘。仅在室外或通风良好处操作。戴呼吸防护器具。在阅读并了解所有安全预防措施之前，切勿操作。按要求使用个体防护装备。得

到专门指导后操作。禁止排入环境

事故响应　如吸入：将患者转移到空气新鲜处，休息，保持利于呼吸的体位。如果接触或有担心，就医。食入：漱口，立即呼叫中毒控制中心或就医。收集泄漏物

安全储存　在通风良好处储存。保持容器密闭。上锁保管

废弃处置　本品及内装物、容器依据国家和地方法规处置

物理和化学危险　不燃，无特殊燃爆特性

健康危害　误食后可出现急剧的胃肠道刺激症状，有恶心、呕吐、腹痛、腹泻、里急后重、全身乏力、肌肉疼痛和虚脱等，重者危及生命

环境危害　对水生生物毒性非常大并具有长期持续影响

第三部分　成分/组成信息

√物质		混合物
组分	**浓度**	**CAS No.**
氯化镉		10108-64-2

第四部分　急救措施

吸入　迅速脱离现场至空气新鲜处。保持呼吸道通畅。如呼吸困难，给输氧。如呼吸、心跳停止，立即进行心肺复苏术。就医

皮肤接触　立即脱去污染的衣着，用流动清水彻底冲洗。就医

眼睛接触　立即分开眼睑，用流动清水或生理盐水彻底冲洗。就医

食入　漱口，饮水。就医

对保护施救者的忠告　根据需要使用个人防护设备

对医生的特别提示　对症处理

第五部分　消防措施

灭火剂　本品不燃。根据着火原因选择适当灭火剂灭火

特别危险性　受高热分解产生有毒的腐蚀性烟气

灭火注意事项及防护措施　消防人员必须佩戴空气呼吸器、穿全身防火防毒服，在上风向灭火。尽可能将容器从火场移至空旷处。喷水保持火场容器冷却，直至灭火结束

第六部分　泄漏应急处理

作业人员防护措施、防护装备和应急处置程序　隔离泄漏污染区，限制出入。建议应急处理人员戴防尘口罩，穿防毒服，戴橡胶手套。穿上适当的防护服前严禁接触破裂的容器和泄漏物。尽可能切断泄漏源。用塑料布覆盖泄漏物，减少飞散。勿使水进入包装容器内

环境保护措施　无资料

泄漏化学品的收容、清除方法及所使用的处置材料　用洁净的铲子收集泄漏物，置于干净、干燥、盖子较松的容器中，将容器移离泄漏区

第七部分　操作处置与储存

操作注意事项　密闭操作，加强通风。操作人员必须经过专门培训，严格遵守操作规程。建议操作人员佩戴自吸过滤式防尘口罩，戴安全防护眼镜，穿透气型防毒服，戴橡胶手套。避免产生粉尘。避免与氧化剂、活性金属粉末接触。搬运时要轻装轻卸，防止包装及容器损坏。配备泄漏应急处理设备。倒空的容器可能残留有害物

储存注意事项　储存于阴凉、通风的库房。远离火种、热源。包装密封。应与氧化剂、活性金属粉末、食用化学品分开存放，切忌混储。储区应备有合适的材料收容泄漏物

第八部分　接触控制/个体防护

职业接触限值

中国　PC-TWA：0.01mg/m^3；PC-STEL：0.02mg/m^3［按 Cd 计］［G1］

美国(ACGIH)　TLV-TWA：0.01mg/m^3，0.002mg/m^3(呼吸性颗粒物)［按 Cd 计］

生物接触限值　尿镉 5μmol/g 肌酐（5μg/g 肌酐）(采样时间：不做严格规定)，血镉 45nmol/L（5μg/L）(采样时间：不做严格规定)

监测方法　空气中有毒物质测定方法：火焰原子吸收光谱法。生物监测检验方法：尿中镉的火焰原子吸收光谱法；尿中镉的石墨炉原子吸收光谱测定方法；尿中镉的微分电位溶出测定方法；血中镉的石墨炉原子吸收光谱测定方法

工程控制　生产过程密闭，加强通风。提供安全的淋浴和洗眼设备

个体防护装备

呼吸系统防护　作业人员应该佩戴过滤式防尘呼吸器。必要时，佩戴空气呼吸器或长管面具

眼睛防护　戴安全防护眼镜

皮肤和身体防护　穿透气型防毒服

手防护　戴橡胶手套

第九部分　理化特性

外观与性状　无色单斜晶体

pH 值　无意义　　**熔点(℃)**　568

沸点(℃)　960　　**相对密度(水=1)**　4.05

相对蒸气密度(空气=1)　无资料

饱和蒸气压(kPa)　1.33(656℃)

燃烧热(kJ/mol)　无资料　　**临界温度(℃)**　无资料

临界压力(MPa)　无资料　　**辛醇/水分配系数**　无资料

闪点(℃)　无意义　　**自燃温度(℃)**　无意义

爆炸下限(%)　无意义　　**爆炸上限(%)**　无意义

分解温度(℃)　无资料

黏度(mPa·s)　无资料

溶解性　易溶于水，溶于丙酮，微溶于甲醇、乙醇，不溶于乙醚

第十部分　稳定性和反应性

稳定性　稳定

危险反应　与强氧化剂等禁配物发生反应

避免接触的条件　受热

禁配物 强氧化剂、钾

危险的分解产物 氯化氢

第十一部分 毒理学信息

急性毒性 LD_{50}：150mg/kg（小鼠经口）

皮肤刺激或腐蚀 无资料 **眼睛刺激或腐蚀** 无资料

呼吸或皮肤过敏 无资料

生殖细胞突变性 微生物致突变：鼠伤寒沙门氏菌 500μmol/L。细胞遗传学分析：人淋巴细胞 50μmol/L（24h）

致癌性 IARC 致癌性评论：组 1，确认人类致癌物。对人类致癌性证据充分

生殖毒性 雌性兔孕后 8d 静脉给药最低中毒剂量 2mg/kg，致颅面部（包括鼻部和舌部）发育畸形。雌性兔孕后 29d，皮下给药 815μg/kg 致肝胆管系统和泌尿生殖系统畸形。雌性大鼠孕后 12～15d 皮下给药 32mg/kg 致呼吸系统发育畸形。大鼠经口最低中毒剂量（TDLo）：652mg/kg（孕 7～16d），对卵巢、输卵管有影响，致植入后死亡率升高和每窝胎数改变。小鼠经口最低中毒剂量（TDLo）：6197μg/kg（孕 1～19d），致胚胎毒性（死亡除外）

特异性靶器官系统毒性-一次接触 无资料

特异性靶器官系统毒性-反复接触 给猫、大鼠饲以不同浓度本品的饲料，3 个月后，31ppm 组出现贫血；125ppm 组体重明显下降，250ppm 组出现亚急性胰腺炎以及肝、肾损伤。镉所致损害，在脱离接触后，仍可继续发展

吸入危害 无资料

第十二部分 生态学信息

生态毒性

LC_{50} 0.08mg/L（96h）（黑头呆鱼）；1.94ppm（96h）（蓝鳃太阳鱼）

EC_{50} 0.104～0.12mg/L（48h）（水蚤）

持久性和降解性

生物降解性 无资料

非生物降解性 无资料

潜在的生物累积性 元素镉易在生物体内富集

土壤中的迁移性 无资料

第十三部分 废弃处置

废弃化学品 根据国家和地方有关法规的要求处置。或与制造商联系，确定处置方法

污染包装物 将容器返还生产商或按照国家和地方法规处置

废弃注意事项 把倒空的容器归还厂商或在规定场所掩埋

第十四部分 运输信息

联合国危险货物编号（UN 号） 2570

联合国运输名称 镉化合物（氯化镉）

联合国危险性类别 6.1 **包装类别** Ⅱ类包装

包装标志  **海洋污染物** 否

运输注意事项 运输前应先检查包装容器是否完整、密封，运输过程中要确保容器不泄漏、不倒塌、不坠落、不损坏。严禁与酸类、氧化剂、食品及食品添加剂混运。运输时运输车辆应配备泄漏应急处理设备。运输途中应防曝晒、雨淋，防高温

第十五部分 法规信息

下列法律、法规、规章和标准，对该化学品的管理作了相应的规定。

中华人民共和国职业病防治法 职业病分类和目录：镉及其化合物中毒

危险化学品安全管理条例 危险化学品目录：列入。易制爆危险化学品名录：未列入。重点监管的危险化学品名录：未列入。GB 18218—2009《危险化学品重大危险源辨识》（表 1）：未列入

使用有毒物品作业场所劳动保护条例 高毒物品目录：列入

易制毒化学品管理条例 易制毒化学品的分类和品种目录：未列入

国际公约 斯德哥尔摩公约：未列入。鹿特丹公约：未列入。蒙特利尔议定书：未列入

第十六部分 其他信息

编写和修订信息 **缩略语和首字母缩写**

培训建议 **参考文献**

免责声明

氯 化 汞

第一部分 化学品标识

化学品中文名 氯化汞；氯化高汞；二氯化汞；升汞

化学品英文名 mercuric chloride；mercury bichloride

分子式 $HgCl_2$ **相对分子质量** 271.50

结构式 Cl—Hg—Cl

化学品的推荐及限制用途 用作有机合成的催化剂、防腐剂、消毒剂和分析试剂

第二部分 危险性概述

紧急情况概述 吞咽致命，造成严重的皮肤灼伤和眼损伤

GHS 危险性类别 急性毒性-经口，类别 2；皮肤腐蚀/刺激，类别 1B；严重眼损伤/眼刺激，类别 1；生殖细胞致突变性，类别 2；生殖毒性，类别 2；特异性靶器官毒性-反复接触，类别 1；危害水生环境-急性危害，类别 1；危害水生环境-长期危害，类别 1

标签要素

象形图 

警示词 危险

危险性说明 吞咽致命，造成严重的皮肤灼伤和眼损伤，怀疑可造成遗传性缺陷，怀疑对生育力或胎儿

造成伤害，长时间或反复接触对器官造成损伤，对水生生物毒性非常大并具有长期持续影响

防范说明

预防措施　避免接触眼睛、皮肤，操作后彻底清洗。作业场所不得进食、饮水或吸烟。戴防护手套，穿防护服，戴防护眼镜、防护面罩。得到专门指导后操作。在阅读并了解所有安全预防措施之前，切勿操作。按要求使用个体防护装备。避免吸入粉尘。禁止排入环境

事故响应　如吸入：将患者转移到空气新鲜处，休息，保持利于呼吸的体位。皮肤（或头发）接触：立即脱掉所有被污染的衣服，用水冲洗皮肤，淋浴。污染的衣服须洗净后方可重新使用。眼睛接触：用水细心地冲洗数分钟。如戴隐形眼镜并可方便地取出，则取出隐形眼镜继续冲洗。食入：漱口，不要催吐，立即呼叫中毒控制中心或就医。如果接触或有担心，就医。收集泄漏物

安全储存　上锁保管

废弃处置　本品及内装物、容器依据国家和地方法规处置

物理和化学危险　不燃，无特殊燃爆特性

健康危害　汞离子可使含巯基的酶丧失活性，失去功能；还能与酶中的氨基、二巯基、羧基、羟基以及细胞内的磷酰基结合，引起相应的损害

急性中毒　有头痛、头晕、乏力、失眠、多梦、口腔炎、发热等全身症状。可有食欲不振、恶心、腹痛、腹泻等。部分患者皮肤出现红色斑丘疹。严重者发生间质性肺炎及肾损害。口服可发生急性腐蚀性胃肠炎，严重者昏迷、休克，甚至发生坏死性肾病致急性肾功能衰竭。对眼有刺激性。可致皮炎

慢性中毒　表现有神经衰弱综合征；易兴奋症；精神情绪障碍，如胆怯、害羞、易怒、爱哭等；汞毒性震颤；口腔炎。少数病例有肝、肾损伤

环境危害　对水生生物毒性非常大并具有长期持续影响

第三部分　成分/组成信息

√物质		混合物
组分	**浓度**	**CAS No.**
氯化汞		7487-94-7

第四部分　急救措施

吸入　迅速脱离现场至空气新鲜处。保持呼吸道通畅。如呼吸困难，给输氧。如呼吸、心跳停止，立即进行心肺复苏术。就医

皮肤接触　立即脱去污染的衣着，用流动清水彻底冲洗。就医

眼睛接触　立即分开眼睑，用流动清水或生理盐水彻底冲洗。就医

食入　口服蛋清、牛奶或豆浆。就医

对保护施救者的忠告　根据需要使用个人防护设备

对医生的特别提示　解毒剂：二巯基丙磺酸钠、二巯基丁二酸钠、青霉胺

第五部分　消防措施

灭火剂　本品不燃。根据着火原因选择适当灭火剂灭火

特别危险性　与碱金属能发生剧烈反应

灭火注意事项及防护措施　消防人员必须佩戴空气呼吸器、穿全身防火防毒服，在上风向灭火。尽可能将容器从火场移至空旷处。喷水保持火场容器冷却，直至灭火结束

第六部分　泄漏应急处理

作业人员防护措施、防护装备和应急处置程序　隔离泄漏污染区，限制出入。建议应急处理人员戴防尘口罩，穿防毒服，戴橡胶手套。穿上适当的防护服前严禁接触破裂的容器和泄漏物。尽可能切断泄漏源。用塑料布覆盖泄漏物，减少飞散。勿使水进入包装容器内

环境保护措施　无资料

泄漏化学品的收容、清除方法及所使用的处置材料　用洁净的铲子收集泄漏物，置于干净、干燥、盖子较松的容器中，将容器移离泄漏区

第七部分　操作处置与储存

操作注意事项　密闭操作，局部排风。操作人员必须经过专门培训，严格遵守操作规程。建议操作人员佩戴自吸过滤式防尘口罩，戴化学安全防护眼镜，穿连衣式防毒衣，戴橡胶手套。避免产生粉尘。避免与氧化剂、碱类接触。搬运时要轻装轻卸，防止包装及容器损坏。配备泄漏应急处理设备。倒空的容器可能残留有害物

储存注意事项　储存于阴凉、通风良好的专用库房内。实行“双人收发、双人保管”制度。远离火种、热源。避免光照。库房温度不超过35℃，相对湿度不超过80%。包装密封。应与氧化剂、碱类、食用化学品分开存放，切忌混储。储区应备有合适的材料收容泄漏物

第八部分　接触控制/个体防护

职业接触限值

中国　PC-TWA：0.025mg/m^3

美国(ACGIH)　TLV-TWA：0.025mg/m^3 [按Hg计][皮]

生物接触限值　尿总汞20μmol/mol肌酐（35μg/g肌酐）（采样时间：接触6个月后工作班前）

监测方法　空气中有毒物质测定方法：原子荧光光谱法；双硫腙分光光度法；冷原子吸收光谱法。生物监测检验方法：尿中汞的双硫腙萃取分光光度测定方法；尿中汞的冷原子吸收光谱测定方法（一）碱性氯化亚锡还原法；尿中有机（甲基）汞、无机汞和总汞的分别测定方法—选择性还原-冷原子吸收光谱法

工程控制　密闭操作，局部排风。提供安全的淋浴和洗眼设备

个体防护装备

呼吸系统防护　作业人员应该佩戴过滤式防尘呼吸器。必要时佩戴空气呼吸器

眼睛防护 戴化学安全防护眼镜

皮肤和身体防护 穿连衣式防毒衣

手防护 戴橡胶手套

第九部分 理化特性

外观与性状 无色或白色结晶性粉末，常温下微量挥发

pH 值 无意义 **熔点(℃)** 276～277

沸点(℃) 302 **相对密度(水=1)** 5.44

相对蒸气密度(空气=1) 9.8（300℃）

饱和蒸气压(kPa) 0.13（136.2℃）

燃烧热(kJ/mol) 无资料 **临界温度(℃)** 无资料

临界压力(MPa) 无资料 **辛醇/水分配系数** −0.22

闪点(℃) 无意义 **自燃温度(℃)** 无意义

爆炸下限(%) 无意义 **爆炸上限(%)** 无意义

分解温度(℃) 无资料

黏度(mPa·s) 无资料

溶解性 溶于水、乙醇、乙醚、甲醇、丙酮、乙酸乙酯，不溶于二硫化碳、吡啶

第十部分 稳定性和反应性

稳定性 稳定

危险反应 与强氧化剂等禁配物发生反应

避免接触的条件 光照

禁配物 强氧化剂、强碱

危险的分解产物 无资料

第十一部分 毒理学信息

急性毒性 LD_{50}：1mg/kg（大鼠经口）；41mg/kg（兔经皮）

皮肤刺激或腐蚀 家兔经皮：500mg（24h），重度刺激

眼睛刺激或腐蚀 家兔经眼：50μg（24h），重度刺激

呼吸或皮肤过敏 无资料

生殖细胞突变性 DNA 修复：枯草菌 50mmol/L。姐妹染色单体交换：仓鼠卵巢细胞 3200nmol/L。微核试验：人淋巴细胞 5μmol/L。DNA 抑制：人白细胞 5μmol/L。细胞遗传学分析：人淋巴细胞 2μmol/L。DNA 损伤：大鼠胚胎 5μmol/L

致癌性 IARC 致癌性评论：组 3，现有的证据不能对人类致癌性进行分类。对人及动物致癌性证据不足

生殖毒性 大鼠孕后 6～15d，经口给予最低中毒剂量 240mg/kg，致肌肉骨骼系统发育畸形。大鼠孕后 10d，静脉内给予最低中毒剂量 1069μg/kg，致中枢神经系统发育畸形。大鼠孕后 1～22d 吸入最低中毒剂量（TCLo）276mg/m³（24h），致血液和淋巴系统发育畸形（包括脾和骨髓）

特异性靶器官系统毒性-一次接触 无资料

特异性靶器官系统毒性-反复接触 动物慢性中毒的主要表现有行为改变、神经系统功能障碍、血液改变，以及肝肾损害

吸入危害 无资料

第十二部分 生态学信息

生态毒性 LC_{50}：0.037mg/L（48h）（黑头呆鱼）；0.16mg/L（96h）（蓝鳃太阳鱼）0.013mg/L（4h）（水蚤）

持久性和降解性

生物降解性 无资料

非生物降解性 无资料

潜在的生物累积性 BCF：863～4160（鲤鱼，接触浓度 20ppb，接触时间 10 周）；1050～4620（鲤鱼，接触浓度 10ppb，接触时间 10 周）；638～2950（鲤鱼，接触浓度 5ppb，接触时间 10 周）；500～2950（鲤鱼，接触浓度 2ppb，接触时间 10 周）

土壤中的迁移性 无资料

第十三部分 废弃处置

废弃化学品 根据国家和地方有关法规的要求处置。或与制造商联系，确定处置方法

污染包装物 将容器返还生产商或按照国家和地方法规处置

废弃注意事项 处置前应参阅国家和地方有关法规

第十四部分 运输信息

联合国危险货物编号（UN 号） 1624

联合国运输名称 氯化汞

联合国危险性类别 6.1 **包装类别** Ⅱ类包装

包装标志 

海洋污染物 是

运输注意事项 运输前应先检查包装容器是否完整、密封，运输过程中要确保容器不泄漏、不倒塌、不坠落、不损坏。严禁与酸类、氧化剂、食品及食品添加剂混运。运输时运输车辆应配备泄漏应急处理设备。运输途中应防曝晒、雨淋，防高温

第十五部分 法规信息

下列法律、法规、规章和标准，对该化学品的管理作了相应的规定。

中华人民共和国职业病防治法 职业病分类和目录：汞及其化合物中毒

危险化学品安全管理条例 危险化学品目录：列入。作为剧毒化学品进行管理。易制爆危险化学品名录：未列入。重点监管的危险化学品名录：未列入。GB 18218—2009《危险化学品重大危险源辨识》（表 1）：未列入

使用有毒物品作业场所劳动保护条例 高毒物品目录：列入

易制毒化学品管理条例 易制毒化学品的分类和品种目录：未列入

国际公约 斯德哥尔摩公约：未列入。鹿特丹公约：列入。蒙特利尔议定书：未列入

第十六部分 其他信息

编写和修订信息 **缩略语和首字母缩写**

培训建议 **参考文献**

免责声明

氯化氢［无水］

第一部分 化学品标识

化学品中文名 氯化氢［无水］

化学品英文名 hydrogen chloride (anhydrous)

分子式 HCl **相对分子质量** 36.46

结构式 H—Cl

化学品的推荐及限制用途 用于制染料、香料、药物、各种氯化物及腐蚀抑制剂

第二部分 危险性概述

紧急情况概述 内装加压气体：遇热可能爆炸，吸入会中毒，造成严重的皮肤灼伤和眼损伤

GHS危险性类别 加压气体；急性毒性-吸入，类别3；皮肤腐蚀/刺激，类别1A；严重眼损伤/眼刺激，类别1；危害水生环境-急性危害，类别1

标签要素

象形图

警示词 危险

危险性说明 内装加压气体：遇热可能爆炸，吸入会中毒，造成严重的皮肤灼伤和眼损伤，对水生生物毒性非常大

防范说明

预防措施 避免吸入气体。仅在室外或通风良好处操作。避免接触眼睛、皮肤，操作后彻底清洗。戴防护手套，穿防护服，戴防护眼镜、防护面罩。禁止排入环境

事故响应 如吸入：将患者转移到空气新鲜处，休息，保持利于呼吸的体位。皮肤（或头发）接触：立即脱掉所有被污染的衣服，用水冲洗皮肤，淋浴。污染的衣服须洗净后方可重新使用。立即呼叫中毒控制中心或就医。眼睛接触：用水细心地冲洗数分钟。如戴隐形眼镜并可方便地取出，则取出隐形眼镜继续冲洗。收集泄漏物

安全储存 防日晒。存放在通风良好的地方。保持容器密闭。上锁保管

废弃处置 本品及内装物、容器依据国家和地方法规处置

物理和化学危险 不燃，无特殊燃爆特性

健康危害 本品对眼和呼吸道黏膜有强烈的刺激作用

急性中毒 出现头痛、头昏、恶心、眼痛、咳嗽、痰中带血、声音嘶哑、呼吸困难、胸闷、胸痛等。重者发生肺炎、肺水肿、肺不张。眼角膜可见溃疡或混浊。皮肤直接接触可出现大量粟粒样红色小丘疹

慢性影响 长期较高浓度接触，可引起慢性支气管炎、胃肠功能障碍及牙齿酸蚀症

环境危害 对水生生物毒性非常大

第三部分 成分/组成信息

√物质		混合物
组分	浓度	CAS No.
氯化氢		7647-01-0

第四部分 急救措施

吸入 迅速脱离现场至空气新鲜处。保持呼吸道通畅。如呼吸困难，给输氧。如呼吸、心跳停止，立即进行心肺复苏术。就医

皮肤接触 立即脱去污染的衣着，用大量流动清水彻底冲洗至少15min。就医

眼睛接触 立即分开眼睑，用流动清水或生理盐水彻底冲洗至少15min。就医

对保护施救者的忠告 根据需要使用个人防护设备

对医生的特别提示 对症处理

第五部分 消防措施

灭火剂 本品不燃。根据着火原因选择适当灭火剂灭火

特别危险性 无水氯化氢无腐蚀性，但遇水时有强腐蚀性。能与一些活性金属粉末发生反应，放出氢气

灭火注意事项及防护措施 消防人员必须穿全身耐酸碱消防服、佩戴空气呼吸器灭火。切断气源。尽可能将容器从火场移至空旷处。喷水保持火场容器冷却，直至灭火结束

第六部分 泄漏应急处理

作业人员防护措施、防护装备和应急处置程序 根据气体扩散的影响区域划定警戒区，无关人员从侧风、上风向撤离至安全区。建议应急处理人员穿内置正压自给式呼吸器的全封闭防化服，戴橡胶手套。尽可能切断泄漏源

环境保护措施 防止气体通过下水道、通风系统和有限空间扩散

泄漏化学品的收容、清除方法及所使用的处置材料 喷氨水或其他稀碱液中和、稀释，构筑围堤或挖坑收容产生的废水。隔离泄漏区直至气体散尽

第七部分 操作处置与储存

操作注意事项 严加密闭，提供充分的局部排风和全面通风。操作人员必须经过专门培训，严格遵守操作规程。建议操作人员佩戴过滤式防毒面具（半面罩），戴化学安全防护眼镜，穿化学防护服，戴橡胶手套。避免产生烟雾。防止气体泄漏到工作场所空气中。避免与碱类、活性金属粉末接触。尤其要注意避免与水接触。搬运时轻装轻卸，防止钢瓶及附件破损。配备泄漏应急处理设备

储存注意事项 储存于阴凉、通风的不燃气体专用库房。远离火种、热源。库温不宜超过30℃。应与碱类、活性金属粉末分开存放，切忌混储。储区应备有泄漏应急处理设备

第八部分 接触控制/个体防护

职业接触限值

中国 MAC：7.5mg/m^3

美国(ACGIH) TLV-C：2ppm

生物接触限值 未制定标准

监测方法 空气中有毒物质测定方法：硫氰酸汞分光光度法；离子色谱法；生物监测检验方法：未制定标准

工程控制 严加密闭，提供充分的局部排风和全面通风

个体防护装备

呼吸系统防护 空气中浓度超标时，佩戴过滤式防毒面具（半面罩）。紧急事态抢救或撤离时，建议佩戴空气呼吸器

眼睛防护 必要时，戴化学安全防护眼镜

皮肤和身体防护 穿化学防护服

手防护 戴橡胶手套

第九部分 理化特性

外观与性状 无色有刺激性气味的气体

pH 值 无意义 **熔点(℃)** −114.2

沸点(℃) −85.0 **相对密度(水=1)** 1.19

相对蒸气密度(空气=1) 1.27

饱和蒸气压(kPa) 4225.6（20℃）

燃烧热(kJ/mol) 无资料 **临界温度(℃)** 51.4

临界压力(MPa) 8.26 **辛醇/水分配系数** 0.25

闪点(℃) 无意义 **自燃温度(℃)** 无意义

爆炸下限(%) 无意义 **爆炸上限(%)** 无意义

分解温度(℃) 无资料

黏度(mPa·s) 0.41（−155℃）

溶解性 易溶于水，溶于乙醇、乙醚

第十部分 稳定性和反应性

稳定性 稳定

危险反应 与碱类、活性金属等禁配物发生反应

避免接触的条件 无资料

禁配物 碱类、活性金属粉末

危险的分解产物 无资料

第十一部分 毒理学信息

急性毒性

LD_{50} 900mg/kg（大鼠经口）

LC_{50} 4600mg/m^3，3124ppm（大鼠吸入，1h）

LCLo 1300ppm（人吸入 30min）；3000ppm（人吸入 5min）

皮肤刺激或腐蚀 无资料

眼睛刺激或腐蚀 家兔经眼：5mg（30s），轻度刺激

呼吸或皮肤过敏 无资料 **生殖细胞突变性** 无资料

致癌性 无资料 **生殖毒性** 无资料

特异性靶器官系统毒性-一次接触 无资料

特异性靶器官系统毒性-反复接触 无资料

吸入危害 无资料

第十二部分 生态学信息

生态毒性

LC_{50} 4.92mg/L（96h）（鱼类）

EC_{50} 0.492mg/L（48h）（水蚤）

EC_{50} 0.78mg/L（72h）（藻类）

持久性和降解性

生物降解性 无资料

非生物降解性 无资料

潜在的生物累积性 无资料

土壤中的迁移性 无资料

第十三部分 废弃处置

废弃化学品 用碱液（石灰水）中和，生成氯化钠和氯化钙，用水稀释后排入废水系统

污染包装物 将容器返还生产商或按照国家和地方法规处置

废弃注意事项 把倒空的容器归还厂商或在规定场所掩埋

第十四部分 运输信息

联合国危险货物编号（UN 号） 1050；2186（冷冻液化）

联合国运输名称 无水氯化氢；冷冻液态氯化氢（冷冻液化）

联合国危险性类别 2.3，8 **包装类别** -

包装标志

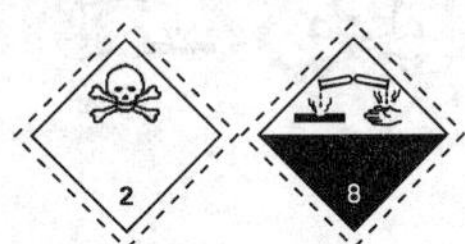

海洋污染物 否

运输注意事项 采用钢瓶运输时必须戴好钢瓶上的安全帽。钢瓶一般平放，并应将瓶口朝同一方向，不可交叉；高度不得超过车辆的防护栏板，并用三角木垫卡牢，防止滚动。严禁与碱类、活性金属粉末、食用化学品等混装混运。夏季应早晚运输，防止日光曝晒。公路运输时要按规定路线行驶，禁止在居民区和人口稠密区停留。铁路运输时要禁止溜放

第十五部分 法规信息

下列法律、法规、规章和标准，对该化学品的管理作了相应的规定。

中华人民共和国职业病防治法 职业病分类和目录：未列入

危险化学品安全管理条例 危险化学品目录：列入。易制爆危险化学品名录：未列入。重点监管的危险化学品名录：未列入。GB 18218—2009《危险化学品重大危险源辨识》（表 1）：列入。类别：毒性气体，临界量（t）：20

使用有毒物品作业场所劳动保护条例 高毒物品目录：未列入

易制毒化学品管理条例 易制毒化学品的分类和品种目录：列入

国际公约 斯德哥尔摩公约：未列入。鹿特丹公约：未列入。蒙特利尔议定书：未列入

第十六部分 其他信息

编写和修订信息 **缩略语和首字母缩写**

培训建议 **参考文献**

免责声明

氯 化 氰

第一部分 化学品标识

化学品中文名 氯化氰；氯甲腈

化学品英文名 cyanogen chloride；chlorocyan

分子式 CNCl **相对分子质量** 61.47

结构式 N≡C—Cl

化学品的推荐及限制用途 用于有机合成

第二部分 危险性概述

紧急情况概述 内装加压气体：遇热可能爆炸，吸入致命，造成严重的皮肤灼伤和眼损伤

GHS 危险性类别 加压气体；急性毒性-吸入，类别 1；皮肤腐蚀/刺激，类别 1；严重眼损伤/眼刺激，类别 1；特异性靶器官毒性-一次接触，类别 2；特异性靶器官毒性-反复接触，类别 1；危害水生环境-急性危害，类别 1；危害水生环境-长期危害，类别 1

标签要素

象形图

警示词 危险

危险性说明 内装加压气体：遇热可能爆炸，吸入致命，造成严重的皮肤灼伤和眼损伤，可能对器官造成损害，长时间或反复接触对器官造成损伤，对水生生物毒性非常大并具有长期持续影响

防范说明

预防措施 避免吸入气体、蒸气。仅在室外或通风良好处操作。戴呼吸防护器具。避免接触眼睛、皮肤，操作后彻底清洗。戴防护手套，穿防护服，戴防护眼镜、防护面罩。工作场所不得进食、饮水或吸烟。禁止排入环境

事故响应 如吸入：将患者转移到空气新鲜处，休息，保持利于呼吸的体位。皮肤（或头发）接触：立即脱掉所有被污染的衣服，用水冲洗皮肤，淋浴。污染的衣服须洗净后方可重新使用。眼睛接触：用水细心地冲洗数分钟。如戴隐形眼镜并可方便地取出，则取出隐形眼镜。继续冲洗。食入：漱口。不要催吐。如果接触或感觉不适：呼叫中毒控制中心或就医。收集泄漏物

安全储存 防日晒。存放在通风良好的地方。保持容器密闭。上锁保管

废弃处置 本品及内装物、容器依据国家和地方法规处置

物理和化学危险 不燃，无特殊燃爆特性。遇水剧烈反应，产生有毒气体

健康危害 本品在体内代谢形成氢氰酸，作用与氢氰酸相似，但对眼和呼吸道还有强烈的刺激作用。低浓度对呼吸道及眼即有强刺激作用，引起气管炎和支气管炎；高浓度时，引起眩晕、恶心、大量流泪、咳嗽、呼吸困难、肺水肿，甚至迅速死亡

慢性影响 可有不同程度的呕吐、腹泻、尿痛、咳嗽、头痛、体重减轻等

环境危害 对水生生物毒性非常大并具有长期持续影响

第三部分 成分/组成信息

√物质		混合物
组分	**浓度**	**CAS No.**
氯化氰		506-77-4

第四部分 急救措施

吸入 迅速脱离现场至空气新鲜处。保持呼吸道通畅。如呼吸困难，给输氧。如呼吸、心跳停止，立即进行心肺复苏术（禁止口对口进行人工呼吸）。就医

皮肤接触 立即脱去污染的衣着，用肥皂水和流动清水彻底冲洗。就医

眼睛接触 立即分开眼睑，用大量流动清水或生理盐水彻底冲洗至少 15min。就医

食入 如患者神志清醒，催吐，洗胃。就医

对保护施救者的忠告 根据需要使用个人防护设备

对医生的特别提示 轻度中毒或有低血压者，可单独使用硫代硫酸钠 10～12.5g；重度中毒者首先吸入亚硝酸异戊酯（2～3 支压碎于纱布、单衣或手帕中）30s，停 15s，然后缓慢静注 3%亚硝酸钠溶液 10ml，随即用同一针头静注 25%硫代硫酸钠溶液 12.5～15g。用药后 30min 症状未缓解者，可重复应用硫代硫酸钠半量或全量

第五部分 消防措施

灭火剂 本品不燃。根据着火原因选择适当灭火剂灭火。禁用灭火剂：水、泡沫、酸碱灭火剂

特别危险性 受热分解散发出毒性和腐蚀性的气体。遇水反应，产生氯气和氧气

灭火注意事项及防护措施 消防人员必须穿全身防火防毒服，在上风向灭火。切断气源。喷水冷却容器，尽可能将容器从火场移至空旷处

第六部分 泄漏应急处理

作业人员防护措施、防护装备和应急处置程序 根据气体的影响区域划定警戒区，无关人员从侧风、上风向撤离至安全区。建议应急处理人员穿内置正压自给式呼吸器的全封闭防化服。如果是液化气体泄漏，还应注意防冻伤。禁止接触或跨越泄漏物。尽可能切断泄漏源

环境保护措施 防止气体通过下水道、通风系统和有限空间扩散

泄漏化学品的收容、清除方法及所使用的处置材料 若可能翻转容器，使之逸出气体而非液体。喷雾状水抑制蒸气或改变蒸气云流向，避免水流接触泄漏物。禁止用水直接冲击泄漏物或泄漏源。构筑围堤或挖坑收容液体泄漏物。用砂土、惰性物质或蛭石吸收大量液体。隔离泄漏区直至气体散尽

第七部分 操作处置与储存

操作注意事项 严加密闭，提供充分的局部排风和全面通风。采用隔离式操作。操作人员必须经过专门培训，严格遵守操作规程。建议操作人员佩戴导管式防毒面具，穿带面罩式防毒衣，戴橡胶手套。防止气体或蒸气泄漏到工作场所空气中。避免与碱类、醇类、酸类接触。尤其要注意避免与水接触。搬运时轻装轻卸，防止钢瓶及附件破损。配备泄漏应急处理设备

储存注意事项 储存于阴凉、通风的有毒气体专用库房。实行"双人收发、双人保管"制度。远离火种、热源。库温不宜超过30℃。保持容器密封。应与碱类、醇类、酸类、食用化学品分开存放，切忌混储。储区应备有泄漏应急处理设备

第八部分 接触控制/个体防护

职业接触限值

中国 MAC：0.75mg/m^3

美国(ACGIH) TLV-C：0.3ppm

生物接触限值 未制定标准

监测方法 空气中有毒物质测定方法：未制定标准。生物监测检验方法：未制定标准

工程控制 严加密闭，提供充分的局部排风和全面通风。采用隔离式操作。提供安全的淋浴和洗眼设备

个体防护装备

呼吸系统防护 正常工作情况下，佩戴过滤式防毒面具（半面罩）。紧急事态抢救或撤离时，建议佩戴空气呼吸器

眼睛防护 戴化学安全防护眼镜

皮肤和身体防护 穿隔绝式防毒服

手防护 戴橡胶手套

第九部分 理化特性

外观与性状 无色液体或气体，有催泪性

pH值 无意义 **熔点(℃)** −6.5～−6

沸点(℃) 12.5～13.1 **相对密度(水=1)** 1.186

相对蒸气密度(空气=1) 2.16

饱和蒸气压(kPa) 134.63（20℃）

燃烧热(kJ/mol) 无资料 **临界温度(℃)** 无资料

临界压力(MPa) 5.99 **辛醇/水分配系数** −0.38

闪点(℃) 无意义 **自燃温度(℃)** 无意义

爆炸下限(%) 无意义 **爆炸上限(%)** 无意义

分解温度(℃) 无资料

黏度(mPa·s) 无资料

溶解性 溶于水、乙醇、乙醚等多数有机溶剂

第十部分 稳定性和反应性

稳定性 稳定

危险反应 与水、醇类等禁配物发生反应

避免接触的条件 受热、潮湿空气

禁配物 水、碱类、醇类、酸类

危险的分解产物 氯化氢、氰化氢

第十一部分 毒理学信息

急性毒性

LD_{50} 6mg/kg（猫经口）

LC_{50} 3124ppm（大鼠吸入，60min）；4701ppm（大鼠吸入，30min）

皮肤刺激或腐蚀 无资料 **眼睛刺激或腐蚀** 无资料

呼吸或皮肤过敏 无资料 **生殖细胞突变性** 无资料

致癌性 无资料 **生殖毒性** 无资料

特异性靶器官系统毒性-一次接触 无资料

特异性靶器官系统毒性-反复接触 无资料

吸入危害 无资料

第十二部分 生态学信息

生态毒性 无资料

持久性和降解性

生物降解性 无资料

非生物降解性 无资料

潜在的生物累积性 根据K_{ow}值预测，该物质的生物累积性可能较弱

土壤中的迁移性 根据K_{oc}值预测，该物质可能易发生迁移

第十三部分 废弃处置

废弃化学品 建议用焚烧法处置。与燃料混合后，再焚烧。焚烧炉排出的气体要通过洗涤器除去。也可以把气体通入硫酸铁溶液或氢氧化钠和过量次氯酸钙的稀溶液中，使其转化成相对低毒的物质

污染包装物 将容器返还生产商或按照国家和地方法规处置

废弃注意事项 处置前应参阅国家和地方有关法规

第十四部分 运输信息

联合国危险货物编号（UN号） 1589

联合国运输名称 氯化氰，稳定的

联合国危险性类别 2.3，8 **包装类别** -

包装标志

海洋污染物 是

运输注意事项 采用钢瓶运输时必须戴好钢瓶上的安全帽。钢瓶一般平放，并应将瓶口朝同一方向，不可交叉；高度不得超过车辆的防护栏板，并用三角木垫卡牢，防止滚动。严禁与碱类、醇类、酸类、食用化学品等混装混运。夏季应早晚运输，防止日光曝晒。公路运输时要按规定路线行驶，禁止在居民区和人口稠密区停留。铁路运输时要禁止溜放

第十五部分 法规信息

下列法律、法规、规章和标准，对该化学品的管理作了相应的规定。

中华人民共和国职业病防治法 职业病分类和目录：氰及

腈类化合物中毒

危险化学品安全管理条例 危险化学品目录：列入。作为剧毒化学品进行管理。易制爆危险化学品名录：未列入。重点监管的危险化学品名录：未列入。GB 18218—2009《危险化学品重大危险源辨识》（表1）：未列入

使用有毒物品作业场所劳动保护条例 高毒物品目录：列入

易制毒化学品管理条例 易制毒化学品的分类和品种目录：未列入

国际公约 斯德哥尔摩公约：未列入。鹿特丹公约：未列入。蒙特利尔议定书：未列入

第十六部分 其他信息

编写和修订信息 **缩略语和首字母缩写**

培训建议 **参考文献**

免责声明

氯化硒

第一部分 化学品标识

化学品中文名 氯化硒；二氯化二硒

化学品英文名 selenium chloride；diselenium dichloride

分子式 Se_2Cl_2 **相对分子质量** 228.83

结构式 Cl—Se—Se—Cl

化学品的推荐及限制用途 用作分析试剂、还原剂

第二部分 危险性概述

紧急情况概述 吞咽会中毒，吸入会中毒

GHS危险性类别 急性毒性-经口，类别3；急性毒性-吸入，类别3；特异性靶器官毒性-反复接触，类别2；危害水生环境-急性危害，类别1；危害水生环境-长期危害，类别1

标签要素

象形图

警示词 危险

危险性说明 吞咽会中毒，吸入会中毒，长时间或反复接触可能对器官造成损伤，对水生生物毒性非常大并具有长期持续影响

防范说明

预防措施 避免接触眼睛、皮肤，操作后彻底清洗。作业场所不得进食、饮水或吸烟。避免吸入蒸气、雾。仅在室外或通风良好处操作。禁止排入环境

事故响应 如吸入：将患者转移到空气新鲜处，休息，保持利于呼吸的体位。如感觉不适，就医。食入：漱口，立即呼叫中毒控制中心或就医。收集泄漏物

安全储存 在通风良好处储存。保持容器密闭。上锁保管

废弃处置 本品及内装物、容器依据国家和地方法规处置

物理和化学危险 不燃，无特殊燃爆特性

健康危害 对眼、黏膜和皮肤有刺激性和腐蚀性。溶液能灼伤皮肤，能经手指端的皮肤吸收

环境危害 对水生生物毒性非常大并具有长期持续影响

第三部分 成分/组成信息

√物质 混合物

组分	浓度	CAS No.
氯化硒		10025-68-0

第四部分 急救措施

吸入 迅速脱离现场至空气新鲜处。保持呼吸道通畅。如呼吸困难，给输氧。如呼吸、心跳停止，立即进行心肺复苏术。就医

皮肤接触 立即脱去污染的衣着，用流动清水彻底冲洗。就医

眼睛接触 立即分开眼睑，用流动清水或生理盐水彻底冲洗。就医

食入 漱口，饮水。就医

对保护施救者的忠告 根据需要使用个人防护设备

对医生的特别提示 对症处理

第五部分 消防措施

灭火剂 本品不燃。根据着火原因选择适当灭火剂灭火

特别危险性 能与磷、钾、过氧化钾、过氧化钠剧烈反应。遇水生成亚硒酸、硒和盐酸，有腐蚀性

灭火注意事项及防护措施 消防人员须佩戴防毒面具、穿全身消防服，在上风向灭火。尽可能将容器从火场移至空旷处。喷水保持火场容器冷却，直至灭火结束。容器突然发出异常声音或出现异常现象，应立即撤离

第六部分 泄漏应急处理

作业人员防护措施、防护装备和应急处置程序 根据液体流动和蒸气扩散的影响区域划定警戒区，无关人员从侧风、上风向撤离至安全区。建议应急处理人员戴正压自给式呼吸器，穿防毒服，戴橡胶手套。穿上适当的防护服前严禁接触破裂的容器和泄漏物。尽可能切断泄漏源

环境保护措施 防止泄漏物进入水体、下水道、地下室或有限空间

泄漏化学品的收容、清除方法及所使用的处置材料 小量泄漏：用干燥的砂土或其他不燃材料吸收或覆盖，收集于容器中。大量泄漏：构筑围堤或挖坑收容。用耐腐蚀泵转移至槽车或专用收集器内

第七部分 操作处置与储存

操作注意事项 密闭操作，提供充分的局部排风。操作尽可能机械化、自动化。操作人员必须经过专门培训，严格遵守操作规程。建议操作人员佩戴自吸过滤式防毒面具（全面罩），穿连衣式防毒衣，戴橡胶手套。

防止蒸气泄漏到工作场所空气中。避免与氧化剂、酸类、碱类接触。尤其要注意避免与水接触。搬运时要轻装轻卸，防止包装及容器损坏。配备泄漏应急处理设备。倒空的容器可能残留有害物

储存注意事项 储存于阴凉、通风的库房。远离火种、热源。库房温度不超过 35℃，相对湿度不超过 80%。保持容器密封。应与氧化剂、酸类、碱类、食用化学品分开存放，切忌混储。储区应备有泄漏应急处理设备和合适的收容材料

第八部分 接触控制/个体防护

职业接触限值

中国 PC-TWA：0.1mg/m³［按 Se 计］

美国(ACGIH) TLV-TWA：0.2mg/m³［按 Se 计］

生物接触限值 未制定标准

监测方法 空气中有毒物质测定方法：氢化物发生-原子吸收光谱法；氢化物发生-原子荧光光谱法；二氨基萘荧光分光光度法。生物监测检验方法：未制定标准

工程控制 严加密闭，提供充分的局部排风。提供安全的淋浴和洗眼设备

个体防护装备

呼吸系统防护 可能接触其蒸气时，建议佩戴过滤式防毒面具（全面罩）。紧急事态抢救或撤离时，建议佩戴空气呼吸器

眼睛防护 呼吸系统防护中已作防护

皮肤和身体防护 穿连衣式防毒衣

手防护 戴橡胶手套

第九部分 理化特性

外观与性状 深棕红色油状液体

pH 值 无资料 **熔点(℃)** −85

沸点(℃) 130（分解） **相对密度(水=1)** 2.77

相对蒸气密度(空气=1) 无资料

饱和蒸气压(kPa) 无资料

燃烧热(kJ/mol) 无资料 **临界温度(℃)** 无资料

临界压力(MPa) 无资料 **辛醇/水分配系数** 无资料

闪点(℃) 无意义 **自燃温度(℃)** 无意义

爆炸下限(%) 无意义 **爆炸上限(%)** 无意义

分解温度(℃) 无资料

黏度(mPa·s) 无资料

溶解性 溶于氯仿、苯、四氯化碳、二硫化碳

第十部分 稳定性和反应性

稳定性 稳定

危险反应 与强氧化剂、磷、钾、过氧化钾等禁配物发生反应

避免接触的条件 潮湿空气

禁配物 强氧化剂、强酸、强碱、磷、钾、过氧化钾、过氧化钠

危险的分解产物 无资料

第十一部分 毒理学信息

急性毒性 无资料 **皮肤刺激或腐蚀** 无资料

眼睛刺激或腐蚀 无资料 **呼吸或皮肤过敏** 无资料

生殖细胞突变性 无资料 **致癌性** 无资料

生殖毒性 无资料

特异性靶器官系统毒性-一次接触 无资料

特异性靶器官系统毒性-反复接触 无资料

吸入危害 无资料

第十二部分 生态学信息

生态毒性 硒化合物对水生生物有极高毒性

持久性和降解性

生物降解性 无资料

非生物降解性 无资料

潜在的生物累积性 无资料

土壤中的迁移性 无资料

第十三部分 废弃处置

废弃化学品 根据国家和地方有关法规的要求处置。或与制造商联系，确定处置方法

污染包装物 将容器返还生产商或按照国家和地方法规处置

废弃注意事项 处置前应参阅国家和地方有关法规

第十四部分 运输信息

联合国危险货物编号（UN 号） 3283

联合国运输名称 硒化合物，固态，未另作规定的（氯化硒）

联合国危险性类别 6.1 **包装类别** Ⅲ类包装

包装标志  **海洋污染物** 是

运输注意事项 运输前应先检查包装容器是否完整、密封，运输过程中要确保容器不泄漏、不倒塌、不坠落、不损坏。严禁与酸类、氧化剂、食品及食品添加剂混运。运输时运输车辆应配备泄漏应急处理设备。运输途中应防曝晒、雨淋，防高温。公路运输时要按规定路线行驶，勿在居民区和人口稠密区停留

第十五部分 法规信息

下列法律、法规、规章和标准，对该化学品的管理作了相应的规定。

中华人民共和国职业病防治法 职业病分类和目录：未列入

危险化学品安全管理条例 危险化学品目录：列入。易制爆危险化学品名录：未列入。重点监管的危险化学品名录：未列入。GB 18218—2009《危险化学品重大危险源辨识》(表 1)：未列入

使用有毒物品作业场所劳动保护条例 高毒物品目录：未列入

易制毒化学品管理条例 易制毒化学品的分类和品种目录：未列入

国际公约 斯德哥尔摩公约：未列入。鹿特丹公约：未列入。蒙特利尔议定书：未列入

第十六部分　其他信息

编写和修订信息　　缩略语和首字母缩写

培训建议　　参考文献

免责声明

氯 化 溴

第一部分　化学品标识

化学品中文名　氯化溴；溴化氯

化学品英文名　bromine chloride；chlorine bromide

分子式　BrCl　**相对分子质量**　115.36

结构式　Br—Cl

化学品的推荐及限制用途　用作工业消毒剂和用于有机加成和取代反应

第二部分　危险性概述

紧急情况概述　可引起燃烧或加剧燃烧：氧化剂；内装加压气体：遇热可能爆炸。造成严重的皮肤灼伤和眼损伤

GHS危险性类别　氧化性气体，类别1；加压气体；皮肤腐蚀/刺激，类别1；严重眼损伤/眼刺激，类别1；危害水生环境-急性危害，类别1

标签要素

象形图

警示词　危险

危险性说明　可引起燃烧或加剧燃烧：氧化剂，内装加压气体：遇热可能爆炸，造成严重的皮肤灼伤和眼损伤，对水生生物毒性非常大

防范说明

预防措施　储存处远离服装、可燃材料。阀门或紧固装置不得带有油脂或油剂。避免接触眼睛、皮肤，操作后彻底清洗。戴防护手套，穿防护服，戴防护眼镜、防护面罩。禁止排入环境

事故响应　火灾时：如能保证安全，设法堵塞泄漏。如吸入：将患者转移到空气新鲜处，休息，保持利于呼吸的体位。立即呼叫中毒控制中心或就医。皮肤（或头发）接触：立即脱掉所有被污染的衣服，用水冲洗皮肤，淋浴。污染的衣服须洗净后方可重新使用。眼睛接触：用水细心地冲洗数分钟。如戴隐形眼镜并可方便地取出，则取出隐形眼镜继续冲洗。食入：漱口。不要催吐。收集泄漏物

安全储存　防日晒。存放在通风良好的地方。上锁保管

废弃处置　本品及内装物、容器依据国家和地方法规处置

物理和化学危险　助燃。与可燃物接触易着火燃烧。室温下迅速分解。遇水产生有毒气体

健康危害　本品在10℃时分解放出剧毒、腐蚀性的氯和溴烟雾。吸潮或遇水反应放出有毒烟雾。对皮肤、眼睛和黏膜有强烈的刺激性和腐蚀性

环境危害　对水生生物毒性非常大

第三部分　成分/组成信息

√物质		混合物
组分	浓度	CAS No.
氯化溴		13863-41-7

第四部分　急救措施

吸入　迅速脱离现场至空气新鲜处。保持呼吸道通畅。如呼吸困难，给输氧。如呼吸、心跳停止，立即进行心肺复苏术。就医

皮肤接触　立即脱去污染的衣着，用大量流动清水彻底冲洗至少15min。就医

眼睛接触　立即分开眼睑，用流动清水或生理盐水彻底冲洗至少15min。就医

食入　用水漱口，禁止催吐。给饮牛奶或蛋清。就医

对保护施救者的忠告　根据需要使用个人防护设备

对医生的特别提示　对症处理

第五部分　消防措施

灭火剂　本品不燃。根据着火原因选择适当灭火剂灭火

特别危险性　具有较强的腐蚀性。室温下迅速分解，放出剧毒的氯和溴的烟雾。吸潮或遇水会产生大量的腐蚀性烟雾

灭火注意事项及防护措施　消防人员必须穿全身防火防毒服，在上风向灭火。切断气源。喷水冷却容器，尽可能将容器从火场移至空旷处。火场中有大量本品泄漏物时，禁用水、泡沫和酸碱灭火剂

第六部分　泄漏应急处理

作业人员防护措施、防护装备和应急处置程序　根据气体扩散的影响区域划定警戒区，无关人员从侧风、上风向撤离至安全区。建议应急处理人员穿内置正压自给式呼吸器的全封闭防化服。禁止接触或跨越泄漏物。勿使泄漏物与可燃物质（如木材、纸、油等）接触。尽可能切断泄漏源。严禁用水处理

环境保护措施　防止气体通过下水道、通风系统和有限空间扩散

泄漏化学品的收容、清除方法及所使用的处置材料　隔离泄漏区直至气体散尽。泄漏场所保持通风

第七部分　操作处置与储存

操作注意事项　严加密闭，提供充分的局部排风和全面通风。操作人员必须经过专门培训，严格遵守操作规程。建议操作人员佩戴导管式防毒面具，穿带面罩式防毒衣，戴橡胶手套。防止气体或蒸气泄漏到工作场所空气中。远离易燃、可燃物。避免与水接触。搬运时戴好钢瓶安全帽和防震橡皮圈，防止钢瓶碰撞、损坏。配备泄漏应急处理设备

储存注意事项　储存于阴凉、通风的有毒气体专用库房。库温不宜超过30℃。远离火种、热源。应与易（可）

燃物、食用化学品分开存放，切忌混储。储区应备有泄漏应急处理设备

第八部分 接触控制/个体防护

职业接触限值

中国 未制定标准

美国(ACGIH) 未制定标准

生物接触限值 未制定标准

监测方法 空气中有毒物质测定方法：未制定标准。生物监测检验方法：未制定标准

工程控制 严加密闭，提供充分的局部排风和全面通风。提供安全的淋浴和洗眼设备

个体防护装备

呼吸系统防护 正常工作情况下，佩戴过滤式防毒面具（半面罩）。紧急事态抢救或撤离时，建议佩戴空气呼吸器

眼睛防护 戴化学安全防护眼镜

皮肤和身体防护 穿隔绝式防毒服

手防护 戴橡胶手套

第九部分 理化特性

外观与性状 红黄色或橘红色挥发性不稳定的液体或气体

pH值 无意义 **熔点(℃)** −66

沸点(℃) 10（分解） **相对密度(水=1)** 无资料

相对蒸气密度(空气=1) 5.2（25℃）

饱和蒸气压(kPa) 314.95（25℃）

燃烧热(kJ/mol) 无资料 **临界温度(℃)** 无资料

临界压力(MPa) 无资料 **辛醇/水分配系数** 无资料

闪点(℃) 无意义 **自燃温度(℃)** 无意义

爆炸下限(%) 无意义 **爆炸上限(%)** 无意义

分解温度(℃) 无资料

黏度(mPa·s) 无资料

溶解性 溶于水，溶于乙醚、二硫化碳

第十部分 稳定性和反应性

稳定性 稳定

危险反应 常温下迅速发生分解。与易燃或可燃物发生反应

避免接触的条件 受热、潮湿空气

禁配物 易燃或可燃物

危险的分解产物 氯气、溴

第十一部分 毒理学信息

急性毒性 无资料 **皮肤刺激或腐蚀** 无资料

眼睛刺激或腐蚀 无资料 **呼吸或皮肤过敏** 无资料

生殖细胞突变性 无资料 **致癌性** 无资料

生殖毒性 无资料

特异性靶器官系统毒性-一次接触 无资料

特异性靶器官系统毒性-反复接触 无资料

吸入危害 无资料

第十二部分 生态学信息

生态毒性 LC_{50}：0.18mg/L（96h）（虹鳟）

持久性和降解性

生物降解性 无资料

非生物降解性 无资料

潜在的生物累积性 无资料

土壤中的迁移性 无资料

第十三部分 废弃处置

废弃化学品 根据国家和地方有关法规的要求处置。或与制造商联系，确定处置方法

污染包装物 将容器返还生产商或按照国家和地方法规处置

废弃注意事项 在能利用的地方重复使用容器或在规定场所掩埋

第十四部分 运输信息

联合国危险货物编号（UN号） 2901

联合国运输名称 氯化溴

联合国危险性类别 2.3，5.1/8 **包装类别** -

包装标志 

海洋污染物 否

运输注意事项 采用钢瓶运输时必须戴好钢瓶上的安全帽。钢瓶一般平放，并应将瓶口朝同一方向，不可交叉；高度不得超过车辆的防护栏板，并用三角木垫卡牢，防止滚动。严禁与易燃物或可燃物、食用化学品等混装混运。夏季应早晚运输，防止日光曝晒。公路运输时要按规定路线行驶，禁止在居民区和人口稠密区停留。铁路运输时要禁止溜放

第十五部分 法规信息

下列法律、法规、规章和标准，对该化学品的管理作了相应的规定。

中华人民共和国职业病防治法 职业病分类和目录：未列入

危险化学品安全管理条例 危险化学品目录：列入。易制爆危险化学品名录：未列入。重点监管的危险化学品名录：未列入。GB 18218—2009《危险化学品重大危险源辨识》（表1）：未列入

使用有毒物品作业场所劳动保护条例 高毒物品目录：未列入

易制毒化学品管理条例 易制毒化学品的分类和品种目录：未列入

国际公约 斯德哥尔摩公约：未列入。鹿特丹公约：未列入。蒙特利尔议定书：未列入

第十六部分 其他信息

编写和修订信息 **缩略语和首字母缩写**

培训建议 **参考文献**

免责声明

氯化亚砜

第一部分 化学品标识

化学品中文名 氯化亚砜；亚硫酰（二）氯；二氯氧化硫

化学品英文名 thionyl chloride；sulfurous oxychloride；sulfur chloride oxide

分子式 $SOCl_2$ **相对分子质量** 118.9

结构式

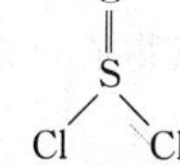

化学品的推荐及限制用途 用于有机合成、农药及医药工业

第二部分 危险性概述

紧急情况概述 吞咽有害，吸入有害，造成严重的皮肤灼伤和眼损伤

GHS危险性类别 急性毒性-经口，类别4；急性毒性-吸入，类别4；皮肤腐蚀/刺激，类别1A；严重眼损伤/眼刺激，类别1；特异性靶器官毒性--次接触，类别3（呼吸道刺激）

标签要素

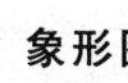

象形图 

警示词 危险

危险性说明 吞咽有害，吸入有害，造成严重的皮肤灼伤和眼损伤，可能引起呼吸道刺激。可能引起昏昏欲睡或眩晕

防范说明

预防措施 避免接触眼睛、皮肤，操作后彻底清洗。作业场所不得进食、饮水或吸烟。避免吸入蒸气、雾。仅在室外或通风良好处操作。戴防护手套，穿防护服，戴防护眼镜、防护面罩

事故响应 如吸入：将患者转移到空气新鲜处，休息，保持利于呼吸的体位，如感觉不适，呼叫中毒控制中心或就医。皮肤（或头发）接触：立即脱掉所有被污染的衣服，用水冲洗皮肤，淋浴。污染的衣服须洗净后方可重新使用。眼睛接触：用水细心地冲洗数分钟。如戴隐形眼镜并可方便地取出，则取出隐形眼镜继续冲洗。食入：漱口，不要催吐，如果感觉不适，立即呼叫中毒控制中心或就医

安全储存 上锁保管

废弃处置 本品及内装物、容器依据国家和地方法规处置

物理和化学危险 不燃，无特殊燃爆特性。遇水产生刺激性气体

健康危害 眼和皮肤接触可引起灼伤

环境危害 对环境可能有害

第三部分 成分/组成信息

√物质		混合物
组分	浓度	CAS No.
氯化亚砜		7719-09-7

第四部分 急救措施

吸入 迅速脱离现场至空气新鲜处。保持呼吸道通畅。如呼吸困难，给输氧。如呼吸、心跳停止，立即进行心肺复苏术。就医

皮肤接触 立即脱去污染的衣着，用大量流动清水彻底冲洗至少15min。就医

眼睛接触 立即分开眼睑，用流动清水或生理盐水彻底冲洗至少15min。就医

食入 用水漱口，禁止催吐。给饮牛奶或蛋清。就医

对保护施救者的忠告 根据需要使用个人防护设备

对医生的特别提示 对症处理

第五部分 消防措施

灭火剂 用二氧化碳、砂土灭火

特别危险性 遇水或潮气会分解放出二氧化硫、氯化氢等刺激性的有毒烟气。受热分解也能产生有毒物质。对很多金属尤其是潮湿空气存在下有腐蚀性

灭火注意事项及防护措施 消防人员必须佩戴空气呼吸器、穿全身防火防毒服，在上风向灭火。尽可能将容器从火场移至空旷处。喷水保持火场容器冷却，直至灭火结束。容器突然发出异常声音或出现异常现象，应立即撤离

第六部分 泄漏应急处理

作业人员防护措施、防护装备和应急处置程序 根据液体流动和蒸气扩散的影响区域划定警戒区，无关人员从侧风、上风向撤离至安全区。建议应急处理人员戴正压自给式呼吸器，穿防酸碱服，戴橡胶耐酸碱手套。穿上适当的防护服前严禁接触破裂的容器和泄漏物。尽可能切断泄漏源。勿使泄漏物与可燃物质（如木材、纸、油等）接触

环境保护措施 防止泄漏物进入水体、下水道、地下室或有限空间

泄漏化学品的收容、清除方法及所使用的处置材料 小量泄漏：用干燥的砂土或其他不燃材料覆盖泄漏物，用洁净的无火花工具收集泄漏物，置于一盖子较松的塑料容器中，待处置。大量泄漏：构筑围堤或挖坑收容。用碎石灰石（$CaCO_3$）、苏打灰（Na_2CO_3）或石灰（CaO）中和。用耐腐蚀泵转移至槽车或专用收集器内

第七部分 操作处置与储存

操作注意事项 密闭操作，局部排风。操作人员必须经过专门培训，严格遵守操作规程。建议操作人员佩戴自吸过滤式防毒面具（全面罩），穿橡胶耐酸碱服，戴橡胶耐酸碱手套。防止蒸气泄漏到工作场所空气中。避免与碱类接触。尤其要注意避免与水接触。搬运时

要轻装轻卸，防止包装及容器损坏。配备泄漏应急处理设备。倒空的容器可能残留有害物

储存注意事项 储存于阴凉、通风的库房。库房温度不超过30℃，相对湿度不超过75%。保持容器密封。应与碱类等分开存放，切忌混储。储区应备有泄漏应急处理设备和合适的收容材料

第八部分 接触控制/个体防护

职业接触限值

中国 未制定标准

美国(ACGIH) TLV-C：0.2ppm

生物接触限值 未制定标准

监测方法 空气中有毒物质测定方法：硫氰酸汞分光光度法。生物监测检验方法：未制定标准

工程控制 密闭操作，局部排风。提供安全的淋浴和洗眼设备

个体防护装备

呼吸系统防护 空气中浓度超标时，必须佩戴过滤式防毒面具（全面罩）或空气呼吸器。紧急事态抢救或撤离时，佩戴空气呼吸器

眼睛防护 呼吸系统防护中已作防护

皮肤和身体防护 穿橡胶耐酸碱服

手防护 戴橡胶耐酸碱手套

第九部分 理化特性

外观与性状 淡黄色至红色、发烟液体，有强烈刺激气味

pH值 无资料 **熔点(℃)** −105

沸点(℃) 76～79 **相对密度(水=1)** 1.64

相对蒸气密度(空气=1) 4.1

饱和蒸气压(kPa) 13.3（21.4℃）

燃烧热(kJ/mol) 无资料 **临界温度(℃)** 无资料

临界压力(MPa) 4.43 **辛醇/水分配系数** 0.92

闪点(℃) 无意义 **自燃温度(℃)** 无意义

爆炸下限(%) 无意义 **爆炸上限(%)** 无意义

分解温度(℃) 无资料

黏度(mPa·s) 无资料

溶解性 可混溶于苯、氯仿、四氯化碳等

第十部分 稳定性和反应性

稳定性 稳定

危险反应 遇水发生分解反应

避免接触的条件 受热、潮湿空气

禁配物 水、碱类

危险的分解产物 无资料

第十一部分 毒理学信息

急性毒性 LC_{50}：2435mg/m^3（大鼠吸入）

皮肤刺激或腐蚀 无资料 **眼睛刺激或腐蚀** 无资料

呼吸或皮肤过敏 无资料 **生殖细胞突变性** 无资料

致癌性 无资料 **生殖毒性** 无资料

特异性靶器官系统毒性-一次接触 无资料

特异性靶器官系统毒性-反复接触 无资料

吸入危害 无资料

第十二部分 生态学信息

生态毒性 无资料

持久性和降解性

生物降解性 无资料

非生物降解性 无资料

潜在的生物累积性 根据K_{ow}值预测，该物质的生物累积性可能较弱

土壤中的迁移性 根据K_{oc}值预测，该物质可能易发生迁移

第十三部分 废弃处置

废弃化学品 中和、稀释后，排入废水系统

污染包装物 将容器返还生产商或按照国家和地方法规处置

废弃注意事项 处置前应参阅国家和地方有关法规

第十四部分 运输信息

联合国危险货物编号(UN号) 1836

联合国运输名称 亚硫酰氯

联合国危险性类别 8 **包装类别** Ⅰ类包装

包装标志 

海洋污染物 否

运输注意事项 起运时包装要完整，装载应稳妥。运输过程中要确保容器不泄漏、不倒塌、不坠落、不损坏。严禁与碱类、食用化学品等混装混运。运输时运输车辆应配备泄漏应急处理设备。运输途中应防曝晒、雨淋，防高温。公路运输时要按规定路线行驶，勿在居民区和人口稠密区停留

第十五部分 法规信息

下列法律、法规、规章和标准，对该化学品的管理作了相应的规定。

中华人民共和国职业病防治法 职业病分类和目录：未列入

危险化学品安全管理条例 危险化学品目录：列入。易制爆危险化学品名录：未列入。重点监管的危险化学品名录：未列入。GB 18218—2009《危险化学品重大危险源辨识》(表1)：未列入

使用有毒物品作业场所劳动保护条例 高毒物品目录：未列入

易制毒化学品管理条例 易制毒化学品的分类和品种目录：未列入

国际公约 斯德哥尔摩公约：未列入。鹿特丹公约：未列入。蒙特利尔议定书：未列入

第十六部分 其他信息

编写和修订信息 **缩略语和首字母缩写**

培训建议 **参考文献**

免责声明

氯化乙基汞

第一部分 化学品标识

化学品中文名 氯化乙基汞；西力生；氯乙基汞

化学品英文名 mercuric ethyl chloride；ceresan

分子式 C_2H_5ClHg **相对分子质量** 265.11

结构式 Hg Cl

化学品的推荐及限制用途 用作农用杀菌剂

第二部分 危险性概述

紧急情况概述 吞咽致命，皮肤接触会致命，吸入会中毒

GHS 危险性类别 急性毒性-经口，类别 2；急性毒性-经皮，类别 2；急性毒性-吸入，类别 3；危害水生环境-急性危害，类别 1；危害水生环境-长期危害，类别 1

标签要素

警示词 危险

危险性说明 吞咽致命，皮肤接触会致命，吸入会中毒，对水生生物毒性非常大并具有长期持续影响

防范说明

预防措施 避免接触眼睛、皮肤或衣服，操作后彻底清洗。作业场所不得进食、饮水或吸烟。戴防护手套、穿防护服。避免吸入粉尘、蒸气。仅在室外或通风良好处操作。禁止排入环境

事故响应 如吸入：将患者转移到空气新鲜处，休息，保持利于呼吸的体位。皮肤接触：用大量肥皂水和水轻轻地清洗。食入：漱口，立即呼叫中毒控制中心或就医。收集泄漏物

安全储存 存放在通风良好的地方。保持低温

废弃处置 本品及内装物、容器依据国家和地方法规处置

物理和化学危险 不燃

健康危害 本品属有机汞。有机汞系亲脂性毒物，主要侵犯神经系统。有机汞中毒的主要表现有：无论经任何途径侵入，均可发生口腔炎。口服引起急性胃肠炎。神经精神症状有神经衰弱综合征、精神障碍、谵妄、昏迷、瘫痪、震颤、共济失调、向心性视野缩小等；可发生肾脏损害，重者可致急性肾功能衰竭。此外尚可致心脏、肝脏损害。可致皮肤损害。氯化乙基汞中毒以神经系统和心脏损害较为突出，脑病及心肌损害为主要死因

环境危害 对水生生物毒性非常大并具有长期持续影响

第三部分 成分/组成信息

√物质 混合物

组分	浓度	CAS No.
氯化乙基汞		107-27-7

第四部分 急救措施

吸入 迅速脱离现场至空气新鲜处。保持呼吸道通畅。如呼吸困难，给输氧。如呼吸、心跳停止，立即进行心肺复苏术。就医

皮肤接触 立即脱去污染的衣着，用流动清水彻底冲洗。就医

眼睛接触 立即分开眼睑，用流动清水或生理盐水彻底冲洗。就医

食入 饮适量温水，催吐（仅限于清醒者）。就医

对保护施救者的忠告 根据需要使用个人防护设备

对医生的特别提示 解毒剂：二巯基丙磺酸钠、二巯基丁二酸钠、青霉胺

第五部分 消防措施

灭火剂 用雾状水、泡沫、干粉、砂土灭火

特别危险性 遇高热或光分解，放出有毒气体。燃烧生成有害的一氧化碳、氯化物、氧化汞

灭火注意事项及防护措施 消防人员须佩戴防毒面具、穿全身消防服，在上风向灭火。尽可能将容器从火场移至空旷处。喷水保持火场容器冷却，直至灭火结束

第六部分 泄漏应急处理

作业人员防护措施、防护装备和应急处置程序 隔离泄漏污染区，限制出入。建议应急处理人员戴防尘口罩，穿防毒服，戴橡胶手套。穿上适当的防护服前严禁接触破裂的容器和泄漏物。尽可能切断泄漏源。用塑料布覆盖泄漏物，减少飞散。勿使水进入包装容器内

环境保护措施 无资料

泄漏化学品的收容、清除方法及所使用的处置材料 用洁净的铲子收集泄漏物，置于干净、干燥、盖子较松的容器中，将容器移离泄漏区

第七部分 操作处置与储存

操作注意事项 密闭操作，局部排风。操作人员必须经过专门培训，严格遵守操作规程。建议操作人员佩戴自吸过滤式防尘口罩，戴化学安全防护眼镜，穿聚乙烯防毒服，戴橡胶手套。避免产生粉尘。避免与氧化剂、碱类接触。搬运时要轻装轻卸，防止包装及容器损坏。配备泄漏应急处理设备。倒空的容器可能残留有害物

储存注意事项 储存于阴凉、通风良好的专用库房内。远离火种、热源。包装密封。应与氧化剂、碱类、食用化学品分开存放，切忌混储。储区应备有合适的材料收容泄漏物

第八部分 接触控制/个体防护

职业接触限值

中国 PC-TWA：0.01mg/m³；PC-STEL：0.03mg/m³［按 Hg 计］［皮］

美国（ACGIH） TLV-TWA：0.01mg/m³；TLV-STEL（mg/m³）：0.03［按 Hg 计］［皮］

生物接触限值 未制定标准

监测方法 空气中有毒物质测定方法：原子荧光光谱法；冷原子吸收光谱法。生物监测检验方法：未制定标准

工程控制 密闭操作，局部排风。提供安全的淋浴和洗眼设备

个体防护装备

呼吸系统防护 作业人员应该佩戴过滤式防尘呼吸器。必要时，建议佩戴空气呼吸器或长管面具

眼睛防护 戴化学安全防护眼镜

皮肤和身体防护 穿隔绝式防毒服

手防护 戴橡胶手套

第九部分 理化特性

外观与性状 白、黄、灰、棕色粉末或结晶，遇热有挥发性，遇光易分解

pH值 无意义 **熔点(℃)** 192.5

沸点(℃) 无资料 **相对密度(水＝1)** 3.482

相对蒸气密度(空气＝1) 9.2

饱和蒸气压(kPa) 无资料

燃烧热(kJ/mol) 无资料 **临界温度(℃)** 无资料

临界压力(MPa) 无资料 **辛醇/水分配系数** 0.88

闪点(℃) 无意义 **自燃温度(℃)** 无意义

爆炸下限(%) 无意义 **爆炸上限(%)** 无意义

分解温度(℃) 无资料

黏度(mPa·s) 无资料

溶解性 不溶于水，微溶于冷乙醇、乙醚，溶于热乙醇、氯仿

第十部分 稳定性和反应性

稳定性 稳定

危险反应 受光照分解。与强氧化剂等禁配物发生反应

避免接触的条件 光照、受热

禁配物 强氧化剂、强碱

危险的分解产物 无资料

第十一部分 毒理学信息

急性毒性

LD_{50} 59.3mg/kg（大鼠经口）

LC_{50} 49.8mg/m³（大鼠吸入）

皮肤刺激或腐蚀 无资料 **眼睛刺激或腐蚀** 无资料

呼吸或皮肤过敏 无资料

生殖细胞突变性 微生物致突变：大肠杆菌20nmol/L。细胞遗传学分析：人Hela细胞1mg/L

致癌性 无资料

生殖毒性 大鼠经口最低中毒剂量（TDLo）：9mg/kg（交配前14d/孕1～22d），引起植入前死亡率升高，胚胎毒性和死胎

特异性靶器官系统毒性-一次接触 无资料

特异性靶器官系统毒性-反复接触 无资料

吸入危害 无资料

第十二部分 生态学信息

生态毒性 含汞化合物对水生生物有极高毒性

持久性和降解性

生物降解性 无资料

非生物降解性 无资料

潜在的生物累积性 元素汞易在生物体内富集

土壤中的迁移性 根据 K_{oc} 值预测，该物质可能易发生迁移

第十三部分 废弃处置

废弃化学品 建议用焚烧法处置。与燃料混合后，再焚烧。焚烧炉排出的气体通过洗涤器除去

污染包装物 将容器返还生产商或按照国家和地方法规处置

废弃注意事项 处置前应参阅国家和地方有关法规

第十四部分 运输信息

联合国危险货物编号（UN号） 2777

联合国运输名称 固态汞基农药，毒性（氯化乙基汞）

联合国危险性类别 6.1 **包装类别** Ⅱ类包装

包装标志 

海洋污染物 是

运输注意事项 运输前应先检查包装容器是否完整、密封，运输过程中要确保容器不泄漏、不倒塌、不坠落、不损坏。严禁与酸类、氧化剂、食品及食品添加剂混运。运输时运输车辆应配备泄漏应急处理设备。运输途中应防曝晒、雨淋，防高温

第十五部分 法规信息

下列法律、法规、规章和标准，对该化学品的管理作了相应的规定。

中华人民共和国职业病防治法 职业病分类和目录：汞及其化合物中毒

危险化学品安全管理条例 危险化学品目录：列入。易制爆危险化学品名录：未列入。重点监管的危险化学品名录：未列入。GB 18218—2009《危险化学品重大危险源辨识》(表1)：未列入

使用有毒物品作业场所劳动保护条例 高毒物品目录：未列入

易制毒化学品管理条例 易制毒化学品的分类和品种目录：未列入

国际公约 斯德哥尔摩公约：未列入。鹿特丹公约：未列入。蒙特利尔议定书：未列入

第十六部分 其他信息

编写和修订信息 **缩略语和首字母缩写**

培训建议 **参考文献**

免责声明

氯磺酸

第一部分 化学品标识

化学品中文名 氯磺酸

化学品英文名 chlorosulfonic acid；chlorosulfuric acid

分子式 $HClSO_3$ **相对分子质量** 116.52

结构式 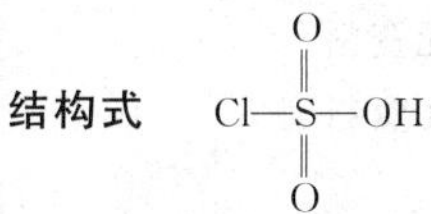

化学品的推荐及限制用途 用于制造磺胺类药品，用作染料中间体、磺化剂、脱水剂及用于合成糖精等

第二部分 危险性概述

紧急情况概述 吞咽致命，造成严重的皮肤灼伤和眼损伤

GHS 危险性类别 急性毒性-经口，类别 2；皮肤腐蚀/刺激，类别 1B；严重眼损伤/眼刺激，类别 1；特异性靶器官毒性-一次接触，类别 3（呼吸道刺激）；危害水生环境-急性危害，类别 2

标签要素

象形图 

警示词 危险

危险性说明 吞咽致命，造成严重的皮肤灼伤和眼损伤，可能引起呼吸道刺激，对水生生物有毒

防范说明

预防措施 避免吸入烟雾。避免接触眼睛、皮肤，操作后彻底清洗。作业场所不得进食、饮水或吸烟。戴防护手套，穿防护服，戴防护眼镜、防护面罩。禁止排入环境

事故响应 如吸入：将患者转移到空气新鲜处，休息，保持利于呼吸的体位。皮肤（或头发）接触：立即脱掉所有被污染的衣服，用水冲洗皮肤，淋浴。污染的衣服须洗净后方可重新使用。眼睛接触：用水细心地冲洗数分钟。如戴隐形眼镜并可方便地取出，则取出隐形眼镜继续冲洗。食入：漱口，不要催吐，立即呼叫中毒控制中心或就医

安全储存 上锁保管

废弃处置 本品及内装物、容器依据国家和地方法规处置

物理和化学危险 助燃。遇水剧烈反应。与可燃物混合会发生爆炸

健康危害 其蒸气对黏膜和呼吸道有明显刺激作用。临床表现有气短、咳嗽、胸痛、咽干痛以及流泪、流涕、痰中带血、恶心、无力等。吸入高浓度可引起化学性肺炎，甚至可发展为肺水肿。眼和皮肤接触液体可致重度灼伤

环境危害 对水生生物有毒

第三部分 成分/组成信息

√物质 混合物

组分	浓度	CAS No.
氯磺酸		7790-94-5

第四部分 急救措施

吸入 迅速脱离现场至空气新鲜处。保持呼吸道通畅。如呼吸困难，给输氧。如呼吸、心跳停止，立即进行心肺复苏术。就医

皮肤接触 立即脱去污染的衣着，用大量流动清水彻底冲洗至少 15min。就医

眼睛接触 立即分开眼睑，用流动清水或生理盐水彻底冲洗至少 15min。就医

食入 用水漱口，禁止催吐。给饮牛奶或蛋清。就医

对保护施救者的忠告 根据需要使用个人防护设备

对医生的特别提示 对症处理

第五部分 消防措施

灭火剂 用二氧化碳、砂土灭火

特别危险性 遇水猛烈分解，产生大量的热和浓烟，甚至爆炸。在潮湿空气中与金属接触，能腐蚀金属并放出氢气，容易燃烧爆炸。与易燃物（如苯）和可燃物（如糖、纤维素等）接触会发生剧烈反应，甚至引起燃烧。具有强腐蚀性

灭火注意事项及防护措施 消防人员必须穿全身耐酸碱消防服、佩戴空气呼吸器灭火。尽可能将容器从火场移至空旷处。喷水保持火场容器冷却，直至灭火结束。容器突然发出异常声音或出现异常现象，应立即撤离。禁止用水、泡沫和酸碱灭火剂灭火

第六部分 泄漏应急处理

作业人员防护措施、防护装备和应急处置程序 根据液体流动和蒸气扩散的影响区域划定警戒区，无关人员从侧风、上风向撤离至安全区。建议应急处理人员戴正压自给式呼吸器，穿防酸碱服，戴橡胶耐酸碱手套。穿上适当的防护服前严禁接触破裂的容器和泄漏物。尽可能切断泄漏源。勿使泄漏物与可燃物质（如木材、纸、油等）接触

环境保护措施 防止泄漏物进入水体、下水道、地下室或有限空间

泄漏化学品的收容、清除方法及所使用的处置材料 小量泄漏：用干燥的砂土或其他不燃材料覆盖泄漏物，用洁净的无火花工具收集泄漏物，置于一盖子较松的塑料容器中，待处置。大量泄漏：构筑围堤或挖坑收容。用砂土、惰性物质或蛭石吸收大量液体。用农用石灰（CaO）、碎石灰石（$CaCO_3$）或碳酸氢钠（$NaHCO_3$）中和。用水慢慢稀释。用耐腐蚀泵转移至槽车或专用收集器内

第七部分 操作处置与储存

操作注意事项 密闭操作，注意通风。操作尽可能机械化、自动化。操作人员必须经过专门培训，严格遵守操作规程。建议操作人员佩戴过滤式防毒面具（半面罩），戴化学安全防护眼镜，穿橡胶耐酸碱服，戴橡胶耐酸碱手套。远离火种、热源。工作场所严禁吸烟。远离易燃、可燃物。防止蒸气泄漏到工作场所空气中。避免与酸类、碱类、醇类、活性金属粉末接触。尤其要注意避免与水接触。搬运时要轻装轻卸，防止包装及容器损坏。配备相应品种和数量的消防器材及泄漏应急处理设备。倒空的容器可能残留有害物

储存注意事项 储存于阴凉、干燥、通风良好的专用库房内。库房温度不超过30℃，相对湿度不超过75%。包装必须密封，切勿受潮。应与易（可）燃物、酸类、碱类、醇类、活性金属粉末等分开存放，切忌混储。储区应备有泄漏应急处理设备和合适的收容材料

第八部分 接触控制/个体防护

职业接触限值

中国 未制定标准

美国(ACGIH) 未制定标准

生物接触限值 未制定标准

监测方法 空气中有毒物质测定方法：未制定标准。生物监测检验方法：未制定标准

工程控制 密闭操作，注意通风。提供安全的淋浴和洗眼设备

个体防护装备

呼吸系统防护 可能接触其烟雾时，佩戴过滤式防毒面具（半面罩）或空气呼吸器。紧急事态抢救或撤离时，建议佩戴空气呼吸器

眼睛防护 戴化学安全防护眼镜

皮肤和身体防护 穿橡胶耐酸碱服

手防护 戴橡胶耐酸碱手套

第九部分 理化特性

外观与性状 无色半油状液体，有极浓的刺激性气味

pH值 无资料 **熔点(℃)** −80

沸点(℃) 151～158 **相对密度(水=1)** 1.77

相对蒸气密度(空气=1) 4.02

饱和蒸气压(kPa) 0.13（32℃）

燃烧热(kJ/mol) 无资料 **临界温度(℃)** 无资料

临界压力(MPa) 8.5 **辛醇/水分配系数** 0

闪点(℃) 无意义 **自燃温度(℃)** 无意义

爆炸下限(%) 无意义 **爆炸上限(%)** 无意义

分解温度(℃) 无资料

黏度(mPa·s) 无资料

溶解性 不溶于二硫化碳、四氯化碳，溶于氯仿、乙酸、二氯甲烷

第十部分 稳定性和反应性

稳定性 稳定

危险反应 与活性金属粉末、水、易燃或可燃物等禁配物接触，有发生火灾和爆炸的危险

避免接触的条件 潮湿空气

禁配物 酸类、碱类、醇类、活性金属粉末、胺类、水、易燃或可燃物

危险的分解产物 氯化氢、氧化硫

第十一部分 毒理学信息

急性毒性

LD_{50} 50mg/kg（大鼠经口）

LC_{50} 38.5mg/m³（大鼠吸入，4h）；52.5mg/m³（小鼠吸入，2h）

皮肤刺激或腐蚀 无资料 **眼睛刺激或腐蚀** 无资料

呼吸或皮肤过敏 无资料 **生殖细胞突变性** 无资料

致癌性 无资料 **生殖毒性** 无资料

特异性靶器官系统毒性-一次接触 无资料

特异性靶器官系统毒性-反复接触 无资料

吸入危害 无资料

第十二部分 生态学信息

生态毒性 LC_{50}：1.95mg/L（96h）（鱼）

持久性和降解性

生物降解性 无资料

非生物降解性 无资料

潜在的生物累积性 无资料

土壤中的迁移性 无资料

第十三部分 废弃处置

废弃化学品 根据国家和地方有关法规的要求处置。或与制造商联系，确定处置方法

污染包装物 将容器返还生产商或按照国家和地方法规处置

废弃注意事项 在规定场所掩埋空容器

第十四部分 运输信息

联合国危险货物编号（UN号） 1754

联合国运输名称 氯磺酸

联合国危险性类别 8 **包装类别** Ⅰ类包装

包装标志  **海洋污染物** 否

运输注意事项 本品铁路运输时限使用钢制企业自备罐车装运，装运前需报有关部门批准。起运时包装要完整，装载应稳妥。运输过程中要确保容器不泄漏、不倒塌、不坠落、不损坏。严禁与易燃物或可燃物、酸类、碱类、醇类、活性金属粉末、食用化学品等混装混运。运输时运输车辆应配备泄漏应急处理设备。运输途中应防曝晒、雨淋，防高温。公路运输时要按规定路线行驶，勿在居民区和人口稠密区停留

第十五部分 法规信息

下列法律、法规、规章和标准，对该化学品的管理作了相应的规定。

中华人民共和国职业病防治法 职业病分类和目录：未列入

危险化学品安全管理条例 危险化学品目录：列入。易制爆危险化学品名录：未列入。重点监管的危险化学品名录：未列入。GB 18218—2009《危险化学品重大危险源辨识》（表1）：未列入

使用有毒物品作业场所劳动保护条例 高毒物品目录：未列入

易制毒化学品管理条例 易制毒化学品的分类和品种目录：未列入

国际公约 斯德哥尔摩公约：未列入。鹿特丹公约：未列入。蒙特利尔议定书：未列入

第十六部分　其他信息

编写和修订信息　　**缩略语和首字母缩写**

培训建议　　**参考文献**

免责声明

1-氯己烷

第一部分　化学品标识

化学品中文名　1-氯己烷；己基氯；氯代正己烷

化学品英文名　1-chlorohexane；*n*-hexyl chloride

分子式　$C_6H_{13}Cl$　　**相对分子质量**　120.61

结构式　Cl

化学品的推荐及限制用途　用作溶剂、有机合成中间体

第二部分　危险性概述

紧急情况概述　易燃液体和蒸气

GHS危险性类别　易燃液体，类别3

标签要素

象形图

警示词　警告

危险性说明　易燃液体和蒸气

防范说明

预防措施　远离热源、火花、明火、热表面。禁止吸烟。保持容器密闭。容器和接收设备接地连接。使用防爆电器、通风、照明设备。只能使用不产生火花的工具。采取防止静电措施。戴防护手套、防护眼镜、防护面罩

事故响应　火灾时，使用泡沫、二氧化碳、干粉、砂土灭火。如皮肤（或头发）接触：立即脱掉所有被污染的衣服，用水冲洗皮肤，淋浴

安全储存　存放在通风良好的地方。保持低温

废弃处置　本品及内装物、容器依据国家和地方法规处置

物理和化学危险　易燃，其蒸气与空气混合，能形成爆炸性混合物

健康危害　本品属脂肪族卤代烃类，该类物质具有麻醉和刺激作用

环境危害　对环境可能有害

第三部分　成分/组成信息

√物质　　混合物

组分	浓度	CAS No.
1-氯己烷		544-10-5

第四部分　急救措施

吸入　迅速脱离现场至空气新鲜处。保持呼吸道通畅。如呼吸困难，给输氧。如呼吸、心跳停止，立即进行心肺复苏术。就医

皮肤接触　立即脱去污染的衣着，用流动清水彻底冲洗。就医

眼睛接触　立即分开眼睑，用流动清水或生理盐水彻底冲洗。就医

食入　漱口，饮水。就医

对保护施救者的忠告　根据需要使用个人防护设备

对医生的特别提示　对症处理

第五部分　消防措施

灭火剂　用泡沫、二氧化碳、干粉、砂土灭火

特别危险性　受热分解能放出剧毒的光气。与氧化剂能发生强烈反应。燃烧生成有害的一氧化碳、氯化氢

灭火注意事项及防护措施　消防人员必须佩戴空气呼吸器、穿全身防火防毒服，在上风向灭火。喷水冷却容器，尽可能将容器从火场移至空旷处。容器突然发出异常声音或出现异常现象，应立即撤离

第六部分　泄漏应急处理

作业人员防护措施、防护装备和应急处置程序　消除所有点火源。根据液体流动和蒸气扩散的影响区域划定警戒区，无关人员从侧风、上风向撤离至安全区。建议应急处理人员戴正压自给式呼吸器，穿防静电服。尽可能切断泄漏源

环境保护措施　防止泄漏物进入水体、下水道、地下室或有限空间

泄漏化学品的收容、清除方法及所使用的处置材料　小量泄漏：用活性炭或其他惰性材料吸收。大量泄漏：构筑围堤或挖坑收容。用泡沫覆盖，减少蒸发。用防爆泵转移至槽车或专用收集器内

第七部分　操作处置与储存

操作注意事项　密闭操作，加强通风。操作人员必须经过专门培训，严格遵守操作规程。建议操作人员佩戴自吸过滤式防毒面具（半面罩），戴化学安全防护眼镜，穿防毒物渗透工作服，戴橡胶耐油手套。远离火种、热源。工作场所严禁吸烟。使用防爆型的通风系统和设备。防止蒸气泄漏到工作场所空气中。避免与氧化剂、碱类接触。充装要控制流速，防止静电积聚。搬运时要轻装轻卸，防止包装及容器损坏。配备相应品种和数量的消防器材及泄漏应急处理设备。倒空的容器可能残留有害物

储存注意事项　储存于阴凉、通风的库房。远离火种、热源。库温不宜超过37℃。保持容器密封。应与氧化剂、碱类分开存放，切忌混储。采用防爆型照明、通风设施。禁止使用易产生火花的机械设备和工具。储区应备有泄漏应急处理设备和合适的收容材料

第八部分　接触控制/个体防护

职业接触限值

中国　未制定标准

美国(ACGIH)　未制定标准

生物接触限值　未制定标准

监测方法　空气中有毒物质测定方法：未制定标准。生物监测检验方法：未制定标准

工程控制 生产过程密闭，加强通风。提供安全的淋浴和洗眼设备

个体防护装备

呼吸系统防护 可能接触其蒸气时，应该佩戴过滤式防毒面具（半面罩）。紧急事态抢救或撤离时，佩戴空气呼吸器

眼睛防护 戴化学安全防护眼镜

皮肤和身体防护 穿防毒物渗透工作服

手防护 戴橡胶耐油手套

第九部分 理化特性

外观与性状 无色液体，有芳香气味

pH 值 无资料 **熔点(℃)** −94

沸点(℃) 133～135 **相对密度(水=1)** 0.88

相对蒸气密度(空气=1) 4.2

饱和蒸气压(kPa) 无资料

燃烧热(kJ/mol) 无资料 **临界温度(℃)** 无资料

临界压力(MPa) 无资料 **辛醇/水分配系数** 3.54

闪点(℃) 26.7；29（CC） **自燃温度(℃)** 225

爆炸下限(%) 1 **爆炸上限(%)** 9.6

分解温度(℃) 无资料

黏度(mPa·s) 无资料

溶解性 不溶于水，溶于甲醇、乙醇、苯、油类等多数有机溶剂

第十部分 稳定性和反应性

稳定性 稳定

危险反应 与强氧化剂等禁配物接触，有发生火灾和爆炸的危险

避免接触的条件 受热

禁配物 强氧化剂、强碱

危险的分解产物 氯化氢

第十一部分 毒理学信息

急性毒性 无资料 **皮肤刺激或腐蚀** 无资料

眼睛刺激或腐蚀 无资料 **呼吸或皮肤过敏** 无资料

生殖细胞突变性 无资料 **致癌性** 无资料

生殖毒性 无资料

特异性靶器官系统毒性-一次接触 无资料

特异性靶器官系统毒性-反复接触 无资料

吸入危害 无资料

第十二部分 生态学信息

生态毒性 无资料

持久性和降解性

生物降解性 无资料

非生物降解性 无资料

潜在的生物累积性 根据 K_{ow}值预测，该物质可能有一定的生物累积性

土壤中的迁移性 根据 K_{oc}值预测，该物质可能有一定的迁移性

第十三部分 废弃处置

废弃化学品 建议用焚烧法处置。与燃料混合后，再焚烧。焚烧炉排出的卤化氢通过酸洗涤器除去

污染包装物 将容器返还生产商或按照国家和地方法规处置

废弃注意事项 处置前应参阅国家和地方有关法规

第十四部分 运输信息

联合国危险货物编号（UN 号） 1993

联合国运输名称 易燃液体，未另作规定的

联合国危险性类别 3 **包装类别** Ⅲ类包装

包装标志 

海洋污染物 否

运输注意事项 运输时运输车辆应配备相应品种和数量的消防器材及泄漏应急处理设备。夏季最好早晚运输。运输时所用的槽（罐）车应有接地链，槽内可设孔隔板以减少震荡产生的静电。严禁与氧化剂、碱类、食用化学品等混装混运。运输途中应防曝晒、雨淋，防高温。中途停留时应远离火种、热源、高温区。装运该物品的车辆排气管必须配备阻火装置，禁止使用易产生火花的机械设备和工具装卸。公路运输时要按规定路线行驶，勿在居民区和人口稠密区停留。铁路运输时要禁止溜放。严禁用木船、水泥船散装运输

第十五部分 法规信息

下列法律、法规、规章和标准，对该化学品的管理作了相应的规定。

中华人民共和国职业病防治法 职业病分类和目录：未列入

危险化学品安全管理条例 危险化学品目录：列入。易制爆危险化学品名录：未列入。重点监管的危险化学品名录：未列入。GB 18218—2009《危险化学品重大危险源辨识》（表 1）：未列入

使用有毒物品作业场所劳动保护条例 高毒物品目录：未列入

易制毒化学品管理条例 易制毒化学品的分类和品种目录：未列入

国际公约 斯德哥尔摩公约：未列入。鹿特丹公约：未列入。蒙特利尔议定书：未列入

第十六部分 其他信息

编写和修订信息 **缩略语和首字母缩写**

培训建议 **参考文献**

免责声明

4-氯甲苯

第一部分 化学品标识

化学品中文名 4-氯甲苯；对氯甲苯

化学品英文名 4-chlorotoluene；*p*-chlorotoluene

分子式 C_7H_7Cl **相对分子质量** 126.59

结构式 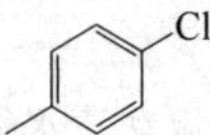

化学品的推荐及限制用途 用于有机合成、染料中间体的制备，用作溶剂

第二部分 危险性概述

紧急情况概述 易燃液体和蒸气，吸入有害

GHS危险性类别 易燃液体，类别3；急性毒性-吸入，类别4；危害水生环境-急性危害，类别2；危害水生环境-长期危害，类别2

标签要素

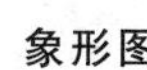

警示词 警告

危险性说明 易燃液体和蒸气，吸入有害，对水生生物有毒并具有长期持续影响

防范说明

预防措施 远离热源、火花、明火、热表面。禁止吸烟。保持容器密闭。容器和接收设备接地连接。使用防爆电器、通风、照明设备。只能使用不产生火花的工具。采取防止静电措施。戴防护手套、防护眼镜、防护面罩。避免吸入蒸气、雾。仅在室外或通风良好处操作。禁止排入环境

事故响应 火灾时，使用雾状水、泡沫、干粉、二氧化碳、砂土灭火。如吸入：将患者转移到空气新鲜处，休息，保持利于呼吸的体位，如感觉不适，呼叫中毒控制中心或就医。如皮肤(或头发)接触：立即脱掉所有被污染的衣服，用水冲洗皮肤，淋浴。收集泄漏物

安全储存 存放在通风良好的地方。保持低温

废弃处置 本品及内装物、容器依据国家和地方法规处置

物理和化学危险 易燃，其蒸气与空气混合，能形成爆炸性混合物

健康危害 本品对眼、呼吸道和皮肤有强烈刺激性

环境危害 对水生生物有毒并具有长期持续影响

第三部分 成分/组成信息

√物质　　混合物

组分	浓度	CAS No.
4-氯甲苯		106-43-4

第四部分 急救措施

吸入 迅速脱离现场至空气新鲜处。保持呼吸道通畅。如呼吸困难，给输氧。如呼吸、心跳停止，立即进行心肺复苏术。就医

皮肤接触 立即脱去污染的衣着，用流动清水彻底冲洗。就医

眼睛接触 立即分开眼睑，用流动清水或生理盐水彻底冲洗。就医

食入 漱口，饮水。就医

对保护施救者的忠告 根据需要使用个人防护设备

对医生的特别提示 对症处理

第五部分 消防措施

灭火剂 用雾状水、泡沫、干粉、二氧化碳、砂土灭火

特别危险性 与氧化剂接触猛烈反应。燃烧生成有害的一氧化碳、氯化氢

灭火注意事项及防护措施 消防人员必须佩戴空气呼吸器、穿全身防火防毒服，在上风向灭火。喷水冷却容器，尽可能将容器从火场移至空旷处。容器突然发出异常声音或出现异常现象，应立即撤离

第六部分 泄漏应急处理

作业人员防护措施、防护装备和应急处置程序 消除所有点火源。根据液体流动和蒸气扩散的影响区域划定警戒区，无关人员从侧风、上风向撤离至安全区。建议应急处理人员戴正压自给式呼吸器，穿防静电服。作业时使用的所有设备应接地。禁止接触或跨越泄漏物。尽可能切断泄漏源

环境保护措施 防止泄漏物进入水体、下水道、地下室或有限空间

泄漏化学品的收容、清除方法及所使用的处置材料 小量泄漏：用砂土或其他不燃材料吸收，使用洁净的无火花工具收集吸收材料。大量泄漏：构筑围堤或挖坑收容。用砂土、惰性物质或蛭石吸收大量液体。用泡沫覆盖，减少蒸发。喷水雾能减少蒸发，但不能降低泄漏物在有限空间内的易燃性。用防爆泵转移至槽车或专用收集器内

第七部分 操作处置与储存

操作注意事项 密闭操作，局部排风。操作人员必须经过专门培训，严格遵守操作规程。建议操作人员佩戴自吸过滤式防毒面具(半面罩)，戴化学安全防护眼镜，穿防毒物渗透工作服，戴橡胶耐油手套。远离火种、热源。工作场所严禁吸烟。使用防爆型的通风系统和设备。防止蒸气泄漏到工作场所空气中。避免与氧化剂接触。灌装时应控制流速，且有接地装置，防止静电积聚。搬运时要轻装轻卸，防止包装及容器损坏。配备相应品种和数量的消防器材及泄漏应急处理设备。倒空的容器可能残留有害物

储存注意事项 储存于阴凉、通风的库房。远离火种、热源。库温不宜超过37℃。保持容器密封。应与氧化剂分开存放，切忌混储。采用防爆型照明、通风设施。禁止使用易产生火花的机械设备和工具。储区应备有泄漏应急处理设备和合适的收容材料

第八部分 接触控制/个体防护

职业接触限值

中国 未制定标准

美国(ACGIH) 未制定标准

生物接触限值 未制定标准

监测方法 空气中有毒物质测定方法：溶剂解吸-气相色谱法。生物监测检验方法：未制定标准

工程控制 密闭操作，局部排风。提供安全的淋浴和洗眼设备

个体防护装备

呼吸系统防护　空气中浓度超标时，应该佩戴过滤式防毒面具（半面罩）。紧急事态抢救或撤离时，建议佩戴空气呼吸器

眼睛防护　戴化学安全防护眼镜

皮肤和身体防护　穿防毒物渗透工作服

手防护　戴橡胶耐油手套

第九部分　理化特性

外观与性状　无色液体，有特殊气味

pH值　无资料　**熔点(℃)**　7.5

沸点(℃)　162　**相对密度(水=1)**　1.07

相对蒸气密度(空气=1)　4.37

饱和蒸气压(kPa)　0.35（20℃）

燃烧热(kJ/mol)　−3754　**临界温度(℃)**　385.7

临界压力(MPa)　3.91　**辛醇/水分配系数**　3.33

闪点(℃)　60（OC）

自燃温度(℃)　595　**爆炸下限(%)**　1.3

爆炸上限(%)　6.7　**分解温度(℃)**　无资料

黏度(mPa·s)　0.892（20℃）

溶解性　不溶于水，溶于乙醇、氯仿、乙酸，可混溶于乙醚

第十部分　稳定性和反应性

稳定性　稳定

危险反应　与强氧化剂等禁配物接触，有发生火灾和爆炸的危险

避免接触的条件　无资料

禁配物　强氧化剂

危险的分解产物　氯化氢

第十一部分　毒理学信息

急性毒性

LD_{50} 3600mg/kg（大鼠经口）

LC_{50} 34000mg/m^3（小鼠吸入，2h）

皮肤刺激或腐蚀　无资料　**眼睛刺激或腐蚀**　无资料

呼吸或皮肤过敏　无资料　**生殖细胞突变性**　无资料

致癌性　无资料

生殖毒性　无资料

特异性靶器官系统毒性-一次接触　无资料

特异性靶器官系统毒性-反复接触　无资料

吸入危害　无资料

第十二部分　生态学信息

生态毒性　LC_{50}：5.2mg/L（48h）（青鳉）

持久性和降解性

生物降解性　无资料

非生物降解性　无资料

潜在的生物累积性　BCF：21.9～76.5（鲤鱼，接触浓度0.3ppm，接触时间8周），14～101.6（鲤鱼，接触浓度0.03ppm，接触时间8周）；根据K_{ow}值预测，该物质可能有一定的生物累积性

土壤中的迁移性　根据K_{oc}值预测，该物质可能有一定的迁移性

第十三部分　废弃处置

废弃化学品　建议用焚烧法处置。与燃料混合后，再焚烧。焚烧炉排出的卤化氢通过酸洗涤器除去

污染包装物　将容器返还生产商或按照国家和地方法规处置

废弃注意事项　处置前应参阅国家和地方有关法规

第十四部分　运输信息

联合国危险货物编号(UN号)　2238

联合国运输名称　氯甲苯

联合国危险性类别　3　**包装类别**　Ⅲ类包装

包装标志　　**海洋污染物**　否

运输注意事项　运输时运输车辆应配备相应品种和数量的消防器材及泄漏应急处理设备。夏季最好早晚运输。运输时所用的槽（罐）车应有接地链，槽内可设孔隔板以减少震荡产生的静电。严禁与氧化剂、食用化学品等混装混运。运输途中应防曝晒、雨淋，防高温。中途停留时应远离火种、热源、高温区。装运该物品的车辆排气管必须配备阻火装置，禁止使用易产生火花的机械设备和工具装卸。公路运输时要按规定路线行驶，勿在居民区和人口稠密区停留。铁路运输时要禁止溜放。严禁用木船、水泥船散装运输

第十五部分　法规信息

下列法律、法规、规章和标准，对该化学品的管理作了相应的规定。

中华人民共和国职业病防治法　职业病分类和目录：未列入

危险化学品安全管理条例　危险化学品目录：列入。易制爆危险化学品名录：未列入。重点监管的危险化学品名录：未列入。GB 18218—2009《危险化学品重大危险源辨识》（表1）：未列入

使用有毒物品作业场所劳动保护条例　高毒物品目录：未列入

易制毒化学品管理条例　易制毒化学品的分类和品种目录：未列入

国际公约　斯德哥尔摩公约：未列入。鹿特丹公约：未列入。蒙特利尔议定书：未列入

第十六部分　其他信息

编写和修订信息　**缩略语和首字母缩写**

培训建议　**参考文献**

免责声明

氯甲基甲醚

第一部分　化学品标识

化学品中文名　氯甲基甲醚；甲基氯甲醚

化学品英文名 chloromethyl methyl ether; methyl chloromethyl ether

分子式 C_2H_5ClO **相对分子质量** 80.5

结构式 O Cl

化学品的推荐及限制用途 作为氯甲基化剂

第二部分 危险性概述

紧急情况概述 高度易燃液体和蒸气，吞咽致命

GHS危险性类别 易燃液体，类别2；急性毒性-经口，类别1；急性毒性-经皮，类别4；急性毒性-吸入，类别4；致癌性，类别1A

标签要素

象形图 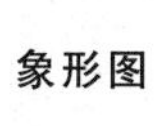 

警示词 危险

危险性说明 高度易燃液体和蒸气，吞咽致命，皮肤接触有害，吸入有害，可能致癌

防范说明

预防措施 远离热源、火花、明火、热表面。禁止吸烟。保持容器密闭。容器和接收设备接地连接。使用防爆电器、通风、照明设备。只能使用不产生火花的工具。采取防止静电措施。戴防护手套、防护眼镜、防护面罩，穿防护服。避免接触眼睛、皮肤，操作后彻底清洗。作业场所不得进食、饮水或吸烟。避免吸入蒸气、雾。仅在室外或通风良好处操作。得到专门指导后操作。在阅读并了解所有安全预防措施之前，切勿操作。按要求使用个体防护装备

事故响应 火灾时，使用干粉、二氧化碳、砂土灭火。如吸入：将患者转移到空气新鲜处，休息，保持利于呼吸的体位。如果接触或有担心，就医。皮肤接触：立即脱掉所有被污染的衣服，用大量肥皂水和水清洗，如感觉不适，呼叫中毒控制中心或就医。被污染的衣服须经洗净后方可重新使用。食入：漱口，立即呼叫中毒控制中心或就医

安全储存 存放在通风良好的地方。保持低温。上锁保管

废弃处置 本品及内装物、容器依据国家和地方法规处置

物理和化学危险 高度易燃，其蒸气与空气混合，能形成爆炸性混合物

健康危害 本品蒸气对呼吸道有强烈刺激性。吸入较高浓度后立即发生流泪、咽痛、剧烈呛咳、胸闷、呼吸困难并有发热、寒战，脱离接触后可逐渐好转。但经数小时至24h潜伏期后，可发生化学性肺炎、肺水肿，抢救不及时可死亡。眼及皮肤接触可致灼伤

慢性影响 长期接触本品可引起支气管炎。本品可致肺癌

环境危害 对环境可能有害

第三部分 成分/组成信息

√物质		混合物
组分	浓度	CAS No.
氯甲基甲醚		107-30-2

第四部分 急救措施

吸入 迅速脱离现场至空气新鲜处。保持呼吸道通畅。如呼吸困难，给输氧。如呼吸、心跳停止，立即进行心肺复苏术。就医

皮肤接触 立即脱去污染的衣着，用流动清水彻底冲洗。就医

眼睛接触 立即分开眼睑，用流动清水或生理盐水彻底冲洗。就医

食入 漱口，饮水。就医

对保护施救者的忠告 根据需要使用个人防护设备

对医生的特别提示 对症处理

第五部分 消防措施

灭火剂 用干粉、二氧化碳、砂土灭火

特别危险性 长期储存，可生成具有潜在爆炸危险性的过氧化物。遇潮气、水分解出有毒的甲醛气体。蒸气比空气重，沿地面扩散并易积存于低洼处，遇火源会着火回燃。燃烧生成有害的一氧化碳、氯化氢

灭火注意事项及防护措施 消防人员须佩戴防毒面具、穿全身消防服，在上风向灭火。尽可能将容器从火场移至空旷处。容器突然发出异常声音或出现异常现象，应立即撤离。不宜用水灭火

第六部分 泄漏应急处理

作业人员防护措施、防护装备和应急处置程序 消除所有点火源。根据液体流动和蒸气扩散的影响区域划定警戒区，无关人员从侧风、上风向撤离至安全区。建议应急处理人员戴正压自给式呼吸器，穿防毒、防静电服。作业时使用的所有设备应接地。禁止接触或跨越泄漏物。尽可能切断泄漏源

环境保护措施 防止泄漏物进入水体、下水道、地下室或有限空间

泄漏化学品的收容、清除方法及所使用的处置材料 小量泄漏：用砂土或其他不燃材料吸收，使用洁净的无火花工具收集吸收材料。大量泄漏：构筑围堤或挖坑收容。用抗溶性泡沫覆盖，减少蒸发。喷水雾能减少蒸发，但不能降低泄漏物在有限空间内的易燃性。用防爆泵转移至槽车或专用收集器内。喷雾状水驱散蒸气、稀释液体泄漏物

第七部分 操作处置与储存

操作注意事项 密闭操作，局部排风。操作人员必须经过专门培训，严格遵守操作规程。建议操作人员佩戴自吸过滤式防毒面具（全面罩），穿防静电工作服，戴橡胶耐油手套。远离火种、热源。工作场所严禁吸烟。使用防爆型的通风系统和设备。防止蒸气泄漏到工作场所空气中。避免与氧化剂、酸类、碱类接触。

尤其要注意避免与水接触。灌装时应控制流速，且有接地装置，防止静电积聚。搬运时要轻装轻卸，防止包装及容器损坏。配备相应品种和数量的消防器材及泄漏应急处理设备。倒空的容器可能残留有害物

储存注意事项 通常商品加有稳定剂。储存于阴凉、通风良好的专用库房内，实行“双人收发、双人保管”制度。远离火种、热源。库温不宜超过37℃。包装要求密封，不可与空气接触。应与氧化剂、酸类、碱类、食用化学品分开存放，切忌混储。不宜久存。采用防爆型照明、通风设施。禁止使用易产生火花的机械设备和工具。储区应备有泄漏应急处理设备和合适的收容材料

第八部分 接触控制/个体防护

职业接触限值

中国 MAC：0.005mg/m^3 ［G1］

美国(ACGIH) 未制定标准

生物接触限值 未制定标准

监测方法 空气中有毒物质测定方法：未制定标准。生物监测检验方法：未制定标准

工程控制 密闭操作，局部排风。提供安全的淋浴和洗眼设备

个体防护装备

呼吸系统防护 可能接触其蒸气时，应该佩戴过滤式防毒面具（全面罩）。紧急事态抢救或撤离时，佩戴空气呼吸器

眼睛防护 呼吸系统防护中已作防护

皮肤和身体防护 穿防静电工作服

手防护 戴橡胶耐油手套

第九部分 理化特性

外观与性状 无色或微黄色液体，带有刺激性气味

pH值 无资料 **熔点(℃)** －103.5

沸点(℃) 59.5 **相对密度(水＝1)** 1.06

相对蒸气密度(空气＝1) 2.8

饱和蒸气压(kPa) 25.3（20℃）

燃烧热(kJ/mol) 无资料 **临界温度(℃)** 无资料

临界压力(MPa) 5.03 **辛醇/水分配系数** 0.32

闪点(℃) －17.8 **自燃温度(℃)** 无资料

爆炸下限(%) 无资料 **爆炸上限(%)** 无资料

分解温度(℃) 无资料

黏度(mPa·s) 无资料

溶解性 溶于乙醇、乙醚等多数有机溶剂

第十部分 稳定性和反应性

稳定性 稳定

危险反应 与强氧化剂等禁配物接触，有发生火灾和爆炸的危险。遇水发生分解。长期储存下可生成过氧化物

避免接触的条件 潮湿空气

禁配物 强氧化剂、强碱、酸类

危险的分解产物 氯化氢、甲醛气体

第十一部分 毒理学信息

急性毒性

LD_{50} 500mg/kg（大鼠经口）

LC_{50} 179.8mg/m^3（大鼠吸入，7h）；1030mg/m^3（小鼠吸入，2h）

皮肤刺激或腐蚀 无资料 **眼睛刺激或腐蚀** 无资料

呼吸或皮肤过敏 无资料

生殖细胞突变性 DNA抑制：人淋巴细胞5ml/L。肿瘤转化：仓鼠胚胎10mg/L

致癌性 IARC致癌性评论：组1，确认人类致癌物。对人类致癌性证据充分

生殖毒性 无资料

特异性靶器官系统毒性-一次接触 无资料

特异性靶器官系统毒性-反复接触 家兔暴露于0.003～0.008mg/L的浓度，每天5h，共3个月，引起体重增长缓慢、肺炎、组织呼吸抑制及肝糖原含量降低等

吸入危害 无资料

第十二部分 生态学信息

生态毒性 无资料

持久性和降解性

生物降解性 好氧生物降解（h）：168～672；厌氧生物降解（h）：672～2688

非生物降解性 空气中光氧化半衰期（h）：22.7～227；一级水解半衰期（h）：0.033

潜在的生物累积性 根据K_{ow}值预测，该物质的生物累积性可能较弱

土壤中的迁移性 根据K_{oc}值预测，该物质可能易发生迁移

第十三部分 废弃处置

废弃化学品 建议用焚烧法处置。与燃料混合后，再焚烧。焚烧炉排出的卤化氢通过酸洗涤器除去

污染包装物 将容器返还生产商或按照国家和地方法规处置

废弃注意事项 处置前应参阅国家和地方有关法规

第十四部分 运输信息

联合国危险货物编号（UN号） 1239

联合国运输名称 甲基氯甲基醚

联合国危险性类别 6.1，3 **包装类别** Ⅰ类包装

包装标志 

海洋污染物 否

运输注意事项 运输时运输车辆应配备相应品种和数量的消防器材及泄漏应急处理设备。夏季最好早晚运输。运输时所用的槽（罐）车应有接地链，槽内可设孔隔板以减少震荡产生的静电。严禁与氧化剂、酸类、碱类、食用化学品等混装混运。运输途中应防曝晒、雨淋，防高温。中途停留时应远离火种、热源、高温区。装运该物品的车辆排气管必须配备阻火装置，禁止使用易产生火花的机械设备和工具装卸。公路运输时要按规定路线行驶，勿在居民区和人口稠密区停留。铁路运输时要禁止溜放。严禁用木船、水泥船散

装运输

第十五部分 法规信息

下列法律、法规、规章和标准，对该化学品的管理作了相应的规定。

中华人民共和国职业病防治法 职业病分类和目录：氯甲醚所致肺癌

危险化学品安全管理条例 危险化学品目录：列入。作为剧毒化学品进行管理。易制爆危险化学品名录：未列入。重点监管的危险化学品名录：列入。GB 18218—2009《危险化学品重大危险源辨识》（表 1）：未列入

使用有毒物品作业场所劳动保护条例 高毒物品目录：列入

易制毒化学品管理条例 易制毒化学品的分类和品种目录：未列入

国际公约 斯德哥尔摩公约：未列入。鹿特丹公约：未列入。蒙特利尔议定书：未列入

第十六部分 其他信息

编写和修订信息 **缩略语和首字母缩写**

培训建议 **参考文献**

免责声明

氯甲基乙醚

第一部分 化学品标识

化学品中文名 氯甲基乙醚

化学品英文名 chloromethyl ethyl ether; ethyl chloromethyl ether

分子式 C_3H_7ClO **相对分子质量** 94.54

结构式

化学品的推荐及限制用途 用于有机合成

第二部分 危险性概述

紧急情况概述 高度易燃液体和蒸气，吸入会中毒，可能引起昏昏欲睡或眩晕

GHS 危险性类别 易燃液体，类别 2；急性毒性-吸入，类别 3；特异性靶器官毒性-一次接触，类别 3（麻醉效应）

标签要素

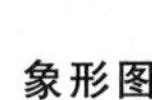
象形图

警示词 危险

危险性说明 高度易燃液体和蒸气，吸入会中毒，可能引起昏昏欲睡或眩晕

防范说明

预防措施 远离热源、火花、明火、热表面。禁止吸烟。保持容器密闭。容器和接收设备接地连接。使用防爆电器、通风、照明设备。只能使用不产生火花的工具。采取防止静电措施。戴防护手套、防护眼镜、防护面罩。避免吸入蒸气、雾。仅在室外或通风良好处操作

事故响应 火灾时，使用干粉、二氧化碳、砂土灭火。如吸入：将患者转移到空气新鲜处，休息，保持利于呼吸的体位，呼叫中毒控制中心或就医。如皮肤（或头发）接触：立即脱掉所有被污染的衣服，用水冲洗皮肤，淋浴

安全储存 存放在通风良好的地方。保持低温。保持容器密闭。上锁保管

废弃处置 本品及内装物、容器依据国家和地方法规处置

物理和化学危险 高度易燃，其蒸气与空气混合，能形成爆炸性混合物

健康危害 对中枢神经系统有抑制作用，高浓度吸入可至昏迷。皮肤反复和长期接触可引起皮炎

环境危害 对环境可能有害

第三部分 成分/组成信息

√物质 混合物

组分	浓度	CAS No.
氯甲基乙醚		3188-13-4

第四部分 急救措施

吸入 迅速脱离现场至空气新鲜处。保持呼吸道通畅。如呼吸困难，给输氧。如呼吸、心跳停止，立即进行心肺复苏术。就医

皮肤接触 立即脱去污染的衣着，用流动清水彻底冲洗。就医

眼睛接触 立即分开眼睑，用流动清水或生理盐水彻底冲洗。就医

食入 漱口，饮水。就医

对保护施救者的忠告 根据需要使用个人防护设备

对医生的特别提示 对症处理

第五部分 消防措施

灭火剂 用干粉、二氧化碳、砂土灭火

特别危险性 接触空气或在光照条件下可生成具有潜在爆炸危险性的过氧化物。遇潮气、水分分解出有毒的甲醛气体。蒸气比空气重，沿地面扩散并易积存于低洼处，遇火源会着火回燃。燃烧生成有害的一氧化碳、氯化氢

灭火注意事项及防护措施 消防人员须佩戴防毒面具、穿全身消防服，在上风向灭火。尽可能将容器从火场移至空旷处。容器突然发出异常声音或出现异常现象，应立即撤离。用水灭火无效

第六部分 泄漏应急处理

作业人员防护措施、防护装备和应急处置程序 消除所有点火源。根据液体流动和蒸气扩散的影响区域划定警戒区，无关人员从侧风、上风向撤离至安全区。建议应急处理人员戴正压自给式呼吸器，穿防毒、防静电服。作业时使用的所有设备应接地。禁止接触或跨越泄漏物。尽可能切断泄漏源

环境保护措施 防止泄漏物进入水体、下水道、地下室或有限空间

泄漏化学品的收容、清除方法及所使用的处置材料 小量泄漏：用砂土或其他不燃材料吸收，使用洁净的无火花工具收集吸收材料。大量泄漏：构筑围堤或挖坑收容。用抗溶性泡沫覆盖，减少蒸发。喷水雾能减少蒸发，但不能降低泄漏物在有限空间内的易燃性。用防爆泵转移至槽车或专用收集器内

第七部分 操作处置与储存

操作注意事项 密闭操作，局部排风。操作人员必须经过专门培训，严格遵守操作规程。建议操作人员佩戴过滤式防毒面具（半面罩），戴化学安全防护眼镜，穿防静电工作服，戴橡胶耐油手套。远离火种、热源。工作场所严禁吸烟。使用防爆型的通风系统和设备。防止蒸气泄漏到工作场所空气中。避免与氧化剂、酸类、碱类接触。尤其要注意避免与水接触。灌装时应控制流速，且有接地装置，防止静电积聚。搬运时要轻装轻卸，防止包装及容器损坏。配备相应品种和数量的消防器材及泄漏应急处理设备。倒空的容器可能残留有害物

储存注意事项 通常商品加有稳定剂。储存于阴凉、通风的库房。远离火种、热源。库温不宜超过37℃。包装要求密封，不可与空气接触。应与氧化剂、酸类、碱类分开存放，切忌混储。采用防爆型照明、通风设施。禁止使用易产生火花的机械设备和工具。储区应备有泄漏应急处理设备和合适的收容材料

第八部分 接触控制/个体防护

职业接触限值

中国 未制定标准

美国(ACGIH) 未制定标准

生物接触限值 未制定标准

监测方法 空气中有毒物质测定方法：未制定标准。生物监测检验方法：未制定标准

工程控制 密闭操作，局部排风。提供安全的淋浴和洗眼设备

个体防护装备

呼吸系统防护 可能接触其蒸气时，应该佩戴过滤式防毒面具（半面罩）。紧急事态抢救或撤离时，佩戴空气呼吸器

眼睛防护 戴化学安全防护眼镜

皮肤和身体防护 穿防静电工作服

手防护 戴橡胶耐油手套

第九部分 理化特性

外观与性状 无色液体

pH值 无资料 **熔点(℃)** 无资料

沸点(℃) 82 **相对密度(水=1)** 1.02

相对蒸气密度(空气=1) 无资料

饱和蒸气压(kPa) 无资料

燃烧热(kJ/mol) 无资料 **临界温度(℃)** 无资料

临界压力(MPa) 无资料 **辛醇/水分配系数** 0.81

闪点(℃) <−19 **自燃温度(℃)** 无资料

爆炸下限(%) 无资料 **爆炸上限(%)** 无资料

分解温度(℃) 无资料

黏度(mPa·s) 无资料

溶解性 溶于多数有机溶剂

第十部分 稳定性和反应性

稳定性 稳定

危险反应 与强氧化剂等禁配物接触，有发生火灾和爆炸的危险。遇水发生分解。接触空气或在光照条件下可生成过氧化物

避免接触的条件 潮湿空气、光照

禁配物 强氧化剂、强碱、酸类

危险的分解产物 氯化氢、甲醛气体

第十一部分 毒理学信息

急性毒性 无资料 **皮肤刺激或腐蚀** 无资料

眼睛刺激或腐蚀 无资料 **呼吸或皮肤过敏** 无资料

生殖细胞突变性 无资料 **致癌性** 无资料

生殖毒性 无资料

特异性靶器官系统毒性-一次接触 无资料

特异性靶器官系统毒性-反复接触 无资料

吸入危害 无资料

第十二部分 生态学信息

生态毒性 无资料

持久性和降解性

生物降解性 无资料

非生物降解性 无资料

潜在的生物累积性 根据 K_{ow} 值预测，该物质的生物累积性可能较弱

土壤中的迁移性 根据 K_{oc} 值预测，该物质可能易发生迁移

第十三部分 废弃处置

废弃化学品 建议用焚烧法处置。与燃料混合后，再焚烧。焚烧炉排出的卤化氢通过酸洗涤器除去

污染包装物 将容器返还生产商或按照国家和地方法规处置

废弃注意事项 处置前应参阅国家和地方有关法规

第十四部分 运输信息

联合国危险货物编号(UN号) 2354

联合国运输名称 氯甲基乙基醚

联合国危险性类别 3，6.1 **包装类别** Ⅱ类包装

包装标志

海洋污染物 否

运输注意事项 运输时运输车辆应配备相应品种和数量的消防器材及泄漏应急处理设备。夏季最好早晚运输。运输时所用的槽（罐）车应有接地链，槽内可设孔隔

板以减少震荡产生的静电。严禁与氧化剂、酸类、碱类、食用化学品等混装混运。运输途中应防曝晒、雨淋，防高温。中途停留时应远离火种、热源、高温区。装运该物品的车辆排气管必须配备阻火装置，禁止使用易产生火花的机械设备和工具装卸。公路运输时要按规定路线行驶，勿在居民区和人口稠密区停留。铁路运输时要禁止溜放。严禁用木船、水泥船散装运输

第十五部分 法规信息

下列法律、法规、规章和标准，对该化学品的管理作了相应的规定。

中华人民共和国职业病防治法 职业病分类和目录：未列入

危险化学品安全管理条例 危险化学品目录：列入。易制爆危险化学品名录：未列入。重点监管的危险化学品名录：未列入。GB 18218—2009《危险化学品重大危险源辨识》（表 1）：未列入

使用有毒物品作业场所劳动保护条例 高毒物品目录：未列入

易制毒化学品管理条例 易制毒化学品的分类和品种目录：未列入

国际公约 斯德哥尔摩公约：未列入。鹿特丹公约：未列入。蒙特利尔议定书：未列入

第十六部分 其他信息

编写和修订信息 **缩略语和首字母缩写**

培训建议 **参考文献**

免责声明

氯甲酸丁酯

第一部分 化学品标识

化学品中文名 氯甲酸丁酯；氯甲酸正丁酯

化学品英文名 *n*-butyl chloroformate；butyl chlorocarbonate

分子式 $C_5H_9ClO_2$ **相对分子质量** 136.58

结构式

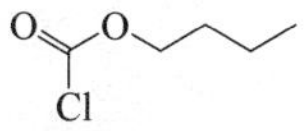

化学品的推荐及限制用途 用于有机合成

第二部分 危险性概述

紧急情况概述 易燃液体和蒸气，吸入会中毒，造成严重的皮肤灼伤和眼损伤

GHS 危险性类别 易燃液体，类别 3；急性毒性-吸入，类别 3；皮肤腐蚀/刺激，类别 1B；严重眼损伤/眼刺激，类别 1

标签要素

象形图

警示词 危险

危险性说明 易燃液体和蒸气，吸入会中毒，造成严重的皮肤灼伤和眼损伤

防范说明

预防措施 远离热源、火花、明火、热表面。禁止吸烟。保持容器密闭。容器和接收设备接地连接。使用防爆电器、通风、照明设备。只能使用不产生火花的工具。采取防止静电措施。避免吸入蒸气、雾。仅在室外或通风良好处操作。避免接触眼睛、皮肤，操作后彻底清洗。戴防护手套，穿防护服，戴防护眼镜、防护面罩

事故响应 火灾时，使用干粉、二氧化碳、砂土灭火。如吸入：将患者转移到空气新鲜处，休息，保持利于呼吸的体位，呼叫中毒控制中心或就医。皮肤（或头发）接触：立即脱掉所有被污染的衣服，用水冲洗皮肤，淋浴。污染的衣服须洗净后方可重新使用。眼睛接触：用水细心地冲洗数分钟。如戴隐形眼镜并可方便地取出，则取出隐形眼镜继续冲洗。食入：漱口。不要催吐

安全储存 存放在通风良好的地方。保持低温。保持容器密闭。上锁保管

废弃处置 本品及内装物、容器依据国家和地方法规处置

物理和化学危险 易燃，其蒸气与空气混合，能形成爆炸性混合物

健康危害 对眼睛、黏膜和皮肤具有刺激性和腐蚀性

环境危害 对环境可能有害

第三部分 成分/组成信息

√物质 混合物

组分	浓度	CAS No.
氯甲酸丁酯		592-34-7

第四部分 急救措施

吸入 迅速脱离现场至空气新鲜处。保持呼吸道通畅。如呼吸困难，给输氧。如呼吸、心跳停止，立即进行心肺复苏术。就医

皮肤接触 立即脱去污染的衣着，用大量流动清水彻底冲洗至少 15min。就医

眼睛接触 立即分开眼睑，用流动清水或生理盐水彻底冲洗至少 15min。就医

食入 用水漱口，禁止催吐。给饮牛奶或蛋清。就医

对保护施救者的忠告 根据需要使用个人防护设备

对医生的特别提示 对症处理

第五部分 消防措施

灭火剂 用干粉、二氧化碳、砂土灭火

特别危险性 遇水或受热分解，放出有毒的腐蚀性烟气。蒸气比空气重，沿地面扩散并易积存于低洼处，遇火源会着火回燃。若遇高热，容器内压增大，有开裂和爆炸的危险。燃烧生成有害的一氧化碳、氯化氢

灭火注意事项及防护措施 消防人员必须佩戴空气呼吸器、穿全身防火防毒服，在上风向灭火。喷水冷却容器，尽可能将容器从火场移至空旷处。容器突然发出异常声音或出现异常现象，应立即撤离。不宜用水灭火

第六部分 泄漏应急处理

作业人员防护措施、防护装备和应急处置程序 消除所有点火源。根据液体流动和蒸气扩散的影响区域划定警戒区，无关人员从侧风、上风向撤离至安全区。建议应急处理人员戴正压自给式呼吸器，穿防毒、防静电服，戴橡胶耐油手套。作业时使用的所有设备应接地。穿上适当的防护服前严禁接触破裂的容器和泄漏物。尽可能切断泄漏源

环境保护措施 防止泄漏物进入水体、下水道、地下室或有限空间

泄漏化学品的收容、清除方法及所使用的处置材料 严禁用水处理。小量泄漏：用干燥的砂土或其他不燃材料覆盖泄漏物。大量泄漏：构筑围堤或挖坑收容。用防爆泵转移至槽车或专用收集器内

第七部分 操作处置与储存

操作注意事项 严加密闭，提供充分的局部排风和全面通风。操作人员必须经过专门培训，严格遵守操作规程。建议操作人员佩戴自吸过滤式防毒面具（半面罩），戴化学安全防护眼镜，穿防毒物渗透工作服，戴橡胶耐油手套。远离火种、热源。工作场所严禁吸烟。使用防爆型的通风系统和设备。防止蒸气泄漏到工作场所空气中。避免与氧化剂、酸类、碱类、胺类接触。尤其要注意避免与水接触。搬运时要轻装轻卸，防止包装及容器损坏。配备相应品种和数量的消防器材及泄漏应急处理设备。倒空的容器可能残留有害物

储存注意事项 储存于阴凉、干燥、通风良好的库房。远离火种、热源。库房温度不超过32℃，相对湿度不超过80%。包装必须密封，切勿受潮。应与氧化剂、酸类、碱类、胺类等分开存放，切忌混储。采用防爆型照明、通风设施。禁止使用易产生火花的机械设备和工具。储区应备有泄漏应急处理设备和合适的收容材料

第八部分 接触控制/个体防护

职业接触限值

中国 未制定标准

美国(ACGIH) 未制定标准

生物接触限值 未制定标准

监测方法 空气中有毒物质测定方法：未制定标准。生物监测检验方法：未制定标准

工程控制 严加密闭，提供充分的局部排风和全面通风。提供安全的淋浴和洗眼设备

个体防护装备

呼吸系统防护 可能接触其蒸气时，建议佩戴过滤式防毒面具（半面罩）。紧急事态抢救或撤离时，建议佩戴空气呼吸器

眼睛防护 戴化学安全防护眼镜

皮肤和身体防护 穿防毒物渗透工作服

手防护 戴橡胶耐油手套

第九部分 理化特性

外观与性状 无色液体，有刺激性气味

pH值 无资料 **熔点(℃)** ＜－70

沸点(℃) 142 **相对密度(水＝1)** 1.06

相对蒸气密度(空气＝1) 4.72

饱和蒸气压(kPa) 0.72（20℃）

燃烧热(kJ/mol) 无资料 **临界温度(℃)** 无资料

临界压力(MPa) 无资料 **辛醇/水分配系数** 1.61

闪点(℃) 25；30（CC） **自燃温度(℃)** 285

爆炸下限(%) 无资料 **爆炸上限(%)** 无资料

分解温度(℃) 无资料

黏度(mPa·s) 无资料

溶解性 可混溶于乙醚、苯

第十部分 稳定性和反应性

稳定性 稳定

危险反应 与强氧化剂等禁配物接触，有发生火灾和爆炸的危险

避免接触的条件 受热、潮湿空气

禁配物 强氧化剂、强酸、强碱、胺类、水蒸气

危险的分解产物 氯化氢

第十一部分 毒理学信息

急性毒性 无资料 **皮肤刺激或腐蚀** 无资料

眼睛刺激或腐蚀 无资料 **呼吸或皮肤过敏** 无资料

生殖细胞突变性 无资料 **致癌性** 无资料

生殖毒性 无资料

特异性靶器官系统毒性-一次接触 无资料

特异性靶器官系统毒性-反复接触 无资料

吸入危害 无资料

第十二部分 生态学信息

生态毒性 无资料

持久性和降解性

生物降解性 无资料

非生物降解性 无资料

潜在的生物累积性 根据 K_{ow} 值预测，该物质的生物累积性可能较弱

土壤中的迁移性 根据 K_{oc} 值预测，该物质可能易发生迁移

第十三部分 废弃处置

废弃化学品 建议用焚烧法处置。与燃料混合后，再焚烧。焚烧炉排出的卤化氢通过酸洗涤器除去

污染包装物 将容器返还生产商或按照国家和地方法规处置

废弃注意事项 处置前应参阅国家和地方有关法规

第十四部分 运输信息

联合国危险货物编号（UN号） 2743

联合国运输名称 氯甲酸正丁酯

联合国危险性类别 6.1，3/8 **包装类别** Ⅱ类包装

包装标志 

海洋污染物 否

运输注意事项 运输前应先检查包装容器是否完整、密封，运输过程中要确保容器不泄漏、不倒塌、不坠落、不损坏。严禁与酸类、氧化剂、食品及食品添加剂混运。运输时运输车辆应配备相应品种和数量的消防器材及泄漏应急处理设备。运输途中应防曝晒、雨淋，防高温。运输时所用的槽（罐）车应有接地链，槽内可设孔隔板以减少震荡产生的静电。中途停留时应远离火种、热源。公路运输时要按规定路线行驶

第十五部分 法规信息

下列法律、法规、规章和标准，对该化学品的管理作了相应的规定。

中华人民共和国职业病防治法 职业病分类和目录：未列入

危险化学品安全管理条例 危险化学品目录：列入。易制爆危险化学品名录：未列入。重点监管的危险化学品名录：未列入。GB 18218—2009《危险化学品重大危险源辨识》(表 1)：未列入

使用有毒物品作业场所劳动保护条例 高毒物品目录：未列入

易制毒化学品管理条例 易制毒化学品的分类和品种目录：未列入

国际公约 斯德哥尔摩公约：未列入。鹿特丹公约：未列入。蒙特利尔议定书：未列入

第十六部分 其他信息

编写和修订信息 **缩略语和首字母缩写**

培训建议 **参考文献**

免责声明

氯甲酸甲酯

第一部分 化学品标识

化学品中文名 氯甲酸甲酯；氯碳酸甲酯

化学品英文名 methyl chloroformate；methyl chlorocarbonate

分子式 $C_2H_3ClO_2$ **相对分子质量** 94.50

结构式 O=C(Cl)OC

化学品的推荐及限制用途 用于有机合成及制造杀虫剂，也用于制取催泪性毒气

第二部分 危险性概述

紧急情况概述 高度易燃液体和蒸气，吞咽有害，皮肤接触有害，吸入致命，造成严重的皮肤灼伤和眼损伤

GHS 危险性类别 易燃液体，类别 2；急性毒性-经口，类别 4；急性毒性-经皮，类别 4；急性毒性-吸入，类别 2；皮肤腐蚀/刺激，类别 1B；严重眼损伤/眼刺激，类别 1；危害水生环境-急性危害，类别 2

标签要素

象形图 

警示词 危险

危险性说明 高度易燃液体和蒸气，吞咽有害，皮肤接触有害，吸入致命，造成严重的皮肤灼伤和眼损伤，对水生生物有毒

防范说明

预防措施 远离热源、火花、明火、热表面。禁止吸烟。保持容器密闭。容器和接收设备接地连接。使用防爆电器、通风、照明设备。只能使用不产生火花的工具。采取防止静电措施。避免接触眼睛、皮肤，操作后彻底清洗。作业场所不得进食、饮水或吸烟。避免吸入蒸气、雾。仅在室外或通风良好处操作。戴呼吸防护器具。戴防护手套，穿防护服，戴防护眼镜、防护面罩。禁止排入环境

事故响应 火灾时，使用二氧化碳、干粉、砂土灭火。如吸入：将患者转移到空气新鲜处，休息，保持利于呼吸的体位。皮肤接触：立即脱掉所有被污染的衣服，用大量肥皂水和水清洗，如感觉不适，呼叫中毒控制中心或就医。被污染的衣服须经洗净后方可重新使用。眼睛接触：用水细心地冲洗数分钟。如戴隐形眼镜并可方便地取出，则取出隐形眼镜继续冲洗。食入：漱口，不要催吐，如果感觉不适，立即呼叫中毒控制中心或就医

安全储存 存放在通风良好的地方。保持低温。保持容器密闭。上锁保管

废弃处置 本品及内装物、容器依据国家和地方法规处置

物理和化学危险 高度易燃，其蒸气与空气混合，能形成爆炸性混合物。遇水产生有毒气体

健康危害 本品对呼吸道、眼结膜有强烈刺激作用。人接触极低浓度后亦可致明显的眼和呼吸道刺激，重者发生肺水肿。本品刺激强度为氯气的 5 倍。直接接触可引起皮肤和黏膜坏死

环境危害 对水生生物有毒

第三部分 成分/组成信息

√物质 混合物

组分	浓度	CAS No.
氯甲酸甲酯		79-22-1

第四部分 急救措施

吸入 迅速脱离现场至空气新鲜处。保持呼吸道通畅。如呼吸困难，给输氧。如呼吸、心跳停止，立即进行心肺复苏术。就医

皮肤接触 立即脱去污染的衣着，用大量流动清水彻底冲洗至少 15min。就医

眼睛接触 立即分开眼睑，用流动清水或生理盐水彻底冲洗至少15min。就医

食入 用水漱口，禁止催吐。给饮牛奶或蛋清。就医

对保护施救者的忠告 根据需要使用个人防护设备

对医生的特别提示 对症处理

第五部分 消防措施

灭火剂 用二氧化碳、干粉、砂土灭火

特别危险性 遇明火、高热放出有毒气体。遇水或水蒸气反应放热并产生有毒的腐蚀性气体。具有腐蚀性。燃烧生成有害的一氧化碳、氯化氢、光气

灭火注意事项及防护措施 消防人员必须佩戴空气呼吸器、穿全身防火防毒服，在上风向灭火。尽可能将容器从火场移至空旷处。喷水保持火场容器冷却，直至灭火结束。容器突然发出异常声音或出现异常现象，应立即撤离。不宜用水灭火

第六部分 泄漏应急处理

作业人员防护措施、防护装备和应急处置程序 消除所有点火源。根据液体流动和蒸气扩散的影响区域划定警戒区，无关人员从侧风、上风向撤离至安全区。建议应急处理人员戴正压自给式呼吸器，穿防静电、防腐蚀、防毒服，戴橡胶耐油手套。作业时使用的所有设备应接地。穿上适当的防护服前严禁接触破裂的容器和泄漏物。尽可能切断泄漏源

环境保护措施 防止泄漏物进入水体、下水道、地下室或有限空间

泄漏化学品的收容、清除方法及所使用的处置材料 严禁用水处理。小量泄漏：用干燥的砂土或其他不燃材料覆盖泄漏物。大量泄漏：构筑围堤或挖坑收容。用碎石灰石（$CaCO_3$）、苏打灰（Na_2CO_3）或石灰（CaO）中和。用防爆、耐腐蚀泵转移至槽车或专用收集器内

第七部分 操作处置与储存

操作注意事项 密闭操作，加强通风。操作人员必须经过专门培训，严格遵守操作规程。建议操作人员佩戴自吸过滤式防毒面具（全面罩），戴化学安全防护眼镜，穿防毒物渗透工作服，戴橡胶耐油手套。远离火种、热源。工作场所严禁吸烟。使用防爆型的通风系统和设备。防止蒸气泄漏到工作场所空气中。避免与酸类、碱类、醇类、胺类接触。灌装时应控制流速，且有接地装置，防止静电积聚。搬运时要轻装轻卸，防止包装及容器损坏。配备相应品种和数量的消防器材及泄漏应急处理设备。倒空的容器可能残留有害物

储存注意事项 储存于阴凉、干燥、通风良好的专用库房内，实行“双人收发、双人保管”制度。远离火种、热源。库温不宜超过37℃。包装要求密封，不可与空气接触。应与酸类、碱类、醇类、胺类等分开存放，切忌混储。采用防爆型照明、通风设施。禁止使用易产生火花的机械设备和工具。储区应备有泄漏应急处理设备和合适的收容材料

第八部分 接触控制/个体防护

职业接触限值

中国 未制定标准

美国(ACGIH) 未制定标准

生物接触限值 未制定标准

监测方法 空气中有毒物质测定方法：未制定标准。生物监测检验方法：未制定标准

工程控制 生产过程密闭，加强通风。提供安全的淋浴和洗眼设备

个体防护装备

呼吸系统防护 可能接触其蒸气时，佩戴过滤式防毒面具（半面罩）。必要时佩戴空气呼吸器

眼睛防护 戴化学安全防护眼镜

皮肤和身体防护 穿防毒物渗透工作服

手防护 戴橡胶耐油手套

第九部分 理化特性

外观与性状 无色透明液体，有强烈刺激性气味

pH值 无资料 **熔点(℃)** −61

沸点(℃) 70～72 **相对密度(水=1)** 1.22

相对蒸气密度(空气=1) 3.26

饱和蒸气压(kPa) 14（20℃）

燃烧热(kJ/mol) −689 **临界温度(℃)** 251.9

临界压力(MPa) 5.36 **辛醇/水分配系数** 0.14

闪点(℃) 12

自燃温度(℃) 504 **爆炸下限(%)** 6.7

爆炸上限(%) 23.3 **分解温度(℃)** 无资料

黏度(mPa·s) 无资料

溶解性 不溶于水，溶于苯、甲醇、乙醚、乙醇等多数有机溶剂

第十部分 稳定性和反应性

稳定性 稳定

危险反应 与强氧化剂、水等禁配物接触，有发生火灾和爆炸的危险

避免接触的条件 潮湿空气

禁配物 酸类、强碱、醇类、胺类、水

危险的分解产物 氯化氢、光气

第十一部分 毒理学信息

急性毒性

LD_{50} 60mg/kg（大鼠经口）；7120mg/kg（兔经皮）

LC_{50} 88ppm（大鼠吸入，1h）

皮肤刺激或腐蚀 无资料 **眼睛刺激或腐蚀** 无资料

呼吸或皮肤过敏 无资料 **生殖细胞突变性** 无资料

致癌性 无资料 **生殖毒性** 无资料

特异性靶器官系统毒性-一次接触 无资料

特异性靶器官系统毒性-反复接触 慢性吸入试验最大无作用浓度，小鼠为0.185mg/m^3，大鼠为0.197mg/m^3

吸入危害 无资料

第十二部分 生态学信息

生态毒性 LC_{50}：4.5mg/L（96h）（鱼）

持久性和降解性

生物降解性　无资料

非生物降解性　空气中，当羟基自由基浓度为5.00×10^5个/cm^3时，降解半衰期为74d（理论）；在19.6℃时，水解半衰期为35min

潜在的生物累积性　根据K_{ow}值预测，该物质的生物累积性可能较弱

土壤中的迁移性　根据K_{oc}值预测，该物质可能易发生迁移

第十三部分　废弃处置

废弃化学品　建议用焚烧法处置。与燃料混合后，再焚烧。焚烧炉排出的卤化氢通过酸洗涤器除去

污染包装物　将容器返还生产商或按照国家和地方法规处置

废弃注意事项　处置前应参阅国家和地方有关法规

第十四部分　运输信息

联合国危险货物编号（UN号）　1238

联合国运输名称　氯甲酸甲酯

联合国危险性类别　6.1，3/8　**包装类别**　Ⅰ类包装

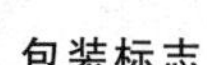
包装标志

海洋污染物　否

运输注意事项　运输时运输车辆应配备相应品种和数量的消防器材及泄漏应急处理设备。夏季最好早晚运输。运输时所用的槽（罐）车应有接地链，槽内可设孔隔板以减少震荡产生的静电。严禁与酸类、碱类、醇类、胺类、食用化学品等混装混运。运输途中应防曝晒、雨淋，防高温。中途停留时应远离火种、热源、高温区。装运该物品的车辆排气管必须配备阻火装置，禁止使用易产生火花的机械设备和工具装卸。公路运输时要按规定路线行驶，勿在居民区和人口稠密区停留。铁路运输时要禁止溜放。严禁用木船、水泥船散装运输

第十五部分　法规信息

下列法律、法规、规章和标准，对该化学品的管理作了相应的规定。

中华人民共和国职业病防治法　职业病分类和目录：未列入

危险化学品安全管理条例　危险化学品目录：列入。作为剧毒化学品进行管理。

易制爆危险化学品名录　未列入。重点监管的危险化学品名录：未列入。GB 18218—2009《危险化学品重大危险源辨识》（表1）：未列入

使用有毒物品作业场所劳动保护条例　高毒物品目录：未列入

易制毒化学品管理条例　易制毒化学品的分类和品种目录：未列入

国际公约　斯德哥尔摩公约：未列入。鹿特丹公约：未列入。蒙特利尔议定书：未列入

第十六部分　其他信息

编写和修订信息　**缩略语和首字母缩写**

培训建议　**参考文献**

免责声明

氯甲酸戊酯

第一部分　化学品标识

化学品中文名　氯甲酸戊酯；氯甲酸正戊酯

化学品英文名　amyl chloroformate；*n*-amyl chloroformate

分子式　$C_6H_{11}ClO_2$　**相对分子质量**　150.60

结构式

化学品的推荐及限制用途　是有机合成的重要原料

第二部分　危险性概述

紧急情况概述　易燃液体和蒸气，吸入致命，造成严重的皮肤灼伤和眼损伤

GHS危险性类别　易燃液体，类别3；急性毒性-吸入，类别2；皮肤腐蚀/刺激，类别1B；严重眼损伤/眼刺激，类别1

标签要素

象形图

警示词　危险

危险性说明　易燃液体和蒸气，吸入致命，造成严重的皮肤灼伤和眼损伤

防范说明

预防措施　远离热源、火花、明火、热表面。禁止吸烟。保持容器密闭。容器和接收设备接地连接。使用防爆电器、通风、照明设备。只能使用不产生火花的工具。采取防止静电措施。避免吸入蒸气、雾。仅在室外或通风良好处操作。避免接触眼睛、皮肤，操作后彻底清洗。戴防护手套，穿防护服，戴防护眼镜、防护面罩

事故响应　火灾时，使用干粉、二氧化碳、砂土灭火。如吸入：将患者转移到空气新鲜处，休息，保持利于呼吸的体位，立即呼叫中毒控制中心或就医。皮肤（或头发）接触：立即脱掉所有被污染的衣服，用水冲洗皮肤，淋浴。污染的衣服须洗净后方可重新使用。接触眼睛：用水细心冲洗数分钟。如戴隐形眼镜并可方便地取出，取出隐形眼镜继续冲洗。食入：漱口。不要催吐

安全储存　存放在通风良好的地方。保持低温。保持容器密闭。上锁保管

废弃处置　本品及内装物、容器依据国家和地方法规处置

物理和化学危险 易燃，其蒸气与空气混合，能形成爆炸性混合物

健康危害 对眼、黏膜和皮肤具有刺激性和腐蚀性

环境危害 对环境可能有害

第三部分 成分/组成信息

√物质　　混合物

组分	浓度	CAS No.
氯甲酸戊酯		638-41-5

第四部分 急救措施

吸入 迅速脱离现场至空气新鲜处。保持呼吸道通畅。如呼吸困难，给输氧。如呼吸、心跳停止，立即进行心肺复苏术。就医

皮肤接触 立即脱去污染的衣着，用大量流动清水彻底冲洗至少15min。就医

眼睛接触 立即分开眼睑，用流动清水或生理盐水彻底冲洗至少15min。就医

食入 用水漱口，禁止催吐。给饮牛奶或蛋清。就医

对保护施救者的忠告 根据需要使用个人防护设备

对医生的特别提示 对症处理

第五部分 消防措施

灭火剂 用干粉、二氧化碳、砂土灭火

特别危险性 受热发生分解释出有刺激性和腐蚀性的气体。蒸气比空气重，沿地面扩散并易积存于低洼处，遇火源会着火回燃。若遇高热，容器内压增大，有开裂和爆炸的危险。燃烧生成有害的一氧化碳、氯化氢

灭火注意事项及防护措施 消防人员必须佩戴空气呼吸器、穿全身防火防毒服，在上风向灭火。喷水冷却容器，尽可能将容器从火场移至空旷处。容器突然发出异常声音或出现异常现象，应立即撤离。不宜用水

第六部分 泄漏应急处理

作业人员防护措施、防护装备和应急处置程序 根据液体流动和蒸气扩散的影响区域划定警戒区，无关人员从侧风、上风向撤离至安全区。消除所有点火源。建议应急处理人员戴正压自给式呼吸器，穿防毒、防静电服，戴橡胶耐油手套。作业时使用的所有设备应接地。禁止接触或跨越泄漏物。尽可能切断泄漏源

环境保护措施 防止泄漏物进入水体、下水道、地下室或有限空间

泄漏化学品的收容、清除方法及所使用的处置材料 小量泄漏：用砂土或其他不燃材料吸收，使用洁净的无火花工具收集吸收材料。大量泄漏：构筑围堤或挖坑收容。用泡沫覆盖，减少蒸发。喷水雾能减少蒸发，但不能降低泄漏物在有限空间内的易燃性。用防爆泵转移至槽车或专用收集器内

第七部分 操作处置与储存

操作注意事项 严加密闭，提供充分的局部排风和全面通风。操作人员必须经过专门培训，严格遵守操作规程。建议操作人员佩戴自吸过滤式防毒面具（半面罩），戴化学安全防护眼镜，穿防毒物渗透工作服，戴橡胶耐油手套。远离火种、热源。工作场所严禁吸烟。使用防爆型的通风系统和设备。防止蒸气泄漏到工作场所空气中。避免与氧化剂、酸类、碱类、胺类接触。搬运时要轻装轻卸，防止包装及容器损坏。配备相应品种和数量的消防器材及泄漏应急处理设备。倒空的容器可能残留有害物

储存注意事项 储存于阴凉、干燥、通风良好的库房。远离火种、热源。库房温度不超过32℃，相对湿度不超过80%。保持容器密封。应与氧化剂、酸类、碱类、胺类等分开存放，切忌混储。采用防爆型照明、通风设施。禁止使用易产生火花的机械设备和工具。储区应备有泄漏应急处理设备和合适的收容材料

第八部分 接触控制/个体防护

职业接触限值

中国 未制定标准

美国(ACGIH) 未制定标准

生物接触限值 未制定标准

监测方法 空气中有毒物质测定方法：未制定标准。生物监测检验方法：未制定标准

工程控制 严加密闭，提供充分的局部排风和全面通风。提供安全的淋浴和洗眼设备

个体防护装备

呼吸系统防护 可能接触其蒸气时，建议佩戴过滤式防毒面具（半面罩）。紧急事态抢救或撤离时，建议佩戴空气呼吸器

眼睛防护 戴化学安全防护眼镜

皮肤和身体防护 穿防毒物渗透工作服

手防护 戴橡胶耐油手套

第九部分 理化特性

外观与性状 无色液体

pH值 无资料　**熔点(℃)** 无资料

沸点(℃) 60～62 (2.0kPa)

相对密度(水=1) 无资料

相对蒸气密度(空气=1) 无资料

饱和蒸气压(kPa) 2.00 (60～62℃)

燃烧热(kJ/mol) 无资料　**临界温度(℃)** 无资料

临界压力(MPa) 无资料　**辛醇/水分配系数** 无资料

闪点(℃) 47.7　**自燃温度(℃)** 无资料

爆炸下限(%) 无资料　**爆炸上限(%)** 无资料

分解温度(℃) 无资料

黏度(mPa·s) 无资料

溶解性 不溶于水，溶于乙醚

第十部分 稳定性和反应性

稳定性 稳定

危险反应 与强氧化剂、水等禁配物接触，有发生火灾和爆炸的危险

避免接触的条件 受热、潮湿空气

禁配物 强氧化剂、强酸、强碱、水蒸气、胺类

危险的分解产物 氯化氢

第十一部分　毒理学信息

急性毒性　无资料　**皮肤刺激或腐蚀**　无资料
眼睛刺激或腐蚀　无资料　**呼吸或皮肤过敏**　无资料
生殖细胞突变性　无资料　**致癌性**　无资料
生殖毒性　无资料
特异性靶器官系统毒性-一次接触　无资料
特异性靶器官系统毒性-反复接触　无资料
吸入危害　无资料

第十二部分　生态学信息

生态毒性　无资料
持久性和降解性
　生物降解性　无资料
　非生物降解性　无资料
潜在的生物累积性　无资料
土壤中的迁移性　无资料

第十三部分　废弃处置

废弃化学品　建议用焚烧法处置。与燃料混合后，再焚烧。焚烧炉排出的卤化氢通过酸洗涤器除去
污染包装物　将容器返还生产商或按照国家和地方法规处置
废弃注意事项　处置前应参阅国家和地方有关法规

第十四部分　运输信息

联合国危险货物编号（UN 号）　3272
联合国运输名称　酯类，未另作规定的
联合国危险性类别　3　**包装类别**　Ⅲ类包装
包装标志　　**海洋污染物**　否
运输注意事项　运输前应先检查包装容器是否完整、密封，运输过程中要确保容器不泄漏、不倒塌、不坠落、不损坏。严禁与酸类、氧化剂、食品及食品添加剂混运。运输时运输车辆应配备相应品种和数量的消防器材及泄漏应急处理设备。运输途中应防曝晒、雨淋，防高温。公路运输时要按规定路线行驶

第十五部分　法规信息

下列法律、法规、规章和标准，对该化学品的管理作了相应的规定。
中华人民共和国职业病防治法　职业病分类和目录：未列入
危险化学品安全管理条例　危险化学品目录：未列入。易制爆危险化学品名录：未列入。重点监管的危险化学品名录：未列入。GB 18218—2009《危险化学品重大危险源辨识》（表 1）：未列入
使用有毒物品作业场所劳动保护条例　高毒物品目录：未列入
易制毒化学品管理条例　易制毒化学品的分类和品种目录：未列入
国际公约　斯德哥尔摩公约：未列入。鹿特丹公约：未列入。蒙特利尔议定书：未列入

第十六部分　其他信息

编写和修订信息　**缩略语和首字母缩写**
培训建议　**参考文献**
免责声明

氯甲酸乙酯

第一部分　化学品标识

化学品中文名　氯甲酸乙酯；氯碳酸乙酯
化学品英文名　ethyl chloroformate；ethyl chlorocarbonate
分子式　$C_3H_5ClO_2$　**相对分子质量**　108.53
结构式　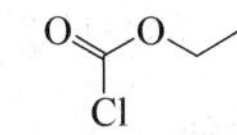

化学品的推荐及限制用途　用于有机合成及用作溶剂

第二部分　危险性概述

紧急情况概述　高度易燃液体和蒸气，吞咽有害，吸入致命，造成严重的皮肤灼伤和眼损伤
GHS 危险性类别　易燃液体，类别 2；急性毒性-经口，类别 4；急性毒性-吸入，类别 2；皮肤腐蚀/刺激，类别 1B；严重眼损伤/眼刺激，类别 1；危害水生环境-急性危害，类别 2
标签要素
　象形图
　警示词　危险
　危险性说明　高度易燃液体和蒸气，吞咽有害，吸入致命，造成严重的皮肤灼伤和眼损伤，对水生生物有毒
　防范说明
　　预防措施　远离热源、火花、明火、热表面。禁止吸烟。保持容器密闭。容器和接收设备接地连接。使用防爆电器、通风、照明设备。只能使用不产生火花的工具。采取防止静电措施。避免接触眼睛、皮肤，操作后彻底清洗。作业场所不得进食、饮水或吸烟。避免吸入蒸气、雾。仅在室外或通风良好处操作。戴呼吸防护器具。戴防护手套，穿防护服，戴防护眼镜、防护面罩。禁止排入环境
　　事故响应　火灾时，使用二氧化碳、干粉、砂土灭火。如吸入：将患者转移到空气新鲜处，休息，保持利于呼吸的体位。如皮肤（或头发）接触：立即脱掉所有被污染的衣服，用水冲洗皮肤，淋浴。污染的衣服须洗净后方可重新使用。眼睛接触：用水细心地冲洗数分钟。如戴隐形眼镜并可方便地取出，则取出隐形眼镜继续冲洗。食入：漱口，不要催吐，如果感觉不适，立即呼叫中毒控制中心或就医

安全储存　存放在通风良好的地方。保持低温。保持容器密闭。上锁保管

废弃处置　本品及内装物、容器依据国家和地方法规处置

物理和化学危险　高度易燃，其蒸气与空气混合，能形成爆炸性混合物。遇水产生有毒气体

健康危害　人接触后主要中毒表现为眼及上呼吸道刺激；高浓度时可发生肺水肿。涂于豚鼠皮肤引起深度坏死及形成焦痂。与兔眼接触造成永久性角膜损害

环境危害　对水生生物有毒

第三部分　成分/组成信息

√物质		混合物
组分	**浓度**	**CAS No.**
氯甲酸乙酯		541-41-3

第四部分　急救措施

吸入　迅速脱离现场至空气新鲜处。保持呼吸道通畅。如呼吸困难，给输氧。如呼吸、心跳停止，立即进行心肺复苏术。就医

皮肤接触　立即脱去污染的衣着，用大量流动清水彻底冲洗至少15min。就医

眼睛接触　立即分开眼睑，用流动清水或生理盐水彻底冲洗至少15min。就医

食入　用水漱口，禁止催吐。给饮牛奶或蛋清。就医

对保护施救者的忠告　根据需要使用个人防护设备

对医生的特别提示　对症处理

第五部分　消防措施

灭火剂　用二氧化碳、干粉、砂土灭火

特别危险性　遇明火、高热易引起燃烧，并放出有毒气体。遇水或水蒸气反应放热并产生有毒的腐蚀性气体。具有腐蚀性。燃烧生成有害的一氧化碳、氯化氢、光气

灭火注意事项及防护措施　消防人员必须佩戴空气呼吸器、穿全身防火防毒服，在上风向灭火。尽可能将容器从火场移至空旷处。容器突然发出异常声音或出现异常现象，应立即撤离。不宜用水

第六部分　泄漏应急处理

作业人员防护措施、防护装备和应急处置程序　消除所有点火源。根据液体流动和蒸气扩散的影响区域划定警戒区，无关人员从侧风、上风向撤离至安全区。建议应急处理人员戴正压自给式呼吸器，穿防静电、防腐蚀、防毒服，戴橡胶耐油手套。作业时使用的所有设备应接地。穿上适当的防护服前严禁接触破裂的容器和泄漏物。尽可能切断泄漏源

环境保护措施　防止泄漏物进入水体、下水道、地下室或有限空间

泄漏化学品的收容、清除方法及所使用的处置材料　严禁用水处理。小量泄漏：用干燥的砂土或其他不燃材料覆盖泄漏物。大量泄漏：构筑围堤或挖坑收容。用防爆、耐腐蚀泵转移至槽车或专用收集器内

第七部分　操作处置与储存

操作注意事项　密闭操作，加强通风。操作人员必须经过专门培训，严格遵守操作规程。建议操作人员佩戴自吸过滤式防毒面具（半面罩），戴化学安全防护眼镜，穿防毒物渗透工作服，戴橡胶耐油手套。远离火种、热源。工作场所严禁吸烟。使用防爆型的通风系统和设备。防止蒸气泄漏到工作场所空气中。避免与酸类、碱类、醇类、胺类接触。灌装时应控制流速，且有接地装置，防止静电积聚。搬运时要轻装轻卸，防止包装及容器损坏。配备相应品种和数量的消防器材及泄漏应急处理设备。倒空的容器可能残留有害物

储存注意事项　储存于阴凉、干燥、通风良好的专用库房内，实行“双人收发、双人保管”制度。远离火种、热源。库温不宜超过37℃。包装要求密封，不可与空气接触。应与酸类、碱类、醇类、胺类等分开存放，切忌混储。采用防爆型照明、通风设施。禁止使用易产生火花的机械设备和工具。储区应备有泄漏应急处理设备和合适的收容材料

第八部分　接触控制/个体防护

职业接触限值

中国　未制定标准

美国(ACGIH)　未制定标准

生物接触限值　未制定标准

监测方法　空气中有毒物质测定方法：未制定标准。生物监测检验方法：未制定标准

工程控制　生产过程密闭，加强通风。提供安全的淋浴和洗眼设备

个体防护装备

呼吸系统防护　可能接触其蒸气时，佩戴过滤式防毒面具（半面罩）。必要时佩戴空气呼吸器

眼睛防护　戴化学安全防护眼镜

皮肤和身体防护　穿防毒物渗透工作服

手防护　戴橡胶耐油手套

第九部分　理化特性

外观与性状　无色透明液体，有刺激性气味

pH值　无资料　　**熔点(℃)**　−80.6

沸点(℃)　95　　**相对密度(水=1)**　1.14

相对蒸气密度(空气=1)　3.74

饱和蒸气压(kPa)　2.98（25℃）

燃烧热(kJ/mol)　−1280　　**临界温度(℃)**　235

临界压力(MPa)　4.5　　**辛醇/水分配系数**　0.63

闪点(℃)　16（CC）　　**自燃温度(℃)**　500

爆炸下限(%)　3.2　　**爆炸上限(%)**　27.5

分解温度(℃)　无资料

黏度(mPa·s)　无资料

溶解性　不溶于水，溶于苯、氯仿、乙醚等多数有机溶剂

第十部分　稳定性和反应性

稳定性　稳定

危险反应　与强氧化剂、水等禁配物接触，有发生火灾和

爆炸的危险

避免接触的条件 潮湿空气

禁配物 酸类、强碱、水、醇类、胺类

危险的分解产物 氯化氢、光气

第十一部分 毒理学信息

急性毒性

LD_{50} 270mg/kg（大鼠经口）；7120mg/kg（兔经皮）

LC_{50} 840mg/m³（大鼠吸入，1h）

皮肤刺激或腐蚀 无资料 **眼睛刺激或腐蚀** 无资料

呼吸或皮肤过敏 无资料 **生殖细胞突变性** 无资料

致癌性 无资料 **生殖毒性** 无资料

特异性靶器官系统毒性-一次接触 无资料

特异性靶器官系统毒性-反复接触 无资料

吸入危害 无资料

第十二部分 生态学信息

生态毒性 LC_{50}：4.92mg/L（96h）（鱼）

持久性和降解性

生物降解性 好氧生物降解（h）：672～2688

非生物降解性 空气中光氧化半衰期（h）：44.5～445；一级水解半衰期（h）：0.55

潜在的生物累积性 根据 K_{ow} 值预测，该物质的生物累积性可能较弱

土壤中的迁移性 根据 K_{oc} 值预测，该物质可能易发生迁移

第十三部分 废弃处置

废弃化学品 建议用焚烧法处置。与燃料混合后，再焚烧。焚烧炉排出的卤化氢通过酸洗涤器除去

污染包装物 将容器返还生产商或按照国家和地方法规处置

废弃注意事项 处置前应参阅国家和地方有关法规

第十四部分 运输信息

联合国危险货物编号（UN号） 1182

联合国运输名称 氯甲酸乙酯

联合国危险性类别 6.1，3/8 **包装类别** Ⅰ类包装

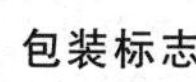
包装标志

海洋污染物 否

运输注意事项 运输时运输车辆应配备相应品种和数量的消防器材及泄漏应急处理设备。夏季最好早晚运输。运输时所用的槽（罐）车应有接地链，槽内可设孔隔板以减少震荡产生的静电。严禁与酸类、碱类、醇类、胺类、食用化学品等混装混运。运输途中应防曝晒、雨淋，防高温。中途停留时应远离火种、热源、高温区。装运该物品的车辆排气管必须配备阻火装置，禁止使用易产生火花的机械设备和工具装卸。公路运输时要按规定路线行驶，勿在居民区和人口稠密区停留。铁路运输时要禁止溜放。严禁用木船、水泥船散装运输

第十五部分 法规信息

下列法律、法规、规章和标准，对该化学品的管理作了相应的规定。

中华人民共和国职业病防治法 职业病分类和目录：未列入

危险化学品安全管理条例 危险化学品目录：列入。作为剧毒化学品进行管理。易制爆危险化学品名录：未列入。重点监管的危险化学品名录：未列入。GB 18218—2009《危险化学品重大危险源辨识》（表1）：未列入

使用有毒物品作业场所劳动保护条例 高毒物品目录：未列入

易制毒化学品管理条例 易制毒化学品的分类和品种目录：未列入

国际公约 斯德哥尔摩公约：未列入。鹿特丹公约：未列入。蒙特利尔议定书：未列入

第十六部分 其他信息

编写和修订信息 **缩略语和首字母缩写**

培训建议 **参考文献**

免责声明

氯甲酸异丙酯

第一部分 化学品标识

化学品中文名 氯甲酸异丙酯

化学品英文名 isopropyl chloroformate；isopropyl chloromethanoate

分子式 $C_4H_7ClO_2$ **相对分子质量** 122.56

结构式

化学品的推荐及限制用途 用作农药中间体

第二部分 危险性概述

紧急情况概述 高度易燃液体和蒸气，吞咽有害，吸入致命，造成严重的皮肤灼伤和眼损伤

GHS危险性类别 易燃液体，类别2；急性毒性-经口，类别4；急性毒性-吸入，类别1；皮肤腐蚀/刺激，类别1；严重眼损伤/眼刺激，类别1；特异性靶器官毒性--一次接触，类别2

标签要素

象形图

警示词 危险

危险性说明 高度易燃液体和蒸气，吞咽有害，吸入致命，造成严重的皮肤灼伤和眼损伤，可能对器官造成损害

防范说明

预防措施 远离热源、火花、明火、热表面。禁止吸烟。保持容器密闭。容器和接收设备接地

连接。使用防爆电器、通风、照明设备。只能使用不产生火花的工具。采取防止静电措施。避免接触眼睛、皮肤，操作后彻底清洗。作业场所不得进食、饮水或吸烟。避免吸入蒸气、雾。仅在室外或通风良好处操作。戴呼吸防护器具。戴防护手套，穿防护服，戴防护眼镜、防护面罩

事故响应　火灾时，使用二氧化碳、干粉、砂土灭火。如吸入：将患者转移到空气新鲜处，休息，保持利于呼吸的体位，立即呼叫中毒控制中心或就医。如皮肤（或头发）接触：立即脱掉所有被污染的衣服，用水冲洗皮肤，淋浴。污染的衣服须洗净后方可重新使用。眼睛接触：用水细心地冲洗数分钟。如戴隐形眼镜并可方便地取出，则取出隐形眼镜继续冲洗。食入：漱口，不要催吐，如果感觉不适，立即呼叫中毒控制中心或就医。如果接触或感觉不适：呼叫中毒控制中心或就医

安全储存　存放在通风良好的地方。保持低温。保持容器密闭。上锁保管

废弃处置　本品及内装物、容器依据国家和地方法规处置

物理和化学危险　高度易燃，其蒸气与空气混合，能形成爆炸性混合物。遇水产生有毒气体

健康危害　人接触后中毒表现为眼及上呼吸道刺激；高浓度时可发生肺水肿。涂于豚鼠皮肤引起深度坏死及形成焦痂。与兔眼接触造成永久性角膜损害

环境危害　对环境可能有害

第三部分　成分/组成信息

√ 物质		混合物
组分	**浓度**	**CAS No.**
氯甲酸异丙酯		108-23-6

第四部分　急救措施

吸入　迅速脱离现场至空气新鲜处。保持呼吸道通畅。如呼吸困难，给输氧。如呼吸、心跳停止，立即进行心肺复苏术。就医

皮肤接触　立即脱去污染的衣着，用大量流动清水彻底冲洗至少15min。就医

眼睛接触　立即分开眼睑，用流动清水或生理盐水彻底冲洗至少15min。就医

食入　用水漱口，禁止催吐。给饮牛奶或蛋清。就医

对保护施救者的忠告　根据需要使用个人防护设备

对医生的特别提示　对症处理

第五部分　消防措施

灭火剂　用二氧化碳、干粉、砂土灭火

特别危险性　受热分解能放出剧毒的光气。遇水或水蒸气反应放热并产生有毒的腐蚀性气体。蒸气比空气重，沿地面扩散并易积存于低洼处，遇火源会着火回燃。燃烧生成有害的一氧化碳、氯化氢、光气

灭火注意事项及防护措施　消防人员必须佩戴空气呼吸器、穿全身防火防毒服，在上风向灭火。尽可能将容器从火场移至空旷处。容器突然发出异常声音或出现异常现象，应立即撤离。不宜用水

第六部分　泄漏应急处理

作业人员防护措施、防护装备和应急处置程序　消除所有点火源。根据液体流动和蒸气扩散的影响区域划定警戒区，无关人员从侧风、上风向撤离至安全区。建议应急处理人员戴正压自给式呼吸器，穿防静电、防腐蚀、防毒服，戴橡胶耐油手套。作业时使用的所有设备应接地。穿上适当的防护服前严禁接触破裂的容器和泄漏物。尽可能切断泄漏源

环境保护措施　防止泄漏物进入水体、下水道、地下室或有限空间

泄漏化学品的收容、清除方法及所使用的处置材料　严禁用水处理。小量泄漏：用干燥的砂土或其他不燃材料覆盖泄漏物。大量泄漏：构筑围堤或挖坑收容。用防爆、耐腐蚀泵转移至槽车或专用收集器内

第七部分　操作处置与储存

操作注意事项　密闭操作，加强通风。操作人员必须经过专门培训，严格遵守操作规程。建议操作人员佩戴自吸过滤式防毒面具（半面罩），戴化学安全防护眼镜，穿防毒物渗透工作服，戴橡胶耐油手套。远离火种、热源。工作场所严禁吸烟。使用防爆型的通风系统和设备。避免产生烟雾。防止烟雾和蒸气释放到工作场所空气中。避免与氧化剂、碱类接触。尤其要注意避免与水接触。灌装时应控制流速，且有接地装置，防止静电积聚。搬运时要轻装轻卸，防止包装及容器损坏。配备相应品种和数量的消防器材及泄漏应急处理设备。倒空的容器可能残留有害物

储存注意事项　储存于阴凉、干燥、通风良好的库房。远离火种、热源。库温不宜超过37℃。包装要求密封，不可与空气接触。应与氧化剂、碱类等分开存放，切忌混储。采用防爆型照明、通风设施。禁止使用易产生火花的机械设备和工具。储区应备有泄漏应急处理设备和合适的收容材料

第八部分　接触控制/个体防护

职业接触限值

中国　未制定标准

美国(ACGIH)　未制定标准

生物接触限值　未制定标准

监测方法　空气中有毒物质测定方法：未制定标准。生物监测检验方法：未制定标准

工程控制　生产过程密闭，加强通风。提供安全的淋浴和洗眼设备

个体防护装备

呼吸系统防护　可能接触其蒸气时，佩戴过滤式防毒面具（半面罩）。必要时佩戴空气呼吸器

眼睛防护　戴化学安全防护眼镜

皮肤和身体防护　穿防毒物渗透工作服

手防护　戴橡胶耐油手套

第九部分　理化特性

外观与性状　无色液体，有刺激性气味

pH 值　无资料　　**熔点(℃)**　−80

沸点(℃)　104.6　　**相对密度(水=1)**　1.08

相对蒸气密度(空气=1)　4.2

饱和蒸气压(kPa)　3（20℃）

燃烧热(kJ/mol)　无资料　　**临界温度(℃)**　无资料

临界压力(MPa)　无资料　　**辛醇/水分配系数**　1.04

闪点(℃)　15.6；20（CC）　　**自燃温度(℃)**　>500

爆炸下限(%)　4.0　　**爆炸上限(%)**　15.0

分解温度(℃)　无资料

黏度(mPa·s)　0.65（20℃）

溶解性　不溶于水，溶于乙醚、丙酮、氯仿等多数有机溶剂

第十部分　稳定性和反应性

稳定性　稳定

危险反应　与强氧化剂、水等禁配物接触，有发生火灾和爆炸的危险。受热分解产生剧毒光气

避免接触的条件　潮湿空气、受热

禁配物　强氧化剂、强碱、水

危险的分解产物　氯化氢、光气

第十一部分　毒理学信息

急性毒性

LD_{50}　1070mg/kg（大鼠经口）；178mg/kg（小鼠经口）；11300mg/kg（兔经皮）

LC_{50}　1504mg/m^3（小鼠吸入，1h）

皮肤刺激或腐蚀　家兔经皮：500mg，引起刺激

眼睛刺激或腐蚀　家兔经眼：500mg，重度刺激

呼吸或皮肤过敏　无资料　　**生殖细胞突变性**　无资料

致癌性　无资料　　**生殖毒性**　无资料

特异性靶器官系统毒性-一次接触　无资料

特异性靶器官系统毒性-反复接触　无资料

吸入危害　无资料

第十二部分　生态学信息

生态毒性　无资料

持久性和降解性

生物降解性　MITI-I 测试，初始浓度 100mg/L，污泥浓度 30mg/L，4 周后降解 51%

非生物降解性　12.5℃时，水解半衰期为 32.6min（理论）；24.5℃时，水解半衰期为 5.6min（理论）

潜在的生物累积性　根据 K_{ow} 值预测，该物质的生物累积性可能较弱

土壤中的迁移性　根据 K_{oc} 值预测，该物质可能易发生迁移

第十三部分　废弃处置

废弃化学品　建议用焚烧法处置。与燃料混合后，再焚烧。焚烧炉排出的卤化氢通过酸洗涤器除去

污染包装物　将容器返还生产商或按照国家和地方法规处置

废弃注意事项　处置前应参阅国家和地方有关法规

第十四部分　运输信息

联合国危险货物编号（UN 号）　2407

联合国运输名称　氯甲酸异丙酯

联合国危险性类别　6.1，3/8　　**包装类别**　Ⅰ类包装

包装标志

海洋污染物　否

运输注意事项　运输时运输车辆应配备相应品种和数量的消防器材及泄漏应急处理设备。夏季最好早晚运输。运输时所用的槽（罐）车应有接地链，槽内可设孔隔板以减少震荡产生的静电。严禁与氧化剂、碱类、食用化学品等混装混运。运输途中应防曝晒、雨淋，防高温。中途停留时应远离火种、热源、高温区。装运该物品的车辆排气管必须配备阻火装置，禁止使用易产生火花的机械设备和工具装卸。公路运输时要按规定路线行驶，勿在居民区和人口稠密区停留。铁路运输时要禁止溜放。严禁用木船、水泥船散装运输

第十五部分　法规信息

下列法律、法规、规章和标准，对该化学品的管理作了相应的规定。

中华人民共和国职业病防治法　职业病分类和目录：未列入

危险化学品安全管理条例　危险化学品目录：列入。易制爆危险化学品名录：未列入。重点监管的危险化学品名录：未列入。GB 18218—2009《危险化学品重大危险源辨识》(表 1)：未列入

使用有毒物品作业场所劳动保护条例　高毒物品目录：未列入

易制毒化学品管理条例　易制毒化学品的分类和品种目录：未列入

国际公约　斯德哥尔摩公约：未列入。鹿特丹公约：未列入。蒙特利尔议定书：未列入

第十六部分　其他信息

编写和修订信息　　**缩略语和首字母缩写**

培训建议　　**参考文献**

免责声明

氯甲酸异丁酯

第一部分　化学品标识

化学品中文名　氯甲酸异丁酯

化学品英文名　isobutyl chloroformate；isobutyl chlorocarbonate

分子式　$C_5H_9ClO_2$　　**相对分子质量**　136.58

结构式　[结构式：$(CH_3)_2CHCH_2-O-C(=O)-Cl$]

化学品的推荐及限制用途 用于有机合成

第二部分 危险性概述

紧急情况概述 易燃液体和蒸气，吸入会中毒，造成严重的皮肤灼伤和眼损伤

GHS危险性类别 易燃液体，类别3；急性毒性-吸入，类别3；皮肤腐蚀/刺激，类别1；严重眼损伤/眼刺激，类别1

标签要素

象形图

警示词 危险

危险性说明 易燃液体和蒸气，吸入会中毒，造成严重的皮肤灼伤和眼损伤

防范说明

预防措施 远离热源、火花、明火、热表面。禁止吸烟。保持容器密闭。容器和接收设备接地连接。使用防爆电器、通风、照明设备。只能使用不产生火花的工具。采取防止静电措施。避免吸入蒸气、雾。仅在室外或通风良好处操作。避免接触眼睛、皮肤，操作后彻底清洗。戴防护手套，穿防护服，戴防护眼镜、防护面罩

事故响应 火灾时，使用干粉、二氧化碳、砂土灭火。如吸入：将患者转移到空气新鲜处，休息，保持利于呼吸的体位，呼叫中毒控制中心或就医。如皮肤（或头发）接触：立即脱掉所有被污染的衣服，用水冲洗皮肤，淋浴。污染的衣服须洗净后方可重新使用。眼睛接触：用水细心地冲洗数分钟。如戴隐形眼镜并可方便地取出，则取出隐形眼镜继续冲洗。食入：漱口。不要催吐

安全储存 存放在通风良好的地方。保持低温。保持容器密闭。上锁保管

废弃处置 本品及内装物、容器依据国家和地方法规处置

物理和化学危险 易燃，其蒸气与空气混合，能形成爆炸性混合物

健康危害 对眼、黏膜和皮肤有刺激性和腐蚀性

环境危害 对环境可能有害

第三部分 成分/组成信息

√物质		混合物
组分	**浓度**	**CAS No.**
氯甲酸异丁酯		543-27-1

第四部分 急救措施

吸入 迅速脱离现场至空气新鲜处。保持呼吸道通畅。如呼吸困难，给输氧。如呼吸、心跳停止，立即进行心肺复苏术。就医

皮肤接触 立即脱去污染的衣着，用大量流动清水彻底冲洗至少15min。就医

眼睛接触 立即分开眼睑，用流动清水或生理盐水彻底冲洗至少15min。就医

食入 用水漱口，禁止催吐。给饮牛奶或蛋清。就医

对保护施救者的忠告 根据需要使用个人防护设备

对医生的特别提示 对症处理

第五部分 消防措施

灭火剂 用干粉、二氧化碳、砂土灭火

特别危险性 遇水或受热分解，放出有毒的腐蚀性烟气。蒸气比空气重，沿地面扩散并易积存于低洼处，遇火源会着火回燃。若遇高热，容器内压增大，有开裂和爆炸的危险。燃烧生成有害的一氧化碳、氯化氢

灭火注意事项及防护措施 消防人员必须佩戴空气呼吸器、穿全身防火防毒服，在上风向灭火。尽可能将容器从火场移至空旷处。喷水保持火场容器冷却，直至灭火结束。容器突然发出异常声音或出现异常现象，应立即撤离。不宜用水

第六部分 泄漏应急处理

作业人员防护措施、防护装备和应急处置程序 消除所有点火源。根据液体流动和蒸气扩散的影响区域划定警戒区，无关人员从侧风、上风向撤离至安全区。建议应急处理人员戴正压自给式呼吸器，穿防毒、防静电服，戴橡胶耐油手套。禁止接触或跨越泄漏物。尽可能切断泄漏源

环境保护措施 防止泄漏物进入水体、下水道、地下室或有限空间

泄漏化学品的收容、清除方法及所使用的处置材料 小量泄漏：用砂土或其他不燃材料吸收。大量泄漏：构筑围堤或挖坑收容。用防爆泵转移至槽车或专用收集器内

第七部分 操作处置与储存

操作注意事项 严加密闭，提供充分的局部排风和全面通风。操作人员必须经过专门培训，严格遵守操作规程。建议操作人员佩戴自吸过滤式防毒面具（半面罩），戴化学安全防护眼镜，穿防毒物渗透工作服，戴橡胶耐油手套。远离火种、热源。工作场所严禁吸烟。使用防爆型的通风系统和设备。防止蒸气泄漏到工作场所空气中。避免与氧化剂、酸类、碱类、胺类接触。尤其要注意避免与水接触。搬运时要轻装轻卸，防止包装及容器损坏。配备相应品种和数量的消防器材及泄漏应急处理设备。倒空的容器可能残留有害物

储存注意事项 储存于阴凉、干燥、通风良好的库房。远离火种、热源。库房温度不超过32℃，相对湿度不超过80%。保持容器密封。应与氧化剂、酸类、碱类、胺类等分开存放，切忌混储。采用防爆型照明、通风设施。禁止使用易产生火花的机械设备和工具。储区应备有泄漏应急处理设备和合适的收容材料

第八部分 接触控制/个体防护

职业接触限值

中国 未制定标准

美国(ACGIH) 未制定标准

生物接触限值 未制定标准

监测方法 空气中有毒物质测定方法：未制定标准。生物监测检验方法：未制定标准

工程控制 严加密闭，提供充分的局部排风和全面通风。提供安全的淋浴和洗眼设备

个体防护装备

呼吸系统防护 可能接触其蒸气时，建议佩戴过滤式防毒面具（半面罩）。紧急事态抢救或撤离时，建议佩戴空气呼吸器

眼睛防护 戴化学安全防护眼镜

皮肤和身体防护 穿防毒物渗透工作服

手防护 戴橡胶耐油手套

第九部分 理化特性

外观与性状 无色液体，有刺激性气味

pH值 无资料 **熔点(℃)** 无资料

沸点(℃) 128.8 **相对密度(水=1)** 1.05

相对蒸气密度(空气=1) 4.71

饱和蒸气压(kPa) 2.27（20℃）

燃烧热(kJ/mol) 无资料 **临界温度(℃)** 无资料

临界压力(MPa) 无资料 **辛醇/水分配系数** 1.54

闪点(℃) 27（CC） **自燃温度(℃)** 无资料

爆炸下限(%) 无资料 **爆炸上限(%)** 无资料

分解温度(℃) 无资料

黏度(mPa·s) 无资料

溶解性 溶于热乙醇、苯、氯仿，可混溶于乙醚

第十部分 稳定性和反应性

稳定性 稳定

危险反应 与强氧化剂、水等禁配物接触，有发生火灾和爆炸的危险

避免接触的条件 受热、潮湿空气

禁配物 强氧化剂、强酸、强碱、水蒸气、胺类

危险的分解产物 氯化氢

第十一部分 毒理学信息

急性毒性 无资料 **皮肤刺激或腐蚀** 无资料

眼睛刺激或腐蚀 无资料 **呼吸或皮肤过敏** 无资料

生殖细胞突变性 无资料 **致癌性** 无资料

生殖毒性 无资料

特异性靶器官系统毒性-一次接触 无资料

特异性靶器官系统毒性-反复接触 无资料

吸入危害 无资料

第十二部分 生态学信息

生态毒性 无资料

持久性和降解性

生物降解性 无资料

非生物降解性 无资料

潜在的生物累积性 根据 K_{ow} 值预测，该物质的生物累积性可能较弱

土壤中的迁移性 根据 K_{oc} 值预测，该物质可能易发生迁移

第十三部分 废弃处置

废弃化学品 建议用焚烧法处置。与燃料混合后，再焚烧。焚烧炉排出的卤化氢通过酸洗涤器除去

污染包装物 将容器返还生产商或按照国家和地方法规处置

废弃注意事项 处置前应参阅国家和地方有关法规

第十四部分 运输信息

联合国危险货物编号（UN号） 2742

联合国运输名称 氯甲酸酯，毒性，腐蚀性，易燃，未另作规定的（氯甲酸异丁酯）

联合国危险性类别 6.1，3/8 **包装类别** Ⅱ类包装

包装标志

海洋污染物 否

运输注意事项 运输前应先检查包装容器是否完整、密封，运输过程中要确保容器不泄漏、不倒塌、不坠落、不损坏。严禁与酸类、氧化剂、食品及食品添加剂混运。运输时运输车辆应配备相应品种和数量的消防器材及泄漏应急处理设备。运输途中应防曝晒、雨淋，防高温。运输时所用的槽（罐）车应有接地链，槽内可设孔隔板以减少震荡产生的静电。中途停留时应远离火种、热源。公路运输时要按规定路线行驶

第十五部分 法规信息

下列法律、法规、规章和标准，对该化学品的管理作了相应的规定。

中华人民共和国职业病防治法 职业病分类和目录：未列入

危险化学品安全管理条例 危险化学品目录：列入。易制爆危险化学品名录：未列入。重点监管的危险化学品名录：未列入。GB 18218—2009《危险化学品重大危险源辨识》（表1）：未列入

使用有毒物品作业场所劳动保护条例 高毒物品目录：未列入

易制毒化学品管理条例 易制毒化学品的分类和品种目录：未列入

国际公约 斯德哥尔摩公约：未列入。鹿特丹公约：未列入。蒙特利尔议定书：未列入

第十六部分 其他信息

编写和修订信息 **缩略语和首字母缩写**

培训建议 **参考文献**

免责声明

氯甲酸正丙酯

第一部分 化学品标识

化学品中文名 氯甲酸正丙酯；氯甲酸丙酯

化学品英文名 propyl chloroformate

分子式 $C_4H_7ClO_2$ **相对分子质量** 122.56

结构式

化学品的推荐及限制用途 用于有机合成

第二部分 危险性概述

紧急情况概述 高度易燃液体和蒸气，吸入会中毒，造成严重的皮肤灼伤和眼损伤

GHS 危险性类别 易燃液体，类别 2；急性毒性-吸入，类别 3；皮肤腐蚀/刺激，类别 1B；严重眼损伤/眼刺激，类别 1；危害水生环境-急性危害，类别 2

标签要素

象形图

警示词 危险

危险性说明 高度易燃液体和蒸气，吸入会中毒，造成严重的皮肤灼伤和眼损伤，对水生生物有毒

防范说明

预防措施 远离热源、火花、明火、热表面。禁止吸烟。保持容器密闭。容器和接收设备接地连接。使用防爆电器、通风、照明设备。只能使用不产生火花的工具。采取防止静电措施。避免吸入蒸气、雾。仅在室外或通风良好处操作。避免接触眼睛、皮肤，操作后彻底清洗。戴防护手套，穿防护服，戴防护眼镜、防护面罩。禁止排入环境

事故响应 火灾时，使用干粉、二氧化碳、砂土灭火。如吸入：将患者转移到空气新鲜处，休息，保持利于呼吸的体位，呼叫中毒控制中心或就医。如皮肤（或头发）接触：立即脱掉所有被污染的衣服，用水冲洗皮肤，淋浴。污染的衣服须洗净后方可重新使用。眼睛接触：用水细心地冲洗数分钟。如戴隐形眼镜并可方便地取出，则取出隐形眼镜继续冲洗。食入：漱口。不要催吐

安全储存 存放在通风良好的地方。保持低温。保持容器密闭。上锁保管

废弃处置 本品及内装物、容器依据国家和地方法规处置

物理和化学危险 高度易燃，其蒸气与空气混合，能形成爆炸性混合物

健康危害 对眼睛、皮肤、黏膜和呼吸道有强烈的刺激作用。吸入后可引起眼畏光、流泪、刺痛、咽干痛、胸闷、气急、呛咳等。严重者可引起迟发性肺水肿。可致皮肤和眼灼伤

环境危害 对水生生物有毒

第三部分 成分/组成信息

√物质　　混合物

组分	浓度	CAS No.
氯甲酸正丙酯		109-61-5

第四部分 急救措施

吸入 迅速脱离现场至空气新鲜处。保持呼吸道通畅。如呼吸困难，给输氧。如呼吸、心跳停止，立即进行心肺复苏术。就医

皮肤接触 立即脱去污染的衣着，用大量流动清水彻底冲洗至少 15min。就医

眼睛接触 立即分开眼睑，用流动清水或生理盐水彻底冲洗至少 15min。就医

食入 用水漱口，禁止催吐。给饮牛奶或蛋清。就医

对保护施救者的忠告 根据需要使用个人防护设备

对医生的特别提示 对症处理

第五部分 消防措施

灭火剂 用干粉、二氧化碳、砂土灭火

特别危险性 遇水或受热会反应放出具有刺激性和腐蚀性的白色氯化氢烟雾。燃烧生成有害的一氧化碳、氯化氢、光气

灭火注意事项及防护措施 消防人员须佩戴防毒面具、穿全身消防服，在上风向灭火。尽可能将容器从火场移至空旷处。喷水保持火场容器冷却，直至灭火结束。容器突然发出异常声音或出现异常现象，应立即撤离。不宜用水

第六部分 泄漏应急处理

作业人员防护措施、防护装备和应急处置程序 消除所有点火源。根据液体流动和蒸气扩散的影响区域划定警戒区，无关人员从侧风、上风向撤离至安全区。建议应急处理人员戴正压自给式呼吸器，穿防毒、防静电服，戴橡胶耐油手套。作业时使用的所有设备应接地。穿上适当的防护服前严禁接触破裂的容器和泄漏物。尽可能切断泄漏源

环境保护措施 防止泄漏物进入水体、下水道、地下室或有限空间

泄漏化学品的收容、清除方法及所使用的处置材料 严禁用水处理。小量泄漏：用干燥的砂土或其他不燃材料覆盖泄漏物。大量泄漏：构筑围堤或挖坑收容。用防爆泵转移至槽车或专用收集器内

第七部分 操作处置与储存

操作注意事项 密闭操作，提供充分的局部排风。操作尽可能机械化、自动化。操作人员必须经过专门培训，严格遵守操作规程。建议操作人员佩戴自吸过滤式防毒面具（半面罩），戴化学安全防护眼镜，穿防毒物渗透工作服，戴橡胶耐油手套。远离火种、热源。工作场所严禁吸烟。使用防爆型的通风系统和设备。防止蒸气泄漏到工作场所空气中。避免与酸类、碱类、醇类、胺类接触。搬运时要轻装轻卸，防止包装及容器损坏。配备相应品种和数量的消防器材及泄漏应急处理设备。倒空的容器可能残留有害物

储存注意事项 储存于阴凉、干燥、通风良好的库房。远离火种、热源。库房温度不超过 32℃，相对湿度不超过 80%。包装必须密封，切勿受潮。应与酸类、

碱类、醇类、胺类、食用化学品分开存放，切忌混储。采用防爆型照明、通风设施。禁止使用易产生火花的机械设备和工具。储区应备有泄漏应急处理设备和合适的收容材料

第八部分　接触控制/个体防护

职业接触限值

中国　未制定标准

美国(ACGIH)　未制定标准

生物接触限值　未制定标准

监测方法　空气中有毒物质测定方法：未制定标准。生物监测检验方法：未制定标准

工程控制　严加密闭，提供充分的局部排风。提供安全的淋浴和洗眼设备

个体防护装备

呼吸系统防护　可能接触其蒸气时，应该佩戴过滤式防毒面具（半面罩）。紧急事态抢救或撤离时，佩戴空气呼吸器

眼睛防护　戴化学安全防护眼镜

皮肤和身体防护　穿防毒物渗透工作服

手防护　戴橡胶耐油手套

第九部分　理化特性

外观与性状　无色液体

pH值　无资料　**熔点(℃)**　<－70

沸点(℃)　115　**相对密度(水＝1)**　1.09

相对蒸气密度(空气＝1)　4.23

饱和蒸气压(kPa)　2.66（25℃）

燃烧热(kJ/mol)　无资料　**临界温度(℃)**　无资料

临界压力(MPa)　无资料　**辛醇/水分配系数**　1.12

闪点(℃)　26（CC）　**自燃温度(℃)**　475

爆炸下限(%)　无资料　**爆炸上限(%)**　无资料

分解温度(℃)　无资料

黏度(mPa·s)　0.8（20℃）

溶解性　不溶于水，溶于醇、乙醚、苯、氯仿等多数有机溶剂

第十部分　稳定性和反应性

稳定性　稳定

危险反应　与强氧化剂、水等禁配物接触，有发生火灾和爆炸的危险

避免接触的条件　受热、潮湿空气

禁配物　酸类、碱类、醇类、胺类、水

危险的分解产物　氯化氢、光气

第十一部分　毒理学信息

急性毒性

LD_{50}　550mg/kg（小鼠经口）；10mg/kg（小鼠经皮）

LC_{50}　1604mg/m^3（小鼠吸入，1h）

皮肤刺激或腐蚀　无资料　**眼睛刺激或腐蚀**　无资料

呼吸或皮肤过敏　无资料　**生殖细胞突变性**　无资料

致癌性　无资料　**生殖毒性**　无资料

特异性靶器官系统毒性-一次接触　无资料

特异性靶器官系统毒性-反复接触　无资料

吸入危害　无资料

第十二部分　生态学信息

生态毒性　无资料

持久性和降解性

生物降解性　无资料

非生物降解性　无资料

潜在的生物累积性　根据 K_{ow} 值预测，该物质的生物累积性可能较弱

土壤中的迁移性　根据 K_{oc} 值预测，该物质可能易发生迁移

第十三部分　废弃处置

废弃化学品　建议用焚烧法处置。与燃料混合后，再焚烧。焚烧炉排出的卤化氢通过酸洗涤器除去

污染包装物　将容器返还生产商或按照国家和地方法规处置

废弃注意事项　处置前应参阅国家和地方有关法规

第十四部分　运输信息

联合国危险货物编号（UN号）　2740

联合国运输名称　氯甲酸正丙酯

联合国危险性类别　6.1，3/8　**包装类别**　Ⅰ类包装

包装标志

海洋污染物　否

运输注意事项　运输前应先检查包装容器是否完整、密封，运输过程中要确保容器不泄漏、不倒塌、不坠落、不损坏。严禁与酸类、氧化剂、食品及食品添加剂混运。运输时运输车辆应配备相应品种和数量的消防器材及泄漏应急处理设备。运输途中应防曝晒、雨淋，防高温。运输时所用的槽（罐）车应有接地链，槽内可设孔隔板以减少震荡产生的静电。中途停留时应远离火种、热源。公路运输时要按规定路线行驶

第十五部分　法规信息

下列法律、法规、规章和标准，对该化学品的管理作了相应的规定。

中华人民共和国职业病防治法　职业病分类和目录：未列入

危险化学品安全管理条例　危险化学品目录：列入。易制爆危险化学品名录：未列入。重点监管的危险化学品名录：未列入。GB 18218—2009《危险化学品重大危险源辨识》(表1)：未列入

使用有毒物品作业场所劳动保护条例　高毒物品目录：未列入

易制毒化学品管理条例　易制毒化学品的分类和品种目录：未列入

国际公约　斯德哥尔摩公约：未列入。鹿特丹公约：未列入。蒙特利尔议定书：未列入

第十六部分　其他信息

编写和修订信息　　**缩略语和首字母缩写**
培训建议　　**参考文献**
免责声明

氯　甲　烷

第一部分　化学品标识

化学品中文名　氯甲烷；甲基氯；制冷剂 R-40
化学品英文名　chloromethane；methyl chloride
分子式　CH_3Cl　　**相对分子质量**　50.49
结构式　H—C(H)(H)—Cl
化学品的推荐及限制用途　用作制冷剂、甲基化剂，还用于有机合成

第二部分　危险性概述

紧急情况概述　极易燃气体，内装加压气体：遇热可能爆炸
GHS 危险性类别　易燃气体，类别 1；加压气体；特异性靶器官毒性-反复接触，类别 2
标签要素

象形图

警示词　危险
危险性说明　极易燃气体，内装加压气体：遇热可能爆炸，长时间或反复接触可能对器官造成损伤
防范说明
预防措施　远离热源、火花、明火、热表面。禁止吸烟。避免吸入气体
事故响应　漏气着火：切勿灭火，除非漏气能够安全地制止。如果没有危险，消除一切点火源。如感觉不适，就医
安全储存　防日晒。存放在通风良好的地方
废弃处置　本品及内装物、容器依据国家和地方法规处置
物理和化学危险　极易燃，其蒸气与空气混合，能形成爆炸性混合物
健康危害　本品有刺激和麻醉作用，严重损伤中枢神经系统，亦能损害肝、肾和睾丸
急性中毒　轻度者有头痛、眩晕、恶心、呕吐、视力模糊、步态蹒跚、精神错乱等。严重中毒时，可出现谵妄、躁动、抽搐、震颤、视力障碍、昏迷，呼气中有酮体味。尿中检出甲酸盐和酮体有助于诊断。皮肤接触可因氯甲烷在体表迅速蒸发而致冻伤
慢性影响　低浓度长期接触，可发生困倦、嗜睡、头痛、感觉异常、情绪不稳等症状，较重者有步态蹒跚、视力障碍及震颤等症状
环境危害　对环境可能有害

第三部分　成分/组成信息

√物质　　混合物

组分	浓度	CAS No.
氯甲烷		74-87-3

第四部分　急救措施

吸入　迅速脱离现场至空气新鲜处。保持呼吸道通畅。如呼吸困难，给输氧。如呼吸、心跳停止，立即进行心肺复苏术。就医
皮肤接触　如发生冻伤，用温水（38～42℃）复温，忌用热水或辐射热，不要揉搓。就医
对保护施救者的忠告　根据需要使用个人防护设备
对医生的特别提示　对症处理

第五部分　消防措施

灭火剂　用雾状水、泡沫、二氧化碳灭火
特别危险性　与空气混合能形成爆炸性混合物，遇火花或高热能引起爆炸，并有光气生成。接触铝及其合金能生成自燃性的铝化合物。燃烧生成有害的一氧化碳、氯化氢、光气
灭火注意事项及防护措施　切断气源。若不能切断气源，则不允许熄灭泄漏处的火焰。消防人员必须佩戴空气呼吸器、穿全身防火防毒服，在上风向灭火。尽可能将容器从火场移至空旷处。喷水保持火场容器冷却，直至灭火结束

第六部分　泄漏应急处理

作业人员防护措施、防护装备和应急处置程序　消除所有点火源。根据气体扩散的影响区域划定警戒区，无关人员从侧风、上风向撤离至安全区。建议应急处理人员穿内置正压自给式呼吸器的全封闭防化服。如果是液化气体泄漏，还应注意防冻伤。作业时使用的所有设备应接地。尽可能切断泄漏源。若可能翻转容器，使之逸出气体而非液体。喷雾状水抑制蒸气或改变蒸气云流向，避免水流接触泄漏物。禁止用水直接冲击泄漏物或泄漏源
环境保护措施　防止气体通过下水道、通风系统和有限空间扩散
泄漏化学品的收容、清除方法及所使用的处置材料　隔离泄漏区直至气体散尽

第七部分　操作处置与储存

操作注意事项　严加密闭，提供充分的局部排风和全面通风。操作人员必须经过专门培训，严格遵守操作规程。建议操作人员佩戴过滤式防毒面具（半面罩），戴化学安全防护眼镜，穿透气型防毒服，戴防化学品手套。远离火种、热源。工作场所严禁吸烟。使用防爆型的通风系统和设备。防止气体泄漏到工作场所空气中。避免与氧化剂接触。搬运时轻装轻卸，防止钢瓶及附件破损。配备相应品种和数量的消防器材及泄漏应急处理设备

储存注意事项 储存于阴凉、通风的有毒气体专用库房。远离火种、热源。库温不宜超过30℃。应与氧化剂分开存放，切忌混储。采用防爆型照明、通风设施。禁止使用易产生火花的机械设备和工具。储区应备有泄漏应急处理设备

第八部分 接触控制/个体防护

职业接触限值

中国 PC-TWA：60mg/m^3；PC-STEL：120mg/m^3［皮］

美国(ACGIH) TLV-TWA：50ppm；TLV-STEL：100ppm［皮］

生物接触限值 未制定标准

监测方法 空气中有毒物质测定方法：直接进样-气相色谱法。生物监测检验方法：未制定标准

工程控制 严加密闭，提供充分的局部排风和全面通风。提供安全的淋浴和洗眼设备

个体防护装备

呼吸系统防护 空气中浓度超标时，佩戴过滤式防毒面具（半面罩）。紧急事态抢救或撤离时，必须佩戴正压自给式呼吸器

眼睛防护 戴化学安全防护眼镜

皮肤和身体防护 穿透气型防毒服

手防护 戴防化学品手套

第九部分 理化特性

外观与性状 无色气体，有醚样的微甜气味

pH值 无意义　**熔点(℃)** −97.6

沸点(℃) −23.7　**相对密度(水=1)** 0.92

相对蒸气密度(空气=1) 1.8

饱和蒸气压(kPa) 506.62 (22℃)

燃烧热(kJ/mol) −620.27　**临界温度(℃)** 143.8

临界压力(MPa) 6.68　**辛醇/水分配系数** 0.91

闪点(℃) −46　**自燃温度(℃)** 632

爆炸下限(%) 8.1　**爆炸上限(%)** 17.4

分解温度(℃) 无资料

黏度(mPa·s) 0.18 (20℃)

溶解性 微溶于水，溶于乙醇、氯仿、苯、四氯化碳、冰醋酸等

第十部分 稳定性和反应性

稳定性 稳定

危险反应 与强氧化剂、活性金属等禁配物接触，有发生火灾和爆炸的危险

避免接触的条件 潮湿空气

禁配物 强氧化剂、镁、钾、钠及其合金等

危险的分解产物 氯化氢

第十一部分 毒理学信息

急性毒性 LC_{50}：5300mg/m^3（大鼠吸入，4h）

皮肤刺激或腐蚀 无资料　**眼睛刺激或腐蚀** 无资料

呼吸或皮肤过敏 无资料

生殖细胞突变性 微生物致突变：鼠伤寒沙门氏菌2500ppm。姐妹染色单体交换：人淋巴细胞3 pph。哺乳动物体细胞突变：人淋巴细胞5 pph。程序外DNA合成：大鼠肝1 pph。显性致死试验：大鼠吸入3000ppm，每天6h，连续5d

致癌性 IARC致癌性评论：组3，现有的证据不能对人类致癌性进行分类。对人及动物致癌性证据不足

生殖毒性 大鼠孕后7～19d吸入最低中毒剂量（TCLo）1500ppm/6h，致肌肉骨骼系统发育畸形。小鼠孕后6～17d吸入最低中毒剂量（TCLo）500ppm/6h，致心血管系统发育畸形

特异性靶器官系统毒性-一次接触 无资料

特异性靶器官系统毒性-反复接触 无资料

吸入危害 无资料

第十二部分 生态学信息

生态毒性

LC_{50} 270ppm（96h）（月银汉鱼，静态）；550ppm（96h）（蓝鳃太阳鱼，静态）

IC_{50} 500～1450mg/L（72h）（藻类）

持久性和降解性

生物降解性 无资料

非生物降解性 空气中，当羟基自由基浓度为5.00×10^{5}个/cm^{3}时，降解半衰期为310d（理论）

潜在的生物累积性 根据K_{ow}值预测，该物质的生物累积性可能较弱

土壤中的迁移性 根据K_{oc}值预测，该物质可能易发生迁移

第十三部分 废弃处置

废弃化学品 用控制焚烧法处置。焚烧炉排出的卤化氢通过酸洗涤器除去

污染包装物 将容器返还生产商或按照国家和地方法规处置

废弃注意事项 处置前应参阅国家和地方有关法规。把倒空的容器归还厂商或在规定场所掩埋

第十四部分 运输信息

联合国危险货物编号（UN号） 1063

联合国运输名称 甲基氯

联合国危险性类别 2.1　**包装类别** -

包装标志 

　海洋污染物 否

运输注意事项 采用钢瓶运输时必须戴好钢瓶上的安全帽。钢瓶一般平放，并应将瓶口朝同一方向，不可交叉；高度不得超过车辆的防护栏板，并用三角木垫卡牢，防止滚动。运输时运输车辆应配备相应品种和数量的消防器材。装运该物品的车辆排气管必须配备阻火装置，禁止使用易产生火花的机械设备和工具装卸。严禁与氧化剂、食用化学品等混装混运。夏季应早晚运输，防止日光曝晒。中途停留时应远离火种、热源。公路运输时要按规定路线行驶，禁止在居民区

和人口稠密区停留。铁路运输时要禁止溜放

第十五部分　法规信息

下列法律、法规、规章和标准，对该化学品的管理作了相应的规定。

中华人民共和国职业病防治法　职业病分类和目录：未列入

危险化学品安全管理条例　危险化学品目录：列入。易制爆危险化学品名录：未列入。重点监管的危险化学品名录：列入。GB 18218—2009《危险化学品重大危险源辨识》(表1)：未列入

使用有毒物品作业场所劳动保护条例　高毒物品目录：未列入

易制毒化学品管理条例　易制毒化学品的分类和品种目录：未列入

国际公约　斯德哥尔摩公约：未列入。鹿特丹公约：未列入。蒙特利尔议定书：未列入

第十六部分　其他信息

编写和修订信息　　**缩略语和首字母缩写**

培训建议　　**参考文献**

免责声明

氯三氟甲烷

第一部分　化学品标识

化学品中文名　氯三氟甲烷；制冷剂 R-13；一氯三氟甲烷

化学品英文名　chlorotrifluoromethane；monochlorotrifluoromethane；Freon 13

分子式　$CClF_3$　　**相对分子质量**　104.46

结构式

```
    F
    |
F — C — Cl
    |
    F
```

化学品的推荐及限制用途　是一种超低温的制冷剂，也用作泡沫塑料发泡剂、等离子刻蚀剂，还用于半导体装置

第二部分　危险性概述

紧急情况概述　内装加压气体：遇热可能爆炸

GHS 危险性类别　加压气体；危害臭氧层，类别1

标签要素

象形图

警示词　警告

危险性说明　内装加压气体：遇热可能爆炸，破坏高层大气中的臭氧，危害公共健康和环境

防范说明

预防措施　-

事故响应　-

安全储存　防日晒。存放在通风良好的地方

废弃处置　-

物理和化学危险　不燃，无特殊燃爆特性

健康危害　有窒息作用。接触后可有头痛、恶心和眩晕。皮肤直接接触液态本品，可引起冻伤

环境危害　破坏高层大气中的臭氧，危害公共健康和环境

第三部分　成分/组成信息

√物质		混合物
组分	**浓度**	**CAS No.**
氯三氟甲烷		75-72-9

第四部分　急救措施

吸入　迅速脱离现场至空气新鲜处。保持呼吸道通畅。如呼吸困难，给输氧。如呼吸、心跳停止，立即进行心肺复苏术。就医

皮肤接触　如发生冻伤，用温水（38～42℃）复温，忌用热水或辐射热，不要揉搓。就医

对保护施救者的忠告　根据需要使用个人防护设备

对医生的特别提示　对症处理

第五部分　消防措施

灭火剂　本品不燃。根据着火原因选择适当灭火剂灭火

特别危险性　遇火或赤热金属可发生热分解，释放出高毒的烟雾。若遇高热，容器内压增大，有开裂和爆炸的危险

灭火注意事项及防护措施　消防人员须佩戴防毒面具、穿全身消防服，在上风向灭火。切断气源。喷水冷却容器，尽可能将容器从火场移至空旷处

第六部分　泄漏应急处理

作业人员防护措施、防护装备和应急处置程序　根据气体扩散的影响区域划定警戒区，无关人员从侧风、上风向撤离至安全区。建议应急处理人员戴正压自给式呼吸器，穿一般作业工作服。液化气体泄漏时穿防寒服。尽可能切断泄漏源。喷雾状水抑制蒸气或改变蒸气云流向，避免水流接触泄漏物。禁止用水直接冲击泄漏物或泄漏源。若可能翻转容器，使之逸出气体而非液体

环境保护措施　防止气体通过下水道、通风系统和有限空间扩散

泄漏化学品的收容、清除方法及所使用的处置材料　漏出气允许排入大气中。泄漏场所保持通风

第七部分　操作处置与储存

操作注意事项　密闭操作，全面通风。操作人员必须经过专门培训，严格遵守操作规程。防止气体泄漏到工作场所空气中。避免与氧化剂接触。搬运时戴好钢瓶安全帽和防震橡皮圈，防止钢瓶碰撞、损坏。配备泄漏应急处理设备

储存注意事项　储存于阴凉、通风的不燃气体专用库房。库温不宜超过30℃。远离火种、热源。应与氧化剂分开存放，切忌混储。储区应备有泄漏应急处理设备

第八部分　接触控制/个体防护

职业接触限值

中国　未制定标准

美国(ACGIH)　未制定标准

生物接触限值　未制定标准

监测方法　空气中有毒物质测定方法：未制定标准。生物监测检验方法：未制定标准

工程控制　生产过程密闭，全面通风

个体防护装备

呼吸系统防护　一般不需要特殊防护，高浓度接触时可佩戴过滤式防毒面具（半面罩）

眼睛防护　一般不需特殊防护

皮肤和身体防护　穿一般作业工作服

手防护　戴一般作业防护手套

第九部分　理化特性

外观与性状　无色气体，有特征气味

pH值　无意义　**熔点(℃)**　−181

沸点(℃)　−81.4　**相对密度(水=1)**　1.3

相对蒸气密度(空气=1)　3.6

饱和蒸气压(kPa)　3263.47（21℃）

燃烧热(kJ/mol)　无资料　**临界温度(℃)**　28.8

临界压力(MPa)　3.86　**辛醇/水分配系数**　1.65

闪点(℃)　无意义　**自燃温度(℃)**　无意义

爆炸下限(%)　无意义　**爆炸上限(%)**　无意义

分解温度(℃)　无资料

黏度(mPa·s)　无资料

溶解性　微溶于水

第十部分　稳定性和反应性

稳定性　稳定

危险反应　与强氧化剂等禁配物发生反应

避免接触的条件　无资料

禁配物　强氧化剂

危险的分解产物　无资料

第十一部分　毒理学信息

急性毒性　无资料　**皮肤刺激或腐蚀**　无资料

眼睛刺激或腐蚀　无资料　**呼吸或皮肤过敏**　无资料

生殖细胞突变性　无资料　**致癌性**　无资料

生殖毒性　无资料

特异性靶器官系统毒性-一次接触　无资料

特异性靶器官系统毒性-反复接触　豚鼠在10000ppm浓度下，每天吸入6h，20d，未见异常

吸入危害　无资料

第十二部分　生态学信息

生态毒性　无资料

持久性和降解性

生物降解性　无资料

非生物降解性　空气中，当羟基自由基浓度为5.00×10^5个/cm^3时，降解半衰期为62a（理论）

潜在的生物累积性　根据K_{ow}值预测，该物质的生物累积性可能较弱

土壤中的迁移性　根据K_{oc}值预测，该物质可能易发生迁移

第十三部分　废弃处置

废弃化学品　根据国家和地方有关法规的要求处置。或与制造商联系，确定处置方法

污染包装物　将容器返还生产商或按照国家和地方法规处置

废弃注意事项　把空容器归还厂商

第十四部分　运输信息

联合国危险货物编号（UN号）　1022

联合国运输名称　三氟氯甲烷

联合国危险性类别　2.2　**包装类别**　-

包装标志 

海洋污染物　否

运输注意事项　采用钢瓶运输时必须戴好钢瓶上的安全帽。钢瓶一般平放，并应将瓶口朝同一方向，不可交叉；高度不得超过车辆的防护栏板，并用三角木垫卡牢，防止滚动。严禁与氧化剂等混装混运。夏季应早晚运输，防止日光曝晒。铁路运输时要禁止溜放

第十五部分　法规信息

下列法律、法规、规章和标准，对该化学品的管理作了相应的规定。

中华人民共和国职业病防治法　职业病分类和目录：未列入

危险化学品安全管理条例　危险化学品目录：列入。易制爆危险化学品名录：未列入。重点监管的危险化学品名录：未列入。GB 18218—2009《危险化学品重大危险源辨识》(表1)：未列入

使用有毒物品作业场所劳动保护条例　高毒物品目录：未列入

易制毒化学品管理条例　易制毒化学品的分类和品种目录：未列入

国际公约　斯德哥尔摩公约：未列入。鹿特丹公约：未列入。蒙特利尔议定书：列入

第十六部分　其他信息

编写和修订信息　**缩略语和首字母缩写**

培训建议　**参考文献**

免责声明

氯　酸　铵

第一部分　化学品标识

化学品中文名　氯酸铵

化学品英文名　ammonium chlorate chloric acid ammonium salt

分子式 NH_4ClO_3 **相对分子质量** 101.49

化学品的推荐及限制用途 用作氧化剂、试剂

第二部分 危险性概述

紧急情况概述 不稳定爆炸物

GHS 危险性类别 爆炸物，不稳定爆炸物

标签要素

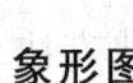

象形图 

警示词 危险

危险性说明 不稳定爆炸物

防范说明

预防措施 使用前获得特别指示。在明白所有安全防范措施之前请勿搬动。戴防护面罩

事故响应 火灾时可能爆炸。火势蔓延到爆炸物时，切勿灭火。撤离现场

安全储存 本品依据国家和地方法规贮存

废弃处置 本品及内装物、容器依据国家和地方法规处置

物理和化学危险 与可燃物混合或急剧加热会发生爆炸

健康危害 口服急性中毒，表现为高铁血红蛋白血症，胃肠炎，肝肾损伤，甚至窒息

环境危害 对环境可能有害

第三部分 成分/组成信息

√物质 混合物

组分	浓度	CAS No.
氯酸铵		10192-29-7

第四部分 急救措施

吸入 迅速脱离现场至空气新鲜处。保持呼吸道通畅。如呼吸困难，给输氧。如呼吸、心跳停止，立即进行心肺复苏术。就医

皮肤接触 立即脱去污染的衣着，用流动清水彻底冲洗。就医

眼睛接触 立即分开眼睑，用流动清水或生理盐水彻底冲洗。就医

食入 漱口，饮水。就医

对保护施救者的忠告 根据需要使用个人防护设备

对医生的特别提示 高铁血红蛋白血症，可用美蓝和维生素C治疗

第五部分 消防措施

灭火剂 用大量水扑救，同时用干粉灭火剂闷熄

特别危险性 不稳定，在常温下有时也会发生自燃爆炸，加热至100℃以上时能爆炸分解。遇有机物等易于自燃。常因撞击、摩擦、加热及氧化反应而发生爆炸

灭火注意事项及防护措施 消防人员须佩戴防毒面具、穿全身消防服，在有防护掩蔽处灭火。尽可能将容器从火场移至空旷处。喷水保持火场容器冷却，直至灭火结束。禁止用砂土压盖

第六部分 泄漏应急处理

作业人员防护措施、防护装备和应急处置程序 隔离泄漏污染区，限制出入。建议应急处理人员戴防尘口罩，穿一般作业工作服。勿使泄漏物与可燃物质（如木材、纸、油等）接触。尽可能切断泄漏源。勿使水进入包装容器内

环境保护措施 无资料

泄漏化学品的收容、清除方法及所使用的处置材料 小量泄漏：用洁净的铲子收集泄漏物，置于干净、干燥、盖子较松的容器中，将容器移离泄漏区。大量泄漏：泄漏物回收后，用水冲洗泄漏区

第七部分 操作处置与储存

操作注意事项 密闭操作，加强通风。操作人员必须经过专门培训，严格遵守操作规程。建议操作人员佩戴自吸过滤式防尘口罩，戴化学安全防护眼镜。远离火种、热源。工作场所严禁吸烟。远离易燃、可燃物。避免产生粉尘。避免与还原剂、酸类接触。搬运时要轻装轻卸，防止包装及容器损坏。禁止震动、撞击和摩擦。配备相应品种和数量的消防器材及泄漏应急处理设备。倒空的容器可能残留有害物

储存注意事项 储存于阴凉、干燥、通风良好的专用库房内，远离火种、热源。库房温度不超过30℃，相对湿度不超过80%。包装密封。应与易（可）燃物、还原剂、酸类、食用化学品分开存放，切忌混储。储区应备有合适的材料收容泄漏物

第八部分 接触控制/个体防护

职业接触限值

中国 未制定标准

美国(ACGIH) 未制定标准

生物接触限值 未制定标准

监测方法 空气中有毒物质测定方法：未制定标准。生物监测检验方法：未制定标准

工程控制 生产过程密闭，加强通风。提供安全的淋浴和洗眼设备

个体防护装备

呼吸系统防护 可能接触其粉尘时，建议佩戴过滤式防尘呼吸器

眼睛防护 戴化学安全防护眼镜

皮肤和身体防护 穿一般作业防护服

手防护 戴一般作业防护手套

第九部分 理化特性

外观与性状 白色结晶或块状

pH 值 无意义　**熔点(℃)** 102（爆炸）

沸点(℃) 无资料　**相对密度(水=1)** 1.8

相对蒸气密度(空气=1) 无资料

饱和蒸气压(kPa) 无资料

燃烧热(kJ/mol) 无资料　**临界温度(℃)** 无资料

临界压力(MPa) 无意义　**辛醇/水分配系数** 无资料

闪点(℃) 无意义　**自燃温度(℃)** 无意义

爆炸下限(%) 无意义 **爆炸上限(%)** 无意义
分解温度(℃) 无资料
黏度(mPa·s) 无资料
溶解性 溶于水，微溶于乙醇

第十部分 稳定性和反应性

稳定性 稳定
危险反应 与强还原剂、易燃或可燃物等禁配物接触，有发生火灾和爆炸的危险
避免接触的条件 撞击、摩擦、受热
禁配物 强还原剂、易燃或可燃物、强酸、硫、磷、硫酸
危险的分解产物 氮氧化物、氯化物、氨

第十一部分 毒理学信息

急性毒性 无资料 **皮肤刺激或腐蚀** 无资料
眼睛刺激或腐蚀 无资料 **呼吸或皮肤过敏** 无资料
生殖细胞突变性 无资料 **致癌性** 无资料
生殖毒性 无资料
特异性靶器官系统毒性-一次接触 无资料
特异性靶器官系统毒性-反复接触 无资料
吸入危害 无资料

第十二部分 生态学信息

生态毒性 无资料
持久性和降解性
生物降解性 无资料
非生物降解性 无资料
潜在的生物累积性 无资料
土壤中的迁移性 无资料

第十三部分 废弃处置

废弃化学品 根据国家和地方有关法规的要求处置。或与制造商联系，确定处置方法
污染包装物 将容器返还生产商或按照国家和地方法规处置
废弃注意事项 处置前应参阅国家和地方有关法规

第十四部分 运输信息

联合国危险货物编号（UN号） - **联合国运输名称** -
联合国危险性类别 - **包装类别** -
包装标志 - **海洋污染物** -
运输注意事项 不稳定爆炸物，禁止运输

第十五部分 法规信息

下列法律、法规、规章和标准，对该化学品的管理作了相应的规定。

中华人民共和国职业病防治法 职业病分类和目录：未列入
危险化学品安全管理条例 危险化学品目录：列入。易制爆危险化学品名录：未列入。重点监管的危险化学品名录：未列入。GB 18218—2009《危险化学品重大危险源辨识》(表1)：未列入
使用有毒物品作业场所劳动保护条例 高毒物品目录：未列入
易制毒化学品管理条例 易制毒化学品的分类和品种目录：未列入
国际公约 斯德哥尔摩公约：未列入。鹿特丹公约：未列入。蒙特利尔议定书：未列入

第十六部分 其他信息

编写和修订信息 **缩略语和首字母缩写**
培训建议 **参考文献**
免责声明

氯 酸 钡

第一部分 化学品标识

化学品中文名 氯酸钡
化学品英文名 barium chlorate
分子式 $Ba(ClO_3)_2$ **相对分子质量** 304.24
化学品的推荐及限制用途 用作分析试剂，也用于烟花和炸药的制造

第二部分 危险性概述

紧急情况概述 可引起燃烧或爆炸：强氧化剂，吞咽有害，吸入有害
GHS危险性类别 氧化性固体，类别1；急性毒性-经口，类别4；急性毒性-吸入，类别4；危害水生环境-急性危害，类别2；危害水生环境-长期危害，类别2
标签要素
象形图
警示词 危险
危险性说明 可引起燃烧或爆炸：强氧化剂，吞咽有害，吸入有害，对水生生物有毒并具有长期持续影响
防范说明
预防措施 远离热源、火花、明火、热表面。禁止吸烟。容器和接收设备接地连接。使用防爆电器、通风、照明设备。戴防护手套、防护眼镜、防护面罩。避免接触眼睛、皮肤，操作后彻底清洗。作业场所不得进食、饮水或吸烟。避免吸入粉尘。仅在室外或通风良好处操作。禁止排入环境
事故响应 火灾时，使用大量水扑救，同时用干粉灭火剂闷熄。如吸入：将患者转移到空气新鲜处，休息，保持利于呼吸的体位，如感觉不适，呼叫中毒控制中心或就医。食入：漱口，如果感觉不适，立即呼叫中毒控制中心或就医。收集泄漏物
安全储存 -
废弃处置 本品及内装物、容器依据国家和地方法规处置
物理和化学危险 与可燃物混合或急剧加热会发生爆炸
健康危害 属可溶性钡盐，有较高毒性。吸入后刺激上呼

吸道。眼和皮肤接触有刺激性。口服可引起腹痛、恶心、呕吐、腹泻、脉缓、面色苍白、紫绀、呼吸困难、流涎、惊厥、昏迷、胃肠出血、进行性肌麻痹、心律紊乱等。可致死

慢性影响　长期接触钡化合物的工人，可有无力、气促、流涎、口腔黏膜肿胀、糜烂、鼻炎、结膜炎、腹泻、心动过速、血压增高、脱发等

环境危害　对水生生物有毒并具有长期持续影响

第三部分　成分/组成信息

√物质		混合物
组分	**浓度**	**CAS No.**
氯酸钡		13477-00-4

第四部分　急救措施

吸入　迅速脱离现场至空气新鲜处。保持呼吸道通畅。如呼吸困难，给输氧。如呼吸、心跳停止，立即进行心肺复苏术。就医

皮肤接触　立即脱去污染的衣着，用流动清水彻底冲洗。就医

眼睛接触　立即分开眼睑，用流动清水或生理盐水彻底冲洗。就医

食入　饮足量温水，催吐。给服硫酸钠。就医

对保护施救者的忠告　根据需要使用个人防护设备

对医生的特别提示　解毒剂：硫酸钠、硫代硫酸钠。有低血钾者应补充钾盐

第五部分　消防措施

灭火剂　用大量水扑救，同时用干粉灭火剂闷熄

特别危险性　与还原剂、有机物、易燃物（如硫、磷）或金属粉末等混合可形成爆炸性混合物。与硫酸接触容易发生爆炸。急剧加热时可发生爆炸

灭火注意事项及防护措施　消防人员须佩戴防毒面具、穿全身消防服，在有防护掩蔽处灭火。尽可能将容器从火场移至空旷处。喷水保持火场容器冷却，直至灭火结束。禁止用砂土压盖

第六部分　泄漏应急处理

作业人员防护措施、防护装备和应急处置程序　隔离泄漏污染区，限制出入。建议应急处理人员戴防尘口罩，穿防毒服，戴橡胶手套。勿使泄漏物与可燃物质（如木材、纸、油等）接触。穿上适当的防护服前严禁接触破裂的容器和泄漏物。尽可能切断泄漏源

环境保护措施　无资料

泄漏化学品的收容、清除方法及所使用的处置材料　用洁净的铲子收集泄漏物，置于干净、干燥、盖子较松的容器中，将容器移离泄漏区

第七部分　操作处置与储存

操作注意事项　密闭操作，加强通风。操作人员必须经过专门培训，严格遵守操作规程。建议操作人员佩戴自吸过滤式防尘口罩，戴化学安全防护眼镜，穿胶布防毒衣，戴橡胶手套。远离火种、热源。工作场所严禁吸烟。远离易燃、可燃物。避免产生粉尘。避免与还原剂、酸类、醇类接触。搬运时要轻装轻卸，防止包装及容器损坏。禁止震动、撞击和摩擦。配备相应品种和数量的消防器材及泄漏应急处理设备。倒空的容器可能残留有害物

储存注意事项　储存于阴凉、干燥、通风良好的专用库房内，库房温度不超过 30℃，相对湿度不超过 80%。远离火种、热源。包装密封。应与易（可）燃物、还原剂、酸类、醇类、食用化学品分开存放，切忌混储。储区应备有合适的材料收容泄漏物

第八部分　接触控制/个体防护

职业接触限值

中国　PC-TWA：0.5mg/m³；PC-STEL：1.5mg/m³［按 Ba 计］

美国(ACGIH)　TLV-TWA：0.5mg/m³［按 Ba 计］

生物接触限值　未制定标准

监测方法　空气中有毒物质测定方法：二溴对甲基偶氮甲磺分光光度法；等离子体原子发射光谱法。生物监测检验方法：未制定标准

工程控制　生产过程密闭，加强通风。提供安全的淋浴和洗眼设备

个体防护装备

呼吸系统防护　可能接触其粉尘时，建议佩戴过滤式防尘呼吸器

眼睛防护　戴化学安全防护眼镜

皮肤和身体防护　穿隔绝式防毒服

手防护　戴橡胶手套

第九部分　理化特性

外观与性状　无色棱形结晶或白色粉末

pH 值　无意义	**熔点(℃)**　414（无水）
沸点(℃)　无资料	**相对密度(水=1)**　3.18
相对蒸气密度(空气=1)　无资料	
饱和蒸气压(kPa)　无资料	
燃烧热(kJ/mol)　无资料	**临界温度(℃)**　无资料
临界压力(MPa)　无意义	**辛醇/水分配系数**　无资料
闪点(℃)　无意义	**自燃温度(℃)**　无意义
爆炸下限(%)　无意义	**爆炸上限(%)**　无意义
分解温度(℃)　无资料	
黏度(mPa·s)　无资料	
溶解性　溶于水，微溶于乙醇	

第十部分　稳定性和反应性

稳定性　稳定

危险反应　与强还原剂、易燃或可燃物等禁配物接触，有发生火灾和爆炸的危险

避免接触的条件　撞击、摩擦、受热

禁配物　强还原剂、易燃或可燃物、强酸、醇类、硫、磷、铝、镁

危险的分解产物　氯化物、氧化钡

第十一部分　毒理学信息

急性毒性　无资料　　**皮肤刺激或腐蚀**　无资料

眼睛刺激或腐蚀 无资料 **呼吸或皮肤过敏** 无资料
生殖细胞突变性 无资料 **致癌性** 无资料
生殖毒性 无资料
特异性靶器官系统毒性-一次接触 无资料
特异性靶器官系统毒性-反复接触 无资料
吸入危害 无资料

第十二部分 生态学信息

生态毒性 根据结构类似物质预测，该物质对水生生物有毒
持久性和降解性
生物降解性 无资料
非生物降解性 无资料
潜在的生物累积性 无资料
土壤中的迁移性 无资料

第十三部分 废弃处置

废弃化学品 用安全掩埋法处置
污染包装物 将容器返还生产商或按照国家和地方法规处置
废弃注意事项 处置前应参阅国家和地方有关法规

第十四部分 运输信息

联合国危险货物编号（UN号） 1445
联合国运输名称 氯酸钡，固态
联合国危险性类别 5.1，6.1 **包装类别** Ⅱ类包装

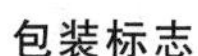
包装标志

海洋污染物 否
运输注意事项 运输时单独装运，运输过程中要确保容器不泄漏、不倒塌、不坠落、不损坏。运输时运输车辆应配备相应品种和数量的消防器材。严禁与酸类、易燃物、有机物、还原剂、自燃物品、遇湿易燃物品等并车混运。运输时车速不宜过快，不得强行超车。运输车辆装卸前后，均应彻底清扫、洗净，严禁混入有机物、易燃物等杂质

第十五部分 法规信息

下列法律、法规、规章和标准，对该化学品的管理作了相应的规定。
中华人民共和国职业病防治法 职业病分类和目录：钡及其化合物中毒
危险化学品安全管理条例 危险化学品目录：列入。易制爆危险化学品名录：未列入。重点监管的危险化学品名录：未列入。GB 18218—2009《危险化学品重大危险源辨识》(表1)：未列入
使用有毒物品作业场所劳动保护条例 高毒物品目录：未列入
易制毒化学品管理条例 易制毒化学品的分类和品种目录：未列入
国际公约 斯德哥尔摩公约：未列入。鹿特丹公约：未列入。蒙特利尔议定书：未列入

第十六部分 其他信息

编写和修订信息 **缩略语和首字母缩写**
培训建议 **参考文献**
免责声明

氯 酸 钾

第一部分 化学品标识

化学品中文名 氯酸钾；白药粉
化学品英文名 potassium chlorate；potassium oxymuriate
分子式 $KClO_3$ **相对分子质量** 122.55
化学品的推荐及限制用途 用于火柴、烟花、炸药的制造，以及合成印染、医药，也用作分析试剂

第二部分 危险性概述

紧急情况概述 可引起燃烧或爆炸；强氧化剂
GHS危险性类别 氧化性固体，类别1；急性毒性-经口，类别4；急性毒性-吸入，类别4；危害水生环境-急性危害，类别2；危害水生环境-长期危害，类别2
标签要素

象形图

警示词 危险
危险性说明 易燃固体，吞咽有害，吸入有害，对水生生物有毒并具有长期持续影响
防范说明
预防措施 远离热源、火花、明火、热表面。禁止吸烟。容器和接收设备接地连接。使用防爆电器、通风、照明设备。戴防护手套、防护眼镜、防护面罩。避免接触眼睛、皮肤，操作后彻底清洗。作业场所不得进食、饮水或吸烟。避免吸入粉尘。仅在室外或通风良好处操作。禁止排入环境
事故响应 火灾时，使用大量水扑救，同时用干粉灭火剂闷熄。如吸入：将患者转移到空气新鲜处，休息，保持利于呼吸的体位。食入：漱口。如果感觉不适，立即呼叫中毒控制中心或就医。收集泄漏物
安全储存 -
废弃处置 本品及内装物、容器依据国家和地方法规处置
物理和化学危险 易燃。与可燃物混合或急剧加热会发生爆炸
健康危害 对人的致死量约10g。口服急性中毒表现为高铁血红蛋白血症，胃肠炎，肝肾损害，甚至窒息。粉尘对呼吸道有刺激性
环境危害 对水生生物有毒并具有长期持续影响

第三部分 成分/组成信息

√物质 混合物

组分	浓度	CAS No.
氯酸钾		3811-04-9

第四部分 急救措施

吸入 迅速脱离现场至空气新鲜处。保持呼吸道通畅。如呼吸困难，给输氧。如呼吸、心跳停止，立即进行心肺复苏术。就医

皮肤接触 立即脱去污染的衣着，用流动清水彻底冲洗。就医

眼睛接触 立即分开眼睑，用流动清水或生理盐水彻底冲洗。就医

食入 漱口，饮水。就医

对保护施救者的忠告 根据需要使用个人防护设备

对医生的特别提示 高铁血红蛋白血症，可用美蓝和维生素C治疗

第五部分 消防措施

灭火剂 用大量水扑救，同时用干粉灭火剂闷熄

特别危险性 400℃以上则分解并放出氧气。与还原剂、有机物、易燃物（如硫、磷）或金属粉末等混合可形成爆炸性混合物。急剧加热时可发生爆炸

灭火注意事项及防护措施 消防人员须佩戴防毒面具、穿全身消防服，在有防护掩蔽处灭火。尽可能将容器从火场移至空旷处。喷水保持火场容器冷却，直至灭火结束。禁止用砂土压盖

第六部分 泄漏应急处理

作业人员防护措施、防护装备和应急处置程序 隔离泄漏污染区，限制出入。建议应急处理人员戴防尘口罩，穿防毒服，戴橡胶手套。勿使泄漏物与可燃物质（如木材、纸、油等）接触。穿上适当的防护服前严禁接触破裂的容器和泄漏物。尽可能切断泄漏源。勿使水进入包装容器内

环境保护措施 无资料

泄漏化学品的收容、清除方法及所使用的处置材料 小量泄漏：用洁净的铲子收集泄漏物，置于干净、干燥、盖子较松的容器中，将容器移离泄漏区。大量泄漏：泄漏物回收后，用水冲洗泄漏区

第七部分 操作处置与储存

操作注意事项 密闭操作，加强通风。操作人员必须经过专门培训，严格遵守操作规程。建议操作人员佩戴自吸过滤式防尘口罩，戴化学安全防护眼镜，穿聚乙烯防毒服，戴橡胶手套。远离火种、热源。工作场所严禁吸烟。远离易燃、可燃物。避免产生粉尘。避免与还原剂、酸类、醇类接触。搬运时要轻装轻卸，防止包装及容器损坏。禁止震动、撞击和摩擦。配备相应品种和数量的消防器材及泄漏应急处理设备。倒空的容器可能残留有害物

储存注意事项 储存于阴凉、干燥、通风良好的专用库房内，远离火种、热源。库房温度不超过30℃，相对湿度不超过80%。包装密封。应与易（可）燃物、还原剂、酸类、醇类等分开存放，切忌混储。储区应备有合适的材料收容泄漏物

第八部分 接触控制/个体防护

职业接触限值

中国 未制定标准

美国(ACGIH) 未制定标准

生物接触限值 未制定标准

监测方法 空气中有毒物质测定方法：未制定标准。生物监测检验方法：未制定标准

工程控制 生产过程密闭，加强通风。提供安全的淋浴和洗眼设备

个体防护装备

呼吸系统防护 可能接触其粉尘时，建议佩戴过滤式防尘呼吸器

眼睛防护 戴化学安全防护眼镜

皮肤和身体防护 穿隔绝式防毒服

手防护 戴橡胶手套

第九部分 理化特性

外观与性状 无色片状结晶或白色颗粒粉末，味咸而凉

pH值 无意义 **熔点(℃)** 356～368

沸点(℃) 400（分解） **相对密度(水=1)** 2.32

相对蒸气密度(空气=1) 无资料

饱和蒸气压(kPa) 无资料

燃烧热(kJ/mol) 无资料 **临界温度(℃)** 无资料

临界压力(MPa) 无意义 **辛醇/水分配系数** －4.22

闪点(℃) 无意义 **自燃温度(℃)** 无意义

爆炸下限(%) 无意义 **爆炸上限(%)** 无意义

分解温度(℃) 400

黏度(mPa·s) 无资料

溶解性 溶于水，不溶于丙酮、乙醇，微溶于液氨，溶于碱溶液

第十部分 稳定性和反应性

稳定性 稳定

危险反应 与强还原剂、易燃或可燃物等禁配物接触，有发生火灾和爆炸的危险

避免接触的条件 撞击、摩擦、受热

禁配物 强还原剂、易燃或可燃物、醇类、强酸、硫、磷、铝、镁

危险的分解产物 氯化物、氧化钾

第十一部分 毒理学信息

急性毒性 LD_{50}：1870mg/kg（大鼠经口）

皮肤刺激或腐蚀 无资料 **眼睛刺激或腐蚀** 无资料

呼吸或皮肤过敏 无资料 **生殖细胞突变性** 无资料

致癌性 无资料 **生殖毒性** 无资料

特异性靶器官系统毒性-一次接触 无资料

特异性靶器官系统毒性-反复接触 无资料

吸入危害 无资料

第十二部分　生态学信息

生态毒性　根据结构类似物质预测，该物质对水生生物有毒

持久性和降解性

生物降解性　无资料

非生物降解性　无资料

潜在的生物累积性　无资料

土壤中的迁移性　无资料

第十三部分　废弃处置

废弃化学品　用安全掩埋法处置

污染包装物　将容器返还生产商或按照国家和地方法规处置

废弃注意事项　处置前应参阅国家和地方有关法规

第十四部分　运输信息

联合国危险货物编号（UN号）　1485

联合国运输名称　氯酸钾

联合国危险性类别　5.1　**包装类别**　Ⅱ类包装

包装标志

海洋污染物　否

运输注意事项　运输时单独装运，运输过程中要确保容器不泄漏、不倒塌、不坠落、不损坏。运输时运输车辆应配备相应品种和数量的消防器材。严禁与酸类、易燃物、有机物、还原剂、自燃物品、遇湿易燃物品等并车混运。运输时车速不宜过快，不得强行超车。运输车辆装卸前后，均应彻底清扫、洗净，严禁混入有机物、易燃物等杂质

第十五部分　法规信息

下列法律、法规、规章和标准，对该化学品的管理作了相应的规定。

中华人民共和国职业病防治法　职业病分类和目录：未列入

危险化学品安全管理条例　危险化学品目录：列入。易制爆危险化学品名录：列入。重点监管的危险化学品名录：列入。GB 18218—2009《危险化学品重大危险源辨识》(表1)：列入。类别：氧化性物质，临界量(t)：100

使用有毒物品作业场所劳动保护条例　高毒物品目录：未列入

易制毒化学品管理条例　易制毒化学品的分类和品种目录：未列入

国际公约　斯德哥尔摩公约：未列入。鹿特丹公约：未列入。蒙特利尔议定书：未列入

第十六部分　其他信息

编写和修订信息

缩略语和首字母缩写

培训建议

参考文献

免责声明

氯　酸　镁

第一部分　化学品标识

化学品中文名　氯酸镁

化学品英文名　magnesium chlorate

分子式　$Mg(ClO_3)_2$　**相对分子质量**　191.21

化学品的推荐及限制用途　用作医药、干燥剂、除草剂及脱叶剂

第二部分　危险性概述

紧急情况概述　可加剧燃烧；氧化剂

GHS危险性类别　氧化性固体，类别2

标签要素

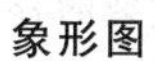

象形图

警示词　危险

危险性说明　可加剧燃烧；氧化剂

防范说明

预防措施　远离热源。远离衣物、可燃物保存。采取一切预防措施，避免与可燃物混合。戴防护手套、防护眼镜、防护面罩

事故响应　火灾时，使用大量水扑救，同时用干粉灭火剂闷熄

安全储存　-

废弃处置　本品及内装物、容器依据国家和地方法规处置

物理和化学危险　与可燃物混合或急剧加热会发生爆炸

健康危害　对呼吸道有刺激性；为高铁血红蛋白形成剂。接触后出现头痛、头昏、虚弱；高浓度可致呼吸紊乱、虚脱甚至死亡。眼和皮肤接触有刺激性，可致灼伤

环境危害　对环境可能有害

第三部分　成分/组成信息

√物质		混合物
组分	**浓度**	**CAS No.**
氯酸镁		10326-21-3

第四部分　急救措施

吸入　迅速脱离现场至空气新鲜处。保持呼吸道通畅。如呼吸困难，给输氧。如呼吸、心跳停止，立即进行心肺复苏术。就医

皮肤接触　立即脱去污染的衣着，用大量流动清水彻底冲洗至少15min。就医

眼睛接触　立即分开眼睑，用流动清水或生理盐水彻底冲洗至少15min。就医

食入　用水漱口，禁止催吐。给饮牛奶或蛋清。就医

对保护施救者的忠告　根据需要使用个人防护设备

对医生的特别提示　高铁血红蛋白血症，可用美蓝和维生素C治疗

第五部分 消防措施

灭火剂 用大量水扑救，同时用干粉灭火剂闷熄

特别危险性 与还原剂、有机物、易燃物（如硫、磷）或金属粉末等混合可形成爆炸性混合物。急剧加热会发生爆炸

灭火注意事项及防护措施 消防人员须佩戴防毒面具、穿全身消防服，在有防护掩蔽处灭火。尽可能将容器从火场移至空旷处。喷水保持火场容器冷却，直至灭火结束。禁止用砂土压盖

第六部分 泄漏应急处理

作业人员防护措施、防护装备和应急处置程序 隔离泄漏污染区，限制出入。建议应急处理人员戴防尘口罩，穿防毒服。勿使泄漏物与可燃物质（如木材、纸、油等）接触。穿上适当的防护服前严禁接触破裂的容器和泄漏物。尽可能切断泄漏源。勿使水进入包装容器内

环境保护措施 无资料

泄漏化学品的收容、清除方法及所使用的处置材料 小量泄漏：用洁净的铲子收集泄漏物，置于干净、干燥、盖子较松的容器中，将容器移离泄漏区。大量泄漏：泄漏物回收后，用水冲洗泄漏区

第七部分 操作处置与储存

操作注意事项 密闭操作，加强通风。操作人员必须经过专门培训，严格遵守操作规程。建议操作人员佩戴自吸过滤式防尘口罩，戴化学安全防护眼镜，穿胶布防毒衣，戴橡胶手套。远离火种、热源。工作场所严禁吸烟。远离易燃、可燃物。避免产生粉尘。避免与还原剂接触。搬运时要轻装轻卸，防止包装及容器损坏。禁止震动、撞击和摩擦。配备相应品种和数量的消防器材及泄漏应急处理设备。倒空的容器可能残留有害物

储存注意事项 储存于阴凉、干燥、通风良好的专用库房内，库房温度不超过 30℃，相对湿度不超过 80%。远离火种、热源。包装必须密封，切勿受潮。应与易（可）燃物、还原剂等分开存放，切忌混储。储区应备有合适的材料收容泄漏物

第八部分 接触控制/个体防护

职业接触限值

中国 未制定标准

美国(ACGIH) 未制定标准

生物接触限值 未制定标准

监测方法 空气中有毒物质测定方法：火焰原子吸收光谱法。生物监测检验方法：未制定标准

工程控制 生产过程密闭，加强通风。提供安全的淋浴和洗眼设备

个体防护装备

呼吸系统防护 可能接触其粉尘时，建议佩戴过滤式防尘呼吸器

眼睛防护 戴化学安全防护眼镜

皮肤和身体防护 穿隔绝式防毒服

手防护 戴橡胶手套

第九部分 理化特性

外观与性状 白色结晶或粉末，味苦，有吸湿性

pH 值 无意义　**熔点(℃)** 35

沸点(℃) 120（分解）　**相对密度(水=1)** 1.80

相对蒸气密度(空气=1) 无资料

饱和蒸气压(kPa) 无资料

燃烧热(kJ/mol) 无资料　**临界温度(℃)** 无资料

临界压力(MPa) 无意义　**辛醇/水分配系数** −6.53

闪点(℃) 无意义　**自燃温度(℃)** 无意义

爆炸下限(%) 无意义　**爆炸上限(%)** 无意义

分解温度(℃) 无资料

黏度(mPa·s) 无资料

溶解性 溶于水，微溶于乙醇、丙酮

第十部分 稳定性和反应性

稳定性 稳定

危险反应 与强还原剂、易燃或可燃物等禁配物接触，有发生火灾和爆炸的危险

避免接触的条件 撞击、摩擦、受热

禁配物 易燃或可燃物、强还原剂、硫、磷

危险的分解产物 氯化物、氧化镁

第十一部分 毒理学信息

急性毒性 LD_{50}：6438mg/kg（大鼠经口）；5235mg/kg（小鼠经口）

皮肤刺激或腐蚀 无资料　**眼睛刺激或腐蚀** 无资料

呼吸或皮肤过敏 无资料　**生殖细胞突变性** 无资料

致癌性 无资料　**生殖毒性** 无资料

特异性靶器官系统毒性-一次接触 无资料

特异性靶器官系统毒性-反复接触 无资料

吸入危害 无资料

第十二部分 生态学信息

生态毒性 无资料

持久性和降解性

生物降解性 无资料

非生物降解性 无资料

潜在的生物累积性 无资料

土壤中的迁移性 无资料

第十三部分 废弃处置

废弃化学品 根据国家和地方有关法规的要求处置。或与制造商联系，确定处置方法

污染包装物 将容器返还生产商或按照国家和地方法规处置

废弃注意事项 处置前应参阅国家和地方有关法规

第十四部分 运输信息

联合国危险货物编号（UN 号） 2723

联合国运输名称 氯酸镁

联合国危险性类别 5.1 **包装类别** Ⅱ类包装

包装标志  **海洋污染物** 否

运输注意事项 运输时单独装运，运输过程中要确保容器不泄漏、不倒塌、不坠落、不损坏。运输时运输车辆应配备相应品种和数量的消防器材。严禁与酸类、易燃物、有机物、还原剂、自燃物品、遇湿易燃物品等并车混运。运输时车速不宜过快，不得强行超车。运输车辆装卸前后，均应彻底清扫、洗净，严禁混入有机物、易燃物等杂质

第十五部分 法规信息

下列法律、法规、规章和标准，对该化学品的管理作了相应的规定。

中华人民共和国职业病防治法 职业病分类和目录：未列入

危险化学品安全管理条例 危险化学品目录：列入。易制爆危险化学品名录：未列入。重点监管的危险化学品名录：未列入。GB 18218—2009《危险化学品重大危险源辨识》(表 1)：未列入

使用有毒物品作业场所劳动保护条例 高毒物品目录：未列入

易制毒化学品管理条例 易制毒化学品的分类和品种目录：未列入

国际公约 斯德哥尔摩公约：未列入。鹿特丹公约：未列入。蒙特利尔议定书：未列入

第十六部分 其他信息

编写和修订信息 **缩略语和首字母缩写**

培训建议 **参考文献**

免责声明

氯 酸 钠

第一部分 化学品标识

化学品中文名 氯酸钠；氯酸碱

化学品英文名 sodium chlorate

分子式 $NaClO_3$ **相对分子质量** 106.44

化学品的推荐及限制用途 用作氧化剂，用于制氯酸盐、除草剂、医药品，也用于冶金矿石处理等

第二部分 危险性概述

紧急情况概述 可引起燃烧或爆炸：强氧化剂，吞咽有害

GHS 危险性类别 氧化性固体，类别 1；急性毒性-经口，类别 4；危害水生环境-急性危害，类别 2；危害水生环境-长期危害，类别 2

标签要素

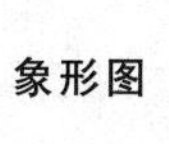 

警示词 危险

危险性说明 可引起燃烧或爆炸：强氧化剂，吞咽有害，对水生生物有毒并具有长期持续影响

防范说明

预防措施 远离热源。远离衣物和其他可燃物储存。采取一切预防措施，避免与可燃物混合。戴防护手套、防护眼镜、防护面罩。穿防火阻燃服。避免接触眼睛、皮肤，操作后彻底清洗。作业场所不得进食、饮水或吸烟。禁止排入环境

事故响应 火灾时，使用大量水扑救，同时用干粉灭火剂闷熄。如果发生大火和大量物质着火：撤离现场。因有爆炸危险，应远距离灭火。如溅到衣服上：立即用大量清水冲洗污染的衣服和皮肤，然后脱去衣服。食入：漱口。如果感觉不适，立即呼叫中毒控制中心或就医

安全储存 -

废弃处置 本品及内装物、容器依据国家和地方法规处置

物理和化学危险 与可燃物混合或急剧加热会发生爆炸

健康危害 本品粉尘对呼吸道、眼及皮肤有刺激性。口服急性中毒，表现为高铁血红蛋白血症，胃肠炎，肝肾损伤，甚至发生窒息

环境危害 对水生生物有毒并具有长期持续影响

第三部分 成分/组成信息

√物质 混合物

组分	浓度	CAS No.
氯酸钠		7775-09-9

第四部分 急救措施

吸入 迅速脱离现场至空气新鲜处。保持呼吸道通畅。如呼吸困难，给输氧。如呼吸、心跳停止，立即进行心肺复苏术。就医

皮肤接触 立即脱去污染的衣着，用流动清水彻底冲洗。就医

眼睛接触 立即分开眼睑，用流动清水或生理盐水彻底冲洗。就医

食入 漱口，饮水。就医

对保护施救者的忠告 根据需要使用个人防护设备

对医生的特别提示 高铁血红蛋白血症，可用美蓝和维生素 C 治疗

第五部分 消防措施

灭火剂 用大量水扑救，同时用干粉灭火剂闷熄

特别危险性 受强热或与强酸接触时即发生爆炸。与还原剂、有机物、易燃物（如硫、磷）或金属粉末等混合可形成爆炸性混合物。急剧加热时可发生爆炸

灭火注意事项及防护措施 消防人员须佩戴防毒面具、穿全身消防服，在有防护掩蔽处灭火。尽可能将容器从火场移至空旷处。喷水保持火场容器冷却，直至灭火结束。禁止用砂土压盖

第六部分 泄漏应急处理

作业人员防护措施、防护装备和应急处置程序 隔离泄漏

污染区，限制出入。建议应急处理人员戴防尘口罩，穿防毒服。勿使泄漏物与可燃物质（如木材、纸、油等）接触。穿上适当的防护服前严禁接触破裂的容器和泄漏物。尽可能切断泄漏源。勿使水进入包装容器内

环境保护措施 无资料

泄漏化学品的收容、清除方法及所使用的处置材料 小量泄漏：用洁净的铲子收集泄漏物，置于干净、干燥、盖子较松的容器中，将容器移离泄漏区。大量泄漏：泄漏物回收后，用水冲洗泄漏区

第七部分 操作处置与储存

操作注意事项 密闭操作，加强通风。操作人员必须经过专门培训，严格遵守操作规程。建议操作人员佩戴自吸过滤式防尘口罩，戴化学安全防护眼镜，穿聚乙烯防毒服，戴橡胶手套。远离火种、热源。工作场所严禁吸烟。远离易燃、可燃物。避免产生粉尘。避免与还原剂、醇类接触。搬运时要轻装轻卸，防止包装及容器损坏。禁止震动、撞击和摩擦。配备相应品种和数量的消防器材及泄漏应急处理设备。倒空的容器可能残留有害物

储存注意事项 储存于阴凉、干燥、通风良好的专用库房内，库房温度不超过30℃，相对湿度不超过80%。远离火种、热源。包装密封。应与易（可）燃物、还原剂、醇类等分开存放，切忌混储。储区应备有合适的材料收容泄漏物

第八部分 接触控制/个体防护

职业接触限值

中国 未制定标准

美国(ACGIH) 未制定标准

生物接触限值 未制定标准

监测方法 空气中有毒物质测定方法：未制定标准。生物监测检验方法：未制定标准

工程控制 生产过程密闭，加强通风。提供安全的淋浴和洗眼设备

个体防护装备

呼吸系统防护 可能接触其粉尘时，建议佩戴过滤式防尘呼吸器

眼睛防护 戴化学安全防护眼镜

皮肤和身体防护 穿隔绝式防毒服

手防护 戴橡胶手套

第九部分 理化特性

外观与性状 无色无味结晶，味咸而凉，有潮解性

pH值 无意义 **熔点(℃)** 248～261

沸点(℃) 分解 **相对密度(水=1)** 2.49

相对蒸气密度(空气=1) 无资料

饱和蒸气压(kPa) 无资料

燃烧热(kJ/mol) 无资料 **临界温度(℃)** 无资料

临界压力(MPa) 无意义 **辛醇/水分配系数** −7.18

闪点(℃) 无意义 **自燃温度(℃)** 无意义

爆炸下限(%) 无意义 **爆炸上限(%)** 无意义

分解温度(℃) 300

黏度(mPa·s) 无资料

溶解性 易溶于水，微溶于乙醇，溶于液氨、甘油

第十部分 稳定性和反应性

稳定性 稳定

危险反应 与强还原剂、易燃或可燃物等禁配物接触，有发生火灾和爆炸的危险

避免接触的条件 撞击、摩擦、受热

禁配物 强还原剂、易燃或可燃物、醇类、强酸、硫、磷、铝

危险的分解产物 氧气、氯化物、氧化钠

第十一部分 毒理学信息

急性毒性

LD_{50} 1200mg/kg（大鼠经口）；＞10g/kg（兔经皮）

LC_{50} ＞28g/m^3（大鼠吸入，1h）

皮肤刺激或腐蚀 家兔经皮：500mg（24h），轻度刺激

眼睛刺激或腐蚀 家兔经眼：10mg，轻度刺激

呼吸或皮肤过敏 无资料

生殖细胞突变性 微生物致突变：鼠伤寒沙门氏菌40μmol/皿。性染色体缺失和不分离：黑腹果蝇250mmol/L。DNA抑制：大鼠经口84mg/kg（12周）（连续）

致癌性 无资料 **生殖毒性** 无资料

特异性靶器官系统毒性-一次接触 无资料

特异性靶器官系统毒性-反复接触 无资料

吸入危害 无资料

第十二部分 生态学信息

生态毒性 根据结构类似物质预测，该物质对水生生物有毒

持久性和降解性

生物降解性 无资料

非生物降解性 无资料

潜在的生物累积性 无资料

土壤中的迁移性 无资料

第十三部分 废弃处置

废弃化学品 用安全掩埋法处置

污染包装物 将容器返还生产商或按照国家和地方法规处置

废弃注意事项 处置前应参阅国家和地方有关法规

第十四部分 运输信息

联合国危险货物编号（UN号） 1495

联合国运输名称 氯酸钠

联合国危险性类别 5.1 **包装类别** Ⅱ类包装

包装标志 

海洋污染物 否

运输注意事项 运输时单独装运，运输过程中要确保容器不泄漏、不倒塌、不坠落、不损坏。运输时运输车辆

应配备相应品种和数量的消防器材。严禁与酸类、易燃物、有机物、还原剂、自燃物品、遇湿易燃物品等并车混运。运输时车速不宜过快，不得强行超车。运输车辆装卸前后，均应彻底清扫、洗净，严禁混入有机物、易燃物等杂质

第十五部分　法规信息

下列法律、法规、规章和标准，对该化学品的管理作了相应的规定。

中华人民共和国职业病防治法　职业病分类和目录：未列入

危险化学品安全管理条例　危险化学品目录：列入。易制爆危险化学品名录：列入。重点监管的危险化学品名录：列入。GB 18218—2009《危险化学品重大危险源辨识》(表1)：列入。类别：氧化性物质，临界量(t)：100

使用有毒物品作业场所劳动保护条例　高毒物品目录：未列入

易制毒化学品管理条例　易制毒化学品的分类和品种目录：未列入

国际公约　斯德哥尔摩公约：未列入。鹿特丹公约：未列入。蒙特利尔议定书：未列入

第十六部分　其他信息

编写和修订信息　**缩略语和首字母缩写**

培训建议　**参考文献**

免责声明

氯溴甲烷

第一部分　化学品标识

化学品中文名　氯溴甲烷；溴氯甲烷；亚甲基溴氯

化学品英文名　chlorobromomethane；monochloromonobromomethane

分子式　CH_2BrCl　**相对分子质量**　129.4

结构式　Cl﹀Br

化学品的推荐及限制用途　用作小型灭火剂，还用作矿物浮选剂和涂料的渗透剂

第二部分　危险性概述

紧急情况概述　可能引起昏昏欲睡或眩晕

GHS危险性类别　急性毒性-经口，类别5；皮肤腐蚀/刺激，类别2；特异性靶器官毒性-一次接触，类别3(麻醉效应)

标签要素

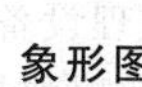

警示词　警告

危险性说明　吞咽可能有害，造成皮肤刺激，可能引起昏昏欲睡或眩晕

防范说明

预防措施　避免接触眼睛、皮肤，操作后彻底清洗。戴防护手套

事故响应　皮肤接触：用大量肥皂水和水清洗。如发生皮肤刺激，就医。脱去被污染的衣服，污染的衣服须洗净后方可重新使用。如果感觉不适，呼叫中毒控制中心或就医

安全储存　-

废弃处置　-

物理和化学危险　不燃，无特殊燃爆特性

健康危害　本品具有刺激性，高浓度有麻醉作用。接触后引起眼和上呼吸道刺激、精神错乱、头晕，甚至发生神志丧失。皮肤接触液状本品，引起刺痛感，继续接触可致皮炎。长期或反复接触，对皮肤有刺激作用

环境危害　对环境可能有害

第三部分　成分/组成信息

√物质		混合物
组分	浓度	CAS No.
氯溴甲烷		74-97-5

第四部分　急救措施

吸入　迅速脱离现场至空气新鲜处。保持呼吸道通畅。如呼吸困难，给输氧。如呼吸、心跳停止，立即进行心肺复苏术。就医

皮肤接触　立即脱去污染的衣着，用流动清水彻底冲洗。就医

眼睛接触　立即分开眼睑，用流动清水或生理盐水彻底冲洗。就医

食入　漱口，饮水。就医

对保护施救者的忠告　根据需要使用个人防护设备

对医生的特别提示　对症处理

第五部分　消防措施

灭火剂　用水、二氧化碳、砂土灭火

特别危险性　受高热分解放出有毒的气体。与碱金属能发生剧烈反应。燃烧生成有害的氯化氢、溴化氢

灭火注意事项及防护措施　消防人员须佩戴防毒面具、穿全身消防服，在上风向灭火。尽可能将容器从火场移至空旷处。喷水保持火场容器冷却，直至灭火结束。容器突然发出异常声音或出现异常现象，应立即撤离

第六部分　泄漏应急处理

作业人员防护措施、防护装备和应急处置程序　根据液体流动和蒸气扩散的影响区域划定警戒区，无关人员从侧风、上风向撤离至安全区。建议应急处理人员戴正压自给式呼吸器，穿防毒服，戴防化学品手套。尽可能切断泄漏源

环境保护措施　无资料

泄漏化学品的收容、清除方法及所使用的处置材料　小量泄漏：用砂土或其他不燃材料吸收。大量泄漏：构筑围堤或挖坑收容。用泡沫覆盖，减少蒸发。用砂土、

惰性物质或蛭石吸收大量液体。用泵转移至槽车或专用收集器内

第七部分 操作处置与储存

操作注意事项 密闭操作，局部排风。操作人员必须经过专门培训，严格遵守操作规程。建议操作人员佩戴自吸过滤式防毒面具（半面罩），戴化学安全防护眼镜，穿防毒物渗透工作服，戴防化学品手套。防止蒸气泄漏到工作场所空气中。避免与碱金属接触。搬运时要轻装轻卸，防止包装及容器损坏。配备泄漏应急处理设备。倒空的容器可能残留有害物

储存注意事项 储存于阴凉、通风的库房。远离火种、热源。保持容器密封。应与碱金属、食用化学品分开存放，切忌混储。储区应备有泄漏应急处理设备和合适的收容材料

第八部分 接触控制/个体防护

职业接触限值

中国 未制定标准

美国(ACGIH) TLV-TWA：200ppm

生物接触限值 未制定标准

监测方法 空气中有毒物质测定方法：未制定标准。生物监测检验方法：未制定标准

工程控制 密闭操作，局部排风。提供安全的淋浴和洗眼设备

个体防护装备

呼吸系统防护 空气中浓度超标时，应该佩戴过滤式防毒面具（半面罩）。紧急事态抢救或撤离时，佩戴空气呼吸器

眼睛防护 戴化学安全防护眼镜

皮肤和身体防护 穿防毒物渗透工作服

手防护 戴防化学品手套

第九部分 理化特性

外观与性状 无色透明液体，有类似氯仿的特殊气味

pH 值 无资料 **熔点(℃)** －88

沸点(℃) 68.1 **相对密度(水＝1)** 1.93

相对蒸气密度(空气＝1) 4.5

饱和蒸气压(kPa) 15.3（20℃）

燃烧热(kJ/mol) 无资料 **临界温度(℃)** 297

临界压力(MPa) 6.08 **辛醇/水分配系数** 1.41

闪点(℃) 无意义 **自燃温度(℃)** 无意义

爆炸下限(%) 无意义 **爆炸上限(%)** 无意义

分解温度(℃) 无资料

黏度(mPa·s) 0.67（20℃）

溶解性 不溶于水，溶于乙醇、丙酮、乙醚、苯、四氯化碳、氯仿、甲醇等多数有机溶剂

第十部分 稳定性和反应性

稳定性 稳定

危险反应 与强氧化剂、碱金属等禁配物接触，有发生火灾和爆炸的危险

避免接触的条件 无资料

禁配物 强氧化剂、强碱、碱金属

危险的分解产物 氯化氢、溴化氢

第十一部分 毒理学信息

急性毒性 LD_{50}：5000mg/kg（大鼠经口）；4300mg/kg（小鼠经口）

皮肤刺激或腐蚀 无资料 **眼睛刺激或腐蚀** 无资料

呼吸或皮肤过敏 无资料

生殖细胞突变性 微生物致突变：鼠伤寒沙门氏菌 10mg/皿。细胞遗传学分析：仓鼠肺 1μmol/L。姐妹染色单体交换：5μmol/L

致癌性 无资料 **生殖毒性** 无资料

特异性靶器官系统毒性-一次接触 无资料

特异性靶器官系统毒性-反复接触 大鼠、兔、狗等动物，暴露在 5.3g/m³，每天 7h，经 14d，无中毒反应，也无病理改变

吸入危害 无资料

第十二部分 生态学信息

生态毒性 LC_{50}：338mg/L（48h）（青鳉）

持久性和降解性

生物降解性 MITI-Ⅰ测试，初始浓度 100ppm，污泥浓度 30ppm，4 周后降解 4%

非生物降解性 空气中，当羟基自由基浓度为5.00×10^5个/cm³时，降解半衰期为 145d（理论）

潜在的生物累积性 根据 K_{ow} 值预测，该物质的生物累积性可能较弱

土壤中的迁移性 根据 K_{oc} 值预测，该物质可能易发生迁移

第十三部分 废弃处置

废弃化学品 建议用焚烧法处置。与燃料混合后，再焚烧。焚烧炉排出的卤化氢通过酸洗涤器除去

污染包装物 将容器返还生产商或按照国家和地方法规处置

废弃注意事项 处置前应参阅国家和地方有关法规

第十四部分 运输信息

联合国危险货物编号（UN 号） 1887

联合国运输名称 溴氯甲烷

联合国危险性类别 6.1 **包装类别** Ⅲ类包装

包装标志 

海洋污染物 否

运输注意事项 运输前应先检查包装容器是否完整、密封，运输过程中要确保容器不泄漏、不倒塌、不坠落、不损坏。严禁与酸类、氧化剂、食品及食品添加剂混运。运输时运输车辆应配备泄漏应急处理设备。运输途中应防曝晒、雨淋，防高温。公路运输时要按规定路线行驶

第十五部分 法规信息

下列法律、法规、规章和标准，对该化学品的管理作

了相应的规定。

中华人民共和国职业病防治法 职业病分类和目录：未列入

危险化学品安全管理条例 危险化学品目录：列入。易制爆危险化学品名录：未列入。重点监管的危险化学品名录：未列入。GB 18218—2009《危险化学品重大危险源辨识》（表 1）：未列入

使用有毒物品作业场所劳动保护条例 高毒物品目录：未列入

易制毒化学品管理条例 易制毒化学品的分类和品种目录：未列入

国际公约 斯德哥尔摩公约：未列入。鹿特丹公约：未列入。蒙特利尔议定书：列入

第十六部分 其他信息

编写和修订信息 **缩略语和首字母缩写**
培训建议 **参考文献**
免责声明

氯 乙 腈

第一部分 化学品标识

化学品中文名 氯乙腈；氯甲基氰；氰化氯甲烷

化学品英文名 chloroacetonitrile；chloromethyl cyanide

分子式 C_2H_2ClN **相对分子质量** 75.50

结构式 N≡—Cl

化学品的推荐及限制用途 用作杀虫剂，有机合成中间体

第二部分 危险性概述

紧急情况概述 吞咽会中毒，皮肤接触会中毒，吸入会中毒

GHS 危险性类别 急性毒性-经口，类别 3；急性毒性-经皮，类别 3；急性毒性-吸入，类别 3；危害水生环境-急性危害，类别 2；危害水生环境-长期危害，类别 2

标签要素

象形图 

警示词 危险

危险性说明 吞咽会中毒，皮肤接触会中毒，吸入会中毒，对水生生物有毒并具有长期持续影响

防范说明

预防措施 避免接触眼睛、皮肤，操作后彻底清洗。作业场所不得进食、饮水或吸烟。戴防护手套、穿防护服。避免吸入蒸气、雾。仅在室外或通风良好处操作。禁止排入环境

事故响应 如吸入：将患者转移到空气新鲜处，休息，保持利于呼吸的体位。皮肤接触：用大量肥皂水和水清洗，如感觉不适，呼叫中毒控制中心或就医。被污染的衣服须经洗净后方可重新使用。食入：漱口，立即呼叫中毒控制中心或就医。收集泄漏物

安全储存 在通风良好处储存。保持容器密闭。上锁保管

废弃处置 本品及内装物、容器依据国家和地方法规处置

物理和化学危险 易燃，其蒸气与空气混合，能形成爆炸性混合物

健康危害 蒸气或雾对眼、黏膜和上呼吸道有刺激性。动物吸入本品蒸气后，可见流泪、呼吸困难、运动失调、体温降低、嗜睡

环境危害 对水生生物有毒并具有长期持续影响

第三部分 成分/组成信息

√物质 混合物

组分	浓度	CAS No.
氯乙腈		107-14-2

第四部分 急救措施

吸入 迅速脱离现场至空气新鲜处。保持呼吸道通畅。如呼吸困难，给输氧。如呼吸、心跳停止，立即进行心肺复苏术。就医

皮肤接触 立即脱去污染的衣着，用肥皂水和清水彻底冲洗。就医

眼睛接触 立即分开眼睑，用流动清水或生理盐水彻底冲洗。就医

食入 催吐（仅限于清醒着），给服活性炭悬液。就医

对保护施救者的忠告 根据需要使用个人防护设备

对医生的特别提示 使用亚硝酸钠、硫代硫酸钠、4-二甲基氨基苯酚等解毒剂

第五部分 消防措施

灭火剂 用干粉、二氧化碳、砂土灭火

特别危险性 受热分解释出有毒蒸气。遇水或水蒸气、酸或酸气产生有毒的可燃性气体。与强氧化剂接触可发生化学反应。燃烧生成有害的一氧化碳、氮氧化物、氯化氢

灭火注意事项及防护措施 消防人员须佩戴防毒面具、穿全身消防服，在上风向灭火。尽可能将容器从火场移至空旷处。喷水保持火场容器冷却，直至灭火结束。容器突然发出异常声音或出现异常现象，应立即撤离。禁止用水、泡沫和酸碱灭火剂灭火

第六部分 泄漏应急处理

作业人员防护措施、防护装备和应急处置程序 消除所有点火源。根据液体流动和蒸气扩散的影响区域划定警戒区，无关人员从侧风、上风向撤离至安全区。建议应急处理人员戴正压自给式呼吸器，穿防毒、防静电服，戴橡胶耐油手套。作业时使用的所有设备应接地。禁止接触或跨越泄漏物。尽可能切断泄漏源

环境保护措施 防止泄漏物进入水体、下水道、地下室或有限空间

泄漏化学品的收容、清除方法及所使用的处置材料 小量泄漏：用砂土或其他不燃材料吸收，使用洁净的无火

花工具收集吸收材料。大量泄漏：构筑围堤或挖坑收容。用防爆泵转移至槽车或专用收集器内

第七部分 操作处置与储存

操作注意事项 密闭操作，提供充分的局部排风。操作尽可能机械化、自动化。操作人员必须经过专门培训，严格遵守操作规程。建议操作人员佩戴自吸过滤式防毒面具（全面罩），穿聚乙烯防毒服，戴橡胶耐油手套。远离火种、热源。工作场所严禁吸烟。使用防爆型的通风系统和设备。防止蒸气泄漏到工作场所空气中。避免与氧化剂、还原剂、酸类、碱类接触。搬运时要轻装轻卸，防止包装及容器损坏。配备相应品种和数量的消防器材及泄漏应急处理设备。倒空的容器可能残留有害物

储存注意事项 储存于阴凉、干燥、通风良好的库房。远离火种、热源。保持容器密封。应与氧化剂、还原剂、酸类、碱类、食用化学品分开存放，切忌混储。采用防爆型照明、通风设施。禁止使用易产生火花的机械设备和工具。储区应备有泄漏应急处理设备和合适的收容材料

第八部分 接触控制/个体防护

职业接触限值

中国 未制定标准

美国(ACGIH) 未制定标准

生物接触限值 未制定标准

监测方法 空气中有毒物质测定方法：未制定标准。生物监测检验方法：未制定标准

工程控制 严加密闭，提供充分的局部排风。提供安全的淋浴和洗眼设备

个体防护装备

呼吸系统防护 可能接触其蒸气时，应该佩戴过滤式防毒面具（全面罩）。紧急事态抢救或撤离时，建议佩戴空气呼吸器

眼睛防护 呼吸系统防护中已作防护

皮肤和身体防护 穿隔绝式防毒服

手防护 戴橡胶耐油手套

第九部分 理化特性

外观与性状 无色至淡黄色液体，有刺激性气味

pH值 无资料 **熔点(℃)** <25

沸点(℃) 124～126 **相对密度(水=1)** 1.193

相对蒸气密度(空气=1) 3.0

饱和蒸气压(kPa) 1.064（20℃）

燃烧热(kJ/mol) 无资料 **临界温度(℃)** 无资料

临界压力(MPa) 无资料 **辛醇/水分配系数** 0.45

闪点(℃) 47.8 **自燃温度(℃)** 无资料

爆炸下限(%) 1.0 **爆炸上限(%)** 无资料

分解温度(℃) 无资料

黏度(mPa·s) 无资料

溶解性 不溶于水，溶于烃类、醇类

第十部分 稳定性和反应性

稳定性 稳定

危险反应 与强氧化剂等禁配物发生反应

避免接触的条件 受热

禁配物 强氧化剂、强还原剂、强酸、强碱

危险的分解产物 氰化氢、氯化氢

第十一部分 毒理学信息

急性毒性 LD_{50}：220mg/kg（大鼠经口）；71mg/kg（兔经皮）

皮肤刺激或腐蚀 家兔经皮：500mg（24h），轻度刺激

眼睛刺激或腐蚀 家兔经眼：20mg（24h），中度刺激

呼吸或皮肤过敏 无资料

生殖细胞突变性 微生物致突变：鼠伤寒沙门氏菌 30mg/L。DNA 损伤：人淋巴细胞 15μmol/L。程序外 DNA 合成：大鼠经口 115mg/kg。姐妹染色单体交换：仓鼠卵巢 79100nmol/L。DNA 损伤：人 HeLa 细胞 10μmol/L（30min）

致癌性 IARC 致癌性评论：组 3，现有的证据不能对人类致癌性进行分类。对人及动物致癌性证据不足

生殖毒性 无资料

特异性靶器官系统毒性-一次接触 无资料

特异性靶器官系统毒性-反复接触 大鼠吸入，60.2mg/m^3，每次 6h，共 20 次，未见中毒表现，尸检见肾轻度充血

吸入危害 无资料

第十二部分 生态学信息

生态毒性 LC_{50}：1.35mg/L（96h）（鱼）

持久性和降解性

生物降解性 无资料

非生物降解性 空气中，当羟基自由基浓度为5.00×10^{5}个/cm^{3}时，降解半衰期为238d（理论）

潜在的生物累积性 根据 K_{ow} 值预测，该物质的生物累积性可能较弱

土壤中的迁移性 根据 K_{oc} 值预测，该物质可能易发生迁移

第十三部分 废弃处置

废弃化学品 建议用焚烧法处置。与燃料混合后，再焚烧。焚烧炉排出的气体要通过洗涤器除去

污染包装物 将容器返还生产商或按照国家和地方法规处置

废弃注意事项 处置前应参阅国家和地方有关法规

第十四部分 运输信息

联合国危险货物编号(UN号) 2668

联合国运输名称 氯乙腈

联合国危险性类别 6.1，3 **包装类别** Ⅰ类包装

包装标志

海洋污染物 否

运输注意事项 运输前应先检查包装容器是否完整、密

封，运输过程中要确保容器不泄漏、不倒塌、不坠落、不损坏。严禁与酸类、氧化剂、食品及食品添加剂混运。运输时运输车辆应配备相应品种和数量的消防器材及泄漏应急处理设备。运输途中应防曝晒、雨淋，防高温。运输时所用的槽（罐）车应有接地链，槽内可设孔隔板以减少震荡产生的静电。中途停留时应远离火种、热源。公路运输时要按规定路线行驶

第十五部分 法规信息

下列法律、法规、规章和标准，对该化学品的管理作了相应的规定。

中华人民共和国职业病防治法 职业病分类和目录：氰及腈类化合物中毒

危险化学品安全管理条例 危险化学品目录：列入。易制爆危险化学品名录：未列入。重点监管的危险化学品名录：未列入。GB 18218—2009《危险化学品重大危险源辨识》(表 1)：未列入

使用有毒物品作业场所劳动保护条例 高毒物品目录：未列入

易制毒化学品管理条例 易制毒化学品的分类和品种目录：未列入

国际公约 斯德哥尔摩公约：未列入。鹿特丹公约：未列入。蒙特利尔议定书：未列入

第十六部分 其他信息

编写和修订信息 **缩略语和首字母缩写**

培训建议 **参考文献**

免责声明

氯 乙 醛

第一部分 化学品标识

化学品中文名 氯乙醛；一氯乙醛；2-氯乙醛；一氯代乙醛

化学品英文名 chloroacetaldehyde；monochloroacetaldehyde；2-chloroethanal

分子式 C_2H_3ClO **相对分子质量** 78.50

结构式 O=CH–CH₂–Cl

化学品的推荐及限制用途 用于有机合成及用作杀菌剂

第二部分 危险性概述

紧急情况概述 吞咽会中毒，皮肤接触会中毒，吸入致命，造成严重的皮肤灼伤和眼损伤

GHS 危险性类别 急性毒性-经口，类别 3；急性毒性-经皮，类别 3；急性毒性-吸入，类别 2；皮肤腐蚀/刺激，类别 1B；严重眼损伤/眼刺激，类别 1；特异性靶器官毒性-一次接触，类别 3（呼吸道刺激）；危害水生环境-急性危害，类别 1

标签要素

象形图 

警示词 危险

危险性说明 吞咽会中毒，皮肤接触会中毒，吸入致命，造成严重的皮肤灼伤和眼损伤，可能引起呼吸道刺激，对水生生物毒性非常大

防范说明

预防措施 避免接触眼睛、皮肤，操作后彻底清洗。作业场所不得进食、饮水或吸烟。避免吸入蒸气、雾。仅在室外或通风良好处操作。戴呼吸防护器具。戴防护手套，穿防护服，戴防护眼镜、防护面罩。禁止排入环境

事故响应 如吸入：将患者转移到空气新鲜处，休息，保持利于呼吸的体位。皮肤（或头发）接触：立即脱掉所有被污染的衣服，用大量肥皂水和水清洗，如感觉不适，呼叫中毒控制中心或就医。被污染的衣服须经洗净后方可重新使用。眼睛接触：用水细心地冲洗数分钟。如带隐形眼镜并可方便地取出，则取出隐形眼镜继续冲洗。食入：漱口，不要催吐，立即呼叫中毒控制中心或就医。收集泄漏物

安全储存 在通风良好处储存。保持容器密闭。上锁保管

废弃处置 本品及内装物、容器依据国家和地方法规处置

物理和化学危险 可燃，其蒸气与空气混合，能形成爆炸性混合物

健康危害 眼和皮肤接触引起灼伤。实验动物可有血液改变，支气管炎和肺炎

环境危害 对水生生物毒性非常大

第三部分 成分/组成信息

√物质		混合物
组分	**浓度**	**CAS No.**
氯乙醛		107-20-0

第四部分 急救措施

吸入 迅速脱离现场至空气新鲜处。保持呼吸道通畅。如呼吸困难，给输氧。如呼吸、心跳停止，立即进行心肺复苏术。就医

皮肤接触 立即脱去污染的衣着，用大量流动清水彻底冲洗至少 15min。就医

眼睛接触 立即分开眼睑，用流动清水或生理盐水彻底冲洗至少 15min。就医

食入 用水漱口，禁止催吐。给饮牛奶或蛋清。就医

对保护施救者的忠告 根据需要使用个人防护设备

对医生的特别提示 对症处理

第五部分 消防措施

灭火剂 用雾状水、抗溶性泡沫、二氧化碳、砂土灭火

特别危险性 遇明火、高热可燃。燃烧生成有害的一氧化碳、氯化氢

灭火注意事项及防护措施 消防人员须佩戴防毒面具、穿全身消防服，在上风向灭火。尽可能将容器从火场移至空旷处。喷水保持火场容器冷却，直至灭火结束。

容器突然发出异常声音或出现异常现象，应立即撤离

第六部分 泄漏应急处理

作业人员防护措施、防护装备和应急处置程序 根据液体流动和蒸气扩散的影响区域划定警戒区，无关人员从侧风、上风向撤离至安全区。消除所有点火源。建议应急处理人员戴正压自给式呼吸器，穿防毒服，戴防化学品手套。穿上适当的防护服前严禁接触破裂的容器和泄漏物。尽可能切断泄漏源。喷雾状水抑制蒸气或改变蒸气云流向

环境保护措施 防止泄漏物进入水体、下水道、地下室或有限空间

泄漏化学品的收容、清除方法及所使用的处置材料 小量泄漏：用干燥的砂土或其他不燃材料吸收或覆盖，收集于容器中。大量泄漏：构筑围堤或挖坑收容。用砂土、惰性物质或蛭石吸收大量液体。用泵转移至槽车或专用收集器内

第七部分 操作处置与储存

操作注意事项 密闭操作，提供充分的局部排风。操作尽可能机械化、自动化。操作人员必须经过专门培训，严格遵守操作规程。建议操作人员佩戴自吸过滤式防毒面具（全面罩），穿胶布防毒衣，戴防化学品手套。远离火种、热源。工作场所严禁吸烟。使用防爆型的通风系统和设备。防止蒸气泄漏到工作场所空气中。避免与氧化剂接触。搬运时要轻装轻卸，防止包装及容器损坏。配备相应品种和数量的消防器材及泄漏应急处理设备。倒空的容器可能残留有害物

储存注意事项 储存于阴凉、通风良好的专用库房内。远离火种、热源。库房温度不超过 32℃，相对湿度不超过 80%。保持容器密封。应与氧化剂、食用化学品分开存放，切忌混储。配备相应品种和数量的消防器材。储区应备有泄漏应急处理设备和合适的收容材料

第八部分 接触控制/个体防护

职业接触限值

中国 MAC：3mg/m^3

美国(ACGIH) TLV-C：1ppm

生物接触限值 未制定标准

监测方法 空气中有毒物质测定方法：未制定标准。生物监测检验方法：未制定标准

工程控制 严加密闭，提供充分的局部排风。提供安全的淋浴和洗眼设备

个体防护装备

呼吸系统防护 可能接触其蒸气时，必须佩戴过滤式防毒面具（全面罩）。紧急事态抢救或撤离时，佩戴空气呼吸器

眼睛防护 呼吸系统防护中已作防护

皮肤和身体防护 穿隔绝式防毒服

手防护 戴防化学品手套

第九部分 理化特性

外观与性状 40%的水溶液为无色透明的油状液体，有刺激性气味

pH 值 无资料 **熔点(℃)** −16.3（40%）

沸点(℃) 85～86（40%）

相对密度(水=1) 1.19（40%）

相对蒸气密度(空气=1) 2.7

饱和蒸气压(kPa) 13.3（45℃，40%）

燃烧热(kJ/mol) 无资料 **临界温度(℃)** 无资料

临界压力(MPa) 5.37 **辛醇/水分配系数** 0.09

闪点(℃) 87.8（CC） **自燃温度(℃)** 88

爆炸下限(%) 无资料 **爆炸上限(%)** 无资料

分解温度(℃) 无资料

黏度(mPa·s) 无资料

溶解性 溶于水，溶于乙醇、乙醚、氯仿等多数有机溶剂

第十部分 稳定性和反应性

稳定性 稳定

危险反应 与强氧化剂等禁配物发生反应

避免接触的条件 无资料

禁配物 强氧化剂

危险的分解产物 氯化氢

第十一部分 毒理学信息

急性毒性 LD_{50}：50～400mg/kg（大鼠经口）

皮肤刺激或腐蚀 无资料 **眼睛刺激或腐蚀** 无资料

呼吸或皮肤过敏 无资料

生殖细胞突变性 微生物致突变：鼠伤寒沙门氏菌 400μmol/L；大肠杆菌 1mmol/L。DNA 损伤：人淋巴细胞 100μmol/L。哺乳动物体细胞突变：仓鼠肺 6400nmol/L

致癌性 无资料 **生殖毒性** 无资料

特异性靶器官系统毒性-一次接触 无资料

特异性靶器官系统毒性-反复接触 给大鼠注入 0.3LD_{50}、0.6LD_{50}剂量，30d 后分别有 25%、67%动物死亡。动物出现明显的支气管炎和肺炎

吸入危害 无资料

第十二部分 生态学信息

生态毒性 无资料

持久性和降解性

生物降解性 无资料

非生物降解性 空气中，当羟基自由基浓度为5.00×10^{5}个/cm^{3}时，降解半衰期为 1.7d（理论）

潜在的生物累积性 根据 K_{ow}值预测，该物质的生物累积性可能较弱

土壤中的迁移性 根据 K_{oc}值预测，该物质可能易发生迁移

第十三部分 废弃处置

废弃化学品 用焚烧法处置。与燃料混合后，再焚烧。焚烧炉排出的卤化氢通过酸洗涤器除去

污染包装物 将容器返还生产商或按照国家和地方法规处置

废弃注意事项 处置前应参阅国家和地方有关法规

第十四部分 运输信息

联合国危险货物编号（UN号） 2232

联合国运输名称 2-氯乙醛

联合国危险性类别 6.1 **包装类别** Ⅰ类包装

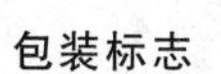
包装标志 

海洋污染物 否

运输注意事项 运输前应先检查包装容器是否完整、密封，运输过程中要确保容器不泄漏、不倒塌、不坠落、不损坏。严禁与酸类、氧化剂、食品及食品添加剂混运。运输时运输车辆应配备相应品种和数量的消防器材及泄漏应急处理设备。运输途中应防曝晒、雨淋，防高温。公路运输时要按规定路线行驶

第十五部分 法规信息

下列法律、法规、规章和标准，对该化学品的管理作了相应的规定。

中华人民共和国职业病防治法 职业病分类和目录：未列入

危险化学品安全管理条例 危险化学品目录：列入。易制爆危险化学品名录：未列入。重点监管的危险化学品名录：未列入。GB 18218—2009《危险化学品重大危险源辨识》（表1）：未列入

使用有毒物品作业场所劳动保护条例 高毒物品目录：未列入

易制毒化学品管理条例 易制毒化学品的分类和品种目录：未列入

国际公约 斯德哥尔摩公约：未列入。鹿特丹公约：未列入。蒙特利尔议定书：未列入

第十六部分 其他信息

编写和修订信息 **缩略语和首字母缩写**

培训建议 **参考文献**

免责声明

氯 乙 酸

第一部分 化学品标识

化学品中文名 氯乙酸；一氯醋酸；氯醋酸

化学品英文名 chloroacetic acid；monochloroacetic acid

分子式 $C_2H_3ClO_2$ **相对分子质量** 94.50

结构式 O Cl OH

化学品的推荐及限制用途 用于制农药和用作有机合成中间体

第二部分 危险性概述

紧急情况概述 吞咽会中毒，皮肤接触会中毒，吸入致命，造成严重的皮肤灼伤和眼损伤

GHS危险性类别 急性毒性-经口，类别3；急性毒性-经皮，类别3；急性毒性-吸入，类别2；皮肤腐蚀/刺激，类别1B；严重眼损伤/眼刺激，类别1；特异性靶器官毒性-一次接触，类别3（呼吸道刺激）；危害水生环境-急性危害，类别1

标签要素

象形图 

警示词 危险

危险性说明 吞咽会中毒，皮肤接触会中毒，吸入致命，造成严重的皮肤灼伤和眼损伤，可能引起呼吸道刺激，对水生生物毒性非常大

防范说明

预防措施 避免接触眼睛、皮肤，操作后彻底清洗。作业场所不得进食、饮水或吸烟。避免吸入蒸气、雾。仅在室外或通风良好处操作。戴呼吸防护器具。戴防护手套，穿防护服，戴防护眼镜、防护面罩。禁止排入环境

事故响应 如吸入：将患者转移到空气新鲜处，休息，保持利于呼吸的体位。皮肤（或头发）接触：立即脱掉所有被污染的衣服，用大量肥皂水和水清洗，如感觉不适，呼叫中毒控制中心或就医。被污染的衣服须经洗净后方可重新使用。眼睛接触：用水细心地冲洗数分钟。如戴隐形眼镜并可方便地取出，则取出隐形眼镜继续冲洗。食入：漱口，不要催吐，立即呼叫中毒控制中心或就医。收集泄漏物

安全储存 在通风良好处储存。保持容器密闭。上锁保管

废弃处置 本品及内装物、容器依据国家和地方法规处置

物理和化学危险 可燃，其粉体与空气混合，能形成爆炸性混合物

健康危害 氯乙酸经皮吸收后引起中毒，甚至导致死亡。皮肤接触后，出现水疱伴有剧痛，随后水疱吸收，出现角化过度，经3～4次脱皮后始愈。中毒者早期可有呕吐、腹泻、视力模糊、定向力障碍等症状，随后出现烦躁、抽搐、昏迷、血压下降；检查可见深浅反射消失，呼吸困难，心电图示心肌损害。还可出现低血钾和严重的酸中毒及进行性的肾功能衰竭。接触氯乙酸烟雾，可有眼部疼痛、流泪、羞明、结膜充血等症状及上呼吸道刺激症状，以后发生支气管炎，严重者发生肺水肿。眼部直接接触本品酸雾，即刻引起严重刺激症状及角膜损伤

环境危害 对水生生物毒性非常大

第三部分 成分/组成信息

√物质		混合物
组分	**浓度**	**CAS No.**
氯乙酸		79-11-8

第四部分 急救措施

吸入 迅速脱离现场至空气新鲜处。保持呼吸道通畅。如

呼吸困难，给输氧。如呼吸、心跳停止，立即进行心肺复苏术。就医

皮肤接触 立即脱去污染的衣着，用大量流动清水彻底冲洗至少15min。就医

眼睛接触 立即分开眼睑，用流动清水或生理盐水彻底冲洗至少15min。就医

食入 用水漱口，禁止催吐。给饮牛奶或蛋清。就医

对保护施救者的忠告 根据需要使用个人防护设备

对医生的特别提示 对症处理

第五部分 消防措施

灭火剂 用雾状水、泡沫、二氧化碳灭火

特别危险性 受高热分解产生有毒的腐蚀性烟气。与强氧化剂接触可发生化学反应。遇潮时对大多数金属有强腐蚀性。燃烧生成有害的一氧化碳、氯化氢、光气

灭火注意事项及防护措施 消防人员必须穿全身耐酸碱消防服、佩戴空气呼吸器灭火。尽可能将容器从火场移至空旷处。喷水保持火场容器冷却，直至灭火结束

第六部分 泄漏应急处理

作业人员防护措施、防护装备和应急处置程序 隔离泄漏污染区，限制出入。消除所有点火源。建议应急处理人员戴防尘口罩，穿防酸碱服，戴橡胶耐酸碱手套。穿上适当的防护服前严禁接触破裂的容器和泄漏物。尽可能切断泄漏源。用塑料布覆盖泄漏物，减少飞散。勿使水进入包装容器内

环境保护措施 无资料

泄漏化学品的收容、清除方法及所使用的处置材料 用洁净的铲子收集泄漏物，置于干净、干燥、盖子较松的容器中，将容器移离泄漏区

第七部分 操作处置与储存

操作注意事项 密闭操作，局部排风。操作人员必须经过专门培训，严格遵守操作规程。建议操作人员佩戴导管式防毒面具，穿橡胶耐酸碱服，戴橡胶耐酸碱手套。远离火种、热源。工作场所严禁吸烟。使用防爆型的通风系统和设备。避免产生粉尘。避免与氧化剂、还原剂、碱类接触。搬运时要轻装轻卸，防止包装及容器损坏。配备相应品种和数量的消防器材及泄漏应急处理设备。倒空的容器可能残留有害物

储存注意事项 储存于阴凉、通风良好的专用库房内。远离火种、热源。库房温度不超过32℃，相对湿度不超过80%。包装密封。应与氧化剂、还原剂、碱类、食用化学品分开存放，切忌混储。配备相应品种和数量的消防器材。储区应备有合适的材料收容泄漏物

第八部分 接触控制/个体防护

职业接触限值

中国 MAC：2mg/m^3［皮］

美国(ACGIH) TLV-TWA：0.5ppm（可吸入性颗粒物和蒸气）［皮］

生物接触限值 未制定标准

监测方法 空气中有毒物质测定方法：溶剂解吸-气相色谱法。生物监测检验方法：未制定标准

工程控制 密闭操作，局部排风。提供安全的淋浴和洗眼设备

个体防护装备

呼吸系统防护 可能接触其蒸气或烟雾时，必须佩戴过滤式防毒面具（全面罩）。必要时佩戴空气呼吸器

眼睛防护 呼吸系统防护中已作防护

皮肤和身体防护 穿橡胶耐酸碱服

手防护 戴橡胶耐酸碱手套

第九部分 理化特性

外观与性状 无色结晶，有潮解性

pH值 无意义 **熔点(℃)** 50～63

沸点(℃) 189

相对密度(水=1) 1.4～1.58

相对蒸气密度(空气=1) 3.26

饱和蒸气压(kPa) 0.67（71.5℃）

燃烧热(kJ/mol) 无资料 **临界温度(℃)** 无资料

临界压力(MPa) 5.78 **辛醇/水分配系数** 0.22

闪点(℃) 126（CC） **自燃温度(℃)** >500

爆炸下限(%) 8.0 **爆炸上限(%)** 无资料

分解温度(℃) 无资料

黏度(mPa·s) 2.16（70℃）

溶解性 溶于水、乙醇、乙醚、氯仿、二硫化碳

第十部分 稳定性和反应性

稳定性 稳定

危险反应 与强氧化剂等禁配物发生反应

避免接触的条件 潮湿空气

禁配物 强氧化剂、强碱、强还原剂

危险的分解产物 氯化氢、光气

第十一部分 毒理学信息

急性毒性

LD_{50} 76mg/kg（大鼠经口）；255mg/kg（小鼠经口）

LC_{50} 180mg/m^3（大鼠吸入）

皮肤刺激或腐蚀 无资料 **眼睛刺激或腐蚀** 无资料

呼吸或皮肤过敏 无资料

生殖细胞突变性 哺乳动物体细胞突变：小鼠淋巴细胞400mg/L。姐妹染色单体交换：仓鼠卵巢160mg/L。细胞遗传学分析：大鼠经口0.5ppb

致癌性 无资料 **生殖毒性** 无资料

特异性靶器官系统毒性-一次接触 无资料

特异性靶器官系统毒性-反复接触 大鼠饲料中含1%的氯乙酸时，在200d实验期内，生长缓慢，发现肝糖原增加，其他无特殊损害

吸入危害 无资料

第十二部分 生态学信息

生态毒性

LC_{50} 72mg/L（96h）（青鳉）

ErC_{50} 0.16mg/L（72h）（羊角月牙藻）

持久性和降解性

生物降解性　易快速生物降解

非生物降解性　水相光解半衰期（h）：1900～19000；光解最大光吸收（nm）：360；空气中光氧化半衰期（h）：约 2300；一级水解半衰期（h）：23000

潜在的生物累积性　根据 K_{ow}值预测，该物质的生物累积性可能较弱

土壤中的迁移性　根据 K_{oc}值预测，该物质可能易发生迁移

第十三部分　废弃处置

废弃化学品　建议用焚烧法处置。与燃料混合后，再焚烧。焚烧炉排出的卤化氢通过酸洗涤器除去。或用安全掩埋法处置

污染包装物　将容器返还生产商或按照国家和地方法规处置

废弃注意事项　处置前应参阅国家和地方有关法规

第十四部分　运输信息

联合国危险货物编号（UN 号）　1751（固态）；3250（熔融）

联合国运输名称　氯乙酸（固态）；熔融氯乙酸（熔融）

联合国危险性类别　6.1，8　**包装类别**　Ⅱ类包装

包装标志

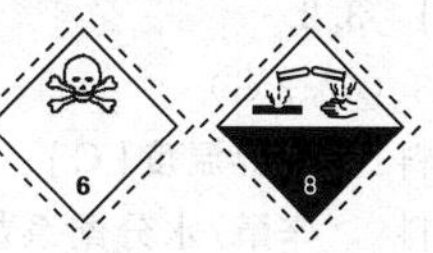

海洋污染物　否

运输注意事项　起运时包装要完整，装载应稳妥。运输过程中要确保容器不泄漏、不倒塌、不坠落、不损坏。严禁与氧化剂、还原剂、碱类、食用化学品等混装混运。运输时运输车辆应配备相应品种和数量的消防器材及泄漏应急处理设备。运输途中应防曝晒、雨淋，防高温

第十五部分　法规信息

下列法律、法规、规章和标准，对该化学品的管理作了相应的规定。

中华人民共和国职业病防治法　职业病分类和目录：氯乙酸中毒

危险化学品安全管理条例　危险化学品目录：列入。易制爆危险化学品名录：未列入。重点监管的危险化学品名录：未列入。GB 18218—2009《危险化学品重大危险源辨识》（表 1）：未列入

使用有毒物品作业场所劳动保护条例　高毒物品目录：未列入

易制毒化学品管理条例　易制毒化学品的分类和品种目录：未列入

国际公约　斯德哥尔摩公约：未列入。鹿特丹公约：未列入。蒙特利尔议定书：未列入

第十六部分　其他信息

编写和修订信息　　**缩略语和首字母缩写**

培训建议　　**参考文献**

免责声明

氯乙酸酐

第一部分　化学品标识

化学品中文名　氯乙酸酐；氯醋酸酐

化学品英文名　chloroacetic anhydride；chloroacetic acid anhydride

分子式　$C_4H_4Cl_2O_3$　**相对分子质量**　170.99

结构式　Cl–CH₂–C(=O)–O–C(=O)–CH₂–Cl

化学品的推荐及限制用途　用于有机合成

第二部分　危险性概述

紧急情况概述　吞咽会中毒，皮肤接触会中毒，吸入会中毒，造成严重的皮肤灼伤和眼损伤

GHS 危险性类别　急性毒性-经口，类别 3；急性毒性-经皮，类别 3；急性毒性-吸入，类别 3；皮肤腐蚀/刺激，类别 1；严重眼损伤/眼刺激，类别 1；危害水生环境-急性危害，类别 1

标签要素

象形图

警示词　危险

危险性说明　吞咽会中毒，皮肤接触会中毒，吸入会中毒，造成严重的皮肤灼伤和眼损伤，对水生生物毒性非常大

防范说明

预防措施　避免接触眼睛、皮肤，操作后彻底清洗。作业场所不得进食、饮水或吸烟。避免吸入粉尘。仅在室外或通风良好处操作。戴防护手套，穿防护服，戴防护眼镜、防护面罩。禁止排入环境

事故响应　如吸入：将患者转移到空气新鲜处，休息，保持利于呼吸的体位。皮肤接触：用大量肥皂水和水清洗，立即脱去所有被污染的衣服。如感觉不适，呼叫中毒控制中心或就医。被污染的衣服须经洗净后方可重新使用。眼睛接触：用水细心地冲洗数分钟。如戴隐形眼镜并可方便地取出，则取出隐形眼镜继续冲洗。食入：漱口，不要催吐，立即呼叫中毒控制中心或就医。收集泄漏物

安全储存　在通风良好处储存。保持容器密闭。上锁保管

废弃处置　本品及内装物、容器依据国家和地方法规处置

物理和化学危险　可燃，其粉体与空气混合，能形成爆炸性混合物

健康危害　本品对黏膜、上呼吸道、眼和皮肤有强烈的刺激性。眼和皮肤接触引起灼伤

环境危害　对水生生物毒性非常大

第三部分 成分/组成信息

√物质 混合物

组分	浓度	CAS No.
氯乙酸酐		541-88-8

第四部分 急救措施

吸入 迅速脱离现场至空气新鲜处。保持呼吸道通畅。如呼吸困难，给输氧。如呼吸、心跳停止，立即进行心肺复苏术。就医

皮肤接触 立即脱去污染的衣着，用大量流动清水彻底冲洗至少15min。就医

眼睛接触 立即分开眼睑，用流动清水或生理盐水彻底冲洗至少15min。就医

食入 用水漱口，禁止催吐。给饮牛奶或蛋清。就医

对保护施救者的忠告 根据需要使用个人防护设备

对医生的特别提示 对症处理

第五部分 消防措施

灭火剂 用雾状水、泡沫、二氧化碳灭火

特别危险性 受高热分解产生有毒的腐蚀性烟气。与强氧化剂接触可发生化学反应。遇潮时对大多数金属有强腐蚀性。燃烧生成有害的一氧化碳、氯化氢、光气

灭火注意事项及防护措施 消防人员必须穿全身耐酸碱消防服、佩戴空气呼吸器灭火。尽可能将容器从火场移至空旷处。喷水保持火场容器冷却，直至灭火结束

第六部分 泄漏应急处理

作业人员防护措施、防护装备和应急处置程序 隔离泄漏污染区，限制出入。消除所有点火源。建议应急处理人员戴防尘口罩，穿防酸碱服，戴橡胶耐酸碱手套。穿上适当的防护服前严禁接触破裂的容器和泄漏物。尽可能切断泄漏源。用塑料布覆盖泄漏物，减少飞散。勿使水进入包装容器内

环境保护措施 无资料

泄漏化学品的收容、清除方法及所使用的处置材料 用洁净的铲子收集泄漏物，置于干净、干燥、盖子较松的容器中，将容器移离泄漏区

第七部分 操作处置与储存

操作注意事项 密闭操作，局部排风。操作人员必须经过专门培训，严格遵守操作规程。建议操作人员佩戴自吸过滤式防尘口罩，戴化学安全防护眼镜，穿橡胶耐酸碱服，戴橡胶耐酸碱手套。远离火种、热源。工作场所严禁吸烟。使用防爆型的通风系统和设备。避免产生粉尘。避免与氧化剂、酸类、碱类、醇类、胺类接触。搬运时要轻装轻卸，防止包装及容器损坏。配备相应品种和数量的消防器材及泄漏应急处理设备。倒空的容器可能残留有害物

储存注意事项 储存于阴凉、干燥、通风良好的库房。远离火种、热源。包装必须密封，切勿受潮。应与氧化剂、酸类、碱类、醇类、胺类分开存放，切忌混储。配备相应品种和数量的消防器材。储区应备有合适的材料收容泄漏物

第八部分 接触控制/个体防护

职业接触限值

中国 未制定标准

美国(ACGIH) 未制定标准

生物接触限值 未制定标准

监测方法 空气中有毒物质测定方法：未制定标准。生物监测检验方法：未制定标准

工程控制 密闭操作，局部排风。提供安全的淋浴和洗眼设备

个体防护装备

呼吸系统防护 空气中粉尘浓度超标时，建议佩戴过滤式防尘呼吸器。必要时佩戴空气呼吸器

眼睛防护 戴化学安全防护眼镜

皮肤和身体防护 穿橡胶耐酸碱服

手防护 戴橡胶耐酸碱手套

第九部分 理化特性

外观与性状 无色至微黄色结晶，有刺激气味

pH值 无意义　**熔点(℃)** 46

沸点(℃) 203　**相对密度(水=1)** 1.55

相对蒸气密度(空气=1) 3.2

饱和蒸气压(kPa) 0.13 (67.2℃)

燃烧热(kJ/mol) 无资料　**临界温度(℃)** 无资料

临界压力(MPa) 无资料　**辛醇/水分配系数** −0.07

闪点(℃) 无资料　**自燃温度(℃)** 无资料

爆炸下限(%) 无资料　**爆炸上限(%)** 无资料

分解温度(℃) 无资料

黏度(mPa·s) 无资料

溶解性 溶于乙醚、氯仿，微溶于苯，不溶于石油醚

第十部分 稳定性和反应性

稳定性 稳定

危险反应 与强氧化剂等禁配物发生反应

避免接触的条件 潮湿空气

禁配物 强氧化剂、酸类、碱类、醇类、胺类

危险的分解产物 氯化氢、光气

第十一部分 毒理学信息

急性毒性 无资料　**皮肤刺激或腐蚀** 无资料

眼睛刺激或腐蚀 无资料　**呼吸或皮肤过敏** 有致敏作用

生殖细胞突变性 无资料

致癌性 无资料　**生殖毒性** 无资料

特异性靶器官系统毒性-一次接触 无资料

特异性靶器官系统毒性-反复接触 无资料

吸入危害 无资料

第十二部分 生态学信息

生态毒性 无资料

持久性和降解性

生物降解性 无资料

非生物降解性 无资料

潜在的生物累积性 根据 K_{ow} 值预测，该物质的生物累积性可能较弱

土壤中的迁移性 根据 K_{oc} 值预测，该物质可能易发生迁移

第十三部分 废弃处置

废弃化学品 建议用焚烧法处置。与燃料混合后，再焚烧。焚烧炉排出的卤化氢通过酸洗涤器除去

污染包装物 将容器返还生产商或按照国家和地方法规处置

废弃注意事项 处置前应参阅国家和地方有关法规

第十四部分 运输信息

联合国危险货物编号（UN号） 2928

联合国运输名称 有机毒性固体，腐蚀性，未另作规定的

联合国危险性类别 6.1，8 **包装类别** Ⅱ类包装

包装标志 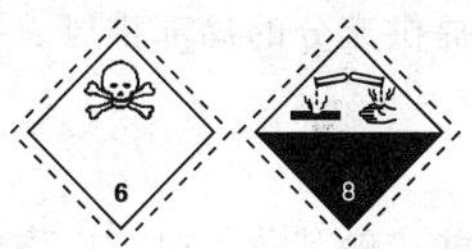

海洋污染物 否

运输注意事项 起运时包装要完整，装载应稳妥。运输时运输车辆应配备相应品种和数量的消防器材及泄漏应急处理设备。运输过程中要确保容器不泄漏、不倒塌、不坠落、不损坏。严禁与氧化剂、酸类、碱类、醇类、胺类、食用化学品等混装混运。运输途中应防曝晒、雨淋，防高温

第十五部分 法规信息

下列法律、法规、规章和标准，对该化学品的管理作了相应的规定。

中华人民共和国职业病防治法 职业病分类和目录：未列入

危险化学品安全管理条例 危险化学品目录：列入。易制爆危险化学品名录：未列入。重点监管的危险化学品名录：未列入。GB 18218—2009《危险化学品重大危险源辨识》(表1)：未列入

使用有毒物品作业场所劳动保护条例 高毒物品目录：未列入

易制毒化学品管理条例 易制毒化学品的分类和品种目录：未列入

国际公约 斯德哥尔摩公约：未列入。鹿特丹公约：未列入。蒙特利尔议定书：未列入

第十六部分 其他信息

编写和修订信息 **缩略语和首字母缩写**

培训建议 **参考文献**

免责声明

氯乙酸甲酯

第一部分 化学品标识

化学品中文名 氯乙酸甲酯；氯醋酸甲酯

化学品英文名 methyl chloroacetate；chloroacetic acid methyl ester

分子式 $C_3H_5ClO_2$ **相对分子质量** 108.53

结构式 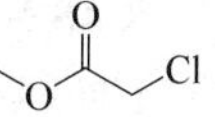

化学品的推荐及限制用途 用于有机合成，以及用作杀虫剂“乐果”的中间体

第二部分 危险性概述

紧急情况概述 易燃液体和蒸气，吞咽会中毒，吸入会中毒，造成严重眼损伤

GHS危险性类别 易燃液体，类别3；急性毒性-经口，类别3；急性毒性-吸入，类别3；皮肤腐蚀/刺激，类别2；严重眼损伤/眼刺激，类别1；特异性靶器官毒性-一次接触，类别3（呼吸道刺激）；危害水生环境-急性危害，类别2

标签要素

象形图 

警示词 危险

危险性说明 易燃液体和蒸气，吞咽会中毒，吸入会中毒，造成皮肤刺激，造成严重眼损伤，可能引起呼吸道刺激，对水生生物有毒

防范说明

预防措施 远离热源、火花、明火、热表面。禁止吸烟。保持容器密闭。容器和接收设备接地连接。使用防爆电器、通风、照明设备。只能使用不产生火花的工具。采取防止静电措施。戴防护手套、防护眼镜、防护面罩。避免接触眼睛、皮肤，操作后彻底清洗。作业场所不得进食、饮水或吸烟。避免吸入蒸气、雾。仅在室外或通风良好处操作。禁止排入环境

事故响应 火灾时，使用干粉、二氧化碳、砂土灭火。用雾状水驱散蒸气。如吸入：将患者转移到空气新鲜处，休息，保持利于呼吸的体位。皮肤接触：立即脱掉所有被污染的衣服，用大量肥皂水和水清洗。如发生皮肤刺激，就医。被污染的衣服须洗净后方可重新使用。接触眼睛：用水细心冲洗数分钟。如戴隐形眼镜并可方便地取出，取出隐形眼镜继续冲洗。食入：漱口，立即呼叫中毒控制中心或就医

安全储存 存放在通风良好的地方。保持低温。保持容器密闭。上锁保管

废弃处置 本品及内装物、容器依据国家和地方法规处置

物理和化学危险 易燃，其蒸气与空气混合，能形成爆炸性混合物

健康危害 对眼睛、黏膜、呼吸道及皮肤有强烈刺激作用。轻者出现眼和呼吸道刺激症状，重者发生肺水肿。可致眼和皮肤灼伤

环境危害 对水生生物有毒

第三部分 成分/组成信息

√物质 混合物

组分	浓度	CAS No.
氯乙酸甲酯		96-34-4

第四部分 急救措施

吸入 迅速脱离现场至空气新鲜处。保持呼吸道通畅。如呼吸困难，给输氧。如呼吸、心跳停止，立即进行心肺复苏术。就医

皮肤接触 立即脱去污染的衣着，用流动清水彻底冲洗。就医

眼睛接触 立即分开眼睑，用流动清水或生理盐水彻底冲洗至少15min。就医

食入 漱口，饮水。就医

对保护施救者的忠告 根据需要使用个人防护设备

对医生的特别提示 对症处理

第五部分 消防措施

灭火剂 用干粉、二氧化碳、砂土灭火。用雾状水驱散蒸气

特别危险性 受热、接触酸或酸雾会放出有毒的烟雾。燃烧生成有害的一氧化碳、氯化氢

灭火注意事项及防护措施 消防人员须佩戴防毒面具、穿全身消防服，在上风向灭火。喷水冷却容器，尽可能将容器从火场移至空旷处。用雾状水驱散蒸气。容器突然发出异常声音或出现异常现象，应立即撤离。不宜用水

第六部分 泄漏应急处理

作业人员防护措施、防护装备和应急处置程序 消除所有点火源。根据液体流动和蒸气扩散的影响区域划定警戒区，无关人员从侧风、上风向撤离至安全区。建议应急处理人员戴正压自给式呼吸器，穿防毒、防静电服，戴橡胶耐油手套。作业时使用的所有设备应接地。穿上适当的防护服前严禁接触破裂的容器和泄漏物。尽可能切断泄漏源

环境保护措施 防止泄漏物进入水体、下水道、地下室或有限空间

泄漏化学品的收容、清除方法及所使用的处置材料 严禁用水处理。小量泄漏：用干燥的砂土或其他不燃材料覆盖泄漏物。大量泄漏：构筑围堤或挖坑收容。用防爆泵转移至槽车或专用收集器内

第七部分 操作处置与储存

操作注意事项 密闭操作，提供充分的局部排风。操作尽可能机械化、自动化。操作人员必须经过专门培训，严格遵守操作规程。建议操作人员佩戴自吸过滤式防毒面具（全面罩），穿胶布防毒衣，戴橡胶耐油手套。远离火种、热源。工作场所严禁吸烟。使用防爆型的通风系统和设备。防止蒸气泄漏到工作场所空气中。避免与氧化剂、还原剂、酸类、碱类接触。搬运时要轻装轻卸，防止包装及容器损坏。配备相应品种和数量的消防器材及泄漏应急处理设备。倒空的容器可能残留有害物

储存注意事项 储存于阴凉、通风的库房。远离火种、热源。库房温度不超过32℃，相对湿度不超过80%。保持容器密封。应与氧化剂、还原剂、酸类、碱类、食用化学品分开存放，切忌混储。采用防爆型照明、通风设施。禁止使用易产生火花的机械设备和工具。储区应备有泄漏应急处理设备和合适的收容材料

第八部分 接触控制/个体防护

职业接触限值

中国 未制定标准

美国(ACGIH) 未制定标准

生物接触限值 未制定标准

监测方法 空气中有毒物质测定方法：溶剂解吸-气相色谱法。生物监测检验方法：未制定标准

工程控制 严加密闭，提供充分的局部排风。提供安全的淋浴和洗眼设备

个体防护装备

呼吸系统防护 可能接触其蒸气时，应该佩戴过滤式防毒面具（全面罩）。紧急事态抢救或撤离时，佩戴空气呼吸器

眼睛防护 呼吸系统防护中已作防护

皮肤和身体防护 穿隔绝式防毒服

手防护 戴橡胶耐油手套

第九部分 理化特性

外观与性状 无色透明液体，有刺激气味

pH值 无资料 **熔点(℃)** −32.1

沸点(℃) 129.8 **相对密度(水=1)** 1.24

相对蒸气密度(空气=1) 3.8

饱和蒸气压(kPa) 1.33（29℃）

燃烧热(kJ/mol) 无资料 **临界温度(℃)** 无资料

临界压力(MPa) 4.5 **辛醇/水分配系数** 0.63

闪点(℃) 50.15 **自燃温度(℃)** 463

爆炸下限(%) 7.5 **爆炸上限(%)** 18.5

分解温度(℃) 无资料

黏度(mPa·s) 2.95（−32℃）

溶解性 微溶于水，可混溶于乙醇、乙醚、丙酮、苯

第十部分 稳定性和反应性

稳定性 稳定

危险反应 与强氧化剂等禁配物接触，有发生火灾和爆炸的危险

避免接触的条件 受热

禁配物 酸类、碱类、强氧化剂、强还原剂

危险的分解产物 氯化氢

第十一部分 毒理学信息

急性毒性

LD_{50} 240mg/kg（小鼠经口）

LC_{50} 1000mg/m^3（小鼠吸入，2h）

皮肤刺激或腐蚀 无资料 **眼睛刺激或腐蚀** 无资料

呼吸或皮肤过敏 无资料 **生殖细胞突变性** 无资料

致癌性 无资料 **生殖毒性** 无资料

特异性靶器官系统毒性-一次接触 无资料

特异性靶器官系统毒性-反复接触 无资料

吸入危害 无资料

第十二部分 生态学信息

生态毒性 LC_{50}：1.13mg/L (96h) (鱼)

持久性和降解性

生物降解性 OECD301F，易快速生物降解

非生物降解性 无资料

潜在的生物累积性 根据 K_{ow} 值预测，该物质的生物累积性可能较弱

土壤中的迁移性 根据 K_{oc} 值预测，该物质可能易发生迁移

第十三部分 废弃处置

废弃化学品 建议用焚烧法处置。与燃料混合后，再焚烧。焚烧炉排出的卤化氢通过酸洗涤器除去

污染包装物 将容器返还生产商或按照国家和地方法规处置

废弃注意事项 处置前应参阅国家和地方有关法规

第十四部分 运输信息

联合国危险货物编号（UN号） 2295

联合国运输名称 氯乙酸甲酯

联合国危险性类别 6.1，3 **包装类别** Ⅰ类包装

包装标志 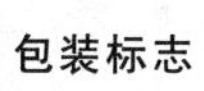 

海洋污染物 否

运输注意事项 运输前应先检查包装容器是否完整、密封，运输过程中要确保容器不泄漏、不倒塌、不坠落、不损坏。严禁与酸类、氧化剂、食品及食品添加剂混运。运输时运输车辆应配备相应品种和数量的消防器材及泄漏应急处理设备。运输途中应防曝晒、雨淋，防高温。运输时所用的槽（罐）车应有接地链，槽内可设孔隔板以减少震荡产生的静电。中途停留时应远离火种、热源。公路运输时要按规定路线行驶

第十五部分 法规信息

下列法律、法规、规章和标准，对该化学品的管理作了相应的规定。

中华人民共和国职业病防治法 职业病分类和目录：未列入

危险化学品安全管理条例 危险化学品目录：列入。易制爆危险化学品名录：未列入。重点监管的危险化学品名录：未列入。GB 18218—2009《危险化学品重大危险源辨识》(表1)：未列入

使用有毒物品作业场所劳动保护条例 高毒物品目录：未列入

易制毒化学品管理条例 易制毒化学品的分类和品种目录：未列入

国际公约 斯德哥尔摩公约：未列入。鹿特丹公约：未列入。蒙特利尔议定书：未列入

第十六部分 其他信息

编写和修订信息 **缩略语和首字母缩写**

培训建议 **参考文献**

免责声明

氯乙酸乙酯

第一部分 化学品标识

化学品中文名 氯乙酸乙酯；氯醋酸乙酯

化学品英文名 ethyl chloroacetate；ethyl monochloroethanoate

分子式 $C_4H_7ClO_2$ **相对分子质量** 122.5

结构式

化学品的推荐及限制用途 用作溶剂，用于有机合成

第二部分 危险性概述

紧急情况概述 吞咽会中毒，皮肤接触会中毒，吸入会中毒

GHS危险性类别 急性毒性-经口，类别3；急性毒性-经皮，类别3；急性毒性-吸入，类别3；危害水生环境-急性危害，类别1

标签要素

象形图 

警示词 危险

危险性说明 吞咽会中毒，皮肤接触会中毒，吸入会中毒，对水生生物毒性非常大

防范说明

预防措施 避免接触眼睛、皮肤，操作后彻底清洗。作业场所不得进食、饮水或吸烟。戴防护手套、穿防护服。避免吸入蒸气、雾。仅在室外或通风良好处操作。禁止排入环境

事故响应 如吸入：将患者转移到空气新鲜处，休息，保持利于呼吸的体位，呼叫中毒控制中心或就医。皮肤接触：用大量肥皂水和水清洗，如感觉不适，呼叫中毒控制中心或就医。立即脱去所有被污染的衣服。被污染的衣服须经洗净后方可重新使用。食入：漱口，立即呼叫中毒控制中心或就医。收集泄漏物

安全储存 在通风良好处储存。保持容器密闭。上锁保管

废弃处置 本品及内装物、容器依据国家和地方法规处置

物理和化学危险 易燃

健康危害 对眼睛、呼吸道黏膜有强烈的刺激作用，重者

可引起肺水肿。对豚鼠皮肤有中度刺激性。可经皮肤吸收

环境危害 对水生生物毒性非常大

第三部分 成分/组成信息

√物质		混合物
组分	**浓度**	**CAS No.**
氯乙酸乙酯		105-39-5

第四部分 急救措施

吸入 迅速脱离现场至空气新鲜处。保持呼吸道通畅。如呼吸困难，给输氧。如呼吸、心跳停止，立即进行心肺复苏术。就医

皮肤接触 立即脱去污染的衣着，用流动清水彻底冲洗。就医

眼睛接触 立即分开眼睑，用流动清水或生理盐水彻底冲洗。就医

食入 漱口，饮水。就医

对保护施救者的忠告 根据需要使用个人防护设备

对医生的特别提示 对症处理

第五部分 消防措施

灭火剂 用干粉、二氧化碳、砂土灭火。用雾状水驱散蒸气

特别危险性 受热、接触酸或酸雾会放出有毒的烟雾。燃烧生成有害的一氧化碳、氯化氢

灭火注意事项及防护措施 消防人员须佩戴防毒面具、穿全身消防服，在上风向灭火。尽可能将容器从火场移至空旷处。喷水保持火场容器冷却，直至灭火结束。容器突然发出异常声音或出现异常现象，应立即撤离。不宜用水

第六部分 泄漏应急处理

作业人员防护措施、防护装备和应急处置程序 消除所有点火源。根据液体流动和蒸气扩散的影响区域划定警戒区，无关人员从侧风、上风向撤离至安全区。建议应急处理人员戴正压自给式呼吸器，穿防毒、防静电服，戴橡胶耐油手套。作业时使用的所有设备应接地。穿上适当的防护服前严禁接触破裂的容器和泄漏物。尽可能切断泄漏源

环境保护措施 防止泄漏物进入水体、下水道、地下室或有限空间

泄漏化学品的收容、清除方法及所使用的处置材料 严禁用水处理。小量泄漏：用干燥的砂土或其他不燃材料覆盖泄漏物。大量泄漏：构筑围堤或挖坑收容。用防爆泵转移至槽车或专用收集器内

第七部分 操作处置与储存

操作注意事项 密闭操作，提供充分的局部排风。操作尽可能机械化、自动化。操作人员必须经过专门培训，严格遵守操作规程。建议操作人员佩戴自吸过滤式防毒面具（全面罩），穿连衣式防毒衣，戴橡胶耐油手套。远离火种、热源。工作场所严禁吸烟。使用防爆型的通风系统和设备。防止蒸气泄漏到工作场所空气中。避免与氧化剂、还原剂、酸类、碱类接触。搬运时要轻装轻卸，防止包装及容器损坏。配备相应品种和数量的消防器材及泄漏应急处理设备。倒空的容器可能残留有害物

储存注意事项 储存于阴凉、通风的库房。远离火种、热源。库房温度不超过 32℃，相对湿度不超过 80%。保持容器密封。应与氧化剂、还原剂、酸类、碱类、食用化学品分开存放，切忌混储。采用防爆型照明、通风设施。禁止使用易产生火花的机械设备和工具。储区应备有泄漏应急处理设备和合适的收容材料

第八部分 接触控制/个体防护

职业接触限值

中国 未制定标准

美国(ACGIH) 未制定标准

生物接触限值 未制定标准

监测方法 空气中有毒物质测定方法：溶剂解吸-气相色谱法。生物监测检验方法：未制定标准

工程控制 严加密闭，提供充分的局部排风。提供安全的淋浴和洗眼设备

个体防护装备

呼吸系统防护 可能接触其蒸气时，应该佩戴过滤式防毒面具（全面罩）。紧急事态抢救或撤离时，佩戴空气呼吸器

眼睛防护 呼吸系统防护中已作防护

皮肤和身体防护 穿连衣式防毒衣

手防护 戴橡胶耐油手套

第九部分 理化特性

外观与性状 无色有刺激性气味的液体

pH 值 无资料 **熔点(℃)** −26

沸点(℃) 143～146 **相对密度(水=1)** 1.16

相对蒸气密度(空气=1) 4.3～4.46

饱和蒸气压(kPa) 1.33 (38℃)

燃烧热(kJ/mol) 无资料 **临界温度(℃)** 无资料

临界压力(MPa) 3.79 **辛醇/水分配系数** 0.94

闪点(℃) 64 (OC) **自燃温度(℃)** 无资料

爆炸下限(%) 无资料 **爆炸上限(%)** 无资料

分解温度(℃) 无资料

黏度(mPa·s) 2.93 (−26℃)

溶解性 不溶于水，可混溶于乙醇、乙醚、苯

第十部分 稳定性和反应性

稳定性 稳定

危险反应 与强氧化剂等禁配物接触，有发生火灾和爆炸的危险

避免接触的条件 无资料

禁配物 酸类、碱类、强氧化剂、强还原剂

危险的分解产物 氯化氢

第十一部分 毒理学信息

急性毒性 LD_{50}：50mg/kg（大鼠经口）；230mg/kg（兔

经皮）

皮肤刺激或腐蚀 无资料

眼睛刺激或腐蚀 家兔经眼：250μg，重度刺激

呼吸或皮肤过敏 无资料 **生殖细胞突变性** 无资料

致癌性 无资料 **生殖毒性** 无资料

特异性靶器官系统毒性-一次接触 无资料

特异性靶器官系统毒性-反复接触 无资料

吸入危害 无资料

第十二部分 生态学信息

生态毒性 EC_{50}：1.6mg/L（48h）（水蚤）

持久性和降解性

生物降解性 OECD301F，28d降解75%，易快速生物降解

非生物降解性 当pH值为7、8时，水解半衰期分别为9d、22h（理论）

潜在的生物累积性 根据K_{ow}值预测，该物质的生物累积性可能较弱

土壤中的迁移性 根据K_{oc}值预测，该物质可能易发生迁移

第十三部分 废弃处置

废弃化学品 建议用焚烧法处置。与燃料混合后，再焚烧。焚烧炉排出的卤化氢通过酸洗涤器除去

污染包装物 将容器返还生产商或按照国家和地方法规处置

废弃注意事项 处置前应参阅国家和地方有关法规

第十四部分 运输信息

联合国危险货物编号（UN号） 1181

联合国运输名称 氯乙酸乙酯

联合国危险性类别 6.1，3 **包装类别** Ⅱ类包装

包装标志 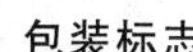 

海洋污染物 否

运输注意事项 运输前应先检查包装容器是否完整、密封，运输过程中要确保容器不泄漏、不倒塌、不坠落、不损坏。严禁与酸类、氧化剂、食品及食品添加剂混运。运输时运输车辆应配备相应品种和数量的消防器材及泄漏应急处理设备。运输途中应防曝晒、雨淋，防高温。运输时所用的槽（罐）车应有接地链，槽内可设孔隔板以减少震荡产生的静电。中途停留时应远离火种、热源。公路运输时要按规定路线行驶

第十五部分 法规信息

下列法律、法规、规章和标准，对该化学品的管理作了相应的规定。

中华人民共和国职业病防治法 职业病分类和目录：未列入

危险化学品安全管理条例 危险化学品目录：列入。易制爆危险化学品名录：未列入。重点监管的危险化学品名录：未列入。GB 18218—2009《危险化学品重大危险源辨识》（表1）：未列入

使用有毒物品作业场所劳动保护条例 高毒物品目录：未列入

易制毒化学品管理条例 易制毒化学品的分类和品种目录：未列入

国际公约 斯德哥尔摩公约：未列入。鹿特丹公约：未列入。蒙特利尔议定书：未列入

第十六部分 其他信息

编写和修订信息 **缩略语和首字母缩写**

培训建议 **参考文献**

免责声明

氯 乙 烷

第一部分 化学品标识

化学品中文名 氯乙烷；乙基氯

化学品英文名 chloroethane；ethyl chloride

分子式 C_2H_5Cl **相对分子质量** 64.5

结构式 Cl

化学品的推荐及限制用途 用作聚丙烯的催化剂，也用作冷冻剂、麻醉剂、杀虫剂等

第二部分 危险性概述

紧急情况概述 极易燃气体，内装加压气体：遇热可能爆炸

GHS危险性类别 易燃气体，类别1；加压气体；危害水生环境-急性危害，类别3；危害水生环境-长期危害，类别3

标签要素

象形图  

警示词 危险

危险性说明 极易燃气体，内装加压气体：遇热可能爆炸，对水生生物有害并具有长期持续影响

防范说明

预防措施 远离热源、火花、明火、热表面。禁止吸烟。禁止排入环境

事故响应 漏气着火：切勿灭火，除非漏气能够安全地制止。如果没有危险，消除一切点火源

安全储存 防日晒。存放在通风良好的地方

废弃处置 本品及内装物、容器依据国家和地方法规处置

物理和化学危险 极易燃，与空气混合能形成爆炸性混合物

健康危害 有刺激和麻醉作用。高浓度损害心、肝、肾。吸入2%～4%浓度时可引起运动失调、轻度痛觉减退，并很快出现知觉消失，但其刺激作用非常轻微；高浓度接触引起麻醉，出现中枢抑制，可出现循环和呼吸抑制。皮肤直接接触液态本品，可引起冻伤

环境危害 对水生生物有害并具有长期持续影响

第三部分 成分/组成信息

√物质		混合物
组分	**浓度**	**CAS No.**
氯乙烷		75-00-3

第四部分 急救措施

吸入 迅速脱离现场至空气新鲜处。保持呼吸道通畅。如呼吸困难，给输氧。如呼吸、心跳停止，立即进行心肺复苏术。就医

皮肤接触 如发生冻伤，用温水（38～42℃）复温，忌用热水或辐射热，不要揉搓。就医

对保护施救者的忠告 根据需要使用个人防护设备

对医生的特别提示 对症处理

第五部分 消防措施

灭火剂 用雾状水、泡沫、干粉、二氧化碳灭火

特别危险性 与氧化剂接触发生猛烈反应。气体比空气重，沿地面扩散并易积存于低洼处，遇火源会着火回燃。燃烧生成有害的一氧化碳、氯化氢、光气

灭火注意事项及防护措施 切断气源。若不能切断气源，则不允许熄灭泄漏处的火焰。消防人员必须佩戴空气呼吸器、穿全身防火防毒服，在上风向灭火。尽可能将容器从火场移至空旷处。喷水保持火场容器冷却，直至灭火结束

第六部分 泄漏应急处理

作业人员防护措施、防护装备和应急处置程序 消除所有点火源。根据气体扩散的影响区域划定警戒区，无关人员从侧风、上风向撤离至安全区。建议应急处理人员戴正压自给式呼吸器，穿防静电服。作业时使用的所有设备应接地。尽可能切断泄漏源。喷雾状水抑制蒸气或改变蒸气云流向，避免水流接触泄漏物。禁止用水直接冲击泄漏物或泄漏源

环境保护措施 防止气体通过下水道、通风系统和有限空间扩散

泄漏化学品的收容、清除方法及所使用的处置材料 隔离泄漏区直至气体散尽

第七部分 操作处置与储存

操作注意事项 严加密闭，提供充分的局部排风和全面通风。操作人员必须经过专门培训，严格遵守操作规程。建议操作人员佩戴自吸过滤式防毒面具（半面罩），戴化学安全防护眼镜，穿防静电工作服，戴防化学品手套。远离火种、热源。工作场所严禁吸烟。使用防爆型的通风系统和设备。防止气体泄漏到工作场所空气中。避免与氧化剂、活性金属粉末接触。在传送过程中，钢瓶和容器必须接地和跨接，防止产生静电。搬运时轻装轻卸，防止钢瓶及附件破损。配备相应品种和数量的消防器材及泄漏应急处理设备

储存注意事项 储存于阴凉、通风的易燃气体专用库房。远离火种、热源。库温不宜超过30℃。应与氧化剂、活性金属粉末等分开存放，切忌混储。采用防爆型照明、通风设施。禁止使用易产生火花的机械设备和工具。储区应备有泄漏应急处理设备

第八部分 接触控制/个体防护

职业接触限值

中国 未制定标准

美国(ACGIH) TLV-TWA：100ppm［皮］

生物接触限值 未制定标准

监测方法 空气中有毒物质测定方法：未制定标准。生物监测检验方法：未制定标准

工程控制 严加密闭，提供充分的局部排风和全面通风

个体防护装备

呼吸系统防护 空气中浓度较高时，建议选择过滤式防毒面具（半面罩）

眼睛防护 戴化学安全防护眼镜

皮肤和身体防护 穿防静电工作服

手防护 戴防化学品手套

第九部分 理化特性

外观与性状 无色气体，有类似醚样的气味

pH值 无意义 **熔点(℃)** −138.7

沸点(℃) 12.5 **相对密度(水=1)** 0.92

相对蒸气密度(空气=1) 2.22

饱和蒸气压(kPa) 133.3（20℃）

燃烧热(kJ/mol) −1323.8 **临界温度(℃)** 187.2

临界压力(MPa) 5.23 **辛醇/水分配系数** 1.43

闪点(℃) −50（CC） **自燃温度(℃)** 519

爆炸下限(%) 3.6 **爆炸上限(%)** 14.8

分解温度(℃) 无资料

黏度(mPa·s) 0.279（10℃）

溶解性 微溶于水，可混溶于多数有机溶剂

第十部分 稳定性和反应性

稳定性 稳定

危险反应 与强氧化剂等禁配物接触，有发生火灾和爆炸的危险

避免接触的条件 无资料

禁配物 强氧化剂、钾、钠及其合金

危险的分解产物 氯化氢

第十一部分 毒理学信息

急性毒性 LC_{50}：160000mg/m³（大鼠吸入，2h）；146000mg/kg（小鼠吸入）

皮肤刺激或腐蚀 无资料 **眼睛刺激或腐蚀** 无资料

呼吸或皮肤过敏 无资料

生殖细胞突变性 微生物致突变：鼠伤寒沙门氏菌10μg/皿。哺乳动物体细胞突变：仓鼠卵巢2340mg/L

致癌性 IARC致癌性评论：组3，现有的证据不能对人类致癌性进行分类。对人及动物致癌性证据不足

生殖毒性 无资料

特异性靶器官系统毒性-一次接触 无资料

特异性靶器官系统毒性-反复接触 无资料

吸入危害 无资料

第十二部分 生态学信息

生态毒性 EC_{50}：58mg/L（48h）（水蚤）

持久性和降解性

生物降解性 好氧生物降解（h）：168～672；厌氧生物降解（h）：672～2688

非生物降解性 空气中光氧化半衰期（h）：160～1604；一级水解半衰期（h）：912

潜在的生物累积性 根据 K_{ow} 值预测，该物质的生物累积性可能较弱

土壤中的迁移性 根据 K_{oc} 值预测，该物质可能易发生迁移

第十三部分 废弃处置

废弃化学品 用焚烧法处置。与燃料混合后，再焚烧。焚烧炉排出的气体通过洗涤器除去

污染包装物 将容器返还生产商或按照国家和地方法规处置

废弃注意事项 处置前应参阅国家和地方有关法规。把倒空的容器归还厂商或在规定场所掩埋

第十四部分 运输信息

联合国危险货物编号（UN号） 1037

联合国运输名称 乙基氯

联合国危险性类别 2.1 **包装类别** -

包装标志  **海洋污染物** 否

运输注意事项 采用钢瓶运输时必须戴好钢瓶上的安全帽。钢瓶一般平放，并应将瓶口朝同一方向，不可交叉；高度不得超过车辆的防护栏板，并用三角木垫卡牢，防止滚动。运输时运输车辆应配备相应品种和数量的消防器材。装运该物品的车辆排气管必须配备阻火装置，禁止使用易产生火花的机械设备和工具装卸。严禁与氧化剂、活性金属粉末、食用化学品等混装混运。夏季应早晚运输，防止日光曝晒。中途停留时应远离火种、热源。公路运输时要按规定路线行驶，禁止在居民区和人口稠密区停留。铁路运输时要禁止溜放

第十五部分 法规信息

下列法律、法规、规章和标准，对该化学品的管理作了相应的规定。

中华人民共和国职业病防治法 职业病分类和目录：未列入

危险化学品安全管理条例 危险化学品目录：列入。易制爆危险化学品名录：未列入。重点监管的危险化学品名录：未列入。GB 18218—2009《危险化学品重大危险源辨识》（表1）：未列入

使用有毒物品作业场所劳动保护条例 高毒物品目录：未列入

易制毒化学品管理条例 易制毒化学品的分类和品种目录：未列入

国际公约 斯德哥尔摩公约：未列入。鹿特丹公约：未列入。蒙特利尔议定书：未列入

第十六部分 其他信息

编写和修订信息 **缩略语和首字母缩写**

培训建议 **参考文献**

免责声明

氯 乙 烯

第一部分 化学品标识

化学品中文名 氯乙烯；乙烯基氯

化学品英文名 chloroethylene；vinyl chloride

分子式 C_2H_3Cl **相对分子质量** 62.50

结构式 ⟋⟍Cl

化学品的推荐及限制用途 用作塑料原料及用于有机合成，也用作冷冻剂等

第二部分 危险性概述

紧急情况概述 极易燃气体，在高压和/高温条件下，即使没有空气仍可能发生爆炸反应。内装加压气体：遇热可能爆炸

GHS危险性类别 易燃气体，类别1；化学不稳定性气体，类别B；加压气体；致癌性，类别1A

标签要素

象形图 

警示词 危险

危险性说明 极易燃气体，在高压和/高温条件下，即使没有空气仍可能发生爆炸反应。内装加压气体：遇热可能爆炸，可能致癌

防范说明

预防措施 远离热源、火花、明火、热表面。禁止吸烟。得到专门指导后操作。在阅读并了解所有安全预防措施之前，切勿操作。按要求使用个体防护装备

事故响应 漏气着火：切勿灭火，除非漏气能够安全地制止。如果没有危险，消除一切点火源。如果接触或有担心，就医

安全储存 防日晒。存放在通风良好的地方。上锁保管

废弃处置 本品及内装物、容器依据国家和地方法规处置

物理和化学危险 极易燃，与空气混合能形成爆炸性混合物

健康危害 急性毒性表现为麻醉作用；长期接触可引起氯乙烯病；本品为致癌物，可致肝血管肉瘤

急性中毒 轻度中毒时病人出现眩晕、胸闷、嗜睡、步态蹒跚等；严重中毒可发生昏迷、抽搐、呼吸循环衰竭，甚至造成死亡。皮肤接触氯乙烯液体

可致冻伤，出现局部麻木，继之出现红斑、水肿，以致坏死。眼部接触有明显刺激症状

慢性中毒　表现为神经衰弱综合征、肝肿大、肝功能异常、消化功能障碍、雷诺氏现象及肢端溶骨症。重度中毒可引起肝硬化。皮肤经常接触，见干燥、皲裂，或引起丘疹、粉刺、手掌皮肤角化、指甲变薄等；有时偶见秃发。少数人出现硬皮病样改变。肝血管肉瘤系氯乙烯所致的一种恶性程度很高的职业性肿瘤，本症主要见于清釜工

环境危害　对环境可能有害

第三部分　成分/组成信息

√物质		混合物
组分	**浓度**	**CAS No.**
氯乙烯		75-01-4

第四部分　急救措施

吸入　迅速脱离现场至空气新鲜处。保持呼吸道通畅。如呼吸困难，给输氧。如呼吸、心跳停止，立即进行心肺复苏术。就医

皮肤接触　如发生冻伤，用温水（38～42℃）复温，忌用热水或辐射热，不要揉搓。就医

眼睛接触　立即分开眼睑，用流动清水或生理盐水彻底冲洗。就医

对保护施救者的忠告　根据需要使用个人防护设备

对医生的特别提示　对症处理

第五部分　消防措施

灭火剂　用雾状水、泡沫、二氧化碳灭火

特别危险性　燃烧或无抑制剂时可发生剧烈聚合。蒸气比空气重，沿地面扩散并易积存于低洼处，遇火源会着火回燃。燃烧生成有害的一氧化碳、氯化氢

灭火注意事项及防护措施　切断气源。若不能切断气源，则不允许熄灭泄漏处的火焰。消防人员必须佩戴空气呼吸器、穿全身防火防毒服，在上风向灭火。尽可能将容器从火场移至空旷处。喷水保持火场容器冷却，直至灭火结束

第六部分　泄漏应急处理

作业人员防护措施、防护装备和应急处置程序　消除所有点火源。根据气体扩散的影响区域划定警戒区，无关人员从侧风、上风向撤离至安全区。建议应急处理人员戴正压自给式呼吸器，穿防静电服。液化气体泄漏时穿防静电、防寒服，戴防化学品手套。作业时使用的所有设备应接地。尽可能切断泄漏源。若可能翻转容器，使之逸出气体而非液体。喷雾状水抑制蒸气或改变蒸气云流向，避免水流接触泄漏物。禁止用水直接冲击泄漏物或泄漏源

环境保护措施　防止气体通过下水道、通风系统和有限空间扩散

泄漏化学品的收容、清除方法及所使用的处置材料　隔离泄漏区直至气体散尽

第七部分　操作处置与储存

操作注意事项　密闭操作，全面通风。操作人员必须经过专门培训，严格遵守操作规程。建议操作人员佩戴过滤式防毒面具（半面罩），戴化学安全防护眼镜，穿防静电工作服，戴防化学品手套。远离火种、热源。工作场所严禁吸烟。使用防爆型的通风系统和设备。防止气体泄漏到工作场所空气中。避免与氧化剂接触。在传送过程中，钢瓶和容器必须接地和跨接，防止产生静电。搬运时轻装轻卸，防止钢瓶及附件破损。配备相应品种和数量的消防器材及泄漏应急处理设备

储存注意事项　储存于阴凉、通风的易燃气体专用库房。远离火种、热源。库温不宜超过30℃。应与氧化剂分开存放，切忌混储。采用防爆型照明、通风设施。禁止使用易产生火花的机械设备和工具。储区应备有泄漏应急处理设备

第八部分　接触控制/个体防护

职业接触限值

中国　PC-TWA：10mg/m^3 [G1]

美国(ACGIH)　TLV-TWA：1ppm

生物接触限值　未制定标准

监测方法　空气中有毒物质测定方法：热解吸-气相色谱法；直接进样-气相色谱法。生物监测检验方法：未制定标准

工程控制　生产过程密闭，全面通风。提供安全的淋浴和洗眼设备

个体防护装备

呼吸系统防护　空气中浓度超标时，佩戴过滤式防毒面具（半面罩）。紧急事态抢救或撤离时，建议佩戴空气呼吸器

眼睛防护　戴化学安全防护眼镜

皮肤和身体防护　穿防静电工作服

手防护　戴防化学品手套

第九部分　理化特性

外观与性状　无色、有醚样气味的气体

pH值　无意义　　**熔点(℃)**　−153.8

沸点(℃)　−13.4　　**相对密度(水=1)**　0.91

相对蒸气密度(空气=1)　2.2

饱和蒸气压(kPa)　343.5（20℃）

燃烧热(kJ/mol)　无资料　　**临界温度(℃)**　151.5

临界压力(MPa)　5.60　　**辛醇/水分配系数**　1.62

闪点(℃)　−78（OC）　　**自燃温度(℃)**　472

爆炸下限(%)　3.6　　**爆炸上限(%)**　33.0

分解温度(℃)　无资料

黏度(mPa·s)　0.01（20℃）

溶解性　微溶于水，溶于乙醇、乙醚、丙酮、苯等多数有机溶剂

第十部分　稳定性和反应性

稳定性　稳定

危险反应 与强氧化剂等禁配物接触，有发生火灾和爆炸的危险。燃烧或无抑制剂时可发生剧烈聚合

避免接触的条件 受热

禁配物 强氧化剂

危险的分解产物 氯化氢

第十一部分 毒理学信息

急性毒性 LD_{50}：500mg/kg（大鼠经口）

皮肤刺激或腐蚀 无资料 **眼睛刺激或腐蚀** 无资料

呼吸或皮肤过敏 无资料

生殖细胞突变性 微生物致突变：鼠伤寒沙门氏菌2000ppm（48h）。微粒体诱变：鼠伤寒沙门氏菌1pph。细胞遗传学分析：人 HeLa 细胞 10mmol/L

致癌性 IARC 致癌性评论：组 1，确认人类致癌物。对人类致癌性证据充分

生殖毒性 大鼠孕后 6～15d 吸入最低中毒剂量（TCLo）500ppm（7h），致肌肉骨骼系统发育畸形。大鼠吸入最低中毒浓度（TCLo）：500ppm（7h）（孕 6～15d），引起胚胎毒性。小鼠吸入最低中毒浓度（TCLo）：500ppm（7h）（孕 6～15d），引起胚胎毒性和肌肉骨骼发育异常

特异性靶器官系统毒性-一次接触 无资料

特异性靶器官系统毒性-反复接触 大鼠吸入 30～40mg/m^3 蒸气，每天 4h，5 个月，20d 后见心电图改变，心搏徐缓，心律不齐；4 个半月后出现房室传导障碍。7900mg/m^3，每天 4h，每周 5d，12 个月，出现脑、肝、肺、肾病变及肿瘤。TCLo：1ppm，每天 4h，52 周

吸入危害 无资料

第十二部分 生态学信息

生态毒性 无资料

持久性和降解性

生物降解性 好氧生物降解（h）：672～4320；厌氧生物降解（h）：2688～17280

非生物降解性 空气中光氧化半衰期（h）：9.7～97

潜在的生物累积性 根据 K_{ow} 值预测，该物质的生物累积性可能较弱

土壤中的迁移性 根据 K_{oc} 值预测，该物质可能易发生迁移

第十三部分 废弃处置

废弃化学品 用焚烧法处置。与燃料混合后，再焚烧。焚烧炉排出的卤化氢通过酸洗涤器除去

污染包装物 将容器返还生产商或按照国家和地方法规处置

废弃注意事项 处置前应参阅国家和地方有关法规。把空容器归还厂商

第十四部分 运输信息

联合国危险货物编号（UN 号） 1086

联合国运输名称 乙烯基氯，稳定的

联合国危险性类别 2.1 **包装类别** -

包装标志  **海洋污染物** 否

运输注意事项 采用钢瓶运输时必须戴好钢瓶上的安全帽。钢瓶一般平放，并应将瓶口朝同一方向，不可交叉；高度不得超过车辆的防护栏板，并用三角木垫卡牢，防止滚动。运输时运输车辆应配备相应品种和数量的消防器材。装运该物品的车辆排气管必须配备阻火装置，禁止使用易产生火花的机械设备和工具装卸。严禁与氧化剂、食用化学品等混装混运。夏季应早晚运输，防止日光曝晒。中途停留时应远离火种、热源。公路运输时要按规定路线行驶，禁止在居民区和人口稠密区停留。铁路运输时要禁止溜放

第十五部分 法规信息

下列法律、法规、规章和标准，对该化学品的管理作了相应的规定。

中华人民共和国职业病防治法 职业病分类和目录：氯乙烯中毒；氯乙烯所致肝血管肉瘤

危险化学品安全管理条例 危险化学品目录：列入。易制爆危险化学品名录：未列入。重点监管的危险化学品名录：列入。GB 18218—2009《危险化学品重大危险源辨识》（表 1）：列入。类别：易燃气体，临界量（t）：50

使用有毒物品作业场所劳动保护条例 高毒物品目录：列入

易制毒化学品管理条例 易制毒化学品的分类和品种目录：未列入

国际公约 斯德哥尔摩公约：未列入。鹿特丹公约：未列入。蒙特利尔议定书：未列入

第十六部分 其他信息

编写和修订信息 **缩略语和首字母缩写**

培训建议 **参考文献**

免责声明

氯乙酰氯

第一部分 化学品标识

化学品中文名 氯乙酰氯

化学品英文名 chloroacetyl chloride；chloroacetic acid chloride

分子式 $C_2H_2Cl_2O$ **相对分子质量** 112.94

结构式 O=C(Cl)CCl

化学品的推荐及限制用途 用于有机合成

第二部分 危险性概述

紧急情况概述 吞咽会中毒，皮肤接触会中毒，吸入会中毒，造成严重的皮肤灼伤和眼损伤

GHS 危险性类别 急性毒性-经口，类别 3；急性毒性-经皮，类别 3；急性毒性-吸入，类别 3；皮肤腐蚀/刺

激，类别1A；严重眼损伤/眼刺激，类别1；特异性靶器官毒性-反复接触，类别1；危害水生环境-急性危害，类别1

标签要素

象形图 

警示词 危险

危险性说明 吞咽会中毒，皮肤接触会中毒，吸入会中毒，造成严重的皮肤灼伤和眼损伤，长时间或反复接触对器官造成损伤，对水生生物毒性非常大

防范说明

预防措施 避免接触眼睛、皮肤，操作后彻底清洗。作业场所不得进食、饮水或吸烟。避免吸入蒸气、雾。仅在室外或通风良好处操作。戴防护手套，穿防护服，戴防护眼镜、防护面罩。禁止排入环境

事故响应 如吸入：将患者转移到空气新鲜处，休息，保持利于呼吸的体位。皮肤接触：用大量肥皂水和水清洗，立即脱去所有被污染的衣服，如感觉不适，呼叫中毒控制中心或就医。被污染的衣服须经洗净后方可重新使用。眼睛接触：用水细心地冲洗数分钟。如戴隐形眼镜并可方便地取出，则取出隐形眼镜继续冲洗。食入：漱口，不要催吐，立即呼叫中毒控制中心或就医。收集泄漏物

安全储存 在通风良好处储存。保持容器密闭。上锁保管

废弃处置 本品及内装物、容器依据国家和地方法规处置

物理和化学危险 不燃，无特殊燃爆特性。遇水产生刺激性气体

健康危害 对眼睛、皮肤、黏膜和呼吸道有强烈的刺激作用。眼和皮肤接触引起灼伤。吸入后可能引起喉、支气管的炎症，化学性肺炎或肺水肿

环境危害 对水生生物毒性非常大

第三部分 成分/组成信息

√物质		混合物
组分	**浓度**	**CAS No.**
氯乙酰氯		79-04-9

第四部分 急救措施

吸入 迅速脱离现场至空气新鲜处。保持呼吸道通畅。如呼吸困难，给输氧。如呼吸、心跳停止，立即进行心肺复苏术。就医

皮肤接触 立即脱去污染的衣着，用大量流动清水彻底冲洗至少15min。就医

眼睛接触 立即分开眼睑，用流动清水或生理盐水彻底冲洗至少15min。就医

食入 用水漱口，禁止催吐。给饮牛奶或蛋清。就医

对保护施救者的忠告 根据需要使用个人防护设备

对医生的特别提示 对症处理

第五部分 消防措施

灭火剂 用干粉、二氧化碳、砂土灭火

特别危险性 受热或遇水分解放热，放出有毒的腐蚀性烟气。具有较强的腐蚀性。燃烧生成有害的一氧化碳、氯化氢

灭火注意事项及防护措施 消防人员必须穿全身耐酸碱消防服、佩戴空气呼吸器灭火。尽可能将容器从火场移至空旷处。喷水保持火场容器冷却，直至灭火结束。容器突然发出异常声音或出现异常现象，应立即撤离。禁止用水、泡沫和酸碱灭火剂灭火

第六部分 泄漏应急处理

作业人员防护措施、防护装备和应急处置程序 根据液体流动和蒸气扩散的影响区域划定警戒区，无关人员从侧风、上风向撤离至安全区。建议应急处理人员戴正压自给式呼吸器，穿防酸碱服，戴橡胶耐酸碱手套。作业时使用的所有设备应接地。穿上适当的防护服前严禁接触破裂的容器和泄漏物。尽可能切断泄漏源

环境保护措施 防止泄漏物进入水体、下水道、地下室或有限空间

泄漏化学品的收容、清除方法及所使用的处置材料 严禁用水处理。小量泄漏：用干燥的砂土或其他不燃材料覆盖泄漏物。大量泄漏：构筑围堤或挖坑收容。用碎石灰石（$CaCO_3$）、苏打灰（Na_2CO_3）或石灰（CaO）中和。用耐腐蚀泵转移至槽车或专用收集器内

第七部分 操作处置与储存

操作注意事项 密闭操作，局部排风。操作尽可能机械化、自动化。操作人员必须经过专门培训，严格遵守操作规程。建议操作人员佩戴自吸过滤式防毒面具(全面罩)，穿橡胶耐酸碱服，戴橡胶耐酸碱手套。避免产生烟雾。防止烟雾和蒸气释放到工作场所空气中。避免与氧化剂、醇类接触。尤其要注意避免与水接触。搬运时要轻装轻卸，防止包装及容器损坏。配备泄漏应急处理设备。倒空的容器可能残留有害物

储存注意事项 储存于阴凉、干燥、通风良好的库房。远离火种、热源。包装必须密封，切勿受潮。应与氧化剂、醇类等分开存放，切忌混储。储区应备有泄漏应急处理设备和合适的收容材料

第八部分 接触控制/个体防护

职业接触限值

中国 PC-TWA：0.2mg/m³；PC-STEL：0.6mg/m³［皮］

美国(ACGIH) TLV-TWA：0.05ppm；TLV-STEL：0.15ppm［皮］

生物接触限值 未制定标准

监测方法 空气中有毒物质测定方法：未制定标准。生物监测检验方法：未制定标准

工程控制 密闭操作，局部排风。提供安全的淋浴和洗眼设备

个体防护装备

呼吸系统防护　可能接触其蒸气时，必须佩戴过滤式防毒面具（全面罩）或空气呼吸器。紧急事态抢救或撤离时，建议佩戴空气呼吸器

眼睛防护　呼吸系统防护中已作防护

皮肤和身体防护　穿橡胶耐酸碱服

手防护　戴橡胶耐酸碱手套

第九部分　理化特性

外观与性状　无色透明液体，有刺激性气味

pH 值　无资料　**熔点(℃)**　−22.5

沸点(℃)　105～106

相对密度(水=1)　1.42（20℃）

相对蒸气密度(空气=1)　3.9

饱和蒸气压(kPa)　8.00（41.5℃）

燃烧热(kJ/mol)　无资料　**临界温度(℃)**　无资料

临界压力(MPa)　5.11　**辛醇/水分配系数**　−0.22

闪点(℃)　无意义　**自燃温度(℃)**　无意义

爆炸下限(%)　无意义　**爆炸上限(%)**　无意义

分解温度(℃)　无资料

黏度(mPa·s)　无资料

溶解性　溶于丙酮，可混溶于乙醚

第十部分　稳定性和反应性

稳定性　稳定

危险反应　与强氧化剂等禁配物发生反应。受热或遇水发生分解

避免接触的条件　受热、潮湿空气

禁配物　强氧化剂、水、醇类

危险的分解产物　氯化氢

第十一部分　毒理学信息

急性毒性

LD_{50}　120mg/kg（大鼠经口）

LC_{50}　4620mg/m^3（大鼠吸入，4h）

皮肤刺激或腐蚀　无资料　**眼睛刺激或腐蚀**　无资料

呼吸或皮肤过敏　无资料　**生殖细胞突变性**　无资料

致癌性　无资料　**生殖毒性**　无资料

特异性靶器官系统毒性-一次接触　无资料

特异性靶器官系统毒性-反复接触　无资料

吸入危害　无资料

第十二部分　生态学信息

生态毒性　ErC_{50}：0.07mg/L（48h）（四尾栅藻）

持久性和降解性

生物降解性　水解产物氯乙酸易快速生物降解

非生物降解性　易水解为氯乙酸

潜在的生物累积性　根据 K_{ow} 值预测，该物质的生物累积性可能较弱

土壤中的迁移性　根据 K_{oc} 值预测，该物质可能易发生迁移

第十三部分　废弃处置

废弃化学品　加入碳酸氢钠溶液，中和稀释后，用水冲入废水系统。或用焚烧法处置，焚烧炉排出的卤化氢通过酸洗涤器除去

污染包装物　将容器返还生产商或按照国家和地方法规处置

废弃注意事项　处置前应参阅国家和地方有关法规

第十四部分　运输信息

联合国危险货物编号（UN 号）　1752

联合国运输名称　氯乙酰氯

联合国危险性类别　6.1，8　**包装类别**　Ⅰ类包装

包装标志 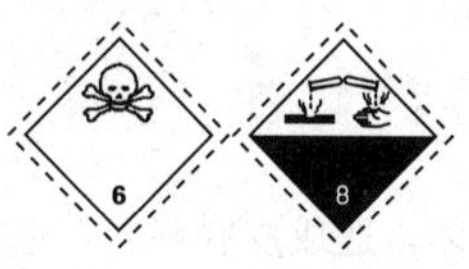

海洋污染物　否

运输注意事项　起运时包装要完整，装载应稳妥。运输过程中要确保容器不泄漏、不倒塌、不坠落、不损坏。严禁与氧化剂、醇类、食用化学品等混装混运。运输时运输车辆应配备泄漏应急处理设备。运输途中应防曝晒、雨淋，防高温。公路运输时要按规定路线行驶，勿在居民区和人口稠密区停留

第十五部分　法规信息

下列法律、法规、规章和标准，对该化学品的管理作了相应的规定。

中华人民共和国职业病防治法　职业病分类和目录：未列入

危险化学品安全管理条例　危险化学品目录：列入。易制爆危险化学品名录：未列入。重点监管的危险化学品名录：未列入。GB 18218—2009《危险化学品重大危险源辨识》（表 1）：未列入

使用有毒物品作业场所劳动保护条例　高毒物品目录：未列入

易制毒化学品管理条例　易制毒化学品的分类和品种目录：未列入

国际公约　斯德哥尔摩公约：未列入。鹿特丹公约：未列入。蒙特利尔议定书：未列入

第十六部分　其他信息

编写和修订信息　**缩略语和首字母缩写**

培训建议　**参考文献**

免责声明

4-氯正丁酸乙酯

第一部分　化学品标识

化学品中文名　4-氯正丁酸乙酯

化学品英文名　ethyl 4-chloro-*n*-butanoate；ethyl 4-chlorobutyrate

分子式　$C_6H_{11}ClO_2$　**相对分子质量**　150.61

结构式

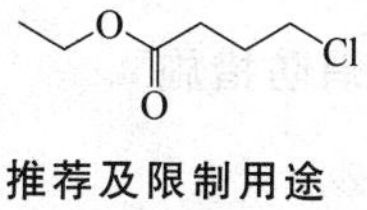

化学品的推荐及限制用途　用于有机合成

第二部分 危险性概述

紧急情况概述 可燃液体，造成皮肤刺激，造成严重眼刺激

GHS危险性类别 易燃液体，类别4；皮肤腐蚀/刺激，类别2；严重眼损伤/眼刺激，类别2；特异性靶器官毒性-一次接触，类别3（呼吸道刺激）

标签要素

象形图 

警示词 警告

危险性说明 可燃液体，造成皮肤刺激，造成严重眼刺激，可能引起呼吸道刺激

防范说明

预防措施 远离火焰和热表面。禁止吸烟。戴防护手套、防护眼镜、防护面罩。避免接触眼睛、皮肤，操作后彻底清洗

事故响应 火灾时，使用干粉、二氧化碳、砂土灭火。皮肤接触：用大量肥皂水和水清洗。如发生皮肤刺激，就医。被污染的衣服须洗净后方可重新使用。如接触眼睛：用水细心冲洗数分钟。如戴隐形眼镜并可方便地取出，取出隐形眼镜继续冲洗。如果眼睛刺激持续：就医

安全储存 存放在通风良好的地方。保持低温

废弃处置 本品及内装物、容器依据国家和地方法规处置

物理和化学危险 可燃，其蒸气与空气混合，能形成爆炸性混合物

健康危害 本品有催泪性和刺激性。其蒸气或雾对眼睛、黏膜和上呼吸道有刺激性。对皮肤有刺激性

环境危害 对环境可能有害

第三部分 成分/组成信息

√物质 混合物

组分	浓度	CAS No.
4-氯正丁酸乙酯		3153-36-4

第四部分 急救措施

吸入 迅速脱离现场至空气新鲜处。保持呼吸道通畅。如呼吸困难，给输氧。如呼吸、心跳停止，立即进行心肺复苏术。就医

皮肤接触 立即脱去污染的衣着，用流动清水彻底冲洗。就医

眼睛接触 立即分开眼睑，用流动清水或生理盐水彻底冲洗。就医

食入 漱口，饮水。就医

对保护施救者的忠告 根据需要使用个人防护设备

对医生的特别提示 对症处理

第五部分 消防措施

灭火剂 用干粉、二氧化碳、砂土灭火

特别危险性 受热易分解，燃烧时产生有毒的氯化物气体。燃烧生成有害的一氧化碳、氯化氢

灭火注意事项及防护措施 消防人员必须佩戴空气呼吸器、穿全身防火防毒服，在上风向灭火。喷水冷却容器，尽可能将容器从火场移至空旷处。容器突然发出异常声音或出现异常现象，应立即撤离。不宜用水

第六部分 泄漏应急处理

作业人员防护措施、防护装备和应急处置程序 根据液体流动和蒸气扩散的影响区域划定警戒区，无关人员从侧风、上风向撤离至安全区。消除所有点火源。建议应急处理人员戴正压自给式呼吸器，穿防静电服，戴橡胶耐油手套。作业时使用的所有设备应接地。禁止接触或跨越泄漏物。尽可能切断泄漏源

环境保护措施 防止泄漏物进入水体、下水道、地下室或有限空间

泄漏化学品的收容、清除方法及所使用的处置材料 小量泄漏：用砂土或其他不燃材料吸收，使用洁净的无火花工具收集吸收材料。大量泄漏：构筑围堤或挖坑收容。用泡沫覆盖，减少蒸发。喷水雾能减少蒸发，但不能降低泄漏物在有限空间内的易燃性。用防爆泵转移至槽车或专用收集器内

第七部分 操作处置与储存

操作注意事项 严加密闭，提供充分的局部排风和全面通风。操作人员必须经过专门培训，严格遵守操作规程。建议操作人员佩戴自吸过滤式防毒面具（半面罩），戴化学安全防护眼镜，穿聚乙烯防毒服，戴橡胶耐油手套。远离火种、热源。工作场所严禁吸烟。使用防爆型的通风系统和设备。防止蒸气泄漏到工作场所空气中。避免与氧化剂、还原剂、酸类、碱类接触。搬运时要轻装轻卸，防止包装及容器损坏。配备相应品种和数量的消防器材及泄漏应急处理设备。倒空的容器可能残留有害物

储存注意事项 储存于阴凉、通风的库房。远离火种、热源。保持容器密封。应与氧化剂、还原剂、酸类、碱类、食用化学品分开存放，切忌混储。采用防爆型照明、通风设施。禁止使用易产生火花的机械设备和工具。储区应备有泄漏应急处理设备和合适的收容材料

第八部分 接触控制/个体防护

职业接触限值

中国 未制定标准

美国(ACGIH) 未制定标准

生物接触限值 未制定标准

监测方法 空气中有毒物质测定方法：未制定标准。生物监测检验方法：未制定标准

工程控制 严加密闭，提供充分的局部排风和全面通风。提供安全的淋浴和洗眼设备

个体防护装备

呼吸系统防护 可能接触其蒸气时，应该佩戴过滤式防毒面具（半面罩）。紧急事态抢救或撤离时，建议佩戴空气呼吸器

眼睛防护　戴化学安全防护眼镜

皮肤和身体防护　穿隔绝式防毒服

手防护　戴橡胶耐油手套

第九部分　理化特性

外观与性状　无色液体，有催泪性

pH 值　无资料　　**熔点(℃)**　−70

沸点(℃)　186　　**相对密度(水=1)**　1.08

相对蒸气密度(空气=1)　4.51

饱和蒸气压(kPa)　无资料

燃烧热(kJ/mol)　无资料　　**临界温度(℃)**　无资料

临界压力(MPa)　无资料　　**辛醇/水分配系数**　2.10

闪点(℃)　76　　**自燃温度(℃)**　无资料

爆炸下限(%)　无资料　　**爆炸上限(%)**　无资料

分解温度(℃)　无资料

黏度(mPa·s)　无资料

溶解性　不溶于水，溶于乙醇、乙醚、丙酮

第十部分　稳定性和反应性

稳定性　稳定

危险反应　与强氧化剂等禁配物发生反应

避免接触的条件　受热

禁配物　氧化剂、还原剂、酸类、碱类

危险的分解产物　氯化氢

第十一部分　毒理学信息

急性毒性　无资料　　**皮肤刺激或腐蚀**　无资料

眼睛刺激或腐蚀　无资料　　**呼吸或皮肤过敏**　无资料

生殖细胞突变性　无资料　　**致癌性**　无资料

生殖毒性　无资料

特异性靶器官系统毒性-一次接触　无资料

特异性靶器官系统毒性-反复接触　无资料

吸入危害　无资料

第十二部分　生态学信息

生态毒性　无资料

持久性和降解性

生物降解性　无资料

非生物降解性　无资料

潜在的生物累积性　根据 K_{ow} 值预测，该物质的生物累积性可能较弱

土壤中的迁移性　根据 K_{oc} 值预测，该物质可能有一定的迁移性

第十三部分　废弃处置

废弃化学品　建议用焚烧法处置。与燃料混合后，再焚烧。焚烧炉排出的卤化氢通过酸洗涤器除去

污染包装物　将容器返还生产商或按照国家和地方法规处置

废弃注意事项　处置前应参阅国家和地方有关法规

第十四部分　运输信息

联合国危险货物编号（UN 号）　-　**联合国运输名称**　-

联合国危险性类别　-　**包装类别**　-

包装标志　-　**海洋污染物**　-

运输注意事项　运输前应先检查包装容器是否完整、密封，运输过程中要确保容器不泄漏、不倒塌、不坠落、不损坏。严禁与酸类、氧化剂、食品及食品添加剂混运。运输时运输车辆应配备相应品种和数量的消防器材及泄漏应急处理设备。运输途中应防曝晒、雨淋，防高温。运输时所用的槽（罐）车应有接地链，槽内可设孔隔板以减少震荡产生的静电。中途停留时应远离火种、热源。公路运输时要按规定路线行驶

第十五部分　法规信息

下列法律、法规、规章和标准，对该化学品的管理作了相应的规定。

中华人民共和国职业病防治法　职业病分类和目录：未列入

危险化学品安全管理条例　危险化学品目录：列入。易制爆危险化学品名录：未列入。重点监管的危险化学品名录：未列入。GB 18218—2009《危险化学品重大危险源辨识》(表 1)：未列入

使用有毒物品作业场所劳动保护条例　高毒物品目录：未列入

易制毒化学品管理条例　易制毒化学品的分类和品种目录：未列入

国际公约　斯德哥尔摩公约：未列入。鹿特丹公约：未列入。蒙特利尔议定书：未列入

第十六部分　其他信息

编写和修订信息　　**缩略语和首字母缩写**

培训建议　　**参考文献**

免责声明

马拉硫磷

第一部分　化学品标识

化学品中文名　马拉硫磷；马拉松；4049；马拉赛昂；*O*,*O*-二甲基-*S*-[1,2-二(乙氧基羰基)乙基] 二硫代磷酸酯

化学品英文名　malathion；diethyl (dimethoxyphosphinothioylthio) succinate；carbofos

分子式　$C_{10}H_{19}O_6PS_2$　　**相对分子质量**　330.38

结构式

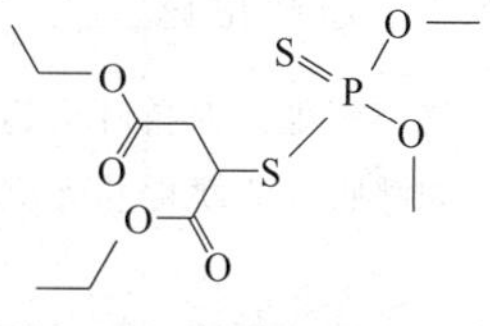

化学品的推荐及限制用途　用作农药杀虫剂

第二部分　危险性概述

紧急情况概述　吞咽有害，可能导致皮肤过敏反应

GHS 危险性类别　急性毒性-经口，类别 4；皮肤致敏物，类别 1；危害水生环境-急性危害，类别 1；危害水生环境-长期危害，类别 1

标签要素

象形图 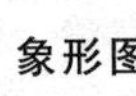 

警示词 警告

危险性说明 吞咽有害，可能导致皮肤过敏反应，对水生生物毒性非常大并具有长期持续影响

防范说明

预防措施 避免接触眼睛、皮肤，操作后彻底清洗。作业场所不得进食、饮水或吸烟。避免吸入蒸气、雾。污染的工作服不得带出工作场所。戴防护手套禁止排入环境

事故响应 如皮肤接触：用大量肥皂水和水清洗。如出现皮肤刺激或皮疹：就医。污染的衣服清洗后方可重新使用。食入：漱口，如果感觉不适，立即呼叫中毒控制中心或就医。收集泄漏物

安全储存 -

废弃处置 本品及内装物、容器依据国家和地方法规处置

物理和化学危险 可燃，其蒸气与空气混合，能形成爆炸性混合物

健康危害 抑制胆碱酯酶活性，造成神经生理功能紊乱

急性中毒 职业中毒不多见，多系口服引起。表现有头痛、头昏、食欲减退、恶心、呕吐、腹痛、腹泻、流涎、瞳孔缩小、呼吸道分泌物增多、多汗、肌束震颤等。重者出现肺水肿、脑水肿、昏迷、呼吸麻痹。部分病例可有心、肝、肾损害。少数严重病例在意识恢复后数周或数月发生周围神经病。个别严重病例可发生迟发性猝死。血胆碱酯酶活性降低

慢性中毒 尚有争论。有神经衰弱综合征、多汗、肌束震颤等。血胆碱酯酶活性降低。对皮肤有刺激和致敏作用，可引起皮炎

环境危害 对水生生物毒性非常大并具有长期持续影响

第三部分 成分/组成信息

√物质 混合物

组分	浓度	CAS No.
马拉硫磷		121-75-5

第四部分 急救措施

吸入 迅速脱离现场至空气新鲜处。保持呼吸道通畅。如呼吸困难，给输氧。如呼吸、心跳停止，立即进行心肺复苏术。就医

皮肤接触 立即脱去污染的衣着，用肥皂水及流动清水彻底冲洗污染的皮肤、头发、指甲等。就医

眼睛接触 分开眼睑，用流动清水或生理盐水冲洗。就医。食入：饮足量温水，催吐（仅限于清醒者）。口服活性炭。就医

对保护施救者的忠告 根据需要使用个人防护设备

对医生的特别提示 解毒剂：阿托品、胆碱酯酶复能剂

第五部分 消防措施

灭火剂 用泡沫、干粉、砂土灭火

特别危险性 受热分解，放出磷、硫的氧化物等毒性气体。与强氧化剂接触可发生化学反应。燃烧生成有害的一氧化碳、氧化磷、氧化硫

灭火注意事项及防护措施 消防人员须佩戴防毒面具、穿全身消防服，在上风向灭火。尽可能将容器从火场移至空旷处。喷水保持火场容器冷却，直至灭火结束。容器突然发出异常声音或出现异常现象，应立即撤离

第六部分 泄漏应急处理

作业人员防护措施、防护装备和应急处置程序 根据液体流动和蒸气扩散的影响区域划定警戒区，无关人员从侧风、上风向撤离至安全区。建议应急处理人员戴正压自给式呼吸器，穿防毒服，戴氯丁橡胶手套。穿上适当的防护服前严禁接触破裂的容器和泄漏物。尽可能切断泄漏源

环境保护措施 防止泄漏物进入水体、下水道、地下室或有限空间

泄漏化学品的收容、清除方法及所使用的处置材料 小量泄漏：用干燥的砂土或其他不燃材料吸收或覆盖，收集于容器中。大量泄漏：构筑围堤或挖坑收容。用泵转移至槽车或专用收集器内。用次氯酸钠或次氯酸钙溶液洗消

第七部分 操作处置与储存

操作注意事项 密闭操作，加强通风。操作人员必须经过专门培训，严格遵守操作规程。建议操作人员佩戴过滤式防毒面具（半面罩），戴化学安全防护眼镜，穿防毒物渗透工作服，戴氯丁橡胶手套。远离火种、热源。工作场所严禁吸烟。使用防爆型的通风系统和设备。防止蒸气泄漏到工作场所空气中。避免与氧化剂、碱类接触。搬运时要轻装轻卸，防止包装及容器损坏。配备相应品种和数量的消防器材及泄漏应急处理设备。倒空的容器可能残留有害物

储存注意事项 储存于阴凉、通风良好的专用库房内。远离火种、热源。保持容器密封。应与氧化剂、碱类分开存放，切忌混储。配备相应品种和数量的消防器材。储区应备有泄漏应急处理设备和合适的收容材料

第八部分 接触控制/个体防护

职业接触限值

中国 PC-TWA（mg/m^3）：$2mg/m^3$［皮］

美国（ACGIH） TLV-TWA：$1mg/m^3$（可吸入性颗粒物和蒸气）［皮］

生物接触限值 全血胆碱酯酶活性（校正值）：原基础值或参考值的70%（采样时间：开始接触后的3个月内），原基础值或参考值的50%（采样时间：持续接触3个月后，任意时间）

监测方法 空气中有毒物质测定方法：酶化学法。生物监测检验方法：血中胆碱酯酶活性的分光光度测定方法——羟胺三氯化铁法；血中胆碱酯酶活性的分光光

度测定方法——硫代乙酰胆碱-联硫代双硝基苯甲酸法

工程控制 生产过程密闭，加强通风。提供安全的淋浴和洗眼设备

个体防护装备

呼吸系统防护 生产操作或农业使用时，佩戴过滤式防毒面具（半面罩）

眼睛防护 戴化学安全防护眼镜

皮肤和身体防护 穿防毒物渗透工作服

手防护 戴橡胶手套

第九部分 理化特性

外观与性状 无色到淡黄色油状液体，有蒜恶臭，工业品带深褐色

pH 值 无资料 **熔点(℃)** 2.9～3.0

沸点(℃) 156～157（0.09kPa）

相对密度(水=1) 1.23（25℃）

相对蒸气密度(空气=1) 无资料

饱和蒸气压(kPa) 1.43（156℃）

燃烧热(kJ/mol) 无资料 **临界温度(℃)** 无资料

临界压力(MPa) 无资料 **辛醇/水分配系数** 2.36

闪点(℃) 163（CC）

自燃温度(℃) 无资料 **爆炸下限(%)** 无资料

爆炸上限(%) 无资料 **分解温度(℃)** 无资料

黏度(mPa·s) 无资料

溶解性 微溶于水，易溶于醇、醚、酮等多数有机溶剂

第十部分 稳定性和反应性

稳定性 稳定

危险反应 与强氧化剂等禁配物发生反应

避免接触的条件 受热

禁配物 强氧化剂、碱类

危险的分解产物 氧化磷、氧化硫

第十一部分 毒理学信息

急性毒性

LD_{50} 1800mg/kg（大鼠经口）

LC_{50} 84.6mg/m^3（大鼠吸入，4h）

皮肤刺激或腐蚀 无资料 **眼睛刺激或腐蚀** 无资料

呼吸或皮肤过敏 无资料

生殖细胞突变性 微生物致突变：鼠伤寒沙门氏菌 10mg/L；枯草菌 1nmol/皿；其他微生物 100mg/L。姐妹染色单体交换：人类淋巴细胞 20mg/L；人类成纤维细胞 5mg/L

致癌性 IARC 致癌性评论：组 2A，可能人类致癌物

生殖毒性 大鼠交配前 91d 到孕后 1～20d，经口给予最低中毒剂量（TDLo）5550mg/kg，致体壁发育畸形。大鼠孕后 9d 经口给予最低中毒剂量（TDLo）283mg/kg，致泌尿生殖系统发育畸形。大鼠经口最低中毒剂量（TDLo）：5550mg/kg（孕 91d/1～20d），致体壁发育异常。大鼠经口最低中毒剂量（TDLo）：283mg/kg（孕 9d），泌尿生殖系统异常

特异性靶器官系统毒性-一次接触 无资料

特异性靶器官系统毒性-反复接触 慢性毒性很低，用含本品 5000ppm 饲料饲养大鼠 2a，不出现死亡

吸入危害 无资料

第十二部分 生态学信息

生态毒性

LC_{50} 0.027～3.2mg/L（96h）（鱼）

EC_{50} 0.0018mg/L（48h）（水蚤）

持久性和降解性

生物降解性 好氧生物降解（h）：100～1236；厌氧生物降解（h）：400～4944

非生物降解性 水相光解半衰期（h）：990～20000；空气中光氧化半衰期（h）：1～9.8；一级水解半衰期（h）：0.00077

潜在的生物累积性 根据 K_{ow} 值预测，该物质的生物累积性可能较弱

土壤中的迁移性 根据 K_{oc} 值预测，该物质可能有一定的迁移性

第十三部分 废弃处置

废弃化学品 根据国家和地方有关法规的要求处置。或与制造商联系，确定处置方法

污染包装物 将容器返还生产商或按照国家和地方法规处置

废弃注意事项 处置前应参阅国家和地方有关法规

第十四部分 运输信息

联合国危险货物编号（UN 号） 3018

联合国运输名称 液态有机磷农药，毒性（马拉硫磷）

联合国危险性类别 6.1 **包装类别** Ⅱ类包装

包装标志 

海洋污染物 是

运输注意事项 运输前应先检查包装容器是否完整、密封，运输过程中要确保容器不泄漏、不倒塌、不坠落、不损坏。严禁与酸类、氧化剂、食品及食品添加剂混运。运输时运输车辆应配备相应品种和数量的消防器材及泄漏应急处理设备。运输途中应防曝晒、雨淋，防高温。公路运输时要按规定路线行驶

第十五部分 法规信息

下列法律、法规、规章和标准，对该化学品的管理作了相应的规定。

中华人民共和国职业病防治法 职业病分类和目录：有机磷中毒

危险化学品安全管理条例 危险化学品目录：列入。易制爆危险化学品名录：未列入。重点监管的危险化学品名录：未列入。GB 18218—2009《危险化学品重大危险源辨识》（表 1）：未列入

使用有毒物品作业场所劳动保护条例 高毒物品目录：未列入

易制毒化学品管理条例 易制毒化学品的分类和品种目

录：未列入

国际公约 斯德哥尔摩公约：未列入。鹿特丹公约：未列入。蒙特利尔议定书：未列入

第十六部分 其他信息

编写和修订信息 **缩略语和首字母缩写**

培训建议 **参考文献**

免责声明

吗 啉

第一部分 化学品标识

化学品中文名 吗啉；1,4-氧氮杂环己烷

化学品英文名 morpholine；diethylene oximide

分子式 C_4H_9NO **相对分子质量** 87.1

结构式 (环状结构：O、HN)

化学品的推荐及限制用途 用作分析试剂，以及树脂、蜡类、虫胶等的溶剂

第二部分 危险性概述

紧急情况概述 易燃液体和蒸气，吞咽有害，皮肤接触有害，吸入有害，造成严重的皮肤灼伤和眼损伤

GHS 危险性类别 易燃液体，类别 3；急性毒性-经口，类别 4；急性毒性-经皮，类别 4；急性毒性-吸入，类别 4；皮肤腐蚀/刺激，类别 1B；严重眼损伤/眼刺激，类别 1；危害水生环境-急性危害，类别 3

标签要素

象形图

警示词 危险

危险性说明 易燃液体和蒸气，吞咽有害，皮肤接触有害，吸入有害，造成严重的皮肤灼伤和眼损伤，对水生生物有害

防范说明

预防措施 远离热源、火花、明火、热表面。禁止吸烟。保持容器密闭。容器和接收设备接地连接。使用防爆电器、通风、照明设备。只能使用不产生火花的工具。采取防止静电措施。避免接触眼睛、皮肤，操作后彻底清洗。作业场所不得进食、饮水或吸烟。避免吸入蒸气、雾。仅在室外或通风良好处操作。戴防护手套，穿防护服，戴防护眼镜、防护面罩。禁止排入环境

事故响应 火灾时，使用抗溶性泡沫、干粉、二氧化碳、砂土灭火。如吸入：将患者转移到空气新鲜处，休息，保持利于呼吸的体位。皮肤接触：立即脱掉所有被污染的衣服，用大量肥皂水和水清洗，如感觉不适，呼叫中毒控制中心或就医。被污染的衣服须经洗净后方可重新使用。眼睛接触：用水细心地冲洗数分钟。如戴隐形眼镜并可方便地取出，则取出隐形眼镜继续冲洗。食入：漱口，不要催吐，如果感觉不适，立即呼叫中毒控制中心或就医

安全储存 存放在通风良好的地方。保持低温。上锁保管

废弃处置 本品及内装物、容器依据国家和地方法规处置

物理和化学危险 易燃，其蒸气与空气混合，能形成爆炸性混合物

健康危害 吸入本品蒸气或雾强烈刺激呼吸道黏膜，可引起支气管炎、肺炎、肺水肿。高浓度吸入可致死。蒸气、雾或液体对眼有强烈刺激性，严重者可导致失明。皮肤接触可发生灼伤。吞咽本品液体可灼伤消化道，大量吞咽可致死

环境危害 对水生生物有害

第三部分 成分/组成信息

√物质		混合物
组分	**浓度**	**CAS No.**
吗啉		110-91-8

第四部分 急救措施

吸入 迅速脱离现场至空气新鲜处。保持呼吸道通畅。如呼吸困难，给输氧。如呼吸、心跳停止，立即进行心肺复苏术。就医

皮肤接触 立即脱去污染的衣着，用大量流动清水彻底冲洗至少 15min。就医

眼睛接触 立即分开眼睑，用流动清水或生理盐水彻底冲洗至少 15min。就医

食入 用水漱口，禁止催吐。给饮牛奶或蛋清。就医

对保护施救者的忠告 根据需要使用个人防护设备

对医生的特别提示 对症处理

第五部分 消防措施

灭火剂 用抗溶性泡沫、干粉、二氧化碳、砂土灭火

特别危险性 受热分解放出有毒烟气。燃烧生成有害的一氧化碳、氮氧化物

灭火注意事项及防护措施 消防人员须佩戴防毒面具、穿全身消防服，在上风向灭火。尽可能将容器从火场移至空旷处。喷水保持火场容器冷却，直至灭火结束。容器突然发出异常声音或出现异常现象，应立即撤离

第六部分 泄漏应急处理

作业人员防护措施、防护装备和应急处置程序 消除所有点火源。根据液体流动和蒸气扩散的影响区域划定警戒区，无关人员从侧风、上风向撤离至安全区。建议应急处理人员戴正压自给式呼吸器，穿防静电、防腐蚀、防毒服，戴橡胶耐油手套。作业时使用的所有设备应接地。禁止接触或跨越泄漏物

环境保护措施 尽可能切断泄漏源。防止泄漏物进入水体、下水道、地下室或有限空间

泄漏化学品的收容、清除方法及所使用的处置材料 小量泄漏：用砂土或其他不燃材料吸收，使用洁净的无火花工具收集吸收材料。大量泄漏：构筑围堤或挖坑收

容。用砂土、惰性物质或蛭石吸收大量液体。用抗溶性泡沫覆盖，减少蒸发。喷水雾能减少蒸发，但不能降低泄漏物在有限空间内的易燃性。用防爆、耐腐蚀泵转移至槽车或专用收集器内。喷雾状水驱散蒸气、稀释液体泄漏物

第七部分 操作处置与储存

操作注意事项 密闭操作，局部排风。操作人员必须经过专门培训，严格遵守操作规程。建议操作人员佩戴自吸过滤式防毒面具（全面罩），穿防毒物渗透工作服，戴橡胶耐油手套。远离火种、热源。工作场所严禁吸烟。使用防爆型的通风系统和设备。防止蒸气泄漏到工作场所空气中。避免与氧化剂、酸类接触。充装要控制流速，防止静电积聚。搬运时要轻装轻卸，防止包装及容器损坏。配备相应品种和数量的消防器材及泄漏应急处理设备。倒空的容器可能残留有害物

储存注意事项 储存于阴凉、通风的库房。远离火种、热源。库温不宜超过37℃。保持容器密封。应与氧化剂、酸类等分开存放，切忌混储。不宜大量储存或久存。采用防爆型照明、通风设施。禁止使用易产生火花的机械设备和工具。储区应备有泄漏应急处理设备和合适的收容材料

第八部分 接触控制/个体防护

职业接触限值

中国 PC-TWA：60mg/m^3［皮］

美国(ACGIH) TLV-TWA：20ppm［皮］

生物接触限值 未制定标准

监测方法 空气中有毒物质测定方法：未制定标准。生物监测检验方法：未制定标准

工程控制 密闭操作，局部排风。提供安全的淋浴和洗眼设备

个体防护装备

呼吸系统防护 空气中浓度超标时，应该佩戴过滤式防毒面具（全面罩）。紧急事态抢救或撤离时，建议佩戴空气呼吸器

眼睛防护 呼吸系统防护中已作防护

皮肤和身体防护 穿防毒物渗透工作服

手防护 戴橡胶耐油手套

第九部分 理化特性

外观与性状 无色油状吸湿性液体，有氨味

pH值 无资料　**熔点(℃)** −5

沸点(℃) 128.9　**相对密度(水=1)** 1.00

相对蒸气密度(空气=1) 3.0

饱和蒸气压(kPa) 1.06（20℃）

燃烧热(kJ/mol) 无资料　**临界温度(℃)** 344

临界压力(MPa) 5.302　**辛醇/水分配系数** −0.86

闪点(℃) 38（OC）　**自燃温度(℃)** 310

爆炸下限(%) 1.4　**爆炸上限(%)** 11.2

分解温度(℃) 无资料

黏度(mPa·s) 2.23（20℃）

溶解性 与水混溶，可混溶于多数有机溶剂

第十部分 稳定性和反应性

稳定性 稳定

危险反应 与强氧化剂等禁配物接触，有发生火灾和爆炸的危险

避免接触的条件 无资料

禁配物 酸类、酰基氯、酸酐、强氧化剂

危险的分解产物 无资料

第十一部分 毒理学信息

急性毒性

LD_{50} 1450mg/kg（大鼠经口）；525mg/kg（小鼠经口）；500μl（500mg）/kg（兔经皮）

LC_{50} 8000ppm（大鼠吸入，8h）

皮肤刺激或腐蚀 家兔经皮：995mg（24h），重度刺激

眼睛刺激或腐蚀 家兔经眼：2mg，重度刺激

呼吸或皮肤过敏 无资料　**生殖细胞突变性** 无资料

致癌性 无资料　**生殖毒性** 无资料

特异性靶器官系统毒性-一次接触 无资料

特异性靶器官系统毒性-反复接触 大鼠吸入 6.4g/m^3（反复吸入），眼、呼吸道刺激，肺、肝和肾有病变

吸入危害 无资料

第十二部分 生态学信息

生态毒性

LC_{50} 350～400mg/L（96h）（鱼）

EC_{50} 45mg/L（48h）（水蚤）

持久性和降解性

生物降解性 易快速生物降解

非生物降解性 无资料

潜在的生物累积性 根据K_{ow}值预测，该物质的生物累积性可能较弱

土壤中的迁移性 根据K_{oc}值预测，该物质可能易发生迁移

第十三部分 废弃处置

废弃化学品 用控制焚烧法处置。焚烧炉排出的氮氧化物通过洗涤器除去

污染包装物 将容器返还生产商或按照国家和地方法规处置

废弃注意事项 处置前应参阅国家和地方有关法规

第十四部分 运输信息

联合国危险货物编号（UN号） 2054

联合国运输名称 吗啉

联合国危险性类别 8，3　**包装类别** Ⅰ类包装

包装标志

海洋污染物 否

运输注意事项 运输时运输车辆应配备相应品种和数量的消防器材及泄漏应急处理设备。夏季最好早晚运输。

运输时所用的槽（罐）车应有接地链，槽内可设孔隔板以减少震荡产生的静电。严禁与氧化剂、酸类、食用化学品等混装混运。运输途中应防曝晒、雨淋，防高温。中途停留时应远离火种、热源、高温区。装运该物品的车辆排气管必须配备阻火装置，禁止使用易产生火花的机械设备和工具装卸。公路运输时要按规定路线行驶，勿在居民区和人口稠密区停留。铁路运输时要禁止溜放。严禁用木船、水泥船散装运输

第十五部分 法规信息

下列法律、法规、规章和标准，对该化学品的管理作了相应的规定。

中华人民共和国职业病防治法 职业病分类和目录：未列入

危险化学品安全管理条例 危险化学品目录：列入。易制爆危险化学品名录：未列入。重点监管的危险化学品名录：未列入。GB 18218—2009《危险化学品重大危险源辨识》(表1)：未列入

使用有毒物品作业场所劳动保护条例 高毒物品目录：未列入

易制毒化学品管理条例 易制毒化学品的分类和品种目录：未列入

国际公约 斯德哥尔摩公约：未列入。鹿特丹公约：未列入。蒙特利尔议定书：未列入

第十六部分 其他信息

编写和修订信息 **缩略语和首字母缩写**

培训建议 **参考文献**

免责声明

镁 粉

第一部分 化学品标识

化学品中文名 镁粉

化学品英文名 magnesium powder

分子式 Mg **相对分子质量** 24.31

化学品的推荐及限制用途 用作还原剂，制闪光粉、铅合金、照明剂，冶金中作脱硫剂，此外用于有机合成等

第二部分 危险性概述

紧急情况概述 遇水放出易燃气体，自热：可能燃烧

GHS 危险性类别 遇水放出易燃气体的物质和混合物，类别 2；自热物质和混合物，类别 1

标签要素

象形图 

警示词 危险

危险性说明 遇水放出易燃气体，自热：可能燃烧

防范说明

预防措施 因与水发生剧烈反应和可能发生爆燃，应避免与水接触。在惰性气体中操作。防潮。戴防护手套、防护眼镜、防护面罩。保持阴凉，避免日照

事故响应 火灾时，使用干燥石墨粉和干砂闷熄火苗，隔绝空气。擦掉皮肤上的微粒，将接触部位浸入冷水中、用湿绷带包扎

安全储存 在干燥处和密闭的容器中储存。跺、货架之间留有空隙。远离其他物质储存

废弃处置 本品及内装物、容器依据国家和地方法规处置

物理和化学危险 遇水剧烈反应，可引起燃烧或爆炸

健康危害 对眼、上呼吸道和皮肤有刺激性。吸入可引起咳嗽、胸痛等。口服对身体有害

环境危害 对环境可能有害

第三部分 成分/组成信息

√物质		混合物
组分	**浓度**	**CAS No.**
镁		7439-95-4

第四部分 急救措施

吸入 迅速脱离现场至空气新鲜处。保持呼吸道通畅。如呼吸困难，给输氧。如呼吸、心跳停止，立即进行心肺复苏术。就医

皮肤接触 立即脱去污染的衣着，用流动清水彻底冲洗。就医

眼睛接触 立即分开眼睑，用流动清水或生理盐水彻底冲洗。就医

食入 漱口，饮水。就医

对保护施救者的忠告 根据需要使用个人防护设备

对医生的特别提示 对症处理

第五部分 消防措施

灭火剂 用干燥石墨粉和干砂闷熄火苗，隔绝空气

特别危险性 遇水或潮气猛烈反应放出氢气，大量放热，引起燃烧或爆炸。遇氯、溴、碘、硫、磷、砷和氧化剂发生剧烈反应，有燃烧、爆炸危险。粉体与空气可形成爆炸性混合物，当达到一定浓度时，遇火星会发生爆炸。燃烧生成有害的氧化镁

灭火注意事项及防护措施 消防人员必须佩戴空气呼吸器、穿全身防火防毒服，在上风向灭火。尽可能将容器从火场移至空旷处。喷水保持火场容器冷却，直至灭火结束。严禁用水、泡沫、二氧化碳扑救。施救时对眼睛和皮肤须加保护，以免飞来炽粒烧伤身体、镁光灼伤眼睛

第六部分 泄漏应急处理

作业人员防护措施、防护装备和应急处置程序 隔离泄漏污染区，限制出入。消除所有点火源。建议应急处理人员戴防尘口罩，戴防尘口罩，穿防静电服。禁止接触或跨越泄漏物。尽可能切断泄漏源。严禁用水处理

环境保护措施 无资料

泄漏化学品的收容、清除方法及所使用的处置材料 小量泄漏：用干燥的砂土或其他不燃材料覆盖泄漏物，然

后用塑料布覆盖，减少飞散、避免雨淋。粉末泄漏：用塑料布或帆布覆盖泄漏物，减少飞散，保持干燥。在专家指导下清除

第七部分　操作处置与储存

操作注意事项　加强局部排风。操作人员必须经过专门培训，严格遵守操作规程。建议操作人员佩戴自吸过滤式防尘口罩，戴化学安全防护眼镜，穿防静电工作服。远离火种、热源。工作场所严禁吸烟。使用防爆型的通风系统和设备。避免产生粉尘。避免与氧化剂、酸类、卤素、氯代烃接触。尤其要注意避免与水接触。在氮气中操作处置。搬运时要轻装轻卸，防止包装及容器损坏。配备相应品种和数量的消防器材及泄漏应急处理设备。倒空的容器可能残留有害物

储存注意事项　储存于阴凉、干燥、通风良好的专用库房内，远离火种、热源。库房温度不超过 32℃，相对湿度不超过 75%。包装要求密封，不可与空气接触。应与氧化剂、酸类、卤素、氯代烃等分开存放，切忌混储。采用防爆型照明、通风设施。禁止使用易产生火花的机械设备和工具。储区应备有合适的材料收容泄漏物

第八部分　接触控制/个体防护

职业接触限值

中国　未制定标准

美国(ACGIH)　未制定标准

生物接触限值　未制定标准

监测方法　空气中有毒物质测定方法：火焰原子吸收光谱法。生物监测检验方法：未制定标准

工程控制　加强局部排风。提供安全的淋浴和洗眼设备

个体防护装备

呼吸系统防护　空气中粉尘浓度超标时，应该佩戴过滤式防尘呼吸器。必要时佩戴空气呼吸器

眼睛防护　戴化学安全防护眼镜

皮肤和身体防护　穿防静电工作服

手防护　戴一般作业防护手套

第九部分　理化特性

外观与性状　银白色有金属光泽的粉末

pH 值　无意义　　**熔点(℃)**　650～651

沸点(℃)　1100　　**相对密度(水=1)**　1.74

相对蒸气密度(空气=1)　无资料

饱和蒸气压(kPa)　0.13（621℃）

燃烧热(kJ/mol)　−609.7　　**临界温度(℃)**　无资料

临界压力(MPa)　无资料　　**辛醇/水分配系数**　−0.57

闪点(℃)　500　　**自燃温度(℃)**　480～510

爆炸下限(%)　44～59mg/m^3

爆炸上限(%)　无资料　　**分解温度(℃)**　无资料

黏度(mPa·s)　1.25（熔点）

溶解性　不溶于水、碱液，溶于酸

第十部分　稳定性和反应性

稳定性　稳定

危险反应　与强氧化剂、卤素、水等禁配物接触，有发生火灾和爆炸的危险

避免接触的条件　潮湿空气

禁配物　酸类、酰基氯、卤素（氯、溴、碘）、强氧化剂、氯代烃、水、氧、硫、磷、砷

危险的分解产物　无意义

第十一部分　毒理学信息

急性毒性　TDLo：250mg/kg（大鼠气管内）

皮肤刺激或腐蚀　无资料　　**眼睛刺激或腐蚀**　无资料

呼吸或皮肤过敏　无资料　　**生殖细胞突变性**　无资料

致癌性　无资料　　**生殖毒性**　无资料

特异性靶器官系统毒性-一次接触　无资料

特异性靶器官系统毒性-反复接触　无资料

吸入危害　无资料

第十二部分　生态学信息

生态毒性　无资料

持久性和降解性

生物降解性　无资料

非生物降解性　无资料

潜在的生物累积性　无资料

土壤中的迁移性　无资料

第十三部分　废弃处置

废弃化学品　处置前应参阅国家和地方有关法规。若可能，回收使用

污染包装物　将容器返还生产商或按照国家和地方法规处置

废弃注意事项　处置前应参阅国家和地方有关法规

第十四部分　运输信息

联合国危险货物编号（UN 号）　1418（粉末）；1869（丸状、旋屑或带状）

联合国运输名称　镁粉（粉末）；镁金属（丸状、旋屑或带状）

联合国危险性类别　4.3/4.2（粉末），4.1（丸状、旋屑或带状）

包装类别　Ⅱ类包装（粉末）。Ⅲ（丸状、旋屑或带状）

包装标志　（粉末）

（丸状、旋屑或带状）

海洋污染物　否

运输注意事项　运输时运输车辆应配备相应品种和数量的消防器材及泄漏应急处理设备。装运本品的车辆排气管须有阻火装置。运输过程中要确保容器不泄漏、不倒塌、不坠落、不损坏。严禁与氧化剂、酸类、卤素、氯代烃、食用化学品等混装混运。运输途中应防曝晒、雨淋，防高温。中途停留时应远离火种、热

源。运输用车、船必须干燥，并有良好的防雨设施。车辆运输完毕应进行彻底清扫。铁路运输时要禁止溜放

第十五部分 法规信息

下列法律、法规、规章和标准，对该化学品的管理作了相应的规定。

中华人民共和国职业病防治法 职业病分类和目录：未列入

危险化学品安全管理条例 危险化学品目录：列入。易制爆危险化学品名录：列入。重点监管的危险化学品名录：未列入。GB 18218—2009《危险化学品重大危险源辨识》(表 1)：未列入

使用有毒物品作业场所劳动保护条例 高毒物品目录：未列入

易制毒化学品管理条例 易制毒化学品的分类和品种目录：未列入

国际公约 斯德哥尔摩公约：未列入。鹿特丹公约：未列入。蒙特利尔议定书：未列入

第十六部分 其他信息

编写和修订信息 **缩略语和首字母缩写**

培训建议 **参考文献**

免责声明

钠

第一部分 化学品标识

化学品中文名 钠；金属钠

化学品英文名 sodium

分子式 Na **相对分子质量** 22.99

化学品的推荐及限制用途 用于制造氰化钠、过氧化钠和多种化学药物，也用作还原剂

第二部分 危险性概述

紧急情况概述 遇水放出可自燃的易燃气体，造成严重的皮肤灼伤和眼损伤

GHS 危险性类别 遇水放出易燃气体的物质和混合物，类别 1；皮肤腐蚀/刺激，类别 1B；严重眼损伤/眼刺激，类别 1

标签要素

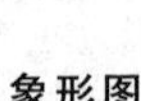

警示词 危险

危险性说明 遇水放出可自燃的易燃气体，造成严重的皮肤灼伤和眼损伤

防范说明

预防措施 因与水发生剧烈反应和可能发生爆燃，应避免与水接触。在惰性气体中操作。防潮。避免吸入粉尘或烟雾。避免接触眼睛、皮肤，操作后彻底清洗。戴防护手套，穿防护服，戴防护眼镜、防护面罩

事故响应 火灾时，采用干燥氯化钠粉末、干燥石墨粉、碳酸钠干粉、碳酸钙干粉、干砂等灭火。如吸入：将患者转移到空气新鲜处，休息，保持利于呼吸的体位，立即呼叫中毒控制中心或就医。皮肤（或头发）接触：立即脱掉所有被污染的衣服。擦掉皮肤上的微粒，将接触部位浸入冷水中、用湿绷带包扎。污染的衣服须洗净后方可重新使用。眼睛接触：用水细心地冲洗数分钟。如戴隐形眼镜并可方便地取出，则取出隐形眼镜继续冲洗。食入：漱口。不要催吐

安全储存 在干燥处和密闭的容器中储存。上锁保管

废弃处置 本品及内装物、容器依据国家和地方法规处置

物理和化学危险 接触空气易自燃。遇水剧烈反应，可引起燃烧或爆炸

健康危害 在空气中能自燃，燃烧产生的烟（主要含氧化钠）对鼻、喉及上呼吸道有腐蚀作用及极强的刺激作用。同潮湿皮肤或衣服接触可燃烧，造成烧伤

环境危害 对环境可能有害

第三部分 成分/组成信息

√物质 混合物

组分	浓度	CAS No.
钠		7440-23-5

第四部分 急救措施

吸入 迅速脱离现场至空气新鲜处。保持呼吸道通畅。如呼吸困难，给输氧。如呼吸、心跳停止，立即进行心肺复苏术。就医

皮肤接触 立即脱去污染的衣着，用大量流动清水彻底冲洗至少 15min。就医

眼睛接触 立即分开眼睑，用流动清水或生理盐水彻底冲洗至少 15min。就医

食入 用水漱口，禁止催吐。给饮牛奶或蛋清。就医

对保护施救者的忠告 根据需要使用个人防护设备

对医生的特别提示 对症处理

第五部分 消防措施

灭火剂 采用干燥氯化钠粉末、干燥石墨粉、碳酸钠干粉、碳酸钙干粉、干砂等灭火

特别危险性 遇水或潮气发生猛烈反应放出氢气，大量放热，引起燃烧或爆炸。金属钠暴露在空气或氧气中能自行燃烧并爆炸使熔融物飞溅。与卤素、磷、氧化物、氧化剂和酸类发生剧烈反应。燃烧时呈黄色火焰。100℃ 时开始蒸发，蒸气可侵蚀玻璃。燃烧生成有害的氧化钠

灭火注意事项及防护措施 消防人员必须佩戴空气呼吸器、穿全身防火防毒服，在上风向灭火。尽可能将容器从火场移至空旷处。喷水保持火场容器冷却，直至灭火结束

第六部分 泄漏应急处理

作业人员防护措施、防护装备和应急处置程序 严禁用水处理。隔离泄漏污染区，限制出入。消除所有点火源。建议应急处理人员戴正压自给式呼吸器，穿防静电、防腐蚀、防毒服。禁止接触或跨越泄漏物。尽可能切断泄漏源。保持泄漏物干燥

环境保护措施 无资料

泄漏化学品的收容、清除方法及所使用的处置材料 小量泄漏：用干燥的砂土或其他不燃材料覆盖泄漏物，然后用塑料布覆盖，减少飞散、避免雨淋。收入金属容器并保存在煤油或液体石蜡中。粉末泄漏：用塑料布或帆布覆盖泄漏物，减少飞散，保持干燥。严禁设法扫除干的泄漏物。在专家指导下清除

第七部分 操作处置与储存

操作注意事项 密闭操作。操作人员必须经过专门培训，严格遵守操作规程。建议操作人员佩戴戴安全防护面罩，穿化学防护服，戴橡胶手套。远离火种、热源。工作场所严禁吸烟。使用防爆型的通风系统和设备。避免与氧化剂、酸类、卤素接触。尤其要注意避免与水接触。在氮气中操作处置。搬运时要轻装轻卸，防止包装及容器损坏。配备相应品种和数量的消防器材及泄漏应急处理设备。倒空的容器可能残留有害物

储存注意事项 浸于煤油中。储存于阴凉、干燥、通风良好的专用库房内，远离火种、热源。库房温度不超过32℃，相对湿度不超过75%。包装要求密封，不可与空气接触。应与氧化剂、酸类、卤素等分开存放，切忌混储。采用防爆型照明、通风设施。禁止使用易产生火花的机械设备和工具。储区应备有合适的材料收容泄漏物

第八部分 接触控制/个体防护

职业接触限值

中国 未制定标准

美国(ACGIH) 未制定标准

生物接触限值 未制定标准

监测方法 空气中有毒物质测定方法：火焰原子吸收光谱法。生物监测检验方法：未制定标准

工程控制 密闭操作。提供安全的淋浴和洗眼设备

个体防护装备

呼吸系统防护 一般不需特殊防护

眼睛防护 戴安全防护面罩

皮肤和身体防护 穿化学防护服

手防护 戴橡胶手套

第九部分 理化特性

外观与性状 银白色柔软的轻金属，常温下质软如蜡

pH值 无意义 **熔点(℃)** 97.8

沸点(℃) 881.4～892 **相对密度(水=1)** 0.97

相对蒸气密度(空气=1) 无资料

饱和蒸气压(kPa) 0.16（440℃）

燃烧热(kJ/mol) −209.5 **临界温度(℃)** 无资料

临界压力(MPa) 34.7 **辛醇/水分配系数** −0.77

闪点(℃) 无意义 **自燃温度(℃)** >115

爆炸下限(%) 无意义 **爆炸上限(%)** 无意义

分解温度(℃) 无资料

黏度(mPa·s) 0.68（100℃）

溶解性 不溶于煤油、乙醚、苯，溶于液氨

第十部分 稳定性和反应性

稳定性 稳定

危险反应 与强氧化剂、水、卤素、非金属氧化物等禁配物接触，有发生火灾和爆炸的危险

避免接触的条件 空气、潮湿空气

禁配物 强氧化剂、水、氧、酸类、卤素（氯、氟、溴蒸气）、磷、许多氧化物

危险的分解产物 无意义

第十一部分 毒理学信息

急性毒性 LD_{50}：4000mg/kg（小鼠腹腔）

皮肤刺激或腐蚀 无资料 **眼睛刺激或腐蚀** 无资料

呼吸或皮肤过敏 无资料 **生殖细胞突变性** 无资料

致癌性 无资料 **生殖毒性** 无资料

特异性靶器官系统毒性-一次接触 无资料

特异性靶器官系统毒性-反复接触 无资料

吸入危害 无资料

第十二部分 生态学信息

生态毒性 无资料

持久性和降解性

生物降解性 无资料

非生物降解性 无资料

潜在的生物累积性 无资料

土壤中的迁移性 无资料

第十三部分 废弃处置

废弃化学品 根据国家和地方有关法规的要求处置。或与制造商联系，确定处置方法

污染包装物 将容器返还生产商或按照国家和地方法规处置

废弃注意事项 把倒空的容器归还厂商或在规定场所掩埋

第十四部分 运输信息

联合国危险货物编号（UN号） 1428

联合国运输名称 钠

联合国危险性类别 4.3 **包装类别** Ⅰ类包装

包装标志 

海洋污染物 否

运输注意事项 运输时运输车辆应配备相应品种和数量的消防器材及泄漏应急处理设备。装运本品的车辆排气管须有阻火装置。运输过程中要确保容器不泄漏、不倒塌、不坠落、不损坏。严禁与氧化剂、酸类、卤素、食用化学品等混装混运。运输途中应防曝晒、雨

淋，防高温。中途停留时应远离火种、热源。运输用车、船必须干燥，并有良好的防雨设施。车辆运输完毕应进行彻底清扫。铁路运输时要禁止溜放。钠块表面涂液体石蜡后可装入 0.2mm 厚的聚乙烯袋，扎紧袋口再装入厚 1.5mm 的钢桶，桶封口严密不漏，每桶净重不超过 100kg

第十五部分 法规信息

下列法律、法规、规章和标准，对该化学品的管理作了相应的规定。

中华人民共和国职业病防治法 职业病分类和目录：未列入

危险化学品安全管理条例 危险化学品目录：列入。易制爆危险化学品名录：列入。重点监管的危险化学品名录：未列入。GB 18218—2009《危险化学品重大危险源辨识》(表 1)：列入。类别：遇水放出易燃气体的物质，临界量（t）：10

使用有毒物品作业场所劳动保护条例 高毒物品目录：未列入

易制毒化学品管理条例 易制毒化学品的分类和品种目录：未列入

国际公约 斯德哥尔摩公约：未列入。鹿特丹公约：未列入。蒙特利尔议定书：未列入

第十六部分 其他信息

编写和修订信息 **缩略语和首字母缩写**

培训建议 **参考文献**

免责声明

氖

第一部分 化学品标识

化学品中文名 氖

化学品英文名 neon

分子式 Ne **相对分子质量** 20.18

化学品的推荐及限制用途 用于填充电子管、霓虹灯、钠蒸气灯及用作液化深冷源等

第二部分 危险性概述

紧急情况概述 内装加压气体：遇热可能爆炸

GHS 危险性类别 加压气体

标签要素

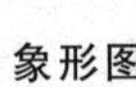
象形图 

警示词 警告

危险性说明 内装加压气体：遇热可能爆炸

防范说明

预防措施 -

事故响应 -

安全储存 防日晒。存放在通风良好的地方

废弃处置 -

物理和化学危险 不燃，无特殊燃爆特性

健康危害 本品在高浓度时，可使空气中氧分压降低而有窒息的危险。表现有呼吸加快、注意力不集中、共济失调。继之疲倦乏力、烦躁不安、恶心、呕吐、昏迷、抽搐，以致死亡。接触液态本品，可引起冻伤

环境危害 无环境危害

第三部分 成分/组成信息

√物质		混合物
组分	浓度	CAS No.
氖		7440-01-9

第四部分 急救措施

吸入 迅速脱离现场至空气新鲜处。保持呼吸道通畅。如呼吸困难，给输氧。如呼吸、心跳停止，立即进行心肺复苏术。就医

皮肤接触 如发生冻伤，用温水（38～42℃）复温，忌用热水或辐射热，不要揉搓。就医

对保护施救者的忠告 根据需要使用个人防护设备

对医生的特别提示 对症处理

第五部分 消防措施

灭火剂 本品不燃。根据着火原因选择适当灭火剂灭火。

危险特性 若遇高热，容器内压增大，有开裂和爆炸的危险

灭火注意事项及防护措施 消防人员须佩戴防毒面具、穿全身消防服，在上风向灭火。喷水冷却容器，尽可能将容器从火场移至空旷处

第六部分 泄漏应急处理

作业人员防护措施、防护装备和应急处置程序 根据气体扩散的影响区域划定警戒区，无关人员从侧风、上风向撤离至安全区。建议应急处理人员戴正压自给式呼吸器，穿一般作业工作服。液化气体泄漏时穿防寒服。尽可能切断泄漏源

环境保护措施 无资料

泄漏化学品的收容、清除方法及所使用的处置材料 漏出气允许排入大气中。泄漏场所保持通风

第七部分 操作处置与储存

操作注意事项 密闭操作，提供良好的自然通风条件。操作人员必须经过专门培训，严格遵守操作规程。防止气体泄漏到工作场所空气中。远离易燃、可燃物。搬运时轻装轻卸，防止钢瓶及附件破损。配备泄漏应急处理设备

储存注意事项 储存于阴凉、通风的不燃气体专用库房。远离火种、热源。库温不宜超过 30℃。应与易（可）燃物分开存放，切忌混储。储区应备有泄漏应急处理设备

第八部分 接触控制/个体防护

职业接触限值

中国 未制定标准

美国(ACGIH) 未制定标准

生物接触限值 未制定标准

监测方法 空气中有毒物质测定方法：未制定标准。生物监测检验方法：未制定标准

工程控制 密闭操作。提供良好的自然通风条件

个体防护装备

呼吸系统防护 一般不需特殊防护。但当作业场所空气中氧气浓度低于18%时，必须佩戴空气呼吸器或长管面具

眼睛防护 一般不需特殊防护

皮肤和身体防护 穿一般作业工作服

手防护 戴一般作业防护手套

第九部分 理化特性

外观与性状 无色无味气体

pH值 无意义 **熔点(℃)** −248.7

沸点(℃) −246

相对密度(水=1) 1.20（−246℃）

相对蒸气密度(空气=1) 0.7

饱和蒸气压(kPa) 101.32（−246℃）

燃烧热(kJ/mol) 无资料 **临界温度(℃)** −228.7

临界压力(MPa) 2.73 **辛醇/水分配系数** 0.28

闪点(℃) 无意义 **自燃温度(℃)** 无意义

爆炸下限(%) 无意义 **爆炸上限(%)** 无意义

分解温度(℃) 无资料

黏度(mPa·s) 无资料

溶解性 微溶于水

第十部分 稳定性和反应性

稳定性 稳定

危险反应 无资料

避免接触的条件 无资料

禁配物 无资料

危险的分解产物 无意义

第十一部分 毒理学信息

急性毒性 无资料 **皮肤刺激或腐蚀** 无资料

眼睛刺激或腐蚀 无资料 **呼吸或皮肤过敏** 无资料

生殖细胞突变性 无资料 **致癌性** 无资料

生殖毒性 无资料

特异性靶器官系统毒性-一次接触 无资料

特异性靶器官系统毒性-反复接触 无资料

吸入危害 无资料

第十二部分 生态学信息

生态毒性 无资料

持久性和降解性

生物降解性 无资料

非生物降解性 无资料

潜在的生物累积性 无资料

土壤中的迁移性 无资料

第十三部分 废弃处置

废弃化学品 废气直接排入大气

污染包装物 将容器返还生产商或按照国家和地方法规处置

废弃注意事项 处置前应参阅国家和地方有关法规

第十四部分 运输信息

联合国危险货物编号(UN号) 1065（压缩）；1963（液化）

联合国运输名称 压缩氖（压缩）；冷冻液态氦（液化）

联合国危险性类别 2.2 **包装类别** -

包装标志  **海洋污染物** 否

运输注意事项 采用钢瓶运输时必须戴好钢瓶上的安全帽。钢瓶一般平放，并应将瓶口朝同一方向，不可交叉；高度不得超过车辆的防护栏板，并用三角木垫卡牢，防止滚动。严禁与易燃物或可燃物等混装混运。夏季应早晚运输，防止日光曝晒。铁路运输时要禁止溜放

第十五部分 法规信息

下列法律、法规、规章和标准，对该化学品的管理作了相应的规定。

中华人民共和国职业病防治法 职业病分类和目录：未列入

危险化学品安全管理条例 危险化学品目录：列入。易制爆危险化学品名录：未列入。重点监管的危险化学品名录：未列入。GB 18218—2009《危险化学品重大危险源辨识》(表1)：未列入

使用有毒物品作业场所劳动保护条例 高毒物品目录：未列入

易制毒化学品管理条例 易制毒化学品的分类和品种目录：未列入

国际公约 斯德哥尔摩公约：未列入。鹿特丹公约：未列入。蒙特利尔议定书：未列入

第十六部分 其他信息

编写和修订信息 **缩略语和首字母缩写**

培训建议 **参考文献**

免责声明

萘

第一部分 化学品标识

化学品中文名 萘；精萘；粗萘；萘饼；并苯

化学品英文名 naphthalene

分子式 $C_{10}H_8$ **相对分子质量** 128.18

结构式 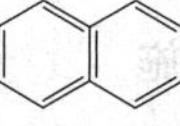

化学品的推荐及限制用途 用于制造染料中间体、樟脑丸、皮革和木材保护剂等

第二部分 危险性概述

紧急情况概述 易燃固体，吞咽有害

GHS危险性类别 易燃固体，类别2；急性毒性-经口，类别4；致癌性，类别2；危害水生环境-急性危害，类别1；危害水生环境-长期危害，类别1

标签要素

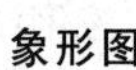
象形图 

警示词 危险

危险性说明 易燃固体，吞咽有害，怀疑致癌，对水生生物毒性非常大并具有长期持续影响

防范说明

预防措施 远离热源、火花、明火、热表面。禁止吸烟。容器和接收设备接地连接。使用防爆电器、通风、照明设备。戴防护手套、防护眼镜、防护面罩。避免接触眼睛、皮肤，操作后彻底清洗。作业场所不得进食、饮水或吸烟。得到专门指导后操作。在阅读并了解所有安全预防措施之前，切勿操作。按要求使用个体防护装备。禁止排入环境

事故响应 火灾时，使用二氧化碳、雾状水、砂土灭火。食入：漱口。如果感觉不适，立即呼叫中毒控制中心或就医。如果接触或有担心，就医。收集泄漏物

安全储存 上锁保管

废弃处置 本品及内装物、容器依据国家和地方法规处置

物理和化学危险 易燃，其粉体与空气混合，能形成爆炸性混合物

健康危害 具有刺激作用，高浓度致溶血性贫血及肝、肾损害

急性中毒 吸入高浓度萘蒸气或粉尘时，出现眼及呼吸道刺激、角膜混浊、头痛、恶心、呕吐、食欲减退、腰痛、尿频，尿中出现蛋白及红、白细胞。亦可发生视神经炎和视网膜炎。重者可发生中毒性脑病和肝损害。口服中毒主要引起溶血和肝、肾损害，甚至发生急性肾功能衰竭和肝坏死

慢性中毒 反复接触萘蒸气，可引起头痛、乏力、恶心、呕吐和血液系统损害。可引起白内障、视神经炎和视网膜病变。皮肤接触可引起皮炎

环境危害 对水生生物毒性非常大并具有长期持续影响

第三部分 成分/组成信息

√物质		混合物
组分	**浓度**	**CAS No.**
萘		91-20-3

第四部分 急救措施

吸入 迅速脱离现场至空气新鲜处。保持呼吸道通畅。如呼吸困难，给输氧。如呼吸、心跳停止，立即进行心肺复苏术。就医

皮肤接触 立即脱去污染的衣着，用流动清水彻底冲洗。就医

眼睛接触 立即分开眼睑，用流动清水或生理盐水彻底冲洗。就医

食入 漱口，饮水。就医

对保护施救者的忠告 根据需要使用个人防护设备

对医生的特别提示 对症处理

第五部分 消防措施

灭火剂 用二氧化碳、雾状水、砂土灭火

特别危险性 燃烧时放出有毒的刺激性烟雾。与强氧化剂如铬酸酐、氯酸盐和高锰酸钾等接触，能发生强烈反应，引起燃烧或爆炸。粉体与空气可形成爆炸性混合物，当达到一定浓度时，遇火星会发生爆炸。燃烧生成有害的一氧化碳

灭火注意事项及防护措施 消防人员必须佩戴空气呼吸器、穿全身防火防毒服，在上风向灭火。尽可能将容器从火场移至空旷处。喷水保持火场容器冷却，直至灭火结束

第六部分 泄漏应急处理

作业人员防护措施、防护装备和应急处置程序 消除所有点火源。隔离泄漏污染区，限制出入。建议应急处理人员戴防尘口罩，穿防毒、防静电服。禁止接触或跨越泄漏物

环境保护措施 无资料

泄漏化学品的收容、清除方法及所使用的处置材料 小量泄漏：用洁净的铲子收集泄漏物，置于干净、干燥、盖子较松的容器中，将容器移离泄漏区。大量泄漏：用水润湿，并筑堤收容。防止泄漏物进入水体、下水道、地下室或有限空间

第七部分 操作处置与储存

操作注意事项 密闭操作，局部排风。操作人员必须经过专门培训，严格遵守操作规程。建议操作人员佩戴过滤式防毒面具（半面罩），戴化学安全防护眼镜，穿防毒物渗透工作服，戴防化学品手套。远离火种、热源。工作场所严禁吸烟。使用防爆型的通风系统和设备。避免产生粉尘。避免与氧化剂接触。在氮气中操作处置。搬运时要轻装轻卸，防止包装及容器损坏。配备相应品种和数量的消防器材及泄漏应急处理设备。倒空的容器可能残留有害物

储存注意事项 储存于阴凉、通风的库房。远离火种、热源。库温不宜超过35℃。包装密封。应与氧化剂分开存放，切忌混储。配备相应品种和数量的消防器材。储区应备有合适的材料收容泄漏物

第八部分 接触控制/个体防护

职业接触限值

中国 PC-TWA：50mg/m^3；PC-STEL：75［皮］［G2B］

美国(ACGIH) TLV-TWA：10ppm；TLV-STEL：15ppm［皮］

生物接触限值 未制定标准

监测方法 空气中有毒物质测定方法：溶剂解吸-气相色

谱法。生物监测检验方法：未制定标准

工程控制 密闭操作，局部排风

个体防护装备

呼吸系统防护 高浓度蒸气接触可应该佩戴过滤式防毒面具（半面罩）；可能接触其粉尘时，建议佩戴过滤式防尘呼吸器

眼睛防护 戴化学安全防护眼镜

皮肤和身体防护 穿防毒物渗透工作服

手防护 戴防化学品手套

第九部分 理化特性

外观与性状 白色易挥发晶体，有温和芳香气味，粗萘有煤焦油臭味

pH值 无意义 **熔点(℃)** 80.1

沸点(℃) 217.9 **相对密度(水=1)** 1.16

相对蒸气密度(空气=1) 4.42

饱和蒸气压(kPa) 0.0131（25℃）

燃烧热(kJ/mol) －4983 **临界温度(℃)** 475.2

临界压力(MPa) 4.05

辛醇/水分配系数 3.01～3.59

闪点(℃) 79（CC） **自燃温度(℃)** 526

爆炸下限(%) 2.5g/m³（粉尘）；0.9（蒸气）

爆炸上限(%) 5.9（蒸气） **分解温度(℃)** 无资料

黏度(mPa·s) 0.75（20℃）

溶解性 不溶于水，溶于无水乙醇、乙醚、苯

第十部分 稳定性和反应性

稳定性 稳定

危险反应 与强氧化剂等禁配物接触，有发生火灾和爆炸的危险

避免接触的条件 无资料

禁配物 强氧化剂（如铬酸酐、氯酸盐和高锰酸钾等）

危险的分解产物 无资料

第十一部分 毒理学信息

急性毒性

LD_{50} 490mg/kg（大鼠经口）；＞2500mg/kg（兔经皮）

LC_{50} ＞340mg/m³（大鼠吸入，1h）

皮肤刺激或腐蚀 家兔经皮：495mg，轻度刺激（开放性刺激试验）

眼睛刺激或腐蚀 家兔经眼：100mg，轻度刺激

呼吸或皮肤过敏 无资料

生殖细胞突变性 细胞遗传学分析：仓鼠卵巢 30mg/L。姐妹染色单体交换：仓鼠卵巢 15mg/L

致癌性 IARC 致癌性评论：组 2B，可疑人类致癌物。对人类致癌性证据有限，对动物致癌性证据不充分

生殖毒性 大鼠孕后 1～15d 腹腔内给予最低中毒剂量（TDLo）5925mg/kg，致肌肉骨骼系统、心血管系统发育畸形。小鼠经口最低中毒剂量（TDLo）：2400mg/kg（孕 7～14d），影响活产指数，影响存活指数（如活产在第 4 天时的存活数）

特异性靶器官系统毒性-一次接触 无资料

特异性靶器官系统毒性-反复接触 兔经口 1g/(kg·d)，3d，见晶状体浑浊，20d 后形成白内障。兔吸入饱和蒸气，每天 2h，2～3 个月，红细胞先增多后减少；400～500mg/m³，每天 4h，5 个月，见晶状体浑浊。小鼠吸入 60～500mg/m³，5 个月，条件反射紊乱，尸检见呼吸系统损害

吸入危害 无资料

第十二部分 生态学信息

生态毒性 LC_{50}：1.37～3.8mg/L（96h）（鱼类）

持久性和降解性

生物降解性 好氧生物降解（h）：12～480；厌氧生物降解（h）：600～6192

非生物降解性 水相光解半衰期（h）：1704～13200；光解最大光吸收波长范围（nm）：310.5～220.5；水中光氧化半衰期（h）：1704～13200；空气中光氧化半衰期（h）：2.96～29.6

潜在的生物累积性 BCF：36.5～168（鲤鱼，接触浓度 0.15ppm，接触时间8周）；23～146（鲤鱼，接触浓度 0.015ppm，接触时间 8 周）

土壤中的迁移性 根据 K_{oc} 值预测，该物质可能有一定的迁移性

第十三部分 废弃处置

废弃化学品 用焚烧法处置

污染包装物 将容器返还生产商或按照国家和地方法规处置

废弃注意事项 把倒空的容器归还厂商或在规定场所掩埋

第十四部分 运输信息

联合国危险货物编号（UN 号） 1334；2304（熔融）

联合国运输名称 精制萘（1334）；熔融萘（熔融）

联合国危险性类别 4.1 **包装类别** Ⅲ类包装

包装标志  **海洋污染物** 是

运输注意事项 铁路运输，在专用线装、卸车的萘饼，可用企业自备车散装运输。运输时运输车辆应配备相应品种和数量的消防器材及泄漏应急处理设备。装运本品的车辆排气管须有阻火装置。运输过程中要确保容器不泄漏、不倒塌、不坠落、不损坏。严禁与氧化剂、食用化学品等混装混运。运输途中应防曝晒、雨淋，防高温。中途停留时应远离火种、热源。车辆运输完毕应进行彻底清扫。铁路运输时要禁止溜放

第十五部分 法规信息

下列法律、法规、规章和标准，对该化学品的管理作了相应的规定。

中华人民共和国职业病防治法 职业病分类和目录：未列入

危险化学品安全管理条例 危险化学品目录：列入。易制

爆危险化学品名录：未列入。重点监管的危险化学品名录：未列入。GB 18218—2009《危险化学品重大危险源辨识》（表 1）：未列入

使用有毒物品作业场所劳动保护条例 高毒物品目录：未列入

易制毒化学品管理条例 易制毒化学品的分类和品种目录：未列入

国际公约 斯德哥尔摩公约：未列入。鹿特丹公约：未列入。蒙特利尔议定书：未列入

第十六部分 其他信息

编写和修订信息 **缩略语和首字母缩写**

培训建议 **参考文献**

免责声明

β-萘胺

第一部分 化学品标识

化学品中文名 β-萘胺；2-萘胺；β-氨基萘；2-氨基萘

化学品英文名 β-naphthylamine；β-aminonaphthalene

分子式 $C_{10}H_9N$ **相对分子质量** 143.08

结构式

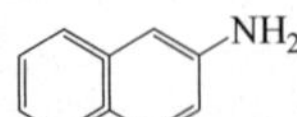

化学品的推荐及限制用途 用作染料中间体、分析试剂

第二部分 危险性概述

紧急情况概述 吞咽有害，可能致癌

GHS 危险性类别 急性毒性-经口，类别 4；致癌性，类别 1A；危害水生环境-急性危害，类别 2；危害水生环境-长期危害，类别 2

标签要素

象形图

警示词 危险

危险性说明 吞咽有害，可能致癌，对水生生物有毒并具有长期持续影响

防范说明

预防措施 避免接触眼睛、皮肤，操作后彻底清洗。作业场所不得进食、饮水或吸烟。得到专门指导后操作。在阅读并了解所有安全预防措施之前，切勿操作。按要求使用个体防护装备。禁止排入环境

事故响应 食入：漱口。如果感觉不适，立即呼叫中毒控制中心或就医。如果接触或有担心，就医。收集泄漏物

安全储存 上锁保管

废弃处置 本品及内装物、容器依据国家和地方法规处置

物理和化学危险 可燃，其粉体与空气混合，能形成爆炸性混合物

健康危害 本品有引起高铁血红蛋白血症的作用。中毒症状有紫绀、排尿困难。长期接触引起膀胱炎、膀胱乳头状瘤及膀胱癌

环境危害 对水生生物有毒并具有长期持续影响

第三部分 成分/组成信息

√物质		混合物
组分	**浓度**	**CAS No.**
β-萘胺		91-59-8

第四部分 急救措施

吸入 迅速脱离现场至空气新鲜处。保持呼吸道通畅。如呼吸困难，给吸氧。如呼吸、心跳停止，立即行心肺复苏术。就医

皮肤接触 立即脱去污染衣着，用肥皂水或清水彻底冲洗。就医

眼睛接触 分开眼睑，用清水或生理盐水冲洗。就医

食入 漱口，饮水。就医

对保护施救者的忠告 根据需要使用个人防护设备

对医生的特别提示 高铁血红蛋白血症，可用美蓝和维生素 C 治疗

第五部分 消防措施

灭火剂 用雾状水、泡沫、二氧化碳、砂土灭火

特别危险性 受高热分解放出有毒的气体。燃烧生成有害的一氧化碳、氮氧化物

灭火注意事项及防护措施 消防人员必须佩戴空气呼吸器、穿全身防火防毒服，在上风向灭火。尽可能将容器从火场移至空旷处。喷水保持火场容器冷却，直至灭火结束

第六部分 泄漏应急处理

作业人员防护措施、防护装备和应急处置程序 隔离泄漏污染区，限制出入。消除所有点火源。建议应急处理人员戴防尘口罩，穿防毒服，戴橡胶手套。穿上适当的防护服前严禁接触破裂的容器和泄漏物。尽可能切断泄漏源。用塑料布覆盖泄漏物，减少飞散。勿使水进入包装容器内

环境保护措施 无资料

泄漏化学品的收容、清除方法及所使用的处置材料 用洁净的铲子收集泄漏物，置于干净、干燥、盖子较松的容器中，将容器移离泄漏区

第七部分 操作处置与储存

操作注意事项 密闭操作，局部排风。操作人员必须经过专门培训，严格遵守操作规程。建议操作人员佩戴自吸过滤式防尘口罩，戴化学安全防护眼镜，穿防毒物渗透工作服，戴橡胶手套。远离火种、热源。工作场所严禁吸烟。使用防爆型的通风系统和设备。避免产生粉尘。避免与氧化剂、酸类接触。搬运时要轻装轻卸，防止包装及容器损坏。配备相应品种和数量的消防器材及泄漏应急处理设备。倒空的容器可能残留有害物

储存注意事项 储存于阴凉、通风的库房。远离火种、热

源。包装密封。应与氧化剂、酸类、食用化学品分开存放，切忌混储。配备相应品种和数量的消防器材。储区应备有合适的材料收容泄漏物

第八部分 接触控制/个体防护

职业接触限值

中国 未制定标准

美国(ACGIH) 未制定标准

生物接触限值 未制定标准

监测方法 空气中有毒物质测定方法：未制定标准。生物监测检验方法：未制定标准

工程控制 密闭操作，局部排风。提供安全的淋浴和洗眼设备

个体防护装备

呼吸系统防护 空气中粉尘浓度超标时，应该佩戴过滤式防尘呼吸器。紧急事态抢救或撤离时，建议佩戴空气呼吸器

眼睛防护 戴化学安全防护眼镜

皮肤和身体防护 穿防毒物渗透工作服

手防护 戴橡胶手套

第九部分 理化特性

外观与性状 白色到微粉红色片状，略有芳香气味

pH 值 无意义 **熔点(℃)** 111～113

沸点(℃) 306.0

相对密度(水=1) 1.06 (98℃)

相对蒸气密度(空气=1) 4.95

饱和蒸气压(kPa) 0.13 (108.0℃)

燃烧热(kJ/mol) −5270.9 **临界温度(℃)** 无资料

临界压力(MPa) 无资料 **辛醇/水分配系数** 2.28

闪点(℃) 157 **自燃温度(℃)** 无资料

爆炸下限(%) 无资料 **爆炸上限(%)** 无资料

分解温度(℃) 无资料

黏度(mPa·s) 无资料

溶解性 溶于热水、乙醇、乙醚、苯及多种有机溶剂

第十部分 稳定性和反应性

稳定性 稳定

危险反应 与强氧化剂等禁配物发生反应

避免接触的条件 无资料

禁配物 强氧化剂、酸类、酸酐

危险的分解产物 氨

第十一部分 毒理学信息

急性毒性 LD_{50}：727mg/kg（大鼠经口）

皮肤刺激或腐蚀 无资料 **眼睛刺激或腐蚀** 无资料

呼吸或皮肤过敏 无资料

生殖细胞突变性 微生物致突变：鼠伤寒沙门氏菌 2μg/皿。DNA 损伤：人成纤维细胞 50μmol/L。程序外 DNA 合成：800μg/L。DNA 抑制：人 HeLa 细胞 200μmol/L

致癌性 IARC 致癌性评论：组 1，确认人类致癌物。对人类致癌性证据充分

生殖毒性 无资料

特异性靶器官系统毒性-一次接触 无资料

特异性靶器官系统毒性-反复接触 无资料

吸入危害 无资料

第十二部分 生态学信息

生态毒性 LC_{50}：3.9mg/L (96h)（青鳉）

持久性和降解性

生物降解性 好氧生物降解 (h)：672～4320；厌氧生物降解 (h)：2880～17280

非生物降解性 水中光氧化半衰期 (h)：62～3480；空气中光氧化半衰期 (h)：0.3～2.9

潜在的生物累积性 根据 K_{ow} 值预测，该物质的生物累积性可能较弱

土壤中的迁移性 根据 K_{oc} 值预测，该物质可能有一定的迁移性

第十三部分 废弃处置

废弃化学品 用控制焚烧法处置。焚烧炉排出的氮氧化物通过洗涤器除去

污染包装物 将容器返还生产商或按照国家和地方法规处置

废弃注意事项 处置前应参阅国家和地方有关法规

第十四部分 运输信息

联合国危险货物编号（UN 号） 1650；3411（溶液）

联合国运输名称 β-萘胺，固态；β-萘胺溶液（溶液）

联合国危险性类别 6.1 **包装类别** Ⅱ类包装

包装标志 

海洋污染物 否

运输注意事项 运输前应先检查包装容器是否完整、密封，运输过程中要确保容器不泄漏、不倒塌、不坠落、不损坏。严禁与酸类、氧化剂、食品及食品添加剂混运。运输途中应防曝晒、雨淋，防高温。运输时运输车辆应配备相应品种和数量的消防器材及泄漏应急处理设备

第十五部分 法规信息

下列法律、法规、规章和标准，对该化学品的管理作了相应的规定。

中华人民共和国职业病防治法 职业病分类和目录：β-萘胺所致膀胱癌

危险化学品安全管理条例 危险化学品目录：列入。易制爆危险化学品名录：未列入。重点监管的危险化学品名录：未列入。GB 18218—2009《危险化学品重大危险源辨识》(表 1)：未列入

使用有毒物品作业场所劳动保护条例 高毒物品目录：未列入

易制毒化学品管理条例 易制毒化学品的分类和品种目录：未列入

国际公约 斯德哥尔摩公约：未列入。鹿特丹公约：未列

入。蒙特利尔议定书：未列入

第十六部分　其他信息

编写和修订信息　　**缩略语和首字母缩写**

培训建议　　**参考文献**

免责声明

α-萘胺

第一部分　化学品标识

化学品中文名　α-萘胺；1-萘胺；α-氨基萘；1-氨基萘

化学品英文名　α-naphthylamine；α-aminonaphthalene

分子式　$C_{10}H_9N$　**相对分子质量**　143.08

结构式

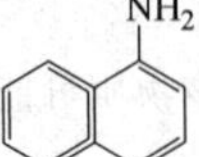

化学品的推荐及限制用途　用作染料中间体，以及用于医药工业

第二部分　危险性概述

紧急情况概述　吞咽有害

GHS 危险性类别　急性毒性-经口，类别 4；危害水生环境-急性危害，类别 2；危害水生环境-长期危害，类别 2

标签要素

象形图

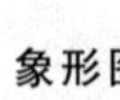

警示词　警告

危险性说明　吞咽有害，对水生生物有毒并具有长期持续影响

防范说明

预防措施　避免接触眼睛、皮肤，操作后彻底清洗。作业场所不得进食、饮水或吸烟。禁止排入环境

事故响应　食入：漱口。如果感觉不适，立即呼叫中毒控制中心或就医。收集泄漏物

安全储存　存放在通风良好的地方。保持低温

废弃处置　本品及内装物、容器依据国家和地方法规处置

物理和化学危险　可燃，其粉体与空气混合，能形成爆炸性混合物

健康危害　本品有轻微的高铁血红蛋白形成作用，吸入后有可能引起紫绀。对眼有刺激性。对皮肤有弱刺激作用。长期接触含有已知致癌剂 β-萘胺的本品，有可能引起膀胱癌

环境危害　对水生生物有毒并具有长期持续影响

第三部分　成分/组成信息

√物质　　混合物

组分	浓度	CAS No.
α-萘胺		134-32-7

第四部分　急救措施

吸入　迅速脱离现场至空气新鲜处。保持呼吸道通畅。如呼吸困难，给输氧。如呼吸、心跳停止，立即进行心肺复苏术。就医

皮肤接触　立即脱去污染的衣着，用流动清水彻底冲洗。就医

眼睛接触　立即分开眼睑，用流动清水或生理盐水彻底冲洗。就医

食入　漱口，饮水。就医

对保护施救者的忠告　根据需要使用个人防护设备

对医生的特别提示　高铁血红蛋白血症，可用美蓝和维生素 C 治疗

第五部分　消防措施

灭火剂　用雾状水、泡沫、二氧化碳、砂土灭火

特别危险性　受高热分解放出有毒的气体。燃烧生成有害的一氧化碳、氮氧化物

灭火注意事项及防护措施　消防人员必须佩戴空气呼吸器、穿全身防火防毒服，在上风向灭火。尽可能将容器从火场移至空旷处。喷水保持火场容器冷却，直至灭火结束

第六部分　泄漏应急处理

作业人员防护措施、防护装备和应急处置程序　隔离泄漏污染区，限制出入。消除所有点火源。建议应急处理人员戴防尘口罩，穿防毒服，戴橡胶手套。穿上适当的防护服前严禁接触破裂的容器和泄漏物。尽可能切断泄漏源。用塑料布覆盖泄漏物，减少飞散。勿使水进入包装容器内

环境保护措施　无资料

泄漏化学品的收容、清除方法及所使用的处置材料　用洁净的铲子收集泄漏物，置于干净、干燥、盖子较松的容器中，将容器移离泄漏区

第七部分　操作处置与储存

操作注意事项　密闭操作，局部排风。操作人员必须经过专门培训，严格遵守操作规程。建议操作人员佩戴过滤式防毒面具（半面罩），戴安全防护眼镜，穿防毒物渗透工作服，戴橡胶手套。远离火种、热源。工作场所严禁吸烟。使用防爆型的通风系统和设备。避免产生粉尘。避免与氧化剂、酸类接触。搬运时要轻装轻卸，防止包装及容器损坏。配备相应品种和数量的消防器材及泄漏应急处理设备。倒空的容器可能残留有害物

储存注意事项　储存于阴凉、通风的库房。远离火种、热源。包装密封。应与氧化剂、酸类、食用化学品分开存放，切忌混储。配备相应品种和数量的消防器材。储区应备有合适的材料收容泄漏物

第八部分　接触控制/个体防护

职业接触限值

中国　未制定标准

美国(ACGIH) 未制定标准

生物接触限值 未制定标准

监测方法 空气中有毒物质测定方法：未制定标准。生物监测检验方法：未制定标准

工程控制 密闭操作，局部排风。提供安全的淋浴和洗眼设备

个体防护装备

呼吸系统防护 高浓度蒸气接触可应该佩戴过滤式防毒面具（半面罩）；可能接触其粉尘时，建议佩戴过滤式防尘呼吸器

眼睛防护 戴安全防护眼镜

皮肤和身体防护 穿防毒物渗透工作服

手防护 戴橡胶手套

第九部分 理化特性

外观与性状 纯品为无色结晶或块状，有恶臭，易升华

pH值 无意义 **熔点(℃)** 50

沸点(℃) 300.8 **相对密度(水=1)** 1.13

相对蒸气密度(空气=1) 4.93

饱和蒸气压(kPa) 0.13 (104.3℃)

燃烧热(kJ/mol) −5281.4 **临界温度(℃)** 无资料

临界压力(MPa) 无资料 **辛醇/水分配系数** 2.25

闪点(℃) 157.2 (CC) **自燃温度(℃)** 460

爆炸下限(%) 无资料 **爆炸上限(%)** 无资料

分解温度(℃) 无资料

黏度(mPa·s) 无资料

溶解性 不溶于水,溶于乙醇、乙醚、氯仿

第十部分 稳定性和反应性

稳定性 稳定

危险反应 与强氧化剂等禁配物发生反应

避免接触的条件 无资料

禁配物 酸类、酸酐、强氧化剂

危险的分解产物 氨

第十一部分 毒理学信息

急性毒性 LD_{50}：680mg/kg（大鼠经口）；96mg/kg（小鼠腹腔）

皮肤刺激或腐蚀 无资料 **眼睛刺激或腐蚀** 无资料

呼吸或皮肤过敏 无资料

生殖细胞突变性 微生物致突变：鼠伤寒沙门氏菌 10μg/皿。DNA修复：大肠杆菌 25mg/L。DNA损伤：大鼠腹腔内 2790μmol/kg。程序外DNA合成：大鼠肝 700μmol/L。细胞遗传学分析：仓鼠成纤维细胞 60mg/L (48h)

致癌性 IARC致癌性评论：组3，现有的证据不能对人类致癌性进行分类。对人及动物致癌性证据不足

生殖毒性 无资料

特异性靶器官系统毒性-一次接触 无资料

特异性靶器官系统毒性-反复接触 无资料

吸入危害 无资料

第十二部分 生态学信息

生态毒性 根据结构类似物质预测，该物质对水生生物有毒

持久性和降解性

生物降解性 好氧生物降解 (h)：672～4320；厌氧生物降解 (h)：2688～17280

非生物降解性 水中光氧化半衰期 (h)：62.4～3480；空气中光氧化半衰期 (h)：0.292～2.92

潜在的生物累积性 根据 K_{ow} 值预测，该物质的生物累积性可能较弱

土壤中的迁移性 根据 K_{oc} 值预测，该物质可能有一定的迁移性

第十三部分 废弃处置

废弃化学品 建议用焚烧法处置。焚烧炉排出的氮氧化物通过洗涤器除去

污染包装物 将容器返还生产商或按照国家和地方法规处置

废弃注意事项 处置前应参阅国家和地方有关法规

第十四部分 运输信息

联合国危险货物编号(UN号) 2077

联合国运输名称 α-萘胺

联合国危险性类别 6.1 **包装类别** Ⅲ类包装

包装标志  **海洋污染物** 否

运输注意事项 运输前应先检查包装容器是否完整、密封，运输过程中要确保容器不泄漏、不倒塌、不坠落、不损坏。严禁与酸类、氧化剂、食品及食品添加剂混运。运输途中应防曝晒、雨淋，防高温。运输时运输车辆应配备相应品种和数量的消防器材及泄漏应急处理设备

第十五部分 法规信息

下列法律、法规、规章和标准，对该化学品的管理作了相应的规定。

中华人民共和国职业病防治法 职业病分类和目录：未列入

危险化学品安全管理条例 危险化学品目录：列入。易制爆危险化学品名录：未列入。重点监管的危险化学品名录：未列入。GB 18218—2009《危险化学品重大危险源辨识》(表1)：未列入

使用有毒物品作业场所劳动保护条例 高毒物品目录：未列入

易制毒化学品管理条例 易制毒化学品的分类和品种目录：未列入

国际公约 斯德哥尔摩公约：未列入。鹿特丹公约：未列入。蒙特利尔议定书：未列入

第十六部分 其他信息

编写和修订信息 **缩略语和首字母缩写**

培训建议 **参考文献**

免责声明

镍

第一部分 化学品标识

化学品中文名 镍

化学品英文名 nickel

分子式 Ni **相对分子质量** 58.71

化学品的推荐及限制用途 用于电子管材料、加氢催化剂及镍盐制造

第二部分 危险性概述

紧急情况概述 暴露在空气中自燃，可能导致皮肤过敏反应

GHS 危险性类别 自燃固体，类别 1；皮肤致敏物，类别 1；致癌性，类别 2；特异性靶器官毒性-反复接触，类别 1

标签要素

象形图

警示词 危险

危险性说明 暴露在空气中自燃，可能导致皮肤过敏反应，怀疑致癌，长时间或反复接触对器官造成损伤

防范说明

预防措施 远离热源、火花、明火、热表面。禁止吸烟。不得与空气接触。戴防护手套、防护眼镜、防护面罩。避免吸入粉尘。污染的工作服不得带出工作场所。得到专门指导后操作。在阅读并了解所有安全预防措施之前，切勿操作。按要求使用个体防护装备。操作后彻底清洗。操作现场不得进食、饮水或吸烟

事故响应 火灾时，使用干粉、砂土灭火。如皮肤接触：擦掉皮肤上的微粒，将接触部位浸入冷水中、用湿绷带包扎。如出现皮肤刺激或皮疹：就医。污染的衣服清洗后方可重新使用。如果接触或有担心，就医。如感觉不适，就医

安全储存 本品依据国家和地方法规贮存。上锁保管

废弃处置 本品及内装物、容器依据国家和地方法规处置

物理和化学危险 自燃物品

健康危害 可引起镍皮炎，又称镍“痒疹”。皮肤剧痒，后出现丘疹、疱疹及红斑，重者化脓、溃烂。长期吸入镍粉可致呼吸道刺激、慢性鼻炎，甚至发生鼻中隔穿孔。尚可引起变态反应性肺炎、支气管炎、哮喘等

环境危害 对环境可能有害

第三部分 成分/组成信息

√物质		混合物
组分	**浓度**	**CAS No.**
镍		7440-02-0

第四部分 急救措施

吸入 迅速脱离现场至空气新鲜处。保持呼吸道通畅。如呼吸困难，给输氧。如呼吸、心跳停止，立即进行心肺复苏术。就医

皮肤接触 立即脱去污染的衣着，用流动清水彻底冲洗。就医

眼睛接触 立即分开眼睑，用流动清水或生理盐水彻底冲洗。就医

食入 漱口，饮水。就医

对保护施救者的忠告 根据需要使用个人防护设备

对医生的特别提示 对症处理

第五部分 消防措施

灭火剂 用干粉、砂土灭火

特别危险性 其粉体化学活性较高，暴露在空气中会发生氧化反应，甚至自燃。遇强酸反应，放出氢气。粉尘可燃，能与空气形成爆炸性混合物。燃烧生成有害的氧化镍

灭火注意事项及防护措施 消防人员必须佩戴空气呼吸器、穿全身防火防毒服，在上风向灭火。尽可能将容器从火场移至空旷处。喷水保持火场容器冷却，直至灭火结束

第六部分 泄漏应急处理

作业人员防护措施、防护装备和应急处置程序 隔离泄漏污染区，限制出入。消除所有点火源。建议应急处理人员戴防尘口罩，穿防毒、防静电服。禁止接触或跨越泄漏物。尽可能切断泄漏源。用干燥的砂土或其他不燃材料覆盖泄漏物，然后用塑料布覆盖，减少飞散、避免雨淋

环境保护措施 无资料

泄漏化学品的收容、清除方法及所使用的处置材料 用洁净的无火花工具收集泄漏物，置于一盖子较松的塑料容器中，待处置

第七部分 操作处置与储存

操作注意事项 密闭操作，局部排风。操作人员必须经过专门培训，严格遵守操作规程。建议操作人员佩戴自吸过滤式防尘口罩，戴化学安全防护眼镜，穿透气型防毒服，戴防化学品手套。远离火种、热源。工作场所严禁吸烟。使用防爆型的通风系统和设备。避免与氧化剂、酸类接触。搬运时要轻装轻卸，防止包装及容器损坏。配备相应品种和数量的消防器材及泄漏应急处理设备。倒空的容器可能残留有害物

储存注意事项 储存于阴凉、通风的库房。远离火种、热源。包装要求密封，不可与空气接触。应与氧化剂、酸类等分开存放，切忌混储。采用防爆型照明、通风设施。禁止使用易产生火花的机械设备和工具。储区应备有合适的材料收容泄漏物

第八部分 接触控制/个体防护

职业接触限值

中国 PC-TWA：1mg/m^3 [G2B]

美国(ACGIH) TLV-TWA：1.5mg/m³（可吸入性颗粒物）

生物接触限值 未制定标准

监测方法 空气中有毒物质测定方法：火焰原子吸收光谱法。生物监测检验方法：未制定标准

工程控制 密闭操作，局部排风

个体防护装备

呼吸系统防护 可能接触其粉尘时，佩戴过滤式防尘呼吸器

眼睛防护 戴化学安全防护眼镜

皮肤和身体防护 穿透气型防毒服

手防护 戴防化学品手套

第九部分 理化特性

外观与性状 银白色块状坚硬金属或粉末

pH 值 无意义 **熔点(℃)** 1455

沸点(℃) 2732 **相对密度(水=1)** 8.90

相对蒸气密度(空气=1) 无资料

饱和蒸气压(kPa) 0.13（1810℃）

燃烧热(kJ/mol) 无资料 **临界温度(℃)** 无资料

临界压力(MPa) 无资料 **辛醇/水分配系数** −0.57

闪点(℃) 无意义 **自燃温度(℃)** 无资料

爆炸下限(%) 无资料 **爆炸上限(%)** 无资料

分解温度(℃) 无资料

黏度(mPa·s) 无资料

溶解性 不溶于水、氨，不溶于浓硝酸，溶于稀硝酸，微溶于盐酸和硫酸

第十部分 稳定性和反应性

稳定性 稳定

危险反应 粉体与强氧化剂等禁配物接触，有发生火灾和爆炸的危险

避免接触的条件 空气

禁配物 酸类、强氧化剂、硫

危险的分解产物 无意义

第十一部分 毒理学信息

急性毒性 LD_{50}：250mg/kg（大鼠腹腔）

皮肤刺激或腐蚀 无资料 **眼睛刺激或腐蚀** 无资料

呼吸或皮肤过敏 无资料

生殖细胞突变性 形态学转化：仓鼠胚胎 5μmol/L；仓鼠肾 400mg/L

致癌性 IARC 致癌性评论：组 2B，可疑人类致癌物。对人类致癌性证据有限，对动物致癌性证据不充分

生殖毒性 大鼠经口最低中毒剂量（TDLo）：158mg/kg（多代用药），胚胎毒性，胎鼠死亡

特异性靶器官系统毒性-一次接触 无资料

特异性靶器官系统毒性-反复接触 无资料

吸入危害 无资料

第十二部分 生态学信息

生态毒性 无资料

持久性和降解性

生物降解性 无资料

非生物降解性 无资料

潜在的生物累积性 无资料

土壤中的迁移性 无资料

第十三部分 废弃处置

废弃化学品 若可能，回收使用

污染包装物 将容器返还生产商或按照国家和地方法规处置

废弃注意事项 处置前应参阅国家和地方有关法规。把倒空的容器归还厂商或在规定场所掩埋

第十四部分 运输信息

联合国危险货物编号（UN 号） - **联合国运输名称** -

联合国危险性类别 - **包装类别** -

包装标志 - **海洋污染物** -

运输注意事项 应配备相应品种和数量的消防器材及泄漏应急处理设备。装运本品的车辆排气管须有阻火装置。运输过程中要确保容器不泄漏、不倒塌、不坠落、不损坏。严禁与氧化剂、酸类、食用化学品等混装混运。运输途中应防曝晒、雨淋，防高温。中途停留时应远离火种、热源。车辆运输完毕应进行彻底清扫。铁路运输时要禁止溜放

第十五部分 法规信息

下列法律、法规、规章和标准，对该化学品的管理作了相应的规定。

中华人民共和国职业病防治法 职业病分类和目录：未列入

危险化学品安全管理条例 危险化学品目录：未列入。易制爆危险化学品名录：未列入。重点监管的危险化学品名录：未列入。GB 18218—2009《危险化学品重大危险源辨识》(表 1)：未列入

使用有毒物品作业场所劳动保护条例 高毒物品目录：列入

易制毒化学品管理条例 易制毒化学品的分类和品种目录：未列入

国际公约 斯德哥尔摩公约：未列入。鹿特丹公约：未列入。蒙特利尔议定书：未列入

第十六部分 其他信息

编写和修订信息 **缩略语和首字母缩写**

培训建议 **参考文献**

免责声明

2,2'-偶氮二异丁腈

第一部分 化学品标识

化学品中文名 2,2'-偶氮二异丁腈；发泡剂 N

化学品英文名 2,2'-azodiisobutyronitrile；azobisisobutyronitrile

分子式 $C_8H_{12}N_4$ **相对分子质量** 164.24

结构式

化学品的推荐及限制用途 用作橡胶、塑料等发泡剂，聚合引发剂，也用于其他有机合成

第二部分 危险性概述

紧急情况概述 加热可引能起火，吞咽有害，吸入有害

GHS 危险性类别 自反应物质和混合物，C 型；急性毒性-经口，类别 4；急性毒性-吸入，类别 4；危害水生环境-急性危害，类别 3；危害水生环境-长期危害，类别 3

标签要素

象形图

警示词 危险

危险性说明 加热可引能起火，吞咽有害，吸入有害，对水生生物有害并具有长期持续影响

防范说明

预防措施 远离热源、火花、明火、热表面。禁止吸烟。远离衣物、可燃物保存。仅在原容器中保存。戴防护手套、防护眼镜、防护面罩。避免接触眼睛、皮肤，操作后彻底清洗。作业场所不得进食、饮水或吸烟。避免吸入粉尘。仅在室外或通风良好处操作。禁止排入环境

事故响应 火灾时，使用水、泡沫、二氧化碳、干粉、砂土灭火。如吸入：将患者转移到空气新鲜处，休息，保持利于呼吸的体位。食入：漱口。如果感觉不适，立即呼叫中毒控制中心或就医

安全储存 存放在通风良好的地方。保持低温。远离其他物质储存

废弃处置 本品及内装物、容器依据国家和地方法规处置

物理和化学危险 易燃。与氧化剂混合能形成爆炸性混合物

健康危害 在体内可释放氰离子引起中毒。大量接触本品者出现头痛、头胀、易疲劳、流涎和呼吸困难；亦可见到昏迷和抽搐。用本品做发泡剂的泡沫塑料加热或切割时产生的挥发性物质可刺激咽喉，口中有苦味，并可致呕吐和腹痛。本品分解能产生剧毒的甲基琥珀腈。长期接触本品可引起神经衰弱综合征，呼吸道刺激症状，肝、肾损害

环境危害 对水生生物有害并具有长期持续影响

第三部分 成分/组成信息

√物质 混合物

组分	浓度	CAS No.
2,2′-偶氮二异丁腈		78-67-1

第四部分 急救措施

吸入 迅速脱离现场至空气新鲜处。保持呼吸道通畅。如呼吸困难，给输氧。如呼吸、心跳停止，立即进行心肺复苏术。就医

皮肤接触 立即脱去污染的衣着，用肥皂水和清水彻底冲洗。就医

眼睛接触 立即分开眼睑，用流动清水或生理盐水彻底冲洗。就医

食入 催吐（仅限于清醒着），给服活性炭悬液。就医

对保护施救者的忠告 根据需要使用个人防护设备

对医生的特别提示 使用亚硝酸钠、硫代硫酸钠、4-二甲基氨基苯酚等解毒剂

第五部分 消防措施

灭火剂 用水、泡沫、二氧化碳、干粉、砂土灭火

特别危险性 燃烧时，放出有毒气体。受热时性质不稳定，40℃逐渐分解，至 103～104℃时激烈分解，放出氮气及数种有机氰化合物，对人体有害，并散发出较大热量，能引起爆炸。燃烧生成有害的一氧化碳、氰化物、氮氧化物

灭火注意事项及防护措施 消防人员须佩戴防毒面具、穿全身消防服，在上风向灭火。尽可能将容器从火场移至空旷处。喷水保持火场容器冷却，直至灭火结束

第六部分 泄漏应急处理

作业人员防护措施、防护装备和应急处置程序 消除所有点火源。隔离泄漏污染区，限制出入。建议应急处理人员戴防尘口罩，穿防毒、防静电服，戴防毒物渗透手套。禁止接触或跨越泄漏物。尽可能切断泄漏源

环境保护措施 无资料

泄漏化学品的收容、清除方法及所使用的处置材料 小量泄漏：用惰性、湿润的不燃材料吸收泄漏物，用洁净的非火花工具收集于一盖子较松的塑料容器中，待处理。防止泄漏物进入水体、下水道、地下室或有限空间。在专家指导下清除

第七部分 操作处置与储存

操作注意事项 密闭操作，局部排风。操作人员必须经过专门培训，严格遵守操作规程。建议操作人员佩戴过滤式防尘呼吸器，戴安全防护眼镜，穿透气型防毒服，戴防毒物渗透手套。远离火种、热源。工作场所严禁吸烟。使用防爆型的通风系统和设备。避免产生粉尘。避免与氧化剂接触。搬运时要轻装轻卸，防止包装及容器损坏。配备相应品种和数量的消防器材及泄漏应急处理设备。倒空的容器可能残留有害物

储存注意事项 储存于阴凉、通风的库房。远离火种、热源。库温不宜超过 35℃。包装密封。应与氧化剂分开存放，切忌混储。采用防爆型照明、通风设施。禁止使用易产生火花的机械设备和工具。储区应备有合适的材料收容泄漏物

第八部分 接触控制/个体防护

职业接触限值

中国 未制定标准

美国(ACGIH) 未制定标准

生物接触限值 未制定标准

监测方法 空气中有毒物质测定方法：未制定标准。生物监测检验方法：未制定标准

工程控制 密闭操作，局部排风。提供安全的淋浴和洗眼设备

个体防护装备

呼吸系统防护 可能接触毒物时，应该佩戴过滤式防尘呼吸器。紧急事态抢救或撤离时，建议佩戴空气呼吸器

眼睛防护 戴安全防护眼镜

皮肤和身体防护 穿透气型防毒服

手防护 戴防毒物渗透手套

第九部分 理化特性

外观与性状 白色透明结晶

pH值 无意义 **熔点(℃)** 110（分解）

沸点(℃) 无资料 **相对密度(水=1)** 无资料

相对蒸气密度(空气=1) 无资料

饱和蒸气压(kPa) 无资料

燃烧热(kJ/mol) 无资料 **临界温度(℃)** 无资料

临界压力(MPa) 无资料 **辛醇/水分配系数** 1.1

闪点(℃) 无资料 **自燃温度(℃)** 64

爆炸下限(%) 无资料 **爆炸上限(%)** 无资料

分解温度(℃) 无资料

黏度(mPa·s) 无资料

溶解性 不溶于水，溶于乙醇、乙醚、甲苯、甲醇等多种有机溶剂及乙烯基单体

第十部分 稳定性和反应性

稳定性 稳定

危险反应 与强氧化剂等禁配物接触，有发生火灾和爆炸的危险

避免接触的条件 摩擦、撞击、受热

禁配物 强氧化剂

危险的分解产物 氰化物、氮气

第十一部分 毒理学信息

急性毒性 LD_{50}：100mg/kg（大鼠经口）；700mg/kg（小鼠经口）

皮肤刺激或腐蚀 无资料 **眼睛刺激或腐蚀** 无资料

呼吸或皮肤过敏 无资料 **生殖细胞突变性** 无资料

致癌性 无资料 **生殖毒性** 无资料

特异性靶器官系统毒性-一次接触 无资料

特异性靶器官系统毒性-反复接触 大鼠经口 32mg/m^3，30d致死，重复吸入本品加热至70～80℃的挥发性物质，每天2h，8～10d，引起兴奋，呼吸困难，有时发生痉挛。解剖见肺局部有出血和水肿等改变；肝肾有病理改变

吸入危害 无资料

第十二部分 生态学信息

生态毒性 无资料

持久性和降解性

生物降解性 无资料

非生物降解性 无资料

潜在的生物累积性 根据 K_{ow} 值预测，该物质的生物累积性可能较弱

土壤中的迁移性 根据 K_{oc} 值预测，该物质可能易发生迁移

第十三部分 废弃处置

废弃化学品 建议用焚烧法处置。焚烧炉排出的氮氧化物通过洗涤器除去

污染包装物 将容器返还生产商或按照国家和地方法规处置

废弃注意事项 处置前应参阅国家和地方有关法规

第十四部分 运输信息

联合国危险货物编号（UN号） 3234

联合国运输名称 C型自反应固体，控制温度的（2,2′-偶氮二异丁腈）

联合国危险性类别 4.1 **包装类别** -

包装标志  **海洋污染物** 否

运输注意事项 运输时运输车辆应配备相应品种和数量的消防器材及泄漏应急处理设备。装运本品的车辆排气管须有阻火装置。运输过程中要确保容器不泄漏、不倒塌、不坠落、不损坏。严禁与氧化剂、食用化学品等混装混运。运输途中应防曝晒、雨淋，防高温。中途停留时应远离火种、热源。车辆运输完毕应进行彻底清扫。铁路运输时要禁止溜放

第十五部分 法规信息

下列法律、法规、规章和标准，对该化学品的管理作了相应的规定。

中华人民共和国职业病防治法 职业病分类和目录：氰及腈类化合物中毒

危险化学品安全管理条例 危险化学品目录：列入。易制爆危险化学品名录：未列入。重点监管的危险化学品名录：列入。GB 18218—2009《危险化学品重大危险源辨识》(表1)：未列入

使用有毒物品作业场所劳动保护条例 高毒物品目录：未列入

易制毒化学品管理条例 易制毒化学品的分类和品种目录：未列入

国际公约 斯德哥尔摩公约：未列入。鹿特丹公约：未列入。蒙特利尔议定书：未列入

第十六部分 其他信息

编写和修订信息 **缩略语和首字母缩写**

培训建议 **参考文献**

免责声明

哌　啶

第一部分　化学品标识

化学品中文名　哌啶；六氢吡啶；氮己环

化学品英文名　piperidine；hexahydropyridine

分子式　$C_5H_{11}N$　　**相对分子质量**　85.2

结构式 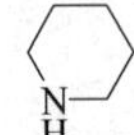

化学品的推荐及限制用途　用作溶剂、有机合成中间体、环氧树脂交联剂、缩合催化剂等

第二部分　危险性概述

紧急情况概述　高度易燃液体和蒸气，吞咽会中毒，吸入会中毒，造成严重的皮肤灼伤和眼损伤

GHS危险性类别　易燃液体，类别2；急性毒性-经皮，类别3；急性毒性-吸入，类别3；皮肤腐蚀/刺激，类别1B；严重眼损伤/眼刺激，类别1

标签要素

象形图 

警示词　危险

危险性说明　高度易燃液体和蒸气，吞咽会中毒，吸入会中毒，造成严重的皮肤灼伤和眼损伤

防范说明

预防措施　远离热源、火花、明火、热表面。禁止吸烟。保持容器密闭。容器和接收设备接地连接。使用防爆电器、通风、照明设备。只能使用不产生火花的工具。采取防止静电措施。避免接触眼睛、皮肤，操作后彻底清洗。作业场所不得进食、饮水或吸烟。避免吸入蒸气、雾。仅在室外或通风良好处操作。戴防护手套，穿防护服，戴防护眼镜、防护面罩

事故响应　火灾时，使用泡沫、二氧化碳、干粉、砂土灭火。如吸入：将患者转移到空气新鲜处，休息，保持利于呼吸的体位。皮肤（或头发）接触：立即脱掉所有被污染的衣服，用水冲洗皮肤，淋浴。污染的衣服须洗净后方可重新使用。眼睛接触：用水细心地冲洗数分钟。如戴隐形眼镜并可方便地取出，则取出隐形眼镜继续冲洗。食入：漱口，不要催吐，立即呼叫中毒控制中心或就医

安全储存　存放在通风良好的地方。保持低温。保持容器密闭。上锁保管

废弃处置　本品及内装物、容器依据国家和地方法规处置

物理和化学危险　高度易燃，其蒸气与空气混合，能形成爆炸性混合物

健康危害　小剂量可刺激交感和副交感神经节，大剂量反而有抑制作用，误服后可引起虚弱、恶心、流涎、呼吸困难、肌肉瘫痪和窒息。眼和皮肤接触引起灼伤

环境危害　对环境可能有害

第三部分　成分/组成信息

√物质		混合物
组分	浓度	CAS No.
哌啶		110-89-4

第四部分　急救措施

吸入　迅速脱离现场至空气新鲜处。保持呼吸道通畅。如呼吸困难，给输氧。如呼吸、心跳停止，立即进行心肺复苏术。就医

皮肤接触　立即脱去污染的衣着，用大量流动清水彻底冲洗至少15min。就医

眼睛接触　立即分开眼睑，用流动清水或生理盐水彻底冲洗至少15min。就医

食入　用水漱口，禁止催吐。给饮牛奶或蛋清。就医

对保护施救者的忠告　根据需要使用个人防护设备

对医生的特别提示　对症处理

第五部分　消防措施

灭火剂　用泡沫、二氧化碳、干粉、砂土灭火

特别危险性　遇明火燃烧时放出有毒气体。受热分解放出有毒烟气。与氧化剂能发生强烈反应。燃烧生成有害的一氧化碳、氮氧化物

灭火注意事项及防护措施　消防人员必须佩戴空气呼吸器、穿全身防火防毒服，在上风向灭火。喷水冷却容器，尽可能将容器从火场移至空旷处。容器突然发出异常声音或出现异常现象，应立即撤离

第六部分　泄漏应急处理

作业人员防护措施、防护装备和应急处置程序　消除所有点火源。根据液体流动和蒸气扩散的影响区域划定警戒区，无关人员从侧风、上风向撤离至安全区。建议应急处理人员戴正压自给式呼吸器，穿防静电、防腐蚀、防毒服，戴橡胶耐油手套。作业时使用的所有设备应接地。禁止接触或跨越泄漏物。尽可能切断泄漏源

环境保护措施　防止泄漏物进入水体、下水道、地下室或有限空间

泄漏化学品的收容、清除方法及所使用的处置材料　小量泄漏：用砂土或其他不燃材料吸收，使用洁净的无火花工具收集吸收材料。大量泄漏：构筑围堤或挖坑收容。用泡沫覆盖，减少蒸发。喷水雾能减少蒸发，但不能降低泄漏物在有限空间内的易燃性。用防爆、耐腐蚀泵转移至槽车或专用收集器内

第七部分　操作处置与储存

操作注意事项　密闭操作，加强通风。操作人员必须经过专门培训，严格遵守操作规程。建议操作人员佩戴自吸过滤式防毒面具（全面罩），穿胶布防毒衣，戴橡胶耐油手套。远离火种、热源。工作场所严禁吸烟。使用防爆型的通风系统和设备。防止蒸气泄漏到工作场所空气中。避免与氧化剂、酸类接触。灌装时应控

制流速，且有接地装置，防止静电积聚。搬运时要轻装轻卸，防止包装及容器损坏。配备相应品种和数量的消防器材及泄漏应急处理设备。倒空的容器可能残留有害物

储存注意事项 储存于阴凉、通风的库房。远离火种、热源。库温不宜超过37℃，保持容器密封。应与氧化剂、酸类、食用化学品分开存放，切忌混储。采用防爆型照明、通风设施。禁止使用易产生火花的机械设备和工具。储区应备有泄漏应急处理设备和合适的收容材料

第八部分 接触控制/个体防护

职业接触限值

中国 未制定标准

美国(ACGIH) 未制定标准

生物接触限值 未制定标准

监测方法 空气中有毒物质测定方法：未制定标准。生物监测检验方法：未制定标准

工程控制 生产过程密闭，加强通风。提供安全的淋浴和洗眼设备

个体防护装备

呼吸系统防护 可能接触其蒸气时，佩戴过滤式防毒面具（全面罩）。紧急事态抢救或撤离时，建议佩戴空气呼吸器

眼睛防护 呼吸系统防护中已作防护

皮肤和身体防护 穿隔绝式防毒服

手防护 戴橡胶耐油手套

第九部分 理化特性

外观与性状 无色澄清液体，有类似氨的气味

pH 值 无资料 **熔点(℃)** −9～−7

沸点(℃) 106 **相对密度(水=1)** 0.86

相对蒸气密度(空气=1) 3.0

饱和蒸气压(kPa) 3.06（20℃）

燃烧热(kJ/mol) −3455.2 **饱和蒸气压(kPa)** 无资料

临界压力(MPa) 4.65 **辛醇/水分配系数** 0.84

闪点(℃) 16（CC） **自燃温度(℃)** 无资料

爆炸下限(%) 1.4 **爆炸上限(%)** 10

分解温度(℃) 无资料

黏度(mPa·s) 无资料

溶解性 溶于水、乙醇、乙醚、苯、氯仿

第十部分 稳定性和反应性

稳定性 稳定

危险反应 与强氧化剂等禁配物接触，有发生火灾和爆炸的危险

避免接触的条件 无资料

禁配物 酸类、酸酐、强氧化剂

危险的分解产物 无资料

第十一部分 毒理学信息

急性毒性

LD_{50} 400mg/kg（大鼠经口）；276mg/kg（兔经皮）

LC_{50} 6000mg/m^3（小鼠吸入，2h）

皮肤刺激或腐蚀 家兔经皮：5mg（24h），重度刺激

眼睛刺激或腐蚀 家兔经眼：250μg（24h），重度刺激

呼吸或皮肤过敏 无资料 **生殖细胞突变性** 无资料

致癌性 无资料 **生殖毒性** 无资料

特异性靶器官系统毒性-一次接触 无资料

特异性靶器官系统毒性-反复接触 无资料

吸入危害 无资料

第十二部分 生态学信息

生态毒性 无资料

持久性和降解性

生物降解性 MITI-Ⅰ测试，初始浓度100ppm，污泥浓度30ppm，2周后降解66.9%

非生物降解性 无资料

潜在的生物累积性 根据K_{ow}值预测，该物质的生物累积性可能较弱

土壤中的迁移性 根据K_{oc}值预测，该物质可能易发生迁移

第十三部分 废弃处置

废弃化学品 建议用焚烧法处置。焚烧炉排出的氮氧化物通过洗涤器除去

污染包装物 将容器返还生产商或按照国家和地方法规处置

废弃注意事项 处置前应参阅国家和地方有关法规

第十四部分 运输信息

联合国危险货物编号（UN号） 2401

联合国运输名称 哌啶

联合国危险性类别 8，3 **包装类别** Ⅰ类包装

包装标志 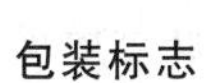 

海洋污染物 否

运输注意事项 运输时运输车辆应配备相应品种和数量的消防器材及泄漏应急处理设备。夏季最好早晚运输。运输时所用的槽（罐）车应有接地链，槽内可设孔隔板以减少震荡产生的静电。严禁与氧化剂、酸类、食用化学品等混装混运。运输途中应防曝晒、雨淋，防高温。中途停留时应远离火种、热源、高温区。装运该物品的车辆排气管必须配备阻火装置，禁止使用易产生火花的机械设备和工具装卸。公路运输时要按规定路线行驶，勿在居民区和人口稠密区停留。铁路运输时要禁止溜放。严禁用木船、水泥船散装运输。本品属第二类易制毒化学品，托运时，须持有运出地县级人民政府公安机关审批的、有效期为3个月的易制毒化学品运输许可证

第十五部分 法规信息

下列法律、法规、规章和标准，对该化学品的管理作了相应的规定。

中华人民共和国职业病防治法 职业病分类和目录：未列入

危险化学品安全管理条例 危险化学品目录：列入。易制爆危险化学品名录：未列入。重点监管的危险化学品名录：未列入。GB 18218—2009《危险化学品重大危险源辨识》(表1)：未列入

使用有毒物品作业场所劳动保护条例 高毒物品目录：未列入

易制毒化学品管理条例 易制毒化学品的分类和品种目录：列入

国际公约 斯德哥尔摩公约：未列入。鹿特丹公约：未列入。蒙特利尔议定书：未列入

第十六部分 其他信息

编写和修订信息 **缩略语和首字母缩写**
培训建议 **参考文献**
免责声明

β-蒎烯

第一部分 化学品标识

化学品中文名 β-蒎烯

化学品英文名 β-pinene；6,6-dimethyl-2-methylene-bicyclo[3.1.1] heptane

分子式 $C_{10}H_{16}$ **相对分子质量** 136.24

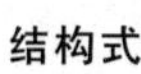

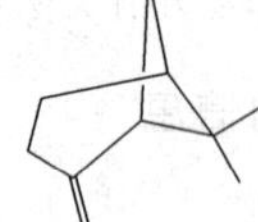

化学品的推荐及限制用途 用作制造香精、香料的中间体

第二部分 危险性概述

紧急情况概述 易燃液体和蒸气，可能导致皮肤过敏反应，吞咽及进入呼吸道可能致命

GHS危险性类别 易燃液体，类别3；皮肤腐蚀/刺激，类别2；皮肤致敏物，类别1；吸入危害，类别1；危害水生环境-急性危害，类别1；危害水生环境-长期危害，类别1

标签要素

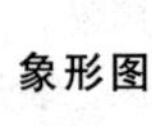

警示词 危险

危险性说明 易燃液体和蒸气，造成皮肤刺激，可能导致皮肤过敏反应，吞咽及进入呼吸道可能致命，对水生生物毒性非常大并具有长期持续影响

防范说明

预防措施 远离热源、火花、明火、热表面。禁止吸烟。保持容器密闭。容器和接收设备接地连接。使用防爆电器、通风、照明设备。只能使用不产生火花的工具。采取防止静电措施。戴防护手套、防护眼镜、防护面罩。避免接触眼睛、皮肤，操作后彻底清洗。避免吸入蒸气、雾。污染的工作服不得带出工作场所。禁止排入环境

事故响应 火灾时，使用泡沫、干粉、二氧化碳、砂土灭火。皮肤接触：用大量肥皂水和水清洗。如发生皮肤刺激，就医。脱去被污染的衣服，污染的衣服须洗净后方可重新使用。如出现皮肤刺激或皮疹：就医。如果食入：不要催吐，立即呼叫中毒控制中心或就医。收集泄漏物

安全储存 存放在通风良好的地方。保持低温。上锁保管

废弃处置 本品及内装物、容器依据国家和地方法规处置

物理和化学危险 易燃，其蒸气与空气混合，能形成爆炸性混合物

健康危害 本品对皮肤、眼、鼻和黏膜均有刺激性，有麻醉作用，可致肾损害。对皮肤有致敏性。液态本品吸入呼吸道可引起吸入性肺炎

环境危害 对水生生物毒性非常大并具有长期持续影响

第三部分 成分/组成信息

√物质		混合物
组分	**浓度**	**CAS No.**
β-蒎烯		127-91-3

第四部分 急救措施

吸入 迅速脱离现场至空气新鲜处。保持呼吸道通畅。如呼吸困难，给输氧。如呼吸、心跳停止，立即进行心肺复苏术。就医

皮肤接触 立即脱去污染的衣着，用流动清水彻底冲洗。就医

眼睛接触 立即分开眼睑，用流动清水或生理盐水彻底冲洗。就医

食入 漱口，饮水。禁止催吐。就医

对保护施救者的忠告 根据需要使用个人防护设备

对医生的特别提示 对症处理

第五部分 消防措施

灭火剂 用泡沫、干粉、二氧化碳、砂土灭火

特别危险性 其蒸气与空气可形成爆炸性混合物，遇明火、高热能引起燃烧爆炸。与氧化剂能发生强烈反应。燃烧生成有害的一氧化碳

灭火注意事项及防护措施 消防人员必须佩戴空气呼吸器、穿全身防火防毒服，在上风向灭火。喷水冷却容器，尽可能将容器从火场移至空旷处。容器突然发出异常声音或出现异常现象，应立即撤离

第六部分 泄漏应急处理

作业人员防护措施、防护装备和应急处置程序 消除所有点火源。根据液体流动和蒸气扩散的影响区域划定警戒区，无关人员从侧风、上风向撤离至安全区。建议应急处理人员戴正压自给式呼吸器，穿防毒、防静电服。作业时使用的所有设备应接地。禁止接触或跨越泄漏物。尽可能切断泄漏源

环境保护措施 防止泄漏物进入水体、下水道、地下室或有限空间

泄漏化学品的收容、清除方法及所使用的处置材料 小量泄漏：用砂土或其他不燃材料吸收，使用洁净的无火花工具收集吸收材料。大量泄漏：构筑围堤或挖坑收容。用泡沫覆盖，减少蒸发。喷水雾能减少蒸发，但不能降低泄漏物在有限空间内的易燃性。用防爆泵转移至槽车或专用收集器内

第七部分 操作处置与储存

操作注意事项 密闭操作，全面通风。操作人员必须经过专门培训，严格遵守操作规程。建议操作人员佩戴导管式防毒面具，穿胶布防毒衣，戴橡胶耐油手套。远离火种、热源。工作场所严禁吸烟。使用防爆型的通风系统和设备。防止蒸气泄漏到工作场所空气中。避免与氧化剂、酸类接触。搬运时要轻装轻卸，防止包装及容器损坏。配备相应品种和数量的消防器材及泄漏应急处理设备。倒空的容器可能残留有害物

储存注意事项 储存于阴凉、通风的库房。远离火种、热源。库温不宜超过37℃，保持容器密封。应与氧化剂、酸类分开存放，切忌混储。不宜大量储存或久存。采用防爆型照明、通风设施。禁止使用易产生火花的机械设备和工具。储区应备有泄漏应急处理设备和合适的收容材料

第八部分 接触控制/个体防护

职业接触限值

中国 未制定标准

美国(ACGIH) TLV-TWA：20ppm［敏］

生物接触限值 未制定标准

监测方法 空气中有毒物质测定方法：未制定标准。生物监测检验方法：未制定标准

工程控制 生产过程密闭，全面通风。提供安全的淋浴和洗眼设备

个体防护装备

呼吸系统防护 可能接触其蒸气时，应该佩戴过滤式防毒面具（全面罩）。紧急事态抢救或撤离时，建议佩戴空气呼吸器

眼睛防护 呼吸系统防护中已作防护

皮肤和身体防护 穿隔绝式防毒服

手防护 戴橡胶耐油手套

第九部分 理化特性

外观与性状 无色液体，有松节油的气味

pH值 无资料 **熔点(℃)** −61

沸点(℃) 164～166 **相对密度(水=1)** 0.87

相对蒸气密度(空气=1) 无资料

饱和蒸气压(kPa) 1.33（42.3℃）

燃烧热(kJ/mol) 无资料 **临界温度(℃)** 无资料

临界压力(MPa) 2.76 **辛醇/水分配系数** 4.35

闪点(℃) 32.78 **自燃温度(℃)** 255

爆炸下限(%) 0.8 **爆炸上限(%)** 6.6

分解温度(℃) 无资料

黏度(mPa·s) 1.52（25℃）

溶解性 不溶于水，溶于乙醇、乙醚、苯、氯仿等多数有机溶剂

第十部分 稳定性和反应性

稳定性 稳定

危险反应 与强氧化剂等禁配物接触，有发生火灾和爆炸的危险

避免接触的条件 无资料

禁配物 强氧化剂、硝酸

危险的分解产物 无资料

第十一部分 毒理学信息

急性毒性 LD_{50}：4700mg/kg（大鼠经口）

皮肤刺激或腐蚀 家兔经皮：500mg（24h），重度刺激

眼睛刺激或腐蚀 无资料 **呼吸或皮肤过敏** 无资料

生殖细胞突变性 无资料 **致癌性** 无资料

生殖毒性 无资料

特异性靶器官系统毒性-一次接触 无资料

特异性靶器官系统毒性-反复接触 豚鼠长期暴露在3.9g/m^3浓度下，未引起损害

吸入危害 无资料

第十二部分 生态学信息

生态毒性

LC_{50} 0.5mg/L（96h）（鱼）

EC_{50} 1.25mg/L（48h）（水蚤）

持久性和降解性

生物降解性 无资料

非生物降解性 无资料

潜在的生物累积性 根据K_{ow}值预测，该物质可能有较高的生物累积性

土壤中的迁移性 根据K_{oc}值预测，该物质的迁移性可能较弱

第十三部分 废弃处置

废弃化学品 建议用焚烧法处置

污染包装物 将容器返还生产商或按照国家和地方法规处置

废弃注意事项 处置前应参阅国家和地方有关法规

第十四部分 运输信息

联合国危险货物编号（UN号） 2319

联合国运输名称 萜烃，未另作规定的（β-蒎烯）

联合国危险性类别 3 **包装类别** Ⅲ类包装

包装标志  **海洋污染物** 是

运输注意事项 运输时运输车辆应配备相应品种和数量的消防器材及泄漏应急处理设备。夏季最好早晚运输。运输时所用的槽（罐）车应有接地链，槽内可设孔隔板以减少震荡产生的静电。严禁与氧化剂、酸类、食

用化学品等混装混运。运输途中应防曝晒、雨淋，防高温。中途停留时应远离火种、热源、高温区。装运该物品的车辆排气管必须配备阻火装置，禁止使用易产生火花的机械设备和工具装卸。公路运输时要按规定路线行驶，勿在居民区和人口稠密区停留。铁路运输时要禁止溜放。严禁用木船、水泥船散装运输

第十五部分　法规信息

下列法律、法规、规章和标准，对该化学品的管理作了相应的规定。

中华人民共和国职业病防治法　职业病分类和目录：未列入

危险化学品安全管理条例　危险化学品目录：列入。易制爆危险化学品名录：未列入。重点监管的危险化学品名录：未列入。GB 18218—2009《危险化学品重大危险源辨识》(表 1)：未列入

使用有毒物品作业场所劳动保护条例　高毒物品目录：未列入

易制毒化学品管理条例　易制毒化学品的分类和品种目录：未列入

国际公约　斯德哥尔摩公约：未列入。鹿特丹公约：未列入。蒙特利尔议定书：未列入

第十六部分　其他信息

编写和修订信息　　**缩略语和首字母缩写**
培训建议　　**参考文献**
免责声明

α-蒎烯

第一部分　化学品标识

化学品中文名　α-蒎烯；α-松油萜

化学品英文名　α-pinene；2,6,6-trimethylbicyclo [3.1.1] hept-2-ene

分子式　$C_{10}H_{16}$　　**相对分子质量**　136.24

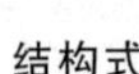

结构式

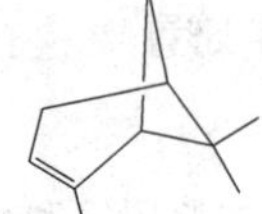

化学品的推荐及限制用途　是合成香料的重要原料，也是合成润滑剂、增塑剂等的原料

第二部分　危险性概述

紧急情况概述　易燃液体和蒸气，可能导致皮肤过敏反应，吞咽及进入呼吸道可能致命

GHS 危险性类别　易燃液体，类别 3；皮肤腐蚀/刺激，类别 2；皮肤致敏物，类别 1；吸入危害，类别 1；危害水生环境-急性危害，类别 1；危害水生环境-长期危害，类别 1

标签要素

象形图

警示词　危险

危险性说明　易燃液体和蒸气，造成皮肤刺激，可能导致皮肤过敏反应，吞咽及进入呼吸道可能致命，对水生生物毒性非常大并具有长期持续影响

防范说明

预防措施　远离热源、火花、明火、热表面。禁止吸烟。保持容器密闭。容器和接收设备接地连接。使用防爆电器、通风、照明设备。只能使用不产生火花的工具。采取防止静电措施。戴防护手套、防护眼镜、防护面罩。避免接触眼睛、皮肤，操作后彻底清洗。避免吸入蒸气、雾。污染的工作服不得带出工作场所。禁止排入环境

事故响应　火灾时，使用泡沫、干粉、二氧化碳、砂土灭火。皮肤接触：立即脱掉所有被污染的衣服。用大量肥皂水和水清洗。如发生皮肤刺激，就医。被污染的衣服须经洗净后方可重新使用。如出现皮肤刺激或皮疹：就医。如果食入：不要催吐，立即呼叫中毒控制中心或就医。收集泄漏物

安全储存　存放在通风良好的地方。保持低温。上锁保管

废弃处置　本品及内装物、容器依据国家和地方法规处置

物理和化学危险　易燃，其蒸气与空气混合，能形成爆炸性混合物

健康危害　本品对皮肤、眼、鼻和黏膜均有刺激性，有麻醉作用，可致肾损害。对皮肤有致敏性。液态本品吸入呼吸道可引起吸入性肺炎

环境危害　对水生生物毒性非常大并具有长期持续影响

第三部分　成分/组成信息

√物质		混合物
组分	**浓度**	**CAS No.**
α-蒎烯		80-56-8

第四部分　急救措施

吸入　迅速脱离现场至空气新鲜处。保持呼吸道通畅。如呼吸困难，给输氧。如呼吸、心跳停止，立即进行心肺复苏术。就医

皮肤接触　立即脱去污染的衣着，用流动清水彻底冲洗。就医

眼睛接触　立即分开眼睑，用流动清水或生理盐水彻底冲洗。就医

食入　漱口，饮水。禁止催吐。就医

对保护施救者的忠告　根据需要使用个人防护设备

对医生的特别提示　对症处理

第五部分　消防措施

灭火剂　用泡沫、干粉、二氧化碳、砂土灭火

特别危险性　与硝酸发生剧烈反应或立即燃烧。燃烧生成有害的一氧化碳

灭火注意事项及防护措施　消防人员必须佩戴空气呼吸

器、穿全身防火防毒服，在上风向灭火。喷水冷却容器，尽可能将容器从火场移至空旷处。容器突然发出异常声音或出现异常现象，应立即撤离

第六部分 泄漏应急处理

作业人员防护措施、防护装备和应急处置程序 消除所有点火源。根据液体流动和蒸气扩散的影响区域划定警戒区，无关人员从侧风、上风向撤离至安全区。建议应急处理人员戴正压自给式呼吸器，穿防毒、防静电服。作业时使用的所有设备应接地。禁止接触或跨越泄漏物。尽可能切断泄漏源

环境保护措施 防止泄漏物进入水体、下水道、地下室或有限空间

泄漏化学品的收容、清除方法及所使用的处置材料 小量泄漏：用砂土或其他不燃材料吸收，使用洁净的无火花工具收集吸收材料。大量泄漏：构筑围堤或挖坑收容。用抗溶性泡沫覆盖，减少蒸发。喷水雾能减少蒸发，但不能降低泄漏物在有限空间内的易燃性。用防爆泵转移至槽车或专用收集器内

第七部分 操作处置与储存

操作注意事项 密闭操作，全面通风。操作人员必须经过专门培训，严格遵守操作规程。建议操作人员佩戴导管式防毒面具，穿胶布防毒衣，戴橡胶耐油手套。远离火种、热源。工作场所严禁吸烟。使用防爆型的通风系统和设备。防止蒸气泄漏到工作场所空气中。避免与氧化剂、酸类接触。灌装时应控制流速，且有接地装置，防止静电积聚。搬运时要轻装轻卸，防止包装及容器损坏。配备相应品种和数量的消防器材及泄漏应急处理设备。倒空的容器可能残留有害物

储存注意事项 储存于阴凉、通风的库房。远离火种、热源。库温不宜超过37℃，保持容器密封。应与氧化剂、酸类分开存放，切忌混储。不宜大量储存或久存。采用防爆型照明、通风设施。禁止使用易产生火花的机械设备和工具。储区应备有泄漏应急处理设备和合适的收容材料

第八部分 接触控制/个体防护

职业接触限值

中国 未制定标准

美国(ACGIH) 20ppm［敏］

生物接触限值 未制定标准

监测方法 空气中有毒物质测定方法：未制定标准。生物监测检验方法：未制定标准

工程控制 生产过程密闭，全面通风。提供安全的淋浴和洗眼设备

个体防护装备

呼吸系统防护 可能接触其蒸气时，应该佩戴过滤式防毒面具（全面罩）。紧急事态抢救或撤离时，建议佩戴空气呼吸器

眼睛防护 呼吸系统防护中已作防护

皮肤和身体防护 穿隔绝式防毒服

手防护 戴橡胶耐油手套

第九部分 理化特性

外观与性状 无色透明液体，有松节油的气味

pH值 无资料 **熔点(℃)** −62.5

沸点(℃) 156 **相对密度(水=1)** 0.86

相对蒸气密度(空气=1) 4.7

饱和蒸气压(kPa) 0.63 (27℃)

燃烧热(kJ/mol) −6124.9 **临界温度(℃)** 无资料

临界压力(MPa) 2.76 **辛醇/水分配系数** 4.83

闪点(℃) 33 (CC)

自燃温度(℃) 255

爆炸下限(%) 0.8 **爆炸上限(%)** 7.1

分解温度(℃) 无资料

黏度(mPa·s) 1.30 (25℃)

溶解性 微溶于水，不溶于丙二醇、甘油，溶于乙醇、乙醚、氯仿、冰醋酸等多数有机溶剂

第十部分 稳定性和反应性

稳定性 稳定

危险反应 与强氧化剂等禁配物接触，有发生火灾和爆炸的危险

避免接触的条件 无资料

禁配物 强氧化剂、硝酸

危险的分解产物 无资料

第十一部分 毒理学信息

急性毒性 LD_{50}：3700mg/kg（大鼠经口）

皮肤刺激或腐蚀 家兔经皮：500mg (24h)，中度刺激

眼睛刺激或腐蚀 无资料 **呼吸或皮肤过敏** 无资料

生殖细胞突变性 无资料 **致癌性** 无资料

生殖毒性 无资料

特异性靶器官系统毒性-一次接触 无资料

特异性靶器官系统毒性-反复接触 豚鼠长期暴露在$3.9g/m^3$浓度下，未引起损害

吸入危害 无资料

第十二部分 生态学信息

生态毒性 LC_{50}：0.28mg/L (96h)（鱼）

持久性和降解性

生物降解性 无资料

非生物降解性 无资料

潜在的生物累积性 根据K_{ow}值预测，该物质可能有较高的生物累积性

土壤中的迁移性 根据K_{oc}值预测，该物质的迁移性可能较弱

第十三部分 废弃处置

废弃化学品 建议用焚烧法处置

污染包装物 将容器返还生产商或按照国家和地方法规处置

废弃注意事项 处置前应参阅国家和地方有关法规

第十四部分 运输信息

联合国危险货物编号(UN号) 2368

联合国运输名称 α-蒎烯

联合国危险性类别 3 **包装类别** Ⅲ类包装

包装标志 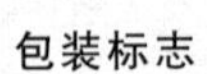  **海洋污染物** 是

运输注意事项 运输时运输车辆应配备相应品种和数量的消防器材及泄漏应急处理设备。夏季最好早晚运输。运输时所用的槽（罐）车应有接地链，槽内可设孔隔板以减少震荡产生的静电。严禁与氧化剂、酸类、食用化学品等混装混运。运输途中应防曝晒、雨淋，防高温。中途停留时应远离火种、热源、高温区。装运该物品的车辆排气管必须配备阻火装置，禁止使用易产生火花的机械设备和工具装卸。公路运输时要按规定路线行驶，勿在居民区和人口稠密区停留。铁路运输时要禁止溜放。严禁用木船、水泥船散装运输

第十五部分 法规信息

下列法律、法规、规章和标准，对该化学品的管理作了相应的规定。

中华人民共和国职业病防治法 职业病分类和目录：未列入

危险化学品安全管理条例 危险化学品目录：列入。易制爆危险化学品名录：未列入。重点监管的危险化学品名录：未列入。GB 18218—2009《危险化学品重大危险源辨识》（表 1）：未列入

使用有毒物品作业场所劳动保护条例 高毒物品目录：未列入

易制毒化学品管理条例 易制毒化学品的分类和品种目录：未列入

国际公约 斯德哥尔摩公约：未列入。鹿特丹公约：未列入。蒙特利尔议定书：未列入

第十六部分 其他信息

编写和修订信息 **缩略语和首字母缩写**

培训建议 **参考文献**

免责声明

铍　粉

第一部分 化学品标识

化学品中文名 铍粉

化学品英文名 beryllium; powder

分子式 Be **相对分子质量** 9.01

化学品的推荐及限制用途 用作宇航工程结构材料，用于核反应堆、X射线管制造、合金制造等

第二部分 危险性概述

紧急情况概述 吞咽会中毒，吸入致命，可能导致皮肤过敏反应

GHS 危险性类别 急性毒性-经口，类别 3；急性毒性-吸入，类别 2；皮肤腐蚀/刺激，类别 2；严重眼损伤/眼刺激，类别 2 皮肤致敏物，类别 1；致癌性，类别 1A；特异性靶器官毒性-一次接触，类别 3（呼吸道刺激）；特异性靶器官毒性-反复接触，类别 1

标签要素

象形图 

警示词 危险

危险性说明 吞咽会中毒，吸入致命，造成皮肤刺激，造成严重眼刺激，可能导致皮肤过敏反应，可能致癌，可能引起呼吸道刺激，长时间或反复接触对器官造成损伤

防范说明

预防措施 避免接触眼睛、皮肤，操作后彻底清洗。作业场所不得进食、饮水或吸烟。避免吸入粉尘。仅在室外或通风良好处操作。戴呼吸防护器具。避免接触眼睛、皮肤，操作后彻底清洗。戴防护手套、防护眼镜、防护面罩。污染的工作服不得带出工作场所。得到专门指导后操作。在阅读并了解所有安全预防措施之前，切勿操作。按要求使用个体防护装备

事故响应 如吸入：将患者转移到空气新鲜处，休息，保持利于呼吸的体位，立即呼叫中毒控制中心或就医。皮肤接触：用大量肥皂水和水清洗。脱去被污染的衣服，洗净后方可重新使用。如出现皮肤刺激或皮疹：就医。如接触眼睛：用水细心冲洗数分钟。如戴隐形眼镜并可方便地取出，取出隐形眼镜继续冲洗。如果眼睛刺激持续：就医。食入：漱口，立即呼叫中毒控制中心或就医。如果接触或有担心，就医。如感觉不适，就医

安全储存 在通风良好处储存。保持容器密闭。上锁保管

废弃处置 本品及内装物、容器依据国家和地方法规处置

物理和化学危险 超细铍粉接触空气时易自燃

健康危害 短期大量接触可引起急性铍病，主要表现为急性化学性支气管炎或肺炎。肝脏往往肿大，有压痛，甚至出现黄疸。长期接触小量铍可发生慢性铍病。除无力、消瘦、食欲不振外，常有胸闷、胸痛、气短和咳嗽。X 线肺部检查分三型：颗粒型、网织型和结节型。晚期可发生右心衰竭。皮肤病变有皮炎、溃疡及皮肤肉芽肿

环境危害 对环境可能有害

第三部分 成分/组成信息

√物质　　　　混合物

组分	浓度	CAS No.
铍		7440-41-7

第四部分 急救措施

吸入 迅速脱离现场至空气新鲜处。保持呼吸道通畅。如

呼吸困难，给输氧。如呼吸、心跳停止，立即进行心肺复苏术。就医

皮肤接触 立即脱去污染的衣着，用流动清水彻底冲洗。就医

眼睛接触 立即分开眼睑，用流动清水或生理盐水彻底冲洗。就医

食入 漱口，饮水。就医

对保护施救者的忠告 根据需要使用个人防护设备

对医生的特别提示 对症处理

第五部分 消防措施

灭火剂 用二氧化碳、砂土灭火

特别危险性 微细粉末遇强酸反应，放出氢气。与四氯化碳混合遇火花或明火能燃烧。能与锂、磷剧烈反应。细小的铍粉和尘埃能与空气形成爆炸性混合物，易燃的程度与粒子大小有关，超细铍粉接触空气时易自燃。燃烧生成有害的氧化铍

灭火注意事项及防护措施 消防人员必须佩戴空气呼吸器、穿全身防火防毒服，在上风向灭火。尽可能将容器从火场移至空旷处。喷水保持火场容器冷却，直至灭火结束

第六部分 泄漏应急处理

作业人员防护措施、防护装备和应急处置程序 消除所有点火源。隔离泄漏污染区，限制出入。建议应急处理人员戴防尘口罩，穿防毒、防静电服，戴橡胶手套。穿上适当的防护服前严禁接触破裂的容器和泄漏物。用塑料布覆盖泄漏物，减少飞散，避免雨淋

环境保护措施 无资料

泄漏化学品的收容、清除方法及所使用的处置材料 用洁净的无火花工具收集泄漏物，置于一盖子较松的塑料容器中，待处置

第七部分 操作处置与储存

操作注意事项 密闭操作，局部排风。操作人员必须经过专门培训，严格遵守操作规程。建议操作人员佩戴头罩型电动送风过滤式防尘呼吸器，穿连衣式防毒衣，戴橡胶手套。远离火种、热源。工作场所严禁吸烟。使用防爆型的通风系统和设备。避免与酸类、碱类、卤素接触。搬运时要轻装轻卸，防止包装及容器损坏。配备相应品种和数量的消防器材及泄漏应急处理设备。倒空的容器可能残留有害物

储存注意事项 储存于阴凉、通风的库房。远离火种、热源。包装密封。应与酸类、碱类、卤素、食用化学品分开存放，切忌混储。采用防爆型照明、通风设施。禁止使用易产生火花的机械设备和工具。储区应备有合适的材料收容泄漏物

第八部分 接触控制/个体防护

职业接触限值

中国 PC-TWA：0.0005mg/m^3；PC-STEL：0.001mg/m^3 [G1]

美国(ACGIH) TLV-TWA：0.00005mg/m^3 [皮] [敏]

生物接触限值 未制定标准

监测方法 空气中有毒物质测定方法：桑色素荧光分光光度法。生物监测检验方法：未制定标准

工程控制 密闭操作，局部排风。最好采用湿式操作。提供安全的淋浴和洗眼设备

个体防护装备

呼吸系统防护 可能接触其粉尘时，作业人员应该佩戴过滤式防尘呼吸器。必要时佩戴空气呼吸器

眼睛防护 戴化学安全防护眼镜

皮肤和身体防护 穿连衣式防毒衣

手防护 戴橡胶手套

第九部分 理化特性

外观与性状 钢灰色轻金属，质硬而有展性

pH 值 无意义　　**熔点(℃)** 1287

沸点(℃) 2970　　**相对密度(水=1)** 1.85

相对蒸气密度(空气=1) 无资料

饱和蒸气压(kPa) 无资料

燃烧热(kJ/mol) 无资料　　**临界温度(℃)** 无资料

临界压力(MPa) 4.78　　**辛醇/水分配系数** −0.57

闪点(℃) 无意义　　**自燃温度(℃)** 649

爆炸下限(%) 无资料　　**爆炸上限(%)** 无资料

分解温度(℃) 无资料

黏度(mPa·s) 无资料

溶解性 不溶于冷水，微溶于热水，溶于稀盐酸、稀硫酸

第十部分 稳定性和反应性

稳定性 稳定

危险反应 与酸类、碱、卤素、强氧化剂等禁配物发生反应

避免接触的条件 空气

禁配物 酸类、碱、卤素、酰基氯

危险的分解产物 无意义

第十一部分 毒理学信息

急性毒性 LD_{50}：496mg/kg (大鼠静脉)

皮肤刺激或腐蚀 无资料　**眼睛刺激或腐蚀** 无资料

呼吸或皮肤过敏 无资料

生殖细胞突变性 DNA 加合物：大肠杆菌 30μmol/L。DNA 加合物：人 HeLa 细胞 30μmol/L

致癌性 IARC 致癌性评论：组 1，确认人类致癌物。对人类致癌性证据充分

生殖毒性 无资料

特异性靶器官系统毒性-一次接触 无资料

特异性靶器官系统毒性-反复接触 无资料

吸入危害 无资料

第十二部分 生态学信息

生态毒性 无资料

持久性和降解性

生物降解性 无资料

非生物降解性 无资料

潜在的生物累积性　无资料

土壤中的迁移性　无资料

第十三部分　废弃处置

废弃化学品　经焚烧炉和灰尘收集设备后，转化为惰性的氧化物进行填埋

污染包装物　将容器返还生产商或按照国家和地方法规处置

废弃注意事项　处置前应参阅国家和地方有关法规

第十四部分　运输信息

联合国危险货物编号（UN号）　1567

联合国运输名称　铍粉

联合国危险性类别　6.1，4.1　　**包装类别**　Ⅱ类包装

包装标志

海洋污染物　否

运输注意事项　运输前应先检查包装容器是否完整、密封，运输过程中要确保容器不泄漏、不倒塌、不坠落、不损坏。严禁与酸类、氧化剂、食品及食品添加剂混运。运输时运输车辆应配备相应品种和数量的消防器材及泄漏应急处理设备。运输途中应防曝晒、雨淋，防高温

第十五部分　法规信息

下列法律、法规、规章和标准，对该化学品的管理作了相应的规定。

中华人民共和国职业病防治法　职业病分类和目录：铍病

危险化学品安全管理条例　危险化学品目录：列入。易制爆危险化学品名录：未列入。重点监管的危险化学品名录：未列入。GB 18218—2009《危险化学品重大危险源辨识》（表1）：未列入

使用有毒物品作业场所劳动保护条例　高毒物品目录：列入

易制毒化学品管理条例　易制毒化学品的分类和品种目录：未列入

国际公约　斯德哥尔摩公约：未列入。鹿特丹公约：未列入。蒙特利尔议定书：未列入

第十六部分　其他信息

编写和修订信息　　**缩略语和首字母缩写**

培训建议　　**参考文献**

免责声明

汽油［闪点＜－18℃］

第一部分　化学品标识

化学品中文名　汽油［闪点＜－18℃］

化学品英文名　gasoline；petrol

化学品的推荐及限制用途　主要用作汽油机的燃料，可用于橡胶、制鞋、印刷、制革、颜料等行业，也可用作机械零件的去污剂

第二部分　危险性概述

紧急情况概述　高度易燃液体和蒸气，吞咽及进入呼吸道可能致命

GHS危险性类别　易燃液体，类别2；生殖细胞致突变性，类别1B；致癌性，类别2；吸入危害，类别1；危害水生环境-急性危害，类别2；危害水生环境-长期危害，类别2

标签要素

象形图

警示词　危险

危险性说明　高度易燃液体和蒸气，可造成遗传性缺陷，怀疑致癌，吞咽及进入呼吸道可能致命，对水生生物有毒并具有长期持续影响

防范说明

预防措施　远离热源、火花、明火、热表面。禁止吸烟。保持容器密闭。容器和接收设备接地连接。使用防爆电器、通风、照明设备。只能使用不产生火花的工具。采取防止静电措施。戴防护手套、防护眼镜、防护面罩。得到专门指导后操作。在阅读并了解所有安全预防措施之前，切勿操作。按要求使用个体防护装备。禁止排入环境

事故响应　火灾时，使用泡沫、干粉、二氧化碳灭火。如皮肤（或头发）接触：立即脱掉所有被污染的衣服，用水冲洗皮肤，淋浴。如果食入：不要催吐，立即呼叫中毒控制中心或就医。如果接触或有担心，就医。收集泄漏物

安全储存　存放在通风良好的地方。保持低温。上锁保管

废弃处置　本品及内装物、容器依据国家和地方法规处置

物理和化学危险　高度易燃，其蒸气与空气混合，能形成爆炸性混合物

健康危害　汽油为麻醉性毒物，急性汽油中毒主要引起中枢神经系统和呼吸系统损害

急性中毒　吸入汽油蒸气后，轻度中毒出现头痛、头晕、恶心、呕吐、步态不稳、视力模糊、烦躁、哭笑无常、兴奋不安、轻度意识障碍等。重度中毒出现中度或重度意识障碍、化学性肺炎、反射性呼吸停止。汽油液体被吸入呼吸道后引起吸入性肺炎，出现剧烈咳嗽、胸痛、咯血、发热、呼吸困难、紫绀。如汽油液体进入消化道，表现为频繁呕吐、胸骨后灼热感、腹痛、腹泻、肝脏肿大及压痛。皮肤浸泡或浸渍于汽油时间较长后，受浸皮肤出现水疱、表皮破碎脱落，呈浅Ⅱ度灼伤。个别敏感者可发生急性皮炎

慢性中毒　表现为神经衰弱综合征、植物神经功能紊乱、周围神经病。严重中毒出现中毒性脑病、中毒性精神病、类精神分裂症、中毒性周围神经病所致肢体瘫痪。可引起肾脏损害。长期接触汽油可引起血中白细胞等血细胞的减少，其原因是由于汽油内苯含较高，其临床表现同慢性苯中毒。皮肤损害可见皮肤干燥、皲裂、角化、毛囊炎、慢性湿疹、指甲变厚和凹陷。严重者可引起剥脱性皮炎

环境危害　对水生生物有毒并具有长期持续影响

第三部分　成分/组成信息

√物质　　混合物

组分	浓度	CAS No.
汽油	无资料	8006-61-9

第四部分　急救措施

吸入　迅速脱离现场至空气新鲜处。保持呼吸道通畅。如呼吸困难，给输氧。如呼吸、心跳停止，立即进行心肺复苏术。就医

皮肤接触　立即脱去污染的衣着，用流动清水彻底冲洗。就医

眼睛接触　立即分开眼睑，用流动清水或生理盐水彻底冲洗。就医

食入　漱口，饮水。禁止催吐。就医

对保护施救者的忠告　根据需要使用个人防护设备

对医生的特别提示　对症处理

第五部分　消防措施

灭火剂　用泡沫、干粉、二氧化碳灭火

特别危险性　与氧化剂能发生强烈反应。蒸气比空气重，沿地面扩散并易积存于低洼处，遇火源会着火回燃。燃烧生成有害的一氧化碳

灭火注意事项及防护措施　消防人员必须佩戴空气呼吸器、穿全身防火防毒服，在上风向灭火。喷水冷却容器，尽可能将容器从火场移至空旷处。容器突然发出异常声音或出现异常现象，应立即撤离

第六部分　泄漏应急处理

作业人员防护措施、防护装备和应急处置程序　消除所有点火源。根据液体流动和蒸气扩散的影响区域划定警戒区，无关人员从侧风、上风向撤离至安全区。建议应急处理人员戴正压自给式呼吸器，穿防毒、防静电服，戴橡胶耐油手套。作业时使用的所有设备应接地。禁止接触或跨越泄漏物

环境保护措施　尽可能切断泄漏源。防止泄漏物进入水体、下水道、地下室或有限空间

泄漏化学品的收容、清除方法及所使用的处置材料　小量泄漏：用砂土或其他不燃材料吸收，使用洁净的无火花工具收集吸收材料。大量泄漏：构筑围堤或挖坑收容。用泡沫覆盖，减少蒸发。喷水雾能减少蒸发，但不能降低泄漏物在有限空间内的易燃性。用防爆泵转移至槽车或专用收集器内

第七部分　操作处置与储存

操作注意事项　密闭操作，全面通风。操作人员必须经过专门培训，严格遵守操作规程。建议操作人员穿防静电工作服，戴橡胶耐油手套。远离火种、热源。工作场所严禁吸烟。使用防爆型的通风系统和设备。防止蒸气泄漏到工作场所空气中。避免与氧化剂接触。灌装时应控制流速，且有接地装置，防止静电积聚。搬运时要轻装轻卸，防止包装及容器损坏。配备相应品种和数量的消防器材及泄漏应急处理设备

储存注意事项　用储罐、铁桶等容器盛装，盛装时，切不可充满，要留出必要的安全空间。桶装汽油储存于阴凉、通风的库房。远离火种、热源，炎热季节应采取喷淋、通风等降温措施。库温不宜超过29℃，保持容器密封。应与氧化剂分开存放，切忌混储。采用防爆型照明、通风设施。禁止使用易产生火花的机械设备和工具。储区应备有泄漏应急处理设备和合适的收容材料。罐储时要有防火防爆技术措施。充装时流速不超过3m/s，且有接地装置，防止静电积聚

第八部分　接触控制/个体防护

职业接触限值

中国　PC-TWA：300mg/m^3（溶剂汽油）

美国(ACGIH)　TLV-TWA：300ppm；TLV-STEL：500ppm

生物接触限值　未制定标准

监测方法　空气中有毒物质测定方法：热解吸-气相色谱法；直接进样-气相色谱法。生物监测检验方法：未制定标准

工程控制　生产过程密闭，全面通风

个体防护装备

呼吸系统防护　一般不需要特殊防护，高浓度接触时可佩戴过滤式防毒面具（半面罩）

眼睛防护　一般不需要特殊防护，高浓度接触时可戴化学安全防护眼镜

皮肤和身体防护　穿防静电工作服

手防护　戴橡胶耐油手套

第九部分　理化特性

外观与性状　无色或浅黄色透明液体，易挥发，具有典型的石油烃气味

pH值　无资料　　**熔点(℃)**　－90.5～－95.4

沸点(℃)　25～220

相对密度(水＝1)　0.70～0.80

相对蒸气密度(空气＝1)　3～4

饱和蒸气压(kPa)　40.5～91.2（37.8℃）

燃烧热(kJ/mol)　无资料　　**临界温度(℃)**　无资料

临界压力(MPa)　无资料　　**辛醇/水分配系数**　2～7

闪点(℃)　－58～10　　**自燃温度(℃)**　250～530

爆炸下限(%)　1.3　　**爆炸上限(%)**　7.6

分解温度(℃)　无资料

黏度(mPa·s) 无资料

溶解性 不溶于水，易溶于苯、二硫化碳、乙醇、脂肪、乙醚、氯仿等

第十部分 稳定性和反应性

稳定性 稳定

危险反应 与强氧化剂等禁配物接触，有发生火灾和爆炸的危险

避免接触的条件 无资料

禁配物 强氧化剂、强酸、强碱、卤素

危险的分解产物 无资料

第十一部分 毒理学信息

急性毒性

LD_{50} 67000mg/kg（120号溶剂汽油）（小鼠经口）

LC_{50} 103000mg/m^3（120号溶剂汽油）（小鼠吸入，2h）

皮肤刺激或腐蚀 无资料

眼睛刺激或腐蚀 人经眼：140ppm（8h），轻度刺激

呼吸或皮肤过敏 无资料 **生殖细胞突变性** 无资料

致癌性 IARC致癌性评论：组2B，可疑人类致癌物。对人类致癌性证据有限，对动物致癌性证据不充分

生殖毒性 无资料

特异性靶器官系统毒性-一次接触 无资料

特异性靶器官系统毒性-反复接触 大鼠吸入3g/m^3，每天12～24h，78d（120号溶剂汽油），未见中毒症状。大鼠吸入2500mg/m^3，130号催化裂解汽油，每天4h，每周6d，8周，体力活动能力降低，神经系统发生机能性改变

吸入危害 无资料

第十二部分 生态学信息

生态毒性

LC_{50} 11～16mg/L（96h）（虹鳟鱼，静态）

EC_{50} 7.6～12mg/L（48h）（水蚤）

持久性和降解性

生物降解性 无资料

非生物降解性 无资料

潜在的生物累积性 无资料

土壤中的迁移性 无资料

第十三部分 废弃处置

废弃化学品 用焚烧法处置

污染包装物 将容器返还生产商或按照国家和地方法规处置

废弃注意事项 处置前应参阅国家和地方有关法规

第十四部分 运输信息

联合国危险货物编号（UN号） 1203

联合国运输名称 汽油

联合国危险性类别 3 **包装类别** Ⅱ类包装

包装标志 

海洋污染物 否

运输注意事项 本品铁路运输时限使用钢制企业自备罐车装运，装运前需报有关部门批准。运输时运输车辆应配备相应品种和数量的消防器材及泄漏应急处理设备。夏季最好早晚运输。运输时所用的槽（罐）车应有接地链，槽内可设孔隔板以减少震荡产生的静电。严禁与氧化剂等混装混运。运输途中应防曝晒、雨淋，防高温。中途停留时应远离火种、热源、高温区。装运该物品的车辆排气管必须配备阻火装置，禁止使用易产生火花的机械设备和工具装卸。公路运输时要按规定路线行驶，勿在居民区和人口稠密区停留。铁路运输时要禁止溜放。严禁用木船、水泥船散装运输

第十五部分 法规信息

下列法律、法规、规章和标准，对该化学品的管理作了相应的规定。

中华人民共和国职业病防治法 职业病分类和目录：汽油中毒

危险化学品安全管理条例 危险化学品目录：列入。易制爆危险化学品名录：未列入。重点监管的危险化学品名录：列入。GB 18218—2009《危险化学品重大危险源辨识》（表1）：列入。类别：易燃液体，临界量（t）：500

使用有毒物品作业场所劳动保护条例 高毒物品目录：未列入

易制毒化学品管理条例 易制毒化学品的分类和品种目录：未列入

国际公约 斯德哥尔摩公约：未列入。鹿特丹公约：未列入。蒙特利尔议定书：未列入

第十六部分 其他信息

编写和修订信息 **缩略语和首字母缩写**

培训建议 **参考文献**

免责声明

氢［压缩的］

第一部分 化学品标识

化学品中文名 氢［压缩的］；氢气

化学品英文名 hydrogen (compressed)

分子式 H_2 **相对分子质量** 2.02

结构式 H—H

化学品的推荐及限制用途 用于合成氨和甲醇，石油精制，有机物氢化及用作火箭燃料等

第二部分 危险性概述

紧急情况概述 极易燃气体，内装加压气体：遇热可能爆炸

GHS危险性类别 易燃气体，类别1；加压气体

标签要素

象形图 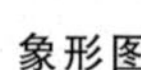 

警示词　危险

危险性说明　极易燃气体，内装加压气体：遇热可能爆炸

防范说明

预防措施　远离热源、火花、明火、热表面。禁止吸烟

事故响应　漏气着火：切勿灭火，除非漏气能够安全地制止。如果没有危险，消除一切点火源

安全储存　防日晒。存放在通风良好的地方

废弃处置　-

物理和化学危险　极易燃，与空气混合能形成爆炸性混合物

健康危害　本品在生理学上是惰性气体，仅在高浓度时，由于空气中氧分压降低才引起窒息。在很高的分压下，氢气可呈现出麻醉作用。缺氧性窒息发生后，轻者表现为心悸、气促、头昏、头痛、无力、眩晕、恶心、呕吐、耳鸣、视力模糊、思维判断能力下降等缺氧表现。重者除表现为上述症状外，很快发生精神错乱、意识障碍，甚至呼吸、循环衰竭。液氢可引起冻伤

环境危害　无环境危害

第三部分　成分/组成信息

√物质		混合物
组分	**浓度**	**CAS No.**
氢		1333-74-0

第四部分　急救措施

吸入　迅速脱离现场至空气新鲜处。保持呼吸道通畅。如呼吸困难，给输氧。如呼吸、心跳停止，立即进行心肺复苏术。就医

皮肤接触　如发生冻伤，用温水（38～42℃）复温，忌用热水或辐射热，不要揉搓。就医

对保护施救者的忠告　根据需要使用个人防护设备

对医生的特别提示　对症处理

第五部分　消防措施

灭火剂　用雾状水、泡沫、二氧化碳、干粉灭火

特别危险性　气体比空气轻，在室内使用和储存时，漏气上升滞留屋顶不易排出，遇火星会引起爆炸。氢气与氟、氯、溴等卤素会发生剧烈反应

灭火注意事项及防护措施　切断气源。若不能切断气源，则不允许熄灭泄漏处的火焰。消防人员必须佩戴空气呼吸器、穿全身防火防毒服，在上风向灭火。尽可能将容器从火场移至空旷处。喷水保持火场容器冷却，直至灭火结束

第六部分　泄漏应急处理

作业人员防护措施、防护装备和应急处置程序　消除所有点火源。根据气体扩散的影响区域划定警戒区，无关人员从侧风、上风向撤离至安全区。建议应急处理人员戴正压自给式呼吸器，穿防静电服。作业时使用的所有设备应接地。尽可能切断泄漏源。喷雾状水抑制蒸气或改变蒸气云流向

环境保护措施　防止气体通过下水道、通风系统和有限空间扩散

泄漏化学品的收容、清除方法及所使用的处置材料　隔离泄漏区直至气体散尽

第七部分　操作处置与储存

操作注意事项　密闭操作，加强通风。操作人员必须经过专门培训，严格遵守操作规程。建议操作人员穿防静电工作服。远离火种、热源，工作场所严禁吸烟。使用防爆型的通风系统和设备。防止气体泄漏到工作场所空气中。避免与氧化剂、卤素接触。在传送过程中，钢瓶和容器必须接地和跨接，防止产生静电。搬运时轻装轻卸，防止钢瓶及附件破损。配备相应品种和数量的消防器材及泄漏应急处理设备

储存注意事项　储存于阴凉、通风的易燃气体专用库房。远离火种、热源。库温不宜超过 30℃。应与氧化剂、卤素分开存放，切忌混储。采用防爆型照明、通风设施。禁止使用易产生火花的机械设备和工具。储区应备有泄漏应急处理设备

第八部分　接触控制/个体防护

职业接触限值

中国　未制定标准

美国(ACGIH)　未制定标准

生物接触限值　未制定标准

监测方法　空气中有毒物质测定方法：未制定标准。生物监测检验方法：未制定标准

工程控制　生产过程密闭，全面通风

个体防护装备

呼吸系统防护　一般不需要特殊防护，高浓度接触时可佩戴空气呼吸器

眼睛防护　一般不需特殊防护

皮肤和身体防护　穿防静电工作服

手防护　戴一般作业防护手套

第九部分　理化特性

外观与性状　无色无味气体

pH 值　无意义　　**熔点(℃)**　−259.2

沸点(℃)　−252.8

相对密度(水=1)　0.07（−252℃）

相对蒸气密度(空气=1)　0.07

饱和蒸气压(kPa)　13.33（−257.9℃）

燃烧热(kJ/mol)　−241.0　　**临界温度(℃)**　−240

临界压力(MPa)　1.30　　**辛醇/水分配系数**　−0.45

闪点(℃)　无意义　　**自燃温度(℃)**　500～571

爆炸下限(%)　4.1　　**爆炸上限(%)**　75

分解温度(℃)　无资料

黏度(mPa·s) 无资料

溶解性 不溶于水，微溶于乙醇、乙醚

第十部分 稳定性和反应性

稳定性 稳定

危险反应 与强氧化剂、卤素等禁配物接触，有发生火灾和爆炸的危险

避免接触的条件 无资料

禁配物 强氧化剂、卤素

危险的分解产物 无意义

第十一部分 毒理学信息

急性毒性 无资料 **皮肤刺激或腐蚀** 无资料

眼睛刺激或腐蚀 无资料 **呼吸或皮肤过敏** 无资料

生殖细胞突变性 无资料 **致癌性** 无资料

生殖毒性 无资料

特异性靶器官系统毒性-一次接触 无资料

特异性靶器官系统毒性-反复接触 无资料

吸入危害 无资料

第十二部分 生态学信息

生态毒性 无资料

持久性和降解性

生物降解性 无资料

非生物降解性 无资料

潜在的生物累积性 无资料

土壤中的迁移性 无资料

第十三部分 废弃处置

废弃化学品 根据国家和地方有关法规的要求处置。或与制造商联系，确定处置方法

污染包装物 将容器返还生产商或按照国家和地方法规处置

废弃注意事项 把空容器归还厂商

第十四部分 运输信息

联合国危险货物编号（UN号） 1049（压缩）；1699（冷冻液化）

联合国运输名称 压缩氢（压缩）；冷冻液态氢（冷冻液化）

联合国危险性类别 2.1 **包装类别** -

包装标志  **海洋污染物** 否

运输注意事项 采用钢瓶运输时必须戴好钢瓶上的安全帽。钢瓶一般平放，并应将瓶口朝同一方向，不可交叉；高度不得超过车辆的防护栏板，并用三角木垫卡牢，防止滚动。运输时运输车辆应配备相应品种和数量的消防器材。装运该物品的车辆排气管必须配备阻火装置，禁止使用易产生火花的机械设备和工具装卸。严禁与氧化剂、卤素等混装混运。夏季应早晚运输，防止日光曝晒。中途停留时应远离火种、热源。公路运输时要按规定路线行驶，勿在居民区和人口稠密区停留。铁路运输时要禁止溜放

第十五部分 法规信息

下列法律、法规、规章和标准，对该化学品的管理作了相应的规定。

中华人民共和国职业病防治法 职业病分类和目录：未列入

危险化学品安全管理条例 危险化学品目录：列入。易制爆危险化学品名录：未列入。重点监管的危险化学品名录：列入。GB 18218—2009《危险化学品重大危险源辨识》(表1)：列入。类别：易燃气体，临界量(t)：5

使用有毒物品作业场所劳动保护条例 高毒物品目录：未列入

易制毒化学品管理条例 易制毒化学品的分类和品种目录：未列入

国际公约 斯德哥尔摩公约：未列入。鹿特丹公约：未列入。蒙特利尔议定书：未列入

第十六部分 其他信息

编写和修订信息 **缩略语和首字母缩写**

培训建议 **参考文献**

免责声明

氢碘酸

第一部分 化学品标识

化学品中文名 氢碘酸；碘化氢溶液

化学品英文名 hydroiodic acid

分子式 HI **相对分子质量** 127.91

结构式 H—I

化学品的推荐及限制用途 用作还原剂，也用于合成碘烷及其他碘化物

第二部分 危险性概述

紧急情况概述 造成严重的皮肤灼伤和眼损伤

GHS危险性类别 皮肤腐蚀/刺激，类别1B；严重眼损伤/眼刺激，类别1

标签要素

象形图 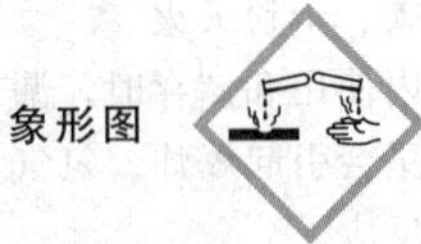

警示词 危险

危险性说明 造成严重的皮肤灼伤和眼损伤，造成严重眼损伤

防范说明

预防措施 避免吸入烟雾。避免接触眼睛、皮肤，操作后彻底清洗。戴防护手套，穿防护服，戴防护眼镜、防护面罩

事故响应 如吸入：将患者转移到空气新鲜处，休

息，保持利于呼吸的体位，立即呼叫中毒控制中心或就医。皮肤（或头发）接触：立即脱掉所有被污染的衣服，用水冲洗皮肤，淋浴。污染的衣服须洗净后方可重新使用。眼睛接触：用水细心地冲洗数分钟。如戴隐形眼镜并可方便地取出，则取出隐形眼镜继续冲洗。食入：漱口。不要催吐

安全储存　上锁保管

废弃处置　本品及内装物、容器依据国家和地方法规处置

物理和化学危险　不燃，无特殊燃爆特性

健康危害　有强腐蚀作用。其蒸气或烟雾对眼睛、皮肤、黏膜和呼吸道有强烈的刺激作用

环境危害　对环境可能有害

第三部分　成分/组成信息

√物质　　混合物

组分	浓度	CAS No.
氢碘酸		10034-85-2

第四部分　急救措施

吸入　迅速脱离现场至空气新鲜处。保持呼吸道通畅。如呼吸困难，给输氧。如呼吸、心跳停止，立即进行心肺复苏术。就医

皮肤接触　立即脱去污染的衣着，用大量流动清水彻底冲洗至少15min。就医

眼睛接触　立即分开眼睑，用流动清水或生理盐水彻底冲洗至少15min。就医

食入　用水漱口，禁止催吐。给饮牛奶或蛋清。就医

对保护施救者的忠告　根据需要使用个人防护设备

对医生的特别提示　对症处理

第五部分　消防措施

灭火剂　本品不燃。根据着火原因选择适当灭火剂灭火

特别危险性　与氟、钾、硝酸、氯酸钾等发生剧烈反应。对大多数金属有强腐蚀性

灭火注意事项及防护措施　消防人员必须穿全身耐酸碱消防服、佩戴空气呼吸器灭火。尽可能将容器从火场移至空旷处。喷水保持火场容器冷却，直至灭火结束。容器突然发出异常声音或出现异常现象，应立即撤离

第六部分　泄漏应急处理

作业人员防护措施、防护装备和应急处置程序　根据液体流动和蒸气扩散的影响区域划定警戒区，无关人员从侧风、上风向撤离至安全区。建议应急处理人员戴正压自给式呼吸器，穿防腐蚀、防毒服，戴橡胶耐酸碱手套。穿上适当的防护服前严禁接触破裂的容器和泄漏物。尽可能切断泄漏源

环境保护措施　防止泄漏物进入水体、下水道、地下室或有限空间

泄漏化学品的收容、清除方法及所使用的处置材料　小量泄漏：用干燥的砂土或其他不燃材料吸收或覆盖，收集于容器中。大量泄漏：构筑围堤或挖坑收容。用碎石灰石（$CaCO_3$）、苏打灰（Na_2CO_3）或石灰（CaO）中和。用耐腐蚀泵转移至槽车或专用收集器内

第七部分　操作处置与储存

操作注意事项　密闭操作，注意通风。操作尽可能机械化、自动化。操作人员必须经过专门培训，严格遵守操作规程。建议操作人员佩戴自吸过滤式防毒面具（全面罩），穿橡胶耐酸碱服，戴橡胶耐酸碱手套。防止蒸气泄漏到工作场所空气中。避免与氧化剂、碱类接触。搬运时要轻装轻卸，防止包装及容器损坏。配备泄漏应急处理设备。倒空的容器可能残留有害物

储存注意事项　储存于阴凉、通风的库房。远离火种、热源。库房温度不超过30℃，相对湿度不超过80%。包装要求密封，不可与空气接触。应与氧化剂、碱类等分开存放，切忌混储。储区应备有泄漏应急处理设备和合适的收容材料

第八部分　接触控制/个体防护

职业接触限值

中国　未制定标准

美国(ACGIH)　0.01ppm（可吸入性颗粒物和蒸气）

生物接触限值　未制定标准

监测方法　空气中有毒物质测定方法：碳酸氢钠溶液解吸-离子色谱法。生物监测检验方法：未制定标准

工程控制　密闭操作，注意通风。提供安全的淋浴和洗眼设备

个体防护装备

呼吸系统防护　可能接触其烟雾时，佩戴过滤式防毒面具（全面罩）或空气呼吸器。紧急事态抢救或撤离时，建议佩戴空气呼吸器

眼睛防护　呼吸系统防护中已作防护

皮肤和身体防护　穿橡胶耐酸碱服

手防护　戴橡胶耐酸碱手套

第九部分　理化特性

外观与性状　无色至浅黄色有刺激性臭味的液体，在空气中强烈发烟

pH值　1（0.1mol/L溶液）**熔点(℃)**　−50.8（纯品）

沸点(℃)　126.7（57%）

相对密度(水=1)　1.70（57%）

相对蒸气密度(空气=1)　无资料

饱和蒸气压(kPa)　无资料　**燃烧热(kJ/mol)**　无资料

临界温度(℃)　无资料　**临界压力(MPa)**　8.31

辛醇/水分配系数　无资料　**闪点(℃)**　无意义

自燃温度(℃)　无意义　**爆炸下限(%)**　无意义

爆炸上限(%)　无意义　**分解温度(℃)**　无资料

黏度(mPa·s)　无资料

溶解性　溶于水，溶于乙醇、乙醚

第十部分　稳定性和反应性

稳定性　稳定

危险反应 与强氧化剂、碱类、活性金属粉末等禁配物发生剧烈反应

避免接触的条件 光照、潮湿空气

禁配物 碱类、强氧化剂、氨、活性金属粉末、氟、钾、硝酸、氯酸钾等

危险的分解产物 碘化氢

第十一部分 毒理学信息

急性毒性 无资料 **皮肤刺激或腐蚀** 无资料

眼睛刺激或腐蚀 无资料 **呼吸或皮肤过敏** 无资料

生殖细胞突变性 无资料 **致癌性** 无资料

生殖毒性 无资料

特异性靶器官系统毒性-一次接触 无资料

特异性靶器官系统毒性-反复接触 无资料

吸入危害 无资料

第十二部分 生态学信息

生态毒性 无资料

持久性和降解性

生物降解性 无资料

非生物降解性 无资料

潜在的生物累积性 无资料

土壤中的迁移性 无资料

第十三部分 废弃处置

废弃化学品 中和、稀释后，排入废水系统

污染包装物 将容器返还生产商或按照国家和地方法规处置

废弃注意事项 处置前应参阅国家和地方有关法规

第十四部分 运输信息

联合国危险货物编号（UN 号） 1787

联合国运输名称 氢碘酸

联合国危险性类别 8 **包装类别** Ⅱ类包装

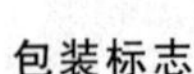

包装标志

海洋污染物 否

运输注意事项 起运时包装要完整，装载应稳妥。运输过程中要确保容器不泄漏、不倒塌、不坠落、不损坏。严禁与氧化剂、碱类、食用化学品等混装混运。运输时运输车辆应配备泄漏应急处理设备。运输途中应防曝晒、雨淋，防高温。公路运输时要按规定路线行驶，勿在居民区和人口稠密区停留

第十五部分 法规信息

下列法律、法规、规章和标准，对该化学品的管理作了相应的规定。

中华人民共和国职业病防治法 职业病分类和目录：未列入

危险化学品安全管理条例 危险化学品目录：列入。易制爆危险化学品名录：未列入。重点监管的危险化学品名录：未列入。GB 18218—2009《危险化学品重大危险源辨识》（表 1）：未列入

使用有毒物品作业场所劳动保护条例 高毒物品目录：未列入

易制毒化学品管理条例 易制毒化学品的分类和品种目录：未列入

国际公约 斯德哥尔摩公约：未列入。鹿特丹公约：未列入。蒙特利尔议定书：未列入

第十六部分 其他信息

编写和修订信息 **缩略语和首字母缩写**

培训建议 **参考文献**

免责声明

氢 氟 酸

第一部分 化学品标识

化学品中文名 氢氟酸；氟化氢溶液

化学品英文名 hydrofluoric acid；hydrogen fluoride solution

分子式 FH **相对分子质量** 20.01

结构式 H—F

化学品的推荐及限制用途 用作分析试剂，用于高纯氟化物的制备、玻璃蚀刻及电镀表面处理等

第二部分 危险性概述

紧急情况概述 吞咽致命，皮肤接触会致命，吸入致命，造成严重的皮肤灼伤和眼损伤

GHS 危险性类别 急性毒性-经口，类别 2；急性毒性-经皮，类别 1；急性毒性-吸入，类别 2；皮肤腐蚀/刺激，类别 1A；严重眼损伤/眼刺激，类别 1；危害水生环境-急性危害，类别 3

标签要素

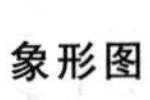

象形图

警示词 危险

危险性说明 吞咽致命，皮肤接触会致命，吸入致命，造成严重的皮肤灼伤和眼损伤，对水生生物有害

防范说明

预防措施 避免接触眼睛、皮肤或衣服，操作后彻底清洗。作业场所不得进食、饮水或吸烟。避免吸入蒸气、雾。仅在室外或通风良好处操作。戴呼吸防护器具。戴防护手套，穿防护服，戴防护眼镜、防护面罩。禁止排入环境

事故响应 如吸入：将患者转移到空气新鲜处，休息，保持利于呼吸的体位。皮肤接触：用大量肥皂水和水轻轻地清洗，立即脱去所有被污染的衣服。被污染的衣服须经洗净后方可重新使用。眼睛接触：用水细心地冲洗数分钟。如戴隐形眼镜并可方便地取出，则取出隐形眼镜继续冲洗。食入：漱口，不要催吐，立即呼叫中毒控制中心或就医

安全储存　在通风良好处储存。保持容器密闭。上锁保管

废弃处置　本品及内装物、容器依据国家和地方法规处置

物理和化学危险　不燃，无特殊燃爆特性

健康危害　对皮肤有强烈的腐蚀作用。灼伤初期皮肤潮红、干燥，创面苍白、坏死，继而呈紫黑色或灰黑色。深部灼伤或处理不当时，可形成难以愈合的深溃疡，损及骨膜和骨质。本品灼伤疼痛剧烈。眼接触高浓度本品可引起角膜穿孔。接触其蒸气，可发生支气管炎、肺炎等

慢性影响　眼和上呼吸道刺激症状，或有鼻衄、嗅觉减退。可有牙齿酸蚀症。骨骼 X 线异常与工业性氟病相比少见

环境危害　对水生生物有害

第三部分　成分/组成信息

√物质		混合物
组分	**浓度**	**CAS No.**
氢氟酸		7664-39-3

第四部分　急救措施

吸入　迅速脱离现场至空气新鲜处。保持呼吸道通畅。如呼吸困难，给输氧。如呼吸、心跳停止，立即进行心肺复苏术。就医

皮肤接触　立即脱去污染的衣着，用大量流动清水彻底冲洗至少 15min。就医

眼睛接触　立即分开眼睑，用流动清水或生理盐水彻底冲洗至少 15min。就医

食入　用水漱口，禁止催吐。给饮牛奶或蛋清。就医

对保护施救者的忠告　根据需要使用个人防护设备

对医生的特别提示　对症处理

第五部分　消防措施

灭火剂　本品不燃。根据着火原因选择适当灭火剂灭火

特别危险性　能与大多数金属反应，生成氢气而引起爆炸。遇 H 发泡剂立即燃烧。腐蚀性极强

灭火注意事项及防护措施　消防人员必须穿全身耐酸碱消防服、佩戴空气呼吸器灭火。尽可能将容器从火场移至空旷处。喷水保持火场容器冷却，直至灭火结束

第六部分　泄漏应急处理

作业人员防护措施、防护装备和应急处置程序　根据液体流动和蒸气扩散的影响区域划定警戒区，无关人员从侧风、上风向撤离至安全区。建议应急处理人员戴正压自给式呼吸器，穿防酸碱服，戴橡胶耐酸碱手套。作业时使用的所有设备应接地。穿上适当的防护服前严禁接触破裂的容器和泄漏物。喷雾状水抑制蒸气或改变蒸气云流向，避免水流接触泄漏物。勿使水进入包装容器内。尽可能切断泄漏源

环境保护措施　防止泄漏物进入水体、下水道、地下室或有限空间

泄漏化学品的收容、清除方法及所使用的处置材料　小量泄漏：可用干燥的砂土或其他不燃材料覆盖泄漏物。大量泄漏：构筑围堤或挖坑收容。用砂土、惰性物质或蛭石吸收大量液体。用石灰（CaO）、碎石灰石（$CaCO_3$）或碳酸氢钠（$NaHCO_3$）中和。用抗溶性泡沫覆盖，减少蒸发。用耐腐蚀泵转移至槽车或专用收集器内

第七部分　操作处置与储存

操作注意事项　密闭操作，注意通风。操作尽可能机械化、自动化。操作人员必须经过专门培训，严格遵守操作规程。建议操作人员佩戴自吸过滤式防毒面具（全面罩），穿橡胶耐酸碱服，戴橡胶耐酸碱手套。防止蒸气泄漏到工作场所空气中。避免与碱类、活性金属粉末、玻璃制品接触。搬运时要轻装轻卸，防止包装及容器损坏。配备泄漏应急处理设备。倒空的容器可能残留有害物

储存注意事项　储存于阴凉、通风的库房。远离火种、热源。库房温度不超过 30℃，相对湿度不超过 80%。保持容器密封。应与碱类、活性金属粉末、玻璃制品分开存放，切忌混储。储区应备有泄漏应急处理设备和合适的收容材料

第八部分　接触控制/个体防护

职业接触限值

中国　MAC：2mg/m^3［按 F 计］

美国(ACGIH)　TLV-TWA：0.5ppm；TLV-C：2ppm［按 F 计］

生物接触限值　尿氟：42mmol/mol 肌酐（7mg/g 肌酐）（采样时间：工作班后）

监测方法　空气中有毒物质测定方法：离子选择电极法。生物监测检验方法：尿中氟的离子选择电极测定方法

工程控制　密闭操作，注意通风。提供安全的淋浴和洗眼设备

个体防护装备

呼吸系统防护　可能接触其烟雾时，佩戴过滤式防毒面具（全面罩）或空气呼吸器。紧急事态抢救或撤离时，建议佩戴空气呼吸器

眼睛防护　呼吸系统防护中已作防护

皮肤和身体防护　穿橡胶耐酸碱服

手防护　戴橡胶耐酸碱手套

第九部分　理化特性

外观与性状　无色透明、有刺激性臭味的液体。商品为 40%的水溶液

pH 值　无资料　　**熔点(℃)**　−83.1（纯）

沸点(℃)　120（35.3%）

相对密度(水=1)　1.26（75%）

相对蒸气密度(空气=1)　1.27

饱和蒸气压(kPa)　无资料　　**燃烧热(kJ/mol)**　无资料

临界温度(℃)　无资料　　**临界压力(MPa)**　无资料

辛醇/水分配系数　0.23　　**闪点(℃)**　无意义

自燃温度(℃) 无意义 **爆炸下限(%)** 无意义
爆炸上限(%) 无意义 **分解温度(℃)** 无资料
黏度(mPa·s) 无资料
溶解性 与水混溶，溶于乙醇，微溶于乙醚

第十部分 稳定性和反应性

稳定性 稳定
危险反应 与强碱、玻璃等禁配物发生反应。与活性金属粉末反应放出易燃气体
避免接触的条件 无资料
禁配物 强碱、活性金属粉末、玻璃制品
危险的分解产物 氟化氢

第十一部分 毒理学信息

急性毒性 LC_{50}：$1044mg/m^3$（大鼠吸入）
皮肤刺激或腐蚀 大鼠经皮：50%（3min），重度刺激
眼睛刺激或腐蚀 人经眼：50mg，重度刺激
呼吸或皮肤过敏 无资料
生殖细胞突变性 DNA 损伤：黑腹蝇吸入 1300ppb（6 周）。性染色体缺失和不分离：黑腹果蝇吸入 2900ppb。细胞遗传学分析：大鼠吸入 $1mg/m^3$（每天 6h，24d）（间断性）
致癌性 无资料
生殖毒性 大鼠吸入最低中毒浓度（TCLo）：$4980\mu g/m^3$（4h）（孕 1～22d），引起死胎
特异性靶器官系统毒性-一次接触 无资料
特异性靶器官系统毒性-反复接触 家兔吸入 $33\sim41mg/m^3$，平均 $20mg/m^3$，经过 1～5.5 个月，出现黏膜刺激、消瘦、呼吸困难、血红蛋白减少、网织红细胞增多，部分动物死亡
吸入危害 无资料

第十二部分 生态学信息

生态毒性 无资料
持久性和降解性
生物降解性 无资料
非生物降解性 无资料
潜在的生物累积性 无资料
土壤中的迁移性 无资料

第十三部分 废弃处置

废弃化学品 用过量石灰水中和，析出的沉淀填埋处理或回收利用，上清液稀释后排入废水系统
污染包装物 将容器返还生产商或按照国家和地方法规处置
废弃注意事项 处置前应参阅国家和地方有关法规

第十四部分 运输信息

联合国危险货物编号(UN号) 1790
联合国运输名称 氢氟酸 **联合国危险性类别** 8
包装类别 Ⅰ（含氟化氢高于 60%）；Ⅱ类包装（含氟化氢不超过 60%）

包装标志  **海洋污染物** 否

运输注意事项 起运时包装要完整，装载应稳妥。运输过程中要确保容器不泄漏、不倒塌、不坠落、不损坏。严禁与碱类、活性金属粉末、玻璃制品、食用化学品等混装混运。运输时运输车辆应配备泄漏应急处理设备。运输途中应防曝晒、雨淋，防高温。公路运输时要按规定路线行驶，勿在居民区和人口稠密区停留

第十五部分 法规信息

下列法律、法规、规章和标准，对该化学品的管理作了相应的规定。
中华人民共和国职业病防治法 职业病分类和目录：氟及其无机化合物中毒
危险化学品安全管理条例 危险化学品目录：列入。易制爆危险化学品名录：未列入。重点监管的危险化学品名录：列入。GB 18218—2009《危险化学品重大危险源辨识》（表 1）：未列入
使用有毒物品作业场所劳动保护条例 高毒物品目录：列入
易制毒化学品管理条例 易制毒化学品的分类和品种目录：未列入
国际公约 斯德哥尔摩公约：未列入。鹿特丹公约：未列入。蒙特利尔议定书：未列入

第十六部分 其他信息

编写和修订信息 **缩略语和首字母缩写**
培训建议 **参考文献**
免责声明

氢 化 钙

第一部分 化学品标识

化学品中文名 氢化钙
化学品英文名 calcium hydride；calcium dihydride
分子式 CaH_2 **相对分子质量** 42.10
结构式 H—Ca—H
化学品的推荐及限制用途 用作还原剂、干燥剂、化学分析试剂等

第二部分 危险性概述

紧急情况概述 遇水放出可自燃的易燃气体
GHS 危险性类别 遇水放出易燃气体的物质和混合物，类别 1
标签要素
象形图 
警示词 危险
危险性说明 遇水放出可自燃的易燃气体

防范说明

预防措施　因与水发生剧烈反应和可能发生爆燃，应避免与水接触。在惰性气体中操作。防潮。戴防护手套、防护眼镜、防护面罩

事故响应　火灾时，使用干燥石墨粉、干燥白云石粉末、干砂将火焖熄。接触皮肤：擦掉皮肤上的微粒，将接触部位浸入冷水中、用湿绷带包扎

安全储存　在干燥处和密闭的容器中储存

废弃处置　本品及内装物、容器依据国家和地方法规处置

物理和化学危险　遇湿易燃

健康危害　本品对黏膜、呼吸道、眼和皮肤有强烈的刺激性

环境危害　对环境可能有害

第三部分　成分/组成信息

√物质　　混合物

组分	浓度	CAS No.
氢化钙		7789-78-8

第四部分　急救措施

吸入　迅速脱离现场至空气新鲜处。保持呼吸道通畅。如呼吸困难，给输氧。如呼吸、心跳停止，立即进行心肺复苏术。就医

皮肤接触　立即脱去污染的衣着，用流动清水彻底冲洗。就医

眼睛接触　立即分开眼睑，用流动清水或生理盐水彻底冲洗。就医

食入　漱口，饮水。就医

对保护施救者的忠告　根据需要使用个人防护设备

对医生的特别提示　对症处理

第五部分　消防措施

灭火剂　用干燥石墨粉、干燥白云石粉末、干砂将火焖熄

特别危险性　化学反应活性很高，遇潮气、水或酸类发生反应，放出氢气并能引起燃烧。与氧化剂、金属氧化物剧烈反应。遇湿气和水分生成氢氧化物，腐蚀性很强。燃烧生成有害的氧化钙

灭火注意事项及防护措施　消防人员必须佩戴空气呼吸器、穿全身防火防毒服，在上风向灭火。尽可能将容器从火场移至空旷处。喷水保持火场容器冷却，直至灭火结束。不可用水、泡沫、二氧化碳、卤代烃（如1211灭火剂）等灭火

第六部分　泄漏应急处理

作业人员防护措施、防护装备和应急处置程序　严禁用水处理。隔离泄漏污染区，限制出入。消除所有点火源。建议应急处理人员戴防尘口罩，穿防静电、防腐蚀服。禁止接触或跨越泄漏物。尽可能切断泄漏源。保持泄漏物干燥

环境保护措施　无资料

泄漏化学品的收容、清除方法及所使用的处置材料　小量泄漏：用干燥的砂土或其他不燃材料覆盖泄漏物，然后用塑料布覆盖，减少飞散、避免雨淋。粉末泄漏：用塑料布或帆布覆盖泄漏物，减少飞散，保持干燥。在专家指导下清除

第七部分　操作处置与储存

操作注意事项　严加密闭，提供充分的局部排风和全面通风。操作人员必须经过专门培训，严格遵守操作规程。建议操作人员佩戴头罩型电动送风过滤式防尘呼吸器，穿化学防护服，戴橡胶手套。远离火种、热源。工作场所严禁吸烟。使用防爆型的通风系统和设备。避免产生粉尘。避免与氧化剂、酸类、醇类、卤素接触。尤其要注意避免与水接触。在氮气中操作处置。搬运时要轻装轻卸，防止包装及容器损坏。配备相应品种和数量的消防器材及泄漏应急处理设备。倒空的容器可能残留有害物

储存注意事项　储存于阴凉、干燥、通风良好的专用库房内，远离火种、热源。库房温度不超过32℃，相对湿度不超过75%。包装必须密封，切勿受潮。应与氧化剂、酸类、醇类、卤素等分开存放，切忌混储。采用防爆型照明、通风设施。禁止使用易产生火花的机械设备和工具。储区应备有合适的材料收容泄漏物

第八部分　接触控制/个体防护

职业接触限值

中国　未制定标准

美国(ACGIH)　未制定标准

生物接触限值　未制定标准

监测方法　空气中有毒物质测定方法：未制定标准。生物监测检验方法：未制定标准

工程控制　严加密闭，提供充分的局部排风和全面通风。提供安全的淋浴和洗眼设备

个体防护装备

呼吸系统防护　可能接触毒物时，应该佩戴过滤式防尘呼吸器。必要时佩戴空气呼吸器

眼睛防护　戴化学安全防护眼镜

皮肤和身体防护　穿化学防护服

手防护　戴橡胶手套

第九部分　理化特性

外观与性状　灰白色结晶或块状，极易潮解

pH值　无意义　　**熔点(℃)**　675（分解）

沸点(℃)　分解　　**相对密度(水=1)**　1.7

相对蒸气密度(空气=1)　无资料

饱和蒸气压(kPa)　无资料

燃烧热(kJ/mol)　无资料　　**临界温度(℃)**　无资料

临界压力(MPa)　无资料　　**辛醇/水分配系数**　无资料

闪点(℃)　无意义　　**自燃温度(℃)**　>300

爆炸下限(%)　无资料　　**爆炸上限(%)**　无资料

分解温度(℃)　无资料

黏度(mPa·s)　无资料

溶解性　不溶于二硫化碳，微溶于浓酸

第十部分 稳定性和反应性

稳定性 稳定

危险反应 与强氧化剂、水等禁配物接触，有发生火灾和爆炸的危险

避免接触的条件 潮湿空气

禁配物 酸类、醇类、强氧化剂、水、酸酐、卤素、氧

危险的分解产物 氢气

第十一部分 毒理学信息

急性毒性 无资料 **皮肤刺激或腐蚀** 无资料

眼睛刺激或腐蚀 无资料 **呼吸或皮肤过敏** 无资料

生殖细胞突变性 无资料 **致癌性** 无资料

生殖毒性 无资料

特异性靶器官系统毒性-一次接触 无资料

特异性靶器官系统毒性-反复接触 无资料

吸入危害 无资料

第十二部分 生态学信息

生态毒性 无资料

持久性和降解性

生物降解性 无资料

非生物降解性 无资料

潜在的生物累积性 无资料

土壤中的迁移性 无资料

第十三部分 废弃处置

废弃化学品 逐渐加入无水异丙醇或无水正丁醇中，静置24h，经稀释后放入废水系统

污染包装物 将容器返还生产商或按照国家和地方法规处置

废弃注意事项 处置前应参阅国家和地方有关法规

第十四部分 运输信息

联合国危险货物编号(UN号) 1404

联合国运输名称 氢化钙

联合国危险性类别 4.3 **包装类别** Ⅰ类包装

包装标志  **海洋污染物** 否

运输注意事项 运输时运输车辆应配备相应品种和数量的消防器材及泄漏应急处理设备。装运本品的车辆排气管须有阻火装置。运输过程中要确保容器不泄漏、不倒塌、不坠落、不损坏。严禁与氧化剂、酸类、醇类、卤素、食用化学品等混装混运。运输途中应防曝晒、雨淋，防高温。中途停留时应远离火种、热源。运输用车、船必须干燥，并有良好的防雨设施。车辆运输完毕应进行彻底清扫。铁路运输时要禁止溜放

第十五部分 法规信息

下列法律、法规、规章和标准，对该化学品的管理作了相应的规定。

中华人民共和国职业病防治法 职业病分类和目录：未列入

危险化学品安全管理条例 危险化学品目录：列入。易制爆危险化学品名录：未列入。重点监管的危险化学品名录：未列入。GB 18218—2009《危险化学品重大危险源辨识》(表1)：未列入

使用有毒物品作业场所劳动保护条例 高毒物品目录：未列入

易制毒化学品管理条例 易制毒化学品的分类和品种目录：未列入

国际公约 斯德哥尔摩公约：未列入。鹿特丹公约：未列入。蒙特利尔议定书：未列入

第十六部分 其他信息

编写和修订信息 **缩略语和首字母缩写**

培训建议 **参考文献**

免责声明

氢 化 钾

第一部分 化学品标识

化学品中文名 氢化钾

化学品英文名 potassium hydride

分子式 HK **相对分子质量** 40.11

结构式 H—K

化学品的推荐及限制用途 用作有机合成的缩合剂及烷化剂

第二部分 危险性概述

紧急情况概述 遇水放出可自燃的易燃气体

GHS危险性类别 遇水放出易燃气体的物质和混合物，类别1

标签要素

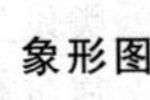

象形图 

警示词 危险

危险性说明 遇水放出可自燃的易燃气体

防范说明

预防措施 因与水发生剧烈反应和可能发生爆燃，应避免与水接触。在惰性气体中操作。防潮。戴防护手套、防护眼镜、防护面罩

事故响应 火灾时，使用干燥石墨粉、干燥白云石粉末、干砂将火焖熄。擦掉皮肤上的微粒，将接触部位浸入冷水中、用湿绷带包扎

安全储存 在干燥处和密闭的容器中储存

废弃处置 本品及内装物、容器依据国家和地方法规处置

物理和化学危险 接触空气易自燃。遇水剧烈反应，可引起燃烧或爆炸

健康危害 本品对黏膜、呼吸道、眼和皮肤有强烈的刺

激性

环境危害 对环境可能有害

第三部分 成分/组成信息

√物质		混合物
组分	**浓度**	**CAS No.**
氢化钾		7693-26-7

第四部分 急救措施

吸入 迅速脱离现场至空气新鲜处。保持呼吸道通畅。如呼吸困难，给输氧。如呼吸、心跳停止，立即进行心肺复苏术。就医

皮肤接触 立即脱去污染的衣着，用流动清水彻底冲洗。就医

眼睛接触 立即分开眼睑，用流动清水或生理盐水彻底冲洗。就医

食入 漱口，饮水。就医

对保护施救者的忠告 根据需要使用个人防护设备

对医生的特别提示 对症处理

第五部分 消防措施

灭火剂 用干燥石墨粉、干燥白云石粉末、干砂将火焖熄

特别危险性 化学反应活性很高，与氧化剂能发生强烈反应，引起燃烧或爆炸。受热或与潮气、酸类接触即放出热量与氢气而引起燃烧和爆炸。燃烧放出有毒的氧化钾烟雾。粉体在受热、遇明火或接触氧化剂时会引起燃烧爆炸。遇湿气和水分生成氢氧化物，腐蚀性很强。燃烧生成有害的氧化钾

灭火注意事项及防护措施 消防人员必须佩戴空气呼吸器、穿全身防火防毒服，在上风向灭火。尽可能将容器从火场移至空旷处。喷水保持火场容器冷却，直至灭火结束。不可用水、泡沫、二氧化碳、卤代烃（如1211灭火剂）等灭火

第六部分 泄漏应急处理

作业人员防护措施、防护装备和应急处置程序 隔离泄漏污染区，限制出入。消除所有点火源。建议应急处理人员戴防尘口罩，穿防静电、防腐蚀服。禁止接触或跨越泄漏物。尽可能切断泄漏源。严禁用水处理

环境保护措施 无资料

泄漏化学品的收容、清除方法及所使用的处置材料 小量泄漏：用干燥的砂土或其他不燃材料覆盖泄漏物，然后用塑料布覆盖，减少飞散、避免雨淋。粉末泄漏：用塑料布或帆布覆盖泄漏物，减少飞散，保持干燥。在专家指导下清除

第七部分 操作处置与储存

操作注意事项 严加密闭，提供充分的局部排风和全面通风。操作人员必须经过专门培训，严格遵守操作规程。建议操作人员佩戴头罩型电动送风过滤式防尘呼吸器，穿聚乙烯防毒服，戴橡胶手套。远离火种、热源。工作场所严禁吸烟。使用防爆型的通风系统和设备。避免产生粉尘。避免与氧化剂、酸类、醇类、卤素接触。尤其要注意避免与水接触。在氮气中操作处置。搬运时要轻装轻卸，防止包装及容器损坏。配备相应品种和数量的消防器材及泄漏应急处理设备。倒空的容器可能残留有害物

储存注意事项 储存于阴凉、干燥、通风良好的专用库房内，远离火种、热源。库房温度不超过32℃，相对湿度不超过75%。包装密封。应与氧化剂、酸类、醇类、卤素等分开存放，切忌混储。采用防爆型照明、通风设施。禁止使用易产生火花的机械设备和工具。储区应备有合适的材料收容泄漏物

第八部分 接触控制/个体防护

职业接触限值

中国 未制定标准

美国(ACGIH) 未制定标准

生物接触限值 未制定标准

监测方法 空气中有毒物质测定方法：未制定标准。生物监测检验方法：未制定标准

工程控制 严加密闭，提供充分的局部排风和全面通风。提供安全的淋浴和洗眼设备

个体防护装备

呼吸系统防护 可能接触毒物时，应该佩戴过滤式防尘呼吸器。必要时佩戴空气呼吸器

眼睛防护 戴化学安全防护眼镜

皮肤和身体防护 穿隔绝式防毒服

手防护 戴橡胶手套

第九部分 理化特性

外观与性状 白色针状结晶，商品为灰色粉末，半分散于油中

pH值 无意义　　**熔点(℃)** 316（分解）

沸点(℃) 无资料

相对密度(水=1) 1.43～1.47

相对蒸气密度(空气=1) 无资料

饱和蒸气压(kPa) 无资料　　**燃烧热(kJ/mol)** 无资料

临界温度(℃) 无资料　　**临界压力(MPa)** 无资料

辛醇/水分配系数 无资料　　**闪点(℃)** 无意义

自燃温度(℃) 无资料　　**爆炸下限(%)** 无资料

爆炸上限(%) 无资料　　**分解温度(℃)** 无资料

黏度(mPa·s) 无资料

溶解性 不溶于液氨、二硫化碳

第十部分 稳定性和反应性

稳定性 不稳定

危险反应 与强氧化剂、水等禁配物接触，有发生火灾和爆炸的危险

避免接触的条件 潮湿空气、受热

禁配物 水、醇类、酸类、强氧化剂、氯代烃、卤素、氧、空气

危险的分解产物 无资料

第十一部分 毒理学信息

急性毒性 无资料 **皮肤刺激或腐蚀** 无资料
眼睛刺激或腐蚀 无资料 **呼吸或皮肤过敏** 无资料
生殖细胞突变性 无资料 **致癌性** 无资料
生殖毒性 无资料
特异性靶器官系统毒性-一次接触 无资料
特异性靶器官系统毒性-反复接触 无资料
吸入危害 无资料

第十二部分 生态学信息

生态毒性 无资料
持久性和降解性
生物降解性 无资料
非生物降解性 无资料
潜在的生物累积性 无资料
土壤中的迁移性 无资料

第十三部分 废弃处置

废弃化学品 逐渐加入无水异丙醇或无水正丁醇中，静置24h，经稀释后放入废水系统
污染包装物 将容器返还生产商或按照国家和地方法规处置
废弃注意事项 处置前应参阅国家和地方有关法规

第十四部分 运输信息

联合国危险货物编号（UN号） 1409
联合国运输名称 氢化钾
联合国危险性类别 4.3 **包装类别** Ⅰ类包装

包装标志 

海洋污染物 否

运输注意事项 运输时运输车辆应配备相应品种和数量的消防器材及泄漏应急处理设备。装运本品的车辆排气管须有阻火装置。运输过程中要确保容器不泄漏、不倒塌、不坠落、不损坏。严禁与氧化剂、酸类、醇类、卤素、食用化学品等混装混运。运输途中应防曝晒、雨淋，防高温。中途停留时应远离火种、热源。运输用车、船必须干燥，并有良好的防雨设施。车辆运输完毕应进行彻底清扫。铁路运输时要禁止溜放

第十五部分 法规信息

下列法律、法规、规章和标准，对该化学品的管理作了相应的规定。

中华人民共和国职业病防治法 职业病分类和目录：未列入
危险化学品安全管理条例 危险化学品目录：列入。易制爆危险化学品名录：未列入。重点监管的危险化学品名录：未列入。GB 18218—2009《危险化学品重大危险源辨识》(表1)：未列入
使用有毒物品作业场所劳动保护条例 高毒物品目录：未列入
易制毒化学品管理条例 易制毒化学品的分类和品种目录：未列入
国际公约 斯德哥尔摩公约：未列入。鹿特丹公约：未列入。蒙特利尔议定书：未列入

第十六部分 其他信息

编写和修订信息 **缩略语和首字母缩写**
培训建议 **参考文献**
免责声明

氢 化 锂

第一部分 化学品标识

化学品中文名 氢化锂
化学品英文名 lithium hydride
分子式 LiH **相对分子质量** 7.95
结构式 Li—H
化学品的推荐及限制用途 用作干燥剂、有机合成的缩合剂、核防护材料及还原剂等

第二部分 危险性概述

紧急情况概述 遇水放出可自燃的易燃气体，吞咽会中毒，吸入致命，造成严重的皮肤灼伤和眼损伤
GHS危险性类别 遇水放出易燃气体的物质和混合物，类别1；急性毒性-经口，类别3；急性毒性-吸入，类别2；皮肤腐蚀/刺激，类别1；严重眼损伤/眼刺激，类别1；生殖毒性，类别1A；特异性靶器官毒性-一次接触，类别1
标签要素
象形图 

警示词 危险
危险性说明 遇水放出可自燃的易燃气体，吞咽会中毒，吸入致命，造成严重的皮肤灼伤和眼损伤，可能对生育力或胎儿造成伤害，对器官造成损害
防范说明
预防措施 因与水发生剧烈反应和可能发生暴燃，应避免与水接触。在惰性气体中操作。防潮。避免接触眼睛、皮肤，操作后彻底清洗。作业场所不得进食、饮水或吸烟。避免吸入粉尘。仅在室外或通风良好处操作。戴呼吸防护器具。戴防护手套，穿防护服，戴防护眼镜、防护面罩。得到专门指导后操作。在阅读并了解所有安全预防措施之前，切勿操作。按要求使用个体防护装备
事故响应 火灾时，使用干燥石墨粉、干燥白云石粉末、干砂将火焖熄。如吸入：将患者转移到空气新鲜处，休息，保持利于呼吸的体位。皮肤（或头发）接触：立即脱掉所有被污染的衣服，擦掉皮肤上的微粒，将接触部位浸入冷水中、用湿绷带包扎。污染的衣服须洗净后方可

重新使用。眼睛接触：用水细心地冲洗数分钟。如戴隐形眼镜并可方便地取出，则取出隐形眼镜继续冲洗。食入：漱口，不要催吐，立即呼叫中毒控制中心或就医。如果接触：立即呼叫中毒控制中心或就医

安全储存　在干燥处和密闭的容器中储存。上锁保管

废弃处置　本品及内装物、容器依据国家和地方法规处置

物理和化学危险　接触空气易自燃。遇水剧烈反应，可引起燃烧或爆炸

健康危害　对皮肤黏膜有强烈的刺激与腐蚀作用。吸入后引起喷嚏、咳嗽、呼吸困难、支气管炎。可引起鼻中隔穿孔。眼接触可致结膜炎或灼伤。可致皮肤灼伤。口服中毒出现无力、眩晕、视力模糊、恶心、呕吐等，重者昏迷、抽搐或精神障碍

环境危害　对环境可能有害

第三部分　成分/组成信息

√物质　　混合物

组分	浓度	CAS No.
氢化锂		7580-67-8

第四部分　急救措施

吸入　迅速脱离现场至空气新鲜处。保持呼吸道通畅。如呼吸困难，给输氧。如呼吸、心跳停止，立即进行心肺复苏术。就医

皮肤接触　立即脱去污染的衣着，用大量流动清水彻底冲洗至少15min。就医

眼睛接触　立即分开眼睑，用流动清水或生理盐水彻底冲洗至少15min。就医

食入　用水漱口，禁止催吐。给饮牛奶或蛋清。就医

对保护施救者的忠告　根据需要使用个人防护设备

对医生的特别提示　对症处理

第五部分　消防措施

灭火剂　用干燥石墨粉、干燥白云石粉末、干砂将火焖熄

特别危险性　化学反应活性很高，暴露在空气中能自燃。受热或与潮气、酸类接触即放出热量与氢气而引起燃烧和爆炸。与氧化剂能发生强烈反应，引起燃烧或爆炸。遇湿气和水分生成氢氧化物，腐蚀性很强。燃烧生成有害的氧化锂

灭火注意事项及防护措施　消防人员必须佩戴空气呼吸器、穿全身防火防毒服，在上风向灭火。尽可能将容器从火场移至空旷处。喷水保持火场容器冷却，直至灭火结束。不可用水、泡沫、二氧化碳、卤代烃（如1211灭火剂）等灭火

第六部分　泄漏应急处理

作业人员防护措施、防护装备和应急处置程序　严禁用水处理。隔离泄漏污染区，限制出入。消除所有点火源。建议应急处理人员戴防尘口罩，穿防静电、防腐蚀、防毒服，戴橡胶手套。禁止接触或跨越泄漏物。尽可能切断泄漏源。保持泄漏物干燥

环境保护措施　无资料

泄漏化学品的收容、清除方法及所使用的处置材料　小量泄漏：用干燥的砂土或其他不燃材料覆盖泄漏物，然后用塑料布覆盖，减少飞散、避免雨淋。粉末泄漏：用塑料布或帆布覆盖泄漏物，减少飞散，保持干燥。在专家指导下清除

第七部分　操作处置与储存

操作注意事项　严加密闭，提供充分的局部排风和全面通风。操作人员必须经过专门培训，严格遵守操作规程。建议操作人员佩戴头罩型电动送风过滤式防尘呼吸器，穿聚乙烯防毒服，戴橡胶手套。远离火种、热源。工作场所严禁吸烟。使用防爆型的通风系统和设备。避免产生粉尘。避免与氧化剂、酸类、醇类接触。尤其要注意避免与水接触。在氮气中操作处置。搬运时要轻装轻卸，防止包装及容器损坏。配备相应品种和数量的消防器材及泄漏应急处理设备。倒空的容器可能残留有害物

储存注意事项　储存于阴凉、干燥、通风良好的专用库房内，库房温度不超过32℃，相对湿度不超过75%。远离火种、热源。包装要求密封，不可与空气接触。应与氧化剂、酸类、醇类等分开存放，切忌混储。采用防爆型照明、通风设施。禁止使用易产生火花的机械设备和工具。储区应备有合适的材料收容泄漏物

第八部分　接触控制/个体防护

职业接触限值

中国　PC-TWA：0.025mg/m^3；PC-STEL：0.05mg/m^3

美国(ACGIH)　TLV-TWA：0.025mg/m^3

生物接触限值　未制定标准

监测方法　空气中有毒物质测定方法：火焰分光光度法。生物监测检验方法：未制定标准

工程控制　严加密闭，提供充分的局部排风和全面通风。提供安全的淋浴和洗眼设备

个体防护装备

呼吸系统防护　可能接触毒物时，应该佩戴过滤式防尘呼吸器。必要时佩戴空气呼吸器

眼睛防护　戴化学安全防护眼镜

皮肤和身体防护　穿隔绝式防毒服

手防护　戴橡胶手套

第九部分　理化特性

外观与性状　白色或带蓝灰色的半透明结晶体或粉末，极易潮解

pH值　无意义　　**熔点(℃)**　680

沸点(℃)　850（分解）

相对密度(水=1)　0.76～0.77

相对蒸气密度(空气=1)　无资料

饱和蒸气压(kPa)　无资料

燃烧热(kJ/mol)　无资料　　**临界温度(℃)**　无资料

临界压力(MPa)　无资料　　**辛醇/水分配系数**　无资料

闪点(℃) 无意义 **自燃温度(℃)** 200

爆炸下限(%) 无资料 **爆炸上限(%)** 无资料

分解温度(℃) 无资料

黏度(mPa·s) 无资料

溶解性 不溶于苯、甲苯，溶于乙醚

第十部分 稳定性和反应性

稳定性 不稳定

危险反应 与强氧化剂、水等禁配物接触，有发生火灾和爆炸的危险

避免接触的条件 受热、潮湿空气

禁配物 强氧化剂、酸类、醇类、水、卤素、空气、氧

危险的分解产物 无资料

第十一部分 毒理学信息

急性毒性 LD_{50}：77.5mg/kg（大鼠经口）

皮肤刺激或腐蚀 无资料

眼睛刺激或腐蚀 家兔经眼：5mg/m^3，引起刺激

呼吸或皮肤过敏 无资料 **生殖细胞突变性** 无资料

致癌性 无资料 **生殖毒性** 无资料

特异性靶器官系统毒性-一次接触 无资料

特异性靶器官系统毒性-反复接触 无资料

吸入危害 无资料

第十二部分 生态学信息

生态毒性 无资料

持久性和降解性

生物降解性 无资料

非生物降解性 无资料

潜在的生物累积性 无资料

土壤中的迁移性 无资料

第十三部分 废弃处置

废弃化学品 建议用焚烧法处置。焚烧完后，将残渣洒上水，以便完全破坏

污染包装物 将容器返还生产商或按照国家和地方法规处置

废弃注意事项 处置前应参阅国家和地方有关法规

第十四部分 运输信息

联合国危险货物编号（UN号） 1414；2805（熔融）

联合国运输名称 氢化锂；熔凝固态氢化锂（熔融）

联合国危险性类别 4.3

包装类别 Ⅰ类包装；Ⅱ类包装（熔融）

包装标志  **海洋污染物** 否

运输注意事项 运输时运输车辆应配备相应品种和数量的消防器材及泄漏应急处理设备。装运本品的车辆排气管须有阻火装置。运输过程中要确保容器不泄漏、不倒塌、不坠落、不损坏。严禁与氧化剂、酸类、醇类、食用化学品等混装混运。运输途中应防曝晒、雨淋，防高温。中途停留时应远离火种、热源。运输用车、船必须干燥，并有良好的防雨设施。车辆运输完毕应进行彻底清扫。铁路运输时要禁止溜放

第十五部分 法规信息

下列法律、法规、规章和标准，对该化学品的管理作了相应的规定。

中华人民共和国职业病防治法 职业病分类和目录：未列入

危险化学品安全管理条例 危险化学品目录：列入。易制爆危险化学品名录：未列入。重点监管的危险化学品名录：未列入。GB 18218—2009《危险化学品重大危险源辨识》（表1）：未列入

使用有毒物品作业场所劳动保护条例 高毒物品目录：未列入

易制毒化学品管理条例 易制毒化学品的分类和品种目录：未列入

国际公约 斯德哥尔摩公约：未列入。鹿特丹公约：未列入。蒙特利尔议定书：未列入

第十六部分 其他信息

编写和修订信息 **缩略语和首字母缩写**

培训建议 **参考文献**

免责声明

氢 化 钠

第一部分 化学品标识

化学品中文名 氢化钠

化学品英文名 sodium hydride

分子式 NaH **相对分子质量** 24.00

结构式 Na—H

化学品的推荐及限制用途 用作缩合剂、烷化剂及还原剂等

第二部分 危险性概述

紧急情况概述 遇水放出可自燃的易燃气体

GHS危险性类别 遇水放出易燃气体的物质和混合物，类别1

标签要素

象形图 

警示词 危险

危险性说明 遇水放出可自燃的易燃气体

防范说明

预防措施 因与水发生剧烈反应和可能发生暴燃，应避免与水接触。在惰性气体中操作。防潮。戴防护手套、防护眼镜、防护面罩

事故响应 火灾时，使用干燥石墨粉、干燥白云石粉末、干砂将火焖熄。擦掉皮肤上的微粒，将

接触部位浸入冷水中、用湿绷带包扎

安全储存　在干燥处和密闭的容器中储存

废弃处置　本品及内装物、容器依据国家和地方法规处置

物理和化学危险　接触空气易自燃。遇水剧烈反应，可引起燃烧或爆炸

健康危害　对眼和呼吸道有刺激性。皮肤直接接触引起灼伤。误服造成消化道灼伤

环境危害　对环境可能有害

第三部分　成分/组成信息

√物质　　混合物

组分	浓度	CAS No.
氢化钠		7646-69-7

第四部分　急救措施

吸入　迅速脱离现场至空气新鲜处。保持呼吸道通畅。如呼吸困难，给输氧。如呼吸、心跳停止，立即进行心肺复苏术。就医

皮肤接触　立即脱去污染的衣着，用大量流动清水彻底冲洗至少15min。就医

眼睛接触　立即分开眼睑，用流动清水或生理盐水彻底冲洗至少15min。就医

食入　用水漱口，禁止催吐。给饮牛奶或蛋清。就医

对保护施救者的忠告　根据需要使用个人防护设备

对医生的特别提示　对症处理

第五部分　消防措施

灭火剂　用干燥石墨粉、干燥白云石粉末、干砂将火焖熄

特别危险性　化学反应活性很高，在潮湿空气中能自燃。受热或与潮气、酸类接触即放出热量与氢气而引起燃烧和爆炸。与氧化剂能发生强烈反应，引起燃烧或爆炸。遇湿气和水分生成氢氧化物，腐蚀性很强。燃烧生成有害的氧化钠

灭火注意事项及防护措施　消防人员必须佩戴空气呼吸器、穿全身防火防毒服，在上风向灭火。尽可能将容器从火场移至空旷处。喷水保持火场容器冷却，直至灭火结束。不可用水、泡沫、二氧化碳、卤代烃（如1211灭火剂）等灭火

第六部分　泄漏应急处理

作业人员防护措施、防护装备和应急处置程序　严禁用水处理。隔离泄漏污染区，限制出入。消除所有点火源。建议应急处理人员戴防尘口罩，穿防静电、防腐蚀服，戴橡胶手套。禁止接触或跨越泄漏物。尽可能切断泄漏源。保持泄漏物干燥

环境保护措施　无资料

泄漏化学品的收容、清除方法及所使用的处置材料　小量泄漏：用干燥的砂土或其他不燃材料覆盖泄漏物，然后用塑料布覆盖，减少飞散、避免雨淋。粉末泄漏：用塑料布或帆布覆盖泄漏物，减少飞散，保持干燥。在专家指导下清除

第七部分　操作处置与储存

操作注意事项　严加密闭，提供充分的局部排风和全面通风。操作人员必须经过专门培训，严格遵守操作规程。建议操作人员佩戴头罩型电动送风过滤式防尘呼吸器，穿聚乙烯防毒服，戴橡胶手套。远离火种、热源。工作场所严禁吸烟。使用防爆型的通风系统和设备。避免产生粉尘。避免与氧化剂、酸类、醇类、卤素接触。尤其要注意避免与水接触。在氮气中操作处置。搬运时要轻装轻卸，防止包装及容器损坏。配备相应品种和数量的消防器材及泄漏应急处理设备。倒空的容器可能残留有害物

储存注意事项　储存于阴凉、干燥、通风良好的专用库房内，远离火种、热源。库房温度不超过32℃，相对湿度不超过75%。包装密封。应与氧化剂、酸类、醇类、卤素等分开存放，切忌混储。采用防爆型照明、通风设施。禁止使用易产生火花的机械设备和工具。储区应备有合适的材料收容泄漏物

第八部分　接触控制/个体防护

职业接触限值

中国　未制定标准

美国(ACGIH)　未制定标准

生物接触限值　未制定标准

监测方法　空气中有毒物质测定方法：未制定标准。生物监测检验方法：未制定标准

工程控制　严加密闭，提供充分的局部排风和全面通风。提供安全的淋浴和洗眼设备

个体防护装备

呼吸系统防护　可能接触毒物时，应该佩戴过滤式防尘呼吸器。必要时佩戴空气呼吸器

眼睛防护　戴化学安全防护眼镜

皮肤和身体防护　穿隔绝式防毒服

手防护　戴橡胶手套

第九部分　理化特性

外观与性状　白色至淡灰色的细微结晶，以25%～50%比例分散在油中

pH值　无意义　　**熔点(℃)**　800（分解）

沸点(℃)　分解　　**相对密度(水=1)**　0.92

相对蒸气密度(空气=1)　无资料

饱和蒸气压(kPa)　无资料　　**燃烧热(kJ/mol)**　无资料

临界温度(℃)　无资料　　**临界压力(MPa)**　无资料

辛醇/水分配系数　无资料　　**闪点(℃)**　无意义

自燃温度(℃)　无资料　　**爆炸下限(%)**　无资料

爆炸上限(%)　无资料　　**分解温度(℃)**　无资料

黏度(mPa·s)　无资料

溶解性　不溶于液氨、苯、二硫化碳，溶于熔融的氢氧化钠

第十部分　稳定性和反应性

稳定性　不稳定

危险反应 与强氧化剂、水等禁配物接触，有发生火灾和爆炸的危险

避免接触的条件 受热、潮湿空气

禁配物 酸类、醇类、水、二氧化碳、强氧化剂、氧、卤素

危险的分解产物 无资料

第十一部分 毒理学信息

急性毒性 无资料 **皮肤刺激或腐蚀** 无资料

眼睛刺激或腐蚀 无资料 **呼吸或皮肤过敏** 无资料

生殖细胞突变性 无资料 **致癌性** 无资料

生殖毒性 无资料

特异性靶器官系统毒性-一次接触 无资料

特异性靶器官系统毒性-反复接触 无资料

吸入危害 无资料

第十二部分 生态学信息

生态毒性 无资料

持久性和降解性

生物降解性 无资料

非生物降解性 无资料

潜在的生物累积性 无资料

土壤中的迁移性 无资料

第十三部分 废弃处置

废弃化学品 逐渐加入无水异丙醇或无水正丁醇中，静置24h，经稀释后放入废水系统

污染包装物 将容器返还生产商或按照国家和地方法规处置

废弃注意事项 处置前应参阅国家和地方有关法规

第十四部分 运输信息

联合国危险货物编号（UN号） 1427

联合国运输名称 氢化钠

联合国危险性类别 4.3 **包装类别** Ⅰ类包装

包装标志  **海洋污染物** 否

运输注意事项 运输时运输车辆应配备相应品种和数量的消防器材及泄漏应急处理设备。装运本品的车辆排气管须有阻火装置。运输过程中要确保容器不泄漏、不倒塌、不坠落、不损坏。严禁与氧化剂、酸类、醇类、卤素、食用化学品等混装混运。运输途中应防曝晒、雨淋，防高温。中途停留时应远离火种、热源。运输用车、船必须干燥，并有良好的防雨设施。车辆运输完毕应进行彻底清扫。铁路运输时要禁止溜放

第十五部分 法规信息

下列法律、法规、规章和标准，对该化学品的管理作了相应的规定。

中华人民共和国职业病防治法 职业病分类和目录：未列入

危险化学品安全管理条例 危险化学品目录：列入。易制爆危险化学品名录：未列入。重点监管的危险化学品名录：未列入。GB 18218—2009《危险化学品重大危险源辨识》（表1）：未列入

使用有毒物品作业场所劳动保护条例 高毒物品目录：未列入

易制毒化学品管理条例 易制毒化学品的分类和品种目录：未列入

国际公约 斯德哥尔摩公约：未列入。鹿特丹公约：未列入。蒙特利尔议定书：未列入

第十六部分 其他信息

编写和修订信息 **缩略语和首字母缩写**

培训建议 **参考文献**

免责声明

氢 溴 酸

第一部分 化学品标识

化学品中文名 氢溴酸；溴化氢溶液

化学品英文名 hydrobromic acid; hydrogen bromide solution

分子式 HBr **相对分子质量** 80.92

结构式 H—Br

化学品的推荐及限制用途 用于制造无机溴化物和有机溴化物，用作分析试剂、催化剂及还原剂

第二部分 危险性概述

紧急情况概述 造成严重的皮肤灼伤和眼损伤

GHS危险性类别 皮肤腐蚀/刺激，类别1A；严重眼损伤/眼刺激，类别1；特异性靶器官毒性-一次接触，类别3（呼吸道刺激）

标签要素

象形图 

警示词 危险

危险性说明 造成严重的皮肤灼伤和眼损伤，可能引起呼吸道刺激

防范说明

预防措施 避免吸入烟雾。避免接触眼睛、皮肤，操作后彻底清洗。戴防护手套，穿防护服，戴防护眼镜、防护面罩

事故响应 如吸入：将患者转移到空气新鲜处，休息，保持利于呼吸的体位，立即呼叫中毒控制中心或就医。皮肤（或头发）接触：立即脱掉所有被污染的衣服，用水冲洗皮肤，淋浴。污染的衣服须洗净后方可重新使用。眼睛接触：用水细心地冲洗数分钟。如戴隐形眼镜并可方便地取出，则取出隐形眼镜继续冲洗。食入：漱口。不要催吐

安全储存　上锁保管

废弃处置　本品及内装物、容器依据国家和地方法规处置

物理和化学危险　不燃，无特殊燃爆特性

健康危害　眼和皮肤接触引起灼伤。长期低浓度接触可引起呼吸道刺激症状和消化功能障碍

环境危害　对环境可能有害

第三部分　成分/组成信息

√物质　　混合物

组分	浓度	CAS No.
氢溴酸		10035-10-6

第四部分　急救措施

吸入　迅速脱离现场至空气新鲜处。保持呼吸道通畅。如呼吸困难，给输氧。如呼吸、心跳停止，立即进行心肺复苏术。就医

皮肤接触　立即脱去污染的衣着，用大量流动清水彻底冲洗至少15min。就医

眼睛接触　立即分开眼睑，用流动清水或生理盐水彻底冲洗至少15min。就医

食入　用水漱口，禁止催吐。给饮牛奶或蛋清。就医

对保护施救者的忠告　根据需要使用个人防护设备

对医生的特别提示　对症处理

第五部分　消防措施

灭火剂　本品不燃。根据着火原因选择适当灭火剂灭火

特别危险性　对大多数金属有强腐蚀性。能与普通金属发生反应，放出氢气而与空气形成爆炸性混合物。遇H发泡剂立即燃烧。遇氰化物能产生剧毒的氰化氢气体

灭火注意事项及防护措施　消防人员必须穿全身耐酸碱消防服、佩戴空气呼吸器灭火。尽可能将容器从火场移至空旷处。喷水保持火场容器冷却，直至灭火结束

第六部分　泄漏应急处理

作业人员防护措施、防护装备和应急处置程序　根据液体流动和蒸气扩散的影响区域划定警戒区，无关人员从侧风、上风向撤离至安全区。建议应急处理人员戴正压自给式呼吸器，穿防腐蚀、防毒服，戴橡胶耐酸碱手套。穿上适当的防护服前严禁接触破裂的容器和泄漏物。尽可能切断泄漏源

环境保护措施　防止泄漏物进入水体、下水道、地下室或有限空间

泄漏化学品的收容、清除方法及所使用的处置材料　小量泄漏：用干燥的砂土或其他不燃材料吸收或覆盖，收集于容器中。大量泄漏：构筑围堤或挖坑收容。用碎石灰石（$CaCO_3$）、苏打灰（Na_2CO_3）或石灰（CaO）中和。用耐腐蚀泵转移至槽车或专用收集器内

第七部分　操作处置与储存

操作注意事项　密闭操作，注意通风。操作尽可能机械化、自动化。操作人员必须经过专门培训，严格遵守操作规程。建议操作人员佩戴自吸过滤式防毒面具（全面罩），穿橡胶耐酸碱服，戴橡胶耐酸碱手套。远离易燃、可燃物。防止蒸气泄漏到工作场所空气中。避免与碱类、活性金属粉末接触。搬运时要轻装轻卸，防止包装及容器损坏。配备泄漏应急处理设备。倒空的容器可能残留有害物

储存注意事项　储存于阴凉、通风的库房。远离火种、热源。库房温度不超过30℃，相对湿度不超过80%。保持容器密封。应与易（可）燃物、碱类、活性金属粉末等分开存放，切忌混储。储区应备有泄漏应急处理设备和合适的收容材料

第八部分　接触控制/个体防护

职业接触限值

中国　MAC：10mg/m^3

美国(ACGIH)　TLV-C：2ppm

生物接触限值　未制定标准

监测方法　空气中有毒物质测定方法：未制定标准。生物监测检验方法：未制定标准

工程控制　密闭操作，注意通风。提供安全的淋浴和洗眼设备

个体防护装备

呼吸系统防护　可能接触其烟雾时，佩戴过滤式防毒面具（全面罩）或空气呼吸器。紧急事态抢救或撤离时，建议佩戴空气呼吸器

眼睛防护　呼吸系统防护中已作防护

皮肤和身体防护　穿橡胶耐酸碱服

手防护　戴橡胶耐酸碱手套

第九部分　理化特性

外观与性状　无色透明至淡黄色发烟液体，具有刺激性酸味

pH值　无资料　　**熔点(℃)**　−86（纯品）

沸点(℃)　126（47%）

相对密度(水=1)　1.49（47%）

相对蒸气密度(空气=1)　2.8

饱和蒸气压(kPa)　无资料

燃烧热(kJ/mol)　无资料　　**临界温度(℃)**　无资料

临界压力(MPa)　无资料　　**辛醇/水分配系数**　无资料

闪点(℃)　无意义　　**自燃温度(℃)**　无意义

爆炸下限(%)　无意义　　**爆炸上限(%)**　无意义

分解温度(℃)　无资料

黏度(mPa·s)　无资料

溶解性　与水混溶，可混溶于乙醇、乙酸

第十部分　稳定性和反应性

稳定性　稳定

危险反应　与碱类等禁配物发生反应。与活性金属反应放出易燃气体

避免接触的条件　潮湿空气

禁配物　碱类、氨、活性金属粉末、易燃或可燃物、氰

化物

危险的分解产物 溴化氢

第十一部分 毒理学信息

急性毒性

LD_{50} 76mg/kg（大鼠静脉）

LC_{50} 9460mg/m^3（大鼠吸入，1h）；2694mg/m^3（小鼠吸入，1h）

皮肤刺激或腐蚀 无资料 **眼睛刺激或腐蚀** 无资料

呼吸或皮肤过敏 无资料 **生殖细胞突变性** 无资料

致癌性 无资料 **生殖毒性** 无资料

特异性靶器官系统毒性-一次接触 无资料

特异性靶器官系统毒性-反复接触 长期接触，表现为慢性呼吸道刺激症状和消化功能障碍

吸入危害 无资料

第十二部分 生态学信息

生态毒性 无资料

持久性和降解性

生物降解性 无资料

非生物降解性 无资料

潜在的生物累积性 无资料

土壤中的迁移性 无资料

第十三部分 废弃处置

废弃化学品 中和、稀释后，排入废水系统

污染包装物 将容器返还生产商或按照国家和地方法规处置

废弃注意事项 处置前应参阅国家和地方有关法规

第十四部分 运输信息

联合国危险货物编号（UN号） 1788

联合国运输名称 氢溴酸

联合国危险性类别 8 **包装类别** Ⅱ类包装

包装标志  **海洋污染物** 否

运输注意事项 起运时包装要完整，装载应稳妥。运输过程中要确保容器不泄漏、不倒塌、不坠落、不损坏。严禁与易燃物或可燃物、碱类、活性金属粉末、食用化学品等混装混运。运输时运输车辆应配备泄漏应急处理设备。运输途中应防曝晒、雨淋，防高温。公路运输时要按规定路线行驶，勿在居民区和人口稠密区停留

第十五部分 法规信息

下列法律、法规、规章和标准，对该化学品的管理作了相应的规定。

中华人民共和国职业病防治法 职业病分类和目录：未列入

危险化学品安全管理条例 危险化学品目录：列入。易制爆危险化学品名录：未列入。重点监管的危险化学品名录：未列入。GB 18218—2009《危险化学品重大危险源辨识》（表1）：未列入

使用有毒物品作业场所劳动保护条例 高毒物品目录：未列入

易制毒化学品管理条例 易制毒化学品的分类和品种目录：未列入

国际公约 斯德哥尔摩公约：未列入。鹿特丹公约：未列入。蒙特利尔议定书：未列入

第十六部分 其他信息

编写和修订信息 **缩略语和首字母缩写**

培训建议 **参考文献**

免责声明

氢氧化钡

第一部分 化学品标识

化学品中文名 氢氧化钡

化学品英文名 barium hydroxide

分子式 $Ba(OH)_2$ **相对分子质量** 171.35

结构式 HO—Ba—OH

化学品的推荐及限制用途 用于制特种肥皂、杀虫剂，也用于硬水软化、甜菜糖精制、锅炉除垢、玻璃润滑等

第二部分 危险性概述

紧急情况概述 吞咽有害，造成严重的皮肤灼伤和眼损伤

GHS危险性类别 急性毒性-经口，类别4；皮肤腐蚀/刺激，类别1；严重眼损伤/眼刺激，类别1；特异性靶器官毒性-一次接触，类别2；特异性靶器官毒性-一次接触，类别3（呼吸道刺激）

标签要素

象形图 

警示词 危险

危险性说明 吞咽有害，造成严重的皮肤灼伤和眼损伤，可能对器官造成损害，可能引起呼吸道刺激

防范说明

预防措施 避免接触眼睛、皮肤，操作后彻底清洗。作业场所不得进食、饮水或吸烟。戴防护手套，穿防护服，戴防护眼镜、防护面罩。避免吸入粉尘

事故响应 如吸入：将患者转移到空气新鲜处，休息，保持利于呼吸的体位。皮肤（或头发）接触：立即脱掉所有被污染的衣服，用水冲洗皮肤，淋浴。污染的衣服须洗净后方可重新使用。眼睛接触：用水细心地冲洗数分钟。如戴隐形眼镜并可方便地取出，则取出隐形眼镜继续冲洗。食入：漱口，不要催吐，如果感觉不适，立即呼叫中毒控制中心就医。如果接触或感觉不适：呼叫中毒控制中心或就医

安全储存　上锁保管

废弃处置　本品及内装物、容器依据国家和地方法规处置

物理和化学危险　不燃，无特殊燃爆特性

健康危害　口服后急性中毒表现为恶心、呕吐、腹痛、腹泻、脉缓、进行性肌麻痹、心律紊乱、血钾明显降低等。可因心律紊乱和呼吸麻痹而死亡。吸入烟尘可引起中毒，但消化道症状不明显

慢性影响　长期接触钡化合物的工人，可有无力、气促、流涎、口腔黏膜肿胀糜烂、鼻炎、结膜炎、腹泻、心动过速、压增增高、脱发等

环境危害　对环境可能有害

第三部分　成分/组成信息

√物质　　混合物

组分	浓度	CAS No.
氢氧化钡		17194-00-2

第四部分　急救措施

吸入　迅速脱离现场至空气新鲜处。保持呼吸道通畅。如呼吸困难，给输氧。如呼吸、心跳停止，立即进行心肺复苏术。就医

皮肤接触　立即脱去污染的衣着，用大量流动清水彻底冲洗至少15min。就医

眼睛接触　立即分开眼睑，用流动清水或生理盐水彻底冲洗至少15min。就医

食入　用水漱口。给饮牛奶或蛋清。给服硫酸钠。就医

对保护施救者的忠告　根据需要使用个人防护设备

对医生的特别提示　解毒剂：硫酸钠、硫代硫酸钠。有低血钾者应补充钾盐

第五部分　消防措施

灭火剂　本品不燃。根据着火原因选择适当灭火剂灭火

特别危险性　无

灭火注意事项及防护措施　消防人员必须穿全身耐酸碱消防服、佩戴空气呼吸器灭火。尽可能将容器从火场移至空旷处。喷水保持火场容器冷却，直至灭火结束

第六部分　泄漏应急处理

作业人员防护措施、防护装备和应急处置程序　隔离泄漏污染区，限制出入。建议应急处理人员戴防尘口罩，穿防毒服，戴橡胶耐酸碱手套。穿上适当的防护服前严禁接触破裂的容器和泄漏物。尽可能切断泄漏源。用塑料布覆盖泄漏物，减少飞散。勿使水进入包装容器内

环境保护措施　无资料

泄漏化学品的收容、清除方法及所使用的处置材料　用洁净的铲子收集泄漏物，置于干净、干燥、盖子较松的容器中，将容器移离泄漏区

第七部分　操作处置与储存

操作注意事项　密闭操作，局部排风。操作人员必须经过专门培训，严格遵守操作规程。建议操作人员佩戴头罩型电动送风过滤式防尘呼吸器，穿橡胶耐酸碱服，戴橡胶耐酸碱手套。避免产生粉尘。避免与酸类接触。搬运时要轻装轻卸，防止包装及容器损坏。配备泄漏应急处理设备。倒空的容器可能残留有害物

储存注意事项　储存于阴凉、通风的库房。远离火种、热源。包装密封。应与酸类、食用化学品分开存放，切忌混储。储区应备有合适的材料收容泄漏物

第八部分　接触控制/个体防护

职业接触限值

中国　PC-TWA：0.5mg/m^3；PC-STEL：1.5mg/m^3［按Ba计］

美国(ACGIH)　TLV-TWA：0.5mg/m^3［按Ba计］

生物接触限值　未制定标准

监测方法　空气中有毒物质测定方法：二溴对甲基偶氮甲磺分光光度法；等离子体原子发射光谱法。生物监测检验方法：未制定标准

工程控制　密闭操作，局部排风。提供安全的淋浴和洗眼设备

个体防护装备

呼吸系统防护　可能接触其粉尘时，必须佩戴过滤式防尘呼吸器。紧急事态抢救或撤离时，建议佩戴空气呼吸器

眼睛防护　戴化学安全防护眼镜

皮肤和身体防护　穿橡胶耐酸碱服

手防护　戴橡胶耐酸碱手套

第九部分　理化特性

外观与性状　白色粉末

pH值　无意义　　**熔点(℃)**　300～408

沸点(℃)　1436

相对密度(水=1)　2.18（16℃）

相对蒸气密度(空气=1)　无资料

饱和蒸气压(kPa)　无资料

燃烧热(kJ/mol)　无资料　　**临界温度(℃)**　无资料

临界压力(MPa)　无意义　　**辛醇/水分配系数**　无资料

闪点(℃)　无意义　　**自燃温度(℃)**　无意义

爆炸下限(%)　无意义　　**爆炸上限(%)**　无意义

分解温度(℃)　无资料

黏度(mPa·s)　无资料

溶解性　微溶于水、乙醇，易溶于稀酸

第十部分　稳定性和反应性

稳定性　稳定

危险反应　与酸类发生反应

避免接触的条件　潮湿空气

禁配物　酸类

危险的分解产物　氧化钡

第十一部分　毒理学信息

急性毒性　LD_{50}：308mg/kg（大鼠经口）；255mg/kg

（小鼠腹腔）

皮肤刺激或腐蚀 无资料 **眼睛刺激或腐蚀** 无资料

呼吸或皮肤过敏 无资料 **生殖细胞突变性** 无资料

致癌性 无资料 **生殖毒性** 无资料

特异性靶器官系统毒性-一次接触 无资料

特异性靶器官系统毒性-反复接触 无资料

吸入危害 无资料

第十二部分 生态学信息

生态毒性 无资料

持久性和降解性

生物降解性 无资料

非生物降解性 无资料

潜在的生物累积性 无资料

土壤中的迁移性 无资料

第十三部分 废弃处置

废弃化学品 中和后，用安全掩埋法处置

污染包装物 将容器返还生产商或按照国家和地方法规处置

废弃注意事项 处置前应参阅国家和地方有关法规

第十四部分 运输信息

联合国危险货物编号（UN 号） 326

联合国运输名称 无机碱性腐蚀性固体，未另作规定的（氢氧化钡）

联合国危险性类别 8 **包装类别** Ⅱ类包装

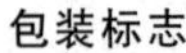
包装标志  **海洋污染物** 否

运输注意事项 运输前应先检查包装容器是否完整、密封，运输过程中要确保容器不泄漏、不倒塌、不坠落、不损坏。严禁与酸类、氧化剂、食品及食品添加剂混运。运输时运输车辆应配备泄漏应急处理设备。运输途中应防曝晒、雨淋，防高温

第十五部分 法规信息

下列法律、法规、规章和标准，对该化学品的管理作了相应的规定。

中华人民共和国职业病防治法 职业病分类和目录：钡及其化合物中毒

危险化学品安全管理条例 危险化学品目录：列入。易制爆危险化学品名录：未列入。重点监管的危险化学品名录：未列入。GB 18218—2009《危险化学品重大危险源辨识》（表 1）：未列入

使用有毒物品作业场所劳动保护条例 高毒物品目录：未列入

易制毒化学品管理条例 易制毒化学品的分类和品种目录：未列入

国际公约 斯德哥尔摩公约：未列入。鹿特丹公约：未列入。蒙特利尔议定书：未列入

第十六部分 其他信息

编写和修订信息 **缩略语和首字母缩写**

培训建议 **参考文献**

免责声明

氢氧化钾

第一部分 化学品标识

化学品中文名 氢氧化钾；苛性钾

化学品英文名 potassium hydroxide；caustic potash

分子式 KOH **相对分子质量** 56.11

结构式 K—OH

化学品的推荐及限制用途 可用作生产聚醚、破乳剂、净洗剂、表面活性剂等的催化剂，也用于医药、染料、轻工等工业

第二部分 危险性概述

紧急情况概述 吞咽有害，造成严重的皮肤灼伤和眼损伤

GHS 危险性类别 急性毒性-经口，类别 4；皮肤腐蚀/刺激，类别 1A；严重眼损伤/眼刺激，类别 1；危害水生环境-急性危害，类别 3

标签要素

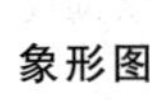
象形图 

警示词 危险

危险性说明 吞咽有害，造成严重的皮肤灼伤和眼损伤，对水生生物有害

防范说明

预防措施 避免接触眼睛、皮肤，操作后彻底清洗。作业场所不得进食、饮水或吸烟。避免吸入粉尘或烟雾。戴防护手套，穿防护服，戴防护眼镜、防护面罩。禁止排入环境

事故响应 如吸入：将患者转移到空气新鲜处，休息，保持利于呼吸的体位。皮肤（或头发）接触：立即脱掉所有被污染的衣服，用水冲洗皮肤，淋浴。污染的衣服须洗净后方可重新使用。眼睛接触：用水细心地冲洗数分钟。如戴隐形眼镜并可方便地取出，则取出隐形眼镜继续冲洗。食入：漱口。不要催吐。如果感觉不适，立即呼叫中毒控制中心或就医

安全储存 上锁保管

废弃处置 本品及内装物、容器依据国家和地方法规处置

物理和化学危险 不燃，无特殊燃爆特性

健康危害 本品具有强腐蚀性。粉尘刺激眼和呼吸道，腐蚀鼻中隔；皮肤和眼直接接触可引起灼伤；误服可造成消化道灼伤，黏膜糜烂、出血，休克

环境危害 对水生生物有害

第三部分　成分/组成信息

√物质　　　　　　　　混合物

组分	浓度	CAS No.
氢氧化钾		1310-58-3

第四部分　急救措施

吸入　迅速脱离现场至空气新鲜处。保持呼吸道通畅。如呼吸困难，给输氧。如呼吸、心跳停止，立即进行心肺复苏术。就医

皮肤接触　立即脱去污染的衣着，用大量流动清水彻底冲洗至少15min。就医

眼睛接触　立即分开眼睑，用流动清水或生理盐水彻底冲洗至少15min。就医

食入　用水漱口，禁止催吐。给饮牛奶或蛋清。就医

对保护施救者的忠告　根据需要使用个人防护设备

对医生的特别提示　对症处理

第五部分　消防措施

灭火剂　本品不燃。根据着火原因选择适当灭火剂灭火

特别危险性　遇水和水蒸气大量放热，形成腐蚀性溶液。具有强腐蚀性

灭火注意事项及防护措施　消防人员必须穿全身耐酸碱消防服、佩戴空气呼吸器灭火。尽可能将容器从火场移至空旷处。喷水保持火场容器冷却，直至灭火结束

第六部分　泄漏应急处理

作业人员防护措施、防护装备和应急处置程序　隔离泄漏污染区，限制出入。建议应急处理人员戴防尘口罩，穿防酸碱服，戴橡胶耐酸碱手套。穿上适当的防护服前严禁接触破裂的容器和泄漏物。尽可能切断泄漏源。用塑料布覆盖泄漏物，减少飞散。勿使水进入包装容器内

环境保护措施　无资料

泄漏化学品的收容、清除方法及所使用的处置材料　用洁净的铲子收集泄漏物，置于干净、干燥、盖子较松的容器中，将容器移离泄漏区

第七部分　操作处置与储存

操作注意事项　密闭操作。操作人员必须经过专门培训，严格遵守操作规程。建议操作人员佩戴头罩型电动送风过滤式防尘呼吸器，穿橡胶耐酸碱服，戴橡胶耐酸碱手套。远离易燃、可燃物。避免产生粉尘。避免与酸类接触。搬运时要轻装轻卸，防止包装及容器损坏。配备泄漏应急处理设备。倒空的容器可能残留有害物。稀释或制备溶液时，应把碱加入水中，避免沸腾和飞溅

储存注意事项　储存于阴凉、干燥、通风良好的库房。远离火种、热源。库房温度不超过35℃，相对湿度不超过80%。包装必须密封，切勿受潮。应与易（可）燃物、酸类等分开存放，切忌混储。储区应备有合适的材料收容泄漏物

第八部分　接触控制/个体防护

职业接触限值

中国　MAC：2mg/m^3

美国(ACGIH)　TLV-C：2mg/m^3

生物接触限值　未制定标准

监测方法　空气中有毒物质测定方法：火焰原子吸收光谱法。生物监测检验方法：未制定标准

工程控制　密闭操作。提供安全的淋浴和洗眼设备

个体防护装备

呼吸系统防护　可能接触其粉尘时，必须佩戴过滤式防尘呼吸器。必要时佩戴空气呼吸器

眼睛防护　戴化学安全防护眼镜

皮肤和身体防护　穿橡胶耐酸碱服

手防护　戴橡胶耐酸碱手套

第九部分　理化特性

外观与性状　纯品为白色半透明晶体，工业品为灰白、蓝绿或淡紫色片状或块状固体。易潮解

pH值　13.5（0.1mol/L水溶液）　**熔点(℃)**　360～406

沸点(℃)　1320～1324

相对密度(水=1)　2.04

相对蒸气密度(空气=1)　无资料

饱和蒸气压(kPa)　0.13（719℃）

燃烧热(kJ/mol)　无资料　　**临界温度(℃)**　无资料

临界压力(MPa)　无意义

辛醇/水分配系数　无资料

闪点(℃)　无意义　　**自燃温度(℃)**　无意义

爆炸下限(%)　无意义　　**爆炸上限(%)**　无意义

分解温度(℃)　无资料

黏度(mPa·s)　无资料

溶解性　溶于水、乙醇，微溶于乙醚

第十部分　稳定性和反应性

稳定性　稳定

危险反应　与酸类等禁配物发生反应

避免接触的条件　潮湿空气

禁配物　强酸、易燃或可燃物、二氧化碳、酸酐、酰基氯

危险的分解产物　氧化钾

第十一部分　毒理学信息

急性毒性　LD_{50}：273mg/kg（大鼠经口）

皮肤刺激或腐蚀　家兔经皮：50mg（24h），重度刺激

眼睛刺激或腐蚀　家兔经眼：1mg（24h），中度刺激（用水冲洗）

呼吸或皮肤过敏　无资料　　**生殖细胞突变性**　无资料

致癌性　无资料　　**生殖毒性**　无资料

特异性靶器官系统毒性-一次接触　无资料

特异性靶器官系统毒性-反复接触　无资料

吸入危害　无资料

第十二部分　生态学信息

生态毒性　TLm：80ppm（24h）（食蚊鱼）

持久性和降解性

生物降解性 无资料

非生物降解性 无资料

潜在的生物累积性 无资料

土壤中的迁移性 无资料

第十三部分 废弃处置

废弃化学品 中和、稀释后，排入废水系统

污染包装物 将容器返还生产商或按照国家和地方法规处置

废弃注意事项 处置前应参阅国家和地方有关法规

第十四部分 运输信息

联合国危险货物编号（UN号） 1813；1814（溶液）

联合国运输名称 固态氢氧化钾；氢氧化钾溶液（溶液）

联合国危险性类别 8 **包装类别** Ⅱ类包装

包装标志  **海洋污染物** 否

运输注意事项 铁路运输时，钢桶包装的可用敞车运输。起运时包装要完整，装载应稳妥。运输过程中要确保容器不泄漏、不倒塌、不坠落、不损坏。严禁与易燃物或可燃物、酸类、食用化学品等混装混运。运输时运输车辆应配备泄漏应急处理设备

第十五部分 法规信息

下列法律、法规、规章和标准，对该化学品的管理作了相应的规定。

中华人民共和国职业病防治法 职业病分类和目录：未列入

危险化学品安全管理条例 危险化学品目录：列入。易制爆危险化学品名录：未列入。重点监管的危险化学品名录：未列入。GB 18218—2009《危险化学品重大危险源辨识》（表1）：未列入

使用有毒物品作业场所劳动保护条例 高毒物品目录：未列入

易制毒化学品管理条例 易制毒化学品的分类和品种目录：未列入

国际公约 斯德哥尔摩公约：未列入。鹿特丹公约：未列入。蒙特利尔议定书：未列入

第十六部分 其他信息

编写和修订信息 **缩略语和首字母缩写**

培训建议 **参考文献**

免责声明

氢氧化钠

第一部分 化学品标识

化学品中文名 氢氧化钠；苛性钠；烧碱

化学品英文名 sodium hydroxide；caustic soda

分子式 NaOH **相对分子质量** 40.00

结构式 Na—OH

化学品的推荐及限制用途 广泛用作中和剂，用于制造各种钠盐、肥皂、纸浆，整理棉织品、丝、粘胶纤维，橡胶制品的再生，金属清洗，电镀，漂白等

第二部分 危险性概述

紧急情况概述 造成严重的皮肤灼伤和眼损伤

GHS危险性类别 皮肤腐蚀/刺激，类别1A；严重眼损伤/眼刺激，类别1；危害水生环境-急性危害，类别3

标签要素

象形图 

警示词 危险

危险性说明 造成严重的皮肤灼伤和眼损伤，对水生生物有害

防范说明

预防措施 避免吸入粉尘或烟雾。避免接触眼睛、皮肤，操作后彻底清洗。戴防护手套，穿防护服，戴防护眼镜、防护面罩。禁止排入环境

事故响应 如吸入：将患者转移到空气新鲜处，休息，保持利于呼吸的体位，立即呼叫中毒控制中心或就医。皮肤（或头发）接触：立即脱掉所有被污染的衣服，用水冲洗皮肤，淋浴。污染的衣服须洗净后方可重新使用。眼睛接触：用水细心地冲洗数分钟。如戴隐形眼镜并可方便地取出，则取出隐形眼镜继续冲洗。食入：漱口。不要催吐

安全储存 上锁保管

废弃处置 本品及内装物、容器依据国家和地方法规处置

物理和化学危险 不燃，无特殊燃爆特性

健康危害 本品有强烈刺激和腐蚀性。粉尘刺激眼和呼吸道，腐蚀鼻中隔；皮肤和眼直接接触可引起灼伤；误服可造成消化道灼伤，黏膜糜烂、出血和休克

环境危害 对环水生生物有害

第三部分 成分/组成信息

√物质		混合物
组分	**浓度**	**CAS No.**
氢氧化钠		1310-73-2

第四部分 急救措施

吸入 迅速脱离现场至空气新鲜处。保持呼吸道通畅。如呼吸困难，给输氧。如呼吸、心跳停止，立即进行心肺复苏术。就医

皮肤接触 立即脱去污染的衣着，用大量流动清水彻底冲洗至少15min。就医

眼睛接触 立即分开眼睑，用流动清水或生理盐水彻底冲洗至少15min。就医

食入 用水漱口，禁止催吐。给饮牛奶或蛋清。就医

对保护施救者的忠告 根据需要使用个人防护设备

对医生的特别提示 对症处理

第五部分 消防措施

灭火剂 本品不燃。根据着火原因选择适当灭火剂灭火

特别危险性 遇潮时对铝、锌和锡有腐蚀性，并放出易燃易爆的氢气。遇水和水蒸气大量放热，形成腐蚀性溶液。具有强腐蚀性

灭火注意事项及防护措施 消防人员必须穿全身耐酸碱消防服、佩戴空气呼吸器灭火。尽可能将容器从火场移至空旷处。喷水保持火场容器冷却，直至灭火结束

第六部分 泄漏应急处理

作业人员防护措施、防护装备和应急处置程序 隔离泄漏污染区，限制出入。建议应急处理人员戴防尘口罩，穿防酸碱服，戴橡胶耐酸碱手套。穿上适当的防护服前严禁接触破裂的容器和泄漏物。尽可能切断泄漏源。用塑料布覆盖泄漏物，减少飞散。勿使水进入包装容器内

环境保护措施 无资料

泄漏化学品的收容、清除方法及所使用的处置材料 用洁净的铲子收集泄漏物，置于干净、干燥、盖子较松的容器中，将容器移离泄漏区

第七部分 操作处置与储存

操作注意事项 密闭操作。操作人员必须经过专门培训，严格遵守操作规程。建议操作人员佩戴头罩型电动送风过滤式防尘呼吸器，穿橡胶耐酸碱服，戴橡胶耐酸碱手套。远离易燃、可燃物。避免产生粉尘。避免与酸类接触。搬运时要轻装轻卸，防止包装及容器损坏。配备泄漏应急处理设备。倒空的容器可能残留有害物。稀释或制备溶液时，应把碱加入水中，避免沸腾和飞溅

储存注意事项 储存于阴凉、干燥、通风良好的库房。远离火种、热源。库房温度不超过 35℃，相对湿度不超过 80%。包装必须密封，切勿受潮。应与易（可）燃物、酸类等分开存放，切忌混储。储区应备有合适的材料收容泄漏物

第八部分 接触控制/个体防护

职业接触限值

中国 MAC：$2mg/m^3$

美国(ACGIH) TLV-C：$2mg/m^3$

生物接触限值 未制定标准

监测方法 空气中有毒物质测定方法：火焰原子吸收光谱法。生物监测检验方法：未制定标准

工程控制 密闭操作。提供安全的淋浴和洗眼设备

个体防护装备

呼吸系统防护 可能接触其粉尘时，必须佩戴过滤式防尘呼吸器。必要时佩戴空气呼吸器

眼睛防护 戴化学安全防护眼镜

皮肤和身体防护 穿橡胶耐酸碱服

手防护 戴橡胶耐酸碱手套

第九部分 理化特性

外观与性状 纯品为无色透明晶体。吸湿性强

pH 值 12.7（1%溶液） **熔点(℃)** 318.4

沸点(℃) 1390 **相对密度(水=1)** 2.13

相对蒸气密度(空气=1) 无资料

饱和蒸气压(kPa) 0.13（739℃）

燃烧热(kJ/mol) 无资料 **临界温度(℃)** 无资料

临界压力(MPa) 25

辛醇/水分配系数 −3.88

闪点(℃) 无意义 **自燃温度(℃)** 无意义

爆炸下限(%) 无意义 **爆炸上限(%)** 无意义

分解温度(℃) 无资料

黏度(mPa·s) 无资料

溶解性 易溶于水、乙醇、甘油，不溶于丙酮、乙醚

第十部分 稳定性和反应性

稳定性 稳定

危险反应 与酸类等禁配物发生反应

避免接触的条件 潮湿空气

禁配物 强酸、易燃或可燃物、二氧化碳、过氧化物、水

危险的分解产物 氧化钠

第十一部分 毒理学信息

急性毒性

LD_{50} 40mg/kg（小鼠腹腔）

LDLo 1.57mg/kg（人经口）

皮肤刺激或腐蚀 家兔经皮：50mg（24h），重度刺激

眼睛刺激或腐蚀 家兔经眼：1%，重度刺激

呼吸或皮肤过敏 无资料 **生殖细胞突变性** 无资料

致癌性 无资料 **生殖毒性** 无资料

特异性靶器官系统毒性-一次接触 无资料

特异性靶器官系统毒性-反复接触 无资料

吸入危害 无资料

第十二部分 生态学信息

生态毒性

LC_{50} 180ppm（24h）（鲤鱼）

TLm 125ppm（96h）（食蚊鱼）；99mg/L（48h）（蓝鳃太阳鱼）

EC_{50} 40.38mg/L（48h）（水蚤）

持久性和降解性

生物降解性 无资料

非生物降解性 无资料

潜在的生物累积性 无资料

土壤中的迁移性 无资料

第十三部分 废弃处置

废弃化学品 中和、稀释后，排入废水系统

污染包装物 将容器返还生产商或按照国家和地方法规处置

废弃注意事项 处置前应参阅国家和地方有关法规。把倒空的容器归还厂商或在规定场所掩埋

第十四部分 运输信息

联合国危险货物编号（UN号） 1823；1824（溶液）

联合国运输名称 氢氧化钠；氢氧化钠溶液（溶液）

联合国危险性类别 8 **包装类别** Ⅱ类包装

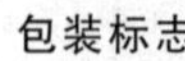**包装标志**  **海洋污染物** 否

运输注意事项 铁路运输时，钢桶包装的可用敞车运输。起运时包装要完整，装载应稳妥。运输过程中要确保容器不泄漏、不倒塌、不坠落、不损坏。严禁与易燃物或可燃物、酸类、食用化学品等混装混运。运输时运输车辆应配备泄漏应急处理设备

第十五部分 法规信息

下列法律、法规、规章和标准，对该化学品的管理作了相应的规定。

中华人民共和国职业病防治法 职业病分类和目录：未列入

危险化学品安全管理条例 危险化学品目录：列入。易制爆危险化学品名录：未列入。重点监管的危险化学品名录：未列入。GB 18218—2009《危险化学品重大危险源辨识》（表1）：未列入

使用有毒物品作业场所劳动保护条例 高毒物品目录：未列入

易制毒化学品管理条例 易制毒化学品的分类和品种目录：未列入

国际公约 斯德哥尔摩公约：未列入。鹿特丹公约：未列入。蒙特利尔议定书：未列入

第十六部分 其他信息

编写和修订信息 **缩略语和首字母缩写**

培训建议 **参考文献**

免责声明

氢氧化铍

第一部分 化学品标识

化学品中文名 氢氧化铍

化学品英文名 beryllium hydroxide

分子式 $Be(OH)_2$ **相对分子质量** 43.03

结构式

```
   Be
  /  \
HO    OH
```

化学品的推荐及限制用途 用于核技术及制取氧化铍等

第二部分 危险性概述

紧急情况概述 可能致癌

GHS危险性类别 致癌性，类别1A；特异性靶器官毒性-反复接触，类别1；危害水生环境-长期危害，类别4

标签要素

象形图 

警示词 危险

危险性说明 可能致癌，长时间或反复接触对器官造成损伤，可能对水生生物造成长期持续有害影响

防范说明

预防措施 得到专门指导后操作。在阅读并了解所有安全预防措施之前，切勿操作。按要求使用个体防护装备。避免吸入粉尘。操作后彻底清洗。操作现场不得进食、饮水或吸烟。禁止排入环境

事故响应 如果接触或有担心，就医。如感觉不适，就医

安全储存 上锁保管

废弃处置 本品及内装物、容器依据国家和地方法规处置

物理和化学危险 不燃，无特殊燃爆特性

健康危害 短期大量接触可引起急性铍病，主要表现为急性化学性支气管炎或肺炎。肝脏往往肿大，有压痛，甚至出现黄疸。长期接触小量铍可发生慢性铍病。除无力、消瘦、食欲不振外，常有胸闷、胸痛、气短和咳嗽。X射线肺部检查分为三型：颗粒型、网织型和结节型。晚期可发生右心衰竭。皮肤病变有皮炎、溃疡及皮肤肉芽肿

环境危害 可能对水生生物造成长期持续有害影响

第三部分 成分/组成信息

√物质		混合物
组分	浓度	CAS No.
氢氧化铍		13327-32-7

第四部分 急救措施

吸入 迅速脱离现场至空气新鲜处。保持呼吸道通畅。如呼吸困难，给输氧。如呼吸、心跳停止，立即进行心肺复苏术。就医

皮肤接触 立即脱去污染的衣着，用流动清水彻底冲洗至少15min。就医

眼睛接触 立即分开眼睑，用流动清水或生理盐水彻底冲洗至少15min。就医

食入 漱口，饮水。就医

对保护施救者的忠告 根据需要使用个人防护设备

对医生的特别提示 对症处理

第五部分 消防措施

灭火剂 本品不燃。根据着火原因选择适当灭火剂灭火

特别危险性 受高热分解放出有毒的气体

灭火注意事项及防护措施 消防人员必须佩戴空气呼吸器、穿全身防火防毒服，在上风向灭火。尽可能将容器从火场移至空旷处。喷水保持火场容器冷却，直至灭火结束

第六部分 泄漏应急处理

作业人员防护措施、防护装备和应急处置程序 隔离泄漏污染区，限制出入。建议应急处理人员戴防尘口罩，穿防毒服，戴橡胶手套。穿上适当的防护服前严禁接

触破裂的容器和泄漏物。尽可能切断泄漏源。用塑料布覆盖泄漏物，减少飞散。勿使水进入包装容器内

环境保护措施 无资料

泄漏化学品的收容、清除方法及所使用的处置材料 用洁净的铲子收集泄漏物，置于干净、干燥、盖子较松的容器中，将容器移离泄漏区

第七部分 操作处置与储存

操作注意事项 密闭操作，局部排风。最好采用湿式操作。操作人员必须经过专门培训，严格遵守操作规程。建议操作人员佩戴头罩型电动送风过滤式防尘呼吸器，穿连衣式防毒衣，戴橡胶手套。避免产生粉尘。避免与酸类接触。搬运时要轻装轻卸，防止包装及容器损坏。配备泄漏应急处理设备。倒空的容器可能残留有害物

储存注意事项 储存于阴凉、通风的库房。远离火种、热源。包装密封。应与酸类、食用化学品分开存放，切忌混储。储区应备有合适的材料收容泄漏物

第八部分 接触控制/个体防护

职业接触限值

中国 PC-TWA：0.0005mg/m^3；PC-STEL：0.001mg/m^3［按 Be 计］［G1］

美国(ACGIH) TLV-TWA：0.00005mg/m^3［按 Be 计］［皮］［敏］

生物接触限值 未制定标准

监测方法 空气中有毒物质测定方法：桑色素荧光分光光度法。生物监测检验方法：未制定标准

工程控制 密闭操作，局部排风。最好采用湿式操作。提供安全的淋浴和洗眼设备

个体防护装备

呼吸系统防护 作业人员应该佩戴过滤式防尘呼吸器。必要时佩戴空气呼吸器

眼睛防护 戴化学安全防护眼镜

皮肤和身体防护 穿连衣式防毒衣

手防护 戴橡胶手套

第九部分 理化特性

外观与性状 白色或黄色粉末

pH 值 无意义 **熔点(℃)** 138（分解）

沸点(℃) 无资料 **相对密度(水=1)** 1.92

相对蒸气密度(空气=1) 无资料

饱和蒸气压(kPa) 无资料

燃烧热(kJ/mol) 无资料 **临界温度(℃)** 无资料

临界压力(MPa) 无意义 **辛醇/水分配系数** 无资料

闪点(℃) 无意义 **自燃温度(℃)** 无意义

爆炸下限(%) 无意义 **爆炸上限(%)** 无意义

分解温度(℃) 138

黏度(mPa·s) 无资料

溶解性 不溶于水，溶于酸、碱

第十部分 稳定性和反应性

稳定性 稳定

危险反应 与酸类等禁配物发生反应

避免接触的条件 无资料

禁配物 酸类

危险的分解产物 无资料

第十一部分 毒理学信息

急性毒性 LD_{50}：3.8mg/kg（大鼠静脉）

皮肤刺激或腐蚀 无资料 **眼睛刺激或腐蚀** 无资料

呼吸或皮肤过敏 无资料 **生殖细胞突变性** 无资料

致癌性 IARC 致癌性评论：组 1，确认人类致癌物。对人类致癌性证据充分

生殖毒性 无资料

特异性靶器官系统毒性-一次接触 无资料

特异性靶器官系统毒性-反复接触 无资料

吸入危害 无资料

第十二部分 生态学信息

生态毒性 无资料

持久性和降解性

生物降解性 无资料

非生物降解性 无资料

潜在的生物累积性 无资料

土壤中的迁移性 无资料

第十三部分 废弃处置

废弃化学品 根据国家和地方有关法规的要求处置。或与制造商联系，确定处置方法

污染包装物 将容器返还生产商或按照国家和地方法规处置

废弃注意事项 处置前应参阅国家和地方有关法规

第十四部分 运输信息

联合国危险货物编号(UN 号) **联合国运输名称**

联合国危险性类别 **包装类别**

包装标志 **海洋污染物**

运输注意事项 运输前应先检查包装容器是否完整、密封，运输过程中要确保容器不泄漏、不倒塌、不坠落、不损坏。严禁与酸类、氧化剂、食品及食品添加剂混运。运输时运输车辆应配备泄漏应急处理设备。运输途中应防曝晒、雨淋，防高温

第十五部分 法规信息

下列法律、法规、规章和标准，对该化学品的管理作了相应的规定。

中华人民共和国职业病防治法 职业病分类和目录：铍病

危险化学品安全管理条例 危险化学品目录：列入。易制爆危险化学品名录：未列入。重点监管的危险化学品名录：未列入。GB 18218—2009《危险化学品重大危险源辨识》(表 1)：未列入

使用有毒物品作业场所劳动保护条例 高毒物品目录：列入

易制毒化学品管理条例 易制毒化学品的分类和品种目录：未列入

国际公约 斯德哥尔摩公约：未列入。鹿特丹公约：未列

入。蒙特利尔议定书：未列入

第十六部分 其他信息

编写和修订信息 **缩略语和首字母缩写**
培训建议 **参考文献**
免责声明

氰 化 钡

第一部分 化学品标识

化学品中文名 氰化钡
化学品英文名 barium cyanide
分子式 $Ba(CN)_2$ **相对分子质量** 189.38
结构式 N≡—Ba—≡N
化学品的推荐及限制用途 用于电镀、冶金、农药及氰化物制造等

第二部分 危险性概述

紧急情况概述 吞咽致命，皮肤接触会致命，吸入致命
GHS危险性类别 急性毒性-经口，类别2；急性毒性-经皮，类别1；急性毒性-吸入，类别2；危害水生环境-急性危害，类别1；危害水生环境-长期危害，类别1
标签要素

象形图 

警示词 危险
危险性说明 吞咽致命，皮肤接触会致命，吸入致命，对水生生物毒性非常大并具有长期持续影响
防范说明
预防措施 避免接触眼睛、皮肤或衣服，操作后彻底清洗。作业场所不得进食、饮水或吸烟。戴防护手套、穿防护服。避免吸入粉尘。仅在室外或通风良好处操作。戴呼吸防护器具。禁止排入环境
事故响应 如吸入：将患者转移到空气新鲜处，休息，保持利于呼吸的体位。皮肤接触：用大量肥皂水和水轻轻地清洗，立即脱去所有被污染的衣服。被污染的衣服须经洗净后方可重新使用。食入：漱口，立即呼叫中毒控制中心或就医。收集泄漏物
安全储存 在通风良好处储存。保持容器密闭。上锁保管
废弃处置 本品及内装物、容器依据国家和地方法规处置
物理和化学危险 遇酸产生剧毒气体
健康危害 氰化物抑制呼吸酶，造成细胞内窒息。吸入、口服或经皮肤吸收均可引起中毒。中毒表现有头痛、眩晕、恶心、呕吐、呼吸困难、心悸、阵发性和强直性痉挛、昏迷、紫绀，甚至呼吸心跳停止而死亡。对眼有刺激性。可致皮肤损害。长期接触小量氰化物引起食欲不振、恶心、头痛、头晕、无力、眼和上呼吸道刺激
环境危害 对水生生物毒性非常大并具有长期持续影响

第三部分 成分/组成信息

√物质		混合物
组分	浓度	CAS No.
氰化钡		542-62-1

第四部分 急救措施

吸入 迅速脱离现场至空气新鲜处。保持呼吸道通畅。如呼吸困难，给输氧。如呼吸、心跳停止，立即进行心肺复苏术（禁止口对口进行人工呼吸）。就医
皮肤接触 立即脱去污染的衣着，用肥皂水和流动清水彻底冲洗至少15min。就医
眼睛接触 立即分开眼睑，用大量流动清水或生理盐水彻底冲洗至少15min。就医
食入 如患者神志清醒，催吐，洗胃。就医
对保护施救者的忠告 根据需要使用个人防护设备
对医生的特别提示 轻度中毒或有低血压者，可单独使用硫代硫酸钠10～12.5g；重度中毒者首先吸入亚硝酸异戊酯（2～3支压碎于纱布、单衣或手帕中）30s，停15s，然后缓慢静注3%亚硝酸钠溶液10ml，随即用同一针头静注25%硫代硫酸钠溶液12.5～15g。用药后30min症状未缓解者，可重复应用硫代硫酸钠半量或全量

第五部分 消防措施

灭火剂 本品不燃。根据着火原因选择适当灭火剂灭火
特别危险性 受高热或与酸接触会产生剧毒的氰化物气体。与硝酸盐、亚硝酸盐、氯酸盐反应剧烈，有发生爆炸的危险。遇酸或露置空气中能吸收水分和二氧化碳分解出剧毒的氰化氢气体
灭火注意事项及防护措施 发生火灾时应尽量抢救商品，防止包装破损，引起环境污染。消防人员必须佩戴空气呼吸器、穿全身防火防毒服，在上风向灭火。喷水保持火场容器冷却，直至灭火结束。禁止使用酸碱灭火剂

第六部分 泄漏应急处理

作业人员防护措施、防护装备和应急处置程序 隔离泄漏污染区，限制出入。建议应急处理人员戴防尘口罩，穿防毒服，戴橡胶手套。作业时使用的所有设备应接地。穿上适当的防护服前严禁接触破裂的容器和泄漏物。尽可能切断泄漏源。用干燥的砂土或其他不燃材料覆盖泄漏物，然后用塑料布覆盖，减少飞散、避免雨淋
环境保护措施 无资料
泄漏化学品的收容、清除方法及所使用的处置材料 用洁净的铲子收集泄漏物，置于干净、干燥、盖子较松的容器中，将容器移离泄漏区

第七部分 操作处置与储存

操作注意事项 严加密闭，提供充分的局部排风和全面通风。操作尽可能机械化、自动化。操作人员必须

经过专门培训，严格遵守操作规程。建议操作人员佩戴头罩型电动送风过滤式防尘呼吸器，穿连衣式防毒衣，戴橡胶手套。避免产生粉尘。避免与氧化剂、酸类接触。搬运时要轻装轻卸，防止包装及容器损坏。配备泄漏应急处理设备。倒空的容器可能残留有害物

储存注意事项 储存于阴凉、通风的库房。远离火种、热源。包装密封。应与氧化剂、酸类、食用化学品分开存放，切忌混储。储区应备有合适的材料收容泄漏物

第八部分 接触控制/个体防护

职业接触限值

中国 MAC：1mg/m³［按 CN 计］［皮］

美国(ACGIH) TLV-C：0.5mg/m³［按 Ba 计］

生物接触限值 未制定标准

监测方法 空气中有毒物质测定方法：氰化物的测量方法：异菸酸钠-巴比妥酸钠分光光度法。钡的测量方法：二溴对甲基偶氮甲磺分光光度法；电感耦合等离子体原子发光光谱法。生物监测检验方法：未制定标准

工程控制 严加密闭，提供充分的局部排风和全面通风。提供安全的淋浴和洗眼设备

个体防护装备

呼吸系统防护 可能接触毒物时，必须佩戴过滤式防尘呼吸器。紧急事态抢救或撤离时，建议佩戴空气呼吸器

眼睛防护 戴化学安全防护眼镜

皮肤和身体防护 穿连衣式防毒衣

手防护 戴橡胶手套

第九部分 理化特性

外观与性状 白色光亮鳞状结晶

pH 值 无意义 **熔点(℃)** 无资料

沸点(℃) 无资料 **相对密度(水=1)** 无资料

相对蒸气密度(空气=1) 无资料

饱和蒸气压(kPa) 无资料

燃烧热(kJ/mol) 无资料 **临界温度(℃)** 无资料

临界压力(MPa) 无意义 **辛醇/水分配系数** −1.61

闪点(℃) 无意义 **自燃温度(℃)** 无意义

爆炸下限(%) 无意义 **爆炸上限(%)** 无意义

分解温度(℃) 无资料

黏度(mPa·s) 无资料

溶解性 溶于水，溶于乙醇

第十部分 稳定性和反应性

稳定性 稳定

危险反应 与强氧化物、酸类等禁配物发生反应

避免接触的条件 潮湿空气

禁配物 强氧化剂、酸类

危险的分解产物 无资料

第十一部分 毒理学信息

急性毒性 无资料 **皮肤刺激或腐蚀** 无资料

眼睛刺激或腐蚀 无资料 **呼吸或皮肤过敏** 无资料

生殖细胞突变性 无资料 **致癌性** 无资料

生殖毒性 无资料

特异性靶器官系统毒性-一次接触 无资料

特异性靶器官系统毒性-反复接触 无资料

吸入危害 无资料

第十二部分 生态学信息

生态毒性 TLm＜1mg/L (96h)(菱体兔牙鲷)

持久性和降解性

生物降解性 无资料

非生物降解性 无资料

潜在的生物累积性 无资料

土壤中的迁移性 无资料

第十三部分 废弃处置

废弃化学品 根据国家和地方有关法规的要求处置。或与制造商联系，确定处置方法

污染包装物 将容器返还生产商或按照国家和地方法规处置

废弃注意事项 在规定场所掩埋空容器

第十四部分 运输信息

联合国危险货物编号(UN 号) 1565

联合国运输名称 氰化钡

联合国危险性类别 6.1 **包装类别** Ⅰ类包装

包装标志 

海洋污染物 是

运输注意事项 运输前应先检查包装容器是否完整、密封，运输过程中要确保容器不泄漏、不倒塌、不坠落、不损坏。严禁与酸类、氧化剂、食品及食品添加剂混运。运输时运输车辆应配备泄漏应急处理设备。运输途中应防曝晒、雨淋，防高温。公路运输时要按规定路线行驶，禁止在居民区和人口稠密区停留

第十五部分 法规信息

下列法律、法规、规章和标准，对该化学品的管理作了相应的规定。

中华人民共和国职业病防治法 职业病分类和目录：钡及其化合物中毒，氰及腈类化合物中毒

危险化学品安全管理条例 危险化学品目录：列入。易制爆危险化学品名录：未列入。重点监管的危险化学品名录：未列入。GB 18218—2009《危险化学品重大危险源辨识》(表 1)：未列入

使用有毒物品作业场所劳动保护条例 高毒物品目录：列入

易制毒化学品管理条例 易制毒化学品的分类和品种目录：未列入

国际公约 斯德哥尔摩公约：未列入。鹿特丹公约：未列入。蒙特利尔议定书：未列入

第十六部分　其他信息

编写和修订信息　　**缩略语和首字母缩写**

培训建议　　**参考文献**

免责声明

氰　化　钙

第一部分　化学品标识

化学品中文名　氰化钙

化学品英文名　calcium cyanide；calcyanide

分子式　$Ca(CN)_2$　　**相对分子质量**　92.12

结构式　N≡—Ca—≡N

化学品的推荐及限制用途　用于提炼金、银等贵重金属和制造农药等

第二部分　危险性概述

紧急情况概述　吞咽致命

GHS危险性类别　急性毒性-经口，类别2；危害水生环境-急性危害，类别1；危害水生环境-长期危害，类别1

标签要素

象形图

警示词　危险

危险性说明　吞咽致命，对水生生物毒性非常大并具有长期持续影响

防范说明

预防措施　避免接触眼睛、皮肤，操作后彻底清洗。作业场所不得进食、饮水或吸烟。禁止排入环境

事故响应　食入：漱口，立即呼叫中毒控制中心或就医。收集泄漏物

安全储存　上锁保管

废弃处置　本品及内装物、容器依据国家和地方法规处置

物理和化学危险　遇酸产生剧毒气体

健康危害　抑制呼吸酶。造成细胞内窒息。吸入、口服或经皮吸收均可引起急性中毒。大剂量接触引起骤死。非骤死者临床分为4期：前驱期有黏膜刺激、呼吸加快加深、乏力、头痛；口服有舌尖、口腔发麻等。呼吸困难期有呼吸困难、血压升高、皮肤黏膜呈鲜红色等。惊厥期出现抽搐、昏迷、呼吸衰竭。麻痹期全身肌肉松弛，呼吸心跳停止而死亡

慢性影响　神经衰弱综合征、眼及上呼吸道刺激、皮肤损害

环境危害　对水生生物毒性非常大并具有长期持续影响

第三部分　成分/组成信息

√物质		混合物
组分	**浓度**	**CAS No.**
氰化钙		592-01-8

第四部分　急救措施

吸入　迅速脱离现场至空气新鲜处。保持呼吸道通畅。如呼吸困难，给输氧。如呼吸、心跳停止，立即进行心肺复苏术（禁止口对口进行人工呼吸）。就医

皮肤接触　立即脱去污染的衣着，用肥皂水和流动清水彻底冲洗至少15min。就医

眼睛接触　立即分开眼睑，用大量流动清水或生理盐水彻底冲洗至少15min。就医

食入　如患者神志清醒，催吐，洗胃。就医

对保护施救者的忠告　根据需要使用个人防护设备

对医生的特别提示　轻度中毒或有低血压者，可单独使用硫代硫酸钠10～12.5g；重度中毒者首先吸入亚硝酸异戊酯（2～3支压碎于纱布、单衣或手帕中）30s，停15s，然后缓慢静注3%亚硝酸钠溶液10ml，随即用同一针头静注25%硫代硫酸钠溶液12.5～15g。用药后30min症状未缓解者，可重复应用硫代硫酸钠半量或全量

第五部分　消防措施

灭火剂　本品不燃。根据着火原因选择适当灭火剂灭火

特别的危险性　不燃。受高热或与酸接触会产生剧毒的氰化物气体。与硝酸盐、亚硝酸盐、氯酸盐反应剧烈，有发生爆炸的危险。遇酸或露置空气中能吸收水分和二氧化碳分解出剧毒的氰化氢气体

灭火注意事项及防护措施　发生火灾时应尽量抢救商品，防止包装破损，引起环境污染。消防人员必须佩戴空气呼吸器、穿全身防火防毒服，在上风向灭火。喷水保持火场容器冷却，直至灭火结束。禁止使用酸碱灭火剂

第六部分　泄漏应急处理

作业人员防护措施、防护装备和应急处置程序　隔离泄漏污染区，限制出入。建议应急处理人员戴防尘口罩，穿防毒服，戴橡胶手套。作业时使用的所有设备应接地。穿上适当的防护服前严禁接触破裂的容器和泄漏物。尽可能切断泄漏源。用干燥的砂土或其他不燃材料覆盖泄漏物，然后用塑料布覆盖，减少飞散、避免雨淋

环境保护措施　无资料

泄漏化学品的收容、清除方法及所使用的处置材料　用洁净的铲子收集泄漏物，置于干净、干燥、盖子较松的容器中，将容器移离泄漏区

第七部分　操作处置与储存

操作注意事项　严加密闭，提供充分的局部排风和全面通风。操作尽可能机械化、自动化。操作人员必须经过专门培训，严格遵守操作规程。建议操作人员佩戴头罩型电动送风过滤式防尘呼吸器，穿连衣式防毒衣，戴橡胶手套。避免产生粉尘。避免与氧化剂、酸类接触。搬运时要轻装轻卸，防止包装及容器损坏。配备泄漏应急处理设备。倒空的容器可能残留有害物

储存注意事项　储存于阴凉、通风良好的专用库房内。远

离火种、热源。包装密封。应与氧化剂、酸类、食用化学品分开存放，切忌混储。储区应备有合适的材料收容泄漏物

第八部分 接触控制/个体防护

职业接触限值

中国 MAC：1mg/m^3［按 CN 计］［皮］

美国(ACGIH) TLV-C：5mg/m^3［按 CN 计］［皮］

生物接触限值 未制定标准

监测方法 空气中有毒物质测定方法：异菸酸钠-巴比妥酸钠分光光度法。生物监测检验方法：未制定标准

工程控制 严加密闭，提供充分的局部排风和全面通风。提供安全的淋浴和洗眼设备

个体防护装备

呼吸系统防护 可能接触毒物时，必须佩戴过滤式防尘呼吸器。紧急事态抢救或撤离时，建议佩戴空气呼吸器

眼睛防护 戴化学安全防护眼镜

皮肤和身体防护 穿连衣式防毒衣

手防护 戴橡胶手套

第九部分 理化特性

外观与性状 无色结晶或白色粉末，工业品呈灰黑色薄片，味苦

pH 值 无意义 **熔点(℃)** 640（分解）

沸点(℃) 无资料 **相对密度(水=1)** 1.853

相对蒸气密度(空气=1) 无资料

饱和蒸气压(kPa) 无资料

燃烧热(kJ/mol) 无资料 **临界温度(℃)** 无资料

临界压力(MPa) 无意义 **辛醇/水分配系数** −2.41

闪点(℃) 无意义 **自燃温度(℃)** 无意义

爆炸下限(%) 无意义 **爆炸上限(%)** 无意义

分解温度(℃) 无资料

黏度(mPa·s) 无资料

溶解性 溶于水、乙醇，缓慢溶于弱酸

第十部分 稳定性和反应性

稳定性 稳定

危险反应 与强氧化剂、酸类等禁配物发生反应

避免接触的条件 潮湿空气

禁配物 强氧化剂、酸类、水

危险的分解产物 无资料

第十一部分 毒理学信息

急性毒性 LD_{50}：39mg/kg（大鼠经口）

皮肤刺激或腐蚀 无资料 **眼睛刺激或腐蚀** 无资料

呼吸或皮肤过敏 无资料 **生殖细胞突变性** 无资料

致癌性 无资料 **生殖毒性** 无资料

特异性靶器官系统毒性-一次接触 无资料

特异性靶器官系统毒性-反复接触 无资料

吸入危害 无资料

第十二部分 生态学信息

生态毒性 无资料

持久性和降解性

生物降解性 无资料

非生物降解性 无资料

潜在的生物累积性 无资料

土壤中的迁移性 无资料

第十三部分 废弃处置

废弃化学品 与硫酸亚铁反应，生成毒性相对较低的六氰合铁，或与次氯酸钠或次氯酸钙反应，生成氮气。处理后，用安全掩埋法处置

污染包装物 将容器返还生产商或按照国家和地方法规处置

废弃注意事项 处置前应参阅国家和地方有关法规

第十四部分 运输信息

联合国危险货物编号(UN号) 1575

联合国运输名称 氰化钙

联合国危险性类别 6.1 **包装类别** Ⅰ类包装

包装标志 

海洋污染物 是

运输注意事项 运输前应先检查包装容器是否完整、密封，运输过程中要确保容器不泄漏、不倒塌、不坠落、不损坏。严禁与酸类、氧化剂、食品及食品添加剂混运。运输时运输车辆应配备泄漏应急处理设备。运输途中应防曝晒、雨淋，防高温。公路运输时要按规定路线行驶，禁止在居民区和人口稠密区停留

第十五部分 法规信息

下列法律、法规、规章和标准，对该化学品的管理作了相应的规定。

中华人民共和国职业病防治法 职业病分类和目录：氰及腈类化合物中毒

危险化学品安全管理条例 危险化学品目录：列入。易制爆危险化学品名录：未列入。重点监管的危险化学品名录：未列入。GB 18218—2009《危险化学品重大危险源辨识》(表 1)：未列入

使用有毒物品作业场所劳动保护条例 高毒物品目录：列入

易制毒化学品管理条例 易制毒化学品的分类和品种目录：未列入

国际公约 斯德哥尔摩公约：未列入。鹿特丹公约：未列入。蒙特利尔议定书：未列入

第十六部分 其他信息

编写和修订信息 **缩略语和首字母缩写**

培训建议 **参考文献**

免责声明

氰 化 汞

第一部分 化学品标识

化学品中文名 氰化汞；氰化高汞

化学品英文名 mercuric cyanide; mercury (Ⅱ) cyanide

分子式 $Hg(CN)_2$ **相对分子质量** 252.63

结构式 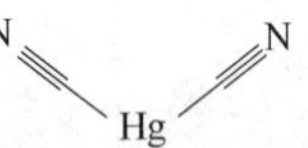

化学品的推荐及限制用途 用于医药、杀菌皂、照相及用作分析试剂

第二部分 危险性概述

紧急情况概述 吞咽致命，可能导致皮肤过敏反应

GHS危险性类别 急性毒性-经口，类别2；皮肤腐蚀/刺激，类别3；严重眼损伤/眼刺激，类别2B；皮肤致敏物，类别1；生殖毒性，类别1B；特异性靶器官毒性-一次接触，类别1；特异性靶器官毒性-反复接触，类别1；危害水生环境-急性危害，类别1；危害水生环境-长期危害，类别1

标签要素

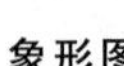

象形图 

警示词 危险

危险性说明 吞咽致命，造成皮肤刺激，造成严重眼刺激，可能导致皮肤过敏反应，可能对生育力或胎儿造成伤害，对器官造成损害，长时间或反复接触对器官造成损伤，对水生生物毒性非常大并具有长期持续影响

防范说明

预防措施 避免接触眼睛、皮肤，操作后彻底清洗。作业场所不得进食、饮水或吸烟。戴防护手套、防护眼镜、防护面罩。避免吸入粉尘蒸气。污染的工作服不得带出工作场所。得到专门指导后操作。在阅读并了解所有安全预防措施之前，切勿操作。按要求使用个体防护装备。禁止排入环境

事故响应 皮肤接触：用大量肥皂水和水清洗。如发生皮肤刺激，就医。脱去被污染的衣服，污染的衣服洗净后方可重新使用。如接触眼睛：用水细心冲洗数分钟。如戴隐形眼镜并可方便地取出，取出隐形眼镜继续冲洗。食入：漱口，立即呼叫中毒控制中心或就医。如果接触：立即呼叫中毒控制中心或就医。如感觉不适，就医。收集泄漏物

安全储存 上锁保管

废弃处置 本品及内装物、容器依据国家和地方法规处置

物理和化学危险 遇酸产生剧毒气体

健康危害 接触后氰化物和汞中毒的症状均可出现。吸入本品粉尘可引起急性中毒，症状有胸部紧束感或疼痛，咳嗽，呼吸困难；氰化物中毒症状包括焦虑、神经错乱、头晕、呼吸困难、意识障碍、惊厥、呼气呈苦杏仁味。口服出现腹痛、呕吐、严重腹泻及上述氰化物中毒症状。眼接触引起角膜溃疡和水肿。对皮肤有刺激性，可引起皮炎；经皮吸收可引起中毒

环境危害 对水生生物毒性非常大并具有长期持续影响

第三部分 成分/组成信息

√物质		混合物
组分	浓度	CAS No.
氰化汞		592-04-1

第四部分 急救措施

吸入 迅速脱离现场至空气新鲜处。保持呼吸道通畅。如呼吸困难，给输氧。如呼吸、心跳停止，立即进行心肺复苏术（禁止口对口进行人工呼吸）。就医

皮肤接触 立即脱去污染的衣着，用肥皂水和流动清水彻底冲洗至少15min。就医

眼睛接触 立即分开眼睑，用大量流动清水或生理盐水彻底冲洗至少15min。就医

食入 如患者神志清醒，催吐，洗胃。就医

对保护施救者的忠告 根据需要使用个人防护设备

对医生的特别提示 轻度中毒或有低血压者，可单独使用硫代硫酸钠10～12.5g；重度中毒者首先吸入亚硝酸异戊酯（2～3支压碎于纱布、单衣或手帕中）30s，停15s，然后缓慢静注3%亚硝酸钠溶液10ml，随即用同一针头静注25%硫代硫酸钠溶液12.5～15g。用药后30min症状未缓解者，可重复应用硫代硫酸钠半量或全量

第五部分 消防措施

灭火剂 本品不燃。根据着火原因选择适当灭火剂灭火

特别危险性 受高热或与酸接触会产生剧毒的氰化物气体。与硝酸盐、亚硝酸盐、氯酸盐反应剧烈，有发生爆炸的危险。遇酸或露置空气中能吸收水分和二氧化碳分解出剧毒的氰化氢气体

灭火注意事项及防护措施 发生火灾时应尽量抢救商品，防止包装破损，引起环境污染。消防人员必须佩戴空气呼吸器、穿全身防火防毒服，在上风向灭火。喷水保持火场容器冷却，直至灭火结束。禁止使用酸碱灭火剂

第六部分 泄漏应急处理

作业人员防护措施、防护装备和应急处置程序 隔离泄漏污染区，限制出入。建议应急处理人员戴防尘口罩，穿防毒服，戴橡胶手套。穿上适当的防护服前严禁接触破裂的容器和泄漏物。尽可能切断泄漏源。用塑料布覆盖泄漏物，减少飞散。勿使水进入包装容器内

环境保护措施 无资料

泄漏化学品的收容、清除方法及所使用的处置材料 用洁净的铲子收集泄漏物，置于干净、干燥、盖子较松的容器中，将容器移离泄漏区

第七部分 操作处置与储存

操作注意事项 严加密闭，提供充分的局部排风和全面通风。操作尽可能机械化、自动化。操作人员必须经过专门培训，严格遵守操作规程。建议操作人员佩戴头罩型电动送风过滤式防尘呼吸器，穿连衣式防毒衣，

戴橡胶手套。避免产生粉尘。避免与氧化剂、酸类接触。搬运时要轻装轻卸，防止包装及容器损坏。配备泄漏应急处理设备。倒空的容器可能残留有害物

储存注意事项 储存于阴凉、通风良好的专用库房内。远离火种、热源。避免光照。包装密封。应与氧化剂、酸类、食用化学品分开存放，切忌混储。储区应备有合适的材料收容泄漏物

第八部分 接触控制/个体防护

职业接触限值

中国 MAC：$1mg/m^3$［按 CN 计］［皮］

美国（ACGIH） TLV-TWA：$0.025mg/m^3$［按 Hg 计］

生物接触限值 尿总汞 20μmol/mol 肌酐（35μg/g 肌酐）（采样时间：接触 6 个月后工作班前）

监测方法 空气中有毒物质测定方法：氰化物的测量方法—异菸酸钠-巴比妥酸钠分光光度法。汞的测量方法—原子荧光光谱法；双硫腙分光光度法；冷原子吸收光谱法。生物监测检验方法：尿中汞的双硫腙萃取分光光度测定方法；尿中汞的冷原子吸收光谱测定方法（一）碱性氯化亚锡还原法；尿中有机（甲基）汞、无机汞和总汞的分别测定方法—选择性还原-冷原子吸收光谱法

工程控制 严加密闭，提供充分的局部排风和全面通风。提供安全的淋浴和洗眼设备

个体防护装备

呼吸系统防护 可能接触毒物时，必须佩戴过滤式防尘呼吸器。紧急事态抢救或撤离时，建议佩戴空气呼吸器

眼睛防护 戴化学安全防护眼镜

皮肤和身体防护 穿连衣式防毒衣

手防护 戴橡胶手套

第九部分 理化特性

外观与性状 无色或白色结晶粉末，见光颜色变暗

pH 值 无意义 **熔点(℃)** 320（分解）

沸点(℃) 分解 **相对密度(水=1)** 4.00

相对蒸气密度(空气=1) 无资料

饱和蒸气压(kPa) 无资料

燃烧热(kJ/mol) 无资料 **临界温度(℃)** 无资料

临界压力(MPa) 无意义 **辛醇/水分配系数** −2.31

闪点(℃) 无意义 **自燃温度(℃)** 无意义

爆炸下限(%) 无意义 **爆炸上限(%)** 无意义

分解温度(℃) 无资料

黏度(mPa·s) 无资料

溶解性 易溶于水、氨水、甲醇、乙醇，不溶于苯

第十部分 稳定性和反应性

稳定性 稳定

危险反应 与强氧化剂、酸类等禁配物发生反应

避免接触的条件 潮湿空气、光照

禁配物 强氧化剂、酸类

危险的分解产物 无资料

第十一部分 毒理学信息

急性毒性 LD_{50}：25mg/kg（大鼠经口）

皮肤刺激或腐蚀 无资料 **眼睛刺激或腐蚀** 无资料

呼吸或皮肤过敏 无资料 **生殖细胞突变性** 无资料

致癌性 无资料 **生殖毒性** 无资料

特异性靶器官系统毒性-一次接触 无资料

特异性靶器官系统毒性-反复接触 无资料

吸入危害 无资料

第十二部分 生态学信息

生态毒性 EC_{50}：0.02mg/L（48h）（水蚤）

持久性和降解性

生物降解性 无资料

非生物降解性 无资料

潜在的生物累积性 元素汞易在生物体内富集

土壤中的迁移性 无资料

第十三部分 废弃处置

废弃化学品 根据国家和地方有关法规的要求处置。或与制造商联系，确定处置方法

污染包装物 将容器返还生产商或按照国家和地方法规处置

废弃注意事项 处置前应参阅国家和地方有关法规。在规定场所掩埋空容器

第十四部分 运输信息

联合国危险货物编号（UN 号） 1636

联合国运输名称 氰化汞

联合国危险性类别 6.1 **包装类别** Ⅱ类包装

包装标志  **海洋污染物** 是

运输注意事项 运输前应先检查包装容器是否完整、密封，运输过程中要确保容器不泄漏、不倒塌、不坠落、不损坏。严禁与酸类、氧化剂、食品及食品添加剂混运。运输时运输车辆应配备泄漏应急处理设备。运输途中应防曝晒、雨淋，防高温。公路运输时要按规定路线行驶，禁止在居民区和人口稠密区停留

第十五部分 法规信息

下列法律、法规、规章和标准，对该化学品的管理作了相应的规定。

中华人民共和国职业病防治法 职业病分类和目录：氰及腈类化合物中毒；汞及其化合物中毒

危险化学品安全管理条例 危险化学品目录：列入。易制爆危险化学品名录：未列入。重点监管的危险化学品名录：未列入。GB 18218—2009《危险化学品重大危险源辨识》（表 1）：未列入

使用有毒物品作业场所劳动保护条例 高毒物品目录：列入

易制毒化学品管理条例 易制毒化学品的分类和品种目

录：未列入

国际公约 斯德哥尔摩公约：未列入。鹿特丹公约：未列入。蒙特利尔议定书：未列入

第十六部分 其他信息

编写和修订信息 **缩略语和首字母缩写**

培训建议 **参考文献**

免责声明

氰 化 钾

第一部分 化学品标识

化学品中文名 氰化钾；山奈钾

化学品英文名 potassium cyanide；hydrocyanic acid；potassium salt

分子式 KCN **相对分子质量** 65.12

结构式 K—≡N

化学品的推荐及限制用途 用于提炼金、银等贵重金属和淬火、电镀，以及制分析试剂、有机腈类、医药、杀虫剂等

第二部分 危险性概述

紧急情况概述 吞咽致命，吸入致命

GHS危险性类别 急性毒性-经口，类别2；急性毒性-经皮，类别1；皮肤腐蚀/刺激，类别3；严重眼损伤/眼刺激，类别2；特异性靶器官毒性-一次接触，类别2；特异性靶器官毒性-反复接触，类别1；危害水生环境-急性危害，类别1；危害水生环境-长期危害，类别1

标签要素

象形图

警示词 危险

危险性说明 吞咽致命，吸入致命，造成轻微皮肤刺激，造成严重眼刺激，可能对器官造成损害，长时间或反复接触对器官造成损伤，对水生生物毒性非常大并具有长期持续影响

防范说明

预防措施 避免接触眼睛、皮肤，操作后彻底清洗。作业场所不得进食、饮水或吸烟。避免吸入粉尘、蒸气。仅在室外或通风良好处操作。戴呼吸防护器具、防护眼镜、防护面罩。禁止排入环境

事故响应 如吸入：将患者转移到空气新鲜处，休息，保持利于呼吸的体位。如发生皮肤刺激，就医。如接触眼睛：用水细心冲洗数分钟。如戴隐形眼镜并可方便地取出，取出隐形眼镜继续冲洗。如果眼睛刺激持续：就医。食入：漱口，立即呼叫中毒控制中心或就医。如果接触或感觉不适：呼叫中毒控制中心或就医。收集泄漏物

安全储存 在通风良好处储存。保持容器密闭。上锁保管

废弃处置 本品及内装物、容器依据国家和地方法规处置

物理和化学危险 遇酸产生剧毒气体

健康危害 抑制呼吸酶，造成细胞内窒息。吸入、口服或经皮吸收均可引起急性中毒。口服50～100mg即可引起猝死。非骤死者临床分为4期：前驱期有黏膜刺激、呼吸加深加快、乏力、头痛；口服有舌尖、口腔发麻等。呼吸困难期有呼吸困难、血压升高、皮肤黏膜呈鲜红色等。惊厥期出现抽搐、昏迷、呼吸衰竭。麻痹期全身肌肉松弛，呼吸心跳停止而死亡。长期接触小量氰化物出现神经衰弱综合征、眼及上呼吸道刺激。可引起皮疹、皮肤溃疡

环境危害 对水生生物毒性非常大并具有长期持续影响

第三部分 成分/组成信息

√物质		混合物
组分	**浓度**	**CAS No.**
氰化钾		151-50-8

第四部分 急救措施

吸入 迅速脱离现场至空气新鲜处。保持呼吸道通畅。如呼吸困难，给输氧。如呼吸、心跳停止，立即进行心肺复苏术（禁止口对口进行人工呼吸）。就医

皮肤接触 立即脱去污染的衣着，用肥皂水和流动清水彻底冲洗至少15min。就医

眼睛接触 立即分开眼睑，用大量流动清水或生理盐水彻底冲洗至少15min。就医

食入 如患者神志清醒，催吐，洗胃。就医

对保护施救者的忠告 根据需要使用个人防护设备

对医生的特别提示 轻度中毒或有低血压者，可单独使用硫代硫酸钠10～12.5g；重度中毒者首先吸入亚硝酸异戊酯（2～3支压碎于纱布、单衣或手帕中）30s，停15s，然后缓慢静注3%亚硝酸钠溶液10ml，随即用同一针头静注25%硫代硫酸钠溶液12.5～15g。用药后30min症状未缓解者，可重复应用硫代硫酸钠半量或全量

第五部分 消防措施

灭火剂 本品不燃。根据着火原因选择适当灭火剂灭火

特别危险性 受高热或与酸接触会产生剧毒的氰化物气体。与硝酸盐、亚硝酸盐、氯酸盐反应剧烈，有发生爆炸的危险。遇酸或露置空气中能吸收水分和二氧化碳分解出剧毒的氰化氢气体。水溶液为碱性腐蚀液体

灭火注意事项及防护措施 发生火灾时应尽量抢救商品，防止包装破损，引起环境污染。消防人员必须佩戴空气呼吸器、穿全身防火防毒服，在上风向灭火。喷水保持火场容器冷却，直至灭火结束。禁止使用酸碱灭火剂

第六部分 泄漏应急处理

作业人员防护措施、防护装备和应急处置程序 隔离泄漏污染区，限制出入。建议应急处理人员戴防尘口罩，

穿防毒服，戴橡胶手套。穿上适当的防护服前严禁接触破裂的容器和泄漏物。尽可能切断泄漏源。用干燥的砂土或其他不燃材料覆盖泄漏物，然后用塑料布覆盖，减少飞散、避免雨淋

环境保护措施 无资料

泄漏化学品的收容、清除方法及所使用的处置材料 用洁净的铲子收集泄漏物，置于干净、干燥、盖子较松的容器中，将容器移离泄漏区

第七部分 操作处置与储存

操作注意事项 严加密闭，提供充分的局部排风和全面通风。操作尽可能机械化、自动化。操作人员必须经过专门培训，严格遵守操作规程。建议操作人员佩戴头罩型电动送风过滤式防尘呼吸器，穿连衣式防毒衣，戴橡胶手套。避免产生粉尘。避免与氧化剂、酸类接触。搬运时要轻装轻卸，防止包装及容器损坏。配备泄漏应急处理设备。倒空的容器可能残留有害物

储存注意事项 储存于阴凉、干燥、通风良好的专用库房内。实行“双人收发、双人保管”制度。远离火种、热源。包装必须密封，切勿受潮。应与氧化剂、酸类、食用化学品分开存放，切忌混储。储区应备有合适的材料收容泄漏物

第八部分 接触控制/个体防护

职业接触限值

中国 MAC：$1mg/m^3$［按 CN 计］［皮］

美国(ACGIH) TLV-C：$5mg/m^3$［按 CN 计］［皮］

生物接触限值 未制定标准

监测方法 空气中有毒物质测定方法：异菸酸钠-巴比妥酸钠分光光度法。生物监测检验方法：未制定标准

工程控制 严加密闭，提供充分的局部排风和全面通风。提供安全的淋浴和洗眼设备

个体防护装备

呼吸系统防护 可能接触毒物时，必须佩戴过滤式防尘呼吸器。紧急事态抢救或撤离时，建议佩戴空气呼吸器

眼睛防护 戴化学安全防护眼镜

皮肤和身体防护 穿连衣式防毒衣

手防护 戴橡胶手套

第九部分 理化特性

外观与性状 白色结晶或粉末，易潮解

pH 值 11（0.1mol/L 水溶液） **熔点(℃)** 634.5

沸点(℃) 无资料 **相对密度(水=1)** 1.52

相对蒸气密度(空气=1) 无资料

饱和蒸气压(kPa) 无资料 **燃烧热(kJ/mol)** 无资料

临界温度(℃) 无资料 **临界压力(MPa)** 无意义

辛醇/水分配系数 −1.69 **闪点(℃)** 无意义

自燃温度(℃) 无意义 **爆炸下限(%)** 无意义

爆炸上限(%) 无意义 **分解温度(℃)** 无资料

黏度(mPa·s) 无资料

溶解性 易溶于水、乙醇、甘油，微溶于甲醇、氢氧化钠水溶液

第十部分 稳定性和反应性

稳定性 稳定

危险反应 与强氧化剂、酸类等禁配物发生反应

避免接触的条件 潮湿空气

禁配物 强氧化剂、酸类

危险的分解产物 无资料

第十一部分 毒理学信息

急性毒性 LD_{50}：5mg/kg（大鼠经口）

皮肤刺激或腐蚀 无资料 **眼睛刺激或腐蚀** 无资料

呼吸或皮肤过敏 无资料

生殖细胞突变性 DNA 抑制：小鼠淋巴细胞 1mmol/L。细胞遗传学分析：人淋巴细胞 70mg/L（24h）。DNA 损伤：大鼠肝 300μmol/L

致癌性 无资料 **生殖毒性** 无资料

特异性靶器官系统毒性-一次接触 无资料

特异性靶器官系统毒性-反复接触 无资料

吸入危害 无资料

第十二部分 生态学信息

生态毒性 氰化合物对水生生物有极高毒性

持久性和降解性

生物降解性 无资料

非生物降解性 无资料

潜在的生物累积性 无资料

土壤中的迁移性 无资料

第十三部分 废弃处置

废弃化学品 加入强碱性次氯酸盐，反应 24h 后，再用大量水冲入废水系统

污染包装物 将容器返还生产商或按照国家和地方法规处置

废弃注意事项 处置前应参阅国家和地方有关法规

第十四部分 运输信息

联合国危险货物编号（UN 号） 1680；3413（溶液）

联合国运输名称 氰化钾，固态；氰化钾溶液（溶液）

联合国危险性类别 6.1

包装类别 Ⅰ类包装；Ⅰ类或Ⅱ类或Ⅲ类包装（溶液）

包装标志 

海洋污染物 是

运输注意事项 运输前应先检查包装容器是否完整、密封，运输过程中要确保容器不泄漏、不倒塌、不坠落、不损坏。严禁与酸类、氧化剂、食品及食品添加剂混运。运输时运输车辆应配备泄漏应急处理设备。运输途中应防曝晒、雨淋，防高温。公路运输时要按规定路线行驶，禁止在居民区和人口稠密区停留

第十五部分 法规信息

下列法律、法规、规章和标准，对该化学品的管理作

了相应的规定。

中华人民共和国职业病防治法 职业病分类和目录：氰及腈类化合物中毒

危险化学品安全管理条例 危险化学品目录：列入。作为剧毒化学品进行管理。易制爆危险化学品名录：未列入。重点监管的危险化学品名录：未列入。GB 18218—2009《危险化学品重大危险源辨识》(表 1)：未列入

使用有毒物品作业场所劳动保护条例 高毒物品目录：列入

易制毒化学品管理条例 易制毒化学品的分类和品种目录：未列入

国际公约 斯德哥尔摩公约：未列入。鹿特丹公约：未列入。蒙特利尔议定书：未列入

第十六部分 其他信息

编写和修订信息 **缩略语和首字母缩写**

培训建议 **参考文献**

免责声明

氰 化 钠

第一部分 化学品标识

化学品中文名 氰化钠；山奈；山奈钠

化学品英文名 sodium cyanide

分子式 NaCN **相对分子质量** 49.01

结构式 N≡—Na

化学品的推荐及限制用途 用于提炼金、银等贵重金属和淬火，并用于塑料、农药、医药、染料等有机合成工业

第二部分 危险性概述

紧急情况概述 吞咽致命，皮肤接触会致命

GHS 危险性类别 急性毒性-经口，类别 2；急性毒性-经皮，类别 1；皮肤腐蚀/刺激，类别 3；严重眼损伤/眼刺激，类别 2；生殖毒性，类别 2；特异性靶器官毒性-反复接触，类别 1；危害水生环境-急性危害，类别 1；危害水生环境-长期危害，类别 1

标签要素

象形图

警示词 危险

危险性说明 吞咽致命，皮肤接触会致命，造成轻微皮肤刺激，造成严重眼刺激，怀疑对生育力或胎儿造成伤害，长时间或反复接触对器官造成损伤，对水生生物毒性非常大并具有长期持续影响

防范说明

预防措施 避免接触眼睛、皮肤或衣服，操作后彻底清洗。作业场所不得进食、饮水或吸烟。戴防护手套，穿防护服，戴防护眼镜、防护面罩。得到专门指导后操作。在阅读并了解所有安全预防措施之前，切勿操作。按要求使用个体防护装备。避免吸入粉尘、蒸气。禁止排入环境

事故响应 皮肤接触：用大量肥皂水和水轻轻地清洗，立即脱去所有被污染的衣服。被污染的衣服须经洗净后方可重新使用。如发生皮肤刺激，就医。如接触眼睛：用水细心冲洗数分钟。如戴隐形眼镜并可方便地取出，取出隐形眼镜继续冲洗。食入：漱口，立即呼叫中毒控制中心或就医。如果接触或有担心，就医。收集泄漏物

安全储存 上锁保管

废弃处置 本品及内装物、容器依据国家和地方法规处置

物理和化学危险 遇酸产生剧毒气体

健康危害 抑制呼吸酶，造成细胞内窒息。吸入、口服或经皮吸收均可引起急性中毒

急性中毒 生产中，可因在热处理时吸入氰化钠蒸气或室温下吸入粉尘而引起中毒。口服 50～100mg 即可引起猝死。非骤死者临床分为 4 期：前驱期有黏膜刺激、呼吸加快加深、乏力、头痛；口服有舌尖、口腔发麻等。呼吸困难期有呼吸困难、血压升高、皮肤黏膜呈鲜红色等。惊厥期出现抽搐、昏迷、呼吸衰竭。麻痹期全身肌肉松弛，呼吸心跳停止而死亡

慢性影响 长期接触小量氰化物出现神经衰弱综合征、眼及上呼吸道刺激。可引起皮疹

环境危害 对水生生物毒性非常大并具有长期持续影响

第三部分 成分/组成信息

√物质		混合物
组分	浓度	CAS No.
氰化钠		143-33-9

第四部分 急救措施

吸入 迅速脱离现场至空气新鲜处。保持呼吸道通畅。如呼吸困难，给输氧。如呼吸、心跳停止，立即进行心肺复苏术（禁止口对口进行人工呼吸）。就医

皮肤接触 立即脱去污染的衣着，用肥皂水和流动清水彻底冲洗至少 15min。就医

眼睛接触 立即分开眼睑，用大量流动清水或生理盐水彻底冲洗至少 15min。就医

食入 如患者神志清醒，催吐，洗胃。就医

对保护施救者的忠告 根据需要使用个人防护设备

对医生的特别提示 轻度中毒或有低血压者，可单独使用硫代硫酸钠 10～12.5g；重度中毒者首先吸入亚硝酸异戊酯（2～3 支压碎于纱布、单衣或手帕中）30s，停 15s，然后缓慢静注 3%亚硝酸钠溶液 10ml，随即用同一针头静注 25%硫代硫酸钠溶液 12.5～15g。用药后 30min 症状未缓解者，可重复应用硫代硫酸钠半量或全量

第五部分 消防措施

灭火剂 本品不燃。根据着火原因选择适当灭火剂灭火

特别危险性 与硝酸盐、亚硝酸盐、氯酸盐反应剧烈，有

发生爆炸的危险。遇酸会产生剧毒、易燃的氰化氢气体。在潮湿空气或二氧化碳中即缓慢发出微量氰化氢气体

灭火注意事项及防护措施 发生火灾时应尽量抢救商品，防止包装破损，引起环境污染。消防人员必须佩戴空气呼吸器、穿全身防火防毒服，在上风向灭火。喷水保持火场容器冷却，直至灭火结束。禁止使用酸碱灭火剂

第六部分 泄漏应急处理

作业人员防护措施、防护装备和应急处置程序 隔离泄漏污染区，限制出入。建议应急处理人员戴防尘口罩，穿防毒服，戴橡胶手套。穿上适当的防护服前严禁接触破裂的容器和泄漏物。尽可能切断泄漏源

环境保护措施 无资料

泄漏化学品的收容、清除方法及所使用的处置材料 小量泄漏：用干燥的砂土或其他不燃材料覆盖泄漏物，然后用塑料布覆盖，减少飞散、避免雨淋。用洁净的铲子收集泄漏物，置于干净、干燥、盖子较松的容器中，将容器移离泄漏区

第七部分 操作处置与储存

操作注意事项 严加密闭，提供充分的局部排风和全面通风。操作尽可能机械化、自动化。操作人员必须经过专门培训，严格遵守操作规程。建议操作人员佩戴头罩型电动送风过滤式防尘呼吸器，穿连衣式防毒衣，戴橡胶手套。避免产生粉尘。避免与氧化剂、酸类接触。搬运时要轻装轻卸，防止包装及容器损坏。配备泄漏应急处理设备。倒空的容器可能残留有害物

储存注意事项 储存于阴凉、干燥、通风良好的专用库房内。实行“双人收发、双人保管”制度。远离火种、热源。库内相对湿度不超过80%。包装密封。应与氧化剂、酸类、食用化学品分开存放，切忌混储。储区应备有合适的材料收容泄漏物

第八部分 接触控制/个体防护

职业接触限值

中国 MAC：1mg/m^3［按CN计］［皮］

美国(ACGIH) TLV-C：5mg/m^3［按CN计］［皮］

生物接触限值 未制定标准

监测方法 空气中有毒物质测定方法：异菸酸钠-巴比妥酸钠分光光度法。生物监测检验方法：未制定标准

工程控制 严加密闭，提供充分的局部排风和全面通风。提供安全的淋浴和洗眼设备

个体防护装备

呼吸系统防护 可能接触毒物时，必须佩戴过滤式防尘呼吸器。紧急事态抢救或撤离时，建议佩戴空气呼吸器

眼睛防护 戴化学安全防护眼镜

皮肤和身体防护 穿连衣式防毒衣

手防护 戴橡胶手套

第九部分 理化特性

外观与性状 白色或略带颜色的块状或结晶状颗粒，有微弱的苦杏仁味

pH值 无意义 **熔点(℃)** 563.7

沸点(℃) 1496 **相对密度(水=1)** 1.596

相对蒸气密度(空气=1) 无资料

饱和蒸气压(kPa) 0.13（817℃）

燃烧热(kJ/mol) 无资料 **临界温度(℃)** 无资料

临界压力(MPa) 无意义 **辛醇/水分配系数** −1.69

闪点(℃) 无意义 **自燃温度(℃)** 无意义

爆炸下限(%) 无意义 **爆炸上限(%)** 无意义

分解温度(℃) 无资料

黏度(mPa·s) 4（30℃，26%水溶液）

溶解性 易溶于水，溶于液氨，微溶于乙醇、乙醚、苯

第十部分 稳定性和反应性

稳定性 稳定

危险反应 与强氧化剂、酸类等禁配物发生反应

避免接触的条件 潮湿空气

禁配物 酸类、强氧化剂

危险的分解产物 无资料

第十一部分 毒理学信息

急性毒性 LD_{50}：6.4mg/kg（大鼠经口）

皮肤刺激或腐蚀 无资料 **眼睛刺激或腐蚀** 无资料

呼吸或皮肤过敏 无资料 **生殖细胞突变性** 无资料

致癌性 无资料

生殖毒性 仓鼠植入最低中毒剂量（TDLo）：5999mg/kg（孕6～9d），引起胚胎毒性，肌肉骨骼发育异常及心血管（循环）系统发育异常

特异性靶器官系统毒性-一次接触 无资料

特异性靶器官系统毒性-反复接触 无资料

吸入危害 无资料

第十二部分 生态学信息

生态毒性 氰化物对水生生物有极高毒性

持久性和降解性

生物降解性 无资料

非生物降解性 无资料

潜在的生物累积性 无资料

土壤中的迁移性 无资料

第十三部分 废弃处置

废弃化学品 加入强碱性次氯酸盐，反应24h后，再用大量水冲入废水系统

污染包装物 将容器返还生产商或按照国家和地方法规处置

废弃注意事项 处置前应参阅国家和地方有关法规

第十四部分 运输信息

联合国危险货物编号（UN号） 1689；3414（溶液）

联合国运输名称 氰化钠，固态；氰化钠溶液（溶液）

联合国危险性类别 6.1

包装类别 Ⅰ类包装；Ⅰ类或Ⅱ类或Ⅲ类包装（溶液）

包装标志  海洋污染物 是

运输注意事项 运输前应先检查包装容器是否完整、密封，运输过程中要确保容器不泄漏、不倒塌、不坠落、不损坏。严禁与酸类、氧化剂、食品及食品添加剂混运。运输时运输车辆应配备泄漏应急处理设备。运输途中应防曝晒、雨淋，防高温。公路运输时要按规定路线行驶，禁止在居民区和人口稠密区停留

第十五部分 法规信息

下列法律、法规、规章和标准，对该化学品的管理作了相应的规定。

中华人民共和国职业病防治法 职业病分类和目录：氰及腈类化合物中毒

危险化学品安全管理条例 危险化学品目录：列入。作为剧毒化学品进行管理。易制爆危险化学品名录：未列入。重点监管的危险化学品名录：列入。GB 18218—2009《危险化学品重大危险源辨识》(表1)：未列入

使用有毒物品作业场所劳动保护条例 高毒物品目录：列入

易制毒化学品管理条例 易制毒化学品的分类和品种目录：未列入

国际公约 斯德哥尔摩公约：未列入。鹿特丹公约：未列入。蒙特利尔议定书：未列入

第十六部分 其他信息

编写和修订信息 **缩略语和首字母缩写**

培训建议 **参考文献**

免责声明

氰 化 氢

第一部分 化学品标识

化学品中文名 氰化氢；氢氰酸［无水］

化学品英文名 hydrogen cyanide

分子式 HCN **相对分子质量** 27.03

结构式 H—≡N

化学品的推荐及限制用途 用于丙烯腈和丙烯酸树脂及农药杀虫剂的制造

第二部分 危险性概述

紧急情况概述 极易燃液体和蒸气，吸入致命

GHS 危险性类别 易燃液体，类别1；急性毒性-吸入，类别2；危害水生环境-急性危害，类别1；危害水生环境-长期危害，类别1

标签要素

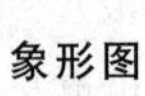 

警示词 危险

危险性说明 极易燃液体和蒸气，吸入致命，对水生生物毒性非常大并具有长期持续影响

防范说明

预防措施 远离热源、火花、明火、热表面。禁止吸烟。保持容器密闭。容器和接收设备接地连接。使用防爆电器、通风、照明设备。只能使用不产生火花的工具。采取防止静电措施。戴防护手套、防护眼镜、防护面罩。避免吸入气体、蒸气、雾。仅在室外或通风良好处操作。戴呼吸防护器具。禁止排入环境

事故响应 火灾时，使用干粉、抗溶性泡沫、二氧化碳灭火。用雾状水驱散蒸气。如吸入：将患者转移到空气新鲜处，休息，保持利于呼吸的体位，立即呼叫中毒控制中心或就医。如皮肤(或头发)接触：立即脱掉所有被污染的衣服，用水冲洗皮肤，淋浴。收集泄漏物

安全储存 存放在通风良好的地方。保持低温。保持容器密闭。上锁保管

废弃处置 本品及内装物、容器依据国家和地方法规处置

物理和化学危险 极易燃，其蒸气与空气混合，能形成爆炸性混合物

健康危害 抑制呼吸酶，造成细胞内窒息

急性中毒 短时间内吸入高浓度氰化氢气体，可立即呼吸停止而死亡。非骤死者临床分为4期：前驱期有黏膜刺激、呼吸加快加深、乏力、头痛；口服有舌尖、口腔发麻等。呼吸困难期有呼吸困难、血压升高、皮肤黏膜呈鲜红色等。惊厥期出现抽搐、昏迷、呼吸衰竭。麻痹期全身肌肉松弛，呼吸心跳停止而死亡。可致眼、皮肤灼伤，吸收引起中毒

慢性影响 神经衰弱综合征、皮炎

环境危害 对水生生物毒性非常大并具有长期持续影响

第三部分 成分/组成信息

√物质		混合物
组分	**浓度**	**CAS No.**
氰化氢		74-90-8

第四部分 急救措施

吸入 迅速脱离现场至空气新鲜处。保持呼吸道通畅。如呼吸困难，给输氧。如呼吸、心跳停止，立即进行心肺复苏术(禁止口对口进行人工呼吸)。就医

皮肤接触 立即脱去污染的衣着，用肥皂水和流动清水彻底冲洗至少15min。就医

眼睛接触 立即分开眼睑，用大量流动清水或生理盐水彻底冲洗至少15min。就医

食入 如患者神志清醒，催吐，洗胃。就医

对保护施救者的忠告 根据需要使用个人防护设备

对医生的特别提示 轻度中毒或有低血压者，可单独使用硫代硫酸钠10～12.5g；重度中毒者首先吸入亚硝酸异戊酯(2～3支压碎于纱布、单衣或手帕中)30s，停15s，然后缓慢静注3%亚硝酸钠溶液10ml，随即

用同一针头静注25%硫代硫酸钠溶液12.5～15g。用药后30min症状未缓解者，可重复应用硫代硫酸钠半量或全量

第五部分 消防措施

灭火剂 用干粉、抗溶性泡沫、二氧化碳灭火。用雾状水驱散蒸气

特别危险性 长期放置则因水分而聚合，聚合物本身有自催化作用，可引起爆炸。燃烧生成有害的氮氧化物

灭火注意事项及防护措施 切断气源。若不能切断气源，则不允许熄灭泄漏处的火焰。消防人员必须穿戴全身专用防护服，佩戴空气呼吸器，在安全距离以外或有防护措施处操作。用水灭火无效，但须用水保持火场容器冷却

第六部分 泄漏应急处理

作业人员防护措施、防护装备和应急处置程序 消除所有点火源。根据气体扩散的影响区域划定警戒区，无关人员从侧风、上风向撤离至安全区。建议应急处理人员戴正压自给式呼吸器，穿防毒、防静电服，戴橡胶手套。作业时使用的所有设备应接地。禁止接触或跨越泄漏物。尽可能切断泄漏源。喷雾状水抑制蒸气或改变蒸气云流向，避免水流接触泄漏物。禁止用水直接冲击泄漏物或泄漏源

环境保护措施 防止气体通过下水道、通风系统和有限空间扩散

泄漏化学品的收容、清除方法及所使用的处置材料 隔离泄漏区直至气体散尽。可考虑引燃漏出气，以消除有毒气体的影响

第七部分 操作处置与储存

操作注意事项 严加密闭，提供充分的局部排风和全面通风。操作人员必须经过专门培训，严格遵守操作规程。建议操作人员佩戴隔离式呼吸器，穿连衣式防毒衣，戴橡胶手套。远离火种、热源。工作场所严禁吸烟。使用防爆型的通风系统和设备。防止气体或蒸气泄漏到工作场所空气中。避免与氧化剂、酸类、碱类接触。搬运时轻装轻卸，防止钢瓶及附件破损。配备相应品种和数量的消防器材及泄漏应急处理设备。倒空的容器可能残留有害物

储存注意事项 储存于阴凉、通风良好的专用库房内，实行“双人收发、双人保管”制度。远离火种、热源。避免光照。库温不宜超过30℃。包装要求密封，不可与空气接触。应与氧化剂、酸类、碱类、食用化学品分开存放，切忌混储。采用防爆型照明、通风设施。禁止使用易产生火花的机械设备和工具。储区应备有泄漏应急处理设备

第八部分 接触控制/个体防护

职业接触限值

中国 MAC：1mg/m^3 [按CN计][皮]

美国(ACGIH) TLV-C：4.7ppm [按CN计][皮]

生物接触限值 未制定标准

监测方法 空气中有毒物质测定方法：异菸酸钠-巴比妥酸钠分光光度法。生物监测检验方法：未制定标准

工程控制 严加密闭，提供充分的局部排风和全面通风。采用隔离式操作。提供安全的淋浴和洗眼设备

个体防护装备

呼吸系统防护 可能接触毒物时，应该佩戴过滤式防毒面具（全面罩）。紧急事态抢救或撤离时，必须佩戴空气呼吸器

眼睛防护 呼吸系统防护中已作防护

皮肤和身体防护 穿连衣式防毒衣

手防护 戴橡胶手套

第九部分 理化特性

外观与性状 无色液体或气体，有苦杏仁味

pH值 无意义　**熔点(℃)** −13.2

沸点(℃) 25.7　**相对密度(水=1)** 0.69

相对蒸气密度(空气=1) 0.93

饱和蒸气压(kPa) 82.46（20℃）

燃烧热(kJ/mol) 无资料　**临界温度(℃)** 183.5

临界压力(MPa) 4.95　**辛醇/水分配系数** −0.25

闪点(℃) −17.8　**自燃温度(℃)** 538

爆炸下限(%) 5.6　**爆炸上限(%)** 40.0

分解温度(℃) 无资料

黏度(mPa·s) 无资料

溶解性 溶于水、乙醇、乙醚等

第十部分 稳定性和反应性

稳定性 稳定

危险反应 与强氧化剂等禁配物接触，有发生火灾和爆炸的危险。长期放置则因水分而聚合，聚合物本身有自催化作用，可引起爆炸

避免接触的条件 受热、光照

禁配物 强氧化剂、碱类、酸类

危险的分解产物 氮氧化物

第十一部分 毒理学信息

急性毒性 LC_{50}：357mg/m^3（小鼠吸入，5min）

皮肤刺激或腐蚀 无资料　**眼睛刺激或腐蚀** 无资料

呼吸或皮肤过敏 无资料　**生殖细胞突变性** 无资料

致癌性 无资料　**生殖毒性** 无资料

特异性靶器官系统毒性-一次接触 无资料

特异性靶器官系统毒性-反复接触 无资料

吸入危害 无资料

第十二部分 生态学信息

生态毒性

LC_{50} 0.24mg/L（48h）（黑头呆鱼）；0.16mg/L（48h）（蓝鳃太阳鱼）；0.068mg/L（48h）（虹鳟鱼）

IC_{50} 1.8mg/L（48h）（水蚤）

持久性和降解性

生物降解性 无资料

非生物降解性　无资料
潜在的生物累积性　无资料
土壤中的迁移性　无资料

第十三部分　废弃处置

废弃化学品　用控制焚烧法处置
污染包装物　将容器返还生产商或按照国家和地方法规处置
废弃注意事项　处置前应参阅国家和地方有关法规

第十四部分　运输信息

联合国危险货物编号（UN 号）　1051（含水低于 3%）；1614（含水低于 3%，被多孔惰性材料吸收）
联合国运输名称　氰化氢，稳定的
联合国危险性类别　6.1/3（含水低于 3%），6.1（含水低于 3%）
包装类别　Ⅰ类包装
包装标志

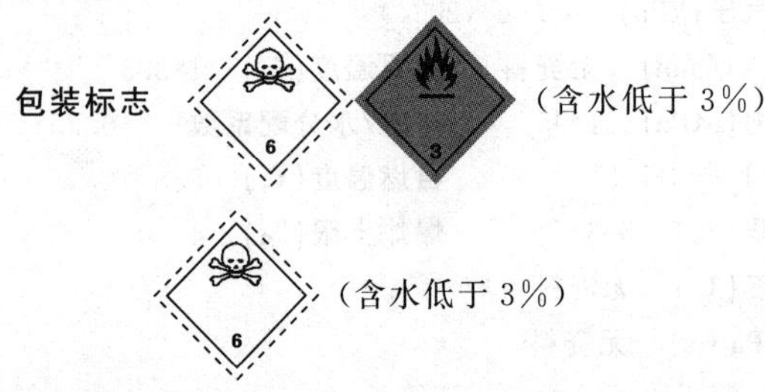

海洋污染物　是
运输注意事项　运输前应先检查包装容器是否完整、密封，运输过程中要确保容器不泄漏、不倒塌、不坠落、不损坏。严禁与酸类、氧化剂、食品及食品添加剂混运。运输时运输车辆应配备相应品种和数量的消防器材及泄漏应急处理设备。运输途中应防曝晒、雨淋，防高温。运输时所用的槽（罐）车应有接地链，槽内可设孔隔板以减少震荡产生的静电。中途停留时应远离火种、热源。公路运输时要按规定路线行驶，禁止在居民区和人口稠密区停留

第十五部分　法规信息

下列法律、法规、规章和标准，对该化学品的管理作了相应的规定。
中华人民共和国职业病防治法　职业病分类和目录：氰及腈类化合物中毒
危险化学品安全管理条例　危险化学品目录：列入。作为剧毒化学品进行管理。易制爆危险化学品名录：未列入。重点监管的危险化学品名录：列入。GB 18218—2009《危险化学品重大危险源辨识》（表 1）：列入。类别：毒性物质；临界量（t）：1
使用有毒物品作业场所劳动保护条例　高毒物品目录：列入
易制毒化学品管理条例　易制毒化学品的分类和品种目录：未列入
国际公约　斯德哥尔摩公约：未列入。鹿特丹公约：未列入。蒙特利尔议定书：未列入

第十六部分　其他信息

编写和修订信息　　**缩略语和首字母缩写**
培训建议　　**参考文献**
免责声明

氰　化　锌

第一部分　化学品标识

化学品中文名　氰化锌
化学品英文名　zinc cyanide
分子式　$Zn(CN)_2$　　**相对分子质量**　117.41
结构式

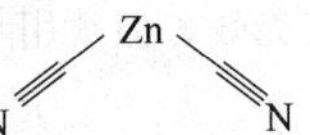

化学品的推荐及限制用途　用于电镀及制造医药、农药，也用于有机合成

第二部分　危险性概述

紧急情况概述　吞咽会中毒
GHS 危险性类别　急性毒性-经口，类别 3；危害水生环境-急性危害，类别 1；危害水生环境-长期危害，类别 1
标签要素

象形图

警示词　危险
危险性说明　吞咽会中毒，对水生生物毒性非常大并具有长期持续影响
防范说明
预防措施　避免接触眼睛、皮肤，操作后彻底清洗。作业场所不得进食、饮水或吸烟。禁止排入环境
事故响应　食入：漱口，立即呼叫中毒控制中心或就医。收集泄漏物
安全储存　上锁保管
废弃处置　本品及内装物、容器依据国家和地方法规处置
物理和化学危险　遇酸产生剧毒气体
健康危害　吸入后可引起氰化物中毒，出现头痛、乏力、呼吸困难、皮肤黏膜呈鲜红色、抽搐、昏迷等。高浓度吸入可立即引起呼吸心跳停止而死亡。口服可致死
环境危害　对水生生物毒性非常大并具有长期持续影响

第三部分　成分/组成信息

√物质		混合物
组分	**浓度**	**CAS No.**
氰化锌		557-21-1

第四部分　急救措施

吸入　迅速脱离现场至空气新鲜处。保持呼吸道通畅。如呼吸困难，给输氧。如呼吸、心跳停止，立即进行心肺复苏术（禁止口对口进行人工呼吸）。就医

皮肤接触 立即脱去污染的衣着，用肥皂水和流动清水彻底冲洗至少15min。就医

眼睛接触 立即分开眼睑，用大量流动清水或生理盐水彻底冲洗至少15min。就医

食入 如患者神志清醒，催吐，洗胃。就医

对保护施救者的忠告 根据需要使用个人防护设备

对医生的特别提示 轻度中毒或有低血压者，可单独使用硫代硫酸钠10～12.5g；重度中毒者首先吸入亚硝酸异戊酯（2～3支压碎于纱布、单衣或手帕中）30s，停15s，然后缓慢静注3%亚硝酸钠溶液10ml，随即用同一针头静注25%硫代硫酸钠溶液12.5～15g。用药后30min症状未缓解者，可重复应用硫代硫酸钠半量或全量

第五部分 消防措施

灭火剂 本品不燃。根据着火原因选择适当灭火剂灭火

特别危险性 受高热或与酸接触会产生剧毒的氰化物气体。与硝酸盐、亚硝酸盐、氯酸盐反应剧烈，有发生爆炸的危险。遇酸或露置空气中能吸收水分和二氧化碳分解出剧毒的氰化氢气体

灭火注意事项及防护措施 发生火灾时应尽量抢救商品，防止包装破损，引起环境污染。消防人员必须佩戴空气呼吸器、穿全身防火防毒服，在上风向灭火。喷水保持火场容器冷却，直至灭火结束。禁止使用酸碱灭火剂

第六部分 泄漏应急处理

作业人员防护措施、防护装备和应急处置程序 隔离泄漏污染区，限制出入。建议应急处理人员戴防尘口罩，穿防毒服，戴橡胶手套。穿上适当的防护服前严禁接触破裂的容器和泄漏物。尽可能切断泄漏源。用塑料布覆盖泄漏物，减少飞散。勿使水进入包装容器内

环境保护措施 无资料

泄漏化学品的收容、清除方法及所使用的处置材料 用洁净的铲子收集泄漏物，置于干净、干燥、盖子较松的容器中，将容器移离泄漏区

第七部分 操作处置与储存

操作注意事项 严加密闭，提供充分的局部排风和全面通风。操作尽可能机械化、自动化。操作人员必须经过专门培训，严格遵守操作规程。建议操作人员佩戴头罩型电动送风过滤式防尘呼吸器，穿连衣式防毒衣，戴橡胶手套。避免产生粉尘。避免与氧化剂、酸类接触。搬运时要轻装轻卸，防止包装及容器损坏。配备泄漏应急处理设备。倒空的容器可能残留有害物

储存注意事项 储存于阴凉、通风的库房。远离火种、热源。库内相对湿度不超过80%。包装密封。应与氧化剂、酸类、食用化学品分开存放，切忌混储。储区应备有合适的材料收容泄漏物

第八部分 接触控制/个体防护

职业接触限值

中国 MAC：1mg/m³［按CN计］［皮］

美国(ACGIH) 未制定标准

生物接触限值 未制定标准

监测方法 空气中有毒物质测定方法：异菸酸钠-巴比妥酸钠分光光度法。生物监测检验方法：未制定标准

工程控制 严加密闭，提供充分的局部排风和全面通风。提供安全的淋浴和洗眼设备

个体防护装备

呼吸系统防护 可能接触毒物时，必须佩戴过滤式防尘呼吸器。紧急事态抢救或撤离时，建议佩戴空气呼吸器

眼睛防护 戴化学安全防护眼镜

皮肤和身体防护 穿连衣式防毒衣

手防护 戴橡胶手套

第九部分 理化特性

外观与性状 白色粉末

pH值 无意义　　**熔点(℃)** 800（分解）

沸点(℃) 无资料　　**相对密度(水=1)** 1.85

相对蒸气密度(空气=1) 无资料

饱和蒸气压(kPa) 无资料

燃烧热(kJ/mol) 无资料　　**临界温度(℃)** 无资料

临界压力(MPa) 无意义　　**辛醇/水分配系数** 无资料

闪点(℃) 无意义　　**自燃温度(℃)** 无意义

爆炸下限(%) 无意义　　**爆炸上限(%)** 无意义

分解温度(℃) 无资料

黏度(mPa·s) 无资料

溶解性 不溶于水，微溶于热水、乙醇、乙醚，溶于稀无机酸、碱液、氨水

第十部分 稳定性和反应性

稳定性 稳定

危险反应 与强氧化剂等禁配物接触，有发生火灾和爆炸的危险

避免接触的条件 潮湿空气

禁配物 强氧化剂、酸类

危险的分解产物 无资料

第十一部分 毒理学信息

急性毒性

LD_{50} 54mg/kg（大鼠经口）

LCLo 61mg/m³（大鼠吸入，4h）

皮肤刺激或腐蚀 无资料　　**眼睛刺激或腐蚀** 无资料

呼吸或皮肤过敏 无资料　　**生殖细胞突变性** 无资料

致癌性 无资料　　**生殖毒性** 无资料

特异性靶器官系统毒性-一次接触 无资料

特异性靶器官系统毒性-反复接触 无资料

吸入危害 无资料

第十二部分 生态学信息

生态毒性 氰化物对水生生物有极高毒性

持久性和降解性

生物降解性 无资料

非生物降解性 无资料

潜在的生物累积性 无资料

土壤中的迁移性 无资料

第十三部分 废弃处置

废弃化学品 与硫酸亚铁反应，生成毒性相对较低的六氰合铁，或与次氯酸钠或次氯酸钙反应，生成氮气。处理后，用安全掩埋法处置

污染包装物 将容器返还生产商或按照国家和地方法规处置

废弃注意事项 根据国家和地方有关法规的要求处置

第十四部分 运输信息

联合国危险货物编号（UN号） 1713

联合国运输名称 氰化锌

联合国危险性类别 6.1 **包装类别** Ⅰ类包装

包装标志  **海洋污染物** 是

运输注意事项 运输前应先检查包装容器是否完整、密封，运输过程中要确保容器不泄漏、不倒塌、不坠落、不损坏。严禁与酸类、氧化剂、食品及食品添加剂混运。运输时运输车辆应配备泄漏应急处理设备。运输途中应防曝晒、雨淋，防高温。公路运输时要按规定路线行驶，禁止在居民区和人口稠密区停留

第十五部分 法规信息

下列法律、法规、规章和标准，对该化学品的管理作了相应的规定。

中华人民共和国职业病防治法 职业病分类和目录：氰及腈类化合物中毒

危险化学品安全管理条例 危险化学品目录：列入。易制爆危险化学品名录：未列入。重点监管的危险化学品名录：未列入。GB 18218—2009《危险化学品重大危险源辨识》（表1）：未列入

使用有毒物品作业场所劳动保护条例 高毒物品目录：列入

易制毒化学品管理条例 易制毒化学品的分类和品种目录：未列入

国际公约 斯德哥尔摩公约：未列入。鹿特丹公约：未列入。蒙特利尔议定书：未列入

第十六部分 其他信息

编写和修订信息 **缩略语和首字母缩写**

培训建议 **参考文献**

免责声明

氰化亚铜

第一部分 化学品标识

化学品中文名 氰化亚铜

化学品英文名 cuprous cyanide；copper cyanide

分子式 CuCN **相对分子质量** 89.56

结构式 N≡—Cu

化学品的推荐及限制用途 用于电镀铜及其他合金，合成抗结核药及防污涂料

第二部分 危险性概述

紧急情况概述 吞咽会中毒，可能导致皮肤过敏反应

GHS危险性类别 急性毒性-经口，类别3；皮肤致敏物，类别1；特异性靶器官毒性-反复接触，类别1；危害水生环境-急性危害，类别1；危害水生环境-长期危害，类别1

标签要素

象形图

警示词 危险

危险性说明 吞咽会中毒，可能导致皮肤过敏反应，长时间或反复接触对器官造成损伤，对水生生物毒性非常大并具有长期持续影响

防范说明

预防措施 避免接触眼睛、皮肤，操作后彻底清洗。作业场所不得进食、饮水或吸烟。避免吸入粉尘、蒸气。污染的工作服不得带出工作场所。戴防护手套。禁止排入环境

事故响应 如皮肤接触：用大量肥皂水和水清洗。如出现皮肤刺激或皮疹：就医。污染的衣服清洗后方可重新使用。如感觉不适，就医。食入：漱口，立即呼叫中毒控制中心或就医。收集泄漏物

安全储存 上锁保管

废弃处置 本品及内装物、容器依据国家和地方法规处置

物理和化学危险 遇酸产生剧毒气体

健康危害 吸入后引起紫绀、头痛、头晕、恶心、呕吐、虚弱、惊厥、昏迷、咳嗽、呼吸困难。对呼吸道有强烈刺激性，可引起肺水肿而致死。对皮肤、眼有强烈刺激性，可致灼伤。口服出现紫绀、头痛、头晕、恶心、呕吐、虚弱、昏迷、呼吸困难、血压下降等；刺激口腔和消化道或造成灼伤

环境危害 对水生生物毒性非常大并具有长期持续影响

第三部分 成分/组成信息

√物质		混合物
组分	**浓度**	**CAS No.**
氰化亚铜		544-92-3

第四部分 急救措施

吸入 迅速脱离现场至空气新鲜处。保持呼吸道通畅。如呼吸困难，给输氧。如呼吸、心跳停止，立即进行心肺复苏术（禁止口对口进行人工呼吸）。就医

皮肤接触 立即脱去污染的衣着，用肥皂水和流动清水彻底冲洗至少15min。就医

眼睛接触 立即分开眼睑，用大量流动清水或生理盐水彻

底冲洗至少15min。就医

食入 如患者神志清醒，催吐，洗胃。就医

对保护施救者的忠告 根据需要使用个人防护设备

对医生的特别提示 轻度中毒或有低血压者，可单独使用硫代硫酸钠10～12.5g；重度中毒者首先吸入亚硝酸异戊酯（2～3支压碎于纱布、单衣或手帕中）30s，停15s，然后缓慢静注3%亚硝酸钠溶液10ml，随即用同一针头静注25%硫代硫酸钠溶液12.5～15g。用药后30min症状未缓解者，可重复应用硫代硫酸钠半量或全量

第五部分 消防措施

灭火剂 本品不燃。根据着火原因选择适当灭火剂灭火

特别危险性 受高热或与酸接触会产生剧毒的氰化物气体。与硝酸盐、亚硝酸盐、氯酸盐反应剧烈，有发生爆炸的危险。遇酸或露置空气中能吸收水分和二氧化碳，分解出剧毒的氰化氢气体

灭火注意事项及防护措施 发生火灾时应尽量抢救商品，防止包装破损，引起环境污染。消防人员必须佩戴空气呼吸器、穿全身防火防毒服，在上风向灭火。喷水保持火场容器冷却，直至灭火结束。禁止使用酸碱灭火剂

第六部分 泄漏应急处理

作业人员防护措施、防护装备和应急处置程序 隔离泄漏污染区，限制出入。建议应急处理人员戴防尘口罩，穿防毒服，戴橡胶手套。穿上适当的防护服前严禁接触破裂的容器和泄漏物。尽可能切断泄漏源。用塑料布覆盖泄漏物，减少飞散。勿使水进入包装容器内

环境保护措施 无资料

泄漏化学品的收容、清除方法及所使用的处置材料 用洁净的铲子收集泄漏物，置于干净、干燥、盖子较松的容器中，将容器移离泄漏区

第七部分 操作处置与储存

操作注意事项 严加密闭，提供充分的局部排风和全面通风。操作尽可能机械化、自动化。操作人员必须经过专门培训，严格遵守操作规程。建议操作人员佩戴头罩型电动送风过滤式防尘呼吸器，穿连衣式防毒衣，戴橡胶手套。避免产生粉尘。避免与氧化剂、酸类接触。搬运时要轻装轻卸，防止包装及容器损坏。配备泄漏应急处理设备。倒空的容器可能残留有害物

储存注意事项 储存于阴凉、通风的库房。远离火种、热源。库内相对湿度不超过80%。包装密封。应与氧化剂、酸类、食用化学品分开存放，切忌混储。储区应备有合适的材料收容泄漏物

第八部分 接触控制/个体防护

职业接触限值

中国 MAC：1mg/m³［按CN计］［皮］

美国(ACGIH) 未制定标准

生物接触限值 未制定标准

监测方法 空气中有毒物质测定方法：异菸酸钠-巴比妥酸钠分光光度法。生物监测检验方法：未制定标准

工程控制 严加密闭，提供充分的局部排风和全面通风。提供安全的淋浴和洗眼设备

个体防护装备

呼吸系统防护 可能接触毒物时，必须佩戴过滤式防尘呼吸器。紧急事态抢救或撤离时，建议佩戴空气呼吸器

眼睛防护 戴化学安全防护眼镜

皮肤和身体防护 穿连衣式防毒衣

手防护 戴橡胶手套

第九部分 理化特性

外观与性状 白色单斜结晶粉末或淡绿色粉末

pH值 无意义 **熔点(℃)** 475

沸点(℃) 分解

相对密度(水=1) 2.9（氮气中）

相对蒸气密度(空气=1) 无资料

饱和蒸气压(kPa) 无资料

燃烧热(kJ/mol) 无资料 **临界温度(℃)** 无资料

临界压力(MPa) 无意义 **辛醇/水分配系数** −1.49

闪点(℃) 无意义 **自燃温度(℃)** 无意义

爆炸下限(%) 无意义 **爆炸上限(%)** 无意义

分解温度(℃) 无资料

黏度(mPa·s) 无资料

溶解性 不溶于水、醇类、稀酸，易溶于浓盐酸，溶于液氨

第十部分 稳定性和反应性

稳定性 稳定

危险反应 与强氧化剂等禁配物接触，有发生火灾和爆炸的危险

避免接触的条件 潮湿空气、受热

禁配物 强氧化剂、酸类

危险的分解产物 无资料

第十一部分 毒理学信息

急性毒性 无资料 **皮肤刺激或腐蚀** 无资料

眼睛刺激或腐蚀 无资料 **呼吸或皮肤过敏** 无资料

生殖细胞突变性 无资料 **致癌性** 无资料

生殖毒性 无资料

特异性靶器官系统毒性-一次接触 无资料

特异性靶器官系统毒性-反复接触 无资料

吸入危害 无资料

第十二部分 生态学信息

生态毒性 氰化物对水生生物有极高毒性

持久性和降解性

生物降解性 无资料

非生物降解性 无资料

潜在的生物累积性 无资料

土壤中的迁移性 无资料

第十三部分 废弃处置

废弃化学品 与硫酸亚铁反应，生成毒性相对较低的六氰

合铁，或与次氯酸钠或次氯酸钙反应，生成氮气。处理后，用安全掩埋法处置

污染包装物 将容器返还生产商或按照国家和地方法规处置

废弃注意事项 处置前应参阅国家和地方有关法规

第十四部分 运输信息

联合国危险货物编号（UN号） 1588

联合国运输名称 固态无机氰化物，未另作规定的（氰化亚铜）

联合国危险性类别 6.1 **包装类别** Ⅱ类包装

包装标志  **海洋污染物** 是

运输注意事项 运输前应先检查包装容器是否完整、密封，运输过程中要确保容器不泄漏、不倒塌、不坠落、不损坏。严禁与酸类、氧化剂、食品及食品添加剂混运。运输时运输车辆应配备泄漏应急处理设备。运输途中应防曝晒、雨淋，防高温。公路运输时要按规定路线行驶，禁止在居民区和人口稠密区停留

第十五部分 法规信息

下列法律、法规、规章和标准，对该化学品的管理作了相应的规定。

中华人民共和国职业病防治法 职业病分类和目录：氰及腈类化合物中毒

危险化学品安全管理条例 危险化学品目录：列入。易制爆危险化学品名录：未列入。重点监管的危险化学品名录：未列入。GB 18218—2009《危险化学品重大危险源辨识》（表1）：未列入

使用有毒物品作业场所劳动保护条例 高毒物品目录：列入

易制毒化学品管理条例 易制毒化学品的分类和品种目录：未列入

国际公约 斯德哥尔摩公约：未列入。鹿特丹公约：未列入。蒙特利尔议定书：未列入

第十六部分 其他信息

编写和修订信息 **缩略语和首字母缩写**

培训建议 **参考文献**

免责声明

氰 化 银

第一部分 化学品标识

化学品中文名 氰化银

化学品英文名 silver cyanide

分子式 AgCN **相对分子质量** 133.89

结构式 Ag—≡N

化学品的推荐及限制用途 用于医药和镀银

第二部分 危险性概述

紧急情况概述 吞咽会中毒

GHS危险性类别 急性毒性-经口，类别3；皮肤腐蚀/刺激，类别3；严重眼损伤/眼刺激，类别1；特异性靶器官毒性-反复接触，类别2；危害水生环境-急性危害，类别1；危害水生环境-长期危害，类别1

标签要素

象形图 

警示词 危险

危险性说明 吞咽会中毒，造成轻微皮肤刺激，造成严重眼损伤，长时间或反复接触可能对器官造成损伤，对水生生物毒性非常大并具有长期持续影响

防范说明

预防措施 避免接触眼睛、皮肤，操作后彻底清洗。作业场所不得进食、饮水或吸烟。戴防护眼镜、防护面罩。避免吸入粉尘、蒸气。禁止排入环境

事故响应 如发生皮肤刺激，就医。接触眼睛：用水细心冲洗数分钟。如戴隐形眼镜并可方便地取出，取出隐形眼镜继续冲洗。如感觉不适，就医。食入：漱口，立即呼叫中毒控制中心或就医。收集泄漏物

安全储存 上锁保管

废弃处置 本品及内装物、容器依据国家和地方法规处置

物理和化学危险 遇酸产生剧毒气体

健康危害 受高热或与酸接触，可产生氰化物气体，吸入后引起氰化物中毒，出现头痛、乏力、呼吸困难、皮肤黏膜呈鲜红色、抽搐、昏迷，甚至死亡。对眼和皮肤有刺激性。长期接触银化合物可出现全身性银质沉着症，眼、鼻、喉、口腔、内脏器官和皮肤均可发生银质沉着。全身皮肤可呈灰黑色或浅石板色。高浓度反复接触可致肾损害

环境危害 对水生生物毒性非常大并具有长期持续影响

第三部分 成分/组成信息

√物质		混合物
组分	**浓度**	**CAS No.**
氰化银		506-64-9

第四部分 急救措施

吸入 迅速脱离现场至空气新鲜处。保持呼吸道通畅。如呼吸困难，给输氧。如呼吸、心跳停止，立即进行心肺复苏术（禁止口对口进行人工呼吸）。就医

皮肤接触 立即脱去污染的衣着，用肥皂水和流动清水彻底冲洗至少15min。就医

眼睛接触 立即分开眼睑，用大量流动清水或生理盐水彻底冲洗至少15min。就医

食入 如患者神志清醒，催吐，洗胃。就医

对保护施救者的忠告 根据需要使用个人防护设备

对医生的特别提示 轻度中毒或有低血压者，可单独使用硫代硫酸钠10～12.5g；重度中毒者首先吸入亚硝酸

异戊酯（2～3 支压碎于纱布、单衣或手帕中）30s，停 15s，然后缓慢静注 3%亚硝酸钠溶液 10ml，随即用同一针头静注 25%硫代硫酸钠溶液 12.5～15g。用药后 30min 症状未缓解者，可重复应用硫代硫酸钠半量或全量

第五部分　消防措施

灭火剂　本品不燃。根据着火原因选择适当灭火剂灭火

特别危险性　受高热或与酸接触会产生剧毒的氰化物气体。与硝酸盐、亚硝酸盐、氯酸盐反应剧烈，有发生爆炸的危险。遇酸或露置空气中能吸收水分和二氧化碳，分解出剧毒的氰化氢气体

灭火注意事项及防护措施　发生火灾时应尽量抢救商品，防止包装破损，引起环境污染。消防人员必须佩戴空气呼吸器、穿全身防火防毒服，在上风向灭火。喷水保持火场容器冷却，直至灭火结束。禁止使用酸碱灭火剂

第六部分　泄漏应急处理

作业人员防护措施、防护装备和应急处置程序　隔离泄漏污染区，限制出入。建议应急处理人员戴防尘口罩，穿防毒服，戴橡胶手套。穿上适当的防护服前严禁接触破裂的容器和泄漏物。尽可能切断泄漏源。用塑料布覆盖泄漏物，减少飞散。勿使水进入包装容器内

环境保护措施　无资料

泄漏化学品的收容、清除方法及所使用的处置材料　用洁净的铲子收集泄漏物，置于干净、干燥、盖子较松的容器中，将容器移离泄漏区

第七部分　操作处置与储存

操作注意事项　严加密闭，提供充分的局部排风和全面通风。操作尽可能机械化、自动化。操作人员必须经过专门培训，严格遵守操作规程。建议操作人员佩戴头罩型电动送风过滤式防尘呼吸器，穿连衣式防毒衣，戴橡胶手套。避免产生粉尘。避免与氧化剂、酸类接触。搬运时要轻装轻卸，防止包装及容器损坏。配备泄漏应急处理设备。倒空的容器可能残留有害物

储存注意事项　储存于阴凉、通风的库房。远离火种、热源。包装密封。应与氧化剂、酸类、食用化学品分开存放，切忌混储。储区应备有合适的材料收容泄漏物

第八部分　接触控制/个体防护

职业接触限值

中国　MAC：1mg/m^3 ［按 CN 计］［皮］

美国(ACGIH)　TLV-TWA：0.01mg/m^3 ［按Ag 计］

生物接触限值　未制定标准

监测方法　空气中有毒物质测定方法：异菸酸钠-巴比妥酸钠分光光度法。生物监测检验方法：未制定标准

工程控制　严加密闭，提供充分的局部排风和全面通风。提供安全的淋浴和洗眼设备

个体防护装备

呼吸系统防护　可能接触毒物时，必须佩戴过滤式防尘呼吸器。紧急事态抢救或撤离时，建议佩戴空气呼吸器

眼睛防护　戴化学安全防护眼镜

皮肤和身体防护　穿连衣式防毒衣

手防护　戴橡胶手套

第九部分　理化特性

外观与性状　白色粉末或淡灰色粉末，无臭无味，见光变褐色

pH 值　无意义　**熔点(℃)**　320（分解）

沸点(℃)　无资料　**相对密度(水=1)**　3.95

相对蒸气密度(空气=1)　无资料

饱和蒸气压(kPa)　无资料

燃烧热(kJ/mol)　无资料　**临界温度(℃)**　无资料

临界压力(MPa)　无意义　**辛醇/水分配系数**　无资料

闪点(℃)　无意义　**自燃温度(℃)**　无意义

爆炸下限(%)　无意义　**爆炸上限(%)**　无意义

分解温度(℃)　无资料

黏度(mPa·s)　无资料

溶解性　不溶于水，不溶于醇，溶于氨水、碘化钾、热稀硝酸

第十部分　稳定性和反应性

稳定性　稳定

危险反应　与强氧化剂等禁配物接触，有发生火灾和爆炸的危险

避免接触的条件　潮湿空气、光照

禁配物　强氧化剂、强酸

危险的分解产物　氰化物

第十一部分　毒理学信息

急性毒性　LD_{50}：123mg/kg（大鼠经口）

皮肤刺激或腐蚀　家兔经皮：500mg（24h），轻度刺激

眼睛刺激或腐蚀　家兔经眼：20mg（24h），重度刺激

呼吸或皮肤过敏　无资料　**生殖细胞突变性**　无资料

致癌性　无资料　**生殖毒性**　无资料

特异性靶器官系统毒性-一次接触　无资料

特异性靶器官系统毒性-反复接触　无资料

吸入危害　无资料

第十二部分　生态学信息

生态毒性　氰化物对水生生物有极高毒性

持久性和降解性

生物降解性　无资料

非生物降解性　无资料

潜在的生物累积性　无资料

土壤中的迁移性　无资料

第十三部分　废弃处置

废弃化学品　根据国家和地方有关法规的要求处置。或与制造商联系，确定处置方法

污染包装物　将容器返还生产商或按照国家和地方法规处置

废弃注意事项　处置前应参阅国家和地方有关法规

第十四部分 运输信息

联合国危险货物编号（UN号） 1684

联合国运输名称 氰化银

联合国危险性类别 6.1 **包装类别** Ⅱ类包装

包装标志  **海洋污染物** 是

运输注意事项 运输前应先检查包装容器是否完整、密封，运输过程中要确保容器不泄漏、不倒塌、不坠落、不损坏。严禁与酸类、氧化剂、食品及食品添加剂混运。运输时运输车辆应配备泄漏应急处理设备。运输途中应防曝晒、雨淋，防高温。公路运输时要按规定路线行驶，禁止在居民区和人口稠密区停留

第十五部分 法规信息

下列法律、法规、规章和标准，对该化学品的管理作了相应的规定。

中华人民共和国职业病防治法 职业病分类和目录：氰及腈类化合物中毒

危险化学品安全管理条例 危险化学品目录：列入。易制爆危险化学品名录：未列入。重点监管的危险化学品名录：未列入。GB 18218—2009《危险化学品重大危险源辨识》(表1)：未列入

使用有毒物品作业场所劳动保护条例 高毒物品目录：列入

易制毒化学品管理条例 易制毒化学品的分类和品种目录：未列入

国际公约 斯德哥尔摩公约：未列入。鹿特丹公约：未列入。蒙特利尔议定书：未列入

第十六部分 其他信息

编写和修订信息 **缩略语和首字母缩写**

培训建议 **参考文献**

免责声明

氰（基）乙酸

第一部分 化学品标识

化学品中文名 氰（基）乙酸；氰（基）醋酸

化学品英文名 cyanoacetic acid

分子式 $C_3H_3NO_2$ **相对分子质量** 85.07

结构式 (O=C(OH)CH₂C≡N structure)

化学品的推荐及限制用途 用于有机合成，医药上用于制造咖啡因

第二部分 危险性概述

紧急情况概述 吞咽有害，吸入有害，造成严重的皮肤灼伤和眼损伤

GHS危险性类别 急性毒性-经口，类别4；急性毒性-吸入，类别4；皮肤腐蚀/刺激，类别1B；严重眼损伤/眼刺激，类别1；危害水生环境-急性危害，类别3

标签要素

象形图 

警示词 危险

危险性说明 吞咽有害，吸入有害，造成严重的皮肤灼伤和眼损伤，对水生生物有害

防范说明

预防措施 避免接触眼睛、皮肤，操作后彻底清洗。作业场所不得进食、饮水或吸烟。避免吸入粉尘、蒸气。仅在室外或通风良好处操作。戴防护手套，穿防护服，戴防护眼镜、防护面罩。禁止排入环境

事故响应 如吸入：将患者转移到空气新鲜处，休息，保持利于呼吸的体位，如感觉不适，呼叫中毒控制中心或就医。皮肤（或头发）接触：立即脱掉所有被污染的衣服，用水冲洗皮肤，淋浴。污染的衣服须洗净后方可重新使用。眼睛接触：用水细心地冲洗数分钟。如戴隐形眼镜并可方便地取出，则取出隐形眼镜继续冲洗。食入：漱口，不要催吐，如果感觉不适，立即呼叫中毒控制中心或就医

安全储存 上锁保管

废弃处置 本品及内装物、容器依据国家和地方法规处置

物理和化学危险 可燃，其粉体与空气混合，能形成爆炸性混合物

健康危害 大量吸入可致类似氰化物中毒的表现，出现周身乏力、步态蹒跚、意识模糊、呼吸困难，进而出现昏迷、抽搐。可出现典型的氰化物中毒的四期：即前区期、呼吸困难期、痉挛期、麻痹期

环境危害 对水生生物有害

第三部分 成分/组成信息

√物质 混合物

组分	浓度	CAS No.
氰（基）乙酸		372-09-8

第四部分 急救措施

吸入 迅速脱离现场至空气新鲜处。保持呼吸道通畅。如呼吸困难，给输氧。如呼吸、心跳停止，立即进行心肺复苏术。就医

皮肤接触 立即脱去污染的衣着，用肥皂水和流动清水彻底冲洗。就医

眼睛接触 立即分开眼睑，用流动清水或生理盐水彻底冲洗。就医

食入 催吐（仅限于清醒者），给服活性炭悬液。就医

对保护施救者的忠告 根据需要使用个人防护设备

对医生的特别提示 使用亚硝酸钠、硫代硫酸钠、4-二甲基氨基苯酚等解毒剂

第五部分 消防措施

灭火剂 用干粉、二氧化碳灭火

特别危险性 受潮或受高热分解释出剧毒的乙腈蒸气。具有腐蚀性。燃烧生成有害的一氧化碳、氮氧化物

灭火注意事项及防护措施 消防人员须佩戴防毒面具、穿全身消防服，在上风向灭火。尽可能将容器从火场移至空旷处。喷水保持火场容器冷却，直至灭火结束。不宜用水

第六部分 泄漏应急处理

作业人员防护措施、防护装备和应急处置程序 隔离泄漏污染区，限制出入。消除所有点火源。建议应急处理人员戴防尘口罩，穿防毒服，戴橡胶手套。穿上适当的防护服前严禁接触破裂的容器和泄漏物。尽可能切断泄漏源。用塑料布覆盖泄漏物，减少飞散。勿使水进入包装容器内

环境保护措施 无资料

泄漏化学品的收容、清除方法及所使用的处置材料 用洁净的铲子收集泄漏物，置于干净、干燥、盖子较松的容器中，将容器移离泄漏区

第七部分 操作处置与储存

操作注意事项 密闭操作，提供充分的局部排风。操作人员必须经过专门培训，严格遵守操作规程。建议操作人员佩戴自吸过滤式防毒面具（半面罩），戴化学安全防护眼镜，穿聚乙烯防毒服，戴橡胶手套。远离火种、热源。工作场所严禁吸烟。使用防爆型的通风系统和设备。避免产生粉尘。避免与氧化剂、还原剂、酸类接触。搬运时要轻装轻卸，防止包装及容器损坏。配备相应品种和数量的消防器材及泄漏应急处理设备。倒空的容器可能残留有害物

储存注意事项 储存于阴凉、通风的库房。远离火种、热源。包装密封。应与氧化剂、还原剂、酸类、食用化学品分开存放，切忌混储。配备相应品种和数量的消防器材。储区应备有合适的材料收容泄漏物

第八部分 接触控制/个体防护

职业接触限值

中国 未制定标准

美国(ACGIH) 未制定标准

生物接触限值 未制定标准

监测方法 空气中有毒物质测定方法：未制定标准。生物监测检验方法：未制定标准

工程控制 严加密闭，提供充分的局部排风。提供安全的淋浴和洗眼设备

个体防护装备

呼吸系统防护 可能接触毒物时，应该佩戴过滤式防毒面具（半面罩）。紧急事态抢救或撤离时，必须佩戴空气呼吸器

眼睛防护 戴化学安全防护眼镜

皮肤和身体防护 穿隔绝式防毒服

手防护 戴橡胶手套

第九部分 理化特性

外观与性状 白色结晶，有吸湿性

pH值 无意义 **熔点(℃)** 66～68

沸点(℃) 108（2.0kPa） **相对密度(水=1)** 无资料

相对蒸气密度(空气=1) 无资料

饱和蒸气压(kPa) 0.0133（100℃）

燃烧热(kJ/mol) －1249 **临界温度(℃)** 无资料

临界压力(MPa) 无资料 **辛醇/水分配系数** －0.76

闪点(℃) 107.8 **自燃温度(℃)** 无资料

爆炸下限(%) 无资料 **爆炸上限(%)** 无资料

分解温度(℃) 无资料

黏度(mPa·s) 无资料

溶解性 溶于水、乙醇、乙醚，微溶于苯、乙酸、氯仿

第十部分 稳定性和反应性

稳定性 稳定

危险反应 与强氧化剂、酸类等禁配物发生反应

避免接触的条件 受潮

禁配物 强氧化剂、强还原剂、强酸、强碱

危险的分解产物 氰化物

第十一部分 毒理学信息

急性毒性 LD_{50}：1500mg/kg（大鼠经口）

皮肤刺激或腐蚀 无资料 **眼睛刺激或腐蚀** 无资料

呼吸或皮肤过敏 无资料 **生殖细胞突变性** 无资料

致癌性 无资料 **生殖毒性** 无资料

特异性靶器官系统毒性-一次接触 无资料

特异性靶器官系统毒性-反复接触 无资料

吸入危害 无资料

第十二部分 生态学信息

生态毒性

LC_{50} 68mg/L（96h）（鱼）

EC_{50} 59mg/L（48h）（水蚤）

持久性和降解性

生物降解性 易生物降解

非生物降解性 无资料

潜在的生物累积性 根据 K_{ow} 值预测，该物质的生物累积性可能较弱

土壤中的迁移性 根据 K_{oc} 值预测，该物质可能易发生迁移

第十三部分 废弃处置

废弃化学品 建议用焚烧法处置。焚烧炉排出的氮氧化物通过洗涤器除去

污染包装物 将容器返还生产商或按照国家和地方法规处置

废弃注意事项 处置前应参阅国家和地方有关法规

第十四部分 运输信息

联合国危险货物编号（UN号） 3265

联合国运输名称 有机酸性腐蚀性液体，未另作规定的

（氰基乙酸）

联合国危险性类别 8 **包装类别** Ⅱ类包装

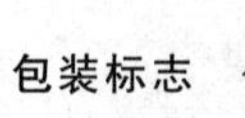

包装标志  **海洋污染物** 否

运输注意事项 运输前应先检查包装容器是否完整、密封，运输过程中要确保容器不泄漏、不倒塌、不坠落、不损坏。严禁与酸类、氧化剂、食品及食品添加剂混运。运输途中应防曝晒、雨淋，防高温。运输时运输车辆应配备相应品种和数量的消防器材及泄漏应急处理设备

第十五部分 法规信息

下列法律、法规、规章和标准，对该化学品的管理作了相应的规定。

中华人民共和国职业病防治法 职业病分类和目录：氰及腈类化合物中毒

危险化学品安全管理条例 危险化学品目录：列入。易制爆危险化学品名录：未列入。重点监管的危险化学品名录：未列入。GB 18218—2009《危险化学品重大危险源辨识》（表 1）：未列入

使用有毒物品作业场所劳动保护条例 高毒物品目录：未列入

易制毒化学品管理条例 易制毒化学品的分类和品种目录：未列入

国际公约 斯德哥尔摩公约：未列入。鹿特丹公约：未列入。蒙特利尔议定书：未列入

第十六部分 其他信息

编写和修订信息 **缩略语和首字母缩写**

培训建议 **参考文献**

免责声明

氰乙酸丁酯

第一部分 化学品标识

化学品中文名 氰乙酸丁酯；氰基乙酸丁酯

化学品英文名 *n*-butyl cyanoacetate；butyl cyanoacetate

分子式 $C_7H_{11}NO_2$ **相对分子质量** 141.16

结构式

化学品的推荐及限制用途 用于有机合成

第二部分 危险性概述

紧急情况概述 可燃液体

GHS 危险性类别 易燃液体-类别 4；急性毒性 经口-类别 5；急性毒性 吸入-类别 4；急性毒性 经皮-类别 4；皮肤腐蚀/刺激-类别 2；严重眼损伤/眼刺激-类别 2A；特异性靶器官毒性 一次接触-类别 3（呼吸道刺激）

标签要素

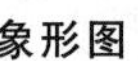

象形图 

警示词 警告

危险性说明 可燃液体，吞咽可能有害，吸入有害，皮肤接触有害，造成皮肤刺激，造成严重眼刺激，可能引起呼吸道刺激

防范说明

预防措施 远离火焰和热表面。禁止吸烟。戴防护手套、防护眼镜、防护面罩，穿防护服。避免吸入蒸气、雾。仅在室外或通风良好处操作

事故响应 火灾时，使用干粉、二氧化碳灭火。如吸入：将患者转移到空气新鲜处，休息，保持利于呼吸的体位。如果感觉不适，呼叫中毒控制中心或就医。皮肤接触：用大量肥皂水和水清洗。被污染的衣服须经洗净后方可重新使用。如发生皮肤刺激，就医。如接触眼睛：用水细心冲洗数分钟。如戴隐形眼镜并可方便地取出，取出隐形眼镜继续冲洗。如果眼睛刺激持续：就医

安全储存 存放在通风良好的地方。保持低温

废弃处置 处置内装物、容器

物理和化学危险 可燃，其蒸气与空气混合，能形成爆炸性混合物

健康危害 蒸气或雾对眼及上呼吸道有刺激性。对皮肤有刺激性。动物经口给予出现嗜睡和呼吸困难

环境危害 对环境可能有害

第三部分 成分/组成信息

√物质		混合物
组分	**浓度**	**CAS No.**
氰乙酸丁酯		5459-58-5

第四部分 急救措施

吸入 迅速脱离现场至空气新鲜处。保持呼吸道通畅。如呼吸困难，给输氧。如呼吸、心跳停止，立即进行心肺复苏术。就医

皮肤接触 立即脱去污染的衣着，用肥皂水和清水彻底冲洗。就医

眼睛接触 立即分开眼睑，用流动清水或生理盐水彻底冲洗。就医

食入 催吐（仅限于清醒着），给服活性炭悬液。就医

对保护施救者的忠告 根据需要使用个人防护设备

对医生的特别提示 尽早使用亚硝酸钠、硫代硫酸钠、4-二甲基氨基苯酚等解毒剂

第五部分 消防措施

灭火剂 用干粉、二氧化碳灭火

特别危险性 受高热或与酸接触会产生剧毒的氰化物气体。与强氧化剂接触可发生化学反应。遇水或水蒸气反应放出有毒和易燃的气体。燃烧生成有害的一氧化碳、氮氧化物

灭火注意事项及防护措施 消防人员须佩戴防毒面具、穿全身消防服，在上风向灭火。尽可能将容器从火场移至空旷处。喷水保持火场容器冷却，直至灭火结束。容器突然发出异常声音或出现异常现象，应立即撤离。禁止用水、泡沫和酸碱灭火剂灭火

第六部分 泄漏应急处理

作业人员防护措施、防护装备和应急处置程序 根据液体流动和蒸气扩散的影响区域划定警戒区，无关人员从侧风、上风向撤离至安全区。消除所有点火源。建议应急处理人员戴正压自给式呼吸器，穿防毒服，戴橡胶耐油手套。穿上适当的防护服前严禁接触破裂的容器和泄漏物。尽可能切断泄漏源

环境保护措施 防止泄漏物进入水体、下水道、地下室或有限空间

泄漏化学品的收容、清除方法及所使用的处置材料 小量泄漏：用干燥的砂土或其他不燃材料吸收或覆盖，收集于容器中。大量泄漏：构筑围堤或挖坑收容。用泵转移至槽车或专用收集器内

第七部分 操作处置与储存

操作注意事项 密闭操作，提供充分的局部排风。操作人员必须经过专门培训，严格遵守操作规程。建议操作人员佩戴自吸过滤式防毒面具（半面罩），戴化学安全防护眼镜，穿聚乙烯防毒服，戴橡胶耐油手套。远离火种、热源。工作场所严禁吸烟。使用防爆型的通风系统和设备。防止蒸气泄漏到工作场所空气中。避免与氧化剂、还原剂、酸类、碱类接触。尤其要注意避免与水接触。搬运时要轻装轻卸，防止包装及容器损坏。配备相应品种和数量的消防器材及泄漏应急处理设备。倒空的容器可能残留有害物

储存注意事项 储存于阴凉、通风的库房。远离火种、热源。保持容器密封。应与氧化剂、还原剂、酸类、碱类、食用化学品分开存放，切忌混储。配备相应品种和数量的消防器材。储区应备有泄漏应急处理设备和合适的收容材料

第八部分 接触控制/个体防护

职业接触限值

中国 未制定标准

美国(ACGIH) 未制定标准

生物接触限值 未制定标准

监测方法 无资料

工程控制 严加密闭，提供充分的局部排风。提供安全的淋浴和洗眼设备

个体防护装备

呼吸系统防护 可能接触其蒸气时，应该佩戴过滤式防毒面具（半面罩）。紧急事态抢救或撤离时，佩戴空气呼吸器

眼睛防护 戴化学安全防护眼镜

皮肤和身体防护 穿隔绝式防毒服

手防护 戴橡胶耐油手套

第九部分 理化特性

外观与性状 无色或浅黄色液体

pH值 无资料 **熔点(℃)** 无资料

沸点(℃) 115（2.0kPa）；230.7～231.2

相对密度(水=1) 0.993

相对蒸气密度(空气=1) 无资料

饱和蒸气压(kPa) 2.00（115℃）

燃烧热(kJ/mol) 无资料 **临界温度(℃)** 无资料

临界压力(MPa) 无资料 **辛醇/水分配系数** 1.00

闪点(℃) 87.22 **自燃温度(℃)** 无资料

爆炸下限(%) 无资料 **爆炸上限(%)** 无资料

分解温度(℃) 无资料

黏度(mPa·s) 无资料

溶解性 不溶于水，可混溶于乙醇

第十部分 稳定性和反应性

稳定性 稳定

危险反应 与强氧化剂、酸类、水等禁配物发生反应

避免接触的条件 潮湿空气

禁配物 强氧化剂、强酸、强还原剂、强碱

危险的分解产物 氰化物

第十一部分 毒理学信息

急性毒性 LD_{50}：4180mg/kg（大鼠经口）；6270mg/kg（小鼠经口）

皮肤刺激或腐蚀 无资料 **眼睛刺激或腐蚀** 无资料

呼吸或皮肤过敏 无资料 **生殖细胞突变性** 无资料

致癌性 无资料 **生殖毒性** 无资料

特异性靶器官系统毒性-一次接触 无资料

特异性靶器官系统毒性-反复接触 无资料

吸入危害 无资料

第十二部分 生态学信息

生态毒性 无资料

持久性和降解性

生物降解性 无资料

非生物降解性 无资料

潜在的生物累积性 根据 K_{ow}值预测，该物质的生物累积性可能较弱

土壤中的迁移性 根据 K_{oc}值预测，该物质可能易发生迁移

第十三部分 废弃处置

废弃化学品 建议用焚烧法处置。焚烧炉排出的氮氧化物通过洗涤器除去

污染包装物 将容器返还生产商或按照国家和地方法规处置

废弃注意事项 处置前应参阅国家和地方有关法规

第十四部分 运输信息

联合国危险货物编号（UN号） - **联合国运输名称** -

联合国危险性类别 - **包装类别** -

包装标志 - **海洋污染物** -

运输注意事项 运输前应先检查包装容器是否完整、密封，运输过程中要确保容器不泄漏、不倒塌、不坠落、不损坏。严禁与酸类、氧化剂、食品及食品添加剂混运。运输时运输车辆应配备相应品种和数量的消防器材及泄漏应急处理设备。运输途中应防曝晒、雨淋，防高温。公路运输时要按规定路线行驶

第十五部分 法规信息

下列法律、法规、规章和标准，对该化学品的管理作了相应的规定。

中华人民共和国职业病防治法 职业病分类和目录：氰及腈类化合物中毒

危险化学品安全管理条例 危险化学品目录：未列入。易制爆危险化学品名录：未列入。重点监管的危险化学品名录：未列入。GB 18218—2009《危险化学品重大危险源辨识》(表1)：未列入

使用有毒物品作业场所劳动保护条例 高毒物品目录：未列入

易制毒化学品管理条例 易制毒化学品的分类和品种目录：未列入

国际公约 斯德哥尔摩公约：未列入。鹿特丹公约：未列入。蒙特利尔议定书：未列入

第十六部分 其他信息

编写和修订信息 **缩略语和首字母缩写**

培训建议 **参考文献**

免责声明

氰乙酸乙酯

第一部分 化学品标识

化学品中文名 氰乙酸乙酯；氰基乙酸乙酯

化学品英文名 ethyl cyanoacetate

分子式 $C_5H_7NO_2$ **相对分子质量** 113.13

结构式

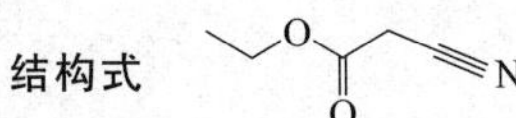

化学品的推荐及限制用途 用于有机合成、制药工业和染料工业

第二部分 危险性概述

紧急情况概述 吞咽有害，皮肤接触有害，吸入有害

GHS危险性类别 急性毒性-经口，类别4；急性毒性-经皮，类别4；急性毒性-吸入，类别4；皮肤腐蚀/刺激，类别2；严重眼损伤/眼刺激，类别2；特异性靶器官毒性-一次接触，类别3（呼吸道刺激）

标签要素

象形图

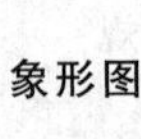

警示词 警告

危险性说明 吞咽有害，皮肤接触有害，吸入有害，造成皮肤刺激，造成严重眼刺激，可能引起呼吸道刺激

防范说明

预防措施 避免接触眼睛、皮肤，操作后彻底清洗。作业场所不得进食、饮水或吸烟。戴防护手套，穿防护服，戴防护眼镜、防护面罩。避免吸入蒸气、雾。仅在室外或通风良好处操作

事故响应 食入：漱口，如果感觉不适，立即呼叫中毒控制中心或就医。如吸入：将患者转移到空气新鲜处，休息，保持利于呼吸的体位。皮肤接触：用大量肥皂水和水清洗。如发生皮肤刺激，就医。被污染的衣服须经洗净后方可重新使用。如接触眼睛：用水细心冲洗数分钟。如戴隐形眼镜并可方便地取出，取出隐形眼镜继续冲洗。如果眼睛刺激持续：就医

安全储存 -

废弃处置 本品及内装物、容器依据国家和地方法规处置

物理和化学危险 可燃，其蒸气与空气混合，能形成爆炸性混合物

健康危害 低浓度时实验动物有呼吸急促、流泪、嗜睡、精神萎靡、反应迟钝；浓度稍高还可出现呼吸困难，侧卧，眼球突出；浓度高时出现极度呼吸困难，痉挛，死亡。可经皮吸收引起中毒死亡

环境危害 对环境可能有害

第三部分 成分/组成信息

√物质 混合物

组分	浓度	CAS No.
氰乙酸乙酯		105-56-6

第四部分 急救措施

吸入 迅速脱离现场至空气新鲜处。保持呼吸道通畅。如呼吸困难，给输氧。如呼吸、心跳停止，立即进行心肺复苏术。就医

皮肤接触 立即脱去污染的衣着，用肥皂水和清水彻底冲洗。就医

眼睛接触 立即分开眼睑，用流动清水或生理盐水彻底冲洗。就医

食入 催吐（仅限于清醒着），给服活性炭悬液。就医

对保护施救者的忠告 根据需要使用个人防护设备

对医生的特别提示 使用亚硝酸钠、硫代硫酸钠、4-二甲基氨基苯酚等解毒剂

第五部分 消防措施

灭火剂 用干粉、二氧化碳灭火

特别危险性 受高热或与酸接触会产生剧毒的氰化物气体。与强氧化剂接触可发生化学反应。遇水或水蒸气反应放出有毒和易燃的气体。燃烧生成有害的一氧化碳、氮氧化物

灭火注意事项及防护措施 消防人员须佩戴防毒面具、穿全身消防服，在上风向灭火。尽可能将容器从火场移至空旷处。喷水保持火场容器冷却，直至灭火结束。容器突然发出异常声音或出现异常现象，应立即撤

离。禁止用水、泡沫和酸碱灭火剂灭火

第六部分 泄漏应急处理

作业人员防护措施、防护装备和应急处置程序 根据液体流动和蒸气扩散的影响区域划定警戒区，无关人员从侧风、上风向撤离至安全区。建议应急处理人员戴正压自给式呼吸器，穿防毒服，戴橡胶耐油手套。作业时使用的所有设备应接地。穿上适当的防护服前严禁接触破裂的容器和泄漏物。尽可能切断泄漏源

环境保护措施 防止泄漏物进入水体、下水道、地下室或有限空间

泄漏化学品的收容、清除方法及所使用的处置材料 严禁用水处理。小量泄漏：用干燥的砂土或其他不燃材料覆盖泄漏物。大量泄漏：构筑围堤或挖坑收容。用泵转移至槽车或专用收集器内

第七部分 操作处置与储存

操作注意事项 密闭操作，提供充分的局部排风。操作人员必须经过专门培训，严格遵守操作规程。建议操作人员佩戴自吸过滤式防毒面具（半面罩），戴安全防护眼镜，穿聚乙烯防毒服，戴橡胶耐油手套。远离火种、热源。工作场所严禁吸烟。使用防爆型的通风系统和设备。防止蒸气泄漏到工作场所空气中。避免与氧化剂、还原剂、酸类、碱类接触。尤其要注意避免与水接触。搬运时要轻装轻卸，防止包装及容器损坏。配备相应品种和数量的消防器材及泄漏应急处理设备。倒空的容器可能残留有害物

储存注意事项 储存于阴凉、通风的库房。远离火种、热源。保持容器密封。应与氧化剂、还原剂、酸类、碱类、食用化学品分开存放，切忌混储。配备相应品种和数量的消防器材。储区应备有泄漏应急处理设备和合适的收容材料

第八部分 接触控制/个体防护

职业接触限值

中国 未制定标准

美国(ACGIH) 未制定标准

生物接触限值 未制定标准

监测方法 空气中有毒物质测定方法：未制定标准。生物监测检验方法：未制定标准

工程控制 严加密闭，提供充分的局部排风。提供安全的淋浴和洗眼设备

个体防护装备

呼吸系统防护 可能接触其蒸气时，应该佩戴过滤式防毒面具（半面罩）。紧急事态抢救或撤离时，佩戴空气呼吸器

眼睛防护 戴安全防护眼镜

皮肤和身体防护 穿隔绝式防毒服

手防护 戴橡胶耐油手套

第九部分 理化特性

外观与性状 无色液体，略有气味

pH值 无资料 **熔点(℃)** −22.5

沸点(℃) 206～208 **相对密度(水=1)** 1.06

相对蒸气密度(空气=1) 3.9

饱和蒸气压(kPa) 2.00 (99℃)

燃烧热(kJ/mol) 无资料 **临界温度(℃)** 无资料

临界压力(MPa) 3.34 **辛醇/水分配系数** 0.02

闪点(℃) 110 **自燃温度(℃)** 555

爆炸下限(%) 无资料 **爆炸上限(%)** 无资料

分解温度(℃) 无资料

黏度(mPa·s) 无资料

溶解性 微溶于水，溶于碱液、氨水，可混溶于乙醇、乙醚

第十部分 稳定性和反应性

稳定性 稳定

危险反应 与强氧化剂、酸类、水等禁配物发生反应

避免接触的条件 潮湿空气

禁配物 强氧化剂、强还原剂、强酸、强碱

危险的分解产物 氰化物

第十一部分 毒理学信息

急性毒性

LD_{50} 400～3200mg/kg（大鼠经口）

LC_{50} 550mg/m^3（大鼠吸入，2h）

皮肤刺激或腐蚀 无资料 **眼睛刺激或腐蚀** 无资料

呼吸或皮肤过敏 无资料 **生殖细胞突变性** 无资料

致癌性 无资料 **生殖毒性** 无资料

特异性靶器官系统毒性-一次接触 无资料

特异性靶器官系统毒性-反复接触 无资料

吸入危害 无资料

第十二部分 生态学信息

生态毒性 无资料

持久性和降解性

生物降解性 无资料

非生物降解性 无资料

潜在的生物累积性 根据 K_{ow} 值预测，该物质的生物累积性可能较弱

土壤中的迁移性 根据 K_{oc} 值预测，该物质可能易发生迁移

第十三部分 废弃处置

废弃化学品 建议用焚烧法处置。焚烧炉排出的氮氧化物通过洗涤器除去

污染包装物 将容器返还生产商或按照国家和地方法规处置

废弃注意事项 处置前应参阅国家和地方有关法规

第十四部分 运输信息

联合国危险货物编号（UN号） - **联合国运输名称** -

联合国危险性类别 - **包装类别** -

包装标志 - **海洋污染物** -

运输注意事项 运输前应先检查包装容器是否完整、密封，运输过程中要确保容器不泄漏、不倒塌、不坠

落、不损坏。严禁与酸类、氧化剂、食品及食品添加剂混运。运输时运输车辆应配备相应品种和数量的消防器材及泄漏应急处理设备。运输途中应防曝晒、雨淋，防高温。公路运输时要按规定路线行驶

第十五部分 法规信息

下列法律、法规、规章和标准，对该化学品的管理作了相应的规定。

中华人民共和国职业病防治法 职业病分类和目录：氰及腈类化合物中毒

危险化学品安全管理条例 危险化学品目录：列入。易制爆危险化学品名录：未列入。重点监管的危险化学品名录：未列入。GB 18218—2009《危险化学品重大危险源辨识》(表 1)：未列入

使用有毒物品作业场所劳动保护条例 高毒物品目录：未列入

易制毒化学品管理条例 易制毒化学品的分类和品种目录：未列入

国际公约 斯德哥尔摩公约：未列入。鹿特丹公约：未列入。蒙特利尔议定书：未列入

第十六部分 其他信息

编写和修订信息 **缩略语和首字母缩写**

培训建议 **参考文献**

免责声明

壬　烷

第一部分 化学品标识

化学品中文名 壬烷；正壬烷

化学品英文名 nonane；*n*-nonane

分子式 C_9H_{20} **相对分子质量** 128.2

结构式 ／\／\／\／\／

化学品的推荐及限制用途 用作色谱分析标准物质、溶剂，用于有机合成

第二部分 危险性概述

紧急情况概述 易燃液体和蒸气，吸入可能有害，可能引起昏昏欲睡或眩晕，吞咽及进入呼吸道可能致命

GHS 危险性类别 易燃液体，类别 3；急性毒性-吸入，类别 5；皮肤腐蚀/刺激，类别 2；特异性靶器官毒性--一次接触，类别 3（麻醉效应）；吸入危害，类别 1；危害水生环境-急性危害，类别 1；危害水生环境-长期危害，类别 1

标签要素

象形图

警示词 危险

危险性说明 易燃液体和蒸气，吸入可能有害，造成皮肤刺激，可能引起昏昏欲睡或眩晕，吞咽及进入呼吸道可能致命，对水生生物毒性非常大并具有长期持续影响

防范说明

预防措施 远离热源、火花、明火、热表面。禁止吸烟。保持容器密闭。容器和接收设备接地连接。使用防爆电器、通风、照明设备。只能使用不产生火花的工具。采取防止静电措施。戴防护手套、防护眼镜、防护面罩。避免接触眼睛、皮肤，操作后彻底清洗。禁止排入环境

事故响应 火灾时，使用泡沫、二氧化碳、干粉、砂土灭火。吸入：如感觉不适，呼叫中毒控制中心或就医。皮肤接触：立即脱掉所有被污染的衣服，用大量肥皂水和水清洗。如发生皮肤刺激，就医。被污染的衣服须经洗净后方可重新使用。如果食入：不要催吐，立即呼叫中毒控制中心或就医。收集泄漏物

安全储存 存放在通风良好的地方。保持低温。上锁保管

废弃处置 本品依据国家和地方法规贮存

物理和化学危险 易燃，其蒸气与空气混合，能形成爆炸性混合物

健康危害 吸入后引起共济失调、惊厥、咳嗽、神志不清。对眼和皮肤有刺激性。食入后引起恶心、呕吐。液态本品吸入呼吸道可引起吸入性肺炎

环境危害 对水生生物毒性非常大并具有长期持续影响

第三部分 成分/组成信息

√物质		混合物
组分	**浓度**	**CAS No.**
壬烷		111-84-2

第四部分 急救措施

吸入 迅速脱离现场至空气新鲜处。保持呼吸道通畅。如呼吸困难，给输氧。如呼吸、心跳停止，立即进行心肺复苏术。就医

皮肤接触 立即脱去污染的衣着，用流动清水彻底冲洗。就医

眼睛接触 立即分开眼睑，用流动清水或生理盐水彻底冲洗。就医

食入 漱口，饮水。禁止催吐。就医

对保护施救者的忠告 根据需要使用个人防护设备

对医生的特别提示 对症处理

第五部分 消防措施

灭火剂 用泡沫、二氧化碳、干粉、砂土灭火

特别危险性 与氧化剂能发生强烈反应。在火场中，受热的容器有爆炸危险。燃烧生成有害的一氧化碳

灭火注意事项及防护措施 消防人员必须佩戴空气呼吸器、穿全身防火防毒服，在上风向灭火。尽可能将容器从火场移至空旷处。喷水保持火场容器冷却，直至灭火结束。容器突然发出异常声音或出现异常现象，应立即撤离

第六部分 泄漏应急处理

作业人员防护措施、防护装备和应急处置程序 消除所有

点火源。根据液体流动和蒸气扩散的影响区域划定警戒区，无关人员从侧风、上风向撤离至安全区。建议应急处理人员戴正压自给式呼吸器，穿防静电服。尽可能切断泄漏源

环境保护措施 防止泄漏物进入水体、下水道、地下室或有限空间

泄漏化学品的收容、清除方法及所使用的处置材料 小量泄漏：用砂土或其他不燃材料吸收。大量泄漏：构筑围堤或挖坑收容。用泡沫覆盖，减少蒸发。用砂土、惰性物质或蛭石吸收大量液体。用防爆泵转移至槽车或专用收集器内

第七部分 操作处置与储存

操作注意事项 密闭操作，全面通风。操作人员必须经过专门培训，严格遵守操作规程。建议操作人员戴安全防护眼镜，穿防静电工作服，戴橡胶耐油手套。远离火种、热源。工作场所严禁吸烟。使用防爆型的通风系统和设备。防止蒸气泄漏到工作场所空气中。避免与氧化剂接触。灌装时应控制流速，且有接地装置，防止静电积聚。搬运时要轻装轻卸，防止包装及容器损坏。配备相应品种和数量的消防器材及泄漏应急处理设备。倒空的容器可能残留有害物

储存注意事项 储存于阴凉、通风的库房。远离火种、热源。库温不宜超过37℃，保持容器密封。应与氧化剂分开存放，切忌混储。采用防爆型照明、通风设施。禁止使用易产生火花的机械设备和工具。储区应备有泄漏应急处理设备和合适的收容材料

第八部分 接触控制/个体防护

职业接触限值

中国 PC-TWA：500mg/m^3

美国(ACGIH) TLV-TWA：200ppm

生物接触限值 未制定标准

监测方法 空气中有毒物质测定方法：溶剂解吸-气相色谱法。生物监测检验方法：未制定标准

工程控制 生产过程密闭，全面通风。提供安全的淋浴和洗眼设备

个体防护装备

呼吸系统防护 一般不需要特殊防护，高浓度接触时可佩戴过滤式防毒面具（半面罩）

眼睛防护 戴安全防护眼镜

皮肤和身体防护 穿防静电工作服

手防护 戴橡胶耐油手套

第九部分 理化特性

外观与性状 无色透明液体

pH值 无资料 **熔点(℃)** −51

沸点(℃) 150.8 **相对密度(水=1)** 0.72

相对蒸气密度(空气=1) 4.4

饱和蒸气压(kPa) 0.42（20℃）

燃烧热(kJ/mol) 无资料 **临界温度(℃)** 321

临界压力(MPa) 2.28 **辛醇/水分配系数** 5.46

闪点(℃) 31（CC） **自燃温度(℃)** 205

爆炸下限(%) 0.8 **爆炸上限(%)** 2.9

分解温度(℃) 无资料

黏度(mPa·s) 0.669（25℃）

溶解性 不溶于水，溶于乙醇、乙醚，可混溶于苯、丙酮、氯仿

第十部分 稳定性和反应性

稳定性 稳定

危险反应 与强氧化剂等禁配物接触，有发生火灾和爆炸的危险

避免接触的条件 无资料

禁配物 强氧化剂、强酸、强碱、卤素

危险的分解产物 无资料

第十一部分 毒理学信息

急性毒性 LC_{50}：17000mg/m^3（大鼠吸入，4h）

皮肤刺激或腐蚀 猪经皮：250μl（24h），轻度刺激

眼睛刺激或腐蚀 无资料 **呼吸或皮肤过敏** 无资料

生殖细胞突变性 无资料 **致癌性** 无资料

生殖毒性 无资料

特异性靶器官系统毒性-一次接触 无资料

特异性靶器官系统毒性-反复接触 大鼠吸入65d（每天6h，每周5d），无作用水平为1.9g/m^{3}及3.2g/m^3。慢性吸入壬烷蒸气可引起嗜中性粒细胞改变，病理学检查未发现肺损害

吸入危害 无资料

第十二部分 生态学信息

生态毒性 根据结构类似物质预测，该物质对水生生物有极高毒性

持久性和降解性

生物降解性 MITI-Ⅰ测试，初始浓度100mg/L，污泥浓度30mg/L，4周后降解96%

非生物降解性 无资料

潜在的生物累积性 根据K_{ow}值预测，该物质可能有较高的生物累积性

土壤中的迁移性 根据K_{oc}值预测，该物质的迁移性可能较弱

第十三部分 废弃处置

废弃化学品 建议用焚烧法处置

污染包装物 将容器返还生产商或按照国家和地方法规处置

废弃注意事项 处置前应参阅国家和地方有关法规

第十四部分 运输信息

联合国危险货物编号（UN号） 1920

联合国运输名称 壬烷

联合国危险性类别 3 **包装类别** Ⅲ类包装

包装标志 

海洋污染物 是

运输注意事项 运输时运输车辆应配备相应品种和数量的消防器材及泄漏应急处理设备。夏季最好早晚运输。运输时所用的槽（罐）车应有接地链，槽内可设孔隔板以减少震荡产生的静电。严禁与氧化剂、食用化学品等混装混运。运输途中应防曝晒、雨淋，防高温。中途停留时应远离火种、热源、高温区。装运该物品的车辆排气管必须配备阻火装置，禁止使用易产生火花的机械设备和工具装卸。公路运输时要按规定路线行驶，勿在居民区和人口稠密区停留。铁路运输时要禁止溜放。严禁用木船、水泥船散装运输

第十五部分 法规信息

下列法律、法规、规章和标准，对该化学品的管理作了相应的规定。

中华人民共和国职业病防治法 职业病分类和目录：未列入

危险化学品安全管理条例 危险化学品目录：列入。易制爆危险化学品名录：未列入。重点监管的危险化学品名录：未列入。GB 18218—2009《危险化学品重大危险源辨识》(表 1)：未列入

使用有毒物品作业场所劳动保护条例 高毒物品目录：未列入

易制毒化学品管理条例 易制毒化学品的分类和品种目录：未列入

国际公约 斯德哥尔摩公约：未列入。鹿特丹公约：未列入。蒙特利尔议定书：未列入

第十六部分 其他信息

编写和修订信息 **缩略语和首字母缩写**

培训建议 **参考文献**

免责声明

1-壬烯

第一部分 化学品标识

化学品中文名 1-壬烯；香茅烯

化学品英文名 1-nonene

分子式 C_9H_{18} **相对分子质量** 126.22

结构式

化学品的推荐及限制用途 用作溶剂、有机合成中间体

第二部分 危险性概述

紧急情况概述 易燃液体和蒸气，可能引起昏昏欲睡或眩晕，吞咽及进入呼吸道可能致命

GHS 危险性类别 易燃液体，类别 3；皮肤腐蚀/刺激，类别 2；严重眼损伤/眼刺激，类别 2；特异性靶器官毒性-一次接触，类别 3（麻醉效应）；吸入危害，类别 1；危害水生环境-急性危害，类别 2；危害水生环境-长期危害，类别 2

标签要素

象形图

警示词 危险

危险性说明 易燃液体和蒸气，造成皮肤刺激，造成严重眼刺激，可能引起昏昏欲睡或眩晕，吞咽及进入呼吸道可能致命，对水生生物有毒并具有长期持续影响

防范说明

预防措施 远离热源、火花、明火、热表面。禁止吸烟。保持容器密闭。容器和接收设备接地连接。使用防爆电器、通风、照明设备。只能使用不产生火花的工具。采取防止静电措施。戴防护手套、防护眼镜、防护面罩。避免接触眼睛、皮肤，操作后彻底清洗。禁止排入环境

事故响应 火灾时，使用泡沫、二氧化碳、干粉、砂土灭火。如皮肤（或头发）接触：立即脱掉所有被污染的衣服，用大量肥皂水和水清洗，如发生皮肤刺激，就医。被污染的衣服须经洗净后方可重新使用。如接触眼睛：用水细心冲洗数分钟。如戴隐形眼镜并可方便地取出，取出隐形眼镜继续冲洗。如果眼睛刺激持续：就医。如果食入：不要催吐，立即呼叫中毒控制中心或就医。收集泄漏物

安全储存 存放在通风良好的地方。保持低温。上锁保管

废弃处置 本品及内装物、容器依据国家和地方法规处置

物理和化学危险 易燃，其蒸气与空气混合，能形成爆炸性混合物

健康危害 本品具有麻醉和刺激作用。液态本品吸入呼吸道可引起吸入性肺炎

环境危害 对水生生物有毒并具有长期持续影响

第三部分 成分/组成信息

√物质　　混合物

组分	浓度	CAS No.
1-壬烯		124-11-8

第四部分 急救措施

吸入 迅速脱离现场至空气新鲜处。保持呼吸道通畅。如呼吸困难，给输氧。如呼吸、心跳停止，立即进行心肺复苏术。就医

皮肤接触 立即脱去污染的衣着，用流动清水彻底冲洗。就医

眼睛接触 立即分开眼睑，用流动清水或生理盐水彻底冲洗。就医

食入 漱口，饮水。禁止催吐。就医

对保护施救者的忠告 根据需要使用个人防护设备

对医生的特别提示 对症处理

第五部分 消防措施

灭火剂 用泡沫、二氧化碳、干粉、砂土灭火

特别危险性 与氧化剂能发生强烈反应。若遇高热，可发生聚合反应，放出大量热量而引起容器破裂和爆炸事故。燃烧生成有害的一氧化碳

灭火注意事项及防护措施 消防人员必须佩戴空气呼吸

器、穿全身防火防毒服，在上风向灭火。喷水冷却容器，尽可能将容器从火场移至空旷处。容器突然发出异常声音或出现异常现象，应立即撤离

第六部分 泄漏应急处理

作业人员防护措施、防护装备和应急处置程序 消除所有点火源。根据液体流动和蒸气扩散的影响区域划定警戒区，无关人员从侧风、上风向撤离至安全区。建议应急处理人员戴正压自给式呼吸器，穿防静电服。作业时使用的所有设备应接地。禁止接触或跨越泄漏物。尽可能切断泄漏源

环境保护措施 防止泄漏物进入水体、下水道、地下室或有限空间

泄漏化学品的收容、清除方法及所使用的处置材料 小量泄漏：用砂土或其他不燃材料吸收，使用洁净的无火花工具收集吸收材料。大量泄漏：构筑围堤或挖坑收容。用砂土、惰性物质或蛭石吸收大量液体。用泡沫覆盖，减少蒸发。喷水雾能减少蒸发，但不能降低泄漏物在有限空间内的易燃性。用防爆泵转移至槽车或专用收集器内

第七部分 操作处置与储存

操作注意事项 密闭操作，全面通风。操作人员必须经过专门培训，严格遵守操作规程。建议操作人员佩戴过滤式防毒面具（半面罩），戴安全防护眼镜，穿防静电工作服，戴橡胶耐油手套。远离火种、热源。工作场所严禁吸烟。使用防爆型的通风系统和设备。防止蒸气泄漏到工作场所空气中。避免与氧化剂接触。灌装时应控制流速，且有接地装置，防止静电积聚。搬运时要轻装轻卸，防止包装及容器损坏。配备相应品种和数量的消防器材及泄漏应急处理设备。倒空的容器可能残留有害物

储存注意事项 储存于阴凉、通风的库房。远离火种、热源。库温不宜超过37℃，包装要求密封，不可与空气接触。应与氧化剂分开存放，切忌混储。不宜大量储存或久存。采用防爆型照明、通风设施。禁止使用易产生火花的机械设备和工具。储区应备有泄漏应急处理设备和合适的收容材料

第八部分 接触控制/个体防护

职业接触限值

中国 未制定标准

美国(ACGIH) 未制定标准

生物接触限值 未制定标准

监测方法 空气中有毒物质测定方法：未制定标准。生物监测检验方法：未制定标准

工程控制 生产过程密闭，全面通风。提供安全的淋浴和洗眼设备

个体防护装备

呼吸系统防护 可能接触其蒸气时，应该佩戴过滤式防毒面具（半面罩）

眼睛防护 戴安全防护眼镜

皮肤和身体防护 穿防静电工作服

手防护 戴橡胶耐油手套

第九部分 理化特性

外观与性状 无色液体

pH值 无资料 **熔点(℃)** −81.4

沸点(℃) 146.9 **相对密度(水=1)** 0.73

相对蒸气密度(空气=1) 4.35

饱和蒸气压(kPa) 1.46 (37.7℃)

燃烧热(kJ/mol) −5573 **临界温度(℃)** 327.8

临界压力(MPa) 2.48 **辛醇/水分配系数** 5.15

闪点(℃) 26 (OC) **自燃温度(℃)** 244

爆炸下限(%) 0.9 **爆炸上限(%)** 4.0

分解温度(℃) 无资料

黏度(mPa·s) 0.632 (20℃)

溶解性 不溶于水，溶于乙醇、乙醚

第十部分 稳定性和反应性

稳定性 稳定

危险反应 与强氧化剂等禁配物接触，有发生火灾和爆炸的危险

避免接触的条件 接触空气

禁配物 强氧化剂、酸类、卤代烃、卤素等

危险的分解产物 无资料

第十一部分 毒理学信息

急性毒性 无资料 **皮肤刺激或腐蚀** 无资料

眼睛刺激或腐蚀 无资料 **呼吸或皮肤过敏** 无资料

生殖细胞突变性 无资料 **致癌性** 无资料

生殖毒性 无资料

特异性靶器官系统毒性-一次接触 无资料

特异性靶器官系统毒性-反复接触 无资料

吸入危害 无资料

第十二部分 生态学信息

生态毒性 无资料

持久性和降解性

生物降解性 无资料

非生物降解性 无资料

潜在的生物累积性 根据K_{ow}值预测，该物质可能有较高的生物累积性

土壤中的迁移性 根据K_{oc}值预测，该物质的迁移性可能较弱

第十三部分 废弃处置

废弃化学品 建议用焚烧法处置

污染包装物 将容器返还生产商或按照国家和地方法规处置

废弃注意事项 处置前应参阅国家和地方有关法规

第十四部分 运输信息

联合国危险货物编号(UN号) 3295

联合国运输名称 液态烃类，未另作规定的（1-壬烯）

联合国危险性类别 3 **包装类别** Ⅲ类包装

包装标志  **海洋污染物** 否

运输注意事项 运输时运输车辆应配备相应品种和数量的消防器材及泄漏应急处理设备。夏季最好早晚运输。运输时所用的槽（罐）车应有接地链，槽内可设孔隔板以减少震荡产生的静电。严禁与氧化剂、食用化学品等混装混运。运输途中应防曝晒、雨淋，防高温。中途停留时应远离火种、热源、高温区。装运该物品的车辆排气管必须配备阻火装置，禁止使用易产生火花的机械设备和工具装卸。公路运输时要按规定路线行驶，勿在居民区和人口稠密区停留。铁路运输时要禁止溜放。严禁用木船、水泥船散装运输

第十五部分 法规信息

下列法律、法规、规章和标准，对该化学品的管理作了相应的规定。

中华人民共和国职业病防治法 职业病分类和目录：未列入

危险化学品安全管理条例 危险化学品目录：列入。易制爆危险化学品名录：未列入。重点监管的危险化学品名录：未列入。GB 18218—2009《危险化学品重大危险源辨识》（表 1）：未列入

使用有毒物品作业场所劳动保护条例 高毒物品目录：未列入

易制毒化学品管理条例 易制毒化学品的分类和品种目录：未列入

国际公约 斯德哥尔摩公约：未列入。鹿特丹公约：未列入。蒙特利尔议定书：未列入

第十六部分 其他信息

编写和修订信息 **缩略语和首字母缩写**

培训建议 **参考文献**

免责声明

铷

第一部分 化学品标识

化学品中文名 铷；金属铷

化学品英文名 rubidium

分子式 Rb **相对分子质量** 85.47

化学品的推荐及限制用途 用于制造光电池、真空管和用作催化剂等

第二部分 危险性概述

紧急情况概述 遇水放出可自燃的易燃气体

GHS 危险性类别 遇水放出易燃气体的物质和混合物，类别 1

标签要素

象形图 

警示词 危险

危险性说明 遇水放出可自燃的易燃气体

防范说明

预防措施 因与水发生剧烈反应和可能发生爆燃，应避免与水接触。在惰性气体中操作。防潮。戴防护手套、防护眼镜、防护面罩

事故响应 火灾时，使用干燥氯化钠粉末、碳酸钠干粉、碳酸钙干粉灭火。擦掉皮肤上的微粒，将接触部位浸入冷水中、用湿绷带包扎

安全储存 在干燥处和密闭的容器中储存

废弃处置 本品及内装物、容器依据国家和地方法规处置

物理和化学危险 接触空气易自燃。遇水剧烈反应，可引起燃烧或爆炸

健康危害 未见中毒病例报道

环境危害 对环境可能有害

第三部分 成分/组成信息

√物质 混合物

组分	浓度	CAS No.
铷		7440-17-7

第四部分 急救措施

吸入 脱离现场至空气新鲜处。如有不适感，就医

皮肤接触 脱去污染的衣着，用流动清水冲洗。如有不适感，就医

眼睛接触 分开眼睑，用流动清水或生理盐水冲洗。如有不适感，就医

食入 漱口，饮水。就医

对保护施救者的忠告 根据需要使用个人防护设备

对医生的特别提示 对症处理

第五部分 消防措施

灭火剂 用干燥氯化钠粉末、碳酸钠干粉、碳酸钙干粉灭火

特别危险性 化学反应活性很高，暴露在空气或氧气中能自行燃烧并爆炸使熔融物飞溅。与空气中的氧气反应则生成超氧化物，如混有有机物等，可能发生爆炸性反应。遇水或潮气发生猛烈反应放出氢气，大量放热，引起燃烧或爆炸。与卤素、硫、磷等发生剧烈的化学反应，引起燃烧。燃烧生成有害的氧化铷

灭火注意事项及防护措施 消防人员必须佩戴空气呼吸器、穿全身防火防毒服，在上风向灭火。尽可能将容器从火场移至空旷处。喷水保持火场容器冷却，直至灭火结束。不可用水、卤代烃（如 1211 灭火剂），碳酸氢钠、碳酸氢钾作为灭火剂。即使石墨干粉及干砂亦不适用

第六部分 泄漏应急处理

作业人员防护措施、防护装备和应急处置程序 严禁用水处理。隔离泄漏污染区，限制出入。消除所有点火源。建议应急处理人员戴防尘口罩，穿防静电服。禁止接触或跨越泄漏物。保持泄漏物干燥。尽可能切断

泄漏源

环境保护措施 无资料

泄漏化学品的收容、清除方法及所使用的处置材料 小量泄漏：用于燥的砂土或其他不燃材料覆盖泄漏物，然后用塑料布覆盖，减少飞散、避免雨淋。粉末泄漏：用塑料布或帆布覆盖泄漏物，减少飞散，保持干燥。严禁设法扫除干的泄漏物。在专家指导下清除

第七部分 操作处置与储存

操作注意事项 密闭操作。操作人员必须经过专门培训，严格遵守操作规程。建议操作人员佩戴自吸过滤式防尘口罩，戴化学安全防护眼镜，穿化学防护服，戴橡胶手套。远离火种、热源。工作场所严禁吸烟。使用防爆型的通风系统和设备。避免与氧化剂、酸类、卤素、氯代烃接触。尤其要注意避免与水接触。在氮气中操作处置。搬运时要轻装轻卸，防止包装及容器损坏。配备相应品种和数量的消防器材及泄漏应急处理设备。倒空的容器可能残留有害物

储存注意事项 浸于煤油中。储存于阴凉、干燥、通风良好的专用库房内，远离火种、热源。库房温度不超过32℃，相对湿度不超过75%。包装要求密封，不可与空气接触。应与氧化剂、酸类、卤素、氯代烃等分开存放，切忌混储。采用防爆型照明、通风设施。禁止使用易产生火花的机械设备和工具。储区应备有合适的材料收容泄漏物

第八部分 接触控制/个体防护

职业接触限值

中国 未制定标准

美国(ACGIH) 未制定标准

生物接触限值 未制定标准

监测方法 空气中有毒物质测定方法：未制定标准。生物监测检验方法：未制定标准

工程控制 密闭操作。提供安全的淋浴和洗眼设备

个体防护装备

呼吸系统防护 一般不需要特殊防护，但建议特殊情况下，佩戴过滤式防尘呼吸器

眼睛防护 戴化学安全防护眼镜

皮肤和身体防护 穿化学防护服

手防护 戴橡胶手套

第九部分 理化特性

外观与性状 银白色蜡状柔软金属

pH值 无意义 **熔点(℃)** 38.9～39.5

沸点(℃) 688 **相对密度(水=1)** 1.53

相对蒸气密度(空气=1) 无资料

饱和蒸气压(kPa) 0.13 (297℃)

燃烧热(kJ/mol) 无资料 **临界温度(℃)** 无资料

临界压力(MPa) 无资料 **辛醇/水分配系数** 0.23

闪点(℃) 无资料 **自燃温度(℃)** 无资料

爆炸下限(%) 无资料 **爆炸上限(%)** 无资料

分解温度(℃) 无资料

黏度(mPa·s) 无资料

溶解性 溶于酸类、乙醇和氨

第十部分 稳定性和反应性

稳定性 稳定

危险反应 与强氧化剂、水、卤素、非金属氧化物等禁配物接触，有发生火灾和爆炸的危险

避免接触的条件 空气、潮湿空气

禁配物 强氧化剂、硫、卤素、酸类、水、氯代烃、磷等

危险的分解产物 无意义

第十一部分 毒理学信息

急性毒性 LD_{50}：1200mg/kg (小鼠腹腔)

皮肤刺激或腐蚀 无资料 **眼睛刺激或腐蚀** 无资料

呼吸或皮肤过敏 无资料 **生殖细胞突变性** 无资料

致癌性 无资料 **生殖毒性** 无资料

特异性靶器官系统毒性-一次接触 无资料

特异性靶器官系统毒性-反复接触 无资料

吸入危害 无资料

第十二部分 生态学信息

生态毒性 无资料

持久性和降解性

生物降解性 无资料

非生物降解性 无资料

潜在的生物累积性 无资料

土壤中的迁移性 无资料

第十三部分 废弃处置

废弃化学品 根据国家和地方有关法规的要求处置。或与厂商或制造商联系，确定处置方法

污染包装物 将容器返还生产商或按照国家和地方法规处置

废弃注意事项 处置前应参阅国家和地方有关法规

第十四部分 运输信息

联合国危险货物编号(UN号) 1423

联合国运输名称 铷

联合国危险性类别 4.3 **包装类别** Ⅰ类包装

包装标志 

海洋污染物 否

运输注意事项 运输时运输车辆应配备相应品种和数量的消防器材及泄漏应急处理设备。装运本品的车辆排气管须有阻火装置。运输过程中要确保容器不泄漏、不倒塌、不坠落、不损坏。严禁与氧化剂、酸类、卤素、氯代烃等混装混运。运输途中应防曝晒、雨淋，防高温。中途停留时应远离火种、热源。运输用车、船必须干燥，并有良好的防雨设施。车辆运输完毕应进行彻底清扫。铁路运输时要禁止溜放

第十五部分 法规信息

下列法律、法规、规章和标准，对该化学品的管理作

了相应的规定。

中华人民共和国职业病防治法 职业病分类和目录：未列入

危险化学品安全管理条例 危险化学品目录：列入。易制爆危险化学品名录：未列入。重点监管的危险化学品名录：未列入。GB 18218—2009《危险化学品重大危险源辨识》(表 1)：未列入

使用有毒物品作业场所劳动保护条例 高毒物品目录：未列入

易制毒化学品管理条例 易制毒化学品的分类和品种目录：未列入

国际公约 斯德哥尔摩公约：未列入。鹿特丹公约：未列入。蒙特利尔议定书：未列入

第十六部分 其他信息

编写和修订信息 **缩略语和首字母缩写**

培训建议 **参考文献**

免责声明

乳酸甲酯

第一部分 化学品标识

化学品中文名 乳酸甲酯；2-羟基丙酸甲酯

化学品英文名 methyl lactate；methyl 2-hydroxypropionate

分子式 $C_4H_8O_3$ **相对分子质量** 104.11

结构式

化学品的推荐及限制用途 用作纤维素、油漆、染色素的溶剂

第二部分 危险性概述

紧急情况概述 易燃液体和蒸气

GHS 危险性类别 易燃液体，类别 3；严重眼损伤/眼刺激，类别 2；特异性靶器官毒性-一次接触，类别 3 (呼吸道刺激)

标签要素

象形图

警示词 警告

危险性说明 易燃液体和蒸气，造成严重眼刺激，可能引起呼吸道刺激

防范说明

预防措施 远离热源、火花、明火、热表面。禁止吸烟。保持容器密闭。容器和接收设备接地连接。使用防爆电器、通风、照明设备。只能使用不产生火花的工具。采取防止静电措施。戴防护手套、防护眼镜、防护面罩。避免接触眼睛、皮肤，操作后彻底清洗

事故响应 火灾时，使用抗溶性泡沫、雾状水、干粉、二氧化碳、砂土灭火。如皮肤(或头发)接触：立即脱掉所有被污染的衣服，用水冲洗皮肤，淋浴。如接触眼睛：用水细心冲洗数分钟。如戴隐形眼镜并可方便地取出，取出隐形眼镜继续冲洗。如果眼睛刺激持续：就医

安全储存 存放在通风良好的地方。保持低温

废弃处置 本品及内装物、容器依据国家和地方法规处置

物理和化学危险 易燃，其蒸气与空气混合，能形成爆炸性混合物

健康危害 动物试验给致死量时，出现共济失调、气急、呼吸困难、抽搐等

环境危害 对环境可能有害

第三部分 成分/组成信息

√物质 混合物

组分	浓度	CAS No.
乳酸甲酯		547-64-8

第四部分 急救措施

吸入 迅速脱离现场至空气新鲜处。保持呼吸道通畅。如呼吸困难，给输氧。如呼吸、心跳停止，立即进行心肺复苏术。就医

皮肤接触 立即脱去污染的衣着，用流动清水彻底冲洗。就医

眼睛接触 立即分开眼睑，用流动清水或生理盐水彻底冲洗。就医

食入 漱口，饮水。就医

对保护施救者的忠告 根据需要使用个人防护设备

对医生的特别提示 对症处理

第五部分 消防措施

灭火剂 用抗溶性泡沫、雾状水、干粉、二氧化碳、砂土灭火

特别危险性 与强氧化剂发生反应，可引起燃烧。燃烧生成有害的一氧化碳

灭火注意事项及防护措施 消防人员必须佩戴空气呼吸器、穿全身防火防毒服，在上风向灭火。喷水冷却容器，尽可能将容器从火场移至空旷处。容器突然发出异常声音或出现异常现象，应立即撤离

第六部分 泄漏应急处理

作业人员防护措施、防护装备和应急处置程序 消除所有点火源。根据液体流动和蒸气扩散的影响区域划定警戒区，无关人员从侧风、上风向撤离至安全区。建议应急处理人员戴正压自给式呼吸器，穿防静电服。作业时使用的所有设备应接地。禁止接触或跨越泄漏物。尽可能切断泄漏源

环境保护措施 防止泄漏物进入水体、下水道、地下室或有限空间

泄漏化学品的收容、清除方法及所使用的处置材料 小量泄漏：用砂土或其他不燃材料吸收，使用洁净的无火花工具收集吸收材料。大量泄漏：构筑围堤或挖坑收

容。用抗溶性泡沫覆盖，减少蒸发。喷水雾能减少蒸发，但不能降低泄漏物在有限空间内的易燃性。用防爆泵转移至槽车或专用收集器内

第七部分 操作处置与储存

操作注意事项 密闭操作，全面通风。操作人员必须经过专门培训，严格遵守操作规程。建议操作人员佩戴自吸过滤式防毒面具（半面罩），戴化学安全防护眼镜，穿防静电工作服，戴橡胶耐油手套。远离火种、热源。工作场所严禁吸烟。使用防爆型的通风系统和设备。防止蒸气泄漏到工作场所空气中。避免与氧化剂、酸类、碱类接触。充装要控制流速，防止静电积聚。搬运时要轻装轻卸，防止包装及容器损坏。配备相应品种和数量的消防器材及泄漏应急处理设备。倒空的容器可能残留有害物

储存注意事项 储存于阴凉、干燥、通风良好的库房。库温不宜超过37℃，远离火种、热源。保持容器密封。应与氧化剂、酸类、碱类等分开存放，切忌混储。采用防爆型照明、通风设施。禁止使用易产生火花的机械设备和工具。储区应备有泄漏应急处理设备和合适的收容材料

第八部分 接触控制/个体防护

职业接触限值

中国 未制定标准

美国(ACGIH) 未制定标准

生物接触限值 未制定标准

监测方法 空气中有毒物质测定方法：未制定标准。生物监测检验方法：未制定标准

工程控制 生产过程密闭，全面通风。提供安全的淋浴和洗眼设备

个体防护装备

呼吸系统防护 高浓度环境中，应该佩戴过滤式防毒面具（半面罩）

眼睛防护 戴化学安全防护眼镜

皮肤和身体防护 穿防静电工作服

手防护 戴橡胶耐油手套

第九部分 理化特性

外观与性状 无色透明液体

pH值 无资料　**熔点(℃)** －66.2

沸点(℃) 144～145　**相对密度(水＝1)** 1.09

相对蒸气密度(空气＝1) 3.6

饱和蒸气压(kPa) 12（42℃）

燃烧热(kJ/mol) －2078.3　**临界温度(℃)** 无资料

临界压力(MPa) 4.48　**辛醇/水分配系数** －0.67

闪点(℃) 49（CC）　**自燃温度(℃)** 385

爆炸下限(%) 1.1　**爆炸上限(%)** 3.6

分解温度(℃) 无资料

黏度(mPa·s) 2.94（20℃）

溶解性 溶于水、乙醇及多数有机溶剂

第十部分 稳定性和反应性

稳定性 稳定

危险反应 与强氧化剂等禁配物接触，有发生火灾和爆炸的危险

避免接触的条件 无资料

禁配物 强氧化剂、强酸、强碱

危险的分解产物 无资料

第十一部分 毒理学信息

急性毒性 LDLo：＞2g/kg（大鼠腹腔）

皮肤刺激或腐蚀 无资料　**眼睛刺激或腐蚀** 无资料

呼吸或皮肤过敏 无资料　**生殖细胞突变性** 无资料

致癌性 无资料　**生殖毒性** 无资料

特异性靶器官系统毒性-一次接触 无资料

特异性靶器官系统毒性-反复接触 无资料

吸入危害 无资料

第十二部分 生态学信息

生态毒性 无资料

持久性和降解性

生物降解性 无资料

非生物降解性 在25℃，当pH值为7、8、9时，水解半衰期分别为67.8d、6.78d、0.678d（理论）

潜在的生物累积性 根据K_{ow}值预测，该物质的生物累积性可能较弱

土壤中的迁移性 根据K_{oc}值预测，该物质可能易发生迁移

第十三部分 废弃处置

废弃化学品 建议用焚烧法处置

污染包装物 将容器返还生产商或按照国家和地方法规处置

废弃注意事项 处置前应参阅国家和地方有关法规

第十四部分 运输信息

联合国危险货物编号（UN号） 3272

联合国运输名称 酯类，未另作规定的（乳酸甲酯）

联合国危险性类别 3　**包装类别** Ⅲ类包装

包装标志 

海洋污染物 否

运输注意事项 运输时运输车辆应配备相应品种和数量的消防器材及泄漏应急处理设备。夏季最好早晚运输。运输时所用的槽（罐）车应有接地链，槽内可设孔隔板以减少震荡产生的静电。严禁与氧化剂、酸类、碱类、食用化学品等混装混运。运输途中应防曝晒、雨淋，防高温。中途停留时应远离火种、热源、高温区。装运该物品的车辆排气管必须配备阻火装置，禁止使用易产生火花的机械设备和工具装卸。公路运输时要按规定路线行驶，勿在居民区和人口稠密区停留。铁路运输时要禁止溜放。严禁用木船、水泥船散装运输

第十五部分 法规信息

下列法律、法规、规章和标准，对该化学品的管理作

了相应的规定。

中华人民共和国职业病防治法 职业病分类和目录：未列入

危险化学品安全管理条例 危险化学品目录：列入。易制爆危险化学品名录：未列入。重点监管的危险化学品名录：未列入。GB 18218—2009《危险化学品重大危险源辨识》(表 1)：未列入

使用有毒物品作业场所劳动保护条例 高毒物品目录：未列入

易制毒化学品管理条例 易制毒化学品的分类和品种目录：未列入

国际公约 斯德哥尔摩公约：未列入。鹿特丹公约：未列入。蒙特利尔议定书：未列入

第十六部分 其他信息

编写和修订信息 **缩略语和首字母缩写**

培训建议 **参考文献**

免责声明

乳酸乙酯

第一部分 化学品标识

化学品中文名 乳酸乙酯；2-羟基丙酸乙酯

化学品英文名 ethyl lactate；ethyl 2-hydroxypropionate

分子式 $C_5H_{10}O_3$ **相对分子质量** 118.13

结构式

化学品的推荐及限制用途 用作纤维素酯、树脂、涂料等的溶剂，也用作香料

第二部分 危险性概述

紧急情况概述 易燃液体和蒸气

GHS 危险性类别 易燃液体，类别 3；严重眼损伤/眼刺激，类别 1；特异性靶器官毒性-一次接触，类别 3(呼吸道刺激)

标签要素

象形图

警示词 危险

危险性说明 易燃液体和蒸气，造成严重眼损伤，可能引起呼吸道刺激

防范说明

预防措施 远离热源、火花、明火、热表面。禁止吸烟。保持容器密闭。容器和接收设备接地连接。使用防爆电器、通风、照明设备。只能使用不产生火花的工具。采取防止静电措施。戴防护手套、防护眼镜、防护面罩

事故响应 火灾时，使用抗溶性泡沫、雾状水、干粉、二氧化碳、砂土灭火。如皮肤(或头发)接触：立即脱掉所有被污染的衣服，用水冲洗皮肤，淋浴。接触眼睛：用水细心冲洗数分钟。如戴隐形眼镜并可方便地取出，取出隐形眼镜继续冲洗。如感不适立即呼叫中毒控制中心或就医

安全储存 存放在通风良好的地方。保持低温

废弃处置 本品及内装物、容器依据国家和地方法规处置

物理和化学危险 易燃，其蒸气与空气混合，能形成爆炸性混合物

健康危害 动物试验给致死量时，出现共济失调、气急、呼吸困难、抽搐等

环境危害 对环境可能有害

第三部分 成分/组成信息

√物质		混合物
组分	浓度	CAS No.
乳酸乙酯		97-64-3

第四部分 急救措施

吸入 迅速脱离现场至空气新鲜处。保持呼吸道通畅。如呼吸困难，给输氧。如呼吸、心跳停止，立即进行心肺复苏术。就医

皮肤接触 立即脱去污染的衣着，用流动清水彻底冲洗。就医

眼睛接触 立即分开眼睑，用流动清水或生理盐水彻底冲洗。就医

食入 漱口，饮水。就医

对保护施救者的忠告 根据需要使用个人防护设备

对医生的特别提示 对症处理

第五部分 消防措施

灭火剂 用抗溶性泡沫、雾状水、干粉、二氧化碳、砂土灭火

特别危险性 与强氧化剂发生反应，可引起燃烧。燃烧生成有害的一氧化碳

灭火注意事项及防护措施 消防人员必须佩戴空气呼吸器、穿全身防火防毒服，在上风向灭火。喷水冷却容器，尽可能将容器从火场移至空旷处。容器突然发出异常声音或出现异常现象，应立即撤离

第六部分 泄漏应急处理

作业人员防护措施、防护装备和应急处置程序 消除所有点火源。根据液体流动和蒸气扩散的影响区域划定警戒区，无关人员从侧风、上风向撤离至安全区。建议应急处理人员戴正压自给式呼吸器，穿防静电服。作业时使用的所有设备应接地。禁止接触或跨越泄漏物。尽可能切断泄漏源

环境保护措施 防止泄漏物进入水体、下水道、地下室或有限空间

泄漏化学品的收容、清除方法及所使用的处置材料 小量泄漏：用砂土或其他不燃材料吸收，使用洁净的无火花工具收集吸收材料。大量泄漏：构筑围堤或挖坑收容。用抗溶性泡沫覆盖，减少蒸发。喷水雾能减少蒸发，但不能降低泄漏物在有限空间内的易燃性。用防

爆泵转移至槽车或专用收集器内

第七部分 操作处置与储存

操作注意事项 密闭操作，全面通风。操作人员必须经过专门培训，严格遵守操作规程。建议操作人员佩戴自吸过滤式防毒面具（半面罩），戴化学安全防护眼镜，穿防静电工作服，戴橡胶耐油手套。远离火种、热源。工作场所严禁吸烟。使用防爆型的通风系统和设备。防止蒸气泄漏到工作场所空气中。避免与氧化剂、酸类、碱类接触。充装要控制流速，防止静电积聚。搬运时要轻装轻卸，防止包装及容器损坏。配备相应品种和数量的消防器材及泄漏应急处理设备。倒空的容器可能残留有害物

储存注意事项 储存于阴凉、通风的库房。库温不宜超过37℃，远离火种、热源。保持容器密封。应与氧化剂、酸类、碱类分开存放，切忌混储。采用防爆型照明、通风设施。禁止使用易产生火花的机械设备和工具。储区应备有泄漏应急处理设备和合适的收容材料

第八部分 接触控制/个体防护

职业接触限值

中国 未制定标准

美国(ACGIH) 未制定标准

生物接触限值 未制定标准

监测方法 空气中有毒物质测定方法：未制定标准。生物监测检验方法：未制定标准

工程控制 生产过程密闭，全面通风。提供安全的淋浴和洗眼设备

个体防护装备

呼吸系统防护 高浓度环境中，应该佩戴过滤式防毒面具（半面罩）

眼睛防护 戴化学安全防护眼镜

皮肤和身体防护 穿防静电工作服

手防护 戴橡胶耐油手套

第九部分 理化特性

外观与性状 无色透明液体，略有气味

pH值 无资料 **熔点(℃)** −26

沸点(℃) 154 **相对密度(水=1)** 1.03

相对蒸气密度(空气=1) 4.07

饱和蒸气压(kPa) 0.5（25℃）

燃烧热(kJ/mol) −3190.1 **临界温度(℃)** 无资料

临界压力(MPa) 3.86 **辛醇/水分配系数** −0.18

闪点(℃) 46.1（CC） **自燃温度(℃)** 400

爆炸下限(%) 1.5 **爆炸上限(%)** 10.6

分解温度(℃) 无资料

黏度(mPa·s) 无资料

溶解性 与水混溶，可混溶于醇类、酯类、酮类、烃类、油类

第十部分 稳定性和反应性

稳定性 稳定

危险反应 与强氧化剂等禁配物接触，有发生火灾和爆炸的危险

避免接触的条件 无资料

禁配物 强氧化剂、酸类、碱类

危险的分解产物 无资料

第十一部分 毒理学信息

急性毒性 LD_{50}：2500mg/kg（小鼠经口）

皮肤刺激或腐蚀 无资料 **眼睛刺激或腐蚀** 无资料

呼吸或皮肤过敏 无资料 **生殖细胞突变性** 无资料

致癌性 无资料 **生殖毒性** 无资料

特异性靶器官系统毒性-一次接触 无资料

特异性靶器官系统毒性-反复接触 无资料

吸入危害 无资料

第十二部分 生态学信息

生态毒性 无资料

持久性和降解性

生物降解性 无资料

非生物降解性 无资料

潜在的生物累积性 根据 K_{ow} 值预测，该物质的生物累积性可能较弱

土壤中的迁移性 根据 K_{oc} 值预测，该物质可能易发生迁移

第十三部分 废弃处置

废弃化学品 建议用焚烧法处置

污染包装物 将容器返还生产商或按照国家和地方法规处置

废弃注意事项 处置前应参阅国家和地方有关法规

第十四部分 运输信息

联合国危险货物编号（UN号） 1192

联合国运输名称 乳酸乙酯

联合国危险性类别 3 **包装类别** Ⅲ类包装

包装标志  **海洋污染物** 否

运输注意事项 运输时运输车辆应配备相应品种和数量的消防器材及泄漏应急处理设备。夏季最好早晚运输。运输时所用的槽（罐）车应有接地链，槽内可设孔隔板以减少震荡产生的静电。严禁与氧化剂、酸类、碱类、食用化学品等混装混运。运输途中应防曝晒、雨淋，防高温。中途停留时应远离火种、热源、高温区。装运该物品的车辆排气管必须配备阻火装置，禁止使用易产生火花的机械设备和工具装卸。公路运输时要按规定路线行驶，勿在居民区和人口稠密区停留。铁路运输时要禁止溜放。严禁用木船、水泥船散装运输

第十五部分 法规信息

下列法律、法规、规章和标准，对该化学品的管理作了相应的规定。

中华人民共和国职业病防治法　职业病分类和目录：未列入

危险化学品安全管理条例　危险化学品目录：列入。易制爆危险化学品名录：未列入。重点监管的危险化学品名录：未列入。GB 18218—2009《危险化学品重大危险源辨识》(表 1)：未列入

使用有毒物品作业场所劳动保护条例　高毒物品目录：未列入

易制毒化学品管理条例　易制毒化学品的分类和品种目录：未列入

国际公约　斯德哥尔摩公约：未列入。鹿特丹公约：未列入。蒙特利尔议定书：未列入

第十六部分　其他信息

编写和修订信息　　**缩略语和首字母缩写**

培训建议　　**参考文献**

免责声明

三苯（基）膦

第一部分　化学品标识

化学品中文名　三苯（基）膦

化学品英文名　triphenyl phosphine；phosphorus triphenyl

分子式　$C_{18}H_{15}P$　　**相对分子质量**　262.30

结构式

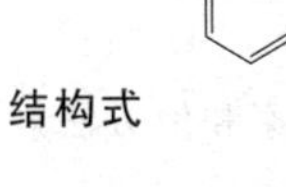

化学品的推荐及限制用途　广泛用于医药、石化、涂料、橡胶等行业，用作催化剂、促进剂、阻燃剂，也用作分析试剂

第二部分　危险性概述

紧急情况概述　可能导致皮肤过敏反应

GHS 危险性类别　急性毒性-经口，类别 4；皮肤腐蚀/刺激，类别 2；严重眼损伤/眼刺激，类别 2；皮肤致敏物，类别 1；特异性靶器官毒性-一次接触，类别 3 (呼吸道刺激)；特异性靶器官毒性-反复接触，类别 1；危害水生环境-长期危害，类别 4

标签要素

象形图

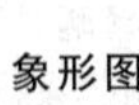

警示词　危险

危险性说明　吞咽有害，造成皮肤刺激，造成严重眼刺激，可能导致皮肤过敏反应，可能引起呼吸道刺激，长时间或反复接触对器官造成损伤，可能对水生生物造成长期持续有害影响

防范说明

预防措施　避免接触眼睛、皮肤，操作后彻底清洗。作业场所不得进食、饮水或吸烟。戴防护手套、防护眼镜、防护面罩。避免吸入粉尘。污染的工作服不得带出工作场所。禁止排入环境

事故响应　皮肤接触：用大量肥皂水和水清洗。如出现皮肤刺激或皮疹：就医。脱去被污染的衣服，污染的衣服经洗净后方可重新使用。如接触眼睛：用水细心冲洗数分钟。如戴隐形眼镜并可方便地取出，取出隐形眼镜继续冲洗。如果眼睛刺激持续：就医。食入：漱口，如果感觉不适，立即呼叫中毒控制中心或就医

安全储存　存放在通风良好的地方。保持低温

废弃处置　本品及内装物、容器依据国家和地方法规处置

物理和化学危险　可燃，其粉体与空气混合，能形成爆炸性混合物

健康危害　对眼、上呼吸道、黏膜和皮肤有刺激性。对皮肤有致敏性。有神经毒效应

环境危害　可能对水生生物造成长期持续有害影响

第三部分　成分/组成信息

√物质		混合物
组分	**浓度**	**CAS No.**
三苯（基）膦		603-35-0

第四部分　急救措施

吸入　迅速脱离现场至空气新鲜处。保持呼吸道通畅。如呼吸困难，给输氧。如呼吸、心跳停止，立即进行心肺复苏术。就医

皮肤接触　立即脱去污染的衣着，用流动清水彻底冲洗。就医

眼睛接触　立即分开眼睑，用流动清水或生理盐水彻底冲洗。就医

食入　漱口，饮水。就医

对保护施救者的忠告　根据需要使用个人防护设备

对医生的特别提示　对症处理

第五部分　消防措施

灭火剂　用雾状水、泡沫、二氧化碳、砂土灭火

特别危险性　受热分解产生有毒的氧化磷烟气。与氧化剂可发生反应。燃烧生成有害的一氧化碳、氧化磷

灭火注意事项及防护措施　消防人员必须佩戴空气呼吸器、穿全身防火防毒服，在上风向灭火。尽可能将容器从火场移至空旷处。喷水保持火场容器冷却，直至灭火结束

第六部分　泄漏应急处理

作业人员防护措施、防护装备和应急处置程序　隔离泄漏污染区，限制出入。消除所有点火源。建议应急处理人员戴防尘口罩，穿防毒服，戴防化学品手套。穿上适当的防护服前严禁接触破裂的容器和泄漏物。尽可能切断泄漏源

环境保护措施　无资料

泄漏化学品的收容、清除方法及所使用的处置材料　用塑料布覆盖泄漏物，减少飞散。勿使水进入包装容器

内。用洁净的铲子收集泄漏物，置于干净、干燥、盖子较松的容器中，将容器移离泄漏区

第七部分 操作处置与储存

操作注意事项 密闭操作，局部排风。操作人员必须经过专门培训，严格遵守操作规程。建议操作人员佩戴过滤式防尘呼吸器，戴化学安全防护眼镜，穿防毒物渗透工作服，戴防化学品手套。远离火种、热源。工作场所严禁吸烟。使用防爆型的通风系统和设备。避免产生粉尘。避免与氧化剂接触。搬运时要轻装轻卸，防止包装及容器损坏。配备相应品种和数量的消防器材及泄漏应急处理设备。倒空的容器可能残留有害物

储存注意事项 储存于阴凉、通风的库房。远离火种、热源。包装密封。应与氧化剂、食用化学品分开存放，切忌混储。配备相应品种和数量的消防器材。储区应备有合适的材料收容泄漏物

第八部分 接触控制/个体防护

职业接触限值

中国 未制定标准

美国(ACGIH) 未制定标准

生物接触限值 未制定标准

监测方法 空气中有毒物质测定方法：未制定标准。生物监测检验方法：未制定标准

工程控制 密闭操作，局部排风。提供安全的淋浴和洗眼设备

个体防护装备

呼吸系统防护 粉尘浓度较高的环境中，佩戴过滤式防尘呼吸器。紧急事态抢救或撤离时，建议佩戴空气呼吸器

眼睛防护 戴化学安全防护眼镜

皮肤和身体防护 穿防毒物渗透工作服

手防护 戴防化学品手套

第九部分 理化特性

外观与性状 白色结晶

pH 值 无意义 **熔点(℃)** 80.5

沸点(℃) 377

相对密度(水=1) 1.194（25℃）

相对蒸气密度(空气=1) 9.0

饱和蒸气压(kPa) 无资料

燃烧热(kJ/mol) 无资料 **临界温度(℃)** 无资料

临界压力(MPa) 7.84 **辛醇/水分配系数** 5.69

闪点(℃) 180（OC） **自燃温度(℃)** 无资料

爆炸下限(%) 无资料 **爆炸上限(%)** 无资料

分解温度(℃) 无资料

黏度(mPa·s) 无资料

溶解性 不溶于水，微溶于乙醇，溶于苯、丙酮、四氯化碳，易溶于乙醚

第十部分 稳定性和反应性

稳定性 稳定

危险反应 与强氧化剂等禁配物发生反应

避免接触的条件 受热

禁配物 强氧化剂

危险的分解产物 磷烷

第十一部分 毒理学信息

急性毒性

LD_{50} 700mg/kg（大鼠经口）

LC_{50} 12167mg/m³（大鼠吸入，4h）

皮肤刺激或腐蚀 家兔经皮：500mg（24h），轻度刺激

眼睛刺激或腐蚀 家兔经眼：500mg（24h），轻度刺激

呼吸或皮肤过敏 无资料 **生殖细胞突变性** 无资料

致癌性 无资料 **生殖毒性** 无资料

特异性靶器官系统毒性-一次接触 无资料

特异性靶器官系统毒性-反复接触 无资料

吸入危害 无资料

第十二部分 生态学信息

生态毒性 无资料

持久性和降解性

生物降解性 不易快速生物降解

非生物降解性 无资料

潜在的生物累积性 根据 K_{ow} 值预测，该物质可能有较高的生物累积性

土壤中的迁移性 根据 K_{oc} 值预测，该物质的迁移性可能较弱

第十三部分 废弃处置

废弃化学品 建议用焚烧法处置。焚烧炉排出的气体要通过洗涤器除去

污染包装物 将容器返还生产商或按照国家和地方法规处置

废弃注意事项 处置前应参阅国家和地方有关法规

第十四部分 运输信息

联合国危险货物编号（UN 号） - **联合国运输名称** -

联合国危险性类别 - **包装类别** -

包装标志 - **海洋污染物** -

运输注意事项 运输前应先检查包装容器是否完整、密封，运输过程中要确保容器不泄漏、不倒塌、不坠落、不损坏。严禁与酸类、氧化剂、食品及食品添加剂混运。运输时运输车辆应配备相应品种和数量的消防器材及泄漏应急处理设备。运输途中应防曝晒、雨淋，防高温

第十五部分 法规信息

下列法律、法规、规章和标准，对该化学品的管理作了相应的规定。

中华人民共和国职业病防治法 职业病分类和目录：未列入

危险化学品安全管理条例 危险化学品目录：列入。易制爆危险化学品名录：未列入。重点监管的危险化学品名录：未列入。GB 18218—2009《危险化学品重大危险源辨识》（表 1)：未列入

使用有毒物品作业场所劳动保护条例 高毒物品目录：未列入

易制毒化学品管理条例 易制毒化学品的分类和品种目录：未列入

国际公约 斯德哥尔摩公约：未列入。鹿特丹公约：未列入。蒙特利尔议定书：未列入

第十六部分 其他信息

编写和修订信息 **缩略语和首字母缩写**

培训建议 **参考文献**

免责声明

三碘化砷

第一部分 化学品标识

化学品中文名 三碘化砷；碘化亚砷

化学品英文名 arsenic triiodide；arsenous triiodide

分子式 AsI_3 **相对分子质量** 455.62

结构式

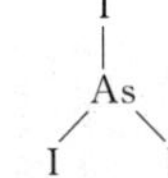

化学品的推荐及限制用途 用于化学分析、医药工业等

第二部分 危险性概述

紧急情况概述 吞咽会中毒，吸入会中毒，可能致癌

GHS危险性类别 急性毒性-经口，类别3；急性毒性-吸入，类别3；致癌性，类别1A；危害水生环境-急性危害，类别1；危害水生环境-长期危害，类别1

标签要素

象形图

警示词 危险

危险性说明 吞咽会中毒，吸入会中毒，可能致癌，对水生生物毒性非常大并具有长期持续影响

防范说明

预防措施 避免接触眼睛、皮肤，操作后彻底清洗。作业场所不得进食、饮水或吸烟。避免吸入粉尘、蒸气。仅在室外或通风良好处操作。得到专门指导后操作。在阅读并了解所有安全预防措施之前，切勿操作。按要求使用个体防护装备。禁止排入环境

事故响应 如吸入：将患者转移到空气新鲜处，休息，保持利于呼吸的体位，呼叫中毒控制中心或就医。食入：漱口，立即呼叫中毒控制中心或就医。如果接触或有担心，就医。收集泄漏物

安全储存 在通风良好处储存。保持容器密闭。上锁保管

废弃处置 本品及内装物、容器依据国家和地方法规处置

物理和化学危险 不燃，无特殊燃爆特性

健康危害 无机砷化合物口服中毒表现为急性胃肠炎、休克、中毒性心肌炎、肝炎，以及抽搐、昏迷等，甚至死亡。可在急性中毒的1～3周内发生周围神经病。大量吸入亦可引起急性中毒

慢性中毒 表现有消化系统症状，肝肾损害，皮肤色素沉着、角化过度或疣状增生，多发性神经炎等。砷和砷化合物为人类确认致癌物

环境危害 对水生生物毒性非常大并具有长期持续影响

第三部分 成分/组成信息

√物质		混合物
组分	浓度	CAS No.
三碘化砷		7784-45-4

第四部分 急救措施

吸入 迅速脱离现场至空气新鲜处。保持呼吸道通畅。如呼吸困难，给输氧。如呼吸、心跳停止，立即进行心肺复苏术。就医

皮肤接触 立即脱去污染的衣着，用肥皂水和清水彻底冲洗。就医

眼睛接触 立即分开眼睑，用流动清水或生理盐水彻底冲洗。就医

食入 催吐、彻底洗胃，洗胃后服活性炭30～50g（用水调成浆状），而后再服用硫酸镁或硫酸钠导泻。就医

对保护施救者的忠告 根据需要使用个人防护设备

对医生的特别提示 解毒剂有二巯基丙磺酸钠、二巯基丁二酸钠等

第五部分 消防措施

灭火剂 本品不燃。根据着火原因选择适当灭火剂灭火

特别危险性 若遇高热，升华产生剧毒的气体。与金属钾和钠能形成对撞击敏感的物质

灭火注意事项及防护措施 消防人员须佩戴防毒面具、穿全身消防服，在上风向灭火。尽可能将容器从火场移至空旷处。喷水保持火场容器冷却，直至灭火结束

第六部分 泄漏应急处理

作业人员防护措施、防护装备和应急处置程序 隔离泄漏污染区，限制出入。建议应急处理人员戴防尘口罩，穿防毒服，戴橡胶手套。穿上适当的防护服前严禁接触破裂的容器和泄漏物。尽可能切断泄漏源

环境保护措施 无资料

泄漏化学品的收容、清除方法及所使用的处置材料 用塑料布覆盖泄漏物，减少飞散。勿使水进入包装容器内。用洁净的铲子收集泄漏物，置于干净、干燥、盖子较松的容器中，将容器移离泄漏区

第七部分 操作处置与储存

操作注意事项 密闭操作，提供充分的局部排风。操作尽可能机械化、自动化。操作人员必须经过专门培训，严格遵守操作规程。建议操作人员佩戴头罩型电动送风过滤式防尘呼吸器，穿连衣式防毒衣，戴橡胶手

套。避免产生粉尘。避免与氧化剂、酸类、活性金属粉末接触。搬运时要轻装轻卸，防止包装及容器损坏。配备泄漏应急处理设备。倒空的容器可能残留有害物

储存注意事项 储存于阴凉、干燥、通风良好的库房。远离火种、热源。包装必须密封，切勿受潮。应与氧化剂、酸类、活性金属粉末、食用化学品分开存放，切忌混储。储区应备有合适的材料收容泄漏物

第八部分 接触控制/个体防护

职业接触限值

中国 PC-TWA：0.01mg/m³；PC-STEL：0.02mg/m³ ［按 As 计］［G1］

美国(ACGIH) TLV-TWA：0.01mg/m³ ［按As 计］

生物接触限值 未制定标准

监测方法 空气中有毒物质测定方法：原子荧光光谱法；氢化物-原子吸收光谱法；二乙氨基二硫代甲酸银分光光度法。生物监测检验方法：未制定标准

工程控制 严加密闭，提供充分的局部排风。提供安全的淋浴和洗眼设备

个体防护装备

呼吸系统防护 可能接触其粉尘时，必须佩戴过滤式防尘呼吸器。紧急事态抢救或撤离时，建议佩戴空气呼吸器

眼睛防护 戴化学安全防护眼镜

皮肤和身体防护 穿连衣式防毒衣

手防护 戴橡胶手套

第九部分 理化特性

外观与性状 橙红色鳞状或粉状结晶

pH 值 无意义 **熔点(℃)** 140.9

沸点(℃) 424

相对密度(水=1) 4.69 (25℃)

相对蒸气密度(空气=1) 无资料

饱和蒸气压(kPa) 无资料

燃烧热(kJ/mol) 无资料 **临界温度(℃)** 无资料

临界压力(MPa) 无资料 **辛醇/水分配系数** 无资料

闪点(℃) 无意义 **自燃温度(℃)** 无意义

爆炸下限(%) 无意义 **爆炸上限(%)** 无意义

分解温度(℃) 无资料

黏度(mPa·s) 无资料

溶解性 溶于水、乙醇、乙醚、苯、氯仿、二硫化碳、二甲苯等

第十部分 稳定性和反应性

稳定性 稳定

危险反应 与强氧化剂、强酸、钾、钠等禁配物发生反应

避免接触的条件 光照、潮湿空气、受热

禁配物 强氧化剂、强酸、钾、钠

危险的分解产物 无资料

第十一部分 毒理学信息

急性毒性 无资料 **皮肤刺激或腐蚀** 无资料

眼睛刺激或腐蚀 无资料 **呼吸或皮肤过敏** 无资料

生殖细胞突变性 无资料 **致癌性** 无资料

生殖毒性 无资料

特异性靶器官系统毒性-一次接触 无资料

特异性靶器官系统毒性-反复接触 无资料

吸入危害 无资料

第十二部分 生态学信息

生态毒性 含砷化合物对水生生物有极高毒性

持久性和降解性

生物降解性 无资料

非生物降解性 无资料

潜在的生物累积性 无资料

土壤中的迁移性 无资料

第十三部分 废弃处置

废弃化学品 根据国家和地方有关法规的要求处置。或与制造商联系，确定处置方法

污染包装物 将容器返还生产商或按照国家和地方法规处置

废弃注意事项 处置前应参阅国家和地方有关法规

第十四部分 运输信息

联合国危险货物编号(UN 号) 1557

联合国运输名称 固态砷化合物，未另作规定的（三碘化砷）

联合国危险性类别 6.1 **包装类别** Ⅱ类包装

包装标志  **海洋污染物** 是

运输注意事项 运输前应先检查包装容器是否完整、密封，运输过程中要确保容器不泄漏、不倒塌、不坠落、不损坏。严禁与酸类、氧化剂、食品及食品添加剂混运。运输时运输车辆应配备泄漏应急处理设备。运输途中应防曝晒、雨淋，防高温

第十五部分 法规信息

下列法律、法规、规章和标准，对该化学品的管理作了相应的规定。

中华人民共和国职业病防治法 职业病分类和目录：砷及其化合物中毒；砷及其化合物所致肺癌、皮肤癌

危险化学品安全管理条例 危险化学品目录：列入。易制爆危险化学品名录：未列入。重点监管的危险化学品名录：未列入。GB 18218—2009《危险化学品重大危险源辨识》(表 1)：未列入

使用有毒物品作业场所劳动保护条例 高毒物品目录：列入

易制毒化学品管理条例 易制毒化学品的分类和品种目录：未列入

国际公约 斯德哥尔摩公约：未列入。鹿特丹公约：未列入。蒙特利尔议定书：未列入

第十六部分 其他信息

编写和修订信息 缩略语和首字母缩写
培训建议 参考文献
免责声明

三碘化锑

第一部分 化学品标识

化学品中文名 三碘化锑；碘化锑
化学品英文名 antimony triiodide；antimony iodide
分子式 SbI_3 **相对分子质量** 502.48
结构式

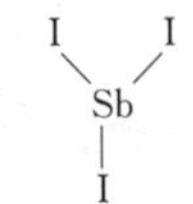

化学品的推荐及限制用途 用于制药工业

第二部分 危险性概述

紧急情况概述 造成严重的皮肤灼伤和眼损伤，造成严重眼损伤
GHS危险性类别 急性毒性-经口，类别4；急性毒性-吸入，类别4；皮肤腐蚀/刺激，类别1；严重眼损伤/眼刺激，类别1；危害水生环境-急性危害，类别2；危害水生环境-长期危害，类别2
标签要素

象形图

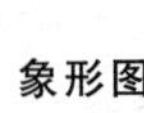

警示词 危险
危险性说明 吞咽有害，吸入有害，造成严重的皮肤灼伤和眼损伤，造成严重眼损伤，对水生生物有毒并具有长期持续影响
防范说明
预防措施 避免接触眼睛、皮肤，操作后彻底清洗。作业场所不得进食、饮水或吸烟。避免吸入粉尘、蒸气。仅在室外或通风良好处操作。戴防护手套，穿防护服，戴防护眼镜、防护面罩。禁止排入环境
事故响应 如吸入：将患者转移到空气新鲜处，休息，保持利于呼吸的体位，如感觉不适，呼叫中毒控制中心或就医。皮肤（或头发）接触：立即脱掉所有被污染的衣服，用水冲洗皮肤，淋浴。污染的衣服须洗净后方可重新使用。眼睛接触：用水细心地冲洗数分钟。如戴隐形眼镜并可方便地取出，则取出隐形眼镜继续冲洗。食入：漱口，不要催吐，如果感觉不适，立即呼叫中毒控制中心或就医。收集泄漏物
安全储存 上锁保管
废弃处置 本品及内装物、容器依据国家和地方法规处置
物理和化学危险 不燃，无特殊燃爆特性
健康危害 本品有腐蚀性和毒性。对眼睛、黏膜、皮肤和上呼吸道有强烈刺激作用
环境危害 对水生生物有毒并具有长期持续影响

第三部分 成分/组成信息

√物质		混合物
组分	浓度	CAS No.
三碘化锑		7790-44-5

第四部分 急救措施

吸入 迅速脱离现场至空气新鲜处。保持呼吸道通畅。如呼吸困难，给输氧。如呼吸、心跳停止，立即进行心肺复苏术。就医
皮肤接触 立即脱去污染的衣着，用大量流动清水彻底冲洗至少15min。就医
眼睛接触 立即分开眼睑，用流动清水或生理盐水彻底冲洗至少15min。就医
食入 用水漱口，禁止催吐。给饮牛奶或蛋清。就医
对保护施救者的忠告 根据需要使用个人防护设备
对医生的特别提示 对症处理

第五部分 消防措施

灭火剂 用干粉、砂土灭火
特别危险性 遇高热能放出有毒的烟气。遇氰化物能产生剧毒的氰化氢气体。遇H发泡剂立即燃烧。遇钾、钠剧烈反应。具有腐蚀性
灭火注意事项及防护措施 消防人员必须佩戴空气呼吸器、穿全身防火防毒服，在上风向灭火。尽可能将容器从火场移至空旷处。喷水保持火场容器冷却，直至灭火结束

第六部分 泄漏应急处理

作业人员防护措施、防护装备和应急处置程序 隔离泄漏污染区，限制出入。建议应急处理人员戴防尘口罩，穿防毒服，戴橡胶手套。作业时使用的所有设备应接地。穿上适当的防护服前严禁接触破裂的容器和泄漏物。尽可能切断泄漏源
环境保护措施 无资料
泄漏化学品的收容、清除方法及所使用的处置材料 用干燥的砂土或其他不燃材料覆盖泄漏物，然后用塑料布覆盖，减少飞散、避免雨淋。用洁净的铲子收集泄漏物，置于干净、干燥、盖子较松的容器中，将容器移离泄漏区

第七部分 操作处置与储存

操作注意事项 密闭操作，加强通风。操作人员必须经过专门培训，严格遵守操作规程。建议操作人员佩戴自吸过滤式防尘口罩，戴化学安全防护眼镜，穿防毒物渗透工作服，戴橡胶手套。避免产生粉尘。避免与碱类、氰化物接触。搬运时要轻装轻卸，防止包装及容器损坏。配备泄漏应急处理设备。倒空的容器可能残留有害物
储存注意事项 储存于阴凉、通风的库房。远离火种、热源。避免光照。包装密封。应与碱类、氰化物、食用

化学品分开存放，切忌混储。储区应备有合适的材料收容泄漏物

第八部分　接触控制/个体防护

职业接触限值

中国　PC-TWA：0.5mg/m³［按 Sb 计］

美国(ACGIH)　TLV-TWA：0.5mg/m³［按 Sb 计］

生物接触限值　未制定标准

监测方法　空气中有毒物质测定方法：火焰原子吸收光谱法；石墨炉原子吸收光谱法。生物监测检验方法：未制定标准

工程控制　生产过程密闭，加强通风。提供安全的淋浴和洗眼设备

个体防护装备

呼吸系统防护　空气中粉尘浓度超标时，应该佩戴过滤式防尘呼吸器。紧急事态抢救或撤离时，应该佩戴空气呼吸器

眼睛防护　戴化学安全防护眼镜

皮肤和身体防护　穿防毒物渗透工作服

手防护　戴橡胶手套

第九部分　理化特性

外观与性状　红色结晶，高温时挥发，在水中分解生成碘化锑沉淀

pH 值　无意义　**熔点(℃)**　170

沸点(℃)　420

相对密度(水=1)　4.77（22℃）

相对蒸气密度(空气=1)　无资料

饱和蒸气压(kPa)　0.13（163.6℃）

燃烧热(kJ/mol)　无资料　**临界温度(℃)**　无资料

临界压力(MPa)　5.57　**辛醇/水分配系数**　无资料

闪点(℃)　无意义　**自燃温度(℃)**　无意义

爆炸下限(%)　无意义　**爆炸上限(%)**　无意义

分解温度(℃)　无资料

黏度(mPa·s)　无资料

溶解性　溶于乙醇、盐酸、丙酮、二硫化碳、碘化钾溶液，不溶于氯仿、四氯化碳

第十部分　稳定性和反应性

稳定性　稳定

危险反应　与强碱、钾、钠等禁配物发生反应

避免接触的条件　光照、潮湿空气

禁配物　强碱、氰化物、钾、钠、水蒸气

危险的分解产物　无资料

第十一部分　毒理学信息

急性毒性　无资料　**皮肤刺激或腐蚀**　无资料

眼睛刺激或腐蚀　无资料　**呼吸或皮肤过敏**　无资料

生殖细胞突变性　无资料　**致癌性**　无资料

生殖毒性　无资料

特异性靶器官系统毒性-一次接触　无资料

特异性靶器官系统毒性-反复接触　无资料

吸入危害　无资料

第十二部分　生态学信息

生态毒性　锑化合物对水生生物有毒

持久性和降解性

生物降解性　无资料

非生物降解性　无资料

潜在的生物累积性　无资料

土壤中的迁移性　无资料

第十三部分　废弃处置

废弃化学品　根据国家和地方有关法规的要求处置。或与制造商联系，确定处置方法

污染包装物　将容器返还生产商或按照国家和地方法规处置

废弃注意事项　处置前应参阅国家和地方有关法规

第十四部分　运输信息

联合国危险货物编号（UN 号）　3260

联合国运输名称　无机酸性腐蚀性固体，未另作规定的（三碘化锑）

联合国危险性类别　8　**包装类别**　Ⅲ类包装

包装标志

海洋污染物　是

运输注意事项　起运时包装要完整，装载应稳妥。运输过程中要确保容器不泄漏、不倒塌、不坠落、不损坏。严禁与碱类、氰化物、食用化学品等混装混运。运输时运输车辆应配备泄漏应急处理设备。运输途中应防曝晒、雨淋，防高温

第十五部分　法规信息

下列法律、法规、规章和标准，对该化学品的管理作了相应的规定。

中华人民共和国职业病防治法　职业病分类和目录：未列入

危险化学品安全管理条例　危险化学品目录：列入。易制爆危险化学品名录：未列入。重点监管的危险化学品名录：未列入。GB 18218—2009《危险化学品重大危险源辨识》(表 1)：未列入

使用有毒物品作业场所劳动保护条例　高毒物品目录：列入

易制毒化学品管理条例　易制毒化学品的分类和品种目录：未列入

国际公约　斯德哥尔摩公约：未列入。鹿特丹公约：未列入。蒙特利尔议定书：未列入

第十六部分　其他信息

编写和修订信息　**缩略语和首字母缩写**

培训建议　**参考文献**

免责声明

三碘甲烷

第一部分 化学品标识

化学品中文名 三碘甲烷；碘仿

化学品英文名 iodoform；triiodomethane

分子式 CHI_3 **相对分子质量** 393.72

结构式

```
   H
   |
I—+—I
   |
   I
```

化学品的推荐及限制用途 用作化工中间体、防腐剂

第二部分 危险性概述

紧急情况概述 可能引起昏昏欲睡或眩晕

GHS危险性类别 急性毒性-经口，类别4；急性毒性-经皮，类别4；急性毒性-吸入，类别4；严重眼损伤/眼刺激，类别2；特异性靶器官毒性-一次接触，类别3（麻醉效应）；危害水生环境-急性危害，类别2；危害水生环境-长期危害，类别2

标签要素

象形图

警示词 警告

危险性说明 吞咽有害，皮肤接触有害，吸入有害，造成严重眼刺激，可能引起昏昏欲睡或眩晕，对水生生物有毒并具有长期持续影响

防范说明

预防措施 避免接触眼睛、皮肤，操作后彻底清洗。作业场所不得进食、饮水或吸烟。戴防护手套，穿防护服，戴防护眼镜、防护面罩。避免吸入粉尘、蒸气。仅在室外或通风良好处操作。禁止排入环境

事故响应 如吸入：将患者转移到空气新鲜处，休息，保持利于呼吸的体位。皮肤接触：用大量肥皂水和水清洗。如感觉不适，呼叫中毒控制中心或就医。被污染的衣服须经洗净后方可重新使用。如接触眼睛：用水细心冲洗数分钟。如戴隐形眼镜并可方便地取出，取出隐形眼镜继续冲洗。如果眼睛刺激持续：就医。食入：漱口，如果感觉不适，立即呼叫中毒控制中心或就医。收集泄漏物

安全储存 -

废弃处置 本品及内装物、容器依据国家和地方法规处置

物理和化学危险 不燃，无特殊燃爆特性

健康危害 急性中毒：对呼吸道有刺激性，吸入后出现咳嗽、呼吸困难、胸痛，重者发生肺水肿。高浓度接触可引起神经系统改变，出现精神错乱、兴奋、头痛、幻觉、共济失调等。对眼有刺激性。口服灼伤口腔和胃，出现中枢神经系统抑制及心、肝、肾损害

慢性影响 皮肤长期接触可致湿疹；有时引起全身反应，如发热、皮疹等。可致肝、肾损害

环境危害 对水生生物有毒并具有长期持续影响

第三部分 成分/组成信息

√物质 混合物

组分	浓度	CAS No.
三碘甲烷		75-47-8

第四部分 急救措施

吸入 迅速脱离现场至空气新鲜处。保持呼吸道通畅。如呼吸困难，给输氧。如呼吸、心跳停止，立即进行心肺复苏术。就医

皮肤接触 立即脱去污染的衣着，用流动清水彻底冲洗。就医

眼睛接触 立即分开眼睑，用流动清水或生理盐水彻底冲洗。就医

食入 漱口，饮水。就医

对保护施救者的忠告 根据需要使用个人防护设备

对医生的特别提示 对症处理

第五部分 消防措施

灭火剂 用雾状水、泡沫、二氧化碳、砂土灭火

特别危险性 与锂、钾钠合金接触剧烈反应。本品较不稳定，在空气与阳光照射下容易分解出游离碘，能刺激眼睛和呼吸道，并灼伤皮肤

灭火注意事项及防护措施 消防人员须佩戴防毒面具、穿全身消防服，在上风向灭火。尽可能将容器从火场移至空旷处。喷水保持火场容器冷却，直至灭火结束

第六部分 泄漏应急处理

作业人员防护措施、防护装备和应急处置程序 隔离泄漏污染区，限制出入。消除所有点火源。建议应急处理人员戴防尘口罩，穿防毒服，戴防化学品手套。穿上适当的防护服前严禁接触破裂的容器和泄漏物。尽可能切断泄漏源

环境保护措施 无资料

泄漏化学品的收容、清除方法及所使用的处置材料 用塑料布覆盖泄漏物，减少飞散。勿使水进入包装容器内。用洁净的铲子收集泄漏物，置于干净、干燥、盖子较松的容器中，将容器移离泄漏区

第七部分 操作处置与储存

操作注意事项 密闭操作，局部排风。操作人员必须经过专门培训，严格遵守操作规程。建议操作人员佩戴自吸过滤式防尘口罩，戴化学安全防护眼镜，穿透气型防毒服，戴防化学品手套。避免产生粉尘。避免与氧化剂、碱类、碱金属接触。搬运时要轻装轻卸，防止包装及容器损坏。配备泄漏应急处理设备。倒空的容器可能残留有害物

储存注意事项 储存于阴凉、通风的库房。远离火种、热源。避免光照。包装密封。应与氧化剂、碱类、碱金属、食用化学品分开存放，切忌混储。储区应备有合适的材料收容泄漏物

第八部分　接触控制/个体防护

职业接触限值

中国　PC-TWA：10mg/m³

美国(ACGIH)　TLV-TWA：0.6ppm

生物接触限值　未制定标准

监测方法　空气中有毒物质测定方法：碳酸氢钠溶液解吸-离子色谱法。生物监测检验方法：未制定标准

工程控制　密闭操作，局部排风。提供安全的淋浴和洗眼设备

个体防护装备

呼吸系统防护　可能接触其粉尘时，应该佩戴过滤式防尘呼吸器。紧急事态抢救或撤离时，建议佩戴空气呼吸器

眼睛防护　戴化学安全防护眼镜

皮肤和身体防护　穿透气型防毒服

手防护　戴防化学品手套

第九部分　理化特性

外观与性状　黄色粉末或晶体，有不愉快的气味

pH 值　无意义　**熔点(℃)**　115～120

沸点(℃)　218　**相对密度(水=1)**　4.01

相对蒸气密度(空气=1)　13.0

饱和蒸气压(kPa)　无资料

燃烧热(kJ/mol)　无资料　**临界温度(℃)**　无资料

临界压力(MPa)　无资料　**辛醇/水分配系数**　3.03

闪点(℃)　无意义　**自燃温度(℃)**　无意义

爆炸下限(%)　无意义　**爆炸上限(%)**　无意义

分解温度(℃)　无资料

黏度(mPa·s)　无资料

溶解性　微溶于水，溶于苯、乙醚、丙酮

第十部分　稳定性和反应性

稳定性　稳定

危险反应　与强氧化剂、碱金属等禁配物发生反应

避免接触的条件　光照、受热、摩擦、撞击

禁配物　强氧化剂、强碱、碱金属、汞及其化合物

危险的分解产物　碘化氢

第十一部分　毒理学信息

急性毒性

LD_{50}　355mg/kg（大鼠经口）；1184mg/kg（兔经皮）

LC_{50}　2657mg/m³（小鼠吸入，7h）

皮肤刺激或腐蚀　无资料　**眼睛刺激或腐蚀**　无资料

呼吸或皮肤过敏　无资料

生殖细胞突变性　微生物致突变：鼠伤寒沙门（氏）菌 67μg/皿。仓鼠胚胎程序外 DNA 合成和姐妹染色体交换：1mg/L

致癌性　无资料　**生殖毒性**　无资料

特异性靶器官系统毒性-一次接触　无资料

特异性靶器官系统毒性-反复接触　无资料

吸入危害　无资料

第十二部分　生态学信息

生态毒性　LC_{50}：2.92mg/L（96h）（黑头呆鱼，动态）

持久性和降解性

生物降解性　无资料

非生物降解性　空气中，当羟基自由基浓度为5.00×10⁵个/cm³时，降解半衰期为 55d（理论）

潜在的生物累积性　根据 K_{ow} 值预测，该物质可能有一定的生物累积性

土壤中的迁移性　根据 K_{oc} 值预测，该物质可能有一定的迁移性

第十三部分　废弃处置

废弃化学品　建议用焚烧法处置。焚烧炉排出的卤化氢通过酸洗涤器除去

污染包装物　将容器返还生产商或按照国家和地方法规处置

废弃注意事项　处置前应参阅国家和地方有关法规

第十四部分　运输信息

联合国危险货物编号（UN 号）　3077

联合国运输名称　对环境有害的固态物质，未另作规定的（三碘甲烷）

联合国危险性类别　9　**包装类别**　Ⅲ类包装

包装标志　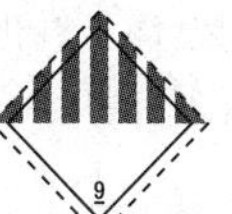

海洋污染物　是

运输注意事项　运输前应先检查包装容器是否完整、密封，运输过程中要确保容器不泄漏、不倒塌、不坠落、不损坏。严禁与酸类、氧化剂、食品及食品添加剂混运。运输时运输车辆应配备泄漏应急处理设备。运输途中应防曝晒、雨淋，防高温

第十五部分　法规信息

下列法律、法规、规章和标准，对该化学品的管理作了相应的规定。

中华人民共和国职业病防治法　职业病分类和目录：未列入

危险化学品安全管理条例　危险化学品目录：列入。易制爆危险化学品名录：未列入。重点监管的危险化学品名录：未列入。GB 18218—2009《危险化学品重大危险源辨识》（表 1）：未列入

使用有毒物品作业场所劳动保护条例　高毒物品目录：未列入

易制毒化学品管理条例　易制毒化学品的分类和品种目录：未列入

国际公约　斯德哥尔摩公约：未列入。鹿特丹公约：未列入。蒙特利尔议定书：未列入

第十六部分　其他信息

编写和修订信息　**缩略语和首字母缩写**

培训建议　**参考文献**

免责声明

三氟化氮

第一部分 化学品标识

化学品中文名 三氟化氮

化学品英文名 nitrogen trifluoride; nitrogen fluoride

分子式 NF_3 **相对分子质量** 71.01

结构式

```
F   F
 \ /
  N
  |
  F
```

化学品的推荐及限制用途 用作高能燃料

第二部分 危险性概述

紧急情况概述 可引起燃烧或加剧燃烧：氧化剂，内装加压气体：遇热可能爆炸

GHS危险性类别 氧化性气体，类别1；加压气体；急性毒性-吸入，类别4；特异性靶器官毒性-反复接触，类别2

标签要素

象形图

警示词 危险

危险性说明 可引起燃烧或加剧燃烧：氧化剂，内装加压气体：遇热可能爆炸，吸入有害，长时间或反复接触可能对器官造成损伤

防范说明

预防措施 储存处远离衣物、可燃材料。阀门或紧固装置不得带有油脂或油剂。避免吸入气体。仅在室外或通风良好处操作

事故响应 火灾时：如能保证安全，设法堵塞泄漏。如吸入：将患者转移到空气新鲜处，休息，保持利于呼吸的体位。如感觉不适，呼叫中毒控制中心或就医

安全储存 防日晒。存放在通风良好的地方

废弃处置 本品及内装物、容器依据国家和地方法规处置

物理和化学危险 本品不燃，可助燃。氧化剂，与可燃物质和还原性物质发生反应

健康危害 对呼吸道有刺激性。可能对肝和肾有影响。反复或长期吸入接触，可能引起氟中毒

环境危害 对环境可能有害

第三部分 成分/组成信息

√物质		混合物
组分	**浓度**	**CAS No.**
三氟化氮		7783-54-2

第四部分 急救措施

吸入 迅速脱离现场至空气新鲜处。保持呼吸道通畅。如呼吸困难，给输氧。如呼吸、心跳停止，立即进行心肺复苏术。就医

对保护施救者的忠告 根据需要使用个人防护设备

对医生的特别提示 对症处理

第五部分 消防措施

灭火剂 本品不燃。根据着火原因选择适当灭火剂灭火

特别危险性 氧化剂，与可燃物质和还原性物质发生反应。与氨、一氧化碳、乙硼烷、氢、硫化氢和甲烷或四氟化肼激烈反应，有爆炸的危险。该物质可被电火花分解

灭火注意事项及防护措施 消防人员须戴好防毒面具，在安全距离以外，在上风向灭火。切断气源。喷水冷却容器，尽可能将容器从火场移至空旷处

第六部分 泄漏应急处理

作业人员防护措施、防护装备和应急处置程序 根据气体扩散的影响区域划定警戒区，无关人员从侧风、上风向撤离至安全区。消除所有点火源。建议应急处理人员穿内置正压自给式呼吸器的全封闭防化服。勿使泄漏物与可燃物质（如木材、纸、油等）接触。尽可能切断泄漏源。喷雾状水抑制蒸气或改变蒸气云流向，避免水流接触泄漏物。禁止用水直接冲击泄漏物或泄漏源

环境保护措施 防止气体通过下水道、通风系统和有限空间扩散

泄漏化学品的收容、清除方法及所使用的处置材料 漏出气允许排入大气中。隔离泄漏区直至气体散尽

第七部分 操作处置与储存

操作注意事项 严加密闭，提供充分的局部排风和全面通风。操作人员必须经过专门培训，严格遵守操作规程。建议操作人员佩戴自吸过滤式防毒面具（半面罩），戴化学安全防护眼镜，穿防毒物渗透工作服，戴橡胶手套。远离火种、热源。工作场所严禁吸烟。远离易燃、可燃物。防止气体泄漏到工作场所空气中。避免与还原剂接触。搬运时戴好钢瓶安全帽和防震橡皮圈，防止钢瓶碰撞、损坏。配备相应品种和数量的消防器材及泄漏应急处理设备

储存注意事项 储存于阴凉、通风的有毒气体专用库房。远离火种、热源。库温不宜超过30℃。应与易（可）燃物、还原剂、食用化学品分开存放，切忌混储。储区应备有泄漏应急处理设备

第八部分 接触控制/个体防护

职业接触限值

中国 PC-TWA：$2mg/m^3$ ［按F计］

美国(ACGIH) TLV-TWA：10ppm

生物接触限值 尿氟：42mmol/mol 肌酐（7mg/g 肌酐）（采样时间：工作班后）

监测方法 空气中有毒物质测定方法：离子选择电极法。

生物监测检验方法：尿中氟的离子选择电极测定方法

工程控制 严加密闭，提供充分的局部排风和全面通风

个体防护装备

呼吸系统防护 空气中浓度较高时，应该佩戴过滤式

防毒面具（全面罩）

眼睛防护　呼吸系统防护中已作防护

皮肤和身体防护　穿防毒物渗透工作服

手防护　戴橡胶手套

第九部分　理化特性

外观与性状　无色、带霉味的气体

pH 值　无意义　**熔点(℃)**　−208.5

沸点(℃)　−129

相对密度(水=1)　1.89（沸点，液体）

相对蒸气密度(空气=1)　2.45

临界温度(℃)　−39.3

燃烧热(kJ/mol)　无资料　**临界温度(℃)**　无资料

临界压力(MPa)　4.53　**辛醇/水分配系数**　无资料

闪点(℃)　无意义　**自燃温度(℃)**　无意义

爆炸下限(%)　无意义　**爆炸上限(%)**　无意义

分解温度(℃)　无资料

黏度(mPa·s)　无资料

溶解性　不溶于水

第十部分　稳定性和反应性

稳定性　稳定

危险反应　与可燃物等禁配物发生反应

避免接触的条件　受热

禁配物　还原剂、易燃或可燃物

危险的分解产物　无资料

第十一部分　毒理学信息

急性毒性　LC_{50}：19000mg/m^3（大鼠吸入，1h）；5600mg/m^3（小鼠吸入，4h）

皮肤刺激或腐蚀　无资料　**眼睛刺激或腐蚀**　无资料

呼吸或皮肤过敏　无资料　**生殖细胞突变性**　无资料

致癌性　无资料　**生殖毒性**　无资料

特异性靶器官系统毒性-一次接触　无资料

特异性靶器官系统毒性-反复接触　大鼠于 308mg/m^3 浓度下，每天吸入 7h，共 4～5 个月，见肝、肾有轻至中度病理改变，脾肿大，尿氟增高

吸入危害　无资料

第十二部分　生态学信息

生态毒性　无资料

持久性和降解性

生物降解性　无资料

非生物降解性　无资料

潜在的生物累积性　无资料

土壤中的迁移性　无资料

第十三部分　废弃处置

废弃化学品　根据国家和地方有关法规的要求处置。或与制造商联系，确定处置方法

污染包装物　将容器返还生产商或按照国家和地方法规处置

废弃注意事项　处置前应参阅国家和地方有关法规

第十四部分　运输信息

联合国危险货物编号(UN 号)　2451

联合国运输名称　三氟化氮

联合国危险性类别　2.2，5.1　**包装类别**　-

包装标志 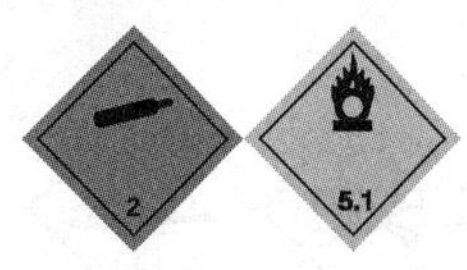

海洋污染物　否

运输注意事项　采用钢瓶运输时必须戴好钢瓶上的安全帽。钢瓶一般平放，并应将瓶口朝同一方向，不可交叉；高度不得超过车辆的防护栏板，并用三角木垫卡牢，防止滚动。严禁与易燃物或可燃物、还原剂、食用化学品等混装混运。夏季应早晚运输，防止日光曝晒。公路运输时要按规定路线行驶，禁止在居民区和人口稠密区停留。铁路运输时要禁止溜放

第十五部分　法规信息

下列法律、法规、规章和标准，对该化学品的管理作了相应的规定。

中华人民共和国职业病防治法　职业病分类和目录：氟及其无机化合物中毒

危险化学品安全管理条例　危险化学品目录：列入。易制爆危险化学品名录：未列入。重点监管的危险化学品名录：未列入。GB 18218—2009《危险化学品重大危险源辨识》(表 1)：未列入

使用有毒物品作业场所劳动保护条例　高毒物品目录：列入

易制毒化学品管理条例　易制毒化学品的分类和品种目录：未列入

国际公约　斯德哥尔摩公约：未列入。鹿特丹公约：未列入。蒙特利尔议定书：未列入

第十六部分　其他信息

编写和修订信息　**缩略语和首字母缩写**

培训建议　**参考文献**

免责声明

三氟化硼

第一部分　化学品标识

化学品中文名　三氟化硼；氟化硼

化学品英文名　boron trifluoride；boron fluoride

分子式　BF_3　**相对分子质量**　67.81

结构式
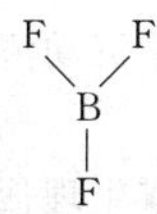

化学品的推荐及限制用途　用作有机合成中的催化剂，也用于制造火箭的高能燃料

第二部分 危险性概述

紧急情况概述 内装加压气体：遇热可能爆炸，吸入致命，造成严重的皮肤灼伤和眼损伤

GHS危险性类别 加压气体；急性毒性-吸入，类别2；皮肤腐蚀/刺激，类别1A；严重眼损伤/眼刺激，类别1

标签要素

象形图

警示词 危险

危险性说明 内装加压气体：遇热可能爆炸，吸入致命，造成严重的皮肤灼伤和眼损伤

防范说明

预防措施 避免吸入气体。仅在室外或通风良好处操作。戴呼吸防护器具。避免接触眼睛、皮肤，操作后彻底清洗。戴防护手套，穿防护服，戴防护眼镜、防护面罩

事故响应 如吸入：将患者转移到空气新鲜处，休息，保持利于呼吸的体位，立即呼叫中毒控制中心或就医。皮肤（或头发）接触：立即脱掉所有被污染的衣服，用水冲洗皮肤，淋浴。污染的衣服须洗净后方可重新使用。眼睛接触：用水细心地冲洗数分钟。如戴隐形眼镜并可方便地取出，则取出隐形眼镜继续冲洗

安全储存 防日晒。存放在通风良好的地方。保持容器密闭。上锁保管

废弃处置 本品及内装物、容器依据国家和地方法规处置

物理和化学危险 不燃，无特殊燃爆特性。遇水产生有毒气体

健康危害 急性中毒主要症状有干咳、气急、胸闷、胸部紧迫感；部分患者出现恶心、食欲减退、流涎；吸入量多时，有震颤及抽搐，亦可引起肺炎。眼和皮肤接触可致灼伤

环境危害 对环境可能有害

第三部分 成分/组成信息

√物质　　混合物

组分	浓度	CAS No.
三氟化硼		7637-07-2

第四部分 急救措施

吸入 迅速脱离现场至空气新鲜处。保持呼吸道通畅。如呼吸困难，给输氧。如呼吸、心跳停止，立即进行心肺复苏术。就医

皮肤接触 立即脱去污染的衣着，用大量流动清水彻底冲洗至少15min。就医

眼睛接触 立即分开眼睑，用流动清水或生理盐水彻底冲洗至少15min。就医

对保护施救者的忠告 根据需要使用个人防护设备

对医生的特别提示 对症处理

第五部分 消防措施

灭火剂 本品不燃。根据着火原因选择适当灭火剂灭火

特别危险性 化学反应活性很高，与金属、有机物等发生激烈反应。暴露在空气中遇潮气时迅速水解成氟硼酸与硼酸，产生白色烟雾。腐蚀性很强，冷时也能腐蚀玻璃

灭火注意事项及防护措施 消防人员须佩戴防毒面具、穿全身消防服，在上风向灭火。切断气源。喷水冷却容器，尽可能将容器从火场移至空旷处。火场中有大量本品泄漏物时，禁用水、泡沫和酸碱灭火剂

第六部分 泄漏应急处理

作业人员防护措施、防护装备和应急处置程序 根据气体扩散的影响区域划定警戒区，无关人员从侧风、上风向撤离至安全区。建议应急处理人员穿内置正压自给式呼吸器的全封闭防化服。尽可能切断泄漏源

环境保护措施 防止气体通过下水道、通风系统和有限空间扩散

泄漏化学品的收容、清除方法及所使用的处置材料 喷雾状水抑制蒸气或改变蒸气云流向，避免水流接触泄漏物。禁止用水直接冲击泄漏物或泄漏源。隔离泄漏区直至气体散尽

第七部分 操作处置与储存

操作注意事项 严加密闭，提供充分的局部排风和全面通风。操作人员必须经过专门培训，严格遵守操作规程。建议操作人员佩戴导管式防毒面具，穿带面罩式防毒衣，戴橡胶手套。防止气体泄漏到工作场所空气中。避免与醇类、碱类接触。尤其要注意避免与水接触。搬运时轻装轻卸，防止钢瓶及附件破损。配备泄漏应急处理设备

储存注意事项 储存于阴凉、通风的有毒气体专用库房。远离火种、热源。库温不宜超过30℃。保持容器密封。应与醇类、碱类、食用化学品分开存放，切忌混储。储区应备有泄漏应急处理设备

第八部分 接触控制/个体防护

职业接触限值

中国 MAC：$3mg/m^3$

美国(ACGIH) TLV-C：1ppm；TLV-TWA：$2.5mg/m^3$［按F计］

生物接触限值 尿氟：42mmol/mol肌酐（7mg/g肌酐）（采样时间：工作班后）

监测方法 空气中有毒物质测定方法：苯羟乙酸分光光度法。生物监测检验方法：尿中氟的离子选择电极测定方法

工程控制 严加密闭，提供充分的局部排风和全面通风。提供安全的淋浴和洗眼设备

个体防护装备

呼吸系统防护 正常工作情况下，佩戴过滤式防毒面具（半面罩）。紧急事态抢救或撤离时，建议佩

戴空气呼吸器

眼睛防护　戴化学安全防护眼镜

皮肤和身体防护　穿隔绝式防毒服

手防护　戴橡胶手套

第九部分　理化特性

外观与性状　无色气体，有刺鼻气味，在潮湿空气中形成白色烟雾

pH 值　无意义　**熔点(℃)**　−126.8

沸点(℃)　−100

相对密度(水=1)　1.6（液体）

相对蒸气密度(空气=1)　2.38

饱和蒸气压(kPa)　1013.25（−58℃）

燃烧热(kJ/mol)　无资料　**临界温度(℃)**　−12.26

临界压力(MPa)　4.98　**辛醇/水分配系数**　0.22

闪点(℃)　无意义　**自燃温度(℃)**　无意义

爆炸下限(%)　无意义　**爆炸上限(%)**　无意义

分解温度(℃)　无资料

黏度(mPa·s)　无资料

溶解性　溶于冷水、浓硫酸和多数有机溶剂

第十部分　稳定性和反应性

稳定性　在干燥的环境中稳定

危险反应　与水、金属等禁配物接触，有发生火灾和爆炸的危险

避免接触的条件　水、潮湿空气

禁配物　碱金属、碱土金属、烷基硝酸盐、石灰

危险的分解产物　遇水反应生成氟化氢、氟硼酸和硼酸

第十一部分　毒理学信息

急性毒性

LC_{50}　1180mg/m^3（大鼠吸入，4h）

LCLo　750ppm（大鼠吸入，5.5h）

皮肤刺激或腐蚀　无资料　**眼睛刺激或腐蚀**　无资料

呼吸或皮肤过敏　无资料　**生殖细胞突变性**　无资料

致癌性　无资料　**生殖毒性**　无资料

特异性靶器官系统毒性-一次接触　无资料

特异性靶器官系统毒性-反复接触　动物亚急性和慢性毒性实验，主要引起呼吸道刺激、肺炎及肾小管变性；尿氟含量增加；可发生氟斑牙

吸入危害　无资料

第十二部分　生态学信息

生态毒性　无资料

持久性和降解性

生物降解性　无资料

非生物降解性　无资料

潜在的生物累积性　无资料

土壤中的迁移性　无资料

第十三部分　废弃处置

废弃化学品　根据国家和地方有关法规的要求处置。或与制造商联系，确定处置方法

污染包装物　将容器返还生产商或按照国家和地方法规处置

废弃注意事项　破损容器禁止重新使用，要在规定场所掩埋

第十四部分　运输信息

联合国危险货物编号（UN 号）　1008

联合国运输名称　三氟化硼

联合国危险性类别　2.3，8　**包装类别**　-

包装标志 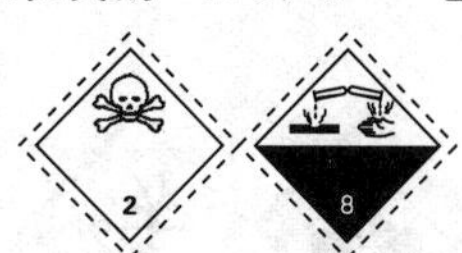

海洋污染物　否

运输注意事项　采用钢瓶运输时必须戴好钢瓶上的安全帽。钢瓶一般平放，并应将瓶口朝同一方向，不可交叉；高度不得超过车辆的防护栏板，并用三角木垫卡牢，防止滚动。严禁与醇类、碱类、食用化学品等混装混运。夏季应早晚运输，防止日光曝晒。公路运输时要按规定路线行驶，禁止在居民区和人口稠密区停留。铁路运输时要禁止溜放

第十五部分　法规信息

下列法律、法规、规章和标准，对该化学品的管理作了相应的规定。

中华人民共和国职业病防治法　职业病分类和目录：氟及其无机化合物中毒

危险化学品安全管理条例　危险化学品目录：列入。易制爆危险化学品名录：未列入。重点监管的危险化学品名录：列入。GB 18218—2009《危险化学品重大危险源辨识》（表 1）：未列入

使用有毒物品作业场所劳动保护条例　高毒物品目录：列入

易制毒化学品管理条例　易制毒化学品的分类和品种目录：未列入

国际公约　斯德哥尔摩公约：未列入。鹿特丹公约：未列入。蒙特利尔议定书：未列入

第十六部分　其他信息

编写和修订信息　**缩略语和首字母缩写**

培训建议　**参考文献**

免责声明

三氟化砷

第一部分　化学品标识

化学品中文名　三氟化砷；氟化亚砷

化学品英文名　arsenic trifluoride；arsenous fluoride

分子式　AsF_3　**相对分子质量**　131.92

结构式

```
F     F
 \   /
  As
  |
  F
```

化学品的推荐及限制用途　用于制造杀虫剂、氟化剂、催

化剂、掺杂剂等

第二部分 危险性概述

紧急情况概述 可能致癌

GHS危险性类别 严重眼损伤/眼刺激，类别2；致癌性，类别1A；生殖毒性，类别2；特异性靶器官毒性—一次接触，类别1；特异性靶器官毒性-反复接触，类别1；危害水生环境-急性危害，类别1；危害水生环境-长期危害，类别1

标签要素

象形图 

警示词 危险

危险性说明 造成严重眼刺激，可能致癌，怀疑对生育力或胎儿造成伤害，对器官造成损害，长时间或反复接触对器官造成损伤，对水生生物毒性非常大并具有长期持续影响

防范说明

预防措施 避免接触眼睛、皮肤，操作后彻底清洗。戴防护眼镜、防护面罩。得到专门指导后操作。在阅读并了解所有安全预防措施之前，切勿操作。按要求使用个体防护装备。避免吸入蒸气、雾。作业场所不得进食、饮水或吸烟。操作后彻底清洗。禁止排入环境

事故响应 如接触眼睛：用水细心冲洗数分钟。如戴隐形眼镜并可方便地取出，取出隐形眼镜继续冲洗。如果眼睛刺激持续：就医。如果接触：立即呼叫中毒控制中心或就医。如感觉不适，就医。收集泄漏物

安全储存 上锁保管

废弃处置 本品及内装物、容器依据国家和地方法规处置

物理和化学危险 不燃，无特殊燃爆特性

健康危害 无机砷化合物口服中毒表现为急性胃肠炎、休克、中毒性心肌炎、肝炎，以及抽搐、昏迷等，甚至死亡。可在急性中毒的1～3周内发生周围神经病。大量吸入亦可引起急性中毒

慢性中毒 表现有消化系统症状，肝肾损害，皮肤色素沉着、角化过度或疣状增生，多发性神经炎等。砷和砷化合物为人类确认致癌物

环境危害 对水生生物毒性非常大并具有长期持续影响

第三部分 成分/组成信息

√物质 混合物

组分	浓度	CAS No.
三氟化砷		7784-35-2

第四部分 急救措施

吸入 迅速脱离现场至空气新鲜处。保持呼吸道通畅。如呼吸困难，给输氧。如呼吸、心跳停止，立即进行心肺复苏术。就医

皮肤接触 立即脱去污染的衣着，用肥皂水和清水彻底冲洗。就医

眼睛接触 立即分开眼睑，用流动清水或生理盐水彻底冲洗。就医

食入 催吐、彻底洗胃，洗胃后服活性炭30～50g（用水调成浆状），而后再服用硫酸镁或硫酸钠导泻。就医

对保护施救者的忠告 根据需要使用个人防护设备

对医生的特别提示 解毒剂有二巯基丙磺酸钠、二巯基丁二酸钠等

第五部分 消防措施

灭火剂 本品不燃。根据着火原因选择适当灭火剂灭火

特别危险性 遇水或水蒸气、酸或酸气产生剧毒的烟雾。与三氧化磷发生剧烈反应。在潮湿条件下能腐蚀某些金属

灭火注意事项及防护措施 消防人员必须穿全身防火防毒服，在上风向灭火。尽可能将容器从火场移至空旷处。喷水保持火场容器冷却，直至灭火结束。禁止用水

第六部分 泄漏应急处理

作业人员防护措施、防护装备和应急处置程序 根据液体流动和蒸气扩散的影响区域划定警戒区，无关人员从侧风、上风向撤离至安全区。建议应急处理人员戴正压自给式呼吸器，穿防毒服，戴橡胶手套。穿上适当的防护服前严禁接触破裂的容器和泄漏物。尽可能切断泄漏源

环境保护措施 防止泄漏物进入水体、下水道、地下室或有限空间

泄漏化学品的收容、清除方法及所使用的处置材料 小量泄漏：用干燥的砂土或其他不燃材料吸收或覆盖，收集于容器中。大量泄漏：构筑围堤或挖坑收容。用泵转移至槽车或专用收集器内

第七部分 操作处置与储存

操作注意事项 密闭操作，提供充分的局部排风。操作尽可能机械化、自动化。操作人员必须经过专门培训，严格遵守操作规程。建议操作人员佩戴自吸过滤式防毒面具（全面罩），穿连衣式防毒衣，戴橡胶手套。防止蒸气泄漏到工作场所空气中。避免与氧化剂、酸类接触。尤其要注意避免与水接触。搬运时要轻装轻卸，防止包装及容器损坏。配备泄漏应急处理设备。倒空的容器可能残留有害物

储存注意事项 储存于阴凉、通风的库房。远离火种、热源。包装必须密封，切勿受潮。应与氧化剂、酸类、食用化学品分开存放，切忌混储。储区应备有泄漏应急处理设备和合适的收容材料

第八部分 接触控制/个体防护

职业接触限值

中国 PC-TWA：0.01mg/m^3；PC-STEL：0.02mg/m^3［按As计］［G1］

美国（ACGIH） TLV-TWA：0.01mg/m^3［按As计］，

2.5mg/m³［按F计］

生物接触限值 尿氟：42mmol/mol 肌酐（7mg/g 肌酐）（采样时间：工作班后）

监测方法 空气中有毒物质测定方法：砷的测量方法——原子荧光光谱法；氢化物-原子吸收光谱法；二乙氨基二硫代甲酸银分光光度法。氟的测量方法——离子选择性电极法。生物监测检验方法：尿中氟的离子选择电极测定方法

工程控制 严加密闭，提供充分的局部排风。提供安全的淋浴和洗眼设备

个体防护装备

呼吸系统防护 可能接触其蒸气时，必须佩戴过滤式防毒面具（全面罩）。紧急事态抢救或撤离时，建议佩戴空气呼吸器

眼睛防护 呼吸系统防护中已作防护

皮肤和身体防护 穿连衣式防毒衣

手防护 戴橡胶手套

第九部分 理化特性

外观与性状 无色透明发烟的油状液体

pH 值 无资料 **熔点(℃)** －5.95

沸点(℃) 57.8 **相对密度(水＝1)** 2.73

相对蒸气密度(空气＝1) 无资料

饱和蒸气压(kPa) 13.33（13.2℃）

燃烧热(kJ/mol) 无资料 **临界温度(℃)** 无资料

临界压力(MPa) 无资料 **辛醇/水分配系数** 无资料

闪点(℃) 无意义 **自燃温度(℃)** 无意义

爆炸下限(%) 无意义 **爆炸上限(%)** 无意义

分解温度(℃) 无资料

黏度(mPa·s) 无资料

溶解性 不溶于水，溶于乙醇、乙醚、苯、氨水等

第十部分 稳定性和反应性

稳定性 稳定

危险反应 与强氧化剂、酸类等禁配物发生反应

避免接触的条件 水蒸气、潮湿空气

禁配物 酸类、强氧化剂

危险的分解产物 无资料

第十一部分 毒理学信息

急性毒性 LCLo：2000mg/m³（小鼠吸入，10min）

皮肤刺激或腐蚀 无资料 **眼睛刺激或腐蚀** 无资料

呼吸或皮肤过敏 无资料 **生殖细胞突变性** 无资料

致癌性 无资料 **生殖毒性** 无资料

特异性靶器官系统毒性-一次接触 无资料

特异性靶器官系统毒性-反复接触 无资料

吸入危害 无资料

第十二部分 生态学信息

生态毒性 无资料

持久性和降解性

生物降解性 无资料

非生物降解性 无资料

潜在的生物累积性

土壤中的迁移性

第十三部分 废弃处置

废弃化学品 根据国家和地方有关法规的要求处置。或与制造商联系，确定处置方法

污染包装物 将容器返还生产商或按照国家和地方法规处置

废弃注意事项 处置前应参阅国家和地方有关法规

第十四部分 运输信息

联合国危险货物编号（UN号） 1556

联合国运输名称 液态砷化合物，未另作规定的（三氟化砷）

联合国危险性类别 6.1 **包装类别** Ⅱ类包装

包装标志 

海洋污染物 是

运输注意事项 运输前应先检查包装容器是否完整、密封，运输过程中要确保容器不泄漏、不倒塌、不坠落、不损坏。严禁与酸类、氧化剂、食品及食品添加剂混运。运输时运输车辆应配备泄漏应急处理设备。运输途中应防曝晒、雨淋，防高温。公路运输时要按规定路线行驶，勿在居民区和人口稠密区停留

第十五部分 法规信息

下列法律、法规、规章和标准，对该化学品的管理作了相应的规定。

中华人民共和国职业病防治法 职业病分类和目录：砷及其化合物中毒；砷及其化合物所致肺癌、皮肤癌

危险化学品安全管理条例 危险化学品目录：列入。易制爆危险化学品名录：未列入。重点监管的危险化学品名录：未列入。GB 18218—2009《危险化学品重大危险源辨识》（表1）：未列入

使用有毒物品作业场所劳动保护条例 高毒物品目录：列入

易制毒化学品管理条例 易制毒化学品的分类和品种目录：未列入

国际公约 斯德哥尔摩公约：未列入。鹿特丹公约：未列入。蒙特利尔议定书：未列入

第十六部分 其他信息

编写和修订信息 **缩略语和首字母缩写**

培训建议 **参考文献**

免责声明

三 氟 化 锑

第一部分 化学品标识

化学品中文名 三氟化锑；氟化锑；氟化亚锑

化学品英文名 antimony trifluoride；antimony（Ⅲ）fluoride

分子式 SbF_3 **相对分子质量** 178.75

结构式 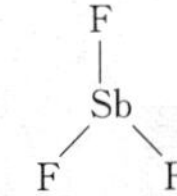

化学品的推荐及限制用途 用作分析试剂、织物媒染剂

第二部分 危险性概述

紧急情况概述 吞咽会中毒，皮肤接触会中毒，吸入会中毒

GHS 危险性类别 急性毒性-经口，类别 3；急性毒性-经皮，类别 3；急性毒性-吸入，类别 3；危害水生环境-急性危害，类别 2；危害水生环境-长期危害，类别 2

标签要素

象形图 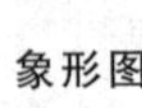 

警示词 危险

危险性说明 吞咽会中毒，皮肤接触会中毒，吸入会中毒，对水生生物有毒并具有长期持续影响

防范说明

预防措施 避免接触眼睛、皮肤，操作后彻底清洗。作业场所不得进食、饮水或吸烟。戴防护手套、穿防护服。避免吸入粉尘。仅在室外或通风良好处操作。禁止排入环境

事故响应 如吸入：将患者转移到空气新鲜处，休息，保持利于呼吸的体位，呼叫中毒控制中心或就医。皮肤接触：用大量肥皂水和水清洗。如感觉不适，呼叫中毒控制中心或就医。立即脱去所有被污染的衣服，被污染的衣服须经洗净后方可重新使用。食入：漱口，立即呼叫中毒控制中心或就医。收集泄漏物

安全储存 在通风良好处储存。保持容器密闭。上锁保管

废弃处置 本品及内装物、容器依据国家和地方法规处置

物理和化学危险 本品不燃

健康危害 本品遇水或潮湿空气产生氟化氢。对皮肤、黏膜和呼吸道有刺激作用

环境危害 对水生生物有毒并具有长期持续影响

第三部分 成分/组成信息

√物质 混合物

组分	浓度	CAS No.
三氟化锑		7783-56-4

第四部分 急救措施

吸入 迅速脱离现场至空气新鲜处。保持呼吸道通畅。如呼吸困难，给输氧。如呼吸、心跳停止，立即进行心肺复苏术。就医

皮肤接触 立即脱去污染的衣着，用流动清水彻底冲洗。就医

眼睛接触 立即分开眼睑，用流动清水或生理盐水彻底冲洗。就医

食入 漱口，饮水。就医

对保护施救者的忠告 根据需要使用个人防护设备

对医生的特别提示 对症处理

第五部分 消防措施

灭火剂 本品不燃。根据着火原因选择适当灭火剂灭火

特别危险性 受高热或接触酸或酸雾放出剧毒的烟雾

灭火注意事项及防护措施 消防人员必须佩戴空气呼吸器、穿全身防火防毒服，在上风向灭火。尽可能将容器从火场移至空旷处。喷水保持火场容器冷却，直至灭火结束。禁止用水

第六部分 泄漏应急处理

作业人员防护措施、防护装备和应急处置程序 隔离泄漏污染区，限制出入。建议应急处理人员戴防尘口罩，穿防毒服，戴橡胶手套。禁止接触或跨越泄漏物

环境保护措施 无资料

泄漏化学品的收容、清除方法及所使用的处置材料 用干燥的砂土或其他不燃材料覆盖泄漏物，然后用塑料布覆盖，减少飞散、避免雨淋。用洁净的铲子收集泄漏物，置于干净、干燥、盖子较松的容器中，将容器移离泄漏区

第七部分 操作处置与储存

操作注意事项 密闭操作，局部排风。操作人员必须经过专门培训，严格遵守操作规程。建议操作人员佩戴自吸过滤式防尘口罩，戴化学安全防护眼镜，穿聚乙烯防毒服，戴橡胶手套。避免产生粉尘。避免与氧化剂、酸类接触。尤其要注意避免与水接触。搬运时要轻装轻卸，防止包装及容器损坏。配备泄漏应急处理设备。倒空的容器可能残留有害物

储存注意事项 储存于阴凉、干燥、通风良好的库房。包装密封。应与氧化剂、酸类、食用化学品分开存放，切忌混储。储区应备有合适的材料收容泄漏物

第八部分 接触控制/个体防护

职业接触限值

中国 PC-TWA：2mg/m^3［按 F 计］，0.5mg/m^3［按 Sb 计］；

美国（ACGIH） TLV-TWA：0.5mg/m^3［按 Sb 计］，2.5mg/m^3［按 F 计］

生物接触限值 尿氟：42mmol/mol 肌酐（7mg/g 肌酐）（采样时间：工作班后）

监测方法 空气中有毒物质测定方法：氟的测量方法——离子选择性电极法。锑的测量方法——火焰原子吸收光谱法；石墨炉原子吸收光谱法。生物监测检验方法：尿中氟的离子选择电极测定方法

工程控制 密闭操作，局部排风。提供安全的淋浴和洗眼设备

个体防护装备

呼吸系统防护 可能接触其粉尘时，应该佩戴过滤式防尘呼吸器

眼睛防护　戴化学安全防护眼镜

皮肤和身体防护　穿隔绝式防毒服

手防护　戴橡胶手套

第九部分　理化特性

外观与性状　白色至灰色结晶，易潮解

pH 值　无意义　　**熔点(℃)**　292

沸点(℃)　376

相对密度(水＝1)　4.38（20℃）

相对蒸气密度(空气＝1)　无资料

饱和蒸气压(kPa)　无资料

燃烧热(kJ/mol)　无资料　　**临界温度(℃)**　无资料

临界压力(MPa)　无资料　　**辛醇/水分配系数**　无资料

闪点(℃)　无意义　　**自燃温度(℃)**　无意义

爆炸下限(%)　无意义　　**爆炸上限(%)**　无意义

分解温度(℃)　无资料

黏度(mPa·s)　无资料

溶解性　溶于水，溶于甲醇、乙醇和极性有机溶剂，不溶于苯、氯苯和石油醚

第十部分　稳定性和反应性

稳定性　稳定

危险反应　与强氧化剂、酸等禁配物发生反应

避免接触的条件　潮湿空气

禁配物　氧化剂、水、酸类

危险的分解产物　无资料

第十一部分　毒理学信息

急性毒性　LD_{50}：23mg/kg（小鼠皮下）；200mg/kg（豚鼠经皮）

皮肤刺激或腐蚀　无资料　　**眼睛刺激或腐蚀**　无资料

呼吸或皮肤过敏　无资料　　**生殖细胞突变性**　无资料

致癌性　无资料　　**生殖毒性**　无资料

特异性靶器官系统毒性-一次接触　无资料

特异性靶器官系统毒性-反复接触　无资料

吸入危害　无资料

第十二部分　生态学信息

生态毒性　锑化合物对水生生物有毒

持久性和降解性

生物降解性　无资料

非生物降解性　无资料

潜在的生物累积性　无资料

土壤中的迁移性　无资料

第十三部分　废弃处置

废弃化学品　根据国家和地方有关法规的要求处置。或与制造商联系，确定处置方法

污染包装物　将容器返还生产商或按照国家和地方法规处置

废弃注意事项　处置前应参阅国家和地方有关法规

第十四部分　运输信息

联合国危险货物编号（UN 号）　1549

联合国运输名称　固态无机锑化合物，未另作规定的（三氟化锑）

联合国危险性类别　6.1　　**包装类别**　Ⅲ类包装

包装标志 　　**海洋污染物**　是

运输注意事项　运输前应先检查包装容器是否完整、密封，运输过程中要确保容器不泄漏、不倒塌、不坠落、不损坏。严禁与酸类、氧化剂、食品及食品添加剂混运。运输时运输车辆应配备泄漏应急处理设备。运输途中应防曝晒、雨淋，防高温

第十五部分　法规信息

下列法律、法规、规章和标准，对该化学品的管理作了相应的规定。

中华人民共和国职业病防治法　职业病分类和目录：氟及其无机化合物中毒

危险化学品安全管理条例　危险化学品目录：列入。易制爆危险化学品名录：未列入。重点监管的危险化学品名录：未列入。GB 18218—2009《危险化学品重大危险源辨识》(表 1)：未列入

使用有毒物品作业场所劳动保护条例　高毒物品目录：列入

易制毒化学品管理条例　易制毒化学品的分类和品种目录：未列入

国际公约　斯德哥尔摩公约：未列入。鹿特丹公约：未列入。蒙特利尔议定书：未列入

第十六部分　其他信息

编写和修订信息　　**缩略语和首字母缩写**

培训建议　　**参考文献**

免责声明

三氟甲烷

第一部分　化学品标识

化学品中文名　三氟甲烷；氟仿；制冷剂 R-23

化学品英文名　trifluoromethane；fluoroform；refrigerant 23

分子式　CHF_3　　**相对分子质量**　70.02

结构式

$$\begin{array}{c} H \\ | \\ F-C-F \\ | \\ F \end{array}$$

化学品的推荐及限制用途　用作低温制冷剂及作为灭火剂和制造四氟乙烯的原料

第二部分　危险性概述

紧急情况概述　内装加压气体：遇热可能爆炸，可能引起昏昏欲睡或眩晕

GHS 危险性类别　加压气体；特异性靶器官毒性-一次接触，类别 3（麻醉效应）

标签要素

象形图 

警示词 警告

危险性说明 内装加压气体：遇热可能爆炸，可能引起昏昏欲睡或眩晕

防范说明

预防措施 -

事故响应 -

安全储存 防日晒。存放在通风良好的地方

废弃处置 -

物理和化学危险 不燃，无特殊燃爆特性

健康危害 接触后可引起头痛、恶心、呕吐，有麻醉作用

环境危害 对环境可能有害

第三部分 成分/组成信息

√物质 混合物

组分	浓度	CAS No.
三氟甲烷		75-46-7

第四部分 急救措施

吸入 迅速脱离现场至空气新鲜处。保持呼吸道通畅。如呼吸困难，给输氧。如呼吸、心跳停止，立即进行心肺复苏术。就医

对保护施救者的忠告 根据需要使用个人防护设备

对医生的特别提示 对症处理

第五部分 消防措施

灭火剂 本品不燃。根据着火原因选择适当灭火剂灭火

特别危险性 受热分解释出有毒的烟雾

灭火注意事项及防护措施 消防人员须佩戴防毒面具、穿全身消防服，在上风向灭火。切断气源。喷水冷却容器，尽可能将容器从火场移至空旷处

第六部分 泄漏应急处理

作业人员防护措施、防护装备和应急处置程序 根据气体扩散的影响区域划定警戒区，无关人员从侧风、上风向撤离至安全区。建议应急处理人员戴正压自给式呼吸器，穿一般作业工作服。液化气体泄漏时穿防寒服。尽可能切断泄漏源。喷雾状水抑制蒸气或改变蒸气云流向，避免水流接触泄漏物。禁止用水直接冲击泄漏物或泄漏源

环境保护措施 防止气体通过下水道、通风系统和有限空间扩散

泄漏化学品的收容、清除方法及所使用的处置材料 漏出气允许排入大气中。泄漏场所保持通风

第七部分 操作处置与储存

操作注意事项 密闭操作，全面通风。操作人员必须经过专门培训，严格遵守操作规程。远离易燃、可燃物。防止气体泄漏到工作场所空气中。避免与氧化剂接触。搬运时轻装轻卸，防止钢瓶及附件破损。配备泄漏应急处理设备

储存注意事项 储存于阴凉、通风的不燃气体专用库房。远离火种、热源。库温不宜超过30℃。应与氧化剂、易（可）燃物分开存放，切忌混储。储区应备有泄漏应急处理设备

第八部分 接触控制/个体防护

职业接触限值

中国 未制定标准

美国(ACGIH) 未制定标准

生物接触限值 未制定标准

监测方法 空气中有毒物质测定方法：未制定标准。生物监测检验方法：未制定标准

工程控制 生产过程密闭，全面通风

个体防护装备

呼吸系统防护 空气中浓度较高时，建议佩戴过滤式防毒面具（半面罩）

眼睛防护 一般不需特殊防护

皮肤和身体防护 穿一般作业工作服

手防护 戴一般作业防护手套

第九部分 理化特性

外观与性状 无色无味气体

pH值 无意义 **熔点(℃)** −155～−160

沸点(℃) −84.4

相对密度(水=1) 1.44（15℃）

相对蒸气密度(空气=1) 2.43

饱和蒸气压(kPa) 4000（20℃）

燃烧热(kJ/mol) 无资料 **临界温度(℃)** 33

临界压力(MPa) 4.84 **辛醇/水分配系数** 0.64

闪点(℃) 无意义 **自燃温度(℃)** 无意义

爆炸下限(%) 无意义 **爆炸上限(%)** 无意义

分解温度(℃) 无资料

黏度(mPa·s) 无资料

溶解性 溶于水，溶于乙醇、丙酮

第十部分 稳定性和反应性

稳定性 稳定

危险反应 与强氧化剂、可燃物等禁配物发生反应

避免接触的条件 受热

禁配物 强氧化剂、易燃或可燃物、金属等

危险的分解产物 氟化氢

第十一部分 毒理学信息

急性毒性 无资料 **皮肤刺激或腐蚀** 无资料

眼睛刺激或腐蚀 无资料 **呼吸或皮肤过敏** 无资料

生殖细胞突变性 无资料 **致癌性** 无资料

生殖毒性 无资料

特异性靶器官系统毒性-一次接触 无资料

特异性靶器官系统毒性-反复接触 无资料

吸入危害 无资料

第十二部分 生态学信息

生态毒性 无资料

持久性和降解性

生物降解性 无资料

非生物降解性 空气中，当羟基自由基浓度为5.00×10^5个/cm^3时，降解半衰期为180a（理论）

潜在的生物累积性 根据K_{ow}值预测，该物质的生物累积性可能较弱

土壤中的迁移性 根据K_{oc}值预测，该物质可能易发生迁移

第十三部分 废弃处置

废弃化学品 根据国家和地方有关法规的要求处置。或与制造商联系，确定处置方法

污染包装物 将容器返还生产商或按照国家和地方法规处置

废弃注意事项 把倒空的容器归还厂商或在规定场所掩埋

第十四部分 运输信息

联合国危险货物编号（UN号） 1984；3136（液化）

联合国运输名称 三氟甲烷；冷冻液态三氟甲烷（液化）

联合国危险性类别 2.2 **包装类别** -

包装标志  **海洋污染物** 否

运输注意事项 采用钢瓶运输时必须戴好钢瓶上的安全帽。钢瓶一般平放，并应将瓶口朝同一方向，不可交叉；高度不得超过车辆的防护栏板，并用三角木垫卡牢，防止滚动。严禁与氧化剂、易燃物或可燃物等混装混运。夏季应早晚运输，防止日光曝晒。铁路运输时要禁止溜放

第十五部分 法规信息

下列法律、法规、规章和标准，对该化学品的管理作了相应的规定。

中华人民共和国职业病防治法 职业病分类和目录：未列入

危险化学品安全管理条例 危险化学品目录：列入。易制爆危险化学品名录：未列入。重点监管的危险化学品名录：未列入。GB 18218—2009《危险化学品重大危险源辨识》（表1）：未列入

使用有毒物品作业场所劳动保护条例 高毒物品目录：未列入

易制毒化学品管理条例 易制毒化学品的分类和品种目录：未列入

国际公约 斯德哥尔摩公约：未列入。鹿特丹公约：未列入。蒙特利尔议定书：未列入

第十六部分 其他信息

编写和修订信息

缩略语和首字母缩写

培训建议

参考文献

免责声明

2,2,2-三氟乙醇

第一部分 化学品标识

化学品中文名 2,2,2-三氟乙醇

化学品英文名 2,2,2-trifluoroethanol；2,2,2-trifluoroethyl alcohol

分子式 $C_2H_3F_3O$ **相对分子质量** 100

结构式 F_3C-CH_2-OH

化学品的推荐及限制用途 用于药物制造和用作有机溶剂

第二部分 危险性概述

紧急情况概述 易燃液体和蒸气，吞咽会中毒，吸入会中毒，造成严重眼损伤

GHS危险性类别 易燃液体，类别3；急性毒性-经口，类别3；急性毒性-吸入，类别3；严重眼损伤/眼刺激，类别1；生殖毒性，类别1B；特异性靶器官毒性-反复接触，类别2

标签要素

象形图 

警示词 危险

危险性说明 易燃液体和蒸气，吞咽会中毒，吸入会中毒，造成严重眼损伤，可能对生育力或胎儿造成伤害，长时间或反复接触可能对器官造成损伤

防范说明

预防措施 远离热源、火花、明火、热表面。禁止吸烟。保持容器密闭。容器和接收设备接地连接。使用防爆电器、通风、照明设备。只能使用不产生火花的工具。采取防止静电措施。戴防护手套、防护眼镜、防护面罩。避免接触眼睛、皮肤，操作后彻底清洗。作业场所不得进食、饮水或吸烟。避免吸入蒸气、雾。仅在室外或通风良好处操作。得到专门指导后操作。在阅读并了解所有安全预防措施之前，切勿操作。按要求使用个体防护装备

事故响应 火灾时，使用抗溶性泡沫、二氧化碳、干粉、砂土灭火。如吸入：将患者转移到空气新鲜处，休息，保持利于呼吸的体位。如皮肤（或头发）接触：立即脱掉所有被污染的衣服，用水冲洗皮肤，淋浴。接触眼睛：用水细心冲洗数分钟。如戴隐形眼镜并可方便地取出，取出隐形眼镜继续冲洗。食入：漱口，立即呼叫中毒控制中心或就医。如果接触或有担心，就医。如感觉不适，就医

安全储存 存放在通风良好的地方。保持低温。保持容器密闭。上锁保管

废弃处置 本品及内装物、容器依据国家和地方法规处置

物理和化学危险　易燃，其蒸气与空气混合，能形成爆炸性混合物

健康危害　动物试验急性中毒出现呕吐、腹泻、嗜睡、震颤、呼吸困难。致死原因多为对中枢神经系统的直接抑制作用

环境危害　对环境可能有害

第三部分　成分/组成信息

√物质　　混合物

组分	浓度	CAS No.
2,2,2-三氟乙醇		75-89-8

第四部分　急救措施

吸入　迅速脱离现场至空气新鲜处。保持呼吸道通畅。如呼吸困难，给输氧。如呼吸、心跳停止，立即进行心肺复苏术。就医

皮肤接触　立即脱去污染的衣着，用流动清水彻底冲洗。就医

眼睛接触　立即分开眼睑，用流动清水或生理盐水彻底冲洗至少15min。就医

食入　漱口，饮水。就医

对保护施救者的忠告　根据需要使用个人防护设备

对医生的特别提示　对症处理

第五部分　消防措施

灭火剂　用抗溶性泡沫、二氧化碳、干粉、砂土灭火

特别危险性　易燃，遇明火、高热或与氧化剂接触，有引起燃烧爆炸的危险。燃烧生成有害的一氧化碳、氟化氢

灭火注意事项及防护措施　消防人员必须佩戴空气呼吸器、穿全身防火防毒服，在上风向灭火。喷水冷却容器，尽可能将容器从火场移至空旷处。容器突然发出异常声音或出现异常现象，应立即撤离

第六部分　泄漏应急处理

作业人员防护措施、防护装备和应急处置程序　消除所有点火源。根据液体流动和蒸气扩散的影响区域划定警戒区，无关人员从侧风、上风向撤离至安全区。建议应急处理人员戴正压自给式呼吸器，穿防毒、防静电服。作业时使用的所有设备应接地。禁止接触或跨越泄漏物。尽可能切断泄漏源

环境保护措施　防止泄漏物进入水体、下水道、地下室或有限空间

泄漏化学品的收容、清除方法及所使用的处置材料　小量泄漏：用砂土或其他不燃材料吸收，使用洁净的无火花工具收集吸收材料。大量泄漏：构筑围堤或挖坑收容。用抗溶性泡沫覆盖，减少蒸发。喷水雾能减少蒸发，但不能降低泄漏物在有限空间内的易燃性。用防爆泵转移至槽车或专用收集器内

第七部分　操作处置与储存

操作注意事项　密闭操作，提供充分的局部排风。操作人员必须经过专门培训，严格遵守操作规程。建议操作人员佩戴自吸过滤式防毒面具（全面罩），穿胶布防毒衣，戴乳胶手套。远离火种、热源，工作场所严禁吸烟。使用防爆型的通风系统和设备。防止蒸气泄漏到工作场所空气中。避免与氧化剂、碱类、活性金属粉末接触。搬运时要轻装轻卸，防止包装及容器损坏。配备相应品种和数量的消防器材及泄漏应急处理设备。倒空的容器可能残留有害物

储存注意事项　储存于阴凉、干燥、通风良好的库房。远离火种、热源。库温不宜超过37℃，保持容器密封。应与氧化剂、碱类、活性金属粉末等分开存放，切忌混储。采用防爆型照明、通风设施。禁止使用易产生火花的机械设备和工具。储区应备有泄漏应急处理设备和合适的收容材料

第八部分　接触控制/个体防护

职业接触限值

中国　未制定标准

美国(ACGIH)　未制定标准

生物接触限值　未制定标准

监测方法　空气中有毒物质测定方法：未制定标准。生物监测检验方法：未制定标准

工程控制　严加密闭，提供充分的局部排风

个体防护装备

呼吸系统防护　可能接触其蒸气时，应该佩戴过滤式防毒面具（全面罩）。紧急事态抢救或撤离时，建议佩戴空气呼吸器

眼睛防护　呼吸系统防护中已作防护

皮肤和身体防护　穿隔绝式防毒服

手防护　戴橡胶手套

第九部分　理化特性

外观与性状　无色液体

pH值　无资料　　**熔点(℃)**　−43.5

沸点(℃)　103～105（98.7 kPa）

相对密度(水=1)　1.288～1.373

相对蒸气密度(空气=1)　3.45

饱和蒸气压(kPa)　9.31（25℃）

燃烧热(kJ/mol)　无资料　　**临界温度(℃)**　无资料

临界压力(MPa)　无资料　　**辛醇/水分配系数**　0.41

闪点(℃)　29.44　　**自燃温度(℃)**　无资料

爆炸下限(%)　5.5　　**爆炸上限(%)**　42

分解温度(℃)　无资料

黏度(mPa·s)　无资料

溶解性　与水混溶，可混溶于多数有机溶剂

第十部分　稳定性和反应性

稳定性　稳定

危险反应　与强氧化剂等禁配物发生反应

避免接触的条件　潮湿空气

禁配物　强氧化剂、强碱、钾、钠

危险的分解产物　氟化氢

第十一部分　毒理学信息

急性毒性

LD_{50}　240mg/kg（大鼠经口）；1680mg/kg（大鼠经

皮)；366mg/kg（小鼠经口）

LC_{50}　2900mg/m³（小鼠吸入，2h）

皮肤刺激或腐蚀　家兔经皮：0.75mg（24h），重度刺激

眼睛刺激或腐蚀　家兔经眼：100mg（20s），重度刺激

呼吸或皮肤过敏　无资料　**生殖细胞突变性**　无资料

致癌性　无资料　**生殖毒性**　无资料

特异性靶器官系统毒性-一次接触　无资料

特异性靶器官系统毒性-反复接触　无资料

吸入危害　无资料

第十二部分　生态学信息

生态毒性　无资料

持久性和降解性

生物降解性　无资料

非生物降解性　无资料

潜在的生物累积性　根据 K_{ow} 值预测，该物质的生物累积性可能较弱

土壤中的迁移性　根据 K_{oc} 值预测，该物质可能易发生迁移

第十三部分　废弃处置

废弃化学品　建议用焚烧法处置。焚烧炉排出的卤化氢通过酸洗涤器除去

污染包装物　将容器返还生产商或按照国家和地方法规处置

废弃注意事项　处置前应参阅国家和地方有关法规

第十四部分　运输信息

联合国危险货物编号（UN 号）　1992

联合国运输名称　易燃液体，毒性，未另作规定的（2,2,2-三氟乙醇）

联合国危险性类别　3，6.1　**包装类别**　Ⅲ类包装

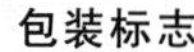

包装标志

海洋污染物　否

运输注意事项　运输时运输车辆应配备相应品种和数量的消防器材及泄漏应急处理设备。夏季最好早晚运输。运输时所用的槽（罐）车应有接地链，槽内可设孔隔板以减少震荡产生的静电。严禁与氧化剂、碱类、活性金属粉末、食用化学品等混装混运。运输途中应防曝晒、雨淋，防高温。中途停留时应远离火种、热源、高温区。装运该物品的车辆排气管必须配备阻火装置，禁止使用易产生火花的机械设备和工具装卸。公路运输时要按规定路线行驶，勿在居民区和人口稠密区停留。铁路运输时要禁止溜放。严禁用木船、水泥船散装运输

第十五部分　法规信息

下列法律、法规、规章和标准，对该化学品的管理作了相应的规定。

中华人民共和国职业病防治法　职业病分类和目录：未列入

危险化学品安全管理条例　危险化学品目录：列入。易制爆危险化学品名录：未列入。重点监管的危险化学品名录：未列入。GB 18218—2009《危险化学品重大危险源辨识》（表 1）：未列入

使用有毒物品作业场所劳动保护条例　高毒物品目录：未列入

易制毒化学品管理条例　易制毒化学品的分类和品种目录：未列入

国际公约　斯德哥尔摩公约：未列入。鹿特丹公约：未列入。蒙特利尔议定书：未列入

第十六部分　其他信息

编写和修订信息　**缩略语和首字母缩写**

培训建议　**参考文献**

免责声明

三氟乙酸

第一部分　化学品标识

化学品中文名　三氟乙酸；三氟醋酸

化学品英文名　trifluoroacetic acid；perfluoroacetic acid

分子式　$C_2HF_3O_2$　**相对分子质量**　114.03

结构式

化学品的推荐及限制用途　用作实验试剂、溶剂、催化剂及用于有机合成

第二部分　危险性概述

紧急情况概述　吸入有害，造成严重的皮肤灼伤和眼损伤

GHS 危险性类别　急性毒性-吸入，类别 4；皮肤腐蚀/刺激，类别 1A；严重眼损伤/眼刺激，类别 1；危害水生环境-急性危害，类别 3；危害水生环境-长期危害，类别 3

标签要素

象形图

警示词　危险

危险性说明　吸入有害，造成严重的皮肤灼伤和眼损伤，造成严重眼损伤，对水生生物有害并具有长期持续影响

防范说明

预防措施　避免吸入蒸气、雾。仅在室外或通风良好处操作。避免接触眼睛、皮肤，操作后彻底清洗。戴防护手套，穿防护服，戴防护眼镜、防护面罩。禁止排入环境

事故响应　如吸入：将患者转移到空气新鲜处，休息，保持利于呼吸的体位，如感觉不适，呼叫中毒控制中心或就医。皮肤（或头发）接触：立即脱掉所有被污染的衣服，用水冲洗皮肤，淋

浴。污染的衣服须洗净后方可重新使用。如感不适立即呼叫中毒控制中心或就医。接触眼睛：用水细心冲洗数分钟。如戴隐形眼镜并可方便地取出，取出隐形眼镜继续冲洗。食入：漱口，不要催吐，立即呼叫中毒控制中心或就医

安全储存　上锁保管

废弃处置　本品及内装物、容器依据国家和地方法规处置

物理和化学危险　不燃，无特殊燃爆特性

健康危害　接触部位出现刺激和灼伤

环境危害　对水生生物有害并具有长期持续影响

第三部分　成分/组成信息

√物质　　混合物

组分	浓度	CAS No.
三氟乙酸		76-05-1

第四部分　急救措施

吸入　迅速脱离现场至空气新鲜处。保持呼吸道通畅。如呼吸困难，给输氧。如呼吸、心跳停止，立即进行心肺复苏术。就医

皮肤接触　立即脱去污染的衣着，用大量流动清水彻底冲洗至少 15min。就医

眼睛接触　立即分开眼睑，用流动清水或生理盐水彻底冲洗至少 15min。就医

食入　用水漱口，禁止催吐。给饮牛奶或蛋清。就医

对保护施救者的忠告　根据需要使用个人防护设备

对医生的特别提示　对症处理

第五部分　消防措施

灭火剂　用干粉、砂土灭火

特别危险性　受热分解或与酸类接触放出有毒气体。具有强腐蚀性。燃烧生成有害的一氧化碳、氟化氢

灭火注意事项及防护措施　消防人员必须穿全身耐酸碱消防服、佩戴空气呼吸器灭火。尽可能将容器从火场移至空旷处。喷水保持火场容器冷却，直至灭火结束。禁止用水和泡沫灭火

第六部分　泄漏应急处理

作业人员防护措施、防护装备和应急处置程序　根据液体流动和蒸气扩散的影响区域划定警戒区，无关人员从侧风、上风向撤离至安全区。建议应急处理人员戴正压自给式呼吸器，穿防腐蚀、防毒服，戴橡胶耐酸碱手套。穿上适当的防护服前严禁接触破裂的容器和泄漏物。尽可能切断泄漏源

环境保护措施　防止泄漏物进入水体、下水道、地下室或有限空间

泄漏化学品的收容、清除方法及所使用的处置材料　小量泄漏：用干燥的砂土或其他不燃材料吸收或覆盖，收集于容器中。大量泄漏：构筑围堤或挖坑收容。用耐腐蚀泵转移至槽车或专用收集器内

第七部分　操作处置与储存

操作注意事项　密闭操作，注意通风。操作人员必须经过专门培训，严格遵守操作规程。建议操作人员佩戴导管式防毒面具，穿橡胶耐酸碱服，戴橡胶耐酸碱手套。防止蒸气泄漏到工作场所空气中。避免与氧化剂、还原剂、碱类接触。搬运时要轻装轻卸，防止包装及容器损坏。配备泄漏应急处理设备。倒空的容器可能残留有害物

储存注意事项　储存于阴凉、通风的库房。远离火种、热源。库房温度不超过 32℃，相对湿度不超过 80%。保持容器密封。应与氧化剂、还原剂、碱类、食用化学品分开存放，切忌混储。储区应备有泄漏应急处理设备和合适的收容材料

第八部分　接触控制/个体防护

职业接触限值

中国　未制定标准

美国(ACGIH)　未制定标准

生物接触限值　未制定标准

监测方法　空气中有毒物质测定方法：未制定标准。生物监测检验方法：未制定标准

工程控制　密闭操作，注意通风。提供安全的淋浴和洗眼设备

个体防护装备

呼吸系统防护　可能接触其蒸气时，必须佩戴过滤式防毒面具（全面罩）或长管面具。紧急事态抢救或撤离时，建议佩戴空气呼吸器

眼睛防护　呼吸系统防护中已作防护

皮肤和身体防护　穿橡胶耐酸碱服

手防护　戴橡胶耐酸碱手套

第九部分　理化特性

外观与性状　无色透明、有吸湿性的发烟液体，有强烈刺激性气味

pH 值　无资料　　**熔点(℃)**　−15.2

沸点(℃)　72.4～74　　**相对密度(水=1)**　1.54

相对蒸气密度(空气=1)　3.9

饱和蒸气压(kPa)　14.23 (25℃)

燃烧热(kJ/mol)　无资料　　**临界温度(℃)**　无资料

临界压力(MPa)　3.26　　**辛醇/水分配系数**　0.5

闪点(℃)　无意义　　**自燃温度(℃)**　无意义

爆炸下限(%)　无意义　　**爆炸上限(%)**　无意义

分解温度(℃)　无资料　　**黏度(mPa·s)**　无资料

溶解性　易溶于水、乙醇、乙醚、丙酮、苯

第十部分　稳定性和反应性

稳定性　稳定

危险反应　与强氧化剂等禁配物发生反应

避免接触的条件　受热

禁配物　碱类、强氧化剂、强还原剂

危险的分解产物　氟化氢

第十一部分　毒理学信息

急性毒性

LD_{50}　200mg/kg (大鼠经口)

LC_{50}　1000mg/m^3（大鼠吸入）

皮肤刺激或腐蚀　无资料　**眼睛刺激或腐蚀**　无资料

呼吸或皮肤过敏　无资料　**生殖细胞突变性**　无资料

致癌性　无资料　**生殖毒性**　无资料

特异性靶器官系统毒性-一次接触　无资料

特异性靶器官系统毒性-反复接触　无资料

吸入危害　无资料

第十二部分　生态学信息

生态毒性　无资料

持久性和降解性

生物降解性　无资料

非生物降解性　无资料

潜在的生物累积性　根据 K_{ow}值预测，该物质的生物累积性可能较弱

土壤中的迁移性　根据 K_{oc}值预测，该物质可能易发生迁移

第十三部分　废弃处置

废弃化学品　建议用焚烧法处置。焚烧炉排出的卤化氢通过酸洗涤器除去

污染包装物　将容器返还生产商或按照国家和地方法规处置

废弃注意事项　处置前应参阅国家和地方有关法规

第十四部分　运输信息

联合国危险货物编号（UN 号）　2699

联合国运输名称　三氟乙酸

联合国危险性类别　8　**包装类别**　Ⅰ类包装

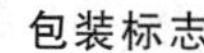
包装标志

海洋污染物　否

运输注意事项　起运时包装要完整，装载应稳妥。运输过程中要确保容器不泄漏、不倒塌、不坠落、不损坏。严禁与氧化剂、还原剂、碱类、食用化学品等混装混运。运输时运输车辆应配备泄漏应急处理设备。运输途中应防曝晒、雨淋，防高温。公路运输时要按规定路线行驶，勿在居民区和人口稠密区停留

第十五部分　法规信息

下列法律、法规、规章和标准，对该化学品的管理作了相应的规定。

中华人民共和国职业病防治法　职业病分类和目录：未列入

危险化学品安全管理条例　危险化学品目录：列入。易制爆危险化学品名录：未列入。重点监管的危险化学品名录：未列入。GB 18218—2009《危险化学品重大危险源辨识》（表 1）：未列入

使用有毒物品作业场所劳动保护条例　高毒物品目录：未列入

易制毒化学品管理条例　易制毒化学品的分类和品种目录：未列入

国际公约　斯德哥尔摩公约：未列入。鹿特丹公约：未列入。蒙特利尔议定书：未列入

第十六部分　其他信息

编写和修订信息　**缩略语和首字母缩写**

培训建议　**参考文献**

免责声明

三氟乙酸酐

第一部分　化学品标识

化学品中文名　三氟乙酸酐；三氟醋酸酐

化学品英文名　trifluoroacetic anhydride；bis（trifluoroacetic）anhydride

分子式　$C_4F_6O_3$　**相对分子质量**　210.04

结构式

化学品的推荐及限制用途　用作分析试剂、溶剂、催化剂、脱水缩合剂、羟基和氨基三氟乙酰化时的保护剂

第二部分　危险性概述

紧急情况概述　造成严重的皮肤灼伤和眼损伤，造成严重眼损伤

GHS 危险性类别　皮肤腐蚀/刺激，类别 1；严重眼损伤/眼刺激，类别 1；危害水生环境-急性危害，类别 3；危害水生环境-长期危害，类别 3

标签要素

象形图

警示词　危险

危险性说明　造成严重的皮肤灼伤和眼损伤，造成严重眼损伤，对水生生物有害并具有长期持续影响

防范说明

预防措施　避免接触眼睛、皮肤，操作后彻底清洗。戴防护手套，穿防护服，戴防护眼镜、防护面罩。禁止排入环境

事故响应　如吸入：将患者转移到空气新鲜处，休息，保持利于呼吸的体位，立即呼叫中毒控制中心或就医。皮肤（或头发）接触：立即脱掉所有被污染的衣服，用水冲洗皮肤，淋浴。污染的衣服须洗净后方可重新使用。接触眼睛：用水细心冲洗数分钟。如戴隐形眼镜并可方便地取出，取出隐形眼镜继续冲洗。食入：漱口，不要催吐

安全储存　上锁保管

废弃处置　本品及内装物、容器依据国家和地方法规处置

物理和化学危险　不燃，无特殊燃爆特性

健康危害　本品对皮肤和黏膜具有强烈刺激作用，并能引起灼伤

环境危害　对水生生物有害并具有长期持续影响

第三部分 成分/组成信息

√物质		混合物
组分	浓度	CAS No.
三氟乙酸酐		407-25-0

第四部分 急救措施

吸入 迅速脱离现场至空气新鲜处。保持呼吸道通畅。如呼吸困难，给输氧。如呼吸、心跳停止，立即进行心肺复苏术。就医

皮肤接触 立即脱去污染的衣着，用大量流动清水彻底冲洗至少15min。就医

眼睛接触 立即分开眼睑，用流动清水或生理盐水彻底冲洗至少15min。就医

食入 用水漱口，禁止催吐。给饮牛奶或蛋清。就医

对保护施救者的忠告 根据需要使用个人防护设备

对医生的特别提示 对症处理

第五部分 消防措施

灭火剂 用干粉、二氧化碳、砂土灭火

特别危险性 遇低级醇和水起化学反应而分解。对很多金属尤其是潮湿空气存在下有腐蚀性。燃烧生成有害的一氧化碳、氟化氢

灭火注意事项及防护措施 消防人员必须穿全身耐酸碱消防服、佩戴空气呼吸器灭火。尽可能将容器从火场移至空旷处。喷水保持火场容器冷却，直至灭火结束。容器突然发出异常声音或出现异常现象，应立即撤离。不宜用水灭火

第六部分 泄漏应急处理

作业人员防护措施、防护装备和应急处置程序 根据液体流动和蒸气扩散的影响区域划定警戒区，无关人员从侧风、上风向撤离至安全区。建议应急处理人员戴正压自给式呼吸器，穿防腐蚀、防毒服，戴橡胶耐酸碱手套。作业时使用的所有设备应接地。穿上适当的防护服前严禁接触破裂的容器和泄漏物。勿使水进入包装容器内。尽可能切断泄漏源

环境保护措施 无资料

泄漏化学品的收容、清除方法及所使用的处置材料 小量泄漏：用干燥的砂土或其他不燃材料覆盖泄漏物。大量泄漏：构筑围堤或挖坑收容。撒湿冰或冰水冷却

第七部分 操作处置与储存

操作注意事项 密闭操作，局部排风。操作尽可能机械化、自动化。操作人员必须经过专门培训，严格遵守操作规程。建议操作人员佩戴导管式防毒面具，穿橡胶耐酸碱服，戴橡胶耐酸碱手套。防止蒸气泄漏到工作场所空气中。避免与氧化剂、酸类、碱类、醇类接触。搬运时要轻装轻卸，防止包装及容器损坏。配备泄漏应急处理设备。倒空的容器可能残留有害物

储存注意事项 储存于阴凉、干燥、通风良好的库房。远离火种、热源。库房温度不超过32℃，相对湿度不超过80%。包装必须密封，切勿受潮。应与氧化剂、酸类、碱类、醇类等分开存放，切忌混储。储区应备有泄漏应急处理设备和合适的收容材料

第八部分 接触控制/个体防护

职业接触限值

中国 未制定标准

美国(ACGIH) 未制定标准

生物接触限值 未制定标准

监测方法 空气中有毒物质测定方法：未制定标准。生物监测检验方法：未制定标准

工程控制 密闭操作，局部排风。提供安全的淋浴和洗眼设备

个体防护装备

呼吸系统防护 可能接触其蒸气时，必须佩戴过滤式防毒面具（全面罩）或长管面具。紧急事态抢救或撤离时，建议佩戴空气呼吸器

眼睛防护 呼吸系统防护中已作防护

皮肤和身体防护 穿橡胶耐酸碱服

手防护 戴橡胶耐酸碱手套

第九部分 理化特性

外观与性状 无色液体，有刺激性气味，易挥发

pH值 无资料　　**熔点(℃)** −65

沸点(℃) 39.5～40.1

相对密度(水=1) 1.49（25℃）

相对蒸气密度(空气=1) 3.9

饱和蒸气压(kPa) 无资料

燃烧热(kJ/mol) 无资料　　**临界温度(℃)** 无资料

临界压力(MPa) 无资料　　**辛醇/水分配系数** 0.25

闪点(℃) 无意义　　**自燃温度(℃)** 无意义

爆炸下限(%) 无意义　　**爆炸上限(%)** 无意义

分解温度(℃) 无资料

黏度(mPa·s) 无资料

溶解性 无资料

第十部分 稳定性和反应性

稳定性 稳定

危险反应 与强氧化剂、水、醇类等禁配物发生反应

避免接触的条件 潮湿空气

禁配物 强氧化剂、强酸、强碱、水、醇类

危险的分解产物 氟化氢

第十一部分 毒理学信息

急性毒性 LD_{50}：三氟乙酸：200mg/kg（大鼠经口）

皮肤刺激或腐蚀 家兔经皮：750μg（24h），重度刺激

眼睛刺激或腐蚀 家兔经眼：5mg（24h），重度刺激

刺激性　　**呼吸或皮肤过敏** 无资料

生殖细胞突变性 无资料　　**致癌性** 无资料

生殖毒性 无资料

特异性靶器官系统毒性-一次接触 无资料

特异性靶器官系统毒性-反复接触 无资料

吸入危害 无资料

第十二部分　生态学信息

生态毒性　无资料

持久性和降解性

　　生物降解性　无资料

　　非生物降解性　无资料

潜在的生物累积性　根据 K_{ow} 值预测，该物质的生物累积性可能较弱

土壤中的迁移性　根据 K_{oc} 值预测，该物质可能易发生迁移

第十三部分　废弃处置

废弃化学品　根据国家和地方有关法规的要求处置。或与制造商联系，确定处置方法

污染包装物　将容器返还生产商或按照国家和地方法规处置

废弃注意事项　处置前应参阅国家和地方有关法规

第十四部分　运输信息

联合国危险货物编号（UN 号）　3265

联合国运输名称　有机酸性腐蚀性液体，未另作规定的（三氟乙酸酐）

联合国危险性类别　8　　**包装类别**　Ⅰ类包装

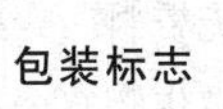
包装标志　　　**海洋污染物**　否

运输注意事项　起运时包装要完整，装载应稳妥。运输过程中要确保容器不泄漏、不倒塌、不坠落、不损坏。严禁与氧化剂、酸类、碱类、醇类、食用化学品等混装混运。运输时运输车辆应配备泄漏应急处理设备。运输途中应防曝晒、雨淋，防高温。公路运输时要按规定路线行驶，勿在居民区和人口稠密区停留

第十五部分　法规信息

下列法律、法规、规章和标准，对该化学品的管理作了相应的规定。

中华人民共和国职业病防治法　职业病分类和目录：未列入

危险化学品安全管理条例　危险化学品目录：列入。易制爆危险化学品名录：未列入。重点监管的危险化学品名录：未列入。GB 18218—2009《危险化学品重大危险源辨识》（表 1）：未列入

使用有毒物品作业场所劳动保护条例　高毒物品目录：未列入

易制毒化学品管理条例　易制毒化学品的分类和品种目录：未列入

国际公约　斯德哥尔摩公约：未列入。鹿特丹公约：未列入。蒙特利尔议定书：未列入

第十六部分　其他信息

编写和修订信息　　　　**缩略语和首字母缩写**

培训建议　　　　**参考文献**

免责声明

1,1,1-三氟乙烷

第一部分　化学品标识

化学品中文名　1,1,1-三氟乙烷；制冷剂 R-143a；氟利昂-143a

化学品英文名　1,1,1-trifluoroethane；Freon 143a

分子式　$C_2H_3F_3$　　**相对分子质量**　84.05

结构式　F—┼—F（F 在上、右、下）

化学品的推荐及限制用途　用作制冷剂和气溶胶型喷射剂

第二部分　危险性概述

紧急情况概述　极易燃气体，内装加压气体：遇热可能爆炸

GHS 危险性类别　易燃气体，类别 1；加压气体

标签要素

　　象形图　

　　警示词　危险

　　危险性说明　极易燃气体，内装加压气体：遇热可能爆炸

　　防范说明

　　　　预防措施　远离热源、火花、明火、热表面。禁止吸烟

　　　　事故响应　漏气着火：切勿灭火，除非漏气能够安全地制止。如果没有危险，消除一切点火源

　　　　安全储存　防日晒。存放在通风良好的地方

　　　　废弃处置　-

物理和化学危险　极易燃，与空气混合能形成爆炸性混合物

健康危害　本品高浓度时有麻醉性。遇热分解，释出有毒的氟化氢烟雾。皮肤直接接触液态本品可引起冻伤

环境危害　对环境可能有害

第三部分　成分/组成信息

√物质		混合物
组分	**浓度**	**CAS No.**
1,1,1-三氟乙烷		420-46-2

第四部分　急救措施

吸入　迅速脱离现场至空气新鲜处。保持呼吸道通畅。如呼吸困难，给输氧。如呼吸、心跳停止，立即进行心肺复苏术。就医

皮肤接触　如发生冻伤，用温水（38～42℃）复温，忌用热水或辐射热，不要揉搓。就医

对保护施救者的忠告　根据需要使用个人防护设备

对医生的特别提示　对症处理

第五部分　消防措施

灭火剂　用雾状水、二氧化碳灭火

特别危险性　受热分解放出有毒的氟化物气体。气体比空气重，沿地面扩散并易积存于低洼处，遇火源会着火回燃。燃烧生成有害的一氧化碳、氟化氢

灭火注意事项及防护措施　切断气源。若不能切断气源，则不允许熄灭泄漏处的火焰。消防人员必须佩戴空气呼吸器、穿全身防火防毒服，在上风向灭火。尽可能将容器从火场移至空旷处。喷水保持火场容器冷却，直至灭火结束

第六部分　泄漏应急处理

作业人员防护措施、防护装备和应急处置程序　消除所有点火源。根据气体扩散的影响区域划定警戒区，无关人员从侧风、上风向撤离至安全区。建议应急处理人员戴正压自给式呼吸器，穿防静电服。作业时使用的所有设备应接地。尽可能切断泄漏源。喷雾状水抑制蒸气或改变蒸气云流向，避免水流接触泄漏物。禁止用水直接冲击泄漏物或泄漏源

环境保护措施　防止气体通过下水道、通风系统和有限空间扩散

泄漏化学品的收容、清除方法及所使用的处置材料　隔离泄漏区直至气体散尽

第七部分　操作处置与储存

操作注意事项　密闭操作，全面通风。操作人员必须经过专门培训，严格遵守操作规程。建议操作人员穿防静电工作服。远离火种、热源。工作场所严禁吸烟。使用防爆型的通风系统和设备。防止气体泄漏到工作场所空气中。避免与氧化剂接触。在传送过程中，钢瓶和容器必须接地和跨接，防止产生静电。搬运时戴好钢瓶安全帽和防震橡皮圈，防止钢瓶碰撞、损坏。配备相应品种和数量的消防器材及泄漏应急处理设备

储存注意事项　储存于阴凉、通风的易燃气体专用库房。库温不宜超过 30℃。远离火种、热源。应与氧化剂分开存放，切忌混储。采用防爆型照明、通风设施。禁止使用易产生火花的机械设备和工具。储区应备有泄漏应急处理设备

第八部分　接触控制/个体防护

职业接触限值

中国　未制定标准

美国(ACGIH)　未制定标准

生物接触限值　未制定标准

监测方法　空气中有毒物质测定方法：未制定标准。生物监测检验方法：未制定标准

工程控制　生产过程密闭，全面通风

个体防护装备

呼吸系统防护　一般不需要特殊防护，但建议特殊情况下，佩戴过滤式防毒面具（半面罩）

眼睛防护　必要时，戴化学安全防护眼镜

皮肤和身体防护　穿防静电工作服

手防护　戴一般作业防护手套

第九部分　理化特性

外观与性状　微带气味的无色易燃气体

pH 值　无意义　　**熔点(℃)**　−111

沸点(℃)　−47　　**相对密度(水=1)**　0.9915

相对蒸气密度(空气=1)　2.9

饱和蒸气压(kPa)　1343（30℃）

燃烧热(kJ/mol)　无资料　　**临界温度(℃)**　无资料

临界压力(MPa)　3.76　　**辛醇/水分配系数**　1.74

闪点(℃)　−90　　**自燃温度(℃)**　750

爆炸下限(%)　9.5　　**爆炸上限(%)**　19

分解温度(℃)　无资料

黏度(mPa·s)　无资料

溶解性　不溶于水

第十部分　稳定性和反应性

稳定性　稳定

危险反应　与强氧化剂等禁配物接触，有发生火灾和爆炸的危险

避免接触的条件　受热

禁配物　强氧化剂

危险的分解产物　氟化氢

第十一部分　毒理学信息

急性毒性　LC_{50}：>540000ppm（大鼠吸入，4h）

皮肤刺激或腐蚀　无资料　**眼睛刺激或腐蚀**　无资料

呼吸或皮肤过敏　无资料　**生殖细胞突变性**　微生物致突变：鼠伤寒沙门氏菌 50 pph（48h）

致癌性　无资料　　**生殖毒性**　无资料

特异性靶器官系统毒性-一次接触　无资料

特异性靶器官系统毒性-反复接触　无资料

吸入危害　无资料

第十二部分　生态学信息

生态毒性　无资料

持久性和降解性

生物降解性　无资料

非生物降解性　无资料

潜在的生物累积性　根据 K_{ow} 值预测，该物质的生物累积性可能较弱

土壤中的迁移性　根据 K_{oc} 值预测，该物质可能易发生迁移

第十三部分　废弃处置

废弃化学品　建议用焚烧法处置。焚烧炉排出的卤化氢通过酸洗涤器除去

污染包装物　将容器返还生产商或按照国家和地方法规处置

废弃注意事项　处置前应参阅国家和地方有关法规

第十四部分　运输信息

联合国危险货物编号（UN 号）　2035

联合国运输名称　1,1,1-三氟乙烷

联合国危险性类别　2.1　　**包装类别**　-

包装标志  **海洋污染物** 否

运输注意事项 采用钢瓶运输时必须戴好钢瓶上的安全帽。钢瓶一般平放，并应将瓶口朝同一方向，不可交叉；高度不得超过车辆的防护栏板，并用三角木垫卡牢，防止滚动。运输时运输车辆应配备相应品种和数量的消防器材。装运该物品的车辆排气管必须配备阻火装置，禁止使用易产生火花的机械设备和工具装卸。严禁与氧化剂等混装混运。夏季应早晚运输，防止日光曝晒。中途停留时应远离火种、热源。公路运输时要按规定路线行驶，勿在居民区和人口稠密区停留。铁路运输时要禁止溜放

第十五部分 法规信息

下列法律、法规、规章和标准，对该化学品的管理作了相应的规定。

中华人民共和国职业病防治法 职业病分类和目录：未列入

危险化学品安全管理条例 危险化学品目录：列入。易制爆危险化学品名录：未列入。重点监管的危险化学品名录：未列入。GB 18218—2009《危险化学品重大危险源辨识》(表 1)：未列入

使用有毒物品作业场所劳动保护条例 高毒物品目录：未列入

易制毒化学品管理条例 易制毒化学品的分类和品种目录：未列入

国际公约 斯德哥尔摩公约：未列入。鹿特丹公约：未列入。蒙特利尔议定书：未列入

第十六部分 其他信息

编写和修订信息 **缩略语和首字母缩写**

培训建议 **参考文献**

免责声明

三氟乙酰苯胺

第一部分 化学品标识

化学品中文名 三氟乙酰苯胺

化学品英文名 trifluoroacetanilide；2,2,2-trifluoro-*N*-phenylacetamide

分子式 $C_8H_6F_3NO$ **相对分子质量** 189.14

结构式 F₃C–C(=O)–NH–C₆H₅

化学品的推荐及限制用途 用作测定氟的标准物及用于有机元素分析

第二部分 危险性概述

紧急情况概述 吞咽有害，皮肤接触有害，吸入有害

GHS 危险性类别 急性毒性-经口，类别 4；急性毒性-经皮，类别 4；急性毒性-吸入，类别 4；皮肤腐蚀/刺激，类别 2；严重眼损伤/眼刺激，类别 2A；特异性靶器官毒性--一次接触，类别 3（呼吸道刺激）

标签要素

象形图 

警示词 警告

危险性说明 吞咽有害，皮肤接触有害，吸入有害，造成皮肤刺激，造成严重眼刺激，可能引起呼吸道刺激

防范说明

预防措施 避免接触眼睛、皮肤，操作后彻底清洗。作业场所不得进食、饮水或吸烟。戴防护手套，穿防护服，戴防护眼镜、防护面罩。避免吸入粉尘。仅在室外或通风良好处操作

事故响应 如吸入：将患者转移到空气新鲜处，休息，保持利于呼吸的体位。皮肤接触：用大量肥皂水和水清洗。如发生皮肤刺激，就医。被污染的衣服须经洗净后方可重新使用。如接触眼睛：用水细心冲洗数分钟。如戴隐形眼镜并可方便地取出，取出隐形眼镜继续冲洗。如果眼睛刺激持续：就医。食入：漱口，如果感觉不适，立即呼叫中毒控制中心或就医

安全储存 -

废弃处置 本品依据国家和地方法规贮存

物理和化学危险 可燃，其粉体与空气混合，能形成爆炸性混合物

健康危害 吸入、食入和经皮吸收对身体有害。对眼和皮肤有刺激性。

环境危害 对环境可能有害

第三部分 成分/组成信息

√物质 混合物

组分	浓度	CAS No.
三氟乙酰苯胺		404-24-0

第四部分 急救措施

吸入 迅速脱离现场至空气新鲜处。保持呼吸道通畅。如呼吸困难，给输氧。如呼吸、心跳停止，立即进行心肺复苏术。就医

皮肤接触 立即脱去污染的衣着，用流动清水彻底冲洗。就医

眼睛接触 立即分开眼睑，用流动清水或生理盐水彻底冲洗。就医

食入 漱口，饮水。就医

对保护施救者的忠告 根据需要使用个人防护设备

对医生的特别提示 对症处理

第五部分 消防措施

灭火剂 用泡沫、二氧化碳、砂土灭火

特别危险性 受热分解产生有毒的烟气。燃烧生成有害的一氧化碳、氮氧化物、氟化物

灭火注意事项及防护措施 消防人员必须佩戴空气呼吸

器、穿全身防火防毒服，在上风向灭火。尽可能将容器从火场移至空旷处。喷水保持火场容器冷却，直至灭火结束

第六部分　泄漏应急处理

作业人员防护措施、防护装备和应急处置程序　隔离泄漏污染区，限制出入。消除所有点火源。建议应急处理人员戴防尘口罩，穿防毒服，戴橡胶手套。穿上适当的防护服前严禁接触破裂的容器和泄漏物。尽可能切断泄漏源。用塑料布覆盖泄漏物，减少飞散。勿使水进入包装容器内

环境保护措施　无资料

泄漏化学品的收容、清除方法及所使用的处置材料　用洁净的铲子收集泄漏物，置于干净、干燥、盖子较松的容器中，将容器移离泄漏区

第七部分　操作处置与储存

操作注意事项　密闭操作，提供充分的局部排风。操作人员必须经过专门培训，严格遵守操作规程。建议操作人员佩戴自吸过滤式防尘口罩，戴化学安全防护眼镜，穿防毒物渗透工作服，戴橡胶手套。远离火种、热源。工作场所严禁吸烟。使用防爆型的通风系统和设备。避免产生粉尘。避免与氧化剂、酸类接触。搬运时要轻装轻卸，防止包装及容器损坏。配备相应品种和数量的消防器材及泄漏应急处理设备。倒空的容器可能残留有害物

储存注意事项　储存于阴凉、通风的库房。远离火种、热源。包装密封。应与氧化剂、酸类、食用化学品分开存放，切忌混储。配备相应品种和数量的消防器材。储区应备有合适的材料收容泄漏物

第八部分　接触控制/个体防护

职业接触限值

中国　未制定标准

美国(ACGIH)　未制定标准

生物接触限值　未制定标准

监测方法　空气中有毒物质测定方法：未制定标准。生物监测检验方法：未制定标准

工程控制　严加密闭，提供充分的局部排风。提供安全的淋浴和洗眼设备

个体防护装备

呼吸系统防护　空气中粉尘浓度超标时，佩戴过滤式防尘呼吸器。紧急事态抢救或撤离时，应该佩戴空气呼吸器

眼睛防护　戴化学安全防护眼镜

皮肤和身体防护　穿防毒物渗透工作服

手防护　戴橡胶手套

第九部分　理化特性

外观与性状　无色结晶

pH值　无意义　　**熔点(℃)**　88～89

沸点(℃)　无资料　　**相对密度(水=1)**　无资料

相对蒸气密度(空气=1)　无资料

饱和蒸气压(kPa)　无资料

燃烧热(kJ/mol)　无资料　　**临界温度(℃)**　无资料

临界压力(MPa)　无资料　　**辛醇/水分配系数**　2.21

闪点(℃)　无意义　　**自燃温度(℃)**　无资料

爆炸下限(%)　无资料　　**爆炸上限(%)**　无资料

分解温度(℃)　无资料

黏度(mPa·s)　无资料

溶解性　不溶于水，溶于苯、热四氯化碳等

第十部分　稳定性和反应性

稳定性　稳定

危险反应　与强氧化剂等禁配物发生反应

避免接触的条件　受热

禁配物　强氧化剂、强酸

危险的分解产物　氟化物

第十一部分　毒理学信息

急性毒性　无资料　　**皮肤刺激或腐蚀**　无资料

眼睛刺激或腐蚀　无资料　　**呼吸或皮肤过敏**　无资料

生殖细胞突变性　无资料　　**致癌性**　无资料

生殖毒性　无资料

特异性靶器官系统毒性-一次接触　无资料

特异性靶器官系统毒性-反复接触　无资料

吸入危害　无资料

第十二部分　生态学信息

生态毒性　无资料

持久性和降解性

生物降解性　无资料

非生物降解性　无资料

潜在的生物累积性

土壤中的迁移性

第十三部分　废弃处置

废弃化学品　建议用焚烧法处置。焚烧炉排出的气体要通过洗涤器除去

污染包装物　将容器返还生产商或按照国家和地方法规处置

废弃注意事项　处置前应参阅国家和地方有关法规

第十四部分　运输信息

联合国危险货物编号(UN号)　-　　**联合国运输名称**　-

联合国危险性类别　-　　**包装类别**　-

包装标志　-　　**海洋污染物**　-

运输注意事项　运输前应先检查包装容器是否完整、密封，运输过程中要确保容器不泄漏、不倒塌、不坠落、不损坏。严禁与酸类、氧化剂、食品及食品添加剂混运。运输途中应防曝晒、雨淋，防高温。运输时运输车辆应配备相应品种和数量的消防器材及泄漏应急处理设备

第十五部分　法规信息

下列法律、法规、规章和标准，对该化学品的管理作

了相应的规定。

中华人民共和国职业病防治法 职业病分类和目录：未列入

危险化学品安全管理条例 危险化学品目录：未列入。易制爆危险化学品名录：未列入。重点监管的危险化学品名录：未列入。GB 18218—2009《危险化学品重大危险源辨识》（表 1）：未列入

使用有毒物品作业场所劳动保护条例 高毒物品目录：未列入

易制毒化学品管理条例 易制毒化学品的分类和品种目录：未列入

国际公约 斯德哥尔摩公约：未列入。鹿特丹公约：未列入。蒙特利尔议定书：未列入

第十六部分 其他信息

编写和修订信息 **缩略语和首字母缩写**
培训建议 **参考文献**
免责声明

三甲胺［无水］

第一部分 化学品标识

化学品中文名 三甲胺［无水］；无水三甲胺

化学品英文名 trimethylamine；TMA；*N*,*N*-dimethylmethanamine

分子式 C_3H_9N **相对分子质量** 59.11

结构式 $N(CH_3)_3$

化学品的推荐及限制用途 用作分析试剂和用于有机合成，也用作消毒剂等

第二部分 危险性概述

紧急情况概述 极易燃气体，内装加压气体：遇热可能爆炸，造成严重眼损伤

GHS 危险性类别 易燃气体，类别 1；加压气体；急性毒性-吸入，类别 4；皮肤腐蚀/刺激，类别 2；严重眼损伤/眼刺激，类别 1；特异性靶器官毒性--一次接触，类别 3（呼吸道刺激）

标签要素

象形图

警示词 危险

危险性说明 极易燃气体，内装加压气体：遇热可能爆炸，吸入有害，造成皮肤刺激，造成严重眼损伤，可能引起呼吸道刺激

防范说明

预防措施 远离热源、火花、明火、热表面。禁止吸烟。避免吸入蒸气。仅在室外或通风良好处操作。避免接触眼睛、皮肤，操作后彻底清洗。戴防护手套、防护眼镜、防护面罩

事故响应 漏气着火：切勿灭火，除非漏气能够安全地制止。如果没有危险，消除一切点火源。如吸入：将患者转移到空气新鲜处，休息，保持利于呼吸的体位，如感觉不适，呼叫中毒控制中心或就医。皮肤接触：用大量肥皂水和水清洗。如发生皮肤刺激，就医。脱去被污染的衣服，污染的衣服须洗净后方可重新使用。接触眼睛：用水细心冲洗数分钟。如戴隐形眼镜并可方便地取出，取出隐形眼镜继续冲洗

安全储存 防日晒。存放在通风良好的地方

废弃处置 -

物理和化学危险 极易燃，与空气混合能形成爆炸性混合物

健康危害 对人体的主要危害是对眼、鼻、咽喉和呼吸道的刺激作用。浓三甲胺水溶液能引起皮肤剧烈的烧灼感和潮红，洗去溶液后皮肤上仍可残留点状出血。长期接触感到眼、鼻、咽喉干燥不适

环境危害 对环境可能有害

第三部分 成分/组成信息

√物质		混合物
组分	**浓度**	**CAS No.**
三甲胺		75-50-3

第四部分 急救措施

吸入 迅速脱离现场至空气新鲜处。保持呼吸道通畅。如呼吸困难，给输氧。如呼吸、心跳停止，立即进行心肺复苏术。就医

皮肤接触 立即脱去污染的衣着，用流动清水彻底冲洗。就医

眼睛接触 立即分开眼睑，用流动清水或生理盐水彻底冲洗至少 15min。就医

对保护施救者的忠告 根据需要使用个人防护设备

对医生的特别提示 对症处理

第五部分 消防措施

灭火剂 用雾状水、抗溶性泡沫、干粉、二氧化碳灭火

特别危险性 受热分解产生有毒的烟气。与氧化剂接触发生猛烈反应。蒸气比空气重，沿地面扩散并易积存于低洼处，遇火源会着火回燃。燃烧生成有害的一氧化碳、氮氧化物

灭火注意事项及防护措施 切断气源。若不能切断气源，则不允许熄灭泄漏处的火焰。消防人员必须佩戴空气呼吸器、穿全身防火防毒服，在上风向灭火。尽可能将容器从火场移至空旷处。喷水保持火场容器冷却，直至灭火结束

第六部分 泄漏应急处理

作业人员防护措施、防护装备和应急处置程序 消除所有点火源。根据气体扩散的影响区域划定警戒区，无关人员从侧风、上风向撤离至安全区。建议应急处理人员戴正压自给式呼吸器，穿防静电、防腐蚀、防毒

服，戴橡胶手套。作业时使用的所有设备应接地。禁止接触或跨越泄漏物。尽可能切断泄漏源。喷雾状水抑制蒸气或改变蒸气云流向，避免水流接触泄漏物。禁止用水直接冲击泄漏物或泄漏源

环境保护措施 无资料

泄漏化学品的收容、清除方法及所使用的处置材料 喷雾状水稀释、溶解，构筑围堤或挖坑收容废水。隔离泄漏区，直至气体散尽

第七部分 操作处置与储存

操作注意事项 密闭操作，加强通风。操作人员必须经过专门培训，严格遵守操作规程。建议操作人员佩戴过滤式防毒面具（半面罩），戴化学安全防护眼镜，穿防静电工作服，戴橡胶手套。远离火种、热源。工作场所严禁吸烟。使用防爆型的通风系统和设备。防止气体泄漏到工作场所空气中。避免与氧化剂、酸类、卤素接触。在传送过程中，钢瓶和容器必须接地和跨接，防止产生静电。搬运时轻装轻卸，防止钢瓶及附件破损。配备相应品种和数量的消防器材及泄漏应急处理设备

储存注意事项 储存于阴凉、通风的易燃气体专用库房。远离火种、热源。库温不宜超过 30℃。保持容器密封。应与氧化剂、酸类、卤素分开存放，切忌混储。采用防爆型照明、通风设施。禁止使用易产生火花的机械设备和工具。储区应备有泄漏应急处理设备

第八部分 接触控制/个体防护

职业接触限值

中国 未制定标准

美国(ACGIH) TLV-TWA：5ppm；TLV-STEL：15ppm

生物接触限值 未制定标准

监测方法 空气中有毒物质测定方法：溶剂解吸-气相色谱法。生物监测检验方法：未制定标准

工程控制 生产过程密闭，加强通风。提供安全的淋浴和洗眼设备

个体防护装备

呼吸系统防护 空气中浓度超标时，佩戴过滤式防毒面具（半面罩）。紧急事态抢救或撤离时，建议佩戴空气呼吸器

眼睛防护 戴化学安全防护眼镜

皮肤和身体防护 穿防静电工作服

手防护 戴橡胶手套

第九部分 理化特性

外观与性状 无色、有鱼油臭的气体

pH 值 无意义 **熔点(℃)** －117.2

沸点(℃) 2.87

相对密度(水＝1) 0.66（－5℃）

相对蒸气密度(空气＝1) 2.04

饱和蒸气压(kPa) 187（20℃）

燃烧热(kJ/mol) －2443.1 **临界温度(℃)** 161

临界压力(MPa) 4.15 **辛醇/水分配系数** 0.16

闪点(℃) 3.33；－12.2（CC）

自燃温度(℃) 190

爆炸下限(%) 2.0 **爆炸上限(%)** 11.6

分解温度(℃) 无资料

黏度(mPa·s) 0.516（－73℃）

溶解性 溶于水、乙醇、乙醚、苯、甲苯、二甲苯、氯仿等

第十部分 稳定性和反应性

稳定性 稳定

危险反应 与强氧化剂等禁配物接触，有发生火灾和爆炸的危险

避免接触的条件 受热

禁配物 强氧化剂、强酸、卤素

危险的分解产物 无资料

第十一部分 毒理学信息

急性毒性

LD_{50} 5000mg/kg（大鼠经口）；90mg/kg（小鼠静脉）

LC_{50} 2000ppm（大鼠吸入，1h）；19000mg/m^3（小鼠吸入）

LCLo 3500ppm（大鼠吸入，4h）

皮肤刺激或腐蚀 无资料 **眼睛刺激或腐蚀** 无资料

呼吸或皮肤过敏 无资料 **生殖细胞突变性** 无资料

致癌性 无资料 **生殖毒性** 无资料

特异性靶器官系统毒性-一次接触 无资料

特异性靶器官系统毒性-反复接触 无资料

吸入危害 无资料

第十二部分 生态学信息

生态毒性 无资料

持久性和降解性

生物降解性 MITI-Ⅰ测试，初始浓度 100ppm，污泥浓度 30ppm，2 周后降解 66％～92％

非生物降解性 空气中，当羟基自由基浓度为5.00×10^{5}个/cm^{3}时，降解半衰期为 9h（理论）

潜在的生物累积性 根据 K_{ow}值预测，该物质的生物累积性可能较弱

土壤中的迁移性 根据 K_{oc}值预测，该物质可能易发生迁移

第十三部分 废弃处置

废弃化学品 建议用焚烧法处置。焚烧炉排出的氮氧化物通过洗涤器除去

污染包装物 将容器返还生产商或按照国家和地方法规处置

废弃注意事项 处置前应参阅国家和地方有关法规。把空容器归还厂商

第十四部分 运输信息

联合国危险货物编号（UN 号） 1083

联合国运输名称 无水三甲胺

联合国危险性类别 2.1 **包装类别** -

包装标志  **海洋污染物** 否

运输注意事项 本品铁路运输时限使用耐压液化气企业自备罐车装运，装运前需报有关部门批准。采用钢瓶运输时必须戴好钢瓶上的安全帽。钢瓶一般平放，并应将瓶口朝同一方向，不可交叉；高度不得超过车辆的防护栏板，并用三角木垫卡牢，防止滚动。运输时运输车辆应配备相应品种和数量的消防器材。装运该物品的车辆排气管必须配备阻火装置，禁止使用易产生火花的机械设备和工具装卸。严禁与氧化剂、酸类、卤素、食用化学品等混装混运。夏季应早晚运输，防止日光曝晒。中途停留时应远离火种、热源。公路运输时要按规定路线行驶，禁止在居民区和人口稠密区停留。铁路运输时要禁止溜放

第十五部分 法规信息

下列法律、法规、规章和标准，对该化学品的管理作了相应的规定。

中华人民共和国职业病防治法 职业病分类和目录：未列入

危险化学品安全管理条例 危险化学品目录：列入。易制爆危险化学品名录：未列入。重点监管的危险化学品名录：未列入。GB 18218—2009《危险化学品重大危险源辨识》(表 1)：未列入

使用有毒物品作业场所劳动保护条例 高毒物品目录：未列入

易制毒化学品管理条例 易制毒化学品的分类和品种目录：未列入

国际公约 斯德哥尔摩公约：未列入。鹿特丹公约：未列入。蒙特利尔议定书：未列入

第十六部分 其他信息

编写和修订信息 **缩略语和首字母缩写**

培训建议 **参考文献**

免责声明

1,2,4-三甲苯

第一部分 化学品标识

化学品中文名 1,2,4-三甲苯；假枯烯

化学品英文名 1,2,4-trimethylbenzene；pseudocumene

分子式 C_9H_{12} **相对分子质量** 120.21

结构式 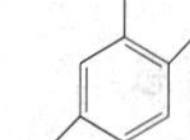

化学品的推荐及限制用途 用于有机合成和制药工业，也用作分析试剂

第二部分 危险性概述

紧急情况概述 易燃液体和蒸气

GHS 危险性类别 易燃液体，类别 3；急性毒性-吸入，类别 4；皮肤腐蚀/刺激，类别 2；严重眼损伤/眼刺激，类别 2；特异性靶器官毒性-一次接触，类别 3（呼吸道刺激）；危害水生环境-急性危害，类别 2；危害水生环境-长期危害，类别 2

标签要素

象形图 

警示词 警告

危险性说明 易燃液体和蒸气，吸入有害，造成皮肤刺激，造成严重眼刺激，可能引起呼吸道刺激，对水生生物有害并具有长期持续影响

防范说明

预防措施 远离热源、火花、明火、热表面。禁止吸烟。保持容器密闭。容器和接收设备接地连接。使用防爆电器、通风、照明设备。只能使用不产生火花的工具。采取防止静电措施。戴防护手套、防护眼镜、防护面罩。避免吸入蒸气、雾。仅在室外或通风良好处操作。避免接触眼睛、皮肤，操作后彻底清洗。禁止排入环境

事故响应 火灾时，使用泡沫、二氧化碳、干粉、砂土灭火。如吸入：将患者转移到空气新鲜处，休息，保持利于呼吸的体位。如感觉不适，呼叫中毒控制中心或就医。如皮肤（或头发）接触：立即脱掉所有被污染的衣服，用大量肥皂水和水清洗。如发生皮肤刺激，就医。被污染的衣服须经洗净后方可重新使用。如接触眼睛：用水细心冲洗数分钟。如戴隐形眼镜并可方便地取出，取出隐形眼镜继续冲洗。如果眼睛刺激持续：就医

安全储存 存放在通风良好的地方。保持低温

废弃处置 本品及内装物、容器依据国家和地方法规处置

物理和化学危险 易燃，其蒸气与空气混合，能形成爆炸性混合物

健康危害 对眼、皮肤和呼吸道有刺激性。对中枢神经系统有抑制作用。液态本品吸入呼吸道可引起吸入性肺炎

环境危害 对水生生物有害并具有长期持续影响

第三部分 成分/组成信息

√物质 混合物

组分	浓度	CAS No.
1,2,4-三甲苯		95-63-6

第四部分 急救措施

吸入 迅速脱离现场至空气新鲜处。保持呼吸道通畅。如呼吸困难，给输氧。如呼吸、心跳停止，立即进行心肺复苏术。就医

皮肤接触 立即脱去污染的衣着，用流动清水彻底冲洗。就医

眼睛接触 立即分开眼睑，用流动清水或生理盐水彻底冲洗。就医

食入 漱口，饮水。禁止催吐。就医

对保护施救者的忠告 根据需要使用个人防护设备

对医生的特别提示 对症处理

第五部分 消防措施

灭火剂 用泡沫、二氧化碳、干粉、砂土灭火

特别危险性 流速过快，容易产生和积聚静电。蒸气比空气重，沿地面扩散并易积存于低洼处，遇火源会着火回燃。燃烧生成有害的一氧化碳

灭火注意事项及防护措施 消防人员必须佩戴空气呼吸器、穿全身防火防毒服，在上风向灭火。喷水冷却容器，尽可能将容器从火场移至空旷处。容器突然发出异常声音或出现异常现象，应立即撤离

第六部分 泄漏应急处理

作业人员防护措施、防护装备和应急处置程序 消除所有点火源。根据液体流动和蒸气扩散的影响区域划定警戒区，无关人员从侧风、上风向撤离至安全区。建议应急处理人员戴正压自给式呼吸器，穿防静电服。作业时使用的所有设备应接地。禁止接触或跨越泄漏物。尽可能切断泄漏源

环境保护措施 防止泄漏物进入水体、下水道、地下室或有限空间

泄漏化学品的收容、清除方法及所使用的处置材料 小量泄漏：用砂土或其他不燃材料吸收，使用洁净的无火花工具收集吸收材料。大量泄漏：构筑围堤或挖坑收容。用泡沫覆盖，减少蒸发。喷水雾能减少蒸发，但不能降低泄漏物在有限空间内的易燃性。用防爆泵转移至槽车或专用收集器内

第七部分 操作处置与储存

操作注意事项 密闭操作，加强通风。操作人员必须经过专门培训，严格遵守操作规程。建议操作人员佩戴过滤式防毒面具（半面罩），戴化学安全防护眼镜，穿防毒物渗透工作服，戴橡胶耐油手套。远离火种、热源。工作场所严禁吸烟。使用防爆型的通风系统和设备。防止蒸气泄漏到工作场所空气中。避免与氧化剂接触。灌装时应控制流速，且有接地装置，防止静电积聚。搬运时要轻装轻卸，防止包装及容器损坏。配备相应品种和数量的消防器材及泄漏应急处理设备。倒空的容器可能残留有害物

储存注意事项 储存于阴凉、通风的库房。库温不宜超过37℃，远离火种、热源。保持容器密封。应与氧化剂分开存放，切忌混储。采用防爆型照明、通风设施。禁止使用易产生火花的机械设备和工具。储区应备有泄漏应急处理设备和合适的收容材料

第八部分 接触控制/个体防护

职业接触限值

中国 未制定标准

美国(ACGIH) TLV-TWA：25ppm

生物接触限值 未制定标准

监测方法 空气中有毒物质测定方法：未制定标准。生物监测检验方法：未制定标准

工程控制 生产过程密闭，加强通风

个体防护装备

呼吸系统防护 空气中浓度超标时，佩戴过滤式防毒面具（半面罩）

眼睛防护 戴化学安全防护眼镜

皮肤和身体防护 穿防毒物渗透工作服

手防护 戴橡胶耐油手套

第九部分 理化特性

外观与性状 无色液体，有芳香味

pH值 无资料　**熔点(℃)** −43.8

沸点(℃) 168.9　**相对密度(水=1)** 0.88

相对蒸气密度(空气=1) 4.1

饱和蒸气压(kPa) 1.33（51.6℃）

燃烧热(kJ/mol) −5190.3　**临界温度(℃)** 376.13

临界压力(MPa) 3.23　**辛醇/水分配系数** 3.8

闪点(℃) 44（CC）　**自燃温度(℃)** 500

爆炸下限(%) 0.9　**爆炸上限(%)** 6.4

分解温度(℃) 无资料

黏度(mPa·s) 无资料

溶解性 不溶于水，可混溶于丙酮、石油醚，溶于乙醇、乙醚、苯等多数有机溶剂

第十部分 稳定性和反应性

稳定性 稳定

危险反应 与强氧化剂等禁配物接触，有发生火灾和爆炸的危险

避免接触的条件 无资料

禁配物 强氧化剂、酸类、卤素等

危险的分解产物 无资料

第十一部分 毒理学信息

急性毒性 LC_{50}：18000mg/m³（大鼠吸入，4h）

皮肤刺激或腐蚀 无资料　**眼睛刺激或腐蚀** 无资料

呼吸或皮肤过敏 无资料　**生殖细胞突变性** 无资料

致癌性 无资料　**生殖毒性** 无资料

特异性靶器官系统毒性-一次接触 无资料

特异性靶器官系统毒性-反复接触 家兔皮下注射2～3g/(kg·d)，引起局部渗出及坏死；3周后出现红细胞减少，并有暂时性白细胞减少或增多

吸入危害 无资料

第十二部分 生态学信息

生态毒性 LC_{50}：7.72mg/L（96h）（黑头呆鱼，动态）；18mg/L（48h）（青鳉）

持久性和降解性

生物降解性 不易快速生物降解

非生物降解性 水中光氧化半衰期（h）：1056～43000 空气中光氧化半衰期（h）：1.6～16

潜在的生物累积性 BCF：33～275（鲤鱼，接触浓度

0.2ppm，接触时间 8 周），31～207（鲤鱼，接触浓度 0.02ppm，接触时间 8 周）；根据 K_{ow} 值预测，该物质可能有一定的生物累积性

土壤中的迁移性 根据 K_{oc} 值预测，该物质可能有一定的迁移性

第十三部分 废弃处置

废弃化学品 建议用焚烧法处置

污染包装物 将容器返还生产商或按照国家和地方法规处置

废弃注意事项 处置前应参阅国家和地方有关法规

第十四部分 运输信息

联合国危险货物编号（UN 号） 3295

联合国运输名称 液态烃类，未另作规定的（1,2,4-三甲苯）

联合国危险性类别 3 **包装类别** Ⅲ类包装

包装标志  **海洋污染物** 是

运输注意事项 运输时运输车辆应配备相应品种和数量的消防器材及泄漏应急处理设备。夏季最好早晚运输。运输时所用的槽（罐）车应有接地链，槽内可设孔隔板以减少震荡产生的静电。严禁与氧化剂、食用化学品等混装混运。运输途中应防曝晒、雨淋，防高温。中途停留时应远离火种、热源、高温区。装运该物品的车辆排气管必须配备阻火装置，禁止使用易产生火花的机械设备和工具装卸。公路运输时要按规定路线行驶，勿在居民区和人口稠密区停留。铁路运输时要禁止溜放。严禁用木船、水泥船散装运输

第十五部分 法规信息

下列法律、法规、规章和标准，对该化学品的管理作了相应的规定。

中华人民共和国职业病防治法 职业病分类和目录：未列入

危险化学品安全管理条例 危险化学品目录：列入。易制爆危险化学品名录：未列入。重点监管的危险化学品名录：未列入。GB 18218—2009《危险化学品重大危险源辨识》（表 1）：未列入

使用有毒物品作业场所劳动保护条例 高毒物品目录：未列入

易制毒化学品管理条例 易制毒化学品的分类和品种目录：未列入

国际公约 斯德哥尔摩公约：未列入。鹿特丹公约：未列入。蒙特利尔议定书：未列入

第十六部分 其他信息

编写和修订信息 **缩略语和首字母缩写**

培训建议 **参考文献**

免责声明

1,2,3-三甲苯

第一部分 化学品标识

化学品中文名 1,2,3-三甲苯；连三甲基苯；连三甲苯

化学品英文名 1,2,3-trimethylbenzene；hemimellitene

分子式 C_9H_{12} **相对分子质量** 120.21

结构式 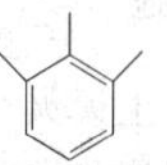

化学品的推荐及限制用途 主要用作分析试剂

第二部分 危险性概述

紧急情况概述 易燃液体和蒸气

GHS 危险性类别 易燃液体，类别 3；特异性靶器官毒性-一次接触，类别 3（呼吸道刺激）；危害水生环境-急性危害，类别 2；危害水生环境-长期危害，类别 2

标签要素

象形图 

警示词 警告

危险性说明 易燃液体和蒸气，可能引起呼吸道刺激，对水生生物有毒并具有长期持续影响

防范说明

预防措施 远离热源、火花、明火、热表面。禁止吸烟。保持容器密闭。容器和接收设备接地连接。使用防爆电器、通风、照明设备。只能使用不产生火花的工具。采取防止静电措施。戴防护手套、防护眼镜、防护面罩。禁止排入环境

事故响应 火灾时，使用泡沫、二氧化碳、干粉、砂土灭火。如皮肤（或头发）接触：立即脱掉所有被污染的衣服，用水冲洗皮肤，淋浴。收集泄漏物

安全储存 存放在通风良好的地方。保持低温

废弃处置 本品及内装物、容器依据国家和地方法规处置

物理和化学危险 易燃，其蒸气与空气混合，能形成爆炸性混合物

健康危害 对眼、皮肤和呼吸道有刺激性。对中枢神经系统有抑制作用。液态本品吸入呼吸道可引起吸入性肺炎

环境危害 对水生生物有毒并具有长期持续影响

第三部分 成分/组成信息

√物质 混合物

组分	浓度	CAS No.
1,2,3-三甲苯		526-73-8

第四部分 急救措施

吸入 迅速脱离现场至空气新鲜处。保持呼吸道通畅。如呼吸困难，给输氧。如呼吸、心跳停止，立即进行心肺复苏术。就医

皮肤接触 立即脱去污染的衣着，用流动清水彻底冲洗。

就医

眼睛接触 立即分开眼睑，用流动清水或生理盐水彻底冲洗。就医

食入 漱口，饮水。禁止催吐。就医

对保护施救者的忠告 根据需要使用个人防护设备

对医生的特别提示 对症处理

第五部分 消防措施

灭火剂 用泡沫、二氧化碳、干粉、砂土灭火

特别危险性 流速过快，容易产生和积聚静电。蒸气比空气重，沿地面扩散并易积存于低洼处，遇火源会着火回燃。燃烧生成有害的一氧化碳

灭火注意事项及防护措施 消防人员必须佩戴空气呼吸器、穿全身防火防毒服，在上风向灭火。喷水冷却容器，尽可能将容器从火场移至空旷处。容器突然发出异常声音或出现异常现象，应立即撤离

第六部分 泄漏应急处理

作业人员防护措施、防护装备和应急处置程序 消除所有点火源。根据液体流动和蒸气扩散的影响区域划定警戒区，无关人员从侧风、上风向撤离至安全区。建议应急处理人员戴正压自给式呼吸器，穿防静电服。作业时使用的所有设备应接地。禁止接触或跨越泄漏物。尽可能切断泄漏源

环境保护措施 防止泄漏物进入水体、下水道、地下室或有限空间

泄漏化学品的收容、清除方法及所使用的处置材料 小量泄漏：用砂土或其他不燃材料吸收，使用洁净的无火花工具收集吸收材料。大量泄漏：构筑围堤或挖坑收容。用泡沫覆盖，减少蒸发。喷水雾能减少蒸发，但不能降低泄漏物在有限空间内的易燃性。用防爆泵转移至槽车或专用收集器内

第七部分 操作处置与储存

操作注意事项 密闭操作，加强通风。操作人员必须经过专门培训，严格遵守操作规程。建议操作人员佩戴过滤式防毒面具（半面罩），戴化学安全防护眼镜，穿防毒物渗透工作服，戴橡胶耐油手套。远离火种、热源。工作场所严禁吸烟。使用防爆型的通风系统和设备。防止蒸气泄漏到工作场所空气中。避免与氧化剂接触。灌装时应控制流速，且有接地装置，防止静电积聚。搬运时要轻装轻卸，防止包装及容器损坏。配备相应品种和数量的消防器材及泄漏应急处理设备。倒空的容器可能残留有害物

储存注意事项 储存于阴凉、通风的库房。库温不宜超过37℃，远离火种、热源。保持容器密封。应与氧化剂分开存放，切忌混储。采用防爆型照明、通风设施。禁止使用易产生火花的机械设备和工具。储区应备有泄漏应急处理设备和合适的收容材料

第八部分 接触控制/个体防护

职业接触限值

中国 未制定标准

美国(ACGIH) 未制定标准

生物接触限值 未制定标准

监测方法 空气中有毒物质测定方法：未制定标准。生物监测检验方法：未制定标准

工程控制 生产过程密闭，加强通风

个体防护装备

呼吸系统防护 空气中浓度超标时，佩戴过滤式防毒面具（半面罩）

眼睛防护 戴化学安全防护眼镜

皮肤和身体防护 穿防毒物渗透工作服

手防护 戴橡胶耐油手套

第九部分 理化特性

外观与性状 无色液体，有芳香味

pH值 无资料 **熔点(℃)** －25.4

沸点(℃) 176.1 **相对密度(水＝1)** 0.89

相对蒸气密度(空气＝1) 4.15

饱和蒸气压(kPa) 0.18（20℃）

燃烧热(kJ/mol) 无资料 **临界温度(℃)** 395

临界压力(MPa) 3.45 **辛醇/水分配系数** 3.7

闪点(℃) 44（CC） **自燃温度(℃)** 470

爆炸下限(%) 0.8 **爆炸上限(%)** 6.6

分解温度(℃) 无资料

黏度(mPa·s) 无资料

溶解性 不溶于水，可混溶于乙醇、乙醚、苯、酮、四氯化碳、石油醚等

第十部分 稳定性和反应性

稳定性 稳定

危险反应 与强氧化剂等禁配物接触，有发生火灾和爆炸的危险

避免接触的条件 无资料

禁配物 强氧化剂、酸类、卤素等

危险的分解产物 无资料

第十一部分 毒理学信息

急性毒性 LDLo：10ml（8900mg）/kg（大鼠经口）

皮肤刺激或腐蚀 无资料 **眼睛刺激或腐蚀** 无资料

呼吸或皮肤过敏 无资料 **生殖细胞突变性** 无资料

致癌性 无资料 **生殖毒性** 无资料

特异性靶器官系统毒性-一次接触 无资料

特异性靶器官系统毒性-反复接触 亚慢性接触可引起暂时性白细胞降低或升高

吸入危害 无资料

第十二部分 生态学信息

生态毒性 LC_{50}：7mg/L（48h）（青鳉）

持久性和降解性

生物降解性 无资料

非生物降解性 无资料

潜在的生物累积性 BCF：133～217（鲤鱼，接触浓度

150ppb，接触时间 8 周)，136～259（鲤鱼，接触浓度 15ppb，接触时间 8 周)；根据 K_{ow} 值预测，该物质可能有一定的生物累积性

土壤中的迁移性　根据 K_{oc} 值预测，该物质可能有一定的迁移性

第十三部分　废弃处置

废弃化学品　建议用焚烧法处置

污染包装物　将容器返还生产商或按照国家和地方法规处置

废弃注意事项　处置前应参阅国家和地方有关法规

第十四部分　运输信息

联合国危险货物编号（UN 号）　3295

联合国运输名称　液态烃类，未另作规定的（1,2,3-三甲基苯）

联合国危险性类别　3　　**包装类别**　Ⅲ类包装

包装标志  **海洋污染物**　是

运输注意事项　运输时运输车辆应配备相应品种和数量的消防器材及泄漏应急处理设备。夏季最好早晚运输。运输时所用的槽（罐）车应有接地链，槽内可设孔隔板以减少震荡产生的静电。严禁与氧化剂、食用化学品等混装混运。运输途中应防曝晒、雨淋，防高温。中途停留时应远离火种、热源、高温区。装运该物品的车辆排气管必须配备阻火装置，禁止使用易产生火花的机械设备和工具装卸。公路运输时要按规定路线行驶，勿在居民区和人口稠密区停留。铁路运输时要禁止溜放。严禁用木船、水泥船散装运输

第十五部分　法规信息

下列法律、法规、规章和标准，对该化学品的管理作了相应的规定。

中华人民共和国职业病防治法　职业病分类和目录：未列入

危险化学品安全管理条例　危险化学品目录：列入。易制爆危险化学品名录：未列入。重点监管的危险化学品名录：未列入。GB 18218—2009《危险化学品重大危险源辨识》(表 1)：未列入

使用有毒物品作业场所劳动保护条例　高毒物品目录：未列入

易制毒化学品管理条例　易制毒化学品的分类和品种目录：未列入

国际公约　斯德哥尔摩公约：未列入。鹿特丹公约：未列入。蒙特利尔议定书：未列入

第十六部分　其他信息

编写和修订信息　　**缩略语和首字母缩写**

培训建议　　**参考文献**

免责声明

2,2,5-三甲基己烷

第一部分　化学品标识

化学品中文名　2,2,5-三甲基己烷

化学品英文名　2,2,5-trimethylhexane

分子式　C_9H_{20}　　**相对分子质量**　128.29

结构式 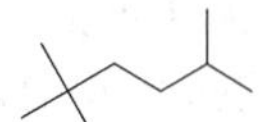

化学品的推荐及限制用途　作为发动机燃料，也用于有机合成

第二部分　危险性概述

紧急情况概述　高度易燃液体和蒸气

GHS 危险性类别　易燃液体，类别 2；危害水生环境-急性危害，类别 1；危害水生环境-长期危害，类别 1

标签要素

象形图 

警示词　危险

危险性说明　高度易燃液体和蒸气，对水生生物毒性非常大并具有长期持续影响

防范说明

预防措施　远离热源、火花、明火、热表面。禁止吸烟。保持容器密闭。容器和接收设备接地连接。使用防爆电器、通风、照明设备。只能使用不产生火花的工具。采取防止静电措施。戴防护手套、防护眼镜、防护面罩。禁止排入环境

事故响应　火灾时，使用泡沫、二氧化碳、干粉、砂土灭火。如皮肤（或头发）接触：立即脱掉所有被污染的衣服，用水冲洗皮肤，淋浴。收集泄漏物

安全储存　存放在通风良好的地方。保持低温

废弃处置　本品及内装物、容器依据国家和地方法规处置

物理和化学危险　高度易燃，其蒸气与空气混合，能形成爆炸性混合物

健康危害　可能具有刺激性和麻醉作用

环境危害　对水生生物毒性非常大并具有长期持续影响

第三部分　成分/组成信息

√物质　　混合物

组分	浓度	CAS No.
2,2,5-三甲基己烷		3522-94-9

第四部分　急救措施

吸入　迅速脱离现场至空气新鲜处。保持呼吸道通畅。如呼吸困难，给输氧。如呼吸、心跳停止，立即进行心肺复苏术。就医

皮肤接触　立即脱去污染的衣着，用流动清水彻底冲洗。就医

眼睛接触　立即分开眼睑，用流动清水或生理盐水彻底冲洗。就医

食入　漱口，饮水。就医

对保护施救者的忠告　根据需要使用个人防护设备

对医生的特别提示　对症处理

第五部分　消防措施

灭火剂　用泡沫、二氧化碳、干粉、砂土灭火

特别危险性　与氧化剂能发生强烈反应，引起燃烧或爆炸。在火场中，受热的容器有爆炸危险。蒸气比空气重，沿地面扩散并易积存于低洼处，遇火源会着火回燃。燃烧生成有害的一氧化碳

灭火注意事项及防护措施　消防人员必须佩戴空气呼吸器、穿全身防火防毒服，在上风向灭火。喷水冷却容器，尽可能将容器从火场移至空旷处。容器突然发出异常声音或出现异常现象，应立即撤离

第六部分　泄漏应急处理

作业人员防护措施、防护装备和应急处置程序　消除所有点火源。根据液体流动和蒸气扩散的影响区域划定警戒区，无关人员从侧风、上风向撤离至安全区。建议应急处理人员戴正压自给式呼吸器，穿防静电服。作业时使用的所有设备应接地。禁止接触或跨越泄漏物。尽可能切断泄漏源

环境保护措施　防止泄漏物进入水体、下水道、地下室或有限空间

泄漏化学品的收容、清除方法及所使用的处置材料　小量泄漏：用砂土或其他不燃材料吸收，使用洁净的无火花工具收集吸收材料。大量泄漏：构筑围堤或挖坑收容。用泡沫覆盖，减少蒸发。喷水雾能减少蒸发，但不能降低泄漏物在有限空间内的易燃性。用防爆泵转移至槽车或专用收集器内

第七部分　操作处置与储存

操作注意事项　密闭操作，全面通风。操作人员必须经过专门培训，严格遵守操作规程。建议操作人员佩戴过滤式防毒面具（半面罩），戴化学安全防护眼镜，穿防静电工作服，戴橡胶耐油手套。远离火种、热源。工作场所严禁吸烟。使用防爆型的通风系统和设备。防止蒸气泄漏到工作场所空气中。避免与氧化剂接触。灌装时应控制流速，且有接地装置，防止静电积聚。搬运时要轻装轻卸，防止包装及容器损坏。配备相应品种和数量的消防器材及泄漏应急处理设备。倒空的容器可能残留有害物

储存注意事项　储存于阴凉、通风的库房。远离火种、热源。库温不宜超过37℃，保持容器密封。应与氧化剂分开存放，切忌混储。采用防爆型照明、通风设施。禁止使用易产生火花的机械设备和工具。储区应备有泄漏应急处理设备和合适的收容材料

第八部分　接触控制/个体防护

职业接触限值

中国　未制定标准

美国(ACGIH)　未制定标准

生物接触限值　未制定标准

监测方法　空气中有毒物质测定方法：未制定标准。生物监测检验方法：未制定标准

工程控制　生产过程密闭，全面通风

个体防护装备

呼吸系统防护　一般不需要特殊防护，高浓度接触时可佩戴过滤式防毒面具（半面罩）

眼睛防护　戴化学安全防护眼镜

皮肤和身体防护　穿防静电工作服

手防护　戴橡胶耐油手套

第九部分　理化特性

外观与性状　无色液体

pH值　无资料　　**熔点(℃)**　−106

沸点(℃)　124　　**相对密度(水=1)**　0.71

相对蒸气密度(空气=1)　4.4

饱和蒸气压(kPa)　1.72 (21℃)

燃烧热(kJ/mol)　无资料　　**临界温度(℃)**　无资料

临界压力(MPa)　2.37　　**辛醇/水分配系数**　4.58

闪点(℃)　12.8　　**自燃温度(℃)**　350

爆炸下限(%)　无资料　　**爆炸上限(%)**　无资料

分解温度(℃)　无资料

黏度(mPa·s)　无资料

溶解性　不溶于水，易溶于乙醇

第十部分　稳定性和反应性

稳定性　稳定

危险反应　与强氧化剂等禁配物接触，有发生火灾和爆炸的危险

避免接触的条件　无资料

禁配物　强氧化剂、强酸、强碱、卤素

危险的分解产物　无资料

第十一部分　毒理学信息

急性毒性　无资料　　**皮肤刺激或腐蚀**　无资料

眼睛刺激或腐蚀　无资料　　**呼吸或皮肤过敏**　无资料

生殖细胞突变性　无资料　　**致癌性**　无资料

生殖毒性　无资料

特异性靶器官系统毒性-一次接触　无资料

特异性靶器官系统毒性-反复接触　无资料

吸入危害　无资料

第十二部分　生态学信息

生态毒性　根据结构类似物质预测，该物质对水生生物有极高毒性

持久性和降解性

生物降解性　无资料

非生物降解性　无资料

潜在的生物累积性　根据K_{ow}值预测，该物质可能有较高的生物累积性

土壤中的迁移性　根据K_{oc}值预测，该物质的迁移性可能较弱

第十三部分 废弃处置

废弃化学品 建议用焚烧法处置

污染包装物 将容器返还生产商或按照国家和地方法规处置

废弃注意事项 处置前应参阅国家和地方有关法规

第十四部分 运输信息

联合国危险货物编号（UN号） 1262

联合国运输名称 壬烷

联合国危险性类别 3 **包装类别** Ⅱ类包装

包装标志  **海洋污染物** 是

运输注意事项 运输时运输车辆应配备相应品种和数量的消防器材及泄漏应急处理设备。夏季最好早晚运输。运输时所用的槽（罐）车应有接地链，槽内可设孔隔板以减少震荡产生的静电。严禁与氧化剂、食用化学品等混装混运。运输途中应防曝晒、雨淋，防高温。中途停留时应远离火种、热源、高温区。装运该物品的车辆排气管必须配备阻火装置，禁止使用易产生火花的机械设备和工具装卸。公路运输时要按规定路线行驶，勿在居民区和人口稠密区停留。铁路运输时要禁止溜放。严禁用木船、水泥船散装运输

第十五部分 法规信息

下列法律、法规、规章和标准，对该化学品的管理作了相应的规定。

中华人民共和国职业病防治法 职业病分类和目录：未列入

危险化学品安全管理条例 危险化学品目录：列入。易制爆危险化学品名录：未列入。重点监管的危险化学品名录：未列入。GB 18218—2009《危险化学品重大危险源辨识》（表1）：未列入

使用有毒物品作业场所劳动保护条例 高毒物品目录：未列入

易制毒化学品管理条例 易制毒化学品的分类和品种目录：未列入

国际公约 斯德哥尔摩公约：未列入。鹿特丹公约：未列入。蒙特利尔议定书：未列入

第十六部分 其他信息

编写和修订信息 **缩略语和首字母缩写**

培训建议 **参考文献**

免责声明

三甲基氯硅烷

第一部分 化学品标识

化学品中文名 三甲基氯硅烷；氯化三甲基硅烷

化学品英文名 trimethylchlorosilane；trimethylsilyl chloride

分子式 C_3H_9ClSi **相对分子质量** 108.66

结构式
```
  |
—Si—Cl
  |
```

化学品的推荐及限制用途 用作硅酮油制造的中间体、憎水剂、分析用试剂

第二部分 危险性概述

紧急情况概述 高度易燃液体和蒸气，吞咽会中毒，吸入会中毒，造成严重的皮肤灼伤和眼损伤

GHS危险性类别 易燃液体，类别2；急性毒性-经口，类别3；急性毒性-经皮，类别4；急性毒性-吸入，类别3；皮肤腐蚀/刺激，类别1；严重眼损伤/眼刺激，类别1；特异性靶器官毒性-一次接触，类别2

标签要素

象形图

警示词 危险

危险性说明 高度易燃液体和蒸气，吞咽会中毒，皮肤接触有害，吸入会中毒，造成严重的皮肤灼伤和眼损伤，可能对器官造成损害

防范说明

预防措施 远离热源、火花、明火、热表面。禁止吸烟。保持容器密闭。容器和接收设备接地连接。使用防爆电器、通风、照明设备。只能使用不产生火花的工具。采取防止静电措施。戴防护手套、防护眼镜、防护面罩，穿防护服。避免接触眼睛、皮肤，操作后彻底清洗。作业场所不得进食、饮水或吸烟。避免吸入蒸气、雾。仅在室外或通风良好处操作

事故响应 火灾时，使用二氧化碳、干粉、干砂灭火。如吸入：将患者转移到空气新鲜处，休息，保持利于呼吸的体位。皮肤接触：用大量肥皂水和水清洗。立即脱掉所有被污染的衣服。如感觉不适，呼叫中毒控制中心或就医。被污染的衣服须经洗净后方可重新使用。接触眼睛：用水细心冲洗数分钟。如戴隐形眼镜并可方便地取出，取出隐形眼镜继续冲洗。食入：漱口，不要催吐，立即呼叫中毒控制中心或就医

安全储存 存放在通风良好的地方。保持低温。上锁保管

废弃处置 本品及内装物、容器依据国家和地方法规处置

物理和化学危险 高度易燃，其蒸气与空气混合，能形成爆炸性混合物。遇水产生刺激性气体

健康危害 有强烈刺激性，吸入后可因喉、支气管的痉挛、水肿、炎症，化学性肺炎、肺水肿而致死。眼和皮肤接触其液体可致灼伤。接触工人往往有眼痛、流泪、咳嗽、头痛、易激动、皮肤发痒等

环境危害 对环境可能有害

第三部分 成分/组成信息

√物质		混合物
组分	**浓度**	**CAS No.**
三甲基氯硅烷		75-77-4

第四部分 急救措施

吸入 迅速脱离现场至空气新鲜处。保持呼吸道通畅。如呼吸困难，给输氧。如呼吸、心跳停止，立即进行心肺复苏术。就医

皮肤接触 立即脱去污染的衣着，用大量流动清水彻底冲洗至少15min。就医

眼睛接触 立即分开眼睑，用流动清水或生理盐水彻底冲洗至少15min。就医

食入 用水漱口，禁止催吐。给饮牛奶或蛋清。就医

对保护施救者的忠告 根据需要使用个人防护设备

对医生的特别提示 对症处理

第五部分 消防措施

灭火剂 用二氧化碳、干粉、干砂灭火

特别危险性 受热或遇水分解放热，放出有毒的腐蚀性烟气。具有腐蚀性。燃烧生成有害的一氧化碳、氧化硅、氯化氢

灭火注意事项及防护措施 消防人员必须佩戴空气呼吸器、穿全身防火防毒服，在上风向灭火。尽可能将容器从火场移至空旷处。容器突然发出异常声音或出现异常现象，应立即撤离。禁止用水、泡沫、酸碱灭火剂灭火

第六部分 泄漏应急处理

作业人员防护措施、防护装备和应急处置程序 消除所有点火源。根据液体流动和蒸气扩散的影响区域划定警戒区，无关人员从侧风、上风向撤离至安全区。建议应急处理人员戴正压自给式呼吸器，穿防静电、防腐蚀、防毒服，戴橡胶耐油手套。作业时使用的所有设备应接地。穿上适当的防护服前严禁接触破裂的容器和泄漏物。尽可能切断泄漏源

环境保护措施 防止泄漏物进入水体、下水道、地下室或有限空间

泄漏化学品的收容、清除方法及所使用的处置材料 严禁用水处理。小量泄漏：用干燥的砂土或其他不燃材料覆盖泄漏物。大量泄漏：构筑围堤或挖坑收容。用碎石灰石（$CaCO_3$）、苏打灰（Na_2CO_3）或石灰（CaO）中和。用防爆、耐腐蚀泵转移至槽车或专用收集器内

第七部分 操作处置与储存

操作注意事项 密闭操作，局部排风。操作人员必须经过专门培训，严格遵守操作规程。建议操作人员佩戴自吸过滤式防毒面具（全面罩），戴化学安全防护眼镜，穿防毒物渗透工作服，戴橡胶耐油手套。远离火种、热源。工作场所严禁吸烟。使用防爆型的通风系统和设备。避免产生烟雾。防止烟雾和蒸气释放到工作场所空气中。避免与酸类、碱类接触。尤其要注意避免与水接触。在氮气中操作处置。搬运时要轻装轻卸，防止包装及容器损坏。配备相应品种和数量的消防器材及泄漏应急处理设备。倒空的容器可能残留有害物

储存注意事项 储存于阴凉、干燥、通风良好的库房。远离火种、热源。库温不宜超过37℃，保持容器密封。应与酸类、碱类等分开存放，切忌混储。采用防爆型照明、通风设施。禁止使用易产生火花的机械设备和工具。储区应备有泄漏应急处理设备和合适的收容材料

第八部分 接触控制/个体防护

职业接触限值

中国 未制定标准

美国(ACGIH) 未制定标准

生物接触限值 未制定标准

监测方法 空气中有毒物质测定方法：未制定标准。生物监测检验方法：未制定标准

工程控制 密闭操作，局部排风。提供安全的淋浴和洗眼设备

个体防护装备

呼吸系统防护 可能接触其蒸气时，应该佩戴过滤式防毒面具（全面罩）。紧急事态抢救或撤离时，建议佩戴空气呼吸器

眼睛防护 呼吸系统防护中已作防护

皮肤和身体防护 穿防毒物渗透工作服

手防护 戴橡胶耐油手套

第九部分 理化特性

外观与性状 无色至淡黄色透明液体，有刺激性气味

pH值	无资料	**熔点(℃)**	−57.7
沸点(℃)	57	**相对密度(水=1)**	0.85
相对蒸气密度(空气=1)	3.8		
饱和蒸气压(kPa)	26.7 (20℃)		
燃烧热(kJ/mol)	无资料	**临界温度(℃)**	无资料
临界压力(MPa)	3.36	**辛醇/水分配系数**	2.48
闪点(℃)	−18 (OC)	**自燃温度(℃)**	395
爆炸下限(%)	1.8	**爆炸上限(%)**	6
分解温度(℃)	无资料		
黏度(mPa·s)	无资料		

溶解性 溶于苯、甲醇、乙醚、全氯乙烯

第十部分 稳定性和反应性

稳定性 稳定

危险反应 与强氧化剂、水等禁配物接触，有发生火灾和爆炸的危险

避免接触的条件 潮湿空气

禁配物 强酸、强碱、水

危险的分解产物 氯化氢

第十一部分 毒理学信息

急性毒性 LD_{50}：5660μl (4811mg)/kg（大鼠经口）；1780μl (1513mg)/kg（兔经皮）

皮肤刺激或腐蚀 家兔经皮：500μl，中度刺激

眼睛刺激或腐蚀 家兔经眼：5μl，中度刺激

呼吸或皮肤过敏 无资料

生殖细胞突变性 微生物致突变：鼠伤寒沙门氏菌 1mg/皿

致癌性 无资料 **生殖毒性** 无资料

特异性靶器官系统毒性-一次接触 无资料

特异性靶器官系统毒性-反复接触 无资料

吸入危害 无资料

第十二部分 生态学信息

生态毒性 无资料

持久性和降解性

生物降解性 无资料

非生物降解性 无资料

潜在的生物累积性 根据 K_{ow} 值预测，该物质的生物累积性可能较弱

土壤中的迁移性 根据 K_{oc} 值预测，该物质可能有一定的迁移性

第十三部分 废弃处置

废弃化学品 建议用焚烧法处置。与燃料混合后，再焚烧。焚烧炉排出的卤化氢通过酸洗涤器除去

污染包装物 将容器返还生产商或按照国家和地方法规处置

废弃注意事项 处置前应参阅国家和地方有关法规

第十四部分 运输信息

联合国危险货物编号（UN 号） 1298

联合国运输名称 三甲基氯硅烷

联合国危险性类别 3，8 **包装类别** Ⅱ类包装

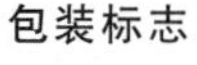

包装标志

海洋污染物 否

运输注意事项 运输时运输车辆应配备相应品种和数量的消防器材及泄漏应急处理设备。夏季最好早晚运输。运输时所用的槽（罐）车应有接地链，槽内可设孔隔板以减少震荡产生的静电。严禁与酸类、碱类、食用化学品等混装混运。运输途中应防曝晒、雨淋，防高温。中途停留时应远离火种、热源、高温区。装运该物品的车辆排气管必须配备阻火装置，禁止使用易产生火花的机械设备和工具装卸。公路运输时要按规定路线行驶，勿在居民区和人口稠密区停留。铁路运输时要禁止溜放。严禁用木船、水泥船散装运输

第十五部分 法规信息

下列法律、法规、规章和标准，对该化学品的管理作了相应的规定。

中华人民共和国职业病防治法 职业病分类和目录：未列入

危险化学品安全管理条例 危险化学品目录：列入。易制爆危险化学品名录：未列入。重点监管的危险化学品名录：未列入。GB 18218—2009《危险化学品重大危险源辨识》（表 1）：未列入

使用有毒物品作业场所劳动保护条例 高毒物品目录：未列入

易制毒化学品管理条例 易制毒化学品的分类和品种目录：未列入

国际公约 斯德哥尔摩公约：未列入。鹿特丹公约：未列入。蒙特利尔议定书：未列入

第十六部分 其他信息

编写和修订信息 **缩略语和首字母缩写**

培训建议 **参考文献**

免责声明

2,3,4-三甲基戊烷

第一部分 化学品标识

化学品中文名 2,3,4-三甲基戊烷

化学品英文名 2,3,4-trimethylpentane

分子式 C_8H_{18} **相对分子质量** 114.23

结构式

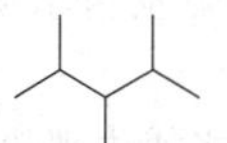

化学品的推荐及限制用途 用作溶剂及气相色谱对比样品

第二部分 危险性概述

紧急情况概述 高度易燃液体和蒸气，可能引起昏昏欲睡或眩晕，吞咽及进入呼吸道可能致命

GHS 危险性类别 易燃液体，类别 2；皮肤腐蚀/刺激，类别 2；特异性靶器官毒性-一次接触，类别 3（麻醉效应）；吸入危害，类别 1；危害水生环境-急性危害，类别 1；危害水生环境-长期危害，类别 1

标签要素

象形图

警示词 危险

危险性说明 高度易燃液体和蒸气，造成皮肤刺激，可能引起昏昏欲睡或眩晕，吞咽及进入呼吸道可能致命，对水生生物毒性非常大并具有长期持续影响

防范说明

预防措施 远离热源、火花、明火、热表面。禁止吸烟。保持容器密闭。容器和接收设备接地连接。使用防爆电器、通风、照明设备。只能使用不产生火花的工具。采取防止静电措施。戴防护手套、防护眼镜、防护面罩。避免接触眼睛、皮肤，操作后彻底清洗。禁止排入环境

事故响应 火灾时，使用泡沫、二氧化碳、干粉、砂土灭火。皮肤接触：立即脱掉所有被污染的衣服，用大量肥皂水和水清洗。如发生皮肤刺激，就医。被污染的衣服须经洗净后方可重新

使用。如果食入：不要催吐，立即呼叫中毒控制中心或就医。收集泄漏物

安全储存　存放在通风良好的地方。保持低温。上锁保管

废弃处置　本品及内装物、容器依据国家和地方法规处置

物理和化学危险　高度易燃，其蒸气与空气混合，能形成爆炸性混合物

健康危害　本品有刺激性，可能有麻醉作用。液态本品吸入呼吸道可引起吸入性肺炎

环境危害　对水生生物毒性非常大并具有长期持续影响

第三部分　成分/组成信息

√物质　　混合物

组分	浓度	CAS No.
2,3,4-三甲基戊烷		565-75-3

第四部分　急救措施

吸入　迅速脱离现场至空气新鲜处。保持呼吸道通畅。如呼吸困难，给输氧。如呼吸、心跳停止，立即进行心肺复苏术。就医

皮肤接触　立即脱去污染的衣着，用流动清水彻底冲洗。就医

眼睛接触　立即分开眼睑，用流动清水或生理盐水彻底冲洗。就医

食入　漱口，饮水。禁止催吐。就医

对保护施救者的忠告　根据需要使用个人防护设备

对医生的特别提示　对症处理

第五部分　消防措施

灭火剂　用泡沫、二氧化碳、干粉、砂土灭火

特别危险性　蒸气比空气重，沿地面扩散并易积存于低洼处，遇火源会着火回燃。燃烧生成有害的一氧化碳

灭火注意事项及防护措施　消防人员必须佩戴空气呼吸器、穿全身防火防毒服，在上风向灭火。喷水冷却容器，尽可能将容器从火场移至空旷处。容器突然发出异常声音或出现异常现象，应立即撤离

第六部分　泄漏应急处理

作业人员防护措施、防护装备和应急处置程序　消除所有点火源。根据液体流动和蒸气扩散的影响区域划定警戒区，无关人员从侧风、上风向撤离至安全区。建议应急处理人员戴正压自给式呼吸器，穿防静电服。作业时使用的所有设备应接地。禁止接触或跨越泄漏物。尽可能切断泄漏源

环境保护措施　防止泄漏物进入水体、下水道、地下室或有限空间

泄漏化学品的收容、清除方法及所使用的处置材料　小量泄漏：用砂土或其他不燃材料吸收，使用洁净的无火花工具收集吸收材料。大量泄漏：构筑围堤或挖坑收容。用泡沫覆盖，减少蒸发。喷水雾能减少蒸发，但不能降低泄漏物在有限空间内的易燃性。用防爆泵转移至槽车或专用收集器内

第七部分　操作处置与储存

操作注意事项　密闭操作，全面通风。操作人员必须经过专门培训，严格遵守操作规程。建议操作人员佩戴过滤式防毒面具（半面罩），戴化学安全防护眼镜，穿防静电工作服，戴橡胶耐油手套。远离火种、热源。工作场所严禁吸烟。使用防爆型的通风系统和设备。防止蒸气泄漏到工作场所空气中。避免与氧化剂接触。灌装时应控制流速，且有接地装置，防止静电积聚。搬运时要轻装轻卸，防止包装及容器损坏。配备相应品种和数量的消防器材及泄漏应急处理设备。倒空的容器可能残留有害物

储存注意事项　储存于阴凉、通风的库房。远离火种、热源。库温不宜超过37℃，保持容器密封。应与氧化剂、食用化学品分开存放，切忌混储。采用防爆型照明、通风设施。禁止使用易产生火花的机械设备和工具。储区应备有泄漏应急处理设备和合适的收容材料

第八部分　接触控制/个体防护

职业接触限值

中国　未制定标准

美国(ACGIH)　TLV-TWA：300ppm

生物接触限值　未制定标准

监测方法　空气中有毒物质测定方法：未制定标准。生物监测检验方法：未制定标准

工程控制　生产过程密闭，全面通风

个体防护装备

呼吸系统防护　一般不需要特殊防护，高浓度接触时可佩戴过滤式防毒面具（半面罩）

眼睛防护　戴化学安全防护眼镜

皮肤和身体防护　穿防静电工作服

手防护　戴橡胶耐油手套

第九部分　理化特性

外观与性状　无色液体

pH值　无资料　　**熔点(℃)**　−110

沸点(℃)　113～114　　**相对密度(水=1)**　0.72

相对蒸气密度(空气=1)　3.9

饱和蒸气压(kPa)　6.75（37.7℃）

燃烧热(kJ/mol)　无资料　　**临界温度(℃)**　无资料

临界压力(MPa)　2.73　　**辛醇/水分配系数**　4.05

闪点(℃)　0　　**自燃温度(℃)**　427

爆炸下限(%)　1.0　　**爆炸上限(%)**　6.0

分解温度(℃)　无资料

黏度(mPa·s)　无资料

溶解性　不溶于水，溶于乙醚、氯仿、苯

第十部分　稳定性和反应性

稳定性　稳定

危险反应　与强氧化剂等禁配物接触，有发生火灾和爆炸的危险

避免接触的条件　无资料

禁配物　强氧化剂、强酸、强碱、卤素

危险的分解产物 无资料

第十一部分 毒理学信息

急性毒性 无资料 **皮肤刺激或腐蚀** 无资料
眼睛刺激或腐蚀 无资料 **呼吸或皮肤过敏** 无资料
生殖细胞突变性 无资料 **致癌性** 无资料
生殖毒性 无资料
特异性靶器官系统毒性-一次接触 无资料
特异性靶器官系统毒性-反复接触 无资料
吸入危害 无资料

第十二部分 生态学信息

生态毒性 根据结构类似物质预测，该物质对水生生物有极高毒性
持久性和降解性
生物降解性 无资料
非生物降解性 无资料
潜在的生物累积性 根据 K_{ow}值预测，该物质可能有较高的生物累积性
土壤中的迁移性 根据 K_{oc}值预测，该物质的迁移性可能较弱

第十三部分 废弃处置

废弃化学品 建议用焚烧法处置
污染包装物 将容器返还生产商或按照国家和地方法规处置
废弃注意事项 处置前应参阅国家和地方有关法规

第十四部分 运输信息

联合国危险货物编号（UN 号） 1262
联合国运输名称 辛烷
联合国危险性类别 3 **包装类别** Ⅱ类包装
包装标志  **海洋污染物** 是
运输注意事项 运输时运输车辆应配备相应品种和数量的消防器材及泄漏应急处理设备。夏季最好早晚运输。运输时所用的槽（罐）车应有接地链，槽内可设孔隔板以减少震荡产生的静电。严禁与氧化剂、食用化学品等混装混运。运输途中应防曝晒、雨淋，防高温。中途停留时应远离火种、热源、高温区。装运该物品的车辆排气管必须配备阻火装置，禁止使用易产生火花的机械设备和工具装卸。公路运输时要按规定路线行驶，勿在居民区和人口稠密区停留。铁路运输时要禁止溜放。严禁用木船、水泥船散装运输

第十五部分 法规信息

下列法律、法规、规章和标准，对该化学品的管理作了相应的规定。
中华人民共和国职业病防治法 职业病分类和目录：未列入
危险化学品安全管理条例 危险化学品目录：列入。易制爆危险化学品名录：未列入。重点监管的危险化学品名录：未列入。GB 18218—2009《危险化学品重大危险源辨识》(表 1)：未列入
使用有毒物品作业场所劳动保护条例 高毒物品目录：未列入
易制毒化学品管理条例 易制毒化学品的分类和品种目录：未列入
国际公约 斯德哥尔摩公约：未列入。鹿特丹公约：未列入。蒙特利尔议定书：未列入

第十六部分 其他信息

编写和修订信息 **缩略语和首字母缩写**
培训建议 **参考文献**
免责声明

2,2,4-三甲基戊烷

第一部分 化学品标识

化学品中文名 2,2,4-三甲基戊烷；异辛烷
化学品英文名 2,2,4-trimethylpentane；isooctane
分子式 C_8H_{18} **相对分子质量** 114.23
结构式 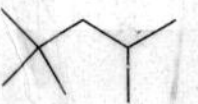
化学品的推荐及限制用途 用于有机合成，用作溶剂及气相色谱的对比样品

第二部分 危险性概述

紧急情况概述 高度易燃液体和蒸气，可能引起昏昏欲睡或眩晕，吞咽及进入呼吸道可能致命
GHS 危险性类别 易燃液体，类别 2；皮肤腐蚀/刺激，类别 2；特异性靶器官毒性—一次接触，类别 3（麻醉效应）；吸入危害，类别 1；危害水生环境-急性危害，类别 1；危害水生环境-长期危害，类别 1
标签要素
象形图 
警示词 危险
危险性说明 高度易燃液体和蒸气，造成皮肤刺激，可能引起昏昏欲睡或眩晕，吞咽及进入呼吸道可能致命，对水生生物毒性非常大并具有长期持续影响
防范说明
预防措施 远离热源、火花、明火、热表面。禁止吸烟。保持容器密闭。容器和接收设备接地连接。使用防爆电器、通风、照明设备。只能使用不产生火花的工具。采取防止静电措施。戴防护手套、防护眼镜、防护面罩。避免接触眼睛、皮肤，操作后彻底清洗。禁止排入环境
事故响应 火灾时，使用泡沫、二氧化碳、干粉、砂土灭火。皮肤接触：立即脱掉所有被污染的衣服，用大量肥皂水和水清洗。如发生皮肤刺激，就医。被污染的衣服须经洗净后方可重新

使用。如果食入：不要催吐，立即呼叫中毒控制中心或就医。收集泄漏物

安全储存　存放在通风良好的地方。保持低温。上锁保管

废弃处置　本品及内装物、容器依据国家和地方法规处置

物理和化学危险　高度易燃，其蒸气与空气混合，能形成爆炸性混合物

健康危害　本品有刺激性，可能有麻醉作用。液态本品吸入呼吸道可引起吸入性肺炎

环境危害　对水生生物毒性非常大并具有长期持续影响

第三部分　成分/组成信息

√物质　　混合物

组分	浓度	CAS No.
2,2,4-三甲基戊烷		540-84-1

第四部分　急救措施

吸入　迅速脱离现场至空气新鲜处。保持呼吸道通畅。如呼吸困难，给输氧。如呼吸、心跳停止，立即进行心肺复苏术。就医

皮肤接触　立即脱去污染的衣着，用流动清水彻底冲洗。就医

眼睛接触　立即分开眼睑，用流动清水或生理盐水彻底冲洗。就医

食入　漱口，饮水。禁止催吐。就医

对保护施救者的忠告　根据需要使用个人防护设备

对医生的特别提示　对症处理

第五部分　消防措施

灭火剂　用泡沫、二氧化碳、干粉、砂土灭火

特别危险性　遇强氧化剂会引起燃烧爆炸。蒸气比空气重，沿地面扩散并易积存于低洼处，遇火源会着火回燃。燃烧生成有害的一氧化碳

灭火注意事项及防护措施　消防人员必须佩戴空气呼吸器、穿全身防火防毒服，在上风向灭火。喷水冷却容器，尽可能将容器从火场移至空旷处。容器突然发出异常声音或出现异常现象，应立即撤离。用水灭火无效

第六部分　泄漏应急处理

作业人员防护措施、防护装备和应急处置程序　消除所有点火源。根据液体流动和蒸气扩散的影响区域划定警戒区，无关人员从侧风、上风向撤离至安全区。建议应急处理人员戴正压自给式呼吸器，穿防静电服。作业时使用的所有设备应接地。禁止接触或跨越泄漏物。尽可能切断泄漏源

环境保护措施　防止泄漏物进入水体、下水道、地下室或有限空间

泄漏化学品的收容、清除方法及所使用的处置材料　小量泄漏：用砂土或其他不燃材料吸收，使用洁净的无火花工具收集吸收材料。大量泄漏：构筑围堤或挖坑收容。用泡沫覆盖，减少蒸发。喷水雾能减少蒸发，但不能降低泄漏物在有限空间内的易燃性。用防爆泵转移至槽车或专用收集器内

第七部分　操作处置与储存

操作注意事项　密闭操作，全面通风。操作人员必须经过专门培训，严格遵守操作规程。建议操作人员佩戴过滤式防毒面具（半面罩），戴化学安全防护眼镜，穿防静电工作服，戴橡胶耐油手套。远离火种、热源。工作场所严禁吸烟。使用防爆型的通风系统和设备。防止蒸气泄漏到工作场所空气中。避免与氧化剂接触。灌装时应控制流速，且有接地装置，防止静电积聚。搬运时要轻装轻卸，防止包装及容器损坏。配备相应品种和数量的消防器材及泄漏应急处理设备。倒空的容器可能残留有害物

储存注意事项　储存于阴凉、通风的库房。远离火种、热源。库温不宜超过37℃，保持容器密封。应与氧化剂分开存放，切忌混储。采用防爆型照明、通风设施。禁止使用易产生火花的机械设备和工具。储区应备有泄漏应急处理设备和合适的收容材料

第八部分　接触控制/个体防护

职业接触限值

中国　未制定标准

美国(ACGIH)　TLV-TWA：300ppm

生物接触限值　未制定标准

监测方法　空气中有毒物质测定方法：未制定标准。生物监测检验方法：未制定标准

工程控制　生产过程密闭，全面通风

个体防护装备

呼吸系统防护　一般不需要特殊防护，高浓度接触时可佩戴过滤式防毒面具（半面罩）

眼睛防护　戴化学安全防护眼镜

皮肤和身体防护　穿防静电工作服

手防护　戴橡胶耐油手套

第九部分　理化特性

外观与性状　无色、透明液体

pH值　无资料　　**熔点(℃)**　−107.4

沸点(℃)　99.2

相对密度(水=1)　0.69 (20℃)

相对蒸气密度(空气=1)　3.9

饱和蒸气压(kPa)　5.1 (20℃)

燃烧热(kJ/mol)　无资料　　**临界温度(℃)**　无资料

临界压力(MPa)　2.57　　**辛醇/水分配系数**　4.09

闪点(℃)　4.5 (OC)　　**自燃温度(℃)**　417

爆炸下限(%)　1.1　　**爆炸上限(%)**　6.0

分解温度(℃)　无资料

黏度(mPa·s)　无资料

溶解性　不溶于水，混溶于庚烷、丙酮，溶于乙醚、苯、甲苯、二甲苯、氯仿、二硫化碳、四氯化碳等

第十部分　稳定性和反应性

稳定性　稳定

危险反应 与强氧化剂等禁配物接触，有发生火灾和爆炸的危险

避免接触的条件 无资料

禁配物 强氧化剂、强酸、强碱、卤素

危险的分解产物 无资料

第十一部分 毒理学信息

急性毒性 LC_{50}：80mg/m^3（小鼠吸入，2h）

皮肤刺激或腐蚀 无资料 **眼睛刺激或腐蚀** 无资料

呼吸或皮肤过敏 无资料 **生殖细胞突变性** 无资料

致癌性 无资料 **生殖毒性** 无资料

特异性靶器官系统毒性-一次接触 无资料

特异性靶器官系统毒性-反复接触 无资料

吸入危害 无资料

第十二部分 生态学信息

生态毒性 LC_{50}：0.561mg/L（48h）（青鳉）

持久性和降解性

生物降解性 无资料

非生物降解性 无资料

潜在的生物累积性 BCF：440～580（鲤鱼，接触浓度10mg/L，接触时间28d），460～650（鲤鱼，接触浓度1mg/L，接触时间28d）；根据 K_{ow} 值预测，该物质可能有较高的生物累积性

土壤中的迁移性 根据 K_{oc} 值预测，该物质的迁移性可能较弱

第十三部分 废弃处置

废弃化学品 建议用焚烧法处置

污染包装物 将容器返还生产商或按照国家和地方法规处置

废弃注意事项 处置前应参阅国家和地方有关法规

第十四部分 运输信息

联合国危险货物编号（UN号） 1262

联合国运输名称 辛烷

联合国危险性类别 3 **包装类别** Ⅱ类包装

包装标志  **海洋污染物** 是

运输注意事项 运输时运输车辆应配备相应品种和数量的消防器材及泄漏应急处理设备。夏季最好早晚运输。运输时所用的槽（罐）车应有接地链，槽内可设孔隔板以减少震荡产生的静电。严禁与氧化剂、食用化学品等混装混运。运输途中应防曝晒、雨淋，防高温。中途停留时应远离火种、热源、高温区。装运该物品的车辆排气管必须配备阻火装置，禁止使用易产生火花的机械设备和工具装卸。公路运输时要按规定路线行驶，勿在居民区和人口稠密区停留。铁路运输时要禁止溜放。严禁用木船、水泥船散装运输

第十五部分 法规信息

下列法律、法规、规章和标准，对该化学品的管理作了相应的规定。

中华人民共和国职业病防治法 职业病分类和目录：未列入

危险化学品安全管理条例 危险化学品目录：列入。易制爆危险化学品名录：未列入。重点监管的危险化学品名录：未列入。GB 18218—2009《危险化学品重大危险源辨识》（表1）：未列入

使用有毒物品作业场所劳动保护条例 高毒物品目录：未列入

易制毒化学品管理条例 易制毒化学品的分类和品种目录：未列入

国际公约 斯德哥尔摩公约：未列入。鹿特丹公约：未列入。蒙特利尔议定书：未列入

第十六部分 其他信息

编写和修订信息 **缩略语和首字母缩写**

培训建议 **参考文献**

免责声明

2,2,3-三甲基戊烷

第一部分 化学品标识

化学品中文名 2,2,3-三甲基戊烷

化学品英文名 2,2,3-trimethylpentane

分子式 C_8H_{18} **相对分子质量** 114.23

结构式

化学品的推荐及限制用途 用作溶剂

第二部分 危险性概述

紧急情况概述 高度易燃液体和蒸气，可能引起昏昏欲睡或眩晕，吞咽及进入呼吸道可能致命

GHS危险性类别 易燃液体，类别2；皮肤腐蚀/刺激，类别2；特异性靶器官毒性-一次接触，类别3（麻醉效应）；吸入危害，类别1；危害水生环境-急性危害，类别1；危害水生环境-长期危害，类别1

标签要素

象形图 

警示词 危险

危险性说明 高度易燃液体和蒸气，造成皮肤刺激，可能引起昏昏欲睡或眩晕，吞咽及进入呼吸道可能致命，对水生生物毒性非常大并具有长期持续影响

防范说明

预防措施 远离热源、火花、明火、热表面。禁止吸烟。保持容器密闭。容器和接收设备接地连接。使用防爆电器、通风、照明设备。只能使用不产生火花的工具。采取防止静电措施。戴防护手套、防护眼镜、防护面罩。避免接触眼睛、皮肤，操作后彻底清洗。禁止排入环境

事故响应 火灾时，使用泡沫、二氧化碳、干粉、

砂土灭火。皮肤接触：立即脱掉所有被污染的衣服，用大量肥皂水和水清洗。如发生皮肤刺激，就医。被污染的衣服须经洗净后方可重新使用。如果食入：不要催吐，立即呼叫中毒控制中心或就医。收集泄漏物

安全储存　存放在通风良好的地方。保持低温。上锁保管

废弃处置　本品及内装物、容器依据国家和地方法规处置

物理和化学危险　高度易燃，其蒸气与空气混合，能形成爆炸性混合物

健康危害　本品有刺激性，可能有麻醉作用。液态本品吸入呼吸道可引起吸入性肺炎

环境危害　对水生生物毒性非常大并具有长期持续影响

第三部分　成分/组成信息

√物质　　混合物

组分	浓度	CAS No.
2,2,3-三甲基戊烷		564-02-3

第四部分　急救措施

吸入　迅速脱离现场至空气新鲜处。保持呼吸道通畅。如呼吸困难，给输氧。如呼吸、心跳停止，立即进行心肺复苏术。就医

皮肤接触　立即脱去污染的衣着，用流动清水彻底冲洗。就医

眼睛接触　立即分开眼睑，用流动清水或生理盐水彻底冲洗。就医

食入　漱口，饮水。禁止催吐。就医

对保护施救者的忠告　根据需要使用个人防护设备

对医生的特别提示　对症处理

第五部分　消防措施

灭火剂　用泡沫、二氧化碳、干粉、砂土灭火

特别危险性　与氧化剂能发生强烈反应。在火场中，受热的容器有爆炸危险。蒸气比空气重，沿地面扩散并易积存于低洼处，遇火源会着火回燃。燃烧生成有害的一氧化碳

灭火注意事项及防护措施　消防人员必须佩戴空气呼吸器、穿全身防火防毒服，在上风向灭火。喷水冷却容器，尽可能将容器从火场移至空旷处。容器突然发出异常声音或出现异常现象，应立即撤离。用水灭火无效

第六部分　泄漏应急处理

作业人员防护措施、防护装备和应急处置程序　消除所有点火源。根据液体流动和蒸气扩散的影响区域划定警戒区，无关人员从侧风、上风向撤离至安全区。建议应急处理人员戴正压自给式呼吸器，穿防静电服。作业时使用的所有设备应接地。禁止接触或跨越泄漏物。尽可能切断泄漏源

环境保护措施　防止泄漏物进入水体、下水道、地下室或有限空间

泄漏化学品的收容、清除方法及所使用的处置材料　小量泄漏：用砂土或其他不燃材料吸收，使用洁净的无火花工具收集吸收材料。大量泄漏：构筑围堤或挖坑收容。用泡沫覆盖，减少蒸发。喷水雾能减少蒸发，但不能降低泄漏物在有限空间内的易燃性。用防爆泵转移至槽车或专用收集器内

第七部分　操作处置与储存

操作注意事项　密闭操作，全面通风。操作人员必须经过专门培训，严格遵守操作规程。建议操作人员佩戴过滤式防毒面具（半面罩），戴化学安全防护眼镜，穿防静电工作服，戴橡胶耐油手套。远离火种、热源。工作场所严禁吸烟。使用防爆型的通风系统和设备。防止蒸气泄漏到工作场所空气中。避免与氧化剂接触。灌装时应控制流速，且有接地装置，防止静电积聚。搬运时要轻装轻卸，防止包装及容器损坏。配备相应品种和数量的消防器材及泄漏应急处理设备。倒空的容器可能残留有害物

储存注意事项　储存于阴凉、通风的库房。远离火种、热源。库温不宜超过37℃，保持容器密封。应与氧化剂分开存放，切忌混储。采用防爆型照明、通风设施。禁止使用易产生火花的机械设备和工具。储区应备有泄漏应急处理设备和合适的收容材料

第八部分　接触控制/个体防护

职业接触限值

中国　未制定标准

美国(ACGIH)　TLV-TWA：300ppm

生物接触限值　未制定标准

监测方法　空气中有毒物质测定方法：未制定标准。生物监测检验方法：未制定标准

工程控制　生产过程密闭，全面通风

个体防护装备

呼吸系统防护　一般不需要特殊防护，高浓度接触时可佩戴过滤式防毒面具（半面罩）

眼睛防护　戴化学安全防护眼镜

皮肤和身体防护　穿防静电工作服

手防护　戴橡胶耐油手套

第九部分　理化特性

外观与性状　无色液体

pH值　无资料　　**熔点(℃)**　−112.27

沸点(℃)　110　　**相对密度(水=1)**　0.72

相对蒸气密度(空气=1)　无资料

饱和蒸气压(kPa)　4 (23.69℃)

燃烧热(kJ/mol)　无资料　　**临界温度(℃)**　无资料

临界压力(MPa)　2.73　　**辛醇/水分配系数**　4.09

闪点(℃)　−3　　**自燃温度(℃)**　430

爆炸下限(%)　1.0　　**爆炸上限(%)**　5.6

分解温度(℃)　无资料

黏度(mPa·s)　无资料

溶解性　不溶于水，微溶于乙醇，溶于乙醚

第十部分　稳定性和反应性

稳定性　稳定

危险反应　与强氧化剂等禁配物接触，有发生火灾和爆炸的危险

避免接触的条件　无资料

禁配物　强氧化剂、强酸、强碱、卤素

危险的分解产物　无资料

第十一部分　毒理学信息

急性毒性　无资料　　**皮肤刺激或腐蚀**　无资料

眼睛刺激或腐蚀　无资料　　**呼吸或皮肤过敏**　无资料

生殖细胞突变性　无资料　　**致癌性**　无资料

生殖毒性　无资料

特异性靶器官系统毒性-一次接触　无资料

特异性靶器官系统毒性-反复接触　无资料

吸入危害　无资料

第十二部分　生态学信息

生态毒性　根据结构类似物质预测，该物质对水生生物有极高毒性

持久性和降解性

生物降解性　无资料

非生物降解性　无资料

潜在的生物累积性　根据 K_{ow} 值预测，该物质可能有较高的生物累积性

土壤中的迁移性　根据 K_{oc} 值预测，该物质的迁移性可能较弱

第十三部分　废弃处置

废弃化学品　建议用焚烧法处置

污染包装物　将容器返还生产商或按照国家和地方法规处置

废弃注意事项　处置前应参阅国家和地方有关法规

第十四部分　运输信息

联合国危险货物编号（UN 号）　1262

联合国运输名称　辛烷

联合国危险性类别　3　　**包装类别**　Ⅱ类包装

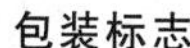
包装标志 

海洋污染物　是

运输注意事项　运输时运输车辆应配备相应品种和数量的消防器材及泄漏应急处理设备。夏季最好早晚运输。运输时所用的槽（罐）车应有接地链，槽内可设孔隔板以减少震荡产生的静电。严禁与氧化剂、食用化学品等混装混运。运输途中应防曝晒、雨淋，防高温。中途停留时应远离火种、热源、高温区。装运该物品的车辆排气管必须配备阻火装置，禁止使用易产生火花的机械设备和工具装卸。公路运输时要按规定路线行驶，勿在居民区和人口稠密区停留。铁路运输时要禁止溜放。严禁用木船、水泥船散装运输

第十五部分　法规信息

下列法律、法规、规章和标准，对该化学品的管理作了相应的规定。

中华人民共和国职业病防治法　职业病分类和目录：未列入

危险化学品安全管理条例　危险化学品目录：列入。易制爆危险化学品名录：未列入。重点监管的危险化学品名录：未列入。GB 18218—2009《危险化学品重大危险源辨识》（表 1）：未列入

使用有毒物品作业场所劳动保护条例　高毒物品目录：未列入

易制毒化学品管理条例　易制毒化学品的分类和品种目录：未列入

国际公约　斯德哥尔摩公约：未列入。鹿特丹公约：未列入。蒙特利尔议定书：未列入

第十六部分　其他信息

编写和修订信息　　**缩略语和首字母缩写**

培训建议　　**参考文献**

免责声明

三聚乙醛

第一部分　化学品标识

化学品中文名　三聚乙醛；仲（乙）醛；三聚醋醛

化学品英文名　paraldehyde；1,3,5-trimethyl-2,4,6-trioxane

分子式　$C_6H_{12}O_3$　　**相对分子质量**　132.18

结构式

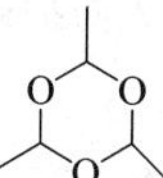

化学品的推荐及限制用途　用作溶剂，以及用于有机合成、橡胶促进剂和抗氧剂制造等

第二部分　危险性概述

紧急情况概述　易燃液体和蒸气

GHS 危险性类别　易燃液体，类别 3

标签要素

象形图 

警示词　警告

危险性说明　易燃液体和蒸气

防范说明

预防措施　远离热源、火花、明火、热表面。禁止吸烟。保持容器密闭。容器和接收设备接地连接. 使用防爆电器、通风、照明设备. 只能使用不产生火花的工具。采取防止静电措施。戴防护手套、防护眼镜、防护面罩

事故响应　火灾时，采用抗溶性泡沫、二氧化碳、干粉、砂土灭火。如皮肤（或头发）接触：立即脱掉所有被污染的衣服，用水冲洗皮肤，

淋浴

安全储存 存放在通风良好的地方。保持低温

废弃处置 本品及内装物、容器依据国家和地方法规处置

物理和化学危险 易燃，其蒸气与空气混合，能形成爆炸性混合物

健康危害 人急性中毒多为口服和灌肠所致，甚至引起死亡。口服后出现急性胃肠炎、上消化道出血、昏睡、木僵、昏迷、代谢性酸中毒、低血压、心动过速、呼吸急促等。严重者可死于循环和呼吸衰竭。高浓度本品蒸气对眼和呼吸道有刺激性。长期大量口服后，可引起食欲丧失、幻听、记忆力减退和步态不稳等

环境危害 对环境可能有害

第三部分 成分/组成信息

√物质　　　　　　　　混合物

组分	浓度	CAS No.
三聚乙醛		123-63-7

第四部分 急救措施

吸入 迅速脱离现场至空气新鲜处。保持呼吸道通畅。如呼吸困难，给输氧。如呼吸、心跳停止，立即进行心肺复苏术。就医

皮肤接触 立即脱去污染的衣着，用流动清水彻底冲洗。就医

眼睛接触 立即分开眼睑，用流动清水或生理盐水彻底冲洗。就医

食入 漱口，饮水。就医

对保护施救者的忠告 根据需要使用个人防护设备

对医生的特别提示 对症处理

第五部分 消防措施

灭火剂 采用抗溶性泡沫、二氧化碳、干粉、砂土灭火

特别危险性 受高热分解放出有毒的气体。与氧化剂接触剧烈反应。蒸气比空气重，沿地面扩散并易积存于低洼处，遇火源会着火回燃。燃烧生成有害的一氧化碳

灭火注意事项及防护措施 消防人员必须佩戴空气呼吸器、穿全身防火防毒服，在上风向灭火。尽可能将容器从火场移至空旷处。喷水保持火场容器冷却，直至灭火结束

第六部分 泄漏应急处理

作业人员防护措施、防护装备和应急处置程序 消除所有点火源。根据液体流动和蒸气扩散的影响区域划定警戒区，无关人员从侧风、上风向撤离至安全区。建议应急处理人员戴正压自给式呼吸器，穿防静电服。作业时使用的所有设备应接地。禁止接触或跨越泄漏物。尽可能切断泄漏源

环境保护措施 防止泄漏物进入水体、下水道、地下室或有限空间

泄漏化学品的收容、清除方法及所使用的处置材料 小量泄漏：用砂土或其他不燃材料吸收，使用洁净的无火花工具收集吸收材料。大量泄漏：构筑围堤或挖坑收容。用抗溶性泡沫覆盖，减少蒸发。喷水雾能减少蒸发，但不能降低泄漏物在有限空间内的易燃性。用防爆泵转移至槽车或专用收集器内。喷雾状水驱散蒸气、稀释液体泄漏物

第七部分 操作处置与储存

操作注意事项 密闭操作，注意通风。操作人员必须经过专门培训，严格遵守操作规程。建议操作人员佩戴自吸过滤式防毒面具（半面罩），戴安全防护眼镜，穿防静电工作服，戴橡胶耐油手套。远离火种、热源。工作场所严禁吸烟。使用防爆型的通风系统和设备。防止蒸气泄漏到工作场所空气中。避免与氧化剂、酸类、碱类接触。充装要控制流速，防止静电积聚。搬运时要轻装轻卸，防止包装及容器损坏。配备相应品种和数量的消防器材及泄漏应急处理设备。倒空的容器可能残留有害物

储存注意事项 储存于阴凉、通风的库房。远离火种、热源。库温不宜超过 37℃，保持容器密封。应与氧化剂、酸类、碱类等分开存放，切忌混储。不宜大量储存或久存。采用防爆型照明、通风设施。禁止使用易产生火花的机械设备和工具。储区应备有泄漏应急处理设备和合适的收容材料

第八部分 接触控制/个体防护

职业接触限值

中国 未制定标准

美国(ACGIH) 未制定标准

生物接触限值 未制定标准

监测方法 空气中有毒物质测定方法：未制定标准。生物监测检验方法：未制定标准

工程控制 密闭操作，注意通风。提供安全的淋浴和洗眼设备

个体防护装备

呼吸系统防护 空气中浓度超标时，应该佩戴过滤式防毒面具（半面罩）。紧急事态抢救或撤离时，佩戴空气呼吸器

眼睛防护 戴安全防护眼镜

皮肤和身体防护 穿防静电工作服

手防护 戴橡胶耐油手套

第九部分 理化特性

外观与性状 无色油状液体，有芳香的气味

pH 值 无资料　　**熔点(℃)** 12.6

沸点(℃) 124.5　　**相对密度(水=1)** 0.99

相对蒸气密度(空气=1) 4.5

饱和蒸气压(kPa) 3.36（20℃）

燃烧热(kJ/mol) −3119.4　　**临界温度(℃)** 290.0

临界压力(MPa) 3.5　　**辛醇/水分配系数** 0.67

闪点(℃) 35.5（OC）　　**自燃温度(℃)** 235

爆炸下限(%) 1.3　　**爆炸上限(%)** 17

分解温度(℃) 无资料

黏度(mPa·s) 1.128（21℃）

溶解性 溶于水，可混溶于多数有机溶剂

第十部分 稳定性和反应性

稳定性 稳定

危险反应 与强氧化剂等禁配物接触，有发生火灾和爆炸的危险

避免接触的条件 受热

禁配物 强氧化剂、碱、氢氰酸、塑料、橡胶

危险的分解产物 无资料

第十一部分 毒理学信息

急性毒性 LD_{50}：1530mg/kg（大鼠经口）；14000mg/kg（兔经皮）

皮肤刺激或腐蚀 家兔经皮：500mg，轻度刺激（开放性刺激试验）

眼睛刺激或腐蚀 家兔经眼：5mg，重度刺激

呼吸或皮肤过敏 无资料

生殖细胞突变性 细胞遗传学分析：酿酒酵母菌50mmol/管

致癌性 无资料 **生殖毒性** 无资料

特异性靶器官系统毒性-一次接触 无资料

特异性靶器官系统毒性-反复接触 无资料

吸入危害 无资料

第十二部分 生态学信息

生态毒性 无资料

持久性和降解性

生物降解性 MITI-Ⅱ测试，初始浓度28.9ppm，污泥浓度100ppm，4周后降解12%

非生物降解性 空气中，当羟基自由基浓度为5.00×10^5个/cm^3时，降解半衰期为45h（理论）

潜在的生物累积性 根据K_{ow}值预测，该物质的生物累积性可能较弱

土壤中的迁移性 根据K_{oc}值预测，该物质可能易发生迁移

第十三部分 废弃处置

废弃化学品 建议用焚烧法处置

污染包装物 将容器返还生产商或按照国家和地方法规处置

废弃注意事项 处置前应参阅国家和地方有关法规

第十四部分 运输信息

联合国危险货物编号（UN号） 1264

联合国运输名称 三聚乙醛

联合国危险性类别 3 **包装类别** Ⅲ类包装

包装标志  **海洋污染物** 否

运输注意事项 运输时运输车辆应配备相应品种和数量的消防器材及泄漏应急处理设备。夏季最好早晚运输。运输时所用的槽（罐）车应有接地链，槽内可设孔隔板以减少震荡产生的静电。严禁与氧化剂、酸类、碱类、食用化学品等混装混运。运输途中应防曝晒、雨淋，防高温。中途停留时应远离火种、热源、高温区。装运该物品的车辆排气管必须配备阻火装置，禁止使用易产生火花的机械设备和工具装卸。公路运输时要按规定路线行驶，勿在居民区和人口稠密区停留。铁路运输时要禁止溜放。严禁用木船、水泥船散装运输

第十五部分 法规信息

下列法律、法规、规章和标准，对该化学品的管理作了相应的规定。

中华人民共和国职业病防治法 职业病分类和目录：未列入

危险化学品安全管理条例 危险化学品目录：列入。易制爆危险化学品名录：未列入。重点监管的危险化学品名录：未列入。GB 18218—2009《危险化学品重大危险源辨识》（表1）：未列入

使用有毒物品作业场所劳动保护条例 高毒物品目录：未列入

易制毒化学品管理条例 易制毒化学品的分类和品种目录：未列入

国际公约 斯德哥尔摩公约：未列入。鹿特丹公约：未列入。蒙特利尔议定书：未列入

第十六部分 其他信息

编写和修订信息 **缩略语和首字母缩写**

培训建议 **参考文献**

免责声明

三硫化锑

第一部分 化学品标识

化学品中文名 三硫化锑；三硫化二锑；硫化亚锑

化学品英文名 antimony trisulfide；antimonous sulfide

分子式 Sb_2S_3 **相对分子质量** 339.68

结构式 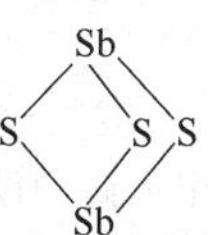

化学品的推荐及限制用途 用于制颜料、烟火、火柴等

第二部分 危险性概述

紧急情况概述 造成严重眼刺激，长时间或反复接触对器官造成损伤

GHS危险性类别 严重眼损伤/眼刺激，类别2A；特异性靶器官毒性-反复接触，类别1；危害水生环境-急性危害，类别2；危害水生环境-长期危害，类别2

标签要素

象形图 

警示词 危险

危险性说明 造成严重眼刺激，长时间或反复接触对器

官造成损伤，对水生生物有毒并具有长期持续影响

防范说明

预防措施　避免接触眼睛、皮肤，操作后彻底清洗。戴防护眼镜、防护面罩。避免吸入粉尘。操作后彻底清洗。操作现场不得进食、饮水或吸烟。禁止排入环境

事故响应　如接触眼睛：用水细心冲洗数分钟。如戴隐形眼镜并可方便地取出，取出隐形眼镜继续冲洗。如果眼睛刺激持续：就医。如感觉不适，就医。收集泄漏物

安全储存　-

废弃处置　本品及内装物、容器依据国家和地方法规处置

物理和化学危险　其粉体与空气混合，能形成爆炸性混合物

健康危害　接触锑及其化合物可致眼结膜和呼吸道刺激，发生支气管炎，较重者出现胸痛、呼吸困难、肺炎。口服中毒有急性胃肠炎，肝、肾及心肌损害

慢性影响　长期接触低浓度锑化合物粉尘可致鼻炎、鼻中隔穿孔、支气管炎、口腔炎、消化功能障碍。可致皮肤损害

环境危害　对水生生物有毒并具有长期持续影响

第三部分　成分/组成信息

√物质		混合物
组分	**浓度**	**CAS No.**
三硫化锑		1345-04-6

第四部分　急救措施

吸入　迅速脱离现场至空气新鲜处。保持呼吸道通畅。如呼吸困难，给输氧。如呼吸、心跳停止，立即进行心肺复苏术。就医

皮肤接触　立即脱去污染的衣着，用流动清水彻底冲洗。就医

眼睛接触　立即分开眼睑，用流动清水或生理盐水彻底冲洗。就医

食入　漱口，饮水。就医

对保护施救者的忠告　根据需要使用个人防护设备

对医生的特别提示　对症处理

第五部分　消防措施

灭火剂　用雾状水、泡沫、砂土灭火

特别危险性　粉体与空气可形成爆炸性混合物，当达到一定浓度时，遇火星会发生爆炸。燃烧生成有害的氧化硫、氧化锑

灭火注意事项及防护措施　消防人员必须佩戴空气呼吸器、穿全身防火防毒服，在上风向灭火。尽可能将容器从火场移至空旷处。喷水保持火场容器冷却，直至灭火结束

第六部分　泄漏应急处理

作业人员防护措施、防护装备和应急处置程序　隔离泄漏污染区，限制出入。建议应急处理人员戴防尘口罩，穿防毒、防静电服，戴防化学品手套。作业时使用的所有设备应接地。穿上适当的防护服前严禁接触破裂的容器和泄漏物。尽可能切断泄漏源

环境保护措施　无资料

泄漏化学品的收容、清除方法及所使用的处置材料　小量泄漏：用干燥的砂土或其他不燃材料覆盖泄漏物，然后用塑料布覆盖，减少飞散、避免雨淋。用洁净的铲子收集泄漏物，置于干净、干燥、盖子较松的容器中，将容器移离泄漏区

第七部分　操作处置与储存

操作注意事项　密闭操作，局部排风。操作人员必须经过专门培训，严格遵守操作规程。建议操作人员佩戴自吸过滤式防尘口罩，戴化学安全防护眼镜，穿防毒物渗透工作服，戴防化学品手套。远离火种、热源。工作场所严禁吸烟。使用防爆型的通风系统和设备。避免产生粉尘。避免与氧化剂、酸类接触。禁止震动、撞击和摩擦。配备相应品种和数量的消防器材及泄漏应急处理设备。倒空的容器可能残留有害物

储存注意事项　储存于阴凉、通风的库房。远离火种、热源。包装要求密封，不可与空气接触。应与氧化剂、酸类、食用化学品分开存放，切忌混储。采用防爆型照明、通风设施。禁止使用易产生火花的机械设备和工具。储区应备有合适的材料收容泄漏物

第八部分　接触控制/个体防护

职业接触限值

中国　PC-TWA：0.5mg/m^3 ［按 Sb 计］

美国(ACGIH)　TLV-TWA：0.5mg/m^3 ［按 Sb 计］

生物接触限值　未制定标准

监测方法　空气中有毒物质测定方法：火焰原子吸收光谱法；石墨炉原子吸收光谱法。生物监测检验方法：未制定标准

工程控制　密闭操作，局部排风。提供安全的淋浴和洗眼设备

个体防护装备

呼吸系统防护　作业人员应该佩戴过滤式防尘呼吸器。必要时，佩戴空气呼吸器或长管面具

眼睛防护　戴化学安全防护眼镜

皮肤和身体防护　穿防毒物渗透工作服

手防护　戴防化学品手套

第九部分　理化特性

外观与性状　红色粉末

pH 值	无意义	**熔点(℃)**	550～563
沸点(℃)	1150	**相对密度(水=1)**	4.62
相对蒸气密度(空气=1)	无资料		
饱和蒸气压(kPa)	无资料		
燃烧热(kJ/mol)	无资料	**临界温度(℃)**	无资料
临界压力(MPa)	无资料	**辛醇/水分配系数**	无资料
闪点(℃)	无资料	**自燃温度(℃)**	无资料
爆炸下限(%)	无资料	**爆炸上限(%)**	无资料
分解温度(℃)	无资料	**黏度(mPa·s)**	无资料

溶解性 不溶于水，溶于浓盐酸、硫酸

第十部分 稳定性和反应性

稳定性 稳定

危险反应 与氧化剂等禁配物接触，有发生火灾和爆炸的危险

避免接触的条件 潮湿空气、受热

禁配物 氧化剂、酸类

危险的分解产物 无资料

第十一部分 毒理学信息

急性毒性 LD_{50}：209mg/kg（小鼠腹腔）

皮肤刺激或腐蚀 无资料 **眼睛刺激或腐蚀** 无资料

呼吸或皮肤过敏 无资料 **生殖细胞突变性** 无资料

致癌性 IARC 致癌性评论：组 3，现有的证据不能对人类致癌性进行分类。对人及动物致癌性证据不足

生殖毒性 无资料

特异性靶器官系统毒性-一次接触 无资料

特异性靶器官系统毒性-反复接触 无资料

吸入危害 无资料

第十二部分 生态学信息

生态毒性 锑化合物对水生生物有毒

持久性和降解性

生物降解性 无资料

非生物降解性 无资料

潜在的生物累积性 无资料

土壤中的迁移性 无资料

第十三部分 废弃处置

废弃化学品 用安全掩埋法处置

污染包装物 将容器返还生产商或按照国家和地方法规处置

废弃注意事项 处置前应参阅国家和地方有关法规

第十四部分 运输信息

联合国危险货物编号（UN号） 1549

联合国运输名称 固态无机锑化合物，未另作规定的（三硫化锑）

联合国危险性类别 6.1 **包装类别** Ⅱ类包装

包装标志  **海洋污染物** 是

运输注意事项 运输前应先检查包装容器是否完整、密封，运输过程中要确保容器不泄漏、不倒塌、不坠落、不损坏。严禁与酸类、氧化剂、食品及食品添加剂混运。运输时运输车辆应配备相应品种和数量的消防器材及泄漏应急处理设备。运输途中应防曝晒、雨淋，防高温

第十五部分 法规信息

下列法律、法规、规章和标准，对该化学品的管理作了相应的规定。

中华人民共和国职业病防治法 职业病分类和目录：未列入

危险化学品安全管理条例 危险化学品目录：列入。易制爆危险化学品名录：未列入。重点监管的危险化学品名录：未列入。GB 18218—2009《危险化学品重大危险源辨识》（表 1）：未列入

使用有毒物品作业场所劳动保护条例 高毒物品目录：列入

易制毒化学品管理条例 易制毒化学品的分类和品种目录：未列入

国际公约 斯德哥尔摩公约：未列入。鹿特丹公约：未列入。蒙特利尔议定书：未列入

第十六部分 其他信息

编写和修订信息 **缩略语和首字母缩写**

培训建议 **参考文献**

免责声明

1,2,4-三氯苯

第一部分 化学品标识

化学品中文名 1,2,4-三氯苯

化学品英文名 1,2,4-trichlorobenzene；1,2,4-trichlorobenzol

分子式 $C_6H_3Cl_3$ **相对分子质量** 181.5

结构式

化学品的推荐及限制用途 用作溶剂及染料、绝缘液、杀虫剂的合成，也作热载体，及用于有机合成

第二部分 危险性概述

紧急情况概述 吞咽有害

GHS危险性类别 急性毒性-经口，类别 4；皮肤腐蚀/刺激，类别 2；危害水生环境-急性危害，类别 1；危害水生环境-长期危害，类别 1

标签要素

象形图

警示词 警告

危险性说明 吞咽有害，造成皮肤刺激，对水生生物毒性非常大并具有长期持续影响

防范说明

预防措施 避免接触眼睛、皮肤，操作后彻底清洗。作业场所不得进食、饮水或吸烟。戴防护手套。禁止排入环境

事故响应 皮肤接触：用大量肥皂水和水清洗。如发生皮肤刺激，就医。脱去被污染的衣服，污染的衣服须洗净后方可重新使用。食入：漱

口，如果感觉不适，立即呼叫中毒控制中心或就医。收集泄漏物

安全储存 -

废弃处置 本品及内装物、容器依据国家和地方法规处置

物理和化学危险 可燃，其蒸气与空气混合，能形成爆炸性混合物

健康危害 高浓度吸入引起呼吸道刺激、麻醉作用及肝损害。眼接触本品液体或雾，引起刺激反应。对皮肤有刺激性，可引起化学灼伤。口服刺激口腔和胃肠道，可引起死亡

慢性影响 可引起头痛、恶心、上腹部和心前区不适、上呼吸道和眼刺激。皮损多为黑头粉刺、色素沉着。可发生角膜点状溃疡

环境危害 对水生生物毒性非常大并具有长期持续影响

第三部分 成分/组成信息

√物质 混合物

组分	浓度	CAS No.
1,2,4-三氯苯		120-82-1

第四部分 急救措施

吸入 迅速脱离现场至空气新鲜处。保持呼吸道通畅。如呼吸困难，给输氧。如呼吸、心跳停止，立即进行心肺复苏术。就医

皮肤接触 立即脱去污染的衣着，用流动清水彻底冲洗。就医

眼睛接触 立即分开眼睑，用流动清水或生理盐水彻底冲洗。就医

食入 漱口，饮水。就医

对保护施救者的忠告 根据需要使用个人防护设备

对医生的特别提示 对症处理

第五部分 消防措施

灭火剂 用雾状水、泡沫、二氧化碳、砂土灭火

特别危险性 在空气中受热分解释出剧毒的光气和氯化氢气体。与氧化剂接触剧烈反应。燃烧生成有害的一氧化碳、氯化氢

灭火注意事项及防护措施 消防人员必须佩戴空气呼吸器、穿全身防火防毒服，在上风向灭火。尽可能将容器从火场移至空旷处。喷水保持火场容器冷却，直至灭火结束。容器突然发出异常声音或出现异常现象，应立即撤离

第六部分 泄漏应急处理

作业人员防护措施、防护装备和应急处置程序 根据液体流动和蒸气扩散的影响区域划定警戒区，无关人员从侧风、上风向撤离至安全区。消除所有点火源。建议应急处理人员戴正压自给式呼吸器，穿防毒服，戴橡胶耐油手套。穿上适当的防护服前严禁接触破裂的容器和泄漏物。尽可能切断泄漏源

环境保护措施 防止泄漏物进入水体、下水道、地下室或有限空间

泄漏化学品的收容、清除方法及所使用的处置材料 小量泄漏：用干燥的砂土或其他不燃材料吸收或覆盖，收集于容器中。大量泄漏：构筑围堤或挖坑收容，用泵转移至槽车或专用收集器内

第七部分 操作处置与储存

操作注意事项 密闭操作，局部排风。操作人员必须经过专门培训，严格遵守操作规程。建议操作人员佩戴防毒面具，戴安全防护眼镜，穿防毒物渗透工作服，戴橡胶耐油手套。远离火种、热源。工作场所严禁吸烟。使用防爆型的通风系统和设备。防止蒸气泄漏到工作场所空气中。避免与氧化剂接触。搬运时要轻装轻卸，防止包装及容器损坏。配备相应品种和数量的消防器材及泄漏应急处理设备。倒空的容器可能残留有害物

储存注意事项 储存于阴凉、通风的库房。远离火种、热源。保持容器密封。应与氧化剂、食用化学品分开存放，切忌混储。配备相应品种和数量的消防器材。储区应备有泄漏应急处理设备和合适的收容材料

第八部分 接触控制/个体防护

职业接触限值

中国 未制定标准

美国(ACGIH) TLV-C：5ppm

生物接触限值 未制定标准

监测方法 空气中有毒物质测定方法：溶剂解吸-气相色谱法。生物监测检验方法：未制定标准

工程控制 密闭操作，局部排风。提供安全的淋浴和洗眼设备

个体防护装备

呼吸系统防护 空气中浓度超标时，应该佩戴防毒面具

眼睛防护 戴安全防护眼镜

皮肤和身体防护 穿防毒物渗透工作服

手防护 戴橡胶耐油手套

第九部分 理化特性

外观与性状 无色液体

pH值 无资料　**熔点(℃)** 17

沸点(℃) 213.5　**相对密度(水=1)** 1.45

相对蒸气密度(空气=1) 6.26

饱和蒸气压(kPa) 0.13 (38.4℃)

燃烧热(kJ/mol) −2798.7　**临界温度(℃)** 无资料

临界压力(MPa) 3.72　**辛醇/水分配系数** 4.02

闪点(℃) 105 (CC)　**自燃温度(℃)** 571

爆炸下限(%) 2.5　**爆炸上限(%)** 6.6

分解温度(℃) 无资料

黏度(mPa·s) 无资料

溶解性 不溶于水，微溶于醇，可混溶于乙醚、苯、石油醚、二硫化碳及多数有机溶剂

第十部分 稳定性和反应性

稳定性 稳定

危险反应 与强氧化剂等禁配物发生剧烈反应

避免接触的条件 受热
禁配物 强氧化剂
危险的分解产物 氯化氢

第十一部分 毒理学信息

急性毒性 LD_{50}：756mg/kg（大鼠经口）；6139mg/kg（大鼠经皮）；6100mg/kg（兔经皮）
皮肤刺激或腐蚀 家兔经皮：1950mg（13周，间断），中度刺激
眼睛刺激或腐蚀 无资料 **呼吸或皮肤过敏** 无资料
生殖细胞突变性 微核试验：小鼠腹腔内给予最低中毒剂量（TDLo）210mg/kg（24h）
致癌性 无资料 **生殖毒性** 无资料
特异性靶器官系统毒性-一次接触 无资料
特异性靶器官系统毒性-反复接触 无资料
吸入危害 无资料

第十二部分 生态学信息

生态毒性

LC_{50} 1.95mg/L（48h）（虹鳟鱼）；109mg/L（24h），13mg/L（48h），3.36mg/L（96h）（蓝鳃太阳鱼）；2.92mg/L（96h）（黑头呆鱼）

EC_{50} 0.308mg/L（48h）（网纹蚤）

持久性和降解性

生物降解性 不易快速生物降解

非生物降解性 光解最大光吸收波长范围（nm）：278～286；空气中光氧化半衰期（h）：128.4～1284；一级水解半衰期（h）：29784

潜在的生物累积性 BCF：420～1140（鲤鱼，接触浓度50μg/L，接触时间6周），120～1300（鲤鱼，接触浓度5μg/L，接触时间6周）；根据K_{ow}值预测，该物质可能有较高的生物累积性
土壤中的迁移性 根据K_{oc}值预测，该物质的迁移性可能较弱

第十三部分 废弃处置

废弃化学品 用焚烧法处置。与燃料混合后，再焚烧。焚烧炉排出的卤化氢通过酸洗涤器除去
污染包装物 将容器返还生产商或按照国家和地方法规处置
废弃注意事项 处置前应参阅国家和地方有关法规

第十四部分 运输信息

联合国危险货物编号（UN号） 2321
联合国运输名称 液态三氯苯
联合国危险性类别 6.1 **包装类别** Ⅲ类包装
包装标志  **海洋污染物** 是
运输注意事项 运输前应先检查包装容器是否完整、密封，运输过程中要确保容器不泄漏、不倒塌、不坠落、不损坏。严禁与酸类、氧化剂、食品及食品添加剂混运。运输时运输车辆应配备相应品种和数量的消防器材及泄漏应急处理设备。运输途中应防曝晒、雨淋，防高温。公路运输时要按规定路线行驶

第十五部分 法规信息

下列法律、法规、规章和标准，对该化学品的管理作了相应的规定。

中华人民共和国职业病防治法 职业病分类和目录：未列入
危险化学品安全管理条例 危险化学品目录：列入。易制爆危险化学品名录：未列入。重点监管的危险化学品名录：未列入。GB 18218—2009《危险化学品重大危险源辨识》（表1）：未列入
使用有毒物品作业场所劳动保护条例 高毒物品目录：未列入
易制毒化学品管理条例 易制毒化学品的分类和品种目录：未列入
国际公约 斯德哥尔摩公约：未列入。鹿特丹公约：未列入。蒙特利尔议定书：未列入

第十六部分 其他信息

编写和修订信息 **缩略语和首字母缩写**
培训建议 **参考文献**
免责声明

1,3,5-三氯苯

第一部分 化学品标识

化学品中文名 1,3,5-三氯苯；均三氯苯
化学品英文名 1,3,5-trichlorobenzene；*sym*-trichlorobenzene
分子式 $C_6H_3Cl_3$ **相对分子质量** 181.5
结构式 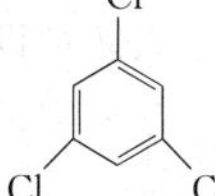

化学品的推荐及限制用途 用于有机合成，杀虫剂及染料合成

第二部分 危险性概述

紧急情况概述 吞咽有害
GHS危险性类别 急性毒性-经口，类别4；严重眼损伤/眼刺激，类别2B；特异性靶器官毒性-一次接触，类别3（呼吸道刺激）；特异性靶器官毒性-反复接触，类别2；危害水生环境-急性危害，类别1；危害水生环境-长期危害，类别1
标签要素

象形图 

警示词 警告

危险性说明 吞咽有害，造成眼刺激，可能引起呼吸道

刺激，长时间或反复接触可能对器官造成损伤，对水生生物毒性非常大并具有长期持续影响

防范说明

预防措施 避免接触眼睛、皮肤，操作后彻底清洗。作业场所不得进食、饮水或吸烟。避免吸入粉尘。禁止排入环境

事故响应 如接触眼睛：用水细心冲洗数分钟。如戴隐形眼镜并可方便地取出，取出隐形眼镜继续冲洗。如果眼睛刺激持续：就医。食入：漱口，如果感觉不适，立即呼叫中毒控制中心或就医。收集泄漏物

安全储存 -

废弃处置 本品及内装物、容器依据国家和地方法规处置

物理和化学危险 可燃，其粉体与空气混合，能形成爆炸性混合物

健康危害 食入有害。对眼和呼吸道有刺激性

环境危害 对水生生物毒性非常大并具有长期持续影响

第三部分 成分/组成信息

√物质 混合物

组分	浓度	CAS No.
1,3,5-三氯苯		108-70-3

第四部分 急救措施

吸入 迅速脱离现场至空气新鲜处。保持呼吸道通畅。如呼吸困难，给输氧。如呼吸、心跳停止，立即进行心肺复苏术。就医

皮肤接触 立即脱去污染的衣着，用流动清水彻底冲洗。就医

眼睛接触 立即分开眼睑，用流动清水或生理盐水彻底冲洗。就医

食入 漱口，饮水。就医

对保护施救者的忠告 根据需要使用个人防护设备

对医生的特别提示 对症处理

第五部分 消防措施

灭火剂 用雾状水、泡沫、二氧化碳、砂土灭火

特别危险性 在空气中受热分解释出剧毒的光气和氯化氢气体。与氧化剂接触发生猛烈反应。燃烧生成有害的一氧化碳、氯化氢

灭火注意事项及防护措施 消防人员必须佩戴空气呼吸器、穿全身防火防毒服，在上风向灭火。尽可能将容器从火场移至空旷处。喷水保持火场容器冷却，直至灭火结束

第六部分 泄漏应急处理

作业人员防护措施、防护装备和应急处置程序 隔离泄漏污染区，限制出入。消除所有点火源。建议应急处理人员戴防尘口罩，穿防毒服，戴橡胶手套。穿上适当的防护服前严禁接触破裂的容器和泄漏物。尽可能切断泄漏源。勿使水进入包装容器内

环境保护措施 无资料

泄漏化学品的收容、清除方法及所使用的处置材料 用丙酮润湿固体泄漏物，并把润湿物转移到合适的容器中

第七部分 操作处置与储存

操作注意事项 密闭操作，局部排风。操作人员必须经过专门培训，严格遵守操作规程。建议操作人员佩戴自吸过滤式防尘口罩，戴安全防护眼镜，穿防毒物渗透工作服，戴橡胶手套。远离火种、热源。工作场所严禁吸烟。使用防爆型的通风系统和设备。避免产生粉尘。避免与氧化剂接触。搬运时要轻装轻卸，防止包装及容器损坏。配备相应品种和数量的消防器材及泄漏应急处理设备。倒空的容器可能残留有害物

储存注意事项 储存于阴凉、通风的库房。远离火种、热源。包装密封。应与氧化剂、食用化学品分开存放，切忌混储。配备相应品种和数量的消防器材。储区应备有合适的材料收容泄漏物

第八部分 接触控制/个体防护

职业接触限值

中国 未制定标准

美国(ACGIH) 未制定标准

生物接触限值 未制定标准

监测方法 空气中有毒物质测定方法：溶剂解吸-气相色谱法。生物监测检验方法：未制定标准

工程控制 密闭操作，局部排风。提供安全的淋浴和洗眼设备

个体防护装备

呼吸系统防护 可能接触其粉尘时，应该佩戴过滤式防尘呼吸器。紧急事态抢救或撤离时，佩戴空气呼吸器

眼睛防护 戴安全防护眼镜

皮肤和身体防护 穿防毒物渗透工作服

手防护 戴橡胶手套

第九部分 理化特性

外观与性状 白色结晶，有特殊气味

pH值 无意义 **熔点(℃)** 63.4

沸点(℃) 208.5

相对密度(水=1) 1.356 (100℃)

相对蒸气密度(空气=1) 6.26

饱和蒸气压(kPa) 1.33 (78.0℃)

燃烧热(kJ/mol) 无资料 **临界温度(℃)** 无资料

临界压力(MPa) 3.72 **辛醇/水分配系数** 4.19

闪点(℃) 107 (CC) **自燃温度(℃)** 577

爆炸下限(%) 无资料 **爆炸上限(%)** 无资料

分解温度(℃) 无资料

黏度(mPa·s) 0.841 (70℃)

溶解性 不溶于水，微溶于乙醇，易溶于乙醚、苯

第十部分 稳定性和反应性

稳定性 稳定

危险反应 与强氧化剂等禁配物发生剧烈反应

避免接触的条件 受热

禁配物 强氧化剂

危险的分解产物 氯化氢

第十一部分 毒理学信息

急性毒性 LD_{50}：800mg/kg（大鼠经口）；2260mg/kg（小鼠经口）

皮肤刺激或腐蚀 家兔经皮：500mg（24h），轻度刺激

眼睛刺激或腐蚀 家兔经眼：100mg，轻度刺激

呼吸或皮肤过敏 无资料 **生殖细胞突变性** 无资料

致癌性 无资料 **生殖毒性** 无资料

特异性靶器官系统毒性-一次接触 无资料

特异性靶器官系统毒性-反复接触 无资料

吸入危害 无资料

第十二部分 生态学信息

生态毒性 EC_{50}：0.59mg/L（48h）（藻类）

持久性和降解性

生物降解性 不易快速生物降解

非生物降解性 无资料

潜在的生物累积性 根据 K_{ow} 值预测，该物质可能有较高的生物累积性

土壤中的迁移性 根据 K_{oc} 值预测，该物质的迁移性可能较弱

第十三部分 废弃处置

废弃化学品 建议用焚烧法处置。与燃料混合后，再焚烧。焚烧炉排出的卤化氢通过酸洗涤器除去

污染包装物 将容器返还生产商或按照国家和地方法规处置

废弃注意事项 处置前应参阅国家和地方有关法规

第十四部分 运输信息

联合国危险货物编号（UN号） 3077

联合国运输名称 对环境有害的固态物质，未另作规定的（1,3,5-三氯苯））

联合国危险性类别 9 **包装类别** Ⅲ类包装

包装标志 **海洋污染物** 是

运输注意事项 运输前应先检查包装容器是否完整、密封，运输过程中要确保容器不泄漏、不倒塌、不坠落、不损坏。严禁与酸类、氧化剂、食品及食品添加剂混运。运输途中应防曝晒、雨淋，防高温。运输时，运输车辆应配备相应品种和数量的消防器材及泄漏应急处理设备

第十五部分 法规信息

下列法律、法规、规章和标准，对该化学品的管理作了相应的规定。

中华人民共和国职业病防治法 职业病分类和目录：未列入

危险化学品安全管理条例 危险化学品目录：列入。易制爆危险化学品名录：未列入。重点监管的危险化学品名录：未列入。GB 18218—2009《危险化学品重大危险源辨识》（表1）：未列入

使用有毒物品作业场所劳动保护条例 高毒物品目录：未列入

易制毒化学品管理条例 易制毒化学品的分类和品种目录：未列入

国际公约 斯德哥尔摩公约：未列入。鹿特丹公约：未列入。蒙特利尔议定书：未列入

第十六部分 其他信息

编写和修订信息 **缩略语和首字母缩写**

培训建议 **参考文献**

免责声明

2,4,5-三氯苯胺

第一部分 化学品标识

化学品中文名 2,4,5-三氯苯胺；1-氨基-2,4,5-三氯苯

化学品英文名 2,4,5-trichloroaniline；1-amino-2,4,5-trichlorobenzene

分子式 $C_6H_4Cl_3N$ **相对分子质量** 196.64

结构式

H_2N、Cl、Cl、Cl

化学品的推荐及限制用途 用作染料中间体，并用于有机合成

第二部分 危险性概述

紧急情况概述 吞咽会中毒，皮肤接触会中毒，吸入会中毒

GHS危险性类别 急性毒性-经口，类别3；急性毒性-经皮，类别3；急性毒性-吸入，类别3；特异性靶器官毒性-反复接触，类别2；危害水生环境-急性危害，类别1；危害水生环境-长期危害，类别1

标签要素

象形图

警示词 危险

危险性说明 吞咽会中毒，皮肤接触会中毒，吸入会中毒，长时间或反复接触可能对器官造成损伤，对水生生物毒性非常大并具有长期持续影响

防范说明

预防措施 避免接触眼睛、皮肤，操作后彻底清洗。作业场所不得进食、饮水或吸烟。戴防护手套、穿防护服。避免吸入粉尘。仅在室外或通风良好处操作。禁止排入环境

事故响应 如吸入：将患者转移到空气新鲜处，休息，保持利于呼吸的体位。皮肤接触：用大量肥皂水和水清洗，如感觉不适，呼叫中毒控制

中心或就医。立即脱去所有被污染的衣服。被污染的衣服须经洗净后方可重新使用。食入：漱口，立即呼叫中毒控制中心或就医。收集泄漏物

安全储存　在通风良好处储存。保持容器密闭。上锁保管

废弃处置　本品及内装物、容器依据国家和地方法规处置

物理和化学危险　可燃，其粉体与空气混合，能形成爆炸性混合物

健康危害　对眼睛、黏膜、呼吸道及皮肤有刺激性。吸收进入体内引起高铁血红蛋白血症，出现紫绀

环境危害　对水生生物毒性非常大并具有长期持续影响

第三部分　成分/组成信息

√物质		混合物
组分	**浓度**	**CAS No.**
2,4,5-三氯苯胺		636-30-6

第四部分　急救措施

吸入　迅速脱离现场至空气新鲜处。保持呼吸道通畅。如呼吸困难，给输氧。如呼吸、心跳停止，立即进行心肺复苏术。就医

皮肤接触　立即脱去污染的衣着，用流动清水彻底冲洗。就医

眼睛接触　立即分开眼睑，用流动清水或生理盐水彻底冲洗。就医

食入　漱口，饮水。就医

对保护施救者的忠告　根据需要使用个人防护设备

对医生的特别提示　高铁血红蛋白血症，可用美蓝和维生素C治疗

第五部分　消防措施

灭火剂　用雾状水、泡沫、干粉、二氧化碳、砂土灭火

特别危险性　受高热分解，产生有毒气体。与强氧化剂接触可发生化学反应。燃烧生成有害的一氧化碳、氮氧化物、氯化氢

灭火注意事项及防护措施　消防人员必须佩戴空气呼吸器、穿全身防火防毒服，在上风向灭火。尽可能将容器从火场移至空旷处。喷水保持火场容器冷却，直至灭火结束

第六部分　泄漏应急处理

作业人员防护措施、防护装备和应急处置程序　隔离泄漏污染区，限制出入。消除所有点火源。建议应急处理人员戴防尘口罩，穿防毒服，戴橡胶手套。穿上适当的防护服前严禁接触破裂的容器和泄漏物。尽可能切断泄漏源。用塑料布覆盖泄漏物，减少飞散。勿使水进入包装容器内

环境保护措施　无资料

泄漏化学品的收容、清除方法及所使用的处置材料　用洁净的铲子收集泄漏物，置于干净、干燥、盖子较松的容器中，将容器移离泄漏区

第七部分　操作处置与储存

操作注意事项　密闭操作，提供充分的局部排风。操作人员必须经过专门培训，严格遵守操作规程。建议操作人员佩戴自吸过滤式防尘口罩，戴化学安全防护眼镜，穿防毒物渗透工作服，戴橡胶手套。远离火种、热源。工作场所严禁吸烟。使用防爆型的通风系统和设备。避免产生粉尘。避免与氧化剂、酸类接触。搬运时要轻装轻卸，防止包装及容器损坏。配备相应品种和数量的消防器材及泄漏应急处理设备。倒空的容器可能残留有害物

储存注意事项　储存于阴凉、通风的库房。远离火种、热源。包装密封。应与氧化剂、酸类、食用化学品分开存放，切忌混储。配备相应品种和数量的消防器材。储区应备有合适的材料收容泄漏物

第八部分　接触控制/个体防护

职业接触限值

中国　未制定标准

美国(ACGIH)　未制定标准

生物接触限值　未制定标准

监测方法　空气中有毒物质测定方法：吸收液采集-气相色谱法。生物监测检验方法：未制定标准

工程控制　严加密闭，提供充分的局部排风。提供安全的淋浴和洗眼设备

个体防护装备

呼吸系统防护　空气中粉尘浓度超标时，佩戴过滤式防尘呼吸器。紧急事态抢救或撤离时，应该佩戴空气呼吸器

眼睛防护　戴化学安全防护眼镜

皮肤和身体防护　穿防毒物渗透工作服

手防护　戴橡胶手套

第九部分　理化特性

外观与性状　浅黄色针状结晶

pH值　无意义　　**熔点(℃)**　93～95

沸点(℃)　270　　**相对密度(水=1)**　无资料

相对蒸气密度(空气=1)　无资料

饱和蒸气压(kPa)　无资料

燃烧热(kJ/mol)　无资料　　**临界温度(℃)**　无资料

临界压力(MPa)　无资料　　**辛醇/水分配系数**　3.45

闪点(℃)　无意义　　**自燃温度(℃)**　无资料

爆炸下限(%)　无资料　　**爆炸上限(%)**　无资料

分解温度(℃)　无资料

黏度(mPa·s)　无资料

溶解性　微溶于石油醚，溶于乙醇、乙醚、二硫化碳、乙酸

第十部分　稳定性和反应性

稳定性　稳定

避免接触的条件　受热

危险反应　与强氧化剂等禁配物发生反应

禁配物　酸类、酰基氯、酸酐、氯仿、强氧化剂

危险的分解产物 氨、氯化氢

第十一部分 毒理学信息

急性毒性 无资料
皮肤刺激或腐蚀 无资料
眼睛刺激或腐蚀 无资料
呼吸或皮肤过敏 无资料
生殖细胞突变性 无资料
致癌性 无资料
生殖毒性 无资料
特异性靶器官系统毒性-一次接触 无资料
特异性靶器官系统毒性-反复接触 无资料
吸入危害 无资料

第十二部分 生态学信息

生态毒性 根据结构类似物质预测，该物质对水生生物有极高毒性

持久性和降解性

生物降解性 无资料

非生物降解性 无资料

潜在的生物累积性 根据 K_{ow} 值预测，该物质可能有一定的生物累积性

土壤中的迁移性 根据 K_{oc} 值预测，该物质可能有一定的迁移性

第十三部分 废弃处置

废弃化学品 建议用焚烧法处置。与燃料混合后，再焚烧。焚烧炉排出的气体要通过洗涤器除去

污染包装物 将容器返还生产商或按照国家和地方法规处置

废弃注意事项 处置前应参阅国家和地方有关法规

第十四部分 运输信息

联合国危险货物编号（UN号） 2811

联合国运输名称 有机毒性固体，未另作规定的（2,4,5-三氯苯胺）

联合国危险性类别 6.1 **包装类别** Ⅲ类包装

包装标志 

海洋污染物 是

运输注意事项 运输前应先检查包装容器是否完整、密封，运输过程中要确保容器不泄漏、不倒塌、不坠落、不损坏。严禁与酸类、氧化剂、食品及食品添加剂混运。运输途中应防曝晒、雨淋，防高温。运输时，运输车辆应配备相应品种和数量的消防器材及泄漏应急处理设备

第十五部分 法规信息

下列法律、法规、规章和标准，对该化学品的管理作了相应的规定。

中华人民共和国职业病防治法 职业病分类和目录：苯的氨基及硝基化合物中毒

危险化学品安全管理条例 危险化学品目录：列入。易制爆危险化学品名录：未列入。重点监管的危险化学品名录：未列入。GB 18218—2009《危险化学品重大危险源辨识》（表1）：未列入

使用有毒物品作业场所劳动保护条例 高毒物品目录：未列入

易制毒化学品管理条例 易制毒化学品的分类和品种目录：未列入

国际公约 斯德哥尔摩公约：未列入。鹿特丹公约：未列入。蒙特利尔议定书：未列入

第十六部分 其他信息

编写和修订信息 **缩略语和首字母缩写**
培训建议 **参考文献**
免责声明

2,4,6-三氯苯胺

第一部分 化学品标识

化学品中文名 2,4,6-三氯苯胺；1-氨基-2,4,6-三氯苯

化学品英文名 2,4,6-trichloroaniline；1-amino-2,4,6-trichlorobenzene

分子式 $C_6H_4Cl_3N$ **相对分子质量** 196.64

结构式 (H₂N-苯环-2,4,6-三Cl)

化学品的推荐及限制用途 用于有机合成

第二部分 危险性概述

紧急情况概述 吞咽可能有害

GHS危险性类别 急性毒性-经口，类别5；危害水生环境-急性危害，类别1；危害水生环境-长期危害，类别1

标签要素

象形图 

警示词 警告

危险性说明 吞咽可能有害，对水生生物毒性非常大并具有长期持续影响

防范说明

预防措施 禁止排入环境

事故响应 如果感觉不适，呼叫中毒控制中心或就医。收集泄漏物

安全储存 -

废弃处置 本品及内装物、容器依据国家和地方法规处置

物理和化学危险 可燃，其粉体与空气混合，能形成爆炸性混合物

健康危害 对眼睛、黏膜、呼吸道及皮肤有刺激作用。吸收进入体内引起高铁血红蛋白血症，出现紫绀

环境危害 对水生生物毒性非常大并具有长期持续影响

第三部分 成分/组成信息

√物质 混合物

组分	浓度	CAS No.
2,4,6-三氯苯胺		634-93-5

第四部分 急救措施

吸入 迅速脱离现场至空气新鲜处。保持呼吸道通畅。如呼吸困难，给吸氧。如呼吸、心跳停止，立即行心肺复苏术。就医

皮肤接触 立即脱去污染衣着，用肥皂水或清水彻底冲洗。就医

眼睛接触 分开眼睑，用清水或生理盐水冲洗。就医

食入 漱口，饮水。就医

对保护施救者的忠告 根据需要使用个人防护设备

对医生的特别提示 高铁血红蛋白血症，可用美蓝和维生素C治疗

第五部分 消防措施

灭火剂 用雾状水、泡沫、干粉、二氧化碳、砂土灭火

特别危险性 受高热分解，产生有毒气体。与强氧化剂接触可发生化学反应。燃烧生成有害的一氧化碳、氮氧化物、氯化氢

灭火注意事项及防护措施 消防人员必须佩戴空气呼吸器、穿全身防火防毒服，在上风向灭火。尽可能将容器从火场移至空旷处。喷水保持火场容器冷却，直至灭火结束

第六部分 泄漏应急处理

作业人员防护措施、防护装备和应急处置程序 隔离泄漏污染区，限制出入。消除所有点火源。建议应急处理人员戴防尘口罩，穿防毒服，戴橡胶手套。穿上适当的防护服前严禁接触破裂的容器和泄漏物。尽可能切断泄漏源。用塑料布覆盖泄漏物，减少飞散。勿使水进入包装容器内

环境保护措施 无资料

泄漏化学品的收容、清除方法及所使用的处置材料 用洁净的铲子收集泄漏物，置于干净、干燥、盖子较松的容器中，将容器移离泄漏区

第七部分 操作处置与储存

操作注意事项 密闭操作，提供充分的局部排风。操作人员必须经过专门培训，严格遵守操作规程。建议操作人员佩戴自吸过滤式防尘口罩，戴安全防护眼镜，穿防毒物渗透工作服，戴橡胶手套。远离火种、热源。工作场所严禁吸烟。使用防爆型的通风系统和设备。避免产生粉尘。避免与氧化剂、还原剂、酸类接触。搬运时要轻装轻卸，防止包装及容器损坏。配备相应品种和数量的消防器材及泄漏应急处理设备。倒空的容器可能残留有害物

储存注意事项 储存于阴凉、通风的库房。远离火种、热源。包装密封。应与氧化剂、还原剂、酸类、食用化学品分开存放，切忌混储。配备相应品种和数量的消防器材。储区应备有合适的材料收容泄漏物

第八部分 接触控制/个体防护

职业接触限值

中国 未制定标准

美国(ACGIH) 未制定标准

生物接触限值 未制定标准

监测方法 空气中有毒物质测定方法：吸收液采集-气相色谱法。生物监测检验方法：未制定标准

工程控制 严加密闭，提供充分的局部排风。提供安全的淋浴和洗眼设备

个体防护装备

呼吸系统防护 空气中粉尘浓度超标时，佩戴过滤式防尘呼吸器。紧急事态抢救或撤离时，应该佩戴空气呼吸器

眼睛防护 戴安全防护眼镜

皮肤和身体防护 穿防毒物渗透工作服

手防护 戴橡胶手套

第九部分 理化特性

外观与性状 白色针状结晶

pH值 无意义 **熔点(℃)** 73～75

沸点(℃) 262 (99.22 kPa) **相对密度(水=1)** 无资料

相对蒸气密度(空气=1) 无资料

饱和蒸气压(kPa) 0.13 (134℃)

燃烧热(kJ/mol) 无资料 **临界温度(℃)** 无资料

临界压力(MPa) 无资料 **辛醇/水分配系数** 3.52

闪点(℃) 无意义 **自燃温度(℃)** 无资料

爆炸下限(%) 无资料 **爆炸上限(%)** 无资料

分解温度(℃) 无资料

黏度(mPa·s) 无资料

溶解性 溶于乙醇、乙醚，不溶于磷酸

第十部分 稳定性和反应性

稳定性 稳定

危险反应 与强氧化剂等禁配物发生反应

避免接触的条件 受热

禁配物 酸类、酰基氯、酸酐、氯仿、强氧化剂、强还原剂

危险的分解产物 氨、氯化氢

第十一部分 毒理学信息

急性毒性 LD_{50}：2400mg/kg（大鼠经口）；1180mg/kg（小鼠经口）

皮肤刺激或腐蚀 无资料 **眼睛刺激或腐蚀** 无资料

呼吸或皮肤过敏 无资料

生殖细胞突变性 微生物致突变：鼠伤寒沙门氏菌 5mg/皿

致癌性 无资料 **生殖毒性** 无资料

特异性靶器官系统毒性-一次接触 无资料

特异性靶器官系统毒性-反复接触 无资料

吸入危害 无资料

第十二部分 生态学信息

生态毒性 LC_{50}：8.2mg/L（48h）（青鳉）

持久性和降解性

生物降解性 无资料

非生物降解性 无资料

潜在的生物累积性 BCF：27～112（鲤鱼，接触浓度100ppb，接触时间8周），52～147（鲤鱼，接触浓度10ppb，接触时间8周）；根据 K_{ow} 值预测，该物质可能有一定的生物累积性

土壤中的迁移性 根据 K_{oc} 值预测，该物质可能有一定的迁移性

第十三部分 废弃处置

废弃化学品 建议用焚烧法处置。与燃料混合后，再焚烧。焚烧炉排出的气体要通过洗涤器除去

污染包装物 将容器返还生产商或按照国家和地方法规处置

废弃注意事项 处置前应参阅国家和地方有关法规

第十四部分 运输信息

联合国危险货物编号（UN号） 3077

联合国运输名称 对环境有害的固态物质，未另作规定的（2,4,5-三氯苯胺）

联合国危险性类别 9 **包装类别** Ⅲ类包装

包装标志 

海洋污染物 是

运输注意事项 运输前应先检查包装容器是否完整、密封，运输过程中要确保容器不泄漏、不倒塌、不坠落、不损坏。严禁与酸类、氧化剂、食品及食品添加剂混运。运输途中应防曝晒、雨淋，防高温。运输时，运输车辆应配备相应品种和数量的消防器材及泄漏应急处理设备

第十五部分 法规信息

下列法律、法规、规章和标准，对该化学品的管理作了相应的规定。

中华人民共和国职业病防治法 职业病分类和目录：苯的氨基及硝基化合物中毒

危险化学品安全管理条例 危险化学品目录：列入。易制爆危险化学品名录：未列入。重点监管的危险化学品名录：未列入。GB 18218—2009《危险化学品重大危险源辨识》（表1）：未列入

使用有毒物品作业场所劳动保护条例 高毒物品目录：未列入

易制毒化学品管理条例 易制毒化学品的分类和品种目录：未列入

国际公约 斯德哥尔摩公约：未列入。鹿特丹公约：未列入。蒙特利尔议定书：未列入

第十六部分 其他信息

编写和修订信息 **缩略语和首字母缩写**

培训建议 **参考文献**

免责声明

1,2,3-三氯丙烷

第一部分 化学品标识

化学品中文名 1,2,3-三氯丙烷

化学品英文名 1,2,3-trichloropropane

分子式 $C_3H_5Cl_3$ **相对分子质量** 147.43

结构式 Cl–CH₂–CH(Cl)–CH₂–Cl

化学品的推荐及限制用途 用作溶剂、中间体

第二部分 危险性概述

紧急情况概述 吞咽有害，皮肤接触有害，吸入有害，可能致癌

GHS危险性类别 急性毒性-经口，类别4；急性毒性-经皮，类别4；急性毒性-吸入，类别4；致癌性，类别1B；生殖毒性，类别1B；危害水生环境-急性危害，类别3；危害水生环境-长期危害，类别3

标签要素

象形图 

警示词 危险

危险性说明 吞咽有害，皮肤接触有害，吸入有害，可能致癌，可能对生育力或胎儿造成伤害，对水生生物有害并具有长期持续影响

防范说明

预防措施 避免接触眼睛、皮肤，操作后彻底清洗。作业场所不得进食、饮水或吸烟。戴防护手套、穿防护服。避免吸入蒸气、雾。仅在室外或通风良好处操作。得到专门指导后操作。在阅读并了解所有安全预防措施之前，切勿操作。按要求使用个体防护装备。禁止排入环境

事故响应 如吸入：将患者转移到空气新鲜处，休息，保持利于呼吸的体位。如果接触或有担心，就医。皮肤接触：用大量肥皂水和水清洗，如感觉不适，呼叫中毒控制中心或就医。被污染的衣服须经洗净后方可重新使用。食入：漱口，如果感觉不适，立即呼叫中毒控制中心或就医

安全储存 上锁保管

废弃处置 本品及内装物、容器依据国家和地方法规处置

物理和化学危险 可燃，其蒸气与空气混合，能形成爆炸性混合物

健康危害 本品具有麻醉作用。急性接触时，有较强的呼吸道及局部刺激作用。经皮吸收亦可引起中毒

环境危害 对水生生物有害并具有长期持续影响

第三部分 成分/组成信息

√物质 混合物

组分	浓度	CAS No.
1,2,3-三氯丙烷		96-18-4

第四部分 急救措施

吸入 迅速脱离现场至空气新鲜处。保持呼吸道通畅。如呼吸困难，给吸氧。如呼吸、心跳停止，立即行心肺复苏术。就医

皮肤接触 立即脱去污染衣着，用肥皂水或清水彻底冲洗。就医

眼睛接触 分开眼睑，用清水或生理盐水冲洗。就医

食入 漱口，饮水。就医

对保护施救者的忠告 根据需要使用个人防护设备

对医生的特别提示 对症处理

第五部分 消防措施

灭火剂 用雾状水、泡沫、二氧化碳、砂土灭火

特别危险性 受热易分解，燃烧时产生有毒的氯化物气体。遇潮湿空气能水解生成微量的氯化氢，光照亦能促进水解而对金属的腐蚀性增强。燃烧生成有害的一氧化碳、氯化氢

灭火注意事项及防护措施 消防人员须佩戴防毒面具、穿全身消防服，在上风向灭火。尽可能将容器从火场移至空旷处。喷水保持火场容器冷却，直至灭火结束。容器突然发出异常声音或出现异常现象，应立即撤离

第六部分 泄漏应急处理

作业人员防护措施、防护装备和应急处置程序 根据液体流动和蒸气扩散的影响区域划定警戒区，无关人员从侧风、上风向撤离至安全区。消除所有点火源。建议应急处理人员戴正压自给式呼吸器，穿防毒服，戴防化学品手套。穿上适当的防护服前严禁接触破裂的容器和泄漏物。尽可能切断泄漏源

环境保护措施 防止泄漏物进入水体、下水道、地下室或有限空间

泄漏化学品的收容、清除方法及所使用的处置材料 小量泄漏：用干燥的砂土或其他不燃材料吸收或覆盖，收集于容器中。大量泄漏：构筑围堤或挖坑收容。用泵转移至槽车或专用收集器内

第七部分 操作处置与储存

操作注意事项 密闭操作，局部排风。操作人员必须经过专门培训，严格遵守操作规程。建议操作人员佩戴自吸过滤式防毒面具（半面罩），戴安全防护眼镜，穿透气型防毒服，戴防化学品手套。远离火种、热源。工作场所严禁吸烟。使用防爆型的通风系统和设备。防止蒸气泄漏到工作场所空气中。避免与氧化剂、碱类接触。搬运时要轻装轻卸，防止包装及容器损坏。配备相应品种和数量的消防器材及泄漏应急处理设备。倒空的容器可能残留有害物

储存注意事项 储存于阴凉、通风的库房。远离火种、热源。保持容器密封。应与氧化剂、碱类、食用化学品分开存放，切忌混储。配备相应品种和数量的消防器材。储区应备有泄漏应急处理设备和合适的收容材料

第八部分 接触控制/个体防护

职业接触限值

中国 PC-TWA：60mg/m^3［皮］［G2A］

美国(ACGIH) TLV-TWA：10ppm［皮］

生物接触限值 未制定标准

监测方法 空气中有毒物质测定方法：溶剂解吸-气相色谱法。生物监测检验方法：未制定标准

工程控制 密闭操作，局部排风

个体防护装备

呼吸系统防护 空气中浓度超标时，应选择佩戴过滤式防毒面具（半面罩）。紧急事态抢救或撤离时，佩戴空气呼吸器

眼睛防护 戴安全防护眼镜

皮肤和身体防护 穿透气型防毒服

手防护 戴防化学品手套

第九部分 理化特性

外观与性状 无色至淡黄色液体，有氯仿味

pH值 无资料 **熔点(℃)** −14.7

沸点(℃) 156.8

相对密度(水=1) 1.39（20℃）

相对蒸气密度(空气=1) 5.0

饱和蒸气压(kPa) 1.33（46℃）

燃烧热(kJ/mol) −1733.0 **临界温度(℃)** 无资料

临界压力(MPa) 3.87 **辛醇/水分配系数** 2.27

闪点(℃) 71.1（CC）；82.2（OC）

自燃温度(℃) 304 **爆炸下限(%)** 3.2

爆炸上限(%) 12.6 **分解温度(℃)** 无资料

黏度(mPa·s) 0.25（20℃）

溶解性 微溶于水，溶于乙醇、乙醚、油类、脂类、石蜡

第十部分 稳定性和反应性

稳定性 稳定

危险反应 与强氧化剂等禁配物发生反应

避免接触的条件 潮湿空气、光照、受热

禁配物 强氧化剂、强碱

危险的分解产物 氯化氢

第十一部分 毒理学信息

急性毒性

LD_{50} 108μl（150mg）/kg（大鼠经口）；369mg/kg（小鼠经口）；372μl（517mg）/kg（兔经皮）

LC_{50} 3400mg/m^3（小鼠吸入，2h）

皮肤刺激或腐蚀 家兔经皮：500μl（24h），轻度刺激

眼睛刺激或腐蚀 家兔经眼：100μl，中度刺激

呼吸或皮肤过敏 无资料

生殖细胞突变性 微生物致突变：鼠伤寒沙门氏菌500ng/皿。DNA损伤：人淋巴细胞2mmol/L。细胞遗

传学分析：大鼠吸入 800μg/L。姐妹染色单体交换：仓鼠肺 300μmol/L

致癌性 IARC 致癌性评论：组 2A，可能人类致癌物。对人类致癌性证据有限，对动物致癌性证据充分

生殖毒性 无资料

特异性靶器官系统毒性-一次接触 无资料

特异性靶器官系统毒性-反复接触 无资料

吸入危害 无资料

第十二部分 生态学信息

生态毒性

LC_{50} 66.5mg/L (96h)（鱼）

EC_{50} 20mg/L (48h)（水蚤）

持久性和降解性

生物降解性 不能快速生物降解

非生物降解性 空气中光氧化半衰期 (h)：61～613；一级水解半衰期 (h)：44

潜在的生物累积性 根据 K_{ow} 值预测，该物质的生物累积性可能较弱

土壤中的迁移性 根据 K_{oc} 值预测，该物质可能有一定的迁移性

第十三部分 废弃处置

废弃化学品 用焚烧法处置。与燃料混合后，再焚烧。焚烧炉排出的卤化氢通过酸洗涤器除去

污染包装物 将容器返还生产商或按照国家和地方法规处置

废弃注意事项 处置前应参阅国家和地方有关法规

第十四部分 运输信息

联合国危险货物编号（UN 号） - **联合国运输名称** -

联合国危险性类别 - **包装类别** -

包装标志 - **海洋污染物** -

运输注意事项 运输前应先检查包装容器是否完整、密封，运输过程中要确保容器不泄漏、不倒塌、不坠落、不损坏。严禁与酸类、氧化剂、食品及食品添加剂混运。运输时运输车辆应配备相应品种和数量的消防器材及泄漏应急处理设备。运输途中应防曝晒、雨淋，防高温。公路运输时要按规定路线行驶

第十五部分 法规信息

下列法律、法规、规章和标准，对该化学品的管理作了相应的规定。

中华人民共和国职业病防治法 职业病分类和目录：未列入

危险化学品安全管理条例 危险化学品目录：列入。易制爆危险化学品名录：未列入。重点监管的危险化学品名录：未列入。GB 18218—2009《危险化学品重大危险源辨识》(表 1)：未列入

使用有毒物品作业场所劳动保护条例 高毒物品目录：未列入

易制毒化学品管理条例 易制毒化学品的分类和品种目录：未列入

国际公约 斯德哥尔摩公约：未列入。鹿特丹公约：未列入。蒙特利尔议定书：未列入

第十六部分 其他信息

编写和修订信息 **缩略语和首字母缩写**

培训建议 **参考文献**

免责声明

三氯一氟甲烷

第一部分 化学品标识

化学品中文名 三氯一氟甲烷；氟里昂-11；制冷剂 R-11

化学品英文名 trichlorofluoromethane；Freon 11

分子式 CCl_3F **相对分子质量** 137.36

结构式 Cl—C(Cl)(Cl)—F

化学品的推荐及限制用途 用作制冷剂、发泡剂、气溶胶型喷射剂

第二部分 危险性概述

紧急情况概述 可能引起昏昏欲睡或眩晕

GHS 危险性类别 生殖毒性，类别 2；特异性靶器官毒性-一次接触，类别 1；特异性靶器官毒性-一次接触，类别 3（呼吸道刺激、麻醉效应）；危害臭氧层，类别 1

标签要素

象形图

警示词 危险

危险性说明 怀疑对生育力或胎儿造成伤害，对器官造成损害，可能引起呼吸道刺激或可能引起昏昏欲睡或眩晕

防范说明

预防措施 得到专门指导后操作。在阅读并了解所有安全预防措施之前，切勿操作。按要求使用个体防护装备。避免吸入气体、蒸气、雾。避免接触眼睛、皮肤，操作后彻底清洗。作业场所不得进食、饮水或吸烟

事故响应 如果接触或有担心，就医。如果接触：立即呼叫中毒控制中心或就医

安全储存 上锁保管

废弃处置 本品及内装物、容器依据国家和地方法规处置

物理和化学危险 不燃，无特殊燃爆特性

健康危害 吸入后引起心律失常、意识模糊、倦睡、神志不清。对眼有刺激性。与液体接触，引起冻伤

环境危害 对环境可能有害

第三部分 成分/组成信息

√物质 混合物

组分	浓度	CAS No.
三氯一氟甲烷		75-69-4

第四部分　急救措施

吸入　迅速脱离现场至空气新鲜处。保持呼吸道通畅。如呼吸困难，给吸氧。如呼吸、心跳停止，立即行心肺复苏术。就医

皮肤接触　立即脱去污染衣着，用肥皂水或清水彻底冲洗。就医

眼睛接触　分开眼睑，用清水或生理盐水冲洗。就医

食入　漱口，饮水。就医

对保护施救者的忠告　根据需要使用个人防护设备

对医生的特别提示　对症处理

第五部分　消防措施

灭火剂　本品不燃。根据着火原因选择适当灭火剂灭火

特别危险性　受高热分解，放出有毒的氟化物和氯化物气体。若遇高热，容器内压增大，有开裂和爆炸的危险

灭火注意事项及防护措施　消防人员须佩戴防毒面具、穿全身消防服，在上风向灭火。切断气源。喷水冷却容器，尽可能将容器从火场移至空旷处

第六部分　泄漏应急处理

作业人员防护措施、防护装备和应急处置程序　根据气体扩散的影响区域划定警戒区，无关人员从侧风、上风向撤离至安全区。建议应急处理人员戴正压自给式呼吸器，穿一般作业工作服。尽可能切断泄漏源。漏出气允许排入大气中。泄漏场所保持通风

环境保护措施　无资料

泄漏化学品的收容、清除方法及所使用的处置材料　构筑围堤或挖坑收容液体泄漏物。用砂土、惰性物质或蛭石收大量液体

第七部分　操作处置与储存

操作注意事项　密闭操作，全面排风。操作人员必须经过专门培训，严格遵守操作规程。远离易燃、可燃物。防止气体或蒸气泄漏到工作场所空气中。避免与氧化剂、铝接触。搬运时轻装轻卸，防止钢瓶及附件破损。配备泄漏应急处理设备

储存注意事项　储存于阴凉、通风的不燃气体专用库房。远离火种、热源。库温不宜超过30℃。应与氧化剂、易（可）燃物、铝分开存放，切忌混储。储区应备有泄漏应急处理设备

第八部分　接触控制/个体防护

职业接触限值

中国　未制定标准

美国(ACGIH)　TLV-C：1000ppm

生物接触限值　未制定标准

监测方法　空气中有毒物质测定方法：未制定标准。生物监测检验方法：未制定标准

工程控制　密闭操作，全面排风

个体防护装备

呼吸系统防护　一般不需要特殊防护，高浓度接触时可佩戴过滤式防毒面具（半面罩）

眼睛防护　一般不需特殊防护。必要时，戴安全防护眼镜

皮肤和身体防护　穿一般作业工作服

手防护　戴橡胶手套

第九部分　理化特性

外观与性状　无色液体或气体，有醚味

pH值　无意义　　**熔点(℃)**　−111

沸点(℃)　23.7　　**相对密度(水=1)**　1.49

相对蒸气密度(空气=1)　4.7

饱和蒸气压(kPa)　89（20℃）

燃烧热(kJ/mol)　无资料　　**临界温度(℃)**　198

临界压力(MPa)　4.38　　**辛醇/水分配系数**　2.53

闪点(℃)　无意义　　**自燃温度(℃)**　无意义

爆炸下限(%)　无意义　　**爆炸上限(%)**　无意义

分解温度(℃)　无资料

黏度(mPa·s)　0.43（20℃）

溶解性　微溶于水，易溶于乙醇、乙醚和其他有机溶剂

第十部分　稳定性和反应性

稳定性　稳定

危险反应　与强氧化剂等禁配物发生反应

禁配物　强氧化剂、易燃或可燃物、铝等金属

避免接触的条件　受热

危险的分解产物　氟化氢、氯化氢

第十一部分　毒理学信息

急性毒性

LD_{50}　3725mg/kg（大鼠经口）；1743mg/kg（小鼠腹腔）

LC_{50}　100000ppm（大鼠吸入，30min）

LCLo　10pph（大鼠吸入，20min）

TCLo　50000ppm（人吸入，30min）

皮肤刺激或腐蚀　无资料　　**眼睛刺激或腐蚀**　无资料

呼吸或皮肤过敏　无资料　　**生殖细胞突变性**　无资料

致癌性　无资料　　**生殖毒性**　无资料

特异性靶器官系统毒性-一次接触　无资料

特异性靶器官系统毒性-反复接触　小鼠、大鼠及豚鼠吸入本品，浓度5.6mg/L，每天6h，连续28d，未引起中毒征象。尸检发现有肺气肿、肺及脑水肿、肝脏营养障碍性改变

吸入危害　无资料

第十二部分　生态学信息

生态毒性　无资料

持久性和降解性

生物降解性　好氧生物降解（h）：4032～8640；厌氧生物降解（h）：16128～34560

非生物降解性　光解最大光吸收波长范围（nm）：230～260；空气中光氧化半衰期（h）：1.30×10^5～1.30×10^6

潜在的生物累积性　BCF：9.6～17（鲤鱼，接触浓度100mg/L，接触时间6周），13～26（鲤鱼，接触浓

度 10mg/L，接触时间 6 周)；根据 K_{ow} 值预测，该物质的生物累积性可能较弱

土壤中的迁移性　根据 K_{oc} 值预测，该物质可能有一定的迁移性

第十三部分　废弃处置

废弃化学品　根据国家和地方有关法规的要求处置。或与制造商联系，确定处置方法

污染包装物　将容器返还生产商或按照国家和地方法规处置

废弃注意事项　把倒空的容器归还厂商或在规定场所掩埋

第十四部分　运输信息

联合国危险货物编号 (UN 号)　1078

联合国运输名称　制冷气体，未另作规定的（三氯一氟甲烷）

联合国危险性类别　2.2　**包装类别**　-

包装标志 　**海洋污染物**　否

运输注意事项　采用钢瓶运输时必须戴好钢瓶上的安全帽。钢瓶一般平放，并应将瓶口朝同一方向，不可交叉；高度不得超过车辆的防护栏板，并用三角木垫卡牢，防止滚动。严禁与氧化剂、易燃物或可燃物、铝等混装混运。夏季应早晚运输，防止日光曝晒。铁路运输时要禁止溜放

第十五部分　法规信息

下列法律、法规、规章和标准，对该化学品的管理作了相应的规定。

中华人民共和国职业病防治法　职业病分类和目录：未列入

危险化学品安全管理条例　危险化学品目录：列入。易制爆危险化学品名录：未列入。重点监管的危险化学品名录：未列入。GB 18218—2009《危险化学品重大危险源辨识》(表 1)：未列入

使用有毒物品作业场所劳动保护条例　高毒物品目录：未列入

易制毒化学品管理条例　易制毒化学品的分类和品种目录：未列入

国际公约　斯德哥尔摩公约：未列入。鹿特丹公约：未列入。蒙特利尔议定书：列入

第十六部分　其他信息

编写和修订信息　**缩略语和首字母缩写**

培训建议　**参考文献**

免责声明

三氯硅烷

第一部分　化学品标识

化学品中文名　三氯硅烷；硅仿；硅氯仿

化学品英文名　trichlorosilane；silicochloroform

分子式　Cl_3HSi　**相对分子质量**　135.45

结构式 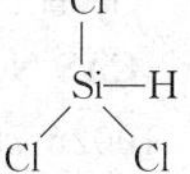

化学品的推荐及限制用途　用于制造硅酮化合物

第二部分　危险性概述

紧急情况概述　暴露在空气中自燃，造成严重的皮肤灼伤和眼损伤

GHS 危险性类别　自燃液体，类别 1；急性毒性-经口，类别 4；急性毒性-吸入，类别 4；皮肤腐蚀/刺激，类别 1A；严重眼损伤/眼刺激，类别 1；特异性靶器官毒性--次接触，类别 3（呼吸道刺激）

标签要素

象形图 

警示词　危险

危险性说明　暴露在空气中自燃，吞咽有害，吸入有害，造成严重的皮肤灼伤和眼损伤，可能引起呼吸道刺激

防范说明

预防措施　远离热源、火花、明火、热表面。禁止吸烟。不得与空气接触。避免接触眼睛、皮肤，操作后彻底清洗。作业场所不得进食、饮水或吸烟。避免吸入蒸气、雾。仅在室外或通风良好处操作。戴防护手套，穿防护服，戴防护眼镜、防护面罩

事故响应　火灾时，使用干粉、干砂灭火。如吸入：将患者转移到空气新鲜处，休息，保持利于呼吸的体位，如感觉不适，呼叫中毒控制中心或就医。皮肤（或头发）接触：立即脱掉所有被污染的衣服。如果皮肤接触，将接触部位浸入冷水中，用湿绷带包扎，立即呼叫中毒控制中心或就医。污染的衣服须洗净后方可重新使用。接触眼睛：用水细心冲洗数分钟。如戴隐形眼镜并可方便地取出，取出隐形眼镜继续冲洗。食入：漱口，不要催吐，如果感觉不适，立即呼叫中毒控制中心或就医

安全储存　上锁保管

废弃处置　本品及内装物、容器依据国家和地方法规处置

物理和化学危险　遇湿易燃。遇水产生刺激性气体

健康危害　对眼和呼吸道黏膜有强烈刺激作用。高浓度下，引起角膜浑浊、呼吸道炎症，甚至肺水肿。并可伴有头昏、头痛、乏力、恶心、呕吐、心慌等症状。溅在皮肤上，可引起坏死，溃疡长期不愈。动物慢性中毒见慢性卡他性气管炎、支气管炎及早期肺硬化

环境危害　对环境可能有害

第三部分 成分/组成信息

√物质 混合物

组分	浓度	CAS No.
三氯硅烷		10025-78-2

第四部分 急救措施

吸入 迅速脱离现场至空气新鲜处。保持呼吸道通畅。如呼吸困难，给输氧。如呼吸、心跳停止，立即进行心肺复苏术。就医

皮肤接触 立即脱去污染的衣着，用大量流动清水彻底冲洗至少15min。就医

眼睛接触 立即分开眼睑，用流动清水或生理盐水彻底冲洗至少15min。就医

食入 用水漱口，禁止催吐。给饮牛奶或蛋清。就医

对保护施救者的忠告 根据需要使用个人防护设备

对医生的特别提示 对症处理

第五部分 消防措施

灭火剂 用干粉、干砂灭火

特别危险性 受高热分解产生有毒的氯化物气体。与氧化剂发生反应，有燃烧危险。极易挥发，在空气中发烟，遇水或水蒸气能产生热和有毒的腐蚀性烟雾。燃烧生成有害的氯化氢、氧化硅

灭火注意事项及防护措施 消防人员必须佩戴空气呼吸器、穿全身防火防毒服，在上风向灭火。尽可能将容器从火场移至空旷处。喷水保持火场容器冷却，直至灭火结束。切忌使用水、泡沫、二氧化碳、酸碱灭火剂灭火

第六部分 泄漏应急处理

作业人员防护措施、防护装备和应急处置程序 消除所有点火源。根据液体流动和蒸气扩散的影响区域划定警戒区，无关人员从侧风、上风向撤离至安全区。建议应急处理人员戴正压自给式呼吸器，穿防静电、防腐蚀、防毒服，戴橡胶手套。禁止接触或跨越泄漏物。尽可能切断泄漏源

环境保护措施 防止泄漏物进入水体、下水道、地下室或有限空间

泄漏化学品的收容、清除方法及所使用的处置材料 严禁用水处理。小量泄漏：用干燥的砂土或其他不燃材料覆盖泄漏物。大量泄漏：构筑围堤或挖坑收容。用碎石灰石（$CaCO_3$）、苏打灰（Na_2CO_3）或石灰（CaO）中和。在专家指导下清除

第七部分 操作处置与储存

操作注意事项 密闭操作，局部排风。操作人员必须经过专门培训，严格遵守操作规程。建议操作人员佩戴自吸过滤式防毒面具（全面罩），穿胶布防毒衣，戴橡胶手套。远离火种、热源。工作场所严禁吸烟。使用防爆型的通风系统和设备。避免产生烟雾。防止烟雾和蒸气释放到工作场所空气中。避免与氧化剂、酸类、碱类接触。尤其要注意避免与水接触。搬运时要轻装轻卸，防止包装及容器损坏。配备相应品种和数量的消防器材及泄漏应急处理设备。倒空的容器可能残留有害物

储存注意事项 储存于阴凉、干燥、通风良好的专用库房内，远离火种、热源。库房温度不超过32℃，相对湿度不超过75%。包装必须密封，切勿受潮。应与氧化剂、酸类、碱类等分开存放，切忌混储。采用防爆型照明、通风设施。禁止使用易产生火花的机械设备和工具。储区应备有泄漏应急处理设备和合适的收容材料

第八部分 接触控制/个体防护

职业接触限值

中国 未制定标准

美国(ACGIH) 未制定标准

生物接触限值 未制定标准

监测方法 空气中有毒物质测定方法：未制定标准。生物监测检验方法：未制定标准

工程控制 密闭操作，局部排风。提供安全的淋浴和洗眼设备

个体防护装备

呼吸系统防护 空气中浓度超标时，应该佩戴过滤式防毒面具（全面罩）。紧急事态抢救或撤离时，建议佩戴空气呼吸器

眼睛防护 呼吸系统防护中已作防护

皮肤和身体防护 穿隔绝式防毒服

手防护 戴橡胶手套

第九部分 理化特性

外观与性状 无色液体，极易挥发

pH值 无资料 **熔点(℃)** −126.5

沸点(℃) 31.8 **相对密度(水=1)** 1.34

相对蒸气密度(空气=1) 4.7

饱和蒸气压(kPa) 65.8（20℃）

燃烧热(kJ/mol) 无资料 **临界温度(℃)** 无资料

临界压力(MPa) 4.17 **辛醇/水分配系数** 1.46

闪点(℃) −28（OC） **自燃温度(℃)** 185

爆炸下限(%) 1.2 **爆炸上限(%)** 90.5

分解温度(℃) 无资料

黏度(mPa·s) 0.316（25℃）

溶解性 溶于苯、乙醚、庚烷等多数有机溶剂

第十部分 稳定性和反应性

稳定性 稳定

危险反应 与强氧化剂、水等禁配物接触，有发生火灾和爆炸的危险

避免接触的条件 潮湿空气

禁配物 酸类、强碱、强氧化剂、水、醇类、胺类

危险的分解产物 氯化氢

第十一部分 毒理学信息

急性毒性

LD_{50} 1030mg/kg（大鼠经口）

LC_{50}　1500mg/m³（小鼠吸入，2h）

皮肤刺激或腐蚀　无资料　**眼睛刺激或腐蚀**　无资料

呼吸或皮肤过敏　无资料　**生殖细胞突变性**　无资料

致癌性　无资料　**生殖毒性**　无资料

特异性靶器官系统毒性-一次接触　无资料

特异性靶器官系统毒性-反复接触　可见卡他性气管炎、支气管炎及早期肺硬化表现

吸入危害　无资料

第十二部分　生态学信息

生态毒性　无资料

持久性和降解性

生物降解性　无资料

非生物降解性　无资料

潜在的生物累积性　无资料

土壤中的迁移性　无资料

第十三部分　废弃处置

废弃化学品　根据国家和地方有关法规的要求处置。或与制造商联系，确定处置方法

污染包装物　将容器返还生产商或按照国家和地方法规处置

废弃注意事项　处置前应参阅国家和地方有关法规

第十四部分　运输信息

联合国危险货物编号（UN号）　1295

联合国运输名称　三氯硅烷

联合国危险性类别　4.3，3/8　**包装类别**　Ⅰ类包装

包装标志 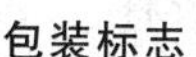

海洋污染物　否

运输注意事项　运输时运输车辆应配备相应品种和数量的消防器材及泄漏应急处理设备。装运本品的车辆排气管须有阻火装置。运输过程中要确保容器不泄漏、不倒塌、不坠落、不损坏。严禁与氧化剂、酸类、碱类、食用化学品等混装混运。运输途中应防曝晒、雨淋，防高温。中途停留时应远离火种、热源。运输用车、船必须干燥，并有良好的防雨设施。车辆运输完毕应进行彻底清扫。铁路运输时要禁止溜放

第十五部分　法规信息

下列法律、法规、规章和标准，对该化学品的管理作了相应的规定。

中华人民共和国职业病防治法　职业病分类和目录：未列入

危险化学品安全管理条例　危险化学品目录：列入。易制爆危险化学品名录：未列入。重点监管的危险化学品名录：未列入。GB 18218—2009《危险化学品重大危险源辨识》（表1）：未列入

使用有毒物品作业场所劳动保护条例　高毒物品目录：未列入

易制毒化学品管理条例　易制毒化学品的分类和品种目录：未列入

国际公约　斯德哥尔摩公约：未列入。鹿特丹公约：未列入。蒙特利尔议定书：未列入

第十六部分　其他信息

编写和修订信息　**缩略语和首字母缩写**

培训建议　**参考文献**

免责声明

三氯化碘

第一部分　化学品标识

化学品中文名　三氯化碘

化学品英文名　iodine trichloride

分子式　ICl_3　**相对分子质量**　233.31

结构式

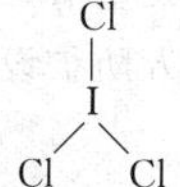

化学品的推荐及限制用途　用作氯化剂及氧化剂，测定碘值及用于医药工业

第二部分　危险性概述

紧急情况概述　造成严重的皮肤灼伤和眼损伤

GHS危险性类别　急性毒性-吸入，类别5；皮肤腐蚀/刺激，类别1；严重眼损伤/眼刺激，类别1

标签要素

象形图

警示词　危险

危险性说明　吸入可能有害，造成严重的皮肤灼伤和眼损伤

防范说明

预防措施　避免吸入粉尘或烟雾。避免接触眼睛、皮肤，操作后彻底清洗。戴防护手套，穿防护服，戴防护眼镜、防护面罩

事故响应　如吸入：将患者转移到空气新鲜处，休息，保持利于呼吸的体位，如感觉不适，呼叫中毒控制中心或就医。皮肤（或头发）接触：立即脱掉所有被污染的衣服，用水冲洗皮肤，淋浴。污染的衣服须洗净后方可重新使用。接触眼睛：用水细心冲洗数分钟。如戴隐形眼镜并可方便地取出，取出隐形眼镜继续冲洗。食入：漱口。不要催吐

安全储存　上锁保管

废弃处置　本品及内装物、容器依据国家和地方法规处置

物理和化学危险　不燃，无特殊燃爆特性。遇水产生刺激性气体

健康危害　本品具有刺激作用。对皮肤有强腐蚀性。加热

分解成一氯化碘和剧毒的氯气

环境危害 对环境可能有害

第三部分 成分/组成信息

√物质		混合物
组分	**浓度**	**CAS No.**
三氯化碘		865-44-1

第四部分 急救措施

吸入 迅速脱离现场至空气新鲜处。保持呼吸道通畅。如呼吸困难，给输氧。如呼吸、心跳停止，立即进行心肺复苏术。就医

皮肤接触 立即脱去污染的衣着，用大量流动清水彻底冲洗至少15min。就医

眼睛接触 立即分开眼睑，用流动清水或生理盐水彻底冲洗至少15min。就医

食入 用水漱口，禁止催吐。给饮牛奶或蛋清。就医

对保护施救者的忠告 根据需要使用个人防护设备

对医生的特别提示 对症处理

第五部分 消防措施

灭火剂 用二氧化碳、砂土灭火

特别危险性 受高热分解，放出腐蚀性、刺激性的烟雾。吸潮或遇水会产生大量的腐蚀性烟雾。具有强腐蚀性

灭火注意事项及防护措施 消防人员必须穿全身耐酸碱消防服、佩戴空气呼吸器灭火。尽可能将容器从火场移至空旷处。喷水保持火场容器冷却，直至灭火结束。禁止用水和泡沫灭火

第六部分 泄漏应急处理

作业人员防护措施、防护装备和应急处置程序 隔离泄漏污染区，限制出入。建议应急处理人员戴防尘口罩，穿防酸碱服，戴橡胶手套。作业时使用的所有设备应接地。穿上适当的防护服前严禁接触破裂的容器和泄漏物。尽可能切断泄漏源

环境保护措施 无资料

泄漏化学品的收容、清除方法及所使用的处置材料 小量泄漏：用干燥的砂土或其他不燃材料覆盖泄漏物，然后用塑料布覆盖，减少飞散、避免雨淋。用洁净的铲子收集泄漏物，置于干净、干燥、盖子较松的容器中，将容器移离泄漏区

第七部分 操作处置与储存

操作注意事项 密闭操作，加强通风。操作人员必须经过专门培训，严格遵守操作规程。建议操作人员佩戴头罩型电动送风过滤式防尘呼吸器，穿防酸碱塑料工作服，戴橡胶手套。远离易燃、可燃物。避免产生粉尘。避免与还原剂、碱类、氰化物接触。尤其要注意避免与水接触。搬运时要轻装轻卸，防止包装及容器损坏。配备泄漏应急处理设备。倒空的容器可能残留有害物

储存注意事项 储存于阴凉、干燥、通风良好的库房。远离火种、热源。包装必须密封，切勿受潮。应与易(可)燃物、还原剂、碱类、氰化物等分开存放，切忌混储。储区应备有合适的材料收容泄漏物

第八部分 接触控制/个体防护

职业接触限值

中国 未制定标准

美国(ACGIH) TLV-TWA：0.01ppm（可吸入性颗粒物和蒸气）

生物接触限值 未制定标准

监测方法 空气中有毒物质测定方法：碳酸氢钠溶剂解吸-离子色谱法。生物监测检验方法：未制定标准

工程控制 生产过程密闭，加强通风。提供安全的淋浴和洗眼设备

个体防护装备

呼吸系统防护 可能接触其粉尘时，必须佩戴过滤式防尘呼吸器；可能接触其蒸气时，应该佩戴过滤式防毒面具（全面罩）。空气中浓度较高时，必须佩戴空气呼吸器

眼睛防护 戴化学安全防护眼镜

皮肤和身体防护 穿橡胶耐酸碱服

手防护 戴橡胶手套

第九部分 理化特性

外观与性状 黄色或棕色晶体，有刺激性气味，具强吸湿性，遇水易分解，在室温下能挥发

pH值 无意义　**熔点(℃)** 33

沸点(℃) 77（分解）

相对密度(水=1) 3.20（−4℃）

相对蒸气密度(空气=1) 无资料

饱和蒸气压(kPa) 无资料

燃烧热(kJ/mol) 无资料　**临界温度(℃)** 无资料

临界压力(MPa) 无资料　**辛醇/水分配系数** 无资料

闪点(℃) 无意义　**自燃温度(℃)** 无意义

爆炸下限(%) 无意义　**爆炸上限(%)** 无意义

分解温度(℃) 无资料　**黏度(mPa·s)** 无资料

溶解性 溶于水，溶于乙醇、乙醚、苯、四氯化碳

第十部分 稳定性和反应性

稳定性 稳定

危险反应 与易燃或可燃物等禁配物发生反应

避免接触的条件 潮湿空气

禁配物 易燃或可燃物、水蒸气、碱类、氰化物、强还原剂

危险的分解产物 无资料

第十一部分 毒理学信息

急性毒性 无资料　**皮肤刺激或腐蚀** 无资料

眼睛刺激或腐蚀 无资料　**呼吸或皮肤过敏** 无资料

生殖细胞突变性 无资料　**致癌性** 无资料

生殖毒性 频繁使用碘化物可致胎儿死亡，严重的甲状腺肿和甲状腺机能衰退，新生儿呈现克汀病样体征

特异性靶器官系统毒性-一次接触 无资料

特异性靶器官系统毒性-反复接触 无资料

吸入危害 无资料

第十二部分　生态学信息

生态毒性　无资料

持久性和降解性

生物降解性　无资料

非生物降解性　无资料

潜在的生物累积性　无资料

土壤中的迁移性　无资料

第十三部分　废弃处置

废弃化学品　根据国家和地方有关法规的要求处置。或与制造商联系，确定处置方法

污染包装物　将容器返还生产商或按照国家和地方法规处置

废弃注意事项　处置前应参阅国家和地方有关法规

第十四部分　运输信息

联合国危险货物编号（UN号）　3260

联合国运输名称　无机酸性腐蚀性固体，未另作规定的（三氯化碘）

联合国危险性类别　8　　**包装类别**　Ⅱ类包装

包装标志 　**海洋污染物**　否

运输注意事项　起运时包装要完整，装载应稳妥。运输过程中要确保容器不泄漏、不倒塌、不坠落、不损坏。严禁与易燃物或可燃物、还原剂、碱类、氰化物、食用化学品等混装混运。运输时运输车辆应配备泄漏应急处理设备。运输途中应防曝晒、雨淋，防高温

第十五部分　法规信息

下列法律、法规、规章和标准，对该化学品的管理作了相应的规定。

中华人民共和国职业病防治法　职业病分类和目录：未列入

危险化学品安全管理条例　危险化学品目录：列入。易制爆危险化学品名录：未列入。重点监管的危险化学品名录：未列入。GB 18218—2009《危险化学品重大危险源辨识》(表1)：未列入

使用有毒物品作业场所劳动保护条例　高毒物品目录：未列入

易制毒化学品管理条例　易制毒化学品的分类和品种目录：未列入

国际公约　斯德哥尔摩公约：未列入。鹿特丹公约：未列入。蒙特利尔议定书：未列入

第十六部分　其他信息

编写和修订信息　　**缩略语和首字母缩写**

培训建议　　**参考文献**

免责声明

三氯化磷

第一部分　化学品标识

化学品中文名　三氯化磷

化学品英文名　phosphorus trichloride; trichlorophosphine

分子式　PCl_3　　**相对分子质量**　137.32

结构式 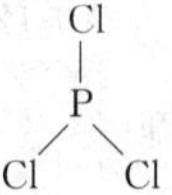

化学品的推荐及限制用途　用于制造有机磷化合物，也用作试剂等

第二部分　危险性概述

紧急情况概述　吞咽致命，吸入致命，造成严重的皮肤灼伤和眼损伤

GHS危险性类别　急性毒性-经口，类别2；急性毒性-吸入，类别2；皮肤腐蚀/刺激，类别1A；严重眼损伤/眼刺激，类别1；特异性靶器官毒性-反复接触，类别2

标签要素

象形图 

警示词　危险

危险性说明　吞咽致命，吸入致命，造成严重的皮肤灼伤和眼损伤，长时间或反复接触可能对器官造成损伤

防范说明

预防措施　避免接触眼睛、皮肤，操作后彻底清洗。作业场所不得进食、饮水或吸烟。避免吸入蒸气、雾。仅在室外或通风良好处操作。戴呼吸防护器具。戴防护手套，穿防护服，戴防护眼镜、防护面罩

事故响应　如吸入：将患者转移到空气新鲜处，休息，保持利于呼吸的体位。皮肤（或头发）接触：立即脱掉所有被污染的衣服，用水冲洗皮肤，淋浴。污染的衣服须洗净后方可重新使用。接触眼睛：用水细心冲洗数分钟。如戴隐形眼镜并可方便地取出，取出隐形眼镜继续冲洗。如感觉不适，就医。食入：漱口，不要催吐，立即呼叫中毒控制中心或就医

安全储存　在通风良好处储存。保持容器密闭。上锁保管

废弃处置　本品及内装物、容器依据国家和地方法规处置

物理和化学危险　不燃，无特殊燃爆特性。遇水剧烈反应，产生有毒气体

健康危害　三氯化磷在空气中可生成盐酸雾。对皮肤、黏膜有刺激腐蚀作用。短期内吸入大量蒸气可引起上呼吸道刺激症状，出现咽喉炎、支气管炎，严重者可发生喉头水肿致窒息、肺炎或肺水肿。皮肤及眼接触，

可引起刺激症状或灼伤。严重眼灼伤可致失明

慢性影响　长期低浓度接触可引起眼及呼吸道刺激症状。可引起磷毒性口腔病

环境危害　对环境可能有害

第三部分　成分/组成信息

√物质		混合物
组分	**浓度**	**CAS No.**
三氯化磷		7719-12-2

第四部分　急救措施

吸入　迅速脱离现场至空气新鲜处。保持呼吸道通畅。如呼吸困难，给输氧。如呼吸、心跳停止，立即进行心肺复苏术。就医

皮肤接触　立即脱去污染的衣着，用大量流动清水彻底冲洗至少15min。就医

眼睛接触　立即分开眼睑，用流动清水或生理盐水彻底冲洗至少15min。就医

食入　用水漱口，禁止催吐。给饮牛奶或蛋清。就医

对保护施救者的忠告　根据需要使用个人防护设备

对医生的特别提示　对症处理

第五部分　消防措施

灭火剂　用干粉、二氧化碳、干燥砂土灭火

特别危险性　遇水猛烈分解，产生大量的热和浓烟，甚至爆炸。对很多金属尤其是潮湿空气存在下有腐蚀性

灭火注意事项及防护措施　消防人员必须佩戴空气呼吸器、穿全身防火防毒服，在上风向灭火。尽可能将容器从火场移至空旷处。喷水保持火场容器冷却，直至灭火结束。禁止用水和泡沫灭火

第六部分　泄漏应急处理

作业人员防护措施、防护装备和应急处置程序　根据液体流动和蒸气扩散的影响区域划定警戒区，无关人员从侧风、上风向撤离至安全区。建议应急处理人员戴正压自给式呼吸器，穿防酸碱服，戴橡胶耐酸碱手套。穿上适当的防护服前严禁接触破裂的容器和泄漏物。尽可能切断泄漏源。勿使泄漏物与可燃物质（如木材、纸、油等）接触

环境保护措施　防止泄漏物进入水体、下水道、地下室或有限空间

泄漏化学品的收容、清除方法及所使用的处置材料　小量泄漏：用干燥的砂土或其他不燃材料覆盖泄漏物，用洁净的无火花工具收集泄漏物，置于一盖子较松的塑料容器中，待处置。大量泄漏：构筑围堤或挖坑收容。用砂土、惰性物质或蛭石收大量液体。用石灰（CaO）、碎石灰石（$CaCO_3$）或碳酸氢钠（$NaHCO_3$）中和。用耐腐蚀泵转移至槽车或专用收集器内

第七部分　操作处置与储存

操作注意事项　密闭操作，注意通风。操作尽可能机械化、自动化。操作人员必须经过专门培训，严格遵守操作规程。建议操作人员佩戴自吸过滤式防毒面具（全面罩），戴化学安全防护眼镜，穿橡胶耐酸碱服，戴橡胶耐酸碱手套。防止蒸气泄漏到工作场所空气中。避免与氧化剂、酸类、碱类接触。尤其要注意避免与水接触。搬运时要轻装轻卸，防止包装及容器损坏。配备泄漏应急处理设备。倒空的容器可能残留有害物

储存注意事项　储存于阴凉、干燥、通风良好的专用库房内。远离火种、热源。库房温度不超过30℃，相对湿度不超过75%。包装必须密封，切勿受潮。应与氧化剂、酸类、碱类、食用化学品分开存放，切忌混储。不宜久存，以免变质。储区应备有泄漏应急处理设备和合适的收容材料

第八部分　接触控制/个体防护

职业接触限值

中国　PC-TWA：1mg/m³；PC-STEL：2mg/m³

美国(ACGIH)　TLV-TWA：0.2ppm；TLV-STEL：0.5ppm

生物接触限值　未制定标准

监测方法　空气中有毒物质测定方法：钼酸铵分光光度法。生物监测检验方法：未制定标准

工程控制　密闭操作，注意通风。提供安全的淋浴和洗眼设备

个体防护装备

呼吸系统防护　可能接触其蒸气时，必须佩戴过滤式防毒面具（全面罩）或空气呼吸器。紧急事态抢救或撤离时，建议佩戴空气呼吸器

眼睛防护　戴化学安全防护眼镜

皮肤和身体防护　穿橡胶耐酸碱服

手防护　戴橡胶耐酸碱手套

第九部分　理化特性

外观与性状　无色澄清液体，在潮湿空气中发烟

pH值　无资料　　**熔点(℃)**　−111.8

沸点(℃)　76

相对密度(水=1)　1.57（21℃）

相对蒸气密度(空气=1)　4.75

饱和蒸气压(kPa)　13.33（21℃）

燃烧热(kJ/mol)　无资料　　**临界温度(℃)**　无资料

临界压力(MPa)　5.67　　**辛醇/水分配系数**　2.01

闪点(℃)　无意义　　**自燃温度(℃)**　无意义

爆炸下限(%)　无意义　　**爆炸上限(%)**　无意义

分解温度(℃)　无资料

黏度(mPa·s)　0.65（0℃）

溶解性　可混溶于二硫化碳、乙醚、四氯化碳、苯

第十部分　稳定性和反应性

稳定性　稳定

危险反应　与强氧化剂、水等禁配物接触，有发生火灾和爆炸的危险

避免接触的条件　潮湿空气

禁配物　强碱、强氧化剂、水、酸类、醇类、钾、钠、金

属氧化物

危险的分解产物 无资料

第十一部分 毒理学信息

急性毒性

LD_{50} 550mg/kg（大鼠经口）

LC_{50} 582.4mg/m^3（大鼠吸入，4h）

皮肤刺激或腐蚀 无资料 **眼睛刺激或腐蚀** 无资料

呼吸或皮肤过敏 无资料 **生殖细胞突变性** 无资料

致癌性 无资料 **生殖毒性** 无资料

特异性靶器官系统毒性-一次接触 无资料

特异性靶器官系统毒性-反复接触 大鼠吸入浓度33.5mg/m^3，60d，出现体重增长缓慢和皮肤溃疡等

吸入危害 无资料

第十二部分 生态学信息

生态毒性 无资料

持久性和降解性

生物降解性 无资料

非生物降解性 无资料

潜在的生物累积性 无资料

土壤中的迁移性 无资料

第十三部分 废弃处置

废弃化学品 根据国家和地方有关法规的要求处置。或与制造商联系，确定处置方法

污染包装物 将容器返还生产商或按照国家和地方法规处置

废弃注意事项 把倒空的容器归还厂商或在规定场所掩埋

第十四部分 运输信息

联合国危险货物编号（UN号） 1809

联合国运输名称 三氯化磷

联合国危险性类别 6.1，8 **包装类别** Ⅰ类包装

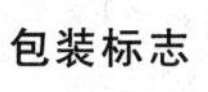
包装标志 

海洋污染物 否

运输注意事项 起运时包装要完整，装载应稳妥。运输过程中要确保容器不泄漏、不倒塌、不坠落、不损坏。严禁与氧化剂、酸类、碱类、食用化学品等混装混运。运输时运输车辆应配备泄漏应急处理设备。运输途中应防曝晒、雨淋，防高温。公路运输时要按规定路线行驶，勿在居民区和人口稠密区停留

第十五部分 法规信息

下列法律、法规、规章和标准，对该化学品的管理作了相应的规定。

中华人民共和国职业病防治法 职业病分类和目录：磷及其化合物中毒

危险化学品安全管理条例 危险化学品目录：列入。易制爆危险化学品名录：未列入。重点监管的危险化学品名录：列入。GB 18218—2009《危险化学品重大危险源辨识》（表1）：未列入

使用有毒物品作业场所劳动保护条例 高毒物品目录：未列入

易制毒化学品管理条例 易制毒化学品的分类和品种目录：未列入

国际公约 斯德哥尔摩公约：未列入。鹿特丹公约：未列入。蒙特利尔议定书：未列入

第十六部分 其他信息

编写和修订信息 **缩略语和首字母缩写**

培训建议 **参考文献**

免责声明

三氯化铝［无水］

第一部分 化学品标识

化学品中文名 三氯化铝［无水］

化学品英文名 aluminium trichloride (anhydrous); aluminum chloride

分子式 $AlCl_3$ **相对分子质量** 133.33

结构式 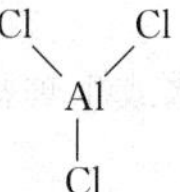

化学品的推荐及限制用途 用作有机合成中的催化剂，用于制备含铝有机化合物以及金属的炼制

第二部分 危险性概述

紧急情况概述 造成严重的皮肤灼伤和眼损伤

GHS危险性类别 皮肤腐蚀/刺激，类别1B；严重眼损伤/眼刺激，类别1；危害水生环境-急性危害，类别2

标签要素

象形图 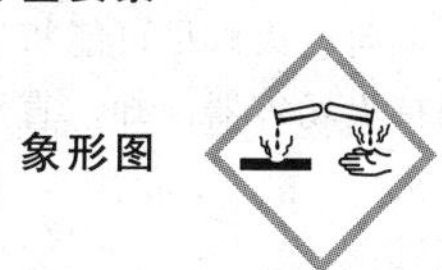

警示词 危险

危险性说明 造成严重的皮肤灼伤和眼损伤，对水生生物有毒

防范说明

预防措施 避免吸入粉尘。避免接触眼睛、皮肤，操作后彻底清洗。戴防护手套，穿防护服，戴防护眼镜、防护面罩。禁止排入环境

事故响应 如吸入：将患者转移到空气新鲜处，休息，保持利于呼吸的体位，立即呼叫中毒控制中心或就医。皮肤（或头发）接触：立即脱掉所有被污染的衣服，用水冲洗皮肤，淋浴。污染的衣服须洗净后方可重新使用。接触眼睛：用水细心冲洗数分钟。如戴隐形眼镜并可方便地取出，取出隐形眼镜继续冲洗。食入：漱口。不要催吐

安全储存 上锁保管

废弃处置 本品及内装物、容器依据国家和地方法规处置

物理和化学危险 不燃，无特殊燃爆特性。遇水剧烈反应，产生有毒气体

健康危害 吸入高浓度可引起支气管炎，个别人可引起支气管哮喘。眼和皮肤接触引起灼伤。误服量大时，可引起口腔糜烂、胃炎、胃出血和黏膜坏死

慢性影响 长期接触可引起头痛、头晕、食欲减退、咳嗽、鼻塞、胸痛等症状

环境危害 对水生生物有毒

第三部分 成分/组成信息

√物质 混合物

组分	浓度	CAS No.
三氯化铝		7446-70-0

第四部分 急救措施

吸入 迅速脱离现场至空气新鲜处。保持呼吸道通畅。如呼吸困难，给输氧。如呼吸、心跳停止，立即进行心肺复苏术。就医

皮肤接触 立即脱去污染的衣着，用大量流动清水彻底冲洗至少15min。就医

眼睛接触 立即分开眼睑，用流动清水或生理盐水彻底冲洗至少15min。就医

食入 用水漱口，禁止催吐。给饮牛奶或蛋清。就医

对保护施救者的忠告 根据需要使用个人防护设备

对医生的特别提示 对症处理

第五部分 消防措施

灭火剂 用干燥砂土灭火

特别危险性 遇水或水蒸气反应放热并产生有毒的腐蚀性气体。对很多金属尤其是潮湿空气存在下有腐蚀性

灭火注意事项及防护措施 消防人员必须佩戴空气呼吸器、穿全身防火防毒服，在上风向灭火。尽可能将容器从火场移至空旷处。喷水保持火场容器冷却，直至灭火结束。禁止用水和泡沫灭火

第六部分 泄漏应急处理

作业人员防护措施、防护装备和应急处置程序 隔离泄漏污染区，限制出入。建议应急处理人员戴防尘口罩，穿防酸碱服，戴橡胶耐酸碱手套。穿上适当的防护服前严禁接触破裂的容器和泄漏物。尽可能切断泄漏源。勿使泄漏物与可燃物质（如木材、纸、油等）接触

环境保护措施 无资料

泄漏化学品的收容、清除方法及所使用的处置材料 小量泄漏：用干燥的砂土或其他不燃材料覆盖泄漏物，用洁净的无火花工具收集泄漏物，置于一盖子较松的塑料容器中，待处置。大量泄漏：用塑料布覆盖泄漏物，减少飞散，避免雨淋

第七部分 操作处置与储存

操作注意事项 密闭操作，局部排风。操作人员必须经过专门培训，严格遵守操作规程。建议操作人员佩戴自吸过滤式防尘口罩，戴化学安全防护眼镜，穿橡胶耐酸碱服，戴橡胶耐酸碱手套。远离易燃、可燃物。避免产生粉尘。避免与碱类、醇类接触。尤其要注意避免与水接触。搬运时要轻装轻卸，防止包装及容器损坏。配备泄漏应急处理设备。倒空的容器可能残留有害物

储存注意事项 储存于阴凉、干燥、通风良好的库房。远离火种、热源。库房温度不超过30℃，相对湿度不超过75%。包装必须密封，切勿受潮。应与易（可）燃物、碱类、醇类等分开存放，切忌混储。不宜久存，以免变质。储区应备有合适的材料收容泄漏物

第八部分 接触控制/个体防护

职业接触限值

中国 未制定标准

美国(ACGIH) TLV-TWA：1mg/m³（呼吸性颗粒物）

生物接触限值 未制定标准

监测方法 空气中有毒物质测定方法：未制定标准。生物监测检验方法：未制定标准

工程控制 密闭操作，局部排风。提供安全的淋浴和洗眼设备

个体防护装备

呼吸系统防护 可能接触其粉尘时，应该佩戴过滤式防尘呼吸器，紧急事态抢救或撤离时，建议佩戴空气呼吸器

眼睛防护 戴化学安全防护眼镜

皮肤和身体防护 穿橡胶耐酸碱服

手防护 戴橡胶耐酸碱手套

第九部分 理化特性

外观与性状 白色颗粒或粉末，有强烈盐酸气味。工业品呈淡黄色

pH值 无意义 **熔点(℃)** 190～194

沸点(℃) 182.7（升华） **相对密度(水=1)** 2.44

相对蒸气密度(空气=1) 无资料

饱和蒸气压(kPa) 0.13（100℃）

燃烧热(kJ/mol) 无资料 **临界温度(℃)** 无资料

临界压力(MPa) 2.63 **辛醇/水分配系数** 无资料

闪点(℃) 无意义 **自燃温度(℃)** 无意义

爆炸下限(%) 无意义 **爆炸上限(%)** 无意义

分解温度(℃) 无资料

黏度(mPa·s) 无资料

溶解性 易溶于水、乙醇、氯仿、四氯化碳，微溶于苯

第十部分 稳定性和反应性

稳定性 稳定

危险反应 与强氧化剂、水等禁配物接触，有发生火灾和爆炸的危险

避免接触的条件 潮湿空气

禁配物 易燃或可燃物、碱类、水、醇类

危险的分解产物 无资料

第十一部分 毒理学信息

急性毒性 LD_{50}：3730mg/kg（大鼠经口）

皮肤刺激或腐蚀 家兔经皮：10%，重度刺激（开放性刺激试验）

眼睛刺激或腐蚀 无资料 **呼吸或皮肤过敏** 无资料

生殖细胞突变性 DNA 损伤：大鼠腹水瘤 500μmol/L。细胞遗传学分析：小鼠腹腔内 444mg/kg

致癌性 无资料

生殖毒性 大鼠孕后 14～18d 腹腔内给予最低中毒剂量（TDLo）500mg/kg，致肌肉骨骼系统发育畸形

特异性靶器官系统毒性-一次接触 无资料

特异性靶器官系统毒性-反复接触 用含 355ppm 本品的饲料喂 40d，观察中毒动物的肝、脾、肾，可见铝在体内对磷代谢有明显影响，可阻碍其吸收。小鸡饲料中达 4400ppm 时，可致严重佝偻病

吸入危害 无资料

第十二部分 生态学信息

生态毒性 LC_{50}：80mg/L（48h）（斑马鱼）；27.1mg/L（96h）（食蚊鱼）；3.9mg/L（48h）（水蚤，静态）

持久性和降解性

生物降解性 无资料

非生物降解性 无资料

潜在的生物累积性 无资料

土壤中的迁移性 无资料

第十三部分 废弃处置

废弃化学品 根据国家和地方有关法规的要求处置。或与制造商联系，确定处置方法

污染包装物 将容器返还生产商或按照国家和地方法规处置

废弃注意事项 把倒空的容器归还厂商或在规定场所掩埋

第十四部分 运输信息

联合国危险货物编号（UN 号） 1726

联合国运输名称 无水氯化铝

联合国危险性类别 8 **包装类别** Ⅱ类包装

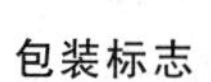

包装标志  **海洋污染物** 否

运输注意事项 起运时包装要完整，装载应稳妥。运输过程中要确保容器不泄漏、不倒塌、不坠落、不损坏。严禁与易燃物或可燃物、碱类、醇类、食用化学品等混装混运。运输时运输车辆应配备泄漏应急处理设备。运输途中应防曝晒、雨淋，防高温

第十五部分 法规信息

下列法律、法规、规章和标准，对该化学品的管理作了相应的规定。

中华人民共和国职业病防治法 职业病分类和目录：未列入

危险化学品安全管理条例 危险化学品目录：列入。易制爆危险化学品名录：未列入。重点监管的危险化学品名录：未列入。GB 18218—2009《危险化学品重大危险源辨识》（表 1）：未列入

使用有毒物品作业场所劳动保护条例 高毒物品目录：未列入

易制毒化学品管理条例 易制毒化学品的分类和品种目录：未列入

国际公约 斯德哥尔摩公约：未列入。鹿特丹公约：未列入。蒙特利尔议定书：未列入

第十六部分 其他信息

编写和修订信息 **缩略语和首字母缩写**

培训建议 **参考文献**

免责声明

三氯化硼

第一部分 化学品标识

化学品中文名 三氯化硼；氯化硼

化学品英文名 boron trichloride；boron chloride

分子式 BCl_3 **相对分子质量** 117.16

结构式

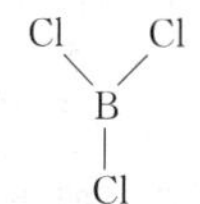

化学品的推荐及限制用途 用作半导体硅的掺杂源或有机合成催化剂，还用于高纯硼或有机硼化合物的制取

第二部分 危险性概述

紧急情况概述 内装加压气体：遇热可能爆炸，吞咽致命，吸入致命，造成严重的皮肤灼伤和眼损伤

GHS 危险性类别 加压气体；急性毒性-经口，类别 2；急性毒性-吸入，类别 2；皮肤腐蚀/刺激，类别 1B；严重眼损伤/眼刺激，类别 1

标签要素

象形图 

警示词 危险

危险性说明 内装加压气体：遇热可能爆炸，吞咽致命，吸入致命，造成严重的皮肤灼伤和眼损伤

防范说明

预防措施 避免接触眼睛、皮肤，操作后彻底清洗。作业场所不得进食、饮水或吸烟。避免吸入气体、蒸气、雾。仅在室外或通风良好处操作。戴呼吸防护器具。戴防护手套，穿防护服，戴防护眼镜、防护面罩

事故响应 如吸入：将患者转移到空气新鲜处，休息，保持利于呼吸的体位。皮肤（或头发）接触：立即脱掉所有被污染的衣服，用水冲洗皮肤，淋浴。污染的衣服须洗净后方可重新使用。接触眼睛：用水细心冲洗数分钟。如戴隐

形眼镜并可方便地取出，取出隐形眼镜继续冲洗。食入：漱口，不要催吐，立即呼叫中毒控制中心或就医

安全储存　防日晒。存放在通风良好的地方。上锁保管

废弃处置　本品及内装物、容器依据国家和地方法规处置

物理和化学危险　遇水剧烈反应，产生有毒气体

健康危害　对接触部位有强烈刺激性和腐蚀性。急性中毒表现为化学性肺炎。液体迅速蒸发可引起冻伤

环境危害　对环境可能有害

第三部分　成分/组成信息

√物质　　混合物

组分	浓度	CAS No.
三氯化硼		10294-34-5

第四部分　急救措施

吸入　迅速脱离现场至空气新鲜处。保持呼吸道通畅。如呼吸困难，给输氧。如呼吸、心跳停止，立即进行心肺复苏术。就医

皮肤接触　立即脱去污染的衣着，用大量流动清水彻底冲洗。如发生冻伤，用温水（38～42℃）复温，忌用热水或辐射热，不要揉搓。就医

眼睛接触　立即分开眼睑，用流动清水或生理盐水彻底冲洗至少15min。就医

食入　用水漱口，禁止催吐。给饮牛奶或蛋清。就医

对保护施救者的忠告　根据需要使用个人防护设备

对医生的特别提示　对症处理

第五部分　消防措施

灭火剂　本品不燃。根据着火原因选择适当灭火剂灭火

特别危险性　化学反应活性很高，遇水发生爆炸性分解。遇潮气时对大多数金属有强腐蚀性，也能腐蚀玻璃等。在潮湿空气中可形成白色的腐蚀性浓厚烟雾

灭火注意事项及防护措施　切断气源。消防人员必须佩戴空气呼吸器、穿全身防火防毒服，在上风向灭火。尽可能将容器从火场移至空旷处。火场中有大量本品泄漏物时，禁用水、泡沫和酸碱灭火剂

第六部分　泄漏应急处理

作业人员防护措施、防护装备和应急处置程序　根据气体扩散的影响区域划定警戒区，无关人员从侧风、上风向撤离至安全区。建议应急处理人员穿内置正压自给式呼吸器的全封闭防化服。禁止接触或跨越泄漏物。尽可能切断泄漏源

环境保护措施　防止气体通过下水道、通风系统和有限空间扩散

泄漏化学品的收容、清除方法及所使用的处置材料　喷雾状水抑制蒸气或改变蒸气云流向，避免水流接触泄漏物。禁止用水直接冲击泄漏物或泄漏源。构筑围堤堵截泄漏的液体。隔离泄漏区直至气体散尽

第七部分　操作处置与储存

操作注意事项　密闭操作，局部排风。操作人员必须经过专门培训，严格遵守操作规程。建议操作人员佩戴自吸过滤式防毒面具（全面罩），穿橡胶耐酸碱服，戴橡胶手套。防止气体或蒸气泄漏到工作场所空气中。避免与氧化剂、碱类、醇类、碱金属接触。尤其要注意避免与水接触。搬运时要轻装轻卸，防止包装及容器损坏。配备泄漏应急处理设备

储存注意事项　储存于阴凉、通风的不燃气体专用库房。远离火种、热源。库温不宜超过30℃。保持容器密封。应与氧化剂、碱类、醇类、碱金属等分开存放，切忌混储。储区应备有泄漏应急处理设备

第八部分　接触控制/个体防护

职业接触限值

中国　未制定标准

美国(ACGIH)　未制定标准

生物接触限值　未制定标准

监测方法　空气中有毒物质测定方法：未制定标准。生物监测检验方法：未制定标准

工程控制　密闭操作，局部排风。提供安全的淋浴和洗眼设备

个体防护装备

呼吸系统防护　空气中浓度超标时，佩戴过滤式防毒面具（全面罩）。紧急事态抢救或撤离时，建议佩戴空气呼吸器

眼睛防护　呼吸系统防护中已作防护

皮肤和身体防护　穿橡胶耐酸碱服

手防护　戴橡胶手套

第九部分　理化特性

外观与性状　无色发烟液体或气体，有强烈臭味，易潮解

pH值　无意义　　**熔点(℃)**　−107

沸点(℃)　12.5　　**相对密度(水=1)**　1.35

相对蒸气密度(空气=1)　4.03

饱和蒸气压(kPa)　150（20℃）

燃烧热(kJ/mol)　无资料　　**临界温度(℃)**　178

临界压力(MPa)　3.9　　**辛醇/水分配系数**　1.16

闪点(℃)　无意义　　**自燃温度(℃)**　无意义

爆炸下限(%)　无意义　　**爆炸上限(%)**　无意义

分解温度(℃)　无资料

黏度(mPa·s)　无资料

溶解性　溶于苯、二硫化碳

第十部分　稳定性和反应性

稳定性　稳定

危险反应　与强氧化剂、水、碱金属等禁配物接触，有发生火灾和爆炸的危险

避免接触的条件　潮湿空气

禁配物　水、碱、醇类、碱金属、强氧化剂

危险的分解产物　无资料

第十一部分　毒理学信息

急性毒性　LC_{50}：12171mg/m³（大鼠吸入，1h）

皮肤刺激或腐蚀　无资料　**眼睛刺激或腐蚀**　无资料

呼吸或皮肤过敏　无资料　**生殖细胞突变性**　无资料

致癌性　无资料　**生殖毒性**　无资料

特异性靶器官系统毒性-一次接触　无资料

特异性靶器官系统毒性-反复接触　无资料

吸入危害　无资料

第十二部分　生态学信息

生态毒性　无资料

持久性和降解性

生物降解性　无资料

非生物降解性　无资料

潜在的生物累积性　无资料

土壤中的迁移性　无资料

第十三部分　废弃处置

废弃化学品　根据国家和地方有关法规的要求处置。或与制造商联系，确定处置方法

污染包装物　将容器返还生产商或按照国家和地方法规处置

废弃注意事项　处置前应参阅国家和地方有关法规。把空容器归还厂商

第十四部分　运输信息

联合国危险货物编号（UN号）　1741

联合国运输名称　三氯化硼

联合国危险性类别　2.3，8　**包装类别**　-

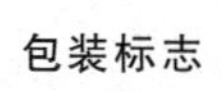

包装标志

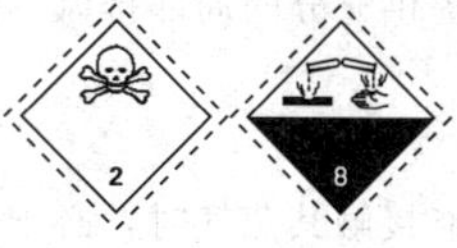

海洋污染物　否

运输注意事项　采用钢瓶运输时必须戴好钢瓶上的安全帽。钢瓶一般平放，并应将瓶口朝同一方向，不可交叉；高度不得超过车辆的防护栏板，并用三角木垫卡牢，防止滚动。严禁与氧化剂、碱类、醇类、碱金属、食用化学品等混装混运。夏季应早晚运输，防止日光曝晒。公路运输时要按规定路线行驶，禁止在居民区和人口稠密区停留。铁路运输时要禁止溜放

第十五部分　法规信息

下列法律、法规、规章和标准，对该化学品的管理作了相应的规定。

中华人民共和国职业病防治法　职业病分类和目录：未列入

危险化学品安全管理条例　危险化学品目录：列入。易制爆危险化学品名录：未列入。重点监管的危险化学品名录：未列入。GB 18218—2009《危险化学品重大危险源辨识》（表1）：未列入

使用有毒物品作业场所劳动保护条例　高毒物品目录：未列入

易制毒化学品管理条例　易制毒化学品的分类和品种目录：未列入

国际公约　斯德哥尔摩公约：未列入。鹿特丹公约：未列入。蒙特利尔议定书：未列入

第十六部分　其他信息

编写和修订信息　　**缩略语和首字母缩写**

培训建议　　**参考文献**

免责声明

三氯化砷

第一部分　化学品标识

化学品中文名　三氯化砷；氯化亚砷

化学品英文名　arsenic trichloride；arsenous trichloride

分子式　$AsCl_3$　**相对分子质量**　181.27

结构式　As 连接三个 Cl（Cl、Cl、Cl）

化学品的推荐及限制用途　用于制造杀虫剂

第二部分　危险性概述

紧急情况概述　吞咽致命，皮肤接触会致命，可能致癌

GHS危险性类别　急性毒性-经口，类别2；急性毒性-经皮，类别2；皮肤腐蚀/刺激，类别2；严重眼损伤/眼刺激，类别2A；生殖细胞致突变性，类别2；致癌性，类别1A；生殖毒性，类别2；特异性靶器官毒性-一次接触，类别1；特异性靶器官毒性-反复接触，类别1；危害水生环境-急性危害，类别1；危害水生环境-长期危害，类别1

标签要素

象形图

警示词　危险

危险性说明　吞咽致命，皮肤接触会致命，造成皮肤刺激，造成严重眼刺激，怀疑可造成遗传性缺陷，可能致癌，怀疑对生育力或胎儿造成伤害，可能对器官造成损害，长时间或反复接触可能对器官造成损伤，对水生生物毒性非常大并具有长期持续影响

防范说明

预防措施　避免接触眼睛、皮肤或衣服，操作后彻底清洗。作业场所不得进食、饮水或吸烟。戴防护手套，穿防护服，戴防护眼镜、防护面罩。得到专门指导后操作。在阅读并了解所有安全预防措施之前，切勿操作。按要求使用个体防护装备。避免吸入蒸气、雾。禁止排入环境

事故响应　皮肤接触：用大量肥皂水和水轻轻地清洗。如发生皮肤刺激，就医。脱去被污染的衣服，污染的衣服须洗净后方可重新使用。如接触眼睛：用水细心冲洗数分钟。如戴隐形眼镜

并可方便地取出，取出隐形眼镜继续冲洗。如果眼睛刺激持续：就医。食入：漱口，立即呼叫中毒控制中心或就医。如果接触或感觉不适：呼叫中毒控制中心或就医。收集泄漏物

安全储存　上锁保管

废弃处置　本品及内装物、容器依据国家和地方法规处置

物理和化学危险　不燃，无特殊燃爆特性

健康危害　蒸气对眼、呼吸道黏膜有强烈刺激性，可引起喉水肿致窒息。大量接触可引起神经损害、食欲不振、恶心、呕吐、腹痛、腹泻，甚至死亡。对皮肤有强烈刺激性，可致灼伤。可经皮肤吸收引起中毒。可致眼灼伤。本品在有酸或酸雾存在时，可产生溶血性毒物砷化氢。砷和砷化合物为人类确认致癌物

环境危害　对水生生物毒性非常大并具有长期持续影响

第三部分　成分/组成信息

√物质		混合物
组分	**浓度**	**CAS No.**
三氯化砷		7784-34-1

第四部分　急救措施

吸入　迅速脱离现场至空气新鲜处。保持呼吸道通畅。如呼吸困难，给输氧。如呼吸、心跳停止，立即进行心肺复苏术。就医

皮肤接触　立即脱去污染的衣着，用肥皂水和清水彻底冲洗。就医

眼睛接触　立即分开眼睑，用流动清水或生理盐水彻底冲洗。就医

食入　催吐、彻底洗胃，洗胃后服活性炭 30～50g（用水调成浆状），而后再服用硫酸镁或硫酸钠导泻。就医

对保护施救者的忠告　根据需要使用个人防护设备

对医生的特别提示　解毒剂有二巯基丙磺酸钠、二巯基丁二酸钠等

第五部分　消防措施

灭火剂　本品不燃。根据着火原因选择适当灭火剂灭火

特别危险性　遇水和紫外线分解，散发出白色烟雾状的刺激性和腐蚀性的氯化氢气体。与金属钠、钾、铝混合，撞击后能发生猛烈爆炸。具有较强的腐蚀性

灭火注意事项及防护措施　消防人员必须穿全身防火防毒服，在上风向灭火。尽可能将容器从火场移至空旷处。喷水保持火场容器冷却，直至灭火结束。不宜用水

第六部分　泄漏应急处理

作业人员防护措施、防护装备和应急处置程序　根据液体流动和蒸气扩散的影响区域划定警戒区，无关人员从侧风、上风向撤离至安全区。建议应急处理人员戴正压自给式呼吸器，穿防毒服，戴橡胶手套。作业时使用的所有设备应接地。穿上适当的防护服前严禁接触破裂的容器和泄漏物。勿使水进入包装容器内。尽可能切断泄漏源

环境保护措施　防止泄漏物进入水体、下水道、地下室或有限空间

泄漏化学品的收容、清除方法及所使用的处置材料　小量泄漏：用干燥的砂土或其他不燃材料覆盖泄漏物。大量泄漏：构筑围堤或挖坑收容。用砂土、惰性物质或蛭石收大量液体。用泵转移至槽车或专用收集器内

第七部分　操作处置与储存

操作注意事项　密闭操作，提供充分的局部排风。操作尽可能机械化、自动化。操作人员必须经过专门培训，严格遵守操作规程。建议操作人员佩戴自吸过滤式防毒面具（全面罩），穿连衣式防毒衣，戴橡胶手套。防止蒸气泄漏到工作场所空气中。避免与碱类接触。尤其要注意避免与水接触。搬运时要轻装轻卸，防止包装及容器损坏。配备泄漏应急处理设备。倒空的容器可能残留有害物

储存注意事项　储存于阴凉、通风良好的专用库房内。远离火种、热源。保持容器密封。应与碱类、食用化学品分开存放，切忌混储。储区应备有泄漏应急处理设备和合适的收容材料

第八部分　接触控制/个体防护

职业接触限值

中国　PC-TWA：0.01mg/m^3；PC-STEL：0.02mg/m^3［按 As 计］［G1］

美国(ACGIH)　TLV-TWA：0.01mg/m^3［按As 计］

生物接触限值　未制定标准

监测方法　空气中有毒物质测定方法：原子荧光光谱法；氢化物-原子吸收光谱法；二乙氨基二硫代甲酸银分光光度法。生物监测检验方法：未制定标准

工程控制　严加密闭，提供充分的局部排风。提供安全的淋浴和洗眼设备

个体防护装备

呼吸系统防护　可能接触其蒸气时，必须佩戴过滤式防毒面具（全面罩）。紧急事态抢救或撤离时，建议佩戴空气呼吸器

眼睛防护　呼吸系统防护中已作防护

皮肤和身体防护　穿连衣式防毒衣

手防护　戴橡胶手套

第九部分　理化特性

外观与性状　无色或淡黄色油状发烟液体

pH 值　无资料　　**熔点(℃)**　−18

沸点(℃)　130.2　　**相对密度(水=1)**　2.163

相对蒸气密度(空气=1)　6.25

饱和蒸气压(kPa)　1.33（23.5℃）

燃烧热(kJ/mol)　无资料　　**临界温度(℃)**　无资料

临界压力(MPa)　无资料　　**辛醇/水分配系数**　1.61

闪点(℃)　无意义　　**自燃温度(℃)**　无意义

爆炸下限(%)　无意义　　**爆炸上限(%)**　无意义

分解温度(℃)　无资料

黏度(mPa·s)　无资料

溶解性　溶于乙醇、乙醚、浓盐酸及多数有机溶剂

第十部分 稳定性和反应性

稳定性 稳定

危险反应 与金属钠、钾、铝混合，撞击后能发生猛烈爆炸

避免接触的条件 光照、潮湿空气

禁配物 强碱

危险的分解产物 无资料

第十一部分 毒理学信息

急性毒性 LD_{50}：48mg/kg（大鼠经口）；80mg/kg（大鼠经皮）

皮肤刺激或腐蚀 无资料 **眼睛刺激或腐蚀** 无资料

呼吸或皮肤过敏 无资料

生殖细胞突变性 DNA 修复：枯草菌 50mmol/L。细胞遗传学分析：人白细胞 600mmol/L

致癌性 无资料 **生殖毒性** 无资料

特异性靶器官系统毒性-一次接触 无资料

特异性靶器官系统毒性-反复接触 无资料

吸入危害 无资料

第十二部分 生态学信息

生态毒性 含砷化合物对水生生物有极高毒性

持久性和降解性

生物降解性 无资料

非生物降解性 无资料

潜在的生物累积性 无资料

土壤中的迁移性 无资料

第十三部分 废弃处置

废弃化学品 根据国家和地方有关法规的要求处置。或与制造商联系，确定处置方法

污染包装物 将容器返还生产商或按照国家和地方法规处置

废弃注意事项 处置前应参阅国家和地方有关法规

第十四部分 运输信息

联合国危险货物编号（UN 号） 1560

联合国运输名称 三氯化砷

联合国危险性类别 6.1 **包装类别** Ⅰ类包装

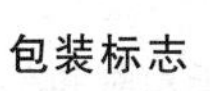
包装标志 

海洋污染物 否

运输注意事项 运输前应先检查包装容器是否完整、密封，运输过程中要确保容器不泄漏、不倒塌、不坠落、不损坏。严禁与酸类、氧化剂、食品及食品添加剂混运。运输时运输车辆应配备泄漏应急处理设备。运输途中应防曝晒、雨淋，防高温。公路运输时要按规定路线行驶，勿在居民区和人口稠密区停留

第十五部分 法规信息

下列法律、法规、规章和标准，对该化学品的管理作了相应的规定。

中华人民共和国职业病防治法 职业病分类和目录：砷及其化合物中毒；砷及其化合物所致肺癌、皮肤癌

危险化学品安全管理条例 危险化学品目录：列入。易制爆危险化学品名录：未列入。重点监管的危险化学品名录：未列入。GB 18218—2009《危险化学品重大危险源辨识》（表 1）：未列入

使用有毒物品作业场所劳动保护条例 高毒物品目录：列入

易制毒化学品管理条例 易制毒化学品的分类和品种目录：未列入

国际公约 斯德哥尔摩公约：未列入。鹿特丹公约：未列入。蒙特利尔议定书：未列入

第十六部分 其他信息

编写和修订信息 **缩略语和首字母缩写**

培训建议 **参考文献**

免责声明

三 氯 化 钛

第一部分 化学品标识

化学品中文名 三氯化钛；氯化亚钛

化学品英文名 titanium trichloride；titanium chloride；titanous chloride

分子式 $TiCl_3$ **相对分子质量** 154.25

结构式

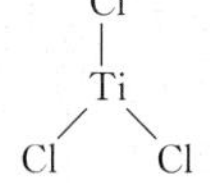

化学品的推荐及限制用途 用作分析试剂及还原剂、聚丙烯催化剂等

第二部分 危险性概述

紧急情况概述 暴露在空气中自燃，造成严重的皮肤灼伤和眼损伤

GHS 危险性类别 自燃固体，类别 1；皮肤腐蚀/刺激，类别 1；严重眼损伤/眼刺激，类别 1

标签要素

象形图 

警示词 危险

危险性说明 暴露在空气中自燃，造成严重的皮肤灼伤和眼损伤

防范说明

预防措施 远离热源、火花、明火、热表面。禁止吸烟。不得与空气接触。避免吸入粉尘。避免接触眼睛、皮肤，操作后彻底清洗。戴防护手套，穿防护服，戴防护眼镜、防护面罩

事故响应 火灾时，使用二氧化碳、干粉、砂土灭火，如吸入：将患者转移到空气新鲜处，休息，保持利于呼吸的体位，立即呼叫中毒控制中心或就医。皮肤（或头发）接触：立即脱掉所有

被污染的衣服。擦掉皮肤上的微粒，将接触部位浸入冷水中/用湿绷带包扎。污染的衣服须洗净后方可重新使用。接触眼睛：用水细心冲洗数分钟。如戴隐形眼镜并可方便地取出，取出隐形眼镜继续冲洗。食入：漱口，不要催吐

安全储存　上锁保管

废弃处置　本品及内装物、容器依据国家和地方法规处置

物理和化学危险　自燃物品。遇水产生刺激性气体

健康危害　眼和皮肤接触引起灼伤

环境危害　对环境可能有害

第三部分　成分/组成信息

√物质		混合物
组分	**浓度**	**CAS No.**
三氯化钛		7705-07-9

第四部分　急救措施

吸入　迅速脱离现场至空气新鲜处。保持呼吸道通畅。如呼吸困难，给输氧。如呼吸、心跳停止，立即进行心肺复苏术。就医

皮肤接触　立即脱去污染的衣着，用大量流动清水彻底冲洗至少15min。就医

眼睛接触　立即分开眼睑，用流动清水或生理盐水彻底冲洗至少15min。就医

食入　用水漱口，禁止催吐。给饮牛奶或蛋清。就医

对保护施救者的忠告　根据需要使用个人防护设备

对医生的特别提示　对症处理

第五部分　消防措施

灭火剂　用二氧化碳、干粉、砂土灭火

特别危险性　易自燃，暴露在空气或潮气中能燃烧。受高热分解产生有毒的腐蚀性烟气。在潮湿空气存在下，放出热和近似白色烟雾状有刺激性和腐蚀性的氯化氢气体。燃烧生成有害的氯化氢、氧化钛

灭火注意事项及防护措施　消防人员必须佩戴空气呼吸器、穿全身防火防毒服，在上风向灭火。尽可能将容器从火场移至空旷处。喷水保持火场容器冷却，直至灭火结束。禁止用水和泡沫灭火

第六部分　泄漏应急处理

作业人员防护措施、防护装备和应急处置程序　消除所有点火源。隔离泄漏污染区，限制出入。建议应急处理人员戴防尘口罩，穿防酸碱服，戴橡胶手套。禁止接触或跨越泄漏物。尽可能切断泄漏源。用干燥的砂土或其他不燃材料覆盖泄漏物，然后用塑料布覆盖，减少飞散、避免雨淋

环境保护措施　无资料

泄漏化学品的收容、清除方法及所使用的处置材料　用洁净的无火花工具收集泄漏物，置于一盖子较松的塑料容器中，待处置

第七部分　操作处置与储存

操作注意事项　密闭操作，局部排风。操作人员必须经过专门培训，严格遵守操作规程。建议操作人员佩戴头罩型电动送风过滤式防尘呼吸器，穿防腐蚀工作服，戴橡胶手套。远离火种、热源，工作场所严禁吸烟。使用防爆型的通风系统和设备。避免产生粉尘。避免与氧化剂接触。在氮气中操作处置。搬运时要轻装轻卸，防止包装及容器损坏。配备相应品种和数量的消防器材及泄漏应急处理设备。倒空的容器可能残留有害物

储存注意事项　储存于阴凉、通风的库房。远离火种、热源。包装要求密封，不可与空气接触。应与氧化剂等分开存放，切忌混储。不宜大量储存或久存。采用防爆型照明、通风设施。禁止使用易产生火花的机械设备和工具。储区应备有合适的材料收容泄漏物

第八部分　接触控制/个体防护

职业接触限值

中国　未制定标准

美国(ACGIH)　未制定标准

生物接触限值　未制定标准

监测方法　空气中有毒物质测定方法：未制定标准。生物监测检验方法：未制定标准

工程控制　密闭操作，局部排风。提供安全的淋浴和洗眼设备

个体防护装备

呼吸系统防护　可能接触毒物时，建议佩戴过滤式防尘呼吸器

眼睛防护　戴化学安全防护眼镜

皮肤和身体防护　穿防腐蚀工作服

手防护　戴橡胶手套

第九部分　理化特性

外观与性状　深紫色结晶，易潮解

pH值　无意义　　**熔点(℃)**　440（分解）

沸点(℃)　分解　　**相对密度(水=1)**　2.64

相对蒸气密度(空气=1)　无资料

饱和蒸气压(kPa)　无资料

燃烧热(kJ/mol)　无资料　　**临界温度(℃)**　无资料

临界压力(MPa)　无资料　　**辛醇/水分配系数**　无资料

闪点(℃)　无意义　　**自燃温度(℃)**　无意义

爆炸下限(%)　无意义　　**爆炸上限(%)**　无意义

分解温度(℃)　无资料

黏度(mPa·s)　1.032（10℃）

溶解性　溶于乙醇、乙腈，微溶于氯仿，不溶于乙醚和苯

第十部分　稳定性和反应性

稳定性　稳定

危险反应　与强氧化剂、水等禁配物接触发生剧烈反应

避免接触的条件　潮湿空气

禁配物　强氧化剂、水

危险的分解产物　无资料

第十一部分　毒理学信息

急性毒性　无资料　　**皮肤刺激或腐蚀**　无资料

眼睛刺激或腐蚀 无资料 **呼吸或皮肤过敏** 无资料

生殖细胞突变性 无资料 **致癌性** 无资料

生殖毒性 无资料

特异性靶器官系统毒性-一次接触 无资料

特异性靶器官系统毒性-反复接触 无资料

吸入危害 无资料

第十二部分 生态学信息

生态毒性 无资料

持久性和降解性

生物降解性 无资料

非生物降解性 无资料

潜在的生物累积性 无资料

土壤中的迁移性 无资料

第十三部分 废弃处置

废弃化学品 根据国家和地方有关法规的要求处置。或与制造商联系，确定处置方法

污染包装物 将容器返还生产商或按照国家和地方法规处置

废弃注意事项 把倒空的容器归还厂商或在规定场所掩埋

第十四部分 运输信息

联合国危险货物编号（UN号） 2441

联合国运输名称 三氯化钛

联合国危险性类别 4.2，8 **包装类别** Ⅰ类包装

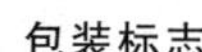

包装标志

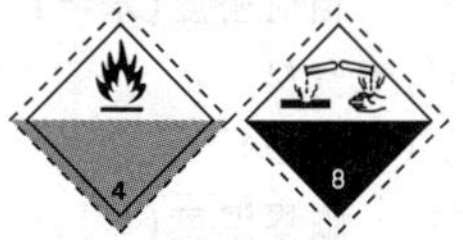

海洋污染物 否

运输注意事项 运输时运输车辆应配备相应品种和数量的消防器材及泄漏应急处理设备。装运本品的车辆排气管须有阻火装置。运输过程中要确保容器不泄漏、不倒塌、不坠落、不损坏。严禁与氧化剂、食用化学品等混装混运。运输途中应防曝晒、雨淋，防高温。中途停留时应远离火种、热源。车辆运输完毕应进行彻底清扫。铁路运输时要禁止溜放

第十五部分 法规信息

下列法律、法规、规章和标准，对该化学品的管理作了相应的规定。

中华人民共和国职业病防治法 职业病分类和目录：未列入

危险化学品安全管理条例 危险化学品目录：列入。易制爆危险化学品名录：未列入。重点监管的危险化学品名录：未列入。GB 18218—2009《危险化学品重大危险源辨识》(表1)：未列入

使用有毒物品作业场所劳动保护条例 高毒物品目录：未列入

易制毒化学品管理条例 易制毒化学品的分类和品种目录：未列入

国际公约 斯德哥尔摩公约：未列入。鹿特丹公约：未列入。蒙特利尔议定书：未列入

第十六部分 其他信息

编写和修订信息 **缩略语和首字母缩写**

培训建议 **参考文献**

免责声明

三氯化锑

第一部分 化学品标识

化学品中文名 三氯化锑；氯化亚锑

化学品英文名 antimony trichloride；antimonous chloride

分子式 $SbCl_3$ **相对分子质量** 228.10

结构式

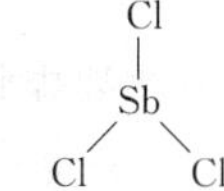

化学品的推荐及限制用途 用作分析试剂、催化剂及用于有机合成

第二部分 危险性概述

紧急情况概述 造成严重的皮肤灼伤和眼损伤

GHS危险性类别 皮肤腐蚀/刺激，类别1B；严重眼损伤/眼刺激，类别1；特异性靶器官毒性-一次接触，类别3（呼吸道刺激）；危害水生环境-急性危害，类别2；危害水生环境-长期危害，类别2

标签要素

象形图

警示词 危险

危险性说明 造成严重的皮肤灼伤和眼损伤，可能引起呼吸道刺激，对水生生物有毒并具有长期持续影响

防范说明

预防措施 避免吸入粉尘或烟雾。避免接触眼睛、皮肤，操作后彻底清洗。戴防护手套，穿防护服，戴防护眼镜、防护面罩。禁止排入环境

事故响应 如吸入：将患者转移到空气新鲜处，休息，保持利于呼吸的体位，立即呼叫中毒控制中心或就医。皮肤（或头发）接触：立即脱掉所有被污染的衣服，用水冲洗皮肤，淋浴。污染的衣服须洗净后方可重新使用。接触眼睛：用水细心冲洗数分钟。如戴隐形眼镜并可方便地取出，取出隐形眼镜继续冲洗。食入：漱口，不要催吐。收集泄漏物

安全储存 上锁保管

废弃处置 本品及内装物、容器依据国家和地方法规处置

物理和化学危险 不燃，无特殊燃爆特性。遇水产生刺激性气体

健康危害 高浓度对眼睛、皮肤、黏膜和呼吸道有强烈的刺激作用。可引起支气管炎、肺炎、肺水肿。眼和皮肤接触引起灼伤。皮肤接触可因锑吸收而引起锑中毒

全身性症状，如肝肿大、肝功能异常

环境危害 对水生生物有毒并具有长期持续影响

第三部分 成分/组成信息

√物质 混合物

组分	浓度	CAS No.
三氯化锑		10025-91-9

第四部分 急救措施

吸入 迅速脱离现场至空气新鲜处。保持呼吸道通畅。如呼吸困难，给输氧。如呼吸、心跳停止，立即进行心肺复苏术。就医

皮肤接触 立即脱去污染的衣着，用大量流动清水彻底冲洗至少 15min。就医

眼睛接触 立即分开眼睑，用流动清水或生理盐水彻底冲洗至少 15min。就医

食入 用水漱口，禁止催吐。给饮牛奶或蛋清。就医

对保护施救者的忠告 根据需要使用个人防护设备

对医生的特别提示 对症处理

第五部分 消防措施

灭火剂 本品不燃。根据着火原因选择适当灭火剂灭火

特别危险性 受热或遇水分解放热，放出有毒的腐蚀性烟气。遇 H 发泡剂立即燃烧。对很多金属尤其是潮湿空气存在下有腐蚀性

灭火注意事项及防护措施 消防人员须佩戴防毒面具、穿全身消防服，在上风向灭火。尽可能将容器从火场移至空旷处。喷水保持火场容器冷却，直至灭火结束。禁止用水和泡沫灭火

第六部分 泄漏应急处理

作业人员防护措施、防护装备和应急处置程序 隔离泄漏污染区，限制出入。建议应急处理人员戴防尘口罩，穿防酸碱服，戴橡胶耐酸碱手套。作业时使用的所有设备应接地。穿上适当的防护服前严禁接触破裂的容器和泄漏物。尽可能切断泄漏源

环境保护措施 无资料

泄漏化学品的收容、清除方法及所使用的处置材料 小量泄漏：用干燥的砂土或其他不燃材料覆盖泄漏物，然后用塑料布覆盖，减少飞散、避免雨淋。用洁净的铲子收集泄漏物，置于干净、干燥、盖子较松的容器中，将容器移离泄漏区

第七部分 操作处置与储存

操作注意事项 密闭操作，局部排风。操作人员必须经过专门培训，严格遵守操作规程。建议操作人员佩戴头罩型电动送风过滤式防尘呼吸器，穿橡胶耐酸碱服，戴橡胶耐酸碱手套。避免产生粉尘。避免与还原剂、醇类、碱类接触。尤其要注意避免与水接触。搬运时要轻装轻卸，防止包装及容器损坏。配备泄漏应急处理设备。倒空的容器可能残留有害物

储存注意事项 储存于阴凉、干燥、通风良好的库房。远离火种、热源。库房温度不超过 30℃，相对湿度不超过 75%。包装必须密封，切勿受潮。应与还原剂、醇类、碱类等分开存放，切忌混储。储区应备有合适的材料收容泄漏物

第八部分 接触控制/个体防护

职业接触限值

中国 PC-TWA：0.5mg/m^3［按 Sb 计］

美国(ACGIH) TLV-TWA：0.5mg/m^3［按 Sb 计］

生物接触限值 未制定标准

监测方法 空气中有毒物质测定方法：火焰原子吸收光谱法；石墨炉原子吸收光谱法。生物监测检验方法：未制定标准

工程控制 密闭操作，局部排风。提供安全的淋浴和洗眼设备

个体防护装备

呼吸系统防护 可能接触其粉尘时，应该佩戴过滤式防尘呼吸器。紧急事态抢救或撤离时，佩戴空气呼吸器

眼睛防护 戴化学安全防护眼镜

皮肤和身体防护 穿橡胶耐酸碱服

手防护 戴橡胶耐酸碱手套

第九部分 理化特性

外观与性状 白色、易潮解的透明斜方结晶体，在空气中发烟

pH 值 无意义 **熔点(℃)** 73.4

沸点(℃) 223.5 **相对密度(水＝1)** 3.14

相对蒸气密度(空气＝1) 无资料

饱和蒸气压(kPa) 0.13（49.2℃）

燃烧热(kJ/mol) 无资料 **临界温度(℃)** 无资料

临界压力(MPa) 4.82 **辛醇/水分配系数** 1.66

闪点(℃) 无意义 **自燃温度(℃)** 无意义

爆炸下限(%) 无意义 **爆炸上限(%)** 无意义

分解温度(℃) 无资料

黏度(mPa·s) 无资料

溶解性 溶于乙醇、丙酮、苯、乙醚、二硫化碳、四氯化碳等

第十部分 稳定性和反应性

稳定性 稳定

危险反应 与水接触发生反应

避免接触的条件 潮湿空气

禁配物 强还原剂、水、醇类、碱类

危险的分解产物 氯化物

第十一部分 毒理学信息

急性毒性 LD_{50}：525mg/kg（大鼠经口）

皮肤刺激或腐蚀 无资料 **眼睛刺激或腐蚀** 无资料

呼吸或皮肤过敏 无资料

生殖细胞突变性 DNA 修复：枯草杆菌 10mmol/L。微核试验：仓鼠肺 10μmol/L。姐妹染色单体交换：仓鼠肺 2500μg/L

致癌性 无资料 **生殖毒性** 无资料

特异性靶器官系统毒性-一次接触 无资料
特异性靶器官系统毒性-反复接触 无资料
吸入危害 无资料

第十二部分 生态学信息

生态毒性 锑化合物对水生生物有毒
持久性和降解性
生物降解性 无资料
非生物降解性 无资料
潜在的生物累积性 无资料
土壤中的迁移性 无资料

第十三部分 废弃处置

废弃化学品 根据国家和地方有关法规的要求处置。或与制造商联系，确定处置方法
污染包装物 将容器返还生产商或按照国家和地方法规处置
废弃注意事项 处置前应参阅国家和地方有关法规

第十四部分 运输信息

联合国危险货物编号（UN号） 1733
联合国运输名称 三氯化锑
联合国危险性类别 8 **包装类别** Ⅱ类包装
包装标志  **海洋污染物** 否
运输注意事项 起运时包装要完整，装载应稳妥。运输过程中要确保容器不泄漏、不倒塌、不坠落、不损坏。严禁与还原剂、醇类、碱类、食用化学品等混装混运。运输时运输车辆应配备泄漏应急处理设备。运输途中应防曝晒、雨淋，防高温

第十五部分 法规信息

下列法律、法规、规章和标准，对该化学品的管理作了相应的规定。
中华人民共和国职业病防治法 职业病分类和目录：未列入
危险化学品安全管理条例 危险化学品目录：列入。易制爆危险化学品名录：未列入。重点监管的危险化学品名录：未列入。GB 18218—2009《危险化学品重大危险源辨识》(表1)：未列入
使用有毒物品作业场所劳动保护条例 高毒物品目录：列入
易制毒化学品管理条例 易制毒化学品的分类和品种目录：未列入
国际公约 斯德哥尔摩公约：未列入。鹿特丹公约：未列入。蒙特利尔议定书：未列入

第十六部分 其他信息

编写和修订信息 **缩略语和首字母缩写**
培训建议 **参考文献**
免责声明

三氯化铁［无水］

第一部分 化学品标识

化学品中文名 三氯化铁［无水］；氯化铁
化学品英文名 ferric trichloride (anhydrous); ferric chloride
分子式 $FeCl_3$ **相对分子质量** 162.20
结构式 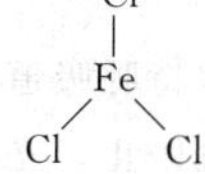
化学品的推荐及限制用途 用作饮用水和废水的处理剂，染料工业的氧化剂和媒染剂，有机合成的催化剂和氧化剂

第二部分 危险性概述

紧急情况概述 吞咽有害，造成严重的皮肤灼伤和眼损伤
GHS危险性类别 急性毒性-经口，类别4；皮肤腐蚀/刺激，类别1；严重眼损伤/眼刺激，类别1；特异性靶器官毒性--一次接触，类别2；特异性靶器官毒性--一次接触，类别3（呼吸道刺激）；危害水生环境-急性危害，类别3
标签要素
象形图 
警示词 危险
危险性说明 吞咽有害，造成严重的皮肤灼伤和眼损伤，可能对器官造成损害，可能引起呼吸道刺激，对水生生物有害
防范说明
预防措施 避免接触眼睛、皮肤，操作后彻底清洗。作业场所不得进食、饮水或吸烟。戴防护手套，穿防护服，戴防护眼镜、防护面罩。避免吸入粉尘。禁止排入环境
事故响应 如吸入：将患者转移到空气新鲜处，休息，保持利于呼吸的体位。皮肤（或头发）接触：立即脱掉所有被污染的衣服，用水冲洗皮肤，淋浴。污染的衣服须洗净后方可重新使用。接触眼睛：用水细心冲洗数分钟。如戴隐形眼镜并可方便地取出，取出隐形眼镜继续冲洗。食入：漱口，不要催吐，如果感觉不适，立即呼叫中毒控制中心或就医
安全储存 上锁保管
废弃处置 本品及内装物、容器依据国家和地方法规处置
物理和化学危险 不燃，无特殊燃爆特性
健康危害 吸入本品粉尘对整个呼吸道有强烈腐蚀作用，损害黏膜组织，引起化学性肺炎等。对眼有强烈腐蚀性，重者可导致失明。皮肤接触可致化学性灼伤。口服灼伤口腔和消化道，出现剧烈腹痛、呕吐和虚脱

慢性影响　长期口服有可能引起肝、肾损害

环境危害　对水生生物有害

第三部分　成分/组成信息

√物质		混合物
组分	**浓度**	**CAS No.**
三氯化铁		7705-08-0

第四部分　急救措施

吸入　迅速脱离现场至空气新鲜处。保持呼吸道通畅。如呼吸困难，给输氧。如呼吸、心跳停止，立即进行心肺复苏术。就医

皮肤接触　立即脱去污染的衣着，用大量流动清水彻底冲洗至少15min。就医

眼睛接触　立即分开眼睑，用流动清水或生理盐水彻底冲洗至少15min。就医

食入　用水漱口，禁止催吐。给饮牛奶或蛋清。就医

对保护施救者的忠告　根据需要使用个人防护设备

对医生的特别提示　对症处理

第五部分　消防措施

灭火剂　用干粉、二氧化碳灭火

特别危险性　受高热产生有毒的腐蚀性烟气

灭火注意事项及防护措施　消防人员必须佩戴空气呼吸器、穿全身防火防毒服，在上风向灭火。尽可能将容器从火场移至空旷处。喷水保持火场容器冷却，直至灭火结束。禁止用水和泡沫灭火

第六部分　泄漏应急处理

作业人员防护措施、防护装备和应急处置程序　隔离泄漏污染区，限制出入。建议应急处理人员戴防尘口罩，穿防酸碱服，戴橡胶手套。作业时使用的所有设备应接地。穿上适当的防护服前严禁接触破裂的容器和泄漏物。尽可能切断泄漏源。用干燥的砂土或其他不燃材料覆盖泄漏物，然后用塑料布覆盖，减少飞散、避免雨淋

环境保护措施　无资料

泄漏化学品的收容、清除方法及所使用的处置材料　用洁净的铲子收集泄漏物，置于干净、干燥、盖子较松的容器中，将容器移离泄漏区

第七部分　操作处置与储存

操作注意事项　密闭操作，局部排风。操作人员必须经过专门培训，严格遵守操作规程。建议操作人员佩戴头罩型电动送风过滤式防尘呼吸器，穿胶布防毒衣，戴橡胶手套。避免产生粉尘。避免与氧化剂、活性金属粉末接触。搬运时要轻装轻卸，防止包装及容器损坏。配备泄漏应急处理设备。倒空的容器可能残留有害物

储存注意事项　储存于阴凉、通风的库房。远离火种、热源。包装密封。应与氧化剂、活性金属粉末等分开存放，切忌混储。储区应备有合适的材料收容泄漏物

第八部分　接触控制/个体防护

职业接触限值

中国　未制定标准

美国(ACGIH)　TLV-TWA：$1mg/m^3$［按Fe计］

生物接触限值　未制定标准

监测方法　空气中有毒物质测定方法：未制定标准。生物监测检验方法：未制定标准

工程控制　密闭操作，局部排风。提供安全的淋浴和洗眼设备

个体防护装备

呼吸系统防护　可能接触其粉尘时，必须佩戴过滤式防尘呼吸器。必要时佩戴空气呼吸器

眼睛防护　戴化学安全防护眼镜

皮肤和身体防护　穿隔绝式防毒服

手防护　戴橡胶手套

第九部分　理化特性

外观与性状　黑棕色结晶，也有薄片状

pH值　无意义　　**熔点(℃)**　306

沸点(℃)　319　　**相对密度(水=1)**　2.90

相对蒸气密度(空气=1)　5.61

饱和蒸气压(kPa)　无资料

燃烧热(kJ/mol)　无资料　　**临界温度(℃)**　无资料

临界压力(MPa)　4.3　　**辛醇/水分配系数**　无资料

闪点(℃)　无意义　　**自燃温度(℃)**　无意义

爆炸下限(%)　无意义　　**爆炸上限(%)**　无意义

分解温度(℃)　无资料

黏度(mPa·s)　无资料

溶解性　易溶于水，溶于甘油，易溶于甲醇、乙醇、丙酮、乙醚

第十部分　稳定性和反应性

稳定性　稳定

危险反应　与强氧化剂等禁配物发生反应

避免接触的条件　无资料

禁配物　强氧化剂、钾、钠

危险的分解产物　氯化物

第十一部分　毒理学信息

急性毒性　LD_{50}：1872mg/kg（大鼠经口）

皮肤刺激或腐蚀　无资料　　**眼睛刺激或腐蚀**　无资料

呼吸或皮肤过敏　无资料

生殖细胞突变性　DNA损伤：人类细胞1μmol/L（1h）

致癌性　无资料　　**生殖毒性**　无资料

特异性靶器官系统毒性-一次接触　无资料

特异性靶器官系统毒性-反复接触　无资料

吸入危害　无资料

第十二部分　生态学信息

生态毒性

LC_{50}　21.84mg/L（96h）（黑头呆鱼）；20.26mg/L（96h）（蓝鳃太阳鱼）；30.06mg/L（48h）（网

纹水蚤）

TLm　15mg/L（96h）（水蚤）

IC_{50}　1mg/L（72h）（藻类）

持久性和降解性

生物降解性　无资料

非生物降解性　无资料

潜在的生物累积性　无资料　**土壤中的迁移性**　无资料

第十三部分　废弃处置

废弃化学品　根据国家和地方有关法规的要求处置。或与制造商联系，确定处置方法

污染包装物　将容器返还生产商或按照国家和地方法规处置

废弃注意事项　把倒空的容器归还厂商或在规定场所掩埋

第十四部分　运输信息

联合国危险货物编号（UN号）　1773

联合国运输名称　无水氯化铁

联合国危险性类别　8　**包装类别**　Ⅲ类包装

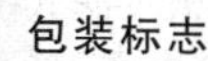

包装标志  **海洋污染物**　否

运输注意事项　起运时包装要完整，装载应稳妥。运输过程中要确保容器不泄漏、不倒塌、不坠落、不损坏。严禁与氧化剂、活性金属粉末、食用化学品等混装混运。运输时运输车辆应配备泄漏应急处理设备。运输途中应防曝晒、雨淋，防高温

第十五部分　法规信息

下列法律、法规、规章和标准，对该化学品的管理作了相应的规定。

中华人民共和国职业病防治法　职业病分类和目录：未列入

危险化学品安全管理条例　危险化学品目录：列入。易制爆危险化学品名录：未列入。重点监管的危险化学品名录：未列入。GB 18218—2009《危险化学品重大危险源辨识》（表1）：未列入

使用有毒物品作业场所劳动保护条例　高毒物品目录：未列入

易制毒化学品管理条例　易制毒化学品的分类和品种目录：未列入

国际公约　斯德哥尔摩公约：未列入。鹿特丹公约：未列入。蒙特利尔议定书：未列入

第十六部分　其他信息

编写和修订信息　**缩略语和首字母缩写**

培训建议　**参考文献**

免责声明

三氯甲烷

第一部分　化学品标识

化学品中文名　三氯甲烷；氯仿

化学品英文名　trichloromethane；chloroform

分子式　$CHCl_3$　**相对分子质量**　119.38

结构式

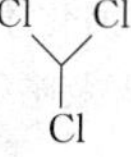

化学品的推荐及限制用途　用于有机合成，用作溶剂及麻醉剂等

第二部分　危险性概述

紧急情况概述　吞咽有害，吸入会中毒

GHS危险性类别　急性毒性-吸入，类别3；急性毒性-经口，类别4；皮肤腐蚀/刺激，类别2；严重眼损伤/眼刺激，类别2；致癌性，类别2；生殖毒性，类别2；特异性靶器官毒性-反复接触，类别1；危害水生环境-急性危害，类别3

标签要素

象形图 

警示词　危险

危险性说明　吞咽有害，吸入会中毒，造成皮肤刺激，造成严重眼刺激，怀疑致癌，怀疑对生育力或胎儿造成伤害，长时间或反复接触对器官造成损伤，对水生生物有害

防范说明

预防措施　避免接触眼睛、皮肤，操作后彻底清洗。作业场所不得进食、饮水或吸烟。避免吸入蒸气、雾。仅在室外或通风良好处操作。戴防护手套、防护眼镜、防护面罩。得到专门指导后操作。在阅读并了解所有安全预防措施之前，切勿操作。按要求使用个体防护装备。禁止排入环境

事故响应　如吸入：将患者转移到空气新鲜处，休息，保持利于呼吸的体位。皮肤接触：用大量肥皂水和水清洗。如发生皮肤刺激，就医。脱去被污染的衣服，污染的衣服须洗净后方可重新使用。如接触眼睛：用水细心冲洗数分钟。如戴隐形眼镜并可方便地取出，取出隐形眼镜继续冲洗。如果眼睛刺激持续：就医。食入：漱口，如果感觉不适，立即呼叫中毒控制中心或就医。如果接触或有担心，就医

安全储存　在通风良好处储存。保持容器密闭。上锁保管

废弃处置　本品及内装物、容器依据国家和地方法规处置

物理和化学危险　不燃，无特殊燃爆特性

健康危害　主要作用于中枢神经系统，具有麻醉作用，对心、肝、肾有损害

急性中毒　吸入或经皮肤吸收引起急性中毒。初期有头痛、头晕、恶心、呕吐、兴奋、皮肤湿热和黏膜刺激症状。以后呈现精神紊乱、呼吸表浅、反射消失、昏迷等，重者发生呼吸麻痹、心室纤维性颤动。同时可伴有肝、肾损害。误服中毒时，胃有烧灼感，伴恶心、呕吐、腹痛、腹泻。以后

出现麻醉症状。液态可致皮炎、湿疹，甚至皮肤灼伤

慢性影响 主要引起肝脏损害，并有消化不良、乏力、头痛、失眠等症状，少数有肾损害及嗜氯仿癖

环境危害 对水生生物有害

第三部分 成分/组成信息

√物质 混合物

组分	浓度	CAS No.
三氯甲烷		67-66-3

第四部分 急救措施

吸入 迅速脱离现场至空气新鲜处。保持呼吸道通畅。如呼吸困难，给输氧。如呼吸、心跳停止，立即进行心肺复苏术。就医

皮肤接触 立即脱去污染的衣着，用流动清水彻底冲洗。就医

眼睛接触 立即分开眼睑，用流动清水或生理盐水彻底冲洗。就医

食入 漱口，饮水。就医

对保护施救者的忠告 根据需要使用个人防护设备

对医生的特别提示 对症处理

第五部分 消防措施

灭火剂 用雾状水、二氧化碳、砂土灭火

特别危险性 与明火或灼热的物体接触时能产生剧毒的光气。在空气、水分和光的作用下，酸度增加，因而对金属有强烈的腐蚀性

灭火注意事项及防护措施 消防人员必须佩戴空气呼吸器、穿全身防火防毒服，在上风向灭火。尽可能将容器从火场移至空旷处。喷水保持火场容器冷却，直至灭火结束。容器突然发出异常声音或出现异常现象，应立即撤离

第六部分 泄漏应急处理

作业人员防护措施、防护装备和应急处置程序 根据液体流动和蒸气扩散的影响区域划定警戒区，无关人员从侧风、上风向撤离至安全区。建议应急处理人员戴正压自给式呼吸器，穿防毒服，戴防化学品手套。穿上适当的防护服前严禁接触破裂的容器和泄漏物。尽可能切断泄漏源

环境保护措施 防止泄漏物进入水体、下水道、地下室或有限空间

泄漏化学品的收容、清除方法及所使用的处置材料 小量泄漏：用干燥的砂土或其他不燃材料吸收或覆盖，收集于容器中。大量泄漏：构筑围堤或挖坑收容。用砂土、惰性物质或蛭石收大量液体。用泵转移至槽车或专用收集器内

第七部分 操作处置与储存

操作注意事项 密闭操作，局部排风。操作人员必须经过专门培训，严格遵守操作规程。建议操作人员佩戴直接式防毒面具（半面罩），戴化学安全防护眼镜，穿防毒物渗透工作服，戴防化学品手套。防止蒸气泄漏到工作场所空气中。避免与碱类、铝接触。搬运时要轻装轻卸，防止包装及容器损坏。配备泄漏应急处理设备。倒空的容器可能残留有害物

储存注意事项 储存于阴凉、通风的库房。远离火种、热源。库房温度不超过35℃，相对湿度不超过85%。保持容器密封。应与碱类、铝、食用化学品分开存放，切忌混储。储区应备有泄漏应急处理设备和合适的收容材料

第八部分 接触控制/个体防护

职业接触限值

中国 PC-TWA：20mg/m³ [G2B]

美国(ACGIH) TLV-TWA：10ppm

生物接触限值 未制定标准

监测方法 空气中有毒物质测定方法：溶剂解吸-气相色谱法。生物监测检验方法：未制定标准

工程控制 密闭操作，局部排风。提供安全的淋浴和洗眼设备

个体防护装备

呼吸系统防护 空气中浓度超标时，应该佩戴过滤式防毒面具（半面罩）。紧急事态抢救或撤离时，佩戴空气呼吸器

眼睛防护 戴化学安全防护眼镜

皮肤和身体防护 穿防毒物渗透工作服

手防护 戴防化学品手套

第九部分 理化特性

外观与性状 无色透明重质液体，极易挥发，有特殊气味

pH值 无资料　**熔点(℃)** −63.5

沸点(℃) 61.3　**相对密度(水=1)** 1.50

相对蒸气密度(空气=1) 4.12

饱和蒸气压(kPa) 21.2 (20℃)

燃烧热(kJ/mol) 无资料　**临界温度(℃)** 263.4

临界压力(MPa) 5.47　**辛醇/水分配系数** 1.97

闪点(℃) 无意义　**自燃温度(℃)** 无意义

爆炸下限(%) 无意义　**爆炸上限(%)** 无意义

分解温度(℃) 无资料

黏度(mPa·s) 0.563 (20℃)

溶解性 不溶于水，混溶于乙醇、乙醚、苯、丙酮、二硫化碳、四氯化碳

第十部分 稳定性和反应性

稳定性 稳定

危险反应 受热易产生剧毒光气；与碱类等禁配物发生反应。三氯甲烷室温下（约22℃）即可与发烟硫酸发生化学反应产生光气

避免接触的条件 灼热、光照

禁配物 碱类、铝

危险的分解产物 氯化氢

第十一部分 毒理学信息

急性毒性

LD_{50} 908mg/kg（大鼠经口）

LC_{50}　47702mg/m^3（大鼠吸入，4h）

皮肤刺激或腐蚀　家兔经皮：500mg（24h），轻度刺激

眼睛刺激或腐蚀　家兔经眼：20mg（24h），中度刺激

呼吸或皮肤过敏　无资料

生殖细胞突变性　DNA 抑制：人 HeLa 细胞 19mmol/L。姐妹染色单体交换：人淋巴细胞 10mmol/L。微核试验：大鼠经口 4mmol/kg。程序外 DNA 合成：大鼠经口 1 g/kg。DNA 损伤：人肺 100μmol/L（3h）

致癌性　IARC 致癌性评论：组 2B，可疑人类致癌物。对人类致癌性证据有限，对动物致癌性证据不充分

生殖毒性　大鼠孕后 6～15d 经口给予最低中毒剂量（TDLo）1260mg/kg，致肌肉骨骼系统发育畸形。大鼠孕后 6～15d 吸入最低中毒剂量（TCLo）100ppm（7h），致胃肠道发育畸形。小鼠孕后 8～15d 吸入最低中毒剂量（TCLo）100ppm（7h），致颅面部（包括鼻、舌）发育畸形。大鼠多代经口给予最低中毒剂量（TDLo）41mg/kg，致泌尿生殖系统发育畸形

特异性靶器官系统毒性-一次接触　无资料

特异性靶器官系统毒性-反复接触　大鼠吸入 2ppm 本品，每天 7h，每周 5d，共 6 个月，有肝和肾组织损伤

吸入危害　无资料

第十二部分　生态学信息

生态毒性　LC_{50}：43.8mg/L（96h）（虹鳟鱼，静态）；100mg/L（96h）（蓝鳃太阳鱼，静态）；117mg/L（48h）（青鳉）；81.5mg/L（96h）（桃红对虾）；28.9mg/L（48h）（水蚤）

持久性和降解性

生物降解性　易快速生物降解

非生物降解性　光解最大光吸收波长范围（nm）：220.9～296.3；水中光氧化半衰期（h）：6.90×10^5～2.80×10^7；空气中光氧化半衰期（h）：623～6231；一级水解半衰期（h）：3500

潜在的生物累积性　根据 K_{ow} 值预测，该物质的生物累积性可能较弱

土壤中的迁移性　根据 K_{oc} 值预测，该物质可能易发生迁移

第十三部分　废弃处置

废弃化学品　用焚烧法处置。与燃料混合后，再焚烧。焚烧炉排出的卤化氢通过酸洗涤器除去

污染包装物　将容器返还生产商或按照国家和地方法规处置

废弃注意事项　处置前应参阅国家和地方有关法规。把倒空的容器归还厂商或在规定场所掩埋

第十四部分　运输信息

联合国危险货物编号（UN 号）　1888

联合国运输名称　三氯甲烷

联合国危险性类别　6.1　　**包装类别**　Ⅲ类包装

包装标志　　　**海洋污染物**　否

运输注意事项　运输前应先检查包装容器是否完整、密封，运输过程中要确保容器不泄漏、不倒塌、不坠落、不损坏。严禁与酸类、氧化剂、食品及食品添加剂混运。运输时运输车辆应配备泄漏应急处理设备。运输途中应防曝晒、雨淋，防高温。公路运输时要按规定路线行驶，勿在居民区和人口稠密区停留。本品属第二类易制毒化学品，托运时，须持有运出地县级人民政府公安机关审批的、有效期为 3 个月的易制毒化学品运输许可证

第十五部分　法规信息

下列法律、法规、规章和标准，对该化学品的管理作了相应的规定。

中华人民共和国职业病防治法　职业病分类和目录：未列入

危险化学品安全管理条例　危险化学品目录：列入。易制爆危险化学品名录：未列入。重点监管的危险化学品名录：列入。GB 18218—2009《危险化学品重大危险源辨识》（表 1）：未列入

使用有毒物品作业场所劳动保护条例　高毒物品目录：未列入

易制毒化学品管理条例　易制毒化学品的分类和品种目录：列入

国际公约　斯德哥尔摩公约：未列入。鹿特丹公约：未列入。蒙特利尔议定书：未列入

第十六部分　其他信息

编写和修订信息　　**缩略语和首字母缩写**

培训建议　　**参考文献**

免责声明

三氯乙腈

第一部分　化学品标识

化学品中文名　三氯乙腈；三氯甲基氰；氰化三氯甲烷

化学品英文名　trichloroacetonitrile；trichloromethyl cyanide

分子式　C_2Cl_3N　　**相对分子质量**　144.38

结构式　$Cl-C(Cl)(Cl)-C\equiv N$

化学品的推荐及限制用途　用作杀虫剂、薰剂

第二部分　危险性概述

紧急情况概述　吞咽会中毒，皮肤接触会中毒，吸入会中毒

GHS 危险性类别　急性毒性-经口，类别 3；急性毒性-经皮，类别 3；急性毒性-吸入，类别 3；危害水生环境-急性危害，类别 2；危害水生环境-长期危害，类别 2

标签要素

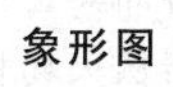

象形图　

警示词 危险

危险性说明 吞咽会中毒，皮肤接触会中毒，吸入会中毒，对水生生物有毒并具有长期持续影响

防范说明

预防措施 避免接触眼睛、皮肤，操作后彻底清洗。作业场所不得进食、饮水或吸烟。戴防护手套、穿防护服。避免吸入蒸气、雾。仅在室外或通风良好处操作。禁止排入环境

事故响应 如吸入：将患者转移到空气新鲜处，休息，保持利于呼吸的体位。皮肤接触：用大量肥皂水和水清洗。立即脱去所有被污染的衣服。如感觉不适，呼叫中毒控制中心或就医。被污染的衣服须经洗净后方可重新使用。食入：漱口，立即呼叫中毒控制中心或就医。收集泄漏物

安全储存 在通风良好处储存。保持容器密闭。上锁保管

废弃处置 本品及内装物、容器依据国家和地方法规处置

物理和化学危险 可燃，其蒸气与空气混合，能形成爆炸性混合物

健康危害 本品对呼吸道有明显刺激作用。动物吸入蒸气时见抽搐、乱跑、角弓反张，随后不动、流泪、咳嗽和气急

环境危害 对水生生物有毒并具有长期持续影响

第三部分 成分/组成信息

√物质 混合物

组分	浓度	CAS No.
三氯乙腈		545-06-2

第四部分 急救措施

吸入 迅速脱离现场至空气新鲜处。保持呼吸道通畅。如呼吸困难，给输氧。如呼吸、心跳停止，立即进行心肺复苏术。就医

皮肤接触 立即脱去污染的衣着，用肥皂水和清水彻底冲洗。就医

眼睛接触 立即分开眼睑，用流动清水或生理盐水彻底冲洗。就医

食入 催吐（仅限于清醒着），给服活性炭悬液。就医

对保护施救者的忠告 根据需要使用个人防护设备

对医生的特别提示 使用亚硝酸钠、硫代硫酸钠、4-二甲基氨基苯酚等解毒剂

第五部分 消防措施

灭火剂 用干粉、二氧化碳、砂土灭火

特别危险性 可燃，受热分解放出剧毒的氰化物气体。遇水或水蒸气、酸或酸气产生有毒的可燃性气体。与强氧化剂接触可发生化学反应。燃烧生成有害的一氧化碳、氮氧化物、氯化氢

灭火注意事项及防护措施 消防人员须佩戴防毒面具、穿全身消防服，在上风向灭火。尽可能将容器从火场移至空旷处。喷水保持火场容器冷却，直至灭火结束。容器突然发出异常声音或出现异常现象，应立即撤离。禁止用水、泡沫和酸碱灭火剂灭火

第六部分 泄漏应急处理

作业人员防护措施、防护装备和应急处置程序 根据液体流动和蒸气扩散的影响区域划定警戒区，无关人员从侧风、上风向撤离至安全区。消除所有点火源。建议应急处理人员戴正压自给式呼吸器，穿防毒服，戴橡胶手套。作业时使用的所有设备应接地。禁止接触或跨越泄漏物。尽可能切断泄漏源

环境保护措施 防止泄漏物进入水体、下水道、地下室或有限空间

泄漏化学品的收容、清除方法及所使用的处置材料 小量泄漏：用砂土或其他不燃材料吸收，使用洁净的无火花工具收集吸收材料。大量泄漏：构筑围堤或挖坑收容。用泡沫覆盖，减少蒸发。喷水雾能减少蒸发，但不能降低泄漏物在有限空间内的易燃性。用防爆泵转移至槽车或专用收集器内

第七部分 操作处置与储存

操作注意事项 密闭操作，提供充分的局部排风。操作尽可能机械化、自动化。操作人员必须经过专门培训，严格遵守操作规程。建议操作人员佩戴自吸过滤式防毒面具（半面罩），戴化学安全防护眼镜，穿聚乙烯防毒服，戴橡胶手套。远离火种、热源。工作场所严禁吸烟。使用防爆型的通风系统和设备。防止蒸气泄漏到工作场所空气中。避免与氧化剂、还原剂、酸类、碱类接触。尤其要注意避免与水接触。搬运时要轻装轻卸，防止包装及容器损坏。配备相应品种和数量的消防器材及泄漏应急处理设备。倒空的容器可能残留有害物

储存注意事项 储存于阴凉、通风的库房。远离火种、热源。包装必须密封，防止受潮。应与氧化剂、还原剂、酸类、碱类、食用化学品分开存放，切忌混储。配备相应品种和数量的消防器材。储区应备有泄漏应急处理设备和合适的收容材料

第八部分 接触控制/个体防护

职业接触限值

中国 未制定标准

美国(ACGIH) 未制定标准

生物接触限值 未制定标准

监测方法 空气中有毒物质测定方法：未制定标准。生物监测检验方法：未制定标准

工程控制 严加密闭，提供充分的局部排风。提供安全的淋浴和洗眼设备

个体防护装备

呼吸系统防护 可能接触其蒸气时，应该佩戴过滤式防毒面具（半面罩）。紧急事态抢救或撤离时，建议佩戴空气呼吸器

眼睛防护 戴化学安全防护眼镜

皮肤和身体防护 穿隔绝式防毒服

手防护 戴橡胶手套

第九部分 理化特性

外观与性状 无色液体

pH 值 无资料 **熔点(℃)** −42

沸点(℃) 85.7 **相对密度(水=1)** 1.44

相对蒸气密度(空气=1) 无资料

饱和蒸气压(kPa) 7.73（20℃）

燃烧热(kJ/mol) 无资料 **临界温度(℃)** 无资料

临界压力(MPa) 无资料 **辛醇/水分配系数** 2.09

闪点(℃) 无资料 **自燃温度(℃)** 无资料

爆炸下限(%) 无资料 **爆炸上限(%)** 无资料

分解温度(℃) 无资料

黏度(mPa·s) 无资料

溶解性 不溶于水，溶于二甲亚砜、乙醇、丙酮

第十部分 稳定性和反应性

稳定性 稳定

危险反应 与强氧化剂、强酸等禁配物发生反应

避免接触的条件 受热、潮湿空气

禁配物 强氧化剂、强还原剂、强酸、强碱

危险的分解产物 氯化氢

第十一部分 毒理学信息

急性毒性 LD_{50}：250mg/kg（大鼠经口）；900mg/kg（兔经皮）

皮肤刺激或腐蚀 家兔经皮：5mg（24h），重度刺激

眼睛刺激或腐蚀 家兔经眼：50μg（24h），重度刺激

呼吸或皮肤过敏 无资料

生殖细胞突变性 微生物致突变：鼠伤寒沙门氏菌 3333μg/皿。DNA 损伤：人淋巴细胞 1μmol/L。姐妹染色单体交换：仓鼠卵巢 15μmol/L

致癌性 IARC 致癌性评论：组 3，现有的证据不能对人类致癌性进行分类。对人及动物致癌性证据不足

生殖毒性 大鼠孕后 6～18d 经口给予最低中毒剂量（TDLo）97500μg/kg，致心血管系统和泌尿生殖系统发育畸形。大鼠经口最低中毒剂量（TDLo）：97500μg/kg（孕 6～18d），致心血管（循环）系统发育正常，泌尿生殖系统发育异常

特异性靶器官系统毒性-一次接触 无资料

特异性靶器官系统毒性-反复接触 长期染毒的动物体重减轻，血红蛋白和红细胞减少。尸检见支气管炎，支气管肺炎，心肌、肝和肾变化

吸入危害 无资料

第十二部分 生态学信息

生态毒性 根据结构类似物质预测，该物质对水生生物有毒

持久性和降解性

生物降解性 无资料

非生物降解性 无资料

潜在的生物累积性 根据 K_{ow} 值预测，该物质的生物累积性可能较弱

土壤中的迁移性 根据 K_{oc} 值预测，该物质可能有一定的迁移性

第十三部分 废弃处置

废弃化学品 建议用焚烧法处置。与燃料混合后，再焚烧。焚烧炉排出的气体要通过洗涤器除去

污染包装物 将容器返还生产商或按照国家和地方法规处置

废弃注意事项 处置前应参阅国家和地方有关法规

第十四部分 运输信息

联合国危险货物编号（UN 号） 3276

联合国运输名称 腈类，毒性，液态，未另作规定的（三氯乙腈）

联合国危险性类别 6.1 **包装类别** Ⅲ类包装

包装标志  **海洋污染物** 是

运输注意事项 运输前应先检查包装容器是否完整、密封，运输过程中要确保容器不泄漏、不倒塌、不坠落、不损坏。严禁与酸类、氧化剂、食品及食品添加剂混运。运输时运输车辆应配备相应品种和数量的消防器材及泄漏应急处理设备。运输途中应防曝晒、雨淋，防高温。公路运输时要按规定路线行驶

第十五部分 法规信息

下列法律、法规、规章和标准，对该化学品的管理作了相应的规定。

中华人民共和国职业病防治法 职业病分类和目录：氰及腈类化合物中毒

危险化学品安全管理条例 危险化学品目录：列入。易制爆危险化学品名录：未列入。重点监管的危险化学品名录：未列入。GB 18218—2009《危险化学品重大危险源辨识》（表 1）：未列入

使用有毒物品作业场所劳动保护条例 高毒物品目录：未列入

易制毒化学品管理条例 易制毒化学品的分类和品种目录：未列入

国际公约 斯德哥尔摩公约：未列入。鹿特丹公约：未列入。蒙特利尔议定书：未列入

第十六部分 其他信息

编写和修订信息 **缩略语和首字母缩写**

培训建议 **参考文献**

免责声明

三氯乙醛［无水的，抑制了的］

第一部分 化学品标识

化学品中文名 三氯乙醛［无水的，抑制了的］；氯醛；氯油

化学品英文名 trichloroacetaldehyde（anhydrous，inhibited)；chloral

分子式 C_2HCl_3O **相对分子质量** 147.38

结构式 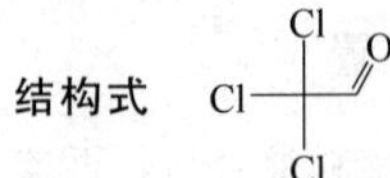

化学品的推荐及限制用途 用于DDT制造及有机合成

第二部分 危险性概述

紧急情况概述 吸入致命，可能引起昏昏欲睡或眩晕

GHS危险性类别 急性毒性-经口，类别4；急性毒性-经皮，类别4；急性毒性-吸入，类别1；皮肤腐蚀/刺激，类别3；严重眼损伤/眼刺激，类别2B；生殖细胞致突变性，类别1B；生殖毒性，类别2；特异性靶器官毒性-一次接触，类别1；特异性靶器官毒性-一次接触，类别3（麻醉效应）

标签要素

象形图 

警示词 危险

危险性说明 吞咽有害，皮肤接触有害，吸入致命，造成轻微皮肤刺激，造成眼刺激，可造成遗传性缺陷，怀疑对生育力或胎儿造成伤害，对器官造成损害，可能引起昏昏欲睡或眩晕

防范说明

预防措施 避免接触眼睛、皮肤，操作后彻底清洗。作业场所不得进食、饮水或吸烟。戴防护手套、穿防护服。避免吸入蒸气、雾。仅在室外或通风良好处操作。戴呼吸防护器具。得到专门指导后操作。在阅读并了解所有安全预防措施之前，切勿操作。按要求使用个体防护装备

事故响应 如吸入：将患者转移到空气新鲜处，休息，保持利于呼吸的体位。皮肤接触：用大量肥皂水和水清洗。如发生皮肤刺激，就医。被污染的衣服须经洗净后方可重新使用。如接触眼睛：用水细心冲洗数分钟。如戴隐形眼镜并可方便地取出，取出隐形眼镜继续冲洗。如果眼睛刺激持续：就医。食入：漱口，如果感觉不适，立即呼叫中毒控制中心或就医。如果接触或有担心，就医。如果接触：立即呼叫中毒控制中心或就医

安全储存 在通风良好处储存。保持容器密闭。上锁保管

废弃处置 本品及内装物、容器依据国家和地方法规处置

物理和化学危险 不燃，无特殊燃爆特性

健康危害 本品对皮肤和黏膜有强烈的刺激作用。对动物全身毒作用较强，引起麻醉作用。表现有短期兴奋，继而抑制、共济失调、侧倒、麻醉、死亡。大鼠长期接触其蒸气，可导致发育迟滞，中枢神经系统功能紊乱，低血压倾向，肝、肾及脾脏损害，支气管炎等

环境危害 对环境可能有害

第三部分 成分/组成信息

√物质 混合物

组分	浓度	CAS No.
三氯乙醛		75-87-6

第四部分 急救措施

吸入 迅速脱离现场至空气新鲜处。保持呼吸道通畅。如呼吸困难，给输氧。如呼吸、心跳停止，立即进行心肺复苏术。就医

皮肤接触 立即脱去污染的衣着，用流动清水彻底冲洗。就医

眼睛接触 立即分开眼睑，用流动清水或生理盐水彻底冲洗。就医

食入 漱口，饮水。就医

对保护施救者的忠告 根据需要使用个人防护设备

对医生的特别提示 对症处理

第五部分 消防措施

灭火剂 用雾状水、抗溶性泡沫、二氧化碳、砂土灭火

特别危险性 受热分解放出有催泪性及腐蚀性的气体。燃烧生成有害的一氧化碳、氯化氢

灭火注意事项及防护措施 消防人员必须佩戴空气呼吸器、穿全身防火防毒服，在上风向灭火。尽可能将容器从火场移至空旷处。喷水保持火场容器冷却，直至灭火结束。容器突然发出异常声音或出现异常现象，应立即撤离

第六部分 泄漏应急处理

作业人员防护措施、防护装备和应急处置程序 根据液体流动和蒸气扩散的影响区域划定警戒区，无关人员从侧风、上风向撤离至安全区。建议应急处理人员戴正压自给式呼吸器，穿防毒服，戴橡胶耐油手套。穿上适当的防护服前严禁接触破裂的容器和泄漏物。尽可能切断泄漏源

环境保护措施 防止泄漏物进入水体、下水道、地下室或有限空间

泄漏化学品的收容、清除方法及所使用的处置材料 小量泄漏：用干燥的砂土或其他不燃材料吸收或覆盖，收集于容器中。大量泄漏：构筑围堤或挖坑收容，用泵转移至槽车或专用收集器内

第七部分 操作处置与储存

操作注意事项 密闭操作，提供充分的局部排风。操作尽可能机械化、自动化。操作人员必须经过专门培训，严格遵守操作规程。建议操作人员佩戴自吸过滤式防毒面具（全面罩），穿胶布防毒衣，戴橡胶耐油手套。防止蒸气泄漏到工作场所空气中。避免与氧化剂、碱类接触。搬运时要轻装轻卸，防止包装及容器损坏。配备泄漏应急处理设备。倒空的容器可能残留有害物

储存注意事项 储存于阴凉、通风的库房。远离火种、热

源。保持容器密封。应与氧化剂、碱类、食用化学品分开存放，切忌混储。储区应备有泄漏应急处理设备和合适的收容材料

第八部分 接触控制/个体防护

职业接触限值

中国 MAC：$3mg/m^3$

美国(ACGIH) 未制定标准

生物接触限值 未制定标准

监测方法 空气中有毒物质测定方法：未制定标准。生物监测检验方法：未制定标准

工程控制 严加密闭，提供充分的局部排风。提供安全的淋浴和洗眼设备

个体防护装备

呼吸系统防护 可能接触其蒸气时，必须佩戴过滤式防毒面具（全面罩）。紧急事态抢救或撤离时，佩戴空气呼吸器

眼睛防护 呼吸系统防护中已作防护

皮肤和身体防护 穿隔绝式防毒服

手防护 戴橡胶耐油手套

第九部分 理化特性

外观与性状 无色易挥发的油状液体，有刺激性气味

pH值 无资料 **熔点(℃)** －57.5

沸点(℃) 97.7 **相对密度(水=1)** 1.51

相对蒸气密度(空气=1) 5.1

饱和蒸气压(kPa) 4.67（20℃）

燃烧热(kJ/mol) 无资料 **临界温度(℃)** 无资料

临界压力(MPa) 4.45 **辛醇/水分配系数** 0.99

闪点(℃) 75 **自燃温度(℃)** 无意义

爆炸下限(%) 无意义 **爆炸上限(%)** 无意义

分解温度(℃) 无资料

黏度(mPa·s) 无资料

溶解性 混溶于水，溶于乙醇、乙醚、氯仿

第十部分 稳定性和反应性

稳定性 稳定

危险反应 与强氧化剂等禁配物发生反应

避免接触的条件 受热

禁配物 强氧化剂、强碱

危险的分解产物 氯化氢

第十一部分 毒理学信息

急性毒性 LD_{50}：50～400mg/kg（大鼠经口）

皮肤刺激或腐蚀 无资料 **眼睛刺激或腐蚀** 无资料

呼吸或皮肤过敏 无资料

生殖细胞突变性 微生物致突变：鼠伤寒沙门氏菌1mg/皿

致癌性 IARC致癌性评论：组2A，可能人类致癌物

生殖毒性 无资料

特异性靶器官系统毒性-一次接触 无资料

特异性靶器官系统毒性-反复接触 无资料

吸入危害 无资料

第十二部分 生态学信息

生态毒性 无资料

持久性和降解性

生物降解性 MITI-Ⅰ测试，初始浓度100ppm，污泥浓度30ppm，4周后降解8%

非生物降解性 无资料

潜在的生物累积性 根据K_{ow}值预测，该物质的生物累积性可能较弱

土壤中的迁移性 根据K_{oc}值预测，该物质可能易发生迁移

第十三部分 废弃处置

废弃化学品 建议用焚烧法处置。与燃料混合后，再焚烧。焚烧炉排出的卤化氢通过酸洗涤器除去

污染包装物 将容器返还生产商或按照国家和地方法规处置

废弃注意事项 处置前应参阅国家和地方有关法规。把倒空的容器归还厂商或在规定场所掩埋

第十四部分 运输信息

联合国危险货物编号（UN号） 2075

联合国运输名称 无水氯醛，稳定的

联合国危险性类别 6.1 **包装类别** Ⅱ类包装

包装标志 

海洋污染物 否

运输注意事项 运输前应先检查包装容器是否完整、密封，运输过程中要确保容器不泄漏、不倒塌、不坠落、不损坏。严禁与酸类、氧化剂、食品及食品添加剂混运。运输时运输车辆应配备泄漏应急处理设备。运输途中应防曝晒、雨淋，防高温。公路运输时要按规定路线行驶

第十五部分 法规信息

下列法律、法规、规章和标准，对该化学品的管理作了相应的规定。

中华人民共和国职业病防治法 职业病分类和目录：未列入

危险化学品安全管理条例 危险化学品目录：列入。易制爆危险化学品名录：未列入。重点监管的危险化学品名录：未列入。GB 18218—2009《危险化学品重大危险源辨识》(表1)：未列入

使用有毒物品作业场所劳动保护条例 高毒物品目录：未列入

易制毒化学品管理条例 易制毒化学品的分类和品种目录：未列入

国际公约 斯德哥尔摩公约：未列入。鹿特丹公约：未列入。蒙特利尔议定书：未列入

第十六部分 其他信息

编写和修订信息

培训建议

免责声明

缩略语和首字母缩写

参考文献

三氯乙酸

第一部分 化学品标识

化学品中文名 三氯乙酸；三氯醋酸

化学品英文名 trichloroacetic acid; trichloroethanoic acid

分子式 $C_2HCl_3O_2$ **相对分子质量** 163.4

结构式 $Cl-C(Cl)(Cl)-C(=O)OH$

化学品的推荐及限制用途 用于有机合成和制医药品、化学试剂、杀虫剂

第二部分 危险性概述

紧急情况概述 造成严重的皮肤灼伤和眼损伤

GHS危险性类别 皮肤腐蚀/刺激，类别1A；严重眼损伤/眼刺激，类别1；特异性靶器官毒性-一次接触，类别3（呼吸道刺激）；危害水生环境-急性危害，类别1；危害水生环境-长期危害，类别1

标签要素

象形图

警示词 危险

危险性说明 造成严重的皮肤灼伤和眼损伤，可能引起呼吸道刺激，对水生生物毒性非常大并具有长期持续影响

防范说明

预防措施 避免吸入粉尘。避免接触眼睛、皮肤，操作后彻底清洗。戴防护手套，穿防护服，戴防护眼镜、防护面罩。禁止排入环境

事故响应 如吸入：将患者转移到空气新鲜处，休息，保持利于呼吸的体位，立即呼叫中毒控制中心或就医。皮肤（或头发）接触：立即脱掉所有被污染的衣服，用水冲洗皮肤，淋浴。污染的衣服须洗净后方可重新使用。接触眼睛：用水细心冲洗数分钟。如戴隐形眼镜并可方便地取出，取出隐形眼镜继续冲洗。食入：漱口。不要催吐。收集泄漏物

安全储存 上锁保管

废弃处置 本品及内装物、容器依据国家和地方法规处置

物理和化学危险 可燃，其粉体与空气混合，能形成爆炸性混合物

健康危害 吸入本品粉尘对呼吸道有刺激作用，可引起咳嗽、胸痛和中枢神经系统抑制。眼睛直接接触可造成严重损害，重者可导致失明。皮肤接触可致严重的化学性灼伤。口服灼伤口腔和消化道，出现剧烈腹痛、呕吐和虚脱

环境危害 对水生生物毒性非常大并具有长期持续影响

第三部分 成分/组成信息

√物质		混合物
组分	浓度	CAS No.
三氯乙酸		76-03-9

第四部分 急救措施

吸入 迅速脱离现场至空气新鲜处。保持呼吸道通畅。如呼吸困难，给输氧。如呼吸、心跳停止，立即进行心肺复苏术。就医

皮肤接触 立即脱去污染的衣着，用大量流动清水彻底冲洗至少15min。就医

眼睛接触 立即分开眼睑，用流动清水或生理盐水彻底冲洗至少15min。就医

食入 用水漱口，禁止催吐。给饮牛奶或蛋清。就医

对保护施救者的忠告 根据需要使用个人防护设备

对医生的特别提示 对症处理

第五部分 消防措施

灭火剂 用雾状水、泡沫、二氧化碳灭火

特别危险性 受高热分解产生有毒的腐蚀性烟气。具有较强的腐蚀性。燃烧生成有害的一氧化碳、氯化氢

灭火注意事项及防护措施 消防人员必须穿全身耐酸碱消防服、佩戴空气呼吸器灭火。尽可能将容器从火场移至空旷处。喷水保持火场容器冷却，直至灭火结束

第六部分 泄漏应急处理

作业人员防护措施、防护装备和应急处置程序 隔离泄漏污染区，限制出入。建议应急处理人员戴防尘口罩，穿防酸碱服，戴橡胶耐酸碱手套。穿上适当的防护服前严禁接触破裂的容器和泄漏物。尽可能切断泄漏源。用塑料布覆盖泄漏物，减少飞散。勿使水进入包装容器内

环境保护措施 无资料

泄漏化学品的收容、清除方法及所使用的处置材料 用洁净的铲子收集泄漏物，置于干净、干燥、盖子较松的容器中，将容器移离泄漏区

第七部分 操作处置与储存

操作注意事项 密闭操作，局部排风。操作人员必须经过专门培训，严格遵守操作规程。建议操作人员佩戴导管式防毒面具，戴化学安全防护眼镜，穿防酸碱工作服，戴橡胶耐酸碱手套。远离火种、热源。工作场所严禁吸烟。使用防爆型的通风系统和设备。避免产生粉尘。避免与氧化剂、碱类接触。搬运时要轻装轻卸，防止包装及容器损坏。配备相应品种和数量的消防器材及泄漏应急处理设备。倒空的容器可能残留有害物

储存注意事项 储存于阴凉、通风的库房。远离火种、热源。包装密封。应与氧化剂、碱类分开存放，切忌混

储。配备相应品种和数量的消防器材。储区应备有合适的材料收容泄漏物

第八部分 接触控制/个体防护

职业接触限值

中国 未制定标准

美国(ACGIH) TLV-TWA：1ppm

生物接触限值 未制定标准

监测方法 空气中有毒物质测定方法：未制定标准。生物监测检验方法：未制定标准

工程控制 密闭操作，局部排风。提供安全的淋浴和洗眼设备

个体防护装备

呼吸系统防护 空气中浓度超标时，建议佩戴过滤式防毒面具（半面罩）

眼睛防护 戴化学安全防护眼镜

皮肤和身体防护 穿防酸碱工作服

手防护 戴橡胶耐酸碱手套

第九部分 理化特性

外观与性状 无色结晶，有刺激性气味，易潮解

pH值 无意义 **熔点(℃)** 57.5

沸点(℃) 197.5 **相对密度(水=1)** 1.63

相对蒸气密度(空气=1) 5.65

饱和蒸气压(kPa) 0.13 (51℃)

燃烧热(kJ/mol) −387.9 **临界温度(℃)** 无资料

临界压力(MPa) 4.81 **辛醇/水分配系数** 1.33

闪点(℃) 197 **自燃温度(℃)** 无资料

爆炸下限(%) 无资料 **爆炸上限(%)** 无资料

分解温度(℃) 无资料

黏度(mPa·s) 无资料

溶解性 溶于水、乙醇、乙醚，微溶于四氯化碳

第十部分 稳定性和反应性

稳定性 稳定

危险反应 与强氧化剂等禁配物发生反应

避免接触的条件 受热

禁配物 强氧化剂、强碱

危险的分解产物 氯化氢

第十一部分 毒理学信息

急性毒性 LD_{50}：3300mg/kg（大鼠经口）

皮肤刺激或腐蚀 家兔经皮：210μg，轻度刺激

眼睛刺激或腐蚀 家兔经眼：3500μg (5s)，重度刺激

呼吸或皮肤过敏 有致敏作用

生殖细胞突变性 微生物致突变：鼠伤寒沙门氏菌 250μg/皿。微核试验：小鼠腹腔内给药 300mg/kg (24h)。细胞遗传学分析：小鼠经口 500mg/kg。DNA加合物：小鼠腹腔内给药 2000nmol/L（1周）（间断性）。DNA损伤：小鼠经口 500mg/kg

致癌性 IARC致癌性评论：组2B，可疑人类致癌物

生殖毒性 大鼠孕后1～22d经口染毒最低中毒剂量(TDLo) 6402mg/kg，致心血管系统发育畸形

特异性靶器官系统毒性-一次接触 无资料

特异性靶器官系统毒性-反复接触 无资料

吸入危害 无资料

第十二部分 生态学信息

生态毒性 无资料

持久性和降解性

生物降解性 MITI-Ⅰ测试，初始浓度 100ppm，污泥浓度 30ppm，4周后降解 7%

非生物降解性 无资料

潜在的生物累积性 根据 K_{ow} 值预测，该物质的生物累积性可能较弱

土壤中的迁移性 根据 K_{oc} 值预测，该物质可能易发生迁移

第十三部分 废弃处置

废弃化学品 建议用焚烧法处置。与燃料混合后，再焚烧。焚烧炉排出的卤化氢通过酸洗涤器除去。或用安全掩埋法处置

污染包装物 将容器返还生产商或按照国家和地方法规处置

废弃注意事项 处置前应参阅国家和地方有关法规

第十四部分 运输信息

联合国危险货物编号（UN号） 1839

联合国运输名称 三氯乙酸

联合国危险性类别 8 **包装类别** Ⅱ类包装

包装标志 

海洋污染物 否

运输注意事项 起运时包装要完整，装载应稳妥。运输过程中要确保容器不泄漏、不倒塌、不坠落、不损坏。严禁与氧化剂、碱类、食用化学品等混装混运。运输途中应防曝晒、雨淋，防高温。运输时，运输车辆应配备相应品种和数量的消防器材及泄漏应急处理设备

第十五部分 法规信息

下列法律、法规、规章和标准，对该化学品的管理作了相应的规定。

中华人民共和国职业病防治法 职业病分类和目录：未列入

危险化学品安全管理条例 危险化学品目录：列入。易制爆危险化学品名录：未列入。重点监管的危险化学品名录：未列入。GB 18218—2009《危险化学品重大危险源辨识》(表1)：未列入

使用有毒物品作业场所劳动保护条例 高毒物品目录：未列入

易制毒化学品管理条例 易制毒化学品的分类和品种目录：未列入

国际公约 斯德哥尔摩公约：未列入。鹿特丹公约：未列入。蒙特利尔议定书：未列入

第十六部分　其他信息

编写和修订信息　　缩略语和首字母缩写
培训建议　　参考文献
免责声明

1,1,2-三氯乙烷

第一部分　化学品标识

化学品中文名　1,1,2-三氯乙烷
化学品英文名　1,1,2-trichloroethane
分子式　$C_2H_3Cl_3$　　**相对分子质量**　133.4
结构式
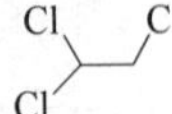

化学品的推荐及限制用途　用作溶剂，用于有机合成

第二部分　危险性概述

紧急情况概述　吞咽有害，皮肤接触有害，吸入有害
GHS危险性类别　急性毒性-经口，类别4；急性毒性-经皮，类别4；急性毒性-吸入，类别4；危害水生环境-急性危害，类别3；危害水生环境-长期危害，类别3
标签要素

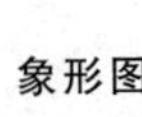
象形图

警示词　警告
危险性说明　吞咽有害，皮肤接触有害，吸入有害，对水生生物有害并具有长期持续影响
防范说明
预防措施　避免接触眼睛、皮肤，操作后彻底清洗。作业场所不得进食、饮水或吸烟。戴防护手套、穿防护服。避免吸入蒸气、雾。仅在室外或通风良好处操作。禁止排入环境
事故响应　如吸入：将患者转移到空气新鲜处，休息，保持利于呼吸的体位。皮肤接触：用大量肥皂水和水清洗。被污染的衣服须经洗净后方可重新使用。食入：漱口。如果感觉不适，立即呼叫中毒控制中心或就医。收集泄漏物
安全储存　-
废弃处置　本品及内装物、容器依据国家和地方法规处置
物理和化学危险　可燃，其蒸气与空气混合，能形成爆炸性混合物
健康危害　急性中毒主要损害中枢神经系统。轻者表现为头痛、眩晕、步态蹒跚、共济失调、嗜睡等；重者可出现抽搐，甚至昏迷。可引起心律不齐。对皮肤有轻度脱脂和刺激作用
环境危害　对水生生物有害并具有长期持续影响

第三部分　成分/组成信息

√物质		混合物
组分	**浓度**	**CAS No.**
1,1,2-三氯乙烷		79-00-5

第四部分　急救措施

吸入　迅速脱离现场至空气新鲜处。保持呼吸道通畅。如呼吸困难，给输氧。如呼吸、心跳停止，立即进行心肺复苏术。就医
皮肤接触　立即脱去污染的衣着，用流动清水彻底冲洗。就医
眼睛接触　立即分开眼睑，用流动清水或生理盐水彻底冲洗。就医
食入　漱口，饮水。就医
对保护施救者的忠告　根据需要使用个人防护设备
对医生的特别提示　对症处理

第五部分　消防措施

灭火剂　用雾状水、泡沫、二氧化碳、砂土灭火
特别危险性　可燃，在潮湿空气中，特别在日光照射下，释放出腐蚀性很强的氯化氢烟雾。燃烧生成有害的一氧化碳、氯化氢、光气
灭火注意事项及防护措施　消防人员须佩戴防毒面具、穿全身消防服，在上风向灭火。尽可能将容器从火场移至空旷处。喷水保持火场容器冷却，直至灭火结束。容器突然发出异常声音或出现异常现象，应立即撤离

第六部分　泄漏应急处理

作业人员防护措施、防护装备和应急处置程序　根据液体流动和蒸气扩散的影响区域划定警戒区，无关人员从侧风、上风向撤离至安全区。消除所有点火源。建议应急处理人员戴正压自给式呼吸器，穿防毒服，戴防化学品手套。穿上适当的防护服前严禁接触破裂的容器和泄漏物。尽可能切断泄漏源
环境保护措施　防止泄漏物进入水体、下水道、地下室或有限空间
泄漏化学品的收容、清除方法及所使用的处置材料　小量泄漏：用干燥的砂土或其他不燃材料吸收或覆盖，收集于容器中。大量泄漏：构筑围堤或挖坑收容。用泵转移至槽车或专用收集器内

第七部分　操作处置与储存

操作注意事项　严加密闭，提供充分的局部排风和全面通风。操作人员必须经过专门培训，严格遵守操作规程。建议操作人员佩戴直接式防毒面具（半面罩），戴安全防护眼镜，穿防毒物渗透工作服，戴防化学品手套。远离火种、热源。工作场所严禁吸烟。使用防爆型的通风系统和设备。防止蒸气泄漏到工作场所空气中。避免与氧化剂、碱类接触。搬运时要轻装轻卸，防止包装及容器损坏。配备相应品种和数量的消防器材及泄漏应急处理设备。倒空的容器可能残留有害物

储存注意事项 储存于阴凉、通风的库房。远离火种、热源。保持容器密封。应与氧化剂、碱类、食用化学品分开存放，切忌混储。配备相应品种和数量的消防器材。储区应备有泄漏应急处理设备和合适的收容材料

第八部分 接触控制/个体防护

职业接触限值

中国 未制定标准

美国(ACGIH) TLV-TWA：10ppm［皮］

生物接触限值 未制定标准

监测方法 空气中有毒物质测定方法：未制定标准。生物监测检验方法：未制定标准

工程控制 严加密闭，提供充分的局部排风和全面通风。提供安全的淋浴和洗眼设备

个体防护装备

呼吸系统防护 空气中浓度超标时，应该佩戴过滤式防毒面具（半面罩）。紧急事态抢救或撤离时，佩戴空气呼吸器

眼睛防护 戴安全防护眼镜

皮肤和身体防护 穿防毒物渗透工作服

手防护 戴防化学品手套

第九部分 理化特性

外观与性状 无色液体，有芳香气味

pH 值 无资料 **熔点(℃)** －36.5

沸点(℃) 114 **相对密度(水＝1)** 1.44

相对蒸气密度(空气＝1) 4.55

饱和蒸气压(kPa) 2.5（20℃）

燃烧热(kJ/mol) －1097.2 **临界温度(℃)** 无资料

临界压力(MPa) 4.83 **辛醇/水分配系数** 2.17

闪点(℃) 无资料 **自燃温度(℃)** 460

爆炸下限(%) 8.4 **爆炸上限(%)** 13.3

分解温度(℃) 无资料

黏度(mPa·s) 1.69（25℃）

溶解性 不溶于水，可混溶于醇类、醚类、酯类、酮类等

第十部分 稳定性和反应性

稳定性 稳定

危险反应 与强氧化剂等禁配物发生反应

避免接触的条件 潮湿空气、光照

禁配物 强碱、强氧化剂、铝、镁

危险的分解产物 氯化氢

第十一部分 毒理学信息

急性毒性 LD_{50}：836mg/kg（大鼠经口）；3730mg/kg（兔经皮）

皮肤刺激或腐蚀 家兔经皮：500mg（24h），轻度刺激

眼睛刺激或腐蚀 家兔经眼：162mg，轻度刺激

呼吸或皮肤过敏 无资料

生殖细胞突变性 微核试验：人淋巴细胞 100μmol/L。DNA 损伤：人淋巴细胞 2500μmol/L。细胞遗传学分析：豚鼠皮肤染毒 2880μg/kg

致癌性 IARC 致癌性评论：组 3，现有的证据不能对人类致癌性进行分类。对人及动物致癌性证据不足

生殖毒性 无资料

特异性靶器官系统毒性-一次接触

特异性靶器官系统毒性-反复接触 大鼠、豚鼠和兔吸入 0.82g/m^3，每天 7h，每周 5d，6 个月，未见异常；吸入 1.6g/m^3，雌性大鼠有轻度的肝脂肪变性和细胞浊肿

吸入危害 无资料

第十二部分 生态学信息

生态毒性

LC_{50} 81.6mg/L（96h）（黑头呆鱼，动态）；133mg/L（48h）（青鳉）

EC_{50} 18mg/L（48h）（水蚤）；60mg/L（96h）（三角褐指藻）

持久性和降解性

生物降解性 不易快速生物降解

非生物降解性 空气中光氧化半衰期（h）：196～1956；一级水解半衰期（h）：3.26×10^5

潜在的生物累积性 根据 K_{ow} 值预测，该物质的生物累积性可能较弱

土壤中的迁移性 根据 K_{oc} 值预测，该物质可能有一定的迁移性

第十三部分 废弃处置

废弃化学品 建议用焚烧法处置。与燃料混合后，再焚烧。焚烧炉排出的气体通过洗涤器除去

污染包装物 将容器返还生产商或按照国家和地方法规处置

废弃注意事项 处置前应参阅国家和地方有关法规

第十四部分 运输信息

联合国危险货物编号（UN 号） - **联合国运输名称** -

联合国危险性类别 - **包装类别** -

包装标志 **海洋污染物** -

运输注意事项 运输前应先检查包装容器是否完整、密封，运输过程中要确保容器不泄漏、不倒塌、不坠落、不损坏。严禁与酸类、氧化剂、食品及食品添加剂混运。运输时运输车辆应配备相应品种和数量的消防器材及泄漏应急处理设备。运输途中应防曝晒、雨淋，防高温。公路运输时要按规定路线行驶

第十五部分 法规信息

下列法律、法规、规章和标准，对该化学品的管理作了相应的规定。

中华人民共和国职业病防治法 职业病分类和目录：未列入

危险化学品安全管理条例 危险化学品目录：列入。易制爆危险化学品名录：未列入。重点监管的危险化学品名录：未列入。GB 18218—2009《危险化学品重大危险源辨识》(表 1)：未列入

使用有毒物品作业场所劳动保护条例 高毒物品目录：未列入

易制毒化学品管理条例 易制毒化学品的分类和品种目录：未列入

国际公约 斯德哥尔摩公约：未列入。鹿特丹公约：未列入。蒙特利尔议定书：未列入

第十六部分 其他信息

编写和修订信息 **缩略语和首字母缩写**

培训建议 **参考文献**

免责声明

1,1,1-三氯乙烷

第一部分 化学品标识

化学品中文名 1,1,1-三氯乙烷；甲基氯仿

化学品英文名 1,1,1-trichloroethane；methyl chloroform

分子式 $C_2H_3Cl_3$ **相对分子质量** 133.4

结构式 $CH_3-C(Cl)_3$（Cl、Cl、Cl）

化学品的推荐及限制用途 用作溶剂、金属清洁剂

第二部分 危险性概述

紧急情况概述 吸入有害

GHS 危险性类别 急性毒性-吸入，类别 4；危害臭氧层，类别 1

标签要素

象形图

警示词 警告

危险性说明 吸入有害，破坏高层大气中的臭氧，危害公共健康和环境

防范说明

预防措施 避免吸入蒸气、雾。仅在室外或通风良好处操作

事故响应 如吸入：将患者转移到空气新鲜处，休息，保持利于呼吸的体位。如感觉不适，呼叫中毒控制中心或就医

安全储存 -

废弃处置 -

物理和化学危险 可燃，其蒸气与空气混合，能形成爆炸性混合物

健康危害 急性中毒主要损害中枢神经系统。轻者表现为头痛、眩晕、步态蹒跚、共济失调、嗜睡等；重者可出现抽搐，甚至昏迷。可引起心律不齐。对皮肤有轻度脱脂和刺激作用

环境危害 破坏高层大气中的臭氧，危害公共健康和环境

第三部分 成分/组成信息

√物质 混合物

组分	浓度	CAS No.
1,1,1-三氯乙烷		71-55-6

第四部分 急救措施

吸入 迅速脱离现场至空气新鲜处。保持呼吸道通畅。如呼吸困难，给输氧。如呼吸、心跳停止，立即进行心肺复苏术。就医

皮肤接触 立即脱去污染的衣着，用流动清水彻底冲洗。就医

眼睛接触 立即分开眼睑，用流动清水或生理盐水彻底冲洗。就医

食入 漱口，饮水。就医

对保护施救者的忠告 根据需要使用个人防护设备

对医生的特别提示 对症处理

第五部分 消防措施

灭火剂 用雾状水、泡沫、二氧化碳、砂土灭火

特别危险性 遇明火、高热能燃烧，并产生剧毒的光气和氯化氢烟雾。与碱金属和碱土金属能发生强烈反应。与活性金属粉末（如镁、铝等）能发生反应，引起分解。燃烧生成有害的一氧化碳、氯化氢、光气

灭火注意事项及防护措施 消防人员须佩戴防毒面具、穿全身消防服，在上风向灭火。尽可能将容器从火场移至空旷处。喷水保持火场容器冷却，直至灭火结束。容器突然发出异常声音或出现异常现象，应立即撤离

第六部分 泄漏应急处理

作业人员防护措施、防护装备和应急处置程序 根据液体流动和蒸气扩散的影响区域划定警戒区，无关人员从侧风、上风向撤离至安全区。建议应急处理人员戴正压自给式呼吸器，穿防毒服，戴防化学品手套。尽可能切断泄漏源

环境保护措施 防止泄漏物进入水体、下水道、地下室或有限空间

泄漏化学品的收容、清除方法及所使用的处置材料 小量泄漏：用砂土或其他不燃材料吸收。大量泄漏：构筑围堤或挖坑收容。用砂土、惰性物质或蛭石收大量液体。用泡沫覆盖，减少蒸发。用泵转移至槽车或专用收集器内

第七部分 操作处置与储存

操作注意事项 严加密闭，提供充分的局部排风和全面通风。操作人员必须经过专门培训，严格遵守操作规程。建议操作人员佩戴直接式防毒面具（半面罩），戴安全防护眼镜，穿防毒物渗透工作服，戴防化学品手套。远离火种、热源。工作场所严禁吸烟。使用防爆型的通风系统和设备。防止蒸气泄漏到工作场所空气中。避免与氧化剂、碱类接触。搬运时要轻装轻卸，防止包装及容器损坏。配备相应品种和数量的消防器材及泄漏应急处理设备。倒空的容器可能残留有害物

储存注意事项 储存于阴凉、通风的库房。远离火种、热源。保持容器密封。应与氧化剂、碱类、食用化学品分开存放，切忌混储。配备相应品种和数量的消防器材。储区应备有泄漏应急处理设备和合适的收容材料

第八部分　接触控制/个体防护

职业接触限值

中国　PC-TWA：900mg/m^3

美国(ACGIH)　TLV-TWA：350ppm；TLV-STEL：450ppm

生物接触限值　未制定标准

监测方法　空气中有毒物质测定方法：未制定标准。生物监测检验方法：未制定标准

工程控制　严加密闭，提供充分的局部排风和全面通风。提供安全的淋浴和洗眼设备

个体防护装备

呼吸系统防护　空气中浓度超标时，应该佩戴过滤式防毒面具（半面罩）。紧急事态抢救或撤离时，佩戴空气呼吸器

眼睛防护　戴安全防护眼镜

皮肤和身体防护　穿防毒物渗透工作服

手防护　戴防化学品手套

第九部分　理化特性

外观与性状　无色液体

pH值　无资料　　**熔点(℃)**　−32.5

沸点(℃)　74.1

相对密度(水=1)　1.3376（20℃）

相对蒸气密度(空气=1)　4.6

饱和蒸气压(kPa)　13.33（20℃）

燃烧热(kJ/mol)　无资料　　**临界温度(℃)**　311.5

临界压力(MPa)　4.48　　**辛醇/水分配系数**　2.49

闪点(℃)　无资料　　**自燃温度(℃)**　500～537

爆炸下限(%)　7.5　　**爆炸上限(%)**　12.5

分解温度(℃)　无资料

黏度(mPa·s)　0.858（20℃）

溶解性　不溶于水，溶于乙醇、乙醚、丙酮、苯、甲醇、氯仿等

第十部分　稳定性和反应性

稳定性　稳定

危险反应　与强氧化剂、碱金属等禁配物发生反应

避免接触的条件　光照

禁配物　强氧化剂、铝及其合金、强碱

危险的分解产物　氯化氢

第十一部分　毒理学信息

急性毒性

LD_{50}　9600mg/kg（大鼠经口）

LC_{50}　17000ppm（大鼠吸入，4h）

皮肤刺激或腐蚀　家兔经皮：20mg（24h），中度刺激

眼睛刺激或腐蚀　家兔经眼：100mg，轻度刺激

呼吸或皮肤过敏　无资料

生殖细胞突变性　微生物致突变：鼠伤寒沙门氏菌10μg/皿。DNA修复：大肠杆菌500mg/L。基因转化和有丝分裂重组：酿酒酵母5350mg/L。细胞遗传学分析：仓鼠卵巢160mg/L

致癌性　IARC致癌性评论：组3，现有的证据不能对人类致癌性进行分类。对人及动物致癌性证据不足

生殖毒性　大鼠孕后1～22d经口给予最低中毒剂量（TDLo）43mg/kg，致心血管系统发育畸形

特异性靶器官系统毒性-一次接触　无资料

特异性靶器官系统毒性-反复接触　豚鼠吸入5.46g/m^3，每天3h，3个月，肝重增加，有脂肪变性，肺炎

吸入危害　无资料

第十二部分　生态学信息

生态毒性　无资料

持久性和降解性

生物降解性　好氧生物降解（h）：3360～6552；厌氧生物降解（h）：13440～26208；生物降解-二次沉降处理（h）：220～250

非生物降解性　空气中光氧化半衰期（h）：5393～53929；一级水解半衰期（h）：0.73

潜在的生物累积性　根据K_{ow}值预测，该物质的生物累积性可能较弱

土壤中的迁移性　根据K_{oc}值预测，该物质可能有一定的迁移性

第十三部分　废弃处置

废弃化学品　建议用焚烧法处置。与燃料混合后，再焚烧。焚烧炉排出的气体通过洗涤器除去

污染包装物　将容器返还生产商或按照国家和地方法规处置

废弃注意事项　处置前应参阅国家和地方有关法规

第十四部分　运输信息

联合国危险货物编号（UN号）　-　　**联合国运输名称**　-

联合国危险性类别　-　　**包装类别**　-

包装标志　-　　**海洋污染物**　-

运输注意事项　运输前应先检查包装容器是否完整、密封，运输过程中要确保容器不泄漏、不倒塌、不坠落、不损坏。严禁与酸类、氧化剂、食品及食品添加剂混运。运输时运输车辆应配备相应品种和数量的消防器材及泄漏应急处理设备。运输途中应防曝晒、雨淋，防高温。公路运输时要按规定路线行驶

第十五部分　法规信息

下列法律、法规、规章和标准，对该化学品的管理作了相应的规定。

中华人民共和国职业病防治法　职业病分类和目录：未列入

危险化学品安全管理条例　危险化学品目录：列入。易制爆危险化学品名录：未列入。重点监管的危险化学品名录：未列入。GB 18218—2009《危险化学品重大危险源辨识》(表1)：未列入

使用有毒物品作业场所劳动保护条例　高毒物品目录：未列入

易制毒化学品管理条例　易制毒化学品的分类和品种目录：未列入

国际公约 斯德哥尔摩公约：未列入。鹿特丹公约：未列入。蒙特利尔议定书：列入

第十六部分 其他信息

编写和修订信息 **缩略语和首字母缩写**
培训建议 **参考文献**
免责声明

三氯乙烯

第一部分 化学品标识

化学品中文名 三氯乙烯
化学品英文名 trichloroethylene；trichloroethene
分子式 C_2HCl_3 **相对分子质量** 131.38
结构式 (Cl)(Cl)C=C(Cl)

化学品的推荐及限制用途 用作溶剂，用于脱脂、冷冻、农药、香料、橡胶工业、洗涤织物等

第二部分 危险性概述

紧急情况概述 可能致癌，可能引起昏昏欲睡或眩晕
GHS危险性类别 皮肤腐蚀/刺激，类别2；严重眼损伤/眼刺激，类别2；生殖细胞致突变性，类别2；致癌性，类别1B；特异性靶器官毒性-一次接触，类别3（麻醉效应）；危害水生环境-急性危害，类别3；危害水生环境-长期危害，类别3
标签要素
象形图 
警示词 危险
危险性说明 造成皮肤刺激，造成严重眼刺激，怀疑可造成遗传性缺陷，可能致癌，可能引起昏昏欲睡或眩晕，对水生生物有害并具有长期持续影响
防范说明
预防措施 避免接触眼睛、皮肤，操作后彻底清洗。戴防护手套、防护眼镜、防护面罩。得到专门指导后操作。在阅读并了解所有安全预防措施之前，切勿操作。按要求使用个体防护装备。禁止排入环境
事故响应 皮肤接触：用大量肥皂水和水清洗。如发生皮肤刺激，就医。脱去被污染的衣服，洗净后方可重新使用。如接触眼睛：用水细心冲洗数分钟。如戴隐形眼镜并可方便地取出，取出隐形眼镜继续冲洗。如果眼睛刺激持续：就医。如果接触或有担心，就医
安全储存 上锁保管
废弃处置 本品及内装物、容器依据国家和地方法规处置
物理和化学危险 可燃，其蒸气与空气混合，能形成爆炸性混合物
健康危害 本品主要对中枢神经系统有麻醉作用。亦可引起肝、肾、心脏、三叉神经损害
急性中毒 短时内接触（吸入、经皮或口服）大量本品可引起急性中毒。吸入极高浓度可迅速昏迷。吸入高浓度后可有眼和上呼吸道刺激症状。接触数小时后出现头痛、头晕、酩酊感、嗜睡等，重者发生谵妄、抽搐、昏迷、呼吸麻痹、循环衰竭。可出现以三叉神经损害为主的颅神经损害，心脏损害主要为心律失常。可有肝肾损害。口服消化道症状明显，肝肾损害突出
慢性中毒 出现头痛、头晕、乏力、睡眠障碍、胃肠功能紊乱、周围神经炎、心肌损害、三叉神经麻痹和肝损害。可引起药疹性皮炎，重者出现剥脱性皮炎，并出现浅淋巴结肿大和肝损害
环境危害 对水生生物有害并具有长期持续影响

第三部分 成分/组成信息

√物质		混合物
组分	**浓度**	**CAS No.**
三氯乙烯		79-01-6

第四部分 急救措施

吸入 迅速脱离现场至空气新鲜处。保持呼吸道通畅。如呼吸困难，给输氧。如呼吸、心跳停止，立即进行心肺复苏术。就医
皮肤接触 立即脱去污染的衣着，用流动清水彻底冲洗。就医
眼睛接触 立即分开眼睑，用流动清水或生理盐水彻底冲洗。就医
食入 漱口，饮水。就医
对保护施救者的忠告 根据需要使用个人防护设备
对医生的特别提示 对症处理

第五部分 消防措施

灭火剂 用雾状水、泡沫、干粉、二氧化碳、砂土灭火
特别危险性 受紫外光照射或在燃烧或加热时分解产生有毒的光气和腐蚀性的盐酸烟雾。燃烧生成有害的一氧化碳、氯化氢、光气
灭火注意事项及防护措施 消防人员须佩戴防毒面具、穿全身消防服，在上风向灭火。尽可能将容器从火场移至空旷处。喷水保持火场容器冷却，直至灭火结束。容器突然发出异常声音或出现异常现象，应立即撤离

第六部分 泄漏应急处理

作业人员防护措施、防护装备和应急处置程序 根据液体流动和蒸气扩散的影响区域划定警戒区，无关人员从侧风、上风向撤离至安全区。建议应急处理人员戴正压自给式呼吸器，穿防毒服，戴防化学品手套。尽可能切断泄漏源
环境保护措施 防止泄漏物进入水体、下水道、地下室或有限空间
泄漏化学品的收容、清除方法及所使用的处置材料 小量泄漏：用砂土或其他不燃材料吸收。大量泄漏：构筑围堤或挖坑收容。用泡沫覆盖，减少蒸发。用砂土、

惰性物质或蛭石收大量液体。用防爆泵转移至槽车或专用收集器内

第七部分 操作处置与储存

操作注意事项 密闭操作，加强通风。操作人员必须经过专门培训，严格遵守操作规程。建议操作人员佩戴自吸过滤式防毒面具（半面罩），戴化学安全防护眼镜，穿防毒物渗透工作服，戴防化学品手套。远离火种、热源。工作场所严禁吸烟。使用防爆型的通风系统和设备。防止蒸气泄漏到工作场所空气中。避免与氧化剂、还原剂、碱类、金属粉末接触。搬运时要轻装轻卸，防止包装及容器损坏。配备相应品种和数量的消防器材及泄漏应急处理设备。倒空的容器可能残留有害物

储存注意事项 储存于阴凉、通风的库房。远离火种、热源。库房温度不超过 32℃，相对湿度不超过 80%。包装要求密封，不可与空气接触。应与氧化剂、还原剂、碱类、金属粉末、食用化学品分开存放，切忌混储。不宜大量储存或久存。配备相应品种和数量的消防器材。储区应备有泄漏应急处理设备和合适的收容材料

第八部分 接触控制/个体防护

职业接触限值

中国 PC-TWA：30mg/m^3［G2A］

美国(ACGIH) TLV-TWA：10ppm；TLV-STEL：25ppm

生物接触限值 尿中三氯乙酸：0.3mmol/L（50mg/L）

监测方法 空气中有毒物质测定方法：溶剂解吸-气相色谱法；热解吸-气相色谱法；无泵型采样-气相色谱法。生物监测检验方法：尿中三氯乙酸的分光光度测定方法；尿中三氯乙酸顶空气相色谱测定方法

工程控制 生产过程密闭，加强通风。提供安全的淋浴和洗眼设备

个体防护装备

呼吸系统防护 可能接触其蒸气时，应该佩戴过滤式防毒面具（半面罩）。紧急事态抢救或撤离时，佩戴空气呼吸器

眼睛防护 戴化学安全防护眼镜

皮肤和身体防护 穿防毒物渗透工作服

手防护 戴防化学品手套

第九部分 理化特性

外观与性状 无色透明液体，有似氯仿的气味

pH 值 无资料 **熔点(℃)** －73～－84.7

沸点(℃) 87.1

相对密度(水＝1) 1.46（20℃）

相对蒸气密度(空气＝1) 4.54

饱和蒸气压(kPa) 7.87（20℃）

燃烧热(kJ/mol) －961.4 **临界温度(℃)** 299

临界压力(MPa) 5.02 **辛醇/水分配系数** 2.42

闪点(℃) 无资料 **自燃温度(℃)** 420

爆炸下限(%) 12.5 **爆炸上限(%)** 90.0

分解温度(℃) 无资料

黏度(mPa·s) 0.550（25℃）

溶解性 不溶于水，溶于乙醇、乙醚，可混溶于多数有机溶剂

第十部分 稳定性和反应性

稳定性 稳定

危险反应 与强氧化剂等禁配物发生反应

避免接触的条件 光照、紫外线

禁配物 强氧化剂、强还原剂、强碱、铝、镁

危险的分解产物 氯化氢

第十一部分 毒理学信息

急性毒性

LD_{50} 2402mg/kg（小鼠经口）

LC_{50} 137752mg/m^3（大鼠吸入，1h）；45292mg/m^3（小鼠吸入，4h）

皮肤刺激或腐蚀 家兔经皮：500mg（24h），重度刺激

眼睛刺激或腐蚀 家兔经眼：20mg（24h），中度刺激

呼吸或皮肤过敏 无资料

生殖细胞突变性 DNA 抑制：人淋巴细胞 5mg/L。姐妹染色单体交换：人淋巴细胞 178mg/L。程序外 DNA 合成：人肺 100mg/L。DNA 抑制：人淋巴细胞 5ml/L。姐妹染色单体交换：人淋巴细胞 178mg/L

致癌性 IARC 致癌性评论：组 1，确认人类致癌物

生殖毒性 大鼠孕后 1～20d 吸入最低中毒剂量（TCLo）1800ppm（24h），致肌肉骨骼系统、泌尿生殖系统发育畸形。雄性、雌性小鼠交配前 4 周至孕后 3 周吸入最低中毒剂量（TCLo）150ppm（24h），致中枢神经系统发育畸形。大鼠多代经口给予最低中毒剂量（TDLo）156mg/kg，致泌尿生殖系统发育畸形。小鼠多代经口给予最低中毒剂量（TDLo）700mg/kg，致肝胆管系统和泌尿生殖系统发育畸形。大鼠孕后 6～15d 经口染毒最低中毒剂量（TDLo）1010mg/kg，致眼、耳发育畸形。小鼠多代经口给予最低中毒剂量（TDLo）致免疫和网状内皮系统发育畸形。大鼠吸入最低中毒浓度（TCLo）：1800ppm（24h）（孕 1～20d），引起肌肉骨骼发育异常及其他发育异常。小鼠吸入最低中毒浓度（TCLo）：100ppm（7h）（5d，雄性），精子生成异常

特异性靶器官系统毒性-一次接触 无资料

特异性靶器官系统毒性-反复接触 接触 6 个月的 LC 值：大鼠和兔为 1.08g/m^3

吸入危害 无资料

第十二部分 生态学信息

生态毒性

LC_{50} 44.7mg/L（96h）（蓝鳃太阳鱼，静态）；40.7～66.8mg/L（96h）（黑头呆鱼）；20mg/L（96h）（红鲈）；59mg/L（48h）（青鳉）

IC_{50} 63～1000mg/L（72h）（藻类）

持久性和降解性

生物降解性 好氧生物降解（h）：4320～8640；厌氧

生物降解（h）：2352～39672

非生物降解性　空气中光氧化半衰期（h）：27～272

潜在的生物累积性　BCF：4.3～17（鲤鱼，接触浓度70ppb，接触时间6周），4～16（鲤鱼，接触浓度7ppb，接触时间6周），302（绿藻）；根据 K_{ow} 值预测，该物质的生物累积性可能较弱

土壤中的迁移性　根据 K_{oc} 值预测，该物质可能有一定的迁移性

第十三部分　废弃处置

废弃化学品　用焚烧法处置。与燃料混合后，再焚烧。焚烧炉排出的气体通过酸洗涤器除去

污染包装物　将容器返还生产商或按照国家和地方法规处置

废弃注意事项　处置前应参阅国家和地方有关法规。把倒空的容器归还厂商或在规定场所掩埋

第十四部分　运输信息

联合国危险货物编号（UN号）　1710

联合国运输名称　三氯乙烯

联合国危险性类别　6.1　　**包装类别**　Ⅲ类包装

包装标志　　　**海洋污染物**　否

运输注意事项　运输前应先检查包装容器是否完整、密封，运输过程中要确保容器不泄漏、不倒塌、不坠落、不损坏。严禁与酸类、氧化剂、食品及食品添加剂混运。运输时运输车辆应配备相应品种和数量的消防器材及泄漏应急处理设备。运输途中应防曝晒、雨淋，防高温。公路运输时要按规定路线行驶

第十五部分　法规信息

下列法律、法规、规章和标准，对该化学品的管理作了相应的规定。

中华人民共和国职业病防治法　职业病分类和目录：三氯乙烯中毒

危险化学品安全管理条例　危险化学品目录：列入。易制爆危险化学品名录：未列入。重点监管的危险化学品名录：未列入。GB 18218—2009《危险化学品重大危险源辨识》（表1）：未列入

使用有毒物品作业场所劳动保护条例　高毒物品目录：未列入

易制毒化学品管理条例　易制毒化学品的分类和品种目录：未列入

国际公约　斯德哥尔摩公约：未列入。鹿特丹公约：未列入。蒙特利尔议定书：未列入

第十六部分　其他信息

编写和修订信息　　**缩略语和首字母缩写**

培训建议　　**参考文献**

免责声明

1,3,5-三硝基苯[干的或含水<30%]

第一部分　化学品标识

化学品中文名　1,3,5-三硝基苯［干的或含水<30%］；对称三硝基苯

化学品英文名　1,3,5-trinitrobenzene（dry or wetted with less than 30% water，by mass）；TNB；*sym*-trinitrobenzene

分子式　$C_6H_3N_3O_6$　　**相对分子质量**　213.12

结构式

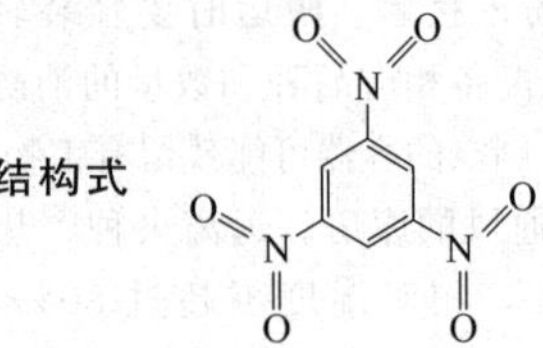

化学品的推荐及限制用途　用作炸药，在分析化学中用作pH值指示剂

第二部分　危险性概述

紧急情况概述　吞咽致命，皮肤接触会致命，吸入致命

GHS危险性类别　爆炸物，1.1项；急性毒性-经口，类别2；急性毒性-经皮，类别1；急性毒性-吸入，类别2；特异性靶器官毒性-反复接触，类别2；危害水生环境-急性危害，类别1；危害水生环境-长期危害，类别1

标签要素

象形图

警示词　危险

危险性说明　吞咽致命，皮肤接触会致命，吸入致命，长时间或反复接触可能对器官造成损伤，对水生生物毒性非常大并具有长期持续影响

防范说明

预防措施　避免接触眼睛、皮肤或衣服，操作后彻底清洗。作业场所不得进食、饮水或吸烟。戴防护手套、穿防护服。避免吸入粉尘。仅在室外或通风良好处操作。戴呼吸防护器具。禁止排入环境

事故响应　如吸入：将患者转移到空气新鲜处，休息，保持利于呼吸的体位。如感觉不适，就医。皮肤接触：用大量肥皂水和水轻轻地清洗，立即呼叫中毒控制中心或就医，立即脱去所有被污染的衣服。被污染的衣服须经洗净后方可重新使用。食入：漱口，立即呼叫中毒控制中心或就医。收集泄漏物

安全储存　在通风良好处储存。保持容器密闭。上锁保管

废弃处置　本品及内装物、容器依据国家和地方法规处置

物理和化学危险　受撞击、摩擦，遇明火或其他点火源极

易爆炸

健康危害 三硝基苯可引起视神经炎和弱视，结膜和巩膜黄染。出现这些症状者均为军工生产接触者，但尚不能确认是否与同时接触的其他物质有关。动物实验本品可引起高铁血红蛋白血症

环境危害 对水生生物毒性非常大并具有长期持续影响

第三部分 成分/组成信息

√物质 混合物

组分	浓度	CAS No.
1,3,5-三硝基苯		99-35-4

第四部分 急救措施

吸入 迅速脱离现场至空气新鲜处。保持呼吸道通畅。如呼吸困难，给吸氧。如呼吸、心跳停止，立即行心肺复苏术。就医

皮肤接触 立即脱去污染衣着，用肥皂水或清水彻底冲洗。就医

眼睛接触 分开眼睑，用清水或生理盐水冲洗。就医

食入 漱口，饮水。就医

对保护施救者的忠告 根据需要使用个人防护设备

对医生的特别提示 高铁血红蛋白血症，可用美蓝和维生素C治疗

第五部分 消防措施

灭火剂 用大量水灭火

特别危险性 加热至120℃以上发生放热分解。遇火焰或火花迅速燃烧。受到撞击、摩擦、震动或在密封状态下受热会发生爆炸。与氧化剂接触猛烈反应。燃烧生成有害的一氧化碳、氮氧化物

灭火注意事项及防护措施 消防人员须在有防爆掩蔽处操作。遇大火须远离以防炸伤。在物料附近失火，须用水保持容器冷却。禁止用砂土压盖

第六部分 泄漏应急处理

作业人员防护措施、防护装备和应急处置程序 消除所有点火源。隔离泄漏污染区，限制出入。建议应急处理人员戴防尘口罩，穿防毒服。作业时使用的所有设备应接地。禁止接触或跨越泄漏物。润湿泄漏物

环境保护措施 无资料

泄漏化学品的收容、清除方法及所使用的处置材料 严禁设法扫除干的泄漏物。在专家指导下清除

第七部分 操作处置与储存

操作注意事项 密闭操作，提供充分的局部排风。操作人员必须经过专门培训，严格遵守操作规程。建议操作人员佩戴自吸过滤式防尘口罩，戴化学安全防护眼镜，穿紧袖工作服、长筒胶鞋，戴橡胶手套。远离火种、热源。工作场所严禁吸烟。使用防爆型的通风系统和设备。避免产生粉尘。避免与氧化剂、还原剂、活性金属粉末、碱类接触。搬运时要轻装轻卸，防止包装及容器损坏。禁止震动、撞击和摩擦。配备相应品种和数量的消防器材及泄漏应急处理设备

储存注意事项 储存于阴凉、干燥、通风的爆炸品专用库房。库房温度不超过32℃，相对湿度不超过80%。若含有水作稳定剂，库房温度不低于1℃、相对湿度小于80%。远离火种、热源。应与氧化剂、还原剂、活性金属粉末、碱类分开存放，切忌混储。采用防爆型照明、通风设施。禁止使用易产生火花的机械设备和工具。储区应备有合适的材料收容泄漏物。禁止震动、撞击和摩擦

第八部分 接触控制/个体防护

职业接触限值

中国 未制定标准

美国(ACGIH) 未制定标准

生物接触限值 未制定标准

监测方法 空气中有毒物质测定方法：未制定标准。生物监测检验方法：未制定标准

工程控制 严加密闭，提供充分的局部排风。提供安全的淋浴和洗眼设备

个体防护装备

呼吸系统防护 空气中粉尘浓度超标时，佩戴过滤式防尘呼吸器。紧急事态抢救或撤离时，应该佩戴空气呼吸器

眼睛防护 戴化学安全防护眼镜

皮肤和身体防护 穿紧袖工作服，长筒胶鞋

手防护 戴橡胶手套

第九部分 理化特性

外观与性状 白色或黄色斜方结晶

pH值 无意义 **熔点(℃)** 123

沸点(℃) 315（分解） **相对密度(水=1)** 1.76

相对蒸气密度(空气=1) 无资料

饱和蒸气压(kPa) 0.27（175℃）

燃烧热(kJ/mol) −2774.3 **临界温度(℃)** 562

临界压力(MPa) 3.39 **辛醇/水分配系数** 1.10

闪点(℃) 无意义 **自燃温度(℃)** 无资料

爆炸下限(%) 无资料 **爆炸上限(%)** 无资料

分解温度(℃) 无资料

黏度(mPa·s) 无资料

溶解性 不溶于水，微溶于热乙醇，易溶于乙醚、丙酮、苯

第十部分 稳定性和反应性

稳定性 稳定

危险反应 与强氧化剂等禁配物接触，有发生火灾和爆炸的危险

避免接触的条件 受热、撞击、摩擦、震动

禁配物 强氧化剂、氨、胺类等

危险的分解产物 氮氧化物

第十一部分 毒理学信息

急性毒性 LD_{50}：275mg/kg（大鼠经口）；572mg/kg（小鼠经口）；730mg/kg（豚鼠经口）

皮肤刺激或腐蚀 无资料

眼睛刺激或腐蚀 家兔经眼：100mg，重度刺激
呼吸或皮肤过敏 无资料
生殖细胞突变性 微生物致突变：鼠伤寒沙门氏菌 10μg/皿
致癌性 无资料 **生殖毒性** 无资料
特异性靶器官系统毒性-一次接触 无资料
特异性靶器官系统毒性-反复接触 无资料
吸入危害 无资料

第十二部分 生态学信息

生态毒性 根据结构类似物质预测，该物质对水生生物有极高毒性
持久性和降解性
生物降解性 无资料
非生物降解性 无资料
潜在的生物累积性 根据 K_{ow} 值预测，该物质的生物累积性可能较弱
土壤中的迁移性 根据 K_{oc} 值预测，该物质可能易发生迁移

第十三部分 废弃处置

废弃化学品 处置前应参阅国家和地方有关法规。在公安部门指定地点引爆
污染包装物 将容器返还生产商或按照国家和地方法规处置
废弃注意事项 废弃处置人员必须接受过专门的爆炸性物质废弃处置培训

第十四部分 运输信息

联合国危险货物编号（UN 号） 0214
联合国运输名称 三硝基苯
联合国危险性类别 1.1D **包装类别** -
包装标志  **海洋污染物** 否
运输注意事项 凭到达地公安机关的运输证托运。货车编组，应按照《车辆编组隔离表》进行。起运时包装要完整，装载应稳妥。运输过程中要确保容器不泄漏、不倒塌、不坠落、不损坏。车速要加以控制，避免颠簸、震荡。不得与酸、碱、盐类、氧化剂、易燃可燃物、自燃物品、金属粉末等危险物品及钢铁材料器具混装。运输途中应防曝晒、雨淋，防高温。公路运输时要按规定路线行驶，中途停留时应严格选择停放地点，远离高压电源、火源和高温场所，要与其他车辆隔离并留有专人看管，禁止在居民区和人口稠密区停留。铁路运输时要禁止溜放

第十五部分 法规信息

下列法律、法规、规章和标准，对该化学品的管理作了相应的规定。
中华人民共和国职业病防治法 职业病分类和目录：苯的氨基及硝基化合物中毒
危险化学品安全管理条例 危险化学品目录：列入。易制爆危险化学品名录：未列入。重点监管的危险化学品名录：未列入。GB 18218—2009《危险化学品重大危险源辨识》（表 1）：未列入
使用有毒物品作业场所劳动保护条例 高毒物品目录：未列入
易制毒化学品管理条例 易制毒化学品的分类和品种目录：未列入
国际公约 斯德哥尔摩公约：未列入。鹿特丹公约：未列入。蒙特利尔议定书：未列入

第十六部分 其他信息

编写和修订信息 **缩略语和首字母缩写**
培训建议 **参考文献**
免责声明

2,4,6-三硝基苯胺

第一部分 化学品标识

化学品中文名 2,4,6-三硝基苯胺；苦基胺
化学品英文名 2,4,6-trinitroaniline；TNA；picramide
分子式 $C_6H_4N_4O_6$ **相对分子质量** 228.14
结构式 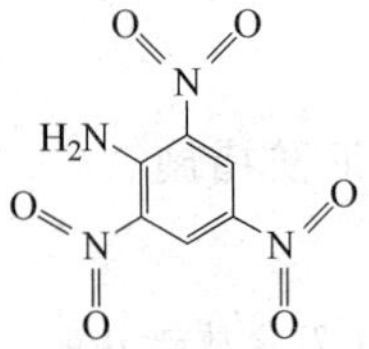
化学品的推荐及限制用途 用于制造弹药

第二部分 危险性概述

紧急情况概述 爆炸物、整体爆炸危险
GHS 危险性类别 爆炸物，1.1 项
标签要素
象形图 
警示词 危险
危险性说明 爆炸物、整体爆炸危险
防范说明
预防措施 远离热源、火花、明火、热表面。禁止吸烟。保持湿润。容器和接收设备接地连接。避免研磨、撞击、摩擦。戴防护面罩
事故响应 火灾时可能爆炸。火势蔓延到爆炸物时，切勿灭火。撤离现场
安全储存 -
废弃处置 本品及内装物、容器依据国家和地方法规处置
物理和化学危险 受撞击、摩擦，遇明火或其他点火源极易爆炸
健康危害 本品属芳香族氨基化合物，该类物质可引起高铁血红蛋白血症
环境危害 对环境可能有害

第三部分 成分/组成信息

√物质 混合物

组分	浓度	CAS No.
2,4,6-三硝基苯胺		489-98-5

第四部分 急救措施

吸入 迅速脱离现场至空气新鲜处。保持呼吸道通畅。如呼吸困难，给吸氧。如呼吸、心跳停止，立即行心肺复苏术。就医

皮肤接触 立即脱去污染衣着，用肥皂水或清水彻底冲洗。就医

眼睛接触 分开眼睑，用清水或生理盐水冲洗。就医

食入 漱口，饮水。就医

对保护施救者的忠告 根据需要使用个人防护设备

对医生的特别提示 高铁血红蛋白血症，可用美蓝和维生素C治疗

第五部分 消防措施

灭火剂法 用大量水灭火

特别危险性 遇明火、高温、震动、撞击、摩擦，有引起燃烧爆炸的危险。燃烧生成有害的一氧化碳、氮氧化物

灭火注意事项及防护措施 消防人员须在有防爆掩蔽处操作。遇大火须远离以防炸伤。在物料附近失火，须用水保持容器冷却。禁止用砂土压盖

第六部分 泄漏应急处理

作业人员防护措施、防护装备和应急处置程序 隔离泄漏污染区，限制出入。建议应急处理人员戴防尘口罩，穿防毒服。作业时使用的所有设备应接地。禁止接触或跨越泄漏物

环境保护措施 无资料

泄漏化学品的收容、清除方法及所使用的处置材料 用丙酮润湿固体泄漏物，并把润湿物转移到合适的容器中

第七部分 操作处置与储存

操作注意事项 密闭操作，提供充分的局部排风。操作人员必须经过专门培训，严格遵守操作规程。建议操作人员佩戴头罩型电动送风过滤式防尘呼吸器，穿紧袖工作服、长筒胶鞋，戴橡胶手套。远离火种、热源。工作场所严禁吸烟。使用防爆型的通风系统和设备。避免产生粉尘。避免与氧化剂、还原剂、酸类接触。搬运时要轻装轻卸，防止包装及容器损坏。禁止震动、撞击和摩擦。配备相应品种和数量的消防器材及泄漏应急处理设备

储存注意事项 储存于阴凉、干燥、通风的爆炸品专用库房。库房温度不超过32℃，相对湿度不超过80%。远离火种、热源。应与氧化剂、还原剂、酸类、食用化学品分开存放，切忌混储。采用防爆型照明、通风设施。禁止使用易产生火花的机械设备和工具。储区应备有合适的材料收容泄漏物。禁止震动、撞击和摩擦

第八部分 接触控制/个体防护

职业接触限值

中国 未制定标准

美国(ACGIH) 未制定标准

生物接触限值 未制定标准

监测方法 空气中有毒物质测定方法：未制定标准。生物监测检验方法：未制定标准

工程控制 严加密闭，提供充分的局部排风。提供安全的淋浴和洗眼设备

个体防护装备

呼吸系统防护 空气中粉尘浓度超标时，佩戴过滤式防尘呼吸器。紧急事态抢救或撤离时，应该佩戴空气呼吸器

眼睛防护 戴化学安全防护眼镜

皮肤和身体防护 穿紧袖工作服，长筒胶鞋

手防护 戴橡胶手套

第九部分 理化特性

外观与性状 黄色或橙黄色结晶

pH值 无意义 **熔点(℃)** 192～193.5

沸点(℃) 爆炸 **相对密度(水=1)** 1.762

相对蒸气密度(空气=1) 无资料

饱和蒸气压(kPa) 无资料

燃烧热(kJ/mol) 无资料 **临界温度(℃)** 无资料

临界压力(MPa) 无资料 **辛醇/水分配系数** 1.11

闪点(℃) 无意义 **自燃温度(℃)** 无资料

爆炸下限(%) 无资料 **爆炸上限(%)** 无资料

分解温度(℃) 无资料

黏度(mPa·s) 无资料

溶解性 不溶于水、乙醇，溶于酸

第十部分 稳定性和反应性

稳定性 稳定

危险反应 与强氧化剂等禁配物接触，有发生火灾和爆炸的危险

避免接触的条件 高温、震动、撞击和摩擦

禁配物 强还原剂、强氧化剂、强酸、强碱

危险的分解产物 氮氧化物、氨

第十一部分 毒理学信息

急性毒性 无资料 **皮肤刺激或腐蚀** 无资料

眼睛刺激或腐蚀 无资料 **呼吸或皮肤过敏** 无资料

生殖细胞突变性 无资料 **致癌性** 无资料

生殖毒性 无资料

特异性靶器官系统毒性-一次接触 无资料

特异性靶器官系统毒性-反复接触 无资料

吸入危害 无资料

第十二部分 生态学信息

生态毒性 无资料

持久性和降解性

生物降解性 无资料

非生物降解性　无资料

潜在的生物累积性　根据 K_{ow} 值预测，该物质的生物累积性可能较弱

土壤中的迁移性　根据 K_{oc} 值预测，该物质可能易发生迁移

第十三部分　废弃处置

废弃化学品　处置前应参阅国家和地方有关法规。在公安部门指定地点引爆

污染包装物　将容器返还生产商或按照国家和地方法规处置

废弃注意事项　废弃处置人员必须接受过专门的爆炸性物质废弃处置培训

第十四部分　运输信息

联合国危险货物编号（UN号）　0153

联合国运输名称　三硝基苯胺

联合国危险性类别　1.1D　　**包装类别**　-

包装标志 　　**海洋污染物**　否

运输注意事项　凭到达地公安机关的运输证托运。货车编组，应按照《车辆编组隔离表》进行。起运时包装要完整，装载应稳妥。运输过程中要确保容器不泄漏、不倒塌、不坠落、不损坏。车速要加以控制，避免颠簸、震荡。不得与酸、碱、盐类、氧化剂、易燃可燃物、自燃物品、金属粉末等危险物品及钢铁材料器具混装。运输途中应防曝晒、雨淋，防高温。公路运输时要按规定路线行驶，中途停留时应严格选择停放地点，远离高压电源、火源和高温场所，要与其他车辆隔离并留有专人看管，禁止在居民区和人口稠密区停留。铁路运输时要禁止溜放

第十五部分　法规信息

下列法律、法规、规章和标准，对该化学品的管理作了相应的规定。

中华人民共和国职业病防治法　职业病分类和目录：苯的氨基及硝基化合物中毒

危险化学品安全管理条例　危险化学品目录：列入。易制爆危险化学品名录：未列入。重点监管的危险化学品名录：未列入。GB 18218—2009《危险化学品重大危险源辨识》(表1)：未列入

使用有毒物品作业场所劳动保护条例　高毒物品目录：未列入

易制毒化学品管理条例　易制毒化学品的分类和品种目录：未列入

国际公约　斯德哥尔摩公约：未列入。鹿特丹公约：未列入。蒙特利尔议定书：未列入

第十六部分　其他信息

编写和修订信息　　**缩略语和首字母缩写**

培训建议　　**参考文献**

免责声明

2,4,6-三硝基苯酚［干的或含水<30%］

第一部分　化学品标识

化学品中文名　2,4,6-三硝基苯酚［干的或含水<30%］；苦味酸

化学品英文名　2,4,6-trinitrophenol (dry or wetted with less than 30% water)；picric acid

分子式　$C_6H_3N_3O_7$　　**相对分子质量**　229.12

结构式

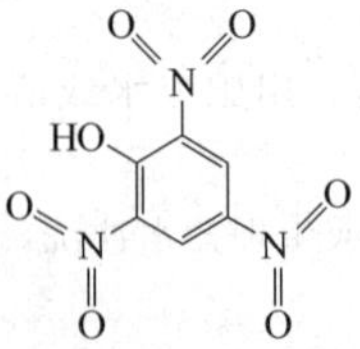

化学品的推荐及限制用途　用于制造炸药、染料、火柴、有机合成等

第二部分　危险性概述

紧急情况概述　爆炸物、整体爆炸危险，吞咽会中毒，皮肤接触会中毒，吸入会中毒

GHS危险性类别　爆炸物，1.1项；急性毒性-经口，类别3；急性毒性-经皮，类别3；急性毒性-吸入，类别3；危害水生环境-急性危害，类别3

标签要素

象形图 

警示词　危险

危险性说明　爆炸物、整体爆炸危险，吞咽会中毒，皮肤接触会中毒，吸入会中毒，对水生生物有害

防范说明

预防措施　远离热源、火花、明火、热表面。禁止吸烟。容器和接收设备接地连接。避免研磨、撞击、摩擦。戴防护面罩、防护手套，穿防护服。避免接触眼睛、皮肤，操作后彻底清洗。作业场所不得进食、饮水或吸烟。避免吸入粉尘。仅在室外或通风良好处操作。禁止排入环境

事故响应　火灾时可能爆炸。火势蔓延到爆炸物时，切勿灭火。撤离现场。如吸入：将患者转移到空气新鲜处，休息，保持利于呼吸的体位。皮肤接触：用大量肥皂水和水清洗，如感觉不适，呼叫中毒控制中心或就医。被污染的衣服须经洗净后方可重新使用。食入：漱口，立即呼叫中毒控制中心或就医

安全储存　通风良好处储存。保持容器密闭。上锁保管

废弃处置　本品及内装物、容器依据国家和地方法规处置

物理和化学危险　受撞击、摩擦，遇明火或其他点火源极易爆炸

健康危害　使皮肤黄染，对皮肤的刺激很强，引起接触性

皮炎。亦能引起结膜炎、支气管炎或支气管肺炎。人口服1～2g，即可引起溶血、出血性肾炎和肝炎。长期接触可引起头痛、头晕、恶心、呕吐、食欲减退、腹泻和发热等症状。偶见膀胱刺激症状，尿中有蛋白等

环境危害 对水生生物有害

第三部分 成分/组成信息

√物质 混合物

组分	浓度	CAS No.
2,4,6-三硝基苯酚		88-89-1

第四部分 急救措施

吸入 迅速脱离现场至空气新鲜处。保持呼吸道通畅。如呼吸困难，给输氧。如呼吸、心跳停止，立即进行心肺复苏术。就医

皮肤接触 立即脱去污染的衣着，用流动清水彻底冲洗。就医

眼睛接触 立即分开眼睑，用流动清水或生理盐水彻底冲洗。就医

食入 漱口，饮水。就医

对保护施救者的忠告 根据需要使用个人防护设备

对医生的特别提示 对症处理

第五部分 消防措施

灭火剂 用大量水灭火

特别危险性 与重金属粉末能起化学反应生成金属盐，增加敏感度。燃烧生成有害的一氧化碳、氮氧化物

灭火注意事项及防护措施 消防人员须在有防爆掩蔽处操作。遇大火须远离以防炸伤。在物料附近失火，须用水保持容器冷却。禁止用砂土压盖

第六部分 泄漏应急处理

作业人员防护措施、防护装备和应急处置程序 消除所有点火源。隔离泄漏污染区，限制出入。建议应急处理人员戴防尘口罩，穿防毒服。作业时使用的所有设备应接地。禁止接触或跨越泄漏物。润湿泄漏物

环境保护措施 无资料

泄漏化学品的收容、清除方法及所使用的处置材料 严禁设法扫除干的泄漏物。在专家指导下清除

第七部分 操作处置与储存

操作注意事项 密闭操作，提供充分的局部排风。操作人员必须经过专门培训，严格遵守操作规程。建议操作人员佩戴自吸过滤式防尘口罩，戴化学安全防护眼镜，穿紧袖工作服、长筒胶鞋，戴橡胶手套。远离火种、热源。工作场所严禁吸烟。使用防爆型的通风系统和设备。避免产生粉尘。避免与氧化剂、碱类、重金属粉末接触。搬运时要轻装轻卸，防止包装及容器损坏。禁止震动、撞击和摩擦。配备相应品种和数量的消防器材及泄漏应急处理设备

储存注意事项 储存于阴凉、干燥、通风的爆炸品专用库房。远离火种、热源。库房温度不超过32℃，相对湿度不超过80%。若含有水作稳定剂，库房温度不低于1℃、相对湿度小于80%。应与氧化剂、碱类、重金属粉末分开存放，切忌混储。采用防爆型照明、通风设施。禁止使用易产生火花的机械设备和工具。储区应备有合适的材料收容泄漏物。禁止震动、撞击和摩擦

第八部分 接触控制/个体防护

职业接触限值

中国 PC-TWA（mg/m^3）：0.1mg/m^3

美国(ACGIH) TLV-TWA：0.1mg/m^3

生物接触限值 未制定标准

监测方法 空气中有毒物质测定方法：高效液相色谱法。生物监测检验方法：未制定标准

工程控制 严加密闭，提供充分的局部排风。提供安全的淋浴和洗眼设备

个体防护装备

呼吸系统防护 空气中粉尘浓度超标时，佩戴过滤式防尘呼吸器。紧急事态抢救或撤离时，应该佩戴空气呼吸器

眼睛防护 戴化学安全防护眼镜

皮肤和身体防护 穿紧袖工作服、长筒胶鞋

手防护 戴橡胶手套

第九部分 理化特性

外观与性状 淡黄色晶状固体，无臭，味苦

pH值 无意义 **熔点(℃)** 122～123

沸点(℃) 300（爆炸） **相对密度(水=1)** 1.763

相对蒸气密度(空气=1) 7.90

饱和蒸气压(kPa) <0.133（20℃）

燃烧热(kJ/mol) −2558.0 **临界温度(℃)** 无资料

临界压力(MPa) 无资料

辛醇/水分配系数 1.33～2.03

闪点(℃) 150（CC） **自燃温度(℃)** 300（爆炸）

爆炸下限(%) 无资料 **爆炸上限(%)** 无资料

分解温度(℃) 无资料 **黏度(mPa·s)** 无资料

溶解性 溶于水、乙醇、苯、乙醚、丙酮、吡啶等

第十部分 稳定性和反应性

稳定性 稳定

危险反应 与强氧化剂等禁配物接触，有发生火灾和爆炸的危险

避免接触的条件 热、摩擦、震动、撞击

禁配物 强氧化剂、强碱、重金属粉末

危险的分解产物 氮氧化物

第十一部分 毒理学信息

急性毒性 LD_{50}：200mg/kg（大鼠经口）；56.3mg/kg（小鼠腹腔）

皮肤刺激或腐蚀 无资料 **眼睛刺激或腐蚀** 无资料

呼吸或皮肤过敏 无资料

生殖细胞突变性 微生物致突变：鼠伤寒沙门氏菌5μmol/皿；大肠杆菌1800ppm。性染色体缺失和不分离：黑腹果蝇经口1250μmol/L

致癌性 无资料 **生殖毒性** 无资料

特异性靶器官系统毒性-一次接触 无资料

特异性靶器官系统毒性-反复接触 无资料

吸入危害 无资料

第十二部分 生态学信息

生态毒性

LC_{50} 109mg/L（96h）（虹鳟鱼）；170mg/L（96h）（蓝鳃太阳鱼）

EC_{50} 85mg/L（48h）（水蚤）

持久性和降解性

生物降解性 MITI-Ⅰ测试，初始浓度100mg/L，污泥浓度30mg/L，4周后降解23%

非生物降解性 无资料

潜在的生物累积性 根据 K_{ow} 值预测，该物质的生物累积性可能较弱

土壤中的迁移性 根据 K_{oc} 值预测，该物质可能易发生迁移

第十三部分 废弃处置

废弃化学品 处置前应参阅国家和地方有关法规。在公安部门指定地点引爆

污染包装物 将容器返还生产商或按照国家和地方法规处置

废弃注意事项 废弃处置人员必须接受过专门的爆炸性物质废弃处置培训

第十四部分 运输信息

联合国危险货物编号（UN号） 0154

联合国运输名称 三硝基苯酚

联合国危险性类别 1.1D **包装类别** -

包装标志  **海洋污染物** 否

运输注意事项 凭到达地公安机关的运输证托运。货车编组，应按照《车辆编组隔离表》进行。起运时包装要完整，装载应稳妥。运输过程中要确保容器不泄漏、不倒塌、不坠落、不损坏。车速要加以控制，避免颠簸、震荡。不得与酸、碱、盐类、氧化剂、易燃可燃物、自燃物品、金属粉末等危险物品及钢铁材料器具混装。运输途中应防曝晒、雨淋，防高温。公路运输时要按规定路线行驶，中途停留时应严格选择停放地点，远离高压电源、火源和高温场所，要与其他车辆隔离并留有专人看管，禁止在居民区和人口稠密区停留。铁路运输时要禁止溜放

第十五部分 法规信息

下列法律、法规、规章和标准，对该化学品的管理作了相应的规定。

中华人民共和国职业病防治法 职业病分类和目录：未列入

危险化学品安全管理条例 危险化学品目录：列入。易制爆危险化学品名录：未列入。重点监管的危险化学品名录：未列入。GB 18218—2009《危险化学品重大危险源辨识》（表1）：未列入

使用有毒物品作业场所劳动保护条例 高毒物品目录：未列入

易制毒化学品管理条例 易制毒化学品的分类和品种目录：未列入

国际公约 斯德哥尔摩公约：未列入。鹿特丹公约：未列入。蒙特利尔议定书：未列入

第十六部分 其他信息

编写和修订信息 **缩略语和首字母缩写**

培训建议 **参考文献**

免责声明

2,4,6-三硝基苯酚铵［干的或含水<10%］

第一部分 化学品标识

化学品中文名 2,4,6-三硝基苯酚铵［干的或含水<10%］；苦味酸铵

化学品英文名 2,4,6-ammonium trinitrophenol（wetted with less than 10% water）；ammonium picrate

分子式 $C_6H_6N_4O_7$ **相对分子质量** 246.16

结构式

ONH_4, O_2N, NO_2, NO_2

化学品的推荐及限制用途 用作炸药和药品，用于烟花

第二部分 危险性概述

紧急情况概述 爆炸物、整体爆炸危险，造成严重眼刺激，可能导致皮肤过敏反应

GHS危险性类别 爆炸物，1.1项；皮肤腐蚀/刺激，类别2；严重眼损伤/眼刺激，类别2A；皮肤致敏物，类别1；危害水生环境-急性危害，类别3；危害水生环境-长期危害，类别3

标签要素

象形图 

警示词 危险

危险性说明 爆炸物、整体爆炸危险，造成皮肤刺激，造成严重眼刺激，可能导致皮肤过敏反应，对水生生物有害并具有长期持续影响

防范说明

预防措施 远离热源、火花、明火、热表面。禁止吸烟。容器和接收设备接地连接。避免研磨、撞击、摩擦。避免接触眼睛、皮肤，操作后彻底清洗。戴防护手套、防护眼镜、防护面罩。避免吸入粉尘。污染的工作服不得带出工作场所。禁止排入环境

事故响应　火灾时可能爆炸。火势蔓延到爆炸物时，切勿灭火。撤离现场。皮肤接触：用大量肥皂水和水清洗。如出现皮肤刺激或皮疹：就医。脱去被污染的衣服，污染的衣服须洗净后方可重新使用。如接触眼睛：用水细心冲洗数分钟。如戴隐形眼镜并可方便地取出，取出隐形眼镜继续冲洗。如果眼睛刺激持续：就医

安全储存　-

废弃处置　本品及内装物、容器依据国家和地方法规处置

物理和化学危险　受撞击、摩擦，遇明火或其他点火源极易爆炸

健康危害　可引起结膜炎、鼻炎、丘疹、红斑性皮炎

环境危害　对水生生物有害并具有长期持续影响

第三部分　成分/组成信息

√物质　　混合物

组分	浓度	CAS No.
2,4,6-三硝基苯酚铵		131-74-8

第四部分　急救措施

吸入　迅速脱离现场至空气新鲜处。保持呼吸道通畅。如呼吸困难，给输氧。如呼吸、心跳停止，立即进行心肺复苏术。就医

皮肤接触　立即脱去污染的衣着，用流动清水彻底冲洗。就医

眼睛接触　立即分开眼睑，用流动清水或生理盐水彻底冲洗。就医

食入　漱口，饮水。就医

对保护施救者的忠告　根据需要使用个人防护设备

对医生的特别提示　对症处理

第五部分　消防措施

灭火剂　用大量水灭火

特别危险性　在干燥状态下，对摩擦、撞击特别敏感。分解时放出有毒的氮氧化物气体。干燥的苦味酸铵与金属不发生作用，潮湿情况下，与铜、铅等作用，生成苦味酸盐，增加敏感度。与强氧化剂接触可发生化学反应。燃烧生成有害的一氧化碳、氮氧化物

灭火注意事项及防护措施　消防人员须戴好防毒面具，在安全距离以外，在上风向灭火。遇大火切勿轻易接近。禁止用砂土压盖

第六部分　泄漏应急处理

作业人员防护措施、防护装备和应急处置程序　消除所有点火源。隔离泄漏污染区，限制出入。建议应急处理人员戴防尘口罩，穿防毒服。作业时使用的所有设备应接地。禁止接触或跨越泄漏物

环境保护措施　无资料

泄漏化学品的收容、清除方法及所使用的处置材料　在专家指导下清除

第七部分　操作处置与储存

操作注意事项　密闭操作，提供充分的局部排风。操作人员必须经过专门培训，严格遵守操作规程。建议操作人员佩戴自吸过滤式防尘口罩，戴化学安全防护眼镜，穿紧袖工作服、长筒胶鞋，戴橡胶手套。远离火种、热源。工作场所严禁吸烟。使用防爆型的通风系统和设备。避免产生粉尘。避免与氧化剂、还原剂、酸类、碱类、重金属粉末接触。搬运时要轻装轻卸，防止包装及容器损坏。禁止震动、撞击和摩擦。配备相应品种和数量的消防器材及泄漏应急处理设备

储存注意事项　储存于阴凉、干燥、通风的爆炸品专用库房。库房温度不超过32℃，相对湿度不超过80%。远离火种、热源。应与氧化剂、还原剂、酸类、碱类、重金属粉末分开存放，切忌混储。采用防爆型照明、通风设施。禁止使用易产生火花的机械设备和工具。储区应备有合适的材料收容泄漏物。禁止震动、撞击和摩擦

第八部分　接触控制/个体防护

职业接触限值

中国　未制定标准

美国(ACGIH)　未制定标准

生物接触限值　未制定标准

监测方法　空气中有毒物质测定方法：未制定标准。生物监测检验方法：未制定标准

工程控制　严加密闭，提供充分的局部排风。提供安全的淋浴和洗眼设备

个体防护装备

呼吸系统防护　空气中粉尘浓度超标时，佩戴过滤式防尘呼吸器。紧急事态抢救或撤离时，应该佩戴空气呼吸器

眼睛防护　戴化学安全防护眼镜

皮肤和身体防护　穿紧袖工作服，长筒胶鞋

手防护　戴橡胶手套

第九部分　理化特性

外观与性状　黄色或淡红色结晶，有吸湿性

pH值　无意义　　**熔点(℃)**　280(分解)

沸点(℃)　423(爆炸)　　**相对密度(水=1)**　1.72

相对蒸气密度(空气=1)　无资料

饱和蒸气压(kPa)　无资料

燃烧热(kJ/mol)　无资料　　**临界温度(℃)**　无资料

临界压力(MPa)　无资料　　**辛醇/水分配系数**　−1.40

闪点(℃)　无意义　　**自燃温度(℃)**　无资料

爆炸下限(%)　无资料　　**爆炸上限(%)**　无资料

分解温度(℃)　280

黏度(mPa·s)　无资料

溶解性　溶于水，不溶于乙醇，易溶于丙酮

第十部分　稳定性和反应性

稳定性　稳定

危险反应　与强氧化剂等禁配物接触，有发生火灾和爆炸的危险

避免接触的条件　受热、摩擦、震动、撞击

禁配物　强氧化剂、强还原剂、强酸、强碱、重金属粉末

危险的分解产物 氮氧化物、氨

第十一部分 毒理学信息

急性毒性 无资料 **皮肤刺激或腐蚀** 无资料
眼睛刺激或腐蚀 无资料 **呼吸或皮肤过敏** 无资料
生殖细胞突变性 无资料 **致癌性** 无资料
生殖毒性 无资料
特异性靶器官系统毒性-一次接触 无资料
特异性靶器官系统毒性-反复接触 无资料
吸入危害 无资料

第十二部分 生态学信息

生态毒性 LC_{50}：220mg/L（96h）（蓝鳃太阳鱼，静态）；66mg/L（96h）（月银汉鱼，静态）

持久性和降解性

生物降解性 无资料

非生物降解性 无资料

潜在的生物累积性 根据 K_{ow} 值预测，该物质的生物累积性可能较弱

土壤中的迁移性 根据 K_{oc} 值预测，该物质可能易发生迁移

第十三部分 废弃处置

废弃化学品 处置前应参阅国家和地方有关法规。在公安部门指定地点引爆

污染包装物 将容器返还生产商或按照国家和地方法规处置

废弃注意事项 废弃处置人员必须接受过专门的爆炸性物质废弃处置培训

第十四部分 运输信息

联合国危险货物编号（UN号） 0004

联合国运输名称 苦味酸铵

联合国危险性类别 1.1D **包装类别** -

包装标志  **海洋污染物** 否

运输注意事项 货车编组，应按照《车辆编组隔离表》进行。起运时包装要完整，装载应稳妥。运输过程中要确保容器不泄漏、不倒塌、不坠落、不损坏。车速要加以控制，避免颠簸、震荡。不得与酸、碱、盐类、氧化剂、易燃可燃物、自燃物品、金属粉末等危险物品及钢铁材料器具混装。运输途中应防曝晒、雨淋，防高温。公路运输时要按规定路线行驶，中途停留时应严格选择停放地点，远离高压电源、火源和高温场所，要与其他车辆隔离并留有专人看管，禁止在居民区和人口稠密区停留。铁路运输时要禁止溜放

第十五部分 法规信息

下列法律、法规、规章和标准，对该化学品的管理作了相应的规定。

中华人民共和国职业病防治法 职业病分类和目录：未列入

危险化学品安全管理条例 危险化学品目录：列入。易制爆危险化学品名录：未列入。重点监管的危险化学品名录：未列入。GB 18218—2009《危险化学品重大危险源辨识》（表1）：未列入

使用有毒物品作业场所劳动保护条例 高毒物品目录：未列入

易制毒化学品管理条例 易制毒化学品的分类和品种目录：未列入

国际公约 斯德哥尔摩公约：未列入。鹿特丹公约：未列入。蒙特利尔议定书：未列入

第十六部分 其他信息

编写和修订信息 **缩略语和首字母缩写**
培训建议 **参考文献**
免责声明

2,4,6-三硝基苯甲硝胺

第一部分 化学品标识

化学品中文名 2,4,6-三硝基苯甲硝胺；特屈儿；硝基胺

化学品英文名 2,4,6-trinitrophenylmethylnitramine；tetryl

分子式 $C_7H_5N_5O_8$ **相对分子质量** 287.17

结构式

化学品的推荐及限制用途 用作引爆药、导爆索及雷管的副装药、指示剂

第二部分 危险性概述

紧急情况概述 爆炸物、整体爆炸危险，吞咽会中毒，皮肤接触会中毒，吸入会中毒

GHS 危险性类别 爆炸物，1.1项；急性毒性-经口，类别3；急性毒性-经皮，类别3；急性毒性-吸入，类别3；特异性靶器官毒性-反复接触，类别2

标签要素

象形图

警示词 危险

危险性说明 爆炸物、整体爆炸危险，吞咽会中毒，皮肤接触会中毒，吸入会中毒，长时间或反复接触可能对器官造成损伤

防范说明

预防措施 远离热源、火花、明火、热表面。禁止吸烟。容器和接收设备接地连接。避免研磨、撞击、摩擦。戴防护面罩、防护手套，穿防护服。避免接触眼睛、皮肤，操作后彻底清洗。作业场所不得进食、饮水或吸烟。避免吸入粉

尘。仅在室外或通风良好处操作

事故响应　火灾时可能爆炸。火势蔓延到爆炸物时，切勿灭火，撤离现场。如吸入：将患者转移到空气新鲜处，休息，保持利于呼吸的体位。皮肤接触：用大量肥皂水和水清洗。立即脱去所有被污染的衣服。如感觉不适，呼叫中毒控制中心或就医。被污染的衣服须经洗净后方可重新使用。食入：漱口，立即呼叫中毒控制中心或就医

安全储存　在通风良好处储存。保持容器密闭。上锁保管

废弃处置　本品及内装物、容器依据国家和地方法规处置

物理和化学危险　受撞击、摩擦，遇明火或其他点火源极易爆炸

健康危害　其主要危害由粉尘引起，接触后皮肤被黄染，出现眼结膜刺激症状。开始接触2～3周内颈、胸、背和前臂内侧可发生皮炎，最先为红斑，后脱屑。严重者皮炎可加剧，散布到全身，呈丘疹、疱疹和湿疹表现。如粉尘浓度高，接触后可发生头痛、鼻衄、干咳、支气管痉挛等症状。偶见腹泻和月经异常

慢性影响　有胃肠道症状如腹痛、呕吐，体重减轻，中枢神经系统兴奋（如失眠、反射亢进）等。也可见到白细胞增多和轻度贫血

环境危害　对环境可能有害

第三部分　成分/组成信息

√物质　　　　混合物

组分	浓度	CAS No.
2,4,6-三硝基苯甲硝胺		479-45-8

第四部分　急救措施

吸入　迅速脱离现场至空气新鲜处。保持呼吸道通畅。如呼吸困难，给输氧。如呼吸、心跳停止，立即进行心肺复苏术。就医

皮肤接触　立即脱去污染的衣着，用流动清水彻底冲洗。就医

眼睛接触　立即分开眼睑，用流动清水或生理盐水彻底冲洗。就医

食入　漱口，饮水。就医

对保护施救者的忠告　根据需要使用个人防护设备

对医生的特别提示　对症处理

第五部分　消防措施

灭火剂　用大量水灭火

特别危险性　受热、接触明火或受到摩擦、震动、撞击时可发生爆炸。着火后会转为爆轰。燃烧生成有害的一氧化碳、氮氧化物

灭火注意事项及防护措施　消防人员须在有防爆掩蔽处操作。遇大火切勿轻易接近。在物料附近失火，须用水保持容器冷却。禁止用砂土压盖

第六部分　泄漏应急处理

作业人员防护措施、防护装备和应急处置程序　消除所有点火源。隔离泄漏污染区，限制出入。建议应急处理人员戴防尘口罩，穿防毒服，戴橡胶手套。作业时使用的所有设备应接地。禁止接触或跨越泄漏物

环境保护措施　无资料

泄漏化学品的收容、清除方法及所使用的处置材料　在专家指导下清除

第七部分　操作处置与储存

操作注意事项　密闭操作，提供充分的局部排风。操作人员必须经过专门培训，严格遵守操作规程。建议操作人员佩戴自吸过滤式防尘口罩，戴化学安全防护眼镜，穿紧袖工作服、长筒胶鞋，戴橡胶手套。远离火种、热源。工作场所严禁吸烟。使用防爆型的通风系统和设备。避免产生粉尘。避免与还原剂、碱类接触。禁止震动、撞击和摩擦。配备相应品种和数量的消防器材及泄漏应急处理设备

储存注意事项　为安全起见，储存时可加不少于15%的水作稳定剂。储存于阴凉、干燥、通风的爆炸品专用库房。远离火种、热源。若含有水作稳定剂，库房温度不低于1℃、相对湿度小于80%。应与还原剂、碱类等分开存放，切忌混储。采用防爆型照明、通风设施。禁止使用易产生火花的机械设备和工具。储区应备有合适的材料收容泄漏物。禁止震动、撞击和摩擦

第八部分　接触控制/个体防护

职业接触限值

中国　未制定标准

美国(ACGIH)　TLV-TWA：1.5mg/m^3

生物接触限值　未制定标准

监测方法　空气中有毒物质测定方法：未制定标准。生物监测检验方法：未制定标准

工程控制　严加密闭，提供充分的局部排风。提供安全的淋浴和洗眼设备

个体防护装备

呼吸系统防护　空气中粉尘浓度超标时，佩戴过滤式防尘呼吸器。紧急事态抢救或撤离时，应该佩戴空气呼吸器

眼睛防护　戴化学安全防护眼镜

皮肤和身体防护　穿紧袖工作服、长筒胶鞋

手防护　戴橡胶手套

第九部分　理化特性

外观与性状　白色或黄色晶状粉末

pH值　无意义　　**熔点(℃)**　130～132

沸点(℃)　187（爆炸）

相对密度(水=1)　1.57（19℃）

相对蒸气密度(空气=1)　9.92

饱和蒸气压(kPa)　<0.135（20℃）

燃烧热(kJ/mol)　−3520.8　**临界温度(℃)**　无资料

临界压力(MPa)　2.61　**辛醇/水分配系数**　1.64

闪点(℃)　135　**自燃温度(℃)**　257

爆炸下限(%)　无资料　**爆炸上限(%)**　无资料

分解温度(℃)　无资料

黏度(mPa·s) 无资料
溶解性 不溶于水，溶于乙醇、乙醚、苯、冰醋酸

第十部分　稳定性和反应性

稳定性 稳定
危险反应 与强氧化剂等禁配物接触，有发生火灾和爆炸的危险
避免接触的条件 热、摩擦、震动和撞击
禁配物 强还原剂、强碱、肼
危险的分解产物 氮氧化物、氨

第十一部分　毒理学信息

急性毒性 LDLo：5000mg/kg（大鼠经口）
皮肤刺激或腐蚀 无资料　**眼睛刺激或腐蚀** 无资料
呼吸或皮肤过敏 无资料　**生殖细胞突变性** 无资料
致癌性 无资料　**生殖毒性** 无资料
特异性靶器官系统毒性-一次接触 无资料
特异性靶器官系统毒性-反复接触 无资料
吸入危害 无资料

第十二部分　生态学信息

生态毒性 无资料
持久性和降解性
生物降解性 无资料
非生物降解性 无资料
潜在的生物累积性 根据 K_{ow} 值预测，该物质的生物累积性可能较弱
土壤中的迁移性 根据 K_{oc} 值预测，该物质可能易发生迁移

第十三部分　废弃处置

废弃化学品 处置前应参阅国家和地方有关法规。在公安部门指定地点引爆
污染包装物 将容器返还生产商或按照国家和地方法规处置
废弃注意事项 废弃处置人员必须接受过专门的爆炸性物质废弃处置培训

第十四部分　运输信息

联合国危险货物编号（UN号） 0208
联合国运输名称 三硝基苯基甲硝胺
联合国危险性类别 1.1D　**包装类别** -

包装标志 　**海洋污染物** 否

运输注意事项 凭到达地公安机关的运输证托运。本品铁路运输时限使用停止制动作用的棚车运输。货车编组，应按照《车辆编组隔离表》进行。起运时包装要完整，装载应稳妥。运输过程中要确保容器不泄漏、不倒塌、不坠落、不损坏。车速要加以控制，避免颠簸、震荡。不得与酸、碱、盐类、氧化剂、易燃可燃物、自燃物品、金属粉末等危险物品及钢铁材料器具混装。运输途中应防曝晒、雨淋，防高温。公路运输时要按规定路线行驶，中途停留时应严格选择停放地点，远离高压电源、火源和高温场所，要与其他车辆隔离并留有专人看管，禁止在居民区和人口稠密区停留。铁路运输时要禁止溜放

第十五部分　法规信息

下列法律、法规、规章和标准，对该化学品的管理作了相应的规定。

中华人民共和国职业病防治法 职业病分类和目录：未列入
危险化学品安全管理条例 危险化学品目录：列入。易制爆危险化学品名录：未列入。重点监管的危险化学品名录：未列入。GB 18218—2009《危险化学品重大危险源辨识》（表1）：未列入
使用有毒物品作业场所劳动保护条例 高毒物品目录：未列入
易制毒化学品管理条例 易制毒化学品的分类和品种目录：未列入
国际公约 斯德哥尔摩公约：未列入。鹿特丹公约：未列入。蒙特利尔议定书：未列入

第十六部分　其他信息

编写和修订信息　**缩略语和首字母缩写**
培训建议　**参考文献**
免责声明

2,4,6-三硝基苯甲醚

第一部分　化学品标识

化学品中文名 2,4,6-三硝基苯甲醚；三硝基苯甲醚；三硝基茴香醚；苦味酸甲酯
化学品英文名 2,4,6-trinitroanisole；methyl picrate
分子式 $C_7H_5N_3O_7$　**相对分子质量** 243.15
结构式

化学品的推荐及限制用途 用于制造弹药

第二部分　危险性概述

紧急情况概述 爆炸物、整体爆炸危险
GHS危险性类别 爆炸物，1.1项
标签要素

象形图

警示词 危险
危险性说明 爆炸物、整体爆炸危险
防范说明
预防措施 远离热源、火花、明火、热表面。禁止

吸烟。容器和接收设备接地连接。避免研磨、撞击、摩擦。戴防护面罩

事故响应　火灾时可能爆炸。火势蔓延到爆炸物时，切勿灭火。撤离现场

安全储存　本品依据国家和地方法规储存

废弃处置　本品及内装物、容器依据国家和地方法规处置

物理和化学危险　受撞击、摩擦，遇明火或其他点火源极易爆炸

健康危害　本品具刺激作用，可引起结膜炎，鼻、咽刺激症状，皮肤湿疹和丘疹性皮炎，头痛，发热，疲劳，厌食等

环境危害　对环境可能有害

第三部分　成分/组成信息

√物质　　　混合物

组分	浓度	CAS No.
2,4,6-三硝基苯甲醚		606-35-9

第四部分　急救措施

吸入　迅速脱离现场至空气新鲜处。保持呼吸道通畅。如呼吸困难，给输氧。如呼吸、心跳停止，立即进行心肺复苏术。就医

皮肤接触　立即脱去污染的衣着，用流动清水彻底冲洗。就医

眼睛接触　立即分开眼睑，用流动清水或生理盐水彻底冲洗。就医

食入　漱口，饮水。就医

对保护施救者的忠告　根据需要使用个人防护设备

对医生的特别提示　对症处理

第五部分　消防措施

灭火剂　用大量水灭火

特别危险性　受热、接触明火或受到摩擦、震动、撞击时可发生爆炸。与强氧化剂接触可发生化学反应。燃烧生成有害的一氧化碳、氮氧化物

灭火注意事项及防护措施　消防人员须在有防爆掩蔽处操作。遇大火须远离以防炸伤。在物料附近失火，须用水保持容器冷却。禁止用砂土压盖

第六部分　泄漏应急处理

作业人员防护措施、防护装备和应急处置程序　消除所有点火源。隔离泄漏污染区，限制出入。建议应急处理人员戴防尘口罩，穿防毒服。作业时使用的所有设备应接地。禁止接触或跨越泄漏物。润湿泄漏物

环境保护措施　无资料

泄漏化学品的收容、清除方法及所使用的处置材料　严禁设法扫除干的泄漏物。在专家指导下清除

第七部分　操作处置与储存

操作注意事项　严加密闭，提供充分的局部排风和全面通风。操作人员必须经过专门培训，严格遵守操作规程。建议操作人员佩戴自吸过滤式防尘口罩，戴安全防护眼镜，穿紧袖工作服、长筒胶鞋，戴橡胶手套。远离火种、热源。工作场所严禁吸烟。使用防爆型的通风系统和设备。避免产生粉尘。避免与氧化剂、还原剂、酸类、碱类接触。搬运时要轻装轻卸，防止包装及容器损坏。禁止震动、撞击和摩擦。配备相应品种和数量的消防器材及泄漏应急处理设备

储存注意事项　储存于阴凉、干燥、通风的爆炸品专用库房。库房温度不超过 32℃，相对湿度不超过 80%。远离火种、热源。应与氧化剂、还原剂、酸类、碱类分开存放，切忌混储。采用防爆型照明、通风设施。禁止使用易产生火花的机械设备和工具。储区应备有合适的材料收容泄漏物。禁止震动、撞击和摩擦

第八部分　接触控制/个体防护

职业接触限值

中国　未制定标准

美国(ACGIH)　未制定标准

生物接触限值　未制定标准

监测方法　空气中有毒物质测定方法：未制定标准。生物监测检验方法：未制定标准

工程控制　严加密闭，提供充分的局部排风和全面通风。提供安全的淋浴和洗眼设备

个体防护装备

呼吸系统防护　空气中粉尘浓度超标时，佩戴过滤式防尘呼吸器。紧急事态抢救或撤离时，应该佩戴空气呼吸器

眼睛防护　戴安全防护眼镜

皮肤和身体防护　穿紧袖工作服、长筒胶鞋

手防护　戴橡胶手套

第九部分　理化特性

外观与性状　白色或黄色结晶

pH 值　无意义　　**熔点(℃)**　68～69

沸点(℃)　无资料　　**相对密度(水=1)**　1.408

相对蒸气密度(空气=1)　无资料

饱和蒸气压(kPa)　无资料

燃烧热(kJ/mol)　无资料　　**临界温度(℃)**　无资料

临界压力(MPa)　无资料　　**辛醇/水分配系数**　1.53

闪点(℃)　无意义　　**自燃温度(℃)**　无资料

爆炸下限(%)　无资料　　**爆炸上限(%)**　无资料

分解温度(℃)　无资料

黏度(mPa·s)　无资料

溶解性　不溶于水，溶于乙醇、乙醚

第十部分　稳定性和反应性

稳定性　稳定

危险反应　与强氧化剂等禁配物接触，有发生火灾和爆炸的危险

避免接触的条件　热、摩擦、震动和撞击

禁配物　强氧化剂、强还原剂、强酸、强碱

危险的分解产物　氮氧化物

第十一部分　毒理学信息

急性毒性　LD：>500mg/kg (大鼠经口)

皮肤刺激或腐蚀 无资料 **眼睛刺激或腐蚀** 无资料
呼吸或皮肤过敏 无资料 **生殖细胞突变性** 无资料
致癌性 无资料 **生殖毒性** 无资料
特异性靶器官系统毒性-一次接触 无资料
特异性靶器官系统毒性-反复接触 无资料
吸入危害 无资料

第十二部分 生态学信息

生态毒性 无资料
持久性和降解性
生物降解性 无资料
非生物降解性 无资料
潜在的生物累积性 根据 K_{ow} 值预测，该物质的生物累积性可能较弱
土壤中的迁移性 根据 K_{oc} 值预测，该物质可能易发生迁移

第十三部分 废弃处置

废弃化学品 处置前应参阅国家和地方有关法规。在公安部门指定地点引爆
污染包装物 将容器返还生产商或按照国家和地方法规处置
废弃注意事项 废弃处置人员必须接受过专门的爆炸性物质废弃处置培训

第十四部分 运输信息

联合国危险货物编号（UN 号） 0213
联合国运输名称 三硝基苯甲醚
联合国危险性类别 1.1D **包装类别** -
包装标志  **海洋污染物** 否
运输注意事项 凭到达地公安机关的运输证托运。货车编组，应按照《车辆编组隔离表》进行。起运时包装要完整，装载应稳妥。运输过程中要确保容器不泄漏、不倒塌、不坠落、不损坏。车速要加以控制，避免颠簸、震荡。不得与酸、碱、盐类、氧化剂、易燃可燃物、自燃物品、金属粉末等危险物品及钢铁材料器具混装。运输途中应防曝晒、雨淋，防高温。公路运输时要按规定路线行驶，中途停留时应严格选择停放地点，远离高压电源、火源和高温场所，要与其他车辆隔离并留有专人看管，禁止在居民区和人口稠密区停留。铁路运输时要禁止溜放

第十五部分 法规信息

下列法律、法规、规章和标准，对该化学品的管理作了相应的规定。
中华人民共和国职业病防治法 职业病分类和目录：未列入
危险化学品安全管理条例 危险化学品目录：未列入。易制爆危险化学品名录：未列入。重点监管的危险化学品名录：未列入。GB 18218—2009《危险化学品重大危险源辨识》（表 1）：列入。类别：爆炸品；临界量（t）：5
使用有毒物品作业场所劳动保护条例 高毒物品目录：未列入
易制毒化学品管理条例 易制毒化学品的分类和品种目录：未列入
国际公约 斯德哥尔摩公约：未列入。鹿特丹公约：未列入。蒙特利尔议定书：未列入

第十六部分 其他信息

编写和修订信息 **缩略语和首字母缩写**
培训建议 **参考文献**
免责声明

2,4,6-三硝基甲苯［干的或含水<30%］

第一部分 化学品标识

化学品中文名 2,4,6-三硝基甲苯［干的或含水<30%］；梯恩梯
化学品英文名 2,4,6-trinitrotoluene (dry or wetted with less than 30% water, by mass); TNT
分子式 $C_7H_5N_3O_6$ **相对分子质量** 227.15
结构式 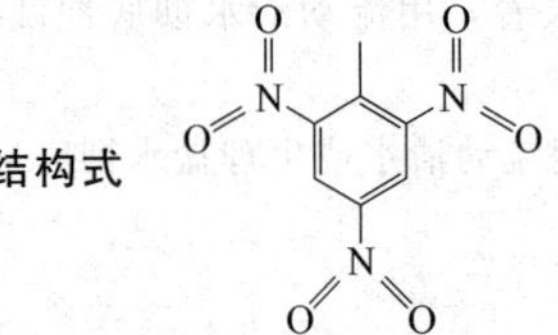
化学品的推荐及限制用途 用于制造染料、医药品、炸药，也作试剂等

第二部分 危险性概述

紧急情况概述 爆炸物、整体爆炸危险，吞咽会中毒，皮肤接触会中毒，吸入会中毒
GHS 危险性类别 爆炸物，1.1 项；急性毒性-经口，类别 3；急性毒性-经皮，类别 3；急性毒性-吸入，类别 3；特异性靶器官毒性-反复接触，类别 2；危害水生环境-急性危害，类别 2；危害水生环境-长期危害，类别 2
标签要素
象形图
警示词 危险
危险性说明 爆炸物、整体爆炸危险，吞咽会中毒，皮肤接触会中毒，吸入会中毒，长时间或反复接触可能对器官造成损伤，对水生生物有毒并具有长期持续影响
防范说明
预防措施 远离热源、火花、明火、热表面。禁止吸烟。容器和接收设备接地连接。避免研磨、撞击、摩擦。戴防护面罩、防护手套，穿防护服。避免接触眼睛、皮肤，操作后彻底清洗。作

业场所不得进食、饮水或吸烟。避免吸入粉尘。仅在室外或通风良好处操作。禁止排入环境

事故响应　火灾时可能爆炸。火势蔓延到爆炸物时，切勿灭火，撤离现场。如吸入：将患者转移到空气新鲜处，休息，保持利于呼吸的体位。皮肤接触：用大量肥皂水和水清洗。立即脱去所有被污染的衣服。如感觉不适，呼叫中毒控制中心或就医。被污染的衣服须经洗净后方可重新使用。食入：漱口，立即呼叫中毒控制中心或就医。收集泄漏物

安全储存　在通风良好处储存。保持容器密闭。上锁保管

废弃处置　本品及内装物、容器依据国家和地方法规处置

物理和化学危险　受撞击、摩擦，遇明火或其他点火源极易爆炸

健康危害　本品的主要损害为长期接触一定浓度引起肝脏损害及眼晶状体改变。大量接触主要影响血液及肝脏

急性中毒　短期大量皮肤接触、吸入、口服者，可出现高铁血红蛋白血症。重者除发绀外可出现意识不清、呼吸表浅、大小便失禁、惊厥、呼吸麻痹而死亡。溶血、贫血和肝脏损害较轻，经治疗多能恢复。重度中毒可发生溶血性贫血和血红蛋白尿。肝脏损害较明显

慢性中毒　长期接触（皮肤接触、吸入）可发生中毒性肝病，重者有肝硬化；引起中毒性白内障。即使不再接触，白内障仍可进展或加重，脱离接触时未发现白内障者数年后仍可发生。患者常伴有神经衰弱综合征及消化系统症状。偶有贫血、血细胞减少或肾损害。长期接触可出现“TNT”面容：面色苍白，口唇、耳廓紫绀等

环境危害　对水生生物有毒并具有长期持续影响

第三部分　成分/组成信息

√物质　　混合物

组分	浓度	CAS No.
2,4,6-三硝基甲苯		118-96-7

第四部分　急救措施

吸入　迅速脱离现场至空气新鲜处。保持呼吸道通畅。如呼吸困难，给输氧。如呼吸、心跳停止，立即进行心肺复苏术。就医

皮肤接触　立即脱去污染的衣着，用流动清水彻底冲洗。就医

眼睛接触　立即分开眼睑，用流动清水或生理盐水彻底冲洗。就医

食入　漱口，饮水。就医

对保护施救者的忠告　根据需要使用个人防护设备

对医生的特别提示　高铁血红蛋白血症，可用美蓝和维生素C治疗

第五部分　消防措施

灭火剂　用大量水灭火

特别危险性　受热、接触明火或受到摩擦、震动、撞击时可发生爆炸。少量或薄层物料在广阔的空间中燃烧可不起爆。大量堆积或在密闭容器中燃烧，有可能由燃烧转变为爆轰。该物质不导电，在粉碎时易产生静电积累。燃烧生成有害的一氧化碳、氮氧化物

灭火注意事项及防护措施　消防人员须在有防爆掩蔽处操作。遇大火切勿轻易接近。在物料附近失火，须用水保持容器冷却。禁止用砂土压盖

第六部分　泄漏应急处理

作业人员防护措施、防护装备和应急处置程序　消除所有点火源。隔离泄漏污染区，限制出入。建议应急处理人员戴防尘口罩，穿防毒服，戴橡胶手套。作业时使用的所有设备应接地。禁止接触或跨越泄漏物。润湿泄漏物

环境保护措施　无资料

泄漏化学品的收容、清除方法及所使用的处置材料　严禁设法扫除干的泄漏物

第七部分　操作处置与储存

操作注意事项　密闭操作，提供充分的局部排风。操作人员必须经过专门培训，严格遵守操作规程。建议操作人员佩戴自吸过滤式防尘口罩，戴安全防护眼镜，穿紧袖工作服、长筒胶鞋，戴橡胶手套。远离火种、热源。工作场所严禁吸烟。使用防爆型的通风系统和设备。避免产生粉尘。避免与氧化剂、还原剂、酸类、碱类接触。搬运时要轻装轻卸，防止包装及容器损坏。禁止震动、撞击和摩擦。配备相应品种和数量的消防器材及泄漏应急处理设备

储存注意事项　储存于阴凉、干燥、通风的爆炸品专用库房。远离火种、热源。库房温度不超过32℃，相对湿度不超过80%。若含有水作稳定剂，库房温度不低于1℃、相对湿度小于80%。应与氧化剂、还原剂、酸类、碱类、食用化学品分开存放，切忌混储。采用防爆型照明、通风设施。禁止使用易产生火花的机械设备和工具。储区应备有合适的材料收容泄漏物。禁止震动、撞击和摩擦

第八部分　接触控制/个体防护

职业接触限值

中国　PC-TWA：0.2mg/m^3；PC-STEL：0.5mg/m^3［皮］

美国(ACGIH)　TLV-TWA：0.1mg/m^3［皮］

生物接触限值　血4-氨基-2,6-二硝基甲苯-血红蛋白加合物：200ng/g Hb（采样时间：持续接触4个月后任意时间）

监测方法　空气中有毒物质测定方法：毛细管柱-气相色谱法；填充柱-气相色谱法。生物监测检验方法：血4-氨基-2,6-二硝基甲苯-血红蛋白加合物的竞争抑制性酶联免疫测定法

工程控制　严加密闭，提供充分的局部排风。提供安全的淋浴和洗眼设备

个体防护装备

呼吸系统防护　空气中粉尘浓度超标时，佩戴过滤式防尘呼吸器。紧急事态抢救或撤离时，建议佩戴空气呼吸器

眼睛防护　戴安全防护眼镜

皮肤和身体防护　穿紧袖工作服，长筒胶鞋

手防护　戴橡胶手套

第九部分　理化特性

外观与性状　白色或黄色针状结晶，无臭，有吸湿性

pH 值　无意义　**熔点(℃)**　80.1

沸点(℃)　240（爆炸）　**相对密度(水=1)**　1.65

相对蒸气密度(空气=1)　7.85

饱和蒸气压(kPa)　0.007（85℃）

燃烧热(kJ/mol)　−3430.5　**临界温度(℃)**　无资料

临界压力(MPa)　3.04　**辛醇/水分配系数**　1.60

闪点(℃)　爆炸　**自燃温度(℃)**　295

爆炸下限(%)　无资料　**爆炸上限(%)**　无资料

分解温度(℃)　无资料

黏度(mPa·s)　无资料

溶解性　不溶于水，溶于乙醇、乙醚、苯、芳烃、丙酮

第十部分　稳定性和反应性

稳定性　稳定

危险反应　与强氧化剂等禁配物接触，有发生火灾和爆炸的危险

避免接触的条件　受热、摩擦、震动、撞击

禁配物　强氧化剂、氨、胺类等

危险的分解产物　氮氧化物

第十一部分　毒理学信息

急性毒性

LD_{50}　795mg/kg（大鼠经口）；660mg/kg（小鼠经口）

LDLo　28000mg/kg（人经口）

皮肤刺激或腐蚀　家兔经皮：500mg（24h），轻度刺激

眼睛刺激或腐蚀　无资料　**呼吸或皮肤过敏**　无资料

生殖细胞突变性　微生物致突变：鼠伤寒沙门氏菌 10μg/皿。哺乳动物细胞突变：小鼠淋巴细胞 40mg/L

致癌性　IARC 致癌性评论：组 3，现有的证据不能对人类致癌性进行分类。对人及动物致癌性证据不足

生殖毒性　大鼠经口最低中毒剂量（TDLo）：5376mg/kg（28d，雄性），引起睾丸、附睾和输精管毒性

特异性靶器官系统毒性-一次接触　无资料

特异性靶器官系统毒性-反复接触　可引起中毒性肝病，中毒性白内障

吸入危害　无资料

第十二部分　生态学信息

生态毒性　LC_{50}：0.46～2.58mg/L（96h）（黑头呆鱼）；2.7mg/L（96h）（蓝鳃太阳鱼，静态）；11.7mg/L（48h）（水蚤，静态）

持久性和降解性

生物降解性　无资料

非生物降解性　无资料

潜在的生物累积性　根据 K_{ow} 值预测，该物质的生物累积性可能较弱

土壤中的迁移性　根据 K_{oc} 值预测，该物质可能易发生迁移

第十三部分　废弃处置

废弃化学品　处置前应参阅国家和地方有关法规。在公安部门指定地点引爆

污染包装物　将容器返还生产商或按照国家和地方法规处置

废弃注意事项　废弃处置人员必须接受过专门的爆炸性物质废弃处置培训

第十四部分　运输信息

联合国危险货物编号（UN 号）　0209

联合国运输名称　三硝基甲苯

联合国危险性类别　1.1D　**包装类别**　-

包装标志　　**海洋污染物**　否

运输注意事项　凭到达地公安机关的运输证托运。本品铁路运输时限使用停止制动作用的棚车运输。货车编组，应按照《车辆编组隔离表》进行。起运时包装要完整，装载应稳妥。运输过程中要确保容器不泄漏、不倒塌、不坠落、不损坏。车速要加以控制，避免颠簸、震荡。不得与酸、碱、盐类、氧化剂、易燃可燃物、自燃物品、金属粉末等危险物品及钢铁材料器具混装。运输途中应防曝晒、雨淋，防高温。公路运输时要按规定路线行驶，中途停留时应严格选择停放地点，远离高压电源、火源和高温场所，要与其他车辆隔离并留有专人看管，禁止在居民区和人口稠密区停留。铁路运输时要禁止溜放

第十五部分　法规信息

下列法律、法规、规章和标准，对该化学品的管理作了相应的规定。

中华人民共和国职业病防治法　职业病分类和目录：三硝基甲苯中毒，三硝基甲苯白内障

危险化学品安全管理条例　危险化学品目录：列入。易制爆危险化学品名录：未列入。重点监管的危险化学品名录：未列入。GB 18218—2009《危险化学品重大危险源辨识》（表 1）：列入。类别：爆炸品，临界量（t）：5

使用有毒物品作业场所劳动保护条例　高毒物品目录：列入

易制毒化学品管理条例　易制毒化学品的分类和品种目录：未列入

国际公约　斯德哥尔摩公约：未列入。鹿特丹公约：未列入。蒙特利尔议定书：未列入

第十六部分　其他信息

编写和修订信息

缩略语和首字母缩写

培训建议

参考文献

免责声明

2,4,6-三硝基氯（化）苯

第一部分　化学品标识

化学品中文名　2,4,6-三硝基氯（化）苯；苦基氯

化学品英文名　2,4,6-trinitrochlorobenzene；picryl chloride

分子式　$C_6H_2ClN_3O_6$　**相对分子质量**　247.50

结构式

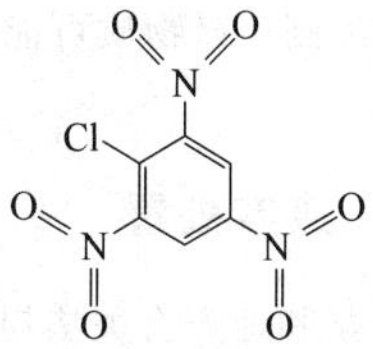

化学品的推荐及限制用途　用于有机合成及制造炸药

第二部分　危险性概述

紧急情况概述　爆炸物、整体爆炸危险，吞咽致命，皮肤接触会致命，吸入致命

GHS危险性类别　爆炸物，1.1项；急性毒性-经口，类别2；急性毒性-经皮，类别1；急性毒性-吸入，类别2；危害水生环境-急性危害，类别1；危害水生环境-长期危害，类别1

标签要素

象形图

警示词　危险

危险性说明　爆炸物、整体爆炸危险，吞咽致命，皮肤接触会致命，吸入致命，对水生生物毒性非常大并具有长期持续影响

防范说明

预防措施　远离热源、火花、明火、热表面。禁止吸烟。容器和接收设备接地连接。避免研磨、撞击、摩擦。戴防护面罩、防护手套，穿防护服。避免接触眼睛、皮肤或衣服，操作后彻底清洗。作业场所不得进食、饮水或吸烟。避免吸入粉尘。仅在室外或通风良好处操作。戴呼吸防护器具。禁止排入环境

事故响应　火灾时可能爆炸。火势蔓延到爆炸物时，切勿灭火。撤离现场。如吸入：将患者转移到空气新鲜处，休息，保持利于呼吸的体位。皮肤接触：立即脱去所有被污染的衣服，用大量肥皂水和水轻轻地清洗，立即呼叫中毒控制中心或就医。被污染的衣服须经洗净后方可重新使用。食入：漱口，立即呼叫中毒控制中心或就医。收集泄漏物

安全储存　在通风良好处储存。保持容器密闭。上锁保管

废弃处置　本品及内装物、容器依据国家和地方法规处置

物理和化学危险　受撞击、摩擦，遇明火或其他点火源极易爆炸

健康危害　对眼睛、皮肤、消化道和呼吸道有刺激作用。可引起皮炎。有致敏作用

环境危害　对水生生物毒性非常大并具有长期持续影响

第三部分　成分/组成信息

√物质　　混合物

组分	浓度	CAS No.
2,4,6-三硝基氯（化）苯		88-88-0

第四部分　急救措施

吸入　迅速脱离现场至空气新鲜处。保持呼吸道通畅。如呼吸困难，给输氧。如呼吸、心跳停止，立即进行心肺复苏术。就医

皮肤接触　立即脱去污染的衣着，用流动清水彻底冲洗。就医

眼睛接触　立即分开眼睑，用流动清水或生理盐水彻底冲洗。就医

食入　漱口，饮水。就医

对保护施救者的忠告　根据需要使用个人防护设备

对医生的特别提示　对症处理

第五部分　消防措施

灭火剂　用大量水灭火

特别危险性　受热、接触明火或受到摩擦、震动、撞击时可发生爆炸。燃烧生成有害的一氧化碳、氮氧化物、氯化氢

灭火注意事项及防护措施　消防人员须在有防爆掩蔽处操作。遇大火切勿轻易接近。在物料附近失火，须用水保持容器冷却。禁止用砂土压盖

第六部分　泄漏应急处理

作业人员防护措施、防护装备和应急处置程序　隔离泄漏污染区，限制出入。消除所有点火源。建议应急处理人员戴防尘口罩，穿防毒服，戴橡胶手套。作业时使用的所有设备应接地。禁止接触或跨越泄漏物

环境保护措施　无资料

泄漏化学品的收容、清除方法及所使用的处置材料　用水润湿固体泄漏物，并把润湿物转移到合适的容器中

第七部分　操作处置与储存

操作注意事项　密闭操作，提供充分的局部排风。操作人员必须经过专门培训，严格遵守操作规程。建议操作人员佩戴自吸过滤式防尘口罩，戴化学安全防护眼镜，穿紧袖工作服、长筒胶鞋，戴橡胶手套。远离火种、热源。工作场所严禁吸烟。使用防爆型的通风系统和设备。避免与氧化剂、还原剂、碱类、活性金属粉末接触。搬运时要轻装轻卸，防止包装及容器损坏。禁止震动、撞击和摩擦。配备相应品种和数量的

消防器材及泄漏应急处理设备

储存注意事项　储存于阴凉、干燥、通风的爆炸品专用库房。库房温度不超过32℃，相对湿度不超过80%。远离火种、热源。应与氧化剂、还原剂、碱类、活性金属粉末分开存放，切忌混储。采用防爆型照明、通风设施。禁止使用易产生火花的机械设备和工具。储区应备有合适的材料收容泄漏物。禁止震动、撞击和摩擦

第八部分　接触控制/个体防护

职业接触限值

中国　未制定标准

美国(ACGIH)　未制定标准

生物接触限值　未制定标准

监测方法　空气中有毒物质测定方法：未制定标准。生物监测检验方法：未制定标准

工程控制　严加密闭，提供充分的局部排风。提供安全的淋浴和洗眼设备

个体防护装备

呼吸系统防护　空气中粉尘浓度超标时，佩戴过滤式防尘呼吸器。紧急事态抢救或撤离时，建议佩戴空气呼吸器

眼睛防护　戴化学安全防护眼镜

皮肤和身体防护　穿紧袖工作服，长筒胶鞋

手防护　戴橡胶手套

第九部分　理化特性

外观与性状　白色或黄色结晶

pH值　无意义　　**熔点(℃)**　83

沸点(℃)　无资料　　**相对密度(水=1)**　1.797

相对蒸气密度(空气=1)　无资料

饱和蒸气压(kPa)　0.20（150℃）

燃烧热(kJ/mol)　无资料　　**临界温度(℃)**　无资料

临界压力(MPa)　无资料　　**辛醇/水分配系数**　2.09

闪点(℃)　无意义　　**自燃温度(℃)**　无资料

爆炸下限(%)　无资料　　**爆炸上限(%)**　无资料

分解温度(℃)　无资料

黏度(mPa·s)　无资料

溶解性　不溶于水，微溶于乙醇、乙醚，易溶于苯、氯仿、丙酮

第十部分　稳定性和反应性

稳定性　稳定

危险反应　与强氧化剂等禁配物接触，有发生火灾和爆炸的危险

避免接触的条件　受热、摩擦、震动和撞击

禁配物　强氧化剂、氨、胺类等

危险的分解产物　氮氧化物

第十一部分　毒理学信息

急性毒性　无资料　　**皮肤刺激或腐蚀**　无资料

眼睛刺激或腐蚀　无资料　　**呼吸或皮肤过敏**　无资料

生殖细胞突变性　微生物致突变：鼠伤寒沙门氏菌1600ng/皿。DNA损伤：大鼠肝5μmol/L

致癌性　无资料　　**生殖毒性**　无资料

特异性靶器官系统毒性-一次接触　无资料

特异性靶器官系统毒性-反复接触　无资料

吸入危害　无资料

第十二部分　生态学信息

生态毒性　根据结构类似物质预测，该物质对水生生物有毒

持久性和降解性

生物降解性　无资料

非生物降解性　无资料

潜在的生物累积性　根据K_{ow}值预测，该物质的生物累积性可能较弱

土壤中的迁移性　根据K_{oc}值预测，该物质可能有一定的迁移性

第十三部分　废弃处置

废弃化学品　处置前应参阅国家和地方有关法规。在公安部门指定地点引爆

污染包装物　将容器返还生产商或按照国家和地方法规处置

废弃注意事项　废弃处置人员必须接受过专门的爆炸性物质废弃处置培训

第十四部分　运输信息

联合国危险货物编号(UN号)　0155

联合国运输名称　三硝基氯苯

联合国危险性类别　1.1D　　**包装类别**　-

包装标志　　　**海洋污染物**　否

运输注意事项　凭到达地公安机关的运输证托运。货车编组，应按照《车辆编组隔离表》进行。起运时包装要完整，装载应稳妥。运输过程中要确保容器不泄漏、不倒塌、不坠落、不损坏。车速要加以控制，避免颠簸、震荡。不得与酸、碱、盐类、氧化剂、易燃可燃物、自燃物品、金属粉末等危险物品及钢铁材料器具混装。运输途中应防曝晒、雨淋，防高温。公路运输时要按规定路线行驶，中途停留时应严格选择停放地点，远离高压电源、火源和高温场所，要与其他车辆隔离并留有专人看管，禁止在居民区和人口稠密区停留。铁路运输时要禁止溜放

第十五部分　法规信息

下列法律、法规、规章和标准，对该化学品的管理作了相应的规定。

中华人民共和国职业病防治法　职业病分类和目录：未列入

危险化学品安全管理条例　危险化学品目录：列入。易制爆危险化学品名录：未列入。重点监管的危险化学品名录：未列入。GB 18218—2009《危险化学品重大危险源辨识》(表1)：未列入

使用有毒物品作业场所劳动保护条例　高毒物品目录：未列入

易制毒化学品管理条例　易制毒化学品的分类和品种目录：未列入

国际公约　斯德哥尔摩公约：未列入。鹿特丹公约：未列入。蒙特利尔议定书：未列入

第十六部分　其他信息

编写和修订信息　　**缩略语和首字母缩写**

培训建议　　**参考文献**

免责声明

2,4,7-三硝基芴酮

第一部分　化学品标识

化学品中文名　2,4,7-三硝基芴酮

化学品英文名　2,4,7-trinitrofluoren-9-one；TNF

分子式　$C_{13}H_5N_3O_7$　　**相对分子质量**　315.21

结构式

化学品的推荐及限制用途　用于制造炸药，用作化学试剂

第二部分　危险性概述

紧急情况概述　爆炸物、整体爆炸危险

GHS危险性类别　爆炸物，1.1项；皮肤腐蚀/刺激，类别3；严重眼损伤/眼刺激，类别2B

标签要素

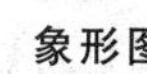

象形图

警示词　危险

危险性说明　爆炸物、整体爆炸危险，造成轻微皮肤刺激，造成眼刺激

防范说明

预防措施　远离热源、火花、明火、热表面。禁止吸烟。容器和接收设备接地连接。避免研磨、撞击、摩擦。戴防护面罩。避免接触眼睛、皮肤，操作后彻底清洗

事故响应　火灾时可能爆炸。火势蔓延到爆炸物时，切勿灭火，撤离现场。如发生皮肤刺激，就医。如接触眼睛：用水细心冲洗数分钟。如戴隐形眼镜并可方便地取出，取出隐形眼镜继续冲洗。如果眼睛刺激持续：就医

安全储存　-

废弃处置　本品及内装物、容器依据国家和地方法规处置

物理和化学危险　受撞击、摩擦，遇明火或其他点火源极易爆炸

健康危害　本品对眼、呼吸道和胃肠道黏膜有刺激性

环境危害　对环境可能有害

第三部分　成分/组成信息

√物质		混合物
组分	**浓度**	**CAS No.**
2,4,7-三硝基芴酮		129-79-3

第四部分　急救措施

吸入　迅速脱离现场至空气新鲜处。保持呼吸道通畅。如呼吸困难，给输氧。如呼吸、心跳停止，立即进行心肺复苏术。就医

皮肤接触　立即脱去污染的衣着，用流动清水彻底冲洗。就医

眼睛接触　立即分开眼睑，用流动清水或生理盐水彻底冲洗。就医

食入　漱口，饮水。就医

对保护施救者的忠告　根据需要使用个人防护设备

对医生的特别提示　对症处理

第五部分　消防措施

灭火剂　用大量水灭火

特别危险性　受热、接触明火或受到摩擦、震动、撞击时可发生爆炸。粉体与空气可形成爆炸性混合物，当达到一定浓度时，遇火星会发生爆炸。燃烧生成有害的一氧化碳、氮氧化物

灭火注意事项及防护措施　消防人员须戴好防毒面具，在安全距离以外，在上风向灭火。遇大火切勿轻易接近。禁止用砂土压盖

第六部分　泄漏应急处理

作业人员防护措施、防护装备和应急处置程序　隔离泄漏污染区，限制出入。消除所有点火源。建议应急处理人员戴防尘口罩，穿一般作业工作服，戴橡胶手套。作业时使用的所有设备应接地。禁止接触或跨越泄漏物

环境保护措施　无资料

泄漏化学品的收容、清除方法及所使用的处置材料　用丙酮润湿固体泄漏物，并把润湿物转移到合适的容器中

第七部分　操作处置与储存

操作注意事项　密闭操作，局部排风。操作人员必须经过专门培训，严格遵守操作规程。建议操作人员佩戴自吸过滤式防尘口罩，戴化学安全防护眼镜，穿紧袖工作服、长筒胶鞋，戴橡胶手套。远离火种、热源。工作场所严禁吸烟。使用防爆型的通风系统和设备。避免产生粉尘。避免与氧化剂、还原剂、碱类接触。搬运时要轻装轻卸，防止包装及容器损坏。配备相应品种和数量的消防器材及泄漏应急处理设备

储存注意事项　储存于阴凉、干燥、通风的爆炸品专用库房。远离火种、热源。库房温度不超过32℃，相对湿度不超过80%。应与氧化剂、还原剂、碱类、食用化学品分开存放，切忌混储。采用防爆型照明、通风设施。禁止使用易产生火花的机械设备和工具。储区应备有合适的材料收容泄漏物。禁止震动、撞击和摩擦

第八部分 接触控制/个体防护

职业接触限值

中国 未制定标准

美国(ACGIH) 未制定标准

生物接触限值 未制定标准

监测方法 空气中有毒物质测定方法：未制定标准。生物监测检验方法：未制定标准

工程控制 密闭操作，局部排风。提供安全的淋浴和洗眼设备

个体防护装备

呼吸系统防护 空气中粉尘浓度超标时，佩戴过滤式防尘呼吸器。紧急事态抢救或撤离时，应该佩戴空气呼吸器

眼睛防护 必要时，戴化学安全防护眼镜

皮肤和身体防护 穿紧袖工作服，长筒胶鞋

手防护 戴橡胶手套

第九部分 理化特性

外观与性状 淡黄色针状结晶

pH值 无意义 **熔点(℃)** 175～176

沸点(℃) 无资料 **相对密度(水=1)** 无资料

相对蒸气密度(空气=1) 无资料

饱和蒸气压(kPa) 无资料

燃烧热(kJ/mol) 无资料 **临界温度(℃)** 无资料

临界压力(MPa) 无资料 **辛醇/水分配系数** 2.42

闪点(℃) 无意义 **自燃温度(℃)** 无资料

爆炸下限(%) 无资料 **爆炸上限(%)** 无资料

分解温度(℃) 无资料

黏度(mPa·s) 无资料

溶解性 微溶于水，易溶于丙酮、苯、氯仿，溶于乙醇、乙醚

第十部分 稳定性和反应性

稳定性 稳定

危险反应 与强氧化剂等禁配物接触，有发生火灾和爆炸的危险

避免接触的条件 热、摩擦、震动和撞击

禁配物 强氧化剂、强碱

危险的分解产物 氮氧化物

第十一部分 毒理学信息

急性毒性 LD_{50}：9910mg/kg（大鼠经口）；＞2000mg/kg（兔经皮）

皮肤刺激或腐蚀 家兔经皮：500mg（24h），轻度刺激

眼睛刺激或腐蚀 无资料 **呼吸或皮肤过敏** 无资料

生殖细胞突变性 微生物致突变：鼠伤寒沙门氏菌 1μg/皿。细胞遗传学分析：人淋巴细胞 3mg/L。姐妹染色单体交换：人淋巴细胞 3mg/L

致癌性 无资料 **生殖毒性** 无资料

特异性靶器官系统毒性-一次接触 无资料

特异性靶器官系统毒性-反复接触 无资料

吸入危害 无资料

第十二部分 生态学信息

生态毒性 无资料

持久性和降解性

生物降解性 无资料

非生物降解性 无资料

潜在的生物累积性 根据 K_{ow} 值预测，该物质的生物累积性可能较弱

土壤中的迁移性 根据 K_{oc} 值预测，该物质可能有一定的迁移性

第十三部分 废弃处置

废弃化学品 处置前应参阅国家和地方有关法规。在公安部门指定地点引爆

污染包装物 将容器返还生产商或按照国家和地方法规处置

废弃注意事项 废弃处置人员必须接受过专门的爆炸性物质废弃处置培训

第十四部分 运输信息

联合国危险货物编号（UN号） 0387

联合国运输名称 三硝基芴酮

联合国危险性类别 1.1D **包装类别** -

包装标志  **海洋污染物** 否

运输注意事项 凭到达地公安机关的运输证托运。货车编组，应按照《车辆编组隔离表》进行。起运时包装要完整，装载应稳妥。运输过程中要确保容器不泄漏、不倒塌、不坠落、不损坏。车速要加以控制，避免颠簸、震荡。不得与酸、碱、盐类、氧化剂、易燃可燃物、自燃物品、金属粉末等危险物品及钢铁材料器具混装。运输途中应防曝晒、雨淋，防高温。公路运输时要按规定路线行驶，中途停留时应严格选择停放地点，远离高压电源、火源和高温场所，要与其他车辆隔离并留有专人看管，禁止在居民区和人口稠密区停留。铁路运输时要禁止溜放

第十五部分 法规信息

下列法律、法规、规章和标准，对该化学品的管理作了相应的规定。

中华人民共和国职业病防治法 职业病分类和目录：未列入

危险化学品安全管理条例 危险化学品目录：未列入。易制爆危险化学品名录：未列入。重点监管的危险化学品名录：未列入。GB 18218—2009《危险化学品重大危险源辨识》（表1）：未列入

使用有毒物品作业场所劳动保护条例 高毒物品目录：未列入

易制毒化学品管理条例 易制毒化学品的分类和品种目录：列入

国际公约 斯德哥尔摩公约：未列入。鹿特丹公约：未列

入。蒙特利尔议定书：未列入

第十六部分　其他信息

编写和修订信息　　**缩略语和首字母缩写**

培训建议　　**参考文献**

免责声明

三溴化磷

第一部分　化学品标识

化学品中文名　三溴化磷

化学品英文名　phosphorus tribromide；tribromophosphine

分子式　PBr_3　**相对分子质量**　270.70

结构式

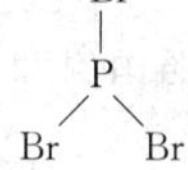

化学品的推荐及限制用途　用作测定糖和氧的试剂，用作催化剂，用于有机合成

第二部分　危险性概述

紧急情况概述　造成严重的皮肤灼伤和眼损伤

GHS 危险性类别　皮肤腐蚀/刺激，类别 1B；严重眼损伤/眼刺激，类别 1；特异性靶器官毒性-一次接触，类别 3（呼吸道刺激）；危害水生环境-急性危害，类别 3

标签要素

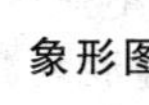
象形图

警示词　危险

危险性说明　造成严重的皮肤灼伤和眼损伤，可能引起呼吸道刺激，对水生生物有害

防范说明

预防措施　避免吸入烟雾。避免接触眼睛、皮肤，操作后彻底清洗。戴防护手套，穿防护服，戴防护眼镜、防护面罩。禁止排入环境

事故响应　如吸入：将患者转移到空气新鲜处，休息，保持利于呼吸的体位，立即呼叫中毒控制中心或就医。皮肤（或头发）接触：立即脱掉所有被污染的衣服，用水冲洗皮肤，淋浴。污染的衣服须洗净后方可重新使用。接触眼睛：用水细心冲洗数分钟。如戴隐形眼镜并可方便地取出，取出隐形眼镜继续冲洗。食入：漱口，不要催吐

安全储存　上锁保管

废弃处置　本品及内装物、容器依据国家和地方法规处置

物理和化学危险　不燃，无特殊燃爆特性。遇水剧烈反应，可引起爆炸

健康危害　吸入对鼻、喉和肺部产生强烈刺激。眼和皮肤接触可致灼伤

环境危害　对水生生物有害

第三部分　成分/组成信息

√物质		混合物
组分	**浓度**	**CAS No.**
三溴化磷		7789-60-8

第四部分　急救措施

吸入　迅速脱离现场至空气新鲜处。保持呼吸道通畅。如呼吸困难，给输氧。如呼吸、心跳停止，立即进行心肺复苏术。就医

皮肤接触　立即脱去污染的衣着，用大量流动清水彻底冲洗至少 15min。就医

眼睛接触　立即分开眼睑，用流动清水或生理盐水彻底冲洗至少 15min。就医

食入　用水漱口，禁止催吐。给饮牛奶或蛋清。就医

对保护施救者的忠告　根据需要使用个人防护设备

对医生的特别提示　对症处理

第五部分　消防措施

灭火剂　用二氧化碳、砂土灭火

特别危险性　遇水发生水解并猛烈放热，冒烟甚至爆炸。具有腐蚀性

灭火注意事项及防护措施　消防人员必须穿全身耐酸碱消防服、佩戴空气呼吸器灭火。尽可能将容器从火场移至空旷处。喷水保持火场容器冷却，直至灭火结束。禁止用水和泡沫灭火

第六部分　泄漏应急处理

作业人员防护措施、防护装备和应急处置程序　根据液体流动和蒸气扩散的影响区域划定警戒区，无关人员从侧风、上风向撤离至安全区。建议应急处理人员戴正压自给式呼吸器，穿防酸碱服，戴橡胶耐酸碱手套。穿上适当的防护服前严禁接触破裂的容器和泄漏物。尽可能切断泄漏源。勿使泄漏物与可燃物质（如木材、纸、油等）接触

环境保护措施　防止泄漏物进入水体、下水道、地下室或有限空间

泄漏化学品的收容、清除方法及所使用的处置材料　小量泄漏：用干燥的砂土或其他不燃材料覆盖泄漏物，用洁净的无火花工具收集泄漏物，置于一盖子较松的塑料容器中，待处置。大量泄漏：构筑围堤或挖坑收容。用碎石灰石（$CaCO_3$）、苏打灰（Na_2CO_3）或石灰（CaO）中和。用耐腐蚀泵转移至槽车或专用收集器内

第七部分　操作处置与储存

操作注意事项　密闭操作，注意通风。操作尽可能机械化、自动化。操作人员必须经过专门培训，严格遵守操作规程。建议操作人员佩戴自吸过滤式防毒面具（全面罩），穿橡胶耐酸碱服，戴橡胶耐酸碱手套。防止蒸气泄漏到工作场所空气中。避免与氧化剂、酸类、碱类接触。尤其要注意避免与水接触。搬运时要轻装轻卸，防止包装及容器损坏。配备泄漏应急处理

设备。倒空的容器可能残留有害物

储存注意事项 储存于阴凉、干燥、通风良好的库房。远离火种、热源。库房温度不超过25℃，相对湿度不超过75%。包装必须密封，切勿受潮。应与氧化剂、酸类、碱类等分开存放，切忌混储。不宜久存，以免变质。储区应备有泄漏应急处理设备和合适的收容材料

第八部分 接触控制/个体防护

职业接触限值

中国 未制定标准

美国(ACGIH) 未制定标准

生物接触限值 未制定标准

监测方法 空气中有毒物质测定方法：未制定标准。生物监测检验方法：未制定标准

工程控制 密闭操作，注意通风。提供安全的淋浴和洗眼设备

个体防护装备

呼吸系统防护 可能接触其蒸气时，必须佩戴过滤式防毒面具（全面罩）或空气呼吸器。紧急事态抢救或撤离时，建议佩戴空气呼吸器

眼睛防护 呼吸系统防护中已作防护

皮肤和身体防护 穿橡胶耐酸碱服

手防护 戴橡胶耐酸碱手套

第九部分 理化特性

外观与性状 无色或淡黄色发烟液体，有刺激性臭味

pH值 无资料 **熔点(℃)** −40～−41.5

沸点(℃) 175.3 **相对密度(水=1)** 2.85

相对蒸气密度(空气=1) 无资料

饱和蒸气压(kPa) 1.33 (47.8℃)

燃烧热(kJ/mol) 无资料 **临界温度(℃)** 无资料

临界压力(MPa) 无资料 **辛醇/水分配系数** 2.28

闪点(℃) 无意义 **自燃温度(℃)** 无意义

爆炸下限(%) 无意义 **爆炸上限(%)** 无意义

分解温度(℃) 无资料

黏度(mPa·s) 无资料

溶解性 可混溶于乙醚、丙酮、氯仿、四氯化碳、二硫化碳

第十部分 稳定性和反应性

稳定性 稳定

危险反应 与强氧化剂、水等禁配物接触，有发生火灾和爆炸的危险

避免接触的条件 潮湿空气

禁配物 强碱、水、醇类、强氧化剂、酸类、碱类、钾、钠

危险的分解产物 无资料

第十一部分 毒理学信息

急性毒性 LDLo：50mg/kg（大鼠经口）

皮肤刺激或腐蚀 无资料 **眼睛刺激或腐蚀** 无资料

呼吸或皮肤过敏 无资料 **生殖细胞突变性** 无资料

致癌性 无资料 **生殖毒性** 无资料

特异性靶器官系统毒性-一次接触 无资料

特异性靶器官系统毒性-反复接触 无资料

吸入危害 无资料

第十二部分 生态学信息

生态毒性 EC_{50}：22.6mg/L（48h）（水蚤）

持久性和降解性

生物降解性 无资料

非生物降解性 无资料

潜在的生物累积性 无资料

土壤中的迁移性 无资料

第十三部分 废弃处置

废弃化学品 根据国家和地方有关法规的要求处置。或与制造商联系，确定处置方法

污染包装物 将容器返还生产商或按照国家和地方法规处置

废弃注意事项 处置前应参阅国家和地方有关法规

第十四部分 运输信息

联合国危险货物编号（UN号） 1808

联合国运输名称 三溴化磷

联合国危险性类别 8 **包装类别** Ⅱ类包装

包装标志  **海洋污染物** 否

运输注意事项 起运时包装要完整，装载应稳妥。运输过程中要确保容器不泄漏、不倒塌、不坠落、不损坏。严禁与氧化剂、酸类、碱类、食用化学品等混装混运。运输时运输车辆应配备泄漏应急处理设备。运输途中应防曝晒、雨淋，防高温。公路运输时要按规定路线行驶，勿在居民区和人口稠密区停留

第十五部分 法规信息

下列法律、法规、规章和标准，对该化学品的管理作了相应的规定。

中华人民共和国职业病防治法 职业病分类和目录：未列入

危险化学品安全管理条例 危险化学品目录：列入。易制爆危险化学品名录：未列入。重点监管的危险化学品名录：未列入。GB 18218—2009《危险化学品重大危险源辨识》（表1）：未列入

使用有毒物品作业场所劳动保护条例 高毒物品目录：未列入

易制毒化学品管理条例 易制毒化学品的分类和品种目录：未列入

国际公约 斯德哥尔摩公约：未列入。鹿特丹公约：未列入。蒙特利尔议定书：未列入

第十六部分 其他信息

编写和修订信息 **缩略语和首字母缩写**

培训建议 **参考文献**

免责声明

三溴化铝［无水］

第一部分 化学品标识

化学品中文名 三溴化铝［无水］；溴化铝
化学品英文名 aluminium tribromide (anhydrous)；aluminum bromide
分子式 $AlBr_3$ **相对分子质量** 266.71
结构式 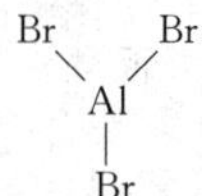

化学品的推荐及限制用途 用作分析试剂、有机合成异构化的催化剂

第二部分 危险性概述

紧急情况概述 吞咽有害，造成严重的皮肤灼伤和眼损伤
GHS危险性类别 急性毒性-经口，类别4；皮肤腐蚀/刺激，类别1；严重眼损伤/眼刺激，类别1
标签要素
象形图 

警示词 危险
危险性说明 吞咽有害，造成严重的皮肤灼伤和眼损伤
防范说明
预防措施 避免接触眼睛、皮肤，操作后彻底清洗。作业场所不得进食、饮水或吸烟。避免吸入粉尘。戴防护手套，穿防护服，戴防护眼镜、防护面罩
事故响应 如吸入：将患者转移到空气新鲜处，休息，保持利于呼吸的体位。皮肤（或头发）接触：立即脱掉所有被污染的衣服，用水冲洗皮肤，淋浴。污染的衣服须洗净后方可重新使用。接触眼睛：用水细心冲洗数分钟。如戴隐形眼镜并可方便地取出，取出隐形眼镜继续冲洗。食入：漱口，不要催吐，如果感觉不适，立即呼叫中毒控制中心或就医
安全储存 上锁保管
废弃处置 本品及内装物、容器依据国家和地方法规处置
物理和化学危险 不燃，无特殊燃爆特性。遇水剧烈反应，产生有毒气体
健康危害 对眼睛、黏膜、呼吸道和皮肤有强刺激性。可引起灼伤
环境危害 对环境可能有害

第三部分 成分/组成信息

√物质 混合物

组分	浓度	CAS No.
三溴化铝		7727-15-3

第四部分 急救措施

吸入 迅速脱离现场至空气新鲜处。保持呼吸道通畅。如呼吸困难，给输氧。如呼吸、心跳停止，立即进行心肺复苏术。就医
皮肤接触 立即脱去污染的衣着，用大量流动清水彻底冲洗至少15min。就医
眼睛接触 立即分开眼睑，用流动清水或生理盐水彻底冲洗至少15min。就医
食入 用水漱口，禁止催吐。给饮牛奶或蛋清。就医
对保护施救者的忠告 根据需要使用个人防护设备
对医生的特别提示 对症处理

第五部分 消防措施

灭火剂 用二氧化碳、干燥砂土灭火
特别危险性 受高热分解产生有毒的溴化物气体。与水强烈反应产生高热，可发生爆炸。与金属钾和钠能形成对撞击敏感的物质。具有腐蚀性
灭火注意事项及防护措施 消防人员须佩戴防毒面具、穿全身消防服，在上风向灭火。尽可能将容器从火场移至空旷处。喷水保持火场容器冷却，直至灭火结束。禁止用水和泡沫灭火

第六部分 泄漏应急处理

作业人员防护措施、防护装备和应急处置程序 隔离泄漏污染区，限制出入。建议应急处理人员戴防尘口罩，穿防酸碱服，戴橡胶耐酸碱手套。穿上适当的防护服前严禁接触破裂的容器和泄漏物。尽可能切断泄漏源。勿使泄漏物与可燃物质（如木材、纸、油等）接触
环境保护措施 无资料
泄漏化学品的收容、清除方法及所使用的处置材料 小量泄漏：用干燥的砂土或其他不燃材料覆盖泄漏物，用洁净的无火花工具收集泄漏物，置于一盖子较松的塑料容器中，待处置。大量泄漏：用塑料布覆盖泄漏物，减少飞散，避免雨淋

第七部分 操作处置与储存

操作注意事项 密闭操作，局部排风。操作人员必须经过专门培训，严格遵守操作规程。建议操作人员佩戴一级或二级自吸过滤式防尘口罩，戴化学安全防护眼镜，穿橡胶耐酸碱服，戴橡胶耐酸碱手套。避免与氧化剂、碱类、醇类接触。尤其要注意避免与水接触。搬运时要轻装轻卸，防止包装及容器损坏。配备泄漏应急处理设备。倒空的容器可能残留有害物
储存注意事项 储存于阴凉、干燥、通风良好的库房。远离火种、热源。包装必须密封，切勿受潮。应与氧化剂、碱类、醇类等分开存放，切忌混储。不宜久存，以免变质。储区应备有合适的材料收容泄漏物

第八部分 接触控制/个体防护

职业接触限值
中国 未制定标准
美国(ACGIH) 未制定标准
生物接触限值 未制定标准
监测方法 空气中有毒物质测定方法：未制定标准。生物

监测检验方法：未制定标准

工程控制 密闭操作，局部排风。提供安全的淋浴和洗眼设备

个体防护装备

呼吸系统防护 空气中粉尘浓度超标时，应该佩戴过滤式防尘呼吸器

眼睛防护 戴化学安全防护眼镜

皮肤和身体防护 穿橡胶耐酸碱服

手防护 戴橡胶耐酸碱手套

第九部分 理化特性

外观与性状 白色或淡黄色片状或块状固体，易潮解

pH 值 无意义 **熔点(℃)** 97.5

沸点(℃) 263.3～265 **相对密度(水＝1)** 3.203

相对蒸气密度(空气＝1) 无资料

饱和蒸气压(kPa) 0.13 (81℃)

燃烧热(kJ/mol) 无资料 **临界温度(℃)** 无资料

临界压力(MPa) 无资料 **辛醇/水分配系数** 无资料

闪点(℃) 无意义 **自燃温度(℃)** 无意义

爆炸下限(%) 无意义 **爆炸上限(%)** 无意义

分解温度(℃) 无资料

黏度(mPa·s) 无资料

溶解性 易溶于乙醇、乙醚、二硫化碳等

第十部分 稳定性和反应性

稳定性 稳定

危险反应 与强氧化剂、水等禁配物接触，有发生火灾和爆炸的危险

避免接触的条件 潮湿空气

禁配物 强氧化剂、水、醇类、碱类

危险的分解产物 无资料

第十一部分 毒理学信息

急性毒性 LD_{50}：1598mg/kg（大鼠经口）

皮肤刺激或腐蚀 无资料 **眼睛刺激或腐蚀** 无资料

呼吸或皮肤过敏 无资料 **生殖细胞突变性** 无资料

致癌性 无资料 **生殖毒性** 无资料

特异性靶器官系统毒性-一次接触 无资料

特异性靶器官系统毒性-反复接触 无资料

吸入危害 无资料

第十二部分 生态学信息

生态毒性 无资料

持久性和降解性

生物降解性 无资料

非生物降解性 无资料

潜在的生物累积性 无资料

土壤中的迁移性 无资料

第十三部分 废弃处置

废弃化学品 根据国家和地方有关法规的要求处置。或与制造商联系，确定处置方法

污染包装物 将容器返还生产商或按照国家和地方法规处置

废弃注意事项 处置前应参阅国家和地方有关法规

第十四部分 运输信息

联合国危险货物编号(UN 号) 1725

联合国运输名称 无水溴化铝

联合国危险性类别 8 **包装类别** Ⅱ类包装

包装标志 

海洋污染物 否

运输注意事项 起运时包装要完整，装载应稳妥。运输过程中要确保容器不泄漏、不倒塌、不坠落、不损坏。严禁与氧化剂、碱类、醇类、食用化学品等混装混运。运输时运输车辆应配备泄漏应急处理设备。运输途中应防曝晒、雨淋，防高温

第十五部分 法规信息

下列法律、法规、规章和标准，对该化学品的管理作了相应的规定。

中华人民共和国职业病防治法 职业病分类和目录：未列入

危险化学品安全管理条例 危险化学品目录：列入。易制爆危险化学品名录：未列入。重点监管的危险化学品名录：未列入。GB 18218—2009《危险化学品重大危险源辨识》(表 1)：未列入

使用有毒物品作业场所劳动保护条例 高毒物品目录：未列入

易制毒化学品管理条例 易制毒化学品的分类和品种目录：未列入

国际公约 斯德哥尔摩公约：未列入。鹿特丹公约：未列入。蒙特利尔议定书：未列入

第十六部分 其他信息

编写和修订信息 **缩略语和首字母缩写**

培训建议 **参考文献**

免责声明

三溴化硼

第一部分 化学品标识

化学品中文名 三溴化硼；溴化硼

化学品英文名 boron tribromide; boron bromide

分子式 BBr_3 **相对分子质量** 250.54

结构式 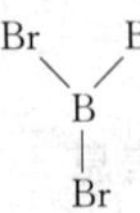

化学品的推荐及限制用途 用于有机硼化合物和高纯硼的制取，也用作半导体的掺杂材料及有机合成的催化剂、溴化剂等

第二部分 危险性概述

紧急情况概述 吞咽致命，吸入致命，造成严重的皮肤灼

伤和眼损伤

GHS危险性类别 急性毒性-经口，类别2；急性毒性-吸入，类别2；皮肤腐蚀/刺激，类别1A；严重眼损伤/眼刺激，类别1

标签要素

象形图 

警示词 危险

危险性说明 吞咽致命，吸入致命，造成严重的皮肤灼伤和眼损伤

防范说明

预防措施 避免接触眼睛、皮肤，操作后彻底清洗。作业场所不得进食、饮水或吸烟。避免吸入蒸气、雾。仅在室外或通风良好处操作。戴呼吸防护器具。戴防护手套，穿防护服，戴防护眼镜、防护面罩

事故响应 如吸入：将患者转移到空气新鲜处，休息，保持利于呼吸的体位。皮肤（或头发）接触：立即脱掉所有被污染的衣服，用水冲洗皮肤，淋浴。污染的衣服须洗净后方可重新使用。接触眼睛：用水细心冲洗数分钟。如戴隐形眼镜并可方便地取出，取出隐形眼镜继续冲洗。食入：漱口，不要催吐，立即呼叫中毒控制中心或就医

安全储存 在通风良好处储存。保持容器密闭。上锁保管

废弃处置 本品及内装物、容器依据国家和地方法规处置

物理和化学危险 不燃，无特殊燃爆特性。遇水剧烈反应，产生有毒气体

健康危害 对眼睛、皮肤、黏膜和呼吸道有强烈的刺激作用。可引起眼和皮肤灼伤

环境危害 对环境可能有害

第三部分 成分/组成信息

√物质 混合物

组分	浓度	CAS No.
三溴化硼		10294-33-4

第四部分 急救措施

吸入 迅速脱离现场至空气新鲜处。保持呼吸道通畅。如呼吸困难，给输氧。如呼吸、心跳停止，立即进行心肺复苏术。就医

皮肤接触 立即脱去污染的衣着，用大量流动清水彻底冲洗至少15min。就医

眼睛接触 立即分开眼睑，用流动清水或生理盐水彻底冲洗至少15min。就医

食入 用水漱口，禁止催吐。给饮牛奶或蛋清。就医

对保护施救者的忠告 根据需要使用个人防护设备

对医生的特别提示 对症处理

第五部分 消防措施

灭火剂 用干粉、二氧化碳、干燥砂土灭火

特别危险性 受热或遇水分解，放出有毒的腐蚀性气体，有时会发生爆炸。具有腐蚀性

灭火注意事项及防护措施 消防人员须佩戴防毒面具、穿全身消防服，在上风向灭火。尽可能将容器从火场移至空旷处。喷水保持火场容器冷却，直至灭火结束。禁止用水和泡沫灭火

第六部分 泄漏应急处理

作业人员防护措施、防护装备和应急处置程序 根据液体流动和蒸气扩散的影响区域划定警戒区，无关人员从侧风、上风向撤离至安全区。建议应急处理人员戴正压自给式呼吸器，穿防酸碱服，戴橡胶耐酸碱手套。作业时使用的所有设备应接地。穿上适当的防护服前严禁接触破裂的容器和泄漏物。勿使水进入包装容器内。尽可能切断泄漏源

环境保护措施 防止泄漏物进入水体、下水道、地下室或有限空间

泄漏化学品的收容、清除方法及所使用的处置材料 小量泄漏：用干燥的砂土或其他不燃材料覆盖泄漏物。大量泄漏：构筑围堤或挖坑收容。用碎石灰石（$CaCO_3$）、苏打灰（Na_2CO_3）或石灰（CaO）中和。用耐腐蚀泵转移至槽车或专用收集器内

第七部分 操作处置与储存

操作注意事项 密闭操作，注意通风。操作尽可能机械化、自动化。操作人员必须经过专门培训，严格遵守操作规程。建议操作人员佩戴导管式防毒面具，穿橡胶耐酸碱服，戴橡胶耐酸碱手套。防止蒸气泄漏到工作场所空气中。避免与碱类、醇类接触。尤其要注意避免与水接触。搬运时要轻装轻卸，防止包装及容器损坏。配备泄漏应急处理设备。倒空的容器可能残留有害物

储存注意事项 储存于阴凉、干燥、通风良好的库房。远离火种、热源。包装必须密封，切勿受潮。应与碱类、醇类等分开存放，切忌混储。不宜久存，以免变质。储区应备有泄漏应急处理设备和合适的收容材料

第八部分 接触控制/个体防护

职业接触限值

中国 未制定标准

美国(ACGIH) TLV-C：1ppm

生物接触限值 未制定标准

监测方法 空气中有毒物质测定方法：未制定标准。生物监测检验方法：未制定标准

工程控制 密闭操作，注意通风。提供安全的淋浴和洗眼设备

个体防护装备

呼吸系统防护 可能接触其蒸气时，必须佩戴过滤式防毒面具（全面罩）或空气呼吸器。紧急事态抢

救或撤离时，建议佩戴空气呼吸器

眼睛防护　呼吸系统防护中已作防护

皮肤和身体防护　穿橡胶耐酸碱服

手防护　戴橡胶耐酸碱手套

第九部分　理化特性

外观与性状　无色或稍带黄色的发烟液体，有强烈的刺激性臭味

pH值　无资料　　**熔点(℃)**　−46

沸点(℃)　90～91.2　　**相对密度(水=1)**　2.65

相对蒸气密度(空气=1)　无资料

饱和蒸气压(kPa)　5.33（14℃）

燃烧热(kJ/mol)　无资料　　**临界温度(℃)**　无资料

临界压力(MPa)　无资料　　**辛醇/水分配系数**　1.43

闪点(℃)　无意义　　**自燃温度(℃)**　无意义

爆炸下限(%)　无意义　　**爆炸上限(%)**　无意义

分解温度(℃)　无资料

黏度(mPa·s)　无资料

溶解性　溶于四氯化碳、二氧化硫（液体）、二硫化碳

第十部分　稳定性和反应性

稳定性　稳定

危险反应　与强氧化剂、水等禁配物接触，有发生火灾和爆炸的危险

避免接触的条件　受热、潮湿空气、光照

禁配物　碱类、水、醇类

危险的分解产物　无资料

第十一部分　毒理学信息

急性毒性　无资料　　**皮肤刺激或腐蚀**　无资料

眼睛刺激或腐蚀　无资料　　**呼吸或皮肤过敏**　无资料

生殖细胞突变性　无资料　　**致癌性**　无资料

生殖毒性　无资料

特异性靶器官系统毒性-一次接触　无资料

特异性靶器官系统毒性-反复接触　无资料

吸入危害　无资料

第十二部分　生态学信息

生态毒性　无资料

持久性和降解性

生物降解性　无资料

非生物降解性　无资料

潜在的生物累积性　无资料

土壤中的迁移性　无资料

第十三部分　废弃处置

废弃化学品　用安全掩埋法处置

污染包装物　将容器返还生产商或按照国家和地方法规处置

废弃注意事项　处置前应参阅国家和地方有关法规

第十四部分　运输信息

联合国危险货物编号（UN号）　2692

联合国运输名称　三溴化硼

联合国危险性类别　8　　**包装类别**　Ⅰ类包装

包装标志　　**海洋污染物**　否

运输注意事项　起运时包装要完整，装载应稳妥。运输过程中要确保容器不泄漏、不倒塌、不坠落、不损坏。严禁与碱类、醇类、食用化学品等混装混运。运输时运输车辆应配备泄漏应急处理设备。运输途中应防曝晒、雨淋，防高温。公路运输时要按规定路线行驶，勿在居民区和人口稠密区停留

第十五部分　法规信息

下列法律、法规、规章和标准，对该化学品的管理作了相应的规定。

中华人民共和国职业病防治法　职业病分类和目录：未列入

危险化学品安全管理条例　危险化学品目录：列入。易制爆危险化学品名录：未列入。重点监管的危险化学品名录：未列入。GB 18218—2009《危险化学品重大危险源辨识》（表1）：未列入

使用有毒物品作业场所劳动保护条例　高毒物品目录：未列入

易制毒化学品管理条例　易制毒化学品的分类和品种目录：未列入

国际公约　斯德哥尔摩公约：未列入。鹿特丹公约：未列入。蒙特利尔议定书：未列入

第十六部分　其他信息

编写和修订信息　　**缩略语和首字母缩写**

培训建议　　**参考文献**

免责声明

三溴化锑

第一部分　化学品标识

化学品中文名　三溴化锑；溴化锑

化学品英文名　antimony tribromide；antimony bromide

分子式　$SbBr_3$　　**相对分子质量**　361.48

结构式　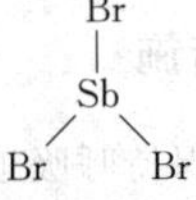

化学品的推荐及限制用途　用作试剂

第二部分　危险性概述

紧急情况概述　吞咽有害，吸入有害，造成严重的皮肤灼伤和眼损伤

GHS危险性类别　急性毒性-经口，类别4；急性毒性-吸入，类别4；皮肤腐蚀/刺激，类别1；严重眼损伤/眼刺激，类别1；危害水生环境-急性危害，类别2；危害水生环境-长期危害，类别2

标签要素

象形图 

警示词 危险

危险性说明 吞咽有害，吸入有害，造成严重的皮肤灼伤和眼损伤，对水生生物有毒并具有长期持续影响

防范说明

预防措施 避免接触眼睛、皮肤，操作后彻底清洗。作业场所不得进食、饮水或吸烟。避免吸入粉尘。仅在室外或通风良好处操作。戴防护手套，穿防护服，戴防护眼镜、防护面罩。禁止排入环境

事故响应 如吸入：将患者转移到空气新鲜处，休息，保持利于呼吸的体位。皮肤（或头发）接触：立即脱掉所有被污染的衣服，用水冲洗皮肤，淋浴。污染的衣服须洗净后方可重新使用。接触眼睛：用水细心冲洗数分钟。如戴隐形眼镜并可方便地取出，取出隐形眼镜继续冲洗。食入：漱口，不要催吐，如果感觉不适，立即呼叫中毒控制中心或就医。收集泄漏物

安全储存 上锁保管

废弃处置 本品及内装物、容器依据国家和地方法规处置

物理和化学危险 不燃，无特殊燃爆特性。遇水产生刺激性气体

健康危害 本品对呼吸道有刺激性，接触后可引起咳嗽、恶心和口中金属味。高浓度接触发生肺水肿、心律不齐，甚至心跳停止造成死亡。皮肤或眼接触可致灼伤

慢性影响 反复接触引起头痛、食欲不振、咽干、失眠。可能发生肝肾损害

环境危害 对水生生物有毒并具有长期持续影响

第三部分 成分/组成信息

√物质		混合物
组分	**浓度**	**CAS No.**
三溴化锑		7789-61-9

第四部分 急救措施

吸入 迅速脱离现场至空气新鲜处。保持呼吸道通畅。如呼吸困难，给输氧。如呼吸、心跳停止，立即进行心肺复苏术。就医

皮肤接触 立即脱去污染的衣着，用大量流动清水彻底冲洗至少15min。就医

眼睛接触 立即分开眼睑，用流动清水或生理盐水彻底冲洗至少15min。就医

食入 用水漱口，禁止催吐。给饮牛奶或蛋清。就医

对保护施救者的忠告 根据需要使用个人防护设备

对医生的特别提示 对症处理

第五部分 消防措施

灭火剂 用干粉、二氧化碳、干燥砂土灭火

特别危险性 受热或遇水分解放热，放出有毒的腐蚀性烟气。具有腐蚀性

灭火注意事项及防护措施 消防人员必须穿全身耐酸碱消防服、佩戴空气呼吸器灭火。尽可能将容器从火场移至空旷处。喷水保持火场容器冷却，直至灭火结束。禁止用水和泡沫灭火

第六部分 泄漏应急处理

作业人员防护措施、防护装备和应急处置程序 隔离泄漏污染区，限制出入。建议应急处理人员戴防尘口罩，穿防酸碱服，戴橡胶手套。穿上适当的防护服前严禁接触破裂的容器和泄漏物。尽可能切断泄漏源。用塑料布覆盖泄漏物，减少飞散。勿使水进入包装容器内

环境保护措施 无资料

泄漏化学品的收容、清除方法及所使用的处置材料 用洁净的铲子收集泄漏物，置于干净、干燥、盖子较松的容器中，将容器移离泄漏区

第七部分 操作处置与储存

操作注意事项 密闭操作，局部排风。操作人员必须经过专门培训，严格遵守操作规程。建议操作人员佩戴自吸过滤式防尘口罩，戴化学安全防护眼镜，穿防酸碱塑料工作服，戴橡胶手套。避免产生粉尘。避免与氧化剂、碱类接触。尤其要注意避免与水接触。搬运时要轻装轻卸，防止包装及容器损坏。配备泄漏应急处理设备。倒空的容器可能残留有害物

储存注意事项 储存于阴凉、通风的库房。远离火种、热源。包装密封，切勿受潮。应与氧化剂、碱类分开存放，切忌混储。储区应备有合适的材料收容泄漏物

第八部分 接触控制/个体防护

职业接触限值

中国 PC-TWA：0.5mg/m^3［按Sb计］

美国(ACGIH) TLV-TWA：0.5mg/m^3［按Sb计］

生物接触限值 未制定标准

监测方法 空气中有毒物质测定方法：火焰原子吸收光谱法；石墨炉原子吸收光谱法。生物监测检验方法：未制定标准

工程控制 密闭操作，局部排风。提供安全的淋浴和洗眼设备

个体防护装备

呼吸系统防护 可能接触其粉尘时，应该佩戴过滤式防尘呼吸器

眼睛防护 戴化学安全防护眼镜

皮肤和身体防护 穿橡胶耐酸碱服

手防护 戴橡胶手套

第九部分 理化特性

外观与性状 黄色结晶，有潮解性

pH值 无意义 **熔点(℃)** 96～97

沸点(℃) 288（99.62 kPa）

相对密度(水=1) 4.15

相对蒸气密度(空气=1) 无资料

饱和蒸气压(kPa) 0.13（93.9℃）

燃烧热(kJ/mol) 无资料 **临界温度(℃)** 无资料

临界压力(MPa) 5.67 **辛醇/水分配系数** 无资料

闪点(℃) 无意义 **自燃温度(℃)** 无意义

爆炸下限(%) 无意义 **爆炸上限(%)** 无意义

分解温度(℃) 无资料

黏度(mPa·s) 无资料

溶解性 溶于稀盐酸、氢溴酸、二硫化碳、丙酮、苯、氯仿、乙醇等

第十部分 稳定性和反应性

稳定性 稳定

危险反应 与强氧化剂、水等禁配物接触发生反应

避免接触的条件 受热、光照、潮湿空气

禁配物 强氧化剂、碱类

危险的分解产物 无资料

第十一部分 毒理学信息

急性毒性 无资料 **皮肤刺激或腐蚀** 无资料

眼睛刺激或腐蚀 无资料 **呼吸或皮肤过敏** 无资料

生殖细胞突变性 无资料 **致癌性** 无资料

生殖毒性 无资料

特异性靶器官系统毒性-一次接触 无资料

特异性靶器官系统毒性-反复接触 无资料

吸入危害 无资料

第十二部分 生态学信息

生态毒性 锑化合物对水生生物有毒

持久性和降解性

生物降解性 无资料

非生物降解性 无资料

潜在的生物累积性 无资料

土壤中的迁移性 无资料

第十三部分 废弃处置

废弃化学品 根据国家和地方有关法规的要求处置。或与制造商联系，确定处置方法

污染包装物 将容器返还生产商或按照国家和地方法规处置

废弃注意事项 处置前应参阅国家和地方有关法规

第十四部分 运输信息

联合国危险货物编号（UN号） 3260

联合国运输名称 无机酸性腐蚀性固体，未另作规定的（三溴化锑）

联合国危险性类别 8 **包装类别** Ⅱ类包装

包装标志  **海洋污染物** 是

运输注意事项 起运时包装要完整，装载应稳妥。运输过程中要确保容器不泄漏、不倒塌、不坠落、不损坏。严禁与氧化剂、碱类、食用化学品等混装混运。运输时运输车辆应配备泄漏应急处理设备。运输途中应防曝晒、雨淋，防高温

第十五部分 法规信息

下列法律、法规、规章和标准，对该化学品的管理作了相应的规定。

中华人民共和国职业病防治法 职业病分类和目录：未列入

危险化学品安全管理条例 危险化学品目录：列入。易制爆危险化学品名录：未列入。重点监管的危险化学品名录：未列入。GB 18218—2009《危险化学品重大危险源辨识》（表1）：未列入

使用有毒物品作业场所劳动保护条例 高毒物品目录：列入

易制毒化学品管理条例 易制毒化学品的分类和品种目录：未列入

国际公约 斯德哥尔摩公约：未列入。鹿特丹公约：未列入。蒙特利尔议定书：未列入

第十六部分 其他信息

编写和修订信息 **缩略语和首字母缩写**

培训建议 **参考文献**

免责声明

三溴甲烷

第一部分 化学品标识

化学品中文名 三溴甲烷；溴仿

化学品英文名 tribromomethane；bromoform

分子式 $CHBr_3$ **相对分子质量** 252.7

结构式

$$\begin{array}{c} H \\ | \\ Br-C-Br \\ | \\ Br \end{array}$$

化学品的推荐及限制用途 用作溶剂和有机合成中间体

第二部分 危险性概述

紧急情况概述 吸入会中毒

GHS危险性类别 急性毒性-经口，类别4；急性毒性-吸入，类别3；皮肤腐蚀/刺激，类别2；严重眼损伤/眼刺激，类别2；危害水生环境-急性危害，类别2；危害水生环境-长期危害，类别2

标签要素

象形图 

警示词 危险

危险性说明 吞咽有害，吸入会中毒，造成皮肤刺激，造成严重眼刺激，对水生生物有毒并具有长期持续影响

防范说明

预防措施 避免接触眼睛、皮肤，操作后彻底清洗。作业场所不得进食、饮水或吸烟。避免吸入蒸气、雾。仅在室外或通风良好处操作。戴防护

手套、防护眼镜、防护面罩。禁止排入环境

事故响应　如吸入：将患者转移到空气新鲜处，休息，保持利于呼吸的体位。皮肤接触：用大量肥皂水和水清洗。如发生皮肤刺激，就医。脱去被污染的衣服，污染的衣服须洗净后方可重新使用。如接触眼睛：用水细心冲洗数分钟。如戴隐形眼镜并可方便地取出，取出隐形眼镜继续冲洗。如果眼睛刺激持续：就医。食入：漱口，如果感觉不适，立即呼叫中毒控制中心或就医。收集泄漏物

安全储存　在通风良好处储存。保持容器密闭。上锁保管

废弃处置　本品及内装物、容器依据国家和地方法规处置

物理和化学危险　不燃，无特殊燃爆特性

健康危害　本品有麻醉和刺激作用，对肝脏有一定损害。轻度中毒有流泪、咽痒、头晕、头痛、无力。严重者可有恶心、呕吐、昏迷、抽搐等。可致死

环境危害　对水生生物有毒并具有长期持续影响

第三部分　成分/组成信息

√物质　　　　混合物

组分	浓度	CAS No.
三溴甲烷		75-25-2

第四部分　急救措施

吸入　迅速脱离现场至空气新鲜处。保持呼吸道通畅。如呼吸困难，给输氧。如呼吸、心跳停止，立即进行心肺复苏术。就医

皮肤接触　立即脱去污染的衣着，用流动清水彻底冲洗。就医

眼睛接触　立即分开眼睑，用流动清水或生理盐水彻底冲洗。就医

食入　漱口，饮水。就医

对保护施救者的忠告　根据需要使用个人防护设备

对医生的特别提示　对症处理

第五部分　消防措施

灭火剂　用泡沫、干粉、二氧化碳、砂土灭火

特别危险性　不燃。受高热分解产生有毒的溴化物气体。与锂、钾钠合金接触发生剧烈反应

灭火注意事项及防护措施　消防人员须佩戴防毒面具、穿全身消防服，在上风向灭火。尽可能将容器从火场移至空旷处。喷水保持火场容器冷却，直至灭火结束

第六部分　泄漏应急处理

作业人员防护措施、防护装备和应急处置程序　根据液体流动和蒸气扩散的影响区域划定警戒区，无关人员从侧风、上风向撤离至安全区。建议应急处理人员戴正压自给式呼吸器，穿防毒服。禁止接触或跨越泄漏物。尽可能切断泄漏源

环境保护措施　无资料

泄漏化学品的收容、清除方法及所使用的处置材料　小量泄漏：用砂土或其他不燃材料吸收。大量泄漏：构筑围堤或挖坑收容。用泡沫覆盖，减少蒸发。用泵转移至槽车或专用收集器内

第七部分　操作处置与储存

操作注意事项　密闭操作，局部排风。操作人员必须经过专门培训，严格遵守操作规程。建议操作人员佩戴自吸过滤式防毒面具（半面罩），戴安全防护眼镜，穿透气型防毒服，戴防化学品手套。防止蒸气泄漏到工作场所空气中。避免与氧化剂、活性金属粉末接触。搬运时要轻装轻卸，防止包装及容器损坏。配备泄漏应急处理设备。倒空的容器可能残留有害物

储存注意事项　储存于阴凉、通风的库房。远离火种、热源。库房温度不超过 32℃，相对湿度不超过 80%。保持容器密封。应与氧化剂、活性金属粉末、食用化学品分开存放，切忌混储。储区应备有泄漏应急处理设备和合适的收容材料

第八部分　接触控制/个体防护

职业接触限值

中国　未制定标准

美国(ACGIH)　TLV-TWA：0.5ppm

生物接触限值　未制定标准

监测方法　空气中有毒物质测定方法：未制定标准。生物监测检验方法：未制定标准

工程控制　密闭操作，局部排风。提供安全的淋浴和洗眼设备

个体防护装备

呼吸系统防护　空气中浓度超标时，应选择佩戴过滤式防毒面具（半面罩）。紧急事态抢救或撤离时，佩戴空气呼吸器

眼睛防护　一般不需要特殊防护，高浓度接触时可戴安全防护眼镜

皮肤和身体防护　穿透气型防毒服

手防护　戴防化学品手套

第九部分　理化特性

外观与性状　无色重质液体，有似氯仿味

pH 值　无资料　　**熔点(℃)**　6～9

沸点(℃)　149.5　　**相对密度(水=1)**　2.89

相对蒸气密度(空气=1)　8.7

饱和蒸气压(kPa)　0.75（25℃）

燃烧热(kJ/mol)　无资料　　**临界温度(℃)**　无资料

临界压力(MPa)　6.09　　**辛醇/水分配系数**　2.38

闪点(℃)　无意义　　**自燃温度(℃)**　无意义

爆炸下限(%)　无意义　　**爆炸上限(%)**　无意义

分解温度(℃)　无资料　　**黏度(mPa·s)**　无资料

溶解性　微溶于水，溶于乙醇、乙醚、氯仿、苯等

第十部分　稳定性和反应性

稳定性　稳定

危险反应　与强氧化剂、活性金属等禁配物发生剧烈反应

避免接触的条件　光照

禁配物 强氧化剂、活性金属粉末

危险的分解产物 溴化氢

第十一部分 毒理学信息

急性毒性

LD_{50} 933mg/kg（大鼠经口）；414mg/kg（大鼠腹腔）；1072mg/kg（小鼠经口）

LC_{50} 12100mg/m³（小鼠吸入，2h）

皮肤刺激或腐蚀 无资料 **眼睛刺激或腐蚀** 无资料

呼吸或皮肤过敏 无资料 **生殖细胞突变性** 微生物致突变：鼠伤寒沙门氏菌 50μl/皿。姐妹染色单体交换：人淋巴细胞 80μmol/L。DNA 损伤：人肺 100μmol/L（3h）

致癌性 IARC 致癌性评论：组 3，现有的证据不能对人类致癌性进行分类。对人及动物致癌性证据不足

生殖毒性 小鼠多代经口给予最低中毒剂量（TDLo）200mg/kg，致肝胆管和泌尿生殖系统发育畸形

特异性靶器官系统毒性-一次接触 无资料

特异性靶器官系统毒性-反复接触 大鼠吸入 0.25mg/L，每天 4h，2 个月，肝肾功能异常

吸入危害 无资料

第十二部分 生态学信息

生态毒性 LC_{50}：40.4mg/L（48h）（青鳉）；7.1mg/L（96h）（红鲈）

持久性和降解性

生物降解性 不易快速生物降解

非生物降解性 空气中光氧化半衰期（h）：1299～12989；一级水解半衰期（h）：6.02×10^6

潜在的生物累积性 BCF：7.1～21（鲤鱼，接触浓度 100mg/L，接触时间 6 周），7.7～19（鲤鱼，接触浓度 10mg/L，接触时间 6 周）；根据 K_{ow} 值预测，该物质的生物累积性可能较弱

土壤中的迁移性 根据 K_{oc} 值预测，该物质可能有一定的迁移性

第十三部分 废弃处置

废弃化学品 经蒸馏提纯后回收使用。或用控制焚烧法处置，焚烧炉排出的卤化氢通过酸洗涤器除去

污染包装物 将容器返还生产商或按照国家和地方法规处置

废弃注意事项 处置前应参阅国家和地方有关法规

第十四部分 运输信息

联合国危险货物编号（UN 号） 2515

联合国运输名称 溴仿

联合国危险性类别 6.1 **包装类别** Ⅲ类包装

包装标志 

海洋污染物 是

运输注意事项 运输前应先检查包装容器是否完整、密封，运输过程中要确保容器不泄漏、不倒塌、不坠落、不损坏。严禁与酸类、氧化剂、食品及食品添加剂混运。运输时运输车辆应配备泄漏应急处理设备。运输途中应防曝晒、雨淋，防高温。公路运输时要按规定路线行驶

第十五部分 法规信息

下列法律、法规、规章和标准，对该化学品的管理作了相应的规定。

中华人民共和国职业病防治法 职业病分类和目录：未列入

危险化学品安全管理条例 危险化学品目录：列入。易制爆危险化学品名录：未列入。重点监管的危险化学品名录：未列入。GB 18218—2009《危险化学品重大危险源辨识》（表 1）：未列入

使用有毒物品作业场所劳动保护条例 高毒物品目录：未列入

易制毒化学品管理条例 易制毒化学品的分类和品种目录：未列入

国际公约 斯德哥尔摩公约：未列入。鹿特丹公约：未列入。蒙特利尔议定书：未列入

第十六部分 其他信息

编写和修订信息 **缩略语和首字母缩写**

培训建议 **参考文献**

免责声明

三溴乙酸

第一部分 化学品标识

化学品中文名 三溴乙酸；三溴醋酸

化学品英文名 tribromoacetic acid

分子式 $C_2HBr_3O_2$ **相对分子质量** 296.72

结构式 Br—C(Br)(Br)—C(=O)OH

化学品的推荐及限制用途 用于有机合成

第二部分 危险性概述

紧急情况概述 造成严重的皮肤灼伤和眼损伤

GHS 危险性类别 皮肤腐蚀/刺激，类别 1；严重眼损伤/眼刺激，类别 1

标签要素

象形图 

警示词 危险

危险性说明 造成严重的皮肤灼伤和眼损伤

防范说明

预防措施 避免吸入粉尘。避免接触眼睛、皮肤，操作后彻底清洗。戴防护手套，穿防护服，戴防护眼镜、防护面罩

事故响应 如吸入：将患者转移到空气新鲜处，休

息，保持利于呼吸的体位，立即呼叫中毒控制中心或就医。皮肤（或头发）接触：立即脱掉所有被污染的衣服，用水冲洗皮肤，淋浴。污染的衣服须洗净后方可重新使用。接触眼睛：用水细心冲洗数分钟。如戴隐形眼镜并可方便地取出，取出隐形眼镜继续冲洗。食入：漱口，不要催吐

安全储存　上锁保管

废弃处置　本品及内装物、容器依据国家和地方法规处置

物理和化学危险　可燃，其粉体与空气混合，能形成爆炸性混合物

健康危害　本品对黏膜、上呼吸道、眼睛和皮肤有强烈刺激性。眼和皮肤接触引起灼伤

环境危害　对环境可能有害

第三部分　成分/组成信息

√物质　　　　混合物

组分	浓度	CAS No.
三溴乙酸		75-96-7

第四部分　急救措施

吸入　迅速脱离现场至空气新鲜处。保持呼吸道通畅。如呼吸困难，给输氧。如呼吸、心跳停止，立即进行心肺复苏术。就医

皮肤接触　立即脱去污染的衣着，用大量流动清水彻底冲洗至少 15min。就医

眼睛接触　立即分开眼睑，用流动清水或生理盐水彻底冲洗至少 15min。就医

食入　用水漱口，禁止催吐。给饮牛奶或蛋清。就医

对保护施救者的忠告　根据需要使用个人防护设备

对医生的特别提示　对症处理

第五部分　消防措施

灭火剂　用雾状水、抗溶性泡沫、二氧化碳灭火

特别危险性　受高热分解产生有毒的溴化物气体。遇潮时对大多数金属有腐蚀性。燃烧生成有害的一氧化碳、溴化氢

灭火注意事项及防护措施　消防人员必须穿全身耐酸碱消防服、佩戴空气呼吸器灭火。尽可能将容器从火场移至空旷处。喷水保持火场容器冷却，直至灭火结束

第六部分　泄漏应急处理

作业人员防护措施、防护装备和应急处置程序　隔离泄漏污染区，限制出入。建议应急处理人员戴防尘口罩，穿防酸碱服，戴橡胶耐酸碱手套。穿上适当的防护服前严禁接触破裂的容器和泄漏物。尽可能切断泄漏源。用塑料布覆盖泄漏物，减少飞散。勿使水进入包装容器内

环境保护措施　无资料

泄漏化学品的收容、清除方法及所使用的处置材料　用洁净的铲子收集泄漏物，置于干净、干燥、盖子较松的容器中，将容器移离泄漏区

第七部分　操作处置与储存

操作注意事项　密闭操作，局部排风。操作人员必须经过专门培训，严格遵守操作规程。建议操作人员佩戴头罩型电动送风过滤式防尘呼吸器，穿防酸碱工作服，戴橡胶耐酸碱手套。远离火种、热源。工作场所严禁吸烟。使用防爆型的通风系统和设备。避免产生粉尘。避免与氧化剂、碱类接触。搬运时要轻装轻卸，防止包装及容器损坏。配备相应品种和数量的消防器材及泄漏应急处理设备。倒空的容器可能残留有害物

储存注意事项　储存于阴凉、通风的库房。远离火种、热源。包装密封。应与氧化剂、碱类分开存放，切忌混储。配备相应品种和数量的消防器材。储区应备有合适的材料收容泄漏物

第八部分　接触控制/个体防护

职业接触限值

中国　未制定标准

美国(ACGIH)　未制定标准

生物接触限值　未制定标准

监测方法　空气中有毒物质测定方法：未制定标准。生物监测检验方法：未制定标准

工程控制　密闭操作，局部排风。提供安全的淋浴和洗眼设备

个体防护装备

呼吸系统防护　空气中粉尘浓度超标时，必须佩戴过滤式防尘呼吸器。紧急事态抢救或撤离时，佩戴空气呼吸器

眼睛防护　戴化学安全防护眼镜

皮肤和身体防护　穿防酸碱工作服

手防护　戴橡胶耐酸碱手套

第九部分　理化特性

外观与性状　无色有光泽的片状结晶

pH 值　无意义　　**熔点(℃)**　130～133

沸点(℃)　245（分解）　　**相对密度(水＝1)**　无资料

相对蒸气密度(空气＝1)　无资料

饱和蒸气压(kPa)　无资料

燃烧热(kJ/mol)　无资料　　**临界温度(℃)**　无资料

临界压力(MPa)　无资料　　**辛醇/水分配系数**　1.71

闪点(℃)　无意义　　**自燃温度(℃)**　无资料

爆炸下限(%)　无资料　　**爆炸上限(%)**　无资料

分解温度(℃)　无资料

黏度(mPa·s)　无资料

溶解性　溶于水、乙醇、乙醚，不溶于石油醚

第十部分　稳定性和反应性

稳定性　稳定

危险反应　与强氧化剂等禁配物发生反应

避免接触的条件　光照

禁配物　强氧化剂、强碱

危险的分解产物　溴化物

第十一部分　毒理学信息

急性毒性　无资料　**皮肤刺激或腐蚀**　无资料
眼睛刺激或腐蚀　无资料　**呼吸或皮肤过敏**　无资料
生殖细胞突变性　无资料　**致癌性**　无资料
生殖毒性　无资料
特异性靶器官系统毒性-一次接触　无资料
特异性靶器官系统毒性-反复接触　无资料
吸入危害　无资料

第十二部分　生态学信息

生态毒性　无资料
持久性和降解性
生物降解性　无资料
非生物降解性　无资料
潜在的生物累积性　根据 K_{ow} 值预测，该物质的生物累积性可能较弱
土壤中的迁移性　根据 K_{oc} 值预测，该物质可能易发生迁移

第十三部分　废弃处置

废弃化学品　建议用焚烧法处置。焚烧炉排出的卤化氢通过酸洗涤器除去
污染包装物　将容器返还生产商或按照国家和地方法规处置
废弃注意事项　处置前应参阅国家和地方有关法规

第十四部分　运输信息

联合国危险货物编号（UN 号）　3261
联合国运输名称　有机酸性腐蚀性固体，未另作规定的（三溴乙酸）
联合国危险性类别　8　**包装类别**　Ⅱ类包装
包装标志

海洋污染物　否
运输注意事项　起运时包装要完整，装载应稳妥。运输时，运输车辆应配备相应品种和数量的消防器材及泄漏应急处理设备。运输过程中要确保容器不泄漏、不倒塌、不坠落、不损坏。严禁与氧化剂、碱类、食用化学品等混装混运。运输途中应防曝晒、雨淋，防高温

第十五部分　法规信息

下列法律、法规、规章和标准，对该化学品的管理作了相应的规定。
中华人民共和国职业病防治法　职业病分类和目录：未列入
危险化学品安全管理条例　危险化学品目录：列入。易制爆危险化学品名录：未列入。重点监管的危险化学品名录：未列入。GB 18218—2009《危险化学品重大危险源辨识》（表 1）：未列入
使用有毒物品作业场所劳动保护条例　高毒物品目录：未列入
易制毒化学品管理条例　易制毒化学品的分类和品种目录：未列入
国际公约　斯德哥尔摩公约：未列入。鹿特丹公约：未列入。蒙特利尔议定书：未列入

第十六部分　其他信息

编写和修订信息　**缩略语和首字母缩写**
培训建议　**参考文献**
免责声明

三溴乙烯

第一部分　化学品标识

化学品中文名　三溴乙烯
化学品英文名　tribromoethylene；ethylene tribromide
分子式　C_2HBr_3　**相对分子质量**　264.76
结构式　(Br)(Br)C=CH(Br)
化学品的推荐及限制用途　用于有机合成

第二部分　危险性概述

紧急情况概述　吞咽会中毒
GHS 危险性类别　急性毒性-经口，类别 3；危害水生环境-急性危害，类别 2
标签要素
象形图

警示词　危险
危险性说明　吞咽会中毒，对水生生物有毒
防范说明
预防措施　避免接触眼睛、皮肤，操作后彻底清洗。作业场所不得进食、饮水或吸烟。禁止排入环境
事故响应　食入：漱口。立即呼叫中毒控制中心或就医
安全储存　上锁保管
废弃处置　本品及内装物、容器依据国家和地方法规处置
物理和化学危险　可燃，其蒸气与空气混合，能形成爆炸性混合物
健康危害　本品有麻醉作用。对皮肤有刺激作用
环境危害　对水生生物有毒

第三部分　成分/组成信息

√物质　混合物

组分	浓度	CAS No.
三溴乙烯		598-16-3

第四部分　急救措施

吸入　迅速脱离现场至空气新鲜处。保持呼吸道通畅。如

呼吸困难，给输氧。如呼吸、心跳停止，立即进行心肺复苏术。就医

皮肤接触 立即脱去污染的衣着，用流动清水彻底冲洗。就医

眼睛接触 立即分开眼睑，用流动清水或生理盐水彻底冲洗。就医

食入 漱口，饮水。就医

对保护施救者的忠告 根据需要使用个人防护设备

对医生的特别提示 对症处理

第五部分 消防措施

灭火剂 用雾状水、泡沫、二氧化碳、砂土灭火

特别危险性 遇明火能燃烧。受高热分解产生有毒的溴化物气体

灭火注意事项及防护措施 消防人员须佩戴防毒面具、穿全身消防服，在上风向灭火。尽可能将容器从火场移至空旷处。喷水保持火场容器冷却，直至灭火结束。容器突然发出异常声音或出现异常现象，应立即撤离

第六部分 泄漏应急处理

作业人员防护措施、防护装备和应急处置程序 根据液体流动和蒸气扩散的影响区域划定警戒区，无关人员从侧风、上风向撤离至安全区。消除所有点火源。建议应急处理人员戴正压自给式呼吸器，穿防毒服，戴防化学品手套。穿上适当的防护服前严禁接触破裂的容器和泄漏物。尽可能切断泄漏源

环境保护措施 防止泄漏物进入水体、下水道、地下室或有限空间

泄漏化学品的收容、清除方法及所使用的处置材料 小量泄漏：用干燥的砂土或其他不燃材料吸收或覆盖，收集于容器中。大量泄漏：构筑围堤或挖坑收容。用泵转移至槽车或专用收集器内

第七部分 操作处置与储存

操作注意事项 密闭操作，加强通风。操作人员必须经过专门培训，严格遵守操作规程。建议操作人员佩戴自吸过滤式防毒面具（半面罩），戴安全防护眼镜，穿透气型防毒服，戴防化学品手套。远离火种、热源。工作场所严禁吸烟。使用防爆型的通风系统和设备。防止蒸气泄漏到工作场所空气中。避免与氧化剂、活性金属粉末接触。搬运时要轻装轻卸，防止包装及容器损坏。配备相应品种和数量的消防器材及泄漏应急处理设备。倒空的容器可能残留有害物

储存注意事项 储存于阴凉、通风的库房。远离火种、热源。包装要求密封，不可与空气接触。应与氧化剂、活性金属粉末、食用化学品分开存放，切忌混储。不宜大量储存或久存。配备相应品种和数量的消防器材。储区应备有泄漏应急处理设备和合适的收容材料

第八部分 接触控制/个体防护

职业接触限值

中国 未制定标准

美国(ACGIH) 未制定标准

生物接触限值 未制定标准

监测方法 空气中有毒物质测定方法：未制定标准。生物监测检验方法：未制定标准

工程控制 生产过程密闭，加强通风。提供安全的淋浴和洗眼设备

个体防护装备

呼吸系统防护 可能接触其蒸气时，应该佩戴过滤式防毒面具（半面罩）。紧急事态抢救或撤离时，佩戴空气呼吸器

眼睛防护 一般不需要特殊防护，高浓度接触时可戴安全防护眼镜

皮肤和身体防护 穿透气型防毒服

手防护 戴防化学品手套

第九部分 理化特性

外观与性状 黄色液体

pH 值 无资料　**熔点(℃)** 无资料

沸点(℃) 163～164　**相对密度(水=1)** 2.71

相对蒸气密度(空气=1) 无资料

饱和蒸气压(kPa) 无资料

燃烧热(kJ/mol) 无资料　**临界温度(℃)** 无资料

临界压力(MPa) 无资料　**辛醇/水分配系数** 3.2

闪点(℃) 无资料　**自燃温度(℃)** 无资料

爆炸下限(%) 无资料　**爆炸上限(%)** 无资料

分解温度(℃) 无资料

黏度(mPa·s) 无资料

溶解性 不溶于水，可混溶于乙醇、乙醚

第十部分 稳定性和反应性

稳定性 稳定

危险反应 与强氧化剂、活性金属等禁配物发生反应

避免接触的条件 无资料

禁配物 强氧化剂、活性金属粉末

危险的分解产物 溴化氢

第十一部分 毒理学信息

急性毒性 LD_{50}：1100mg/kg（小鼠经口）

皮肤刺激或腐蚀 无资料　**眼睛刺激或腐蚀** 无资料

呼吸或皮肤过敏 无资料　**生殖细胞突变性** 无资料

致癌性 无资料　**生殖毒性** 无资料

特异性靶器官系统毒性-一次接触 无资料

特异性靶器官系统毒性-反复接触 无资料

吸入危害 无资料

第十二部分 生态学信息

生态毒性

LC_{50} 12.4mg/L（96h）（鱼）

EC_{50} 7.2mg/L（48h）（水蚤）

持久性和降解性

生物降解性 无资料

非生物降解性 无资料

潜在的生物累积性 根据 K_{ow} 值预测，该物质可能有一定的生物累积性

土壤中的迁移性 根据 K_{oc} 值预测，该物质可能有一定的迁移性

第十三部分 废弃处置

废弃化学品 建议用焚烧法处置。焚烧炉排出的卤化氢通过酸洗涤器除去

污染包装物 将容器返还生产商或按照国家和地方法规处置

废弃注意事项 处置前应参阅国家和地方有关法规

第十四部分 运输信息

联合国危险货物编号（UN号） 2810

联合国运输名称 有机毒性液体，未另作规定的（三溴乙烯）

联合国危险性类别 6.1 **包装类别** Ⅲ类包装

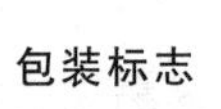**包装标志** 

海洋污染物 否

运输注意事项 运输前应先检查包装容器是否完整、密封，运输过程中要确保容器不泄漏、不倒塌、不坠落、不损坏。严禁与酸类、氧化剂、食品及食品添加剂混运。运输时运输车辆应配备相应品种和数量的消防器材及泄漏应急处理设备。运输途中应防曝晒、雨淋，防高温。公路运输时要按规定路线行驶

第十五部分 法规信息

下列法律、法规、规章和标准，对该化学品的管理作了相应的规定。

中华人民共和国职业病防治法 职业病分类和目录：未列入

危险化学品安全管理条例 危险化学品目录：列入。易制爆危险化学品名录：未列入。重点监管的危险化学品名录：未列入。GB 18218—2009《危险化学品重大危险源辨识》（表1）：未列入

使用有毒物品作业场所劳动保护条例 高毒物品目录：未列入

易制毒化学品管理条例 易制毒化学品的分类和品种目录：未列入

国际公约 斯德哥尔摩公约：未列入。鹿特丹公约：未列入。蒙特利尔议定书：未列入

第十六部分 其他信息

编写和修订信息 **缩略语和首字母缩写**

培训建议 **参考文献**

免责声明

三氧化二氮

第一部分 化学品标识

化学品中文名 三氧化二氮；亚硝酐

化学品英文名 nitrogen trioxide; nitrous anhydride

分子式 N_2O_3 **相对分子质量** 76.02

结构式 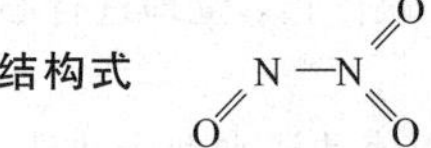

化学品的推荐及限制用途 用作火箭燃料系统中的氧化剂，用于制取纯亚硝酸

第二部分 危险性概述

紧急情况概述 可引起燃烧或加剧燃烧：氧化剂，内装加压气体：遇热可能爆炸，吸入致命，造成严重的皮肤灼伤和眼损伤

GHS危险性类别 氧化性气体，类别1；加压气体；急性毒性-吸入，类别2；皮肤腐蚀/刺激，类别1B；严重眼损伤/眼刺激，类别1

标签要素

象形图 

警示词 危险

危险性说明 可引起燃烧或加剧燃烧：氧化剂，内装加压气体：遇热可能爆炸，吸入致命，造成严重的皮肤灼伤和眼损伤

防范说明

预防措施 储存处远离服装、可燃材料。阀门或紧固装置不得带有油脂或油剂。避免吸入气体、蒸气。仅在室外或通风良好处操作。戴呼吸防护器具。避免接触眼睛、皮肤，操作后彻底清洗。戴防护手套，穿防护服，戴防护眼镜、防护面罩

事故响应 火灾时：如能保证安全，设法堵塞泄漏。如吸入：将患者转移到空气新鲜处，休息，保持利于呼吸的体位，立即呼叫中毒控制中心或就医。皮肤（或头发）接触：立即脱掉所有被污染的衣服，用水冲洗皮肤，淋浴。污染的衣服须洗净后方可重新使用。接触眼睛：用水细心冲洗数分钟。如戴隐形眼镜并可方便地取出，取出隐形眼镜继续冲洗。食入：漱口，不要催吐

安全储存 防日晒。存放在通风良好的地方。保持容器密闭。上锁保管

废弃处置 本品及内装物、容器依据国家和地方法规处置

物理和化学危险 助燃。与可燃物接触易着火燃烧

健康危害 氮氧化物主要损害呼吸道。吸入初期仅有轻微的眼及呼吸道刺激症状，如咽部不适、干咳等。常经数小时至十几小时或更长时间潜伏期后发生迟发性肺水肿、成人呼吸窘迫综合征，出现胸闷、呼吸窘迫、咳嗽、咯泡沫痰、紫绀等。可并发气胸及纵隔气肿。肺水肿消退后两周左右可出现迟发性阻塞性细气支气管炎。眼和皮肤接触引起灼伤

慢性影响 主要表现为神经衰弱综合征及慢性呼吸道炎症。个别病例出现肺纤维化。可引起牙齿酸蚀症

环境危害 对环境可能有害

第三部分 成分/组成信息

√物质 混合物

组分	浓度	CAS No.
三氧化二氮		10544-73-7

第四部分 急救措施

吸入 迅速脱离现场至空气新鲜处。保持呼吸道通畅。如呼吸困难，给输氧。如呼吸、心跳停止，立即进行心肺复苏术。就医

皮肤接触 立即脱去污染的衣着，用大量流动清水彻底冲洗至少15min。就医

眼睛接触 立即分开眼睑，用流动清水或生理盐水彻底冲洗至少15min。就医

对保护施救者的忠告 根据需要使用个人防护设备

对医生的特别提示 对症处理

第五部分 消防措施

灭火剂 用干粉、二氧化碳灭火

特别危险性 若遇高热可发生剧烈分解，引起容器破裂或爆炸事故

灭火注意事项及防护措施 消防人员必须穿全身防火防毒服，在上风向灭火。切断气源。喷水冷却容器，尽可能将容器从火场移至空旷处

第六部分 泄漏应急处理

作业人员防护措施、防护装备和应急处置程序 根据气体扩散的影响区域划定警戒区，无关人员从侧风、上风向撤离至安全区。建议应急处理人员穿内置正压自给式呼吸器的全封闭防化服。禁止接触或跨越泄漏物。勿使泄漏物与可燃物质（如木材、纸、油等）接触。尽可能切断泄漏源。喷雾状水抑制蒸气或改变蒸气云流向，避免水流接触泄漏物。禁止用水直接冲击泄漏物或泄漏源。若可能翻转容器，使之逸出气体而非液体

环境保护措施 防止气体通过下水道、通风系统和有限空间扩散

泄漏化学品的收容、清除方法及所使用的处置材料 隔离泄漏区直至气体散尽。泄漏场所保持通风

第七部分 操作处置与储存

操作注意事项 严加密闭，提供充分的局部排风和全面通风。操作人员必须经过专门培训，严格遵守操作规程。建议操作人员佩戴自吸过滤式防毒面具（半面罩），戴化学安全防护眼镜，穿隔绝式防毒服，戴橡胶手套。远离火种、热源。工作场所严禁吸烟。远离易燃、可燃物。防止气体或蒸气泄漏到工作场所空气中。避免与还原剂接触。搬运时戴好钢瓶安全帽和防震橡皮圈，防止钢瓶碰撞、损坏。配备相应品种和数量的消防器材及泄漏应急处理设备

储存注意事项 储存于通风、低温的有毒气体专用库房内。库温不宜超过30℃。远离火种、热源。应与易（可）燃物、还原剂、食用化学品分开存放，切忌混储。储区应备有泄漏应急处理设备

第八部分 接触控制/个体防护

职业接触限值

中国 未制定标准

美国(ACGIH) 未制定标准

生物接触限值 未制定标准

监测方法 空气中有毒物质测定方法：未制定标准。生物监测检验方法：未制定标准

工程控制 严加密闭，提供充分的局部排风和全面通风

个体防护装备

呼吸系统防护 空气中浓度超标时，佩戴过滤式防毒面具（半面罩）。紧急事态抢救或撤离时，建议佩戴空气呼吸器

眼睛防护 戴化学安全防护眼镜

皮肤和身体防护 穿隔绝式防毒服

手防护 戴橡胶手套

第九部分 理化特性

外观与性状 红棕色气体，低温时为深蓝色液体或固体

pH值 无意义　**熔点(℃)** −102

沸点(℃) 3.5

相对密度(水=1) 1.45（2℃）

相对蒸气密度(空气=1) 2.6

饱和蒸气压(kPa) >110

燃烧热(kJ/mol) 无资料　**临界温度(℃)** 无资料

临界压力(MPa) 6.99　**辛醇/水分配系数** 无资料

闪点(℃) 无意义　**自燃温度(℃)** 无意义

爆炸下限(%) 无意义　**爆炸上限(%)** 无意义

分解温度(℃) 无资料

黏度(mPa·s) 无资料

溶解性 溶于苯、甲苯、乙醚、氯仿、四氯化碳、酸、碱

第十部分 稳定性和反应性

稳定性 稳定

危险反应 与还原性物质、易燃或可燃物等禁配物发生反应

避免接触的条件 无资料

禁配物 易燃或可燃物、还原剂

危险的分解产物 氮氧化物

第十一部分 毒理学信息

急性毒性 无资料　**皮肤刺激或腐蚀** 无资料

眼睛刺激或腐蚀 无资料　**呼吸或皮肤过敏** 无资料

生殖细胞突变性 无资料　**致癌性** 无资料

生殖毒性 无资料

特异性靶器官系统毒性-一次接触 无资料

特异性靶器官系统毒性-反复接触 无资料

吸入危害 无资料

第十二部分 生态学信息

生态毒性 无资料

持久性和降解性

生物降解性　无资料

非生物降解性　无资料

潜在的生物累积性　无资料

土壤中的迁移性　无资料

第十三部分　废弃处置

废弃化学品　根据国家和地方有关法规的要求处置。或与制造商联系，确定处置方法

污染包装物　将容器返还生产商或按照国家和地方法规处置

废弃注意事项　处置前应参阅国家和地方有关法规

第十四部分　运输信息

联合国危险货物编号（UN号）　2421

联合国运输名称　三氧化二氮

联合国危险性类别　2.3，5.1/8　**包装类别**　-

包装标志 

海洋污染物　否

运输注意事项　采用钢瓶运输时必须戴好钢瓶上的安全帽。钢瓶一般平放，并应将瓶口朝同一方向，不可交叉；高度不得超过车辆的防护栏板，并用三角木垫卡牢，防止滚动。严禁与易燃物或可燃物、还原剂、食用化学品等混装混运。夏季应早晚运输，防止日光曝晒。公路运输时要按规定路线行驶，禁止在居民区和人口稠密区停留。铁路运输时要禁止溜放

第十五部分　法规信息

下列法律、法规、规章和标准，对该化学品的管理作了相应的规定。

中华人民共和国职业病防治法　职业病分类和目录：氮氧化合物中毒

危险化学品安全管理条例　危险化学品目录：列入。易制爆危险化学品名录：未列入。重点监管的危险化学品名录：未列入。GB 18218—2009《危险化学品重大危险源辨识》（表1）：未列入

使用有毒物品作业场所劳动保护条例　高毒物品目录：未列入

易制毒化学品管理条例　易制毒化学品的分类和品种目录：未列入

国际公约　斯德哥尔摩公约：未列入。鹿特丹公约：未列入。蒙特利尔议定书：未列入

第十六部分　其他信息

编写和修订信息　**缩略语和首字母缩写**

培训建议　**参考文献**

免责声明

三氧化二砷

第一部分　化学品标识

化学品中文名　三氧化二砷；白砒；砒霜；亚砷（酸）酐

化学品英文名　arsenic trioxide；arsenous acid anhydride

分子式　As_2O_3　**相对分子质量**　197.84

结构式 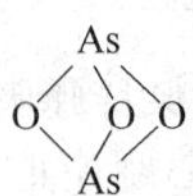

化学品的推荐及限制用途　用于玻璃、搪瓷、颜料工业和制备药物、杀虫剂、皮革保存剂等

第二部分　危险性概述

紧急情况概述　吞咽致命，造成严重的皮肤灼伤和眼损伤，可能致癌

GHS危险性类别　急性毒性-经口，类别2；皮肤腐蚀/刺激，类别1B；严重眼损伤/眼刺激，类别1；致癌性，类别1A；危害水生环境-急性危害，类别1；危害水生环境-长期危害，类别1

标签要素

象形图 

警示词　危险

危险性说明　吞咽致命，造成严重的皮肤灼伤和眼损伤，可能致癌，对水生生物毒性非常大并具有长期持续影响

防范说明

预防措施　避免接触眼睛、皮肤，操作后彻底清洗。作业场所不得进食、饮水或吸烟。避免吸入粉尘。戴防护手套，穿防护服，戴防护眼镜、防护面罩。得到专门指导后操作。在阅读并了解所有安全预防措施之前，切勿操作。按要求使用个体防护装备。禁止排入环境

事故响应　如吸入：将患者转移到空气新鲜处，休息，保持利于呼吸的体位。皮肤（或头发）接触：立即脱掉所有被污染的衣服，用水冲洗皮肤，淋浴。污染的衣服须洗净后方可重新使用。接触眼睛：用水细心冲洗数分钟。如戴隐形眼镜并可方便地取出，取出隐形眼镜继续冲洗。食入：漱口，不要催吐，立即呼叫中毒控制中心或就医。如果接触或有担心，就医。收集泄漏物

安全储存　上锁保管

废弃处置　本品及内装物、容器依据国家和地方法规处置

物理和化学危险　不燃，无特殊燃爆特性

健康危害　主要影响神经系统和毛细血管通透性，对皮肤和黏膜有刺激作用

急性中毒　口服中毒出现恶心、呕吐、腹痛、“米

泔"样大便（有时混有血液）、四肢痛性痉挛、少尿、无尿、昏迷、抽搐，因呼吸麻痹而死亡。可在急性中毒的1～3周内发生周围神经病。可发生中毒性心肌炎、肝炎。大量吸入亦可引起急性中毒，但消化道症状轻，指（趾）甲上出现米氏纹。眼和皮肤接触引起灼伤

慢性中毒 消化系统症状，肝肾损害，皮肤色素沉着、角化过度或疣状增生，以及多发性周围神经炎。可致肺癌、皮肤癌

环境危害 对水生生物毒性非常大并具有长期持续影响

第三部分 成分/组成信息

√物质　　　　混合物

组分	浓度	CAS No.
三氧化二砷		1327-53-3

第四部分 急救措施

吸入 迅速脱离现场至空气新鲜处。保持呼吸道通畅。如呼吸困难，给输氧。如呼吸、心跳停止，立即进行心肺复苏术。就医

皮肤接触 立即脱去污染的衣着，用肥皂水和清水彻底冲洗。就医

眼睛接触 立即分开眼睑，用流动清水或生理盐水彻底冲洗。就医

食入 催吐、彻底洗胃，洗胃后服活性炭30～50g（用水调成浆状），而后再服用硫酸镁或硫酸钠导泻。就医

对保护施救者的忠告 根据需要使用个人防护设备

对医生的特别提示 解毒剂有二巯基丙磺酸钠、二巯基丁二酸钠等

第五部分 消防措施

灭火剂 用泡沫、干粉、水、砂土灭火

特别危险性 若遇高热，升华产生剧毒的气体

灭火注意事项及防护措施 消防人员必须佩戴空气呼吸器、穿全身防火防毒服，在上风向灭火。尽可能将容器从火场移至空旷处。喷水保持火场容器冷却，直至灭火结束。禁止使用酸碱灭火剂

第六部分 泄漏应急处理

作业人员防护措施、防护装备和应急处置程序 隔离泄漏污染区，限制出入。建议应急处理人员戴防尘口罩，穿防毒服，戴橡胶手套。穿上适当的防护服前严禁接触破裂的容器和泄漏物。尽可能切断泄漏源。用塑料布覆盖泄漏物，减少飞散。勿使水进入包装容器内

环境保护措施 无资料

泄漏化学品的收容、清除方法及所使用的处置材料 用洁净的铲子收集泄漏物，置于干净、干燥、盖子较松的容器中，将容器移离泄漏区

第七部分 操作处置与储存

操作注意事项 密闭操作，提供充分的局部排风。操作尽可能机械化、自动化。操作人员必须经过专门培训，严格遵守操作规程。建议操作人员佩戴头罩型电动送风过滤式防尘呼吸器，穿连衣式防毒衣，戴橡胶手套。避免产生粉尘。避免与氧化剂、酸类、卤素接触。搬运时要轻装轻卸，防止包装及容器损坏。配备泄漏应急处理设备。倒空的容器可能残留有害物

储存注意事项 储存于阴凉、通风良好的专用库房内，实行"双人收发、双人保管"制度。远离火种、热源。包装密封。应与氧化剂、酸类、卤素、食用化学品分开存放，切忌混储。储区应备有合适的材料收容泄漏物

第八部分 接触控制/个体防护

职业接触限值

中国 PC-TWA：0.01mg/m^3；PC-STEL：0.02mg/m^3［按As计］［G1］

美国(ACGIH) TLV-TWA：0.01mg/m^3［按As计］

生物接触限值 未制定标准

监测方法 空气中有毒物质测定方法：原子荧光光谱法；氢化物-原子吸收光谱法；二乙氨基二硫代甲酸银分光光度法。生物监测检验方法：未制定标准

工程控制 严加密闭，提供充分的局部排风。提供安全的淋浴和洗眼设备

个体防护装备

呼吸系统防护 可能接触其粉尘时，应该佩戴过滤式防尘呼吸器。必要时佩戴空气呼吸器

眼睛防护 戴化学安全防护眼镜

皮肤和身体防护 穿连衣式防毒衣

手防护 戴橡胶手套

第九部分 理化特性

外观与性状 无臭无味的白色粉末

pH值 无意义　**熔点(℃)** 275～313

沸点(℃) 460～465　**相对密度(水=1)** 3.7～4.2

相对蒸气密度(空气=1) 无资料

饱和蒸气压(kPa) 13.33（332.5℃）

燃烧热(kJ/mol) 无资料　**临界温度(℃)** 无资料

临界压力(MPa) 4　**辛醇/水分配系数** －0.13

闪点(℃) 无意义　**自燃温度(℃)** 无意义

爆炸下限(%) 无意义　**爆炸上限(%)** 无意义

分解温度(℃) 无资料

黏度(mPa·s) 无资料

溶解性 微溶于水，溶于酸、碱，不溶于乙醇

第十部分 稳定性和反应性

稳定性 稳定

危险反应 与强氧化剂等禁配物发生反应

避免接触的条件 受热

禁配物 酸类、强氧化剂、卤素

危险的分解产物 无资料

第十一部分 毒理学信息

急性毒性 LD_{50}：10mg/kg（大鼠经口）；20mg/kg（小鼠经口）

皮肤刺激或腐蚀 无资料 **眼睛刺激或腐蚀** 无资料

呼吸或皮肤过敏 无资料

生殖细胞突变性 DNA 抑制：人 HeLa 细胞 500μmol/L。细胞遗传学分析：人白细胞 1200nmol/L

致癌性 IARC 致癌性评论：组 1，确认人类致癌物。对人类致癌性证据充分

生殖毒性 小鼠孕 9～12d 吸入最低中毒剂量 28500μg/m^3（4h），致肌肉骨骼系统发育畸形。小鼠孕 7～17d 经口染毒最低中毒剂量 1650μg/kg，致中枢神经系统发育畸形。小鼠孕 7～17d 经口染毒最低中毒剂量 8250μg/kg，致免疫和网状内皮组织系统发育畸形。小鼠吸入最低中毒浓度（TCLo）：28500μg/m^3（4h）（孕 9～12d），引起细胞学改变和肌肉骨骼发育正常

特异性靶器官系统毒性-一次接触 无资料

特异性靶器官系统毒性-反复接触 大鼠摄取本品 150mg/(kg·d)，共 6.5 个月，对动物生长发育有轻度影响，肝肾重量明显增加，但肝肾功能及血常规均正常；30mg/kg 以下，动物各主要脏器无病理改变

吸入危害 无资料

第十二部分 生态学信息

生态毒性

LC_{50} 8.33mg/L（48h）（大马哈鱼）；0.038mg/L（24h）（水蚤）

EC_{50} 31.43～73.73mg/L（5min、15min、30min）（发光菌，Microtox 测试）

持久性和降解性

生物降解性 无资料

非生物降解性 无资料

潜在的生物累积性 无资料

土壤中的迁移性 无资料

第十三部分 废弃处置

废弃化学品 用安全掩埋法处置

污染包装物 将容器返还生产商或按照国家和地方法规处置

废弃注意事项 处置前应参阅国家和地方有关法规

第十四部分 运输信息

联合国危险货物编号（UN 号） 1561

联合国运输名称 三氧化二砷

联合国危险性类别 6.1 **包装类别** Ⅱ类包装

包装标志 

海洋污染物 否

运输注意事项 运输前应先检查包装容器是否完整、密封，运输过程中要确保容器不泄漏、不倒塌、不坠落、不损坏。严禁与酸类、氧化剂、食品及食品添加剂混运。运输时运输车辆应配备泄漏应急处理设备。运输途中应防曝晒、雨淋，防高温。公路运输时要按规定路线行驶，勿在居民区和人口稠密区停留

第十五部分 法规信息

下列法律、法规、规章和标准，对该化学品的管理作了相应的规定。

中华人民共和国职业病防治法 职业病分类和目录：砷及其化合物中毒；砷及其化合物所致肺癌、皮肤癌

危险化学品安全管理条例 危险化学品目录：列入。作为剧毒化学品进行管理。易制爆危险化学品名录：未列入。重点监管的危险化学品名录：未列入。GB 18218—2009《危险化学品重大危险源辨识》（表 1）：未列入

使用有毒物品作业场所劳动保护条例 高毒物品目录：列入

易制毒化学品管理条例 易制毒化学品的分类和品种目录：未列入

国际公约 斯德哥尔摩公约：未列入。鹿特丹公约：未列入。蒙特利尔议定书：未列入

第十六部分 其他信息

编写和修订信息 **缩略语和首字母缩写**

培训建议 **参考文献**

免责声明

三氧化铬［无水］

第一部分 化学品标识

化学品中文名 三氧化铬［无水］；铬酸酐；铬酐

化学品英文名 chromium trioxide；chromic anhydride

分子式 CrO_3 **相对分子质量** 100.00

结构式

```
      O
      ‖
      Cr
    ⫽   ⫽
   O     O
```

化学品的推荐及限制用途 用于电镀工业、医药工业、印刷工业、鞣革和织物媒染

第二部分 危险性概述

紧急情况概述 可引起燃烧或爆炸：强氧化剂，吞咽会中毒，皮肤接触会中毒，吸入致命，造成严重的皮肤灼伤和眼损伤，可能导致皮肤过敏反应，可能致癌

GHS 危险性类别 氧化性固体，类别 1；急性毒性-经口，类别 3；急性毒性-经皮，类别 3；急性毒性-吸入，类别 2；皮肤腐蚀/刺激，类别 1A；严重眼损伤/眼刺激，类别 1；呼吸道致敏物，类别 1；皮肤致敏物，类别 1；生殖细胞致突变性，类别 1B；致癌性，类别 1A；生殖毒性，类别 2；特异性靶器官毒性-一次接触，类别 3（呼吸道刺激）；特异性靶器官毒性-反复接触，类别 1；危害水生环境-急性危害，类别 1；危害水生环境-长期危害，类别 1

标签要素

象形图

警示词 危险

危险性说明 可引起燃烧或爆炸：强氧化剂，吞咽会中毒，皮肤接触会中毒，吸入致命，造成严重的皮肤灼伤和眼损伤，可能导致皮肤过敏反应，可造成遗传性缺陷，可能致癌，怀疑对生育力或胎儿造成伤害，可能引起呼吸道刺激，长时间或反复接触对器官造成损伤，对水生生物毒性非常大并具有长期持续影响

防范说明

预防措施 远离热源。远离衣物和其他可燃物。采取一切预防措施，避免与可燃物混合。穿防火、阻燃服。避免接触眼睛、皮肤，操作后彻底清洗。作业场所不得进食、饮水或吸烟。避免吸入粉尘、蒸气。仅在室外或通风良好处操作。戴呼吸防护器具。戴防护手套，穿防护服，戴防护眼镜、防护面罩。污染的工作服不得带出工作场所。得到专门指导后操作。在阅读并了解所有安全预防措施之前，切勿操作。按要求使用个体防护装备。禁止排入环境

事故响应 火灾时，本品不燃。根据着火原因选择适当灭火剂灭火。如果发生大火和大量物质着火：撤离现场。因有爆炸危险，应远距离灭火。如吸入：将患者转移到空气新鲜处，休息，保持利于呼吸的体位。皮肤接触：如溅到衣服上：立即用大量清水冲洗污染的衣服和皮肤，然后脱去衣服，用大量肥皂水和水清洗。如出现皮肤刺激或皮疹：就医。被污染的衣服须经洗净后方可重新使用。接触眼睛：用水细心冲洗数分钟。如戴隐形眼镜并可方便地取出，取出隐形眼镜继续冲洗。食入：漱口，不要催吐，立即呼叫中毒控制中心或就医。如果接触或有担心，就医。收集泄漏物

安全储存 在通风良好处储存。保持容器密闭。上锁保管

废弃处置 本品及内装物、容器依据国家和地方法规处置

物理和化学危险 助燃。与可燃物接触易着火燃烧

健康危害

急性中毒 吸入后可引起急性呼吸道刺激症状、鼻出血、声音嘶哑、鼻黏膜萎缩，有时出现哮喘和紫绀。重者可发生化学性肺炎。口服可刺激和腐蚀消化道，引起恶心、呕吐、腹痛、血便等；重者出现呼吸困难、紫绀、休克、肝损害及急性肾功能衰竭等。眼和皮肤接触引起灼伤

慢性影响 有接触性皮炎、铬溃疡、鼻炎、鼻中隔穿孔及呼吸道炎症等。六价铬为对人的确认致癌物

环境危害 对水生生物毒性非常大并具有长期持续影响

第三部分 成分/组成信息

√物质 混合物

组分	浓度	CAS No.
三氧化铬		1333-82-0

第四部分 急救措施

吸入 迅速脱离现场至空气新鲜处。保持呼吸道通畅。如呼吸困难，给输氧。如呼吸、心跳停止，立即进行心肺复苏术。就医

皮肤接触 脱去污染的衣着，用肥皂水和清水彻底冲洗皮肤。就医

眼睛接触 分开眼睑，用流动清水或生理盐水冲洗。就医。

食入 饮足量温水，催吐。用清水或1%硫代硫酸钠溶液洗胃。给饮牛奶或蛋清。就医

对保护施救者的忠告 根据需要使用个人防护设备

对医生的特别提示 解毒剂硫代硫酸钠、二巯基丙磺酸钠、二巯基丁二酸钠

第五部分 消防措施

灭火剂 本品不燃。根据着火原因选择适当灭火剂灭火

特别危险性 与易燃物（如苯）和可燃物（如糖、纤维素等）接触会发生剧烈反应，甚至引起燃烧。与还原性物质如镁粉、铝粉、硫、磷等混合后，经摩擦或撞击，能引起燃烧或爆炸。具有较强的腐蚀性

灭火注意事项及防护措施 消防人员必须佩戴空气呼吸器、穿全身防火防毒服，在上风向灭火。尽可能将容器从火场移至空旷处。喷水保持火场容器冷却，直至灭火结束。切勿将水流直接射至熔融物，以免引起严重的流淌火灾或引起剧烈的沸溅

第六部分 泄漏应急处理

作业人员防护措施、防护装备和应急处置程序 隔离泄漏污染区，限制出入。建议应急处理人员戴防尘口罩，穿防毒服，戴橡胶手套。勿使泄漏物与可燃物质（如木材、纸、油等）接触。穿上适当的防护服前严禁接触破裂的容器和泄漏物。尽可能切断泄漏源

环境保护措施 无资料

泄漏化学品的收容、清除方法及所使用的处置材料 用洁净的铲子收集泄漏物，置于干净、干燥、盖子较松的容器中，将容器移离泄漏区

第七部分 操作处置与储存

操作注意事项 密闭操作，加强通风。操作人员必须经过专门培训，严格遵守操作规程。建议操作人员佩戴自吸过滤式防尘口罩，戴化学安全防护眼镜，穿聚乙烯防毒服，戴橡胶手套。远离火种、热源。工作场所严禁吸烟。远离易燃、可燃物。避免产生粉尘。避免与还原剂、活性金属粉末接触。搬运时要轻装轻卸，防止包装及容器损坏。配备相应品种和数量的消防器材及泄漏应急处理设备。倒空的容器可能残留有害物

储存注意事项 储存于阴凉、干燥、通风良好的库房。库房温度不超过30℃，相对湿度不超过80%。包装必须密封，切勿受潮。应与易（可）燃物、还原剂、活性金属粉末、食用化学品分开存放，切忌混储。储区应备有合适的材料收容泄漏物

第八部分 接触控制/个体防护

职业接触限值

中国 PC-TWA：0.05mg/m^3［按Cr计］［G1］

美国(ACGIH) TLV-TWA（mg/m^3）：$0.05mg/m^3$［按Cr计］

生物接触限值 未制定标准

监测方法 空气中有毒物质测定方法：火焰原子吸收光谱法；二苯碳酰二肼分光光度法；三价铬和六价铬的分别测定。生物监测检验方法：未制定标准

工程控制 生产过程密闭，加强通风。提供安全的淋浴和洗眼设备

个体防护装备

呼吸系统防护 可能接触其粉尘时，应该佩戴过滤式防尘呼吸器。必要时佩戴空气呼吸器

眼睛防护 戴化学安全防护眼镜

皮肤和身体防护 穿隔绝式防毒服

手防护 戴橡胶手套

第九部分 理化特性

外观与性状 暗红色或暗紫色斜方结晶，易潮解

pH值 无意义 **熔点(℃)** 190～197

沸点(℃) 分解 **相对密度(水=1)** 2.70

相对蒸气密度(空气=1) 无资料

饱和蒸气压(kPa) 无资料

燃烧热(kJ/mol) 无资料 **临界温度(℃)** 无资料

临界压力(MPa) 无意义 **辛醇/水分配系数** 无资料

闪点(℃) 无意义 **自燃温度(℃)** 无意义

爆炸下限(%) 无意义 **爆炸上限(%)** 无意义

分解温度(℃) 无资料

黏度(mPa·s) 无资料

溶解性 溶于水、硫酸、硝酸、乙醇、乙醚、乙酸、丙酮

第十部分 稳定性和反应性

稳定性 稳定

危险反应 与易燃或可燃物、强还原剂等禁配物发生反应，有发生火灾和爆炸的危险

避免接触的条件 潮湿空气

禁配物 易燃或可燃物、强还原剂、活性金属粉末、硫、磷

危险的分解产物 无资料

第十一部分 毒理学信息

急性毒性 LD_{50}：80mg/kg（大鼠经口）

皮肤刺激或腐蚀 无资料 **眼睛刺激或腐蚀** 无资料

呼吸或皮肤过敏 无资料

生殖细胞突变性 微生物致突变试验：鼠伤寒沙门氏菌10μg/皿。微生物致突变：鼠伤寒沙门氏菌50μmol/L；大肠杆菌8μmol/L

致癌性 IARC致癌性评论：组1，确认人类致癌物。对人类致癌性证据充分

生殖毒性 仓鼠孕后8d静脉内给予不同剂量，致颅面部（包括鼻、舌）、中枢神经系统、肌肉骨骼系统、体壁发育畸形。小鼠皮下注射最低中毒剂量（TDLo）：20mg/kg（孕8d），对胚胎或胚胎外结构（胎盘、脐带）有影响；胚胎发育迟缓

特异性靶器官系统毒性-一次接触 无资料

特异性靶器官系统毒性-反复接触 无资料

吸入危害 无资料

第十二部分 生态学信息

生态毒性 铬化合物对水生生物有极高毒性

持久性和降解性

生物降解性 无资料

非生物降解性 无资料

潜在的生物累积性 无资料

土壤中的迁移性 无资料

第十三部分 废弃处置

废弃化学品 根据国家和地方有关法规的要求处置。或与制造商联系，确定处置方法

污染包装物 将容器返还生产商或按照国家和地方法规处置

废弃注意事项 在规定场所掩埋空容器

第十四部分 运输信息

联合国危险货物编号(UN号) 1463

联合国运输名称 无水三氧化铬

联合国危险性类别 5.1，6.1/8 **包装类别** Ⅱ类包装

包装标志

海洋污染物 否

运输注意事项 运输时单独装运，运输过程中要确保容器不泄漏、不倒塌、不坠落、不损坏。运输时运输车辆应配备相应品种和数量的消防器材及泄漏应急处理设备。严禁与酸类、易燃物、有机物、还原剂、自燃物品、遇湿易燃物品等并车混运。运输时车速不宜过快，不得强行超车。运输车辆装卸前后，均应彻底清扫、洗净，严禁混入有机物、易燃物等杂质

第十五部分 法规信息

下列法律、法规、规章和标准，对该化学品的管理作了相应的规定。

中华人民共和国职业病防治法 职业病分类和目录：六价铬化合物所致肺癌；铬鼻病

危险化学品安全管理条例 危险化学品目录：列入。易制爆危险化学品名录：未列入。重点监管的危险化学品名录：未列入。GB 18218—2009《危险化学品重大危险源辨识》(表1)：未列入

使用有毒物品作业场所劳动保护条例 高毒物品目录：列入

易制毒化学品管理条例 易制毒化学品的分类和品种目录：未列入

国际公约 斯德哥尔摩公约：未列入。鹿特丹公约：未列入。蒙特利尔议定书：未列入

第十六部分　其他信息

编写和修订信息　　**缩略语和首字母缩写**

培训建议　　**参考文献**

免责声明

三　乙　胺

第一部分　化学品标识

化学品中文名　三乙胺；*N*,*N*-二乙基乙胺

化学品英文名　triethylamine；*N*,*N*-diethylethanamine

分子式　$C_6H_{15}N$　　**相对分子质量**　101.22

结构式　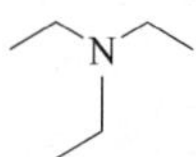

化学品的推荐及限制用途　用作溶剂、阻聚剂、防腐剂及合成染料等

第二部分　危险性概述

紧急情况概述　高度易燃液体和蒸气，造成严重的皮肤灼伤和眼损伤

GHS 危险性类别　易燃液体，类别 2；急性毒性-经口，类别 4；急性毒性-经皮，类别 4；急性毒性-吸入，类别 4；皮肤腐蚀/刺激，类别 1A；严重眼损伤/眼刺激，类别 1；特异性靶器官毒性-一次接触，类别 3（呼吸道刺激）；危害水生环境-急性危害，类别 3

标签要素

象形图　

警示词　危险

危险性说明　高度易燃液体和蒸气，吞咽有害，皮肤接触有害，吸入有害，造成严重的皮肤灼伤和眼损伤，可能引起呼吸道刺激，对水生生物有害

防范说明

预防措施　远离热源、火花、明火、热表面。禁止吸烟。保持容器密闭。容器和接收设备接地连接。使用防爆电器、通风、照明设备。只能使用不产生火花的工具。采取防止静电措施。避免接触眼睛、皮肤，操作后彻底清洗。作业场所不得进食、饮水或吸烟。避免吸入蒸气、雾。仅在室外或通风良好处操作。戴防护手套，穿防护服，戴防护眼镜、防护面罩。禁止排入环境

事故响应　如吸入：将患者转移到空气新鲜处，休息，保持利于呼吸的体位。皮肤接触：立即脱掉所有被污染的衣服，用大量肥皂水和水清洗。被污染的衣服须经洗净后方可重新使用。接触眼睛：用水细心冲洗数分钟。如戴隐形眼镜并可方便地取出，取出隐形眼镜继续冲洗。食入：漱口，不要催吐，如果感觉不适，立即呼叫中毒控制中心或就医

安全储存　存放在通风良好的地方。保持低温。上锁保管

废弃处置　本品及内装物、容器依据国家和地方法规处置

物理和化学危险　高度易燃，其蒸气与空气混合，能形成爆炸性混合物

健康危害　对呼吸道有强烈的刺激性，吸入后可引起肺水肿甚至死亡。口服腐蚀口腔、食道及胃。眼及皮肤接触可引起化学性灼伤

环境危害　对水生生物有害

第三部分　成分/组成信息

√物质　　混合物

组分	浓度	CAS No.
三乙胺		121-44-8

第四部分　急救措施

吸入　迅速脱离现场至空气新鲜处。保持呼吸道通畅。如呼吸困难，给输氧。如呼吸、心跳停止，立即进行心肺复苏术。就医

皮肤接触　立即脱去污染的衣着，用大量流动清水彻底冲洗至少 15min。就医

眼睛接触　立即分开眼睑，用流动清水或生理盐水彻底冲洗至少 15min。就医

食入　用水漱口，禁止催吐。给饮牛奶或蛋清。就医

对保护施救者的忠告　根据需要使用个人防护设备

对医生的特别提示　对症处理

第五部分　消防措施

灭火剂　用泡沫、二氧化碳、干粉、砂土灭火

特别危险性　与氧化剂能发生强烈反应。蒸气比空气重，沿地面扩散并易积存于低洼处，遇火源会着火回燃。具有腐蚀性。燃烧生成有害的一氧化碳、氮氧化物

灭火注意事项及防护措施　消防人员必须佩戴空气呼吸器、穿全身防火防毒服，在上风向灭火。喷水冷却容器，尽可能将容器从火场移至空旷处。容器突然发出异常声音或出现异常现象，应立即撤离

第六部分　泄漏应急处理

作业人员防护措施、防护装备和应急处置程序　消除所有点火源。根据液体流动和蒸气扩散的影响区域划定警戒区，无关人员从侧风、上风向撤离至安全区。建议应急处理人员戴正压自给式呼吸器，穿防静电、防腐蚀、防毒服，戴橡胶耐油手套。作业时使用的所有设备应接地。禁止接触或跨越泄漏物。尽可能切断泄漏源

环境保护措施　防止泄漏物进入水体、下水道、地下室或有限空间

泄漏化学品的收容、清除方法及所使用的处置材料　小量泄漏：用砂土或其他不燃材料吸收，使用洁净的无火花工具收集吸收材料。大量泄漏：构筑围堤或挖坑收容。用砂土、惰性物质或蛭石吸收大量液体。用硫酸氢钠（$NaHSO_4$）中和。用抗溶性泡沫覆盖，减少蒸发。喷水雾能减少蒸发，但不能降低泄漏物在有限空

间内的易燃性。用防爆、耐腐蚀泵转移至槽车或专用收集器内。喷雾状水驱散蒸气、稀释液体泄漏物

第七部分 操作处置与储存

操作注意事项 密闭操作，加强通风。操作人员必须经过专门培训，严格遵守操作规程。建议操作人员佩戴导管式防毒面具，穿防毒物渗透工作服，戴橡胶耐油手套。远离火种、热源，工作场所严禁吸烟。使用防爆型的通风系统和设备。防止蒸气泄漏到工作场所空气中。避免与氧化剂、酸类接触。充装要控制流速，防止静电积聚。搬运时要轻装轻卸，防止包装及容器损坏。配备相应品种和数量的消防器材及泄漏应急处理设备。倒空的容器可能残留有害物

储存注意事项 储存于阴凉、通风的库房。远离火种、热源。库温不宜超过37℃。包装要求密封，不可与空气接触。应与氧化剂、酸类分开存放，切忌混储。采用防爆型照明、通风设施。禁止使用易产生火花的机械设备和工具。储区应备有泄漏应急处理设备和合适的收容材料

第八部分 接触控制/个体防护

职业接触限值

中国 未制定标准

美国(ACGIH) TLV-TWA：1ppm；TLV-STEL：3ppm［皮］

生物接触限值 未制定标准

监测方法 空气中有毒物质测定方法：溶剂解吸-气相色谱法。生物监测检验方法：未制定标准

工程控制 生产过程密闭，加强通风。提供安全的淋浴和洗眼设备

个体防护装备

呼吸系统防护 可能接触其蒸气时，佩戴过滤式防毒面具（全面罩）。紧急事态抢救或撤离时，应该佩戴空气呼吸器

眼睛防护 呼吸系统防护中已作防护

皮肤和身体防护 穿防毒物渗透工作服

手防护 戴橡胶耐油手套

第九部分 理化特性

外观与性状 无色油状液体，有强烈氨臭

pH值 11.9（1%溶液，计算值）

熔点(℃) −114.8 **沸点(℃)** 89.5

相对密度(水=1) 0.73

相对蒸气密度(空气=1) 3.5

饱和蒸气压(kPa) 7.2（20℃）

燃烧热(kJ/mol) −4334.6 **临界温度(℃)** 262.45

临界压力(MPa) 3.032 **辛醇/水分配系数** 1.45

闪点(℃) −7（OC） **自燃温度(℃)** 232～249

爆炸下限(%) 1.2 **爆炸上限(%)** 8.0

分解温度(℃) 无资料

黏度(mPa·s) 无资料

溶解性 微溶于水，溶于乙醇、乙醚、丙酮等多数有机溶剂

第十部分 稳定性和反应性

稳定性 稳定

危险反应 与强氧化剂等禁配物接触，有发生火灾和爆炸的危险

避免接触的条件 无资料

禁配物 强氧化剂、酸类

危险的分解产物 氨

第十一部分 毒理学信息

急性毒性

LD_{50} 460mg/kg（大鼠经口）；570μl（416.1mg)/kg（兔经皮）

LC_{50} 6g/m³（小鼠吸入）

皮肤刺激或腐蚀 无资料

眼睛刺激或腐蚀 家兔经眼：250μg（24h），重度刺激

呼吸或皮肤过敏 无资料 **生殖细胞突变性** 无资料

致癌性 无资料

生殖毒性 家兔经口最低中毒剂量（TDLo)：6900μg/kg（孕1～3d），对发育有影响

特异性靶器官系统毒性-一次接触 无资料

特异性靶器官系统毒性-反复接触 兔吸入420mg/m³，每次7h，每周5次，6周，见肺充血、出血，支气管周围炎，心肌变性，肝肾充血、变性、坏死

吸入危害 无资料

第十二部分 生态学信息

生态毒性

LC_{50} 50.7mg/L（48h）（青鳉）

ErC_{50} 8mg/L（72h）（藻类）

持久性和降解性

生物降解性 易快速生物降解

非生物降解性 空气中，当羟基自由基浓度为5.00×10^5个/cm³时，降解半衰期为4h（理论）

潜在的生物累积性 根据K_{ow}值预测，该物质的生物累积性可能较弱

土壤中的迁移性 根据K_{oc}值预测，该物质可能易发生迁移

第十三部分 废弃处置

废弃化学品 用控制焚烧法处置。焚烧炉排出的氮氧化物通过洗涤器除去

污染包装物 将容器返还生产商或按照国家和地方法规处置

废弃注意事项 把倒空的容器归还厂商或在规定场所掩埋

第十四部分 运输信息

联合国危险货物编号(UN号) 1296

联合国运输名称 三乙胺

联合国危险性类别 3，8 **包装类别** Ⅱ类包装

包装标志

海洋污染物 否

运输注意事项 运输时运输车辆应配备相应品种和数量的消防器材及泄漏应急处理设备。夏季最好早晚运输。运输时所用的槽（罐）车应有接地链，槽内可设孔隔板以减少震荡产生的静电。严禁与氧化剂、酸类、食用化学品等混装混运。运输途中应防曝晒、雨淋，防高温。中途停留时应远离火种、热源、高温区。装运该物品的车辆排气管必须配备阻火装置，禁止使用易产生火花的机械设备和工具装卸。公路运输时要按规定路线行驶，勿在居民区和人口稠密区停留。铁路运输时要禁止溜放。严禁用木船、水泥船散装运输

第十五部分 法规信息

下列法律、法规、规章和标准，对该化学品的管理作了相应的规定。

中华人民共和国职业病防治法 职业病分类和目录：未列入

危险化学品安全管理条例 危险化学品目录：列入。易制爆危险化学品名录：未列入。重点监管的危险化学品名录：未列入。GB 18218—2009《危险化学品重大危险源辨识》(表 1)：未列入

使用有毒物品作业场所劳动保护条例 高毒物品目录：未列入

易制毒化学品管理条例 易制毒化学品的分类和品种目录：未列入

国际公约 斯德哥尔摩公约：未列入。鹿特丹公约：未列入。蒙特利尔议定书：未列入

第十六部分 其他信息

编写和修订信息 **缩略语和首字母缩写**

培训建议 **参考文献**

免责声明

三乙基铝

第一部分 化学品标识

化学品中文名 三乙基铝

化学品英文名 aluminum triethyl；triethylaluminium

分子式 $C_6H_{15}Al$ **相对分子质量** 114.19

结构式 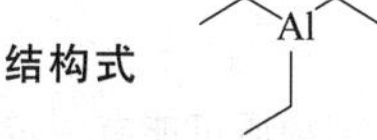

化学品的推荐及限制用途 用于有机合成，也用作火箭燃料

第二部分 危险性概述

紧急情况概述 暴露在空气中自燃，遇水放出可自燃的易燃气体，造成严重的皮肤灼伤和眼损伤

GHS 危险性类别 自燃液体，类别 1；遇水放出易燃气体的物质和混合物，类别 1；皮肤腐蚀/刺激，类别 1；严重眼损伤/眼刺激，类别 1

标签要素

象形图 

警示词 危险

危险性说明 暴露在空气中自燃，遇水放出可自燃的易燃气体，造成严重的皮肤灼伤和眼损伤

防范说明

预防措施 远离热源、火花、明火、热表面。禁止吸烟。保持容器密闭。不得与空气接触。因与水发生剧烈反应和可能发生爆燃，应避免与水接触。在惰性气体中操作。防潮。采取防止静电措施。避免接触眼睛、皮肤，操作后彻底清洗。戴防护手套，穿防护服，戴防护眼镜、防护面罩

事故响应 火灾时，使用干粉、干砂灭火。如吸入：将患者转移到空气新鲜处，休息，保持利于呼吸的体位，立即呼叫中毒控制中心或就医。如果皮肤接触：立即脱掉所有被污染的衣服。将接触部位浸入冷水中、用湿绷带包扎。污染的衣服须洗净后方可重新使用。接触眼睛：用水细心冲洗数分钟。如戴隐形眼镜并可方便地取出，取出隐形眼镜继续冲洗。食入：漱口，不要催吐

安全储存 在干燥处和密闭的容器中储存。上锁保管

废弃处置 本品及内装物、容器依据国家和地方法规处置

物理和化学危险 接触空气易自燃。遇水剧烈反应，可引起燃烧或爆炸

健康危害 具有强烈刺激和腐蚀作用，主要损害呼吸道和眼结膜，高浓度吸入可引起肺水肿。吸入其烟雾可致烟雾热。眼和皮肤接触可致灼伤

环境危害 对环境可能有害

第三部分 成分/组成信息

√物质		混合物
组分	**浓度**	**CAS No.**
三乙基铝		97-93-8

第四部分 急救措施

吸入 迅速脱离现场至空气新鲜处。保持呼吸道通畅。如呼吸困难，给输氧。如呼吸、心跳停止，立即进行心肺复苏术。就医

皮肤接触 立即脱去污染的衣着，用大量流动清水彻底冲洗至少 15min。就医

眼睛接触 立即分开眼睑，用流动清水或生理盐水彻底冲洗至少 15min。就医

食入 用水漱口，禁止催吐。给饮牛奶或蛋清。就医

对保护施救者的忠告 根据需要使用个人防护设备

对医生的特别提示 对症处理

第五部分 消防措施

灭火剂 用干粉、干砂灭火

特别危险性 化学反应活性很高，接触空气会冒烟自燃。对微量的氧及水分反应极其灵敏，易引起燃烧爆炸。与酸、卤素、醇、胺类接触发生剧烈反应。遇水强烈分解，放出易燃的烷烃气体。燃烧生成有害的一氧化碳、氧化铝

灭火注意事项及防护措施 消防人员必须佩戴空气呼吸器、穿全身防火防毒服，在上风向灭火。尽可能将容器从火场移至空旷处。喷水保持火场容器冷却，直至灭火结束。禁止用水、泡沫和酸碱灭火剂灭火

第六部分 泄漏应急处理

作业人员防护措施、防护装备和应急处置程序 根据液体流动和蒸气扩散的影响区域划定警戒区，无关人员从侧风、上风向撤离至安全区。消除所有点火源。建议应急处理人员戴正压自给式呼吸器，穿防毒、防静电服。禁止接触或跨越泄漏物。尽可能切断泄漏源

环境保护措施 防止泄漏物进入水体、下水道、地下室或有限空间

泄漏化学品的收容、清除方法及所使用的处置材料 小量泄漏：用干燥的砂土或其他不燃材料覆盖泄漏物，用洁净的无火花工具收集泄漏物，置于一盖子较松的塑料容器中，待处置。大量泄漏：构筑围堤或挖坑收容，用防爆泵转移至槽车或专用收集器内

第七部分 操作处置与储存

操作注意事项 严加密闭，提供充分的局部排风和全面通风。操作人员必须经过专门培训，严格遵守操作规程。建议操作人员佩戴自吸过滤式防毒面具（全面罩），穿胶布防毒衣，戴橡胶手套。远离火种、热源。工作场所严禁吸烟。使用防爆型的通风系统和设备。防止蒸气泄漏到工作场所空气中。避免与氧化剂、酸类、醇类接触。尤其要注意避免与水接触。搬运时要轻装轻卸，防止包装及容器损坏。配备相应品种和数量的消防器材及泄漏应急处理设备。倒空的容器可能残留有害物

储存注意事项 储存时必须用充有惰性气体或特定的容器包装。储存于阴凉、通风良好的专用库房内，远离火种、热源。库房温度不超过 30℃，相对湿度不超过 80%。包装要求密封，不可与空气接触。应与氧化剂、酸类、醇类等分开存放，切忌混储。采用防爆型照明、通风设施。禁止使用易产生火花的机械设备和工具。储区应备有泄漏应急处理设备和合适的收容材料

第八部分 接触控制/个体防护

职业接触限值

中国 未制定标准

美国(ACGIH) 未制定标准

生物接触限值 未制定标准

监测方法 空气中有毒物质测定方法：未制定标准。生物监测检验方法：未制定标准

工程控制 严加密闭，提供充分的局部排风和全面通风。提供安全的淋浴和洗眼设备

个体防护装备

呼吸系统防护 作业时，应该佩戴过滤式防毒面具（全面罩）。紧急事态抢救或撤离时，必须佩戴空气呼吸器

眼睛防护 呼吸系统防护中已作防护

皮肤和身体防护 穿隔绝式防毒服

手防护 戴橡胶手套

第九部分 理化特性

外观与性状 无色透明液体，具有强烈的霉烂气味

pH 值 无资料 **熔点(℃)** −52.5

沸点(℃) 194 **相对密度(水=1)** 0.84

相对蒸气密度(空气=1) 无资料

饱和蒸气压(kPa) 0.53 (83℃)

燃烧热(kJ/mol) −4867.8 **临界温度(℃)** 无资料

临界压力(MPa) 13.57 **辛醇/水分配系数** 3.44

闪点(℃) −53 **自燃温度(℃)** <−52

爆炸下限(%) 无资料 **爆炸上限(%)** 无资料

分解温度(℃) 无资料

黏度(mPa·s) 2.6 (25℃)

溶解性 溶于苯，混溶于饱和烃类

第十部分 稳定性和反应性

稳定性 不稳定

危险反应 与强氧化剂、氧、醇类等禁配物接触，有发生火灾和爆炸的危险

避免接触的条件 潮湿空气、空气

禁配物 强氧化剂、酸类、水、氧、醇类、卤素、胺类

危险的分解产物 无资料

第十一部分 毒理学信息

急性毒性 LC_{50}：$10g/m^3$（大鼠吸入，15min）

皮肤刺激或腐蚀 无资料 **眼睛刺激或腐蚀** 无资料

呼吸或皮肤过敏 无资料 **生殖细胞突变性** 无资料

致癌性 无资料 **生殖毒性** 无资料

特异性靶器官系统毒性-一次接触 无资料

特异性靶器官系统毒性-反复接触 无资料

吸入危害 无资料

第十二部分 生态学信息

生态毒性 无资料

持久性和降解性

生物降解性 无资料

非生物降解性 无资料

潜在的生物累积性 根据 K_{ow} 值预测，该物质可能有一定的生物累积性

土壤中的迁移性 根据 K_{oc} 值预测，该物质可能有一定的迁移性

第十三部分 废弃处置

废弃化学品 建议用焚烧法处置

污染包装物 将容器返还生产商或按照国家和地方法规处置

废弃注意事项 处置前应参阅国家和地方有关法规

第十四部分　运输信息

联合国危险货物编号（UN号） 3394

联合国运输名称 液态有机金属物质，发火，遇水反应（三乙基铝）

联合国危险性类别 4.2，4.3　　**包装类别** Ⅰ类包装

包装标志 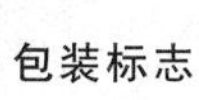 

海洋污染物 否

运输注意事项 运输时运输车辆应配备相应品种和数量的消防器材及泄漏应急处理设备。装运本品的车辆排气管须有阻火装置。运输过程中要确保容器不泄漏、不倒塌、不坠落、不损坏。严禁与氧化剂、酸类、醇类、食用化学品等混装混运。运输途中应防曝晒、雨淋，防高温。中途停留时应远离火种、热源。运输用车、船必须干燥，并有良好的防雨设施。车辆运输完毕应进行彻底清扫。铁路运输时要禁止溜放

第十五部分　法规信息

下列法律、法规、规章和标准，对该化学品的管理作了相应的规定。

中华人民共和国职业病防治法 职业病分类和目录：未列入

危险化学品安全管理条例 危险化学品目录：列入。易制爆危险化学品名录：未列入。重点监管的危险化学品名录：未列入。GB 18218—2009《危险化学品重大危险源辨识》（表1）：未列入

使用有毒物品作业场所劳动保护条例 高毒物品目录：未列入

易制毒化学品管理条例 易制毒化学品的分类和品种目录：未列入

国际公约 斯德哥尔摩公约：未列入。鹿特丹公约：未列入。蒙特利尔议定书：未列入

第十六部分　其他信息

编写和修订信息　　**缩略语和首字母缩写**

培训建议　　**参考文献**

免责声明

三乙基锑

第一部分　化学品标识

化学品中文名 三乙基锑

化学品英文名 triethylantimony；antimony triethyl；antimony triethide

分子式 $C_6H_{15}Sb$　　**相对分子质量** 208.84

结构式 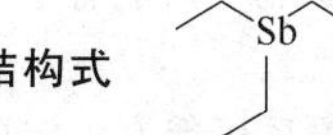

化学品的推荐及限制用途 主要用作有机合成催化剂

第二部分　危险性概述

紧急情况概述 暴露在空气中自燃，吞咽有害，吸入有害

GHS危险性类别 自燃液体，类别1；急性毒性-经口，类别4；急性毒性-吸入，类别4；危害水生环境-急性危害，类别2；危害水生环境-长期危害，类别2

标签要素

象形图 

警示词 危险

危险性说明 暴露在空气中自燃，吞咽有害，吸入有害，对水生生物有毒并具有长期持续影响

防范说明

预防措施　远离热源、火花、明火、热表面。禁止吸烟。不得与空气接触。戴防护手套、防护眼镜、防护面罩。避免接触眼睛、皮肤，操作后彻底清洗。作业场所不得进食、饮水或吸烟。避免吸入蒸气、雾。仅在室外或通风良好处操作。禁止排入环境

事故响应　火灾时，使用干粉、干砂灭火。如吸入：将患者转移到空气新鲜处，休息，保持利于呼吸的体位，如感觉不适，呼叫中毒控制中心或就医。如果皮肤接触：将接触部位浸入冷水中、用湿绷带包扎。食入：漱口，如果感觉不适，立即呼叫中毒控制中心或就医。收集泄漏物

安全储存　在干燥处和密闭的容器中储存

废弃处置　本品及内装物、容器依据国家和地方法规处置

物理和化学危险 接触空气易自燃。遇水剧烈反应，可引起燃烧或爆炸

健康危害 本品有毒，具有腐蚀性。热解时能释放出有毒的锑烟雾

环境危害 对水生生物有毒并具有长期持续影响

第三部分　成分/组成信息

√物质　　混合物

组分	浓度	CAS No.
三乙基锑		617-85-6

第四部分　急救措施

吸入 迅速脱离现场至空气新鲜处。保持呼吸道通畅。如呼吸困难，给输氧。如呼吸、心跳停止，立即进行心肺复苏术。就医

皮肤接触 立即脱去污染的衣着，用流动清水彻底冲洗。就医

眼睛接触 立即分开眼睑，用流动清水或生理盐水彻底冲洗。就医

食入 漱口，饮水。就医

对保护施救者的忠告 根据需要使用个人防护设备

对医生的特别提示 对症处理

第五部分 消防措施

灭火剂 用干粉、干砂灭火

特别危险性 自燃物品。遇空气、氧气、水、四氯化碳、卤代烷、三乙基硼、氧化剂和高热，都有引起燃烧爆炸的危险。具有腐蚀性。燃烧生成有害的一氧化碳、氧化锑

灭火注意事项及防护措施 消防人员必须佩戴空气呼吸器、穿全身防火防毒服，在上风向灭火。尽可能将容器从火场移至空旷处。喷水保持火场容器冷却，直至灭火结束。禁止用水、泡沫和酸碱灭火剂灭火

第六部分 泄漏应急处理

作业人员防护措施、防护装备和应急处置程序 根据液体流动和蒸气扩散的影响区域划定警戒区，无关人员从侧风、上风向撤离至安全区。消除所有点火源。建议应急处理人员戴正压自给式呼吸器，穿防静电、防腐蚀服，戴橡胶手套。禁止接触或跨越泄漏物。尽可能切断泄漏源

环境保护措施 防止泄漏物进入水体、下水道、地下室或有限空间

泄漏化学品的收容、清除方法及所使用的处置材料 小量泄漏：用干燥的砂土或其他不燃材料覆盖泄漏物，用洁净的无火花工具收集泄漏物，置于一盖子较松的塑料容器中，待处置。大量泄漏：构筑围堤或挖坑收容，用防爆、耐腐蚀泵转移至槽车或专用收集器内

第七部分 操作处置与储存

操作注意事项 严加密闭，提供充分的局部排风和全面通风。操作人员必须经过专门培训，严格遵守操作规程。建议操作人员佩戴过滤式防毒面具（半面罩），戴化学安全防护眼镜，穿防毒物渗透工作服，戴橡胶手套。远离火种、热源。工作场所严禁吸烟。使用防爆型的通风系统和设备。防止蒸气泄漏到工作场所空气中。避免与氧化剂、氯代烃接触。尤其要注意避免与水接触。搬运时轻装轻卸，防止钢瓶及附件破损。配备相应品种和数量的消防器材及泄漏应急处理设备。倒空的容器可能残留有害物

储存注意事项 储存时必须用充有惰性气体或特定的容器包装。储存于阴凉、干燥、通风良好的专用库房内，远离火种、热源。库房温度不超过 30℃，相对湿度不超过 80%。应与氧化剂、氯代烃、食用化学品分开存放，切忌混储。采用防爆型照明、通风设施。禁止使用易产生火花的机械设备和工具。储区应备有泄漏应急处理设备和合适的收容材料

第八部分 接触控制/个体防护

职业接触限值

中国 PC-TWA：0.5mg/m^3 ［按 Sb 计］

美国(ACGIH) TLV-TWA：0.5mg/m^3 ［按 Sb 计］

生物接触限值 未制定标准

监测方法 空气中有毒物质测定方法：火焰原子吸收光谱法；石墨炉原子吸收光谱法。生物监测检验方法：未制定标准

工程控制 严加密闭，提供充分的局部排风和全面通风。提供安全的淋浴和洗眼设备

个体防护装备

呼吸系统防护 作业时，应该佩戴过滤式防毒面具（半面罩）。紧急事态抢救或撤离时，必须佩戴空气呼吸器

眼睛防护 戴化学安全防护眼镜

皮肤和身体防护 穿防毒物渗透工作服

手防护 戴橡胶手套

第九部分 理化特性

外观与性状 无色液体

pH 值 无资料 **熔点(℃)** −98

沸点(℃) 156～161.4

相对密度(水=1) 1.32（16℃）

相对蒸气密度(空气=1) 无资料

饱和蒸气压(kPa) 无资料

燃烧热(kJ/mol) 无资料 **临界温度(℃)** 无资料

临界压力(MPa) 无资料 **辛醇/水分配系数** 3.84

闪点(℃) 无资料 **自燃温度(℃)** 无资料

爆炸下限(%) 无资料 **爆炸上限(%)** 无资料

分解温度(℃) 无资料

黏度(mPa·s) 无资料

溶解性 不溶于水，溶于乙醇、乙醚

第十部分 稳定性和反应性

稳定性 不稳定

危险反应 与强氧化剂、氧气等禁配物接触，有发生火灾和爆炸的危险

避免接触的条件 潮湿空气、空气

禁配物 水、四氯化碳、氯代烃、氧化剂、氧气、三乙基硼

危险的分解产物 无资料

第十一部分 毒理学信息

急性毒性 无资料 **皮肤刺激或腐蚀** 无资料

眼睛刺激或腐蚀 无资料 **呼吸或皮肤过敏** 无资料

生殖细胞突变性 无资料 **致癌性** 无资料

生殖毒性 无资料

特异性靶器官系统毒性-一次接触 无资料

特异性靶器官系统毒性-反复接触 无资料

吸入危害 无资料

第十二部分 生态学信息

生态毒性 锑化合物对水生生物有毒

持久性和降解性

生物降解性 无资料

非生物降解性 无资料

潜在的生物累积性 根据 K_{ow}值预测，该物质可能有一定的生物累积性

土壤中的迁移性 根据 K_{oc}值预测，该物质可能有一定的迁移性

第十三部分 废弃处置

废弃化学品 建议用焚烧法处置

污染包装物 将容器返还生产商或按照国家和地方法规处置

废弃注意事项 处置前应参阅国家和地方有关法规

第十四部分 运输信息

联合国危险货物编号（UN号） 3392

联合国运输名称 液态有机金属物质，发火（三乙基锑）

联合国危险性类别 4.2 **包装类别** Ⅰ类包装

包装标志  **海洋污染物** 是

运输注意事项 运输时运输车辆应配备相应品种和数量的消防器材及泄漏应急处理设备。装运本品的车辆排气管须有阻火装置。运输过程中要确保容器不泄漏、不倒塌、不坠落、不损坏。严禁与氧化剂、氯代烃、食用化学品等混装混运。运输途中应防曝晒、雨淋，防高温。中途停留时应远离火种、热源。运输用车、船必须干燥，并有良好的防雨设施。车辆运输完毕应进行彻底清扫。铁路运输时要禁止溜放

第十五部分 法规信息

下列法律、法规、规章和标准，对该化学品的管理作了相应的规定。

中华人民共和国职业病防治法 职业病分类和目录：未列入

危险化学品安全管理条例 危险化学品目录：列入。易制爆危险化学品名录：未列入。重点监管的危险化学品名录：未列入。GB 18218—2009《危险化学品重大危险源辨识》(表 1)：未列入

使用有毒物品作业场所劳动保护条例 高毒物品目录：列入

易制毒化学品管理条例 易制毒化学品的分类和品种目录：未列入

国际公约 斯德哥尔摩公约：未列入。鹿特丹公约：未列入。蒙特利尔议定书：未列入

第十六部分 其他信息

编写和修订信息 **缩略语和首字母缩写**

培训建议 **参考文献**

免责声明

三乙四胺

第一部分 化学品标识

化学品中文名 三乙四胺；三亚乙基四胺；二缩三乙二胺

化学品英文名 triethylenetetramine；3，6-diazaoctane-1，8-diamine

分子式 $C_6H_{18}N_4$ **相对分子质量** 146.3

结构式 H_2N $\underset{H}{N}$ $\overset{H}{N}$ NH_2

化学品的推荐及限制用途 用作络合试剂、碱性气体的脱水剂、染料中间体、环氧树脂的溶剂等

第二部分 危险性概述

紧急情况概述 造成严重的皮肤灼伤和眼损伤，可能导致皮肤过敏反应

GHS危险性类别 急性毒性-经皮，类别 4；皮肤腐蚀/刺激，类别 1B；严重眼损伤/眼刺激，类别 1；皮肤致敏物，类别 1；危害水生环境-急性危害，类别 3；危害水生环境-长期危害，类别 3

标签要素

象形图 

警示词 危险

危险性说明 皮肤接触有害，造成严重的皮肤灼伤和眼损伤，可能导致皮肤过敏反应，对水生生物有害并具有长期持续影响

防范说明

预防措施 避免接触眼睛、皮肤，操作后彻底清洗。戴防护手套，穿防护服，戴防护眼镜、防护面罩。避免吸入蒸气、雾。污染的工作服不得带出工作场所。禁止排入环境

事故响应 如吸入：将患者转移到空气新鲜处，休息，保持利于呼吸的体位。皮肤接触：立即脱掉所有被污染的衣服，用大量肥皂水和水清洗。被污染的衣服须经洗净后方可重新使用。如出现皮肤刺激或皮疹：就医。接触眼睛：用水细心冲洗数分钟。如戴隐形眼镜并可方便地取出，取出隐形眼镜继续冲洗。食入：漱口，不要催吐，如感觉不适，呼叫中毒控制中心或就医

安全储存 上锁保管

废弃处置 本品及内装物、容器依据国家和地方法规处置

物理和化学危险 可燃

健康危害 吸入本品蒸气或雾对鼻、喉和呼吸道有刺激作用。高浓度吸入可引起头痛、恶心、呕吐和昏迷。极高浓度或长时间吸入可引起意识丧失，甚至死亡。蒸气、液体或雾对眼有强烈腐蚀作用，重者可致失明。皮肤接触可发生灼伤；对皮肤有强致敏作用；可经皮肤吸收引起中毒。口服液体灼伤消化道

环境危害 对水生生物有害并具有长期持续影响

第三部分 成分/组成信息

√物质 混合物

组分	浓度	CAS No.
三乙四胺		112-24-3

第四部分 急救措施

吸入 迅速脱离现场至空气新鲜处。保持呼吸道通畅。如呼吸困难，给输氧。如呼吸、心跳停止，立即进行心肺复苏术。就医

皮肤接触 立即脱去污染的衣着，用大量流动清水彻底冲洗至少15min。就医

眼睛接触 立即分开眼睑，用流动清水或生理盐水彻底冲洗至少15min。就医

食入 用水漱口，禁止催吐。给饮牛奶或蛋清。就医

对保护施救者的忠告 根据需要使用个人防护设备

对医生的特别提示 对症处理

第五部分 消防措施

灭火剂 用水、抗溶性泡沫、干粉、二氧化碳、砂土灭火

特别危险性 遇明火、高热可燃。燃烧时，放出有毒气体。能腐蚀铜及其合金。燃烧生成有害的一氧化碳、氮氧化物

灭火注意事项及防护措施 消防人员须佩戴防毒面具、穿全身消防服，在上风向灭火。尽可能将容器从火场移至空旷处。喷水保持火场容器冷却，直至灭火结束。容器突然发出异常声音或出现异常现象，应立即撤离

第六部分 泄漏应急处理

作业人员防护措施、防护装备和应急处置程序 根据液体流动和蒸气扩散的影响区域划定警戒区，无关人员从侧风、上风向撤离至安全区。消除所有点火源。建议应急处理人员戴正压自给式呼吸器，穿防腐蚀、防毒服，戴橡胶耐油手套。穿上适当的防护服前严禁接触破裂的容器和泄漏物。尽可能切断泄漏源

环境保护措施 防止泄漏物进入水体、下水道、地下室或有限空间

泄漏化学品的收容、清除方法及所使用的处置材料 小量泄漏：用干燥的砂土或其他不燃材料吸收或覆盖，收集于容器中。大量泄漏：构筑围堤或挖坑收容。用砂土、惰性物质或蛭石吸收大量液体。用耐腐蚀泵转移至槽车或专用收集器内。喷雾状水驱散蒸气、稀释液体泄漏物

第七部分 操作处置与储存

操作注意事项 密闭操作，注意通风。操作人员必须经过专门培训，严格遵守操作规程。建议操作人员佩戴直接式防毒面具（半面罩），戴化学安全防护眼镜，穿防腐工作服，戴橡胶耐油手套。远离火种、热源。工作场所严禁吸烟。使用防爆型的通风系统和设备。防止蒸气泄漏到工作场所空气中。避免与氧化剂、酸类接触。搬运时要轻装轻卸，防止包装及容器损坏。配备相应品种和数量的消防器材及泄漏应急处理设备。倒空的容器可能残留有害物

储存注意事项 储存于阴凉、通风的库房。远离火种、热源。保持容器密封。应与氧化剂、酸类等分开存放，切忌混储。配备相应品种和数量的消防器材。储区应备有泄漏应急处理设备和合适的收容材料

第八部分 接触控制/个体防护

职业接触限值

中国 未制定标准

美国(ACGIH) 未制定标准

生物接触限值 未制定标准

监测方法 空气中有毒物质测定方法：未制定标准。生物监测检验方法：未制定标准

工程控制 密闭操作，注意通风。提供安全的淋浴和洗眼设备

个体防护装备

呼吸系统防护 空气中浓度超标时，佩戴过滤式防毒面具（半面罩）。紧急事态抢救或撤离时，建议佩戴空气呼吸器

眼睛防护 戴化学安全防护眼镜

皮肤和身体防护 穿防腐蚀工作服

手防护 戴橡胶耐油手套

第九部分 理化特性

外观与性状 无色或微黄色黏稠液体

pH值 14 **熔点(℃)** 12

沸点(℃) 267 **相对密度(水=1)** 0.99

相对蒸气密度(空气=1) 5.04

饱和蒸气压(kPa) 无资料

燃烧热(kJ/mol) 无资料

临界温度(℃) 无资料

临界压力(MPa) 3.17 **辛醇/水分配系数** －2.65

闪点(℃) 135 (CC) **自燃温度(℃)** 338

爆炸下限(%) 1 **爆炸上限(%)** 6.5

分解温度(℃) 无资料

黏度(mPa·s) 无资料

溶解性 与水混溶，微溶于乙醚，溶于乙醇、酸

第十部分 稳定性和反应性

稳定性 稳定

危险反应 与强氧化剂等禁配物发生反应

避免接触的条件 无资料

禁配物 酸类、酰基氯、酸酐、强氧化剂、氯仿

危险的分解产物 氨，胺

第十一部分 毒理学信息

急性毒性 LD_{50}：4340mg/kg（大鼠经口）；805mg/kg（兔经皮）

皮肤刺激或腐蚀 家兔经皮：5mg (24h)，重度刺激

眼睛刺激或腐蚀 家兔经眼：49mg，重度刺激

呼吸或皮肤过敏 无资料 **生殖细胞突变性** 无资料

致癌性 无资料 **生殖毒性** 无资料

特异性靶器官系统毒性-一次接触 无资料

特异性靶器官系统毒性-反复接触 长期接触皮肤，引起严重损害至溃疡、坏死

吸入危害 无资料

第十二部分 生态学信息

生态毒性

LC_{50} 570mg/L（96h）（孔雀鱼）

EC_{50} 31.1mg/L（24h）（水蚤）

持久性和降解性

生物降解性 OECD301D，不易快速生物降解；OECD302B，没有固有生物降解性

非生物降解性 无资料

潜在的生物累积性 根据 K_{ow} 值预测，该物质的生物累积性可能较弱

土壤中的迁移性 根据 K_{oc} 值预测，该物质可能易发生迁移

第十三部分 废弃处置

废弃化学品 建议用焚烧法处置。焚烧炉排出的氮氧化物通过洗涤器除去

污染包装物 将容器返还生产商或按照国家和地方法规处置

废弃注意事项 处置前应参阅国家和地方有关法规

第十四部分 运输信息

联合国危险货物编号（UN号） 2259

联合国运输名称 三亚乙基四胺

联合国危险性类别 8 **包装类别** Ⅱ类包装

包装标志 

海洋污染物 否

运输注意事项 起运时包装要完整，装载应稳妥。运输过程中要确保容器不泄漏、不倒塌、不坠落、不损坏。严禁与氧化剂、酸类、食用化学品等混装混运。运输时运输车辆应配备相应品种和数量的消防器材及泄漏应急处理设备。运输途中应防曝晒、雨淋，防高温。公路运输时要按规定路线行驶，勿在居民区和人口稠密区停留

第十五部分 法规信息

下列法律、法规、规章和标准，对该化学品的管理作了相应的规定。

中华人民共和国职业病防治法 职业病分类和目录：未列入

危险化学品安全管理条例 危险化学品目录：列入。易制爆危险化学品名录：未列入。重点监管的危险化学品名录：未列入。GB 18218—2009《危险化学品重大危险源辨识》（表1）：未列入

使用有毒物品作业场所劳动保护条例 高毒物品目录：未列入

易制毒化学品管理条例 易制毒化学品的分类和品种目录：未列入

国际公约 斯德哥尔摩公约：未列入。鹿特丹公约：未列入。蒙特利尔议定书：未列入

第十六部分 其他信息

编写和修订信息 **缩略语和首字母缩写**

培训建议 **参考文献**

免责声明

1,3,3-三乙氧基丙烷

第一部分 化学品标识

化学品中文名 1,3,3-三乙氧基丙烷；1,1,3-三乙氧基丙烷

化学品英文名 1,3,3-triethoxypropane；3-ethoxypropionaldehyde diethyl acetal

分子式 $C_9H_{20}O_3$ **相对分子质量** 176.29

结构式 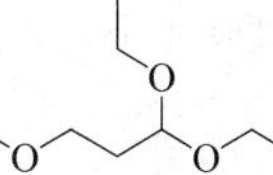

化学品的推荐及限制用途 用于有机合成

第二部分 危险性概述

紧急情况概述 易燃液体和蒸气，吞咽有害

GHS危险性类别 易燃液体，类别3；急性毒性-经口，类别4

标签要素

象形图 

警示词 警告

危险性说明 易燃液体和蒸气，吞咽有害

防范说明

预防措施 远离热源、火花、明火、热表面。禁止吸烟。保持容器密闭。容器和接收设备接地连接。使用防爆电器、通风、照明设备。只能使用不产生火花的工具。采取防止静电措施。戴防护手套、防护眼镜、防护面罩。避免接触眼睛、皮肤，操作后彻底清洗。作业场所不得进食、饮水或吸烟

事故响应 火灾时，使用泡沫、干粉、二氧化碳、砂土灭火。食入：漱口。如果感觉不适，立即呼叫中毒控制中心或就医。如皮肤（或头发）接触：立即脱掉所有被污染的衣服，用水冲洗皮肤，淋浴

安全储存 存放在通风良好的地方。保持低温

废弃处置 本品及内装物、容器依据国家和地方法规处置

物理和化学危险 易燃，其蒸气与空气混合，能形成爆炸性混合物

健康危害 本品对眼睛、皮肤、黏膜和上呼吸道有刺激作用

环境危害 对环境可能有害

第三部分　成分/组成信息

√物质　　混合物

组分	浓度	CAS No.
1,3,3-三乙氧基丙烷		7789-92-6

第四部分　急救措施

吸入　迅速脱离现场至空气新鲜处。保持呼吸道通畅。如呼吸困难，给输氧。如呼吸、心跳停止，立即进行心肺复苏术。就医

皮肤接触　立即脱去污染的衣着，用流动清水彻底冲洗。就医

眼睛接触　立即分开眼睑，用流动清水或生理盐水彻底冲洗。就医

食入　漱口，饮水。就医

对保护施救者的忠告　根据需要使用个人防护设备

对医生的特别提示　对症处理

第五部分　消防措施

灭火剂　用泡沫、干粉、二氧化碳、砂土灭火

特别危险性　易燃，遇明火、高热或与氧化剂接触，有引起燃烧爆炸的危险。燃烧生成有害的一氧化碳

灭火注意事项及防护措施　消防人员必须佩戴空气呼吸器、穿全身防火防毒服，在上风向灭火。喷水冷却容器，尽可能将容器从火场移至空旷处。容器突然发出异常声音或出现异常现象，应立即撤离

第六部分　泄漏应急处理

作业人员防护措施、防护装备和应急处置程序　消除所有点火源。根据液体流动和蒸气扩散的影响区域划定警戒区，无关人员从侧风、上风向撤离至安全区。建议应急处理人员戴正压自给式呼吸器，穿防静电服。作业时使用的所有设备应接地。禁止接触或跨越泄漏物。尽可能切断泄漏源

环境保护措施　防止泄漏物进入水体、下水道、地下室或有限空间

泄漏化学品的收容、清除方法及所使用的处置材料　小量泄漏：用砂土或其他不燃材料吸收，使用洁净的无火花工具收集吸收材料。大量泄漏：构筑围堤或挖坑收容。用泡沫覆盖，减少蒸发。喷水雾能减少蒸发，但不能降低泄漏物在有限空间内的易燃性。用防爆泵转移至槽车或专用收集器内

第七部分　操作处置与储存

操作注意事项　密闭操作，全面通风。操作人员必须经过专门培训，严格遵守操作规程。建议操作人员佩戴过滤式防毒面具（半面罩），戴化学安全防护眼镜，穿防静电工作服，戴橡胶耐油手套。远离火种、热源。工作场所严禁吸烟。使用防爆型的通风系统和设备。防止蒸气泄漏到工作场所空气中。避免与氧化剂、酸类接触。搬运时要轻装轻卸，防止包装及容器损坏。配备相应品种和数量的消防器材及泄漏应急处理设备。倒空的容器可能残留有害物

储存注意事项　储存于阴凉、通风的库房。库温不宜超过37℃。远离火种、热源。保持容器密封。应与氧化剂、酸类分开存放，切忌混储。采用防爆型照明、通风设施。禁止使用易产生火花的机械设备和工具。储区应备有泄漏应急处理设备和合适的收容材料

第八部分　接触控制/个体防护

职业接触限值

中国　未制定标准

美国(ACGIH)　未制定标准

生物接触限值　未制定标准

监测方法　空气中有毒物质测定方法：未制定标准。生物监测检验方法：未制定标准

工程控制　生产过程密闭，全面通风

个体防护装备

呼吸系统防护　空气中浓度超标时，佩戴过滤式防毒面具（半面罩）

眼睛防护　高浓度接触时，戴化学安全防护眼镜

皮肤和身体防护　穿防静电工作服

手防护　戴橡胶耐油手套

第九部分　理化特性

外观与性状　无色至亮黄色液体

pH 值　无资料　　**熔点(℃)**　无资料

沸点(℃)　184～186　　**相对密度(水=1)**　0.898

相对蒸气密度(空气=1)　无资料

饱和蒸气压(kPa)　无资料

燃烧热(kJ/mol)　无资料　　**临界温度(℃)**　无资料

临界压力(MPa)　无资料　　**辛醇/水分配系数**　无资料

闪点(℃)　53　　**自燃温度(℃)**　无资料

爆炸下限(%)　无资料　　**爆炸上限(%)**　无资料

分解温度(℃)　无资料

黏度(mPa·s)　无资料

溶解性　不溶于水，可混溶于乙醇、乙醚等多数有机溶剂

第十部分　稳定性和反应性

稳定性　稳定

危险反应　与强氧化剂等禁配物接触，有发生火灾和爆炸的危险

避免接触的条件　无资料

禁配物　强氧化剂、强酸

危险的分解产物　无资料

第十一部分　毒理学信息

急性毒性　LD_{50}：1600mg/kg（大鼠经口）；7120mg/kg（兔经皮）

皮肤刺激或腐蚀　家兔经皮：10mg（24h），轻度刺激（开放性刺激试验）

眼睛刺激或腐蚀　无资料　**呼吸或皮肤过敏**　无资料

生殖细胞突变性　无资料　**致癌性**　无资料

生殖毒性　无资料

特异性靶器官系统毒性-一次接触　无资料

特异性靶器官系统毒性-反复接触　无资料

吸入危害 无资料

第十二部分 生态学信息

生态毒性 无资料

持久性和降解性

生物降解性 无资料

非生物降解性 无资料

潜在的生物累积性 无资料

土壤中的迁移性 无资料

第十三部分 废弃处置

废弃化学品 建议用焚烧法处置

污染包装物 将容器返还生产商或按照国家和地方法规处置

废弃注意事项 处置前应参阅国家和地方有关法规

第十四部分 运输信息

联合国危险货物编号（UN号） 3271

联合国运输名称 醚类，未另作规定的（1,3,3-三乙氧基丙烷）

联合国危险性类别 3 **包装类别** Ⅲ类包装

包装标志  **海洋污染物** 否

运输注意事项 运输时运输车辆应配备相应品种和数量的消防器材及泄漏应急处理设备。夏季最好早晚运输。运输时所用的槽（罐）车应有接地链，槽内可设孔隔板以减少震荡产生的静电。严禁与氧化剂、酸类、食用化学品等混装混运。运输途中应防曝晒、雨淋，防高温。中途停留时应远离火种、热源、高温区。装运该物品的车辆排气管必须配备阻火装置，禁止使用易产生火花的机械设备和工具装卸。公路运输时要按规定路线行驶，勿在居民区和人口稠密区停留。铁路运输时要禁止溜放。严禁用木船、水泥船散装运输

第十五部分 法规信息

下列法律、法规、规章和标准，对该化学品的管理作了相应的规定。

中华人民共和国职业病防治法 职业病分类和目录：未列入

危险化学品安全管理条例 危险化学品目录：未列入。易制爆危险化学品名录：未列入。重点监管的危险化学品名录：未列入。GB 18218—2009《危险化学品重大危险源辨识》(表1)：未列入

使用有毒物品作业场所劳动保护条例 高毒物品目录：未列入

易制毒化学品管理条例 易制毒化学品的分类和品种目录：未列入

国际公约 斯德哥尔摩公约：未列入。鹿特丹公约：未列入。蒙特利尔议定书：未列入

第十六部分 其他信息

编写和修订信息 **缩略语和首字母缩写**

培训建议 **参考文献**

免责声明

三异丁基铝

第一部分 化学品标识

化学品中文名 三异丁基铝

化学品英文名 aluminium triisobutyl；triisobutylaluminium

分子式 $C_{12}H_{27}Al$ **相对分子质量** 198.3

结构式

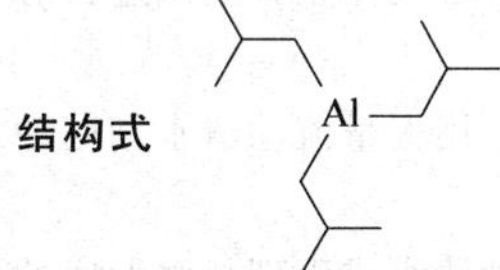

化学品的推荐及限制用途 用于有机合成及作聚合烯烃的催化剂

第二部分 危险性概述

紧急情况概述 暴露在空气中自燃，遇水放出可自燃的易燃气体，造成严重眼损伤

GHS危险性类别 自燃液体，类别1；遇水放出易燃气体的物质和混合物，类别1；皮肤腐蚀/刺激，类别2；严重眼损伤/眼刺激，类别1

标签要素

象形图 

警示词 危险

危险性说明 暴露在空气中自燃，遇水放出可自燃的易燃气体，造成皮肤刺激，造成严重眼损伤

防范说明

预防措施 远离热源、火花、明火、热表面。禁止吸烟。不得与空气接触。戴防护手套、防护眼镜、防护面罩。因与水发生剧烈反应和可能发生爆燃，应避免与水接触。在惰性气体中操作。防潮

事故响应 火灾时，使用干粉、干砂灭火。皮肤接触：擦掉皮肤上的微粒，将接触部位浸入冷水中、用湿绷带包扎。如发生皮肤刺激，就医。脱去被污染的衣服，污染的衣服须洗净后方可重新使用。接触眼睛：用水细心冲洗数分钟。如戴隐形眼镜并可方便地取出，取出隐形眼镜继续冲洗。如感不适立即呼叫中毒控制中心或就医

安全储存 在干燥处和密闭的容器中储存

废弃处置 本品及内装物、容器依据国家和地方法规处置

物理和化学危险 接触空气易自燃。遇水剧烈反应，可引起燃烧或爆炸

健康危害 本品具有强烈的刺激性和腐蚀性，主要损害呼吸道和眼结膜。高浓度吸入时可引起中毒性肺水肿。吸入其烟雾可发生金属烟雾热。皮肤接触可致灼伤，产生充血、水肿和水疱，疼痛剧烈

环境危害 对环境可能有害

第三部分 成分/组成信息

√物质　　　　混合物

组分	浓度	CAS No.
三异丁基铝		100-99-2

第四部分 急救措施

吸入 迅速脱离现场至空气新鲜处。保持呼吸道通畅。如呼吸困难，给输氧。如呼吸、心跳停止，立即进行心肺复苏术。就医

皮肤接触 立即脱去污染的衣着，用大量流动清水彻底冲洗至少15min。就医

眼睛接触 立即分开眼睑，用流动清水或生理盐水彻底冲洗至少15min。就医

食入 用水漱口，禁止催吐。给饮牛奶或蛋清。就医

对保护施救者的忠告 根据需要使用个人防护设备

对医生的特别提示 对症处理

第五部分 消防措施

灭火剂 用干粉、干砂灭火

特别危险性 化学反应活性很高，接触空气会冒烟自燃。对微量的氧及水分反应极其灵敏，易引起燃烧爆炸。与氧化剂能发生强烈反应。遇水强烈分解，放出易燃的烷烃气体。遇高温剧烈分解。燃烧生成有害的一氧化碳、氧化铝

灭火注意事项及防护措施 消防人员必须佩戴空气呼吸器、穿全身防火防毒服，在上风向灭火。尽可能将容器从火场移至空旷处。喷水保持火场容器冷却，直至灭火结束。禁止用水、泡沫和酸碱灭火剂灭火

第六部分 泄漏应急处理

作业人员防护措施、防护装备和应急处置程序 根据液体流动和蒸气扩散的影响区域划定警戒区，无关人员从侧风、上风向撤离至安全区。消除所有点火源。建议应急处理人员戴正压自给式呼吸器，穿防毒、防静电服。禁止接触或跨越泄漏物。尽可能切断泄漏源

环境保护措施 防止泄漏物进入水体、下水道、地下室或有限空间

泄漏化学品的收容、清除方法及所使用的处置材料 小量泄漏：用干燥的砂土或其他不燃材料覆盖泄漏物，用洁净的无火花工具收集泄漏物，置于一盖子较松的塑料容器中，待处置。大量泄漏：构筑围堤或挖坑收容。用防爆泵转移至槽车或专用收集器内

第七部分 操作处置与储存

操作注意事项 严加密闭，提供充分的局部排风和全面通风。操作人员必须经过专门培训，严格遵守操作规程。建议操作人员佩戴过滤式防毒面具（半面罩），戴化学安全防护眼镜，穿防毒物渗透工作服，戴橡胶手套。远离火种、热源。工作场所严禁吸烟。使用防爆型的通风系统和设备。防止蒸气泄漏到工作场所空气中。避免与氧化剂、酸类、醇类接触。尤其要注意避免与水接触。搬运时要轻装轻卸，防止包装及容器损坏。配备相应品种和数量的消防器材及泄漏应急处理设备。倒空的容器可能残留有害物

储存注意事项 储存时必须用充有惰性气体或特定的容器包装。储存于阴凉、通风良好的专用库房内，远离火种、热源。库房温度不超过30℃，相对湿度不超过80%。包装要求密封，不可与空气接触。应与氧化剂、酸类、醇类等分开存放，切忌混储。采用防爆型照明、通风设施。禁止使用易产生火花的机械设备和工具。储区应备有泄漏应急处理设备和合适的收容材料

第八部分 接触控制/个体防护

职业接触限值

中国　未制定标准

美国(ACGIH)　未制定标准

生物接触限值 未制定标准

监测方法 空气中有毒物质测定方法：未制定标准。生物监测检验方法：未制定标准

工程控制 严加密闭，提供充分的局部排风和全面通风。提供安全的淋浴和洗眼设备

个体防护装备

呼吸系统防护　作业时，应该佩戴过滤式防毒面具（半面罩）。紧急事态抢救或撤离时，必须佩戴空气呼吸器

眼睛防护　戴化学安全防护眼镜

皮肤和身体防护　穿防毒物渗透工作服

手防护　戴橡胶手套

第九部分 理化特性

外观与性状 无色澄清液体，具有强烈的霉烂气味。在空气中能自燃

pH值 无资料　　**熔点(℃)** −5.6

沸点(℃) 86 (1.33 kPa)　　**相对密度(水=1)** 0.786

相对蒸气密度(空气=1) 无资料

饱和蒸气压(kPa) 0.13 (47℃)

燃烧热(kJ/mol) −8493.1　　**临界温度(℃)** 无资料

临界压力(MPa) 1.76　　**辛醇/水分配系数** 6.17

闪点(℃) −23 (CC)　　**自燃温度(℃)** <4

爆炸下限(%) 无资料　　**爆炸上限(%)** 无资料

分解温度(℃) 无资料

黏度(mPa·s) 1.9 (25℃)

溶解性 溶于苯

第十部分 稳定性和反应性

稳定性 不稳定

危险反应 与强氧化剂、水、空气等禁配物接触，有发生火灾和爆炸的危险

避免接触的条件 潮湿空气、空气

禁配物 强氧化剂、酸类、水、空气、氧、醇类

危险的分解产物 无资料

第十一部分 毒理学信息

急性毒性

LDLo 4g/kg（大鼠经口）

LCLo 8000ppm（大鼠吸入）

皮肤刺激或腐蚀 无资料 **眼睛刺激或腐蚀** 无资料

呼吸或皮肤过敏 无资料 **生殖细胞突变性** 无资料

致癌性 无资料 **生殖毒性** 无资料

特异性靶器官系统毒性-一次接触 无资料

特异性靶器官系统毒性-反复接触 无资料

吸入危害 无资料

第十二部分 生态学信息

生态毒性 无资料

持久性和降解性

生物降解性 无资料

非生物降解性 无资料

潜在的生物累积性 根据 K_{ow} 值预测，该物质可能有较高的生物累积性

土壤中的迁移性 根据 K_{oc} 值预测，该物质的迁移性可能较弱

第十三部分 废弃处置

废弃化学品 建议用焚烧法处置

污染包装物 将容器返还生产商或按照国家和地方法规处置

废弃注意事项 处置前应参阅国家和地方有关法规

第十四部分 运输信息

联合国危险货物编号（UN号） 3394

联合国运输名称 液态有机金属物质，发火，遇水反应（三异丁基铝）

联合国危险性类别 4.2，4.3 **包装类别** Ⅰ类包装

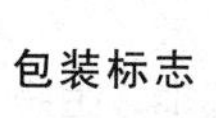

包装标志 

海洋污染物 否

运输注意事项 运输时运输车辆应配备相应品种和数量的消防器材及泄漏应急处理设备。装运本品的车辆排气管须有阻火装置。运输过程中要确保容器不泄漏、不倒塌、不坠落、不损坏。严禁与氧化剂、酸类、醇类、食用化学品等混装混运。运输途中应防曝晒、雨淋，防高温。中途停留时应远离火种、热源。运输用车、船必须干燥，并有良好的防雨设施。车辆运输完毕应进行彻底清扫。铁路运输时要禁止溜放

第十五部分 法规信息

下列法律、法规、规章和标准，对该化学品的管理作了相应的规定。

中华人民共和国职业病防治法 职业病分类和目录：未列入

危险化学品安全管理条例 危险化学品目录：列入。易制爆危险化学品名录：未列入。重点监管的危险化学品名录：未列入。GB 18218—2009《危险化学品重大危险源辨识》(表1)：未列入

使用有毒物品作业场所劳动保护条例 高毒物品目录：未列入

易制毒化学品管理条例 易制毒化学品的分类和品种目录：未列入

国际公约 斯德哥尔摩公约：未列入。鹿特丹公约：未列入。蒙特利尔议定书：未列入

第十六部分 其他信息

编写和修订信息 **缩略语和首字母缩写**

培训建议 **参考文献**

免责声明

三正丙胺

第一部分 化学品标识

化学品中文名 三正丙胺

化学品英文名 *tri-n*-propylamine；*N*,*N*-dipropyl-1-propanamine

分子式 $C_9H_{21}N$ **相对分子质量** 143.27

结构式 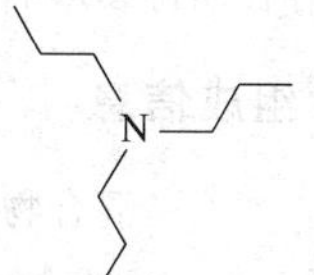

化学品的推荐及限制用途 为有机合成中间体，用于制取全氟化人造血浆和石油化工季铵分子筛催化剂等

第二部分 危险性概述

紧急情况概述 易燃液体和蒸气，吞咽会中毒，皮肤接触会中毒，吸入会中毒，造成严重的皮肤灼伤和眼损伤

GHS危险性类别 易燃液体，类别3；急性毒性-经口，类别3；急性毒性-经皮，类别3；急性毒性-吸入，类别3；皮肤腐蚀/刺激，类别1；严重眼损伤/眼刺激，类别1；危害水生环境-急性危害，类别3；危害水生环境-长期危害，类别3

标签要素

象形图 

警示词 危险

危险性说明 易燃液体和蒸气，吞咽会中毒，皮肤接触会中毒，吸入会中毒，造成严重的皮肤灼伤和眼损伤，对水生生物有害并具有长期持续影响

防范说明

预防措施 远离热源、火花、明火、热表面。禁止吸烟。保持容器密闭。容器和接收设备接地连接。使用防爆电器、通风、照明设备。只能使用不产生火花的工具。采取防止静电措施。避

免接触眼睛、皮肤，操作后彻底清洗。作业场所不得进食、饮水或吸烟。避免吸入蒸气、雾。仅在室外或通风良好处操作。戴防护手套，穿防护服，戴防护眼镜、防护面罩。禁止排入环境

事故响应　火灾时，使用雾状水、泡沫、干粉、二氧化碳、砂土灭火。如吸入：将患者转移到空气新鲜处，休息，保持利于呼吸的体位。如皮肤（或头发）接触：立即脱掉所有被污染的衣服，用大量肥皂水和水清洗。被污染的衣服须经洗净后方可重新使用。接触眼睛：用水细心冲洗数分钟。如戴隐形眼镜并可方便地取出，取出隐形眼镜继续冲洗。食入：漱口，不要催吐，立即呼叫中毒控制中心或就医。如感觉不适，呼叫中毒控制中心或就医

安全储存　存放在通风良好的地方。保持低温。保持容器密闭。上锁保管

废弃处置　本品及内装物、容器依据国家和地方法规处置

物理和化学危险　易燃，其蒸气与空气混合，能形成爆炸性混合物

健康危害　蒸气或雾对眼、黏膜和上呼吸道有刺激性。眼和皮肤接触引起灼伤

环境危害　对水生生物有害并具有长期持续影响

第三部分　成分/组成信息

√物质　　　　混合物

组分	浓度	CAS No.
三正丙胺		102-69-2

第四部分　急救措施

吸入　迅速脱离现场至空气新鲜处。保持呼吸道通畅。如呼吸困难，给输氧。如呼吸、心跳停止，立即进行心肺复苏术。就医

皮肤接触　立即脱去污染的衣着，用大量流动清水彻底冲洗至少15min。就医

眼睛接触　立即分开眼睑，用流动清水或生理盐水彻底冲洗至少15min。就医

食入　用水漱口，禁止催吐。给饮牛奶或蛋清。就医

对保护施救者的忠告　根据需要使用个人防护设备

对医生的特别提示　对症处理

第五部分　消防措施

灭火剂　用雾状水、泡沫、干粉、二氧化碳、砂土灭火

特别危险性　燃烧释放出有毒烟气。具有腐蚀性。燃烧生成有害的一氧化碳、氮氧化物

灭火注意事项及防护措施　消防人员须佩戴防毒面具、穿全身消防服，在上风向灭火。尽可能将容器从火场移至空旷处。喷水保持火场容器冷却，直至灭火结束。容器突然发出异常声音或出现异常现象，应立即撤离

第六部分　泄漏应急处理

作业人员防护措施、防护装备和应急处置程序　消除所有点火源。根据液体流动和蒸气扩散的影响区域划定警戒区，无关人员从侧风、上风向撤离至安全区。建议应急处理人员戴正压自给式呼吸器，穿防静电、防腐蚀、防毒服，戴橡胶耐油手套。作业时使用的所有设备应接地。禁止接触或跨越泄漏物。尽可能切断泄漏源

环境保护措施　防止泄漏物进入水体、下水道、地下室或有限空间

泄漏化学品的收容、清除方法及所使用的处置材料　小量泄漏：用砂土或其他不燃材料吸收，使用洁净的无火花工具收集吸收材料。大量泄漏：构筑围堤或挖坑收容。用泡沫覆盖，减少蒸发。喷水雾能减少蒸发，但不能降低泄漏物在有限空间内的易燃性。用防爆、耐腐蚀泵转移至槽车或专用收集器内

第七部分　操作处置与储存

操作注意事项　密闭操作，加强通风。操作人员必须经过专门培训，严格遵守操作规程。建议操作人员佩戴自吸过滤式防毒面具（半面罩），戴化学安全防护眼镜，穿防毒物渗透工作服，戴橡胶耐油手套。远离火种、热源。工作场所严禁吸烟。使用防爆型的通风系统和设备。防止蒸气泄漏到工作场所空气中。避免与氧化剂、酸类接触。充装要控制流速，防止静电积聚。搬运时要轻装轻卸，防止包装及容器损坏。配备相应品种和数量的消防器材及泄漏应急处理设备。倒空的容器可能残留有害物

储存注意事项　储存于阴凉、通风的库房。远离火种、热源。库温不宜超过37℃。保持容器密封。应与氧化剂、酸类分开存放，切忌混储。采用防爆型照明、通风设施。禁止使用易产生火花的机械设备和工具。储区应备有泄漏应急处理设备和合适的收容材料

第八部分　接触控制/个体防护

职业接触限值

中国　未制定标准

美国(ACGIH)　未制定标准

生物接触限值　未制定标准

监测方法　空气中有毒物质测定方法：未制定标准。生物监测检验方法：未制定标准

工程控制　生产过程密闭，加强通风。提供安全的淋浴和洗眼设备

个体防护装备

呼吸系统防护　可能接触其蒸气时，应该佩戴过滤式防毒面具（半面罩）。紧急事态抢救或撤离时，建议佩戴空气呼吸器

眼睛防护　戴化学安全防护眼镜

皮肤和身体防护　穿防毒物渗透工作服

手防护　戴橡胶耐油手套

第九部分　理化特性

外观与性状　无色液体，有氨的气味

pH值　无资料　　**熔点(℃)**　−93.5

沸点(℃)　155～158　　**相对密度(水＝1)**　0.756

相对蒸气密度(空气＝1)　4.9

饱和蒸气压(kPa) 0.386（20℃）
燃烧热(kJ/mol) −6335.7 **临界温度(℃)** 320.9
临界压力(MPa) 2.23 **辛醇/水分配系数** 2.79
闪点(℃) 29 **自燃温度(℃)** 180
爆炸下限(%) 0.7 **爆炸上限(%)** 5.6
分解温度(℃) 无资料
黏度(mPa·s) 4.68（−73℃）
溶解性 微溶于水，溶于乙醚，易溶于乙醇

第十部分 稳定性和反应性

稳定性 稳定
危险反应 与强氧化剂等禁配物接触，有发生火灾和爆炸的危险
避免接触的条件 受热
禁配物 强氧化剂、酸类
危险的分解产物 胺

第十一部分 毒理学信息

急性毒性
LD_{50} 96mg/kg（大鼠经口）；570μl（433mg)/kg（兔经皮）
LC_{50} 5100mg/m^3（大鼠吸入，4h）
皮肤刺激或腐蚀 无资料 **眼睛刺激或腐蚀** 无资料
呼吸或皮肤过敏 无资料 **生殖细胞突变性** 无资料
致癌性 无资料 **生殖毒性** 无资料
特异性靶器官系统毒性-一次接触 无资料
特异性靶器官系统毒性-反复接触 无资料
吸入危害 无资料

第十二部分 生态学信息

生态毒性 LC_{50}：50.9mg/L（96h）（鱼）
持久性和降解性
生物降解性 无资料
非生物降解性 无资料
潜在的生物累积性 根据 K_{ow} 值预测，该物质的生物累积性可能较弱
土壤中的迁移性 根据 K_{oc} 值预测，该物质可能有一定的迁移性

第十三部分 废弃处置

废弃化学品 建议用焚烧法处置。焚烧炉排出的氮氧化物通过洗涤器除去
污染包装物 将容器返还生产商或按照国家和地方法规处置
废弃注意事项 处置前应参阅国家和地方有关法规

第十四部分 运输信息

联合国危险货物编号（UN号） 2260
联合国运输名称 三丙胺
联合国危险性类别 3，8 **包装类别** Ⅲ类包装
包装标志

海洋污染物 否
运输注意事项 运输时运输车辆应配备相应品种和数量的消防器材及泄漏应急处理设备。夏季最好早晚运输。运输时所用的槽（罐）车应有接地链，槽内可设孔隔板以减少震荡产生的静电。严禁与氧化剂、酸类、食用化学品等混装混运。运输途中应防曝晒、雨淋，防高温。中途停留时应远离火种、热源、高温区。装运该物品的车辆排气管必须配备阻火装置，禁止使用易产生火花的机械设备和工具装卸。公路运输时要按规定路线行驶，勿在居民区和人口稠密区停留。铁路运输时要禁止溜放。严禁用木船、水泥船散装运输

第十五部分 法规信息

下列法律、法规、规章和标准，对该化学品的管理作了相应的规定。

中华人民共和国职业病防治法 职业病分类和目录：未列入
危险化学品安全管理条例 危险化学品目录：列入。易制爆危险化学品名录：未列入。重点监管的危险化学品名录：未列入。GB 18218—2009《危险化学品重大危险源辨识》（表1）：未列入
使用有毒物品作业场所劳动保护条例 高毒物品目录：未列入
易制毒化学品管理条例 易制毒化学品的分类和品种目录：未列入
国际公约 斯德哥尔摩公约：未列入。鹿特丹公约：未列入。蒙特利尔议定书：未列入

第十六部分 其他信息

编写和修订信息 **缩略语和首字母缩写**
培训建议 **参考文献**
免责声明

三（正）丁胺

第一部分 化学品标识

化学品中文名 三（正）丁胺
化学品英文名 *tri-n*-butylamine；*N*,*N*-dibutyl-1-butanamine
分子式 $C_{12}H_{27}N$ **相对分子质量** 185.3
结构式

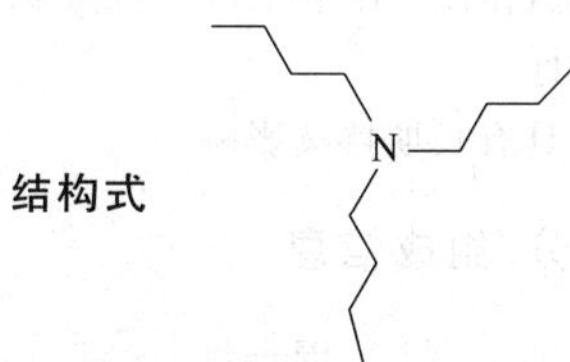

化学品的推荐及限制用途 用作溶剂、中间体、杀虫剂、乳化剂等

第二部分 危险性概述

紧急情况概述 可燃液体，吞咽有害，皮肤接触会致命，吸入致命
GHS危险性类别 易燃液体，类别4；急性毒性-经口，类

别 4；急性毒性-经皮，类别 2；急性毒性-吸入，类别 1；皮肤腐蚀/刺激，类别 2；严重眼损伤/眼刺激，类别 2；特异性靶器官毒性-一次接触，类别 3（呼吸道刺激）；特异性靶器官毒性-反复接触，类别 2；危害水生环境-急性危害，类别 2；危害水生环境-长期危害，类别 2

标签要素

象形图 

警示词 危险

危险性说明 可燃液体，吞咽有害，皮肤接触会致命，吸入致命，造成皮肤刺激，造成严重眼刺激，可能引起呼吸道刺激，长时间或反复接触可能对器官造成损伤，对水生生物有毒并具有长期持续影响

防范说明

预防措施 远离火焰和热表面。禁止吸烟。避免接触眼睛、皮肤或衣服，操作后彻底清洗。作业场所不得进食、饮水或吸烟。戴防护手套，穿防护服，戴防护眼镜、防护面罩。避免吸入蒸气、雾。仅在室外或通风良好处操作。戴呼吸防护器具。禁止排入环境

事故响应 火灾时，使用干粉、二氧化碳、泡沫、砂土灭火。如吸入：将患者转移到空气新鲜处，休息，保持利于呼吸的体位。皮肤接触：用大量肥皂水和水轻轻地清洗。如发生皮肤刺激，就医。被污染的衣服须洗净后方可重新使用。如接触眼睛：用水细心冲洗数分钟。如戴隐形眼镜并可方便地取出，取出隐形眼镜继续冲洗。如果眼睛刺激持续：就医。食入：漱口，如果感觉不适，立即呼叫中毒控制中心或就医。收集泄漏物

安全储存 存放在通风良好的地方。保持低温。保持容器密闭。上锁保管

废弃处置 本品及内装物、容器依据国家和地方法规处置

物理和化学危险 可燃，其蒸气与空气混合，能形成爆炸性混合物

健康危害 蒸气对呼吸道有刺激性，可引起咳嗽、呼吸困难，甚至发生肺水肿；引起流泪、结膜炎和角膜水肿。对中枢神经系统有刺激作用。眼和皮肤直接接触可致灼伤。对皮肤有致敏性

环境危害 对水生生物有毒并具有长期持续影响

第三部分 成分/组成信息

√物质　　　　　混合物

组分	浓度	CAS No.
三（正）丁胺		102-82-9

第四部分 急救措施

吸入 迅速脱离现场至空气新鲜处。保持呼吸道通畅。如呼吸困难，给输氧。如呼吸、心跳停止，立即进行心肺复苏术。就医

皮肤接触 立即脱去污染的衣着，用大量流动清水彻底冲洗至少 15min。就医

眼睛接触 立即分开眼睑，用流动清水或生理盐水彻底冲洗至少 15min。就医

食入 用水漱口，禁止催吐。给饮牛奶或蛋清。就医

对保护施救者的忠告 根据需要使用个人防护设备

对医生的特别提示 对症处理

第五部分 消防措施

灭火剂 用干粉、二氧化碳、泡沫、砂土灭火

特别危险性 其蒸气与空气可形成爆炸性混合物，遇明火、高热易引起燃烧爆炸。与强氧化剂接触可发生化学反应。燃烧生成有害的一氧化碳、氮氧化物

灭火注意事项及防护措施 消防人员须佩戴防毒面具、穿全身消防服，在上风向灭火。尽可能将容器从火场移至空旷处。用水灭火无效，但可用水保持火场中容器冷却

第六部分 泄漏应急处理

作业人员防护措施、防护装备和应急处置程序 根据液体流动和蒸气扩散的影响区域划定警戒区，无关人员从侧风、上风向撤离至安全区。消除所有点火源。建议应急处理人员戴正压自给式呼吸器，穿防静电、防腐蚀服，戴橡胶耐油手套。穿上适当的防护服前严禁接触破裂的容器和泄漏物。尽可能切断泄漏源

环境保护措施 防止泄漏物进入水体、下水道、地下室或有限空间

泄漏化学品的收容、清除方法及所使用的处置材料 小量泄漏：用干燥的砂土或其他不燃材料吸收或覆盖，收集于容器中。大量泄漏：构筑围堤或挖坑收容。用砂土、惰性物质或蛭石吸收大量液体。用防爆、耐腐蚀泵转移至槽车或专用收集器内

第七部分 操作处置与储存

操作注意事项 密闭操作，注意通风。操作人员必须经过专门培训，严格遵守操作规程。建议操作人员佩戴自吸过滤式防毒面具（半面罩），戴化学安全防护眼镜，穿防毒物渗透工作服，戴橡胶耐油手套。远离火种、热源。工作场所严禁吸烟。使用防爆型的通风系统和设备。防止蒸气泄漏到工作场所空气中。避免与氧化剂、酸类接触。搬运时要轻装轻卸，防止包装及容器损坏。配备相应品种和数量的消防器材及泄漏应急处理设备。倒空的容器可能残留有害物

储存注意事项 储存于阴凉、通风的库房，实行“双人收发、双人保管”制度。远离火种、热源。库温不宜超过 30℃。保持容器密封。应与氧化剂、酸类等分开存放，切忌混储。配备相应品种和数量的消防器材。储区应备有泄漏应急处理设备和合适的收容材料

第八部分 接触控制/个体防护

职业接触限值

中国 未制定标准

美国(ACGIH) 未制定标准

生物接触限值 未制定标准

监测方法 空气中有毒物质测定方法：未制定标准。生物监测检验方法：未制定标准

工程控制 密闭操作，注意通风。提供安全的淋浴和洗眼设备

个体防护装备

呼吸系统防护 可能接触其蒸气时，应该佩戴过滤式防毒面具（半面罩）。紧急事态抢救或撤离时，建议佩戴空气呼吸器

眼睛防护 戴化学安全防护眼镜

皮肤和身体防护 穿防毒物渗透工作服

手防护 戴橡胶耐油手套

第九部分 理化特性

外观与性状 无色至黄色吸湿性液体，有类似氨的气味

pH 值 无资料 **熔点(℃)** −70

沸点(℃) 216.5 **相对密度(水=1)** 0.778

相对蒸气密度(空气=1) 6.4

饱和蒸气压(kPa) 0.0387（25℃）

燃烧热(kJ/mol) 无资料 **临界温度(℃)** 365.2

临界压力(MPa) 1.8 **辛醇/水分配系数** 1.52

闪点(℃) 86（OC） **自燃温度(℃)** 210

爆炸下限(%) 1.4 **爆炸上限(%)** 6.0

分解温度(℃) 无资料

黏度(mPa·s) 1.35（25℃）

溶解性 不溶于水，溶于乙醇、乙醚及多数有机溶剂

第十部分 稳定性和反应性

稳定性 稳定

危险反应 与强氧化剂等禁配物接触，有发生火灾和爆炸的危险

避免接触的条件 无资料

禁配物 强氧化剂、酸类、酰基氯、酸酐

危险的分解产物 胺

第十一部分 毒理学信息

急性毒性 LD_{50}：114mg/kg（大鼠经口）；250μl（195mg）/kg（兔经皮）

皮肤刺激或腐蚀 无资料 **眼睛刺激或腐蚀** 无资料

呼吸或皮肤过敏 无资料 **生殖细胞突变性** 无资料

致癌性 无资料 **生殖毒性** 无资料

特异性靶器官系统毒性-一次接触 无资料

特异性靶器官系统毒性-反复接触 大鼠暴露于 910mg/m^3，每次 6h，19 次，动物表现不安，动作不协调，震颤及鼻刺激症状。体重未见增加，脏器组织学无异常。220mg/m^3 仅有轻微嗜睡状态

吸入危害 无资料

第十二部分 生态学信息

生态毒性

LC_{50} 16.3mg/L（48h）（青鳉）

EC_{50} 8mg/L（48h）（水蚤）

持久性和降解性

生物降解性 MITI-Ⅰ测试，初始浓度 100mg/L，污泥浓度 30mg/L，4 周后降解 2%

非生物降解性 无资料

潜在的生物累积性 BCF：0.38～18（鲤鱼，接触浓度 100mg/L，接触时间 28d），3.2～47（鲤鱼，接触浓度 10mg/L，接触时间 28d）；根据 K_{ow} 值预测，该物质的生物累积性可能较弱

土壤中的迁移性 根据 K_{oc} 值预测，该物质可能易发生迁移

第十三部分 废弃处置

废弃化学品 建议用焚烧法处置。焚烧炉排出的氮氧化物通过洗涤器除去

污染包装物 将容器返还生产商或按照国家和地方法规处置

废弃注意事项 处置前应参阅国家和地方有关法规

第十四部分 运输信息

联合国危险货物编号（UN 号） 2542

联合国运输名称 三丁胺

联合国危险性类别 6.1 **包装类别** Ⅱ类包装

包装标志 

海洋污染物 否

运输注意事项 起运时包装要完整，装载应稳妥。运输过程中要确保容器不泄漏、不倒塌、不坠落、不损坏。严禁与氧化剂、酸类、食用化学品等混装混运。运输时运输车辆应配备相应品种和数量的消防器材及泄漏应急处理设备。运输途中应防曝晒、雨淋，防高温。公路运输时要按规定路线行驶，勿在居民区和人口稠密区停留

第十五部分 法规信息

下列法律、法规、规章和标准，对该化学品的管理作了相应的规定。

中华人民共和国职业病防治法 职业病分类和目录：未列入

危险化学品安全管理条例 危险化学品目录：列入。作为剧毒化学品进行管理。易制爆危险化学品名录：未列入。重点监管的危险化学品名录：未列入。GB 18218—2009《危险化学品重大危险源辨识》（表 1）：未列入

使用有毒物品作业场所劳动保护条例 高毒物品目录：未列入

易制毒化学品管理条例 易制毒化学品的分类和品种目录：未列入

国际公约 斯德哥尔摩公约：未列入。鹿特丹公约：未列入。蒙特利尔议定书：未列入

第十六部分 其他信息

编写和修订信息 **缩略语和首字母缩写**

培训建议 **参考文献**

免责声明

铯

第一部分 化学品标识

化学品中文名 铯；金属铯

化学品英文名 cesium

分子式 Cs **相对分子质量** 132.91

结构式

化学品的推荐及限制用途 用作光电池、电子管的吸气剂、氢化催化剂等

第二部分 危险性概述

紧急情况概述 遇水放出可自燃的易燃气体

GHS危险性类别 遇水放出易燃气体的物质和混合物，类别1

标签要素

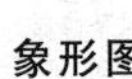

警示词 危险

危险性说明 遇水放出可自燃的易燃气体

防范说明

预防措施 因与水发生剧烈反应和可能发生爆燃，应避免与水接触。在惰性气体中操作。防潮。戴防护手套、防护眼镜、防护面罩

事故响应 火灾时，使用干燥氯化钠粉末、碳酸钠干粉、碳酸钙干粉灭火。擦掉皮肤上的微粒，将接触部位浸入冷水中、用湿绷带包扎

安全储存 在干燥处和密闭的容器中储存

废弃处置 本品及内装物、容器依据国家和地方法规处置

物理和化学危险 接触空气易自燃。遇水剧烈反应，可引起燃烧或爆炸

健康危害 尚未见铯中毒的病例报告。工人长期接触未见对健康有影响

环境危害 对环境可能有害

第三部分 成分/组成信息

√物质		混合物
组分	**浓度**	**CAS No.**
铯		7440-46-2

第四部分 急救措施

吸入 脱离现场至空气新鲜处。如有不适感，就医

皮肤接触 脱去污染的衣着，用流动清水冲洗。如有不适感，就医

眼睛接触 分开眼睑，用流动清水或生理盐水冲洗。如有不适感，就医

食入 漱口，饮水。就医

对保护施救者的忠告 根据需要使用个人防护设备

对医生的特别提示 对症处理

第五部分 消防措施

灭火剂 用干燥氯化钠粉末、碳酸钠干粉、碳酸钙干粉灭火

特别危险性 化学反应活性很高，在潮湿空气中能自燃。与空气中的氧气反应则生成超氧化物，如混有有机物等，发生爆炸性反应。与水和酸强烈反应，发热冒烟，甚至发生燃烧爆炸。与卤素及其他氧化剂发生剧烈反应。燃烧生成有害的氧化铯

灭火注意事项及防护措施 消防人员必须佩戴空气呼吸器、穿全身防火防毒服，在上风向灭火。尽可能将容器从火场移至空旷处。喷水保持火场容器冷却，直至灭火结束。不可用水、卤代烃（如1211灭火剂）、碳酸氢钠、碳酸氢钾作为灭火剂。即使石墨干粉及干砂亦不适用

第六部分 泄漏应急处理

作业人员防护措施、防护装备和应急处置程序 严禁用水处理。隔离泄漏污染区，限制出入。消除所有点火源。建议应急处理人员戴防尘口罩，穿防静电服。禁止接触或跨越泄漏物。保持泄漏物干燥。尽可能切断泄漏源

环境保护措施 无资料

泄漏化学品的收容、清除方法及所使用的处置材料 小量泄漏：用干燥的砂土或其他不燃材料覆盖泄漏物，然后用塑料布覆盖，减少飞散、避免雨淋。粉末泄漏：用塑料布或帆布覆盖泄漏物，减少飞散，保持干燥。在专家指导下清除

第七部分 操作处置与储存

操作注意事项 密闭操作。操作人员必须经过专门培训，严格遵守操作规程。建议操作人员穿化学防护服，戴橡胶手套。远离火种、热源。工作场所严禁吸烟。使用防爆型的通风系统和设备。避免与氧化剂、卤素接触。尤其要注意避免与水接触。在氩气中操作处置。搬运时要轻装轻卸，防止包装及容器损坏。配备相应品种和数量的消防器材及泄漏应急处理设备。倒空的容器可能残留有害物

储存注意事项 浸于煤油中。储存于阴凉、干燥、通风良好的专用库房内，远离火种、热源。库房温度不超过32℃，相对湿度不超过75%。包装要求密封，不可与空气接触。应与氧化剂、卤素等分开存放，切忌混储。采用防爆型照明、通风设施。禁止使用易产生火花的机械设备和工具。储区应备有泄漏应急处理设备和合适的收容材料

第八部分 接触控制/个体防护

职业接触限值

中国 未制定标准

美国(ACGIH) 未制定标准

生物接触限值 未制定标准

监测方法 空气中有毒物质测定方法：未制定标准。生物监测检验方法：未制定标准

工程控制 密闭操作。提供安全的淋浴和洗眼设备

个体防护装备

呼吸系统防护 一般不需要特殊防护，但建议特殊情况下，佩戴过滤式防毒面具（半面罩）

眼睛防护 必要时，戴化学安全防护眼镜

皮肤和身体防护 穿化学防护服

手防护 戴橡胶手套

第九部分 理化特性

外观与性状 银白色柔软金属或银白色液体

pH 值 无意义 **熔点(℃)** 28.5

沸点(℃) 668～705 **相对密度(水＝1)** 1.87

相对蒸气密度(空气＝1) 无资料

饱和蒸气压(kPa) 0.13（279℃）

燃烧热(kJ/mol) 无资料 **临界温度(℃)** 无资料

临界压力(MPa) 无资料 **辛醇/水分配系数** 0.23

闪点(℃) 无资料 **自燃温度(℃)** 无资料

爆炸下限(％) 无资料 **爆炸上限(％)** 无资料

分解温度(℃) 无资料

黏度(mPa·s) 0.686（28℃）

溶解性 溶于酸、乙醇

第十部分 稳定性和反应性

稳定性 稳定

危险反应 与强氧化剂、水、卤素等禁配物接触，有发生火灾和爆炸的危险

避免接触的条件 潮湿空气、空气

禁配物 强氧化剂、水、氧、卤素、磷

危险的分解产物 无意义

第十一部分 毒理学信息

急性毒性 LD_{50}：1700mg/kg（小鼠腹腔）

皮肤刺激或腐蚀 无资料 **眼睛刺激或腐蚀** 无资料

呼吸或皮肤过敏 无资料 **生殖细胞突变性** 无资料

致癌性 无资料 **生殖毒性** 无资料

特异性靶器官系统毒性-一次接触 无资料

特异性靶器官系统毒性-反复接触 无资料

吸入危害 无资料

第十二部分 生态学信息

生态毒性 无资料

持久性和降解性

生物降解性 无资料

非生物降解性 无资料

潜在的生物累积性 无资料

土壤中的迁移性 无资料

第十三部分 废弃处置

废弃化学品 根据国家和地方有关法规的要求处置。或与制造商联系，确定处置方法

污染包装物 将容器返还生产商或按照国家和地方法规处置

废弃注意事项 处置前应参阅国家和地方有关法规

第十四部分 运输信息

联合国危险货物编号（UN 号） 1407

联合国运输名称 铯

联合国危险性类别 4.3 **包装类别** Ⅰ类包装

包装标志  **海洋污染物** 否

运输注意事项 运输时运输车辆应配备相应品种和数量的消防器材及泄漏应急处理设备。装运本品的车辆排气管须有阻火装置。运输过程中要确保容器不泄漏、不倒塌、不坠落、不损坏。严禁与氧化剂、卤素等混装混运。运输途中应防曝晒、雨淋，防高温。中途停留时应远离火种、热源。运输用车、船必须干燥，并有良好的防雨设施。车辆运输完毕应进行彻底清扫。铁路运输时要禁止溜放

第十五部分 法规信息

下列法律、法规、规章和标准，对该化学品的管理作了相应的规定。

中华人民共和国职业病防治法 职业病分类和目录：未列入

危险化学品安全管理条例 危险化学品目录：列入。易制爆危险化学品名录：未列入。重点监管的危险化学品名录：未列入。GB 18218—2009《危险化学品重大危险源辨识》(表 1)：未列入

使用有毒物品作业场所劳动保护条例 高毒物品目录：未列入

易制毒化学品管理条例 易制毒化学品的分类和品种目录：未列入

国际公约 斯德哥尔摩公约：未列入。鹿特丹公约：未列入。蒙特利尔议定书：未列入

第十六部分 其他信息

编写和修订信息 **缩略语和首字母缩写**

培训建议 **参考文献**

免责声明

杀虫脒［含量＞50％］

第一部分 化学品标识

化学品中文名 杀虫脒［含量＞50％］；杀螨脒；克死螨；氯苯脒；*N*′-(4-氯-2-甲基苯基)-*N*,*N*-二甲基甲脒

化学品英文名 *N*′-(4-chloro-o-tolyl)-*N*,*N*-dimethylformamidine；chlordimeform

分子式 $C_{10}H_{13}ClN_2$ **相对分子质量** 196.70

结构式

化学品的推荐及限制用途 用作杀虫剂和杀螨剂

第二部分 危险性概述

紧急情况概述 吞咽会中毒，皮肤接触会中毒

GHS 危险性类别　急性毒性-经口，类别 3；急性毒性-经皮，类别 3；危害水生环境-急性危害，类别 1；危害水生环境-长期危害，类别 1

标签要素

象形图

警示词　危险

危险性说明　吞咽会中毒，皮肤接触会中毒，对水生生物毒性非常大并具有长期持续影响

防范说明

预防措施　避免接触眼睛、皮肤，操作后彻底清洗。作业场所不得进食、饮水或吸烟。戴防护手套、穿防护服。禁止排入环境

事故响应　皮肤接触：用大量肥皂水和水清洗，立即脱去所有被污染的衣服。被污染的衣服须经洗净后方可重新使用。食入：漱口，立即呼叫中毒控制中心或就医。收集泄漏物

安全储存　-

废弃处置　本品及内装物、容器依据国家和地方法规处置

物理和化学危险　可燃，其粉体与空气混合，能形成爆炸性混合物

健康危害　本品主要毒作用表现为意识障碍、高铁血红蛋白血症及出血性膀胱炎。短期内大量经皮肤、呼吸道吸收及口服致中毒出现头昏、头痛、乏力、胸闷、恶心、嗜睡、紫绀、尿急、尿频、尿痛、血尿，甚至昏迷。部分中毒者可有心肌损害。血高铁血红蛋白含量升高，大于10%

环境危害　对水生生物毒性非常大并具有长期持续影响

第三部分　成分/组成信息

√物质		混合物
组分	**浓度**	**CAS No.**
杀虫脒		6164-98-3

第四部分　急救措施

吸入　迅速脱离现场至空气新鲜处。保持呼吸道通畅。如呼吸困难，给输氧。如呼吸、心跳停止，立即进行心肺复苏术。就医

皮肤接触　立即脱去污染的衣着，用流动清水彻底冲洗。就医

眼睛接触　立即分开眼睑，用流动清水或生理盐水彻底冲洗。就医

食入　饮适量温水，催吐（仅限于清醒者）。就医。（本品如以烃类溶剂配制，不能催吐）

对保护施救者的忠告　根据需要使用个人防护设备

对医生的特别提示　高铁血红蛋白血症，可用美蓝和维生素 C 治疗

第五部分　消防措施

灭火剂　用泡沫、干粉、砂土灭火

特别危险性　受高热分解，产生有毒的氮氧化物和氯化物气体。燃烧生成有害的一氧化碳、氯化氢、氮氧化物

灭火注意事项及防护措施　消防人员须佩戴防毒面具、穿全身消防服，在上风向灭火。尽可能将容器从火场移至空旷处。喷水保持火场容器冷却，直至灭火结束

第六部分　泄漏应急处理

作业人员防护措施、防护装备和应急处置程序　隔离泄漏污染区，限制出入。消除一切火源。建议应急处理人员戴防尘口罩，穿防毒服，戴氯丁橡胶手套。穿上适当的防护服前严禁接触破裂的容器和泄漏物。尽可能切断泄漏源。用塑料布覆盖泄漏物，减少飞散。勿使水进入包装容器内

环境保护措施　无资料

泄漏化学品的收容、清除方法及所使用的处置材料　用洁净的铲子收集泄漏物，置于干净、干燥、盖子较松的容器中，将容器移离泄漏区

第七部分　操作处置与储存

操作注意事项　密闭操作，提供充分的局部排风。操作尽可能机械化、自动化。操作人员必须经过专门培训，严格遵守操作规程。建议操作人员佩戴自吸过滤式防毒面具（半面罩），戴化学安全防护眼镜，穿连衣式防毒衣，戴氯丁橡胶手套。远离火种、热源。工作场所严禁吸烟。使用防爆型的通风系统和设备。避免产生粉尘。避免与氧化剂接触。搬运时要轻装轻卸，防止包装及容器损坏。配备相应品种和数量的消防器材及泄漏应急处理设备。倒空的容器可能残留有害物

储存注意事项　储存于阴凉、通风的库房。远离火种、热源。包装密封。应与氧化剂、食用化学品分开存放，切忌混储。配备相应品种和数量的消防器材。储区应备有合适的材料收容泄漏物

第八部分　接触控制/个体防护

职业接触限值

中国　未制定标准

美国(ACGIH)　未制定标准

生物接触限值　未制定标准

监测方法　空气中有毒物质测定方法：未制定标准。生物监测检验方法：未制定标准

工程控制　严加密闭，提供充分的局部排风。提供安全的淋浴和洗眼设备

个体防护装备

呼吸系统防护　生产操作或农业使用时，建议佩戴过滤式防毒面具（半面罩）。紧急事态抢救或撤离时，应该佩戴空气呼吸器

眼睛防护　戴化学安全防护眼镜

皮肤和身体防护　穿连衣式防毒衣

手防护　戴橡胶手套

第九部分　理化特性

外观与性状　白色结晶，有氨的气味

pH 值　无意义　　**熔点(℃)**　32～35

沸点(℃) 156～157 (0.05kPa) **相对密度(水=1)** 1.1

相对蒸气密度(空气=1) 无资料

饱和蒸气压(kPa) 无资料

燃烧热(kJ/mol) 无资料 **临界温度(℃)** 无资料

临界压力(MPa) 无资料 **辛醇/水分配系数** 2.89

闪点(℃) 无资料 **自燃温度(℃)** 无资料

爆炸下限(%) 无资料 **爆炸上限(%)** 无资料

分解温度(℃) 无资料

黏度(mPa·s) 无资料

溶解性 微溶于水，溶于苯、氯仿等有机溶剂

第十部分 稳定性和反应性

稳定性 稳定

危险反应 与强氧化剂等禁配物发生反应

避免接触的条件 受热

禁配物 强氧化剂

危险的分解产物 氯化氢、胺

第十一部分 毒理学信息

急性毒性 LD_{50}：160mg/kg（大鼠经口）；263mg/kg（大鼠经皮）

皮肤刺激或腐蚀 无资料

眼睛刺激或腐蚀 家兔经眼：100mg，重度刺激

呼吸或皮肤过敏 无资料

生殖细胞突变性 微生物致突变试验：鼠伤寒沙门氏菌 2μmol/皿。DNA 抑制：人 HeLa 细胞 1mmol/L

致癌性 IARC 致癌性评论：组 3，现有的证据不能对人类致癌性进行分类。对人及动物致癌性证据不足

生殖毒性 大鼠经口最低中毒剂量（TDLo）：1800μg/kg（孕 5～22d），对新生鼠行为有影响

特异性靶器官系统毒性-一次接触 无资料

特异性靶器官系统毒性-反复接触 大鼠和狗 2 年的喂饲实验表明，250ppm 和 500ppm 引起食欲下降，体重增长缓慢；500ppm 及以上剂量组病理学检查发现较明显的肝细胞结节性增生、胆管增生和肾上腺皮质细胞轻度肥大

吸入危害 无资料

第十二部分 生态学信息

生态毒性 LC_{50}：13.2mg/L (96h)（虹鳟鱼，静态）；33mg/L (96h)（青鳉）；1mg/L (24h)（蓝鳃太阳鱼）

持久性和降解性

生物降解性 无资料

非生物降解性 无资料

潜在的生物累积性 根据 K_{ow} 值预测，该物质的生物累积性可能较弱

土壤中的迁移性 根据 K_{oc} 值预测，该物质可能有一定的迁移性

第十三部分 废弃处置

废弃化学品 建议用焚烧法处置。与燃料混合后，再焚烧。焚烧炉排出的气体要通过洗涤器除去

污染包装物 将容器返还生产商或按照国家和地方法规处置

废弃注意事项 处置前应参阅国家和地方有关法规

第十四部分 运输信息

联合国危险货物编号（UN号） 2761

联合国运输名称 固态有机氯农药，毒性（杀虫脒）

联合国危险性类别 6.1 **包装类别** Ⅲ类包装

包装标志  **海洋污染物** 是

运输注意事项 运输前应先检查包装容器是否完整、密封，运输过程中要确保容器不泄漏、不倒塌、不坠落、不损坏。严禁与酸类、氧化剂、食品及食品添加剂混运。运输时，运输车辆应配备相应品种和数量的消防器材及泄漏应急处理设备。运输途中应防曝晒、雨淋，防高温

第十五部分 法规信息

下列法律、法规、规章和标准，对该化学品的管理作了相应的规定。

中华人民共和国职业病防治法 职业病分类和目录：杀虫脒中毒

危险化学品安全管理条例 危险化学品目录：列入。易制爆危险化学品名录：未列入。重点监管的危险化学品名录：未列入。GB 18218—2009《危险化学品重大危险源辨识》(表 1)：未列入

使用有毒物品作业场所劳动保护条例 高毒物品目录：未列入

易制毒化学品管理条例 易制毒化学品的分类和品种目录：未列入

国际公约 斯德哥尔摩公约：未列入。鹿特丹公约：列入。蒙特利尔议定书：未列入

第十六部分 其他信息

编写和修订信息 **缩略语和首字母缩写**

培训建议 **参考文献**

免责声明

杀 螟 松

第一部分 化学品标识

化学品中文名 杀螟松；杀螟硫磷；杀螟磷；速灭虫；苏米松；苏米硫磷；速灭松；*O*,*O*-二甲基-*O*-(3-甲基-4-硝基苯基) 硫代磷酸酯

化学品英文名 *O*,*O*-dimethyl *O*-4-nitro-*m*-tolyl phosphorothioate；fenitrothion；sumithion

分子式 $C_9H_{12}NO_5PS$ **相对分子质量** 277.25

结构式 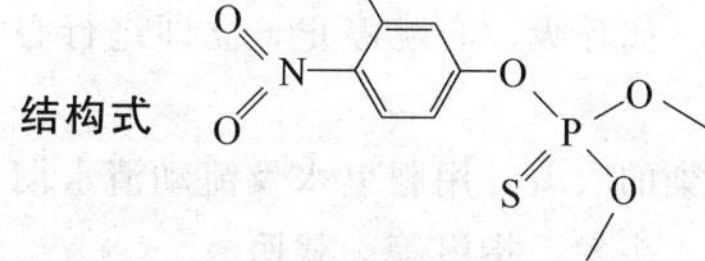

化学品的推荐及限制用途 用作杀虫剂，对水稻大螟、二

化螟、三化螟、终卷叶螟有特效

第二部分　危险性概述

紧急情况概述　吞咽会中毒，吸入致命，皮肤接触有害

GHS危险性类别　急性毒性-经口，类别3；急性毒性-吸入，类别1；急性毒性-经皮，类别4；危害水生环境-急性危害，类别1；危害水生环境-长期危害，类别1

标签要素

象形图 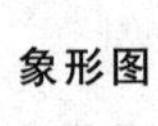 

警示词　危险

危险性说明　吞咽会中毒，吸入致命，皮肤接触有害，对水生生物毒性非常大并具有长期持续影响

防范说明

预防措施　避免接触眼睛、皮肤，操作后彻底清洗。作业场所不得进食、饮水或吸烟。避免吸入蒸气、雾。仅在室外或通风良好处操作。戴呼吸防护器具。戴防护手套、穿防护服。禁止排入环境

事故响应　如吸入：将患者转移到空气新鲜处，休息，保持利于呼吸的体位，立即呼叫中毒控制中心或就医。皮肤接触：用大量肥皂水和水清洗，如感觉不适，呼叫中毒控制中心或就医。被污染的衣服须经洗净后方可重新使用。食入：漱口，立即呼叫中毒控制中心或就医。收集泄漏物

安全储存　在通风良好处储存。保持容器密闭。上锁保管

废弃处置　本品及内装物、容器依据国家和地方法规处置

物理和化学危险　可燃，其蒸气与空气混合，能形成爆炸性混合物

健康危害　有机磷抑制体内胆碱酯酶活性，造成神经生理功能紊乱。急性中毒表现有头痛、头昏、乏力、食欲不振、恶心、呕吐、腹痛、腹泻、流涎、瞳孔缩小、呼吸道分泌物增多、多汗、肌束震颤等。重度中毒者出现肺水肿、昏迷、呼吸麻痹、脑水肿。血胆碱酯酶活性降低

环境危害　对水生生物毒性非常大并具有长期持续影响

第三部分　成分/组成信息

√物质		混合物
组分	**浓度**	**CAS No.**
杀螟松		122-14-5

第四部分　急救措施

吸入　迅速脱离现场至空气新鲜处。保持呼吸道通畅。如呼吸困难，给输氧。如呼吸、心跳停止，立即进行心肺复苏术。就医

皮肤接触　立即脱去污染的衣着，用肥皂水及流动清水彻底冲洗污染的皮肤、头发、指甲等。就医

眼睛接触　分开眼睑，用流动清水或生理盐水冲洗。就医

食入　饮足量温水，催吐（仅限于清醒者）。口服活性炭。就医

对保护施救者的忠告　根据需要使用个人防护设备

对医生的特别提示　解毒剂：阿托品、胆碱酯酶复能剂

第五部分　消防措施

灭火剂　用泡沫、干粉、砂土灭火

特别危险性　受热分解，放出氮、磷的氧化物等毒性气体。与强氧化剂接触可发生化学反应。燃烧生成有害的一氧化碳、氧化磷、氮氧化物

灭火注意事项及防护措施　消防人员必须佩戴空气呼吸器、穿全身防火防毒服，在上风向灭火。尽可能将容器从火场移至空旷处。喷水保持火场容器冷却，直至灭火结束。容器突然发出异常声音或出现异常现象，应立即撤离

第六部分　泄漏应急处理

作业人员防护措施、防护装备和应急处置程序　根据液体流动和蒸气扩散的影响区域划定警戒区，无关人员从侧风、上风向撤离至安全区。建议应急处理人员戴防毒面具，穿防毒服，戴氯丁橡胶手套。穿上适当的防护服前严禁接触破裂的容器和泄漏物。尽可能切断泄漏源

环境保护措施　防止泄漏物进入水体、下水道、地下室或有限空间

泄漏化学品的收容、清除方法及所使用的处置材料　小量泄漏：用干燥的砂土或其他不燃材料吸收或覆盖，收集于容器中。大量泄漏：构筑围堤或挖坑收容。用泵转移至槽车或专用收集器内

第七部分　操作处置与储存

操作注意事项　密闭操作，加强通风。操作人员必须经过专门培训，严格遵守操作规程。建议操作人员佩戴自吸过滤式防尘口罩，戴化学安全防护眼镜，穿连衣式防毒衣，戴氯丁橡胶手套。远离火种、热源。工作场所严禁吸烟。使用防爆型的通风系统和设备。防止蒸气泄漏到工作场所空气中。避免与氧化剂、碱类接触。搬运时要轻装轻卸，防止包装及容器损坏。配备相应品种和数量的消防器材及泄漏应急处理设备。倒空的容器可能残留有害物

储存注意事项　储存于阴凉、通风良好的专用库房内。远离火种、热源。保持容器密封。应与氧化剂、碱类分开存放，切忌混储。配备相应品种和数量的消防器材。储区应备有泄漏应急处理设备和合适的收容材料

第八部分　接触控制/个体防护

职业接触限值

中国　PC-TWA：1mg/m^3；PC-STEL：2mg/m^3［皮］

美国　未制定标准

生物接触限值　全血胆碱酯酶活性（校正值）：原基础值或参考值的70%（采样时间：开始接触后的3个月内），原基础值或参考值的50%（采样时间：持续接触3个月后，任意时间）

监测方法 空气中有毒物质测定方法：溶剂解吸-气相色谱法。生物监测检验方法：血中胆碱酯酶活性的分光光度测定方法——羟胺三氯化铁法；血中胆碱酯酶活性的分光光度测定方法——硫代乙酰胆碱-联硫代双硝基苯甲酸法

工程控制 生产过程密闭，加强通风。提供安全的淋浴和洗眼设备

个体防护装备

呼吸系统防护 生产操作或农业使用时，佩戴过滤式防尘呼吸器。紧急事态抢救或撤离时，应该佩戴空气呼吸器

眼睛防护 戴化学安全防护眼镜

皮肤和身体防护 穿连衣式防毒衣

手防护 戴橡胶手套

第九部分 理化特性

外观与性状 纯品为淡黄色油状液体，工业品带棕黄色，有轻度蒜臭

pH 值 无资料 **熔点(℃)** 3.4

沸点(℃) 140～145 (0.013kPa)

相对密度(水=1) 1.32

相对蒸气密度(空气=1) 无资料

饱和蒸气压(kPa) 0.01 (140℃)

燃烧热(kJ/mol) 无资料 **临界温度(℃)** 无资料

临界压力(MPa) 无资料 **辛醇/水分配系数** 3.38

闪点(℃) 无资料 **自燃温度(℃)** 无资料

爆炸下限(%) 无资料 **爆炸上限(%)** 无资料

分解温度(℃) 无资料

黏度(mPa·s) 无资料

溶解性 不溶于水，溶于乙醇、乙醚、苯、甲苯等多数有机溶剂

第十部分 稳定性和反应性

稳定性 稳定

危险反应 与强氧化剂等禁配物发生反应

避免接触的条件 受热

禁配物 强氧化剂、强碱

危险的分解产物 氧化磷、氮氧化物

第十一部分 毒理学信息

急性毒性

LD_{50} 250mg/kg（大鼠经口）；2500mg/kg（大鼠经皮）

LC_{50} 378mg/m³（大鼠吸入，4h）

皮肤刺激或腐蚀 无资料 **眼睛刺激或腐蚀** 无资料

呼吸或皮肤过敏 无资料

生殖细胞突变性 微生物致突变：鼠伤寒沙门氏菌 500μg/皿。姐妹染色单体交换：人类胚胎细胞 55.4mg/L。细胞遗传学分析：人淋巴细胞 40mg/L

致癌性 无资料 **生殖毒性** 无资料

特异性靶器官系统毒性-一次接触 无资料

特异性靶器官系统毒性-反复接触 无资料

吸入危害 无资料

第十二部分 生态学信息

生态毒性 LC_{50}：12mg/L (96h)（鲤鱼，静态）；3.8～4.3mg/L (96h)（蓝鳃太阳鱼，静态）；4.8mg/L (96h)（黑头呆鱼，静态）；3.2～2.4mg/L (96h)（虹鳟鱼，静态）；0.0092mg/L (3h)（水蚤）

持久性和降解性

生物降解性 无资料

非生物降解性 在 20℃，当 pH 值为 5、7、9 时，水解半衰期分别为 247.5d、86.1d、4.3d（理论）

潜在的生物累积性 BCF：8～53.6（鲤鱼，接触浓度 20ppb，接触时间 8 周），1.5～101.7（鲤鱼，接触浓度 2ppb，接触时间 8 周）；根据 K_{ow} 值预测，该物质可能有一定的生物累积性

土壤中的迁移性 根据 K_{oc} 值预测，该物质可能有一定的迁移性

第十三部分 废弃处置

废弃化学品 建议用焚烧法处置。焚烧炉排出的气体要通过洗涤器除去

污染包装物 将容器返还生产商或按照国家和地方法规处置

废弃注意事项 处置前应参阅国家和地方有关法规

第十四部分 运输信息

联合国危险货物编号（UN 号） 3018

联合国运输名称 液态有机磷农药，毒性（杀螟松）

联合国危险性类别 6.1 **包装类别** Ⅲ类包装

包装标志 

海洋污染物 是

运输注意事项 运输前应先检查包装容器是否完整、密封，运输过程中要确保容器不泄漏、不倒塌、不坠落、不损坏。严禁与酸类、氧化剂、食品及食品添加剂混运。运输时运输车辆应配备相应品种和数量的消防器材及泄漏应急处理设备。运输途中应防曝晒、雨淋，防高温。公路运输时要按规定路线行驶

第十五部分 法规信息

下列法律、法规、规章和标准，对该化学品的管理作了相应的规定。

中华人民共和国职业病防治法 职业病分类和目录：有机磷中毒

危险化学品安全管理条例 危险化学品目录：未列入。易制爆危险化学品名录：未列入。重点监管的危险化学品名录：未列入。GB 18218—2009《危险化学品重大危险源辨识》(表 1)：未列入

使用有毒物品作业场所劳动保护条例 高毒物品目录：未列入

易制毒化学品管理条例 易制毒化学品的分类和品种目录：未列入

国际公约 斯德哥尔摩公约：未列入。鹿特丹公约：未列

入。蒙特利尔议定书：未列入

第十六部分　其他信息

编写和修订信息　**缩略语和首字母缩写**

培训建议　**参考文献**

免责声明

砷

第一部分　化学品标识

化学品中文名　砷

化学品英文名　arsenic

分子式　As　**相对分子质量**　74.92

结构式

化学品的推荐及限制用途　用于制取合金的添加物、特种玻璃、涂料、药物及农药等

第二部分　危险性概述

紧急情况概述　吞咽会中毒，吸入会中毒，可能致癌

GHS危险性类别　急性毒性-经口，类别3；急性毒性-吸入，类别3；致癌性，类别1A；危害水生环境-急性危害，类别1；危害水生环境-长期危害，类别1

标签要素

象形图 

警示词　危险

危险性说明　吞咽会中毒，吸入会中毒，可能致癌，对水生生物毒性非常大并具有长期持续影响

防范说明

预防措施　避免接触眼睛、皮肤，操作后彻底清洗。作业场所不得进食、饮水或吸烟。避免吸入粉尘。仅在室外或通风良好处操作。得到专门指导后操作。在阅读并了解所有安全预防措施之前，切勿操作。按要求使用个体防护装备。禁止排入环境

事故响应　如吸入：将患者转移到空气新鲜处，休息，保持利于呼吸的体位，呼叫中毒控制中心或就医。食入：漱口，立即呼叫中毒控制中心或就医。如果接触或有担心，就医。收集泄漏物

安全储存　在通风良好处储存。保持容器密闭。上锁保管

废弃处置　本品及内装物、容器依据国家和地方法规处置

物理和化学危险　可燃，其粉体与空气混合，能形成爆炸性混合物

健康危害　元素砷不溶于水，无毒性。口服砷化合物引起急性胃肠炎、休克、周围神经病、中毒性心肌炎、肝炎以及抽搐、昏迷等，甚至死亡。大量吸入亦可引起急性中毒，但消化道症状较轻

慢性中毒　长期接触砷化合物引起消化系统症状、肝肾损害，皮肤色素沉着、角化过度或疣状增生，多发性周围神经炎。砷和砷化合物为对人致癌物，可引起肺癌、皮肤癌

环境危害　对水生生物毒性非常大并具有长期持续影响

第三部分　成分/组成信息

√物质		混合物
组分	浓度	CAS No.
砷		7440-38-2

第四部分　急救措施

吸入　迅速脱离现场至空气新鲜处。保持呼吸道通畅。如呼吸困难，给输氧。如呼吸、心跳停止，立即进行心肺复苏术。就医

皮肤接触　立即脱去污染的衣着，用肥皂水和清水彻底冲洗。就医

眼睛接触　立即分开眼睑，用流动清水或生理盐水彻底冲洗。就医

食入　催吐、彻底洗胃，洗胃后服活性炭30～50g（用水调成浆状），而后再服用硫酸镁或硫酸钠导泻。就医

对保护施救者的忠告　根据需要使用个人防护设备

对医生的特别提示　解毒剂有二巯基丙磺酸钠、二巯基丁二酸钠等

第五部分　消防措施

灭火剂　用干粉、泡沫、二氧化碳、砂土灭火

特别危险性　燃烧时产生白色的氧化砷烟雾。燃烧生成有害的氧化砷

灭火注意事项及防护措施　消防人员必须佩戴空气呼吸器、穿全身防火防毒服，在上风向灭火。尽可能将容器从火场移至空旷处。喷水保持火场容器冷却，直至灭火结束

第六部分　泄漏应急处理

作业人员防护措施、防护装备和应急处置程序　隔离泄漏污染区，限制出入。建议应急处理人员戴防尘口罩，穿防毒服，戴橡胶手套。穿上适当的防护服前严禁接触破裂的容器和泄漏物。尽可能切断泄漏源。用塑料布覆盖泄漏物，减少飞散。勿使水进入包装容器内

环境保护措施　无资料

泄漏化学品的收容、清除方法及所使用的处置材料　用洁净的铲子收集泄漏物，置于干净、干燥、盖子较松的容器中，将容器移离泄漏区

第七部分　操作处置与储存

操作注意事项　密闭操作，加强通风。操作人员必须经过专门培训，严格遵守操作规程。建议操作人员佩戴自吸过滤式防尘口罩，戴化学安全防护眼镜，穿胶布防毒衣，戴橡胶手套。远离火种、热源。工作场所严禁吸烟。使用防爆型的通风系统和设备。避免产生粉尘。避免与氧化剂、酸类、卤素接触。搬运时要轻装轻卸，防止包装及容器损坏。配备相应品种和数量的消防器材及泄漏应急处理设备。倒空的容器可能残留有害物

储存注意事项 储存于阴凉、通风的库房。远离火种、热源。库内相对湿度不超过80%。包装必须密封，切勿受潮。应与氧化剂、酸类、卤素、食用化学品分开存放，切忌混储。配备相应品种和数量的消防器材。储区应备有合适的材料收容泄漏物

第八部分 接触控制/个体防护

职业接触限值

中国 PC-TWA：0.01mg/m^3；PC-STEL：0.02mg/m^3 [G1]

美国(ACGIH) TLV-TWA：0.01mg/m^3

生物接触限值 未制定标准

监测方法 空气中有毒物质测定方法：原子荧光光谱法；氢化物-原子吸收光谱法；二乙氨基二硫代甲酸银分光光度法。生物监测检验方法：未制定标准

工程控制 生产过程密闭，加强通风。提供安全的淋浴和洗眼设备

个体防护装备

呼吸系统防护 可能接触其粉尘时，应该佩戴过滤式防尘呼吸器。必要时佩戴空气呼吸器

眼睛防护 戴化学安全防护眼镜

皮肤和身体防护 穿隔绝式防毒服

手防护 戴橡胶手套

第九部分 理化特性

外观与性状 银灰色发亮的块状固体，质硬而脆

pH值 无意义　**熔点(℃)** 817（3650kPa）

沸点(℃) 613（升华）　**相对密度(水=1)** 5.73

相对蒸气密度(空气=1) 无资料

饱和蒸气压(kPa) 0.13（372℃）

燃烧热(kJ/mol) 无资料　**临界温度(℃)** 无资料

临界压力(MPa) 22.3　**辛醇/水分配系数** 0.68

闪点(℃) 无意义　**自燃温度(℃)** 无资料

爆炸下限(%) 无资料　**爆炸上限(%)** 无资料

分解温度(℃) 无资料

黏度(mPa·s) 无资料

溶解性 不溶于水、碱液、多数有机溶剂，溶于硝酸、热碱液

第十部分 稳定性和反应性

稳定性 稳定

危险反应 与强氧化剂、卤素等禁配物发生反应

避免接触的条件 受热

禁配物 酸类、强氧化剂、卤素

危险的分解产物 无意义

第十一部分 毒理学信息

急性毒性 LD_{50}：763mg/kg（大鼠经口）；145mg/kg（小鼠经口）

皮肤刺激或腐蚀 无资料　**眼睛刺激或腐蚀** 无资料

呼吸或皮肤过敏 无资料

生殖细胞突变性 细胞遗传学分析：人经口0.211mg/L(15a)。姐妹染色单体交换：人经口0.211mg/L(15a)。DNA损伤：人肺5μmol/L

致癌性 IARC致癌性评论：组1，确认人类致癌物。对人类致癌性证据充分

生殖毒性 雌性大鼠交配前30周，孕后1～20d经口给予最低中毒剂量（TDLo）580μg/kg，导致肌肉骨骼系统发育畸形。小鼠孕后8～18d经口给予187mg/kg，致肝胆管系统发育畸形。大鼠经口最低中毒剂量（TDLo）：605μg/kg（雌性交配前用药35周），胚泡植入前后死亡率升高

特异性靶器官系统毒性-一次接触 无资料

特异性靶器官系统毒性-反复接触 无资料

吸入危害 无资料

第十二部分 生态学信息

生态毒性 无资料

持久性和降解性

生物降解性 无资料

非生物降解性 无资料

潜在的生物累积性 无资料

土壤中的迁移性 无资料

第十三部分 废弃处置

废弃化学品 若可能，回收使用

污染包装物 将容器返还生产商或按照国家和地方法规处置

废弃注意事项 处置前应参阅国家和地方有关法规

第十四部分 运输信息

联合国危险货物编号(UN号) 1558；1562（粉末）

联合国运输名称 砷；砷粉（粉末）

联合国危险性类别 6.1　**包装类别** Ⅱ类包装

包装标志 

海洋污染物 否

运输注意事项 运输前应先检查包装容器是否完整、密封，运输过程中要确保容器不泄漏、不倒塌、不坠落、不损坏。严禁与酸类、氧化剂、食品及食品添加剂混运。运输时，运输车辆应配备相应品种和数量的消防器材及泄漏应急处理设备。运输途中应防曝晒、雨淋，防高温。公路运输时要按规定路线行驶

第十五部分 法规信息

下列法律、法规、规章和标准，对该化学品的管理作了相应的规定。

中华人民共和国职业病防治法 职业病分类和目录：砷及其化合物中毒；砷及其化合物所致肺癌、皮肤癌

危险化学品安全管理条例 危险化学品目录：列入。易制爆危险化学品名录：未列入。重点监管的危险化学品名录：未列入。GB 18218—2009《危险化学品重大危险源辨识》（表1）：未列入

使用有毒物品作业场所劳动保护条例 高毒物品目录：列入

易制毒化学品管理条例 易制毒化学品的分类和品种目录：未列入

国际公约 斯德哥尔摩公约：未列入。鹿特丹公约：未列入。蒙特利尔议定书：未列入

第十六部分 其他信息

编写和修订信息 **缩略语和首字母缩写**

培训建议 **参考文献**

免责声明

砷 化 氢

第一部分 化学品标识

化学品中文名 砷化氢；砷烷；胂

化学品英文名 arsenic hydride；arsine

分子式 AsH_3 **相对分子质量** 77.95

结构式

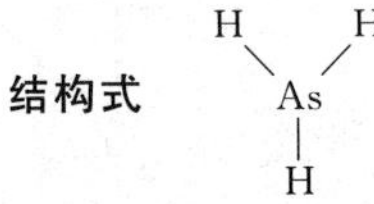

化学品的推荐及限制用途 用于有机合成、军用毒气，以及应用于科研或某些特殊实验中

第二部分 危险性概述

紧急情况概述 极易燃气体，内装加压气体：遇热可能爆炸，吸入致命，可能致癌

GHS危险性类别 易燃气体，类别1；加压气体；急性毒性-吸入，类别2；致癌性，类别1A；特异性靶器官毒性-反复接触，类别2；危害水生环境-急性危害，类别1；危害水生环境-长期危害，类别1

标签要素

象形图

警示词 危险

危险性说明 极易燃气体，内装加压气体：遇热可能爆炸，吸入致命，可能致癌，长时间或反复接触可能对器官造成损伤，对水生生物毒性非常大并具有长期持续影响

防范说明

预防措施 远离热源、火花、明火、热表面。禁止吸烟。避免吸入气体。仅在室外或通风良好处操作。戴呼吸防护器具。得到专门指导后操作。在阅读并了解所有安全预防措施之前，切勿操作。按要求使用个体防护装备。禁止排入环境

事故响应 漏气着火：切勿灭火，除非漏气能够安全地制止。如果没有危险，消除一切点火源。如吸入：将患者转移到空气新鲜处，休息，保持利于呼吸的体位，立即呼叫中毒控制中心或就医。如果接触或有担心，就医。收集泄漏物

安全储存 防日晒。存放在通风良好的地方。保持容器密闭。上锁保管

废弃处置 本品及内装物、容器依据国家和地方法规处置

物理和化学危险 极易燃，与空气混合能形成爆炸性混合物

健康危害 本品为强烈溶血毒物，红细胞溶解后的产物可堵塞肾小管，引起急性肾功衰竭

急性中毒 一般在十几小时内即出现溶血症状和体征。轻者全身无力、恶心、呕吐、腰痛、巩膜轻度黄染、尿色深暗；较重者出现寒战，体温升高，尿呈酱油色甚至黑色，黄疸加深，肝脏肿大；严重者导致急性肾功衰竭，病人全身症状加重，体温升高，出现尿闭，可因急性心力衰竭和尿毒症而死亡。接触液态砷化氢可引起冻伤

慢性影响 长期在低浓度环境中作业主要表现为头痛、乏力、恶心、呕吐，较重者可有多发性神经炎，常伴有贫血

环境危害 对水生生物毒性非常大并具有长期持续影响

第三部分 成分/组成信息

√物质		混合物
组分	**浓度**	**CAS No.**
砷化氢		7784-42-1

第四部分 急救措施

吸入 迅速脱离现场至空气新鲜处。保持呼吸道通畅。如呼吸困难，给输氧。如呼吸、心跳停止，立即进行心肺复苏术。就医

皮肤接触 如发生冻伤，用温水（38～42℃）复温，忌用热水或辐射热，不要揉搓。就医

对保护施救者的忠告 根据需要使用个人防护设备

对医生的特别提示 应早期给予肾上腺皮质激素

第五部分 消防措施

灭火剂 用雾状水、泡沫、干粉灭火

特别危险性 与空气混合能形成爆炸性混合物，遇明火、高热能引起燃烧爆炸。燃烧生成有害的氧化砷

灭火注意事项及防护措施 切断气源。若不能切断气源，则不允许熄灭泄漏处的火焰。消防人员必须佩戴空气呼吸器、穿全身防火防毒服，在上风向灭火。尽可能将容器从火场移至空旷处。喷水保持火场容器冷却，直至灭火结束

第六部分 泄漏应急处理

作业人员防护措施、防护装备和应急处置程序 消除所有点火源。根据气体的影响区域划定警戒区，无关人员从侧风、上风向撤离至安全区。建议应急处理人员穿内置正压自给式呼吸器的全封闭防化服。如果是液化气体泄漏，还应注意防冻伤。作业时使用的所有设备应接地。尽可能切断泄漏源。喷雾状水抑制蒸气或改变蒸气云流向，避免水流接触泄漏物。禁止用水直接冲击泄漏物或泄漏源。若可能翻转容器，使之逸出气体而非液体

环境保护措施 防止气体通过下水道、通风系统和有限空

间扩散

泄漏化学品的收容、清除方法及所使用的处置材料 隔离泄漏区直至气体散尽

第七部分 操作处置与储存

操作注意事项 严加密闭，提供充分的局部排风和全面通风。操作人员必须经过专门培训，严格遵守操作规程。建议操作人员佩戴导管式防毒面具，穿带面罩式防毒衣，戴橡胶手套。远离火种、热源。工作场所严禁吸烟。使用防爆型的通风系统和设备。防止气体泄漏到工作场所空气中。避免与氧化剂接触。搬运时轻装轻卸，防止钢瓶及附件破损。配备相应品种和数量的消防器材及泄漏应急处理设备

储存注意事项 储存于阴凉、通风的有毒气体专用库房。实行"双人收发、双人保管"制度。远离火种、热源。库温不宜超过 30℃。应与氧化剂、食用化学品分开存放，切忌混储。采用防爆型照明、通风设施。禁止使用易产生火花的机械设备和工具。储区应备有泄漏应急处理设备

第八部分 接触控制/个体防护

职业接触限值

中国 MAC：0.03mg/m^3 [G1]

美国(ACGIH) TLV-TWA：0.005ppm

生物接触限值 未制定标准

监测方法 空气中有毒物质测定方法：未制定标准。生物监测检验方法：未制定标准。

工程控制 严加密闭，提供充分的局部排风和全面通风。提供安全的淋浴和洗眼设备

个体防护装备

呼吸系统防护 正常工作情况下，佩戴过滤式防毒面具（半面罩）。紧急事态抢救或撤离时，建议佩戴空气呼吸器

眼睛防护 戴化学安全防护眼镜

皮肤和身体防护 穿隔绝式防毒服

手防护 戴橡胶手套

第九部分 理化特性

外观与性状 无色气体，有大蒜臭味

pH 值 无意义 **熔点(℃)** −116

沸点(℃) −62

相对密度(水=1) 1.689 (84.9℃，液体)；2.69

相对蒸气密度(空气=1) 2.66

饱和蒸气压(kPa) 1463 (20℃)

燃烧热(kJ/mol) 无资料 **临界温度(℃)** 99.95

临界压力(MPa) 6.55 **辛醇/水分配系数** 0.68

闪点(℃) −110 **自燃温度(℃)** 无资料

爆炸下限(%) 4.5 **爆炸上限(%)** 100

分解温度(℃) 无资料

黏度(mPa·s) 无资料

溶解性 溶于水，微溶于乙醇、碱液，溶于苯、氯仿

第十部分 稳定性和反应性

稳定性 稳定

危险反应 与强氧化剂等禁配物接触，有发生火灾和爆炸的危险

避免接触的条件 无资料

禁配物 强氧化剂

危险的分解产物 无资料

第十一部分 毒理学信息

急性毒性

LC_{50} 390mg/m^3（大鼠吸入，10min）；250mg/m^3（小鼠吸入，10min）

LCLo 25ppm（人吸入 30min）；300ppm（人吸入 5min）

TCLo 0.325mg/m^3（人吸入）

皮肤刺激或腐蚀 无资料 **眼睛刺激或腐蚀** 无资料

呼吸或皮肤过敏 无资料 **生殖细胞突变性** 无资料

致癌性 IARC 致癌性评论：组 1，确认人类致癌物。对人类致癌性证据充分

生殖毒性 无资料

特异性靶器官系统毒性-一次接触 无资料

特异性靶器官系统毒性-反复接触 各种动物在反复吸入 12～36mg/m^3 本品时，可见血红蛋白和红细胞减少，其体征有溶血、贫血和黄疸

吸入危害 无资料

第十二部分 生态学信息

生态毒性 含砷化合物对水生生物有极高毒性

持久性和降解性

生物降解性 无资料

非生物降解性 无资料

潜在的生物累积性 无资料

土壤中的迁移性 无资料

第十三部分 废弃处置

废弃化学品 用控制焚烧法处置

污染包装物 将容器返还生产商或按照国家和地方法规处置

废弃注意事项 把倒空的容器归还厂商或在规定场所掩埋

第十四部分 运输信息

联合国危险货物编号(UN 号) 2188

联合国运输名称 胂

联合国危险性类别 2.3，2.1 **包装类别** -

包装标志 

海洋污染物 否

运输注意事项 采用钢瓶运输时必须戴好钢瓶上的安全帽。钢瓶一般平放，并应将瓶口朝同一方向，不可交叉；高度不得超过车辆的防护栏板，并用三角木垫卡牢，防止滚动。运输时运输车辆应配备相应品种和数量的消防器材。装运该物品的车辆排气管必须配备阻火装置，禁止使用易产生火花的机械设备

和工具装卸。严禁与氧化剂、食用化学品等混装混运。夏季应早晚运输，防止日光曝晒。中途停留时应远离火种、热源。公路运输时要按规定路线行驶，禁止在居民区和人口稠密区停留。铁路运输时要禁止溜放

第十五部分　法规信息

下列法律、法规、规章和标准，对该化学品的管理作了相应的规定。

中华人民共和国职业病防治法　职业病分类和目录：砷化氢中毒；砷及其化合物所致肺癌、皮肤癌

危险化学品安全管理条例　危险化学品目录：列入。作为剧毒化学品进行管理。易制爆危险化学品名录：未列入。重点监管的危险化学品名录：未列入。GB 18218—2009《危险化学品重大危险源辨识》（表1）：列入。类别：毒性气体；临界量（t）：1

使用有毒物品作业场所劳动保护条例　高毒物品目录：列入

易制毒化学品管理条例　易制毒化学品的分类和品种目录：未列入

国际公约　斯德哥尔摩公约：未列入。鹿特丹公约：未列入。蒙特利尔议定书：未列入

第十六部分　其他信息

编写和修订信息　**缩略语和首字母缩写**

培训建议　**参考文献**

免责声明

砷　　酸

第一部分　化学品标识

化学品中文名　砷酸；原砷酸

化学品英文名　arsenic acid；arsenic acid，hemihydrate

分子式　$H_3AsO_4 \cdot \frac{1}{2}H_2O$

相对分子质量　150.96

化学品的推荐及限制用途　用于制造有机颜料，制备无机盐或有机砷酸盐，也用于制造杀虫剂、玻璃，并用于制药等

第二部分　危险性概述

紧急情况概述　吞咽会中毒，吸入会中毒，可能致癌

GHS危险性类别　急性毒性-经口，类别3；急性毒性-吸入，类别3；致癌性，类别1A；危害水生环境-急性危害，类别1；危害水生环境-长期危害，类别1

标签要素

象形图

警示词　危险

危险性说明　吞咽会中毒，吸入会中毒，可能致癌，对水生生物毒性非常大并具有长期持续影响

防范说明

预防措施　避免接触眼睛、皮肤，操作后彻底清洗。作业场所不得进食、饮水或吸烟。避免吸入粉尘。仅在室外或通风良好处操作。得到专门指导后操作。在阅读并了解所有安全预防措施之前，切勿操作。按要求使用个体防护装备。禁止排入环境

事故响应　如吸入：将患者转移到空气新鲜处，休息，保持利于呼吸的体位，呼叫中毒控制中心或就医。食入：漱口，立即呼叫中毒控制中心或就医。如果接触或有担心，就医。收集泄漏物

安全储存　在通风良好处储存。保持容器密闭。上锁保管

废弃处置　本品及内装物、容器依据国家和地方法规处置

物理和化学危险　不燃，无特殊燃爆特性

健康危害　砷及其化合物对体内酶蛋白巯基有特殊亲和力。大量吸入砷化合物可致咳嗽、胸痛、呼吸困难、头痛、眩晕、全身衰弱、烦躁、痉挛和昏迷；可有消化道症状；重者可致死。口服致急性胃肠炎、休克、周围神经病、贫血及中毒性肝病、心肌炎等。可因呼吸中枢麻痹而死亡

慢性影响　长期接触较高浓度砷化合物粉尘，可发生慢性中毒。主要有神经衰弱综合征，皮肤损害，多发性神经病，肝损害。可致鼻炎、鼻中隔穿孔、支气管炎。砷和砷化合物为对人致癌物，可引起肺癌、皮肤癌

环境危害　对水生生物毒性非常大并具有长期持续影响

第三部分　成分/组成信息

√物质　　混合物

组分	浓度	CAS No.
砷酸		7774-41-6

第四部分　急救措施

吸入　迅速脱离现场至空气新鲜处。保持呼吸道通畅。如呼吸困难，给输氧。如呼吸、心跳停止，立即进行心肺复苏术。就医

皮肤接触　立即脱去污染的衣着，用肥皂水和清水彻底冲洗。就医

眼睛接触　立即分开眼睑，用流动清水或生理盐水彻底冲洗。就医

食入　催吐、彻底洗胃，洗胃后服活性炭30～50g（用水调成浆状），而后再服用硫酸镁或硫酸钠导泻。就医

对保护施救者的忠告　根据需要使用个人防护设备

对医生的特别提示　解毒剂有二巯基丙磺酸钠、二巯基丁二酸钠等

第五部分　消防措施

灭火剂　本品不燃。根据着火原因选择适当灭火剂灭火

特别危险性　遇高热、明火会产生剧毒的蒸气。与金属接触会散发出剧毒的砷化氢

灭火注意事项及防护措施 消防人员须佩戴防毒面具、穿全身消防服，在上风向灭火。尽可能将容器从火场移至空旷处。喷水保持火场容器冷却，直至灭火结束

第六部分 泄漏应急处理

作业人员防护措施、防护装备和应急处置程序 隔离泄漏污染区，限制出入。建议应急处理人员戴防尘口罩，穿防毒服，戴橡胶手套。穿上适当的防护服前严禁接触破裂的容器和泄漏物。尽可能切断泄漏源。用塑料布覆盖泄漏物，减少飞散。勿使水进入包装容器内

环境保护措施 无资料

泄漏化学品的收容、清除方法及所使用的处置材料 用洁净的铲子收集泄漏物，置于干净、干燥、盖子较松的容器中，将容器移离泄漏区。也可以用大量水、碳酸氢钠或石灰溶液冲洗

第七部分 操作处置与储存

操作注意事项 严加密闭，提供充分的局部排风和全面通风。操作人员必须经过专门培训，严格遵守操作规程。建议操作人员佩戴自吸过滤式防毒面具（全面罩），穿连衣式防毒衣，戴橡胶手套。避免产生粉尘。避免与酸类、卤素接触。搬运时要轻装轻卸，防止包装及容器损坏。配备泄漏应急处理设备。倒空的容器可能残留有害物

储存注意事项 储存于阴凉、干燥、通风良好的库房。远离火种、热源。包装必须密封，切勿受潮。应与酸类、卤素、食用化学品分开存放，切忌混储。储区应备有合适的材料收容泄漏物

第八部分 接触控制/个体防护

职业接触限值

中国 PC-TWA：0.01mg/m³；PC-STEL：0.02mg/m³ [按 As 计] [G1]

美国(ACGIH) TLV-TWA：0.01mg/m³ [按 As 计]

生物接触限值 未制定标准

监测方法 空气中有毒物质测定方法：原子荧光光谱法；氢化物-原子吸收光谱法；二乙氨基二硫代甲酸银分光光度法。生物监测检验方法：未制定标准。氢化物发生-原子荧光光谱法

工程控制 严加密闭，提供充分的局部排风和全面通风。提供安全的淋浴和洗眼设备

个体防护装备

呼吸系统防护 可能接触毒物时，必须佩戴过滤式防毒面具（全面罩）或过滤式防尘呼吸器

眼睛防护 呼吸系统防护中已作防护

皮肤和身体防护 穿连衣式防毒衣

手防护 戴橡胶手套

第九部分 理化特性

外观与性状 无色至白色透明斜方晶系的细小板状结晶，具有潮解性

pH 值 无意义 **熔点(℃)** 35.5

沸点(℃) 160（脱水） **相对密度(水=1)** 2.0～2.5

相对蒸气密度(空气=1) 无资料

饱和蒸气压(kPa) 无资料

燃烧热(kJ/mol) 无资料 **临界温度(℃)** 无资料

临界压力(MPa) 无资料 **辛醇/水分配系数** 无资料

闪点(℃) 无意义 **自燃温度(℃)** 无意义

爆炸下限(%) 无意义 **爆炸上限(%)** 无意义

分解温度(℃) 无资料

黏度(mPa·s) 无资料

溶解性 溶于水，溶于乙醇、碱液、甘油

第十部分 稳定性和反应性

稳定性 稳定

危险反应 与活性金属等禁配物解除发生反应

避免接触的条件 潮湿空气

禁配物 强酸、碱类物质

危险的分解产物 氧化砷

第十一部分 毒理学信息

急性毒性 LD_{50}：48mg/kg（大鼠经口）；238mg/kg（小鼠经口）

皮肤刺激或腐蚀 无资料 **眼睛刺激或腐蚀** 无资料

呼吸或皮肤过敏 无资料

生殖细胞突变性 细胞遗传学分析：人淋巴细胞 7200nmol/L。微核试验：小鼠腹腔内给予 20mg/kg。DNA 损伤：小鼠腹腔内给予 10mg/kg

致癌性 IARC 致癌性评论：组 1，确认人类致癌物。对人类致癌性证据充分

生殖毒性 大鼠孕后 9d 腹腔内给予最低中毒剂量(TDLo) 30mg/kg，可致中枢神经系统发育畸形

特异性靶器官系统毒性-一次接触 无资料

特异性靶器官系统毒性-反复接触 无资料

吸入危害 无资料

第十二部分 生态学信息

生态毒性 含砷化合物对水生生物有极高毒性

持久性和降解性

生物降解性 无资料

非生物降解性 无资料

潜在的生物累积性 无资料

土壤中的迁移性 无资料

第十三部分 废弃处置

废弃化学品 根据国家和地方有关法规的要求处置。或与制造商联系，确定处置方法

污染包装物 将容器返还生产商或按照国家和地方法规处置

废弃注意事项 处置前应参阅国家和地方有关法规

第十四部分 运输信息

联合国危险货物编号(UN 号) 1553（液态）；1554（固态）

联合国运输名称 液态砷酸（液态）；固态砷酸（固态）

联合国危险性类别 6.1

包装类别 Ⅰ类包装（液态）；Ⅱ类包装（固态）

包装标志  **海洋污染物** 否

运输注意事项 运输前应先检查包装容器是否完整、密封，运输过程中要确保容器不泄漏、不倒塌、不坠落、不损坏。严禁与酸类、氧化剂、食品及食品添加剂混运。运输时运输车辆应配备泄漏应急处理设备。运输途中应防曝晒、雨淋，防高温。公路运输时要按规定路线行驶，勿在居民区和人口稠密区停留

第十五部分 法规信息

下列法律、法规、规章和标准，对该化学品的管理作了相应的规定。

中华人民共和国职业病防治法 职业病分类和目录：砷及其化合物中毒；砷及其化合物所致肺癌、皮肤癌

危险化学品安全管理条例 危险化学品目录：列入。易制爆危险化学品名录：未列入。重点监管的危险化学品名录：未列入。GB 18218—2009《危险化学品重大危险源辨识》(表 1)：未列入

使用有毒物品作业场所劳动保护条例 高毒物品目录：列入

易制毒化学品管理条例 易制毒化学品的分类和品种目录：未列入

国际公约 斯德哥尔摩公约：未列入。鹿特丹公约：未列入。蒙特利尔议定书：未列入

第十六部分 其他信息

编写和修订信息 **缩略语和首字母缩写**

培训建议 **参考文献**

免责声明

砷 酸 钙

第一部分 化学品标识

化学品中文名 砷酸钙；砷酸三钙

化学品英文名 calcium arsenate；tricalcium arsenate

分子式 $Ca_3(AsO_4)_2$ **相对分子质量** 398.08

化学品的推荐及限制用途 用作杀虫剂、灭螺剂、杀菌剂等

第二部分 危险性概述

紧急情况概述 吞咽会中毒，可能致癌

GHS 危险性类别 急性毒性-经口，类别 3；严重眼损伤/眼刺激，类别 2；致癌性，类别 1A；生殖毒性，类别 2；特异性靶器官毒性-一次接触，类别 1；特异性靶器官毒性-反复接触，类别 1；危害水生环境-急性危害，类别 1；危害水生环境-长期危害，类别 1

标签要素

象形图 

警示词 危险

危险性说明 吞咽会中毒，造成严重眼刺激，可能致癌，怀疑对生育力或胎儿造成伤害，对器官造成损害，长时间或反复接触对器官造成损伤，对水生生物毒性非常大并具有长期持续影响

防范说明

预防措施 避免接触眼睛、皮肤，操作后彻底清洗。作业场所不得进食、饮水或吸烟。避免接触眼睛、皮肤，操作后彻底清洗。戴防护眼镜、防护面罩。得到专门指导后操作。在阅读并了解所有安全预防措施之前，切勿操作。按要求使用个体防护装备。禁止排入环境

事故响应 如接触眼睛：用水细心冲洗数分钟。如戴隐形眼镜并可方便地取出，取出隐形眼镜继续冲洗。如果眼睛刺激持续：就医。食入：漱口，立即呼叫中毒控制中心或就医。如果接触：立即呼叫中毒控制中心或就医。如感觉不适，就医。收集泄漏物

安全储存 上锁保管

废弃处置 本品及内装物、容器依据国家和地方法规处置

物理和化学危险 不燃，无特殊燃爆特性

健康危害 口服砷化合物引起急性胃肠炎、休克、周围神经病、中毒性心肌炎、肝炎，以及抽搐、昏迷等，甚至死亡。大量吸入亦可引起急性中毒，但消化道症状较轻

慢性中毒 长期接触砷化合物引起消化系统症状，肝肾损害，皮肤色素沉着、角化过度或疣状增生，多发性神经炎等。砷和砷化合物为对人致癌物，可引起肺癌、皮肤癌

环境危害 对水生生物毒性非常大并具有长期持续影响

第三部分 成分/组成信息

√物质		混合物
组分	浓度	CAS No.
砷酸钙		7778-44-1

第四部分 急救措施

吸入 迅速脱离现场至空气新鲜处。保持呼吸道通畅。如呼吸困难，给输氧。如呼吸、心跳停止，立即进行心肺复苏术。就医

皮肤接触 立即脱去污染的衣着，用肥皂水和清水彻底冲洗。就医

眼睛接触 立即分开眼睑，用流动清水或生理盐水彻底冲洗。就医

食入 催吐、彻底洗胃，洗胃后服活性炭 30～50g（用水调成浆状），而后再服用硫酸镁或硫酸钠导泻。就医

对保护施救者的忠告 根据需要使用个人防护设备

对医生的特别提示 解毒剂有二巯基丙磺酸钠、二巯基丁二酸钠等

第五部分 消防措施

灭火剂 本品不燃。根据着火原因选择适当灭火剂灭火

特别危险性 受高热分解放出有毒的气体

灭火注意事项及防护措施 消防人员须佩戴防毒面具、穿全身消防服，在上风向灭火。尽可能将容器从火场移至空旷处。喷水保持火场容器冷却，直至灭火结束

第六部分 泄漏应急处理

作业人员防护措施、防护装备和应急处置程序 隔离泄漏污染区，限制出入。建议应急处理人员戴防尘口罩，穿防毒服，戴橡胶手套。穿上适当的防护服前严禁接触破裂的容器和泄漏物。尽可能切断泄漏源。用塑料布覆盖泄漏物，减少飞散。勿使水进入包装容器内

环境保护措施 无资料

泄漏化学品的收容、清除方法及所使用的处置材料 用洁净的铲子收集泄漏物，置于干净、干燥、盖子较松的容器中，将容器移离泄漏区

第七部分 操作处置与储存

操作注意事项 密闭操作，提供充分的局部排风。操作尽可能机械化、自动化。操作人员必须经过专门培训，严格遵守操作规程。建议操作人员佩戴头罩型电动送风过滤式防尘呼吸器，穿连衣式防毒衣，戴橡胶手套。避免产生粉尘。避免与氧化剂、酸类接触。搬运时要轻装轻卸，防止包装及容器损坏。配备泄漏应急处理设备。倒空的容器可能残留有害物

储存注意事项 储存于阴凉、通风良好的专用库房内。远离火种、热源。包装密封。应与氧化剂、酸类、食用化学品分开存放，切忌混储。储区应备有合适的材料收容泄漏物

第八部分 接触控制/个体防护

职业接触限值

中国 PC-TWA：0.01mg/m^3；PC-STEL：0.02mg/m^3 [按 As 计] [G1]

美国(ACGIH) TLV-TWA：0.01mg/m^3 [按 As 计]

生物接触限值 未制定标准

监测方法 空气中有毒物质测定方法：原子荧光光谱法；氢化物-原子吸收光谱法；二乙氨基二硫代甲酸银分光光度法。生物监测检验方法：未制定标准

工程控制 严加密闭，提供充分的局部排风。提供安全的淋浴和洗眼设备

个体防护装备

呼吸系统防护 可能接触其粉尘时，必须佩戴过滤式防尘呼吸器。紧急事态抢救或撤离时，建议佩戴空气呼吸器

眼睛防护 戴化学安全防护眼镜

皮肤和身体防护 穿连衣式防毒衣

手防护 戴橡胶手套

第九部分 理化特性

外观与性状 无色无定形粉末

pH值 无意义 **熔点(℃)** 1455(分解)

沸点(℃) 无资料 **相对密度(水=1)** 3.62

相对蒸气密度(空气=1) 无资料

饱和蒸气压(kPa) 无资料

燃烧热(kJ/mol) 无资料 **临界温度(℃)** 无资料

临界压力(MPa) 无意义 **辛醇/水分配系数** 无资料

闪点(℃) 无意义 **自燃温度(℃)** 无意义

爆炸下限(%) 无意义 **爆炸上限(%)** 无意义

分解温度(℃) 无资料

黏度(mPa·s) 无资料

溶解性 微溶于水，溶于稀酸，不溶于有机溶剂

第十部分 稳定性和反应性

稳定性 稳定

危险反应 与强氧化剂等禁配物发生反应

避免接触的条件 受热

禁配物 强氧化剂、酸类

危险的分解产物 氧化砷、氧化钙

第十一部分 毒理学信息

急性毒性 LD_{50}：20mg/kg(大鼠经口)

皮肤刺激或腐蚀 无资料 **眼睛刺激或腐蚀** 无资料

呼吸或皮肤过敏 无资料 **生殖细胞突变性** 无资料

致癌性 IARC致癌性评论：组1，确认人类致癌物。对人类致癌性证据充分

生殖毒性 无资料

特异性靶器官系统毒性-一次接触 无资料

特异性靶器官系统毒性-反复接触 无资料

吸入危害 无资料

第十二部分 生态学信息

生态毒性 含砷化合物对水生生物有极高毒性

持久性和降解性

生物降解性 无资料

非生物降解性 无资料

潜在的生物累积性 无资料

土壤中的迁移性 无资料

第十三部分 废弃处置

废弃化学品 量大时，可储存在防漏、耐气候的地下室。量少时，可做填埋处理或加盐酸溶解，通硫化氢，生成硫化砷沉淀，经干燥后回收使用

污染包装物 将容器返还生产商或按照国家和地方法规处置

废弃注意事项 处置前应参阅国家和地方有关法规

第十四部分 运输信息

联合国危险货物编号(UN号) 1573

联合国运输名称 砷酸钙

联合国危险性类别 6.1 **包装类别** Ⅱ类包装

包装标志 

海洋污染物 是

运输注意事项 运输前应先检查包装容器是否完整、密封，运输过程中要确保容器不泄漏、不倒塌、不坠

落、不损坏。严禁与酸类、氧化剂、食品及食品添加剂混运。运输时运输车辆应配备泄漏应急处理设备。运输途中应防曝晒、雨淋，防高温。公路运输时要按规定路线行驶，勿在居民区和人口稠密区停留

第十五部分 法规信息

下列法律、法规、规章和标准，对该化学品的管理作了相应的规定。

中华人民共和国职业病防治法 职业病分类和目录：砷及其化合物中毒；砷及其化合物所致肺癌、皮肤癌

危险化学品安全管理条例 危险化学品目录：列入。易制爆危险化学品名录：未列入。重点监管的危险化学品名录：未列入。GB 18218—2009《危险化学品重大危险源辨识》（表 1）：未列入

使用有毒物品作业场所劳动保护条例 高毒物品目录：列入

易制毒化学品管理条例 易制毒化学品的分类和品种目录：未列入

国际公约 斯德哥尔摩公约：未列入。鹿特丹公约：未列入。蒙特利尔议定书：未列入

第十六部分 其他信息

编写和修订信息 **缩略语和首字母缩写**

培训建议 **参考文献**

免责声明

砷酸钠（一氢）

第一部分 化学品标识

化学品中文名 砷酸钠（一氢）；砷酸氢二钠

化学品英文名 sodium orthoarsenate；disodium arsenate；sodium arsenate

分子式 $Na_2HAsO_4 \cdot 7H_2O$

相对分子质量 312.01

化学品的推荐及限制用途 用作杀虫剂、防腐剂，也作为农业资源研究等

第二部分 危险性概述

紧急情况概述 吞咽会中毒，吸入会中毒，可能致癌

GHS 危险性类别 急性毒性-经口，类别 3；急性毒性-吸入，类别 3；皮肤腐蚀/刺激，类别 2；严重眼损伤/眼刺激，类别 2；致癌性，类别 1A；生殖毒性，类别 2；特异性靶器官毒性-一次接触，类别 1；特异性靶器官毒性-反复接触，类别 1；危害水生环境-急性危害，类别 1；危害水生环境-长期危害，类别 1

标签要素

象形图 

警示词 危险

危险性说明 吞咽会中毒，吸入会中毒，造成皮肤刺激，造成严重眼刺激，可能致癌，怀疑对生育力或胎儿造成伤害，对器官造成损害，长时间或反复接触对器官造成损伤，对水生生物毒性非常大并具有长期持续影响

防范说明

预防措施 避免接触眼睛、皮肤，操作后彻底清洗。作业场所不得进食、饮水或吸烟。避免吸入粉尘。仅在室外或通风良好处操作。戴防护手套、防护眼镜、防护面罩。得到专门指导后操作。在阅读并了解所有安全预防措施之前，切勿操作。按要求使用个体防护装备。禁止排入环境

事故响应 如吸入：将患者转移到空气新鲜处，休息，保持利于呼吸的体位。皮肤接触：用大量肥皂水和水清洗，如发生皮肤刺激，就医。脱去被污染的衣服，污染衣服洗净后方可重新使用。如接触眼睛：用水细心冲洗数分钟。如戴隐形眼镜并可方便地取出，取出隐形眼镜继续冲洗。如果眼睛刺激持续：就医。食入：漱口，立即呼叫中毒控制中心或就医。如果接触或有担心，就医。收集泄漏物

安全储存 在通风良好处储存。保持容器密闭。上锁保管

废弃处置 本品及内装物、容器依据国家和地方法规处置

物理和化学危险 不燃，无特殊燃爆特性

健康危害 口服砷化合物引起急性胃肠炎、休克、周围神经病、中毒性心肌炎、肝炎，以及抽搐、昏迷等，甚至死亡。大量吸入亦可引起急性中毒，但消化道症状较轻。砷酸钠对眼、呼吸道及皮肤有刺激性

慢性中毒 长期接触砷化合物引起消化系统症状，肝肾损害，皮肤色素沉着、角化过度或疣状增生，多发性神经炎等。砷和砷化合物为对人致癌物，可引起肺癌、皮肤癌

环境危害 对水生生物毒性非常大并具有长期持续影响

第三部分 成分/组成信息

√物质		混合物
组分	**浓度**	**CAS No.**
砷酸钠（一氢）		7778-43-0

第四部分 急救措施

吸入 迅速脱离现场至空气新鲜处。保持呼吸道通畅。如呼吸困难，给输氧。如呼吸、心跳停止，立即进行心肺复苏术。就医

皮肤接触 立即脱去污染的衣着，用肥皂水和清水彻底冲洗。就医

眼睛接触 立即分开眼睑，用流动清水或生理盐水彻底冲洗。就医

食入 催吐、彻底洗胃，洗胃后服活性炭 30～50g（用水调成浆状），而后再服用硫酸镁或硫酸钠导泻。就医

对保护施救者的忠告 根据需要使用个人防护设备

对医生的特别提示 解毒剂有二巯基丙磺酸钠、二巯基丁二酸钠等

第五部分　消防措施

灭火剂　本品不燃。根据着火原因选择适当灭火剂灭火

特别危险性　受高热分解放出有毒的气体

灭火注意事项及防护措施　消防人员须佩戴防毒面具、穿全身消防服，在上风向灭火。尽可能将容器从火场移至空旷处。喷水保持火场容器冷却，直至灭火结束

第六部分　泄漏应急处理

作业人员防护措施、防护装备和应急处置程序　隔离泄漏污染区，限制出入。建议应急处理人员戴防尘口罩，穿防毒服，戴橡胶手套。穿上适当的防护服前严禁接触破裂的容器和泄漏物。尽可能切断泄漏源。用塑料布覆盖泄漏物，减少飞散。勿使水进入包装容器内

环境保护措施　无资料

泄漏化学品的收容、清除方法及所使用的处置材料　用洁净的铲子收集泄漏物，置于干净、干燥、盖子较松的容器中，将容器移离泄漏区

第七部分　操作处置与储存

操作注意事项　密闭操作，提供充分的局部排风。操作尽可能机械化、自动化。操作人员必须经过专门培训，严格遵守操作规程。建议操作人员佩戴头罩型电动送风过滤式防尘呼吸器，穿连衣式防毒衣，戴橡胶手套。避免产生粉尘。避免与氧化剂、酸类接触。搬运时要轻装轻卸，防止包装及容器损坏。配备泄漏应急处理设备。倒空的容器可能残留有害物

储存注意事项　储存于阴凉、通风的库房。远离火种、热源。包装密封。应与氧化剂、酸类、食用化学品分开存放，切忌混储。储区应备有合适的材料收容泄漏物

第八部分　接触控制/个体防护

职业接触限值

中国　PC-TWA：0.01mg/m^3；PC-STEL：0.02mg/m^3 [按 As 计] [G1]

美国(ACGIH)　TLV-TWA：0.01mg/m^3 [按 As 计]

生物接触限值　未制定标准

监测方法　空气中有毒物质测定方法：原子荧光光谱法；氢化物-原子吸收光谱法；二乙氨基二硫代甲酸银分光光度法。生物监测检验方法：未制定标准

工程控制　严加密闭，提供充分的局部排风。提供安全的淋浴和洗眼设备

个体防护装备

呼吸系统防护　可能接触其粉尘时，必须佩戴过滤式防尘呼吸器。紧急事态抢救或撤离时，建议佩戴空气呼吸器

眼睛防护　戴化学安全防护眼镜

皮肤和身体防护　穿连衣式防毒衣

手防护　戴橡胶手套

第九部分　理化特性

外观与性状　白色或灰白色粉末

pH 值　无意义　**熔点(℃)**　86

沸点(℃)　150（分解）　**相对密度(水=1)**　1.752

相对蒸气密度(空气=1)　无资料

饱和蒸气压(kPa)　无资料

燃烧热(kJ/mol)　无资料　**临界温度(℃)**　无资料

临界压力(MPa)　无意义　**辛醇/水分配系数**　无资料

闪点(℃)　无意义　**自燃温度(℃)**　无意义

爆炸下限(%)　无意义　**爆炸上限(%)**　无意义

分解温度(℃)　无资料

黏度(mPa·s)　无资料

溶解性　溶于水、甘油，不溶于乙醚，微溶于乙醇

第十部分　稳定性和反应性

稳定性　稳定

危险反应　与强氧化剂等禁配物发生反应

避免接触的条件　受热

禁配物　强氧化剂、强酸

危险的分解产物　氧化砷、氧化钠

第十一部分　毒理学信息

急性毒性　LDLo：20mg/kg（大鼠静脉内）

皮肤刺激或腐蚀　无资料　**眼睛刺激或腐蚀**　无资料

呼吸或皮肤过敏　无资料

生殖细胞突变性　特异位点试验：果蝇经口 100μmol/L。性染色体缺失和不分离：果蝇经口 2μmol/L。DNA 抑制：人 HeLa 细胞 5μmol/L（1h）

致癌性　IARC 致癌性评论：组 1，确认人类致癌物。对人类致癌性证据充分

生殖毒性　无资料

特异性靶器官系统毒性-一次接触　无资料

特异性靶器官系统毒性-反复接触　无资料

吸入危害　无资料

第十二部分　生态学信息

生态毒性　无资料

持久性和降解性

生物降解性　无资料

非生物降解性　无资料

潜在的生物累积性　无资料

土壤中的迁移性　无资料

第十三部分　废弃处置

废弃化学品　根据国家和地方有关法规的要求处置。或与制造商联系，确定处置方法

污染包装物　将容器返还生产商或按照国家和地方法规处置

废弃注意事项　处置前应参阅国家和地方有关法规

第十四部分　运输信息

联合国危险货物编号（UN 号）　1557

联合国运输名称　固态砷化合物，未另作规定的（砷酸氢二钠）

联合国危险性类别　6.1　**包装类别**　Ⅱ类包装

包装标志  **海洋污染物** 是

运输注意事项 运输前应先检查包装容器是否完整、密封，运输过程中要确保容器不泄漏、不倒塌、不坠落、不损坏。严禁与酸类、氧化剂、食品及食品添加剂混运。运输时运输车辆应配备泄漏应急处理设备。运输途中应防曝晒、雨淋，防高温。公路运输时要按规定路线行驶，勿在居民区和人口稠密区停留

第十五部分 法规信息

下列法律、法规、规章和标准，对该化学品的管理作了相应的规定。

中华人民共和国职业病防治法 职业病分类和目录：砷及其化合物中毒；砷及其化合物所致肺癌、皮肤癌

危险化学品安全管理条例 危险化学品目录：列入。易制爆危险化学品名录：未列入。重点监管的危险化学品名录：未列入。GB 18218—2009《危险化学品重大危险源辨识》(表 1)：未列入

使用有毒物品作业场所劳动保护条例 高毒物品目录：列入

易制毒化学品管理条例 易制毒化学品的分类和品种目录：未列入

国际公约 斯德哥尔摩公约：未列入。鹿特丹公约：未列入。蒙特利尔议定书：未列入

第十六部分 其他信息

编写和修订信息 **缩略语和首字母缩写**

培训建议 **参考文献**

免责声明

砷 酸 铅

第一部分 化学品标识

化学品中文名 砷酸铅

化学品英文名 lead arsenate

分子式 $Pb_3(AsO_4)_2$

相对分子质量 347.13

化学品的推荐及限制用途 用作杀虫剂，除草剂

第二部分 危险性概述

紧急情况概述 吞咽会中毒，吸入会中毒，可能致癌

GHS 危险性类别 急性毒性-经口，类别 3；急性毒性-吸入，类别 3；致癌性，类别 1A；生殖毒性，类别 1A；特异性靶器官毒性-反复接触，类别 2；危害水生环境-急性危害，类别 1；危害水生环境-长期危害，类别 1

标签要素

象形图 

警示词 危险

危险性说明 吞咽会中毒，吸入会中毒，可能致癌，可能对生育力或胎儿造成伤害，长时间或反复接触可能对器官造成损伤，对水生生物毒性非常大并具有长期持续影响

防范说明

预防措施 避免接触眼睛、皮肤，操作后彻底清洗。作业场所不得进食、饮水或吸烟。避免吸入粉尘、烟气。仅在室外或通风良好处操作。得到专门指导后操作。在阅读并了解所有安全预防措施之前，切勿操作。按要求使用个体防护装备。禁止排入环境

事故响应 如吸入：将患者转移到空气新鲜处，休息，保持利于呼吸的体位，呼叫中毒控制中心或就医。食入：漱口，立即呼叫中毒控制中心或就医。如果接触或有担心，就医。收集泄漏物

安全储存 存放在通风良好的地方。保持低温

废弃处置 本品及内装物、容器依据国家和地方法规处置

物理和化学危险 不燃，无特殊燃爆特性

健康危害 同时具有铅和砷的毒性，但通常以砷的毒作用表现为突出。急性中毒表现有恶心、呕吐、腹痛、腹泻、肌肉痉挛、兴奋、定向力障碍等。皮肤接触引起接触性皮炎

慢性影响 厌食、体重减轻、全身无力、面色苍白、腹痛。可能发生肝、肾损害及鼻中隔穿孔。长期皮肤接触可引起弥漫性色素沉着及手、脚掌皮肤过度角化。砷和砷化合物为对人致癌物，可引起肺癌、皮肤癌

环境危害 对水生生物毒性非常大并具有长期持续影响

第三部分 成分/组成信息

√物质 混合物

组分	浓度	CAS No.
砷酸铅		3687-31-8

第四部分 急救措施

吸入 迅速脱离现场至空气新鲜处。保持呼吸道通畅。如呼吸困难，给输氧。如呼吸、心跳停止，立即进行心肺复苏术。就医

皮肤接触 立即脱去污染的衣着，用肥皂水和清水彻底冲洗。就医

眼睛接触 立即分开眼睑，用流动清水或生理盐水彻底冲洗。就医

食入 催吐、彻底洗胃，洗胃后服活性炭 30～50g（用水调成浆状），而后再服用硫酸镁或硫酸钠导泻。就医

对保护施救者的忠告 根据需要使用个人防护设备

对医生的特别提示 砷中毒解毒剂有二巯基丙磺酸钠、二巯基丁二酸钠等；铅中毒解毒剂有依地酸二钠钙、二巯基丁二酸钠、二巯基丁二酸等

第五部分 消防措施

灭火剂 本品不燃。根据着火原因选择适当灭火剂灭火

特别危险性 受高热分解放出有毒的气体

灭火注意事项及防护措施 消防人员须佩戴防毒面具、穿全身消防服，在上风向灭火。尽可能将容器从火场移至空旷处。喷水保持火场容器冷却，直至灭火结束

第六部分 泄漏应急处理

作业人员防护措施、防护装备和应急处置程序 隔离泄漏污染区，限制出入。建议应急处理人员戴防尘口罩，穿防毒服，戴橡胶手套。穿上适当的防护服前严禁接触破裂的容器和泄漏物。尽可能切断泄漏源。用塑料布覆盖泄漏物，减少飞散。勿使水进入包装容器内

环境保护措施 无资料

泄漏化学品的收容、清除方法及所使用的处置材料 用洁净的铲子收集泄漏物，置于干净、干燥、盖子较松的容器中，将容器移离泄漏区

第七部分 操作处置与储存

操作注意事项 密闭操作，提供充分的局部排风。操作尽可能机械化、自动化。操作人员必须经过专门培训，严格遵守操作规程。建议操作人员佩戴头罩型电动送风过滤式防尘呼吸器，穿连衣式防毒衣，戴橡胶手套。避免产生粉尘。避免与氧化剂、酸类接触。搬运时要轻装轻卸，防止包装及容器损坏。配备泄漏应急处理设备。倒空的容器可能残留有害物

储存注意事项 储存于阴凉、通风的库房。远离火种、热源。包装密封。应与氧化剂、酸类、食用化学品分开存放，切忌混储。储区应备有合适的材料收容泄漏物

第八部分 接触控制/个体防护

职业接触限值

中国 PC-TWA：0.05mg/m^3（铅尘），0.03mg/m^3（铅烟）［按 Pb 计］［G2A］；PC-TWA：0.01mg/m^3；PC-STEL：0.02mg/m^3［按 As 计］［G1］

美国（ACGIH） TLV-TWA：0.01mg/m^3［按 As 计］，0.05mg/m^3［按 Pb 计］

生物接触限值 血铅：2.0μmol/L（400μg/L）（采样时间：接触 3 周后的任意时间）

监测方法 空气中有毒物质测定方法：铅的测量方法——火焰原子吸收光谱法；双硫腙分光光度法；氢化物-原子吸收光谱法；微分电位溶出法。砷的测量方法——原子荧光光谱法；氢化物-原子吸收光谱法；二乙氨基二硫代甲酸银分光光度法。生物监测检验方法：血中铅的石墨炉原子吸收光谱测定方法；血中铅的微分电位溶出测定方法

工程控制 严加密闭，提供充分的局部排风。提供安全的淋浴和洗眼设备

个体防护装备

呼吸系统防护 可能接触其粉尘时，必须佩戴过滤式防尘呼吸器。紧急事态抢救或撤离时，建议佩戴空气呼吸器

眼睛防护 戴化学安全防护眼镜

皮肤和身体防护 穿连衣式防毒衣

手防护 戴橡胶手套

第九部分 理化特性

外观与性状 白色结晶粉末

pH 值 无意义 **熔点(℃)** 1042（分解）

沸点(℃) 无资料 **相对密度(水=1)** 5.79

相对蒸气密度(空气=1) 无资料

饱和蒸气压(kPa) 无资料

燃烧热(kJ/mol) 无资料 **临界温度(℃)** 无资料

临界压力(MPa) 无意义 **辛醇/水分配系数** 无资料

闪点(℃) 无意义 **自燃温度(℃)** 无意义

爆炸下限(%) 无意义 **爆炸上限(%)** 无意义

分解温度(℃) 无资料

黏度(mPa·s) 无资料

溶解性 不溶于水，溶于氨水、氢氧化钠水溶液

第十部分 稳定性和反应性

稳定性 稳定

危险反应 与强氧化剂等禁配物发生反应

避免接触的条件 受热

禁配物 强氧化剂、强酸

危险的分解产物 氧化砷、氧化铅

第十一部分 毒理学信息

急性毒性 LD_{50}：100mg/kg（大鼠经口）

皮肤刺激或腐蚀 无资料 **眼睛刺激或腐蚀** 无资料

呼吸或皮肤过敏 无资料 **生殖细胞突变性** 无资料

致癌性 IARC 致癌性评论：组 1，确认人类致癌物

生殖毒性 无资料

特异性靶器官系统毒性-一次接触 无资料

特异性靶器官系统毒性-反复接触 铅的亚急性与慢性毒性：对所有动物都有毒性作用，特别使神经系统、血液、血管发生改变。对蛋白代谢、细胞能量平衡及细胞的遗传系统有较大的影响

吸入危害 无资料

第十二部分 生态学信息

生态毒性 含砷化合物对水生生物有极高毒性

持久性和降解性

生物降解性 无资料

非生物降解性 无资料

潜在的生物累积性 无资料

土壤中的迁移性 无资料

第十三部分 废弃处置

废弃化学品 根据国家和地方有关法规的要求处置。或与制造商联系，确定处置方法

污染包装物 将容器返还生产商或按照国家和地方法规处置

废弃注意事项 处置前应参阅国家和地方有关法规

第十四部分 运输信息

联合国危险货物编号（UN 号） 1617

联合国运输名称　砷酸铅

联合国危险性类别　6.1　　包装类别　Ⅱ类包装

包装标志 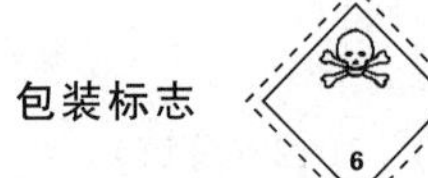 海洋污染物　是

运输注意事项　运输前应先检查包装容器是否完整、密封，运输过程中要确保容器不泄漏、不倒塌、不坠落、不损坏。严禁与酸类、氧化剂、食品及食品添加剂混运。运输时运输车辆应配备泄漏应急处理设备。运输途中应防曝晒、雨淋，防高温。公路运输时要按规定路线行驶，勿在居民区和人口稠密区停留

第十五部分　法规信息

下列法律、法规、规章和标准，对该化学品的管理作了相应的规定。

中华人民共和国职业病防治法　职业病分类和目录：铅及其化合物中毒；砷及其化合物中毒；砷及其化合物所致肺癌、皮肤癌

危险化学品安全管理条例　危险化学品目录：列入。易制爆危险化学品名录：未列入。重点监管的危险化学品名录：未列入。GB 18218—2009《危险化学品重大危险源辨识》(表1)：未列入

使用有毒物品作业场所劳动保护条例　高毒物品目录：列入

易制毒化学品管理条例　易制毒化学品的分类和品种目录：未列入

国际公约　斯德哥尔摩公约：未列入。鹿特丹公约：未列入。蒙特利尔议定书：未列入

第十六部分　其他信息

编写和修订信息　　**缩略语和首字母缩写**

培训建议　　**参考文献**

免责声明

十二硫醇

第一部分　化学品标识

化学品中文名　十二硫醇；十二烷基硫醇；月桂硫醇

化学品英文名　dodecyl mercaptan；lauryl mercaptan

分子式　$C_{12}H_{26}S$　　**相对分子质量**　202.44

结构式　HS（锯齿形碳链结构式）

化学品的推荐及限制用途　用于合成塑料、橡胶及制造药品、杀虫剂、防霉剂、去污剂等

第二部分　危险性概述

紧急情况概述　可燃液体，造成严重的皮肤灼伤和眼损伤

GHS危险性类别　易燃液体，类别4；皮肤腐蚀/刺激，类别1C；严重眼损伤/眼刺激，类别1；危害水生环境-急性危害，类别1；危害水生环境-长期危害，类别1

标签要素

象形图 

警示词　危险

危险性说明　可燃液体，造成严重的皮肤灼伤和眼损伤，对水生生物毒性非常大并具有长期持续影响

防范说明

预防措施　远离火焰和热表面。禁止吸烟。避免吸入烟雾。避免接触眼睛、皮肤，操作后彻底清洗。戴防护手套，穿防护服，戴防护眼镜、防护面罩。禁止排入环境

事故响应　火灾时，使用干粉、泡沫、二氧化碳、砂土灭火如吸入：将患者转移到空气新鲜处，休息，保持利于呼吸的体位，立即呼叫中毒控制中心或就医。皮肤（或头发）接触：立即脱掉所有被污染的衣服，用水冲洗皮肤，淋浴。污染的衣服须洗净后方可重新使用。接触眼睛：用水细心冲洗数分钟。如戴隐形眼镜并可方便地取出，取出隐形眼镜继续冲洗。食入：漱口，不要催吐。收集泄漏物

安全储存　存放在通风良好的地方。保持低温。上锁保管

废弃处置　本品及内装物、容器依据国家和地方法规处置

物理和化学危险　可燃，其蒸气与空气混合，能形成爆炸性混合物

健康危害　本品蒸气或雾对鼻、喉有刺激性。高浓度吸入引起头痛、恶心、呕吐，甚至昏迷。极高浓度或长时间吸入可引起神志不清，甚至死亡。液体或雾对眼睛有刺激性。大量口服引起头痛、恶心、呕吐、神志丧失。眼和皮肤接触引起灼伤

慢性影响　反复接触可致哮喘。皮肤长期反复接触，可引起皮炎

环境危害　对水生生物毒性非常大并具有长期持续影响

第三部分　成分/组成信息

√物质		混合物
组分	**浓度**	**CAS No.**
十二硫醇		112-55-0

第四部分　急救措施

吸入　迅速脱离现场至空气新鲜处。保持呼吸道通畅。如呼吸困难，给输氧。如呼吸、心跳停止，立即进行心肺复苏术。就医

皮肤接触　立即脱去污染的衣着，用大量流动清水彻底冲洗至少15min。就医

眼睛接触　立即分开眼睑，用流动清水或生理盐水彻底冲洗至少15min。就医

食入　用水漱口，禁止催吐。给饮牛奶或蛋清。就医

对保护施救者的忠告　根据需要使用个人防护设备

对医生的特别提示　对症处理

第五部分 消防措施

灭火剂 用干粉、泡沫、二氧化碳、砂土灭火

特别危险性 受高热分解产生有毒的硫化物烟气。燃烧生成有害的一氧化碳、硫化物

灭火注意事项及防护措施 消防人员必须佩戴空气呼吸器、穿全身防火防毒服，在上风向灭火。尽可能将容器从火场移至空旷处。喷水保持火场容器冷却，直至灭火结束

第六部分 泄漏应急处理

作业人员防护措施、防护装备和应急处置程序 根据液体流动和蒸气扩散的影响区域划定警戒区，无关人员从侧风、上风向撤离至安全区。消除所有点火源。建议应急处理人员戴正压自给式呼吸器，穿防毒、防静电服，戴防化学品手套。作业时使用的所有设备应接地。禁止接触或跨越泄漏物。尽可能切断泄漏源

环境保护措施 防止泄漏物进入水体、下水道、地下室或有限空间

泄漏化学品的收容、清除方法及所使用的处置材料 小量泄漏：用砂土或其他不燃材料吸收，使用洁净的无火花工具收集吸收材料。大量泄漏：构筑围堤或挖坑收容。用泡沫覆盖，减少蒸发。喷水雾能减少蒸发，但不能降低泄漏物在有限空间内的易燃性。用防爆泵转移至槽车或专用收集器内

第七部分 操作处置与储存

操作注意事项 密闭操作，提供充分的局部排风。操作尽可能机械化、自动化。操作人员必须经过专门培训，严格遵守操作规程。建议操作人员佩戴过滤式防毒面具（半面罩），戴化学安全防护眼镜，穿透气型防毒服，戴防化学品手套。远离火种、热源。工作场所严禁吸烟。使用防爆型的通风系统和设备。防止蒸气泄漏到工作场所空气中。避免与氧化剂、还原剂、碱类、碱金属接触。搬运时要轻装轻卸，防止包装及容器损坏。配备相应品种和数量的消防器材及泄漏应急处理设备。倒空的容器可能残留有害物

储存注意事项 储存于阴凉、通风的库房。远离火种、热源。保持容器密封。应与氧化剂、还原剂、碱类、碱金属、食用化学品分开存放，切忌混储。配备相应品种和数量的消防器材。储区应备有泄漏应急处理设备和合适的收容材料

第八部分 接触控制/个体防护

职业接触限值

中国 未制定标准

美国(ACGIH) TLV-TWA：0.1ppm［敏］

生物接触限值 未制定标准

监测方法 空气中有毒物质测定方法：未制定标准。生物监测检验方法：未制定标准

工程控制 严加密闭，提供充分的局部排风。提供安全的淋浴和洗眼设备

个体防护装备

呼吸系统防护 可能接触其蒸气时，应该佩戴过滤式防毒面具（半面罩）。紧急事态抢救或撤离时，建议佩戴空气呼吸器

眼睛防护 戴化学安全防护眼镜

皮肤和身体防护 穿透气型防毒服

手防护 戴防化学品手套

第九部分 理化特性

外观与性状 无色到淡黄色液体，略有气味

pH 值 无资料 **熔点(℃)** −7.5

沸点(℃) 260～268 **相对密度(水=1)** 0.85

相对蒸气密度(空气=1) 7.0

饱和蒸气压(kPa) 0.33（25℃）

燃烧热(kJ/mol) 无资料 **临界温度(℃)** 无资料

临界压力(MPa) 1.84 **辛醇/水分配系数** 6.18

闪点(℃) 128（OC） **自燃温度(℃)** 197

爆炸下限(%) 无资料 **爆炸上限(%)** 无资料

分解温度(℃) 无资料

黏度(mPa·s) 无资料

溶解性 不溶于水，溶于甲醇、乙醚、丙酮、苯、乙酸乙酯

第十部分 稳定性和反应性

稳定性 稳定

危险反应 与强氧化剂等禁配物发生反应

避免接触的条件 受热

禁配物 碱、强氧化剂、强还原剂、碱金属

危险的分解产物 硫化氢、硫化物

第十一部分 毒理学信息

急性毒性 LD_{50}：4225mg/kg（小鼠经口）

皮肤刺激或腐蚀 无资料 **眼睛刺激或腐蚀** 无资料

呼吸或皮肤过敏 无资料 **生殖细胞突变性** 无资料

致癌性 无资料 **生殖毒性** 无资料

特异性靶器官系统毒性-一次接触 无资料

特异性靶器官系统毒性-反复接触 无资料

吸入危害 无资料

第十二部分 生态学信息

生态毒性 EC_{50}：1～10mg/L（水蚤）

持久性和降解性

生物降解性 无资料

非生物降解性 无资料

潜在的生物累积性 根据 K_{ow} 值预测，该物质可能有较高的生物累积性

土壤中的迁移性 根据 K_{oc} 值预测，该物质的迁移性可能较弱

第十三部分 废弃处置

废弃化学品 建议用焚烧法处置。焚烧炉排出的硫氧化物通过洗涤器除去

污染包装物 将容器返还生产商或按照国家和地方法规处置

废弃注意事项 处置前应参阅国家和地方有关法规

第十四部分 运输信息

联合国危险货物编号（UN号） 1760

联合国运输名称 腐蚀性液体，未另作规定的（十二烷基硫醇）

联合国危险性类别 8 **包装类别** Ⅲ类包装

包装标志  **海洋污染物** 是

运输注意事项 运输前应先检查包装容器是否完整、密封，运输过程中要确保容器不泄漏、不倒塌、不坠落、不损坏。严禁与酸类、氧化剂、食品及食品添加剂混运。运输时运输车辆应配备相应品种和数量的消防器材及泄漏应急处理设备。运输途中应防曝晒、雨淋，防高温。公路运输时要按规定路线行驶

第十五部分 法规信息

下列法律、法规、规章和标准，对该化学品的管理作了相应的规定。

中华人民共和国职业病防治法 职业病分类和目录：未列入

危险化学品安全管理条例 危险化学品目录：列入。易制爆危险化学品名录：未列入。重点监管的危险化学品名录：未列入。GB 18218—2009《危险化学品重大危险源辨识》(表 1)：未列入

使用有毒物品作业场所劳动保护条例 高毒物品目录：未列入

易制毒化学品管理条例 易制毒化学品的分类和品种目录：未列入

国际公约 斯德哥尔摩公约：未列入。鹿特丹公约：未列入。蒙特利尔议定书：未列入

第十六部分 其他信息

编写和修订信息 **缩略语和首字母缩写**

培训建议 **参考文献**

免责声明

十 硼 烷

第一部分 化学品标识

化学品中文名 十硼烷；癸硼烷；十硼氢

化学品英文名 decaborane；boron hydride

分子式 $B_{10}H_{14}$ **相对分子质量** 122.24

结构式

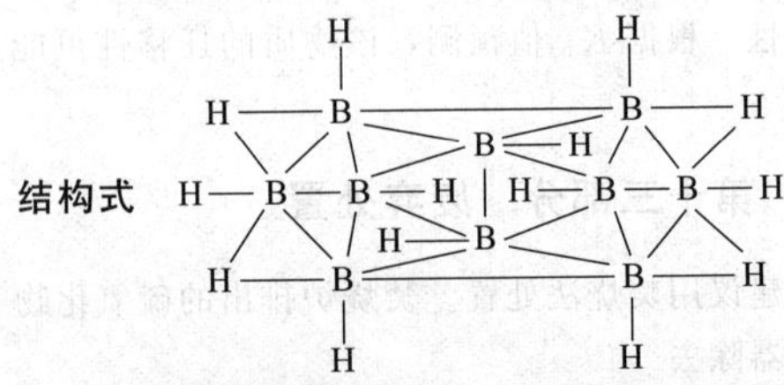

化学品的推荐及限制用途 用于聚合物合成，也作固体燃料、腐蚀抑制剂、稳定剂、还原剂等

第二部分 危险性概述

紧急情况概述 易燃固体，吞咽会中毒，皮肤接触会致命，吸入致命

GHS危险性类别 易燃固体，类别 1；急性毒性-经口，类别 3；急性毒性-经皮，类别 2；急性毒性-吸入，类别 1；皮肤腐蚀/刺激，类别 3；严重眼损伤/眼刺激，类别 2B；特异性靶器官毒性-一次接触，类别 1；特异性靶器官毒性-一次接触，类别 3（呼吸道刺激、麻醉效应）；特异性靶器官毒性-反复接触，类别 1

标签要素

象形图

警示词 危险

危险性说明 易燃固体，吞咽会中毒，皮肤接触会致命，吸入致命，造成轻微皮肤刺激，造成眼刺激，对器官造成损害，可能引起呼吸道刺激，长时间或反复接触对器官造成损伤

防范说明

预防措施 远离热源、火花、明火、热表面。禁止吸烟。容器和接收设备接地连接。使用防爆电器、通风、照明设备。戴防护手套、防护眼镜、防护面罩。避免接触眼睛、皮肤或衣服，操作后彻底清洗。作业场所不得进食、饮水或吸烟。避免吸入粉尘。仅在室外或通风良好处操作。戴呼吸防护器具

事故响应 火灾时，使用二氧化碳、砂土灭火。如吸入：将患者转移到空气新鲜处，休息，保持利于呼吸的体位。皮肤接触：用大量肥皂水和水轻轻地清洗，立即呼叫中毒控制中心或就医。如发生皮肤刺激，就医。如接触眼睛：用水细心冲洗数分钟。如戴隐形眼镜并可方便地取出，取出隐形眼镜继续冲洗。如果眼睛刺激持续：就医。食入：漱口，立即呼叫中毒控制中心或就医。如果接触：立即呼叫中毒控制中心或就医。如感觉不适，就医

安全储存 在通风良好处储存。保持容器密闭。上锁保管

废弃处置 本品及内装物、容器依据国家和地方法规处置

物理和化学危险 易燃。遇水剧烈反应，产生有毒气体

健康危害 急性中毒：出现神经系统症状，主要表现有头痛、头晕、嗜睡、眼肌麻痹、皮肤感觉过敏，重者出现共济失调、肌痉挛、抽搐、角弓反张、意识障碍或精神紊乱。可有干咳、胸闷、食欲不振等症状，可有心、肝、肾损害。对皮肤和黏膜有强烈刺激性，可经皮肤吸收引起中毒。长期接触可引起肝、肾损害，中枢神经系统损害较轻

环境危害 对环境可能有害

第三部分 成分/组成信息

√物质　　混合物

组分	浓度	CAS No.
十硼烷		17702-41-9

第四部分 急救措施

吸入 迅速脱离现场至空气新鲜处。保持呼吸道通畅。如呼吸困难，给输氧。如呼吸、心跳停止，立即进行心肺复苏术。就医

皮肤接触 立即脱去污染的衣着，用流动清水彻底冲洗。就医

眼睛接触 立即分开眼睑，用流动清水或生理盐水彻底冲洗。就医

食入 饮适量温水，催吐（仅限于清醒者）。就医

对保护施救者的忠告 根据需要使用个人防护设备

对医生的特别提示 对症处理

第五部分 消防措施

灭火剂 用二氧化碳、砂土灭火

特别危险性 具有强还原性。遇水、潮湿空气、酸类、氧化剂、高热及明火能引起燃烧。燃烧生成有害的氧化硼、氢气

灭火注意事项及防护措施 消防人员必须佩戴空气呼吸器、穿全身防火防毒服，在上风向灭火。尽可能将容器从火场移至空旷处。喷水保持火场容器冷却，直至灭火结束。禁止用水和泡沫灭火

第六部分 泄漏应急处理

作业人员防护措施、防护装备和应急处置程序 消除所有点火源。隔离泄漏污染区，限制出入。建议应急处理人员戴防尘口罩，穿防毒、防静电服，戴防毒物渗透手套。穿上适当的防护服前严禁接触破裂的容器和泄漏物

环境保护措施 无资料

泄漏化学品的收容、清除方法及所使用的处置材料 用洁净的无火花工具收集泄漏物，置于一盖子较松的塑料容器中，待处置

第七部分 操作处置与储存

操作注意事项 密闭操作，局部排风。操作人员必须经过专门培训，严格遵守操作规程。建议操作人员佩戴自吸过滤式防尘口罩，戴化学安全防护眼镜，穿防毒物渗透工作服，戴防毒物渗透手套。远离火种、热源。工作场所严禁吸烟。使用防爆型的通风系统和设备。避免产生粉尘。避免与氧化剂、卤化物接触。搬运时要轻装轻卸，防止包装及容器损坏。配备相应品种和数量的消防器材及泄漏应急处理设备。倒空的容器可能残留有害物

储存注意事项 储存于阴凉、干燥、通风良好的专用库房内。实行“双人收发、双人保管”制度。库温不宜超过35℃。远离火种、热源。包装必须密封，切勿受潮。应与氧化剂、卤化物、食用化学品分开存放，切忌混储。采用防爆型照明、通风设施。禁止使用易产生火花的机械设备和工具。储区应备有合适的材料收容泄漏物

第八部分 接触控制/个体防护

职业接触限值

中国 PC-TWA：0.25mg/m^3；PC-STEL：0.75mg/m^3［皮］

美国(ACGIH) TLV-TWA：0.05ppm；TLV-STEL：0.15ppm［皮］

生物接触限值 未制定标准

监测方法 空气中有毒物质测定方法：未制定标准。生物监测检验方法：未制定标准

工程控制 密闭操作，局部排风。提供安全的淋浴和洗眼设备

个体防护装备

呼吸系统防护 空气中粉尘浓度超标时，应该佩戴过滤式防尘呼吸器。必要时佩戴空气呼吸器

眼睛防护 戴化学安全防护眼镜

皮肤和身体防护 穿防毒物渗透工作服

手防护 戴防毒物渗透手套

第九部分 理化特性

外观与性状 无色结晶，有刺激性气味

pH值 无资料　　**熔点(℃)** 99.7

沸点(℃) 213

相对密度(水=1) 0.94（25℃，固体）

相对蒸气密度(空气=1) 4.2

饱和蒸气压(kPa) 2.54（100℃）

燃烧热(kJ/mol) 无资料　　**临界温度(℃)** 无资料

临界压力(MPa) 无资料　　**辛醇/水分配系数** 0.23

闪点(℃) 80（CC）　　**自燃温度(℃)** 300

爆炸下限(%) 无资料　　**爆炸上限(%)** 无资料

分解温度(℃) 无资料

黏度(mPa·s) 无资料

溶解性 微溶于冷水，溶于苯、甲苯、烃类、己烷等

第十部分 稳定性和反应性

稳定性 稳定

危险反应 与强氧化剂、水等禁配物发生反应

避免接触的条件 潮湿空气

禁配物 氧、强氧化剂、卤化物、水、酸类

危险的分解产物 氢气

第十一部分 毒理学信息

急性毒性

LD_{50} 64mg/kg（大鼠经口）；71mg/kg（兔经皮）

LC_{50} 46ppm（大鼠吸入，4h）

皮肤刺激或腐蚀 无资料　　**眼睛刺激或腐蚀** 无资料

呼吸或皮肤过敏 无资料　　**生殖细胞突变性** 无资料

致癌性 无资料　　**生殖毒性** 无资料

特异性靶器官系统毒性-一次接触 无资料

特异性靶器官系统毒性-反复接触 无资料

吸入危害 无资料

第十二部分 生态学信息

生态毒性 无资料

持久性和降解性

生物降解性 无资料

非生物降解性 无资料

潜在的生物累积性 根据 K_{ow}值预测，该物质的生物累积性可能较弱

土壤中的迁移性 根据 K_{oc}值预测，该物质可能易发生迁移

第十三部分 废弃处置

废弃化学品 根据国家和地方有关法规的要求处置。或与制造商联系，确定处置方法

污染包装物 将容器返还生产商或按照国家和地方法规处置

废弃注意事项 处置前应参阅国家和地方有关法规

第十四部分 运输信息

联合国危险货物编号（UN号） 1868

联合国运输名称 癸硼烷

联合国危险性类别 4.1，6.1 **包装类别** Ⅱ类包装

包装标志 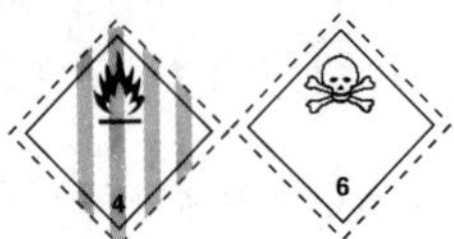

海洋污染物 否

运输注意事项 运输时运输车辆应配备相应品种和数量的消防器材及泄漏应急处理设备。装运本品的车辆排气管须有阻火装置。运输过程中要确保容器不泄漏、不倒塌、不坠落、不损坏。严禁与氧化剂、卤化物、食用化学品等混装混运。运输途中应防曝晒、雨淋，防高温。中途停留时应远离火种、热源。车辆运输完毕应进行彻底清扫。铁路运输时要禁止溜放

第十五部分 法规信息

下列法律、法规、规章和标准，对该化学品的管理作了相应的规定。

中华人民共和国职业病防治法 职业病分类和目录：未列入

危险化学品安全管理条例 危险化学品目录：列入。作为剧毒化学品进行管理。

易制爆危险化学品名录 未列入。重点监管的危险化学品名录：未列入。GB 18218—2009《危险化学品重大危险源辨识》（表1）：未列入

使用有毒物品作业场所劳动保护条例 高毒物品目录：未列入

易制毒化学品管理条例 易制毒化学品的分类和品种目录：未列入

国际公约 斯德哥尔摩公约：未列入。鹿特丹公约：未列入。蒙特利尔议定书：未列入

第十六部分 其他信息

编写和修订信息 **缩略语和首字母缩写**

培训建议 **参考文献**

免责声明

十 氢 萘

第一部分 化学品标识

化学品中文名 十氢萘；十氢化萘；萘烷

化学品英文名 decahydronaphthalene；naphthane

分子式 $C_{10}H_{18}$ **相对分子质量** 138.28

结构式 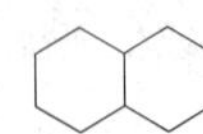

化学品的推荐及限制用途 用作油、脂、树脂、橡胶等的溶剂，以及除漆剂和润滑剂

第二部分 危险性概述

紧急情况概述 易燃液体和蒸气，吸入会中毒，造成严重的皮肤灼伤和眼损伤，吞咽及进入呼吸道可能致命

GHS危险性类别 易燃液体，类别3；急性毒性-吸入，类别3；皮肤腐蚀/刺激，类别1C；严重眼损伤/眼刺激，类别1；吸入危害，类别1；危害水生环境-急性危害，类别2；危害水生环境-长期危害，类别2

标签要素

象形图

警示词 危险

危险性说明 易燃液体和蒸气，吸入会中毒，造成严重的皮肤灼伤和眼损伤，吞咽及进入呼吸道可能致命，对水生生物有毒并具有长期持续影响

防范说明

预防措施 远离热源、火花、明火、热表面。禁止吸烟。保持容器密闭。容器和接收设备接地连接。使用防爆电器、通风、照明设备。只能使用不产生火花的工具。采取防止静电措施。避免吸入蒸气、雾。仅在室外或通风良好处操作。避免接触眼睛、皮肤，操作后彻底清洗。戴防护手套，穿防护服，戴防护眼镜、防护面罩。禁止排入环境

事故响应 火灾时，使用雾状水、泡沫、干粉、二氧化碳、砂土灭火。如皮肤（或头发）接触：立即脱掉所有被污染的衣服，用水冲洗皮肤，淋浴

安全储存 存放在通风良好的地方。保持低温。保持容器密闭。上锁保管

废弃处置 本品及内装物、容器依据国家和地方法规处置

物理和化学危险 易燃，其蒸气与空气混合，能形成爆炸性混合物

健康危害 蒸气有刺激和麻醉作用，吸入后可引起呼吸道刺激、头痛、头晕。眼和皮肤直接接触引起灼伤。液态本品吸入呼吸道可引起吸入性肺炎

慢性影响 长期接触可引起周围神经病。对胃肠道有影响。皮肤接触可引起小水疱、湿疹、皮肤脱脂。对肾脏可能有影响

环境危害 对水生生物有毒并具有长期持续影响

第三部分 成分/组成信息

√物质		混合物
组分	**浓度**	**CAS No.**
十氢萘		91-17-8

第四部分 急救措施

吸入 迅速脱离现场至空气新鲜处。保持呼吸道通畅。如呼吸困难，给输氧。如呼吸、心跳停止，立即进行心肺复苏术。就医

皮肤接触 立即脱去污染的衣着，用大量流动清水彻底冲洗至少15min。就医

眼睛接触 立即分开眼睑，用流动清水或生理盐水彻底冲洗至少15min。就医

食入 用水漱口，禁止催吐。给饮牛奶或蛋清。就医

对保护施救者的忠告 根据需要使用个人防护设备

对医生的特别提示 对症处理

第五部分 消防措施

灭火剂 用雾状水、泡沫、干粉、二氧化碳、砂土灭火

特别危险性 易燃，遇明火、高热能引起燃烧爆炸。与氧化剂能发生强烈反应。接触空气或在光照条件下可生成具有潜在爆炸危险性的过氧化物。燃烧生成有害的一氧化碳

灭火注意事项及防护措施 消防人员必须佩戴空气呼吸器、穿全身防火防毒服，在上风向灭火。喷水冷却容器，尽可能将容器从火场移至空旷处

第六部分 泄漏应急处理

作业人员防护措施、防护装备和应急处置程序 消除所有点火源。根据液体流动和蒸气扩散的影响区域划定警戒区，无关人员从侧风、上风向撤离至安全区。建议应急处理人员戴正压自给式呼吸器，穿防静电服。作业时使用的所有设备应接地。禁止接触或跨越泄漏物。尽可能切断泄漏源

环境保护措施 防止泄漏物进入水体、下水道、地下室或有限空间

泄漏化学品的收容、清除方法及所使用的处置材料 小量泄漏：用砂土或其他不燃材料吸收，使用洁净的无火花工具收集吸收材料。大量泄漏：构筑围堤或挖坑收容。用泡沫覆盖，减少蒸发。喷水雾能减少蒸发，但不能降低泄漏物在有限空间内的易燃性。用防爆泵转移至槽车或专用收集器内

第七部分 操作处置与储存

操作注意事项 密闭操作，全面通风。操作人员必须经过专门培训，严格遵守操作规程。建议操作人员佩戴自吸过滤式防毒面具（半面罩），戴安全防护眼镜，穿防静电工作服，戴橡胶耐油手套。远离火种、热源。工作场所严禁吸烟。使用防爆型的通风系统和设备。防止蒸气泄漏到工作场所空气中。避免与氧化剂接触。灌装时应控制流速，且有接地装置，防止静电积聚。搬运时要轻装轻卸，防止包装及容器损坏。配备相应品种和数量的消防器材及泄漏应急处理设备。倒空的容器可能残留有害物

储存注意事项 储存于阴凉、通风的库房。库温不宜超过37℃。远离火种、热源。保持容器密封。应与氧化剂分开存放，切忌混储。采用防爆型照明、通风设施。禁止使用易产生火花的机械设备和工具。储区应备有泄漏应急处理设备和合适的收容材料

第八部分 接触控制/个体防护

职业接触限值

中国 PC-TWA：60mg/m^3

美国(ACGIH) 未制定标准

生物接触限值 未制定标准

监测方法 空气中有毒物质测定方法：溶剂解吸-气相色谱法。生物监测检验方法：未制定标准

工程控制 生产过程密闭，全面通风。提供安全的淋浴和洗眼设备

个体防护装备

呼吸系统防护 高浓度环境中，应该佩戴过滤式防毒面具（半面罩）

眼睛防护 戴安全防护眼镜

皮肤和身体防护 穿防静电工作服

手防护 戴橡胶耐油手套

第九部分 理化特性

外观与性状 无色透明液体，有芳香气味

pH值 无资料 **熔点(℃)** −43

沸点(℃) 155.5 **相对密度(水=1)** 0.89

相对蒸气密度(空气=1) 4.76

饱和蒸气压(kPa) 0.31（25℃）

燃烧热(kJ/mol) −6182

饱和蒸气压(kPa) 无资料

临界压力(MPa) 无资料 **辛醇/水分配系数** 4.79

闪点(℃) 57.7（CC） **自燃温度(℃)** 250

爆炸下限(%) 0.7（100℃）

爆炸上限(%) 5.4（100℃）

分解温度(℃) 无资料

黏度(mPa·s) 1.788（21℃）

溶解性 不溶于水，溶于乙醇、乙醚、甲醇、氯仿等多数有机溶剂

第十部分 稳定性和反应性

稳定性 稳定

危险反应 与强氧化剂等禁配物接触，有发生火灾和爆炸的危险

避免接触的条件 空气、光照

禁配物 强氧化剂

危险的分解产物 无资料

第十一部分 毒理学信息

急性毒性

LD_{50} 4170mg/kg（大鼠经口）；5900mg/kg（兔经皮）

LC_{50} 710ppm（大鼠吸入，4h）

皮肤刺激或腐蚀 无资料 **眼睛刺激或腐蚀** 无资料

呼吸或皮肤过敏 无资料 **生殖细胞突变性** 无资料

致癌性 无资料 **生殖毒性** 无资料

特异性靶器官系统毒性-一次接触 无资料

特异性靶器官系统毒性-反复接触 豚鼠皮肤 $6cm^2$，涂本品 2d，在涂药后 10d 引起死亡。3 只豚鼠暴露在 $1.8g/m^3$ 浓度下，每天 8h，第 1 天死亡 1 只，第 2 只在 21d 后死亡，第 3 只在 23d 后死亡。病理变化为肺充血和肝、肾损害

吸入危害 无资料

第十二部分 生态学信息

生态毒性 LC_{50}：4.3mg/L（48h）（高体雅罗鱼）；1.84mg/L（48h）（青鳉）

持久性和降解性

生物降解性 MITI-Ⅰ测试，初始浓度 100ppm，污泥浓度 30ppm，4 周后降解 2%

非生物降解性 -

潜在的生物累积性 BCF：顺式异构体，839～2380（鲤鱼，接触浓度 2.1mg/L，接触时间 8 周），1290～2400（鲤鱼，接触浓度 0.21mg/L，接触时间 8 周）；反式异构体，1170～3050（鲤鱼，接触浓度 2.8mg/L，接触时间 8 周），1300～2510（鲤鱼，接触浓度 0.28mg/L，接触时间 8 周）；根据 K_{ow} 值预测，该物质可能有较高的生物累积性

土壤中的迁移性 根据 K_{oc} 值预测，该物质的迁移性可能较弱

第十三部分 废弃处置

废弃化学品 建议用焚烧法处置

污染包装物 将容器返还生产商或按照国家和地方法规处置

废弃注意事项 处置前应参阅国家和地方有关法规

第十四部分 运输信息

联合国危险货物编号（UN 号） 1147

联合国运输名称 十氢化萘

联合国危险性类别 3 **包装类别** Ⅲ类包装

包装标志 

海洋污染物 否

运输注意事项 运输时运输车辆应配备相应品种和数量的消防器材及泄漏应急处理设备。夏季最好早晚运输。运输时所用的槽（罐）车应有接地链，槽内可设孔隔板以减少震荡产生的静电。严禁与氧化剂、食用化学品等混装混运。运输途中应防曝晒、雨淋，防高温。中途停留时应远离火种、热源、高温区。装运该物品的车辆排气管必须配备阻火装置，禁止使用易产生火花的机械设备和工具装卸。公路运输时要按规定路线行驶，勿在居民区和人口稠密区停留。铁路运输时要禁止溜放。严禁用木船、水泥船散装运输

第十五部分 法规信息

下列法律、法规、规章和标准，对该化学品的管理作了相应的规定。

中华人民共和国职业病防治法 职业病分类和目录：未列入

危险化学品安全管理条例 危险化学品目录：列入。易制爆危险化学品名录：未列入。重点监管的危险化学品名录：未列入。GB 18218—2009《危险化学品重大危险源辨识》（表 1）：未列入

使用有毒物品作业场所劳动保护条例 高毒物品目录：未列入

易制毒化学品管理条例 易制毒化学品的分类和品种目录：未列入

国际公约 斯德哥尔摩公约：未列入。鹿特丹公约：未列入。蒙特利尔议定书：未列入

第十六部分 其他信息

编写和修订信息 **缩略语和首字母缩写**

培训建议 **参考文献**

免责声明

石 脑 油

第一部分 化学品标识

化学品中文名 石脑油；粗汽油；轻汽油；化工轻油

化学品英文名 naphtha；petroleum naphtha；coal tar naphtha

化学品的推荐及限制用途 用作化肥、乙烯生产和催化重整原料，也可用于生产溶剂油或作为汽油产品的调和组分

第二部分 危险性概述

紧急情况概述 高度易燃液体和蒸气，吞咽及进入呼吸道可能致命

GHS 危险性类别 易燃液体，类别 2；生殖细胞致突变性，类别 1B；吸入危害，类别 1；危害水生环境-急性危害，类别 2；危害水生环境-长期危害，类别 2

标签要素

象形图 

警示词 危险

危险性说明 高度易燃液体和蒸气，可造成遗传性缺陷，吞咽及进入呼吸道可能致命，对水生生物有毒并具有长期持续影响

防范说明

预防措施　远离热源、火花、明火、热表面。禁止吸烟。保持容器密闭。容器和接收设备接地连接。使用防爆电器、通风、照明设备。只能使用不产生火花的工具。采取防止静电措施。戴防护手套、防护眼镜、防护面罩。得到专门指导后操作。在阅读并了解所有安全预防措施之前，切勿操作。按要求使用个体防护装备。禁止排入环境

事故响应　火灾时，使用泡沫、二氧化碳、干粉、砂土灭火。如皮肤（或头发）接触：立即脱掉所有被污染的衣服，用水冲洗皮肤，淋浴。如果食入：不要催吐，立即呼叫中毒控制中心或就医。如果接触或有担心，就医。收集泄漏物

安全储存　存放在通风良好的地方。保持低温。上锁保管

废弃处置　本品及内装物、容器依据国家和地方法规处置

物理和化学危险　高度易燃，其蒸气与空气混合，能形成爆炸性混合物

健康危害　石脑油蒸气可引起眼及上呼吸道刺激症状，对中枢神经系统有抑制作用。高浓度接触出现头痛、头晕、恶心、气短、紫绀等。液态本品吸入呼吸道可引起吸入性肺炎。皮肤接触蒸气或液体可引起皮炎

环境危害　对水生生物有毒并具有长期持续影响

第三部分　成分/组成信息

物质　　√混合物

石脑油 CAS No. 8030-30-6

组分	浓度	CAS No.
丁烷	无资料	106-97-8
戊烷		109-66-0
己烷		110-54-3

第四部分　急救措施

吸入　迅速脱离现场至空气新鲜处。保持呼吸道通畅。如呼吸困难，给输氧。如呼吸、心跳停止，立即进行心肺复苏术。就医

皮肤接触　立即脱去污染的衣着，用流动清水彻底冲洗。就医

眼睛接触　立即分开眼睑，用流动清水或生理盐水彻底冲洗。就医

食入　漱口，饮水。禁止催吐。就医

对保护施救者的忠告　根据需要使用个人防护设备

对医生的特别提示　对症处理

第五部分　消防措施

灭火剂　用泡沫、二氧化碳、干粉、砂土灭火

特别危险性　与氧化剂能发生强烈反应。蒸气比空气重，沿地面扩散并易积存于低洼处，遇火源会着火回燃。燃烧生成有害的一氧化碳

灭火注意事项及防护措施　消防人员必须佩戴空气呼吸器、穿全身防火防毒服，在上风向灭火。喷水冷却容器，尽可能将容器从火场移至空旷处。容器突然发出异常声音或出现异常现象，应立即撤离。用水灭火无效

第六部分　泄漏应急处理

作业人员防护措施、防护装备和应急处置程序　消除所有点火源。根据液体流动和蒸气扩散的影响区域划定警戒区，无关人员从侧风、上风向撤离至安全区。建议应急处理人员戴正压自给式呼吸器，穿防静电服。作业时使用的所有设备应接地。禁止接触或跨越泄漏物。尽可能切断泄漏源

环境保护措施　防止泄漏物进入水体、下水道、地下室或有限空间

泄漏化学品的收容、清除方法及所使用的处置材料　小量泄漏：用砂土或其他不燃材料吸收，使用洁净的无火花工具收集吸收材料。大量泄漏：构筑围堤或挖坑收容。用砂土、惰性物质或蛭石吸收大量液体。用泡沫覆盖，减少蒸发。喷水雾能减少蒸发，但不能降低泄漏物在有限空间内的易燃性。用防爆泵转移至槽车或专用收集器内

第七部分　操作处置与储存

操作注意事项　密闭操作，全面通风。操作人员必须经过专门培训，严格遵守操作规程。建议操作人员佩戴过滤式防毒面具（半面罩），戴安全防护眼镜，穿防静电工作服，戴橡胶耐油手套。远离火种、热源。工作场所严禁吸烟。使用防爆型的通风系统和设备。防止蒸气泄漏到工作场所空气中。避免与氧化剂接触。灌装时应控制流速，且有接地装置，防止静电积聚。搬运时要轻装轻卸，防止包装及容器损坏。配备相应品种和数量的消防器材及泄漏应急处理设备

储存注意事项　用储罐储存。远离火种、热源。采用防爆型照明、通风设施。禁止使用易产生火花的机械设备和工具。储区应备有泄漏应急处理设备和合适的收容材料

第八部分　接触控制/个体防护

职业接触限值

中国　未制定标准

美国(ACGIH)　TLV-TWA：400ppm

生物接触限值　未制定标准

监测方法　空气中有毒物质测定方法：热解吸-气相色谱法；直接进样-气相色谱法。生物监测检验方法：未制定标准

工程控制　生产过程密闭，全面通风。提供安全的淋浴和洗眼设备

个体防护装备

呼吸系统防护　一般不需要特殊防护，空气中浓度超标时，佩戴过滤式防毒面具（半面罩）

眼睛防护　戴安全防护眼镜

皮肤和身体防护　穿防静电工作服

手防护　戴橡胶耐油手套

第九部分 理化特性

外观与性状 无色或浅黄色液体，有特殊气味

pH值 无资料 **熔点(℃)** <−72

沸点(℃) 20～180

相对密度(水=1) 0.63～0.76

相对蒸气密度(空气=1) >2.5

饱和蒸气压(kPa) 无资料

燃烧热(kJ/mol) 无资料 **临界温度(℃)** 无资料

临界压力(MPa) 无资料 **辛醇/水分配系数** 无资料

闪点(℃) <−18（CC） **自燃温度(℃)** 232～288

爆炸下限(%) 1.1 **爆炸上限(%)** 5.9

分解温度(℃) 无资料

黏度(mPa·s) 无资料

溶解性 不溶于水，溶于多数有机溶剂

第十部分 稳定性和反应性

稳定性 稳定

危险反应 与强氧化剂等禁配物接触，有发生火灾和爆炸的危险

避免接触的条件 无资料

禁配物 强氧化剂

危险的分解产物 无资料

第十一部分 毒理学信息

急性毒性 LC_{50}：16000mg/m³（大鼠吸入，4h）

皮肤刺激或腐蚀 无资料 **眼睛刺激或腐蚀** 无资料

呼吸或皮肤过敏 无资料 **生殖细胞突变性** 无资料

致癌性 无资料 **生殖毒性** 无资料

特异性靶器官系统毒性-一次接触 无资料

特异性靶器官系统毒性-反复接触 无资料

吸入危害 无资料

第十二部分 生态学信息

生态毒性 根据结构类似物质预测，该物质对水生生物有毒

持久性和降解性

生物降解性 无资料

非生物降解性 无资料

潜在的生物累积性 无资料

土壤中的迁移性 无资料

第十三部分 废弃处置

废弃化学品 建议用焚烧法处置

污染包装物 将容器返还生产商或按照国家和地方法规处置

废弃注意事项 处置前应参阅国家和地方有关法规

第十四部分 运输信息

联合国危险货物编号（UN号） 1268

联合国运输名称 石油馏出物，未另作规定

联合国危险性类别 3 **包装类别** Ⅱ类包装

包装标志 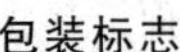 **海洋污染物** 否

运输注意事项 运输时运输车辆应配备相应品种和数量的消防器材及泄漏应急处理设备。夏季最好早晚运输。运输时所用的槽（罐）车应有接地链，槽内可设孔隔板以减少震荡产生的静电。严禁与氧化剂、食用化学品等混装混运。运输途中应防曝晒、雨淋，防高温。中途停留时应远离火种、热源、高温区。装运该物品的车辆排气管必须配备阻火装置，禁止使用易产生火花的机械设备和工具装卸。公路运输时要按规定路线行驶，勿在居民区和人口稠密区停留。铁路运输时要禁止溜放。严禁用木船、水泥船散装运输

第十五部分 法规信息

下列法律、法规、规章和标准，对该化学品的管理作了相应的规定。

中华人民共和国职业病防治法 职业病分类和目录：未列入

危险化学品安全管理条例 危险化学品目录：列入。易制爆危险化学品名录：未列入。重点监管的危险化学品名录：未列入。GB 18218—2009《危险化学品重大危险源辨识》(表1)：未列入

使用有毒物品作业场所劳动保护条例 高毒物品目录：未列入

易制毒化学品管理条例 易制毒化学品的分类和品种目录：未列入

国际公约 斯德哥尔摩公约：未列入。鹿特丹公约：未列入。蒙特利尔议定书：未列入

第十六部分 其他信息

编写和修订信息 **缩略语和首字母缩写**

培训建议 **参考文献**

免责声明

石 油 醚

第一部分 化学品标识

化学品中文名 石油醚；石油精

化学品英文名 petroleum ether；petroleum spirits

化学品的推荐及限制用途 主要用作溶剂，也用作发泡塑胶的发泡剂以及药物、香精的萃取剂

第二部分 危险性概述

紧急情况概述 高度易燃液体和蒸气，吞咽及进入呼吸道可能致命

GHS危险性类别 易燃液体，类别2；生殖细胞致突变性，类别1B；吸入危害，类别1；危害水生环境-急性危害，类别2；危害水生环境-长期危害，类别2

标签要素

象形图 

警示词　危险

危险性说明　高度易燃液体和蒸气，可造成遗传性缺陷，吞咽及进入呼吸道可能致命，对水生生物有毒并具有长期持续影响

防范说明

预防措施　远离热源、火花、明火、热表面。禁止吸烟。保持容器密闭。容器和接收设备接地连接。使用防爆电器、通风、照明设备。只能使用不产生火花的工具。采取防止静电措施。戴防护手套、防护眼镜、防护面罩。得到专门指导后操作。在阅读并了解所有安全预防措施之前，切勿操作。按要求使用个体防护装备。禁止排入环境

事故响应　火灾时，使用泡沫、二氧化碳、干粉、砂土灭火。如皮肤（或头发）接触：立即脱掉所有被污染的衣服，用水冲洗皮肤，淋浴。如果食入：不要催吐，立即呼叫中毒控制中心或就医。如果接触或有担心，就医。收集泄漏物

安全储存　存放在通风良好的地方。保持低温。上锁保管

废弃处置　本品及内装物、容器依据国家和地方法规处置

物理和化学危险　高度易燃，其蒸气与空气混合，能形成爆炸性混合物

健康危害

急性中毒　接触高浓度石油醚蒸气，可出现麻醉症状和眼、呼吸道黏膜、皮肤的刺激症状。吸入石油醚蒸气，由于排挤肺内氧气，造成缺氧，引起死亡。石油醚对皮肤有刺激作用。液态本品吸入呼吸道可引起吸入性肺炎

慢性中毒　主要表现为多发性周围神经病。出现头痛、头晕、食欲不振、无力；四肢远端，尤其下肢，进行性感觉异常，触、痛、震动和位置感觉减退，麻木；四肢肌肉无力、疼痛、震颤，腱反射减退。肌电图检查呈现多发性周围神经病，运动神经传导速度减慢

环境危害　对水生生物有毒并具有长期持续影响

第三部分　成分/组成信息

物质　　√混合物

石油醚 CAS No. 8032-32-4

组分	浓度	CAS No.
C_5烃类（正戊烷和环戊烷等）	无资料	109-66-0
己烷		110-54-3

第四部分　急救措施

吸入　迅速脱离现场至空气新鲜处。保持呼吸道通畅。如呼吸困难，给输氧。如呼吸、心跳停止，立即进行心肺复苏术。就医

皮肤接触　立即脱去污染的衣着，用流动清水彻底冲洗。就医

眼睛接触　立即分开眼睑，用流动清水或生理盐水彻底冲洗。就医

食入　漱口，饮水。禁止催吐。就医

对保护施救者的忠告　根据需要使用个人防护设备

对医生的特别提示　对症处理

第五部分　消防措施

灭火剂　用泡沫、二氧化碳、干粉、砂土灭火

特别危险性　高速冲击、流动、激荡后可因产生静电火花放电引起燃烧爆炸。蒸气比空气重，沿地面扩散并易积存于低洼处，遇火源会着火回燃。燃烧生成有害的一氧化碳

灭火注意事项及防护措施　消防人员必须佩戴空气呼吸器、穿全身防火防毒服，在上风向灭火。喷水冷却容器，尽可能将容器从火场移至空旷处。容器突然发出异常声音或出现异常现象，应立即撤离。用水灭火无效

第六部分　泄漏应急处理

作业人员防护措施、防护装备和应急处置程序　消除所有点火源。根据液体流动和蒸气扩散的影响区域划定警戒区，无关人员从侧风、上风向撤离至安全区。建议应急处理人员戴正压自给式呼吸器，穿防静电服。作业时使用的所有设备应接地。禁止接触或跨越泄漏物。尽可能切断泄漏源

环境保护措施　防止泄漏物进入水体、下水道、地下室或有限空间

泄漏化学品的收容、清除方法及所使用的处置材料　小量泄漏：用砂土或其他不燃材料吸收，使用洁净的无火花工具收集吸收材料。大量泄漏：构筑围堤或挖坑收容。用泡沫覆盖，减少蒸发。喷水雾能减少蒸发，但不能降低泄漏物在有限空间内的易燃性。用防爆泵转移至槽车或专用收集器内

第七部分　操作处置与储存

操作注意事项　密闭操作，全面通风。操作人员必须经过专门培训，严格遵守操作规程。建议操作人员佩戴过滤式防毒面具（半面罩），戴化学安全防护眼镜，穿防静电工作服，戴橡胶耐油手套。远离火种、热源。工作场所严禁吸烟。使用防爆型的通风系统和设备。防止蒸气泄漏到工作场所空气中。避免与氧化剂接触。充装要控制流速，防止静电积聚。搬运时要轻装轻卸，防止包装及容器损坏。配备相应品种和数量的消防器材及泄漏应急处理设备。倒空的容器可能残留有害物

储存注意事项　储存于阴凉、通风的库房。远离火种、热源。库温不宜超过37℃。保持容器密封。应与氧化剂分开存放，切忌混储。采用防爆型照明、通风设施。禁止使用易产生火花的机械设备和工具。储区应备有泄漏应急处理设备和合适的收容材料

第八部分　接触控制/个体防护

职业接触限值

中国　未制定标准

美国(ACGIH) 未制定标准

生物接触限值 未制定标准

监测方法 空气中有毒物质测定方法：未制定标准。生物监测检验方法：未制定标准

工程控制 生产过程密闭，全面通风。提供安全的淋浴和洗眼设备

个体防护装备

呼吸系统防护 一般不需要特殊防护，空气中浓度超标时，佩戴过滤式防毒面具（半面罩）

眼睛防护 戴化学安全防护眼镜

皮肤和身体防护 穿防静电工作服

手防护 戴橡胶耐油手套

第九部分 理化特性

外观与性状 无色透明液体，有特殊臭味，易挥发

pH值 无资料 **熔点(℃)** ＜−73

沸点(℃) 30～130 **相对密度(水=1)** 0.6～0.7

相对蒸气密度(空气=1) 2.50

饱和蒸气压(kPa) 5.332 (20℃)

燃烧热(kJ/mol) 无资料 **临界温度(℃)** 无资料

临界压力(MPa) 无资料 **辛醇/水分配系数** 无资料

闪点(℃) ＜−20 **自燃温度(℃)** 232～280

爆炸下限(%) 1.1 **爆炸上限(%)** 8.7

分解温度(℃) 无资料

黏度(mPa·s) 无资料

溶解性 不溶于水，溶于无水乙醇、苯、氯仿、油类、乙醚等多数有机溶剂

第十部分 稳定性和反应性

稳定性 稳定

危险反应 与强氧化剂等禁配物接触，有发生火灾和爆炸的危险

避免接触的条件 无资料

禁配物 强氧化剂

危险的分解产物 无资料

第十一部分 毒理学信息

急性毒性 LD_{50}：40mg/kg（小鼠静脉）

皮肤刺激或腐蚀 无资料 **眼睛刺激或腐蚀** 无资料

呼吸或皮肤过敏 无资料 **生殖细胞突变性** 无资料

致癌性 无资料 **生殖毒性** 无资料

特异性靶器官系统毒性-一次接触 无资料

特异性靶器官系统毒性-反复接触 无资料

吸入危害 无资料

第十二部分 生态学信息

生态毒性 无资料

持久性和降解性

生物降解性 无资料

非生物降解性 无资料

潜在的生物累积性

土壤中的迁移性

第十三部分 废弃处置

废弃化学品 建议用焚烧法处置

污染包装物 将容器返还生产商或按照国家和地方法规处置

废弃注意事项 处置前应参阅国家和地方有关法规

第十四部分 运输信息

联合国危险货物编号(UN号) 1268

联合国运输名称 石油馏出物，未另作规定

联合国危险性类别 3 **包装类别** Ⅱ类包装

包装标志  **海洋污染物** 否

运输注意事项 运输时运输车辆应配备相应品种和数量的消防器材及泄漏应急处理设备。夏季最好早晚运输。运输时所用的槽（罐）车应有接地链，槽内可设孔隔板以减少震荡产生的静电。严禁与氧化剂、食用化学品等混装混运。运输途中应防曝晒、雨淋，防高温。中途停留时应远离火种、热源、高温区。装运该物品的车辆排气管必须配备阻火装置，禁止使用易产生火花的机械设备和工具装卸。公路运输时要按规定路线行驶，勿在居民区和人口稠密区停留。铁路运输时要禁止溜放。严禁用木船、水泥船散装运输

第十五部分 法规信息

下列法律、法规、规章和标准，对该化学品的管理作了相应的规定。

中华人民共和国职业病防治法 职业病分类和目录：未列入

危险化学品安全管理条例 危险化学品目录：列入。易制爆危险化学品名录：未列入。重点监管的危险化学品名录：未列入。GB 18218—2009《危险化学品重大危险源辨识》(表1)：未列入

使用有毒物品作业场所劳动保护条例 高毒物品目录：未列入

易制毒化学品管理条例 易制毒化学品的分类和品种目录：未列入

国际公约 斯德哥尔摩公约：未列入。鹿特丹公约：未列入。蒙特利尔议定书：未列入

第十六部分 其他信息

编写和修订信息 **缩略语和首字母缩写**

培训建议 **参考文献**

免责声明

叔 丁 胺

第一部分 化学品标识

化学品中文名 叔丁胺；1,1-二甲基乙胺；2-氨基-2-甲基丙烷

化学品英文名 *tert*-butylamine；1,1-dimethylethylamine；

2-methyl-2-propanamine

分子式 $C_4H_{11}N$ **相对分子质量** 73.14

结构式 NH_2 连于中心碳的十字结构式

化学品的推荐及限制用途 用作橡胶促进剂、化学试剂，用于合成药品、染料、杀虫剂等

第二部分 危险性概述

紧急情况概述 高度易燃液体和蒸气，吞咽会中毒，吸入会中毒，造成严重的皮肤灼伤和眼损伤

GHS 危险性类别 易燃液体，类别 2；急性毒性-经口，类别 3；急性毒性-吸入，类别 3；皮肤腐蚀/刺激，类别 1；严重眼损伤/眼刺激，类别 1；危害水生环境-急性危害，类别 3；危害水生环境-长期危害，类别 3

标签要素

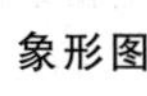
象形图

警示词 危险

危险性说明 高度易燃液体和蒸气，吞咽会中毒，吸入会中毒，造成严重的皮肤灼伤和眼损伤，对水生生物有害并具有长期持续影响

防范说明

预防措施 远离热源、火花、明火、热表面。禁止吸烟。保持容器密闭。容器和接收设备接地连接。使用防爆电器、通风、照明设备。只能使用不产生火花的工具。采取防止静电措施。避免接触眼睛、皮肤，操作后彻底清洗。作业场所不得进食、饮水或吸烟。避免吸入蒸气、雾。仅在室外或通风良好处操作。戴防护手套，穿防护服，戴防护眼镜、防护面罩。禁止排入环境

事故响应 火灾时，使用抗溶性泡沫、二氧化碳、干粉、砂土灭火。如吸入：将患者转移到空气新鲜处，休息，保持利于呼吸的体位。如皮肤（或头发）接触：立即脱掉所有被污染的衣服，用水冲洗皮肤，淋浴。污染的衣服须洗净后方可重新使用。眼睛接触：用水细心地冲洗数分钟。如戴隐形眼镜并可方便地取出，则取出隐形眼镜继续冲洗。食入：漱口，不要催吐，立即呼叫中毒控制中心或就医

安全储存 存放在通风良好的地方。保持低温。保持容器密闭。上锁保管

废弃处置 本品及内装物、容器依据国家和地方法规处置

物理和化学危险 高度易燃，其蒸气与空气混合，能形成爆炸性混合物

健康危害 本品对呼吸道有刺激性，高浓度吸入可引起肺水肿。对眼有刺激性，液体溅入眼内可致灼伤。对皮肤有刺激性，甚至引起灼伤

环境危害 对水生生物有害并具有长期持续影响

第三部分 成分/组成信息

√物质		混合物
组分	**浓度**	**CAS No.**
叔丁胺		75-64-9

第四部分 急救措施

吸入 迅速脱离现场至空气新鲜处。保持呼吸道通畅。如呼吸困难，给输氧。如呼吸、心跳停止，立即进行心肺复苏术。就医

皮肤接触 立即脱去污染的衣着，用大量流动清水彻底冲洗至少 15min。就医

眼睛接触 立即分开眼睑，用流动清水或生理盐水彻底冲洗至少 15min。就医

食入 用水漱口，禁止催吐。给饮牛奶或蛋清。就医

对保护施救者的忠告 根据需要使用个人防护设备

对医生的特别提示 对症处理

第五部分 消防措施

灭火剂 用抗溶性泡沫、二氧化碳、干粉、砂土灭火

特别危险性 与氧化剂能发生强烈反应。蒸气比空气重，沿地面扩散并易积存于低洼处，遇火源会着火回燃。具有腐蚀性。燃烧生成有害的一氧化碳、氮氧化物

灭火注意事项及防护措施 消防人员必须佩戴空气呼吸器、穿全身防火防毒服，在上风向灭火。喷水冷却容器，尽可能将容器从火场移至空旷处

第六部分 泄漏应急处理

作业人员防护措施、防护装备和应急处置程序 消除所有点火源。根据液体流动和蒸气扩散的影响区域划定警戒区，无关人员从侧风、上风向撤离至安全区。建议应急处理人员戴正压自给式呼吸器，穿防静电、防腐蚀、防毒服，戴橡胶耐油手套。作业时使用的所有设备应接地。禁止接触或跨越泄漏物。尽可能切断泄漏源

环境保护措施 防止泄漏物进入水体、下水道、地下室或有限空间

泄漏化学品的收容、清除方法及所使用的处置材料 小量泄漏：用砂土或其他不燃材料吸收，使用洁净的无火花工具收集吸收材料。大量泄漏：构筑围堤或挖坑收容。用砂土、惰性物质或蛭石吸收大量液体。用硫酸氢钠（$NaHSO_4$）中和。用抗溶性泡沫覆盖，减少蒸发。喷水雾能减少蒸发，但不能降低泄漏物在有限空间内的易燃性。用防爆、耐腐蚀泵转移至槽车或专用收集器内。喷雾状水驱散蒸气、稀释液体泄漏物

第七部分 操作处置与储存

操作注意事项 密闭操作，加强通风。操作人员必须经过专门培训，严格遵守操作规程。建议操作人员佩戴导管式防毒面具，穿防毒物渗透工作服，戴橡胶耐油手套。远离火种、热源。工作场所严禁吸烟。使用防爆型的通风系统和设备。防止蒸气泄漏到工作场所空气中。避免与氧化剂、酸类接触。充装要控制流速，防

止静电积聚。搬运时要轻装轻卸，防止包装及容器损坏。配备相应品种和数量的消防器材及泄漏应急处理设备。倒空的容器可能残留有害物

储存注意事项 储存于阴凉、通风的库房。远离火种、热源。库温不宜超过37℃。保持容器密封。应与氧化剂、酸类、食用化学品分开存放，切忌混储。采用防爆型照明、通风设施。禁止使用易产生火花的机械设备和工具。储区应备有泄漏应急处理设备和合适的收容材料

第八部分 接触控制/个体防护

职业接触限值

中国 未制定标准

美国(ACGIH) 未制定标准

生物接触限值 未制定标准

监测方法 空气中有毒物质测定方法：未制定标准。生物监测检验方法：未制定标准

工程控制 生产过程密闭，加强通风。提供安全的淋浴和洗眼设备

个体防护装备

呼吸系统防护 可能接触其蒸气时，佩戴过滤式防毒面具（全面罩）。紧急事态抢救或撤离时，应该佩戴空气呼吸器

眼睛防护 呼吸系统防护中已作防护

皮肤和身体防护 穿防毒物渗透工作服

手防护 戴橡胶耐油手套

第九部分 理化特性

外观与性状 无色透明液体，有氨味

pH值 无资料 **熔点(℃)** −66.9

沸点(℃) 44～46 **相对密度(水=1)** 0.696

相对蒸气密度(空气=1) 2.5

饱和蒸气压(kPa) 39.3（20℃）

燃烧热(kJ/mol) −2995.5（液体）；3025.2（气体）

临界温度(℃) 210.8 **临界压力(MPa)** 3.84

辛醇/水分配系数 0.4 **闪点(℃)** −8.8

自燃温度(℃) 380 **爆炸下限(%)** 1.7

爆炸上限(%) 8.9 **分解温度(℃)** 无资料

黏度(mPa·s) 无资料

溶解性 溶于水，溶于无水乙醇、苯、氯仿、乙醚等多数有机溶剂

第十部分 稳定性和反应性

稳定性 稳定

危险反应 与强氧化剂等禁配物接触，有发生火灾和爆炸的危险

避免接触的条件 受热

禁配物 强氧化剂、强酸、酸类

危险的分解产物 氨

第十一部分 毒理学信息

急性毒性

LD_{50} 44mg/kg（大鼠经口）

LC_{50} 3800mg/m^3（大鼠吸入，4h）

皮肤刺激或腐蚀 无资料 **眼睛刺激或腐蚀** 无资料

呼吸或皮肤过敏 无资料 **生殖细胞突变性** 无资料

致癌性 无资料 **生殖毒性** 无资料

特异性靶器官系统毒性-一次接触 无资料

特异性靶器官系统毒性-反复接触 无资料

吸入危害 无资料

第十二部分 生态学信息

生态毒性

LC_{50} 22mg/L（96h）（虹鳟）

EC_{50} 16mg/L（96h）（藻类）

持久性和降解性

生物降解性 无资料

非生物降解性 空气中，当羟基自由基浓度为5.00×10^{5}个/cm^{3}时，降解半衰期为40h（理论）

潜在的生物累积性 根据K_{ow}值预测，该物质的生物累积性可能较弱

土壤中的迁移性 根据K_{oc}值预测，该物质可能易发生迁移

第十三部分 废弃处置

废弃化学品 用焚烧法处置。焚烧炉排出的氮氧化物通过洗涤器除去

污染包装物 将容器返还生产商或按照国家和地方法规处置

废弃注意事项 处置前应参阅国家和地方有关法规

第十四部分 运输信息

联合国危险货物编号(UN号) 3268

联合国运输名称 易燃液体，毒性，腐蚀性，未另作规定的（叔丁胺）

联合国危险性类别 3，6.1/8 **包装类别** Ⅱ类包装

包装标志

海洋污染物 否

运输注意事项 运输时运输车辆应配备相应品种和数量的消防器材及泄漏应急处理设备。夏季最好早晚运输。运输时所用的槽（罐）车应有接地链，槽内可设孔隔板以减少震荡产生的静电。严禁与氧化剂、酸类、食用化学品等混装混运。运输途中应防曝晒、雨淋，防高温。中途停留时应远离火种、热源、高温区。装运该物品的车辆排气管必须配备阻火装置，禁止使用易产生火花的机械设备和工具装卸。公路运输时要按规定路线行驶，勿在居民区和人口稠密区停留。铁路运输时要禁止溜放。严禁用木船、水泥船散装运输

第十五部分 法规信息

下列法律、法规、规章和标准，对该化学品的管理作了相应的规定。

中华人民共和国职业病防治法 职业病分类和目录：未

列入

危险化学品安全管理条例 危险化学品目录：列入。易制爆危险化学品名录：未列入。重点监管的危险化学品名录：未列入。GB 18218—2009《危险化学品重大危险源辨识》(表 1)：未列入

使用有毒物品作业场所劳动保护条例 高毒物品目录：未列入

易制毒化学品管理条例 易制毒化学品的分类和品种目录：未列入

国际公约 斯德哥尔摩公约：未列入。鹿特丹公约：未列入。蒙特利尔议定书：未列入

第十六部分 其他信息

编写和修订信息 **缩略语和首字母缩写**

培训建议 **参考文献**

免责声明

叔 丁 醇

第一部分 化学品标识

化学品中文名 叔丁醇；三甲基甲醇；2-甲基-2-丙醇

化学品英文名 *tert*-butyl alcohol；trimethyl carbinol；2-methyl-2-propanol

分子式 $C_4H_{10}O$ **相对分子质量** 74.14

结构式 OH（叔丁基结构，骨架式）

化学品的推荐及限制用途 用于有机合成，制造香精等

第二部分 危险性概述

紧急情况概述 高度易燃液体和蒸气，吸入有害

GHS 危险性类别 易燃液体，类别 2；急性毒性-吸入，类别 4；严重眼损伤/眼刺激，类别 2；特异性靶器官毒性-一次接触，类别 3（呼吸道刺激）

标签要素

象形图 

警示词 危险

危险性说明 高度易燃液体和蒸气，吸入有害，造成严重眼刺激，可能引起呼吸道刺激，可能引起昏昏欲睡或眩晕

防范说明

预防措施 远离热源、火花、明火、热表面。禁止吸烟。保持容器密闭。容器和接收设备接地连接。使用防爆电器、通风、照明设备。只能使用不产生火花的工具。采取防止静电措施。戴防护手套、防护眼镜、防护面罩。避免吸入蒸气、雾。仅在室外或通风良好处操作。避免接触眼睛、皮肤，操作后彻底清洗

事故响应 火灾时，使用抗溶性泡沫、干粉、二氧化碳、砂土灭火。如吸入：将患者转移到空气新鲜处，休息，保持利于呼吸的体位。如感觉不适，呼叫中毒控制中心或就医。如皮肤（或头发）接触：立即脱掉所有被污染的衣服，用水冲洗皮肤，淋浴。如接触眼睛：用水细心冲洗数分钟。如戴隐形眼镜并可方便地取出，取出隐形眼镜继续冲洗。如果眼睛刺激持续：就医

安全储存 存放在通风良好的地方。保持低温

废弃处置 本品及内装物、容器依据国家和地方法规处置

物理和化学危险 高度易燃，其蒸气与空气混合，能形成爆炸性混合物

健康危害 具有刺激和麻醉作用。对眼睛、皮肤、黏膜和呼吸道有刺激作用。中毒表现可有头痛、恶心、眩晕。涂于皮肤引起轻度充血和红斑

环境危害 对环境可能有害

第三部分 成分/组成信息

√物质 混合物

组分	浓度	CAS No.
叔丁醇		75-65-0

第四部分 急救措施

吸入 迅速脱离现场至空气新鲜处。保持呼吸道通畅。如呼吸困难，给输氧。如呼吸、心跳停止，立即进行心肺复苏术。就医

皮肤接触 立即脱去污染的衣着，用流动清水彻底冲洗。就医

眼睛接触 立即分开眼睑，用流动清水或生理盐水彻底冲洗。就医

食入 漱口，饮水。就医

对保护施救者的忠告 根据需要使用个人防护设备

对医生的特别提示 对症处理

第五部分 消防措施

灭火剂 用抗溶性泡沫、干粉、二氧化碳、砂土灭火

特别危险性 与氧化剂能发生强烈反应。蒸气比空气重，沿地面扩散并易积存于低洼处，遇火源会着火回燃。燃烧生成有害的一氧化碳

灭火注意事项及防护措施 消防人员须佩戴防毒面具、穿全身消防服，在上风向灭火。尽可能将容器从火场移至空旷处。喷水保持火场容器冷却，直至灭火结束。容器突然发出异常声音或出现异常现象，应立即撤离

第六部分 泄漏应急处理

作业人员防护措施、防护装备和应急处置程序 消除所有点火源。根据液体流动和蒸气扩散的影响区域划定警戒区，无关人员从侧风、上风向撤离至安全区。建议应急处理人员戴正压自给式呼吸器，穿防静电服。作业时使用的所有设备应接地。禁止接触或跨越泄漏物。尽可能切断泄漏源

环境保护措施 防止泄漏物进入水体、下水道、地下室或有限空间

泄漏化学品的收容、清除方法及所使用的处置材料 小量

泄漏：用砂土或其他不燃材料吸收，使用洁净的无火花工具收集吸收材料。大量泄漏：构筑围堤或挖坑收容。用抗溶性泡沫覆盖，减少蒸发。喷水雾能减少蒸发，但不能降低泄漏物在有限空间内的易燃性。用防爆泵转移至槽车或专用收集器内

第七部分 操作处置与储存

操作注意事项 密闭操作，全面通风。操作人员必须经过专门培训，严格遵守操作规程。建议操作人员佩戴过滤式防毒面具（半面罩），戴化学安全防护眼镜，穿防静电工作服。远离火种、热源。工作场所严禁吸烟。使用防爆型的通风系统和设备。防止蒸气泄漏到工作场所空气中。避免与氧化剂、酸类接触。灌装时应控制流速，且有接地装置，防止静电积聚。配备相应品种和数量的消防器材及泄漏应急处理设备。倒空的容器可能残留有害物

储存注意事项 储存于阴凉、通风的库房。远离火种、热源。库温不宜超过37℃。保持容器密封。应与氧化剂、酸类等分开存放，切忌混储。采用防爆型照明、通风设施。禁止使用易产生火花的机械设备和工具。储区应备有泄漏应急处理设备和合适的收容材料

第八部分 接触控制/个体防护

职业接触限值

中国 未制定标准

美国(ACGIH) TLV-TWA：1000ppm

生物接触限值 未制定标准

监测方法 空气中有毒物质测定方法：未制定标准。生物监测检验方法：未制定标准

工程控制 生产过程密闭，全面通风。提供安全的淋浴和洗眼设备

个体防护装备

呼吸系统防护 空气中浓度超标时，应该佩戴过滤式防毒面具（半面罩）

眼睛防护 戴化学安全防护眼镜

皮肤和身体防护 穿防静电工作服

手防护 戴一般作业防护手套

第九部分 理化特性

外观与性状 无色结晶或液体，有樟脑气味

pH值 无资料 **熔点(℃)** 25.7

沸点(℃) 82.4 **相对密度(水=1)** 0.784

相对蒸气密度(空气=1) 2.55

饱和蒸气压(kPa) 4.1（20℃）

燃烧热(kJ/mol) −2630.5

饱和蒸气压(kPa) 无资料

临界压力(MPa) 3.97 **辛醇/水分配系数** 0.35

闪点(℃) 11（CC） **自燃温度(℃)** 470

爆炸下限(%) 2.4 **爆炸上限(%)** 8.0

分解温度(℃) 无资料 **黏度(mPa·s)** 无资料

溶解性 溶于水、乙醇、乙醚

第十部分 稳定性和反应性

稳定性 稳定

危险反应 与强氧化剂等禁配物接触，有发生火灾和爆炸的危险

避免接触的条件 无资料

禁配物 酸类、酸酐、强氧化剂

危险的分解产物 无资料

第十一部分 毒理学信息

急性毒性

LD_{50} 2743mg/kg（大鼠经口）；>2g/kg（兔经皮）

LC_{50} >10000ppm（大鼠吸入，4h）

皮肤刺激或腐蚀 家兔经皮：500μl（24h），轻度刺激

眼睛刺激或腐蚀 家兔经眼 100μl（24h），重度刺激

呼吸或皮肤过敏 无资料 **生殖细胞突变性** 无资料

致癌性 无资料 **生殖毒性** 无资料

特异性靶器官系统毒性-一次接触 无资料

特异性靶器官系统毒性-反复接触 无资料

吸入危害 无资料

第十二部分 生态学信息

生态毒性 无资料

持久性和降解性

生物降解性 好氧生物降解（h）：677～4320；厌氧生物降解（h）：2400～12000

非生物降解性 水中光氧化半衰期（h）：18480～5.70×10^{8}；空气中光氧化半衰期（h）：59～590

潜在的生物累积性 根据 K_{ow} 值预测，该物质的生物累积性可能较弱

土壤中的迁移性 根据 K_{oc} 值预测，该物质可能易发生迁移

第十三部分 废弃处置

废弃化学品 建议用焚烧法处置

污染包装物 将容器返还生产商或按照国家和地方法规处置

废弃注意事项 处置前应参阅国家和地方有关法规

第十四部分 运输信息

联合国危险货物编号（UN号） 1120

联合国运输名称 丁醇

联合国危险性类别 3 **包装类别** Ⅱ类包装

包装标志 

海洋污染物 否

运输注意事项 运输时运输车辆应配备相应品种和数量的消防器材及泄漏应急处理设备。夏季最好早晚运输。运输时所用的槽（罐）车应有接地链，槽内可设孔隔板以减少震荡产生的静电。严禁与氧化剂、酸类、食用化学品等混装混运。运输途中应防曝晒、雨淋，防高温。中途停留时应远离火种、热源、高温区。装运该物品的车辆排气管必须配备阻火装置，禁止使用易产生火花的机械设备和工具装卸。公路运输时要按规定路线行驶，勿在居民区和人口稠密区停留。铁路运

输时要禁止溜放。严禁用木船、水泥船散装运输

第十五部分 法规信息

下列法律、法规、规章和标准，对该化学品的管理作了相应的规定。

中华人民共和国职业病防治法 职业病分类和目录：未列入

危险化学品安全管理条例 危险化学品目录：列入。易制爆危险化学品名录：未列入。重点监管的危险化学品名录：未列入。GB 18218—2009《危险化学品重大危险源辨识》(表 1)：未列入

使用有毒物品作业场所劳动保护条例 高毒物品目录：未列入

易制毒化学品管理条例 易制毒化学品的分类和品种目录：未列入

国际公约 斯德哥尔摩公约：未列入。鹿特丹公约：未列入。蒙特利尔议定书：未列入

第十六部分 其他信息

编写和修订信息 **缩略语和首字母缩写**

培训建议 **参考文献**

免责声明

叔丁基碘

第一部分 化学品标识

化学品中文名 叔丁基碘；2-碘-2-甲基丙烷；碘代叔丁烷

化学品英文名 *tert*-butyl iodide；2-iodo-2-methylpropane

分子式 C_4H_9I **相对分子质量** 184.02

结构式 (结构式：叔丁基—I)

化学品的推荐及限制用途 用于分析及有机合成

第二部分 危险性概述

紧急情况概述 高度易燃液体和蒸气

GHS 危险性类别 易燃液体，类别 2

标签要素

象形图 

警示词 危险

危险性说明 高度易燃液体和蒸气

防范说明

预防措施 远离热源、火花、明火、热表面。禁止吸烟。保持容器密闭。容器和接收设备接地连接。使用防爆电器、通风、照明设备。只能使用不产生火花的工具。采取防止静电措施。戴防护手套、防护眼镜、防护面罩

事故响应 火灾时，使用雾状水、泡沫、干粉、二氧化碳、砂土灭火。如皮肤（或头发）接触：立即脱掉所有被污染的衣服，用水冲洗皮肤，淋浴

安全储存 存放在通风良好的地方。保持低温

废弃处置 本品及内装物、容器依据国家和地方法规处置

物理和化学危险 高度易燃，其蒸气与空气混合，能形成爆炸性混合物

健康危害 蒸气或雾对眼、黏膜和上呼吸道有刺激性。对皮肤有刺激性。吸入蒸气引起咳嗽、喘息、喉炎、气短、头痛、恶心和呕吐

环境危害 对环境可能有害

第三部分 成分/组成信息

√ 物质		混合物
组分	浓度	CAS No.
叔丁基碘		558-17-8

第四部分 急救措施

吸入 迅速脱离现场至空气新鲜处。保持呼吸道通畅。如呼吸困难，给输氧。如呼吸、心跳停止，立即进行心肺复苏术。就医

皮肤接触 立即脱去污染的衣着，用流动清水彻底冲洗。就医

眼睛接触 立即分开眼睑，用流动清水或生理盐水彻底冲洗。就医

食入 漱口，饮水。就医

对保护施救者的忠告 根据需要使用个人防护设备

对医生的特别提示 对症处理

第五部分 消防措施

灭火剂 用雾状水、泡沫、干粉、二氧化碳、砂土灭火

特别危险性 遇明火、高热或与氧化剂接触能燃烧，并散发出有毒气体。受热分解放出有毒的碘化物烟气。燃烧生成有害的一氧化碳、碘化氢

灭火注意事项及防护措施 消防人员须佩戴防毒面具、穿全身消防服，在上风向灭火。尽可能将容器从火场移至空旷处。喷水保持火场容器冷却，直至灭火结束。容器突然发出异常声音或出现异常现象，应立即撤离

第六部分 泄漏应急处理

作业人员防护措施、防护装备和应急处置程序 消除所有点火源。根据液体流动和蒸气扩散的影响区域划定警戒区，无关人员从侧风、上风向撤离至安全区。建议应急处理人员戴正压自给式呼吸器，穿防静电服。作业时使用的所有设备应接地。禁止接触或跨越泄漏物。尽可能切断泄漏源

环境保护措施 防止泄漏物进入水体、下水道、地下室或有限空间

泄漏化学品的收容、清除方法及所使用的处置材料 小量泄漏：用砂土或其他不燃材料吸收，使用洁净的无火花工具收集吸收材料。大量泄漏：构筑围堤或挖坑收容。用泡沫覆盖，减少蒸发。喷水雾能减少蒸发，但不能降低泄漏物在有限空间内的易燃性。用防爆泵转移至槽车或专用收集器内

第七部分 操作处置与储存

操作注意事项 密闭操作，加强通风。操作人员必须经过

专门培训，严格遵守操作规程。建议操作人员佩戴自吸过滤式防毒面具（全面罩），戴化学安全防护眼镜，穿防静电工作服，戴橡胶耐油手套。远离火种、热源。工作场所严禁吸烟。使用防爆型的通风系统和设备。防止蒸气泄漏到工作场所空气中。避免与氧化剂、酸类、碱类接触。充装要控制流速，防止静电积聚。搬运时要轻装轻卸，防止包装及容器损坏。配备相应品种和数量的消防器材及泄漏应急处理设备。倒空的容器可能残留有害物

储存注意事项 储存于阴凉、通风的库房。远离火种、热源。库温不宜超过 37℃。保持容器密封。应与氧化剂、酸类、碱类分开存放，切忌混储。采用防爆型照明、通风设施。禁止使用易产生火花的机械设备和工具。储区应备有泄漏应急处理设备和合适的收容材料

第八部分 接触控制/个体防护

职业接触限值

中国 未制定标准

美国(ACGIH) 未制定标准

生物接触限值 未制定标准

监测方法 空气中有毒物质测定方法：碳酸氢钠溶液解吸-离子色谱法。生物监测检验方法：未制定标准

工程控制 生产过程密闭，加强通风

个体防护装备

呼吸系统防护 可能接触毒物时，应该佩戴过滤式防毒面具（全面罩）

眼睛防护 呼吸系统防护中已作防护

皮肤和身体防护 穿防静电工作服

手防护 戴橡胶耐油手套

第九部分 理化特性

外观与性状 红黑色液体

pH 值 无资料 **熔点(℃)** −38

沸点(℃) 99～100（部分分解）

相对密度(水=1) 1.57（0℃）

相对蒸气密度(空气=1) 无资料

饱和蒸气压(kPa) 无资料

燃烧热(kJ/mol) 无资料 **临界温度(℃)** 无资料

临界压力(MPa) 无资料 **辛醇/水分配系数** 2.95

闪点(℃) 7.78 **自燃温度(℃)** 无资料

爆炸下限(%) 无资料 **爆炸上限(%)** 无资料

分解温度(℃) 无资料

黏度(mPa・s) 无资料

溶解性 不溶于水，溶于乙醇、乙醚

第十部分 稳定性和反应性

稳定性 稳定

危险反应 与强氧化剂等禁配物接触，有发生火灾和爆炸的危险

避免接触的条件 受热

禁配物 强氧化剂、强酸、强碱

危险的分解产物 碘化氢

第十一部分 毒理学信息

急性毒性 无资料 **皮肤刺激或腐蚀** 无资料

眼睛刺激或腐蚀 无资料 **呼吸或皮肤过敏** 无资料

生殖细胞突变性 DNA 修复：大肠杆菌 5mg/管（16h）

致癌性 无资料 **生殖毒性** 无资料

特异性靶器官系统毒性-一次接触 无资料

特异性靶器官系统毒性-反复接触 无资料

吸入危害 无资料

第十二部分 生态学信息

生态毒性 无资料

持久性和降解性

生物降解性 无资料

非生物降解性 无资料

潜在的生物累积性 根据 K_{ow} 值预测，该物质的生物累积性可能较弱

土壤中的迁移性 根据 K_{oc} 值预测，该物质可能有一定的迁移性

第十三部分 废弃处置

废弃化学品 建议用焚烧法处置。焚烧炉排出的卤化氢通过酸洗涤器除去

污染包装物 将容器返还生产商或按照国家和地方法规处置

废弃注意事项 处置前应参阅国家和地方有关法规

第十四部分 运输信息

联合国危险货物编号（UN 号） 2391

联合国运输名称 碘甲基丙烷

联合国危险性类别 3 **包装类别** Ⅱ类包装

包装标志 

海洋污染物 否

运输注意事项 运输时运输车辆应配备相应品种和数量的消防器材及泄漏应急处理设备。夏季最好早晚运输。运输时所用的槽（罐）车应有接地链，槽内可设孔隔板以减少震荡产生的静电。严禁与氧化剂、酸类、碱类、食用化学品等混装混运。运输途中应防曝晒、雨淋，防高温。中途停留时应远离火种、热源、高温区。装运该物品的车辆排气管必须配备阻火装置，禁止使用易产生火花的机械设备和工具装卸。公路运输时要按规定路线行驶，勿在居民区和人口稠密区停留。铁路运输时要禁止溜放。严禁用木船、水泥船散装运输

第十五部分 法规信息

下列法律、法规、规章和标准，对该化学品的管理作了相应的规定。

中华人民共和国职业病防治法 职业病分类和目录：未列入

危险化学品安全管理条例 危险化学品目录：列入。易制

爆危险化学品名录：未列入。重点监管的危险化学品名录：未列入。GB 18218—2009《危险化学品重大危险源辨识》（表1）：未列入

使用有毒物品作业场所劳动保护条例 高毒物品目录：未列入

易制毒化学品管理条例 易制毒化学品的分类和品种目录：未列入

国际公约 斯德哥尔摩公约：未列入。鹿特丹公约：未列入。蒙特利尔议定书：未列入

第十六部分 其他信息

编写和修订信息 **缩略语和首字母缩写**

培训建议 **参考文献**

免责声明

叔丁硫醇

第一部分 化学品标识

化学品中文名 叔丁硫醇；叔丁基硫醇；第三丁硫醇

化学品英文名 *tert*-butyl mercaptan；2-methyl-2-propanethiol；*tert*-butanethiol

分子式 $C_4H_{10}S$ **相对分子质量** 90.20

结构式 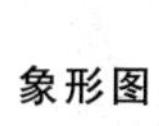

化学品的推荐及限制用途 用作有机合成中间体，制备合成橡胶

第二部分 危险性概述

紧急情况概述 高度易燃液体和蒸气，吞咽可能有害，可能导致皮肤过敏反应，可能引起昏昏欲睡或眩晕

GHS 危险性类别 易燃液体，类别2；急性毒性-经口，类别5；皮肤腐蚀/刺激，类别3；严重眼损伤/眼刺激，类别2B；皮肤致敏物，类别1；特异性靶器官毒性--一次接触，类别3（麻醉效应）；危害水生环境-急性危害，类别2；危害水生环境-长期危害，类别2

标签要素

象形图 

警示词 危险

危险性说明 高度易燃液体和蒸气，吞咽可能有害，造成轻微皮肤刺激，造成严重眼刺激，可能导致皮肤过敏反应，可能引起昏昏欲睡或眩晕，对水生生物有毒并具有长期持续影响

防范说明

预防措施 远离热源、火花、明火、热表面。禁止吸烟。保持容器密闭。容器和接收设备接地连接。使用防爆电器、通风、照明设备。只能使用不产生火花的工具。采取防止静电措施。戴防护手套、防护眼镜、防护面罩。避免接触眼睛、皮肤，操作后彻底清洗。避免吸入蒸气、雾。污染的工作服不得带出工作场所。禁止排入环境

事故响应 火灾时，使用泡沫、二氧化碳、干粉、砂土灭火。如皮肤接触：立即脱掉所有被污染的衣服，用大量肥皂水和水清洗。如出现皮肤刺激或皮疹：就医。污染的衣服清洗后方可重新使用。如接触眼睛：用水细心冲洗数分钟。如戴隐形眼镜并可方便地取出，取出隐形眼镜继续冲洗。如果眼睛刺激持续：就医。收集泄漏物

安全储存 存放在通风良好的地方。保持低温

废弃处置 本品及内装物、容器依据国家和地方法规处置

物理和化学危险 高度易燃，其蒸气与空气混合，能形成爆炸性混合物

健康危害 硫醇类有恶臭味，可引起头痛、恶心。吸入高浓度蒸气可引起昏迷、紫绀、脉速，甚至发生肺水肿。对皮肤有致敏性

环境危害 对水生生物有毒并具有长期持续影响

第三部分 成分/组成信息

√物质 混合物

组分	浓度	CAS No.
叔丁硫醇		75-66-1

第四部分 急救措施

吸入 迅速脱离现场至空气新鲜处。保持呼吸道通畅。如呼吸困难，给输氧。如呼吸、心跳停止，立即进行心肺复苏术。就医

皮肤接触 立即脱去污染的衣着，用流动清水彻底冲洗。就医

眼睛接触 立即分开眼睑，用流动清水或生理盐水彻底冲洗。就医

食入 漱口，饮水。就医

对保护施救者的忠告 根据需要使用个人防护设备

对医生的特别提示 对症处理

第五部分 消防措施

灭火剂 用泡沫、二氧化碳、干粉、砂土灭火

特别的危险性 其蒸气与空气可形成爆炸性混合物，遇高热、明火、氧化剂有引起燃烧的危险。受热分解产生有毒的烟气。与氧化剂能发生强烈反应。接触酸和酸雾产生有毒气体。蒸气比空气重，沿地面扩散并易积存于低洼处，遇火源会着火回燃。若遇高热，容器内压增大，有开裂和爆炸的危险。燃烧生成有害的一氧化碳、硫化氢、氧化硫

灭火注意事项及防护措施 消防人员须佩戴防毒面具、穿全身消防服，在上风向灭火。尽可能将容器从火场移至空旷处。喷水保持火场容器冷却，直至灭火结束。容器突然发出异常声音或出现异常现象，应立即撤离。用水灭火无效

第六部分 泄漏应急处理

作业人员防护措施、防护装备和应急处置程序 消除所有点火源。根据液体流动和蒸气扩散的影响区域划定警戒区，无关人员从侧风、上风向撤离至安全区。建议

应急处理人员戴正压自给式呼吸器，穿防静电服，戴橡胶耐油手套。作业时使用的所有设备应接地。禁止接触或跨越泄漏物。尽可能切断泄漏源

环境保护措施 防止泄漏物进入水体、下水道、地下室或有限空间

泄漏化学品的收容、清除方法及所使用的处置材料 小量泄漏：用砂土或其他不燃材料吸收，使用洁净的无火花工具收集吸收材料。大量泄漏：构筑围堤或挖坑收容。用抗溶性泡沫覆盖，减少蒸发。喷水雾能减少蒸发，但不能降低泄漏物在有限空间内的易燃性。用防爆泵转移至槽车或专用收集器内

第七部分 操作处置与储存

操作注意事项 密闭操作，局部排风。操作人员必须经过专门培训，严格遵守操作规程。建议操作人员佩戴自吸过滤式防毒面具（全面罩），戴安全防护眼镜，穿防静电工作服，戴橡胶耐油手套。远离火种、热源。工作场所严禁吸烟。使用防爆型的通风系统和设备。防止蒸气泄漏到工作场所空气中。避免与氧化剂、酸类、碱金属接触。灌装时应控制流速，且有接地装置，防止静电积聚。搬运时要轻装轻卸，防止包装及容器损坏。配备相应品种和数量的消防器材及泄漏应急处理设备。倒空的容器可能残留有害物

储存注意事项 储存于阴凉、通风的库房。远离火种、热源。库温不宜超过 29℃。包装要求密封，不可与空气接触。应与氧化剂、酸类、碱金属等分开存放，切忌混储。采用防爆型照明、通风设施。禁止使用易产生火花的机械设备和工具。储区应备有泄漏应急处理设备和合适的收容材料

第八部分 接触控制/个体防护

职业接触限值

中国 未制定标准

美国(ACGIH) 未制定标准

生物接触限值 未制定标准

监测方法 空气中有毒物质测定方法：未制定标准。生物监测检验方法：未制定标准

工程控制 密闭操作，局部排风。提供安全的淋浴和洗眼设备

个体防护装备

呼吸系统防护 空气中浓度超标时，应该佩戴过滤式防毒面具（全面罩）。紧急事态抢救或撤离时，建议佩戴空气呼吸器

眼睛防护 呼吸系统防护中已作防护

皮肤和身体防护 穿防静电工作服

手防护 戴橡胶耐油手套

第九部分 理化特性

外观与性状 无色液体，有不愉快气味

pH 值 无资料 **熔点(℃)** －0.5

沸点(℃) 62～65 **相对密度(水＝1)** 0.80

相对蒸气密度(空气＝1) 3.1

饱和蒸气压(kPa) 19.0（20℃）

燃烧热(kJ/mol) 无资料 **临界温度(℃)** 无资料

临界压力(MPa) 4.06 **辛醇/水分配系数** 2.14

闪点(℃) －26（CC） **自燃温度(℃)** 无资料

爆炸下限(%) 无资料 **爆炸上限(%)** 无资料

分解温度(℃) 无资料

黏度(mPa·s) 无资料

溶解性 微溶于水，可混溶于乙醇、乙醚，溶于庚烷等

第十部分 稳定性和反应性

稳定性 稳定

危险反应 与强氧化剂等禁配物接触，有发生火灾和爆炸的危险

避免接触的条件 受热

禁配物 强氧化剂、酸类、酸酸酐、酰基氯、碱金属

危险的分解产物 硫化氢

第十一部分 毒理学信息

急性毒性

LD_{50} 4729mg/kg（大鼠经口）

LC_{50} 22200ppm（大鼠吸入，4h）；16500ppm（小鼠吸入，4h）

皮肤刺激或腐蚀 无资料

眼睛刺激或腐蚀 家兔经眼：84mg，引起刺激

呼吸或皮肤过敏 无资料 **生殖细胞突变性** 无资料

致癌性 无资料 **生殖毒性** 无资料

特异性靶器官系统毒性-一次接触 无资料

特异性靶器官系统毒性-反复接触 无资料

吸入危害 无资料

第十二部分 生态学信息

生态毒性 无资料

持久性和降解性

生物降解性 无资料

非生物降解性 无资料

潜在的生物累积性 根据 K_{ow} 值预测，该物质的生物累积性可能较弱

土壤中的迁移性 根据 K_{oc} 值预测，该物质可能有一定的迁移性

第十三部分 废弃处置

废弃化学品 建议用焚烧法处置。焚烧炉排出的硫氧化物通过洗涤器除去

污染包装物 将容器返还生产商或按照国家和地方法规处置

废弃注意事项 处置前应参阅国家和地方有关法规

第十四部分 运输信息

联合国危险货物编号(UN 号) 2347

联合国运输名称 丁硫醇

联合国危险性类别 3 **包装类别** Ⅱ类包装

包装标志  **海洋污染物** 否

运输注意事项 运输时运输车辆应配备相应品种和数量的消防器材及泄漏应急处理设备。夏季最好早晚运输。运输时所用的槽（罐）车应有接地链，槽内可设孔隔板以减少震荡产生的静电。严禁与氧化剂、酸类、碱金属、食用化学品等混装混运。运输途中应防曝晒、雨淋，防高温。中途停留时应远离火种、热源、高温区。装运该物品的车辆排气管必须配备阻火装置，禁止使用易产生火花的机械设备和工具装卸。公路运输时要按规定路线行驶，勿在居民区和人口稠密区停留。铁路运输时要禁止溜放。严禁用木船、水泥船散装运输

第十五部分 法规信息

下列法律、法规、规章和标准，对该化学品的管理作了相应的规定。

中华人民共和国职业病防治法 职业病分类和目录：未列入

危险化学品安全管理条例 危险化学品目录：列入。易制爆危险化学品名录：未列入。重点监管的危险化学品名录：未列入。GB 18218—2009《危险化学品重大危险源辨识》（表 1）：未列入

使用有毒物品作业场所劳动保护条例 高毒物品目录：未列入

易制毒化学品管理条例 易制毒化学品的分类和品种目录：未列入

国际公约 斯德哥尔摩公约：未列入。鹿特丹公约：未列入。蒙特利尔议定书：未列入

第十六部分 其他信息

编写和修订信息

缩略语和首字母缩写

培训建议

参考文献

免责声明

双 戊 烯

第一部分 化学品标识

化学品中文名 双戊烯；1,8-萜二烯；苎烯；二聚戊烯

化学品英文名 dipentene；limonene

分子式 $C_{10}H_{16}$ **相对分子质量** 136.26

结构式

化学品的推荐及限制用途 用作溶剂和用于有机合成

第二部分 危险性概述

紧急情况概述 易燃液体和蒸气，可能导致皮肤过敏反应

GHS 危险性类别 易燃液体，类别 3；皮肤腐蚀/刺激，类别 2；皮肤致敏物，类别 1；危害水生环境-急性危害，类别 1；危害水生环境-长期危害，类别 1

标签要素

象形图

警示词 警告

危险性说明 易燃液体和蒸气，造成皮肤刺激，可能导致皮肤过敏反应，对水生生物毒性非常大并具有长期持续影响

防范说明

预防措施 远离热源、火花、明火、热表面。禁止吸烟。保持容器密闭。容器和接收设备接地连接。使用防爆电器、通风、照明设备。只能使用不产生火花的工具。采取防止静电措施。戴防护手套、防护眼镜、防护面罩。避免接触眼睛、皮肤，操作后彻底清洗。避免吸入蒸气、雾。污染的工作服不得带出工作场所。禁止排入环境

事故响应 火灾时，使用泡沫、干粉、二氧化碳、砂土灭火。如皮肤（或头发）接触：立即脱掉所有被污染的衣服，用大量肥皂水和水清洗。被污染的衣服须经洗净后方可重新使用。如出现皮肤刺激或皮疹：就医。收集泄漏物

安全储存 存放在通风良好的地方。保持低温

废弃处置 本品及内装物、容器依据国家和地方法规处置

物理和化学危险 易燃，其蒸气与空气混合，能形成爆炸性混合物

健康危害 液体对眼睛和皮肤有刺激性，对皮肤有致敏性。食入刺激胃肠道，大量食入有可能引起蛋白尿和血尿

环境危害 对水生生物毒性非常大并具有长期持续影响

第三部分 成分/组成信息

√物质		混合物
组分	**浓度**	**CAS No.**
双戊烯		138-86-3

第四部分 急救措施

吸入 迅速脱离现场至空气新鲜处。保持呼吸道通畅。如呼吸困难，给输氧。如呼吸、心跳停止，立即进行心肺复苏术。就医

皮肤接触 立即脱去污染的衣着，用流动清水彻底冲洗。就医

眼睛接触 立即分开眼睑，用流动清水或生理盐水彻底冲洗。就医

食入 漱口，饮水。就医

对保护施救者的忠告 根据需要使用个人防护设备

对医生的特别提示 对症处理

第五部分 消防措施

灭火剂 用泡沫、干粉、二氧化碳、砂土灭火

特别危险性 与氧化剂接触猛烈反应。若遇高热，可发生聚合反应，放出大量热量而引起容器破裂和爆炸事故。燃烧生成有害的一氧化碳

灭火注意事项及防护措施 消防人员必须佩戴空气呼吸器、穿全身防火防毒服，在上风向灭火。喷水冷却容器，尽可能将容器从火场移至空旷处。容器突然发出

异常声音或出现异常现象，应立即撤离

第六部分 泄漏应急处理

作业人员防护措施、防护装备和应急处置程序 消除所有点火源。根据液体流动和蒸气扩散的影响区域划定警戒区，无关人员从侧风、上风向撤离至安全区。建议应急处理人员戴正压自给式呼吸器，穿防静电服。作业时使用的所有设备应接地。禁止接触或跨越泄漏物。尽可能切断泄漏源

环境保护措施 防止泄漏物进入水体、下水道、地下室或有限空间

泄漏化学品的收容、清除方法及所使用的处置材料 小量泄漏：用砂土或其他不燃材料吸收，使用洁净的无火花工具收集吸收材料。大量泄漏：构筑围堤或挖坑收容。用泡沫覆盖，减少蒸发。喷水雾能减少蒸发，但不能降低泄漏物在有限空间内的易燃性。用防爆泵转移至槽车或专用收集器内

第七部分 操作处置与储存

操作注意事项 密闭操作，全面通风。操作人员必须经过专门培训，严格遵守操作规程。建议操作人员佩戴过滤式防毒面具（半面罩），戴化学安全防护眼镜，穿化学防护服，戴橡胶耐油手套。远离火种、热源。工作场所严禁吸烟。使用防爆型的通风系统和设备。防止蒸气泄漏到工作场所空气中。避免与氧化剂、酸类接触。灌装时应控制流速，且有接地装置，防止静电积聚。搬运时要轻装轻卸，防止包装及容器损坏。配备相应品种和数量的消防器材及泄漏应急处理设备。倒空的容器可能残留有害物

储存注意事项 储存于阴凉、通风的库房。远离火种、热源。库温不宜超过37℃。包装要求密封，不可与空气接触。应与氧化剂、酸类分开存放，切忌混储。不宜大量储存或久存。采用防爆型照明、通风设施。禁止使用易产生火花的机械设备和工具。储区应备有泄漏应急处理设备和合适的收容材料

第八部分 接触控制/个体防护

职业接触限值

中国 未制定标准

美国(ACGIH) 未制定标准

生物接触限值 未制定标准

监测方法 空气中有毒物质测定方法：未制定标准。生物监测检验方法：未制定标准

工程控制 生产过程密闭，全面通风。提供安全的淋浴和洗眼设备

个体防护装备

呼吸系统防护 可能接触其蒸气时，应该佩戴过滤式防毒面具（半面罩）

眼睛防护 戴化学安全防护眼镜

皮肤和身体防护 穿化学防护服

手防护 戴橡胶耐油手套

第九部分 理化特性

外观与性状 无色液体，有类似柠檬的香味

pH值 无资料 **熔点(℃)** −95.5

沸点(℃) 175.5～176.5 **相对密度(水=1)** 0.842

相对蒸气密度(空气=1) 4.66

饱和蒸气压(kPa) 0.13（14℃）

燃烧热(kJ/mol) −6184.8 **临界温度(℃)** 无资料

临界压力(MPa) 无资料 **辛醇/水分配系数** 4.57

闪点(℃) 45（CC） **自燃温度(℃)** 237

爆炸下限(%) 0.7 **爆炸上限(%)** 6.1

分解温度(℃) 无资料

黏度(mPa·s) 无资料

溶解性 不溶于水，可混溶于乙醇、乙醚

第十部分 稳定性和反应性

稳定性 稳定

危险反应 与强氧化剂等禁配物接触，有发生火灾和爆炸的危险。高热下可发生聚合

避免接触的条件 潮湿空气、受热

禁配物 强氧化剂、强酸、卤代烃、卤素

危险的分解产物 无资料

第十一部分 毒理学信息

急性毒性

LD_{50} 5300mg/kg（大鼠经口）；5550μl（4662mg）/kg（小鼠经口）

LC_{50} 67500mg/m³（小鼠吸入）

皮肤刺激或腐蚀 家兔经皮：500mg（24h），中度刺激

眼睛刺激或腐蚀 无资料 **呼吸或皮肤过敏** 无资料

生殖细胞突变性 无资料 **致癌性** 无资料

生殖毒性 无资料

特异性靶器官系统毒性-一次接触 无资料

特异性靶器官系统毒性-反复接触 无资料

吸入危害 无资料

第十二部分 生态学信息

生态毒性 根据结构类似物质预测，该物质对水生生物有极高毒性

持久性和降解性

生物降解性 MITI-Ⅰ测试，初始浓度100ppm，污泥浓度30ppm，14d后降解41%～98%

非生物降解性 无资料

潜在的生物累积性 根据K_{ow}值预测，该物质可能有较高的生物累积性

土壤中的迁移性 根据K_{oc}值预测，该物质的迁移性可能较弱

第十三部分 废弃处置

废弃化学品 建议用焚烧法处置

污染包装物 将容器返还生产商或按照国家和地方法规处置

废弃注意事项 处置前应参阅国家和地方有关法规

第十四部分 运输信息

联合国危险货物编号（UN号） 2052

联合国运输名称　二聚环戊二烯

联合国危险性类别　3　**包装类别**　Ⅲ类包装

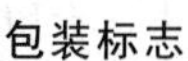**包装标志** 　**海洋污染物**　是

运输注意事项　运输时运输车辆应配备相应品种和数量的消防器材及泄漏应急处理设备。夏季最好早晚运输。运输时所用的槽（罐）车应有接地链，槽内可设孔隔板以减少震荡产生的静电。严禁与氧化剂、酸类、食用化学品等混装混运。运输途中应防曝晒、雨淋，防高温。中途停留时应远离火种、热源、高温区。装运该物品的车辆排气管必须配备阻火装置，禁止使用易产生火花的机械设备和工具装卸。公路运输时要按规定路线行驶，勿在居民区和人口稠密区停留。铁路运输时要禁止溜放。严禁用木船、水泥船散装运输

第十五部分　法规信息

下列法律、法规、规章和标准，对该化学品的管理作了相应的规定。

中华人民共和国职业病防治法　职业病分类和目录：未列入

危险化学品安全管理条例　危险化学品目录：列入。易制爆危险化学品名录：未列入。重点监管的危险化学品名录：未列入。GB 18218—2009《危险化学品重大危险源辨识》（表1）：未列入

使用有毒物品作业场所劳动保护条例　高毒物品目录：未列入

易制毒化学品管理条例　易制毒化学品的分类和品种目录：未列入

国际公约　斯德哥尔摩公约：未列入。鹿特丹公约：未列入。蒙特利尔议定书：未列入

第十六部分　其他信息

编写和修订信息　**缩略语和首字母缩写**

培训建议　**参考文献**

免责声明

水合肼[含水36%]

第一部分　化学品标识

化学品中文名　水合肼[含水36%]；水合联氨

化学品英文名　hydrazine hydrate (containing 36% water); diamide hydrate

分子式　$H_4N_2 \cdot H_2O$　**相对分子质量**　50.08

结构式　$H_2N—NH_2 \cdot H_2O$

化学品的推荐及限制用途　用作还原剂、溶剂、抗氧剂，用于制取药物、发泡剂N等

第二部分　危险性概述

紧急情况概述　可燃液体，造成严重的皮肤灼伤和眼损伤，可能导致皮肤过敏反应

GHS危险性类别　易燃液体，类别4；急性毒性-经口，类别3；急性毒性-经皮，类别3；急性毒性-吸入，类别3；皮肤腐蚀/刺激，类别1B；严重眼损伤/眼刺激，类别1；皮肤致敏物，类别1；致癌性，类别2；危害水生环境-急性危害，类别1；危害水生环境-长期危害，类别1

标签要素

象形图 

警示词　危险

危险性说明　可燃液体，吞咽有害，皮肤接触有害，吸入有害，造成严重的皮肤灼伤和眼损伤，可能导致皮肤过敏反应，怀疑致癌，对水生生物毒性非常大并具有长期持续影响

防范说明

预防措施　远离火焰和热表面。禁止吸烟。戴防护手套、防护眼镜、防护面罩，穿防护服。避免接触眼睛、皮肤，操作后彻底清洗。作业场所不得进食、饮水或吸烟。避免吸入蒸气、雾。仅在室外或通风良好处操作。污染的工作服不得带出工作场所。得到专门指导后操作。在阅读并了解所有安全预防措施之前，切勿操作。按要求使用个体防护装备。禁止排入环境

事故响应　火灾时，使用雾状水、抗溶性泡沫、二氧化碳、干粉灭火。如吸入：将患者转移到空气新鲜处，休息，保持利于呼吸的体位，如感觉不适，呼叫中毒控制中心或就医。皮肤接触：立即脱掉所有被污染的衣服，用大量肥皂水和水清洗。如出现皮肤刺激或皮疹：就医。被污染的衣服须经洗净后方可重新使用。眼睛接触：用水细心地冲洗数分钟。如戴隐形眼镜并可方便地取出，则取出隐形眼镜继续冲洗。食入：漱口，不要催吐，如果感觉不适，立即呼叫中毒控制中心或就医。如果接触或有担心，就医。收集泄漏物

安全储存　存放在通风良好的地方。保持低温。上锁保管

废弃处置　本品及内装物、容器依据国家和地方法规处置

物理和化学危险　可燃。与氧化性物质混合会发生爆炸

健康危害　吸入本品蒸气，刺激鼻和上呼吸道。此外，尚可出现头晕、恶心、呕吐和中枢神经系统症状。液体或蒸气对眼有刺激作用，可致眼的永久性损害。对皮肤有刺激性，可造成严重灼伤。可经皮肤吸收引起中毒。可致皮炎。口服引起头晕、恶心，以后出现暂时性中枢性呼吸抑制、心律紊乱，以及中枢神经系统症状，如嗜睡、运动障碍、共济失调、麻木等。肝功能可出现异常

慢性影响　长期接触可出现神经衰弱综合征，肝大及肝功能异常

环境危害　对水生生物毒性非常大并具有长期持续影响

第三部分 成分/组成信息

物质		√混合物
组分	**浓度**	**CAS No.**
水合肼［含水36%］		10217-52-4

第四部分 急救措施

吸入 迅速脱离现场至空气新鲜处。保持呼吸道通畅。如呼吸困难，给输氧。如呼吸、心跳停止，立即进行心肺复苏术。就医

皮肤接触 立即脱去污染的衣着，用大量流动清水彻底冲洗至少15min。就医

眼睛接触 立即分开眼睑，用流动清水或生理盐水彻底冲洗至少15min。就医

食入 用水漱口，禁止催吐。给饮牛奶或蛋清。就医

对保护施救者的忠告 根据需要使用个人防护设备

对医生的特别提示 对症处理

第五部分 消防措施

灭火剂 用雾状水、抗溶性泡沫、二氧化碳、干粉灭火

特别危险性 与氧化剂能发生强烈反应，引起燃烧或爆炸。遇氧化汞、金属钠、氯化亚锡、2,4-二硝基氯化苯发生剧烈反应。燃烧生成有害的氮氧化物

灭火注意事项及防护措施 消防人员须戴好防毒面具，在安全距离以外，在上风向灭火。尽可能将容器从火场移至空旷处。喷水保持火场容器冷却，直至灭火结束。容器突然发出异常声音或出现异常现象，应立即撤离。遇大火，消防人员须在有防护掩蔽处操作

第六部分 泄漏应急处理

作业人员防护措施、防护装备和应急处置程序 消除所有点火源。根据液体流动和蒸气扩散的影响区域划定警戒区，无关人员从侧风、上风向撤离至安全区。建议应急处理人员戴正压自给式呼吸器，穿防静电、防腐蚀服，戴橡胶手套。穿上适当的防护服前严禁接触破裂的容器和泄漏物。尽可能切断泄漏源

环境保护措施 防止泄漏物进入水体、下水道、地下室或有限空间

泄漏化学品的收容、清除方法及所使用的处置材料 小量泄漏：用干燥的砂土或其他不燃材料吸收或覆盖，收集于容器中。大量泄漏：构筑围堤或挖坑收容。用防爆、耐腐蚀泵转移至槽车或专用收集器内。喷雾状水驱散蒸气、稀释液体泄漏物

第七部分 操作处置与储存

操作注意事项 密闭操作，局部排风。操作人员必须经过专门培训，严格遵守操作规程。建议操作人员佩戴自吸过滤式防毒面具（全面罩），穿橡胶耐酸碱服，戴橡胶手套。远离火种、热源。工作场所严禁吸烟。使用防爆型的通风系统和设备。防止蒸气泄漏到工作场所空气中。避免与氧化剂、酸类、金属粉末接触。搬运时要轻装轻卸，防止包装及容器损坏。配备相应品种和数量的消防器材及泄漏应急处理设备。倒空的容器可能残留有害物

储存注意事项 储存于阴凉、通风的库房。远离火种、热源。库房温度不超过30℃，相对湿度不超过80%。保持容器密封。应与氧化剂、酸类、金属粉末、食用化学品分开存放，切忌混储。配备相应品种和数量的消防器材。储区应备有泄漏应急处理设备和合适的收容材料

第八部分 接触控制/个体防护

职业接触限值

中国 未制定标准

美国(ACGIH) 未制定标准

生物接触限值 未制定标准

监测方法 空气中有毒物质测定方法：未制定标准。生物监测检验方法：未制定标准

工程控制 密闭操作，局部排风。提供安全的淋浴和洗眼设备

个体防护装备

呼吸系统防护 可能接触其蒸气时，必须佩戴过滤式防毒面具（全面罩）。紧急事态抢救或撤离时，建议佩戴空气呼吸器

眼睛防护 呼吸系统防护中已作防护

皮肤和身体防护 穿橡胶耐酸碱服

手防护 戴橡胶手套

第九部分 理化特性

外观与性状 无色发烟液体，微有特殊的氨臭味

pH值 无资料　**熔点(℃)** －64.9～－51.6

沸点(℃) 118　**相对密度(水=1)** 1.03

相对蒸气密度(空气=1) 1.1

饱和蒸气压(kPa) 0.67（25℃）

燃烧热(kJ/mol) 无资料　**临界温度(℃)** 无资料

临界压力(MPa) 无资料　**辛醇/水分配系数** 无资料

闪点(℃) 72.8　**自燃温度(℃)** 270

爆炸下限(%) 4.7　**爆炸上限(%)** 100

分解温度(℃) 无资料

黏度(mPa·s) 无资料

溶解性 与水混溶，不溶于氯仿、乙醚，可混溶于乙醇

第十部分 稳定性和反应性

稳定性 稳定

危险反应 与强氧化剂等禁配物接触，有发生火灾和爆炸的危险。遇氧化汞、金属钠、氯化亚锡、2,4-二硝基氯化苯发生剧烈反应

避免接触的条件 空气、紫外线

禁配物 强氧化剂、强酸、铜、锌、氧化汞、金属钠、氯化亚锡、2,4-二硝基氯化苯

危险的分解产物 氨、氢气

第十一部分 毒理学信息

急性毒性 LD_{50}：129mg/kg（大鼠经口）

皮肤刺激或腐蚀 无资料　**眼睛刺激或腐蚀** 无资料

呼吸或皮肤过敏 无资料　**生殖细胞突变性** 无资料

致癌性 无资料 **生殖毒性** 无资料
特异性靶器官系统毒性-一次接触 无资料
特异性靶器官系统毒性-反复接触 无资料
吸入危害 无资料

第十二部分 生态学信息

生态毒性 无水肼 EC_{50}：0.16mg/L（48h）（水蚤）
持久性和降解性
生物降解性 无资料
非生物降解性 无资料
潜在的生物累积性 无资料
土壤中的迁移性 无资料

第十三部分 废弃处置

废弃化学品 建议用焚烧法处置。焚烧炉排出的氮氧化物通过洗涤器除去
污染包装物 将容器返还生产商或按照国家和地方法规处置
废弃注意事项 处置前应参阅国家和地方有关法规

第十四部分 运输信息

联合国危险货物编号（UN 号） 2030
联合国运输名称 肼水溶液
联合国危险性类别 8，6.1 **包装类别** Ⅱ类包装

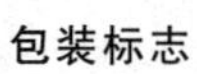
包装标志

海洋污染物 否
运输注意事项 起运时包装要完整，装载应稳妥。运输过程中要确保容器不泄漏、不倒塌、不坠落、不损坏。严禁与氧化剂、酸类、金属粉末、食用化学品等混装混运。运输时运输车辆应配备相应品种和数量的消防器材及泄漏应急处理设备。运输途中应防曝晒、雨淋，防高温。公路运输时要按规定路线行驶，勿在居民区和人口稠密区停留

第十五部分 法规信息

下列法律、法规、规章和标准，对该化学品的管理作了相应的规定。
中华人民共和国职业病防治法 职业病分类和目录：未列入
危险化学品安全管理条例 危险化学品目录：列入。易制爆危险化学品名录：列入。重点监管的危险化学品名录：未列入。GB 18218—2009《危险化学品重大危险源辨识》（表 1）：未列入
使用有毒物品作业场所劳动保护条例 高毒物品目录：未列入
易制毒化学品管理条例 易制毒化学品的分类和品种目录：未列入
国际公约 斯德哥尔摩公约：未列入。鹿特丹公约：未列入。蒙特利尔议定书：未列入

第十六部分 其他信息

编写和修订信息 **缩略语和首字母缩写**
培训建议 **参考文献**
免责声明

水 杨 醛

第一部分 化学品标识

化学品中文名 水杨醛；2-羟基苯甲醛；邻羟基苯甲醛
化学品英文名 salicylaldehyde；*o*-hydroxybenzaldehyde
分子式 $C_7H_6O_2$ **相对分子质量** 122.13
结构式
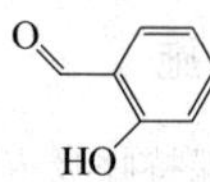

化学品的推荐及限制用途 用作分析试剂、香料、汽油添加剂及用于有机合成

第二部分 危险性概述

紧急情况概述 可燃液体
GHS 危险性类别 易燃液体，类别 4；急性毒性-经口，类别 4；急性毒性-经皮，类别 3；生殖毒性，类别 2；特异性靶器官毒性-反复接触，类别 2；危害水生环境-急性危害，类别 2；危害水生环境-长期危害，类别 3
标签要素

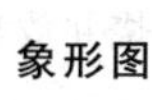
象形图

警示词 危险
危险性说明 可燃液体，吞咽有害，皮肤接触会中毒，怀疑对生育力或胎儿造成伤害，长时间或反复接触可能对器官造成损伤，对水生生物有毒，对水生生物有害并具有长期持续影响
防范说明
预防措施 远离火焰和热表面。禁止吸烟。戴防护手套、防护眼镜、防护面罩，穿防护服。避免接触眼睛、皮肤，操作后彻底清洗。作业场所不得进食、饮水或吸烟。得到专门指导后操作。在阅读并了解所有安全预防措施之前，切勿操作。按要求使用个体防护装备。避免吸入蒸气、雾。禁止排入环境
事故响应 火灾时，使用雾状水、泡沫、二氧化碳、干粉、砂土灭火。皮肤接触：用大量肥皂水和水清洗，立即脱去所有被污染的衣服，如感觉不适，呼叫中毒控制中心或就医。被污染的衣服须经洗净后方可重新使用。食入：漱口，如果感觉不适，立即呼叫中毒控制中心或就医。如果接触或有担心，就医。如感觉不适，就医
安全储存 存放在通风良好的地方。保持低温。上锁保管

废弃处置　本品及内装物、容器依据国家和地方法规处置

物理和化学危险　可燃，其蒸气与空气混合，能形成爆炸性混合物

健康危害　本品对呼吸道有刺激性，吸入后引起咳嗽、胸痛。对眼和皮肤有刺激性

环境危害　对水生生物有害并具有长期持续影响

第三部分　成分/组成信息

√物质　　混合物

组分	浓度	CAS No.
水杨醛		90-02-8

第四部分　急救措施

吸入　迅速脱离现场至空气新鲜处。保持呼吸道通畅。如呼吸困难，给输氧。如呼吸、心跳停止，立即进行心肺复苏术。就医

皮肤接触　立即脱去污染的衣着，用流动清水彻底冲洗。就医

眼睛接触　立即分开眼睑，用流动清水或生理盐水彻底冲洗。就医

食入　漱口，饮水。就医

对保护施救者的忠告　根据需要使用个人防护设备

对医生的特别提示　对症处理

第五部分　消防措施

灭火剂　用雾状水、泡沫、二氧化碳、干粉、砂土灭火

特别危险性　遇高热、明火及强氧化剂易引起燃烧并放出有毒气体。燃烧生成有害的一氧化碳

灭火注意事项及防护措施　消防人员必须佩戴空气呼吸器、穿全身防火防毒服，在上风向灭火。尽可能将容器从火场移至空旷处。喷水保持火场容器冷却，直至灭火结束

第六部分　泄漏应急处理

作业人员防护措施、防护装备和应急处置程序　根据液体流动和蒸气扩散的影响区域划定警戒区，无关人员从侧风、上风向撤离至安全区。消除所有点火源。建议应急处理人员戴正压自给式呼吸器，穿防毒服，戴防化学品手套。穿上适当的防护服前严禁接触破裂的容器和泄漏物。尽可能切断泄漏源

环境保护措施　防止泄漏物进入水体、下水道、地下室或有限空间

泄漏化学品的收容、清除方法及所使用的处置材料　小量泄漏：用干燥的砂土或其他不燃材料吸收或覆盖，收集于容器中。大量泄漏：构筑围堤或挖坑收容。用泵转移至槽车或专用收集器内

第七部分　操作处置与储存

操作注意事项　密闭操作，提供充分的局部排风。操作尽可能机械化、自动化。操作人员必须经过专门培训，严格遵守操作规程。建议操作人员佩戴自吸过滤式防毒面具（半面罩），戴化学安全防护眼镜，穿透气型防毒服，戴防化学品手套。远离火种、热源。工作场所严禁吸烟。使用防爆型的通风系统和设备。防止蒸气泄漏到工作场所空气中。避免与氧化剂、酸类、碱类接触。搬运时要轻装轻卸，防止包装及容器损坏。配备相应品种和数量的消防器材及泄漏应急处理设备。倒空的容器可能残留有害物

储存注意事项　储存于阴凉、通风的库房。远离火种、热源。保持容器密封。应与氧化剂、酸类、碱类、食用化学品分开存放，切忌混储。配备相应品种和数量的消防器材。储区应备有泄漏应急处理设备和合适的收容材料

第八部分　接触控制/个体防护

职业接触限值

中国　未制定标准

美国(ACGIH)　未制定标准

生物接触限值　未制定标准

监测方法　空气中有毒物质测定方法：未制定标准。生物监测检验方法：未制定标准

工程控制　严加密闭，提供充分的局部排风。提供安全的淋浴和洗眼设备

个体防护装备

呼吸系统防护　可能接触其蒸气时，必须佩戴过滤式防毒面具（半面罩）。紧急事态抢救或撤离时，佩戴空气呼吸器

眼睛防护　戴化学安全防护眼镜

皮肤和身体防护　穿透气型防毒服

手防护　戴防化学品手套

第九部分　理化特性

外观与性状　无色透明至淡黄色油状液体，有焦灼味及杏仁气味

pH值　无资料　**熔点(℃)**　−7

沸点(℃)　197　**相对密度(水=1)**　1.17

相对蒸气密度(空气=1)　4.2

饱和蒸气压(kPa)　0.13(33℃)

燃烧热(kJ/mol)　−3328.9　**临界温度(℃)**　无资料

临界压力(MPa)　4.99

辛醇/水分配系数　1.7～1.81

闪点(℃)　77.8(CC)　**自燃温度(℃)**　249

爆炸下限(%)　无资料　**爆炸上限(%)**　无资料

分解温度(℃)　无资料

黏度(mPa·s)　无资料

溶解性　微溶于水，溶于乙醇、乙醚

第十部分　稳定性和反应性

稳定性　稳定

危险反应　与强氧化剂等禁配物发生反应

避免接触的条件　无资料

禁配物　强氧化剂、强酸、强碱

危险的分解产物　无资料

第十一部分　毒理学信息

急性毒性　LD_{50}：520mg/kg（大鼠经口）；3000mg/kg

（兔经皮）

皮肤刺激或腐蚀 家兔经皮：500mg（24h），中度刺激

眼睛刺激或腐蚀 无资料 **呼吸或皮肤过敏** 无资料

生殖细胞突变性 无资料 **致癌性** 无资料

生殖毒性 无资料

特异性靶器官系统毒性-一次接触 无资料

特异性靶器官系统毒性-反复接触 无资料

吸入危害 无资料

第十二部分 生态学信息

生态毒性 LC_{50}：1.6mg/L（96h）（青鳉）

持久性和降解性

生物降解性 无资料

非生物降解性 无资料

潜在的生物累积性 根据 K_{ow} 值预测，该物质的生物累积性可能较弱

土壤中的迁移性 根据 K_{oc} 值预测，该物质可能易发生迁移

第十三部分 废弃处置

废弃化学品 建议用焚烧法处置

污染包装物 将容器返还生产商或按照国家和地方法规处置

废弃注意事项 处置前应参阅国家和地方有关法规

第十四部分 运输信息

联合国危险货物编号（UN 号） 2810

联合国运输名称 有机毒性液体，未另作规定的（水杨醛）

联合国危险性类别 6.1 **包装类别** Ⅲ类包装

包装标志  **海洋污染物** 否

运输注意事项 运输前应先检查包装容器是否完整、密封，运输过程中要确保容器不泄漏、不倒塌、不坠落、不损坏。严禁与酸类、氧化剂、食品及食品添加剂混运。运输时运输车辆应配备相应品种和数量的消防器材及泄漏应急处理设备。运输途中应防曝晒、雨淋，防高温。公路运输时要按规定路线行驶

第十五部分 法规信息

下列法律、法规、规章和标准，对该化学品的管理作了相应的规定。

中华人民共和国职业病防治法 职业病分类和目录：未列入

危险化学品安全管理条例 危险化学品目录：列入。易制爆危险化学品名录：未列入。重点监管的危险化学品名录：未列入。GB 18218—2009《危险化学品重大危险源辨识》（表 1）：未列入

使用有毒物品作业场所劳动保护条例 高毒物品目录：未列入

易制毒化学品管理条例 易制毒化学品的分类和品种目录：未列入

国际公约 斯德哥尔摩公约：未列入。鹿特丹公约：未列入。蒙特利尔议定书：未列入

第十六部分 其他信息

编写和修订信息 **缩略语和首字母缩写**

培训建议 **参考文献**

免责声明

锶

第一部分 化学品标识

化学品中文名 锶；金属锶

化学品英文名 strontium

分子式 Sr **相对分子质量** 87.62

化学品的推荐及限制用途 用于制造合金及用作电子管的吸气剂，也用于化学分析、制烟火等

第二部分 危险性概述

紧急情况概述 暴露在空气中自燃

GHS 危险性类别 自燃固体，类别 1

标签要素

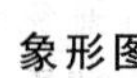
象形图 

警示词 危险

危险性说明 暴露在空气中自燃

防范说明

预防措施 远离热源、火花、明火、热表面。禁止吸烟。不得与空气接触。戴防护手套、防护眼镜、防护面罩

事故响应 火灾时，使用干燥石墨粉或其他干粉灭火。如皮肤接触：擦掉皮肤上的微粒，将接触部位浸入冷水中、用湿绷带包扎

安全储存 -

废弃处置 -

物理和化学危险 遇湿易燃

健康危害 迄今尚无职业中毒的报道

环境危害 对环境可能有害

第三部分 成分/组成信息

√物质		混合物
组分	**浓度**	**CAS No.**
锶		7440-24-6

第四部分 急救措施

吸入 脱离现场至空气新鲜处。如有不适感，就医

皮肤接触 脱去污染的衣着，用流动清水冲洗。如有不适感，就医

眼睛接触 分开眼睑，用流动清水或生理盐水冲洗。如有不适感，就医

食入 漱口，饮水。就医

对保护施救者的忠告 根据需要使用个人防护设备

对医生的特别提示 对症处理

第五部分 消防措施

灭火剂 须用干燥石墨粉或其他干粉灭火

特别危险性 微细粉末遇明火极易燃烧爆炸。遇水或酸发生反应放出氢气及热量，能引起燃烧。与卤素、硫、磷等发生剧烈的化学反应，引起燃烧。燃烧生成有害的氧化锶

灭火注意事项及防护措施 消防人员必须佩戴空气呼吸器、穿全身防火防毒服，在上风向灭火。尽可能将容器从火场移至空旷处。喷水保持火场容器冷却，直至灭火结束。不可用水、泡沫、二氧化碳、卤代烃（如1211灭火剂）等灭火

第六部分 泄漏应急处理

作业人员防护措施、防护装备和应急处置程序 隔离泄漏污染区，限制出入。消除所有点火源。建议应急处理人员戴防尘口罩，穿防静电服。禁止接触或跨越泄漏物。尽可能切断泄漏源

环境保护措施 无资料

泄漏化学品的收容、清除方法及所使用的处置材料 严禁用水处理。小量泄漏：用干燥的砂土或其他不燃材料覆盖泄漏物，然后用塑料布覆盖，减少飞散、避免雨淋。粉末泄漏：用塑料布或帆布覆盖泄漏物，减少飞散，保持干燥。在专家指导下清除

第七部分 操作处置与储存

操作注意事项 密闭操作。操作人员必须经过专门培训，严格遵守操作规程。建议操作人员佩戴自吸过滤式防尘口罩，戴化学安全防护眼镜，穿化学防护服，戴橡胶手套。远离火种、热源。工作场所严禁吸烟。使用防爆型的通风系统和设备。避免与氧化剂、酸类接触。尤其要注意避免与水接触。在氩气中操作处置。搬运时要轻装轻卸，防止包装及容器损坏。配备相应品种和数量的消防器材及泄漏应急处理设备。倒空的容器可能残留有害物

储存注意事项 储存于阴凉、干燥、通风良好的专用库房内，远离火种、热源。库房温度不超过32℃，相对湿度不超过75%。包装要求密封，不可与空气接触。应与氧化剂、酸类、食用化学品分开存放，切忌混储。采用防爆型照明、通风设施。禁止使用易产生火花的机械设备和工具。储区应备有合适的材料收容泄漏物

第八部分 接触控制/个体防护

职业接触限值

中国 未制定标准

美国(ACGIH) 未制定标准

生物接触限值 未制定标准

监测方法 空气中有毒物质测定方法：火焰原子吸收光谱法。生物监测检验方法：未制定标准

工程控制 密闭操作。提供安全的淋浴和洗眼设备

个体防护装备

呼吸系统防护 一般不需要特殊防护，但建议特殊情况下，佩戴过滤式防尘呼吸器

眼睛防护 戴化学安全防护眼镜

皮肤和身体防护 穿化学防护服

手防护 戴橡胶手套

第九部分 理化特性

外观与性状 银白色至淡黄色软金属

pH值 无意义 **熔点(℃)** 755～777

沸点(℃) 1366～1384 **相对密度(水=1)** 2.54

相对蒸气密度(空气=1) 无资料

饱和蒸气压(kPa) 1.33（898℃）

燃烧热(kJ/mol) 无资料 **临界温度(℃)** 无资料

临界压力(MPa) 无资料 **辛醇/水分配系数** 0.23

闪点(℃) 无资料 **自燃温度(℃)** 无资料

爆炸下限(%) 无资料 **爆炸上限(%)** 无资料

分解温度(℃) 无资料

黏度(mPa·s) 无资料

溶解性 溶于液氨、乙醇和酸类

第十部分 稳定性和反应性

稳定性 稳定

危险反应 与强氧化剂、氧、卤素等接触，有发生火灾和爆炸的危险

避免接触的条件 空气、潮湿空气

禁配物 强氧化剂、氧、水、酸类、卤素、硫、磷等

危险的分解产物 无资料

第十一部分 毒理学信息

急性毒性 无资料 **皮肤刺激或腐蚀** 无资料

眼睛刺激或腐蚀 无资料 **呼吸或皮肤过敏** 无资料

生殖细胞突变性 无资料 **致癌性** 无资料

生殖毒性 无资料

特异性靶器官系统毒性-一次接触 无资料

特异性靶器官系统毒性-反复接触 无资料

吸入危害 无资料

第十二部分 生态学信息

生态毒性 无资料

持久性和降解性

生物降解性 无资料

非生物降解性 无资料

潜在的生物累积性 无资料

土壤中的迁移性 无资料

第十三部分 废弃处置

废弃化学品 若可能，回收使用

污染包装物 将容器返还生产商或按照国家和地方法规处置

废弃注意事项 处置前应参阅国家和地方有关法规

第十四部分 运输信息

联合国危险货物编号(UN号) 3208

联合国运输名称 金属物质，遇水反应，未另作规定的（锶）

联合国危险性类别 4.3 **包装类别** Ⅰ类包装

包装标志  **海洋污染物** 否

运输注意事项 运输时运输车辆应配备相应品种和数量的消防器材及泄漏应急处理设备。装运本品的车辆排气管须有阻火装置。运输过程中要确保容器不泄漏、不倒塌、不坠落、不损坏。严禁与氧化剂、酸类、食用化学品等混装混运。运输途中应防曝晒、雨淋，防高温。中途停留时应远离火种、热源。运输用车、船必须干燥，并有良好的防雨设施。车辆运输完毕应进行彻底清扫。铁路运输时要禁止溜放

第十五部分　法规信息

下列法律、法规、规章和标准，对该化学品的管理作了相应的规定。

中华人民共和国职业病防治法 职业病分类和目录：未列入

危险化学品安全管理条例 危险化学品目录：列入。易制爆危险化学品名录：未列入。重点监管的危险化学品名录：未列入。GB 18218—2009《危险化学品重大危险源辨识》(表 1)：未列入

使用有毒物品作业场所劳动保护条例 高毒物品目录：未列入

易制毒化学品管理条例 易制毒化学品的分类和品种目录：未列入

国际公约 斯德哥尔摩公约：未列入。鹿特丹公约：未列入。蒙特利尔议定书：未列入

第十六部分　其他信息

编写和修订信息 **缩略语和首字母缩写**

培训建议 **参考文献**

免责声明

四 碘 化 锡

第一部分　化学品标识

化学品中文名 四碘化锡；碘化高锡

化学品英文名 stannic iodide；tin iodide

分子式 SnI_4 **相对分子质量** 626.29

结构式

```
     I
     |
I—Sn—I
     |
     I
```

化学品的推荐及限制用途 用作试剂

第二部分　危险性概述

紧急情况概述 造成严重的皮肤灼伤和眼损伤

GHS 危险性类别 皮肤腐蚀/刺激，类别 1；严重眼损伤/眼刺激，类别 1

标签要素

象形图

警示词 危险

危险性说明 造成严重的皮肤灼伤和眼损伤

防范说明

预防措施 避免吸入粉尘。避免接触眼睛、皮肤，操作后彻底清洗。戴防护手套，穿防护服，戴防护眼镜、防护面罩

事故响应 如吸入：将患者转移到空气新鲜处，休息，保持利于呼吸的体位，立即呼叫中毒控制中心或就医。皮肤（或头发）接触：立即脱掉所有被污染的衣服，用水冲洗皮肤，淋浴。污染的衣服须洗净后方可重新使用。眼睛接触：用水细心地冲洗数分钟。如带隐形眼镜并可方便地取出，则取出隐形眼镜继续冲洗。食入：漱口，不要催吐

安全储存 上锁保管

废弃处置 本品及内装物、容器依据国家和地方法规处置

物理和化学危险 不燃，无特殊燃爆特性

健康危害 本品对眼、皮肤和黏膜具有腐蚀性

环境危害 对环境可能有害

第三部分　成分/组成信息

√物质		混合物
组分	**浓度**	**CAS No.**
四碘化锡		7790-47-8

第四部分　急救措施

吸入 迅速脱离现场至空气新鲜处。保持呼吸道通畅。如呼吸困难，给输氧。如呼吸、心跳停止，立即进行心肺复苏术。就医

皮肤接触 立即脱去污染的衣着，用大量流动清水彻底冲洗至少 15min。就医

眼睛接触 立即分开眼睑，用流动清水或生理盐水彻底冲洗至少 15min。就医

食入 用水漱口，禁止催吐。给饮牛奶或蛋清。就医

对保护施救者的忠告 根据需要使用个人防护设备

对医生的特别提示 对症处理

第五部分　消防措施

灭火剂 用干粉、砂土灭火

特别危险性 遇高热能放出有毒的烟气。遇氰化物能产生剧毒的氰化氢气体。遇 H 发泡剂立即燃烧。具有腐蚀性

灭火注意事项及防护措施 消防人员必须佩戴空气呼吸器、穿全身防火防毒服，在上风向灭火。尽可能将容器从火场移至空旷处。喷水保持火场容器冷却，直至灭火结束

第六部分 泄漏应急处理

作业人员防护措施、防护装备和应急处置程序 隔离泄漏污染区，限制出入。建议应急处理人员戴防尘口罩，穿防毒、防腐蚀服，戴橡胶手套。穿上适当的防护服前严禁接触破裂的容器和泄漏物。尽可能切断泄漏源。用塑料布覆盖泄漏物，减少飞散。勿使水进入包装容器内

环境保护措施 无资料

泄漏化学品的收容、清除方法及所使用的处置材料 用洁净的铲子收集泄漏物，置于干净、干燥、盖子较松的容器中，将容器移离泄漏区

第七部分 操作处置与储存

操作注意事项 严加密闭，提供充分的局部排风和全面通风。操作人员必须经过专门培训，严格遵守操作规程。建议操作人员佩戴自吸过滤式防尘口罩，戴化学安全防护眼镜，穿防毒物渗透工作服，戴橡胶手套。避免产生粉尘。避免与氧化剂、碱类接触。搬运时要轻装轻卸，防止包装及容器损坏。配备泄漏应急处理设备。倒空的容器可能残留有害物

储存注意事项 储存于阴凉、干燥、通风良好的库房。远离火种、热源。包装必须完整密封，防止吸潮。应与氧化剂、碱类等分开存放，切忌混储。储区应备有合适的材料收容泄漏物

第八部分 接触控制/个体防护

职业接触限值

中国 未制定标准

美国(ACGIH) TLV-TWA：0.01ppm（可吸入性颗粒物和蒸气）；TLV-TWA：2mg/m^3 [按 Sn 计]

生物接触限值 未制定标准

监测方法 空气中有毒物质测定方法：锡的测量——火焰原子吸收光谱法；碘的测量——碳酸氢钠溶液解吸-离子色谱法。生物监测检验方法：未制定标准

工程控制 严加密闭，提供充分的局部排风和全面通风。提供安全的淋浴和洗眼设备

个体防护装备

呼吸系统防护 空气中粉尘浓度超标时，应该佩戴过滤式防尘呼吸器。紧急事态抢救或撤离时，应该佩戴空气呼吸器

眼睛防护 戴化学安全防护眼镜

皮肤和身体防护 穿防毒物渗透工作服

手防护 戴橡胶手套

第九部分 理化特性

外观与性状 橙黄色或微红色结晶

pH 值 无意义 **熔点(℃)** 144.5

沸点(℃) 364

相对密度(水=1) 4.47 (0℃)

相对蒸气密度(空气=1) 无资料

饱和蒸气压(kPa) 无资料

燃烧热(kJ/mol) 无资料 **临界温度(℃)** 无资料

临界压力(MPa) 无资料 **辛醇/水分配系数** 0.49

闪点(℃) 无意义 **自燃温度(℃)** 无意义

爆炸下限(%) 无意义 **爆炸上限(%)** 无意义

分解温度(℃) 无资料

黏度(mPa·s) 无资料

溶解性 不溶于冷水，溶于乙醇、苯、氯仿、乙醚、四氯化碳等

第十部分 稳定性和反应性

稳定性 稳定

危险反应 与强氧化剂等禁配物发生反应

避免接触的条件 潮湿空气

禁配物 强氧化剂、强碱、水蒸气

危险的分解产物 无资料

第十一部分 毒理学信息

急性毒性 LDLo：200mg/kg（大鼠静脉）

皮肤刺激或腐蚀 无资料 **眼睛刺激或腐蚀** 无资料

呼吸或皮肤过敏 无资料 **生殖细胞突变性** 无资料

致癌性 无资料 **生殖毒性** 无资料

特异性靶器官系统毒性-一次接触 无资料

特异性靶器官系统毒性-反复接触 无资料

吸入危害 无资料

第十二部分 生态学信息

生态毒性 无资料

持久性和降解性

生物降解性 无资料

非生物降解性 无资料

潜在的生物累积性 无资料

土壤中的迁移性 无资料

第十三部分 废弃处置

废弃化学品 根据国家和地方有关法规的要求处置。或与制造商联系，确定处置方法

污染包装物 将容器返还生产商或按照国家和地方法规处置

废弃注意事项 处置前应参阅国家和地方有关法规

第十四部分 运输信息

联合国危险货物编号(UN 号) 3260

联合国运输名称 无机酸性腐蚀性固体，未另作规定的（四碘化锡）

联合国危险性类别 8 **包装类别** Ⅲ类包装

包装标志  **海洋污染物** 否

运输注意事项 起运时包装要完整，装载应稳妥。运输过程中要确保容器不泄漏、不倒塌、不坠落、不损坏。严禁与氧化剂、碱类、食用化学品等混装混运。运输时运输车辆应配备泄漏应急处理设备。运输途中应防

曝晒、雨淋，防高温

第十五部分　法规信息

下列法律、法规、规章和标准，对该化学品的管理作了相应的规定。

中华人民共和国职业病防治法　职业病分类和目录：未列入

危险化学品安全管理条例　危险化学品目录：列入。易制爆危险化学品名录：未列入。重点监管的危险化学品名录：未列入。GB 18218—2009《危险化学品重大危险源辨识》(表 1)：未列入

使用有毒物品作业场所劳动保护条例　高毒物品目录：未列入

易制毒化学品管理条例　易制毒化学品的分类和品种目录：未列入

国际公约　斯德哥尔摩公约：未列入。鹿特丹公约：未列入。蒙特利尔议定书：未列入

第十六部分　其他信息

编写和修订信息　　**缩略语和首字母缩写**

培训建议　　**参考文献**

免责声明

四氟化硅

第一部分　化学品标识

化学品中文名　四氟化硅；氟化硅

化学品英文名　silicon tetrafluoride；silicon fluoride

分子式　SiF_4　**相对分子质量**　104.09

结构式

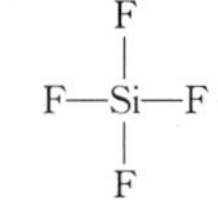

化学品的推荐及限制用途　用于氟硅酸及氟化铅的制取，也用作水泥和人造大理石的硬化剂，制造纯硅的中间体

第二部分　危险性概述

紧急情况概述　内装加压气体：遇热可能爆炸，吸入会中毒，造成严重的皮肤灼伤和眼损伤

GHS 危险性类别　加压气体；急性毒性-吸入，类别 3；皮肤腐蚀/刺激，类别 1；严重眼损伤/眼刺激，类别 1

标签要素

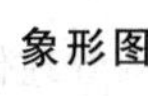

警示词　危险

危险性说明　内装加压气体：遇热可能爆炸，吸入会中毒，造成严重的皮肤灼伤和眼损伤

防范说明

预防措施　避免吸入气体、雾。仅在室外或通风良好处操作。避免接触眼睛、皮肤，操作后彻底清洗。戴防护手套，穿防护服，戴防护眼镜、防护面罩

事故响应　如吸入：将患者转移到空气新鲜处，休息，保持利于呼吸的体位，呼叫中毒控制中心或就医。皮肤（或头发）接触：立即脱掉所有被污染的衣服，用水冲洗皮肤，淋浴。污染的衣服须洗净后方可重新使用。眼睛接触：用水细心地冲洗数分钟。如戴隐形眼镜并可方便地取出，则取出隐形眼镜继续冲洗

安全储存　防日晒。存放在通风良好的地方。保持容器密闭。上锁保管

废弃处置　本品及内装物、容器依据国家和地方法规处置

物理和化学危险　不燃，无特殊燃爆特性。遇水剧烈反应，产生有毒气体

健康危害　吸入对呼吸道有刺激性，引起咽喉疼痛、咳嗽、灼烧感、呼吸困难、气促。眼和皮肤接触引起灼伤

环境危害　对环境可能有害

第三部分　成分/组成信息

√物质　　混合物

组分	浓度	CAS No.
四氟化硅		7783-61-1

第四部分　急救措施

吸入　迅速脱离现场至空气新鲜处。保持呼吸道通畅。如呼吸困难，给输氧。如呼吸、心跳停止，立即进行心肺复苏术。就医

皮肤接触　立即脱去污染的衣着，用大量流动清水彻底冲洗至少 15min。就医

眼睛接触　立即分开眼睑，用流动清水或生理盐水彻底冲洗至少 15min。就医

对保护施救者的忠告　根据需要使用个人防护设备

对医生的特别提示　对症处理

第五部分　消防措施

灭火剂　用雾状水、干粉、砂土灭火

特别危险性　在潮湿空气中产生白色有腐蚀性和刺激性的氟化氢烟雾。遇水剧烈反应，生成硅酸及氟化氢

灭火注意事项及防护措施　消防人员必须穿全身防火防毒服，在上风向灭火。切断气源。喷水冷却容器，尽可能将容器从火场移至空旷处

第六部分　泄漏应急处理

作业人员防护措施、防护装备和应急处置程序　根据气体的影响区域划定警戒区，无关人员从侧风、上风向撤离至安全区。建议应急处理人员穿内置正压自给式呼吸器的全封闭防化服。尽可能切断泄漏源。喷雾状水抑制蒸气或改变蒸气云流向，避免水流接触泄漏物

环境保护措施　防止气体通过下水道、通风系统和有限空间扩散

泄漏化学品的收容、清除方法及所使用的处置材料　禁止

用水直接冲击泄漏物或泄漏源。隔离泄漏区直至气体散尽

第七部分 操作处置与储存

操作注意事项 严加密闭，提供充分的局部排风和全面通风。操作人员必须经过专门培训，严格遵守操作规程。建议操作人员佩戴自吸过滤式防毒面具（全面罩），穿隔绝式防毒服，戴橡胶手套。防止气体泄漏到工作场所空气中。避免与酸类接触。尤其要注意避免与水接触。搬运时轻装轻卸，防止钢瓶及附件破损。配备泄漏应急处理设备

储存注意事项 储存于阴凉、通风的有毒气体专用库房。远离火种、热源。库温不宜超过 30℃。应与酸类、食用化学品分开存放，切忌混储。储区应备有泄漏应急处理设备

第八部分 接触控制/个体防护

职业接触限值

中国 PC-TWA：2mg/m³［按 F 计］

美国(ACGIH) TLV-TWA：2.5mg/m³［按 F 计］

生物接触限值 尿氟：42mmol/mol 肌酐（7mg/g 肌酐）（采样时间：工作班后）

监测方法 空气中有毒物质测定方法：离子选择电极法。生物监测检验方法：尿中氟的离子选择电极测定方法

工程控制 严加密闭，提供充分的局部排风和全面通风。提供安全的淋浴和洗眼设备

个体防护装备

呼吸系统防护 空气中浓度超标时，佩戴过滤式防毒面具（全面罩）。紧急事态抢救或撤离时，建议佩戴空气呼吸器

眼睛防护 呼吸系统防护中已作防护

皮肤和身体防护 穿隔绝式防毒服

手防护 戴橡胶手套

第九部分 理化特性

外观与性状 无色刺激性气体，在潮湿空气中可产生浓烟雾

pH 值 无意义 **熔点(℃)** －90.2

沸点(℃) －86

相对密度(水＝1) 1.598（－80℃，液体）

相对蒸气密度(空气＝1) 3.6

临界温度(℃) －1.5 **燃烧热(kJ/mol)** 无资料

临界温度(℃) 无资料 **临界压力(MPa)** 5.07

辛醇/水分配系数 无资料 **闪点(℃)** 无意义

自燃温度(℃) 无意义 **爆炸下限(%)** 无意义

爆炸上限(%) 无意义 **分解温度(℃)** 无资料

黏度(mPa·s) 无资料

溶解性 溶于乙醇、硝酸、氢氟酸，不溶于乙醚

第十部分 稳定性和反应性

稳定性 稳定

危险反应 与水、酸类等禁配物发生反应

避免接触的条件 潮湿空气

禁配物 强酸

危险的分解产物 无资料

第十一部分 毒理学信息

急性毒性 LC_{50}：2272ppm（大鼠吸入）

皮肤刺激或腐蚀 无资料 **眼睛刺激或腐蚀** 无资料

呼吸或皮肤过敏 无资料 **生殖细胞突变性** 无资料

致癌性 无资料 **生殖毒性** 无资料

特异性靶器官系统毒性-一次接触 无资料

特异性靶器官系统毒性-反复接触 无资料

吸入危害 无资料

第十二部分 生态学信息

生态毒性 无资料

持久性和降解性

生物降解性 无资料

非生物降解性 无资料

潜在的生物累积性 无资料

土壤中的迁移性 无资料

第十三部分 废弃处置

废弃化学品 根据国家和地方有关法规的要求处置。或与制造商联系，确定处置方法

污染包装物 将容器返还生产商或按照国家和地方法规处置

废弃注意事项 把空容器归还厂商

第十四部分 运输信息

联合国危险货物编号（UN 号） 1859

联合国运输名称 四氟化硅

联合国危险性类别 2.3，8 **包装类别** -

包装标志 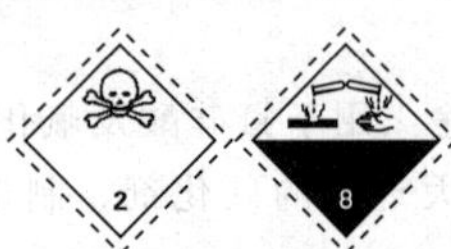

海洋污染物 否

运输注意事项 采用钢瓶运输时必须戴好钢瓶上的安全帽。钢瓶一般平放，并应将瓶口朝同一方向，不可交叉；高度不得超过车辆的防护栏板，并用三角木垫卡牢，防止滚动。严禁与酸类、食用化学品等混装混运。夏季应早晚运输，防止日光曝晒。公路运输时要按规定路线行驶，禁止在居民区和人口稠密区停留。铁路运输时要禁止溜放

第十五部分 法规信息

下列法律、法规、规章和标准，对该化学品的管理作了相应的规定。

中华人民共和国职业病防治法 职业病分类和目录：氟及其无机化合物中毒

危险化学品安全管理条例 危险化学品目录：列入。易制爆危险化学品名录：未列入。重点监管的危险化学品名录：未列入。GB 18218—2009《危险化学品重大危险源辨识》（表 1）：未列入

使用有毒物品作业场所劳动保护条例 高毒物品目录：列入

易制毒化学品管理条例 易制毒化学品的分类和品种目录：未列入

国际公约 斯德哥尔摩公约：未列入。鹿特丹公约：未列入。蒙特利尔议定书：未列入

第十六部分 其他信息

编写和修订信息 **缩略语和首字母缩写**
培训建议 **参考文献**
免责声明

四氟甲烷

第一部分 化学品标识

化学品中文名 四氟甲烷；制冷剂 R-14；四氟化碳

化学品英文名 tetrafluoromethane；carbon tetrafluoride

分子式 CF_4 **相对分子质量** 88.01

结构式

```
   F
   |
F—C—F
   |
   F
```

化学品的推荐及限制用途 用作低温制冷剂及用于集成电路的等离子干法蚀刻技术

第二部分 危险性概述

紧急情况概述 内装加压气体：遇热可能爆炸，可能引起昏昏欲睡或眩晕

GHS 危险性类别 加压气体；特异性靶器官毒性-一次接触，类别 3（麻醉效应）

标签要素

象形图 

警示词 警告

危险性说明 内装加压气体：遇热可能爆炸，可能引起昏昏欲睡或眩晕

防范说明

预防措施 -

事故响应 -

安全储存 防日晒。存放在通风良好的地方

废弃处置 -

物理和化学危险 不燃，无特殊燃爆特性

健康危害 高浓度有麻醉作用。接触后可引起头痛、恶心和呕吐。皮肤与液态本品接触，可引起冻伤

环境危害 对环境可能有害

第三部分 成分/组成信息

√物质 混合物

组分	浓度	CAS No.
四氟甲烷		75-73-0

第四部分 急救措施

吸入 迅速脱离现场至空气新鲜处。保持呼吸道通畅。如呼吸困难，给输氧。如呼吸、心跳停止，立即进行心肺复苏术。就医

皮肤接触 如发生冻伤，用温水（38～42℃）复温，忌用热水或辐射热，不要揉搓。就医

对保护施救者的忠告 根据需要使用个人防护设备

对医生的特别提示 对症处理

第五部分 消防措施

灭火剂 本品不燃。根据着火原因选择适当灭火剂灭火

特别危险性 若遇高热，容器内压增大，有开裂和爆炸的危险

灭火注意事项及防护措施 消防人员须佩戴防毒面具、穿全身消防服，在上风向灭火。切断气源。喷水冷却容器，尽可能将容器从火场移至空旷处

第六部分 泄漏应急处理

作业人员防护措施、防护装备和应急处置程序 根据气体的影响区域划定警戒区，无关人员从侧风、上风向撤离至安全区。建议应急处理人员戴正压自给式呼吸器，穿一般作业工作服。液化气体泄漏时穿防寒服。尽可能切断泄漏源。喷雾状水抑制蒸气或改变蒸气云流向，避免水流接触泄漏物。禁止用水直接冲击泄漏物或泄漏源。若可能翻转容器，使之逸出气体而非液体

环境保护措施 防止气体通过下水道、通风系统和有限空间扩散

泄漏化学品的收容、清除方法及所使用的处置材料 漏出气允许排入大气中。泄漏场所保持通风

第七部分 操作处置与储存

操作注意事项 密闭操作，全面通风。操作人员必须经过专门培训，严格遵守操作规程。远离易燃、可燃物。防止气体泄漏到工作场所空气中。避免与氧化剂接触。搬运时轻装轻卸，防止钢瓶及附件破损。配备泄漏应急处理设备

储存注意事项 储存于阴凉、通风的不燃气体专用库房。远离火种、热源。库温不宜超过 30℃。应与易（可）燃物、氧化剂分开存放，切忌混储。储区应备有泄漏应急处理设备

第八部分 接触控制/个体防护

职业接触限值

中国 未制定标准

美国(ACGIH) 未制定标准

生物接触限值 未制定标准

监测方法 空气中有毒物质测定方法：未制定标准。生物监测检验方法：未制定标准

工程控制 生产过程密闭，全面通风

个体防护装备

呼吸系统防护 一般不需要特殊防护，高浓度接触时可佩戴过滤式防毒面具（半面罩）

眼睛防护 一般不需特殊防护

皮肤和身体防护 穿一般作业工作服

手防护 戴一般作业防护手套

第九部分 理化特性

外观与性状 无色无味气体

pH 值 无意义 **熔点(℃)** −183.6

沸点(℃) −127.8

相对密度(水=1) 1.96 (−184℃)

相对蒸气密度(空气=1) 3.04

饱和蒸气压(kPa) 13.33 (−150.7℃)

燃烧热(kJ/mol) 无资料 **临界温度(℃)** −45.5

临界压力(MPa) 3.74 **辛醇/水分配系数** 1.18

闪点(℃) 无意义 **自燃温度(℃)** 无意义

爆炸下限(%) 无意义 **爆炸上限(%)** 无意义

分解温度(℃) 无资料

黏度(mPa·s) 无资料

溶解性 不溶于水，溶于苯和氯仿

第十部分 稳定性和反应性

稳定性 稳定

危险反应 与强氧化剂等禁配物发生反应

避免接触的条件 无资料

禁配物 强氧化剂、易燃或可燃物、金属等

危险的分解产物 无资料

第十一部分 毒理学信息

急性毒性 LCLo：895000ppm (大鼠吸入，15min)

皮肤刺激或腐蚀 无资料 **眼睛刺激或腐蚀** 无资料

呼吸或皮肤过敏 无资料 **生殖细胞突变性** 无资料

致癌性 无资料 **生殖毒性** 无资料

特异性靶器官系统毒性-一次接触 无资料

特异性靶器官系统毒性-反复接触 无资料

吸入危害 无资料

第十二部分 生态学信息

生态毒性 无资料

持久性和降解性

生物降解性 无资料

非生物降解性 无资料

潜在的生物累积性 根据 K_{ow} 值预测，该物质的生物累积性可能较弱

土壤中的迁移性 根据 K_{oc} 值预测，该物质可能易发生迁移

第十三部分 废弃处置

废弃化学品 根据国家和地方有关法规的要求处置。或与制造商联系，确定处置方法

污染包装物 将容器返还生产商或按照国家和地方法规处置

废弃注意事项 把空容器归还厂商

第十四部分 运输信息

联合国危险货物编号(UN 号) 1982

联合国运输名称 四氟甲烷

联合国危险性类别 2.2 **包装类别** -

包装标志  **海洋污染物** 否

运输注意事项 采用钢瓶运输时必须戴好钢瓶上的安全帽。钢瓶一般平放，并应将瓶口朝同一方向，不可交叉；高度不得超过车辆的防护栏板，并用三角木垫卡牢，防止滚动。严禁与易燃物或可燃物、氧化剂等混装混运。夏季应早晚运输，防止日光曝晒。铁路运输时要禁止溜放

第十五部分 法规信息

下列法律、法规、规章和标准，对该化学品的管理作了相应的规定。

中华人民共和国职业病防治法 职业病分类和目录：未列入

危险化学品安全管理条例 危险化学品目录：列入。易制爆危险化学品名录：未列入。重点监管的危险化学品名录：未列入。GB 18218—2009《危险化学品重大危险源辨识》(表 1)：未列入

使用有毒物品作业场所劳动保护条例 高毒物品目录：未列入

易制毒化学品管理条例 易制毒化学品的分类和品种目录：未列入

国际公约 斯德哥尔摩公约：未列入。鹿特丹公约：未列入。蒙特利尔议定书：未列入

第十六部分 其他信息

编写和修订信息 **缩略语和首字母缩写**

培训建议 **参考文献**

免责声明

四氟乙烯

第一部分 化学品标识

化学品中文名 四氟乙烯；全氟乙烯

化学品英文名 tetrafluoroethylene；perfluoroethene

分子式 C_2F_4 **相对分子质量** 100.02

结构式 $F_2C{=}CF_2$

化学品的推荐及限制用途 用作制造新型的耐热塑料、工程塑料、新型灭火剂和抑雾剂的原料

第二部分 危险性概述

紧急情况概述 极易燃气体，在升高的大气压和/或温度下无空气也可能迅速反应，内装加压气体：遇热可能爆炸

GHS 危险性类别 易燃气体，类别 1；化学不稳定性气体，类别 B；加压气体；严重眼损伤/眼刺激，类别 2B；致癌性，类别 2；特异性靶器官毒性-一次接触，类别 2；特异性靶器官毒性-反复接触，类别 2

标签要素

象形图 

警示词 危险

危险性说明 极易燃气体，在升高的大气压和/或温度下无空气也可能迅速反应，内装加压气体：遇热可能爆炸，造成眼刺激，怀疑致癌，可能对器官造成损害，长时间或反复接触可能对器官造成损伤

防范说明

预防措施 远离热源、火花、明火、热表面。禁止吸烟。避免接触眼睛、皮肤，操作后彻底清洗。得到专门指导后操作。在阅读并了解所有安全预防措施之前，切勿操作。按要求使用个体防护装备。避免吸入气体。工作场所不得进食、饮水或吸烟

事故响应 漏气着火：切勿灭火，除非漏气能够安全地制止。如果没有危险，消除一切点火源。如接触眼睛：用水细心冲洗数分钟。如戴隐形眼镜并可方便地取出，取出隐形眼镜继续冲洗。如果接触或感觉不适：呼叫中毒控制中心或就医

安全储存 防日晒。存放在通风良好的地方。上锁保管

废弃处置 本品及内装物、容器依据国家和地方法规处置

物理和化学危险 极易燃，与空气混合能形成爆炸性混合物

健康危害 急性中毒：四氟乙烯本身属低毒类，接触高浓度本品迅速出现一过性眼和呼吸道刺激、眩晕及胸闷等症状，脱离接触后数天内症状可自行消退。用二氟一氯甲烷制造四氟乙烯过程中的裂解气、残液中成分有的属高毒类，可引起急性中毒。中毒后轻者有咳嗽、胸闷、头晕、乏力、恶心等；较重者出现化学性肺炎或间质性肺水肿；严重者出现肺泡性肺水肿及心肌损害。后期有纤维增生征象。吸入有机氟聚合物热解物后，可引起氟聚合物烟尘热。皮肤与液态本品接触，有可能引起冻伤

慢性中毒 长期接触裂解气、残液中成分，常见有头痛、头晕、乏力、睡眠障碍等神经衰弱综合征和（或）腰背酸痛症状。可致骨骼损害

环境危害 对环境可能有害

第三部分 成分/组成信息

√物质		混合物
组分	**浓度**	**CAS No.**
四氟乙烯		116-14-3

第四部分 急救措施

吸入 迅速脱离现场至空气新鲜处。保持呼吸道通畅。如呼吸困难，给输氧。如呼吸、心跳停止，立即进行心肺复苏术。就医

皮肤接触 如发生冻伤，用温水（38～42℃）复温，忌用热水或辐射热，不要揉搓。就医

眼睛接触 分开眼睑，用流动清水或生理盐水冲洗。如有不适感，就医

对保护施救者的忠告 根据需要使用个人防护设备

对医生的特别提示 对症处理

第五部分 消防措施

灭火剂 用雾状水、普通泡沫、干粉灭火

特别危险性 本品易聚合，只有经过稳定化处理才允许储运。气体比空气重，沿地面扩散并易积存于低洼处，遇火源会着火回燃。燃烧生成有害的一氧化碳、氟化氢

灭火注意事项及防护措施 切断气源。若不能切断气源，则不允许熄灭泄漏处的火焰。消防人员必须佩戴空气呼吸器、穿全身防火防毒服，在上风向灭火。尽可能将容器从火场移至空旷处。喷水保持火场容器冷却，直至灭火结束

第六部分 泄漏应急处理

作业人员防护措施、防护装备和应急处置程序 消除所有点火源。根据气体的影响区域划定警戒区，无关人员从侧风、上风向撤离至安全区。建议应急处理人员戴正压自给式呼吸器，穿防静电服。液化气体泄漏时穿防静电、防寒服。作业时使用的所有设备应接地。尽可能切断泄漏源。若可能翻转容器，使之逸出气体而非液体。喷雾状水抑制蒸气或改变蒸气云流向，避免水流接触泄漏物

环境保护措施 防止气体通过下水道、通风系统和有限空间扩散

泄漏化学品的收容、清除方法及所使用的处置材料 禁止用水直接冲击泄漏物或泄漏源。隔离泄漏区直至气体散尽

第七部分 操作处置与储存

操作注意事项 严加密闭，提供充分的局部排风和全面通风。操作人员必须经过专门培训，严格遵守操作规程。建议操作人员佩戴自吸过滤式防毒面具（半面罩），戴化学安全防护眼镜，穿防静电工作服。远离火种、热源。工作场所严禁吸烟。使用防爆型的通风系统和设备。远离易燃、可燃物。防止气体泄漏到工作场所空气中。避免与氧化剂接触。在传送过程中，钢瓶和容器必须接地和跨接，防止产生静电。搬运时轻装轻卸，防止钢瓶及附件破损。配备相应品种和数量的消防器材及泄漏应急处理设备

储存注意事项 储存于阴凉、通风的易燃气体专用库房。远离火种、热源。库温不宜超过30℃。应与易（可）燃物、氧化剂分开存放，切忌混储。采用防爆型照明、通风设施。禁止使用易产生火花的机械设备和工具。储区应备有泄漏应急处理设备

第八部分 接触控制/个体防护

职业接触限值

中国 未制定标准

美国(ACGIH) TLV-TWA：2ppm

生物接触限值 未制定标准

监测方法 空气中有毒物质测定方法：直接进样-气相色谱法。生物监测检验方法：未制定标准

工程控制 严加密闭，提供充分的局部排风和全面通风

个体防护装备

呼吸系统防护 空气中浓度超标时，佩戴过滤式防毒面具（半面罩）

眼睛防护 戴化学安全防护眼镜

皮肤和身体防护 穿防静电工作服

手防护 戴一般作业防护手套

第九部分 理化特性

外观与性状 无色无味气体

pH值 无意义 **熔点(℃)** −142.5

沸点(℃) −75.9

相对密度(水=1) 1.519（−76℃）

相对蒸气密度(空气=1) 3.87

饱和蒸气压(kPa) 211（15℃）

燃烧热(kJ/mol) 无资料 **临界温度(℃)** 33.3

临界压力(MPa) 3.82 **辛醇/水分配系数** 1.21

闪点(℃) −60 **自燃温度(℃)** 200

爆炸下限(%) 11 **爆炸上限(%)** 60

分解温度(℃) 无资料

黏度(mPa·s) 无资料

溶解性 不溶于水

第十部分 稳定性和反应性

稳定性 稳定

危险反应 与强氧化剂等禁配物接触，有发生火灾和爆炸的危险。易发生聚合

避免接触的条件 无资料

禁配物 强氧化剂、易燃或可燃物

危险的分解产物 无资料

第十一部分 毒理学信息

急性毒性 LC_{50}：164000mg/m^3（大鼠吸入，4h）；143g/m^3（小鼠吸入，4h）；116g/m^3（豚鼠吸入，4h）

皮肤刺激或腐蚀 无资料 **眼睛刺激或腐蚀** 无资料

呼吸或皮肤过敏 无资料 **生殖细胞突变性** 无资料

致癌性 IARC致癌性评论：组2A，可能人类致癌物

生殖毒性 无资料

特异性靶器官系统毒性-一次接触 无资料

特异性靶器官系统毒性-反复接触 无资料

吸入危害 无资料

第十二部分 生态学信息

生态毒性 无资料

持久性和降解性

生物降解性 无资料

非生物降解性 空气中，当羟基自由基浓度为5.00×10^5个/cm^3时，降解半衰期为75d（理论）

潜在的生物累积性 根据K_{ow}值预测，该物质的生物累积性可能较弱

土壤中的迁移性 根据K_{oc}值预测，该物质可能易发生迁移

第十三部分 废弃处置

废弃化学品 根据国家和地方有关法规的要求处置。或与制造商联系，确定处置方法

污染包装物 将容器返还生产商或按照国家和地方法规处置

废弃注意事项 把倒空的容器归还厂商或在规定场所掩埋

第十四部分 运输信息

联合国危险货物编号（UN号） 1081

联合国运输名称 四氟乙烯，稳定的

联合国危险性类别 2.1 **包装类别** -

包装标志  **海洋污染物** 否

运输注意事项 采用钢瓶运输时必须戴好钢瓶上的安全帽。钢瓶一般平放，并应将瓶口朝同一方向，不可交叉；高度不得超过车辆的防护栏板，并用三角木垫卡牢，防止滚动。运输时运输车辆应配备相应品种和数量的消防器材。装运该物品的车辆排气管必须配备阻火装置，禁止使用易产生火花的机械设备和工具装卸。严禁与易燃物或可燃物、氧化剂等混装混运。夏季应早晚运输，防止日光曝晒。中途停留时应远离火种、热源。公路运输时要按规定路线行驶，勿在居民区和人口稠密区停留。铁路运输时要禁止溜放

第十五部分 法规信息

下列法律、法规、规章和标准，对该化学品的管理作了相应的规定。

中华人民共和国职业病防治法 职业病分类和目录：有机氟聚合物单体及其热裂解物中毒

危险化学品安全管理条例 危险化学品目录：列入。易制爆危险化学品名录：未列入。重点监管的危险化学品名录：未列入。GB 18218—2009《危险化学品重大危险源辨识》(表1)：未列入

使用有毒物品作业场所劳动保护条例 高毒物品目录：未列入

易制毒化学品管理条例 易制毒化学品的分类和品种目录：未列入

国际公约 斯德哥尔摩公约：未列入。鹿特丹公约：未列入。蒙特利尔议定书：未列入

第十六部分 其他信息

编写和修订信息 **缩略语和首字母缩写**

培训建议 **参考文献**

免责声明

四甲基硅烷

第一部分 化学品标识

化学品中文名 四甲基硅烷；四甲基硅

化学品英文名 tetramethylsilane

分子式 $C_4H_{12}Si$ **相对分子质量** 88.22

结构式 —Si—（上下各一竖线）

化学品的推荐及限制用途 用作试剂、航空燃料

第二部分 危险性概述

紧急情况概述 极易燃液体和蒸气

GHS危险性类别 易燃液体，类别1

标签要素

象形图 

警示词 危险

危险性说明 极易燃液体和蒸气

防范说明

预防措施 远离热源、火花、明火、热表面。禁止吸烟。保持容器密闭。容器和接收设备接地连接。使用防爆电器、通风、照明设备。只能使用不产生火花的工具。采取防止静电措施。戴防护手套、防护眼镜、防护面罩

事故响应 火灾时，使用泡沫、干粉、二氧化碳、砂土灭火。如皮肤（或头发）接触：立即脱掉所有被污染的衣服，用水冲洗皮肤，淋浴

安全储存 存放在通风良好的地方。保持低温

废弃处置 本品及内装物、容器依据国家和地方法规处置

物理和化学危险 极易燃，其蒸气与空气混合，能形成爆炸性混合物

健康危害 对眼和上呼吸道黏膜有刺激作用，吸入高浓度可引起肺水肿

环境危害 对环境可能有害

第三部分 成分/组成信息

√物质 混合物

组分	浓度	CAS No.
四甲基硅烷		75-76-3

第四部分 急救措施

吸入 迅速脱离现场至空气新鲜处。保持呼吸道通畅。如呼吸困难，给输氧。如呼吸、心跳停止，立即进行心肺复苏术。就医

皮肤接触 立即脱去污染的衣着，用流动清水彻底冲洗。就医

眼睛接触 立即分开眼睑，用流动清水或生理盐水彻底冲洗。就医

食入 漱口，饮水。就医

对保护施救者的忠告 根据需要使用个人防护设备

对医生的特别提示 对症处理

第五部分 消防措施

灭火剂 用泡沫、干粉、二氧化碳、砂土灭火

特别危险性 与强氧化剂发生反应，可引起燃烧。若遇高热可发生剧烈分解，引起容器破裂或爆炸事故。燃烧生成有害的一氧化碳、氧化硅

灭火注意事项及防护措施 消防人员必须佩戴空气呼吸器、穿全身防火防毒服，在上风向灭火。喷水冷却容器，尽可能将容器从火场移至空旷处。容器突然发出异常声音或出现异常现象，应立即撤离

第六部分 泄漏应急处理

作业人员防护措施、防护装备和应急处置程序 消除所有点火源。根据液体流动和蒸气扩散的影响区域划定警戒区，无关人员从侧风、上风向撤离至安全区。建议应急处理人员戴正压自给式呼吸器，穿防静电服。作业时使用的所有设备应接地。禁止接触或跨越泄漏物。尽可能切断泄漏源

环境保护措施 防止泄漏物进入水体、下水道、地下室或有限空间

泄漏化学品的收容、清除方法及所使用的处置材料 小量泄漏：用砂土或其他不燃材料吸收，使用洁净的无火花工具收集吸收材料。大量泄漏：构筑围堤或挖坑收容。用泡沫覆盖，减少蒸发。喷水雾能减少蒸发，但不能降低泄漏物在有限空间内的易燃性。用防爆泵转移至槽车或专用收集器内

第七部分 操作处置与储存

操作注意事项 密闭操作，局部排风。操作人员必须经过专门培训，严格遵守操作规程。建议操作人员佩戴过滤式防毒面具（全面罩）、自给式呼吸器或通风式呼吸器，戴化学安全防护眼镜，穿防静电工作服，戴橡胶耐油手套。远离火种、热源。工作场所严禁吸烟。使用防爆型的通风系统和设备。防止蒸气泄漏到工作场所空气中。避免与氧化剂、酸类、碱类接触。搬运时要轻装轻卸，防止包装及容器损坏。充装要控制流速，防止静电积聚。配备相应品种和数量的消防器材及泄漏应急处理设备。倒空的容器可能残留有害物

储存注意事项 储存于阴凉、干燥、通风良好的库房。远离火种、热源。库温不宜超过29℃。包装必须密封，切勿受潮。应与氧化剂、酸类、碱类分开存放，切忌混储。采用防爆型照明、通风设施。禁止使用易产生火花的机械设备和工具。储区应备有泄漏应急处理设备和合适的收容材料

第八部分 接触控制/个体防护

职业接触限值

中国 未制定标准

美国(ACGIH) 未制定标准

生物接触限值 未制定标准

监测方法 空气中有毒物质测定方法：未制定标准。生物

监测检验方法：未制定标准

工程控制　密闭操作，局部排风。提供安全的淋浴和洗眼设备

个体防护装备

呼吸系统防护　空气中浓度超标时，应该佩戴过滤式防毒面具（全面罩）或空气呼吸器

眼睛防护　呼吸系统防护中已作防护

皮肤和身体防护　穿防静电工作服

手防护　戴橡胶耐油手套

第九部分　理化特性

外观与性状　无色吸湿性液体，易挥发

pH值　无资料　　**熔点(℃)**　−99

沸点(℃)　26～27

相对密度(水=1)　0.65（20℃）

相对蒸气密度(空气=1)　无资料

饱和蒸气压(kPa)　80.3（20℃）

燃烧热(kJ/mol)　无资料　　**临界温度(℃)**　无资料

临界压力(MPa)　2.81　　**辛醇/水分配系数**　3.24

闪点(℃)　−27.22　　**自燃温度(℃)**　450

爆炸下限(%)　1　　**爆炸上限(%)**　37.9

分解温度(℃)　无资料

黏度(mPa·s)　无资料

溶解性　不溶于水和冷的浓硫酸，溶于乙醚等多数有机溶剂

第十部分　稳定性和反应性

稳定性　稳定

危险反应　与强氧化剂、水等禁配物接触，有发生火灾和爆炸的危险

避免接触的条件　潮湿空气

禁配物　强氧化剂、强酸、强碱

危险的分解产物　无资料

第十一部分　毒理学信息

急性毒性　无资料　　**皮肤刺激或腐蚀**　无资料

眼睛刺激或腐蚀　无资料　　**呼吸或皮肤过敏**　无资料

生殖细胞突变性　无资料　　**致癌性**　无资料

生殖毒性　无资料

特异性靶器官系统毒性-一次接触　无资料

特异性靶器官系统毒性-反复接触　大鼠（4雄）吸入蒸气3.6g/m^3，6h，15次，昏睡，器官充血

吸入危害　无资料

第十二部分　生态学信息

生态毒性　无资料

持久性和降解性

生物降解性　无资料

非生物降解性　无资料

潜在的生物累积性　根据K_{ow}值预测，该物质可能有一定的生物累积性

土壤中的迁移性　根据K_{oc}值预测，该物质可能有一定的迁移性

第十三部分　废弃处置

废弃化学品　建议用焚烧法处置

污染包装物　将容器返还生产商或按照国家和地方法规处置

废弃注意事项　处置前应参阅国家和地方有关法规

第十四部分　运输信息

联合国危险货物编号(UN号)　2749

联合国运输名称　四甲基硅烷

联合国危险性类别　3　　**包装类别**　Ⅰ类包装

包装标志　　　**海洋污染物**　否

运输注意事项　运输时运输车辆应配备相应品种和数量的消防器材及泄漏应急处理设备。夏季最好早晚运输。运输时所用的槽（罐）车应有接地链，槽内可设孔隔板以减少震荡产生的静电。严禁与氧化剂、酸类、碱类、食用化学品等混装混运。运输途中应防曝晒、雨淋，防高温。中途停留时应远离火种、热源、高温区。装运该物品的车辆排气管必须配备阻火装置，禁止使用易产生火花的机械设备和工具装卸。公路运输时要按规定路线行驶，勿在居民区和人口稠密区停留。铁路运输时要禁止溜放。严禁用木船、水泥船散装运输

第十五部分　法规信息

下列法律、法规、规章和标准，对该化学品的管理作了相应的规定。

中华人民共和国职业病防治法　职业病分类和目录：未列入

危险化学品安全管理条例　危险化学品目录：列入。易制爆危险化学品名录：未列入。重点监管的危险化学品名录：未列入。GB 18218—2009《危险化学品重大危险源辨识》（表1）：未列入

使用有毒物品作业场所劳动保护条例　高毒物品目录：未列入

易制毒化学品管理条例　易制毒化学品的分类和品种目录：未列入

国际公约　斯德哥尔摩公约：未列入。鹿特丹公约：未列入。蒙特利尔议定书：未列入

第十六部分　其他信息

编写和修订信息　　**缩略语和首字母缩写**

培训建议　　**参考文献**

免责声明

四甲基乙二胺

第一部分　化学品标识

化学品中文名　四甲基乙二胺；*N*,*N*,*N*′,*N*′-四甲基乙二胺；1,2-双（二甲基氨基）乙烷；四甲基-1,2-亚乙基

二胺

化学品英文名 *N*,*N*,*N'*,*N'*-tetramethylethylenediamine; 1,2-di (dimethylamino) ethane

分子式 $C_6H_{16}N_2$ **相对分子质量** 116.21

结构式

化学品的推荐及限制用途 用作生化试剂、环氧树脂交联剂，也是制备季铵化合物的中间体

第二部分 危险性概述

紧急情况概述 高度易燃液体和蒸气，造成严重的皮肤灼伤和眼损伤

GHS 危险性类别 易燃液体，类别 2；急性毒性-经口，类别 4；急性毒性-吸入，类别 4；皮肤腐蚀/刺激，类别 1B；严重眼损伤/眼刺激，类别 1

标签要素

象形图

警示词 危险

危险性说明 高度易燃液体和蒸气，吞咽有害，吸入有害，造成严重的皮肤灼伤和眼损伤

防范说明

预防措施 远离热源、火花、明火、热表面。禁止吸烟。保持容器密闭。容器和接收设备接地连接。使用防爆电器、通风、照明设备。只能使用不产生火花的工具。采取防止静电措施。避免接触眼睛、皮肤，操作后彻底清洗。作业场所不得进食、饮水或吸烟。避免吸入蒸气、雾。仅在室外或通风良好处操作。戴防护手套，穿防护服，戴防护眼镜、防护面罩

事故响应 火灾时，使用抗溶性泡沫、二氧化碳、干粉、砂土灭火。如吸入：将患者转移到空气新鲜处，休息，保持利于呼吸的体位，如感觉不适，呼叫中毒控制中心或就医。如皮肤（或头发）接触：立即脱掉所有被污染的衣服，用水冲洗皮肤，淋浴。污染的衣服须洗净后方可重新使用。眼睛接触：用水细心地冲洗数分钟。如戴隐形眼镜并可方便地取出，则取出隐形眼镜继续冲洗。食入：漱口，不要催吐，如果感觉不适，立即呼叫中毒控制中心或就医

安全储存 存放在通风良好的地方。保持低温。上锁保管

废弃处置 本品及内装物、容器依据国家和地方法规处置

物理和化学危险 高度易燃，其蒸气与空气混合，能形成爆炸性混合物

健康危害 本品蒸气对眼和呼吸道有刺激性。液体可致严重眼损害；对皮肤有刺激性，可致灼伤

环境危害 对环境可能有害

第三部分 成分/组成信息

√物质　　混合物

组分	浓度	CAS No.
四甲基乙二胺		110-18-9

第四部分 急救措施

吸入 迅速脱离现场至空气新鲜处。保持呼吸道通畅。如呼吸困难，给输氧。如呼吸、心跳停止，立即进行心肺复苏术。就医

皮肤接触 立即脱去污染的衣着，用大量流动清水彻底冲洗至少 15min。就医

眼睛接触 立即分开眼睑，用流动清水或生理盐水彻底冲洗至少 15min。就医

食入 用水漱口，禁止催吐。给饮牛奶或蛋清。就医

对保护施救者的忠告 根据需要使用个人防护设备

对医生的特别提示 对症处理

第五部分 消防措施

灭火剂 用抗溶性泡沫、二氧化碳、干粉、砂土灭火

特别危险性 遇高热、明火及强氧化剂易引起燃烧。燃烧生成有害的一氧化碳、氮氧化物

灭火注意事项及防护措施 消防人员必须佩戴空气呼吸器、穿全身防火防毒服，在上风向灭火。喷水冷却容器，尽可能将容器从火场移至空旷处。容器突然发出异常声音或出现异常现象，应立即撤离

第六部分 泄漏应急处理

作业人员防护措施、防护装备和应急处置程序 消除所有点火源。根据液体流动和蒸气扩散的影响区域划定警戒区，无关人员从侧风、上风向撤离至安全区。建议应急处理人员戴正压自给式呼吸器，穿防静电、防腐蚀、防毒服。作业时使用的所有设备应接地。禁止接触或跨越泄漏物。尽可能切断泄漏源

环境保护措施 防止泄漏物进入水体、下水道、地下室或有限空间

泄漏化学品的收容、清除方法及所使用的处置材料 小量泄漏：用砂土或其他不燃材料吸收，使用洁净的无火花工具收集吸收材料。大量泄漏：构筑围堤或挖坑收容。用抗溶性泡沫覆盖，减少蒸发。喷水雾能减少蒸发，但不能降低泄漏物在有限空间内的易燃性。用防爆、耐腐蚀泵转移至槽车或专用收集器内

第七部分 操作处置与储存

操作注意事项 密闭操作，全面通风。操作人员必须经过专门培训，严格遵守操作规程。建议操作人员佩戴自吸过滤式防毒面具（半面罩），戴化学安全防护眼镜，穿防毒物渗透工作服，戴橡胶耐油手套。远离火种、热源。工作场所严禁吸烟。使用防爆型的通风系统和设备。防止蒸气泄漏到工作场所空气中。避免与氧化剂、酸类接触。充装要控制流速，防止静电积聚。搬运时要轻装轻卸，防止包装及容器损坏。配备相应品种和数量的消防器材及泄漏应急处理设备。倒空的容

器可能残留有害物

储存注意事项 储存于阴凉、通风的库房。远离火种、热源。库温不宜超过37℃。保持容器密封。应与氧化剂、酸类分开存放，切忌混储。采用防爆型照明、通风设施。禁止使用易产生火花的机械设备和工具。储区应备有泄漏应急处理设备和合适的收容材料

第八部分 接触控制/个体防护

职业接触限值

中国 未制定标准

美国(ACGIH) 未制定标准

生物接触限值 未制定标准

监测方法 空气中有毒物质测定方法：未制定标准。生物监测检验方法：未制定标准

工程控制 生产过程密闭，全面通风。提供安全的淋浴和洗眼设备

个体防护装备

呼吸系统防护 可能接触其蒸气时，应该佩戴过滤式防毒面具（半面罩）。紧急事态抢救或撤离时，建议佩戴空气呼吸器

眼睛防护 戴化学安全防护眼镜

皮肤和身体防护 穿防毒物渗透工作服

手防护 戴橡胶耐油手套

第九部分 理化特性

外观与性状 无色透明液体，略有氨的气味

pH值 无资料 **熔点(℃)** −55

沸点(℃) 120～122

相对密度(水=1) 0.77（20℃）

相对蒸气密度(空气=1) 4.0

饱和蒸气压(kPa) 无资料

燃烧热(kJ/mol) 无资料 **临界温度(℃)** 无资料

临界压力(MPa) 无资料 **辛醇/水分配系数** 0.3

闪点(℃) 10 **自燃温度(℃)** 349

爆炸下限(%) 0.98 **爆炸上限(%)** 9.08

分解温度(℃) 无资料

黏度(mPa·s) 无资料

溶解性 与水混溶，可混溶于乙醇及多数有机溶剂

第十部分 稳定性和反应性

稳定性 稳定

危险反应 与强氧化剂等禁配物接触，有发生火灾和爆炸的危险

避免接触的条件 受热

禁配物 强氧化剂、强酸

危险的分解产物 胺

第十一部分 毒理学信息

急性毒性

LD_{50} 268mg/kg（大鼠经口）；5390mg/kg（兔经皮）

LC_{50} 1318ppm（大鼠吸入，4h）

皮肤刺激或腐蚀 家兔经皮：10mg（24h），引起刺激（开放性刺激试验）

眼睛刺激或腐蚀 家兔经眼：750μg，重度刺激

呼吸或皮肤过敏 无资料 **生殖细胞突变性** 无资料

致癌性 无资料 **生殖毒性** 无资料

特异性靶器官系统毒性-一次接触 无资料

特异性靶器官系统毒性-反复接触 无资料

吸入危害 无资料

第十二部分 生态学信息

生态毒性 无资料

持久性和降解性

生物降解性 无资料

非生物降解性 无资料

潜在的生物累积性 根据 K_{ow} 值预测，该物质的生物累积性可能较弱

土壤中的迁移性 根据 K_{oc} 值预测，该物质可能易发生迁移

第十三部分 废弃处置

废弃化学品 建议用焚烧法处置。焚烧炉排出的氮氧化物通过洗涤器除去

污染包装物 将容器返还生产商或按照国家和地方法规处置

废弃注意事项 处置前应参阅国家和地方有关法规

第十四部分 运输信息

联合国危险货物编号(UN号) 2372

联合国运输名称 1，2-二-（二甲氨基）乙烷

联合国危险性类别 3 **包装类别** Ⅱ类包装

包装标志  **海洋污染物** 否

运输注意事项 运输时运输车辆应配备相应品种和数量的消防器材及泄漏应急处理设备。夏季最好早晚运输。运输时所用的槽（罐）车应有接地链，槽内可设孔隔板以减少震荡产生的静电。严禁与氧化剂、酸类、食用化学品等混装混运。运输途中应防曝晒、雨淋，防高温。中途停留时应远离火种、热源、高温区。装运该物品的车辆排气管必须配备阻火装置，禁止使用易产生火花的机械设备和工具装卸。公路运输时要按规定路线行驶，勿在居民区和人口稠密区停留。铁路运输时要禁止溜放。严禁用木船、水泥船散装运输

第十五部分 法规信息

下列法律、法规、规章和标准，对该化学品的管理作了相应的规定。

中华人民共和国职业病防治法 职业病分类和目录：未列入

危险化学品安全管理条例 危险化学品目录：列入。易制爆危险化学品名录：未列入。重点监管的危险化学品名录：未列入。GB 18218—2009《危险化学品重大危险源辨识》（表1）：未列入

使用有毒物品作业场所劳动保护条例 高毒物品目录：未

列入

易制毒化学品管理条例 易制毒化学品的分类和品种目录：未列入

国际公约 斯德哥尔摩公约：未列入。鹿特丹公约：未列入。蒙特利尔议定书：未列入

第十六部分 其他信息

编写和修订信息 **缩略语和首字母缩写**

培训建议 **参考文献**

免责声明

1,2,3,4-四氯苯

第一部分 化学品标识

化学品中文名 1,2,3,4-四氯苯

化学品英文名 1,2,3,4-tetrachlorobenzene

分子式 $C_6H_2Cl_4$ **相对分子质量** 215.88

结构式 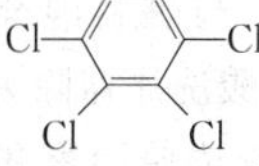

化学品的推荐及限制用途 用于有机合成，用作绝缘液及变压器油的凝固抑制剂

第二部分 危险性概述

紧急情况概述 吞咽有害，可能引起昏昏欲睡或眩晕

GHS危险性类别 急性毒性-经口，类别4；生殖毒性，类别1B；特异性靶器官毒性-一次接触，类别2；特异性靶器官毒性-一次接触，类别3（麻醉效应）；特异性靶器官毒性-反复接触，类别2；危害水生环境-急性危害，类别1；危害水生环境-长期危害，类别1

标签要素

象形图 

警示词 危险

危险性说明 吞咽有害，可能对生育力或胎儿造成伤害，可能对器官造成损害，可能引起昏昏欲睡或眩晕，长时间或反复接触可能对器官造成损伤，对水生生物毒性非常大并具有长期持续影响

防范说明

预防措施 避免接触眼睛、皮肤，操作后彻底清洗。作业场所不得进食、饮水或吸烟。得到专门指导后操作。在阅读并了解所有安全预防措施之前，切勿操作。按要求使用个体防护装备。避免吸入粉尘。禁止排入环境

事故响应 食入：漱口，如果感觉不适，立即呼叫中毒控制中心或就医。如果接触或有担心，就医。收集泄漏物

安全储存 上锁保管

废弃处置 本品及内装物、容器依据国家和地方法规处置

物理和化学危险 可燃，其粉体与空气混合，能形成爆炸性混合物

健康危害 低浓度对眼、黏膜有刺激性。高浓度时可抑制中枢神经系统并可损害肝、肾。可引起气管炎和皮肤损害

环境危害 对水生生物毒性非常大并具有长期持续影响

第三部分 成分/组成信息

√物质 混合物

组分	浓度	CAS No.
1,2,3,4-四氯苯		634-66-2

第四部分 急救措施

吸入 迅速脱离现场至空气新鲜处。保持呼吸道通畅。如呼吸困难，给输氧。如呼吸、心跳停止，立即进行心肺复苏术。就医

皮肤接触 立即脱去污染的衣着，用流动清水彻底冲洗。就医

眼睛接触 立即分开眼睑，用流动清水或生理盐水彻底冲洗。就医

食入 漱口，饮水。就医

对保护施救者的忠告 根据需要使用个人防护设备

对医生的特别提示 对症处理

第五部分 消防措施

灭火剂 用泡沫、二氧化碳、砂土灭火

特别危险性 受高热分解产生有毒的氯化物气体。与强氧化剂接触可发生化学反应。燃烧生成有害的一氧化碳、氯化氢

灭火注意事项及防护措施 消防人员必须佩戴空气呼吸器、穿全身防火防毒服，在上风向灭火。尽可能将容器从火场移至空旷处。喷水保持火场容器冷却，直至灭火结束

第六部分 泄漏应急处理

作业人员防护措施、防护装备和应急处置程序 隔离泄漏污染区，限制出入。消除所有点火源。建议应急处理人员戴防尘口罩，穿防毒服，戴橡胶手套。穿上适当的防护服前严禁接触破裂的容器和泄漏物。尽可能切断泄漏源。勿使水进入包装容器内

环境保护措施 无资料

泄漏化学品的收容、清除方法及所使用的处置材料 用丙酮润湿固体泄漏物，并把润湿物转移到合适的容器中

第七部分 操作处置与储存

操作注意事项 密闭操作，局部排风。操作人员必须经过专门培训，严格遵守操作规程。建议操作人员佩戴自吸过滤式防尘口罩，戴安全防护眼镜，穿防毒物渗透工作服，戴橡胶手套。远离火种、热源。工作场所严禁吸烟。使用防爆型的通风系统和设备。避免产生粉尘。避免与氧化剂、碱类接触。搬运时要轻装轻卸，防止包装及容器损坏。配备相应品种和数量的消防器材及泄漏应急处理设备。倒空的容器可能残留有害物

储存注意事项 储存于阴凉、通风的库房。远离火种、热

源。包装密封。应与氧化剂、碱类、食用化学品分开存放，切忌混储。配备相应品种和数量的消防器材。储区应备有合适的材料收容泄漏物

第八部分 接触控制/个体防护

职业接触限值
中国 未制定标准
美国(ACGIH) 未制定标准

生物接触限值 未制定标准

监测方法 空气中有毒物质测定方法：未制定标准。生物监测检验方法：未制定标准

工程控制 密闭操作，局部排风。提供安全的淋浴和洗眼设备

个体防护装备
呼吸系统防护 可能接触其粉尘时，应该佩戴过滤式防尘呼吸器。紧急事态抢救或撤离时，佩戴空气呼吸器
眼睛防护 戴安全防护眼镜
皮肤和身体防护 穿防毒物渗透工作服
手防护 戴橡胶手套

第九部分 理化特性

外观与性状 白色结晶
pH 值 无意义　**熔点(℃)** 46.6
沸点(℃) 254　**相对密度(水＝1)** 1.70
相对蒸气密度(空气＝1) 无资料
饱和蒸气压(kPa) 101.44（254℃）
燃烧热(kJ/mol) 无资料　**临界温度(℃)** 450
临界压力(MPa) 3.38　**辛醇/水分配系数** 4.64
闪点(℃) ＞110　**自燃温度(℃)** 无资料
爆炸下限(%) 无资料　**爆炸上限(%)** 无资料
分解温度(℃) 无资料
黏度(mPa·s) 无资料
溶解性 不溶于水，微溶于醇，易溶于乙醚、二硫化碳

第十部分 稳定性和反应性

稳定性 稳定
危险反应 与强氧化剂等禁配物发生反应
避免接触的条件 受热
禁配物 强氧化剂、强碱
危险的分解产物 氯化氢

第十一部分 毒理学信息

急性毒性 LD_{50}：1167mg/kg（大鼠经口）
皮肤刺激或腐蚀 无资料　**眼睛刺激或腐蚀** 无资料
呼吸或皮肤过敏 无资料　**生殖细胞突变性** 无资料
致癌性 无资料
生殖毒性 无资料
特异性靶器官系统毒性-一次接触 无资料
特异性靶器官系统毒性-反复接触 兔吸入含20%四氯苯（浓度为4～5g/m³或8～10g/m³）粉尘1～17d，导致红细胞和血红蛋白降低、淋巴细胞增高。以0.005mg/kg饲喂大鼠，条件反射活动改变，血清中巯基含量降低，肝功能轻度失调
吸入危害 无资料

第十二部分 生态学信息

生态毒性
LC_{50} 1.1mg/L（96h）（黑头呆鱼，动态）；56mg/L（48h）（青鳉）
EC_{50} 0.13mg/L（48h）（网纹溞）

持久性和降解性
生物降解性 无资料
非生物降解性 无资料

潜在的生物累积性 根据 K_{ow} 值预测，该物质可能有较高的生物累积性

土壤中的迁移性 根据 K_{oc} 值预测，该物质的迁移性可能较弱

第十三部分 废弃处置

废弃化学品 建议用焚烧法处置。与燃料混合后，再焚烧。焚烧炉排出的卤化氢通过酸洗涤器除去
污染包装物 将容器返还生产商或按照国家和地方法规处置
废弃注意事项 处置前应参阅国家和地方有关法规

第十四部分 运输信息

联合国危险货物编号（UN 号） 3077
联合国运输名称 对环境有害的固态物质，未另作规定的（1,2,3,4-四氯苯）
联合国危险性类别 9　**包装类别** Ⅲ类包装
包装标志 9　**海洋污染物** 是

运输注意事项 运输前应先检查包装容器是否完整、密封，运输过程中要确保容器不泄漏、不倒塌、不坠落、不损坏。严禁与酸类、氧化剂、食品及食品添加剂混运。运输时，运输车辆应配备相应品种和数量的消防器材及泄漏应急处理设备。运输途中应防曝晒、雨淋，防高温

第十五部分 法规信息

下列法律、法规、规章和标准，对该化学品的管理作了相应的规定。

中华人民共和国职业病防治法 职业病分类和目录：未列入
危险化学品安全管理条例 危险化学品目录：列入。易制爆危险化学品名录：未列入。重点监管的危险化学品名录：未列入。GB 18218—2009《危险化学品重大危险源辨识》（表1）：未列入
使用有毒物品作业场所劳动保护条例 高毒物品目录：未列入
易制毒化学品管理条例 易制毒化学品的分类和品种目录：未列入
国际公约 斯德哥尔摩公约：未列入。鹿特丹公约：未列

入。蒙特利尔议定书：未列入

第十六部分　其他信息

编写和修订信息　　**缩略语和首字母缩写**

培训建议　　**参考文献**

免责声明

1,2,3,5-四氯苯

第一部分　化学品标识

化学品中文名　1,2,3,5-四氯苯

化学品英文名　1,2,3,5-tetrachlorobenzene

分子式　$C_6H_2Cl_4$　　**相对分子质量**　215.88

结构式

Cl
Cl　　　Cl
Cl

化学品的推荐及限制用途　用于有机合成

第二部分　危险性概述

紧急情况概述　吞咽有害

GHS危险性类别　急性毒性-经口，类别4；危害水生环境-急性危害，类别2；危害水生环境-长期危害，类别2

标签要素

象形图

警示词　警告

危险性说明　吞咽有害，对水生生物有毒并具有长期持续影响

防范说明

预防措施　避免接触眼睛、皮肤，操作后彻底清洗。作业场所不得进食、饮水或吸烟。禁止排入环境

事故响应　食入：漱口，如果感觉不适，立即呼叫中毒控制中心或就医。收集泄漏物

安全储存　-

废弃处置　本品及内装物、容器依据国家和地方法规处置

物理和化学危险　可燃，其粉体与空气混合，能形成爆炸性混合物

健康危害　低浓度对眼、黏膜有刺激性。高浓度时可抑制中枢神经系统并可损害肝、肾。可引起气管炎和皮肤损害

环境危害　对水生生物有毒并具有长期持续影响

第三部分　成分/组成信息

√物质　　混合物

组分	浓度	CAS No.
1,2,3,5-四氯苯		634-90-2

第四部分　急救措施

吸入　迅速脱离现场至空气新鲜处。保持呼吸道通畅。如呼吸困难，给输氧。如呼吸、心跳停止，立即进行心肺复苏术。就医

皮肤接触　立即脱去污染的衣着，用流动清水彻底冲洗。就医

眼睛接触　立即分开眼睑，用流动清水或生理盐水彻底冲洗。就医

食入　漱口，饮水。就医

对保护施救者的忠告　根据需要使用个人防护设备

对医生的特别提示　对症处理

第五部分　消防措施

灭火剂　用泡沫、二氧化碳、砂土灭火

特别危险性　受高热分解产生有毒的腐蚀性烟气。与强氧化剂接触可发生化学反应。燃烧生成有害的一氧化碳、氯化氢

灭火注意事项及防护措施　消防人员必须佩戴空气呼吸器、穿全身防火防毒服，在上风向灭火。尽可能将容器从火场移至空旷处。喷水保持火场容器冷却，直至灭火结束

第六部分　泄漏应急处理

作业人员防护措施、防护装备和应急处置程序　隔离泄漏污染区，限制出入。消除所有点火源。建议应急处理人员戴防尘口罩，穿防毒服，戴橡胶手套。穿上适当的防护服前严禁接触破裂的容器和泄漏物。尽可能切断泄漏源。勿使水进入包装容器内

环境保护措施　无资料

泄漏化学品的收容、清除方法及所使用的处置材料　用丙酮润湿固体泄漏物，并把润湿物转移到合适的容器中

第七部分　操作处置与储存

操作注意事项　密闭操作，局部排风。操作人员必须经过专门培训，严格遵守操作规程。建议操作人员佩戴自吸过滤式防尘口罩，戴安全防护眼镜，穿防毒物渗透工作服，戴橡胶手套。远离火种、热源。工作场所严禁吸烟。使用防爆型的通风系统和设备。避免产生粉尘。避免与氧化剂、碱类接触。搬运时要轻装轻卸，防止包装及容器损坏。配备相应品种和数量的消防器材及泄漏应急处理设备。倒空的容器可能残留有害物

储存注意事项　储存于阴凉、通风的库房。远离火种、热源。包装密封。应与氧化剂、碱类、食用化学品分开存放，切忌混储。配备相应品种和数量的消防器材。储区应备有合适的材料收容泄漏物

第八部分　接触控制/个体防护

职业接触限值

中国　未制定标准

美国(ACGIH)　未制定标准

生物接触限值　未制定标准

监测方法　空气中有毒物质测定方法：未制定标准。生物

监测检验方法：未制定标准

工程控制　密闭操作，局部排风。提供安全的淋浴和洗眼设备

个体防护装备

呼吸系统防护　可能接触其粉尘时，应该佩戴过滤式防尘呼吸器。紧急事态抢救或撤离时，佩戴空气呼吸器

眼睛防护　戴安全防护眼镜

皮肤和身体防护　穿防毒物渗透工作服

手防护　戴橡胶手套

第九部分　理化特性

外观与性状　无色结晶

pH 值　无意义　**熔点(℃)**　51

沸点(℃)　246

相对密度(水=1)　1.19（24℃）

相对蒸气密度(空气=1)　无资料

饱和蒸气压(kPa)　无资料

燃烧热(kJ/mol)　无资料　**临界温度(℃)**　无资料

临界压力(MPa)　无资料　**辛醇/水分配系数**　4.66

闪点(℃)　155　**自燃温度(℃)**　无资料

爆炸下限(%)　无资料　**爆炸上限(%)**　无资料

分解温度(℃)　无资料

黏度(mPa·s)　无资料

溶解性　溶于热水，溶于苯、乙醚，易溶于二硫化碳

第十部分　稳定性和反应性

稳定性　稳定

危险反应　与强氧化剂等禁配物发生反应

避免接触的条件　受热

禁配物　强氧化剂、强碱

危险的分解产物　氯化氢

第十一部分　毒理学信息

急性毒性　LD_{50}：1727mg/kg（大鼠经口）

皮肤刺激或腐蚀　无资料　**眼睛刺激或腐蚀**　无资料

呼吸或皮肤过敏　无资料　**生殖细胞突变性**　无资料

致癌性　无资料　**生殖毒性**　无资料

特异性靶器官系统毒性-一次接触　无资料

特异性靶器官系统毒性-反复接触　兔吸入含 20%四氯苯（浓度为 4～5g/m^3 或 8～10g/m^3）粉尘 1～17d，导致红细胞和血红蛋白降低、淋巴细胞增高。以 0.005mg/kg 饲喂大鼠，条件反射活动改变，血清中巯基含量降低，肝功能轻度失调

吸入危害　无资料

第十二部分　生态学信息

生态毒性　LC_{50}：3.7mg/L（96h）（鱼）

持久性和降解性

生物降解性　无资料

非生物降解性　无资料

潜在的生物累积性　BCF：1800（蓝鳃太阳鱼，接触浓度 7.7μg/L，接触时间 14～28d）；根据 K_{ow} 值预测，该物质可能有较高的生物累积性

土壤中的迁移性　根据 K_{oc} 值预测，该物质的迁移性可能较弱

第十三部分　废弃处置

废弃化学品　建议用焚烧法处置。与燃料混合后，再焚烧。焚烧炉排出的卤化氢通过酸洗涤器除去

污染包装物　将容器返还生产商或按照国家和地方法规处置

废弃注意事项　处置前应参阅国家和地方有关法规

第十四部分　运输信息

联合国危险货物编号（UN 号）　3077

联合国运输名称　对环境有害的固态物质，未另作规定的（1,2,3,5-四氯苯）

联合国危险性类别　9　**包装类别**　Ⅲ类包装

包装标志　9　**海洋污染物**　是

运输注意事项　运输前应先检查包装容器是否完整、密封，运输过程中要确保容器不泄漏、不倒塌、不坠落、不损坏。严禁与酸类、氧化剂、食品及食品添加剂混运。运输时运输车辆应配备相应品种和数量的消防器材及泄漏应急处理设备。运输途中应防曝晒、雨淋，防高温

第十五部分　法规信息

下列法律、法规、规章和标准，对该化学品的管理作了相应的规定。

中华人民共和国职业病防治法　职业病分类和目录：未列入

危险化学品安全管理条例　危险化学品目录：列入。易制爆危险化学品名录：未列入。重点监管的危险化学品名录：未列入。GB 18218—2009《危险化学品重大危险源辨识》（表 1）：未列入

使用有毒物品作业场所劳动保护条例　高毒物品目录：未列入

易制毒化学品管理条例　易制毒化学品的分类和品种目录：未列入

国际公约　斯德哥尔摩公约：未列入。鹿特丹公约：未列入。蒙特利尔议定书：未列入

第十六部分　其他信息

编写和修订信息　**缩略语和首字母缩写**

培训建议　**参考文献**

免责声明

1,2,4,5-四氯苯

第一部分　化学品标识

化学品中文名　1,2,4,5-四氯苯

化学品英文名　1,2,4,5-tetrachlorobenzene

分子式 $C_6H_2Cl_4$ **相对分子质量** 215.88

结构式

化学品的推荐及限制用途 用作有机合成中间体

第二部分 危险性概述

紧急情况概述 吞咽有害，可能引起昏昏欲睡或眩晕

GHS危险性类别 急性毒性-经口，类别4；生殖毒性，类别2；生殖毒性，附加类别；特异性靶器官毒性—一次接触，类别3（麻醉效应）；特异性靶器官毒性-反复接触，类别1；危害水生环境-急性危害，类别1；危害水生环境-长期危害，类别1

标签要素

象形图

警示词 危险

危险性说明 吞咽有害，怀疑对生育力或胎儿造成伤害，可能对母乳喂养的儿童造成伤害，可能引起昏昏欲睡或眩晕，长时间或反复接触对器官造成损伤，对水生生物毒性非常大并具有长期持续影响

防范说明

预防措施 避免接触眼睛、皮肤，操作后彻底清洗。作业场所不得进食、饮水或吸烟。得到专门指导后操作。在阅读并了解所有安全预防措施之前，切勿操作。按要求使用个体防护装备。妊娠、哺乳期间避免接触。避免吸入粉尘。禁止排入环境

事故响应 食入：漱口，如果感觉不适，立即呼叫中毒控制中心或就医。如果接触或有担心，就医。收集泄漏物

安全储存 上锁保管

废弃处置 本品及内装物、容器依据国家和地方法规处置

物理和化学危险 可燃，其粉体与空气混合，能形成爆炸性混合物

健康危害 低浓度对眼、黏膜有刺激性。高浓度时可抑制中枢神经系统并可损害肝、肾。可引起气管炎和皮肤损害

环境危害 对水生生物毒性非常大并具有长期持续影响

第三部分 成分/组成信息

√物质 混合物

组分	浓度	CAS No.
1,2,4,5-四氯苯		95-94-3

第四部分 急救措施

吸入 迅速脱离现场至空气新鲜处。保持呼吸道通畅。如呼吸困难，给输氧。如呼吸、心跳停止，立即进行心肺复苏术。就医

皮肤接触 立即脱去污染的衣着，用流动清水彻底冲洗。就医

眼睛接触 立即分开眼睑，用流动清水或生理盐水彻底冲洗。就医

食入 漱口，饮水。就医

对保护施救者的忠告 根据需要使用个人防护设备

对医生的特别提示 对症处理

第五部分 消防措施

灭火剂 用泡沫、二氧化碳、砂土灭火

特别危险性 受高热分解产生有毒的氯化物气体。与强氧化剂接触可发生化学反应。燃烧生成有害的一氧化碳、氯化氢

灭火注意事项及防护措施 消防人员必须佩戴空气呼吸器、穿全身防火防毒服，在上风向灭火。尽可能将容器从火场移至空旷处。喷水保持火场容器冷却，直至灭火结束

第六部分 泄漏应急处理

作业人员防护措施、防护装备和应急处置程序 隔离泄漏污染区，限制出入。消除所有点火源。建议应急处理人员戴防尘口罩，穿防毒服，戴橡胶手套。穿上适当的防护服前严禁接触破裂的容器和泄漏物。尽可能切断泄漏源。勿使水进入包装容器内

环境保护措施 无资料

泄漏化学品的收容、清除方法及所使用的处置材料 用丙酮润湿固体泄漏物，并把润湿物转移到合适的容器中

第七部分 操作处置与储存

操作注意事项 密闭操作，局部排风。操作人员必须经过专门培训，严格遵守操作规程。建议操作人员佩戴自吸过滤式防尘口罩，戴安全防护眼镜，穿防毒物渗透工作服，戴橡胶手套。远离火种、热源。工作场所严禁吸烟。使用防爆型的通风系统和设备。避免与氧化剂、碱类接触。搬运时要轻装轻卸，防止包装及容器损坏。配备相应品种和数量的消防器材及泄漏应急处理设备。倒空的容器可能残留有害物

储存注意事项 储存于阴凉、通风的库房。远离火种、热源。包装密封。应与氧化剂、碱类、食用化学品分开存放，切忌混储。配备相应品种和数量的消防器材。储区应备有合适的材料收容泄漏物

第八部分 接触控制/个体防护

职业接触限值

中国 未制定标准

美国(ACGIH) 未制定标准

生物接触限值 未制定标准

监测方法 空气中有毒物质测定方法：未制定标准。生物监测检验方法：未制定标准

工程控制 密闭操作，局部排风。提供安全的淋浴和洗眼设备

个体防护装备

呼吸系统防护 可能接触其粉尘时，应该佩戴过滤式防尘呼吸器。紧急事态抢救或撤离时，佩戴空气

呼吸器

眼睛防护 戴安全防护眼镜

皮肤和身体防护 穿防毒物渗透工作服

手防护 戴橡胶手套

第九部分 理化特性

外观与性状 白色薄片

pH值 无意义 **熔点(℃)** 139～142

沸点(℃) 243～246

相对密度(水=1) 1.73 (10℃)

相对蒸气密度(空气=1) 7.4

饱和蒸气压(kPa) <0.013 (25℃)

燃烧热(kJ/mol) 无资料 **临界温度(℃)** 489.8

临界压力(MPa) 3.38 **辛醇/水分配系数** 4.64

闪点(℃) 155 (CC) **自燃温度(℃)** 无资料

爆炸下限(%) 无资料 **爆炸上限(%)** 无资料

分解温度(℃) 无资料 **黏度(mPa·s)** 无资料

溶解性 不溶于水，微溶于乙醇，溶于苯、乙醚和氯仿

第十部分 稳定性和反应性

稳定性 稳定

危险反应 与强氧化剂等禁配物发生反应

避免接触的条件 受热

禁配物 强氧化剂、强碱

危险的分解产物 氯化氢

第十一部分 毒理学信息

急性毒性 LD_{50}：1500mg/kg (大鼠经口)

皮肤刺激或腐蚀 无资料 **眼睛刺激或腐蚀** 无资料

呼吸或皮肤过敏 无资料 **生殖细胞突变性** 无资料

致癌性 无资料 **生殖毒性** 无资料

特异性靶器官系统毒性-一次接触 无资料

特异性靶器官系统毒性-反复接触 兔吸入含20%四氯苯(浓度为4～5g/m^{3}或8～10g/m^3)粉尘1～17d，导致红细胞和血红蛋白降低、淋巴细胞增高。以0.005mg/kg饲喂大鼠，条件反射活动改变，血清中巯基含量降低，肝功能轻度失调

吸入危害 无资料

第十二部分 生态学信息

生态毒性 LC_{50}：4.35mg/L (48h)，1.55mg/L (96h)(蓝鳃太阳鱼)；0.33mg/L (96h)(红鲈)

持久性和降解性

生物降解性 好氧生物降解 (h)：672～4320；厌氧生物降解 (h)：2880～17280

非生物降解性 空气中光氧化半衰期 (h)：763.1～7631；一级水解半衰期 (h)：>879a

潜在的生物累积性 BCF：2720～4830 (鲤鱼，接触浓度10ppb，接触时间8周)，1650～3930 (鲤鱼，接触浓度1ppb，接触时间8周)；根据 K_{ow} 值预测，该物质可能有较高的生物累积性

土壤中的迁移性 根据 K_{oc} 值预测，该物质的迁移性可能较弱

第十三部分 废弃处置

废弃化学品 建议用焚烧法处置。与燃料混合后，再焚烧。焚烧炉排出的卤化氢通过酸洗涤器除去

污染包装物 将容器返还生产商或按照国家和地方法规处置

废弃注意事项 处置前应参阅国家和地方有关法规

第十四部分 运输信息

联合国危险货物编号(UN号) 3077

联合国运输名称 对环境有害的固态物质，未另作规定的(1,2,4,5-四氯苯)

联合国危险性类别 9 **包装类别** Ⅲ类包装

包装标志  **海洋污染物** 是

运输注意事项 运输前应先检查包装容器是否完整、密封，运输过程中要确保容器不泄漏、不倒塌、不坠落、不损坏。严禁与酸类、氧化剂、食品及食品添加剂混运。运输时运输车辆应配备相应品种和数量的消防器材及泄漏应急处理设备。运输途中应防曝晒、雨淋，防高温

第十五部分 法规信息

下列法律、法规、规章和标准，对该化学品的管理作了相应的规定。

中华人民共和国职业病防治法 职业病分类和目录：未列入

危险化学品安全管理条例 危险化学品目录：列入。易制爆危险化学品名录：未列入。重点监管的危险化学品名录：未列入。GB 18218—2009《危险化学品重大危险源辨识》(表1)：未列入

使用有毒物品作业场所劳动保护条例 高毒物品目录：未列入

易制毒化学品管理条例 易制毒化学品的分类和品种目录：未列入

国际公约 斯德哥尔摩公约：未列入。鹿特丹公约：未列入。蒙特利尔议定书：未列入

第十六部分 其他信息

编写和修订信息 **缩略语和首字母缩写**

培训建议 **参考文献**

免责声明

四氯丙烯

第一部分 化学品标识

化学品中文名 四氯丙烯；1,1,2,3-四氯丙烯

化学品英文名 tetrachloropropene；1,1,2,3- tetrachloropropene

分子式 $C_3H_2Cl_4$ **相对分子质量** 179.85

结构式

化学品的推荐及限制用途　用于合成耐热塑料，为制造1,2-二氯丙烯的中间产物

第二部分　危险性概述

紧急情况概述　吸入会中毒

GHS 危险性类别　急性毒性-吸入，类别 3

标签要素

象形图 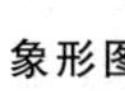 

警示词　危险

危险性说明　吸入会中毒

防范说明

预防措施　避免吸入蒸气、雾。仅在室外或通风良好处操作

事故响应　如吸入：将患者转移到空气新鲜处，休息，保持利于呼吸的体位，呼叫中毒控制中心或就医

安全储存　在通风良好处储存。保持容器密闭。上锁保管

废弃处置　本品及内装物、容器依据国家和地方法规处置

物理和化学危险　可燃，其蒸气与空气混合，能形成爆炸性混合物

健康危害　抑制中枢神经系统；刺激呼吸道黏膜。对动物能导致呼吸道刺激、运动性兴奋及呼吸加速，然后呼吸极度困难、共济失调、轻瘫、四肢麻痹。本品对皮肤有强烈刺激性。可经皮吸收

环境危害　对环境可能有害

第三部分　成分/组成信息

√物质　　混合物

组分	浓度	CAS No.
四氯丙烯		10436-39-2

第四部分　急救措施

吸入　迅速脱离现场至空气新鲜处。保持呼吸道通畅。如呼吸困难，给输氧。如呼吸、心跳停止，立即进行心肺复苏术。就医

皮肤接触　立即脱去污染的衣着，用流动清水彻底冲洗。就医

眼睛接触　立即分开眼睑，用流动清水或生理盐水彻底冲洗。就医

食入　漱口，饮水。就医

对保护施救者的忠告　根据需要使用个人防护设备

对医生的特别提示　对症处理

第五部分　消防措施

灭火剂　用雾状水、泡沫、干粉、二氧化碳、砂土灭火

特别危险性　受高热分解产生有毒的腐蚀性烟气。燃烧生成有害的一氧化碳、氯化氢、光气

灭火注意事项及防护措施　消防人员须佩戴防毒面具、穿全身消防服，在上风向灭火。尽可能将容器从火场移至空旷处。喷水保持火场容器冷却，直至灭火结束

第六部分　泄漏应急处理

作业人员防护措施、防护装备和应急处置程序　根据液体流动和蒸气扩散的影响区域划定警戒区，无关人员从侧风、上风向撤离至安全区。建议应急处理人员戴正压自给式呼吸器，穿防毒服，戴防化学品手套。穿上适当的防护服前严禁接触破裂的容器和泄漏物。尽可能切断泄漏源

环境保护措施　防止泄漏物进入水体、下水道、地下室或有限空间

泄漏化学品的收容、清除方法及所使用的处置材料　小量泄漏：用干燥的砂土或其他不燃材料吸收或覆盖，收集于容器中。大量泄漏：构筑围堤或挖坑收容。用泵转移至槽车或专用收集器内

第七部分　操作处置与储存

操作注意事项　密闭操作，提供充分的局部排风。操作人员必须经过专门培训，严格遵守操作规程。建议操作人员佩戴自吸过滤式防毒面具（全面罩），穿透气型防毒服，戴防化学品手套。远离火种、热源。工作场所严禁吸烟。使用防爆型的通风系统和设备。防止蒸气泄漏到工作场所空气中。避免与氧化剂、碱类、活性金属粉末接触。搬运时要轻装轻卸，防止包装及容器损坏。配备相应品种和数量的消防器材及泄漏应急处理设备。倒空的容器可能残留有害物

储存注意事项　储存于阴凉、通风的库房。远离火种、热源。保持容器密封。应与氧化剂、碱类、活性金属粉末、食用化学品分开存放，切忌混储。配备相应品种和数量的消防器材。储区应备有泄漏应急处理设备和合适的收容材料

第八部分　接触控制/个体防护

职业接触限值

中国　未制定标准

美国(ACGIH)　未制定标准

生物接触限值　未制定标准

监测方法　空气中有毒物质测定方法：未制定标准。生物监测检验方法：未制定标准

工程控制　严加密闭，提供充分的局部排风。提供安全的淋浴和洗眼设备

个体防护装备

呼吸系统防护　可能接触其蒸气时，应该佩戴过滤式防毒面具（全面罩）。紧急事态抢救或撤离时，佩戴空气呼吸器

眼睛防护　呼吸系统防护中已作防护

皮肤和身体防护　穿透气型防毒服

手防护　戴防化学品手套

第九部分 理化特性

外观与性状 无色、透明液体，工业品常呈棕黄色

pH 值 无意义 **熔点(℃)** 无资料

沸点(℃) 167.1

相对密度(水=1) 1.55 (20℃)

相对蒸气密度(空气=1) 无资料

饱和蒸气压(kPa) 无资料

燃烧热(kJ/mol) 无资料 **临界温度(℃)** 无资料

临界压力(MPa) 无资料 **辛醇/水分配系数** 无资料

闪点(℃) 无资料 **自燃温度(℃)** 无资料

爆炸下限(%) 无资料 **爆炸上限(%)** 无资料

分解温度(℃) 无资料

黏度(mPa·s) 无资料

溶解性 微溶于水

第十部分 稳定性和反应性

稳定性 稳定

危险反应 与强氧化剂等禁配物发生反应

避免接触的条件 受热

禁配物 强氧化剂、强碱、钾、钠

危险的分解产物 氯化氢

第十一部分 毒理学信息

急性毒性

LD_{50} 3.73ml (5632.3mg)/kg (兔经皮)

LC_{50} 1500mg/m³ (大鼠吸入)；3000mg/m³ (小鼠吸入)

皮肤刺激或腐蚀 无资料 **眼睛刺激或腐蚀** 无资料

呼吸或皮肤过敏 无资料

生殖细胞突变性 微生物致突变：鼠伤寒沙门氏菌 10μg/皿。细胞遗传学分析：仓鼠卵巢 100μmol/L。姐妹染色单体交换：仓鼠卵巢 200μmol/L

致癌性 无资料 **生殖毒性** 无资料

特异性靶器官系统毒性-一次接触 无资料

特异性靶器官系统毒性-反复接触 无资料

吸入危害 无资料

第十二部分 生态学信息

生态毒性 无资料

持久性和降解性

生物降解性 无资料

非生物降解性 无资料

潜在的生物累积性 无资料

土壤中的迁移性 无资料

第十三部分 废弃处置

废弃化学品 建议用焚烧法处置。与燃料混合后，再焚烧。焚烧炉排出的卤化氢通过酸洗涤器除去

污染包装物 将容器返还生产商或按照国家和地方法规处置

废弃注意事项 处置前应参阅国家和地方有关法规

第十四部分 运输信息

联合国危险货物编号(UN号) - **联合国运输名称** -

联合国危险性类别 - **包装类别** -

包装标志 - **海洋污染物** -

运输注意事项 运输前应先检查包装容器是否完整、密封，运输过程中要确保容器不泄漏、不倒塌、不坠落、不损坏。严禁与酸类、氧化剂、食品及食品添加剂混运。运输时运输车辆应配备相应品种和数量的消防器材及泄漏应急处理设备。运输途中应防曝晒、雨淋，防高温。公路运输时要按规定路线行驶

第十五部分 法规信息

下列法律、法规、规章和标准，对该化学品的管理作了相应的规定。

中华人民共和国职业病防治法 职业病分类和目录：有机氟聚合物单体及其热裂解物中毒

危险化学品安全管理条例 危险化学品目录：未列入。易制爆危险化学品名录：未列入。重点监管的危险化学品名录：未列入。GB 18218—2009《危险化学品重大危险源辨识》(表1)：未列入

使用有毒物品作业场所劳动保护条例 高毒物品目录：未列入

易制毒化学品管理条例 易制毒化学品的分类和品种目录：未列入

国际公约 斯德哥尔摩公约：未列入。鹿特丹公约：未列入。蒙特利尔议定书：未列入

第十六部分 其他信息

编写和修订信息 **缩略语和首字母缩写**

培训建议 **参考文献**

免责声明

四氯化锆

第一部分 化学品标识

化学品中文名 四氯化锆；氯化锆

化学品英文名 zirconium tetrachloride；zirconium chloride；zirconium (Ⅳ) chloride

分子式 $ZrCl_4$ **相对分子质量** 233.02

结构式

```
      Cl
      |
Cl—Zr—Cl
      |
      Cl
```

化学品的推荐及限制用途 用作分析试剂、有机合成催化剂、防水剂、鞣化剂

第二部分 危险性概述

紧急情况概述 造成严重的皮肤灼伤和眼损伤

GHS 危险性类别 急性毒性-经口，类别4；皮肤腐蚀/刺激，类别1C；严重眼损伤/眼刺激，类别1

标签要素

象形图 

警示词 危险

危险性说明 吞咽有害，造成严重的皮肤灼伤和眼损伤

防范说明

预防措施 避免接触眼睛、皮肤，操作后彻底清洗。作业场所不得进食、饮水或吸烟。避免吸入粉尘。戴防护手套，穿防护服，戴防护眼镜、防护面罩

事故响应 如吸入：将患者转移到空气新鲜处，休息，保持利于呼吸的体位。皮肤（或头发）接触：立即脱掉所有被污染的衣服，用水冲洗皮肤，淋浴。污染的衣服须洗净后方可重新使用。眼睛接触：用水细心地冲洗数分钟。如戴隐形眼镜并可方便地取出，则取出隐形眼镜继续冲洗。食入：漱口，不要催吐，如果感觉不适，立即呼叫中毒控制中心或就医

安全储存 上锁保管

废弃处置 本品及内装物、容器依据国家和地方法规处置

物理和化学危险 不燃，无特殊燃爆特性。遇水产生刺激性气体

健康危害 吸入后引起呼吸道刺激。对眼有强烈刺激性，引起灼伤。皮肤直接接触有强烈刺激性，可致灼伤。口服出现口腔和咽喉烧灼感、恶心、呕吐、水样便、血便、虚脱和惊厥

慢性影响 对呼吸道有轻度刺激作用

环境危害 对环境可能有害

第三部分 成分/组成信息

√物质 混合物

组分	浓度	CAS No.
四氯化锆		10026-11-6

第四部分 急救措施

吸入 迅速脱离现场至空气新鲜处。保持呼吸道通畅。如呼吸困难，给输氧。如呼吸、心跳停止，立即进行心肺复苏术。就医

皮肤接触 立即脱去污染的衣着，用大量流动清水彻底冲洗至少15min。就医

眼睛接触 立即分开眼睑，用流动清水或生理盐水彻底冲洗至少15min。就医

食入 用水漱口，禁止催吐。给饮牛奶或蛋清。就医

对保护施救者的忠告 根据需要使用个人防护设备

对医生的特别提示 对症处理

第五部分 消防措施

灭火剂 用干燥砂土灭火

特别危险性 受热或遇水分解放热，放出有毒的腐蚀性烟气。对金属有强腐蚀性

灭火注意事项及防护措施 消防人员须佩戴防毒面具、穿全身消防服，在上风向灭火。尽可能将容器从火场移至空旷处。喷水保持火场容器冷却，直至灭火结束。禁止用水和泡沫灭火

第六部分 泄漏应急处理

作业人员防护措施、防护装备和应急处置程序 隔离泄漏污染区，限制出入。建议应急处理人员戴防尘口罩，穿防酸碱服，戴橡胶手套。穿上适当的防护服前严禁接触破裂的容器和泄漏物。尽可能切断泄漏源。勿使泄漏物与可燃物质（如木材、纸、油等）接触

环境保护措施 无资料

泄漏化学品的收容、清除方法及所使用的处置材料 小量泄漏：用干燥的砂土或其他不燃材料覆盖泄漏物，用洁净的无火花工具收集泄漏物，置于一盖子较松的塑料容器中，待处置。大量泄漏：用塑料布覆盖泄漏物，减少飞散，避免雨淋。在专家指导下清除

第七部分 操作处置与储存

操作注意事项 密闭操作，局部排风。操作人员必须经过专门培训，严格遵守操作规程。建议操作人员佩戴头罩型电动送风过滤式防尘呼吸器，穿防毒物渗透工作服，戴橡胶手套。避免产生粉尘。避免与酸类、胺类、醇类、酯类接触。搬运时要轻装轻卸，防止包装及容器损坏。配备泄漏应急处理设备。倒空的容器可能残留有害物

储存注意事项 储存于阴凉、干燥、通风良好的库房。远离火种、热源。包装必须密封，切勿受潮。应与酸类、胺类、醇类、酯类等分开存放，切忌混储。储区应备有合适的材料收容泄漏物

第八部分 接触控制/个体防护

职业接触限值

中国 PC-TWA：5mg/m³；PC-STEL：10mg/m³［按Zr计］

美国（ACGIH） TLV-TWA：5mg/m³；TLV-STEL：10mg/m³［按Zr计］

生物接触限值 未制定标准

监测方法 空气中有毒物质测定方法：二甲酚橙分光光度法。生物监测检验方法：未制定标准

工程控制 密闭操作，局部排风。提供安全的淋浴和洗眼设备

个体防护装备

呼吸系统防护 可能接触其粉尘时，必须佩戴过滤式防尘呼吸器。必要时佩戴空气呼吸器

眼睛防护 戴化学安全防护眼镜

皮肤和身体防护 穿防毒物渗透工作服

手防护 戴橡胶手套

第九部分 理化特性

外观与性状 白色有光泽的结晶或粉末，易潮解

pH值 无意义

熔点(℃) 437（2533.3 kPa） **沸点(℃)** 331（升华）

相对密度(水=1) 2.80

相对蒸气密度(空气=1) 无资料

饱和蒸气压(kPa) 0.13（190℃）

燃烧热(kJ/mol) 无资料 **临界温度(℃)** 无资料

临界压力(MPa) 5.77

辛醇/水分配系数 无资料

闪点(℃) 无意义 **自燃温度(℃)** 无意义

爆炸下限(%) 无意义 **爆炸上限(%)** 无意义
分解温度(℃) 无资料
黏度(mPa·s) 无资料
溶解性 溶于冷水、乙醇、乙醚，不溶于苯、四氯化碳、二硫化碳

第十部分 稳定性和反应性

稳定性 稳定
危险反应 与水、醇类等禁配物发生反应
避免接触的条件 潮湿空气
禁配物 水、胺类、醇类、酸类、酯类、酮
危险的分解产物 氯化物

第十一部分 毒理学信息

急性毒性 LD_{50}：1688mg/kg（大鼠经口）
皮肤刺激或腐蚀 无资料 **眼睛刺激或腐蚀** 无资料
呼吸或皮肤过敏 无资料 **生殖细胞突变性** 无资料
致癌性 无资料 **生殖毒性** 无资料
特异性靶器官系统毒性-一次接触 无资料
特异性靶器官系统毒性-反复接触 无资料
吸入危害 无资料

第十二部分 生态学信息

生态毒性
LC_{50} ＞20mg/L（96h）（虹鳟鱼，静态）
EC_{50} 2.6mg/L（96h）（绿藻，静态）
持久性和降解性
生物降解性 无资料
非生物降解性 无资料
潜在的生物累积性 无资料
土壤中的迁移性 无资料

第十三部分 废弃处置

废弃化学品 倒入碳酸氢钠溶液中，用氨水喷洒，同时加碎冰，反应停止后，用水冲入废水系统
污染包装物 将容器返还生产商或按照国家和地方法规处置
废弃注意事项 处置前应参阅国家和地方有关法规

第十四部分 运输信息

联合国危险货物编号（UN号） 2503
联合国运输名称 四氯化锆
联合国危险性类别 8 **包装类别** Ⅲ类包装
包装标志 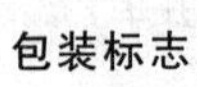 

海洋污染物 否
运输注意事项 起运时包装要完整，装载应稳妥。运输过程中要确保容器不泄漏、不倒塌、不坠落、不损坏。严禁与酸类、胺类、醇类、酯类、食用化学品等混装混运。运输时运输车辆应配备泄漏应急处理设备。运输途中应防曝晒、雨淋，防高温

第十五部分 法规信息

下列法律、法规、规章和标准，对该化学品的管理作了相应的规定。
中华人民共和国职业病防治法 职业病分类和目录：未列入
危险化学品安全管理条例 危险化学品目录：列入。易制爆危险化学品名录：未列入。重点监管的危险化学品名录：未列入。GB 18218—2009《危险化学品重大危险源辨识》（表1）：未列入
使用有毒物品作业场所劳动保护条例 高毒物品目录：未列入
易制毒化学品管理条例 易制毒化学品的分类和品种目录：未列入
国际公约 斯德哥尔摩公约：未列入。鹿特丹公约：未列入。蒙特利尔议定书：未列入

第十六部分 其他信息

编写和修订信息 **缩略语和首字母缩写**
培训建议 **参考文献**
免责声明

四氯化硅

第一部分 化学品标识

化学品中文名 四氯化硅；四氯硅烷；氯化硅
化学品英文名 silicon tetrachloride; tetrachlorosilane; silicon chloride
分子式 $SiCl_4$ **相对分子质量** 169.89
结构式

$$\begin{array}{c} Cl \\ | \\ Cl—Si—Cl \\ | \\ Cl \end{array}$$

化学品的推荐及限制用途 用于制取纯硅、硅酸乙酯等，也用于制取烟幕剂

第二部分 危险性概述

紧急情况概述 造成皮肤刺激，造成严重眼刺激
GHS危险性类别 皮肤腐蚀/刺激，类别2；严重眼损伤/眼刺激，类别2；特异性靶器官毒性-一次接触，类别3（呼吸道刺激）
标签要素
象形图 
警示词 警告
危险性说明 造成皮肤刺激，造成严重眼刺激，可能引起呼吸道刺激
防范说明
预防措施 避免接触眼睛、皮肤，操作后彻底清洗。戴防护手套、防护眼镜、防护面罩
事故响应 皮肤接触：用大量肥皂水和水清洗。如发生皮肤刺激，就医。脱去被污染的衣服，洗净

后方可重新使用。如接触眼睛：用水细心冲洗数分钟。如戴隐形眼镜并可方便地取出，取出隐形眼镜继续冲洗。如果眼睛刺激持续：就医

安全储存 -

废弃处置 -

物理和化学危险 不燃，无特殊燃爆特性。遇水产生有毒气体

健康危害 对眼睛及上呼吸道有强烈刺激作用。高浓度可引起角膜浑浊，呼吸道炎症，甚至肺水肿。眼直接接触可致角膜及眼睑严重灼伤。皮肤接触后可引起组织坏死。本品可引起溶血反应而导致贫血

环境危害 对环境可能有害

第三部分 成分/组成信息

√物质 混合物

组分	浓度	CAS No.
四氯化硅		10026-04-7

第四部分 急救措施

吸入 迅速脱离现场至空气新鲜处。保持呼吸道通畅。如呼吸困难，给输氧。如呼吸、心跳停止，立即进行心肺复苏术。就医

皮肤接触 立即脱去污染的衣着，用大量流动清水彻底冲洗至少15min。就医

眼睛接触 立即分开眼睑，用流动清水或生理盐水彻底冲洗至少15min。就医

食入 用水漱口，禁止催吐。给饮牛奶或蛋清。就医

对保护施救者的忠告 根据需要使用个人防护设备

对医生的特别提示 对症处理

第五部分 消防措施

灭火剂 用干燥砂土灭火

特别危险性 受热或遇水分解放热，放出有毒的腐蚀性烟气。对很多金属尤其是潮湿空气存在下有腐蚀性

灭火注意事项及防护措施 消防人员必须佩戴空气呼吸器、穿全身防火防毒服，在上风向灭火。尽可能将容器从火场移至空旷处。喷水保持火场容器冷却，直至灭火结束。禁止用水和泡沫灭火

第六部分 泄漏应急处理

作业人员防护措施、防护装备和应急处置程序 根据液体流动和蒸气扩散的影响区域划定警戒区，无关人员从侧风、上风向撤离至安全区。建议应急处理人员戴正压自给式呼吸器，穿防酸碱服，戴橡胶耐酸碱手套。作业时使用的所有设备应接地。穿上适当的防护服前严禁接触破裂的容器和泄漏物。勿使水进入包装容器内。尽可能切断泄漏源

环境保护措施 防止泄漏物进入水体、下水道、地下室或有限空间

泄漏化学品的收容、清除方法及所使用的处置材料 小量泄漏：用干燥的砂土或其他不燃材料覆盖泄漏物。大量泄漏：构筑围堤或挖坑收容。用碎石灰石（$CaCO_3$）、苏打灰（Na_2CO_3）或石灰（CaO）中和。用耐腐蚀泵转移至槽车或专用收集器内

第七部分 操作处置与储存

操作注意事项 密闭操作，注意通风。操作尽可能机械化、自动化。操作人员必须经过专门培训，严格遵守操作规程。建议操作人员佩戴自吸过滤式防毒面具（全面罩），穿橡胶耐酸碱服，戴橡胶耐酸碱手套。防止蒸气泄漏到工作场所空气中。避免与氧化剂、碱类、醇类接触。尤其要注意避免与水接触。搬运时要轻装轻卸，防止包装及容器损坏。配备泄漏应急处理设备。倒空的容器可能残留有害物

储存注意事项 储存于阴凉、干燥、通风良好的库房。远离火种、热源。库房温度不超过30℃，相对湿度不超过75%。包装必须密封，切勿受潮。应与氧化剂、碱类、醇类等分开存放，切忌混储。储区应备有泄漏应急处理设备和合适的收容材料

第八部分 接触控制/个体防护

职业接触限值

中国 未制定标准

美国(ACGIH) 未制定标准

生物接触限值 未制定标准

监测方法 空气中有毒物质测定方法：未制定标准。生物监测检验方法：未制定标准

工程控制 密闭操作，注意通风。提供安全的淋浴和洗眼设备

个体防护装备

呼吸系统防护 可能接触其蒸气时，必须佩戴过滤式防毒面具（全面罩）或空气呼吸器。紧急事态抢救或撤离时，建议佩戴空气呼吸器

眼睛防护 呼吸系统防护中已作防护

皮肤和身体防护 穿橡胶耐酸碱服

手防护 戴橡胶耐酸碱手套

第九部分 理化特性

外观与性状 无色或淡黄色发烟液体，有刺激性气味，易潮解

pH值 无资料　**熔点(℃)** −70

沸点(℃) 57.6　**相对密度(水=1)** 1.48

相对蒸气密度(空气=1) 5.86

饱和蒸气压(kPa) 55.99（37.8℃）

燃烧热(kJ/mol) 无资料　**临界温度(℃)** 无资料

临界压力(MPa) 3.59　**辛醇/水分配系数** 1.77

闪点(℃) 无意义　**自燃温度(℃)** 无意义

爆炸下限(%) 无意义　**爆炸上限(%)** 无意义

分解温度(℃) 无资料

黏度(mPa·s) 无资料

溶解性 可混溶于苯、氯仿、石油醚、乙醚等多数有机溶剂

第十部分 稳定性和反应性

稳定性 稳定

危险反应 与强氧化剂、水等禁配物发生反应

避免接触的条件 潮湿空气

禁配物 强氧化剂、醇类、水、强碱

危险的分解产物 氯化物

第十一部分 毒理学信息

急性毒性

LD_{50} 54640mg/kg（大鼠经口）

LC_{50} 8000ppm（大鼠吸入，4h）

皮肤刺激或腐蚀 家兔经皮：500mg（24h），重度刺激

眼睛刺激或腐蚀 无资料 **呼吸或皮肤过敏** 无资料

生殖细胞突变性 无资料 **致癌性** 无资料

生殖毒性 无资料

特异性靶器官系统毒性-一次接触 无资料

特异性靶器官系统毒性-反复接触 无资料

吸入危害 无资料

第十二部分 生态学信息

生态毒性 无资料

持久性和降解性

生物降解性 无资料

非生物降解性 无资料

潜在的生物累积性 根据 K_{ow} 值预测，该物质的生物累积性可能较弱

土壤中的迁移性 根据 K_{oc} 值预测，该物质可能易发生迁移

第十三部分 废弃处置

废弃化学品 根据国家和地方有关法规的要求处置。或与制造商联系，确定处置方法

污染包装物 将容器返还生产商或按照国家和地方法规处置

废弃注意事项 把倒空的容器归还厂商或在规定场所掩埋

第十四部分 运输信息

联合国危险货物编号（UN号） 1818

联合国运输名称 四氯化硅

联合国危险性类别 8 **包装类别** Ⅱ类包装

包装标志  **海洋污染物** 否

运输注意事项 起运时包装要完整，装载应稳妥。运输过程中要确保容器不泄漏、不倒塌、不坠落、不损坏。严禁与氧化剂、碱类、醇类、食用化学品等混装混运。运输时运输车辆应配备泄漏应急处理设备。运输途中应防曝晒、雨淋，防高温。公路运输时要按规定路线行驶，勿在居民区和人口稠密区停留

第十五部分 法规信息

下列法律、法规、规章和标准，对该化学品的管理作了相应的规定。

中华人民共和国职业病防治法 职业病分类和目录：未列入

危险化学品安全管理条例 危险化学品目录：列入。易制爆危险化学品名录：未列入。重点监管的危险化学品名录：未列入。GB 18218—2009《危险化学品重大危险源辨识》（表1）：未列入

使用有毒物品作业场所劳动保护条例 高毒物品目录：未列入

易制毒化学品管理条例 易制毒化学品的分类和品种目录：未列入

国际公约 斯德哥尔摩公约：未列入。鹿特丹公约：未列入。蒙特利尔议定书：未列入

第十六部分 其他信息

编写和修订信息 **缩略语和首字母缩写**

培训建议 **参考文献**

免责声明

四氯化钛

第一部分 化学品标识

化学品中文名 四氯化钛；氯化钛

化学品英文名 titanium tetrachloride；titanic chloride

分子式 $TiCl_4$ **相对分子质量** 189.70

结构式

$$\begin{array}{c} Cl \\ | \\ Cl—Ti—Cl \\ | \\ Cl \end{array}$$

化学品的推荐及限制用途 用于制造钛盐、虹彩剂、人造珍珠、烟幕、颜料、织物媒染剂等

第二部分 危险性概述

紧急情况概述 造成严重的皮肤灼伤和眼损伤

GHS危险性类别 皮肤腐蚀/刺激，类别1B；严重眼损伤/眼刺激，类别1

标签要素

象形图 

警示词 危险

危险性说明 造成严重的皮肤灼伤和眼损伤

防范说明

预防措施 避免吸入烟雾。避免接触眼睛、皮肤，操作后彻底清洗。戴防护手套，穿防护服，戴防护眼镜、防护面罩

事故响应 如吸入：将患者转移到空气新鲜处，休息，保持利于呼吸的体位，立即呼叫中毒控制中心或就医。皮肤（或头发）接触：立即脱掉所有被污染的衣服，用水冲洗皮肤，淋浴。污染的衣服须洗净后方可重新使用。眼睛接触：用水细心地冲洗数分钟。如戴隐形眼镜并可方便地取出，则取出隐形眼镜。继续冲洗。食入：漱口，不要催吐

安全储存 上锁保管

废弃处置 本品及内装物、容器依据国家和地方法

规处置

物理和化学危险 不燃，无特殊燃爆特性。遇水产生刺激性气体

健康危害 吸入本品烟雾，引起上呼吸道黏膜强烈刺激症状。轻度中毒有喘息性支气管炎症状；严重者出现呼吸困难，呼吸和脉搏加快，体温升高，咳嗽，咯痰等，可发展成肺水肿。皮肤直接接触其液体，可引起严重灼伤，治愈后可见有黄色色素沉着。眼接触引起灼伤

环境危害 对环境可能有害

第三部分 成分/组成信息

√物质　　　　混合物

组分	浓度	CAS No.
四氯化钛		7550-45-0

第四部分 急救措施

吸入 迅速脱离现场至空气新鲜处。保持呼吸道通畅。如呼吸困难，给输氧。如呼吸、心跳停止，立即进行心肺复苏术。就医

皮肤接触 立即脱去污染的衣着，用清洁棉花或布等吸去液体。用大量流动清水冲洗至少15min。就医

眼睛接触 立即分开眼睑，用流动清水或生理盐水彻底冲洗至少15min。就医

食入 用水漱口，禁止催吐。给饮牛奶或蛋清。就医

对保护施救者的忠告 根据需要使用个人防护设备

对医生的特别提示 对症处理

第五部分 消防措施

灭火剂 用干燥砂土灭火

特别危险性 受热或遇水分解放热，放出有毒的腐蚀性烟气。具有较强的腐蚀性

灭火注意事项及防护措施 消防人员必须佩戴空气呼吸器、穿全身防火防毒服，在上风向灭火。尽可能将容器从火场移至空旷处。喷水保持火场容器冷却，直至灭火结束。禁止用水和泡沫灭火

第六部分 泄漏应急处理

作业人员防护措施、防护装备和应急处置程序 根据液体流动和蒸气扩散的影响区域划定警戒区，无关人员从侧风、上风向撤离至安全区。建议应急处理人员戴正压自给式呼吸器，穿防酸碱服，戴橡胶耐酸碱手套。穿上适当的防护服前严禁接触破裂的容器和泄漏物。尽可能切断泄漏源。勿使泄漏物与可燃物质（如木材、纸、油等）接触

环境保护措施 防止泄漏物进入水体、下水道、地下室或有限空间

泄漏化学品的收容、清除方法及所使用的处置材料 小量泄漏：用干燥的砂土或其他不燃材料覆盖泄漏物，用洁净的无火花工具收集泄漏物，置于一盖子较松的塑料容器中，待处置。大量泄漏：构筑围堤或挖坑收容。用砂土、惰性物质或蛭石吸收大量液体。用耐腐蚀泵转移至槽车或专用收集器内

第七部分 操作处置与储存

操作注意事项 密闭操作，局部排风。操作人员必须经过专门培训，严格遵守操作规程。建议操作人员佩戴自吸过滤式防毒面具（全面罩），穿橡胶耐酸碱服，戴橡胶耐酸碱手套。避免产生烟雾。防止烟雾和蒸气释放到工作场所空气中。避免与氧化剂、碱类接触。尤其要注意避免与水接触。搬运时要轻装轻卸，防止包装及容器损坏。配备泄漏应急处理设备。倒空的容器可能残留有害物

储存注意事项 储存于阴凉、干燥、通风良好的库房。远离火种、热源。库房温度不超过30℃，相对湿度不超过75%。包装必须密封，切勿受潮。应与氧化剂、碱类、食用化学品分开存放，切忌混储。储区应备有泄漏应急处理设备和合适的收容材料

第八部分 接触控制/个体防护

职业接触限值

中国　未制定标准

美国(ACGIH)　未制定标准

生物接触限值 未制定标准

监测方法 空气中有毒物质测定方法：未制定标准。生物监测检验方法：未制定标准

工程控制 密闭操作，局部排风。提供安全的淋浴和洗眼设备

个体防护装备

呼吸系统防护　可能接触其蒸气时，应该佩戴过滤式防毒面具（全面罩）。必要时佩戴空气呼吸器

眼睛防护　呼吸系统防护中已作防护

皮肤和身体防护　穿橡胶耐酸碱服

手防护　戴橡胶耐酸碱手套

第九部分 理化特性

外观与性状 无色或微黄色液体，有刺激性酸味。在空气中发烟

pH值 无资料　　**熔点(℃)** −25

沸点(℃) 136.4　　**相对密度(水=1)** 1.73

相对蒸气密度(空气=1) 无资料

饱和蒸气压(kPa) 1.33（21.3℃）

燃烧热(kJ/mol) 无资料　　**临界温度(℃)** 358

临界压力(MPa) 4.66　　**辛醇/水分配系数** 无资料

闪点(℃) 无意义　　**自燃温度(℃)** 无意义

爆炸下限(%) 无意义　　**爆炸上限(%)** 无意义

分解温度(℃) 无资料

黏度(mPa·s) 无资料

溶解性 溶于冷水、乙醇、稀盐酸

第十部分 稳定性和反应性

稳定性 稳定

危险反应 与强氧化剂、水等禁配物发生反应

避免接触的条件 潮湿空气

禁配物 强氧化剂、水、强碱

危险的分解产物 氯化物

第十一部分 毒理学信息

急性毒性 LC_{50}：400mg/m³（大鼠吸入）

皮肤刺激或腐蚀 无资料 **眼睛刺激或腐蚀** 无资料

呼吸或皮肤过敏 无资料 **生殖细胞突变性** 无资料

致癌性 无资料 **生殖毒性** 无资料

特异性靶器官系统毒性-一次接触 无资料

特异性靶器官系统毒性-反复接触 无资料

吸入危害 无资料

第十二部分 生态学信息

生态毒性 无资料

持久性和降解性

生物降解性 无资料

非生物降解性 无资料

潜在的生物累积性 无资料

土壤中的迁移性 无资料

第十三部分 废弃处置

废弃化学品 中和、稀释后，排入废水系统

污染包装物 将容器返还生产商或按照国家和地方法规处置

废弃注意事项 处置前应参阅国家和地方有关法规

第十四部分 运输信息

联合国危险货物编号（UN号） 1838

联合国运输名称 四氯化钛

联合国危险性类别 8 **包装类别** Ⅱ类包装

包装标志  **海洋污染物** 否

运输注意事项 起运时包装要完整，装载应稳妥。运输过程中要确保容器不泄漏、不倒塌、不坠落、不损坏。严禁与氧化剂、碱类、食用化学品等混装混运。运输时运输车辆应配备泄漏应急处理设备。运输途中应防曝晒、雨淋，防高温。公路运输时要按规定路线行驶，勿在居民区和人口稠密区停留

第十五部分 法规信息

下列法律、法规、规章和标准，对该化学品的管理作了相应的规定。

中华人民共和国职业病防治法 职业病分类和目录：未列入

危险化学品安全管理条例 危险化学品目录：列入。易制爆危险化学品名录：未列入。重点监管的危险化学品名录：列入。GB 18218—2009《危险化学品重大危险源辨识》（表1）：未列入

使用有毒物品作业场所劳动保护条例 高毒物品目录：未列入

易制毒化学品管理条例 易制毒化学品的分类和品种目录：未列入

国际公约 斯德哥尔摩公约：未列入。鹿特丹公约：未列入。蒙特利尔议定书：未列入

第十六部分 其他信息

编写和修订信息 **缩略语和首字母缩写**

培训建议 **参考文献**

免责声明

四氯化碳

第一部分 化学品标识

化学品中文名 四氯化碳；四氯甲烷

化学品英文名 carbon tetrachloride；tetrachloromethane

分子式 CCl_4 **相对分子质量** 153.81

结构式

$$\begin{array}{c} Cl \\ | \\ Cl-C-Cl \\ | \\ Cl \end{array}$$

化学品的推荐及限制用途 用于有机合成，用作溶剂、制冷剂、有机物的氯化剂、香料的浸出剂、纤维的脱脂剂等

第二部分 危险性概述

紧急情况概述 吞咽会中毒，皮肤接触会中毒，吸入会中毒

GHS危险性类别 急性毒性-经口，类别3；急性毒性-经皮，类别3；急性毒性-吸入，类别3；致癌性，类别2；特异性靶器官毒性-反复接触，类别1；危害水生环境-急性危害，类别3；危害水生环境-长期危害，类别3；危害臭氧层，类别1

标签要素

象形图

警示词 危险

危险性说明 吞咽会中毒，皮肤接触会中毒，吸入会中毒，怀疑致癌，长时间或反复接触对器官造成损伤，对水生生物有害并具有长期持续影响，破坏高层大气中的臭氧，危害公共健康和环境

防范说明

预防措施 避免接触眼睛、皮肤，操作后彻底清洗。作业场所不得进食、饮水或吸烟。戴防护手套、穿防护服。避免吸入蒸气、雾。仅在室外或通风良好处操作。得到专门指导后操作。在阅读并了解所有安全预防措施之前，切勿操作。按要求使用个体防护装备。禁止排入环境

事故响应 如吸入：将患者转移到空气新鲜处，休息，保持利于呼吸的体位。皮肤接触：用大量肥皂水和水清洗。如感觉不适，呼叫中毒控制中心或就医。立即脱去所有被污染的衣服。被污染的衣服须经洗净后方可重新使用。食入：漱口，立即呼叫中毒控制中心或就医。如果接触或有担心，就医

安全储存 在通风良好处储存。保持容器密闭。上

锁保管

废弃处置　本品及内装物、容器依据国家和地方法规处置

物理和化学危险　不燃，无特殊燃爆特性

健康危害　高浓度本品蒸气对黏膜有刺激作用，对中枢神经系统有麻醉作用，对肝、肾有严重损害

急性中毒　吸入较高浓度本品蒸气，常伴有眼及上呼吸道刺激症状，有时可发生肺水肿。神经系统症状有头痛、头晕、乏力、精神恍惚、步态蹒跚、昏迷等。出现消化道症状。较严重病例数小时或数天后出现中毒性肝、肾损伤。重者甚至发生肝坏死、肝昏迷或急性肾功能衰竭。吸入极高浓度可迅速出现昏迷、抽搐，可因室颤和呼吸中枢麻痹而猝死。口服中毒肝、肾损害明显。少数病例发生周围神经炎、球后视神经炎。皮肤直接接触可致损害

慢性中毒　神经衰弱综合征，肝肾损害，皮炎

环境危害　对水生生物有害并具有长期持续影响，破坏高层大气中的臭氧，危害公共健康和环境

第三部分　成分/组成信息

√物质　　混合物

组分	浓度	CAS No.
四氯化碳		56-23-5

第四部分　急救措施

吸入　迅速脱离现场至空气新鲜处。保持呼吸道通畅。如呼吸困难，给输氧。如呼吸、心跳停止，立即进行心肺复苏术。就医

皮肤接触　立即脱去污染的衣着，用流动清水彻底冲洗。就医

眼睛接触　立即分开眼睑，用流动清水或生理盐水彻底冲洗。就医

食入　漱口，饮水。就医

对保护施救者的忠告　根据需要使用个人防护设备

对医生的特别提示　对症处理

第五部分　消防措施

灭火剂　用雾状水、二氧化碳、砂土灭火

特别危险性　遇明火或高温易产生剧毒的光气和氯化氢烟雾。在潮湿的空气中逐渐分解成光气和氯化氢

灭火注意事项及防护措施　消防人员必须佩戴空气呼吸器、穿全身防火防毒服，在上风向灭火。尽可能将容器从火场移至空旷处。喷水保持火场容器冷却，直至灭火结束

第六部分　泄漏应急处理

作业人员防护措施、防护装备和应急处置程序　根据液体流动和蒸气扩散的影响区域划定警戒区，无关人员从侧风、上风向撤离至安全区。建议应急处理人员戴正压自给式呼吸器，穿防毒服，戴防化学品手套。穿上适当的防护服前严禁接触破裂的容器和泄漏物。尽可能切断泄漏源

环境保护措施　防止泄漏物进入水体、下水道、地下室或有限空间

泄漏化学品的收容、清除方法及所使用的处置材料　小量泄漏：用干燥的砂土或其他不燃材料吸收或覆盖，收集于容器中。大量泄漏：构筑围堤或挖坑收容。用砂土、惰性物质或蛭石吸收大量液体。用泵转移至槽车或专用收集器内

第七部分　操作处置与储存

操作注意事项　密闭操作，加强通风。操作人员必须经过专门培训，严格遵守操作规程。建议操作人员佩戴直接式防毒面具（半面罩），戴安全护目镜，穿防毒物渗透工作服，戴防化学品手套。防止蒸气泄漏到工作场所空气中。避免与氧化剂、活性金属粉末接触。搬运时要轻装轻卸，防止包装及容器损坏。配备泄漏应急处理设备。倒空的容器可能残留有害物

储存注意事项　储存于阴凉、通风的库房。远离火种、热源。库房温度不超过 32℃，相对湿度不超过 80%。保持容器密封。应与氧化剂、活性金属粉末、食用化学品分开存放，切忌混储。储区应备有泄漏应急处理设备和合适的收容材料

第八部分　接触控制/个体防护

职业接触限值

中国　PC-TWA：15mg/m^3；PC-STEL：25mg/m^3［皮］［G2B］

美国（ACGIH）　TLV-TWA：5ppm；TLV-STEL：10ppm［皮］

生物接触限值　未制定标准

监测方法　空气中有毒物质测定方法：溶剂解吸-气相色谱法。生物监测检验方法：未制定标准

工程控制　生产过程密闭，加强通风。提供安全的淋浴和洗眼设备

个体防护装备

呼吸系统防护　空气中浓度超标时，应该佩戴过滤式防毒面具（半面罩）。紧急事态抢救或撤离时，佩戴空气呼吸器

眼睛防护　戴安全护目镜

皮肤和身体防护　穿防毒物渗透工作服

手防护　戴防化学品手套

第九部分　理化特性

外观与性状　无色有特臭的透明液体，极易挥发

pH 值　无资料　　**熔点(℃)**　−23

沸点(℃)　76.8　　**相对密度(水=1)**　1.60

相对蒸气密度(空气=1)　5.3

饱和蒸气压(kPa)　12.13（20℃）

燃烧热(kJ/mol)　−364.9　　**临界温度(℃)**　283.2

临界压力(MPa)　4.56

辛醇/水分配系数　2.62～2.83

闪点(℃)　无意义　　**自燃温度(℃)**　无意义

爆炸下限(%)　无意义　　**爆炸上限(%)**　无意义

分解温度(℃)　无资料

黏度(mPa·s)　2.03（−23℃）

溶解性 微溶于水，易溶于多数有机溶剂

第十部分 稳定性和反应性

稳定性 稳定

危险反应 与强氧化剂等禁配物发生反应。四氯化碳与发烟硫酸在55℃时就反应产生光气

避免接触的条件 潮湿空气、光照

禁配物 活性金属粉末、强氧化剂

危险的分解产物 无资料

第十一部分 毒理学信息

急性毒性

LD_{50} 2350mg/kg（大鼠经口）；5070mg/kg（大鼠经皮）

LC_{50} 50400mg/m³（大鼠吸入，4h）

皮肤刺激或腐蚀 家兔经皮：4mg，轻度刺激

眼睛刺激或腐蚀 家兔经眼：500mg（24h），轻度刺激

呼吸或皮肤过敏 无资料

生殖细胞突变性 微生物致突变：鼠伤寒沙门氏菌20μl/L。DNA损伤：小鼠经口335μmol/kg。性染色体缺失和不分离：仓鼠肺1600μmol/L。程序外DNA合成：小鼠经口100mg/kg。DNA抑制：小鼠经口2g/kg

致癌性 IARC致癌性评论：组2B，对人类是可能致癌物

生殖毒性 大鼠孕后6～15d吸入最低中毒剂量（TCLo）300ppm（7h）致肌肉骨骼系统发育畸形。大鼠孕后18d胃肠外给予最低中毒剂量（TCLo）2384mg/kg，致肝胆管系统发育畸形。大鼠经口最低中毒剂量（TDLo）：2g/kg（孕7～8d），引起植入后死亡率增加。大鼠经口最低中毒剂量（TDLo）3691mg/kg（雄性，10d），引起睾丸、附睾和输精管异常

特异性靶器官系统毒性-一次接触 无资料

特异性靶器官系统毒性-反复接触 长期低剂量接触本品的主要损害肝和肾

吸入危害 无资料

第十二部分 生态学信息

生态毒性

LC_{50} 27～125mg/L（96h）（蓝鳃太阳鱼）；20.8～41.4mg/L（96h）（黑头呆鱼）；45mg/L（96h）（绿藻）

IC_{50} 600mg/L（72h）（藻类）

持久性和降解性

生物降解性 不易快速生物降解

非生物降解性 空气中光氧化半衰期（h）：1.60×10^4～1.60×10^5；一级水解半衰期（h）：7000

潜在的生物累积性 根据K_{ow}值预测，该物质的生物累积性可能较弱

土壤中的迁移性 根据K_{oc}值预测，该物质可能有一定的迁移性

第十三部分 废弃处置

废弃化学品 用焚烧法处置。与燃料混合后，再焚烧。焚烧炉排出的气体通过洗涤器除去

污染包装物 将容器返还生产商或按照国家和地方法规处置

废弃注意事项 处置前应参阅国家和地方有关法规。把空容器归还厂商

第十四部分 运输信息

联合国危险货物编号（UN号） 1846

联合国运输名称 四氯化碳

联合国危险性类别 6.1 **包装类别** Ⅱ类包装

包装标志  **海洋污染物** 否

运输注意事项 运输前应先检查包装容器是否完整、密封，运输过程中要确保容器不泄漏、不倒塌、不坠落、不损坏。严禁与酸类、氧化剂、食品及食品添加剂混运。运输时运输车辆应配备泄漏应急处理设备。运输途中应防曝晒、雨淋，防高温。公路运输时要按规定路线行驶

第十五部分 法规信息

下列法律、法规、规章和标准，对该化学品的管理作了相应的规定。

中华人民共和国职业病防治法 职业病分类和目录：四氯化碳中毒

危险化学品安全管理条例 危险化学品目录：列入。易制爆危险化学品名录：未列入。重点监管的危险化学品名录：未列入。GB 18218—2009《危险化学品重大危险源辨识》（表1）：未列入

使用有毒物品作业场所劳动保护条例 高毒物品目录：未列入

易制毒化学品管理条例 易制毒化学品的分类和品种目录：未列入

国际公约 斯德哥尔摩公约：未列入。鹿特丹公约：未列入。蒙特利尔议定书：列入

第十六部分 其他信息

编写和修订信息 **缩略语和首字母缩写**

培训建议 **参考文献**

免责声明

四氯化锡［无水］

第一部分 化学品标识

化学品中文名 四氯化锡［无水］；氯化锡

化学品英文名 tin tetrachloride；stannic chloride

分子式 $SnCl_4$ **相对分子质量** 260.49

结构式

```
     Cl
     |
Cl—Sn—Cl
     |
     Cl
```

化学品的推荐及限制用途 用于有机锡化合物的制造，用作分析试剂、有机合成脱水剂。也用于电镀工业

第二部分 危险性概述

紧急情况概述 造成严重的皮肤灼伤和眼损伤

GHS 危险性类别 皮肤腐蚀/刺激，类别 1B；严重眼损伤/眼刺激，类别 1；特异性靶器官毒性--一次接触，类别 3（呼吸道刺激）；危害水生环境-急性危害，类别 3；危害水生环境-长期危害，类别 3

标签要素

象形图 

警示词 危险

危险性说明 造成严重的皮肤灼伤和眼损伤，可能引起呼吸道刺激，对水生生物有害并具有长期持续影响

防范说明

预防措施 避免吸入粉尘或烟雾。避免接触眼睛、皮肤，操作后彻底清洗。戴防护手套，穿防护服，戴防护眼镜、防护面罩。禁止排入环境

事故响应 如吸入：将患者转移到空气新鲜处，休息，保持利于呼吸的体位，立即呼叫中毒控制中心或就医。皮肤（或头发）接触：立即脱掉所有被污染的衣服，用水冲洗皮肤，淋浴。污染的衣服须洗净后方可重新使用。眼睛接触：用水细心地冲洗数分钟。如戴隐形眼镜并可方便地取出，则取出隐形眼镜继续冲洗。食入：漱口，不要催吐

安全储存 上锁保管

废弃处置 本品及内装物、容器依据国家和地方法规处置

物理和化学危险 不燃，无特殊燃爆特性。遇水产生刺激性气体

健康危害 对眼睛、皮肤、黏膜和呼吸道有强烈的刺激作用。眼和皮肤接触引起灼伤

环境危害 对水生生物有害并具有长期持续影响

第三部分 成分/组成信息

√物质　　混合物

组分	浓度	CAS No.
四氯化锡		7646-78-8

第四部分 急救措施

吸入 迅速脱离现场至空气新鲜处。保持呼吸道通畅。如呼吸困难，给输氧。如呼吸、心跳停止，立即进行心肺复苏术。就医

皮肤接触 立即脱去污染的衣着，用大量流动清水彻底冲洗至少 15min。就医

眼睛接触 立即分开眼睑，用流动清水或生理盐水彻底冲洗至少 15min。就医

食入 用水漱口，禁止催吐。给饮牛奶或蛋清。就医

对保护施救者的忠告 根据需要使用个人防护设备

对医生的特别提示 对症处理

第五部分 消防措施

灭火剂 用干粉、二氧化碳灭火

特别危险性 遇 H 发泡剂立即燃烧。与碱性物质混合能引起爆炸。在潮湿空气存在下，放出热和近似白色烟雾状有刺激性和腐蚀性的氯化氢气体。具有腐蚀性

灭火注意事项及防护措施 消防人员必须佩戴空气呼吸器、穿全身防火防毒服，在上风向灭火。尽可能将容器从火场移至空旷处。喷水保持火场容器冷却，直至灭火结束。禁止用水和泡沫灭火

第六部分 泄漏应急处理

作业人员防护措施、防护装备和应急处置程序 隔离泄漏污染区，限制出入。建议应急处理人员戴防尘口罩，穿防酸碱服，戴橡胶耐酸碱手套。穿上适当的防护服前严禁接触破裂的容器和泄漏物。尽可能切断泄漏源。勿使泄漏物与可燃物质（如木材、纸、油等）接触

环境保护措施 无资料

泄漏化学品的收容、清除方法及所使用的处置材料 小量泄漏：用干燥的砂土或其他不燃材料覆盖泄漏物，用洁净的无火花工具收集泄漏物，置于一盖子较松的塑料容器中，待处置。大量泄漏：用塑料布覆盖泄漏物，减少飞散，避免雨淋。在专家指导下清除

第七部分 操作处置与储存

操作注意事项 密闭操作，局部排风。操作人员必须经过专门培训，严格遵守操作规程。建议操作人员佩戴自吸过滤式防毒面具（全面罩），穿橡胶耐酸碱服，戴橡胶耐酸碱手套。远离易燃、可燃物。避免产生烟雾或粉尘。避免与碱类、醇类接触。搬运时要轻装轻卸，防止包装及容器损坏。配备泄漏应急处理设备。倒空的容器可能残留有害物

储存注意事项 储存于阴凉、干燥、通风良好的库房。远离火种、热源。库房温度不超过 30℃，相对湿度不超过 75%。包装必须密封，切勿受潮。应与易（可）燃物、碱类、醇类等分开存放，切忌混储。储区应备有泄漏应急处理设备和合适的收容材料

第八部分 接触控制/个体防护

职业接触限值

中国 未制定标准

美国(ACGIH) TLV-TWA：$2mg/m^3$［按 Sn 计］

生物接触限值 未制定标准

监测方法 空气中有毒物质测定方法：火焰原子吸收光谱法。生物监测检验方法：未制定标准

工程控制 密闭操作，局部排风。提供安全的淋浴和洗眼设备

个体防护装备

呼吸系统防护 可能接触其蒸气时，应该佩戴过滤式防毒面具（全面罩）。必要时佩戴空气呼吸器

眼睛防护 呼吸系统防护中已作防护

皮肤和身体防护 穿橡胶耐酸碱服

手防护　戴橡胶耐酸碱手套

第九部分　理化特性

外观与性状　无色发烟液体，固体时为立方结晶

pH值　无资料　**熔点(℃)**　−33

沸点(℃)　114　**相对密度(水=1)**　2.23

相对蒸气密度(空气=1)　9

饱和蒸气压(kPa)　1.33 (10℃)

燃烧热(kJ/mol)　无资料　**临界温度(℃)**　无资料

临界压力(MPa)　3.75　**辛醇/水分配系数**　无资料

闪点(℃)　无意义　**自燃温度(℃)**　无意义

爆炸下限(%)　无意义　**爆炸上限(%)**　无意义

分解温度(℃)　无资料

黏度(mPa·s)　无资料

溶解性　溶于水、乙醇、苯、四氯化碳、汽油、二硫化碳等多数有机溶剂

第十部分　稳定性和反应性

稳定性　稳定

危险反应　与易燃或可燃物、水等禁配物发生反应

避免接触的条件　潮湿空气

禁配物　强碱、易燃或可燃物、水、醇类

危险的分解产物　氯化物

第十一部分　毒理学信息

急性毒性

LD_{50}　99mg/kg (小鼠静脉)

LC_{50}　2300mg/m³ (大鼠吸入，10min)

皮肤刺激或腐蚀　无资料　**眼睛刺激或腐蚀**　无资料

呼吸或皮肤过敏　无资料

生殖细胞突变性　细胞遗传学分析：人类白细胞 4mg/L

致癌性　无资料　**生殖毒性**　无资料

特异性靶器官系统毒性-一次接触　无资料

特异性靶器官系统毒性-反复接触　无资料

吸入危害　无资料

第十二部分　生态学信息

生态毒性　无资料

持久性和降解性

生物降解性　无资料

非生物降解性　无资料

潜在的生物累积性　无资料

土壤中的迁移性　无资料

第十三部分　废弃处置

废弃化学品　倒入碳酸氢钠溶液中，用氨水喷洒，同时加碎冰，反应停止后，用水冲入废水系统

污染包装物　将容器返还生产商或按照国家和地方法规处置

废弃注意事项　把倒空的容器归还厂商或在规定场所掩埋

第十四部分　运输信息

联合国危险货物编号(UN号)　1827

联合国运输名称　无水四氯化锡

联合国危险性类别　8　**包装类别**　Ⅱ类包装

包装标志 　**海洋污染物**　否

运输注意事项　起运时包装要完整，装载应稳妥。运输过程中要确保容器不泄漏、不倒塌、不坠落、不损坏。严禁与易燃物或可燃物、碱类、醇类、食用化学品等混装混运。运输时运输车辆应配备泄漏应急处理设备。运输途中应防曝晒、雨淋，防高温。公路运输时要按规定路线行驶，勿在居民区和人口稠密区停留

第十五部分　法规信息

下列法律、法规、规章和标准，对该化学品的管理作了相应的规定。

中华人民共和国职业病防治法　职业病分类和目录：未列入

危险化学品安全管理条例　危险化学品目录：列入。易制爆危险化学品名录：未列入。重点监管的危险化学品名录：未列入。GB 18218—2009《危险化学品重大危险源辨识》(表1)：未列入

使用有毒物品作业场所劳动保护条例　高毒物品目录：未列入

易制毒化学品管理条例　易制毒化学品的分类和品种目录：未列入

国际公约　斯德哥尔摩公约：未列入。鹿特丹公约：未列入。蒙特利尔议定书：未列入

第十六部分　其他信息

编写和修订信息　**缩略语和首字母缩写**

培训建议　**参考文献**

免责声明

四氯化锗

第一部分　化学品标识

化学品中文名　四氯化锗；氯化锗

化学品英文名　germanium tetrachloride; tetrachlorogermane

分子式　$GeCl_4$　**相对分子质量**　214.39

结构式

```
      Cl
      |
  Cl—Ge—Cl
      |
      Cl
```

化学品的推荐及限制用途　用作光导纤维掺杂剂，用于制二氧化锗等

第二部分　危险性概述

紧急情况概述　造成严重的皮肤灼伤和眼损伤

GHS危险性类别　皮肤腐蚀/刺激，类别1；严重眼损伤/眼刺激，类别1

标签要素

象形图 

警示词 危险

危险性说明 造成严重的皮肤灼伤和眼损伤

防范说明

预防措施 避免吸入烟雾。避免接触眼睛、皮肤，操作后彻底清洗。戴防护手套，穿防护服，戴防护眼镜、防护面罩

事故响应 如吸入：将患者转移到空气新鲜处，休息，保持利于呼吸的体位，立即呼叫中毒控制中心或就医。皮肤（或头发）接触：立即脱掉所有被污染的衣服，用水冲洗皮肤，淋浴。污染的衣服须洗净后方可重新使用。眼睛接触：用水细心地冲洗数分钟。如戴隐形眼镜并可方便地取出，则取出隐形眼镜继续冲洗。食入：漱口，不要催吐

安全储存 上锁保管

废弃处置 本品及内装物、容器依据国家和地方法规处置

物理和化学危险 不燃，无特殊燃爆特性。遇水产生刺激性气体

健康危害 对呼吸道有刺激作用，可引起支气管炎和肺炎。眼和皮肤接触引起灼伤

环境危害 对环境可能有害

第三部分 成分/组成信息

√物质 混合物

组分	浓度	CAS No.
四氯化锗		10038-98-9

第四部分 急救措施

吸入 迅速脱离现场至空气新鲜处。保持呼吸道通畅。如呼吸困难，给输氧。如呼吸、心跳停止，立即进行心肺复苏术。就医

皮肤接触 立即脱去污染的衣着，用大量流动清水彻底冲洗至少15min。就医

眼睛接触 立即分开眼睑，用流动清水或生理盐水彻底冲洗至少15min。就医

食入 用水漱口，禁止催吐。给饮牛奶或蛋清。就医

对保护施救者的忠告 根据需要使用个人防护设备

对医生的特别提示 对症处理

第五部分 消防措施

灭火剂 用干燥砂土灭火

特别危险性 受热或遇水分解放热，放出有毒的腐蚀性烟气。对很多金属尤其是潮湿空气存在下有腐蚀性

灭火注意事项及防护措施 消防人员必须穿全身耐酸碱消防服、佩戴空气呼吸器灭火。尽可能将容器从火场移至空旷处。喷水保持火场容器冷却，直至灭火结束。禁止用水和泡沫灭火

第六部分 泄漏应急处理

作业人员防护措施、防护装备和应急处置程序 根据液体流动和蒸气扩散的影响区域划定警戒区，无关人员从侧风、上风向撤离至安全区。建议应急处理人员戴正压自给式呼吸器，穿防酸碱服，戴乳胶耐酸碱手套。穿上适当的防护服前严禁接触破裂的容器和泄漏物。尽可能切断泄漏源

环境保护措施 防止泄漏物进入水体、下水道、地下室或有限空间

泄漏化学品的收容、清除方法及所使用的处置材料 小量泄漏：用干燥的砂土或其他不燃材料吸收或覆盖，收集于容器中。大量泄漏：构筑围堤或挖坑收容。用耐腐蚀泵转移至槽车或专用收集器内

第七部分 操作处置与储存

操作注意事项 密闭操作，局部排风。操作人员必须经过专门培训，严格遵守操作规程。建议操作人员佩戴自吸过滤式防毒面具（半面罩），戴化学安全防护眼镜，穿橡胶耐酸碱服，戴乳胶耐酸碱手套。防止蒸气泄漏到工作场所空气中。避免与氧化剂、碱类、醇类接触。尤其要注意避免与水接触。搬运时要轻装轻卸，防止包装及容器损坏。配备泄漏应急处理设备。倒空的容器可能残留有害物

储存注意事项 储存于阴凉、干燥、通风良好的库房。远离火种、热源。库房温度不超过30℃，相对湿度不超过75%。包装必须密封，切勿受潮。应与氧化剂、碱类、醇类等分开存放，切忌混储。储区应备有泄漏应急处理设备和合适的收容材料

第八部分 接触控制/个体防护

职业接触限值

中国 未制定标准

美国(ACGIH) 未制定标准

生物接触限值 未制定标准

监测方法 空气中有毒物质测定方法：未制定标准。生物监测检验方法：未制定标准

工程控制 密闭操作，局部排风。提供安全的淋浴和洗眼设备

个体防护装备

呼吸系统防护 可能接触其蒸气时，应该佩戴过滤式防毒面具（半面罩）。必要时佩戴空气呼吸器

眼睛防护 戴化学安全防护眼镜

皮肤和身体防护 穿橡胶耐酸碱服

手防护 戴橡胶耐酸碱手套

第九部分 理化特性

外观与性状 无色液体

pH值 无资料 **熔点(℃)** −49.5

沸点(℃) 82～84 **相对密度(水=1)** 1.88

相对蒸气密度(空气=1) 无资料

饱和蒸气压(kPa) 10.13（20℃）

燃烧热(kJ/mol)　无资料　　**临界温度(℃)**　无资料
临界压力(MPa)　无资料　　**辛醇/水分配系数**　无资料
闪点(℃)　无意义　　**自燃温度(℃)**　无意义
爆炸下限(%)　无意义　　**爆炸上限(%)**　无意义
分解温度(℃)　无资料　　**黏度(mPa·s)**　无资料
溶解性　溶于浓盐酸、稀盐酸，溶于苯、乙醇、乙醚等多数有机溶剂

第十部分　稳定性和反应性

稳定性　稳定
危险反应　与强氧化剂、水等禁配物发生反应
避免接触的条件　潮湿空气
禁配物　强氧化剂、水、醇类、碱类
危险的分解产物　氯化物

第十一部分　毒理学信息

急性毒性

LD_{50}　56mg/kg（小鼠静脉）
LC_{50}　44000mg/m^3（小鼠吸入，2h）

皮肤刺激或腐蚀　无资料
眼睛刺激或腐蚀　家兔经眼：50mg，重度刺激
呼吸或皮肤过敏　无资料　　**生殖细胞突变性**　无资料
致癌性　无资料　　**生殖毒性**　无资料
特异性靶器官系统毒性-一次接触　无资料
特异性靶器官系统毒性-反复接触　无资料
吸入危害　无资料

第十二部分　生态学信息

生态毒性　无资料
持久性和降解性
　生物降解性　无资料
　非生物降解性　无资料
潜在的生物累积性　无资料
土壤中的迁移性　无资料

第十三部分　废弃处置

废弃化学品　倒入碳酸氢钠溶液中，用氨水喷洒，同时加碎冰，反应停止后，用水冲入废水系统
污染包装物　将容器返还生产商或按照国家和地方法规处置
废弃注意事项　处置前应参阅国家和地方有关法规

第十四部分　运输信息

联合国危险货物编号（UN号）　1760
联合国运输名称　腐蚀性液体，未另作规定的（四氯化锗）
联合国危险性类别　8　　**包装类别**　Ⅱ类包装
包装标志　　**海洋污染物**　否
运输注意事项　起运时包装要完整，装载应稳妥。运输过程中要确保容器不泄漏、不倒塌、不坠落、不损坏。严禁与氧化剂、碱类、醇类、食用化学品等混装混运。运输时运输车辆应配备泄漏应急处理设备。运输途中应防曝晒、雨淋，防高温。公路运输时要按规定路线行驶，勿在居民区和人口稠密区停留

第十五部分　法规信息

下列法律、法规、规章和标准，对该化学品的管理作了相应的规定。

中华人民共和国职业病防治法　职业病分类和目录：未列入
危险化学品安全管理条例　危险化学品目录：列入。易制爆危险化学品名录：未列入。重点监管的危险化学品名录：未列入。GB 18218—2009《危险化学品重大危险源辨识》(表1)：未列入
使用有毒物品作业场所劳动保护条例　高毒物品目录：未列入
易制毒化学品管理条例　易制毒化学品的分类和品种目录：未列入
国际公约　斯德哥尔摩公约：未列入。鹿特丹公约：未列入。蒙特利尔议定书：未列入

第十六部分　其他信息

编写和修订信息　　**缩略语和首字母缩写**
培训建议　　**参考文献**
免责声明

1,1,2,2-四氯乙烷

第一部分　化学品标识

化学品中文名　1,1,2,2-四氯乙烷；四氯化乙炔；对称四氯乙烷
化学品英文名　1,1,2,2-tetrachloroethane；acetylene tetrachloride
分子式　$C_2H_2Cl_4$　　**相对分子质量**　167.84
结构式　Cl、Cl / Cl、Cl（$CHCl_2-CHCl_2$）
化学品的推荐及限制用途　用作溶剂，用于有机合成

第二部分　危险性概述

紧急情况概述　皮肤接触会致命，吸入致命
GHS危险性类别　急性毒性-经皮，类别1；急性毒性-吸入，类别2；危害水生环境-急性危害，类别2；危害水生环境-长期危害，类别2
标签要素

象形图

警示词　危险
危险性说明　皮肤接触会致命，吸入致命，对水生生物有毒并具有长期持续影响

防范说明

预防措施　避免接触眼睛、皮肤，操作后彻底清洗。作业场所不得进食、饮水或吸烟。戴防护手套、穿防护服。避免吸入蒸气、雾。仅在室外或通风良好处操作。戴呼吸防护器具。禁止排入环境

事故响应　如吸入：将患者转移到空气新鲜处，休息，保持利于呼吸的体位。皮肤接触：用大量肥皂水和水轻轻地清洗，立即呼叫中毒控制中心或就医。脱去所有被污染的衣服。被污染的衣服须经洗净后方可重新使用。收集泄漏物

安全储存　在通风良好处储存。保持容器密闭。上锁保管

废弃处置　本品及内装物、容器依据国家和地方法规处置

物理和化学危险　不燃，无特殊燃爆特性

健康危害　对中枢神经系统有麻醉作用和抑制作用，可引起肝、肾和心肌损害。短期吸入主要为黏膜刺激症状。急性及亚急性中毒主要为消化道和神经系统症状。可有食欲减退、呕吐、腹痛、黄疸、肝大、腹水。长期吸入可引起无力、头痛、失眠、便秘或腹泻、肝功损害和多发性神经炎

环境危害　对水生生物有毒并具有长期持续影响

第三部分　成分/组成信息

√物质　　　混合物

组分	浓度	CAS No.
1,1,2,2-四氯乙烷		79-34-5

第四部分　急救措施

吸入　迅速脱离现场至空气新鲜处。保持呼吸道通畅。如呼吸困难，给输氧。如呼吸、心跳停止，立即进行心肺复苏术。就医

皮肤接触　立即脱去污染的衣着，用流动清水彻底冲洗。就医

眼睛接触　立即分开眼睑，用流动清水或生理盐水彻底冲洗。就医

食入　饮适量温水，催吐（仅限于清醒者）。就医

对保护施救者的忠告　根据需要使用个人防护设备

对医生的特别提示　对症处理

第五部分　消防措施

灭火剂　用雾状水、泡沫、二氧化碳、砂土灭火

特别危险性　遇金属钠及钾有爆炸危险。在接触固体氢氧化钾时加热能逸出易燃气体。遇水促进分解。受高热分解产生有毒的腐蚀性烟气。燃烧生成有害的一氧化碳、氯化氢

灭火注意事项及防护措施　消防人员须佩戴防毒面具、穿全身消防服，在上风向灭火。尽可能将容器从火场移至空旷处。喷水保持火场容器冷却，直至灭火结束

第六部分　泄漏应急处理

作业人员防护措施、防护装备和应急处置程序　根据液体流动和蒸气扩散的影响区域划定警戒区，无关人员从侧风、上风向撤离至安全区。建议应急处理人员戴正压自给式呼吸器，穿防毒服，戴防化学品手套。穿上适当的防护服前严禁接触破裂的容器和泄漏物。尽可能切断泄漏源

环境保护措施　防止泄漏物进入水体、下水道、地下室或有限空间

泄漏化学品的收容、清除方法及所使用的处置材料　小量泄漏：用干燥的砂土或其他不燃材料吸收或覆盖，收集于容器中。大量泄漏：构筑围堤或挖坑收容。用泵转移至槽车或专用收集器内

第七部分　操作处置与储存

操作注意事项　严加密闭，提供充分的局部排风和全面通风。操作人员必须经过专门培训，严格遵守操作规程。建议操作人员佩戴直接式防毒面具（半面罩），戴安全防护眼镜，穿防毒物渗透工作服，戴防化学品手套。防止蒸气泄漏到工作场所空气中。避免与氧化剂、碱类、活性金属粉末接触。搬运时要轻装轻卸，防止包装及容器损坏。配备泄漏应急处理设备。倒空的容器可能残留有害物

储存注意事项　储存于阴凉、通风的库房。远离火种、热源。保持容器密封。应与氧化剂、碱类、活性金属粉末、食用化学品分开存放，切忌混储。储区应备有泄漏应急处理设备和合适的收容材料

第八部分　接触控制/个体防护

职业接触限值

中国　未制定标准

美国(ACGIH)　TLV-TWA：1ppm［皮］

生物接触限值　未制定标准

监测方法　空气中有毒物质测定方法：未制定标准。生物监测检验方法：未制定标准

工程控制　严加密闭，提供充分的局部排风和全面通风

个体防护装备

呼吸系统防护　空气中浓度超标时，应该佩戴过滤式防毒面具（半面罩）。紧急事态抢救或撤离时，佩戴空气呼吸器

眼睛防护　戴安全防护眼镜

皮肤和身体防护　穿防毒物渗透工作服

手防护　戴防化学品手套

第九部分　理化特性

外观与性状　无色液体，有氯仿样的气味

pH 值　无资料　　**熔点(℃)**　−43.8

沸点(℃)　146.4　　**相对密度(水=1)**　1.60

相对蒸气密度(空气=1)　5.79

饱和蒸气压(kPa)　1.33（32℃）

燃烧热(kJ/mol)　无资料　　**临界温度(℃)**　388

临界压力(MPa)　3.99　　**辛醇/水分配系数**　2.39

闪点(℃)　无意义　　**自燃温度(℃)**　无意义

爆炸下限(%)　无意义　　**爆炸上限(%)**　无意义

分解温度(℃)　无资料　　**黏度(mPa·s)**　1.77(20℃)

溶解性　微溶于水，溶于丙酮，混溶于乙醇、乙醚、苯、

四氯化碳、氯仿等

第十部分 稳定性和反应性

稳定性 稳定
危险反应 与强氧化剂、钾、钠等禁配物发生反应
避免接触的条件 光照、潮湿空气
禁配物 强氧化剂、强碱、钾、钠等
危险的分解产物 氯化氢

第十一部分 毒理学信息

急性毒性
LD_{50} 200mg/kg（大鼠经口）
LC_{50} 4500mg/m^3（小鼠吸入，2h）
皮肤刺激或腐蚀 无资料 **眼睛刺激或腐蚀** 无资料
呼吸或皮肤过敏 无资料
生殖细胞突变性 微生物致突变：鼠伤寒沙门氏菌 10μg/皿。性染色体缺失和不分离：构巢曲霉 200ppm。DNA 抑制：人 HeLa 细胞 6mmol/L。姐妹染色单体交换：仓鼠卵巢 56mg/L
致癌性 IARC 致癌性评论：组 2B，可疑人类致癌物
生殖毒性 无资料
特异性靶器官系统毒性-一次接触 无资料
特异性靶器官系统毒性-反复接触 引起肝脏肿大和压痛，可发生肝脏脂肪变性、坏死和肝硬化，肾脏和心肌也能受害
吸入危害 无资料

第十二部分 生态学信息

生态毒性 LC_{50}：9.23mg/L（48h）（大型蚤，静态）；21.3mg/L（96h）（蓝鳃太阳鱼，静态）；20.3mg/L（96h）（黑头呆鱼，动态）；31mg/L（48h）（青鳉）；9.02mg/L（96h）（糠虾，静态）；136～146mg/L（96h）（绿藻）；6.23～6.44mg/L（96h）（肋骨条藻）
持久性和降解性
生物降解性 好氧生物降解（h）：672～4320；厌氧生物降解（h）：168～672
非生物降解性 空气中光氧化半衰期（h）：213～2131；一级水解半衰期（h）：1056
潜在的生物累积性 根据 K_{ow} 值预测，该物质的生物累积性可能较弱
土壤中的迁移性 根据 K_{oc} 值预测，该物质可能易发生迁移

第十三部分 废弃处置

废弃化学品 建议用焚烧法处置。与燃料混合后，再焚烧。焚烧炉排出的卤化氢通过酸洗涤器除去
污染包装物 将容器返还生产商或按照国家和地方法规处置
废弃注意事项 处置前应参阅国家和地方有关法规

第十四部分 运输信息

联合国危险货物编号（UN 号） 1702
联合国运输名称 1,1,2,2-四氯乙烷
联合国危险性类别 6.1 **包装类别** Ⅱ类包装
包装标志  **海洋污染物** 是
运输注意事项 运输前应先检查包装容器是否完整、密封，运输过程中要确保容器不泄漏、不倒塌、不坠落、不损坏。严禁与酸类、氧化剂、食品及食品添加剂混运。运输时运输车辆应配备泄漏应急处理设备。运输途中应防曝晒、雨淋，防高温。公路运输时要按规定路线行驶

第十五部分 法规信息

下列法律、法规、规章和标准，对该化学品的管理作了相应的规定。
中华人民共和国职业病防治法 职业病分类和目录：未列入
危险化学品安全管理条例 危险化学品目录：列入。易制爆危险化学品名录：未列入。重点监管的危险化学品名录：未列入。GB 18218—2009《危险化学品重大危险源辨识》（表 1）：未列入
使用有毒物品作业场所劳动保护条例 高毒物品目录：未列入
易制毒化学品管理条例 易制毒化学品的分类和品种目录：未列入
国际公约 斯德哥尔摩公约：未列入。鹿特丹公约：未列入。蒙特利尔议定书：未列入

第十六部分 其他信息

编写和修订信息 **缩略语和首字母缩写**
培训建议 **参考文献**
免责声明

四氯乙烯

第一部分 化学品标识

化学品中文名 四氯乙烯；全氯乙烯
化学品英文名 tetrachloroethylene；perchloroethylene
分子式 C_2Cl_4 **相对分子质量** 165.82
结构式 $Cl_2C{=}CCl_2$
化学品的推荐及限制用途 用作溶剂

第二部分 危险性概述

紧急情况概述 可能致癌
GHS 危险性类别 致癌性，类别 1B；危害水生环境-急性危害，类别 2；危害水生环境-长期危害，类别 2
标签要素
象形图 
警示词 危险

危险性说明 可能致癌，对水生生物有毒并具有长期持续影响

防范说明

预防措施 得到专门指导后操作。在阅读并了解所有安全预防措施之前，切勿操作。按要求使用个体防护装备。禁止排入环境

事故响应 如果接触或有担心，就医。收集泄漏物

安全储存 上锁保管

废弃处置 本品及内装物、容器依据国家和地方法规处置

物理和化学危险 可燃，其蒸气与空气混合，能形成爆炸性混合物

健康危害 本品有刺激和麻醉作用。吸入急性中毒者有上呼吸道刺激症状、流泪、流涎。随之出现头晕、头痛、恶心、运动失调及酒醉样症状。口服后出现头晕、头痛、倦睡、恶心、呕吐、腹痛、视力模糊、四肢麻木，甚至出现兴奋不安、抽搐乃至昏迷，可致死

慢性影响 有乏力、眩晕、恶心、酩酊感等。可有肝损害。皮肤反复接触，可致皮炎和湿疹

环境危害 对水生生物有毒并具有长期持续影响

第三部分 成分/组成信息

√物质 混合物

组分	浓度	CAS No.
四氯乙烯		127-18-4

第四部分 急救措施

吸入 迅速脱离现场至空气新鲜处。保持呼吸道通畅。如呼吸困难，给输氧。如呼吸、心跳停止，立即进行心肺复苏术。就医

皮肤接触 立即脱去污染的衣着，用流动清水彻底冲洗。就医

眼睛接触 立即分开眼睑，用流动清水或生理盐水彻底冲洗。就医

食入 漱口，饮水。就医

对保护施救者的忠告 根据需要使用个人防护设备

对医生的特别提示 对症处理

第五部分 消防措施

灭火剂 用雾状水、泡沫、干粉、二氧化碳、砂土灭火

特别危险性 长时间暴露在明火及高温下仍能燃烧。受高热分解产生有毒的腐蚀性烟气。燃烧生成有害的氯化氢、光气

灭火注意事项及防护措施 消防人员须佩戴防毒面具、穿全身消防服，在上风向灭火。尽可能将容器从火场移至空旷处。喷水保持火场容器冷却，直至灭火结束

第六部分 泄漏应急处理

作业人员防护措施、防护装备和应急处置程序 根据液体流动和蒸气扩散的影响区域划定警戒区，无关人员从侧风、上风向撤离至安全区。建议应急处理人员戴正压自给式呼吸器，穿防毒服，戴防化学品手套。尽可能切断泄漏源

环境保护措施 防止泄漏物进入水体、下水道、地下室或有限空间

泄漏化学品的收容、清除方法及所使用的处置材料 小量泄漏：用砂土或其他不燃材料吸收。大量泄漏：构筑围堤或挖坑收容。用泡沫覆盖，减少蒸发。用砂土、惰性物质或蛭石吸收大量液体。用泵转移至槽车或专用收集器内

第七部分 操作处置与储存

操作注意事项 密闭操作，加强通风。操作人员必须经过专门培训，严格遵守操作规程。建议操作人员佩戴自吸过滤式防毒面具（半面罩），戴化学安全防护眼镜，穿透气型防毒服，戴防化学品手套。远离火种、热源。工作场所严禁吸烟。使用防爆型的通风系统和设备。防止蒸气泄漏到工作场所空气中。避免与碱类、活性金属粉末、碱金属接触。搬运时要轻装轻卸，防止包装及容器损坏。配备相应品种和数量的消防器材及泄漏应急处理设备。倒空的容器可能残留有害物

储存注意事项 储存于阴凉、通风的库房。远离火种、热源。包装要求密封，不可与空气接触。应与碱类、活性金属粉末、碱金属、食用化学品分开存放，切忌混储。配备相应品种和数量的消防器材。储区应备有泄漏应急处理设备和合适的收容材料

第八部分 接触控制/个体防护

职业接触限值

中国 PC-TWA：200mg/m^3［G2A］

美国(ACGIH) TLV-TWA：25ppm；TLV-STEL：100ppm

生物接触限值 未制定标准

监测方法 空气中有毒物质测定方法：溶剂解吸-气相色谱法；热解吸-气相色谱法；无泵型采样-气相色谱法。生物监测检验方法：未制定标准

工程控制 生产过程密闭，加强通风

个体防护装备

呼吸系统防护 可能接触其蒸气时，应该佩戴过滤式防毒面具（半面罩）。紧急事态抢救或撤离时，佩戴空气呼吸器

眼睛防护 戴化学安全防护眼镜

皮肤和身体防护 穿透气型防毒服

手防护 戴防化学品手套

第九部分 理化特性

外观与性状 无色液体，有氯仿样气味

pH值 无资料　**熔点(℃)** −22.3

沸点(℃) 121.2　**相对密度(水＝1)** 1.63

相对蒸气密度(空气＝1) 5.83

饱和蒸气压(kPa) 2.11（20℃）

燃烧热(kJ/mol) −679.3　**临界温度(℃)** 347.1

临界压力(MPa) 9.74　**辛醇/水分配系数** 2.6～3.4

闪点(℃) 无资料　**自燃温度(℃)** 无资料

爆炸下限(%) 无资料　**爆炸上限(%)** 无资料

分解温度(℃) 无资料

黏度(mPa·s) 0.84（25℃）
溶解性 不溶于水，可混溶于乙醇、乙醚、氯仿等多数有机溶剂

第十部分 稳定性和反应性

稳定性 稳定
危险反应 与活性金属等禁配物发生反应
避免接触的条件 受热
禁配物 强碱、活性金属粉末、碱金属
危险的分解产物 无资料

第十一部分 毒理学信息

急性毒性
LD_{50} 3005mg/kg（大鼠经口）
LC_{50} 50427mg/m³（大鼠吸入，4h）
皮肤刺激或腐蚀 家兔经皮：810mg（24h），重度刺激
眼睛刺激或腐蚀 家兔经眼：162mg，轻度刺激
呼吸或皮肤过敏 无资料
生殖细胞突变性 微生物致突变：鼠伤寒沙门氏菌 50μl/皿。微生物致突变试验：鼠伤寒沙门氏菌 200μl/皿。程序外 DNA 合成：人肺 100mg/L。细胞遗传学分析：大鼠吸入 500ppm。性染色体缺失和不分离：仓鼠肺 190μmol/L。DNA 损伤：人接触 2.4ppm/1a
致癌性 IARC 致癌性评论：组 2A，可能人类致癌物。对人类致癌性证据有限，对动物致癌性证据充分
生殖毒性 雌鼠交配前 14d、孕后 1～22d 吸入最低中毒剂量（TCLo）1000ppm（24h），致肌肉骨骼系统发育畸形。大鼠吸入最低中毒浓度（TCLo）：1000ppm（24h）（孕后 1～22d 用药），有胚胎毒性。小鼠吸入最低中毒浓度（TCLo）：300ppm（7h）（孕后 6～15d 用药），有胚胎毒性
特异性靶器官系统毒性-一次接触 无资料
特异性靶器官系统毒性-反复接触 大鼠，暴露浓度 17g/m³，每天 7h，每周 5d，几次暴露后即引起动物麻醉和死亡
吸入危害 无资料

第十二部分 生态学信息

生态毒性 LC_{50}：18.4～21.4mg/L（96h）（黑头呆鱼）；13mg/L（96h）（蓝鳃太阳鱼）；5mg/L（96h）（虹鳟鱼，静态）；18mg/L（48h）（大型蚤，静态）
持久性和降解性
生物降解性 MITI-Ⅰ测试，初始浓度 100ppm，污泥浓度 30ppm，4 周后降解 11%
非生物降解性 空气中，当羟基自由基浓度为 5.00×10^5 个/cm³时，降解半衰期为 96d（理论）
潜在的生物累积性 BCF：25.8～77.1（鲤鱼，接触浓度 0.1ppm，接触时间 8 周），28.4～75.7（鲤鱼，接触浓度 0.01ppm，接触时间 8 周）；根据 K_{ow} 值预测，该物质的生物累积性可能较弱
土壤中的迁移性 根据 K_{oc} 值预测，该物质可能有一定的迁移性

第十三部分 废弃处置

废弃化学品 用焚烧法处置。与燃料混合后，再焚烧。焚烧炉排出的气体通过洗涤器除去
污染包装物 将容器返还生产商或按照国家和地方法规处置
废弃注意事项 处置前应参阅国家和地方有关法规

第十四部分 运输信息

联合国危险货物编号（UN 号） 1897
联合国运输名称 四氯乙烯
联合国危险性类别 6.1 **包装类别** Ⅲ类包装
包装标志  **海洋污染物** 是
运输注意事项 医药用的四氯乙烯可按普通货物条件运输。运输前应先检查包装容器是否完整、密封，运输过程中要确保容器不泄漏、不倒塌、不坠落、不损坏。严禁与酸类、氧化剂、食品及食品添加剂混运。运输时运输车辆应配备相应品种和数量的消防器材及泄漏应急处理设备。运输途中应防曝晒、雨淋，防高温。公路运输时要按规定路线行驶

第十五部分 法规信息

下列法律、法规、规章和标准，对该化学品的管理作了相应的规定。
中华人民共和国职业病防治法 职业病分类和目录：未列入
危险化学品安全管理条例 危险化学品目录：列入。易制爆危险化学品名录：未列入。重点监管的危险化学品名录：未列入。GB 18218—2009《危险化学品重大危险源辨识》（表 1）：未列入
使用有毒物品作业场所劳动保护条例 高毒物品目录：未列入
易制毒化学品管理条例 易制毒化学品的分类和品种目录：未列入
国际公约 斯德哥尔摩公约：未列入。鹿特丹公约：未列入。蒙特利尔议定书：未列入

第十六部分 其他信息

编写和修订信息
缩略语和首字母缩写
培训建议
参考文献
免责声明

1,2,5,6-四氢吡啶

第一部分 化学品标识

化学品中文名 1,2,5,6-四氢吡啶；1,2,3,6-四氢吡啶
化学品英文名 1,2,5,6-tetrahydropyridine；1,2,3,6-tetrahydropyridine
分子式 C_5H_9N **相对分子质量** 83.13
结构式 HN(环)

化学品的推荐及限制用途　用于有机合成

第二部分　危险性概述

紧急情况概述　高度易燃液体和蒸气

GHS危险性类别　易燃液体，类别2

标签要素

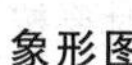

象形图

警示词　危险

危险性说明　高度易燃液体和蒸气

防范说明

预防措施　远离热源、火花、明火、热表面。禁止吸烟。保持容器密闭。容器和接收设备接地连接。使用防爆电器、通风、照明设备。只能使用不产生火花的工具。采取防止静电措施。戴防护手套、防护眼镜、防护面罩

事故响应　火灾时，使用雾状水、泡沫、二氧化碳、砂土灭火。如皮肤（或头发）接触：立即脱掉所有被污染的衣服，用水冲洗皮肤，淋浴

安全储存　存放在通风良好的地方。保持低温

废弃处置　本品及内装物、容器依据国家和地方法规处置

物理和化学危险　高度易燃，其蒸气与空气混合，能形成爆炸性混合物

健康危害　吸入、口服对身体可能有害。具有刺激性

环境危害　对环境可能有害

第三部分　成分/组成信息

√物质　　混合物

组分	浓度	CAS No.
1,2,5,6-四氢吡啶		694-05-3

第四部分　急救措施

吸入　迅速脱离现场至空气新鲜处。保持呼吸道通畅。如呼吸困难，给输氧。如呼吸、心跳停止，立即进行心肺复苏术。就医

皮肤接触　立即脱去污染的衣着，用流动清水彻底冲洗。就医

眼睛接触　立即分开眼睑，用流动清水或生理盐水彻底冲洗。就医

食入　漱口，饮水。就医

对保护施救者的忠告　根据需要使用个人防护设备

对医生的特别提示　对症处理

第五部分　消防措施

灭火剂　用雾状水、泡沫、二氧化碳、砂土灭火

特别危险性　遇高热、明火及强氧化剂易引起燃烧。燃烧生成有害的一氧化碳、氮氧化物

灭火注意事项及防护措施　消防人员必须佩戴空气呼吸器、穿全身防火防毒服，在上风向灭火。喷水冷却容器，尽可能将容器从火场移至空旷处。容器突然发出异常声音或出现异常现象，应立即撤离

第六部分　泄漏应急处理

作业人员防护措施、防护装备和应急处置程序　消除所有点火源。根据液体流动和蒸气扩散的影响区域划定警戒区，无关人员从侧风、上风向撤离至安全区。建议应急处理人员戴正压自给式呼吸器，穿防静电服。作业时使用的所有设备应接地。禁止接触或跨越泄漏物。尽可能切断泄漏源

环境保护措施　防止泄漏物进入水体、下水道、地下室或有限空间

泄漏化学品的收容、清除方法及所使用的处置材料　小量泄漏：用砂土或其他不燃材料吸收，使用洁净的无火花工具收集吸收材料。大量泄漏：构筑围堤或挖坑收容。用泡沫覆盖，减少蒸发。喷水雾能减少蒸发，但不能降低泄漏物在有限空间内的易燃性。用防爆泵转移至槽车或专用收集器内

第七部分　操作处置与储存

操作注意事项　密闭操作，注意通风。操作人员必须经过专门培训，严格遵守操作规程。建议操作人员佩戴过滤式防毒面具（半面罩），戴化学安全防护眼镜，穿防毒物渗透工作服，戴橡胶耐油手套。远离火种、热源。工作场所严禁吸烟。使用防爆型的通风系统和设备。防止蒸气泄漏到工作场所空气中。避免与氧化剂、酸类接触。充装要控制流速，防止静电积聚。搬运时要轻装轻卸，防止包装及容器损坏。配备相应品种和数量的消防器材及泄漏应急处理设备。倒空的容器可能残留有害物

储存注意事项　储存于阴凉、通风的库房。远离火种、热源。库温不宜超过37℃。保持容器密封。应与氧化剂、酸类分开存放，切忌混储。采用防爆型照明、通风设施。禁止使用易产生火花的机械设备和工具。储区应备有泄漏应急处理设备和合适的收容材料

第八部分　接触控制/个体防护

职业接触限值

中国　未制定标准

美国(ACGIH)　未制定标准

生物接触限值　未制定标准

监测方法　空气中有毒物质测定方法：未制定标准。生物监测检验方法：未制定标准

工程控制　密闭操作，注意通风

个体防护装备

呼吸系统防护　可能接触其蒸气时，佩戴过滤式防毒面具（半面罩）。紧急事态抢救或撤离时，建议佩戴空气呼吸器

眼睛防护　戴化学安全防护眼镜

皮肤和身体防护　穿防毒物渗透工作服

手防护　戴橡胶耐油手套

第九部分　理化特性

外观与性状　无色液体，有特臭

pH值 无资料 **熔点(℃)** −44
沸点(℃) 115.5～120 **相对密度(水=1)** 0.91
相对蒸气密度(空气=1) >1
饱和蒸气压(kPa) 无资料
燃烧热(kJ/mol) 无资料 **临界温度(℃)** 无资料
临界压力(MPa) 无资料 **辛醇/水分配系数** 0.97
闪点(℃) 16.1 **自燃温度(℃)** 无资料
爆炸下限(%) 无资料 **爆炸上限(%)** 无资料
分解温度(℃) 无资料
黏度(mPa·s) 无资料
溶解性 无资料

第十部分 稳定性和反应性

稳定性 稳定
危险反应 与强氧化剂等禁配物接触，有发生火灾和爆炸的危险
避免接触的条件 受热
禁配物 强氧化剂、强酸
危险的分解产物 无资料

第十一部分 毒理学信息

急性毒性 无资料 **皮肤刺激或腐蚀** 无资料
眼睛刺激或腐蚀 无资料 **呼吸或皮肤过敏** 无资料
生殖细胞突变性 无资料 **致癌性** 无资料
生殖毒性 无资料
特异性靶器官系统毒性-一次接触 无资料
特异性靶器官系统毒性-反复接触 无资料
吸入危害 无资料

第十二部分 生态学信息

生态毒性 无资料
持久性和降解性
生物降解性 无资料
非生物降解性 无资料
潜在的生物累积性 根据K_{ow}值预测，该物质的生物累积性可能较弱
土壤中的迁移性 根据K_{oc}值预测，该物质可能易发生迁移

第十三部分 废弃处置

废弃化学品 建议用焚烧法处置。焚烧炉排出的氮氧化物通过洗涤器除去
污染包装物 将容器返还生产商或按照国家和地方法规处置
废弃注意事项 处置前应参阅国家和地方有关法规

第十四部分 运输信息

联合国危险货物编号(UN号) 2410
联合国运输名称 1,2,3,6-四氢吡啶
联合国危险性类别 3 **包装类别** Ⅱ类包装
包装标志  **海洋污染物** 否

运输注意事项 运输时运输车辆应配备相应品种和数量的消防器材及泄漏应急处理设备。夏季最好早晚运输。运输时所用的槽（罐）车应有接地链，槽内可设孔隔板以减少震荡产生的静电。严禁与氧化剂、酸类、食用化学品等混装混运。运输途中应防曝晒、雨淋，防高温。中途停留时应远离火种、热源、高温区。装运该物品的车辆排气管必须配备阻火装置，禁止使用易产生火花的机械设备和工具装卸。公路运输时要按规定路线行驶，勿在居民区和人口稠密区停留。铁路运输时要禁止溜放。严禁用木船、水泥船散装运输

第十五部分 法规信息

下列法律、法规、规章和标准，对该化学品的管理作了相应的规定。
中华人民共和国职业病防治法 职业病分类和目录：未列入
危险化学品安全管理条例 危险化学品目录：列入。易制爆危险化学品名录：未列入。重点监管的危险化学品名录：未列入。GB 18218—2009《危险化学品重大危险源辨识》(表1)：未列入
使用有毒物品作业场所劳动保护条例 高毒物品目录：未列入
易制毒化学品管理条例 易制毒化学品的分类和品种目录：未列入
国际公约 斯德哥尔摩公约：未列入。鹿特丹公约：未列入。蒙特利尔议定书：未列入

第十六部分 其他信息

编写和修订信息 **缩略语和首字母缩写**
培训建议 **参考文献**
免责声明

四氢呋喃

第一部分 化学品标识

化学品中文名 四氢呋喃；氧杂环戊烷
化学品英文名 tetrahydrofuran；tetramethylene oxide
分子式 C_4H_8O **相对分子质量** 72.12
结构式
化学品的推荐及限制用途 用作溶剂、化学合成中间体、分析试剂

第二部分 危险性概述

紧急情况概述 高度易燃液体和蒸气
GHS危险性类别 易燃液体，类别2；严重眼损伤/眼刺激，类别2；致癌性，类别2；特异性靶器官毒性-一次接触，类别3（呼吸道刺激）
标签要素
象形图 

警示词 危险

危险性说明 高度易燃液体和蒸气，造成严重眼刺激，怀疑致癌，可能引起呼吸道刺激

防范说明

预防措施 远离热源、火花、明火、热表面。禁止吸烟。保持容器密闭。容器和接收设备接地连接。使用防爆电器、通风、照明设备。只能使用不产生火花的工具。采取防止静电措施。戴防护手套、防护眼镜、防护面罩。避免接触眼睛、皮肤，操作后彻底清洗。得到专门指导后操作。在阅读并了解所有安全预防措施之前，切勿操作。按要求使用个体防护装备

事故响应 火灾时，使用抗溶性泡沫、二氧化碳、干粉、砂土灭火。如皮肤（或头发）接触：立即脱掉所有被污染的衣服，用水冲洗皮肤，淋浴。如接触眼睛：用水细心冲洗数分钟。如戴隐形眼镜并可方便地取出，取出隐形眼镜继续冲洗。如果接触或有担心，就医

安全储存 存放在通风良好的地方。保持低温。上锁保管

废弃处置 本品及内装物、容器依据国家和地方法规处置

物理和化学危险 高度易燃，其蒸气与空气混合，能形成爆炸性混合物

健康危害 本品具有刺激和麻醉作用。吸入后引起上呼吸道刺激、恶心、头晕、头痛和中枢神经系统抑制。能引起肝、肾损害。液体或高浓度蒸气对眼有刺激性。皮肤长期反复接触，可因脱脂作用而发生皮炎

环境危害 对环境可能有害

第三部分 成分/组成信息

√物质 混合物

组分	浓度	CAS No.
四氢呋喃		109-99-9

第四部分 急救措施

吸入 迅速脱离现场至空气新鲜处。保持呼吸道通畅。如呼吸困难，给输氧。如呼吸、心跳停止，立即进行心肺复苏术。就医

皮肤接触 立即脱去污染的衣着，用流动清水彻底冲洗。就医

眼睛接触 立即分开眼睑，用流动清水或生理盐水彻底冲洗。就医

食入 漱口，饮水。就医

对保护施救者的忠告 根据需要使用个人防护设备

对医生的特别提示 对症处理

第五部分 消防措施

灭火剂 用抗溶性泡沫、二氧化碳、干粉、砂土灭火

特别危险性 接触空气或在光照条件下可生成具有潜在爆炸危险性的过氧化物。与酸类接触能发生反应。与氢氧化钾、氢氧化钠反应剧烈。蒸气比空气重，沿地面扩散并易积存于低洼处，遇火源会着火回燃。燃烧生成有害的一氧化碳

灭火注意事项及防护措施 消防人员必须佩戴空气呼吸器、穿全身防火防毒服，在上风向灭火。喷水冷却容器，尽可能将容器从火场移至空旷处。容器突然发出异常声音或出现异常现象，应立即撤离

第六部分 泄漏应急处理

作业人员防护措施、防护装备和应急处置程序 消除所有点火源。根据液体流动和蒸气扩散的影响区域划定警戒区，无关人员从侧风、上风向撤离至安全区。建议应急处理人员戴正压自给式呼吸器，穿防静电服。作业时使用的所有设备应接地。禁止接触或跨越泄漏物。尽可能切断泄漏源

环境保护措施 防止泄漏物进入水体、下水道、地下室或有限空间

泄漏化学品的收容、清除方法及所使用的处置材料 小量泄漏：用砂土或其他不燃材料吸收，使用洁净的无火花工具收集吸收材料。大量泄漏：构筑围堤或挖坑收容。用抗溶性泡沫覆盖，减少蒸发。喷水雾能减少蒸发，但不能降低泄漏物在有限空间内的易燃性。用防爆泵转移至槽车或专用收集器内。喷雾状水驱散蒸气、稀释液体泄漏物

第七部分 操作处置与储存

操作注意事项 密闭操作，全面通风。操作人员必须经过专门培训，严格遵守操作规程。建议操作人员佩戴过滤式防毒面具（半面罩），戴安全防护眼镜，穿防静电工作服，戴橡胶耐油手套。远离火种、热源。工作场所严禁吸烟。使用防爆型的通风系统和设备。防止蒸气泄漏到工作场所空气中。避免与氧化剂、酸类、碱类接触。灌装时应控制流速，且有接地装置，防止静电积聚。搬运时要轻装轻卸，防止包装及容器损坏。配备相应品种和数量的消防器材及泄漏应急处理设备。倒空的容器可能残留有害物

储存注意事项 通常商品加有稳定剂。储存于阴凉、通风的库房。远离火种、热源。库温不宜超过29℃。包装要求密封，不可与空气接触。应与氧化剂、酸类、碱类等分开存放，切忌混储。采用防爆型照明、通风设施。禁止使用易产生火花的机械设备和工具。储区应备有泄漏应急处理设备和合适的收容材料

第八部分 接触控制/个体防护

职业接触限值

中国 PC-TWA：300mg/m^3

美国（ACGIH） TLV-TWA：50ppm；TLV-STEL：100ppm［皮］

生物接触限值 未制定标准

监测方法 空气中有毒物质测定方法：溶剂解吸-气相色谱法；热解吸-气相色谱法。生物监测检验方法：未制定标准

工程控制 生产过程密闭，全面通风。提供安全的淋浴和洗眼设备

个体防护装备

呼吸系统防护　可能接触其蒸气时，应该佩戴过滤式防毒面具（半面罩）。必要时佩戴空气呼吸器

眼睛防护　一般不需要特殊防护，高浓度接触时可戴安全防护眼镜

皮肤和身体防护　穿防静电工作服

手防护　戴橡胶耐油手套

第九部分　理化特性

外观与性状　无色易挥发液体，有类似乙醚的气味

pH值　5（20%水溶液）　**熔点(℃)**　−108.5

沸点(℃)　66　**相对密度(水=1)**　0.89

相对蒸气密度(空气=1)　2.5

饱和蒸气压(kPa)　19.3（20℃）

燃烧热(kJ/mol)　−2515.2　**临界温度(℃)**　268

临界压力(MPa)　5.19　**辛醇/水分配系数**　0.46

闪点(℃)　−14（CC）；−20（OC）

自燃温度(℃)　321　**爆炸下限(%)**　1.8

爆炸上限(%)　11.8　**分解温度(℃)**　无资料

黏度(mPa·s)　0.53（20℃）

溶解性　溶于水、乙醇、乙醚、丙酮、苯等多数有机溶剂

第十部分　稳定性和反应性

稳定性　稳定

危险反应　与强氧化剂、强碱等禁配物接触，有发生火灾和爆炸的危险

避免接触的条件　光照、空气

禁配物　酸类、碱、强氧化剂、氧

危险的分解产物　无资料

第十一部分　毒理学信息

急性毒性

LD_{50}　1650mg/kg（大鼠经口）

LC_{50}　21000ppm（大鼠吸入，3h）

皮肤刺激或腐蚀　无资料　**眼睛刺激或腐蚀**　无资料

呼吸或皮肤过敏　无资料

生殖细胞突变性　微生物致突变：大肠杆菌1μmol/L

致癌性　无资料

生殖毒性　小鼠孕后6～17d经口给予最低中毒剂量(TDLo) 2592mg/kg，致肌肉骨骼系统发育畸形

特异性靶器官系统毒性-一次接触　无资料

特异性靶器官系统毒性-反复接触　无资料

吸入危害　无资料

第十二部分　生态学信息

生态毒性

LC_{50}　2160mg/L（96h）（黑头呆鱼）

IC_{50}　225mg/L（72h）（藻类）

持久性和降解性

生物降解性　MITI-Ⅱ测试，初始浓度30ppm，污泥浓度100ppm，2周后降解100%

非生物降解性　空气中，当羟基自由基浓度为5.00×10^5个/cm^3时，降解半衰期为1d（理论）

潜在的生物累积性　根据K_{ow}值预测，该物质的生物累积性可能较弱

土壤中的迁移性　根据K_{oc}值预测，该物质可能易发生迁移

第十三部分　废弃处置

废弃化学品　把废液浓缩，再在一定的安全距离之外敞口燃烧

污染包装物　将容器返还生产商或按照国家和地方法规处置

废弃注意事项　把倒空的容器归还厂商或在规定场所掩埋

第十四部分　运输信息

联合国危险货物编号(UN号)　2056

联合国运输名称　四氢呋喃

联合国危险性类别　3　**包装类别**　Ⅱ类包装

包装标志　

海洋污染物　否

运输注意事项　运输时运输车辆应配备相应品种和数量的消防器材及泄漏应急处理设备。夏季最好早晚运输。运输时所用的槽（罐）车应有接地链，槽内可设孔隔板以减少震荡产生的静电。严禁与氧化剂、酸类、碱类、食用化学品等混装混运。运输途中应防曝晒、雨淋，防高温。中途停留时应远离火种、热源、高温区。装运该物品的车辆排气管必须配备阻火装置，禁止使用易产生火花的机械设备和工具装卸。公路运输时要按规定路线行驶，勿在居民区和人口稠密区停留。铁路运输时要禁止溜放。严禁用木船、水泥船散装运输

第十五部分　法规信息

下列法律、法规、规章和标准，对该化学品的管理作了相应的规定。

中华人民共和国职业病防治法　职业病分类和目录：未列入

危险化学品安全管理条例　危险化学品目录：列入。易制爆危险化学品名录：未列入。重点监管的危险化学品名录：未列入。GB 18218—2009《危险化学品重大危险源辨识》(表1)：未列入

使用有毒物品作业场所劳动保护条例　高毒物品目录：未列入

易制毒化学品管理条例　易制毒化学品的分类和品种目录：未列入

国际公约　斯德哥尔摩公约：未列入。鹿特丹公约：未列入。蒙特利尔议定书：未列入

第十六部分　其他信息

编写和修订信息　**缩略语和首字母缩写**

培训建议　**参考文献**

免责声明

四氢化铝锂

第一部分 化学品标识

化学品中文名 四氢化铝锂；氢化铝锂

化学品英文名 lithium aluminium tetrahydride；lithium aluminium hydride

分子式 $LiAlH_4$ **相对分子质量** 37.96

结构式

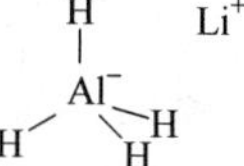

化学品的推荐及限制用途 用作聚合催化剂、还原剂、喷气发动机燃料，也用于合成药物

第二部分 危险性概述

紧急情况概述 遇水放出可自燃的易燃气体，造成严重的皮肤灼伤和眼损伤

GHS 危险性类别 遇水放出易燃气体的物质和混合物，类别 1；皮肤腐蚀/刺激，类别 1A；严重眼损伤/眼刺激，类别 1

标签要素

象形图

警示词 危险

危险性说明 遇水放出可自燃的易燃气体，造成严重的皮肤灼伤和眼损伤

防范说明

预防措施 因与水发生剧烈反应和可能发生爆燃，应避免与水接触。在惰性气体中操作。防潮。避免吸入粉尘。避免接触眼睛、皮肤，操作后彻底清洗。戴防护手套，穿防护服，戴防护眼镜、防护面罩

事故响应 火灾时，使用金属盖或干燥石墨粉、干燥白云石粉末将火焖熄灭火。如吸入：将患者转移到空气新鲜处，休息，保持利于呼吸的体位，立即呼叫中毒控制中心或就医。皮肤（或头发）接触：立即脱掉所有被污染的衣服，擦掉皮肤上的微粒，将接触部位浸入冷水中、用湿绷带包扎。污染的衣服须洗净后方可重新使用。眼睛接触：用水细心地冲洗数分钟。如戴隐形眼镜并可方便地取出，则取出隐形眼镜继续冲洗。食入：漱口，不要催吐

安全储存 在干燥处和密闭的容器中储存。上锁保管

废弃处置 本品及内装物、容器依据国家和地方法规处置

物理和化学危险 接触空气易自燃。遇水剧烈反应，可引起燃烧或爆炸

健康危害 本品对黏膜、上呼吸道、眼睛及皮肤有强烈刺激性。吸入后，可因喉和支气管的炎症、水肿、痉挛，化学性肺炎或肺水肿而致死。接触后引起烧灼感、咳嗽、喘息、喉炎、气短、头痛、恶心和呕吐等。眼和皮肤接触可引起灼伤

环境危害 对环境可能有害

第三部分 成分/组成信息

√物质		混合物
组分	**浓度**	**CAS No.**
四氢化锂铝		16853-85-3

第四部分 急救措施

吸入 迅速脱离现场至空气新鲜处。保持呼吸道通畅。如呼吸困难，给输氧。如呼吸、心跳停止，立即进行心肺复苏术。就医

皮肤接触 立即脱去污染的衣着，用大量流动清水彻底冲洗至少 15min。就医

眼睛接触 立即分开眼睑，用流动清水或生理盐水彻底冲洗至少 15min。就医

食入 用水漱口，禁止催吐。给饮牛奶或蛋清。就医

对保护施救者的忠告 根据需要使用个人防护设备

对医生的特别提示 对症处理

第五部分 消防措施

灭火剂 用金属盖或干燥石墨粉、干燥白云石粉末将火焖熄

特别危险性 加热至 125℃ 即分解出氢化锂与金属铝，并放出氢气。在空气中磨碎时可发火。受热或与湿气、水、醇类、酸类接触，即发生放热反应并放出氢气而燃烧或爆炸。燃烧生成有害的氧化铝、氢气

灭火注意事项及防护措施 消防人员必须佩戴空气呼吸器、穿全身防火防毒服，在上风向灭火。尽可能将容器从火场移至空旷处。喷水保持火场容器冷却，直至灭火结束。不可用水、泡沫、二氧化碳、卤代烃（如 1211 灭火剂）等灭火

第六部分 泄漏应急处理

作业人员防护措施、防护装备和应急处置程序 严禁用水处理。隔离泄漏污染区，限制出入。消除所有点火源。建议应急处理人员戴防尘口罩，穿防毒、防静电服，戴橡胶手套。禁止接触或跨越泄漏物。尽可能切断泄漏源。保持泄漏物干燥

环境保护措施 无资料

泄漏化学品的收容、清除方法及所使用的处置材料 小量泄漏：用干燥的砂土或其他不燃材料覆盖泄漏物，然后用塑料布覆盖，减少飞散、避免雨淋。粉末泄漏：用塑料布或帆布覆盖泄漏物，减少飞散，保持干燥。严禁设法扫除干的泄漏物。在专家指导下清除

第七部分 操作处置与储存

操作注意事项 严加密闭，提供充分的局部排风和全面通风。操作人员必须经过专门培训，严格遵守操作规程。建议操作人员佩戴头罩型电动送风过滤式防尘呼吸器，穿化学防护服，戴橡胶手套。避免产生粉尘。

避免与氧化剂、酸类、醇类接触。尤其要注意避免与水接触。搬运时要轻装轻卸，防止包装及容器损坏。禁止震动、撞击和摩擦。配备泄漏应急处理设备。倒空的容器可能残留有害物

储存注意事项　储存于阴凉、干燥、通风良好的专用库房内，远离火种、热源。库房温度不超过 32℃，相对湿度不超过 75%。包装密封。应与氧化剂、酸类、醇类等分开存放，切忌混储。储区应备有合适的材料收容泄漏物

第八部分　接触控制/个体防护

职业接触限值

中国　未制定标准

美国(ACGIH)　TLV-TWA：1mg/m^3（呼吸性颗粒物）[按 Al 计]

生物接触限值　未制定标准

监测方法　空气中有毒物质测定方法：火焰分光光度法。

生物监测检验方法：未制定标准

工程控制　严加密闭，提供充分的局部排风和全面通风。提供安全的淋浴和洗眼设备

个体防护装备

呼吸系统防护　可能接触毒物时，应该佩戴过滤式防尘呼吸器。必要时佩戴空气呼吸器

眼睛防护　戴化学安全防护眼镜

皮肤和身体防护　穿化学防护服

手防护　戴橡胶手套

第九部分　理化特性

外观与性状　白色疏松的结晶块或粉末，有吸湿性，放置时变成灰色

pH 值　无资料　　**熔点(℃)**　>125（分解）

沸点(℃)　无资料　　**相对密度(水=1)**　0.92

相对蒸气密度(空气=1)　无资料

饱和蒸气压(kPa)　无资料

燃烧热(kJ/mol)　无资料　　**临界温度(℃)**　无资料

临界压力(MPa)　无资料　　**辛醇/水分配系数**　无资料

闪点(℃)　无资料　　**自燃温度(℃)**　无资料

爆炸下限(%)　无资料　　**爆炸上限(%)**　无资料

分解温度(℃)　无资料

黏度(mPa·s)　无资料

溶解性　不溶于烃类，溶于乙醚、四氢呋喃

第十部分　稳定性和反应性

稳定性　稳定

危险反应　与强氧化剂、水等禁配物接触，有发生火灾和爆炸的危险

避免接触的条件　潮湿空气、受热

禁配物　强氧化剂、酸类、醇类、水

危险的分解产物　金属铝、氢气

第十一部分　毒理学信息

急性毒性　LC_{50}：85mg/m^3（小鼠吸入）

皮肤刺激或腐蚀　无资料　　**眼睛刺激或腐蚀**　无资料

呼吸或皮肤过敏　无资料　　**生殖细胞突变性**　无资料

致癌性　无资料　　**生殖毒性**　无资料

特异性靶器官系统毒性-一次接触　无资料

特异性靶器官系统毒性-反复接触　无资料

吸入危害　无资料

第十二部分　生态学信息

生态毒性　无资料

持久性和降解性

生物降解性　无资料

非生物降解性　无资料

潜在的生物累积性　无资料

土壤中的迁移性　无资料

第十三部分　废弃处置

废弃化学品　逐渐加入无水异丙醇或无水正丁醇内，静置 24h，经稀释后放入废水系统

污染包装物　将容器返还生产商或按照国家和地方法规处置

废弃注意事项　处置前应参阅国家和地方有关法规

第十四部分　运输信息

联合国危险货物编号(UN 号)　1410

联合国运输名称　氢化铝锂

联合国危险性类别　4.3　　**包装类别**　Ⅰ类包装

包装标志　

　海洋污染物　否

运输注意事项　运输时运输车辆应配备相应品种和数量的消防器材及泄漏应急处理设备。装运本品的车辆排气管须有阻火装置。运输过程中要确保容器不泄漏、不倒塌、不坠落、不损坏。严禁与氧化剂、酸类、醇类、食用化学品等混装混运。运输途中应防曝晒、雨淋，防高温。中途停留时应远离火种、热源。运输用车、船必须干燥，并有良好的防雨设施。车辆运输完毕应进行彻底清扫。铁路运输时要禁止溜放

第十五部分　法规信息

下列法律、法规、规章和标准，对该化学品的管理作了相应的规定。

中华人民共和国职业病防治法　职业病分类和目录：未列入

危险化学品安全管理条例　危险化学品目录：列入。易制爆危险化学品名录：未列入。重点监管的危险化学品名录：未列入。GB 18218—2009《危险化学品重大危险源辨识》(表 1)：未列入

使用有毒物品作业场所劳动保护条例　高毒物品目录：未列入

易制毒化学品管理条例　易制毒化学品的分类和品种目录：未列入

国际公约　斯德哥尔摩公约：未列入。鹿特丹公约：未列入。蒙特利尔议定书：未列入

第十六部分 其他信息

编写和修订信息 **缩略语和首字母缩写**
培训建议 **参考文献**
免责声明

四氢噻吩

第一部分 化学品标识

化学品中文名 四氢噻吩；四氢硫杂茂
化学品英文名 tetrahydrothiophene；thiacyclopentane
分子式 C_4H_8S **相对分子质量** 88.18
结构式 (S五元环)
化学品的推荐及限制用途 用作溶剂、有机合成中间体

第二部分 危险性概述

紧急情况概述 高度易燃液体和蒸气
GHS 危险性类别 易燃液体，类别 2；急性毒性-经口，类别 4；急性毒性-经皮，类别 4；急性毒性-吸入，类别 4；皮肤腐蚀/刺激，类别 2；严重眼损伤/眼刺激，类别 2；危害水生环境-急性危害，类别 3；危害水生环境-长期危害，类别 3
标签要素

象形图 

警示词 危险
危险性说明 高度易燃液体和蒸气，吞咽有害，皮肤接触有害，吸入有害，造成皮肤刺激，造成严重眼刺激，对水生生物有害并具有长期持续影响
防范说明
预防措施 远离热源、火花、明火、热表面。禁止吸烟。保持容器密闭。容器和接收设备接地连接。使用防爆电器、通风、照明设备。只能使用不产生火花的工具。采取防止静电措施。避免接触眼睛、皮肤，操作后彻底清洗。作业场所不得进食、饮水或吸烟。戴防护手套，穿防护服，戴防护眼镜、防护面罩。避免吸入蒸气、雾。仅在室外或通风良好处操作。禁止排入环境
事故响应 火灾时，使用泡沫、二氧化碳、干粉、砂土灭火。皮肤接触：立即脱掉所有被污染的衣服，用大量肥皂水和水清洗，如感觉不适，呼叫中毒控制中心或就医。如发生皮肤刺激，就医。脱去被污染的衣服，洗净后方可重新使用。如接触眼睛：用水细心冲洗数分钟。如戴隐形眼镜并可方便地取出，取出隐形眼镜继续冲洗。如果眼睛刺激持续：就医。食入：漱口，如果感觉不适，立即呼叫中毒控制中心或就医
安全储存 存放在通风良好的地方。保持低温
废弃处置 本品及内装物、容器依据国家和地方法规处置

物理和化学危险 高度易燃，其蒸气与空气混合，能形成爆炸性混合物
健康危害 生产中短时间接触出现头痛、心悸、眼花、恶心和全身不适。动物实验显示有麻醉作用，小鼠吸入中毒时，出现运动性兴奋、共济失调、麻醉，最后死亡。慢性中毒实验中，小鼠表现为行为异常、体重增长停顿及肝功能改变。对皮肤有弱刺激性
环境危害 对水生生物有害并具有长期持续影响

第三部分 成分/组成信息

√物质 混合物

组分	浓度	CAS No.
四氢噻吩		110-01-0

第四部分 急救措施

吸入 迅速脱离现场至空气新鲜处。保持呼吸道通畅。如呼吸困难，给输氧。如呼吸、心跳停止，立即进行心肺复苏术。就医
皮肤接触 立即脱去污染的衣着，用流动清水彻底冲洗。就医
眼睛接触 立即分开眼睑，用流动清水或生理盐水彻底冲洗。就医
食入 漱口，饮水。就医
对保护施救者的忠告 根据需要使用个人防护设备
对医生的特别提示 对症处理

第五部分 消防措施

灭火剂 用泡沫、二氧化碳、干粉、砂土灭火
特别危险性 遇高热、明火及强氧化剂易引起燃烧。燃烧生成有害的一氧化碳、硫化氢、氧化硫
灭火注意事项及防护措施 消防人员必须佩戴空气呼吸器、穿全身防火防毒服，在上风向灭火。喷水冷却容器，尽可能将容器从火场移至空旷处。容器突然发出异常声音或出现异常现象，应立即撤离

第六部分 泄漏应急处理

作业人员防护措施、防护装备和应急处置程序 消除所有点火源。根据液体流动和蒸气扩散的影响区域划定警戒区，无关人员从侧风、上风向撤离至安全区。建议应急处理人员戴正压自给式呼吸器，穿防静电服，戴橡胶耐油手套。作业时使用的所有设备应接地。禁止接触或跨越泄漏物。尽可能切断泄漏源
环境保护措施 防止泄漏物进入水体、下水道、地下室或有限空间
泄漏化学品的收容、清除方法及所使用的处置材料 小量泄漏：用砂土或其他不燃材料吸收，使用洁净的无火花工具收集吸收材料。大量泄漏：构筑围堤或挖坑收容。用泡沫覆盖，减少蒸发。喷水雾能减少蒸发，但不能降低泄漏物在有限空间内的易燃性。用防爆泵转移至槽车或专用收集器内

第七部分 操作处置与储存

操作注意事项 密闭操作，局部排风。操作人员必须经过

专门培训，严格遵守操作规程。建议操作人员佩戴自吸过滤式防毒面具（半面罩），戴安全防护眼镜，穿防毒物渗透工作服，戴橡胶耐油手套。远离火种、热源。工作场所严禁吸烟。使用防爆型的通风系统和设备。防止蒸气泄漏到工作场所空气中。避免与氧化剂接触。灌装时应控制流速，且有接地装置，防止静电积聚。搬运时要轻装轻卸，防止包装及容器损坏。配备相应品种和数量的消防器材及泄漏应急处理设备。倒空的容器可能残留有害物

储存注意事项 储存于阴凉、通风的库房。远离火种、热源。库温不宜超过 37℃。保持容器密封。应与氧化剂分开存放，切忌混储。采用防爆型照明、通风设施。禁止使用易产生火花的机械设备和工具。储区应备有泄漏应急处理设备和合适的收容材料

第八部分 接触控制/个体防护

职业接触限值

中国 未制定标准

美国(ACGIH) 未制定标准

生物接触限值 未制定标准

监测方法 空气中有毒物质测定方法：未制定标准。生物监测检验方法：未制定标准

工程控制 密闭操作，局部排风。提供安全的淋浴和洗眼设备

个体防护装备

呼吸系统防护 空气中浓度较高时，建议佩戴过滤式防毒面具（半面罩）

眼睛防护 戴安全防护眼镜

皮肤和身体防护 穿防毒物渗透工作服

手防护 戴橡胶耐油手套

第九部分 理化特性

外观与性状 无色液体，有令人不愉快气味

pH 值 无资料 **熔点(℃)** −96.2

沸点(℃) 115～124.4 **相对密度(水=1)** 1.00

相对蒸气密度(空气=1) 3.05

饱和蒸气压(kPa) 2.4（25℃）

燃烧热(kJ/mol) 无资料 **临界温度(℃)** 无资料

临界压力(MPa) 4.7 **辛醇/水分配系数** 1.8

闪点(℃) 12 **自燃温度(℃)** 200

爆炸下限(%) 1.1 **爆炸上限(%)** 12.3

分解温度(℃) 无资料

黏度(mPa·s) 无资料

溶解性 不溶于水，可混溶于乙醇、乙醚、苯、丙酮

第十部分 稳定性和反应性

稳定性 稳定

危险反应 与强氧化剂等禁配物接触，有发生火灾和爆炸的危险

避免接触的条件 无资料

禁配物 强氧化剂

危险的分解产物 无资料

第十一部分 毒理学信息

急性毒性

LD_{50} 1750mg/kg（大鼠经口）

LC_{50} 27000mg/m³（小鼠吸入，2h）

皮肤刺激或腐蚀 无资料 **眼睛刺激或腐蚀** 无资料

呼吸或皮肤过敏 无资料 **生殖细胞突变性** 无资料

致癌性 无资料 **生殖毒性** 无资料

特异性靶器官系统毒性-一次接触 无资料

特异性靶器官系统毒性-反复接触 无资料

吸入危害 无资料

第十二部分 生态学信息

生态毒性 无资料

持久性和降解性

生物降解性 无资料

非生物降解性 无资料

潜在的生物累积性 根据 K_{ow} 值预测，该物质的生物累积性可能较弱

土壤中的迁移性 根据 K_{oc} 值预测，该物质可能易发生迁移

第十三部分 废弃处置

废弃化学品 建议用焚烧法处置。焚烧炉排出的硫氧化物通过洗涤器除去

污染包装物 将容器返还生产商或按照国家和地方法规处置

废弃注意事项 处置前应参阅国家和地方有关法规

第十四部分 运输信息

联合国危险货物编号（UN 号） 2412

联合国运输名称 四氢噻吩

联合国危险性类别 3 **包装类别** Ⅱ类包装

包装标志 

海洋污染物 否

运输注意事项 运输时运输车辆应配备相应品种和数量的消防器材及泄漏应急处理设备。夏季最好早晚运输。运输时所用的槽（罐）车应有接地链，槽内可设孔隔板以减少震荡产生的静电。严禁与氧化剂等混装混运。运输途中应防曝晒、雨淋，防高温。中途停留时应远离火种、热源、高温区。装运该物品的车辆排气管必须配备阻火装置，禁止使用易产生火花的机械设备和工具装卸。公路运输时要按规定路线行驶，勿在居民区和人口稠密区停留。铁路运输时要禁止溜放。严禁用木船、水泥船散装运输

第十五部分 法规信息

下列法律、法规、规章和标准，对该化学品的管理作了相应的规定。

中华人民共和国职业病防治法 职业病分类和目录：未列入

危险化学品安全管理条例 危险化学品目录：列入。易制爆危险化学品名录：未列入。重点监管的危险化学品名录：未列入。GB 18218—2009《危险化学品重大危险源辨识》(表1)：未列入

使用有毒物品作业场所劳动保护条例 高毒物品目录：未列入

易制毒化学品管理条例 易制毒化学品的分类和品种目录：未列入

国际公约 斯德哥尔摩公约：未列入。鹿特丹公约：未列入。蒙特利尔议定书：未列入

第十六部分 其他信息

编写和修订信息 **缩略语和首字母缩写**

培训建议 **参考文献**

免责声明

四硝基甲烷

第一部分 化学品标识

化学品中文名 四硝基甲烷

化学品英文名 tetranitromethane；TNM

分子式 CN_4O_8 **相对分子质量** 196.05

结构式

化学品的推荐及限制用途 用作火箭燃料，化学分析上用于不饱和化合物的测定

第二部分 危险性概述

紧急情况概述 可引起燃烧或爆炸：强氧化剂，吞咽会中毒，吸入致命，造成严重眼刺激

GHS危险性类别 氧化性液体，类别1；急性毒性-经口，类别3；急性毒性-吸入，类别1；严重眼损伤/眼刺激，类别2A；致癌性，类别2；特异性靶器官毒性-一次接触，类别3(呼吸道刺激)；特异性靶器官毒性-反复接触，类别1

标签要素

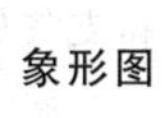 

警示词 危险

危险性说明 可引起燃烧或爆炸：强氧化剂，吞咽会中毒，吸入致命，造成严重眼刺激，怀疑致癌，可能引起呼吸道刺激，长时间或反复接触对器官造成损伤

防范说明

预防措施 远离热源。远离衣物和其他可燃物保存。采取一切预防措施，避免与可燃物混合。戴防护手套、防护眼镜、防护面罩。穿防火、阻燃服。避免接触眼睛、皮肤，操作后彻底清洗。作业场所不得进食、饮水或吸烟。避免吸入蒸气、雾。仅在室外或通风良好处操作。戴呼吸防护器具。得到专门指导后操作。在阅读并了解所有安全预防措施之前，切勿操作。按要求使用个体防护装备。操作现场不得进食、饮水或吸烟

事故响应 火灾时，使用雾状水、二氧化碳灭火。如果发生大火和大量物质着火：撤离现场。因有爆炸危险，应远距离灭火。如吸入：将患者转移到空气新鲜处，休息，保持利于呼吸的体位，立即呼叫中毒控制中心或就医。如溅到衣服上：立即用大量清水冲洗污染的衣服和皮肤，然后脱去衣服。如接触眼睛：用水细心冲洗数分钟。如戴隐形眼镜并可方便地取出，取出隐形眼镜继续冲洗。食入：漱口，立即呼叫中毒控制中心或就医。如果接触或有担心，就医

安全储存 在通风良好处储存。保持容器密闭。上锁保管

废弃处置 本品及内装物、容器依据国家和地方法规处置

物理和化学危险 受撞击、摩擦，遇明火或其他点火源极易爆炸。与可燃物混合会发生爆炸

健康危害 本品对眼睛和呼吸道有强烈刺激作用。吸入后可引起支气管炎、肺炎，重者可引起肺水肿，甚至发生死亡。可引起高铁血红蛋白血症而致紫绀(可能与其含有三硝基甲苯杂质有关)。高浓度时有麻醉作用，并可有肝、肾损害

慢性影响 长期吸入，可引起头痛和呼吸系统的损害。但对皮肤无刺激作用

环境危害 对环境可能有害

第三部分 成分/组成信息

√物质		混合物
组分	**浓度**	**CAS No.**
四硝基甲烷		509-14-8

第四部分 急救措施

吸入 迅速脱离现场至空气新鲜处。保持呼吸道通畅。如呼吸困难，给输氧。如呼吸、心跳停止，立即进行心肺复苏术。就医

皮肤接触 立即脱去污染的衣着，用流动清水彻底冲洗。就医

眼睛接触 立即分开眼睑，用流动清水或生理盐水彻底冲洗。就医

食入 漱口，饮水。就医

对保护施救者的忠告 根据需要使用个人防护设备

对医生的特别提示 高铁血红蛋白血症，可用美蓝和维生素C治疗

第五部分 消防措施

灭火剂 用雾状水、二氧化碳灭火

特别危险性 如混有胺类或酸等能增加爆炸敏感性。能与可燃物、有机物或易氧化物质形成爆炸性混合物，经摩擦和与少量水接触可导致燃烧或爆炸。燃烧生成有

害的一氧化碳、氮氧化物

灭火注意事项及防护措施 消防人员须在有防爆掩蔽处操作。遇大火须远离以防炸伤。在物料附近失火，须用水保持容器冷却。禁止用砂土压盖

第六部分 泄漏应急处理

作业人员防护措施、防护装备和应急处置程序 根据液体流动和蒸气扩散的影响区域划定警戒区，无关人员从侧风、上风向撤离至安全区。消除所有点火源。建议应急处理人员戴正压自给式呼吸器，穿防毒服，戴橡胶手套。勿使泄漏物与可燃物质（如木材、纸、油等）接触。穿上适当的防护服前严禁接触破裂的容器和泄漏物。喷雾状水抑制蒸气或改变蒸气云流向

环境保护措施 防止泄漏物进入水体、下水道、地下室或有限空间

泄漏化学品的收容、清除方法及所使用的处置材料 小量泄漏：用大量水冲洗，洗水稀释后放入废水系统。大量泄漏：在专家指导下清除

第七部分 操作处置与储存

操作注意事项 密闭操作，加强通风。操作人员必须经过专门培训，严格遵守操作规程。建议操作人员佩戴过滤式防毒面具（半面罩），穿聚乙烯防毒服，戴橡胶手套。远离火种、热源。工作场所严禁吸烟。使用防爆型的通风系统和设备。防止蒸气泄漏到工作场所空气中。避免与氧化剂、还原剂、碱类接触。搬运时要轻装轻卸，防止包装及容器损坏。禁止震动、撞击和摩擦。配备相应品种和数量的消防器材及泄漏应急处理设备。倒空的容器可能残留有害物

储存注意事项 储存于阴凉、通风良好的专用库房内。实行“双人收发、双人保管”制度。库温不宜超过25℃。远离火种、热源。保持容器密封。应与氧化剂、还原剂、碱类、食用化学品分开存放，切忌混储。采用防爆型照明、通风设施。禁止使用易产生火花的机械设备和工具。储区应备有泄漏应急处理设备和合适的收容材料

第八部分 接触控制/个体防护

职业接触限值

中国 未制定标准

美国(ACGIH) TLV-TWA：0.005ppm

生物接触限值 未制定标准

监测方法 空气中有毒物质测定方法：未制定标准。生物监测检验方法：未制定标准

工程控制 生产过程密闭，加强通风。提供安全的淋浴和洗眼设备

个体防护装备

呼吸系统防护 可能接触其蒸气时，应该佩戴过滤式防毒面具（半面罩）。高浓度环境中，建议佩戴空气呼吸器

眼睛防护 戴化学安全防护眼镜

皮肤和身体防护 穿隔绝式防毒服

手防护 戴橡胶手套

第九部分 理化特性

外观与性状 无色液体，有刺激性气味

pH 值 无意义 **熔点(℃)** 13～14

沸点(℃) 126

相对密度(水=1) 1.62（20℃）

相对蒸气密度(空气=1) 6.8

饱和蒸气压(kPa) 1.117（20℃）

燃烧热(kJ/mol) 无资料 **临界温度(℃)** 267.1

临界压力(MPa) 3.99 **辛醇/水分配系数** －2.05

闪点(℃) <110 **自燃温度(℃)** 无资料

爆炸下限(%) 无资料 **爆炸上限(%)** 无资料

分解温度(℃) 无资料

黏度(mPa·s) 1.76（20℃）

溶解性 不溶于水，可混溶于乙醇、乙醚

第十部分 稳定性和反应性

稳定性 稳定

危险反应 与强还原剂、可燃物等禁配物接触，有发生火灾和爆炸的危险

避免接触的条件 受热、摩擦、震动、撞击

禁配物 强还原剂、强碱、活性金属粉末、铜、胺类、酸、可燃物、有机物、易氧化物质

危险的分解产物 氮氧化物

第十一部分 毒理学信息

急性毒性

LD_{50} 130mg/kg（大鼠经口）

LC_{50} 18ppm（大鼠吸入，4h）

皮肤刺激或腐蚀 无资料 **眼睛刺激或腐蚀** 无资料

呼吸或皮肤过敏 无资料

生殖细胞突变性 微生物致突变：鼠伤寒沙门氏菌 2μg/皿；大肠杆菌 3μg/皿。姐妹染色单体交换：仓鼠卵巢 1700μg/L。DNA 损伤：大鼠肝 70μmol/L。细胞遗传学分析：仓鼠卵巢 20mg/L

致癌性 IARC 致癌性评论：组 2B，可疑人类致癌物。对人类致癌性证据有限，对动物致癌性证据不充分

生殖毒性 无资料

特异性靶器官系统毒性-一次接触 无资料

特异性靶器官系统毒性-反复接触 在 50.93mg/m³ 下暴露 6 个月存活的大鼠，见中等程度的肺炎和支气管炎，而中毒死亡的大鼠，肺炎严重

吸入危害 无资料

第十二部分 生态学信息

生态毒性 无资料

持久性和降解性

生物降解性 无资料

非生物降解性 无资料

潜在的生物累积性 根据 K_{ow} 值预测，该物质的生物累积性可能较弱

土壤中的迁移性 根据 K_{oc} 值预测，该物质可能易发生迁移

第十三部分 废弃处置

废弃化学品 建议用焚烧法处置。焚烧炉排出的氮氧化物通过洗涤器除去

污染包装物 将容器返还生产商或按照国家和地方法规处置

废弃注意事项 处置前应参阅国家和地方有关法规

第十四部分 运输信息

联合国危险货物编号（UN号） 1510

联合国运输名称 四硝基甲烷

联合国危险性类别 5.1，6.1 **包装类别** Ⅰ类包装

包装标志 

海洋污染物 否

运输注意事项 运输时单独装运，运输过程中要确保容器不泄漏、不倒塌、不坠落、不损坏。运输时运输车辆应配备相应品种和数量的消防器材及泄漏应急处理设备。严禁与酸类、易燃物、有机物、还原剂、自燃物品、遇湿易燃物品等并车混运。运输时车速不宜过快，不得强行超车。公路运输时要按规定路线行驶。运输车辆装卸前后，均应彻底清扫、洗净，严禁混入有机物、易燃物等杂质

第十五部分 法规信息

下列法律、法规、规章和标准，对该化学品的管理作了相应的规定。

中华人民共和国职业病防治法 职业病分类和目录：未列入

危险化学品安全管理条例 危险化学品目录：列入。作为剧毒化学品进行管理。易制爆危险化学品名录：未列入。重点监管的危险化学品名录：未列入。GB 18218—2009《危险化学品重大危险源辨识》（表1）：未列入

使用有毒物品作业场所劳动保护条例 高毒物品目录：未列入

易制毒化学品管理条例 易制毒化学品的分类和品种目录：未列入

国际公约 斯德哥尔摩公约：未列入。鹿特丹公约：未列入。蒙特利尔议定书：未列入

第十六部分 其他信息

编写和修订信息 **缩略语和首字母缩写**

培训建议 **参考文献**

免责声明

四溴甲烷

第一部分 化学品标识

化学品中文名 四溴甲烷；四溴化碳

化学品英文名 carbon tetrabromide；tetrabromomethane

分子式 CBr_4 **相对分子质量** 331.65

结构式 Br—C(Br)(Br)—Br（四个Br连于中心碳）

化学品的推荐及限制用途 用于有机合成

第二部分 危险性概述

紧急情况概述 造成严重眼损伤，可能引起昏昏欲睡或眩晕

GHS危险性类别 急性毒性-经口，类别4；皮肤腐蚀/刺激，类别2；严重眼损伤/眼刺激，类别1；特异性靶器官毒性—一次接触，类别1；特异性靶器官毒性—一次接触，类别3（麻醉效应）；特异性靶器官毒性-反复接触，类别1

标签要素

象形图 

警示词 危险

危险性说明 吞咽有害，造成皮肤刺激，造成严重眼损伤，对器官造成损害，可能引起昏昏欲睡或眩晕，长时间或反复接触对器官造成损伤

防范说明

预防措施 避免接触眼睛、皮肤，操作后彻底清洗。作业场所不得进食、饮水或吸烟。戴防护手套、防护眼镜、防护面罩。避免吸入粉尘。作业场所不得进食、饮水或吸烟

事故响应 皮肤接触：用大量肥皂水和水清洗。如发生皮肤刺激，就医。脱去被污染的衣服，污染的衣服洗净后方可重新使用。接触眼睛：用水细心冲洗数分钟。如戴隐形眼镜并可方便地取出，取出隐形眼镜继续冲洗。食入：漱口，如果感觉不适，立即呼叫中毒控制中心或就医。如果接触：立即呼叫中毒控制中心或就医

安全储存 上锁保管

废弃处置 本品及内装物、容器依据国家和地方法规处置

物理和化学危险 不燃，无特殊燃爆特性

健康危害 本品对眼和呼吸道有刺激作用。患者有流泪、咳嗽、咽痛，并可造成角膜溃疡。吸入高浓度可导致支气管炎、肺炎和肺水肿，也可伴有肝、肾损害

环境危害 对环境可能有害

第三部分 成分/组成信息

√物质　　混合物

组分	浓度	CAS No.
四溴甲烷		558-13-4

第四部分 急救措施

吸入 迅速脱离现场至空气新鲜处。保持呼吸道通畅。如呼吸困难，给输氧。如呼吸、心跳停止，立即进行心肺复苏术。就医

皮肤接触 立即脱去污染的衣着，用流动清水彻底冲洗。就医

眼睛接触 立即分开眼睑，用流动清水或生理盐水彻底冲洗至少15min。就医

食入 漱口，饮水。就医

对保护施救者的忠告 根据需要使用个人防护设备

对医生的特别提示 对症处理

第五部分 消防措施

灭火剂 本品不燃。根据着火原因选择适当灭火剂灭火

特别危险性 受高热分解产生有毒的溴化物气体

灭火注意事项及防护措施 消防人员须佩戴防毒面具、穿全身消防服，在上风向灭火。尽可能将容器从火场移至空旷处。喷水保持火场容器冷却，直至灭火结束

第六部分 泄漏应急处理

作业人员防护措施、防护装备和应急处置程序 隔离泄漏污染区，限制出入。建议应急处理人员戴防尘口罩，穿防毒服，戴防化学品手套。穿上适当的防护服前严禁接触破裂的容器和泄漏物。尽可能切断泄漏源。用塑料布覆盖泄漏物，减少飞散。勿使水进入包装容器内

环境保护措施 无资料

泄漏化学品的收容、清除方法及所使用的处置材料 用洁净的铲子收集泄漏物，置于干净、干燥、盖子较松的容器中，将容器移离泄漏区

第七部分 操作处置与储存

操作注意事项 密闭操作，局部排风。操作人员必须经过专门培训，严格遵守操作规程。建议操作人员佩戴自吸过滤式防尘口罩，戴化学安全防护眼镜，穿透气型防毒服，戴防化学品手套。避免与氧化剂、碱类接触。搬运时要轻装轻卸，防止包装及容器损坏。配备泄漏应急处理设备。倒空的容器可能残留有害物

储存注意事项 储存于阴凉、通风的库房。远离火种、热源。包装密封。应与氧化剂、碱类、食用化学品分开存放，切忌混储。储区应备有合适的材料收容泄漏物

第八部分 接触控制/个体防护

职业接触限值

中国 PC-TWA：1.5mg/m^3；PC-STEL：4mg/m^3

美国(ACGIH) TLV-TWA：0.1ppm；TLV-STEL：0.3ppm

生物接触限值 未制定标准

监测方法 空气中有毒物质测定方法：未制定标准。生物监测检验方法：未制定标准

工程控制 密闭操作，局部排风。提供安全的淋浴和洗眼设备

个体防护装备

呼吸系统防护 可能接触毒物时，应选择佩戴过滤式防尘呼吸器

眼睛防护 戴化学安全防护眼镜

皮肤和身体防护 穿透气型防毒服

手防护 戴防化学品手套

第九部分 理化特性

外观与性状 白色固体

pH值 无意义 **熔点(℃)** 88～90

沸点(℃) 190 **相对密度(水=1)** 3.42

相对蒸气密度(空气=1) 11.6

饱和蒸气压(kPa) 5.32 (96.3℃)

燃烧热(kJ/mol) 无资料 **临界温度(℃)** 无资料

临界压力(MPa) 无资料 **辛醇/水分配系数** 3.42

闪点(℃) 无意义 **自燃温度(℃)** 无意义

爆炸下限(%) 无意义 **爆炸上限(%)** 无意义

分解温度(℃) 无资料

黏度(mPa·s) 无资料

溶解性 不溶于水，溶于乙醇、乙醚、氯仿

第十部分 稳定性和反应性

稳定性 稳定

危险反应 与强氧化剂等禁配物发生反应

避免接触的条件 光照

禁配物 强氧化剂、强碱

危险的分解产物 无资料

第十一部分 毒理学信息

急性毒性 LD_{50}：1800mg/kg (大鼠经口)

皮肤刺激或腐蚀 无资料 **眼睛刺激或腐蚀** 无资料

呼吸或皮肤过敏 无资料 **生殖细胞突变性** 无资料

致癌性 无资料 **生殖毒性** 无资料

特异性靶器官系统毒性-一次接触 无资料

特异性靶器官系统毒性-反复接触 慢性低浓度中毒以肝脏损害为主。大鼠吸入0.01～1g/m^3，每天4h，4个月，造成肝代谢障碍

吸入危害 无资料

第十二部分 生态学信息

生态毒性 无资料

持久性和降解性

生物降解性 无资料

非生物降解性 无资料

潜在的生物累积性 根据K_{ow}值预测，该物质可能有一定的生物累积性

土壤中的迁移性 根据K_{oc}值预测，该物质可能有一定的迁移性

第十三部分 废弃处置

废弃化学品 建议用焚烧法处置。与燃料混合后，再焚烧。焚烧炉排出的卤化氢通过酸洗涤器除去

污染包装物 将容器返还生产商或按照国家和地方法规处置

废弃注意事项 处置前应参阅国家和地方有关法规

第十四部分 运输信息

联合国危险货物编号(UN号) 2516

联合国运输名称 四溴甲烷

联合国危险性类别 6.1 **包装类别** Ⅲ类包装

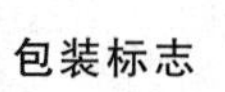
包装标志  **海洋污染物** 否

运输注意事项 运输前应先检查包装容器是否完整、密封，运输过程中要确保容器不泄漏、不倒塌、不坠落、不损坏。严禁与酸类、氧化剂、食品及食品添加剂混运。运输时运输车辆应配备泄漏应急处理设备。运输途中应防曝晒、雨淋，防高温

第十五部分 法规信息

下列法律、法规、规章和标准，对该化学品的管理作了相应的规定。

中华人民共和国职业病防治法 职业病分类和目录：未列入

危险化学品安全管理条例 危险化学品目录：列入。易制爆危险化学品名录：未列入。重点监管的危险化学品名录：未列入。GB 18218—2009《危险化学品重大危险源辨识》(表 1)：未列入

使用有毒物品作业场所劳动保护条例 高毒物品目录：未列入

易制毒化学品管理条例 易制毒化学品的分类和品种目录：未列入

国际公约 斯德哥尔摩公约：未列入。鹿特丹公约：未列入。蒙特利尔议定书：未列入

第十六部分 其他信息

编写和修订信息 **缩略语和首字母缩写**

培训建议 **参考文献**

免责声明

四溴化锡

第一部分 化学品标识

化学品中文名 四溴化锡；溴化锡

化学品英文名 stannic bromide；tin tetrabromide

分子式 $SnBr_4$ **相对分子质量** 438.33

结构式

```
       Br
       |
Br—Sn—Br
       |
       Br
```

化学品的推荐及限制用途 用作试剂，用于矿石分离

第二部分 危险性概述

紧急情况概述 造成严重的皮肤灼伤和眼损伤

GHS 危险性类别 皮肤腐蚀/刺激，类别 1；严重眼损伤/眼刺激，类别 1

标签要素

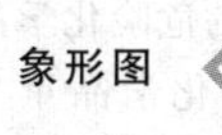
象形图 

警示词 危险

危险性说明 造成严重的皮肤灼伤和眼损伤

防范说明

预防措施 避免吸入粉尘或烟雾。避免接触眼睛、皮肤，操作后彻底清洗。戴防护手套，穿防护服，戴防护眼镜、防护面罩

事故响应 如吸入：将患者转移到空气新鲜处，休息，保持利于呼吸的体位，立即呼叫中毒控制中心或就医。皮肤（或头发）接触：立即脱掉所有被污染的衣服，用水冲洗皮肤，淋浴。污染的衣服须洗净后方可重新使用。眼睛接触：用水细心地冲洗数分钟。如戴隐形眼镜并可方便地取出，则取出隐形眼镜继续冲洗。食入：漱口，不要催吐

安全储存 上锁保管

废弃处置 本品及内装物、容器依据国家和地方法规处置

物理和化学危险 不燃，无特殊燃爆特性。遇水产生刺激性气体

健康危害 本品对眼睛、皮肤、黏膜和呼吸道有强烈刺激作用。眼和皮肤接触引起灼伤

环境危害 对环境可能有害

第三部分 成分/组成信息

√物质		混合物
组分	**浓度**	**CAS No.**
四溴化锡		7789-67-5

第四部分 急救措施

吸入 迅速脱离现场至空气新鲜处。保持呼吸道通畅。如呼吸困难，给输氧。如呼吸、心跳停止，立即进行心肺复苏术。就医

皮肤接触 立即脱去污染的衣着，用大量流动清水彻底冲洗至少 15min。就医

眼睛接触 立即分开眼睑，用流动清水或生理盐水彻底冲洗至少 15min。就医

食入 用水漱口，禁止催吐。给饮牛奶或蛋清。就医

对保护施救者的忠告 根据需要使用个人防护设备

对医生的特别提示 对症处理

第五部分 消防措施

灭火剂 用干粉、二氧化碳、干燥砂土灭火

特别危险性 吸潮或遇水会产生大量的腐蚀性烟雾。在空气中强烈发烟。具有腐蚀性

灭火注意事项及防护措施 消防人员必须穿全身耐酸碱消防服、佩戴空气呼吸器灭火。尽可能将容器从火场移至空旷处。喷水保持火场容器冷却，直至灭火结束。禁止用水和泡沫灭火

第六部分 泄漏应急处理

作业人员防护措施、防护装备和应急处置程序 隔离泄漏污染区，限制出入。建议应急处理人员戴防尘口罩，穿防酸碱服，戴橡胶手套。穿上适当的防护服前严禁

接触破裂的容器和泄漏物。尽可能切断泄漏源。用塑料布覆盖泄漏物，减少飞散。勿使水进入包装容器内

环境保护措施 无资料

泄漏化学品的收容、清除方法及所使用的处置材料 用洁净的铲子收集泄漏物，置于干净、干燥、盖子较松的容器中，将容器移离泄漏区

第七部分 操作处置与储存

操作注意事项 严加密闭，提供充分的局部排风和全面通风。操作人员必须经过专门培训，严格遵守操作规程。建议操作人员佩戴头罩型电动送风过滤式防尘呼吸器，穿防酸碱塑料工作服，戴橡胶手套。避免产生粉尘。避免与氧化剂、酸类、碱类接触。尤其要注意避免与水接触。搬运时要轻装轻卸，防止包装及容器损坏。配备泄漏应急处理设备。倒空的容器可能残留有害物

储存注意事项 储存于阴凉、干燥、通风良好的库房。远离火种、热源。包装必须完整密封，防止吸潮。应与氧化剂、酸类、碱类等分开存放，切忌混储。储区应备有合适的材料收容泄漏物

第八部分 接触控制/个体防护

职业接触限值

中国 未制定标准

美国(ACGIH) TLV-TWA：$2mg/m^3$ [按 Sn 计]

生物接触限值 未制定标准

监测方法 空气中有毒物质测定方法：火焰原子吸收光谱法。生物监测检验方法：未制定标准

工程控制 严加密闭，提供充分的局部排风和全面通风。提供安全的淋浴和洗眼设备

个体防护装备

呼吸系统防护 空气中粉尘浓度超标时，应该佩戴过滤式防尘呼吸器；可能接触其蒸气时，应该佩戴过滤式防毒面具（全面罩）

眼睛防护 戴化学安全防护眼镜

皮肤和身体防护 穿橡胶耐酸碱服

手防护 戴橡胶手套

第九部分 理化特性

外观与性状 白色结晶块，在空气中发烟

pH 值 无意义 **熔点(℃)** 31

沸点(℃) 202 **相对密度(水=1)** 3.34

相对蒸气密度(空气=1) 无资料

饱和蒸气压(kPa) 1.33 (72.7℃)

燃烧热(kJ/mol) 无资料 **临界温度(℃)** 无资料

临界压力(MPa) 无资料 **辛醇/水分配系数** 无资料

闪点(℃) 无意义 **自燃温度(℃)** 无意义

爆炸下限(%) 无意义 **爆炸上限(%)** 无意义

分解温度(℃) 无资料

黏度(mPa·s) 无资料

溶解性 易溶于水，溶于乙醇、四氯化碳

第十部分 稳定性和反应性

稳定性 稳定

危险反应 与强氧化剂、水等禁配物发生反应

避免接触的条件 潮湿空气

禁配物 强氧化剂、强酸、强碱、水蒸气

危险的分解产物 无资料

第十一部分 毒理学信息

急性毒性 LD_{50}：18mg/kg（小鼠静脉内）

皮肤刺激或腐蚀 无资料 **眼睛刺激或腐蚀** 无资料

呼吸或皮肤过敏 无资料 **生殖细胞突变性** 无资料

致癌性 无资料 **生殖毒性** 无资料

特异性靶器官系统毒性-一次接触 无资料

特异性靶器官系统毒性-反复接触 无资料

吸入危害 无资料

第十二部分 生态学信息

生态毒性 无资料

持久性和降解性

生物降解性 无资料

非生物降解性 无资料

潜在的生物累积性

土壤中的迁移性

第十三部分 废弃处置

废弃化学品 根据国家和地方有关法规的要求处置。或与制造商联系，确定处置方法

污染包装物 将容器返还生产商或按照国家和地方法规处置

废弃注意事项 处置前应参阅国家和地方有关法规

第十四部分 运输信息

联合国危险货物编号(UN号) 3260

联合国运输名称 无机酸性腐蚀性固体，未另作规定的(四溴化锡)

联合国危险性类别 8 **包装类别** Ⅱ类包装

包装标志  **海洋污染物** 否

运输注意事项 起运时包装要完整，装载应稳妥。运输过程中要确保容器不泄漏、不倒塌、不坠落、不损坏。严禁与氧化剂、酸类、碱类、食用化学品等混装混运。运输时运输车辆应配备泄漏应急处理设备。运输途中应防曝晒、雨淋，防高温

第十五部分 法规信息

下列法律、法规、规章和标准，对该化学品的管理作了相应的规定。

中华人民共和国职业病防治法 职业病分类和目录：未列入

危险化学品安全管理条例 危险化学品目录：列入。易制爆危险化学品名录：未列入。重点监管的危险化学品名录：未列入。GB 18218—2009《危险化学品重大危险源辨识》(表 1)：未列入

使用有毒物品作业场所劳动保护条例 高毒物品目录：未列入

易制毒化学品管理条例 易制毒化学品的分类和品种目录：未列入

国际公约 斯德哥尔摩公约：未列入。鹿特丹公约：未列入。蒙特利尔议定书：未列入

第十六部分 其他信息

编写和修订信息 **缩略语和首字母缩写**

培训建议 **参考文献**

免责声明

1,1,2,2-四溴乙烷

第一部分 化学品标识

化学品中文名 1,1,2,2-四溴乙烷；四溴化乙炔；对称四溴乙烷

化学品英文名 1,1,2,2-tetrabromoethane; acetylene tetrabromide

分子式 $C_2H_2Br_4$ **相对分子质量** 345.70

结构式

Br Br
Br Br

化学品的推荐及限制用途 用于选矿及作为溶剂等

第二部分 危险性概述

紧急情况概述 吸入致命

GHS 危险性类别 急性毒性-吸入，类别 2；严重眼损伤/眼刺激，类别 2；危害水生环境-急性危害，类别 3；危害水生环境-长期危害，类别 3

标签要素

象形图

警示词 危险

危险性说明 吸入致命，造成严重眼刺激，对水生生物有害并具有长期持续影响

防范说明

预防措施 避免吸入蒸气、雾。仅在室外或通风良好处操作。戴呼吸防护器具。避免接触眼睛、皮肤，操作后彻底清洗。戴防护眼镜、防护面罩。禁止排入环境

事故响应 如吸入：将患者转移到空气新鲜处，休息，保持利于呼吸的体位，立即呼叫中毒控制中心或就医。如接触眼睛：用水细心冲洗数分钟。如戴隐形眼镜并可方便地取出，取出隐形眼镜继续冲洗。如果眼睛刺激持续：就医

安全储存 在通风良好处储存。保持容器密闭。上锁保管

废弃处置 本品及内装物、容器依据国家和地方法规处置

物理和化学危险 不燃，无特殊燃爆特性

健康危害 对中枢神经系统有抑制作用，对呼吸道有刺激作用，可引起肝、肾损害及单核细胞增多，可引起皮炎

环境危害 对水生生物有害并具有长期持续影响

第三部分 成分/组成信息

√物质		混合物
组分	**浓度**	**CAS No.**
1,1,2,2-四溴乙烷		79-27-6

第四部分 急救措施

吸入 迅速脱离现场至空气新鲜处。保持呼吸道通畅。如呼吸困难，给输氧。如呼吸、心跳停止，立即进行心肺复苏术。就医

皮肤接触 立即脱去污染的衣着，用流动清水彻底冲洗。就医

眼睛接触 立即分开眼睑，用流动清水或生理盐水彻底冲洗。就医

食入 漱口，饮水。就医

对保护施救者的忠告 根据需要使用个人防护设备

对医生的特别提示 对症处理

第五部分 消防措施

灭火剂 用泡沫、干粉、二氧化碳、砂土灭火

特别危险性 受高热分解产生有毒的溴化物气体。燃烧生成有害的一氧化碳、溴化氢

灭火注意事项及防护措施 消防人员必须佩戴空气呼吸器、穿全身防火防毒服，在上风向灭火。尽可能将容器从火场移至空旷处。喷水保持火场容器冷却，直至灭火结束

第六部分 泄漏应急处理

作业人员防护措施、防护装备和应急处置程序 根据液体流动和蒸气扩散的影响区域划定警戒区，无关人员从侧风、上风向撤离至安全区。建议应急处理人员戴正压自给式呼吸器，穿防毒服，戴防化学品手套。尽可能切断泄漏源

环境保护措施 防止泄漏物进入水体、下水道、地下室或有限空间

泄漏化学品的收容、清除方法及所使用的处置材料 小量泄漏：用砂土或其他不燃材料吸收。大量泄漏：构筑围堤或挖坑收容。用砂土、惰性物质或蛭石吸收大量液体。用泵转移至槽车或专用收集器内

第七部分 操作处置与储存

操作注意事项 密闭操作，局部排风。操作人员必须经过专门培训，严格遵守操作规程。建议操作人员佩戴自吸过滤式防毒面具（半面罩），穿透气型防毒服，戴防化学品手套。防止蒸气泄漏到工作场所空气中。避免与氧化剂、碱类接触。搬运时要轻装轻卸，防止包装及容器损坏。配备泄漏应急处理设备。倒空的容器可能残留有害物

储存注意事项 储存于阴凉、通风的库房。远离火种、热

源。保持容器密封。应与氧化剂、碱类、食用化学品分开存放，切忌混储。储区应备有泄漏应急处理设备和合适的收容材料

第八部分 接触控制/个体防护

职业接触限值

中国 未制定标准

美国(ACGIH) TLV-TWA：1ppm（可吸入性颗粒和蒸气）

生物接触限值 未制定标准

监测方法 空气中有毒物质测定方法：未制定标准。生物监测检验方法：未制定标准

工程控制 密闭操作，局部排风。提供安全的淋浴和洗眼设备

个体防护装备

呼吸系统防护 空气中浓度超标时，应该佩戴过滤式防毒面具（半面罩）

眼睛防护 一般不需要特殊防护，高浓度接触时可戴安全防护眼镜

皮肤和身体防护 穿透气型防毒服

手防护 戴防化学品手套

第九部分 理化特性

外观与性状 黄色液体，带有樟脑及氯仿臭味

pH 值 无资料 **熔点(℃)** 0

沸点(℃) 243.5 **相对密度(水=1)** 2.96

相对蒸气密度(空气=1) 11.9

饱和蒸气压(kPa) 2.00（119℃）

燃烧热(kJ/mol) 无资料 **临界温度(℃)** 无资料

临界压力(MPa) 4.6 **辛醇/水分配系数** 2.55

闪点(℃) 160 **自燃温度(℃)** 335

爆炸下限(%) 无意义 **爆炸上限(%)** 无意义

分解温度(℃) 无资料

黏度(mPa·s) 无资料

溶解性 不溶于水，溶于乙醇、氯仿等多数有机溶剂

第十部分 稳定性和反应性

稳定性 稳定

危险反应 与强氧化剂等禁配物发生反应

避免接触的条件 光照

禁配物 强氧化剂、强碱、镁

危险的分解产物 溴化氢

第十一部分 毒理学信息

急性毒性

LD_{50} 1200mg/kg（大鼠经口）；5250mg/kg（大鼠经皮）

LC_{50} 549mg/m^3（大鼠吸入，4h）

皮肤刺激或腐蚀 家兔经皮：500（24h），中度刺激

眼睛刺激或腐蚀 家兔经眼：100mg，轻度刺激

呼吸或皮肤过敏 无资料 **生殖细胞突变性** 无资料

致癌性 无资料 **生殖毒性** 无资料

特异性靶器官系统毒性-一次接触 无资料

特异性靶器官系统毒性-反复接触 慢性毒性试验各种动物肝重都增加，肝、肾有病理改变

吸入危害 无资料

第十二部分 生态学信息

生态毒性 LC_{50}：19mg/L（48h）（青鳉）

持久性和降解性

生物降解性 MITI-Ⅰ测试，初始浓度 100ppm，污泥浓度 30ppm，2 周后降解 29%

非生物降解性 无资料

潜在的生物累积性 根据 K_{ow} 值预测，该物质的生物累积性可能较弱

土壤中的迁移性 根据 K_{oc} 值预测，该物质可能有一定的迁移性

第十三部分 废弃处置

废弃化学品 用焚烧法处置。与燃料混合后，再焚烧。焚烧炉排出的卤化氢通过酸洗涤器除去

污染包装物 将容器返还生产商或按照国家和地方法规处置

废弃注意事项 处置前应参阅国家和地方有关法规

第十四部分 运输信息

联合国危险货物编号（UN 号） 2504

联合国运输名称 四溴乙烷

联合国危险性类别 6.1 **包装类别** Ⅲ类包装

包装标志  **海洋污染物** 否

运输注意事项 运输前应先检查包装容器是否完整、密封，运输过程中要确保容器不泄漏、不倒塌、不坠落、不损坏。严禁与酸类、氧化剂、食品及食品添加剂混运。运输时运输车辆应配备泄漏应急处理设备。运输途中应防曝晒、雨淋，防高温。公路运输时要按规定路线行驶

第十五部分 法规信息

下列法律、法规、规章和标准，对该化学品的管理作了相应的规定。

中华人民共和国职业病防治法 职业病分类和目录：未列入

危险化学品安全管理条例 危险化学品目录：列入。易制爆危险化学品名录：未列入。重点监管的危险化学品名录：未列入。GB 18218—2009《危险化学品重大危险源辨识》（表 1）：未列入

使用有毒物品作业场所劳动保护条例 高毒物品目录：未列入

易制毒化学品管理条例 易制毒化学品的分类和品种目录：未列入

国际公约 斯德哥尔摩公约：未列入。鹿特丹公约：未列入。蒙特利尔议定书：未列入

第十六部分 其他信息

编写和修订信息 **缩略语和首字母缩写**
培训建议 **参考文献**
免责声明

四氧化二氮

第一部分 化学品标识

化学品中文名 四氧化二氮
化学品英文名 dinitrogen tetroxide
分子式 N_2O_4 **相对分子质量** 92.02
结构式 O=N(–O)—N(=O)O

化学品的推荐及限制用途 用于制硝酸、硝化剂、氧化剂、催化剂、丙烯酸酯聚合抑制剂等

第二部分 危险性概述

紧急情况概述 可引起燃烧或加剧燃烧：氧化剂，内装加压气体：遇热可能爆炸，吸入致命，造成严重的皮肤灼伤和眼损伤

GHS 危险性类别 氧化性气体，类别 1；加压气体；急性毒性-吸入，类别 2；皮肤腐蚀/刺激，类别 1B；严重眼损伤/眼刺激，类别 1；特异性靶器官毒性—一次接触，类别 3（呼吸道刺激）

标签要素

象形图

警示词 危险

危险性说明 可引起燃烧或加剧燃烧：氧化剂，内装加压气体：遇热可能爆炸，吸入致命，造成严重的皮肤灼伤和眼损伤，可能引起呼吸道刺激

防范说明

预防措施 储存处远离服装及可燃材料。阀门或紧固装置不得带有油脂或油剂。避免吸入气体、蒸气。仅在室外或通风良好处操作。戴呼吸防护器具。避免接触眼睛、皮肤，操作后彻底清洗。戴防护手套，穿防护服，戴防护眼镜、防护面罩

事故响应 火灾时：如能保证安全，设法堵塞泄漏。如吸入：将患者转移到空气新鲜处，休息，保持利于呼吸的体位，立即呼叫中毒控制中心或就医。皮肤（或头发）接触：立即脱掉所有被污染的衣服，用水冲洗皮肤，淋浴。污染的衣服须洗净后方可重新使用。眼睛接触：用水细心地冲洗数分钟。如戴隐形眼镜并可方便地取出，则取出隐形眼镜继续冲洗。食入：漱口，不要催吐

安全储存 防日晒。存放在通风良好的地方。保持容器密闭。上锁保管

废弃处置 本品及内装物、容器依据国家和地方法规处置

物理和化学危险 助燃。与可燃物接触易着火燃烧

健康危害 氮氧化物主要损害呼吸道。急性中毒引起肺水肿、成人呼吸窘迫综合征，出现胸闷、呼吸窘迫、咳嗽、咯泡沫痰、紫绀等。可并发气胸及纵隔气肿。眼和皮肤接触引起灼伤

环境危害 对环境可能有害

第三部分 成分/组成信息

√物质 混合物

组分	浓度	CAS No.
四氧化二氮		10544-72-6

第四部分 急救措施

吸入 迅速脱离现场至空气新鲜处。保持呼吸道通畅。如呼吸困难，给输氧。如呼吸、心跳停止，立即进行心肺复苏术。就医

皮肤接触 立即脱去污染的衣着，用大量流动清水彻底冲洗至少 15min。就医

眼睛接触 立即分开眼睑，用流动清水或生理盐水彻底冲洗至少 15min。就医

食入 用水漱口，禁止催吐。给饮牛奶或蛋清。就医

对保护施救者的忠告 根据需要使用个人防护设备

对医生的特别提示 对症处理

第五部分 消防措施

灭火剂 本品不燃。根据着火原因选择适当灭火剂灭火

特别危险性 与一般燃料或火箭燃料以及氯代烃等猛烈反应引起爆炸。遇水有腐蚀性，腐蚀作用随水分含量增加而加剧

灭火注意事项及防护措施 消防人员必须佩戴空气呼吸器、穿全身防火防毒服，在上风向灭火。切断气源。喷水冷却容器，尽可能将容器从火场移至空旷处

第六部分 泄漏应急处理

作业人员防护措施、防护装备和应急处置程序 根据气体扩散的影响区域划定警戒区，无关人员从侧风、上风向撤离至安全区。建议应急处理人员穿内置正压自给式呼吸器的全封闭防化服。如果是液化气体泄漏，还应注意防冻伤。禁止接触或跨越泄漏物。勿使泄漏物与可燃物质（如木材、纸、油等）接触。尽可能切断泄漏源。喷雾状水抑制蒸气或改变蒸气云流向，避免水流接触泄漏物。禁止用水直接冲击泄漏物或泄漏源。若可能翻转容器，使之逸出气体而非液体

环境保护措施 防止气体通过下水道、通风系统和有限空间扩散

泄漏化学品的收容、清除方法及所使用的处置材料 隔离泄漏区直至气体散尽。泄漏场所保持通风

第七部分 操作处置与储存

操作注意事项 严加密闭，提供充分的局部排风和全面通风。操作人员必须经过专门培训，严格遵守操作规程。建议操作人员佩戴自吸过滤式防毒面具（全面

罩)，穿胶布防毒衣，戴橡胶手套。远离火种、热源。工作场所严禁吸烟。远离易燃、可燃物。防止气体或蒸气泄漏到工作场所空气中。避免与还原剂接触。搬运时轻装轻卸，防止钢瓶及附件破损。配备相应品种和数量的消防器材及泄漏应急处理设备

储存注意事项 储存于阴凉、通风的有毒气体专用库房。远离火种、热源。库温不宜超过30℃。应与易（可）燃物、还原剂、食用化学品分开存放，切忌混储。储区应备有泄漏应急处理设备

第八部分 接触控制/个体防护

职业接触限值

中国 未制定标准

美国(ACGIH) 未制定标准

生物接触限值 未制定标准

监测方法 空气中有毒物质测定方法：未制定标准。生物监测检验方法：未制定标准

工程控制 严加密闭，提供充分的局部排风和全面通风。提供安全的淋浴和洗眼设备

个体防护装备

呼吸系统防护 空气中浓度超标时，佩戴过滤式防毒面具（全面罩）。紧急事态抢救或撤离时，建议佩戴空气呼吸器

眼睛防护 呼吸系统防护中已作防护

皮肤和身体防护 穿隔绝式防毒服

手防护 戴橡胶手套

第九部分 理化特性

外观与性状 黄褐色液体或气体，有刺激性气味

pH值 无资料 **熔点(℃)** －12～－9

沸点(℃) 21 **相对密度(水=1)** 1.45

相对蒸气密度(空气=1) 1.58

饱和蒸气压(kPa) 85.9 (25℃)

燃烧热(kJ/mol) 无资料 **临界温度(℃)** 157.8

临界压力(MPa) 10.13 **辛醇/水分配系数** 0.43

闪点(℃) 无意义 **自燃温度(℃)** 无意义

爆炸下限(%) 无意义 **爆炸上限(%)** 无意义

分解温度(℃) 无资料 **黏度(mPa·s)** 无资料

溶解性 溶于水

第十部分 稳定性和反应性

稳定性 稳定

危险反应 与强还原剂、易燃或可燃物等禁配物接触，有发生火灾和爆炸的危险

避免接触的条件 无资料

禁配物 易燃或可燃物、强还原剂、硫、磷

危险的分解产物 无资料

第十一部分 毒理学信息

急性毒性 LC_{50}：126mg/m³（大鼠吸入，4h）；人吸入LCLo：200ppm（1min）；TCLo：6200ppb（10min），可引起肺水肿

皮肤刺激或腐蚀 无资料 **眼睛刺激或腐蚀** 无资料

呼吸或皮肤过敏 无资料

生殖细胞突变性 微生物致突变：鼠伤寒沙门氏菌6ppm。哺乳动物体细胞突变：大鼠吸入15ppm（3h）（连续）。DNA损伤：仓鼠肺脏10ppm。细胞遗传学分析：大鼠吸入27ppm（3h）（连续）。姐妹染色单体交换：仓鼠肺5ppm（10个月）（连续）

致癌性 无资料

生殖毒性 大鼠孕后8～10d吸入最低中毒剂量（TCLo）40pph，致肌肉骨骼系统发育畸形。大鼠吸入最低中毒浓度（TCLo）：8.5μg/m³（24h）（孕1～22d），引起胚胎毒性和死胎

特异性靶器官系统毒性-一次接触 无资料

特异性靶器官系统毒性-反复接触 大鼠、兔在15～47mg/m³，长期吸入，引起肺水肿

吸入危害 无资料

第十二部分 生态学信息

生态毒性 无资料

持久性和降解性

生物降解性 无资料

非生物降解性 无资料

潜在的生物累积性 无资料

土壤中的迁移性 无资料

第十三部分 废弃处置

废弃化学品 根据国家和地方有关法规的要求处置。或与厂商或制造商联系，确定处置方法

污染包装物 将容器返还生产商或按照国家和地方法规处置

废弃注意事项 把倒空的容器归还厂商或在规定场所掩埋

第十四部分 运输信息

联合国危险货物编号（UN号） 1067

联合国运输名称 四氧化二氮

联合国危险性类别 2.3，5.1/8 **包装类别** -

包装标志

海洋污染物 否

运输注意事项 采用钢瓶运输时必须戴好钢瓶上的安全帽。钢瓶一般平放，并应将瓶口朝同一方向，不可交叉；高度不得超过车辆的防护栏板，并用三角木垫卡牢，防止滚动。严禁与易燃物或可燃物、还原剂、食用化学品等混装混运。夏季应早晚运输，防止日光曝晒。公路运输时要按规定路线行驶，禁止在居民区和人口稠密区停留。铁路运输时要禁止溜放

第十五部分 法规信息

下列法律、法规、规章和标准，对该化学品的管理作了相应的规定。

中华人民共和国职业病防治法 职业病分类和目录：氮氧

化合物中毒

危险化学品安全管理条例 危险化学品目录：列入。易制爆危险化学品名录：未列入。重点监管的危险化学品名录：未列入。GB 18218—2009《危险化学品重大危险源辨识》(表 1)：未列入

使用有毒物品作业场所劳动保护条例 高毒物品目录：未列入

易制毒化学品管理条例 易制毒化学品的分类和品种目录：未列入

国际公约 斯德哥尔摩公约：未列入。鹿特丹公约：未列入。蒙特利尔议定书：未列入

第十六部分 其他信息

编写和修订信息 **缩略语和首字母缩写**

培训建议 **参考文献**

免责声明

四氧化（三）铅

第一部分 化学品标识

化学品中文名 四氧化（三）铅；红丹；铅丹

化学品英文名 lead tetroxide；lead oxide (red)

分子式 Pb_3O_4 **相对分子质量** 685.57

结构式

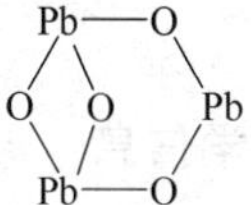

化学品的推荐及限制用途 用作防锈颜料、有机合成的氧化剂，用于制蓄电池、玻璃、陶瓷、搪瓷

第二部分 危险性概述

紧急情况概述 可能致癌

GHS 危险性类别 致癌性，类别 1B；生殖毒性，类别 1A；特异性靶器官毒性-一次接触，类别 1；特异性靶器官毒性-反复接触，类别 1；危害水生环境-急性危害，类别 1；危害水生环境-长期危害，类别 1

标签要素

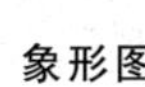

警示词 危险

危险性说明 可能致癌，可能对生育力或胎儿造成伤害，对器官造成损害，长时间或反复接触对器官造成损伤，对水生生物毒性非常大并具有长期持续影响

防范说明

预防措施 得到专门指导后操作。在阅读并了解所有安全预防措施之前，切勿操作。按要求使用个体防护装备。得到专门指导后操作。避免吸入粉尘、烟气。避免接触眼睛、皮肤，操作后彻底清洗。作业场所不得进食、饮水或吸烟。禁止排入环境

事故响应 如果接触或有担心，就医。如果接触：立即呼叫中毒控制中心或就医。收集泄漏物

安全储存 上锁保管

废弃处置 本品及内装物、容器依据国家和地方法规处置

物理和化学危险 不燃，无特殊燃爆特性

健康危害 铅及其化合物损害造血、神经、消化系统及肾脏。职业中毒主要为慢性。神经系统主要表现为神经衰弱综合征、周围神经病（以运动功能受累较明显），重者出现铅中毒性脑病。消化系统表现有齿龈铅线、食欲不振、恶心、腹胀、腹泻或便秘；腹绞痛见于中度及重度中毒病例。造血系统损害出现卟啉代谢障碍、贫血等。短时大量接触可发生急性或亚急性中毒，表现类似重症慢性铅中毒。对肾脏损害多见于急性、亚急性或较重慢性病例

环境危害 对水生生物毒性非常大并具有长期持续影响

第三部分 成分/组成信息

√物质 混合物

组分	浓度	CAS No.
四氧化（三）铅		1314-41-6

第四部分 急救措施

吸入 迅速脱离现场至空气新鲜处。保持呼吸道通畅。如呼吸困难，给输氧。如呼吸、心跳停止，立即进行心肺复苏术。就医

皮肤接触 立即脱去污染的衣着，用流动清水彻底冲洗。就医

眼睛接触 立即分开眼睑，用流动清水或生理盐水彻底冲洗。就医

食入 漱口，饮水。就医

对保护施救者的忠告 根据需要使用个人防护设备

对医生的特别提示 解毒剂：依地酸二钠钙、二巯基丁二酸钠、二巯基丁二酸等

第五部分 消防措施

灭火剂 本品不燃。根据着火原因选择适当灭火剂灭火

特别危险性 受高热分解放出有毒的气体

灭火注意事项及防护措施 消防人员必须佩戴空气呼吸器、穿全身防火防毒服，在上风向灭火。尽可能将容器从火场移至空旷处。喷水保持火场容器冷却，直至灭火结束

第六部分 泄漏应急处理

作业人员防护措施、防护装备和应急处置程序 隔离泄漏污染区，限制出入。建议应急处理人员戴防尘口罩，穿防毒服，戴防化学品手套。穿上适当的防护服前严禁接触破裂的容器和泄漏物。尽可能切断泄漏源。用塑料布覆盖泄漏物，减少飞散。勿使水进入包装容器内

环境保护措施 无资料

泄漏化学品的收容、清除方法及所使用的处置材料 用洁净的铲子收集泄漏物，置于干净、干燥、盖子较松的容器中，将容器移离泄漏区

第七部分 操作处置与储存

操作注意事项 密闭操作，局部排风。操作人员必须经过专门培训，严格遵守操作规程。建议操作人员佩戴自吸过滤式防尘口罩，戴安全防护眼镜，穿透气型防毒服，戴防化学品手套。避免产生粉尘。避免与还原剂接触。搬运时要轻装轻卸，防止包装及容器损坏。配备泄漏应急处理设备。倒空的容器可能残留有害物

储存注意事项 储存于阴凉、通风的库房。远离火种、热源。库房温度不超过35℃，相对湿度不超过80%。应与还原剂、食用化学品分开存放，切忌混储。储区应备有合适的材料收容泄漏物

第八部分 接触控制/个体防护

职业接触限值

中国 PC-TWA：0.05mg/m^3（铅尘），0.03mg/m^3（铅烟）［按 Pb 计］［G2A］

美国(ACGIH) TLV-TWA：0.05mg/m^3［按 Pb 计］

生物接触限值 血铅：2.0μmol/L（400μg/L）（采样时间：接触3周后的任意时间）

监测方法 空气中有毒物质测定方法：火焰原子吸收光谱法；双硫腙分光光度法；氢化物-原子吸收光谱法；微分电位溶出法。生物监测检验方法：血中铅的石墨炉原子吸收光谱测定方法；血中铅的微分电位溶出测定方法

工程控制 密闭操作，局部排风。提供安全的淋浴和洗眼设备

个体防护装备

呼吸系统防护 空气中粉尘浓度超标时，作业人员应该佩戴过滤式防尘呼吸器。必要时，佩戴空气呼吸器或长管面具

眼睛防护 一般不需特殊防护。必要时，戴安全防护眼镜

皮肤和身体防护 穿透气型防毒服

手防护 戴防化学品手套

第九部分 理化特性

外观与性状 鲜橘红色粉末或块状固体

pH值 无意义 **熔点(℃)** 500～830（分解）

沸点(℃) 1472

相对密度(水=1) 8.32～9.16

相对蒸气密度(空气=1) 无资料

饱和蒸气压(kPa) 无资料

燃烧热(kJ/mol) 无资料 **临界温度(℃)** 无资料

临界压力(MPa) 无资料 **辛醇/水分配系数** 无资料

闪点(℃) 无意义 **自燃温度(℃)** 无意义

爆炸下限(%) 无意义 **爆炸上限(%)** 无意义

分解温度(℃) 无资料

黏度(mPa·s) 无资料

溶解性 不溶于水、乙醇，溶于热碱液、稀硝酸、乙酸、盐酸

第十部分 稳定性和反应性

稳定性 稳定

危险反应 与强还原剂等禁配物发生反应

避免接触的条件 无资料

禁配物 强还原剂

危险的分解产物 氧化铅

第十一部分 毒理学信息

急性毒性 LD_{50}：630mg/kg（大鼠腹腔）；220mg/kg（豚鼠腹腔）

皮肤刺激或腐蚀 无资料 **眼睛刺激或腐蚀** 无资料

呼吸或皮肤过敏 无资料 **生殖细胞突变性** 无资料

致癌性 IARC 致癌性评论：组2A，可能人类致癌物

生殖毒性 无资料

特异性靶器官系统毒性-一次接触 无资料

特异性靶器官系统毒性-反复接触 铅的亚急性和慢性毒性为：对所有动物都有毒性作用，特别是使神经系统、血液、血管发生改变。对蛋白代谢，细胞能量平衡及细胞的遗传系统有较大影响。小剂量（0.002～0.2mg/kg）短时间（10d中作用6次）给予，可引起雄性大鼠生殖系统及雌性大鼠生殖、内分泌等发生变化

吸入危害 无资料

第十二部分 生态学信息

生态毒性 含铅化合物对水生生物有极高毒性

持久性和降解性

生物降解性 无资料

非生物降解性 无资料

潜在的生物累积性 元素铅易在生物体内富集

土壤中的迁移性 无资料

第十三部分 废弃处置

废弃化学品 用安全掩埋法处置

污染包装物 将容器返还生产商或按照国家和地方法规处置

废弃注意事项 处置前应参阅国家和地方有关法规

第十四部分 运输信息

联合国危险货物编号（UN号） 3077

联合国运输名称 对环境有害的固态物质，未另作规定的（四氧化三铅）

联合国危险性类别 9 **包装类别** Ⅱ类包装

包装标志 （9） **海洋污染物** 是

运输注意事项 运输前应先检查包装容器是否完整、密封，运输过程中要确保容器不泄漏、不倒塌、不坠落、不损坏。严禁与酸类、氧化剂、食品及食品添加剂混运。运输时运输车辆应配备泄漏应急处理设备。运输途中应防曝晒、雨淋，防高温

第十五部分 法规信息

下列法律、法规、规章和标准，对该化学品的管理作了相应的规定。

中华人民共和国职业病防治法 职业病分类和目录：铅及其化合物中毒

危险化学品安全管理条例 危险化学品目录：列入。易制爆危险化学品名录：未列入。重点监管的危险化学品名录：未列入。GB 18218—2009《危险化学品重大危险源辨识》(表1)：未列入

使用有毒物品作业场所劳动保护条例 高毒物品目录：列入

易制毒化学品管理条例 易制毒化学品的分类和品种目录：未列入

国际公约 斯德哥尔摩公约：未列入。鹿特丹公约：未列入。蒙特利尔议定书：未列入

第十六部分 其他信息

编写和修订信息 **缩略语和首字母缩写**

培训建议 **参考文献**

免责声明

四乙基铅

第一部分 化学品标识

化学品中文名 四乙基铅

化学品英文名 tetraethyl lead; lead tetraethyl; TEL

分子式 $C_8H_{20}Pb$ **相对分子质量** 323.47

结构式 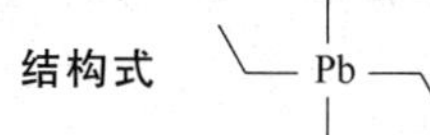

化学品的推荐及限制用途 用于汽油抗震添加剂以提高其辛烷值，也用于有机合成

第二部分 危险性概述

紧急情况概述 可燃液体，吞咽致命，皮肤接触会中毒，吸入致命

GHS危险性类别 易燃液体，类别4；急性毒性-经口，类别2；急性毒性-经皮，类别3；急性毒性-吸入，类别1；生殖毒性，类别2；特异性靶器官毒性-一次接触，类别1；特异性靶器官毒性-反复接触，类别1；危害水生环境-急性危害，类别1；危害水生环境-长期危害，类别1

标签要素

象形图 

警示词 危险

危险性说明 可燃液体，吞咽致命，皮肤接触会中毒，吸入致命，可能对生育力或胎儿造成伤害，对器官造成损害，长时间或反复接触对器官造成损伤，对水生生物毒性非常大并具有长期持续影响

防范说明

预防措施 远离火焰和热表面。禁止吸烟。戴防护手套、防护眼镜、防护面罩，穿防护服。避免接触眼睛、皮肤，操作后彻底清洗。作业场所不得进食、饮水或吸烟。避免吸入蒸气、雾。仅在室外或通风良好处操作。得到专门指导后操作。在阅读并了解所有安全预防措施之前，切勿操作。按要求使用个体防护装备。禁止排入环境

事故响应 火灾时，使用雾状水、泡沫、二氧化碳、砂土灭火。如吸入：将患者转移到空气新鲜处，休息，保持利于呼吸的体位。如果接触或有担心，就医。皮肤接触：用大量肥皂水和水清洗，如感觉不适，呼叫中毒控制中心或就医。立即脱去所有被污染的衣服。被污染的衣服须经洗净后方可重新使用。食入：漱口，立即呼叫中毒控制中心或就医。收集泄漏物

安全储存 存放在通风良好的地方。保持低温。保持容器密闭。上锁保管

废弃处置 本品及内装物、容器依据国家和地方法规处置

物理和化学危险 可燃，其蒸气与空气混合，能形成爆炸性混合物

健康危害 四乙基铅为强烈的神经毒物，易侵犯中枢神经系统

急性中毒 初期症状有睡眠障碍、全身无力、情绪不稳、植物神经功能紊乱，往往有血压、体温、脉率降低现象（三低症）等；严重者发生中毒性脑病，出现谵妄、精神异常、昏迷、抽搐等。可有心脏和呼吸功能障碍。高浓度下可立即死亡

慢性中毒 主要表现为神经衰弱综合征和植物神经功能紊乱。可有“三低症”和脑电图异常

环境危害 对水生生物毒性非常大并具有长期持续影响

第三部分 成分/组成信息

√物质 混合物

组分	浓度	CAS No.
四乙基铅		78-00-2

第四部分 急救措施

吸入 迅速脱离现场至空气新鲜处。保持呼吸道通畅。如呼吸困难，给输氧。如呼吸、心跳停止，立即进行心肺复苏术。就医

皮肤接触 立即脱去污染的衣着，用流动清水彻底冲洗。就医

眼睛接触 立即分开眼睑，用流动清水或生理盐水彻底冲洗。就医

食入 漱口，饮水。就医

对保护施救者的忠告 根据需要使用个人防护设备

对医生的特别提示 尽早使用解毒剂巯乙胺

第五部分 消防措施

灭火剂 用雾状水、泡沫、二氧化碳、砂土灭火

特别危险性 加热分解产生毒性气体。与氧化剂接触发生猛烈反应。燃烧生成有害的一氧化碳、氧化铅

灭火注意事项及防护措施 消防人员必须佩戴空气呼吸器、穿全身防火防毒服，在上风向灭火。尽可能将容器从火场移至空旷处。喷水保持火场容器冷却，直至灭火结束

第六部分 泄漏应急处理

作业人员防护措施、防护装备和应急处置程序 消除所有点火源。根据液体流动和蒸气扩散的影响区域划定警戒区，无关人员从侧风、上风向撤离至安全区。建议应急处理人员戴正压自给式呼吸器，穿防毒、防静电服，戴防化学品手套。作业时使用的所有设备应接地。禁止接触或跨越泄漏物。尽可能切断泄漏源

环境保护措施 防止泄漏物进入水体、下水道、地下室或有限空间

泄漏化学品的收容、清除方法及所使用的处置材料 小量泄漏：用砂土或其他不燃材料吸收，使用洁净的无火花工具收集吸收材料。大量泄漏：构筑围堤或挖坑收容。用泡沫覆盖，减少蒸发。喷水雾能减少蒸发，但不能降低泄漏物在有限空间内的易燃性。用砂土、惰性物质或蛭石吸收大量液体。用防爆泵转移至槽车或专用收集器内

第七部分 操作处置与储存

操作注意事项 密闭操作，提供充分的局部排风。操作尽可能机械化、自动化。操作人员必须经过专门培训，严格遵守操作规程。建议操作人员佩戴自吸过滤式防毒面具（全面罩），穿防毒物渗透工作服，戴防化学品手套。远离火种、热源。工作场所严禁吸烟。使用防爆型的通风系统和设备。防止蒸气泄漏到工作场所空气中。避免与氧化剂、酸类、碱类接触。搬运时要轻装轻卸，防止包装及容器损坏。配备相应品种和数量的消防器材及泄漏应急处理设备。倒空的容器可能残留有害物

储存注意事项 储存于阴凉、通风良好的专用库房内，实行“双人收发、双人保管”制度。远离火种、热源。库房温度不超过 35℃，相对湿度不超过 80%。保持容器密封。应与氧化剂、酸类、碱类、食用化学品分开存放，切忌混储。配备相应品种和数量的消防器材。储区应备有泄漏应急处理设备和合适的收容材料

第八部分 接触控制/个体防护

职业接触限值

中国 PC-TWA：0.02mg/m³［按 Pb 计］［皮］

美国（ACGIH） TLV-TWA（mg/m³）：0.1mg/m³［皮］

生物接触限值 未制定标准

监测方法 空气中有毒物质测定方法：石墨炉原子吸收光谱法。生物监测检验方法：未制定标准

工程控制 严加密闭，提供充分的局部排风。提供安全的淋浴和洗眼设备

个体防护装备

呼吸系统防护 可能接触其蒸气时，必须佩戴过滤式防毒面具（全面罩）。紧急事态抢救或撤离时，佩戴空气呼吸器

眼睛防护 呼吸系统防护中已作防护

皮肤和身体防护 穿防毒物渗透工作服

手防护 戴防化学品手套

第九部分 理化特性

外观与性状 无色油状液体，有臭味

pH 值 无资料 **熔点(℃)** −136

沸点(℃) 198～202（分解） **相对密度(水=1)** 1.66

相对蒸气密度(空气=1) 8.6

饱和蒸气压(kPa) 0.13（38.4℃）

燃烧热(kJ/mol) 无资料 **临界温度(℃)** 无资料

临界压力(MPa) 2.13 **辛醇/水分配系数** 4.15

闪点(℃) 93.3（CC）；85（OC）

自燃温度(℃) 127 **爆炸下限(%)** 1.8

爆炸上限(%) 无资料 **分解温度(℃)** 无资料

黏度(mPa·s) 22.90（−48℃）

溶解性 不溶于水、稀酸、稀碱液，溶于多数有机溶剂

第十部分 稳定性和反应性

稳定性 稳定

危险反应 与强氧化剂等禁配物发生剧烈反应

避免接触的条件 受热

禁配物 强氧化剂、强酸、强碱

危险的分解产物 铅化物

第十一部分 毒理学信息

急性毒性

LD_{50} 12.3mg/kg（大鼠经口）

LC_{50} 850mg/m³（大鼠吸入，1h）

皮肤刺激或腐蚀 无资料 **眼睛刺激或腐蚀** 无资料

呼吸或皮肤过敏 无资料

生殖细胞突变性 形态学转化：仓鼠胚胎 12500μg/L

致癌性 IARC 致癌性评论：组 3，现有的证据不能对人类致癌性进行分类。对人及动物致癌性证据不足

生殖毒性 小鼠孕后 13d 腹腔内给予最低中毒剂量（TDLo）1499μg/kg，致中枢神经系统和肝胆管系统发育畸形。大鼠孕后 19d 腹腔内给予最低中毒剂量（TDLo）3mg/kg，致中枢神经系统、肝胆管系统和泌尿生殖系统发育畸形。大鼠经口最低中毒剂量（TDLo）：11mg/kg（孕 6～16d），引起胚胎毒性（如胚胎发育迟缓）

特异性靶器官系统毒性-一次接触 无资料

特异性靶器官系统毒性-反复接触 慢性中毒的主要病变在大脑皮层，尚有肝、肾实质器官的损伤

吸入危害 无资料

第十二部分 生态学信息

生态毒性

LC_{50} 0.02～0.23mg/L（96h）（鱼）

EC_{50}　0.02mg/L (48h) (水蚤)

IC_{50}　0.1mg/L (72h) (藻类)

持久性和降解性

生物降解性　好氧生物降解 (h): 168～672; 厌氧生物降解 (h): 672～2688

非生物降解性　水相光解半衰期 (h): 2.3～9; 空气中光氧化半衰期 (h): 2.99～22.3; 一级水解半衰期 (h): 14.5

潜在的生物累积性　BCF: 17600 (东方生耗, 接触浓度 0.1μg Pb/L); (东方生耗, 接触浓度 0.8μg Pb/L); 根据 K_{ow} 值预测, 该物质可能有较高的生物累积性

土壤中的迁移性　根据 K_{oc} 值预测, 该物质的迁移性可能较弱

第十三部分　废弃处置

废弃化学品　用控制焚烧法处置

污染包装物　将容器返还生产商或按照国家和地方法规处置

废弃注意事项　经洗涤器收集的铅氧化物可再循环使用或填埋处理

第十四部分　运输信息

联合国危险货物编号 (UN 号)　1649

联合国运输名称　发动机燃料抗爆混合物

联合国危险性类别　6.1　　**包装类别**　Ⅱ类包装

包装标志 

海洋污染物　是

运输注意事项　运输前应先检查包装容器是否完整、密封, 运输过程中要确保容器不泄漏、不倒塌、不坠落、不损坏。严禁与酸类、氧化剂、食品及食品添加剂混运。运输时运输车辆应配备相应品种和数量的消防器材及泄漏应急处理设备。运输途中应防曝晒、雨淋, 防高温。公路运输时要按规定路线行驶, 勿在居民区和人口稠密区停留

第十五部分　法规信息

下列法律、法规、规章和标准, 对该化学品的管理作了相应的规定。

中华人民共和国职业病防治法　职业病分类和目录: 四乙基铅中毒

危险化学品安全管理条例　危险化学品目录: 列入。作为剧毒化学品进行管理。易制爆危险化学品名录: 未列入。重点监管的危险化学品名录: 未列入。GB 18218—2009《危险化学品重大危险源辨识》(表 1): 未列入

使用有毒物品作业场所劳动保护条例　高毒物品目录: 未列入

易制毒化学品管理条例　易制毒化学品的分类和品种目录: 未列入

国际公约　斯德哥尔摩公约: 未列入。鹿特丹公约: 列入。蒙特利尔议定书: 未列入

第十六部分　其他信息

编写和修订信息　　**缩略语和首字母缩写**

培训建议　　**参考文献**

免责声明

松　节　油

第一部分　化学品标识

化学品中文名　松节油

化学品英文名　turpentine; turpentine oil

分子式　$C_{10}H_{16}$ (主要)　　**相对分子质量**　136.23

化学品的推荐及限制用途　用作油漆溶剂, 用于合成樟脑、胶黏剂、塑料增塑剂等, 也用于制药和制革工业

第二部分　危险性概述

紧急情况概述　易燃液体和蒸气, 可能导致皮肤过敏反应, 吞咽及进入呼吸道可能致命

GHS 危险性类别　易燃液体, 类别 3; 急性毒性-经口, 类别 4; 急性毒性-经皮, 类别 4; 急性毒性-吸入, 类别 4; 皮肤腐蚀/刺激, 类别 2; 严重眼损伤/眼刺激, 类别 2; 皮肤致敏物, 类别 1; 吸入危害, 类别 1; 危害水生环境-急性危害, 类别 2; 危害水生环境-长期危害, 类别 2

标签要素

象形图 

警示词　危险

危险性说明　易燃液体和蒸气, 吞咽有害, 皮肤接触有害, 吸入有害, 造成皮肤刺激, 造成严重眼刺激, 可能导致皮肤过敏反应, 吞咽及进入呼吸道可能致命, 对水生生物有毒并具有长期持续影响

防范说明

预防措施　远离热源、火花、明火、热表面。禁止吸烟。保持容器密闭。容器和接收设备接地连接。使用防爆电器、通风、照明设备。只能使用不产生火花的工具。采取防止静电措施。戴防护手套、防护眼镜、防护面罩, 穿防护服。避免接触眼睛、皮肤, 操作后彻底清洗。作业场所不得进食、饮水或吸烟。避免吸入蒸气、雾。仅在室外或通风良好处操作。污染的工作服不得带出工作场所。禁止排入环境

事故响应　火灾时, 使用泡沫、二氧化碳、干粉、砂土灭火。如吸入: 将患者转移到空气新鲜处, 休息, 保持利于呼吸的体位。皮肤接触: 立即脱掉所有被污染的衣服。用大量肥皂水和水清洗。如出现皮肤刺激或皮疹: 就医。被污染的衣服须经洗净后方可重新使用。如接触眼睛: 用水细心冲洗数分钟。如戴隐形眼镜并可方便地取出, 取出隐形眼镜继续冲洗。如果眼睛刺激持续: 就医。食入: 漱口, 不要催吐,

如果感觉不适，立即呼叫中毒控制中心或就医。收集泄漏物

安全储存　存放在通风良好的地方。保持低温。上锁保管

废弃处置　本品及内装物、容器依据国家和地方法规处置

物理和化学危险　易燃，其蒸气与空气混合，能形成爆炸性混合物

健康危害

急性中毒　高浓度蒸气可引起麻醉作用，出现平衡失调、四肢痉挛性抽搐、流涎、头痛、眩晕。可引起膀胱炎，有时有肾损害。还可出现眼及上呼吸道刺激症状。液体溅入眼内，可引起结膜炎及角膜灼伤。液态本品吸入呼吸道可引起吸入性肺炎

慢性影响　长期接触可发生呼吸道刺激症状及乏力、嗜睡、头痛、眩晕、食欲减退等。还可能有尿频及蛋白尿。对皮肤有原发性刺激作用，引起脱脂、干燥发红等。可引起过敏性皮炎，表现为红斑或丘疹，有瘙痒感；重者可发生水疱或脓疱；特别敏感者可发生全身性皮炎

环境危害　对水生生物有毒并具有长期持续影响

第三部分　成分/组成信息

物质		√混合物
松节油 CAS No. 8006-64-2		
组分	**浓度**	**CAS No.**
萜烯	无资料	

第四部分　急救措施

吸入　迅速脱离现场至空气新鲜处。保持呼吸道通畅。如呼吸困难，给输氧。如呼吸、心跳停止，立即进行心肺复苏术。就医

皮肤接触　立即脱去污染的衣着，用流动清水彻底冲洗。就医

眼睛接触　立即分开眼睑，用流动清水或生理盐水彻底冲洗至少15min。就医

食入　漱口，饮水。禁止催吐。就医

对保护施救者的忠告　根据需要使用个人防护设备

对医生的特别提示　对症处理

第五部分　消防措施

灭火剂　用泡沫、二氧化碳、干粉、砂土灭火

特别危险性　与氧化剂能发生强烈反应。与硝酸发生剧烈反应或立即燃烧。燃烧生成有害的一氧化碳

灭火注意事项及防护措施　消防人员必须佩戴空气呼吸器、穿全身防火防毒服，在上风向灭火。尽可能将容器从火场移至空旷处。喷水保持火场容器冷却，直至灭火结束。容器突然发出异常声音或出现异常现象，应立即撤离

第六部分　泄漏应急处理

作业人员防护措施、防护装备和应急处置程序　消除所有点火源。根据液体流动和蒸气扩散的影响区域划定警戒区，无关人员从侧风、上风向撤离至安全区。建议应急处理人员戴正压自给式呼吸器，穿防静电服，戴橡胶耐油手套。作业时使用的所有设备应接地。禁止接触或跨越泄漏物。尽可能切断泄漏源

环境保护措施　防止泄漏物进入水体、下水道、地下室或有限空间

泄漏化学品的收容、清除方法及所使用的处置材料　小量泄漏：用砂土或其他不燃材料吸收，使用洁净的无火花工具收集吸收材料。大量泄漏：构筑围堤或挖坑收容。用泡沫覆盖，减少蒸发。喷水雾能减少蒸发，但不能降低泄漏物在有限空间内的易燃性。用防爆泵转移至槽车或专用收集器内

第七部分　操作处置与储存

操作注意事项　密闭操作，全面通风。操作人员必须经过专门培训，严格遵守操作规程。建议操作人员佩戴过滤式防毒面具（半面罩），穿化学防护服，戴橡胶耐油手套。远离火种、热源。工作场所严禁吸烟。使用防爆型的通风系统和设备。防止蒸气泄漏到工作场所空气中。避免与氧化剂、酸类接触。灌装时应控制流速，且有接地装置，防止静电积聚。搬运时要轻装轻卸，防止包装及容器损坏。配备相应品种和数量的消防器材及泄漏应急处理设备。倒空的容器可能残留有害物

储存注意事项　储存于阴凉、通风的库房。远离火种、热源。库温不宜超过37℃。保持容器密封。应与氧化剂、酸类分开存放，切忌混储。采用防爆型照明、通风设施。禁止使用易产生火花的机械设备和工具。储区应备有泄漏应急处理设备和合适的收容材料

第八部分　接触控制/个体防护

职业接触限值

中国　PC-TWA：300mg/m³

美国(ACGIH)　TLV-TWA：20ppm［敏］

生物接触限值　未制定标准

监测方法　空气中有毒物质测定方法：溶剂解吸-气相色谱法。生物监测检验方法：未制定标准

工程控制　生产过程密闭，全面通风。提供安全的淋浴和洗眼设备

个体防护装备

呼吸系统防护　高浓度环境中，应该佩戴过滤式防毒面具（半面罩）

眼睛防护　必要时，戴化学安全防护眼镜

皮肤和身体防护　穿化学防护服

手防护　戴橡胶耐油手套

第九部分　理化特性

外观与性状　无色至淡黄色油状液体，具有松香气味

pH值　无资料　　**熔点(℃)**　−50～−60

沸点(℃)　149～180

相对密度(水=1)　0.85～0.87

相对蒸气密度(空气=1)　4.6～4.8

饱和蒸气压(kPa)　0.25～0.67（20℃）

燃烧热(kJ/mol) 无资料 **临界温度(℃)** 376
临界压力(MPa) 无资料 **辛醇/水分配系数** 无资料
闪点(℃) 32～46（CC） **自燃温度(℃)** 220～255
爆炸下限(%) 0.8 **爆炸上限(%)** 6.0
分解温度(℃) 无资料 **黏度(mPa·s)** 无资料
溶解性 不溶于水，溶于乙醇，混溶于氯仿、乙醚、苯等多数有机溶剂

第十部分 稳定性和反应性

稳定性 稳定
危险反应 与强氧化剂、硝酸等禁配物接触，有发生火灾和爆炸的危险
避免接触的条件 无资料
禁配物 强氧化剂、硝酸
危险的分解产物 无资料

第十一部分 毒理学信息

急性毒性
LD_{50} 5760mg/kg（大鼠经口）
LC_{50} 12000mg/m^3（大鼠吸入，6h）；29000mg/m^3（小鼠吸入，2h）
皮肤刺激或腐蚀 家兔经皮：500μl，重度刺激
眼睛刺激或腐蚀 无资料 **呼吸或皮肤过敏** 无资料
生殖细胞突变性 无资料 **致癌性** 无资料
生殖毒性 无资料
特异性靶器官系统毒性-一次接触 无资料
特异性靶器官系统毒性-反复接触 无资料
吸入危害 无资料

第十二部分 生态学信息

生态毒性 根据结构类似物质预测，该物质对水生生物有毒
持久性和降解性
生物降解性 无资料
非生物降解性 无资料
潜在的生物累积性 无资料
土壤中的迁移性 无资料

第十三部分 废弃处置

废弃化学品 用焚烧法处置
污染包装物 将容器返还生产商或按照国家和地方法规处置
废弃注意事项 处置前应参阅国家和地方有关法规

第十四部分 运输信息

联合国危险货物编号（UN号） 1299
联合国运输名称 松节油
联合国危险性类别 3 **包装类别** Ⅲ类包装
包装标志  **海洋污染物** 是
运输注意事项 运输时运输车辆应配备相应品种和数量的消防器材及泄漏应急处理设备。夏季最好早晚运输。运输时所用的槽（罐）车应有接地链，槽内可设孔隔板以减少震荡产生的静电。严禁与氧化剂、酸类、食用化学品等混装混运。运输途中应防曝晒、雨淋，防高温。中途停留时应远离火种、热源、高温区。装运该物品的车辆排气管必须配备阻火装置，禁止使用易产生火花的机械设备和工具装卸。公路运输时要按规定路线行驶，勿在居民区和人口稠密区停留。铁路运输时要禁止溜放。严禁用木船、水泥船散装运输

第十五部分 法规信息

下列法律、法规、规章和标准，对该化学品的管理作了相应的规定。
中华人民共和国职业病防治法 职业病分类和目录：未列入
危险化学品安全管理条例 危险化学品目录：列入。易制爆危险化学品名录：未列入。重点监管的危险化学品名录：未列入。GB 18218—2009《危险化学品重大危险源辨识》（表1）：未列入
使用有毒物品作业场所劳动保护条例 高毒物品目录：未列入
易制毒化学品管理条例 易制毒化学品的分类和品种目录：未列入
国际公约 斯德哥尔摩公约：未列入。鹿特丹公约：未列入。蒙特利尔议定书：未列入

第十六部分 其他信息

编写和修订信息 **缩略语和首字母缩写**
培训建议 **参考文献**
免责声明

铊

第一部分 化学品标识

化学品中文名 铊；金属铊
化学品英文名 thallium
分子式 Tl **相对分子质量** 204.37
化学品的推荐及限制用途 用于制光电管、低温计、光学玻璃，也用于制铊的化合物

第二部分 危险性概述

紧急情况概述 吞咽致命，吸入致命
GHS危险性类别 急性毒性-经口，类别2；急性毒性-吸入，类别2；特异性靶器官毒性-反复接触，类别2；危害水生环境-长期危害，类别4
标签要素
象形图 
警示词 危险
危险性说明 吞咽致命，吸入致命，长时间或反复接触可能对器官造成损伤，可能对水生生物造成长期持

续有害影响

防范说明

预防措施　避免接触眼睛、皮肤，操作后彻底清洗。作业场所不得进食、饮水或吸烟。避免吸入粉尘。仅在室外或通风良好处操作。戴呼吸防护器具。禁止排入环境

事故响应　如吸入：将患者转移到空气新鲜处，休息，保持利于呼吸的体位，立即呼叫中毒控制中心或就医。食入：漱口，立即呼叫中毒控制中心或就医。如感觉不适，就医

安全储存　在通风良好处储存。保持容器密闭。上锁保管

废弃处置　本品及内装物、容器依据国家和地方法规处置

物理和化学危险　易燃，其蒸气与空气混合，能形成爆炸性混合物

健康危害　为强烈的神经毒物，对肝、肾有损害作用。吸入、口服可引起急性中毒；可经皮肤吸收

急性中毒　口服出现恶心、呕吐、腹部绞痛、厌食等。3～5d后出现多发性颅神经和周围神经损害。出现感觉障碍及上行性肌麻痹。中枢神经损害严重者，可发生中毒性脑病。脱发为其特异表现。皮肤出现皮疹，指（趾）甲有白色横纹，可有肝、肾损害

慢性中毒　主要症状有神经衰弱综合征、脱发、胃纳差。可有周围神经病、球后视神经炎。可发生肝损害

环境危害　可能对水生生物造成长期持续有害影响

第三部分　成分/组成信息

√物质		混合物
组分	**浓度**	**CAS No.**
铊		7440-28-0

第四部分　急救措施

吸入　迅速脱离现场至空气新鲜处。保持呼吸道通畅。如呼吸困难，给输氧。如呼吸、心跳停止，立即进行心肺复苏术。就医

皮肤接触　立即脱去污染的衣着，用流动清水彻底冲洗。就医

眼睛接触　立即分开眼睑，用流动清水或生理盐水彻底冲洗。就医

食入　如中毒者神志清醒，催吐，洗胃。用1%碘化钠或1%碘化钾溶液洗胃效果更佳。口服牛奶、淀粉膏、氢氧化铝凝胶、次碳酸铋。口服活性炭悬液。用硫酸钠、硫酸镁或蓖麻油导泻。就医

对保护施救者的忠告　根据需要使用个人防护设备

对医生的特别提示　解毒剂：普鲁士蓝

第五部分　消防措施

灭火剂　用二氧化碳、干燥砂土灭火

特别危险性　微细粉末遇热源和明火有燃烧爆炸的危险。暴露在空气中会被氧化而变质。燃烧生成有害的氧化铊

灭火注意事项及防护措施　消防人员须佩戴防毒面具、穿全身消防服，在上风向灭火。尽可能将容器从火场移至空旷处。喷水保持火场容器冷却，直至灭火结束

第六部分　泄漏应急处理

作业人员防护措施、防护装备和应急处置程序　隔离泄漏污染区，限制出入。建议应急处理人员戴防尘口罩，穿防毒服，戴橡胶手套。穿上适当的防护服前严禁接触破裂的容器和泄漏物。尽可能切断泄漏源。用塑料布覆盖泄漏物，减少飞散。勿使水进入包装容器内

环境保护措施　无资料

泄漏化学品的收容、清除方法及所使用的处置材料　用洁净的铲子收集泄漏物，置于干净、干燥、盖子较松的容器中，将容器移离泄漏区

第七部分　操作处置与储存

操作注意事项　密闭操作，局部排风。操作人员必须经过专门培训，严格遵守操作规程。建议操作人员佩戴头罩型电动送风过滤式防尘呼吸器，穿连衣式防毒衣，戴橡胶手套。远离火种、热源。工作场所严禁吸烟。使用防爆型的通风系统和设备。避免产生粉尘。避免与氧化剂、酸类接触。搬运时要轻装轻卸，防止包装及容器损坏。配备相应品种和数量的消防器材及泄漏应急处理设备。倒空的容器可能残留有害物

储存注意事项　应保存在水中，且必须浸没在水下，隔绝空气。储存于阴凉、通风良好的专用库房内。远离火种、热源。应与氧化剂、酸类、食用化学品分开存放，切忌混储。采用防爆型照明、通风设施。禁止使用易产生火花的机械设备和工具。储区应备有合适的材料收容泄漏物

第八部分　接触控制/个体防护

职业接触限值

中国　PC-TWA：0.05mg/m^3；PC-STEL：0.1mg/m^3［皮］

美国(ACGIH)　TLV-TWA：0.02mg/m^3（可吸入性颗粒物）［皮］

生物接触限值　未制定标准

监测方法　空气中有毒物质测定方法：石墨炉原子吸收光谱法。生物监测检验方法：未制定标准

工程控制　密闭操作，局部排风。提供安全的淋浴和洗眼设备

个体防护装备

呼吸系统防护　可能接触其粉尘时，必须佩戴过滤式防尘呼吸器。紧急事态抢救或撤离时，建议佩戴空气呼吸器

眼睛防护　戴化学安全防护眼镜

皮肤和身体防护　穿连衣式防毒衣

手防护　戴橡胶手套

第九部分　理化特性

外观与性状　带蓝光的银白色金属，质软

pH 值 无意义 **熔点(℃)** 303.5
沸点(℃) 1457 **相对密度(水=1)** 11.85
相对蒸气密度(空气=1) 无资料
饱和蒸气压(kPa) 0.13（825℃）
燃烧热(kJ/mol) 无资料 **临界温度(℃)** 无资料
临界压力(MPa) 无意义 **辛醇/水分配系数** 0.23
闪点(℃) 无意义 **自燃温度(℃)** 无资料
爆炸下限(%) 无资料 **爆炸上限(%)** 无资料
分解温度(℃) 无资料
黏度(mPa·s) 无资料
溶解性 不溶于水，微溶于碱，溶于硫酸、硝酸

第十部分 稳定性和反应性

稳定性 稳定
危险反应 与强酸、强氧化剂等禁配物发生反应
避免接触的条件 潮湿空气
禁配物 强酸、强氧化剂
危险的分解产物 无意义

第十一部分 毒理学信息

急性毒性 LDLo：30mg/kg（大鼠经口）
皮肤刺激或腐蚀 无资料 **眼睛刺激或腐蚀** 无资料
呼吸或皮肤过敏 无资料 **生殖细胞突变性** 无资料
致癌性 无资料 **生殖毒性** 无资料
特异性靶器官系统毒性-一次接触 无资料
特异性靶器官系统毒性-反复接触 无资料
吸入危害 无资料

第十二部分 生态学信息

生态毒性 无资料
持久性和降解性
生物降解性 无资料
非生物降解性 无资料
潜在的生物累积性 无资料
土壤中的迁移性 无资料

第十三部分 废弃处置

废弃化学品 若可能，回收使用
污染包装物 将容器返还生产商或按照国家和地方法规处置
废弃注意事项 处置前应参阅国家和地方有关法规

第十四部分 运输信息

联合国危险货物编号（UN 号） 3288
联合国运输名称 无机毒性固体，未另作规定的（铊）
联合国危险性类别 6.1 **包装类别** Ⅱ类包装
包装标志 

海洋污染物 否
运输注意事项 运输前应先检查包装容器是否完整、密封，运输过程中要确保容器不泄漏、不倒塌、不坠落、不损坏。严禁与酸类、氧化剂、食品及食品添加剂混运。运输时运输车辆应配备相应品种和数量的消防器材及泄漏应急处理设备。运输途中应防曝晒、雨淋，防高温

第十五部分 法规信息

下列法律、法规、规章和标准，对该化学品的管理作了相应的规定。
中华人民共和国职业病防治法 职业病分类和目录：铊及其化合物中毒
危险化学品安全管理条例 危险化学品目录：列入。易制爆危险化学品名录：未列入。重点监管的危险化学品名录：未列入。GB 18218—2009《危险化学品重大危险源辨识》(表 1)：未列入
使用有毒物品作业场所劳动保护条例 高毒物品目录：列入
易制毒化学品管理条例 易制毒化学品的分类和品种目录：未列入
国际公约 斯德哥尔摩公约：未列入。鹿特丹公约：未列入。蒙特利尔议定书：未列入

第十六部分 其他信息

编写和修订信息 **缩略语和首字母缩写**
培训建议 **参考文献**
免责声明

钛酸（四）乙酯

第一部分 化学品标识

化学品中文名 钛酸（四）乙酯；四乙氧基钛
化学品英文名 tetraethyl titanate；tetraethoxy titanium
分子式 $C_8H_{20}O_4Ti$ **相对分子质量** 228.15
结构式

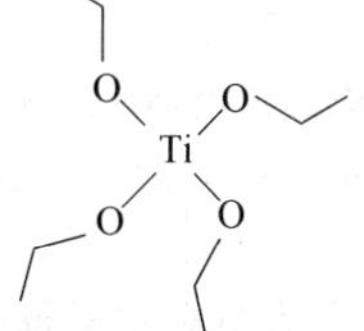

化学品的推荐及限制用途 用于酯交换反应，并用于增强橡胶和塑料在金属表面的黏附性

第二部分 危险性概述

紧急情况概述 易燃液体和蒸气
GHS 危险性类别 易燃液体，类别 3
标签要素

象形图 

警示词 警告
危险性说明 易燃液体和蒸气
防范说明
预防措施 远离热源、火花、明火、热表面。禁止吸烟。保持容器密闭。容器和接收设备接地连

接。使用防爆电器、通风、照明设备。只能使用不产生火花的工具。采取防止静电措施。戴防护手套、防护眼镜、防护面罩

事故响应　火灾时，使用二氧化碳、干粉、砂土灭火。如皮肤（或头发）接触：立即脱掉所有被污染的衣服，用水冲洗皮肤，淋浴

安全储存　存放在通风良好的地方。保持低温

废弃处置　本品及内装物、容器依据国家和地方法规处置

物理和化学危险　易燃，其蒸气与空气混合，能形成爆炸性混合物。遇水产生有毒和易燃的气体

健康危害　具有刺激性

环境危害　对环境可能有害

第三部分　成分/组成信息

√物质　　　　混合物

组分	浓度	CAS No.
钛酸（四）乙酯		3087-36-3

第四部分　急救措施

吸入　迅速脱离现场至空气新鲜处。保持呼吸道通畅。如呼吸困难，给输氧。如呼吸、心跳停止，立即进行心肺复苏术。就医

皮肤接触　立即脱去污染的衣着，用流动清水彻底冲洗。就医

眼睛接触　立即分开眼睑，用流动清水或生理盐水彻底冲洗。就医

食入　漱口，饮水。就医

对保护施救者的忠告　根据需要使用个人防护设备

对医生的特别提示　对症处理

第五部分　消防措施

灭火剂　用二氧化碳、干粉、砂土灭火

特别危险性　遇水或水蒸气反应放出有毒和易燃的气体。在火场中，受热的容器有爆炸危险。燃烧生成有害的一氧化碳、氧化钛

灭火注意事项及防护措施　消防人员必须佩戴空气呼吸器、穿全身防火防毒服，在上风向灭火。尽可能将容器从火场移至空旷处。喷水保持火场容器冷却，直至灭火结束。容器突然发出异常声音或出现异常现象，应立即撤离。禁止用水和泡沫灭火

第六部分　泄漏应急处理

作业人员防护措施、防护装备和应急处置程序　消除所有点火源。根据液体流动和蒸气扩散的影响区域划定警戒区，无关人员从侧风、上风向撤离至安全区。建议应急处理人员戴正压自给式呼吸器，穿防静电服，戴橡胶耐油手套。作业时使用的所有设备应接地。禁止接触或跨越泄漏物。尽可能切断泄漏源

环境保护措施　防止泄漏物进入水体、下水道、地下室或有限空间

泄漏化学品的收容、清除方法及所使用的处置材料　小量泄漏：用砂土或其他不燃材料吸收，使用洁净的无火花工具收集吸收材料。大量泄漏：构筑围堤或挖坑收容，用防爆泵转移至槽车或专用收集器内

第七部分　操作处置与储存

操作注意事项　密闭操作，全面通风。操作人员必须经过专门培训，严格遵守操作规程。建议操作人员佩戴自吸过滤式防毒面具（半面罩），戴安全防护眼镜，穿防静电工作服，戴橡胶耐油手套。远离火种、热源。工作场所严禁吸烟。使用防爆型的通风系统和设备。防止蒸气泄漏到工作场所空气中。避免与氧化剂、酸类接触。尤其要注意避免与水接触。充装要控制流速，防止静电积聚。搬运时要轻装轻卸，防止包装及容器损坏。配备相应品种和数量的消防器材及泄漏应急处理设备。倒空的容器可能残留有害物

储存注意事项　储存于阴凉、干燥、通风良好的库房。远离火种、热源。库温不宜超过37℃。包装必须密封，切勿受潮。应与氧化剂、酸类等分开存放，切忌混储。采用防爆型照明、通风设施。禁止使用易产生火花的机械设备和工具。储区应备有泄漏应急处理设备和合适的收容材料

第八部分　接触控制/个体防护

职业接触限值

中国　未制定标准

美国(ACGIH)　未制定标准

生物接触限值　未制定标准

监测方法　空气中有毒物质测定方法：未制定标准。生物监测检验方法：未制定标准

工程控制　生产过程密闭，全面通风。提供安全的淋浴和洗眼设备

个体防护装备

呼吸系统防护　可能接触其蒸气时，应该佩戴过滤式防毒面具（半面罩）。紧急事态抢救或撤离时，佩戴空气呼吸器

眼睛防护　戴安全防护眼镜

皮肤和身体防护　穿防静电工作服

手防护　戴橡胶耐油手套

第九部分　理化特性

外观与性状　无色到浅黄色油状黏稠液体

pH值　无资料　　**熔点(℃)**　0

沸点(℃)　150～152 (1.33kPa)

相对密度(水=1)　1.1

相对蒸气密度(空气=1)　无资料

饱和蒸气压(kPa)　0.67 (134℃)

燃烧热(kJ/mol)　无资料　　**临界温度(℃)**　无资料

临界压力(MPa)　无资料　　**辛醇/水分配系数**　无资料

闪点(℃)　28.89　　**自燃温度(℃)**　无资料

爆炸下限(%)　无资料　　**爆炸上限(%)**　无资料

分解温度(℃)　无资料

黏度(mPa·s)　无资料

溶解性　可混溶于乙醚、苯

第十部分　稳定性和反应性

稳定性　稳定

危险反应　与强氧化剂等禁配物接触，有发生火灾和爆炸的危险

避免接触的条件　潮湿空气

禁配物　强氧化剂、强酸、水

危险的分解产物　氧化钛

第十一部分　毒理学信息

急性毒性　无资料　**皮肤刺激或腐蚀**　无资料

眼睛刺激或腐蚀　无资料　**呼吸或皮肤过敏**　无资料

生殖细胞突变性　无资料

致癌性　无资料　**生殖毒性**　无资料

特异性靶器官系统毒性-一次接触　无资料

特异性靶器官系统毒性-反复接触　无资料

吸入危害　无资料

第十二部分　生态学信息

生态毒性　无资料

持久性和降解性

生物降解性　无资料

非生物降解性　无资料

潜在的生物累积性　无资料

土壤中的迁移性　无资料

第十三部分　废弃处置

废弃化学品　建议用焚烧法处置

污染包装物　将容器返还生产商或按照国家和地方法规处置

废弃注意事项　处置前应参阅国家和地方有关法规

第十四部分　运输信息

联合国危险货物编号（UN号）　3272

联合国运输名称　酯类，未另作规定的（钛酸四乙酯）

联合国危险性类别　3　**包装类别**　Ⅲ类包装

包装标志

海洋污染物　否

运输注意事项　运输时运输车辆应配备相应品种和数量的消防器材及泄漏应急处理设备。夏季最好早晚运输。运输时所用的槽（罐）车应有接地链，槽内可设孔隔板以减少震荡产生的静电。严禁与氧化剂、酸类等混装混运。运输途中应防曝晒、雨淋，防高温。中途停留时应远离火种、热源、高温区。装运该物品的车辆排气管必须配备阻火装置，禁止使用易产生火花的机械设备和工具装卸。公路运输时要按规定路线行驶，勿在居民区和人口稠密区停留。铁路运输时要禁止溜放。严禁用木船、水泥船散装运输

第十五部分　法规信息

下列法律、法规、规章和标准，对该化学品的管理作了相应的规定。

中华人民共和国职业病防治法　职业病分类和目录：未列入

危险化学品安全管理条例　危险化学品目录：列入。易制爆危险化学品名录：未列入。重点监管的危险化学品名录：未列入。GB 18218—2009《危险化学品重大危险源辨识》（表1）：未列入

使用有毒物品作业场所劳动保护条例　高毒物品目录：未列入

易制毒化学品管理条例　易制毒化学品的分类和品种目录：未列入

国际公约　斯德哥尔摩公约：未列入。鹿特丹公约：未列入。蒙特利尔议定书：未列入

第十六部分　其他信息

编写和修订信息　**缩略语和首字母缩写**

培训建议　**参考文献**

免责声明

钛酸（四）异丙酯

第一部分　化学品标识

化学品中文名　钛酸（四）异丙酯

化学品英文名　tetraisopropyl titanate；isopropyl titanate（Ⅳ）

分子式　$C_{12}H_{28}O_4Ti$　**相对分子质量**　284.23

结构式

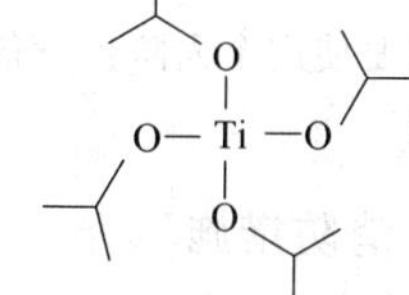

化学品的推荐及限制用途　用于酯交换反应，制造涂料、橡胶的黏合剂，也可作催化剂等

第二部分　危险性概述

紧急情况概述　易燃液体和蒸气

GHS危险性类别　易燃液体，类别3；严重眼损伤/眼刺激，类别2A

标签要素

象形图

警示词　警告

危险性说明　易燃液体和蒸气，造成严重眼刺激

防范说明

预防措施　远离热源、火花、明火、热表面。禁止吸烟。保持容器密闭。容器和接收设备接地连接。使用防爆电器、通风、照明设备。只能使用不产生火花的工具。采取防止静电措施。戴防护手套、防护眼镜、防护面罩。避免接触眼睛、皮肤，操作后彻底清洗

事故响应　火灾时，使用二氧化碳、干粉、砂土灭

火。如皮肤（或头发）接触：立即脱掉所有被污染的衣服，用水冲洗皮肤，淋浴。如接触眼睛：用水细心冲洗数分钟。如戴隐形眼镜并可方便地取出，取出隐形眼镜继续冲洗。如果眼睛刺激持续：就医

安全储存 存放在通风良好的地方。保持低温

废弃处置 本品及内装物、容器依据国家和地方法规处置

物理和化学危险 易燃，其蒸气与空气混合，能形成爆炸性混合物。遇水产生有毒和易燃的气体

健康危害 对眼睛、皮肤有刺激作用

环境危害 对环境可能有害

第三部分 成分/组成信息

√物质 混合物

组分	浓度	CAS No.
钛酸（四）异丙酯		546-68-9

第四部分 急救措施

吸入 迅速脱离现场至空气新鲜处。保持呼吸道通畅。如呼吸困难，给输氧。如呼吸、心跳停止，立即进行心肺复苏术。就医

皮肤接触 立即脱去污染的衣着，用流动清水彻底冲洗。就医

眼睛接触 立即分开眼睑，用流动清水或生理盐水彻底冲洗。就医

食入 漱口，饮水。就医

对保护施救者的忠告 根据需要使用个人防护设备

对医生的特别提示 对症处理

第五部分 消防措施

灭火剂 用二氧化碳、干粉、砂土灭火

特别危险性 遇水或水蒸气反应放出有毒和易燃的气体。在火场中，受热的容器有爆炸危险。燃烧生成有害的一氧化碳、氧化钛

灭火注意事项及防护措施 消防人员必须佩戴空气呼吸器、穿全身防火防毒服，在上风向灭火。尽可能将容器从火场移至空旷处。喷水保持火场容器冷却，直至灭火结束。容器突然发出异常声音或出现异常现象，应立即撤离。禁止用水和泡沫灭火

第六部分 泄漏应急处理

作业人员防护措施、防护装备和应急处置程序 消除所有点火源。根据液体流动和蒸气扩散的影响区域划定警戒区，无关人员从侧风、上风向撤离至安全区。建议应急处理人员戴正压自给式呼吸器，穿防静电服，戴橡胶耐油手套。作业时使用的所有设备应接地。禁止接触或跨越泄漏物。尽可能切断泄漏源

环境保护措施 防止泄漏物进入水体、下水道、地下室或有限空间

泄漏化学品的收容、清除方法及所使用的处置材料 小量泄漏：用砂土或其他不燃材料吸收，使用洁净的无火花工具收集吸收材料。大量泄漏：构筑围堤或挖坑收容。用砂土、惰性物质或蛭石吸收大量液体。用防爆泵转移至槽车或专用收集器内

第七部分 操作处置与储存

操作注意事项 密闭操作，全面通风。操作人员必须经过专门培训，严格遵守操作规程。建议操作人员佩戴自吸过滤式防毒面具（半面罩），戴化学安全防护眼镜，穿防静电工作服，戴橡胶耐油手套。远离火种、热源。工作场所严禁吸烟。使用防爆型的通风系统和设备。防止蒸气泄漏到工作场所空气中。避免与氧化剂、酸类接触。尤其要注意避免与水接触。充装要控制流速，防止静电积聚。搬运时要轻装轻卸，防止包装及容器损坏。配备相应品种和数量的消防器材及泄漏应急处理设备。倒空的容器可能残留有害物

储存注意事项 储存于阴凉、干燥、通风良好的库房。远离火种、热源。库温不宜超过37℃。包装必须密封，切勿受潮。应与氧化剂、酸类等分开存放，切忌混储。采用防爆型照明、通风设施。禁止使用易产生火花的机械设备和工具。储区应备有泄漏应急处理设备和合适的收容材料

第八部分 接触控制/个体防护

职业接触限值

中国 未制定标准

美国(ACGIH) 未制定标准

生物接触限值 未制定标准

监测方法 空气中有毒物质测定方法：未制定标准。生物监测检验方法：未制定标准

工程控制 生产过程密闭，全面通风。提供安全的淋浴和洗眼设备

个体防护装备

呼吸系统防护 可能接触其蒸气时，应该佩戴过滤式防毒面具（半面罩）。紧急事态抢救或撤离时，佩戴空气呼吸器

眼睛防护 戴化学安全防护眼镜

皮肤和身体防护 穿防静电工作服

手防护 戴橡胶耐油手套

第九部分 理化特性

外观与性状 无色至淡黄色液体，在潮湿空气中发烟

pH值 无资料 **熔点(℃)** 20

沸点(℃) 220 **相对密度(水=1)** 0.96

相对蒸气密度(空气=1) 9.8

饱和蒸气压(kPa) 1.33（104℃）

燃烧热(kJ/mol) 无资料 **临界温度(℃)** 无资料

临界压力(MPa) 无资料 **辛醇/水分配系数** 1.03

闪点(℃) 23 **自燃温度(℃)** 无资料

爆炸下限(%) 无资料 **爆炸上限(%)** 无资料

分解温度(℃) 无资料

黏度(mPa·s) 2.11（25℃）

溶解性 溶于多数有机溶剂

第十部分 稳定性和反应性

稳定性 稳定

危险反应　与强氧化剂等禁配物接触，有发生火灾和爆炸的危险

避免接触的条件　潮湿空气

禁配物　强氧化剂、强酸、水

危险的分解产物　氧化钛

第十一部分　毒理学信息

急性毒性　LD_{50}：7460μl（7161.6mg）/kg（大鼠经口）；＞16ml（15360mg）/kg（兔经皮）

皮肤刺激或腐蚀　家兔经皮：500mg（24h），轻度刺激

眼睛刺激或腐蚀　家兔经眼：20mg（24h），中度刺激

呼吸或皮肤过敏　无资料　**生殖细胞突变性**　无资料

致癌性　无资料　**生殖毒性**　无资料

特异性靶器官系统毒性-一次接触　无资料

特异性靶器官系统毒性-反复接触　无资料

吸入危害　无资料

第十二部分　生态学信息

生态毒性　无资料

持久性和降解性

生物降解性　无资料

非生物降解性　无资料

潜在的生物累积性　根据 K_{ow} 值预测，该物质的生物累积性可能较弱

土壤中的迁移性　根据 K_{oc} 值预测，该物质可能易发生迁移

第十三部分　废弃处置

废弃化学品　建议用焚烧法处置

污染包装物　将容器返还生产商或按照国家和地方法规处置

废弃注意事项　处置前应参阅国家和地方有关法规

第十四部分　运输信息

联合国危险货物编号（UN 号）　3272

联合国运输名称　酯类，未另作规定的（钛酸四异丙酯）

联合国危险性类别　3　**包装类别**　Ⅲ类包装

包装标志 

海洋污染物　否

运输注意事项　运输时运输车辆应配备相应品种和数量的消防器材及泄漏应急处理设备。夏季最好早晚运输。运输时所用的槽（罐）车应有接地链，槽内可设孔隔板以减少震荡产生的静电。严禁与氧化剂、酸类、食用化学品等混装混运。运输途中应防曝晒、雨淋，防高温。中途停留时应远离火种、热源、高温区。装运该物品的车辆排气管必须配备阻火装置，禁止使用易产生火花的机械设备和工具装卸。公路运输时要按规定路线行驶，勿在居民区和人口稠密区停留。铁路运输时要禁止溜放。严禁用木船、水泥船散装运输

第十五部分　法规信息

下列法律、法规、规章和标准，对该化学品的管理作了相应的规定。

中华人民共和国职业病防治法　职业病分类和目录：未列入

危险化学品安全管理条例　危险化学品目录：列入。易制爆危险化学品名录：未列入。重点监管的危险化学品名录：未列入。GB 18218—2009《危险化学品重大危险源辨识》（表 1）：未列入

使用有毒物品作业场所劳动保护条例　高毒物品目录：未列入

易制毒化学品管理条例　易制毒化学品的分类和品种目录：未列入

国际公约　斯德哥尔摩公约：未列入。鹿特丹公约：未列入。蒙特利尔议定书：未列入

第十六部分　其他信息

编写和修订信息　**缩略语和首字母缩写**

培训建议　**参考文献**

免责声明

钛酸（四）正丙酯

第一部分　化学品标识

化学品中文名　钛酸(四)正丙酯

化学品英文名　tetrapropyl orthotitanate；tetra-*n*-propyl titanate

分子式　$C_{12}H_{28}O_4Ti$　**相对分子质量**　284.23

结构式
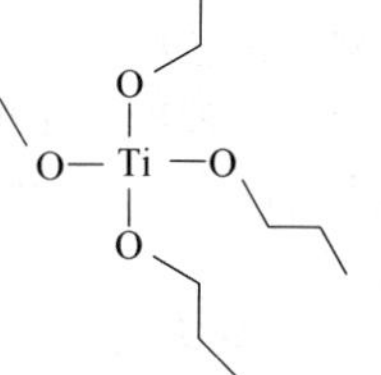

化学品的推荐及限制用途　用于有机合成

第二部分　危险性概述

紧急情况概述　易燃液体和蒸气

GHS 危险性类别　易燃液体，类别 3

标签要素

象形图

警示词　警告

危险性说明　易燃液体和蒸气

防范说明

预防措施　远离热源、火花、明火、热表面。禁止吸烟。保持容器密闭。容器和接收设备接地连接。使用防爆电器、通风、照明设备。只能使用不产生火花的工具。采取防止静电措施。戴防护手套、防护眼镜、防护面罩

事故响应　火灾时，使用干粉、二氧化碳、砂土灭火。如皮肤（或头发）接触：立即脱掉所有被污染的衣服，用水冲洗皮肤，淋浴

安全储存　存放在通风良好的地方。保持低温

废弃处置　本品及内装物、容器依据国家和地方法规处置

物理和化学危险　易燃，其蒸气与空气混合，能形成爆炸性混合物。遇水产生有毒和易燃的气体

健康危害　对皮肤有刺激性。其蒸气或雾对眼睛、黏膜和上呼吸道有刺激作用。酯类化合物有麻醉作用

环境危害　对环境可能有害

第三部分　成分/组成信息

√物质		混合物
组分	**浓度**	**CAS No.**
钛酸（四）正丙酯		3087-37-4

第四部分　急救措施

吸入　迅速脱离现场至空气新鲜处。保持呼吸道通畅。如呼吸困难，给输氧。如呼吸、心跳停止，立即进行心肺复苏术。就医

皮肤接触　立即脱去污染的衣着，用流动清水彻底冲洗。就医

眼睛接触　立即分开眼睑，用流动清水或生理盐水彻底冲洗。就医

食入　漱口，饮水。就医

对保护施救者的忠告　根据需要使用个人防护设备

对医生的特别提示　对症处理

第五部分　消防措施

灭火剂　用干粉、二氧化碳、砂土灭火

特别危险性　遇水或水蒸气反应放出有毒和易燃的气体。在火场中，受热的容器有爆炸危险。燃烧生成有害的一氧化碳、氧化钛

灭火注意事项及防护措施　消防人员必须佩戴空气呼吸器、穿全身防火防毒服，在上风向灭火。尽可能将容器从火场移至空旷处。喷水保持火场容器冷却，直至灭火结束。容器突然发出异常声音或出现异常现象，应立即撤离。禁止用水和泡沫灭火

第六部分　泄漏应急处理

作业人员防护措施、防护装备和应急处置程序　消除所有点火源。根据液体流动和蒸气扩散的影响区域划定警戒区，无关人员从侧风、上风向撤离至安全区。建议应急处理人员戴正压自给式呼吸器，穿防静电服，戴橡胶耐油手套。作业时使用的所有设备应接地。禁止接触或跨越泄漏物。尽可能切断泄漏源

环境保护措施　防止泄漏物进入水体、下水道、地下室或有限空间

泄漏化学品的收容、清除方法及所使用的处置材料　小量泄漏：用砂土或其他不燃材料吸收，使用洁净的无火花工具收集吸收材料。大量泄漏：构筑围堤或挖坑收容。用砂土、惰性物质或蛭石吸收大量液体。用泡沫覆盖，减少蒸发。喷水雾能减少蒸发，但不能降低泄漏物在有限空间内的易燃性。用防爆泵转移至槽车或专用收集器内

第七部分　操作处置与储存

操作注意事项　密闭操作，加强通风。操作人员必须经过专门培训，严格遵守操作规程。建议操作人员佩戴自吸过滤式防毒面具（半面罩），戴化学安全防护眼镜，穿防静电工作服，戴橡胶耐油手套。远离火种、热源。工作场所严禁吸烟。使用防爆型的通风系统和设备。防止蒸气泄漏到工作场所空气中。避免与氧化剂、酸类接触。尤其要注意避免与水接触。充装要控制流速，防止静电积聚。搬运时要轻装轻卸，防止包装及容器损坏。配备相应品种和数量的消防器材及泄漏应急处理设备。倒空的容器可能残留有害物

储存注意事项　储存于阴凉、干燥、通风良好的不燃库房。远离火种、热源。库温不宜超过37℃。保持容器密封。应与氧化剂、酸类等分开存放，切忌混储。采用防爆型照明、通风设施。禁止使用易产生火花的机械设备和工具。储区应备有泄漏应急处理设备和合适的收容材料

第八部分　接触控制/个体防护

职业接触限值

中国　未制定标准

美国(ACGIH)　未制定标准

生物接触限值　未制定标准

监测方法　空气中有毒物质测定方法：未制定标准。生物监测检验方法：未制定标准

工程控制　生产过程密闭，加强通风。提供安全的淋浴和洗眼设备

个体防护装备

呼吸系统防护　可能接触其蒸气时，应该佩戴过滤式防毒面具（半面罩）。紧急事态抢救或撤离时，佩戴空气呼吸器

眼睛防护　戴化学安全防护眼镜

皮肤和身体防护　穿防静电工作服

手防护　戴橡胶耐油手套

第九部分　理化特性

外观与性状　淡黄色油状黏性液体，在空气中迅速吸潮而分解

pH值　无资料　**熔点(℃)**　无资料

沸点(℃)　170（0.4kPa）　**相对密度(水=1)**　1.03

相对蒸气密度(空气=1)　无资料

饱和蒸气压(kPa)　无资料

燃烧热(kJ/mol)　无资料　**临界温度(℃)**　无资料

临界压力(MPa)　无资料　**辛醇/水分配系数**　无资料

闪点(℃)　42.78　**自燃温度(℃)**　无资料

爆炸下限(%)　无资料　**爆炸上限(%)**　无资料

分解温度(℃)　无资料

黏度(mPa·s)　无资料

溶解性　溶于多数有机溶剂

第十部分　稳定性和反应性

稳定性　稳定

危险反应 与强氧化剂等禁配物接触，有发生火灾和爆炸的危险

避免接触的条件 潮湿空气

禁配物 强氧化剂、强酸、水及水蒸气

危险的分解产物 氧化钛

第十一部分 毒理学信息

急性毒性 无资料 **皮肤刺激或腐蚀** 无资料

眼睛刺激或腐蚀 无资料 **呼吸或皮肤过敏** 无资料

生殖细胞突变性 无资料 **致癌性** 无资料

生殖毒性 无资料

特异性靶器官系统毒性-一次接触 无资料

特异性靶器官系统毒性-反复接触 无资料

吸入危害 无资料

第十二部分 生态学信息

生态毒性 无资料

持久性和降解性

生物降解性 无资料

非生物降解性 无资料

潜在的生物累积性 无资料

土壤中的迁移性 无资料

第十三部分 废弃处置

废弃化学品 建议用焚烧法处置

污染包装物 将容器返还生产商或按照国家和地方法规处置

废弃注意事项 处置前应参阅国家和地方有关法规

第十四部分 运输信息

联合国危险货物编号（UN 号） 2413

联合国运输名称 原钛酸四丙酯

联合国危险性类别 3 **包装类别** Ⅲ类包装

包装标志  **海洋污染物** 否

运输注意事项 运输时运输车辆应配备相应品种和数量的消防器材及泄漏应急处理设备。夏季最好早晚运输。运输时所用的槽（罐）车应有接地链，槽内可设孔隔板以减少震荡产生的静电。严禁与氧化剂、酸类、食用化学品等混装混运。运输途中应防曝晒、雨淋，防高温。中途停留时应远离火种、热源、高温区。装运该物品的车辆排气管必须配备阻火装置，禁止使用易产生火花的机械设备和工具装卸。公路运输时要按规定路线行驶，勿在居民区和人口稠密区停留。铁路运输时要禁止溜放。严禁用木船、水泥船散装运输

第十五部分 法规信息

下列法律、法规、规章和标准，对该化学品的管理作了相应的规定。

中华人民共和国职业病防治法 职业病分类和目录：未列入

危险化学品安全管理条例 危险化学品目录：列入。易制爆危险化学品名录：未列入。重点监管的危险化学品名录：未列入。GB 18218—2009《危险化学品重大危险源辨识》（表 1）：未列入

使用有毒物品作业场所劳动保护条例 高毒物品目录：未列入

易制毒化学品管理条例 易制毒化学品的分类和品种目录：未列入

国际公约 斯德哥尔摩公约：未列入。鹿特丹公约：未列入。蒙特利尔议定书：未列入

第十六部分 其他信息

编写和修订信息 **缩略语和首字母缩写**

培训建议 **参考文献**

免责声明

碳 化 钙

第一部分 化学品标识

化学品中文名 碳化钙；电石

化学品英文名 calcium carbide；acetylenogen

分子式 CaC_2 **相对分子质量** 64.10

化学品的推荐及限制用途 是重要的基本化工原料，主要用于产生乙炔气、氰氨化钙，也用于有机合成等

第二部分 危险性概述

紧急情况概述 遇水放出可自燃的易燃气体

GHS 危险性类别 遇水放出易燃气体的物质和混合物，类别 1

标签要素

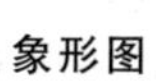
象形图 

警示词 危险

危险性说明 遇水放出可自燃的易燃气体

防范说明

预防措施 因与水发生剧烈反应和可能发生爆燃，应避免与水接触。在惰性气体中操作。防潮。戴防护手套、防护眼镜、防护面罩

事故响应 火灾时，使用干燥石墨粉或其他干粉灭火。擦掉皮肤上的微粒，将接触部位浸入冷水中、用湿绷带包扎

安全储存 在干燥处和密闭的容器中储存

废弃处置 本品及内装物、容器依据国家和地方法规处置

物理和化学危险 遇水剧烈反应，产生高度易燃气体

健康危害 损害皮肤，引起皮肤瘙痒、炎症、“鸟眼”样溃疡、黑皮病。皮肤灼伤表现为创面长期不愈及慢性溃疡型。接触工人出现汗少、牙釉质损害、龋齿发病率增高

环境危害 对环境可能有害

第三部分 成分/组成信息

√物质		混合物
组分	浓度	CAS No.
碳化钙		75-20-7

第四部分 急救措施

吸入 迅速脱离现场至空气新鲜处。保持呼吸道通畅。如呼吸困难，给输氧。如呼吸、心跳停止，立即进行心肺复苏术。就医

皮肤接触 立即脱去污染的衣着，用流动清水彻底冲洗。就医

眼睛接触 立即分开眼睑，用流动清水或生理盐水彻底冲洗。就医

食入 漱口，饮水。就医

对保护施救者的忠告 根据需要使用个人防护设备

对医生的特别提示 对症处理

第五部分 消防措施

灭火剂 用干燥石墨粉或其他干粉灭火

特别危险性 遇水或湿气能迅速产生高度易燃的乙炔气体，在空气中达到一定的浓度时，可发生爆炸性灾害。与酸类物质能发生剧烈反应

灭火注意事项及防护措施 消防人员必须佩戴空气呼吸器、穿全身防火防毒服，在上风向灭火。尽可能将容器从火场移至空旷处。喷水保持火场容器冷却，直至灭火结束。禁止用水、泡沫和酸碱灭火剂灭火

第六部分 泄漏应急处理

作业人员防护措施、防护装备和应急处置程序 严禁用水处理。隔离泄漏污染区，限制出入。消除所有点火源。建议应急处理人员戴防尘口罩，穿防酸碱服，戴橡胶手套。禁止接触或跨越泄漏物。尽可能切断泄漏源。保持泄漏物干燥

环境保护措施 无资料

泄漏化学品的收容、清除方法及所使用的处置材料 小量泄漏：用干燥的砂土或其他不燃材料覆盖泄漏物，然后用塑料布覆盖，减少飞散、避免雨淋。粉末泄漏：用塑料布或帆布覆盖泄漏物，减少飞散，保持干燥。在专家指导下清除

第七部分 操作处置与储存

操作注意事项 密闭操作，全面排风。操作人员必须经过专门培训，严格遵守操作规程。建议操作人员佩戴自吸过滤式防尘口罩，戴化学安全防护眼镜，穿化学防护服，戴橡胶手套。避免产生粉尘。避免与酸类、醇类接触。尤其要注意避免与水接触。搬运时要轻装轻卸，防止包装及容器损坏。配备泄漏应急处理设备。倒空的容器可能残留有害物

储存注意事项 储存于阴凉、干燥、通风良好的专用库房内，库房温度不超过 32℃，相对湿度不超过 75%。远离火种、热源。包装必须密封，切勿受潮。应与酸类、醇类等分开存放，切忌混储。储区应备有合适的材料收容泄漏物

第八部分 接触控制/个体防护

职业接触限值

中国 未制定标准

美国(ACGIH) 未制定标准

生物接触限值 未制定标准

监测方法 空气中有毒物质测定方法：未制定标准。生物监测检验方法：未制定标准

工程控制 密闭操作，全面排风。提供安全的淋浴和洗眼设备

个体防护装备

呼吸系统防护 作业时，应该佩戴过滤式防尘呼吸器

眼睛防护 戴化学安全防护眼镜

皮肤和身体防护 穿化学防护服

手防护 戴橡胶手套

第九部分 理化特性

外观与性状 无色晶体，工业品为灰黑色块状物，断面为紫色或灰色

pH 值 无意义 **熔点(℃)** 2300

沸点(℃) 分解 **相对密度(水=1)** 2.22

相对蒸气密度(空气=1) 无资料

饱和蒸气压(kPa) 无资料

燃烧热(kJ/mol) 无资料 **临界温度(℃)** 无资料

临界压力(MPa) 无资料 **辛醇/水分配系数** −0.30

闪点(℃) 无意义 **自燃温度(℃)** >325

爆炸下限(%) 无资料 **爆炸上限(%)** 无资料

分解温度(℃) 无资料

黏度(mPa·s) 无资料

溶解性 无资料

第十部分 稳定性和反应性

稳定性 稳定

危险反应 与水、醇类、酸类等禁配物接触生成乙炔，有发生火灾和爆炸的危险

避免接触的条件 潮湿空气

禁配物 水、醇类、酸类

危险的分解产物 无资料

第十一部分 毒理学信息

急性毒性 无资料 **皮肤刺激或腐蚀** 无资料

眼睛刺激或腐蚀 无资料 **呼吸或皮肤过敏** 无资料

生殖细胞突变性 无资料 **致癌性** 无资料

生殖毒性 无资料

特异性靶器官系统毒性-一次接触 无资料

特异性靶器官系统毒性-反复接触 无资料

吸入危害 无资料

第十二部分 生态学信息

生态毒性 无资料

持久性和降解性

生物降解性 无资料

非生物降解性 无资料

潜在的生物累积性 无资料

土壤中的迁移性 无资料

第十三部分 废弃处置

废弃化学品 根据国家和地方有关法规的要求处置。或与制造商联系，确定处置方法

污染包装物 将容器返还生产商或按照国家和地方法规处置

废弃注意事项 把倒空的容器归还厂商或在规定场所掩埋

第十四部分 运输信息

联合国危险货物编号（UN号） 1402

联合国运输名称 碳化钙

联合国危险性类别 4.3 **包装类别** Ⅰ类包装

包装标志 

海洋污染物 否

运输注意事项 运输时铁桶不许倒置。桶内充有氮气时，应在包装上标明，并在货物运单上注明。运输时运输车辆应配备相应品种和数量的消防器材及泄漏应急处理设备。装运本品的车辆排气管须有阻火装置。运输过程中要确保容器不泄漏、不倒塌、不坠落、不损坏。严禁与酸类、醇类等混装混运。运输途中应防曝晒、雨淋，防高温。中途停留时应远离火种、热源。运输用车、船必须干燥，并有良好的防雨设施。车辆运输完毕应进行彻底清扫。铁路运输时要禁止溜放

第十五部分 法规信息

下列法律、法规、规章和标准，对该化学品的管理作了相应的规定。

中华人民共和国职业病防治法 职业病分类和目录：未列入

危险化学品安全管理条例 危险化学品目录：列入。易制爆危险化学品名录：未列入。重点监管的危险化学品名录：未列入。GB 18218—2009《危险化学品重大危险源辨识》（表1）：列入。类别：遇水放出易燃气体的物质，临界量（t）：100

使用有毒物品作业场所劳动保护条例 高毒物品目录：未列入

易制毒化学品管理条例 易制毒化学品的分类和品种目录：未列入

国际公约 斯德哥尔摩公约：未列入。鹿特丹公约：未列入。蒙特利尔议定书：未列入

第十六部分 其他信息

编写和修订信息 **缩略语和首字母缩写**

培训建议 **参考文献**

免责声明

碳 化 铝

第一部分 化学品标识

化学品中文名 碳化铝；三碳化四铝

化学品英文名 aluminium carbide；tetraaluminium tricarbide

分子式 Al_4C_3 **相对分子质量** 143.96

化学品的推荐及限制用途 用作甲烷发生剂、催化剂、干燥剂等，也用于冶金

第二部分 危险性概述

紧急情况概述 遇水放出易燃气体

GHS危险性类别 遇水放出易燃气体的物质和混合物，类别2

标签要素

象形图 

警示词 危险

危险性说明 遇水放出易燃气体

防范说明

预防措施 因与水发生剧烈反应和可能发生爆燃，应避免与水接触。在惰性气体中操作。防潮。戴防护手套、防护眼镜、防护面罩

事故响应 火灾时，使用干粉、干燥砂土灭火。擦掉皮肤上的微粒，将接触部位浸入冷水中、用湿绷带包扎

安全储存 在干燥处和密闭的容器中储存

废弃处置 本品及内装物、容器依据国家和地方法规处置

物理和化学危险 遇水剧烈反应，产生高度易燃气体

健康危害 对眼睛、黏膜和上呼吸道有刺激性

环境危害 对环境可能有害

第三部分 成分/组成信息

√物质 混合物

组分	浓度	CAS No.
碳化铝		1299-86-1

第四部分 急救措施

吸入 迅速脱离现场至空气新鲜处。保持呼吸道通畅。如呼吸困难，给输氧。如呼吸、心跳停止，立即进行心肺复苏术。就医

皮肤接触 立即脱去污染的衣着，用流动清水彻底冲洗。就医

眼睛接触 立即分开眼睑，用流动清水或生理盐水彻底冲洗。就医

食入 漱口，饮水。就医

对保护施救者的忠告 根据需要使用个人防护设备

对医生的特别提示 对症处理

第五部分 消防措施

灭火剂 用干粉、干燥砂土灭火

特别危险性 与水接触，会很快放出易燃气体甲烷，遇热源或火种能引起燃烧和爆炸。与酸类物质能发生剧烈反应。燃烧生成有害的一氧化碳、氧化铝

灭火注意事项及防护措施 消防人员必须佩戴空气呼吸器、穿全身防火防毒服，在上风向灭火。尽可能将容器从火场移至空旷处。喷水保持火场容器冷却，直至灭火结束。禁止用水、泡沫和酸碱灭火剂灭火

第六部分 泄漏应急处理

作业人员防护措施、防护装备和应急处置程序 严禁用水处理。隔离泄漏污染区，限制出入。消除所有点火源。建议应急处理人员戴防尘口罩，穿防静电服，戴橡胶手套。禁止接触或跨越泄漏物。尽可能切断泄漏源。保持泄漏物干燥

环境保护措施 无资料

泄漏化学品的收容、清除方法及所使用的处置材料 小量泄漏：用干燥的砂土或其他不燃材料覆盖泄漏物，然后用塑料布覆盖，减少飞散、避免雨淋。粉末泄漏：用塑料布或帆布覆盖泄漏物，减少飞散，保持干燥。在专家指导下清除

第七部分 操作处置与储存

操作注意事项 密闭操作，局部排风。操作人员必须经过专门培训，严格遵守操作规程。建议操作人员佩戴自吸过滤式防尘口罩，戴化学安全防护眼镜，穿化学防护服，戴橡胶手套。避免产生粉尘。避免与酸类接触。尤其要注意避免与水接触。搬运时轻装轻卸，保持包装完整，防止洒漏。配备泄漏应急处理设备。倒空的容器可能残留有害物

储存注意事项 储存于阴凉、干燥、通风良好的专用库房内，库房温度不超过32℃，相对湿度不超过75%。远离火种、热源。包装密封。应与酸类等分开存放，切忌混储。储区应备有合适的材料收容泄漏物

第八部分 接触控制/个体防护

职业接触限值

中国 未制定标准

美国(ACGIH) TLV-TWA：1mg/m^3（呼吸性颗粒物）[按Al计]

生物接触限值 未制定标准

监测方法 空气中有毒物质测定方法：未制定标准。生物监测检验方法：未制定标准

工程控制 密闭操作，局部排风。提供安全的淋浴和洗眼设备

个体防护装备

呼吸系统防护 作业时，应该佩戴过滤式防尘呼吸器

眼睛防护 戴化学安全防护眼镜

皮肤和身体防护 穿化学防护服

手防护 戴橡胶手套

第九部分 理化特性

外观与性状 黄色或绿灰色结晶块或粉末，有吸湿性

pH值 无意义 **熔点(℃)** 2100

沸点(℃) 2200（分解） **相对密度(水=1)** 2.36

相对蒸气密度(空气=1) 无资料

饱和蒸气压(kPa) 无资料

燃烧热(kJ/mol) 无资料 **临界温度(℃)** 无资料

临界压力(MPa) 无资料 **辛醇/水分配系数** 无资料

闪点(℃) 无意义 **自燃温度(℃)** 无资料

爆炸下限(%) 无资料 **爆炸上限(%)** 无资料

分解温度(℃) 无资料

黏度(mPa·s) 无资料

溶解性 不溶于丙酮

第十部分 稳定性和反应性

稳定性 稳定

危险反应 与水、酸类等禁配物接触，有发生火灾和爆炸的危险

避免接触的条件 潮湿空气

禁配物 水、酸类

危险的分解产物 甲烷

第十一部分 毒理学信息

急性毒性 无资料 **皮肤刺激或腐蚀** 无资料

眼睛刺激或腐蚀 无资料 **呼吸或皮肤过敏** 无资料

生殖细胞突变性 无资料 **致癌性** 无资料

生殖毒性 无资料

特异性靶器官系统毒性-一次接触 无资料

特异性靶器官系统毒性-反复接触 无资料

吸入危害 无资料

第十二部分 生态学信息

生态毒性 无资料

持久性和降解性

生物降解性 无资料

非生物降解性 无资料

潜在的生物累积性 无资料

土壤中的迁移性 无资料

第十三部分 废弃处置

废弃化学品 根据国家和地方有关法规的要求处置。或与制造商联系，确定处置方法

污染包装物 将容器返还生产商或按照国家和地方法规处置

废弃注意事项 处置前应参阅国家和地方有关法规

第十四部分 运输信息

联合国危险货物编号(UN号) 1394

联合国运输名称 碳化铝

联合国危险性类别 4.3 **包装类别** Ⅱ类包装

包装标志  海洋污染物 否

运输注意事项 运输时运输车辆应配备相应品种和数量的消防器材及泄漏应急处理设备。装运本品的车辆排气管须有阻火装置。运输过程中要确保容器不泄漏、不倒塌、不坠落、不损坏。严禁与酸类、食用化学品等混装混运。运输途中应防曝晒、雨淋，防高温。中途停留时应远离火种、热源。运输用车、船必须干燥，并有良好的防雨设施。车辆运输完毕应进行彻底清扫。铁路运输时要禁止溜放

第十五部分 法规信息

下列法律、法规、规章和标准，对该化学品的管理作了相应的规定。

中华人民共和国职业病防治法 职业病分类和目录：未列入

危险化学品安全管理条例 危险化学品目录：列入。易制爆危险化学品名录：未列入。重点监管的危险化学品名录：未列入。GB 18218—2009《危险化学品重大危险源辨识》(表1)：未列入

使用有毒物品作业场所劳动保护条例 高毒物品目录：未列入

易制毒化学品管理条例 易制毒化学品的分类和品种目录：未列入

国际公约 斯德哥尔摩公约：未列入。鹿特丹公约：未列入。蒙特利尔议定书：未列入

第十六部分 其他信息

编写和修订信息 **缩略语和首字母缩写**

培训建议 **参考文献**

免责声明

碳 酸 钡

第一部分 化学品标识

化学品中文名 碳酸钡

化学品英文名 barium carbonate

分子式 $BaCO_3$ **相对分子质量** 197.35

化学品的推荐及限制用途 用作分析试剂、净水剂、杀鼠剂及制钡盐，也用于电子工业、仪器仪表、冶金工业

第二部分 危险性概述

紧急情况概述 吞咽有害

GHS 危险性类别 急性毒性-经口，类别 4

标签要素

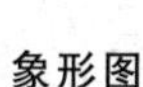

警示词 警告

危险性说明 吞咽有害

防范说明

预防措施 避免接触眼睛、皮肤，操作后彻底清洗。作业场所不得进食、饮水或吸烟

事故响应 食入：漱口。如果感觉不适，立即呼叫中毒控制中心或就医

安全储存 -

废弃处置 本品及内装物、容器依据国家和地方法规处置

物理和化学危险 不燃，无特殊燃爆特性

健康危害 口服后与胃酸起反应，变为氯化钡而发生中毒。急性中毒表现有恶心、呕吐、腹痛、腹泻、脉缓、进行性肌麻痹、心律紊乱、血钾明显降低等。可因心律紊乱和呼吸肌麻痹而死亡。重症可并发急性肾功能衰竭、缺氧性脑病、酸中毒等。吸入高浓度本品粉尘可发生急性中毒

慢性影响 长期接触钡化合物的工人，可有无力、气促、流涎、口腔黏膜肿胀、糜烂、鼻炎、结膜炎、腹泻、心动过速、血压增高、脱发等

环境危害 对环境可能有害

第三部分 成分/组成信息

√物质		混合物
组分	**浓度**	**CAS No.**
碳酸钡		513-77-9

第四部分 急救措施

吸入 迅速脱离现场至空气新鲜处。保持呼吸道通畅。如呼吸困难，给输氧。如呼吸、心跳停止，立即进行心肺复苏术。就医

皮肤接触 立即脱去污染的衣着，用流动清水彻底冲洗。就医

眼睛接触 立即分开眼睑，用流动清水或生理盐水彻底冲洗。就医

食入 饮足量温水，催吐。给服硫酸钠。就医

对保护施救者的忠告 根据需要使用个人防护设备

对医生的特别提示 解毒剂：硫酸钠、硫代硫酸钠。有低血钾者应补充钾盐

第五部分 消防措施

灭火剂 本品不燃。根据着火原因选择适当灭火剂灭火

特别危险性 无

灭火注意事项及防护措施 消防人员必须佩戴空气呼吸器、穿全身防火防毒服，在上风向灭火。尽可能将容器从火场移至空旷处。喷水保持火场容器冷却，直至灭火结束

第六部分 泄漏应急处理

作业人员防护措施、防护装备和应急处置程序 隔离泄漏污染区，限制出入。建议应急处理人员戴防尘口罩，穿防毒服，戴橡胶手套。穿上适当的防护服前严禁接触破裂的容器和泄漏物。尽可能切断泄漏源。用塑料布覆盖泄漏物，减少飞散。勿使水进入包装容器内

环境保护措施 无资料

泄漏化学品的收容、清除方法及所使用的处置材料 用洁净的铲子收集泄漏物，置于干净、干燥、盖子较松的容器中，将容器移离泄漏区

第七部分 操作处置与储存

操作注意事项 密闭操作，局部排风。操作人员必须经过专门培训，严格遵守操作规程。建议操作人员佩戴自吸过滤式防尘口罩，戴化学安全防护眼镜，穿防毒服，戴橡胶手套。避免产生粉尘。避免与酸类接触。搬运时要轻装轻卸，防止包装及容器损坏。配备泄漏应急处理设备。倒空的容器可能残留有害物

储存注意事项 储存于阴凉、通风的库房。远离火种、热源。包装密封。应与酸类、食用化学品分开存放，切忌混储。储区应备有合适的材料收容泄漏物

第八部分 接触控制/个体防护

职业接触限值

中国 未制定标准

美国(ACGIH) 未制定标准

生物接触限值 未制定标准

监测方法 空气中有毒物质测定方法：未制定标准。生物监测检验方法：未制定标准

工程控制 密闭操作，局部排风。提供安全的淋浴和洗眼设备

个体防护装备

呼吸系统防护 可能接触其粉尘时，必须佩戴过滤式防尘呼吸器。紧急事态抢救或撤离时，建议佩戴空气呼吸器

眼睛防护 戴化学安全防护眼镜

皮肤和身体防护 穿防毒服

手防护 戴橡胶手套

第九部分 理化特性

外观与性状 白色斜方结晶或粉末

pH值 无意义 **熔点(℃)** 811

沸点(℃) 1300（分解） **相对密度(水=1)** 4.43

相对蒸气密度(空气=1) 无资料

饱和蒸气压(kPa) 无资料

燃烧热(kJ/mol) 无资料 **临界温度(℃)** 无资料

临界压力(MPa) 无资料 **辛醇/水分配系数** －1.32

闪点(℃) 无意义 **自燃温度(℃)** 无意义

爆炸下限(%) 无意义 **爆炸上限(%)** 无意义

分解温度(℃) 无资料

黏度(mPa·s) 无资料

溶解性 不溶于水，不溶于硫酸，溶于稀盐酸、硝酸、氯化铵溶液、乙醚、氯仿

第十部分 稳定性和反应性

稳定性 稳定

危险反应 与强酸发生反应

避免接触的条件 潮湿空气

禁配物 强酸

危险的分解产物 氧化钡

第十一部分 毒理学信息

急性毒性 LD_{50}：418mg/kg（大鼠经口）；200mg/kg（小鼠经口）

皮肤刺激或腐蚀 无资料 **眼睛刺激或腐蚀** 无资料

呼吸或皮肤过敏 无资料 **生殖细胞突变性** 无资料

致癌性 无资料 **生殖毒性** 无资料

特异性靶器官系统毒性-一次接触 无资料

特异性靶器官系统毒性-反复接触 大鼠吸入碳酸钡粉尘1个月，出现血压升高、红细胞和白细胞数改变、体重减轻，还有生殖毒性和胚胎毒性

吸入危害 无资料

第十二部分 生态学信息

生态毒性 无资料

持久性和降解性

生物降解性 无资料

非生物降解性 无资料

潜在的生物累积性 无资料

土壤中的迁移性 无资料

第十三部分 废弃处置

废弃化学品 用安全掩埋法处置

污染包装物 将容器返还生产商或按照国家和地方法规处置

废弃注意事项 处置前应参阅国家和地方有关法规

第十四部分 运输信息

联合国危险货物编号（UN号） - **联合国运输名称** -

联合国危险性类别 - **包装类别** -

包装标志 - **海洋污染物** -

运输注意事项 运输前应先检查包装容器是否完整、密封，运输过程中要确保容器不泄漏、不倒塌、不坠落、不损坏。严禁与酸类、氧化剂、食品及食品添加剂混运。运输时运输车辆应配备泄漏应急处理设备。运输途中应防曝晒、雨淋，防高温

第十五部分 法规信息

下列法律、法规、规章和标准，对该化学品的管理作了相应的规定。

中华人民共和国职业病防治法 职业病分类和目录：钡及其化合物中毒

危险化学品安全管理条例 危险化学品目录：未列入。易制爆危险化学品名录：未列入。重点监管的危险化学品名录：未列入。GB 18218—2009《危险化学品重大危险源辨识》(表1)：未列入

使用有毒物品作业场所劳动保护条例 高毒物品目录：未列入

易制毒化学品管理条例 易制毒化学品的分类和品种目录：未列入

国际公约 斯德哥尔摩公约：未列入。鹿特丹公约：未列入。蒙特利尔议定书：未列入

第十六部分 其他信息

编写和修订信息　**缩略语和首字母缩写**
培训建议　**参考文献**
免责声明

碳酸二丙酯

第一部分 化学品标识

化学品中文名 碳酸二丙酯；碳酸丙酯
化学品英文名 dipropyl carbonate；propyl carbonate
分子式 $C_7H_{14}O_3$ **相对分子质量** 146.19
结构式
化学品的推荐及限制用途 用作溶剂

第二部分 危险性概述

紧急情况概述 易燃液体和蒸气
GHS 危险性类别 易燃液体，类别 3
标签要素

象形图

警示词 警告
危险性说明 易燃液体和蒸气
防范说明

预防措施 远离热源、火花、明火、热表面。禁止吸烟。保持容器密闭。容器和接收设备接地连接。使用防爆电器、通风、照明设备。只能使用不产生火花的工具。采取防止静电措施。戴防护手套、防护眼镜、防护面罩

事故响应 火灾时，使用泡沫、干粉、二氧化碳、砂土灭火。如皮肤（或头发）接触：立即脱掉所有被污染的衣服，用水冲洗皮肤，淋浴

安全储存 存放在通风良好的地方。保持低温

废弃处置 本品及内装物、容器依据国家和地方法规处置

物理和化学危险 易燃，其蒸气与空气混合，能形成爆炸性混合物
健康危害 未见人中毒报道
环境危害 对环境可能有害

第三部分 成分/组成信息

√物质　　混合物

组分	浓度	CAS No.
碳酸二丙酯		623-96-1

第四部分 急救措施

吸入 脱离现场至空气新鲜处。如有不适感，就医
皮肤接触 脱去污染的衣着，用流动清水冲洗。如有不适感，就医
眼睛接触 分开眼睑，用流动清水或生理盐水冲洗。如有不适感，就医
食入 漱口，饮水。就医
对保护施救者的忠告 根据需要使用个人防护设备
对医生的特别提示 对症处理

第五部分 消防措施

灭火剂 用泡沫、干粉、二氧化碳、砂土灭火
特别危险性 蒸气比空气重，沿地面扩散并易积存于低洼处，遇火源会着火回燃。燃烧生成有害的一氧化碳
灭火注意事项及防护措施 消防人员必须佩戴空气呼吸器、穿全身防火防毒服，在上风向灭火。喷水冷却容器，尽可能将容器从火场移至空旷处。容器突然发出异常声音或出现异常现象，应立即撤离

第六部分 泄漏应急处理

作业人员防护措施、防护装备和应急处置程序 消除所有点火源。根据液体流动和蒸气扩散的影响区域划定警戒区，无关人员从侧风、上风向撤离至安全区。建议应急处理人员戴正压自给式呼吸器，穿防静电服，戴橡胶耐油手套。作业时使用的所有设备应接地。禁止接触或跨越泄漏物。尽可能切断泄漏源
环境保护措施 防止泄漏物进入水体、下水道、地下室或有限空间
泄漏化学品的收容、清除方法及所使用的处置材料 小量泄漏：用砂土或其他不燃材料吸收，使用洁净的无火花工具收集吸收材料。大量泄漏：构筑围堤或挖坑收容。用泡沫覆盖，减少蒸发。喷水雾能减少蒸发，但不能降低泄漏物在有限空间内的易燃性。用防爆泵转移至槽车或专用收集器内

第七部分 操作处置与储存

操作注意事项 密闭操作，全面通风。操作人员必须经过专门培训，严格遵守操作规程。建议操作人员佩戴过滤式防毒面具（半面罩），戴化学安全防护眼镜，穿防静电工作服，戴橡胶耐油手套。远离火种、热源。工作场所严禁吸烟。使用防爆型的通风系统和设备。防止蒸气泄漏到工作场所空气中。避免与氧化剂、酸类、碱类接触。充装要控制流速，防止静电积聚。搬运时要轻装轻卸，防止包装及容器损坏。配备相应品种和数量的消防器材及泄漏应急处理设备。倒空的容器可能残留有害物
储存注意事项 储存于阴凉、干燥、通风良好的库房。远离火种、热源。库温不宜超过 37℃。包装必须密封，切勿受潮。应与氧化剂、酸类、碱类等分开存放，切忌混储。采用防爆型照明、通风设施。禁止使用易产生火花的机械设备和工具。储区应备有泄漏应急处理设备和合适的收容材料

第八部分 接触控制/个体防护

职业接触限值
中国 未制定标准
美国(ACGIH) 未制定标准
生物接触限值 未制定标准

监测方法 空气中有毒物质测定方法：未制定标准。生物监测检验方法：未制定标准

工程控制 生产过程密闭，全面通风。提供安全的淋浴和洗眼设备

个体防护装备

呼吸系统防护 可能接触其蒸气时，应该佩戴过滤式防毒面具（半面罩）。必要时佩戴空气呼吸器

眼睛防护 戴化学安全防护眼镜

皮肤和身体防护 穿防静电工作服

手防护 戴橡胶耐油手套

第九部分 理化特性

外观与性状 无色液体，有类似乙醚的气味

pH 值 无资料 **熔点(℃)** <25

沸点(℃) 167～168 **相对密度(水=1)** 0.944

相对蒸气密度(空气=1) 无资料

饱和蒸气压(kPa) 无资料

燃烧热(kJ/mol) 无资料 **临界温度(℃)** 无资料

临界压力(MPa) 无资料 **辛醇/水分配系数** 2.20

闪点(℃) 25 **自燃温度(℃)** 无资料

爆炸下限(%) 无资料 **爆炸上限(%)** 无资料

分解温度(℃) 无资料

黏度(mPa·s) 无资料

溶解性 微溶于水，可混溶于乙醇、乙醚

第十部分 稳定性和反应性

稳定性 稳定

危险反应 与强氧化剂等禁配物接触，有发生火灾和爆炸的危险

避免接触的条件 无资料

禁配物 强氧化剂、强碱、强酸、强还原剂

危险的分解产物 无资料

第十一部分 毒理学信息

急性毒性 无资料 **皮肤刺激或腐蚀** 无资料

眼睛刺激或腐蚀 无资料 **呼吸或皮肤过敏** 无资料

生殖细胞突变性 无资料 **致癌性** 无资料

生殖毒性 无资料

特异性靶器官系统毒性-一次接触 无资料

特异性靶器官系统毒性-反复接触 无资料

吸入危害 无资料

第十二部分 生态学信息

生态毒性 无资料

持久性和降解性

生物降解性 无资料

非生物降解性 无资料

潜在的生物累积性 根据 K_{ow}值预测，该物质的生物累积性可能较弱

土壤中的迁移性 根据 K_{oc}值预测，该物质可能有一定的迁移性

第十三部分 废弃处置

废弃化学品 建议用焚烧法处置

污染包装物 将容器返还生产商或按照国家和地方法规处置

废弃注意事项 处置前应参阅国家和地方有关法规

第十四部分 运输信息

联合国危险货物编号（UN 号） 3272

联合国运输名称 酯类，未另作规定的（碳酸二丙酯）

联合国危险性类别 3 **包装类别** Ⅲ类包装

包装标志  **海洋污染物** 否

运输注意事项 运输时运输车辆应配备相应品种和数量的消防器材及泄漏应急处理设备。夏季最好早晚运输。运输时所用的槽（罐）车应有接地链，槽内可设孔隔板以减少震荡产生的静电。严禁与氧化剂、酸类、碱类、食用化学品等混装混运。运输途中应防曝晒、雨淋，防高温。中途停留时应远离火种、热源、高温区。装运该物品的车辆排气管必须配备阻火装置，禁止使用易产生火花的机械设备和工具装卸。公路运输时要按规定路线行驶，勿在居民区和人口稠密区停留。铁路运输时要禁止溜放。严禁用木船、水泥船散装运输

第十五部分 法规信息

下列法律、法规、规章和标准，对该化学品的管理作了相应的规定。

中华人民共和国职业病防治法 职业病分类和目录：未列入

危险化学品安全管理条例 危险化学品目录：列入。易制爆危险化学品名录：未列入。重点监管的危险化学品名录：未列入。GB 18218—2009《危险化学品重大危险源辨识》(表 1)：未列入

使用有毒物品作业场所劳动保护条例 高毒物品目录：未列入

易制毒化学品管理条例 易制毒化学品的分类和品种目录：未列入

国际公约 斯德哥尔摩公约：未列入。鹿特丹公约：未列入。蒙特利尔议定书：未列入

第十六部分 其他信息

编写和修订信息 **缩略语和首字母缩写**

培训建议 **参考文献**

免责声明

碳酸（二）甲酯

第一部分 化学品标识

化学品中文名 碳酸（二）甲酯

化学品英文名 dimethyl carbonate；methyl carbonate；carbonic acid；dimethyl ester

分子式 $C_3H_6O_3$ **相对分子质量** 90.09

结构式

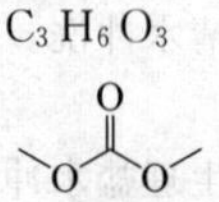

化学品的推荐及限制用途 用作溶剂，用于有机合成

第二部分 危险性概述

紧急情况概述 高度易燃液体和蒸气

GHS危险性类别 易燃液体，类别2

标签要素

象形图 

警示词 危险

危险性说明 高度易燃液体和蒸气

防范说明

预防措施 远离热源、火花、明火、热表面。禁止吸烟。保持容器密闭。容器和接收设备接地连接。使用防爆电器、通风、照明设备。只能使用不产生火花的工具。采取防止静电措施。戴防护手套、防护眼镜、防护面罩

事故响应 火灾时，使用泡沫、干粉、二氧化碳、砂土灭火。如皮肤（或头发）接触：立即脱掉所有被污染的衣服，用水冲洗皮肤，淋浴

安全储存 存放在通风良好的地方。保持低温

废弃处置 本品及内装物、容器依据国家和地方法规处置

物理和化学危险 高度易燃，其蒸气与空气混合，能形成爆炸性混合物

健康危害 对眼、呼吸道和皮肤有刺激性

环境危害 对环境可能有害

第三部分 成分/组成信息

√物质 混合物

组分	浓度	CAS No.
碳酸（二）甲酯		616-38-6

第四部分 急救措施

吸入 脱离现场至空气新鲜处。如有不适感，就医

皮肤接触 脱去污染的衣着，用流动清水冲洗。如有不适感，就医

眼睛接触 分开眼睑，用流动清水或生理盐水冲洗。如有不适感，就医

食入 漱口，饮水。就医

对保护施救者的忠告 根据需要使用个人防护设备

对医生的特别提示 对症处理

第五部分 消防措施

灭火剂 用泡沫、干粉、二氧化碳、砂土灭火

特别危险性 蒸气比空气重，沿地面扩散并易积存于低洼处，遇火源会着火回燃。在火场中，受热的容器有爆炸危险。燃烧生成有害的一氧化碳

灭火注意事项及防护措施 消防人员必须佩戴空气呼吸器、穿全身防火防毒服，在上风向灭火。尽可能将容器从火场移至空旷处。喷水保持火场容器冷却，直至灭火结束。容器突然发出异常声音或出现异常现象，应立即撤离

第六部分 泄漏应急处理

作业人员防护措施、防护装备和应急处置程序 消除所有点火源。根据液体流动和蒸气扩散的影响区域划定警戒区，无关人员从侧风、上风向撤离至安全区。建议应急处理人员戴正压自给式呼吸器，穿防静电服，戴橡胶耐油手套。作业时使用的所有设备应接地。禁止接触或跨越泄漏物。尽可能切断泄漏源

环境保护措施 防止泄漏物进入水体、下水道、地下室或有限空间

泄漏化学品的收容、清除方法及所使用的处置材料 小量泄漏：用砂土或其他不燃材料吸收，使用洁净的无火花工具收集吸收材料。大量泄漏：构筑围堤或挖坑收容。用泡沫覆盖，减少蒸发。喷水雾能减少蒸发，但不能降低泄漏物在有限空间内的易燃性。用防爆泵转移至槽车或专用收集器内

第七部分 操作处置与储存

操作注意事项 密闭操作，加强通风。操作人员必须经过专门培训，严格遵守操作规程。建议操作人员佩戴自吸过滤式防毒面具（半面罩），戴化学安全防护眼镜，穿防静电工作服，戴橡胶耐油手套。远离火种、热源。工作场所严禁吸烟。使用防爆型的通风系统和设备。防止蒸气泄漏到工作场所空气中。避免与氧化剂、还原剂、酸类接触。灌装时应控制流速，且有接地装置，防止静电积聚。搬运时要轻装轻卸，防止包装及容器损坏。配备相应品种和数量的消防器材及泄漏应急处理设备。倒空的容器可能残留有害物

储存注意事项 储存于阴凉、干燥、通风良好的不燃库房。远离火种、热源。库温不宜超过37℃。保持容器密封。应与氧化剂、还原剂、酸类等分开存放，切忌混储。采用防爆型照明、通风设施。禁止使用易产生火花的机械设备和工具。储区应备有泄漏应急处理设备和合适的收容材料

第八部分 接触控制/个体防护

职业接触限值

中国 未制定标准

美国(ACGIH) 未制定标准

生物接触限值 未制定标准

监测方法 空气中有毒物质测定方法：未制定标准。生物监测检验方法：未制定标准

工程控制 生产过程密闭，加强通风

个体防护装备

呼吸系统防护 空气中浓度超标时，佩戴过滤式防毒面具（半面罩）

眼睛防护 必要时，戴化学安全防护眼镜

皮肤和身体防护 穿防静电工作服

手防护 戴橡胶耐油手套

第九部分 理化特性

外观与性状 无色液体，有芳香气味

pH 值　无资料　　**熔点(℃)**　0.5

沸点(℃)　90～91　　**相对密度(水=1)**　1.07

相对蒸气密度(空气=1)　3.1

饱和蒸气压(kPa)　7.38（25℃）

燃烧热(kJ/mol)　无资料　　**临界温度(℃)**　274.85

临界压力(MPa)　4.5　　**辛醇/水分配系数**　0.23

闪点(℃)　17（OC）　　**自燃温度(℃)**　无资料

爆炸下限(%)　3.1　　**爆炸上限(%)**　20.5

分解温度(℃)　无资料

黏度(mPa·s)　0.66（20℃）

溶解性　不溶于水，可混溶于多数有机溶剂，混溶于酸类、碱类

第十部分　稳定性和反应性

稳定性　稳定

危险反应　与强氧化剂等禁配物接触，有发生火灾和爆炸的危险

避免接触的条件　无资料

禁配物　氧化剂、还原剂、强酸、强碱

危险的分解产物　无资料

第十一部分　毒理学信息

急性毒性　LD_{50}：13000mg/kg（大鼠经口）；6000mg/kg（小鼠经口）＞5g/kg（兔经皮）

皮肤刺激或腐蚀　无资料　　**眼睛刺激或腐蚀**　无资料

呼吸或皮肤过敏　无资料　　**生殖细胞突变性**　无资料

致癌性　无资料　　**生殖毒性**　无资料

特异性靶器官系统毒性-一次接触　无资料

特异性靶器官系统毒性-反复接触　无资料

吸入危害　无资料

第十二部分　生态学信息

生态毒性　无资料

持久性和降解性

生物降解性　无资料

非生物降解性　无资料

潜在的生物累积性　根据 K_{ow} 值预测，该物质的生物累积性可能较弱

土壤中的迁移性　根据 K_{oc} 值预测，该物质可能易发生迁移

第十三部分　废弃处置

废弃化学品　建议用焚烧法处置

污染包装物　将容器返还生产商或按照国家和地方法规处置

废弃注意事项　处置前应参阅国家和地方有关法规

第十四部分　运输信息

联合国危险货物编号(UN 号)　1161

联合国运输名称　碳酸二甲酯

联合国危险性类别　3　　**包装类别**　Ⅱ类包装

包装标志　　　**海洋污染物**　否

运输注意事项　运输时运输车辆应配备相应品种和数量的消防器材及泄漏应急处理设备。夏季最好早晚运输。运输时所用的槽（罐）车应有接地链，槽内可设孔隔板以减少震荡产生的静电。严禁与氧化剂、还原剂、酸类、食用化学品等混装混运。运输途中应防曝晒、雨淋，防高温。中途停留时应远离火种、热源、高温区。装运该物品的车辆排气管必须配备阻火装置，禁止使用易产生火花的机械设备和工具装卸。公路运输时要按规定路线行驶，勿在居民区和人口稠密区停留。铁路运输时要禁止溜放。严禁用木船、水泥船散装运输

第十五部分　法规信息

下列法律、法规、规章和标准，对该化学品的管理作了相应的规定。

中华人民共和国职业病防治法　职业病分类和目录：未列入

危险化学品安全管理条例　危险化学品目录：列入。易制爆危险化学品名录：未列入。重点监管的危险化学品名录：未列入。GB 18218—2009《危险化学品重大危险源辨识》(表 1)：未列入

使用有毒物品作业场所劳动保护条例　高毒物品目录：未列入

易制毒化学品管理条例　易制毒化学品的分类和品种目录：未列入

国际公约　斯德哥尔摩公约：未列入。鹿特丹公约：未列入。蒙特利尔议定书：未列入

第十六部分　其他信息

编写和修订信息　　**缩略语和首字母缩写**

培训建议　　**参考文献**

免责声明

碳酸（二）乙酯

第一部分　化学品标识

化学品中文名　碳酸（二）乙酯

化学品英文名　diethyl carbonate；ethyl carbonate

分子式　$C_5H_{10}O_3$　　**相对分子质量**　118.15

结构式　（结构式：$CH_3CH_2O-C(=O)-OCH_2CH_3$）

化学品的推荐及限制用途　用作溶剂及用于有机合成

第二部分　危险性概述

紧急情况概述　易燃液体和蒸气

GHS 危险性类别　易燃液体，类别 3

标签要素

象形图 

警示词 警告

危险性说明 易燃液体和蒸气

防范说明

预防措施 远离热源、火花、明火、热表面。禁止吸烟。保持容器密闭。容器和接收设备接地连接。使用防爆电器、通风、照明设备。只能使用不产生火花的工具。采取防止静电措施。戴防护手套、防护眼镜、防护面罩

事故响应 火灾时，使用泡沫、干粉、二氧化碳、砂土灭火。如皮肤（或头发）接触：立即脱掉所有被污染的衣服，用水冲洗皮肤，淋浴

安全储存 存放在通风良好的地方。保持低温

废弃处置 本品及内装物、容器依据国家和地方法规处置

物理和化学危险 易燃，其蒸气与空气混合，能形成爆炸性混合物

健康危害 本品为轻度刺激剂和麻醉剂。吸入后引起头痛、头昏、虚弱、恶心、呼吸困难等。液体或高浓度蒸气对眼有刺激性。口服刺激胃肠道。皮肤长期反复接触有刺激性

环境危害 对环境可能有害

第三部分 成分/组成信息

√物质 混合物

组分	浓度	CAS No.
碳酸（二）乙酯		105-58-8

第四部分 急救措施

吸入 迅速脱离现场至空气新鲜处。保持呼吸道通畅。如呼吸困难，给输氧。如呼吸、心跳停止，立即进行心肺复苏术。就医

皮肤接触 立即脱去污染的衣着，用流动清水彻底冲洗。就医

眼睛接触 立即分开眼睑，用流动清水或生理盐水彻底冲洗。就医

食入 漱口，饮水。就医

对保护施救者的忠告 根据需要使用个人防护设备

对医生的特别提示 对症处理

第五部分 消防措施

灭火剂 用泡沫、干粉、二氧化碳、砂土灭火

特别危险性 蒸气比空气重，沿地面扩散并易积存于低洼处，遇火源会着火回燃。燃烧生成有害的一氧化碳

灭火注意事项及防护措施 消防人员必须佩戴空气呼吸器、穿全身防火防毒服，在上风向灭火。喷水冷却容器，尽可能将容器从火场移至空旷处。容器突然发出异常声音或出现异常现象，应立即撤离

第六部分 泄漏应急处理

作业人员防护措施、防护装备和应急处置程序 消除所有点火源。根据液体流动和蒸气扩散的影响区域划定警戒区，无关人员从侧风、上风向撤离至安全区。建议应急处理人员戴正压自给式呼吸器，穿防静电服，戴橡胶耐油手套。作业时使用的所有设备应接地。禁止接触或跨越泄漏物。尽可能切断泄漏源

环境保护措施 防止泄漏物进入水体、下水道、地下室或有限空间

泄漏化学品的收容、清除方法及所使用的处置材料 小量泄漏：用砂土或其他不燃材料吸收，使用洁净的无火花工具收集吸收材料。大量泄漏：构筑围堤或挖坑收容。用泡沫覆盖，减少蒸发。喷水雾能减少蒸发，但不能降低泄漏物在有限空间内的易燃性。用防爆泵转移至槽车或专用收集器内

第七部分 操作处置与储存

操作注意事项 密闭操作，全面通风。操作人员必须经过专门培训，严格遵守操作规程。建议操作人员佩戴自吸过滤式防毒面具（半面罩），戴安全防护眼镜，穿防静电工作服，戴橡胶耐油手套。远离火种、热源。工作场所严禁吸烟。使用防爆型的通风系统和设备。防止蒸气泄漏到工作场所空气中。避免与氧化剂、还原剂、酸类接触。灌装时应控制流速，且有接地装置，防止静电积聚。搬运时要轻装轻卸，防止包装及容器损坏。配备相应品种和数量的消防器材及泄漏应急处理设备。倒空的容器可能残留有害物

储存注意事项 储存于阴凉、干燥、通风良好的库房。远离火种、热源。库温不宜超过37℃。保持容器密封。应与氧化剂、还原剂、酸类、食用化学品分开存放，切忌混储。采用防爆型照明、通风设施。禁止使用易产生火花的机械设备和工具。储区应备有泄漏应急处理设备和合适的收容材料

第八部分 接触控制/个体防护

职业接触限值

中国 未制定标准

美国(ACGIH) 未制定标准

生物接触限值 未制定标准

监测方法 空气中有毒物质测定方法：未制定标准。生物监测检验方法：未制定标准

工程控制 生产过程密闭，全面通风。提供安全的淋浴和洗眼设备

个体防护装备

呼吸系统防护 空气中浓度超标时，建议佩戴过滤式防毒面具（半面罩）

眼睛防护 戴安全防护眼镜

皮肤和身体防护 穿防静电工作服

手防护 戴橡胶耐油手套

第九部分 理化特性

外观与性状 无色液体，有醚味

pH 值 无资料 **熔点(℃)** −43

沸点(℃) 126～128

相对密度(水=1) 0.98（20℃）

相对蒸气密度(空气=1) 4.07

饱和蒸气压(kPa) 1.1（20℃）

燃烧热(kJ/mol) −2708.2 **临界温度(℃)** 无资料

临界压力(MPa) 3.39 **辛醇/水分配系数** 1.21

闪点(℃) 25（CC） **自燃温度(℃)** 445

爆炸下限(%) 1.4 **爆炸上限(%)** 11.0

分解温度(℃) 无资料

黏度(mPa·s) 无资料

溶解性 不溶于水，可混溶于醇类、酮类、酯类、芳烃等多数有机溶剂

第十部分 稳定性和反应性

稳定性 稳定

危险反应 与强氧化剂等禁配物接触，有发生火灾和爆炸的危险

避免接触的条件 无资料

禁配物 强氧化剂、强还原剂、强酸、强碱

危险的分解产物 无资料

第十一部分 毒理学信息

急性毒性 LD_{50}：8500mg/kg（大鼠皮下）

皮肤刺激或腐蚀 无资料 **眼睛刺激或腐蚀** 无资料

呼吸或皮肤过敏 无资料 **生殖细胞突变性** 无资料

致癌性 无资料

生殖毒性 仓鼠腹腔 11.4mg/kg（孕鼠），有明显致畸胎作用

特异性靶器官系统毒性-一次接触 无资料

特异性靶器官系统毒性-反复接触 无资料

吸入危害 无资料

第十二部分 生态学信息

生态毒性 无资料

持久性和降解性

生物降解性 无资料

非生物降解性 无资料

潜在的生物累积性 根据 K_{ow} 值预测，该物质的生物累积性可能较弱

土壤中的迁移性 根据 K_{oc} 值预测，该物质可能易发生迁移

第十三部分 废弃处置

废弃化学品 建议用焚烧法处置

污染包装物 将容器返还生产商或按照国家和地方法规处置

废弃注意事项 处置前应参阅国家和地方有关法规

第十四部分 运输信息

联合国危险货物编号（UN号） 2366

联合国运输名称 碳酸二乙酯

联合国危险性类别 3 **包装类别** Ⅲ类包装

包装标志  **海洋污染物** 否

运输注意事项 运输时运输车辆应配备相应品种和数量的消防器材及泄漏应急处理设备。夏季最好早晚运输。运输时所用的槽（罐）车应有接地链，槽内可设孔隔板以减少震荡产生的静电。严禁与氧化剂、还原剂、酸类、食用化学品等混装混运。运输途中应防曝晒、雨淋，防高温。中途停留时应远离火种、热源、高温区。装运该物品的车辆排气管必须配备阻火装置，禁止使用易产生火花的机械设备和工具装卸。公路运输时要按规定路线行驶，勿在居民区和人口稠密区停留。铁路运输时要禁止溜放。严禁用木船、水泥船散装运输

第十五部分 法规信息

下列法律、法规、规章和标准，对该化学品的管理作了相应的规定。

中华人民共和国职业病防治法 职业病分类和目录：未列入

危险化学品安全管理条例 危险化学品目录：列入。易制爆危险化学品名录：未列入。重点监管的危险化学品名录：未列入。GB 18218—2009《危险化学品重大危险源辨识》（表 1）：未列入

使用有毒物品作业场所劳动保护条例 高毒物品目录：未列入

易制毒化学品管理条例 易制毒化学品的分类和品种目录：未列入

国际公约 斯德哥尔摩公约：未列入。鹿特丹公约：未列入。蒙特利尔议定书：未列入

第十六部分 其他信息

编写和修订信息 **缩略语和首字母缩写**

培训建议 **参考文献**

免责声明

锑 粉

第一部分 化学品标识

化学品中文名 锑粉

化学品英文名 antimony powder

分子式 Sb **相对分子质量** 121.76

化学品的推荐及限制用途 主要用于制造合金，也用于印刷和颜料行业

第二部分 危险性概述

紧急情况概述 长时间或反复接触可能对器官造成损伤

GHS 危险性类别 特异性靶器官毒性-反复接触，类别 2

标签要素

象形图 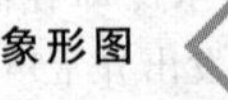 

警示词 警告
危险性说明 长时间或反复接触可能对器官造成损伤
防范说明
预防措施 避免吸入粉尘
事故响应 如感觉不适，就医
安全储存 -
废弃处置 本品及内装物、容器依据国家和地方法规处置
物理和化学危险 可燃，其粉体与空气混合，能形成爆炸性混合物
健康危害 锑对黏膜有刺激作用，可引起内脏损害
急性中毒 接触较高浓度引起化学性结膜炎、鼻炎、咽炎、喉炎、支气管炎、肺炎。口服引起急性胃肠炎。全身症状有疲乏无力、头晕、头痛、四肢肌肉酸痛。可引起心、肝、肾损害
慢性影响 常出现头痛、头晕、易兴奋、失眠、乏力、胃肠功能紊乱、黏膜刺激症状。可引起鼻中隔穿孔；在锑冶炼过程中可引起锑尘肺；对皮肤有明显的刺激作用和致敏作用
环境危害 对环境可能有害

第三部分 成分/组成信息

√物质 混合物

组分	浓度	CAS No.
锑		7440-36-0

第四部分 急救措施

吸入 迅速脱离现场至空气新鲜处。保持呼吸道通畅。如呼吸困难，给输氧。如呼吸、心跳停止，立即进行心肺复苏术。就医
皮肤接触 立即脱去污染的衣着，用流动清水彻底冲洗。就医
眼睛接触 立即分开眼睑，用流动清水或生理盐水彻底冲洗。就医
食入 漱口，饮水。就医
对保护施救者的忠告 根据需要使用个人防护设备
对医生的特别提示 对症处理

第五部分 消防措施

灭火剂 用干粉、干砂灭火
特别危险性 粉体与空气可形成爆炸性混合物，当达到一定浓度时，遇火星会发生爆炸。与硝酸铵、二氟化溴、三氮化溴、氯酸、氧化氯、三氟化氯、硝酸、硝酸钾、高锰酸钾、过氧化钾接触能引起反应。燃烧生成有害的氧化锑
灭火注意事项及防护措施 消防人员必须佩戴空气呼吸器、穿全身防火防毒服，在上风向灭火。尽可能将容器从火场移至空旷处。喷水保持火场容器冷却，直至灭火结束。禁止用二氧化碳和酸碱灭火剂灭火

第六部分 泄漏应急处理

作业人员防护措施、防护装备和应急处置程序 消除所有点火源。隔离泄漏污染区，限制出入。建议应急处理人员戴防尘口罩，穿防毒服，戴防化学品手套。禁止接触或跨越泄漏物。尽可能切断泄漏源
环境保护措施 防止泄漏物进入水体、下水道、地下室或有限空间
泄漏化学品的收容、清除方法及所使用的处置材料 小量泄漏：避免扬尘，用洁净的铲子收集于干燥、清洁、有盖的容器中。大量泄漏：用塑料布、帆布覆盖，减少飞散。收集回收

第七部分 操作处置与储存

操作注意事项 密闭操作，局部排风。操作人员必须经过专门培训，严格遵守操作规程。建议操作人员佩戴自吸过滤式防尘口罩，戴化学安全防护眼镜，穿透气型防毒服，戴防化学品手套。远离火种、热源。工作场所严禁吸烟。使用防爆型的通风系统和设备。避免产生粉尘。避免与氧化剂、酸类接触。搬运时要轻装轻卸，防止包装及容器损坏。配备相应品种和数量的消防器材及泄漏应急处理设备。倒空的容器可能残留有害物
储存注意事项 储存于阴凉、干燥、通风良好的库房。远离火种、热源。库房温度不超过35℃，相对湿度不超过80%。包装密封。应与氧化剂、酸类、食用化学品分开存放，切忌混储。配备相应品种和数量的消防器材。储区应备有合适的材料收容泄漏物

第八部分 接触控制/个体防护

职业接触限值
中国 PC-TWA：0.5mg/m^3
美国(ACGIH) TLV-TWA：0.5mg/m^3
生物接触限值 未制定标准
监测方法 空气中有毒物质测定方法：火焰原子吸收光谱法；石墨炉原子吸收光谱法。生物监测检验方法：未制定标准
工程控制 密闭操作，局部排风。提供安全的淋浴和洗眼设备
个体防护装备
呼吸系统防护 可能接触其粉尘时，应该佩戴过滤式防尘呼吸器。必要时，佩戴空气呼吸器或长管面具
眼睛防护 戴化学安全防护眼镜
皮肤和身体防护 穿透气型防毒服
手防护 戴防化学品手套

第九部分 理化特性

外观与性状 银白色或深灰色金属粉末
pH 值 无意义 **熔点(℃)** 630.5
沸点(℃) 1635 **相对密度(水=1)** 6.68
相对蒸气密度(空气=1) 无资料
饱和蒸气压(kPa) 0.13（886℃）
燃烧热(kJ/mol) 无资料 **临界温度(℃)** 无资料
临界压力(MPa) 无资料 **辛醇/水分配系数** 0.73
闪点(℃) 无意义 **自燃温度(℃)** 无资料
爆炸下限(%) 无资料 **爆炸上限(%)** 无资料

分解温度(℃) 无资料

黏度(mPa·s) 无资料

溶解性 不溶于水、盐酸、碱液，溶于王水及热的浓硫酸

第十部分 稳定性和反应性

稳定性 稳定

危险反应 与强氧化剂等禁配物接触，有发生火灾和爆炸的危险

避免接触的条件 潮湿空气

禁配物 强氧化剂、酸类、硝酸铵、二氟化溴、三氮化溴、氯酸、氧化氯、三氟化氯、硝酸、硝酸钾、高锰酸钾、过氧化钾

危险的分解产物 无意义

第十一部分 毒理学信息

急性毒性 LD_{50}：7000mg/kg（大鼠经口）

皮肤刺激或腐蚀 无资料 **眼睛刺激或腐蚀** 无资料

呼吸或皮肤过敏 无资料 **生殖细胞突变性** 无资料

致癌性 无资料 **生殖毒性** 无资料

特异性靶器官系统毒性-一次接触 无资料

特异性靶器官系统毒性-反复接触 无资料

吸入危害 无资料

第十二部分 生态学信息

生态毒性 无资料

持久性和降解性

生物降解性 无资料

非生物降解性 无资料

潜在的生物累积性 无资料

土壤中的迁移性 无资料

第十三部分 废弃处置

废弃化学品 若可能，回收使用

污染包装物 将容器返还生产商或按照国家和地方法规处置

废弃注意事项 处置前应参阅国家和地方有关法规

第十四部分 运输信息

联合国危险货物编号（UN号） 2871

联合国运输名称 锑粉

联合国危险性类别 6.1 **包装类别** Ⅲ类包装

包装标志  **海洋污染物** 否

运输注意事项 运输前应先检查包装容器是否完整、密封，运输过程中要确保容器不泄漏、不倒塌、不坠落、不损坏。严禁与酸类、氧化剂、食品及食品添加剂混运。运输车辆应配备相应品种和数量的消防器材及泄漏应急处理设备。运输途中应防曝晒、雨淋，防高温

第十五部分 法规信息

下列法律、法规、规章和标准，对该化学品的管理作了相应的规定。

中华人民共和国职业病防治法 职业病分类和目录：未列入

危险化学品安全管理条例 危险化学品目录：列入。易制爆危险化学品名录：未列入。重点监管的危险化学品名录：未列入。GB 18218—2009《危险化学品重大危险源辨识》（表1）：未列入

使用有毒物品作业场所劳动保护条例 高毒物品目录：列入

易制毒化学品管理条例 易制毒化学品的分类和品种目录：未列入

国际公约 斯德哥尔摩公约：未列入。鹿特丹公约：未列入。蒙特利尔议定书：未列入

第十六部分 其他信息

编写和修订信息 **缩略语和首字母缩写**

培训建议 **参考文献**

免责声明

锑 化 氢

第一部分 化学品标识

化学品中文名 锑化氢；锑化三氢

化学品英文名 antimony trihydride；antimony hydride；stibine

分子式 H_3Sb **相对分子质量** 124.78

结构式

$$\begin{array}{c} \ \ \ \ \ H \\ \ \ \ \ \ | \\ H—Sb \\ \ \ \ \ \ \ \ \ \backslash \\ \ \ \ \ \ \ \ \ \ H \end{array}$$

化学品的推荐及限制用途 用于制有机锑化合物，化学分析上常用于区别砷和锑，还用作熏蒸剂

第二部分 危险性概述

紧急情况概述 极易燃气体，内装加压气体：遇热可能爆炸，吸入会中毒

GHS危险性类别 易燃气体，类别1；加压气体；急性毒性-吸入，类别3

标签要素

象形图 

警示词 危险

危险性说明 极易燃气体，内装加压气体：遇热可能爆炸，吸入会中毒

防范说明

预防措施 远离热源、火花、明火、热表面。禁止吸烟。避免吸入气体。仅在室外或通风良好处操作

事故响应 漏气着火：切勿灭火，除非漏气能够安全地制止。如果没有危险，消除一切点火源。如吸入：将患者转移到空气新鲜处，休息，保持利于呼吸的体位，呼叫中毒控制中心或就医

安全储存　防日晒。存放在通风良好的地方。保持容器密闭。上锁保管

废弃处置　本品及内装物、容器依据国家和地方法规处置

物理和化学危险　极易燃，与空气混合能形成爆炸性混合物

健康危害　吸入较高浓度的锑化氢，可发生溶血。表现头痛，恶心，呕吐，无力，呼吸减慢、微弱，脉不规则，腹绞痛以及血红蛋白尿。最后可造成急性溶血性贫血和急性肾功能衰竭。吸入高浓度可迅速致死。接触液态锑化氢可引起冻伤

环境危害　对环境可能有害

第三部分　成分/组成信息

√物质		混合物
组分	**浓度**	**CAS No.**
锑化氢		7803-52-3

第四部分　急救措施

吸入　迅速脱离现场至空气新鲜处。保持呼吸道通畅。如呼吸困难，给输氧。如呼吸、心跳停止，立即进行心肺复苏术。就医

皮肤接触　如发生冻伤，用温水（38～42℃）复温，忌用热水或辐射热，不要揉搓。就医

对保护施救者的忠告　根据需要使用个人防护设备

对医生的特别提示　对症处理

第五部分　消防措施

灭火剂　用雾状水、泡沫、二氧化碳灭火

特别危险性　遇热分解出易燃的氢气和金属锑。与氧化剂、氯气、硝酸、臭氧、氨能发生剧烈反应。燃烧生成有害的氧化锑

灭火注意事项及防护措施　消防人员必须佩戴空气呼吸器、穿全身防火防毒服，在上风向灭火。切断气源。若不能切断气源，则不允许熄灭泄漏处的火焰。喷水冷却容器，尽可能将容器从火场移至空旷处

第六部分　泄漏应急处理

作业人员防护措施、防护装备和应急处置程序　消除所有点火源。根据气体扩散的影响区域划定警戒区，无关人员从侧风、上风向撤离至安全区。建议应急处理人员穿内置正压自给式呼吸器的全封闭防化服。作业时使用的所有设备应接地。尽可能切断泄漏源。喷雾状水抑制蒸气或改变蒸气云流向，避免水流接触泄漏物

环境保护措施　防止气体通过下水道、通风系统和有限空间扩散

泄漏化学品的收容、清除方法及所使用的处置材料　禁止用水直接冲击泄漏物或泄漏源。隔离泄漏区直至气体散尽

第七部分　操作处置与储存

操作注意事项　严加密闭，提供充分的局部排风和全面通风。操作人员必须经过专门培训，严格遵守操作规程。建议操作人员佩戴导管式防毒面具，戴化学安全防护眼镜，穿胶布防毒衣，戴橡胶手套。远离火种、热源。工作场所严禁吸烟。使用防爆型的通风系统和设备。防止气体泄漏到工作场所空气中。避免与氧化剂、酸类、碱类接触。搬运时戴好钢瓶安全帽和防震橡皮圈，防止钢瓶碰撞、损坏。配备相应品种和数量的消防器材及泄漏应急处理设备

储存注意事项　储存于阴凉、通风的有毒气体专用库房。库温不宜超过 30℃。远离火种、热源。包装要求密封，不可与空气接触。应与氧化剂、酸类、碱类、食用化学品分开存放，切忌混储。采用防爆型照明、通风设施。禁止使用易产生火花的机械设备和工具。储区应备有泄漏应急处理设备

第八部分　接触控制/个体防护

职业接触限值

中国　PC-TWA：0.5mg/m^3［按 Sb 计］

美国(ACGIH)　TLV-TWA：0.1ppm

生物接触限值　未制定标准

监测方法　空气中有毒物质测定方法：火焰原子吸收光谱法；石墨炉原子吸收光谱法。生物监测检验方法：未制定标准

工程控制　严加密闭，提供充分的局部排风和全面通风

个体防护装备

呼吸系统防护　正常工作情况下，佩戴过滤式防毒面具（半面罩）。紧急事态抢救或撤离时，建议佩戴空气呼吸器

眼睛防护　戴化学安全防护眼镜

皮肤和身体防护　穿隔绝式防毒服

手防护　戴橡胶手套

第九部分　理化特性

外观与性状　无色剧毒气体，有恶臭，在空气中缓慢分解

pH 值　无意义　**熔点(℃)**　−88

沸点(℃)　−18.4

相对密度(水＝1)　2.26（−25℃）

相对蒸气密度(空气＝1)　4.4

饱和蒸气压(kPa)　＞100（20℃）

燃烧热(kJ/mol)　无资料　**临界温度(℃)**　无资料

临界压力(MPa)　无资料　**辛醇/水分配系数**　无资料

闪点(℃)　无意义　**自燃温度(℃)**　无资料

爆炸下限(%)　无资料　**爆炸上限(%)**　无资料

分解温度(℃)　无资料

黏度(mPa·s)　无资料

溶解性　微溶于水，溶于乙醇、二硫化碳及多数有机溶剂

第十部分　稳定性和反应性

稳定性　稳定

危险反应　与强氧化剂等禁配物接触，有发生火灾和爆炸的危险

避免接触的条件　受热

禁配物　强氧化剂、强酸、强碱、氨、氯气、硝酸、臭氧

危险的分解产物　氢气

第十一部分　毒理学信息

急性毒性　LCLo：100ppm（小鼠吸入，1h）；40ppm（狗吸入，1h）；92ppm（豚鼠吸入，1h）

皮肤刺激或腐蚀　无资料　**眼睛刺激或腐蚀**　无资料

呼吸或皮肤过敏　无资料　**生殖细胞突变性**　无资料

致癌性　无资料　**生殖毒性**　无资料

特异性靶器官系统毒性-一次接触　无资料

特异性靶器官系统毒性-反复接触　无资料

吸入危害　无资料

第十二部分　生态学信息

生态毒性　无资料

持久性和降解性

生物降解性　无资料

非生物降解性　无资料

潜在的生物累积性　无资料

土壤中的迁移性　无资料

第十三部分　废弃处置

废弃化学品　根据国家和地方有关法规的要求处置。或与制造商联系，确定处置方法

污染包装物　将容器返还生产商或按照国家和地方法规处置

废弃注意事项　处置前应参阅国家和地方有关法规

第十四部分　运输信息

联合国危险货物编号（UN号）　2676

联合国运输名称　锑化氢

联合国危险性类别　2.3，2.1　**包装类别**　-

包装标志

海洋污染物　否

运输注意事项　采用钢瓶运输时必须戴好钢瓶上的安全帽。钢瓶一般平放，并应将瓶口朝同一方向，不可交叉；高度不得超过车辆的防护栏板，并用三角木垫卡牢，防止滚动。运输时运输车辆应配备相应品种和数量的消防器材。装运该物品的车辆排气管必须配备阻火装置，禁止使用易产生火花的机械设备和工具装卸。严禁与氧化剂、酸类、碱类、食用化学品等混装混运。夏季应早晚运输，防止日光曝晒。中途停留时应远离火种、热源。公路运输时要按规定路线行驶，禁止在居民区和人口稠密区停留。铁路运输时要禁止溜放

第十五部分　法规信息

下列法律、法规、规章和标准，对该化学品的管理作了相应的规定。

中华人民共和国职业病防治法　职业病分类和目录：未列入

危险化学品安全管理条例　危险化学品目录：列入。易制爆危险化学品名录：未列入。重点监管的危险化学品名录：未列入。GB 18218—2009《危险化学品重大危险源辨识》（表1）：列入。类别：毒性气体，临界量（t）：1

使用有毒物品作业场所劳动保护条例　高毒物品目录：列入

易制毒化学品管理条例　易制毒化学品的分类和品种目录：未列入

国际公约　斯德哥尔摩公约：未列入。鹿特丹公约：未列入。蒙特利尔议定书：未列入

第十六部分　其他信息

编写和修订信息　**缩略语和首字母缩写**

培训建议　**参考文献**

免责声明

无　水　肼

第一部分　化学品标识

化学品中文名　无水肼；无水联氨

化学品英文名　hydrazine anhydrous；diamine

分子式　H_4N_2　**相对分子质量**　32.1

结构式

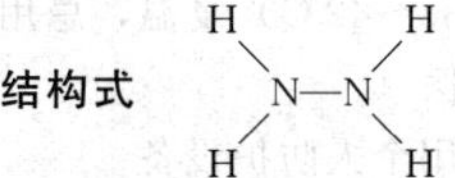

化学品的推荐及限制用途　制发泡剂、农作物杀虫剂和水处理剂

第二部分　危险性概述

紧急情况概述　易燃液体和蒸气，吞咽会中毒，皮肤接触会中毒，吸入会中毒，造成严重的皮肤灼伤和眼损伤，可能导致皮肤过敏反应

GHS危险性类别　易燃液体，类别3；急性毒性-经口，类别3；急性毒性-经皮，类别3；急性毒性-吸入，类别3；皮肤腐蚀/刺激，类别1B；严重眼损伤/眼刺激，类别1；皮肤致敏物，类别1；致癌性，类别2；危害水生环境-急性危害，类别1；危害水生环境-长期危害，类别1

标签要素

象形图

警示词　危险

危险性说明　易燃液体和蒸气，吞咽会中毒，皮肤接触会中毒，吸入会中毒，造成严重的皮肤灼伤和眼损伤，可能导致皮肤过敏反应，怀疑致癌，对水生生物毒性非常大并具有长期持续影响

防范说明

预防措施　远离热源、火花、明火、热表面。禁止吸烟。保持容器密闭。容器和接收设备接地连接。使用防爆电器、通风、照明设备。只能使

用不产生火花的工具。采取防止静电措施。避免接触眼睛、皮肤，操作后彻底清洗。作业场所不得进食、饮水或吸烟。避免吸入蒸气、雾。仅在室外或通风良好处操作。戴防护手套，穿防护服，戴防护眼镜、防护面罩。污染的工作服不得带出工作场所。得到专门指导后操作。在阅读并了解所有安全预防措施之前，切勿操作。按要求使用个体防护装备。禁止排入环境

事故响应　火灾时，使用水、抗溶性泡沫、二氧化碳、干粉、砂土灭火。如吸入：将患者转移到空气新鲜处，休息，保持利于呼吸的体位。皮肤接触：立即脱掉所有被污染的衣服，用大量肥皂水和水清洗。如出现皮肤刺激或皮疹：就医。被污染的衣服须经洗净后方可重新使用。眼睛接触：用水细心地冲洗数分钟。如戴隐形眼镜并可方便地取出，则取出隐形眼镜继续冲洗。食入：漱口，不要催吐，立即呼叫中毒控制中心或就医。如果接触或有担心，就医。收集泄漏物

安全储存　存放在通风良好的地方。保持低温。保持容器密闭。上锁保管

废弃处置　本品及内装物、容器依据国家和地方法规处置

物理和化学危险　易燃，其蒸气与空气混合，能形成爆炸性混合物。在空气中遇尘土、石棉、木材等疏松性物质能自燃

健康危害　吸入肼蒸气出现头痛、头晕、恶心、呕吐、腹泻、眼及上呼吸道刺激症状。吸入高浓度蒸气迅速发生中枢神经系统症状，先兴奋，如躁动不安、强直性抽搐，很快进入抑制状态。口服中毒引起频繁恶心、呕吐、腹泻，以后出现暂时性中枢性呼吸抑制、心律紊乱及中枢神经系统症状。可有肝功能异常。液体可致眼及皮肤灼伤。长期接触可引起神经衰弱综合征、肝损害、皮肤损害

环境危害　对水生生物毒性非常大并具有长期持续影响

第三部分　成分/组成信息

√物质		混合物
组分	**浓度**	**CAS No.**
无水肼		302-01-2

第四部分　急救措施

吸入　迅速脱离现场至空气新鲜处。保持呼吸道通畅。如呼吸困难，给输氧。如呼吸、心跳停止，立即进行心肺复苏术。就医

皮肤接触　立即脱去污染的衣着，用大量流动清水彻底冲洗至少 15min。就医

眼睛接触　立即分开眼睑，用流动清水或生理盐水彻底冲洗至少 15min。就医

食入　用水漱口，禁止催吐。给饮牛奶或蛋清。就医

对保护施救者的忠告　根据需要使用个人防护设备

对医生的特别提示　对症处理

第五部分　消防措施

灭火剂　用水、抗溶性泡沫、二氧化碳、干粉、砂土灭火

特别危险性　受热分解放出有毒气体。燃烧时发出高热，可能发生爆炸。在空气中遇尘土、石棉、木材等疏松性物质能自燃。遇过氧化氢或硝酸等氧化剂，也能自燃。与各种金属氧化物接触能自行分解燃烧。具有强腐蚀性。燃烧生成有害的氮氧化物

灭火注意事项及防护措施　消防人员必须佩戴空气呼吸器、穿全身防火防毒服，在上风向灭火。喷水冷却容器，尽可能将容器从火场移至空旷处。容器突然发出异常声音或出现异常现象，应立即撤离

第六部分　泄漏应急处理

作业人员防护措施、防护装备和应急处置程序　消除所有点火源。根据液体流动和蒸气扩散的影响区域划定警戒区，无关人员从侧风、上风向撤离至安全区。建议应急处理人员戴正压自给式呼吸器，穿防静电、防腐蚀、防毒服，戴橡胶耐油手套。作业时使用的所有设备应接地。禁止接触或跨越泄漏物。尽可能切断泄漏源

环境保护措施　防止泄漏物进入水体、下水道、地下室或有限空间

泄漏化学品的收容、清除方法及所使用的处置材料　小量泄漏：用砂土或其他不燃材料吸收，使用洁净的无火花工具收集吸收材料。大量泄漏：构筑围堤或挖坑收容。用砂土、惰性物质或蛭石吸收大量液体。用抗溶性泡沫覆盖，减少蒸发。喷水雾能减少蒸发，但不能降低泄漏物在有限空间内的易燃性。用防爆、耐腐蚀泵转移至槽车或专用收集器内。喷雾状水驱散蒸气、稀释液体泄漏物

第七部分　操作处置与储存

操作注意事项　密闭操作，加强通风。操作人员必须经过专门培训，严格遵守操作规程。建议操作人员佩戴过滤式防毒面具（全面罩）或自给式呼吸器，穿连衣式防毒衣，戴橡胶耐油手套。远离火种、热源。工作场所严禁吸烟。使用防爆型的通风系统和设备。防止蒸气泄漏到工作场所空气中。避免与氧化剂、金属粉末接触。在氮气中操作处置。充装要控制流速，防止静电积聚。搬运时要轻装轻卸，防止包装及容器损坏。配备相应品种和数量的消防器材及泄漏应急处理设备。倒空的容器可能残留有害物

储存注意事项　储存于阴凉、通风良好的专用库房内。远离火种、热源。库温不宜超过 37℃。保持容器密封。应与氧化剂、金属粉末、食用化学品分开存放，切忌混储。采用防爆型照明、通风设施。禁止使用易产生火花的机械设备和工具。储区应备有泄漏应急处理设备和合适的收容材料

第八部分　接触控制/个体防护

职业接触限值

中国　PC-TWA：0.06mg/m^3；PC-STEL：0.13mg/

m^3［皮］［G2B］

美国(ACGIH) TLV-TWA：0.01ppm［皮］

生物接触限值 未制定标准

监测方法 空气中有毒物质测定方法：对二甲氨基苯甲醛分光光度法；溶剂解吸-气相色谱法。生物监测检验方法：未制定标准

工程控制 生产过程密闭，加强通风。提供安全的淋浴和洗眼设备

个体防护装备

呼吸系统防护 空气中浓度超标时，佩戴过滤式防毒面具（全面罩）或空气呼吸器。紧急事态抢救或撤离时，建议佩戴空气呼吸器

眼睛防护 呼吸系统防护中已作防护

皮肤和身体防护 穿连衣式防毒衣

手防护 戴橡胶耐油手套

第九部分 理化特性

外观与性状 无色油状发烟液体，有吸湿性，有氨的臭味

pH值 无资料 **熔点(℃)** 2

沸点(℃) 113.5 **相对密度(水=1)** 1.01

相对蒸气密度(空气=1) 1.1

饱和蒸气压(kPa) 1.4（20℃）

燃烧热(kJ/mol) −622.1 **临界温度(℃)** 380

临界压力(MPa) 14.7 **辛醇/水分配系数** −2.07

闪点(℃) 38（CC）；52.2（OC）

自燃温度(℃) 270（玻璃表面）

爆炸下限(%) 4.7 **爆炸上限(%)** 100

分解温度(℃) 无资料

黏度(mPa·s) 无资料

溶解性 与水混溶，混溶于醇类，不溶于氯仿、乙醚

第十部分 稳定性和反应性

稳定性 不稳定

危险反应 与强氧化剂等禁配物接触可能自燃，有发生火灾和爆炸的危险

避免接触的条件 受热

禁配物 强氧化剂、氧、铜

危险的分解产物 氨、氢气、氮气

第十一部分 毒理学信息

急性毒性

LD_{50} 60mg/kg（大鼠经口）；91mg/kg（兔经皮）

LC_{50} 130mg/m^3（大鼠吸入，2h）

皮肤刺激或腐蚀 无资料 **眼睛刺激或腐蚀** 无资料

呼吸或皮肤过敏 无资料

生殖细胞突变性 微生物致突变：鼠伤寒沙门氏菌120μg/皿。哺乳动物体细胞突变：小鼠淋巴细胞1mmol/L。DNA加合物：大肠杆菌10μmol/L。DNA抑制：人HeLa细胞50μmol/L。大鼠腹腔最低中毒剂量（TDLo）：50mg/kg（孕后6～16d用药），有胚胎毒性。小鼠腹腔最低中毒剂量（TDLo）：48mg/kg（孕后6～9d用药），有胚胎毒性，对骨骼肌肉系统有影响

致癌性 IARC致癌性评论：组2A，可能人类致癌物

生殖毒性 大鼠孕后7～9d腹腔内给予最低中毒剂量（TDLo）30mg/kg，致中枢神经系统、泌尿生殖系统、肌肉骨骼系统发育畸形

特异性靶器官系统毒性-一次接触 无资料

特异性靶器官系统毒性-反复接触 动物亚急性和慢性毒性反应有呼吸道刺激、体重下降、贫血、白细胞增加，以及肺、肝、肾损害等

吸入危害 无资料

第十二部分 生态学信息

生态毒性 LC_{50}：0.61～3.85mg/L（96h）（鱼类）

持久性和降解性

生物降解性 好氧生物降解（h）：24～168；厌氧生物降解（h）：96～672

非生物降解性 空气中光氧化半衰期（h）：0.674～5.57

潜在的生物累积性 无资料

土壤中的迁移性 无资料

第十三部分 废弃处置

废弃化学品 建议用焚烧法处置。与燃料混合后，再焚烧。焚烧炉排出的氮氧化物通过洗涤器除去

污染包装物 将容器返还生产商或按照国家和地方法规处置

废弃注意事项 处置前应参阅国家和地方有关法规

第十四部分 运输信息

联合国危险货物编号(UN号) 2029

联合国运输名称 无水肼

联合国危险性类别 8，3/6.1 **包装类别** Ⅰ类包装

包装标志 

海洋污染物 否

运输注意事项 运输时运输车辆应配备相应品种和数量的消防器材及泄漏应急处理设备。夏季最好早晚运输。运输时所用的槽（罐）车应有接地链，槽内可设孔隔板以减少震荡产生的静电。严禁与氧化剂、金属粉末、食用化学品等混装混运。运输途中应防曝晒、雨淋，防高温。中途停留时应远离火种、热源、高温区。装运该物品的车辆排气管必须配备阻火装置，禁止使用易产生火花的机械设备和工具装卸。公路运输时要按规定路线行驶，勿在居民区和人口稠密区停留。铁路运输时要禁止溜放。严禁用木船、水泥船散装运输

第十五部分 法规信息

下列法律、法规、规章和标准，对该化学品的管理作了相应的规定。

中华人民共和国职业病防治法 职业病分类和目录：未列入

危险化学品安全管理条例 危险化学品目录：列入。易制

爆危险化学品名录：未列入。重点监管的危险化学品名录：未列入。GB 18218—2009《危险化学品重大危险源辨识》（表 1）：未列入

使用有毒物品作业场所劳动保护条例 高毒物品目录：列入

易制毒化学品管理条例 易制毒化学品的分类和品种目录：未列入

国际公约 斯德哥尔摩公约：未列入。鹿特丹公约：未列入。蒙特利尔议定书：未列入

第十六部分 其他信息

编写和修订信息 **缩略语和首字母缩写**

培训建议 **参考文献**

免责声明

五氟化磷

第一部分 化学品标识

化学品中文名 五氟化磷；氟化磷

化学品英文名 phosphorus pentafluoride; pentafluorophosphorus

分子式 PF_5 **相对分子质量** 125.97

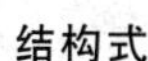
结构式

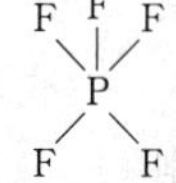

化学品的推荐及限制用途 用于发生气体，并用作聚合反应催化剂

第二部分 危险性概述

紧急情况概述 内装加压气体：遇热可能爆炸，吸入会中毒，造成严重的皮肤灼伤和眼损伤

GHS 危险性类别 加压气体；急性毒性-吸入，类别 3；皮肤腐蚀/刺激，类别 1；严重眼损伤/眼刺激，类别 1

标签要素

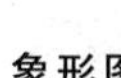
象形图

警示词 危险

危险性说明 内装加压气体：遇热可能爆炸，吸入会中毒，造成严重的皮肤灼伤和眼损伤

防范说明

预防措施 避免吸入气体、雾。仅在室外或通风良好处操作。避免接触眼睛、皮肤，操作后彻底清洗。戴防护手套，穿防护服，戴防护眼镜、防护面罩

事故响应 如吸入：将患者转移到空气新鲜处，休息，保持利于呼吸的体位，呼叫中毒控制中心或就医。皮肤（或头发）接触：立即脱掉所有被污染的衣服，用水冲洗皮肤，淋浴。污染的衣服须洗净后方可重新使用。眼睛接触：用水细心地冲洗数分钟。如戴隐形眼镜并可方便地取出，则取出隐形眼镜继续冲洗

安全储存 防日晒。存放在通风良好的地方。保持容器密闭。上锁保管

废弃处置 本品及内装物、容器依据国家和地方法规处置

物理和化学危险 不燃，无特殊燃爆特性。遇水剧烈反应，产生有毒气体

健康危害 本品遇水分解为磷酸和磷化氢。对皮肤、眼睛、黏膜有强烈刺激作用，吸入后可引起呼吸道炎症，严重者出现肺水肿。眼和皮肤接触引起灼伤

环境危害 对环境可能有害

第三部分 成分/组成信息

√物质		混合物
组分	**浓度**	**CAS No.**
五氟化磷		7647-19-0

第四部分 急救措施

吸入 迅速脱离现场至空气新鲜处。保持呼吸道通畅。如呼吸困难，给输氧。如呼吸、心跳停止，立即进行心肺复苏术。就医

皮肤接触 立即脱去污染的衣着，用大量流动清水彻底冲洗至少 15min。就医

眼睛接触 立即分开眼睑，用流动清水或生理盐水彻底冲洗至少 15min。就医

对保护施救者的忠告 根据需要使用个人防护设备

对医生的特别提示 对症处理

第五部分 消防措施

灭火剂 用干粉、二氧化碳灭火

特别危险性 在潮湿空气中产生白色有腐蚀性和刺激性的氟化氢烟雾。在水中分解放出剧毒的腐蚀性气体。遇碱分解

灭火注意事项及防护措施 消防人员必须穿全身防火防毒服，在上风向灭火。切断气源。喷水冷却容器，尽可能将容器从火场移至空旷处。火场中有大量本品泄漏物时，禁用水、泡沫和酸碱灭火剂

第六部分 泄漏应急处理

作业人员防护措施、防护装备和应急处置程序 根据气体的影响区域划定警戒区，无关人员从侧风、上风向撤离至安全区。建议应急处理人员穿内置正压自给式呼吸器的全封闭防化服。尽可能切断泄漏源。防止气体通过下水道、通风系统和有限空间扩散。喷雾状水抑制蒸气或改变蒸气云流向，避免水流接触泄漏物

环境保护措施 无资料

泄漏化学品的收容、清除方法及所使用的处置材料 禁止用水直接冲击泄漏物或泄漏源。隔离泄漏区直至气体散尽

第七部分 操作处置与储存

操作注意事项 密闭操作，全面排风。操作人员必须经过专门培训，严格遵守操作规程。建议操作人员佩戴自

吸过滤式防毒面具（全面罩），穿胶布防毒衣，戴橡胶手套。避免产生烟雾。防止气体泄漏到工作场所空气中。避免与碱类接触。尤其要注意避免与水接触。搬运时戴好钢瓶安全帽和防震橡皮圈，防止钢瓶碰撞、损坏。配备泄漏应急处理设备

储存注意事项 储存于阴凉、通风的有毒气体专用库房。库温不宜超过30℃。远离火种、热源。应与碱类等分开存放，切忌混储。储区应备有泄漏应急处理设备

第八部分 接触控制/个体防护

职业接触限值

中国 PC-TWA：2mg/m³［按F计］

美国(ACGIH) TLV-TWA：2.5mg/m³［按F计］

生物接触限值 尿氟：42mmol/mol 肌酐（7mg/g 肌酐）（采样时间：工作班后）

监测方法 空气中有毒物质测定方法：离子选择电极法。生物监测检验方法：尿中氟的离子选择电极测定方法

工程控制 密闭操作，全面排风。提供安全的淋浴和洗眼设备

个体防护装备

呼吸系统防护 可能接触其蒸气时，必须佩戴过滤式防毒面具（全面罩）。必要时佩戴空气呼吸器

眼睛防护 呼吸系统防护中已作防护

皮肤和身体防护 穿隔绝式防毒服

手防护 戴橡胶手套

第九部分 理化特性

外观与性状 无色、有刺激性恶臭味的气体，在潮湿空气中剧烈发烟

pH值 无意义 **熔点(℃)** −93.8

沸点(℃) −84.6

相对密度(水=1) 5.81（气体）

相对蒸气密度(空气=1) 4.46

饱和蒸气压(kPa) 133（20℃）

燃烧热(kJ/mol) 无资料 **临界温度(℃)** ＞25

临界压力(MPa) 3.35 **辛醇/水分配系数** 无资料

闪点(℃) 无意义 **自燃温度(℃)** 无意义

爆炸下限(%) 无意义 **爆炸上限(%)** 无意义

分解温度(℃) 无资料

黏度(mPa·s) 无资料

溶解性 无资料

第十部分 稳定性和反应性

稳定性 稳定

危险反应 遇强碱发生反应。遇水分解放出剧毒的腐蚀性气体

避免接触的条件 潮湿空气

禁配物 强碱、水

危险的分解产物 无资料

第十一部分 毒理学信息

急性毒性 无资料 **皮肤刺激或腐蚀** 无资料

眼睛刺激或腐蚀 无资料 **呼吸或皮肤过敏** 无资料

生殖细胞突变性 无资料 **致癌性** 无资料

生殖毒性 无资料

特异性靶器官系统毒性-一次接触 无资料

特异性靶器官系统毒性-反复接触 无资料

吸入危害 无资料

第十二部分 生态学信息

生态毒性 无资料

持久性和降解性

生物降解性 无资料

非生物降解性 无资料

潜在的生物累积性 无资料

土壤中的迁移性 无资料

第十三部分 废弃处置

废弃化学品 根据国家和地方有关法规的要求处置。或与制造商联系，确定处置方法

污染包装物 将容器返还生产商或按照国家和地方法规处置

废弃注意事项 把空容器归还厂商

第十四部分 运输信息

联合国危险货物编号（UN号） 2198

联合国运输名称 五氟化磷

联合国危险性类别 2.3，8 **包装类别** -

包装标志

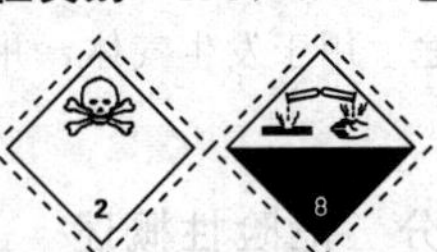

海洋污染物 否

运输注意事项 采用钢瓶运输时必须戴好钢瓶上的安全帽。钢瓶一般平放，并应将瓶口朝同一方向，不可交叉；高度不得超过车辆的防护栏板，并用三角木垫卡牢，防止滚动。严禁与碱类、食用化学品等混装混运。夏季应早晚运输，防止日光曝晒。公路运输时要按规定路线行驶，禁止在居民区和人口稠密区停留。铁路运输时要禁止溜放

第十五部分 法规信息

下列法律、法规、规章和标准，对该化学品的管理作了相应的规定。

中华人民共和国职业病防治法 职业病分类和目录：未列入

危险化学品安全管理条例 危险化学品目录：列入。易制爆危险化学品名录：未列入。重点监管的危险化学品名录：未列入。GB 18218—2009《危险化学品重大危险源辨识》（表1）：未列入

使用有毒物品作业场所劳动保护条例 高毒物品目录：列入

易制毒化学品管理条例 易制毒化学品的分类和品种目录：未列入

国际公约 斯德哥尔摩公约：未列入。鹿特丹公约：未列入。蒙特利尔议定书：未列入

第十六部分 其他信息

编写和修订信息　　**缩略语和首字母缩写**

培训建议　　**参考文献**

免责声明

五硫化二磷

第一部分 化学品标识

化学品中文名 五硫化二磷；五硫化磷

化学品英文名 phosphorus pentasulfide; phosphorus persulfide

分子式 P_2S_5 **相对分子质量** 222.24

结构式 S═P(═S)—S—P(═S)═S

化学品的推荐及限制用途 制造润滑油添加剂的中间体，也用于制造杀虫剂和浮选剂

第二部分 危险性概述

紧急情况概述 易燃固体，遇水放出可自燃的易燃气体

GHS 危险性类别 易燃固体，类别 1；遇水放出易燃气体的物质和混合物，类别 1；急性毒性-经口，类别 4；急性毒性-吸入，类别 4；危害水生环境-急性危害，类别 1

标签要素

象形图

警示词 危险

危险性说明 易燃固体，遇水放出可自燃的易燃气体，吞咽有害，吸入有害，对水生生物毒性非常大

防范说明

预防措施 远离热源、火花、明火、热表面。禁止吸烟。容器和接收设备接地连接。使用防爆电器、通风、照明设备。戴防护手套、防护眼镜、防护面罩。因与水发生剧烈反应和可能发生爆燃，应避免与水接触。在惰性气体中操作。防潮。避免接触眼睛、皮肤，操作后彻底清洗。作业场所不得进食、饮水或吸烟。避免吸入粉尘。仅在室外或通风良好处操作。禁止排入环境

事故响应 火灾时，使用二氧化碳、干粉、砂土灭火。如吸入：将患者转移到空气新鲜处，休息，保持利于呼吸的体位，如感觉不适，呼叫中毒控制中心或就医。皮肤接触：擦掉皮肤上的微粒，将接触部位浸入冷水中、用湿绷带包扎。食入：漱口，如果感觉不适，立即呼叫中毒控制中心或就医。收集泄漏物

安全储存 在干燥处和密闭的容器中储存

废弃处置 本品及内装物、容器依据国家和地方法规处置

物理和化学危险 易燃。遇水剧烈反应，产生高度易燃气体

健康危害 对眼、呼吸道及皮肤有刺激性。接触者出现头痛、头晕、胸闷、乏力、恶心、呕吐、流泪、咽干、咳嗽、咯痰等

环境危害 对水生生物毒性非常大

第三部分 成分/组成信息

√物质		混合物
组分	**浓度**	**CAS No.**
五硫化二磷		1314-80-3

第四部分 急救措施

吸入 迅速脱离现场至空气新鲜处。保持呼吸道通畅。如呼吸困难，给输氧。如呼吸、心跳停止，立即进行心肺复苏术。就医

皮肤接触 立即脱去污染的衣着，用流动清水彻底冲洗。就医

眼睛接触 立即分开眼睑，用流动清水或生理盐水彻底冲洗。就医

食入 漱口，饮水。就医

对保护施救者的忠告 根据需要使用个人防护设备

对医生的特别提示 对症处理

第五部分 消防措施

灭火剂 用二氧化碳、干粉、砂土灭火

特别危险性 受热分解，放出磷、硫的氧化物等毒性气体。燃烧时放出有毒的刺激性烟雾。与潮湿空气接触会发热以致燃烧。与大多数氧化剂如氯酸盐、硝酸盐、高氯酸盐或高锰酸盐等组成敏感度极高的爆炸性混合物。遇水或潮湿空气分解成有腐蚀和刺激作用的磷酸及硫化氢气体。燃烧生成有害的氧化磷、氧化硫

灭火注意事项及防护措施 消防人员必须佩戴空气呼吸器、穿全身防火防毒服，在上风向灭火。尽可能将容器从火场移至空旷处。喷水保持火场容器冷却，直至灭火结束。禁止用水和泡沫灭火

第六部分 泄漏应急处理

作业人员防护措施、防护装备和应急处置程序 严禁用水处理。隔离泄漏污染区，限制出入。消除所有点火源。建议应急处理人员戴防尘口罩，穿防毒、防静电服，戴橡胶手套。禁止接触或跨越泄漏物。尽可能切断泄漏源。保持泄漏物干燥

环境保护措施 无资料

泄漏化学品的收容、清除方法及所使用的处置材料 小量泄漏：用干燥的砂土或其他不燃材料覆盖泄漏物，然后用塑料布覆盖，减少飞散、避免雨淋。粉末泄漏：用塑料布或帆布覆盖泄漏物，减少飞散，保持干燥。在专家指导下清除

第七部分 操作处置与储存

操作注意事项 密闭操作，局部排风。操作人员必须经过专门培训，严格遵守操作规程。建议操作人员佩戴自

吸过滤式防尘口罩，戴化学安全防护眼镜，穿化学防护服，戴橡胶手套。远离火种、热源。工作场所严禁吸烟。使用防爆型的通风系统和设备。避免产生粉尘。避免与氧化剂、酸类、醇类接触。尤其要注意避免与水接触。搬运时要轻装轻卸，防止包装及容器损坏。禁止震动、撞击和摩擦。配备相应品种和数量的消防器材及泄漏应急处理设备。倒空的容器可能残留有害物

储存注意事项 储存于阴凉、干燥、通风良好的专用库房内，远离火种、热源。库房温度不超过32℃，相对湿度不超过75%。包装必须密封，切勿受潮。应与氧化剂、酸类、醇类等分开存放，切忌混储。采用防爆型照明、通风设施。禁止使用易产生火花的机械设备和工具。储区应备有合适的材料收容泄漏物

第八部分 接触控制/个体防护

职业接触限值

中国 PC-TWA：1mg/m^3；PC-STEL：3mg/m^3

美国（ACGIH） TLV-TWA：1mg/m^3；TLV-STEL：3mg/m^3

生物接触限值 未制定标准

监测方法 空气中有毒物质测定方法：对氨基二甲基苯胺分光光度法。生物监测检验方法：未制定标准

工程控制 密闭操作，局部排风。提供安全的淋浴和洗眼设备

个体防护装备

呼吸系统防护 可能接触其粉尘时，必须佩戴过滤式防尘呼吸器

眼睛防护 戴化学安全防护眼镜

皮肤和身体防护 穿化学防护服

手防护 戴橡胶手套

第九部分 理化特性

外观与性状 灰色到黄绿色结晶，有吸湿性，有类似硫化氢的气味

pH值 无意义　**熔点(℃)** 286～290

沸点(℃) 513～515　**相对密度(水=1)** 2.09

相对蒸气密度(空气=1) 无资料

饱和蒸气压(kPa) 0.13（300℃）

燃烧热(kJ/mol) 无资料　**临界温度(℃)** 无资料

临界压力(MPa) 23.2　**辛醇/水分配系数** −0.46

闪点(℃) 无意义　**自燃温度(℃)** 141.6

爆炸下限(%) 0.5　**爆炸上限(%)** 无资料

分解温度(℃) 无资料

黏度(mPa·s) 无资料

溶解性 溶于二硫化碳，溶于碱水溶液

第十部分 稳定性和反应性

稳定性 稳定

危险反应 与强氧化剂、水等禁配物接触，有发生火灾和爆炸的危险

避免接触的条件 摩擦、撞击、潮湿空气

禁配物 强氧化剂、酸类、醇类、水

危险的分解产物 无资料

第十一部分 毒理学信息

急性毒性 LD_{50}：389mg/kg（大鼠经口）；3160mg/kg（兔经皮）

皮肤刺激或腐蚀 家兔经皮：500mg（24h），中度刺激

眼睛刺激或腐蚀 家兔经眼：20mg（24h），中度刺激

呼吸或皮肤过敏 无资料　**生殖细胞突变性** 无资料

致癌性 无资料　**生殖毒性** 无资料

特异性靶器官系统毒性-一次接触 无资料

特异性靶器官系统毒性-反复接触 无资料

吸入危害 无资料

第十二部分 生态学信息

生态毒性 无资料

持久性和降解性

生物降解性 无资料

非生物降解性 无资料

潜在的生物累积性 无资料

土壤中的迁移性 无资料

第十三部分 废弃处置

废弃化学品 根据国家和地方有关法规的要求处置。或与制造商联系，确定处置方法

污染包装物 将容器返还生产商或按照国家和地方法规处置

废弃注意事项 把倒空的容器归还厂商或在规定场所掩埋

第十四部分 运输信息

联合国危险货物编号（UN号） 1340

联合国运输名称 五硫化二磷

联合国危险性类别 4.3，4.1　**包装类别** Ⅱ类包装

包装标志

海洋污染物 否

运输注意事项 运输时运输车辆应配备相应品种和数量的消防器材及泄漏应急处理设备。装运本品的车辆排气管须有阻火装置。运输过程中要确保容器不泄漏、不倒塌、不坠落、不损坏。严禁与氧化剂、酸类、醇类、食用化学品等混装混运。运输途中应防曝晒、雨淋，防高温。中途停留时应远离火种、热源。运输用车、船必须干燥，并有良好的防雨设施。车辆运输完毕应进行彻底清扫。铁路运输时要禁止溜放

第十五部分 法规信息

下列法律、法规、规章和标准，对该化学品的管理作了相应的规定。

中华人民共和国职业病防治法 职业病分类和目录：未列入

危险化学品安全管理条例 危险化学品目录：列入。易制爆危险化学品名录：未列入。重点监管的危险化学品

名录：未列入。GB 18218—2009《危险化学品重大危险源辨识》（表 1）：未列入

使用有毒物品作业场所劳动保护条例 高毒物品目录：未列入

易制毒化学品管理条例 易制毒化学品的分类和品种目录：未列入

国际公约 斯德哥尔摩公约：未列入。鹿特丹公约：未列入。蒙特利尔议定书：未列入

第十六部分 其他信息

编写和修订信息 **缩略语和首字母缩写**

培训建议 **参考文献**

免责声明

五氯化磷

第一部分 化学品标识

化学品中文名 五氯化磷；氯化磷

化学品英文名 phosphorus pentachloride；phosphorus（Ⅴ）chloride

分子式 PCl_5 **相对分子质量** 208.22

结构式

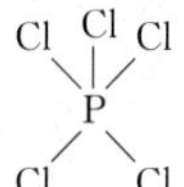

化学品的推荐及限制用途 用作氯化剂、催化剂、脱水剂

第二部分 危险性概述

紧急情况概述 造成严重的皮肤灼伤和眼损伤

GHS 危险性类别 急性毒性-经口，类别 4；急性毒性-吸入，类别 2；皮肤腐蚀/刺激，类别 1B；严重眼损伤/眼刺激，类别 1；特异性靶器官毒性-反复接触，类别 2

标签要素

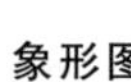

警示词 危险

危险性说明 吞咽有害，吸入致命，造成严重的皮肤灼伤和眼损伤，长时间或反复接触可能对器官造成损伤

防范说明

预防措施 避免接触眼睛、皮肤，操作后彻底清洗。作业场所不得进食、饮水或吸烟。避免吸入粉尘、烟气、蒸气。仅在室外或通风良好处操作。戴呼吸防护器具。戴防护手套，穿防护服，戴防护眼镜、防护面罩

事故响应 如吸入：将患者转移到空气新鲜处，休息，保持利于呼吸的体位，立即呼叫中毒控制中心或就医。皮肤（或头发）接触：立即脱掉所有被污染的衣服，用水冲洗皮肤，淋浴。污染的衣服须洗净后方可重新使用。眼睛接触：用水细心地冲洗数分钟。如戴隐形眼镜并可方便地取出，则取出隐形眼镜继续冲洗。食入：漱口，不要催吐，如果感觉不适，立即呼叫中毒控制中心或就医

安全储存 在通风良好处储存。保持容器密闭。上锁保管

废弃处置 本品及内装物、容器依据国家和地方法规处置

物理和化学危险 不燃，无特殊燃爆特性。遇水剧烈反应，产生有毒气体。与可燃物接触易着火燃烧

健康危害 其蒸气和烟尘可引起眼结膜刺激症状。刺激咽喉引起灼痛、失音或吞咽困难。可引起支气管炎，严重者发生肺炎、肺水肿，喉头水肿可致窒息。眼和皮肤接触可致灼伤

慢性影响 长期低浓度接触可引起眼及呼吸道刺激症状。可引起磷毒性口腔病

环境危害 对环境可能有害

第三部分 成分/组成信息

√物质 混合物

组分	浓度	CAS No.
五氯化磷		10026-13-8

第四部分 急救措施

吸入 迅速脱离现场至空气新鲜处。保持呼吸道通畅。如呼吸困难，给输氧。如呼吸、心跳停止，立即进行心肺复苏术。就医

皮肤接触 立即脱去污染的衣着，用大量流动清水彻底冲洗至少 15min。就医

眼睛接触 立即分开眼睑，用流动清水或生理盐水彻底冲洗至少 15min。就医

食入 用水漱口，禁止催吐。给饮牛奶或蛋清。就医

对保护施救者的忠告 根据需要使用个人防护设备

对医生的特别提示 对症处理

第五部分 消防措施

灭火剂 用干粉、二氧化碳、干燥砂土灭火

特别危险性 与易燃物（如苯）和可燃物（如糖、纤维素等）接触会发生剧烈反应，甚至引起燃烧。具有较强的腐蚀性

灭火注意事项及防护措施 消防人员须佩戴防毒面具、穿全身消防服，在上风向灭火。尽可能将容器从火场移至空旷处。喷水保持火场容器冷却，直至灭火结束。禁止用水和泡沫灭火

第六部分 泄漏应急处理

作业人员防护措施、防护装备和应急处置程序 隔离泄漏污染区，限制出入。建议应急处理人员戴防尘口罩，穿防酸碱服，戴橡胶耐酸碱手套。穿上适当的防护服前严禁接触破裂的容器和泄漏物。尽可能切断泄漏源。勿使泄漏物与可燃物质（如木材、纸、油等）接触

环境保护措施 无资料

泄漏化学品的收容、清除方法及所使用的处置材料 小量泄漏：用干燥的砂土或其他不燃材料覆盖泄漏物，用

洁净的无火花工具收集泄漏物，置于一盖子较松的塑料容器中，待处置。大量泄漏：用塑料布覆盖泄漏物，减少飞散，避免雨淋

第七部分 操作处置与储存

操作注意事项 密闭操作，注意通风。操作尽可能机械化、自动化。操作人员必须经过专门培训，严格遵守操作规程。建议操作人员佩戴自吸过滤式防毒面具（半面罩），戴化学安全防护眼镜，穿橡胶耐酸碱服，戴橡胶耐酸碱手套。避免产生烟雾或粉尘。避免与酸类、醇类、活性金属粉末、碱金属接触。尤其要注意避免与水接触。搬运时要轻装轻卸，防止包装及容器损坏。配备泄漏应急处理设备。倒空的容器可能残留有害物

储存注意事项 储存于阴凉、干燥、通风良好的库房。远离火种、热源。库房温度不超过30℃，相对湿度不超过75%。包装必须密封，切勿受潮。应与酸类、醇类、活性金属粉末、碱金属、食用化学品分开存放，切忌混储。储区应备有合适的材料收容泄漏物

第八部分 接触控制/个体防护

职业接触限值

中国 未制定标准

美国(ACGIH) TLV-TWA：0.1ppm

生物接触限值 未制定标准

监测方法 空气中有毒物质测定方法：未制定标准。生物监测检验方法：未制定标准

工程控制 密闭操作，注意通风。提供安全的淋浴和洗眼设备

个体防护装备

呼吸系统防护 可能接触其蒸气时，必须佩戴过滤式防毒面具（半面罩）或空气呼吸器；可能接触其粉尘时，建议佩戴过滤式防尘呼吸器

眼睛防护 戴化学安全防护眼镜

皮肤和身体防护 穿橡胶耐酸碱服

手防护 戴橡胶耐酸碱手套

第九部分 理化特性

外观与性状 淡黄色结晶，有刺激性气味，易升华

pH值 无意义 **熔点(℃)** 148（加压）

沸点(℃) 160（升华） **相对密度(水=1)** 1.6

相对蒸气密度(空气=1) 无资料

饱和蒸气压(kPa) 无资料

燃烧热(kJ/mol) 无资料 **临界温度(℃)** 无资料

临界压力(MPa) 无资料 **辛醇/水分配系数** 无资料

闪点(℃) 无意义 **自燃温度(℃)** 无意义

爆炸下限(%) 无意义 **爆炸上限(%)** 无意义

分解温度(℃) 无资料

黏度(mPa·s) 无资料

溶解性 溶于四氯化碳、二硫化碳

第十部分 稳定性和反应性

稳定性 稳定

危险反应 遇水剧烈反应，产生有毒气体。与活性金属、易燃物和可燃物等禁配物接触，有发生火灾和爆炸的危险

避免接触的条件 潮湿空气

禁配物 醇类、水、活性金属粉末、铝、碱金属、酸类、易燃物和可燃物

危险的分解产物 无资料

第十一部分 毒理学信息

急性毒性

LD_{50} 660mg/kg（大鼠经口）

LC_{50} 205mg/m^3（大鼠吸入）

皮肤刺激或腐蚀 无资料 **眼睛刺激或腐蚀** 无资料

呼吸或皮肤过敏 无资料 **生殖细胞突变性** 无资料

致癌性 无资料 **生殖毒性** 无资料

特异性靶器官系统毒性-一次接触 无资料

特异性靶器官系统毒性-反复接触 无资料

吸入危害 无资料

第十二部分 生态学信息

生态毒性 无资料

持久性和降解性

生物降解性 无资料

非生物降解性 无资料

潜在的生物累积性 无资料

土壤中的迁移性 无资料

第十三部分 废弃处置

废弃化学品 用水分解，生成磷酸和盐酸，再用碱中和至中性，然后用大量水排入废水系统

污染包装物 将容器返还生产商或按照国家和地方法规处置

废弃注意事项 处置前应参阅国家和地方有关法规

第十四部分 运输信息

联合国危险货物编号（UN号） 1806

联合国运输名称 五氯化磷

联合国危险性类别 8 **包装类别** Ⅱ类包装

包装标志  **海洋污染物** 否

运输注意事项 起运时包装要完整，装载应稳妥。运输过程中要确保容器不泄漏、不倒塌、不坠落、不损坏。严禁与酸类、醇类、活性金属粉末、碱金属、食用化学品等混装混运。运输时运输车辆应配备泄漏应急处理设备。运输途中应防曝晒、雨淋，防高温

第十五部分 法规信息

下列法律、法规、规章和标准，对该化学品的管理作了相应的规定。

中华人民共和国职业病防治法 职业病分类和目录：磷及其化合物中毒

危险化学品安全管理条例 危险化学品目录：列入。易制爆危险化学品名录：未列入。重点监管的危险化学品名录：未列入。GB 18218—2009《危险化学品重大危险源辨识》(表 1)：未列入

使用有毒物品作业场所劳动保护条例 高毒物品目录：未列入

易制毒化学品管理条例 易制毒化学品的分类和品种目录：未列入

国际公约 斯德哥尔摩公约：未列入。鹿特丹公约：未列入。蒙特利尔议定书：未列入

第十六部分 其他信息

编写和修订信息 **缩略语和首字母缩写**

培训建议 **参考文献**

免责声明

五氯化钼

第一部分 化学品标识

化学品中文名 五氯化钼；氯化钼

化学品英文名 molybdenum pentachloride；molybdenum (Ⅴ) chloride

分子式 $MoCl_5$ **相对分子质量** 273.19

结构式

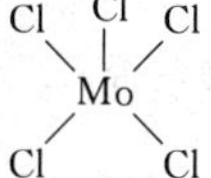

化学品的推荐及限制用途 用作氯化催化剂、耐火树脂的组分，用于制备有机金属化合物，如六羰基钼

第二部分 危险性概述

紧急情况概述 造成严重的皮肤灼伤和眼损伤

GHS 危险性类别 皮肤腐蚀/刺激，类别 1；严重眼损伤/眼刺激，类别 1

标签要素

象形图

警示词 危险

危险性说明 造成严重的皮肤灼伤和眼损伤

防范说明

预防措施 避免吸入粉尘。避免接触眼睛、皮肤，操作后彻底清洗。戴防护手套，穿防护服，戴防护眼镜、防护面罩

事故响应 如吸入：将患者转移到空气新鲜处，休息，保持利于呼吸的体位，立即呼叫中毒控制中心或就医。皮肤（或头发）接触：立即脱掉所有被污染的衣服，用水冲洗皮肤，淋浴。污染的衣服须洗净后方可重新使用。眼睛接触：用水细心地冲洗数分钟。如戴隐形眼镜并可方便地取出，则取出隐形眼镜继续冲洗。食入：漱口，不要催吐

安全储存 上锁保管

废弃处置 本品及内装物、容器依据国家和地方法规处置

物理和化学危险 不燃，无特殊燃爆特性。遇水剧烈反应，产生有毒气体

健康危害 眼和皮肤接触引起灼伤

环境危害 对环境可能有害

第三部分 成分/组成信息

√物质 混合物

组分	浓度	CAS No.
五氯化钼		10241-05-1

第四部分 急救措施

吸入 迅速脱离现场至空气新鲜处。保持呼吸道通畅。如呼吸困难，给输氧。如呼吸、心跳停止，立即进行心肺复苏术。就医

皮肤接触 立即脱去污染的衣着，用大量流动清水彻底冲洗至少 15min。就医

眼睛接触 立即分开眼睑，用流动清水或生理盐水彻底冲洗至少 15min。就医

食入 用水漱口，禁止催吐。给饮牛奶或蛋清。就医

对保护施救者的忠告 根据需要使用个人防护设备

对医生的特别提示 对症处理

第五部分 消防措施

灭火剂 用二氧化碳、砂土灭火

特别危险性 与水发生剧烈反应，放出近似白色烟雾状有毒和腐蚀性的氯化氢气体。潮湿时会腐蚀金属

灭火注意事项及防护措施 消防人员须佩戴防毒面具、穿全身消防服，在上风向灭火。尽可能将容器从火场移至空旷处。喷水保持火场容器冷却，直至灭火结束。禁止用水和泡沫灭火

第六部分 泄漏应急处理

作业人员防护措施、防护装备和应急处置程序 隔离泄漏污染区，限制出入。建议应急处理人员戴防尘口罩，穿防毒、防腐蚀服，戴橡胶手套。作业时使用的所有设备应接地。穿上适当的防护服前严禁接触破裂的容器和泄漏物。尽可能切断泄漏源。用干燥的砂土或其他不燃材料覆盖泄漏物，然后用塑料布覆盖，减少飞散、避免雨淋

环境保护措施 无资料

泄漏化学品的收容、清除方法及所使用的处置材料 用洁净的铲子收集泄漏物，置于干净、干燥、盖子较松的容器中，将容器移离泄漏区

第七部分 操作处置与储存

操作注意事项 密闭操作，局部排风。操作人员必须经过专门培训，严格遵守操作规程。建议操作人员佩戴自吸过滤式防尘口罩，戴安全防护眼镜，穿胶布防毒衣，戴橡胶手套。避免产生粉尘。避免与氧化剂接

触。尤其要注意避免与水接触。搬运时要轻装轻卸，防止包装及容器损坏。配备泄漏应急处理设备。倒空的容器可能残留有害物

储存注意事项 储存于阴凉、干燥、通风良好的库房。远离火种、热源。包装必须完整密封，防止吸潮。应与氧化剂等分开存放，切忌混储。储区应备有合适的材料收容泄漏物

第八部分 接触控制/个体防护

职业接触限值

中国 PC-TWA：$6mg/m^3$［按 Mo 计］

美国(ACGIH) TLV-TWA：$3mg/m^3$（呼吸性颗粒物），$10mg/m^3$（可吸入性颗粒物）［按 Mo 计］

生物接触限值 未制定标准

监测方法 空气中有毒物质测定方法：硫氰酸盐分光光度法；等离子体发射光谱法。生物监测检验方法：未制定标准

工程控制 密闭操作，局部排风。提供安全的淋浴和洗眼设备

个体防护装备

呼吸系统防护 可能接触其粉尘时，必须佩戴过滤式防尘呼吸器。必要时佩戴空气呼吸器

眼睛防护 戴安全防护眼镜

皮肤和身体防护 穿隔绝式防毒服

手防护 戴橡胶手套

第九部分 理化特性

外观与性状 暗绿色或灰黑色针状结晶，有潮解性

pH 值 无意义 **熔点(℃)** 194

沸点(℃) 268 **相对密度(水=1)** 2.93

相对蒸气密度(空气=1) 无资料

饱和蒸气压(kPa) 0.23 (25℃)

燃烧热(kJ/mol) 无资料 **临界温度(℃)** 无资料

临界压力(MPa) 无资料 **辛醇/水分配系数** 无资料

闪点(℃) 无意义 **自燃温度(℃)** 无意义

爆炸下限(%) 无意义 **爆炸上限(%)** 无意义

分解温度(℃) 无资料

黏度(mPa·s) 无资料

溶解性 溶于干燥的乙醚、乙醇和其他无水有机溶剂

第十部分 稳定性和反应性

稳定性 稳定

危险反应 与强氧化剂、水等禁配物接触发生反应

避免接触的条件 潮湿空气

禁配物 强氧化剂、水

危险的分解产物 氯化物

第十一部分 毒理学信息

急性毒性 TDLo：1.8g/kg（大鼠经口）

皮肤刺激或腐蚀 无资料 **眼睛刺激或腐蚀** 无资料

呼吸或皮肤过敏 无资料 **生殖细胞突变性** 无资料

致癌性 无资料 **生殖毒性** 无资料

特异性靶器官系统毒性-一次接触 无资料

特异性靶器官系统毒性-反复接触 无资料

吸入危害 无资料

第十二部分 生态学信息

生态毒性 无资料

持久性和降解性

生物降解性 无资料

非生物降解性 无资料

潜在的生物累积性 无资料

土壤中的迁移性 无资料

第十三部分 废弃处置

废弃化学品 根据国家和地方有关法规的要求处置。或与制造商联系，确定处置方法

污染包装物 将容器返还生产商或按照国家和地方法规处置

废弃注意事项 处置前应参阅国家和地方有关法规

第十四部分 运输信息

联合国危险货物编号(UN 号) 2508

联合国运输名称 五氯化钼

联合国危险性类别 8 **包装类别** Ⅲ类包装

包装标志 

海洋污染物 否

运输注意事项 起运时包装要完整，装载应稳妥。运输过程中要确保容器不泄漏、不倒塌、不坠落、不损坏。严禁与氧化剂、食用化学品等混装混运。运输时运输车辆应配备泄漏应急处理设备。运输途中应防曝晒、雨淋，防高温

第十五部分 法规信息

下列法律、法规、规章和标准，对该化学品的管理作了相应的规定。

中华人民共和国职业病防治法 职业病分类和目录：未列入

危险化学品安全管理条例 危险化学品目录：列入。易制爆危险化学品名录：未列入。重点监管的危险化学品名录：未列入。GB 18218—2009《危险化学品重大危险源辨识》(表 1)：未列入

使用有毒物品作业场所劳动保护条例 高毒物品目录：未列入

易制毒化学品管理条例 易制毒化学品的分类和品种目录：未列入

国际公约 斯德哥尔摩公约：未列入。鹿特丹公约：未列入。蒙特利尔议定书：未列入

第十六部分 其他信息

编写和修订信息 **缩略语和首字母缩写**

培训建议 **参考文献**

免责声明

五氯化锑

第一部分　化学品标识

化学品中文名　五氯化锑

化学品英文名　antimony pentachloride；pentachloroantimony

分子式　$SbCl_5$　**相对分子质量**　299.01

结构式

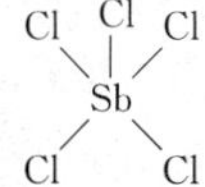

化学品的推荐及限制用途　用作分析试剂、染色中间体及制备高纯锑的原料

第二部分　危险性概述

紧急情况概述　吸入致命，造成严重的皮肤灼伤和眼损伤

GHS危险性类别　急性毒性-吸入，类别1；皮肤腐蚀/刺激，类别1B；严重眼损伤/眼刺激，类别1；特异性靶器官毒性-一次接触，类别3（呼吸道刺激）；危害水生环境-急性危害，类别2；危害水生环境-长期危害，类别2

标签要素

象形图

警示词　危险

危险性说明　吸入致命，造成严重的皮肤灼伤和眼损伤，可能引起呼吸道刺激，对水生生物有毒并具有长期持续影响

防范说明

预防措施　避免吸入蒸气、雾。仅在室外或通风良好处操作。戴呼吸防护器具。避免接触眼睛、皮肤，操作后彻底清洗。戴防护手套，穿防护服，戴防护眼镜、防护面罩。禁止排入环境

事故响应　如吸入：将患者转移到空气新鲜处，休息，保持利于呼吸的体位，立即呼叫中毒控制中心或就医。皮肤（或头发）接触：立即脱掉所有被污染的衣服，用水冲洗皮肤，淋浴。污染的衣服须洗净后方可重新使用。眼睛接触：用水细心地冲洗数分钟。如戴隐形眼镜并可方便地取出，则取出隐形眼镜继续冲洗。食入：漱口，不要催吐，收集泄漏物

安全储存　在通风良好处储存。保持容器密闭。上锁保管

废弃处置　本品及内装物、容器依据国家和地方法规处置

物理和化学危险　不燃，无特殊燃爆特性。遇水产生刺激性气体

健康危害　对眼睛、皮肤、黏膜和呼吸道有强烈的刺激作用。吸入可引起喉、支气管的炎症，化学性肺炎，肺水肿。眼和皮肤接触引起灼伤

环境危害　对水生生物有毒并具有长期持续影响

第三部分　成分/组成信息

√物质		混合物
组分	**浓度**	**CAS No.**
五氯化锑		7647-18-9

第四部分　急救措施

吸入　迅速脱离现场至空气新鲜处。保持呼吸道通畅。如呼吸困难，给输氧。如呼吸、心跳停止，立即进行心肺复苏术。就医

皮肤接触　立即脱去污染的衣着，用大量流动清水彻底冲洗至少15min。就医

眼睛接触　立即分开眼睑，用流动清水或生理盐水彻底冲洗至少15min。就医

食入　用水漱口，禁止催吐。给饮牛奶或蛋清。就医

对保护施救者的忠告　根据需要使用个人防护设备

对医生的特别提示　对症处理

第五部分　消防措施

灭火剂　本品不燃。根据着火原因选择适当灭火剂灭火

特别危险性　受热或遇水分解放热，放出有毒的腐蚀性烟气。对很多金属尤其是潮湿空气存在下有腐蚀性

灭火注意事项及防护措施　消防人员须佩戴防毒面具、穿全身消防服，在上风向灭火。尽可能将容器从火场移至空旷处。喷水保持火场容器冷却，直至灭火结束。禁止用水和泡沫灭火

第六部分　泄漏应急处理

作业人员防护措施、防护装备和应急处置程序　根据液体流动和蒸气扩散的影响区域划定警戒区，无关人员从侧风、上风向撤离至安全区。建议应急处理人员戴正压自给式呼吸器，穿防酸碱服，戴塑料耐酸碱手套。作业时使用的所有设备应接地。穿上适当的防护服前严禁接触破裂的容器和泄漏物。勿使水进入包装容器内。尽可能切断泄漏源

环境保护措施　防止泄漏物进入水体、下水道、地下室或有限空间

泄漏化学品的收容、清除方法及所使用的处置材料　小量泄漏：用干燥的砂土或其他不燃材料覆盖泄漏物。大量泄漏：构筑围堤或挖坑收容。用砂土、惰性物质或蛭石吸收大量液体。用石灰（CaO）、碎石灰石（$CaCO_3$）或碳酸氢钠（$NaHCO_3$）中和。用耐腐蚀泵转移至槽车或专用收集器内

第七部分　操作处置与储存

操作注意事项　密闭操作，局部排风。操作人员必须经过专门培训，严格遵守操作规程。建议操作人员佩戴自吸过滤式防毒面具（全面罩），穿防腐蚀工作服，戴塑料耐酸碱手套。避免产生烟雾。防止烟雾和蒸气释放到工作场所空气中。避免与碱类、醇类接触。尤其要注意避免与水接触。搬运时要轻装轻卸，防止包装及容器损坏。配备泄漏应急处理设备。倒空的容器可能残留有害物

储存注意事项 储存于阴凉、干燥、通风良好的专用库房内，实行“双人收发、双人保管”制度。远离火种、热源。库房温度不超过30℃，相对湿度不超过75%。包装必须密封，切勿受潮。应与碱类、醇类等分开存放，切忌混储。不宜久存，以免变质。储区应备有泄漏应急处理设备和合适的收容材料

第八部分 接触控制/个体防护

职业接触限值

中国 PC-TWA：0.5mg/m³［按Sb计］

美国(ACGIH) TLV-TWA：0.5mg/m³［按Sb计］

生物接触限值 未制定标准

监测方法 空气中有毒物质测定方法：火焰原子吸收光谱法；石墨炉原子吸收光谱法。生物监测检验方法：未制定标准

工程控制 密闭操作，局部排风。提供安全的淋浴和洗眼设备

个体防护装备

呼吸系统防护 空气中浓度超标时，应该佩戴过滤式防毒面具（全面罩）

眼睛防护 呼吸系统防护中已作防护

皮肤和身体防护 穿防腐蚀工作服

手防护 戴耐酸（碱）手套

第九部分 理化特性

外观与性状 黄棕色油状液体，有恶臭，在空气中发烟

pH值 无资料 **熔点(℃)** 2.8～3.5

沸点(℃) 68（1.86 kPa） **相对密度(水=1)** 2.36

相对蒸气密度(空气=1) 无资料

饱和蒸气压(kPa) 0.13（22.7℃）

燃烧热(kJ/mol) 无资料 **临界温度(℃)** 无资料

临界压力(MPa) 无资料 **辛醇/水分配系数** 无资料

闪点(℃) 无意义 **自燃温度(℃)** 无意义

爆炸下限(%) 无意义 **爆炸上限(%)** 无意义

分解温度(℃) 无资料

黏度(mPa·s) 2.03（29℃）

溶解性 溶于氯仿、四氯化碳、二硫化碳、盐酸、酒石酸溶液

第十部分 稳定性和反应性

稳定性 稳定

危险反应 与水、醇类等禁配物接触发生反应

避免接触的条件 潮湿空气

禁配物 水、醇类、碱类

危险的分解产物 氯化物

第十一部分 毒理学信息

急性毒性

LD_{50} 1115mg/kg（大鼠经口）

LC_{50} 720mg/m³（大鼠吸入，2h）

皮肤刺激或腐蚀 无资料 **眼睛刺激或腐蚀** 无资料

呼吸或皮肤过敏 无资料

生殖细胞突变性 DNA修复：枯草杆菌65μg/皿。基因转化和有丝分裂重组：枯草杆菌30μL/皿

致癌性 无资料 **生殖毒性** 无资料

特异性靶器官系统毒性-一次接触 无资料

特异性靶器官系统毒性-反复接触 慢性吸入可引起肺炎、肝肾损害等

吸入危害 无资料

第十二部分 生态学信息

生态毒性 锑化合物对水生生物有毒

持久性和降解性

生物降解性 无资料

非生物降解性 无资料

潜在的生物累积性 无资料

土壤中的迁移性 无资料

第十三部分 废弃处置

废弃化学品 根据国家和地方有关法规的要求处置。或与制造商联系，确定处置方法

污染包装物 将容器返还生产商或按照国家和地方法规处置

废弃注意事项 处置前应参阅国家和地方有关法规

第十四部分 运输信息

联合国危险货物编号（UN号） 1730

联合国运输名称 液态五氯化锑

联合国危险性类别 8 **包装类别** Ⅱ类包装

包装标志  **海洋污染物** 否

运输注意事项 起运时包装要完整，装载应稳妥。运输过程中要确保容器不泄漏、不倒塌、不坠落、不损坏。严禁与碱类、醇类、食用化学品等混装混运。运输时运输车辆应配备泄漏应急处理设备。运输途中应防曝晒、雨淋，防高温。公路运输时要按规定路线行驶，勿在居民区和人口稠密区停留

第十五部分 法规信息

下列法律、法规、规章和标准，对该化学品的管理作了相应的规定。

中华人民共和国职业病防治法 职业病分类和目录：未列入

危险化学品安全管理条例 危险化学品目录：列入。作为剧毒化学品进行管理。易制爆危险化学品名录：未列入。重点监管的危险化学品名录：未列入。GB 18218—2009《危险化学品重大危险源辨识》（表1）：未列入

使用有毒物品作业场所劳动保护条例 高毒物品目录：列入

易制毒化学品管理条例 易制毒化学品的分类和品种目录：未列入

国际公约 斯德哥尔摩公约：未列入。鹿特丹公约：未列入。蒙特利尔议定书：未列入

第十六部分 其他信息

编写和修订信息 **缩略语和首字母缩写**
培训建议 **参考文献**
免责声明

五氯乙烷

第一部分 化学品标识

化学品中文名 五氯乙烷
化学品英文名 pentachloroethane；pentalin
分子式 C_2HCl_5 **相对分子质量** 202.28
结构式
Cl Cl
Cl—┼—<
Cl Cl
化学品的推荐及限制用途 用作溶剂

第二部分 危险性概述

紧急情况概述 长时间或反复接触对器官造成损伤
GHS危险性类别 特异性靶器官毒性-反复接触，类别1；危害水生环境-急性危害，类别2；危害水生环境-长期危害，类别2
标签要素

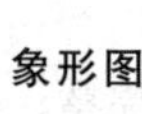
象形图 

警示词 危险
危险性说明 长时间或反复接触对器官造成损伤，对水生生物有毒并具有长期持续影响
防范说明
预防措施 避免吸入蒸气、雾。操作后彻底清洗。操作现场不得进食、饮水或吸烟。禁止排入环境
事故响应 如感觉不适，就医。收集泄漏物
安全储存 -
废弃处置 本品及内装物、容器依据国家和地方法规处置
物理和化学危险 不燃
健康危害 本品具有麻醉作用，对眼睛和呼吸道黏膜有刺激作用，并可引起肺、肝、肾损害
环境危害 对水生生物有毒并具有长期持续影响

第三部分 成分/组成信息

√物质 混合物

组分	浓度	CAS No.
五氯乙烷		76-01-7

第四部分 急救措施

吸入 迅速脱离现场至空气新鲜处。保持呼吸道通畅。如呼吸困难，给输氧。如呼吸、心跳停止，立即进行心肺复苏术。就医
皮肤接触 立即脱去污染的衣着，用流动清水彻底冲洗。就医
眼睛接触 立即分开眼睑，用流动清水或生理盐水彻底冲洗。就医
食入 漱口，饮水。就医
对保护施救者的忠告 根据需要使用个人防护设备
对医生的特别提示 对症处理

第五部分 消防措施

灭火剂 用雾状水、泡沫、二氧化碳、砂土灭火
特别危险性 受高热分解产生有毒的氯化物气体。与强碱、金属粉末和钾钠合金能发生剧烈反应。燃烧生成有害的一氧化碳、氯化氢
灭火注意事项及防护措施 消防人员须佩戴防毒面具、穿全身消防服，在上风向灭火。尽可能将容器从火场移至空旷处。喷水保持火场容器冷却，直至灭火结束

第六部分 泄漏应急处理

作业人员防护措施、防护装备和应急处置程序 根据液体流动和蒸气扩散的影响区域划定警戒区，无关人员从侧风、上风向撤离至安全区。建议应急处理人员戴正压自给式呼吸器，穿防毒服，戴防化学品手套。穿上适当的防护服前严禁接触破裂的容器和泄漏物。尽可能切断泄漏源
环境保护措施 防止泄漏物进入水体、下水道、地下室或有限空间
泄漏化学品的收容、清除方法及所使用的处置材料 小量泄漏：用干燥的砂土或其他不燃材料吸收或覆盖，收集于容器中。大量泄漏：构筑围堤或挖坑收容。用砂土、惰性物质或蛭石吸收大量液体。用泵转移至槽车或专用收集器内

第七部分 操作处置与储存

操作注意事项 严加密闭，提供充分的局部排风和全面通风。操作人员必须经过专门培训，严格遵守操作规程。建议操作人员佩戴直接式防毒面具（半面罩），戴化学安全防护眼镜，穿防毒物渗透工作服，戴防化学品手套。远离火种、热源。工作场所严禁吸烟。使用防爆型的通风系统和设备。防止蒸气泄漏到工作场所空气中。避免与氧化剂、碱类、钾接触。尤其要注意避免与水接触。搬运时要轻装轻卸，防止包装及容器损坏。配备相应品种和数量的消防器材及泄漏应急处理设备。倒空的容器可能残留有害物
储存注意事项 储存于阴凉、通风的库房。远离火种、热源。保持容器密封。应与氧化剂、碱类、钾、食用化学品分开存放，切忌混储。配备相应品种和数量的消防器材。储区应备有泄漏应急处理设备和合适的收容材料

第八部分 接触控制/个体防护

职业接触限值
中国 未制定标准
美国(ACGIH) 未制定标准
生物接触限值 未制定标准

监测方法 空气中有毒物质测定方法：未制定标准。生物监测检验方法：未制定标准

工程控制 严加密闭，提供充分的局部排风和全面通风。提供安全的淋浴和洗眼设备

个体防护装备

呼吸系统防护 空气中浓度超标时，应该佩戴过滤式防毒面具（半面罩）。紧急事态抢救或撤离时，佩戴空气呼吸器

眼睛防护 戴化学安全防护眼镜

皮肤和身体防护 穿防毒物渗透工作服

手防护 戴防化学品手套

第九部分 理化特性

外观与性状 无色重质液体，有氯仿气味

pH 值 无资料 **熔点(℃)** −29

沸点(℃) 159～162.0 **相对密度(水=1)** 1.67

相对蒸气密度(空气=1) 7.0

饱和蒸气压(kPa) 0.47（20℃）

燃烧热(kJ/mol) −860.6 **临界温度(℃)** 373.0

临界压力(MPa) 3.68

辛醇/水分配系数 3.05～3.67

闪点(℃) 无意义 **自燃温度(℃)** 无意义

爆炸下限(%) 无意义 **爆炸上限(%)** 无意义

分解温度(℃) 无资料

黏度(mPa·s) 2.49（20℃）

溶解性 不溶于水，混溶于乙醇、乙醚和普通有机溶剂

第十部分 稳定性和反应性

稳定性 稳定

危险反应 与强氧化剂、碱金属等禁配物接触发生反应

避免接触的条件 光照

禁配物 强氧化剂、强碱、钾、钠

危险的分解产物 氯化物

第十一部分 毒理学信息

急性毒性 LC_{50}：35006mg/m³（大鼠吸入，2h）

皮肤刺激或腐蚀 无资料 **眼睛刺激或腐蚀** 无资料

呼吸或皮肤过敏 无资料

生殖细胞突变性 微生物致突变：大肠杆菌 25814μmol/L。姐妹染色单体互换：仓鼠卵巢 100mg/L。性染色体缺失和不分离：人肺 80mg/L

致癌性 IARC 致癌性评论：组 3，现有的证据不能对人类致癌性进行分类。对人及动物致癌性证据不足

生殖毒性 无资料

特异性靶器官系统毒性-一次接触 无资料

特异性靶器官系统毒性-反复接触 狗吸入 1g/m³，每天 8～9h，共 3 周，出现肝、肾和肺的损害

吸入危害 无资料

第十二部分 生态学信息

生态毒性

LC_{50} 7.3mg/L（96h）（黑头呆鱼）；7.24mg/L（96h）（蓝鳃太阳鱼）；62.9mg/L（96h）（水蚤）

EC_{50} 58.2～134mg/L（96h）（绿藻）

持久性和降解性

生物降解性 无资料

非生物降解性 无资料

潜在的生物累积性 根据 K_{ow} 值预测，该物质可能有一定的生物累积性

土壤中的迁移性 根据 K_{oc} 值预测，该物质可能有一定的迁移性

第十三部分 废弃处置

废弃化学品 用焚烧法处置。与燃料混合后，再焚烧。焚烧炉排出的卤化氢通过酸洗涤器除去

污染包装物 将容器返还生产商或按照国家和地方法规处置

废弃注意事项 处置前应参阅国家和地方有关法规

第十四部分 运输信息

联合国危险货物编号（UN 号） 1669

联合国运输名称 五氯乙烷

联合国危险性类别 6.1 **包装类别** Ⅱ类包装

包装标志 

海洋污染物 否

运输注意事项 运输前应先检查包装容器是否完整、密封，运输过程中要确保容器不泄漏、不倒塌、不坠落、不损坏。严禁与酸类、氧化剂、食品及食品添加剂混运。运输时运输车辆应配备相应品种和数量的消防器材及泄漏应急处理设备。运输途中应防曝晒、雨淋，防高温。公路运输时要按规定路线行驶

第十五部分 法规信息

下列法律、法规、规章和标准，对该化学品的管理作了相应的规定。

中华人民共和国职业病防治法 职业病分类和目录：未列入

危险化学品安全管理条例 危险化学品目录：列入。易制爆危险化学品名录：未列入。重点监管的危险化学品名录：未列入。GB 18218—2009《危险化学品重大危险源辨识》（表 1）：未列入

使用有毒物品作业场所劳动保护条例 高毒物品目录：未列入

易制毒化学品管理条例 易制毒化学品的分类和品种目录：未列入

国际公约 斯德哥尔摩公约：未列入。鹿特丹公约：未列入。蒙特利尔议定书：未列入

第十六部分 其他信息

编写和修订信息 **缩略语和首字母缩写**

培训建议 **参考文献**

免责声明

五 硼 烷

第一部分 化学品标识

化学品中文名 五硼烷；戊硼烷

化学品英文名 pentaborane

分子式 B_5H_9 **相对分子质量** 63.14

结构式 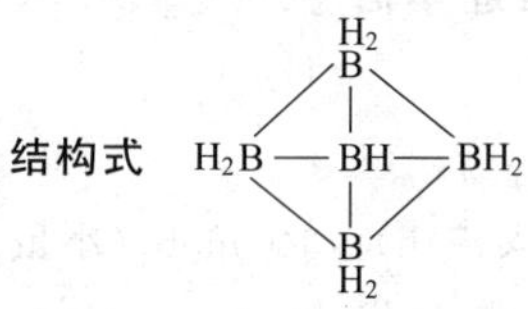

化学品的推荐及限制用途 用作喷射机燃料，推进剂

第二部分 危险性概述

紧急情况概述 暴露在空气中自燃，吸入致命，造成严重眼损伤，对器官造成损害，可能引起昏昏欲睡或眩晕

GHS危险性类别 自燃液体，类别1；急性毒性-吸入，类别1；皮肤腐蚀/刺激，类别2；严重眼损伤/眼刺激，类别1；特异性靶器官毒性-一次接触，类别1；特异性靶器官毒性-一次接触，类别3（呼吸道刺激、麻醉效应）；特异性靶器官毒性-反复接触，类别1

标签要素

象形图 

警示词 危险

危险性说明 暴露在空气中自燃，吸入致命，造成皮肤刺激，造成严重眼损伤，对器官造成损害，可能引起呼吸道刺激，可能引起昏昏欲睡或眩晕，长时间或反复接触对器官造成损伤

防范说明

预防措施 远离热源、火花、明火、热表面。禁止吸烟。不得与空气接触。戴防护手套、防护眼镜、防护面罩。避免吸入蒸气、雾。仅在室外或通风良好处操作。戴呼吸防护器具。避免接触眼睛、皮肤，操作后彻底清洗。作业场所不得进食、饮水或吸烟

事故响应 火灾时，使用干粉、二氧化碳、干砂灭火。如吸入：将患者转移到空气新鲜处，休息，保持利于呼吸的体位，立即呼叫中毒控制中心或就医。皮肤接触：将接触部位浸入冷水中。用湿绷带包扎。如发生皮肤刺激，就医。脱去被污染的衣服，衣服洗净后方可重新使用。接触眼睛：用水细心冲洗数分钟。如戴隐形眼镜并可方便地取出，取出隐形眼镜继续冲洗。如果接触：立即呼叫中毒控制中心或就医。如感觉不适，就医

安全储存 在通风良好处储存。保持容器密闭。上锁保管

废弃处置 本品及内装物、容器依据国家和地方法规处置

物理和化学危险 接触空气易自燃

健康危害 急性中毒：出现神经系统症状，主要表现有头痛、头晕、嗜睡、眼肌麻痹、皮肤感觉过敏，重者出现共济失调、肌痉挛、抽搐、角弓反张、意识障碍或精神错乱。可有神经炎及心、肝、肾损害。对皮肤和黏膜有强烈刺激性，可经皮肤吸收引起中毒。长期接触可引起肝、肾损害。中枢神经系统损害较轻

环境危害 对环境可能有害

第三部分 成分/组成信息

√物质		混合物
组分	**浓度**	**CAS No.**
五硼烷		19624-22-7

第四部分 急救措施

吸入 迅速脱离现场至空气新鲜处。保持呼吸道通畅。如呼吸困难，给输氧。如呼吸、心跳停止，立即进行心肺复苏术。就医

皮肤接触 立即脱去污染的衣着，用流动清水彻底冲洗。就医

眼睛接触 立即分开眼睑，用流动清水或生理盐水彻底冲洗至少15min。就医

食入 漱口，饮水。就医

对保护施救者的忠告 根据需要使用个人防护设备

对医生的特别提示 对症处理

第五部分 消防措施

灭火剂 用干粉、二氧化碳、干砂灭火

特别危险性 若遇高热可发生剧烈分解，引起容器破裂或爆炸事故。与强氧化剂如铬酸酐、氯酸盐和高锰酸钾等接触，能发生强烈反应，引起燃烧或爆炸。与水和水蒸气反应，放出易爆炸着火的氢气。燃烧生成有害的氧化硼

灭火注意事项及防护措施 消防人员必须佩戴空气呼吸器、穿全身防火防毒服，在上风向灭火。尽可能将容器从火场移至空旷处。喷水保持火场容器冷却，直至灭火结束。容器突然发出异常声音或出现异常现象，应立即撤离。禁止用水和泡沫灭火

第六部分 泄漏应急处理

作业人员防护措施、防护装备和应急处置程序 严禁用水处理。根据液体流动和蒸气扩散的影响区域划定警戒区，无关人员从侧风、上风向撤离至安全区。消除所有点火源。建议应急处理人员戴正压自给式呼吸器，穿防毒、防静电服，戴橡胶手套。禁止接触或跨越泄漏物。尽可能切断泄漏源

环境保护措施 防止泄漏物进入水体、下水道、地下室或有限空间

泄漏化学品的收容、清除方法及所使用的处置材料 小量泄漏：用干燥的砂土或其他不燃材料覆盖泄漏物，用洁净的无火花工具收集泄漏物，置于一盖子较松的塑料容器中，待处置。大量泄漏：构筑围堤或挖坑收容。用防爆泵转移至槽车或专用收集器内

第七部分　操作处置与储存

操作注意事项　严加密闭，提供充分的局部排风和全面通风。操作尽可能机械化、自动化。操作人员必须经过专门培训，严格遵守操作规程。建议操作人员佩戴自吸过滤式防毒面具（半面罩），戴化学安全防护眼镜，穿防毒物渗透工作服，戴橡胶手套。远离火种、热源。工作场所严禁吸烟。使用防爆型的通风系统和设备。防止蒸气泄漏到工作场所空气中。避免与氧化剂接触。尤其要注意避免与水接触。搬运时要轻装轻卸，防止包装及容器损坏。配备相应品种和数量的消防器材及泄漏应急处理设备。倒空的容器可能残留有害物

储存注意事项　储存于阴凉、通风良好的专用库房内，实行"双人收发、双人保管"制度。远离火种、热源。库温不宜超过30℃。包装必须密封，切勿受潮。应与氧化剂、食用化学品分开存放，切忌混储。采用防爆型照明、通风设施。禁止使用易产生火花的机械设备和工具。储区应备有泄漏应急处理设备和合适的收容材料

第八部分　接触控制/个体防护

职业接触限值

中国　未制定标准

美国(ACGIH)　TLV-TWA：0.005ppm；TLV-STEL：0.015ppm

生物接触限值　未制定标准

监测方法　空气中有毒物质测定方法：未制定标准。生物监测检验方法：未制定标准

工程控制　严加密闭，提供充分的局部排风和全面通风。提供安全的淋浴和洗眼设备

个体防护装备

呼吸系统防护　作业时，应该佩戴过滤式防毒面具（半面罩）。必要时佩戴空气呼吸器

眼睛防护　戴化学安全防护眼镜

皮肤和身体防护　穿防毒物渗透工作服

手防护　戴橡胶手套

第九部分　理化特性

外观与性状　无色挥发性液体，有刺激性气味

pH值　无资料　　**熔点(℃)**　−46.6

沸点(℃)　60.1　　**相对密度(水=1)**　0.61

相对蒸气密度(空气=1)　2.18

饱和蒸气压(kPa)　13.33（9.6℃）

燃烧热(kJ/mol)　无资料　　**临界温度(℃)**　无资料

临界压力(MPa)　3.85　　**辛醇/水分配系数**　无资料

闪点(℃)　30（CC）　　**自燃温度(℃)**　35

爆炸下限(%)　0.42　　**爆炸上限(%)**　无资料

分解温度(℃)　无资料

黏度(mPa·s)　0.32（21℃）

溶解性　溶于四氢呋喃、乙醚、己烷和二甘醇二甲醚

第十部分　稳定性和反应性

稳定性　稳定

危险反应　与强氧化剂、空气、水等禁配物接触，有发生火灾和爆炸的危险

避免接触的条件　摩擦、撞击、受热、潮湿空气

禁配物　强氧化剂（如铬酸酐、氯酸盐和高锰酸钾等）、空气、水、氧、酸类

危险的分解产物　氧化硼

第十一部分　毒理学信息

急性毒性

LD_{50}　11.1mg/kg（大鼠腹腔）

LC_{50}　18mg/m^3（大鼠吸入，4h）；3400ppb（小鼠吸入，4h）

皮肤刺激或腐蚀　无资料　　**眼睛刺激或腐蚀**　无资料

呼吸或皮肤过敏　无资料　　**生殖细胞突变性**　无资料

致癌性　无资料　　**生殖毒性**　无资料

特异性靶器官系统毒性-一次接触　无资料

特异性靶器官系统毒性-反复接触　无资料

吸入危害　无资料

第十二部分　生态学信息

生态毒性　无资料

持久性和降解性

生物降解性　无资料

非生物降解性　无资料

潜在的生物累积性　无资料

土壤中的迁移性　无资料

第十三部分　废弃处置

废弃化学品　根据国家和地方有关法规的要求处置。或与制造商联系，确定处置方法

污染包装物　将容器返还生产商或按照国家和地方法规处置

废弃注意事项　处置前应参阅国家和地方有关法规

第十四部分　运输信息

联合国危险货物编号（UN号）　1380

联合国运输名称　戊硼烷

联合国危险性类别　4.2，6.1　　**包装类别**　Ⅰ类包装

包装标志

海洋污染物　否

运输注意事项　运输时运输车辆应配备相应品种和数量的消防器材及泄漏应急处理设备。装运本品的车辆排气管须有阻火装置。运输过程中要确保容器不泄漏、不倒塌、不坠落、不损坏。严禁与氧化剂、食用化学品等混装混运。运输途中应防曝晒、雨淋，防高温。中途停留时应远离火种、热源。运输用车、船必须干燥，并有良好的防雨设施。车辆运输完毕应进行彻底清扫。铁路运输时要禁止溜放

第十五部分　法规信息

下列法律、法规、规章和标准，对该化学品的管理作

了相应的规定。

中华人民共和国职业病防治法 职业病分类和目录：未列入

危险化学品安全管理条例 危险化学品目录：列入。作为剧毒化学品进行管理

易制爆危险化学品名录 未列入。重点监管的危险化学品名录：未列入。GB 18218—2009《危险化学品重大危险源辨识》（表 1）：列入。类别：易于自燃的物质，临界量（t）：1

使用有毒物品作业场所劳动保护条例 高毒物品目录：未列入

易制毒化学品管理条例 易制毒化学品的分类和品种目录：未列入

国际公约 斯德哥尔摩公约：未列入。鹿特丹公约：未列入。蒙特利尔议定书：未列入

第十六部分 其他信息

编写和修订信息 **缩略语和首字母缩写**

培训建议 **参考文献**

免责声明

五溴化磷

第一部分 化学品标识

化学品中文名 五溴化磷

化学品英文名 phosphorus pentabromide；pentabromo phosphorus

分子式 PBr_5 **相对分子质量** 430.49

结构式

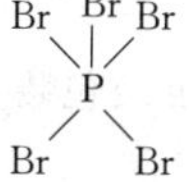

化学品的推荐及限制用途 用于有机合成，用作溴化剂

第二部分 危险性概述

紧急情况概述 造成严重的皮肤灼伤和眼损伤

GHS 危险性类别 皮肤腐蚀/刺激，类别 1；严重眼损伤/眼刺激，类别 1

标签要素

象形图

警示词 危险

危险性说明 造成严重的皮肤灼伤和眼损伤

防范说明

预防措施 避免吸入粉尘。避免接触眼睛、皮肤，操作后彻底清洗。戴防护手套，穿防护服，戴防护眼镜、防护面罩

事故响应 如吸入：将患者转移到空气新鲜处，休息，保持利于呼吸的体位，立即呼叫中毒控制中心或就医。皮肤（或头发）接触：立即脱掉所有被污染的衣服，用水冲洗皮肤，淋浴。污染的衣服须洗净后方可重新使用。眼睛接触：用水细心地冲洗数分钟。如戴隐形眼镜并可方便地取出，则取出隐形眼镜继续冲洗。食入：漱口，不要催吐

安全储存 上锁保管

废弃处置 本品及内装物、容器依据国家和地方法规处置

物理和化学危险 不燃，无特殊燃爆特性。遇水产生刺激性气体

健康危害 遇水或水蒸气后释放出有毒和腐蚀性烟雾。加热分解释出高毒的溴化物烟雾。对眼睛、皮肤和黏膜有强烈刺激性和腐蚀性

环境危害 对环境可能有害

第三部分 成分/组成信息

√物质		混合物
组分	**浓度**	**CAS No.**
五溴化磷		7789-69-7

第四部分 急救措施

吸入 迅速脱离现场至空气新鲜处。保持呼吸道通畅。如呼吸困难，给输氧。如呼吸、心跳停止，立即进行心肺复苏术。就医

皮肤接触 立即脱去污染的衣着，用大量流动清水彻底冲洗至少 15min。就医

眼睛接触 立即分开眼睑，用流动清水或生理盐水彻底冲洗至少 15min。就医

食入 用水漱口，禁止催吐。给饮牛奶或蛋清。就医

对保护施救者的忠告 根据需要使用个人防护设备

对医生的特别提示 对症处理

第五部分 消防措施

灭火剂 用干粉、砂土灭火

特别危险性 受热或遇水分解放热，放出有毒的腐蚀性烟气。对很多金属尤其是潮湿空气存在下有腐蚀性

灭火注意事项及防护措施 消防人员须佩戴防毒面具、穿全身消防服，在上风向灭火。尽可能将容器从火场移至空旷处。喷水保持火场容器冷却，直至灭火结束。禁止用水

第六部分 泄漏应急处理

作业人员防护措施、防护装备和应急处置程序 隔离泄漏污染区，限制出入。建议应急处理人员戴防尘口罩，穿防酸碱服，戴橡胶耐酸碱手套。穿上适当的防护服前严禁接触破裂的容器和泄漏物。尽可能切断泄漏源。勿使泄漏物与可燃物质（如木材、纸、油等）接触

环境保护措施 无资料

泄漏化学品的收容、清除方法及所使用的处置材料 小量泄漏：用干燥的砂土或其他不燃材料覆盖泄漏物，用洁净的无火花工具收集泄漏物，置于一盖子较松的塑料容器中，待处置。大量泄漏：用塑料布覆盖泄漏物，减少飞散，避免雨淋。在专家指导下清除

第七部分 操作处置与储存

操作注意事项 严加密闭，提供充分的局部排风和全面通风。尽可能采取隔离操作。操作人员必须经过专门培训，严格遵守操作规程。建议操作人员佩戴头罩型电动送风过滤式防尘呼吸器，穿橡胶耐酸碱服，戴橡胶耐酸碱手套。远离易燃、可燃物。避免产生粉尘。避免与氧化剂、碱类接触。尤其要注意避免与水接触。搬运时要轻装轻卸，防止包装及容器损坏。配备泄漏应急处理设备。倒空的容器可能残留有害物

储存注意事项 储存于阴凉、干燥、通风良好的库房。库房温度不超过 25℃，相对湿度不超过 75%。包装必须完整密封，防止吸潮。应与易（可）燃物、氧化剂、碱类、食用化学品分开存放，切忌混储。不宜久存，以免变质。储区应备有合适的材料收容泄漏物

第八部分 接触控制/个体防护

职业接触限值

中国 未制定标准

美国(ACGIH) 未制定标准

生物接触限值 未制定标准

监测方法 空气中有毒物质测定方法：未制定标准。生物监测检验方法：未制定标准

工程控制 严加密闭，提供充分的局部排风和全面通风。尽可能采取隔离操作。提供安全的淋浴和洗眼设备

个体防护装备

呼吸系统防护 可能接触其粉尘时，必须佩戴过滤式防尘呼吸器。紧急事态抢救或撤离时，佩戴空气呼吸器

眼睛防护 戴化学安全防护眼镜

皮肤和身体防护 穿橡胶耐酸碱服

手防护 戴橡胶耐酸碱手套

第九部分 理化特性

外观与性状 黄色结晶粉末或块状固体，遇潮湿分解为氢溴酸及磷酸

pH 值 无意义 **熔点(℃)** >100（分解）

沸点(℃) 106（分解） **相对密度(水=1)** 无资料

相对蒸气密度(空气=1) 无资料

饱和蒸气压(kPa) 无资料

燃烧热(kJ/mol) 无资料 **临界温度(℃)** 无资料

临界压力(MPa) 无意义 **辛醇/水分配系数** 无资料

闪点(℃) 无意义 **自燃温度(℃)** 无意义

爆炸下限(%) 无意义 **爆炸上限(%)** 无意义

分解温度(℃) 无资料

黏度(mPa·s) 无资料

溶解性 溶于苯、二硫化碳、四氯化碳

第十部分 稳定性和反应性

稳定性 稳定

危险反应 与水发生反应

避免接触的条件 受热、潮湿空气

禁配物 水

危险的分解产物 无资料

第十一部分 毒理学信息

急性毒性 无资料 **皮肤刺激或腐蚀** 无资料

眼睛刺激或腐蚀 无资料 **呼吸或皮肤过敏** 无资料

生殖细胞突变性 无资料 **致癌性** 无资料

生殖毒性 无资料

特异性靶器官系统毒性-一次接触 无资料

特异性靶器官系统毒性-反复接触 无资料

吸入危害 无资料

第十二部分 生态学信息

生态毒性 无资料

持久性和降解性

生物降解性 无资料

非生物降解性 无资料

潜在的生物累积性 无资料

土壤中的迁移性 无资料

第十三部分 废弃处置

废弃化学品 根据国家和地方有关法规的要求处置。或与制造商联系，确定处置方法

污染包装物 将容器返还生产商或按照国家和地方法规处置

废弃注意事项 处置前应参阅国家和地方有关法规

第十四部分 运输信息

联合国危险货物编号（UN 号） 2691

联合国运输名称 五溴化磷

联合国危险性类别 8 **包装类别** Ⅱ类包装

包装标志 

海洋污染物 否

运输注意事项 起运时包装要完整，装载应稳妥。运输过程中要确保容器不泄漏、不倒塌、不坠落、不损坏。严禁与易燃物或可燃物、氧化剂、碱类、食用化学品等混装混运。运输时运输车辆应配备泄漏应急处理设备。运输途中应防曝晒、雨淋，防高温

第十五部分 法规信息

下列法律、法规、规章和标准，对该化学品的管理作了相应的规定。

中华人民共和国职业病防治法 职业病分类和目录：磷及其化合物中毒

危险化学品安全管理条例 危险化学品目录：列入。易制爆危险化学品名录：未列入。重点监管的危险化学品名录：未列入。GB 18218—2009《危险化学品重大危险源辨识》（表 1）：未列入

使用有毒物品作业场所劳动保护条例 高毒物品目录：未列入

易制毒化学品管理条例 易制毒化学品的分类和品种目录：未列入

国际公约 斯德哥尔摩公约：未列入。鹿特丹公约：未列入。蒙特利尔议定书：未列入

第十六部分 其他信息

编写和修订信息 **缩略语和首字母缩写**
培训建议 **参考文献**
免责声明

五氧化（二）磷

第一部分 化学品标识

化学品中文名 五氧化（二）磷；磷酸酐

化学品英文名 phosphorus pentoxide；phosphoric anhydride

分子式 P_2O_5 **相对分子质量** 141.94

结构式

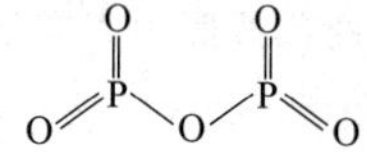

化学品的推荐及限制用途 用作干燥剂、脱水剂，用于制造高纯度磷酸、磷酸盐及农药等

第二部分 危险性概述

紧急情况概述 造成严重的皮肤灼伤和眼损伤

GHS 危险性类别 皮肤腐蚀/刺激，类别 1A；严重眼损伤/眼刺激，类别 1

标签要素

象形图

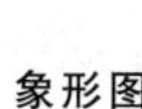

警示词 危险

危险性说明 造成严重的皮肤灼伤和眼损伤

防范说明

预防措施 避免吸入粉尘或烟雾。避免接触眼睛、皮肤，操作后彻底清洗。戴防护手套，穿防护服，戴防护眼镜、防护面罩

事故响应 如吸入：将患者转移到空气新鲜处，休息，保持利于呼吸的体位，立即呼叫中毒控制中心或就医。皮肤（或头发）接触：立即脱掉所有被污染的衣服，用水冲洗皮肤，淋浴。污染的衣服须洗净后方可重新使用。眼睛接触：用水细心地冲洗数分钟。如戴隐形眼镜并可方便地取出，则取出隐形眼镜继续冲洗。食入：漱口，不要催吐

安全储存 上锁保管

废弃处置 本品及内装物、容器依据国家和地方法规处置

物理和化学危险 助燃。与可燃物接触易着火燃烧

健康危害 本品遇水生成磷酸；有时含游离磷而引起磷中毒

急性中毒 短期大量吸入引起眼及上呼吸道刺激症状，出现咽喉炎、支气管炎。严重者发生喉头水肿致窒息，引起肺炎或肺水肿。口服发生恶心、呕吐、腹痛、腹泻；数日内出现黄疸及肝肿大，或出现急性肝坏死；严重病例，数小时内患者由兴奋转入抑制，发生昏迷、循环衰竭，以致死亡。可使组织脱水，对皮肤有刺激腐蚀作用

慢性中毒 有呼吸道刺激症状及磷毒性牙齿、牙龈和下颌骨损害

环境危害 对环境可能有害

第三部分 成分/组成信息

√物质		混合物
组分	**浓度**	**CAS No.**
五氧化（二）磷		1314-56-3

第四部分 急救措施

吸入 迅速脱离现场至空气新鲜处。保持呼吸道通畅。如呼吸困难，给输氧。如呼吸、心跳停止，立即进行心肺复苏术。就医

皮肤接触 立即脱去污染的衣着，用大量流动清水彻底冲洗至少 15min。就医

眼睛接触 立即分开眼睑，用流动清水或生理盐水彻底冲洗至少 15min。就医

食入 用水漱口，禁止催吐。给饮牛奶或蛋清。就医

对保护施救者的忠告 根据需要使用个人防护设备

对医生的特别提示 对症处理

第五部分 消防措施

灭火剂 用干粉、砂土灭火

特别危险性 具有强腐蚀性

灭火注意事项及防护措施 消防人员必须佩戴空气呼吸器、穿全身防火防毒服，在上风向灭火。尽可能将容器从火场移至空旷处。喷水保持火场容器冷却，直至灭火结束

第六部分 泄漏应急处理

作业人员防护措施、防护装备和应急处置程序 隔离泄漏污染区，限制出入。建议应急处理人员戴防尘口罩，穿防酸碱服，戴橡胶耐酸碱手套。穿上适当的防护服前严禁接触破裂的容器和泄漏物。尽可能切断泄漏源。勿使泄漏物与可燃物质（如木材、纸、油等）接触

环境保护措施 无资料

泄漏化学品的收容、清除方法及所使用的处置材料 小量泄漏：用干燥的砂土或其他不燃材料覆盖泄漏物，用洁净的无火花工具收集泄漏物，置于一盖子较松的塑料容器中，待处置。大量泄漏：用塑料布覆盖泄漏物，减少飞散，避免雨淋。在专家指导下清除

第七部分 操作处置与储存

操作注意事项 密闭操作，注意通风。操作尽可能机械化、自动化。操作人员必须经过专门培训，严格遵守操作规程。建议操作人员佩戴头罩型电动送风过滤式

防尘呼吸器，穿橡胶耐酸碱服，戴橡胶耐酸碱手套。避免产生粉尘。避免与活性金属粉末、碱类、过氧化物、醇类接触。搬运时要轻装轻卸，防止包装及容器损坏。配备泄漏应急处理设备。倒空的容器可能残留有害物

储存注意事项 储存于阴凉、干燥、通风良好的库房。远离火种、热源。库房温度不超过25℃，相对湿度不超过75%。包装必须密封，切勿受潮。应与活性金属粉末、碱类、过氧化物、醇类等分开存放，切忌混储。储区应备有合适的材料收容泄漏物

第八部分 接触控制/个体防护

职业接触限值

中国 MAC：$1mg/m^3$

美国(ACGIH) 未制定标准

生物接触限值 未制定标准

监测方法 空气中有毒物质测定方法：钼酸铵分光光度法。生物监测检验方法：未制定标准

工程控制 密闭操作，注意通风。提供安全的淋浴和洗眼设备

个体防护装备

呼吸系统防护 可能接触其粉尘时，必须佩戴过滤式防尘呼吸器或长管面具。紧急事态抢救或撤离时，建议佩戴空气呼吸器

眼睛防护 戴化学安全防护眼镜

皮肤和身体防护 穿橡胶耐酸碱服

手防护 戴橡胶耐酸碱手套

第九部分 理化特性

外观与性状 白色粉末，不纯品为黄色粉末，易吸潮

pH值 无意义 **熔点(℃)** 340～360

沸点(℃) 360（升华） **相对密度(水=1)** 2.39

相对蒸气密度(空气=1) 4.9

饱和蒸气压(kPa) 0.13（384℃）

燃烧热(kJ/mol) 无资料 **临界温度(℃)** 无资料

临界压力(MPa) 无资料 **辛醇/水分配系数** 无资料

闪点(℃) 无意义 **自燃温度(℃)** 无意义

爆炸下限(%) 无意义 **爆炸上限(%)** 无意义

分解温度(℃) 无资料

黏度(mPa·s) 无资料

溶解性 不溶于丙酮、氨水，溶于硫酸

第十部分 稳定性和反应性

稳定性 稳定

危险反应 与钾、钠等禁配物发生反应

避免接触的条件 潮湿空气

禁配物 钾、钠、水、醇类、碱类、过氧化物

危险的分解产物 氧化磷

第十一部分 毒理学信息

急性毒性 LC_{50}：$1217mg/m^3$（大鼠吸入，1h）

皮肤刺激或腐蚀 无资料 **眼睛刺激或腐蚀** 无资料

呼吸或皮肤过敏 无资料 **生殖细胞突变性** 无资料

致癌性 无资料 **生殖毒性** 无资料

特异性靶器官系统毒性-一次接触 无资料

特异性靶器官系统毒性-反复接触 无资料

吸入危害 无资料

第十二部分 生态学信息

生态毒性 无资料

持久性和降解性

生物降解性 无资料

非生物降解性 无资料

潜在的生物累积性 无资料

土壤中的迁移性 无资料

第十三部分 废弃处置

废弃化学品 用安全掩埋法处置

污染包装物 将容器返还生产商或按照国家和地方法规处置

废弃注意事项 处置前应参阅国家和地方有关法规

第十四部分 运输信息

联合国危险货物编号(UN号) 1807

联合国运输名称 五氧化二磷

联合国危险性类别 8 **包装类别** Ⅱ类包装

包装标志 

海洋污染物 否

运输注意事项 起运时包装要完整，装载应稳妥。运输过程中要确保容器不泄漏、不倒塌、不坠落、不损坏。严禁与活性金属粉末、碱类、过氧化物、醇类、食用化学品等混装混运。运输时运输车辆应配备泄漏应急处理设备。运输途中应防曝晒、雨淋，防高温

第十五部分 法规信息

下列法律、法规、规章和标准，对该化学品的管理作了相应的规定。

中华人民共和国职业病防治法 职业病分类和目录：磷及其化合物中毒

危险化学品安全管理条例 危险化学品目录：列入。易制爆危险化学品名录：未列入。重点监管的危险化学品名录：未列入。GB 18218—2009《危险化学品重大危险源辨识》(表1)：未列入

使用有毒物品作业场所劳动保护条例 高毒物品目录：未列入

易制毒化学品管理条例 易制毒化学品的分类和品种目录：未列入

国际公约 斯德哥尔摩公约：未列入。鹿特丹公约：未列入。蒙特利尔议定书：未列入

第十六部分 其他信息

编写和修订信息 **缩略语和首字母缩写**

培训建议 **参考文献**

免责声明

五氧化二砷

第一部分 化学品标识

化学品中文名 五氧化二砷；五氧化砷；砷（酸）酐

化学品英文名 arsenic oxide；arsenic anhydride

分子式 As_2O_5 **相对分子质量** 229.84

结构式

化学品的推荐及限制用途 用于制药物、杀虫剂、金属粘接剂、有色玻璃等

第二部分 危险性概述

紧急情况概述 吞咽致命，吸入会中毒

GHS危险性类别 急性毒性-经口，类别2；急性毒性-吸入，类别3；致癌性，类别1A；危害水生环境-急性危害，类别1；危害水生环境-长期危害，类别1

标签要素

象形图

警示词 危险

危险性说明 吞咽致命，吸入会中毒，可能致癌，对水生生物毒性非常大并具有长期持续影响

防范说明

预防措施 避免接触眼睛、皮肤，操作后彻底清洗。作业场所不得进食、饮水或吸烟。避免吸入粉尘。仅在室外或通风良好处操作。得到专门指导后操作。在阅读并了解所有安全预防措施之前，切勿操作。按要求使用个体防护装备。禁止排入环境

事故响应 如吸入：将患者转移到空气新鲜处，休息，保持利于呼吸的体位，呼叫中毒控制中心或就医。食入：漱口，立即呼叫中毒控制中心或就医。如果接触或有担心，就医。收集泄漏物

安全储存 在通风良好处储存。保持容器密闭。上锁保管

废弃处置 本品及内装物、容器依据国家和地方法规处置

物理和化学危险 不燃，无特殊燃爆特性

健康危害 砷及其化合物对体内酶蛋白的巯基有特殊亲和力

急性中毒 口服致急性胃肠炎、休克、周围神经病、贫血及中毒性肝病，心肌炎等。可因呼吸中枢麻痹而死亡。短期内大量吸入可致咳嗽、胸痛、呼吸困难、头痛、头晕等。消化道症状较轻，其他症状似口服。重者可致死

慢性中毒 长期接触较高浓度粉尘引起慢性中毒，主要有神经衰弱综合征，多发性神经病，肝损害，鼻炎，鼻中隔穿孔，支气管炎等。砷和砷化合物为对人致癌物，可引起肺癌、皮肤癌

环境危害 对水生生物毒性非常大并具有长期持续影响

第三部分 成分/组成信息

√物质		混合物
组分	**浓度**	**CAS No.**
五氧化二砷		1303-28-2

第四部分 急救措施

吸入 迅速脱离现场至空气新鲜处。保持呼吸道通畅。如呼吸困难，给输氧。如呼吸、心跳停止，立即进行心肺复苏术。就医

皮肤接触 立即脱去污染的衣着，用肥皂水和清水彻底冲洗。就医

眼睛接触 立即分开眼睑，用流动清水或生理盐水彻底冲洗。就医

食入 催吐、彻底洗胃，洗胃后服活性炭30～50g（用水调成浆状），而后再服用硫酸镁或硫酸钠导泻。就医

对保护施救者的忠告 根据需要使用个人防护设备

对医生的特别提示 解毒剂有二巯基丙磺酸钠、二巯基丁二酸钠等

第五部分 消防措施

灭火剂 本品不燃。根据着火原因选择适当灭火剂灭火

特别危险性 遇高热、明火会产生剧毒的蒸气

灭火注意事项及防护措施 消防人员必须佩戴空气呼吸器、穿全身防火防毒服，在上风向灭火。尽可能将容器从火场移至空旷处。喷水保持火场容器冷却，直至灭火结束

第六部分 泄漏应急处理

作业人员防护措施、防护装备和应急处置程序 隔离泄漏污染区，限制出入。建议应急处理人员戴防尘口罩，穿防毒服，戴橡胶手套。穿上适当的防护服前严禁接触破裂的容器和泄漏物。尽可能切断泄漏源。用塑料布覆盖泄漏物，减少飞散。勿使水进入包装容器内

环境保护措施 无资料

泄漏化学品的收容、清除方法及所使用的处置材料 用洁净的铲子收集泄漏物，置于干净、干燥、盖子较松的容器中，将容器移离泄漏区

第七部分 操作处置与储存

操作注意事项 严加密闭，提供充分的局部排风和全面通风。操作人员必须经过专门培训，严格遵守操作规程。建议操作人员佩戴头罩型电动送风过滤式防尘呼吸器，穿连衣式防毒衣，戴橡胶手套。避免与酸类、卤素接触。搬运时要轻装轻卸，防止包装及容器损坏。配备泄漏应急处理设备。倒空的容器可能残留有害物

储存注意事项 储存于阴凉、干燥、通风良好的专用库房内，实行“双人收发、双人保管”制度。远离火种、热源。低温储存。包装要求密封，不可与空气接触。应与酸类、卤素、食用化学品分开存放，切忌混储。

储区应备有合适的材料收容泄漏物

第八部分 接触控制/个体防护

职业接触限值

中国 PC-TWA：0.01mg/m^3；PC-STEL：0.02mg/m^3 [按As计] [G1]

美国(ACGIH) TLV-TWA：0.01mg/m^3 [按As计]

生物接触限值 未制定标准

监测方法 空气中有毒物质测定方法：原子荧光光谱法；氢化物-原子吸收光谱法；二乙氨基二硫代甲酸银分光光度法。生物监测检验方法：未制定标准

工程控制 严加密闭，提供充分的局部排风和全面通风。提供安全的淋浴和洗眼设备

个体防护装备

呼吸系统防护 可能接触其粉尘时，应该佩戴过滤式防尘呼吸器。必要时佩戴空气呼吸器

眼睛防护 戴化学安全防护眼镜

皮肤和身体防护 穿连衣式防毒衣

手防护 戴橡胶手套

第九部分 理化特性

外观与性状 白色无定形固体，易潮解

pH值 无意义 **熔点(℃)** 315（分解）

沸点(℃) 无资料 **相对密度(水=1)** 4.32

相对蒸气密度(空气=1) 无资料

饱和蒸气压(kPa) 无资料

燃烧热(kJ/mol) 无资料 **临界温度(℃)** 无资料

临界压力(MPa) 无资料 **辛醇/水分配系数** 无资料

闪点(℃) 无意义 **自燃温度(℃)** 无意义

爆炸下限(%) 无意义 **爆炸上限(%)** 无意义

分解温度(℃) 无资料 **黏度(mPa·s)** 无资料

溶解性 溶于水，溶于乙醇、酸、碱

第十部分 稳定性和反应性

稳定性 稳定

危险反应 与酸类、卤素等禁配物发生反应

避免接触的条件 潮湿空气

禁配物 酸类、卤素、水及水蒸气

危险的分解产物 氧化砷

第十一部分 毒理学信息

急性毒性 LD_{50}：8mg/kg（大鼠经口）；55mg/kg（小鼠经口）

皮肤刺激或腐蚀 无资料 **眼睛刺激或腐蚀** 无资料

呼吸或皮肤过敏 无资料

生殖细胞突变性 DNA修复：枯草菌50mmol/L。细胞遗传学分析：人白细胞1200nmol/L。DNA抑制：人成纤维细胞100μmol/L。姐妹染色单体交换：仓鼠成纤维细胞3200μg/L

致癌性 IARC致癌性评论：组1，确认人类致癌物。对人类致癌性证据充分

生殖毒性 小鼠皮下注射最低中毒剂量（TDLo）：4597μg/kg（30d，雄性），对睾丸、附睾和输精管产生影响

特异性靶器官系统毒性-一次接触 无资料

特异性靶器官系统毒性-反复接触 无资料

吸入危害 无资料

第十二部分 生态学信息

生态毒性

LC_{50} 0.01mg/L（96h）（鱼）

EC_{50} 1.4mg/L（3周）（水蚤）

持久性和降解性

生物降解性 无资料

非生物降解性 无资料

潜在的生物累积性 无资料

土壤中的迁移性 无资料

第十三部分 废弃处置

废弃化学品 根据国家和地方有关法规的要求处置。或与制造商联系，确定处置方法

污染包装物 将容器返还生产商或按照国家和地方法规处置

废弃注意事项 把倒空的容器归还厂商或在规定场所掩埋

第十四部分 运输信息

联合国危险货物编号（UN号） 1559

联合国运输名称 五氧化二砷

联合国危险性类别 6.1 **包装类别** Ⅱ类包装

包装标志 

海洋污染物 否

运输注意事项 运输前应先检查包装容器是否完整、密封，运输过程中要确保容器不泄漏、不倒塌、不坠落、不损坏。严禁与酸类、氧化剂、食品及食品添加剂混运。运输时运输车辆应配备泄漏应急处理设备。运输途中应防曝晒、雨淋，防高温。公路运输时要按规定路线行驶，勿在居民区和人口稠密区停留

第十五部分 法规信息

下列法律、法规、规章和标准，对该化学品的管理作了相应的规定。

中华人民共和国职业病防治法 职业病分类和目录：砷及其化合物中毒；砷及其化合物所致肺癌、皮肤癌

危险化学品安全管理条例 危险化学品目录：列入。作为剧毒化学品进行管理。易制爆危险化学品名录：未列入。重点监管的危险化学品名录：未列入。GB 18218—2009《危险化学品重大危险源辨识》（表1）：未列入

使用有毒物品作业场所劳动保护条例 高毒物品目录：列入

易制毒化学品管理条例 易制毒化学品的分类和品种目录：未列入

国际公约 斯德哥尔摩公约：未列入。鹿特丹公约：未列入。蒙特利尔议定书：未列入

第十六部分 其他信息

编写和修订信息 **缩略语和首字母缩写**
培训建议 **参考文献**
免责声明

五氧化二锑

第一部分 化学品标识

化学品中文名 五氧化二锑；锑酸酐；过氧化锑
化学品英文名 antimony pentoxide；antimony peroxide
分子式 Sb_2O_5 **相对分子质量** 323.50
结构式

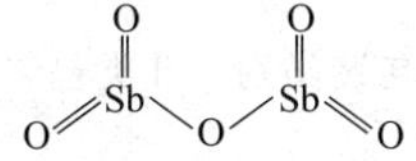

化学品的推荐及限制用途 用于制造锑酸盐、锑化合物及制药工业

第二部分 危险性概述

紧急情况概述 吞咽有害，吸入有害
GHS 危险性类别 急性毒性-经口，类别 4；急性毒性-吸入，类别 4；危害水生环境-急性危害，类别 2；危害水生环境-长期危害，类别 2
标签要素

象形图

警示词 警告
危险性说明 吞咽有害，吸入有害，对水生生物有毒并具有长期持续影响
防范说明

预防措施 避免接触眼睛、皮肤，操作后彻底清洗。作业场所不得进食、饮水或吸烟。避免吸入粉尘。仅在室外或通风良好处操作。禁止排入环境

事故响应 如吸入：将患者转移到空气新鲜处，休息，保持利于呼吸的体位，如感觉不适，呼叫中毒控制中心或就医。食入：漱口，如果感觉不适，立即呼叫中毒控制中心或就医。收集泄漏物

安全储存 -

废弃处置 本品及内装物、容器依据国家和地方法规处置

物理和化学危险 不燃，无特殊燃爆特性
健康危害 对黏膜有刺激作用，可引起内脏损害

急性中毒 接触较高浓度可引起化学性结膜炎、鼻炎、咽炎、喉炎、气管炎、肺炎。口服引起胃肠炎。全身症状有疲乏无力、头晕、头痛、四肢肌肉酸痛。可引起心、肝、肾损害

慢性影响 常出现头痛、头晕、易兴奋、失眠、乏力、胃肠功能紊乱、黏膜刺激症状，可引起鼻中隔穿孔。对皮肤有明显的刺激作用和致敏作用。在锑冶炼过程中可引起锑尘肺

环境危害 对水生生物有毒并具有长期持续影响

第三部分 成分/组成信息

√物质		混合物
组分	浓度	CAS No.
五氧化二锑		1314-60-9

第四部分 急救措施

吸入 迅速脱离现场至空气新鲜处。保持呼吸道通畅。如呼吸困难，给输氧。如呼吸、心跳停止，立即进行心肺复苏术。就医
皮肤接触 立即脱去污染的衣着，用流动清水彻底冲洗。就医
眼睛接触 立即分开眼睑，用流动清水或生理盐水彻底冲洗。就医
食入 漱口，饮水。就医
对保护施救者的忠告 根据需要使用个人防护设备
对医生的特别提示 对症处理

第五部分 消防措施

灭火剂 本品不燃。根据着火原因选择适当灭火剂灭火
特别危险性 与还原剂能发生反应
灭火注意事项及防护措施 消防人员必须佩戴空气呼吸器、穿全身防火防毒服，在上风向灭火。尽可能将容器从火场移至空旷处。喷水保持火场容器冷却，直至灭火结束

第六部分 泄漏应急处理

作业人员防护措施、防护装备和应急处置程序 隔离泄漏污染区，限制出入。建议应急处理人员戴防尘口罩，穿防毒服，戴防化学品手套。穿上适当的防护服前严禁接触破裂的容器和泄漏物。尽可能切断泄漏源。用塑料布覆盖泄漏物，减少飞散。勿使水进入包装容器内
环境保护措施 无资料
泄漏化学品的收容、清除方法及所使用的处置材料 用洁净的铲子收集泄漏物，置于干净、干燥、盖子较松的容器中，将容器移离泄漏区

第七部分 操作处置与储存

操作注意事项 密闭操作，局部排风。操作人员必须经过专门培训，严格遵守操作规程。建议操作人员佩戴过滤式防尘呼吸器，戴化学安全防护眼镜，穿透气型防毒服，戴防化学品手套。避免产生粉尘。避免与还原剂、酸类接触。搬运时要轻装轻卸，防止包装及容器损坏。配备泄漏应急处理设备。倒空的容器可能残留有害物
储存注意事项 储存于阴凉、通风的库房。远离火种、热源。包装密封。应与还原剂、酸类、食用化学品分开存放，切忌混储。储区应备有合适的材料收容泄漏物

第八部分 接触控制/个体防护

职业接触限值

中国 PC-TWA：0.5mg/m^3［按 Sb 计］

美国(ACGIH) TLV-TWA：0.5mg/m^3 [按 Sb 计]

生物接触限值 未制定标准

监测方法 空气中有毒物质测定方法：火焰原子吸收光谱法；石墨炉原子吸收光谱法。生物监测检验方法：未制定标准

工程控制 密闭操作，局部排风。提供安全的淋浴和洗眼设备

个体防护装备

呼吸系统防护 可能接触其粉尘时，作业人员应该佩戴过滤式防尘呼吸器。必要时，佩戴空气呼吸器或长管面具

眼睛防护 戴化学安全防护眼镜

皮肤和身体防护 穿透气型防毒服

手防护 戴防化学品手套

第九部分 理化特性

外观与性状 白色或黄色粉末

pH 值 无意义 **熔点(℃)** 380（分解）

沸点(℃) 无资料 **相对密度(水=1)** 3.78

相对蒸气密度(空气=1) 无资料

饱和蒸气压(kPa) 无资料

燃烧热(kJ/mol) 无资料 **临界温度(℃)** 无资料

临界压力(MPa) 无资料 **辛醇/水分配系数** 无资料

闪点(℃) 无意义 **自燃温度(℃)** 无意义

爆炸下限(%) 无意义 **爆炸上限(%)** 无意义

分解温度(℃) 无资料

黏度(mPa·s) 无资料

溶解性 不溶于水，溶于热盐酸

主要用途 用于制造锑酸盐、锑化合物及制药工业

第十部分 稳定性和反应性

稳定性 稳定

危险反应 与强还原剂等禁配物发生反应

避免接触的条件 潮湿空气

禁配物 强还原剂、强酸

危险的分解产物 氧化锑

第十一部分 毒理学信息

急性毒性 LD_{50}：4000mg/kg（大鼠腹腔）；978mg/kg（小鼠腹腔）

皮肤刺激或腐蚀 无资料 **眼睛刺激或腐蚀** 无资料

呼吸或皮肤过敏 无资料 **生殖细胞突变性** 无资料

致癌性 无资料 **生殖毒性** 无资料

特异性靶器官系统毒性-一次接触 无资料

特异性靶器官系统毒性-反复接触 无资料

吸入危害 无资料

第十二部分 生态学信息

生态毒性 含锑化合物对水生生物有毒

持久性和降解性

生物降解性 无资料

非生物降解性 无资料

潜在的生物累积性 无资料

土壤中的迁移性 无资料

第十三部分 废弃处置

废弃化学品 根据国家和地方有关法规的要求处置。或与制造商联系，确定处置方法

污染包装物 将容器返还生产商或按照国家和地方法规处置

废弃注意事项 处置前应参阅国家和地方有关法规

第十四部分 运输信息

联合国危险货物编号(UN 号) 1549

联合国运输名称 固态无机锑化合物，未另作规定的（五氧化二锑）

联合国危险性类别 6.1 **包装类别** Ⅱ类包装

包装标志  **海洋污染物** 否

运输注意事项 运输前应先检查包装容器是否完整、密封，运输过程中要确保容器不泄漏、不倒塌、不坠落、不损坏。严禁与酸类、氧化剂、食品及食品添加剂混运。运输时运输车辆应配备泄漏应急处理设备。运输途中应防曝晒、雨淋，防高温

第十五部分 法规信息

下列法律、法规、规章和标准，对该化学品的管理作了相应的规定。

中华人民共和国职业病防治法 职业病分类和目录：未列入

危险化学品安全管理条例 危险化学品目录：列入。易制爆危险化学品名录：未列入。重点监管的危险化学品名录：未列入。GB 18218—2009《危险化学品重大危险源辨识》(表 1)：未列入

使用有毒物品作业场所劳动保护条例 高毒物品目录：列入

易制毒化学品管理条例 易制毒化学品的分类和品种目录：未列入

国际公约 斯德哥尔摩公约：未列入。鹿特丹公约：未列入。蒙特利尔议定书：未列入

第十六部分 其他信息

编写和修订信息 **缩略语和首字母缩写**

培训建议 **参考文献**

免责声明

2-戊醇

第一部分 化学品标识

化学品中文名 2-戊醇；仲戊醇

化学品英文名 2-amyl alcohol；*sec*-pentanol

分子式 $C_5H_{12}O$ **相对分子质量** 88.15

结构式 OH

化学品的推荐及限制用途 用作溶剂、医药中间体

第二部分　危险性概述

紧急情况概述　易燃液体和蒸气

GHS危险性类别　易燃液体，类别3；皮肤腐蚀/刺激，类别2；特异性靶器官毒性—一次接触，类别3（呼吸道刺激）

标签要素

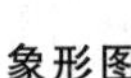
象形图 

警示词　警告

危险性说明　易燃液体和蒸气，造成皮肤刺激，可能引起呼吸道刺激

防范说明

预防措施　远离热源、火花、明火、热表面。禁止吸烟。保持容器密闭。容器和接收设备接地连接。使用防爆电器、通风、照明设备。只能使用不产生火花的工具。采取防止静电措施。戴防护手套、防护眼镜、防护面罩。避免接触眼睛、皮肤，操作后彻底清洗

事故响应　火灾时，使用泡沫、干粉、二氧化碳、1211灭火剂、砂土灭火。皮肤接触：用大量肥皂水和水清洗。如发生皮肤刺激，就医。脱去被污染的衣服，污染的衣服洗净后方可重新使用

安全储存　存放在通风良好的地方。保持低温

废弃处置　本品及内装物、容器依据国家和地方法规处置

物理和化学危险　易燃，其蒸气与空气混合，能形成爆炸性混合物

健康危害　其蒸气或雾对眼睛、皮肤、黏膜和上呼吸道有刺激作用，还可引起头痛、头晕、呼吸困难、咳嗽、恶心、呕吐、腹泻等；严重者有复视、谵妄等，有时出现高铁血红蛋白血症

环境危害　对环境可能有害

第三部分　成分/组成信息

√物质		混合物
组分	**浓度**	**CAS No.**
2-戊醇		6032-29-7

第四部分　急救措施

吸入　迅速脱离现场至空气新鲜处。保持呼吸道通畅。如呼吸困难，给输氧。如呼吸、心跳停止，立即进行心肺复苏术。就医

皮肤接触　立即脱去污染的衣着，用流动清水彻底冲洗。就医

眼睛接触　立即分开眼睑，用流动清水或生理盐水彻底冲洗。就医

食入　漱口，饮水。就医

对保护施救者的忠告　根据需要使用个人防护设备

对医生的特别提示　高铁血红蛋白血症，可用美蓝和维生素C治疗

第五部分　消防措施

灭火剂　用泡沫、干粉、二氧化碳、1211灭火剂、砂土灭火

特别危险性　与氧化剂能发生强烈反应。在火场中，受热的容器有爆炸危险。燃烧生成有害的一氧化碳

灭火注意事项及防护措施　消防人员必须佩戴空气呼吸器、穿全身防火防毒服，在上风向灭火。喷水冷却容器，尽可能将容器从火场移至空旷处。容器突然发出异常声音或出现异常现象，应立即撤离

第六部分　泄漏应急处理

作业人员防护措施、防护装备和应急处置程序　消除所有点火源。根据液体流动和蒸气扩散的影响区域划定警戒区，无关人员从侧风、上风向撤离至安全区。建议应急处理人员戴正压自给式呼吸器，穿防静电服，戴橡胶耐油手套。作业时使用的所有设备应接地。禁止接触或跨越泄漏物。尽可能切断泄漏源

环境保护措施　防止泄漏物进入水体、下水道、地下室或有限空间

泄漏化学品的收容、清除方法及所使用的处置材料　小量泄漏：用砂土或其他不燃材料吸收，使用洁净的无火花工具收集吸收材料。大量泄漏：构筑围堤或挖坑收容。用砂土、惰性物质或蛭石吸收大量液体。用抗溶性泡沫覆盖，减少蒸发。喷水雾能减少蒸发，但不能降低泄漏物在有限空间内的易燃性。用防爆泵转移至槽车或专用收集器内。喷雾状水驱散蒸气、稀释液体泄漏物

第七部分　操作处置与储存

操作注意事项　密闭操作，全面通风。操作人员必须经过专门培训，严格遵守操作规程。建议操作人员佩戴自吸过滤式防毒面具（半面罩），戴安全防护眼镜，穿防静电工作服，戴橡胶耐油手套。远离火种、热源。工作场所严禁吸烟。使用防爆型的通风系统和设备。防止蒸气泄漏到工作场所空气中。避免与氧化剂、酸类接触。充装要控制流速，防止静电积聚。搬运时要轻装轻卸，防止包装及容器损坏。配备相应品种和数量的消防器材及泄漏应急处理设备。倒空的容器可能残留有害物

储存注意事项　储存于阴凉、通风的库房。远离火种、热源。库温不宜超过37℃。保持容器密封。应与氧化剂、酸类等分开存放，切忌混储。采用防爆型照明、通风设施。禁止使用易产生火花的机械设备和工具。储区应备有泄漏应急处理设备和合适的收容材料

第八部分　接触控制/个体防护

职业接触限值

中国　未制定标准

美国(ACGIH)　未制定标准

生物接触限值　未制定标准

监测方法　空气中有毒物质测定方法：溶剂解吸-气相色谱法。生物监测检验方法：未制定标准

工程控制 生产过程密闭，全面通风。提供安全的淋浴和洗眼设备

个体防护装备

呼吸系统防护 一般不需要特殊防护，高浓度接触时可佩戴过滤式防毒面具（半面罩）

眼睛防护 戴安全防护眼镜

皮肤和身体防护 穿防静电工作服

手防护 戴橡胶耐油手套

第九部分 理化特性

外观与性状 无色液体 **pH值** 无资料

熔点(℃) −75 **沸点(℃)** 119.3

相对密度(水=1) 0.81（20℃）

相对蒸气密度(空气=1) 3.04

饱和蒸气压(kPa) 0.53（20℃）

燃烧热(kJ/mol) 无资料 **临界温度(℃)** 无资料

临界压力(MPa) 3.71

辛醇/水分配系数 1.19～1.34

闪点(℃) 33（CC）；40.5（OC）

自燃温度(℃) 347 **爆炸下限(%)** 1.2

爆炸上限(%) 9.0 **分解温度(℃)** 无资料

黏度(mPa·s) 无资料

溶解性 溶于水，可混溶于乙醇、乙醚

第十部分 稳定性和反应性

稳定性 稳定

危险反应 与强氧化剂等禁配物接触，有发生火灾和爆炸的危险

避免接触的条件 无资料

禁配物 强酸、强氧化剂、酸酐、酰基氯

危险的分解产物 无资料

第十一部分 毒理学信息

急性毒性 LD_{50}：1470mg/kg（大鼠经口）；2821mg/kg（兔经口）

皮肤刺激或腐蚀 家兔经皮：20mg（24h），中度刺激

眼睛刺激或腐蚀 家兔经眼：20mg（24h），中度刺激

呼吸或皮肤过敏 无资料 **生殖细胞突变性** 无资料

致癌性 无资料 **生殖毒性** 无资料

特异性靶器官系统毒性-一次接触 无资料

特异性靶器官系统毒性-反复接触 兔多次经口染毒后，引起肺、肾和肝脏损伤

吸入危害 无资料

第十二部分 生态学信息

生态毒性 无资料

持久性和降解性

生物降解性 无资料

非生物降解性 无资料

潜在的生物累积性 根据 K_{ow} 值预测，该物质的生物累积性可能较弱

土壤中的迁移性 根据 K_{oc} 值预测，该物质可能易发生迁移

第十三部分 废弃处置

废弃化学品 建议用焚烧法处置

污染包装物 将容器返还生产商或按照国家和地方法规处置

废弃注意事项 处置前应参阅国家和地方有关法规

第十四部分 运输信息

联合国危险货物编号（UN号） 1105

联合国运输名称 戊醇

联合国危险性类别 3 **包装类别** Ⅲ类包装

包装标志  **海洋污染物** 否

运输注意事项 运输时运输车辆应配备相应品种和数量的消防器材及泄漏应急处理设备。夏季最好早晚运输。运输时所用的槽（罐）车应有接地链，槽内可设孔隔板以减少震荡产生的静电。严禁与氧化剂、酸类、食用化学品等混装混运。运输途中应防曝晒、雨淋，防高温。中途停留时应远离火种、热源、高温区。装运该物品的车辆排气管必须配备阻火装置，禁止使用易产生火花的机械设备和工具装卸。公路运输时要按规定路线行驶，勿在居民区和人口稠密区停留。铁路运输时要禁止溜放。严禁用木船、水泥船散装运输

第十五部分 法规信息

下列法律、法规、规章和标准，对该化学品的管理作了相应的规定。

中华人民共和国职业病防治法 职业病分类和目录：未列入

危险化学品安全管理条例 危险化学品目录：列入。易制爆危险化学品名录：未列入。重点监管的危险化学品名录：未列入。GB 18218—2009《危险化学品重大危险源辨识》（表1）：未列入

使用有毒物品作业场所劳动保护条例 高毒物品目录：未列入

易制毒化学品管理条例 易制毒化学品的分类和品种目录：未列入

国际公约 斯德哥尔摩公约：未列入。鹿特丹公约：未列入。蒙特利尔议定书：未列入

第十六部分 其他信息

编写和修订信息 **缩略语和首字母缩写**

培训建议 **参考文献**

免责声明

1-戊醇

第一部分 化学品标识

化学品中文名 1-戊醇；正戊醇

化学品英文名 1-amyl alcohol；1-pentanol；*n*-pentanol

分子式 $C_5H_{12}O$ **相对分子质量** 88.15

结构式 ⁀⁀⁀OH

化学品的推荐及限制用途 用于有机合成，药物制造

第二部分 危险性概述

紧急情况概述 易燃液体和蒸气

GHS 危险性类别 易燃液体，类别 3；急性毒性-吸入，类别 4；皮肤腐蚀/刺激，类别 2；特异性靶器官毒性-一次接触，类别 3（呼吸道刺激）

标签要素

象形图 

警示词 警告

危险性说明 易燃液体和蒸气，吸入有害，造成皮肤刺激，可能引起呼吸道刺激

防范说明

预防措施 远离热源、火花、明火、热表面。禁止吸烟。保持容器密闭。容器和接收设备接地连接。使用防爆电器、通风、照明设备。只能使用不产生火花的工具。采取防止静电措施。戴防护手套、防护眼镜、防护面罩。避免吸入蒸气、雾。仅在室外或通风良好处操作。避免接触眼睛、皮肤，操作后彻底清洗

事故响应 火灾时，使用泡沫、干粉、二氧化碳、1211 灭火剂、砂土灭火。如吸入：将患者转移到空气新鲜处，休息，保持利于呼吸的体位。如感觉不适，呼叫中毒控制中心或就医。皮肤接触：立即脱掉所有被污染的衣服，用大量肥皂水和水清洗。如发生皮肤刺激，就医。被污染的衣服须洗净后方可重新使用

安全储存 存放在通风良好的地方。保持低温

废弃处置 本品及内装物、容器依据国家和地方法规处置

物理和化学危险 易燃，其蒸气与空气混合，能形成爆炸性混合物

健康危害 其蒸气或雾对眼睛、皮肤、黏膜和上呼吸道有刺激作用。还可引起头痛、眩晕、呼吸困难、咳嗽、恶心、呕吐、腹泻等；严重者有复视、谵妄等，有时出现高铁血红蛋白血症

环境危害 对环境可能有害

第三部分 成分/组成信息

√物质 混合物

组分	浓度	CAS No.
1-戊醇		71-41-0

第四部分 急救措施

吸入 迅速脱离现场至空气新鲜处。保持呼吸道通畅。如呼吸困难，给输氧。如呼吸、心跳停止，立即进行心肺复苏术。就医

皮肤接触 立即脱去污染的衣着，用流动清水彻底冲洗。就医

眼睛接触 立即分开眼睑，用流动清水或生理盐水彻底冲洗。就医

食入 漱口，饮水。就医

对保护施救者的忠告 根据需要使用个人防护设备

对医生的特别提示 对症处理

第五部分 消防措施

灭火剂 用泡沫、干粉、二氧化碳、1211 灭火剂、砂土灭火

特别危险性 受热放出辛辣的腐蚀性烟雾。与氧化剂接触发生猛烈反应。在火场中，受热的容器有爆炸危险。燃烧生成有害的一氧化碳

灭火注意事项及防护措施 消防人员必须佩戴空气呼吸器、穿全身防火防毒服，在上风向灭火。喷水冷却容器，尽可能将容器从火场移至空旷处。容器突然发出异常声音或出现异常现象，应立即撤离

第六部分 泄漏应急处理

作业人员防护措施、防护装备和应急处置程序 消除所有点火源。根据液体流动和蒸气扩散的影响区域划定警戒区，无关人员从侧风、上风向撤离至安全区。建议应急处理人员戴正压自给式呼吸器，穿防静电服，戴橡胶耐油手套。作业时使用的所有设备应接地。禁止接触或跨越泄漏物。尽可能切断泄漏源

环境保护措施 防止泄漏物进入水体、下水道、地下室或有限空间

泄漏化学品的收容、清除方法及所使用的处置材料 小量泄漏：用砂土或其他不燃材料吸收，使用洁净的无火花工具收集吸收材料。大量泄漏：构筑围堤或挖坑收容。用砂土、惰性物质或蛭石吸收大量液体。用抗溶性泡沫覆盖，减少蒸发。喷水雾能减少蒸发，但不能降低泄漏物在有限空间内的易燃性。用防爆泵转移至槽车或专用收集器内

第七部分 操作处置与储存

操作注意事项 密闭操作，全面通风。操作人员必须经过专门培训，严格遵守操作规程。建议操作人员佩戴自吸过滤式防毒面具（半面罩），戴化学安全防护眼镜，穿防静电工作服，戴橡胶耐油手套。远离火种、热源。工作场所严禁吸烟。使用防爆型的通风系统和设备。防止蒸气泄漏到工作场所空气中。避免与氧化剂、酸类接触。充装要控制流速，防止静电积聚。搬运时要轻装轻卸，防止包装及容器损坏。配备相应品种和数量的消防器材及泄漏应急处理设备。倒空的容器可能残留有害物

储存注意事项 储存于阴凉、通风的库房。远离火种、热源。库温不宜超过 37℃。保持容器密封。应与氧化剂、酸类等分开存放，切忌混储。采用防爆型照明、通风设施。禁止使用易产生火花的机械设备和工具。储区应备有泄漏应急处理设备和合适的收容材料

第八部分 接触控制/个体防护

职业接触限值

中国 PC-TWA：100mg/m³

美国(ACGIH) 未制定标准

生物接触限值 未制定标准

监测方法 空气中有毒物质测定方法：溶剂解吸-气相色谱法。生物监测检验方法：未制定标准

工程控制 生产过程密闭，全面通风。提供安全的淋浴和洗眼设备

个体防护装备

呼吸系统防护 一般不需要特殊防护，高浓度接触时可佩戴过滤式防毒面具（半面罩）

眼睛防护 戴化学安全防护眼镜

皮肤和身体防护 穿防静电工作服

手防护 戴橡胶耐油手套

第九部分 理化特性

外观与性状 无色液体，略有气味

pH 值 无资料 **熔点(℃)** −78.2～79

沸点(℃) 137.5 **相对密度(水=1)** 0.82

相对蒸气密度(空气=1) 3.04

饱和蒸气压(kPa) 0.13（20℃）

燃烧热(kJ/mol) −3316.2 **临界温度(℃)** 313

临界压力(MPa) 3.86

辛醇/水分配系数 1.40～1.51

闪点(℃) 33（CC） **自燃温度(℃)** 300

爆炸下限(%) 1.2 **爆炸上限(%)** 10.5

分解温度(℃) 无资料

黏度(mPa·s) 无资料

溶解性 微溶于水，溶于丙酮，可混溶于乙醇、乙醚等多数有机溶剂

第十部分 稳定性和反应性

稳定性 稳定

危险反应 与强氧化剂等禁配物接触，有发生火灾和爆炸的危险

避免接触的条件 无资料

禁配物 强酸、强氧化剂、酰基氯、酸酐

危险的分解产物 无资料

第十一部分 毒理学信息

急性毒性

LD_{50} 2200mg/kg（大鼠经口）；3600mg/kg（兔经皮）

LC_{50} 14000mg/m³（大鼠吸入，6h）

皮肤刺激或腐蚀 家兔经皮：20mg（24h），中度刺激

眼睛刺激或腐蚀 家兔经眼：81mg，重度刺激

呼吸或皮肤过敏 无资料 **生殖细胞突变性** 无资料

致癌性 无资料 **生殖毒性** 无资料

特异性靶器官系统毒性-一次接触 无资料

特异性靶器官系统毒性-反复接触 兔多次经口染毒后，引起肺、肾和肝脏损伤

吸入危害 无资料

第十二部分 生态学信息

生态毒性

LC_{50} 370～490mg/L（96h）（鱼）

EC_{50} 440mg/L（48h）（水蚤）

IC_{50} 280mg/L（72h）（藻类）

持久性和降解性

生物降解性 无资料

非生物降解性 无资料

潜在的生物累积性 根据 K_{ow} 值预测，该物质的生物累积性可能较弱

土壤中的迁移性 根据 K_{oc} 值预测，该物质可能易发生迁移

第十三部分 废弃处置

废弃化学品 建议用焚烧法处置

污染包装物 将容器返还生产商或按照国家和地方法规处置

废弃注意事项 处置前应参阅国家和地方有关法规

第十四部分 运输信息

联合国危险货物编号（UN 号） 1105

联合国运输名称 戊醇

联合国危险性类别 3 **包装类别** Ⅲ类包装

包装标志  **海洋污染物** 否

运输注意事项 运输时运输车辆应配备相应品种和数量的消防器材及泄漏应急处理设备。夏季最好早晚运输。运输时所用的槽（罐）车应有接地链，槽内可设孔隔板以减少震荡产生的静电。严禁与氧化剂、酸类、食用化学品等混装混运。运输途中应防曝晒、雨淋，防高温。中途停留时应远离火种、热源、高温区。装运该物品的车辆排气管必须配备阻火装置，禁止使用易产生火花的机械设备和工具装卸。公路运输时要按规定路线行驶，勿在居民区和人口稠密区停留。铁路运输时要禁止溜放。严禁用木船、水泥船散装运输

第十五部分 法规信息

下列法律、法规、规章和标准，对该化学品的管理作了相应的规定。

中华人民共和国职业病防治法 职业病分类和目录：未列入

危险化学品安全管理条例 危险化学品目录：列入。易制爆危险化学品名录：未列入。重点监管的危险化学品名录：未列入。GB 18218—2009《危险化学品重大危险源辨识》（表 1）：未列入

使用有毒物品作业场所劳动保护条例 高毒物品目录：未列入

易制毒化学品管理条例 易制毒化学品的分类和品种目录：未列入

国际公约 斯德哥尔摩公约：未列入。鹿特丹公约：未列

人。蒙特利尔议定书：未列入

第十六部分　其他信息

编写和修订信息　　**缩略语和首字母缩写**

培训建议　　**参考文献**

免责声明

1,5-戊二胺

第一部分　化学品标识

化学品中文名　1,5-戊二胺；1,5-二氨基戊烷；五亚甲基二胺；尸毒素

化学品英文名　1,5-pentanediamine；1,5-diaminopentane；cadaverine

分子式　$C_5H_{14}N_2$　　**相对分子质量**　102.21

结构式　H_2N〰〰NH_2

化学品的推荐及限制用途　用作有机合成中间体、环氧树脂固化剂，用于高聚物制备，也用于生物研究

第二部分　危险性概述

紧急情况概述　可燃液体，吞咽会中毒

GHS危险性类别　易燃液体，类别4；急性毒性-经口，类别3

标签要素

象形图

警示词　危险

危险性说明　可燃液体，吞咽会中毒

防范说明

预防措施　远离火焰和热表面。禁止吸烟。戴防护手套、防护眼镜、防护面罩。避免接触眼睛、皮肤，操作后彻底清洗。作业场所不得进食、饮水或吸烟

事故响应　火灾时，使用抗溶性泡沫、二氧化碳、干粉、砂土灭火。食入：漱口，立即呼叫中毒控制中心或就医

安全储存　存放在通风良好的地方。保持低温。上锁保管

废弃处置　本品及内装物、容器依据国家和地方法规处置

物理和化学危险　可燃，其蒸气与空气混合，能形成爆炸性混合物

健康危害　对眼睛、呼吸道、黏膜和皮肤有强烈刺激性，可引起灼伤。吸入可引起喉、支气管的痉挛、炎症和水肿，化学性肺炎或肺水肿

环境危害　对环境可能有害

第三部分　成分/组成信息

√物质　　　　混合物

组分	浓度	CAS No.
1,5-戊二胺		462-94-2

第四部分　急救措施

吸入　迅速脱离现场至空气新鲜处。保持呼吸道通畅。如呼吸困难，给输氧。如呼吸、心跳停止，立即进行心肺复苏术。就医

皮肤接触　立即脱去污染的衣着，用大量流动清水彻底冲洗至少15min。就医

眼睛接触　立即分开眼睑，用流动清水或生理盐水彻底冲洗至少15min。就医

食入　用水漱口，禁止催吐。给饮牛奶或蛋清。就医

对保护施救者的忠告　根据需要使用个人防护设备

对医生的特别提示　对症处理

第五部分　消防措施

灭火剂　用抗溶性泡沫、二氧化碳、干粉、砂土灭火

特别危险性　受热分解放出有毒烟气。与氧化剂能发生强烈反应。燃烧生成有害的一氧化碳、氮氧化物

灭火注意事项及防护措施　消防人员必须佩戴空气呼吸器、穿全身防火防毒服，在上风向灭火。尽可能将容器从火场移至空旷处。喷水保持火场容器冷却，直至灭火结束

第六部分　泄漏应急处理

作业人员防护措施、防护装备和应急处置程序　根据液体流动和蒸气扩散的影响区域划定警戒区，无关人员从侧风、上风向撤离至安全区。消除所有点火源。建议应急处理人员戴正压自给式呼吸器，穿防毒服，戴橡胶耐油手套。穿上适当的防护服前严禁接触破裂的容器和泄漏物。尽可能切断泄漏源

环境保护措施　防止泄漏物进入水体、下水道、地下室或有限空间

泄漏化学品的收容、清除方法及所使用的处置材料　小量泄漏：用干燥的砂土或其他不燃材料吸收或覆盖，收集于容器中。大量泄漏：构筑围堤或挖坑收容。用泵转移至槽车或专用收集器内

第七部分　操作处置与储存

操作注意事项　密闭操作，提供充分的局部排风。操作人员必须经过专门培训，严格遵守操作规程。建议操作人员佩戴自吸过滤式防毒面具（半面罩），戴化学安全防护眼镜，穿防毒物渗透工作服，戴橡胶耐油手套。远离火种、热源。工作场所严禁吸烟。使用防爆型的通风系统和设备。防止蒸气泄漏到工作场所空气中。避免与氧化剂、酸类接触。搬运时要轻装轻卸，防止包装及容器损坏。配备相应品种和数量的消防器材及泄漏应急处理设备。倒空的容器可能残留有害物

储存注意事项　储存于阴凉、通风的库房。远离火种、热源。保持容器密封。应与氧化剂、酸类、食用化学品分开存放，切忌混储。配备相应品种和数量的消防器材。储区应备有泄漏应急处理设备和合适的收容材料

第八部分 接触控制/个体防护

职业接触限值

中国 未制定标准

美国(ACGIH) 未制定标准

生物接触限值 未制定标准

监测方法 空气中有毒物质测定方法：未制定标准。生物监测检验方法：未制定标准

工程控制 严加密闭，提供充分的局部排风。提供安全的淋浴和洗眼设备

个体防护装备

呼吸系统防护 可能接触其蒸气时，应该佩戴过滤式防毒面具（半面罩）。紧急事态抢救或撤离时，建议佩戴空气呼吸器

眼睛防护 戴化学安全防护眼镜

皮肤和身体防护 穿防毒物渗透工作服

手防护 戴橡胶耐油手套

第九部分 理化特性

外观与性状 无色黏稠的发烟液体，有特殊气味

pH值 无资料 **熔点(℃)** 9.0

沸点(℃) 178～180 **相对密度(水=1)** 0.87

相对蒸气密度(空气=1) 无资料

饱和蒸气压(kPa) 无资料

燃烧热(kJ/mol) 无资料 **临界温度(℃)** 无资料

临界压力(MPa) 无资料 **辛醇/水分配系数** −0.15

闪点(℃) 62.78 **自燃温度(℃)** 无资料

爆炸下限(%) 无资料 **爆炸上限(%)** 无资料

分解温度(℃) 无资料

黏度(mPa·s) 无资料

溶解性 溶于水、乙醇，微溶于乙醚

第十部分 稳定性和反应性

稳定性 稳定

危险反应 与强氧化剂等禁配物发生剧烈反应

避免接触的条件 受热

禁配物 酸类、酰基氯、酸酐、强氧化剂、二氧化碳

危险的分解产物 氨

第十一部分 毒理学信息

急性毒性 LD_{50}：270mg/kg（大鼠经口）

皮肤刺激或腐蚀 无资料 **眼睛刺激或腐蚀** 无资料

呼吸或皮肤过敏 无资料 **生殖细胞突变性** 无资料

致癌性 无资料 **生殖毒性** 无资料

特异性靶器官系统毒性-一次接触 无资料

特异性靶器官系统毒性-反复接触 无资料

吸入危害 无资料

第十二部分 生态学信息

生态毒性 无资料

持久性和降解性

生物降解性 无资料

非生物降解性 无资料

潜在的生物累积性 根据 K_{ow} 值预测，该物质的生物累积性可能较弱

土壤中的迁移性 根据 K_{oc} 值预测，该物质可能易发生迁移

第十三部分 废弃处置

废弃化学品 建议用焚烧法处置。焚烧炉排出的氮氧化物通过洗涤器除去

污染包装物 将容器返还生产商或按照国家和地方法规处置

废弃注意事项 处置前应参阅国家和地方有关法规

第十四部分 运输信息

联合国危险货物编号(UN号) 2810

联合国运输名称 有机毒性液体，未另作规定的（1,5-戊二胺）

联合国危险性类别 6.1 **包装类别** Ⅲ类包装

包装标志  **海洋污染物** 否

运输注意事项 运输前应先检查包装容器是否完整、密封，运输过程中要确保容器不泄漏、不倒塌、不坠落、不损坏。严禁与酸类、氧化剂、食品及食品添加剂混运。运输时运输车辆应配备相应品种和数量的消防器材及泄漏应急处理设备。运输途中应防曝晒、雨淋，防高温。公路运输时要按规定路线行驶

第十五部分 法规信息

下列法律、法规、规章和标准，对该化学品的管理作了相应的规定。

中华人民共和国职业病防治法 职业病分类和目录：未列入

危险化学品安全管理条例 危险化学品目录：列入。易制爆危险化学品名录：未列入。重点监管的危险化学品名录：未列入。GB 18218—2009《危险化学品重大危险源辨识》(表1)：未列入

使用有毒物品作业场所劳动保护条例 高毒物品目录：未列入

易制毒化学品管理条例 易制毒化学品的分类和品种目录：未列入

国际公约 斯德哥尔摩公约：未列入。鹿特丹公约：未列入。蒙特利尔议定书：未列入

第十六部分 其他信息

编写和修订信息 **缩略语和首字母缩写**

培训建议 **参考文献**

免责声明

戊 二 腈

第一部分 化学品标识

化学品中文名 戊二腈；1,3-二氰基丙烷

化学品英文名 pentanedinitrile；1,3-dicyanoprop-ane；glutaronitrile

分子式 $C_5H_6N_2$ **相对分子质量** 94.13

结构式 $N\equiv C-CH_2CH_2CH_2-C\equiv N$

化学品的推荐及限制用途 用作试剂和化学合成中间体

第二部分 危险性概述

紧急情况概述 吞咽会中毒

GHS 危险性类别 急性毒性-经口，类别 3；急性毒性-经皮，类别 4；急性毒性-吸入，类别 4；皮肤腐蚀/刺激，类别 2；严重眼损伤/眼刺激，类别 2A；特异性靶器官毒性-一次接触，类别 3（呼吸道刺激）

标签要素

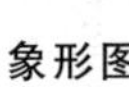

象形图 

警示词 危险

危险性说明 吞咽会中毒，皮肤接触有害，吸入有害，造成皮肤刺激，造成严重眼刺激，可能引起呼吸道刺激

防范说明

预防措施 避免接触眼睛、皮肤，操作后彻底清洗。作业场所不得进食、饮水或吸烟。戴防护手套、穿防护服、戴防护面罩。避免吸入蒸气、雾。仅在室外或通风良好处操作

事故响应 食入：漱口，立即呼叫中毒控制中心或就医。如吸入：将患者转移到空气新鲜处，休息，保持利于呼吸的体位。如接触眼睛：用水细心冲洗数分钟。如戴隐形眼镜并可方便地取出，取出隐形眼镜继续冲洗。如果眼睛刺激持续：就医。皮肤接触：用大量肥皂水和水清洗。如发生皮肤刺激，就医。脱去被污染的衣服，污染的衣服洗净后方可重新使用

安全储存 上锁保管

废弃处置 本品及内装物、容器依据国家和地方法规处置

物理和化学危险 可燃，其蒸气与空气混合，能形成爆炸性混合物

健康危害 腈类物质可抑制细胞呼吸，造成组织缺氧。腈类中毒出现恶心、呕吐、腹痛、腹泻、胸闷、乏力等症状，重者出现呼吸抑制、血压下降、昏迷、抽搐等

环境危害 对环境可能有害

第三部分 成分/组成信息

√物质　　混合物

组分	浓度	CAS No.
戊二腈		544-13-8

第四部分 急救措施

吸入 迅速脱离现场至空气新鲜处。保持呼吸道通畅。如呼吸困难，给输氧。如呼吸、心跳停止，立即进行心肺复苏术。就医

皮肤接触 立即脱去污染的衣着，用肥皂水和清水彻底冲洗。就医

眼睛接触 立即分开眼睑，用流动清水或生理盐水彻底冲洗。就医

食入 催吐（仅限于清醒着），给服活性炭悬液。就医

对保护施救者的忠告 根据需要使用个人防护设备

对医生的特别提示 使用亚硝酸钠、硫代硫酸钠、4-二甲基氨基苯酚等解毒剂

第五部分 消防措施

灭火剂 用抗溶性泡沫、干粉、二氧化碳、砂土灭火

特别危险性 受高热或与酸接触会产生剧毒的氰化物气体。燃烧生成有害的一氧化碳、氮氧化物

灭火注意事项及防护措施 消防人员必须佩戴空气呼吸器、穿全身防火防毒服，在上风向灭火。尽可能将容器从火场移至空旷处。喷水保持火场容器冷却，直至灭火结束

第六部分 泄漏应急处理

作业人员防护措施、防护装备和应急处置程序 根据液体流动和蒸气扩散的影响区域划定警戒区，无关人员从侧风、上风向撤离至安全区。消除所有点火源。建议应急处理人员戴正压自给式呼吸器，穿防毒服。穿上适当的防护服前严禁接触破裂的容器和泄漏物。尽可能切断泄漏源

环境保护措施 防止泄漏物进入水体、下水道、地下室或有限空间

泄漏化学品的收容、清除方法及所使用的处置材料 小量泄漏：用干燥的砂土或其他不燃材料吸收或覆盖，收集于容器中。大量泄漏：构筑围堤或挖坑收容。用泵转移至槽车或专用收集器内

第七部分 操作处置与储存

操作注意事项 严加密闭，提供充分的局部排风和全面通风。操作尽可能机械化、自动化。操作人员必须经过专门培训，严格遵守操作规程。建议操作人员佩戴自吸过滤式防毒面具（半面罩），戴化学安全防护眼镜，穿聚乙烯防毒服，戴橡胶手套。远离火种、热源。工作场所严禁吸烟。使用防爆型的通风系统和设备。防止蒸气泄漏到工作场所空气中。避免与氧化剂、还原剂、酸类接触。搬运时要轻装轻卸，防止包装及容器损坏。配备相应品种和数量的消防器材及泄漏应急处理设备。倒空的容器可能残留有害物

储存注意事项 储存于阴凉、通风的库房。远离火种、热源。保持容器密封。应与氧化剂、还原剂、酸类、食用化学品分开存放，切忌混储。配备相应品种和数量的消防器材。储区应备有泄漏应急处理设备和合适的收容材料

第八部分 接触控制/个体防护

职业接触限值

中国 未制定标准

美国(ACGIH) 未制定标准

生物接触限值 未制定标准

监测方法 空气中有毒物质测定方法：未制定标准。生物监测检验方法：未制定标准

工程控制 严加密闭，提供充分的局部排风和全面通风。提供安全的淋浴和洗眼设备

个体防护装备

呼吸系统防护 可能接触毒物时，必须佩戴过滤式防毒面具（半面罩）。紧急事态抢救或撤离时，建议佩戴空气呼吸器

眼睛防护 戴化学安全防护眼镜

皮肤和身体防护 穿隔绝式防毒服

手防护 戴橡胶手套

第九部分 理化特性

外观与性状 无色或浅黄色液体

pH 值 无资料 **熔点(℃)** −29

沸点(℃) 286.4 **相对密度(水=1)** 0.995

相对蒸气密度(空气=1) 无资料

饱和蒸气压(kPa) 2.93 (160.4℃)

燃烧热(kJ/mol) 无资料 **临界温度(℃)** 无资料

临界压力(MPa) 3.15 **辛醇/水分配系数** −0.72

闪点(℃) 144 **自燃温度(℃)** 455

爆炸下限(%) 无资料 **爆炸上限(%)** 无资料

分解温度(℃) 无资料 **黏度(mPa·s)** 无资料

溶解性 溶于水、乙醇、氯仿、乙酸乙酯，不溶于乙醚、二硫化碳、丙酮

第十部分 稳定性和反应性

稳定性 稳定

危险反应 与强氧化剂等禁配物发生反应

避免接触的条件 受热

禁配物 强氧化剂、强还原剂、强酸、强碱

危险的分解产物 氰化物

第十一部分 毒理学信息

急性毒性 LD_{50}：266mg/kg（小鼠经口）

皮肤刺激或腐蚀 无资料 **眼睛刺激或腐蚀** 无资料

呼吸或皮肤过敏 无资料 **生殖细胞突变性** 无资料

致癌性 无资料 **生殖毒性** 无资料

特异性靶器官系统毒性-一次接触 无资料

特异性靶器官系统毒性-反复接触 无资料

吸入危害 无资料

第十二部分 生态学信息

生态毒性 无资料

持久性和降解性

生物降解性 无资料

非生物降解性 无资料

潜在的生物累积性 根据 K_{ow} 值预测，该物质的生物累积性可能较弱

土壤中的迁移性 根据 K_{oc} 值预测，该物质可能易发生迁移

第十三部分 废弃处置

废弃化学品 建议用焚烧法处置。焚烧炉排出的氮氧化物通过洗涤器除去

污染包装物 将容器返还生产商或按照国家和地方法规处置

废弃注意事项 处置前应参阅国家和地方有关法规

第十四部分 运输信息

联合国危险货物编号（UN 号） 3276

联合国运输名称 腈类，毒性，液态，未另作规定的（戊二腈）

联合国危险性类别 6.1 **包装类别** Ⅲ类包装

包装标志  **海洋污染物** 否

运输注意事项 运输前应先检查包装容器是否完整、密封，运输过程中要确保容器不泄漏、不倒塌、不坠落、不损坏。严禁与酸类、氧化剂、食品及食品添加剂混运。运输时运输车辆应配备相应品种和数量的消防器材及泄漏应急处理设备。运输途中应防曝晒、雨淋，防高温。公路运输时要按规定路线行驶

第十五部分 法规信息

下列法律、法规、规章和标准，对该化学品的管理作了相应的规定。

中华人民共和国职业病防治法 职业病分类和目录：氰及腈类化合物中毒

危险化学品安全管理条例 危险化学品目录：列入。易制爆危险化学品名录：未列入。重点监管的危险化学品名录：未列入。GB 18218—2009《危险化学品重大危险源辨识》（表 1）：未列入

使用有毒物品作业场所劳动保护条例 高毒物品目录：未列入

易制毒化学品管理条例 易制毒化学品的分类和品种目录：未列入

国际公约 斯德哥尔摩公约：未列入。鹿特丹公约：未列入。蒙特利尔议定书：未列入

第十六部分 其他信息

编写和修订信息 **缩略语和首字母缩写**

培训建议 **参考文献**

免责声明

1,4-戊二烯

第一部分 化学品标识

化学品中文名 1,4-戊二烯

化学品英文名 1,4-pentadiene

分子式 C_5H_8 **相对分子质量** 68.12

结构式 ⁀⁀

化学品的推荐及限制用途 用于有机合成

第二部分　危险性概述

紧急情况概述　极易燃液体和蒸气

GHS 危险性类别　易燃液体，类别 1

标签要素

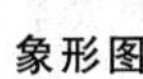

警示词　危险

危险性说明　极易燃液体和蒸气

防范说明

预防措施　远离热源、火花、明火、热表面。禁止吸烟。保持容器密闭。容器和接收设备接地连接。使用防爆电器、通风、照明设备。只能使用不产生火花的工具。采取防止静电措施。戴防护手套、防护眼镜、防护面罩

事故响应　火灾时，使用泡沫、二氧化碳、干粉灭火。如皮肤（或头发）接触：立即脱掉所有被污染的衣服，用水冲洗皮肤，淋浴

安全储存　存放在通风良好的地方。保持低温

废弃处置　本品及内装物、容器依据国家和地方法规处置

物理和化学危险　极易燃，与空气混合能形成爆炸性混合物

健康危害　属不饱和脂肪族烃类，该类物质有麻醉作用

环境危害　对环境可能有害

第三部分　成分/组成信息

√物质　　　　混合物

组分	浓度	CAS No.
1,4-戊二烯		591-93-5

第四部分　急救措施

吸入　迅速脱离现场至空气新鲜处。保持呼吸道通畅。如呼吸困难，给输氧。如呼吸、心跳停止，立即进行心肺复苏术。就医

皮肤接触　立即脱去污染的衣着，用流动清水彻底冲洗。就医

眼睛接触　立即分开眼睑，用流动清水或生理盐水彻底冲洗。就医

食入　漱口，饮水。就医

对保护施救者的忠告　根据需要使用个人防护设备

对医生的特别提示　对症处理

第五部分　消防措施

灭火剂　用泡沫、二氧化碳、干粉灭火

特别危险性　受热可能发生剧烈的聚合反应。蒸气比空气重，沿地面扩散并易积存于低洼处，遇火源会着火回燃。燃烧生成有害的一氧化碳

灭火注意事项及防护措施　消防人员必须佩戴空气呼吸器、穿全身防火防毒服，在上风向灭火。尽可能将容器从火场移至空旷处。喷水保持火场容器冷却，直至灭火结束。用水灭火无效。容器发出异常声音或异常情况，应立即撤离

第六部分　泄漏应急处理

作业人员防护措施、防护装备和应急处置程序　根据液体流动和蒸气扩散的影响区域划定警戒区，无关人员从侧风、上风向撤离至安全区。消除所有点火源。建议应急处理人员戴正压自给式呼吸器，穿防静电服。尽可能切断泄漏源

环境保护措施　防止气体进入水体、下水道、地下室或有限空间。合理通风，加速扩散。若是液体，防止进入下水道、排洪沟等有限空间

泄漏化学品的收容、清除方法及所使用的处置材料　小量泄漏：用活性炭或其他惰性材料吸收。大量泄漏：构筑围堤或挖坑收容。用泡沫覆盖，减少蒸发。用防爆泵转移至槽车或专用收集器内

第七部分　操作处置与储存

操作注意事项　密闭操作，全面通风。操作人员必须经过专门培训，严格遵守操作规程。建议操作人员佩戴自吸过滤式防毒面具（半面罩），戴化学安全防护眼镜，穿防静电工作服。远离火种、热源。工作场所严禁吸烟。使用防爆型的通风系统和设备。防止气体或蒸气泄漏到工作场所空气中。避免与氧化剂、酸类接触。灌装时应控制流速，且有接地装置，防止静电积聚。搬运时要轻装轻卸，防止包装及容器损坏。配备相应品种和数量的消防器材及泄漏应急处理设备

储存注意事项　储存于阴凉、通风的易燃气体专用库房。远离火种、热源。库温不宜超过 30℃。应与氧化剂、酸类分开存放，切忌混储。采用防爆型照明、通风设施。禁止使用易产生火花的机械设备和工具。储区应备有泄漏应急处理设备

第八部分　接触控制/个体防护

职业接触限值

中国　未制定标准

美国(ACGIH)　未制定标准

生物接触限值　未制定标准

监测方法　空气中有毒物质测定方法：未制定标准。生物监测检验方法：未制定标准

工程控制　生产过程密闭，全面通风

个体防护装备

呼吸系统防护　空气中浓度较高时，建议佩戴过滤式防毒面具（半面罩）

眼睛防护　戴化学安全防护眼镜

皮肤和身体防护　穿防静电工作服

手防护　戴一般作业防护手套

第九部分　理化特性

外观与性状　无色高挥发性液体

pH 值　无资料　　**熔点(℃)**　−148

沸点(℃)　26　　**相对密度(水=1)**　0.66

相对蒸气密度(空气=1)　无资料

饱和蒸气压(kPa) 82（20℃）

燃烧热(kJ/mol) 无资料　**临界温度(℃)** 无资料

临界压力(MPa) 3.79　**辛醇/水分配系数** 2.48

闪点(℃) −55　**自燃温度(℃)** 无资料

爆炸下限(%) 无资料　**爆炸上限(%)** 无资料

分解温度(℃) 无资料　**黏度(mPa·s)** 无资料

溶解性 不溶于水

第十部分　稳定性和反应性

稳定性 稳定

危险反应 与强氧化剂等禁配物接触，有发生火灾和爆炸的危险

避免接触的条件 受热

禁配物 强氧化剂、强酸

危险的分解产物 无资料

第十一部分　毒理学信息

急性毒性 无资料　**皮肤刺激或腐蚀** 无资料

眼睛刺激或腐蚀 无资料　**呼吸或皮肤过敏** 无资料

生殖细胞突变性 无资料　**致癌性** 无资料

生殖毒性 无资料

特异性靶器官系统毒性-一次接触 无资料

特异性靶器官系统毒性-反复接触 无资料

吸入危害 无资料

第十二部分　生态学信息

生态毒性 无资料

持久性和降解性

生物降解性　无资料

非生物降解性　无资料

潜在的生物累积性 根据 K_{ow} 值预测，该物质的生物累积性可能较弱

土壤中的迁移性 根据 K_{oc} 值预测，该物质可能有一定的迁移性

第十三部分　废弃处置

废弃化学品 建议用焚烧法处置

污染包装物 将容器返还生产商或按照国家和地方法规处置

废弃注意事项 处置前应参阅国家和地方有关法规

第十四部分　运输信息

联合国危险货物编号（UN号） 3295

联合国运输名称 液态烃类，未另作规定的（1,4-戊二烯）

联合国危险性类别 3　**包装类别** Ⅰ类包装

包装标志 　**海洋污染物** 否

运输注意事项 采用钢瓶运输时必须戴好钢瓶上的安全帽。钢瓶一般平放，并应将瓶口朝同一方向，不可交叉；高度不得超过车辆的防护栏板，并用三角木垫卡牢，防止滚动。运输时运输车辆应配备相应品种和数量的消防器材。装运该物品的车辆排气管必须配备阻火装置，禁止使用易产生火花的机械设备和工具装卸。严禁与氧化剂、酸类、食用化学品等混装混运。夏季应早晚运输，防止日光曝晒。中途停留时应远离火种、热源。公路运输时要按规定路线行驶，禁止在居民区和人口稠密区停留。铁路运输时要禁止溜放

第十五部分　法规信息

下列法律、法规、规章和标准，对该化学品的管理作了相应的规定。

中华人民共和国职业病防治法 职业病分类和目录：未列入

危险化学品安全管理条例 危险化学品目录：列入。易制爆危险化学品名录：未列入。重点监管的危险化学品名录：未列入。GB 18218—2009《危险化学品重大危险源辨识》(表1)：未列入

使用有毒物品作业场所劳动保护条例 高毒物品目录：未列入

易制毒化学品管理条例 易制毒化学品的分类和品种目录：未列入

国际公约 斯德哥尔摩公约：未列入。鹿特丹公约：未列入。蒙特利尔议定书：未列入

第十六部分　其他信息

编写和修订信息　**缩略语和首字母缩写**

培训建议　**参考文献**

免责声明

1,3-戊二烯

第一部分　化学品标识

化学品中文名 1,3-戊二烯；间戊二烯

化学品英文名 1,3-pentadiene; piperylene

分子式 C_5H_8　**相对分子质量** 68.12

结构式

化学品的推荐及限制用途 主要的工业用途是生产石油树脂

第二部分　危险性概述

紧急情况概述 高度易燃液体和蒸气，吞咽及进入呼吸道可能致命

GHS危险性类别 易燃液体，类别2；皮肤腐蚀/刺激，类别2；特异性靶器官毒性-一次接触，类别3（呼吸道刺激）；吸入危害，类别1

标签要素

象形图 

警示词 危险

危险性说明 高度易燃液体和蒸气，造成皮肤刺激，可

能引起呼吸道刺激，吞咽及进入呼吸道可能致命

防范说明

预防措施　远离热源、火花、明火、热表面。禁止吸烟。保持容器密闭。容器和接收设备接地连接。使用防爆电器、通风、照明设备。只能使用不产生火花的工具。采取防止静电措施。戴防护手套、防护眼镜、防护面罩。避免接触眼睛、皮肤，操作后彻底清洗

事故响应　火灾时，使用泡沫、二氧化碳、干粉灭火。如皮肤（或头发）接触：立即脱掉所有被污染的衣服，用大量肥皂水和水清洗。如发生皮肤刺激，就医。被污染的衣服须经洗净后方可重新使用。如果食入：不要催吐，立即呼叫中毒控制中心或就医

安全储存　存放在通风良好的地方。保持低温。上锁保管

废弃处置　本品及内装物、容器依据国家和地方法规处置

物理和化学危险　高度易燃，与空气混合能形成爆炸性混合物

健康危害　对眼睛、皮肤、黏膜和呼吸道有刺激作用。属不饱和脂肪族烃类，该类物质有麻醉作用。液态本品吸入呼吸道可引起吸入性肺炎

环境危害　对环境可能有害

第三部分　成分/组成信息

√物质　　混合物

组分	浓度	CAS No.
1,3-戊二烯		504-60-9

第四部分　急救措施

吸入　迅速脱离现场至空气新鲜处。保持呼吸道通畅。如呼吸困难，给输氧。如呼吸、心跳停止，立即进行心肺复苏术。就医

皮肤接触　立即脱去污染的衣着，用流动清水彻底冲洗。就医

眼睛接触　立即分开眼睑，用流动清水或生理盐水彻底冲洗。就医

食入　漱口，饮水。禁止催吐。就医

对保护施救者的忠告　根据需要使用个人防护设备

对医生的特别提示　对症处理

第五部分　消防措施

灭火剂　用泡沫、二氧化碳、干粉灭火

特别危险性　若遇高热，可发生聚合反应，放出大量热量而引起容器破裂和爆炸事故。气体比空气重，沿地面扩散并易积存于低洼处，遇火源会着火回燃。燃烧生成有害的一氧化碳

灭火注意事项及防护措施　消防人员必须佩戴空气呼吸器、穿全身防火防毒服，在上风向灭火。尽可能将容器从火场移至空旷处。喷水保持火场容器冷却，直至灭火结束。容器发出异常声音或异常情况，应立即撤离。用水灭火无效

第六部分　泄漏应急处理

作业人员防护措施、防护装备和应急处置程序　消除所有点火源。根据液体流动和蒸气扩散的影响区域划定警戒区，无关人员从侧风、上风向撤离至安全区。建议应急处理人员戴正压自给式呼吸器，穿防静电服。尽可能切断泄漏源

环境保护措施　无资料

泄漏化学品的收容、清除方法及所使用的处置材料　小量泄漏：用砂土或其他不燃材料吸收。大量泄漏：构筑围堤或挖坑收容。用泡沫覆盖，减少蒸发。用防爆泵转移至槽车或专用收集器内

第七部分　操作处置与储存

操作注意事项　密闭操作，全面通风。操作人员必须经过专门培训，严格遵守操作规程。建议操作人员佩戴自吸过滤式防毒面具（半面罩），戴化学安全防护眼镜，穿防静电工作服。远离火种、热源。工作场所严禁吸烟。使用防爆型的通风系统和设备。防止蒸气泄漏到工作场所空气中。避免与氧化剂、酸类接触。灌装时应控制流速，且有接地装置，防止静电积聚。搬运时要轻装轻卸，防止包装及容器损坏。配备相应品种和数量的消防器材及泄漏应急处理设备

储存注意事项　储存于阴凉、通风的易燃气体专用库房。远离火种、热源。库温不宜超过 30℃。应与氧化剂、酸类分开存放，切忌混储。采用防爆型照明、通风设施。禁止使用易产生火花的机械设备和工具。储区应备有泄漏应急处理设备和合适的收容材料

第八部分　接触控制/个体防护

职业接触限值

中国　未制定标准

美国(ACGIH)　未制定标准

生物接触限值　未制定标准

监测方法　空气中有毒物质测定方法：未制定标准。生物监测检验方法：未制定标准

工程控制　生产过程密闭，全面通风。提供安全的淋浴和洗眼设备

个体防护装备

呼吸系统防护　空气中浓度较高时，建议佩戴过滤式防毒面具（半面罩）

眼睛防护　戴化学安全防护眼镜

皮肤和身体防护　穿防静电工作服

手防护　戴一般作业防护手套

第九部分　理化特性

外观与性状　无色高挥发性液体

pH 值　无资料　　**熔点(℃)**　−92.7（工业纯）

沸点(℃)　42.3　　**相对密度(水=1)**　0.68

相对蒸气密度(空气=1)　2.35

饱和蒸气压(kPa)　45.2（20℃）

燃烧热(kJ/mol)　无资料　　**临界温度(℃)**　无资料

临界压力(MPa)　无资料　　**辛醇/水分配系数**　2.44

闪点(℃) −29 (CC) **自燃温度(℃)** 无资料
爆炸下限(%) 1 **爆炸上限(%)** 7
分解温度(℃) 无资料 **黏度(mPa·s)** 无资料
溶解性 不溶于水，溶于乙醇、乙醚、丙酮、苯

第十部分 稳定性和反应性

稳定性 稳定
危险反应 与强氧化剂等禁配物接触，有发生火灾和爆炸的危险。高热下可发生聚合
避免接触的条件 受热
禁配物 强氧化剂、卤素、氧、铜合金、酸类
危险的分解产物 无资料

第十一部分 毒理学信息

急性毒性 LC_{50}：140000mg/m^3（大鼠吸入，2h）；1100mg/m^3（小鼠吸入，2h）
皮肤刺激或腐蚀 无资料 **眼睛刺激或腐蚀** 无资料
呼吸或皮肤过敏 无资料 **生殖细胞突变性** 无资料
致癌性 无资料 **生殖毒性** 无资料
特异性靶器官系统毒性-一次接触 无资料
特异性靶器官系统毒性-反复接触 无资料
吸入危害 无资料

第十二部分 生态学信息

生态毒性 无资料
持久性和降解性
生物降解性 无资料
非生物降解性 无资料
潜在的生物累积性 根据 K_{ow}值预测，该物质的生物累积性可能较弱
土壤中的迁移性 根据 K_{oc}值预测，该物质可能有一定的迁移性

第十三部分 废弃处置

废弃化学品 建议用焚烧法处置
污染包装物 将容器返还生产商或按照国家和地方法规处置
废弃注意事项 处置前应参阅国家和地方有关法规

第十四部分 运输信息

联合国危险货物编号（UN号） 3295
联合国运输名称 液态烃类，未另作规定的（1,3-戊二烯）
联合国危险性类别 3 **包装类别** Ⅱ类包装
包装标志  **海洋污染物** 否
运输注意事项 采用钢瓶运输时必须戴好钢瓶上的安全帽。钢瓶一般平放，并应将瓶口朝同一方向，不可交叉；高度不得超过车辆的防护栏板，并用三角木垫卡牢，防止滚动。运输时运输车辆应配备相应品种和数量的消防器材。装运该物品的车辆排气管必须配备阻火装置，禁止使用易产生火花的机械设备和工具装卸。严禁与氧化剂、酸类、食用化学品等混装混运。夏季应早晚运输，防止日光曝晒。中途停留时应远离火种、热源。公路运输时要按规定路线行驶，勿在居民区和人口稠密区停留。铁路运输时要禁止溜放

第十五部分 法规信息

下列法律、法规、规章和标准，对该化学品的管理作了相应的规定。
中华人民共和国职业病防治法 职业病分类和目录：未列入
危险化学品安全管理条例 危险化学品目录：列入。易制爆危险化学品名录：未列入。重点监管的危险化学品名录：未列入。GB 18218—2009《危险化学品重大危险源辨识》（表1）：未列入
使用有毒物品作业场所劳动保护条例 高毒物品目录：未列入
易制毒化学品管理条例 易制毒化学品的分类和品种目录：未列入
国际公约 斯德哥尔摩公约：未列入。鹿特丹公约：未列入。蒙特利尔议定书：未列入

第十六部分 其他信息

编写和修订信息 **缩略语和首字母缩写**
培训建议 **参考文献**
免责声明

戊 腈

第一部分 化学品标识

化学品中文名 戊腈；丁基氰
化学品英文名 pentanenitrile；butyl cyanide
分子式 C_5H_9N **相对分子质量** 83.13
结构式 N（结构式）
化学品的推荐及限制用途 用作有机合成中间体

第二部分 危险性概述

紧急情况概述 易燃液体和蒸气
GHS危险性类别 易燃液体，类别3
标签要素
象形图 
警示词 警告
危险性说明 易燃液体和蒸气
防范说明
预防措施 远离热源、火花、明火、热表面。禁止吸烟。保持容器密闭。容器和接收设备接地连接。使用防爆电器、通风、照明设备。只能使用不产生火花的工具。采取防止静电措施。戴防护手套、防护眼镜、防护面罩
事故响应 火灾时，使用泡沫、干粉、二氧化碳、

砂土灭火。如皮肤（或头发）接触：立即脱掉所有被污染的衣服，用水冲洗皮肤，淋浴

安全储存 存放在通风良好的地方。保持低温

废弃处置 本品及内装物、容器依据国家和地方法规处置

物理和化学危险 易燃，其蒸气与空气混合，能形成爆炸性混合物

健康危害 腈类物质可抑制细胞呼吸，造成组织缺氧。腈类中毒出现恶心、呕吐、腹痛、腹泻、胸闷、乏力等症状，重者出现呼吸抑制、血压下降、昏迷、抽搐等

环境危害 对环境可能有害

第三部分 成分/组成信息

√物质 混合物

组分	浓度	CAS No.
戊腈		110-59-8

第四部分 急救措施

吸入 迅速脱离现场至空气新鲜处。保持呼吸道通畅。如呼吸困难，给输氧。如呼吸、心跳停止，立即进行心肺复苏术。就医

皮肤接触 立即脱去污染的衣着，用肥皂水和清水彻底冲洗。就医

眼睛接触 立即分开眼睑，用流动清水或生理盐水彻底冲洗。就医

食入 催吐（仅限于清醒着），给服活性炭悬液。就医

对保护施救者的忠告 根据需要使用个人防护设备

对医生的特别提示 使用亚硝酸钠、硫代硫酸钠、4-二甲基氨基苯酚等解毒剂

第五部分 消防措施

灭火剂 用泡沫、干粉、二氧化碳、砂土灭火

特别危险性 受高热或与酸接触会产生剧毒的氰化物气体。燃烧生成有害的一氧化碳、氮氧化物

灭火注意事项及防护措施 消防人员必须佩戴空气呼吸器、穿全身防火防毒服，在上风向灭火。喷水冷却容器，尽可能将容器从火场移至空旷处。容器突然发出异常声音或出现异常现象，应立即撤离。禁止使用酸碱灭火剂

第六部分 泄漏应急处理

作业人员防护措施、防护装备和应急处置程序 根据液体流动和蒸气扩散的影响区域划定警戒区，无关人员从侧风、上风向撤离至安全区。消除所有点火源。建议应急处理人员戴正压自给式呼吸器，穿防毒、防静电服，戴橡胶手套。作业时使用的所有设备应接地。禁止接触或跨越泄漏物。尽可能切断泄漏源

环境保护措施 防止泄漏物进入水体、下水道、地下室或有限空间

泄漏化学品的收容、清除方法及所使用的处置材料 小量泄漏：用砂土或其他不燃材料吸收，使用洁净的无火花工具收集吸收材料。大量泄漏：构筑围堤或挖坑收容。用泡沫覆盖，减少蒸发。喷水雾能减少蒸发，但不能降低泄漏物在有限空间内的易燃性。用防爆泵转移至槽车或专用收集器内

第七部分 操作处置与储存

操作注意事项 密闭操作，提供充分的局部排风。操作尽可能机械化、自动化。操作人员必须经过专门培训，严格遵守操作规程。建议操作人员佩戴自吸过滤式防毒面具（半面罩），戴化学安全防护眼镜，穿聚乙烯防毒服，戴橡胶手套。远离火种、热源。工作场所严禁吸烟。使用防爆型的通风系统和设备。防止蒸气泄漏到工作场所空气中。避免与氧化剂、还原剂、酸类接触。配备相应品种和数量的消防器材及泄漏应急处理设备。倒空的容器可能残留有害物

储存注意事项 储存于阴凉、通风的库房。远离火种、热源。保持容器密封。应与氧化剂、还原剂、酸类、食用化学品分开存放，切忌混储。采用防爆型照明、通风设施。禁止使用易产生火花的机械设备和工具。储区应备有泄漏应急处理设备和合适的收容材料

第八部分 接触控制/个体防护

职业接触限值

中国 未制定标准

美国(ACGIH) 未制定标准

生物接触限值 未制定标准

监测方法 空气中有毒物质测定方法：未制定标准。生物监测检验方法：未制定标准

工程控制 严加密闭，提供充分的局部排风。提供安全的淋浴和洗眼设备

个体防护装备

呼吸系统防护 可能接触毒物时，必须佩戴过滤式防毒面具（半面罩）。紧急事态抢救或撤离时，建议佩戴空气呼吸器

眼睛防护 戴化学安全防护眼镜

皮肤和身体防护 穿隔绝式防毒服

手防护 戴橡胶手套

第九部分 理化特性

外观与性状 无色液体

pH值 无资料　**熔点(℃)** −96.2

沸点(℃) 141.3　**相对密度(水=1)** 0.795

相对蒸气密度(空气=1) 无资料

饱和蒸气压(kPa) 1.33（30℃）

燃烧热(kJ/mol) −3229.1　**临界温度(℃)** 无资料

临界压力(MPa) 3.26　**辛醇/水分配系数** 1.12

闪点(℃) 28　**自燃温度(℃)** 无资料

爆炸下限(%) 1.5　**爆炸上限(%)** 9.6

分解温度(℃) 无资料　**黏度(mPa·s)** 无资料

溶解性 不溶于水，溶于乙醇、乙醚

第十部分 稳定性和反应性

稳定性 稳定

危险反应 与强氧化剂等禁配物接触，有发生火灾和爆炸的危险

避免接触的条件 受热

禁配物 强氧化剂、强还原剂、强酸

危险的分解产物 氰化物

第十一部分 毒理学信息

急性毒性 LD_{50}：191mg/kg（小鼠经口）

皮肤刺激或腐蚀 无资料 **眼睛刺激或腐蚀** 无资料

呼吸或皮肤过敏 无资料 **生殖细胞突变性** 无资料

致癌性 无资料 **生殖毒性** 无资料

特异性靶器官系统毒性-一次接触 无资料

特异性靶器官系统毒性-反复接触 无资料

吸入危害 无资料

第十二部分 生态学信息

生态毒性 无资料

持久性和降解性

生物降解性 无资料

非生物降解性 无资料

潜在的生物累积性 根据 K_{ow} 值预测，该物质的生物累积性可能较弱

土壤中的迁移性 根据 K_{oc} 值预测，该物质可能易发生迁移

第十三部分 废弃处置

废弃化学品 建议用焚烧法处置。焚烧炉排出的氮氧化物通过洗涤器除去

污染包装物 将容器返还生产商或按照国家和地方法规处置

废弃注意事项 处置前应参阅国家和地方有关法规

第十四部分 运输信息

联合国危险货物编号（UN号） 3275

联合国运输名称 腈类，毒性，易燃，未另作规定的（戊腈）

联合国危险性类别 6.1，3

包装类别 Ⅱ类包装

包装标志 

海洋污染物 否

运输注意事项 运输前应先检查包装容器是否完整、密封，运输过程中要确保容器不泄漏、不倒塌、不坠落、不损坏。严禁与酸类、氧化剂、食品及食品添加剂混运。运输时运输车辆应配备相应品种和数量的消防器材及泄漏应急处理设备。运输途中应防曝晒、雨淋，防高温。运输时所用的槽（罐）车应有接地链，槽内可设孔隔板以减少震荡产生的静电。中途停留时应远离火种、热源。公路运输时要按规定路线行驶

第十五部分 法规信息

下列法律、法规、规章和标准，对该化学品的管理作了相应的规定。

中华人民共和国职业病防治法 职业病分类和目录：氰及腈类化合物中毒

危险化学品安全管理条例 危险化学品目录：列入。易制爆危险化学品名录：未列入。重点监管的危险化学品名录：未列入。GB 18218—2009《危险化学品重大危险源辨识》(表1)：未列入

使用有毒物品作业场所劳动保护条例 高毒物品目录：未列入

易制毒化学品管理条例 易制毒化学品的分类和品种目录：未列入

国际公约 斯德哥尔摩公约：未列入。鹿特丹公约：未列入。蒙特利尔议定书：未列入

第十六部分 其他信息

编写和修订信息 **缩略语和首字母缩写**

培训建议 **参考文献**

免责声明

1-戊硫醇

第一部分 化学品标识

化学品中文名 1-戊硫醇；戊硫醇；正戊硫醇

化学品英文名 amyl mercaptan；1-pentanethiol

分子式 $C_5H_{12}S$ **相对分子质量** 104.23

结构式 $\diagup\diagdown\diagup\diagdown$SH

化学品的推荐及限制用途 用于有机合成

第二部分 危险性概述

紧急情况概述 高度易燃液体和蒸气，吸入会中毒，可能导致皮肤过敏反应

GHS危险性类别 易燃液体，类别2；急性毒性-吸入，类别3；皮肤腐蚀/刺激，类别2；严重眼损伤/眼刺激，类别2；皮肤致敏物，类别1；特异性靶器官毒性-一次接触，类别3（呼吸道刺激）

标签要素

象形图 

警示词 危险

危险性说明 高度易燃液体和蒸气，吸入会中毒，造成皮肤刺激，造成严重眼刺激，可能导致皮肤过敏反应，可能引起呼吸道刺激

防范说明

预防措施 远离热源、火花、明火、热表面。禁止吸烟。保持容器密闭。容器和接收设备接地连接。使用防爆电器、通风、照明设备。只能使用不产生火花的工具。采取防止静电措施。戴防护手套、防护眼镜、防护面罩。避免吸入蒸气、雾。仅在室外或通风良好处操作。避免接触眼睛、皮肤，操作后彻底清洗。污染的工作服不得带出工作场所

事故响应 如吸入：将患者转移到空气新鲜处，休

息，保持利于呼吸的体位，呼叫中毒控制中心或就医。皮肤接触：用大量肥皂水和水清洗。如出现皮肤刺激或皮疹：就医。脱去被污染的衣服，衣服须洗净后方可重新使用。如接触眼睛：用水细心冲洗数分钟。如戴隐形眼镜并可方便地取出，取出隐形眼镜继续冲洗。如果眼睛刺激持续：就医

安全储存 存放在通风良好的地方。保持低温。保持容器密闭。上锁保管

废弃处置 本品及内装物、容器依据国家和地方法规处置

物理和化学危险 高度易燃，其蒸气与空气混合，能形成爆炸性混合物

健康危害 因本品有恶臭味，吸入后可引起恶心。对眼和皮肤有轻度刺激性。对皮肤有致敏性。口服引起恶心、呕吐

环境危害 对环境可能有害

第三部分 成分/组成信息

√物质 混合物

组分	浓度	CAS No.
1-戊硫醇		110-66-7

第四部分 急救措施

吸入 迅速脱离现场至空气新鲜处。保持呼吸道通畅。如呼吸困难，给输氧。如呼吸、心跳停止，立即进行心肺复苏术。就医

皮肤接触 立即脱去污染的衣着，用流动清水彻底冲洗。就医

眼睛接触 立即分开眼睑，用流动清水或生理盐水彻底冲洗。就医

食入 漱口，饮水。就医

对保护施救者的忠告 根据需要使用个人防护设备

对医生的特别提示 对症处理

第五部分 消防措施

灭火剂 用泡沫、二氧化碳、干粉、砂土灭火

特别危险性 受热或遇酸易产生有毒的硫氧化物气体。燃烧生成有害的一氧化碳、硫化氢、氧化硫

灭火注意事项及防护措施 消防人员必须佩戴空气呼吸器、穿全身防火防毒服，在上风向灭火。喷水冷却容器，尽可能将容器从火场移至空旷处。容器突然发出异常声音或出现异常现象，应立即撤离

第六部分 泄漏应急处理

作业人员防护措施、防护装备和应急处置程序 消除所有点火源。根据液体流动和蒸气扩散的影响区域划定警戒区，无关人员从侧风、上风向撤离至安全区。建议应急处理人员戴正压自给式呼吸器，穿防静电服，戴橡胶耐油手套。作业时使用的所有设备应接地。禁止接触或跨越泄漏物。尽可能切断泄漏源

环境保护措施 防止泄漏物进入水体、下水道、地下室或有限空间

泄漏化学品的收容、清除方法及所使用的处置材料 小量泄漏：用砂土或其他不燃材料吸收，使用洁净的无火花工具收集吸收材料。大量泄漏：构筑围堤或挖坑收容。用泡沫覆盖，减少蒸发。喷水雾能减少蒸发，但不能降低泄漏物在有限空间内的易燃性。用防爆泵转移至槽车或专用收集器内

第七部分 操作处置与储存

操作注意事项 密闭操作，局部排风。操作人员必须经过专门培训，严格遵守操作规程。建议操作人员佩戴自吸过滤式防毒面具（半面罩），戴橡胶耐油手套。远离火种、热源。工作场所严禁吸烟。使用防爆型的通风系统和设备。防止蒸气泄漏到工作场所空气中。避免与氧化剂、碱类、碱金属接触。灌装时应控制流速，且有接地装置，防止静电积聚。搬运时要轻装轻卸，防止包装及容器损坏。配备相应品种和数量的消防器材及泄漏应急处理设备。倒空的容器可能残留有害物

储存注意事项 储存于阴凉、通风的库房。远离火种、热源。库温不宜超过37℃。保持容器密封。应与氧化剂、碱类、碱金属分开存放，切忌混储。采用防爆型照明、通风设施。禁止使用易产生火花的机械设备和工具。储区应备有泄漏应急处理设备和合适的收容材料

第八部分 接触控制/个体防护

职业接触限值

中国 未制定标准

美国(ACGIH) 未制定标准

生物接触限值 未制定标准

监测方法 空气中有毒物质测定方法：未制定标准。生物监测检验方法：未制定标准

工程控制 密闭操作，局部排风

个体防护装备

呼吸系统防护 高浓度环境中，应该佩戴过滤式防毒面具（半面罩）

眼睛防护 必要时，戴化学安全防护眼镜

皮肤和身体防护 穿一般作业防护服

手防护 戴橡胶耐油手套

第九部分 理化特性

外观与性状 无色到淡黄色液体，有特殊气味

pH 值 无资料　**熔点(℃)** −75.7

沸点(℃) 126.6　**相对密度(水=1)** 0.84

相对蒸气密度(空气=1) 3.59

饱和蒸气压(kPa) 1.84 (25℃)

燃烧热(kJ/mol) −4137.9　**临界温度(℃)** 321

临界压力(MPa) 3.5　**辛醇/水分配系数** 2.74

闪点(℃) 18 (OC)　**自燃温度(℃)** 259

爆炸下限(%) 无资料　**爆炸上限(%)** 无资料

分解温度(℃) 无资料　**黏度(mPa·s)** 无资料

溶解性 不溶于水，可混溶于乙醇、乙醚等

第十部分 稳定性和反应性

稳定性 稳定

危险反应 与强氧化剂等禁配物接触，有发生火灾和爆炸的危险

避免接触的条件 无资料

禁配物 碱类、强氧化剂、碱金属、酸类

危险的分解产物 硫化氢

第十一部分 毒理学信息

急性毒性

LD_{50} >100mg/kg（小鼠皮下）

LC_{50} 2500mg/m³（大鼠吸入）

皮肤刺激或腐蚀 无资料 **眼睛刺激或腐蚀** 无资料

呼吸或皮肤过敏 无资料 **生殖细胞突变性** 无资料

致癌性 无资料 **生殖毒性** 无资料

特异性靶器官系统毒性-一次接触 无资料

特异性靶器官系统毒性-反复接触 无资料

吸入危害 无资料

第十二部分 生态学信息

生态毒性 无资料

持久性和降解性

生物降解性 无资料

非生物降解性 无资料

潜在的生物累积性 根据 K_{ow} 值预测，该物质的生物累积性可能较弱

土壤中的迁移性 根据 K_{oc} 值预测，该物质可能有一定的迁移性

第十三部分 废弃处置

废弃化学品 建议用焚烧法处置。焚烧炉排出的硫氧化物通过洗涤器除去

污染包装物 将容器返还生产商或按照国家和地方法规处置

废弃注意事项 处置前应参阅国家和地方有关法规

第十四部分 运输信息

联合国危险货物编号（UN号） 1111

联合国运输名称 戊硫醇 **联合国危险性类别** 3

包装类别 Ⅱ类包装 **包装标志**

海洋污染物 否

运输注意事项 运输时运输车辆应配备相应品种和数量的消防器材及泄漏应急处理设备。夏季最好早晚运输。运输时所用的槽（罐）车应有接地链，槽内可设孔隔板以减少震荡产生的静电。严禁与氧化剂、碱类、碱金属等混装混运。运输途中应防曝晒、雨淋，防高温。中途停留时应远离火种、热源、高温区。装运该物品的车辆排气管必须配备阻火装置，禁止使用易产生火花的机械设备和工具装卸。公路运输时要按规定路线行驶，勿在居民区和人口稠密区停留。铁路运输时要禁止溜放。严禁用木船、水泥船散装运输

第十五部分 法规信息

下列法律、法规、规章和标准，对该化学品的管理作了相应的规定。

中华人民共和国职业病防治法 职业病分类和目录：未列入

危险化学品安全管理条例 危险化学品目录：列入。易制爆危险化学品名录：未列入。重点监管的危险化学品名录：未列入。GB 18218—2009《危险化学品重大危险源辨识》（表1）：未列入

使用有毒物品作业场所劳动保护条例 高毒物品目录：未列入

易制毒化学品管理条例 易制毒化学品的分类和品种目录：未列入

国际公约 斯德哥尔摩公约：未列入。鹿特丹公约：未列入。蒙特利尔议定书：未列入

第十六部分 其他信息

编写和修订信息 **缩略语和首字母缩写**

培训建议 **参考文献**

免责声明

戊 醛

第一部分 化学品标识

化学品中文名 戊醛；正戊醛

化学品英文名 *n*-pentanal；valeraldehyde

分子式 $C_5H_{10}O$ **相对分子质量** 86.15

结构式 （结构式图）O

化学品的推荐及限制用途 用作香料、橡胶促进剂

第二部分 危险性概述

紧急情况概述 高度易燃液体和蒸气

GHS危险性类别 易燃液体，类别2；急性毒性-经口，类别5；急性毒性-经皮，类别5；急性毒性-吸入，类别4；皮肤腐蚀/刺激，类别2；严重眼损伤/眼刺激，类别2A；特异性靶器官毒性-一次接触，类别3（呼吸道刺激）；危害水生环境-急性危害，类别3

标签要素

象形图

警示词 危险

危险性说明 高度易燃液体和蒸气，吞咽可能有害，皮肤接触可能有害，吸入有害，造成皮肤刺激，造成严重眼刺激，可能引起呼吸道刺激，对水生生物有害

防范说明

预防措施 远离热源、火花、明火、热表面。禁止吸烟。保持容器密闭。容器和接收设备接地连接。使用防爆电器、通风、照明设备。只能使用不产生火花的工具。采取防止静电措施。戴防护手套、防护眼镜、防护面罩。避免吸入蒸

气、雾。仅在室外或通风良好处操作。避免接触眼睛、皮肤，操作后彻底清洗。禁止排入环境

事故响应　火灾时，使用泡沫、干粉、二氧化碳、砂土灭火。如吸入：将患者转移到空气新鲜处，休息，保持利于呼吸的体位。如皮肤（或头发）接触：立即脱掉所有被污染的衣服，用大量肥皂水和水清洗。如发生皮肤刺激：就医。被污染的衣服须洗净后方可重新使用。如接触眼睛：用水细心冲洗数分钟。如戴隐形眼镜并可方便地取出，取出隐形眼镜继续冲洗。如果眼睛刺激持续：就医

安全储存　存放在通风良好的地方。保持低温

废弃处置　本品及内装物、容器依据国家和地方法规处置

物理和化学危险　高度易燃，其蒸气与空气混合，能形成爆炸性混合物

健康危害　蒸气对眼及上呼吸道黏膜有刺激作用，对中枢神经系统有抑制作用

环境危害　对水生生物有害

第三部分　成分/组成信息

√物质		混合物
组分	**浓度**	**CAS No.**
戊醛		110-62-3

第四部分　急救措施

吸入　迅速脱离现场至空气新鲜处。保持呼吸道通畅。如呼吸困难，给输氧。如呼吸、心跳停止，立即进行心肺复苏术。就医

皮肤接触　立即脱去污染的衣着，用流动清水彻底冲洗。就医

眼睛接触　立即分开眼睑，用流动清水或生理盐水彻底冲洗。就医

食入　漱口，饮水。就医

对保护施救者的忠告　根据需要使用个人防护设备

对医生的特别提示　对症处理

第五部分　消防措施

灭火剂　用泡沫、干粉、二氧化碳、砂土灭火

特别危险性　若遇高热，可发生聚合反应，放出大量热量而引起容器破裂和爆炸事故。蒸气比空气重，沿地面扩散并易积存于低洼处，遇火源会着火回燃。燃烧生成有害的一氧化碳

灭火注意事项及防护措施　消防人员须佩戴防毒面具、穿全身消防服，在上风向灭火。尽可能将容器从火场移至空旷处。喷水保持火场容器冷却，直至灭火结束。容器突然发出异常声音或出现异常现象，应立即撤离。用水灭火无效

第六部分　泄漏应急处理

作业人员防护措施、防护装备和应急处置程序　消除所有点火源。根据液体流动和蒸气扩散的影响区域划定警戒区，无关人员从侧风、上风向撤离至安全区。建议应急处理人员戴正压自给式呼吸器，穿防静电服，戴橡胶手套。作业时使用的所有设备应接地。禁止接触或跨越泄漏物。尽可能切断泄漏源

环境保护措施　防止泄漏物进入水体、下水道、地下室或有限空间

泄漏化学品的收容、清除方法及所使用的处置材料　小量泄漏：用砂土或其他不燃材料吸收，使用洁净的无火花工具收集吸收材料。大量泄漏：构筑围堤或挖坑收容。用抗溶性泡沫覆盖，减少蒸发。喷水雾能减少蒸发，但不能降低泄漏物在有限空间内的易燃性。用防爆泵转移至槽车或专用收集器内

第七部分　操作处置与储存

操作注意事项　密闭操作，全面排风。操作人员必须经过专门培训，严格遵守操作规程。建议操作人员佩戴过滤式防毒面具（半面罩），戴安全防护眼镜，穿防静电工作服，戴橡胶手套。远离火种、热源。工作场所严禁吸烟。使用防爆型的通风系统和设备。防止蒸气泄漏到工作场所空气中。避免与氧化剂、还原剂、碱类接触。灌装时应控制流速，且有接地装置，防止静电积聚。配备相应品种和数量的消防器材及泄漏应急处理设备。倒空的容器可能残留有害物

储存注意事项　储存于阴凉、通风的库房。远离火种、热源。库温不宜超过37℃。包装要求密封，不可与空气接触。应与氧化剂、还原剂、碱类等分开存放，切忌混储。采用防爆型照明、通风设施。禁止使用易产生火花的机械设备和工具。储区应备有泄漏应急处理设备和合适的收容材料

第八部分　接触控制/个体防护

职业接触限值

中国　未制定标准

美国(ACGIH)　TLV-TWA：50ppm

生物接触限值　未制定标准

监测方法　空气中有毒物质测定方法：未制定标准。生物监测检验方法：未制定标准

工程控制　密闭操作，全面排风。提供安全的淋浴和洗眼设备

个体防护装备

呼吸系统防护　空气中浓度超标时，应该佩戴过滤式防毒面具（半面罩）

眼睛防护　戴安全防护眼镜

皮肤和身体防护　穿防静电工作服

手防护　戴橡胶手套

第九部分　理化特性

外观与性状　无色液体，有刺激性气味

pH值　无资料　　**熔点(℃)**　−91.1

沸点(℃)　102～103　　**相对密度(水=1)**　0.81

相对蒸气密度(空气=1)　2.96

饱和蒸气压(kPa)　3.4（20℃）

燃烧热(kJ/mol)　无资料　　**临界温度(℃)**　无资料

临界压力(MPa)　3.97　　**辛醇/水分配系数**　1.31

闪点(℃) 12.22 (OC)；12 (CC)

自燃温度(℃) 222

爆炸下限(%) 1.4 **爆炸上限(%)** 7.2

分解温度(℃) 无资料 **黏度(mPa·s)** 0.54 (20℃)

溶解性 微溶于水，溶于乙醇、乙醚等有机溶剂

第十部分 稳定性和反应性

稳定性 稳定

危险反应 与强氧化剂等禁配物接触，有发生火灾和爆炸的危险。高热下可能发生聚合

避免接触的条件 受热

禁配物 强氧化剂、强碱、强还原剂、氧

危险的分解产物 无资料

第十一部分 毒理学信息

急性毒性

LD_{50} 3200mg/kg（大鼠经口）；6400mg/kg（小鼠经口）；6000mg/kg（兔经皮）

LC_{50} 14000mg/m^3（大鼠吸入，4h）

皮肤刺激或腐蚀 家兔经皮：500mg (24)，中度刺激

眼睛刺激或腐蚀 家兔经眼：100mg (24h)，重度刺激

呼吸或皮肤过敏 无资料

生殖细胞突变性 无资料

致癌性 无资料 **生殖毒性** 无资料

特异性靶器官系统毒性-一次接触 无资料

特异性靶器官系统毒性-反复接触 无资料

吸入危害 无资料

第十二部分 生态学信息

生态毒性

LC_{50} 12.4mg/L (96h)（黑头呆鱼）

NOEC 2.1mg/L (21d)（水蚤）

持久性和降解性

生物降解性 易快速生物降解

非生物降解性 无资料

潜在的生物累积性 根据 K_{ow} 值预测，该物质的生物累积性可能较弱

土壤中的迁移性 根据 K_{oc} 值预测，该物质可能易发生迁移

第十三部分 废弃处置

废弃化学品 建议用焚烧法处置

污染包装物 将容器返还生产商或按照国家和地方法规处置

废弃注意事项 处置前应参阅国家和地方有关法规

第十四部分 运输信息

联合国危险货物编号（UN号） 2058

联合国运输名称 戊醛 **联合国危险性类别** 3

包装类别 Ⅱ类包装 **包装标志**

海洋污染物 否

运输注意事项 运输时运输车辆应配备相应品种和数量的消防器材及泄漏应急处理设备。夏季最好早晚运输。运输时所用的槽（罐）车应有接地链，槽内可设孔隔板以减少震荡产生的静电。严禁与氧化剂、还原剂、碱类、食用化学品等混装混运。运输途中应防曝晒、雨淋，防高温。中途停留时应远离火种、热源、高温区。装运该物品的车辆排气管必须配备阻火装置，禁止使用易产生火花的机械设备和工具装卸。公路运输时要按规定路线行驶，勿在居民区和人口稠密区停留。铁路运输时要禁止溜放。严禁用木船、水泥船散装运输

第十五部分 法规信息

下列法律、法规、规章和标准，对该化学品的管理作了相应的规定。

中华人民共和国职业病防治法 职业病分类和目录：未列入

危险化学品安全管理条例 危险化学品目录：列入。易制爆危险化学品名录：未列入。重点监管的危险化学品名录：未列入。GB 18218—2009《危险化学品重大危险源辨识》（表1）：未列入

使用有毒物品作业场所劳动保护条例 高毒物品目录：未列入

易制毒化学品管理条例 易制毒化学品的分类和品种目录：未列入

国际公约 斯德哥尔摩公约：未列入。鹿特丹公约：未列入。蒙特利尔议定书：未列入

第十六部分 其他信息

编写和修订信息 **缩略语和首字母缩写**

培训建议 **参考文献**

免责声明

1-戊炔

第一部分 化学品标识

化学品中文名 1-戊炔；丙基乙炔；正丙基乙炔

化学品英文名 1-pentyne；*n*-propyl acetylene

分子式 C_5H_8 **相对分子质量** 68.12

结构式 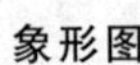

化学品的推荐及限制用途 用作溶剂、有机合成中间体

第二部分 危险性概述

紧急情况概述 高度易燃液体和蒸气

GHS危险性类别 易燃液体，类别2

标签要素

象形图 

警示词 危险

危险性说明 高度易燃液体和蒸气

防范说明

预防措施　远离热源、火花、明火、热表面。禁止吸烟。保持容器密闭。容器和接收设备接地连接。使用防爆电器、通风、照明设备。只能使用不产生火花的工具。采取防止静电措施。戴防护手套、防护眼镜、防护面罩

事故响应　火灾时，使用泡沫、二氧化碳、干粉、砂土灭火。如皮肤（或头发）接触：立即脱掉所有被污染的衣服，用水冲洗皮肤，淋浴

安全储存　存放在通风良好的地方。保持低温

废弃处置　本品及内装物、容器依据国家和地方法规处置

物理和化学危险　高度易燃，其蒸气与空气混合，能形成爆炸性混合物

健康危害　本品属于不饱和脂肪族烃类，该类物质有麻醉作用

环境危害　对环境可能有害

第三部分　成分/组成信息

√物质		混合物
组分	**浓度**	**CAS No.**
1-戊炔		627-19-0

第四部分　急救措施

吸入　迅速脱离现场至空气新鲜处。保持呼吸道通畅。如呼吸困难，给输氧。如呼吸、心跳停止，立即进行心肺复苏术。就医

皮肤接触　立即脱去污染的衣着，用流动清水彻底冲洗。就医

眼睛接触　立即分开眼睑，用流动清水或生理盐水彻底冲洗。就医

食入　漱口，饮水。就医

对保护施救者的忠告　根据需要使用个人防护设备

对医生的特别提示　对症处理

第五部分　消防措施

灭火剂　用泡沫、二氧化碳、干粉、砂土灭火

特别危险性　若遇高热，可发生聚合反应，放出大量热量而引起容器破裂和爆炸事故。蒸气比空气重，沿地面扩散并易积存于低洼处，遇火源会着火回燃。燃烧生成有害的一氧化碳

灭火注意事项及防护措施　消防人员须佩戴防毒面具、穿全身消防服，在上风向灭火。尽可能将容器从火场移至空旷处。喷水保持火场容器冷却，直至灭火结束。容器突然发出异常声音或出现异常现象，应立即撤离。用水灭火无效

第六部分　泄漏应急处理

作业人员防护措施、防护装备和应急处置程序　消除所有点火源。根据液体流动和蒸气扩散的影响区域划定警戒区，无关人员从侧风、上风向撤离至安全区。建议应急处理人员戴正压自给式呼吸器，穿防静电服，戴橡胶耐油手套。作业时使用的所有设备应接地。禁止接触或跨越泄漏物。尽可能切断泄漏源

环境保护措施　防止泄漏物进入水体、下水道、地下室或有限空间

泄漏化学品的收容、清除方法及所使用的处置材料　小量泄漏：用砂土或其他不燃材料吸收，使用洁净的无火花工具收集吸收材料。大量泄漏：构筑围堤或挖坑收容。用泡沫覆盖，减少蒸发。喷水雾能减少蒸发，但不能降低泄漏物在有限空间内的易燃性。用防爆泵转移至槽车或专用收集器内

第七部分　操作处置与储存

操作注意事项　密闭操作，全面通风。操作人员必须经过专门培训，严格遵守操作规程。建议操作人员佩戴过滤式防毒面具（半面罩），戴化学安全防护眼镜，穿防静电工作服，戴橡胶耐油手套。远离火种、热源。工作场所严禁吸烟。使用防爆型的通风系统和设备。防止蒸气泄漏到工作场所空气中。避免与氧化剂、酸类接触。充装要控制流速，且有接地装置，防止静电积聚。搬运时要轻装轻卸，防止包装及容器损坏。配备相应品种和数量的消防器材及泄漏应急处理设备。倒空的容器可能残留有害物

储存注意事项　储存于阴凉、通风的库房。远离火种、热源。库温不宜超过 29℃。包装要求密封，不可与空气接触。应与氧化剂、酸类、食用化学品分开存放，切忌混储。不宜大量储存或久存。采用防爆型照明、通风设施。禁止使用易产生火花的机械设备和工具。储区应备有泄漏应急处理设备和合适的收容材料

第八部分　接触控制/个体防护

职业接触限值

中国　未制定标准

美国(ACGIH)　未制定标准

生物接触限值　未制定标准

监测方法　空气中有毒物质测定方法：未制定标准。生物监测检验方法：未制定标准

工程控制　生产过程密闭，全面通风。提供安全的淋浴和洗眼设备

个体防护装备

呼吸系统防护　空气中浓度超标时，佩戴过滤式防毒面具（半面罩）

眼睛防护　戴化学安全防护眼镜

皮肤和身体防护　穿防静电工作服

手防护　戴橡胶耐油手套

第九部分　理化特性

外观与性状　无色液体

pH 值　无资料　　**熔点(℃)**　−106～−105

沸点(℃)　40　　**相对密度(水=1)**　0.69

相对蒸气密度(空气=1)　2.35

饱和蒸气压(kPa)　46.8（20℃）

燃烧热(kJ/mol)　无资料　　**临界温度(℃)**　220.3

临界压力(MPa)　4.17　　**辛醇/水分配系数**　1.98

闪点(℃)　−34　　**自燃温度(℃)**　无资料

爆炸下限(%) 无资料 **爆炸上限(%)** 无资料
分解温度(℃) 无资料
黏度(mPa·s) 无资料
溶解性 不溶于水,易溶于乙醇、乙醚

第十部分 稳定性和反应性

稳定性 稳定
危险反应 与强氧化剂等禁配物接触,有发生火灾和爆炸的危险。高热下可能发生聚合
避免接触的条件 受热
禁配物 强氧化剂、碱金属、碱土金属、重金属及重金属盐、卤素
危险的分解产物 无资料

第十一部分 毒理学信息

急性毒性 无资料 **皮肤刺激或腐蚀** 无资料
眼睛刺激或腐蚀 无资料 **呼吸或皮肤过敏** 无资料
生殖细胞突变性 无资料 **致癌性** 无资料
生殖毒性 无资料
特异性靶器官系统毒性-一次接触 无资料
特异性靶器官系统毒性-反复接触 无资料
吸入危害 无资料

第十二部分 生态学信息

生态毒性 无资料
持久性和降解性
生物降解性 无资料
非生物降解性 无资料
潜在的生物累积性 根据 K_{ow} 值预测,该物质的生物累积性可能较弱
土壤中的迁移性 根据 K_{oc} 值预测,该物质可能易发生迁移

第十三部分 废弃处置

废弃化学品 建议用焚烧法处置
污染包装物 将容器返还生产商或按照国家和地方法规处置
废弃注意事项 处置前应参阅国家和地方有关法规

第十四部分 运输信息

联合国危险货物编号(UN号) 3295
联合国运输名称 液态烃类,未另作规定的(1-戊炔)
联合国危险性类别 3 **包装类别** Ⅱ类包装
包装标志  **海洋污染物** 否

运输注意事项 运输时运输车辆应配备相应品种和数量的消防器材及泄漏应急处理设备。夏季最好早晚运输。运输时所用的槽(罐)车应有接地链,槽内可设孔隔板以减少震荡产生的静电。严禁与氧化剂、酸类、食用化学品等混装混运。运输途中应防曝晒、雨淋,防高温。中途停留时应远离火种、热源、高温区。装运该物品的车辆排气管必须配备阻火装置,禁止使用易产生火花的机械设备和工具装卸。公路运输时要按规定路线行驶,勿在居民区和人口稠密区停留。铁路运输时要禁止溜放。严禁用木船、水泥船散装运输

第十五部分 法规信息

下列法律、法规、规章和标准,对该化学品的管理作了相应的规定。
中华人民共和国职业病防治法 职业病分类和目录:未列入
危险化学品安全管理条例 危险化学品目录:列入。易制爆危险化学品名录:未列入。重点监管的危险化学品名录:未列入。GB 18218—2009《危险化学品重大危险源辨识》(表1):未列入
使用有毒物品作业场所劳动保护条例 高毒物品目录:未列入
易制毒化学品管理条例 易制毒化学品的分类和品种目录:未列入
国际公约 斯德哥尔摩公约:未列入。鹿特丹公约:未列入。蒙特利尔议定书:未列入

第十六部分 其他信息

编写和修订信息 **缩略语和首字母缩写**
培训建议 **参考文献**
免责声明

戊酸丁酯

第一部分 化学品标识

化学品中文名 戊酸丁酯
化学品英文名 *n*-butyl valerate; butyl valerate
分子式 $C_9H_{18}O_2$ **相对分子质量** 158.24
结构式
化学品的推荐及限制用途 用作香料、溶剂,也用于有机合成

第二部分 危险性概述

紧急情况概述 可燃液体,造成皮肤刺激,造成严重眼刺激,可能引起呼吸道刺激
GHS危险性类别 易燃液体,类别4;皮肤腐蚀/刺激,类别2;严重眼损伤/眼刺激,类别2A;特异性靶器官毒性-一次接触,类别3(呼吸道刺激)
标签要素
象形图 
警示词 警告
危险性说明 可燃液体,造成皮肤刺激,造成严重眼刺激,可能引起呼吸道刺激
防范说明
预防措施 远离火焰和热表面。禁止吸烟。戴防护

手套、防护眼镜、防护面罩。避免接触眼睛、皮肤，操作后彻底清洗

事故响应 火灾时，使用泡沫、干粉、二氧化碳、砂土灭火。皮肤接触：用大量肥皂水和水清洗，如发生皮肤刺激，就医。脱去被污染的衣服，衣服洗净后方可重新使用。如接触眼睛：用水细心冲洗数分钟。如戴隐形眼镜并可方便地取出，取出隐形眼镜继续冲洗。如果眼睛刺激持续：就医

安全储存 存放在通风良好的地方。保持低温

废弃处置 本品及内装物、容器依据国家和地方法规处置

物理和化学危险 可燃，其蒸气与空气混合，能形成爆炸性混合物

健康危害 对眼和皮肤有刺激性

环境危害 对环境可能有害

第三部分 成分/组成信息

√物质		混合物
组分	**浓度**	**CAS No.**
戊酸丁酯		591-68-4

第四部分 急救措施

吸入 迅速脱离现场至空气新鲜处。保持呼吸道通畅。如呼吸困难，给输氧。如呼吸、心跳停止，立即进行心肺复苏术。就医

皮肤接触 立即脱去污染的衣着，用流动清水彻底冲洗。就医

眼睛接触 立即分开眼睑，用流动清水或生理盐水彻底冲洗。就医

食入 漱口，饮水。就医

对保护施救者的忠告 根据需要使用个人防护设备

对医生的特别提示 对症处理

第五部分 消防措施

灭火剂 用泡沫、干粉、二氧化碳、砂土灭火

特别危险性 与氧化剂能发生强烈反应。在火场中，受热的容器有爆炸危险。燃烧生成有害的一氧化碳

灭火注意事项及防护措施 消防人员必须佩戴空气呼吸器、穿全身防火防毒服，在上风向灭火。喷水冷却容器，尽可能将容器从火场移至空旷处。容器突然发出异常声音或出现异常现象，应立即撤离

第六部分 泄漏应急处理

作业人员防护措施、防护装备和应急处置程序 消除所有点火源。根据液体流动和蒸气扩散的影响区域划定警戒区，无关人员从侧风、上风向撤离至安全区。建议应急处理人员戴正压自给式呼吸器，穿防静电服，戴橡胶耐油手套。作业时使用的所有设备应接地。禁止接触或跨越泄漏物。尽可能切断泄漏源

环境保护措施 防止泄漏物进入水体、下水道、地下室或有限空间

泄漏化学品的收容、清除方法及所使用的处置材料 小量泄漏：用砂土或其他不燃材料吸收，使用洁净的无火花工具收集吸收材料。大量泄漏：构筑围堤或挖坑收容。用泡沫覆盖，减少蒸发。喷水雾能减少蒸发，但不能降低泄漏物在有限空间内的易燃性。用防爆泵转移至槽车或专用收集器内

第七部分 操作处置与储存

操作注意事项 密闭操作，加强通风。操作人员必须经过专门培训，严格遵守操作规程。建议操作人员佩戴自吸过滤式防毒面具（半面罩），戴化学安全防护眼镜，穿防静电工作服，戴橡胶耐油手套。远离火种、热源。工作场所严禁吸烟。使用防爆型的通风系统和设备。防止蒸气泄漏到工作场所空气中。避免与氧化剂、酸类、碱类接触。搬运时要轻装轻卸，防止包装及容器损坏。配备相应品种和数量的消防器材及泄漏应急处理设备。倒空的容器可能残留有害物

储存注意事项 储存于阴凉、通风的库房。库温不宜超过37℃。远离火种、热源。保持容器密封。应与氧化剂、酸类、碱类分开存放，切忌混储。采用防爆型照明、通风设施。禁止使用易产生火花的机械设备和工具。储区应备有泄漏应急处理设备和合适的收容材料

第八部分 接触控制/个体防护

职业接触限值

中国 未制定标准

美国(ACGIH) 未制定标准

生物接触限值 未制定标准

监测方法 空气中有毒物质测定方法：未制定标准。生物监测检验方法：未制定标准

工程控制 生产过程密闭，加强通风

个体防护装备

呼吸系统防护 空气中浓度较高时，应该佩戴过滤式防毒面具（半面罩）

眼睛防护 戴化学安全防护眼镜

皮肤和身体防护 穿防静电工作服

手防护 戴橡胶耐油手套

第九部分 理化特性

外观与性状 无色液体，有特殊气味

pH 值 无资料 **熔点(℃)** －92.8

沸点(℃) 186～187

相对密度(水＝1) 0.87（15℃）

相对蒸气密度(空气＝1) 无资料

饱和蒸气压(kPa) 无资料

燃烧热(kJ/mol) 无资料 **临界温度(℃)** 无资料

临界压力(MPa) 2.33 **辛醇/水分配系数** 3.32

闪点(℃) 63 **自燃温度(℃)** 无资料

爆炸下限(%) 无资料 **爆炸上限(%)** 无资料

分解温度(℃) 无资料

黏度(mPa·s) 无资料

溶解性 不溶于水，溶于乙醇、乙醚

第十部分 稳定性和反应性

稳定性 稳定

危险反应 与强氧化剂等禁配物接触，有发生火灾和爆炸的危险

避免接触的条件 无资料

禁配物 强氧化剂、强酸、强碱

危险的分解产物 无资料

第十一部分 毒理学信息

急性毒性 LD_{50}：＞35000mg/kg（大鼠经口）

皮肤刺激或腐蚀 无资料 **眼睛刺激或腐蚀** 无资料

呼吸或皮肤过敏 无资料 **生殖细胞突变性** 无资料

致癌性 无资料 **生殖毒性** 无资料

特异性靶器官系统毒性-一次接触 无资料

特异性靶器官系统毒性-反复接触 无资料

吸入危害 无资料

第十二部分 生态学信息

生态毒性 无资料

持久性和降解性

生物降解性 无资料

非生物降解性 无资料

潜在的生物累积性 根据 K_{ow} 值预测，该物质可能有一定的生物累积性

土壤中的迁移性 根据 K_{oc} 值预测，该物质可能有一定的迁移性

第十三部分 废弃处置

废弃化学品 建议用焚烧法处置

污染包装物 将容器返还生产商或按照国家和地方法规处置

废弃注意事项 处置前应参阅国家和地方有关法规

第十四部分 运输信息

联合国危险货物编号（UN 号） 3272

联合国运输名称 酯类，未另作规定的（戊酸丁酯）

联合国危险性类别 3 **包装类别** Ⅲ类包装

包装标志  **海洋污染物** 否

运输注意事项 运输时运输车辆应配备相应品种和数量的消防器材及泄漏应急处理设备。夏季最好早晚运输。运输时所用的槽（罐）车应有接地链，槽内可设孔隔板以减少震荡产生的静电。严禁与氧化剂、酸类、碱类等混装混运。运输途中应防曝晒、雨淋，防高温。中途停留时应远离火种、热源、高温区。装运该物品的车辆排气管必须配备阻火装置，禁止使用易产生火花的机械设备和工具装卸。公路运输时要按规定路线行驶，勿在居民区和人口稠密区停留。铁路运输时要禁止溜放。严禁用木船、水泥船散装运输

第十五部分 法规信息

下列法律、法规、规章和标准，对该化学品的管理作了相应的规定。

中华人民共和国职业病防治法 职业病分类和目录：未列入

危险化学品安全管理条例 危险化学品目录：未列入。易制爆危险化学品名录：未列入。重点监管的危险化学品名录：未列入。GB 18218—2009《危险化学品重大危险源辨识》(表 1)：未列入

使用有毒物品作业场所劳动保护条例 高毒物品目录：未列入

易制毒化学品管理条例 易制毒化学品的分类和品种目录：未列入

国际公约 斯德哥尔摩公约：未列入。鹿特丹公约：未列入。蒙特利尔议定书：未列入

第十六部分 其他信息

编写和修订信息 **缩略语和首字母缩写**

培训建议 **参考文献**

免责声明

戊酸戊酯

第一部分 化学品标识

化学品中文名 戊酸戊酯

化学品英文名 amyl valerate；pentyl pentanoate

分子式 $C_{10}H_{20}O_2$ **相对分子质量** 172.27

结构式 [structure: CCCCC(=O)OCCCCC]

化学品的推荐及限制用途 用作香料、溶剂，也用于有机合成

第二部分 危险性概述

紧急情况概述 可燃液体

GHS 危险性类别 易燃液体，类别 4

标签要素

象形图 -

警示词 警告

危险性说明 可燃液体

防范说明

预防措施 远离火焰和热表面。禁止吸烟。戴防护手套、防护眼镜、防护面罩

事故响应 火灾时，使用泡沫、干粉、二氧化碳、砂土灭火

安全储存 存放在通风良好的地方。保持低温

废弃处置 本品及内装物、容器依据国家和地方法规处置

物理和化学危险 可燃，其蒸气与空气混合，能形成爆炸性混合物

健康危害 对眼和上呼吸道有刺激性

环境危害 对环境可能有害

第三部分 成分/组成信息

√物质		混合物
组分	**浓度**	**CAS No.**
戊酸戊酯		2173-56-0

第四部分 急救措施

吸入 迅速脱离现场至空气新鲜处。保持呼吸道通畅。如呼吸困难，给输氧。如呼吸、心跳停止，立即进行心肺复苏术。就医

皮肤接触 立即脱去污染的衣着，用流动清水彻底冲洗。就医

眼睛接触 立即分开眼睑，用流动清水或生理盐水彻底冲洗。就医

食入 漱口，饮水。就医

对保护施救者的忠告 根据需要使用个人防护设备

对医生的特别提示 对症处理

第五部分 消防措施

灭火剂 用泡沫、干粉、二氧化碳、砂土灭火

特别危险性 与氧化剂能发生强烈反应。在火场中，受热的容器有爆炸危险。燃烧生成有害的一氧化碳

灭火注意事项及防护措施 消防人员必须佩戴空气呼吸器、穿全身防火防毒服，在上风向灭火。喷水冷却容器，尽可能将容器从火场移至空旷处。容器突然发出异常声音或出现异常现象，应立即撤离

第六部分 泄漏应急处理

作业人员防护措施、防护装备和应急处置程序 消除所有点火源。根据液体流动和蒸气扩散的影响区域划定警戒区，无关人员从侧风、上风向撤离至安全区。建议应急处理人员戴正压自给式呼吸器，穿防静电服，戴橡胶耐油手套。作业时使用的所有设备应接地。禁止接触或跨越泄漏物。尽可能切断泄漏源

环境保护措施 防止泄漏物进入水体、下水道、地下室或有限空间

泄漏化学品的收容、清除方法及所使用的处置材料 小量泄漏：用砂土或其他不燃材料吸收，使用洁净的无火花工具收集吸收材料。大量泄漏：构筑围堤或挖坑收容。用泡沫覆盖，减少蒸发。喷水雾能减少蒸发，但不能降低泄漏物在有限空间内的易燃性。用防爆泵转移至槽车或专用收集器内

第七部分 操作处置与储存

操作注意事项 密闭操作，加强通风。操作人员必须经过专门培训，严格遵守操作规程。建议操作人员佩戴自吸过滤式防毒面具（半面罩），戴化学安全防护眼镜，穿防静电工作服，戴橡胶耐油手套。远离火种、热源。工作场所严禁吸烟。使用防爆型的通风系统和设备。防止蒸气泄漏到工作场所空气中。避免与氧化剂、酸类、碱类接触。搬运时要轻装轻卸，防止包装及容器损坏。配备相应品种和数量的消防器材及泄漏应急处理设备。倒空的容器可能残留有害物

储存注意事项 储存于阴凉、通风的库房。库温不宜超过37℃。远离火种、热源。保持容器密封。应与氧化剂、酸类、碱类分开存放，切忌混储。采用防爆型照明、通风设施。禁止使用易产生火花的机械设备和工具。储区应备有泄漏应急处理设备和合适的收容材料

第八部分 接触控制/个体防护

职业接触限值

中国 未制定标准

美国(ACGIH) 未制定标准

生物接触限值 未制定标准

监测方法 空气中有毒物质测定方法：未制定标准。生物监测检验方法：未制定标准

工程控制 生产过程密闭，加强通风

个体防护装备

呼吸系统防护 空气中浓度较高时，应该佩戴过滤式防毒面具（半面罩）。紧急事态抢救或撤离时，建议佩戴空气呼吸器

眼睛防护 戴化学安全防护眼镜

皮肤和身体防护 穿防静电工作服

手防护 戴橡胶耐油手套

第九部分 理化特性

外观与性状 无色液体，有苹果香味

pH值 无资料　**熔点(℃)** −78.5

沸点(℃) 203.7～205.9

相对密度(水=1) 0.86（19℃）

相对蒸气密度(空气=1) 4.5

饱和蒸气压(kPa) 0.746（25℃）

燃烧热(kJ/mol) −5760.4　**临界温度(℃)** 326.1

临界压力(MPa) 2.84　**辛醇/水分配系数** 3.81

闪点(℃) 66.67　**自燃温度(℃)** 379

爆炸下限(%) 1.0　**爆炸上限(%)** 7.5

分解温度(℃) 无资料　**黏度(mPa·s)** 无资料

溶解性 微溶于水，可混溶于乙醇、乙醚

第十部分 稳定性和反应性

稳定性 稳定

危险反应 与强氧化剂等禁配物接触，有发生火灾和爆炸的危险

避免接触的条件 无资料

禁配物 强氧化剂、强酸、强碱

危险的分解产物 无资料

第十一部分 毒理学信息

急性毒性 LD_{50}：＞35420mg/kg（大鼠经口）；＞17000mg/kg（豚鼠经口）

皮肤刺激或腐蚀 无资料　**眼睛刺激或腐蚀** 无资料

呼吸或皮肤过敏 无资料　**生殖细胞突变性** 无资料

致癌性 无资料　**生殖毒性** 无资料

特异性靶器官系统毒性-一次接触 无资料

特异性靶器官系统毒性-反复接触 无资料

吸入危害 无资料

第十二部分 生态学信息

生态毒性 无资料

持久性和降解性

生物降解性　无资料

非生物降解性　无资料

潜在的生物累积性　根据 K_{ow} 值预测，该物质可能有一定的生物累积性

土壤中的迁移性　根据 K_{oc} 值预测，该物质可能有一定的迁移性

第十三部分　废弃处置

废弃化学品　建议用焚烧法处置

污染包装物　将容器返还生产商或按照国家和地方法规处置

废弃注意事项　处置前应参阅国家和地方有关法规

第十四部分　运输信息

联合国危险货物编号（UN 号）　3272

联合国运输名称　酯类，未另作规定的（戊酸戊酯）

联合国危险性类别　3　　**包装类别**　Ⅲ类包装

包装标志 　**海洋污染物**　否

运输注意事项　运输时运输车辆应配备相应品种和数量的消防器材及泄漏应急处理设备。夏季最好早晚运输。运输时所用的槽（罐）车应有接地链，槽内可设孔隔板以减少震荡产生的静电。严禁与氧化剂、酸类、碱类等混装混运。运输途中应防曝晒、雨淋，防高温。中途停留时应远离火种、热源、高温区。装运该物品的车辆排气管必须配备阻火装置，禁止使用易产生火花的机械设备和工具装卸。公路运输时要按规定路线行驶，勿在居民区和人口稠密区停留。铁路运输时要禁止溜放。严禁用木船、水泥船散装运输

第十五部分　法规信息

下列法律、法规、规章和标准，对该化学品的管理作了相应的规定。

中华人民共和国职业病防治法　职业病分类和目录：未列入

危险化学品安全管理条例　危险化学品目录：未列入。易制爆危险化学品名录：未列入。重点监管的危险化学品名录：未列入。GB 18218—2009《危险化学品重大危险源辨识》（表 1）：未列入

使用有毒物品作业场所劳动保护条例　高毒物品目录：未列入

易制毒化学品管理条例　易制毒化学品的分类和品种目录：未列入

国际公约　斯德哥尔摩公约：未列入。鹿特丹公约：未列入。蒙特利尔议定书：未列入

第十六部分　其他信息

编写和修订信息　　**缩略语和首字母缩写**

培训建议　　**参考文献**

免责声明

戊酸乙酯

第一部分　化学品标识

化学品中文名　戊酸乙酯；正戊酸乙酯

化学品英文名　ethyl valerate；ethyl pentanoate

分子式　$C_7H_{14}O_2$　　**相对分子质量**　130.19

结构式 

化学品的推荐及限制用途　用作香精

第二部分　危险性概述

紧急情况概述　易燃液体和蒸气

GHS 危险性类别　易燃液体，类别 3

标签要素

象形图

警示词　警告

危险性说明　易燃液体和蒸气

防范说明

预防措施　远离热源、火花、明火、热表面。禁止吸烟。保持容器密闭。容器和接收设备接地连接。使用防爆电器、通风、照明设备。只能使用不产生火花的工具。采取防止静电措施。戴防护手套、防护眼镜、防护面罩

事故响应　火灾时，使用泡沫、干粉、二氧化碳、砂土灭火。如皮肤（或头发）接触：立即脱掉所有被污染的衣服，用水冲洗皮肤，淋浴

安全储存　存放在通风良好的地方。保持低温

废弃处置　本品及内装物、容器依据国家和地方法规处置

物理和化学危险　易燃，其蒸气与空气混合，能形成爆炸性混合物

健康危害　未见人中毒报道

环境危害　对环境可能有害

第三部分　成分/组成信息

√物质　　混合物

组分	浓度	CAS No.
戊酸乙酯		539-82-2

第四部分　急救措施

吸入　脱离现场至空气新鲜处。如有不适感，就医

皮肤接触　脱去污染的衣着，用流动清水冲洗。如有不适感，就医

眼睛接触　分开眼睑，用流动清水或生理盐水冲洗。如有不适感，就医

食入　漱口，饮水。就医

对保护施救者的忠告　根据需要使用个人防护设备

对医生的特别提示　对症处理

第五部分 消防措施

灭火剂 用泡沫、干粉、二氧化碳、砂土灭火

特别危险性 与氧化剂能发生强烈反应。在火场中，受热的容器有爆炸危险。燃烧生成有害的一氧化碳

灭火注意事项及防护措施 消防人员必须佩戴空气呼吸器、穿全身防火防毒服，在上风向灭火。喷水冷却容器，尽可能将容器从火场移至空旷处。容器突然发出异常声音或出现异常现象，应立即撤离

第六部分 泄漏应急处理

作业人员防护措施、防护装备和应急处置程序 消除所有点火源。根据液体流动和蒸气扩散的影响区域划定警戒区，无关人员从侧风、上风向撤离至安全区。建议应急处理人员戴正压自给式呼吸器，穿防静电服，戴橡胶耐油手套。作业时使用的所有设备应接地。禁止接触或跨越泄漏物。尽可能切断泄漏源

环境保护措施 防止泄漏物进入水体、下水道、地下室或有限空间

泄漏化学品的收容、清除方法及所使用的处置材料 小量泄漏：用砂土或其他不燃材料吸收，使用洁净的无火花工具收集吸收材料。大量泄漏：构筑围堤或挖坑收容。用泡沫覆盖，减少蒸发。喷水雾能减少蒸发，但不能降低泄漏物在有限空间内的易燃性。用防爆泵转移至槽车或专用收集器内

第七部分 操作处置与储存

操作注意事项 密闭操作，全面通风。操作人员必须经过专门培训，严格遵守操作规程。建议操作人员佩戴自吸过滤式防毒面具（半面罩），戴化学安全防护眼镜，穿防静电工作服，戴橡胶耐油手套。远离火种、热源。工作场所严禁吸烟。使用防爆型的通风系统和设备。防止蒸气泄漏到工作场所空气中。避免与氧化剂、酸类接触。充装要控制流速，防止静电积聚。搬运时要轻装轻卸，防止包装及容器损坏。配备相应品种和数量的消防器材及泄漏应急处理设备。倒空的容器可能残留有害物

储存注意事项 储存于阴凉、通风的库房。远离火种、热源。库温不宜超过37℃。保持容器密封。应与氧化剂、酸类分开存放，切忌混储。采用防爆型照明、通风设施。禁止使用易产生火花的机械设备和工具。储区应备有泄漏应急处理设备和合适的收容材料

第八部分 接触控制/个体防护

职业接触限值

中国 未制定标准

美国(ACGIH) 未制定标准

生物接触限值 未制定标准

监测方法 空气中有毒物质测定方法：未制定标准。生物监测检验方法：未制定标准

工程控制 生产过程密闭，全面通风。提供安全的淋浴和洗眼设备

个体防护装备

呼吸系统防护 空气中浓度较高时，应该佩戴过滤式防毒面具（半面罩）。必要时佩戴空气呼吸器

眼睛防护 戴化学安全防护眼镜

皮肤和身体防护 穿防静电工作服

手防护 戴橡胶耐油手套

第九部分 理化特性

外观与性状 无色油状液体，有水果香味

pH值 无资料 **熔点(℃)** −91.0

沸点(℃) 144～145 **相对密度(水=1)** 0.875

相对蒸气密度(空气=1) 无资料

临界温度(℃) 297

燃烧热(kJ/mol) 无资料 **临界温度(℃)** 无资料

临界压力(MPa) 无资料 **辛醇/水分配系数** 2.34

闪点(℃) 38 **自燃温度(℃)** 无资料

爆炸下限(%) 无资料 **爆炸上限(%)** 无资料

分解温度(℃) 无资料 **黏度(mPa·s)** 无资料

溶解性 微溶于水

第十部分 稳定性和反应性

稳定性 稳定

危险反应 与强氧化剂等禁配物接触，有发生火灾和爆炸的危险

避免接触的条件 无资料

禁配物 强氧化剂、强酸

危险的分解产物 无资料

第十一部分 毒理学信息

急性毒性 无资料 **皮肤刺激或腐蚀** 无资料

眼睛刺激或腐蚀 无资料 **呼吸或皮肤过敏** 无资料

生殖细胞突变性 无资料 **致癌性** 无资料

生殖毒性 无资料

特异性靶器官系统毒性-一次接触 无资料

特异性靶器官系统毒性-反复接触 无资料

吸入危害 无资料

第十二部分 生态学信息

生态毒性 无资料

持久性和降解性

生物降解性 无资料

非生物降解性 无资料

潜在的生物累积性 根据K_{ow}值预测，该物质的生物累积性可能较弱

土壤中的迁移性 根据K_{oc}值预测，该物质可能有一定的迁移性

第十三部分 废弃处置

废弃化学品 建议用焚烧法处置

污染包装物 将容器返还生产商或按照国家和地方法规处置

废弃注意事项 处置前应参阅国家和地方有关法规

第十四部分 运输信息

联合国危险货物编号（UN号） 3272

联合国运输名称 酯类，未另作规定的（戊酸乙酯）

联合国危险性类别 3 **包装类别** Ⅲ类包装

包装标志  **海洋污染物** 否

运输注意事项 运输时运输车辆应配备相应品种和数量的消防器材及泄漏应急处理设备。夏季最好早晚运输。运输时所用的槽（罐）车应有接地链，槽内可设孔隔板以减少震荡产生的静电。严禁与氧化剂、酸类、食用化学品等混装混运。运输途中应防曝晒、雨淋，防高温。中途停留时应远离火种、热源、高温区。装运该物品的车辆排气管必须配备阻火装置，禁止使用易产生火花的机械设备和工具装卸。公路运输时要按规定路线行驶，勿在居民区和人口稠密区停留。铁路运输时要禁止溜放。严禁用木船、水泥船散装运输

第十五部分 法规信息

下列法律、法规、规章和标准，对该化学品的管理作了相应的规定。

中华人民共和国职业病防治法 职业病分类和目录：未列入

危险化学品安全管理条例 危险化学品目录：列入。易制爆危险化学品名录：未列入。重点监管的危险化学品名录：未列入。GB 18218—2009《危险化学品重大危险源辨识》（表1）：未列入

使用有毒物品作业场所劳动保护条例 高毒物品目录：未列入

易制毒化学品管理条例 易制毒化学品的分类和品种目录：未列入

国际公约 斯德哥尔摩公约：未列入。鹿特丹公约：未列入。蒙特利尔议定书：未列入

第十六部分 其他信息

编写和修订信息 **缩略语和首字母缩写**

培训建议 **参考文献**

免责声明

2-戊酮

第一部分 化学品标识

化学品中文名 2-戊酮；甲基丙基酮

化学品英文名 2-pentanone；methyl propyl ketone

分子式 $C_5H_{10}O$ **相对分子质量** 86.15

结构式

化学品的推荐及限制用途 主要用作溶剂，也用作香料

第二部分 危险性概述

紧急情况概述 高度易燃液体和蒸气，吸入会中毒，可能引起昏昏欲睡或眩晕，吞咽及进入呼吸道可能有害

GHS危险性类别 易燃液体，类别2；急性毒性-经口，类别4；急性毒性-吸入，类别3；皮肤腐蚀/刺激，类别3；严重眼损伤/眼刺激，类别2；特异性靶器官毒性-一次接触，类别3（呼吸道刺激、麻醉效应）；吸入危害，类别2

标签要素

象形图

警示词 危险

危险性说明 高度易燃液体和蒸气，吞咽有害，吸入会中毒，造成轻微皮肤刺激，造成严重眼刺激，可能引起呼吸道刺激，可能引起昏昏欲睡或眩晕，吞咽及进入呼吸道可能有害

防范说明

预防措施 远离热源、火花、明火、热表面。禁止吸烟。保持容器密闭。容器和接收设备接地连接。使用防爆电器、通风、照明设备。只能使用不产生火花的工具。采取防止静电措施。戴防护手套、防护眼镜、防护面罩。避免接触眼睛、皮肤，操作后彻底清洗。作业场所不得进食、饮水或吸烟。避免吸入蒸气、雾。仅在室外或通风良好处操作

事故响应 火灾时，使用泡沫、干粉、二氧化碳、砂土灭火。如吸入：将患者转移到空气新鲜处，休息，保持利于呼吸的体位。如皮肤（或头发）接触：立即脱掉所有被污染的衣服。用水冲洗皮肤，淋浴。如发生皮肤刺激，就医。如接触眼睛：用水细心冲洗数分钟。如戴隐形眼镜并可方便地取出，取出隐形眼镜继续冲洗。如果眼睛刺激持续：就医。食入：漱口，不要催吐，如果感觉不适，立即呼叫中毒控制中心或就医

安全储存 存放在通风良好的地方。保持低温。保持容器密闭。上锁保管

废弃处置 本品及内装物、容器依据国家和地方法规处置

物理和化学危险 高度易燃，其蒸气与空气混合，能形成爆炸性混合物

健康危害 本品对黏膜具有刺激作用，高浓度可致麻醉。吸入后引起上呼吸道刺激、头痛、头晕、恶心、呕吐、嗜睡、昏迷。对眼及皮肤有刺激性。液态本品吸入呼吸道可引起吸入性肺炎。

未见慢性中毒病例。长期接触可致皮炎

环境危害 对环境可能有害

第三部分 成分/组成信息

√物质 混合物

组分	浓度	CAS No.
2-戊酮		107-87-9

第四部分 急救措施

吸入 迅速脱离现场至空气新鲜处。保持呼吸道通畅。如

呼吸困难，给输氧。如呼吸、心跳停止，立即进行心肺复苏术。就医

皮肤接触 立即脱去污染的衣着，用流动清水彻底冲洗。就医

眼睛接触 立即分开眼睑，用流动清水或生理盐水彻底冲洗。就医

食入 漱口，饮水。禁止催吐。就医

对保护施救者的忠告 根据需要使用个人防护设备

对医生的特别提示 对症处理

第五部分 消防措施

灭火剂 用泡沫、干粉、二氧化碳、砂土灭火

特别危险性 蒸气比空气重，沿地面扩散并易积存于低洼处，遇火源会着火回燃。燃烧生成有害的一氧化碳

灭火注意事项及防护措施 消防人员须佩戴防毒面具、穿全身消防服，在上风向灭火。尽可能将容器从火场移至空旷处。喷水保持火场容器冷却，直至灭火结束。容器突然发出异常声音或出现异常现象，应立即撤离

第六部分 泄漏应急处理

作业人员防护措施、防护装备和应急处置程序 消除所有点火源。根据液体流动和蒸气扩散的影响区域划定警戒区，无关人员从侧风、上风向撤离至安全区。建议应急处理人员戴正压自给式呼吸器，穿防静电服，戴橡胶耐油手套。作业时使用的所有设备应接地。禁止接触或跨越泄漏物。尽可能切断泄漏源

环境保护措施 防止泄漏物进入水体、下水道、地下室或有限空间

泄漏化学品的收容、清除方法及所使用的处置材料 小量泄漏：用砂土或其他不燃材料吸收，使用洁净的无火花工具收集吸收材料。大量泄漏：构筑围堤或挖坑收容。用泡沫覆盖，减少蒸发。喷水雾能减少蒸发，但不能降低泄漏物在有限空间内的易燃性。用防爆泵转移至槽车或专用收集器内。喷雾状水驱散蒸气、稀释液体泄漏物

第七部分 操作处置与储存

操作注意事项 密闭操作，全面通风。操作人员必须经过专门培训，严格遵守操作规程。建议操作人员佩戴过滤式防毒面具（半面罩），戴化学安全防护眼镜，穿防静电工作服，戴橡胶耐油手套。远离火种、热源，工作场所严禁吸烟。使用防爆型的通风系统和设备。防止蒸气泄漏到工作场所空气中。避免与氧化剂、还原剂、碱类接触。灌装时应控制流速，且有接地装置，防止静电积聚。搬运时要轻装轻卸，防止包装及容器损坏。配备相应品种和数量的消防器材及泄漏应急处理设备。倒空的容器可能残留有害物

储存注意事项 储存于阴凉、通风的库房。远离火种、热源。库温不宜超过 37℃。保持容器密封。应与氧化剂、还原剂、碱类分开存放，切忌混储。采用防爆型照明、通风设施。禁止使用易产生火花的机械设备和工具。储区应备有泄漏应急处理设备和合适的收容材料

第八部分 接触控制/个体防护

职业接触限值

中国 未制定标准

美国(ACGIH) TLV-STEL：150ppm

生物接触限值 未制定标准

监测方法 空气中有毒物质测定方法：未制定标准。生物监测检验方法：未制定标准

工程控制 生产过程密闭，全面通风。提供安全的淋浴和洗眼设备

个体防护装备

呼吸系统防护 空气中浓度超标时，佩戴过滤式防毒面具（半面罩）

眼睛防护 戴化学安全防护眼镜

皮肤和身体防护 穿防静电工作服

手防护 戴橡胶耐油手套

第九部分 理化特性

外观与性状 无色液体，有丙酮气味

pH 值 无资料　　**熔点(℃)** －78

沸点(℃) 101.7　　**相对密度(水＝1)** 0.81

相对蒸气密度(空气＝1) 3.0

饱和蒸气压(kPa) 4.7（25℃）

燃烧热(kJ/mol) －3099.4　　**临界温度(℃)** 290.8

临界压力(MPa) 3.89　　**辛醇/水分配系数** 0.91

闪点(℃) 7（CC）　　**自燃温度(℃)** 452

爆炸下限(%) 1.5　　**爆炸上限(%)** 8.2

分解温度(℃) 无资料

黏度(mPa·s) 0.473（25℃）

溶解性 微溶于水，混溶于乙醇、乙醚

第十部分 稳定性和反应性

稳定性 稳定

危险反应 与强氧化剂等禁配物接触，有发生火灾和爆炸的危险

避免接触的条件 无资料

禁配物 强氧化剂、强还原剂、强碱

危险的分解产物 无资料

第十一部分 毒理学信息

急性毒性 LD_{50}：1600mg/kg(大鼠经口)；800mg/kg(大鼠腹腔)；1600mg/kg（小鼠经口）；6500mg/kg（兔经皮）

皮肤刺激或腐蚀 家兔经皮：405mg，轻度刺激（开放性刺激试验）

眼睛刺激或腐蚀 无资料　　**呼吸或皮肤过敏** 无资料

生殖细胞突变性 无资料　　**致癌性** 无资料

生殖毒性 无资料

特异性靶器官系统毒性-一次接触 无资料

特异性靶器官系统毒性-反复接触 小鼠吸入 $3g/m^3$，每天 5h，历时 3 周，未见体重及血液改变

吸入危害 无资料

第十二部分 生态学信息

生态毒性 无资料

持久性和降解性

生物降解性 无资料

非生物降解性 无资料

潜在的生物累积性 根据 K_{ow} 值预测，该物质的生物累积性可能较弱

土壤中的迁移性 根据 K_{oc} 值预测，该物质可能易发生迁移

第十三部分 废弃处置

废弃化学品 用焚烧法处置

污染包装物 将容器返还生产商或按照国家和地方法规处置

废弃注意事项 处置前应参阅国家和地方有关法规

第十四部分 运输信息

联合国危险货物编号（UN号） 1249

联合国运输名称 甲基丙基甲酮

联合国危险性类别 3 **包装类别** Ⅱ类包装

包装标志  **海洋污染物** 否

运输注意事项 运输时运输车辆应配备相应品种和数量的消防器材及泄漏应急处理设备。夏季最好早晚运输。运输时所用的槽（罐）车应有接地链，槽内可设孔隔板以减少震荡产生的静电。严禁与氧化剂、还原剂、碱类、食用化学品等混装混运。运输途中应防曝晒、雨淋，防高温。中途停留时应远离火种、热源、高温区。装运该物品的车辆排气管必须配备阻火装置，禁止使用易产生火花的机械设备和工具装卸。公路运输时要按规定路线行驶，勿在居民区和人口稠密区停留。铁路运输时要禁止溜放。严禁用木船、水泥船散装运输

第十五部分 法规信息

下列法律、法规、规章和标准，对该化学品的管理作了相应的规定。

中华人民共和国职业病防治法 职业病分类和目录：未列入

危险化学品安全管理条例 危险化学品目录：列入。易制爆危险化学品名录：未列入。重点监管的危险化学品名录：未列入。GB 18218—2009《危险化学品重大危险源辨识》（表1）：未列入

使用有毒物品作业场所劳动保护条例 高毒物品目录：未列入

易制毒化学品管理条例 易制毒化学品的分类和品种目录：未列入

国际公约 斯德哥尔摩公约：未列入。鹿特丹公约：未列入。蒙特利尔议定书：未列入

第十六部分 其他信息

编写和修订信息 **缩略语和首字母缩写**

培训建议 **参考文献**

免责声明

3-戊酮

第一部分 化学品标识

化学品中文名 3-戊酮；二乙（基）酮；二乙基甲酮

化学品英文名 3-pentanone；diethyl ketone

分子式 $C_5H_{10}O$ **相对分子质量** 86.15

结构式 O

化学品的推荐及限制用途 用于医药、有机合成

第二部分 危险性概述

紧急情况概述 高度易燃液体和蒸气，可能引起昏昏欲睡或眩晕

GHS危险性类别 易燃液体，类别2；特异性靶器官毒性-一次接触，类别3（呼吸道刺激、麻醉效应）

标签要素

象形图 

警示词 危险

危险性说明 高度易燃液体和蒸气，可能引起呼吸道刺激，可能引起昏昏欲睡或眩晕

防范说明

预防措施 远离热源、火花、明火、热表面。禁止吸烟。保持容器密闭。容器和接收设备接地连接。使用防爆电器、通风、照明设备。只能使用不产生火花的工具。采取防止静电措施。戴防护手套、防护眼镜、防护面罩

事故响应 火灾时，使用泡沫、干粉、二氧化碳、砂土灭火。如皮肤（或头发）接触：立即脱掉所有被污染的衣服，用水冲洗皮肤，淋浴

安全储存 存放在通风良好的地方。保持低温

废弃处置 本品及内装物、容器依据国家和地方法规处置

物理和化学危险 高度易燃，其蒸气与空气混合，能形成爆炸性混合物

健康危害 吸入中等浓度引起头晕、恶心、倦睡；吸入高浓度蒸气引起昏迷，甚至死亡。对眼及皮肤有强烈刺激性。口服引起恶心、呕吐、腹泻及昏睡

环境危害 对环境可能有害

第三部分 成分/组成信息

√物质		混合物
组分	**浓度**	**CAS No.**
3-戊酮		96-22-0

第四部分　急救措施

吸入　迅速脱离现场至空气新鲜处。保持呼吸道通畅。如呼吸困难，给输氧。如呼吸、心跳停止，立即进行心肺复苏术。就医

皮肤接触　立即脱去污染的衣着，用流动清水彻底冲洗。就医

眼睛接触　立即分开眼睑，用流动清水或生理盐水彻底冲洗。就医

食入　漱口，饮水。就医

对保护施救者的忠告　根据需要使用个人防护设备

对医生的特别提示　对症处理

第五部分　消防措施

灭火剂　用泡沫、干粉、二氧化碳、砂土灭火

特别危险性　与氧化剂接触发生猛烈反应。蒸气比空气重，沿地面扩散并易积存于低洼处，遇火源会着火回燃。燃烧生成有害的一氧化碳

灭火注意事项及防护措施　消防人员须佩戴防毒面具、穿全身消防服，在上风向灭火。尽可能将容器从火场移至空旷处。喷水保持火场容器冷却，直至灭火结束。容器突然发出异常声音或出现异常现象，应立即撤离

第六部分　泄漏应急处理

作业人员防护措施、防护装备和应急处置程序　消除所有点火源。根据液体流动和蒸气扩散的影响区域划定警戒区，无关人员从侧风、上风向撤离至安全区。建议应急处理人员戴正压自给式呼吸器，穿防静电服，戴橡胶耐油手套。作业时使用的所有设备应接地。禁止接触或跨越泄漏物。尽可能切断泄漏源

环境保护措施　防止泄漏物进入水体、下水道、地下室或有限空间

泄漏化学品的收容、清除方法及所使用的处置材料　小量泄漏：用砂土或其他不燃材料吸收，使用洁净的无火花工具收集吸收材料。大量泄漏：构筑围堤或挖坑收容。用抗溶性泡沫覆盖，减少蒸发。喷水雾能减少蒸发，但不能降低泄漏物在有限空间内的易燃性。用防爆泵转移至槽车或专用收集器内。喷雾状水驱散蒸气、稀释液体泄漏物

第七部分　操作处置与储存

操作注意事项　密闭操作，全面通风。操作人员必须经过专门培训，严格遵守操作规程。建议操作人员佩戴过滤式防毒面具（半面罩），戴化学安全防护眼镜，穿防静电工作服，戴橡胶耐油手套。远离火种、热源。工作场所严禁吸烟。使用防爆型的通风系统和设备。防止蒸气泄漏到工作场所空气中。避免与氧化剂、还原剂、碱类接触。灌装时应控制流速，且有接地装置，防止静电积聚。搬运时要轻装轻卸，防止包装及容器损坏。配备相应品种和数量的消防器材及泄漏应急处理设备。倒空的容器可能残留有害物

储存注意事项　储存于阴凉、通风的库房。远离火种、热源。库温不宜超过37℃。保持容器密封。应与氧化剂、还原剂、碱类分开存放，切忌混储。采用防爆型照明、通风设施。禁止使用易产生火花的机械设备和工具。储区应备有泄漏应急处理设备和合适的收容材料

第八部分　接触控制/个体防护

职业接触限值

中国　PC-TWA：700mg/m^3；PC-STEL：900mg/m^3

美国（ACGIH）　TLV-TWA：200ppm；TLV-STEL：300ppm

生物接触限值　未制定标准

监测方法　空气中有毒物质测定方法：未制定标准。生物监测检验方法：未制定标准

工程控制　生产过程密闭，全面通风。提供安全的淋浴和洗眼设备

个体防护装备

呼吸系统防护　空气中浓度超标时，佩戴过滤式防毒面具（半面罩）

眼睛防护　戴化学安全防护眼镜

皮肤和身体防护　穿防静电工作服

手防护　戴橡胶耐油手套

第九部分　理化特性

外观与性状　无色液体，有丙酮气味

pH值　无资料　　**熔点(℃)**　−39～−42

沸点(℃)　102　　**相对密度(水=1)**　0.81

相对蒸气密度(空气=1)　3.0

饱和蒸气压(kPa)　3.49（20℃）

燃烧热(kJ/mol)　−3100.2　　**临界温度(℃)**　288.3

临界压力(MPa)　3.729　　**辛醇/水分配系数**　0.99

闪点(℃)　13（OC）　　**自燃温度(℃)**　452

爆炸下限(%)　1.6　　**爆炸上限(%)**　3

分解温度(℃)　无资料

黏度(mPa·s)　0.44（25℃）

溶解性　微溶于水，混溶于乙醇、乙醚，溶于丙酮

第十部分　稳定性和反应性

稳定性　稳定

危险反应　与强氧化剂等禁配物接触，有发生火灾和爆炸的危险

避免接触的条件　无资料

禁配物　强氧化剂、强还原剂、强碱

危险的分解产物　无资料

第十一部分　毒理学信息

急性毒性　LD_{50}：2140mg/kg（大鼠经口）；20000mg/kg（兔经皮）

皮肤刺激或腐蚀　家兔经皮：500mg（24h），轻度刺激

眼睛刺激或腐蚀　家兔经眼：50mg，中度刺激

呼吸或皮肤过敏　无资料

生殖细胞突变性　无资料

致癌性　无资料

生殖毒性　无资料

特异性靶器官系统毒性-一次接触 无资料

特异性靶器官系统毒性-反复接触 大鼠经饮水摄入 250mg/(kg·d) 或 454mg/(kg·d)，共 13 个月，除体重轻度降低外，未见其他异常反应

吸入危害 无资料

第十二部分 生态学信息

生态毒性 无资料

持久性和降解性

生物降解性 无资料

非生物降解性 空气中，当羟基自由基浓度为 5.00×10^5 个/cm^3 时，降解半衰期为 8d（理论）

潜在的生物累积性 根据 K_{ow} 值预测，该物质的生物累积性可能较弱

土壤中的迁移性 根据 K_{oc} 值预测，该物质可能易发生迁移

第十三部分 废弃处置

废弃化学品 建议用焚烧法处置

污染包装物 将容器返还生产商或按照国家和地方法规处置

废弃注意事项 处置前应参阅国家和地方有关法规

第十四部分 运输信息

联合国危险货物编号（UN 号） 1156

联合国运输名称 二乙酮

联合国危险性类别 3 **包装类别** Ⅱ类包装

包装标志  **海洋污染物** 否

运输注意事项 运输时运输车辆应配备相应品种和数量的消防器材及泄漏应急处理设备。夏季最好早晚运输。运输时所用的槽（罐）车应有接地链，槽内可设孔隔板以减少震荡产生的静电。严禁与氧化剂、还原剂、碱类、食用化学品等混装混运。运输途中应防曝晒、雨淋，防高温。中途停留时应远离火种、热源、高温区。装运该物品的车辆排气管必须配备阻火装置，禁止使用易产生火花的机械设备和工具装卸。公路运输时要按规定路线行驶，勿在居民区和人口稠密区停留。铁路运输时要禁止溜放。严禁用木船、水泥船散装运输

第十五部分 法规信息

下列法律、法规、规章和标准，对该化学品的管理作了相应的规定。

中华人民共和国职业病防治法 职业病分类和目录：未列入

危险化学品安全管理条例 危险化学品目录：列入。易制爆危险化学品名录：未列入。重点监管的危险化学品名录：未列入。GB 18218—2009《危险化学品重大危险源辨识》（表 1）：未列入

使用有毒物品作业场所劳动保护条例 高毒物品目录：未列入

易制毒化学品管理条例 易制毒化学品的分类和品种目录：未列入

国际公约 斯德哥尔摩公约：未列入。鹿特丹公约：未列入。蒙特利尔议定书：未列入

第十六部分 其他信息

编写和修订信息 **缩略语和首字母缩写**

培训建议 **参考文献**

免责声明

戊烷

第一部分 化学品标识

化学品中文名 戊烷；正戊烷

化学品英文名 *n*-pentane；pentane

分子式 C_5H_{12} **相对分子质量** 72.17

结构式

化学品的推荐及限制用途 用作溶剂，用于制造人造冰、麻醉剂以及合成戊醇、异戊烷等

第二部分 危险性概述

紧急情况概述 高度易燃液体和蒸气，可能引起昏昏欲睡或眩晕吞咽及进入呼吸道可能致命

GHS 危险性类别 易燃液体，类别 2；特异性靶器官毒性-一次接触，类别 3（麻醉效应）；吸入危害，类别 1；危害水生环境-急性危害，类别 2

标签要素

象形图 

警示词 危险

危险性说明 高度易燃液体和蒸气，可能引起昏昏欲睡或眩晕吞咽及进入呼吸道可能致命，对水生生物有毒

防范说明

预防措施 远离热源、火花、明火、热表面。禁止吸烟。保持容器密闭。容器和接收设备接地连接。使用防爆电器、通风、照明设备。只能使用不产生火花的工具。采取防止静电措施。戴防护手套、防护眼镜、防护面罩。禁止排入环境

事故响应 火灾时，使用泡沫、二氧化碳、干粉、砂土灭火。如皮肤（或头发）接触：立即脱掉所有被污染的衣服，用水冲洗皮肤，淋浴。如果食入：不要催吐，立即呼叫中毒控制中心或就医

安全储存 存放在通风良好的地方。保持低温。上锁保管

废弃处置 本品及内装物、容器依据国家和地方法规处置

物理和化学危险 高度易燃，其蒸气与空气混合，能形成爆炸性混合物

健康危害 高浓度可引起眼与呼吸道黏膜轻度刺激症状和麻醉状态，甚至意识丧失。液态本品吸入呼吸道可引起吸入性肺炎。慢性作用为眼和呼吸道的轻度刺激。可引起轻度皮炎

环境危害 对水生生物有毒

第三部分 成分/组成信息

√物质		混合物
组分	**浓度**	**CAS No.**
戊烷		109-66-0

第四部分 急救措施

吸入 迅速脱离现场至空气新鲜处。保持呼吸道通畅。如呼吸困难，给输氧。如呼吸、心跳停止，立即进行心肺复苏术。就医

皮肤接触 立即脱去污染的衣着，用流动清水彻底冲洗。就医

眼睛接触 立即分开眼睑，用流动清水或生理盐水彻底冲洗。就医

食入 漱口，饮水。禁止催吐。就医

对保护施救者的忠告 根据需要使用个人防护设备

对医生的特别提示 对症处理

第五部分 消防措施

灭火剂 用泡沫、二氧化碳、干粉、砂土灭火

特别危险性 在火场中，受热的容器有爆炸危险。蒸气比空气重，沿地面扩散并易积存于低洼处，遇火源会着火回燃。燃烧生成有害的一氧化碳

灭火注意事项及防护措施 消防人员必须佩戴空气呼吸器、穿全身防火防毒服，在上风向灭火。喷水冷却容器，尽可能将容器从火场移至空旷处。容器突然发出异常声音或出现异常现象，应立即撤离。用水灭火无效

第六部分 泄漏应急处理

作业人员防护措施、防护装备和应急处置程序 消除所有点火源。根据液体流动和蒸气扩散的影响区域划定警戒区，无关人员从侧风、上风向撤离至安全区。建议应急处理人员戴正压自给式呼吸器，穿防静电服，戴橡胶耐油手套。作业时使用的所有设备应接地。禁止接触或跨越泄漏物。尽可能切断泄漏源

环境保护措施 防止泄漏物进入水体、下水道、地下室或有限空间

泄漏化学品的收容、清除方法及所使用的处置材料 小量泄漏：用砂土或其他不燃材料吸收，使用洁净的无火花工具收集吸收材料。大量泄漏：构筑围堤或挖坑收容。用砂土、惰性物质或蛭石吸收大量液体。用泡沫覆盖，减少蒸发。喷水雾能减少蒸发，但不能降低泄漏物在有限空间内的易燃性。用防爆泵转移至槽车或专用收集器内

第七部分 操作处置与储存

操作注意事项 密闭操作，全面通风。操作人员必须经过专门培训，严格遵守操作规程。建议操作人员佩戴自吸过滤式防毒面具（半面罩），戴化学安全防护眼镜，穿防静电工作服，戴橡胶耐油手套。远离火种、热源。工作场所严禁吸烟。使用防爆型的通风系统和设备。防止蒸气泄漏到工作场所空气中。避免与氧化剂接触。灌装时应控制流速，且有接地装置，防止静电积聚。搬运时要轻装轻卸，防止包装及容器损坏。配备相应品种和数量的消防器材及泄漏应急处理设备。倒空的容器可能残留有害物

储存注意事项 储存于阴凉、通风的库房。远离火种、热源。库温不宜超过29℃。保持容器密封。应与氧化剂分开存放，切忌混储。采用防爆型照明、通风设施。禁止使用易产生火花的机械设备和工具。储区应备有泄漏应急处理设备和合适的收容材料

第八部分 接触控制/个体防护

职业接触限值

中国 PC-TWA：500mg/m^3；PC-STEL：1000mg/m^3

美国(ACGIH) TLV-TWA：600ppm

生物接触限值 未制定标准

监测方法 空气中有毒物质测定方法：热解吸-气相色谱法；溶剂解吸-气相色谱法。生物监测检验方法：未制定标准

工程控制 生产过程密闭，全面通风。提供安全的淋浴和洗眼设备

个体防护装备

呼吸系统防护 一般不需特殊防护。空气中浓度较高时，建议佩戴过滤式防毒面具（半面罩）

眼睛防护 必要时，戴化学安全防护眼镜

皮肤和身体防护 穿防静电工作服

手防护 戴橡胶耐油手套

第九部分 理化特性

外观与性状 无色液体，有微弱的薄荷香味

pH值 无资料 **熔点(℃)** −129.8

沸点(℃) 36.1 **相对密度(水=1)** 0.63

相对蒸气密度(空气=1) 2.48

饱和蒸气压(kPa) 53.32 (18.5℃)

燃烧热(kJ/mol) −3245 **临界温度(℃)** 196.6

临界压力(MPa) 3.37 **辛醇/水分配系数** 3.39

闪点(℃) −40 (CC) **自燃温度(℃)** 260

爆炸下限(%) 1.5 **爆炸上限(%)** 7.8

分解温度(℃) 无资料 **黏度(mPa·s)** 0.24(20℃)

溶解性 微溶于水，溶于乙醇、乙醚、丙酮、苯、氯仿等多数有机溶剂

第十部分 稳定性和反应性

稳定性 稳定

危险反应 与强氧化剂等禁配物接触，有发生火灾和爆炸的危险

避免接触的条件 无资料

禁配物 强氧化剂、强酸、强碱、卤素

危险的分解产物 无资料

第十一部分 毒理学信息

急性毒性

LD_{50} ＞2000mg/kg（大鼠经口）；446mg/kg（小鼠静脉）

LC_{50} 364g/m³（大鼠吸入，4h）

皮肤刺激或腐蚀 无资料 **眼睛刺激或腐蚀** 无资料

呼吸或皮肤过敏 无资料 **生殖细胞突变性** 无资料

致癌性 无资料 **生殖毒性** 无资料

特异性靶器官系统毒性-一次接触 无资料

特异性靶器官系统毒性-反复接触 动物吸入 25.2mg/m³、116mg/m³、332mg/m³、800mg/m³，117d，未见中毒反应

吸入危害 无资料

第十二部分 生态学信息

生态毒性 LC_{50}：100mg/L（96h）（鱼类）

持久性和降解性

生物降解性 MITI-Ⅰ测试，初始浓度 100ppm，污泥浓度 30ppm，4 周后降解 96%

非生物降解性 空气中，当羟基自由基浓度为5.00×10^5个/cm³时，降解半衰期为 4d（理论）

潜在的生物累积性 根据 K_{ow} 值预测，该物质可能有一定的生物累积性

土壤中的迁移性 根据 K_{oc} 值预测，该物质可能有一定的迁移性

第十三部分 废弃处置

废弃化学品 建议用焚烧法处置

污染包装物 将容器返还生产商或按照国家和地方法规处置

废弃注意事项 处置前应参阅国家和地方有关法规

第十四部分 运输信息

联合国危险货物编号（UN 号） 1265

联合国运输名称 戊烷 **联合国危险性类别** 3

包装类别 Ⅱ类包装 **包装标志**

海洋污染物 否

运输注意事项 运输时运输车辆应配备相应品种和数量的消防器材及泄漏应急处理设备。夏季最好早晚运输。运输时所用的槽（罐）车应有接地链，槽内可设孔隔板以减少震荡产生的静电。严禁与氧化剂等混装混运。运输途中应防曝晒、雨淋，防高温。中途停留时应远离火种、热源、高温区。装运该物品的车辆排气管必须配备阻火装置，禁止使用易产生火花的机械设备和工具装卸。公路运输时要按规定路线行驶，勿在居民区和人口稠密区停留。铁路运输时要禁止溜放。严禁用木船、水泥船散装运输

第十五部分 法规信息

下列法律、法规、规章和标准，对该化学品的管理作了相应的规定。

中华人民共和国职业病防治法 职业病分类和目录：未列入

危险化学品安全管理条例 危险化学品目录：列入。易制爆危险化学品名录：未列入。重点监管的危险化学品名录：未列入。GB 18218—2009《危险化学品重大危险源辨识》（表 1）：未列入

使用有毒物品作业场所劳动保护条例 高毒物品目录：未列入

易制毒化学品管理条例 易制毒化学品的分类和品种目录：未列入

国际公约 斯德哥尔摩公约：未列入。鹿特丹公约：未列入。蒙特利尔议定书：未列入

第十六部分 其他信息

编写和修订信息 **缩略语和首字母缩写**

培训建议 **参考文献**

免责声明

1-戊烯

第一部分 化学品标识

化学品中文名 1-戊烯；正戊烯

化学品英文名 1-pentene；α-amylene

分子式 C_5H_{10} **相对分子质量** 70.13

结构式

化学品的推荐及限制用途 用于有机合成和制取异戊二烯，也用作高辛烷值汽油的添加剂

第二部分 危险性概述

紧急情况概述 极易燃液体和蒸气，可能引起昏昏欲睡或眩晕，吞咽及进入呼吸道可能致命

GHS 危险性类别 易燃液体，类别 1；特异性靶器官毒性-一次接触，类别 3（麻醉效应）；吸入危害，类别 1；危害水生环境-急性危害，类别 3；危害水生环境-长期危害，类别 3

标签要素

象形图

警示词 危险

危险性说明 极易燃液体和蒸气，可能引起昏昏欲睡或眩晕，吞咽及进入呼吸道可能致命，对水生生物有害并具有长期持续影响

防范说明

预防措施 远离热源、火花、明火、热表面。禁止吸烟。保持容器密闭。容器和接收设备接地连接。使用防爆电器、通风、照明设备。只能使用不产生火花的工具。采取防止静电措施。戴防护手套、防护眼镜、防护面罩。禁止排入环境

事故响应 火灾时，使用泡沫、二氧化碳、干粉、砂土灭火。如皮肤（或头发）接触：立即脱掉所有

被污染的衣服，用水冲洗皮肤，淋浴。如果食入：不要催吐，立即呼叫中毒控制中心或就医

安全储存 存放在通风良好的地方。保持低温。上锁保管

废弃处置 本品及内装物、容器依据国家和地方法规处置

物理和化学危险 极易燃，其蒸气与空气混合，能形成爆炸性混合物

健康危害 本品有麻醉作用，对眼、呼吸道和皮肤有刺激性。吸入后引起头痛、头晕、恶心、虚弱、四肢无力等。液态本品吸入呼吸道可引起吸入性肺炎

环境危害 对水生生物有害并具有长期持续影响

第三部分 成分/组成信息

√物质 混合物

组分	浓度	CAS No.
1-戊烯		109-67-1

第四部分 急救措施

吸入 迅速脱离现场至空气新鲜处。保持呼吸道通畅。如呼吸困难，给输氧。如呼吸、心跳停止，立即进行心肺复苏术。就医

皮肤接触 立即脱去污染的衣着，用流动清水彻底冲洗。就医

眼睛接触 立即分开眼睑，用流动清水或生理盐水彻底冲洗。就医

食入 漱口，饮水。禁止催吐。就医

对保护施救者的忠告 根据需要使用个人防护设备

对医生的特别提示 对症处理

第五部分 消防措施

灭火剂 用泡沫、二氧化碳、干粉、砂土灭火

特别危险性 若遇高热，可发生聚合反应，放出大量热量而引起容器破裂和爆炸事故。由于流动、搅拌等，可能产生静电。蒸气比空气重，沿地面扩散并易积存于低洼处，遇火源会着火回燃。燃烧生成有害的一氧化碳

灭火注意事项及防护措施 消防人员须佩戴防毒面具、穿全身消防服，在上风向灭火。尽可能将容器从火场移至空旷处。喷水保持火场容器冷却，直至灭火结束。容器突然发出异常声音或出现异常现象，应立即撤离。用水灭火无效

第六部分 泄漏应急处理

作业人员防护措施、防护装备和应急处置程序 消除所有点火源。根据液体流动和蒸气扩散的影响区域划定警戒区，无关人员从侧风、上风向撤离至安全区。建议应急处理人员戴正压自给式呼吸器，穿防静电服，戴橡胶耐油手套。作业时使用的所有设备应接地。禁止接触或跨越泄漏物。尽可能切断泄漏源

环境保护措施 防止泄漏物进入水体、下水道、地下室或有限空间

泄漏化学品的收容、清除方法及所使用的处置材料 小量泄漏：用砂土或其他不燃材料吸收，使用洁净的无火花工具收集吸收材料。大量泄漏：构筑围堤或挖坑收容。用泡沫覆盖，减少蒸发。喷水雾能减少蒸发，但不能降低泄漏物在有限空间内的易燃性。用防爆泵转移至槽车或专用收集器内

第七部分 操作处置与储存

操作注意事项 密闭操作，全面通风。操作人员必须经过专门培训，严格遵守操作规程。建议操作人员佩戴自吸过滤式防毒面具（半面罩），戴化学安全防护眼镜，穿防静电工作服，戴橡胶耐油手套。远离火种、热源。工作场所严禁吸烟。使用防爆型的通风系统和设备。防止蒸气泄漏到工作场所空气中。避免与氧化剂接触。充装要控制流速，且有接地装置，防止静电积聚。搬运时要轻装轻卸，防止包装及容器损坏。配备相应品种和数量的消防器材及泄漏应急处理设备。倒空的容器可能残留有害物

储存注意事项 储存于阴凉、通风的库房。远离火种、热源。库温不宜超过29℃。包装要求密封，不可与空气接触。应与氧化剂分开存放，切忌混储。不宜大量储存或久存。采用防爆型照明、通风设施。禁止使用易产生火花的机械设备和工具。储区应备有泄漏应急处理设备和合适的收容材料

第八部分 接触控制/个体防护

职业接触限值

中国 未制定标准

美国(ACGIH) 未制定标准

生物接触限值 未制定标准

监测方法 空气中有毒物质测定方法：未制定标准。生物监测检验方法：未制定标准

工程控制 生产过程密闭，全面通风。提供安全的淋浴和洗眼设备

个体防护装备

呼吸系统防护 空气中浓度超标时，佩戴过滤式防毒面具（半面罩）

眼睛防护 必要时，戴化学安全防护眼镜

皮肤和身体防护 穿防静电工作服

手防护 戴橡胶耐油手套

第九部分 理化特性

外观与性状 无色液体，有恶臭

pH值 无资料 **熔点(℃)** −165.2

沸点(℃) 29.9～30.1 **相对密度(水=1)** 0.64

相对蒸气密度(空气=1) 2.42

饱和蒸气压(kPa) 70.7 (20℃)

燃烧热(kJ/mol) −3347.2 **临界温度(℃)** 201

临界压力(MPa) 3.56 **辛醇/水分配系数** 2.66

闪点(℃) −28 **自燃温度(℃)** 275

爆炸下限(%) 1.4 **爆炸上限(%)** 8.7

分解温度(℃) 无资料

黏度(mPa·s) 0.13 (20℃)

溶解性 不溶于水，可混溶于乙醇、乙醚，溶于苯等

第十部分 稳定性和反应性

稳定性 稳定

危险反应 与强氧化剂等禁配物接触，有发生火灾和爆炸的危险。高热下可能发生聚合

避免接触的条件 受热

禁配物 强氧化剂、酸类、卤代烃、卤素等

危险的分解产物 无资料

第十一部分 毒理学信息

急性毒性 LC_{50}：175000mg/m³（大鼠吸入，4h）；180000mg/m³（小鼠吸入，2h）

皮肤刺激或腐蚀 无资料　**眼睛刺激或腐蚀** 无资料

呼吸或皮肤过敏 无资料　**生殖细胞突变性** 无资料

致癌性 无资料　**生殖毒性** 无资料

特异性靶器官系统毒性-一次接触 无资料

特异性靶器官系统毒性-反复接触 大鼠昼夜吸入戊烯 0.01g/m³，2.5个月，出现先兴奋继而抑制，条件反射障碍，血清胆碱酯酶活性降低，尿内卟啉增多，同时还见肺支气管炎、间质炎

吸入危害 无资料

第十二部分 生态学信息

生态毒性 无资料

持久性和降解性

生物降解性 无资料

非生物降解性 空气中，当羟基自由基浓度为5.00×10^5个/cm³时，降解半衰期为12h（理论）

潜在的生物累积性 根据K_{ow}值预测，该物质的生物累积性可能较弱

土壤中的迁移性 根据K_{oc}值预测，该物质可能有一定的迁移性

第十三部分 废弃处置

废弃化学品 建议用焚烧法处置

污染包装物 将容器返还生产商或按照国家和地方法规处置

废弃注意事项 处置前应参阅国家和地方有关法规

第十四部分 运输信息

联合国危险货物编号（UN号） 1108

联合国运输名称 1-戊烯

联合国危险性类别 3　**包装类别** Ⅰ类包装

包装标志 

海洋污染物 否

运输注意事项 运输时运输车辆应配备相应品种和数量的消防器材及泄漏应急处理设备。夏季最好早晚运输。运输时所用的槽（罐）车应有接地链，槽内可设孔隔板以减少震荡产生的静电。严禁与氧化剂、食用化学品等混装混运。运输途中应防曝晒、雨淋，防高温。中途停留时应远离火种、热源、高温区。装运该物品的车辆排气管必须配备阻火装置，禁止使用易产生火花的机械设备和工具装卸。公路运输时要按规定路线行驶，勿在居民区和人口稠密区停留。铁路运输时要禁止溜放。严禁用木船、水泥船散装运输

第十五部分 法规信息

下列法律、法规、规章和标准，对该化学品的管理作了相应的规定。

中华人民共和国职业病防治法 职业病分类和目录：未列入

危险化学品安全管理条例 危险化学品目录：列入。易制爆危险化学品名录：未列入。重点监管的危险化学品名录：未列入。GB 18218—2009《危险化学品重大危险源辨识》（表1）：未列入

使用有毒物品作业场所劳动保护条例 高毒物品目录：未列入

易制毒化学品管理条例 易制毒化学品的分类和品种目录：未列入

国际公约 斯德哥尔摩公约：未列入。鹿特丹公约：未列入。蒙特利尔议定书：未列入

第十六部分 其他信息

编写和修订信息　**缩略语和首字母缩写**

培训建议　**参考文献**

免责声明

2-戊烯

第一部分 化学品标识

化学品中文名 2-戊烯

化学品英文名 2-pentene；beta-*n*-amylene

分子式 C_5H_{10}　**相对分子质量** 70.13

结构式

化学品的推荐及限制用途 用于有机合成，以及用作聚合抑制剂

第二部分 危险性概述

紧急情况概述 高度易燃液体和蒸气

GHS危险性类别 易燃液体，类别2；危害水生环境-急性危害，类别3；危害水生环境-长期危害，类别3

标签要素

象形图 

警示词 危险

危险性说明 高度易燃液体和蒸气，对水生生物有害并具有长期持续影响

防范说明

预防措施 远离热源、火花、明火、热表面。禁止吸烟。保持容器密闭。容器和接收设备接地连接。使用防爆电器、通风、照明设备。只能使用不产生火花的工具。采取防止静电措施。戴防护手套、防护眼镜、防护面罩。禁止排入环境

事故响应 火灾时，使用泡沫、二氧化碳、干粉、砂土灭火。如皮肤（或头发）接触：立即脱掉

所有被污染的衣服，用水冲洗皮肤，淋浴

安全储存 存放在通风良好的地方。保持低温

废弃处置 本品及内装物、容器依据国家和地方法规处置

物理和化学危险 高度易燃，其蒸气与空气混合，能形成爆炸性混合物

健康危害 本品有麻醉作用，对眼睛、呼吸道和皮肤有刺激性。吸入后引起头痛、头晕、恶心、虚弱、四肢无力等

环境危害 对水生生物有害并具有长期持续影响

第三部分 成分/组成信息

√物质		混合物
组分	**浓度**	**CAS No.**
2-戊烯		109-68-2

第四部分 急救措施

吸入 迅速脱离现场至空气新鲜处。保持呼吸道通畅。如呼吸困难，给输氧。如呼吸、心跳停止，立即进行心肺复苏术。就医

皮肤接触 立即脱去污染的衣着，用流动清水彻底冲洗。就医

眼睛接触 立即分开眼睑，用流动清水或生理盐水彻底冲洗。就医

食入 漱口，饮水。就医

对保护施救者的忠告 根据需要使用个人防护设备

对医生的特别提示 对症处理

第五部分 消防措施

灭火剂 用泡沫、二氧化碳、干粉、砂土灭火

特别危险性 在火场中，受热的容器有爆炸危险。蒸气比空气重，沿地面扩散并易积存于低洼处，遇火源会着火回燃。燃烧生成有害的一氧化碳

灭火注意事项及防护措施 消防人员须佩戴防毒面具、穿全身消防服，在上风向灭火。尽可能将容器从火场移至空旷处。喷水保持火场容器冷却，直至灭火结束。容器突然发出异常声音或出现异常现象，应立即撤离。用水灭火无效

第六部分 泄漏应急处理

作业人员防护措施、防护装备和应急处置程序 消除所有点火源。根据液体流动和蒸气扩散的影响区域划定警戒区，无关人员从侧风、上风向撤离至安全区。建议应急处理人员戴正压自给式呼吸器，穿防静电服，戴橡胶耐油手套。作业时使用的所有设备应接地。禁止接触或跨越泄漏物。尽可能切断泄漏源

环境保护措施 防止泄漏物进入水体、下水道、地下室或有限空间

泄漏化学品的收容、清除方法及所使用的处置材料 小量泄漏：用砂土或其他不燃材料吸收，使用洁净的无火花工具收集吸收材料。大量泄漏：构筑围堤或挖坑收容。用泡沫覆盖，减少蒸发。喷水雾能减少蒸发，但不能降低泄漏物在有限空间内的易燃性。用防爆泵转移至槽车或专用收集器内

第七部分 操作处置与储存

操作注意事项 密闭操作，全面通风。操作人员必须经过专门培训，严格遵守操作规程。建议操作人员佩戴自吸过滤式防毒面具（半面罩），戴化学安全防护眼镜，穿防静电工作服，戴橡胶耐油手套。远离火种、热源。工作场所严禁吸烟。使用防爆型的通风系统和设备。防止蒸气泄漏到工作场所空气中。避免与氧化剂、酸类接触。灌装时应控制流速，且有接地装置，防止静电积聚。搬运时要轻装轻卸，防止包装及容器损坏。配备相应品种和数量的消防器材及泄漏应急处理设备。倒空的容器可能残留有害物

储存注意事项 储存于阴凉、通风的库房。远离火种、热源。库温不宜超过29℃。包装要求密封，不可与空气接触。应与氧化剂、酸类分开存放，切忌混储。采用防爆型照明、通风设施。禁止使用易产生火花的机械设备和工具。储区应备有泄漏应急处理设备和合适的收容材料

第八部分 接触控制/个体防护

职业接触限值

中国 未制定标准

美国(ACGIH) 未制定标准

生物接触限值 未制定标准

监测方法 空气中有毒物质测定方法：未制定标准。生物监测检验方法：未制定标准

工程控制 生产过程密闭，全面通风。提供安全的淋浴和洗眼设备

个体防护装备

呼吸系统防护 空气中浓度超标时，佩戴过滤式防毒面具（半面罩）

眼睛防护 戴化学安全防护眼镜

皮肤和身体防护 穿防静电工作服

手防护 戴橡胶耐油手套

第九部分 理化特性

外观与性状 无色高挥发性液体

pH值	无资料	**熔点(℃)**	−139
沸点(℃)	37	**相对密度(水=1)**	0.65
相对蒸气密度(空气=1)	2.41		
饱和蒸气压(kPa)	55.5 (20℃)		
燃烧热(kJ/mol)		**临界温度(℃)**	202.4
临界压力(MPa)	4.09	**辛醇/水分配系数**	2.58
闪点(℃)	−45.6	**自燃温度(℃)**	无资料
爆炸下限(%)	1.4	**爆炸上限(%)**	无资料
分解温度(℃)		**黏度(mPa·s)**	无资料

溶解性 不溶于水，可混溶于乙醇、乙醚

第十部分 稳定性和反应性

稳定性 稳定

危险反应 与强氧化剂等禁配物接触，有发生火灾和爆炸的危险

避免接触的条件 受热
禁配物 氧化剂、酸类、卤代烃、卤素等
危险的分解产物 无资料

第十一部分 毒理学信息

急性毒性 无资料 **皮肤刺激或腐蚀** 无资料
眼睛刺激或腐蚀 无资料 **呼吸或皮肤过敏** 无资料
生殖细胞突变性 无资料 **致癌性** 无资料
生殖毒性 无资料
特异性靶器官系统毒性-一次接触 无资料
特异性靶器官系统毒性-反复接触 大鼠昼夜吸入戊烯 $0.01g/m^3$，2.5个月，出现先兴奋继而抑制，条件反射障碍，血清胆碱酯酶活性降低，尿内卟啉增多，同时还见肺支气管炎、间质炎
吸入危害 无资料

第十二部分 生态学信息

生态毒性 无资料
持久性和降解性
生物降解性 无资料
非生物降解性 无资料
潜在的生物累积性 根据 K_{ow}值预测，该物质的生物累积性可能较弱
土壤中的迁移性 根据 K_{oc}值预测，该物质可能有一定的迁移性

第十三部分 废弃处置

废弃化学品 建议用焚烧法处置
污染包装物 将容器返还生产商或按照国家和地方法规处置
废弃注意事项 处置前应参阅国家和地方有关法规

第十四部分 运输信息

联合国危险货物编号（UN号） 3295
联合国运输名称 液态烃类，未另作规定的（2-戊烯）
联合国危险性类别 3 **包装类别** Ⅱ类包装
包装标志  **海洋污染物** 否
运输注意事项 运输时运输车辆应配备相应品种和数量的消防器材及泄漏应急处理设备。夏季最好早晚运输。运输时所用的槽（罐）车应有接地链，槽内可设孔隔板以减少震荡产生的静电。严禁与氧化剂、酸类、食用化学品等混装混运。运输途中应防曝晒、雨淋，防高温。中途停留时应远离火种、热源、高温区。装运该物品的车辆排气管必须配备阻火装置，禁止使用易产生火花的机械设备和工具装卸。公路运输时要按规定路线行驶，勿在居民区和人口稠密区停留。铁路运输时要禁止溜放。严禁用木船、水泥船散装运输

第十五部分 法规信息

下列法律、法规、规章和标准，对该化学品的管理作了相应的规定。
中华人民共和国职业病防治法 职业病分类和目录：未列入
危险化学品安全管理条例 危险化学品目录：列入。易制爆危险化学品名录：未列入。重点监管的危险化学品名录：未列入。GB 18218—2009《危险化学品重大危险源辨识》（表1）：未列入
使用有毒物品作业场所劳动保护条例 高毒物品目录：未列入
易制毒化学品管理条例 易制毒化学品的分类和品种目录：未列入
国际公约 斯德哥尔摩公约：未列入。鹿特丹公约：未列入。蒙特利尔议定书：未列入

第十六部分 其他信息

编写和修订信息 **缩略语和首字母缩写**
培训建议 **参考文献**
免责声明

硒 化 镉

第一部分 化学品标识

化学品中文名 硒化镉
化学品英文名 cadmium selenide
分子式 CdSe **相对分子质量** 191.36
化学品的推荐及限制用途 用于电子发射器和光谱分析、光导体、半导体、光敏元件等

第二部分 危险性概述

紧急情况概述 吞咽会中毒，吸入会中毒，可能致癌
GHS危险性类别 急性毒性-经口，类别3；急性毒性-吸入，类别3；致癌性，类别1A；特异性靶器官毒性-反复接触，类别2；危害水生环境-急性危害，类别1；危害水生环境-长期危害，类别1
标签要素
象形图
警示词 危险
危险性说明 吞咽会中毒，吸入会中毒，可能致癌，长时间或反复接触可能对器官造成损伤，对水生生物毒性非常大并具有长期持续影响
防范说明
预防措施 避免接触眼睛、皮肤，操作后彻底清洗。作业场所不得进食、饮水或吸烟。避免吸入粉尘。仅在室外或通风良好处操作。得到专门指导后操作。在阅读并了解所有安全预防措施之前，切勿操作。按要求使用个体防护装备。禁止排入环境
事故响应 如吸入：将患者转移到空气新鲜处，休息，保持利于呼吸的体位，呼叫中毒控制中心或就医。食入：漱口，立即呼叫中毒控制中心

或就医。如果接触或有担心，就医。收集泄漏物

安全储存　存放在通风良好的地方。保持低温。保持容器密闭。上锁保管

安全处置　本品及内装物、容器依据国家和地方法规处置

物理和化学危险　不燃，无特殊燃爆特性

健康危害　受热、遇酸可产生剧毒的硒化氢气体，能刺激眼和呼吸道，引起肺炎。接触可引起恶心、头痛和呕吐。误服损害消化道。皮肤接触引起皮炎

慢性影响　肾和肺脏损害

环境危害　对水生生物毒性非常大并具有长期持续影响

第三部分　成分/组成信息

√物质　　　混合物

组分	浓度	CAS No.
硒化镉		1306-24-7

第四部分　急救措施

吸入　迅速脱离现场至空气新鲜处。保持呼吸道通畅。如呼吸困难，给输氧。如呼吸、心跳停止，立即进行心肺复苏术。就医

皮肤接触　立即脱去污染的衣着，用流动清水彻底冲洗。就医

眼睛接触　立即分开眼睑，用流动清水或生理盐水彻底冲洗。就医

食入　漱口，饮水。就医

对保护施救者的忠告　根据需要使用个人防护设备

对医生的特别提示　对症处理

第五部分　消防措施

灭火剂　本品不燃。根据着火原因选择适当灭火剂灭火

特别危险性　受热或遇酸能产生有毒的硒化氢气体

灭火注意事项及防护措施　消防人员须佩戴防毒面具、穿全身消防服，在上风向灭火。尽可能将容器从火场移至空旷处。喷水保持火场容器冷却，直至灭火结束

第六部分　泄漏应急处理

作业人员防护措施、防护装备和应急处置程序　隔离泄漏污染区，限制出入。建议应急处理人员戴防尘口罩，穿防毒服，戴橡胶手套。穿上适当的防护服前严禁接触破裂的容器和泄漏物。尽可能切断泄漏源。用塑料布覆盖泄漏物，减少飞散。勿使水进入包装容器内

环境保护措施　无资料

泄漏化学品的收容、清除方法及所使用的处置材料　用洁净的铲子收集泄漏物，置于干净、干燥、盖子较松的容器中，将容器移离泄漏区

第七部分　操作处置与储存

操作注意事项　密闭操作，局部排风。操作人员必须经过专门培训，严格遵守操作规程。建议操作人员佩戴头罩型电动送风过滤式防尘呼吸器，穿连衣式防毒衣，戴橡胶手套。远离火种、热源。工作场所严禁吸烟。使用防爆型的通风系统和设备。避免产生粉尘。避免与氧化剂、酸类接触。搬运时要轻装轻卸，防止包装及容器损坏。配备相应品种和数量的消防器材及泄漏应急处理设备。倒空的容器可能残留有害物

储存注意事项　储存于阴凉、干燥、通风良好的库房。远离火种、热源。包装密封。应与氧化剂、酸类、食用化学品分开存放，切忌混储。配备相应品种和数量的消防器材。储区应备有合适的材料收容泄漏物

第八部分　接触控制/个体防护

职业接触限值

中国　PC-TWA：0.01mg/m³；PC-STEL：0.02mg/m³［按 Cd 计］　［G1］；PC-TWA：0.1mg/m³［按 Se 计］

美国(ACGIH)　TLV-TWA：0.01mg/m³，0.002mg/m³(呼吸性颗粒物)［按 Cd 计］；TLV-TWA：0.2mg/m³［按 Se 计］

生物接触限值　尿镉：5μmol/g 肌酐（5μg/g 肌酐）（采样时间：不做严格规定）；血镉 45nmol/L（5μg/L）（采样时间：不做严格规定）

监测方法　空气中有毒物质测定方法：镉的测量方法——火焰原子吸收光谱法。硒的测量方法——氢化物-原子吸收光谱法；原子荧光光谱法；二氨基萘荧光分光光度法。生物监测检验方法：尿中镉的火焰原子吸收光谱法；尿中镉的石墨炉原子吸收光谱测定方法；尿中镉的微分电位溶出测定方法；血中镉的石墨炉原子吸收光谱测定方法

工程控制　密闭操作，局部排风。提供安全的淋浴和洗眼设备

个体防护装备

呼吸系统防护　可能接触其粉尘时，必须佩戴过滤式防尘呼吸器。紧急事态抢救或撤离时，建议佩戴空气呼吸器

眼睛防护　戴化学安全防护眼镜

皮肤和身体防护　穿连衣式防毒衣

手防护　戴橡胶手套

第九部分　理化特性

外观与性状　灰棕色或红色结晶体

pH 值　无意义　　**熔点(℃)**　1350

沸点(℃)　无资料

相对密度(水=1)　5.81（15℃）

相对蒸气密度(空气=1)　无资料

饱和蒸气压(kPa)　无资料

燃烧热(kJ/mol)　无资料　　**临界温度(℃)**　无资料

临界压力(MPa)　无资料　　**辛醇/水分配系数**　无资料

闪点(℃)　无意义　　**自燃温度(℃)**　无意义

爆炸下限(%)　无意义　　**爆炸上限(%)**　无意义

分解温度(℃)　无资料

黏度(mPa·s)　无资料

溶解性　不溶于水

第十部分　稳定性和反应性

稳定性　稳定

危险反应　与强氧化剂等禁配物发生反应

避免接触的条件　受热、潮湿空气

禁配物　强氧化剂、强酸

危险的分解产物　无资料

第十一部分　毒理学信息

急性毒性　无资料　　**皮肤刺激或腐蚀**　无资料

眼睛刺激或腐蚀　无资料　　**呼吸或皮肤过敏**　无资料

生殖细胞突变性　无资料

致癌性　IARC 致癌性评论：组 1，确认人类致癌物。对人类致癌性证据充分

生殖毒性　无资料

特异性靶器官系统毒性-一次接触　无资料

特异性靶器官系统毒性-反复接触　无资料

吸入危害　无资料

第十二部分　生态学信息

生态毒性　含镉化合物对水生生物有极高毒性

持久性和降解性

生物降解性　无资料

非生物降解性　无资料

潜在的生物累积性　元素镉易在生物体内富集

土壤中的迁移性　无资料

第十三部分　废弃处置

废弃化学品　根据国家和地方有关法规的要求处置。或与制造商联系，确定处置方法

污染包装物　将容器返还生产商或按照国家和地方法规处置

废弃注意事项　处置前应参阅国家和地方有关法规

第十四部分　运输信息

联合国危险货物编号（UN 号）　2570

联合国运输名称　镉化合物（硒化镉）

联合国危险性类别　6.1　　**包装类别**　Ⅲ类包装

包装标志

海洋污染物　否

运输注意事项　运输前应先检查包装容器是否完整、密封，运输过程中要确保容器不泄漏、不倒塌、不坠落、不损坏。严禁与酸类、氧化剂、食品及食品添加剂混运。运输时运输车辆应配备泄漏应急处理设备。运输途中应防曝晒、雨淋，防高温

第十五部分　法规信息

下列法律、法规、规章和标准，对该化学品的管理作了相应的规定。

中华人民共和国职业病防治法　职业病分类和目录：镉及其化合物中毒

危险化学品安全管理条例　危险化学品目录：列入。易制爆危险化学品名录：未列入。重点监管的危险化学品名录：未列入。GB 18218—2009《危险化学品重大危险源辨识》（表 1）：未列入

使用有毒物品作业场所劳动保护条例　高毒物品目录：列入

易制毒化学品管理条例　易制毒化学品的分类和品种目录：未列入

国际公约　斯德哥尔摩公约：未列入。鹿特丹公约：未列入。蒙特利尔议定书：未列入

第十六部分　其他信息

编写和修订信息　　**缩略语和首字母缩写**

培训建议　　**参考文献**

免责声明

硒　　酸

第一部分　化学品标识

化学品中文名　硒酸　　**化学品英文名**　selenic acid

分子式　H_2SeO_4　　**相对分子质量**　144.98

结构式

$$O=\underset{\underset{OH}{|}}{\overset{\overset{OH}{|}}{Se}}=O$$

化学品的推荐及限制用途　用作鉴别甲醇和乙醇的试剂，以及硒酸盐制备

第二部分　危险性概述

紧急情况概述　造成严重的皮肤灼伤和眼损伤

GHS 危险性类别　皮肤腐蚀/刺激，类别 1；严重眼损伤/眼刺激，类别 1；特异性靶器官毒性-一次接触，类别 1；危害水生环境-急性危害，类别 1；危害水生环境-长期危害，类别 1

标签要素

象形图

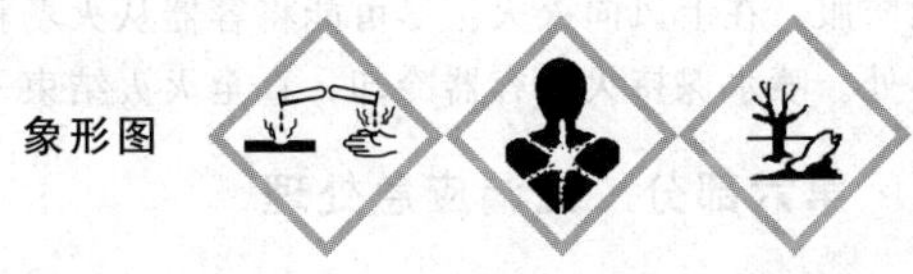

警示词　危险

危险性说明　造成严重的皮肤灼伤和眼损伤，对器官造成损害，对水生生物毒性非常大并具有长期持续影响

防范说明

预防措施　避免吸入粉尘。避免接触眼睛、皮肤，操作后彻底清洗。戴防护手套，穿防护服，戴防护眼镜、防护面罩。避免吸入粉尘。作业场所不得进食、饮水或吸烟。禁止排入环境

事故响应　如吸入：将患者转移到空气新鲜处，休息，保持利于呼吸的体位。皮肤（或头发）接触：立即脱掉所有被污染的衣服，用水冲洗皮肤，淋浴。污染的衣服须洗净后方可重新使用。眼睛接触：用水细心地冲洗数分钟。如戴隐形眼镜并可方便地取出，则取出隐形眼镜继续冲洗。食入：漱口，不要催吐。如果接触：

立即呼叫中毒控制中心或就医。收集泄漏物

安全储存　上锁保管

废弃处置　本品及内装物、容器依据国家和地方法规处置

物理和化学危险　不燃，无特殊燃爆特性

健康危害　本品吸湿性腐蚀性强。对眼睛、皮肤、黏膜和呼吸道有刺激作用。吸入、口服或经皮肤吸收中毒重者可致死。可引起化学性支气管炎、肺炎或肺水肿。眼和皮肤接触引起灼伤

慢性影响　可有头痛、眩晕、疲倦、食欲减退等表现

环境危害　对水生生物毒性非常大并具有长期持续影响

第三部分　成分/组成信息

√物质		混合物
组分	**浓度**	**CAS No.**
硒酸		7783-08-6

第四部分　急救措施

吸入　迅速脱离现场至空气新鲜处。保持呼吸道通畅。如呼吸困难，给输氧。如呼吸、心跳停止，立即进行心肺复苏术。就医

皮肤接触　立即脱去污染的衣着，用大量流动清水彻底冲洗至少15min。就医

眼睛接触　立即分开眼睑，用流动清水或生理盐水彻底冲洗至少15min。就医

食入　用水漱口，禁止催吐。给饮牛奶或蛋清。就医

对保护施救者的忠告　根据需要使用个人防护设备

对医生的特别提示　对症处理

第五部分　消防措施

灭火剂　本品不燃。根据着火原因选择适当灭火剂灭火

特别危险性　具有强氧化性。其水溶液有腐蚀性和强烈的刺激性

灭火注意事项及防护措施　消防人员必须穿全身耐酸碱消防服、佩戴空气呼吸器灭火。尽可能将容器从火场移至空旷处。喷水保持火场容器冷却，直至灭火结束

第六部分　泄漏应急处理

作业人员防护措施、防护装备和应急处置程序　隔离泄漏污染区，限制出入。建议应急处理人员戴防尘口罩，穿防腐蚀、防毒服，戴橡胶耐酸碱手套。穿上适当的防护服前严禁接触破裂的容器和泄漏物。尽可能切断泄漏源。用塑料布覆盖泄漏物，减少飞散。勿使水进入包装容器内

环境保护措施　无资料

泄漏化学品的收容、清除方法及所使用的处置材料　用洁净的铲子收集泄漏物，置于干净、干燥、盖子较松的容器中，将容器移离泄漏区

第七部分　操作处置与储存

操作注意事项　密闭操作，注意通风。操作尽可能机械化、自动化。操作人员必须经过专门培训，严格遵守操作规程。建议操作人员佩戴头罩型电动送风过滤式防尘呼吸器，穿橡胶耐酸碱服，戴橡胶耐酸碱手套。避免产生粉尘。避免与氧化剂、碱类接触。搬运时要轻装轻卸，防止包装及容器损坏。配备泄漏应急处理设备。倒空的容器可能残留有害物

储存注意事项　储存于阴凉、干燥、通风良好的库房。远离火种、热源。包装必须密封，切勿受潮。应与氧化剂、碱类分开存放，切忌混储。储区应备有合适的材料收容泄漏物

第八部分　接触控制/个体防护

职业接触限值

中国　PC-TWA：0.1mg/m^3［按Se计］

美国(ACGIH)　TLV-TWA：0.2mg/m^3［按Se计］

生物接触限值　未制定标准

监测方法　空气中有毒物质测定方法：氢化物-原子吸收光谱法；原子荧光光谱法；二氨基萘荧光分光光度法。生物监测检验方法：未制定标准

工程控制　密闭操作，注意通风。提供安全的淋浴和洗眼设备

个体防护装备

呼吸系统防护　可能接触其粉尘时，佩戴过滤式防尘呼吸器或空气呼吸器。紧急事态抢救或撤离时，建议佩戴空气呼吸器

眼睛防护　戴化学安全防护眼镜

皮肤和身体防护　穿橡胶耐酸碱服

手防护　戴橡胶耐酸碱手套

第九部分　理化特性

外观与性状　白色六方柱晶体，极易吸潮

pH值　无意义　　**熔点(℃)**　58

沸点(℃)　260（分解）　　**相对密度(水=1)**　2.95

相对蒸气密度(空气=1)　无资料

饱和蒸气压(kPa)　无资料

燃烧热(kJ/mol)　无资料　　**临界温度(℃)**　无资料

临界压力(MPa)　无资料　　**辛醇/水分配系数**　−3.18

闪点(℃)　无意义　　**自燃温度(℃)**　无意义

爆炸下限(%)　无意义　　**爆炸上限(%)**　无意义

分解温度(℃)　无资料

黏度(mPa·s)　无资料

溶解性　易溶于水，不溶于氨水，溶于硫酸

第十部分　稳定性和反应性

稳定性　稳定

危险反应　与强氧化剂、碱类等禁配物发生反应

避免接触的条件　潮湿空气

禁配物　强氧化剂、碱类

危险的分解产物　硒的氧化物

第十一部分　毒理学信息

急性毒性　LDLo：25mg/kg（大鼠经口）

皮肤刺激或腐蚀　无资料　　**眼睛刺激或腐蚀**　无资料

呼吸或皮肤过敏　无资料　　**生殖细胞突变性**　无资料

致癌性　无资料　　**生殖毒性**　无资料

特异性靶器官系统毒性-一次接触 无资料
特异性靶器官系统毒性-反复接触 无资料
吸入危害 无资料

第十二部分 生态学信息

生态毒性 含硒化合物对水生生物有极高毒性
持久性和降解性
生物降解性 无资料
非生物降解性 无资料
潜在的生物累积性 无资料
土壤中的迁移性 无资料

第十三部分 废弃处置

废弃化学品 根据国家和地方有关法规的要求处置。或与制造商联系，确定处置方法
污染包装物 将容器返还生产商或按照国家和地方法规处置
废弃注意事项 处置前应参阅国家和地方有关法规

第十四部分 运输信息

联合国危险货物编号（UN号） 1905
联合国运输名称 硒酸 **联合国危险性类别** 8
包装类别 Ⅰ类包装 **包装标志**

海洋污染物 否
运输注意事项 起运时包装要完整，装载应稳妥。运输过程中要确保容器不泄漏、不倒塌、不坠落、不损坏。严禁与氧化剂、碱类、食用化学品等混装混运。运输时运输车辆应配备泄漏应急处理设备。运输途中应防曝晒、雨淋，防高温

第十五部分 法规信息

下列法律、法规、规章和标准，对该化学品的管理作了相应的规定。
中华人民共和国职业病防治法 职业病分类和目录：未列入
危险化学品安全管理条例 危险化学品目录：列入。易制爆危险化学品名录：未列入。重点监管的危险化学品名录：未列入。GB 18218—2009《危险化学品重大危险源辨识》(表1)：未列入
使用有毒物品作业场所劳动保护条例 高毒物品目录：未列入
易制毒化学品管理条例 易制毒化学品的分类和品种目录：未列入
国际公约 斯德哥尔摩公约：未列入。鹿特丹公约：未列入。蒙特利尔议定书：未列入

第十六部分 其他信息

编写和修订信息 **缩略语和首字母缩写**
培训建议 **参考文献**
免责声明

烯丙胺

第一部分 化学品标识

化学品中文名 烯丙胺；3-氨基丙烯
化学品英文名 3-aminopropene；allylamine
分子式 C_3H_7N **相对分子质量** 57.1
结构式 NH_2
化学品的推荐及限制用途 用于制造药品的中间体，及有机合成和制作溶剂等

第二部分 危险性概述

紧急情况概述 高度易燃液体和蒸气，吞咽会中毒，皮肤接触会致命，吸入会中毒
GHS危险性类别 易燃液体，类别2；急性毒性-经口，类别3；急性毒性-经皮，类别1；急性毒性-吸入，类别3；危害水生环境-急性危害，类别2；危害水生环境-长期危害，类别2
标签要素
象形图

警示词 危险
危险性说明 高度易燃液体和蒸气，吞咽会中毒，皮肤接触会致命，吸入会中毒，对水生生物有毒并具有长期持续影响
防范说明
预防措施 远离热源、火花、明火、热表面。禁止吸烟。保持容器密闭。容器和接收设备接地连接。使用防爆电器、通风、照明设备。只能使用不产生火花的工具。采取防止静电措施。戴防护手套、防护眼镜、防护面罩，穿防护服。避免接触眼睛、皮肤或衣服，操作后彻底清洗。作业场所不得进食、饮水或吸烟。避免吸入蒸气、雾。仅在室外或通风良好处操作。禁止排入环境
事故响应 火灾时，使用抗溶性泡沫、二氧化碳、干粉、砂土灭火。如吸入：将患者转移到空气新鲜处，休息，保持利于呼吸的体位。皮肤接触：立即脱掉所有被污染的衣服，用大量肥皂水和水轻轻地清洗。被污染的衣服须经洗净后方可重新使用。食入：漱口，立即呼叫中毒控制中心或就医。收集泄漏物
安全储存 存放在通风良好的地方。保持低温。保持容器密闭。上锁保管
废弃处置 本品及内装物、容器依据国家和地方法规处置
物理和化学危险 高度易燃，其蒸气与空气混合，能形成爆炸性混合物
健康危害 蒸气对眼及上呼吸道有强刺激性，严重者伴有恶心、眩晕、头痛等。可引起接触性皮炎
环境危害 对水生生物有毒并具有长期持续影响

第三部分 成分/组成信息

√物质 混合物

组分	浓度	CAS No.
烯丙胺		107-11-9

第四部分 急救措施

吸入 迅速脱离现场至空气新鲜处。保持呼吸道通畅。如呼吸困难，给输氧。如呼吸、心跳停止，立即进行心肺复苏术。就医

皮肤接触 立即脱去污染的衣着，用流动清水彻底冲洗。就医

眼睛接触 立即分开眼睑，用流动清水或生理盐水彻底冲洗。就医

食入 漱口，饮水。就医

对保护施救者的忠告 根据需要使用个人防护设备

对医生的特别提示 对症处理

第五部分 消防措施

灭火剂 用抗溶性泡沫、二氧化碳、干粉、砂土灭火

特别危险性 燃烧时，放出剧毒的氰化氢气体。在火场高温下，能发生聚合放热，使容器破裂。在酸性催化剂存在下能猛烈聚合爆炸。具有腐蚀性。燃烧生成有害的一氧化碳、氮氧化物

灭火注意事项及防护措施 消防人员必须佩戴空气呼吸器、穿全身防火防毒服，在上风向灭火。喷水冷却容器，尽可能将容器从火场移至空旷处。容器突然发出异常声音或出现异常现象，应立即撤离

第六部分 泄漏应急处理

作业人员防护措施、防护装备和应急处置程序 消除所有点火源。根据液体流动和蒸气扩散的影响区域划定警戒区，无关人员从侧风、上风向撤离至安全区。建议应急处理人员戴正压自给式呼吸器，穿防毒、防静电服，戴橡胶耐油手套。作业时使用的所有设备应接地。禁止接触或跨越泄漏物。尽可能切断泄漏源

环境保护措施 防止泄漏物进入水体、下水道、地下室或有限空间

泄漏化学品的收容、清除方法及所使用的处置材料 小量泄漏：用砂土或其他不燃材料吸收，使用洁净的无火花工具收集吸收材料。大量泄漏：构筑围堤或挖坑收容。用抗溶性泡沫覆盖，减少蒸发。喷水雾能减少蒸发，但不能降低泄漏物在有限空间内的易燃性。用防爆泵转移至槽车或专用收集器内

第七部分 操作处置与储存

操作注意事项 密闭操作，加强通风。操作人员必须经过专门培训，严格遵守操作规程。建议操作人员佩戴自吸过滤式防毒面具（全面罩），穿防静电工作服，戴橡胶耐油手套。远离火种、热源，工作场所严禁吸烟。使用防爆型的通风系统和设备。防止蒸气泄漏到工作场所空气中。避免与氧化剂、酸类接触。充装要控制流速，防止静电积聚。搬运时要轻装轻卸，防止包装及容器损坏。配备相应品种和数量的消防器材及泄漏应急处理设备。倒空的容器可能残留有害物

储存注意事项 储存于阴凉、干燥、通风良好的专用库房内，实行“双人收发、双人保管”制度。远离火种、热源。库温不宜超过29℃。包装要求密封，不可与空气接触。应与氧化剂、酸类、食用化学品分开存放，切忌混储。采用防爆型照明、通风设施。禁止使用易产生火花的机械设备和工具。储区应备有泄漏应急处理设备和合适的收容材料

第八部分 接触控制/个体防护

职业接触限值

中国 未制定标准

美国(ACGIH) 未制定标准

生物接触限值 未制定标准

监测方法 空气中有毒物质测定方法：未制定标准。生物监测检验方法：未制定标准

工程控制 生产过程密闭，加强通风。提供安全的淋浴和洗眼设备

个体防护装备

呼吸系统防护 可能接触其蒸气时，佩戴过滤式防毒面具（全面罩）。紧急事态抢救或撤离时，应该佩戴空气呼吸器

眼睛防护 呼吸系统防护中已作防护

皮肤和身体防护 穿防静电工作服。尽可能减少直接接触

手防护 戴橡胶耐油手套

第九部分 理化特性

外观与性状 无色液体，有强烈的氨味和焦灼味

pH值 无资料 **熔点(℃)** －88.2

沸点(℃) 55～58 **相对密度(水＝1)** 0.76

相对蒸气密度(空气＝1) 2.0

饱和蒸气压(kPa) 25.7（20℃）

燃烧热(kJ/mol) －2207.5 **临界温度(℃)** 无资料

临界压力(MPa) 5.17 **辛醇/水分配系数** 0.03

闪点(℃) －29（CC） **自燃温度(℃)** 371

爆炸下限(%) 2.2 **爆炸上限(%)** 22.0

分解温度(℃) 无资料

黏度(mPa·s) 无资料

溶解性 溶于水、乙醇、乙醚、氯仿

第十部分 稳定性和反应性

稳定性 稳定

危险反应 与强氧化剂等禁配物接触，有发生火灾和爆炸的危险。高热下可能发生聚合

避免接触的条件 受热

禁配物 酸类、酰基氯、酸酐、强氧化剂、二氧化碳

危险的分解产物 氨

第十一部分 毒理学信息

急性毒性

LD_{50} 102mg/kg（大鼠经口）；35mg/kg（兔经皮）

LC_{50} 177ppm（大鼠吸入，8h）

皮肤刺激或腐蚀 家兔经皮：500mg（24h），重度刺激

眼睛刺激或腐蚀 家兔经眼：50mg（20s），重度刺激

呼吸或皮肤过敏 无资料

生殖细胞突变性 细胞遗传学分析：大鼠经口 2500ng/kg

致癌性 无资料

生殖毒性 无资料

特异性靶器官系统毒性-一次接触 无资料

特异性靶器官系统毒性-反复接触 亚急性及慢性毒性表现为心肌炎、肝肾充血及肺部病变等

吸入危害 无资料

第十二部分 生态学信息

生态毒性

LC_{50} 6mg/L（96h）（金鱼）

EC_{50} 16mg/L（5min，15min）（发光菌，Microtox 测试）

持久性和降解性

生物降解性 MITI-Ⅰ测试，初始浓度 100ppm，污泥浓度 30ppm，1%～81%

非生物降解性 空气中，当羟基自由基浓度为5.00×10^5个/cm^3时，降解半衰期为 6.8h（理论）

潜在的生物累积性 根据 K_{ow} 值预测，该物质的生物累积性可能较弱

土壤中的迁移性 根据 K_{oc} 值预测，该物质可能易发生迁移

第十三部分 废弃处置

废弃化学品 建议用焚烧法处置。焚烧炉排出的氮氧化物通过洗涤器除去

污染包装物 将容器返还生产商或按照国家和地方法规处置

废弃注意事项 处置前应参阅国家和地方有关法规

第十四部分 运输信息

联合国危险货物编号（UN 号） 2334

联合国运输名称 烯丙胺

联合国危险性类别 6.1，3

包装类别 Ⅰ类包装

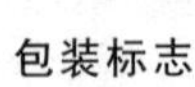

包装标志

海洋污染物 否

运输注意事项 运输时运输车辆应配备相应品种和数量的消防器材及泄漏应急处理设备。夏季最好早晚运输。运输时所用的槽（罐）车应有接地链，槽内可设孔隔板以减少震荡产生的静电。严禁与氧化剂、酸类、食用化学品等混装混运。运输途中应防曝晒、雨淋，防高温。中途停留时应远离火种、热源、高温区。装运该物品的车辆排气管必须配备阻火装置，禁止使用易产生火花的机械设备和工具装卸。公路运输时要按规定路线行驶，勿在居民区和人口稠密区停留。铁路运输时要禁止溜放。严禁用木船、水泥船散装运输

第十五部分 法规信息

下列法律、法规、规章和标准，对该化学品的管理作了相应的规定。

中华人民共和国职业病防治法 职业病分类和目录：未列入

危险化学品安全管理条例 危险化学品目录：列入。作为剧毒化学品进行管理。易制爆危险化学品名录：未列入。重点监管的危险化学品名录：列入。GB 18218—2009《危险化学品重大危险源辨识》（表 1）：列入。类别：毒性物质；临界量（t）：20

使用有毒物品作业场所劳动保护条例 高毒物品目录：未列入

易制毒化学品管理条例 易制毒化学品的分类和品种目录：未列入

国际公约 斯德哥尔摩公约：未列入。鹿特丹公约：未列入。蒙特利尔议定书：未列入

第十六部分 其他信息

编写和修订信息 **缩略语和首字母缩写**

培训建议 **参考文献**

免责声明

烯丙基溴

第一部分 化学品标识

化学品中文名 烯丙基溴；3-溴-1-丙烯

化学品英文名 3-bromopropene；allyl bromide

分子式 C_3H_5Br **相对分子质量** 120.99

结构式 Br

化学品的推荐及限制用途 用于有机合成，用作树脂和香料的中间体

第二部分 危险性概述

紧急情况概述 高度易燃液体和蒸气，吞咽会中毒，吸入会中毒，造成严重的皮肤灼伤和眼损伤

GHS 危险性类别 易燃液体，类别 2；急性毒性-经口，类别 3；急性毒性-吸入，类别 3；皮肤腐蚀/刺激，类别 1；严重眼损伤/眼刺激，类别 1；特异性靶器官毒性-一次接触，类别 3（呼吸道刺激）

标签要素

象形图

警示词 危险

危险性说明 高度易燃液体和蒸气，吞咽会中毒，吸入会中毒，造成严重的皮肤灼伤和眼损伤，可能引起呼吸道刺激

防范说明

预防措施 远离热源、火花、明火、热表面。禁止吸烟。保持容器密闭。容器和接收设备接地连接。使用防爆电器、通风、照明设备。只能使

用不产生火花的工具。采取防止静电措施。避免接触眼睛、皮肤，操作后彻底清洗。作业场所不得进食、饮水或吸烟。避免吸入蒸气、雾。仅在室外或通风良好处操作。戴防护手套，穿防护服，戴防护眼镜、防护面罩

事故响应　火灾时，使用泡沫、干粉、二氧化碳、砂土灭火。如吸入：将患者转移到空气新鲜处，休息，保持利于呼吸的体位。如皮肤（或头发）接触：立即脱掉所有被污染的衣服，用水冲洗皮肤，淋浴。污染的衣服须洗净后方可重新使用。眼睛接触：用水细心地冲洗数分钟。如戴隐形眼镜并可方便地取出，则取出隐形眼镜继续冲洗。食入：漱口，不要催吐，立即呼叫中毒控制中心或就医

安全储存　存放在通风良好的地方。保持低温。保持容器密闭。上锁保管

废弃处置　本品及内装物、容器依据国家和地方法规处置

物理和化学危险　高度易燃，其蒸气与空气混合，能形成爆炸性混合物

健康危害　本品对眼、皮肤和呼吸道有刺激性。眼和皮肤接触可引起灼伤

环境危害　对环境可能有害

第三部分　成分/组成信息

√物质　　混合物

组分	浓度	CAS No.
烯丙基溴		106-95-6

第四部分　急救措施

吸入　迅速脱离现场至空气新鲜处。保持呼吸道通畅。如呼吸困难，给输氧。如呼吸、心跳停止，立即进行心肺复苏术。就医

皮肤接触　立即脱去污染的衣着，用大量流动清水彻底冲洗至少15min。就医

眼睛接触　立即分开眼睑，用流动清水或生理盐水彻底冲洗至少15min。就医

食入　用水漱口，禁止催吐。给饮牛奶或蛋清。就医

对保护施救者的忠告　根据需要使用个人防护设备

对医生的特别提示　对症处理

第五部分　消防措施

灭火剂　用泡沫、干粉、二氧化碳、砂土灭火

特别危险性　易燃，遇明火、高热、或与氧化剂接触能燃烧，并散发出有毒气体。受高热分解产生有毒的溴化物气体。蒸气比空气重，沿地面扩散并易积存于低洼处，遇火源会着火回燃。燃烧生成有害的一氧化碳、溴化氢

灭火注意事项及防护措施　消防人员须佩戴防毒面具、穿全身消防服，在上风向灭火。尽可能将容器从火场移至空旷处。喷水保持火场容器冷却，直至灭火结束。容器突然发出异常声音或出现异常现象，应立即撤离。用水灭火无效

第六部分　泄漏应急处理

作业人员防护措施、防护装备和应急处置程序　消除所有点火源。根据液体流动和蒸气扩散的影响区域划定警戒区，无关人员从侧风、上风向撤离至安全区。建议应急处理人员戴正压自给式呼吸器，穿防毒、防静电服，戴橡胶耐油手套。作业时使用的所有设备应接地。禁止接触或跨越泄漏物。尽可能切断泄漏源

环境保护措施　防止泄漏物进入水体、下水道、地下室或有限空间

泄漏化学品的收容、清除方法及所使用的处置材料　小量泄漏：用砂土或其他不燃材料吸收，使用洁净的无火花工具收集吸收材料。大量泄漏：构筑围堤或挖坑收容。用泡沫覆盖，减少蒸发。喷水雾能减少蒸发，但不能降低泄漏物在有限空间内的易燃性。用防爆泵转移至槽车或专用收集器内。喷雾状水驱散蒸气、稀释液体泄漏物

第七部分　操作处置与储存

操作注意事项　密闭操作，局部排风。操作人员必须经过专门培训，严格遵守操作规程。建议操作人员佩戴自吸过滤式防毒面具（全面罩），穿防静电工作服，戴橡胶耐油手套。远离火种、热源。工作场所严禁吸烟。使用防爆型的通风系统和设备。防止蒸气泄漏到工作场所空气中。避免与氧化剂、碱类接触。灌装时应控制流速，且有接地装置，防止静电积聚。搬运时要轻装轻卸，防止包装及容器损坏。配备相应品种和数量的消防器材及泄漏应急处理设备。倒空的容器可能残留有害物

储存注意事项　储存于阴凉、通风的库房。远离火种、热源。库温不宜超过37℃。包装要求密封，不可与空气接触。应与氧化剂、碱类分开存放，切忌混储。不宜久存，以免变质。采用防爆型照明、通风设施。禁止使用易产生火花的机械设备和工具。储区应备有泄漏应急处理设备和合适的收容材料

第八部分　接触控制/个体防护

职业接触限值

中国　未制定标准

美国（ACGIH）　TLV-TWA 0.1ppm；TLV-STEL 0.2ppm

生物接触限值　未制定标准

监测方法　空气中有毒物质测定方法：未制定标准。生物监测检验方法：未制定标准

工程控制　密闭操作，局部排风。提供安全的淋浴和洗眼设备

个体防护装备

呼吸系统防护　空气中浓度超标时，应该佩戴过滤式防毒面具（全面罩）。紧急事态抢救或撤离时，佩戴空气呼吸器

眼睛防护　呼吸系统防护中已作防护

皮肤和身体防护　穿防静电工作服

手防护　戴橡胶耐油手套

第九部分　理化特性

外观与性状　无色到淡黄色液体，有令人不愉快的刺激性气味

pH 值　无资料　**熔点(℃)**　−119

沸点(℃)　71.3　**相对密度(水=1)**　1.40

相对蒸气密度(空气=1)　4.17

燃烧热(kJ/mol)　−1814.8

燃烧热(kJ/mol)　无资料　**临界温度(℃)**　无资料

临界压力(MPa)　无资料　**辛醇/水分配系数**　1.79

闪点(℃)　−1　**自燃温度(℃)**　295

爆炸下限(%)　4.4　**爆炸上限(%)**　7.3

分解温度(℃)　无资料

黏度(mPa·s)　无资料

溶解性　不溶于水，溶于乙醇、乙醚、氯仿、四氯化碳、二硫化碳等多数有机溶剂

第十部分　稳定性和反应性

稳定性　稳定

危险反应　与强氧化剂等禁配物接触，有发生火灾和爆炸的危险

避免接触的条件　受热

禁配物　强氧化剂、强碱

危险的分解产物　溴化氢

第十一部分　毒理学信息

急性毒性

LD_{50}　120mg/kg（大鼠经口）；30mg/kg（豚鼠经口）

LC_{50}　10000mg/m^3（大鼠吸入，2h）；4110mg/m^3（小鼠吸入，2h）

皮肤刺激或腐蚀　无资料　**眼睛刺激或腐蚀**　无资料

呼吸或皮肤过敏　无资料　**生殖细胞突变性**　无资料

致癌性　无资料　**生殖毒性**　无资料

特异性靶器官系统毒性-一次接触　无资料

特异性靶器官系统毒性-反复接触　无资料

吸入危害　无资料

第十二部分　生态学信息

生态毒性　无资料

持久性和降解性

生物降解性　无资料

非生物降解性　空气中，当羟基自由基浓度为5.00×10^{5}个/cm^{3}时，降解半衰期为20h（理论）

潜在的生物累积性　根据 K_{ow}值预测，该物质的生物累积性可能较弱

土壤中的迁移性　根据 K_{oc}值预测，该物质可能易发生迁移

第十三部分　废弃处置

废弃化学品　建议用焚烧法处置。焚烧炉排出的卤化氢通过酸洗涤器除去

污染包装物　将容器返还生产商或按照国家和地方法规处置

废弃注意事项　处置前应参阅国家和地方有关法规

第十四部分　运输信息

联合国危险货物编号(UN号)　1099

联合国运输名称　烯丙基溴

联合国危险性类别　3，6.1

包装类别　Ⅰ类包装

包装标志　

海洋污染物　是

运输注意事项　运输时运输车辆应配备相应品种和数量的消防器材及泄漏应急处理设备。夏季最好早晚运输。运输时所用的槽（罐）车应有接地链，槽内可设孔隔板以减少震荡产生的静电。严禁与氧化剂、碱类、食用化学品等混装混运。运输途中应防曝晒、雨淋，防高温。中途停留时应远离火种、热源、高温区。装运该物品的车辆排气管必须配备阻火装置，禁止使用易产生火花的机械设备和工具装卸。公路运输时要按规定路线行驶，勿在居民区和人口稠密区停留。铁路运输时要禁止溜放。严禁用木船、水泥船散装运输

第十五部分　法规信息

下列法律、法规、规章和标准，对该化学品的管理作了相应的规定。

中华人民共和国职业病防治法　职业病分类和目录：未列入

危险化学品安全管理条例　危险化学品目录：列入。易制爆危险化学品名录：未列入。重点监管的危险化学品名录：未列入。GB 18218—2009《危险化学品重大危险源辨识》(表 1)：未列入

使用有毒物品作业场所劳动保护条例　高毒物品目录：未列入

易制毒化学品管理条例　易制毒化学品的分类和品种目录：未列入

国际公约　斯德哥尔摩公约：未列入。鹿特丹公约：未列入。蒙特利尔议定书：未列入

第十六部分　其他信息

编写和修订信息　**缩略语和首字母缩写**

培训建议　**参考文献**

免责声明

氙

第一部分　化学品标识

化学品中文名　氙　**化学品英文名**　xenon

分子式　Xe　**相对分子质量**　131.3

化学品的推荐及限制用途　用于闪光管、闪光灯充气，以及作深度麻醉剂

第二部分 危险性概述

紧急情况概述 内装加压气体：遇热可能爆炸

GHS 危险性类别 加压气体

标签要素

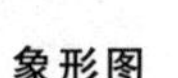

警示词 警告

危险性说明 内装加压气体：遇热可能爆炸

防范说明

预防措施 -

事故响应 -

安全储存 防日晒。存放在通风良好的地方

废弃处置 -

物理和化学危险 不燃，无特殊燃爆特性

健康危害 常气压下无毒。高浓度时，使氧分压降低而发生窒息。人吸入混有70%氙气的氧，引起轻度麻醉，约经3min即意识丧失

环境危害 无环境危害

第三部分 成分/组成信息

√物质 混合物

组分	浓度	CAS No.
氙		7440-63-3

第四部分 急救措施

吸入 迅速脱离现场至空气新鲜处。保持呼吸道通畅。如呼吸困难，给输氧。如呼吸、心跳停止，立即进行心肺复苏术。就医

对保护施救者的忠告 根据需要使用个人防护设备

对医生的特别提示 对症处理

第五部分 消防措施

灭火剂 本品不燃。根据着火原因选择适当灭火剂灭火

特别危险性 若遇高热，容器内压增大，有开裂和爆炸的危险

灭火注意事项及防护措施 消防人员须佩戴防毒面具、穿全身消防服，在上风向灭火。喷水冷却容器，尽可能将容器从火场移至空旷处

第六部分 泄漏应急处理

作业人员防护措施、防护装备和应急处置程序 大量泄漏：根据气体扩散的影响区域划定警戒区，无关人员从侧风、上风向撤离至安全区。建议应急处理人员戴正压自给式呼吸器，穿一般作业工作服。液化气体泄漏时穿防寒服。尽可能切断泄漏源

环境保护措施 无资料

泄漏化学品的收容、清除方法及所使用的处置材料 漏出气允许排入大气中。泄漏场所保持通风

第七部分 操作处置与储存

操作注意事项 密闭操作，提供良好的自然通风条件。操作人员必须经过专门培训，严格遵守操作规程。防止气体泄漏到工作场所空气中。远离易燃、可燃物。搬运时轻装轻卸，防止钢瓶及附件破损。配备泄漏应急处理设备

储存注意事项 储存于阴凉、通风的不燃气体专用库房。远离火种、热源。库温不宜超过30℃。应与易（可）燃物分开存放，切忌混储。储区应备有泄漏应急处理设备

第八部分 接触控制/个体防护

职业接触限值

中国 未制定标准

美国(ACGIH) 未制定标准

生物接触限值 未制定标准

监测方法 空气中有毒物质测定方法：未制定标准。生物监测检验方法：未制定标准

工程控制 密闭操作。提供良好的自然通风条件

个体防护装备

呼吸系统防护 一般不需特殊防护。但当作业场所空气中氧气浓度低于18%时，必须佩戴空气呼吸器或长管面具

眼睛防护 一般不需特殊防护

皮肤和身体防护 穿一般作业工作服

手防护 戴一般作业防护手套

第九部分 理化特性

外观与性状 无色无味的惰性气体

pH 值 无意义 **熔点(℃)** −112

沸点(℃) −108.1

相对密度(水=1) 3.52（液体，−109℃）

相对蒸气密度(空气=1) 4.46

饱和蒸气压(kPa) 724.54（−64℃）

燃烧热(kJ/mol) 无资料 **临界温度(℃)** 16.6

临界压力(MPa) 5.88 **辛醇/水分配系数** 1.4

闪点(℃) 无意义 **自燃温度(℃)** 无意义

爆炸下限(%) 无意义 **爆炸上限(%)** 无意义

分解温度(℃) 无资料

黏度(mPa·s) 无资料

溶解性 不溶于水

第十部分 稳定性和反应性

稳定性 稳定 **危险反应** 无资料

避免接触的条件 无资料 **禁配物** 无资料

危险的分解产物 无意义

第十一部分 毒理学信息

急性毒性 TCLo：50pph（小鼠吸入）

皮肤刺激或腐蚀 无资料 **眼睛刺激或腐蚀** 无资料

呼吸或皮肤过敏 无资料 **生殖细胞突变性** 无资料

致癌性 无资料 **生殖毒性** 无资料

特异性靶器官系统毒性-一次接触 无资料

特异性靶器官系统毒性-反复接触 无资料

吸入危害 无资料

第十二部分 生态学信息

生态毒性 无资料

持久性和降解性

生物降解性 无资料

非生物降解性 无资料

潜在的生物累积性 无资料

土壤中的迁移性 无资料

第十三部分 废弃处置

废弃化学品 根据国家和地方有关法规的要求处置。或与制造商联系，确定处置方法

污染包装物 将容器返还生产商或按照国家和地方法规处置

废弃注意事项 把空容器归还厂商

第十四部分 运输信息

联合国危险货物编号（UN号） 2036；2591（液化）

联合国运输名称 氙；冷冻液态氙（液化）

联合国危险性类别 2.2 **包装类别**

包装标志  **海洋污染物** 否

运输注意事项 采用钢瓶运输时必须戴好钢瓶上的安全帽。钢瓶一般平放，并应将瓶口朝同一方向，不可交叉；高度不得超过车辆的防护栏板，并用三角木垫卡牢，防止滚动。严禁与易燃物或可燃物等混装混运。夏季应早晚运输，防止日光曝晒。铁路运输时要禁止溜放

第十五部分 法规信息

下列法律、法规、规章和标准，对该化学品的管理作了相应的规定。

中华人民共和国职业病防治法 职业病分类和目录：未列入

危险化学品安全管理条例 危险化学品目录：列入。易制爆危险化学品名录：未列入。重点监管的危险化学品名录：未列入。GB 18218—2009《危险化学品重大危险源辨识》(表1)：未列入

使用有毒物品作业场所劳动保护条例 高毒物品目录：未列入

易制毒化学品管理条例 易制毒化学品的分类和品种目录：未列入

国际公约 斯德哥尔摩公约：未列入。鹿特丹公约：未列入。蒙特利尔议定书：未列入

第十六部分 其他信息

编写和修订信息 **缩略语和首字母缩写**

培训建议 **参考文献**

免责声明

硝化丙三醇［含不挥发、不溶于水的钝感剂≥40%］

第一部分 化学品标识

化学品中文名 硝化丙三醇［含不挥发、不溶于水的钝感剂≥40%］；甘油三硝酸酯；硝化甘油

化学品英文名 nitroglycerine (with more than 40% non-volatile insoluble phlegmatizer); glyceryl trinitrate

分子式 $C_3H_5N_3O_9$ **相对分子质量** 227.09

结构式

化学品的推荐及限制用途 用于制造军事和商业用炸药，作为防治心绞痛的药物

第二部分 危险性概述

紧急情况概述 爆炸物、整体爆炸危险，吞咽有害

GHS危险性类别 爆炸物，1.1项；急性毒性-经口，类别4；生殖毒性，类别2；特异性靶器官毒性-一次接触，类别1；特异性靶器官毒性-反复接触，类别1；危害水生环境-急性危害，类别2；危害水生环境-长期危害，类别2

标签要素

象形图

警示词 危险

危险性说明 爆炸物、整体爆炸危险，吞咽有害，怀疑对生育力或胎儿造成伤害，对器官造成损害，长时间或反复接触对器官造成损伤，对水生生物有毒并具有长期持续影响

防范说明

预防措施 远离热源、火花、明火、热表面。禁止吸烟。容器和接收设备接地连接。避免研磨、撞击、摩擦。戴防护面罩。避免接触眼睛、皮肤，操作后彻底清洗。作业场所不得进食、饮水或吸烟。得到专门指导后操作。在阅读并了解所有安全预防措施之前，切勿操作。按要求使用个体防护装备。避免吸入蒸气、雾。禁止排入环境

事故响应 火灾时可能爆炸。火势蔓延到爆炸物时，切勿灭火。撤离现场。食入：漱口，如果感觉不适，立即呼叫中毒控制中心或就医。如果接触：立即呼叫中毒控制中心或就医。收集泄漏物

安全储存 本品依据国家和地方法规贮存。上锁保管

废弃处置 本品及内装物、容器依据国家和地方法规处置

物理和化学危险 受撞击、摩擦，遇明火或其他点火源极

易爆炸

健康危害 少量吸收即可引起剧烈的搏动性头痛，常有恶心、心悸，有时有呕吐和腹痛，面部发热、潮红；较大量产生低血压、抑郁、精神错乱，偶见谵妄、高铁血红蛋白血症和紫绀。饮酒后，上述症状加剧，并可发生躁狂。本品易经皮肤吸收，应防止皮肤接触

慢性影响 可有头痛、疲乏等不适

环境危害 对水生生物有毒并具有长期持续影响

第三部分 成分/组成信息

√物质 混合物

组分	浓度	CAS No.
硝化丙三醇		55-63-0

第四部分 急救措施

吸入 迅速脱离现场至空气新鲜处。保持呼吸道通畅。如呼吸困难，给输氧。如呼吸、心跳停止，立即进行心肺复苏术。就医

皮肤接触 立即脱去污染的衣着，用流动清水彻底冲洗。就医

眼睛接触 立即分开眼睑，用流动清水或生理盐水彻底冲洗。就医

食入 漱口，饮水。就医

对保护施救者的忠告 根据需要使用个人防护设备

对医生的特别提示 高铁血红蛋白血症，可用美蓝和维生素C治疗

第五部分 消防措施

灭火剂 用大量水灭火

特别危险性 冻结的硝化甘油机械感度比液体的要高，处于半冻结状态时，机械感度更高。故受暴冷暴热、撞击、摩擦，遇明火、高热时，均有引起爆炸的危险。与强酸接触能发生强烈反应，引起燃烧或爆炸。燃烧生成有害的氮氧化物、一氧化碳

灭火注意事项及防护措施 消防人员须戴好防毒面具，在安全距离以外，在上风向灭火。遇大火切勿轻易接近。禁止用砂土压盖

第六部分 泄漏应急处理

作业人员防护措施、防护装备和应急处置程序 消除所有点火源。根据液体流动和蒸气扩散的影响区域划定警戒区，无关人员从侧风、上风向撤离至安全区。建议应急处理人员戴正压自给式呼吸器，穿防毒服，戴防化学品手套。作业时使用的所有设备应接地。禁止接触或跨越泄漏物

环境保护措施 无资料

泄漏化学品的收容、清除方法及所使用的处置材料 在专家指导下清除

第七部分 操作处置与储存

操作注意事项 密闭操作，提供充分的局部排风。操作尽可能机械化、自动化。操作人员必须经过专门培训，严格遵守操作规程。建议操作人员佩戴自吸过滤式防毒面具（半面罩），戴安全防护眼镜，穿防静电工作服，戴防化学品手套。远离火种、热源。工作场所严禁吸烟。使用防爆型的通风系统和设备。防止蒸气泄漏到工作场所空气中。避免与氧化剂、活性金属粉末、酸类接触。搬运时要轻装轻卸，防止包装及容器损坏。禁止震动、撞击和摩擦。配备相应品种和数量的消防器材及泄漏应急处理设备

储存注意事项 储存于阴凉、干燥、通风的爆炸品专用库房。远离火种、热源。库房温度不超过32℃，相对湿度不超过80%。保持容器密封。应与氧化剂、活性金属粉末、酸类、食用化学品分开存放，切忌混储。采用防爆型照明、通风设施。禁止使用易产生火花的机械设备和工具。储区应备有泄漏应急处理设备和合适的收容材料。禁止震动、撞击和摩擦

第八部分 接触控制/个体防护

职业接触限值

中国 MAC：1mg/m³ [皮]

美国(ACGIH) TLV-TWA：0.05ppm [皮]

生物接触限值 未制定标准

监测方法 空气中有毒物质测定方法：溶剂解吸-气相色谱法。生物监测检验方法：未制定标准

工程控制 严加密闭，提供充分的局部排风。提供安全的淋浴和洗眼设备

个体防护装备

呼吸系统防护 可能接触其蒸气时，应该佩戴过滤式防毒面具（半面罩）。紧急事态抢救或撤离时，建议佩戴空气呼吸器

眼睛防护 戴安全防护眼镜

皮肤和身体防护 穿防静电工作服

手防护 戴防化学品手套

第九部分 理化特性

外观与性状 白色或淡黄色黏稠液体，低温易冻结

pH值 无资料 **熔点(℃)** 13

沸点(℃) 218（爆炸） **相对密度(水=1)** 1.6

相对蒸气密度(空气=1) 7.8

饱和蒸气压(kPa) 0.01（60℃）

燃烧热(kJ/mol) −1540.0 **临界温度(℃)** 无资料

临界压力(MPa) 3 **辛醇/水分配系数** 1.62

闪点(℃) 无资料 **自燃温度(℃)** 270

爆炸下限(%) 无资料 **爆炸上限(%)** 无资料

分解温度(℃) 无资料

黏度(mPa·s) 36.0（20℃）

溶解性 不溶于水，混溶于丙酮、乙醚、乙醇、硝基苯、吡啶、乙酸乙酯等

第十部分 稳定性和反应性

稳定性 稳定

危险反应 受热、摩擦、震动、撞击、与强氧化剂等禁配物接触，有发生火灾和爆炸的危险

避免接触的条件 暴冷暴热、撞击、摩擦、受热

禁配物 强氧化剂、活性金属粉末、酸类

危险的分解产物　氮氧化物

第十一部分　毒理学信息

急性毒性　LD_{50}：105mg/kg（大鼠经口）；115mg/kg（小鼠经口）

皮肤刺激或腐蚀　家兔经皮：500mg（24h），轻度刺激

眼睛刺激或腐蚀　无资料　**呼吸或皮肤过敏**　无资料

生殖细胞突变性　微生物致突变：鼠伤寒沙门氏菌 2500nmol/皿。微粒体诱变：鼠伤寒沙门氏菌 50μg/皿

致癌性　大鼠经口最低中毒剂量（TDLo）：36500mg/kg（2a，连续），疑致肿瘤剂，致肝肿瘤

生殖毒性　大鼠孕后 7～17d 腹腔内给予最低中毒剂量（TDLo）致肌肉骨骼系统发育畸形。大鼠腹腔最低中毒剂量（TDLo）：11mg/kg（孕 7～17d），致植入前的死亡率升高，致死胎

特异性靶器官系统毒性-一次接触　无资料

特异性靶器官系统毒性-反复接触　无资料

吸入危害　无资料

第十二部分　生态学信息

生态毒性

LC_{50}　1.28mg/L（96h）（蓝鳃太阳鱼，静态）

EC_{50}　26mg/L（48h）（水蚤）

IC_{50}　6.5mg/L（72h）（藻类）

持久性和降解性

生物降解性　好氧生物降解（h）：48～168；厌氧生物降解（h）：192～672

非生物降解性　水相光解半衰期（h）：928～2784；光解最大光吸收（nm）：323；水中光氧化半衰期（h）：2711～4695；空气中光氧化半衰期（h）：1.76～17.6；一级水解半衰期（h）：81600

潜在的生物累积性　根据 K_{ow} 值预测，该物质的生物累积性可能较弱

土壤中的迁移性　根据 K_{oc} 值预测，该物质可能易发生迁移

第十三部分　废弃处置

废弃化学品　处置前应参阅国家和地方有关法规。在公安部门指定地点引爆

污染包装物　将容器返还生产商或按照国家和地方法规处置

废弃注意事项　废弃处置人员必须接受过专门的爆炸性物质废弃处置培训

第十四部分　运输信息

联合国危险货物编号（UN 号）　0143

联合国运输名称　减敏硝化甘油

联合国危险性类别　1.1D；6.1

包装类别　-

包装标志

海洋污染物　否

运输注意事项　铁路暂不办理运输。起运时包装要完整，装载应稳妥。运输过程中要确保容器不泄漏、不倒塌、不坠落、不损坏。车速要加以控制，避免颠簸、震荡。不得与酸、碱、盐类、氧化剂、易燃可燃物、自燃物品、金属粉末等危险物品及钢铁材料器具混装。运输途中应防曝晒、雨淋，防高温。公路运输时要按规定路线行驶，中途停留时应严格选择停放地点，远离高压电源、火源和高温场所，要与其他车辆隔离并留有专人看管，禁止在居民区和人口稠密区停留

第十五部分　法规信息

下列法律、法规、规章和标准，对该化学品的管理作了相应的规定。

中华人民共和国职业病防治法　职业病分类和目录：未列入

危险化学品安全管理条例　危险化学品目录：列入。易制爆危险化学品名录：未列入。重点监管的危险化学品名录：列入。GB 18218—2009《危险化学品重大危险源辨识》（表 1）：列入。类别：爆炸品，临界量（t）：1

使用有毒物品作业场所劳动保护条例　高毒物品目录：未列入

易制毒化学品管理条例　易制毒化学品的分类和品种目录：未列入

国际公约　斯德哥尔摩公约：未列入。鹿特丹公约：未列入。蒙特利尔议定书：未列入

第十六部分　其他信息

编写和修订信息　　**缩略语和首字母缩写**

培训建议　　**参考文献**

免责声明

硝 基 苯

第一部分　化学品标识

化学品中文名　硝基苯；密斑油

化学品英文名　nitrobenzene；oil of mirbane

分子式　$C_6H_5NO_2$　**相对分子质量**　123.1

结构式

化学品的推荐及限制用途　用作溶剂，制造苯胺、染料等

第二部分　危险性概述

紧急情况概述　吞咽会中毒，皮肤接触会中毒，吸入会中毒

GHS 危险性类别　急性毒性-经口，类别 3；急性毒性-经皮，类别 3；急性毒性-吸入，类别 3；致癌性，类别 2；生殖毒性，类别 1B；特异性靶器官毒性-反复接触，类别 1；危害水生环境-急性危害，类别 2；危害水生环境-长期危害，类别 2

标签要素

象形图 

警示词 危险

危险性说明 吞咽会中毒，皮肤接触会中毒，吸入会中毒，怀疑致癌，可能对生育力或胎儿造成伤害，长时间或反复接触对器官造成损伤，对水生生物有毒并具有长期持续影响

防范说明

预防措施 避免接触眼睛、皮肤，操作后彻底清洗。作业场所不得进食、饮水或吸烟。戴防护手套、穿防护服。避免吸入蒸气、雾。仅在室外或通风良好处操作。得到专门指导后操作。在阅读并了解所有安全预防措施之前，切勿操作。按要求使用个体防护装备。禁止排入环境

事故响应 如吸入：将患者转移到空气新鲜处，休息，保持利于呼吸的体位，呼叫中毒控制中心或就医。皮肤接触：用大量肥皂水和水清洗，如感觉不适，呼叫中毒控制中心或就医。立即脱去所有被污染的衣服。被污染的衣服须经洗净后方可重新使用。食入：漱口，立即呼叫中毒控制中心或就医。如果接触或有担心，就医。收集泄漏物

安全储存 在通风良好处储存。保持容器密闭。上锁保管

废弃处置 本品及内装物、容器依据国家和地方法规处置

物理和化学危险 可燃，其蒸气与空气混合，能形成爆炸性混合物

健康危害 主要引起高铁血红蛋白血症。可引起溶血及肝损害

急性中毒 有头痛、头晕、乏力、皮肤黏膜紫绀、手指麻木等症状；严重时可出现胸闷、呼吸困难、心悸，甚至心律紊乱、昏迷、抽搐、呼吸麻痹。有时中毒后出现溶血性贫血、黄疸、中毒性肝炎

慢性中毒 可有神经衰弱综合征；慢性溶血时，可出现贫血、黄疸；还可引起中毒性肝炎

环境危害 对水生生物有毒并具有长期持续影响

第三部分 成分/组成信息

√物质		混合物
组分	**浓度**	**CAS No.**
硝基苯		98-95-3

第四部分 急救措施

吸入 迅速脱离现场至空气新鲜处。保持呼吸道通畅。如呼吸困难，给吸氧。如呼吸、心跳停止，立即行心肺复苏术。就医

皮肤接触 立即脱去污染衣着，用肥皂水或清水彻底冲洗。就医

眼睛接触 分开眼睑，用清水或生理盐水冲洗。就医

食入 漱口，饮水。就医

对保护施救者的忠告 根据需要使用个人防护设备

对医生的特别提示 高铁血红蛋白血症，可用美蓝和维生素C治疗

第五部分 消防措施

灭火剂 用雾状水、泡沫、二氧化碳、砂土灭火

特别危险性 与硝酸反应强烈。燃烧生成有害的一氧化碳、氮氧化物

灭火注意事项及防护措施 消防人员必须佩戴空气呼吸器、穿全身防火防毒服，在上风向灭火。喷水冷却容器，尽可能将容器从火场移至空旷处

第六部分 泄漏应急处理

作业人员防护措施、防护装备和应急处置程序 根据液体流动和蒸气扩散的影响区域划定警戒区，无关人员从侧风、上风向撤离至安全区。消除所有点火源。建议应急处理人员戴正压自给式呼吸器，穿防毒服，戴橡胶耐油手套。穿上适当的防护服前严禁接触破裂的容器和泄漏物。尽可能切断泄漏源

环境保护措施 防止泄漏物进入水体、下水道、地下室或有限空间

泄漏化学品的收容、清除方法及所使用的处置材料 小量泄漏：用干燥的砂土或其他不燃材料吸收或覆盖，收集于容器中。大量泄漏：构筑围堤或挖坑收容。用砂土、惰性物质或蛭石吸收大量液体。用泵转移至槽车或专用收集器内

第七部分 操作处置与储存

操作注意事项 密闭操作，提供充分的局部排风。操作人员必须经过专门培训，严格遵守操作规程。建议操作人员佩戴过滤式防毒面具（半面罩），戴安全防护眼镜，穿透气型防毒服，戴橡胶耐油手套。远离火种、热源。工作场所严禁吸烟。使用防爆型的通风系统和设备。防止蒸气泄漏到工作场所空气中。避免与氧化剂、还原剂、碱类接触。搬运时要轻装轻卸，防止包装及容器损坏。配备相应品种和数量的消防器材及泄漏应急处理设备。倒空的容器可能残留有害物

储存注意事项 储存于阴凉、通风的库房。远离火种、热源。保持容器密封。应与氧化剂、还原剂、碱类、食用化学品分开存放，切忌混储。配备相应品种和数量的消防器材。储区应备有泄漏应急处理设备和合适的收容材料

第八部分 接触控制/个体防护

职业接触限值

中国 PC-TWA：2mg/m^3 ［皮］［G2B］

美国(ACGIH) TLV-TWA：1ppm ［皮］

生物接触限值 未制定标准

监测方法 空气中有毒物质测定方法：毛细管柱-气相色谱法；填充柱-气相色谱法；盐酸萘乙二胺分光光度法。生物监测检验方法：未制定标准

工程控制 严加密闭，提供充分的局部排风。提供安全的淋浴和洗眼设备

个体防护装备

呼吸系统防护　可能接触其蒸气时，佩戴过滤式防毒面具（半面罩）。紧急事态抢救或撤离时，佩戴空气呼吸器

眼睛防护　戴安全防护眼镜

皮肤和身体防护　穿透气型防毒服

手防护　戴橡胶耐油手套

第九部分　理化特性

外观与性状　淡黄色透明油状液体，有苦杏仁味

pH值　无资料　**熔点(℃)**　5.7

沸点(℃)　210.8　**相对密度(水=1)**　1.20

相对蒸气密度(空气=1)　4.25

饱和蒸气压(kPa)　0.02（20℃）

燃烧热(kJ/mol)　无资料　**临界温度(℃)**　无资料

临界压力(MPa)　4.82

辛醇/水分配系数　1.85～1.88

闪点(℃)　88（CC）　**自燃温度(℃)**　482

爆炸下限(%)　1.8（93℃）　**爆炸上限(%)**　40

分解温度(℃)　无资料

黏度(mPa·s)　1.86（25℃）

溶解性　不溶于水，溶于乙醇、乙醚、苯、丙酮等多数有机溶剂

第十部分　稳定性和反应性

稳定性　稳定

危险反应　与强氧化剂等禁配物发生反应

避免接触的条件　无资料

禁配物　强氧化剂、氨、胺类等

危险的分解产物　氮氧化物

第十一部分　毒理学资料

急性毒性　LD_{50}：489mg/kg（大鼠经口）；2100mg/kg（大鼠经皮）

皮肤刺激或腐蚀　家兔经皮：500mg（24h），轻度刺激

眼睛刺激或腐蚀　家兔经眼：500mg（24h），轻度刺激

呼吸或皮肤过敏　无资料

生殖细胞突变性　微生物致突变：鼠伤寒沙门氏菌仓鼠肺200μg/L

致癌性　IARC致癌性评论：组2B，可疑人类致癌物。对人类致癌性证据有限，对动物致癌性证据不充分

生殖毒性　大鼠吸入最低中毒浓度（TCLo）：5ppm（6h）（90d，雄性），影响精子生成，影响睾丸、附睾和输精管

特异性靶器官系统毒性-一次接触　无资料

特异性靶器官系统毒性-反复接触　无资料

吸入危害　无资料

第十二部分　生态学资料

生态毒性

LC_{50}　27mg/L（48h）（水蚤）；42.6mg/L（48h）（蓝鳃太阳鱼）；117mg/L（96h）（黑体呆鱼）；125mg/L（48h）（青鳉）

IC_{50}　1.9～33mg/L（72h）（藻类）

持久性和降解性

生物降解性　不易快速生物降解

非生物降解性　水相光解半衰期（h）：1608～4800；光解最大吸收（nm）：259；水中光氧化半衰期（h）：3009～1.90×10^5；空气中光氧化半衰期（h）：0.544～5.44

潜在的生物累积性　BCF：2～4.8（鲤鱼，接触浓度125ppb，接触时间6周），1.6～7.7（鲤鱼，接触浓度12.5ppb，接触时间6周）；根据K_{ow}值预测，该物质的生物累积性可能较弱

土壤中的迁移性　根据K_{oc}值预测，该物质可能易发生迁移

第十三部分　废弃处置

废弃化学品　用焚烧法处置。焚烧炉排出的氮氧化物通过洗涤器除去

污染包装物　将容器返还生产商或按照国家和地方法规处置

废弃注意事项　把倒空的容器归还厂商或在规定场所掩埋

第十四部分　运输信息

联合国危险货物编号（UN号）　1662

联合国运输名称　硝基苯

联合国危险性类别　6.1　**包装类别**　Ⅱ类包装

包装标志　[6]　**海洋污染物**　否

运输注意事项　本品铁路运输时限使用钢制企业自备罐车装运，装运前需报有关部门批准。运输前应先检查包装容器是否完整、密封，运输过程中要确保容器不泄漏、不倒塌、不坠落、不损坏。严禁与酸类、氧化剂、食品及食品添加剂混运。运输时运输车辆应配备相应品种和数量的消防器材及泄漏应急处理设备。运输途中应防曝晒、雨淋，防高温。公路运输时要按规定路线行驶

第十五部分　法规信息

下列法律、法规、规章和标准，对该化学品的管理作了相应的规定。

中华人民共和国职业病防治法　职业病分类和目录：苯的氨基及硝基化合物中毒

危险化学品安全管理条例　危险化学品目录：列入。易制爆危险化学品名录：未列入。重点监管的危险化学品名录：列入。GB 18218—2009《危险化学品重大危险源辨识》（表1）：未列入

使用有毒物品作业场所劳动保护条例　高毒物品目录：未列入

易制毒化学品管理条例　易制毒化学品的分类和品种目录：未列入

国际公约　斯德哥尔摩公约：未列入。鹿特丹公约：未列入。蒙特利尔议定书：未列入

第十六部分 其他信息

编写和修订信息 **缩略语和首字母缩写**
培训建议 **参考文献**
免责声明

4-硝基苯甲醚

第一部分 化学品标识

化学品中文名 4-硝基苯甲醚；对硝基苯甲醚；对硝基茴香醚；对甲氧基硝基苯；1-甲氧基-4-硝基苯

化学品英文名 4-nitroanisole；*p*-nitroanisole；1-methoxy-4-nitrobenzene

分子式 $C_7H_7NO_3$ **相对分子质量** 153.14

结构式 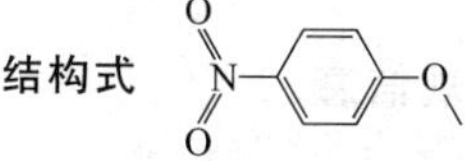

化学品的推荐及限制用途 用作有机合成中间体

第二部分 危险性概述

紧急情况概述 吞咽可能有害

GHS危险性类别 急性毒性-经口，类别5；危害水生环境-急性危害，类别3；危害水生环境-长期危害，类别3

标签要素

象形图 -

警示词 警告

危险性说明 吞咽可能有害，对水生生物有害并具有长期持续影响

防范说明

预防措施 禁止排入环境

事故响应 如果感觉不适，呼叫中毒控制中心或就医。

安全储存 -

废弃处置 本品及内装物、容器依据国家和地方法规处置

物理和化学危险 可燃，其粉体与空气混合，能形成爆炸性混合物

健康危害 对眼睛、黏膜及皮肤有刺激作用。可能引起贫血、紫绀、肝损害等

环境危害 对水生生物有害并具有长期持续影响

第三部分 成分/组成信息

√物质		混合物
组分	**浓度**	**CAS No.**
4-硝基苯甲醚		100-17-4

第四部分 急救措施

吸入 迅速脱离现场至空气新鲜处。保持呼吸道通畅。如呼吸困难，给吸氧。如呼吸、心跳停止，立即行心肺复苏术。就医

皮肤接触 立即脱去污染衣着，用肥皂水或清水彻底冲洗。就医

眼睛接触 分开眼睑，用清水或生理盐水冲洗。就医

食入 漱口，饮水。就医

对保护施救者的忠告 根据需要使用个人防护设备

对医生的特别提示 高铁血红蛋白血症，可用美蓝和维生素C治疗

第五部分 消防措施

灭火剂 用雾状水、泡沫、干粉、二氧化碳、砂土灭火

特别危险性 遇明火能燃烧。受高热分解放出有毒的气体。与强氧化剂接触可发生化学反应。燃烧生成有害的一氧化碳、氮氧化物

灭火注意事项及防护措施 消防人员必须佩戴空气呼吸器、穿全身防火防毒服，在上风向灭火。尽可能将容器从火场移至空旷处。喷水保持火场容器冷却，直至灭火结束

第六部分 泄漏应急处理

作业人员防护措施、防护装备和应急处置程序 隔离泄漏污染区，限制出入。建议应急处理人员戴防尘口罩，穿防毒服，戴橡胶手套。穿上适当的防护服前严禁接触破裂的容器和泄漏物。尽可能切断泄漏源。用塑料布覆盖泄漏物，减少飞散。勿使水进入包装容器内

环境保护措施 无资料

泄漏化学品的收容、清除方法及所使用的处置材料 用洁净的铲子收集泄漏物，置于干净、干燥、盖子较松的容器中，将容器移离泄漏区

第七部分 操作处置与储存

操作注意事项 密闭操作，加强通风。操作人员必须经过专门培训，严格遵守操作规程。建议操作人员佩戴自吸过滤式防尘口罩，戴安全防护眼镜，穿防毒物渗透工作服，戴橡胶手套。远离火种、热源。工作场所严禁吸烟。使用防爆型的通风系统和设备。避免产生粉尘。避免与氧化剂、还原剂、酸类、碱类接触。搬运时要轻装轻卸，防止包装及容器损坏。配备相应品种和数量的消防器材及泄漏应急处理设备。倒空的容器可能残留有害物

储存注意事项 储存于阴凉、通风的库房。远离火种、热源。包装密封。应与氧化剂、还原剂、酸类、碱类、食用化学品分开存放，切忌混储。配备相应品种和数量的消防器材。储区应备有合适的材料收容泄漏物

第八部分 接触控制/个体防护

职业接触限值

中国 未制定标准

美国(ACGIH) 未制定标准

生物接触限值 未制定标准

监测方法 空气中有毒物质测定方法：未制定标准。生物监测检验方法：未制定标准

工程控制 生产过程密闭，加强通风。提供安全的淋浴和洗眼设备

个体防护装备

呼吸系统防护 可能接触其粉尘时，佩戴过滤式防尘

呼吸器。紧急事态抢救或撤离时，应该佩戴空气呼吸器

眼睛防护 戴安全防护眼镜

皮肤和身体防护 穿防毒物渗透工作服

手防护 戴橡胶手套

第九部分 理化特性

外观与性状 无色至浅黄色结晶

pH值 无意义 **熔点(℃)** 54

沸点(℃) 260 **相对密度(水=1)** 1.233

相对蒸气密度(空气=1) 5.29

饱和蒸气压(kPa) 无资料

燃烧热(kJ/mol) 无资料 **临界温度(℃)** 无资料

临界压力(MPa) 无资料 **辛醇/水分配系数** 2.03

闪点(℃) 130 **自燃温度(℃)** 无资料

爆炸下限(%) 无资料 **爆炸上限(%)** 无资料

分解温度(℃) 无资料 **黏度(mPa·s)** 无资料

溶解性 不溶于水，溶于乙醇、乙醚等多数有机溶剂

第十部分 稳定性和反应性

稳定性 稳定

危险反应 与强氧化剂等禁配物发生反应

避免接触的条件 受热

禁配物 强氧化剂、强还原剂、强酸、强碱

危险的分解产物 氮氧化物

第十一部分 毒理学信息

急性毒性 LD_{50}：2300mg/kg（大鼠经口）；>16g/kg（大鼠经皮）

皮肤刺激或腐蚀 无资料 **眼睛刺激或腐蚀** 无资料

呼吸或皮肤过敏 无资料 **生殖细胞突变性** 无资料

致癌性 无资料 **生殖毒性** 无资料

特异性靶器官系统毒性-一次接触 无资料

特异性靶器官系统毒性-反复接触 无资料

吸入危害 无资料

第十二部分 生态学信息

生态毒性 LC_{50}：55mg/L（48h）（青鳉）

持久性和降解性

生物降解性 无资料

非生物降解性 无资料

潜在的生物累积性 根据K_{ow}值预测，该物质的生物累积性可能较弱

土壤中的迁移性 根据K_{oc}值预测，该物质可能有一定的迁移性

第十三部分 废弃处置

废弃化学品 建议用焚烧法处置。焚烧炉排出的氮氧化物通过洗涤器除去

污染包装物 将容器返还生产商或按照国家和地方法规处置

废弃注意事项 处置前应参阅国家和地方有关法规

第十四部分 运输信息

联合国危险货物编号(UN号) 3458

联合国运输名称 固态硝基茴香醚

联合国危险性类别 6.1 **包装类别** Ⅲ类包装

包装标志  **海洋污染物** 否

运输注意事项 运输前应先检查包装容器是否完整、密封，运输过程中要确保容器不泄漏、不倒塌、不坠落、不损坏。严禁与酸类、氧化剂、食品及食品添加剂混运。运输时运输车辆应配备相应品种和数量的消防器材及泄漏应急处理设备。运输途中应防曝晒、雨淋，防高温

第十五部分 法规信息

下列法律、法规、规章和标准，对该化学品的管理作了相应的规定。

中华人民共和国职业病防治法 职业病分类和目录：苯的氨基及硝基化合物中毒

危险化学品安全管理条例 危险化学品目录：列入。易制爆危险化学品名录：未列入。重点监管的危险化学品名录：未列入。GB 18218—2009《危险化学品重大危险源辨识》(表1)：未列入

使用有毒物品作业场所劳动保护条例 高毒物品目录：未列入

易制毒化学品管理条例 易制毒化学品的分类和品种目录：未列入

国际公约 斯德哥尔摩公约：未列入。鹿特丹公约：未列入。蒙特利尔议定书：未列入

第十六部分 其他信息

编写和修订信息 **缩略语和首字母缩写**

培训建议 **参考文献**

免责声明

2-硝基苯甲醚

第一部分 化学品标识

化学品中文名 2-硝基苯甲醚；邻硝基苯甲醚；邻硝基茴香醚；邻甲氧基硝基苯；1-甲氧基-2-硝基苯

化学品英文名 2-nitroanisole；*o*-nitroanisole；1-methoxy-2-nitrobenzene

分子式 $C_7H_7NO_3$ **相对分子质量** 153.14

结构式

化学品的推荐及限制用途 用于有机合成、制造染料及药物

第二部分 危险性概述

紧急情况概述 吞咽有害

GHS危险性类别 急性毒性-经口，类别4；致癌性，类别2；危害水生环境-急性危害，类别3；危害水生环境-长期危害，类别3

标签要素

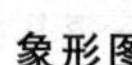

警示词 警告

危险性说明 吞咽有害，怀疑致癌，对水生生物有害并具有长期持续影响

防范说明

预防措施 避免接触眼睛、皮肤，操作后彻底清洗。作业场所不得进食、饮水或吸烟。得到专门指导后操作。在阅读并了解所有安全预防措施之前，切勿操作。按要求使用个体防护装备。禁止排入环境

事故响应 食入：漱口，如果感觉不适，立即呼叫中毒控制中心或就医。如果接触或有担心，就医

安全储存 上锁保管

废弃处置 本品及内装物、容器依据国家和地方法规处置

物理和化学危险 可燃，其蒸气与空气混合，能形成爆炸性混合物

健康危害 本品对皮肤、眼睛和黏膜有刺激性。接触后可引起血液系统改变，发生紫绀、贫血。可致中枢神经麻痹、肝损害，皮肤接触发生皮炎

环境危害 对水生生物有害并具有长期持续影响

第三部分 成分/组成信息

√物质		混合物
组分	浓度	CAS No.
2-硝基苯甲醚		91-23-6

第四部分 急救措施

吸入 迅速脱离现场至空气新鲜处。保持呼吸道通畅。如呼吸、困难，给吸氧。如呼吸、心跳停止，立即行心肺复苏术。就医

皮肤接触 立即脱去污染衣着，用肥皂水或清水彻底冲洗。就医

眼睛接触 分开眼睑，用清水或生理盐水冲洗。就医

食入 漱口，饮水。就医

对保护施救者的忠告 根据需要使用个人防护设备

对医生的特别提示 高铁血红蛋白血症，可用美蓝和维生素C治疗

第五部分 消防措施

灭火剂 用雾状水、泡沫、干粉、二氧化碳、砂土灭火

特别危险性 遇明火能燃烧。受高热分解放出有毒的气体。与强氧化剂接触可发生化学反应。燃烧生成有害的一氧化碳、氮氧化物

灭火注意事项及防护措施 消防人员必须佩戴空气呼吸器、穿全身防火防毒服，在上风向灭火。尽可能将容器从火场移至空旷处。喷水保持火场容器冷却，直至灭火结束。容器突然发出异常声音或出现异常现象，应立即撤离

第六部分 泄漏应急处理

作业人员防护措施、防护装备和应急处置程序 根据液体流动和蒸气扩散的影响区域划定警戒区，无关人员从侧风、上风向撤离至安全区。建议应急处理人员戴正压自给式呼吸器，穿防毒服，戴橡胶耐油手套。穿上适当的防护服前严禁接触破裂的容器和泄漏物。尽可能切断泄漏源

环境保护措施 防止泄漏物进入水体、下水道、地下室或有限空间

泄漏化学品的收容、清除方法及所使用的处置材料 小量泄漏：用干燥的砂土或其他不燃材料吸收或覆盖，收集于容器中。大量泄漏：构筑围堤或挖坑收容。用泵转移至槽车或专用收集器内

第七部分 操作处置与储存

操作注意事项 密闭操作，加强通风。操作人员必须经过专门培训，严格遵守操作规程。建议操作人员佩戴自吸过滤式防毒面具（半面罩），戴化学安全防护眼镜，穿防毒物渗透工作服，戴橡胶耐油手套。远离火种、热源。工作场所严禁吸烟。使用防爆型的通风系统和设备。防止蒸气泄漏到工作场所空气中。避免与氧化剂、还原剂、酸类、碱类接触。搬运时要轻装轻卸，防止包装及容器损坏。配备相应品种和数量的消防器材及泄漏应急处理设备。倒空的容器可能残留有害物

储存注意事项 储存于阴凉、通风的库房。远离火种、热源。保持容器密封。应与氧化剂、还原剂、酸类、碱类、食用化学品分开存放，切忌混储。配备相应品种和数量的消防器材。储区应备有泄漏应急处理设备和合适的收容材料

第八部分 接触控制/个体防护

职业接触限值

中国 未制定标准

美国(ACGIH) 未制定标准

生物接触限值 未制定标准

监测方法 空气中有毒物质测定方法：未制定标准。生物监测检验方法：未制定标准

工程控制 生产过程密闭，加强通风。提供安全的淋浴和洗眼设备

个体防护装备

呼吸系统防护 可能接触其蒸气时，应该佩戴过滤式防毒面具（半面罩）。紧急事态抢救或撤离时，佩戴空气呼吸器

眼睛防护 可能接触其蒸气时，戴化学安全防护眼镜

皮肤和身体防护 穿防毒物渗透工作服

手防护 戴橡胶耐油手套

第九部分 理化特性

外观与性状 无色结晶或微红色液体

pH 值 无资料 **熔点(℃)** 9.6
沸点(℃) 273 **相对密度(水=1)** 1.26
相对蒸气密度(空气=1) 无资料
饱和蒸气压(kPa) 0.53 (144℃)
燃烧热(kJ/mol) 无资料 **临界温度(℃)** 无资料
临界压力(MPa) 3.76 **辛醇/水分配系数** 1.73
闪点(℃) >112 **自燃温度(℃)** 无资料
爆炸下限(%) 无资料 **爆炸上限(%)** 无资料
分解温度(℃) 无资料
黏度(mPa·s) 3.98 (9.6℃)
溶解性 不溶于水，溶于乙醇、乙醚等多数有机溶剂

第十部分 稳定性和反应性

稳定性 稳定
危险反应 与强氧化剂等禁配物发生反应
避免接触的条件 受热
禁配物 强氧化剂、强还原剂、强酸、强碱
危险的分解产物 氮氧化物

第十一部分 毒理学信息

急性毒性 LD_{50}：740mg/kg（大鼠经口）；1300mg/kg（小鼠经口）
皮肤刺激或腐蚀 无资料 **眼睛刺激或腐蚀** 无资料
呼吸或皮肤过敏 无资料
生殖细胞突变性 微生物致突变：鼠伤寒沙门氏菌 666μg/皿。DNA 修复：枯草杆菌 500nL/皿。细胞遗传学分析：仓鼠卵巢 1060mg/L。姐妹染色单体交换：仓鼠卵巢 123mg/L
致癌性 IARC 致癌性评论：组 2B，可疑人类致癌物。对人类致癌性证据有限，对动物致癌性证据不充分
生殖毒性 无资料
特异性靶器官系统毒性-一次接触 无资料
特异性靶器官系统毒性-反复接触 无资料
吸入危害 无资料

第十二部分 生态学信息

生态毒性
LC_{50} 47mg/L（96h）（青鳉）
EC_{50} 46mg/L（48h）（水蚤）
ErC_{50} 57mg/L（72h）（羊角月牙藻）
持久性和降解性
生物降解性 不易快速生物降解
非生物降解性 无资料
潜在的生物累积性 根据 K_{ow} 值预测，该物质的生物累积性可能较弱
土壤中的迁移性 根据 K_{oc} 值预测，该物质可能易发生迁移

第十三部分 废弃处置

废弃化学品 建议用焚烧法处置。焚烧炉排出的氮氧化物通过洗涤器除去
污染包装物 将容器返还生产商或按照国家和地方法规处置
废弃注意事项 处置前应参阅国家和地方有关法规

第十四部分 运输信息

联合国危险货物编号(UN 号) 2730（液态）；3458（固态）
联合国运输名称 液态硝基茴香醚（液态）；固态硝基茴香醚（固态）
联合国危险性类别 6.1 **包装类别** Ⅲ类包装
包装标志  **海洋污染物** 否
运输注意事项 运输前应先检查包装容器是否完整、密封，运输过程中要确保容器不泄漏、不倒塌、不坠落、不损坏。严禁与酸类、氧化剂、食品及食品添加剂混运。运输时运输车辆应配备相应品种和数量的消防器材及泄漏应急处理设备。运输途中应防曝晒、雨淋，防高温。公路运输时要按规定路线行驶

第十五部分 法规信息

下列法律、法规、规章和标准，对该化学品的管理作了相应的规定。
中华人民共和国职业病防治法 职业病分类和目录：苯的氨基及硝基化合物中毒
危险化学品安全管理条例 危险化学品目录：列入。易制爆危险化学品名录：未列入。重点监管的危险化学品名录：未列入。GB 18218—2009《危险化学品重大危险源辨识》(表 1)：未列入
使用有毒物品作业场所劳动保护条例 高毒物品目录：未列入
易制毒化学品管理条例 易制毒化学品的分类和品种目录：未列入
国际公约 斯德哥尔摩公约：未列入。鹿特丹公约：未列入。蒙特利尔议定书：未列入

第十六部分 其他信息

编写和修订信息 **缩略语和首字母缩写**
培训建议 **参考文献**
免责声明

3-硝基苯甲醚

第一部分 化学品标识

化学品中文名 3-硝基苯甲醚；间硝基苯甲醚；间硝基茴香醚；间甲氧基硝基苯；1-甲氧基-3-硝基苯
化学品英文名 3-nitroanisole；*m*-nitroanisole；1-methoxy-3-nitrobenzene
分子式 $C_7H_7NO_3$ **相对分子质量** 153.14
结构式 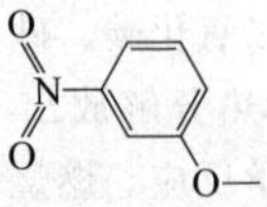
化学品的推荐及限制用途 用作染料中间体及用于有机合成

第二部分 危险性概述

紧急情况概述 吞咽有害

GHS危险性类别 急性毒性-经口，类别4；危害水生环境-急性危害，类别3；危害水生环境-长期危害，类别3

标签要素

象形图 

警示词 警告

危险性说明 吞咽有害，对水生生物有害并具有长期持续影响

防范说明

预防措施 避免接触眼睛皮肤，操作后彻底清洗。作业场所不得进食、饮水或吸烟。禁止排入环境

事故响应 食入：如果感觉不适，立即呼叫中毒控制中心或就医。漱口

安全储存 -

废弃处置 本品及内装物、容器依据国家和地方法规处置

物理和化学危险 可燃，其粉体与空气混合，能形成爆炸性混合物

健康危害 对眼睛、黏膜及皮肤有刺激作用。可能引起贫血、紫绀、肝损害等

环境危害 对水生生物有害并具有长期持续影响

第三部分 成分/组成信息

√物质 混合物

组分	浓度	CAS No.
3-硝基苯甲醚		555-03-3

第四部分 急救措施

吸入 迅速脱离现场至空气新鲜处。保持呼吸道通畅。如呼吸困难，给吸氧。如呼吸、心跳停止，立即行心肺复苏术。就医

皮肤接触 立即脱去污染衣着，用肥皂水或清水彻底冲洗。就医

眼睛接触 分开眼睑，用清水或生理盐水冲洗。就医

食入 漱口，饮水。就医

对保护施救者的忠告 根据需要使用个人防护设备

对医生的特别提示 高铁血红蛋白血症，可用美蓝和维生素C治疗

第五部分 消防措施

灭火剂 用雾状水、泡沫、干粉、二氧化碳、砂土灭火

特别危险性 受高热分解放出有毒的气体。与强氧化剂接触可发生化学反应。燃烧生成有害的一氧化碳、氮氧化物

灭火注意事项及防护措施 消防人员必须佩戴空气呼吸器、穿全身防火防毒服，在上风向灭火。尽可能将容器从火场移至空旷处。喷水保持火场容器冷却，直至灭火结束

第六部分 泄漏应急处理

作业人员防护措施、防护装备和应急处置程序 隔离泄漏污染区，限制出入。建议应急处理人员戴防尘口罩，穿防毒服，戴橡胶手套。穿上适当的防护服前严禁接触破裂的容器和泄漏物。尽可能切断泄漏源。用塑料布覆盖泄漏物，减少飞散。勿使水进入包装容器内

环境保护措施 无资料

泄漏化学品的收容、清除方法及所使用的处置材料 用洁净的铲子收集泄漏物，置于干净、干燥、盖子较松的容器中，将容器移离泄漏区

第七部分 操作处置与储存

操作注意事项 密闭操作，加强通风。操作人员必须经过专门培训，严格遵守操作规程。建议操作人员佩戴自吸过滤式防尘口罩，戴化学安全防护眼镜，穿防毒物渗透工作服，戴橡胶手套。远离火种、热源。工作场所严禁吸烟。使用防爆型的通风系统和设备。避免产生粉尘。避免与氧化剂、还原剂、酸类、碱类接触。搬运时要轻装轻卸，防止包装及容器损坏。配备相应品种和数量的消防器材及泄漏应急处理设备。倒空的容器可能残留有害物

储存注意事项 储存于阴凉、通风的库房。远离火种、热源。包装密封。应与氧化剂、还原剂、酸类、碱类、食用化学品分开存放，切忌混储。配备相应品种和数量的消防器材。储区应备有合适的材料收容泄漏物

第八部分 接触控制/个体防护

职业接触限值

中国 未制定标准

美国(ACGIH) 未制定标准

生物接触限值 未制定标准

监测方法 空气中有毒物质测定方法：未制定标准。生物监测检验方法：未制定标准

工程控制 生产过程密闭，加强通风。提供安全的淋浴和洗眼设备

个体防护装备

呼吸系统防护 可能接触其粉尘时，佩戴过滤式防尘呼吸器。紧急事态抢救或撤离时，应该佩戴空气呼吸器

眼睛防护 戴化学安全防护眼镜

皮肤和身体防护 穿防毒物渗透工作服

手防护 戴橡胶手套

第九部分 理化特性

外观与性状 白色或浅黄色针状结晶

pH值 无意义 **熔点(℃)** 38～39

沸点(℃) 258 **相对密度(水=1)** 1.37

相对蒸气密度(空气=1) 无资料

饱和蒸气压(kPa) 无资料

燃烧热(kJ/mol) 无资料 **临界温度(℃)** 无资料
临界压力(MPa) 无资料 **辛醇/水分配系数** 2.16
闪点(℃) 130 **自燃温度(℃)** 无资料
爆炸下限(%) 无资料 **爆炸上限(%)** 无资料
分解温度(℃) 无资料 **黏度(mPa·s)** 无资料
溶解性 不溶于水，溶于乙醇、乙醚等多数有机溶剂

第十部分 稳定性和反应性

稳定性 稳定
危险反应 与强氧化剂等禁配物发生反应
避免接触的条件 受热
禁配物 强氧化剂、强还原剂、强酸、强碱
危险的分解产物 氮氧化物

第十一部分 毒理学信息

急性毒性 无资料 **皮肤刺激或腐蚀** 无资料
眼睛刺激或腐蚀 无资料 **呼吸或皮肤过敏** 无资料
生殖细胞突变性 无资料 **致癌性** 无资料
生殖毒性 无资料
特异性靶器官系统毒性-一次接触 无资料
特异性靶器官系统毒性-反复接触 无资料
吸入危害 无资料

第十二部分 生态学信息

生态毒性 LC_{50}：83mg/L（48h）（青鳉）
持久性和降解性
生物降解性 MITI-Ⅰ测试，初始浓度 100ppm，污泥浓度 30ppm，14d 后降解 1%
非生物降解性 无资料
潜在的生物累积性 根据 K_{ow}值预测，该物质的生物累积性可能较弱
土壤中的迁移性 根据 K_{oc}值预测，该物质可能有一定的迁移性

第十三部分 废弃处置

废弃化学品 建议用焚烧法处置。焚烧炉排出的氮氧化物通过洗涤器除去
污染包装物 将容器返还生产商或按照国家和地方法规处置
废弃注意事项 处置前应参阅国家和地方有关法规

第十四部分 运输信息

联合国危险货物编号（UN 号） 2730（液态）；3458（固态）
联合国运输名称 液态硝基茴香醚（液态）；固态硝基茴香醚（固态）
联合国危险性类别 6.1 **包装类别** Ⅲ类包装
包装标志  **海洋污染物** 否
运输注意事项 运输前应先检查包装容器是否完整、密封，运输过程中要确保容器不泄漏、不倒塌、不坠落、不损坏。严禁与酸类、氧化剂、食品及食品添加剂混运。运输时运输车辆应配备相应品种和数量的消防器材及泄漏应急处理设备。运输途中应防曝晒、雨淋，防高温

第十五部分 法规信息

下列法律、法规、规章和标准，对该化学品的管理作了相应的规定。
中华人民共和国职业病防治法 职业病分类和目录：苯的氨基及硝基化合物中毒
危险化学品安全管理条例 危险化学品目录：列入。易制爆危险化学品名录：未列入。重点监管的危险化学品名录：未列入。GB 18218—2009《危险化学品重大危险源辨识》（表 1）：未列入
使用有毒物品作业场所劳动保护条例 高毒物品目录：未列入
易制毒化学品管理条例 易制毒化学品的分类和品种目录：未列入
国际公约 斯德哥尔摩公约：未列入。鹿特丹公约：未列入。蒙特利尔议定书：未列入

第十六部分 其他信息

编写和修订信息 **缩略语和首字母缩写**
培训建议 **参考文献**
免责声明

2-硝基苯肼

第一部分 化学品标识

化学品中文名 2-硝基苯肼；邻硝基苯肼
化学品英文名 2-nitrophenylhydrazine；*o*-nitrophenylhydrazine
分子式 $C_6H_7N_3O_2$ **相对分子质量** 153.14
结构式

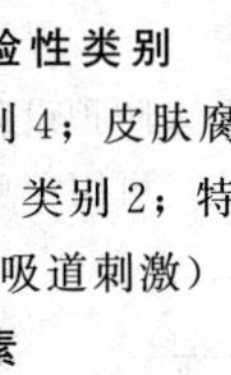

化学品的推荐及限制用途 用于有机合成

第二部分 危险性概述

紧急情况概述 易燃固体，吞咽有害
GHS 危险性类别 易燃固体，类别 2；急性毒性-经口，类别 4；皮肤腐蚀/刺激，类别 2；严重眼损伤/眼刺激，类别 2；特异性靶器官毒性-一次接触，类别 3（呼吸道刺激）
标签要素
象形图 
警示词 危险
危险性说明 易燃固体，吞咽有害，造成皮肤刺激，造成严重眼刺激，可能引起呼吸道刺激

防范说明

预防措施 远离热源、火花、明火、热表面。禁止吸烟。容器和接收设备接地连接。使用防爆电器、通风、照明设备。戴防护手套、防护眼镜、防护面罩。避免接触眼睛、皮肤，操作后彻底清洗。作业场所不得进食、饮水或吸烟

事故响应 火灾时，使用雾状水、泡沫、二氧化碳灭火。皮肤接触：用大量肥皂水和水清洗，如发生皮肤刺激，就医。脱去被污染的衣服，洗净后方可重新使用。如接触眼睛：用水细心冲洗数分钟。如戴隐形眼镜并可方便地取出，取出隐形眼镜继续冲洗。如果眼睛刺激持续：就医。食入：漱口，如果感觉不适，立即呼叫中毒控制中心或就医

安全储存 -

废弃处置 本品及内装物、容器依据国家和地方法规处置

物理和化学危险 易燃，经摩擦、震动或撞击可引起燃烧或爆炸

健康危害 对眼睛、上呼吸道和皮肤有刺激性

环境危害 对环境可能有害

第三部分 成分/组成信息

√物质		混合物
组分	**浓度**	**CAS No.**
2-硝基苯肼		3034-19-3

第四部分 急救措施

吸入 迅速脱离现场至空气新鲜处。保持呼吸道通畅。如呼吸困难，给输氧。如呼吸、心跳停止，立即进行心肺复苏术。就医

皮肤接触 立即脱去污染的衣着，用流动清水彻底冲洗。就医

眼睛接触 立即分开眼睑，用流动清水或生理盐水彻底冲洗。就医

食入 漱口，饮水。就医

对保护施救者的忠告 根据需要使用个人防护设备

对医生的特别提示 对症处理

第五部分 消防措施

灭火剂 用雾状水、泡沫、二氧化碳灭火

特别危险性 与氧化剂混合能形成爆炸性混合物。经摩擦、震动或撞击可引起燃烧或爆炸。燃烧生成有害的一氧化碳、氮氧化物

灭火注意事项及防护措施 消防人员必须佩戴空气呼吸器、穿全身防火防毒服，在上风向灭火。尽可能将容器从火场移至空旷处。喷水保持火场容器冷却，直至灭火结束。遇大火，消防人员须在有防护掩蔽处操作

第六部分 泄漏应急处理

作业人员防护措施、防护装备和应急处置程序 隔离泄漏污染区，限制出入。消除所有点火源。建议应急处理人员戴防尘口罩，穿防毒、防静电服，戴橡胶手套。穿上适当的防护服前严禁接触破裂的容器和泄漏物。尽可能切断泄漏源。用塑料布覆盖泄漏物，减少飞散。勿使水进入包装容器内

环境保护措施 无资料

泄漏化学品的收容、清除方法及所使用的处置材料 用洁净的铲子收集泄漏物，置于干净、干燥、盖子较松的容器中，将容器移离泄漏区

第七部分 操作处置与储存

操作注意事项 密闭操作，局部排风。操作人员必须经过专门培训，严格遵守操作规程。建议操作人员佩戴自吸过滤式防尘口罩，戴安全防护眼镜，穿防毒物渗透工作服，戴橡胶手套。远离火种、热源。工作场所严禁吸烟。使用防爆型的通风系统和设备。避免产生粉尘。避免与氧化剂、还原剂、酸类接触。搬运时要轻装轻卸，防止包装及容器损坏。配备相应品种和数量的消防器材及泄漏应急处理设备。倒空的容器可能残留有害物

储存注意事项 储存于阴凉、通风的库房。远离火种、热源。包装密封。应与氧化剂、还原剂、酸类、食用化学品分开存放，切忌混储。配备相应品种和数量的消防器材。储区应备有合适的材料收容泄漏物

第八部分 接触控制/个体防护

职业接触限值

中国 未制定标准

美国(ACGIH) 未制定标准

生物接触限值 未制定标准

监测方法 空气中有毒物质测定方法：未制定标准。生物监测检验方法：未制定标准

工程控制 密闭操作，局部排风。提供安全的淋浴和洗眼设备

个体防护装备

呼吸系统防护 空气中粉尘浓度超标时，佩戴过滤式防尘呼吸器。必要时佩戴空气呼吸器

眼睛防护 戴安全防护眼镜

皮肤和身体防护 穿防毒物渗透工作服

手防护 戴橡胶手套

第九部分 理化特性

外观与性状 橘红色粉末

pH值 无意义 **熔点(℃)** 90～92

沸点(℃) 无资料 **相对密度(水=1)** 无资料

相对蒸气密度(空气=1) 无资料

饱和蒸气压(kPa) 无资料

燃烧热(kJ/mol) 无资料 **临界温度(℃)** 无资料

临界压力(MPa) 无资料 **辛醇/水分配系数** 无资料

闪点(℃) 无意义 **自燃温度(℃)** 无资料

爆炸下限(%) 无资料 **爆炸上限(%)** 无资料

分解温度(℃) 无资料

黏度(mPa·s) 无资料

溶解性 微溶于水，溶于乙醇、乙醚

第十部分 稳定性和反应性

稳定性 稳定

危险反应 摩擦、震动、撞击、与强氧化剂等禁配物接触，有发生火灾和爆炸的危险

避免接触的条件 摩擦、震动或撞击

禁配物 强氧化剂、强酸、强还原剂

危险的分解产物 氮氧化物

第十一部分 毒理学信息

急性毒性 LD_{50}：178mg/kg（小鼠静脉）

皮肤刺激或腐蚀 无资料 **眼睛刺激或腐蚀** 无资料

呼吸或皮肤过敏 无资料 **生殖细胞突变性** 无资料

致癌性 无资料 **生殖毒性** 无资料

特异性靶器官系统毒性-一次接触 无资料

特异性靶器官系统毒性-反复接触 无资料

吸入危害 无资料

第十二部分 生态学信息

生态毒性 无资料

持久性和降解性

生物降解性 无资料

非生物降解性 无资料

潜在的生物累积性 无资料

土壤中的迁移性 无资料

第十三部分 废弃处置

废弃化学品 建议用焚烧法处置。焚烧炉排出的氮氧化物通过洗涤器除去

污染包装物 将容器返还生产商或按照国家和地方法规处置

废弃注意事项 处置前应参阅国家和地方有关法规

第十四部分 运输信息

联合国危险货物编号（UN号） 1325

联合国运输名称 有机易燃固体，未另作规定的（2-硝基苯肼）

联合国危险性类别 4.1 **包装类别** Ⅲ类包装

包装标志

海洋污染物 否

运输注意事项 运输前应先检查包装容器是否完整、密封，运输过程中要确保容器不泄漏、不倒塌、不坠落、不损坏。严禁与酸类、氧化剂、食品及食品添加剂混运。运输时运输车辆应配备相应品种和数量的消防器材及泄漏应急处理设备。运输途中应防曝晒、雨淋，防高温

第十五部分 法规信息

下列法律、法规、规章和标准，对该化学品的管理作了相应的规定。

中华人民共和国职业病防治法 职业病分类和目录：未列入

危险化学品安全管理条例 危险化学品目录：列入。易制爆危险化学品名录：未列入。重点监管的危险化学品名录：未列入。GB 18218—2009《危险化学品重大危险源辨识》（表1）：未列入

使用有毒物品作业场所劳动保护条例 高毒物品目录：未列入

易制毒化学品管理条例 易制毒化学品的分类和品种目录：未列入

国际公约 斯德哥尔摩公约：未列入。鹿特丹公约：未列入。蒙特利尔议定书：未列入

第十六部分 其他信息

编写和修订信息 **缩略语和首字母缩写**

培训建议 **参考文献**

免责声明

4-硝基苯肼

第一部分 化学品标识

化学品中文名 4-硝基苯肼；对硝基苯肼

化学品英文名 4-nitrophenylhydrazine；*p*-nitrophenylhydrazine

分子式 $C_6H_7N_3O_2$ **相对分子质量** 153.14

结构式

化学品的推荐及限制用途 用作检验酮、醛和糖等的试剂

第二部分 危险性概述

紧急情况概述 易燃固体，吞咽有害

GHS危险性类别 易燃固体，类别2；急性毒性-经口，类别4；皮肤腐蚀/刺激，类别2；严重眼损伤/眼刺激，类别2；特异性靶器官毒性-一次接触，类别3（呼吸道刺激）

标签要素

象形图

警示词 危险

危险性说明 易燃固体，吞咽有害，造成皮肤刺激，造成严重眼刺激，可能引起呼吸道刺激

防范说明

预防措施 远离热源、火花、明火、热表面。禁止吸烟。容器和接收设备接地连接。使用防爆电器、通风、照明设备。戴防护手套、防护眼镜、防护面罩。避免接触眼睛、皮肤，操作后彻底清洗。作业场所不得进食、饮水或吸烟

事故响应 火灾时，使用雾状水、泡沫、二氧化碳灭火。皮肤接触：用大量肥皂水和水清洗。如发生皮肤刺激，就医。脱去被污染的衣服，污

染的衣服洗净后方可重新使用。如接触眼睛：用水细心冲洗数分钟。如戴隐形眼镜并可方便地取出，取出隐形眼镜继续冲洗。如果眼睛刺激持续：就医。食入：漱口，如果感觉不适，立即呼叫中毒控制中心或就医

安全储存 -

废弃处置 本品及内装物、容器依据国家和地方法规处置

物理和化学危险 易燃，经摩擦、震动或撞击可引起燃烧或爆炸

健康危害 对眼睛、上呼吸道、黏膜和皮肤有刺激性

环境危害 对环境可能有害

第三部分 成分/组成信息

√物质 混合物

组分	浓度	CAS No.
4-硝基苯肼		100-16-3

第四部分 急救措施

吸入 迅速脱离现场至空气新鲜处。保持呼吸道通畅。如呼吸困难，给输氧。如呼吸、心跳停止，立即进行心肺复苏术。就医

皮肤接触 立即脱去污染的衣着，用流动清水彻底冲洗。就医

眼睛接触 立即分开眼睑，用流动清水或生理盐水彻底冲洗。就医

食入 漱口，饮水。就医

对保护施救者的忠告 根据需要使用个人防护设备

对医生的特别提示 对症处理

第五部分 消防措施

灭火剂 用雾状水、泡沫、二氧化碳灭火

特别危险性 与氧化剂混合能形成爆炸性混合物。经摩擦、震动或撞击可引起燃烧或爆炸。燃烧生成有害的一氧化碳、氮氧化物

灭火注意事项及防护措施 消防人员必须佩戴空气呼吸器、穿全身防火防毒服，在上风向灭火。尽可能将容器从火场移至空旷处。喷水保持火场容器冷却，直至灭火结束。遇大火，消防人员须在有防护掩蔽处操作

第六部分 泄漏应急处理

作业人员防护措施、防护装备和应急处置程序 隔离泄漏污染区，限制出入。消除所有点火源。建议应急处理人员戴防尘口罩，穿防毒、防静电服，戴橡胶手套。穿上适当的防护服前严禁接触破裂的容器和泄漏物。尽可能切断泄漏源。用塑料布覆盖泄漏物，减少飞散。勿使水进入包装容器内

环境保护措施 无资料

泄漏化学品的收容、清除方法及所使用的处置材料 用洁净的铲子收集泄漏物，置于干净、干燥、盖子较松的容器中，将容器移离泄漏区

第七部分 操作处置与储存

操作注意事项 密闭操作，局部排风。操作人员必须经过专门培训，严格遵守操作规程。建议操作人员佩戴自吸过滤式防尘口罩，戴化学安全防护眼镜，穿防毒物渗透工作服，戴橡胶手套。远离火种、热源。工作场所严禁吸烟。使用防爆型的通风系统和设备。避免产生粉尘。避免与氧化剂、还原剂、酸类接触。搬运时要轻装轻卸，防止包装及容器损坏。配备相应品种和数量的消防器材及泄漏应急处理设备。倒空的容器可能残留有害物

储存注意事项 储存于阴凉、通风的库房。远离火种、热源。包装密封。应与氧化剂、还原剂、酸类、食用化学品分开存放，切忌混储。配备相应品种和数量的消防器材。储区应备有合适的材料收容泄漏物

第八部分 接触控制/个体防护

职业接触限值

中国 未制定标准

美国(ACGIH) 未制定标准

生物接触限值 未制定标准

监测方法 空气中有毒物质测定方法：未制定标准。生物监测检验方法：未制定标准

工程控制 密闭操作，局部排风。提供安全的淋浴和洗眼设备

个体防护装备

呼吸系统防护 空气中粉尘浓度超标时，佩戴过滤式防尘呼吸器。必要时佩戴空气呼吸器

眼睛防护 戴化学安全防护眼镜

皮肤和身体防护 穿防毒物渗透工作服

手防护 戴橡胶手套

第九部分 理化特性

外观与性状 橙黄色结晶粉末

pH 值 无意义 **熔点(℃)** 156（分解）

沸点(℃) 无资料 **相对密度(水=1)** 无资料

相对蒸气密度(空气=1) 无资料

饱和蒸气压(kPa) 无资料

燃烧热(kJ/mol) 无资料 **临界温度(℃)** 无资料

临界压力(MPa) 无资料 **辛醇/水分配系数** 1.41

闪点(℃) 无意义 **自燃温度(℃)** 无资料

爆炸下限(%) 无资料 **爆炸上限(%)** 无资料

分解温度(℃) 无资料

黏度(mPa·s) 无资料

溶解性 微溶于水，溶于热水、热苯、乙醇、乙醚、氯仿、乙酸乙酯

第十部分 稳定性和反应性

稳定性 稳定

危险反应 摩擦、震动、撞击、与强氧化剂等禁配物接触，有发生火灾和爆炸的危险

避免接触的条件 摩擦、震动或撞击

禁配物 强氧化剂、强还原剂、强酸

危险的分解产物 氮氧化物

第十一部分 毒理学信息

急性毒性 LDLo：250mg/kg（小鼠腹腔）

皮肤刺激或腐蚀 无资料 **眼睛刺激或腐蚀** 无资料
呼吸或皮肤过敏 无资料 **生殖细胞突变性** 无资料
致癌性 无资料 **生殖毒性** 无资料
特异性靶器官系统毒性-一次接触 无资料
特异性靶器官系统毒性-反复接触 无资料
吸入危害 无资料

第十二部分 生态学信息

生态毒性 无资料
持久性和降解性
生物降解性 无资料
非生物降解性 无资料
潜在的生物累积性 根据 K_{ow}值预测，该物质的生物累积性可能较弱
土壤中的迁移性 根据 K_{oc}值预测，该物质可能易发生迁移

第十三部分 废弃处置

废弃化学品 建议用焚烧法处置。焚烧炉排出的氮氧化物通过洗涤器除去
污染包装物 将容器返还生产商或按照国家和地方法规处置
废弃注意事项 处置前应参阅国家和地方有关法规

第十四部分 运输信息

联合国危险货物编号（UN号） 1325
联合国运输名称 有机易燃固体，未另作规定的（4-硝基苯肼）
联合国危险性类别 4.1 **包装类别** Ⅲ类包装
包装标志  **海洋污染物** 否
运输注意事项 运输前应先检查包装容器是否完整、密封，运输过程中要确保容器不泄漏、不倒塌、不坠落、不损坏。严禁与酸类、氧化剂、食品及食品添加剂混运。运输时运输车辆应配备相应品种和数量的消防器材及泄漏应急处理设备。运输途中应防曝晒、雨淋，防高温

第十五部分 法规信息

下列法律、法规、规章和标准，对该化学品的管理作了相应的规定。
中华人民共和国职业病防治法 职业病分类和目录：未列入
危险化学品安全管理条例 危险化学品目录：列入。易制爆危险化学品名录：未列入。重点监管的危险化学品名录：未列入。GB 18218—2009《危险化学品重大危险源辨识》（表1）：未列入
使用有毒物品作业场所劳动保护条例 高毒物品目录：未列入
易制毒化学品管理条例 易制毒化学品的分类和品种目录：未列入
国际公约 斯德哥尔摩公约：未列入。鹿特丹公约：未列入。蒙特利尔议定书：未列入

第十六部分 其他信息

编写和修订信息 **缩略语和首字母缩写**
培训建议 **参考文献**
免责声明

3-硝基苯肼

第一部分 化学品标识

化学品中文名 3-硝基苯肼；间硝基苯肼
化学品英文名 3-nitrophenylhydrazine；*m*-nitrophenylhydrazine
分子式 $C_6H_7N_3O_2$ **相对分子质量** 153.14
结构式 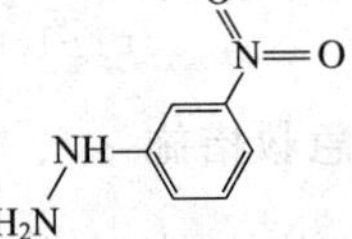
化学品的推荐及限制用途 用于有机合成

第二部分 危险性概述

紧急情况概述 易燃固体，吞咽有害，造成皮肤刺激，造成严重眼刺激，可能引起呼吸道刺激
GHS危险性类别 易燃固体，类别2；急性毒性-经口，类别4；皮肤腐蚀/刺激，类别2；严重眼损伤/眼刺激，类别2；特异性靶器官毒性—次接触，类别3（呼吸道刺激）
标签要素
象形图 
警示词 危险
危险性说明 易燃固体，吞咽有害，造成皮肤刺激，造成严重眼刺激，可能引起呼吸道刺激
防范说明
预防措施 远离热源、火花、明火、热表面。禁止吸烟。容器和接收设备接地连接。使用防爆电器、通风、照明设备。戴防护手套、防护眼镜、防护面罩。避免接触眼睛、皮肤，操作后彻底清洗。作业场所不得进食、饮水或吸烟
事故响应 火灾时，使用雾状水、泡沫、二氧化碳灭火。皮肤接触：用大量肥皂水和水清洗。如发生皮肤刺激，就医。脱去被污染的衣服，污染的衣服洗净后方可重新使用。如接触眼睛：用水细心冲洗数分钟。如戴隐形眼镜并可方便地取出，取出隐形眼镜继续冲洗。如果眼睛刺激持续：就医。食入：漱口，如果感觉不适，立即呼叫中毒控制中心或就医
安全储存 –
废弃处置 本品及内装物、容器依据国家和地方法规处置

物理和化学危险 易燃，经摩擦、震动或撞击可引起燃烧或爆炸

健康危害 对眼睛、黏膜、上呼吸道和皮肤有刺激性

环境危害 对环境可能有害

第三部分 成分/组成信息

√物质		混合物
组分	**浓度**	**CAS No.**
3-硝基苯肼		619-27-2

第四部分 急救措施

吸入 迅速脱离现场至空气新鲜处。保持呼吸道通畅。如呼吸困难，给输氧。如呼吸、心跳停止，立即进行心肺复苏术。就医

皮肤接触 立即脱去污染的衣着，用流动清水彻底冲洗。就医

眼睛接触 立即分开眼睑，用流动清水或生理盐水彻底冲洗。就医

食入 漱口，饮水。就医

对保护施救者的忠告 根据需要使用个人防护设备

对医生的特别提示 对症处理

第五部分 消防措施

灭火剂 用雾状水、泡沫、二氧化碳灭火

特别危险性 与氧化剂混合能形成爆炸性混合物。经摩擦、震动或撞击可引起燃烧或爆炸。燃烧生成有害的一氧化碳、氮氧化物

灭火注意事项及防护措施 消防人员必须佩戴空气呼吸器、穿全身防火防毒服，在上风向灭火。尽可能将容器从火场移至空旷处。喷水保持火场容器冷却，直至灭火结束。遇大火，消防人员须在有防护掩蔽处操作

第六部分 泄漏应急处理

作业人员防护措施、防护装备和应急处置程序 隔离泄漏污染区，限制出入。消除所有点火源。建议应急处理人员戴防尘口罩，穿一般作业工作服，戴橡胶手套。尽可能切断泄漏源。用塑料布覆盖泄漏物，减少飞散。勿使水进入包装容器内

环境保护措施 无资料

泄漏化学品的收容、清除方法及所使用的处置材料 用洁净的铲子收集泄漏物，置于干净、干燥、盖子较松的容器中，将容器移离泄漏区

第七部分 操作处置与储存

操作注意事项 密闭操作，局部排风。操作人员必须经过专门培训，严格遵守操作规程。建议操作人员佩戴自吸过滤式防尘口罩，戴化学安全防护眼镜，穿防毒物渗透工作服，戴橡胶手套。远离火种、热源。工作场所严禁吸烟。使用防爆型的通风系统和设备。避免产生粉尘。避免与氧化剂、还原剂、酸类接触。搬运时要轻装轻卸，防止包装及容器损坏。配备相应品种和数量的消防器材及泄漏应急处理设备。倒空的容器可能残留有害物

储存注意事项 储存于阴凉、通风的库房。远离火种、热源。包装密封。应与氧化剂、还原剂、酸类、食用化学品分开存放，切忌混储。配备相应品种和数量的消防器材。储区应备有合适的材料收容泄漏物

第八部分 接触控制/个体防护

职业接触限值

中国 未制定标准

美国(ACGIH) 未制定标准

生物接触限值 未制定标准

监测方法 空气中有毒物质测定方法：未制定标准。生物监测检验方法：未制定标准

工程控制 密闭操作，局部排风。提供安全的淋浴和洗眼设备

个体防护装备

呼吸系统防护 空气中粉尘浓度超标时，佩戴过滤式防尘呼吸器。必要时佩戴空气呼吸器

眼睛防护 戴化学安全防护眼镜

皮肤和身体防护 穿防毒物渗透工作服

手防护 戴橡胶手套

第九部分 理化特性

外观与性状 黄色结晶

pH值 无意义　**熔点(℃)** 210（分解）

沸点(℃) 无资料　**相对密度(水=1)** 无资料

相对蒸气密度(空气=1) 无资料

饱和蒸气压(kPa) 无资料

燃烧热(kJ/mol) 无资料　**临界温度(℃)** 无资料

临界压力(MPa) 无资料　**辛醇/水分配系数** 无资料

闪点(℃) 无意义　**自燃温度(℃)** 无资料

爆炸下限(%) 无资料　**爆炸上限(%)** 无资料

分解温度(℃) 无资料

黏度(mPa·s) 无资料

溶解性 微溶于水，溶于乙醇、乙醚

第十部分 稳定性和反应性

稳定性 稳定

危险反应 摩擦、震动、撞击、与强氧化剂等禁配物接触，有发生火灾和爆炸的危险

避免接触的条件 摩擦、震动或撞击

禁配物 强氧化剂、强酸、强还原剂

危险的分解产物 氮氧化物

第十一部分 毒理学信息

急性毒性 无资料　**皮肤刺激或腐蚀** 无资料

眼睛刺激或腐蚀 无资料　**呼吸或皮肤过敏** 无资料

生殖细胞突变性 无资料　**致癌性** 无资料

生殖毒性 无资料

特异性靶器官系统毒性-一次接触 无资料

特异性靶器官系统毒性-反复接触 无资料

吸入危害 无资料

第十二部分 生态学信息

生态毒性 无资料

持久性和降解性

生物降解性　无资料

非生物降解性　无资料

潜在的生物累积性　无资料

土壤中的迁移性　无资料

第十三部分　废弃处置

废弃化学品　建议用焚烧法处置。焚烧炉排出的氮氧化物通过洗涤器除去

污染包装物　将容器返还生产商或按照国家和地方法规处置

废弃注意事项　处置前应参阅国家和地方有关法规

第十四部分　运输信息

联合国危险货物编号（UN号）　1325

联合国运输名称　有机易燃固体，未另作规定的（3-硝基苯肼）

联合国危险性类别　4.1　　**包装类别**　Ⅲ类包装

包装标志　　　**海洋污染物**　否

运输注意事项　运输前应先检查包装容器是否完整、密封，运输过程中要确保容器不泄漏、不倒塌、不坠落、不损坏。严禁与酸类、氧化剂、食品及食品添加剂混运。运输时运输车辆应配备相应品种和数量的消防器材及泄漏应急处理设备。运输途中应防曝晒、雨淋，防高温

第十五部分　法规信息

下列法律、法规、规章和标准，对该化学品的管理作了相应的规定。

中华人民共和国职业病防治法　职业病分类和目录：未列入

危险化学品安全管理条例　危险化学品目录：未列入。易制爆危险化学品名录：未列入。重点监管的危险化学品名录：未列入。GB 18218—2009《危险化学品重大危险源辨识》（表1）：未列入

使用有毒物品作业场所劳动保护条例　高毒物品目录：未列入

易制毒化学品管理条例　易制毒化学品的分类和品种目录：未列入

国际公约　斯德哥尔摩公约：未列入。鹿特丹公约：未列入。蒙特利尔议定书：未列入

第十六部分　其他信息

编写和修订信息　　**缩略语和首字母缩写**

培训建议　　**参考文献**

免责声明

2-硝基苯乙醚

第一部分　化学品标识

化学品中文名　2-硝基苯乙醚；邻硝基苯乙醚；邻乙氧基硝基苯；1-乙氧基-2-硝基苯

化学品英文名　2-nitrophenetole；*o*-nitrophenetole；1-ethoxy-2-nitrobenzene

分子式　$C_8H_9NO_3$　　**相对分子质量**　167.18

结构式

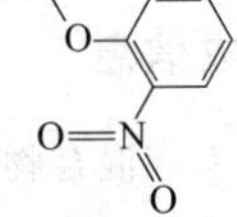

化学品的推荐及限制用途　用作染料中间体

第二部分　危险性概述

紧急情况概述　造成皮肤刺激

GHS危险性类别　皮肤腐蚀/刺激，类别2；危害水生环境-急性危害，类别2；危害水生环境-长期危害，类别2

标签要素

象形图　

警示词　警告

危险性说明　造成皮肤刺激，对水生生物有毒并具有长期持续影响

防范说明

预防措施　避免接触眼睛皮肤，操作后彻底清洗。戴防护手套。禁止排入环境

事故响应　脱去被污染的衣服，污染的衣服洗净后方可重新使用。皮肤接触：用大量肥皂水和水清洗。如发生皮肤刺激，就医。收集泄漏物

安全储存　-

废弃处置　本品及内装物、容器依据国家和地方法规处置

物理和化学危险　可燃，其蒸气与空气混合，能形成爆炸性混合物

健康危害　吸入蒸气会中毒，引起头晕、贫血。有刺激性，皮肤接触易发生湿疹

环境危害　对水生生物有毒并具有长期持续影响

第三部分　成分/组成信息

√物质		混合物
组分	**浓度**	**CAS No.**
2-硝基苯乙醚		610-67-3

第四部分　急救措施

吸入　迅速脱离现场至空气新鲜处。保持呼吸道通畅。如呼吸困难，给输氧。如呼吸、心跳停止，立即进行心肺复苏术。就医

皮肤接触　立即脱去污染的衣着，用流动清水彻底冲洗。就医

眼睛接触　立即分开眼睑，用流动清水或生理盐水彻底冲洗。就医

食入　漱口，饮水。就医

对保护施救者的忠告　根据需要使用个人防护设备

对医生的特别提示　对症治疗

第五部分 消防措施

灭火剂 用雾状水、泡沫、干粉、二氧化碳、砂土灭火

特别危险性 受高热分解放出有毒的气体。与强氧化剂接触可发生化学反应。燃烧生成有害的一氧化碳、氮氧化物

灭火注意事项及防护措施 消防人员必须佩戴空气呼吸器、穿全身防火防毒服，在上风向灭火。尽可能将容器从火场移至空旷处。喷水保持火场容器冷却，直至灭火结束。容器突然发出异常声音或出现异常现象，应立即撤离

第六部分 泄漏应急处理

作业人员防护措施、防护装备和应急处置程序 根据液体流动和蒸气扩散的影响区域划定警戒区，无关人员从侧风、上风向撤离至安全区。消除所有点火源。建议应急处理人员戴正压自给式呼吸器，穿一般作业工作服，戴橡胶耐油手套。尽可能切断泄漏源

环境保护措施 防止泄漏物进入水体、下水道、地下室或有限空间

泄漏化学品的收容、清除方法及所使用的处置材料 小量泄漏：用干燥的砂土或其他不燃材料吸收或覆盖，收集于容器中。大量泄漏：构筑围堤或挖坑收容。用泵转移至槽车或专用收集器内

第七部分 操作处置与储存

操作注意事项 密闭操作，加强通风。操作人员必须经过专门培训，严格遵守操作规程。建议操作人员佩戴自吸过滤式防毒面具（半面罩），戴化学安全防护眼镜，穿防毒物渗透工作服，戴橡胶耐油手套。远离火种、热源。工作场所严禁吸烟。使用防爆型的通风系统和设备。防止蒸气泄漏到工作场所空气中。避免与氧化剂、还原剂、酸类、碱类接触。搬运时要轻装轻卸，防止包装及容器损坏。配备相应品种和数量的消防器材及泄漏应急处理设备。倒空的容器可能残留有害物

储存注意事项 储存于阴凉、通风的库房。远离火种、热源。保持容器密封。应与氧化剂、还原剂、酸类、碱类、食用化学品分开存放，切忌混储。配备相应品种和数量的消防器材。储区应备有泄漏应急处理设备和合适的收容材料

第八部分 接触控制/个体防护

职业接触限值

中国 未制定标准

美国(ACGIH) 未制定标准

生物接触限值 未制定标准

监测方法 空气中有毒物质测定方法：未制定标准。生物监测检验方法：未制定标准

工程控制 生产过程密闭，加强通风。提供安全的淋浴和洗眼设备

个体防护装备

呼吸系统防护 可能接触其蒸气时，应该佩戴过滤式防毒面具（半面罩）。紧急事态抢救或撤离时，佩戴空气呼吸器

眼睛防护 戴化学安全防护眼镜

皮肤和身体防护 穿防毒物渗透工作服

手防护 戴橡胶耐油手套

第九部分 理化特性

外观与性状 黄色油状液体

pH 值 无资料 **熔点(℃)** 2.1

沸点(℃) 268 **相对密度(水=1)** 1.19

相对蒸气密度(空气=1) 无资料

饱和蒸气压(kPa) 无资料

燃烧热(kJ/mol) 无资料 **临界温度(℃)** 无资料

临界压力(MPa) 无资料 **辛醇/水分配系数** 2.38

闪点(℃) 无资料 **自燃温度(℃)** 无资料

爆炸下限(%) 无资料 **爆炸上限(%)** 无资料

分解温度(℃) 无资料

黏度(mPa·s) 无资料

溶解性 不溶于水，溶于乙醇、乙醚等多数有机溶剂

第十部分 稳定性和反应性

稳定性 稳定

危险反应 与强氧化剂等禁配物发生反应

避免接触的条件 受热

禁配物 强氧化剂、强还原剂、强酸、强碱

危险的分解产物 氮氧化物

第十一部分 毒理学信息

急性毒性 无资料 **皮肤刺激或腐蚀** 无资料

眼睛刺激或腐蚀 无资料 **呼吸或皮肤过敏** 无资料

生殖细胞突变性 无资料 **致癌性** 无资料

生殖毒性 无资料

特异性靶器官系统毒性-一次接触 无资料

特异性靶器官系统毒性-反复接触 无资料

吸入危害 无资料

第十二部分 生态学信息

生态毒性 根据结构类似物质预测，该物质对水生生物有毒

持久性和降解性

生物降解性 无资料

非生物降解性 无资料

潜在的生物累积性 根据 K_{ow} 值预测，该物质的生物累积性可能较弱

土壤中的迁移性 根据 K_{oc} 值预测，该物质可能有一定的迁移性

第十三部分 废弃处置

废弃化学品 建议用焚烧法处置。焚烧炉排出的氮氧化物通过洗涤器除去

污染包装物 将容器返还生产商或按照国家和地方法规处置

废弃注意事项 处置前应参阅国家和地方有关法规

第十四部分　运输信息

联合国危险货物编号（UN号） 3082

联合国运输名称 对环境有害的液态物质，未另作规定的（2-硝基苯乙醚）

联合国危险性类别 9　**包装类别** Ⅲ类包装

包装标志 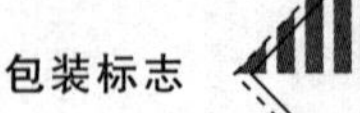 **海洋污染物** 是

运输注意事项 运输前应先检查包装容器是否完整、密封，运输过程中要确保容器不泄漏、不倒塌、不坠落、不损坏。严禁与酸类、氧化剂、食品及食品添加剂混运。运输时运输车辆应配备相应品种和数量的消防器材及泄漏应急处理设备。运输途中应防曝晒、雨淋，防高温。公路运输时要按规定路线行驶

第十五部分　法规信息

下列法律、法规、规章和标准，对该化学品的管理作了相应的规定。

中华人民共和国职业病防治法 职业病分类和目录：未列入

危险化学品安全管理条例 危险化学品目录：列入。易制爆危险化学品名录：未列入。重点监管的危险化学品名录：未列入。GB 18218—2009《危险化学品重大危险源辨识》（表1）：未列入

使用有毒物品作业场所劳动保护条例 高毒物品目录：未列入

易制毒化学品管理条例 易制毒化学品的分类和品种目录：未列入

国际公约 斯德哥尔摩公约：未列入。鹿特丹公约：未列入。蒙特利尔议定书：未列入

第十六部分　其他信息

编写和修订信息　**缩略语和首字母缩写**

培训建议　**参考文献**

免责声明

4-硝基苯乙醚

第一部分　化学品标识

化学品中文名 4-硝基苯乙醚；对硝基苯乙醚；对乙氧基硝基苯；1-乙氧基-4-硝基苯

化学品英文名 4-nitrophenetole；*p*-nitrophenetole；1-ethoxy-4-nitrobenzene

分子式 $C_8H_9NO_3$　**相对分子质量** 167.18

结构式 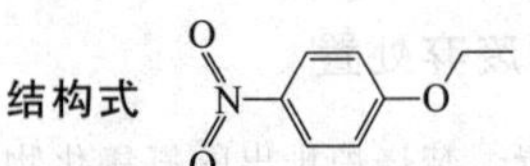

化学品的推荐及限制用途 用作染料中间体

第二部分　危险性概述

紧急情况概述 吞咽可能有害

GHS危险性类别 急性毒性-经口，类别5；危害水生环境-急性危害，类别2；危害水生环境-长期危害，类别2

标签要素

象形图

警示词 警告

危险性说明 吞咽可能有害，对水生生物有毒并具有长期持续影响

防范说明

预防措施　禁止排入环境

事故响应　如果感觉不适，呼叫中毒控制中心或就医。收集泄漏物

安全储存　-

废弃处置　本品及内装物、容器依据国家和地方法规处置

物理和化学危险 可燃，其粉体与空气混合，能形成爆炸性混合物

健康危害 有毒。吸入蒸气或经皮肤吸收较易引起中毒。能引起紫绀、体温升高等

环境危害 对水生生物有毒并具有长期持续影响

第三部分　成分/组成信息

√物质　　混合物

组分	浓度	CAS No.
4-硝基苯乙醚		100-29-8

第四部分　急救措施

吸入 迅速脱离现场至空气新鲜处。保持呼吸道通畅。如呼吸困难，给吸氧。如呼吸、心跳停止，立即行心肺复苏术。就医

皮肤接触 立即脱去污染衣着，用肥皂水或清水彻底冲洗。就医

眼睛接触 分开眼睑，用清水或生理盐水冲洗。就医

食入 漱口，饮水。就医

对保护施救者的忠告 根据需要使用个人防护设备

对医生的特别提示 对症治疗

第五部分　消防措施

灭火剂 用雾状水、泡沫、干粉、二氧化碳、砂土灭火

特别危险性 受高热分解放出有毒的气体。与强氧化剂接触可发生化学反应。燃烧生成有害的一氧化碳、氮氧化物

灭火注意事项及防护措施 消防人员必须佩戴空气呼吸器、穿全身防火防毒服，在上风向灭火。尽可能将容器从火场移至空旷处。喷水保持火场容器冷却，直至灭火结束

第六部分　泄漏应急处理

作业人员防护措施、防护装备和应急处置程序 隔离泄漏污染区，限制出入。消除所有点火源。建议应急处理

人员戴防尘口罩，穿一般作业工作服，戴橡胶手套。尽可能切断泄漏源。用塑料布覆盖泄漏物，减少飞散。勿使水进入包装容器内

环境保护措施 无资料

泄漏化学品的收容、清除方法及所使用的处置材料 用洁净的铲子收集泄漏物，置于干净、干燥、盖子较松的容器中，将容器移离泄漏区

第七部分 操作处置与储存

操作注意事项 密闭操作，加强通风。操作人员必须经过专门培训，严格遵守操作规程。建议操作人员佩戴自吸过滤式防尘口罩，戴安全防护眼镜，穿防毒物渗透工作服，戴橡胶手套。远离火种、热源。工作场所严禁吸烟。使用防爆型的通风系统和设备。避免与氧化剂、还原剂、酸类、碱类接触。搬运时要轻装轻卸，防止包装及容器损坏。配备相应品种和数量的消防器材及泄漏应急处理设备。倒空的容器可能残留有害物

储存注意事项 储存于阴凉、通风的库房。远离火种、热源。包装密封。应与氧化剂、还原剂、酸类、碱类、食用化学品分开存放，切忌混储。配备相应品种和数量的消防器材。储区应备有合适的材料收容泄漏物

第八部分 接触控制/个体防护

职业接触限值

中国 未制定标准

美国(ACGIH) 未制定标准

生物接触限值 未制定标准

监测方法 空气中有毒物质测定方法：未制定标准。生物监测检验方法：未制定标准

工程控制 生产过程密闭，加强通风。提供安全的淋浴和洗眼设备

个体防护装备

呼吸系统防护 可能接触其粉尘时，应该佩戴过滤式防尘呼吸器。紧急事态抢救或撤离时，必须佩戴空气呼吸器

眼睛防护 戴安全防护眼镜

皮肤和身体防护 穿防毒物渗透工作服

手防护 戴橡胶手套

第九部分 理化特性

外观与性状 淡黄色柱状结晶

pH 值 无意义 **熔点(℃)** 59～60

沸点(℃) 283 **相对密度(水=1)** 1.18

相对蒸气密度(空气=1) 无资料

燃烧热(kJ/mol) －4205.1

燃烧热(kJ/mol) 无资料 **临界温度(℃)** 无资料

临界压力(MPa) 无资料 **辛醇/水分配系数** 2.53

闪点(℃) 无意义 **自燃温度(℃)** 无资料

爆炸下限(%) 无资料 **爆炸上限(%)** 无资料

分解温度(℃) 无资料

黏度(mPa·s) 无资料

溶解性 不溶于水，溶于乙醇，溶于热石油醚，易溶于热乙醇、乙醚，混溶于丙酮、苯

第十部分 稳定性和反应性

稳定性 稳定

危险反应 与强氧化剂等禁配物发生反应

避免接触的条件 受热

禁配物 强氧化剂、强还原剂、强酸、强碱

危险的分解产物 氮氧化物

第十一部分 毒理学信息

急性毒性 LD_{50}：3300mg/kg（大鼠经口）；＞16g/kg（大鼠经皮）；＞7940mg/kg（兔经皮）

皮肤刺激或腐蚀 无资料 **眼睛刺激或腐蚀** 无资料

呼吸或皮肤过敏 无资料 **生殖细胞突变性** 无资料

致癌性 无资料 **生殖毒性** 无资料

特异性靶器官系统毒性-一次接触 无资料

特异性靶器官系统毒性-反复接触 无资料

吸入危害 无资料

第十二部分 生态学信息

生态毒性

LC_{50} 59.6mg/L (96h)（鱼）

EC_{50} 8.5mg/L (24h)（水蚤）

持久性和降解性

生物降解性 不易快速生物降解

非生物降解性 无资料

潜在的生物累积性 根据 K_{ow} 值预测，该物质的生物累积性可能较弱

土壤中的迁移性 根据 K_{oc} 值预测，该物质可能有一定的迁移性

第十三部分 废弃处置

废弃化学品 建议用焚烧法处置。焚烧炉排出的氮氧化物通过洗涤器除去

污染包装物 将容器返还生产商或按照国家和地方法规处置

废弃注意事项 处置前应参阅国家和地方有关法规

第十四部分 运输信息

联合国危险货物编号(UN号) 3077

联合国运输名称 对环境有害的固态物质，未另作规定的(4-硝基苯乙醚)

联合国危险性类别 9 **包装类别** Ⅲ类包装

包装标志 

海洋污染物 是

运输注意事项 运输前应先检查包装容器是否完整、密封，运输过程中要确保容器不泄漏、不倒塌、不坠落、不损坏。严禁与酸类、氧化剂、食品及食品添加剂混运。运输时运输车辆应配备相应品种和数量的消防器材及泄漏应急处理设备。运输途中应防曝晒、雨淋，防高温

第十五部分　法规信息

下列法律、法规、规章和标准，对该化学品的管理作了相应的规定。

中华人民共和国职业病防治法　职业病分类和目录：未列入

危险化学品安全管理条例　危险化学品目录：列入。易制爆危险化学品名录：未列入。重点监管的危险化学品名录：未列入。GB 18218—2009《危险化学品重大危险源辨识》(表1)：未列入

使用有毒物品作业场所劳动保护条例　高毒物品目录：未列入

易制毒化学品管理条例　易制毒化学品的分类和品种目录：未列入

国际公约　斯德哥尔摩公约：未列入。鹿特丹公约：未列入。蒙特利尔议定书：未列入

第十六部分　其他信息

编写和修订信息　　**缩略语和首字母缩写**

培训建议　　**参考文献**

免责声明

1-硝基丙烷

第一部分　化学品标识

化学品中文名　1-硝基丙烷

化学品英文名　1-nitropropane

分子式　$C_3H_7NO_2$　　**相对分子质量**　89.1

结构式　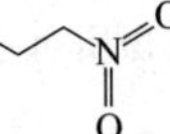

化学品的推荐及限制用途　用于有机合成，以及用作溶剂、火箭推进剂、汽油添加物等

第二部分　危险性概述

紧急情况概述　易燃液体和蒸气

GHS危险性类别　易燃液体，类别3；急性毒性-经口，类别4；急性毒性-经皮，类别4；急性毒性-吸入，类别4

标签要素

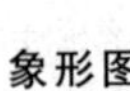

警示词　警告

危险性说明　易燃液体和蒸气，吞咽有害，皮肤接触有害，吸入有害

防范说明

预防措施　远离热源、火花、明火、热表面。禁止吸烟。保持容器密闭。容器和接收设备接地连接。使用防爆电器、通风、照明设备。只能使用不产生火花的工具。采取防止静电措施。戴防护手套、防护眼镜、防护面罩，穿防护服。避免接触眼睛、皮肤，操作后彻底清洗。作业场所不得进食、饮水或吸烟。避免吸入蒸气、雾。仅在室外或通风良好处操作

事故响应　火灾时，使用雾状水、泡沫、二氧化碳、干粉、砂土灭火。如吸入：将患者转移到空气新鲜处，休息，保持利于呼吸的体位。如皮肤（或头发）接触：用水冲洗皮肤，淋浴。皮肤接触：立即脱掉所有被污染的衣服，用大量肥皂水和水清洗。如感觉不适，呼叫中毒控制中心或就医。被污染的衣服须经洗净后方可重新使用。食入：漱口，如果感觉不适，立即呼叫中毒控制中心或就医

安全储存　存放在通风良好的地方。保持低温

废弃处置　本品及内装物、容器依据国家和地方法规处置

物理和化学危险　易燃，其蒸气与空气混合，能形成爆炸性混合物。受撞击、摩擦，遇明火或其他点火源极易爆炸

健康危害　动物实验有轻度麻醉作用和刺激作用

环境危害　对环境可能有害

第三部分　成分/组成信息

√物质　　混合物

组分	浓度	CAS No.
1-硝基丙烷		108-03-2

第四部分　急救措施

吸入　迅速脱离现场至空气新鲜处。保持呼吸道通畅。如呼吸困难，给吸氧。如呼吸、心跳停止，立即行心肺复苏术。就医

皮肤接触　立即脱去污染衣着，用肥皂水或清水彻底冲洗。就医

眼睛接触　分开眼睑，用清水或生理盐水冲洗。就医

食入　漱口，饮水。就医

对保护施救者的忠告　根据需要使用个人防护设备

对医生的特别提示　对症处理

第五部分　消防措施

灭火剂　用雾状水、泡沫、二氧化碳、干粉、砂土灭火

特别危险性　强烈震动及受热或遇无机碱类、氧化剂、烃类、胺类及三氯化铝、六甲基苯等均能引起燃烧爆炸。燃烧分解时，放出有毒的氮氧化物气体。燃烧生成有害的一氧化碳、氮氧化物

灭火注意事项及防护措施　消防人员须戴好防毒面具，在安全距离以外，在上风向灭火。尽可能将容器从火场移至空旷处。喷水保持火场容器冷却，直至灭火结束。容器突然发出异常声音或出现异常现象，应立即撤离

第六部分　泄漏应急处理

作业人员防护措施、防护装备和应急处置程序　消除所有点火源。根据液体流动和蒸气扩散的影响区域划定警戒区，无关人员从侧风、上风向撤离至安全区。建议应急处理人员戴正压自给式呼吸器，穿防静电服，戴

橡胶耐油手套。作业时使用的所有设备应接地。禁止接触或跨越泄漏物。尽可能切断泄漏源

环境保护措施 防止泄漏物进入水体、下水道、地下室或有限空间

泄漏化学品的收容、清除方法及所使用的处置材料 小量泄漏：用砂土或其他不燃材料吸收，使用洁净的无火花工具收集吸收材料。大量泄漏：构筑围堤或挖坑收容。用泡沫覆盖，减少蒸发。喷水雾能减少蒸发，但不能降低泄漏物在有限空间内的易燃性。用防爆泵转移至槽车或专用收集器内

第七部分　操作处置与储存

操作注意事项 密闭操作，加强通风。操作人员必须经过专门培训，严格遵守操作规程。建议操作人员佩戴过滤式防毒面具（半面罩），戴化学安全防护眼镜，穿胶布防毒衣，戴橡胶耐油手套。远离火种、热源。工作场所严禁吸烟。使用防爆型的通风系统和设备。防止蒸气泄漏到工作场所空气中。避免与氧化剂、酸类、碱类接触。充装要控制流速，防止静电积聚。搬运时要轻装轻卸，防止包装及容器损坏。配备相应品种和数量的消防器材及泄漏应急处理设备。倒空的容器可能残留有害物

储存注意事项 储存于阴凉、通风的库房。库温不宜超过37℃。远离火种、热源。保持容器密封。应与氧化剂、酸类、碱类等分开存放，切忌混储。采用防爆型照明、通风设施。禁止使用易产生火花的机械设备和工具。储区应备有泄漏应急处理设备和合适的收容材料

第八部分　接触控制/个体防护

职业接触限值

中国　PC-TWA：90mg/m^3

美国(ACGIH)　TLV-TWA：25ppm

生物接触限值 未制定标准

监测方法 空气中有毒物质测定方法：未制定标准。生物监测检验方法：未制定标准

工程控制 生产过程密闭，加强通风。提供安全的淋浴和洗眼设备

个体防护装备

呼吸系统防护　空气中浓度超标时，应该佩戴过滤式防毒面具（半面罩）。紧急事态抢救或撤离时，建议佩戴空气呼吸器

眼睛防护　戴化学安全防护眼镜

皮肤和身体防护　穿隔绝式防毒服

手防护　戴橡胶耐油手套

第九部分　理化特性

外观与性状 无色透明液体，有水果香味

pH值 6.0（0.01mol/L水溶液）　**熔点(℃)** −108.0

沸点(℃) 131.6　**相对密度(水=1)** 0.993

相对蒸气密度(空气=1) 3.1

饱和蒸气压(kPa) 1.00（20℃）

燃烧热(kJ/mol) −2011.96　**临界温度(℃)** 402.0

临界压力(MPa) 4.35　**辛醇/水分配系数** 0.87

闪点(℃) 36(CC)　**自燃温度(℃)** 421

爆炸下限(%) 2.2　**爆炸上限(%)** 13.8

分解温度(℃) 无资料

黏度(mPa·s) 0.79(25℃)

溶解性 微溶于水，溶于氯仿，混溶于乙醇、乙醚等有机溶剂

第十部分　稳定性和反应性

稳定性 稳定

危险反应 强烈震动及受热，与强氧化剂、强还原剂、碱金属、卤代烷烃等禁配物接触，有发生火灾和爆炸的危险

避免接触的条件 强烈震动、受热

禁配物 强还原剂、无机碱、碱金属、卤代烷烃、金属氢化物、金属烷氧化物、氨、胺等

危险的分解产物 氮氧化物

第十一部分　毒理学信息

急性毒性

LD_{50}　455mg/kg（大鼠经口）

LC_{50}　3100ppm（大鼠吸入，8h）

TCLo　150ppm（人吸入）

皮肤刺激或腐蚀 无资料　**眼睛刺激或腐蚀** 无资料

呼吸或皮肤过敏 无资料

生殖细胞突变性 程序外DNA合成：大鼠肝脏1μmol/L。姐妹染色单体交换：仓鼠卵巢74mg/L（24h）

致癌性 无资料　**生殖毒性** 无资料

特异性靶器官系统毒性-一次接触 无资料

特异性靶器官系统毒性-反复接触 无资料

吸入危害 无资料

第十二部分　生态学信息

生态毒性 LC_{50}：205mg/L（48h）（斑马鱼，静态）

持久性和降解性

生物降解性　密封瓶试验，采用市政污水处理厂污泥，28d降解45%

非生物降解性　空气中，当羟基自由基浓度为5.00×10^{5}个/cm^{3}时，降解半衰期为37d（理论）

潜在的生物累积性 根据K_{ow}值预测，该物质的生物累积性可能较弱

土壤中的迁移性 根据K_{oc}值预测，该物质可能易发生迁移

第十三部分　废弃处置

废弃化学品 用焚烧法处置。焚烧炉排出的氮氧化物通过洗涤器除去

污染包装物 将容器返还生产商或按照国家和地方法规处置

废弃注意事项 处置前应参阅国家和地方有关法规

第十四部分　运输信息

联合国危险货物编号（UN号） 2608

联合国运输名称 硝基丙烷

联合国危险性类别 3 **包装类别** Ⅲ类包装

包装标志 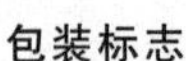  **海洋污染物** 否

运输注意事项 运输时运输车辆应配备相应品种和数量的消防器材及泄漏应急处理设备。夏季最好早晚运输。运输时所用的槽（罐）车应有接地链，槽内可设孔隔板以减少震荡产生的静电。严禁与氧化剂、酸类、碱类、食用化学品等混装混运。运输途中应防曝晒、雨淋，防高温。中途停留时应远离火种、热源、高温区。装运该物品的车辆排气管必须配备阻火装置，禁止使用易产生火花的机械设备和工具装卸。公路运输时要按规定路线行驶，勿在居民区和人口稠密区停留。铁路运输时要禁止溜放。严禁用木船、水泥船散装运输

第十五部分 法规信息

下列法律、法规、规章和标准，对该化学品的管理作了相应的规定。

中华人民共和国职业病防治法 职业病分类和目录：未列入

危险化学品安全管理条例 危险化学品目录：列入。易制爆危险化学品名录：未列入。重点监管的危险化学品名录：未列入。GB 18218—2009《危险化学品重大危险源辨识》(表 1)：未列入

使用有毒物品作业场所劳动保护条例 高毒物品目录：未列入

易制毒化学品管理条例 易制毒化学品的分类和品种目录：未列入

国际公约 斯德哥尔摩公约：未列入。鹿特丹公约：未列入。蒙特利尔议定书：未列入

第十六部分 其他信息

编写和修订信息 **缩略语和首字母缩写**

培训建议 **参考文献**

免责声明

2-硝基丙烷

第一部分 化学品标识

化学品中文名 2-硝基丙烷

化学品英文名 2-nitropropane；*sec*-nitropropane

分子式 $C_3H_7NO_2$ **相对分子质量** 89.1

结构式

化学品的推荐及限制用途 用作乙烯及环氧树脂涂料的特殊溶剂、火箭燃料、汽油的添加剂等，也用于有机合成

第二部分 危险性概述

紧急情况概述 易燃液体和蒸气

GHS 危险性类别 易燃液体，类别 3；急性毒性-经口，类别 4；急性毒性-吸入，类别 4；致癌性，类别 2

标签要素

象形图 

警示词 警告

危险性说明 易燃液体和蒸气，吞咽有害，吸入有害，怀疑致癌

防范说明

预防措施 远离热源、火花、明火、热表面。禁止吸烟。保持容器密闭。容器和接收设备接地连接。使用防爆电器、通风、照明设备。只能使用不产生火花的工具。采取防止静电措施。戴防护手套、防护眼镜、防护面罩。避免接触眼睛、皮肤，操作后彻底清洗。作业场所不得进食、饮水或吸烟。避免吸入蒸气、雾。仅在室外或通风良好处操作。得到专门指导后操作。在阅读并了解所有安全预防措施之前，切勿操作。按要求使用个体防护装备

事故响应 火灾时，使用雾状水、泡沫、二氧化碳、干粉、砂土灭火。如吸入：将患者转移到空气新鲜处，休息，保持利于呼吸的体位，如感觉不适，呼叫中毒控制中心或就医。如皮肤(或头发)接触：立即脱掉所有被污染的衣服，用水冲洗皮肤，淋浴。食入：漱口，如果感觉不适，立即呼叫中毒控制中心或就医。如果接触或有担心，就医

安全储存 存放在通风良好的地方。保持低温。上锁保管

废弃处置 本品及内装物、容器依据国家和地方法规处置

物理和化学危险 易燃，其蒸气与空气混合，能形成爆炸性混合物。强烈震动或受热均能引起燃烧爆炸

健康危害 接触后可出现头痛、恶心、呕吐、腹泻、食欲不振等。长期反复接触可致肝脏损害

环境危害 对环境可能有害

第三部分 成分/组成信息

√物质 混合物

组分	浓度	CAS No.
2-硝基丙烷		79-46-9

第四部分 急救措施

吸入 迅速脱离现场至空气新鲜处。保持呼吸道通畅。如呼吸困难，给吸氧。如呼吸、心跳停止，立即行心肺复苏术。就医

皮肤接触 立即脱去污染衣着，用肥皂水或清水彻底冲洗。就医

眼睛接触 分开眼睑，用清水或生理盐水冲洗。就医

食入 漱口，饮水。就医

对保护施救者的忠告 根据需要使用个人防护设备

对医生的特别提示 对症处理

第五部分 消防措施

灭火剂 用雾状水、泡沫、二氧化碳、干粉、砂土灭火

特别危险性 强烈震动及受热或遇无机碱类、氧化剂、烃类、胺类及三氯化铝、六甲基苯等均能引起燃烧爆炸。燃烧分解时，放出有毒的氮氧化物气体。燃烧生成有害的一氧化碳、氮氧化物

灭火注意事项及防护措施 消防人员须戴好防毒面具，在安全距离以外，在上风向灭火。尽可能将容器从火场移至空旷处。喷水保持火场容器冷却，直至灭火结束。容器突然发出异常声音或出现异常现象，应立即撤离

第六部分 泄漏应急处理

作业人员防护措施、防护装备和应急处置程序 消除所有点火源。根据液体流动和蒸气扩散的影响区域划定警戒区，无关人员从侧风、上风向撤离至安全区。建议应急处理人员戴正压自给式呼吸器，穿防静电服，戴橡胶耐油手套。作业时使用的所有设备应接地。禁止接触或跨越泄漏物。尽可能切断泄漏源

环境保护措施 防止泄漏物进入水体、下水道、地下室或有限空间

泄漏化学品的收容、清除方法及所使用的处置材料 小量泄漏：用砂土或其他不燃材料吸收，使用洁净的无火花工具收集吸收材料。大量泄漏：构筑围堤或挖坑收容。用泡沫覆盖，减少蒸发。喷水雾能减少蒸发，但不能降低泄漏物在有限空间内的易燃性。用防爆泵转移至槽车或专用收集器内

第七部分 操作处置与储存

操作注意事项 密闭操作，加强通风。操作人员必须经过专门培训，严格遵守操作规程。建议操作人员佩戴过滤式防毒面具（半面罩），戴化学安全防护眼镜，穿胶布防毒衣，戴橡胶耐油手套。远离火种、热源。工作场所严禁吸烟。使用防爆型的通风系统和设备。防止蒸气泄漏到工作场所空气中。避免与氧化剂、酸类、碱类接触。充装要控制流速，防止静电积聚。搬运时要轻装轻卸，防止包装及容器损坏。配备相应品种和数量的消防器材及泄漏应急处理设备。倒空的容器可能残留有害物

储存注意事项 储存于阴凉、通风的库房。库温不宜超过37℃。远离火种、热源。保持容器密封。应与氧化剂、酸类、碱类等分开存放，切忌混储。采用防爆型照明、通风设施。禁止使用易产生火花的机械设备和工具。储区应备有泄漏应急处理设备和合适的收容材料

第八部分 接触控制/个体防护

职业接触限值

中国 PC-TWA：30mg/m^3 ［G2B］

美国(ACGIH) TLV-TWA：10ppm

生物接触限值 未制定标准

监测方法 空气中有毒物质测定方法：未制定标准。生物监测检验方法：未制定标准

工程控制 生产过程密闭，加强通风。提供安全的淋浴和洗眼设备

个体防护装备

呼吸系统防护 空气中浓度超标时，应该佩戴过滤式防毒面具（半面罩）。紧急事态抢救或撤离时，建议佩戴空气呼吸器

眼睛防护 戴化学安全防护眼镜

皮肤和身体防护 穿隔绝式防毒服

手防护 戴橡胶耐油手套

第九部分 理化特性

外观与性状 无色透明油状液体，有水果香味

pH 值 无资料　**熔点(℃)** −93

沸点(℃) 120.3　**相对密度(水=1)** 0.99

相对蒸气密度(空气=1) 3.1

饱和蒸气压(kPa) 1.7（20℃）

燃烧热(kJ/mol) −1996.4　**临界温度(℃)** 344.7

临界压力(MPa) 4.45　**辛醇/水分配系数** 0.93

闪点(℃) 24　**自燃温度(℃)** 428

爆炸下限(%) 2.6　**爆炸上限(%)** 11.0

分解温度(℃) 无资料

黏度(mPa·s) 0.72（25℃）

溶解性 微溶于水，混溶于芳烃、酮类、酯类、醚类等有机溶剂

第十部分 稳定性和反应性

稳定性 稳定

危险反应 强烈震动及受热，与强氧化剂、强还原剂、碱金属、卤代烷烃等禁配物接触，有发生火灾和爆炸的危险

避免接触的条件 强烈震动、受热

禁配物 强还原剂、无机碱、碱金属、卤代烷烃、金属氢化物、金属烷氧化物、氨、胺等

危险的分解产物 氮氧化物

第十一部分 毒理学信息

急性毒性

LD_{50} 720mg/kg（大鼠经口）

LC_{50} 400ppm（大鼠吸入，6h）

皮肤刺激或腐蚀 无资料　**眼睛刺激或腐蚀** 无资料

呼吸或皮肤过敏 无资料

生殖细胞突变性 微生物致突变：鼠伤寒沙门氏菌25μmol/皿。DNA损伤：鼠伤寒沙门氏菌50mg/L。细胞遗传学分析：人淋巴细胞60mmol/L。姐妹染色单体交换：人淋巴细胞7500μmol/L

致癌性 IARC致癌性评论：组2B，可疑人类致癌物。对人类致癌性证据有限，对动物致癌性证据不充分

生殖毒性 大鼠孕后1～15d腹腔内给予最低中毒剂量(TDLo)2550mg/kg，致心血管系统发育畸形。大鼠腹腔最低中毒剂量（TDLo）：2250mg/kg（孕后1～15d用药），对胎鼠心血管系统有影响。TCLo：

20ppm（人吸入）

特异性靶器官系统毒性-一次接触 无资料

特异性靶器官系统毒性-反复接触 大鼠、豚鼠、兔、猫和猴暴露于 1194mg/m³，每天 7h，猫数天后死亡，而猴存活 100d，其他动物存活 130d。死亡的猫肝内有局灶性坏死和肝实质退行性变，心、肾亦有轻度到中度的变性，还有肺水肿、肺泡内出血和间质性肺炎，而其他动物种属则无上述改变。猫的高铁血红蛋白含量升高

吸入危害 无资料

第十二部分 生态学信息

生态毒性

LC_{50} 620mg/L（48h）（斑马鱼，静态）

EC_{50} 1088mg/L（72h）（栅藻）；290mg/L（24h）（水蚤）

持久性和降解性

生物降解性 好氧生物降解（h）：672～4320；厌氧生物降解（h）：2688～17280

非生物降解性 光解最大光吸收（nm）：278；空气中光氧化半衰期（h）：4.87～48.7

潜在的生物累积性 根据 K_{ow} 值预测，该物质的生物累积性可能较弱

土壤中的迁移性 根据 K_{oc} 值预测，该物质可能易发生迁移

第十三部分 废弃处置

废弃化学品 用焚烧法处置。焚烧炉排出的氮氧化物通过洗涤器除去

污染包装物 将容器返还生产商或按照国家和地方法规处置

废弃注意事项 处置前应参阅国家和地方有关法规

第十四部分 运输信息

联合国危险货物编号（UN 号） 2608

联合国运输名称 硝基丙烷

联合国危险性类别 3 **包装类别** Ⅲ类包装

包装标志 

海洋污染物 否

运输注意事项 运输时运输车辆应配备相应品种和数量的消防器材及泄漏应急处理设备。夏季最好早晚运输。运输时所用的槽（罐）车应有接地链，槽内可设孔隔板以减少震荡产生的静电。严禁与氧化剂、酸类、碱类、食用化学品等混装混运。运输途中应防曝晒、雨淋，防高温。中途停留时应远离火种、热源、高温区。装运该物品的车辆排气管必须配备阻火装置，禁止使用易产生火花的机械设备和工具装卸。公路运输时要按规定路线行驶，勿在居民区和人口稠密区停留。铁路运输时要禁止溜放。严禁用木船、水泥船散装运输

第十五部分 法规信息

下列法律、法规、规章和标准，对该化学品的管理作了相应的规定。

中华人民共和国职业病防治法 职业病分类和目录：未列入

危险化学品安全管理条例 危险化学品目录：列入。易制爆危险化学品名录：未列入。重点监管的危险化学品名录：未列入。GB 18218—2009《危险化学品重大危险源辨识》（表 1）：未列入

使用有毒物品作业场所劳动保护条例 高毒物品目录：未列入

易制毒化学品管理条例 易制毒化学品的分类和品种目录：未列入

国际公约 斯德哥尔摩公约：未列入。鹿特丹公约：未列入。蒙特利尔议定书：未列入

第十六部分 其他信息

编写和修订信息 **缩略语和首字母缩写**

培训建议 **参考文献**

免责声明

2-硝基碘苯

第一部分 化学品标识

化学品中文名 2-硝基碘苯；2-碘硝基苯；邻硝基碘苯；邻碘硝基苯；1-碘-2-硝基苯

化学品英文名 2-nitroiodobenzene；2-iodonitrobenzene；1-iodo-2-nitrobenzene

分子式 $C_6H_4INO_2$ **相对分子质量** 248.97

结构式 （图：O, N, O, I）

化学品的推荐及限制用途 用于有机合成

第二部分 危险性概述

紧急情况概述 吞咽会中毒，皮肤接触会中毒，吸入会中毒

GHS 危险性类别 急性毒性-经口，类别 3；急性毒性-经皮，类别 3；急性毒性-吸入，类别 3；皮肤腐蚀/刺激，类别 2；严重眼损伤/眼刺激，类别 2；特异性靶器官毒性-一次接触，类别 3（呼吸道刺激）

标签要素

象形图 

警示词 危险

危险性说明 吞咽会中毒，皮肤接触会中毒，吸入会中毒，造成皮肤刺激，造成严重眼刺激，可能引起呼吸道刺激

防范说明

预防措施 避免接触眼睛、皮肤，操作后彻底清

洗。作业场所不得进食、饮水或吸烟。戴防护手套，穿防护服，戴防护眼镜、防护面罩。避免吸入粉尘。仅在室外或通风良好处操作

事故响应　如吸入：将患者转移到空气新鲜处，休息，保持利于呼吸的体位。脱去被污染的衣服，被污染的衣服洗净后方可重新使用。皮肤接触：用大量肥皂水和水清洗。如发生皮肤刺激，就医。如接触眼睛：用水细心冲洗数分钟。如戴隐形眼镜并可方便地取出，取出隐形眼镜继续冲洗。如果眼睛刺激持续：就医。食入：漱口，立即呼叫中毒控制中心或就医

安全储存　在通风良好处储存。保持容器密闭。上锁保管

废弃处置　本品及内装物、容器依据国家和地方法规处置

物理和化学危险　可燃，其粉体与空气混合，能形成爆炸性混合物

健康危害　吸入、口服或经皮肤吸收后对身体有害。对眼睛和皮肤有刺激作用。可引起高铁血红蛋白血症而出现紫绀。易经皮肤吸收中毒

环境危害　对环境可能有害

第三部分　成分/组成信息

√物质　　混合物

组分	浓度	CAS No.
2-硝基碘苯		609-73-4

第四部分　急救措施

吸入　迅速脱离现场至空气新鲜处。保持呼吸道通畅。如呼吸困难，给吸氧。如呼吸、心跳停止，立即行心肺复苏术。就医

皮肤接触　立即脱去污染衣着，用肥皂水或清水彻底冲洗。就医

眼睛接触　分开眼睑，用清水或生理盐水冲洗。就医

食入　漱口，饮水。就医

对保护施救者的忠告　根据需要使用个人防护设备

对医生的特别提示　高铁血红蛋白血症，可用美蓝和维生素C治疗

第五部分　消防措施

灭火剂　用雾状水、泡沫、二氧化碳、砂土灭火

特别危险性　受高热分解放出有毒的气体。与强氧化剂接触可发生化学反应。燃烧生成有害的一氧化碳、氮氧化物、碘化氢

灭火注意事项及防护措施　消防人员必须佩戴空气呼吸器、穿全身防火防毒服，在上风向灭火。尽可能将容器从火场移至空旷处。喷水保持火场容器冷却，直至灭火结束

第六部分　泄漏应急处理

作业人员防护措施、防护装备和应急处置程序　隔离泄漏污染区，限制出入。消除所有点火源。建议应急处理人员戴防尘口罩，穿一般作业工作服，戴橡胶手套。尽可能切断泄漏源。用塑料布覆盖泄漏物，减少飞散。勿使水进入包装容器内

环境保护措施　无资料

泄漏化学品的收容、清除方法及所使用的处置材料　用洁净的铲子收集泄漏物，置于干净、干燥、盖子较松的容器中，将容器移离泄漏区

第七部分　操作处置与储存

操作注意事项　密闭操作，提供充分的局部排风。操作人员必须经过专门培训，严格遵守操作规程。建议操作人员佩戴自吸过滤式防尘口罩，戴化学安全防护眼镜，穿防毒物渗透工作服，戴橡胶手套。远离火种、热源。工作场所严禁吸烟。使用防爆型的通风系统和设备。避免产生粉尘。避免与氧化剂、还原剂、碱类接触。搬运时要轻装轻卸，防止包装及容器损坏。配备相应品种和数量的消防器材及泄漏应急处理设备。倒空的容器可能残留有害物

储存注意事项　储存于阴凉、通风的库房。远离火种、热源。包装密封。应与氧化剂、还原剂、碱类、食用化学品分开存放，切忌混储。配备相应品种和数量的消防器材。储区应备有合适的材料收容泄漏物

第八部分　接触控制/个体防护

职业接触限值

中国　未制定标准

美国(ACGIH)　未制定标准

生物接触限值　未制定标准

监测方法　空气中有毒物质测定方法：未制定标准。生物监测检验方法：未制定标准

工程控制　严加密闭，提供充分的局部排风。提供安全的淋浴和洗眼设备

个体防护装备

呼吸系统防护　可能接触其粉尘时，佩戴过滤式防尘呼吸器。紧急事态抢救或撤离时，应该佩戴空气呼吸器

眼睛防护　戴化学安全防护眼镜

皮肤和身体防护　穿防毒物渗透工作服

手防护　戴橡胶手套

第九部分　理化特性

外观与性状　黄色针状结晶

pH值　无意义　　**熔点(℃)**　49～51

沸点(℃)　288～289　　**相对密度(水=1)**　1.92

相对蒸气密度(空气=1)　无资料

饱和蒸气压(kPa)　97.18 (288℃)

燃烧热(kJ/mol)　无资料　　**临界温度(℃)**　无资料

临界压力(MPa)　无资料　　**辛醇/水分配系数**　2.98

闪点(℃)　113 (CC)　　**自燃温度(℃)**　无资料

爆炸下限(%)　无资料　　**爆炸上限(%)**　无资料

分解温度(℃)　无资料

黏度(mPa·s)　无资料

溶解性　不溶于水，溶于乙醇、乙醚等多数有机溶剂

第十部分 稳定性和反应性

稳定性 稳定

危险反应 与强氧化剂等禁配物发生反应

避免接触的条件 受热

禁配物 强氧化剂、强还原剂、强碱

危险的分解产物 氮氧化物、碘化氢

第十一部分 毒理学信息

急性毒性 无资料 **皮肤刺激或腐蚀** 无资料

眼睛刺激或腐蚀 无资料 **呼吸或皮肤过敏** 无资料

生殖细胞突变性 无资料 **致癌性** 无资料

生殖毒性 无资料

特异性靶器官系统毒性-一次接触 无资料

特异性靶器官系统毒性-反复接触 无资料

吸入危害 无资料

第十二部分 生态学信息

生态毒性 无资料

持久性和降解性

生物降解性 无资料

非生物降解性 无资料

潜在的生物累积性 根据 K_{ow}值预测，该物质的生物累积性可能较弱

土壤中的迁移性 根据 K_{oc}值预测，该物质可能有一定的迁移性

第十三部分 废弃处置

废弃化学品 建议用焚烧法处置。焚烧炉排出的气体要通过洗涤器除去

污染包装物 将容器返还生产商或按照国家和地方法规处置

废弃注意事项 处置前应参阅国家和地方有关法规

第十四部分 运输信息

联合国危险货物编号（UN号） 2811

联合国运输名称 有机毒性固体，未另作规定的（2-硝基碘苯）

联合国危险性类别 6.1 **包装类别** Ⅲ类包装

包装标志  **海洋污染物** 否

运输注意事项 运输前应先检查包装容器是否完整、密封，运输过程中要确保容器不泄漏、不倒塌、不坠落、不损坏。严禁与酸类、氧化剂、食品及食品添加剂混运。运输车辆应配备相应品种和数量的消防器材及泄漏应急处理设备。运输途中应防曝晒、雨淋，防高温

第十五部分 法规信息

下列法律、法规、规章和标准，对该化学品的管理作了相应的规定。

中华人民共和国职业病防治法 职业病分类和目录：苯的氨基及硝基化合物中毒

危险化学品安全管理条例 危险化学品目录：列入。易制爆危险化学品名录：未列入。重点监管的危险化学品名录：未列入。GB 18218—2009《危险化学品重大危险源辨识》（表1）：未列入

使用有毒物品作业场所劳动保护条例 高毒物品目录：未列入

易制毒化学品管理条例 易制毒化学品的分类和品种目录：未列入

国际公约 斯德哥尔摩公约：未列入。鹿特丹公约：未列入。蒙特利尔议定书：未列入

第十六部分 其他信息

编写和修订信息 **缩略语和首字母缩写**

培训建议 **参考文献**

免责声明

1-硝基丁烷

第一部分 化学品标识

化学品中文名 1-硝基丁烷

化学品英文名 1-nitrobutane

分子式 $C_4H_9NO_2$ **相对分子质量** 103.14

结构式 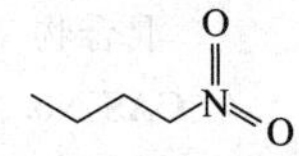

化学品的推荐及限制用途 用作溶剂、有机合成中间体

第二部分 危险性概述

紧急情况概述 易燃液体和蒸气

GHS危险性类别 易燃液体，类别3

标签要素

象形图 

警示词 警告

危险性说明 易燃液体和蒸气

防范说明

预防措施 远离热源、火花、明火、热表面。禁止吸烟。保持容器密闭。容器和接收设备接地连接。使用防爆电器、通风、照明设备。只能使用不产生火花的工具。采取防止静电措施。戴防护手套、防护眼镜、防护面罩

事故响应 火灾时，使用雾状水、泡沫、二氧化碳、干粉、砂土灭火。如皮肤（或头发）接触：立即脱掉所有被污染的衣服，用水冲洗皮肤，淋浴

安全储存 存放在通风良好的地方。保持低温

废弃处置 本品及内装物、容器依据国家和地方法规处置

物理和化学危险 易燃，其蒸气与空气混合，能形成爆炸性混合物。强烈震动或受热均能引起燃烧爆炸

健康危害 硝基烷烃类物质除刺激黏膜外，对中枢神经系统亦有损害。动物实验表明，还有损害肝脏的可能

环境危害 对环境可能有害

第三部分 成分/组成信息

√物质 混合物

组分	浓度	CAS No.
1-硝基丁烷		627-05-4

第四部分 急救措施

吸入 迅速脱离现场至空气新鲜处。保持呼吸道通畅。如呼吸困难，给吸氧。如呼吸、心跳停止，立即行心肺复苏术。就医

皮肤接触 立即脱去污染衣着，用肥皂水或清水彻底冲洗。就医

眼睛接触 分开眼睑，用清水或生理盐水冲洗。就医

食入 漱口，饮水。就医

对保护施救者的忠告 根据需要使用个人防护设备

对医生的特别提示 对症处理

第五部分 消防措施

灭火剂 用雾状水、泡沫、二氧化碳、干粉、砂土灭火

特别危险性 强烈震动及受热或遇无机碱类、氧化剂、烃类、胺类及三氯化铝、六甲基苯等均能引起燃烧爆炸。燃烧分解时，放出有毒的氮氧化物气体。燃烧生成有害的一氧化碳、氮氧化物

灭火注意事项及防护措施 消防人员须戴好防毒面具，在安全距离以外，在上风向灭火。尽可能将容器从火场移至空旷处。喷水保持火场容器冷却，直至灭火结束。容器突然发出异常声音或出现异常现象，应立即撤离

第六部分 泄漏应急处理

作业人员防护措施、防护装备和应急处置程序 消除所有点火源。根据液体流动和蒸气扩散的影响区域划定警戒区，无关人员从侧风、上风向撤离至安全区。建议应急处理人员戴正压自给式呼吸器，穿防静电服，戴橡胶耐油手套。作业时使用的所有设备应接地。禁止接触或跨越泄漏物。尽可能切断泄漏源

环境保护措施 防止泄漏物进入水体、下水道、地下室或有限空间

泄漏化学品的收容、清除方法及所使用的处置材料 小量泄漏：用砂土或其他不燃材料吸收，使用洁净的无火花工具收集吸收材料。大量泄漏：构筑围堤或挖坑收容。用泡沫覆盖，减少蒸发。喷水雾能减少蒸发，但不能降低泄漏物在有限空间内的易燃性。用防爆泵转移至槽车或专用收集器内

第七部分 操作处置与储存

操作注意事项 密闭操作，加强通风。操作人员必须经过专门培训，严格遵守操作规程。建议操作人员佩戴过滤式防毒面具（半面罩），戴化学安全防护眼镜，穿胶布防毒衣，戴橡胶耐油手套。远离火种、热源。工作场所严禁吸烟。使用防爆型的通风系统和设备。防止蒸气泄漏到工作场所空气中。避免与氧化剂、碱类接触。充装要控制流速，防止静电积聚。搬运时要轻装轻卸，防止包装及容器损坏。禁止震动、撞击和摩擦。配备相应品种和数量的消防器材及泄漏应急处理设备。倒空的容器可能残留有害物

储存注意事项 储存于阴凉、通风的库房。库温不宜超过37℃。远离火种、热源。保持容器密封。应与氧化剂、碱类分开存放，切忌混储。采用防爆型照明、通风设施。禁止使用易产生火花的机械设备和工具。储区应备有泄漏应急处理设备和合适的收容材料

第八部分 接触控制/个体防护

职业接触限值

中国 未制定标准

美国(ACGIH) 未制定标准

生物接触限值 未制定标准

监测方法 空气中有毒物质测定方法：未制定标准。生物监测检验方法：未制定标准

工程控制 生产过程密闭，加强通风。提供安全的淋浴和洗眼设备

个体防护装备

呼吸系统防护 空气中浓度超标时，应该佩戴过滤式防毒面具（半面罩）高浓度环境中，建议佩戴空气呼吸器

眼睛防护 戴化学安全防护眼镜

皮肤和身体防护 穿隔绝式防毒服

手防护 戴橡胶耐油手套

第九部分 理化特性

外观与性状 无色液体

pH值 无资料　**熔点(℃)** −81.3

沸点(℃) 152.8　**相对密度(水=1)** 0.97

相对蒸气密度(空气=1) 无资料

饱和蒸气压(kPa) 无资料

燃烧热(kJ/mol) 无资料　**临界温度(℃)** 无资料

临界压力(MPa) 3.6　**辛醇/水分配系数** 1.47

闪点(℃) 47　**自燃温度(℃)** 344

爆炸下限(%) 无资料　**爆炸上限(%)** 无资料

分解温度(℃) 无资料　**黏度(mPa·s)** 无资料

溶解性 微溶于水，可混溶于乙醇、乙醚、碱液

第十部分 稳定性和反应性

稳定性 稳定

危险反应 强烈震动及受热，与强氧化剂、强还原剂、碱金属、卤代烷烃等禁配物接触，有发生火灾和爆炸的危险

避免接触的条件 强烈震动、受热

禁配物 强还原剂、无机碱、碱金属、卤代烷烃、金属氢化物、金属烷氧化物、氨、胺等

危险的分解产物 氮氧化物

第十一部分 毒理学信息

急性毒性 LDLo：500mg/kg（兔经口）

皮肤刺激或腐蚀 无资料 **眼睛刺激或腐蚀** 无资料
呼吸或皮肤过敏 无资料 **生殖细胞突变性** 无资料
致癌性 无资料 **生殖毒性** 无资料
特异性靶器官系统毒性-一次接触 无资料
特异性靶器官系统毒性-反复接触 无资料
吸入危害 无资料

第十二部分 生态学信息

生态毒性 无资料
持久性和降解性
生物降解性 无资料
非生物降解性 无资料
潜在的生物累积性 根据 K_{ow} 值预测，该物质的生物累积性可能较弱
土壤中的迁移性 根据 K_{oc} 值预测，该物质可能易发生迁移

第十三部分 废弃处置

废弃化学品 建议用焚烧法处置。焚烧炉排出的氮氧化物通过洗涤器除去
污染包装物 将容器返还生产商或按照国家和地方法规处置
废弃注意事项 处置前应参阅国家和地方有关法规

第十四部分 运输信息

联合国危险货物编号（UN 号） 1993
联合国运输名称 易燃液体，未另作规定的（1-硝基丁烷）
联合国危险性类别 3 **包装类别** Ⅲ类包装
包装标志  **海洋污染物** 否
运输注意事项 运输时运输车辆应配备相应品种和数量的消防器材及泄漏应急处理设备。夏季最好早晚运输。运输时所用的槽（罐）车应有接地链，槽内可设孔隔板以减少震荡产生的静电。严禁与氧化剂、碱类、食用化学品等混装混运。运输途中应防曝晒、雨淋，防高温。中途停留时应远离火种、热源、高温区。装运该物品的车辆排气管必须配备阻火装置，禁止使用易产生火花的机械设备和工具装卸。公路运输时要按规定路线行驶，勿在居民区和人口稠密区停留。铁路运输时要禁止溜放。严禁用木船、水泥船散装运输

第十五部分 法规信息

下列法律、法规、规章和标准，对该化学品的管理作了相应的规定。
中华人民共和国职业病防治法 职业病分类和目录：未列入
危险化学品安全管理条例 危险化学品目录：列入。易制爆危险化学品名录：未列入。重点监管的危险化学品名录：未列入。GB 18218—2009《危险化学品重大危险源辨识》（表 1）：未列入
使用有毒物品作业场所劳动保护条例 高毒物品目录：未列入
易制毒化学品管理条例 易制毒化学品的分类和品种目录：未列入
国际公约 斯德哥尔摩公约：未列入。鹿特丹公约：未列入。蒙特利尔议定书：未列入

第十六部分 其他信息

编写和修订信息 **缩略语和首字母缩写**
培训建议 **参考文献**
免责声明

硝基胍［干的或含水<20%］

第一部分 化学品标识

化学品中文名 硝基胍［干的或含水<20%］；橄苦岩
化学品英文名 nitroguanidine（dry or wetted with less than 20% water）；picrite；1-nitroguanidine
分子式 $CH_4N_4O_2$ **相对分子质量** 104.09
结构式

$$H_2N—\overset{\overset{\displaystyle NH}{\|}}{C}—NHNO_2$$

化学品的推荐及限制用途 是硝化纤维火药、硝化甘油火药以及二甘醇二硝酸酯的掺合剂、固体火箭推进剂的重要组分

第二部分 危险性概述

紧急情况概述 爆炸物、整体爆炸危险
GHS 危险性类别 爆炸物，1.1 项；严重眼损伤/眼刺激，类别 2
标签要素
象形图 
警示词 危险
危险性说明 爆炸物、整体爆炸危险，造成严重眼刺激
防范说明
预防措施 远离热源、火花、明火、热表面。禁止吸烟。容器和接收设备接地连接。避免研磨、撞击、摩擦。避免接触眼睛、皮肤，操作后彻底清洗。戴防护眼镜、防护面罩
事故响应 火灾时可能爆炸。火势蔓延到爆炸物时，切勿灭火，撤离现场。如接触眼睛：用水细心冲洗数分钟。如戴隐形眼镜并可方便地取出，取出隐形眼镜继续冲洗。如果眼睛刺激持续：就医
安全储存 本品依据国家和地方法规贮存
废弃处置 本品及内装物、容器依据国家和地方法规处置
物理和化学危险 受撞击、摩擦，遇明火或其他点火源极易爆炸
健康危害 对眼睛、皮肤、黏膜和上呼吸道有刺激作用
环境危害 对环境可能有害

第三部分 成分/组成信息

√物质		混合物
组分	浓度	CAS No.
硝基胍		556-88-7

第四部分 急救措施

吸入 迅速脱离现场至空气新鲜处。保持呼吸道通畅。如呼吸困难，给吸氧。如呼吸、心跳停止，立即行心肺复苏术。就医

皮肤接触 立即脱去污染衣着，用肥皂水或清水彻底冲洗。就医

眼睛接触 分开眼睑，用清水或生理盐水冲洗。就医

食入 漱口，饮水。就医

对保护施救者的忠告 根据需要使用个人防护设备

对医生的特别提示 对症处理

第五部分 消防措施

灭火剂 用大量水灭火

特别危险性 受高热分解，产生有毒的氮氧化物。燃烧生成有害的氮氧化物

灭火注意事项及防护措施 消防人员须戴好防毒面具，在安全距离以外，在上风向灭火。遇大火，消防人员须在有防护掩蔽处操作。禁止用砂土压盖

第六部分 泄漏应急处理

作业人员防护措施、防护装备和应急处置程序 消除所有点火源。隔离泄漏污染区，限制出入。建议应急处理人员戴防尘口罩，穿防毒服，戴橡胶手套。作业时使用的所有设备应接地。禁止接触或跨越泄漏物

环境保护措施 无资料

泄漏化学品的收容、清除方法及所使用的处置材料 润湿泄漏物。严禁设法扫除干的泄漏物

第七部分 操作处置与储存

操作注意事项 严加密闭，提供充分的局部排风和全面通风。操作人员必须经过专门培训，严格遵守操作规程。建议操作人员佩戴自吸过滤式防尘口罩，戴化学安全防护眼镜，穿紧袖工作服、长筒胶鞋，戴橡胶手套。远离火种、热源。工作场所严禁吸烟。使用防爆型的通风系统和设备。避免产生粉尘。避免与氧化剂、碱类接触。禁止震动、撞击和摩擦。配备相应品种和数量的消防器材及泄漏应急处理设备

储存注意事项 为安全起见，储存时可加不少于15%的水作稳定剂。储存于阴凉、干燥、通风的爆炸品专用库房。远离火种、热源。库温控制在0℃以下。应与氧化剂、碱类分开存放，切忌混储。配备相应品种和数量的消防器材。储区应备有合适的材料收容泄漏物。禁止震动、撞击和摩擦

第八部分 接触控制/个体防护

职业接触限值

中国 未制定标准

美国(ACGIH) 未制定标准

生物接触限值 未制定标准

监测方法 空气中有毒物质测定方法：高效液相色谱法；紫外分光光度法。生物监测检验方法：未制定标准

工程控制 严加密闭，提供充分的局部排风和全面通风。提供安全的淋浴和洗眼设备

个体防护装备

呼吸系统防护 空气中粉尘浓度超标时，佩戴过滤式防尘呼吸器。紧急事态抢救或撤离时，应该佩戴空气呼吸器

眼睛防护 戴化学安全防护眼镜

皮肤和身体防护 穿紧袖工作服，长筒胶鞋

手防护 戴橡胶手套

第九部分 理化特性

外观与性状 白色针状结晶，不吸湿，在室温下不挥发

pH值 无意义 **熔点(℃)** 239（分解）

沸点(℃) 爆炸 **相对密度(水=1)** 1.71

相对蒸气密度(空气=1) 无资料

饱和蒸气压(kPa) 无资料

燃烧热(kJ/mol) 无资料 **临界温度(℃)** 无资料

临界压力(MPa) 无资料 **辛醇/水分配系数** −0.89

闪点(℃) 无意义 **自燃温度(℃)** 无资料

爆炸下限(%) 无资料 **爆炸上限(%)** 无资料

分解温度(℃) 无资料

黏度(mPa·s) 无资料

溶解性 溶于热水，不溶于冷水，微溶于乙醇，不溶于乙醚，易溶于碱液

第十部分 稳定性和反应性

稳定性 稳定

危险反应 受热、摩擦、震动、撞击、与强氧化剂等禁配物接触，有发生火灾和爆炸的危险

避免接触的条件 热、摩擦、震动及撞击

禁配物 强氧化剂、强碱

危险的分解产物 氮氧化物、氨

第十一部分 毒理学信息

急性毒性 LD_{50}：10200mg/kg（大鼠经口）；3850mg/kg（小鼠经口）；48mg/kg（小鼠腹腔）；3120mg/kg（豚鼠经口）

皮肤刺激或腐蚀 无资料

眼睛刺激或腐蚀 家兔经眼：100μl（24h），重度刺激

呼吸或皮肤过敏 无资料

生殖细胞突变性 细胞遗传学分析：仓鼠成纤维细胞 4g/L（4h）

致癌性 无资料

生殖毒性 无资料

特异性靶器官系统毒性-一次接触 无资料

特异性靶器官系统毒性-反复接触 无资料

吸入危害 无资料

第十二部分 生态学信息

生态毒性 无资料

持久性和降解性

生物降解性　MITI-Ⅰ测试，初始浓度 100ppm，污泥浓度 30ppm，4 周后降解 4%～14%

非生物降解性　无资料

潜在的生物累积性　根据 K_{ow} 值预测，该物质的生物累积性可能较弱

土壤中的迁移性　根据 K_{oc} 值预测，该物质可能易发生迁移

第十三部分　废弃处置

废弃化学品　处置前应参阅国家和地方有关法规。在公安部门指定地点引爆

污染包装物　将容器返还生产商或按照国家和地方法规处置

废弃注意事项　废弃处置人员必须接受过专门的爆炸性物质废弃处置培训

第十四部分　运输信息

联合国危险货物编号（UN 号）　0282

联合国运输名称　硝基胍

联合国危险性类别　1.1D　**包装类别**　-

包装标志 　**海洋污染物**　否

运输注意事项　凭到达地公安机关的运输证托运。货车编组，应按照《车辆编组隔离表》进行。起运时包装要完整，装载应稳妥。运输过程中要确保容器不泄漏、不倒塌、不坠落、不损坏。车速要加以控制，避免颠簸、震荡。不得与酸、碱、盐类、氧化剂、易燃可燃物、自燃物品、金属粉末等危险物品及钢铁材料器具混装。运输途中应防曝晒、雨淋，防高温。公路运输时要按规定路线行驶，中途停留时应严格选择停放地点，远离高压电源、火源和高温场所，要与其他车辆隔离并留有专人看管，禁止在居民区和人口稠密区停留。铁路运输时要禁止溜放

第十五部分　法规信息

下列法律、法规、规章和标准，对该化学品的管理作了相应的规定。

中华人民共和国职业病防治法　职业病分类和目录：未列入

危险化学品安全管理条例　危险化学品目录：列入。易制爆危险化学品名录：未列入。重点监管的危险化学品名录：列入。GB 18218—2009《危险化学品重大危险源辨识》(表 1)：未列入

使用有毒物品作业场所劳动保护条例　高毒物品目录：未列入

易制毒化学品管理条例　易制毒化学品的分类和品种目录：未列入

国际公约　斯德哥尔摩公约：未列入。鹿特丹公约：未列入。蒙特利尔议定书：未列入

第十六部分　其他信息

编写和修订信息　　**缩略语和首字母缩写**

培训建议　　**参考文献**

免责声明

4-硝基甲苯

第一部分　化学品标识

化学品中文名　4-硝基甲苯；对硝基甲苯

化学品英文名　4-nitrotoluene；*p*-nitrotoluene

分子式　$C_7H_7NO_2$　**相对分子质量**　137.15

结构式

化学品的推荐及限制用途　用于染料合成

第二部分　危险性概述

紧急情况概述　吞咽会中毒，皮肤接触会中毒，吸入会中毒

GHS 危险性类别　急性毒性-经口，类别 3；急性毒性-经皮，类别 3；急性毒性-吸入，类别 3；特异性靶器官毒性-反复接触，类别 2；危害水生环境-急性危害，类别 2；危害水生环境-长期危害，类别 2

标签要素

象形图 

警示词　危险

危险性说明　吞咽会中毒，皮肤接触会中毒，吸入会中毒，长时间或反复接触可能对器官造成损伤，对水生生物有毒并具有长期持续影响

防范说明

预防措施　避免接触眼睛、皮肤，操作后彻底清洗。作业场所不得进食、饮水或吸烟。戴防护手套、穿防护服。避免吸入粉尘。仅在室外或通风良好处操作。禁止排入环境

事故响应　如吸入：将患者转移到空气新鲜处，休息，保持利于呼吸的体位。皮肤接触：用大量肥皂水和水清洗，如感觉不适，呼叫中毒控制中心或就医。立即脱去所有被污染的衣服。被污染的衣服须经洗净后方可重新使用。食入：漱口，立即呼叫中毒控制中心或就医。收集泄漏物

安全储存　在通风良好处储存。保持容器密闭。上锁保管

废弃处置　本品及内装物、容器依据国家和地方法规处置

物理和化学危险　可燃，其粉体与空气混合，能形成爆炸性混合物

健康危害　对眼睛、呼吸道和皮肤有刺激作用。吸收进入体内可引起高铁血红蛋白血症，出现紫绀。严重中毒者可致死

环境危害 对水生生物有毒并具有长期持续影响

第三部分 成分/组成信息

√物质 混合物

组分	浓度	CAS No.
4-硝基甲苯		99-99-0

第四部分 急救措施

吸入 迅速脱离现场至空气新鲜处。保持呼吸道通畅。如呼吸困难，给吸氧。如呼吸、心跳停止，立即行心肺复苏术。就医

皮肤接触 立即脱去污染衣着，用肥皂水或清水彻底冲洗。就医

眼睛接触 分开眼睑，用清水或生理盐水冲洗。就医

食入 漱口，饮水。就医

对保护施救者的忠告 根据需要使用个人防护设备

对医生的特别提示 高铁血红蛋白血症，可用美蓝和维生素C治疗

第五部分 消防措施

灭火剂 用泡沫、干粉、二氧化碳灭火

特别危险性 受高热分解放出有毒的气体。燃烧生成有害的一氧化碳、氮氧化物

灭火注意事项及防护措施 消防人员必须佩戴空气呼吸器、穿全身防火防毒服，在上风向灭火。尽可能将容器从火场移至空旷处。喷水保持火场容器冷却，直至灭火结束

第六部分 泄漏应急处理

作业人员防护措施、防护装备和应急处置程序 隔离泄漏污染区，限制出入。建议应急处理人员戴防尘口罩，穿防毒服，戴橡胶耐油手套。穿上适当的防护服前严禁接触破裂的容器和泄漏物。尽可能切断泄漏源。用塑料布覆盖泄漏物，减少飞散。勿使水进入包装容器内

环境保护措施 无资料

泄漏化学品的收容、清除方法及所使用的处置材料 用洁净的铲子收集泄漏物，置于干净、干燥、盖子较松的容器中，将容器移离泄漏区

第七部分 操作处置与储存

操作注意事项 密闭操作，提供充分的局部排风。操作人员必须经过专门培训，严格遵守操作规程。建议操作人员佩戴自吸过滤式防尘口罩，戴安全防护眼镜，穿透气型防毒服，戴橡胶耐油手套。远离火种、热源。工作场所严禁吸烟。使用防爆型的通风系统和设备。避免产生粉尘。避免与氧化剂、还原剂、碱类接触。搬运时要轻装轻卸，防止包装及容器损坏。配备相应品种和数量的消防器材及泄漏应急处理设备。倒空的容器可能残留有害物

储存注意事项 储存于阴凉、通风的库房。远离火种、热源。包装密封。应与氧化剂、还原剂、碱类、食用化学品分开存放，切忌混储。配备相应品种和数量的消防器材。储区应备有合适的材料收容泄漏物

第八部分 接触控制/个体防护

职业接触限值

中国 PC-TWA：10mg/m^3［皮］

美国(ACGIH) TLV-TWA：2ppm［皮］

生物接触限值 未制定标准

监测方法 空气中有毒物质测定方法：毛细管柱-气相色谱法。生物监测检验方法：未制定标准

工程控制 严加密闭，提供充分的局部排风。提供安全的淋浴和洗眼设备

个体防护装备

呼吸系统防护 可能接触其粉尘时，建议佩戴过滤式防尘呼吸器。紧急事态抢救或撤离时，佩戴空气呼吸器

眼睛防护 戴安全防护眼镜

皮肤和身体防护 穿透气型防毒服

手防护 戴橡胶手套

第九部分 理化特性

外观与性状 淡黄色结晶

pH值 无意义 **熔点(℃)** 51.9

沸点(℃) 238.3 **相对密度(水=1)** 1.29(20℃)

相对蒸气密度(空气=1) 4.72

饱和蒸气压(kPa) 0.013 (20℃)

燃烧热(kJ/mol) −3714.3 **临界温度(℃)**

临界压力(MPa) 3.8 **辛醇/水分配系数** 2.37

闪点(℃) 106 (CC) **自燃温度(℃)** 390

爆炸下限(%) 1.6 **爆炸上限(%)** 7.6

分解温度(℃) **黏度(mPa·s)** 1.2(60℃)

溶解性 不溶于水，易溶于乙醇、乙醚、苯

第十部分 稳定性和反应性

稳定性 稳定

危险反应 与强氧化剂等禁配物发生反应

避免接触的条件 受热

禁配物 强氧化剂、强还原剂、强碱

危险的分解产物 氮氧化物

第十一部分 毒理学信息

急性毒性 LD_{50}：1960mg/kg (大鼠经口)；＞16g/kg (大鼠经皮)

皮肤刺激或腐蚀 无资料

眼睛刺激或腐蚀 无资料

呼吸或皮肤过敏 无资料

生殖细胞突变性 微生物致突变：鼠伤寒沙门氏菌 10μg/皿。微生物致突变试验：鼠伤寒沙门氏菌 10μg/皿。程序外DNA合成：大鼠肝 100μg/L

致癌性 IARC致癌性评论：组3，现有的证据不能对人类致癌性进行分类。对人及动物致癌性证据不足

生殖毒性 无资料

特异性靶器官系统毒性-一次接触 无资料

特异性靶器官系统毒性-反复接触 无资料

吸入危害 无资料

第十二部分 生态学信息

生态毒性

LC_{50} 74mg/L（48h），51mg/L（96h）（青鳉）；73mg/L（96h）（高体雅罗鱼）；19mg/L（96h）（黑头呆鱼）；7.5mg/L（48h）（水蚤）

EC_{50} 82mg/L（24h）（梨形四膜虫）；22mg/L（96h）（单细胞绿藻）

持久性和降解性

生物降解性 MITI-Ⅰ测试，初始浓度100ppm，污泥浓度30ppm，2周后降解0.8%

非生物降解性 无资料

潜在的生物累积性 根据K_{ow}值预测，该物质的生物累积性可能较弱

土壤中的迁移性 根据K_{oc}值预测，该物质可能有一定的迁移性

第十三部分 废弃处置

废弃化学品 用控制焚烧法处置。焚烧炉排出的氮氧化物通过洗涤器除去

污染包装物 将容器返还生产商或按照国家和地方法规处置

废弃注意事项 把倒空的容器归还厂商或在规定场所掩埋

第十四部分 运输信息

联合国危险货物编号（UN号） 3446

联合国运输名称 固态硝基甲苯

联合国危险性类别 6.1 **包装类别** Ⅱ类包装

包装标志  **海洋污染物** 否

运输注意事项 运输前应先检查包装容器是否完整、密封，运输过程中要确保容器不泄漏、不倒塌、不坠落、不损坏。严禁与酸类、氧化剂、食品及食品添加剂混运。运输车辆应配备相应品种和数量的消防器材及泄漏应急处理设备。运输途中应防曝晒、雨淋，防高温

第十五部分 法规信息

下列法律、法规、规章和标准，对该化学品的管理作了相应的规定。

中华人民共和国职业病防治法 职业病分类和目录：苯的氨基及硝基化合物中毒

危险化学品安全管理条例 危险化学品目录：列入。易制爆危险化学品名录：未列入。重点监管的危险化学品名录：未列入。GB 18218—2009《危险化学品重大危险源辨识》（表1）：未列入

使用有毒物品作业场所劳动保护条例 高毒物品目录：未列入

易制毒化学品管理条例 易制毒化学品的分类和品种目录：未列入

国际公约 斯德哥尔摩公约：未列入。鹿特丹公约：未列入。蒙特利尔议定书：未列入

第十六部分 其他信息

编写和修订信息 **缩略语和首字母缩写**

培训建议 **参考文献**

免责声明

3-硝基甲苯

第一部分 化学品标识

化学品中文名 3-硝基甲苯；间硝基甲苯

化学品英文名 3-nitrotoluene；*m*-nitrotoluene

分子式 $C_7H_7NO_2$ **相对分子质量** 137.15

结构式

化学品的推荐及限制用途 用于有机合成

第二部分 危险性概述

紧急情况概述 吞咽有害

GHS危险性类别 急性毒性-经口，类别4；皮肤腐蚀/刺激，类别3；严重眼损伤/眼刺激，类别2B；生殖毒性，类别2；特异性靶器官毒性-一次接触，类别2；特异性靶器官毒性-反复接触，类别2；危害水生环境-急性危害，类别2；危害水生环境-长期危害，类别2

标签要素

象形图 

警示词 警告

危险性说明 吞咽有害，造成轻微皮肤刺激，造成眼刺激，怀疑对生育力或胎儿造成伤害，可能对器官造成损害，长时间或反复接触可能对器官造成损伤，对水生生物有毒并具有长期持续影响

防范说明

预防措施 避免接触眼睛、皮肤，操作后彻底清洗。作业场所不得进食、饮水或吸烟。得到专门指导后操作。在阅读并了解所有安全预防措施之前，切勿操作。按要求使用个体防护装备。避免吸入粉尘蒸气、雾。禁止排入环境

事故响应 如发生皮肤刺激，就医。如接触眼睛：用水细心冲洗数分钟。如戴隐形眼镜并可方便地取出，取出隐形眼镜继续冲洗。食入：漱口，如果感觉不适，立即呼叫中毒控制中心或就医。如果接触或有担心，就医。收集泄漏物

安全储存 上锁保管

废弃处置 本品及内装物、容器依据国家和地方法规处置

物理和化学危险 可燃，其蒸气与空气混合，能形成爆炸性混合物

健康危害 对眼睛、呼吸道和皮肤有刺激作用。吸收进入体内可引起高铁血红蛋白血症，出现紫绀。严重中毒者可致死

环境危害 对水生生物有毒并具有长期持续影响

第三部分 成分/组成信息

√物质		混合物
组分	**浓度**	**CAS No.**
3-硝基甲苯		99-08-1

第四部分 急救措施

吸入 迅速脱离现场至空气新鲜处。保持呼吸道通畅。如呼吸困难，给吸氧。如呼吸、心跳停止，立即行心肺复苏术。就医

皮肤接触 立即脱去污染衣着，用肥皂水或清水彻底冲洗。就医

眼睛接触 分开眼睑，用清水或生理盐水冲洗。就医

食入 漱口，饮水。就医

对保护施救者的忠告 根据需要使用个人防护设备

对医生的特别提示 高铁血红蛋白血症，可用美蓝和维生素C治疗

第五部分 消防措施

灭火剂 用泡沫、干粉、二氧化碳灭火

特别危险性 受高热分解放出有毒的气体。燃烧生成有害的一氧化碳、氮氧化物

灭火注意事项及防护措施 消防人员须佩戴防毒面具、穿全身消防服，在上风向灭火。尽可能将容器从火场移至空旷处。喷水保持火场容器冷却，直至灭火结束。容器突然发出异常声音或出现异常现象，应立即撤离

第六部分 泄漏应急处理

作业人员防护措施、防护装备和应急处置程序 根据液体流动和蒸气扩散的影响区域划定警戒区，无关人员从侧风、上风向撤离至安全区。建议应急处理人员戴防尘口罩（若为液体，戴正压自给式呼吸器），穿防毒服，戴橡胶耐油手套。穿上适当的防护服前严禁接触破裂的容器和泄漏物。尽可能切断泄漏源

环境保护措施 防止泄漏物进入水体、下水道、地下室或有限空间

泄漏化学品的收容、清除方法及所使用的处置材料 小量泄漏：用干燥的砂土或其他不燃材料吸收或覆盖，收集于容器中。大量泄漏：构筑围堤或挖坑收容。用泵转移至槽车或专用收集器内

第七部分 操作处置与储存

操作注意事项 密闭操作，提供充分的局部排风。操作人员必须经过专门培训，严格遵守操作规程。建议操作人员佩戴自吸过滤式防尘口罩，戴安全防护眼镜，穿透气型防毒服，戴橡胶耐油手套。远离火种、热源。工作场所严禁吸烟。使用防爆型的通风系统和设备。避免产生粉尘。避免与氧化剂、还原剂、碱类接触。搬运时要轻装轻卸，防止包装及容器损坏。配备相应品种和数量的消防器材及泄漏应急处理设备。倒空的容器可能残留有害物

储存注意事项 储存于阴凉、通风的库房。远离火种、热源。库房温度不超过35℃，相对湿度不超过80%。包装密封。应与氧化剂、还原剂、碱类、食用化学品分开存放，切忌混储。配备相应品种和数量的消防器材。储区应备有合适的材料收容泄漏物

第八部分 接触控制/个体防护

职业接触限值

中国 PC-TWA：10mg/m^3［皮］

美国（ACGIH） TLV-TWA：2ppm［皮］

生物接触限值 未制定标准

监测方法 空气中有毒物质测定方法：毛细管柱-气相色谱法。生物监测检验方法：未制定标准

工程控制 严加密闭，提供充分的局部排风。提供安全的淋浴和洗眼设备

个体防护装备

呼吸系统防护 空气中粉尘浓度超标时，应该佩戴过滤式防尘呼吸器；可能接触其蒸气时，应该佩戴过滤式防毒面具（半面罩）

眼睛防护 戴安全防护眼镜

皮肤和身体防护 穿透气型防毒服

手防护 戴橡胶耐油手套

第九部分 理化特性

外观与性状 黄色液体或结晶

pH值 无资料　**熔点(℃)** 15.1

沸点(℃) 231.9　**相对密度(水=1)** 1.16

相对蒸气密度(空气=1) 4.72

饱和蒸气压(kPa) 0.13（50.2℃）

燃烧热(kJ/mol) 无资料　**临界温度(℃)** 无资料

临界压力(MPa) 3.8　**辛醇/水分配系数** 2.4～2.45

闪点(℃) 101.67　**自燃温度(℃)** 305

爆炸下限(%) 1.6　**爆炸上限(%)** 无资料

分解温度(℃) 无资料　**黏度(mPa·s)** 2.33(20℃)

溶解性 不溶于水，溶于苯，可混溶于乙醇、乙醚

第十部分 稳定性和反应性

稳定性 稳定

危险反应 与强氧化剂等禁配物发生反应

避免接触的条件 受热

禁配物 强氧化剂、强还原剂、强碱

危险的分解产物 氮氧化物

第十一部分 毒理学信息

急性毒性

LD_{50} 1072mg/kg（大鼠经口）

LC_{50} 693mg/m^3（大鼠吸入）

皮肤刺激或腐蚀 无资料　**眼睛刺激或腐蚀** 无资料

呼吸或皮肤过敏 无资料　**生殖细胞突变性** 无资料

致癌性 无资料　**生殖毒性** 无资料

特异性靶器官系统毒性-一次接触 无资料

特异性靶器官系统毒性-反复接触 无资料

吸入危害 无资料

第十二部分 生态学信息

生态毒性

LC_{50} 33.14mg/L（96h）（斑马鱼）；71mg/L（48h）（青鳉）；7.5mg/L（48h）（水蚤）

EC_{50} 14mg/L（96h）（单细胞绿藻）

持久性和降解性

生物降解性 MITI-Ⅰ测试，初始浓度 100ppm，污泥浓度 30ppm，14d 后降解 2%

非生物降解性 无资料

潜在的生物累积性 根据 K_{ow} 值预测，该物质的生物累积性可能较弱

土壤中的迁移性 根据 K_{oc} 值预测，该物质可能有一定的迁移性

第十三部分 废弃处置

废弃化学品 用控制焚烧法处置。焚烧炉排出的氮氧化物通过洗涤器除去

污染包装物 将容器返还生产商或按照国家和地方法规处置

废弃注意事项 处置前应参阅国家和地方有关法规

第十四部分 运输信息

联合国危险货物编号（UN 号） 1664（液态）；3446（固态）

联合国运输名称 液态硝基甲苯（液态）；固态硝基甲苯（固态）

联合国危险性类别 6.1 **包装类别** Ⅱ类包装

包装标志  **海洋污染物** 否

运输注意事项 运输前应先检查包装容器是否完整、密封，运输过程中要确保容器不泄漏、不倒塌、不坠落、不损坏。严禁与酸类、氧化剂、食品及食品添加剂混运。运输车辆应配备相应品种和数量的消防器材及泄漏应急处理设备。运输途中应防曝晒、雨淋，防高温

第十五部分 法规信息

下列法律、法规、规章和标准，对该化学品的管理作了相应的规定。

中华人民共和国职业病防治法 职业病分类和目录：苯的氨基及硝基化合物中毒

危险化学品安全管理条例 危险化学品目录：列入。易制爆危险化学品名录：未列入。重点监管的危险化学品名录：未列入。GB 18218—2009《危险化学品重大危险源辨识》（表 1）：未列入

使用有毒物品作业场所劳动保护条例 高毒物品目录：未列入

易制毒化学品管理条例 易制毒化学品的分类和品种目录：未列入

国际公约 斯德哥尔摩公约：未列入。鹿特丹公约：未列入。蒙特利尔议定书：未列入

第十六部分 其他信息

编写和修订信息 **缩略语和首字母缩写**

培训建议 **参考文献**

免责声明

2-硝基甲苯

第一部分 化学品标识

化学品中文名 2-硝基甲苯；邻硝基甲苯

化学品英文名 2-nitrotoluene；*o*-nitrotoluene

分子式 $C_7H_7NO_2$ **相对分子质量** 137.15

结构式

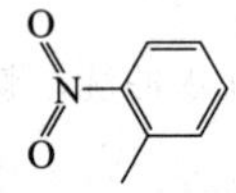

化学品的推荐及限制用途 用于各种染料合成

第二部分 危险性概述

紧急情况概述 吞咽有害

GHS 危险性类别 急性毒性-经口，类别 4；生殖细胞致突变性，类别 1B；生殖毒性，类别 2；危害水生环境-急性危害，类别 2；危害水生环境-长期危害，类别 2

标签要素

象形图 

警示词 危险

危险性说明 吞咽有害，可造成遗传性缺陷，怀疑对生育力或胎儿造成伤害，对水生生物有毒并具有长期持续影响

防范说明

预防措施 避免接触眼睛、皮肤，操作后彻底清洗。作业场所不得进食、饮水或吸烟。得到专门指导后操作。在阅读并了解所有安全预防措施之前，切勿操作。按要求使用个体防护装备。禁止排入环境

事故响应 食入：漱口。如果感觉不适，立即呼叫中毒控制中心或就医。如果接触或有担心，就医。收集泄漏物

安全储存 上锁保管

废弃处置 本品及内装物、容器依据国家和地方法规处置

物理和化学危险 可燃，其蒸气与空气混合，能形成爆炸性混合物

健康危害 对眼睛、呼吸道和皮肤有刺激作用。吸收进入体内可引起高铁血红蛋白血症，出现紫绀。严重中毒者可致死

环境危害 对水生生物有毒并具有长期持续影响

第三部分 成分/组成信息

√物质 混合物

组分	浓度	CAS No.
2-硝基甲苯		88-72-2

第四部分 急救措施

吸入 迅速脱离现场至空气新鲜处。保持呼吸道通畅。如呼吸困难，给吸氧。如呼吸、心跳停止，立即行心肺复苏术。就医

皮肤接触 立即脱去污染衣着，用肥皂水或清水彻底冲洗。就医

眼睛接触 分开眼睑，用清水或生理盐水冲洗。就医

食入 漱口，饮水。就医

对保护施救者的忠告 根据需要使用个人防护设备

对医生的特别提示 高铁血红蛋白血症，可用美蓝和维生素C治疗

第五部分 消防措施

灭火剂 用泡沫、干粉、二氧化碳灭火

特别危险性 遇明火、高热可燃。受高热分解放出有毒的气体。燃烧生成有害的一氧化碳、氮氧化物

灭火注意事项及防护措施 消防人员必须佩戴空气呼吸器、穿全身防火防毒服，在上风向灭火。尽可能将容器从火场移至空旷处。喷水保持火场容器冷却，直至灭火结束。容器突然发出异常声音或出现异常现象，应立即撤离

第六部分 泄漏应急处理

作业人员防护措施、防护装备和应急处置程序 根据液体流动和蒸气扩散的影响区域划定警戒区，无关人员从侧风、上风向撤离至安全区。建议应急处理人员戴正压自给式呼吸器，穿防毒服。穿上适当的防护服前严禁接触破裂的容器和泄漏物。尽可能切断泄漏源

环境保护措施 防止泄漏物进入水体、下水道、地下室或有限空间

泄漏化学品的收容、清除方法及所使用的处置材料 小量泄漏：用干燥的砂土或其他不燃材料吸收或覆盖，收集于容器中。大量泄漏：构筑围堤或挖坑收容。用泵转移至槽车或专用收集器内

第七部分 操作处置与储存

操作注意事项 密闭操作，提供充分的局部排风。操作人员必须经过专门培训，严格遵守操作规程。建议操作人员佩戴自吸过滤式防毒面具（半面罩），戴安全防护眼镜，穿透气型防毒服，戴橡胶耐油手套。远离火种、热源。工作场所严禁吸烟。使用防爆型的通风系统和设备。防止蒸气泄漏到工作场所空气中。避免与氧化剂、还原剂、碱类接触。搬运时要轻装轻卸，防止包装及容器损坏。配备相应品种和数量的消防器材及泄漏应急处理设备。倒空的容器可能残留有害物

储存注意事项 储存于阴凉、通风的库房。远离火种、热源。保持容器密封。应与氧化剂、还原剂、碱类、食用化学品分开存放，切忌混储。配备相应品种和数量的消防器材。储区应备有泄漏应急处理设备和合适的收容材料

第八部分 接触控制/个体防护

职业接触限值

中国 PC-TWA：10mg/m³［皮］

美国(ACGIH) TLV-TWA：2ppm［皮］

生物接触限值 未制定标准

监测方法 空气中有毒物质测定方法：毛细管柱-气相色谱法。生物监测检验方法：未制定标准

工程控制 严加密闭，提供充分的局部排风。提供安全的淋浴和洗眼设备

个体防护装备

呼吸系统防护 空气中浓度超标时，建议佩戴过滤式防毒面具（半面罩）

眼睛防护 戴安全防护眼镜

皮肤和身体防护 穿透气型防毒服

手防护 戴橡胶耐油手套

第九部分 理化特性

外观与性状 微黄色液体

pH值 无资料　　**熔点(℃)** −9.5

沸点(℃) 222　　**相对密度(水=1)** 1.16

相对蒸气密度(空气=1) 4.72

饱和蒸气压(kPa) 0.03（25℃）

燃烧热(kJ/mol) −3593.1　　**临界温度(℃)** 无资料

临界压力(MPa) 3.8　　**辛醇/水分配系数** 2.3

闪点(℃) 106(CC)；95(OC)　　**自燃温度(℃)** 305

爆炸下限(%) 2.2　　**爆炸上限(%)** 无资料

分解温度(℃) 无资料

黏度(mPa·s) 无资料

溶解性 不溶于水，溶于乙醇、乙醚、苯、丙酮、氯仿、石油醚

第十部分 稳定性和反应性

稳定性 稳定

危险反应 与强氧化剂等禁配物发生反应

避免接触的条件 受热

禁配物 强氧化剂、强还原剂、强碱

危险的分解产物 氮氧化物

第十一部分 毒理学信息

急性毒性

LD_{50} 891mg/kg（大鼠经口）

LC_{50} 790mg/m³（大鼠吸入）

皮肤刺激或腐蚀 无资料　　**眼睛刺激或腐蚀** 无资料

呼吸或皮肤过敏 无资料　　**生殖细胞突变性** 无资料

致癌性 IARC致癌性评论：组2A，可能人类致癌物

生殖毒性 无资料

特异性靶器官系统毒性-一次接触 无资料

特异性靶器官系统毒性-反复接触 无资料

吸入危害 无资料

第十二部分　生态学信息

生态毒性

LC_{50}　65mg/L（96h）（斑马鱼）；29mg/L（48h）（高体雅罗鱼）；88mg/L（48h）（青鳉）；37.1mg/L（96h）（黑头呆鱼）；8.8mg/L（48h）（水蚤）

IC_{50}　3.1～28mg/L（72h）（藻类）

持久性和降解性

生物降解性　MITI-Ⅰ测试，初始浓度100ppm，污泥浓度30ppm，2周后降解0.5%

非生物降解性　无资料

潜在的生物累积性　根据K_{ow}值预测，该物质的生物累积性可能较弱

土壤中的迁移性　根据K_{oc}值预测，该物质可能有一定的迁移性

第十三部分　废弃处置

废弃化学品　用控制焚烧法处置。焚烧炉排出的氮氧化物通过洗涤器除去

污染包装物　将容器返还生产商或按照国家和地方法规处置

废弃注意事项　把倒空的容器归还厂商或在规定场所掩埋

第十四部分　运输信息

联合国危险货物编号（UN号）　1664

联合国运输名称　液态硝基甲苯

联合国危险性类别　6.1　　**包装类别**　Ⅱ类包装

包装标志 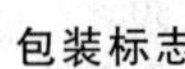 

海洋污染物　否

运输注意事项　运输前应先检查包装容器是否完整、密封，运输过程中要确保容器不泄漏、不倒塌、不坠落、不损坏。严禁与酸类、氧化剂、食品及食品添加剂混运。运输时运输车辆应配备相应品种和数量的消防器材及泄漏应急处理设备。运输途中应防曝晒、雨淋，防高温。公路运输时要按规定路线行驶

第十五部分　法规信息

下列法律、法规、规章和标准，对该化学品的管理作了相应的规定。

中华人民共和国职业病防治法　职业病分类和目录：苯的氨基及硝基化合物中毒

危险化学品安全管理条例　危险化学品目录：列入。易制爆危险化学品名录：未列入。重点监管的危险化学品名录：未列入。GB 18218—2009《危险化学品重大危险源辨识》（表1）：未列入

使用有毒物品作业场所劳动保护条例　高毒物品目录：未列入

易制毒化学品管理条例　易制毒化学品的分类和品种目录：未列入

国际公约　斯德哥尔摩公约：未列入。鹿特丹公约：未列入。蒙特利尔议定书：未列入

第十六部分　其他信息

编写和修订信息　　**缩略语和首字母缩写**

培训建议　　**参考文献**

免责声明

硝基甲烷

第一部分　化学品标识

化学品中文名　硝基甲烷

化学品英文名　nitromethane

分子式　CH_3NO_2　　**相对分子质量**　61.05

结构式　O–N=O（N上连一竖键）

化学品的推荐及限制用途　用作溶剂、火箭燃料、汽油添加剂以及用于有机合成

第二部分　危险性概述

紧急情况概述　易燃液体和蒸气，吞咽有害

GHS危险性类别　易燃液体，类别3；急性毒性-经口，类别4；致癌性，类别2；危害水生环境-急性危害，类别3

标签要素

象形图 

警示词　警告

危险性说明　易燃液体和蒸气，吞咽有害，怀疑致癌，对水生生物有害

防范说明

预防措施　远离热源、火花、明火、热表面。禁止吸烟。保持容器密闭。容器和接收设备接地连接。使用防爆电器、通风、照明设备。只能使用不产生火花的工具。采取防止静电措施。戴防护手套、防护眼镜、防护面罩。避免接触眼睛、皮肤，操作后彻底清洗。作业场所不得进食、饮水或吸烟。得到专门指导后操作。在阅读并了解所有安全预防措施之前，切勿操作。按要求使用个体防护装备。禁止排入环境

事故响应　火灾时，使用雾状水、泡沫、二氧化碳、干粉灭火。如皮肤（或头发）接触：立即脱掉所有被污染的衣服，用水冲洗皮肤，淋浴。食入：漱口，如果感觉不适，立即呼叫中毒控制中心或就医。如果接触或有担心，就医

安全储存　存放在通风良好的地方。保持低温。上锁保管

废弃处置　本品及内装物、容器依据国家和地方法规处置

物理和化学危险　易燃，其蒸气与空气混合，能形成爆炸性混合物。强烈震动或受热均能引起燃烧爆炸

健康危害　本品主要引起中枢神经系统损害，对肝、肾有损害。亦可引起高铁血红蛋白血症。吸入高浓度本品

蒸气出现头晕、四肢无力、呼吸困难、紫绀、意识丧失、癫痫样抽搐。对呼吸道黏膜有轻度刺激作用。可发生肝、肾损害，继发肾病。血中高铁血红蛋白含量增高

环境危害 对水生生物有害

第三部分 成分/组成信息

√物质		混合物
组分	**浓度**	**CAS No.**
硝基甲烷		75-52-5

第四部分 急救措施

吸入 迅速脱离现场至空气新鲜处。保持呼吸道通畅。如呼吸困难，给吸氧。如呼吸、心跳停止，立即行心肺复苏术。就医

皮肤接触 立即脱去污染衣着，用肥皂水或清水彻底冲洗。就医

眼睛接触 分开眼睑，用清水或生理盐水冲洗。就医

食入 漱口，饮水。就医

对保护施救者的忠告 根据需要使用个人防护设备

对医生的特别提示 高铁血红蛋白血症，可用美蓝和维生素C治疗

第五部分 消防措施

灭火剂 用雾状水、泡沫、二氧化碳、干粉灭火

特别危险性 强烈震动及受热或遇无机碱类、氧化剂、烃类、胺类及三氯化铝、六甲基苯等均能引起燃烧爆炸。燃烧分解时，放出有毒的氮氧化物气体。燃烧生成有害的一氧化碳、氮氧化物

灭火注意事项及防护措施 消防人员须戴好防毒面具，在安全距离以外，在上风向灭火。尽可能将容器从火场移至空旷处。喷水保持火场容器冷却，直至灭火结束。容器突然发出异常声音或出现异常现象，应立即撤离。禁止用砂土压盖

第六部分 泄漏应急处理

作业人员防护措施、防护装备和应急处置程序 消除所有点火源。根据液体流动和蒸气扩散的影响区域划定警戒区，无关人员从侧风、上风向撤离至安全区。建议应急处理人员戴正压自给式呼吸器，穿防静电服，戴橡胶耐油手套。作业时使用的所有设备应接地。禁止接触或跨越泄漏物。尽可能切断泄漏源

环境保护措施 防止泄漏物进入水体、下水道、地下室或有限空间

泄漏化学品的收容、清除方法及所使用的处置材料 小量泄漏：用砂土或其他不燃材料吸收，使用洁净的无火花工具收集吸收材料。大量泄漏：构筑围堤或挖坑收容。用抗溶性泡沫覆盖，减少蒸发。喷水雾能减少蒸发，但不能降低泄漏物在有限空间内的易燃性。用防爆泵转移至槽车或专用收集器内

第七部分 操作处置与储存

操作注意事项 密闭操作，全面排风。操作人员必须经过专门培训，严格遵守操作规程。建议操作人员佩戴过滤式防毒面具（半面罩），戴化学安全防护眼镜，穿胶布防毒衣，戴橡胶耐油手套。远离火种、热源。工作场所严禁吸烟。使用防爆型的通风系统和设备。防止蒸气泄漏到工作场所空气中。避免与氧化剂、还原剂、酸类、碱类接触。充装要控制流速，防止静电积聚。搬运时要轻装轻卸，防止包装及容器损坏。配备相应品种和数量的消防器材及泄漏应急处理设备。倒空的容器可能残留有害物

储存注意事项 储存于阴凉、通风的库房。库温不宜超过37℃。远离火种、热源。保持容器密封。应与氧化剂、还原剂、酸类、碱类等分开存放，切忌混储。采用防爆型照明、通风设施。禁止使用易产生火花的机械设备和工具。储区应备有泄漏应急处理设备和合适的收容材料

第八部分 接触控制/个体防护

职业接触限值

中国 PC-TWA：50mg/m³［G2B］

美国(ACGIH) TLV-TWA：20ppm

生物接触限值 未制定标准

监测方法 空气中有毒物质测定方法：未制定标准。生物监测检验方法：未制定标准

工程控制 密闭操作，全面排风。提供安全的淋浴和洗眼设备

个体防护装备

呼吸系统防护 空气中浓度超标时，佩戴过滤式防毒面具（半面罩）。紧急事态抢救或撤离时，建议佩戴空气呼吸器

眼睛防护 戴化学安全防护眼镜

皮肤和身体防护 穿隔绝式防毒服

手防护 戴橡胶耐油手套

第九部分 理化特性

外观与性状 无色油状液体，水果香味

pH值 6.12（0.01mol/L水溶液）

熔点(℃) －29　**沸点(℃)** 101.2

相对密度(水＝1) 1.14

相对蒸气密度(空气＝1) 2.11

饱和蒸气压(kPa) 3.71（20℃）

燃烧热(kJ/mol) －708.1　**临界温度(℃)** 315

临界压力(MPa) 6.30　**辛醇/水分配系数** －0.35

闪点(℃) 35（CC）　**自燃温度(℃)** 418

爆炸下限(%) 7.1　**爆炸上限(%)** 63.0

分解温度(℃) 无资料　**黏度(mPa·s)** 0.61(25℃)

溶解性 微溶于水，溶于乙醇、乙醚、二甲基甲酰胺

第十部分 稳定性和反应性

稳定性 稳定

危险反应 强烈震动及受热，与强氧化剂、强还原剂、碱金属、卤代烷烃等禁配物接触，有发生火灾和爆炸的危险

避免接触的条件 震动、受热

禁配物　强还原剂、酸类、碱类、卤代烷烃、金属氢化物、金属烷氧化物、氨、胺类等

危险的分解产物　氮氧化物

第十一部分　毒理学信息

急性毒性　LD_{50}：940mg/kg（大鼠经口）；1440mg/kg（小鼠经口）

皮肤刺激或腐蚀　无资料　　**眼睛刺激或腐蚀**　无资料

呼吸或皮肤过敏　无资料　　**生殖细胞突变性**　无资料

致癌性　IARC 致癌性评论：组 2B，可疑人类致癌物。对人类致癌性证据有限，对动物致癌性证据不充分

生殖毒性　无资料

特异性靶器官系统毒性-一次接触　无资料

特异性靶器官系统毒性-反复接触　无资料

吸入危害　无资料

第十二部分　生态学信息

生态毒性

LC_{50}　460mg/L（48h）（斑马鱼，静态）；<278mg/L（96h）（黑头呆鱼，静态）

ErC_{50}　36mg/L（72h）（藻类）

持久性和降解性

生物降解性　无资料

非生物降解性　无资料

潜在的生物累积性　根据 K_{ow} 值预测，该物质的生物累积性可能较弱

土壤中的迁移性　根据 K_{oc} 值预测，该物质可能易发生迁移

第十三部分　废弃处置

废弃化学品　用焚烧法处置。焚烧炉排出的氮氧化物通过洗涤器除去

污染包装物　将容器返还生产商或按照国家和地方法规处置

废弃注意事项　处置前应参阅国家和地方有关法规

第十四部分　运输信息

联合国危险货物编号（UN 号）　1261

联合国运输名称　硝基甲烷

联合国危险性类别　3　　**包装类别**　Ⅱ类包装

包装标志　　　**海洋污染物**　否

运输注意事项　运输时运输车辆应配备相应品种和数量的消防器材及泄漏应急处理设备。夏季最好早晚运输。运输时所用的槽（罐）车应有接地链，槽内可设孔隔板以减少震荡产生的静电。严禁与氧化剂、还原剂、酸类、碱类、食用化学品等混装混运。运输途中应防曝晒、雨淋，防高温。中途停留时应远离火种、热源、高温区。装运该物品的车辆排气管必须配备阻火装置，禁止使用易产生火花的机械设备和工具装卸。公路运输时要按规定路线行驶，勿在居民区和人口稠密区停留。铁路运输时要禁止溜放。严禁用木船、水泥船散装运输

第十五部分　法规信息

下列法律、法规、规章和标准，对该化学品的管理作了相应的规定。

中华人民共和国职业病防治法　职业病分类和目录：未列入

危险化学品安全管理条例　危险化学品目录：列入。易制爆危险化学品名录：列入。重点监管的危险化学品名录：未列入。GB 18218—2009《危险化学品重大危险源辨识》（表 1）：未列入

使用有毒物品作业场所劳动保护条例　高毒物品目录：未列入

易制毒化学品管理条例　易制毒化学品的分类和品种目录：未列入

国际公约　斯德哥尔摩公约：未列入。鹿特丹公约：未列入。蒙特利尔议定书：未列入

第十六部分　其他信息

编写和修订信息　　**缩略语和首字母缩写**

培训建议　　**参考文献**

免责声明

3-硝基氯苯

第一部分　化学品标识

化学品中文名　3-硝基氯苯；间氯硝基苯；间硝基氯苯；1-氯-3-硝基苯；3-氯-1-硝基苯

化学品英文名　3-nitrochlorobenzene；*m*-chloronitrobenzene

分子式　$C_6H_4ClNO_2$　　**相对分子质量**　157.56

结构式

化学品的推荐及限制用途　用作有机合成中间体

第二部分　危险性概述

紧急情况概述　吞咽有害

GHS 危险性类别　急性毒性-经口，类别 4；危害水生环境-急性危害，类别 2；危害水生环境-长期危害，类别 2

标签要素

象形图

警示词　警告

危险性说明　吞咽有害，对水生生物有毒并具有长期持续影响

防范说明

预防措施　避免接触眼睛、皮肤，操作后彻底清洗。作业场所不得进食、饮水或吸烟。禁止排入环境

事故响应　食入：漱口。如果感觉不适，立即呼叫

中毒控制中心或就医。收集泄漏物

安全储存 -

废弃处置 本品及内装物、容器依据国家和地方法规处置

物理和化学危险 可燃，其粉体与空气混合，能形成爆炸性混合物

健康危害 引起高铁血红蛋白血症、溶血性贫血及中枢神经系统抑制。主要中毒表现有眼及上呼吸道刺激症状，头痛，头昏，呼吸困难，紫绀，贫血，血尿，血红蛋白和管型尿，恶心，呕吐，腹部疼痛，嗜睡，兴奋和幻觉，以及肌肉无力和共济失调。本品对眼和皮肤有强烈刺激性

环境危害 对水生生物有毒并具有长期持续影响

第三部分 成分/组成信息

√物质		混合物
组分	**浓度**	**CAS No.**
3-硝基氯苯		121-73-3

第四部分 急救措施

吸入 迅速脱离现场至空气新鲜处。保持呼吸道通畅。如呼吸困难，给输氧。如呼吸、心跳停止，立即进行心肺复苏术。就医

皮肤接触 立即脱去污染的衣着，用流动清水彻底冲洗。就医

眼睛接触 立即分开眼睑，用流动清水或生理盐水彻底冲洗。就医

食入 漱口，饮水。就医

对保护施救者的忠告 根据需要使用个人防护设备

对医生的特别提示 高铁血红蛋白血症，可用美蓝和维生素C治疗

第五部分 消防措施

灭火剂 用雾状水、泡沫、二氧化碳、砂土灭火

特别危险性 受高热分解，产生有毒的氮氧化物和氯化物气体。与强氧化剂接触可发生化学反应。燃烧生成有害的一氧化碳、氮氧化物、氯化氢

灭火注意事项及防护措施 消防人员必须佩戴空气呼吸器、穿全身防火防毒服，在上风向灭火。尽可能将容器从火场移至空旷处。喷水保持火场容器冷却，直至灭火结束

第六部分 泄漏应急处理

作业人员防护措施、防护装备和应急处置程序 隔离泄漏污染区，限制出入。建议应急处理人员戴防尘口罩，穿防毒服，戴橡胶手套。穿上适当的防护服前严禁接触破裂的容器和泄漏物。尽可能切断泄漏源。用塑料布覆盖泄漏物，减少飞散。勿使水进入包装容器内

环境保护措施 无资料

泄漏化学品的收容、清除方法及所使用的处置材料 用洁净的铲子收集泄漏物，置于干净、干燥、盖子较松的容器中，将容器移离泄漏区

第七部分 操作处置与储存

操作注意事项 密闭操作，提供充分的局部排风。操作人员必须经过专门培训，严格遵守操作规程。建议操作人员佩戴自吸过滤式防尘口罩，戴安全防护眼镜，穿防毒物渗透工作服，戴橡胶手套。远离火种、热源。工作场所严禁吸烟。使用防爆型的通风系统和设备。避免产生粉尘。避免与氧化剂、还原剂、碱类接触。搬运时要轻装轻卸，防止包装及容器损坏。配备相应品种和数量的消防器材及泄漏应急处理设备。倒空的容器可能残留有害物

储存注意事项 储存于阴凉、通风的库房。远离火种、热源。包装密封。应与氧化剂、还原剂、碱类、食用化学品分开存放，切忌混储。配备相应品种和数量的消防器材。储区应备有合适的材料收容泄漏物

第八部分 接触控制/个体防护

职业接触限值

中国 未制定标准

美国(ACGIH) 未制定标准

生物接触限值 未制定标准

监测方法 空气中有毒物质测定方法：毛细管柱-气相色谱法；盐酸萘乙二胺分光光度法。生物监测检验方法：未制定标准

工程控制 严加密闭，提供充分的局部排风。提供安全的淋浴和洗眼设备

个体防护装备

呼吸系统防护 可能接触其粉尘时，佩戴过滤式防尘呼吸器

眼睛防护 戴安全防护眼镜

皮肤和身体防护 穿防毒物渗透工作服

手防护 戴橡胶手套

第九部分 理化特性

外观与性状 淡黄色结晶

pH值	无意义	**熔点(℃)**	44～46
沸点(℃)	235～236	**相对密度(水=1)**	1.53
相对蒸气密度(空气=1)	无资料		
饱和蒸气压(kPa)	无资料		
燃烧热(kJ/mol)	无资料	**临界温度(℃)**	无资料
临界压力(MPa)	3.98	**辛醇/水分配系数**	2.41～2.46
闪点(℃)	127	**自燃温度(℃)**	无资料
爆炸下限(%)	无资料	**爆炸上限(%)**	无资料
分解温度(℃)	无资料	**黏度(mPa·s)**	无资料

溶解性 不溶于水，溶于多数有机溶剂

第十部分 稳定性和反应性

稳定性 稳定

危险反应 与强氧化剂等禁配物发生反应

避免接触的条件 受热

禁配物 强氧化剂、强碱、强还原剂

危险的分解产物 氮氧化物、氯化氢

第十一部分 毒理学信息

急性毒性 LD_{50}：420mg/kg（大鼠经口）

皮肤刺激或腐蚀 无资料 **眼睛刺激或腐蚀** 无资料

呼吸或皮肤过敏 无资料 **生殖细胞突变性** 无资料

致癌性 IARC致癌性评论：组3，现有的证据不能对人类致癌性进行分类。对人及动物致癌性证据不足

生殖毒性 无资料

特异性靶器官系统毒性-一次接触 无资料

特异性靶器官系统毒性-反复接触 无资料

吸入危害 无资料

第十二部分 生态学信息

生态毒性

LC_{50} 1.2mg/L（96h）（蓝鳃太阳鱼）

EC_{50} 4.5mg/L（48h）（水蚤）

持久性和降解性

生物降解性 不易快速生物降解

非生物降解性 无资料

潜在的生物累积性 根据 K_{ow} 值预测，该物质的生物累积性可能较弱

土壤中的迁移性 根据 K_{oc} 值预测，该物质可能有一定的迁移性

第十三部分 废弃处置

废弃化学品 建议用焚烧法处置。与燃料混合后，再焚烧。焚烧炉排出的气体要通过洗涤器除去

污染包装物 将容器返还生产商或按照国家和地方法规处置

废弃注意事项 处置前应参阅国家和地方有关法规。把倒空的容器归还厂商或在规定场所掩埋

第十四部分 运输信息

联合国危险货物编号（UN号） 1578

联合国运输名称 硝基氯苯，固态

联合国危险性类别 6.1 **包装类别** Ⅱ类包装

包装标志  **海洋污染物** 否

运输注意事项 运输前应先检查包装容器是否完整、密封，运输过程中要确保容器不泄漏、不倒塌、不坠落、不损坏。严禁与酸类、氧化剂、食品及食品添加剂混运。运输车辆应配备相应品种和数量的消防器材及泄漏应急处理设备。运输途中应防曝晒、雨淋，防高温

第十五部分 法规信息

下列法律、法规、规章和标准，对该化学品的管理作了相应的规定。

中华人民共和国职业病防治法 职业病分类和目录：苯的氨基及硝基化合物中毒

危险化学品安全管理条例 危险化学品目录：列入。易制爆危险化学品名录：未列入。重点监管的危险化学品名录：未列入。GB 18218—2009《危险化学品重大危险源辨识》（表1）：未列入

使用有毒物品作业场所劳动保护条例 高毒物品目录：未列入

易制毒化学品管理条例 易制毒化学品的分类和品种目录：未列入

国际公约 斯德哥尔摩公约：未列入。鹿特丹公约：未列入。蒙特利尔议定书：未列入

第十六部分 其他信息

编写和修订信息 **缩略语和首字母缩写**

培训建议 **参考文献**

免责声明

1-硝基萘

第一部分 化学品标识

化学品中文名 1-硝基萘

化学品英文名 1-nitronaphthalene；alpha-nitronaphthalene

分子式 $C_{10}H_7NO_2$ **相对分子质量** 173.18

结构式 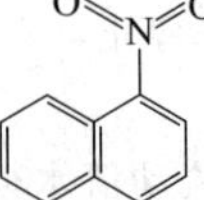

化学品的推荐及限制用途 用于制造染料，石油工业中用以去除荧光

第二部分 危险性概述

紧急情况概述 易燃固体，吞咽会中毒

GHS危险性类别 易燃固体，类别2；急性毒性-经口，类别3；皮肤腐蚀/刺激，类别2；危害水生环境-急性危害，类别2；危害水生环境-长期危害，类别2

标签要素

象形图 

警示词 危险

危险性说明 易燃固体，吞咽会中毒，造成皮肤刺激，对水生生物有毒并具有长期持续影响

防范说明

预防措施 远离热源、火花、明火、热表面。禁止吸烟。容器和接收设备接地连接。使用防爆电器、通风、照明设备。戴防护手套、防护眼镜、防护面罩。避免接触眼睛、皮肤，操作后彻底清洗。作业场所不得进食、饮水或吸烟。禁止排入环境

事故响应 火灾时，使用雾状水、二氧化碳、干粉、砂土灭火。皮肤接触：用大量肥皂水和水清洗。如发生皮肤刺激，就医。脱去被污染的衣服，污染衣服经洗净后方可重新使用。食入：漱口，立即呼叫中毒控制中心或就医。收集泄漏物

安全储存　上锁保管

废弃处置　本品及内装物、容器依据国家和地方法规处置

物理和化学危险　易燃，其粉体与空气混合，能形成爆炸性混合物

健康危害　对眼有刺激作用，可引起结膜炎，严重者可致角膜损伤。对黏膜、上呼吸道、皮肤有刺激性。接触后可因缺氧而致皮肤黏膜紫绀

环境危害　对水生生物有毒并具有长期持续影响

第三部分　成分/组成信息

√物质　　　　混合物

组分	浓度	CAS No.
1-硝基萘		86-57-7

第四部分　急救措施

吸入　迅速脱离现场至空气新鲜处。保持呼吸道通畅。如呼吸、困难，给吸氧。如呼吸、心跳停止，立即行心肺复苏术。就医

皮肤接触　立即脱去污染衣着，用肥皂水或清水彻底冲洗。就医

眼睛接触　分开眼睑，用清水或生理盐水冲洗。就医

食入　漱口，饮水。就医

对保护施救者的忠告　根据需要使用个人防护设备

对医生的特别提示　高铁血红蛋白血症，可用美蓝和维生素C治疗

第五部分　消防措施

灭火剂　用雾状水、二氧化碳、干粉、砂土灭火

特别危险性　粉体与空气可形成爆炸性混合物，当达到一定浓度时，遇火星会发生爆炸。燃烧生成有害的一氧化碳、氮氧化物

灭火注意事项及防护措施　消防人员必须佩戴空气呼吸器、穿全身防火防毒服，在上风向灭火。尽可能将容器从火场移至空旷处。喷水冷却容器，直至灭火结束

第六部分　泄漏应急处理

作业人员防护措施、防护装备和应急处置程序　隔离泄漏污染区，限制出入。消除所有点火源。建议应急处理人员戴防尘口罩，穿防毒服，戴防护手套。禁止接触或跨越泄漏物

环境保护措施　无资料

泄漏化学品的收容、清除方法及所使用的处置材料　小量泄漏：用洁净的铲子收集泄漏物，置于干净、干燥、盖子较松的容器中，将容器移离泄漏区。大量泄漏：用水润湿，并筑堤收容。防止泄漏物进入水体、下水道、地下室或有限空间

第七部分　操作处置与储存

操作注意事项　密闭操作，局部排风。操作人员必须经过专门培训，严格遵守操作规程。建议操作人员佩戴自吸过滤式防尘口罩，戴安全防护眼镜，穿防毒物渗透工作服，戴防护手套。远离火种、热源。工作场所严禁吸烟。使用防爆型的通风系统和设备。避免产生粉尘。避免与氧化剂、还原剂接触。搬运时要轻装轻卸，防止包装及容器损坏。配备相应品种和数量的消防器材及泄漏应急处理设备。倒空的容器可能残留有害物

储存注意事项　储存于阴凉、通风的库房。库温不宜超过35℃。远离火种、热源。包装密封。应与氧化剂、还原剂分开存放，切忌混储。采用防爆型照明、通风设施。禁止使用易产生火花的机械设备和工具。储区应备有合适的材料收容泄漏物

第八部分　接触控制/个体防护

职业接触限值

中国　未制定标准　　美国(ACGIH)　未制定标准

生物接触限值　未制定标准

监测方法　空气中有毒物质测定方法：未制定标准。生物监测检验方法：未制定标准

工程控制　密闭操作，局部排风

个体防护装备

呼吸系统防护　可能接触其粉尘时，应该佩戴过滤式防尘呼吸器。必要时佩戴空气呼吸器

眼睛防护　戴安全防护眼镜

皮肤和身体防护　穿防毒物渗透工作服

手防护　戴一般作业防护手套

第九部分　理化特性

外观与性状　黄色针状结晶

pH值　无意义　　**熔点(℃)**　58.8～61

沸点(℃)　304　　**相对密度(水=1)**　1.33

相对蒸气密度(空气=1)　5.96

饱和蒸气压(kPa)　无资料

燃烧热(kJ/mol)　无资料　　**临界温度(℃)**　无资料

临界压力(MPa)　无资料　　**辛醇/水分配系数**　3.19

闪点(℃)　164 (CC)　　**自燃温度(℃)**　无资料

爆炸下限(%)　无资料　　**爆炸上限(%)**　无资料

分解温度(℃)　无资料　　**黏度(mPa·s)**　无资料

溶解性　不溶于水，溶于乙醇、乙醚、氯仿、二硫化碳，易溶于苯、吡啶

第十部分　稳定性和反应性

稳定性　稳定

危险反应　与强氧化剂等禁配物接触，有发生火灾和爆炸的危险

避免接触的条件　受热

禁配物　强氧化剂、强还原剂

危险的分解产物　氮氧化物

第十一部分　毒理学资料

急性毒性　LD_{50}：150mg/kg（大鼠经口）；86mg/kg（大鼠腹腔）

皮肤刺激或腐蚀　无资料

眼睛刺激或腐蚀　无资料

呼吸或皮肤过敏　无资料

生殖细胞突变性 微生物致突变：鼠伤寒沙门氏菌 100μg/皿。DNA 抑制：人 HeLa 细胞 260μmol/L。姐妹染色单体交换：仓鼠肺脏 20mg/L。哺乳动物体细胞突变：仓鼠肺脏 20mg/L

致癌性 IARC 致癌性评论：组 3，现有的证据不能对人类致癌性进行分类。对人及动物致癌性证据不足

生殖毒性 无资料

特异性靶器官系统毒性-一次接触 无资料

特异性靶器官系统毒性-反复接触 无资料

吸入危害 无资料

第十二部分 生态学资料

生态毒性 LC_{50}：9mg/L (96h)（黑头呆鱼）

持久性和降解性

生物降解性 无资料

非生物降解性 无资料

潜在的生物累积性 根据 K_{ow} 值预测，该物质可能有一定的生物累积性

土壤中的迁移性 根据 K_{oc} 值预测，该物质可能有一定的迁移性

第十三部分 废弃处置

废弃化学品 建议用焚烧法处置。焚烧炉排出的氮氧化物通过洗涤器除去

污染包装物 将容器返还生产商或按照国家和地方法规处置

废弃注意事项 处置前应参阅国家和地方有关法规

第十四部分 运输信息

联合国危险货物编号（UN 号） 2538

联合国运输名称 硝基萘

联合国危险性类别 4.1 **包装类别** Ⅲ类包装

包装标志  **海洋污染物** 否

运输注意事项 运输时运输车辆应配备相应品种和数量的消防器材及泄漏应急处理设备。装运本品的车辆排气管须有阻火装置。运输过程中要确保容器不泄漏、不倒塌、不坠落、不损坏。严禁与氧化剂、还原剂、食用化学品等混装混运。运输途中应防曝晒、雨淋，防高温。中途停留时应远离火种、热源。车辆运输完毕应进行彻底清扫。铁路运输时要禁止溜放

第十五部分 法规信息

下列法律、法规、规章和标准，对该化学品的管理作了相应的规定。

中华人民共和国职业病防治法 职业病分类和目录：苯的氨基及硝基化合物中毒

危险化学品安全管理条例 危险化学品目录：列入。易制爆危险化学品名录：未列入。重点监管的危险化学品名录：未列入。GB 18218—2009《危险化学品重大危险源辨识》（表 1）：未列入

使用有毒物品作业场所劳动保护条例 高毒物品目录：未列入

易制毒化学品管理条例 易制毒化学品的分类和品种目录：未列入

国际公约 斯德哥尔摩公约：未列入。鹿特丹公约：未列入。蒙特利尔议定书：未列入

第十六部分 其他信息

编写和修订信息 **缩略语和首字母缩写**

培训建议 **参考文献**

免责声明

2-硝基萘

第一部分 化学品标识

化学品中文名 2-硝基萘

化学品英文名 2-nitronaphthalene；beta-nitronaphthalene

分子式 $C_{10}H_7NO_2$ **相对分子质量** 173.18

结构式 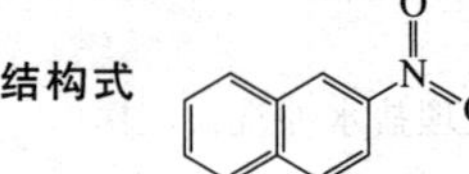

化学品的推荐及限制用途 用于制造染料，以及用于有机合成

第二部分 危险性概述

紧急情况概述 易燃固体

GHS 危险性类别 易燃固体，类别 2；危害水生环境-急性危害，类别 2；危害水生环境-长期危害，类别 2

标签要素

象形图 

警示词 危险

危险性说明 易燃固体，对水生生物有毒并具有长期持续影响

防范说明

预防措施 远离热源、火花、明火、热表面。禁止吸烟。容器和接收设备接地连接。使用防爆电器、通风、照明设备。戴防护手套、防护眼镜、防护面罩。禁止排入环境

事故响应 火灾时，使用雾状水、二氧化碳、干粉、砂土灭火。收集泄漏物

安全储存 -

废弃处置 本品及内装物、容器依据国家和地方法规处置

物理和化学危险 易燃，其粉体与空气混合，能形成爆炸性混合物

健康危害 本品具有刺激性。眼接触可引起结膜炎，严重时可致角膜损害。可引起高铁血红蛋白血症

环境危害 对水生生物有毒并具有长期持续影响

第三部分　成分/组成信息

√物质		混合物
组分	浓度	CAS No.
2-硝基萘		581-89-5

第四部分　急救措施

吸入　迅速脱离现场至空气新鲜处。保持呼吸道通畅。如呼吸困难，给吸氧。如呼吸、心跳停止，立即行心肺复苏术。就医

皮肤接触　立即脱去污染衣着，用肥皂水或清水彻底冲洗。就医

眼睛接触　分开眼睑，用清水或生理盐水冲洗。就医

食入　漱口，饮水。就医

对保护施救者的忠告　根据需要使用个人防护设备

对医生的特别提示　高铁血红蛋白血症，可用美蓝和维生素C治疗

第五部分　消防措施

灭火剂　用雾状水、二氧化碳、干粉、砂土灭火

特别危险性　受高热分解，放出有毒的蒸气。与氧化剂混合能形成爆炸性混合物。粉体与空气可形成爆炸性混合物，当达到一定浓度时，遇火星会发生爆炸。燃烧生成有害的一氧化碳、氮氧化物

灭火注意事项及防护措施　消防人员必须佩戴空气呼吸器、穿全身防火防毒服，在上风向灭火。尽可能将容器从火场移至空旷处。喷水冷却容器，直至灭火结束

第六部分　泄漏应急处理

作业人员防护措施、防护装备和应急处置程序　隔离泄漏污染区，限制出入。消除所有点火源。建议应急处理人员戴防尘口罩，穿防毒、防静电服，戴防护手套。禁止接触或跨越泄漏物

环境保护措施　无资料

泄漏化学品的收容、清除方法及所使用的处置材料　小量泄漏：用洁净的铲子收集泄漏物，置于干净、干燥、盖子较松的容器中，将容器移离泄漏区。大量泄漏：用水润湿，并筑堤收容。防止泄漏物进入水体、下水道、地下室或有限空间

第七部分　操作处置与储存

操作注意事项　密闭操作，局部排风。操作人员必须经过专门培训，严格遵守操作规程。建议操作人员佩戴自吸过滤式防尘口罩，戴安全防护眼镜，穿防毒物渗透工作服，戴防护手套。远离火种、热源。工作场所严禁吸烟。使用防爆型的通风系统和设备。避免产生粉尘。避免与氧化剂、还原剂接触。搬运时要轻装轻卸，防止包装及容器损坏。配备相应品种和数量的消防器材及泄漏应急处理设备。倒空的容器可能残留有害物

储存注意事项　储存于阴凉、通风的库房。库温不宜超过35℃。远离火种、热源。包装密封。应与氧化剂、还原剂分开存放，切忌混储。采用防爆型照明、通风设施。禁止使用易产生火花的机械设备和工具。储区应备有合适的材料收容泄漏物

第八部分　接触控制/个体防护

职业接触限值

中国　未制定标准

美国(ACGIH)　未制定标准

生物接触限值　未制定标准

监测方法　空气中有毒物质测定方法：未制定标准。生物监测检验方法：未制定标准

工程控制　密闭操作，局部排风。提供安全的淋浴和洗眼设备

个体防护装备

呼吸系统防护　可能接触其粉尘时，应该佩戴过滤式防尘呼吸器。必要时佩戴空气呼吸器

眼睛防护　戴安全防护眼镜

皮肤和身体防护　穿防毒物渗透工作服

手防护　戴一般作业防护手套

第九部分　理化特性

外观与性状　无色结晶

pH值　无意义　　**熔点(℃)**　79

沸点(℃)　304　　**相对密度(水=1)**　无资料

相对蒸气密度(空气=1)　5.89

饱和蒸气压(kPa)　97.8（312.5℃）

燃烧热(kJ/mol)　无资料　　**临界温度(℃)**　无资料

临界压力(MPa)　无资料　　**辛醇/水分配系数**　3.24

闪点(℃)　无意义　　**自燃温度(℃)**　无资料

爆炸下限(%)　无资料　　**爆炸上限(%)**　无资料

分解温度(℃)　无资料　　**黏度(mPa·s)**　无资料

溶解性　不溶于水，溶于乙醇、乙醚等

第十部分　稳定性和反应性

稳定性　稳定

危险反应　与强氧化剂等禁配物接触，有发生火灾和爆炸的危险

避免接触的条件　受热

禁配物　强氧化剂、强还原剂

危险的分解产物　氮氧化物

第十一部分　毒理学信息

急性毒性　LD_{50}：4400mg/kg（大鼠经口）

皮肤刺激或腐蚀　无资料

眼睛刺激或腐蚀　无资料

呼吸或皮肤过敏　无资料

生殖细胞突变性　微生物致突变：鼠伤寒沙门氏菌3μg/皿。微核试验：人淋巴细胞60mg/L。哺乳动物体细胞突变：人淋巴细胞80mg/L

致癌性　IARC致癌性评论：组3，现有的证据不能对人类致癌性进行分类。对人及动物致癌性证据不足

生殖毒性　无资料

特异性靶器官系统毒性-一次接触　无资料

特异性靶器官系统毒性-反复接触　无资料

吸入危害 无资料

第十二部分 生态学信息

生态毒性 根据结构类似物质预测，该物质对水生生物有毒

持久性和降解性

生物降解性 无资料

非生物降解性 无资料

潜在的生物累积性 根据 K_{ow} 值预测，该物质可能有一定的生物累积性

土壤中的迁移性 根据 K_{oc} 值预测，该物质可能有一定的迁移性

第十三部分 废弃处置

废弃化学品 建议用焚烧法处置。焚烧炉排出的氮氧化物通过洗涤器除去

污染包装物 将容器返还生产商或按照国家和地方法规处置

废弃注意事项 处置前应参阅国家和地方有关法规

第十四部分 运输信息

联合国危险货物编号（UN号） 2538

联合国运输名称 硝基萘

联合国危险性类别 4.1 **包装类别** Ⅲ类包装

包装标志  **海洋污染物** 否

运输注意事项 运输时运输车辆应配备相应品种和数量的消防器材及泄漏应急处理设备。装运本品的车辆排气管须有阻火装置。运输过程中要确保容器不泄漏、不倒塌、不坠落、不损坏。严禁与氧化剂、还原剂、食用化学品等混装混运。运输途中应防曝晒、雨淋，防高温。中途停留时应远离火种、热源。车辆运输完毕应进行彻底清扫。铁路运输时要禁止溜放

第十五部分 法规信息

下列法律、法规、规章和标准，对该化学品的管理作了相应的规定。

中华人民共和国职业病防治法 职业病分类和目录：苯的氨基及硝基化合物中毒

危险化学品安全管理条例 危险化学品目录：列入。易制爆危险化学品名录：未列入。重点监管的危险化学品名录：未列入。GB 18218—2009《危险化学品重大危险源辨识》(表1)：未列入

使用有毒物品作业场所劳动保护条例 高毒物品目录：未列入

易制毒化学品管理条例 易制毒化学品的分类和品种目录：未列入

国际公约 斯德哥尔摩公约：未列入。鹿特丹公约：未列入。蒙特利尔议定书：未列入

第十六部分 其他信息

编写和修订信息 **缩略语和首字母缩写**

培训建议 **参考文献**

免责声明

硝基三氯甲烷

第一部分 化学品标识

化学品中文名 硝基三氯甲烷；三氯硝基甲烷；氯化苦

化学品英文名 nitrotrichloromethane；chloropicrin

分子式 CCl_3NO_2 **相对分子质量** 164.37

结构式 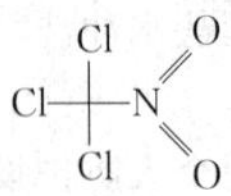

化学品的推荐及限制用途 用于有机合成，制造染料、杀虫剂、杀真菌剂等

第二部分 危险性概述

紧急情况概述 吞咽有害，吸入致命

GHS危险性类别 急性毒性-经口，类别4；急性毒性-吸入，类别2；皮肤腐蚀/刺激，类别2；严重眼损伤/眼刺激，类别2；特异性靶器官毒性-一次接触，类别3（呼吸道刺激）；危害水生环境-急性危害，类别1

标签要素

象形图 

警示词 危险

危险性说明 吞咽有害，吸入致命，造成皮肤刺激，造成严重眼刺激，可能引起呼吸道刺激，对水生生物毒性非常大

防范说明

预防措施 避免接触眼睛、皮肤，操作后彻底清洗。作业场所不得进食、饮水或吸烟。避免吸入蒸气、雾。仅在室外或通风良好处操作。戴呼吸防护器具、防护眼镜、防护面罩、防护手套。禁止排入环境

事故响应 如吸入：将患者转移到空气新鲜处，休息，保持利于呼吸的体位，立即呼叫中毒控制中心或就医。皮肤接触：用大量肥皂水和水清洗。如发生皮肤刺激，就医。脱去被污染的衣服，洗净后方可重新使用。如接触眼睛：用水细心冲洗数分钟。如戴隐形眼镜并可方便地取出，取出隐形眼镜继续冲洗。如果眼睛刺激持续：就医。食入：漱口，如果感觉不适，立即呼叫中毒控制中心或就医。收集泄漏物

安全储存 在通风良好处储存。保持容器密闭。上锁保管

废弃处置 本品及内装物、容器依据国家和地方法规处置

物理和化学危险 不燃，无特殊燃爆特性

健康危害 蒸气强烈刺激眼和肺，具有全身毒作用。损害中、小支气管，导致中毒性肺炎和肺水肿。急性中毒出现眼与咽喉部刺激症状、头痛、恶心、呕吐、腹痛、呼吸困难、心悸、气促、胸部紧束感等。严重者发生肺水肿，往往由于肺水肿而致死。可引起角膜炎和虹膜炎。皮肤接触可致灼伤

环境危害 对水生生物毒性非常大

第三部分 成分/组成信息

√物质		混合物
组分	**浓度**	**CAS No.**
硝基三氯甲烷		76-06-2

第四部分 急救措施

吸入 迅速脱离现场至空气新鲜处。保持呼吸道通畅。如呼吸困难，给输氧。如呼吸、心跳停止，立即进行心肺复苏术。就医

皮肤接触 立即脱去污染的衣着，用大量流动清水彻底冲洗至少15min。就医

眼睛接触 立即分开眼睑，用流动清水或生理盐水彻底冲洗至少15min。就医

食入 用水漱口，禁止催吐。给饮牛奶或蛋清。就医

对保护施救者的忠告 根据需要使用个人防护设备

对医生的特别提示 对症处理

第五部分 消防措施

灭火剂 用雾状水、泡沫、二氧化碳、砂土灭火

特别危险性 其蒸气沿地面扩散，有毒。遇发烟硫酸可分解产生光气。燃烧生成有害的氯化氢、氮氧化物、一氧化碳

灭火注意事项及防护措施 消防人员须佩戴防毒面具、穿全身消防服，在上风向灭火。尽可能将容器从火场移至空旷处。喷水保持火场容器冷却，直至灭火结束

第六部分 泄漏应急处理

作业人员防护措施、防护装备和应急处置程序 根据液体流动和蒸气扩散的影响区域划定警戒区，无关人员从侧风、上风向撤离至安全区。建议应急处理人员戴正压自给式呼吸器，穿防毒服，戴橡胶手套。穿上适当的防护服前严禁接触破裂的容器和泄漏物。尽可能切断泄漏源

环境保护措施 防止泄漏物进入水体、下水道、地下室或有限空间

泄漏化学品的收容、清除方法及所使用的处置材料 小量泄漏：用干燥的砂土或其他不燃材料吸收或覆盖，收集于容器中。大量泄漏：构筑围堤或挖坑收容。用砂土、惰性物质或蛭石吸收大量液体。用耐腐蚀泵转移至槽车或专用收集器内

第七部分 操作处置与储存

操作注意事项 严加密闭，提供充分的局部排风和全面通风。操作人员必须经过专门培训，严格遵守操作规程。建议操作人员佩戴自吸过滤式防毒面具（全面罩），穿防毒服，戴橡胶手套。防止蒸气泄漏到工作场所空气中。避免与氧化剂、还原剂、酸类接触。搬运时要轻装轻卸，防止包装及容器损坏。配备泄漏应急处理设备。倒空的容器可能残留有害物

储存注意事项 储存于阴凉、通风良好的专用库房内，实行“双人收发、双人保管”制度。远离火种、热源。保持容器密封。应与氧化剂、还原剂、酸类、食用化学品分开存放，切忌混储。储区应备有泄漏应急处理设备和合适的收容材料

第八部分 接触控制/个体防护

职业接触限值

中国 MAC：1mg/m^3

美国(ACGIH) TLV-TWA：0.1ppm

生物接触限值 未制定标准

监测方法 空气中有毒物质测定方法：盐酸萘乙二胺分光光度法。生物监测检验方法：未制定标准

工程控制 严加密闭，提供充分的局部排风和全面通风。提供安全的淋浴和洗眼设备

个体防护装备

呼吸系统防护 可能接触其蒸气时，必须佩戴过滤式防毒面具（全面罩）。紧急事态抢救或撤离时，建议佩戴空气呼吸器

眼睛防护 呼吸系统防护中已作防护

皮肤和身体防护 穿防毒服

手防护 戴橡胶手套

第九部分 理化特性

外观与性状 无色或微黄色油状液体，有催泪性

pH值 无资料 **熔点(℃)** －69.2

沸点(℃) 112 **相对密度(水=1)** 1.66(20℃)

相对蒸气密度(空气=1) 5.7

饱和蒸气压(kPa) 2.26（20℃）

燃烧热(kJ/mol) 无资料 **临界温度(℃)** 无资料

临界压力(MPa) 无资料 **辛醇/水分配系数** 2.09

闪点(℃) 无意义 **自燃温度(℃)** 无意义

爆炸下限(%) 无意义 **爆炸上限(%)** 无意义

分解温度(℃) 无资料 **黏度(mPa·s)** 无资料

溶解性 不溶于水，溶于乙醇、苯、二硫化碳等多数有机溶剂

第十部分 稳定性和反应性

稳定性 稳定

危险反应 与强氧化剂、强还原剂、碱金属、卤代烷烃、发烟硫酸等禁配物接触发生反应

避免接触的条件 受热

禁配物 强还原剂、无机碱、碱金属、卤代烷烃、金属氢化物、金属烷氧化物、氨、胺、发烟硫酸等

危险的分解产物 氯化物、氮氧化物、碳

第十一部分 毒理学信息

急性毒性 LD_{50}：126～271mg/kg（小鼠经口）

皮肤刺激或腐蚀 无资料

眼睛刺激或腐蚀 无资料

呼吸或皮肤过敏 无资料

生殖细胞突变性 微生物致突变：鼠伤寒沙门氏菌 50μg/皿、大肠杆菌 50μg/皿。姐妹染色单体交换：人淋巴细胞 8mg/L

致癌性 无资料

生殖毒性 无资料

特异性靶器官系统毒性-一次接触 无资料

特异性靶器官系统毒性-反复接触 无资料

吸入危害 无资料

第十二部分 生态学信息

生态毒性

LC_{50} 0.016mg/L（96h）（鱼）

EC_{50} 0.063mg/L（48h）（水蚤）

持久性和降解性

生物降解性 无资料

非生物降解性 无资料

潜在的生物累积性 根据 K_{ow} 值预测，该物质的生物累积性可能较弱

土壤中的迁移性 根据 K_{oc} 值预测，该物质可能有一定的迁移性

第十三部分 废弃处置

废弃化学品 根据国家和地方有关法规的要求处置。或与制造商联系，确定处置方法

污染包装物 将容器返还生产商或按照国家和地方法规处置

废弃注意事项 处置前应参阅国家和地方有关法规

第十四部分 运输信息

联合国危险货物编号（UN号） 1580

联合国运输名称 三氯硝基甲烷

联合国危险性类别 6.1 **包装类别** Ⅰ类包装

包装标志  **海洋污染物** 是

运输注意事项 运输前应先检查包装容器是否完整、密封，运输过程中要确保容器不泄漏、不倒塌、不坠落、不损坏。严禁与酸类、氧化剂、食品及食品添加剂混运。运输时运输车辆应配备泄漏应急处理设备。运输途中应防曝晒、雨淋，防高温。公路运输时要按规定路线行驶，勿在居民区和人口稠密区停留

第十五部分 法规信息

下列法律、法规、规章和标准，对该化学品的管理作了相应的规定。

中华人民共和国职业病防治法 职业病分类和目录：未列入

危险化学品安全管理条例 危险化学品目录：列入。作为剧毒化学品进行管理。易制爆危险化学品名录：未列入。重点监管的危险化学品名录：未列入。GB 18218—2009《危险化学品重大危险源辨识》（表1）：未列入

使用有毒物品作业场所劳动保护条例 高毒物品目录：未列入

易制毒化学品管理条例 易制毒化学品的分类和品种目录：未列入

国际公约 斯德哥尔摩公约：未列入。鹿特丹公约：未列入。蒙特利尔议定书：未列入

第十六部分 其他信息

编写和修订信息 **缩略语和首字母缩写**

培训建议 **参考文献**

免责声明

4-硝基溴苯

第一部分 化学品标识

化学品中文名 4-硝基溴苯；对硝基溴苯；对溴硝基苯；1-溴-4-硝基苯

化学品英文名 4-nitrobromobenzene；*p*-nitrobromobenzene

分子式 $C_6H_4BrNO_2$ **相对分子质量** 202.01

结构式

O=N(=O)-C6H4-Br

化学品的推荐及限制用途 用于有机合成、染料中间体

第二部分 危险性概述

紧急情况概述 吞咽有害

GHS危险性类别 急性毒性-经口，类别4；危害水生环境-急性危害，类别3；危害水生环境-长期危害，类别3

标签要素

象形图 

警示词 警告

危险性说明 吞咽有害，对水生生物有害并具有长期持续影响

防范说明

预防措施 避免接触眼睛皮肤，操作后彻底清洗。作业场所不得进食、饮水或吸烟。禁止排入环境

事故响应 食入：如果感觉不适，立即呼叫中毒控制中心或就医。漱口

安全储存 -

废弃处置 本品及内装物、容器依据国家和地方法规处置

物理和化学危险 可燃，其粉体与空气混合，能形成爆炸性混合物

健康危害 对眼睛和皮肤有刺激性。经皮肤可迅速吸收，引起高铁血红蛋白血症，出现紫绀

环境危害 对水生生物有害并具有长期持续影响

第三部分 成分/组成信息

√物质 混合物

组分	浓度	CAS No.
4-硝基溴苯		586-78-7

第四部分 急救措施

吸入 迅速脱离现场至空气新鲜处。保持呼吸道通畅。如呼吸困难，给吸氧。如呼吸、心跳停止，立即行心肺复苏术。就医

皮肤接触 立即脱去污染衣着，用肥皂水或清水彻底冲洗。就医

眼睛接触 分开眼睑，用清水或生理盐水冲洗。就医

食入 漱口，饮水。就医

对保护施救者的忠告 根据需要使用个人防护设备

对医生的特别提示 高铁血红蛋白血症，可用美蓝和维生素C治疗

第五部分 消防措施

灭火剂 用雾状水、泡沫、二氧化碳、砂土灭火

特别危险性 受高热分解放出有毒的气体。与强氧化剂接触可发生化学反应。燃烧生成有害的一氧化碳、溴化氢、氮氧化物

灭火注意事项及防护措施 消防人员必须佩戴空气呼吸器、穿全身防火防毒服，在上风向灭火。尽可能将容器从火场移至空旷处。喷水保持火场容器冷却，直至灭火结束

第六部分 泄漏应急处理

作业人员防护措施、防护装备和应急处置程序 隔离泄漏污染区，限制出入。建议应急处理人员戴防尘口罩，穿防毒服，戴橡胶手套。穿上适当的防护服前严禁接触破裂的容器和泄漏物。尽可能切断泄漏源。用塑料布覆盖泄漏物，减少飞散。勿使水进入包装容器内

环境保护措施 无资料

泄漏化学品的收容、清除方法及所使用的处置材料 用洁净的铲子收集泄漏物，置于干净、干燥、盖子较松的容器中，将容器移离泄漏区

第七部分 操作处置与储存

操作注意事项 密闭操作，提供充分的局部排风。操作人员必须经过专门培训，严格遵守操作规程。建议操作人员佩戴自吸过滤式防尘口罩，戴化学安全防护眼镜，穿防毒物渗透工作服，戴橡胶手套。远离火种、热源。工作场所严禁吸烟。使用防爆型的通风系统和设备。避免产生粉尘。避免与氧化剂、还原剂、碱类接触。搬运时要轻装轻卸，防止包装及容器损坏。配备相应品种和数量的消防器材及泄漏应急处理设备。倒空的容器可能残留有害物

储存注意事项 储存于阴凉、通风的库房。远离火种、热源。包装密封。应与氧化剂、还原剂、碱类、食用化学品分开存放，切忌混储。配备相应品种和数量的消防器材。储区应备有合适的材料收容泄漏物

第八部分 接触控制/个体防护

职业接触限值

中国 未制定标准

美国(ACGIH) 未制定标准

生物接触限值 未制定标准

监测方法 空气中有毒物质测定方法：未制定标准。生物监测检验方法：未制定标准

工程控制 严加密闭，提供充分的局部排风。提供安全的淋浴和洗眼设备

个体防护装备

呼吸系统防护 可能接触其粉尘时，佩戴过滤式防尘呼吸器。紧急事态抢救或撤离时，应该佩戴空气呼吸器

眼睛防护 戴化学安全防护眼镜

皮肤和身体防护 穿防毒物渗透工作服

手防护 戴橡胶手套

第九部分 理化特性

外观与性状 白色结晶

pH值 无意义 **熔点(℃)** 125～127

沸点(℃) 255～256 **相对密度(水=1)** 1.94

相对蒸气密度(空气=1) 无资料

饱和蒸气压(kPa) 无资料

燃烧热(kJ/mol) 无资料 **临界温度(℃)** 无资料

临界压力(MPa) 无资料 **辛醇/水分配系数** 2.55

闪点(℃) 无意义 **自燃温度(℃)** 无资料

爆炸下限(%) 无资料 **爆炸上限(%)** 无资料

分解温度(℃) 无资料 **黏度(mPa·s)** 无资料

溶解性 不溶于水，溶于乙醇、乙醚、苯等多数有机溶剂

第十部分 稳定性和反应性

稳定性 稳定

危险反应 与强氧化剂等禁配物发生反应

避免接触的条件 受热

禁配物 强氧化剂、强还原剂、强碱

危险的分解产物 溴化氢、氮氧化物

第十一部分 毒理学信息

急性毒性 无资料 **皮肤刺激或腐蚀** 无资料

眼睛刺激或腐蚀 无资料 **呼吸或皮肤过敏** 无资料

生殖细胞突变性 无资料 **致癌性** 无资料

生殖毒性 无资料

特异性靶器官系统毒性-一次接触 无资料

特异性靶器官系统毒性-反复接触 无资料

吸入危害 无资料

第十二部分 生态学信息

生态毒性 根据结构类似物质预测，该物质对水生生物有害

持久性和降解性

生物降解性 无资料

非生物降解性 无资料

潜在的生物累积性 根据 K_{ow} 值预测，该物质的生物累积性可能较弱

土壤中的迁移性 根据 K_{oc} 值预测，该物质可能有一定的迁移性

第十三部分 废弃处置

废弃化学品 建议用焚烧法处置。焚烧炉排出的气体要通过洗涤器除去

污染包装物 将容器返还生产商或按照国家和地方法规处置

废弃注意事项 处置前应参阅国家和地方有关法规

第十四部分 运输信息

联合国危险货物编号（UN 号） 3459

联合国运输名称 固态硝基苯溴

联合国危险性类别 6.1 **包装类别** Ⅲ类包装

包装标志 

海洋污染物 否

运输注意事项 运输前应先检查包装容器是否完整、密封，运输过程中要确保容器不泄漏、不倒塌、不坠落、不损坏。严禁与酸类、氧化剂、食品及食品添加剂混运。运输车辆应配备相应品种和数量的消防器材及泄漏应急处理设备。运输途中应防曝晒、雨淋，防高温

第十五部分 法规信息

下列法律、法规、规章和标准，对该化学品的管理作了相应的规定。

中华人民共和国职业病防治法 职业病分类和目录：苯的氨基及硝基化合物中毒

危险化学品安全管理条例 危险化学品目录：列入。易制爆危险化学品名录：未列入。重点监管的危险化学品名录：未列入。GB 18218—2009《危险化学品重大危险源辨识》（表1）：未列入

使用有毒物品作业场所劳动保护条例 高毒物品目录：未列入

易制毒化学品管理条例 易制毒化学品的分类和品种目录：未列入

国际公约 斯德哥尔摩公约：未列入。鹿特丹公约：未列入。蒙特利尔议定书：未列入

第十六部分 其他信息

编写和修订信息 **缩略语和首字母缩写**

培训建议 **参考文献**

免责声明

2-硝基溴苯

第一部分 化学品标识

化学品中文名 2-硝基溴苯；邻硝基溴苯；邻溴硝基苯；1-溴-2-硝基苯

化学品英文名 2-nitrobromobenzene; *o*-nitrobromobenzene

分子式 $C_6H_4BrNO_2$ **相对分子质量** 202.01

结构式 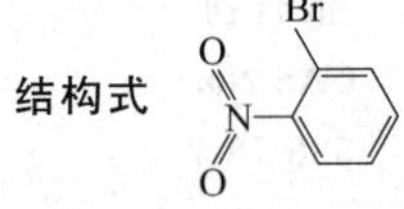

化学品的推荐及限制用途 用于有机合成

第二部分 危险性概述

紧急情况概述 吞咽有害，皮肤接触有害，吸入有害

GHS 危险性类别 急性毒性-经口，类别 4；急性毒性-经皮，类别 4；急性毒性-吸入，类别 4

标签要素

象形图 

警示词 警告

危险性说明 吞咽有害，皮肤接触有害，吸入有害

防范说明

预防措施 避免接触眼睛、皮肤，操作后彻底清洗。作业场所不得进食、饮水或吸烟。戴防护手套、穿防护服。避免吸入粉尘。仅在室外或通风良好处操作

事故响应 如吸入：将患者转移到空气新鲜处，休息，保持利于呼吸的体位。皮肤接触：用大量肥皂水和水清洗。被污染的衣服须经洗净后方可重新使用。食入：漱口，如果感觉不适，立即呼叫中毒控制中心或就医

安全储存 -

废弃处置 本品及内装物、容器依据国家和地方法规处置

物理和化学危险 可燃，其粉体与空气混合，能形成爆炸性混合物

健康危害 对眼睛和皮肤有刺激作用。经皮肤吸收迅速，吸收后引起高铁血红蛋白血症，出现紫绀

环境危害 对环境可能有害

第三部分 成分/组成信息

√物质		混合物
组分	**浓度**	**CAS No.**
2-硝基溴苯		577-19-5

第四部分 急救措施

吸入 迅速脱离现场至空气新鲜处。保持呼吸道通畅。如呼吸困难，给吸氧。如呼吸、心跳停止，立即行心肺复苏术。就医

皮肤接触 立即脱去污染衣着，用肥皂水或清水彻底冲洗。就医

眼睛接触 分开眼睑，用清水或生理盐水冲洗。就医

食入 漱口，饮水。就医

对保护施救者的忠告 根据需要使用个人防护设备

对医生的特别提示 高铁血红蛋白血症，可用美蓝和维生素 C 治疗

第五部分 消防措施

灭火剂 用雾状水、泡沫、二氧化碳、砂土灭火

特别危险性 受高热分解放出有毒的气体。与强氧化剂接触可发生化学反应。燃烧生成有害的一氧化碳、氮氧化物、溴化氢

灭火注意事项及防护措施 消防人员必须佩戴空气呼吸器、穿全身防火防毒服，在上风向灭火。尽可能将容器从火场移至空旷处。喷水保持火场容器冷却，直至灭火结束

第六部分 泄漏应急处理

作业人员防护措施、防护装备和应急处置程序 隔离泄漏污染区，限制出入。建议应急处理人员戴防尘口罩，穿防毒服，戴橡胶手套。穿上适当的防护服前严禁接触破裂的容器和泄漏物。尽可能切断泄漏源。用塑料布覆盖泄漏物，减少飞散。勿使水进入包装容器内

环境保护措施 无资料

泄漏化学品的收容、清除方法及所使用的处置材料 用洁净的铲子收集泄漏物，置于干净、干燥、盖子较松的容器中，将容器移离泄漏区

第七部分 操作处置与储存

操作注意事项 密闭操作，提供充分的局部排风。操作人员必须经过专门培训，严格遵守操作规程。建议操作人员佩戴自吸过滤式防尘口罩，戴化学安全防护眼镜，穿防毒物渗透工作服，戴橡胶手套。远离火种、热源。工作场所严禁吸烟。使用防爆型的通风系统和设备。避免产生粉尘。避免与氧化剂、还原剂、碱类接触。搬运时要轻装轻卸，防止包装及容器损坏。配备相应品种和数量的消防器材及泄漏应急处理设备。倒空的容器可能残留有害物

储存注意事项 储存于阴凉、通风的库房。远离火种、热源。包装密封。应与氧化剂、还原剂、碱类、食用化学品分开存放，切忌混储。配备相应品种和数量的消防器材。储区应备有合适的材料收容泄漏物

第八部分 接触控制/个体防护

职业接触限值

中国 未制定标准

美国(ACGIH) 未制定标准

生物接触限值 未制定标准

监测方法 空气中有毒物质测定方法：未制定标准。生物监测检验方法：未制定标准

工程控制 严加密闭，提供充分的局部排风。提供安全的淋浴和洗眼设备

个体防护装备

呼吸系统防护 可能接触其粉尘时，佩戴过滤式防尘呼吸器。紧急事态抢救或撤离时，应该佩戴空气呼吸器

眼睛防护 戴化学安全防护眼镜

皮肤和身体防护 穿防毒物渗透工作服

手防护 戴橡胶手套

第九部分 理化特性

外观与性状 黄色结晶

pH值 无意义 **熔点(℃)** 40～42

沸点(℃) 261 **相对密度(水=1)** 1.62

相对蒸气密度(空气=1) 无资料

饱和蒸气压(kPa) 100.77（258℃）

燃烧热(kJ/mol) 无资料 **临界温度(℃)** 无资料

临界压力(MPa) 无资料 **辛醇/水分配系数** 2.52

闪点(℃) ＞110 **自燃温度(℃)** 无资料

爆炸下限(%) 无资料 **爆炸上限(%)** 无资料

分解温度(℃) 无资料 **黏度(mPa·s)** 无资料

溶解性 不溶于冷水，溶于热水，溶于乙醇、乙醚、丙酮、苯等多数有机溶剂

第十部分 稳定性和反应性

稳定性 稳定

危险反应 与强氧化剂等禁配物发生反应

避免接触的条件 受热

禁配物 强氧化剂、强还原剂、强碱

危险的分解产物 氮氧化物、溴化氢

第十一部分 毒理学信息

急性毒性 无资料 **皮肤刺激或腐蚀** 无资料

眼睛刺激或腐蚀 无资料 **呼吸或皮肤过敏** 无资料

生殖细胞突变性 无资料 **致癌性** 无资料

生殖毒性 无资料

特异性靶器官系统毒性-一次接触 无资料

特异性靶器官系统毒性-反复接触 无资料

吸入危害 无资料

第十二部分 生态学信息

生态毒性 根据结构类似物质预测，该物质对水生生物有害

持久性和降解性

生物降解性 无资料

非生物降解性 无资料

潜在的生物累积性 根据K_{ow}值预测，该物质的生物累积性可能较弱

土壤中的迁移性 根据K_{oc}值预测，该物质可能有一定的迁移性

第十三部分 废弃处置

废弃化学品 建议用焚烧法处置。焚烧炉排出的气体要通过洗涤器除去

污染包装物 将容器返还生产商或按照国家和地方法规处置

废弃注意事项 处置前应参阅国家和地方有关法规

第十四部分 运输信息

联合国危险货物编号（UN号） 3459

联合国运输名称 固态硝基苯溴

联合国危险性类别 6.1 **包装类别** Ⅲ类包装

包装标志  **海洋污染物** 否

运输注意事项 运输前应先检查包装容器是否完整、密封，运输过程中要确保容器不泄漏、不倒塌、不坠落、不损坏。严禁与酸类、氧化剂、食品及食品添加剂混运。运输车辆应配备相应品种和数量的消防器材及泄漏应急处理设备。运输途中应防曝晒、雨淋，防高温

第十五部分 法规信息

下列法律、法规、规章和标准，对该化学品的管理作了相应的规定。

中华人民共和国职业病防治法 职业病分类和目录：苯的氨基及硝基化合物中毒

危险化学品安全管理条例 危险化学品目录：列入。易制爆危险化学品名录：未列入。重点监管的危险化学品名录：未列入。GB 18218—2009《危险化学品重大危险源辨识》(表 1)：未列入

使用有毒物品作业场所劳动保护条例 高毒物品目录：未列入

易制毒化学品管理条例 易制毒化学品的分类和品种目录：未列入

国际公约 斯德哥尔摩公约：未列入。鹿特丹公约：未列入。蒙特利尔议定书：未列入

第十六部分 其他信息

编写和修订信息 **缩略语和首字母缩写**
培训建议 **参考文献**
免责声明

4-硝基溴化苄

第一部分 化学品标识

化学品中文名 4-硝基溴化苄；对硝基溴化苄；对硝基苄基溴；1-(溴甲基)-4-硝基苯

化学品英文名 4-nitrobenzyl bromide；*p*-nitrobenzyl bromide

分子式 $C_7H_6BrNO_2$ **相对分子质量** 216.03

结构式 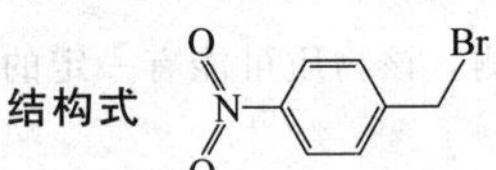

化学品的推荐及限制用途 用作有机分析试剂、染料中间体

第二部分 危险性概述

紧急情况概述 造成严重的皮肤灼伤和眼损伤

GHS 危险性类别 皮肤腐蚀/刺激，类别 1；严重眼损伤/眼刺激，类别 1

标签要素

象形图 

警示词 危险

危险性说明 造成严重的皮肤灼伤和眼损伤

防范说明

预防措施 避免吸入粉尘。避免接触眼睛、皮肤，操作后彻底清洗。戴防护手套，穿防护服，戴防护眼镜、防护面罩

事故响应 如吸入：将患者转移到空气新鲜处，休息，保持利于呼吸的体位，立即呼叫中毒控制中心或就医。皮肤（或头发）接触：立即脱掉所有被污染的衣服，用水冲洗皮肤，淋浴。污染的衣服须洗净后方可重新使用。眼睛接触：用水细心地冲洗数分钟。如戴隐形眼镜并可方便地取出，则取出隐形眼镜继续冲洗。食入：漱口，不要催吐

安全储存 上锁保管

废弃处置 本品及内装物、容器依据国家和地方法规处置

物理和化学危险 可燃，其粉体与空气混合，能形成爆炸性混合物

健康危害 吸入或口服对身体有害。本品对眼睛、黏膜、呼吸道及皮肤有强烈刺激性。可引起眼和皮肤灼伤

环境危害 对环境可能有害

第三部分 成分/组成信息

√物质 混合物

组分	浓度	CAS No.
4-硝基溴化苄		100-11-8

第四部分 急救措施

吸入 迅速脱离现场至空气新鲜处。保持呼吸道通畅。如呼吸困难，给输氧。如呼吸、心跳停止，立即进行心肺复苏术。就医

皮肤接触 立即脱去污染的衣着，用大量流动清水彻底冲洗至少 15min。就医

眼睛接触 立即分开眼睑，用流动清水或生理盐水彻底冲洗至少 15min。就医

食入 用水漱口，禁止催吐。给饮牛奶或蛋清。就医

对保护施救者的忠告 根据需要使用个人防护设备

对医生的特别提示 对症处理

第五部分 消防措施

灭火剂 用雾状水、泡沫、二氧化碳、砂土灭火

特别危险性 受热分解产生有毒的烟气。与强氧化剂接触可发生化学反应。具有腐蚀性。燃烧生成有害的一氧化碳、氮氧化物、溴化氢

灭火注意事项及防护措施 消防人员必须佩戴空气呼吸器、穿全身防火防毒服，在上风向灭火。尽可能将容器从火场移至空旷处。喷水保持火场容器冷却，直至灭火结束

第六部分 泄漏应急处理

作业人员防护措施、防护装备和应急处置程序 隔离泄漏污染区，限制出入。消除所有点火源。建议应急处理

人员戴防尘口罩，穿防毒服，戴橡胶手套。穿上适当的防护服前严禁接触破裂的容器和泄漏物。尽可能切断泄漏源。用塑料布覆盖泄漏物，减少飞散。勿使水进入包装容器内

环境保护措施 无资料

泄漏化学品的收容、清除方法及所使用的处置材料 用洁净的铲子收集泄漏物，置于干净、干燥、盖子较松的容器中，将容器移离泄漏区

第七部分 操作处置与储存

操作注意事项 密闭操作，提供充分的局部排风。操作人员必须经过专门培训，严格遵守操作规程。建议操作人员佩戴头罩型电动送风过滤式防尘呼吸器，穿防毒物渗透工作服，戴橡胶手套。远离火种、热源。工作场所严禁吸烟。使用防爆型的通风系统和设备。避免产生粉尘。避免与氧化剂、还原剂、碱类、胺类、醇类接触。搬运时要轻装轻卸，防止包装及容器损坏。配备相应品种和数量的消防器材及泄漏应急处理设备。倒空的容器可能残留有害物

储存注意事项 储存于阴凉、干燥、通风良好的库房。远离火种、热源。包装必须密封，切勿受潮。应与氧化剂、还原剂、碱类、胺类、醇类、食用化学品分开存放，切忌混储。配备相应品种和数量的消防器材。储区应备有合适的材料收容泄漏物

第八部分 接触控制/个体防护

职业接触限值

中国 未制定标准

美国(ACGIH) 未制定标准

生物接触限值 未制定标准

监测方法 空气中有毒物质测定方法：未制定标准。生物监测检验方法：未制定标准

工程控制 严加密闭，提供充分的局部排风。提供安全的淋浴和洗眼设备

个体防护装备

呼吸系统防护 可能接触其粉尘时，佩戴过滤式防尘呼吸器。紧急事态抢救或撤离时，应该佩戴空气呼吸器

眼睛防护 戴化学安全防护眼镜

皮肤和身体防护 穿防毒物渗透工作服

手防护 戴橡胶手套

第九部分 理化特性

外观与性状 白色或浅黄色针状结晶，有催泪性

pH 值 无意义 **熔点(℃)** 98～100

沸点(℃) 无资料 **相对密度(水=1)** 无资料

相对蒸气密度(空气=1) 无资料

饱和蒸气压(kPa) 无资料

燃烧热(kJ/mol) 无资料 **临界温度(℃)** 无资料

临界压力(MPa) 无资料 **辛醇/水分配系数** 无资料

闪点(℃) >100 **自燃温度(℃)** 无资料

爆炸下限(%) 无资料 **爆炸上限(%)** 无资料

分解温度(℃) 无资料 **黏度(mPa·s)** 无资料

溶解性 不溶于水，溶于乙醇、乙醚等多数有机溶剂

第十部分 稳定性和反应性

稳定性 稳定

危险反应 与强氧化剂等禁配物发生反应

避免接触的条件 受热、潮湿空气

禁配物 碱、胺类、强氧化剂、醇类、强还原剂

危险的分解产物 氮氧化物、溴化氢

第十一部分 毒理学信息

急性毒性 LD_{50}：56mg/kg（小鼠静脉）

皮肤刺激或腐蚀 无资料 **眼睛刺激或腐蚀** 无资料

呼吸或皮肤过敏 无资料 **生殖细胞突变性** 无资料

致癌性 无资料 **生殖毒性** 无资料

特异性靶器官系统毒性-一次接触 无资料

特异性靶器官系统毒性-反复接触 无资料

吸入危害 无资料

第十二部分 生态学信息

生态毒性 无资料

持久性和降解性

生物降解性 无资料

非生物降解性 无资料

潜在的生物累积性 无资料

土壤中的迁移性 无资料

第十三部分 废弃处置

废弃化学品 建议用焚烧法处置。焚烧炉排出的气体要通过洗涤器除去

污染包装物 将容器返还生产商或按照国家和地方法规处置

废弃注意事项 处置前应参阅国家和地方有关法规

第十四部分 运输信息

联合国危险货物编号(UN 号) 3261

联合国运输名称 有机酸性腐蚀性固体，未另作规定的(4-硝基溴化苄)

联合国危险性类别 8 **包装类别** Ⅲ类包装

包装标志  **海洋污染物** 否

运输注意事项 运输前应先检查包装容器是否完整、密封，运输过程中要确保容器不泄漏、不倒塌、不坠落、不损坏。严禁与酸类、氧化剂、食品及食品添加剂混运。运输车辆应配备相应品种和数量的消防器材及泄漏应急处理设备。运输途中应防曝晒、雨淋，防高温

第十五部分 法规信息

下列法律、法规、规章和标准，对该化学品的管理作了相应的规定。

中华人民共和国职业病防治法 职业病分类和目录：未

列入

危险化学品安全管理条例 危险化学品目录：列入。易制爆危险化学品名录：未列入。重点监管的危险化学品名录：未列入。GB 18218—2009《危险化学品重大危险源辨识》(表1)：未列入

使用有毒物品作业场所劳动保护条例 高毒物品目录：未列入

易制毒化学品管理条例 易制毒化学品的分类和品种目录：未列入

国际公约 斯德哥尔摩公约：未列入。鹿特丹公约：未列入。蒙特利尔议定书：未列入

第十六部分 其他信息

编写和修订信息 **缩略语和首字母缩写**

培训建议 **参考文献**

免责声明

4-硝基乙苯

第一部分 化学品标识

化学品中文名 4-硝基乙苯；对硝基乙苯

化学品英文名 4-nitroethylbenzene；*p*-nitroethylbenzene

分子式 $C_8H_9NO_2$ **相对分子质量** 151.16

结构式

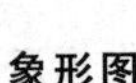

化学品的推荐及限制用途 用于有机合成

第二部分 危险性概述

紧急情况概述 造成皮肤刺激

GHS 危险性类别 皮肤腐蚀/刺激，类别 2；严重眼损伤/眼刺激，类别 2；特异性靶器官毒性-一次接触，类别 3（呼吸道刺激）

标签要素

象形图

警示词 警告

危险性说明 造成皮肤刺激，造成严重眼刺激，可能引起呼吸道刺激

防范说明

预防措施 避免接触眼睛、皮肤，操作后彻底清洗。戴防护手套、防护眼镜、防护面罩

事故响应 皮肤接触：用大量肥皂水和水清洗。如发生皮肤刺激，就医。脱去被污染的衣服，污染衣服洗净后方可重新使用。如接触眼睛：用水细心冲洗数分钟。如戴隐形眼镜并可方便地取出，取出隐形眼镜继续冲洗。如果眼睛刺激持续：就医

安全储存 -

废弃处置 -

物理和化学危险 可燃，其蒸气与空气混合，能形成爆炸性混合物

健康危害 吸入或经皮肤吸收本品可引起中毒。能引起高铁血红蛋白血症、贫血

环境危害 对环境可能有害

第三部分 成分/组成信息

√物质		混合物
组分	**浓度**	**CAS No.**
4-硝基乙苯		100-12-9

第四部分 急救措施

吸入 迅速脱离现场至空气新鲜处。保持呼吸道通畅。如呼吸困难，给吸氧。如呼吸、心跳停止，立即行心肺复苏术。就医

皮肤接触 立即脱去污染衣着，用肥皂水或清水彻底冲洗。就医

眼睛接触 分开眼睑，用清水或生理盐水冲洗。就医

食入 漱口，饮水。就医

对保护施救者的忠告 根据需要使用个人防护设备

对医生的特别提示 高铁血红蛋白血症，可用美蓝和维生素 C 治疗

第五部分 消防措施

灭火剂 用泡沫、雾状水、干粉、二氧化碳、砂土灭火

特别危险性 受高热分解产生有毒的腐蚀性烟气。与强氧化剂接触可发生化学反应。燃烧生成有害的一氧化碳、氮氧化物

灭火注意事项及防护措施 消防人员必须佩戴空气呼吸器、穿全身防火防毒服，在上风向灭火。尽可能将容器从火场移至空旷处。喷水保持火场容器冷却，直至灭火结束。容器突然发出异常声音或出现异常现象，应立即撤离

第六部分 泄漏应急处理

作业人员防护措施、防护装备和应急处置程序 根据液体流动和蒸气扩散的影响区域划定警戒区，无关人员从侧风、上风向撤离至安全区。消除所有点火源。建议应急处理人员戴正压自给式呼吸器，穿防毒物渗透工作服，戴橡胶耐油手套。尽可能切断泄漏源

环境保护措施 防止泄漏物进入水体、下水道、地下室或有限空间

泄漏化学品的收容、清除方法及所使用的处置材料 小量泄漏：用干燥的砂土或其他不燃材料吸收或覆盖，收集于容器中。大量泄漏：构筑围堤或挖坑收容。用泵转移至槽车或专用收集器内

第七部分 操作处置与储存

操作注意事项 密闭操作，提供充分的局部排风。操作人员必须经过专门培训，严格遵守操作规程。建议操作人员佩戴过滤式防毒面具（半面罩），戴安全防护眼镜，穿防毒物渗透工作服，戴橡胶耐油手套。远离火种、热源。工作场所严禁吸烟。使用防爆型的通风系统

和设备。防止蒸气泄漏到工作场所空气中。避免与氧化剂、还原剂、酸类、碱类接触。搬运时要轻装轻卸，防止包装及容器损坏。配备相应品种和数量的消防器材及泄漏应急处理设备。倒空的容器可能残留有害物

储存注意事项 储存于阴凉、通风的库房。远离火种、热源。保持容器密封。应与氧化剂、还原剂、酸类、碱类、食用化学品分开存放，切忌混储。配备相应品种和数量的消防器材。储区应备有泄漏应急处理设备和合适的收容材料

第八部分 接触控制/个体防护

职业接触限值

中国 未制定标准

美国(ACGIH) 未制定标准

生物接触限值 未制定标准

监测方法 空气中有毒物质测定方法：未制定标准。生物监测检验方法：未制定标准

工程控制 严加密闭，提供充分的局部排风。提供安全的淋浴和洗眼设备

个体防护装备

呼吸系统防护 可能接触其蒸气时，佩戴过滤式防毒面具（半面罩）。紧急事态抢救或撤离时，应该佩戴空气呼吸器

眼睛防护 戴安全防护眼镜

皮肤和身体防护 穿防毒物渗透工作服

手防护 戴橡胶耐油手套

第九部分 理化特性

外观与性状 无色油状液体

pH 值 无资料 **熔点(℃)** －12.3

沸点(℃) 245～246 **相对密度(水＝1)** 1.12

相对蒸气密度(空气＝1) 无资料

饱和蒸气压(kPa) 3.06（135℃）

燃烧热(kJ/mol) 无资料 **临界温度(℃)** 无资料

临界压力(MPa) 无资料 **辛醇/水分配系数** 3.03

闪点(℃) ＞112 **自燃温度(℃)** 无资料

爆炸下限(%) 无资料 **爆炸上限(%)** 无资料

分解温度(℃) 无资料 **黏度(mPa·s)** 无资料

溶解性 不溶于水，溶于乙醇、乙醚等多数有机溶剂

第十部分 稳定性和反应性

稳定性 稳定

危险反应 与强氧化剂等禁配物发生反应

避免接触的条件 受热

禁配物 强氧化剂、强还原剂、强碱、强酸

危险的分解产物 氮氧化物

第十一部分 毒理学信息

急性毒性 无资料 **皮肤刺激或腐蚀** 无资料

眼睛刺激或腐蚀 无资料 **呼吸或皮肤过敏** 无资料

生殖细胞突变性 无资料 **致癌性** 无资料

生殖毒性 无资料

特异性靶器官系统毒性-一次接触 无资料

特异性靶器官系统毒性-反复接触 无资料

吸入危害 无资料

第十二部分 生态学信息

生态毒性 无资料

持久性和降解性

生物降解性 无资料

非生物降解性 无资料

潜在的生物累积性 根据 K_{ow}值预测，该物质可能有一定的生物累积性

土壤中的迁移性 根据 K_{oc}值预测，该物质可能有一定的迁移性

第十三部分 废弃处置

废弃化学品 建议用焚烧法处置。焚烧炉排出的氮氧化物通过洗涤器除去

污染包装物 将容器返还生产商或按照国家和地方法规处置

废弃注意事项 处置前应参阅国家和地方有关法规

第十四部分 运输信息

联合国危险货物编号(UN 号) - **联合国运输名称** -

联合国危险性类别 - **包装类别** -

包装标志 - **海洋污染物** -

运输注意事项 运输前应先检查包装容器是否完整、密封，运输过程中要确保容器不泄漏、不倒塌、不坠落、不损坏。严禁与酸类、氧化剂、食品及食品添加剂混运。运输时运输车辆应配备相应品种和数量的消防器材及泄漏应急处理设备。运输途中应防曝晒、雨淋，防高温。公路运输时要按规定路线行驶

第十五部分 法规信息

下列法律、法规、规章和标准，对该化学品的管理作了相应的规定。

中华人民共和国职业病防治法 职业病分类和目录：苯的氨基及硝基化合物中毒

危险化学品安全管理条例 危险化学品目录：列入。易制爆危险化学品名录：未列入。重点监管的危险化学品名录：未列入。GB 18218—2009《危险化学品重大危险源辨识》(表 1)：未列入

使用有毒物品作业场所劳动保护条例 高毒物品目录：未列入

易制毒化学品管理条例 易制毒化学品的分类和品种目录：未列入

国际公约 斯德哥尔摩公约：未列入。鹿特丹公约：未列入。蒙特利尔议定书：未列入

第十六部分 其他信息

编写和修订信息 **缩略语和首字母缩写**
培训建议 **参考文献**
免责声明

2-硝基乙苯

第一部分 化学品标识

化学品中文名 2-硝基乙苯；邻硝基乙苯
化学品英文名 2-nitroethylbenzene；*o*-nitroethylbenzene
分子式 $C_8H_9NO_2$ **相对分子质量** 151.16
结构式 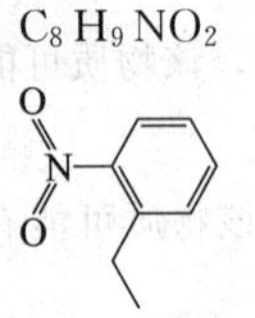
化学品的推荐及限制用途 用于有机合成、染料制造

第二部分 危险性概述

紧急情况概述 吞咽有害，造成皮肤刺激，造成严重眼刺激，可能引起呼吸道刺激
GHS危险性类别 急性毒性-经口，类别4；皮肤腐蚀/刺激，类别2；严重眼损伤/眼刺激，类别2A；特异性靶器官毒性-一次接触，类别3；危害水生环境-急性危害，类别3；危害水生环境-长期危害，类别3
标签要素

象形图

警示词 警告
危险性说明 吞咽有害，造成皮肤刺激，造成严重眼刺激，可能引起呼吸道刺激，对水生生物有害并具有长期持续影响
防范说明
预防措施 避免接触眼睛、皮肤，操作后彻底清洗。作业场所不得进食、饮水或吸烟。戴防护手套、防护眼镜。禁止排入环境
事故响应 脱去被污染的衣服，洗净后方可重新使用。皮肤接触：用大量肥皂水和水清洗。如发生皮肤刺激，就医。眼睛接触：用水细心冲洗数分钟。如戴隐形眼镜并可方便地取出，取出隐形眼镜继续冲洗。如果眼睛刺激持续，就医。食入：漱口，如果感觉不适，立即呼叫中毒控制中心或就医
安全储存
废弃处置：本品及内装物、容器依据国家和地方法规处置
物理和化学危险 可燃，其蒸气与空气混合，能形成爆炸性混合物
健康危害 本品吸入或经皮肤吸收均可引起中毒。接触者可在一周后出现血尿，无紫绀，但有轻度贫血。停止接触容易恢复
环境危害 对水生生物有害并具有长期持续影响

第三部分 成分/组成信息

√物质 混合物

组分	浓度	CAS No.
2-硝基乙苯		612-22-6

第四部分 急救措施

吸入 迅速脱离现场至空气新鲜处。保持呼吸道通畅。如呼吸困难，给吸氧。如呼吸、心跳停止，立即行心肺复苏术。就医
皮肤接触 立即脱去污染衣着，用肥皂水或清水彻底冲洗。就医
眼睛接触 分开眼睑，用清水或生理盐水冲洗。就医
食入 漱口，饮水。就医
对保护施救者的忠告 根据需要使用个人防护设备
对医生的特别提示 对症处理

第五部分 消防措施

灭火剂 用泡沫、雾状水、干粉、二氧化碳、砂土灭火
特别危险性 受高热分解产生有毒的腐蚀性烟气。与强氧化剂接触可发生化学反应。燃烧生成有害的一氧化碳、氮氧化物
灭火注意事项及防护措施 消防人员必须佩戴空气呼吸器、穿全身防火防毒服，在上风向灭火。尽可能将容器从火场移至空旷处。喷水保持火场容器冷却，直至灭火结束。容器突然发出异常声音或出现异常现象，应立即撤离

第六部分 泄漏应急处理

作业人员防护措施、防护装备和应急处置程序 根据液体流动和蒸气扩散的影响区域划定警戒区，无关人员从侧风、上风向撤离至安全区。消除所有点火源。建议应急处理人员戴正压自给式呼吸器，穿防毒物渗透工作服，戴橡胶耐油手套。尽可能切断泄漏源
环境保护措施 防止泄漏物进入水体、下水道、地下室或有限空间
泄漏化学品的收容、清除方法及所使用的处置材料 小量泄漏：用干燥的砂土或其他不燃材料吸收或覆盖，收集于容器中。大量泄漏：构筑围堤或挖坑收容。用泵转移至槽车或专用收集器内

第七部分 操作处置与储存

操作注意事项 密闭操作，提供充分的局部排风。操作人员必须经过专门培训，严格遵守操作规程。建议操作人员佩戴过滤式防毒面具（半面罩），戴安全防护眼镜，穿防毒物渗透工作服，戴橡胶耐油手套。远离火种、热源。工作场所严禁吸烟。使用防爆型的通风系统和设备。防止蒸气泄漏到工作场所空气中。避免与氧化剂、碱类、还原剂接触。搬运时要轻装轻卸，防止包装及容器损坏。配备相应品种和数量的消防器材及泄漏应急处理设备。倒空的容器可能残留有害物

储存注意事项　储存于阴凉、通风的库房。远离火种、热源。保持容器密封。应与氧化剂、碱类、还原剂、食用化学品分开存放，切忌混储。配备相应品种和数量的消防器材。储区应备有泄漏应急处理设备和合适的收容材料

第八部分　接触控制/个体防护

职业接触限值

中国　未制定标准

美国(ACGIH)　未制定标准

生物接触限值　未制定标准

监测方法　空气中有毒物质测定方法：未制定标准。生物监测检验方法：未制定标准

工程控制　严加密闭，提供充分的局部排风。提供安全的淋浴和洗眼设备

个体防护装备

呼吸系统防护　可能接触其蒸气时，佩戴过滤式防毒面具（半面罩）。紧急事态抢救或撤离时，应该佩戴空气呼吸器

眼睛防护　戴安全防护眼镜

皮肤和身体防护　穿防毒物渗透工作服

手防护　戴橡胶耐油手套

第九部分　理化特性

外观与性状　无色或淡黄色到绿色油状液体

pH 值　无资料　　**熔点(℃)**　−23

沸点(℃)　228　　**相对密度(水=1)**　1.126

相对蒸气密度(空气=1)　5.2

饱和蒸气压(kPa)　2.93（116℃）

燃烧热(kJ/mol)　无资料　　**临界温度(℃)**　无资料

临界压力(MPa)　无资料　　**辛醇/水分配系数**　2.58

闪点(℃)　>110　　**自燃温度(℃)**　无资料

爆炸下限(%)　无资料　　**爆炸上限(%)**　无资料

分解温度(℃)　无资料　　**黏度(mPa·s)**　无资料

溶解性　不溶于水，溶于乙醇、乙醚、丙酮等多数有机溶剂

第十部分　稳定性和反应性

稳定性　稳定

危险反应　与强氧化剂等禁配物发生反应

避免接触的条件　受热

禁配物　强氧化剂、强碱、强还原剂

危险的分解产物　氮氧化物

第十一部分　毒理学信息

急性毒性　无资料　　**皮肤刺激或腐蚀**　无资料

眼睛刺激或腐蚀　无资料　　**呼吸或皮肤过敏**　无资料

生殖细胞突变性　无资料　　**致癌性**　无资料

生殖毒性　无资料

特异性靶器官系统毒性-一次接触　无资料

特异性靶器官系统毒性-反复接触　无资料

吸入危害　无资料

第十二部分　生态学信息

生态毒性　LC_{50}：37mg/L（48h）（青鳉）

持久性和降解性

生物降解性　MITI-Ⅰ测试，初始浓度 100ppm，污泥浓度 30ppm，14d 后降解 5%

非生物降解性　无资料

潜在的生物累积性　BCF：6.6～25（鲤鱼，接触浓度 10ppb，接触时间 6 周），3.5～13（鲤鱼，接触浓度 1ppb，接触时间 6 周）；根据 K_{ow} 值预测，该物质的生物累积性可能较弱

土壤中的迁移性　根据 K_{oc} 值预测，该物质可能有一定的迁移性

第十三部分　废弃处置

废弃化学品　建议用焚烧法处置。焚烧炉排出的氮氧化物通过洗涤器除去

污染包装物　将容器返还生产商或按照国家和地方法规处置

废弃注意事项　处置前应参阅国家和地方有关法规

第十四部分　运输信息

联合国危险货物编号(UN 号)　-　　**联合国运输名称**　-

联合国危险性类别　-　　**包装类别**　-

包装标志　-　　**海洋污染物**　-

运输注意事项　运输前应先检查包装容器是否完整、密封，运输过程中要确保容器不泄漏、不倒塌、不坠落、不损坏。严禁与碱类、氧化剂、食品及食品添加剂混运。运输时运输车辆应配备相应品种和数量的消防器材及泄漏应急处理设备。运输途中应防曝晒、雨淋，防高温。公路运输时要按规定路线行驶

第十五部分　法规信息

下列法律、法规、规章和标准，对该化学品的管理作了相应的规定。

中华人民共和国职业病防治法　职业病分类和目录：苯的氨基及硝基化合物中毒

危险化学品安全管理条例　危险化学品目录：列入。易制爆危险化学品名录：未列入。重点监管的危险化学品名录：未列入。GB 18218—2009《危险化学品重大危险源辨识》(表 1)：未列入

使用有毒物品作业场所劳动保护条例　高毒物品目录：未列入

易制毒化学品管理条例　易制毒化学品的分类和品种目录：未列入

国际公约　斯德哥尔摩公约：未列入。鹿特丹公约：未列入。蒙特利尔议定书：未列入

第十六部分　其他信息

编写和修订信息　　**缩略语和首字母缩写**

培训建议　　**参考文献**

免责声明

硝基乙烷

第一部分 化学品标识

化学品中文名 硝基乙烷

化学品英文名 nitroethane

分子式 $C_2H_5NO_2$ **相对分子质量** 75.1

结构式

化学品的推荐及限制用途 用于有机合成，用作硝化纤维素及其他树脂、蜡、脂肪、染料等的溶剂

第二部分 危险性概述

紧急情况概述 易燃液体和蒸气，吞咽有害，吸入有害

GHS危险性类别 易燃液体，类别3；急性毒性-经口，类别4；急性毒性-吸入，类别4

标签要素

象形图

警示词 警告

危险性说明 易燃液体和蒸气，吞咽有害，吸入有害

防范说明

预防措施 远离热源、火花、明火、热表面。禁止吸烟。保持容器密闭。容器和接收设备接地连接。使用防爆电器、通风、照明设备。只能使用不产生火花的工具。采取防止静电措施。戴防护手套、防护眼镜、防护面罩。避免接触眼睛、皮肤，操作后彻底清洗。作业场所不得进食、饮水或吸烟。避免吸入蒸气、雾。仅在室外或通风良好处操作

事故响应 火灾时，使用雾状水、泡沫、二氧化碳、干粉灭火。如吸入：将患者转移到空气新鲜处，休息，保持利于呼吸的体位。如感觉不适，呼叫中毒控制中心或就医。如皮肤（或头发）接触：立即脱掉所有被污染的衣服，用水冲洗皮肤，淋浴。食入：漱口，如果感觉不适，立即呼叫中毒控制中心或就医

安全储存 存放在通风良好的地方。保持低温

废弃处置 本品及内装物、容器依据国家和地方法规处置

物理和化学危险 易燃，其蒸气与空气混合，能形成爆炸性混合物。强烈震动或受热均能引起燃烧爆炸

健康危害 本品有麻醉作用，有轻度刺激性

环境危害 对环境可能有害

第三部分 成分/组成信息

√物质		混合物
组分	**浓度**	**CAS No.**
硝基乙烷		79-24-3

第四部分 急救措施

吸入 迅速脱离现场至空气新鲜处。保持呼吸道通畅。如呼吸困难，给吸氧。如呼吸、心跳停止，立即行心肺复苏术。就医

皮肤接触 立即脱去污染衣着，用肥皂水或清水彻底冲洗。就医

眼睛接触 分开眼睑，用清水或生理盐水冲洗。就医

食入 漱口，饮水。就医

对保护施救者的忠告 根据需要使用个人防护设备

对医生的特别提示 对症处理

第五部分 消防措施

灭火剂 用雾状水、泡沫、二氧化碳、干粉灭火

特别危险性 强烈震动及受热或遇无机碱类、氧化剂、烃类、胺类及三氯化铝、六甲基苯等均能引起燃烧爆炸。燃烧分解时，放出有毒的氮氧化物气体。燃烧生成有害的一氧化碳、氮氧化物

灭火注意事项及防护措施 消防人员须戴好防毒面具，在安全距离以外，在上风向灭火。尽可能将容器从火场移至空旷处。喷水保持火场容器冷却，直至灭火结束。容器突然发出异常声音或出现异常现象，应立即撤离。禁止用砂土压盖

第六部分 泄漏应急处理

作业人员防护措施、防护装备和应急处置程序 消除所有点火源。根据液体流动和蒸气扩散的影响区域划定警戒区，无关人员从侧风、上风向撤离至安全区。建议应急处理人员戴正压自给式呼吸器，穿防静电服，戴橡胶耐油手套。作业时使用的所有设备应接地。禁止接触或跨越泄漏物。尽可能切断泄漏源

环境保护措施 防止泄漏物进入水体、下水道、地下室或有限空间

泄漏化学品的收容、清除方法及所使用的处置材料 小量泄漏：用砂土或其他不燃材料吸收，使用洁净的无火花工具收集吸收材料。大量泄漏：构筑围堤或挖坑收容。用泡沫覆盖，减少蒸发。喷水雾能减少蒸发，但不能降低泄漏物在有限空间内的易燃性。用防爆泵转移至槽车或专用收集器内

第七部分 操作处置与储存

操作注意事项 密闭操作，全面通风。操作人员必须经过专门培训，严格遵守操作规程。建议操作人员佩戴过滤式防毒面具（半面罩），戴化学安全防护眼镜，穿防毒物渗透工作服，戴橡胶耐油手套。远离火种、热源。工作场所严禁吸烟。使用防爆型的通风系统和设备。防止蒸气泄漏到工作场所空气中。避免与氧化剂、还原剂、酸类、碱类接触。搬运时要轻装轻卸，防止包装及容器损坏。配备相应品种和数量的消防器材及泄漏应急处理设备。倒空的容器可能残留有害物

储存注意事项 储存于阴凉、干燥、通风良好的不燃库房。远离火种、热源。库温不宜超过37℃。保持容器密封。应与氧化剂、还原剂、酸类、碱类等分开存

放，切忌混储。采用防爆型照明、通风设施。禁止使用易产生火花的机械设备和工具。储区应备有泄漏应急处理设备和合适的收容材料

第八部分 接触控制/个体防护

职业接触限值

中国 PC-TWA：300mg/m^3

美国(ACGIH) TLV-TWA：100ppm

生物接触限值 未制定标准

监测方法 空气中有毒物质测定方法：未制定标准。生物监测检验方法：未制定标准

工程控制 生产过程密闭，全面通风

个体防护装备

呼吸系统防护 空气中浓度超标时，佩戴过滤式防毒面具（半面罩）。紧急事态抢救或撤离时，建议佩戴空气呼吸器

眼睛防护 戴化学安全防护眼镜

皮肤和身体防护 穿防毒物渗透工作服

手防护 戴橡胶耐油手套

第九部分 理化特性

外观与性状 无色油状液体，有令人不愉快的气味

pH值 6.0（0.01mol/L水溶液） **熔点(℃)** −90

沸点(℃) 114.0 **相对密度(水=1)** 1.05

相对蒸气密度(空气=1) 2.58

饱和蒸气压(kPa) 2.08（20℃）

燃烧热(kJ/mol) −1362 **临界温度(℃)** 388

临界压力(MPa) 4.9 **辛醇/水分配系数** 0.18

闪点(℃) 28（CC） **自燃温度(℃)** 414.5

爆炸下限(%) 3.4 **爆炸上限(%)** 17.3

分解温度(℃) 无资料 **黏度(mPa·s)** 0.66(25℃)

溶解性 不溶于冷水，微溶于热水，可混溶于甲醇、乙醇、氯仿、乙醚

第十部分 稳定性和反应性

稳定性 稳定

危险反应 强烈震动及受热，与强氧化剂、强还原剂、碱金属、卤代烷烃等禁配物接触，有发生火灾和爆炸的危险

避免接触的条件 震动、受热

禁配物 强还原剂、强酸、强碱、胺类

危险的分解产物 氮氧化物

第十一部分 毒理学信息

急性毒性 LD_{50}：1100mg/kg（大鼠经口）；860mg/kg（小鼠经口）

皮肤刺激或腐蚀 无资料 **眼睛刺激或腐蚀** 无资料

呼吸或皮肤过敏 无资料 **生殖细胞突变性** 无资料

致癌性 无资料 **生殖毒性** 无资料

特异性靶器官系统毒性-一次接触 无资料

特异性靶器官系统毒性-反复接触 无资料

吸入危害 无资料

第十二部分 生态学信息

生态毒性 无资料

持久性和降解性

生物降解性 无资料

非生物降解性 无资料

潜在的生物累积性 根据 K_{ow} 值预测，该物质的生物累积性可能较弱

土壤中的迁移性 根据 K_{oc} 值预测，该物质可能易发生迁移

第十三部分 废弃处置

废弃化学品 用焚烧法处置。焚烧炉排出的氮氧化物通过洗涤器除去

污染包装物 将容器返还生产商或按照国家和地方法规处置

废弃注意事项 处置前应参阅国家和地方有关法规

第十四部分 运输信息

联合国危险货物编号(UN号) 2842

联合国运输名称 硝基乙烷

联合国危险性类别 3 **包装类别** Ⅲ类包装

包装标志 

海洋污染物 否

运输注意事项 运输时运输车辆应配备相应品种和数量的消防器材及泄漏应急处理设备。夏季最好早晚运输。运输时所用的槽（罐）车应有接地链，槽内可设孔隔板以减少震荡产生的静电。严禁与氧化剂、还原剂、酸类、碱类等混装混运。运输途中应防曝晒、雨淋，防高温。中途停留时应远离火种、热源、高温区。装运该物品的车辆排气管必须配备阻火装置，禁止使用易产生火花的机械设备和工具装卸。公路运输时要按规定路线行驶，勿在居民区和人口稠密区停留。铁路运输时要禁止溜放。严禁用木船、水泥船散装运输

第十五部分 法规信息

下列法律、法规、规章和标准，对该化学品的管理作了相应的规定。

中华人民共和国职业病防治法 职业病分类和目录：未列入

危险化学品安全管理条例 危险化学品目录：列入。易制爆危险化学品名录：列入。重点监管的危险化学品名录：未列入。GB 18218—2009《危险化学品重大危险源辨识》(表1)：未列入

使用有毒物品作业场所劳动保护条例 高毒物品目录：未列入

易制毒化学品管理条例 易制毒化学品的分类和品种目录：未列入

国际公约 斯德哥尔摩公约：未列入。鹿特丹公约：未列入。蒙特利尔议定书：未列入

第十六部分　其他信息

编写和修订信息　　**缩略语和首字母缩写**
培训建议　　**参考文献**
免责声明

硝　酸

第一部分　化学品标识

化学品中文名　硝酸
化学品英文名　nitric acid；azotic acid
分子式　HNO_3　**相对分子质量**　63.02
结构式　OH—N(=O)(→O)

化学品的推荐及限制用途　用途极广，主要用于化肥、染料、国防、炸药、冶金、医药等工业

第二部分　危险性概述

紧急情况概述　可加剧燃烧：氧化剂，造成严重的皮肤灼伤和眼损伤
GHS 危险性类别　氧化性液体，类别 3；皮肤腐蚀/刺激，类别 1A；严重眼损伤/眼刺激，类别 1；危害水生环境-急性危害，类别 3
标签要素

象形图 

警示词　危险
危险性说明　可加剧燃烧：氧化剂，造成严重的皮肤灼伤和眼损伤，对水生生物有害
防范说明

预防措施　远离热源。远离衣物、可燃物保存。采取一切预防措施，避免与可燃物混合。避免吸入烟雾。避免接触眼睛、皮肤，操作后彻底清洗。戴防护手套，穿防护服，戴防护眼镜、防护面罩。禁止排入环境

事故响应　火灾时，根据着火原因选择适当灭火剂灭火。如吸入：将患者转移到空气新鲜处，休息，保持利于呼吸的体位，立即呼叫中毒控制中心或就医。皮肤（或头发）接触：立即脱掉所有被污染的衣服，用水冲洗皮肤，淋浴。污染的衣服须洗净后方可重新使用眼睛接触：用水细心地冲洗数分钟。如戴隐形眼镜并可方便地取出，则取出隐形眼镜继续冲洗。食入：漱口，不要催吐

安全储存　上锁保管

废弃处置　本品及内装物、容器依据国家和地方法规处置

物理和化学危险　助燃。与可燃物混合会发生爆炸
健康危害　吸入硝酸气雾产生呼吸道刺激作用，可引起急性肺水肿。口服引起腹部剧痛，严重者可有胃穿孔、腹膜炎、喉痉挛、肾损害、休克以及窒息。眼和皮肤接触引起灼伤

慢性影响　长期接触可引起牙齿酸蚀症

环境危害　对水生生物有害

第三部分　成分/组成信息

√物质		混合物
组分	**浓度**	**CAS No.**
硝酸		7697-37-2

第四部分　急救措施

吸入　迅速脱离现场至空气新鲜处。保持呼吸道通畅。如呼吸困难，给输氧。如呼吸、心跳停止，立即进行心肺复苏术。就医
皮肤接触　立即脱去污染的衣着，用大量流动清水彻底冲洗至少 15min。就医
眼睛接触　立即分开眼睑，用流动清水或生理盐水彻底冲洗至少 15min。就医
食入　用水漱口，禁止催吐。给饮牛奶或蛋清。就医
对保护施救者的忠告　根据需要使用个人防护设备
对医生的特别提示　对症处理

第五部分　消防措施

灭火剂　本品不燃。根据着火原因选择适当灭火剂灭火
特别危险性　能与多种物质如金属粉末、电石、硫化氢、松节油等猛烈反应，甚至发生爆炸。与还原剂、可燃物如糖、纤维素、木屑、棉花、稻草或废纱头等接触，引起燃烧并散发出剧毒的棕色烟雾。具有强腐蚀性
灭火注意事项及防护措施　消防人员必须穿全身耐酸碱消防服、佩戴空气呼吸器灭火。尽可能将容器从火场移至空旷处。喷水保持火场容器冷却，直至灭火结束

第六部分　泄漏应急处理

作业人员防护措施、防护装备和应急处置程序　根据液体流动和蒸气扩散的影响区域划定警戒区，无关人员从侧风、上风向撤离至安全区。建议应急处理人员戴正压自给式呼吸器，穿防酸碱服，戴橡胶耐酸碱手套。作业时使用的所有设备应接地。穿上适当的防护服前严禁接触破裂的容器和泄漏物。尽可能切断泄漏源。喷雾状水抑制蒸气或改变蒸气云流向，避免水流接触泄漏物。勿使水进入包装容器内
环境保护措施　防止泄漏物进入水体、下水道、地下室或有限空间
泄漏化学品的收容、清除方法及所使用的处置材料　小量泄漏：用干燥的砂土或其他不燃材料覆盖泄漏物。大量泄漏：构筑围堤或挖坑收容。用砂土、惰性物质或蛭石吸收大量液体。用石灰（CaO）、碎石灰石（$CaCO_3$）或碳酸氢钠（$NaHCO_3$）中和。用抗溶性泡沫覆盖，减少蒸发。用耐腐蚀泵转移至槽车或专用收集器内

第七部分　操作处置与储存

操作注意事项　密闭操作，注意通风。操作尽可能机械化、自动化。操作人员必须经过专门培训，严格遵守操作规程。建议操作人员佩戴自吸过滤式防毒面具

（全面罩），穿橡胶耐酸碱服，戴橡胶耐酸碱手套。远离火种、热源。工作场所严禁吸烟。防止蒸气泄漏到工作场所空气中。避免与还原剂、碱类、醇类、碱金属接触。搬运时要轻装轻卸，防止包装及容器损坏。配备相应品种和数量的消防器材及泄漏应急处理设备。倒空的容器可能残留有害物。稀释或制备溶液时，应把酸加入水中，避免沸腾和飞溅

储存注意事项 储存于阴凉、通风的库房。远离火种、热源。库房温度不超过30℃，相对湿度不超过80%。保持容器密封。应与还原剂、碱类、醇类、碱金属等分开存放，切忌混储。储区应备有泄漏应急处理设备和合适的收容材料

第八部分 接触控制/个体防护

职业接触限值

中国 未制定标准

美国(ACGIH) TLV-TWA：2ppm；TLV-STEL：4ppm

生物接触限值 未制定标准

监测方法 空气中有毒物质测定方法：未制定标准。生物监测检验方法：未制定标准

工程控制 密闭操作，注意通风。提供安全的淋浴和洗眼设备

个体防护装备

呼吸系统防护 可能接触其烟雾时，佩戴过滤式防毒面具（全面罩）或空气呼吸器。紧急事态抢救或撤离时，建议佩戴空气呼吸器

眼睛防护 呼吸系统防护中已作防护

皮肤和身体防护 穿橡胶耐酸碱服

手防护 戴橡胶耐酸碱手套

第九部分 理化特性

外观与性状 纯品为无色透明发烟液体，有酸味

pH值 无资料　**熔点(℃)** −42（无水）

沸点(℃) 83（无水）　**相对密度(水=1)** 1.50(无水)

相对蒸气密度(空气=1) 2～3

饱和蒸气压(kPa) 6.4（20℃）

燃烧热(kJ/mol) 无资料　**临界温度(℃)** 无资料

临界压力(MPa) 6.89　**辛醇/水分配系数** 0.21

闪点(℃) 无意义　**自燃温度(℃)** 无意义

爆炸下限(%) 无意义　**爆炸上限(%)** 无意义

分解温度(℃) 无资料　**黏度(mPa·s)** 0.75(25℃)

溶解性 与水混溶，溶于乙醚

第十部分 稳定性和反应性

稳定性 稳定

危险反应 与还原剂、可燃物等禁配物接触，有发生火灾和爆炸的危险

避免接触的条件 无资料

禁配物 还原剂、碱类、醇类、碱金属、铜、胺类、金属粉末、电石、硫化氢、松节油、可燃物（如糖、纤维素、木屑、棉花、稻草或废纱头等）

危险的分解产物 氮氧化物

第十一部分 毒理学信息

急性毒性 LC_{50}：130mg/m^3（大鼠吸入，4h）；67ppm（小鼠吸入，4h）

皮肤刺激或腐蚀 无资料　**眼睛刺激或腐蚀** 无资料

呼吸或皮肤过敏 无资料　**生殖细胞突变性** 无资料

致癌性 无资料　**生殖毒性** 无资料

特异性靶器官系统毒性-一次接触 无资料

特异性靶器官系统毒性-反复接触 无资料

吸入危害 无资料

第十二部分 生态学信息

生态毒性 LC_{50}：72mg/L（96h）（鱼）

持久性和降解性

生物降解性 无资料

非生物降解性 无资料

潜在的生物累积性 无资料

土壤中的迁移性 无资料

第十三部分 废弃处置

废弃化学品 加入纯碱（硝石灰）溶液中，生成中性的硝酸盐溶液，用水稀释后排入废水系统

污染包装物 将容器返还生产商或按照国家和地方法规处置

废弃注意事项 处置前应参阅国家和地方有关法规

第十四部分 运输信息

联合国危险货物编号（UN号） 2031

联合国运输名称 硝酸

联合国危险性类别 8/5.1（发红烟的除外，硝酸至少65%），8（发红烟的除外，含硝酸低于65%）

包装类别 Ⅰ类包装（发红烟的除外，含硝酸高于70%）。Ⅱ类包装（发红烟的除外，含硝酸至少65%，但不超过70%）。Ⅲ类包装（发红烟的除外，含硝酸低于65%）

包装标志 

（发红烟的除外，硝酸至少65%）

（发红烟的除外，含硝酸低于65%）

海洋污染物 否

运输注意事项 本品铁路运输时限使用铝制企业自备罐车装运，装运前需报有关部门批准。起运时包装要完整，装载应稳妥。运输过程中要确保容器不泄漏、不倒塌、不坠落、不损坏。严禁与还原剂、碱类、醇类、碱金属、食用化学品等混装混运。运输时运输车辆应配备泄漏应急处理设备。运输途中应防曝晒、雨淋，防高温。公路运输时要按规定路线行驶，勿在居民区和人口稠密区停留

第十五部分 法规信息

下列法律、法规、规章和标准，对该化学品的管理作了相应的规定。

中华人民共和国职业病防治法 职业病分类和目录：未列入

危险化学品安全管理条例 危险化学品目录：列入。易制爆危险化学品名录：列入。重点监管的危险化学品名录：未列入。GB 18218—2009《危险化学品重大危险源辨识》(表 1)：列入。类别：氧化性物质；临界量 (t)：20 (发红烟的)，100 (发红烟的除外，含硝酸>70%)

使用有毒物品作业场所劳动保护条例 高毒物品目录：未列入

易制毒化学品管理条例 易制毒化学品的分类和品种目录：未列入

国际公约 斯德哥尔摩公约：未列入。鹿特丹公约：未列入。蒙特利尔议定书：未列入

第十六部分 其他信息

编写和修订信息 **缩略语和首字母缩写**

培训建议 **参考文献**

免责声明

硝 酸 铵

第一部分 化学品标识

化学品中文名 硝酸铵；硝铵

化学品英文名 ammonium nitrate；ammonium saltpeter

分子式 NH_4NO_3 **相对分子质量** 80.04

化学品的推荐及限制用途 用作化肥、分析试剂、氧化剂、制冷剂、烟火和炸药原料

第二部分 危险性概述

紧急情况概述 爆炸物、整体爆炸危险

GHS 危险性类别 氧化性固体，类别 3 或爆炸物，1.1 项 (含可燃物>0.2%)；特异性靶器官毒性-一次接触，类别 1；特异性靶器官毒性-反复接触，类别 1

标签要素

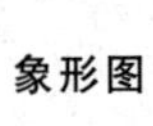

含可燃物≤0.2%或硝酸铵 含可燃物>0.2%
肥料 (含可燃物≤0.4%)

警示词 危险

危险性说明 爆炸物、整体爆炸危险，对器官造成损害，长时间或反复接触对器官造成损伤

防范说明

预防措施 远离热源、火花、明火、热表面。禁止吸烟。含可燃物>0.2%；容器和接收设备接地连接，避免研磨、撞击、摩擦。戴防护面罩。避免吸入粉尘。避免接触眼睛、皮肤，操作后彻底清洗。作业场所不得进食、饮水或吸烟

事故响应 火灾时可能爆炸。火势蔓延到爆炸物时，切勿灭火，撤离现场。如果接触：立即呼叫中毒控制中心或就医。如感觉不适，就医

安全储存 本品依据国家和地方法规储存。上锁保管

废弃处置 本品及内装物、容器依据国家和地方法规处置

物理和化学危险 助燃。与可燃物混合或急剧加热会发生爆炸

健康危害 对呼吸道、眼及皮肤有刺激性。接触后可引起恶心、呕吐、头痛、虚弱、无力和虚脱等。大量接触可引起高铁血红蛋白血症，影响血液的携氧能力，出现紫绀、头痛、头晕、虚脱，甚至死亡。口服引起剧烈腹痛、呕吐、血便、休克、全身抽搐、昏迷，甚至死亡

环境危害 对环境可能有害

第三部分 成分/组成信息

√物质		混合物
组分	**浓度**	**CAS No.**
硝酸铵		6484-52-2

第四部分 急救措施

吸入 迅速脱离现场至空气新鲜处。保持呼吸道通畅。如呼吸困难，给输氧。如呼吸、心跳停止，立即进行心肺复苏术。就医

皮肤接触 立即脱去污染的衣着，用流动清水彻底冲洗。就医

眼睛接触 立即分开眼睑，用流动清水或生理盐水彻底冲洗。就医

食入 漱口，饮水。就医

对保护施救者的忠告 根据需要使用个人防护设备

对医生的特别提示 高铁血红蛋白血症，可用美蓝和维生素 C 治疗

第五部分 消防措施

灭火剂 根据着火原因选择适当灭火剂灭火

特别危险性 与可燃物粉末混合能发生激烈反应而爆炸。受强烈震动也会起爆。急剧加热时可发生爆炸。与还原剂、有机物、易燃物（如硫、磷或金属粉末等）混合可形成爆炸性混合物

灭火注意事项及防护措施 消防人员须佩戴防毒面具、穿全身消防服，在上风向灭火。尽可能将容器从火场移至空旷处。喷水保持火场容器冷却，直至灭火结束。遇大火，消防人员须在有防护掩蔽处操作。

第六部分 泄漏应急处理

作业人员防护措施、防护装备和应急处置程序 隔离泄漏污染区，限制出入。建议应急处理人员戴防尘口罩，穿防毒服，戴橡胶手套。勿使泄漏物与可燃物质（如木材、纸、油等）接触。穿上适当的防护服前严禁接触破裂的容器和泄漏物。尽可能切断泄漏源。勿使水

进入包装容器内

环境保护措施 无资料

泄漏化学品的收容、清除方法及所使用的处置材料 小量泄漏：用洁净的铲子收集泄漏物，置于干净、干燥、盖子较松的容器中，将容器移离泄漏区。大量泄漏：泄漏物回收后，用水冲洗泄漏区

第七部分 操作处置与储存

操作注意事项 密闭操作，加强通风。操作人员必须经过专门培训，严格遵守操作规程。建议操作人员佩戴自吸过滤式防尘口罩，戴化学安全防护眼镜，穿聚乙烯防毒服，戴橡胶手套。远离火种、热源。工作场所严禁吸烟。远离易燃、可燃物。避免产生粉尘。避免与还原剂、酸类、活性金属粉末接触。搬运时要轻装轻卸，防止包装及容器损坏。配备相应品种和数量的消防器材及泄漏应急处理设备。倒空的容器可能残留有害物

储存注意事项 储存于阴凉、干燥、通风良好的专用库房内。库房温度不超过 30℃，相对湿度不超过 75%。远离火种、热源。应与易（可）燃物、还原剂、酸类、活性金属粉末分开存放，切忌混储。储区应备有合适的材料收容泄漏物。禁止震动、撞击和摩擦

第八部分 接触控制/个体防护

职业接触限值

中国 未制定标准

美国(ACGIH) 未制定标准

生物接触限值 未制定标准

监测方法 空气中有毒物质测定方法：未制定标准。生物监测检验方法：未制定标准

工程控制 生产过程密闭，加强通风。提供安全的淋浴和洗眼设备

个体防护装备

呼吸系统防护 可能接触其粉尘时，建议佩戴过滤式防尘呼吸器

眼睛防护 戴化学安全防护眼镜

皮肤和身体防护 穿隔绝式防毒服

手防护 戴橡胶手套

第九部分 理化特性

外观与性状 无色无臭的透明结晶或呈白色的小颗粒，有潮解性

pH 值 5.43（0.1mol/L 水溶液） **熔点(℃)** 169.6

沸点(℃) 210（分解） **相对密度(水=1)** 1.72

相对蒸气密度(空气=1) 无资料

饱和蒸气压(kPa) 无资料

燃烧热(kJ/mol) 无资料 **临界温度(℃)** 无资料

临界压力(MPa) 无意义 **辛醇/水分配系数** 无资料

闪点(℃) 无意义 **自燃温度(℃)** 无意义

爆炸下限(%) 无意义 **爆炸上限(%)** 无意义

分解温度(℃) 210

黏度(mPa·s) （℃）无资料

溶解性 易溶于水、甲醇、丙酮、氨，不溶于乙醚

第十部分 稳定性和反应性

稳定性 稳定

危险反应 受热、摩擦、震动、撞击、与强氧化剂等禁配物接触，有发生火灾和爆炸的危险

避免接触的条件 震动

禁配物 强还原剂、强酸、易燃或可燃物、活性金属粉末

危险的分解产物 氮氧化物

第十一部分 毒理学信息

急性毒性 LD_{50}：2217mg/kg（大鼠经口）

皮肤刺激或腐蚀 无资料 **眼睛刺激或腐蚀** 无资料

呼吸或皮肤过敏 无资料 **生殖细胞突变性** 无资料

致癌性 无资料 **生殖毒性** 无资料

特异性靶器官系统毒性-一次接触 无资料

特异性靶器官系统毒性-反复接触 无资料

吸入危害 无资料

第十二部分 生态学信息

生态毒性 无资料

持久性和降解性

生物降解性 无资料

非生物降解性 无资料

潜在的生物累积性 无资料

土壤中的迁移性 无资料

第十三部分 废弃处置

废弃化学品 根据国家和地方有关法规的要求处置。或与制造商联系，确定处置方法

污染包装物 将容器返还生产商或按照国家和地方法规处置

废弃注意事项 把倒空的容器归还厂商或在规定场所掩埋

第十四部分 运输信息

联合国危险货物编号（UN 号） 1942（含可燃物质总量不超过 0.2%，包括以碳计算的任何有机物质，但不包括任何其他添加物质）；0222（含可燃物＞0.2%，包括以碳计算的任何有机物，但不包括任何其他添加剂）

联合国运输名称 硝酸铵（含可燃物质总量不超过 0.2%，包括以碳计算的任何有机物质，但不包括任何其他添加物质）；硝酸铵（含可燃物＞0.2%，包括以碳计算的任何有机物，但不包括任何其他添加剂）

联合国危险性类别 5.1（含可燃物质总量不超过 0.2%，包括以碳计算的任何有机物质，但不包括任何其他添加物质），1.1D（含可燃物＞0.2%，包括以碳计算的任何有机物，但不包括任何其他添加剂）

包装类别 Ⅲ类包装（含可燃物质总量不超过 0.2%，包括以碳计算的任何有机物质，但不包括任何其他添加物质）；-（含可燃物＞0.2%，包括以碳计算的任何有机物，但不包括任何其他添加剂）

包装标志 （含可燃物质总量不超过0.2%，包括以碳计算的任何有机物质，但不包括任何其他添加物质）（含可燃物>0.2%，包括以碳计算的任何有机物，但不包括任何其他添加剂）

海洋污染物 否

运输注意事项 运输时单独装运，运输过程中要确保容器不泄漏、不倒塌、不坠落、不损坏。运输时运输车辆应配备相应品种和数量的消防器材及泄漏应急处理设备。严禁与酸类、易燃物、有机物、还原剂、自燃物品、遇湿易燃物品等并车混运。运输时车速不宜过快，不得强行超车。运输车辆装卸前后，均应彻底清扫、洗净，严禁混入有机物、易燃物等杂质

第十五部分 法规信息

下列法律、法规、规章和标准，对该化学品的管理作了相应的规定。

中华人民共和国职业病防治法 职业病分类和目录：未列入

危险化学品安全管理条例 危险化学品目录：列入。易制爆危险化学品名录：未列入。重点监管的危险化学品名录：列入。GB 18218—2018《危险化学品重大危险源辨识》(表1)：列入。临界量(t)：5t(含可燃物>0.2%，包括以碳计算的任何有机物，但不包括任何其他添加剂)；50t(含可燃物≤0.2%)；200t(硝酸铵肥料；含可燃物≤0.4%)

使用有毒物品作业场所劳动保护条例 高毒物品目录：未列入

易制毒化学品管理条例 易制毒化学品的分类和品种目录：未列入

国际公约 斯德哥尔摩公约：未列入。鹿特丹公约：未列入。蒙特利尔议定书：未列入

第十六部分 其他信息

编写和修订信息 **缩略语和首字母缩写**

培训建议 **参考文献**

免责声明

硝 酸 钯

第一部分 化学品标识

化学品中文名 硝酸钯；硝酸亚钯

化学品英文名 palladium nitrate; palladous nitrate

分子式 $Pd(NO_3)_2$ **相对分子质量** 230.42

化学品的推荐及限制用途 用作分析试剂，分离氯和碘；用作有机合成催化剂

第二部分 危险性概述

紧急情况概述 可加剧燃烧：氧化剂，造成严重的皮肤灼伤和眼损伤

GHS危险性类别 氧化性固体，类别2；皮肤腐蚀/刺激，类别1B；严重眼损伤/眼刺激，类别1

标签要素

象形图 

警示词 危险

危险性说明 可加剧燃烧：氧化剂，造成严重的皮肤灼伤和眼损伤

防范说明

预防措施 远离热源。远离衣物、可燃物保存。采取一切预防措施，避免与可燃物混合。避免吸入粉尘。避免接触眼睛、皮肤，操作后彻底清洗。戴防护手套，穿防护服，戴防护眼镜、防护面罩

事故响应 火灾时，本品不燃。根据着火原因选择适当灭火剂灭火。如吸入：将患者转移到空气新鲜处，休息，保持利于呼吸的体位，立即呼叫中毒控制中心或就医。皮肤（或头发）接触：立即脱掉所有被污染的衣服，用水冲洗皮肤，淋浴。污染的衣服须洗净后方可重新使用。接触眼睛：用水细心冲洗数分钟。如戴隐形眼镜并可方便地取出，取出隐形眼镜继续冲洗。食入：漱口，不要催吐

安全储存 上锁保管

废弃处置 本品及内装物、容器依据国家和地方法规处置

物理和化学危险 助燃。与可燃物混合能形成爆炸性混合物

健康危害 眼和皮肤接触引起灼伤。热解释出有毒的氮氧化物气体

环境危害 对环境可能有害

第三部分 成分/组成信息

√物质		混合物
组分	**浓度**	**CAS No.**
硝酸钯		10102-05-3

第四部分 急救措施

吸入 迅速脱离现场至空气新鲜处。保持呼吸道通畅。如呼吸困难，给输氧。如呼吸、心跳停止，立即进行心肺复苏术。就医

皮肤接触 立即脱去污染的衣着，用大量流动清水彻底冲洗至少15min。就医

眼睛接触 立即分开眼睑，用流动清水或生理盐水彻底冲洗至少15min。就医

食入 用水漱口，禁止催吐。给饮牛奶或蛋清。就医

对保护施救者的忠告 根据需要使用个人防护设备

对医生的特别提示 对症处理

第五部分 消防措施

灭火剂 本品不燃。根据着火原因选择适当灭火剂灭火

特别危险性 与还原剂、有机物、易燃物（如硫、磷）或金属粉末等混合可形成爆炸性混合物。高温时分解，释出有毒的氮氧化物气体

灭火注意事项及防护措施 消防人员必须佩戴空气呼吸器、穿全身防火防毒服，在上风向灭火。尽可能将容器从火场移至空旷处。喷水保持火场容器冷却，直至灭火结束。切勿将水流直接射至熔融物，以免引起严重的流淌火灾或引起剧烈的沸溅

第六部分 泄漏应急处理

作业人员防护措施、防护装备和应急处置程序 隔离泄漏污染区，限制出入。建议应急处理人员戴防尘口罩，穿防毒服，戴橡胶手套。勿使泄漏物与可燃物质（如木材、纸、油等）接触。穿上适当的防护服前严禁接触破裂的容器和泄漏物。尽可能切断泄漏源。勿使水进入包装容器内

环境保护措施 无资料

泄漏化学品的收容、清除方法及所使用的处置材料 小量泄漏：用洁净的铲子收集泄漏物，置于干净、干燥、盖子较松的容器中，将容器移离泄漏区。大量泄漏：泄漏物回收后，用水冲洗泄漏区

第七部分 操作处置与储存

操作注意事项 密闭操作，局部排风。操作人员必须经过专门培训，严格遵守操作规程。建议操作人员佩戴自吸过滤式防尘口罩，戴安全防护眼镜，穿聚乙烯防毒服，戴橡胶手套。远离火种、热源。工作场所严禁吸烟。远离易燃、可燃物。避免产生粉尘。避免与还原剂接触。搬运时要轻装轻卸，防止包装及容器损坏。配备相应品种和数量的消防器材及泄漏应急处理设备。倒空的容器可能残留有害物

储存注意事项 储存于阴凉、通风的库房。远离火种、热源。库房温度不超过 30℃，相对湿度不超过 80%。包装密封。应与易（可）燃物、还原剂等分开存放，切忌混储。储区应备有合适的材料收容泄漏物

第八部分 接触控制/个体防护

职业接触限值

中国 未制定标准

美国(ACGIH) 未制定标准

生物接触限值 未制定标准

监测方法 空气中有毒物质测定方法：未制定标准。生物监测检验方法：未制定标准

工程控制 密闭操作，局部排风

个体防护装备

呼吸系统防护 空气中浓度较高时，应该佩戴过滤式防尘呼吸器

眼睛防护 戴安全防护眼镜

皮肤和身体防护 穿隔绝式防毒服

手防护 戴橡胶手套

第九部分 理化特性

外观与性状 棕黄色结晶或粉末，有潮解性

pH 值 无意义　**熔点(℃)** 分解

沸点(℃) 无资料　**相对密度(水=1)** 1.118

相对蒸气密度(空气=1) 无资料

饱和蒸气压(kPa) 无资料

燃烧热(kJ/mol) 无资料　**临界温度(℃)** 无资料

临界压力(MPa) 无意义　**辛醇/水分配系数** 无资料

闪点(℃) 无意义　**自燃温度(℃)** 无意义

爆炸下限(%) 无意义　**爆炸上限(%)** 无意义

分解温度(℃) 无资料　**黏度(mPa·s)** 无资料

溶解性 溶于水，溶于稀硝酸

第十部分 稳定性和反应性

稳定性 稳定

危险反应 与强还原剂、易燃或可燃物等禁配物接触，有发生火灾和爆炸的危险

避免接触的条件 受热

禁配物 还原剂、易燃或可燃物、活性金属粉末、硫、磷

危险的分解产物 氮氧化物

第十一部分 毒理学信息

急性毒性 无资料　**皮肤刺激或腐蚀** 无资料

眼睛刺激或腐蚀 无资料　**呼吸或皮肤过敏** 无资料

生殖细胞突变性 无资料　**致癌性** 无资料

生殖毒性 无资料

特异性靶器官系统毒性-一次接触 无资料

特异性靶器官系统毒性-反复接触 无资料

吸入危害 无资料

第十二部分 生态学信息

生态毒性 无资料

持久性和降解性

生物降解性 无资料

非生物降解性 无资料

潜在的生物累积性 无资料

土壤中的迁移性：无资料

第十三部分 废弃处置

废弃化学品 根据国家和地方有关法规的要求处置。或与制造商联系，确定处置方法

污染包装物 将容器返还生产商或按照国家和地方法规处置

废弃注意事项 处置前应参阅国家和地方有关法规

第十四部分 运输信息

联合国危险货物编号（UN 号） 1477

联合国运输名称 无机硝酸酸盐，未另作规定的（硝酸钯）

联合国危险性类别 5.1　**包装类别** Ⅲ类包装

包装标志 

海洋污染物 否

运输注意事项 运输时单独装运，运输过程中要确保容器

不泄漏、不倒塌、不坠落、不损坏。运输时运输车辆应配备相应品种和数量的消防器材及泄漏应急处理设备。严禁与酸类、易燃物、有机物、还原剂、自燃物品、遇湿易燃物品等并车混运。运输时车速不宜过快，不得强行超车。运输车辆装卸前后，均应彻底清扫、洗净，严禁混入有机物、易燃物等杂质

第十五部分 法规信息

下列法律、法规、规章和标准，对该化学品的管理作了相应的规定。

中华人民共和国职业病防治法 职业病分类和目录：未列入

危险化学品安全管理条例 危险化学品目录：未列入。易制爆危险化学品名录：未列入。重点监管的危险化学品名录：未列入。GB 18218—2009《危险化学品重大危险源辨识》(表 1)：未列入

使用有毒物品作业场所劳动保护条例 高毒物品目录：未列入

易制毒化学品管理条例 易制毒化学品的分类和品种目录：未列入

国际公约 斯德哥尔摩公约：未列入。鹿特丹公约：未列入。蒙特利尔议定书：未列入

第十六部分 其他信息

编写和修订信息 **缩略语和首字母缩写**

培训建议 **参考文献**

免责声明

硝 酸 钡

第一部分 化学品标识

化学品中文名 硝酸钡

化学品英文名 barium nitrate；barium dinitrate

分子式 $Ba(NO_3)_2$ **相对分子质量** 261.34

化学品的推荐及限制用途 用于制造烟火、搪瓷、杀虫剂、钡盐等

第二部分 危险性概述

紧急情况概述 可加剧燃烧；氧化剂，吞咽有害

GHS 危险性类别 氧化性固体，类别 2；急性毒性-经口，类别 4；皮肤腐蚀/刺激，类别 3；严重眼损伤/眼刺激，类别 2A；特异性靶器官毒性-一次接触，类别 1

标签要素

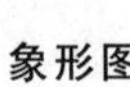

警示词 危险

危险性说明 可加剧燃烧：氧化剂，吞咽有害，造成轻微皮肤刺激，造成严重眼刺激，对器官造成损害

防范说明

预防措施 远离热源。远离衣物、可燃物保存。采取一切预防措施，避免与可燃物混合。戴防护手套、防护眼镜、防护面罩。避免接触眼睛、皮肤，操作后彻底清洗。作业场所不得进食、饮水或吸烟。避免吸入粉尘

事故响应 火灾时，根据着火原因选择适当灭火剂灭火。如发生皮肤刺激，就医。如接触眼睛：用水细心冲洗数分钟。如戴隐形眼镜并可方便地取出，取出隐形眼镜继续冲洗。如果眼睛刺激持续：就医。食入：漱口，如果感觉不适，立即呼叫中毒控制中心或就医。如果接触：立即呼叫中毒控制中心或就医

安全储存 上锁保管

废弃处置 本品及内装物、容器依据国家和地方法规处置

物理和化学危险 助燃。与可燃物混合能形成爆炸性混合物

健康危害 误服后表现为恶心、呕吐、腹痛、腹泻、脉缓、头痛、眩晕等。严重中毒出现进行性肌麻痹、心律紊乱、血压降低、血钾明显降低等。可死于心律紊乱和呼吸肌麻痹。肾脏可能受损。大量吸入本品粉尘亦可引起中毒，但消化道反应较轻。长期接触可致口腔炎、鼻炎、结膜炎、腹泻、心动过速、脱发等

环境危害 对环境可能有害

第三部分 成分/组成信息

√物质		混合物
组分	**浓度**	**CAS No.**
硝酸钡		10022-31-8

第四部分 急救措施

吸入 迅速脱离现场至空气新鲜处。保持呼吸道通畅。如呼吸困难，给输氧。如呼吸、心跳停止，立即进行心肺复苏术。就医

皮肤接触 立即脱去污染的衣着，用流动清水彻底冲洗。就医

眼睛接触 立即分开眼睑，用流动清水或生理盐水彻底冲洗。就医

食入 饮足量温水，催吐。给服硫酸钠。就医

对保护施救者的忠告 根据需要使用个人防护设备

对医生的特别提示 解毒剂：硫酸钠、硫代硫酸钠。有低血钾者应补充钾盐

第五部分 消防措施

灭火剂 本品不燃。根据着火原因选择适当灭火剂灭火

特别危险性 与还原剂、有机物、易燃物如硫、磷或金属粉末等混合可形成爆炸性混合物。燃烧分解时，放出有毒的氮氧化物气体

灭火注意事项及防护措施 消防人员必须佩戴空气呼吸器、穿全身防火防毒服，在上风向灭火。尽可能将容器从火场移至空旷处。喷水保持火场容器冷却，直至灭火结束。切勿将水流直接射至熔融物，以免引起严重的流淌火灾或引起剧烈的沸溅

第六部分 泄漏应急处理

作业人员防护措施、防护装备和应急处置程序 隔离泄漏污染区，限制出入。建议应急处理人员戴防尘口罩，穿防毒服，戴氯丁橡胶手套。勿使泄漏物与可燃物质（如木材、纸、油等）接触。穿上适当的防护服前严禁接触破裂的容器和泄漏物。尽可能切断泄漏源

环境保护措施 无资料

泄漏化学品的收容、清除方法及所使用的处置材料 用洁净的铲子收集泄漏物，置于干净、干燥、盖子较松的容器中，将容器移离泄漏区

第七部分 操作处置与储存

操作注意事项 密闭操作，加强通风。操作人员必须经过专门培训，严格遵守操作规程。建议操作人员佩戴自吸过滤式防尘口罩，戴安全防护眼镜，穿聚乙烯防毒服，戴氯丁橡胶手套。远离火种、热源。工作场所严禁吸烟。远离易燃、可燃物。避免产生粉尘。避免与还原剂、酸类、碱类接触。搬运时要轻装轻卸，防止包装及容器损坏。配备相应品种和数量的消防器材及泄漏应急处理设备。倒空的容器可能残留有害物

储存注意事项 储存于阴凉、通风的库房，温度不超过30℃，相对湿度不超过80%。远离火种、热源。应与易（可）燃物、还原剂、酸类、碱类、食用化学品分开存放，切忌混储。储区应备有合适的材料收容泄漏物

第八部分 接触控制/个体防护

职业接触限值

中国 PC-TWA：0.5mg/m^3；PC-STEL：1.5mg/m^3［按 Ba 计］

美国(ACGIH) TLV-TWA：0.5mg/m^3［按 Ba 计］

生物接触限值 未制定标准

监测方法 空气中有毒物质测定方法：二溴对甲基偶氮甲磺分光光度法；等离子体原子发射光谱法。生物监测检验方法：未制定标准

工程控制 生产过程密闭，加强通风。提供安全的淋浴和洗眼设备

个体防护装备

呼吸系统防护 可能接触其粉尘时，建议佩戴过滤式防尘呼吸器

眼睛防护 戴安全防护眼镜

皮肤和身体防护 穿隔绝式防毒服

手防护 戴橡胶手套

第九部分 理化特性

外观与性状 无色或白色有光泽的立方结晶，微具吸湿性

pH 值 5.0～8.0（0.5%水溶液）

熔点(℃) 592

沸点(℃) （分解） **相对密度(水=1)** 3.24

相对蒸气密度(空气=1) 9.2

饱和蒸气压(kPa) 无资料

燃烧热(kJ/mol) 无资料 **临界温度(℃)** 无资料

临界压力(MPa) 无意义 **辛醇/水分配系数** 无资料

自燃温度(℃) 无意义 **闪点(℃)** 无意义

爆炸下限(%) 无意义 **爆炸上限(%)** 无意义

分解温度(℃) 590 **黏度(mPa·s)** 无资料

溶解性 溶于水、浓硫酸，不溶于乙醇、浓硝酸

第十部分 稳定性和反应性

稳定性 稳定

危险反应 与强还原剂、易燃或可燃物等禁配物接触，有发生火灾和爆炸的危险

避免接触的条件 潮湿空气

禁配物 酸类、碱、酸酐、易燃或可燃物、强还原剂

危险的分解产物 氮氧化物

第十一部分 毒理学信息

急性毒性 LD_{50}：355mg/kg（大鼠经口）

皮肤刺激或腐蚀 家兔经皮：500mg（24h），轻度刺激

眼睛刺激或腐蚀 家兔经眼：100mg（24h），中度刺激

呼吸或皮肤过敏 无资料 **生殖细胞突变性** 无资料

致癌性 无资料 **生殖毒性** 无资料

特异性靶器官系统毒性-一次接触 无资料

特异性靶器官系统毒性-反复接触 无资料

吸入危害 无资料

第十二部分 生态学信息

生态毒性 无资料

持久性和降解性

生物降解性 无资料

非生物降解性 无资料

潜在的生物累积性 无资料

土壤中的迁移性 无资料

第十三部分 废弃处置

废弃化学品 根据国家和地方有关法规的要求处置。或与制造商联系，确定处置方法

污染包装物 将容器返还生产商或按照国家和地方法规处置

废弃注意事项 在规定场所掩埋空容器

第十四部分 运输信息

联合国危险货物编号（UN 号） 1446

联合国运输名称 硝酸钡

联合国危险性类别 5.1，6.1

包装类别 Ⅱ类包装

包装标志

海洋污染物 否

运输注意事项 运输时单独装运，运输过程中要确保容器不泄漏、不倒塌、不坠落、不损坏。运输时运输车辆应配备相应品种和数量的消防器材及泄漏应急处理设备。严禁与酸类、易燃物、有机物、还原剂、自燃物

品、遇湿易燃物品等并车混运。运输时车速不宜过快，不得强行超车。运输车辆装卸前后，均应彻底清扫、洗净，严禁混入有机物、易燃物等杂质

第十五部分 法规信息

下列法律、法规、规章和标准，对该化学品的管理作了相应的规定。

中华人民共和国职业病防治法 职业病分类和目录：钡及其化合物中毒

危险化学品安全管理条例 危险化学品目录：列入。易制爆危险化学品名录：列入。重点监管的危险化学品名录：未列入。GB 18218—2009《危险化学品重大危险源辨识》(表 1)：未列入

使用有毒物品作业场所劳动保护条例 高毒物品目录：未列入

易制毒化学品管理条例 易制毒化学品的分类和品种目录：未列入

国际公约 斯德哥尔摩公约：未列入。鹿特丹公约：未列入。蒙特利尔议定书：未列入

第十六部分 其他信息

编写和修订信息 **缩略语和首字母缩写**

培训建议 **参考文献**

免责声明

硝 酸 铋

第一部分 化学品标识

化学品中文名 硝酸铋

化学品英文名 bismuth nitrate；nitric acid bismuth salt

分子式 $Bi(NO_3)_3$ **相对分子质量** 394.98

化学品的推荐及限制用途 用于药物和铋盐制造，用作各种催化剂原料

第二部分 危险性概述

紧急情况概述 可加剧燃烧：氧化剂

GHS 危险性类别 氧化性固体，类别 2；特异性靶器官毒性-一次接触，类别 1；特异性靶器官毒性-反复接触，类别 1

标签要素

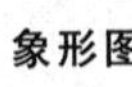

警示词 危险

危险性说明 可加剧燃烧：氧化剂，对器官造成损害，长时间或反复接触对器官造成损伤

防范说明

预防措施 远离热源。远离衣物、可燃物保存。采取一切预防措施，避免与可燃物混合。戴防护手套、防护眼镜、防护面罩。避免吸入粉尘。避免接触眼睛、皮肤，操作后彻底清洗。作业场所不得进食、饮水或吸烟

事故响应 火灾时，根据着火原因选择适当灭火剂灭火。如果接触：立即呼叫中毒控制中心或就医。如感觉不适，就医

安全储存 上锁保管

废弃处置 本品及内装物、容器依据国家和地方法规处置

物理和化学危险 助燃。与可燃物混合能形成爆炸性混合物

健康危害 对眼睛、皮肤、黏膜和上呼吸道有刺激性。非职业性中毒可发生肝、肾、中枢神经系统损害及药疹等

环境危害 对环境可能有害

第三部分 成分/组成信息

√物质		混合物
组分	**浓度**	**CAS No.**
硝酸铋		10361-44-1

第四部分 急救措施

吸入 迅速脱离现场至空气新鲜处。保持呼吸道通畅。如呼吸困难，给输氧。如呼吸、心跳停止，立即进行心肺复苏术。就医

皮肤接触 立即脱去污染的衣着，用流动清水彻底冲洗。就医

眼睛接触 立即分开眼睑，用流动清水或生理盐水彻底冲洗。就医

食入 漱口，饮水。就医

对保护施救者的忠告 根据需要使用个人防护设备

对医生的特别提示 对症处理

第五部分 消防措施

灭火剂 本品不燃。根据着火原因选择适当灭火剂灭火

特别危险性 与还原剂、有机物、易燃物（如硫、磷）或金属粉末等混合可形成爆炸性混合物

灭火注意事项及防护措施 消防人员必须佩戴空气呼吸器、穿全身防火防毒服，在上风向灭火。尽可能将容器从火场移至空旷处。喷水保持火场容器冷却，直至灭火结束。切勿将水流直接射至熔融物，以免引起严重的流淌火灾或引起剧烈的沸溅

第六部分 泄漏应急处理

作业人员防护措施、防护装备和应急处置程序 隔离泄漏污染区，限制出入。建议应急处理人员戴防尘口罩，穿防毒服，戴橡胶手套。勿使泄漏物与可燃物质（如木材、纸、油等）接触。穿上适当的防护服前严禁接触破裂的容器和泄漏物。尽可能切断泄漏源。勿使水进入包装容器内

环境保护措施 无资料

泄漏化学品的收容、清除方法及所使用的处置材料 小量泄漏：用洁净的铲子收集泄漏物，置于干净、干燥、盖子较松的容器中，将容器移离泄漏区。大量泄漏：泄漏物回收后，用水冲洗泄漏区

第七部分 操作处置与储存

操作注意事项 密闭操作，局部排风。操作人员必须经过专门培训，严格遵守操作规程。建议操作人员佩戴自吸过滤式防尘口罩，戴安全防护眼镜，穿胶布防毒衣，戴橡胶手套。远离火种、热源。工作场所严禁吸烟。远离易燃、可燃物。避免产生粉尘。避免与还原剂接触。搬运时要轻装轻卸，防止包装及容器损坏。配备相应品种和数量的消防器材及泄漏应急处理设备。倒空的容器可能残留有害物

储存注意事项 储存于阴凉、通风的库房。远离火种、热源。库房温度不超过30℃，相对湿度不超过80%。包装密封。应与易（可）燃物、还原剂等分开存放，切忌混储。储区应备有合适的材料收容泄漏物

第八部分 接触控制/个体防护

职业接触限值

中国 未制定标准

美国(ACGIH) 未制定标准

生物接触限值 未制定标准

监测方法 空气中有毒物质测定方法：未制定标准。生物监测检验方法：未制定标准

工程控制 密闭操作，局部排风

个体防护装备

呼吸系统防护 空气中浓度较高时，应该佩戴过滤式防尘呼吸器

眼睛防护 戴安全防护眼镜

皮肤和身体防护 穿隔绝式防毒服

手防护 戴橡胶手套

第九部分 理化特性

外观与性状 无色透明有光泽结晶，有吸湿性

pH值 无意义 **熔点(℃)** 75～80（分解）

沸点(℃) 分解 **相对密度(水=1)** 2.83

相对蒸气密度(空气=1) 无资料

饱和蒸气压(kPa) 无资料

燃烧热(kJ/mol) 无资料 **临界温度(℃)** 无资料

临界压力(MPa) 无意义 **辛醇/水分配系数** 无资料

闪点(℃) 无意义 **引燃温度(℃)** 无意义

爆炸下限(%) 无意义 **爆炸上限(%)** 无意义

分解温度(℃) 无资料 **黏度(mPa·s)** 无资料

溶解性 溶于稀硝酸、乙醇、丙酮

第十部分 稳定性和反应性

稳定性 稳定

危险反应 与强还原剂、易燃或可燃物等禁配物接触，有发生火灾和爆炸的危险

避免接触的条件 潮湿空气

禁配物 还原剂、易燃或可燃物、活性金属粉末、硫、磷

危险的分解产物 氮氧化物

第十一部分 毒理学资料

急性毒性 LD_{50}：4042mg/kg（大鼠经口）；3710mg/kg（小鼠经口）

皮肤刺激或腐蚀 无资料 **眼睛刺激或腐蚀** 无资料

呼吸或皮肤过敏 无资料 **生殖细胞突变性** 无资料

致癌性 无资料 **生殖毒性** 无资料

特异性靶器官系统毒性-一次接触 无资料

特异性靶器官系统毒性-反复接触 无资料

吸入危害 无资料

第十二部分 生态学资料

生态毒性 无资料

持久性和降解性

生物降解性 无资料

非生物降解性 无资料

潜在的生物累积性 无资料

土壤中的迁移性 无资料

第十三部分 废弃处置

废弃化学品 用安全掩埋法处置

污染包装物 将容器返还生产商或按照国家和地方法规处置

废弃注意事项 处置前应参阅国家和地方有关法规

第十四部分 运输信息

联合国危险货物编号（UN号） 1477

联合国运输名称 无机硝酸盐，未另作规定的（硝酸铋）

联合国危险性类别 5.1 **包装类别** Ⅲ类包装

包装标志 

海洋污染物 否

运输注意事项 运输时单独装运，运输过程中要确保容器不泄漏、不倒塌、不坠落、不损坏。运输时运输车辆应配备相应品种和数量的消防器材及泄漏应急处理设备。严禁与酸类、易燃物、有机物、还原剂、自燃物品、遇湿易燃物品等并车混运。运输时车速不宜过快，不得强行超车。运输车辆装卸前后，均应彻底清扫、洗净，严禁混入有机物、易燃物等杂质

第十五部分 法规信息

下列法律、法规、规章和标准，对该化学品的管理作了相应的规定。

中华人民共和国职业病防治法 职业病分类和目录：未列入

危险化学品安全管理条例 危险化学品目录：列入。易制爆危险化学品名录：未列入。重点监管的危险化学品名录：未列入。GB 18218—2009《危险化学品重大危险源辨识》(表1)：未列入

使用有毒物品作业场所劳动保护条例 高毒物品目录：未列入

易制毒化学品管理条例 易制毒化学品的分类和品种目录：未列入

国际公约 斯德哥尔摩公约：未列入。鹿特丹公约：未列入。蒙特利尔议定书：未列入

第十六部分 其他信息

编写和修订信息 **缩略语和首字母缩写**

培训建议 **参考文献**

免责声明

硝酸丙酯

第一部分 化学品标识

化学品中文名 硝酸丙酯；硝酸正丙酯

化学品英文名 *n*-propyl nitrate；nitric acid propyl ester

分子式 $C_3H_7NO_3$ **相对分子质量** 105.11

结构式

化学品的推荐及限制用途 用作火箭燃料、化学试剂等

第二部分 危险性概述

紧急情况概述 高度易燃液体和蒸气

GHS 危险性类别 易燃液体，类别 2；急性毒性-吸入，类别 5；特异性靶器官毒性--次接触，类别 1

标签要素

象形图

警示词 危险

危险性说明 高度易燃液体和蒸气，吸入可能有害，对器官造成损害

防范说明

预防措施 远离热源、火花、明火、热表面。禁止吸烟。保持容器密闭。容器和接收设备接地连接。使用防爆电器、通风、照明设备。只能使用不产生火花的工具。采取防止静电措施。戴防护手套、防护眼镜、防护面罩

事故响应 火灾时，使用泡沫、二氧化碳、干粉、砂土灭火。如吸入：如感觉不适，立即呼叫中毒控制中心或就医。如皮肤（或头发）接触：立即脱掉所有被污染的衣服，用水冲洗皮肤，淋浴

安全储存 存放在通风良好的地方。保持低温。上锁保管

废弃处置 本品及内装物、容器依据国家和地方法规处置

物理和化学危险 高度易燃，其蒸气与空气混合，能形成爆炸性混合物

健康危害 对眼、呼吸道和皮肤有刺激性

环境危害 对环境可能有害

第三部分 成分/组成信息

√物质 混合物

组分	浓度	CAS No.
硝酸丙酯		627-13-4

第四部分 急救措施

吸入 迅速脱离现场至空气新鲜处。保持呼吸道通畅。如呼吸困难，给输氧。如呼吸、心跳停止，立即进行心肺复苏术。就医

皮肤接触 立即脱去污染的衣着，用流动清水彻底冲洗。就医

眼睛接触 立即分开眼睑，用流动清水或生理盐水彻底冲洗。就医

食入 漱口，饮水。就医

对保护施救者的忠告 根据需要使用个人防护设备

对医生的特别提示 对症处理

第五部分 消防措施

灭火剂 用泡沫、二氧化碳、干粉、砂土灭火

特别危险性 遇明火、高热会引起燃烧爆炸。燃烧生成有害的一氧化碳、氮氧化物

灭火注意事项及防护措施 消防人员须戴好防毒面具，在安全距离以外，在上风向灭火。尽可能将容器从火场移至空旷处。喷水保持火场容器冷却，直至灭火结束。容器突然发出异常声音或出现异常现象，应立即撤离

第六部分 泄漏应急处理

作业人员防护措施、防护装备和应急处置程序 消除所有点火源。根据液体流动和蒸气扩散的影响区域划定警戒区，无关人员从侧风、上风向撤离至安全区。建议应急处理人员戴正压自给式呼吸器，穿防毒、防静电服，戴橡胶耐油手套。作业时使用的所有设备应接地。禁止接触或跨越泄漏物。尽可能切断泄漏源

环境保护措施 防止泄漏物进入水体、下水道、地下室或有限空间

泄漏化学品的收容、清除方法及所使用的处置材料 小量泄漏：用砂土或其他不燃材料吸收，使用洁净的无火花工具收集吸收材料。大量泄漏：构筑围堤或挖坑收容。用泡沫覆盖，减少蒸发。喷水雾能减少蒸发，但不能降低泄漏物在有限空间内的易燃性。用防爆泵转移至槽车或专用收集器内

第七部分 操作处置与储存

操作注意事项 密闭操作，加强通风。操作人员必须经过专门培训，严格遵守操作规程。建议操作人员佩戴自吸过滤式防毒面具（半面罩），戴安全防护眼镜，穿防毒物渗透工作服，戴橡胶耐油手套。远离火种、热源。工作场所严禁吸烟。使用防爆型的通风系统和设备。防止蒸气泄漏到工作场所空气中。避免与还原剂、酸类接触。充装要控制流速，防止静电积聚。搬运时要轻装轻卸，防止包装及容器损坏。配备相应品种和数量的消防器材及泄漏应急处理设备。倒空的容器可能残留有害物

储存注意事项 储存于阴凉、干燥、通风良好的库房。远离火种、热源。库温不宜超过 37℃。保持容器密封。应与还原剂、酸类等分开存放，切忌混储。采用防爆

型照明、通风设施。禁止使用易产生火花的机械设备和工具。储区应备有泄漏应急处理设备和合适的收容材料

第八部分 接触控制/个体防护

职业接触限值

中国 未制定标准

美国（ACGIH） TLV-TWA：25ppm；TLV-STEL：40ppm

生物接触限值 未制定标准

监测方法 空气中有毒物质测定方法：未制定标准。生物监测检验方法：未制定标准

工程控制 生产过程密闭，加强通风。提供安全的淋浴和洗眼设备

个体防护装备

呼吸系统防护 可能接触其蒸气时，应该佩戴过滤式防毒面具（半面罩）。紧急事态抢救或撤离时，建议佩戴空气呼吸器

眼睛防护 戴安全防护眼镜

皮肤和身体防护 穿防毒物渗透工作服

手防护 戴橡胶耐油手套

第九部分 理化特性

外观与性状 白色到淡黄色液体，有类似醚的气味

pH 值 无资料 **熔点(℃)** −100

沸点(℃) 110.5 **相对密度(水=1)** 1.05

相对蒸气密度(空气=1) 3.62

饱和蒸气压(kPa) 2.43（20℃）

燃烧热(kJ/mol) 无资料 **临界温度(℃)** 无资料

临界压力(MPa) 无资料

辛醇/水分配系数 1.74(计算)

闪点(℃) 20 **自燃温度(℃)** 175

爆炸下限(%) 2.0 **爆炸上限(%)** 100.0

分解温度(℃) 无资料 **黏度(mPa·s)** 无资料

溶解性 不溶于水，溶于乙醇、乙醚

第十部分 稳定性和反应性

稳定性 稳定

危险反应 与强氧化剂等禁配物接触，有发生火灾和爆炸的危险

避免接触的条件 无资料

禁配物 还原剂、氧化剂

危险的分解产物 氮氧化物

第十一部分 毒理学信息

急性毒性

LD_{50} 200mg/kg（兔静脉）

LC_{50} 38610mg/m^3（大鼠吸入，4h）

皮肤刺激或腐蚀 无资料 **眼睛刺激或腐蚀** 无资料

呼吸或皮肤过敏 无资料 **生殖细胞突变性** 无资料

致癌性 无资料 **生殖毒性** 无资料

特异性靶器官系统毒性-一次接触 无资料

特异性靶器官系统毒性-反复接触 大鼠吸入 2110ppm，26 周，9/20 死亡

吸入危害 无资料

第十二部分 生态学信息

生态毒性 无资料

持久性和降解性

生物降解性 无资料

非生物降解性 空气中，当羟基自由基浓度为5.00×10^5个/cm^{3}时，降解半衰期为 22d（理论）

潜在的生物累积性 无资料

土壤中的迁移性 无资料

第十三部分 废弃处置

废弃化学品 建议用焚烧法处置。焚烧炉排出的氮氧化物通过洗涤器除去

污染包装物 将容器返还生产商或按照国家和地方法规处置

废弃注意事项 处置前应参阅国家和地方有关法规

第十四部分 运输信息

联合国危险货物编号（UN 号） 1865

联合国运输名称 硝酸正丙酯

联合国危险性类别 3 **包装类别** Ⅱ类包装

包装标志  **海洋污染物** 否

运输注意事项 运输时运输车辆应配备相应品种和数量的消防器材及泄漏应急处理设备。夏季最好早晚运输。运输时所用的槽（罐）车应有接地链，槽内可设孔隔板以减少震荡产生的静电。严禁与还原剂、酸类、食用化学品等混装混运。运输途中应防曝晒、雨淋，防高温。中途停留时应远离火种、热源、高温区。装运该物品的车辆排气管必须配备阻火装置，禁止使用易产生火花的机械设备和工具装卸。公路运输时要按规定路线行驶，勿在居民区和人口稠密区停留。铁路运输时要禁止溜放。严禁用木船、水泥船散装运输

第十五部分 法规信息

下列法律、法规、规章和标准，对该化学品的管理作了相应的规定。

中华人民共和国职业病防治法 职业病分类和目录：未列入

危险化学品安全管理条例 危险化学品目录：列入。易制爆危险化学品名录：未列入。重点监管的危险化学品名录：未列入。GB 18218—2009《危险化学品重大危险源辨识》（表 1）：未列入

使用有毒物品作业场所劳动保护条例 高毒物品目录：未列入

易制毒化学品管理条例 易制毒化学品的分类和品种目录：未列入

国际公约 斯德哥尔摩公约：未列入。鹿特丹公约：未列入。蒙特利尔议定书：未列入

第十六部分 其他信息

编写和修订信息 **缩略语和首字母缩写**
培训建议 **参考文献**
免责声明

硝 酸 钙

第一部分 化学品标识

化学品中文名 硝酸钙；钙硝石
化学品英文名 calcium nitrate；lime nitrate
分子式 $Ca(NO_3)_2 \cdot 4H_2O$
相对分子质量 236.15
化学品的推荐及限制用途 用于制造烟火、炸药、火柴、肥料等

第二部分 危险性概述

紧急情况概述 可加剧燃烧：氧化剂
GHS危险性类别 氧化性固体，类别3；特异性靶器官毒性-一次接触，类别1；特异性靶器官毒性-反复接触，类别1
标签要素

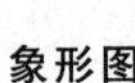

警示词 危险
危险性说明 可加剧燃烧：氧化剂，对器官造成损害，长时间或反复接触对器官造成损伤
防范说明
预防措施 远离热源。远离衣物、可燃物保存。采取一切预防措施，避免与可燃物混合。戴防护手套、防护眼镜、防护面罩。避免吸入粉尘。避免接触眼睛、皮肤，操作后彻底清洗。作业场所不得进食、饮水或吸烟
事故响应 火灾时，根据着火原因选择适当灭火剂灭火。如果接触：立即呼叫中毒控制中心或就医。如感觉不适，就医
安全储存 上锁保管
废弃处置 本品及内装物、容器依据国家和地方法规处置
物理和化学危险 助燃。与可燃物混合能形成爆炸性混合物
健康危害 吸入本品粉尘，对呼吸道有刺激性，引起咳嗽及胸部不适等。对眼有刺激性。长期反复接触粉尘对皮肤有刺激性
环境危害 对环境可能有害

第三部分 成分/组成信息

√物质		混合物
组分	**浓度**	**CAS No.**
硝酸钙		10124-37-5

第四部分 急救措施

吸入 迅速脱离现场至空气新鲜处。保持呼吸道通畅。如呼吸困难，给输氧。如呼吸、心跳停止，立即进行心肺复苏术。就医
皮肤接触 立即脱去污染的衣着，用流动清水彻底冲洗。就医
眼睛接触 立即分开眼睑，用流动清水或生理盐水彻底冲洗。就医
食入 漱口，饮水。就医
对保护施救者的忠告 无资料
对医生的特别提示 无资料

第五部分 消防措施

灭火剂 本品不燃。根据着火原因选择适当灭火剂灭火
特别危险性 与还原剂、有机物、易燃物（如硫、磷）或金属粉末等混合可形成爆炸性混合物。燃烧分解时，放出有毒的氮氧化物气体。受高热分解，产生有毒的氮氧化物
灭火注意事项及防护措施 消防人员必须佩戴空气呼吸器、穿全身防火防毒服，在上风向灭火。尽可能将容器从火场移至空旷处。喷水保持火场容器冷却，直至灭火结束

第六部分 泄漏应急处理

作业人员防护措施、防护装备和应急处置程序 隔离泄漏污染区，限制出入。建议应急处理人员戴防尘口罩，穿防毒服，戴氯丁橡胶手套。勿使泄漏物与可燃物质（如木材、纸、油等）接触。穿上适当的防护服前严禁接触破裂的容器和泄漏物。尽可能切断泄漏源。勿使水进入包装容器内
环境保护措施 无资料
泄漏化学品的收容、清除方法及所使用的处置材料 小量泄漏：用洁净的铲子收集泄漏物，置于干净、干燥、盖子较松的容器中，将容器移离泄漏区。大量泄漏：泄漏物回收后，用水冲洗泄漏区

第七部分 操作处置与储存

操作注意事项 密闭操作，加强通风。操作人员必须经过专门培训，严格遵守操作规程。建议操作人员佩戴自吸过滤式防尘口罩，戴安全防护眼镜，穿聚乙烯防毒服，戴氯丁橡胶手套。远离火种、热源。工作场所严禁吸烟。避免产生粉尘。避免与还原剂、酸类接触。搬运时要轻装轻卸，防止包装及容器损坏。配备相应品种和数量的消防器材及泄漏应急处理设备。倒空的容器可能残留有害物
储存注意事项 储存于阴凉、通风的库房，温度不超过28℃，相对湿度不超过75%。远离火种、热源。应与还原剂、酸类等分开存放，切忌混储。储区应备有合适的材料收容泄漏物

第八部分 接触控制/个体防护

职业接触限值
中国 未制定标准

美国(ACGIH) 未制定标准

生物接触限值 未制定标准

监测方法 空气中有毒物质测定方法：未制定标准。生物监测检验方法：未制定标准

工程控制 生产过程密闭，加强通风。提供安全的淋浴和洗眼设备

个体防护装备

呼吸系统防护 可能接触其粉尘时，建议佩戴过滤式防尘呼吸器

眼睛防护 戴安全防护眼镜

皮肤和身体防护 穿隔绝式防毒服

手防护 戴橡胶手套

第九部分 理化特性

外观与性状 无色透明单斜结晶或粉末

pH 值 无意义 **熔点(℃)** 561

沸点(℃) 无资料 **相对密度(水=1)** 2.36

相对蒸气密度(空气=1) 无资料

饱和蒸气压(kPa) 无资料

燃烧热(kJ/mol) 无资料 **临界温度(℃)** 无资料

临界压力(MPa) 无意义 **辛醇/水分配系数** 无资料

闪点(℃) 无意义 **自燃温度(℃)** 无意义

爆炸下限(%) 无意义 **爆炸上限(%)** 无意义

分解温度(℃) 无资料 **黏度(mPa·s)** 无资料

溶解性 易溶于水、液氨、丙酮、甲醇、乙醇，不溶于浓硝酸

第十部分 稳定性和反应性

稳定性 稳定

危险反应 与强还原剂、易燃或可燃物等禁配物接触，有发生火灾和爆炸的危险

避免接触的条件 受热

禁配物 强还原剂、强酸、磷、铝、硫

危险的分解产物 氮氧化物。

第十一部分 毒理学信息

急性毒性 LD_{50}：3900mg/kg（大鼠经口）

皮肤刺激或腐蚀 无资料 **眼睛刺激或腐蚀** 无资料

呼吸或皮肤过敏 无资料 **生殖细胞突变性** 无资料

致癌性 无资料 **生殖毒性** 无资料

特异性靶器官系统毒性-一次接触 无资料

特异性靶器官系统毒性-反复接触 无资料

吸入危害 无资料

第十二部分 生态学信息

生态毒性 无资料

持久性和降解性

生物降解性 无资料

非生物降解性 无资料

潜在的生物累积性 无资料

土壤中的迁移性 无资料

第十三部分 废弃处置

废弃化学品 根据国家和地方有关法规的要求处置。或与制造商联系，确定处置方法

污染包装物 将容器返还生产商或按照国家和地方法规处置

废弃注意事项 处置前应参阅国家和地方有关法规

第十四部分 运输信息

联合国危险货物编号（UN 号） 1454

联合国运输名称 硝酸钙

联合国危险性类别 5.1 **包装类别** Ⅲ类包装

包装标志

海洋污染物 否

运输注意事项 运输时单独装运，运输过程中要确保容器不泄漏、不倒塌、不坠落、不损坏。运输时运输车辆应配备相应品种和数量的消防器材及泄漏应急处理设备。严禁与酸类、易燃物、有机物、还原剂、自燃物品、遇湿易燃物品等并车混运。运输时车速不宜过快，不得强行超车。运输车辆装卸前后，均应彻底清扫、洗净，严禁混入有机物、易燃物等杂质

第十五部分 法规信息

下列法律、法规、规章和标准，对该化学品的管理作了相应的规定。

中华人民共和国职业病防治法 职业病分类和目录：未列入

危险化学品安全管理条例 危险化学品目录：列入。易制爆危险化学品名录：列入。重点监管的危险化学品名录：未列入。GB 18218—2009《危险化学品重大危险源辨识》(表 1)：未列入

使用有毒物品作业场所劳动保护条例 高毒物品目录：未列入

易制毒化学品管理条例 易制毒化学品的分类和品种目录：未列入

国际公约 斯德哥尔摩公约：未列入。鹿特丹公约：未列入。蒙特利尔议定书：未列入

第十六部分 其他信息

编写和修订信息 **缩略语和首字母缩写**

培训建议 **参考文献**

免责声明

硝 酸 锆

第一部分 化学品标识

化学品中文名 硝酸锆

化学品英文名 zirconium nitrate；tetranitratozirconium

分子式 $Zr(NO_3)_4$ **相对分子质量** 339.26

化学品的推荐及限制用途 用作防腐剂、试剂、催化剂及用于锆盐制造

第二部分 危险性概述

紧急情况概述 可加剧燃烧：氧化剂

GHS 危险性类别 氧化性固体，类别 3；急性毒性-经口，类别 5

标签要素

象形图 

警示词 警告

危险性说明 可加剧燃烧：氧化剂，吞咽可能有害

防范说明

预防措施 远离热源。远离衣物、可燃物保存。采取一切预防措施，避免与可燃物混合。戴防护手套、防护眼镜、防护面罩

事故响应 火灾时，根据着火原因选择适当灭火剂灭火。如果感觉不适，呼叫中毒控制中心或就医

安全储存 -

废弃处置 本品及内装物、容器依据国家和地方法规处置

物理和化学危险 助燃。与可燃物混合能形成爆炸性混合物

健康危害 对眼睛、皮肤、黏膜有刺激作用

环境危害 对环境可能有害

第三部分 成分/组成信息

√物质 混合物

组分	浓度	CAS No.
硝酸锆		13746-89-9

第四部分 急救措施

吸入 迅速脱离现场至空气新鲜处。保持呼吸道通畅。如呼吸困难，给输氧。如呼吸、心跳停止，立即进行心肺复苏术。就医

皮肤接触 立即脱去污染的衣着，用流动清水彻底冲洗。就医

眼睛接触 立即分开眼睑，用流动清水或生理盐水彻底冲洗。就医

食入 漱口，饮水。就医

对保护施救者的忠告 根据需要使用个人防护设备

对医生的特别提示 对症处理

第五部分 消防措施

灭火剂 本品不燃。根据着火原因选择适当灭火剂灭火

特别危险性 与还原剂、有机物、易燃物（如硫、磷）或金属粉末等混合可形成爆炸性混合物。受高热分解，产生有毒的氮氧化物

灭火注意事项及防护措施 消防人员须佩戴防毒面具、穿全身消防服，在上风向灭火。尽可能将容器从火场移至空旷处。喷水保持火场容器冷却，直至灭火结束

第六部分 泄漏应急处理

作业人员防护措施、防护装备和应急处置程序 隔离泄漏污染区，限制出入。建议应急处理人员戴防尘口罩，穿防毒服，戴氯丁橡胶手套。勿使泄漏物与可燃物质（如木材、纸、油等）接触。穿上适当的防护服前严禁接触破裂的容器和泄漏物。尽可能切断泄漏源。勿使水进入包装容器内

环境保护措施 无资料

泄漏化学品的收容、清除方法及所使用的处置材料 小量泄漏：用洁净的铲子收集泄漏物，置于干净、干燥、盖子较松的容器中，将容器移离泄漏区。大量泄漏：泄漏物回收后，用水冲洗泄漏区

第七部分 操作处置与储存

操作注意事项 密闭操作，局部排风。操作人员必须经过专门培训，严格遵守操作规程。建议操作人员佩戴自吸过滤式防尘口罩，戴化学安全防护眼镜，穿胶布防毒衣，戴氯丁橡胶手套。远离火种、热源。工作场所严禁吸烟。远离易燃、可燃物。避免产生粉尘。避免与还原剂接触。搬运时要轻装轻卸，防止包装及容器损坏。配备相应品种和数量的消防器材及泄漏应急处理设备。倒空的容器可能残留有害物

储存注意事项 储存于阴凉、通风的库房，温度不超过30℃，相对湿度不超过80%。远离火种、热源。包装必须完整密封，防止吸潮。应与易（可）燃物、还原剂等分开存放，切忌混储。储区应备有合适的材料收容泄漏物

第八部分 接触控制/个体防护

职业接触限值

中国 PC-TWA：5mg/m³；PC-STEL：10mg/m³［按 Zr 计］

美国（ACGIH） TLV-TWA：5mg/m³；TLV-STEL：10mg/m³［按 Zr 计］

生物接触限值 未制定标准

监测方法 空气中有毒物质测定方法：二甲酚橙分光光度法。生物监测检验方法：未制定标准

工程控制 密闭操作，局部排风。提供安全的淋浴和洗眼设备

个体防护装备

呼吸系统防护 可能接触其粉尘时，建议佩戴过滤式防尘呼吸器

眼睛防护 戴化学安全防护眼镜

皮肤和身体防护 穿隔绝式防毒服

手防护 戴橡胶手套

第九部分 理化特性

外观与性状 白色板状结晶，有吸湿性

pH 值 无意义　　**熔点(℃)** 100（分解）

沸点(℃) 无资料　　**相对密度(水=1)** 1.40

相对蒸气密度(空气=1) 无资料

饱和蒸气压(kPa) 无资料

燃烧热(kJ/mol) 无资料　　**临界温度(℃)** 无资料

临界压力(MPa) 无意义　　**辛醇/水分配系数** 无资料

闪点(℃) 无意义　　**自燃温度(℃)** 无意义

爆炸下限(%) 无意义　　**爆炸上限(%)** 无意义

分解温度(℃) 140　　**黏度(mPa·s)** 无资料

溶解性 溶于水，溶于乙醇

第十部分 稳定性和反应性

稳定性 稳定

危险反应 与强还原剂、易燃或可燃物等禁配物接触，有发生火灾和爆炸的危险

避免接触的条件 受热

禁配物 还原剂、易燃或可燃物、活性金属粉末、硫、磷

危险的分解产物 氮氧化物

第十一部分 毒理学信息

急性毒性 LD_{50}：3170mg/kg（大鼠经口）

皮肤刺激或腐蚀 无资料 **眼睛刺激或腐蚀** 无资料

呼吸或皮肤过敏 无资料 **生殖细胞突变性** 无资料

致癌性 无资料 **生殖毒性** 无资料

特异性靶器官系统毒性-一次接触 无资料

特异性靶器官系统毒性-反复接触 无资料

吸入危害 无资料

第十二部分 生态学信息

生态毒性 无资料

持久性和降解性

生物降解性 无资料

非生物降解性 无资料

潜在的生物累积性 无资料

土壤中的迁移性 无资料

第十三部分 废弃处置

废弃化学品 根据国家和地方有关法规的要求处置。或与制造商联系，确定处置方法

污染包装物 将容器返还生产商或按照国家和地方法规处置

废弃注意事项 处置前应参阅国家和地方有关法规

第十四部分 运输信息

联合国危险货物编号（UN号） 2728

联合国运输名称 硝酸锆

联合国危险性类别 5.1 **包装类别** Ⅲ类包装

包装标志 

海洋污染物 否

运输注意事项 运输时单独装运，运输过程中要确保容器不泄漏、不倒塌、不坠落、不损坏。运输时运输车辆应配备相应品种和数量的消防器材及泄漏应急处理设备。严禁与酸类、易燃物、有机物、还原剂、自燃物品、遇湿易燃物品等并车混运。运输时车速不宜过快，不得强行超车。运输车辆装卸前后，均应彻底清扫、洗净，严禁混入有机物、易燃物等杂质

第十五部分 法规信息

下列法律、法规、规章和标准，对该化学品的管理作了相应的规定。

中华人民共和国职业病防治法 职业病分类和目录：未列入

危险化学品安全管理条例 危险化学品目录：列入。易制爆危险化学品名录：未列入。重点监管的危险化学品名录：未列入。GB 18218—2009《危险化学品重大危险源辨识》(表1)：未列入

使用有毒物品作业场所劳动保护条例 高毒物品目录：未列入

易制毒化学品管理条例 易制毒化学品的分类和品种目录：未列入

国际公约 斯德哥尔摩公约：未列入。鹿特丹公约：未列入。蒙特利尔议定书：未列入

第十六部分 其他信息

编写和修订信息 **缩略语和首字母缩写**

培训建议 **参考文献**

免责声明

硝 酸 镉

第一部分 化学品标识

化学品中文名 硝酸镉

化学品英文名 cadmium nitrate; cadmium dinitrate

分子式 $Cd(NO_3)_2$ **相对分子质量** 236.42

结构式

$$^{-}O-\overset{\overset{O}{\|}}{N^{+}}-O-Cd-O-\overset{\overset{O}{\|}}{N^{+}}-O^{-}$$

化学品的推荐及限制用途 用于制瓷器和玻璃上色等

第二部分 危险性概述

紧急情况概述 可加剧燃烧：氧化剂，吞咽会中毒

GHS危险性类别 氧化性固体，类别3；急性毒性-经口，类别3；生殖细胞致突变性，类别2；致癌性，类别1A；生殖毒性，类别2；特异性靶器官毒性-一次接触，类别1；特异性靶器官毒性-反复接触，类别1；危害水生环境-急性危害，类别1；危害水生环境-长期危害，类别1

标签要素

象形图

警示词 危险

危险性说明 可加剧燃烧：氧化剂，吞咽会中毒，怀疑可造成遗传性缺陷，可能致癌，怀疑对生育力或胎儿造成伤害，对器官造成损害，长时间或反复接触对器官造成损伤，对水生生物毒性非常大并具有长期持续影响

防范说明

预防措施 远离热源。远离衣物、可燃物保存。采取一切预防措施，避免与可燃物混合。戴防护手套、防护眼镜、防护面罩。避免接触眼睛、皮肤，操作后彻底清洗。作业场所不得进食、饮水或吸烟。得到专门指导后操作。在阅读并

了解所有安全预防措施之前，切勿操作。按要求使用个体防护装备。避免吸入粉尘。禁止排入环境

事故响应 火灾时，根据着火原因选择适当灭火剂灭火。食入：漱口，立即呼叫中毒控制中心或就医。如果接触或有担心，就医。收集泄漏物

安全储存 上锁保管

废弃处置 本品及内装物、容器依据国家和地方法规处置

物理和化学危险 助燃。与可燃物混合能形成爆炸性混合物

健康危害 急性中毒：吸入可引起呼吸道刺激症状，可发生化学性肺炎、肺水肿；误食后可引起急剧的胃肠道刺激症状，有恶心、呕吐、腹泻、腹痛、里急后重、全身乏力、肌肉疼痛和虚脱等，重者可危及生命

慢性中毒 长期接触引起支气管炎，肺气肿，以肾小管病变为主的肾脏损害。重者可发生骨质疏松、骨质软化或慢性肾功能衰竭。可发生贫血、嗅觉减退或丧失等

环境危害 对水生生物毒性非常大并具有长期持续影响

第三部分 成分/组成信息

√物质　　　　混合物

组分	浓度	CAS No.
硝酸镉		10325-94-7

第四部分 急救措施

吸入 迅速脱离现场至空气新鲜处。保持呼吸道通畅。如呼吸困难，给输氧。如呼吸、心跳停止，立即进行心肺复苏术。就医

皮肤接触 立即脱去污染的衣着，用流动清水彻底冲洗。就医

眼睛接触 立即分开眼睑，用流动清水或生理盐水彻底冲洗。就医

食入 漱口，饮水。就医

对保护施救者的忠告 根据需要使用个人防护设备

对医生的特别提示 对症处理

第五部分 消防措施

灭火剂 本品不燃。根据着火原因选择适当灭火剂灭火

特别危险性 与还原剂、有机物、易燃物（如硫、磷）或金属粉末等混合可形成爆炸性混合物。高温时分解，释出有毒的氮氧化物气体

灭火注意事项及防护措施 消防人员必须佩戴空气呼吸器、穿全身防火防毒服，在上风向灭火。尽可能将容器从火场移至空旷处。喷水保持火场容器冷却，直至灭火结束

第六部分 泄漏应急处理

作业人员防护措施、防护装备和应急处置程序 隔离泄漏污染区，限制出入。建议应急处理人员戴防尘口罩，穿防毒服，戴橡胶手套。勿使泄漏物与可燃物质（如木材、纸、油等）接触。穿上适当的防护服前严禁接触破裂的容器和泄漏物。尽可能切断泄漏源。勿使水进入包装容器内

环境保护措施 无资料

泄漏化学品的收容、清除方法及所使用的处置材料 小量泄漏：用洁净的铲子收集泄漏物，置于干净、干燥、盖子较松的容器中，将容器移离泄漏区。大量泄漏：泄漏物回收后，用水冲洗泄漏区

第七部分 操作处置与储存

操作注意事项 密闭操作，加强通风。操作人员必须经过专门培训，严格遵守操作规程。建议操作人员佩戴自吸过滤式防尘口罩，戴安全防护眼镜，穿聚乙烯防毒服，戴橡胶手套。远离火种、热源。工作场所严禁吸烟。远离易燃、可燃物。避免产生粉尘。搬运时要轻装轻卸，防止包装及容器损坏。配备相应品种和数量的消防器材及泄漏应急处理设备。倒空的容器可能残留有害物

储存注意事项 储存于阴凉、通风的库房。远离火种、热源。库房温度不超过30℃，相对湿度不超过80%。包装必须完整密封，防止吸潮。应与易（可）燃物、食用化学品分开存放，切忌混储。储区应备有合适的材料收容泄漏物

第八部分 接触控制/个体防护

职业接触限值

中国 PC-TWA：0.01mg/m^3；PC-STEL：0.02mg/m^3［按Cd计］［G1］

美国(ACGIH) TLV-TWA：0.01mg/m^3，0.002mg/m^3（呼吸性颗粒物）［按Cd计］

生物接触限值 尿镉：5μmol/g肌酐（5μg/g肌酐）（采样时间：不做严格规定）；血镉：45nmol/L（5μg/L）（采样时间：不做严格规定）

监测方法 空气中有毒物质测定方法：火焰原子吸收光谱法。生物监测检验方法：尿中镉的火焰原子吸收光谱法；尿中镉的石墨炉原子吸收光谱测定方法；尿中镉的微分电位溶出测定方法；血中镉的石墨炉原子吸收光谱测定方法

工程控制 生产过程密闭，加强通风

个体防护装备

呼吸系统防护 空气中浓度较高时，应该佩戴过滤式防尘呼吸器

眼睛防护 戴安全防护眼镜

皮肤和身体防护 穿隔绝式防毒服

手防护 戴橡胶手套

第九部分 理化特性

外观与性状 无色针状或棱形晶体，有吸潮性，在空气中会潮解

pH值 无意义　**熔点(℃)** 350（分解）

沸点(℃) 132（四水合物）**相对密度(水=1)** 3.6

相对蒸气密度(空气=1) 无资料

饱和蒸气压(kPa) 无资料

燃烧热(kJ/mol) 无资料　**临界温度(℃)** 无资料

临界压力(MPa) 无意义　**辛醇/水分配系数** 无资料

闪点(℃) 无意义 **自燃温度(℃)** 无意义
爆炸下限(%) 无意义 **爆炸上限(%)** 无意义
分解温度(℃) 无资料 **黏度(mPa·s)** 无资料
溶解性 溶于水，溶于乙醇、丙酮、乙酸乙酯、乙醚

第十部分 稳定性和反应性

稳定性 稳定
危险反应 与强还原剂、易燃或可燃物等禁配物接触，有发生火灾和爆炸的危险
避免接触的条件 受热
禁配物 易燃或可燃物、硫、磷、还原剂、金属粉末等
危险的分解产物 氮氧化物

第十一部分 毒理学信息

急性毒性

LD_{50} 300mg/kg（大鼠经口）；47mg/kg（小鼠经口）

LC_{50} 3850mg/m^3（小鼠吸入）

皮肤刺激或腐蚀 无资料 **眼睛刺激或腐蚀** 无资料
呼吸或皮肤过敏 无资料
生殖细胞突变性 DNA修复：枯草杆菌5mmol/L。细胞遗传学分析：仓鼠卵巢1μmol/L。姐妹染色单体交换：仓鼠卵巢300nmol/L
致癌性 IARC致癌性评论：组1，确认人类致癌物。对人类致癌性证据充分
生殖毒性 雌性大鼠孕后1～19d经口染毒最低中毒剂量(TDLo) 40mg/kg，致心血管系统发育畸形
特异性靶器官系统毒性-一次接触 无资料
特异性靶器官系统毒性-反复接触 无资料
吸入危害 无资料

第十二部分 生态学信息

生态毒性

LC_{50} 0.055mg/L（48h）（虹鳟鱼）；0.802mg/L（48h）（黑头呆鱼）

EC_{50} 0.16mg/L（24h）（水蚤）

持久性和降解性

生物降解性 无资料

非生物降解性 无资料

潜在的生物累积性 元素镉易在生物体内富集
土壤中的迁移性 无资料

第十三部分 废弃处置

废弃化学品 根据国家和地方有关法规的要求处置。或与制造商联系，确定处置方法
污染包装物 将容器返还生产商或按照国家和地方法规处置
废弃注意事项 处置前应参阅国家和地方有关法规

第十四部分 运输信息

联合国危险货物编号（UN号） 3087
联合国运输名称 氧化性固体，毒性，未另作规定的（硝酸镉）
联合国危险性类别 5.1，6.1
包装类别 Ⅲ类包装
包装标志

海洋污染物 是
运输注意事项 运输时单独装运，运输过程中要确保容器不泄漏、不倒塌、不坠落、不损坏。运输时运输车辆应配备相应品种和数量的消防器材及泄漏应急处理设备。严禁与酸类、易燃物、有机物、还原剂、自燃物品、遇湿易燃物品等并车混运。运输时车速不宜过快，不得强行超车。运输车辆装卸前后，均应彻底清扫、洗净，严禁混入有机物、易燃物等杂质

第十五部分 法规信息

下列法律、法规、规章和标准，对该化学品的管理作了相应的规定。

中华人民共和国职业病防治法 职业病分类和目录：镉及其化合物中毒
危险化学品安全管理条例 危险化学品目录：列入。易制爆危险化学品名录：未列入。重点监管的危险化学品名录：未列入。GB 18218—2009《危险化学品重大危险源辨识》（表1）：未列入
使用有毒物品作业场所劳动保护条例 高毒物品目录：列入
易制毒化学品管理条例 易制毒化学品的分类和品种目录：未列入
国际公约 斯德哥尔摩公约：未列入。鹿特丹公约：未列入。蒙特利尔议定书：未列入

第十六部分 其他信息

编写和修订信息 **缩略语和首字母缩写**
培训建议 **参考文献**
免责声明

硝 酸 汞

第一部分 化学品标识

化学品中文名 硝酸汞；硝酸高汞
化学品英文名 mercuric nitrate；mercury pernitrate
分子式 $Hg(NO_3)_2$ **相对分子质量** 324.61
化学品的推荐及限制用途 用作分析试剂，用于有机合成、药品和雷汞的制造

第二部分 危险性概述

紧急情况概述 吞咽、皮肤接触会致命，造成严重的皮肤灼伤和眼损伤，可能导致皮肤过敏反应
GHS危险性类别 急性毒性-经皮，类别2；急性毒性-经口，类别2；皮肤腐蚀/刺激，类别1；严重眼损伤/眼刺激，类别1；皮肤致敏物，类别1；生殖细胞致突变性，类别2；生殖毒性，类别2；特异性靶器官

毒性-一次接触，类别 1；特异性靶器官毒性-反复接触，类别 1；危害水生环境-急性危害，类别 1；危害水生环境-长期危害，类别 1

标签要素

象形图 

警示词 危险

危险性说明 吞咽、皮肤接触会致命，造成严重的皮肤灼伤和眼损伤，造成严重眼损伤，可能导致皮肤过敏反应，怀疑可造成遗传性缺陷，怀疑对生育力或胎儿造成伤害，对器官造成损害，长时间或反复接触对器官造成损伤，对水生生物毒性非常大并具有长期持续影响

防范说明

预防措施 避免接触眼睛、皮肤或衣服，操作后彻底清洗。作业场所不得进食、饮水或吸烟。避免吸入粉尘。戴防护手套，穿防护服，戴防护眼镜、防护面罩。得到专门指导后操作。在阅读并了解所有安全预防措施之前，切勿操作。按要求使用个体防护装备。避免吸入粉尘、蒸气。禁止排入环境

事故响应 如吸入：将患者转移到空气新鲜处，休息，保持利于呼吸的体位。皮肤（或头发）接触：立即脱掉所有被污染的衣服。用大量肥皂水和水轻轻地清洗。污染的衣服须洗净后方可重新使用。眼睛接触：用水细心地冲洗数分钟。如戴隐形眼镜并可方便地取出，则取出隐形眼镜继续冲洗。食入：漱口，不要催吐，立即呼叫中毒控制中心或就医。如果接触：立即呼叫中毒控制中心或就医。收集泄漏物

安全储存 上锁保管

废弃处置 本品及内装物、容器依据国家和地方法规处置

物理和化学危险 助燃。与可燃物混合能形成爆炸性混合物

健康危害 汞离子可使含巯基的酶丧失活性，失去功能；还能与酶中的氨基、二巯基、羧基、羟基以及细胞膜内的磷酰基结合，引起相应的损害

急性中毒 有头痛、头晕、乏力、失眠、多梦、口腔炎、发热等全身症状。可有食欲不振、恶心、腹痛、腹泻等。部分患者皮肤出现红色斑丘疹。严重者可发生间质性肺炎及肾损害。口服可发生急性腐蚀性胃肠炎，严重者昏迷、休克，甚至发生坏死性肾病致急性肾功能衰竭。眼和皮肤接触引起灼伤

慢性中毒 有神经衰弱综合征；易兴奋症，精神情绪障碍，如胆怯、害羞、易怒、爱哭等；汞毒性震颤；口腔炎。少数病例有肝、肾损害

环境危害 对水生生物毒性非常大并具有长期持续影响

第三部分 成分/组成信息

√物质　　混合物

组分	浓度	CAS No.
硝酸汞		10045-94-0

第四部分 急救措施

吸入 迅速脱离现场至空气新鲜处。保持呼吸道通畅。如呼吸困难，给输氧。如呼吸、心跳停止，立即进行心肺复苏术。就医

皮肤接触 立即脱去污染的衣着，用流动清水彻底冲洗。就医

眼睛接触 立即分开眼睑，用流动清水或生理盐水彻底冲洗。就医

食入 口服蛋清、牛奶或豆浆。就医

对保护施救者的忠告 根据需要使用个人防护设备

对医生的特别提示 解毒剂：二巯基丙磺酸钠、二巯基丁二酸钠、青霉胺

第五部分 消防措施

灭火剂 本品不燃。根据着火原因选择适当灭火剂灭火

特别危险性 受热分解产生有毒的烟气

灭火注意事项及防护措施 消防人员必须佩戴空气呼吸器、穿全身防火防毒服，在上风向灭火。尽可能将容器从火场移至空旷处。喷水保持火场容器冷却，直至灭火结束

第六部分 泄漏应急处理

作业人员防护措施、防护装备和应急处置程序 隔离泄漏污染区，限制出入。建议应急处理人员戴防尘口罩，穿防毒服，戴橡胶手套。勿使泄漏物与可燃物质（如木材、纸、油等）接触。穿上适当的防护服前严禁接触破裂的容器和泄漏物。尽可能切断泄漏源

环境保护措施 无资料

泄漏化学品的收容、清除方法及所使用的处置材料 用洁净的铲子收集泄漏物，置于干净、干燥、盖子较松的容器中，将容器移离泄漏区

第七部分 操作处置与储存

操作注意事项 密闭操作，局部排风。操作人员必须经过专门培训，严格遵守操作规程。建议操作人员佩戴自吸过滤式防尘口罩，戴化学安全防护眼镜，穿连衣式防毒衣，戴橡胶手套。远离火种、热源。工作场所严禁吸烟。远离易燃、可燃物。避免产生粉尘。避免与还原剂、活性金属粉末接触。搬运时要轻装轻卸，防止包装及容器损坏。配备相应品种和数量的消防器材及泄漏应急处理设备。倒空的容器可能残留有害物

储存注意事项 储存于阴凉、通风良好的专用库房内。远离火种、热源。库房温度不超过 30℃，相对湿度不超过 70%。包装密封。应与易（可）燃物、还原剂、活性金属粉末、食用化学品分开存放，切忌混储。储区应备有合适的材料收容泄漏物

第八部分 接触控制/个体防护

职业接触限值

中国 未制定标准

美国(ACGIH) TLV-TWA：0.025mg/m³［按 Hg 计］［皮］

生物接触限值 尿总汞：20μmol/mol 肌酐（35μg/g 肌酐）（采样时间：接触 6 个月后工作班前）

监测方法 空气中有毒物质测定方法：原子荧光光谱法；双硫腙分光光度法；冷原子吸收光谱法。生物监测检验方法：尿中汞的双硫腙萃取分光光度测定方法；尿中汞的冷原子吸收光谱测定方法（一）碱性氯化亚锡还原法；尿中有机（甲基）汞、无机汞和总汞的分别测定方法选择性还原-冷原子吸收光谱法

工程控制 密闭操作，局部排风。提供安全的淋浴和洗眼设备

个体防护装备

呼吸系统防护 作业人员应该佩戴过滤式防尘呼吸器

眼睛防护 戴化学安全防护眼镜

皮肤和身体防护 穿连衣式防毒衣

手防护 戴橡胶手套

第九部分 理化特性

外观与性状 无色或白色透明结晶，有潮解性

pH 值 无意义 **熔点(℃)** 79

沸点(℃) 180（分解） **相对密度(水=1)** 4.39

相对蒸气密度(空气=1) 无资料

饱和蒸气压(kPa) 无资料

燃烧热(kJ/mol) 无资料 **临界温度(℃)** 无资料

临界压力(MPa) 无意义 **辛醇/水分配系数** 无资料

闪点(℃) 无意义 **自燃温度(℃)** 无意义

爆炸下限(%) 无意义 **爆炸上限(%)** 无意义

分解温度(℃) 无资料 **黏度(mPa·s)** 无资料

溶解性 易溶于水，不溶于乙醇，溶于硝酸

第十部分 稳定性和反应性

稳定性 稳定

危险反应 与强还原剂、易燃或可燃物等禁配物接触，有发生火灾和爆炸的危险

避免接触的条件 受热

禁配物 易燃或可燃物、强还原剂、无机物、磷、活性金属粉末等

危险的分解产物 氮氧化物、氧化汞

第十一部分 毒理学信息

急性毒性 LD_{50}：26mg/kg（大鼠经口）；75mg/kg（大鼠经皮）

皮肤刺激或腐蚀 无资料 **眼睛刺激或腐蚀** 无资料

呼吸或皮肤过敏 无资料 **生殖细胞突变性** 无资料

致癌性 无资料 **生殖毒性** 无资料

特异性靶器官系统毒性-一次接触 无资料

特异性靶器官系统毒性-反复接触 动物的慢性中毒表现最早是行为改变，继而出现神经系统功能障碍，血液变化主要有白细胞增多、血沉加快，然后出现肝、肾功能受损。动物尸检见直肠下段溃疡，肝肾脂肪变性，肝有灶性坏死

吸入危害 无资料

第十二部分 生态学信息

生态毒性 LC_{50}：0.033mg/L（96h）（虹鳟）

持久性和降解性

生物降解性 无资料

非生物降解性 无资料

潜在的生物累积性 元素汞易在生物体内富集

土壤中的迁移性 无资料

第十三部分 废弃处置

废弃化学品 根据国家和地方有关法规的要求处置。或与制造商联系，确定处置方法

污染包装物 将容器返还生产商或按照国家和地方法规处置

废弃注意事项 把空容器归还厂商

第十四部分 运输信息

联合国危险货物编号（UN 号） 1625

联合国运输名称 硝酸汞

联合国危险性类别 6.1 **包装类别** Ⅱ类包装

包装标志 

海洋污染物 是

运输注意事项 运输前应先检查包装容器是否完整、密封，运输过程中要确保容器不泄漏、不倒塌、不坠落、不损坏。严禁与酸类、氧化剂、食品及食品添加剂混运。运输时运输车辆应配备泄漏应急处理设备。运输途中应防曝晒、雨淋，防高温

第十五部分 法规信息

下列法律、法规、规章和标准，对该化学品的管理作了相应的规定。

中华人民共和国职业病防治法 职业病分类和目录：汞及其化合物中毒

危险化学品安全管理条例 危险化学品目录：列入。易制爆危险化学品名录：未列入。重点监管的危险化学品名录：未列入。GB 18218—2009《危险化学品重大危险源辨识》（表 1）：未列入

使用有毒物品作业场所劳动保护条例 高毒物品目录：未列入

易制毒化学品管理条例 易制毒化学品的分类和品种目录：未列入

国际公约 斯德哥尔摩公约：未列入。鹿特丹公约：未列入。蒙特利尔议定书：未列入

第十六部分 其他信息

编写和修订信息 **缩略语和首字母缩写**

培训建议 **参考文献**

免责声明

硝 酸 钴

第一部分 化学品标识

化学品中文名 硝酸钴；硝酸亚钴

化学品英文名 cobaltous nitrate；cobalt nitrate

分子式 $Co(NO_3)_2$ **相对分子质量** 182.95

化学品的推荐及限制用途 用作颜料、催化剂及用于陶瓷工业

第二部分 危险性概述

紧急情况概述 可加剧燃烧：氧化剂，吸入可能导致过敏或哮喘症状或呼吸困难，可能导致皮肤过敏反应

GHS 危险性类别 氧化性固体，类别 3；呼吸道致敏物，类别 1；皮肤致敏物，类别 1；生殖细胞致突变性，类别 2；生殖毒性，类别 1B；危害水生环境-急性危害，类别 1；危害水生环境-长期危害，类别 1

标签要素

象形图

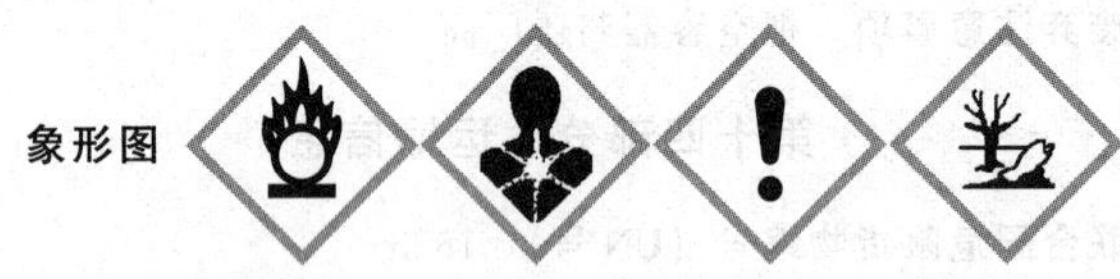

警示词 危险

危险性说明 可加剧燃烧：氧化剂，吸入可能导致过敏或哮喘症状或呼吸困难，可能导致皮肤过敏反应，怀疑可造成遗传性缺陷，可能对生育力或胎儿造成伤害，对水生生物毒性非常大并具有长期持续影响

防范说明

预防措施 远离热源。远离衣物、可燃物保存。采取一切预防措施，避免与可燃物混合。戴防护手套、防护眼镜、防护面罩。避免吸入粉尘。通风不良时，戴呼吸防护器具。污染的工作服不得带出工作场所。得到专门指导后操作。在阅读并了解所有安全预防措施之前，切勿操作。按要求使用个体防护装备。禁止排入环境

事故响应 火灾时，根据着火原因选择适当灭火剂灭火。如吸入：如果呼吸困难，将患者转移到空气新鲜处，休息，保持利于呼吸的体位。如有呼吸系统症状，呼叫中毒控制中心或就医。如皮肤接触：用大量肥皂水和水清洗。如出现皮肤刺激或皮疹：就医。污染的衣服清洗后方可重新使用。如果接触或有担心，就医。收集泄漏物

安全储存 上锁保管

废弃处置 本品及内装物、容器依据国家和地方法规处置

物理和化学危险 助燃。与可燃物混合能形成爆炸性混合物

健康危害 皮肤长期反复接触有致敏性。长期反复吸入对呼吸道有致敏性，可致哮喘。本品对心脏、甲状腺和骨髓有影响，可致心肌病、甲状腺肿和红细胞增多症

环境危害 对水生生物毒性非常大并具有长期持续影响

第三部分 成分/组成信息

√物质		混合物
组分	浓度	CAS No.
硝酸钴		10141-05-6

第四部分 急救措施

吸入 迅速脱离现场至空气新鲜处。保持呼吸道通畅。如呼吸困难，给输氧。如呼吸、心跳停止，立即进行心肺复苏术。就医

皮肤接触 立即脱去污染的衣着，用流动清水彻底冲洗。就医

眼睛接触 立即分开眼睑，用流动清水或生理盐水彻底冲洗。就医

食入 漱口，饮水。就医

对保护施救者的忠告 根据需要使用个人防护设备

对医生的特别提示 对症处理

第五部分 消防措施

灭火剂 本品不燃。根据着火原因选择适当灭火剂灭火

特别危险性 与还原剂、有机物、易燃物（如硫、磷）或金属粉末等混合可形成爆炸性混合物。在 74℃开始分解，放出有毒的氮氧化物

灭火注意事项及防护措施 消防人员必须佩戴空气呼吸器、穿全身防火防毒服，在上风向灭火。尽可能将容器从火场移至空旷处。喷水保持火场容器冷却，直至灭火结束

第六部分 泄漏应急处理

作业人员防护措施、防护装备和应急处置程序 隔离泄漏污染区，限制出入。建议应急处理人员戴防尘口罩，穿防毒服，戴橡胶手套。勿使泄漏物与可燃物质（如木材、纸、油等）接触。穿上适当的防护服前严禁接触破裂的容器和泄漏物。尽可能切断泄漏源。勿使水进入包装容器内

环境保护措施 无资料

泄漏化学品的收容、清除方法及所使用的处置材料 小量泄漏：用洁净的铲子收集泄漏物，置于干净、干燥、盖子较松的容器中，将容器移离泄漏区。大量泄漏：泄漏物回收后，用水冲洗泄漏区

第七部分 操作处置与储存

操作注意事项 密闭操作，加强通风。操作人员必须经过专门培训，严格遵守操作规程。建议操作人员佩戴自吸过滤式防尘口罩，戴化学安全防护眼镜，穿胶布防毒衣，戴橡胶手套。远离火种、热源。工作场所严禁吸烟。远离易燃、可燃物。避免产生粉尘。避免与还原剂、活性金属粉末接触。搬运时要轻装轻卸，防止包装及容器损坏。配备相应品种和数量的消防器材及泄漏应急处理设备。倒空的容器可能残留有害物

储存注意事项 储存于阴凉、干燥、通风良好的库房。远离火种、热源。库房温度不超过 30℃，相对湿度不超过 80%。包装密封。应与易（可）燃物、还原剂、

活性金属粉末等分开存放，切忌混储。储区应备有合适的材料收容泄漏物

第八部分　接触控制/个体防护

职业接触限值

中国　未制定标准

美国(ACGIH)　TLV-TWA：0.02mg/m^3 [按Co计]

生物接触限值　未制定标准

监测方法　空气中有毒物质测定方法：火焰原子吸收光谱法。生物监测检验方法：未制定标准

工程控制　生产过程密闭，加强通风。提供安全的淋浴和洗眼设备

个体防护装备

呼吸系统防护　空气中浓度较高时，应该佩戴过滤式防尘呼吸器

眼睛防护　戴化学安全防护眼镜

皮肤和身体防护　穿隔绝式防毒服

手防护　戴橡胶手套

第九部分　理化特性

外观与性状　红色棱形结晶，易潮解

pH值　无意义　**熔点(℃)**　100～105（分解）

沸点(℃)　分解　**相对密度(水=1)**　2.49

相对蒸气密度(空气=1)　无资料

饱和蒸气压(kPa)　无资料

燃烧热(kJ/mol)　无资料　**临界温度(℃)**　无资料

临界压力(MPa)　无意义　**辛醇/水分配系数**　无资料

闪点(℃)　无意义　**自燃温度(℃)**　无意义

爆炸下限(%)　无意义　**爆炸上限(%)**　无意义

分解温度(℃)　100　**黏度(mPa·s)**　无资料

溶解性　溶于水、酸

第十部分　稳定性和反应性

稳定性　稳定

危险反应　与强还原剂、易燃或可燃物等禁配物接触，有发生火灾和爆炸的危险。在74℃开始发生分解反应

避免接触的条件　受热、潮湿空气

禁配物　易燃或可燃物、强还原剂、活性金属粉末、硫、磷

危险的分解产物　氮氧化物

第十一部分　毒理学信息

急性毒性　LD_{50}：434mg/kg（大鼠经口）

皮肤刺激或腐蚀　无资料　**眼睛刺激或腐蚀**　无资料

呼吸或皮肤过敏　无资料　**生殖细胞突变性**　无资料

致癌性　IARC致癌性评论：组2B，可疑人类致癌物，对人类致癌性证据有限，对动物致癌性证据不充分

生殖毒性　无资料

特异性靶器官系统毒性-一次接触　无资料

特异性靶器官系统毒性-反复接触　小鼠皮下注射最低中毒剂量（TDLo）：14.6mg/kg（雄性），引起睾丸、附睾、输精管改变

吸入危害　无资料

第十二部分　生态学信息

生态毒性

LC_{50}　1.4mg Co/L（96h）（虹鳟）

EC_{50}　1.49mg Co/L（48h）（水蚤）

ErC_{50}　0.56mg Co/L（96h）（小球藻）

持久性和降解性

生物降解性　无资料

非生物降解性　无资料

潜在的生物累积性　无资料

土壤中的迁移性　无资料

第十三部分　废弃处置

废弃化学品　根据国家和地方有关法规的要求处置。或与制造商联系，确定处置方法

污染包装物　将容器返还生产商或按照国家和地方法规处置

废弃注意事项　把倒空的容器归还厂商或在规定场所掩埋

第十四部分　运输信息

联合国危险货物编号（UN号）　1477

联合国运输名称　无机硝酸盐，未另作规定的（硝酸钴）

联合国危险性类别　5.1　**包装类别**　Ⅲ类包装

包装标志

海洋污染物　是

运输注意事项　运输时单独装运，运输过程中要确保容器不泄漏、不倒塌、不坠落、不损坏。运输时运输车辆应配备相应品种和数量的消防器材及泄漏应急处理设备。严禁与酸类、易燃物、有机物、还原剂、自燃物品、遇湿易燃物品等并车混运。运输时车速不宜过快，不得强行超车。运输车辆装卸前后，均应彻底清扫、洗净，严禁混入有机物、易燃物等杂质

第十五部分　法规信息

下列法律、法规、规章和标准，对该化学品的管理作了相应的规定。

中华人民共和国职业病防治法　职业病分类和目录：未列入

危险化学品安全管理条例　危险化学品目录：列入。易制爆危险化学品名录：未列入。重点监管的危险化学品名录：未列入。GB 18218—2009《危险化学品重大危险源辨识》(表1)：未列入

使用有毒物品作业场所劳动保护条例　高毒物品目录：未列入

易制毒化学品管理条例　易制毒化学品的分类和品种目录：未列入

国际公约　斯德哥尔摩公约：未列入。鹿特丹公约：未列入。蒙特利尔议定书：未列入

第十六部分　其他信息

编写和修订信息	缩略语和首字母缩写
培训建议	参考文献
免责声明	

硝　酸　胍

第一部分　化学品标识

化学品中文名　硝酸胍；硝酸亚氨脲

化学品英文名　guanidine nitrate；guanidine mononitrate

分子式　$CH_6N_4O_3$　　**相对分子质量**　122.08

结构式　$H_2N—C(=NH)—NH_2 \cdot HNO_3$

化学品的推荐及限制用途　用于制造炸药、消毒剂、照像药品等

第二部分　危险性概述

紧急情况概述　可加剧燃烧：氧化剂，吞咽有害

GHS危险性类别　氧化性固体，类别3；急性毒性-经口，类别4；严重眼损伤/眼刺激，类别2A；危害水生环境-急性危害，类别3

标签要素

象形图

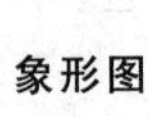

警示词　警告

危险性说明　可加剧燃烧：氧化剂，吞咽有害，造成严重眼刺激，对水生生物有害

防范说明

预防措施　远离热源。远离衣物、可燃物保存。采取一切预防措施，避免与可燃物混合。戴防护手套、防护眼镜、防护面罩。避免接触眼睛、皮肤，操作后彻底清洗。作业场所不得进食、饮水或吸烟。禁止排入环境

事故响应　火灾时，根据着火原因选择适当灭火剂灭火。如接触眼睛：用水细心冲洗数分钟。如戴隐形眼镜并可方便地取出，取出隐形眼镜继续冲洗。如果眼睛刺激持续：就医。食入：漱口，如果感觉不适，立即呼叫中毒控制中心或就医

安全储存

废弃处置　本品及内装物、容器依据国家和地方法规处置

物理和化学危险　助燃。与可燃物混合能形成爆炸性混合物

健康危害　本品对眼睛、皮肤、黏膜和上呼吸道具有刺激作用，过量吸入可致死。高温下释放出氮氧化物气体，对呼吸道有刺激性

环境危害　对水生生物有害

第三部分　成分/组成信息

√物质		混合物
组分	浓度	CAS No.
硝酸胍		506-93-4

第四部分　急救措施

吸入　迅速脱离现场至空气新鲜处。保持呼吸道通畅。如呼吸困难，给输氧。如呼吸、心跳停止，立即进行心肺复苏术。就医

皮肤接触　立即脱去污染的衣着，用流动清水彻底冲洗。就医

眼睛接触　立即分开眼睑，用流动清水或生理盐水彻底冲洗。就医

食入　漱口，饮水。就医

对保护施救者的忠告　根据需要使用个人防护设备

对医生的特别提示　对症处理

第五部分　消防措施

灭火剂　本品不燃。根据着火原因选择适当灭火剂灭火

特别危险性　与硝基化合物和氯酸盐组成的混合物对震动和摩擦敏感并可能爆炸。受高热分解，产生有毒的氮氧化物

灭火注意事项及防护措施　消防人员必须佩戴空气呼吸器、穿全身防火防毒服，在上风向灭火。尽可能将容器从火场移至空旷处。喷水保持火场容器冷却，直至灭火结束。切勿将水流直接射至熔融物，以免引起严重的流淌火灾或引起剧烈的沸溅。遇大火，消防人员须在有防护掩蔽处操作

第六部分　泄漏应急处理

作业人员防护措施、防护装备和应急处置程序　隔离泄漏污染区，限制出入。建议应急处理人员戴防尘口罩，穿防毒服，戴氯丁橡胶手套。勿使泄漏物与可燃物质（如木材、纸、油等）接触。穿上适当的防护服前严禁接触破裂的容器和泄漏物

环境保护措施　无资料

泄漏化学品的收容、清除方法及所使用的处置材料　小量泄漏：用大量水冲洗，洗水稀释后放入废水系统。大量泄漏：在专家指导下清除

第七部分　操作处置与储存

操作注意事项　密闭操作，提供充分的局部排风。操作人员必须经过专门培训，严格遵守操作规程。建议操作人员佩戴头罩型电动送风过滤式防尘呼吸器，穿胶布防毒衣，戴氯丁橡胶手套。远离火种、热源。工作场所严禁吸烟。远离易燃、可燃物。避免产生粉尘。避免与还原剂接触。搬运时要轻装轻卸，防止包装及容器损坏。禁止震动、撞击和摩擦。配备相应品种和数量的消防器材及泄漏应急处理设备。倒空的容器可能残留有害物

储存注意事项　储存于阴凉、通风的库房，温度不超过30℃，相对湿度不超过80%。远离火种、热源。包

装密封。应与易（可）燃物、还原剂等分开存放，切忌混储。储区应备有合适的材料收容泄漏物

第八部分 接触控制/个体防护

职业接触限值

中国 未制定标准

美国(ACGIH) 未制定标准

生物接触限值 未制定标准

监测方法 空气中有毒物质测定方法：未制定标准。生物监测检验方法：未制定标准

工程控制 严加密闭，提供充分的局部排风。提供安全的淋浴和洗眼设备

个体防护装备

呼吸系统防护 可能接触其粉尘时，建议佩戴过滤式防尘呼吸器

眼睛防护 戴化学安全防护眼镜

皮肤和身体防护 穿隔绝式防毒服

手防护 戴橡胶手套

第九部分 理化特性

外观与性状 白色颗粒

pH 值 无意义　　**熔点(℃)** 213～215

沸点(℃) 无资料　　**相对密度(水=1)** 无资料

相对蒸气密度(空气=1) 无资料

饱和蒸气压(kPa) 无资料

燃烧热(kJ/mol) 无资料　　**临界温度(℃)** 无资料

临界压力(MPa) 无意义　　**辛醇/水分配系数** −8.35

闪点(℃) 无意义　　**自燃温度(℃)** 无意义

爆炸下限(%) 无意义　　**爆炸上限(%)** 无意义

分解温度(℃) 无资料　　**黏度(mPa·s)** 无资料

溶解性 溶于水，溶于乙醇，微溶于丙酮，不溶于苯、乙醚

第十部分 稳定性和反应性

稳定性 稳定

危险反应 与强还原剂、易燃或可燃物等禁配物接触，有发生火灾和爆炸的危险。加热至150℃时发生分解并爆炸

避免接触的条件 受热、摩擦、震动、撞击

禁配物 强还原剂、易燃或可燃物、硫、磷

危险的分解产物 氮氧化物

第十一部分 毒理学信息

急性毒性 LD_{50}：730mg/kg（大鼠经口）

皮肤刺激或腐蚀 家兔经皮：500mg，重度刺激

眼睛刺激或腐蚀 家兔经眼：92mg，轻度刺激

呼吸或皮肤过敏 无资料　　**生殖细胞突变性** 无资料

致癌性 无资料　　**生殖毒性** 无资料

特异性靶器官系统毒性-一次接触 无资料

特异性靶器官系统毒性-反复接触 无资料

吸入危害 无资料

第十二部分 生态学信息

生态毒性

LC_{50} 23mg/L（48h）（水蚤）

NOEC 2.9mg/L（21d）（水蚤）

持久性和降解性

生物降解性 无资料

非生物降解性 无资料

潜在的生物累积性 无资料

土壤中的迁移性 无资料

第十三部分 废弃处置

废弃化学品 根据国家和地方有关法规的要求处置。或与制造商联系，确定处置方法

污染包装物 将容器返还生产商或按照国家和地方法规处置

废弃注意事项 处置前应参阅国家和地方有关法规。废弃处置人员必须接受过专门的爆炸性物质废弃处置培训

第十四部分 运输信息

联合国危险货物编号（UN号） 1467

联合国运输名称 硝酸胍

联合国危险性类别 5.1　　**包装类别** Ⅲ类包装

包装标志

海洋污染物 否

运输注意事项 运输时单独装运，运输过程中要确保容器不泄漏、不倒塌、不坠落、不损坏。运输时运输车辆应配备相应品种和数量的消防器材及泄漏应急处理设备。严禁与酸类、易燃物、有机物、还原剂、自燃物品、遇湿易燃物品等并车混运。运输时车速不宜过快，不得强行超车。运输车辆装卸前后，均应彻底清扫、洗净，严禁混入有机物、易燃物等杂质

第十五部分 法规信息

下列法律、法规、规章和标准，对该化学品的管理作了相应的规定。

中华人民共和国职业病防治法 职业病分类和目录：未列入

危险化学品安全管理条例 危险化学品目录：列入。易制爆危险化学品名录：列入。重点监管的危险化学品名录：列入。GB 18218—2009《危险化学品重大危险源辨识》(表1)：未列入

使用有毒物品作业场所劳动保护条例 高毒物品目录：未列入

易制毒化学品管理条例 易制毒化学品的分类和品种目录：未列入

国际公约 斯德哥尔摩公约：未列入。鹿特丹公约：未列入。蒙特利尔议定书：未列入

第十六部分 其他信息

编写和修订信息　　**缩略语和首字母缩写**

培训建议　　**参考文献**

免责声明

硝 酸 钾

第一部分 化学品标识

化学品中文名 硝酸钾；火硝；硝石

化学品英文名 potassium nitrate；saltpeter

分子式 KNO_3 **相对分子质量** 140.21

化学品的推荐及限制用途 用于制造烟火、火药、火柴、医药，以及玻璃工业

第二部分 危险性概述

紧急情况概述 可加剧燃烧：氧化剂

GHS 危险性类别 氧化性固体，类别 3；生殖毒性，类别 2；特异性靶器官毒性-一次接触，类别 1；特异性靶器官毒性-反复接触，类别 1

标签要素

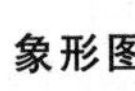

象形图 

警示词 危险

危险性说明 可加剧燃烧：氧化剂，怀疑对生育力或胎儿造成伤害，对器官造成损害，长时间或反复接触对器官造成损伤

防范说明

预防措施 远离热源。远离衣物、可燃物保存。采取一切预防措施，避免与可燃物混合。戴防护手套、防护眼镜、防护面罩。得到专门指导后操作。在阅读并了解所有安全预防措施之前，切勿操作。按要求使用个体防护装备。避免吸入粉尘。避免接触眼睛、皮肤，操作后彻底清洗。作业场所不得进食、饮水或吸烟

事故响应 火灾时，根据着火原因选择适当灭火剂灭火。如果接触或有担心，立即呼叫中毒控制中心或就医

安全储存 上锁保管

废弃处置 本品及内装物、容器依据国家和地方法规处置

物理和化学危险 助燃。与可燃物混合能形成爆炸性混合物

健康危害 吸入本品粉尘对呼吸道有刺激性，高浓度吸入可引起肺水肿。大量接触可引起高铁血红蛋白血症，影响血液携氧能力，出现头痛、头晕、紫绀、恶心、呕吐。重者引起呼吸紊乱、虚脱，甚至死亡。口服引起剧烈腹痛、呕吐、血便、休克、全身抽搐、昏迷，甚至死亡。对皮肤和眼睛有强烈刺激性，甚至造成灼伤。皮肤反复接触引起皮肤干燥、皲裂和皮疹

环境危害 对环境可能有害

第三部分 成分/组成信息

√物质		混合物
组分	**浓度**	**CAS No.**
硝酸钾		7757-79-1

第四部分 急救措施

吸入 迅速脱离现场至空气新鲜处。保持呼吸道通畅。如呼吸困难，给输氧。如呼吸、心跳停止，立即进行心肺复苏术。就医

皮肤接触 立即脱去污染的衣着，用流动清水彻底冲洗。就医

眼睛接触 立即分开眼睑，用流动清水或生理盐水彻底冲洗。就医

食入 漱口，饮水。就医

对保护施救者的忠告 根据需要使用个人防护设备

对医生的特别提示 高铁血红蛋白血症，可用美蓝和维生素 C 治疗

第五部分 消防措施

灭火剂 本品不燃。根据着火原因选择适当灭火剂灭火

特别危险性 与有机物、还原剂、易燃物（如硫、磷）等接触或混合时有引起燃烧爆炸的危险。燃烧分解时，放出有毒的氮氧化物气体。受热分解，放出氧气

灭火注意事项及防护措施 消防人员必须佩戴空气呼吸器、穿全身防火防毒服，在上风向灭火。尽可能将容器从火场移至空旷处。喷水保持火场容器冷却，直至灭火结束。切勿将水流直接射至熔融物，以免引起严重的流淌火灾或引起剧烈的沸溅

第六部分 泄漏应急处理

作业人员防护措施、防护装备和应急处置程序 隔离泄漏污染区，限制出入。建议应急处理人员戴防尘口罩，穿防毒服，戴氯丁橡胶手套。勿使泄漏物与可燃物质（如木材、纸、油等）接触。穿上适当的防护服前严禁接触破裂的容器和泄漏物。尽可能切断泄漏源。勿使水进入包装容器内

环境保护措施 无资料

泄漏化学品的收容、清除方法及所使用的处置材料 小量泄漏：用洁净的铲子收集泄漏物，置于干净、干燥、盖子较松的容器中，将容器移离泄漏区。大量泄漏：泄漏物回收后，用水冲洗泄漏区

第七部分 操作处置与储存

操作注意事项 密闭操作，加强通风。操作人员必须经过专门培训，严格遵守操作规程。建议操作人员佩戴头罩型电动送风过滤式防尘呼吸器，穿聚乙烯防毒服，戴氯丁橡胶手套。远离火种、热源。工作场所严禁吸烟。远离易燃、可燃物。避免产生粉尘。避免与还原剂、酸类、活性金属粉末接触。搬运时要轻装轻卸，防止包装及容器损坏。配备相应品种和数量的消防器材及泄漏应急处理设备。倒空的容器可能残留有害物

储存注意事项 储存于阴凉、干燥、通风良好的库房。远离火种、热源。库房温度不超过 30℃，相对湿度不超过 80%。应与还原剂、酸类、易（可）燃物、活性金属粉末分开存放，切忌混储。储区应备有合适的材料收容泄漏物

第八部分 接触控制/个体防护

职业接触限值

中国 未制定标准

美国(ACGIH) 未制定标准

生物接触限值 未制定标准

监测方法 空气中有毒物质测定方法：未制定标准。生物监测检验方法：未制定标准

工程控制 生产过程密闭，加强通风。提供安全的淋浴和洗眼设备

个体防护装备

呼吸系统防护 可能接触其粉尘时，建议佩戴过滤式防尘呼吸器

眼睛防护 戴化学安全防护眼镜

皮肤和身体防护 穿隔绝式防毒服

手防护 戴橡胶手套

第九部分 理化特性

外观与性状 无色透明斜方或三方晶系颗粒或白色粉末

pH 值 无意义 **熔点(℃)** 334

沸点(℃) 400（分解） **相对密度(水=1)** 2.11

相对蒸气密度(空气=1) 无资料

饱和蒸气压(kPa) 无资料

燃烧热(kJ/mol) 无资料 **临界温度(℃)** 无资料

临界压力(MPa) 无意义 **辛醇/水分配系数** 无资料

闪点(℃) 无意义 **自燃温度(℃)** 无意义

爆炸下限(%) 无意义 **爆炸上限(%)** 无意义

分解温度(℃) 400 **黏度(mPa·s)** 无资料

溶解性 易溶于水，溶于甘油，不溶于无水乙醇、乙醚

第十部分 稳定性和反应性

稳定性 稳定

危险反应 与强还原剂、易燃或可燃物等禁配物接触，有发生火灾和爆炸的危险

避免接触的条件 受热、潮湿空气

禁配物 强还原剂、强酸、易燃或可燃物、活性金属粉末

危险的分解产物 氮氧化物、氧气

第十一部分 毒理学信息

急性毒性 LD_{50}：3750mg/kg（大鼠经口）

皮肤刺激或腐蚀 无资料 **眼睛刺激或腐蚀** 无资料

呼吸或皮肤过敏 无资料 **生殖细胞突变性** 无资料

致癌性 无资料 **生殖毒性** 无资料

特异性靶器官系统毒性-一次接触 无资料

特异性靶器官系统毒性-反复接触 无资料

吸入危害 无资料

第十二部分 生态学信息

生态毒性 无资料

持久性和降解性

生物降解性 无资料

非生物降解性 无资料

潜在的生物累积性 无资料

土壤中的迁移性 无资料

第十三部分 废弃处置

废弃化学品 根据国家和地方有关法规的要求处置。或与制造商联系，确定处置方法

污染包装物 将容器返还生产商或按照国家和地方法规处置

废弃注意事项 在规定场所掩埋空容器

第十四部分 运输信息

联合国危险货物编号（UN 号） 1486

联合国运输名称 硝酸钾

联合国危险性类别 5.1 **包装类别** Ⅲ类包装

包装标志 

海洋污染物 否

运输注意事项 运输时单独装运，运输过程中要确保容器不泄漏、不倒塌、不坠落、不损坏。运输时运输车辆应配备相应品种和数量的消防器材及泄漏应急处理设备。严禁与酸类、易燃物、有机物、还原剂、自燃物品、遇湿易燃物品等并车混运。运输时车速不宜过快，不得强行超车。运输车辆装卸前后，均应彻底清扫、洗净，严禁混入有机物、易燃物等杂质

第十五部分 法规信息

下列法律、法规、规章和标准，对该化学品的管理作了相应的规定。

中华人民共和国职业病防治法 职业病分类和目录：未列入

危险化学品安全管理条例 危险化学品目录：列入。易制爆危险化学品名录：列入。重点监管的危险化学品名录：未列入。GB 18218—2009《危险化学品重大危险源辨识》(表 1)：未列入

使用有毒物品作业场所劳动保护条例 高毒物品目录：未列入

易制毒化学品管理条例 易制毒化学品的分类和品种目录：未列入

国际公约 斯德哥尔摩公约：未列入。鹿特丹公约：未列入。蒙特利尔议定书：未列入

第十六部分 其他信息

编写和修订信息 **缩略语和首字母缩写**

培训建议 **参考文献**

免责声明

硝 酸 镧

第一部分 化学品标识

化学品中文名 硝酸镧

化学品英文名 lanthanum nitrate

分子式 $La(NO_3)_3$ **相对分子质量** 324.94

化学品的推荐及限制用途 用于制光学玻璃、荧光粉、陶瓷电容器添加剂、石油精制加工催化剂

第二部分 危险性概述

紧急情况概述 可加剧燃烧：氧化剂，吞咽可能有害

GHS 危险性类别 氧化性固体，类别 2；急性毒性-经口，类别 5

标签要素

象形图 

警示词 危险

危险性说明 可加剧燃烧：氧化剂，吞咽可能有害

防范说明

预防措施 远离热源。远离衣物、可燃物保存。采取一切预防措施，避免与可燃物混合。戴防护手套、防护眼镜、防护面罩

事故响应 火灾时，根据着火原因选择适当灭火剂灭火。如果感觉不适，呼叫中毒控制中心或就医

安全储存 -

废弃处置 本品及内装物、容器依据国家和地方法规处置

物理和化学危险 助燃。与可燃物混合能形成爆炸性混合物

健康危害 人吸入镧及其化合物烟尘可出现头痛和恶心等症状。大鼠急性镧中毒的症状有立即排便、运动失调、呼吸困难，常因呼吸衰竭或心力衰竭而死亡

环境危害 对环境可能有害

第三部分 成分/组成信息

√物质		混合物
组分	**浓度**	**CAS No.**
硝酸镧		10099-59-9

第四部分 急救措施

吸入 迅速脱离现场至空气新鲜处。保持呼吸道通畅。如呼吸困难，给吸氧。如呼吸、心跳停止，立即行心肺复苏术。就医

皮肤接触 立即脱去污染衣着，用肥皂水或清水彻底冲洗。就医

眼睛接触 分开眼睑，用清水或生理盐水冲洗。就医

食入 漱口，饮水。就医

对保护施救者的忠告 根据需要使用个人防护设备

对医生的特别提示 对症处理

第五部分 消防措施

灭火剂 本品不燃。根据着火原因选择适当灭火剂灭火

特别危险性 高温时分解，释出有毒的氮氧化物气体

灭火注意事项及防护措施 消防人员必须佩戴空气呼吸器、穿全身防火防毒服，在上风向灭火。尽可能将容器从火场移至空旷处。喷水保持火场容器冷却，直至灭火结束

第六部分 泄漏应急处理

作业人员防护措施、防护装备和应急处置程序 隔离泄漏污染区，限制出入。建议应急处理人员戴防尘口罩，穿防毒服，戴橡胶手套。勿使泄漏物与可燃物质（如木材、纸、油等）接触。穿上适当的防护服前严禁接触破裂的容器和泄漏物。尽可能切断泄漏源。勿使水进入包装容器内

环境保护措施 无资料

泄漏化学品的收容、清除方法及所使用的处置材料 小量泄漏：用洁净的铲子收集泄漏物，置于干净、干燥、盖子较松的容器中，将容器移离泄漏区。大量泄漏：泄漏物回收后，用水冲洗泄漏区

第七部分 操作处置与储存

操作注意事项 密闭操作，局部排风。操作人员必须经过专门培训，严格遵守操作规程。建议操作人员佩戴自吸过滤式防尘口罩，戴化学安全防护眼镜，穿胶布防毒衣，戴橡胶手套。远离火种、热源。工作场所严禁吸烟。远离易燃、可燃物。避免产生粉尘。避免与还原剂接触。搬运时轻装轻卸，保持包装完整，防止洒漏。配备相应品种和数量的消防器材及泄漏应急处理设备。倒空的容器可能残留有害物

储存注意事项 储存于阴凉、通风的库房。远离火种、热源。库房温度不超过 30℃，相对湿度不超过 80％。包装必须完整密封，防止吸潮。应与易（可）燃物、还原剂、食用化学品分开存放，切忌混储。储区应备有合适的材料收容泄漏物

第八部分 接触控制/个体防护

职业接触限值

中国 未制定标准

美国(ACGIH) 未制定标准

生物接触限值 未制定标准

监测方法 空气中有毒物质测定方法：未制定标准。生物监测检验方法：未制定标准

工程控制 密闭操作，局部排风

个体防护装备

呼吸系统防护 空气中浓度较高时，应该佩戴过滤式防尘呼吸器

眼睛防护 戴化学安全防护眼镜

皮肤和身体防护 穿隔绝式防毒服

手防护 戴橡胶手套

第九部分 理化特性

外观与性状 白色粒状晶体，六水合物为白色，易湿解

pH 值 无意义 **熔点(℃)** 40

沸点(℃) 126 **相对密度(水＝1)** 2.05

相对蒸气密度(空气＝1) 无资料

饱和蒸气压(kPa) 无资料

燃烧热(kJ/mol) 无资料 **临界温度(℃)** 无资料

临界压力(MPa) 无意义 **辛醇/水分配系数** 无资料

闪点(℃) 无意义 **自燃温度(℃)** 无意义
爆炸下限(%) 无意义 **爆炸上限(%)** 无意义
分解温度(℃) 无资料 **黏度(mPa·s)** 无资料
溶解性 易溶于水，易溶于乙醇、酸类

第十部分 稳定性和反应性

稳定性 稳定
危险反应 与强还原剂、易燃或可燃物等禁配物接触，有发生火灾和爆炸的危险
避免接触的条件 受热
禁配物 还原剂、易燃或可燃物
危险的分解产物 氮氧化物

第十一部分 毒理学信息

急性毒性 LD_{50}：4500mg/kg（大鼠经口）
皮肤刺激或腐蚀 无资料 **眼睛刺激或腐蚀** 无资料
呼吸或皮肤过敏 无资料 **生殖细胞突变性** 无资料
致癌性 无资料 **生殖毒性** 无资料
特异性靶器官系统毒性-一次接触 无资料
特异性靶器官系统毒性-反复接触 无资料
吸入危害 无资料

第十二部分 生态学信息

生态毒性 无资料
持久性和降解性
生物降解性 无资料
非生物降解性 无资料
潜在的生物累积性 无资料
土壤中的迁移性 无资料

第十三部分 废弃处置

废弃化学品 根据国家和地方有关法规的要求处置。或与制造商联系，确定处置方法
污染包装物 将容器返还生产商或按照国家和地方法规处置
废弃注意事项 处置前应参阅国家和地方有关法规

第十四部分 运输信息

联合国危险货物编号（UN号） 1477
联合国运输名称 无机硝酸盐，未另作规定的（硝酸镧）
联合国危险性类别 5.1 **包装类别** Ⅱ类包装

包装标志 

海洋污染物 否

运输注意事项 运输时单独装运，运输过程中要确保容器不泄漏、不倒塌、不坠落、不损坏。运输时运输车辆应配备相应品种和数量的消防器材及泄漏应急处理设备。严禁与酸类、易燃物、有机物、还原剂、自燃物品、遇湿易燃物品等并车混运。运输时车速不宜过快，不得强行超车。运输车辆装卸前后，均应彻底清扫、洗净，严禁混入有机物、易燃物等杂质

第十五部分 法规信息

下列法律、法规、规章和标准，对该化学品的管理作了相应的规定。
中华人民共和国职业病防治法 职业病分类和目录：未列入
危险化学品安全管理条例 危险化学品目录：列入。易制爆危险化学品名录：未列入。重点监管的危险化学品名录：未列入。GB 18218—2009《危险化学品重大危险源辨识》（表1）：未列入
使用有毒物品作业场所劳动保护条例 高毒物品目录：未列入
易制毒化学品管理条例 易制毒化学品的分类和品种目录：未列入
国际公约 斯德哥尔摩公约：未列入。鹿特丹公约：未列入。蒙特利尔议定书：未列入

第十六部分 其他信息

编写和修订信息 **缩略语和首字母缩写**
培训建议 **参考文献**
免责声明

硝 酸 锂

第一部分 化学品标识

化学品中文名 硝酸锂
化学品英文名 lithium nitrate；nitric acid；lithium salt
分子式 $LiNO_3$ **相对分子质量** 68.94
化学品的推荐及限制用途 用于制造陶器、烟火、热交换介质、分析试剂等

第二部分 危险性概述

紧急情况概述 可加剧燃烧；氧化剂
GHS危险性类别 氧化性固体，类别3；生殖毒性，类别1A
标签要素

象形图 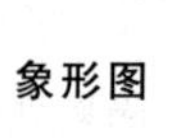 

警示词 危险
危险性说明 可加剧燃烧；氧化剂，可能对生育力或胎儿造成伤害
防范说明
预防措施 远离热源。远离衣物、可燃物保存。采取一切预防措施，避免与可燃物混合。戴防护手套、防护眼镜、防护面罩。得到专门指导后操作。在阅读并了解所有安全预防措施之前，切勿操作。按要求使用个体防护装备
事故响应 火灾时，根据着火原因选择适当灭火剂灭火。如果接触或有担心，就医
安全储存 上锁保管
废弃处置 本品及内装物、容器依据国家和地方法

规处置

物理和化学危险 助燃。与可燃物混合能形成爆炸性混合物

健康危害 本品对眼睛、皮肤、黏膜和上呼吸道有刺激作用。接触后可引起胃痛、恶心、呕吐、头痛、眩晕等，大剂量可引起肾损害。在高温下分解产生有毒的氮氧化物气体

环境危害 对环境可能有害

第三部分 成分/组成信息

√物质 混合物

组分	浓度	CAS No.
硝酸锂		7790-69-4

第四部分 急救措施

吸入 迅速脱离现场至空气新鲜处。保持呼吸道通畅。如呼吸困难，给吸氧。如呼吸、心跳停止，立即行心肺复苏术。就医

皮肤接触 立即脱去污染衣着，用肥皂水或清水彻底冲洗。就医

眼睛接触 分开眼睑，用清水或生理盐水冲洗。就医

食入 漱口，饮水。就医

对保护施救者的忠告 根据需要使用个人防护设备

对医生的特别提示 对症处理

第五部分 消防措施

灭火剂 本品不燃。根据着火原因选择适当灭火剂灭火

特别危险性 与易氧化物质、硫黄、亚硫酸氢钠、还原剂、强酸接触能引起燃烧或爆炸。燃烧分解时，放出有毒的氮氧化物气体。受高热分解，产生有毒的氮氧化物

灭火注意事项及防护措施 消防人员须佩戴防毒面具、穿全身消防服，在上风向灭火。尽可能将容器从火场移至空旷处。喷水保持火场容器冷却，直至灭火结束。切勿将水流直接射至熔融物，以免引起严重的流淌火灾或引起剧烈的沸溅

第六部分 泄漏应急处理

作业人员防护措施、防护装备和应急处置程序 隔离泄漏污染区，限制出入。建议应急处理人员戴防尘口罩，穿防毒服，戴氯丁橡胶手套。勿使泄漏物与可燃物质（如木材、纸、油等）接触。穿上适当的防护服前严禁接触破裂的容器和泄漏物。尽可能切断泄漏源。勿使水进入包装容器内

环境保护措施 无资料

泄漏化学品的收容、清除方法及所使用的处置材料 小量泄漏：用洁净的铲子收集泄漏物，置于干净、干燥、盖子较松的容器中，将容器移离泄漏区。大量泄漏：泄漏物回收后，用水冲洗泄漏区

第七部分 操作处置与储存

操作注意事项 密闭操作，局部排风。操作人员必须经过专门培训，严格遵守操作规程。建议操作人员佩戴自吸过滤式防尘口罩，戴化学安全防护眼镜，穿聚乙烯防毒服，戴氯丁橡胶手套。远离火种、热源。工作场所严禁吸烟。远离易燃、可燃物。避免产生粉尘。避免与还原剂接触。搬运时要轻装轻卸，防止包装及容器损坏。配备相应品种和数量的消防器材及泄漏应急处理设备。倒空的容器可能残留有害物

储存注意事项 储存于阴凉、通风的库房。库房温度不超过30℃，相对湿度不超过80%。远离火种、热源。包装必须完整密封，防止吸潮。应与易（可）燃物、还原剂分开存放，切忌混储。储区应备有合适的材料收容泄漏物

第八部分 接触控制/个体防护

职业接触限值

中国 未制定标准

美国(ACGIH) 未制定标准

生物接触限值 未制定标准

监测方法 空气中有毒物质测定方法：未制定标准。生物监测检验方法：未制定标准

工程控制 密闭操作，局部排风。提供安全的淋浴和洗眼设备

个体防护装备

呼吸系统防护 可能接触其粉尘时，建议佩戴过滤式防尘呼吸器

眼睛防护 戴化学安全防护眼镜

皮肤和身体防护 穿隔绝式防毒服

手防护 戴橡胶手套

第九部分 理化特性

外观与性状 无色三角晶体或白色粉末，吸湿性强

pH值 无意义　**熔点(℃)** 255～264

沸点(℃) 600（分解）　**相对密度(水=1)** 2.38

相对蒸气密度(空气=1) 无资料

饱和蒸气压(kPa) 无资料

燃烧热(kJ/mol) 无资料　**临界温度(℃)** 无资料

临界压力(MPa) 无意义　**辛醇/水分配系数** 无资料

闪点(℃) 无意义　**自燃温度(℃)** 无意义

爆炸下限(%) 无意义　**爆炸上限(%)** 无意义

分解温度(℃) 873　**黏度(mPa·s)** 无资料

溶解性 溶于水，溶于乙醇

第十部分 稳定性和反应性

稳定性 稳定

危险反应 与强还原剂、易燃或可燃物等禁配物接触，有发生火灾和爆炸的危险

避免接触的条件 受热

禁配物 还原剂、易燃或可燃物

危险的分解产物 氮氧化物、氧化锂

第十一部分 毒理学信息

急性毒性 无资料　**皮肤刺激或腐蚀** 无资料

眼睛刺激或腐蚀 无资料　**呼吸或皮肤过敏** 无资料

生殖细胞突变性 无资料　　**致癌性** 无资料

生殖毒性 可能导致出生缺陷，孕妇应避免接触

特异性靶器官系统毒性-一次接触 无资料

特异性靶器官系统毒性-反复接触 无资料

吸入危害 无资料

第十二部分 生态学信息

生态毒性 无资料

持久性和降解性

生物降解性 无资料

非生物降解性 无资料

潜在的生物累积性 无资料

土壤中的迁移性 无资料

第十三部分 废弃处置

废弃化学品 根据国家和地方有关法规的要求处置。或与制造商联系，确定处置方法

污染包装物 将容器返还生产商或按照国家和地方法规处置

废弃注意事项 处置前应参阅国家和地方有关法规

第十四部分 运输信息

联合国危险货物编号（UN号） 2722

联合国运输名称 硝酸锂

联合国危险性类别 5.1　　**包装类别** Ⅲ类包装

包装标志 　　**海洋污染物** 否

运输注意事项 运输时单独装运，运输过程中要确保容器不泄漏、不倒塌、不坠落、不损坏。运输时运输车辆应配备相应品种和数量的消防器材及泄漏应急处理设备。严禁与酸类、易燃物、有机物、还原剂、自燃物品、遇湿易燃物品等并车混运。运输时车速不宜过快，不得强行超车。运输车辆装卸前后，均应彻底清扫、洗净，严禁混入有机物、易燃物等杂质

第十五部分 法规信息

下列法律、法规、规章和标准，对该化学品的管理作了相应的规定。

中华人民共和国职业病防治法 职业病分类和目录：未列入

危险化学品安全管理条例 危险化学品目录：列入。易制爆危险化学品名录：未列入。重点监管的危险化学品名录：未列入。GB 18218—2009《危险化学品重大危险源辨识》（表1）：未列入

使用有毒物品作业场所劳动保护条例 高毒物品目录：未列入

易制毒化学品管理条例 易制毒化学品的分类和品种目录：未列入

国际公约 斯德哥尔摩公约：未列入。鹿特丹公约：未列入。蒙特利尔议定书：未列入

第十六部分 其他信息

编写和修订信息　　**缩略语和首字母缩写**

培训建议　　**参考文献**

免责声明

硝 酸 铝

第一部分 化学品标识

化学品中文名 硝酸铝

化学品英文名 aluminium nitrate

分子式 $Al(NO_3)_3$　　**相对分子质量** 213.00

化学品的推荐及限制用途 用于有机合成、石油加工的催化剂、纺织工业的媒染剂

第二部分 危险性概述

紧急情况概述 可加剧燃烧；氧化剂

GHS危险性类别 氧化性固体，类别3

标签要素

象形图 

警示词 警告

危险性说明 可加剧燃烧；氧化剂

防范说明

预防措施 远离热源。远离衣物、可燃物保存。采取一切预防措施，避免与可燃物混合。戴防护手套、防护眼镜、防护面罩

事故响应 火灾时，根据着火原因选择适当灭火剂灭火

安全储存 -

废弃处置 本品及内装物、容器依据国家和地方法规处置

物理和化学危险 助燃。与可燃物混合能形成爆炸性混合物

健康危害 本品粉尘对上呼吸道有刺激性，吸入后引起咳嗽和胸部不适。对眼有刺激性。口服引起恶心、呕吐。长期接触对皮肤有刺激性

环境危害 对环境可能有害

第三部分 成分/组成信息

√物质		混合物
组分	**浓度**	**CAS No.**
硝酸铝		13473-90-0

第四部分 急救措施

吸入 迅速脱离现场至空气新鲜处。保持呼吸道通畅。如呼吸困难，给吸氧。如呼吸、心跳停止，立即行心肺复苏术。就医

皮肤接触 立即脱去污染衣着，用肥皂水或清水彻底冲洗。就医

眼睛接触 分开眼睑，用清水或生理盐水冲洗。就医

食入 漱口，饮水。就医

对保护施救者的忠告 根据需要使用个人防护设备

对医生的特别提示 对症处理

第五部分 消防措施

灭火剂 本品不燃。根据着火原因选择适当灭火剂灭火

特别危险性 高温时分解，释出有毒的氮氧化物气体

灭火注意事项及防护措施 消防人员必须佩戴空气呼吸器、穿全身防火防毒服，在上风向灭火。尽可能将容器从火场移至空旷处。喷水保持火场容器冷却，直至灭火结束

第六部分 泄漏应急处理

作业人员防护措施、防护装备和应急处置程序 隔离泄漏污染区，限制出入。建议应急处理人员戴防尘口罩，穿防毒服，戴橡胶手套。勿使泄漏物与可燃物质（如木材、纸、油等）接触。穿上适当的防护服前严禁接触破裂的容器和泄漏物。尽可能切断泄漏源。勿使水进入包装容器内

环境保护措施 无资料

泄漏化学品的收容、清除方法及所使用的处置材料 小量泄漏：用洁净的铲子收集泄漏物，置于干净、干燥、盖子较松的容器中，将容器移离泄漏区。大量泄漏：泄漏物回收后，用水冲洗泄漏区

第七部分 操作处置与储存

操作注意事项 密闭操作，加强通风。操作人员必须经过专门培训，严格遵守操作规程。建议操作人员佩戴自吸过滤式防尘口罩，戴化学安全防护眼镜，穿胶布防毒衣，戴橡胶手套。远离火种、热源。工作场所严禁吸烟。远离易燃、可燃物。避免产生粉尘。避免与还原剂、酸类、活性金属粉末接触。搬运时要轻装轻卸，防止包装及容器损坏。配备相应品种和数量的消防器材及泄漏应急处理设备。倒空的容器可能残留有害物

储存注意事项 储存于阴凉、干燥、通风良好的库房。远离火种、热源。库房温度不超过30℃，相对湿度不超过80%。包装必须密封，切勿受潮。应与易（可）燃物、还原剂、酸类、活性金属粉末等分开存放，切忌混储。储区应备有合适的材料收容泄漏物

第八部分 接触控制/个体防护

职业接触限值

中国 未制定标准

美国（ACGIH） TLV-TWA：1mg/m³（呼吸性颗粒物）

生物接触限值 未制定标准

监测方法 空气中有毒物质测定方法：未制定标准。生物监测检验方法：未制定标准

工程控制 生产过程密闭，加强通风。提供安全的淋浴和洗眼设备

个体防护装备

呼吸系统防护 空气中浓度较高时，应该佩戴过滤式防尘呼吸器

眼睛防护 戴化学安全防护眼镜

皮肤和身体防护 穿隔绝式防毒服

手防护 戴橡胶手套

第九部分 理化特性

外观与性状 无色或白色易潮解的单斜晶体

pH值 无意义 **熔点(℃)** 73.5

沸点(℃) 135（分解） **相对密度(水=1)** 无资料

相对蒸气密度(空气=1) 无资料

饱和蒸气压(kPa) 无资料

燃烧热(kJ/mol) 无资料 **临界温度(℃)** 无资料

临界压力(MPa) 无意义 **辛醇/水分配系数** 无资料

闪点(℃) 无意义 **自燃温度(℃)** 无意义

爆炸下限(%) 无意义 **爆炸上限(%)** 无意义

分解温度(℃) 无资料 **黏度(mPa·s)** 无资料

溶解性 易溶于冷水、乙醇、二硫化碳，不溶于乙酸乙酯，微溶于丙酮

第十部分 稳定性和反应性

稳定性 稳定

危险反应 与强还原剂、易燃或可燃物等禁配物接触，有发生火灾和爆炸的危险

避免接触的条件 潮湿空气

禁配物 强还原剂、强酸、活性金属粉末、易燃或可燃物、硫、磷

危险的分解产物 氮氧化物、氧化铝

第十一部分 毒理学信息

急性毒性 LD_{50}：3671mg/kg（大鼠经口）

皮肤刺激或腐蚀 家兔经皮：500mg，轻度刺激

眼睛刺激或腐蚀 家兔经眼：100mg，重度刺激

呼吸或皮肤过敏 无资料 **生殖细胞突变性** 无资料

致癌性 无资料 **生殖毒性** 无资料

特异性靶器官系统毒性-一次接触 无资料

特异性靶器官系统毒性-反复接触 无资料

吸入危害 无资料

第十二部分 生态学信息

生态毒性 无资料

持久性和降解性

生物降解性 无资料

非生物降解性 无资料

潜在的生物累积性 无资料

土壤中的迁移性 无资料

第十三部分 废弃处置

废弃化学品 根据国家和地方有关法规的要求处置。或与制造商联系，确定处置方法

污染包装物 将容器返还生产商或按照国家和地方法规处置

废弃注意事项 把倒空的容器归还厂商或在规定场所掩埋

第十四部分 运输信息

联合国危险货物编号（UN号） 1438

联合国运输名称 硝酸锂

联合国危险性类别 5.1 **包装类别** Ⅲ类包装

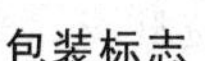

海洋污染物 否

运输注意事项 运输时单独装运，运输过程中要确保容器不泄漏、不倒塌、不坠落、不损坏。运输时运输车辆应配备相应品种和数量的消防器材及泄漏应急处理设备。严禁与酸类、易燃物、有机物、还原剂、自燃物品、遇湿易燃物品等并车混运。运输时车速不宜过快，不得强行超车。运输车辆装卸前后，均应彻底清扫、洗净，严禁混入有机物、易燃物等杂质

第十五部分 法规信息

下列法律、法规、规章和标准，对该化学品的管理作了相应的规定。

中华人民共和国职业病防治法 职业病分类和目录：未列入

危险化学品安全管理条例 危险化学品目录：列入。易制爆危险化学品名录：未列入。重点监管的危险化学品名录：未列入。GB 18218—2009《危险化学品重大危险源辨识》（表1）：未列入

使用有毒物品作业场所劳动保护条例 高毒物品目录：未列入

易制毒化学品管理条例 易制毒化学品的分类和品种目录：未列入

国际公约 斯德哥尔摩公约：未列入。鹿特丹公约：未列入。蒙特利尔议定书：未列入

第十六部分 其他信息

编写和修订信息 **缩略语和首字母缩写**

培训建议 **参考文献**

免责声明

硝 酸 镁

第一部分 化学品标识

化学品中文名 硝酸镁

化学品英文名 magnesium nitrate；magnesium dinitrate hexahydrate

分子式 $Mg(NO_3)_2 \cdot 6H_2O$ **相对分子质量** 256.43

化学品的推荐及限制用途 主要用于制造烟花，也用作化学试剂

第二部分 危险性概述

紧急情况概述 可加剧燃烧：氧化剂，造成严重眼刺激

GHS危险性类别 氧化性固体，类别3；严重眼损伤/眼刺激，类别2；特异性靶器官毒性-一次接触，类别1；特异性靶器官毒性-反复接触，类别1

标签要素

象形图

警示词 危险

危险性说明 可加剧燃烧：氧化剂，造成严重眼刺激，对器官造成损害，长时间或反复接触对器官造成损伤

防范说明

预防措施 远离热源。远离衣物、可燃物保存。采取一切预防措施，避免与可燃物混合。戴防护手套、防护眼镜、防护面罩。避免接触眼睛、皮肤，操作后彻底清洗。避免吸入粉尘。作业场所不得进食、饮水或吸烟

事故响应 火灾时，根据着火原因选择适当灭火剂灭火。如接触眼睛：用水细心冲洗数分钟。如戴隐形眼镜并可方便地取出，取出隐形眼镜继续冲洗。如果眼睛刺激持续：就医。如果接触：立即呼叫中毒控制中心或就医。如感觉不适，就医

安全储存 上锁保管

废弃处置 本品及内装物、容器依据国家和地方法规处置

物理和化学危险 助燃。与可燃物混合能形成爆炸性混合物

健康危害 本品粉尘对上呼吸道有刺激性，引起咳嗽和气短。刺激眼睛和皮肤，引起红肿和疼痛。大量口服出现腹痛、腹泻、呕吐、紫绀、血压下降、眩晕、惊厥和虚脱

环境危害 对环境可能有害

第三部分 成分/组成信息

√物质		混合物
组分	**浓度**	**CAS No.**
硝酸镁		13446-18-9

第四部分 急救措施

吸入 迅速脱离现场至空气新鲜处。保持呼吸道通畅。如呼吸困难，给吸氧。如呼吸、心跳停止，立即行心肺复苏术。就医

皮肤接触 立即脱去污染衣着，用肥皂水或清水彻底冲洗。就医

眼睛接触 分开眼睑，用清水或生理盐水冲洗。就医

食入 漱口，饮水。就医

对保护施救者的忠告 根据需要使用个人防护设备

对医生的特别提示 对症处理

第五部分 消防措施

灭火剂 本品不燃。根据着火原因选择适当灭火剂灭火

特别危险性 与还原剂、有机物、易燃物（如硫、磷）或金属粉末等混合可形成爆炸性混合物。高温时分解，释出有毒的氮氧化物气体

灭火注意事项及防护措施 消防人员必须佩戴空气呼吸

器、穿全身防火防毒服，在上风向灭火。尽可能将容器从火场移至空旷处。喷水保持火场容器冷却，直至灭火结束。切勿将水流直接射至熔融物，以免引起严重的流淌火灾或引起剧烈的沸溅

第六部分　泄漏应急处理

作业人员防护措施、防护装备和应急处置程序　隔离泄漏污染区，限制出入。建议应急处理人员戴防尘口罩，穿防毒服，戴橡胶手套。勿使泄漏物与可燃物质（如木材、纸、油等）接触。穿上适当的防护服前严禁接触破裂的容器和泄漏物。尽可能切断泄漏源。勿使水进入包装容器内

环境保护措施　无资料

泄漏化学品的收容、清除方法及所使用的处置材料　小量泄漏：用洁净的铲子收集泄漏物，置于干净、干燥、盖子较松的容器中，将容器移离泄漏区。大量泄漏：泄漏物回收后，用水冲洗泄漏区

第七部分　操作处置与储存

操作注意事项　密闭操作，加强通风。操作人员必须经过专门培训，严格遵守操作规程。建议操作人员佩戴自吸过滤式防尘口罩，戴化学安全防护眼镜，穿聚乙烯防毒服，戴橡胶手套。远离火种、热源。工作场所严禁吸烟。远离易燃、可燃物。避免产生粉尘。避免与还原剂接触。搬运时要轻装轻卸，防止包装及容器损坏。配备相应品种和数量的消防器材及泄漏应急处理设备。倒空的容器可能残留有害物

储存注意事项　储存于阴凉、干燥、通风良好的库房。远离火种、热源。库房温度不超过 28℃，相对湿度不超过 75%。包装必须密封，切勿受潮。应与易（可）燃物、还原剂等分开存放，切忌混储。储区应备有合适的材料收容泄漏物

第八部分　接触控制/个体防护

职业接触限值

中国　未制定标准

美国(ACGIH)　未制定标准

生物接触限值　未制定标准

监测方法　空气中有毒物质测定方法：火焰原子吸收光谱法。生物监测检验方法：未制定标准

工程控制　生产过程密闭，加强通风。提供安全的淋浴和洗眼设备

个体防护装备

呼吸系统防护　可能接触其粉尘时，应该佩戴过滤式防尘呼吸器

眼睛防护　戴化学安全防护眼镜

皮肤和身体防护　穿隔绝式防毒服

手防护　戴橡胶手套

第九部分　理化特性

外观与性状　白色、易潮解的单斜晶体，有苦味

pH 值　无意义　　**熔点(℃)**　89

沸点(℃)　330（分解）　　**相对密度(水=1)**　1.464

相对蒸气密度(空气=1)　6.0

饱和蒸气压(kPa)　无资料

燃烧热(kJ/mol)　无资料　　**临界温度(℃)**　无资料

临界压力(MPa)　无意义　　**辛醇/水分配系数**　无资料

闪点(℃)　无意义　　**自燃温度(℃)**　无意义

爆炸下限(%)　无意义　　**爆炸上限(%)**　无意义

分解温度(℃)　330　　**黏度(mPa·s)**　无资料

溶解性　易溶于水，溶于乙醇、乙醚、液氨

第十部分　稳定性和反应性

稳定性　稳定

危险反应　与强还原剂、易燃或可燃物等禁配物接触，有发生火灾和爆炸的危险

避免接触的条件　潮湿空气

禁配物　强还原剂、易燃或可燃物、活性金属粉末、硫、磷

危险的分解产物　氮氧化物

第十一部分　毒理学信息

急性毒性　LD_{50}：5440mg/kg（大鼠经口）

皮肤刺激或腐蚀　家兔经皮：500mg（24h），轻度刺激

眼睛刺激或腐蚀　家兔经眼：500mg（24h），轻度刺激

呼吸或皮肤过敏　无资料　　**生殖细胞突变性**　无资料

致癌性　无资料　　**生殖毒性**　无资料

特异性靶器官系统毒性-一次接触　无资料

特异性靶器官系统毒性-反复接触　无资料

吸入危害　无资料

第十二部分　生态学信息

生态毒性　无资料

持久性和降解性

生物降解性　无资料

非生物降解性　无资料

潜在的生物累积性　无资料

土壤中的迁移性　无资料

第十三部分　废弃处置

废弃化学品　根据国家和地方有关法规的要求处置。或与制造商联系，确定处置方法

污染包装物　将容器返还生产商或按照国家和地方法规处置

废弃注意事项　用水清洗倒空的容器

第十四部分　运输信息

联合国危险货物编号（UN号）　1474

联合国运输名称　硝酸镁

联合国危险性类别　5.1　　**包装类别**　Ⅲ类包装

包装标志　

　　海洋污染物　否

运输注意事项　运输时单独装运，运输过程中要确保容器不泄漏、不倒塌、不坠落、不损坏。运输时运输

车辆应配备相应品种和数量的消防器材及泄漏应急处理设备。严禁与酸类、易燃物、有机物、还原剂、自燃物品、遇湿易燃物品等并车混运。运输时车速不宜过快，不得强行超车。运输车辆装卸前后，均应彻底清扫、洗净，严禁混入有机物、易燃物等杂质

第十五部分 法规信息

下列法律、法规、规章和标准，对该化学品的管理作了相应的规定。

中华人民共和国职业病防治法 职业病分类和目录：未列入

危险化学品安全管理条例 危险化学品目录：列入。易制爆危险化学品名录：列入。重点监管的危险化学品名录：未列入。GB 18218—2009《危险化学品重大危险源辨识》（表 1）：未列入

使用有毒物品作业场所劳动保护条例 高毒物品目录：未列入

易制毒化学品管理条例 易制毒化学品的分类和品种目录：未列入

国际公约 斯德哥尔摩公约：未列入。鹿特丹公约：未列入。蒙特利尔议定书：未列入

第十六部分 其他信息

编写和修订信息 **缩略语和首字母缩写**

培训建议 **参考文献**

免责声明

硝 酸 锰

第一部分 化学品标识

化学品中文名 硝酸锰；硝酸亚锰

化学品英文名 manganous nitrate；manganese nitrate

分子式 $Mn(NO_3)_2 \cdot 4H_2O$ **相对分子质量** 251.01

化学品的推荐及限制用途 用作中间体、催化剂及用于制造二氧化锰，并用作陶瓷着色剂、金属磷化剂、分析试剂等

第二部分 危险性概述

紧急情况概述 可加剧燃烧：氧化剂

GHS 危险性类别 氧化性固体，类别 3

标签要素

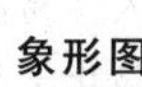

象形图 

警示词 警告

危险性说明 可加剧燃烧：氧化剂

防范说明

预防措施 远离热源。远离衣物、可燃物保存。采取一切预防措施，避免与可燃物混合。戴防护手套、防护眼镜、防护面罩

事故响应 火灾时，根据着火原因选择适当灭火剂灭火

安全储存 -

废弃处置 本品及内装物、容器依据国家和地方法规处置

物理和化学危险 助燃。与可燃物混合能形成爆炸性混合物

健康危害 对眼睛、皮肤、黏膜和上呼吸道有刺激性。可引起呼吸道炎症和肺炎

环境危害 对环境可能有害

第三部分 成分/组成信息

√物质 混合物

组分	浓度	CAS No.
硝酸锰		20694-39-7

第四部分 急救措施

吸入 迅速脱离现场至空气新鲜处。保持呼吸道通畅。如呼吸困难，给输氧。如呼吸、心跳停止，立即进行心肺复苏术。就医

皮肤接触 立即脱去污染的衣着，用流动清水彻底冲洗。就医

眼睛接触 立即分开眼睑，用流动清水或生理盐水彻底冲洗。就医

食入 漱口，饮水。就医

对保护施救者的忠告 根据需要使用个人防护设备

对医生的特别提示 对症处理

第五部分 消防措施

灭火剂 本品不燃。根据着火原因选择适当灭火剂灭火

特别危险性 与还原剂、有机物、易燃物（如硫、磷）或金属粉末等混合可形成爆炸性混合物。高温时分解，释出有毒的氮氧化物气体

灭火注意事项及防护措施 消防人员必须佩戴空气呼吸器、穿全身防火防毒服，在上风向灭火。尽可能将容器从火场移至空旷处。喷水保持火场容器冷却，直至灭火结束

第六部分 泄漏应急处理

作业人员防护措施、防护装备和应急处置程序 隔离泄漏污染区，限制出入。建议应急处理人员戴防尘口罩，穿防毒服，戴橡胶手套。勿使泄漏物与可燃物质（如木材、纸、油等）接触。穿上适当的防护服前严禁接触破裂的容器和泄漏物。尽可能切断泄漏源。勿使水进入包装容器内

环境保护措施 无资料

泄漏化学品的收容、清除方法及所使用的处置材料 小量泄漏：用洁净的铲子收集泄漏物，置于干净、干燥、盖子较松的容器中，将容器移离泄漏区。大量泄漏：泄漏物回收后，用水冲洗泄漏区

第七部分 操作处置与储存

操作注意事项 密闭操作，局部排风。操作人员必须经过专门培训，严格遵守操作规程。建议操作人员佩戴自

吸过滤式防毒面具（半面罩），戴安全防护眼镜，穿胶布防毒衣，戴橡胶手套。远离火种、热源。工作场所严禁吸烟。远离易燃、可燃物。避免产生粉尘。避免与还原剂接触。搬运时要轻装轻卸，防止包装及容器损坏。配备相应品种和数量的消防器材及泄漏应急处理设备。倒空的容器可能残留有害物

储存注意事项 储存于阴凉、通风的库房。远离火种、热源。库温应低于 25℃。包装必须完整密封，防止吸潮。应与易（可）燃物、还原剂等分开存放，切忌混储。储区应备有合适的材料收容泄漏物

第八部分 接触控制/个体防护

职业接触限值

中国 PC-TWA：0.15mg/m^3［按 MnO_2 计］

美国（ACGIH） TLV-TWA：0.02mg/m^3（呼吸性颗粒物），0.1mg/m^3（可吸入性颗粒物）［按 Mn 计］

生物接触限值 未制定标准

监测方法 空气中有毒物质测定方法：磷酸-高碘酸钾分光光度法；火焰原子吸收光谱法。生物监测检验方法：未制定标准

工程控制 密闭操作，局部排风。提供安全的淋浴和洗眼设备

个体防护装备

呼吸系统防护 可能接触其蒸气时，必须佩戴过滤式防毒面具（半面罩）；可能接触其粉尘时，建议佩戴过滤式防尘呼吸器

眼睛防护 戴安全防护眼镜

皮肤和身体防护 穿隔绝式防毒服

手防护 戴橡胶手套

第九部分 理化特性

外观与性状 粉红色结晶，易潮解

pH 值 无意义 **熔点(℃)** 25.8

沸点(℃) 129.4 **相对密度(水=1)** 1.82

相对蒸气密度(空气=1) 无资料

饱和蒸气压(kPa) 无资料

燃烧热(kJ/mol) 无资料 **临界温度(℃)** 无资料

临界压力(MPa) 无意义 **辛醇/水分配系数** 无资料

闪点(℃) 无意义 **自燃温度(℃)** 无意义

爆炸下限(%) 无意义 **爆炸上限(%)** 无意义

分解温度(℃) 无资料 **黏度(mPa·s)** 无资料

溶解性 易溶于水，溶于乙醇

第十部分 稳定性和反应性

稳定性 稳定

危险反应 与强还原剂、易燃或可燃物等禁配物接触，有发生火灾和爆炸的危险

避免接触的条件 摩擦、震动

禁配物 还原剂、易燃或可燃物、活性金属粉末、硫、磷

危险的分解产物 氮氧化物

第十一部分 毒理学信息

急性毒性 无资料 **皮肤刺激或腐蚀** 无资料

眼睛刺激或腐蚀 无资料 **呼吸或皮肤过敏** 无资料

生殖细胞突变性 无资料 **致癌性** 无资料

生殖毒性 无资料

特异性靶器官系统毒性-一次接触 无资料

特异性靶器官系统毒性-反复接触 无资料

吸入危害 无资料

第十二部分 生态学信息

生态毒性 无资料

持久性和降解性 无资料

生物降解性 无资料

非生物降解性 无资料

潜在的生物累积性 无资料

土壤中的迁移性 无资料

第十三部分 废弃处置

废弃化学品 根据国家和地方有关法规的要求处置。或与制造商联系，确定处置方法

污染包装物 将容器返还生产商或按照国家和地方法规处置

废弃注意事项 处置前应参阅国家和地方有关法规

第十四部分 运输信息

联合国危险货物编号（UN 号） 2724

联合国运输名称 硝酸锰

联合国危险性类别 5.1 **包装类别** Ⅲ类包装

包装标志 

海洋污染物 否

运输注意事项 运输时单独装运，运输过程中要确保容器不泄漏、不倒塌、不坠落、不损坏。运输时运输车辆应配备相应品种和数量的消防器材及泄漏应急处理设备。严禁与酸类、易燃物、有机物、还原剂、自燃物品、遇湿易燃物品等并车混运。运输时车速不宜过快，不得强行超车。运输车辆装卸前后，均应彻底清扫、洗净，严禁混入有机物、易燃物等杂质

第十五部分 法规信息

下列法律、法规、规章和标准，对该化学品的管理作了相应的规定。

中华人民共和国职业病防治法 职业病分类和目录：未列入

危险化学品安全管理条例 危险化学品目录：列入。易制爆危险化学品名录：未列入。重点监管的危险化学品名录：未列入。GB 18218—2009《危险化学品重大危险源辨识》（表 1）：未列入

使用有毒物品作业场所劳动保护条例 高毒物品目录：列入

易制毒化学品管理条例 易制毒化学品的分类和品种目录：未列入

国际公约 斯德哥尔摩公约：未列入。鹿特丹公约：未列入。蒙特利尔议定书：未列入

第十六部分　其他信息

编写和修订信息　　缩略语和首字母缩写

培训建议　　参考文献

免责声明

硝　酸　钠

第一部分　化学品标识

化学品中文名　硝酸钠；智利硝

化学品英文名　sodium nitrate；sodium saltpeter

分子式　$NaNO_3$　　**相对分子质量**　85.00

化学品的推荐及限制用途　用于搪瓷、玻璃业、染料业、医药，农业上用作肥料

第二部分　危险性概述

紧急情况概述　可加剧燃烧；氧化剂

GHS 危险性类别　氧化性固体，类别 3；严重眼损伤/眼刺激，类别 2B；生殖细胞致突变性，类别 2；特异性靶器官毒性-一次接触，类别 1；特异性靶器官毒性-反复接触，类别 1

标签要素

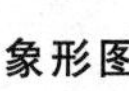

象形图 

警示词　危险

危险性说明　可加剧燃烧；氧化剂，造成眼刺激，怀疑可造成遗传性缺陷，对器官造成损害，长时间或反复接触对器官造成损伤

防范说明

预防措施　远离热源。远离衣物、可燃物保存。采取一切预防措施，避免与可燃物混合。戴防护手套、防护眼镜、防护面罩。避免接触眼睛、皮肤，操作后彻底清洗。得到专门指导后操作。在阅读并了解所有安全预防措施之前，切勿操作。按要求使用个体防护装备。避免吸入粉尘。作业场所不得进食、饮水或吸烟

事故响应　火灾时，根据着火原因选择适当灭火剂灭火。如接触眼睛：用水细心冲洗数分钟。如戴隐形眼镜并可方便地取出，取出隐形眼镜继续冲洗。如果眼睛刺激持续：就医。如果接触：立即呼叫中毒控制中心或就医。如感觉不适，就医

安全储存　上锁保管

废弃处置　本品及内装物、容器依据国家和地方法规处置

物理和化学危险　助燃。与可燃物混合能形成爆炸性混合物

健康危害　对皮肤、黏膜有刺激性。大量口服中毒时，患者剧烈腹痛、呕吐、血便、休克、全身抽搐、昏迷，甚至死亡

环境危害　对环境可能有害

第三部分　成分/组成信息

√物质		混合物
组分	**浓度**	**CAS No.**
硝酸钠		7631-99-4

第四部分　急救措施

吸入　迅速脱离现场至空气新鲜处。保持呼吸道通畅。如呼吸困难，给输氧。如呼吸、心跳停止，立即进行心肺复苏术。就医

皮肤接触　立即脱去污染的衣着，用流动清水彻底冲洗。就医

眼睛接触　立即分开眼睑，用流动清水或生理盐水彻底冲洗。就医

食入　漱口，饮水。就医

对保护施救者的忠告　根据需要使用个人防护设备

对医生的特别提示　对症处理

第五部分　消防措施

灭火剂　本品不燃。根据着火原因选择适当灭火剂灭火

特别危险性　与易氧化物质、硫黄、亚硫酸氢钠、还原剂、强酸接触能引起燃烧或爆炸。燃烧分解时，放出有毒的氮氧化物气体。受高热分解，产生有毒的氮氧化物

灭火注意事项及防护措施　消防人员必须佩戴空气呼吸器、穿全身防火防毒服，在上风向灭火。尽可能将容器从火场移至空旷处。喷水保持火场容器冷却，直至灭火结束。切勿将水流直接射至熔融物，以免引起严重的流淌火灾或引起剧烈的沸溅

第六部分　泄漏应急处理

作业人员防护措施、防护装备和应急处置程序　隔离泄漏污染区，限制出入。建议应急处理人员戴防尘口罩，穿防毒服，戴氯丁橡胶手套。勿使泄漏物与可燃物质（如木材、纸、油等）接触。穿上适当的防护服前严禁接触破裂的容器和泄漏物。尽可能切断泄漏源。勿使水进入包装容器内

环境保护措施　无资料

泄漏化学品的收容、清除方法及所使用的处置材料　小量泄漏：用洁净的铲子收集泄漏物，置于干净、干燥、盖子较松的容器中，将容器移离泄漏区。大量泄漏：泄漏物回收后，用水冲洗泄漏区

第七部分　操作处置与储存

操作注意事项　密闭操作，加强通风。操作人员必须经过专门培训，严格遵守操作规程。建议操作人员佩戴自吸过滤式防尘口罩，戴化学安全防护眼镜，穿聚乙烯防毒服，戴氯丁橡胶手套。远离火种、热源。工作场所严禁吸烟。远离易燃、可燃物。避免产生粉尘。避免与还原剂、活性金属粉末、酸类接触。搬运时要轻装轻卸，防止包装及容器损坏。配备相应品种和数量的消防器材及泄漏应急处理设备。倒空的容器可能残

留有害物

储存注意事项 储存于阴凉、通风的库房。远离火种、热源。库房温度不超过30℃，相对湿度不超过80%。应与还原剂、活性金属粉末、酸类、易（可）燃物等分开存放，切忌混储。储区应备有合适的材料收容泄漏物

第八部分 接触控制/个体防护

职业接触限值

中国 未制定标准

美国(ACGIH) 未制定标准

生物接触限值 未制定标准

监测方法 空气中有毒物质测定方法：未制定标准。生物监测检验方法：未制定标准

工程控制 生产过程密闭，加强通风。提供安全的淋浴和洗眼设备

个体防护装备

呼吸系统防护 可能接触其粉尘时，建议佩戴过滤式防尘呼吸器

眼睛防护 戴化学安全防护眼镜

皮肤和身体防护 穿隔绝式防毒服

手防护 戴橡胶手套

第九部分 理化特性

外观与性状 无色透明或白微带黄色的菱形结晶，味微苦，易潮解

pH值 无意义 **熔点(℃)** 306.8

沸点(℃) 380（分解） **相对密度(水=1)** 2.26

相对蒸气密度(空气=1) 无资料

饱和蒸气压(kPa) 无资料

燃烧热(kJ/mol) 无资料 **临界温度(℃)** 无资料

临界压力(MPa) 无意义 **辛醇/水分配系数** −0.79

闪点(℃) 无意义 **自燃温度(℃)** 无意义

爆炸下限(%) 无意义 **爆炸上限(%)** 无意义

分解温度(℃) 380 **黏度(mPa·s)** 无资料

溶解性 易溶于水、甘油、液氨，微溶于乙醇，不溶于丙酮

第十部分 稳定性和反应性

稳定性 稳定

危险反应 与强还原剂、易燃或可燃物等禁配物接触，有发生火灾和爆炸的危险

避免接触的条件 受热

禁配物 强还原剂、活性金属粉末、强酸、易燃或可燃物、铝

危险的分解产物 氮氧化物

第十一部分 毒理学信息

急性毒性 LD_{50}：1267mg/kg（大鼠经口）

皮肤刺激或腐蚀 无资料

眼睛刺激或腐蚀 无资料

呼吸或皮肤过敏 无资料

生殖细胞突变性 微生物致突变：其他微生物1000ppm。微核实验：仓鼠经口250mg/kg。程序外DNA合成：人HeLa细胞6mmol/L。细胞遗传学分析：仓鼠肺脏5700mg/L

致癌性 无资料

生殖毒性 无资料

特异性靶器官系统毒性-一次接触 无资料

特异性靶器官系统毒性-反复接触 无资料

吸入危害 无资料

第十二部分 生态学信息

生态毒性 无资料

持久性和降解性

生物降解性 无资料

非生物降解性 无资料

潜在的生物累积性 无资料

土壤中的迁移性 无资料

第十三部分 废弃处置

废弃化学品 根据国家和地方有关法规的要求处置。或与制造商联系，确定处置方法

污染包装物 将容器返还生产商或按照国家和地方法规处置

废弃注意事项 在规定场所掩埋空容器

第十四部分 运输信息

联合国危险货物编号（UN号） 1498

联合国运输名称 硝酸钠

联合国危险性类别 5.1 **包装类别** Ⅲ类包装

包装标志 

海洋污染物 否

运输注意事项 运输时单独装运，运输过程中要确保容器不泄漏、不倒塌、不坠落、不损坏。运输时运输车辆应配备相应品种和数量的消防器材及泄漏应急处理设备。严禁与酸类、易燃物、有机物、还原剂、自燃物品、遇湿易燃物品等并车混运。运输时车速不宜过快，不得强行超车。运输车辆装卸前后，均应彻底清扫、洗净，严禁混入有机物、易燃物等杂质

第十五部分 法规信息

下列法律、法规、规章和标准，对该化学品的管理作了相应的规定。

中华人民共和国职业病防治法 职业病分类和目录：未列入

危险化学品安全管理条例 危险化学品目录：列入。易制爆危险化学品名录：列入。重点监管的危险化学品名录：未列入。GB 18218—2009《危险化学品重大危险源辨识》（表1）：未列入

使用有毒物品作业场所劳动保护条例 高毒物品目录：未列入

易制毒化学品管理条例 易制毒化学品的分类和品种目

录：未列入

国际公约 斯德哥尔摩公约：未列入。鹿特丹公约：未列入。蒙特利尔议定书：未列入

第十六部分 其他信息

编写和修订信息 **缩略语和首字母缩写**

培训建议 **参考文献**

免责声明

硝 酸 脲

第一部分 化学品标识

化学品中文名 硝酸脲

化学品英文名 urea nitrate；urea mononitrate；acidogen nitrate；uronium nitrate

分子式 $CH_5N_3O_4$ **相对分子质量** 123.09

结构式 $H_2N—\overset{\overset{\displaystyle O}{\|}}{C}—NH_2 \cdot HNO_3$

化学品的推荐及限制用途 用于制造炸药、有机合成中间体

第二部分 危险性概述

紧急情况概述 爆炸物、整体爆炸危险

GHS 危险性类别 爆炸物，1.1 项；皮肤腐蚀/刺激，类别 3；严重眼损伤/眼刺激，类别 2B；特异性靶器官毒性-一次接触，类别 3（呼吸道刺激）

标签要素

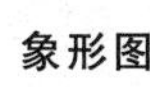
象形图

警示词 危险

危险性说明 爆炸物、整体爆炸危险，造成轻微皮肤刺激，造成眼刺激，可能引起呼吸道刺激

防范说明

预防措施 远离热源、火花、明火、热表面。禁止吸烟。容器和接收设备接地连接。避免研磨、撞击、摩擦。戴防护面罩。避免接触眼睛、皮肤，操作后彻底清洗

事故响应 火灾时可能爆炸。火势蔓延到爆炸物时，切勿灭火，撤离现场。如发生皮肤刺激，就医。如接触眼睛：用水细心冲洗数分钟。如戴隐形眼镜并可方便地取出，取出隐形眼镜继续冲洗。如果眼睛刺激持续：就医

安全储存 本品依据国家和地方法规贮存

废弃处置 本品及内装物、容器依据国家和地方法规处置

物理和化学危险 受撞击、摩擦，遇明火或其他点火源极易爆炸

健康危害 本品具有刺激作用，热解能放出有毒的氮氧化物气体

环境危害 对环境可能有害

第三部分 成分/组成信息

√物质		混合物
组分	**浓度**	**CAS No.**
硝酸脲		124-47-0

第四部分 急救措施

吸入 迅速脱离现场至空气新鲜处。保持呼吸道通畅。如呼吸困难，给输氧。如呼吸、心跳停止，立即进行心肺复苏术。就医

皮肤接触 立即脱去污染的衣着，用流动清水彻底冲洗。就医

眼睛接触 立即分开眼睑，用流动清水或生理盐水彻底冲洗。就医

食入 漱口，饮水。就医

对保护施救者的忠告 根据需要使用个人防护设备

对医生的特别提示 对症处理

第五部分 消防措施

灭火剂 用大量水灭火

特别危险性 与有机物、还原剂、硫、磷等混合，能形成爆炸性混合物。燃烧生成有害的氮氧化物

灭火注意事项及防护措施 消防人员须戴好防毒面具，在安全距离以外，在上风向灭火。遇大火切勿轻易接近。禁止用砂土压盖

第六部分 泄漏应急处理

作业人员防护措施、防护装备和应急处置程序 隔离泄漏污染区，限制出入。建议应急处理人员戴防尘口罩，穿防静电服，戴防化学品手套。作业时使用的所有设备应接地。禁止接触或跨越泄漏物。润湿泄漏物。严禁设法扫除干的泄漏物

环境保护措施 无资料

泄漏化学品的收容、清除方法及所使用的处置材料 在专家指导下清除

第七部分 操作处置与储存

操作注意事项 严加密闭，提供充分的局部排风和全面通风。操作人员必须经过专门培训，严格遵守操作规程。建议操作人员佩戴自吸过滤式防尘口罩，戴化学安全防护眼镜，戴防化学品手套。远离火种、热源。工作场所严禁吸烟。使用防爆型的通风系统和设备。远离易燃、可燃物。避免产生粉尘。避免与氧化剂接触。搬运时要轻装轻卸，防止包装及容器损坏。禁止震动、撞击和摩擦。配备相应品种和数量的消防器材及泄漏应急处理设备

储存注意事项 储存于阴凉、干燥、通风的爆炸品专用库房。库房温度不超过 32℃，相对湿度不超过 80%。若含有水作稳定剂，库房温度不低于 1℃、相对湿度小于 80%。远离火种、热源。包装密封。应与氧化剂、易（可）燃物等分开存放，切忌混储。采用防爆型照明、通风设施。禁止使用易产生火花的机械设备和工具。储区应备有合适的材料收容泄漏物。禁止震

动、撞击和摩擦

第八部分 接触控制/个体防护

职业接触限值

中国 未制定标准

美国(ACGIH) 未制定标准

生物接触限值 未制定标准

监测方法 空气中有毒物质测定方法：未制定标准。生物监测检验方法：未制定标准

工程控制 严加密闭，提供充分的局部排风和全面通风

个体防护装备

呼吸系统防护 空气中粉尘浓度超标时，佩戴过滤式防尘呼吸器。紧急事态抢救或撤离时，应该佩戴空气呼吸器

眼睛防护 戴化学安全防护眼镜

皮肤和身体防护 穿一般作业工作服

手防护 戴防化学品手套

第九部分 理化特性

外观与性状 无色或白色结晶

pH 值 无意义 **熔点(℃)** 152（分解）

沸点(℃) 无资料 **相对密度(水=1)** 1.69

相对蒸气密度(空气=1) 无资料

饱和蒸气压(kPa) 无资料

燃烧热(kJ/mol) 无资料 **临界温度(℃)** 无资料

临界压力(MPa) 无资料 **辛醇/水分配系数** −3.51

闪点(℃) 无资料 **自燃温度(℃)** 无资料

爆炸下限(%) 无资料 **爆炸上限(%)** 无资料

分解温度(℃) 无资料 **黏度(mPa·s)** 无资料

溶解性 微溶于水，溶于乙醇，不溶于硝酸、乙醚、苯、氯仿

第十部分 稳定性和反应性

稳定性 稳定

危险反应 与强还原剂、易燃或可燃物等禁配物接触，有发生火灾和爆炸的危险

避免接触的条件 受热、摩擦、震动和撞击

禁配物 强还原剂、易燃或可燃物、硫、磷

危险的分解产物 氮氧化物

第十一部分 毒理学信息

急性毒性 无资料 **皮肤刺激或腐蚀** 无资料

眼睛刺激或腐蚀 无资料 **呼吸或皮肤过敏** 无资料

生殖细胞突变性 无资料 **致癌性** 无资料

生殖毒性 无资料

特异性靶器官系统毒性-一次接触 无资料

特异性靶器官系统毒性-反复接触 无资料

吸入危害 无资料

第十二部分 生态学信息

生态毒性 无资料

持久性和降解性

生物降解性 无资料

非生物降解性 无资料

潜在的生物累积性 无资料

土壤中的迁移性 无资料

第十三部分 废弃处置

废弃化学品 处置前应参阅国家和地方有关法规。在公安部门指定地点引爆

污染包装物 将容器返还生产商或按照国家和地方法规处置

废弃注意事项 废弃处置人员必须接受过专门的爆炸性物质废弃处置培训

第十四部分 运输信息

联合国危险货物编号（UN 号） 0220（干的，或按质量含水低于 20%）；1357（按质量含水不低于 20%）

联合国运输名称 硝酸脲，干的，或湿的，按质量含水低于 20%

联合国危险性类别 1.1D（干的，或按质量含水低于 20%），4.1（按质量含水不低于 20%）

包装类别 （干的，或按质量含水低于 20%）；Ⅰ类包装（按质量含水不低于 20%）

包装标志 

（干的，或按质量含水低于 20%）

（按质量含水不低于 20%）

海洋污染物 否

运输注意事项 运输时必须经公安机关批准，凭准运证方可起运。货车编组，应按照《车辆编组隔离表》进行。起运时包装要完整，装载应稳妥。运输过程中要确保容器不泄漏、不倒塌、不坠落、不损坏。车速要加以控制，避免颠簸、震荡。不得与酸、碱、盐类、氧化剂、易燃可燃物、自燃物品、金属粉末等危险物品及钢铁材料器具混装。运输途中应防曝晒、雨淋，防高温。公路运输时要按规定路线行驶，中途停留时应严格选择停放地点，远离高压电源、火源和高温场所，要与其他车辆隔离并留有专人看管，禁止在居民区和人口稠密区停留。铁路运输时要禁止溜放

第十五部分 法规信息

下列法律、法规、规章和标准，对该化学品的管理作了相应的规定。

中华人民共和国职业病防治法 职业病分类和目录：未列入

危险化学品安全管理条例 危险化学品目录：列入。易制爆危险化学品名录：未列入。重点监管的危险化学品名录：未列入。GB 18218—2009《危险化学品重大危险源辨识》(表 1)：未列入

使用有毒物品作业场所劳动保护条例 高毒物品目录：未

列入

易制毒化学品管理条例 易制毒化学品的分类和品种目录：未列入

国际公约 斯德哥尔摩公约：未列入。鹿特丹公约：未列入。蒙特利尔议定书：未列入

第十六部分 其他信息

编写和修订信息 **缩略语和首字母缩写**

培训建议 **参考文献**

免责声明

硝 酸 镍

第一部分 化学品标识

化学品中文名 硝酸镍；硝酸亚镍

化学品英文名 nickel nitrate；nickelous nitrate

分子式 $Ni(NO_3)_2 \cdot 6H_2O$ **相对分子质量** 290.85

化学品的推荐及限制用途 用于镀镍及制造镍催化剂

第二部分 危险性概述

紧急情况概述 可加剧燃烧；氧化剂，吞咽有害，吸入有害，造成严重眼损伤，可能导致皮肤过敏反应

GHS危险性类别 氧化性固体，类别2；急性毒性-经口，类别4；急性毒性-吸入，类别4；皮肤腐蚀/刺激，类别2；严重眼损伤/眼刺激，类别1；皮肤致敏物，类别1；生殖细胞致突变性，类别2；致癌性，类别1A；生殖毒性，类别1B；特异性靶器官毒性-反复接触，类别1；危害水生环境-急性危害，类别1；危害水生环境-长期危害，类别1

标签要素

象形图

警示词 危险

危险性说明 可加剧燃烧；氧化剂，吞咽有害，吸入有害，造成皮肤刺激，造成严重眼损伤，可能导致皮肤过敏反应，怀疑可造成遗传性缺陷，可能致癌，可能对生育力或胎儿造成伤害，长时间或反复接触对器官造成损伤，对水生生物毒性非常大并具有长期持续影响

防范说明

预防措施 远离热源。远离衣物、可燃物保存。采取一切预防措施，避免与可燃物混合。戴防护手套、防护眼镜、防护面罩。避免接触眼睛、皮肤，操作后彻底清洗。作业场所不得进食、饮水或吸烟。避免吸入粉尘。仅在室外或通风良好处操作。污染的工作服不得带出工作场所。得到专门指导后操作。在阅读并了解所有安全预防措施之前，切勿操作。按要求使用个体防护装备。操作后彻底清洗。禁止排入环境

事故响应 火灾时，根据着火原因选择适当灭火剂灭火。如吸入：将患者转移到空气新鲜处，休息，保持利于呼吸的体位，如感觉不适，呼叫中毒控制中心或就医。皮肤接触：用大量肥皂水和水清洗。如出现皮肤刺激或皮疹：就医。脱去被污染的衣服，污染衣服经洗净后方可重新使用。如果接触或有担心，就医。接触眼睛：用水细心冲洗数分钟。如戴隐形眼镜并可方便地取出，取出隐形眼镜继续冲洗。食入：漱口，如果感觉不适，立即呼叫中毒控制中心或就医。收集泄漏物

安全储存 上锁保管

废弃处置 本品及内装物、容器依据国家和地方法规处置

物理和化学危险 助燃。与可燃物混合能形成爆炸性混合物

健康危害 吸入本品粉尘对呼吸道有刺激性，个别敏感者可引起哮喘、支气管炎等。大量口服刺激胃肠道，引起呕吐、腹泻。粉尘对眼有刺激性，水溶液可引起灼伤。皮肤接触可引起皮炎

慢性影响 有皮炎、哮喘、慢性支气管炎、慢性鼻炎等

环境危害 对水生生物毒性非常大并具有长期持续影响

第三部分 成分/组成信息

√物质		混合物
组分	**浓度**	**CAS No.**
硝酸镍		13478-00-7

第四部分 急救措施

吸入 迅速脱离现场至空气新鲜处。保持呼吸道通畅。如呼吸困难，给输氧。如呼吸、心跳停止，立即进行心肺复苏术。就医

皮肤接触 立即脱去污染的衣着，用流动清水彻底冲洗。就医

眼睛接触 立即分开眼睑，用流动清水或生理盐水彻底冲洗。就医

食入 漱口，饮水。就医

对保护施救者的忠告 根据需要使用个人防护设备

对医生的特别提示 对症处理

第五部分 消防措施

灭火剂 本品不燃。根据着火原因选择适当灭火剂灭火

特别危险性 与还原剂、有机物、易燃物（如硫、磷）或金属粉末等混合可形成爆炸性混合物。高温时分解，释出有毒的氮氧化物气体。急剧加热时可发生爆炸

灭火注意事项及防护措施 消防人员必须佩戴空气呼吸器、穿全身防火防毒服，在上风向灭火。尽可能将容器从火场移至空旷处。喷水保持火场容器冷却，直至灭火结束

第六部分 泄漏应急处理

作业人员防护措施、防护装备和应急处置程序 隔离泄漏污染区，限制出入。建议应急处理人员戴防尘口罩，穿防毒服，戴橡胶手套。勿使泄漏物与可燃物质（如木材、纸、油等）接触。穿上适当的防护服前严禁接触破裂的容器和泄漏物。尽可能切断泄漏源。勿使水进入包装容器内

环境保护措施 无资料

泄漏化学品的收容、清除方法及所使用的处置材料 小量泄漏：用洁净的铲子收集泄漏物，置于干净、干燥、盖子较松的容器中，将容器移离泄漏区。大量泄漏：泄漏物回收后，用水冲洗泄漏区

第七部分 操作处置与储存

操作注意事项 密闭操作，加强通风。操作人员必须经过专门培训，严格遵守操作规程。建议操作人员佩戴自吸过滤式防尘口罩，戴化学安全防护眼镜，穿聚乙烯防毒服，戴橡胶手套。远离火种、热源。工作场所严禁吸烟。避免产生粉尘。避免与还原剂、酸类接触。搬运时要轻装轻卸，防止包装及容器损坏。配备相应品种和数量的消防器材及泄漏应急处理设备。倒空的容器可能残留有害物

储存注意事项 储存于阴凉、通风的库房。远离火种、热源。库房温度不超过30℃，相对湿度不超过80%。包装必须密封，切勿受潮。应与还原剂、酸类分开存放，切忌混储。储区应备有合适的材料收容泄漏物

第八部分 接触控制/个体防护

职业接触限值

中国 PC-TWA：0.5mg/m³；PC-STEL：1.5mg/m³［按Ni计］［G1］

美国(ACGIH) TLV-TWA：0.1mg/m³（可吸入性颗粒物）［按Ni计］

生物接触限值 未制定标准

监测方法 空气中有毒物质测定方法：火焰原子吸收光谱法。生物监测检验方法：未制定标准

工程控制 生产过程密闭，加强通风。提供安全的淋浴和洗眼设备

个体防护装备

呼吸系统防护 可能接触其粉尘时，应该佩戴过滤式防尘呼吸器

眼睛防护 戴化学安全防护眼镜

皮肤和身体防护 穿隔绝式防毒服

手防护 戴橡胶手套

第九部分 理化特性

外观与性状 青绿色单斜结晶，易潮解

pH值 4.0（水溶液） **熔点(℃)** 56.7

沸点(℃) 136.7 **相对密度(水=1)** 2.05

相对蒸气密度(空气=1) 10.0

饱和蒸气压(kPa) 无资料

燃烧热(kJ/mol) 无资料 **临界温度(℃)** 无资料

临界压力(MPa) 无意义 **辛醇/水分配系数** 无资料

闪点(℃) 无意义 **自燃温度(℃)** 无意义

爆炸下限(%) 无意义 **爆炸上限(%)** 无意义

分解温度(℃) 无资料 **黏度(mPa·s)** 无资料

溶解性 易溶于水，溶于乙醇、氨水

第十部分 稳定性和反应性

稳定性 稳定

危险反应 与强还原剂、易燃或可燃物等禁配物接触，有发生火灾和爆炸的危险

避免接触的条件 受热

禁配物 强还原剂、强酸

危险的分解产物 氮氧化物

第十一部分 毒理学信息

急性毒性 LD_{50}：1620mg/kg（大鼠经口）

皮肤刺激或腐蚀 无资料 **眼睛刺激或腐蚀** 无资料

呼吸或皮肤过敏 无资料

生殖细胞突变性 显性致死实验：小鼠56mg/kg

致癌性 IARC致癌性评论：组1，确认人类致癌物

生殖毒性 小鼠皮下注射最低中毒剂量（TDLo）：14.6mg/kg（30d，雄性），影响精子生成

特异性靶器官系统毒性-一次接触 无资料

特异性靶器官系统毒性-反复接触 无资料

吸入危害 无资料

第十二部分 生态学信息

生态毒性

LC_{50} 15.3mg Ni/L（96h）（虹鳟）

EC_{50} 0.122mg Ni/L（48h）（网纹溞）

持久性和降解性

生物降解性 无资料

非生物降解性 无资料

潜在的生物累积性 无资料

土壤中的迁移性 无资料

第十三部分 废弃处置

废弃化学品 根据国家和地方有关法规的要求处置。或与制造商联系，确定处置方法

污染包装物 将容器返还生产商或按照国家和地方法规处置

废弃注意事项 在规定场所掩埋空容器

第十四部分 运输信息

联合国危险货物编号(UN号) 2725

联合国运输名称 硝酸镍

联合国危险性类别 5.1 **包装类别** Ⅲ类包装

包装标志 

海洋污染物 否

运输注意事项 运输时单独装运，运输过程中要确保容器

不泄漏、不倒塌、不坠落、不损坏。运输时运输车辆应配备相应品种和数量的消防器材及泄漏应急处理设备。严禁与酸类、易燃物、有机物、还原剂、自燃物品、遇湿易燃物品等并车混运。运输时车速不宜过快，不得强行超车。运输车辆装卸前后，均应彻底清扫、洗净，严禁混入有机物、易燃物等杂质

第十五部分 法规信息

下列法律、法规、规章和标准，对该化学品的管理作了相应的规定。

中华人民共和国职业病防治法 职业病分类和目录：未列入

危险化学品安全管理条例 危险化学品目录：列入。易制爆危险化学品名录：列入。重点监管的危险化学品名录：未列入。GB 18218—2009《危险化学品重大危险源辨识》(表 1)：未列入

使用有毒物品作业场所劳动保护条例 高毒物品目录：列入

易制毒化学品管理条例 易制毒化学品的分类和品种目录：未列入

国际公约 斯德哥尔摩公约：未列入。鹿特丹公约：未列入。蒙特利尔议定书：未列入

第十六部分 其他信息

编写和修订信息 **缩略语和首字母缩写**

培训建议 **参考文献**

免责声明

硝 酸 铍

第一部分 化学品标识

化学品中文名 硝酸铍

化学品英文名 beryllium nitrate；beryllium dinitrate

分子式 $Be(NO_3)_2$ **相对分子质量** 133.03

化学品的推荐及限制用途 用作化学试剂及用于气灯和乙炔灯罩的硬化

第二部分 危险性概述

紧急情况概述 可加剧燃烧：氧化剂，吞咽会中毒，吸入致命，可能导致皮肤过敏反应

GHS 危险性类别 氧化性固体，类别 2；急性毒性-经口，类别 3；急性毒性-吸入，类别 2；皮肤腐蚀/刺激，类别 2；严重眼损伤/眼刺激，类别 2；皮肤致敏物，类别 1；致癌性，类别 1A；特异性靶器官毒性-一次接触，类别 3（呼吸道刺激）；特异性靶器官毒性-反复接触，类别 1；危害水生环境-急性危害，类别 2；危害水生环境-长期危害，类别 2

标签要素

象形图 

警示词 危险

危险性说明 可加剧燃烧：氧化剂，吞咽会中毒，吸入致命，造成皮肤刺激，造成严重眼刺激，可能导致皮肤过敏反应，可能致癌，可能引起呼吸道刺激，长时间或反复接触对器官造成损伤，对水生生物有毒并具有长期持续影响

防范说明

预防措施 远离热源。远离衣物、可燃物保存。采取一切预防措施，避免与可燃物混合。戴防护手套、防护眼镜、防护面罩。避免接触眼睛、皮肤，操作后彻底清洗。作业场所不得进食、饮水或吸烟。避免吸入粉尘。仅在室外或通风良好处操作。戴呼吸防护器具。污染的工作服不得带出工作场所。得到专门指导后操作。在阅读并了解所有安全预防措施之前，切勿操作。按要求使用个体防护装备。禁止排入环境

事故响应 火灾时，根据着火原因选择适当灭火剂灭火。如吸入：将患者转移到空气新鲜处，休息，保持利于呼吸的体位。皮肤接触：用大量肥皂水和水清洗。如出现皮肤刺激或皮疹：就医。脱去被污染的衣服，污染衣服洗净后方可重新使用。如接触眼睛：用水细心冲洗数分钟。如戴隐形眼镜并可方便地取出，取出隐形眼镜继续冲洗。如果眼睛刺激持续：就医。食入：漱口，立即呼叫中毒控制中心或就医。如感觉不适，就医。收集泄漏物

安全储存 在通风良好处储存。保持容器密闭。上锁保管

废弃处置 本品及内装物、容器依据国家和地方法规处置

物理和化学危险 助燃。与可燃物混合能形成爆炸性混合物

健康危害 短期大量接触，可发生急性铍病。主要表现为急性化学性肺炎。肝脏往往肿大，有压痛，甚至出现黄疸。口服可溶性铍盐可引起胃黏膜出血、坏死。进入眼内可致结膜炎，重者可致灼伤。长期接触小量铍可发生慢性铍病。除有无力、消瘦、食欲不振外，常有胸闷、胸痛、气短和咳嗽。X 线检查分为 3 型：颗粒型、网织型和结节型。晚期可发生右心衰竭。皮肤病变有皮炎、溃疡及皮肤肉芽肿

环境危害 对水生生物有毒并具有长期持续影响

第三部分 成分/组成信息

√物质		混合物
组分	**浓度**	**CAS No.**
硝酸铍		13597-99-4

第四部分 急救措施

吸入 迅速脱离现场至空气新鲜处。保持呼吸道通畅。如呼吸困难，给输氧。如呼吸、心跳停止，立即进行心肺复苏术。就医

皮肤接触 立即脱去污染的衣着，用大量流动清水彻底冲洗。就医

眼睛接触 立即分开眼睑，用流动清水或生理盐水彻底冲

洗至少15min。就医

食入 用水漱口，禁止催吐。给饮牛奶或蛋清。就医

对保护施救者的忠告 根据需要使用个人防护设备

对医生的特别提示 对症处理

第五部分 消防措施

灭火剂 本品不燃。根据着火原因选择适当灭火剂灭火

特别危险性 与易氧化物质、硫黄、亚硫酸氢钠、还原剂、强酸接触能引起燃烧或爆炸。受高热分解，产生有毒的氮氧化物

灭火注意事项及防护措施 消防人员须佩戴防毒面具、穿全身消防服，在上风向灭火。尽可能将容器从火场移至空旷处。喷水保持火场容器冷却，直至灭火结束

第六部分 泄漏应急处理

作业人员防护措施、防护装备和应急处置程序 隔离泄漏污染区，限制出入。建议应急处理人员戴防尘口罩，穿防毒服，戴橡胶手套。勿使泄漏物与可燃物质（如木材、纸、油等）接触。穿上适当的防护服前严禁接触破裂的容器和泄漏物。尽可能切断泄漏源

环境保护措施 无资料

泄漏化学品的收容、清除方法及所使用的处置材料 用洁净的铲子收集泄漏物，置于干净、干燥、盖子较松的容器中，将容器移离泄漏区

第七部分 操作处置与储存

操作注意事项 密闭操作，局部排风。操作人员必须经过专门培训，严格遵守操作规程。建议操作人员佩戴头罩型电动送风过滤式防尘呼吸器，穿聚乙烯防毒服，戴橡胶手套。远离火种、热源。工作场所严禁吸烟。远离易燃、可燃物。避免产生粉尘。避免与还原剂接触。搬运时要轻装轻卸，防止包装及容器损坏。配备相应品种和数量的消防器材及泄漏应急处理设备。倒空的容器可能残留有害物

储存注意事项 储存于阴凉、通风的库房。库房温度不超过30℃，相对湿度不超过80%。远离火种、热源。包装密封。应与易（可）燃物、还原剂、食用化学品分开存放，切忌混储。储区应备有合适的材料收容泄漏物

第八部分 接触控制/个体防护

职业接触限值

中国 PC-TWA：0.0005mg/m^3；PC-STEL：0.001mg/m^3［按Be计］［G1］

美国(ACGIH) TLV-TWA：0.00005mg/m^3（可吸入性颗粒物）［按Be计］

生物接触限值 未制定标准

监测方法 空气中有毒物质测定方法：桑色素荧光分光光度法。生物监测检验方法：未制定标准

工程控制 密闭操作，局部排风。提供安全的淋浴和洗眼设备

个体防护装备

呼吸系统防护 可能接触其粉尘时，建议佩戴过滤式防尘呼吸器

眼睛防护 戴化学安全防护眼镜

皮肤和身体防护 穿隔绝式防毒服

手防护 戴橡胶手套

第九部分 理化特性

外观与性状 白色或微黄色结晶，有潮解性

pH值 无意义 **熔点(℃)** 60

沸点(℃) 100～200(分解) **相对密度(水=1)** 1.56

相对蒸气密度(空气=1) 无资料

饱和蒸气压(kPa) 无资料

燃烧热(kJ/mol) 无资料 **临界温度(℃)** 无资料

临界压力(MPa) 无意义 **辛醇/水分配系数** 无资料

闪点(℃) 无意义 **自燃温度(℃)** 无意义

爆炸下限(%) 无意义 **爆炸上限(%)** 无意义

分解温度(℃) 100 **黏度(mPa·s)** 无资料

溶解性 易溶于水，易溶于乙醇

第十部分 稳定性和反应性

稳定性 稳定

危险反应 与强还原剂、易燃或可燃物等禁配物接触，有发生火灾和爆炸的危险

避免接触的条件 受热

禁配物 还原剂、易燃或可燃物、活性金属粉末、硫、磷、亚硫酸氢钠等

危险的分解产物 氮氧化物

第十一部分 毒理学信息

急性毒性 LD_{50}：50mg/kg（豚鼠腹腔）

皮肤刺激或腐蚀 无资料 **眼睛刺激或腐蚀** 无资料

呼吸或皮肤过敏 无资料

生殖细胞突变性 DNA修复：枯草杆菌750μg/皿。姐妹染色单体交换：仓鼠肺31mg/L

致癌性 IARC致癌性评论：组1，确认人类致癌物。对人类致癌性证据充分

生殖毒性 大鼠孕后18d静脉内给予最低中毒剂量(TDLo) 31μg/kg，致肝胆管系统发育畸形

特异性靶器官系统毒性-一次接触 无资料

特异性靶器官系统毒性-反复接触 无资料

吸入危害 无资料

第十二部分 生态学信息

生态毒性

LC_{50} 0.15～12mg/L(96h)（鱼类）

EC_{50} 2.5mg/L(48h)（水蚤）

持久性和降解性

生物降解性 无资料

非生物降解性 无资料

潜在的生物累积性 无资料

土壤中的迁移性 无资料

第十三部分 废弃处置

废弃化学品 根据国家和地方有关法规的要求处置。或与

制造商联系，确定处置方法

污染包装物 将容器返还生产商或按照国家和地方法规处置

废弃注意事项 处置前应参阅国家和地方有关法规

第十四部分 运输信息

联合国危险货物编号（UN号） 2464

联合国运输名称 硝酸铍

联合国危险性类别 5.1，6.1

包装类别 Ⅱ类包装

包装标志

海洋污染物 否

运输注意事项 运输时单独装运，运输过程中要确保容器不泄漏、不倒塌、不坠落、不损坏。运输时运输车辆应配备相应品种和数量的消防器材及泄漏应急处理设备。严禁与酸类、易燃物、有机物、还原剂、自燃物品、遇湿易燃物品等并车混运。运输时车速不宜过快，不得强行超车。运输车辆装卸前后，均应彻底清扫、洗净，严禁混入有机物、易燃物等杂质

第十五部分 法规信息

下列法律、法规、规章和标准，对该化学品的管理作了相应的规定。

中华人民共和国职业病防治法 职业病分类和目录：铍病

危险化学品安全管理条例 危险化学品目录：列入。易制爆危险化学品名录：未列入。重点监管的危险化学品名录：未列入。GB 18218—2009《危险化学品重大危险源辨识》（表1）：未列入

使用有毒物品作业场所劳动保护条例 高毒物品目录：列入

易制毒化学品管理条例 易制毒化学品的分类和品种目录：未列入

国际公约 斯德哥尔摩公约：未列入。鹿特丹公约：未列入。蒙特利尔议定书：未列入

第十六部分 其他信息

编写和修订信息

缩略语和首字母缩写

培训建议

参考文献

免责声明

硝 酸 铅

第一部分 化学品标识

化学品中文名 硝酸铅

化学品英文名 lead nitrate；plumbous nitrate

分子式 $Pb(NO_3)_2$ **相对分子质量** 331.21

化学品的推荐及限制用途 用于铅盐、烟花等的制造，用作媒染剂

第二部分 危险性概述

紧急情况概述 可加剧燃烧：氧化剂，可能致癌，可能对生育力或胎儿造成伤害

GHS危险性类别 氧化性固体，类别2；皮肤腐蚀/刺激，类别2；严重眼损伤/眼刺激，类别2；生殖细胞致突变性，类别2；致癌性，类别1B；生殖毒性，类别1A；特异性靶器官毒性-一次接触，类别1；特异性靶器官毒性-反复接触，类别1；危害水生环境-急性危害，类别1；危害水生环境-长期危害，类别1

标签要素

象形图

警示词 危险

危险性说明 可加剧燃烧：氧化剂，造成皮肤刺激，造成严重眼刺激，怀疑可造成遗传性缺陷，可能致癌，可能对生育力或胎儿造成伤害，对器官造成损害，长时间或反复接触对器官造成损伤，对水生生物毒性非常大并具有长期持续影响

防范说明

预防措施 远离热源。远离衣物、可燃物保存。采取一切预防措施，避免与可燃物混合。戴防护手套、防护眼镜、防护面罩。避免接触眼睛、皮肤，操作后彻底清洗。得到专门指导后操作。在阅读并了解所有安全预防措施之前，切勿操作。按要求使用个体防护装备。避免吸入粉尘、烟。作业场所不得进食、饮水或吸烟。禁止排入环境

事故响应 火灾时，根据着火原因选择适当灭火剂灭火。皮肤接触：用大量肥皂水和水清洗。如发生皮肤刺激，就医。脱去被污染的衣服，污染衣服洗净后方可重新使用。如接触眼睛：用水细心冲洗数分钟。如戴隐形眼镜并可方便地取出，取出隐形眼镜继续冲洗。如果眼睛刺激持续：就医。如果接触：立即呼叫中毒控制中心或就医。收集泄漏物

安全储存 上锁保管

废弃处置 本品及内装物、容器依据国家和地方法规处置

物理和化学危险 助燃。与可燃物混合能形成爆炸性混合物

健康危害 铅及其化合物损害造血、神经、消化系统及肾脏。职业中毒主要为慢性。神经系统主要表现为神经衰弱综合征、周围神经病（以运动功能受累较明显），重者出现铅中毒性脑病。消化系统表现有齿龈铅线、食欲不振、恶心、腹胀、腹泻或便秘；腹绞痛见于中度及重度中毒病例。造血系统损害出现卟啉代谢障碍、贫血等。短时大量接触可发生急性或亚急性中毒，表现类似重症慢性铅中毒。对肾脏损害多见于急

性亚急性中毒或较重慢性病例

环境危害 对水生生物毒性非常大并具有长期持续影响

第三部分 成分/组成信息

√物质		混合物
有害物成分	**浓度**	**CAS No.**
硝酸铅		10099-74-8

第四部分 急救措施

吸入 迅速脱离现场至空气新鲜处。保持呼吸道通畅。如呼吸困难，给吸氧。如呼吸、心跳停止，立即行心肺复苏术。就医

皮肤接触 立即脱去污染衣着，用肥皂水或清水彻底冲洗。就医

眼睛接触 分开眼睑，用清水或生理盐水冲洗。就医

食入 漱口，饮水。就医

对保护施救者的忠告 根据需要使用个人防护设备

对医生的特别提示 解毒剂：依地酸二钠钙、二巯基丁二酸钠、二巯基丁二酸等

第五部分 消防措施

灭火剂 本品不燃。根据着火原因选择适当灭火剂灭火

特别危险性 与还原剂、有机物、易燃物（如硫、磷）或金属粉末等混合可形成爆炸性混合物。受高热分解，产生有毒的氮氧化物

灭火注意事项及防护措施 消防人员必须佩戴空气呼吸器、穿全身防火防毒服，在上风向灭火。尽可能将容器从火场移至空旷处。喷水保持火场容器冷却，直至灭火结束。切勿将水流直接射至熔融物，以免引起严重的流淌火灾或引起剧烈的沸溅

第六部分 泄漏应急处理

作业人员防护措施、防护装备和应急处置程序 隔离泄漏污染区，限制出入。建议应急处理人员戴防尘口罩，穿防毒服，戴氯丁橡胶手套。勿使泄漏物与可燃物质（如木材、纸、油等）接触。穿上适当的防护服前严禁接触破裂的容器和泄漏物。尽可能切断泄漏源

环境保护措施 无资料

泄漏化学品的收容、清除方法及所使用的处置材料 用洁净的铲子收集泄漏物，置于干净、干燥、盖子较松的容器中，将容器移离泄漏区

第七部分 操作处置与储存

操作注意事项 密闭操作，加强通风。操作人员必须经过专门培训，严格遵守操作规程。建议操作人员佩戴自吸过滤式防尘口罩，戴化学安全防护眼镜，穿胶布防毒衣，戴氯丁橡胶手套。远离火种、热源。工作场所严禁吸烟。远离易燃、可燃物。避免产生粉尘。避免与还原剂接触。搬运时要轻装轻卸，防止包装及容器损坏。配备相应品种和数量的消防器材及泄漏应急处理设备。倒空的容器可能残留有害物

储存注意事项 储存于阴凉、通风的库房。库房温度不超过30℃，相对湿度不超过80%。远离火种、热源。包装密封。应与易（可）燃物、还原剂、食用化学品分开存放，切忌混储。储区应备有合适的材料收容泄漏物

第八部分 接触控制/个体防护

职业接触限值

中国 PC-TWA：0.05mg/m^3（铅尘），0.03mg/m^3（铅烟）[按 Pb 计] [G2A]

美国(ACGIH) TLV-TWA：0.05mg/m^3 [按Pb 计]

生物接触限值 血铅：2.0μmol/L（400μg/L）（采样时间：接触三周后的任意时间）

监测方法 空气中有毒物质测定方法：火焰原子吸收光谱法；双硫腙分光光度法；氢化物-原子吸收光谱法；微分电位溶出法。生物监测检验方法：血中铅的石墨炉原子吸收光谱测定方法；血中铅的微分电位溶出测定方法

工程控制 生产过程密闭，加强通风。提供安全的淋浴和洗眼设备

个体防护装备

呼吸系统防护 可能接触其粉尘时，建议佩戴过滤式防尘呼吸器

眼睛防护 戴化学安全防护眼镜

皮肤和身体防护 穿隔绝式防毒服

手防护 戴橡胶手套

第九部分 理化特性

外观与性状 白色立方或单斜晶体，硬而发亮

pH 值	无意义	**熔点(℃)**	470（分解）
沸点(℃)	无资料	**相对密度(水=1)**	4.53
相对蒸气密度(空气=1)	无资料		
饱和蒸气压(kPa)	无资料		
燃烧热(kJ/mol)	无资料	**临界温度(℃)**	无资料
临界压力(MPa)	无意义	**辛醇/水分配系数**	无资料
闪点(℃)	无意义	**自燃温度(℃)**	无意义
爆炸下限(%)	无意义	**爆炸上限(%)**	无意义
分解温度(℃)	470	**黏度(mPa·s)**	无资料

溶解性 易溶于水、液氨，溶于乙醇

第十部分 稳定性和反应性

稳定性 稳定

危险反应 与强还原剂、易燃或可燃物等禁配物接触，有发生火灾和爆炸的危险

避免接触的条件 受热

禁配物 强还原剂、活性金属粉末、易燃或可燃物

危险的分解产物 氮氧化物

第十一部分 毒理学信息

急性毒性 LD_{50}：93mg/kg（大鼠静脉）；74mg/kg（小鼠腹腔）

皮肤刺激或腐蚀 无资料 **眼睛刺激或腐蚀** 无资料

呼吸或皮肤过敏 无资料

生殖细胞突变性 吞噬抑制能力：大肠杆菌 320μmol/L。体细胞突变：小鼠淋巴细胞 450mg/L

致癌性 IARC 致癌性评论：组 2A，可能人类致癌物

生殖毒性 雌性仓鼠孕后 8d 静脉内给药最低中毒剂量 50mg/kg，导致心血管系统、中枢神经系统、泌尿生殖系统发育畸形。大鼠静脉注射最低中毒剂量。（TDLo）：25mg/kg（孕 9d），对胚胎外结构（如胎盘、脐带）有影响，体壁发育异常，骨骼肌肉发育异常。小鼠皮下注射最低中毒剂量（TDLo）：6624μg/kg（30d，雄），致睾丸、附睾和输精管影响

特异性靶器官系统毒性-一次接触 无资料

特异性靶器官系统毒性-反复接触 实验动物给予硝酸铅可见神经组织明显损伤；血液系统损害

吸入危害 无资料

第十二部分 生态学信息

生态毒性 LC_{50}：0.124mg/L（96h）（端足类）

持久性和降解性

生物降解性 无资料

非生物降解性 无资料

潜在的生物累积性 无资料

土壤中的迁移性 无资料

第十三部分 废弃处置

废弃化学品 根据国家和地方有关法规的要求处置。或与制造商联系，确定处置方法

污染包装物 将容器返还生产商或按照国家和地方法规处置

废弃注意事项 在规定场所掩埋空容器

第十四部分 运输信息

联合国危险货物编号（UN 号） 1469

联合国运输名称 硝酸铅

联合国危险性类别 5.1，6

包装类别 Ⅱ类包装

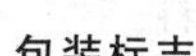

包装标志 

海洋污染物 是

运输注意事项 运输时单独装运，运输过程中要确保容器不泄漏、不倒塌、不坠落、不损坏。运输时运输车辆应配备相应品种和数量的消防器材及泄漏应急处理设备。严禁与酸类、易燃物、有机物、还原剂、自燃物品、遇湿易燃物品等并车混运。运输时车速不宜过快，不得强行超车。运输车辆装卸前后，均应彻底清扫、洗净，严禁混入有机物、易燃物等杂质

第十五部分 法规信息

下列法律、法规、规章和标准，对该化学品的管理作了相应的规定。

中华人民共和国职业病防治法 职业病分类和目录：铅及其化合物中毒

危险化学品安全管理条例 危险化学品目录：列入。易制爆危险化学品名录：列入。重点监管的危险化学品名录：未列入。GB 18218—2009《危险化学品重大危险源辨识》（表 1）：未列入

使用有毒物品作业场所劳动保护条例 高毒物品目录：列入

易制毒化学品管理条例 易制毒化学品的分类和品种目录：未列入

国际公约 斯德哥尔摩公约：未列入。鹿特丹公约：未列入。蒙特利尔议定书：未列入

第十六部分 其他信息

编写和修订信息 缩略语和首字母缩写

培训建议 参考文献

免责声明

硝酸铯

第一部分 化学品标识

化学品中文名 硝酸铯

化学品英文名 cesium nitrate；nitric acid cesium salt

分子式 $CsNO_3$ **相对分子质量** 194.92

化学品的推荐及限制用途 用于铯盐制造

第二部分 危险性概述

紧急情况概述 可加剧燃烧；氧化剂

GHS 危险性类别 氧化性固体，类别 3

标签要素

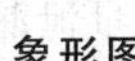

象形图 

警示词 警告

危险性说明 可加剧燃烧；氧化剂

防范说明

预防措施 远离热源。远离衣物、可燃物保存。采取一切预防措施，避免与可燃物混合。戴防护手套、防护眼镜、防护面罩

事故响应 火灾时，根据着火原因选择适当灭火剂灭火

安全储存 -

废弃处置 本品及内装物、容器依据国家和地方法规处置

物理和化学危险 助燃。与可燃物混合能形成爆炸性混合物

健康危害 对眼睛、皮肤、黏膜和上呼吸道有刺激作用

环境危害 对环境可能有害

第三部分 成分/组成信息

√物质		混合物
组分	浓度	CAS No.
硝酸铯		7789-18-6

第四部分　急救措施

吸入　迅速脱离现场至空气新鲜处。保持呼吸道通畅。如呼吸困难，给吸氧。如呼吸、心跳停止，立即行心肺复苏术。就医

皮肤接触　立即脱去污染衣着，用肥皂水或清水彻底冲洗。就医

眼睛接触　分开眼睑，用清水或生理盐水冲洗。就医

食入　漱口，饮水。就医

对保护施救者的忠告　根据需要使用个人防护设备

对医生的特别提示　对症处理

第五部分　消防措施

灭火剂　本品不燃。根据着火原因选择适当灭火剂灭火

特别危险性　与还原剂、有机物、易燃物（如硫、磷）或金属粉末等混合可形成爆炸性混合物

灭火注意事项及防护措施　消防人员须佩戴防毒面具、穿全身消防服，在上风向灭火。尽可能将容器从火场移至空旷处。喷水保持火场容器冷却，直至灭火结束

第六部分　泄漏应急处理

作业人员防护措施、防护装备和应急处置程序　隔离泄漏污染区，限制出入。建议应急处理人员戴防尘口罩，穿防毒服，戴氯丁橡胶手套。勿使泄漏物与可燃物质（如木材、纸、油等）接触。穿上适当的防护服前严禁接触破裂的容器和泄漏物。尽可能切断泄漏源。勿使水进入包装容器内

环境保护措施　无资料

泄漏化学品的收容、清除方法及所使用的处置材料　小量泄漏：用洁净的铲子收集泄漏物，置于干净、干燥、盖子较松的容器中，将容器移离泄漏区。大量泄漏：泄漏物回收后，用水冲洗泄漏区

第七部分　操作处置与储存

操作注意事项　密闭操作，加强通风。操作人员必须经过专门培训，严格遵守操作规程。建议操作人员佩戴自吸过滤式防尘口罩，戴安全防护眼镜，穿聚乙烯防毒服，戴氯丁橡胶手套。远离火种、热源。工作场所严禁吸烟。远离易燃、可燃物。避免产生粉尘。避免与还原剂接触。搬运时要轻装轻卸，防止包装及容器损坏。配备相应品种和数量的消防器材及泄漏应急处理设备。倒空的容器可能残留有害物

储存注意事项　储存于阴凉、通风的库房。库房温度不超过 30℃，相对湿度不超过 80%。远离火种、热源。包装必须完整密封，防止吸潮。应与易（可）燃物、还原剂等分开存放，切忌混储。储区应备有合适的材料收容泄漏物

第八部分　接触控制/个体防护

职业接触限值

　中国　未制定标准

　美国(ACGIH)　未制定标准

生物接触限值　未制定标准

监测方法　空气中有毒物质测定方法：未制定标准。生物监测检验方法：未制定标准

工程控制　生产过程密闭，加强通风。提供安全的淋浴和洗眼设备

个体防护装备

　呼吸系统防护　可能接触其粉尘时，建议佩戴过滤式防尘呼吸器

　眼睛防护　戴安全防护眼镜

　皮肤和身体防护　穿隔绝式防毒服

　手防护　戴橡胶手套

第九部分　理化特性

外观与性状　白色结晶粉末，易潮解

pH 值　无意义　　**熔点(℃)**　414

沸点(℃)　分解　　**相对密度(水=1)**　3.687

相对蒸气密度(空气=1)　无资料

饱和蒸气压(kPa)　无资料

燃烧热(kJ/mol)　无资料　　**临界温度(℃)**　无资料

临界压力(MPa)　无意义　　**辛醇/水分配系数**　无资料

闪点(℃)　无意义　　**自燃温度(℃)**　无意义

爆炸下限(%)　无意义　　**爆炸上限(%)**　无意义

分解温度(℃)　无资料　　**黏度(mPa·s)**　无资料

溶解性　溶于水，溶于丙酮，微溶于乙醇

第十部分　稳定性和反应性

稳定性　稳定

危险反应　与强还原剂、易燃或可燃物等禁配物接触，有发生火灾和爆炸的危险

避免接触的条件　潮湿空气

禁配物　还原剂、易燃或可燃物、活性金属粉末、硫、磷

危险的分解产物　氮氧化物

第十一部分　毒理学信息

急性毒性　LD_{50}：2390mg/kg（大鼠经口）

皮肤刺激或腐蚀　无资料　　**眼睛刺激或腐蚀**　无资料

呼吸或皮肤过敏　无资料　　**生殖细胞突变性**　无资料

致癌性　无资料　　**生殖毒性**　无资料

特异性靶器官系统毒性-一次接触　无资料

特异性靶器官系统毒性-反复接触　无资料

吸入危害　无资料

第十二部分　生态学信息

生态毒性　无资料

持久性和降解性

　生物降解性　无资料

　非生物降解性　无资料

潜在的生物累积性　无资料

土壤中的迁移性　无资料

第十三部分　废弃处置

废弃化学品　根据国家和地方有关法规的要求处置。或与制造商联系，确定处置方法

污染包装物　将容器返还生产商或按照国家和地方法规

处置

废弃注意事项 处置前应参阅国家和地方有关法规

第十四部分 运输信息

联合国危险货物编号（UN号） 1451

联合国运输名称 硝酸铯

联合国危险性类别 5.1 **包装类别** Ⅲ类包装

包装标志 

海洋污染物 否

运输注意事项 运输时单独装运，运输过程中要确保容器不泄漏、不倒塌、不坠落、不损坏。运输时运输车辆应配备相应品种和数量的消防器材及泄漏应急处理设备。严禁与酸类、易燃物、有机物、还原剂、自燃物品、遇湿易燃物品等并车混运。运输时车速不宜过快，不得强行超车。运输车辆装卸前后，均应彻底清扫、洗净，严禁混入有机物、易燃物等杂质

第十五部分 法规信息

下列法律、法规、规章和标准，对该化学品的管理作了相应的规定。

中华人民共和国职业病防治法 职业病分类和目录：未列入

危险化学品安全管理条例 危险化学品目录：列入。易制爆危险化学品名录：列入。重点监管的危险化学品名录：未列入。GB 18218—2009《危险化学品重大危险源辨识》(表1)：未列入

使用有毒物品作业场所劳动保护条例 高毒物品目录：未列入

易制毒化学品管理条例 易制毒化学品的分类和品种目录：未列入

国际公约 斯德哥尔摩公约：未列入。鹿特丹公约：未列入。蒙特利尔议定书：未列入

第十六部分 其他信息

编写和修订信息 **缩略语和首字母缩写**

培训建议 **参考文献**

免责声明

硝 酸 铈

第一部分 化学品标识

化学品中文名 硝酸铈

化学品英文名 cerium nitrate；cerous nitrate

分子式 $Ce(NO_3)_3 \cdot 6H_2O$ **相对分子质量** 434.27

化学品的推荐及限制用途 用作试剂，用于制造煤气灯网罩、药物，并用于原子能、电子管等工业

第二部分 危险性概述

紧急情况概述 可加剧燃烧；氧化剂

GHS危险性类别 氧化性固体，类别2；急性毒性-经口，类别5

标签要素

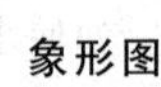
象形图 

警示词 危险

危险性说明 可加剧燃烧；氧化剂，吞咽可能有害

防范说明

预防措施 远离热源。远离衣物、可燃物保存。采取一切预防措施，避免与可燃物混合。戴防护手套、防护眼镜、防护面罩

事故响应 火灾时，根据着火原因选择适当灭火剂灭火。如皮肤（或头发）接触：立即脱掉所有被污染的衣服，用水冲洗皮肤，淋浴

安全储存 -

废弃处置 本品及内装物、容器依据国家和地方法规处置

物理和化学危险 助燃。与可燃物混合能形成爆炸性混合物

健康危害 未见铈及其化合物职业性中毒的报告。但高浓度时对肝脏有毒性作用。生产中应防止溅入眼内，以免引起眼损害

环境危害 对环境可能有害

第三部分 成分/组成信息

√物质		混合物
组分	**浓度**	**CAS No.**
硝酸铈		10294-41-4

第四部分 急救措施

吸入 迅速脱离现场至空气新鲜处。保持呼吸道通畅。如呼吸困难，给吸氧。如呼吸、心跳停止，立即行心肺复苏术。就医

皮肤接触 立即脱去污染衣着，用肥皂水或清水彻底冲洗。就医

眼睛接触 分开眼睑，用清水或生理盐水冲洗。就医

食入 漱口，饮水。就医

对保护施救者的忠告 根据需要使用个人防护设备

对医生的特别提示 对症处理

第五部分 消防措施

灭火剂 本品不燃。根据着火原因选择适当灭火剂灭火

特别危险性 与还原剂、有机物、易燃物（如硫、磷）或金属粉末等混合可形成爆炸性混合物。高温时分解，释出有毒的氮氧化物气体

灭火注意事项及防护措施 消防人员必须佩戴空气呼吸器、穿全身防火防毒服，在上风向灭火。尽可能将容器从火场移至空旷处。喷水保持火场容器冷却，直至灭火结束

第六部分 泄漏应急处理

作业人员防护措施、防护装备和应急处置程序 隔离泄漏

污染区，限制出入。建议应急处理人员戴防尘口罩，穿防毒服，戴橡胶手套。勿使泄漏物与可燃物质（如木材、纸、油等）接触。穿上适当的防护服前严禁接触破裂的容器和泄漏物。尽可能切断泄漏源。勿使水进入包装容器内

环境保护措施 无资料

泄漏化学品的收容、清除方法及所使用的处置材料 小量泄漏：用洁净的铲子收集泄漏物，置于干净、干燥、盖子较松的容器中，将容器移离泄漏区。大量泄漏：泄漏物回收后，用水冲洗泄漏区

第七部分 操作处置与储存

操作注意事项 密闭操作，局部排风。操作人员必须经过专门培训，严格遵守操作规程。建议操作人员佩戴自吸过滤式防尘口罩，戴化学安全防护眼镜，穿胶布防毒衣，戴橡胶手套。远离火种、热源。工作场所严禁吸烟。远离易燃、可燃物。避免产生粉尘。避免与还原剂接触。搬运时要轻装轻卸，防止包装及容器损坏。配备相应品种和数量的消防器材及泄漏应急处理设备。倒空的容器可能残留有害物

储存注意事项 储存于阴凉、通风的库房。远离火种、热源。库房温度不超过 30℃，相对湿度不超过 80%。包装密封。应与易（可）燃物、还原剂等分开存放，切忌混储。储区应备有合适的材料收容泄漏物

第八部分 接触控制/个体防护

职业接触限值

中国 未制定标准

美国(ACGIH) 未制定标准

生物接触限值 未制定标准

监测方法 空气中有毒物质测定方法：未制定标准。生物监测检验方法：未制定标准

工程控制 密闭操作，局部排风

个体防护装备

呼吸系统防护 空气中浓度较高时，应该佩戴过滤式防尘呼吸器

眼睛防护 戴化学安全防护眼镜

皮肤和身体防护 穿隔绝式防毒服

手防护 戴橡胶手套

第九部分 理化特性

外观与性状 白色结晶，工业品呈微红色，有潮解性

pH 值 无意义 **熔点(℃)** 150

沸点(℃) 200（分解） **相对密度(水=1)** 无资料

相对蒸气密度(空气=1) 无资料

饱和蒸气压(kPa) 无资料

燃烧热(kJ/mol) 无资料 **临界温度(℃)** 无资料

临界压力(MPa) 无意义 **辛醇/水分配系数** 无资料

闪点(℃) 无意义 **自燃温度(℃)** 无意义

爆炸下限(%) 无意义 **爆炸上限(%)** 无意义

分解温度(℃) 无资料 **黏度(mPa·s)** 无资料

溶解性 易溶于水，溶于乙醇、丙酮

第十部分 稳定性和反应性

稳定性 稳定

危险反应 与强还原剂、易燃或可燃物等禁配物接触，有发生火灾和爆炸的危险

避免接触的条件 受热

禁配物 还原剂、易燃或可燃物、活性金属粉末、硫、磷

危险的分解产物 氮氧化物

第十一部分 毒理学信息

急性毒性 LD_{50}：4200mg/kg（大鼠经口）

皮肤刺激或腐蚀 家兔经皮：500mg（24h），轻度刺激

眼睛刺激或腐蚀 家兔经眼：100mg，重度刺激

呼吸或皮肤过敏 无资料 **生殖细胞突变性** 无资料

致癌性 无资料 **生殖毒性** 无资料

特异性靶器官系统毒性-一次接触 无资料

特异性靶器官系统毒性-反复接触 无资料

吸入危害 无资料

第十二部分 生态学信息

生态毒性 无资料

持久性和降解性

生物降解性 无资料

非生物降解性 无资料

潜在的生物累积性 无资料

土壤中的迁移性 无资料

第十三部分 废弃处置

废弃化学品 根据国家和地方有关法规的要求处置。或与制造商联系，确定处置方法

污染包装物 将容器返还生产商或按照国家和地方法规处置

废弃注意事项 在规定场所掩埋空容器

第十四部分 运输信息

联合国危险货物编号（UN 号） 1477（硝酸铈）

联合国运输名称 无机硝酸酸盐，未另作规定的

联合国危险性类别 5.1 **包装类别** Ⅱ类包装

包装标志 

海洋污染物 否

运输注意事项 运输时单独装运，运输过程中要确保容器不泄漏、不倒塌、不坠落、不损坏。运输时运输车辆应配备相应品种和数量的消防器材及泄漏应急处理设备。严禁与酸类、易燃物、有机物、还原剂、自燃物品、遇湿易燃物品等并车混运。运输时车速不宜过快，不得强行超车。运输车辆装卸前后，均应彻底清扫、洗净，严禁混入有机物、易燃物等杂质

第十五部分 法规信息

下列法律、法规、规章和标准，对该化学品的管理作了相应的规定。

中华人民共和国职业病防治法 职业病分类和目录：未列入

危险化学品安全管理条例 危险化学品目录：列入。易制爆危险化学品名录：未列入。重点监管的危险化学品名录：未列入。GB 18218—2009《危险化学品重大危险源辨识》(表 1)：未列入

使用有毒物品作业场所劳动保护条例 高毒物品目录：未列入

易制毒化学品管理条例 易制毒化学品的分类和品种目录：未列入

国际公约 斯德哥尔摩公约：未列入。鹿特丹公约：未列入。蒙特利尔议定书：未列入

第十六部分 其他信息

编写和修订信息 **缩略语和首字母缩写**

培训建议 **参考文献**

免责声明

硝 酸 铁

第一部分 化学品标识

化学品中文名 硝酸铁；硝酸高铁

化学品英文名 ferric nitrate

分子式 $Fe(NO_3)_3 \cdot 9H_2O$ **相对分子质量** 403.98

化学品的推荐及限制用途 用作媒染剂、医药、分析试剂、催化剂

第二部分 危险性概述

紧急情况概述 可加剧燃烧：氧化剂

GHS 危险性类别 氧化性固体，类别 3；急性毒性-经口，类别 5

标签要素

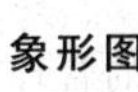

象形图 

警示词 警告

危险性说明 可加剧燃烧：氧化剂，吞咽可能有害

防范说明

预防措施 远离热源。远离衣物、可燃物保存。采取一切预防措施，避免与可燃物混合。戴防护手套、防护眼镜、防护面罩

事故响应 火灾时，根据着火原因选择适当灭火剂灭火。如果感觉不适，呼叫中毒控制中心或就医

安全储存 -

废弃处置 本品及内装物、容器依据国家和地方法规处置

物理和化学危险 助燃。与可燃物混合能形成爆炸性混合物

健康危害 吸入本品粉尘对呼吸道有刺激性。粉尘对眼有强烈刺激和腐蚀作用。皮肤接触其浓水溶液或粉尘可造成灼伤。对消化道有腐蚀性，大量口服引起呕吐、头痛、头晕、紫绀、休克和惊厥，重者可致死。可引起高铁血红蛋白血症。大量铁在体内蓄积可引起胃痛、恶心、便秘

环境危害 对环境可能有害

第三部分 成分/组成信息

√物质 混合物

组分	浓度	CAS No.
硝酸铁		10421-48-4

第四部分 急救措施

吸入 迅速脱离现场至空气新鲜处。保持呼吸道通畅。如呼吸困难，给输氧。如呼吸、心跳停止，立即进行心肺复苏术。就医

皮肤接触 立即脱去污染的衣着，用大量流动清水彻底冲洗至少 15min。就医

眼睛接触 立即分开眼睑，用流动清水或生理盐水彻底冲洗至少 15min。就医

食入 用水漱口，禁止催吐。给饮牛奶或蛋清。就医

对保护施救者的忠告 根据需要使用个人防护设备

对医生的特别提示 高铁血红蛋白血症，可用美蓝和维生素 C 治疗

第五部分 消防措施

灭火剂 本品不燃。根据着火原因选择适当灭火剂灭火

特别危险性 与有机物、还原剂、易燃物（如硫、磷）等接触或混合时有引起燃烧爆炸的危险。高温时分解，释出有毒的氮氧化物气体

灭火注意事项及防护措施 消防人员必须佩戴空气呼吸器、穿全身防火防毒服，在上风向灭火。尽可能将容器从火场移至空旷处。喷水保持火场容器冷却，直至灭火结束

第六部分 泄漏应急处理

作业人员防护措施、防护装备和应急处置程序 隔离泄漏污染区，限制出入。建议应急处理人员戴防尘口罩，穿防毒服，戴橡胶手套。勿使泄漏物与可燃物质（如木材、纸、油等）接触。穿上适当的防护服前严禁接触破裂的容器和泄漏物。尽可能切断泄漏源。勿使水进入包装容器内

环境保护措施 无资料

泄漏化学品的收容、清除方法及所使用的处置材料 小量泄漏：用洁净的铲子收集泄漏物，置于干净、干燥、盖子较松的容器中，将容器移离泄漏区。大量泄漏：泄漏物回收后，用水冲洗泄漏区

第七部分 操作处置与储存

操作注意事项 密闭操作，加强通风。操作人员必须经过专门培训，严格遵守操作规程。建议操作人员佩戴头罩型电动送风过滤式防尘呼吸器，穿聚乙烯防毒服，戴橡胶手套。远离火种、热源。工作场所严禁吸烟。远离易燃、可燃物。避免产生粉尘。避免与还原剂、活性金属粉末接触。搬运时要轻装轻卸，防止包装及

容器损坏。配备相应品种和数量的消防器材及泄漏应急处理设备。倒空的容器可能残留有害物

储存注意事项 储存于阴凉、干燥、通风良好的库房。远离火种、热源。库房温度不超过 30℃，相对湿度不超过 80%。包装密封。应与易（可）燃物、还原剂、活性金属粉末等分开存放，切忌混储。储区应备有合适的材料收容泄漏物

第八部分 接触控制/个体防护

职业接触限值

中国 未制定标准

美国(ACGIH) TLV-TWA：$1mg/m^3$［按 Fe 计］

生物接触限值 未制定标准

监测方法 空气中有毒物质测定方法：未制定标准。生物监测检验方法：未制定标准

工程控制 生产过程密闭，加强通风。提供安全的淋浴和洗眼设备

个体防护装备

呼吸系统防护 可能接触其粉尘时，应该佩戴过滤式防尘呼吸器

眼睛防护 戴化学安全防护眼镜

皮肤和身体防护 穿隔绝式防毒服

手防护 戴橡胶手套

第九部分 理化特性

外观与性状 无色或淡紫色的单斜结晶，易潮解

pH 值 无意义 **熔点(℃)** 47.2

沸点(℃) 125（分解） **相对密度(水=1)** 1.68

相对蒸气密度(空气=1) 无资料

饱和蒸气压(kPa) 无资料

燃烧热(kJ/mol) 无资料 **临界温度(℃)** 无资料

临界压力(MPa) 无意义 **辛醇/水分配系数** 无资料

闪点(℃) 无意义 **自燃温度(℃)** 无意义

爆炸下限(%) 无意义 **爆炸上限(%)** 无意义

分解温度(℃) 无资料 **黏度(mPa·s)** 无资料

溶解性 易溶于水、乙醇、丙酮

第十部分 稳定性和反应性

稳定性 稳定

危险反应 与强还原剂、易燃或可燃物等禁配物接触，有发生火灾和爆炸的危险

避免接触的条件 潮湿空气

禁配物 易燃或可燃物、强还原剂、活性金属粉末、硫、磷

危险的分解产物 氮氧化物

第十一部分 毒理学信息

急性毒性 LD_{50}：3250mg/kg（大鼠经口）

皮肤刺激或腐蚀 无资料 **眼睛刺激或腐蚀** 无资料

呼吸或皮肤过敏 无资料 **生殖细胞突变性** 无资料

致癌性 无资料 **生殖毒性** 无资料

特异性靶器官系统毒性-一次接触 无资料

特异性靶器官系统毒性-反复接触 无资料

吸入危害 无资料

第十二部分 生态学信息

生态毒性 无资料

持久性和降解性

生物降解性 无资料

非生物降解性 无资料

潜在的生物累积性 无资料

土壤中的迁移性 无资料

第十三部分 废弃处置

废弃化学品 根据国家和地方有关法规的要求处置。或与制造商联系，确定处置方法

污染包装物 将容器返还生产商或按照国家和地方法规处置

废弃注意事项 处置前应参阅国家和地方有关法规

第十四部分 运输信息

联合国危险货物编号(UN 号) 1466

联合国运输名称 硝酸铁

联合国危险性类别 5.1 **包装类别** Ⅲ类包装

包装标志

海洋污染物 否

运输注意事项 运输时单独装运，运输过程中要确保容器不泄漏、不倒塌、不坠落、不损坏。运输时运输车辆应配备相应品种和数量的消防器材及泄漏应急处理设备。严禁与酸类、易燃物、有机物、还原剂、自燃物品、遇湿易燃物品等并车混运。运输时车速不宜过快，不得强行超车。运输车辆装卸前后，均应彻底清扫、洗净，严禁混入有机物、易燃物等杂质

第十五部分 法规信息

下列法律、法规、规章和标准，对该化学品的管理作了相应的规定。

中华人民共和国职业病防治法 职业病分类和目录：未列入

危险化学品安全管理条例 危险化学品目录：列入。易制爆危险化学品名录：未列入。重点监管的危险化学品名录：未列入。GB 18218—2009《危险化学品重大危险源辨识》(表 1)：未列入

使用有毒物品作业场所劳动保护条例 高毒物品目录：未列入

易制毒化学品管理条例 易制毒化学品的分类和品种目录：未列入

国际公约 斯德哥尔摩公约：未列入。鹿特丹公约：未列入。蒙特利尔议定书：未列入

第十六部分 其他信息

编写和修订信息 **缩略语和首字母缩写**

培训建议 **参考文献**

免责声明

硝酸戊酯

第一部分 化学品标识

化学品中文名 硝酸戊酯

化学品英文名 amyl nitrate; *n*-pentyl nitrate

分子式 $C_5H_{11}NO_3$ **相对分子质量** 133.17

结构式 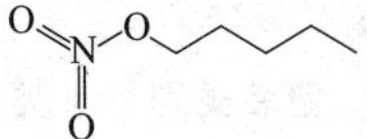

化学品的推荐及限制用途 用作柴油燃料的添加剂，也用于有机合成

第二部分 危险性概述

紧急情况概述 易燃液体和蒸气

GHS危险性类别 易燃液体，类别3

标签要素

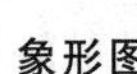

象形图 

警示词 警告

危险性说明 易燃液体和蒸气

防范说明

预防措施 远离热源、火花、明火、热表面。禁止吸烟。保持容器密闭。容器和接收设备接地连接。使用防爆电器、通风、照明设备。只能使用不产生火花的工具。采取防止静电措施。戴防护手套、防护眼镜、防护面罩

事故响应 火灾时，用泡沫、干粉、二氧化碳、砂土灭火。如皮肤（或头发）接触：立即脱掉所有被污染的衣服，用水冲洗皮肤，淋浴

安全储存 存放在通风良好的地方。保持低温

废弃处置 本品及内装物、容器依据国家和地方法规处置

物理和化学危险 易燃，其蒸气与空气混合，能形成爆炸性混合物

健康危害 人在接触本品后，仅见恶心和呕吐。中毒死亡动物可见肝、肾、脑的弥漫性病变，肺充血和水肿

环境危害 对环境可能有害

第三部分 成分/组成信息

√物质 混合物

组分	浓度	CAS No.
硝酸戊酯		1002-16-0

第四部分 急救措施

吸入 迅速脱离现场至空气新鲜处。保持呼吸道通畅。如呼吸困难，给吸氧。如呼吸、心跳停止，立即行心肺复苏术。就医

皮肤接触 立即脱去污染衣着，用肥皂水或清水彻底冲洗。就医

眼睛接触 分开眼睑，用清水或生理盐水冲洗。就医

食入 漱口，饮水。就医

对保护施救者的忠告 根据需要使用个人防护设备

对医生的特别提示 对症处理

第五部分 消防措施

灭火剂 用泡沫、干粉、二氧化碳、砂土灭火

特别危险性 受热分解放出有毒的氧化氮烟气。燃烧生成有害的一氧化碳、氮氧化物

灭火注意事项及防护措施 消防人员必须佩戴空气呼吸器、穿全身防火防毒服，在上风向灭火。喷水冷却容器，尽可能将容器从火场移至空旷处。容器突然发出异常声音或出现异常现象，应立即撤离

第六部分 泄漏应急处理

作业人员防护措施、防护装备和应急处置程序 消除所有点火源。根据液体流动和蒸气扩散的影响区域划定警戒区，无关人员从侧风、上风向撤离至安全区。建议应急处理人员戴正压自给式呼吸器，穿防静电服，戴橡胶耐油手套。勿使泄漏物与可燃物质（如木材、纸、油等）接触。穿上适当的防护服前严禁接触破裂的容器和泄漏物。尽可能切断泄漏源。勿使水进入包装容器内

环境保护措施 防止泄漏物进入水体、下水道、地下室或有限空间

泄漏化学品的收容、清除方法及所使用的处置材料 小量泄漏：用蛭石、砂土等不燃性材料吸收泄漏物，置于容器中以待处理。大量泄漏：构筑围堤或挖坑收容。泄漏物回收后，用水冲洗泄漏区

第七部分 操作处置与储存

操作注意事项 密闭操作，全面通风。操作人员必须经过专门培训，严格遵守操作规程。建议操作人员佩戴自吸过滤式防毒面具（半面罩），戴化学安全防护眼镜，穿防静电工作服，戴橡胶耐油手套。远离火种、热源。工作场所严禁吸烟。使用防爆型的通风系统和设备。防止蒸气泄漏到工作场所空气中。避免与氧化剂、还原剂接触。充装要控制流速，防止静电积聚。搬运时要轻装轻卸，防止包装及容器损坏。配备相应品种和数量的消防器材及泄漏应急处理设备。倒空的容器可能残留有害物

储存注意事项 储存于阴凉、通风的库房。远离火种、热源。库温不宜超过37℃。保持容器密封。应与氧化剂、还原剂分开存放，切忌混储。采用防爆型照明、通风设施。禁止使用易产生火花的机械设备和工具。储区应备有泄漏应急处理设备和合适的收容材料

第八部分 接触控制/个体防护

职业接触限值

中国 未制定标准

美国(ACGIH) 未制定标准

生物接触限值 未制定标准

监测方法 空气中有毒物质测定方法：未制定标准。生物监测检验方法：未制定标准

工程控制 生产过程密闭，全面通风

个体防护装备

呼吸系统防护　可能接触其蒸气时，应该佩戴过滤式防毒面具（半面罩）。紧急事态抢救或撤离时，建议佩戴空气呼吸器

眼睛防护　戴化学安全防护眼镜

皮肤和身体防护　穿防静电工作服

手防护　戴橡胶耐油手套

第九部分　理化特性

外观与性状　清亮无色至微黄色液体，有醚味

pH 值　无资料　**熔点(℃)**　−123.2

沸点(℃)　150～155

相对密度(水=1)　0.996(20℃)

相对蒸气密度(空气=1)　无资料

饱和蒸气压(kPa)　无资料

燃烧热(kJ/mol)　无资料　**临界温度(℃)**　无资料

临界压力(MPa)　无资料　**辛醇/水分配系数**　2.72

闪点(℃)　48（OC）　**自燃温度(℃)**　无资料

爆炸下限(%)　无资料　**爆炸上限(%)**　无资料

分解温度(℃)　无资料　**黏度(mPa·s)**　无资料

溶解性　不溶于水

第十部分　稳定性和反应性

稳定性　稳定

危险反应　与强氧化剂等禁配物接触，有发生火灾和爆炸的危险

避免接触的条件　受热

禁配物　还原剂、氧化剂

危险的分解产物　氮氧化物

第十一部分　毒理学信息

急性毒性　LCL_0：1807ppm（小鼠吸入，7h）

皮肤刺激或腐蚀　无资料　**眼睛刺激或腐蚀**　无资料

呼吸或皮肤过敏　无资料　**生殖细胞突变性**　无资料

致癌性　无资料　**生殖毒性**　无资料

特异性靶器官系统毒性-一次接触　无资料

特异性靶器官系统毒性-反复接触　猫吸入 3.2g/m³，每次 9h，7 次，高铁血红蛋白达 59.5%；9.25～20.13g/m³ 下，赫恩兹小体形成达到最多，1～3 月内缓慢消失

吸入危害　无资料

第十二部分　生态学信息

生态毒性　无资料

持久性和降解性

生物降解性　无资料

非生物降解性　无资料

潜在的生物累积性　根据 K_{ow} 值预测，该物质的生物累积性可能较弱

土壤中的迁移性　根据 K_{oc} 值预测，该物质可能有一定的迁移性

第十三部分　废弃处置

废弃化学品　建议用焚烧法处置。焚烧炉排出的氮氧化物通过洗涤器除去

污染包装物　将容器返还生产商或按照国家和地方法规处置

废弃注意事项　处置前应参阅国家和地方有关法规

第十四部分　运输信息

联合国危险货物编号（UN 号）　1112

联合国运输名称　硝酸戊酯

联合国危险性类别　3　**包装类别**　Ⅲ类包装

包装标志

海洋污染物　否

运输注意事项　运输时运输车辆应配备相应品种和数量的消防器材及泄漏应急处理设备。夏季最好早晚运输。运输时所用的槽（罐）车应有接地链，槽内可设孔隔板以减少震荡产生的静电。严禁与氧化剂、还原剂等混装混运。运输途中应防曝晒、雨淋，防高温。中途停留时应远离火种、热源、高温区。装运该物品的车辆排气管必须配备阻火装置，禁止使用易产生火花的机械设备和工具装卸。公路运输时要按规定路线行驶，勿在居民区和人口稠密区停留。铁路运输时要禁止溜放。严禁用木船、水泥船散装运输

第十五部分　法规信息

下列法律、法规、规章和标准，对该化学品的管理作了相应的规定。

中华人民共和国职业病防治法　职业病分类和目录：未列入

危险化学品安全管理条例　危险化学品目录：列入。易制爆危险化学品名录：未列入。重点监管的危险化学品名录：未列入。GB 18218—2009《危险化学品重大危险源辨识》(表 1)：未列入

使用有毒物品作业场所劳动保护条例　高毒物品目录：未列入

易制毒化学品管理条例　易制毒化学品的分类和品种目录：未列入

国际公约　斯德哥尔摩公约：未列入。鹿特丹公约：未列入。蒙特利尔议定书：未列入

第十六部分　其他信息

编写和修订信息　**缩略语和首字母缩写**

培训建议　**参考文献**

免责声明

硝酸锌

第一部分　化学品标识

化学品中文名　硝酸锌

化学品英文名　zinc nitrate; nitric acid zinc salt; hexahydrate

分子式　$Zn(NO_3)_2 \cdot 6H_2O$

相对分子质量　297.51

化学品的推荐及限制用途 用作酸化催化剂、乳胶凝结剂、树脂加工催化剂、印染媒染剂、钢铁磷化剂及化学试剂，也用于机器零件镀锌等

第二部分 危险性概述

紧急情况概述 可加剧燃烧：氧化剂

GHS 危险性类别 氧化性固体，类别 2；急性毒性-经口，类别 4；皮肤腐蚀/刺激，类别 2；严重眼损伤/眼刺激，类别 2B；特异性靶器官毒性-一次接触，类别 3（呼吸道刺激）；危害水生环境-急性危害，类别 1；危害水生环境-长期危害，类别 1

标签要素

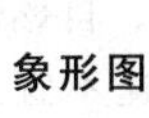

警示词 危险

危险性说明 可加剧燃烧：氧化剂，吞咽有害，造成皮肤刺激，造成眼刺激，可能引起呼吸道刺激，对水生生物毒性非常大并具有长期持续影响

防范说明

预防措施 远离热源。远离衣物、可燃物保存。采取一切预防措施，避免与可燃物混合。戴防护手套、防护眼镜、防护面罩。避免接触眼睛、皮肤，操作后彻底清洗。作业场所不得进食、饮水或吸烟。禁止排入环境

事故响应 火灾时，根据着火原因选择适当灭火剂灭火。皮肤接触：用大量肥皂水和水清洗。如发生皮肤刺激，就医。脱去被污染的衣服，污染的衣服洗净后方可重新使用。如接触眼睛：用水细心冲洗数分钟。如戴隐形眼镜并可方便地取出，取出隐形眼镜继续冲洗。如果眼睛刺激持续：就医。食入：漱口，如果感觉不适，立即呼叫中毒控制中心或就医。收集泄漏物

安全储存 -

废弃处置 本品及内装物、容器依据国家和地方法规处置

物理和化学危险 助燃。与可燃物混合能形成爆炸性混合物

健康危害 本品有腐蚀性。在高温下分解产生有刺激和有毒的氮氧化物气体，吸入引起中毒

环境危害 对水生生物毒性非常大并具有长期持续影响

第三部分 成分/组成信息

√物质 混合物

组分	浓度	CAS No.
硝酸锌		10196-18-6

第四部分 急救措施

吸入 迅速脱离现场至空气新鲜处。保持呼吸道通畅。如呼吸困难，给吸氧。如呼吸、心跳停止，立即行心肺复苏术。就医

皮肤接触 立即脱去污染衣着，用肥皂水或清水彻底冲洗。就医

眼睛接触 分开眼睑，用清水或生理盐水冲洗。就医

食入 漱口，饮水。就医

对保护施救者的忠告 根据需要使用个人防护设备

对医生的特别提示 对症处理

第五部分 消防措施

灭火剂 本品不燃。根据着火原因选择适当灭火剂灭火

特别危险性 与硫、磷、炭末、铜、金属硫化物及有机物接触发生剧烈反应。受高热分解，产生有毒的氮氧化物

灭火注意事项及防护措施 消防人员必须佩戴空气呼吸器、穿全身防火防毒服，在上风向灭火。尽可能将容器从火场移至空旷处。喷水保持火场容器冷却，直至灭火结束

第六部分 泄漏应急处理

作业人员防护措施、防护装备和应急处置程序 隔离泄漏污染区，限制出入。建议应急处理人员戴防尘口罩，穿防毒服，戴橡胶手套。勿使泄漏物与可燃物质（如木材、纸、油等）接触。穿上适当的防护服前严禁接触破裂的容器和泄漏物。尽可能切断泄漏源。勿使水进入包装容器内

环境保护措施 无资料

泄漏化学品的收容、清除方法及所使用的处置材料 小量泄漏：用洁净的铲子收集泄漏物，置于干净、干燥、盖子较松的容器中，将容器移离泄漏区。大量泄漏：泄漏物回收后，用水冲洗泄漏区

第七部分 操作处置与储存

操作注意事项 密闭操作，局部排风。操作人员必须经过专门培训，严格遵守操作规程。建议操作人员佩戴自吸过滤式防尘口罩，戴安全护目境，穿胶布防毒衣，戴橡胶手套。远离火种、热源。工作场所严禁吸烟。远离易燃、可燃物。避免产生粉尘。避免与还原剂、活性金属粉末接触。搬运时要轻装轻卸，防止包装及容器损坏。配备相应品种和数量的消防器材及泄漏应急处理设备。倒空的容器可能残留有害物

储存注意事项 储存于阴凉、通风的库房。库房温度不超过 28℃，相对湿度不超过 75%。远离火种、热源。包装必须完整密封，防止吸潮。应与易（可）燃物、还原剂、活性金属粉末等分开存放，切忌混储。储区应备有合适的材料收容泄漏物

第八部分 接触控制/个体防护

职业接触限值

中国 未制定标准

美国(ACGIH) 未制定标准

生物接触限值 未制定标准

监测方法 空气中有毒物质测定方法：火焰原子吸收光谱法；双硫腙分光光度法。生物监测检验方法：未制定标准

工程控制 密闭操作，局部排风。提供安全的淋浴和洗眼设备

个体防护装备

呼吸系统防护 可能接触其粉尘时，建议佩戴过滤式防尘呼吸器

眼睛防护 戴安全护目境

皮肤和身体防护 穿隔绝式防毒服

手防护 戴橡胶手套

第九部分 理化特性

外观与性状 无色无味结晶或白色粉末，易潮解

pH 值 6（1%水溶液） **熔点(℃)** 36～37

沸点(℃) 105（分解） **相对密度(水＝1)** 2.07

相对蒸气密度(空气＝1) 10.3 **相对密度(水＝1)** 无资料

相对蒸气密度(空气＝1) 无资料

饱和蒸气压(kPa) 无资料

临界压力(MPa) 无意义 **辛醇/水分配系数** 无资料

闪点(℃) 无意义 **自燃温度(℃)** 无意义

爆炸下限(%) 无意义 **爆炸上限(%)** 无意义

分解温度(℃) 444 **黏度(mPa·s)** 无资料

溶解性 易溶于水，易溶于乙醇

第十部分 稳定性和反应性

稳定性 稳定

危险反应 与强还原剂、易燃或可燃物等禁配物接触，有发生火灾和爆炸的危险

避免接触的条件 受热

禁配物 还原剂、易燃或可燃物、活性金属粉末、硫、磷

危险的分解产物 氮氧化物、氧化锌

第十一部分 毒理学信息

急性毒性 LD_{50}：1190mg/kg（大鼠经口）

皮肤刺激或腐蚀 家兔经皮：500mg（24h），重度刺激

眼睛刺激或腐蚀 家兔经眼：20mg（24h），中度刺激

呼吸或皮肤过敏 无资料 **生殖细胞突变性** 无资料

致癌性 无资料 **生殖毒性** 无资料

特异性靶器官系统毒性-一次接触 无资料

特异性靶器官系统毒性-反复接触 无资料

吸入危害 无资料

第十二部分 生态学信息

生态毒性 ErC_{50}：0.136mg/L（72h）（藻类）

持久性和降解性

生物降解性 无资料

非生物降解性 无资料

潜在的生物累积性 无资料

土壤中的迁移性 无资料

第十三部分 废弃处置

废弃化学品 根据国家和地方有关法规的要求处置。或与制造商联系，确定处置方法

污染包装物 将容器返还生产商或按照国家和地方法规处置

废弃注意事项 在规定场所掩埋空容器

第十四部分 运输信息

联合国危险货物编号（UN 号） 1514

联合国运输名称 硝酸锌

联合国危险性类别 5.1 **包装类别** Ⅱ类包装

包装标志 

海洋污染物 否

运输注意事项 运输时单独装运，运输过程中要确保容器不泄漏、不倒塌、不坠落、不损坏。运输时运输车辆应配备相应品种和数量的消防器材及泄漏应急处理设备。严禁与酸类、易燃物、有机物、还原剂、自燃物品、遇湿易燃物品等并车混运。运输时车速不宜过快，不得强行超车。运输车辆装卸前后，均应彻底清扫、洗净，严禁混入有机物、易燃物等杂质

第十五部分 法规信息

下列法律、法规、规章和标准，对该化学品的管理作了相应的规定。

中华人民共和国职业病防治法 职业病分类和目录：未列入

危险化学品安全管理条例 危险化学品目录：列入。易制爆危险化学品名录：列入。重点监管的危险化学品名录：未列入。GB 18218—2009《危险化学品重大危险源辨识》（表 1）：未列入

使用有毒物品作业场所劳动保护条例 高毒物品目录：未列入

易制毒化学品管理条例 易制毒化学品的分类和品种目录：未列入

国际公约 斯德哥尔摩公约：未列入。鹿特丹公约：未列入。蒙特利尔议定书：未列入

第十六部分 其他信息

编写和修订信息 **缩略语和首字母缩写**

培训建议 **参考文献**

免责声明

硝酸亚汞

第一部分 化学品标识

化学品中文名 硝酸亚汞

化学品英文名 mercurous nitrate

分子式 $Hg_2(NO_3)_2 \cdot 2H_2O$

相对分子质量 561.22

化学品的推荐及限制用途 用作分析试剂、氧化剂，也用于制药

第二部分 危险性概述

紧急情况概述 吞咽致命，皮肤接触会致命，吸入致命

GHS 危险性类别 急性毒性-经口，类别 2；急性毒性-经皮，类别 1；急性毒性-吸入，类别 2；特异性靶器官

毒性-反复接触，类别 2；危害水生环境-急性危害，类别 1；危害水生环境-长期危害，类别 1

标签要素

象形图

警示词 危险

危险性说明 吞咽致命，皮肤接触会致命，吸入致命，长时间或反复接触可能对器官造成损伤，对水生生物毒性非常大并具有长期持续影响

防范说明

预防措施 作业场所不得进食、饮水或吸烟。避免接触眼睛、皮肤或衣服，操作后彻底清洗。戴防护手套、穿防护服。避免吸入粉尘、蒸气。仅在室外或通风良好处操作。戴呼吸防护器具。禁止排入环境

事故响应 如吸入：将患者转移到空气新鲜处，休息，保持利于呼吸的体位，如感觉不适，就医。皮肤接触：用大量肥皂水和水轻轻地清洗，立即脱去所有被污染的衣服。被污染的衣服须经洗净后方可重新使用。食入：漱口，立即呼叫中毒控制中心或就医。收集泄漏物

安全储存 在通风良好处储存。保持容器密闭。上锁保管

废弃处置 本品及内装物、容器依据国家和地方法规处置

物理和化学危险 助燃。与可燃物混合能形成爆炸性混合物

健康危害 汞离子可使含巯基的酶丧失活性，失去功能；还能与酶中的氨基、二巯基、羧基、羟基以及细胞内的磷酰基结合，引起相应的损害

急性中毒 有头痛、头晕、乏力、失眠、多梦、口腔炎、发热等全身症状。可有食欲不振、恶心、腹痛、腹泻等。部分患者皮肤出现红色斑丘疹。严重者发生间质性肺炎及肾损害。口服可发生急性腐蚀性胃肠炎，严重者昏迷、休克，甚至发生坏死性肾病致急性肾功能衰竭。对眼有刺激性。可致皮炎

慢性中毒 表现有神经衰弱综合征；易兴奋症；精神情绪障碍，如胆怯、害羞、易怒、爱哭等；汞毒性震颤；口腔炎。少数病例有肝、肾损伤

环境危害 对水生生物毒性非常大并具有长期持续影响

第三部分 成分/组成信息

√物质		混合物
组分	**浓度**	**CAS No.**
硝酸亚汞		7782-86-7

第四部分 急救措施

吸入 迅速脱离现场至空气新鲜处。保持呼吸道通畅。如呼吸困难，给输氧。如呼吸、心跳停止，立即进行心肺复苏术。就医

皮肤接触 立即脱去污染的衣着，用流动清水彻底冲洗。就医

眼睛接触 立即分开眼睑，用流动清水或生理盐水彻底冲洗。就医

食入 口服蛋清、牛奶或豆浆。就医

对保护施救者的忠告 根据需要使用个人防护设备

对医生的特别提示 解毒剂：二巯基丙磺酸钠、二巯基丁二酸钠、青霉胺

第五部分 消防措施

灭火剂 本品不燃。根据着火原因选择适当灭火剂灭火

特别危险性 与还原剂、有机物、易燃物（如硫、磷）或金属粉末等混合可形成爆炸性混合物。受高热分解放出有毒的气体

灭火注意事项及防护措施 消防人员须佩戴防毒面具、穿全身消防服，在上风向灭火。尽可能将容器从火场移至空旷处。喷水保持火场容器冷却，直至灭火结束

第六部分 泄漏应急处理

作业人员防护措施、防护装备和应急处置程序 隔离泄漏污染区，限制出入。建议应急处理人员戴防尘口罩，穿防毒服，戴氯丁橡胶手套。勿使泄漏物与可燃物质（如木材、纸、油等）接触。穿上适当的防护服前严禁接触破裂的容器和泄漏物。尽可能切断泄漏源

环境保护措施 无资料

泄漏化学品的收容、清除方法及所使用的处置材料 用洁净的铲子收集泄漏物，置于干净、干燥、盖子较松的容器中，将容器移离泄漏区

第七部分 操作处置与储存

操作注意事项 密闭操作，局部排风。操作人员必须经过专门培训，严格遵守操作规程。建议操作人员佩戴头罩型电动送风过滤式防尘呼吸器，穿聚乙烯防毒服，戴氯丁橡胶手套。远离火种、热源。工作场所严禁吸烟。避免产生粉尘。避免与氧化剂接触。搬运时要轻装轻卸，防止包装及容器损坏。配备相应品种和数量的消防器材及泄漏应急处理设备。倒空的容器可能残留有害物

储存注意事项 储存于阴凉、通风的库房。远离火种、热源。避免光照。包装必须密封，切勿受潮。应与氧化剂、食用化学品分开存放，切忌混储。储区应备有合适的材料收容泄漏物。禁止震动、撞击和摩擦

第八部分 接触控制/个体防护

职业接触限值

中国 未制定标准

美国（ACGIH） TLV-TWA：0.025mg/m^3［按 Hg 计］［皮］

生物接触限值 尿总汞：20μmol/mol 肌酐（35 g/g 肌酐）（采样时间：接触 6 个月后工作班前）

监测方法 空气中有毒物质测定方法：原子荧光光谱法；双硫腙分光光度法；冷原子吸收光谱法。生物监测检验方法：尿中汞的双硫腙萃取分光光度测定方法；尿

中汞的冷原子吸收光谱测定方法（一）碱性氯化亚锡还原法；尿中有机（甲基）汞、无机汞和总汞的分别测定方法——选择性还原-冷原子吸收光谱法

工程控制 密闭操作，局部排风。提供安全的淋浴和洗眼设备

个体防护装备

呼吸系统防护 可能接触其粉尘时，作业人员应该佩戴过滤式防尘呼吸器必要时，佩戴空气呼吸器或长管面具

眼睛防护 戴化学安全防护眼镜

皮肤和身体防护 穿隔绝式防毒服

手防护 戴橡胶手套

第九部分 理化特性

外观与性状 无色棱形结晶或单斜板状结晶，有潮解性

pH值 无意义 **熔点(℃)** 70（分解）

沸点(℃) 分解 **相对密度(水＝1)** 4.79

相对蒸气密度(空气＝1) 无资料

饱和蒸气压(kPa) 无资料

燃烧热(kJ/mol) 无资料 **临界温度(℃)** 无资料

临界压力(MPa) 无意义 **辛醇/水分配系数** 无资料

闪点(℃) 无意义 **自燃温度(℃)** 无意义

爆炸下限(%) 无意义 **爆炸上限(%)** 无意义

分解温度(℃) 无资料 **黏度(mPa·s)** 无资料

溶解性 溶于水、稀硝酸，不溶于乙醇、乙醚

第十部分 稳定性和反应性

稳定性 稳定

危险反应 与强还原剂等禁配物发生反应

避免接触的条件 光照、受热

禁配物 强氧化剂

危险的分解产物 氧化汞、氮氧化物

第十一部分 毒理学信息

急性毒性 LD_{50}：170mg/kg（大鼠经口）；2330mg/kg（大鼠经皮）

皮肤刺激或腐蚀 无资料 **眼睛刺激或腐蚀** 无资料

呼吸或皮肤过敏 无资料 **生殖细胞突变性** 无资料

致癌性 无资料 **生殖毒性** 无资料

特异性靶器官系统毒性-一次接触 无资料

特异性靶器官系统毒性-反复接触 无资料

吸入危害 无资料

第十二部分 生态学信息

生态毒性 汞化合物对水生生物有极高毒性

持久性和降解性

生物降解性 无资料

非生物降解性 无资料

潜在的生物累积性 元素汞易在生物体内富集

土壤中的迁移性 无资料

第十三部分 废弃处置

废弃化学品 根据国家和地方有关法规的要求处置。或与制造商联系，确定处置方法

污染包装物 将容器返还生产商或按照国家和地方法规处置

废弃注意事项 处置前应参阅国家和地方有关法规

第十四部分 运输信息

联合国危险货物编号(UN号) 1627

联合国运输名称 硝酸亚汞

联合国危险性类别 6.1 **包装类别** Ⅱ类包装

包装标志 

海洋污染物 是

运输注意事项 运输前应先检查包装容器是否完整、密封，运输过程中要确保容器不泄漏、不倒塌、不坠落、不损坏。严禁与酸类、氧化剂、食品及食品添加剂混运。运输时运输车辆应配备泄漏应急处理设备。运输途中应防曝晒、雨淋，防高温

第十五部分 法规信息

下列法律、法规、规章和标准，对该化学品的管理作了相应的规定。

中华人民共和国职业病防治法 职业病分类和目录：汞及其化合物中毒

危险化学品安全管理条例 危险化学品目录：列入。易制爆危险化学品名录：未列入。重点监管的危险化学品名录：未列入。GB 18218—2009《危险化学品重大危险源辨识》(表1)：未列入

使用有毒物品作业场所劳动保护条例 高毒物品目录：未列入

易制毒化学品管理条例 易制毒化学品的分类和品种目录：未列入

国际公约 斯德哥尔摩公约：未列入。鹿特丹公约：未列入。蒙特利尔议定书：未列入

第十六部分 其他信息

编写和修订信息 **缩略语和首字母缩写**

培训建议 **参考文献**

免责声明

硝酸乙酯

第一部分 化学品标识

化学品中文名 硝酸乙酯

化学品英文名 ethyl nitrate; nitric acid ethyl ester

分子式 $C_2H_5NO_3$ **相对分子质量** 91.08

结构式 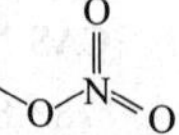

化学品的推荐及限制用途 主要用于药物、香料、染料的合成，也可用作液体火箭推进剂

第二部分 危险性概述

紧急情况概述 高度易燃液体和蒸气

GHS 危险性类别 易燃液体，类别 2

标签要素

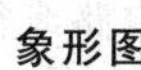

警示词 危险

危险性说明 高度易燃液体和蒸气

防范说明

预防措施 远离热源、火花、明火、热表面。禁止吸烟。保持容器密闭。容器和接收设备接地连接。使用防爆电器、通风、照明设备。只能使用不产生火花的工具。采取防止静电措施。戴防护手套、防护眼镜、防护面罩

事故响应 火灾时，使用泡沫、二氧化碳、干粉、砂土灭火。如皮肤（或头发）接触：立即脱掉所有被污染的衣服，用水冲洗皮肤，淋浴

安全储存 存放在通风良好的地方。保持低温

废弃处置 本品及内装物、容器依据国家和地方法规处置

物理和化学危险 高度易燃，其蒸气与空气混合，能形成爆炸性混合物

健康危害 吸入本品后可引起头痛、呕吐和麻醉

环境危害 对环境可能有害

第三部分 成分/组成信息

√物质　　　　混合物

组分	浓度	CAS No.
硝酸乙酯		625-58-1

第四部分 急救措施

吸入 迅速脱离现场至空气新鲜处。保持呼吸道通畅。如呼吸困难，给输氧。如呼吸、心跳停止，立即进行心肺复苏术。就医

皮肤接触 立即脱去污染的衣着，用流动清水彻底冲洗。就医

眼睛接触 立即分开眼睑，用流动清水或生理盐水彻底冲洗。就医

食入 漱口，饮水。就医

对保护施救者的忠告 根据需要使用个人防护设备

对医生的特别提示 对症处理

第五部分 消防措施

灭火剂 用泡沫、二氧化碳、干粉、砂土灭火

特别危险性 与还原剂能发生强烈反应。受热分解放出有毒的氧化氮烟气。燃烧生成有害的一氧化碳、氮氧化物

灭火注意事项及防护措施 消防人员必须佩戴空气呼吸器、穿全身防火防毒服，在上风向灭火。喷水保持火场容器冷却，直至灭火结束。容器突然发出异常声音或出现异常现象，应立即撤离

第六部分 泄漏应急处理

作业人员防护措施、防护装备和应急处置程序 消除所有点火源。根据液体流动和蒸气扩散的影响区域划定警戒区，无关人员从侧风、上风向撤离至安全区。建议应急处理人员戴正压自给式呼吸器，穿防静电服，戴橡胶耐油手套。作业时使用的所有设备应接地。禁止接触或跨越泄漏物。尽可能切断泄漏源

环境保护措施 防止泄漏物进入水体、下水道、地下室或有限空间

泄漏化学品的收容、清除方法及所使用的处置材料 小量泄漏：用砂土或其他不燃材料吸收，使用洁净的无火花工具收集吸收材料。大量泄漏：构筑围堤或挖坑收容。用砂土、惰性物质或蛭石吸收大量液体。用泡沫覆盖，减少蒸发。喷水雾能减少蒸发，但不能降低泄漏物在有限空间内的易燃性。用防爆泵转移至槽车或专用收集器内

第七部分 操作处置与储存

操作注意事项 严加密闭，提供充分的局部排风和全面通风。操作人员必须经过专门培训，严格遵守操作规程。建议操作人员佩戴自吸过滤式防毒面具（半面罩），戴化学安全防护眼镜，穿防毒物渗透工作服，戴橡胶耐油手套。远离火种、热源。工作场所严禁吸烟。使用防爆型的通风系统和设备。防止蒸气泄漏到工作场所空气中。避免与氧化剂、还原剂接触。充装要控制流速，防止静电积聚。搬运时要轻装轻卸，防止包装及容器损坏。配备相应品种和数量的消防器材及泄漏应急处理设备。倒空的容器可能残留有害物

储存注意事项 储存于有冷藏装置、通风良好、散热良好的不燃结构的库房内。库温不宜超过 37℃。远离火种、热源。应与氧化剂、还原剂分开存放，切忌混储。采用防爆型照明、通风设施。禁止使用易产生火花的机械设备和工具。储区应备有泄漏应急处理设备和合适的收容材料

第八部分 接触控制/个体防护

职业接触限值

中国 未制定标准

美国(ACGIH) 未制定标准

生物接触限值 未制定标准

监测方法 空气中有毒物质测定方法：未制定标准。生物监测检验方法：未制定标准

工程控制 严加密闭，提供充分的局部排风和全面通风

个体防护装备

呼吸系统防护 可能接触其蒸气时，应该佩戴过滤式防毒面具（半面罩）。紧急事态抢救或撤离时，建议佩戴空气呼吸器

眼睛防护 戴化学安全防护眼镜

皮肤和身体防护 穿防毒物渗透工作服

手防护 戴橡胶耐油手套

第九部分 理化特性

外观与性状 无色液体，有令人愉快的气味和甜味

pH 值 无资料　　**熔点(℃)** −112

沸点(℃) 88.7　　**相对密度(水=1)** 1.11

相对蒸气密度(空气=1) 3.14
饱和蒸气压(kPa) 8.53(25℃)
燃烧热(kJ/mol) −1347.6 **临界温度(℃)** 无资料
临界压力(MPa) 无资料 **辛醇/水分配系数** 1.25
闪点(℃) 10 **自燃温度(℃)** 85
爆炸下限(%) 4 **爆炸上限(%)** 10
分解温度(℃) 无资料 **黏度(mPa·s)** 无资料
溶解性 微溶于水，溶于乙醇、乙醚

第十部分 稳定性和反应性

稳定性 稳定
危险反应 与强氧化剂等禁配物接触，有发生火灾和爆炸的危险
避免接触的条件 受热
禁配物 还原剂、氧化剂
危险的分解产物 氮氧化物

第十一部分 毒理学信息

急性毒性 LD_{50}：300mg/kg（猫腹腔内）
皮肤刺激或腐蚀 无资料 **眼睛刺激或腐蚀** 无资料
呼吸或皮肤过敏 无资料 **生殖细胞突变性** 无资料
致癌性 无资料 **生殖毒性** 无资料
特异性靶器官系统毒性-一次接触 无资料
特异性靶器官系统毒性-反复接触 无资料
吸入危害 无资料

第十二部分 生态学信息

生态毒性 无资料
持久性和降解性
生物降解性 无资料
非生物降解性 无资料
潜在的生物累积性 无资料
土壤中的迁移性 无资料

第十三部分 废弃处置

废弃化学品 建议用焚烧法处置。焚烧炉排出的氮氧化物通过洗涤器除去
污染包装物 将容器返还生产商或按照国家和地方法规处置
废弃注意事项 处置前应参阅国家和地方有关法规

第十四部分 运输信息

联合国危险货物编号（UN号） 3272
联合国运输名称 酯类，未另作规定的（硝酸乙酯）
联合国危险性类别 3 **包装类别** Ⅱ类包装
包装标志  **海洋污染物** 否
运输注意事项 运输时运输车辆应配备相应品种和数量的消防器材及泄漏应急处理设备。夏季最好早晚运输。运输时所用的槽（罐）车应有接地链，槽内可设孔隔板以减少震荡产生的静电。严禁与氧化剂、还原剂等混装混运。运输途中应防曝晒、雨淋，防高温。中途停留时应远离火种、热源、高温区。装运该物品的车辆排气管必须配备阻火装置，禁止使用易产生火花的机械设备和工具装卸。公路运输时要按规定路线行驶，勿在居民区和人口稠密区停留。铁路运输时要禁止溜放。严禁用木船、水泥船散装运输

第十五部分 法规信息

下列法律、法规、规章和标准，对该化学品的管理作了相应的规定。
中华人民共和国职业病防治法 职业病分类和目录：未列入
危险化学品安全管理条例 危险化学品目录：未列入。易制爆危险化学品名录：未列入。重点监管的危险化学品名录：未列入。GB 18218—2009《危险化学品重大危险源辨识》(表1)：未列入
使用有毒物品作业场所劳动保护条例 高毒物品目录：未列入
易制毒化学品管理条例 易制毒化学品的分类和品种目录：未列入
国际公约 斯德哥尔摩公约：未列入。鹿特丹公约：未列入。蒙特利尔议定书：未列入

第十六部分 其他信息

编写和修订信息 **缩略语和首字母缩写**
培训建议 **参考文献**
免责声明

硝酸异丙酯

第一部分 化学品标识

化学品中文名 硝酸异丙酯
化学品英文名 isopropyl nitrate；2-propyl nitrate
分子式 $C_3H_7NO_3$ **相对分子质量** 105.11
结构式 (CH₃)₂CH–O–NO₂ 结构图
化学品的推荐及限制用途 用作溶剂、汽车燃料添加剂，用于有机合成

第二部分 危险性概述

紧急情况概述 高度易燃液体和蒸气
GHS危险性类别 易燃液体，类别2；急性毒性-吸入，类别5
标签要素
象形图 
警示词 危险
危险性说明 高度易燃液体和蒸气，吸入可能有害
防范说明
预防措施 远离热源、火花、明火、热表面。禁止吸烟。保持容器密闭。容器和接收设备接地连

接。使用防爆电器、通风、照明设备。只能使用不产生火花的工具。采取防止静电措施。戴防护手套、防护眼镜、防护面罩

事故响应　火灾时，用泡沫、二氧化碳、干粉、砂土灭火。如皮肤（或头发）接触：立即脱掉所有被污染的衣服，用水冲洗皮肤，淋浴。如感觉不适，呼叫中毒控制中心或就医

安全储存　存放在通风良好的地方。保持低温

废弃处置　本品及内装物、容器依据国家和地方法规处置

物理和化学危险　高度易燃，其蒸气与空气混合，能形成爆炸性混合物

健康危害　有刺激性。可引起高铁血红蛋白血症

环境危害　对环境可能有害

第三部分　成分/组成信息

√物质		混合物
组分	**浓度**	**CAS No.**
硝酸异丙酯		1712-64-7

第四部分　急救措施

吸入　迅速脱离现场至空气新鲜处。保持呼吸道通畅。如呼吸困难，给输氧。如呼吸、心跳停止，立即进行心肺复苏术。就医

皮肤接触　立即脱去污染的衣着，用流动清水彻底冲洗。就医

眼睛接触　立即分开眼睑，用流动清水或生理盐水彻底冲洗。就医

食入　漱口，饮水。就医

对保护施救者的忠告　根据需要使用个人防护设备

对医生的特别提示　高铁血红蛋白血症，可用美蓝和维生素C治疗

第五部分　消防措施

灭火剂　用泡沫、二氧化碳、干粉、砂土灭火

特别危险性　遇明火、高热会引起燃烧爆炸。燃烧生成有害的一氧化碳、氮氧化物

灭火注意事项及防护措施　消防人员必须佩戴空气呼吸器、穿全身防火防毒服，在上风向灭火。喷水保持火场容器冷却，直至灭火结束。容器突然发出异常声音或出现异常现象，应立即撤离

第六部分　泄漏应急处理

作业人员防护措施、防护装备和应急处置程序　消除所有点火源。根据液体流动和蒸气扩散的影响区域划定警戒区，无关人员从侧风、上风向撤离至安全区。建议应急处理人员戴正压自给式呼吸器，穿防静电服，戴橡胶耐油手套。作业时使用的所有设备应接地。禁止接触或跨越泄漏物。尽可能切断泄漏源

环境保护措施　防止泄漏物进入水体、下水道、地下室或有限空间

泄漏化学品的收容、清除方法及所使用的处置材料　小量泄漏：用砂土或其他不燃材料吸收，使用洁净的无火花工具收集吸收材料。大量泄漏：构筑围堤或挖坑收容。用泡沫覆盖，减少蒸发。喷水雾能减少蒸发，但不能降低泄漏物在有限空间内的易燃性。用防爆泵转移至槽车或专用收集器内

第七部分　操作处置与储存

操作注意事项　密闭操作，加强通风。操作人员必须经过专门培训，严格遵守操作规程。建议操作人员佩戴自吸过滤式防毒面具（半面罩），戴化学安全防护眼镜，穿防毒物渗透工作服，戴橡胶耐油手套。远离火种、热源。工作场所严禁吸烟。使用防爆型的通风系统和设备。防止蒸气泄漏到工作场所空气中。避免与还原剂、酸类、活性金属粉末接触。充装要控制流速，防止静电积聚。搬运时要轻装轻卸，避免碰撞、翻倒，防止包装破损洒漏。配备相应品种和数量的消防器材及泄漏应急处理设备。倒空的容器可能残留有害物

储存注意事项　储存于通风、低温的库房内。库温不宜超过37℃。远离火种、热源。保持容器密封。应与还原剂、酸类、活性金属粉末分开存放，切忌混储。采用防爆型照明、通风设施。禁止使用易产生火花的机械设备和工具。储区应备有泄漏应急处理设备和合适的收容材料

第八部分　接触控制/个体防护

职业接触限值

中国　未制定标准　　美国(ACGIH)　未制定标准

生物接触限值　未制定标准

监测方法　空气中有毒物质测定方法：未制定标准。生物监测检验方法：未制定标准

工程控制　生产过程密闭，加强通风

个体防护装备

呼吸系统防护　可能接触其蒸气时，应该佩戴过滤式防毒面具（半面罩）。紧急事态抢救或撤离时，建议佩戴空气呼吸器

眼睛防护　戴化学安全防护眼镜

皮肤和身体防护　穿防毒物渗透工作服

手防护　戴橡胶耐油手套

第九部分　理化特性

外观与性状　无色液体，有令人愉快的味道

pH值	无资料	**熔点(℃)**	0
沸点(℃)	101～102	**相对密度(水=1)**	1.04
相对蒸气密度(空气=1)	无资料		
饱和蒸气压(kPa)	无资料		
燃烧热(kJ/mol)	无资料	**临界温度(℃)**	无资料
临界压力(MPa)	无资料	**辛醇/水分配系数**	1.66
闪点(℃)	11	**自燃温度(℃)**	无资料
爆炸下限(%)	2	**爆炸上限(%)**	100
分解温度(℃)	无资料	**黏度(mPa·s)**	无资料

溶解性　不溶于水，溶于乙醇、乙醚

第十部分　稳定性和反应性

稳定性　稳定

危险反应 与强氧化剂、强还原剂等禁配物接触，有发生火灾和爆炸的危险

避免接触的条件 受热

禁配物 强还原剂、强酸、活性金属粉末

危险的分解产物 氮氧化物

第十一部分 毒理学信息

急性毒性 LC_{50}：29g/m^3（大鼠吸入，2h）

皮肤刺激或腐蚀 无资料 **眼睛刺激或腐蚀** 无资料

呼吸或皮肤过敏 无资料 **生殖细胞突变性** 无资料

致癌性 无资料 **生殖毒性** 无资料

特异性靶器官系统毒性-一次接触 无资料

特异性靶器官系统毒性-反复接触 无资料

吸入危害 无资料

第十二部分 生态学信息

生态毒性 无资料

持久性和降解性

生物降解性 无资料

非生物降解性 无资料

潜在的生物累积性 无资料

土壤中的迁移性 无资料

第十三部分 废弃处置

废弃化学品 建议用焚烧法处置。焚烧炉排出的氮氧化物通过洗涤器除去

污染包装物 将容器返还生产商或按照国家和地方法规处置

废弃注意事项 处置前应参阅国家和地方有关法规

第十四部分 运输信息

联合国危险货物编号（UN号） 1222

联合国运输名称 硝酸异丙酯

联合国危险性类别 3 **包装类别** Ⅱ类包装

包装标志  **海洋污染物** 否

运输注意事项 运输时运输车辆应配备相应品种和数量的消防器材及泄漏应急处理设备。夏季最好早晚运输。运输时所用的槽（罐）车应有接地链，槽内可设孔隔板以减少震荡产生的静电。严禁与还原剂、酸类、活性金属粉末、食用化学品等混装混运。运输途中应防曝晒、雨淋，防高温。中途停留时应远离火种、热源、高温区。装运该物品的车辆排气管必须配备阻火装置，禁止使用易产生火花的机械设备和工具装卸。公路运输时要按规定路线行驶，勿在居民区和人口稠密区停留。铁路运输时要禁止溜放。严禁用木船、水泥船散装运输

第十五部分 法规信息

下列法律、法规、规章和标准，对该化学品的管理作了相应的规定。

中华人民共和国职业病防治法 职业病分类和目录：未列入

危险化学品安全管理条例 危险化学品目录：列入。易制爆危险化学品名录：未列入。重点监管的危险化学品名录：未列入。GB 18218—2009《危险化学品重大危险源辨识》（表1）：未列入

使用有毒物品作业场所劳动保护条例 高毒物品目录：未列入

易制毒化学品管理条例 易制毒化学品的分类和品种目录：未列入

国际公约 斯德哥尔摩公约：未列入。鹿特丹公约：未列入。蒙特利尔议定书：未列入

第十六部分 其他信息

编写和修订信息 **缩略语和首字母缩写**

培训建议 **参考文献**

免责声明

硝 酸 银

第一部分 化学品标识

化学品中文名 硝酸银

化学品英文名 silver nitrate；lunar caustic

分子式 $AgNO_3$ **相对分子质量** 169.88

化学品的推荐及限制用途 用于照相乳剂、镀银、制镜、印刷、医药、染毛发等，也用于电子工业

第二部分 危险性概述

紧急情况概述 可加剧燃烧：氧化剂，造成严重的皮肤灼伤和眼损伤

GHS危险性类别 氧化性固体，类别2；皮肤腐蚀/刺激，类别1B；严重眼损伤/眼刺激，类别1；危害水生环境-急性危害，类别1；危害水生环境-长期危害，类别1

标签要素

象形图

警示词 危险

危险性说明 可加剧燃烧：氧化剂，造成严重的皮肤灼伤和眼损伤，造成严重眼损伤，对水生生物毒性非常大并具有长期持续影响

防范说明

预防措施 远离热源。远离衣物、可燃物保存。采取一切预防措施，避免与可燃物混合。避免吸入粉尘。避免接触眼睛、皮肤，操作后彻底清洗。戴防护手套，穿防护服，戴防护眼镜、防护面罩。禁止排入环境

事故响应 火灾时，根据着火原因选择适当灭火剂灭火。如吸入：将患者转移到空气新鲜处，休息，保持利于呼吸的体位，立即呼叫中毒控制中心或就医。皮肤（或头发）接触：立即脱掉

所有被污染的衣服，用水冲洗皮肤，淋浴。污染的衣服须洗净后方可重新使用。眼睛接触：用水细心地冲洗数分钟。如戴隐形眼镜并可方便地取出，则取出隐形眼镜继续冲洗。食入：漱口，不要催吐。收集泄漏物

安全储存　上锁保管

废弃处置　本品及内装物、容器依据国家和地方法规处置

物理和化学危险　助燃。与可燃物混合能形成爆炸性混合物

健康危害　误服硝酸银可引起剧烈腹痛、呕吐、血便，甚至发生胃肠道穿孔。可造成皮肤和眼灼伤。长期接触本品的工人会出现全身性银质沉着症。表现包括：全身皮肤广泛的色素沉着，呈灰蓝黑色或浅石板色；眼部银质沉着造成眼损害；呼吸道银质沉着造成慢性支气管炎等

环境危害　对水生生物毒性非常大并具有长期持续影响

第三部分　成分/组成信息

√物质		混合物
组分	**浓度**	**CAS No.**
硝酸银		7761-88-8

第四部分　急救措施

吸入　迅速脱离现场至空气新鲜处。保持呼吸道通畅。如呼吸困难，给输氧。如呼吸、心跳停止，立即进行心肺复苏术。就医

皮肤接触　立即脱去污染的衣着，用大量流动清水彻底冲洗至少15min。就医

眼睛接触　立即分开眼睑，用流动清水或生理盐水彻底冲洗至少15min。就医

食入　用水漱口，禁止催吐。给饮牛奶或蛋清。就医

对保护施救者的忠告　根据需要使用个人防护设备

对医生的特别提示　对症处理

第五部分　消防措施

灭火剂　本品不燃。根据着火原因选择适当灭火剂灭火

特别危险性　受高热分解，产生有毒的氮氧化物

灭火注意事项及防护措施　消防人员必须佩戴空气呼吸器、穿全身防火防毒服，在上风向灭火。尽可能将容器从火场移至空旷处。喷水保持火场容器冷却，直至灭火结束。切勿将水流直接射至熔融物，以免引起严重的流淌火灾或引起剧烈的沸溅

第六部分　泄漏应急处理

作业人员防护措施、防护装备和应急处置程序　隔离泄漏污染区，限制出入。建议应急处理人员戴防尘口罩，穿防毒服，戴氯丁橡胶手套。勿使泄漏物与可燃物质（如木材、纸、油等）接触。穿上适当的防护服前严禁接触破裂的容器和泄漏物。尽可能切断泄漏源。勿使水进入包装容器内

环境保护措施　无资料

泄漏化学品的收容、清除方法及所使用的处置材料　小量泄漏：用洁净的铲子收集泄漏物，置于干净、干燥、盖子较松的容器中，将容器移离泄漏区。大量泄漏：泄漏物回收后，用水冲洗泄漏区

第七部分　操作处置与储存

操作注意事项　密闭操作，加强通风。操作人员必须经过专门培训，严格遵守操作规程。建议操作人员佩戴头罩型电动送风过滤式防尘呼吸器，穿胶布防毒衣，戴氯丁橡胶手套。远离火种、热源。工作场所严禁吸烟。远离易燃、可燃物。避免产生粉尘。避免与还原剂、碱类、醇类接触。搬运时要轻装轻卸，防止包装及容器损坏。配备相应品种和数量的消防器材及泄漏应急处理设备。倒空的容器可能残留有害物

储存注意事项　储存于阴凉、通风的库房。远离火种、热源。避免光照。库房温度不超过30℃，相对湿度不超过80%。包装必须密封，切勿受潮。应与易（可）燃物、还原剂、碱类、醇类、食用化学品分开存放，切忌混储。储区应备有合适的材料收容泄漏物

第八部分　接触控制/个体防护

职业接触限值

中国　未制定标准

美国（ACGIH）　TLV-TWA：$0.01mg/m^3$［按Ag计］

生物接触限值　未制定标准

监测方法　空气中有毒物质测定方法：未制定标准。生物监测检验方法：未制定标准

工程控制　生产过程密闭，加强通风。提供安全的淋浴和洗眼设备

个体防护装备

呼吸系统防护　可能接触其粉尘时，建议佩戴过滤式防尘呼吸器

眼睛防护　戴化学安全防护眼镜

皮肤和身体防护　穿隔绝式防毒服

手防护　戴橡胶手套

第九部分　理化特性

外观与性状　无色透明的斜方结晶或白色的结晶，有苦味

pH值	无意义	**熔点(℃)**	212
沸点(℃)	444（分解）	**相对密度(水=1)**	4.35
相对蒸气密度(空气=1)	无资料		
饱和蒸气压(kPa)	无资料		
燃烧热(kJ/mol)	无资料	**临界温度(℃)**	无资料
临界压力(MPa)	无意义	**辛醇/水分配系数**	无资料
闪点(℃)	无意义	**自燃温度(℃)**	无意义
爆炸下限(%)	无意义	**爆炸上限(%)**	无意义
分解温度(℃)	无资料	**黏度(mPa·s)**	无资料

溶解性　易溶于水、氨水、甘油，微溶于乙醚

第十部分　稳定性和反应性

稳定性　稳定

危险反应　与强还原剂、易燃或可燃物等禁配物接触，有

发生火灾和爆炸的危险

避免接触的条件 光照

禁配物 强还原剂、强碱、氨、醇类、镁、易燃或可燃物

危险的分解产物 氮氧化物

第十一部分 毒理学信息

急性毒性 LD_{50}：1173mg/kg（大鼠经口）；50mg/kg（小鼠经口）

皮肤刺激或腐蚀 无资料

眼睛刺激或腐蚀 家兔经眼：1mg，重度刺激

呼吸或皮肤过敏 无资料

生殖细胞突变性 DNA抑制：人淋巴细胞76μmol/L。性染色体缺失和不分离：酿酒酵母140ppb

致癌性 无资料

生殖毒性 大鼠皮下最低中毒剂量（TDLo）：13590μg/kg（雄性交配前用药1d），对睾丸、附睾和输精管有影响。小鼠皮下最低中毒剂量（TDLo）：13590μg/kg（雄性交配前用药30d），对睾丸、附睾和输精管有影响

特异性靶器官系统毒性-一次接触 无资料

特异性靶器官系统毒性-反复接触 无资料

吸入危害 无资料

第十二部分 生态学信息

生态毒性

LC_{50} 0.51mg/L（96h）（鱼）

EC_{50} 0.043mg/L（48h）（水蚤）

持久性和降解性

生物降解性 无资料

非生物降解性 无资料

潜在的生物累积性 无资料

土壤中的迁移性 无资料

第十三部分 废弃处置

废弃化学品 与制造商联系，确定处置方法

污染包装物 将容器返还生产商或按照国家和地方法规处置

废弃注意事项 处置前应参阅国家和地方有关法规。若可能，回收使用

第十四部分 运输信息

联合国危险货物编号（UN号） 1493

联合国运输名称 硝酸银

联合国危险性类别 5.1 **包装类别** Ⅱ类包装

包装标志 

海洋污染物 否

运输注意事项 运输时单独装运，运输过程中要确保容器不泄漏、不倒塌、不坠落、不损坏。运输时运输车辆应配备相应品种和数量的消防器材及泄漏应急处理设备。严禁与酸类、易燃物、有机物、还原剂、自燃物品、遇湿易燃物品等并车混运。运输时车速不宜过快，不得强行超车。运输车辆装卸前后，均应彻底清扫、洗净，严禁混入有机物、易燃物等杂质

第十五部分 法规信息

下列法律、法规、规章和标准，对该化学品的管理作了相应的规定。

中华人民共和国职业病防治法 职业病分类和目录：未列入

危险化学品安全管理条例 危险化学品目录：列入。易制爆危险化学品名录：列入。重点监管的危险化学品名录：未列入。GB 18218—2009《危险化学品重大危险源辨识》（表1）：未列入

使用有毒物品作业场所劳动保护条例 高毒物品目录：未列入

易制毒化学品管理条例 易制毒化学品的分类和品种目录：未列入

国际公约 斯德哥尔摩公约：未列入。鹿特丹公约：未列入。蒙特利尔议定书：未列入

第十六部分 其他信息

编写和修订信息 **缩略语和首字母缩写**

培训建议 **参考文献**

免责声明

锌 粉

第一部分 化学品标识

化学品中文名 锌粉；锌灰；锌粉尘

化学品英文名 zinc powder；zinc dust

分子式 Zn **相对分子质量** 65.38

化学品的推荐及限制用途 用作催化剂、还原剂，用于有机合成，也用于电镀锌和制备有色金属合金

第二部分 危险性概述

紧急情况概述 暴露在空气中自燃，遇水放出可自燃的易燃气体

GHS危险性类别 自燃固体，类别1；遇水放出易燃气体的物质和混合物，类别1；危害水生环境-急性危害，类别1；危害水生环境-长期危害，类别1

标签要素

象形图  

警示词 危险

危险性说明 暴露在空气中自燃，遇水放出可自燃的易燃气体，对水生生物毒性非常大并具有长期持续影响

防范说明

预防措施 远离热源、火花、明火、热表面。禁止吸烟。不得与空气接触。戴防护手套、防护眼镜、防护面罩。因与水发生剧烈反应和可能发生爆燃，应避免与水接触。在惰性气体中操作。防潮。禁止排入环境

事故响应　火灾时，用干粉、干砂灭火。擦掉皮肤上的微粒，将接触部位浸入冷水中、用湿绷带包扎。如果食入：不要催吐，立即呼叫中毒控制中心或就医。收集泄漏物

安全储存　在干燥处和密闭的容器中储存。上锁保管

废弃处置　本品及内装物、容器依据国家和地方法规处置

物理和化学危险　遇湿易燃。与氧化性物质混合会发生爆炸

健康危害　吸入锌在高温下形成的氧化锌烟雾可致金属烟雾热，症状有口中金属味、口渴、胸部紧束感、干咳、头痛、头晕、高热、寒战等。粉尘对眼有刺激性。口服刺激胃肠道。长期反复接触对皮肤有刺激性

环境危害　对水生生物毒性非常大并具有长期持续影响

第三部分　成分/组成信息

√物质　　混合物

组分	浓度	CAS No.
锌		7440-66-6

第四部分　急救措施

吸入　迅速脱离现场至空气新鲜处。保持呼吸道通畅。如呼吸困难，给输氧。如呼吸、心跳停止，立即进行心肺复苏术。就医

皮肤接触　立即脱去污染的衣着，用流动清水彻底冲洗。就医

眼睛接触　立即分开眼睑，用流动清水或生理盐水彻底冲洗。就医

食入　漱口，饮水。就医

对保护施救者的忠告　根据需要使用个人防护设备

对医生的特别提示　对症处理

第五部分　消防措施

灭火剂　用干粉、干砂灭火

特别危险性　与水、酸类或碱金属氢氧化物接触能放出易燃的氢气。与氧化剂、硫黄反应会引起燃烧或爆炸。粉末与空气能形成爆炸性混合物，易被明火点燃引起爆炸，潮湿粉尘在空气中易自行发热燃烧。燃烧生成有害的氧化锌

灭火注意事项及防护措施　消防人员必须佩戴空气呼吸器、穿全身防火防毒服，在上风向灭火。尽可能将容器从火场移至空旷处。喷水保持火场容器冷却，直至灭火结束。禁止用水和泡沫灭火

第六部分　泄漏应急处理

作业人员防护措施、防护装备和应急处置程序　隔离泄漏污染区，限制出入。消除所有点火源。建议应急处理人员戴防尘口罩，穿防静电服，戴防护手套。禁止接触或跨越泄漏物。尽可能切断泄漏源。严禁用水处理

环境保护措施　无资料

泄漏化学品的收容、清除方法及所使用的处置材料　小量泄漏：用干燥的砂土或其他不燃材料覆盖泄漏物，然后用塑料布覆盖，减少飞散、避免雨淋。粉末泄漏：用塑料布或帆布覆盖泄漏物，减少飞散，保持干燥。在专家指导下清除

第七部分　操作处置与储存

操作注意事项　密闭操作。操作人员必须经过专门培训，严格遵守操作规程。建议操作人员佩戴自吸过滤式防尘口罩，戴化学安全防护眼镜，穿防静电工作服。远离火种、热源。工作场所严禁吸烟。使用防爆型的通风系统和设备。避免产生粉尘。避免与氧化剂、酸类、碱类、胺类、氯代烃接触。尤其要注意避免与水接触。搬运时要轻装轻卸，防止包装及容器损坏。配备相应品种和数量的消防器材及泄漏应急处理设备。倒空的容器可能残留有害物

储存注意事项　储存于阴凉、干燥、通风良好的专用库房内，远离火种、热源。库房温度不超过 32℃，相对湿度不超过 75%。包装密封。应与氧化剂、酸类、碱类、胺类、氯代烃等分开存放，切忌混储。采用防爆型照明、通风设施。禁止使用易产生火花的机械设备和工具。储区应备有合适的材料收容泄漏物

第八部分　接触控制/个体防护

职业接触限值

中国　未制定标准

美国(ACGIH)　未制定标准

生物接触限值　未制定标准

监测方法　空气中有毒物质测定方法：火焰原子吸收光谱法，双硫腙分光光度法。生物监测检验方法：未制定标准

工程控制　密闭操作。提供安全的淋浴和洗眼设备

个体防护装备

呼吸系统防护　作业时，应该佩戴过滤式防尘呼吸器。必要时佩戴空气呼吸器

眼睛防护　戴化学安全防护眼镜

皮肤和身体防护　穿防静电工作服

手防护　戴一般作业防护手套

第九部分　理化特性

外观与性状　浅灰色的细小粉末

pH 值　无意义　　**熔点(℃)**　419.6

沸点(℃)　907　　**相对密度(水=1)**　7.13

相对蒸气密度(空气=1)　无资料

饱和蒸气压(kPa)　0.13 (487℃)

燃烧热(kJ/mol)　无资料　　**临界温度(℃)**　无资料

临界压力(MPa)　290.4　　**辛醇/水分配系数**　−0.47

闪点(℃)　无意义　　**自燃温度(℃)**　500

爆炸下限(%)　212～284mg/m^3

爆炸上限(%)　无资料

分解温度(℃)　无资料　　**黏度(mPa·s)**　无资料

溶解性　不溶于水，溶于酸、碱

第十部分　稳定性和反应性

稳定性　稳定

危险反应 与强氧化剂、卤素、金属粉末等禁配物接触，有发生火灾和爆炸的危险

避免接触的条件 潮湿空气

禁配物 胺类、硫、氯代烃、强酸、强碱、氧化物、强氧化剂、水、碱金属氢氧化物

危险的分解产物 无意义

第十一部分 毒理学信息

急性毒性 TDLo：25mg/kg（大鼠气管内）

皮肤刺激或腐蚀 无资料 **眼睛刺激或腐蚀** 无资料

呼吸或皮肤过敏 无资料 **生殖细胞突变性** 无资料

致癌性 无资料 **生殖毒性** 无资料

特异性靶器官系统毒性-一次接触 无资料

特异性靶器官系统毒性-反复接触 无资料

吸入危害 无资料

第十二部分 生态学信息

生态毒性 无资料

持久性和降解性

生物降解性 无资料

非生物降解性 无资料

潜在的生物累积性 无资料

土壤中的迁移性 无资料

第十三部分 废弃处置

废弃化学品 恢复材料的原状态，以便重新使用

污染包装物 将容器返还生产商或按照国家和地方法规处置

废弃注意事项 处置前应参阅国家和地方有关法规

第十四部分 运输信息

联合国危险货物编号（UN号） 1436

联合国运输名称 锌粉

联合国危险性类别 4.3，4.2

包装类别 Ⅱ类包装

包装标志  

海洋污染物 否

运输注意事项 运输时运输车辆应配备相应品种和数量的消防器材及泄漏应急处理设备。装运本品的车辆排气管须有阻火装置。运输过程中要确保容器不泄漏、不倒塌、不坠落、不损坏。严禁与氧化剂、酸类、碱类、胺类、氯代烃、食用化学品等混装混运。运输途中应防曝晒、雨淋，防高温。中途停留时应远离火种、热源。运输用车、船必须干燥，并有良好的防雨设施。车辆运输完毕应进行彻底清扫。铁路运输时要禁止溜放

第十五部分 法规信息

下列法律、法规、规章和标准，对该化学品的管理作了相应的规定。

中华人民共和国职业病防治法 职业病分类和目录：金属烟热

危险化学品安全管理条例 危险化学品目录：列入。易制爆危险化学品名录：列入。重点监管的危险化学品名录：未列入。GB 18218—2009《危险化学品重大危险源辨识》（表1）：未列入

使用有毒物品作业场所劳动保护条例 高毒物品目录：未列入

易制毒化学品管理条例 易制毒化学品的分类和品种目录：未列入

国际公约 斯德哥尔摩公约：未列入。鹿特丹公约：未列入。蒙特利尔议定书：未列入

第十六部分 其他信息

编写和修订信息 **缩略语和首字母缩写**

培训建议 **参考文献**

免责声明

辛 醛

第一部分 化学品标识

化学品中文名 辛醛；羊脂醛

化学品英文名 octanal；caprylic aldehyde

分子式 $C_8H_{16}O$ **相对分子质量** 128.24

结构式 O

化学品的推荐及限制用途 用于制作香精、香料和有机合成

第二部分 危险性概述

紧急情况概述 易燃液体和蒸气

GHS危险性类别 易燃液体，类别3；皮肤腐蚀/刺激，类别3；严重眼损伤/眼刺激，类别2B

标签要素

象形图 

警示词 警告

危险性说明 易燃液体和蒸气，造成轻微皮肤刺激，造成眼刺激

防范说明

预防措施 远离热源、火花、明火、热表面。禁止吸烟。保持容器密闭。容器和接收设备接地连接。使用防爆电器、通风、照明设备。只能使用不产生火花的工具。采取防止静电措施。戴防护手套、防护眼镜、防护面罩。避免接触眼睛、皮肤，操作后彻底清洗

事故响应 火灾时，使用泡沫、干粉、二氧化碳、砂土灭火。如皮肤（或头发）接触：立即脱掉所有被污染的衣服，用水冲洗皮肤，淋浴。如发生皮肤刺激，就医。如接触眼睛：用水细心冲洗数分钟。如戴隐形眼镜并可方便地取出，取出隐形眼镜继续冲洗。如果眼睛刺激持续：就医

安全储存　存放在通风良好的地方。保持低温

废弃处置　本品及内装物、容器依据国家和地方法规处置

物理和化学危险　易燃，其蒸气与空气混合，能形成爆炸性混合物

健康危害　对呼吸道、眼和皮肤有刺激性

环境危害　对环境可能有害

第三部分　成分/组成信息

√物质		混合物
组分	**浓度**	**CAS No.**
辛醛		124-13-0

第四部分　急救措施

吸入　迅速脱离现场至空气新鲜处。保持呼吸道通畅。如呼吸困难，给输氧。如呼吸、心跳停止，立即进行心肺复苏术。就医

皮肤接触　立即脱去污染的衣着，用流动清水彻底冲洗。就医

眼睛接触　立即分开眼睑，用流动清水或生理盐水彻底冲洗。就医

食入　漱口，饮水。就医

对保护施救者的忠告　根据需要使用个人防护设备

对医生的特别提示　对症处理

第五部分　消防措施

灭火剂　用泡沫、干粉、二氧化碳、砂土灭火

特别危险性　遇明火、高热或与氧化剂接触，有引起燃烧爆炸的危险。燃烧生成有害的一氧化碳

灭火注意事项及防护措施　消防人员必须佩戴空气呼吸器、穿全身防火防毒服，在上风向灭火。喷水冷却容器，尽可能将容器从火场移至空旷处。容器突然发出异常声音或出现异常现象，应立即撤离

第六部分　泄漏应急处理

作业人员防护措施、防护装备和应急处置程序　消除所有点火源。根据液体流动和蒸气扩散的影响区域划定警戒区，无关人员从侧风、上风向撤离至安全区。建议应急处理人员戴正压自给式呼吸器，穿防静电服，戴橡胶耐油手套。尽可能切断泄漏源

环境保护措施　防止泄漏物进入水体、下水道、地下室或有限空间

泄漏化学品的收容、清除方法及所使用的处置材料　小量泄漏：用砂土或其他不燃材料吸收。大量泄漏：构筑围堤或挖坑收容。用砂土、惰性物质或蛭石吸收大量液体。用防爆泵转移至槽车或专用收集器内

第七部分　操作处置与储存

操作注意事项　密闭操作，全面排风。操作人员必须经过专门培训，严格遵守操作规程。建议操作人员佩戴自吸过滤式防毒面具（半面罩），戴安全防护眼镜，穿防静电工作服，戴橡胶耐油手套。远离火种、热源。工作场所严禁吸烟。使用防爆型的通风系统和设备。防止蒸气泄漏到工作场所空气中。避免与氧化剂、还原剂、碱类接触。充装要控制流速，防止静电积聚。搬运时要轻装轻卸，防止包装及容器损坏。配备相应品种和数量的消防器材及泄漏应急处理设备。倒空的容器可能残留有害物

储存注意事项　储存于阴凉、通风的库房。库温不宜超过37℃。远离火种、热源。保持容器密封。应与氧化剂、还原剂、碱类分开存放，切忌混储。不宜大量储存或久存。采用防爆型照明、通风设施。禁止使用易产生火花的机械设备和工具。储区应备有泄漏应急处理设备和合适的收容材料

第八部分　接触控制/个体防护

职业接触限值

中国　未制定标准

美国(ACGIH)　未制定标准

生物接触限值　未制定标准

监测方法　空气中有毒物质测定方法：未制定标准。生物监测检验方法：未制定标准

工程控制　密闭操作，全面排风。提供安全的淋浴和洗眼设备

个体防护装备

呼吸系统防护　空气中浓度超标时，佩戴过滤式防毒面具（半面罩）

眼睛防护　戴安全防护眼镜

皮肤和身体防护　穿防静电工作服

手防护　戴橡胶耐油手套

第九部分　理化特性

外观与性状　无色液体，有强烈的水果香味

pH值　无资料	**熔点(℃)**　−23
沸点(℃)　163.4	**相对密度(水=1)**　0.82

相对蒸气密度(空气=1)　4.41

饱和蒸气压(kPa)　0.266（20℃）

燃烧热(kJ/mol)　无资料	**临界温度(℃)**　无资料
临界压力(MPa)　2.96	**辛醇/水分配系数**　2.65
闪点(℃)　51（CC）	**自燃温度(℃)**　196
爆炸下限(%)　无资料	**爆炸上限(%)**　无资料
分解温度(℃)　无资料	**黏度(mPa·s)**　无资料

溶解性　不溶于甘油，溶于乙醇、乙醚、固定油、丙二醇

第十部分　稳定性和反应性

稳定性　稳定

危险反应　与强氧化剂等禁配物接触，有发生火灾和爆炸的危险

避免接触的条件　无资料

禁配物　强氧化剂、强还原剂、强碱

危险的分解产物　无资料

第十一部分　毒理学信息

急性毒性　LD_{50}：5630mg/kg（大鼠经口）；6350mg/kg（兔经皮）

皮肤刺激或腐蚀　家兔经皮：500mg（24h），轻度刺激

眼睛刺激或腐蚀 家兔经眼：100mg，轻度刺激

呼吸或皮肤过敏 无资料 **生殖细胞突变性** 无资料

致癌性 无资料 **生殖毒性** 无资料

特异性靶器官系统毒性-一次接触 无资料

特异性靶器官系统毒性-反复接触 无资料

吸入危害 无资料

第十二部分 生态学信息

生态毒性 无资料

持久性和降解性

生物降解性 无资料

非生物降解性 无资料

潜在的生物累积性 根据 K_{ow}值预测，该物质的生物累积性可能较弱

土壤中的迁移性 根据 K_{oc}值预测，该物质可能有一定的迁移性

第十三部分 废弃处置

废弃化学品 建议用焚烧法处置

污染包装物 将容器返还生产商或按照国家和地方法规处置

废弃注意事项 处置前应参阅国家和地方有关法规

第十四部分 运输信息

联合国危险货物编号（UN号） 1191

联合国运输名称 辛醛 **联合国危险性类别** 3

包装类别 Ⅲ类包装 **包装标志**

海洋污染物 否

运输注意事项 运输时运输车辆应配备相应品种和数量的消防器材及泄漏应急处理设备。夏季最好早晚运输。运输时所用的槽（罐）车应有接地链，槽内可设孔隔板以减少震荡产生的静电。严禁与氧化剂、还原剂、碱类、食用化学品等混装混运。运输途中应防曝晒、雨淋，防高温。中途停留时应远离火种、热源、高温区。装运该物品的车辆排气管必须配备阻火装置，禁止使用易产生火花的机械设备和工具装卸。公路运输时要按规定路线行驶，勿在居民区和人口稠密区停留。铁路运输时要禁止溜放。严禁用木船、水泥船散装运输

第十五部分 法规信息

下列法律、法规、规章和标准，对该化学品的管理作了相应的规定。

中华人民共和国职业病防治法 职业病分类和目录：未列入

危险化学品安全管理条例 危险化学品目录：未列入。易制爆危险化学品名录：未列入。重点监管的危险化学品名录：未列入。GB 18218—2009《危险化学品重大危险源辨识》（表1）：未列入

使用有毒物品作业场所劳动保护条例 高毒物品目录：未列入

易制毒化学品管理条例 易制毒化学品的分类和品种目录：未列入

国际公约 斯德哥尔摩公约：未列入。鹿特丹公约：未列入。蒙特利尔议定书：未列入

第十六部分 其他信息

编写和修订信息 **缩略语和首字母缩写**

培训建议 **参考文献**

免责声明

1-辛炔

第一部分 化学品标识

化学品中文名 1-辛炔

化学品英文名 1-octyne；*n*-hexylacetylene；octyne

分子式 C_8H_{14} **相对分子质量** 110.22

结构式 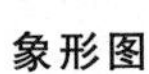

化学品的推荐及限制用途 用作溶剂、有机合成中间体

第二部分 危险性概述

紧急情况概述 高度易燃液体和蒸气

GHS危险性类别 易燃液体，类别2

标签要素

象形图 

警示词 危险

危险性说明 高度易燃液体和蒸气

防范说明

预防措施 远离热源、火花、明火、热表面。禁止吸烟。保持容器密闭。容器和接收设备接地连接。使用防爆电器、通风、照明设备。只能使用不产生火花的工具。采取防止静电措施。戴防护手套、防护眼镜、防护面罩

事故响应 火灾时，用泡沫、干粉、二氧化碳、砂土灭火。如皮肤（或头发）接触：立即脱掉所有被污染的衣服，用水冲洗皮肤，淋浴

安全储存 存放在通风良好的地方。保持低温

废弃处置 本品及内装物、容器依据国家和地方法规处置

物理和化学危险 高度易燃，其蒸气与空气混合，能形成爆炸性混合物

健康危害 吸入、食入对人体可能有害

环境危害 对环境可能有害

第三部分 成分/组成信息

√物质		混合物
组分	**浓度**	**CAS No.**
1-辛炔		629-05-0

第四部分 急救措施

吸入 迅速脱离现场至空气新鲜处。保持呼吸道通畅。如

呼吸困难，给输氧。如呼吸、心跳停止，立即进行心肺复苏术。就医

皮肤接触 立即脱去污染的衣着，用流动清水彻底冲洗。就医

眼睛接触 立即分开眼睑，用流动清水或生理盐水彻底冲洗。就医

食入 漱口，饮水。就医

对保护施救者的忠告 根据需要使用个人防护设备

对医生的特别提示 对症处理

第五部分 消防措施

灭火剂 用泡沫、干粉、二氧化碳、砂土灭火

特别危险性 若遇高热，可发生聚合反应，放出大量热量而引起容器破裂和爆炸事故。高速冲击、流动、激荡后可因产生静电火花放电引起燃烧爆炸。蒸气比空气重，沿地面扩散并易积存于低洼处，遇火源会着火回燃。燃烧生成有害的一氧化碳

灭火注意事项及防护措施 消防人员必须佩戴空气呼吸器、穿全身防火防毒服，在上风向灭火。喷水冷却容器，尽可能将容器从火场移至空旷处。容器突然发出异常声音或出现异常现象，应立即撤离

第六部分 泄漏应急处理

作业人员防护措施、防护装备和应急处置程序 消除所有点火源。根据液体流动和蒸气扩散的影响区域划定警戒区，无关人员从侧风、上风向撤离至安全区。建议应急处理人员戴正压自给式呼吸器，穿防静电服，戴橡胶耐油手套。作业时使用的所有设备应接地。禁止接触或跨越泄漏物。尽可能切断泄漏源

环境保护措施 防止泄漏物进入水体、下水道、地下室或有限空间

泄漏化学品的收容、清除方法及所使用的处置材料 小量泄漏：用砂土或其他不燃材料吸收，使用洁净的无火花工具收集吸收材料。大量泄漏：构筑围堤或挖坑收容。用泡沫覆盖，减少蒸发。喷水雾能减少蒸发，但不能降低泄漏物在有限空间内的易燃性。用防爆泵转移至槽车或专用收集器内

第七部分 操作处置与储存

操作注意事项 密闭操作，全面通风。操作人员必须经过专门培训，严格遵守操作规程。建议操作人员佩戴过滤式防毒面具（半面罩），戴化学安全防护眼镜，穿防静电工作服，戴橡胶耐油手套。远离火种、热源。工作场所严禁吸烟。使用防爆型的通风系统和设备。防止蒸气泄漏到工作场所空气中。避免与氧化剂接触。灌装时应控制流速，且有接地装置，防止静电积聚。搬运时要轻装轻卸，防止包装及容器损坏。配备相应品种和数量的消防器材及泄漏应急处理设备。倒空的容器可能残留有害物

储存注意事项 储存于阴凉、通风的库房。远离火种、热源。库温不宜超过37℃。包装要求密封，不可与空气接触。应与氧化剂分开存放，切忌混储。不宜久存，以免变质。采用防爆型照明、通风设施。禁止使用易产生火花的机械设备和工具。储区应备有泄漏应急处理设备和合适的收容材料

第八部分 接触控制/个体防护

职业接触限值

中国 未制定标准

美国(ACGIH) 未制定标准

生物接触限值 未制定标准

监测方法 空气中有毒物质测定方法：未制定标准。生物监测检验方法：未制定标准

工程控制 生产过程密闭，全面通风。提供安全的淋浴和洗眼设备

个体防护装备

呼吸系统防护 高浓度环境中，应该佩戴过滤式防毒面具（半面罩）。紧急事态抢救或撤离时，佩戴空气呼吸器

眼睛防护 必要时，戴化学安全防护眼镜

皮肤和身体防护 穿防静电工作服

手防护 戴橡胶耐油手套

第九部分 理化特性

外观与性状 无色液体

pH值 无资料	**熔点(℃)** −79.3
沸点(℃) 125.2	**相对密度(水=1)** 0.75
相对蒸气密度(空气=1) 无资料	
饱和蒸气压(kPa) 无资料	
燃烧热(kJ/mol) 无资料	**临界温度(℃)** 无资料
临界压力(MPa) 3.89	**辛醇/水分配系数** 3.5
闪点(℃) 17	**自燃温度(℃)** 244
爆炸下限(%) 无资料	**爆炸上限(%)** 无资料
分解温度(℃) 无资料	**黏度(mPa·s)** 无资料

溶解性 不溶于水，溶于乙醇、乙醚等

第十部分 稳定性和反应性

稳定性 稳定

危险反应 与强氧化剂等禁配物接触，有发生火灾和爆炸的危险。高热下可发生聚合

避免接触的条件 受热

禁配物 强氧化剂、碱金属、碱土金属、重金属及重金属盐、卤素

危险的分解产物 无资料

第十一部分 毒理学信息

急性毒性 无资料	**皮肤刺激或腐蚀** 无资料
眼睛刺激或腐蚀 无资料	**呼吸或皮肤过敏** 无资料
生殖细胞突变性 无资料	**致癌性** 无资料

生殖毒性 无资料

特异性靶器官系统毒性-一次接触 无资料

特异性靶器官系统毒性-反复接触 无资料

吸入危害 无资料

第十二部分 生态学信息

生态毒性 无资料

持久性和降解性

生物降解性　无资料

非生物降解性　无资料

潜在的生物累积性　根据 K_{ow} 值预测，该物质可能有一定的生物累积性

土壤中的迁移性　根据 K_{oc} 值预测，该物质可能有一定的迁移性

第十三部分　废弃处置

废弃化学品　建议用焚烧法处置

污染包装物　将容器返还生产商或按照国家和地方法规处置

废弃注意事项　处置前应参阅国家和地方有关法规

第十四部分　运输信息

联合国危险货物编号（UN号）　3295

联合国运输名称　液态烃类，未另作规定的（1-辛炔）

联合国危险性类别　3　　**包装类别**　Ⅱ类包装

包装标志

海洋污染物　否

运输注意事项　运输时运输车辆应配备相应品种和数量的消防器材及泄漏应急处理设备。夏季最好早晚运输。运输时所用的槽（罐）车应有接地链，槽内可设孔隔板以减少震荡产生的静电。严禁与氧化剂、食用化学品等混装混运。运输途中应防曝晒、雨淋，防高温。中途停留时应远离火种、热源、高温区。装运该物品的车辆排气管必须配备阻火装置，禁止使用易产生火花的机械设备和工具装卸。公路运输时要按规定路线行驶，勿在居民区和人口稠密区停留。铁路运输时要禁止溜放。严禁用木船、水泥船散装运输

第十五部分　法规信息

下列法律、法规、规章和标准，对该化学品的管理作了相应的规定。

中华人民共和国职业病防治法　职业病分类和目录：未列入

危险化学品安全管理条例　危险化学品目录：列入。易制爆危险化学品名录：未列入。重点监管的危险化学品名录：未列入。GB 18218—2009《危险化学品重大危险源辨识》(表 1)：未列入

使用有毒物品作业场所劳动保护条例　高毒物品目录：未列入

易制毒化学品管理条例　易制毒化学品的分类和品种目录：未列入

国际公约　斯德哥尔摩公约：未列入。鹿特丹公约：未列入。蒙特利尔议定书：未列入

第十六部分　其他信息

编写和修订信息　　**缩略语和首字母缩写**

培训建议　　**参考文献**

免责声明

3-辛炔

第一部分　化学品标识

化学品中文名　3-辛炔

化学品英文名　3-octyne；butylethyl acetylene

分子式　C_8H_{14}　　**相对分子质量**　110.22

结构式

化学品的推荐及限制用途　用于有机合成

第二部分　危险性概述

紧急情况概述　高度易燃液体和蒸气

GHS 危险性类别　易燃液体，类别 2

标签要素

象形图

警示词　危险

危险性说明　高度易燃液体和蒸气

防范说明

预防措施　远离热源、火花、明火、热表面。禁止吸烟。保持容器密闭。容器和接收设备接地连接。使用防爆电器、通风、照明设备。只能使用不产生火花的工具。采取防止静电措施。戴防护手套、防护眼镜、防护面罩

事故响应　火灾时，使用泡沫、干粉、二氧化碳、砂土灭火。如皮肤（或头发）接触：立即脱掉所有被污染的衣服，用水冲洗皮肤，淋浴

安全储存　存放在通风良好的地方。保持低温

废弃处置　本品及内装物、容器依据国家和地方法规处置

物理和化学危险　高度易燃，其蒸气与空气混合，能形成爆炸性混合物

健康危害　本品具有刺激性。有轻度麻醉作用。高浓度时有窒息效应

环境危害　对环境可能有害

第三部分　成分/组成信息

√物质　　混合物

组分	浓度	CAS No.
3-辛炔		15232-76-5

第四部分　急救措施

吸入　迅速脱离现场至空气新鲜处。保持呼吸道通畅。如呼吸困难，给输氧。如呼吸、心跳停止，立即进行心肺复苏术。就医

皮肤接触　立即脱去污染的衣着，用流动清水彻底冲洗。就医

眼睛接触　立即分开眼睑，用流动清水或生理盐水彻底冲洗。就医

食入　漱口，饮水。就医

对保护施救者的忠告 根据需要使用个人防护设备
对医生的特别提示 对症处理

第五部分 消防措施

灭火剂 用泡沫、干粉、二氧化碳、砂土灭火
特别危险性 与氧化剂能发生强烈反应。蒸气比空气重，沿地面扩散并易积存于低洼处，遇火源会着火回燃。燃烧生成有害的一氧化碳
灭火注意事项及防护措施 消防人员必须佩戴空气呼吸器、穿全身防火防毒服，在上风向灭火。喷水冷却容器，尽可能将容器从火场移至空旷处。容器突然发出异常声音或出现异常现象，应立即撤离

第六部分 泄漏应急处理

作业人员防护措施、防护装备和应急处置程序 消除所有点火源。根据液体流动和蒸气扩散的影响区域划定警戒区，无关人员从侧风、上风向撤离至安全区。建议应急处理人员戴正压自给式呼吸器，穿防静电服，戴橡胶耐油手套。作业时使用的所有设备应接地。禁止接触或跨越泄漏物。尽可能切断泄漏源
环境保护措施 防止泄漏物进入水体、下水道、地下室或有限空间
泄漏化学品的收容、清除方法及所使用的处置材料 小量泄漏：用砂土或其他不燃材料吸收，使用洁净的无火花工具收集吸收材料。大量泄漏：构筑围堤或挖坑收容。用泡沫覆盖，减少蒸发。喷水雾能减少蒸发，但不能降低泄漏物在有限空间内的易燃性。用防爆泵转移至槽车或专用收集器内

第七部分 操作处置与储存

操作注意事项 密闭操作，全面通风。操作人员必须经过专门培训，严格遵守操作规程。建议操作人员佩戴过滤式防毒面具（半面罩），戴化学安全防护眼镜，穿防静电工作服，戴橡胶耐油手套。远离火种、热源。工作场所严禁吸烟。使用防爆型的通风系统和设备。防止蒸气泄漏到工作场所空气中。避免与氧化剂、酸类、金属粉末接触。充装要控制流速，防止静电积聚。搬运时要轻装轻卸，防止包装及容器损坏。配备相应品种和数量的消防器材及泄漏应急处理设备。倒空的容器可能残留有害物
储存注意事项 储存于阴凉、通风的库房。远离火种、热源。库温不宜超过37℃。包装要求密封，不可与空气接触。应与氧化剂、酸类、金属粉末等分开存放，切忌混储。采用防爆型照明、通风设施。禁止使用易产生火花的机械设备和工具。储区应备有泄漏应急处理设备和合适的收容材料

第八部分 接触控制/个体防护

职业接触限值
中国 未制定标准
美国(ACGIH) 未制定标准
生物接触限值 未制定标准
监测方法 空气中有毒物质测定方法：未制定标准。生物监测检验方法：未制定标准
工程控制 生产过程密闭，全面通风。提供安全的淋浴和洗眼设备
个体防护装备
呼吸系统防护 高浓度环境中，应该佩戴过滤式防毒面具（半面罩）。紧急事态抢救或撤离时，佩戴空气呼吸器
眼睛防护 必要时，戴化学安全防护眼镜
皮肤和身体防护 穿防静电工作服
手防护 戴橡胶耐油手套

第九部分 理化特性

外观与性状 无色液体 **pH值** 无资料
熔点(℃) −105 **沸点(℃)** 133
相对密度(水=1) 0.75（20℃）
相对蒸气密度(空气=1) 无资料
饱和蒸气压(kPa) 无资料
燃烧热(kJ/mol) 无资料 **临界温度(℃)** 无资料
临界压力(MPa) 无资料 **辛醇/水分配系数** 3.55
闪点(℃) 无资料 **自燃温度(℃)** 无资料
爆炸下限(%) 无资料 **爆炸上限(%)** 无资料
分解温度(℃) 无资料 **黏度(mPa·s)** 无资料
溶解性 不溶于水，溶于乙醇、乙醚

第十部分 稳定性和反应性

稳定性 稳定
危险反应 与强氧化剂等禁配物接触，有发生火灾和爆炸的危险
避免接触的条件 受热
禁配物 强氧化剂、酸类、铜、银或其盐类
危险的分解产物 无资料

第十一部分 毒理学信息

急性毒性 无资料 **皮肤刺激或腐蚀** 无资料
眼睛刺激或腐蚀 无资料 **呼吸或皮肤过敏** 无资料
生殖细胞突变性 无资料 **致癌性** 无资料
生殖毒性 无资料
特异性靶器官系统毒性-一次接触 无资料
特异性靶器官系统毒性-反复接触 无资料
吸入危害 无资料

第十二部分 生态学信息

生态毒性 无资料
持久性和降解性
生物降解性 无资料
非生物降解性 无资料
潜在的生物累积性 根据 K_{ow} 值预测，该物质可能有一定的生物累积性
土壤中的迁移性 根据 K_{oc} 值预测，该物质可能有一定的迁移性

第十三部分 废弃处置

废弃化学品 建议用焚烧法处置

污染包装物　将容器返还生产商或按照国家和地方法规处置

废弃注意事项　处置前应参阅国家和地方有关法规

第十四部分　运输信息

联合国危险货物编号（UN号）　3295

联合国运输名称　液态烃类，未另作规定的（3-辛炔）

联合国危险性类别　3　　**包装类别**　Ⅱ类包装

包装标志 　　**海洋污染物**　否

运输注意事项　运输时运输车辆应配备相应品种和数量的消防器材及泄漏应急处理设备。夏季最好早晚运输。运输时所用的槽（罐）车应有接地链，槽内可设孔隔板以减少震荡产生的静电。严禁与氧化剂、酸类、金属粉末、食用化学品等混装混运。运输途中应防曝晒、雨淋，防高温。中途停留时应远离火种、热源、高温区。装运该物品的车辆排气管必须配备阻火装置，禁止使用易产生火花的机械设备和工具装卸。公路运输时要按规定路线行驶，勿在居民区和人口稠密区停留。铁路运输时要禁止溜放。严禁用木船、水泥船散装运输

第十五部分　法规信息

下列法律、法规、规章和标准，对该化学品的管理作了相应的规定。

中华人民共和国职业病防治法　职业病分类和目录：未列入

危险化学品安全管理条例　危险化学品目录：列入。易制爆危险化学品名录：未列入。重点监管的危险化学品名录：未列入。GB 18218—2009《危险化学品重大危险源辨识》（表1）：未列入

使用有毒物品作业场所劳动保护条例　高毒物品目录：未列入

易制毒化学品管理条例　易制毒化学品的分类和品种目录：未列入

国际公约　斯德哥尔摩公约：未列入。鹿特丹公约：未列入。蒙特利尔议定书：未列入

第十六部分　其他信息

编写和修订信息　　**缩略语和首字母缩写**

培训建议　　**参考文献**

免责声明

2-辛炔

第一部分　化学品标识

化学品中文名　2-辛炔

化学品英文名　2-octyne; methyl pentyl acetylene

分子式　C_8H_{14}　　**相对分子质量**　110.22

结构式

化学品的推荐及限制用途　用于有机合成

第二部分　危险性概述

紧急情况概述　高度易燃液体和蒸气

GHS危险性类别　易燃液体，类别2

标签要素

象形图 

警示词　危险

危险性说明　高度易燃液体和蒸气

防范说明

预防措施　远离热源、火花、明火、热表面。禁止吸烟。保持容器密闭。容器和接收设备接地连接。使用防爆电器、通风、照明设备。只能使用不产生火花的工具。采取防止静电措施。戴防护手套、防护眼镜、防护面罩

事故响应　火灾时，使用泡沫、干粉、二氧化碳、砂土灭火。如皮肤（或头发）接触：立即脱掉所有被污染的衣服，用水冲洗皮肤，淋浴

安全储存　存放在通风良好的地方。保持低温

废弃处置　本品及内装物、容器依据国家和地方法规处置

物理和化学危险　高度易燃，其蒸气与空气混合，能形成爆炸性混合物

健康危害　本品具有刺激作用，有轻度麻醉作用。高浓度时有窒息效应

环境危害　对环境可能有害

第三部分　成分/组成信息

√物质　　混合物

组分	浓度	CAS No.
2-辛炔		2809-67-8

第四部分　急救措施

吸入　迅速脱离现场至空气新鲜处。保持呼吸道通畅。如呼吸困难，给输氧。如呼吸、心跳停止，立即进行心肺复苏术。就医

皮肤接触　立即脱去污染的衣着，用流动清水彻底冲洗。就医

眼睛接触　立即分开眼睑，用流动清水或生理盐水彻底冲洗。就医

食入　漱口，饮水。就医

对保护施救者的忠告　根据需要使用个人防护设备

对医生的特别提示　对症处理

第五部分　消防措施

灭火剂　用泡沫、干粉、二氧化碳、砂土灭火

特别危险性　与氧化剂能发生强烈反应。蒸气比空气重，沿地面扩散并易积存于低洼处，遇火源会着火回燃。燃烧生成有害的一氧化碳

灭火注意事项及防护措施　消防人员必须佩戴空气呼吸

器、穿全身防火防毒服，在上风向灭火。喷水冷却容器，尽可能将容器从火场移至空旷处。容器突然发出异常声音或出现异常现象，应立即撤离

第六部分 泄漏应急处理

作业人员防护措施、防护装备和应急处置程序 消除所有点火源。根据液体流动和蒸气扩散的影响区域划定警戒区，无关人员从侧风、上风向撤离至安全区。建议应急处理人员戴正压自给式呼吸器，穿防静电服，戴橡胶耐油手套。作业时使用的所有设备应接地。禁止接触或跨越泄漏物。尽可能切断泄漏源

环境保护措施 防止泄漏物进入水体、下水道、地下室或有限空间

泄漏化学品的收容、清除方法及所使用的处置材料 小量泄漏：用砂土或其他不燃材料吸收，使用洁净的无火花工具收集吸收材料。大量泄漏：构筑围堤或挖坑收容。用泡沫覆盖，减少蒸发。喷水雾能减少蒸发，但不能降低泄漏物在有限空间内的易燃性。用防爆泵转移至槽车或专用收集器内

第七部分 操作处置与储存

操作注意事项 密闭操作，全面通风。操作人员必须经过专门培训，严格遵守操作规程。建议操作人员佩戴过滤式防毒面具（半面罩），戴化学安全防护眼镜，穿防静电工作服，戴橡胶耐油手套。远离火种、热源。工作场所严禁吸烟。使用防爆型的通风系统和设备。防止蒸气泄漏到工作场所空气中。避免与氧化剂、酸类、金属粉末接触。灌装时应控制流速，且有接地装置，防止静电积聚。搬运时要轻装轻卸，防止包装及容器损坏。配备相应品种和数量的消防器材及泄漏应急处理设备。倒空的容器可能残留有害物

储存注意事项 储存于阴凉、通风的库房。远离火种、热源。库温不宜超过37℃。包装要求密封，不可与空气接触。应与氧化剂、酸类、金属粉末等分开存放，切忌混储。采用防爆型照明、通风设施。禁止使用易产生火花的机械设备和工具。储区应备有泄漏应急处理设备和合适的收容材料

第八部分 接触控制/个体防护

职业接触限值

中国 未制定标准

美国(ACGIH) 未制定标准

生物接触限值 未制定标准

监测方法 空气中有毒物质测定方法：未制定标准。生物监测检验方法：未制定标准

工程控制 生产过程密闭，全面通风。提供安全的淋浴和洗眼设备

个体防护装备

呼吸系统防护 高浓度环境中，应该佩戴过滤式防毒面具（半面罩）。紧急事态抢救或撤离时，应该佩戴空气呼吸器

眼睛防护 必要时，戴化学安全防护眼镜

皮肤和身体防护 穿防静电工作服

手防护 戴橡胶耐油手套

第九部分 理化特性

外观与性状 无色液体

pH值 无资料 **熔点(℃)** −60.2

沸点(℃) 137.2 **相对密度(水=1)** 0.76

相对蒸气密度(空气=1) 无资料

饱和蒸气压(kPa) 无资料

燃烧热(kJ/mol) 无资料 **临界温度(℃)** 无资料

临界压力(MPa) 无资料 **辛醇/水分配系数** 3.55

闪点(℃) 无资料 **自燃温度(℃)** 无资料

爆炸下限(%) 无资料 **爆炸上限(%)** 无资料

分解温度(℃) 无资料 **黏度(mPa·s)** 无资料

溶解性 不溶于水，溶于乙醇、乙醚

第十部分 稳定性和反应性

稳定性 稳定

危险反应 与强氧化剂等禁配物接触，有发生火灾和爆炸的危险

避免接触的条件 受热

禁配物 强氧化剂、酸类、铜、银或其盐类

危险的分解产物 无资料

第十一部分 毒理学信息

急性毒性 无资料 **皮肤刺激或腐蚀** 无资料

眼睛刺激或腐蚀 无资料 **呼吸或皮肤过敏** 无资料

生殖细胞突变性 无资料 **致癌性** 无资料

生殖毒性 无资料

特异性靶器官系统毒性-一次接触 无资料

特异性靶器官系统毒性-反复接触 无资料

吸入危害 无资料

第十二部分 生态学信息

生态毒性 无资料

持久性和降解性

生物降解性 无资料

非生物降解性 无资料

潜在的生物累积性 根据K_{ow}值预测，该物质可能有一定的生物累积性

土壤中的迁移性 根据K_{oc}值预测，该物质可能有一定的迁移性

第十三部分 废弃处置

废弃化学品 建议用焚烧法处置

污染包装物 将容器返还生产商或按照国家和地方法规处置

废弃注意事项 处置前应参阅国家和地方有关法规

第十四部分 运输信息

联合国危险货物编号(UN号) 3295

联合国运输名称 液态烃类，未另作规定的（2-辛炔）

联合国危险性类别 3 **包装类别** Ⅱ类包装

包装标志  **海洋污染物** 否

运输注意事项 运输时运输车辆应配备相应品种和数量的消防器材及泄漏应急处理设备。夏季最好早晚运输。运输时所用的槽（罐）车应有接地链，槽内可设孔隔板以减少震荡产生的静电。严禁与氧化剂、酸类、金属粉末、食用化学品等混装混运。运输途中应防曝晒、雨淋，防高温。中途停留时应远离火种、热源、高温区。装运该物品的车辆排气管必须配备阻火装置，禁止使用易产生火花的机械设备和工具装卸。公路运输时要按规定路线行驶，勿在居民区和人口稠密区停留。铁路运输时要禁止溜放。严禁用木船、水泥船散装运输

第十五部分 法规信息

下列法律、法规、规章和标准，对该化学品的管理作了相应的规定。

中华人民共和国职业病防治法 职业病分类和目录：未列入

危险化学品安全管理条例 危险化学品目录：列入。易制爆危险化学品名录：未列入。重点监管的危险化学品名录：未列入。GB 18218—2009《危险化学品重大危险源辨识》（表1）：未列入

使用有毒物品作业场所劳动保护条例 高毒物品目录：未列入

易制毒化学品管理条例 易制毒化学品的分类和品种目录：未列入

国际公约 斯德哥尔摩公约：未列入。鹿特丹公约：未列入。蒙特利尔议定书：未列入

第十六部分 其他信息

编写和修订信息 **缩略语和首字母缩写**

培训建议 **参考文献**

免责声明

辛 烷

第一部分 化学品标识

化学品中文名 辛烷

化学品英文名 1-octane；octane

分子式 C_8H_{18} **相对分子质量** 114.26

结构式

化学品的推荐及限制用途 用作溶剂及色谱分析标准物质，也用于有机合成

第二部分 危险性概述

紧急情况概述 高度易燃液体和蒸气，可能引起昏昏欲睡或眩晕，吞咽及进入呼吸道可能致命

GHS危险性类别 易燃液体，类别2；皮肤腐蚀/刺激，类别2；特异性靶器官毒性-一次接触，类别3（麻醉效应）；吸入危害，类别1；危害水生环境-急性危害，类别1；危害水生环境-长期危害，类别1

标签要素

象形图

警示词 危险

危险性说明 高度易燃液体和蒸气，造成皮肤刺激，可能引起昏昏欲睡或眩晕，吞咽及进入呼吸道可能致命，对水生生物毒性非常大并具有长期持续影响

防范说明

预防措施 远离热源、火花、明火、热表面。禁止吸烟。保持容器密闭。容器和接收设备接地连接。使用防爆电器、通风、照明设备。只能使用不产生火花的工具。采取防止静电措施。戴防护手套、防护眼镜、防护面罩。避免接触眼睛、皮肤，操作后彻底清洗。禁止排入环境

事故响应 火灾时，使用泡沫、二氧化碳、干粉、砂土灭火。如皮肤（或头发）接触：立即脱掉所有被污染的衣服，用大量肥皂水和水清洗。如发生皮肤刺激，就医。被污染的衣服须洗净后方可重新使用。如果食入：不要催吐，立即呼叫中毒控制中心或就医。收集泄漏物

安全储存 存放在通风良好的地方。保持低温。上锁保管

废弃处置 本品及内装物、容器依据国家和地方法规处置

物理和化学危险 高度易燃，其蒸气与空气混合，能形成爆炸性混合物

健康危害 对人的眼睛、呼吸道黏膜有刺激作用，有麻醉和肺部刺激作用。吸入高浓度可引起窒息、呼吸麻痹和心跳停止死亡

环境危害 对水生生物毒性非常大并具有长期持续影响

第三部分 成分/组成信息

√物质		混合物
组分	**浓度**	**CAS No.**
辛烷		111-65-9

第四部分 急救措施

吸入 迅速脱离现场至空气新鲜处。保持呼吸道通畅。如呼吸困难，给输氧。如呼吸、心跳停止，立即进行心肺复苏术。就医

皮肤接触 立即脱去污染的衣着，用流动清水彻底冲洗。就医

眼睛接触 立即分开眼睑，用流动清水或生理盐水彻底冲洗。就医

食入 漱口，饮水。就医

对保护施救者的忠告 根据需要使用个人防护设备

对医生的特别提示 对症处理

第五部分 消防措施

灭火剂 用泡沫、二氧化碳、干粉、砂土灭火

特别危险性 与氧化剂能发生强烈反应。高速冲击、流动、激荡后可因产生静电火花放电引起燃烧爆炸。蒸气比空气重，沿地面扩散并易积存于低洼处，遇火源会着火回燃。燃烧生成有害的一氧化碳

灭火注意事项及防护措施 消防人员必须佩戴空气呼吸器、穿全身防火防毒服，在上风向灭火。喷水冷却容器，尽可能将容器从火场移至空旷处。容器突然发出异常声音或出现异常现象，应立即撤离

第六部分 泄漏应急处理

作业人员防护措施、防护装备和应急处置程序 消除所有点火源。根据液体流动和蒸气扩散的影响区域划定警戒区，无关人员从侧风、上风向撤离至安全区。建议应急处理人员戴正压自给式呼吸器，穿防静电服，戴橡胶耐油手套。作业时使用的所有设备应接地。禁止接触或跨越泄漏物。尽可能切断泄漏源

环境保护措施 防止泄漏物进入水体、下水道、地下室或有限空间

泄漏化学品的收容、清除方法及所使用的处置材料 小量泄漏：用砂土或其他不燃材料吸收，使用洁净的无火花工具收集吸收材料。大量泄漏：构筑围堤或挖坑收容。用泡沫覆盖，减少蒸发。喷水雾能减少蒸发，但不能降低泄漏物在有限空间内的易燃性。用防爆泵转移至槽车或专用收集器内

第七部分 操作处置与储存

操作注意事项 密闭操作，全面通风。操作人员必须经过专门培训，严格遵守操作规程。建议操作人员佩戴自吸过滤式防毒面具（半面罩），戴安全防护眼镜，穿防静电工作服，戴橡胶耐油手套。远离火种、热源。工作场所严禁吸烟。使用防爆型的通风系统和设备。防止蒸气泄漏到工作场所空气中。避免与氧化剂接触。灌装时应控制流速，且有接地装置，防止静电积聚。搬运时要轻装轻卸，防止包装及容器损坏。配备相应品种和数量的消防器材及泄漏应急处理设备。倒空的容器可能残留有害物

储存注意事项 储存于阴凉、通风的库房。远离火种、热源。库温不宜超过 37℃。保持容器密封。应与氧化剂分开存放，切忌混储。采用防爆型照明、通风设施。禁止使用易产生火花的机械设备和工具。储区应备有泄漏应急处理设备和合适的收容材料

第八部分 接触控制/个体防护

职业接触限值

中国 PC-TWA：500mg/m^3

美国(ACGIH) TLV-TWA：300ppm

生物接触限值 未制定标准

监测方法 空气中有毒物质测定方法：辛烷溶剂解吸气相色谱法。生物监测检验方法：未制定标准

工程控制 生产过程密闭，全面通风。提供安全的淋浴和洗眼设备

个体防护装备

呼吸系统防护 一般不需要特殊防护，高浓度接触时可佩戴过滤式防毒面具（半面罩）

眼睛防护 必要时，戴安全防护眼镜

皮肤和身体防护 穿防静电工作服

手防护 戴橡胶耐油手套

第九部分 理化特性

外观与性状 无色透明液体

pH 值 无资料 **熔点(℃)** −56.8

沸点(℃) 125.6 **相对密度(水=1)** 0.70

相对蒸气密度(空气=1) 3.94

饱和蒸气压(kPa) 1.33 (20℃)

燃烧热(kJ/mol) −5445.3 **临界温度(℃)** 296

临界压力(MPa) 2.49

辛醇/水分配系数 4.00～5.18

闪点(℃) 13(CC)；22(OC) **自燃温度(℃)** 206

爆炸下限(%) 1.0 **爆炸上限(%)** 6.5

分解温度(℃) 无资料 **黏度(mPa·s)** 0.54(20℃)

溶解性 不溶于水，溶于乙醇、乙醚、苯、丙酮等多数有机溶剂

第十部分 稳定性和反应性

稳定性 稳定

危险反应 与强氧化剂等禁配物接触，有发生火灾和爆炸的危险

避免接触的条件

禁配物 强氧化剂、强酸、强碱、卤素

危险的分解产物 无资料

第十一部分 毒理学信息

急性毒性 LC_{50}：118g/m^3 (大鼠吸入，4h)

皮肤刺激或腐蚀 无资料 **眼睛刺激或腐蚀** 无资料

呼吸或皮肤过敏 无资料 **生殖细胞突变性** 无资料

致癌性 无资料 **生殖毒性** 无资料

特异性靶器官系统毒性-一次接触 无资料

特异性靶器官系统毒性-反复接触 接触浓度为每立方米数克，连续接触 4 个月，大鼠甲状腺和肾上腺皮质功能发生可逆性减退

吸入危害 无资料

第十二部分 生态学信息

生态毒性

LC_{50} 100mg/L (96h) (鱼)

EC_{50} 0.38mg/L (48h) (水蚤)

持久性和降解性

生物降解性 无资料

非生物降解性 空气中，当羟基自由基浓度为5.00×10^5个/cm^3时，降解半衰期为 44h。(理论)

潜在的生物累积性 根据 K_{ow}值预测，该物质可能有较高的生物累积性

土壤中的迁移性 根据 K_{oc}值预测，该物质的迁移性可能较弱

第十三部分 废弃处置

废弃化学品 建议用焚烧法处置

污染包装物 将容器返还生产商或按照国家和地方法规处置

废弃注意事项 处置前应参阅国家和地方有关法规

第十四部分 运输信息

联合国危险货物编号（UN号） 1262

联合国运输名称 辛烷 **联合国危险性类别** 3

包装类别 Ⅱ类包装 **包装标志** 

海洋污染物 是

运输注意事项 运输时运输车辆应配备相应品种和数量的消防器材及泄漏应急处理设备。夏季最好早晚运输。运输时所用的槽（罐）车应有接地链，槽内可设孔隔板以减少震荡产生的静电。严禁与氧化剂、食用化学品等混装混运。运输途中应防曝晒、雨淋，防高温。中途停留时应远离火种、热源、高温区。装运该物品的车辆排气管必须配备阻火装置，禁止使用易产生火花的机械设备和工具装卸。公路运输时要按规定路线行驶，勿在居民区和人口稠密区停留。铁路运输时要禁止溜放。严禁用木船、水泥船散装运输

第十五部分 法规信息

下列法律、法规、规章和标准，对该化学品的管理作了相应的规定。

中华人民共和国职业病防治法 职业病分类和目录：未列入

危险化学品安全管理条例 危险化学品目录：列入。易制爆危险化学品名录：未列入。重点监管的危险化学品名录：未列入。GB 18218—2009《危险化学品重大危险源辨识》（表1）：未列入

使用有毒物品作业场所劳动保护条例 高毒物品目录：未列入

易制毒化学品管理条例 易制毒化学品的分类和品种目录：未列入

国际公约 斯德哥尔摩公约：未列入。鹿特丹公约：未列入。蒙特利尔议定书：未列入

第十六部分 其他信息

编写和修订信息 **缩略语和首字母缩写**

培训建议 **参考文献**

免责声明

1-辛烯

第一部分 化学品标识

化学品中文名 1-辛烯

化学品英文名 1-octene；1-caprylene

分子式 C_8H_{16} **相对分子质量** 112.2

结构式

化学品的推荐及限制用途 用作溶剂，用于有机合成及增塑剂、表面活性剂的制备

第二部分 危险性概述

紧急情况概述 高度易燃液体和蒸气，吸入有害，可能引起昏昏欲睡或眩晕，吞咽及进入呼吸道可能致命

GHS危险性类别 易燃液体，类别2；急性毒性-吸入，类别4；严重眼损伤/眼刺激，类别2；特异性靶器官毒性-一次接触，类别3（麻醉效应）；吸入危害，类别1；危害水生环境-急性危害，类别2；危害水生环境-长期危害，类别2

标签要素

象形图 

警示词 危险

危险性说明 高度易燃液体和蒸气，吸入有害，造成严重眼刺激，可能引起昏昏欲睡或眩晕，吞咽及进入呼吸道可能致命，对水生生物有毒并具有长期持续影响

防范说明

预防措施 远离热源、火花、明火、热表面。禁止吸烟。保持容器密闭。容器和接收设备接地连接。使用防爆电器、通风、照明设备。只能使用不产生火花的工具。采取防止静电措施。戴防护手套、防护眼镜、防护面罩。避免吸入蒸气、雾。仅在室外或通风良好处操作。避免接触眼睛、皮肤，操作后彻底清洗。禁止排入环境

事故响应 火灾时，使用泡沫、干粉、二氧化碳、砂土灭火。如吸入：将患者转移到空气新鲜处，休息，保持利于呼吸的体位，如感觉不适，呼叫中毒控制中心或就医。如皮肤（或头发）接触：立即脱掉所有被污染的衣服，用水冲洗皮肤，淋浴。如接触眼睛：用水细心冲洗数分钟。如戴隐形眼镜并可方便地取出，取出隐形眼镜继续冲洗。如果眼睛刺激持续：就医。如果食入：不要催吐，立即呼叫中毒控制中心或就医。收集泄漏物

安全储存 存放在通风良好的地方。保持低温。上锁保管

废弃处置 本品及内装物、容器依据国家和地方法规处置

物理和化学危险 高度易燃，其蒸气与空气混合，能形成爆炸性混合物

健康危害 高浓度的本品有麻醉作用，吸入后可出现头痛、注意力不能集中、眩晕、恶心及麻醉等。对眼、黏膜和皮肤有刺激作用。液态本品吸入呼吸道可引起吸入性肺炎

环境危害 对水生生物有毒并具有长期持续影响

第三部分 成分/组成信息

√物质		混合物
组分	**浓度**	**CAS No.**
1-辛烯		111-66-0

第四部分 急救措施

吸入 迅速脱离现场至空气新鲜处。保持呼吸道通畅。如

呼吸困难，给输氧。如呼吸、心跳停止，立即进行心肺复苏术。就医

皮肤接触 立即脱去污染的衣着，用流动清水彻底冲洗。就医

眼睛接触 立即分开眼睑，用流动清水或生理盐水彻底冲洗。就医

食入 漱口，饮水。禁止催吐。就医

对保护施救者的忠告 根据需要使用个人防护设备

对医生的特别提示 对症处理

第五部分 消防措施

灭火剂 用泡沫、干粉、二氧化碳、砂土灭火

特别危险性 与氧化剂接触发生猛烈反应。若遇高热，可发生聚合反应，放出大量热量而引起容器破裂和爆炸事故。高速冲击、流动、激荡后可因产生静电火花放电引起燃烧爆炸。蒸气比空气重，沿地面扩散并易积存于低洼处，遇火源会着火回燃。燃烧生成有害的一氧化碳

灭火注意事项及防护措施 消防人员必须佩戴空气呼吸器、穿全身防火防毒服，在上风向灭火。喷水冷却容器，尽可能将容器从火场移至空旷处。容器突然发出异常声音或出现异常现象，应立即撤离

第六部分 泄漏应急处理

作业人员防护措施、防护装备和应急处置程序 消除所有点火源。根据液体流动和蒸气扩散的影响区域划定警戒区，无关人员从侧风、上风向撤离至安全区。建议应急处理人员戴正压自给式呼吸器，穿防静电服，戴橡胶耐油手套。作业时使用的所有设备应接地。禁止接触或跨越泄漏物。尽可能切断泄漏源

环境保护措施 防止泄漏物进入水体、下水道、地下室或有限空间

泄漏化学品的收容、清除方法及所使用的处置材料 小量泄漏：用砂土或其他不燃材料吸收，使用洁净的无火花工具收集吸收材料。大量泄漏：构筑围堤或挖坑收容。用砂土、惰性物质或蛭石吸收大量液体。用泡沫覆盖，减少蒸发。喷水雾能减少蒸发，但不能降低泄漏物在有限空间内的易燃性。用防爆泵转移至槽车或专用收集器内

第七部分 操作处置与储存

操作注意事项 密闭操作，全面通风。操作人员必须经过专门培训，严格遵守操作规程。建议操作人员佩戴自吸过滤式防毒面具（半面罩），戴化学安全防护眼镜，穿防静电工作服，戴橡胶耐油手套。远离火种、热源。工作场所严禁吸烟。使用防爆型的通风系统和设备。防止蒸气泄漏到工作场所空气中。避免与氧化剂、酸类接触。灌装时应控制流速，且有接地装置，防止静电积聚。搬运时要轻装轻卸，防止包装及容器损坏。配备相应品种和数量的消防器材及泄漏应急处理设备。倒空的容器可能残留有害物

储存注意事项 储存于阴凉、通风的库房。远离火种、热源。库温不宜超过 37℃。包装要求密封，不可与空气接触。应与氧化剂、酸类分开存放，切忌混储。不宜大量储存或久存。采用防爆型照明、通风设施。禁止使用易产生火花的机械设备和工具。储区应备有泄漏应急处理设备和合适的收容材料

第八部分 接触控制/个体防护

职业接触限值

中国 未制定标准

美国(ACGIH) 未制定标准

生物接触限值 未制定标准

监测方法 空气中有毒物质测定方法：未制定标准。生物监测检验方法：未制定标准

工程控制 生产过程密闭，全面通风。提供安全的淋浴和洗眼设备

个体防护装备

呼吸系统防护 空气中浓度较高时，建议佩戴过滤式防毒面具（半面罩）

眼睛防护 戴化学安全防护眼镜

皮肤和身体防护 穿防静电工作服

手防护 戴橡胶耐油手套

第九部分 理化特性

外观与性状 无色液体

pH 值 无资料 **熔点(℃)** −102

沸点(℃) 121 **相对密度(水=1)** 0.72

相对蒸气密度(空气=1) 3.9

饱和蒸气压(kPa) 4.8（38℃）

燃烧热(kJ/mol) −5306.2 **临界温度(℃)** 无资料

临界压力(MPa) 2.68 **辛醇/水分配系数** 4.57

闪点(℃) 21（OC） **自燃温度(℃)** 230

爆炸下限(%) 0.7 **爆炸上限(%)** 3.9

分解温度(℃) 无资料 **黏度(mPa·s)** 0.47(20℃)

溶解性 不溶于水，溶于乙醇、乙醚、丙酮、石油醚等多数有机溶剂

第十部分 稳定性和反应性

稳定性 稳定

危险反应 与强氧化剂等禁配物接触，有发生火灾和爆炸的危险。高温下可能发生聚合

避免接触的条件 受热

禁配物 强氧化剂、酸类、卤代烃、卤素等

危险的分解产物 无资料

第十一部分 毒理学信息

急性毒性 无资料 **皮肤刺激或腐蚀** 无资料

眼睛刺激或腐蚀 无资料 **呼吸或皮肤过敏** 无资料

生殖细胞突变性 无资料 **致癌性** 无资料

生殖毒性 无资料

特异性靶器官系统毒性-一次接触 无资料

特异性靶器官系统毒性-反复接触 无资料

吸入危害 无资料

第十二部分 生态学信息

生态毒性 LC_{50}：3.2～10mg/L（96h）（斑马鱼）

持久性和降解性

生物降解性　无资料

非生物降解性　空气中，当羟基自由基浓度为5.00×10^5个/cm^3时，降解半衰期为3.9h（理论）

潜在的生物累积性　根据K_{ow}值预测，该物质可能有较高的生物累积性

土壤中的迁移性　根据K_{oc}值预测，该物质的迁移性可能较弱

第十三部分　废弃处置

废弃化学品　建议用焚烧法处置

污染包装物　将容器返还生产商或按照国家和地方法规处置

废弃注意事项　处置前应参阅国家和地方有关法规

第十四部分　运输信息

联合国危险货物编号（UN号）　3295

联合国运输名称　液态烃类，未另作规定的（1-辛烯）

联合国危险性类别　3　　**包装类别**　Ⅱ类包装

包装标志　　**海洋污染物**　否

运输注意事项　运输时运输车辆应配备相应品种和数量的消防器材及泄漏应急处理设备。夏季最好早晚运输。运输时所用的槽（罐）车应有接地链，槽内可设孔隔板以减少震荡产生的静电。严禁与氧化剂、酸类等混装混运。运输途中应防曝晒、雨淋，防高温。中途停留时应远离火种、热源、高温区。装运该物品的车辆排气管必须配备阻火装置，禁止使用易产生火花的机械设备和工具装卸。公路运输时要按规定路线行驶，勿在居民区和人口稠密区停留。铁路运输时要禁止溜放。严禁用木船、水泥船散装运输

第十五部分　法规信息

下列法律、法规、规章和标准，对该化学品的管理作了相应的规定。

中华人民共和国职业病防治法　职业病分类和目录：未列入

危险化学品安全管理条例　危险化学品目录：列入。易制爆危险化学品名录：未列入。重点监管的危险化学品名录：未列入。GB 18218—2009《危险化学品重大危险源辨识》（表1）：未列入

使用有毒物品作业场所劳动保护条例　高毒物品目录：未列入

易制毒化学品管理条例　易制毒化学品的分类和品种目录：未列入

国际公约　斯德哥尔摩公约：未列入。鹿特丹公约：未列入。蒙特利尔议定书：未列入

第十六部分　其他信息

编写和修订信息

缩略语和首字母缩写

培训建议

参考文献

免责声明

2-辛烯

第一部分　化学品标识

化学品中文名　2-辛烯

化学品英文名　2-octene；2-octylene

分子式　C_8H_{16}　　**相对分子质量**　112.2

结构式

化学品的推荐及限制用途　用于有机合成，用作润滑剂

第二部分　危险性概述

紧急情况概述　高度易燃液体和蒸气，吸入有害，可能引起昏昏欲睡或眩晕，吞咽及进入呼吸道可能致命

GHS危险性类别　易燃液体，类别2；急性毒性-吸入，类别4；严重眼损伤/眼刺激，类别2；特异性靶器官毒性-一次接触，类别3（麻醉效应）；吸入危害，类别1；危害水生环境-急性危害，类别2；危害水生环境-长期危害，类别2

标签要素

象形图

警示词　危险

危险性说明　高度易燃液体和蒸气，吸入有害，造成严重眼刺激，可能引起昏昏欲睡或眩晕，吞咽及进入呼吸道可能致命，对水生生物有毒并具有长期持续影响

防范说明

预防措施　远离热源、火花、明火、热表面。禁止吸烟。保持容器密闭。容器和接收设备接地连接。使用防爆电器、通风、照明设备。只能使用不产生火花的工具。采取防止静电措施。戴防护手套、防护眼镜、防护面罩。避免吸入蒸气、雾。仅在室外或通风良好处操作。避免接触眼睛、皮肤，操作后彻底清洗。禁止排入环境

事故响应　火灾时，使用泡沫、干粉、二氧化碳、砂土灭火。如吸入：将患者转移到空气新鲜处，休息，保持利于呼吸的体位。如感觉不适，呼叫中毒控制中心或就医。如皮肤（或头发）接触：立即脱掉所有被污染的衣服，用水冲洗皮肤，淋浴。如接触眼睛：用水细心冲洗数分钟。如戴隐形眼镜并可方便地取出，取出隐形眼镜继续冲洗。如果眼睛刺激持续：就医。如果食入：不要催吐，立即呼叫中毒控制中心或就医。收集泄漏物

安全储存　存放在通风良好的地方。保持低温。上锁保管

废弃处置　本品及内装物、容器依据国家和地方法规处置

物理和化学危险　高度易燃，其蒸气与空气混合，能形成爆炸性混合物

健康危害　高浓度时有麻醉作用，短时间吸入后可能出现头痛、注意力不能集中、眩晕、恶心及麻醉作用。对

眼、黏膜和皮肤有刺激作用。液态本品吸入呼吸道可引起吸入性肺炎

环境危害 对水生生物有毒并具有长期持续影响

第三部分 成分/组成信息

√物质		混合物
组分	**浓度**	**CAS No.**
2-辛烯		111-67-1

第四部分 急救措施

吸入 迅速脱离现场至空气新鲜处。保持呼吸道通畅。如呼吸困难，给输氧。如呼吸、心跳停止，立即进行心肺复苏术。就医

皮肤接触 立即脱去污染的衣着，用流动清水彻底冲洗。就医

眼睛接触 立即分开眼睑，用流动清水或生理盐水彻底冲洗。就医

食入 漱口，饮水。禁止催吐。就医

对保护施救者的忠告 根据需要使用个人防护设备

对医生的特别提示 对症处理

第五部分 消防措施

灭火剂 用泡沫、干粉、二氧化碳、砂土灭火

特别危险性 与氧化剂接触发生猛烈反应。蒸气比空气重，沿地面扩散并易积存于低洼处，遇火源会着火回燃。燃烧生成有害的一氧化碳

灭火注意事项及防护措施 消防人员必须佩戴空气呼吸器、穿全身防火防毒服，在上风向灭火。喷水冷却容器，尽可能将容器从火场移至空旷处。容器突然发出异常声音或出现异常现象，应立即撤离

第六部分 泄漏应急处理

作业人员防护措施、防护装备和应急处置程序 消除所有点火源。根据液体流动和蒸气扩散的影响区域划定警戒区，无关人员从侧风、上风向撤离至安全区。建议应急处理人员戴正压自给式呼吸器，穿防静电服，戴橡胶耐油手套。作业时使用的所有设备应接地。禁止接触或跨越泄漏物。尽可能切断泄漏源

环境保护措施 防止泄漏物进入水体、下水道、地下室或有限空间

泄漏化学品的收容、清除方法及所使用的处置材料 小量泄漏：用砂土或其他不燃材料吸收，使用洁净的无火花工具收集吸收材料。大量泄漏：构筑围堤或挖坑收容。用泡沫覆盖，减少蒸发。喷水雾能减少蒸发，但不能降低泄漏物在有限空间内的易燃性。用防爆泵转移至槽车或专用收集器内

第七部分 操作处置与储存

操作注意事项 密闭操作，全面通风。操作人员必须经过专门培训，严格遵守操作规程。建议操作人员佩戴自吸过滤式防毒面具（半面罩），戴化学安全防护眼镜，穿防静电工作服，戴橡胶耐油手套。远离火种、热源。工作场所严禁吸烟。使用防爆型的通风系统和设备。防止蒸气泄漏到工作场所空气中。避免与氧化剂接触。灌装时应控制流速，且有接地装置，防止静电积聚。搬运时要轻装轻卸，防止包装及容器损坏。配备相应品种和数量的消防器材及泄漏应急处理设备。倒空的容器可能残留有害物

储存注意事项 储存于阴凉、通风的库房。远离火种、热源。库温不宜超过37℃。包装要求密封，不可与空气接触。应与氧化剂分开存放，切忌混储。采用防爆型照明、通风设施。禁止使用易产生火花的机械设备和工具。储区应备有泄漏应急处理设备和合适的收容材料

第八部分 接触控制/个体防护

职业接触限值

中国 未制定标准

美国(ACGIH) 未制定标准

生物接触限值 未制定标准

监测方法 空气中有毒物质测定方法：未制定标准。生物监测检验方法：未制定标准

工程控制 生产过程密闭，全面通风。提供安全的淋浴和洗眼设备

个体防护装备

呼吸系统防护 空气中浓度较高时，建议佩戴过滤式防毒面具（半面罩）

眼睛防护 必要时，戴化学安全防护眼镜

皮肤和身体防护 穿防静电工作服

手防护 戴橡胶耐油手套

第九部分 理化特性

外观与性状 无色液体

pH值 无资料 **熔点(℃)** −94.04

沸点(℃) 124～127 **相对密度(水=1)** 0.72

相对蒸气密度(空气=1) 3.9

饱和蒸气压(kPa) 4.12 (37.7℃)

燃烧热(kJ/mol) 无资料 **临界温度(℃)** 无资料

临界压力(MPa) 无资料 **辛醇/水分配系数** 4.06

闪点(℃) 21 (OC) **自燃温度(℃)** 无资料

爆炸下限(%) 无资料 **爆炸上限(%)** 无资料

分解温度(℃) 无资料 **黏度(mPa·s)** 无资料

溶解性 不溶于水，溶于乙醇、乙醚、丙酮

第十部分 稳定性和反应性

稳定性 稳定

危险反应 与强氧化剂等禁配物接触，有发生火灾和爆炸的危险

避免接触的条件 无资料

禁配物 强氧化剂、卤代烃、卤素等

危险的分解产物 无资料

第十一部分 毒理学信息

急性毒性 无资料 **皮肤刺激或腐蚀** 无资料

眼睛刺激或腐蚀 无资料 **呼吸或皮肤过敏** 无资料

生殖细胞突变性 无资料 **致癌性** 无资料

生殖毒性 无资料

特异性靶器官系统毒性-一次接触 无资料

特异性靶器官系统毒性-反复接触 无资料

吸入危害 无资料

第十二部分 生态学信息

生态毒性 根据结构类似物质预测，该物质对水生生物有毒

持久性和降解性

生物降解性 无资料

非生物降解性 无资料

潜在的生物累积性 根据 K_{ow} 值预测，该物质可能有较高的生物累积性

土壤中的迁移性 根据 K_{oc} 值预测，该物质的迁移性可能较弱

第十三部分 废弃处置

废弃化学品 建议用焚烧法处置

污染包装物 将容器返还生产商或按照国家和地方法规处置

废弃注意事项 处置前应参阅国家和地方有关法规

第十四部分 运输信息

联合国危险货物编号（UN 号） 3295

联合国运输名称 液态烃类，未另作规定的（2-辛烯）

联合国危险性类别 3 **包装类别** Ⅱ类包装

包装标志  **海洋污染物** 否

运输注意事项 运输时运输车辆应配备相应品种和数量的消防器材及泄漏应急处理设备。夏季最好早晚运输。运输时所用的槽（罐）车应有接地链，槽内可设孔隔板以减少震荡产生的静电。严禁与氧化剂、食用化学品等混装混运。运输途中应防曝晒、雨淋，防高温。中途停留时应远离火种、热源、高温区。装运该物品的车辆排气管必须配备阻火装置，禁止使用易产生火花的机械设备和工具装卸。公路运输时要按规定路线行驶，勿在居民区和人口稠密区停留。铁路运输时要禁止溜放。严禁用木船、水泥船散装运输

第十五部分 法规信息

下列法律、法规、规章和标准，对该化学品的管理作了相应的规定。

中华人民共和国职业病防治法 职业病分类和目录：未列入

危险化学品安全管理条例 危险化学品目录：列入。易制爆危险化学品名录：未列入。重点监管的危险化学品名录：未列入。GB 18218—2009《危险化学品重大危险源辨识》（表 1）：未列入

使用有毒物品作业场所劳动保护条例 高毒物品目录：未列入

易制毒化学品管理条例 易制毒化学品的分类和品种目录：未列入

国际公约 斯德哥尔摩公约：未列入。鹿特丹公约：未列入。蒙特利尔议定书：未列入

第十六部分 其他信息

编写和修订信息 **缩略语和首字母缩写**

培训建议 **参考文献**

免责声明

新 戊 烷

第一部分 化学品标识

化学品中文名 新戊烷；2,2-二甲基丙烷

化学品英文名 2,2-dimethylpropane；neopentane

分子式 C_5H_{12} **相对分子质量** 72.17

结构式 ┼

化学品的推荐及限制用途 用于制造丁基橡胶

第二部分 危险性概述

紧急情况概述 极易燃气体，内装加压气体：遇热可能爆炸

GHS 危险性类别 易燃气体，类别 1；加压气体；危害水生环境-急性危害，类别 2；危害水生环境-长期危害，类别 2

标签要素

象形图 

警示词 危险

危险性说明 极易燃气体，内装加压气体：遇热可能爆炸，对水生生物有毒并具有长期持续影响

防范说明

预防措施 远离热源、火花、明火、热表面。禁止吸烟。禁止排入环境

事故响应 漏气着火：切勿灭火，除非漏气能够安全地制止。如果没有危险，消除一切点火源。收集泄漏物

安全储存 防日晒。存放在通风良好的地方

废弃处置 本品及内装物、容器依据国家和地方法规处置

物理和化学危险 极易燃，与空气混合能形成爆炸性混合物

健康危害 高浓度可引起眼与呼吸道黏膜轻度刺激症状和麻醉症状，重者意识丧失。长期接触可致轻度皮炎

环境危害 对水生生物有毒并具有长期持续影响

第三部分 成分/组成信息

√物质 混合物

组分	浓度	CAS No.
新戊烷		463-82-1

第四部分　急救措施

吸入　迅速脱离现场至空气新鲜处。保持呼吸道通畅。如呼吸困难，给输氧。如呼吸、心跳停止，立即进行心肺复苏术。就医

皮肤接触　脱去污染的衣着，用清水彻底冲洗皮肤。如有不适感，就医

眼睛接触　提起眼睑，用流动清水或生理盐水冲洗。如有不适感，就医

食入　漱口，饮水。就医

对保护施救者的忠告　根据需要使用个人防护设备

对医生的特别提示　对症处理

第五部分　消防措施

灭火剂　用雾状水、泡沫、二氧化碳、干粉灭火

特别危险性　与氧化剂能发生强烈反应，引起燃烧或爆炸。蒸气比空气重，沿地面扩散并易积存于低洼处，遇火源会着火回燃。燃烧生成有害的一氧化碳

灭火注意事项及防护措施　切断气源。若不能切断气源，则不允许熄灭泄漏处的火焰。消防人员必须佩戴空气呼吸器、穿全身防火防毒服，在上风向灭火。尽可能将容器从火场移至空旷处。喷水保持火场容器冷却，直至灭火结束

第六部分　泄漏应急处理

作业人员防护措施、防护装备和应急处置程序　消除所有点火源。根据气体扩散的影响区域划定警戒区，无关人员从侧风、上风向撤离至安全区。建议应急处理人员戴正压自给式呼吸器，穿防静电服。作业时使用的所有设备应接地。禁止接触或跨越泄漏物。尽可能切断泄漏源。喷雾状水抑制蒸气或改变蒸气云流向，避免水流接触泄漏物。禁止用水直接冲击泄漏物或泄漏源

环境保护措施　防止气体通过下水道、通风系统和有限空间扩散

泄漏化学品的收容、清除方法及所使用的处置材料　隔离泄漏区直至气体散尽。若是液体泄漏，防止进入下水道等有限空间。构筑围堤或挖坑收容液体泄漏物。用砂土、惰性物质或蛭石吸收大量液体。用泡沫覆盖，降低蒸气灾害。用防爆泵转移至槽车或专用容器中，回收或作废弃处置

第七部分　操作处置与储存

操作注意事项　密闭操作，全面通风。密闭操作，提供良好的自然通风条件。操作人员必须经过专门培训，严格遵守操作规程。建议操作人员穿防静电工作服。远离火种、热源。工作场所严禁吸烟。使用防爆型的通风系统和设备。防止气体或蒸气泄漏到工作场所空气中。避免与氧化剂接触。在传送过程中，钢瓶和容器必须接地和跨接，防止产生静电。灌装时应控制流速，且有接地装置，防止静电积聚。搬运时要轻装轻卸，防止包装及容器损坏。配备相应品种和数量的消防器材及泄漏应急处理设备

储存注意事项　储存于阴凉、通风的易燃气体专用库房。远离火种、热源。库温不宜超过 30℃。保持容器密封。应与氧化剂分开存放，切忌混储。采用防爆型照明、通风设施。禁止使用易产生火花的机械设备和工具。储区应备有泄漏应急处理设备

第八部分　接触控制/个体防护

职业接触限值

中国　未制定标准

美国(ACGIH)　TLV-TWA：600ppm

生物接触限值　未制定标准

监测方法　空气中有毒物质测定方法：未制定标准。生物监测检验方法：未制定标准

工程控制　生产过程密闭，全面通风。提供良好的自然通风条件

个体防护装备

呼吸系统防护　一般不需要特殊防护，高浓度接触时可佩戴过滤式防毒面具（半面罩）

眼睛防护　一般不需要特殊防护，高浓度接触时可戴化学安全防护眼镜

皮肤和身体防护　穿防静电工作服

手防护　戴一般作业防护手套

第九部分　理化特性

外观与性状　无色气体或极易挥发的液体

pH 值　无意义　　**熔点(℃)**　−16.6

沸点(℃)　9.5　　**相对密度(水=1)**　0.6

相对蒸气密度(空气=1)　2.5

饱和蒸气压(kPa)　146.3 (20℃)

燃烧热(kJ/mol)　无资料　　**临界温度(℃)**　160.6

临界压力(MPa)　3.20　　**辛醇/水分配系数**　3.11

闪点(℃)　<−7　　**自燃温度(℃)**　450

爆炸下限(%)　1.4　　**爆炸上限(%)**　7.5

分解温度(℃)　无资料　　**黏度(mPa·s)**　无资料

溶解性　不溶于水，溶于乙醇、乙醚、四氯化碳等

第十部分　稳定性和反应性

稳定性　稳定

危险反应　与强氧化剂等禁配物接触，有发生火灾和爆炸的危险

避免接触的条件　无资料

禁配物　强氧化剂、强酸、强碱、卤素

危险的分解产物　无资料

第十一部分　毒理学信息

急性毒性　LD_{50}：100mg/kg(小鼠腹腔)；LCL_o：1097000mg/m^3（小鼠吸入）

皮肤刺激或腐蚀　无资料　　**眼睛刺激或腐蚀**　无资料

呼吸或皮肤过敏　无资料　　**生殖细胞突变性**　无资料

致癌性　无资料　　**生殖毒性**　无资料

特异性靶器官系统毒性-一次接触　无资料

特异性靶器官系统毒性-反复接触　大鼠，全天接触 800mg/m^3，连续 117d，活动和体重未见改变

吸入危害 无资料

第十二部分 生态学信息

生态毒性 根据结构类似物质预测，该物质对水生生物有毒

持久性和降解性

生物降解性 无资料

非生物降解性 空气中，当羟基自由基浓度为5.00×10^5个/cm^3时，降解半衰期为19h

潜在的生物累积性 根据K_{ow}值预测，该物质可能有一定的生物累积性

土壤中的迁移性 根据K_{oc}值预测，该物质可能有一定的迁移性

第十三部分 废弃处置

废弃化学品 建议用焚烧法处置

污染包装物 将容器返还生产商或按照国家和地方法规处置

废弃注意事项 处置前应参阅国家和地方有关法规

第十四部分 运输信息

联合国危险货物编号（UN号） 2044

联合国运输名称 2,2-二甲基丙烷

联合国危险性类别 2.1 **包装类别** -

包装标志  **海洋污染物** 否

运输注意事项 采用钢瓶运输时必须戴好钢瓶上的安全帽。钢瓶一般平放，并应将瓶口朝同一方向，不可交叉；高度不得超过车辆的防护栏板，并用三角木垫卡牢，防止滚动。运输时运输车辆应配备相应品种和数量的消防器材。装运该物品的车辆排气管必须配备阻火装置，禁止使用易产生火花的机械设备和工具装卸。严禁与氧化剂等混装混运。夏季应早晚运输，防止日光曝晒。中途停留时应远离火种、热源。公路运输时要按规定路线行驶，勿在居民区和人口稠密区停留。铁路运输时要禁止溜放

第十五部分 法规信息

下列法律、法规、规章和标准，对该化学品的管理作了相应的规定。

中华人民共和国职业病防治法 职业病分类和目录：未列入

危险化学品安全管理条例 危险化学品目录：列入。易制爆危险化学品名录：未列入。重点监管的危险化学品名录：未列入。GB 18218—2009《危险化学品重大危险源辨识》（表1）：未列入

使用有毒物品作业场所劳动保护条例 高毒物品目录：未列入

易制毒化学品管理条例 易制毒化学品的分类和品种目录：未列入

国际公约 斯德哥尔摩公约：未列入。鹿特丹公约：未列入。蒙特利尔议定书：未列入

第十六部分 其他信息

编写和修订信息

缩略语和首字母缩写

培训建议

参考文献

免责声明

溴

第一部分 化学品标识

化学品中文名 溴；溴素

化学品英文名 bromine

分子式 Br_2 **相对分子质量** 159.82

结构式 Br—Br

化学品的推荐及限制用途 用作分析试剂、氧化剂、烯烃吸收剂、溴化剂，用于有机合成

第二部分 危险性概述

紧急情况概述 吸入致命，造成严重的皮肤灼伤和眼损伤

GHS危险性类别 急性毒性-吸入，类别2；皮肤腐蚀/刺激，类别1A；严重眼损伤/眼刺激，类别1；危害水生环境-急性危害，类别1

标签要素

象形图 

警示词 危险

危险性说明 吸入致命，造成严重的皮肤灼伤和眼损伤，造成严重眼损伤，对水生生物毒性非常大

防范说明

预防措施 避免吸入蒸气、雾。仅在室外或通风良好处操作。戴呼吸防护器具。避免接触眼睛、皮肤，操作后彻底清洗。戴防护手套，穿防护服，戴防护眼镜、防护面罩。禁止排入环境

事故响应 如吸入：将患者转移到空气新鲜处，休息，保持利于呼吸的体位，立即呼叫中毒控制中心或就医。皮肤（或头发）接触：立即脱掉所有被污染的衣服，用水冲洗皮肤，淋浴。污染的衣服须洗净后方可重新使用。眼睛接触：用水细心地冲洗数分钟。如戴隐形眼镜并可方便地取出，则取出隐形眼镜。继续冲洗。食入：漱口，不要催吐。收集泄漏物

安全储存 在通风良好处储存。保持容器密闭。上锁保管

废弃处置 本品及内装物、容器依据国家和地方法规处置

物理和化学危险 助燃。与可燃物接触易着火燃烧

健康危害 对皮肤、黏膜有强烈刺激作用和腐蚀作用。吸入较低浓度，很快发生眼和呼吸道黏膜的刺激症状，并有头痛、眩晕、全身无力、胸部发紧、干咳、恶心和呕吐等症状；吸入高浓度时有剧咳、呼吸困难、哮喘。严重时可发生窒息、肺炎、肺水肿。可出现中枢

神经系统症状。皮肤接触高浓度溴蒸气或液态溴可造成严重灼伤。长期吸入，除黏膜刺激症状外，还伴有神经衰弱综合征

环境危害 对水生生物毒性非常大

第三部分 成分/组成信息

√物质		混合物
组分	**浓度**	**CAS No.**
溴		7726-95-6

第四部分 急救措施

吸入 迅速脱离现场至空气新鲜处。保持呼吸道通畅。如呼吸困难，给输氧。如呼吸、心跳停止，立即进行心肺复苏术。就医

皮肤接触 立即脱去污染的衣着，用大量流动清水彻底冲洗至少15min。就医

眼睛接触 立即分开眼睑，用流动清水或生理盐水彻底冲洗至少15min。就医

食入 用水漱口，禁止催吐。给饮牛奶或蛋清。就医

对保护施救者的忠告 根据需要使用个人防护设备

对医生的特别提示 对症处理

第五部分 消防措施

灭火剂 本品不燃。根据着火原因选择适当灭火剂灭火

特别危险性 与易燃物（如苯）和可燃物（如糖、纤维素等）接触会发生剧烈反应，甚至引起燃烧。和氢、甲烷、硫黄、锑、砷、磷、钠、钾及其他金属粉末发生剧烈反应，甚至引起燃烧爆炸。能腐蚀大多数金属及有机组织

灭火注意事项及防护措施 喷水保持火场容器冷却，直至灭火结束。用雾状水赶走泄漏的液体。用氨水从远处喷射，驱散蒸气，并使之中和。但对泄漏出来的溴液不可用氨水喷射，以免引起强烈反应放热而产生大量有毒的溴蒸气

第六部分 泄漏应急处理

作业人员防护措施、防护装备和应急处置程序 根据液体流动和蒸气扩散的影响区域划定警戒区，无关人员从侧风、上风向撤离至安全区。建议应急处理人员戴正压自给式呼吸器，穿防腐蚀、防毒服，戴橡胶耐酸碱手套。穿上适当的防护服前严禁接触破裂的容器和泄漏物。尽可能切断泄漏源

环境保护措施 防止泄漏物进入水体、下水道、地下室或有限空间

泄漏化学品的收容、清除方法及所使用的处置材料 小量泄漏：用干燥的砂土或其他不燃材料吸收或覆盖，收集于容器中。大量泄漏：构筑围堤或挖坑收容，用耐腐蚀泵转移至槽车或专用收集器内

第七部分 操作处置与储存

操作注意事项 密闭操作，注意通风。操作尽可能机械化、自动化。操作人员必须经过专门培训，严格遵守操作规程。建议操作人员佩戴自吸过滤式防毒面具（全面罩），穿橡胶耐酸碱服，戴橡胶耐酸碱手套。远离火种、热源。工作场所严禁吸烟。远离易燃、可燃物。防止蒸气泄漏到工作场所空气中。避免与还原剂、碱金属、金属粉末接触。搬运时要轻装轻卸，防止包装及容器损坏。配备相应品种和数量的消防器材及泄漏应急处理设备。倒空的容器可能残留有害物

储存注意事项 储存于阴凉、通风的库房。远离火种、热源。保持容器密封。应与还原剂、碱金属、易（可）燃物、金属粉末等分开存放，切忌混储。储区应备有泄漏应急处理设备和合适的收容材料

第八部分 接触控制/个体防护

职业接触限值

中国 PC-TWA：0.6mg/m^3；PC-STEL：2mg/m^3

美国(ACGIH) TLV-TWA：0.1ppm；TLV-STEL：0.2ppm

生物接触限值 未制定标准

监测方法 空气中有毒物质测定方法：未制定标准。生物监测检验方法：未制定标准

工程控制 密闭操作，注意通风。提供安全的淋浴和洗眼设备

个体防护装备

呼吸系统防护 可能接触其烟雾时，必须佩戴过滤式防毒面具（全面罩）或空气呼吸器。紧急事态抢救或撤离时，建议佩戴空气呼吸器

眼睛防护 呼吸系统防护中已作防护

皮肤和身体防护 穿橡胶耐酸碱服

手防护 戴橡胶耐酸碱手套

第九部分 理化特性

外观与性状 暗红褐色发烟液体，有刺鼻气味

pH值 无资料 **熔点(℃)** −7.25

沸点(℃) 58.8 **相对密度(水=1)** 3.12

相对蒸气密度(空气=1) 5.51

饱和蒸气压(kPa) 23.33（20℃）

燃烧热(kJ/mol) 无资料 **临界温度(℃)** 无资料

临界压力(MPa) 10.3 **辛醇/水分配系数** 1.03

闪点(℃) 无意义 **自燃温度(℃)** 无意义

爆炸下限(%) 无意义 **爆炸上限(%)** 无意义

分解温度(℃) 无资料 **黏度(mPa·s)** 0.418(20℃)

溶解性 微溶于水，易溶于乙醇、乙醚、苯、氯仿、二硫化碳、盐酸

第十部分 稳定性和反应性

稳定性 稳定

危险反应 与强还原剂、碱金属、易燃或可燃物等禁配物发生剧烈反应，有发生火灾和爆炸的危险

避免接触的条件 光照

禁配物 强还原剂、碱金属、铝、铜、易燃或可燃物

危险的分解产物 无意义

第十一部分 毒理学信息

急性毒性 LC_{50}：4905mg/m^3（小鼠吸入，9min）

皮肤刺激或腐蚀 无资料 **眼睛刺激或腐蚀** 无资料
呼吸或皮肤过敏 无资料 **生殖细胞突变性** 无资料
致癌性 无资料 **生殖毒性** 无资料
特异性靶器官系统毒性-一次接触 无资料
特异性靶器官系统毒性-反复接触 无资料
吸入危害 无资料

第十二部分 生态学信息

生态毒性 LC_{50}：1mg/L（48h）（水蚤）
持久性和降解性
生物降解性 无资料
非生物降解性 无资料
潜在的生物累积性 无资料
土壤中的迁移性 无资料

第十三部分 废弃处置

废弃化学品 中和、稀释后，排入废水系统
污染包装物 将容器返还生产商或按照国家和地方法规处置
废弃注意事项 处置前应参阅国家和地方有关法规

第十四部分 运输信息

联合国危险货物编号（UN号） 1744
联合国运输名称 溴
联合国危险性类别 8，6.1
包装类别 Ⅰ类包装
包装标志

海洋污染物 否
运输注意事项 起运时包装要完整，装载应稳妥。运输过程中要确保容器不泄漏、不倒塌、不坠落、不损坏。严禁与还原剂、碱金属、易燃物或可燃物、金属粉末、食用化学品等混装混运。运输时运输车辆应配备泄漏应急处理设备。运输途中应防曝晒、雨淋，防高温。公路运输时要按规定路线行驶，勿在居民区和人口稠密区停留

第十五部分 法规信息

下列法律、法规、规章和标准，对该化学品的管理作了相应的规定。
中华人民共和国职业病防治法 职业病分类和目录：未列入
危险化学品安全管理条例 危险化学品目录：列入。易制爆危险化学品名录：未列入。重点监管的危险化学品名录：未列入。GB 18218—2009《危险化学品重大危险源辨识》（表1）：列入。类别：毒性物质，临界量（t）：20
使用有毒物品作业场所劳动保护条例 高毒物品目录：未列入
易制毒化学品管理条例 易制毒化学品的分类和品种目录：未列入
国际公约 斯德哥尔摩公约：未列入。鹿特丹公约：未列入。蒙特利尔议定书：未列入

第十六部分 其他信息

编写和修订信息 **缩略语和首字母缩写**
培训建议 **参考文献**
免责声明

溴 苯

第一部分 化学品标识

化学品中文名 溴苯
化学品英文名 bromobenzene；phenyl bromide
分子式 C_6H_5Br **相对分子质量** 157.02
结构式 Br-C₆H₅（苯环结构）
化学品的推荐及限制用途 用作溶剂、分析试剂、润滑油添加剂和用于有机合成等

第二部分 危险性概述

紧急情况概述 易燃液体和蒸气
GHS危险性类别 易燃液体，类别3；皮肤腐蚀/刺激，类别2；危害水生环境-急性危害，类别2；危害水生环境-长期危害，类别2
标签要素
象形图

警示词 警告
危险性说明 易燃液体和蒸气，造成皮肤刺激，对水生生物有毒并具有长期持续影响
防范说明
预防措施 远离热源、火花、明火、热表面。禁止吸烟。保持容器密闭。容器和接收设备接地连接。使用防爆电器、通风、照明设备。只能使用不产生火花的工具。采取防止静电措施。戴防护手套、防护眼镜、防护面罩。避免接触眼睛、皮肤，操作后彻底清洗。禁止排入环境
事故响应 火灾时，使用雾状水、泡沫、干粉、二氧化碳、砂土灭火。皮肤接触：用大量肥皂水和水清洗。如发生皮肤刺激，就医。脱去被污染的衣服，污染衣服洗净后方可重新使用。收集泄漏物
安全储存 存放在通风良好的地方。保持低温
废弃处置 本品及内装物、容器依据国家和地方法规处置
物理和化学危险 易燃，其蒸气与空气混合，能形成爆炸性混合物
健康危害 吸入本品蒸气或雾刺激上呼吸道，引起咳嗽、胸部不适。高浓度吸入有麻醉作用。液体或雾对眼睛有刺激性。较长时间接触对皮肤有刺激性。口服引起恶心、呕吐、腹痛、腹泻、头痛、迟钝、中枢神经系统影响，甚至死亡

环境危害 对水生生物有毒并具有长期持续影响

第三部分 成分/组成信息

√物质		混合物
组分	**浓度**	**CAS No.**
溴苯		108-86-1

第四部分 急救措施

吸入 迅速脱离现场至空气新鲜处。保持呼吸道通畅。如呼吸困难，给输氧。如呼吸、心跳停止，立即进行心肺复苏术。就医

皮肤接触 立即脱去污染的衣着，用流动清水彻底冲洗。就医

眼睛接触 立即分开眼睑，用流动清水或生理盐水彻底冲洗。就医

食入 漱口，饮水。就医

对保护施救者的忠告 根据需要使用个人防护设备

对医生的特别提示 对症处理

第五部分 消防措施

灭火剂 用雾状水、泡沫、干粉、二氧化碳、砂土灭火

特别危险性 遇高热、明火及强氧化剂易引起燃烧。燃烧生成有害的一氧化碳、溴化氢

灭火注意事项及防护措施 消防人员必须佩戴空气呼吸器、穿全身防火防毒服，在上风向灭火。喷水冷却容器，尽可能将容器从火场移至空旷处。容器突然发出异常声音或出现异常现象，应立即撤离

第六部分 泄漏应急处理

作业人员防护措施、防护装备和应急处置程序 消除所有点火源。根据液体流动和蒸气扩散的影响区域划定警戒区，无关人员从侧风、上风向撤离至安全区。建议应急处理人员戴正压自给式呼吸器，穿防静电服，戴橡胶耐油手套。作业时使用的所有设备应接地。禁止接触或跨越泄漏物。尽可能切断泄漏源

环境保护措施 防止泄漏物进入水体、下水道、地下室或有限空间

泄漏化学品的收容、清除方法及所使用的处置材料 小量泄漏：用砂土或其他不燃材料吸收，使用洁净的无火花工具收集吸收材料。大量泄漏：构筑围堤或挖坑收容。用泡沫覆盖，减少蒸发。喷水雾能减少蒸发，但不能降低泄漏物在有限空间内的易燃性。用防爆泵转移至槽车或专用收集器内

第七部分 操作处置与储存

操作注意事项 密闭操作，局部排风。操作人员必须经过专门培训，严格遵守操作规程。建议操作人员佩戴自吸过滤式防毒面具（半面罩），戴化学安全防护眼镜，穿防毒物渗透工作服，戴橡胶耐油手套。远离火种、热源。工作场所严禁吸烟。使用防爆型的通风系统和设备。防止蒸气泄漏到工作场所空气中。避免与氧化剂接触。充装要控制流速，防止静电积聚。搬运时要轻装轻卸，防止包装及容器损坏。配备相应品种和数量的消防器材及泄漏应急处理设备。倒空的容器可能残留有害物

储存注意事项 储存于阴凉、通风的库房。库温不宜超过37℃。远离火种、热源。保持容器密封。应与氧化剂分开存放，切忌混储。采用防爆型照明、通风设施。禁止使用易产生火花的机械设备和工具。储区应备有泄漏应急处理设备和合适的收容材料

第八部分 接触控制/个体防护

职业接触限值

中国 未制定标准

美国(ACGIH) 未制定标准

生物接触限值 未制定标准

监测方法 空气中有毒物质测定方法：溶剂解吸-气相色谱法。生物监测检验方法：未制定标准

工程控制 密闭操作，局部排风。提供安全的淋浴和洗眼设备

个体防护装备

呼吸系统防护 空气中浓度超标时，应该佩戴过滤式防毒面具（半面罩）。紧急事态抢救或撤离时，建议佩戴空气呼吸器

眼睛防护 戴化学安全防护眼镜

皮肤和身体防护 穿防毒物渗透工作服

手防护 戴橡胶耐油手套

第九部分 理化特性

外观与性状 无色油状液体，具有苯的气味

pH值	无资料	**熔点(℃)**	−30.7
沸点(℃)	156.2	**相对密度(水=1)**	1.50
相对蒸气密度(空气=1)	5.41		
饱和蒸气压(kPa)	0.532 (25℃)		
燃烧热(kJ/mol)	−3124.6	**临界温度(℃)**	397
临界压力(MPa)	4.52	**辛醇/水分配系数**	2.99
闪点(℃)	51 (CC)	**自燃温度(℃)**	565
爆炸下限(%)	1.5	**爆炸上限(%)**	9.1
分解温度(℃)	无资料	**黏度(mPa·s)**	1.124(20℃)

溶解性 不溶于水，溶于甲醇、乙醚、丙酮、苯、四氯化碳等多数有机溶剂

第十部分 稳定性和反应性

稳定性 稳定

危险反应 与强氧化剂等禁配物接触，有发生火灾和爆炸的危险

避免接触的条件 无资料

禁配物 强氧化剂

危险的分解产物 溴化氢

第十一部分 毒理学信息

急性毒性

LD_{50} 2383mg/kg（大鼠经口）

LC_{50} 20411mg/m^3（大鼠吸入）

皮肤刺激或腐蚀 无资料

眼睛刺激或腐蚀 无资料

呼吸或皮肤过敏　无资料

生殖细胞突变性　微核试验：小鼠腹腔 120mg/kg（24h）。姐妹染色单体交换：仓鼠卵巢 500mg/L。DNA 修复：大肠杆菌 250mg/L。微核试验：小鼠腹腔内给予 125mg/kg（24h）

致癌性　无资料

生殖毒性　无资料

特异性靶器官系统毒性-一次接触　无资料

特异性靶器官系统毒性-反复接触　大鼠吸入 $20mg/m^3$，4 个半月，见生长抑制，抑制神经系统功能；肝功能紊乱，血清和肝脏匀浆中巯基基团下降，血清白蛋白浓度降低

吸入危害　无资料

第十二部分　生态学信息

生态毒性　LC_{50}：6.8mg/L（48h）（青鳉）

持久性和降解性

生物降解性　无资料

非生物降解性　空气中，当羟基自由基浓度为 5.00×10^5 个/cm^3 时，降解半衰期为 21d

潜在的生物累积性　BCF：8.8～34（鲤鱼，接触浓度 50ppb，接触时间 6 周），12～33（鲤鱼，接触浓度 5ppb，接触时间 6 周）；根据 K_{ow} 值预测，该物质的生物累积性可能较弱

土壤中的迁移性　根据 K_{oc} 值预测，该物质可能有一定的迁移性

第十三部分　废弃处置

废弃化学品　建议用焚烧法处置。焚烧炉排出的卤化氢通过酸洗涤器除去

污染包装物　将容器返还生产商或按照国家和地方法规处置

废弃注意事项　处置前应参阅国家和地方有关法规

第十四部分　运输信息

联合国危险货物编号（UN 号）　2514

联合国运输名称　溴苯　　**联合国危险性类别**　3

包装类别　Ⅲ类包装　　**包装标志**

海洋污染物　是

运输注意事项　运输时运输车辆应配备相应品种和数量的消防器材及泄漏应急处理设备。夏季最好早晚运输。运输时所用的槽（罐）车应有接地链，槽内可设孔隔板以减少震荡产生的静电。严禁与氧化剂、食用化学品等混装混运。运输途中应防曝晒、雨淋，防高温。中途停留时应远离火种、热源、高温区。装运该物品的车辆排气管必须配备阻火装置，禁止使用易产生火花的机械设备和工具装卸。公路运输时要按规定路线行驶，勿在居民区和人口稠密区停留。铁路运输时要禁止溜放。严禁用木船、水泥船散装运输

第十五部分　法规信息

下列法律、法规、规章和标准，对该化学品的管理作了相应的规定。

中华人民共和国职业病防治法　职业病分类和目录：未列入

危险化学品安全管理条例　危险化学品目录：列入。易制爆危险化学品名录：未列入。重点监管的危险化学品名录：未列入。GB 18218—2009《危险化学品重大危险源辨识》（表 1）：未列入

使用有毒物品作业场所劳动保护条例　高毒物品目录：未列入

易制毒化学品管理条例　易制毒化学品的分类和品种目录：未列入

国际公约　斯德哥尔摩公约：未列入。鹿特丹公约：未列入。蒙特利尔议定书：未列入

第十六部分　其他信息

编写和修订信息　　**缩略语和首字母缩写**

培训建议　　**参考文献**

免责声明

2-溴苯酚

第一部分　化学品标识

化学品中文名　2-溴苯酚；邻溴（苯）酚；2-溴酚

化学品英文名　2-bromophenol；*o*-bromophenol

分子式　C_6H_5BrO　　**相对分子质量**　173.02

结构式　（Br、HO 取代苯环结构图）

化学品的推荐及限制用途　用于有机合成

第二部分　危险性概述

紧急情况概述　易燃液体和蒸气，吞咽有害

GHS 危险性类别　易燃液体，类别 3；急性毒性-经口，类别 4；特异性靶器官毒性-一次接触，类别 2；特异性靶器官毒性-反复接触，类别 2；危害水生环境-急性危害，类别 1；危害水生环境-长期危害，类别 1

标签要素

象形图

警示词　警告

危险性说明　易燃液体和蒸气，吞咽有害，可能对器官造成损害，长时间或反复接触可能对器官造成损伤，对水生生物毒性非常大并具有长期持续影响

防范说明

预防措施　远离热源、火花、明火、热表面。禁止吸烟。保持容器密闭。容器和接收设备接地连接。使用防爆电器、通风、照明设备。只能使用不产生火花的工具。采取防止静电措施。戴

防护手套、防护眼镜、防护面罩。避免接触眼睛、皮肤，操作后彻底清洗。作业场所不得进食、饮水或吸烟。避免吸入蒸气、雾。禁止排入环境

事故响应　火灾时，使用雾状水、泡沫、干粉、二氧化碳、砂土灭火。如皮肤（或头发）接触：立即脱掉所有被污染的衣服，用水冲洗皮肤，淋浴。食入：漱口，如果感觉不适，立即呼叫中毒控制中心或就医。如果接触或感觉不适：呼叫中毒控制中心或就医。收集泄漏物

安全储存　存放在通风良好的地方。保持低温。上锁保管

废弃处置　本品及内装物、容器依据国家和地方法规处置

物理和化学危险　易燃，其蒸气与空气混合，能形成爆炸性混合物

健康危害　对眼睛、皮肤、黏膜、上呼吸道有刺激性。长时间接触可引起眼睛的强烈刺激或灼伤

环境危害　对水生生物毒性非常大并具有长期持续影响

第三部分　成分/组成信息

√物质　　混合物

组分	浓度	CAS No.
2-溴苯酚		95-56-7

第四部分　急救措施

吸入　迅速脱离现场至空气新鲜处。保持呼吸道通畅。如呼吸困难，给输氧。如呼吸、心跳停止，立即进行心肺复苏术。就医

皮肤接触　立即脱去污染的衣着，用流动清水彻底冲洗。就医

眼睛接触　立即分开眼睑，用流动清水或生理盐水彻底冲洗。就医

食入　漱口，饮水。就医

对保护施救者的忠告　根据需要使用个人防护设备

对医生的特别提示　对症处理

第五部分　消防措施

灭火剂　用雾状水、泡沫、干粉、二氧化碳、砂土灭火

特别危险性　受高热分解产生有毒的溴化物气体。与强氧化剂接触可发生化学反应。燃烧生成有害的一氧化碳、溴化氢

灭火注意事项及防护措施　消防人员必须佩戴空气呼吸器、穿全身防火防毒服，在上风向灭火。尽可能将容器从火场移至空旷处。喷水保持火场容器冷却，直至灭火结束。容器突然发出异常声音或出现异常现象，应立即撤离

第六部分　泄漏应急处理

作业人员防护措施、防护装备和应急处置程序　根据液体流动和蒸气扩散的影响区域划定警戒区，无关人员从侧风、上风向撤离至安全区。消除所有点火源。建议应急处理人员戴正压自给式呼吸器，穿防毒、防静电服，戴橡胶耐油手套。穿上适当的防护服前严禁接触破裂的容器和泄漏物。尽可能切断泄漏源

环境保护措施　防止泄漏物进入水体、下水道、地下室或有限空间

泄漏化学品的收容、清除方法及所使用的处置材料　小量泄漏：用干燥的砂土或其他不燃材料吸收或覆盖，收集于容器中。大量泄漏：构筑围堤或挖坑收容。用防爆泵转移至槽车或专用收集器内

第七部分　操作处置与储存

操作注意事项　密闭操作，提供充分的局部排风。操作人员必须经过专门培训，严格遵守操作规程。建议操作人员佩戴自吸过滤式防毒面具（半面罩），戴化学安全防护眼镜，穿防毒物渗透工作服，戴橡胶耐油手套。远离火种、热源。工作场所严禁吸烟。使用防爆型的通风系统和设备。防止蒸气泄漏到工作场所空气中。避免与氧化剂接触。搬运时要轻装轻卸，防止包装及容器损坏。配备相应品种和数量的消防器材及泄漏应急处理设备。倒空的容器可能残留有害物

储存注意事项　储存于阴凉、通风的库房。远离火种、热源。保持容器密封。应与氧化剂、食用化学品分开存放，切忌混储。采用防爆型照明、通风设施。禁止使用易产生火花的机械设备和工具。储区应备有泄漏应急处理设备和合适的收容材料

第八部分　接触控制/个体防护

职业接触限值

中国　未制定标准

美国(ACGIH)　未制定标准

生物接触限值　未制定标准

监测方法　空气中有毒物质测定方法：未制定标准。生物监测检验方法：未制定标准

工程控制　严加密闭，提供充分的局部排风。提供安全的淋浴和洗眼设备

个体防护装备

呼吸系统防护　可能接触其蒸气时，应该佩戴过滤式防毒面具（半面罩）

眼睛防护　戴化学安全防护眼镜

皮肤和身体防护　穿防毒物渗透工作服

手防护　戴橡胶耐油手套

第九部分　理化特性

外观与性状　黄色到红色油状液体，具有不愉快的气味

pH 值　无资料　　**熔点(℃)**　5.6

沸点(℃)　195　　**相对密度(水＝1)**　1.49

相对蒸气密度(空气＝1)　无资料

饱和蒸气压(kPa)　1.73 (87.3℃)

燃烧热(kJ/mol)　无资料　　**临界温度(℃)**　无资料

临界压力(MPa)　无资料　　**辛醇/水分配系数**　2.35

闪点(℃)　42.22　　**自燃温度(℃)**　无资料

爆炸下限(%)　无资料　　**爆炸上限(%)**　无资料

分解温度(℃)　无资料　　**黏度(mPa·s)**　无资料

溶解性　微溶于水，溶于乙醇、乙醚等

第十部分 稳定性和反应性

稳定性 稳定

危险反应 与强氧化剂等禁配物发生反应

避免接触的条件 受热

禁配物 酰基氯、酸酐、强氧化剂

危险的分解产物 溴化氢

第十一部分 毒理学信息

急性毒性 LD_{50}：652mg/kg（小鼠经口）

皮肤刺激或腐蚀 无资料 **眼睛刺激或腐蚀** 无资料

呼吸或皮肤过敏 无资料 **生殖细胞突变性** 无资料

致癌性 无资料 **生殖毒性** 无资料

特异性靶器官系统毒性-一次接触 无资料

特异性靶器官系统毒性-反复接触 无资料

吸入危害 无资料

第十二部分 生态学信息

生态毒性

LC_{50} 16mg/L（48h）（青鳉）

EC_{50} 0.9mg/L（48h）（水蚤）

IC_{50} 78mg/L（72h）（藻类）

持久性和降解性

生物降解性 不易快速生物降解

非生物降解性 无资料

潜在的生物累积性 BCF：20～33（鲤鱼，接触浓度30ppb，接触时间6周），23～41（鲤鱼，接触浓度3ppb，接触时间6周）；根据 K_{ow} 值预测，该物质的生物累积性可能较弱

土壤中的迁移性 根据 K_{oc} 值预测，该物质可能有一定的迁移性

第十三部分 废弃处置

废弃化学品 建议用焚烧法处置。焚烧炉排出的卤化氢通过酸洗涤器除去

污染包装物 将容器返还生产商或按照国家和地方法规处置

废弃注意事项 处置前应参阅国家和地方有关法规

第十四部分 运输信息

联合国危险货物编号（UN号） 1993

联合国运输名称 易燃液体，未另作规定的（2-溴苯酚）

联合国危险性类别 3 **包装类别** Ⅲ类包装

包装标志  **海洋污染物** 是

运输注意事项 运输前应先检查包装容器是否完整、密封，运输过程中要确保容器不泄漏、不倒塌、不坠落、不损坏。严禁与酸类、氧化剂、食品及食品添加剂混运。运输时运输车辆应配备相应品种和数量的消防器材及泄漏应急处理设备。运输途中应防曝晒、雨淋，防高温。运输时所用的槽（罐）车应有接地链，槽内可设孔隔板以减少震荡产生的静电。中途停留时应远离火种、热源。公路运输时要按规定路线行驶

第十五部分 法规信息

下列法律、法规、规章和标准，对该化学品的管理作了相应的规定。

中华人民共和国职业病防治法 职业病分类和目录：未列入

危险化学品安全管理条例 危险化学品目录：列入。易制爆危险化学品名录：未列入。重点监管的危险化学品名录：未列入。GB 18218—2009《危险化学品重大危险源辨识》（表1）：未列入

使用有毒物品作业场所劳动保护条例 高毒物品目录：未列入

易制毒化学品管理条例 易制毒化学品的分类和品种目录：未列入

国际公约 斯德哥尔摩公约：未列入。鹿特丹公约：未列入。蒙特利尔议定书：未列入

第十六部分 其他信息

编写和修订信息 **缩略语和首字母缩写**

培训建议 **参考文献**

免责声明

4-溴苯酚

第一部分 化学品标识

化学品中文名 4-溴苯酚；对溴（苯）酚；4-溴酚

化学品英文名 4-bromophenol；*p*-bromophenol

分子式 C_6H_5BrO **相对分子质量** 173.02

结构式 Br-⟨苯环⟩-OH

化学品的推荐及限制用途 用于有机合成及制药工业，也用作杀虫剂、消毒剂

第二部分 危险性概述

紧急情况概述 吞咽有害

GHS危险性类别 急性毒性-经口，类别4；生殖毒性，类别2；危害水生环境-急性危害，类别2；危害水生环境-长期危害，类别2

标签要素

象形图 

警示词 警告

危险性说明 吞咽有害，怀疑对生育力或胎儿造成伤害，对水生生物有毒并具有长期持续影响

防范说明

预防措施 避免接触眼睛、皮肤，操作后彻底清洗。作业场所不得进食、饮水或吸烟。得到专门指导后操作。在阅读并了解所有安全预防措施之前，切勿操作。按要求使用个体防护装

备。禁止排入环境

事故响应　食入：漱口，如果感觉不适，立即呼叫中毒控制中心或就医。如果接触或有担心，就医。收集泄漏物

安全储存　上锁保管

废弃处置　本品及内装物、容器依据国家和地方法规处置

物理和化学危险　可燃，其粉体与空气混合，能形成爆炸性混合物

健康危害　对眼睛、上呼吸道、黏膜和皮肤有刺激性。长时间接触可引起眼睛的强烈刺激或灼伤

环境危害　对水生生物有毒并具有长期持续影响

第三部分　成分/组成信息

√物质　　混合物

组分	浓度	CAS No.
4-溴苯酚		106-41-2

第四部分　急救措施

吸入　迅速脱离现场至空气新鲜处。保持呼吸道通畅。如呼吸困难，给输氧。如呼吸、心跳停止，立即进行心肺复苏术。就医

皮肤接触　立即脱去污染的衣着，用流动清水彻底冲洗。就医

眼睛接触　立即分开眼睑，用流动清水或生理盐水彻底冲洗。就医

食入　漱口，饮水。就医

对保护施救者的忠告　根据需要使用个人防护设备

对医生的特别提示　对症处理

第五部分　消防措施

灭火剂　用雾状水、泡沫、干粉、二氧化碳、砂土灭火

特别危险性　受高热燃烧并分解产生有毒气体。与强氧化剂接触可发生化学反应。燃烧生成有害的一氧化碳、溴化氢

灭火注意事项及防护措施　消防人员必须佩戴空气呼吸器、穿全身防火防毒服，在上风向灭火。尽可能将容器从火场移至空旷处。喷水保持火场容器冷却，直至灭火结束

第六部分　泄漏应急处理

作业人员防护措施、防护装备和应急处置程序　隔离泄漏污染区，限制出入。消除所有点火源。建议应急处理人员戴防尘口罩，穿防毒服，戴橡胶手套。穿上适当的防护服前严禁接触破裂的容器和泄漏物。尽可能切断泄漏源。用塑料布覆盖泄漏物，减少飞散。勿使水进入包装容器内

环境保护措施　无资料

泄漏化学品的收容、清除方法及所使用的处置材料　用洁净的铲子收集泄漏物，置于干净、干燥、盖子较松的容器中，将容器移离泄漏区

第七部分　操作处置与储存

操作注意事项　密闭操作，提供充分的局部排风。操作人员必须经过专门培训，严格遵守操作规程。建议操作人员佩戴自吸过滤式防尘口罩，戴化学安全防护眼镜，穿防毒物渗透工作服，戴橡胶手套。远离火种、热源。工作场所严禁吸烟。使用防爆型的通风系统和设备。避免产生粉尘。避免与氧化剂接触。搬运时要轻装轻卸，防止包装及容器损坏。配备相应品种和数量的消防器材及泄漏应急处理设备。倒空的容器可能残留有害物

储存注意事项　储存于阴凉、通风的库房。远离火种、热源。包装密封。应与氧化剂、食用化学品分开存放，切忌混储。配备相应品种和数量的消防器材。储区应备有合适的材料收容泄漏物

第八部分　接触控制/个体防护

职业接触限值

中国　未制定标准

美国(ACGIH)　未制定标准

生物接触限值　未制定标准

监测方法　空气中有毒物质测定方法：未制定标准。生物监测检验方法：未制定标准

工程控制　严加密闭，提供充分的局部排风。提供安全的淋浴和洗眼设备

个体防护装备

呼吸系统防护　空气中粉尘浓度超标时，应该佩戴过滤式防尘呼吸器

眼睛防护　戴化学安全防护眼镜

皮肤和身体防护　穿防毒物渗透工作服

手防护　戴橡胶手套

第九部分　理化特性

外观与性状　无色或灰白色结晶

pH值　无意义　　**熔点(℃)**　66.4

沸点(℃)　238　　**相对密度(水=1)**　1.84

相对蒸气密度(空气=1)　无资料

饱和蒸气压(kPa)　1.47 (118.2℃)

燃烧热(kJ/mol)　无资料　　**临界温度(℃)**　无资料

临界压力(MPa)　无资料　　**辛醇/水分配系数**　2.59～2.65

闪点(℃)　无资料　　**自燃温度(℃)**　无资料

爆炸下限(%)　无资料　　**爆炸上限(%)**　无资料

分解温度(℃)　无资料　　**黏度(mPa·s)**　无资料

溶解性　微溶于水，溶于乙醇、乙醚、氯仿、冰醋酸等

第十部分　稳定性和反应性

稳定性　稳定

危险反应　与强氧化剂等禁配物发生反应

避免接触的条件　受热

禁配物　酰基氯、酸酐、强氧化剂

危险的分解产物　溴化氢。

第十一部分　毒理学信息

急性毒性　LD_{50}：523mg/kg (小鼠经口)

皮肤刺激或腐蚀　无资料　　**眼睛刺激或腐蚀**　无资料

呼吸或皮肤过敏　无资料　　**生殖细胞突变性**　无资料

致癌性 无资料 **生殖毒性** 无资料

特异性靶器官系统毒性-一次接触 无资料

特异性靶器官系统毒性-反复接触 无资料

吸入危害 无资料

第十二部分 生态学信息

生态毒性

LC_{50} 8.73mg/L（96h）（青鳉）

EC_{50} 4.2mg/L（48h）（水蚤）

ErC_{50} 9.2mg/L（72h）（藻类）

NOEC 0.3mg/L（21d）（水蚤）

持久性和降解性

生物降解性 不易快速生物降解

非生物降解性 无资料

潜在的生物累积性 BCF：8～12（鲤鱼，接触浓度30ppb，接触时间6周），4.8～25（鲤鱼，接触浓度3ppb，接触时间6周）；根据 K_{ow} 值预测，该物质的生物累积性可能较弱

土壤中的迁移性 根据 K_{oc} 值预测，该物质可能有一定的迁移性

第十三部分 废弃处置

废弃化学品 建议用焚烧法处置。焚烧炉排出的卤化氢通过酸洗涤器除去

污染包装物 将容器返还生产商或按照国家和地方法规处置

废弃注意事项 处置前应参阅国家和地方有关法规

第十四部分 运输信息

联合国危险货物编号（UN号） 3077

联合国运输名称 对环境有害的固态物质，未另作规定的（4-溴苯酚）

联合国危险性类别 9 **包装类别** Ⅲ类包装

包装标志  **海洋污染物** 是

运输注意事项 运输前应先检查包装容器是否完整、密封，运输过程中要确保容器不泄漏、不倒塌、不坠落、不损坏。严禁与酸类、氧化剂、食品及食品添加剂混运。运输车辆应配备相应品种和数量的消防器材及泄漏应急处理设备。运输途中应防曝晒、雨淋，防高温

第十五部分 法规信息

下列法律、法规、规章和标准，对该化学品的管理作了相应的规定。

中华人民共和国职业病防治法 职业病分类和目录：未列入

危险化学品安全管理条例 危险化学品目录：列入。易制爆危险化学品名录：未列入。重点监管的危险化学品名录：未列入。GB 18218—2009《危险化学品重大危险源辨识》（表1）：未列入

使用有毒物品作业场所劳动保护条例 高毒物品目录：未列入

易制毒化学品管理条例 易制毒化学品的分类和品种目录：未列入

国际公约 斯德哥尔摩公约：未列入。鹿特丹公约：未列入。蒙特利尔议定书：未列入

第十六部分 其他信息

编写和修订信息 **缩略语和首字母缩写**

培训建议 **参考文献**

免责声明

2-溴丙酸

第一部分 化学品标识

化学品中文名 2-溴丙酸；α-溴丙酸

化学品英文名 2-bromopropionic acid；α-bromopropionic acid

分子式 $C_3H_5BrO_2$ **相对分子质量** 152.99

结构式

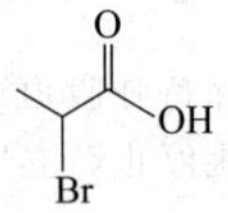

化学品的推荐及限制用途 用作化学试剂，以及用于有机合成

第二部分 危险性概述

紧急情况概述 吞咽会中毒

GHS危险性类别 急性毒性-经口，类别3

标签要素

象形图 

警示词 危险

危险性说明 吞咽会中毒

防范说明

预防措施 避免接触眼睛、皮肤，操作后彻底清洗。作业场所不得进食、饮水或吸烟

事故响应 食入：漱口，立即呼叫中毒控制中心或就医

安全储存 上锁保管

废弃处置 本品及内装物、容器依据国家和地方法规处置

物理和化学危险 可燃

健康危害 本品对黏膜、上呼吸道、眼和皮肤有强烈的刺激性。能引起皮肤灼伤

环境危害 对环境可能有害

第三部分 成分/组成信息

√物质		混合物
组分	浓度	CAS No.
2-溴丙酸		598-72-1

第四部分 急救措施

吸入 迅速脱离现场至空气新鲜处。保持呼吸道通畅。如

呼吸困难，给输氧。如呼吸、心跳停止，立即进行心肺复苏术。就医

皮肤接触 立即脱去污染的衣着，用大量流动清水彻底冲洗至少 15min。就医

眼睛接触 立即分开眼睑，用流动清水或生理盐水彻底冲洗至少 15min。就医

食入 用水漱口，禁止催吐。给饮牛奶或蛋清。就医

对保护施救者的忠告 根据需要使用个人防护设备

对医生的特别提示 对症处理

第五部分 消防措施

灭火剂 用雾状水、抗溶性泡沫、干粉、二氧化碳、砂土灭火

特别危险性 受高热分解产生有毒的溴化物气体。燃烧生成有害的一氧化碳、溴化氢

灭火注意事项及防护措施 消防人员必须穿全身耐酸碱消防服、佩戴空气呼吸器灭火。喷水冷却容器，尽可能将容器从火场移至空旷处。容器突然发出异常声音或出现异常现象，应立即撤离

第六部分 泄漏应急处理

作业人员防护措施、防护装备和应急处置程序 根据液体流动和蒸气扩散的影响区域划定警戒区，无关人员从侧风、上风向撤离至安全区。消除所有点火源。建议应急处理人员戴正压自给式呼吸器，穿防毒服，戴氯丁橡胶手套。穿上适当的防护服前严禁接触破裂的容器和泄漏物。尽可能切断泄漏源

环境保护措施 防止泄漏物进入水体、下水道、地下室或有限空间

泄漏化学品的收容、清除方法及所使用的处置材料 小量泄漏：用干燥的砂土或其他不燃材料吸收或覆盖，收集于容器中。大量泄漏：构筑围堤或挖坑收容，用泵转移至槽车或专用收集器内

第七部分 操作处置与储存

操作注意事项 密闭操作，局部排风。操作人员必须经过专门培训，严格遵守操作规程。建议操作人员佩戴自吸过滤式防毒面具（全面罩），穿胶布防毒衣，戴氯丁橡胶手套。远离火种、热源。工作场所严禁吸烟。使用防爆型的通风系统和设备。避免与氧化剂、还原剂、碱类接触。搬运时要轻装轻卸，防止包装及容器损坏。配备相应品种和数量的消防器材及泄漏应急处理设备。倒空的容器可能残留有害物

储存注意事项 储存于阴凉、通风的库房。远离火种、热源。包装密封。应与氧化剂、还原剂、碱类、食用化学品分开存放，切忌混储。配备相应品种和数量的消防器材。储区应备有泄漏应急处理设备和合适的收容材料

第八部分 接触控制/个体防护

职业接触限值

中国 未制定标准

美国(ACGIH) 未制定标准

生物接触限值 未制定标准

监测方法 空气中有毒物质测定方法：未制定标准。生物监测检验方法：未制定标准

工程控制 密闭操作，局部排风。提供安全的淋浴和洗眼设备

个体防护装备

呼吸系统防护 可能接触其蒸气时，应该佩戴过滤式防毒面具（全面罩）；可能接触其粉尘时，建议佩戴过滤式防尘呼吸器

眼睛防护 呼吸系统防护中已作防护

皮肤和身体防护 穿隔绝式防毒服

手防护 戴橡胶手套

第九部分 理化特性

外观与性状 无色至黄色液体

pH 值 无资料 **熔点(℃)** 25

沸点(℃) 203（分解） **相对密度(水=1)** 1.70

相对蒸气密度(空气=1) 无资料

饱和蒸气压(kPa) 1.33（96℃）

燃烧热(kJ/mol) 无资料 **临界温度(℃)** 无资料

临界压力(MPa) 无资料 **辛醇/水分配系数** 0.92

闪点(℃) 100（CC） **自燃温度(℃)** 无资料

爆炸下限(%) 无资料 **爆炸上限(%)** 无资料

分解温度(℃) 无资料 **黏度(mPa·s)** 无资料

溶解性 溶于水，溶于乙醇、乙醚等

第十部分 稳定性和反应性

稳定性 稳定

危险反应 与强氧化剂等禁配物发生反应

避免接触的条件 受热

禁配物 碱、强还原剂、强氧化剂

危险的分解产物 溴化氢

第十一部分 毒理学信息

急性毒性 LD_{50}：250mg/kg（小鼠经口）

皮肤刺激或腐蚀 无资料 **眼睛刺激或腐蚀** 无资料

呼吸或皮肤过敏 无资料 **生殖细胞突变性** 无资料

致癌性 无资料 **生殖毒性** 无资料

特异性靶器官系统毒性-一次接触 无资料

特异性靶器官系统毒性-反复接触 无资料

吸入危害 无资料

第十二部分 生态学信息

生态毒性 无资料

持久性和降解性

生物降解性 无资料

非生物降解性 无资料

潜在的生物累积性 根据 K_{ow} 值预测，该物质的生物累积性可能较弱

土壤中的迁移性 根据 K_{oc} 值预测，该物质可能易发生迁移

第十三部分 废弃处置

废弃化学品 建议用焚烧法处置。焚烧炉排出的卤化氢通

过酸洗涤器除去

污染包装物 将容器返还生产商或按照国家和地方法规处置

废弃注意事项 处置前应参阅国家和地方有关法规

第十四部分 运输信息

联合国危险货物编号（UN 号） 2810

联合国运输名称 有机毒性液体，未另作规定的（2-溴丙酸）

联合国危险性类别 6.1 **包装类别** Ⅲ类包装

包装标志 

海洋污染物 否

运输注意事项 运输前应先检查包装容器是否完整、密封，运输过程中要确保容器不泄漏、不倒塌、不坠落、不损坏。严禁与酸类、氧化剂、食品及食品添加剂混运。运输时运输车辆应配备相应品种和数量的消防器材及泄漏应急处理设备。运输途中应防曝晒、雨淋，防高温。公路运输时要按规定路线行驶

第十五部分 法规信息

下列法律、法规、规章和标准，对该化学品的管理作了相应的规定。

中华人民共和国职业病防治法 职业病分类和目录：未列入

危险化学品安全管理条例 危险化学品目录：列入。易制爆危险化学品名录：未列入。重点监管的危险化学品名录：未列入。GB 18218—2009《危险化学品重大危险源辨识》（表 1）：未列入

使用有毒物品作业场所劳动保护条例 高毒物品目录：未列入

易制毒化学品管理条例 易制毒化学品的分类和品种目录：未列入

国际公约 斯德哥尔摩公约：未列入。鹿特丹公约：未列入。蒙特利尔议定书：未列入

第十六部分 其他信息

编写和修订信息 **缩略语和首字母缩写**

培训建议 **参考文献**

免责声明

溴 丙 酮

第一部分 化学品标识

化学品中文名 溴丙酮

化学品英文名 bromopropanone；acetonyl bromide

分子式 C_3H_5BrO **相对分子质量** 136.98

结构式 O=C(C)CBr

化学品的推荐及限制用途 用于有机合成，也用作化学武器

第二部分 危险性概述

紧急情况概述 高度易燃液体和蒸气，吸入致命

GHS 危险性类别 易燃液体，类别 2；急性毒性-吸入，类别 1；皮肤腐蚀/刺激，类别 2；严重眼损伤/眼刺激，类别 2；特异性靶器官毒性-一次接触，类别 3（呼吸道刺激）

标签要素

象形图 

警示词 危险

危险性说明 高度易燃液体和蒸气，吸入致命，造成皮肤刺激，造成严重眼刺激，可能引起呼吸道刺激

防范说明

预防措施 远离热源、火花、明火、热表面。禁止吸烟。保持容器密闭。容器和接收设备接地连接。使用防爆电器、通风、照明设备。只能使用不产生火花的工具。采取防止静电措施。戴防护手套、防护眼镜、防护面罩。避免吸入蒸气、雾。仅在室外或通风良好处操作。避免接触眼睛、皮肤，操作后彻底清洗

事故响应 火灾时，使用泡沫、二氧化碳、砂土灭火。如吸入：将患者转移到空气新鲜处，休息，保持利于呼吸的体位，立即呼叫中毒控制中心或就医。皮肤接触：立即脱掉所有被污染的衣服，用大量肥皂水和水清洗。如发生皮肤刺激，就医。被污染的衣服须洗净后方可重新使用。如接触眼睛：用水细心冲洗数分钟。如戴隐形眼镜并可方便地取出，取出隐形眼镜继续冲洗。如果眼睛刺激持续：就医

安全储存 存放在通风良好的地方。保持低温。保持容器密闭。上锁保管

废弃处置 本品及内装物、容器依据国家和地方法规处置

物理和化学危险 高度易燃，其蒸气与空气混合，能形成爆炸性混合物

健康危害 本品有强烈的催泪性，对眼睛有刺激性，对上呼吸道刺激性强烈。皮肤直接接触其液体，可引起水疱、皮炎及荨麻疹

环境危害 对环境可能有害

第三部分 成分/组成信息

√物质		混合物
组分	**浓度**	**CAS No.**
溴丙酮		598-31-2

第四部分 急救措施

吸入 迅速脱离现场至空气新鲜处。保持呼吸道通畅。如呼吸困难，给输氧。如呼吸、心跳停止，立即进行心肺复苏术。就医

皮肤接触 立即脱去污染的衣着，用流动清水彻底冲洗。

就医

眼睛接触 立即分开眼睑，用流动清水或生理盐水彻底冲洗。就医

食入 漱口，饮水。就医

对保护施救者的忠告 根据需要使用个人防护设备

对医生的特别提示 对症处理

第五部分 消防措施

灭火剂 用泡沫、二氧化碳、砂土灭火

特别危险性 受高热燃烧并分解产生有毒气体。燃烧生成有害的一氧化碳、溴化氢

灭火注意事项及防护措施 消防人员须佩戴防毒面具、穿全身消防服，在上风向灭火。尽可能将容器从火场移至空旷处。喷水保持火场容器冷却，直至灭火结束。容器突然发出异常声音或出现异常现象，应立即撤离

第六部分 泄漏应急处理

作业人员防护措施、防护装备和应急处置程序 消除所有点火源。根据液体流动和蒸气扩散的影响区域划定警戒区，无关人员从侧风、上风向撤离至安全区。建议应急处理人员戴正压自给式呼吸器，穿防毒、防静电服，戴橡胶耐油手套。作业时使用的所有设备应接地。禁止接触或跨越泄漏物。尽可能切断泄漏源

环境保护措施 防止泄漏物进入水体、下水道、地下室或有限空间

泄漏化学品的收容、清除方法及所使用的处置材料 小量泄漏：用砂土或其他不燃材料吸收，使用洁净的无火花工具收集吸收材料。大量泄漏：构筑围堤或挖坑收容。用抗溶性泡沫覆盖，减少蒸发。喷水雾能减少蒸发，但不能降低泄漏物在有限空间内的易燃性。用防爆泵转移至槽车或专用收集器内

第七部分 操作处置与储存

操作注意事项 严加密闭，提供充分的局部排风和全面通风。操作人员必须经过专门培训，严格遵守操作规程。建议操作人员佩戴过滤式防毒面具（半面罩），戴化学安全防护眼镜，穿聚乙烯防毒服，戴橡胶耐油手套。远离火种、热源。工作场所严禁吸烟。使用防爆型的通风系统和设备。防止蒸气泄漏到工作场所空气中。避免与氧化剂接触。搬运时要轻装轻卸，防止包装及容器损坏。配备相应品种和数量的消防器材及泄漏应急处理设备。倒空的容器可能残留有害物

储存注意事项 储存于阴凉、通风的库房。远离火种、热源。库房温度不超过35℃，相对湿度不超过85%。保持容器密封。应与氧化剂、食用化学品分开存放，切忌混储。采用防爆型照明、通风设施。禁止使用易产生火花的机械设备和工具。储区应备有泄漏应急处理设备和合适的收容材料

第八部分 接触控制/个体防护

职业接触限值

中国 未制定标准

美国(ACGIH) 未制定标准

生物接触限值 未制定标准

监测方法 空气中有毒物质测定方法：未制定标准。生物监测检验方法：未制定标准

工程控制 严加密闭，提供充分的局部排风和全面通风。提供安全的淋浴和洗眼设备

个体防护装备

呼吸系统防护 可能接触其蒸气时，建议佩戴过滤式防毒面具（半面罩）。高浓度环境中，应该佩戴空气呼吸器

眼睛防护 戴化学安全防护眼镜

皮肤和身体防护 穿隔绝式防毒服

手防护 戴橡胶耐油手套

第九部分 理化特性

外观与性状 无色液体，有刺激性臭味，接触空气转变成紫色

pH值 无资料 **熔点(℃)** －36.5

沸点(℃) 137 **相对密度(水＝1)** 1.634(23℃)

相对蒸气密度(空气＝1) 4.75

饱和蒸气压(kPa) 1.20（20℃）

燃烧热(kJ/mol) 无资料 **临界温度(℃)** 无资料

临界压力(MPa) 无资料 **辛醇/水分配系数** 0.11

闪点(℃) 51.1 **自燃温度(℃)** 无资料

爆炸下限(%) 无资料 **爆炸上限(%)** 无资料

分解温度(℃) 无资料 **黏度(mPa·s)** 无资料

溶解性 微溶于水，溶于乙醇、丙酮、苯、乙醚

第十部分 稳定性和反应性

稳定性 稳定

危险反应 与强氧化剂等禁配物接触，有发生火灾和爆炸的危险

避免接触的条件 光照

禁配物 强氧化剂

危险的分解产物 溴化氢

第十一部分 毒理学信息

急性毒性 LC_{50}：0.056mg/L（大鼠吸入，4h）；LCLo：572ppm（人吸入，10min）

皮肤刺激或腐蚀 无资料 **眼睛刺激或腐蚀** 无资料

刺激性 无资料 **呼吸或皮肤过敏** 无资料

生殖细胞突变性 无资料 **致癌性** 无资料

生殖毒性 无资料

特异性靶器官系统毒性-一次接触 无资料

特异性靶器官系统毒性-反复接触 无资料

吸入危害 无资料

第十二部分 生态学信息

生态毒性 无资料

持久性和降解性

生物降解性 无资料

非生物降解性 空气中，当羟基自由基浓度为5.00×10^5个/cm^3时，降解半衰期为54d（理论）

潜在的生物累积性 根据K_{ow}值预测，该物质的生物累积性可能较弱

土壤中的迁移性 根据K_{oc}值预测，该物质可能易发生迁移

第十三部分 废弃处置

废弃化学品 建议用焚烧法处置。焚烧炉排出的卤化氢通过酸洗涤器除去

污染包装物 将容器返还生产商或按照国家和地方法规处置

废弃注意事项 处置前应参阅国家和地方有关法规

第十四部分 运输信息

联合国危险货物编号（UN号） 1569

联合国运输名称 溴丙酮

联合国危险性类别 6.1，3

包装类别 Ⅱ类包装

包装标志

海洋污染物 否

运输注意事项 运输前应先检查包装容器是否完整、密封，运输过程中要确保容器不泄漏、不倒塌、不坠落、不损坏。严禁与酸类、氧化剂、食品及食品添加剂混运。运输时运输车辆应配备相应品种和数量的消防器材及泄漏应急处理设备。运输途中应防曝晒、雨淋，防高温。运输时所用的槽（罐）车应有接地链，槽内可设孔隔板以减少震荡产生的静电。中途停留时应远离火种、热源。公路运输时要按规定路线行驶

第十五部分 法规信息

下列法律、法规、规章和标准，对该化学品的管理作了相应的规定。

中华人民共和国职业病防治法 职业病分类和目录：未列入

危险化学品安全管理条例 危险化学品目录：列入。易制爆危险化学品名录：未列入。重点监管的危险化学品名录：未列入。GB 18218—2009《危险化学品重大危险源辨识》（表1）：未列入

使用有毒物品作业场所劳动保护条例 高毒物品目录：未列入

易制毒化学品管理条例 易制毒化学品的分类和品种目录：未列入

国际公约 斯德哥尔摩公约：未列入。鹿特丹公约：未列入。蒙特利尔议定书：未列入

第十六部分 其他信息

编写和修订信息 **缩略语和首字母缩写**

培训建议 **参考文献**

免责声明

1-溴丙烷

第一部分 化学品标识

化学品中文名 1-溴丙烷；正丙基溴；溴代正丙烷

化学品英文名 1-bromopropane；propyl bromide

分子式 C_3H_7Br **相对分子质量** 123.01

结构式 ⁀⁀Br

化学品的推荐及限制用途 用作溶剂、实验室试剂

第二部分 危险性概述

紧急情况概述 高度易燃液体和蒸气，可能引起昏昏欲睡或眩晕

GHS危险性类别 易燃液体，类别2；皮肤腐蚀/刺激，类别2；严重眼损伤/眼刺激，类别2；生殖毒性，类别1B；特异性靶器官毒性-一次接触，类别3（呼吸道刺激、麻醉效应）；特异性靶器官毒性-反复接触，类别2；危害水生环境-急性危害，类别3

标签要素

象形图

警示词 危险

危险性说明 高度易燃液体和蒸气，造成皮肤刺激，造成严重眼刺激，可能对生育力或胎儿造成伤害，可能引起呼吸道刺激，可能引起昏昏欲睡或眩晕，长时间或反复接触可能对器官造成损伤，对水生生物有害

防范说明

预防措施 远离热源、火花、明火、热表面。禁止吸烟。保持容器密闭。容器和接收设备接地连接。使用防爆电器、通风、照明设备。只能使用不产生火花的工具。采取防止静电措施。戴防护手套、防护眼镜、防护面罩。避免接触眼睛、皮肤，操作后彻底清洗。得到专门指导后操作。在阅读并了解所有安全预防措施之前，切勿操作。按要求使用个体防护装备。避免吸入蒸气、雾。禁止排入环境

事故响应 火灾时，使用泡沫、二氧化碳、干粉、砂土灭火。如皮肤（或头发）接触：立即脱掉所有被污染的衣服，用大量肥皂水和水清洗。如发生皮肤刺激，就医。被污染的衣服须洗净后方可重新使用。如接触眼睛：用水细心冲洗数分钟。如戴隐形眼镜并可方便地取出，取出隐形眼镜继续冲洗。如果眼睛刺激持续：就医。如感觉不适，就医

安全储存 存放在通风良好的地方。保持低温。上锁保管

废弃处置 本品及内装物、容器依据国家和地方法规处置

物理和化学危险 高度易燃，其蒸气与空气混合，能形成爆炸性混合物

健康危害 本品对中枢神经系统有抑制作用。对皮肤和眼有刺激性。动物接触麻醉浓度可引起肺、肝损害

环境危害 对水生生物有害

第三部分 成分/组成信息

√物质		混合物
组分	**浓度**	**CAS No.**
1-溴丙烷		106-94-5

第四部分 急救措施

吸入 迅速脱离现场至空气新鲜处。保持呼吸道通畅。如呼吸困难，给输氧。如呼吸、心跳停止，立即进行心肺复苏术。就医

皮肤接触 立即脱去污染的衣着，用流动清水彻底冲洗。就医

眼睛接触 立即分开眼睑，用流动清水或生理盐水彻底冲洗。就医

食入 漱口，饮水。就医

对保护施救者的忠告 根据需要使用个人防护设备

对医生的特别提示 对症处理

第五部分 消防措施

灭火剂 用泡沫、二氧化碳、干粉、砂土灭火

特别危险性 遇明火、高热或与氧化剂接触，有引起燃烧爆炸的危险。受高热分解产生有毒的溴化物气体。燃烧生成有害的一氧化碳、溴化氢

灭火注意事项及防护措施 消防人员必须佩戴空气呼吸器、穿全身防火防毒服，在上风向灭火。喷水冷却容器，尽可能将容器从火场移至空旷处。容器突然发出异常声音或出现异常现象，应立即撤离

第六部分 泄漏应急处理

作业人员防护措施、防护装备和应急处置程序 消除所有点火源。根据液体流动和蒸气扩散的影响区域划定警戒区，无关人员从侧风、上风向撤离至安全区。建议应急处理人员戴正压自给式呼吸器，穿防静电服，戴橡胶耐油手套。作业时使用的所有设备应接地。禁止接触或跨越泄漏物。尽可能切断泄漏源

环境保护措施 防止泄漏物进入水体、下水道、地下室或有限空间

泄漏化学品的收容、清除方法及所使用的处置材料 小量泄漏：用砂土或其他不燃材料吸收，使用洁净的无火花工具收集吸收材料。大量泄漏：构筑围堤或挖坑收容。用泡沫覆盖，减少蒸发。喷水雾能减少蒸发，但不能降低泄漏物在有限空间内的易燃性。用防爆泵转移至槽车或专用收集器内

第七部分 操作处置与储存

操作注意事项 密闭操作，加强通风。操作人员必须经过专门培训，严格遵守操作规程。建议操作人员佩戴自吸过滤式防毒面具（半面罩），戴化学安全防护眼镜，穿防毒物渗透工作服，戴橡胶耐油手套。远离火种、热源。工作场所严禁吸烟。使用防爆型的通风系统和设备。防止蒸气泄漏到工作场所空气中。避免与氧化剂、碱类、活性金属粉末接触。充装要控制流速，防止静电积聚。搬运时要轻装轻卸，防止包装及容器损坏。配备相应品种和数量的消防器材及泄漏应急处理设备。倒空的容器可能残留有害物

储存注意事项 储存于阴凉、通风的库房。远离火种、热源。库温不宜超过37℃。保持容器密封。应与氧化剂、碱类、活性金属粉末等分开存放，切忌混储。采用防爆型照明、通风设施。禁止使用易产生火花的机械设备和工具。储区应备有泄漏应急处理设备和合适的收容材料

第八部分 接触控制/个体防护

职业接触限值

中国 未制定标准

美国(ACGIH) TLV-TWA：10ppm

生物接触限值 未制定标准

监测方法 空气中有毒物质测定方法：未制定标准。生物监测检验方法：未制定标准

工程控制 生产过程密闭，加强通风

个体防护装备

呼吸系统防护 可能接触其蒸气时，应该佩戴过滤式防毒面具（半面罩）。紧急事态抢救或撤离时，佩戴空气呼吸器

眼睛防护 必要时，戴化学安全防护眼镜

皮肤和身体防护 穿防毒物渗透工作服

手防护 戴橡胶耐油手套

第九部分 理化特性

外观与性状 无色至黄色液体，有刺激性气味

pH值	无资料	**熔点(℃)**	−110
沸点(℃)	71	**相对密度(水=1)**	1.35
相对蒸气密度(空气=1)	4.3		
饱和蒸气压(kPa)	13.3 (18℃)		
燃烧热(kJ/mol)	−2078.7	**临界温度(℃)**	无资料
临界压力(MPa)	5.39	**辛醇/水分配系数**	2.1
闪点(℃)	−10	**自燃温度(℃)**	490
爆炸下限(%)	4.6	**爆炸上限(%)**	无资料
分解温度(℃)	无资料	**黏度(mPa·s)**	无资料

溶解性 不溶于水，溶于乙醇、乙醚、四氯化碳

第十部分 稳定性和反应性

稳定性 稳定

危险反应 与强氧化剂等禁配物接触，有发生火灾和爆炸的危险

避免接触的条件 受热

禁配物 强氧化剂、强碱、钾、钠、镁

危险的分解产物 溴化氢

第十一部分　毒理学信息

急性毒性　LD_{50}：3600mg/kg（大鼠经口）；4700mg/kg（小鼠经口）；2900mg/kg（大鼠腹腔）

皮肤刺激或腐蚀　无资料　**眼睛刺激或腐蚀**　无资料

呼吸或皮肤过敏　无资料　**生殖细胞突变性**　无资料

致癌性　IARC致癌性评论：组2B，可疑人类致癌物

生殖毒性　无资料

特异性靶器官系统毒性-一次接触　无资料

特异性靶器官系统毒性-反复接触　无资料

吸入危害　无资料

第十二部分　生态学信息

生态毒性

LC_{50}　67.3mg/L（96h）（黑头呆鱼）

EC_{50}　208.9mg/L（24h）（水蚤）

持久性和降解性

生物降解性　无资料

非生物降解性　空气中，当羟基自由基浓度为5.00×10^5个/cm^3时，降解半衰期为17d（理论）；在25℃，当pH值为7时，水解半衰期为26d（理论）

潜在的生物累积性　根据K_{ow}值预测，该物质的生物累积性可能较弱

土壤中的迁移性　根据K_{oc}值预测，该物质可能有一定的迁移性

第十三部分　废弃处置

废弃化学品　建议用焚烧法处置。焚烧炉排出的卤化氢通过酸洗涤器除去

污染包装物　将容器返还生产商或按照国家和地方法规处置

废弃注意事项　处置前应参阅国家和地方有关法规

第十四部分　运输信息

联合国危险货物编号（UN号）　2344

联合国运输名称　溴丙烷

联合国危险性类别　3　**包装类别**　Ⅱ类包装

包装标志

海洋污染物　否

运输注意事项　运输时运输车辆应配备相应品种和数量的消防器材及泄漏应急处理设备。夏季最好早晚运输。运输时所用的槽（罐）车应有接地链，槽内可设孔隔板以减少震荡产生的静电。严禁与氧化剂、碱类、活性金属粉末、食用化学品等混装混运。运输途中应防曝晒、雨淋，防高温。中途停留时应远离火种、热源、高温区。装运该物品的车辆排气管必须配备阻火装置，禁止使用易产生火花的机械设备和工具装卸。公路运输时要按规定路线行驶，勿在居民区和人口稠密区停留。铁路运输时要禁止溜放。严禁用木船、水泥船散装运输

第十五部分　法规信息

下列法律、法规、规章和标准，对该化学品的管理作了相应的规定。

中华人民共和国职业病防治法　职业病分类和目录：溴丙烷中毒

危险化学品安全管理条例　危险化学品目录：列入。易制爆危险化学品名录：未列入。重点监管的危险化学品名录：未列入。GB 18218—2009《危险化学品重大危险源辨识》（表1）：未列入

使用有毒物品作业场所劳动保护条例　高毒物品目录：未列入

易制毒化学品管理条例　易制毒化学品的分类和品种目录：未列入

国际公约　斯德哥尔摩公约：未列入。鹿特丹公约：未列入。蒙特利尔议定书：未列入

第十六部分　其他信息

编写和修订信息　**缩略语和首字母缩写**

培训建议　**参考文献**

免责声明

溴化苄

第一部分　化学品标识

化学品中文名　溴化苄；苄基溴；α-溴甲苯

化学品英文名　benzyl bromide；（bromomethyl）benzene

分子式　C_7H_7Br　**相对分子质量**　171

结构式

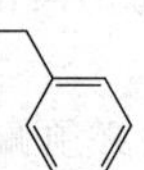

化学品的推荐及限制用途　用于有机合成及制造发泡剂

第二部分　危险性概述

紧急情况概述　造成皮肤刺激

GHS危险性类别　皮肤腐蚀/刺激，类别2；严重眼损伤/眼刺激，类别2；特异性靶器官毒性-一次接触，类别3（呼吸道刺激）

标签要素

象形图

警示词　警告

危险性说明　造成皮肤刺激，造成严重眼刺激，可能引起呼吸道刺激

防范说明

预防措施　避免接触眼睛、皮肤，操作后彻底清洗。戴防护手套、防护眼镜、防护面罩

事故响应　皮肤接触：用大量肥皂水和水清洗。如发生皮肤刺激，就医。脱去被污染的衣服，污染衣服洗净后方可重新使用。如接触眼睛：用水细心冲洗数分钟。如戴隐形眼镜并可方便地

取出，取出隐形眼镜继续冲洗。如果眼睛刺激持续：就医

安全储存 -

废弃处置 -

物理和化学危险 易燃，其蒸气与空气混合，能形成爆炸性混合物

健康危害 本品具有刺激性，可引起明显的呼吸道刺激，胸部紧束感。吸入高浓度蒸气可出现呼吸道炎症，甚至肺水肿。有催泪作用。皮肤接触可引起皮炎和荨麻疹

环境危害 对环境可能有害

第三部分 成分/组成信息

√物质 混合物

组分	浓度	CAS No.
溴化苄		100-39-0

第四部分 急救措施

吸入 迅速脱离现场至空气新鲜处。保持呼吸道通畅。如呼吸困难，给输氧。如呼吸、心跳停止，立即进行心肺复苏术。就医

皮肤接触 立即脱去污染的衣着，用流动清水彻底冲洗。就医

眼睛接触 立即分开眼睑，用流动清水或生理盐水彻底冲洗。就医

食入 漱口，饮水。就医

对保护施救者的忠告 根据需要使用个人防护设备

对医生的特别提示 对症处理

第五部分 消防措施

灭火剂 用雾状水、泡沫、干粉、二氧化碳灭火

特别危险性 受高热分解产生有毒的溴化物气体。与强氧化剂接触可发生化学反应。燃烧生成有害的一氧化碳、溴化氢

灭火注意事项及防护措施 消防人员须佩戴防毒面具、穿全身消防服，在上风向灭火。尽可能将容器从火场移至空旷处。喷水保持火场容器冷却，直至灭火结束。容器突然发出异常声音或出现异常现象，应立即撤离

第六部分 泄漏应急处理

作业人员防护措施、防护装备和应急处置程序 根据液体流动和蒸气扩散的影响区域划定警戒区，无关人员从侧风、上风向撤离至安全区。建议应急处理人员戴正压自给式呼吸器，穿防毒服，戴橡胶耐油手套。作业时使用的所有设备应接地。穿上适当的防护服前严禁接触破裂的容器和泄漏物。尽可能切断泄漏源

环境保护措施 防止泄漏物进入水体、下水道、地下室或有限空间

泄漏化学品的收容、清除方法及所使用的处置材料 严禁用水处理。小量泄漏：用干燥的砂土或其他不燃材料覆盖泄漏物。大量泄漏：构筑围堤或挖坑收容。用泵转移至槽车或专用收集器内

第七部分 操作处置与储存

操作注意事项 密闭操作，提供充分的局部排风。操作人员必须经过专门培训，严格遵守操作规程。建议操作人员佩戴自吸过滤式防毒面具（半面罩），戴化学安全防护眼镜，穿防毒物渗透工作服，戴橡胶耐油手套。远离火种、热源。工作场所严禁吸烟。使用防爆型的通风系统和设备。防止蒸气泄漏到工作场所空气中。避免与氧化剂、碱类、胺类、醇类接触。搬运时要轻装轻卸，防止包装及容器损坏。配备相应品种和数量的消防器材及泄漏应急处理设备。倒空的容器可能残留有害物

储存注意事项 储存于阴凉、通风的库房。远离火种、热源。保持容器密封。应与氧化剂、碱类、胺类、醇类、食用化学品分开存放，切忌混储。配备相应品种和数量的消防器材。储区应备有泄漏应急处理设备和合适的收容材料

第八部分 接触控制/个体防护

职业接触限值

中国 未制定标准

美国(ACGIH) 未制定标准

生物接触限值 未制定标准

监测方法 空气中有毒物质测定方法：未制定标准。生物监测检验方法：未制定标准

工程控制 严加密闭，提供充分的局部排风。提供安全的淋浴和洗眼设备

个体防护装备

呼吸系统防护 可能接触毒物时，佩戴过滤式防毒面具（半面罩）。紧急事态抢救或撤离时，应该佩戴空气呼吸器

眼睛防护 戴化学安全防护眼镜

皮肤和身体防护 穿防毒物渗透工作服

手防护 戴橡胶耐油手套

第九部分 理化特性

外观与性状 无色液体，有芳香气味，具有催泪性

pH 值 无资料 **熔点(℃)** −4.0

沸点(℃) 198 **相对密度(水=1)** 1.44

相对蒸气密度(空气=1) 5.8

饱和蒸气压(kPa) 0.133 (32℃)

燃烧热(kJ/mol) −4278.2 **临界温度(℃)** 无资料

临界压力(MPa) 无资料 **辛醇/水分配系数** 2.92

闪点(℃) 79 (CC) **自燃温度(℃)** 无资料

爆炸下限(%) 无资料 **爆炸上限(%)** 无资料

分解温度(℃) 无资料 **黏度(mPa·s)** 无资料

溶解性 不溶于水，溶于乙醇、乙醚、苯

第十部分 稳定性和反应性

稳定性 稳定

危险反应 与强氧化剂等禁配物发生反应

避免接触的条件 受热

禁配物 碱类、胺类、强氧化剂、醇类

危险的分解产物 溴化氢

第十一部分 毒理学信息

急性毒性 LCLo：2000mg/m^3（兔吸入，30min）

皮肤刺激或腐蚀 无资料 **眼睛刺激或腐蚀** 无资料

呼吸或皮肤过敏 无资料 **生殖细胞突变性** 无资料

致癌性 无资料 **生殖毒性** 无资料

特异性靶器官系统毒性-一次接触 无资料

特异性靶器官系统毒性-反复接触 无资料

吸入危害 无资料

第十二部分 生态学信息

生态毒性 无资料

持久性和降解性

生物降解性 无资料

非生物降解性 空气中，当羟基自由基浓度为5.00×10^5个/cm^3时，降解半衰期为7.1d（理论）；在25℃时，水解半衰期为79min（理论）

潜在的生物累积性 根据K_{ow}值预测，该物质的生物累积性可能较弱

土壤中的迁移性 根据K_{oc}值预测，该物质可能有一定的迁移性

第十三部分 废弃处置

废弃化学品 建议用焚烧法处置。焚烧炉排出的卤化氢通过酸洗涤器除去

污染包装物 将容器返还生产商或按照国家和地方法规处置

废弃注意事项 处置前应参阅国家和地方有关法规

第十四部分 运输信息

联合国危险货物编号（UN号） 1737

联合国运输名称 苄基溴 **联合国危险性类别** 6.1，8

包装类别 Ⅱ类包装

包装标志

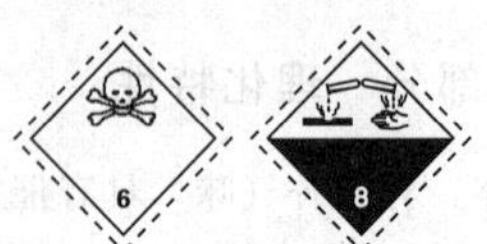

海洋污染物 否

运输注意事项 运输前应先检查包装容器是否完整、密封，运输过程中要确保容器不泄漏、不倒塌、不坠落、不损坏。严禁与酸类、氧化剂、食品及食品添加剂混运。运输时运输车辆应配备相应品种和数量的消防器材及泄漏应急处理设备。运输途中应防曝晒、雨淋，防高温。公路运输时要按规定路线行驶

第十五部分 法规信息

下列法律、法规、规章和标准，对该化学品的管理作了相应的规定。

中华人民共和国职业病防治法 职业病分类和目录：未列入

危险化学品安全管理条例 危险化学品目录：列入。易制爆危险化学品名录：未列入。重点监管的危险化学品名录：未列入。GB 18218—2009《危险化学品重大危险源辨识》（表1）：未列入

使用有毒物品作业场所劳动保护条例 高毒物品目录：未列入

易制毒化学品管理条例 易制毒化学品的分类和品种目录：未列入

国际公约 斯德哥尔摩公约：未列入。鹿特丹公约：未列入。蒙特利尔议定书：未列入

第十六部分 其他信息

编写和修订信息 **缩略语和首字母缩写**

培训建议 **参考文献**

免责声明

溴化氰

第一部分 化学品标识

化学品中文名 溴化氰；氰化溴

化学品英文名 cyanogen bromide；bromine cyanide

分子式 CBrN **相对分子质量** 105.93

结构式 N≡—Br

化学品的推荐及限制用途 用于有机合成、炼金、制杀虫剂等

第二部分 危险性概述

紧急情况概述 吞咽致命

GHS危险性类别 急性毒性-经口，类别2；危害水生环境-急性危害，类别1；危害水生环境-长期危害，类别1

标签要素

象形图

警示词 危险

危险性说明 吞咽致命，对水生生物毒性非常大并具有长期持续影响

防范说明

预防措施 避免接触眼睛、皮肤，操作后彻底清洗。作业场所不得进食、饮水或吸烟。避免排入环境

事故响应 食入：漱口，立即呼叫中毒控制中心或就医。收集泄漏物

安全储存 上锁保管

废弃处置 本品及内装物、容器依据国家和地方法规处置

物理和化学危险 遇水产生有毒气体

健康危害 毒作用似氢氰酸，并有明显刺激性。吸入后引起紫绀、头痛、头晕、恶心、呕吐、虚弱、神志不清、惊厥、呼吸困难、咳嗽，重者发生肺水肿，可致死。对眼和皮肤有强烈刺激性，可致灼伤。口服后引起口腔和胃刺激或灼伤，可引起死亡

环境危害 对水生生物毒性非常大并具有长期持续影响

第三部分 成分/组成信息

√物质		混合物
组分	**浓度**	**CAS No.**
溴化氰		506-68-3

第四部分 急救措施

吸入 迅速脱离现场至空气新鲜处。保持呼吸道通畅。如呼吸困难，给输氧。如呼吸、心跳停止，立即进行心肺复苏术（禁止口对口进行人工呼吸）。就医

皮肤接触 立即脱去污染的衣着，用肥皂水和流动清水彻底冲洗至少 15min 就医

眼睛接触 立即分开眼睑，用大量流动清水或生理盐水彻底冲洗至少 15min。就医

食入 如患者神志清醒，催吐，洗胃。就医

对保护施救者的忠告 根据需要使用个人防护设备

对医生的特别提示 轻度中毒或有低血压者，可单独使用硫代硫酸钠 10～12.5g；重度中毒者首先吸入亚硝酸异戊酯（2～3 支压碎于纱布、单衣或手帕中）30s，停 15s，然后缓慢静注 3%亚硝酸钠溶液 10ml，随即用同一针头静注 25%硫代硫酸钠溶液 12.5～15g。用药后 30min 症状未缓解者，可重复应用硫代硫酸钠半量或全量

第五部分 消防措施

灭火剂 本品不燃。根据着火原因选择适当灭火剂灭火

特别危险性 与水或水蒸气接触会散发出剧毒、易燃和腐蚀性的溴化氢和氰化氢气体。有杂质存在时能很快引起分解，并引起爆炸

灭火注意事项及防护措施 消防人员必须佩戴空气呼吸器、穿全身防火防毒服，在上风向灭火。尽可能将容器从火场移至空旷处。喷水保持火场容器冷却，直至灭火结束

第六部分 泄漏应急处理

作业人员防护措施、防护装备和应急处置程序 隔离泄漏污染区，限制出入。建议应急处理人员戴防尘口罩，穿防毒服，戴橡胶手套。作业时使用的所有设备应接地。穿上适当的防护服前严禁接触破裂的容器和泄漏物。尽可能切断泄漏源

环境保护措施 无资料

泄漏化学品的收容、清除方法及所使用的处置材料 小量泄漏：用干燥的砂土或其他不燃材料覆盖泄漏物，然后用塑料布覆盖，减少飞散、避免雨淋。用洁净的铲子收集泄漏物，置于干净、干燥、盖子较松的容器中，将容器移离泄漏区

第七部分 操作处置与储存

操作注意事项 严加密闭，提供充分的局部排风和全面通风。操作尽可能机械化、自动化。操作人员必须经过专门培训，严格遵守操作规程。建议操作人员佩戴自吸过滤式防毒面具（全面罩），穿连衣式防毒衣，戴橡胶手套。避免产生粉尘。避免与氧化剂、碱类接触。搬运时要轻装轻卸，防止包装及容器损坏。配备泄漏应急处理设备。倒空的容器可能残留有害物

储存注意事项 储存于阴凉、通风的库房。远离火种、热源。包装要求密封，不可与空气接触。应与氧化剂、碱类、食用化学品分开存放，切忌混储。不宜大量储存或久存。储区应备有合适的材料收容泄漏物。

第八部分 接触控制/个体防护

职业接触限值

中国 MAC：$1mg/m^3$ ［按 CN 计］［皮］

美国(ACGIH) 未制定标准

生物接触限值 未制定标准

监测方法 空气中有毒物质测定方法：未制定标准。生物监测检验方法：未制定标准

工程控制 严加密闭，提供充分的局部排风和全面通风。提供安全的淋浴和洗眼设备

个体防护装备

呼吸系统防护 可能接触毒物时，必须佩戴过滤式防毒面具（全面罩）。紧急事态抢救或撤离时，建议佩戴空气呼吸器

眼睛防护 呼吸系统防护中已作防护

皮肤和身体防护 穿连衣式防毒衣

手防护 戴橡胶手套

第九部分 理化特性

外观与性状 无色或白色针状或立方形结晶，常温下挥发

pH 值 无资料　**熔点(℃)** 52

沸点(℃) 61.4　**相对密度(水=1)** 2.02(20℃)

相对蒸气密度(空气=1) 3.65

饱和蒸气压(kPa) 13.33（23℃）

燃烧热(kJ/mol) 无资料　**临界温度(℃)** 无资料

临界压力(MPa) 无资料　**辛醇/水分配系数** −0.29

闪点(℃) 无资料　**自燃温度(℃)** 无资料

爆炸下限(%) 无资料　**爆炸上限(%)** 无资料

分解温度(℃) 无资料　**黏度(mPa·s)** 无资料

溶解性 溶于水，易溶于乙醇、乙醚，溶于苯

第十部分 稳定性和反应性

稳定性 稳定

危险反应 与强氧化剂等禁配物接触，有发生火灾和爆炸的危险

避免接触的条件 受热、水蒸气

禁配物 强氧化剂、碱类

危险的分解产物 溴化氢、氰化氢

第十一部分 毒理学信息

急性毒性 LD_{50}：25～50mg/kg（大鼠经口）；LCLo：$500mg/m^3$（小鼠吸入，10min）

皮肤刺激或腐蚀 无资料　**眼睛刺激或腐蚀** 无资料

刺激性 无资料　**呼吸或皮肤过敏** 无资料

生殖细胞突变性 无资料　**致癌性** 无资料

生殖毒性 无资料

特异性靶器官系统毒性-一次接触 无资料

特异性靶器官系统毒性-反复接触 无资料

吸入危害 无资料

第十二部分 生态学信息

生态毒性 LC_{50}：0.24mg/L（96h）（鱼类）

持久性和降解性

生物降解性　无资料

非生物降解性　无资料

潜在的生物累积性　根据 K_{oc} 值预测，该物质的迁移性可能较弱

土壤中的迁移性　根据 K_{oc} 值预测，该物质可能易发生迁移

第十三部分　废弃处置

废弃化学品　根据国家和地方有关法规的要求处置。或与制造商联系，确定处置方法

污染包装物　将容器返还生产商或按照国家和地方法规处置

废弃注意事项　处置前应参阅国家和地方有关法规

第十四部分　运输信息

联合国危险货物编号（UN 号）　1889

联合国运输名称　溴化氰

联合国危险性类别　6.1，8

包装类别　Ⅰ类包装

包装标志

海洋污染物　是

运输注意事项　运输前应先检查包装容器是否完整、密封，运输过程中要确保容器不泄漏、不倒塌、不坠落、不损坏。严禁与酸类、氧化剂、食品及食品添加剂混运。运输时运输车辆应配备泄漏应急处理设备。运输途中应防曝晒、雨淋，防高温。公路运输时要按规定路线行驶，勿在居民区和人口稠密区停留

第十五部分　法规信息

下列法律、法规、规章和标准，对该化学品的管理作了相应的规定。

中华人民共和国职业病防治法　职业病分类和目录：氰及腈类化合物中毒

危险化学品安全管理条例　危险化学品目录：列入。易制爆危险化学品名录：未列入。重点监管的危险化学品名录：未列入。GB 18218—2009《危险化学品重大危险源辨识》（表 1）：未列入

使用有毒物品作业场所劳动保护条例　高毒物品目录：列入

易制毒化学品管理条例　易制毒化学品的分类和品种目录：未列入

国际公约　斯德哥尔摩公约：未列入。鹿特丹公约：未列入。蒙特利尔议定书：未列入

第十六部分　其他信息

编写和修订信息　　**缩略语和首字母缩写**

培训建议　　**参考文献**

免责声明

溴 化 铊

第一部分　化学品标识

化学品中文名　溴化铊；溴化亚铊；一溴化铊

化学品英文名　thallium bromide；thallous bromide

分子式　TlBr　　**相对分子质量**　284.28

化学品的推荐及限制用途　用于制造药物

第二部分　危险性概述

紧急情况概述　吞咽致命，吸入致命

GHS 危险性类别　急性毒性-经口，类别 2；急性毒性-吸入，类别 2；特异性靶器官毒性-反复接触，类别 2；危害水生环境-急性危害，类别 2；危害水生环境-长期危害，类别 2

标签要素

象形图

警示词　危险

危险性说明　吞咽致命，吸入致命，长时间或反复接触可能对器官造成损伤，对水生生物有毒并具有长期持续影响

防范说明

预防措施　避免接触眼睛、皮肤，操作后彻底清洗。作业场所不得进食、饮水或吸烟。避免吸入粉尘。仅在室外或通风良好处操作。戴呼吸防护器具。禁止排入环境

事故响应　如吸入：将患者转移到空气新鲜处，休息，保持利于呼吸的体位。如感觉不适，就医。食入：漱口，立即呼叫中毒控制中心或就医。收集泄漏物

安全储存　在通风良好处储存。保持容器密闭。上锁保管

废弃处置　本品及内装物、容器依据国家和地方法规处置

物理和化学危险　不燃，无特殊燃爆特性

健康危害　铊及其化合物为强烈的神经毒，对肝肾有损害

急性中毒　表现有恶心、呕吐、腹部绞痛、厌食等症状，肢体及躯干有感觉、痛觉过敏；重者可发生中毒性脑病、中毒性神经病。脱发为其特异表现。皮肤出现皮疹，指甲有白色横纹。可有肝、肾损害

慢性中毒　主要症状有脱发、乏力、胃纳差、肢体运动和感觉障碍，可发生球后视神经炎

环境危害　对水生生物有毒并具有长期持续影响

第三部分　成分/组成信息

√物质		混合物
组分	**浓度**	**CAS No.**
溴化铊		7789-40-4

第四部分　急救措施

吸入　迅速脱离现场至空气新鲜处。保持呼吸道通畅。如呼吸困难，给输氧。如呼吸、心跳停止，立即进行心肺复苏术。就医

皮肤接触　立即脱去污染的衣着，用流动清水彻底冲洗。就医

眼睛接触　立即分开眼睑，用流动清水或生理盐水彻底冲洗。就医

食入　如中毒者神志清醒，催吐，洗胃。用1%碘化钠或1%碘化钾溶液洗胃效果更佳。口服牛奶、淀粉膏、氢氧化铝凝胶、次碳酸铋。口服活性炭悬液。用硫酸钠、硫酸镁或蓖麻油导泻。就医

对保护施救者的忠告　根据需要使用个人防护设备

对医生的特别提示　解毒剂：普鲁士蓝

第五部分　消防措施

灭火剂　本品不燃。根据着火原因选择适当灭火剂灭火

特别危险性　受高热产生有毒的溴化物烟气

灭火注意事项及防护措施　消防人员须佩戴防毒面具、穿全身消防服，在上风向灭火。尽可能将容器从火场移至空旷处。喷水保持火场容器冷却，直至灭火结束

第六部分　泄漏应急处理

作业人员防护措施、防护装备和应急处置程序　隔离泄漏污染区，限制出入。建议应急处理人员戴防尘口罩，穿防毒服。戴橡胶手套。穿上适当的防护服前严禁接触破裂的容器和泄漏物。尽可能切断泄漏源。用塑料布覆盖泄漏物，减少飞散。勿使水进入包装容器内

环境保护措施　无资料

泄漏化学品的收容、清除方法及所使用的处置材料　用洁净的铲子收集泄漏物，置于干净、干燥、盖子较松的容器中，将容器移离泄漏区

第七部分　操作处置与储存

操作注意事项　严加密闭，提供充分的局部排风和全面通风。操作人员必须经过专门培训，严格遵守操作规程。建议操作人员佩戴隔离式呼吸器，穿连衣式防毒衣，戴橡胶手套。避免产生粉尘。避免与氧化剂、酸类接触。搬运时要轻装轻卸，防止包装及容器损坏。配备泄漏应急处理设备。倒空的容器可能残留有害物

储存注意事项　储存于阴凉、通风的库房。远离火种、热源。包装密封。应与氧化剂、酸类、食用化学品分开存放，切忌混储。储区应备有合适的材料收容泄漏物

第八部分　接触控制/个体防护

职业接触限值

中国　PC-TWA：0.05mg/m^3；PC-STEL：0.1mg/m^3 [按Tl计] [皮]

美国(ACGIH)　TLV-TWA：0.02mg/m^3（可吸入性颗粒物）[按Tl计] [皮]

生物接触限值　未制定标准

监测方法　空气中有毒物质测定方法：石墨炉原子吸收光谱法。生物监测检验方法：未制定标准

工程控制　严加密闭，提供充分的局部排风和全面通风。提供安全的淋浴和洗眼设备

个体防护装备

呼吸系统防护　可能接触其粉尘时，必须佩戴空气呼吸器。紧急事态抢救或撤离时，建议佩戴空气呼吸器

眼睛防护　呼吸系统防护中已作防护

皮肤和身体防护　穿连衣式防毒衣

手防护　戴橡胶手套

第九部分　理化特性

外观与性状　黄白色结晶性粉末

pH值　无意义　　**熔点(℃)**　460（约）

沸点(℃)　815　　**相对密度(水=1)**　7.56

相对蒸气密度(空气=1)　无资料

饱和蒸气压(kPa)　1.33（522℃）

燃烧热(kJ/mol)　无资料　　**临界温度(℃)**　无资料

临界压力(MPa)　无资料　　**辛醇/水分配系数**　无资料

闪点(℃)　无意义　　**自燃温度(℃)**　无意义

爆炸下限(%)　无意义　　**爆炸上限(%)**　无意义

分解温度(℃)　无资料　　**黏度(mPa·s)**　无资料

溶解性　微溶于水，溶于乙醇，不溶于丙酮

第十部分　稳定性和反应性

稳定性　稳定

危险反应　与强氧化剂等禁配物发生反应

避免接触的条件　受热

禁配物　强氧化剂、强酸

危险的分解产物　无资料

第十一部分　毒理学信息

急性毒性　LDLo：35mg/kg（大鼠经口）；29mg/kg（小鼠经口）

皮肤刺激或腐蚀　无资料　　**眼睛刺激或腐蚀**　无资料

呼吸或皮肤过敏　无资料　　**生殖细胞突变性**　无资料

致癌性　无资料　　**生殖毒性**　无资料

特异性靶器官系统毒性-一次接触　无资料

特异性靶器官系统毒性-反复接触　无资料

吸入危害　无资料

第十二部分　生态学信息

生态毒性　铊化合物对水生生物有毒

持久性和降解性

生物降解性　无资料

非生物降解性　无资料

潜在的生物累积性　无资料

土壤中的迁移性　无资料

第十三部分　废弃处置

废弃化学品　根据国家和地方有关法规的要求处置。或与制造商联系，确定处置方法

污染包装物　将容器返还生产商或按照国家和地方法规

处置

废弃注意事项 处置前应参阅国家和地方有关法规

第十四部分 运输信息

联合国危险货物编号（UN号） 1707

联合国运输名称 铊化合物，未另作规定的（溴化亚铊）

联合国危险性类别 6.1 **包装类别** Ⅱ类包装

包装标志  **海洋污染物** 是

运输注意事项 运输前应先检查包装容器是否完整、密封，运输过程中要确保容器不泄漏、不倒塌、不坠落、不损坏。严禁与酸类、氧化剂、食品及食品添加剂混运。运输时运输车辆应配备泄漏应急处理设备。运输途中应防曝晒、雨淋，防高温

第十五部分 法规信息

下列法律、法规、规章和标准，对该化学品的管理作了相应的规定。

中华人民共和国职业病防治法 职业病分类和目录：铊及其化合物中毒

危险化学品安全管理条例 危险化学品目录：列入。易制爆危险化学品名录：未列入。重点监管的危险化学品名录：未列入。GB 18218—2009《危险化学品重大危险源辨识》(表 1)：未列入

使用有毒物品作业场所劳动保护条例 高毒物品目录：列入

易制毒化学品管理条例 易制毒化学品的分类和品种目录：未列入

国际公约 斯德哥尔摩公约：未列入。鹿特丹公约：未列入。蒙特利尔议定书：未列入

第十六部分 其他信息

编写和修订信息 **缩略语和首字母缩写**

培训建议 **参考文献**

免责声明

溴化亚汞

第一部分 化学品标识

化学品中文名 溴化亚汞；一溴化汞

化学品英文名 mercurous bromide；mercury（Ⅰ）bromide

分子式 HgBr **相对分子质量** 280.50

结构式 Hg—Br

化学品的推荐及限制用途 主要用于医药工业

第二部分 危险性概述

紧急情况概述 吞咽致命，皮肤接触会致命，吸入致命

GHS危险性类别 急性毒性-经口，类别 2；急性毒性-经皮，类别 1；急性毒性-吸入，类别 2；特异性靶器官毒性-反复接触，类别 2；危害水生环境-急性危害，类别 1；危害水生环境-长期危害，类别 1

标签要素

象形图 

警示词 危险

危险性说明 吞咽致命，皮肤接触会致命，吸入致命，长时间或反复接触可能对器官造成损伤，对水生生物毒性非常大并具有长期持续影响

防范说明

预防措施 避免接触眼睛、皮肤或衣服，操作后彻底清洗。作业场所不得进食、饮水或吸烟。戴防护手套、穿防护服。避免吸入粉尘、蒸气。仅在室外或通风良好处操作。戴呼吸防护器具。禁止排入环境

事故响应 如吸入：将患者转移到空气新鲜处，休息，保持利于呼吸的体位。如感觉不适，就医。皮肤接触：用大量肥皂水和水轻轻地清洗，立即呼叫中毒控制中心或就医，脱去所有被污染的衣服。被污染的衣服须经洗净后方可重新使用。食入：漱口，立即呼叫中毒控制中心或就医。收集泄漏物

安全储存 在通风良好处储存。保持容器密闭。上锁保管

废弃处置 本品及内装物、容器依据国家和地方法规处置

物理和化学危险 不燃，无特殊燃爆特性

健康危害 汞离子可使含巯基的酶丧失活性，失去功能；还能与酶中的氨基、二巯基、羧基、羟基以及细胞膜内的磷酰基结合，引起相应的损害

急性中毒 有头痛、头晕、乏力、失眠、多梦、口腔炎、发热等全身症状。可有食欲不振、恶心、腹痛、腹泻等。部分患者皮肤出现红色斑丘疹。严重者可发生间质性肺炎及肾损害。口服可发生急性腐蚀性胃肠炎，严重者昏迷、休克，甚至发生坏死性肾病致急性肾功能衰竭。对眼有刺激性。可致皮炎

慢性中毒 有神经衰弱综合征、易兴奋症；精神情绪障碍，如胆怯、害羞、发怒、爱哭等；汞毒性震颤；口腔炎。少数病例有肝、肾损害

环境危害 对水生生物毒性非常大并具有长期持续影响

第三部分 成分/组成信息

√物质 混合物

组分	浓度	CAS No.
溴化亚汞		10031-18-2

第四部分 急救措施

吸入 迅速脱离现场至空气新鲜处。保持呼吸道通畅。如呼吸困难，给输氧。如呼吸、心跳停止，立即进行心肺复苏术。就医

皮肤接触 立即脱去污染的衣着，用流动清水彻底冲洗。

就医

眼睛接触 立即分开眼睑，用流动清水或生理盐水彻底冲洗。就医

食入 口服蛋清、牛奶或豆浆。就医

对保护施救者的忠告 根据需要使用个人防护设备

对医生的特别提示 解毒剂：二巯基丙磺酸钠、二巯基丁二酸钠、青霉胺

第五部分 消防措施

灭火剂 本品不燃。根据着火原因选择适当灭火剂灭火

特别危险性 受高热升华产生有毒气体

灭火注意事项及防护措施 消防人员必须佩戴空气呼吸器、穿全身防火防毒服，在上风向灭火。尽可能将容器从火场移至空旷处。喷水保持火场容器冷却，直至灭火结束

第六部分 泄漏应急处理

作业人员防护措施、防护装备和应急处置程序 隔离泄漏污染区，限制出入。建议应急处理人员戴防尘口罩，穿防毒服，戴氯丁橡胶手套。穿上适当的防护服前严禁接触破裂的容器和泄漏物。尽可能切断泄漏源。用塑料布覆盖泄漏物，减少飞散。勿使水进入包装容器内

环境保护措施 无资料

泄漏化学品的收容、清除方法及所使用的处置材料 用洁净的铲子收集泄漏物，置于干净、干燥、盖子较松的容器中，将容器移离泄漏区

第七部分 操作处置与储存

操作注意事项 密闭操作，局部排风。操作人员必须经过专门培训，严格遵守操作规程。建议操作人员佩戴导管式防毒面具，穿聚乙烯防毒服，戴氯丁橡胶手套。避免产生粉尘。避免与酸类接触。搬运时要轻装轻卸，防止包装及容器损坏。配备泄漏应急处理设备。倒空的容器可能残留有害物

储存注意事项 储存于阴凉、通风的库房。远离火种、热源。库房温度不超过 35℃，相对湿度不超过 80%。包装密封。应与酸类、食用化学品分开存放，切忌混储。储区应备有合适的材料收容泄漏物

第八部分 接触控制/个体防护

职业接触限值

中国 未制定标准

美国(ACGIH) TLV-TWA：0.025mg/m^3 [按 Hg 计][皮]

生物接触限值 尿总汞：20μmol/mol 肌酐（35μg/g 肌酐）(采样时间：接触 6 个月后工作班前)

监测方法 空气中有毒物质测定方法：原子荧光光谱法；双硫腙分光光度法；冷原子吸收光谱法。生物监测检验方法：尿中汞的双硫腙萃取分光光度测定方法；尿中汞的冷原子吸收光谱测定方法——碱性氯化亚锡还原法；尿中有机（甲基）汞、无机汞和总汞的分别测定方法——选择性还原-冷原子吸收光谱法

工程控制 密闭操作，局部排风。提供安全的淋浴和洗眼设备

个体防护装备

呼吸系统防护 作业人员应该佩戴过滤式防毒面具（全面罩）。必要时，佩戴空气呼吸器或长管面具

眼睛防护 呼吸系统防护中已作防护

皮肤和身体防护 穿隔绝式防毒服

手防护 戴橡胶手套

第九部分 理化特性

外观与性状 白色细小四角结晶体或粉末，受热变黄，冷后恢复白色

pH 值 无资料 **熔点(℃)** 345（升华）

沸点(℃) 无资料 **相对密度(水=1)** 7.31

相对蒸气密度(空气=1) 19.3

临界温度(℃) 无资料

临界压力(MPa) 无资料 **辛醇/水分配系数** 无资料

闪点(℃) 无意义 **自燃温度(℃)** 无意义

爆炸下限(%) 无意义 **爆炸上限(%)** 无意义

分解温度(℃) 无资料 **黏度(mPa·s)** 无资料

溶解性 不溶于水，不溶于乙醇、乙醚，溶于发烟硝酸、热浓硫酸和热碳酸铵溶液

第十部分 稳定性和反应性

稳定性 稳定 **危险反应** 无资料

避免接触的条件 光照 **禁配物** 强酸

危险的分解产物 无资料

第十一部分 毒理学信息

急性毒性 无资料 **皮肤刺激或腐蚀** 无资料

眼睛刺激或腐蚀 无资料 **呼吸或皮肤过敏** 无资料

生殖细胞突变性 无资料 **致癌性** 无资料

生殖毒性 无资料

特异性靶器官系统毒性-一次接触 无资料

特异性靶器官系统毒性-反复接触 无资料

吸入危害 无资料

第十二部分 生态学信息

生态毒性 汞化合物对水生生物有极高的毒性

持久性和降解性

生物降解性 无资料

非生物降解性 无资料

潜在的生物累积性 汞元素易在生物体内富集

土壤中的迁移性 无资料

第十三部分 废弃处置

废弃化学品 根据国家和地方有关法规的要求处置。或与制造商联系，确定处置方法

污染包装物 将容器返还生产商或按照国家和地方法规处置

废弃注意事项 处置前应参阅国家和地方有关法规

第十四部分 运输信息

联合国危险货物编号(UN 号) 1634

联合国运输名称 溴化汞

联合国危险性类别 6.1 **包装类别** Ⅱ类包装

包装标志  **海洋污染物** 是

运输注意事项 运输前应先检查包装容器是否完整、密封，运输过程中要确保容器不泄漏、不倒塌、不坠落、不损坏。严禁与酸类、氧化剂、食品及食品添加剂混运。运输时运输车辆应配备泄漏应急处理设备。运输途中应防曝晒、雨淋，防高温

第十五部分 法规信息

下列法律、法规、规章和标准，对该化学品的管理作了相应的规定。

中华人民共和国职业病防治法 职业病分类和目录：汞及其化合物中毒

危险化学品安全管理条例 危险化学品目录：列入。易制爆危险化学品名录：未列入。重点监管的危险化学品名录：未列入。GB 18218—2009《危险化学品重大危险源辨识》(表 1)：未列入

使用有毒物品作业场所劳动保护条例 高毒物品目录：未列入

易制毒化学品管理条例 易制毒化学品的分类和品种目录：未列入

国际公约 斯德哥尔摩公约：未列入。鹿特丹公约：未列入。蒙特利尔议定书：未列入

第十六部分 其他信息

编写和修订信息 **缩略语和首字母缩写**

培训建议 **参考文献**

免责声明

溴化异丙烷

第一部分 化学品标识

化学品中文名 溴化异丙烷；2-溴丙烷；异丙基溴；溴代异丙烷

化学品英文名 2-bromopropane；isopropyl bromide

分子式 C_3H_7Br **相对分子质量** 123

结构式 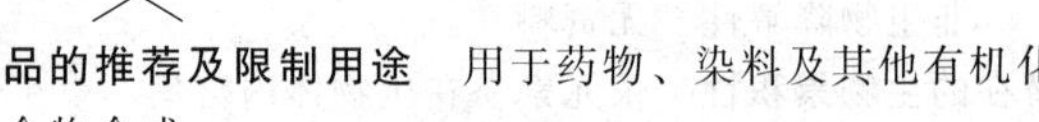

化学品的推荐及限制用途 用于药物、染料及其他有机化合物合成

第二部分 危险性概述

紧急情况概述 高度易燃液体和蒸气，可能对生育力或胎儿造成伤害

GHS 危险性类别 易燃液体，类别 2；生殖毒性，类别 1A；特异性靶器官毒性-反复接触，类别 2；危害水生环境-急性危害，类别 3

标签要素

象形图  

警示词 危险

危险性说明 高度易燃液体和蒸气，可能对生育力或胎儿造成伤害，长时间或反复接触可能对器官造成损伤，对水生生物有害

防范说明

预防措施 远离热源、火花、明火、热表面。禁止吸烟。保持容器密闭。容器和接收设备接地连接。使用防爆电器、通风、照明设备。只能使用不产生火花的工具。采取防止静电措施。戴防护手套、防护眼镜、防护面罩。得到专门指导后操作。在阅读并了解所有安全预防措施之前，切勿操作。按要求使用个体防护装备。避免吸入蒸气、雾。禁止排入环境

事故响应 火灾时，使用雾状水、泡沫、干粉、二氧化碳、砂土灭火。如皮肤（或头发）接触：立即脱掉所有被污染的衣服，用水冲洗皮肤，淋浴。如果接触或有担心，就医。如感觉不适，就医

安全储存 存放在通风良好的地方。保持低温。上锁保管

废弃处置 本品及内装物、容器依据国家和地方法规处置

物理和化学危险 高度易燃，其蒸气与空气混合，能形成爆炸性混合物

健康危害 其蒸气或雾对眼睛、黏膜和上呼吸道有刺激作用。接触后有可能引起神经系统功能紊乱

慢性影响 对肝、肾有损害

环境危害 对水生生物有害

第三部分 成分/组成信息

√物质		混合物
组分	**浓度**	**CAS No.**
溴化异丙烷		75-26-3

第四部分 急救措施

吸入 迅速脱离现场至空气新鲜处。保持呼吸道通畅。如呼吸困难，给输氧。如呼吸、心跳停止，立即进行心肺复苏术。就医

皮肤接触 立即脱去污染的衣着，用流动清水彻底冲洗。就医

眼睛接触 立即分开眼睑，用流动清水或生理盐水彻底冲洗。就医

食入 漱口，饮水。就医

对保护施救者的忠告 根据需要使用个人防护设备

对医生的特别提示 对症处理

第五部分 消防措施

灭火剂 用雾状水、泡沫、干粉、二氧化碳、砂土灭火

特别危险性 遇明火、高热易引起燃烧，并放出有毒气体。受高热分解产生有毒的溴化物气体。燃烧生成有害的一氧化碳、溴化氢

灭火注意事项及防护措施 消防人员须佩戴防毒面具、穿全身消防服，在上风向灭火。尽可能将容器从火场移至空旷处。喷水保持火场容器冷却，直至灭火结束。

容器突然发出异常声音或出现异常现象，应立即撤离

第六部分　泄漏应急处理

作业人员防护措施、防护装备和应急处置程序　消除所有点火源。根据液体流动和蒸气扩散的影响区域划定警戒区，无关人员从侧风、上风向撤离至安全区。建议应急处理人员戴正压自给式呼吸器，穿防静电服，戴橡胶耐油手套。作业时使用的所有设备应接地。禁止接触或跨越泄漏物。尽可能切断泄漏源

环境保护措施　防止泄漏物进入水体、下水道、地下室或有限空间

泄漏化学品的收容、清除方法及所使用的处置材料　小量泄漏：用砂土或其他不燃材料吸收，使用洁净的无火花工具收集吸收材料。大量泄漏：构筑围堤或挖坑收容。用泡沫覆盖，减少蒸发。喷水雾能减少蒸发，但不能降低泄漏物在有限空间内的易燃性。用防爆泵转移至槽车或专用收集器内

第七部分　操作处置与储存

操作注意事项　密闭操作，全面通风。操作人员必须经过专门培训，严格遵守操作规程。建议操作人员佩戴过滤式防毒面具（半面罩），戴化学安全防护眼镜，穿防静电工作服，戴橡胶耐油手套。远离火种、热源。工作场所严禁吸烟。使用防爆型的通风系统和设备。防止蒸气泄漏到工作场所空气中。避免与氧化剂、酸类、碱类接触。充装要控制流速，防止静电积聚。搬运时要轻装轻卸，防止包装及容器损坏。配备相应品种和数量的消防器材及泄漏应急处理设备。倒空的容器可能残留有害物

储存注意事项　储存于阴凉、通风的库房。远离火种、热源。库温不宜超过 37℃。保持容器密封。应与氧化剂、酸类、碱类分开存放，切忌混储。采用防爆型照明、通风设施。禁止使用易产生火花的机械设备和工具。储区应备有泄漏应急处理设备和合适的收容材料

第八部分　接触控制/个体防护

职业接触限值

中国　未制定标准

美国(ACGIH)　未制定标准

生物接触限值　未制定标准

监测方法　空气中有毒物质测定方法：未制定标准。生物监测检验方法：未制定标准

工程控制　生产过程密闭，全面通风。提供安全的淋浴和洗眼设备

个体防护装备

呼吸系统防护　空气中浓度超标时，应该佩戴过滤式防毒面具（半面罩）。紧急事态抢救或撤离时，佩戴空气呼吸器

眼睛防护　戴化学安全防护眼镜

皮肤和身体防护　穿防静电工作服

手防护　戴橡胶耐油手套

第九部分　理化特性

外观与性状　无色或淡黄色液体

pH 值　无资料　　**熔点(℃)**　－89

沸点(℃)　59～60　　**相对密度(水＝1)**　1.30

相对蒸气密度(空气＝1)　4.24

饱和蒸气压(kPa)　23.275（20℃）

燃烧热(kJ/mol)　－2049.9　　**临界温度(℃)**　无资料

临界压力(MPa)　5.51　　**辛醇/水分配系数**　2.14

闪点(℃)　1（CC）　　**自燃温度(℃)**　无资料

爆炸下限(%)　4　　**爆炸上限(%)**　7

分解温度(℃)　无资料　　**黏度(mPa·s)**　1.0(－23℃)

溶解性　微溶于水，可溶于乙醇、乙醚、苯、四氯化碳，微溶于丙酮

第十部分　稳定性和反应性

稳定性　稳定

危险反应　与强氧化剂等禁配物接触，有发生火灾和爆炸的危险

避免接触的条件　受热

禁配物　强氧化剂、强酸、强碱

危险的分解产物　溴化氢

第十一部分　毒理学信息

急性毒性　LC_{50}：31171ppm（小鼠吸入，4h）

皮肤刺激或腐蚀　无资料　　**眼睛刺激或腐蚀**　无资料

呼吸或皮肤过敏　无资料　　**生殖细胞突变性**　无资料

致癌性　无资料　　**生殖毒性**　无资料

特异性靶器官系统毒性-一次接触　无资料

特异性靶器官系统毒性-反复接触　无资料

吸入危害　无资料

第十二部分　生态学信息

生态毒性　EC_{50}：23mg/L（48h）（水蚤）

持久性和降解性

生物降解性　MITI-Ⅰ测试，初始浓度 100ppm，污泥浓度 30ppm，4 周后降解 83%，易快速生物降解

非生物降解性　空气中，当羟基自由基浓度为 5.00×10^5 个/cm^3 时，降解半衰期为 18d（理论）；在 25℃，当 pH 值为 7 时，水解半衰期为 2.1d

潜在的生物累积性　根据 K_{ow} 值预测，该物质的生物累积性可能较弱

土壤中的迁移性　根据 K_{oc} 值预测，该物质可能有一定的迁移性

第十三部分　废弃处置

废弃化学品　建议用焚烧法处置。焚烧炉排出的卤化氢通过酸洗涤器除去

污染包装物　将容器返还生产商或按照国家和地方法规处置

废弃注意事项　处置前应参阅国家和地方有关法规

第十四部分　运输信息

联合国危险货物编号（UN 号）　2344

联合国运输名称　溴丙烷

联合国危险性类别　3　　**包装类别**　Ⅱ类包装

包装标志  **海洋污染物** 否

运输注意事项 运输时运输车辆应配备相应品种和数量的消防器材及泄漏应急处理设备。夏季最好早晚运输。运输时所用的槽（罐）车应有接地链，槽内可设孔隔板以减少震荡产生的静电。严禁与氧化剂、酸类、碱类、食用化学品等混装混运。运输途中应防曝晒、雨淋，防高温。中途停留时应远离火种、热源、高温区。装运该物品的车辆排气管必须配备阻火装置，禁止使用易产生火花的机械设备和工具装卸。公路运输时要按规定路线行驶，勿在居民区和人口稠密区停留。铁路运输时要禁止溜放。严禁用木船、水泥船散装运输

第十五部分 法规信息

下列法律、法规、规章和标准，对该化学品的管理作了相应的规定。

中华人民共和国职业病防治法 职业病分类和目录：溴丙烷中毒

危险化学品安全管理条例 危险化学品目录：列入。易制爆危险化学品名录：未列入。重点监管的危险化学品名录：未列入。GB 18218—2009《危险化学品重大危险源辨识》(表 1)：未列入

使用有毒物品作业场所劳动保护条例 高毒物品目录：未列入

易制毒化学品管理条例 易制毒化学品的分类和品种目录：未列入

国际公约 斯德哥尔摩公约：未列入。鹿特丹公约：未列入。蒙特利尔议定书：未列入

第十六部分 其他信息

编写和修订信息 **缩略语和首字母缩写**

培训建议 **参考文献**

免责声明

溴 己 烷

第一部分 化学品标识

化学品中文名 溴己烷；己基溴

化学品英文名 bromohexane; hexyl bromide

分子式 $C_6H_{13}Br$ **相对分子质量** 165.10

结构式 ︿︿︿Br

化学品的推荐及限制用途 用于有机合成

第二部分 危险性概述

紧急情况概述 易燃液体和蒸气

GHS 危险性类别 易燃液体，类别 3；急性毒性-经口，类别 5；危害水生环境-急性危害，类别 2；危害水生环境-长期危害，类别 2

标签要素

象形图 

警示词 警告

危险性说明 易燃液体和蒸气，吞咽可能有害，对水生生物有毒并具有长期持续影响

防范说明

预防措施 远离热源、火花、明火、热表面。禁止吸烟。保持容器密闭。容器和接收设备接地连接。使用防爆电器、通风、照明设备。只能使用不产生火花的工具。采取防止静电措施。戴防护手套、防护眼镜、防护面罩。禁止排入环境

事故响应 火灾时，使用泡沫、二氧化碳、干粉、砂土灭火。如皮肤（或头发）接触：立即脱掉所有被污染的衣服，用水冲洗皮肤，淋浴。如果感觉不适，呼叫中毒控制中心或就医。收集泄漏物

安全储存 存放在通风良好的地方。保持低温

废弃处置 本品及内装物、容器依据国家和地方法规处置

物理和化学危险 易燃，其蒸气与空气混合，能形成爆炸性混合物

健康危害 对眼、黏膜、上呼吸道和皮肤有刺激性

环境危害 对水生生物有毒并具有长期持续影响

第三部分 成分/组成信息

√物质		混合物
组分	**浓度**	**CAS No.**
溴己烷		111-25-1

第四部分 急救措施

吸入 迅速脱离现场至空气新鲜处。保持呼吸道通畅。如呼吸困难，给输氧。如呼吸、心跳停止，立即进行心肺复苏术。就医

皮肤接触 立即脱去污染的衣着，用流动清水彻底冲洗。就医

眼睛接触 立即分开眼睑，用流动清水或生理盐水彻底冲洗。就医

食入 漱口，饮水。就医

对保护施救者的忠告 根据需要使用个人防护设备

对医生的特别提示 对症处理

第五部分 消防措施

灭火剂 用泡沫、二氧化碳、干粉、砂土灭火

特别危险性 受高热分解放出有毒的气体。燃烧生成有害的一氧化碳、溴化氢

灭火注意事项及防护措施 消防人员必须佩戴空气呼吸器、穿全身防火防毒服，在上风向灭火。喷水冷却容器，尽可能将容器从火场移至空旷处。容器突然发出异常声音或出现异常现象，应立即撤离

第六部分 泄漏应急处理

作业人员防护措施、防护装备和应急处置程序 消除所有

点火源。根据液体流动和蒸气扩散的影响区域划定警戒区，无关人员从侧风、上风向撤离至安全区。建议应急处理人员戴正压自给式呼吸器，穿防静电服，戴橡胶耐油手套。作业时使用的所有设备应接地。禁止接触或跨越泄漏物。尽可能切断泄漏源

环境保护措施 防止泄漏物进入水体、下水道、地下室或有限空间

泄漏化学品的收容、清除方法及所使用的处置材料 小量泄漏：用砂土或其他不燃材料吸收，使用洁净的无火花工具收集吸收材料。大量泄漏：构筑围堤或挖坑收容。用泡沫覆盖，减少蒸发。喷水雾能减少蒸发，但不能降低泄漏物在有限空间内的易燃性。用防爆泵转移至槽车或专用收集器内

第七部分 操作处置与储存

操作注意事项 密闭操作，加强通风。操作人员必须经过专门培训，严格遵守操作规程。建议操作人员佩戴自吸过滤式防毒面具（半面罩），戴化学安全防护眼镜，穿防毒物渗透工作服，戴橡胶耐油手套。远离火种、热源。工作场所严禁吸烟。使用防爆型的通风系统和设备。防止蒸气泄漏到工作场所空气中。避免与氧化剂接触。充装要控制流速，防止静电积聚。搬运时要轻装轻卸，防止包装及容器损坏。配备相应品种和数量的消防器材及泄漏应急处理设备。倒空的容器可能残留有害物

储存注意事项 储存于阴凉、通风的库房。库温不宜超过37℃。远离火种、热源。保持容器密封。应与氧化剂分开存放，切忌混储。采用防爆型照明、通风设施。禁止使用易产生火花的机械设备和工具。储区应备有泄漏应急处理设备和合适的收容材料

第八部分 接触控制/个体防护

职业接触限值

中国 未制定标准

美国(ACGIH) 未制定标准

生物接触限值 未制定标准

监测方法 空气中有毒物质测定方法：未制定标准。生物监测检验方法：未制定标准

工程控制 生产过程密闭，加强通风。提供安全的淋浴和洗眼设备

个体防护装备

呼吸系统防护 可能接触其蒸气时，应该佩戴过滤式防毒面具（半面罩）。紧急事态抢救或撤离时，佩戴空气呼吸器

眼睛防护 戴化学安全防护眼镜

皮肤和身体防护 穿防毒物渗透工作服

手防护 戴橡胶耐油手套

第九部分 理化特性

外观与性状 无色或淡黄色透明液体，有刺激性气味

pH值 无资料 **熔点(℃)** −85

沸点(℃) 154～158 **相对密度(水=1)** 1.176

相对蒸气密度(空气=1) 5.7

饱和蒸气压(kPa) 无资料

燃烧热(kJ/mol) 无资料 **临界温度(℃)** 无资料

临界压力(MPa) 无资料 **辛醇/水分配系数** 3.8

闪点(℃) 54 **自燃温度(℃)** 无资料

爆炸下限(%) 无资料 **爆炸上限(%)** 无资料

分解温度(℃) 无资料 **黏度(mPa·s)** 无资料

溶解性 不溶于水，溶于醇类、醚类、酯类

第十部分 稳定性和反应性

稳定性 稳定

危险反应 与强氧化剂等禁配物接触，有发生火灾和爆炸的危险

避免接触的条件 受热

禁配物 强氧化剂、强碱、金属等

危险的分解产物 溴化氢

第十一部分 毒理学信息

急性毒性

LD_{50} 3300mg/kg（大鼠经口）

LC_{50} 550g/m³（大鼠吸入，30min）；13600mg/m³（小鼠吸入，2h）

皮肤刺激或腐蚀 无资料 **眼睛刺激或腐蚀** 无资料

呼吸或皮肤过敏 无资料 **生殖细胞突变性** 无资料

致癌性 无资料 **生殖毒性** 无资料

特异性靶器官系统毒性-一次接触 无资料

特异性靶器官系统毒性-反复接触 无资料

吸入危害 无资料

第十二部分 生态学信息

生态毒性 LC_{50}：3.45mg/L（96h）（黑头呆鱼）

持久性和降解性

生物降解性 无资料

非生物降解性 无资料

潜在的生物累积性 根据 K_{ow} 值预测，该物质可能有一定的生物累积性

土壤中的迁移性 根据 K_{oc} 值预测，该物质可能有一定的迁移性

第十三部分 废弃处置

废弃化学品 建议用焚烧法处置。焚烧炉排出的卤化氢通过酸洗涤器除去

污染包装物 将容器返还生产商或按照国家和地方法规处置

废弃注意事项 处置前应参阅国家和地方有关法规

第十四部分 运输信息

联合国危险货物编号（UN号） 1993

联合国运输名称 易燃液体，未另作规定的（溴己烷）

联合国危险性类别 3 **包装类别** Ⅲ类包装

包装标志 

海洋污染物 是

运输注意事项 运输时运输车辆应配备相应品种和数量的消防器材及泄漏应急处理设备。夏季最好早晚运输。运输时所用的槽（罐）车应有接地链，槽内可设孔隔板以减少震荡产生的静电。严禁与氧化剂、食用化学品等混装混运。运输途中应防曝晒、雨淋，防高温。中途停留时应远离火种、热源、高温区。装运该物品的车辆排气管必须配备阻火装置，禁止使用易产生火花的机械设备和工具装卸。公路运输时要按规定路线行驶，勿在居民区和人口稠密区停留。铁路运输时要禁止溜放。严禁用木船、水泥船散装运输

第十五部分 法规信息

下列法律、法规、规章和标准，对该化学品的管理作了相应的规定。

中华人民共和国职业病防治法 职业病分类和目录：未列入

危险化学品安全管理条例 危险化学品目录：列入。易制爆危险化学品名录：未列入。重点监管的危险化学品名录：未列入。GB 18218—2009《危险化学品重大危险源辨识》（表 1）：未列入

使用有毒物品作业场所劳动保护条例 高毒物品目录：未列入

易制毒化学品管理条例 易制毒化学品的分类和品种目录：未列入

国际公约 斯德哥尔摩公约：未列入。鹿特丹公约：未列入。蒙特利尔议定书：未列入

第十六部分 其他信息

编写和修订信息 **缩略语和首字母缩写**

培训建议 **参考文献**

免责声明

2-溴甲苯

第一部分 化学品标识

化学品中文名 2-溴甲苯；邻溴甲苯；1-溴-2-甲基苯

化学品英文名 2-bromotoluene；*o*-bromotoluene

分子式 C_7H_7Br **相对分子质量** 171.02

结构式 Br-(苯环)-CH_3（邻位）

化学品的推荐及限制用途 用于有机合成及用作溶剂

第二部分 危险性概述

紧急情况概述 吞咽有害

GHS 危险性类别 急性毒性-经口，类别 4；皮肤腐蚀/刺激，类别 2；严重眼损伤/眼刺激，类别 2；特异性靶器官毒性-一次接触，类别 3（呼吸道刺激）

标签要素

象形图 

警示词 警告

危险性说明 吞咽有害，造成皮肤刺激，造成严重眼刺激，可能引起呼吸道刺激

防范说明

预防措施 避免接触眼睛、皮肤，操作后彻底清洗。作业场所不得进食、饮水或吸烟。戴防护手套、防护眼镜、防护面罩

事故响应 皮肤接触：用大量肥皂水和水清洗。如发生皮肤刺激，就医。脱去被污染的衣服，污染的衣服洗净后方可重新使用。如接触眼睛：用水细心冲洗数分钟。如戴隐形眼镜并可方便地取出，取出隐形眼镜继续冲洗。如果眼睛刺激持续：就医。食入：漱口，如果感觉不适，立即呼叫中毒控制中心或就医

安全储存 -

废弃处置 本品及内装物、容器依据国家和地方法规处置

物理和化学危险 可燃，其蒸气与空气混合，能形成爆炸性混合物

健康危害 对眼睛、呼吸道和皮肤有刺激性

环境危害 对环境可能有害

第三部分 成分/组成信息

√物质		混合物
组分	**浓度**	**CAS No.**
2-溴甲苯		95-46-5

第四部分 急救措施

吸入 迅速脱离现场至空气新鲜处。保持呼吸道通畅。如呼吸困难，给输氧。如呼吸、心跳停止，立即进行心肺复苏术。就医

皮肤接触 立即脱去污染的衣着，用流动清水彻底冲洗。就医

眼睛接触 立即分开眼睑，用流动清水或生理盐水彻底冲洗。就医

食入 漱口，饮水。就医

对保护施救者的忠告 根据需要使用个人防护设备

对医生的特别提示 对症处理

第五部分 消防措施

灭火剂 用泡沫、干粉、砂土灭火

特别危险性 受高热分解产生有毒的溴化物气体。与强氧化剂接触可发生化学反应。燃烧生成有害的一氧化碳、溴化氢

灭火注意事项及防护措施 消防人员必须佩戴空气呼吸器、穿全身防火防毒服，在上风向灭火。尽可能将容器从火场移至空旷处。喷水保持火场容器冷却，直至灭火结束。容器突然发出异常声音或出现异常现象，应立即撤离。用水可引起沸溅

第六部分 泄漏应急处理

作业人员防护措施、防护装备和应急处置程序 根据液体流动和蒸气扩散的影响区域划定警戒区，无关人员从侧风、上风向撤离至安全区。消除所有点火源。建议

应急处理人员戴正压自给式呼吸器，穿防毒服，戴橡胶耐油手套。穿上适当的防护服前严禁接触破裂的容器和泄漏物。尽可能切断泄漏源

环境保护措施 防止泄漏物进入水体、下水道、地下室或有限空间

泄漏化学品的收容、清除方法及所使用的处置材料 小量泄漏：用干燥的砂土或其他不燃材料吸收或覆盖，收集于容器中。大量泄漏：构筑围堤或挖坑收容。用泵转移至槽车或专用收集器内

第七部分 操作处置与储存

操作注意事项 密闭操作，加强通风。操作人员必须经过专门培训，严格遵守操作规程。建议操作人员佩戴过滤式防毒面具（半面罩），戴化学安全防护眼镜，穿防毒物渗透工作服，戴橡胶耐油手套。远离火种、热源。工作场所严禁吸烟。使用防爆型的通风系统和设备。防止蒸气泄漏到工作场所空气中。避免与氧化剂接触。搬运时要轻装轻卸，防止包装及容器损坏。配备相应品种和数量的消防器材及泄漏应急处理设备。倒空的容器可能残留有害物

储存注意事项 储存于阴凉、通风的库房。远离火种、热源。保持容器密封。应与氧化剂、食用化学品分开存放，切忌混储。配备相应品种和数量的消防器材。储区应备有泄漏应急处理设备和合适的收容材料

第八部分 接触控制/个体防护

职业接触限值

中国 未制定标准

美国(ACGIH) 未制定标准

生物接触限值 未制定标准

监测方法 空气中有毒物质测定方法：未制定标准。生物监测检验方法：未制定标准

工程控制 生产过程密闭，加强通风。提供安全的淋浴和洗眼设备

个体防护装备

呼吸系统防护 高浓度环境中，应该佩戴过滤式防毒面具（半面罩）。紧急事态抢救或撤离时，佩戴空气呼吸器

眼睛防护 戴化学安全防护眼镜

皮肤和身体防护 穿防毒物渗透工作服

手防护 戴橡胶耐油手套

第九部分 理化特性

外观与性状 无色液体

pH值 无资料 **熔点(℃)** −27.8

沸点(℃) 181.7 **相对密度(水=1)** 1.422

相对蒸气密度(空气=1) 5.9

饱和蒸气压(kPa) 1.33（59.1℃）

燃烧热(kJ/mol) 无资料 **临界温度(℃)** 无资料

临界压力(MPa) 无资料 **辛醇/水分配系数** 3.43

闪点(℃) 78.89（CC） **自燃温度(℃)** 无资料

爆炸下限(%) 无资料 **爆炸上限(%)** 无资料

分解温度(℃) 无资料 **黏度(mPa·s)** 无资料

溶解性 不溶于水，溶于乙醇、乙醚、苯，可混溶于四氯化碳

第十部分 稳定性和反应性

稳定性 稳定

危险反应 与强氧化剂等禁配物发生反应

避免接触的条件 无资料

禁配物 强氧化剂

危险的分解产物 溴化氢

第十一部分 毒理学信息

急性毒性

LD_{50} 1540mg/kg（大鼠经口）

LC_{50} 6800mg/m^3（大鼠吸入）

皮肤刺激或腐蚀 无资料 **眼睛刺激或腐蚀** 无资料

呼吸或皮肤过敏 无资料 **生殖细胞突变性** 无资料

致癌性 无资料 **生殖毒性** 无资料

特异性靶器官系统毒性-一次接触 无资料

特异性靶器官系统毒性-反复接触 无资料

吸入危害 无资料

第十二部分 生态学信息

生态毒性 无资料

持久性和降解性

生物降解性 无资料

非生物降解性 空气中，当羟基自由基浓度为5.00×10^5个/cm^{3}时，降解半衰期为9.8d（理论）

潜在的生物累积性 根据K_{ow}值预测，该物质可能有一定的生物累积性

土壤中的迁移性 根据K_{oc}值预测，该物质可能有一定的迁移性

第十三部分 废弃处置

废弃化学品 建议用焚烧法处置。焚烧炉排出的卤化氢通过酸洗涤器除去

污染包装物 将容器返还生产商或按照国家和地方法规处置

废弃注意事项 处置前应参阅国家和地方有关法规

第十四部分 运输信息

联合国危险货物编号（UN号） - **联合国运输名称** -

联合国危险性类别 - **包装类别** -

包装标志 - **海洋污染物** -

运输注意事项 运输前应先检查包装容器是否完整、密封，运输过程中要确保容器不泄漏、不倒塌、不坠落、不损坏。严禁与酸类、氧化剂、食品及食品添加剂混运。运输时运输车辆应配备相应品种和数量的消防器材及泄漏应急处理设备。运输途中应防曝晒、雨淋，防高温。公路运输时要按规定路线行驶

第十五部分 法规信息

下列法律、法规、规章和标准，对该化学品的管理作了相应的规定。

中华人民共和国职业病防治法 职业病分类和目录：未列入

危险化学品安全管理条例 危险化学品目录：列入。易制爆危险化学品名录：未列入。重点监管的危险化学品名录：未列入。GB 18218—2009《危险化学品重大危险源辨识》(表 1)：未列入

使用有毒物品作业场所劳动保护条例 高毒物品目录：未列入

易制毒化学品管理条例 易制毒化学品的分类和品种目录：未列入

国际公约 斯德哥尔摩公约：未列入。鹿特丹公约：未列入。蒙特利尔议定书：未列入

第十六部分 其他信息

编写和修订信息 **缩略语和首字母缩写**

培训建议 **参考文献**

免责声明

溴 甲 烷

第一部分 化学品标识

化学品中文名 溴甲烷；甲基溴

化学品英文名 bromomethane；methyl bromide

分子式 CH_3Br **相对分子质量** 94.9

结构式 H—C(H)(H)—Br

化学品的推荐及限制用途 用作杀虫剂、熏剂、冷冻剂和溶剂，也用于有机合成

第二部分 危险性概述

紧急情况概述 内装加压气体：遇热可能爆炸，吞咽会中毒，吸入会中毒

GHS 危险性类别 加压气体；急性毒性-经口，类别 3；急性毒性-吸入，类别 3；皮肤腐蚀/刺激，类别 2；严重眼损伤/眼刺激，类别 2；生殖细胞致突变性，类别 2；特异性靶器官毒性-一次接触，类别 3（呼吸道刺激）；特异性靶器官毒性-反复接触，类别 2；危害水生环境-急性危害，类别 1；危害臭氧层，类别 1

标签要素

象形图

警示词 危险

危险性说明 内装加压气体：遇热可能爆炸，吞咽会中毒，吸入会中毒，造成皮肤刺激，造成严重眼刺激，怀疑可造成遗传性缺陷，可能引起呼吸道刺激，长时间或反复接触可能对器官造成损伤，对水生生物毒性非常大，破坏高层大气中的臭氧，危害公共健康和环境

防范说明

预防措施 避免接触眼睛、皮肤，操作后彻底清洗。作业场所不得进食、饮水或吸烟。避免吸入气体。仅在室外或通风良好处操作。戴防护手套、防护眼镜、防护面罩。得到专门指导后操作。在阅读并了解所有安全预防措施之前，切勿操作。按要求使用个体防护装备。禁止排入环境

事故响应 如吸入：将患者转移到空气新鲜处，休息，保持利于呼吸的体位。皮肤接触：用大量肥皂水和水清洗。如发生皮肤刺激，就医。脱去被污染的衣服，污染衣服洗净后方可重新使用。如接触眼睛：用水细心冲洗数分钟。如戴隐形眼镜并可方便地取出，取出隐形眼镜继续冲洗。如果眼睛刺激持续：就医。食入：漱口，立即呼叫中毒控制中心或就医。如果接触或有担心，就医。收集泄漏物

安全储存 防日晒。存放在通风良好的地方。保持容器密闭。上锁保管

废弃处置 本品及内装物、容器依据国家和地方法规处置

物理和化学危险 易燃，与空气混合能形成爆炸性混合物

健康危害 主要损害中枢及周围神经系统；对皮肤、黏膜、肺、肾、肝、心血管等也有损害。以中枢神经系统和肺最早受到损害，也最为严重

急性中毒 轻度有头痛、头晕、恶心、全身无力、嗜睡、震颤、咳嗽、咯痰等；较重者出现兴奋、谵妄、共济失调、肌痉挛，并可伴有多发性神经炎和肝、肾损害；严重中毒时，因脑水肿出现抽搐、躁狂、昏迷；或因肺水肿或循环衰竭而出现紫绀。可因肺水肿、神经系统严重损害或循环衰竭而死亡。接触极高浓度可迅速死亡。皮肤接触其液体可致灼伤

慢性中毒 常有头痛、全身乏力、嗜睡、记忆力减退、激动易怒、步态不稳等，亦可伴有周围神经炎和植物神经功能紊乱。可出现视神经萎缩。重者出现震颤、瘫痪与精神障碍

环境危害 对水生生物毒性非常大，破坏高层大气中的臭氧，危害公共健康和环境

第三部分 成分/组成信息

√物质		混合物
组分	**浓度**	**CAS No.**
溴甲烷		74-83-9

第四部分 急救措施

吸入 迅速脱离现场至空气新鲜处。保持呼吸道通畅。如呼吸困难，给输氧。如呼吸、心跳停止，立即进行心肺复苏术。就医

皮肤接触 立即脱去污染的衣着，用流动清水彻底冲洗。就医

眼睛接触 立即分开眼睑，用流动清水或生理盐水彻底冲洗。就医

食入 漱口，饮水。就医

对保护施救者的忠告 根据需要使用个人防护设备

对医生的特别提示 对症处理

第五部分 消防措施

灭火剂 用雾状水、泡沫、二氧化碳灭火

特别危险性 遇明火、高温以及铝粉、二甲亚砜有燃烧爆炸的危险。与活性金属粉末（如镁、铝等）能发生反应，引起分解。与碱金属接触受冲击时会着火燃烧。燃烧生成有害的一氧化碳、溴化氢

灭火注意事项及防护措施 切断气源。若不能切断气源，则不允许熄灭泄漏处的火焰。消防人员必须佩戴空气呼吸器、穿全身防火防毒服，在上风向灭火。尽可能将容器从火场移至空旷处。喷水保持火场容器冷却，直至灭火结束

第六部分 泄漏应急处理

作业人员防护措施、防护装备和应急处置程序 根据气体扩散的影响区域划定警戒区，无关人员从侧风、上风向撤离至安全区。消除所有点火源。建议应急处理人员穿内置正压自给式呼吸器的全封闭防化服。如果是液化气体泄漏，还应注意防冻伤。禁止接触或跨越泄漏物。尽可能切断泄漏源。若可能翻转容器，使之逸出气体而非液体

环境保护措施 防止气体通过下水道、通风系统和有限空间扩散

泄漏化学品的收容、清除方法及所使用的处置材料 喷雾状水抑制蒸气或改变蒸气云流向，避免水流接触泄漏物。禁止用水直接冲击泄漏物或泄漏源。隔离泄漏区直至气体散尽

第七部分 操作处置与储存

操作注意事项 严加密闭，提供充分的局部排风和全面通风。操作人员必须经过专门培训，严格遵守操作规程。建议操作人员佩戴过滤式防毒面具（半面罩），戴化学安全防护眼镜，穿透气型防毒服，戴防化学品手套。远离火种、热源。工作场所严禁吸烟。使用防爆型的通风系统和设备。防止气体泄漏到工作场所空气中。避免与氧化剂、活性金属粉末接触。搬运时轻装轻卸，防止钢瓶及附件破损。配备相应品种和数量的消防器材及泄漏应急处理设备

储存注意事项 储存于阴凉、通风的有毒气体专用库房。远离火种、热源。库温不宜超过 30℃。保持容器密封。应与氧化剂、活性金属粉末、食用化学品分开存放，切忌混储。采用防爆型照明、通风设施。禁止使用易产生火花的机械设备和工具。储区应备有泄漏应急处理设备

第八部分 接触控制/个体防护

职业接触限值

中国 PC-TWA：2mg/m^3 ［皮］

美国(ACGIH) TLV-TWA：1ppm ［皮］

生物接触限值 未制定标准

监测方法 空气中有毒物质测定方法：直接进样-气相色谱法。生物监测检验方法：未制定标准

工程控制 严加密闭，提供充分的局部排风和全面通风。提供安全的淋浴和洗眼设备

个体防护装备

呼吸系统防护 空气中浓度超标时，佩戴过滤式防毒面具（半面罩）。紧急事态抢救或撤离时，必须佩戴正压自给式呼吸器

眼睛防护 戴化学安全防护眼镜

皮肤和身体防护 穿透气型防毒服

手防护 戴防化学品手套

第九部分 理化特性

外观与性状 无色气体，有甜味

pH 值 无意义 **熔点(℃)** −93.6

沸点(℃) 3.6 **相对密度(水=1)** 1.73

相对蒸气密度(空气=1) 3.3

饱和蒸气压(kPa) 215.5 (25℃)

燃烧热(kJ/mol) −787.0 **临界温度(℃)** 194

临界压力(MPa) 8.45 **辛醇/水分配系数** 1.19

闪点(℃) −44 **自燃温度(℃)** 537

爆炸下限(%) 10.0 **爆炸上限(%)** 16.0

分解温度(℃) 无资料 **黏度(mPa·s)** 0.397(0℃)

溶解性 不溶于水，溶于乙醇、乙醚、氯仿、苯等多数有机溶剂

第十部分 稳定性和反应性

稳定性 稳定

危险反应 遇铝粉、碱金属、二甲亚砜有发生火灾和爆炸的危险。与活性金属粉末（如镁、铝等）能发生反应，引起分解

避免接触的条件 无资料

禁配物 强氧化剂、碱金属或活性金属粉末（如镁、铝等）、二甲亚砜等

危险的分解产物 溴化氢。

第十一部分 毒理学信息

急性毒性

LD_{50} 214mg/kg（大鼠经口）

LC_{50} 302ppm（大鼠吸入，8h）；1540mg/m^3（小鼠吸入，2h）

TDLo 35000mg/m^3（人经皮肤，40min）

LCLo 60000ppm（人吸入，2h）

TCLo 35ppm（人吸入）

皮肤刺激或腐蚀 无资料 **眼睛刺激或腐蚀** 无资料

呼吸或皮肤过敏 无资料

生殖细胞突变性 微生物致突变：鼠伤寒沙门氏菌 400ppm。姐妹染色单体交换：人淋巴细胞 5mg/L。微核试验：大鼠吸入 338ppm，每天 6h，共 14d。细胞遗传学分析：人淋巴细胞 95mg/L

致癌性 IARC 致癌性评论：组 3，现有的证据不能对人类致癌性进行分类，对人及动物致癌性证据不足

生殖毒性 无资料

特异性靶器官系统毒性-一次接触 无资料

特异性靶器官系统毒性-反复接触 吸入 389mg/m^3，98 次，大鼠肺部从正常到严重肺炎，猴严重抽搐，豚鼠

肺部无变化

吸入危害 无资料

第十二部分 生态学信息

生态毒性 LC_{50}：0.7mg/L（96h）（青鳉）

持久性和降解性

生物降解性 好氧生物降解（h）：168～672；厌氧生物降解（h）：672～2688

非生物降解性 空气中光氧化半衰期（h）：1633～16327；一级水解半衰期（h）：912

潜在的生物累积性 根据 K_{ow} 值预测，该物质的生物累积性可能较弱

土壤中的迁移性 根据 K_{oc} 值预测，该物质可能易发生迁移

第十三部分 废弃处置

废弃化学品 用焚烧法处置。焚烧炉排出的卤化氢通过酸洗涤器除去

污染包装物 将容器返还生产商或按照国家和地方法规处置

废弃注意事项 处置前应参阅国家和地方有关法规

第十四部分 运输信息

联合国危险货物编号（UN号） 1062

联合国运输名称 甲基溴

联合国危险性类别 2.3 **包装类别** -

包装标志  **海洋污染物** 否

运输注意事项 采用钢瓶运输时必须戴好钢瓶上的安全帽。钢瓶一般平放，并应将瓶口朝同一方向，不可交叉；高度不得超过车辆的防护栏板，并用三角木垫卡牢，防止滚动。运输时运输车辆应配备相应品种和数量的消防器材。装运该物品的车辆排气管必须配备阻火装置，禁止使用易产生火花的机械设备和工具装卸。严禁与氧化剂、活性金属粉末、食用化学品等混装混运。夏季应早晚运输，防止日光曝晒。中途停留时应远离火种、热源。公路运输时要按规定路线行驶，禁止在居民区和人口稠密区停留。铁路运输时要禁止溜放

第十五部分 法规信息

下列法律、法规、规章和标准，对该化学品的管理作了相应的规定。

中华人民共和国职业病防治法 职业病分类和目录：溴甲烷中毒

危险化学品安全管理条例 危险化学品目录：列入。易制爆危险化学品名录：未列入。重点监管的危险化学品名录：未列入。GB 18218—2009《危险化学品重大危险源辨识》（表1）：列入。类别：毒性气体，临界量（t）：10

使用有毒物品作业场所劳动保护条例 高毒物品目录：未列入

易制毒化学品管理条例 易制毒化学品的分类和品种目录：未列入

国际公约 斯德哥尔摩公约：未列入。鹿特丹公约：未列入。蒙特利尔议定书：列入

第十六部分 其他信息

编写和修订信息 **缩略语和首字母缩写**

培训建议 **参考文献**

免责声明

溴 酸 钡

第一部分 化学品标识

化学品中文名 溴酸钡

化学品英文名 barium bromate

分子式 $Ba(BrO_3)_2$ **相对分子质量** 393.13

化学品的推荐及限制用途 用作分析试剂、氧化剂、低碳钢腐蚀抑制剂，用于制备稀土溴酸盐

第二部分 危险性概述

紧急情况概述 可加剧燃烧：氧化剂，吞咽有害，吸入有害

GHS危险性类别 氧化性固体，类别2；急性毒性-经口，类别4；急性毒性-吸入，类别4

标签要素

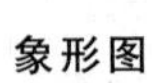

象形图 

警示词 危险

危险性说明 可加剧燃烧：氧化剂，吞咽有害，吸入有害

防范说明

预防措施 远离热源。远离衣物、可燃物保存。采取一切预防措施，避免与可燃物混合。戴防护手套、防护眼镜、防护面罩。避免接触眼睛、皮肤，操作后彻底清洗。作业场所不得进食、饮水或吸烟。避免吸入粉尘。仅在室外或通风良好处操作

事故响应 火灾时，根据着火原因选择适当灭火剂灭火。如吸入：将患者转移到空气新鲜处，休息，保持利于呼吸的体位，如感觉不适，呼叫中毒控制中心或就医。食入：漱口，如果感觉不适，立即呼叫中毒控制中心或就医

安全储存 -

废弃处置 本品及内装物、容器依据国家和地方法规处置

物理和化学危险 助燃。与可燃物混合能形成爆炸性混合物

健康危害 吸入后刺激上呼吸道。眼和皮肤接触有刺激性。口服引起腹痛、恶心、呕吐、腹泻、脉缓、面色苍白、紫绀、呼吸困难、流涎、惊厥、昏迷、胃肠出

血、进行性肌麻痹、心律紊乱等。可致死。溴酸盐可引起高铁血红蛋白血症和肝损害

慢性影响　长期接触钡化合物的工人，可有无力、气促、流涎、口腔黏膜肿胀糜烂、鼻炎、结膜炎、腹泻、心动过速、血压增高、脱发等

环境危害　对环境可能有害

第三部分　成分/组成信息

√物质		混合物
组分	**浓度**	**CAS No.**
溴酸钡		13967-90-3

第四部分　急救措施

吸入　迅速脱离现场至空气新鲜处。保持呼吸道通畅。如呼吸困难，给输氧。如呼吸、心跳停止，立即进行心肺复苏术。就医

皮肤接触　立即脱去污染的衣着，用流动清水彻底冲洗。就医

眼睛接触　立即分开眼睑，用流动清水或生理盐水彻底冲洗。就医

食入　饮足量温水，催吐。给服硫酸钠。就医

对保护施救者的忠告　根据需要使用个人防护设备

对医生的特别提示　解毒剂：硫酸钠、硫代硫酸钠。有低血钾者应补充钾盐。高铁血红蛋白血症，可用美蓝和维生素C治疗

第五部分　消防措施

灭火剂　本品不燃。根据着火原因选择适当灭火剂灭火

特别危险性　与铵盐、金属粉末、可燃物、有机物或其他易氧化物质形成爆炸性混合物，经摩擦或受热易引起燃烧或爆炸。与硫酸接触容易发生爆炸。能与铝、砷、铜、碳、金属硫化物、有机物、磷、硒、硫发生剧烈反应

灭火注意事项及防护措施　消防人员必须佩戴空气呼吸器、穿全身防火防毒服，在上风向灭火。尽可能将容器从火场移至空旷处。喷水冷却容器，直至灭火结束

第六部分　泄漏应急处理

作业人员防护措施、防护装备和应急处置程序　隔离泄漏污染区，限制出入。建议应急处理人员戴防尘口罩，穿防毒服，戴橡胶手套。勿使泄漏物与可燃物质（如木材、纸、油等）接触。穿上适当的防护服前严禁接触破裂的容器和泄漏物。尽可能切断泄漏源

环境保护措施　无资料

泄漏化学品的收容、清除方法及所使用的处置材料　用洁净的铲子收集泄漏物，置于干净、干燥、盖子较松的容器中，将容器移离泄漏区

第七部分　操作处置与储存

操作注意事项　严加密闭，提供充分的局部排风和全面通风。操作人员必须经过专门培训，严格遵守操作规程。建议操作人员佩戴自吸过滤式防尘口罩，戴化学安全防护眼镜，穿聚乙烯防毒服，戴橡胶手套。远离火种、热源。工作场所严禁吸烟。远离易燃、可燃物。避免产生粉尘。避免与还原剂接触。搬运时要轻装轻卸，防止包装及容器损坏。配备相应品种和数量的消防器材及泄漏应急处理设备。倒空的容器可能残留有害物

储存注意事项　储存于阴凉、通风的库房。远离火种、热源。库房温度不超过30℃，相对湿度不超过80%。包装密封。应与易（可）燃物、还原剂、食用化学品分开存放，切忌混储。储区应备有合适的材料收容泄漏物

第八部分　接触控制/个体防护

职业接触限值

中国　PC-TWA：0.5mg/m^3；PC-STEL：1.5mg/m^3［按Ba计］

美国(ACGIH)　TLV-TWA：0.5mg/m^3［按Ba计］

生物接触限值　未制定标准

监测方法　空气中有毒物质测定方法：等离子体发射光谱法。生物监测检验方法：未制定标准

工程控制　严加密闭，提供充分的局部排风和全面通风

个体防护装备

呼吸系统防护　空气中粉尘浓度超标时，作业人员应该佩戴过滤式防尘呼吸器。紧急事态抢救或撤离时，佩戴空气呼吸器

眼睛防护　戴化学安全防护眼镜

皮肤和身体防护　穿隔绝式防毒服

手防护　戴橡胶手套

第九部分　理化特性

外观与性状　白色带光泽结晶或晶状粉末

pH值　无意义　**熔点(℃)**　260（分解）

沸点(℃)　无资料

相对密度(水=1)　3.99（18℃）

相对蒸气密度(空气=1)　无资料

饱和蒸气压(kPa)　无资料

燃烧热(kJ/mol)　无资料　**临界温度(℃)**　无资料

临界压力(MPa)　无意义　**辛醇/水分配系数**　无资料

闪点(℃)　无意义　**自燃温度(℃)**　无意义

爆炸下限(%)　无意义　**爆炸上限(%)**　无意义

分解温度(℃)　无资料　**黏度(mPa·s)**　无资料

溶解性　微溶于水，不溶于乙醇、多数有机溶剂，溶于丙酮

第十部分　稳定性和反应性

稳定性　稳定

危险反应　与强还原剂、易燃或可燃物等禁配物接触，有发生火灾和爆炸的危险

避免接触的条件　摩擦、受热

禁配物　还原剂、易燃或可燃物、活性金属粉末、硫、磷、铝、砷、铜、碳、金属硫化物、硒、硫酸

危险的分解产物　溴化物、氧化钡

第十一部分 毒理学信息

急性毒性 无资料 **皮肤刺激或腐蚀** 无资料

眼睛刺激或腐蚀 无资料 **呼吸或皮肤过敏** 无资料

生殖细胞突变性 无资料 **致癌性** 无资料

生殖毒性 无资料

特异性靶器官系统毒性-一次接触 无资料

特异性靶器官系统毒性-反复接触 无资料

吸入危害 无资料

第十二部分 生态学信息

生态毒性 无资料

持久性和降解性

生物降解性 无资料

非生物降解性 无资料

潜在的生物累积性 无资料

土壤中的迁移性 无资料

第十三部分 废弃处置

废弃化学品 根据国家和地方有关法规的要求处置。或与制造商联系，确定处置方法

污染包装物 将容器返还生产商或按照国家和地方法规处置

废弃注意事项 处置前应参阅国家和地方有关法规

第十四部分 运输信息

联合国危险货物编号（UN号） 2719

联合国运输名称 溴酸钡

联合国危险性类别 5.1，6.1

包装类别 Ⅱ类包装

包装标志

海洋污染物 否

运输注意事项 运输时单独装运，运输过程中要确保容器不泄漏、不倒塌、不坠落、不损坏。运输时运输车辆应配备相应品种和数量的消防器材及泄漏应急处理设备。严禁与酸类、易燃物、有机物、还原剂、自燃物品、遇湿易燃物品等并车混运。运输时车速不宜过快，不得强行超车。运输车辆装卸前后，均应彻底清扫、洗净，严禁混入有机物、易燃物等杂质

第十五部分 法规信息

下列法律、法规、规章和标准，对该化学品的管理作了相应的规定。

中华人民共和国职业病防治法 职业病分类和目录：钡及其化合物中毒

危险化学品安全管理条例 危险化学品目录：列入。易制爆危险化学品名录：未列入。重点监管的危险化学品名录：未列入。GB 18218—2009《危险化学品重大危险源辨识》（表1）：未列入

使用有毒物品作业场所劳动保护条例 高毒物品目录：未列入

易制毒化学品管理条例 易制毒化学品的分类和品种目录：未列入

国际公约 斯德哥尔摩公约：未列入。鹿特丹公约：未列入。蒙特利尔议定书：未列入

第十六部分 其他信息

编写和修订信息 **缩略语和首字母缩写**

培训建议 **参考文献**

免责声明

溴 酸 镉

第一部分 化学品标识

化学品中文名 溴酸镉

化学品英文名 cadmium bromate

分子式 $Cd(BrO_3)_2 \cdot 2H_2O$ **相对分子质量** 404.27

化学品的推荐及限制用途 用作分析试剂

第二部分 危险性概述

紧急情况概述 可加剧燃烧：氧化剂，可能致癌

GHS危险性类别 氧化性固体，类别2；急性毒性-经口，类别4；急性毒性-经皮，类别4；急性毒性-吸入，类别4；致癌性，类别1A；危害水生环境-急性危害，类别1；危害水生环境-长期危害，类别1

标签要素

象形图

警示词 危险

危险性说明 可加剧燃烧：氧化剂，吞咽有害，皮肤接触有害，吸入有害，可能致癌，对水生生物毒性非常大并具有长期持续影响

防范说明

预防措施 远离热源。远离衣物、可燃物保存。采取一切预防措施，避免与可燃物混合。戴防护手套、防护眼镜、防护面罩，穿防护服。避免接触眼睛、皮肤，操作后彻底清洗。作业场所不得进食、饮水或吸烟。避免吸入粉尘。仅在室外或通风良好处操作。得到专门指导后操作。在阅读并了解所有安全预防措施之前，切勿操作。按要求使用个体防护装备。禁止排入环境

事故响应 火灾时，根据着火原因选择适当灭火剂灭火。如吸入：将患者转移到空气新鲜处，休息，保持利于呼吸的体位，如感觉不适，呼叫中毒控制中心或就医。皮肤接触：用大量肥皂水和水清洗，如感觉不适，呼叫中毒控制中心或就医。被污染的衣服须经洗净后方可重新使用。食入：漱口，如果感觉不适，立即呼叫中毒控制中心或就医。如果接触或有担心，就医。收集泄漏物

安全储存　上锁保管

废弃处置　本品及内装物、容器依据国家和地方法规处置

物理和化学危险　助燃。与可燃物混合能形成爆炸性混合物

健康危害　误服能产生流涎、呕吐、腹痛、腹泻、窒息等症状。经常接触低浓度粉尘能损害肺部和肾脏，并使牙齿变黄。溴酸盐可引起高铁血红蛋白血症和肝损害

环境危害　对水生生物毒性非常大并具有长期持续影响

第三部分　成分/组成信息

√物质　　混合物

组分	浓度	CAS No.
溴酸镉		14518-94-6

第四部分　急救措施

吸入　迅速脱离现场至空气新鲜处。保持呼吸道通畅。如呼吸困难，给吸氧。如呼吸、心跳停止，立即行心肺复苏术。就医

皮肤接触　立即脱去污染衣着，用肥皂水或清水彻底冲洗。就医

眼睛接触　分开眼睑，用清水或生理盐水冲洗。就医

食入　漱口，饮水。就医

对保护施救者的忠告　根据需要使用个人防护设备

对医生的特别提示　高铁血红蛋白血症，可用美蓝和维生素C治疗

第五部分　消防措施

灭火剂　本品不燃。根据着火原因选择适当灭火剂灭火

特别危险性　与铵盐、金属粉末、可燃物、有机物或其他易氧化物质形成爆炸性混合物，经摩擦或受热易引起燃烧或爆炸。与硫酸接触容易发生爆炸。能与铝、砷、铜、碳、金属硫化物、有机物、磷、硒、硫剧烈反应

灭火注意事项及防护措施　消防人员必须佩戴空气呼吸器、穿全身防火防毒服，在上风向灭火。喷水冷却容器，尽可能将容器从火场移至空旷处

第六部分　泄漏应急处理

作业人员防护措施、防护装备和应急处置程序　隔离泄漏污染区，限制出入。建议应急处理人员戴防尘口罩，穿防毒服，戴橡胶手套。勿使泄漏物与可燃物质（如木材、纸、油等）接触。穿上适当的防护服前严禁接触破裂的容器和泄漏物。尽可能切断泄漏源

环境保护措施　无资料

泄漏化学品的收容、清除方法及所使用的处置材料　用洁净的铲子收集泄漏物，置于干净、干燥、盖子较松的容器中，将容器移离泄漏区

第七部分　操作处置与储存

操作注意事项　密闭操作，全面通风。操作人员必须经过专门培训，严格遵守操作规程。建议操作人员佩戴自吸过滤式防尘口罩，戴化学安全防护眼镜，穿聚乙烯防毒服，戴橡胶手套。远离火种、热源。工作场所严禁吸烟。远离易燃、可燃物。避免产生粉尘。避免与还原剂接触。搬运时要轻装轻卸，防止包装及容器损坏。配备相应品种和数量的消防器材及泄漏应急处理设备。倒空的容器可能残留有害物

储存注意事项　储存于阴凉、通风的库房。远离火种、热源。库房温度不超过30℃，相对湿度不超过80%。包装密封。应与易（可）燃物、还原剂、食用化学品分开存放，切忌混储。储区应备有合适的材料收容泄漏物

第八部分　接触控制/个体防护

职业接触限值

中国　PC-TWA：0.01mg/m³；PC-STEL：0.02mg/m³［按Cd计］［G1］

美国(ACGIH)　TLV-TWA：0.01mg/m³，0.002mg/m³（呼吸性颗粒物）［按Cd计］

生物接触限值　尿镉：5μmol/g肌酐（5μg/g肌酐）（采样时间：不做严格规定）；血镉：45nmol/L（5μg/L）（采样时间：不做严格规定）

监测方法　空气中有毒物质测定方法：火焰原子吸收光谱法。生物监测检验方法：尿中镉的火焰原子吸收光谱法；尿中镉的石墨炉原子吸收光谱测定方法；尿中镉的微分电位溶出测定方法；血中镉的石墨炉原子吸收光谱测定方法

工程控制　生产过程密闭，全面通风

个体防护装备

呼吸系统防护　空气中粉尘浓度超标时，作业人员应该佩戴过滤式防尘呼吸器。紧急事态抢救或撤离时，佩戴空气呼吸器

眼睛防护　戴化学安全防护眼镜

皮肤和身体防护　穿隔绝式防毒服

手防护　戴橡胶手套

第九部分　理化特性

外观与性状　白色结晶或粉末

pH值　无意义　　**熔点(℃)**　分解

沸点(℃)　无资料　　**相对密度(水=1)**　3.76

相对蒸气密度(空气=1)　无资料

饱和蒸气压(kPa)　无资料

燃烧热(kJ/mol)　无资料　　**临界温度(℃)**　无资料

临界压力(MPa)　无意义　　**辛醇/水分配系数**　无资料

闪点(℃)　无意义　　**自燃温度(℃)**　无意义

爆炸下限(%)　无意义　　**爆炸上限(%)**　无意义

分解温度(℃)　无资料　　**黏度(mPa·s)**　无资料

溶解性　溶于水，不溶于乙醇

第十部分　稳定性和反应性

稳定性　稳定

危险反应　与强还原剂、易燃或可燃物等禁配物接触，有发生火灾和爆炸的危险

避免接触的条件　摩擦、受热

禁配物　还原剂、易燃或可燃物、活性金属粉末、硫、磷

危险的分解产物　溴化物、氧化镉

第十一部分 毒理学信息

急性毒性 无资料 **皮肤刺激或腐蚀** 无资料
眼睛刺激或腐蚀 无资料 **呼吸或皮肤过敏** 无资料
生殖细胞突变性 无资料
致癌性 IARC 致癌性评论：组 1，确认人类致癌物。对人类致癌性证据充分
生殖毒性 无资料
特异性靶器官系统毒性-一次接触 无资料
特异性靶器官系统毒性-反复接触 无资料
吸入危害 无资料

第十二部分 生态学信息

生态毒性 镉化合物对水生生物有极高的毒性
持久性和降解性
生物降解性 无资料
非生物降解性 无资料
潜在的生物累积性 元素镉易在生物体内富集
土壤中的迁移性 无资料

第十三部分 废弃处置

废弃化学品 根据国家和地方有关法规的要求处置。或与制造商联系，确定处置方法
污染包装物 将容器返还生产商或按照国家和地方法规处置
废弃注意事项 处置前应参阅国家和地方有关法规

第十四部分 运输信息

联合国危险货物编号（UN 号） 1450
联合国运输名称 无机溴酸盐，未另作规定的（溴酸镉）
联合国危险性类别 5.1 **包装类别** Ⅱ类包装
包装标志 

海洋污染物 是
运输注意事项 运输时单独装运，运输过程中要确保容器不泄漏、不倒塌、不坠落、不损坏。运输时运输车辆应配备相应品种和数量的消防器材及泄漏应急处理设备。严禁与酸类、易燃物、有机物、还原剂、自燃物品、遇湿易燃物品等并车混运。运输时车速不宜过快，不得强行超车。运输车辆装卸前后，均应彻底清扫、洗净，严禁混入有机物、易燃物等杂质

第十五部分 法规信息

下列法律、法规、规章和标准，对该化学品的管理作了相应的规定。
中华人民共和国职业病防治法 职业病分类和目录：镉及其化合物中毒
危险化学品安全管理条例 危险化学品目录：列入。易制爆危险化学品名录：未列入。重点监管的危险化学品名录：未列入。GB 18218—2009《危险化学品重大危险源辨识》（表 1）：未列入
使用有毒物品作业场所劳动保护条例 高毒物品目录：列入
易制毒化学品管理条例 易制毒化学品的分类和品种目录：未列入
国际公约 斯德哥尔摩公约：未列入。鹿特丹公约：未列入。蒙特利尔议定书：未列入

第十六部分 其他信息

编写和修订信息 **缩略语和首字母缩写**
培训建议 **参考文献**
免责声明

溴 酸 钾

第一部分 化学品标识

化学品中文名 溴酸钾
化学品英文名 potassium bromate；bromic acid potassium salt
分子式 $KBrO_3$ **相对分子质量** 167.01
化学品的推荐及限制用途 用作分析试剂、氧化剂、食品添加剂、羊毛漂白处理剂

第二部分 危险性概述

紧急情况概述 易燃固体，吞咽会中毒
GHS 危险性类别 氧化性固体，类别 1；急性毒性-经口，类别 3；致癌性，类别 2
标签要素
象形图 
警示词 危险
危险性说明 易燃固体，吞咽会中毒，怀疑致癌
防范说明
预防措施 远离热源、火花、明火、热表面。禁止吸烟。容器和接收设备接地连接。使用防爆电器、通风、照明设备。戴防护手套、防护眼镜、防护面罩。避免接触眼睛、皮肤，操作后彻底清洗。作业场所不得进食、饮水或吸烟。得到专门指导后操作。在阅读并了解所有安全预防措施之前，切勿操作。按要求使用个体防护装备
事故响应 火灾时，根据着火原因选择适当灭火剂灭火。食入：漱口，立即呼叫中毒控制中心或就医。如果接触或有担心，就医
安全储存 上锁保管
废弃处置 本品及内装物、容器依据国家和地方法规处置
物理和化学危险 易燃。与可燃物混合能形成爆炸性混合物
健康危害 本品对眼睛、皮肤、黏膜有刺激性。口服后，可引起恶心、呕吐、胃痛、呕血、腹泻等。严重者发生肾小管坏死和肝脏损害，高铁血红蛋白血症，听力损害。大量接触可致血压下降
环境危害 对环境可能有害

第三部分 成分/组成信息

√物质　　混合物

组分	浓度	CAS No.
溴酸钾		7758-01-2

第四部分 急救措施

吸入 迅速脱离现场至空气新鲜处。保持呼吸道通畅。如呼吸困难，给吸氧。如呼吸、心跳停止，立即行心肺复苏术。就医

皮肤接触 立即脱去污染衣着，用肥皂水或清水彻底冲洗。就医

眼睛接触 分开眼睑，用清水或生理盐水冲洗。就医

食入 饮适量温水，催吐（仅限于清醒者）。就医

对保护施救者的忠告 根据需要使用个人防护设备

对医生的特别提示 高铁血红蛋白血症，可用美蓝和维生素C治疗

第五部分 消防措施

灭火剂 本品不燃。根据着火原因选择适当灭火剂灭火

特别危险性 与铵盐、金属粉末、可燃物、有机物或其他易氧化物质形成爆炸性混合物，经摩擦或受热易引起燃烧或爆炸。与硫酸接触容易发生爆炸。能与铝、砷、铜、碳、金属硫化物、有机物、磷、硒、硫发生剧烈反应

灭火注意事项及防护措施 消防人员必须佩戴空气呼吸器、穿全身防火防毒服，在上风向灭火。尽可能将容器从火场移至空旷处。喷水冷却容器，直至灭火结束

第六部分 泄漏应急处理

作业人员防护措施、防护装备和应急处置程序 隔离泄漏污染区，限制出入。建议应急处理人员戴防尘口罩，穿防毒服，戴橡胶手套。勿使泄漏物与可燃物质（如木材、纸、油等）接触。穿上适当的防护服前严禁接触破裂的容器和泄漏物。尽可能切断泄漏源。勿使水进入包装容器内

环境保护措施 无资料

泄漏化学品的收容、清除方法及所使用的处置材料 小量泄漏：用洁净的铲子收集泄漏物，置于干净、干燥、盖子较松的容器中，将容器移离泄漏区。大量泄漏：泄漏物回收后，用水冲洗泄漏区

第七部分 操作处置与储存

操作注意事项 密闭操作，局部排风。操作人员必须经过专门培训，严格遵守操作规程。建议操作人员佩戴自吸过滤式防尘口罩，戴化学安全防护眼镜，穿聚乙烯防毒服，戴橡胶手套。远离火种、热源。工作场所严禁吸烟。远离易燃、可燃物。避免产生粉尘。避免与还原剂接触。搬运时要轻装轻卸，防止包装及容器损坏。配备相应品种和数量的消防器材及泄漏应急处理设备。倒空的容器可能残留有害物

储存注意事项 储存于阴凉、通风的库房。远离火种、热源。库房温度不超过30℃，相对湿度不超过80%。包装密封。应与易（可）燃物、还原剂等分开存放，切忌混储。储区应备有合适的材料收容泄漏物

第八部分 接触控制/个体防护

职业接触限值

中国　未制定标准

美国(ACGIH)　未制定标准

生物接触限值 未制定标准

监测方法 空气中有毒物质测定方法：未制定标准。生物监测检验方法：未制定标准

工程控制 密闭操作，局部排风。提供安全的淋浴和洗眼设备

个体防护装备

呼吸系统防护　空气中粉尘浓度超标时，作业人员应该佩戴过滤式防尘呼吸器。紧急事态抢救或撤离时，佩戴空气呼吸器

眼睛防护　戴化学安全防护眼镜

皮肤和身体防护　穿隔绝式防毒服

手防护　戴橡胶手套

第九部分 理化特性

外观与性状 无色三角晶体或白色晶状粉末

pH值 无意义　**熔点(℃)** 350

沸点(℃) 370（分解）

相对密度(水=1) 3.27(17.5℃)

相对蒸气密度(空气=1) 无资料

饱和蒸气压(kPa) 无资料

燃烧热(kJ/mol) 无资料　**临界温度(℃)** 无资料

临界压力(MPa) 无意义　**辛醇/水分配系数** −7.18

闪点(℃) 无意义　**自燃温度(℃)** 无意义

爆炸下限(%) 无意义　**爆炸上限(%)** 无意义

分解温度(℃) 370　**黏度(mPa·s)** 无资料

溶解性 溶于水，不溶于丙酮，微溶于乙醇

第十部分 稳定性和反应性

稳定性 稳定

危险反应 与强还原剂、易燃或可燃物等禁配物接触，有发生火灾和爆炸的危险

避免接触的条件 摩擦、受热

禁配物 还原剂、易燃或可燃物、活性金属粉末、硫、磷等

危险的分解产物 溴化物、氧化钾

第十一部分 毒理学信息

急性毒性 LD_{50}：157mg/kg（大鼠经口）

皮肤刺激或腐蚀 无资料　**眼睛刺激或腐蚀** 无资料

呼吸或皮肤过敏 无资料

生殖细胞突变性 DNA损伤：大鼠腹腔内80mg/kg。细胞遗传学分析：大鼠经口3mmol/kg。姐妹染色单体交换：大鼠淋巴细胞3mmol/kg

致癌性 IARC 致癌性评论：组 2B，可疑人类致癌物，对人类致癌性证据有限，对动物致癌性证据不充分

生殖毒性 无资料

特异性靶器官系统毒性-一次接触 无资料

特异性靶器官系统毒性-反复接触 无资料

吸入危害 无资料

第十二部分 生态学信息

生态毒性 无资料

持久性和降解性

生物降解性 无资料

非生物降解性 无资料

潜在的生物累积性 无资料

土壤中的迁移性 无资料

第十三部分 废弃处置

废弃化学品 用安全掩埋法处置

污染包装物 将容器返还生产商或按照国家和地方法规处置

废弃注意事项 处置前应参阅国家和地方有关法规

第十四部分 运输信息

联合国危险货物编号（UN 号） 1484

联合国运输名称 溴酸钾

联合国危险性类别 5.1 **包装类别** Ⅱ类包装

包装标志 

海洋污染物 否

运输注意事项 运输时单独装运，运输过程中要确保容器不泄漏、不倒塌、不坠落、不损坏。运输时运输车辆应配备相应品种和数量的消防器材及泄漏应急处理设备。严禁与酸类、易燃物、有机物、还原剂、自燃物品、遇湿易燃物品等并车混运。运输时车速不宜过快，不得强行超车。运输车辆装卸前后，均应彻底清扫、洗净，严禁混入有机物、易燃物等杂质

第十五部分 法规信息

下列法律、法规、规章和标准，对该化学品的管理作了相应的规定。

中华人民共和国职业病防治法 职业病分类和目录：未列入

危险化学品安全管理条例 危险化学品目录：列入。易制爆危险化学品名录：未列入。重点监管的危险化学品名录：未列入。GB 18218—2009《危险化学品重大危险源辨识》（表 1）：未列入

使用有毒物品作业场所劳动保护条例 高毒物品目录：未列入

易制毒化学品管理条例 易制毒化学品的分类和品种目录：未列入

国际公约 斯德哥尔摩公约：未列入。鹿特丹公约：未列入。蒙特利尔议定书：未列入

第十六部分 其他信息

编写和修订信息 **缩略语和首字母缩写**

培训建议 **参考文献**

免责声明

溴 酸 镁

第一部分 化学品标识

化学品中文名 溴酸镁

化学品英文名 magnesium bromate

分子式 $Mg(BrO_3)_2 \cdot 6H_2O$ **相对分子质量** 388.24

化学品的推荐及限制用途 用作分析试剂、氧化剂

第二部分 危险性概述

紧急情况概述 可加剧燃烧；氧化剂

GHS 危险性类别 氧化性固体，类别 2

标签要素

象形图 

警示词 危险

危险性说明 可加剧燃烧；氧化剂

防范说明

预防措施 远离热源。远离衣物、可燃物保存。采取一切预防措施，避免与可燃物混合。戴防护手套、防护眼镜、防护面罩

事故响应 火灾时，根据着火原因选择适当灭火剂灭火

安全储存 -

废弃处置 本品及内装物、容器依据国家和地方法规处置

物理和化学危险 助燃。与可燃物混合能形成爆炸性混合物

健康危害 粉尘对眼睛和呼吸道有刺激作用。过量口服可引起上腹痛、呕吐、腹泻、烦渴、呼吸困难、紫绀以及肾损害。溴酸盐可引起高铁血红蛋白血症和肝损害

环境危害 对环境可能有害

第三部分 成分/组成信息

√物质 混合物

组分	浓度	CAS No.
溴酸镁		7789-36-8

第四部分 急救措施

吸入 迅速脱离现场至空气新鲜处。保持呼吸道通畅。如呼吸困难，给吸氧。如呼吸、心跳停止，立即行心肺复苏术。就医

皮肤接触 立即脱去污染衣着，用肥皂水或清水彻底冲洗。就医

眼睛接触 分开眼睑，用清水或生理盐水冲洗。就医

食入 漱口，饮水。就医

对保护施救者的忠告 根据需要使用个人防护设备

对医生的特别提示 高铁血红蛋白血症，可用美蓝和维生素 C 治疗

第五部分 消防措施

灭火剂 本品不燃。根据着火原因选择适当灭火剂灭火

特别危险性 与铵盐、金属粉末、可燃物、有机物或其他易氧化物质形成爆炸性混合物，经摩擦或受热易引起燃烧或爆炸。与硫酸接触容易发生爆炸。能与铝、砷、铜、碳、金属硫化物、有机物、磷、硒、硫发生剧烈反应

灭火注意事项及防护措施 消防人员必须佩戴空气呼吸器、穿全身防火防毒服，在上风向灭火。喷水冷却容器，尽可能将容器从火场移至空旷处

第六部分 泄漏应急处理

作业人员防护措施、防护装备和应急处置程序 隔离泄漏污染区，限制出入。建议应急处理人员戴防尘口罩，穿防毒服，戴橡胶手套。勿使泄漏物与可燃物质（如木材、纸、油等）接触。穿上适当的防护服前严禁接触破裂的容器和泄漏物。尽可能切断泄漏源。勿使水进入包装容器内

环境保护措施 无资料

泄漏化学品的收容、清除方法及所使用的处置材料 小量泄漏：用洁净的铲子收集泄漏物，置于干净、干燥、盖子较松的容器中，将容器移离泄漏区。大量泄漏：泄漏物回收后，用水冲洗泄漏区

第七部分 操作处置与储存

操作注意事项 密闭操作，加强通风。操作人员必须经过专门培训，严格遵守操作规程。建议操作人员佩戴自吸过滤式防尘口罩，戴化学安全防护眼镜，穿聚乙烯防毒服，戴橡胶手套。远离火种、热源。工作场所严禁吸烟。远离易燃、可燃物。避免产生粉尘。避免与还原剂接触。搬运时要轻装轻卸，防止包装及容器损坏。配备相应品种和数量的消防器材及泄漏应急处理设备。倒空的容器可能残留有害物

储存注意事项 储存于阴凉、通风的库房。远离火种、热源。库房温度不超过 30℃，相对湿度不超过 80%。包装密封。应与易（可）燃物、还原剂等分开存放，切忌混储。储区应备有合适的材料收容泄漏物

第八部分 接触控制/个体防护

职业接触限值

中国 未制定标准

美国(ACGIH) 未制定标准

生物接触限值 未制定标准

监测方法 空气中有毒物质测定方法：火焰原子吸收光谱法。生物监测检验方法：未制定标准

工程控制 生产过程密闭，加强通风。提供安全的淋浴和洗眼设备

个体防护装备

呼吸系统防护 空气中粉尘浓度超标时，作业人员应该佩戴过滤式防尘呼吸器。紧急事态抢救或撤离时，佩戴空气呼吸器

眼睛防护 戴化学安全防护眼镜

皮肤和身体防护 穿隔绝式防毒服

手防护 戴橡胶手套

第九部分 理化特性

外观与性状 无色或白色三棱柱状结晶

pH 值 无意义 **熔点(℃)** 200（失去 $6H_2O$）

沸点(℃) 分解 **相对密度(水=1)** 2.29

相对蒸气密度(空气=1) 无资料

饱和蒸气压(kPa) 无资料

燃烧热(kJ/mol) 无资料 **临界温度(℃)** 无资料

临界压力(MPa) 无意义 **辛醇/水分配系数** 无资料

闪点(℃) 无意义 **自燃温度(℃)** 无意义

爆炸下限(%) 无意义 **爆炸上限(%)** 无意义

分解温度(℃) 无资料 **黏度(mPa·s)** 无资料

溶解性 易溶于水，不溶于乙醇

第十部分 稳定性和反应性

稳定性 稳定

危险反应 与强还原剂、易燃或可燃物等禁配物接触，有发生火灾和爆炸的危险

避免接触的条件 摩擦、受热

禁配物 还原剂、易燃或可燃物、活性金属粉末、硫、磷

危险的分解产物 溴化物、氧化镁

第十一部分 毒理学信息

急性毒性 LD_{50}：5250mg/kg（大鼠经口）

皮肤刺激或腐蚀 无资料 **眼睛刺激或腐蚀** 无资料

呼吸或皮肤过敏 无资料 **生殖细胞突变性** 无资料

致癌性 无资料 **生殖毒性** 无资料

特异性靶器官系统毒性-一次接触 无资料

特异性靶器官系统毒性-反复接触 无资料

吸入危害 无资料

第十二部分 生态学信息

生态毒性 无资料

持久性和降解性

生物降解性 无资料

非生物降解性 无资料

潜在的生物累积性 无资料

土壤中的迁移性 无资料

第十三部分 废弃处置

废弃化学品 根据国家和地方有关法规的要求处置。或与制造商联系，确定处置方法

污染包装物 将容器返还生产商或按照国家和地方法规处置

废弃注意事项 处置前应参阅国家和地方有关法规

第十四部分 运输信息

联合国危险货物编号（UN 号） 1473

联合国运输名称 溴酸镁

联合国危险性类别 5.1 **包装类别** Ⅱ类包装

包装标志 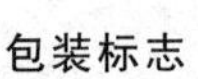 

海洋污染物 否

运输注意事项 运输时单独装运，运输过程中要确保容器不泄漏、不倒塌、不坠落、不损坏。运输时运输车辆应配备相应品种和数量的消防器材及泄漏应急处理设备。严禁与酸类、易燃物、有机物、还原剂、自燃物品、遇湿易燃物品等并车混运。运输时车速不宜过快，不得强行超车。运输车辆装卸前后，均应彻底清扫、洗净，严禁混入有机物、易燃物等杂质

第十五部分 法规信息

下列法律、法规、规章和标准，对该化学品的管理作了相应的规定。

中华人民共和国职业病防治法 职业病分类和目录：未列入

危险化学品安全管理条例 危险化学品目录：列入。易制爆危险化学品名录：未列入。重点监管的危险化学品名录：未列入。GB 18218—2009《危险化学品重大危险源辨识》(表 1)：未列入

使用有毒物品作业场所劳动保护条例 高毒物品目录：未列入

易制毒化学品管理条例 易制毒化学品的分类和品种目录：未列入

国际公约 斯德哥尔摩公约：未列入。鹿特丹公约：未列入。蒙特利尔议定书：未列入

第十六部分 其他信息

编写和修订信息 **缩略语和首字母缩写**

培训建议 **参考文献**

免责声明

溴 酸 钠

第一部分 化学品标识

化学品中文名 溴酸钠

化学品英文名 sodium bromate；bromic acid sodium salt

分子式 $NaBrO_3$ **相对分子质量** 150.90

化学品的推荐及限制用途 用作分析试剂和氧化剂、烫发药剂，与溴化钠混合用作金的溶解剂

第二部分 危险性概述

紧急情况概述 可加剧燃烧：氧化剂

GHS 危险性类别 氧化性固体，类别 2；皮肤腐蚀/刺激，类别 2；严重眼损伤/眼刺激，类别 2；特异性靶器官毒性-一次接触，类别 3（呼吸道刺激）

标签要素

象形图

警示词 危险

危险性说明 可加剧燃烧：氧化剂，造成皮肤刺激，造成严重眼刺激，可能引起呼吸道刺激

防范说明

预防措施 远离热源。远离衣物、可燃物保存。采取一切预防措施，避免与可燃物混合。戴防护手套、防护眼镜、防护面罩。避免接触眼睛、皮肤，操作后彻底清洗

事故响应 火灾时，根据着火原因选择适当灭火剂灭火。皮肤接触：用大量肥皂水和水清洗。如发生皮肤刺激，就医。脱去被污染的衣服，污染衣服洗净后方可重新使用。如接触眼睛：用水细心冲洗数分钟。如戴隐形眼镜并可方便地取出，取出隐形眼镜继续冲洗。如果眼睛刺激持续：就医

安全储存 -

废弃处置 本品及内装物、容器依据国家和地方法规处置

物理和化学危险 助燃。与可燃物混合能形成爆炸性混合物

健康危害 急性口服中毒可出现急性胃肠炎、高铁血红蛋白血症、肝功能损害。重者可抑制血管运动中枢，导致血压下降。可引起听力损害

环境危害 对环境可能有害

第三部分 成分/组成信息

√物质		混合物
组分	**浓度**	**CAS No.**
溴酸钠		7789-38-0

第四部分 急救措施

吸入 迅速脱离现场至空气新鲜处。保持呼吸道通畅。如呼吸困难，给吸氧。如呼吸、心跳停止，立即行心肺复苏术。就医

皮肤接触 立即脱去污染衣着，用肥皂水或清水彻底冲洗。就医

眼睛接触 分开眼睑，用清水或生理盐水冲洗。就医

食入 漱口，饮水。就医

对保护施救者的忠告 根据需要使用个人防护设备

对医生的特别提示 高铁血红蛋白血症，可用美蓝和维生素 C 治疗

第五部分 消防措施

灭火剂 本品不燃。根据着火原因选择适当灭火剂灭火

特别危险性 与铵盐、金属粉末、可燃物、有机物或其他易氧化物质形成爆炸性混合物，经摩擦或受热易引起燃烧或爆炸。与硫酸接触容易发生爆炸。能与铝、砷、铜、碳、金属硫化物、有机物、磷、硒、硫发生剧烈反应

灭火注意事项及防护措施 消防人员必须佩戴空气呼吸器、穿全身防火防毒服，在上风向灭火。喷水冷却容器，尽可能将容器从火场移至空旷处

第六部分 泄漏应急处理

作业人员防护措施、防护装备和应急处置程序 隔离泄漏污染区，限制出入。建议应急处理人员戴防尘口罩，穿防毒服，戴橡胶手套。勿使泄漏物与可燃物质（如木材、纸、油等）接触。穿上适当的防护服前严禁接触破裂的容器和泄漏物。尽可能切断泄漏源

环境保护措施 无资料

泄漏化学品的收容、清除方法及所使用的处置材料 用洁净的铲子收集泄漏物，置于干净、干燥、盖子较松的容器中，将容器移离泄漏区

第七部分 操作处置与储存

操作注意事项 密闭操作，局部排风。操作人员必须经过专门培训，严格遵守操作规程。建议操作人员佩戴自吸过滤式防尘口罩，戴化学安全防护眼镜，穿聚乙烯防毒服，戴橡胶手套。远离火种、热源。工作场所严禁吸烟。远离易燃、可燃物。避免产生粉尘。避免与还原剂接触。搬运时要轻装轻卸，防止包装及容器损坏。配备相应品种和数量的消防器材及泄漏应急处理设备。倒空的容器可能残留有害物

储存注意事项 储存于阴凉、通风的库房。远离火种、热源。库房温度不超过 30℃，相对湿度不超过 80%。包装密封。应与易（可）燃物、还原剂等分开存放，切忌混储。储区应备有合适的材料收容泄漏物

第八部分 接触控制/个体防护

职业接触限值

中国 未制定标准

美国(ACGIH) 未制定标准

生物接触限值 未制定标准

监测方法 空气中有毒物质测定方法：未制定标准。生物监测检验方法：未制定标准

工程控制 密闭操作，局部排风

个体防护装备

呼吸系统防护 空气中粉尘浓度超标时，作业人员应该佩戴过滤式防尘呼吸器。紧急事态抢救或撤离时，佩戴空气呼吸器

眼睛防护 戴化学安全防护眼镜

皮肤和身体防护 穿隔绝式防毒服

手防护 戴橡胶手套

第九部分 理化特性

外观与性状 白色结晶或晶状粉末，无味

pH 值 无意义 **熔点(℃)** 381（分解）

沸点(℃) 1390

相对密度(水=1) 3.34（17.5℃）

相对蒸气密度(空气=1) 无资料

饱和蒸气压(kPa) 无资料

燃烧热(kJ/mol) 无资料 **临界温度(℃)** 无资料

临界压力(MPa) 无意义 **辛醇/水分配系数** −7.18

闪点(℃) 无意义 **自燃温度(℃)** 无意义

爆炸下限(%) 无意义 **爆炸上限(%)** 无意义

分解温度(℃) 381 **黏度(mPa·s)** 无资料

溶解性 溶于水，不溶于乙醇

第十部分 稳定性和反应性

稳定性 稳定

危险反应 与强还原剂、易燃或可燃物等禁配物接触，有发生火灾和爆炸的危险

避免接触的条件 摩擦、受热

禁配物 还原剂、易燃或可燃物、活性金属粉末、铝、砷、铜、碳、金属硫化物、磷、硒、硫酸

危险的分解产物 溴化物、氧化钠

第十一部分 毒理学信息

急性毒性 LD_{50}：140mg/kg（小鼠腹腔）

皮肤刺激或腐蚀 无资料 **眼睛刺激或腐蚀** 无资料

呼吸或皮肤过敏 无资料 **生殖细胞突变性** 无资料

致癌性 无资料 **生殖毒性** 无资料

特异性靶器官系统毒性-一次接触 无资料

特异性靶器官系统毒性-反复接触 无资料

吸入危害 无资料

第十二部分 生态学信息

生态毒性 无资料

持久性和降解性

生物降解性 无资料

非生物降解性 无资料

潜在的生物累积性 无资料

土壤中的迁移性 无资料

第十三部分 废弃处置

废弃化学品 用安全掩埋法处置

污染包装物 将容器返还生产商或按照国家和地方法规处置

废弃注意事项 处置前应参阅国家和地方有关法规

第十四部分 运输信息

联合国危险货物编号（UN 号） 1494

联合国运输名称 溴酸钠

联合国危险性类别 5.1 **包装类别** Ⅱ类包装

包装标志 

海洋污染物 否

运输注意事项 运输时单独装运，运输过程中要确保容器不泄漏、不倒塌、不坠落、不损坏。运输时运输车辆应配备相应品种和数量的消防器材及泄漏应急处理设备。严禁与酸类、易燃物、有机物、还原剂、自燃物品、遇湿易燃物品等并车混运。运输时车速不宜过快，不得强行超车。运输车辆装卸前后，均应彻底清扫、洗净，严禁混入有机物、易燃物等杂质

第十五部分 法规信息

下列法律、法规、规章和标准，对该化学品的管理作了相应的规定。

中华人民共和国职业病防治法 职业病分类和目录：未列入

危险化学品安全管理条例 危险化学品目录：列入。易制爆危险化学品名录：未列入。重点监管的危险化学品名录：未列入。GB 18218—2009《危险化学品重大危险源辨识》(表1)：未列入

使用有毒物品作业场所劳动保护条例 高毒物品目录：未列入

易制毒化学品管理条例 易制毒化学品的分类和品种目录：未列入

国际公约 斯德哥尔摩公约：未列入。鹿特丹公约：未列入。蒙特利尔议定书：未列入

第十六部分 其他信息

编写和修订信息 **缩略语和首字母缩写**

培训建议 **参考文献**

免责声明

溴 酸 铅

第一部分 化学品标识

化学品中文名 溴酸铅

化学品英文名 lead bromate

分子式 $Pb(BrO_3)_2$ **相对分子质量** 463.01

化学品的推荐及限制用途 用作试剂

第二部分 危险性概述

紧急情况概述 可加剧燃烧：氧化剂，吞咽有害，吸入有害，可能致癌

GHS危险性类别 氧化性固体，类别2；急性毒性-经口，类别4；急性毒性-吸入，类别4；致癌性，类别1B；生殖毒性，类别1A；特异性靶器官毒性-反复接触，类别2；危害水生环境-急性危害，类别1；危害水生环境-长期危害，类别1

标签要素

象形图

警示词 危险

危险性说明 可加剧燃烧：氧化剂，吞咽有害，吸入有害，可能致癌，可能对生育力或胎儿造成伤害，长时间或反复接触可能对器官造成损伤，对水生生物毒性非常大并具有长期持续影响

防范说明

预防措施 远离热源。远离衣物、可燃物保存。采取一切预防措施，避免与可燃物混合。戴防护手套、防护眼镜、防护面罩。避免接触眼睛、皮肤，操作后彻底清洗。作业场所不得进食、饮水或吸烟。避免吸入粉尘、烟气。仅在室外或通风良好处操作。得到专门指导后操作。在阅读并了解所有安全预防措施之前，切勿操作。按要求使用个体防护装备。禁止排入环境

事故响应 火灾时，根据着火原因选择适当灭火剂灭火。如吸入：将患者转移到空气新鲜处，休息，保持利于呼吸的体位，如感觉不适，呼叫中毒控制中心或就医。食入：漱口，如果感觉不适，立即呼叫中毒控制中心或就医。如果接触或有担心，就医。收集泄漏物

安全储存 上锁保管

废弃处置 本品及内装物、容器依据国家和地方法规处置

物理和化学危险 助燃。与可燃物混合能形成爆炸性混合物

健康危害 铅及其化合物损害造血、神经、消化系统及肾脏。职业中毒主要为慢性。神经系统主要表现为神经衰弱综合征、周围神经病(以运动功能受累较明显)，重者出现铅中毒性脑病。消化系统表现有齿龈铅线、食欲不振、恶心、腹胀、腹泻或便秘；腹绞痛见于中度及重度中毒病例。造血系统损害出现卟啉代谢障碍、贫血等。短时大量接触可发生急性或亚急性中毒，表现类似重症慢性铅中毒。对肾脏损害多见于急性、亚急性中毒或较重慢性病例。溴酸盐可引起高铁血红蛋白血症和肝损害

环境危害 对水生生物毒性非常大并具有长期持续影响

第三部分 成分/组成信息

√物质 混合物

组分	浓度	CAS No.
溴酸铅		34018-28-5

第四部分 急救措施

吸入 迅速脱离现场至空气新鲜处。保持呼吸道通畅。如呼吸困难，给吸氧。如呼吸、心跳停止，立即行心肺复苏术。就医

皮肤接触 立即脱去污染衣着，用肥皂水或清水彻底冲洗。就医

眼睛接触 分开眼睑，用清水或生理盐水冲洗。就医

食入 漱口，饮水。就医

对保护施救者的忠告 根据需要使用个人防护设备

对医生的特别提示 解毒剂：依地酸二钠钙、二巯基丁二酸钠、二巯基丁二酸等

第五部分 消防措施

灭火剂 本品不燃。根据着火原因选择适当灭火剂灭火

特别危险性 能与可燃物、有机物或易氧化物质形成爆炸性混合物，经摩擦和与少量水接触可导致燃烧或爆炸

灭火注意事项及防护措施 消防人员必须佩戴空气呼吸器、穿全身防火防毒服，在上风向灭火。喷水冷却容器，尽可能将容器从火场移至空旷处

第六部分　泄漏应急处理

作业人员防护措施、防护装备和应急处置程序　隔离泄漏污染区，限制出入。建议应急处理人员戴防尘口罩，穿防毒服，戴橡胶手套。勿使泄漏物与可燃物质（如木材、纸、油等）接触。穿上适当的防护服前严禁接触破裂的容器和泄漏物。尽可能切断泄漏源

环境保护措施　无资料

泄漏化学品的收容、清除方法及所使用的处置材料　用洁净的铲子收集泄漏物，置于干净、干燥、盖子较松的容器中，将容器移离泄漏区

第七部分　操作处置与储存

操作注意事项　严加密闭，提供充分的局部排风和全面通风。操作人员必须经过专门培训，严格遵守操作规程。建议操作人员佩戴自吸过滤式防尘口罩，戴化学安全防护眼镜，穿聚乙烯防毒服，戴橡胶手套。远离火种、热源。工作场所严禁吸烟。远离易燃、可燃物。避免产生粉尘。避免与还原剂接触。搬运时要轻装轻卸，防止包装及容器损坏。配备相应品种和数量的消防器材及泄漏应急处理设备。倒空的容器可能残留有害物

储存注意事项　储存于阴凉、通风的库房。远离火种、热源。库房温度不超过30℃，相对湿度不超过80%。包装密封。应与易（可）燃物、还原剂、食用化学品分开存放，切忌混储。储区应备有合适的材料收容泄漏物

第八部分　接触控制/个体防护

职业接触限值

中国 PC-TWA：0.05mg/m^3（铅尘），0.03mg/m^3（铅烟）［按Pb计］［G2A］

美国(ACGIH) TLV-TWA：0.05mg/m^3［按Pb计］

生物接触限值　血铅：2.0μmol/L（400μg/L）（采样时间：接触3周后的任意时间）

监测方法　空气中有毒物质测定方法：火焰原子吸收光谱法；双硫腙分光光度法；氢化物-原子吸收光谱法；微分电位溶出法。生物监测检验方法：血中铅的石墨炉原子吸收光谱测定方法；血中铅的微分电位溶出测定方法

工程控制　严加密闭，提供充分的局部排风和全面通风

个体防护装备

呼吸系统防护　空气中粉尘浓度超标时，作业人员应该佩戴过滤式防尘呼吸器。紧急事态抢救或撤离时，佩戴空气呼吸器

眼睛防护　戴化学安全防护眼镜

皮肤和身体防护　穿隔绝式防毒服

手防护　戴橡胶手套

第九部分　理化特性

外观与性状　无色结晶

pH值　无意义　**熔点(℃)**　180（分解）

沸点(℃)　无资料　**相对密度(水=1)**　5.53

相对蒸气密度(空气=1)　无资料

饱和蒸气压(kPa)　无资料

燃烧热(kJ/mol)　无资料　**临界温度(℃)**　无资料

临界压力(MPa)　无意义　**辛醇/水分配系数**　无资料

闪点(℃)　无意义　**自燃温度(℃)**　无意义

爆炸下限(%)　无意义　**爆炸上限(%)**　无意义

分解温度(℃)　无资料　**黏度(mPa·s)**　无资料

溶解性　溶于热水，微溶于冷水

第十部分　稳定性和反应性

稳定性　稳定

危险反应　与强还原剂、易燃或可燃物等禁配物接触，有发生火灾和爆炸的危险

避免接触的条件　摩擦

禁配物　还原剂、易燃或可燃物、硫、磷

危险的分解产物　溴化物、氧化铅

第十一部分　毒理学信息

急性毒性　无资料　**皮肤刺激或腐蚀**　无资料

眼睛刺激或腐蚀　无资料　**呼吸或皮肤过敏**　无资料

生殖细胞突变性　无资料

致癌性　IARC致癌性评论：组2A，可能人类致癌物

生殖毒性　无资料

特异性靶器官系统毒性-一次接触　无资料

特异性靶器官系统毒性-反复接触　无资料

吸入危害　无资料

第十二部分　生态学信息

生态毒性　铅化合物对水生生物有极高的毒性

持久性和降解性

生物降解性　无资料

非生物降解性　无资料

潜在的生物累积性　元素铅易在生物体内富集

土壤中的迁移性　无资料

第十三部分　废弃处置

废弃化学品　根据国家和地方有关法规的要求处置。或与制造商联系，确定处置方法

污染包装物　将容器返还生产商或按照国家和地方法规处置

废弃注意事项　处置前应参阅国家和地方有关法规

第十四部分　运输信息

联合国危险货物编号(UN号)　1450

联合国运输名称　无机溴酸盐，未另作规定的（溴酸铅）

联合国危险性类别　5.1　**包装类别**　Ⅱ类包装

包装标志 

海洋污染物　是

运输注意事项　运输时单独装运，运输过程中要确保容器不泄漏、不倒塌、不坠落、不损坏。运输时运输车辆应配备相应品种和数量的消防器材及泄漏应急处理设

备。严禁与酸类、易燃物、有机物、还原剂、自燃物品、遇湿易燃物品等并车混运。运输时车速不宜过快，不得强行超车。运输车辆装卸前后，均应彻底清扫、洗净，严禁混入有机物、易燃物等杂质

第十五部分　法规信息

下列法律、法规、规章和标准，对该化学品的管理作了相应的规定。

中华人民共和国职业病防治法　职业病分类和目录：铅及其化合物中毒

危险化学品安全管理条例　危险化学品目录：列入。易制爆危险化学品名录：未列入。重点监管的危险化学品名录：未列入。GB 18218—2009《危险化学品重大危险源辨识》(表 1)：未列入

使用有毒物品作业场所劳动保护条例　高毒物品目录：列入

易制毒化学品管理条例　易制毒化学品的分类和品种目录：未列入

国际公约　斯德哥尔摩公约：未列入。鹿特丹公约：未列入。蒙特利尔议定书：未列入

第十六部分　其他信息

编写和修订信息　　**缩略语和首字母缩写**

培训建议　　**参考文献**

免责声明

溴　酸　锶

第一部分　化学品标识

化学品中文名　溴酸锶

化学品英文名　strontium bromate

分子式　$Sr(BrO_3)_2 \cdot H_2O$　**相对分子质量**　361.47

化学品的推荐及限制用途　用作氧化剂

第二部分　危险性概述

紧急情况概述　可加剧燃烧；氧化剂

GHS 危险性类别　氧化性固体，类别 2

标签要素

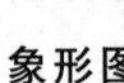

象形图

警示词　危险

危险性说明　可加剧燃烧；氧化剂

防范说明

预防措施　远离热源。远离衣物、可燃物保存。采取一切预防措施，避免与可燃物混合。戴防护手套、防护眼镜、防护面罩

事故响应　火灾时，根据着火原因选择适当灭火剂灭火

安全储存　-

废弃处置　本品及内装物、容器依据国家和地方法规处置

物理和化学危险　助燃。与可燃物混合能形成爆炸性混合物

健康危害　粉尘对眼睛和呼吸道有刺激性。溴酸盐可引起高铁血红蛋白血症和肝损害

环境危害　对环境可能有害

第三部分　成分/组成信息

√物质		混合物
组分	**浓度**	**CAS No.**
溴酸锶		14519-18-7

第四部分　急救措施

吸入　迅速脱离现场至空气新鲜处。保持呼吸道通畅。如呼吸困难，给吸氧。如呼吸、心跳停止，立即行心肺复苏术。就医

皮肤接触　立即脱去污染衣着，用肥皂水或清水彻底冲洗。就医

眼睛接触　分开眼睑，用清水或生理盐水冲洗。就医

食入　漱口，饮水。就医

对保护施救者的忠告　根据需要使用个人防护设备

对医生的特别提示　高铁血红蛋白血症，可用美蓝和维生素 C 治疗

第五部分　消防措施

灭火剂　本品不燃。根据着火原因选择适当灭火剂灭火

特别危险性　与铵盐、金属粉末、可燃物、有机物或其他易氧化物质形成爆炸性混合物，经摩擦或受热易引起燃烧或爆炸。与硫酸接触容易发生爆炸。能与铝、砷、铜、碳、金属硫化物、有机物、磷、硒、硫发生剧烈反应

灭火注意事项及防护措施　消防人员必须佩戴空气呼吸器、穿全身防火防毒服，在上风向灭火。喷水冷却容器，尽可能将容器从火场移至空旷处

第六部分　泄漏应急处理

作业人员防护措施、防护装备和应急处置程序　隔离泄漏污染区，限制出入。建议应急处理人员戴防尘口罩，穿防毒服，戴橡胶手套。勿使泄漏物与可燃物质（如木材、纸、油等）接触。穿上适当的防护服前严禁接触破裂的容器和泄漏物。尽可能切断泄漏源

环境保护措施　无资料

泄漏化学品的收容、清除方法及所使用的处置材料　用洁净的铲子收集泄漏物，置于干净、干燥、盖子较松的容器中，将容器移离泄漏区

第七部分　操作处置与储存

操作注意事项　密闭操作，加强通风。操作人员必须经过专门培训，严格遵守操作规程。建议操作人员佩戴自吸过滤式防尘口罩，戴化学安全防护眼镜，穿聚乙烯防毒服，戴橡胶手套。远离火种、热源。工作场所严禁吸烟。远离易燃、可燃物。避免产生粉尘。避免与还原剂接触。搬运时要轻装轻卸，防止包装及容器损坏。配备相应品种和数量的消防器材及泄漏应急处理

设备。倒空的容器可能残留有害物

储存注意事项 储存于阴凉、通风的库房。远离火种、热源。库房温度不超过 30℃，相对湿度不超过 80%。包装密封。应与易（可）燃物、还原剂等分开存放，切忌混储。储区应备有合适的材料收容泄漏物

第八部分 接触控制/个体防护

职业接触限值

中国 未制定标准

美国(ACGIH) 未制定标准

生物接触限值 未制定标准

监测方法 空气中有毒物质测定方法：火焰原子吸收光谱法。生物监测检验方法：未制定标准

工程控制 生产过程密闭，加强通风。提供安全的淋浴和洗眼设备

个体防护装备

呼吸系统防护 空气中粉尘浓度超标时，作业人员应该佩戴过滤式防尘呼吸器。紧急事态抢救或撤离时，佩戴空气呼吸器

眼睛防护 戴化学安全防护眼镜

皮肤和身体防护 穿隔绝式防毒服

手防护 戴橡胶手套

第九部分 理化特性

外观与性状 无色至微黄色结晶，有吸湿性

pH 值 无意义 **熔点(℃)** 120（失水）

沸点(℃) 240（分解） **相对密度(水=1)** 3.77

相对蒸气密度(空气=1) 无资料

饱和蒸气压(kPa) 无资料

燃烧热(kJ/mol) 无资料 **临界温度(℃)** 无资料

临界压力(MPa) 无意义 **辛醇/水分配系数** 无资料

闪点(℃) 无意义 **自燃温度(℃)** 无意义

爆炸下限(%) 无意义 **爆炸上限(%)** 无意义

分解温度(℃) 无资料 **黏度(mPa·s)** 无资料

溶解性 溶于水

第十部分 稳定性和反应性

稳定性 稳定

危险反应 与强还原剂、易燃或可燃物等禁配物接触，有发生火灾和爆炸的危险

避免接触的条件 摩擦、受热

禁配物 还原剂、易燃或可燃物、活性金属粉末、硫、磷

危险的分解产物 溴化物、氧化锶。

第十一部分 毒理学信息

急性毒性 无资料 **皮肤刺激或腐蚀** 无资料

眼睛刺激或腐蚀 无资料 **呼吸或皮肤过敏** 无资料

生殖细胞突变性 无资料 **致癌性** 无资料

生殖毒性 无资料

特异性靶器官系统毒性-一次接触 无资料

特异性靶器官系统毒性-反复接触 无资料

吸入危害 无资料

第十二部分 生态学信息

生态毒性 无资料

持久性和降解性

生物降解性 无资料

非生物降解性 无资料

潜在的生物累积性 无资料

土壤中的迁移性 无资料

第十三部分 废弃处置

废弃化学品 根据国家和地方有关法规的要求处置。或与制造商联系，确定处置方法

污染包装物 将容器返还生产商或按照国家和地方法规处置

废弃注意事项 处置前应参阅国家和地方有关法规

第十四部分 运输信息

联合国危险货物编号（UN 号） 1450

联合国运输名称 无机溴酸盐，未另作规定的（溴酸锶）

联合国危险性类别 5.1 **包装类别** Ⅱ类包装

包装标志 

海洋污染物 否

运输注意事项 运输时单独装运，运输过程中要确保容器不泄漏、不倒塌、不坠落、不损坏。运输时运输车辆应配备相应品种和数量的消防器材及泄漏应急处理设备。严禁与酸类、易燃物、有机物、还原剂、自燃物品、遇湿易燃物品等并车混运。运输时车速不宜过快，不得强行超车。运输车辆装卸前后，均应彻底清扫、洗净，严禁混入有机物、易燃物等杂质

第十五部分 法规信息

下列法律、法规、规章和标准，对该化学品的管理作了相应的规定。

中华人民共和国职业病防治法 职业病分类和目录：未列入

危险化学品安全管理条例 危险化学品目录：列入。易制爆危险化学品名录：未列入。重点监管的危险化学品名录：未列入。GB 18218—2009《危险化学品重大危险源辨识》(表 1)：未列入

使用有毒物品作业场所劳动保护条例 高毒物品目录：未列入

易制毒化学品管理条例 易制毒化学品的分类和品种目录：未列入

国际公约 斯德哥尔摩公约：未列入。鹿特丹公约：未列入。蒙特利尔议定书：未列入

第十六部分 其他信息

编写和修订信息 **缩略语和首字母缩写**

培训建议 **参考文献**

免责声明

溴 酸 锌

第一部分 化学品标识

化学品中文名 溴酸锌

化学品英文名 zinc bromate

分子式 $Zn(BrO_3)_2 \cdot 6H_2O$

相对分子质量 429.28

化学品的推荐及限制用途 用于医药工业，用作有机合成缩合剂、催化剂

第二部分 危险性概述

紧急情况概述 可加剧燃烧：氧化剂

GHS危险性类别 氧化性固体，类别2；危害水生环境-急性危害，类别1；危害水生环境-长期危害，类别1

标签要素

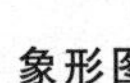

警示词 危险

危险性说明 可加剧燃烧：氧化剂，对水生生物毒性非常大并具有长期持续影响

防范说明

预防措施 远离热源。远离衣物、可燃物保存。采取一切预防措施，避免与可燃物混合。戴防护手套、防护眼镜、防护面罩。禁止排入环境

事故响应 火灾时，根据着火原因选择适当灭火剂灭火。收集泄漏物

安全储存 -

废弃处置 本品及内装物、容器依据国家和地方法规处置

物理和化学危险 助燃。与可燃物混合能形成爆炸性混合物

健康危害 粉尘对眼和呼吸道有刺激性。误服引起呕吐、腹泻、肾脏损害及高铁血红蛋白血症

环境危害 对水生生物毒性非常大并具有长期持续影响

第三部分 成分/组成信息

√物质		混合物
组分	浓度	CAS No.
溴酸锌		14519-07-4

第四部分 急救措施

吸入 迅速脱离现场至空气新鲜处。保持呼吸道通畅。如呼吸困难，给吸氧。如呼吸、心跳停止，立即行心肺复苏术。就医

皮肤接触 立即脱去污染衣着，用肥皂水或清水彻底冲洗。就医

眼睛接触 分开眼睑，用清水或生理盐水冲洗。就医

食入 漱口，饮水。就医

对保护施救者的忠告 根据需要使用个人防护设备

对医生的特别提示 高铁血红蛋白血症，可用美蓝和维生素C治疗

第五部分 消防措施

灭火剂 本品不燃。根据着火原因选择适当灭火剂灭火

特别危险性 与铵盐、金属粉末、可燃物、有机物或其他易氧化物质形成爆炸性混合物，经摩擦或受热易引起燃烧或爆炸。与硫酸接触容易发生爆炸。能与铝、砷、铜、碳、金属硫化物、有机物、磷、硒、硫发生剧烈反应

灭火注意事项及防护措施 消防人员必须佩戴空气呼吸器、穿全身防火防毒服，在上风向灭火。喷水冷却容器，尽可能将容器从火场移至空旷处

第六部分 泄漏应急处理

作业人员防护措施、防护装备和应急处置程序 隔离泄漏污染区，限制出入。建议应急处理人员戴防尘口罩，穿防毒服，戴橡胶手套。勿使泄漏物与可燃物质（如木材、纸、油等）接触。穿上适当的防护服前严禁接触破裂的容器和泄漏物。尽可能切断泄漏源。勿使水进入包装容器内

环境保护措施 无资料

泄漏化学品的收容、清除方法及所使用的处置材料 小量泄漏：用洁净的铲子收集泄漏物，置于干净、干燥、盖子较松的容器中，将容器移离泄漏区。大量泄漏：泄漏物回收后，用水冲洗泄漏区

第七部分 操作处置与储存

操作注意事项 密闭操作，局部排风。操作人员必须经过专门培训，严格遵守操作规程。建议操作人员佩戴自吸过滤式防尘口罩，戴化学安全防护眼镜，穿聚乙烯防毒服，戴橡胶手套。远离火种、热源。工作场所严禁吸烟。远离易燃、可燃物。避免产生粉尘。避免与还原剂接触。搬运时要轻装轻卸，防止包装及容器损坏。配备相应品种和数量的消防器材及泄漏应急处理设备。倒空的容器可能残留有害物

储存注意事项 储存于阴凉、通风的库房。远离火种、热源。库房温度不超过30℃，相对湿度不超过80%。包装密封。应与易（可）燃物、还原剂等分开存放，切忌混储。储区应备有合适的材料收容泄漏物

第八部分 接触控制/个体防护

职业接触限值

中国 未制定标准

美国(ACGIH) 未制定标准

生物接触限值 未制定标准

监测方法 空气中有毒物质测定方法：火焰原子吸收光谱法；双硫腙分光光度法。生物监测检验方法：未制定标准

工程控制 密闭操作，局部排风。提供安全的淋浴和洗眼设备

个体防护装备

呼吸系统防护 空气中粉尘浓度超标时，作业人员应该佩戴过滤式防尘呼吸器。紧急事态抢救或撤离

时，佩戴空气呼吸器

眼睛防护　戴化学安全防护眼镜

皮肤和身体防护　穿隔绝式防毒服

手防护　戴橡胶手套

第九部分　理化特性

外观与性状　白色结晶或粉末，有潮解性

pH 值　无意义　**熔点(℃)**　100

沸点(℃)　200(失去 $6H_2O$)　**相对密度(水=1)**　2.57

相对蒸气密度(空气=1)　无资料

饱和蒸气压(kPa)　无资料

燃烧热(kJ/mol)　无资料　**临界温度(℃)**　无资料

临界压力(MPa)　无意义　**辛醇/水分配系数**　无资料

闪点(℃)　无意义　**自燃温度(℃)**　无意义

爆炸下限(%)　无意义　**爆炸上限(%)**　无意义

分解温度(℃)　无资料　**黏度(mPa·s)**　无资料

溶解性　易溶于水

第十部分　稳定性和反应性

稳定性　稳定

危险反应　与强还原剂、易燃或可燃物等禁配物接触，有发生火灾和爆炸的危险

避免接触的条件　摩擦、受热

禁配物　还原剂、易燃或可燃物、硫酸、活性金属粉末、硫、磷等

危险的分解产物　溴化物、氧化锌

第十一部分　毒理学信息

急性毒性　无资料　**皮肤刺激或腐蚀**　无资料

眼睛刺激或腐蚀　无资料　**呼吸或皮肤过敏**　无资料

生殖细胞突变性　无资料　**致癌性**　无资料

生殖毒性　无资料

特异性靶器官系统毒性-一次接触　无资料

特异性靶器官系统毒性-反复接触　无资料

吸入危害　无资料

第十二部分　生态学信息

生态毒性　可溶性锌盐对水生生物有极高的毒性

持久性和降解性

生物降解性　无资料

非生物降解性　无资料

潜在的生物累积性　无资料

土壤中的迁移性　无资料

第十三部分　废弃处置

废弃化学品　根据国家和地方有关法规的要求处置。或与制造商联系，确定处置方法

污染包装物　将容器返还生产商或按照国家和地方法规处置

废弃注意事项　处置前应参阅国家和地方有关法规

第十四部分　运输信息

联合国危险货物编号(UN号)　2469

联合国运输名称　溴酸锌

联合国危险性类别　5.1　**包装类别**　Ⅲ类包装

包装标志

海洋污染物　否

运输注意事项　运输时单独装运，运输过程中要确保容器不泄漏、不倒塌、不坠落、不损坏。运输时运输车辆应配备相应品种和数量的消防器材及泄漏应急处理设备。严禁与酸类、易燃物、有机物、还原剂、自燃物品、遇湿易燃物品等并车混运。运输时车速不宜过快，不得强行超车。运输车辆装卸前后，均应彻底清扫、洗净，严禁混入有机物、易燃物等杂质

第十五部分　法规信息

下列法律、法规、规章和标准，对该化学品的管理作了相应的规定。

中华人民共和国职业病防治法　职业病分类和目录：未列入

危险化学品安全管理条例　危险化学品目录：列入。易制爆危险化学品名录：未列入。重点监管的危险化学品名录：未列入。GB 18218—2009《危险化学品重大危险源辨识》(表 1)：未列入

使用有毒物品作业场所劳动保护条例　高毒物品目录：未列入

易制毒化学品管理条例　易制毒化学品的分类和品种目录：未列入

国际公约　斯德哥尔摩公约：未列入。鹿特丹公约：未列入。蒙特利尔议定书：未列入

第十六部分　其他信息

编写和修订信息　**缩略语和首字母缩写**

培训建议　**参考文献**

免责声明

溴　酸　银

第一部分　化学品标识

化学品中文名　溴酸银

化学品英文名　silver bromate

分子式　$AgBrO_3$　**相对分子质量**　235.8

结构式

化学品的推荐及限制用途　用作氧化剂

第二部分　危险性概述

紧急情况概述　可加剧燃烧；氧化剂

GHS 危险性类别　氧化性固体，类别 2

标签要素

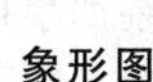

警示词　危险

危险性说明　可加剧燃烧；氧化剂

防范说明

预防措施　远离热源。远离衣物、可燃物保存。采取一切预防措施，避免与可燃物混合。戴防护手套、防护眼镜、防护面罩

事故响应　火灾时，根据着火原因选择适当灭火剂灭火

安全储存　-

废弃处置　本品及内装物、容器依据国家和地方法规处置

物理和化学危险　助燃。与可燃物混合能形成爆炸性混合物

健康危害　粉尘对眼睛和呼吸道有刺激性。口服刺激胃肠道，引起腹痛，甚至有呕吐、剧烈胃痛、出血性胃炎的表现。溴酸盐可引起高铁血红蛋白血症和肝损害

环境危害　对环境可能有害

第三部分　成分/组成信息

√物质　　混合物

组分	浓度	CAS No.
溴酸银		7783-89-3

第四部分　急救措施

吸入　迅速脱离现场至空气新鲜处。保持呼吸道通畅。如呼吸困难，给吸氧。如呼吸、心跳停止，立即行心肺复苏术。就医

皮肤接触　立即脱去污染衣着，用肥皂水或清水彻底冲洗。就医

眼睛接触　分开眼睑，用清水或生理盐水冲洗。就医

食入　漱口，饮水。就医

对保护施救者的忠告　根据需要使用个人防护设备

对医生的特别提示　高铁血红蛋白血症，可用美蓝和维生素C治疗

第五部分　消防措施

灭火剂　本品不燃。根据着火原因选择适当灭火剂灭火

特别危险性　强氧化剂。与铵盐、金属粉末、可燃物、有机物或其他易氧化物质形成爆炸性混合物，经摩擦或受热易引起燃烧或爆炸。与硫酸接触容易发生爆炸。能与铝、砷、铜、碳、金属硫化物、有机物、磷、硒、硫发生剧烈反应

灭火注意事项及防护措施　消防人员必须佩戴空气呼吸器、穿全身防火防毒服，在上风向灭火。喷水冷却容器，尽可能将容器从火场移至空旷处

第六部分　泄漏应急处理

作业人员防护措施、防护装备和应急处置程序　隔离泄漏污染区，限制出入。建议应急处理人员戴防尘口罩，穿防毒服，戴橡胶手套。勿使泄漏物与可燃物质（如木材、纸、油等）接触。穿上适当的防护服前严禁接触破裂的容器和泄漏物。尽可能切断泄漏源

环境保护措施　无资料

泄漏化学品的收容、清除方法及所使用的处置材料　用洁净的铲子收集泄漏物，置于干净、干燥、盖子较松的容器中，将容器移离泄漏区

第七部分　操作处置与储存

操作注意事项　密闭操作，提供充分的局部排风。操作人员必须经过专门培训，严格遵守操作规程。建议操作人员佩戴自吸过滤式防尘口罩，戴化学安全防护眼镜，穿聚乙烯防毒服，戴橡胶手套。远离火种、热源。工作场所严禁吸烟。远离易燃、可燃物。避免产生粉尘。避免与还原剂接触。搬运时要轻装轻卸，防止包装及容器损坏。配备相应品种和数量的消防器材及泄漏应急处理设备。倒空的容器可能残留有害物

储存注意事项　储存于阴凉、通风的库房。远离火种、热源。库房温度不超过30℃，相对湿度不超过80%。包装密封。应与易（可）燃物、还原剂等分开存放，切忌混储。储区应备有合适的材料收容泄漏物

第八部分　接触控制/个体防护

职业接触限值

中国　未制定标准

美国(ACGIH)　未制定标准

生物接触限值　未制定标准

监测方法　空气中有毒物质测定方法：未制定标准。生物监测检验方法：未制定标准

工程控制　严加密闭，提供充分的局部排风。提供安全的淋浴和洗眼设备

个体防护装备

呼吸系统防护　空气中粉尘浓度超标时，作业人员应该佩戴过滤式防尘呼吸器。紧急事态抢救或撤离时，佩戴空气呼吸器

眼睛防护　戴化学安全防护眼镜

皮肤和身体防护　穿隔绝式防毒服

手防护　戴橡胶手套

第九部分　理化特性

外观与性状　白色粉末，对光敏感

pH值　无意义　　**熔点(℃)**　分解

沸点(℃)　无资料　　**相对密度(水=1)**　5.21

相对蒸气密度(空气=1)　无资料

饱和蒸气压(kPa)　无资料

燃烧热(kJ/mol)　无资料　　**临界温度(℃)**　无资料

临界压力(MPa)　无意义　　**辛醇/水分配系数**　无资料

闪点(℃)　无意义　　**自燃温度(℃)**　无意义

爆炸下限(%)　无意义　　**爆炸上限(%)**　无意义

分解温度(℃)　无资料　　**黏度(mPa·s)**　无资料

溶解性　不溶于冷水，微溶于热水，溶于氨水

第十部分　稳定性和反应性

稳定性　稳定

危险反应　与强还原剂、易燃或可燃物等禁配物接触，有发生火灾和爆炸的危险

避免接触的条件　摩擦、受热

禁配物　还原剂、易燃或可燃物、活性金属粉末、硫、

磷等

危险的分解产物 溴化物、氧化银

第十一部分 毒理学信息

急性毒性 无资料 **皮肤刺激或腐蚀** 无资料

眼睛刺激或腐蚀 无资料 **呼吸或皮肤过敏** 无资料

生殖细胞突变性 无资料 **致癌性** 无资料

生殖毒性 无资料

特异性靶器官系统毒性-一次接触 无资料

特异性靶器官系统毒性-反复接触 无资料

吸入危害 无资料

第十二部分 生态学信息

生态毒性 无资料

持久性和降解性

生物降解性 无资料

非生物降解性 无资料

潜在的生物累积性 无资料

土壤中的迁移性 无资料

第十三部分 废弃处置

废弃化学品 根据国家和地方有关法规的要求处置。或与制造商联系，确定处置方法

污染包装物 将容器返还生产商或按照国家和地方法规处置

废弃注意事项 处置前应参阅国家和地方有关法规

第十四部分 运输信息

联合国危险货物编号（UN号） 1450

联合国运输名称 无机溴酸盐，未另作规定的（溴酸银）

联合国危险性类别 5.1 **包装类别** Ⅱ类包装

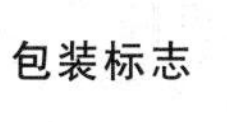**包装标志**  **海洋污染物** 否

运输注意事项 运输时单独装运，运输过程中要确保容器不泄漏、不倒塌、不坠落、不损坏。运输时运输车辆应配备相应品种和数量的消防器材及泄漏应急处理设备。严禁与酸类、易燃物、有机物、还原剂、自燃物品、遇湿易燃物品等并车混运。运输时车速不宜过快，不得强行超车。运输车辆装卸前后，均应彻底清扫、洗净，严禁混入有机物、易燃物等杂质

第十五部分 法规信息

下列法律、法规、规章和标准，对该化学品的管理作了相应的规定。

中华人民共和国职业病防治法 职业病分类和目录：未列入

危险化学品安全管理条例 危险化学品目录：列入。易制爆危险化学品名录：未列入。重点监管的危险化学品名录：未列入。GB 18218—2009《危险化学品重大危险源辨识》（表1）：未列入

使用有毒物品作业场所劳动保护条例 高毒物品目录：未列入

易制毒化学品管理条例 易制毒化学品的分类和品种目录：未列入

国际公约 斯德哥尔摩公约：未列入。鹿特丹公约：未列入。蒙特利尔议定书：未列入

第十六部分 其他信息

编写和修订信息 **缩略语和首字母缩写**

培训建议 **参考文献**

免责声明

溴 戊 烷

第一部分 化学品标识

化学品中文名 溴戊烷；戊基溴；溴代正戊烷；正戊基溴

化学品英文名 bromopentane；*n*-amyl bromide

分子式 $C_5H_{11}Br$ **相对分子质量** 151.03

结构式 （图：Br 结构式）

化学品的推荐及限制用途 用于药物、染料、香料等的中间体

第二部分 危险性概述

紧急情况概述 易燃液体和蒸气，吞咽有害

GHS危险性类别 易燃液体，类别3；急性毒性-经口，类别4

标签要素

象形图 

警示词 警告

危险性说明 易燃液体和蒸气，吞咽有害

防范说明

预防措施 远离热源、火花、明火、热表面。禁止吸烟。保持容器密闭。容器和接收设备接地连接。使用防爆电器、通风、照明设备。只能使用不产生火花的工具。采取防止静电措施。戴防护手套、防护眼镜、防护面罩。避免接触眼睛、皮肤，操作后彻底清洗。作业场所不得进食、饮水或吸烟

事故响应 火灾时，用泡沫、二氧化碳、干粉、砂土灭火。如皮肤（或头发）接触：立即脱掉所有被污染的衣服，用水冲洗皮肤，淋浴。食入：漱口，如果感觉不适，立即呼叫中毒控制中心或就医

安全储存 存放在通风良好的地方。保持低温

废弃处置 本品及内装物、容器依据国家和地方法规处置

物理和化学危险 易燃，其蒸气与空气混合，能形成爆炸性混合物

健康危害 对眼、黏膜、上呼吸道和皮肤有刺激性

环境危害 对环境可能有害

第三部分　成分/组成信息

√物质　　混合物

组分	浓度	CAS No.
溴戊烷		110-53-2

第四部分　急救措施

吸入　迅速脱离现场至空气新鲜处。保持呼吸道通畅。如呼吸困难，给吸氧。如呼吸、心跳停止，立即行心肺复苏术。就医

皮肤接触　立即脱去污染衣着，用肥皂水或清水彻底冲洗。就医

眼睛接触　分开眼睑，用清水或生理盐水冲洗。就医

食入　漱口，饮水。就医

对保护施救者的忠告　根据需要使用个人防护设备

对医生的特别提示　对症处理

第五部分　消防措施

灭火剂　用泡沫、二氧化碳、干粉、砂土灭火

特别危险性　易燃，其蒸气与空气混合，能形成爆炸性混合物，遇明火、高热或与氧化剂接触，有引起燃烧爆炸的危险。受高热分解产生有毒的溴化物气体。燃烧生成有害的一氧化碳、溴化氢

灭火注意事项及防护措施　消防人员必须佩戴空气呼吸器、穿全身防火防毒服，在上风向灭火。喷水冷却容器，尽可能将容器从火场移至空旷处。容器突然发出异常声音或出现异常现象，应立即撤离

第六部分　泄漏应急处理

作业人员防护措施、防护装备和应急处置程序　消除所有点火源。根据液体流动和蒸气扩散的影响区域划定警戒区，无关人员从侧风、上风向撤离至安全区。建议应急处理人员戴正压自给式呼吸器，穿静电服，戴橡胶耐油手套。作业时使用的所有设备应接地。禁止接触或跨越泄漏物。尽可能切断泄漏源

环境保护措施　防止泄漏物进入水体、下水道、地下室或有限空间

泄漏化学品的收容、清除方法及所使用的处置材料　小量泄漏：用砂土或其他不燃材料吸收，使用洁净的无火花工具收集吸收材料。大量泄漏：构筑围堤或挖坑收容。用泡沫覆盖，减少蒸发。喷水雾能减少蒸发，但不能降低泄漏物在有限空间内的易燃性。用防爆泵转移至槽车或专用收集器内

第七部分　操作处置与储存

操作注意事项　密闭操作，加强通风。操作人员必须经过专门培训，严格遵守操作规程。建议操作人员佩戴自吸过滤式防毒面具（半面罩），戴化学安全防护眼镜，穿防毒物渗透工作服，戴橡胶耐油手套。远离火种、热源。工作场所严禁吸烟。使用防爆型的通风系统和设备。防止蒸气泄漏到工作场所空气中。避免与氧化剂、碱类接触。充装要控制流速，防止静电积聚。搬运时要轻装轻卸，防止包装及容器损坏。配备相应品种和数量的消防器材及泄漏应急处理设备。倒空的容器可能残留有害物

储存注意事项　储存于阴凉、通风的库房。远离火种、热源。库温不宜超过37℃。保持容器密封。应与氧化剂、碱类、食用化学品分开存放，切忌混储。采用防爆型照明、通风设施。禁止使用易产生火花的机械设备和工具。储区应备有泄漏应急处理设备和合适的收容材料

第八部分　接触控制/个体防护

职业接触限值

中国　未制定标准

美国(ACGIH)　未制定标准

生物接触限值　未制定标准

监测方法　空气中有毒物质测定方法：未制定标准。生物监测检验方法：未制定标准

工程控制　生产过程密闭，加强通风。提供安全的淋浴和洗眼设备

个体防护装备

呼吸系统防护　可能接触其蒸气时，应该佩戴过滤式防毒面具（半面罩）。紧急事态抢救或撤离时，佩戴空气呼吸器

眼睛防护　戴化学安全防护眼镜

皮肤和身体防护　穿防毒物渗透工作服

手防护　戴橡胶耐油手套

第九部分　理化特性

外观与性状　无色透明液体

pH值　无资料　　**熔点(℃)**　−95

沸点(℃)　130　　**相对密度(水=1)**　1.22

相对蒸气密度(空气=1)　无资料

饱和蒸气压(kPa)　98.65（130℃）

燃烧热(kJ/mol)　无资料　　**临界温度(℃)**　无资料

临界压力(MPa)　无资料　　**辛醇/水分配系数**　3.37

闪点(℃)　31　　**自燃温度(℃)**　无资料

爆炸下限(%)　无资料　　**爆炸上限(%)**　无资料

分解温度(℃)　无资料　　**黏度(mPa·s)**　无资料

溶解性　不溶于水，溶于乙醇、乙醚等多数有机溶剂

第十部分　稳定性和反应性

稳定性　稳定

危险反应　与强氧化剂等禁配物接触，有发生火灾和爆炸的危险

避免接触的条件　受热

禁配物　强氧化剂、强碱

危险的分解产物　溴化氢

第十一部分　毒理学信息

急性毒性

LD_{50}　1850mg/kg（大鼠经口）

LC_{50}　47600mg/m^3（大鼠吸入，2h）

皮肤刺激或腐蚀　无资料　　**眼睛刺激或腐蚀**　无资料

呼吸或皮肤过敏　无资料　　**生殖细胞突变性**　无资料

致癌性 无资料 **生殖毒性** 无资料
特异性靶器官系统毒性-一次接触 无资料
特异性靶器官系统毒性-反复接触 无资料
吸入危害 无资料

第十二部分 生态学信息

生态毒性 无资料
持久性和降解性
生物降解性 无资料
非生物降解性 无资料
潜在的生物累积性 根据 K_{ow} 值预测，该物质可能有一定的生物累积性
土壤中的迁移性 根据 K_{oc} 值预测，该物质可能有一定的迁移性

第十三部分 废弃处置

废弃化学品 建议用焚烧法处置。焚烧炉排出的卤化氢通过酸洗涤器除去
污染包装物 将容器返还生产商或按照国家和地方法规处置
废弃注意事项 处置前应参阅国家和地方有关法规

第十四部分 运输信息

联合国危险货物编号（UN 号） 1993
联合国运输名称 易燃液体，未另作规定的（溴代正戊烷）
联合国危险性类别 3 **包装类别** Ⅲ类包装
包装标志  **海洋污染物** 否
运输注意事项 运输时运输车辆应配备相应品种和数量的消防器材及泄漏应急处理设备。夏季最好早晚运输。运输时所用的槽（罐）车应有接地链，槽内可设孔隔板以减少震荡产生的静电。严禁与氧化剂、碱类、食用化学品等混装混运。运输途中应防曝晒、雨淋，防高温。中途停留时应远离火种、热源、高温区。装运该物品的车辆排气管必须配备阻火装置，禁止使用易产生火花的机械设备和工具装卸。公路运输时要按规定路线行驶，勿在居民区和人口稠密区停留。铁路运输时要禁止溜放。严禁用木船、水泥船散装运输

第十五部分 法规信息

下列法律、法规、规章和标准，对该化学品的管理作了相应的规定。
中华人民共和国职业病防治法 职业病分类和目录：未列入
危险化学品安全管理条例 危险化学品目录：列入。易制爆危险化学品名录：未列入。重点监管的危险化学品名录：未列入。GB 18218—2009《危险化学品重大危险源辨识》（表 1）：未列入
使用有毒物品作业场所劳动保护条例 高毒物品目录：未列入
易制毒化学品管理条例 易制毒化学品的分类和品种目录：未列入
国际公约 斯德哥尔摩公约：未列入。鹿特丹公约：未列入。蒙特利尔议定书：未列入

第十六部分 其他信息

编写和修订信息 **缩略语和首字母缩写**
培训建议 **参考文献**
免责声明

2-溴乙醇

第一部分 化学品标识

化学品中文名 2-溴乙醇
化学品英文名 2-bromoethanol；2-bromoethyl alcohol；ethylenebromohydrin
分子式 C_2H_5BrO **相对分子质量** 124.98
结构式 Br‿‿OH
化学品的推荐及限制用途 用于有机合成及用作溶剂

第二部分 危险性概述

紧急情况概述 易燃液体和蒸气
GHS 危险性类别 易燃液体，类别 3
标签要素
象形图 
警示词 警告
危险性说明 易燃液体和蒸气
防范说明
预防措施 远离热源、火花、明火、热表面。禁止吸烟。保持容器密闭。容器和接收设备接地连接。使用防爆电器、通风、照明设备。只能使用不产生火花的工具。采取防止静电措施。戴防护手套、防护眼镜、防护面罩
事故响应 火灾时，使用雾状水、抗溶性泡沫、干粉、二氧化碳、砂土灭火。如皮肤（或头发）接触：立即脱掉所有被污染的衣服，用水冲洗皮肤，淋浴
安全储存 存放在通风良好的地方。保持低温
废弃处置 本品及内装物、容器依据国家和地方法规处置
物理和化学危险 易燃，其蒸气与空气混合，能形成爆炸性混合物
健康危害 对眼睛、呼吸道和皮肤有刺激性
环境危害 对环境可能有害

第三部分 成分/组成信息

√物质 混合物

组分	浓度	CAS No.
2-溴乙醇		540-51-2

第四部分 急救措施

吸入 迅速脱离现场至空气新鲜处。保持呼吸道通畅。如呼吸困难，给吸氧。如呼吸、心跳停止，立即行心肺复苏术。就医

皮肤接触 立即脱去污染衣着，用肥皂水或清水彻底冲洗。就医

眼睛接触 分开眼睑，用清水或生理盐水冲洗。就医

食入 漱口，饮水。就医

对保护施救者的忠告 根据需要使用个人防护设备

对医生的特别提示 对症处理

第五部分 消防措施

灭火剂 用雾状水、抗溶性泡沫、干粉、二氧化碳、砂土灭火

特别危险性 遇明火易燃。受高热燃烧并分解产生有毒气体。燃烧生成有害的一氧化碳、溴化氢

灭火注意事项及防护措施 消防人员须佩戴防毒面具、穿全身消防服，在上风向灭火。尽可能将容器从火场移至空旷处。喷水保持火场容器冷却，直至灭火结束。容器突然发出异常声音或出现异常现象，应立即撤离

第六部分 泄漏应急处理

作业人员防护措施、防护装备和应急处置程序 根据液体流动和蒸气扩散的影响区域划定警戒区，无关人员从侧风、上风向撤离至安全区。消除所有点火源。建议应急处理人员戴正压自给式呼吸器，穿防毒、防静电服，戴橡胶手套。穿上适当的防护服前严禁接触破裂的容器和泄漏物。尽可能切断泄漏源

环境保护措施 防止泄漏物进入水体、下水道、地下室或有限空间

泄漏化学品的收容、清除方法及所使用的处置材料 小量泄漏：用干燥的砂土或其他不燃材料吸收或覆盖，收集于容器中。大量泄漏：构筑围堤或挖坑收容，用防爆泵转移至槽车或专用收集器内

第七部分 操作处置与储存

操作注意事项 密闭操作，提供充分的局部排风。操作人员必须经过专门培训，严格遵守操作规程。建议操作人员佩戴自吸过滤式防毒面具（全面罩），穿胶布防毒衣，戴橡胶手套。远离火种、热源。工作场所严禁吸烟。使用防爆型的通风系统和设备。防止蒸气泄漏到工作场所空气中。避免与氧化剂、还原剂、碱类接触。搬运时要轻装轻卸，防止包装及容器损坏。配备相应品种和数量的消防器材及泄漏应急处理设备。倒空的容器可能残留有害物

储存注意事项 储存于阴凉、通风的库房。远离火种、热源。保持容器密封。应与氧化剂、还原剂、碱类、食用化学品分开存放，切忌混储。采用防爆型照明、通风设施。禁止使用易产生火花的机械设备和工具。储区应备有泄漏应急处理设备和合适的收容材料

第八部分 接触控制/个体防护

职业接触限值

中国 未制定标准

美国(ACGIH) 未制定标准

生物接触限值 未制定标准

监测方法 空气中有毒物质测定方法：未制定标准。生物监测检验方法：未制定标准

工程控制 严加密闭，提供充分的局部排风。提供安全的淋浴和洗眼设备

个体防护装备

呼吸系统防护 空气中浓度超标时，应该佩戴过滤式防毒面具（全面罩）。紧急事态抢救或撤离时，佩戴空气呼吸器

眼睛防护 呼吸系统防护中已作防护

皮肤和身体防护 穿隔绝式防毒服

手防护 戴橡胶手套

第九部分 理化特性

外观与性状 无色或浅黄色吸湿性液体，其水溶液具有甜的焦灼味

pH 值 无资料 **熔点(℃)** 无资料

沸点(℃) 149～150 **相对密度(水=1)** 1.763

相对蒸气密度(空气=1) 4.3

饱和蒸气压(kPa) 2.67（57℃）

燃烧热(kJ/mol) 无资料 **临界温度(℃)** 无资料

临界压力(MPa) 无资料 **辛醇/水分配系数** 0.23

闪点(℃) 40 **自燃温度(℃)** 无资料

爆炸下限(%) 无资料 **爆炸上限(%)** 无资料

分解温度(℃) 无资料 **黏度(mPa·s)** 无资料

溶解性 与水混溶，可混溶于乙醇、乙醚等多数有机溶剂

第十部分 稳定性和反应性

稳定性 稳定

危险反应 与强氧化剂等禁配物接触，有发生火灾和爆炸的危险

避免接触的条件 受热

禁配物 强酸、强还原剂、强氧化剂、酸酐、酰基氯

危险的分解产物 溴化氢

第十一部分 毒理学信息

急性毒性 LDLo：80mg/kg（小鼠腹腔）

皮肤刺激或腐蚀 无资料 **眼睛刺激或腐蚀** 无资料

呼吸道或皮肤致敏 无资料 **生殖细胞致突变性** 无资料

致癌性 无资料 **生殖毒性** 无资料

特异性靶器官系统毒性-一次接触 无资料

特异性靶器官系统毒性-反复接触 无资料

吸入危害 无资料

第十二部分 生态学信息

生态毒性 无资料

持久性和降解性

生物降解性 无资料

非生物降解性　无资料

潜在的生物累积性　根据 K_{ow}值预测，该物质的生物累积性可能较弱

土壤中的迁移性　据 K_{oc}值预测，该物质可能易发生迁移

第十三部分　废弃处置

废弃化学品　建议用焚烧法处置。焚烧炉排出的卤化氢通过酸洗涤器除去

污染包装物　将容器返还生产商或按照国家和地方法规处置

废弃注意事项　处置前应参阅国家和地方有关法规

第十四部分　运输信息

联合国危险货物编号（UN号）　1987

联合国运输名称　醇类，未另作规定的（2-溴乙醇）

联合国危险性类别　3　　**包装类别**　Ⅲ类包装

包装标志 

海洋污染物　否

运输注意事项　运输前应先检查包装容器是否完整、密封，运输过程中要确保容器不泄漏、不倒塌、不坠落、不损坏。严禁与酸类、氧化剂、食品及食品添加剂混运。运输时，运输车辆应配备相应品种和数量的消防器材及泄漏应急处理设备。运输途中应防曝晒、雨淋，防高温。运输时所用的槽（罐）车应有接地链，槽内可设孔隔板以减少震荡产生的静电。中途停留时应远离火种、热源。公路运输时要按规定路线行驶

第十五部分　法规信息

下列法律、法规、规章和标准，对该化学品的管理作了相应的规定。

中华人民共和国职业病防治法　职业病分类和目录：未列入

危险化学品安全管理条例　危险化学品目录：列入。易制爆危险化学品名录：未列入。重点监管的危险化学品名录：未列入。GB 18218—2009《危险化学品重大危险源辨识》（表1）：未列入

使用有毒物品作业场所劳动保护条例　高毒物品目录：未列入

易制毒化学品管理条例　易制毒化学品的分类和品种目录：未列入

国际公约　斯德哥尔摩公约：未列入。鹿特丹公约：未列入。蒙特利尔议定书：未列入

第十六部分　其他信息

编写和修订信息　　**缩略语和首字母缩写**

培训建议　　**参考文献**

免责声明

溴　乙　酸

第一部分　化学品标识

化学品中文名　溴乙酸；溴醋酸

化学品英文名　bromoacetic acid

分子式　$C_2H_3O_2Br$　　**相对分子质量**　138.04

结构式

O
HO　Br

化学品的推荐及限制用途　用于有机合成

第二部分　危险性概述

紧急情况概述　吞咽会中毒，皮肤接触会中毒，吸入会中毒，造成严重的皮肤灼伤和眼损伤，可能导致皮肤过敏反应

GHS危险性类别　急性毒性-经口，类别3；急性毒性-经皮，类别3；急性毒性-吸入，类别3；皮肤腐蚀/刺激，类别1A；严重眼损伤/眼刺激，类别1；皮肤致敏物，类别1；危害水生环境-急性危害，类别1

标签要素

象形图 

警示词　危险

危险性说明　吞咽会中毒，皮肤接触会中毒，吸入会中毒，造成严重的皮肤灼伤和眼损伤，造成严重眼损伤，可能导致皮肤过敏反应，对水生生物毒性非常大

防范说明

预防措施　避免接触眼睛、皮肤，操作后彻底清洗。作业场所不得进食、饮水或吸烟。仅在室外或通风良好处操作。避免吸入粉尘。戴防护手套，穿防护服，戴防护眼镜、防护面罩。污染的工作服不得带出工作场所。禁止排入环境

事故响应　如吸入：将患者转移到空气新鲜处，休息，保持利于呼吸的体位。皮肤接触：用大量肥皂水和水清洗。如出现皮肤刺激或皮疹：就医。立即脱去所有被污染的衣服。被污染的衣服须经洗净后方可重新使用。眼睛接触：用水细心地冲洗数分钟。如戴隐形眼镜并可方便地取出，则取出隐形眼镜继续冲洗。食入：漱口，不要催吐，立即呼叫中毒控制中心或就医。收集泄漏物

安全储存　在通风良好处储存。保持容器密闭。上锁保管

废弃处置　本品及内装物、容器依据国家和地方法规处置

物理和化学危险　可燃，其粉体与空气混合，能形成爆炸性混合物

健康危害　对眼睛、呼吸道和皮肤有刺激作用。直接接触可引起灼伤

环境危害　对水生生物毒性非常大

第三部分　成分/组成信息

√物质　　混合物

组分	浓度	CAS No.
溴乙酸		79-08-3

第四部分　急救措施

吸入　迅速脱离现场至空气新鲜处。保持呼吸道通畅。如呼吸困难，给输氧。如呼吸、心跳停止，立即进行心肺复苏术。就医

皮肤接触　立即脱去污染的衣着，用大量流动清水彻底冲洗至少15min。就医

眼睛接触　立即分开眼睑，用流动清水或生理盐水彻底冲洗至少15min。就医

食入　用水漱口，禁止催吐。给饮牛奶或蛋清。就医

对保护施救者的忠告　根据需要使用个人防护设备

对医生的特别提示　对症处理

第五部分　消防措施

灭火剂　用雾状水、泡沫、二氧化碳灭火

特别危险性　遇明火、高热可燃。受高热分解产生有毒的溴化物气体。与强氧化剂接触可发生化学反应。遇潮时对大多数金属有腐蚀性。燃烧生成有害的一氧化碳、溴化氢

灭火注意事项及防护措施　消防人员必须佩戴空气呼吸器、穿全身防火防毒服，在上风向灭火。尽可能将容器从火场移至空旷处。喷水保持火场容器冷却，直至灭火结束

第六部分　泄漏应急处理

作业人员防护措施、防护装备和应急处置程序　隔离泄漏污染区，限制出入。建议应急处理人员戴防尘口罩，穿防酸碱服，戴橡胶耐酸碱手套。作业时使用的所有设备应接地。穿上适当的防护服前严禁接触破裂的容器和泄漏物。尽可能切断泄漏源。用干燥的砂土或其他不燃材料覆盖泄漏物，然后用塑料布覆盖，减少飞散、避免雨淋

环境保护措施　无资料

泄漏化学品的收容、清除方法及所使用的处置材料　用洁净的铲子收集泄漏物，置于干净、干燥、盖子较松的容器中，将容器移离泄漏区

第七部分　操作处置与储存

操作注意事项　密闭操作，局部排风。操作人员必须经过专门培训，严格遵守操作规程。建议操作人员佩戴自吸过滤式防尘口罩，戴化学安全防护眼镜，穿防酸碱工作服，戴橡胶耐酸碱手套。远离火种、热源。工作场所严禁吸烟。使用防爆型的通风系统和设备。避免产生粉尘。避免与氧化剂、碱类接触。搬运时要轻装轻卸，防止包装及容器损坏。配备相应品种和数量的消防器材及泄漏应急处理设备。倒空的容器可能残留有害物

储存注意事项　储存于阴凉、通风的库房。远离火种、热源。包装密封。应与氧化剂、碱类、食用化学品分开存放，切忌混储。配备相应品种和数量的消防器材。储区应备有合适的材料收容泄漏物

第八部分　接触控制/个体防护

职业接触限值

中国　未制定标准

美国(ACGIH)　未制定标准

生物接触限值　未制定标准

监测方法　空气中有毒物质测定方法：未制定标准。生物监测检验方法：未制定标准

工程控制　密闭操作，局部排风。提供安全的淋浴和洗眼设备

个体防护装备

呼吸系统防护　空气中粉尘浓度超标时，必须佩戴过滤式防尘呼吸器。紧急事态抢救或撤离时，佩戴空气呼吸器

眼睛防护　戴化学安全防护眼镜

皮肤和身体防护　穿防酸碱工作服

手防护　戴橡胶耐酸碱手套

第九部分　理化特性

外观与性状　无色结晶，易潮解

pH值　无意义　　**熔点(℃)**　49～51

沸点(℃)　208　　**相对密度(水=1)**　1.934

相对蒸气密度(空气=1)　无资料

饱和蒸气压(kPa)　0.13（54.7℃）

燃烧热(kJ/mol)　无资料　　**临界温度(℃)**　无资料

临界压力(MPa)　无资料　　**辛醇/水分配系数**　0.41

闪点(℃)　无意义　　**自燃温度(℃)**　无资料

爆炸下限(%)　无资料　　**爆炸上限(%)**　无资料

分解温度(℃)　无资料　　**黏度(mPa·s)**　无资料

溶解性　易溶于水、乙醇、乙醚，溶于丙酮、苯

第十部分　稳定性和反应性

稳定性　稳定

危险反应　与强氧化剂等禁配物发生反应

避免接触的条件　光照、受热

禁配物　强氧化剂、强碱

危险的分解产物　溴化氢

第十一部分　毒理学信息

急性毒性　LD_{50}：100mg/kg（小鼠经口）

皮肤刺激或腐蚀　无资料

眼睛刺激或腐蚀　无资料

呼吸或皮肤过敏　皮肤致敏作用

生殖细胞突变性　DNA损伤：小鼠白细胞100μmol/L。DNA损伤：仓鼠卵巢0.017mmol/L（4h）

致癌性　无资料　　**生殖毒性**　无资料

特异性靶器官系统毒性-一次接触　无资料

特异性靶器官系统毒性-反复接触　猪，喂以10～54mg/(kg·d)，在28～105d中毒死亡，有明显胃肠炎、黄疸和肌无力等

吸入危害　无资料

第十二部分　生态学信息

生态毒性

LC_{50}　103mg/L（96h）（斑马鱼）

EC_{50}　42mg/L（48h）（水蚤）

EbC_{50}　0.29mg/L（96h）（羊角月牙藻）

持久性和降解性

生物降解性　OECD301B，易快速生物降解

非生物降解性　无资料

潜在的生物累积性　根据 K_{ow} 值预测，该物质的生物累积性可能较弱

土壤中的迁移性　根据 K_{oc} 值预测，该物质可能易发生迁移

第十三部分　废弃处置

废弃化学品　建议用焚烧法处置。焚烧炉排出的卤化氢通过酸洗涤器除去

污染包装物　将容器返还生产商或按照国家和地方法规处置

废弃注意事项　处置前应参阅国家和地方有关法规

第十四部分　运输信息

联合国危险货物编号（UN号）　3425；1938（溶液）

联合国运输名称　固态溴乙酸；溴乙酸溶液（溶液）

联合国危险性类别　8　**包装类别**　Ⅱ类包装

包装标志 

海洋污染物　否

运输注意事项　起运时包装要完整，装载应稳妥。运输过程中要确保容器不泄漏、不倒塌、不坠落、不损坏。严禁与氧化剂、碱类、食用化学品等混装混运。运输车辆应配备相应品种和数量的消防器材及泄漏应急处理设备。运输途中应防曝晒、雨淋，防高温

第十五部分　法规信息

下列法律、法规、规章和标准，对该化学品的管理作了相应的规定。

中华人民共和国职业病防治法　职业病分类和目录：未列入

危险化学品安全管理条例　危险化学品目录：列入。易制爆危险化学品名录：未列入。重点监管的危险化学品名录：未列入。GB 18218—2009《危险化学品重大危险源辨识》（表1）：未列入

使用有毒物品作业场所劳动保护条例　高毒物品目录：未列入

易制毒化学品管理条例　易制毒化学品的分类和品种目录：未列入

国际公约　斯德哥尔摩公约：未列入。鹿特丹公约：未列入。蒙特利尔议定书：未列入

第十六部分　其他信息

编写和修订信息　**缩略语和首字母缩写**

培训建议　**参考文献**

免责声明

溴乙酸甲酯

第一部分　化学品标识

化学品中文名　溴乙酸甲酯；溴醋酸甲酯

化学品英文名　methyl bromoacetate；methyl 2-bromoacetate

分子式　$C_3H_5BrO_2$　**相对分子质量**　152.99

结构式

化学品的推荐及限制用途　用于合成除草剂，也作染料、药品制造的中间体

第二部分　危险性概述

紧急情况概述　可燃液体，皮肤接触会中毒

GHS危险性类别　易燃液体，类别4；急性毒性-经皮，类别3；皮肤腐蚀/刺激，类别2

标签要素

象形图 

警示词　危险

危险性说明　可燃液体，皮肤接触会中毒，造成皮肤刺激

防范说明

预防措施　远离火焰和热表面。禁止吸烟。戴防护手套、防护眼镜、防护面罩，穿防护服。避免接触眼睛、皮肤，操作后彻底清洗

事故响应　火灾时，使用泡沫、干粉、砂土灭火。皮肤接触：用大量肥皂水和水清洗，如感觉不适，呼叫中毒控制中心或就医。立即脱去所有被污染的衣服。如发生皮肤刺激，就医。被污染的衣服须经洗净后方可重新使用

安全储存　存放在通风良好的地方。保持低温。上锁保管

废弃处置　本品及内装物、容器依据国家和地方法规处置

物理和化学危险　可燃，其蒸气与空气混合，能形成爆炸性混合物

健康危害　对眼睛、呼吸道黏膜有强烈的刺激作用，重者可引起肺水肿

环境危害　对环境可能有害

第三部分　成分/组成信息

√物质　　混合物

组分	浓度	CAS No.
溴乙酸甲酯		96-32-2

第四部分　急救措施

吸入　迅速脱离现场至空气新鲜处。保持呼吸道通畅。如呼吸困难，给输氧。如呼吸、心跳停止，立即进行心肺复苏术。就医

皮肤接触　立即脱去污染的衣着，用流动清水彻底冲洗。就医

眼睛接触　立即分开眼睑，用流动清水或生理盐水彻底冲洗。就医

食入　漱口，饮水。就医

对保护施救者的忠告　根据需要使用个人防护设备

对医生的特别提示 对症处理

第五部分 消防措施

灭火剂 用泡沫、干粉、砂土灭火

特别危险性 遇明火、高热或与氧化剂接触，有引起燃烧爆炸的危险。受热或遇水、酸分解放热，放出有毒烟气。燃烧生成有害的一氧化碳、溴化氢

灭火注意事项及防护措施 消防人员须佩戴防毒面具、穿全身消防服，在上风向灭火。尽可能将容器从火场移至空旷处。喷水保持火场容器冷却，直至灭火结束。容器突然发出异常声音或出现异常现象，应立即撤离

第六部分 泄漏应急处理

作业人员防护措施、防护装备和应急处置程序 根据液体流动和蒸气扩散的影响区域划定警戒区，无关人员从侧风、上风向撤离至安全区。消除所有点火源。建议应急处理人员戴正压自给式呼吸器，穿防毒服，戴橡胶耐油手套。作业时使用的所有设备应接地。穿上适当的防护服前严禁接触破裂的容器和泄漏物。尽可能切断泄漏源

环境保护措施 防止泄漏物进入水体、下水道、地下室或有限空间

泄漏化学品的收容、清除方法及所使用的处置材料 严禁用水处理。小量泄漏：用干燥的砂土或其他不燃材料覆盖泄漏物。大量泄漏：构筑围堤或挖坑收容，用泵转移至槽车或专用收集器内

第七部分 操作处置与储存

操作注意事项 密闭操作，提供充分的局部排风。操作尽可能机械化、自动化。操作人员必须经过专门培训，严格遵守操作规程。建议操作人员佩戴自吸过滤式防毒面具（全面罩），穿连衣式防毒衣，戴橡胶耐油手套。远离火种、热源。工作场所严禁吸烟。使用防爆型的通风系统和设备。防止蒸气泄漏到工作场所空气中。避免与氧化剂、还原剂、酸类、碱类接触。尤其要注意避免与水接触。搬运时要轻装轻卸，防止包装及容器损坏。配备相应品种和数量的消防器材及泄漏应急处理设备。倒空的容器可能残留有害物

储存注意事项 储存于阴凉、通风的库房。远离火种、热源。库房温度不超过30℃，相对湿度不超过70%。保持容器密封。应与氧化剂、还原剂、酸类、碱类、食用化学品分开存放，切忌混储。配备相应品种和数量的消防器材。储区应备有泄漏应急处理设备和合适的收容材料

第八部分 接触控制/个体防护

职业接触限值

中国 未制定标准

美国(ACGIH) 未制定标准

生物接触限值 未制定标准

监测方法 空气中有毒物质测定方法：未制定标准。生物监测检验方法：未制定标准

工程控制 严加密闭，提供充分的局部排风。提供安全的淋浴和洗眼设备

个体防护装备

呼吸系统防护 可能接触其蒸气时，应该佩戴过滤式防毒面具（全面罩）。紧急事态抢救或撤离时，佩戴空气呼吸器

眼睛防护 呼吸系统防护中已作防护

皮肤和身体防护 穿连衣式防毒衣

手防护 戴橡胶耐油手套

第九部分 理化特性

外观与性状 无色至黄色液体，有吸湿性

pH值 无资料 **熔点(℃)** －50

沸点(℃) 145～146.7

相对密度(水＝1) 1.635 (20℃)

相对蒸气密度(空气＝1) 无资料

饱和蒸气压(kPa) 2.00 (51℃)

燃烧热(kJ/mol) 无资料 **临界温度(℃)** 无资料

临界压力(MPa) 无资料 **辛醇/水分配系数** 0.72

闪点(℃) 62.8 **自燃温度(℃)** 无资料

爆炸下限(%) 无资料 **爆炸上限(%)** 无资料

分解温度(℃) 无资料 **黏度(mPa·s)** 无资料

溶解性 不溶于水，溶于甲醇、乙醚

第十部分 稳定性和反应性

稳定性 稳定

危险反应 与强氧化剂等禁配物发生反应

避免接触的条件 受热

禁配物 酸类、碱类、强氧化剂、强还原剂

危险的分解产物 溴化氢

第十一部分 毒理学信息

急性毒性 无资料 **皮肤刺激或腐蚀** 无资料

眼睛刺激或腐蚀 无资料 **呼吸或皮肤过敏** 无资料

生殖细胞突变性 无资料 **致癌性** 无资料

生殖毒性 无资料

特异性靶器官系统毒性-一次接触 无资料

特异性靶器官系统毒性-反复接触 无资料

吸入危害 无资料

第十二部分 生态学信息

生态毒性 无资料

持久性和降解性

生物降解性 无资料

非生物降解性 无资料

潜在的生物累积性 根据 K_{ow} 值预测，该物质的生物累积性可能较弱

土壤中的迁移性 根据 K_{oc} 值预测，该物质可能易发生迁移

第十三部分 废弃处置

废弃化学品 建议用焚烧法处置。焚烧炉排出的卤化氢通过酸洗涤器除去

污染包装物 将容器返还生产商或按照国家和地方法规

处置

废弃注意事项 处置前应参阅国家和地方有关法规

第十四部分 运输信息

联合国危险货物编号（UN 号） 2643

联合国运输名称 溴乙酸甲酯

联合国危险性类别 6.1 **包装类别** Ⅱ类包装

包装标志  **海洋污染物** 否

运输注意事项 运输前应先检查包装容器是否完整、密封，运输过程中要确保容器不泄漏、不倒塌、不坠落、不损坏。严禁与酸类、氧化剂、食品及食品添加剂混运。运输时运输车辆应配备相应品种和数量的消防器材及泄漏应急处理设备。运输途中应防曝晒、雨淋，防高温。公路运输时要按规定路线行驶，勿在居民区和人口稠密区停留

第十五部分 法规信息

下列法律、法规、规章和标准，对该化学品的管理作了相应的规定。

中华人民共和国职业病防治法 职业病分类和目录：未列入

危险化学品安全管理条例 危险化学品目录：列入。易制爆危险化学品名录：未列入。重点监管的危险化学品名录：未列入。GB 18218—2009《危险化学品重大危险源辨识》(表 1)：未列入

使用有毒物品作业场所劳动保护条例 高毒物品目录：未列入

易制毒化学品管理条例 易制毒化学品的分类和品种目录：未列入

国际公约 斯德哥尔摩公约：未列入。鹿特丹公约：未列入。蒙特利尔议定书：未列入

第十六部分 其他信息

编写和修订信息 **缩略语和首字母缩写**

培训建议 **参考文献**

免责声明

溴乙酸叔丁酯

第一部分 化学品标识

化学品中文名 溴乙酸叔丁酯；溴醋酸叔丁酯

化学品英文名 *tert*-butyl bromoacetate；*t*-butyl 2-bromoacetate

分子式 $C_6H_{11}BrO_2$ **相对分子质量** 195.08

结构式

化学品的推荐及限制用途 用于有机合成

第二部分 危险性概述

紧急情况概述 易燃液体和蒸气

GHS 危险性类别 易燃液体，类别 3

标签要素

象形图 

警示词 危险

危险性说明 易燃液体和蒸气

防范说明

预防措施 远离热源、火花、明火、热表面。禁止吸烟。保持容器密闭。容器和接收设备接地连接。使用防爆电器、通风、照明设备。只能使用不产生火花的工具。采取防止静电措施。戴防护手套、防护眼镜、防护面罩

事故响应 火灾时，使用雾状水、泡沫、干粉、砂土灭火。如皮肤（或头发）接触：立即脱掉所有被污染的衣服，用水冲洗皮肤，淋浴

安全储存 存放在通风良好的地方。保持低温

废弃处置 本品及内装物、容器依据国家和地方法规处置

物理和化学危险 易燃，其蒸气与空气混合，能形成爆炸性混合物

健康危害 本品具有刺激性

环境危害 对环境可能有害

第三部分 成分/组成信息

√物质		混合物
组分	**浓度**	**CAS No.**
溴乙酸叔丁酯		5292-43-3

第四部分 急救措施

吸入 迅速脱离现场至空气新鲜处。保持呼吸道通畅。如呼吸困难，给输氧。如呼吸、心跳停止，立即进行心肺复苏术。就医

皮肤接触 立即脱去污染的衣着，用流动清水彻底冲洗。就医

眼睛接触 立即分开眼睑，用流动清水或生理盐水彻底冲洗。就医

食入 漱口，饮水。就医

对保护施救者的忠告 根据需要使用个人防护设备

对医生的特别提示 对症处理

第五部分 消防措施

灭火剂 用雾状水、泡沫、干粉、砂土灭火

特别危险性 遇明火易燃。受高热燃烧并分解产生有毒气体。燃烧生成有害的一氧化碳、溴化氢

灭火注意事项及防护措施 消防人员必须佩戴空气呼吸器、穿全身防火防毒服，在上风向灭火。喷水冷却容器，尽可能将容器从火场移至空旷处。容器突然发出异常声音或出现异常现象，应立即撤离

第六部分 泄漏应急处理

作业人员防护措施、防护装备和应急处置程序 根据液体

流动和蒸气扩散的影响区域划定警戒区，无关人员从侧风、上风向撤离至安全区。消除所有点火源。建议应急处理人员戴正压自给式呼吸器，穿防毒、防静电服，戴橡胶耐油手套。穿上适当的防护服前严禁接触破裂的容器和泄漏物。尽可能切断泄漏源

环境保护措施 防止泄漏物进入水体、下水道、地下室或有限空间

泄漏化学品的收容、清除方法及所使用的处置材料 小量泄漏：用干燥的砂土或其他不燃材料吸收或覆盖，收集于容器中。大量泄漏：构筑围堤或挖坑收容，用防爆泵转移至槽车或专用收集器内

第七部分 操作处置与储存

操作注意事项 严加密闭，提供充分的局部排风和全面通风。操作人员必须经过专门培训，严格遵守操作规程。建议操作人员佩戴自吸过滤式防毒面具（半面罩），戴化学安全防护眼镜，穿防毒物渗透工作服，戴橡胶耐油手套。远离火种、热源。工作场所严禁吸烟。使用防爆型的通风系统和设备。防止蒸气泄漏到工作场所空气中。避免与氧化剂、酸类、碱类接触。搬运时要轻装轻卸，防止包装及容器损坏。配备相应品种和数量的消防器材及泄漏应急处理设备。倒空的容器可能残留有害物

储存注意事项 储存于阴凉、通风的库房。远离火种、热源。保持容器密封。应与氧化剂、酸类、碱类、食用化学品分开存放，切忌混储。采用防爆型照明、通风设施。禁止使用易产生火花的机械设备和工具。储区应备有泄漏应急处理设备和合适的收容材料

第八部分 接触控制/个体防护

职业接触限值

中国 未制定标准

美国(ACGIH) 未制定标准

生物接触限值 未制定标准

监测方法 空气中有毒物质测定方法：未制定标准。生物监测检验方法：未制定标准

工程控制 严加密闭，提供充分的局部排风和全面通风

个体防护装备

呼吸系统防护 可能接触其蒸气时，应该佩戴过滤式防毒面具（半面罩）。紧急事态抢救或撤离时，建议佩戴空气呼吸器

眼睛防护 戴化学安全防护眼镜

皮肤和身体防护 穿防毒物渗透工作服

手防护 戴橡胶耐油手套

第九部分 理化特性

外观与性状 无色液体

pH值 无资料 **熔点(℃)** 无资料

沸点(℃) 73～74 (3.33kPa) **相对密度(水=1)** 1.321

相对蒸气密度(空气=1) 6.73

饱和蒸气压(kPa) 3.33 (73～74℃)

燃烧热(kJ/mol) 无资料 **临界温度(℃)** 无资料

临界压力(MPa) 无资料 **辛醇/水分配系数** 无资料

闪点(℃) 49 (CC) **自燃温度(℃)** 无资料

爆炸下限(%) 无资料 **爆炸上限(%)** 无资料

分解温度(℃) 无资料 **黏度(mPa·s)** 无资料

溶解性 不溶于水，溶于乙醇、乙醚等多数有机溶剂

第十部分 稳定性和反应性

稳定性 稳定

危险反应 与强氧化剂等禁配物接触，有发生火灾和爆炸的危险

避免接触的条件 受热

禁配物 强氧化剂、强酸、强碱

危险的分解产物 溴化氢

第十一部分 毒理学信息

急性毒性 无资料 **皮肤刺激或腐蚀** 无资料

眼睛刺激或腐蚀 无资料 **呼吸或皮肤过敏** 无资料

生殖细胞突变性 无资料 **致癌性** 无资料

生殖毒性 无资料

特异性靶器官系统毒性-一次接触 无资料

特异性靶器官系统毒性-反复接触 无资料

吸入危害 无资料

第十二部分 生态学信息

生态毒性 无资料

持久性和降解性

生物降解性 无资料

非生物降解性 无资料

潜在的生物累积性 无资料

土壤中的迁移性 无资料

第十三部分 废弃处置

废弃化学品 建议用焚烧法处置。焚烧炉排出的卤化氢通过酸洗涤器除去

污染包装物 将容器返还生产商或按照国家和地方法规处置

废弃注意事项 处置前应参阅国家和地方有关法规

第十四部分 运输信息

联合国危险货物编号(UN号) 3272

联合国运输名称 酯类，未另作规定的（溴乙酸叔丁酯）

联合国危险性类别 3 **包装类别** Ⅲ类包装

包装标志 

海洋污染物 否

运输注意事项 运输前应先检查包装容器是否完整、密封，运输过程中要确保容器不泄漏、不倒塌、不坠落、不损坏。严禁与酸类、氧化剂、食品及食品添加剂混运。运输时运输车辆应配备相应品种和数量的消防器材及泄漏应急处理设备。运输途中应防曝晒、雨淋，防高温。运输时所用的槽（罐）车应有接地链，槽内可设孔隔板以减少震荡产生的静电。中途停留时应远离火种、热源。公路运输时要按规定路线行驶

第十五部分　法规信息

下列法律、法规、规章和标准，对该化学品的管理作了相应的规定。

中华人民共和国职业病防治法　职业病分类和目录：未列入

危险化学品安全管理条例　危险化学品目录：列入。易制爆危险化学品名录：未列入。重点监管的危险化学品名录：未列入。GB 18218—2009《危险化学品重大危险源辨识》(表 1)：未列入

使用有毒物品作业场所劳动保护条例　高毒物品目录：未列入

易制毒化学品管理条例　易制毒化学品的分类和品种目录：未列入

国际公约　斯德哥尔摩公约：未列入。鹿特丹公约：未列入。蒙特利尔议定书：未列入

第十六部分　其他信息

编写和修订信息　　**缩略语和首字母缩写**

培训建议　　**参考文献**

免责声明

溴乙酸乙酯

第一部分　化学品标识

化学品中文名　溴乙酸乙酯；溴醋酸乙酯

化学品英文名　ethyl bromoacetate; bromoacetic acid ethyl ester

分子式　$C_4H_7BrO_2$　**相对分子质量**　167.02

结构式

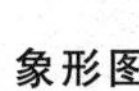

化学品的推荐及限制用途　用于有机合成，制造军用毒气

第二部分　危险性概述

紧急情况概述　易燃液体和蒸气，吞咽致命，皮肤接触会致命，吸入致命

GHS 危险性类别　易燃液体，类别 3；急性毒性-经口，类别 2；急性毒性-经皮，类别 1；急性毒性-吸入，类别 2

标签要素

象形图

警示词　危险

危险性说明　易燃液体和蒸气，吞咽致命，皮肤接触会致命，吸入致命

防范说明

预防措施　远离热源、火花、明火、热表面。禁止吸烟。保持容器密闭。使用防爆电器。采用防止静电措施。只能使用不产生火花的工具。避免接触眼睛、皮肤，操作后彻底清洗。作业场所不得进食、饮水或吸烟。戴防护手套，穿防护服，戴呼吸防护器具。避免吸入蒸气、雾。仅在室外或通风良好处操作

事故响应　火灾时，用泡沫、干粉、砂土灭火。如吸入：将患者转移到空气新鲜处，休息，保持利于呼吸的体位。皮肤接触：用大量肥皂水和水轻轻地清洗，立即脱去所有被污染的衣服。被污染的衣服须经洗净后方可重新使用。食入：漱口，立即呼叫中毒控制中心或就医

安全储存　在通风良好处储存。保持低温。保持容器密闭。上锁保管

废弃处置　本品及内装物、容器依据国家和地方法规处置

物理和化学危险　易燃，其蒸气与空气混合，能形成爆炸性混合物

健康危害　对眼睛、呼吸道黏膜有强烈的刺激作用，重者可引起肺水肿

环境危害　对环境可能有害

第三部分　成分/组成信息

√物质		混合物
组分	**浓度**	**CAS No.**
溴乙酸乙酯		105-36-2

第四部分　急救措施

吸入　迅速脱离现场至空气新鲜处。保持呼吸道通畅。如呼吸困难，给输氧。如呼吸、心跳停止，立即进行心肺复苏术。就医

皮肤接触　立即脱去污染的衣着，用流动清水彻底冲洗。就医

眼睛接触　立即分开眼睑，用流动清水或生理盐水彻底冲洗。就医

食入　漱口，饮水。就医

对保护施救者的忠告　根据需要使用个人防护设备

对医生的特别提示　对症处理

第五部分　消防措施

灭火剂　用泡沫、干粉、砂土灭火

特别危险性　易燃，遇明火、高热或与氧化剂接触，有引起燃烧爆炸的危险。受高热分解产生有毒的溴化物气体。燃烧生成有害的一氧化碳、溴化氢

灭火注意事项及防护措施　消防人员须佩戴防毒面具、穿全身消防服，在上风向灭火。尽可能将容器从火场移至空旷处。喷水保持火场容器冷却，直至灭火结束。容器突然发出异常声音或出现异常现象，应立即撤离

第六部分　泄漏应急处理

作业人员防护措施、防护装备和应急处置程序　消除所有点火源。根据液体流动和蒸气扩散的影响区域划定警戒区，无关人员从侧风、上风向撤离至安全区。建议应急处理人员戴正压自给式呼吸器，穿防毒、防静电服，戴橡胶耐油手套。作业时使用的所有设备应接地。穿上适当的防护服前严禁接触破裂的容器和泄漏物。尽可能切断泄漏源

环境保护措施　防止泄漏物进入水体、下水道、地下室或有限空间

泄漏化学品的收容、清除方法及所使用的处置材料　严禁用水处理。小量泄漏：用干燥的砂土或其他不燃材料覆盖泄漏物。大量泄漏：构筑围堤或挖坑收容，用防爆泵转移至槽车或专用收集器内

第七部分　操作处置与储存

操作注意事项　密闭操作，提供充分的局部排风。操作尽可能机械化、自动化。操作人员必须经过专门培训，严格遵守操作规程。建议操作人员佩戴自吸过滤式防毒面具（全面罩），穿连衣式防毒衣，戴橡胶耐油手套。远离火种、热源。工作场所严禁吸烟。使用防爆型的通风系统和设备。防止蒸气泄漏到工作场所空气中。避免与氧化剂、还原剂、酸类、碱类接触。搬运时要轻装轻卸，防止包装及容器损坏。配备相应品种和数量的消防器材及泄漏应急处理设备。倒空的容器可能残留有害物

储存注意事项　储存于阴凉、通风的库房。远离火种、热源。库房温度不超过 30℃，相对湿度不超过 70%。保持容器密封。应与氧化剂、还原剂、酸类、碱类、食用化学品分开存放，切忌混储。采用防爆型照明、通风设施。禁止使用易产生火花的机械设备和工具。储区应备有泄漏应急处理设备和合适的收容材料

第八部分　接触控制/个体防护

职业接触限值

中国　未制定标准

美国(ACGIH)　未制定标准

生物接触限值　未制定标准

监测方法　空气中有毒物质测定方法：未制定标准。生物监测检验方法：未制定标准

工程控制　严加密闭，提供充分的局部排风。提供安全的淋浴和洗眼设备

个体防护装备

呼吸系统防护　可能接触其蒸气时，应该佩戴过滤式防毒面具（全面罩）。紧急事态抢救或撤离时，佩戴空气呼吸器

眼睛防护　呼吸系统防护中已作防护

皮肤和身体防护　穿连衣式防毒衣

手防护　戴橡胶耐油手套

第九部分　理化特性

外观与性状　无色至黄色液体

pH 值　无资料　　**熔点(℃)**　−13.8

沸点(℃)　158.8　　**相对密度(水=1)**　1.51

相对蒸气密度(空气=1)　5.8

饱和蒸气压(kPa)　0.35（25℃）

燃烧热(kJ/mol)　无资料　　**临界温度(℃)**　无资料

临界压力(MPa)　无资料　　**辛醇/水分配系数**　1.12

闪点(℃)　47.8　　**自燃温度(℃)**　无资料

爆炸下限(%)　无资料　　**爆炸上限(%)**　无资料

分解温度(℃)　无资料　　**黏度(mPa·s)**　无资料

溶解性　不溶于水，可混溶于乙醇、乙醚，溶于苯、丙酮

第十部分　稳定性和反应性

稳定性　稳定

危险反应　与强氧化剂等禁配物发生反应

避免接触的条件　受热

禁配物　碱类、酸类、强氧化剂、强还原剂

危险的分解产物　溴化氢

第十一部分　毒理学信息

急性毒性　无资料　　**皮肤刺激或腐蚀**　无资料

眼睛刺激或腐蚀　无资料　　**呼吸或皮肤过敏**　无资料

生殖细胞突变性　无资料　　**致癌性**　无资料

生殖毒性　无资料

特异性靶器官系统毒性-一次接触　无资料

特异性靶器官系统毒性-反复接触　无资料

吸入危害　无资料

第十二部分　生态学资料

生态毒性　无资料

持久性和降解性

生物降解性　无资料

非生物降解性　空气中，当羟基自由基浓度为5.00×10^5个/cm^3时，降解半衰期为 14d（理论）；当 pH 值为 7、8 时，水解半衰期分别为 8d、18h（理论）

潜在的生物累积性　根据 K_{ow}值预测，该物质的生物累积性可能较弱

土壤中的迁移性　根据 K_{oc}值预测，该物质可能易发生迁移

第十三部分　废弃处置

废弃化学品　建议用焚烧法处置。焚烧炉排出的卤化氢通过酸洗涤器除去

污染包装物　将容器返还生产商或按照国家和地方法规处置

废弃注意事项　处置前应参阅国家和地方有关法规

第十四部分　运输信息

联合国危险货物编号（UN 号）　1603

联合国运输名称　溴乙酸乙酯

联合国危险性类别　6.1，3

包装类别　Ⅱ类包装

包装标志

海洋污染物　否

运输注意事项　运输前应先检查包装容器是否完整、密封，运输过程中要确保容器不泄漏、不倒塌、不坠落、不损坏。严禁与酸类、氧化剂、食品及食品添加剂混运。运输时运输车辆应配备相应品种和数量的消防器材及泄漏应急处理设备。运输途中应防曝晒、雨

淋，防高温。运输时所用的槽（罐）车应有接地链，槽内可设孔隔板以减少震荡产生静电。中途停留时应远离火种、热源。公路运输时要按规定路线行驶，勿在居民区和人口稠密区停留

第十五部分　法规信息

下列法律、法规、规章和标准，对该化学品的管理作了相应的规定。

中华人民共和国职业病防治法　职业病分类和目录：未列入

危险化学品安全管理条例　危险化学品目录：列入。易制爆危险化学品名录：未列入。重点监管的危险化学品名录：未列入。GB 18218—2009《危险化学品重大危险源辨识》（表 1）：未列入

使用有毒物品作业场所劳动保护条例　高毒物品目录：未列入

易制毒化学品管理条例　易制毒化学品的分类和品种目录：未列入

国际公约　斯德哥尔摩公约：未列入。鹿特丹公约：未列入。蒙特利尔议定书：未列入

第十六部分　其他信息

编写和修订信息　　**缩略语和首字母缩写**

培训建议　　**参考文献**

免责声明

溴乙酸异丁酯

第一部分　化学品标识

化学品中文名　溴乙酸异丁酯；溴醋酸异丁酯

化学品英文名　isobutyl bromoacetate

分子式　$C_6H_{11}BrO_2$　**相对分子质量**　195.08

结构式　Br O O

化学品的推荐及限制用途　用于有机合成

第二部分　危险性概述

紧急情况概述　吞咽会中毒，造成皮肤刺激

GHS 危险性类别　急性毒性-经口，类别 3；皮肤腐蚀/刺激，类别 2

标签要素

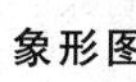

警示词　危险

危险性说明　吞咽会中毒，造成皮肤刺激

防范说明

预防措施　避免接触眼睛、皮肤，操作后彻底清洗。作业场所不得进食、饮水或吸烟。戴防护手套

事故响应　皮肤接触：用大量肥皂水和水清洗。如发生皮肤刺激，就医。脱去被污染的衣服，污染衣服洗净后方可重新使用。食入：漱口，立即呼叫中毒控制中心或就医

安全储存　上锁保管

废弃处置　本品及内装物、容器依据国家和地方法规处置

物理和化学危险　可燃，其蒸气与空气混合，能形成爆炸性混合物

健康危害　本品具有刺激性

环境危害　对环境可能有害

第三部分　成分/组成信息

√物质　　混合物

组分	浓度	CAS No.
溴乙酸异丁酯		59956-48-8

第四部分　急救措施

吸入　迅速脱离现场至空气新鲜处。保持呼吸道通畅。如呼吸困难，给输氧。如呼吸、心跳停止，立即进行心肺复苏术。就医

皮肤接触　立即脱去污染的衣着，用流动清水彻底冲洗。就医

眼睛接触　立即分开眼睑，用流动清水或生理盐水彻底冲洗。就医

食入　漱口，饮水。就医

对保护施救者的忠告　根据需要使用个人防护设备

对医生的特别提示　对症处理

第五部分　消防措施

灭火剂　用雾状水、泡沫、干粉、砂土灭火

特别危险性　遇明火能燃烧。受高热分解产生有毒的溴化物气体。燃烧生成有害的一氧化碳、溴化氢

灭火注意事项及防护措施　消防人员必须佩戴空气呼吸器、穿全身防火防毒服，在上风向灭火。喷水冷却容器，尽可能将容器从火场移至空旷处。容器突然发出异常声音或出现异常现象，应立即撤离

第六部分　泄漏应急处理

作业人员防护措施、防护装备和应急处置程序　根据液体流动和蒸气扩散的影响区域划定警戒区，无关人员从侧风、上风向撤离至安全区。消除所有点火源。建议应急处理人员戴正压自给式呼吸器，穿防毒服，戴橡胶耐油手套。穿上适当的防护服前严禁接触破裂的容器和泄漏物。尽可能切断泄漏源

环境保护措施　防止泄漏物进入水体、下水道、地下室或有限空间

泄漏化学品的收容、清除方法及所使用的处置材料　小量泄漏：用干燥的砂土或其他不燃材料吸收或覆盖，收集于容器中。大量泄漏：构筑围堤或挖坑收容，用泵转移至槽车或专用收集器内

第七部分　操作处置与储存

操作注意事项　严加密闭，提供充分的局部排风和全面通风。操作人员必须经过专门培训，严格遵守操作规

程。建议操作人员佩戴自吸过滤式防毒面具（半面罩），戴化学安全防护眼镜，穿防毒物渗透工作服，戴橡胶耐油手套。远离火种、热源。工作场所严禁吸烟。使用防爆型的通风系统和设备。防止蒸气泄漏到工作场所空气中。避免与氧化剂、酸类接触。搬运时要轻装轻卸，防止包装及容器损坏。配备相应品种和数量的消防器材及泄漏应急处理设备。倒空的容器可能残留有害物

储存注意事项 储存于阴凉、通风的库房。远离火种、热源。保持容器密封。应与氧化剂、酸类、食用化学品分开存放，切忌混储。配备相应品种和数量的消防器材。储区应备有泄漏应急处理设备和合适的收容材料

第八部分 接触控制/个体防护

职业接触限值

中国 未制定标准

美国(ACGIH) 未制定标准

生物接触限值 未制定标准

监测方法 空气中有毒物质测定方法：未制定标准。生物监测检验方法：未制定标准

工程控制 严加密闭，提供充分的局部排风和全面通风。提供安全的淋浴和洗眼设备

个体防护装备

呼吸系统防护 可能接触其蒸气时，应该佩戴过滤式防毒面具（半面罩）。紧急事态抢救或撤离时，建议佩戴空气呼吸器

眼睛防护 戴化学安全防护眼镜

皮肤和身体防护 穿防毒物渗透工作服

手防护 戴橡胶耐油手套

第九部分 理化特性

外观与性状 液体

pH值 无资料 **熔点(℃)** 无资料

沸点(℃) 188 **相对密度(水=1)** 1.33

相对蒸气密度(空气=1) 无资料

饱和蒸气压(kPa) 无资料

燃烧热(kJ/mol) 无资料 **临界温度(℃)** 无资料

临界压力(MPa) 无资料 **辛醇/水分配系数** 无资料

闪点(℃) 无资料 **自燃温度(℃)** 无资料

爆炸下限(%) 无资料 **爆炸上限(%)** 无资料

分解温度(℃) 无资料 **黏度(mPa·s)** 无资料

溶解性 不溶于水，溶于丙酮，易溶于乙醇、乙醚等多数有机溶剂

第十部分 稳定性和反应性

稳定性 稳定

危险反应 与强氧化剂等禁配物发生反应

避免接触的条件 受热

禁配物 强氧化剂、强酸

危险的分解产物 溴化氢

第十一部分 毒理学信息

急性毒性 无资料 **皮肤刺激或腐蚀** 无资料

眼睛刺激或腐蚀 无资料 **呼吸或皮肤过敏** 无资料

生殖细胞突变性 无资料 **致癌性** 无资料

生殖毒性 无资料

特异性靶器官系统毒性-一次接触 无资料

特异性靶器官系统毒性-反复接触 无资料

吸入危害 无资料

第十二部分 生态学信息

生态毒性 无资料

持久性和降解性

生物降解性 无资料

非生物降解性 无资料

潜在的生物累积性 无资料

土壤中的迁移性

第十三部分 废弃处置

废弃化学品 建议用焚烧法处置。焚烧炉排出的卤化氢通过酸洗涤器除去

污染包装物 将容器返还生产商或按照国家和地方法规处置

废弃注意事项 处置前应参阅国家和地方有关法规

第十四部分 运输信息

联合国危险货物编号(UN号) - **联合国运输名称** -

联合国危险性类别 - **包装类别** -

包装标志 - **海洋污染物** -

运输注意事项 运输前应先检查包装容器是否完整、密封，运输过程中要确保容器不泄漏、不倒塌、不坠落、不损坏。严禁与酸类、氧化剂、食品及食品添加剂混运。运输时运输车辆应配备相应品种和数量的消防器材及泄漏应急处理设备。运输途中应防曝晒、雨淋，防高温。公路运输时要按规定路线行驶

第十五部分 法规信息

下列法律、法规、规章和标准，对该化学品的管理作了相应的规定。

中华人民共和国职业病防治法 职业病分类和目录：未列入

危险化学品安全管理条例 危险化学品目录：未列入。易制爆危险化学品名录：未列入。重点监管的危险化学品名录：未列入。GB 18218—2009《危险化学品重大危险源辨识》(表1)：未列入

使用有毒物品作业场所劳动保护条例 高毒物品目录：未列入

易制毒化学品管理条例 易制毒化学品的分类和品种目录：未列入

国际公约 斯德哥尔摩公约：未列入。鹿特丹公约：未列入。蒙特利尔议定书：未列入

第十六部分 其他信息

编写和修订信息 **缩略语和首字母缩写**

培训建议 **参考文献**

免责声明

溴乙酸正丙酯

第一部分 化学品标识

化学品中文名 溴乙酸正丙酯；溴醋酸正丙酯；溴乙酸丙酯

化学品英文名 *n*-propyl bromoacetate；bromoacetic acid *n*-propyl ester

分子式 $C_5H_9BrO_2$ **相对分子质量** 181.03

结构式

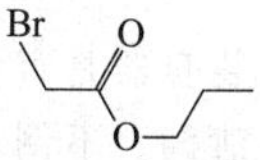

化学品的推荐及限制用途 用于有机合成

第二部分 危险性概述

紧急情况概述 造成严重的皮肤灼伤和眼损伤

GHS 危险性类别 皮肤腐蚀/刺激，类别 1；严重眼损伤/眼刺激，类别 1

标签要素

象形图 

警示词 危险

危险性说明 造成严重的皮肤灼伤和眼损伤，造成严重眼损伤

防范说明

预防措施 避免吸入烟雾。避免接触眼睛、皮肤，操作后彻底清洗。戴防护手套，穿防护服，戴防护眼镜、防护面罩

事故响应 如吸入：将患者转移到空气新鲜处，休息，保持利于呼吸的体位，立即呼叫中毒控制中心或就医。皮肤（或头发）接触：立即脱掉所有被污染的衣服，用水冲洗皮肤，淋浴。污染的衣服须洗净后方可重新使用。眼睛接触：用水细心地冲洗数分钟。如戴隐形眼镜并可方便地取出，则取出隐形眼镜继续冲洗。食入：漱口，不要催吐

安全储存 上锁保管

废弃处置 本品及内装物、容器依据国家和地方法规处置

物理和化学危险 可燃，其蒸气与空气混合，能形成爆炸性混合物

健康危害 眼和皮肤接触引起灼伤

环境危害 对环境可能有害

第三部分 成分/组成信息

√物质 混合物

组分	浓度	CAS No.
溴乙酸正丙酯		35223-80-4

第四部分 急救措施

吸入 迅速脱离现场至空气新鲜处。保持呼吸道通畅。如呼吸困难，给输氧。如呼吸、心跳停止，立即进行心肺复苏术。就医

皮肤接触 立即脱去污染的衣着，用大量流动清水彻底冲洗至少 15min。就医

眼睛接触 立即分开眼睑，用流动清水或生理盐水彻底冲洗至少 15min。就医

食入 用水漱口，禁止催吐。给饮牛奶或蛋清。就医

对保护施救者的忠告 根据需要使用个人防护设备

对医生的特别提示 对症处理

第五部分 消防措施

灭火剂 用雾状水、泡沫、干粉、砂土灭火

特别危险性 遇明火能燃烧。受高热分解产生有毒的溴化物气体。燃烧生成有害的一氧化碳、溴化氢

灭火注意事项及防护措施 消防人员必须佩戴空气呼吸器、穿全身防火防毒服，在上风向灭火。喷水冷却容器，尽可能将容器从火场移至空旷处。容器突然发出异常声音或出现异常现象，应立即撤离

第六部分 泄漏应急处理

作业人员防护措施、防护装备和应急处置程序 根据液体流动和蒸气扩散的影响区域划定警戒区，无关人员从侧风、上风向撤离至安全区。消除所有点火源。建议应急处理人员戴正压自给式呼吸器，穿防毒服，戴橡胶耐油手套。穿上适当的防护服前严禁接触破裂的容器和泄漏物。尽可能切断泄漏源

环境保护措施 防止泄漏物进入水体、下水道、地下室或有限空间

泄漏化学品的收容、清除方法及所使用的处置材料 小量泄漏：用干燥的砂土或其他不燃材料吸收或覆盖，收集于容器中。大量泄漏：构筑围堤或挖坑收容，用泵转移至槽车或专用收集器内

第七部分 操作处置与储存

操作注意事项 严加密闭，提供充分的局部排风和全面通风。操作人员必须经过专门培训，严格遵守操作规程。建议操作人员佩戴自吸过滤式防毒面具（半面罩），戴化学安全防护眼镜，穿防毒物渗透工作服，戴橡胶耐油手套。远离火种、热源。工作场所严禁吸烟。使用防爆型的通风系统和设备。防止蒸气泄漏到工作场所空气中。避免与氧化剂、酸类接触。搬运时要轻装轻卸，防止包装及容器损坏。配备相应品种和数量的消防器材及泄漏应急处理设备。倒空的容器可能残留有害物

储存注意事项 储存于阴凉、通风的库房。远离火种、热源。保持容器密封。应与氧化剂、酸类、食用化学品分开存放，切忌混储。配备相应品种和数量的消防器材。储区应备有泄漏应急处理设备和合适的收容材料

第八部分 接触控制/个体防护

职业接触限值

中国 未制定标准

美国(ACGIH) 未制定标准

生物接触限值 未制定标准

监测方法 空气中有毒物质测定方法：未制定标准。生物监测检验方法：未制定标准

工程控制 严加密闭，提供充分的局部排风和全面通风

个体防护装备

呼吸系统防护 可能接触其蒸气时，应该佩戴过滤式防毒面具（半面罩）。紧急事态抢救或撤离时，建议佩戴空气呼吸器

眼睛防护 戴化学安全防护眼镜

皮肤和身体防护 穿防毒物渗透工作服

手防护 戴橡胶耐油手套

第九部分 理化特性

外观与性状 无色液体

pH值 无资料 **熔点(℃)** 无资料

沸点(℃) 176 **相对密度(水=1)** 1.41

相对蒸气密度(空气=1) 无资料

饱和蒸气压(kPa) 无资料

燃烧热(kJ/mol) 无资料 **临界温度(℃)** 无资料

临界压力(MPa) 无资料 **辛醇/水分配系数** 无资料

闪点(℃) 82 **自燃温度(℃)** 无资料

爆炸下限(%) 无资料 **爆炸上限(%)** 无资料

分解温度(℃) 无资料 **黏度(mPa·s)** 无资料

溶解性 不溶于水，溶于乙醇、乙醚、丙酮

第十部分 稳定性和反应性

稳定性 稳定

危险反应 与强氧化剂等禁配物发生反应

避免接触的条件 受热 **禁配物** 强氧化剂、强酸

危险的分解产物 溴化氢

第十一部分 毒理学信息

急性毒性 无资料 **皮肤刺激或腐蚀** 无资料

眼睛刺激或腐蚀 无资料 **呼吸或皮肤过敏** 无资料

生殖细胞突变性 无资料 **致癌性** 无资料

生殖毒性 无资料

特异性靶器官系统毒性-一次接触 无资料

特异性靶器官系统毒性-反复接触 无资料

吸入危害 无资料

第十二部分 生态学信息

生态毒性 无资料

持久性和降解性

生物降解性 无资料

非生物降解性 无资料

潜在的生物累积性 无资料

土壤中的迁移性 无资料

第十三部分 废弃处置

废弃化学品 建议用焚烧法处置。焚烧炉排出的卤化氢通过酸洗涤器除去

污染包装物 将容器返还生产商或按照国家和地方法规处置

废弃注意事项 处置前应参阅国家和地方有关法规

第十四部分 运输信息

联合国危险货物编号（UN号） 1760

联合国运输名称 腐蚀性液体，未另作规定的（溴乙酸正丙酯）

联合国危险性类别 8 **包装类别** Ⅱ类包装

包装标志  **海洋污染物** 否

运输注意事项 运输前应先检查包装容器是否完整、密封，运输过程中要确保容器不泄漏、不倒塌、不坠落、不损坏。严禁与酸类、氧化剂、食品及食品添加剂混运。运输时运输车辆应配备相应品种和数量的消防器材及泄漏应急处理设备。运输途中应防曝晒、雨淋，防高温。公路运输时要按规定路线行驶

第十五部分 法规信息

下列法律、法规、规章和标准，对该化学品的管理作了相应的规定。

中华人民共和国职业病防治法 职业病分类和目录：未列入

危险化学品安全管理条例 危险化学品目录：列入。易制爆危险化学品名录：未列入。重点监管的危险化学品名录：未列入。GB 18218—2009《危险化学品重大危险源辨识》（表1）：未列入

使用有毒物品作业场所劳动保护条例 高毒物品目录：未列入

易制毒化学品管理条例 易制毒化学品的分类和品种目录：未列入

国际公约 斯德哥尔摩公约：未列入。鹿特丹公约：未列入。蒙特利尔议定书：未列入

第十六部分 其他信息

编写和修订信息 **缩略语和首字母缩写**

培训建议 **参考文献**

免责声明

溴 乙 烷

第一部分 化学品标识

化学品中文名 溴乙烷；乙基溴；溴代乙烷

化学品英文名 bromoethane; ethyl bromide

分子式 C_2H_5Br **相对分子质量** 108.97

结构式 ╲╱Br

化学品的推荐及限制用途 用于有机合成，用作溶剂、制冷剂，也用于医药工业

第二部分 危险性概述

紧急情况概述 高度易燃液体和蒸气，吞咽有害，吸入有害

GHS危险性类别 易燃液体，类别2；急性毒性-经口，类别4；急性毒性-吸入，类别4

标签要素

象形图 

警示词 危险

危险性说明 高度易燃液体和蒸气，吞咽有害，吸入有害

防范说明

预防措施 远离热源、火花、明火、热表面。禁止吸烟。保持容器密闭。容器和接收设备接地连接。使用防爆电器、通风、照明设备。只能使用不产生火花的工具。采取防止静电措施。戴防护手套、防护眼镜、防护面罩。避免接触眼睛、皮肤，操作后彻底清洗。作业场所不得进食、饮水或吸烟。避免吸入蒸气、雾。仅在室外或通风良好处操作

事故响应 火灾时，使用泡沫、干粉、二氧化碳、砂土灭火。如吸入：将患者转移到空气新鲜处，休息，保持利于呼吸的体位，如感觉不适，呼叫中毒控制中心或就医。如皮肤（或头发）接触：立即脱掉所有被污染的衣服，用水冲洗皮肤，淋浴。食入：漱口，如果感觉不适，立即呼叫中毒控制中心或就医

安全储存 存放在通风良好的地方。保持低温

废弃处置 本品及内装物、容器依据国家和地方法规处置

物理和化学危险 高度易燃，其蒸气与空气混合，能形成爆炸性混合物

健康危害 本品具有麻醉作用。对眼和呼吸道刺激较轻，对肝、肾、心肌有损害。本品可由呼吸道和皮肤进入人体

急性中毒 表现有头痛、眩晕、面部潮红、瞳孔散大、脉搏加速、四肢震颤、呼吸困难、紫绀、虚脱，甚至呼吸麻痹

慢性中毒 表现有头痛、头晕、四肢乏力和麻木、身体沉重感。随病情发展，可有四肢无力加剧、肌力减退、行走困难、腱反射亢进。可发生语言障碍，眼球、手指震颤，流涎

环境危害 对环境可能有害

第三部分 成分/组成信息

√物质 混合物

组分	浓度	CAS No.
溴乙烷		74-96-4

第四部分 急救措施

吸入 迅速脱离现场至空气新鲜处。保持呼吸道通畅。如呼吸困难，给输氧。如呼吸、心跳停止，立即进行心肺复苏术。就医

皮肤接触 立即脱去污染的衣着，用流动清水彻底冲洗。就医

眼睛接触 立即分开眼睑，用流动清水或生理盐水彻底冲洗。就医

食入 漱口，饮水。就医

对保护施救者的忠告 根据需要使用个人防护设备

对医生的特别提示 对症处理

第五部分 消防措施

灭火剂 用泡沫、干粉、二氧化碳、砂土灭火

特别危险性 其蒸气与空气可形成爆炸性混合物，遇明火、高热能引起燃烧爆炸。受高热分解产生有毒的溴化物气体。受光照或火焰下易分解生成溴化氢和碳酰溴。与强氧化剂接触可发生化学反应。燃烧生成有害的一氧化碳、溴化氢

灭火注意事项及防护措施 消防人员必须佩戴空气呼吸器、穿全身防火防毒服，在上风向灭火。尽可能将容器从火场移至空旷处。喷水保持火场容器冷却，直至灭火结束。容器突然发出异常声音或出现异常现象，应立即撤离。用水灭火无效

第六部分 泄漏应急处理

作业人员防护措施、防护装备和应急处置程序 消除所有点火源。根据液体流动和蒸气扩散的影响区域划定警戒区，无关人员从侧风、上风向撤离至安全区。建议应急处理人员戴正压自给式呼吸器，穿防毒、防静电服，戴防化学品手套。作业时使用的所有设备应接地。禁止接触或跨越泄漏物。尽可能切断泄漏源

环境保护措施 防止泄漏物进入水体、下水道、地下室或有限空间

泄漏化学品的收容、清除方法及所使用的处置材料 小量泄漏：用砂土或其他不燃材料吸收，使用洁净的无火花工具收集吸收材料。大量泄漏：构筑围堤或挖坑收容。用泡沫覆盖，减少蒸发。喷水雾能减少蒸发，但不能降低泄漏物在有限空间内的易燃性。用防爆泵转移至槽车或专用收集器内

第七部分 操作处置与储存

操作注意事项 密闭操作，局部排风。操作人员必须经过专门培训，严格遵守操作规程。建议操作人员佩戴自吸过滤式防毒面具（半面罩），戴安全防护眼镜，穿防毒物渗透工作服，戴防化学品手套。远离火种、热源。工作场所严禁吸烟。使用防爆型的通风系统和设备。防止蒸气泄漏到工作场所空气中。避免与氧化剂、碱类接触。充装要控制流速，防止静电积聚。搬运时要轻装轻卸，防止包装及容器损坏。配备相应品种和数量的消防器材及泄漏应急处理设备。倒空的容器可能残留有害物

储存注意事项 储存于阴凉、通风的库房。远离火种、热源。保持容器密封。应与氧化剂、碱类、食用化学品分开存放，切忌混储。采用防爆型照明、通风设施。禁止使用易产生火花的机械设备和工具。储区应备有泄漏应急处理设备和合适的收容材料

第八部分 接触控制/个体防护

职业接触限值

中国 未制定标准

美国(ACGIH) TLV-TWA：5ppm［皮］

生物接触限值 未制定标准

监测方法 空气中有毒物质测定方法：未制定标准。生物监测检验方法：未制定标准

工程控制 密闭操作，局部排风。提供安全的淋浴和洗眼设备

个体防护装备

呼吸系统防护 空气中浓度超标时，应该佩戴过滤式防毒面具（半面罩）

眼睛防护 一般不需要特殊防护，高浓度接触时可戴安全防护眼镜

皮肤和身体防护 穿防毒物渗透工作服

手防护 戴防化学品手套

第九部分 理化特性

外观与性状 无色易挥发液体

pH 值 无资料 **熔点(℃)** －119

沸点(℃) 38.4

相对密度(水＝1) 1.45（25℃）

相对蒸气密度(空气＝1) 3.76

饱和蒸气压(kPa) 53.2（20℃）

燃烧热(kJ/mol) －1423.3 **临界温度(℃)** 776.8

临界压力(MPa) 6.23 **辛醇/水分配系数** 1.61

闪点(℃) －23 **自燃温度(℃)** 511

爆炸下限(%) 6.7 **爆炸上限(%)** 11.3

分解温度(℃) 无资料 **黏度(mPa·s)** 无资料

溶解性 不溶于水，溶于乙醇、乙醚等多数有机溶剂

第十部分 稳定性和反应性

稳定性 稳定

危险反应 与强氧化剂等禁配物接触，有发生火灾和爆炸的危险

避免接触的条件 受热、光照

禁配物 强碱、强氧化剂、镁

危险的分解产物 溴化氢

第十一部分 毒理学信息

急性毒性

LD_{50} 1350mg/kg（大鼠经口）

LC_{50} 72386mg/m³（小鼠吸入，1h）

皮肤刺激或腐蚀 无资料 **眼睛刺激或腐蚀** 无资料

呼吸或皮肤过敏 无资料 **生殖细胞突变性** 无资料

致癌性 无资料 **生殖毒性** 无资料

特异性靶器官系统毒性-一次接触 无资料

特异性靶器官系统毒性-反复接触 无资料

吸入危害 无资料

第十二部分 生态学信息

生态毒性 无资料

持久性和降解性

生物降解性 MITI-Ⅰ测试，初始浓度 100ppm，污泥浓度 30ppm，4 周后降解 13%～45%

非生物降解性 空气中，当羟基自由基浓度为 5.00×10^5个/cm³ 时，降解半衰期为 46d（理论）；在 25℃，当 pH 值为 7 时，水解半衰期为 30d（理论）

潜在的生物累积性 根据 K_{ow} 值预测，该物质的生物累积性可能较弱

土壤中的迁移性 根据 K_{oc} 值预测，该物质可能易发生迁移

第十三部分 废弃处置

废弃化学品 用控制焚烧法处置。焚烧炉排出的卤化氢通过酸洗涤器除去

污染包装物 将容器返还生产商或按照国家和地方法规处置

废弃注意事项 把倒空的容器归还厂商或在规定场所掩埋

第十四部分 运输信息

联合国危险货物编号（UN 号） 1891

联合国运输名称 乙基溴

联合国危险性类别 6.1 **包装类别** Ⅱ类包装

包装标志 6 **海洋污染物** 否

运输注意事项 运输前应先检查包装容器是否完整、密封，运输过程中要确保容器不泄漏、不倒塌、不坠落、不损坏。严禁与酸类、氧化剂、食品及食品添加剂混运。运输时运输车辆应配备相应品种和数量的消防器材及泄漏应急处理设备。运输途中应防曝晒、雨淋，防高温。运输时所用的槽（罐）车应有接地链，槽内可设孔隔板以减少震荡产生的静电。中途停留时应远离火种、热源。公路运输时要按规定路线行驶

第十五部分 法规信息

下列法律、法规、规章和标准，对该化学品的管理作了相应的规定。

中华人民共和国职业病防治法 职业病分类和目录：未列入

危险化学品安全管理条例 危险化学品目录：列入。易制爆危险化学品名录：未列入。重点监管的危险化学品名录：未列入。GB 18218—2009《危险化学品重大危险源辨识》(表 1)：未列入

使用有毒物品作业场所劳动保护条例 高毒物品目录：未列入

易制毒化学品管理条例 易制毒化学品的分类和品种目录：未列入

国际公约 斯德哥尔摩公约：未列入。鹿特丹公约：未列入。蒙特利尔议定书：未列入

第十六部分 其他信息

编写和修订信息 **缩略语和首字母缩写**

培训建议 **参考文献**

免责声明

溴 乙 烯

第一部分 化学品标识

化学品中文名 溴乙烯；乙烯基溴

化学品英文名 bromoethylene；vinyl bromide

分子式 C_2H_3Br **相对分子质量** 106.96

结构式 ╱╲Br

化学品的推荐及限制用途 作为合成树脂的中间体

第二部分 危险性概述

紧急情况概述 极易燃气体，在高压和高温条件下，即使没有空气仍可能发生爆炸反应。内装加压气体：遇热可能爆炸

GHS 危险性类别 易燃气体，类别 1；化学不稳定性气体，类别 B；加压气体；致癌性，类别 1B

标签要素

象形图

警示词 危险

危险性说明 极易燃气体，在高压和高温条件下，即使没有空气仍可能发生爆炸反应。内装加压气体：遇热可能爆炸，可能致癌

防范说明

预防措施 远离热源、火花、明火、热表面。禁止吸烟。得到专门指导后操作。在阅读并了解所有安全预防措施之前，切勿操作。按要求使用个体防护装备

事故响应 漏气着火：切勿灭火，除非漏气能够安全地制止。如果没有危险，消除一切点火源。如果接触或有担心，就医

安全储存 存放在通风良好的地方。防日晒。上锁保管

废弃处置 本品及内装物、容器依据国家和地方法规处置

物理和化学危险 极易燃，与空气混合能形成爆炸性混合物

健康危害 对眼睛、呼吸道黏膜和皮肤有刺激性。高浓度吸入引起头昏、定向力障碍、嗜睡、中枢神经系统抑制等。与液态本品接触可引起冻伤

环境危害 对环境可能有害

第三部分 成分/组成信息

√物质 混合物

组分	浓度	CAS No.
溴乙烯		593-60-2

第四部分 急救措施

吸入 迅速脱离现场至空气新鲜处。保持呼吸道通畅。如呼吸困难，给输氧。如呼吸、心跳停止，立即进行心肺复苏术。就医

皮肤接触 如发生冻伤，用温水（38～42℃）复温，忌用热水或辐射热，不要揉搓。就医

眼睛接触 分开眼睑，用流动清水或生理盐水冲洗。如有不适感，就医

食入 漱口，饮水。就医

对保护施救者的忠告 根据需要使用个人防护设备

对医生的特别提示 对症处理

第五部分 消防措施

灭火剂 用雾状水、泡沫、干粉、二氧化碳灭火

特别危险性 易燃，与空气混合能形成爆炸性混合物。遇热源和明火有燃烧爆炸的危险。与氧化剂接触发生猛烈反应。燃烧或无抑制剂时可发生剧烈聚合。燃烧生成有害的一氧化碳、溴化氢

灭火注意事项及防护措施 切断气源，喷水冷却容器，可能的话将容器从火场移至空旷处。若不能切断气源，则不允许熄灭泄漏处的火焰。消防人员须佩戴防毒面具、穿全身消防服，在上风向灭火。容器突然发出异常声音或出现异常现象，应立即撤离

第六部分 泄漏应急处理

作业人员防护措施、防护装备和应急处置程序 消除所有点火源。根据液体流动和蒸气扩散的影响区域划定警戒区，无关人员从侧风、上风向撤离至安全区。建议应急处理人员戴正压自给式呼吸器，穿防静电服。作业时使用的所有设备应接地。禁止接触或跨越泄漏物。尽可能切断泄漏源。喷雾状水抑制蒸气或改变蒸气云流向，避免水流接触泄漏物。禁止用水直接冲击泄漏物或泄漏源

环境保护措施 防止气体通过下水道、通风系统和有限空间扩散

泄漏化学品的收容、清除方法及所使用的处置材料 隔离泄漏区直至气体散尽

第七部分 操作处置与储存

操作注意事项 密闭操作，全面通风。操作人员必须经过专门培训，严格遵守操作规程。建议操作人员佩戴过滤式防毒面具（半面罩），戴安全防护眼镜，穿防静电工作服，戴防化学品手套。远离火种、热源。工作场所严禁吸烟。使用防爆型的通风系统和设备。防止气体或蒸气泄漏到工作场所空气中。避免与氧化剂、金属粉末接触。在传送过程中，钢瓶和容器必须接地和跨接，防止产生静电。搬运时轻装轻卸，防止钢瓶及附件破损。配备相应品种和数量的消防器材及泄漏应急处理设备

储存注意事项 储存于阴凉、通风的易燃气体专用库房。远离火种、热源。库温不宜超过 30℃。应与氧化剂、金属粉末等分开存放，切忌混储。采用防爆型照明、通风设施。禁止使用易产生火花的机械设备和工具。储区应备有泄漏应急处理设备

第八部分　接触控制/个体防护

职业接触限值

中国　未制定标准

美国(ACGIH)　TLV-TWA：0.5ppm

生物接触限值　未制定标准

监测方法　空气中有毒物质测定方法：未制定标准。生物监测检验方法：未制定标准

工程控制　生产过程密闭，全面通风。提供安全的淋浴和洗眼设备

个体防护装备

呼吸系统防护　空气中浓度超标时，佩戴过滤式防毒面具（半面罩）。紧急事态抢救或撤离时，建议佩戴空气呼吸器

眼睛防护　戴安全防护眼镜

皮肤和身体防护　穿防静电工作服

手防护　戴防化学品手套

第九部分　理化特性

外观与性状　无色液体或气体，有刺激性气味

pH值　无资料　**熔点(℃)**　−138～−139.5

沸点(℃)　15.6　**相对密度(水=1)**　1.493

相对蒸气密度(空气=1)　3.7

饱和蒸气压(kPa)　120（20℃）

燃烧热(kJ/mol)　−1294.1　**临界温度(℃)**　190.4

临界压力(MPa)　6.86　**辛醇/水分配系数**　1.57

闪点(℃)　−48　**自燃温度(℃)**　530

爆炸下限(%)　9.0　**爆炸上限(%)**　15.0

分解温度(℃)　无资料　**黏度(mPa·s)**　无资料

溶解性　不溶于水，溶于乙醇、乙醚、丙酮、苯

第十部分　稳定性和反应性

稳定性　稳定

危险反应　与强氧化剂等禁配物接触，有发生火灾和爆炸的危险。燃烧或无抑制剂发生剧烈聚合

避免接触的条件　光照

禁配物　强氧化剂、铜及其合金

危险的分解产物　溴化氢

第十一部分　毒理学信息

急性毒性　LD_{50}：500mg/kg（大鼠经口）

皮肤刺激或腐蚀　无资料　**眼睛刺激或腐蚀**　无资料

呼吸或皮肤过敏　无资料

生殖细胞突变性　微生物致突变：鼠伤寒沙门氏菌 2pph (16h)。DNA 损伤：小鼠经口 2g/kg

致癌性　IARC 致癌性评论：组 2A，可能人类致癌物。对人类致癌性证据有限，对动物致癌性证据充分

生殖毒性　无资料

特异性靶器官系统毒性-一次接触　无资料

特异性靶器官系统毒性-反复接触　大鼠吸入 43.8g/m³，每天 7h，连续 4 周，动物不爱活动，体重增长下降，但内脏无明显变化

吸入危害　无资料

第十二部分　生态学信息

生态毒性　无资料

持久性和降解性

生物降解性　好氧生物降解（h）：672～4320；厌氧生物降解（h）：2880～17280

非生物降解性　空气中光氧化半衰期（h）：9.4～94

潜在的生物累积性　根据 K_{ow} 值预测，该物质的生物累积性可能较弱

土壤中的迁移性　根据 K_{oc} 值预测，该物质可能易发生迁移

第十三部分　废弃处置

废弃化学品　建议用焚烧法处置。焚烧炉排出的卤化氢通过酸洗涤器除去

污染包装物　将容器返还生产商或按照国家和地方法规处置

废弃注意事项　处置前应参阅国家和地方有关法规。把空容器归还厂商

第十四部分　运输信息

联合国危险货物编号(UN号)　1085

联合国运输名称　乙烯基溴，稳定的

联合国危险性类别　2.1　**包装类别**　-

包装标志　　**海洋污染物**　否

运输注意事项　采用钢瓶运输时必须戴好钢瓶上的安全帽。钢瓶一般平放，并应将瓶口朝同一方向，不可交叉；高度不得超过车辆的防护栏板，并用三角木垫卡牢，防止滚动。运输时运输车辆应配备相应品种和数量的消防器材。装运该物品的车辆排气管必须配备阻火装置，禁止使用易产生火花的机械设备和工具装卸。严禁与氧化剂、金属粉末、食用化学品等混装混运。夏季应早晚运输，防止日光曝晒。中途停留时应远离火种、热源。公路运输时要按规定路线行驶，禁止在居民区和人口稠密区停留。铁路运输时要禁止溜放

第十五部分　法规信息

下列法律、法规、规章和标准，对该化学品的管理作了相应的规定。

中华人民共和国职业病防治法　职业病分类和目录：未列入

危险化学品安全管理条例　危险化学品目录：列入。易制爆危险化学品名录：未列入。重点监管的危险化学品名录：未列入。GB 18218—2009《危险化学品重大危险源辨识》(表 1)：未列入

使用有毒物品作业场所劳动保护条例　高毒物品目录：未列入

易制毒化学品管理条例　易制毒化学品的分类和品种目录：未列入

国际公约 斯德哥尔摩公约：未列入。鹿特丹公约：未列入。蒙特利尔议定书：未列入

第十六部分 其他信息

编写和修订信息 **缩略语和首字母缩写**
培训建议 **参考文献**
免责声明

溴正丁烷

第一部分 化学品标识

化学品中文名 溴正丁烷；1-溴丁烷；溴化正丁基；正丁基溴；溴代正丁烷
化学品英文名 1-bromobutane；butyl bromide
分子式 C_4H_9Br
相对分子质量 137.03
结构式 Br
化学品的推荐及限制用途 用作烷化剂、溶剂、稀有元素萃取剂和用于有机合成

第二部分 危险性概述

紧急情况概述 高度易燃液体和蒸气，吸入有害
GHS 危险性类别 易燃液体，类别 2；急性毒性-吸入，类别 4；危害水生环境-急性危害，类别 3
标签要素

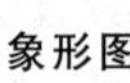
象形图

警示词 危险
危险性说明 高度易燃液体和蒸气，吸入有害，对水生生物有害
防范说明
预防措施 远离热源、火花、明火、热表面。禁止吸烟。保持容器密闭。容器和接收设备接地连接。使用防爆电器、通风、照明设备。只能使用不产生火花的工具。采取防止静电措施。戴防护手套、防护眼镜、防护面罩。避免吸入蒸气、雾。仅在室外或通风良好处操作。禁止排入环境
事故响应 火灾时，使用雾状水、泡沫、干粉、二氧化碳、砂土灭火。如吸入：将患者转移到空气新鲜处，休息，保持利于呼吸的体位。如感觉不适，呼叫中毒控制中心或就医。如皮肤（或头发）接触：立即脱掉所有被污染的衣服，用水冲洗皮肤，淋浴
安全储存 存放在通风良好的地方。保持低温
废弃处置 本品及内装物、容器依据国家和地方法规处置
物理和化学危险 高度易燃，与空气混合能形成爆炸性混合物
健康危害 吸入本品蒸气可引起咳嗽、胸痛和呼吸困难。高浓度时有麻醉作用，引起神志障碍
环境危害 对水生生物有害

第三部分 成分/组成信息

√物质 混合物

组分	浓度	CAS No.
溴正丁烷		109-65-9

第四部分 急救措施

吸入 迅速脱离现场至空气新鲜处。保持呼吸道通畅。如呼吸困难，给输氧。如呼吸、心跳停止，立即进行心肺复苏术。就医
皮肤接触 立即脱去污染的衣着，用流动清水彻底冲洗。就医
眼睛接触 立即分开眼睑，用流动清水或生理盐水彻底冲洗。就医
食入 漱口，饮水。就医
对保护施救者的忠告 根据需要使用个人防护设备
对医生的特别提示 对症处理

第五部分 消防措施

灭火剂 用雾状水、泡沫、干粉、二氧化碳、砂土灭火
特别危险性 易燃，遇明火、高热易引起燃烧，并放出有毒气体。受高热分解产生有毒的溴化物气体。燃烧生成有害的一氧化碳、溴化氢
灭火注意事项及防护措施 消防人员须佩戴防毒面具、穿全身消防服，在上风向灭火。尽可能将容器从火场移至空旷处。喷水保持火场容器冷却，直至灭火结束。容器突然发出异常声音或出现异常现象，应立即撤离

第六部分 泄漏应急处理

作业人员防护措施、防护装备和应急处置程序 消除所有点火源。根据液体流动和蒸气扩散的影响区域划定警戒区，无关人员从侧风、上风向撤离至安全区。建议应急处理人员戴正压自给式呼吸器，穿防静电服，戴橡胶耐油手套。作业时使用的所有设备应接地。禁止接触或跨越泄漏物。尽可能切断泄漏源
环境保护措施 防止泄漏物进入水体、下水道、地下室或有限空间
泄漏化学品的收容、清除方法及所使用的处置材料 小量泄漏：用砂土或其他不燃材料吸收，使用洁净的无火花工具收集吸收材料。大量泄漏：构筑围堤或挖坑收容。用泡沫覆盖，减少蒸发。喷水雾能减少蒸发，但不能降低泄漏物在有限空间内的易燃性。用防爆泵转移至槽车或专用收集器内

第七部分 操作处置与储存

操作注意事项 密闭操作，加强通风。操作人员必须经过专门培训，严格遵守操作规程。建议操作人员佩戴过滤式防毒面具（半面罩），戴化学安全防护眼镜，穿防静电工作服，戴橡胶耐油手套。远离火种、热源。工作场所严禁吸烟。使用防爆型的通风系统和设备。防止蒸气泄漏到工作场所空气中。避免与氧化剂、碱类、活性金属粉末接触。充装要控制流速，防止静电积聚。搬运时要轻装轻卸，防止包装及容器损坏。配

备相应品种和数量的消防器材及泄漏应急处理设备。倒空的容器可能残留有害物

储存注意事项　储存于阴凉、通风的库房。远离火种、热源。库温不宜超过37℃。保持容器密封。应与氧化剂、碱类、活性金属粉末等分开存放，切忌混储。采用防爆型照明、通风设施。禁止使用易产生火花的机械设备和工具。储区应备有泄漏应急处理设备和合适的收容材料

第八部分　接触控制/个体防护

职业接触限值

中国　未制定标准

美国(ACGIH)　未制定标准

生物接触限值　未制定标准

监测方法　空气中有毒物质测定方法：未制定标准。生物监测检验方法：未制定标准

工程控制　生产过程密闭，加强通风。提供安全的淋浴和洗眼设备

个体防护装备

呼吸系统防护　空气中浓度超标时，应该佩戴过滤式防毒面具（半面罩）。紧急事态抢救或撤离时，佩戴空气呼吸器

眼睛防护　戴化学安全防护眼镜

皮肤和身体防护　穿防静电工作服

手防护　戴橡胶耐油手套

第九部分　理化特性

外观与性状　无色透明液体

pH值　无资料　　**熔点(℃)**　−112.4

沸点(℃)　100～104　　**相对密度(水=1)**　1.276

相对蒸气密度(空气=1)　4.72

饱和蒸气压(kPa)　5.58（25℃）

燃烧热(kJ/mol)　无资料　　**临界温度(℃)**　无资料

临界压力(MPa)　4.54　　**辛醇/水分配系数**　2.75

闪点(℃)　18（OC）　　**自燃温度(℃)**　265

爆炸下限(%)　2.6(100℃)　　**爆炸上限(%)**　6.6（100℃）

分解温度(℃)　无资料　　**黏度(mPa·s)**　无资料

溶解性　不溶于水，微溶于四氯化碳，溶于氯仿，混溶于乙醇、乙醚、丙酮

第十部分　稳定性和反应性

稳定性　稳定

危险反应　与强氧化剂等禁配物接触，有发生火灾和爆炸的危险

避免接触的条件　受热

禁配物　强氧化剂、强碱、钾、钠、镁

危险的分解产物　溴化氢

第十一部分　毒理学信息

急性毒性

LD_{50}　2761mg/kg（大鼠经口）；4450mg/kg（大鼠腹腔）；1424mg/kg（小鼠腹腔）

LC_{50}　47000mg/m^3（大鼠吸入，2h）

皮肤刺激或腐蚀　无资料　　**眼睛刺激或腐蚀**　无资料

呼吸或皮肤过敏　无资料　　**生殖细胞突变性**　无资料

致癌性　无资料　　**生殖毒性**　无资料

特异性靶器官系统毒性-一次接触　无资料

特异性靶器官系统毒性-反复接触　无资料

吸入危害　无资料

第十二部分　生态学信息

生态毒性　LC_{50}：36.7mg/L（96h）（黑头呆鱼）

持久性和降解性

生物降解性　MITI-Ⅰ测试，初始浓度100ppm，污泥浓度30ppm，28d后降解72%

非生物降解性　空气中，当羟基自由基浓度为5.00×10^{5}个/cm^{3}时，降解半衰期为6.4d（理论）

潜在的生物累积性　根据K_{ow}值预测，该物质的生物累积性可能较弱

土壤中的迁移性　根据K_{oc}值预测，该物质可能有一定的迁移性

第十三部分　废弃处置

废弃化学品　建议用焚烧法处置。焚烧炉排出的卤化氢通过酸洗涤器除去

污染包装物　将容器返还生产商或按照国家和地方法规处置

废弃注意事项　处置前应参阅国家和地方有关法规

第十四部分　运输信息

联合国危险货物编号（UN号）　1126

联合国运输名称　1-溴丁烷

联合国危险性类别　3　　**包装类别**　Ⅱ类包装

包装标志　　　**海洋污染物**　否

运输注意事项　运输时运输车辆应配备相应品种和数量的消防器材及泄漏应急处理设备。夏季最好早晚运输。运输时所用的槽（罐）车应有接地链，槽内可设孔隔板以减少震荡产生的静电。严禁与氧化剂、碱类、活性金属粉末等混装混运。运输途中应防曝晒、雨淋，防高温。中途停留时应远离火种、热源、高温区。装运该物品的车辆排气管必须配备阻火装置，禁止使用易产生火花的机械设备和工具装卸。公路运输时要按规定路线行驶，勿在居民区和人口稠密区停留。铁路运输时要禁止溜放。严禁用木船、水泥船散装运输

第十五部分　法规信息

下列法律、法规、规章和标准，对该化学品的管理作了相应的规定。

中华人民共和国职业病防治法　职业病分类和目录：未列入

危险化学品安全管理条例　危险化学品目录：列入。易制爆危险化学品名录：未列入。重点监管的危险化学品

名录：未列入。GB 18218—2009《危险化学品重大危险源辨识》(表1)：未列入

使用有毒物品作业场所劳动保护条例 高毒物品目录：未列入

易制毒化学品管理条例 易制毒化学品的分类和品种目录：未列入

国际公约 斯德哥尔摩公约：未列入。鹿特丹公约：未列入。蒙特利尔议定书：未列入

第十六部分 其他信息

编写和修订信息 **缩略语和首字母缩写**

培训建议 **参考文献**

免责声明

氩

第一部分 化学品标识

化学品中文名 氩

化学品英文名 argon

分子式 Ar **相对分子质量** 39.95

化学品的推荐及限制用途 用于灯泡充气和对不锈钢、镁、铝等的电弧焊接，即“氩弧焊”

第二部分 危险性概述

紧急情况概述 内装加压气体：遇热可能爆炸

GHS危险性类别 加压气体

标签要素

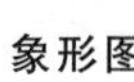

警示词 警告

危险性说明 内装加压气体：遇热可能爆炸。

防范说明

预防措施 -

事故响应 -

安全储存 防日晒。存放在通风良好的地方

废弃处置 -

物理和化学危险 不燃，无特殊燃爆特性

健康危害 常气压下无毒。高浓度时，使氧分压降低而发生窒息。氩浓度达50%以上，引起严重症状；75%以上时，可在数分钟内死亡。当空气中氩浓度增高时，先出现呼吸加速、注意力不集中、共济失调；继之，疲倦乏力、烦躁不安、恶心、呕吐、昏迷、抽搐，甚至死亡。液态氩可致皮肤冻伤；眼部接触可引起炎症

环境危害 无环境危害

第三部分 成分/组成信息

√物质		混合物
组分	**浓度**	**CAS No.**
氩		7440-37-1

第四部分 急救措施

吸入 迅速脱离现场至空气新鲜处。保持呼吸道通畅。如呼吸困难，给输氧。如呼吸、心跳停止，立即进行心肺复苏术。就医

皮肤接触 如发生冻伤，用温水（38～42℃）复温，忌用热水或辐射热，不要揉搓。就医

眼睛接触 立即分开眼睑，用流动清水或生理盐水彻底冲洗。就医

对保护施救者的忠告 根据需要使用个人防护设备

对医生的特别提示 对症处理

第五部分 消防措施

灭火剂 本品不燃。根据着火原因选择适当灭火剂灭火

特别危险性 若遇高热，容器内压增大，有开裂和爆炸的危险

灭火注意事项及防护措施 消防人员须佩戴防毒面具、穿全身消防服，在上风向灭火。切断气源。喷水冷却容器，尽可能将容器从火场移至空旷处

第六部分 泄漏应急处理

作业人员防护措施、防护装备和应急处置程序 根据气体扩散的影响区域划定警戒区，无关人员从侧风、上风向撤离至安全区。建议应急处理人员戴正压自给式呼吸器，穿一般作业工作服。液化气体泄漏时穿防寒服。尽可能切断泄漏源

环境保护措施 无资料

泄漏化学品的收容、清除方法及所使用的处置材料 漏出气允许排入大气中。泄漏场所保持通风

第七部分 操作处置与储存

操作注意事项 密闭操作，提供良好的自然通风条件。操作人员必须经过专门培训，严格遵守操作规程。防止气体泄漏到工作场所空气中。远离易燃、可燃物。搬运时轻装轻卸，防止钢瓶及附件破损。配备泄漏应急处理设备

储存注意事项 储存于阴凉、通风的不燃气体专用库房。远离火种、热源。库温不宜超过30℃。应与易（可）燃物分开存放，切忌混储。储区应备有泄漏应急处理设备

第八部分 接触控制/个体防护

职业接触限值

中国 未制定标准

美国(ACGIH) 未制定标准

生物接触限值 未制定标准

监测方法 空气中有毒物质测定方法：未制定标准。生物监测检验方法：未制定标准

工程控制 密闭操作。提供良好的自然通风条件

个体防护装备

呼吸系统防护 一般不需特殊防护。但当作业场所空气中氧气浓度低于18%时，必须佩戴空气呼吸器或长管面具

眼睛防护　一般不需特殊防护

皮肤和身体防护　穿一般作业工作服

手防护　戴一般作业防护手套

第九部分　理化特性

外观与性状　无色无味的惰性气体

pH 值　无意义　　**熔点(℃)**　−189.2

沸点(℃)　−185.9

相对密度(水=1)　1.40（−186℃）

相对蒸气密度(空气=1)　1.66

饱和蒸气压(kPa)　202.64（−179℃）

燃烧热(kJ/mol)　无资料　　**临界温度(℃)**　−122.3

临界压力(MPa)　4.86　　**辛醇/水分配系数**　0.74

闪点(℃)　无意义　　**自燃温度(℃)**　无意义

爆炸下限(%)　无意义　　**爆炸上限(%)**　无意义

分解温度(℃)　无资料　　**黏度(mPa·s)**　无资料

溶解性　微溶于水

第十部分　稳定性和反应性

稳定性　稳定　　**危险反应**　无资料

避免接触的条件　无资料　　**禁配物**　无资料

危险的分解产物　无意义

第十一部分　毒理学信息

急性毒性　无资料　　**皮肤刺激或腐蚀**　无资料

眼睛刺激或腐蚀　无资料　　**呼吸或皮肤过敏**　无资料

生殖细胞突变性　无资料　　**致癌性**　无资料

生殖毒性　无资料

特异性靶器官系统毒性-一次接触　无资料

特异性靶器官系统毒性-反复接触　无资料

吸入危害　无资料

第十二部分　生态学信息

生态毒性　无资料

持久性和降解性

　生物降解性　无资料

　非生物降解性　无资料

潜在的生物累积性　无资料

土壤中的迁移性　无资料

第十三部分　废弃处置

废弃化学品　废气直接排入大气

污染包装物　将容器返还生产商或按照国家和地方法规处置

废弃注意事项　处置前应参阅国家和地方有关法规。把空容器归还厂商

第十四部分　运输信息

联合国危险货物编号(UN号)　1006（压缩）；1951（液化）

联合国运输名称　压缩氩（压缩）；冷冻液态氩（液化）

联合国危险性类别　2.2　　**包装类别**　-

包装标志

海洋污染物　否

运输注意事项　采用钢瓶运输时必须戴好钢瓶上的安全帽。钢瓶一般平放，并应将瓶口朝同一方向，不可交叉；高度不得超过车辆的防护栏板，并用三角木垫卡牢，防止滚动。严禁与易燃物或可燃物等混装混运。夏季应早晚运输，防止日光曝晒。铁路运输时要禁止溜放

第十五部分　法规信息

下列法律、法规、规章和标准，对该化学品的管理作了相应的规定。

中华人民共和国职业病防治法　职业病分类和目录：未列入

危险化学品安全管理条例　危险化学品目录：列入。易制爆危险化学品名录：未列入。重点监管的危险化学品名录：未列入。GB 18218—2009《危险化学品重大危险源辨识》（表1）：未列入

使用有毒物品作业场所劳动保护条例　高毒物品目录：未列入

易制毒化学品管理条例　易制毒化学品的分类和品种目录：未列入

国际公约　斯德哥尔摩公约：未列入。鹿特丹公约：未列入。蒙特利尔议定书：未列入

第十六部分　其他信息

编写和修订信息　　**缩略语和首字母缩写**

培训建议　　**参考文献**

免责声明

亚　磷　酸

第一部分　化学品标识

化学品中文名　亚磷酸

化学品英文名　phosphorous acid; orthophosphorous acid

分子式　H_3PO_3　　**相对分子质量**　82.00

结构式

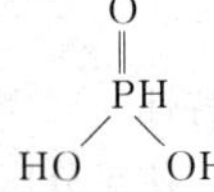

化学品的推荐及限制用途　作为制造塑料稳定剂的原料，也用于合成纤维和亚磷酸盐制造

第二部分　危险性概述

紧急情况概述　吞咽有害，造成严重的皮肤灼伤和眼损伤

GHS 危险性类别　急性毒性-经口，类别4；皮肤腐蚀/刺激，类别1A；严重眼损伤/眼刺激，类别1

标签要素

象形图

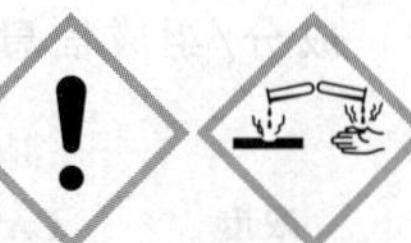

警示词　危险

危险性说明 吞咽有害，造成严重的皮肤灼伤和眼损伤，造成严重眼损伤

防范说明

预防措施 避免吸入粉尘。避免接触眼睛、皮肤，操作后彻底清洗。作业场所不得进食、饮水或吸烟。戴防护手套，穿防护服，戴防护眼镜、防护面罩

事故响应 如吸入：将患者转移到空气新鲜处，休息，保持利于呼吸的体位。皮肤（或头发）接触：立即脱掉所有被污染的衣服，用水冲洗皮肤，淋浴。污染的衣服须洗净后方可重新使用。眼睛接触：用水细心地冲洗数分钟。如戴隐形眼镜并可方便地取出，则取出隐形眼镜继续冲洗。食入：漱口，不要催吐，如果感觉不适，立即呼叫中毒控制中心或就医

安全储存 上锁保管

废弃处置 本品及内装物、容器依据国家和地方法规处置

物理和化学危险 不燃，无特殊燃爆特性

健康危害 本品对呼吸道有刺激性。眼接触可致灼伤，造成永久性损害。皮肤接触可致灼伤

环境危害 对环境可能有害

第三部分 成分/组成信息

√物质		混合物
组分	**浓度**	**CAS No.**
亚磷酸		13598-36-2

第四部分 急救措施

吸入 迅速脱离现场至空气新鲜处。保持呼吸道通畅。如呼吸困难，给输氧。如呼吸、心跳停止，立即进行心肺复苏术。就医

皮肤接触 立即脱去污染的衣着，用大量流动清水彻底冲洗至少 15min。就医

眼睛接触 立即分开眼睑，用流动清水或生理盐水彻底冲洗至少 15min。就医

食入 用水漱口，禁止催吐。给饮牛奶或蛋清。就医

对保护施救者的忠告 根据需要使用个人防护设备

对医生的特别提示 对症处理

第五部分 消防措施

灭火剂 本品不燃。根据着火原因选择适当灭火剂灭火

特别危险性 具有腐蚀性。受热分解产生有毒的氧化磷烟气

灭火注意事项及防护措施 消防人员必须穿全身耐酸碱消防服、佩戴空气呼吸器灭火。尽可能将容器从火场移至空旷处。喷水保持火场容器冷却，直至灭火结束

第六部分 泄漏应急处理

作业人员防护措施、防护装备和应急处置程序 隔离泄漏污染区，限制出入。建议应急处理人员戴防尘口罩，穿防酸碱服，戴橡胶耐酸碱手套。穿上适当的防护服前严禁接触破裂的容器和泄漏物。尽可能切断泄漏源。用塑料布覆盖泄漏物，减少飞散。勿使水进入包装容器内

环境保护措施 无资料

泄漏化学品的收容、清除方法及所使用的处置材料 用洁净的铲子收集泄漏物，置于干净、干燥、盖子较松的容器中，将容器移离泄漏区

第七部分 操作处置与储存

操作注意事项 密闭操作，注意通风。操作尽可能机械化、自动化。操作人员必须经过专门培训，严格遵守操作规程。建议操作人员佩戴头罩型电动送风过滤式防尘呼吸器，穿防酸碱塑料工作服，戴橡胶耐酸碱手套。避免产生粉尘。避免与碱类接触。搬运时要轻装轻卸，防止包装及容器损坏。配备泄漏应急处理设备。倒空的容器可能残留有害物

储存注意事项 储存于阴凉、通风的库房。远离火种、热源。包装要求密封，不可与空气接触。应与碱类分开存放，切忌混储。储区应备有合适的材料收容泄漏物

第八部分 接触控制/个体防护

职业接触限值

中国 未制定标准 美国(ACGIH) 未制定标准

生物接触限值 未制定标准

监测方法 空气中有毒物质测定方法：未制定标准。生物监测检验方法：未制定标准

工程控制 密闭操作，注意通风。提供安全的淋浴和洗眼设备

个体防护装备

呼吸系统防护 可能接触其粉尘时，建议佩戴过滤式防尘呼吸器。紧急事态抢救或撤离时，建议佩戴空气呼吸器

眼睛防护 戴化学安全防护眼镜

皮肤和身体防护 穿橡胶耐酸碱服

手防护 戴橡胶耐酸碱手套

第九部分 理化特性

外观与性状 白色或淡黄色结晶，有蒜味，易潮解

pH 值 无意义 **熔点(℃)** 73～73.8

沸点(℃) 200（分解） **相对密度(水＝1)** 1.65

相对蒸气密度(空气＝1) 无资料

饱和蒸气压(kPa) 无资料

燃烧热(kJ/mol) 无资料 **临界温度(℃)** 无资料

临界压力(MPa) 无资料 **辛醇/水分配系数** 1.15

闪点(℃) 无意义 **自燃温度(℃)** 无意义

爆炸下限(%) 无意义 **爆炸上限(%)** 无意义

分解温度(℃) 无资料 **黏度(mPa·s)** 无资料

溶解性 易溶于水、乙醇

第十部分 稳定性和反应性

稳定性 稳定

危险反应 与强碱等禁配物发生反应。与活性金属反应放出易燃气体

避免接触的条件 受热、潮湿空气

禁配物 强碱

危险的分解产物 氧化磷

第十一部分 毒理学信息

急性毒性 LD_{50}：1895mg/kg（大鼠经口）；1700mg/kg（小鼠经口）

皮肤刺激或腐蚀 无资料 **眼睛刺激或腐蚀** 无资料

呼吸或皮肤过敏 无资料 **生殖细胞突变性** 无资料

致癌性 无资料 **生殖毒性** 无资料

特异性靶器官系统毒性-一次接触 无资料

特异性靶器官系统毒性-反复接触 无资料

吸入危害 无资料

第十二部分 生态学信息

生态毒性 无资料

持久性和降解性

生物降解性 无资料

非生物降解性 无资料

潜在的生物累积性 根据 K_{ow} 值预测，该物质的生物累积性可能较弱

土壤中的迁移性 根据 K_{oc} 值预测，该物质可能易发生迁移

第十三部分 废弃处置

废弃化学品 根据国家和地方有关法规的要求处置。或与制造商联系，确定处置方法

污染包装物 将容器返还生产商或按照国家和地方法规处置

废弃注意事项 处置前应参阅国家和地方有关法规

第十四部分 运输信息

联合国危险货物编号（UN 号） 2834

联合国运输名称 亚磷酸

联合国危险性类别 8 **包装类别** Ⅲ类包装

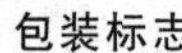

包装标志  **海洋污染物** 否

运输注意事项 起运时包装要完整，装载应稳妥。运输过程中要确保容器不泄漏、不倒塌、不坠落、不损坏。严禁与碱类、食用化学品等混装混运。运输时运输车辆应配备泄漏应急处理设备。运输途中应防曝晒、雨淋，防高温

第十五部分 法规信息

下列法律、法规、规章和标准，对该化学品的管理作了相应的规定。

中华人民共和国职业病防治法 职业病分类和目录：未列入

危险化学品安全管理条例 危险化学品目录：列入。易制爆危险化学品名录：未列入。重点监管的危险化学品名录：未列入。GB 18218—2009《危险化学品重大危险源辨识》（表 1）：未列入

使用有毒物品作业场所劳动保护条例 高毒物品目录：未列入

易制毒化学品管理条例 易制毒化学品的分类和品种目录：未列入

国际公约 斯德哥尔摩公约：未列入。鹿特丹公约：未列入。蒙特利尔议定书：未列入

第十六部分 其他信息

编写和修订信息 **缩略语和首字母缩写**

培训建议 **参考文献**

免责声明

亚 硫 酸

第一部分 化学品标识

化学品中文名 亚硫酸

化学品英文名 sulfurous acid

分子式 H_2SO_3 **相对分子质量** 82.08

结构式 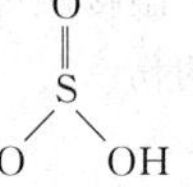

化学品的推荐及限制用途 用作分析试剂、还原剂及防腐剂，用于纺织、造纸、冶金工业和有机合成

第二部分 危险性概述

紧急情况概述 造成严重的皮肤灼伤和眼损伤

GHS 危险性类别 皮肤腐蚀/刺激，类别 1；严重眼损伤/眼刺激，类别 1

标签要素

象形图 

警示词 危险

危险性说明 造成严重的皮肤灼伤和眼损伤，造成严重眼损伤

防范说明

预防措施 避免吸入烟雾。避免接触眼睛、皮肤，操作后彻底清洗。戴防护手套，穿防护服，戴防护眼镜、防护面罩

事故响应 如吸入：将患者转移到空气新鲜处，休息，保持利于呼吸的体位，立即呼叫中毒控制中心或就医。皮肤（或头发）接触：立即脱掉所有被污染的衣服，用水冲洗皮肤，淋浴。污染的衣服须洗净后方可重新使用。眼睛接触：用水细心地冲洗数分钟。如戴隐形眼镜并可方便地取出，则取出隐形眼镜继续冲洗。食入：漱口，不要催吐

安全储存 上锁保管

废弃处置 本品及内装物、容器依据国家和地方法规处置

物理和化学危险 不燃，无特殊燃爆特性

健康危害 对眼睛、皮肤、黏膜和呼吸道有强烈的刺激作用。吸入后可引起喉、支气管的炎症，化学性肺炎，肺水肿。眼和皮肤接触引起灼伤

环境危害 对环境可能有害

第三部分 成分/组成信息

√物质 混合物

组分	浓度	CAS No.
亚硫酸		7782-99-2

第四部分 急救措施

吸入 迅速脱离现场至空气新鲜处。保持呼吸道通畅。如呼吸困难，给输氧。如呼吸、心跳停止，立即进行心肺复苏术。就医

皮肤接触 立即脱去污染的衣着，用大量流动清水彻底冲洗至少15min。就医

眼睛接触 立即分开眼睑，用流动清水或生理盐水彻底冲洗至少15min。就医

食入 用水漱口，禁止催吐。给饮牛奶或蛋清。就医

对保护施救者的忠告 根据需要使用个人防护设备

对医生的特别提示 对症处理

第五部分 消防措施

灭火剂 本品不燃。根据着火原因选择适当灭火剂灭火

特别危险性 暴露在空气中可发生氧化反应。受高热分解产生有毒的硫化物烟气。具有腐蚀性

灭火注意事项及防护措施 消防人员必须穿全身耐酸碱消防服、佩戴空气呼吸器灭火。尽可能将容器从火场移至空旷处。喷水保持火场容器冷却，直至灭火结束

第六部分 泄漏应急处理

作业人员防护措施、防护装备和应急处置程序 根据液体流动和蒸气扩散的影响区域划定警戒区，无关人员从侧风、上风向撤离至安全区。建议应急处理人员戴正压自给式呼吸器，穿防酸碱服，戴橡胶耐酸碱手套。穿上适当的防护服前严禁接触破裂的容器和泄漏物。尽可能切断泄漏源

环境保护措施 防止泄漏物进入水体、下水道、地下室或有限空间

泄漏化学品的收容、清除方法及所使用的处置材料 小量泄漏：用干燥的砂土或其他不燃材料吸收或覆盖，收集于容器中。大量泄漏：构筑围堤或挖坑收容。用碎石灰石（$CaCO_3$）、苏打灰（Na_2CO_3）或石灰（CaO）中和。用耐腐蚀泵转移至槽车或专用收集器内

第七部分 操作处置与储存

操作注意事项 密闭操作，注意通风。操作尽可能机械化、自动化。操作人员必须经过专门培训，严格遵守操作规程。建议操作人员佩戴自吸过滤式防毒面具（全面罩），穿橡胶耐酸碱服，戴橡胶耐酸碱手套。防止蒸气泄漏到工作场所空气中。避免与碱类接触。搬运时要轻装轻卸，防止包装及容器损坏。配备泄漏应急处理设备。倒空的容器可能残留有害物

储存注意事项 储存于阴凉、通风的库房。远离火种、热源。包装要求密封，不可与空气接触。应与碱类分开存放，切忌混储。储区应备有泄漏应急处理设备和合适的收容材料

第八部分 接触控制/个体防护

职业接触限值

中国 未制定标准

美国(ACGIH) 未制定标准

生物接触限值 未制定标准

监测方法 空气中有毒物质测定方法：未制定标准。生物监测检验方法：未制定标准

工程控制 密闭操作，注意通风。提供安全的淋浴和洗眼设备

个体防护装备

呼吸系统防护 可能接触其烟雾时，佩戴过滤式防毒面具（全面罩）或空气呼吸器。紧急事态抢救或撤离时，建议佩戴空气呼吸器

眼睛防护 呼吸系统防护中已作防护

皮肤和身体防护 穿橡胶耐酸碱服

手防护 戴橡胶耐酸碱手套

第九部分 理化特性

外观与性状 无色透明液体，具有二氧化硫的窒息气味，易分解

pH值 无资料　**熔点(℃)** 无资料

沸点(℃) 无资料　**相对密度(水=1)** 1.03

相对蒸气密度(空气=1) 2.8

饱和蒸气压(kPa) 无资料

燃烧热(kJ/mol) 无资料　**临界温度(℃)** 无资料

临界压力(MPa) 无资料　**辛醇/水分配系数** 无资料

闪点(℃) 无意义　**引燃温度(℃)** 无意义

爆炸下限(%) 无意义　**爆炸上限(%)** 无意义

分解温度(℃) 无资料　**黏度(mPa·s)** 无资料

溶解性 溶于水

第十部分 稳定性和反应性

稳定性 稳定

危险反应 与强碱等禁配物发生反应

避免接触的条件 潮湿空气

禁配物 强碱

危险的分解产物 氧化硫

第十一部分 毒理学信息

急性毒性 TDLo：500μg/kg（人经口）

皮肤刺激或腐蚀 无资料　**眼睛刺激或腐蚀** 无资料

呼吸或皮肤过敏 无资料　**生殖细胞突变性** 无资料

致癌性 无资料　**生殖毒性** 无资料

特异性靶器官系统毒性-一次接触 无资料

特异性靶器官系统毒性-反复接触 无资料

吸入危害 无资料

第十二部分 生态学信息

生态毒性 无资料

持久性和降解性

生物降解性 无资料

非生物降解性 无资料

潜在的生物累积性 无资料

土壤中的迁移性 无资料

第十三部分 废弃处置

废弃化学品 根据国家和地方有关法规的要求处置。或与制造商联系，确定处置方法

污染包装物 将容器返还生产商或按照国家和地方法规处置

废弃注意事项 处置前应参阅国家和地方有关法规

第十四部分 运输信息

联合国危险货物编号（UN号） 1833

联合国运输名称 亚硫酸

联合国危险性类别 8 **包装类别** Ⅱ类包装

包装标志 

海洋污染物 否

运输注意事项 起运时包装要完整，装载应稳妥。运输过程中要确保容器不泄漏、不倒塌、不坠落、不损坏。严禁与碱类、食用化学品等混装混运。运输时运输车辆应配备泄漏应急处理设备。运输途中应防曝晒、雨淋，防高温。公路运输时要按规定路线行驶，勿在居民区和人口稠密区停留

第十五部分 法规信息

下列法律、法规、规章和标准，对该化学品的管理作了相应的规定。

中华人民共和国职业病防治法 职业病分类和目录：未列入

危险化学品安全管理条例 危险化学品目录：列入。易制爆危险化学品名录：未列入。重点监管的危险化学品名录：未列入。GB 18218—2009《危险化学品重大危险源辨识》(表1)：未列入

使用有毒物品作业场所劳动保护条例 高毒物品目录：未列入

易制毒化学品管理条例 易制毒化学品的分类和品种目录：未列入

国际公约 斯德哥尔摩公约：未列入。鹿特丹公约：未列入。蒙特利尔议定书：未列入

第十六部分 其他信息

编写和修订信息 **缩略语和首字母缩写**

培训建议 **参考文献**

免责声明

亚砷酸钙

第一部分 化学品标识

化学品中文名 亚砷酸钙；亚砒酸钙

化学品英文名 calcium arsenite

分子式 $Ca_3(AsO_3)_2$ **相对分子质量** 366.07

化学品的推荐及限制用途 用作杀虫剂、杀菌剂、杀软体动物药

第二部分 危险性概述

紧急情况概述 吞咽致命，可能致癌

GHS危险性类别 急性毒性-经口，类别1；严重眼损伤/眼刺激，类别2；致癌性，类别1A；生殖毒性，类别2；特异性靶器官毒性-一次接触，类别1；特异性靶器官毒性-反复接触，类别1；危害水生环境-急性危害，类别1；危害水生环境-长期危害，类别1

标签要素

象形图 

警示词 危险

危险性说明 吞咽致命，造成严重眼刺激，可能致癌，怀疑对生育力或胎儿造成伤害，对器官造成损害，长时间或反复接触对器官造成损伤，对水生生物毒性非常大并具有长期持续影响

防范说明

预防措施 避免接触眼睛、皮肤，操作后彻底清洗。作业场所不得进食、饮水或吸烟。戴防护眼镜、防护面罩。得到专门指导后操作。在阅读并了解所有安全预防措施之前，切勿操作。按要求使用个体防护装备。避免吸入粉尘。操作后彻底清洗。禁止排入环境

事故响应 如接触眼睛：用水细心冲洗数分钟。如戴隐形眼镜并可方便地取出，取出隐形眼镜继续冲洗。如果眼睛刺激持续：就医。食入：漱口，立即呼叫中毒控制中心或就医。如果接触：立即呼叫中毒控制中心或就医。收集泄漏物

安全储存 上锁保管

废弃处置 本品及内装物、容器依据国家和地方法规处置

物理和化学危险 不燃，无特殊燃爆特性

健康危害 砷及其化合物对体内酶蛋白的巯基有特殊亲和力

急性中毒 口服致急性胃肠炎、休克、周围神经病、贫血及中毒性肝病、心肌炎等。可因呼吸中枢麻痹而死亡。短期内大量吸入可致咳嗽、胸痛、呼吸困难、头痛、头晕等。消化道症状较轻，其他症状似口服。重者可致死

慢性中毒 长期接触较高浓度粉尘引起慢性中毒，主要有神经衰弱综合征，多发性神经病，肝损害，鼻炎、鼻中隔穿孔，支气管炎等。砷和砷化合物为对人致癌物，可引起肺癌、皮肤癌

环境危害 对水生生物毒性非常大并具有长期持续影响

第三部分　成分/组成信息

√物质　　混合物

组分	浓度	CAS No.
亚砷酸钙		27152-57-4

第四部分　急救措施

吸入　迅速脱离现场至空气新鲜处。保持呼吸道通畅。如呼吸困难，给输氧。如呼吸、心跳停止，立即进行心肺复苏术。就医

皮肤接触　立即脱去污染的衣着，用肥皂水和清水彻底冲洗。就医

眼睛接触　立即分开眼睑，用流动清水或生理盐水彻底冲洗。就医

食入　催吐、彻底洗胃，洗胃后服活性炭 30～50g（用水调成浆状），而后再服用硫酸镁或硫酸钠导泻。就医

对保护施救者的忠告　根据需要使用个人防护设备

对医生的特别提示　解毒剂有二巯基丙磺酸钠、二巯基丁二酸钠等

第五部分　消防措施

灭火剂　本品不燃。根据着火原因选择适当灭火剂灭火

特别危险性　不燃。遇高热、明火会产生剧毒的蒸气。遇酸产生剧毒的三氧化二砷

灭火注意事项及防护措施　消防人员须佩戴防毒面具、穿全身消防服，在上风向灭火。尽可能将容器从火场移至空旷处。喷水保持火场容器冷却，直至灭火结束

第六部分　泄漏应急处理

作业人员防护措施、防护装备和应急处置程序　隔离泄漏污染区，限制出入。建议应急处理人员戴防尘口罩，穿防毒服，戴橡胶手套。穿上适当的防护服前严禁接触破裂的容器和泄漏物。尽可能切断泄漏源。用塑料布覆盖泄漏物，减少飞散。勿使水进入包装容器内

环境保护措施　无资料

泄漏化学品的收容、清除方法及所使用的处置材料　用洁净的铲子收集泄漏物，置于干净、干燥、盖子较松的容器中，将容器移离泄漏区

第七部分　操作处置与储存

操作注意事项　密闭操作，提供充分的局部排风。操作人员必须经过专门培训，严格遵守操作规程。建议操作人员佩戴自吸过滤式防尘口罩，戴化学安全防护眼镜，穿连衣式防毒衣，戴橡胶手套。避免产生粉尘。避免与氧化剂、酸类接触。搬运时要轻装轻卸，防止包装及容器损坏。配备泄漏应急处理设备。倒空的容器可能残留有害物

储存注意事项　储存于阴凉、通风的库房，实行“双人收发、双人保管”制度。远离火种、热源。包装要求密封，不可与空气接触。应与氧化剂、酸类、食用化学品分开存放，切忌混储。储区应备有合适的材料收容泄漏物

第八部分　接触控制/个体防护

职业接触限值

中国　PC-TWA：0.01mg/m^3；PC-STEL：0.02mg/m^3［按 As 计］［G1］

美国(ACGIH)　TLV-TWA：0.01mg/m^3［按 As 计］

生物接触限值　未制定标准

监测方法　空气中有毒物质测定方法：原子荧光光谱法；氢化物-原子吸收光谱法；二乙氨基二硫代甲酸银分光光度法。生物监测检验方法：未制定标准

工程控制　严加密闭，提供充分的局部排风

个体防护装备

呼吸系统防护　可能接触其粉尘时，应该佩戴过滤式防尘呼吸器。必要时佩戴空气呼吸器

眼睛防护　戴化学安全防护眼镜

皮肤和身体防护　穿连衣式防毒衣

手防护　戴橡胶手套

第九部分　理化特性

外观与性状　白色粉末

pH 值　无意义　　**熔点(℃)**　分解

沸点(℃)　无资料　　**相对密度(水=1)**　3.031

相对蒸气密度(空气=1)　无资料

饱和蒸气压(kPa)　无资料

燃烧热(kJ/mol)　无资料　　**临界温度(℃)**　无资料

临界压力(MPa)　无意义　　**辛醇/水分配系数**　无资料

闪点(℃)　无意义　　**自燃温度(℃)**　无意义

爆炸下限(%)　无意义　　**爆炸上限(%)**　无意义

分解温度(℃)　无资料　　**黏度(mPa·s)**　无资料

溶解性　微溶于水，溶于酸

第十部分　稳定性和反应性

稳定性　稳定

危险反应　与强氧化剂、酸类等禁配物发生反应

避免接触的条件　受热　　**禁配物**　酸类、强氧化剂

危险的分解产物　氧化砷、氧化钙

第十一部分　毒理学信息

急性毒性　LD_{50}：1mg/kg（小鼠经口）

皮肤刺激或腐蚀　无资料　　**眼睛刺激或腐蚀**　无资料

呼吸或皮肤过敏　无资料　　**生殖细胞突变性**　无资料

致癌性　IARC 致癌性评论：组 1，确认人类致癌物。对人类致癌性证据充分

生殖毒性　无资料

特异性靶器官系统毒性-一次接触　无资料

特异性靶器官系统毒性-反复接触　无资料

吸入危害　无资料

第十二部分　生态学信息

生态毒性　亚砷酸盐对水生生物有极高毒性

持久性和降解性

生物降解性　无资料

非生物降解性　无资料

潜在的生物累积性 无资料
土壤中的迁移性 无资料

第十三部分 废弃处置

废弃化学品 根据国家和地方有关法规的要求处置。或与制造商联系，确定处置方法

污染包装物 将容器返还生产商或按照国家和地方法规处置

废弃注意事项 处置前应参阅国家和地方有关法规

第十四部分 运输信息

联合国危险货物编号（UN号） 1557

联合国运输名称 固态砷化合物，未另作规定的（亚砷酸钙）

联合国危险性类别 6.1 **包装类别** Ⅱ类包装

包装标志  **海洋污染物** 否

运输注意事项 运输前应先检查包装容器是否完整、密封，运输过程中要确保容器不泄漏、不倒塌、不坠落、不损坏。严禁与酸类、氧化剂、食品及食品添加剂混运。运输时运输车辆应配备泄漏应急处理设备。运输途中应防曝晒、雨淋，防高温。公路运输时要按规定路线行驶，勿在居民区和人口稠密区停留

第十五部分 法规信息

下列法律、法规、规章和标准，对该化学品的管理作了相应的规定。

中华人民共和国职业病防治法 职业病分类和目录：砷及其化合物中毒；砷及其化合物所致肺癌、皮肤癌

危险化学品安全管理条例 危险化学品目录：作为剧毒化学品进行管理。易制爆危险化学品名录：未列入。重点监管的危险化学品名录：未列入。GB 18218—2009《危险化学品重大危险源辨识》（表1）：未列入

使用有毒物品作业场所劳动保护条例 高毒物品目录：列入

易制毒化学品管理条例 易制毒化学品的分类和品种目录：未列入

国际公约 斯德哥尔摩公约：未列入。鹿特丹公约：未列入。蒙特利尔议定书：未列入

第十六部分 其他信息

编写和修订信息 **缩略语和首字母缩写**
培训建议 **参考文献**
免责声明

亚砷酸钾

第一部分 化学品标识

化学品中文名 亚砷酸钾；偏亚砷酸钾

化学品英文名 potassium arsenite; potassium metaarsenite

分子式 $KAsO_2$ **相对分子质量** 146.02

化学品的推荐及限制用途 用作分析试剂及还原剂

第二部分 危险性概述

紧急情况概述 吞咽致命，皮肤接触会致命，可能致癌

GHS危险性类别 急性毒性-经口，类别2；急性毒性-经皮，类别2；严重眼损伤/眼刺激，类别2；生殖细胞致突变性，类别2；致癌性，类别1A；生殖毒性，类别2；特异性靶器官毒性-一次接触，类别1；特异性靶器官毒性-反复接触，类别1；危害水生环境-急性危害，类别1；危害水生环境-长期危害，类别1

标签要素

象形图

警示词 危险

危险性说明 吞咽致命，皮肤接触会致命，造成严重眼刺激，怀疑可造成遗传性缺陷，可能致癌，怀疑对生育力或胎儿造成伤害，对器官造成损害，长时间或反复接触对器官造成损伤，对水生生物毒性非常大并具有长期持续影响

防范说明

预防措施 避免接触眼睛、皮肤，操作后彻底清洗。作业场所不得进食、饮水或吸烟。戴防护手套，穿防护服，戴防护眼镜、防护面罩。得到专门指导后操作。在阅读并了解所有安全预防措施之前，切勿操作。按要求使用个体防护装备。禁止排入环境

事故响应 皮肤接触：用大量肥皂水和水轻轻地清洗。如接触眼睛：用水细心冲洗数分钟。如戴隐形眼镜并可方便地取出，取出隐形眼镜继续冲洗。如果眼睛刺激持续：就医。食入：漱口，立即呼叫中毒控制中心或就医。如果接触：立即呼叫中毒控制中心或就医。如感觉不适，就医。收集泄漏物

安全储存 上锁保管

废弃处置 本品及内装物、容器依据国家和地方法规处置

物理和化学危险 不燃，无特殊燃爆特性

健康危害 砷及其化合物对体内酶蛋白的巯基有特殊亲和力

急性中毒 口服致急性胃肠炎、休克、周围神经病、贫血及中毒性肝病，心肌炎等。可因呼吸中枢麻痹而死亡。短期内大量吸入可致咳嗽、胸痛、呼吸困难、头痛、头晕等。消化道症状较轻，其他症状似口服。重者可致死

慢性中毒 长期接触较高浓度粉尘引起慢性中毒，主要有神经衰弱综合征，多发性神经病，肝损害，鼻炎、鼻中隔穿孔，支气管炎等。砷和砷化合物为对人致癌物，可引起肺癌、皮肤癌

环境危害 对水生生物毒性非常大并具有长期持续影响

第三部分 成分/组成信息

√物质 混合物

组分	浓度	CAS No.
亚砷酸钾		10124-50-2

第四部分 急救措施

吸入 迅速脱离现场至空气新鲜处。保持呼吸道通畅。如呼吸困难，给输氧。如呼吸、心跳停止，立即进行心肺复苏术。就医

皮肤接触 立即脱去污染的衣着，用肥皂水和清水彻底冲洗。就医

眼睛接触 立即分开眼睑，用流动清水或生理盐水彻底冲洗。就医

食入 催吐、彻底洗胃，洗胃后服活性炭 30～50g（用水调成浆状），而后再服用硫酸镁或硫酸钠导泻。就医

对保护施救者的忠告 根据需要使用个人防护设备

对医生的特别提示 解毒剂有二巯基丙磺酸钠、二巯基丁二酸钠等

第五部分 消防措施

灭火剂 本品不燃。根据着火原因选择适当灭火剂灭火

特别危险性 本身不能燃烧。受高热分解放出有毒的气体。遇酸产生剧毒的三氧化二砷。暴露于空气中遇二氧化碳逐渐分解

灭火注意事项及防护措施 消防人员须佩戴防毒面具、穿全身消防服，在上风向灭火。尽可能将容器从火场移至空旷处。喷水保持火场容器冷却，直至灭火结束

第六部分 泄漏应急处理

作业人员防护措施、防护装备和应急处置程序 隔离泄漏污染区，限制出入。建议应急处理人员戴防尘口罩，穿防毒服，戴橡胶手套。穿上适当的防护服前严禁接触破裂的容器和泄漏物。尽可能切断泄漏源。用塑料布覆盖泄漏物，减少飞散。勿使水进入包装容器内

环境保护措施 无资料

泄漏化学品的收容、清除方法及所使用的处置材料 用洁净的铲子收集泄漏物，置于干净、干燥、盖子较松的容器中，将容器移离泄漏区

第七部分 操作处置与储存

操作注意事项 密闭操作，提供充分的局部排风。操作尽可能机械化、自动化。操作人员必须经过专门培训，严格遵守操作规程。建议操作人员佩戴自吸过滤式防尘口罩，戴化学安全防护眼镜，穿连衣式防毒衣，戴橡胶手套。避免产生粉尘。避免与氧化剂、酸类接触。搬运时要轻装轻卸，防止包装及容器损坏。配备泄漏应急处理设备。倒空的容器可能残留有害物

储存注意事项 储存于阴凉、通风良好的专用库房内。远离火种、热源。库内相对湿度不超过 80%。包装必须密封，切勿受潮。应与氧化剂、酸类、食用化学品分开存放，切忌混储。储区应备有合适的材料收容泄漏物

第八部分 接触控制/个体防护

职业接触限值

中国 PC-TWA：0.01mg/m^3；PC-STEL：0.02mg/m^3［按 As 计］［G1］

美国(ACGIH) TLV-TWA：0.01mg/m^3［按 As 计］

生物接触限值 未制定标准

监测方法 空气中有毒物质测定方法：原子荧光光谱法；氢化物-原子吸收光谱法；二乙氨基二硫代甲酸银分光光度法。生物监测检验方法：未制定标准

工程控制 严加密闭，提供充分的局部排风。提供安全的淋浴和洗眼设备

个体防护装备

呼吸系统防护 可能接触其粉尘时，应该佩戴过滤式防尘呼吸器。必要时佩戴空气呼吸器

眼睛防护 戴化学安全防护眼镜

皮肤和身体防护 穿连衣式防毒衣

手防护 戴橡胶手套

第九部分 理化特性

外观与性状 无色针状结晶，有吸湿性

pH 值 无意义 **熔点(℃)** 300（分解）

沸点(℃) 无资料 **相对密度(水=1)** 无资料

相对蒸气密度(空气=1) 无资料

饱和蒸气压(kPa) 无资料

燃烧热(kJ/mol) 无资料 **临界温度(℃)** 无资料

临界压力(MPa) 无意义 **辛醇/水分配系数** 无资料

闪点(℃) 无意义 **自燃温度(℃)** 无意义

爆炸下限(%) 无意义 **爆炸上限(%)** 无意义

分解温度(℃) 无资料 **黏度(mPa·s)** 无资料

溶解性 易溶于水，微溶于乙醇

第十部分 稳定性和反应性

稳定性 稳定

危险反应 与强氧化剂、酸类、二氧化碳等禁配物发生反应

避免接触的条件 空气、受热

禁配物 强氧化剂、强酸、二氧化碳

危险的分解产物 氧化砷、氧化钾

第十一部分 毒理学信息

急性毒性 LD_{50}：14mg/kg（大鼠经口）

皮肤刺激或腐蚀 无资料 **眼睛刺激或腐蚀** 无资料

呼吸或皮肤过敏 无资料

生殖细胞突变性 细胞遗传学分析：人淋巴细胞 1μmol/L (48h)

致癌性 IARC 致癌性评论：组 1，确认人类致癌物。对人类致癌性证据充分

生殖毒性 无资料

特异性靶器官系统毒性-一次接触 无资料

特异性靶器官系统毒性-反复接触 无资料

吸入危害 无资料

第十二部分 生态学信息

生态毒性 LC_{50}：82.4mg/L（96h）（黑头呆鱼）；0.29mg/L（48h）（蓝鳃太阳鱼，鱼苗）；4.340mg/L（96h）（水蚤）；3.49mg/L（96h）（海湾扇贝）

持久性和降解性

生物降解性 无资料

非生物降解性 无资料

潜在的生物累积性 无资料

土壤中的迁移性 无资料

第十三部分 废弃处置

废弃化学品 根据国家和地方有关法规的要求处置。或与制造商联系，确定处置方法

污染包装物 将容器返还生产商或按照国家和地方法规处置

废弃注意事项 处置前应参阅国家和地方有关法规

第十四部分 运输信息

联合国危险货物编号（UN号） 1678

联合国运输名称 亚砷酸钾

联合国危险性类别 6.1 **包装类别** Ⅱ类包装

包装标志  **海洋污染物** 否

运输注意事项 运输前应先检查包装容器是否完整、密封，运输过程中要确保容器不泄漏、不倒塌、不坠落、不损坏。严禁与酸类、氧化剂、食品及食品添加剂混运。运输时运输车辆应配备泄漏应急处理设备。运输途中应防曝晒、雨淋，防高温。公路运输时要按规定路线行驶，勿在居民区和人口稠密区停留

第十五部分 法规信息

下列法律、法规、规章和标准，对该化学品的管理作了相应的规定。

中华人民共和国职业病防治法 职业病分类和目录：砷及其化合物中毒；砷及其化合物所致肺癌、皮肤癌

危险化学品安全管理条例 危险化学品目录：列入。易制爆危险化学品名录：未列入。重点监管的危险化学品名录：未列入。GB 18218—2009《危险化学品重大危险源辨识》（表1）：未列入

使用有毒物品作业场所劳动保护条例 高毒物品目录：列入

易制毒化学品管理条例 易制毒化学品的分类和品种目录：未列入

国际公约 斯德哥尔摩公约：未列入。鹿特丹公约：未列入。蒙特利尔议定书：未列入

第十六部分 其他信息

编写和修订信息 **缩略语和首字母缩写**

培训建议 **参考文献**

免责声明

亚砷酸钠

第一部分 化学品标识

化学品中文名 亚砷酸钠；偏亚砷酸钠；亚砒酸钠

化学品英文名 sodium arsenite；sodium metaarsenite

分子式 $NaAsO_2$ **相对分子质量** 129.91

化学品的推荐及限制用途 用作杀虫剂、防腐剂、分析试剂等

第二部分 危险性概述

紧急情况概述 吞咽致命，皮肤接触会致命，可能致癌

GHS危险性类别 急性毒性-经口，类别2；急性毒性-经皮，类别2；严重眼损伤/眼刺激，类别2；生殖细胞致突变性，类别2；致癌性，类别1A；生殖毒性，类别2；特异性靶器官毒性-一次接触，类别1；特异性靶器官毒性-反复接触，类别1；危害水生环境-急性危害，类别1；危害水生环境-长期危害，类别1

标签要素

象形图 

警示词 危险

危险性说明 吞咽致命，皮肤接触会致命，造成严重眼刺激，怀疑可造成遗传性缺陷，可能致癌，怀疑对生育力或胎儿造成伤害，对器官造成损害，长时间或反复接触对器官造成损伤，对水生生物毒性非常大并具有长期持续影响

防范说明

预防措施 避免接触眼睛、皮肤或衣服，操作后彻底清洗。作业场所不得进食、饮水或吸烟。戴防护手套，穿防护服，戴防护眼镜、防护面罩。得到专门指导后操作。在阅读并了解所有安全预防措施之前，切勿操作。按要求使用个体防护装备。避免吸入粉尘。禁止排入环境

事故响应 皮肤接触：用大量肥皂水和水轻轻地清洗。如接触眼睛：用水细心冲洗数分钟。如戴隐形眼镜并可方便地取出，取出隐形眼镜继续冲洗。如果眼睛刺激持续：就医。食入：漱口，立即呼叫中毒控制中心或就医。如果接触：立即呼叫中毒控制中心或就医。如感觉不适，就医。收集泄漏物

安全储存 上锁保管

废弃处置 本品及内装物、容器依据国家和地方法规处置

物理和化学危险 不燃，无特殊燃爆特性

健康危害 砷及其化合物对体内酶蛋白的巯基有特殊亲和力

急性中毒 口服致急性胃肠炎、休克、周围神经病、贫血及中毒性肝病，心肌炎等。可因呼吸中枢麻痹而死亡。短期内大量吸入可致咳嗽、胸痛、呼吸困难、头痛、头晕等。消化道症状较轻，

其他症状似口服。重者可致死

慢性中毒 长期接触较高浓度粉尘引起慢性中毒，主要有神经衰弱综合征，多发性神经病，肝损害，鼻炎、鼻中隔穿孔，支气管炎等。砷和砷化合物为对人致癌物，可引起肺癌、皮肤癌

环境危害 对水生生物毒性非常大并具有长期持续影响

第三部分 成分/组成信息

√物质 混合物

组分	浓度	CAS No.
亚砷酸钠		7784-46-5

第四部分 急救措施

吸入 迅速脱离现场至空气新鲜处。保持呼吸道通畅。如呼吸困难，给输氧。如呼吸、心跳停止，立即进行心肺复苏术。就医

皮肤接触 立即脱去污染的衣着，用肥皂水和清水彻底冲洗。就医

眼睛接触 立即分开眼睑，用流动清水或生理盐水彻底冲洗。就医

食入 催吐、彻底洗胃，洗胃后服活性炭 30～50g（用水调成浆状），而后再服用硫酸镁或硫酸钠导泻。就医

对保护施救者的忠告 根据需要使用个人防护设备

对医生的特别提示 解毒剂有二巯基丙磺酸钠、二巯基丁二酸钠等

第五部分 消防措施

灭火剂 本品不燃。根据着火原因选择适当灭火剂灭火

特别危险性 不燃。受高热分解放出有毒的气体。暴露于空气中遇二氧化碳逐渐分解。与氧化剂可发生反应。遇酸产生剧毒的三氧化二砷

灭火注意事项及防护措施 消防人员须佩戴防毒面具、穿全身消防服，在上风向灭火。尽可能将容器从火场移至空旷处。喷水保持火场容器冷却，直至灭火结束

第六部分 泄漏应急处理

作业人员防护措施、防护装备和应急处置程序 隔离泄漏污染区，限制出入。建议应急处理人员戴防尘口罩，穿防毒服，戴橡胶手套。穿上适当的防护服前严禁接触破裂的容器和泄漏物。尽可能切断泄漏源。用塑料布覆盖泄漏物，减少飞散。勿使水进入包装容器内

环境保护措施 无资料

泄漏化学品的收容、清除方法及所使用的处置材料 用洁净的铲子收集泄漏物，置于干净、干燥、盖子较松的容器中，将容器移离泄漏区

第七部分 操作处置与储存

操作注意事项 密闭操作，提供充分的局部排风。操作尽可能机械化、自动化。操作人员必须经过专门培训，严格遵守操作规程。建议操作人员佩戴自吸过滤式防尘口罩，戴化学安全防护眼镜，穿连衣式防毒衣，戴橡胶手套。避免产生粉尘。避免与氧化剂、酸类接触。搬运时要轻装轻卸，防止包装及容器损坏。配备泄漏应急处理设备。倒空的容器可能残留有害物

储存注意事项 储存于阴凉、通风良好的专用库房内。远离火种、热源。包装密封。应与氧化剂、酸类、食用化学品分开存放，切忌混储。储区应备有合适的材料收容泄漏物

第八部分 接触控制/个体防护

职业接触限值

中国 PC-TWA：0.01mg/m^3；PC-STEL：0.02mg/m^3［按 As 计］［G1］

美国(ACGIH) TLV-TWA：0.01mg/m^3［按 As 计］

生物接触限值 未制定标准

监测方法 空气中有毒物质测定方法：原子荧光光谱法；氢化物-原子吸收光谱法；二乙氨基二硫代甲酸银分光光度法。生物监测检验方法：未制定标准

工程控制 严加密闭，提供充分的局部排风。提供安全的淋浴和洗眼设备

个体防护装备

呼吸系统防护 可能接触其粉尘时，应该佩戴过滤式防尘呼吸器。必要时佩戴空气呼吸器

眼睛防护 戴化学安全防护眼镜

皮肤和身体防护 穿连衣式防毒衣

手防护 戴橡胶手套

第九部分 理化特性

外观与性状 白色或灰白色粉末，有潮解性

pH 值 无资料 **熔点(℃)** 615

沸点(℃) 分解 **相对密度(水=1)** 1.87

相对蒸气密度(空气=1) 无资料

饱和蒸气压(kPa) 无资料

燃烧热(kJ/mol) 无资料 **临界温度(℃)** 无资料

临界压力(MPa) 无意义 **辛醇/水分配系数** −3.28

闪点(℃) 无意义 **自燃温度(℃)** 无意义

爆炸下限(%) 无意义 **爆炸上限(%)** 无意义

分解温度(℃) 无资料 **黏度(mPa·s)** 无资料

溶解性 易溶于水，微溶于乙醇

第十部分 稳定性和反应性

稳定性 稳定

危险反应 与强氧化剂、酸类、二氧化碳等禁配物发生反应

避免接触的条件 空气、受热

禁配物 强氧化剂、强酸、二氧化碳

危险的分解产物 氧化砷、氧化钠

第十一部分 毒理学信息

急性毒性 LD_{50}：41mg/kg（大鼠经口）；150mg/kg（大鼠经皮）

皮肤刺激或腐蚀 无资料 **眼睛刺激或腐蚀** 无资料

呼吸或皮肤过敏 无资料

生殖细胞突变性 微生物致突变：大肠杆菌 160μmol/L。

微核试验：人淋巴细胞 3μmol/L。DNA 损伤：人肺、肝 1μmol/L。DNA 抑制：50μmol/L。细胞遗传学分析：人淋巴细胞 1mg/L。姐妹染色单体交换：人淋巴细胞 3900nmol/L。性染色体缺失或不分离：人淋巴细胞 1pmol/L

致癌性 IARC 致癌性评论：组 1，确认人类致癌物。对人类致癌性证据充分

生殖毒性 大鼠孕后 7d、10d 腹腔内给予 11mg/kg，致中枢神经系统、肌肉骨骼系统、眼、耳发育畸形。小鼠交配前 15d 至孕后 1～15d 给予最低中毒剂量 300mg/kg，致免疫和网状内皮组织系统发育畸形。小鼠孕后 9d 腹腔内给予 10mg/kg，致中枢神经系统、眼、耳、颅面部（包括鼻、舌）发育畸形

特异性靶器官系统毒性-一次接触 无资料

特异性靶器官系统毒性-反复接触 无资料

吸入危害 无资料

第十二部分 生态学信息

生态毒性

LC_{50} 30mg/L（96h）（蓝鳃太阳鱼）；23mg/L（96h）（虹鳟鱼）

EC_{50} 3mg/L（48h）（水蚤）；0.0787mg/L（96h）（四尾栅藻）

持久性和降解性

生物降解性 无资料

非生物降解性 无资料

潜在的生物累积性 无资料

土壤中的迁移性 无资料

第十三部分 废弃处置

废弃化学品 根据国家和地方有关法规的要求处置。或与制造商联系，确定处置方法

污染包装物 将容器返还生产商或按照国家和地方法规处置

废弃注意事项 处置前应参阅国家和地方有关法规

第十四部分 运输信息

联合国危险货物编号（UN 号） 2027；1686（溶液）

联合国运输名称 固态亚砷酸钠；亚砷酸钠水溶液（溶液）

联合国危险性类别 6.1 **包装类别** Ⅱ类包装

包装标志 

海洋污染物 否

运输注意事项 运输前应先检查包装容器是否完整、密封，运输过程中要确保容器不泄漏、不倒塌、不坠落、不损坏。严禁与酸类、氧化剂、食品及食品添加剂混运。运输时运输车辆应配备泄漏应急处理设备。运输途中应防曝晒、雨淋，防高温。公路运输时要按规定路线行驶，勿在居民区和人口稠密区停留

第十五部分 法规信息

下列法律、法规、规章和标准，对该化学品的管理作了相应的规定。

中华人民共和国职业病防治法 职业病分类和目录：砷及其化合物中毒；砷及其化合物所致肺癌、皮肤癌

危险化学品安全管理条例 危险化学品目录：列入。易制爆危险化学品名录：未列入。重点监管的危险化学品名录：未列入。GB 18218—2009《危险化学品重大危险源辨识》（表 1）：未列入

使用有毒物品作业场所劳动保护条例 高毒物品目录：列入

易制毒化学品管理条例 易制毒化学品的分类和品种目录：未列入

国际公约 斯德哥尔摩公约：未列入。鹿特丹公约：未列入。蒙特利尔议定书：未列入

第十六部分 其他信息

编写和修订信息 **缩略语和首字母缩写**

培训建议 **参考文献**

免责声明

亚硝酸丙酯

第一部分 化学品标识

化学品中文名 亚硝酸丙酯；亚硝酸正丙酯

化学品英文名 propyl nitrite；*n*-propyl nitrite

分子式 $C_3H_7NO_2$ **相对分子质量** 89.11

结构式 (structural formula image not detected)

化学品的推荐及限制用途 用于有机合成，用作溶剂

第二部分 危险性概述

紧急情况概述 高度易燃液体和蒸气，吸入致命

GHS 危险性类别 易燃液体，类别 2；急性毒性-吸入，类别 2

标签要素

象形图 

警示词 危险

危险性说明 高度易燃液体和蒸气，吸入致命

防范说明

预防措施 远离热源、火花、明火、热表面。禁止吸烟。保持容器密闭。容器和接收设备接地连接。使用防爆电器、通风、照明设备。只能使用不产生火花的工具。采取防止静电措施。戴防护手套、防护眼镜、防护面罩。避免吸入蒸气、雾。仅在室外或通风良好处操作

事故响应 火灾时，使用泡沫、干粉、二氧化碳、砂土灭火。如吸入：将患者转移到空气新鲜处，休息，保持利于呼吸的体位。如皮肤（或头发）接触：立即脱掉所有被污染的衣服，用水冲洗皮肤，淋浴，立即呼叫中毒控制中心或就医

安全储存 存放在通风良好的地方。保持低温。在

通风良好处储存。保持容器密闭。上锁保管

废弃处置　本品及内装物、容器依据国家和地方法规处置

物理和化学危险　高度易燃，其蒸气与空气混合，能形成爆炸性混合物

健康危害　本品属亚硝酸酯类，亚硝酸酯类的主要作用是使血管扩张，引起血压下降及心动过速。大剂量可引起高铁血红蛋白血症

环境危害　对环境可能有害

第三部分　成分/组成信息

√物质　　混合物

组分	浓度	CAS No.
亚硝酸丙酯		543-67-9

第四部分　急救措施

吸入　迅速脱离现场至空气新鲜处。保持呼吸道通畅。如呼吸困难，给输氧。如呼吸、心跳停止，立即进行心肺复苏术。就医

皮肤接触　立即脱去污染的衣着，用流动清水彻底冲洗。就医

眼睛接触　立即分开眼睑，用流动清水或生理盐水彻底冲洗。就医

食入　漱口，饮水。就医

对保护施救者的忠告　根据需要使用个人防护设备

对医生的特别提示　高铁血红蛋白血症，可用美蓝和维生素C治疗

第五部分　消防措施

灭火剂　用泡沫、二氧化碳、干粉、砂土灭火

特别危险性　易燃，遇明火、高热易引起燃烧，并放出有毒气体。受热分解放出有毒的氧化氮烟气。接触铵盐、氰化物可引起强烈分解。燃烧生成有害的一氧化碳、氮氧化物

灭火注意事项及防护措施　消防人员须戴好防毒面具，在安全距离以外，在上风向灭火。尽可能将容器从火场移至空旷处。喷水保持火场容器冷却，直至灭火结束。容器突然发出异常声音或出现异常现象，应立即撤离

第六部分　泄漏应急处理

作业人员防护措施、防护装备和应急处置程序　消除所有点火源。根据液体流动和蒸气扩散的影响区域划定警戒区，无关人员从侧风、上风向撤离至安全区。建议应急处理人员戴正压自给式呼吸器，穿防静电服，戴橡胶耐油手套。作业时使用的所有设备应接地。禁止接触或跨越泄漏物。尽可能切断泄漏源

环境保护措施　防止泄漏物进入水体、下水道、地下室或有限空间

泄漏化学品的收容、清除方法及所使用的处置材料　小量泄漏：用砂土或其他不燃材料吸收，使用洁净的无火花工具收集吸收材料。大量泄漏：构筑围堤或挖坑收容。用砂土、惰性物质或蛭石吸收大量液体。用泡沫覆盖，减少蒸发。喷水雾能减少蒸发，但不能降低泄漏物在有限空间内的易燃性。用防爆泵转移至槽车或专用收集器内。喷雾状水驱散蒸气、稀释液体泄漏物

第七部分　操作处置与储存

操作注意事项　严加密闭，提供充分的局部排风和全面通风。操作人员必须经过专门培训，严格遵守操作规程。建议操作人员佩戴自吸过滤式防毒面具（半面罩），戴化学安全防护眼镜，穿防毒物渗透工作服，戴橡胶耐油手套。远离火种、热源。工作场所严禁吸烟。使用防爆型的通风系统和设备。防止蒸气泄漏到工作场所空气中。避免与氧化剂接触。充装要控制流速，防止静电积聚。搬运时要轻装轻卸，防止包装及容器损坏。配备相应品种和数量的消防器材及泄漏应急处理设备。倒空的容器可能残留有害物

储存注意事项　储存于阴凉、干燥、通风良好的库房。远离火种、热源。避光保存。库温不宜超过37℃。保持容器密封。应与氧化剂分开存放，切忌混储。采用防爆型照明、通风设施。禁止使用易产生火花的机械设备和工具。储区应备有泄漏应急处理设备和合适的收容材料

第八部分　接触控制/个体防护

职业接触限值

中国　未制定标准

美国(ACGIH)　未制定标准

生物接触限值　未制定标准

监测方法　空气中有毒物质测定方法：未制定标准。生物监测检验方法：未制定标准

工程控制　严加密闭，提供充分的局部排风和全面通风

个体防护装备

呼吸系统防护　可能接触其蒸气时，应该佩戴过滤式防毒面具（半面罩）。紧急事态抢救或撤离时，建议佩戴空气呼吸器

眼睛防护　戴化学安全防护眼镜

皮肤和身体防护　穿防毒物渗透工作服

手防护　戴橡胶耐油手套

第九部分　理化特性

外观与性状　无色液体

pH值　无资料　　**熔点(℃)**　无资料

沸点(℃)　46～48　　**相对密度(水=1)**　0.89

相对蒸气密度(空气=1)　无资料

饱和蒸气压(kPa)　无资料

燃烧热(kJ/mol)　无资料　　**临界温度(℃)**　无资料

临界压力(MPa)　无资料　　**辛醇/水分配系数**　1.86

闪点(℃)　<10　　**自燃温度(℃)**　无资料

爆炸下限(%)　无资料　　**爆炸上限(%)**　无资料

分解温度(℃)　无资料　　**黏度(mPa·s)**　无资料

溶解性　微溶于水，溶于乙醇、乙醚

第十部分　稳定性和反应性

稳定性　稳定

危险反应 与强氧化剂等禁配物接触，有发生火灾和爆炸的危险

避免接触的条件 受热

禁配物 强氧化剂

危险的分解产物 氮氧化物

第十一部分 毒理学信息

急性毒性 LC_{50}：300ppm（大鼠吸入，4h）

皮肤刺激或腐蚀 无资料 **眼睛刺激或腐蚀** 无资料

呼吸或皮肤过敏 无资料 **生殖细胞突变性** 无资料

致癌性 无资料 **生殖毒性** 无资料

特异性靶器官系统毒性-一次接触 无资料

特异性靶器官系统毒性-反复接触 无资料

吸入危害 无资料

第十二部分 生态学信息

生态毒性 无资料

持久性和降解性

生物降解性 无资料

非生物降解性 无资料

潜在的生物累积性 根据 K_{ow} 值预测，该物质的生物累积性可能较弱

土壤中的迁移性 根据 K_{oc} 值预测，该物质可能易发生迁移

第十三部分 废弃处置

废弃化学品 建议用焚烧法处置。焚烧炉排出的氮氧化物通过洗涤器除去

污染包装物 将容器返还生产商或按照国家和地方法规处置

废弃注意事项 处置前应参阅国家和地方有关法规

第十四部分 运输信息

联合国危险货物编号（UN 号） 1992

联合国运输名称 易燃液体，毒性，未另作规定的（亚硝酸正丙酯）

联合国危险性类别 3，6.1

包装类别 Ⅱ类包装

包装标志  

海洋污染物 否

运输注意事项 铁路运输，医用安瓿瓶包装，每盒 5×0.2ml，每箱 300 盒时，可按普通货物运输。运输时运输车辆应配备相应品种和数量的消防器材及泄漏应急处理设备。夏季最好早晚运输。运输时所用的槽（罐）车应有接地链，槽内可设孔隔板以减少震荡产生的静电。严禁与氧化剂等混装混运。运输途中应防曝晒、雨淋，防高温。中途停留时应远离火种、热源、高温区。装运该物品的车辆排气管必须配备阻火装置，禁止使用易产生火花的机械设备和工具装卸。公路运输时要按规定路线行驶，勿在居民区和人口稠密区停留。铁路运输时要禁止溜放。严禁用木船、水泥船散装运输

第十五部分 法规信息

下列法律、法规、规章和标准，对该化学品的管理作了相应的规定。

中华人民共和国职业病防治法 职业病分类和目录：未列入

危险化学品安全管理条例 危险化学品目录：列入。易制爆危险化学品名录：未列入。重点监管的危险化学品名录：未列入。GB 18218—2009《危险化学品重大危险源辨识》（表 1）：未列入

使用有毒物品作业场所劳动保护条例 高毒物品目录：未列入

易制毒化学品管理条例 易制毒化学品的分类和品种目录：未列入

国际公约 斯德哥尔摩公约：未列入。鹿特丹公约：未列入。蒙特利尔议定书：未列入

第十六部分 其他信息

编写和修订信息 **缩略语和首字母缩写**

培训建议 **参考文献**

免责声明

亚硝酸钙

第一部分 化学品标识

化学品中文名 亚硝酸钙

化学品英文名 calcium nitrite

分子式 $Ca(NO_2)_2 \cdot H_2O$ **相对分子质量** 150.10

化学品的推荐及限制用途 用于有机合成和医药工业

第二部分 危险性概述

紧急情况概述 可加剧燃烧：氧化剂

GHS 危险性类别 氧化性固体，类别 3

标签要素

象形图 

警示词 警告

危险性说明 可加剧燃烧：氧化剂

防范说明

预防措施 远离热源。远离衣物、可燃物保存。采取一切预防措施，避免与可燃物混合。戴防护手套、防护眼镜、防护面罩

事故响应 火灾时，根据着火原因选择适当灭火剂灭火

安全储存 -

废弃处置 本品及内装物、容器依据国家和地方法规处置

物理和化学危险 助燃。与可燃物混合能形成爆炸性混合物

健康危害 亚硝酸盐可引起高铁血红蛋白血症

环境危害 对环境可能有害

第三部分 成分/组成信息

√物质 混合物

组分	浓度	CAS No.
亚硝酸钙		13780-06-8

第四部分 急救措施

吸入 迅速脱离现场至空气新鲜处。保持呼吸道通畅。如呼吸困难，给吸氧。如呼吸、心跳停止，立即行心肺复苏术。就医

皮肤接触 立即脱去污染衣着，用肥皂水或清水彻底冲洗。就医

眼睛接触 分开眼睑，用清水或生理盐水冲洗。就医

食入 漱口，饮水。就医

对保护施救者的忠告 根据需要使用个人防护设备

对医生的特别提示 高铁血红蛋白血症，可用美蓝和维生素C治疗

第五部分 消防措施

灭火剂 本品不燃。根据着火原因选择适当灭火剂灭火

特别危险性 无机氧化剂。与还原剂、有机物、易燃物（如硫、磷）或金属粉末等混合可形成爆炸性混合物。高温时分解，释出有毒的氮氧化物气体

灭火注意事项及防护措施 消防人员须佩戴防毒面具、穿全身消防服，在上风向灭火。尽可能将容器从火场移至空旷处。喷水保持火场容器冷却，直至灭火结束。切勿将水流直接射至熔融物，以免引起严重的流淌火灾或引起剧烈的沸溅

第六部分 泄漏应急处理

作业人员防护措施、防护装备和应急处置程序 隔离泄漏污染区，限制出入。建议应急处理人员戴防尘口罩，穿防毒服，戴橡胶手套。勿使泄漏物与可燃物质（如木材、纸、油等）接触。穿上适当的防护服前严禁接触破裂的容器和泄漏物。尽可能切断泄漏源。勿使水进入包装容器内

环境保护措施 无资料

泄漏化学品的收容、清除方法及所使用的处置材料 小量泄漏：用洁净的铲子收集泄漏物，置于干净、干燥、盖子较松的容器中，将容器移离泄漏区。大量泄漏：泄漏物回收后，用水冲洗泄漏区

第七部分 操作处置与储存

操作注意事项 密闭操作，加强通风。操作人员必须经过专门培训，严格遵守操作规程。建议操作人员佩戴自吸过滤式防尘口罩，戴化学安全防护眼镜，穿聚乙烯防毒服，戴橡胶手套。远离火种、热源。工作场所严禁吸烟。避免产生粉尘。避免与还原剂、酸类、活性金属粉末接触。搬运时要轻装轻卸，防止包装及容器损坏。配备相应品种和数量的消防器材及泄漏应急处理设备。倒空的容器可能残留有害物

储存注意事项 储存于阴凉、干燥、通风良好的专用库房内，远离火种、热源。库房温度不超过30℃，相对湿度不超过80%。包装要求密封，不可与空气接触。应与还原剂、酸类、活性金属粉末分开存放，切忌混储。储区应备有合适的材料收容泄漏物

第八部分 接触控制/个体防护

职业接触限值

中国 未制定标准

美国(ACGIH) 未制定标准

生物接触限值 未制定标准

监测方法 空气中有毒物质测定方法：未制定标准。生物监测检验方法：未制定标准

工程控制 生产过程密闭，加强通风。提供安全的淋浴和洗眼设备

个体防护装备

呼吸系统防护 空气中浓度较高时，应该佩戴过滤式防尘呼吸器

眼睛防护 戴化学安全防护眼镜

皮肤和身体防护 穿隔绝式防毒服

手防护 戴橡胶手套

第九部分 理化特性

外观与性状 无色或微黄色结晶，有潮解性

pH值 无意义 **熔点(℃)** 100（失结晶水）

沸点(℃) 无资料

相对密度(水=1) 2.23（34℃）

相对蒸气密度(空气=1) 无资料

饱和蒸气压(kPa) 无资料

燃烧热(kJ/mol) 无资料 **临界温度(℃)** 无资料

临界压力(MPa) 无意义 **辛醇/水分配系数** 无资料

闪点(℃) 无意义 **自燃温度(℃)** 无意义

爆炸下限(%) 无意义 **爆炸上限(%)** 无意义

分解温度(℃) 无资料 **黏度(mPa·s)** 无资料

溶解性 易溶于水，微溶于乙醇

第十部分 稳定性和反应性

稳定性 稳定

危险反应 与强还原剂、易燃或可燃物等禁配物接触，有发生火灾和爆炸的危险

避免接触的条件 受热

禁配物 强还原剂、强酸、活性金属粉末

危险的分解产物 氮氧化物

第十一部分 毒理学信息

急性毒性 无资料 **皮肤刺激或腐蚀** 无资料

眼睛刺激或腐蚀 无资料 **呼吸或皮肤过敏** 无资料

生殖细胞突变性 无资料 **致癌性** 无资料

生殖毒性 无资料

特异性靶器官系统毒性-一次接触 无资料

特异性靶器官系统毒性-反复接触 无资料

吸入危害 无资料

第十二部分 生态学信息

生态毒性 无资料

持久性和降解性

生物降解性 无资料

非生物降解性 无资料

潜在的生物累积性 无资料

土壤中的迁移性 无资料

第十三部分 废弃处置

废弃化学品 根据国家和地方有关法规的要求处置。或与制造商联系，确定处置方法

污染包装物 将容器返还生产商或按照国家和地方法规处置

废弃注意事项 处置前应参阅国家和地方有关法规

第十四部分 运输信息

联合国危险货物编号（UN 号） 2627

联合国运输名称 无机亚硝酸盐，未另作规定的（亚硝酸钙）

联合国危险性类别 5.1 **包装类别** Ⅲ类包装

包装标志  **海洋污染物** 否

运输注意事项 运输时单独装运，运输过程中要确保容器不泄漏、不倒塌、不坠落、不损坏。运输时运输车辆应配备相应品种和数量的消防器材及泄漏应急处理设备。严禁与酸类、易燃物、有机物、还原剂、自燃物品、遇湿易燃物品等并车混运。运输时车速不宜过快，不得强行超车。运输车辆装卸前后，均应彻底清扫、洗净，严禁混入有机物、易燃物等杂质

第十五部分 法规信息

下列法律、法规、规章和标准，对该化学品的管理作了相应的规定。

中华人民共和国职业病防治法 职业病分类和目录：未列入

危险化学品安全管理条例 危险化学品目录：列入。易制爆危险化学品名录：未列入。重点监管的危险化学品名录：未列入。GB 18218—2009《危险化学品重大危险源辨识》（表 1）：未列入

使用有毒物品作业场所劳动保护条例 高毒物品目录：未列入

易制毒化学品管理条例 易制毒化学品的分类和品种目录：未列入

国际公约 斯德哥尔摩公约：未列入。鹿特丹公约：未列入。蒙特利尔议定书：未列入

第十六部分 其他信息

编写和修订信息 **缩略语和首字母缩写**

培训建议 **参考文献**

免责声明

亚硝酸钾

第一部分 化学品标识

化学品中文名 亚硝酸钾

化学品英文名 potassium nitrite

分子式 KNO_2 **相对分子质量** 85.11

化学品的推荐及限制用途 用作分析试剂，用于医药及有机合成等

第二部分 危险性概述

紧急情况概述 可加剧燃烧：氧化剂，吞咽会中毒

GHS 危险性类别 氧化性固体，类别 2；急性毒性-经口，类别 3；危害水生环境-急性危害，类别 1

标签要素

象形图 

警示词 危险

危险性说明 可加剧燃烧：氧化剂，吞咽会中毒，对水生生物毒性非常大

防范说明

预防措施 远离热源。远离衣物、可燃物保存。采取一切预防措施，避免与可燃物混合。戴防护手套、防护眼镜、防护面罩。避免接触眼睛、皮肤，操作后彻底清洗。作业场所不得进食、饮水或吸烟。禁止排入环境

事故响应 火灾时，根据着火原因选择适当灭火剂灭火。食入：漱口。立即呼叫中毒控制中心或就医。收集泄漏物

安全储存 上锁保管

废弃处置 本品及内装物、容器依据国家和地方法规处置

物理和化学危险 助燃。与可燃物混合会发生爆炸

健康危害 口服刺激口腔和胃肠道。大量口服可引起亚硝酸盐中毒，表现有紫绀、血压下降、呼吸困难、恶心、呕吐、头晕、腹痛、心率快、心律不齐、惊厥、昏迷，甚至死亡。吸入本品粉尘对呼吸道有刺激性；高浓度吸入的毒作用类似口服。本品对眼及皮肤有刺激性

环境危害 对水生生物毒性非常大

第三部分 成分/组成信息

√物质 混合物

组分	浓度	CAS No.
亚硝酸钾		7758-09-0

第四部分 急救措施

吸入 迅速脱离现场至空气新鲜处。保持呼吸道通畅。如呼吸困难，给吸氧。如呼吸、心跳停止，立即行心肺复苏术。就医

皮肤接触 立即脱去污染衣着，用肥皂水或清水彻底冲

洗。就医

眼睛接触 分开眼睑，用清水或生理盐水冲洗。就医

食入 饮适量温水，催吐（仅限于清醒者）。就医

对保护施救者的忠告 根据需要使用个人防护设备

对医生的特别提示 高铁血红蛋白血症，可用美蓝和维生素C治疗

第五部分 消防措施

灭火剂 本品不燃。根据着火原因选择适当灭火剂灭火

特别危险性 无机氧化剂。与有机物、可燃物的混合物能燃烧和爆炸，并放出有毒和刺激性的氧化氮气体。与铵盐、可燃物粉末或氰化物的混合物会发生爆炸。加热或遇酸能产生有毒的氮氧化物气体

灭火注意事项及防护措施 消防人员须佩戴防毒面具、穿全身消防服，在上风向灭火。尽可能将容器从火场移至空旷处。喷水保持火场容器冷却，直至灭火结束。切勿将水流直接射至熔融物，以免引起严重的流淌火灾或引起剧烈的沸溅

第六部分 泄漏应急处理

作业人员防护措施、防护装备和应急处置程序 隔离泄漏污染区，限制出入。建议应急处理人员戴防尘口罩，穿防毒服，戴橡胶手套。勿使泄漏物与可燃物质（如木材、纸、油等）接触。穿上适当的防护服前严禁接触破裂的容器和泄漏物。尽可能切断泄漏源。勿使水进入包装容器内

环境保护措施 无资料

泄漏化学品的收容、清除方法及所使用的处置材料 小量泄漏：用洁净的铲子收集泄漏物，置于干净、干燥、盖子较松的容器中，将容器移离泄漏区。大量泄漏：泄漏物回收后，用水冲洗泄漏区

第七部分 操作处置与储存

操作注意事项 密闭操作，加强通风。操作人员必须经过专门培训，严格遵守操作规程。建议操作人员佩戴自吸过滤式防尘口罩，戴化学安全防护眼镜，穿聚乙烯防毒服，戴橡胶手套。远离火种、热源。工作场所严禁吸烟。避免产生粉尘。避免与还原剂、酸类、活性金属粉末接触。搬运时要轻装轻卸，防止包装及容器损坏。配备相应品种和数量的消防器材及泄漏应急处理设备。倒空的容器可能残留有害物

储存注意事项 储存于阴凉、干燥、通风良好的专用库房内，库房温度不超过30℃，相对湿度不超过80%。远离火种、热源。包装要求密封，不可与空气接触。应与还原剂、酸类、活性金属粉末、食用化学品分开存放，切忌混储。储区应备有合适的材料收容泄漏物

第八部分 接触控制/个体防护

职业接触限值

中国 未制定标准

美国(ACGIH) 未制定标准

生物接触限值 未制定标准

监测方法 空气中有毒物质测定方法：未制定标准。生物监测检验方法：未制定标准

工程控制 生产过程密闭，加强通风。提供安全的淋浴和洗眼设备

个体防护装备

呼吸系统防护 可能接触其粉尘时，建议佩戴过滤式防尘呼吸器

眼睛防护 戴化学安全防护眼镜

皮肤和身体防护 穿隔绝式防毒服

手防护 戴橡胶手套

第九部分 理化特性

外观与性状 白色至微黄色棱柱形或条状结晶，易潮解

pH值 无意义

熔点(℃) 441（350℃开始分解）

沸点(℃) 537（爆炸） **相对密度(水=1)** 1.92

相对蒸气密度(空气=1) 无资料

饱和蒸气压(kPa) 无资料

燃烧热(kJ/mol) 无资料 **临界温度(℃)** 无资料

临界压力(MPa) 无意义 **辛醇/水分配系数** 无资料

闪点(℃) 无意义 **自燃温度(℃)** 无意义

爆炸下限(%) 无意义 **爆炸上限(%)** 无意义

分解温度(℃) 无资料 **黏度(mPa·s)** 无资料

溶解性 易溶于水，不溶于丙酮，微溶于乙醇，溶于热乙醇，易溶于液氨

第十部分 稳定性和反应性

稳定性 稳定

危险反应 与强还原剂、易燃或可燃物等禁配物接触，有发生火灾和爆炸的危险

避免接触的条件 受热

禁配物 强还原剂、强酸、活性金属粉末

危险的分解产物 氮氧化物

第十一部分 毒理学信息

急性毒性 LD_{50}：200mg/kg（大鼠经口）

皮肤刺激或腐蚀 无资料 **眼睛刺激或腐蚀** 无资料

呼吸或皮肤过敏 无资料

生殖细胞突变性 微生物致突变性：3300μg/皿

致癌性 无资料 **生殖毒性** 无资料

特异性靶器官系统毒性-一次接触 无资料

特异性靶器官系统毒性-反复接触 无资料

吸入危害 无资料

第十二部分 生态学信息

生态毒性 无资料

持久性和降解性

生物降解性 无资料

非生物降解性 无资料

潜在的生物累积性 无资料

土壤中的迁移性 无资料

第十三部分 废弃处置

废弃化学品 根据国家和地方有关法规的要求处置。或与

制造商联系，确定处置方法

污染包装物 将容器返还生产商或按照国家和地方法规处置

废弃注意事项 处置前应参阅国家和地方有关法规

第十四部分 运输信息

联合国危险货物编号（UN号） 1488

联合国运输名称 亚硝酸钾

联合国危险性类别 5.1 **包装类别** Ⅱ类包装

包装标志 

海洋污染物 否

运输注意事项 运输时单独装运，运输过程中要确保容器不泄漏、不倒塌、不坠落、不损坏。运输时运输车辆应配备相应品种和数量的消防器材及泄漏应急处理设备。严禁与酸类、易燃物、有机物、还原剂、自燃物品、遇湿易燃物品等并车混运。运输时车速不宜过快，不得强行超车。运输车辆装卸前后，均应彻底清扫、洗净，严禁混入有机物、易燃物等杂质

第十五部分 法规信息

下列法律、法规、规章和标准，对该化学品的管理作了相应的规定。

中华人民共和国职业病防治法 职业病分类和目录：未列入

危险化学品安全管理条例 危险化学品目录：列入。易制爆危险化学品名录：未列入。重点监管的危险化学品名录：未列入。GB 18218—2009《危险化学品重大危险源辨识》（表1）：未列入

使用有毒物品作业场所劳动保护条例 高毒物品目录：未列入

易制毒化学品管理条例 易制毒化学品的分类和品种目录：未列入

国际公约 斯德哥尔摩公约：未列入。鹿特丹公约：未列入。蒙特利尔议定书：未列入

第十六部分 其他信息

编写和修订信息 **缩略语和首字母缩写**

培训建议 **参考文献**

免责声明

亚硝酸钠

第一部分 化学品标识

化学品中文名 亚硝酸钠

化学品英文名 sodium nitrite

分子式 $NaNO_2$ **相对分子质量** 69.00

化学品的推荐及限制用途 用于染料、医药工业制造染料和药物，也用于有机合成

第二部分 危险性概述

紧急情况概述 可加剧燃烧：氧化剂，吞咽会中毒

GHS危险性类别 氧化性固体，类别3；急性毒性-经口，类别3；危害水生环境-急性危害，类别1

标签要素

象形图 

警示词 危险

危险性说明 可加剧燃烧：氧化剂，吞咽会中毒，对水生生物毒性非常大

防范说明

预防措施 远离热源。远离衣物、可燃物保存。采取一切预防措施，避免与可燃物混合。戴防护手套、防护眼镜、防护面罩。避免接触眼睛、皮肤，操作后彻底清洗。作业场所不得进食、饮水或吸烟。禁止排入环境

事故响应 火灾时，根据着火原因选择适当灭火剂灭火。食入：漱口，立即呼叫中毒控制中心或就医。收集泄漏物

安全储存 上锁保管

废弃处置 本品及内装物、容器依据国家和地方法规处置

物理和化学危险 助燃。与可燃物混合能形成爆炸性混合物

健康危害 毒作用为麻痹血管运动中枢、呼吸中枢及周围血管；形成高铁血红蛋白。急性中毒表现为全身无力、头痛、头晕、恶心、呕吐、腹泻、胸部紧迫感以及呼吸困难；检查见皮肤黏膜明显紫绀。严重者血压下降、昏迷、死亡。接触工人手、足部皮肤可发生损害

环境危害 对水生生物毒性非常大

第三部分 成分/组成信息

√物质		混合物
组分	**浓度**	**CAS No.**
亚硝酸钠		7632-00-0

第四部分 急救措施

吸入 迅速脱离现场至空气新鲜处。保持呼吸道通畅。如呼吸困难，给吸氧。如呼吸、心跳停止，立即行心肺复苏术。就医

皮肤接触 立即脱去污染衣着，用肥皂水或清水彻底冲洗。就医

眼睛接触 分开眼睑，用清水或生理盐水冲洗。就医

食入 漱口，饮水。就医

对保护施救者的忠告 根据需要使用个人防护设备

对医生的特别提示 高铁血红蛋白血症，可用美蓝和维生素C治疗

第五部分 消防措施

灭火剂 本品不燃。根据着火原因选择适当灭火剂灭火

特别危险性 无机氧化剂。与有机物、可燃物的混合物能燃烧和爆炸，并放出有毒和刺激性的氧化氮气体。与

铵盐、可燃物粉末或氰化物的混合物会爆炸。加热或遇酸能产生有毒的氮氧化物气体

灭火注意事项及防护措施 消防人员必须佩戴空气呼吸器、穿全身防火防毒服，在上风向灭火。尽可能将容器从火场移至空旷处。喷水保持火场容器冷却，直至灭火结束。切勿将水流直接射至熔融物，以免引起严重的流淌火灾或引起剧烈的沸溅

第六部分 泄漏应急处理

作业人员防护措施、防护装备和应急处置程序 隔离泄漏污染区，限制出入。建议应急处理人员戴防尘口罩，穿防毒服，戴橡胶手套。勿使泄漏物与可燃物质（如木材、纸、油等）接触。穿上适当的防护服前严禁接触破裂的容器和泄漏物。尽可能切断泄漏源。勿使水进入包装容器内

环境保护措施 无资料

泄漏化学品的收容、清除方法及所使用的处置材料 小量泄漏：用洁净的铲子收集泄漏物，置于干净、干燥、盖子较松的容器中，将容器移离泄漏区。大量泄漏：泄漏物回收后，用水冲洗泄漏区

第七部分 操作处置与储存

操作注意事项 密闭操作，加强通风。操作人员必须经过专门培训，严格遵守操作规程。建议操作人员佩戴自吸过滤式防尘口罩，戴化学安全防护眼镜，穿胶布防毒衣，戴橡胶手套。远离火种、热源。工作场所严禁吸烟。避免产生粉尘。避免与还原剂、活性金属粉末、酸类接触。搬运时要轻装轻卸，防止包装及容器损坏。配备相应品种和数量的消防器材及泄漏应急处理设备。倒空的容器可能残留有害物

储存注意事项 储存于阴凉、干燥、通风良好的专用库房内，远离火种、热源。库房温度不超过 30℃，相对湿度不超过 75%。包装要求密封，不可与空气接触。应与还原剂、活性金属粉末、酸类、食用化学品分开存放，切忌混储。储区应备有合适的材料收容泄漏物

第八部分 接触控制/个体防护

职业接触限值

中国 未制定标准

美国(ACGIH) 未制定标准

生物接触限值 未制定标准

监测方法 空气中有毒物质测定方法：未制定标准。生物监测检验方法：未制定标准

工程控制 生产过程密闭，加强通风。提供安全的淋浴和洗眼设备

个体防护装备

呼吸系统防护 空气中浓度较高时，应该佩戴过滤式防尘呼吸器

眼睛防护 戴化学安全防护眼镜

皮肤和身体防护 穿隔绝式防毒服

手防护 戴橡胶手套

第九部分 理化特性

外观与性状 白色或淡黄色细结晶，无臭，略有咸味，易潮解

pH 值 9（水溶液） **熔点(℃)** 271

沸点(℃) 320（分解） **相对密度(水=1)** 2.17

相对蒸气密度(空气=1) 无资料

饱和蒸气压(kPa) 无资料

燃烧热(kJ/mol) 无资料 **临界温度(℃)** 无资料

临界压力(MPa) 无意义 **辛醇/水分配系数** 无资料

闪点(℃) 无意义 **自燃温度(℃)** 无意义

爆炸下限(%) 无意义 **爆炸上限(%)** 无意义

分解温度(℃) 无资料 **黏度(mPa·s)** 无资料

溶解性 易溶于水，微溶于乙醇、甲醇、乙醚

第十部分 稳定性和反应性

稳定性 稳定

危险反应 与强还原剂、易燃或可燃物等禁配物接触，有发生火灾和爆炸的危险

避免接触的条件 受热

禁配物 强还原剂、活性金属粉末、强酸、铵盐、可燃物粉末或氰化物

危险的分解产物 氮氧化物

第十一部分 毒理学信息

急性毒性

LD_{50} 180mg/kg（大鼠经口）

LC_{50} 5.5mg/m^3（大鼠吸入，4h）

皮肤刺激或腐蚀 无资料

眼睛刺激或腐蚀 家兔经眼：500mg（24h），轻度刺激

呼吸或皮肤过敏 无资料

生殖细胞突变性 微生物致突变：鼠伤寒沙门氏菌属 250μg/皿。程序外 DNA 合成：人 HeLa 细胞 6mmol/L。DNA 抑制：人成纤维细胞 2000ppm。DNA 损伤：小鼠淋巴细胞 105mmol/L。细胞遗传学分析：猴肝 265mg/L

致癌性 无资料

生殖毒性 大鼠孕后 10～19d，腹腔内给予最低中毒剂量（TDLo）400mg/kg，致中枢神经系统发育畸形，血液和淋巴系统发育畸形（包括脾和骨髓）。小鼠多代经口给予最低中毒剂量（TDLo）480mg/kg，致泌尿生殖系统发育畸形

特异性靶器官系统毒性-一次接触 无资料

特异性靶器官系统毒性-反复接触 无资料

吸入危害 无资料

第十二部分 生态学信息

生态毒性 LC_{50}：0.36mg/L（96h）（虹鳟鱼）

持久性和降解性

生物降解性 无资料

非生物降解性 无资料

潜在的生物累积性 无资料

土壤中的迁移性 无资料

第十三部分 废弃处置

废弃化学品 根据国家和地方有关法规的要求处置。或与

制造商联系，确定处置方法

污染包装物　将容器返还生产商或按照国家和地方法规处置

废弃注意事项　把倒空的容器归还厂商或在规定场所掩埋

第十四部分　运输信息

联合国危险货物编号（UN号）　1500

联合国运输名称　亚硝酸钠

联合国危险性类别　5.1，6.1

包装类别　Ⅲ类包装

包装标志

海洋污染物　否

运输注意事项　运输时单独装运，运输过程中要确保容器不泄漏、不倒塌、不坠落、不损坏。运输时运输车辆应配备相应品种和数量的消防器材及泄漏应急处理设备。严禁与酸类、易燃物、有机物、还原剂、自燃物品、遇湿易燃物品等并车混运。运输时车速不宜过快，不得强行超车。运输车辆装卸前后，均应彻底清扫、洗净，严禁混入有机物、易燃物等杂质

第十五部分　法规信息

下列法律、法规、规章和标准，对该化学品的管理作了相应的规定。

中华人民共和国职业病防治法　职业病分类和目录：未列入

危险化学品安全管理条例　危险化学品目录：列入。易制爆危险化学品名录：未列入。重点监管的危险化学品名录：未列入。GB 18218—2009《危险化学品重大危险源辨识》(表1)：未列入

使用有毒物品作业场所劳动保护条例　高毒物品目录：未列入

易制毒化学品管理条例　易制毒化学品的分类和品种目录：未列入

国际公约　斯德哥尔摩公约：未列入。鹿特丹公约：未列入。蒙特利尔议定书：未列入

第十六部分　其他信息

编写和修订信息　　**缩略语和首字母缩写**

培训建议　　**参考文献**

免责声明

亚硝酸甲酯

第一部分　化学品标识

化学品中文名　亚硝酸甲酯

化学品英文名　methyl nitrite；nitrous acid methyl ester

分子式　CH_3NO_2　　**相对分子质量**　61.05

结构式　$\diagup^{O}\diagdown_{N}\diagup^{O}$

化学品的推荐及限制用途　用于有机合成，还用作治疗药物（血管舒张剂）、炸药

第二部分　危险性概述

紧急情况概述　易燃气体，内装加压气体：遇热可能爆炸，吸入致命

GHS危险性类别　易燃气体，类别2；加压气体；急性毒性-吸入，类别2；特异性靶器官毒性—一次接触，类别1

标签要素

象形图

警示词　危险

危险性说明　易燃气体，内装加压气体：遇热可能爆炸，吸入致命，对器官造成损害

防范说明

预防措施　远离热源、火花、明火、热表面。禁止吸烟。避免吸入气体。仅在室外或通风良好处操作。戴呼吸防护器具。避免接触眼睛、皮肤，操作后彻底清洗。作业场所不得进食、饮水或吸烟

事故响应　漏气着火：切勿灭火，除非漏气能够安全地制止。如果没有危险，消除一切点火源。如吸入：将患者转移到空气新鲜处，休息，保持利于呼吸的体位。如果接触：立即呼叫中毒控制中心或就医

安全储存　防日晒。存放在通风良好的地方。保持容器密闭。上锁保管

废弃处置　本品及内装物、容器依据国家和地方法规处置

物理和化学危险　易燃，与空气混合能形成爆炸性混合物。与可燃物混合会发生爆炸

健康危害　本品主要使血管扩张，引起血压降低及心动过速。大剂量可产生高铁血红蛋白血症。接触本品后，初期症状有眩晕，后期为头痛、心悸等

环境危害　对环境可能有害

第三部分　成分/组成信息

√物质		混合物
组分	**浓度**	**CAS No.**
亚硝酸甲酯		624-91-9

第四部分　急救措施

吸入　迅速脱离现场至空气新鲜处。保持呼吸道通畅。如呼吸困难，给吸氧。如呼吸、心跳停止，立即行心肺复苏术。就医

对保护施救者的忠告　根据需要使用个人防护设备

对医生的特别提示　高铁血红蛋白血症，可用美蓝和维生素C治疗

第五部分　消防措施

灭火剂　用泡沫、二氧化碳灭火

特别危险性　与空气混合能形成爆炸性混合物。遇热源和

明火有燃烧爆炸的危险。受热或光照易发生分解，分解时有爆炸危险。与联氨、卤化铵、铵盐、硫氰酸盐、铁氰化物、可燃物和氧化剂接触受热发生爆炸。燃烧生成有害的一氧化碳、氮氧化物

灭火注意事项及防护措施　切断气源。若不能切断气源，则不允许熄灭泄漏处的火焰。消防人员须戴好防毒面具，在安全距离以外，在上风向灭火。尽可能将容器从火场移至空旷处。喷水保持火场容器冷却，直至灭火结束

第六部分　泄漏应急处理

作业人员防护措施、防护装备和应急处置程序　消除所有点火源。根据气体扩散的影响区域划定警戒区，无关人员从侧风、上风向撤离至安全区。建议应急处理人员戴正压自给式呼吸器，穿防静电服。作业时使用的所有设备应接地。尽可能切断泄漏源。若可能翻转容器，使之逸出气体而非液体。喷雾状水抑制蒸气或改变蒸气云流向，避免水流接触泄漏物。禁止用水直接冲击泄漏物或泄漏源

环境保护措施　防止气体通过下水道、通风系统和有限空间扩散

泄漏化学品的收容、清除方法及所使用的处置材料　隔离泄漏区直至气体散尽

第七部分　操作处置与储存

操作注意事项　密闭操作，全面通风。操作人员必须经过专门培训，严格遵守操作规程。建议操作人员佩戴自吸过滤式防毒面具（半面罩），戴化学安全防护眼镜，穿防静电工作服，戴防化学品手套。远离火种、热源。工作场所严禁吸烟。使用防爆型的通风系统和设备。远离易燃、可燃物。防止气体泄漏到工作场所空气中。避免与氧化剂、氰化物接触。在传送过程中，钢瓶和容器必须接地和跨接，防止产生静电。搬运时戴好钢瓶安全帽和防震橡皮圈，防止钢瓶碰撞、损坏。配备相应品种和数量的消防器材及泄漏应急处理设备

储存注意事项　储存于阴凉、通风的易燃气体专用库房。库温不宜超过30℃。远离火种、热源。避光保存。应与易（可）燃物、氧化剂、氰化物等分开存放，切忌混储。采用防爆型照明、通风设施。禁止使用易产生火花的机械设备和工具。储区应备有泄漏应急处理设备

第八部分　接触控制/个体防护

职业接触限值

中国　未制定标准

美国(ACGIH)　未制定标准

生物接触限值　未制定标准

监测方法　空气中有毒物质测定方法：未制定标准。生物监测检验方法：未制定标准

工程控制　生产过程密闭，全面通风

个体防护装备

呼吸系统防护　空气中浓度较高时，应该佩戴过滤式防毒面具（半面罩）

眼睛防护　戴化学安全防护眼镜

皮肤和身体防护　穿防静电工作服

手防护　戴防化学品手套

第九部分　理化特性

外观与性状　无色气体

pH值　无意义　　**熔点(℃)**　－17

沸点(℃)　－12

相对密度(水＝1)　0.991(15℃)

相对蒸气密度(空气＝1)　>1

饱和蒸气压(kPa)　无资料

燃烧热(kJ/mol)　无资料　　**临界温度(℃)**　无资料

临界压力(MPa)　无资料

辛醇/水分配系数　0.88（计算）

闪点(℃)　无意义　　**自燃温度(℃)**　无资料

爆炸下限(%)　无资料　　**爆炸上限(%)**　无资料

分解温度(℃)　无资料　　**黏度(mPa·s)**　无资料

溶解性　溶于乙醇、乙醚

第十部分　稳定性和反应性

稳定性　稳定

危险反应　与强还原剂、易燃或可燃物等禁配物接触，有发生火灾和爆炸的危险

避免接触的条件　受热、光照

禁配物　易燃或可燃物、强氧化剂、氰化物

危险的分解产物　氮氧化物

第十一部分　毒理学信息

急性毒性　LC_{50}：176ppm（大鼠吸入，4h）

皮肤刺激或腐蚀　无资料　　**眼睛刺激或腐蚀**　无资料

呼吸或皮肤过敏　无资料

生殖细胞突变性　微生物致突变：鼠伤寒沙门氏菌100ppm

致癌性　无资料　　**生殖毒性**　无资料

特异性靶器官系统毒性-一次接触　无资料

特异性靶器官系统毒性-反复接触　大鼠吸入274.5mg/m^3，6h，13次，每次暴露均出现高铁血红蛋白，其量占血红蛋白总量的30%～40%，一夜后恢复。剖检内脏正常。吸入62.4mg/m^3，6h，15次，无中毒征象

吸入危害　无资料

第十二部分　生态学信息

生态毒性　无资料

持久性和降解性

生物降解性　无资料

非生物降解性　空气中，当羟基自由基浓度为5.00×10^5个/cm^3时，降解半衰期为73d（理论）

潜在的生物累积性　根据K_{ow}值预测，该物质的生物累积性可能较弱

土壤中的迁移性　根据K_{oc}值预测，该物质可能易发生迁移

第十三部分　废弃处置

废弃化学品　建议用焚烧法处置。焚烧炉排出的氮氧化物

通过洗涤器除去

污染包装物 将容器返还生产商或按照国家和地方法规处置

废弃注意事项 处置前应参阅国家和地方有关法规。把空容器归还厂商

第十四部分 运输信息

联合国危险货物编号（UN 号） 2455

联合国运输名称 亚硝酸甲酯

联合国危险性类别 2.2 **包装类别** -

包装标志 

海洋污染物 否

运输注意事项 采用钢瓶运输时必须戴好钢瓶上的安全帽。钢瓶一般平放，并应将瓶口朝同一方向，不可交叉；高度不得超过车辆的防护栏板，并用三角木垫卡牢，防止滚动。运输时运输车辆应配备相应品种和数量的消防器材。装运该物品的车辆排气管必须配备阻火装置，禁止使用易产生火花的机械设备和工具装卸。严禁与易燃物或可燃物、氧化剂、氰化物等混装混运。夏季应早晚运输，防止日光曝晒。中途停留时应远离火种、热源。公路运输时要按规定路线行驶，勿在居民区和人口稠密区停留。铁路运输时要禁止溜放

第十五部分 法规信息

下列法律、法规、规章和标准，对该化学品的管理作了相应的规定。

中华人民共和国职业病防治法 职业病分类和目录：未列入

危险化学品安全管理条例 危险化学品目录：列入。易制爆危险化学品名录：未列入。重点监管的危险化学品名录：未列入。GB 18218—2009《危险化学品重大危险源辨识》(表 1)：未列入

使用有毒物品作业场所劳动保护条例 高毒物品目录：未列入

易制毒化学品管理条例 易制毒化学品的分类和品种目录：未列入

国际公约 斯德哥尔摩公约：未列入。鹿特丹公约：未列入。蒙特利尔议定书：未列入

第十六部分 其他信息

编写和修订信息 **缩略语和首字母缩写**

培训建议 **参考文献**

免责声明

亚硝酸乙酯

第一部分 化学品标识

化学品中文名 亚硝酸乙酯

化学品英文名 ethy nitrite；nitrosyl ethoxide

分子式 $C_2H_5NO_2$ **相对分子质量** 75.05

结构式 （O—N=O 结构式）

化学品的推荐及限制用途 用于医药工业，用作有机合成的中间体

第二部分 危险性概述

紧急情况概述 极易燃气体，内装加压气体：遇热可能爆炸，吸入致命

GHS 危险性类别 易燃气体，类别 1；加压气体；急性毒性-经口，类别 4；急性毒性-经皮，类别 4；急性毒性-吸入，类别 2

标签要素

象形图 

警示词 危险

危险性说明 极易燃气体，内装加压气体：遇热可能爆炸，吞咽有害，皮肤接触有害，吸入致命

防范说明

预防措施 远离热源、火花、明火、热表面。禁止吸烟。避免接触眼睛、皮肤，操作后彻底清洗。作业场所不得进食、饮水或吸烟。戴防护手套、穿防护服。避免吸入气体、蒸气。仅在室外或通风良好处操作。戴呼吸防护器具

事故响应 漏气着火：切勿灭火，除非漏气能够安全地制止。如果没有危险，消除一切点火源。如吸入：将患者转移到空气新鲜处，休息，保持利于呼吸的体位。皮肤接触：用大量肥皂水和水清洗，如感觉不适，呼叫中毒控制中心或就医。被污染的衣服须经洗净后方可重新使用。食入：漱口，如果感觉不适，立即呼叫中毒控制中心或就医

安全储存 防日晒。存放在通风良好的地方。保持容器密闭。上锁保管

废弃处置 本品及内装物、容器依据国家和地方法规处置

物理和化学危险 极易燃，其蒸气与空气混合，能形成爆炸性混合物

健康危害 本品主要使血管扩张，引起血压降低及心动过速。大剂量可引起高铁血红蛋白血症。人急性中毒的特点为头痛、心动过速、高铁血红蛋白血症，可致死

环境危害 对环境可能有害

第三部分 成分/组成信息

√物质 混合物

组分	浓度	CAS No.
亚硝酸乙酯		109-95-5

第四部分 急救措施

吸入 迅速脱离现场至空气新鲜处。保持呼吸道通畅。如呼吸困难，给吸氧。如呼吸、心跳停止，立即行心肺

复苏术。就医

皮肤接触 立即脱去污染衣着，用肥皂水或清水彻底冲洗。就医

眼睛接触 分开眼睑，用清水或生理盐水冲洗。就医

食入 漱口，饮水。就医

对保护施救者的忠告 根据需要使用个人防护设备

对医生的特别提示 高铁血红蛋白血症，可用美蓝和维生素C治疗

第五部分 消防措施

灭火剂 用泡沫、二氧化碳、干粉、砂土灭火

特别危险性 其蒸气与空气可形成爆炸性混合物，遇明火、高热极易燃烧爆炸。受热或光照易发生分解，分解时有爆炸危险。接触铵盐、氰化物可引起强烈分解。燃烧生成有害的一氧化碳、氮氧化物

灭火注意事项及防护措施 消防人员须戴好防毒面具，在安全距离以外，在上风向灭火。尽可能将容器从火场移至空旷处。容器突然发出异常声音或出现异常现象，应立即撤离。用水灭火无效。禁止用水和泡沫灭火

第六部分 泄漏应急处理

作业人员防护措施、防护装备和应急处置程序 消除所有点火源。根据液体流动和蒸气扩散的影响区域划定警戒区，无关人员从侧风、上风向撤离至安全区。建议应急处理人员戴正压自给式呼吸器，穿防毒、防静电服，戴橡胶耐油手套。作业时使用的所有设备应接地。禁止接触或跨越泄漏物。尽可能切断泄漏源

环境保护措施 防止泄漏物进入水体、下水道、地下室或有限空间

泄漏化学品的收容、清除方法及所使用的处置材料 小量泄漏：用砂土或其他不燃材料吸收，使用洁净的无火花工具收集吸收材料。大量泄漏：构筑围堤或挖坑收容。用砂土、惰性物质或蛭石吸收大量液体。用泡沫覆盖，减少蒸发。喷水雾能减少蒸发，但不能降低泄漏物在有限空间内的易燃性。用防爆泵转移至槽车或专用收集器内

第七部分 操作处置与储存

操作注意事项 密闭操作，提供充分的局部排风。操作人员必须经过专门培训，严格遵守操作规程。建议操作人员佩戴过滤式防毒面具（全面罩）或自给式呼吸器，戴化学安全防护眼镜，穿防静电工作服，戴橡胶耐油手套。远离火种、热源。工作场所严禁吸烟。使用防爆型的通风系统和设备。防止蒸气泄漏到工作场所空气中。避免与氧化剂接触。充装要控制流速，防止静电积聚。搬运时要轻装轻卸，防止包装及容器损坏。配备相应品种和数量的消防器材及泄漏应急处理设备。倒空的容器可能残留有害物

储存注意事项 储存于阴凉、通风良好的专用库房内。远离火种、热源。避光保存。库温不宜超过29℃。保持容器密封。应与氧化剂分开存放，切忌混储。采用防爆型照明、通风设施。禁止使用易产生火花的机械设备和工具。储区应备有泄漏应急处理设备和合适的收容材料

第八部分 接触控制/个体防护

职业接触限值

中国 未制定标准

美国(ACGIH) 未制定标准

生物接触限值 未制定标准

监测方法 空气中有毒物质测定方法：未制定标准。生物监测检验方法：未制定标准

工程控制 严加密闭，提供充分的局部排风

个体防护装备

呼吸系统防护 空气中浓度超标时，应该佩戴过滤式防毒面具（全面罩）或空气呼吸器。紧急事态抢救或撤离时，建议佩戴空气呼吸器

眼睛防护 呼吸系统防护中已作防护

皮肤和身体防护 穿防静电工作服

手防护 戴橡胶耐油手套

第九部分 理化特性

外观与性状 气体或无色至淡黄色澄清液体，有特殊气味，味甜，极易挥发

pH值 无资料 **熔点(℃)** −50

沸点(℃) 17.2

相对密度(水=1) 0.90（15.5℃）

相对蒸气密度(空气=1) 2.59

饱和蒸气压(kPa) 无资料

燃烧热(kJ/mol) −1351.3 **临界温度(℃)** 无资料

临界压力(MPa) 无资料 **辛醇/水分配系数** 1.37

闪点(℃) −35（CC） **自燃温度(℃)** 90（分解）

爆炸下限(%) 3.0 **爆炸上限(%)** 50

分解温度(℃) 无资料 **黏度(mPa·s)** 无资料

溶解性 不溶于水，可混溶于乙醇、乙醚

第十部分 稳定性和反应性

稳定性 稳定

危险反应 与强氧化剂等禁配物接触，有发生火灾和爆炸的危险

避免接触的条件 受热、光照

禁配物 强氧化剂

危险的分解产物 氮氧化物

第十一部分 毒理学信息

急性毒性 LC_{50}：160ppm（大鼠吸入，4h）

皮肤刺激或腐蚀 无资料 **眼睛刺激或腐蚀** 无资料

呼吸或皮肤过敏 无资料 **生殖细胞突变性** 无资料

致癌性 无资料 **生殖毒性** 无资料

特异性靶器官系统毒性-一次接触 无资料

特异性靶器官系统毒性-反复接触 无资料

吸入危害 无资料

第十二部分 生态学信息

生态毒性 无资料

持久性和降解性

生物降解性 无资料

非生物降解性 无资料

潜在的生物累积性 根据 K_{ow} 值预测，该物质的生物累积性可能较弱

土壤中的迁移性 根据 K_{oc} 值预测，该物质可能易发生迁移

第十三部分 废弃处置

废弃化学品 建议用焚烧法处置。焚烧炉排出的氮氧化物通过洗涤器除去

污染包装物 将容器返还生产商或按照国家和地方法规处置

废弃注意事项 处置前应参阅国家和地方有关法规

第十四部分 运输信息

联合国危险货物编号（UN 号） 1194

联合国运输名称 亚硝酸乙酯溶液

联合国危险性类别 3，6.1

包装类别 Ⅰ类包装

包装标志  

海洋污染物 否

运输注意事项 运输时运输车辆应配备相应品种和数量的消防器材及泄漏应急处理设备。夏季最好早晚运输。运输时所用的槽（罐）车应有接地链，槽内可设孔隔板以减少震荡产生的静电。严禁与氧化剂等混装混运。运输途中应防曝晒、雨淋，防高温。中途停留时应远离火种、热源、高温区。装运该物品的车辆排气管必须配备阻火装置，禁止使用易产生火花的机械设备和工具装卸。公路运输时要按规定路线行驶，勿在居民区和人口稠密区停留。铁路运输时要禁止溜放。严禁用木船、水泥船散装运输

第十五部分 法规信息

下列法律、法规、规章和标准，对该化学品的管理作了相应的规定。

中华人民共和国职业病防治法 职业病分类和目录：未列入

危险化学品安全管理条例 危险化学品目录：列入。易制爆危险化学品名录：未列入。重点监管的危险化学品名录：未列入。GB 18218—2009《危险化学品重大危险源辨识》（表 1）：未列入

使用有毒物品作业场所劳动保护条例 高毒物品目录：未列入

易制毒化学品管理条例 易制毒化学品的分类和品种目录：未列入

国际公约 斯德哥尔摩公约：未列入。鹿特丹公约：未列入。蒙特利尔议定书：未列入

第十六部分 其他信息

编写和修订信息 **缩略语和首字母缩写**

培训建议 **参考文献**

免责声明

亚硝酸异丙酯

第一部分 化学品标识

化学品中文名 亚硝酸异丙酯

化学品英文名 isopropyl nitrite；nitrous acid isopropyl ester

分子式 $C_3H_7NO_2$ **相对分子质量** 89.10

结构式 (CH₃)₂CH–O–N=O

化学品的推荐及限制用途 用作火箭燃料，工业上用作有机合成的中间体

第二部分 危险性概述

紧急情况概述 高度易燃液体和蒸气，吸入致命

GHS 危险性类别 易燃液体，类别 2；急性毒性-吸入，类别 2；特异性靶器官毒性-一次接触，类别 1

标签要素

象形图 

警示词 危险

危险性说明 高度易燃液体和蒸气，吸入致命，对器官造成损害

防范说明

预防措施 远离热源、火花、明火、热表面。禁止吸烟。保持容器密闭。容器和接收设备接地连接。使用防爆电器、通风、照明设备。只能使用不产生火花的工具。采取防止静电措施。戴防护手套、防护眼镜、防护面罩。避免吸入蒸气、雾。仅在室外或通风良好处操作。戴呼吸防护器具。避免接触眼睛、皮肤，操作后彻底清洗。作业场所不得进食、饮水或吸烟

事故响应 火灾时，使用泡沫、干粉、二氧化碳、砂土灭火。如吸入：将患者转移到空气新鲜处，休息，保持利于呼吸的体位。如皮肤（或头发）接触：立即脱掉所有被污染的衣服，用水冲洗皮肤，淋浴。如果接触：立即呼叫中毒控制中心或就医

安全储存 存放在通风良好的地方。保持低温。保持容器密闭。上锁保管

废弃处置 本品及内装物、容器依据国家和地方法规处置

物理和化学危险 高度易燃，其蒸气与空气混合，能形成爆炸性混合物

健康危害 本品属亚硝酸酯类，亚硝酸酯类的主要作用是使血管扩张，引起血压下降及心动过速。大剂量可引

起高铁血红蛋白血症

环境危害 对环境可能有害

第三部分 成分/组成信息

√物质 混合物

组分	浓度	CAS No.
亚硝酸异丙酯		541-42-4

第四部分 急救措施

吸入 迅速脱离现场至空气新鲜处。保持呼吸道通畅。如呼吸困难，给吸氧。如呼吸、心跳停止，立即行心肺复苏术。就医

皮肤接触 立即脱去污染衣着，用肥皂水或清水彻底冲洗。就医

眼睛接触 分开眼睑，用清水或生理盐水冲洗。就医

食入 漱口，饮水。就医

对保护施救者的忠告 根据需要使用个人防护设备

对医生的特别提示 高铁血红蛋白血症，可用美蓝和维生素C治疗

第五部分 消防措施

灭火剂 用泡沫、二氧化碳、干粉、砂土灭火

特别危险性 遇明火、高热易引起燃烧，并放出有毒气体。受热或光照易发生分解，分解时有爆炸危险。接触铵盐、氰化物可引起强烈分解。燃烧生成有害的一氧化碳、氮氧化物

灭火注意事项及防护措施 消防人员必须佩戴空气呼吸器、穿全身防火防毒服，在上风向灭火。喷水保持火场容器冷却，直至灭火结束。容器突然发出异常声音或出现异常现象，应立即撤离。用水灭火无效

第六部分 泄漏应急处理

作业人员防护措施、防护装备和应急处置程序 消除所有点火源。根据液体流动和蒸气扩散的影响区域划定警戒区，无关人员从侧风、上风向撤离至安全区。建议应急处理人员戴正压自给式呼吸器，穿防静电服，戴橡胶耐油手套。作业时使用的所有设备应接地。禁止接触或跨越泄漏物。尽可能切断泄漏源

环境保护措施 防止泄漏物进入水体、下水道、地下室或有限空间

泄漏化学品的收容、清除方法及所使用的处置材料 小量泄漏：用砂土或其他不燃材料吸收，使用洁净的无火花工具收集吸收材料。大量泄漏：构筑围堤或挖坑收容。用泡沫覆盖，减少蒸发。喷水雾能减少蒸发，但不能降低泄漏物在有限空间内的易燃性。用防爆泵转移至槽车或专用收集器内

第七部分 操作处置与储存

操作注意事项 严加密闭，提供充分的局部排风和全面通风。操作人员必须经过专门培训，严格遵守操作规程。建议操作人员佩戴自吸过滤式防毒面具（半面罩），戴化学安全防护眼镜，穿防毒物渗透工作服，戴橡胶耐油手套。远离火种、热源。工作场所严禁吸烟。使用防爆型的通风系统和设备。防止蒸气泄漏到工作场所空气中。避免与氧化剂接触。充装要控制流速，防止静电积聚。搬运时要轻装轻卸，防止包装及容器损坏。配备相应品种和数量的消防器材及泄漏应急处理设备。倒空的容器可能残留有害物

储存注意事项 储存于阴凉、通风的库房。远离火种、热源。避光保存。库温不宜超过37℃。保持容器密封。应与氧化剂分开存放，切忌混储。采用防爆型照明、通风设施。禁止使用易产生火花的机械设备和工具。储区应备有泄漏应急处理设备和合适的收容材料

第八部分 接触控制/个体防护

职业接触限值

中国 未制定标准

美国(ACGIH) 未制定标准

生物接触限值 未制定标准

监测方法 空气中有毒物质测定方法：未制定标准。生物监测检验方法：未制定标准

工程控制 严加密闭，提供充分的局部排风和全面通风

个体防护装备

呼吸系统防护 可能接触其蒸气时，应该佩戴过滤式防毒面具（半面罩）。紧急事态抢救或撤离时，建议佩戴空气呼吸器

眼睛防护 戴化学安全防护眼镜

皮肤和身体防护 穿防毒物渗透工作服

手防护 戴橡胶耐油手套

第九部分 理化特性

外观与性状 灰黄色油状液体，易挥发

pH值 无资料 **熔点(℃)** 无资料

沸点(℃) 39 (100.26kPa)

相对密度(水=1) 0.86 (0℃)

相对蒸气密度(空气=1) 无资料

饱和蒸气压(kPa) 无资料

燃烧热(kJ/mol) 无资料 **临界温度(℃)** 无资料

临界压力(MPa) 无资料 **辛醇/水分配系数** 1.79

闪点(℃) <10 **自燃温度(℃)** 无资料

爆炸下限(%) 无资料 **爆炸上限(%)** 无资料

分解温度(℃) 无资料 **黏度(mPa·s)** 无资料

溶解性 不溶于水，溶于乙醇、乙醚

第十部分 稳定性和反应性

稳定性 稳定

危险反应 与强氧化剂等禁配物接触，有发生火灾和爆炸的危险

避免接触的条件 受热、光照

禁配物 强氧化剂

危险的分解产物 氮氧化物

第十一部分 毒理学信息

急性毒性 LC_{50}：1250mg/m^3（大鼠吸入，4h）

皮肤刺激或腐蚀 无资料 **眼睛刺激或腐蚀** 无资料

呼吸或皮肤过敏 无资料 **生殖细胞突变性** 无资料

致癌性 无资料 **生殖毒性** 无资料

特异性靶器官系统毒性-一次接触 无资料

特异性靶器官系统毒性-反复接触 无资料

吸入危害 无资料

第十二部分 生态学信息

生态毒性 无资料

持久性和降解性

生物降解性 无资料

非生物降解性 无资料

潜在的生物累积性 根据 K_{ow} 值预测，该物质的生物累积性可能较弱

土壤中的迁移性 根据 K_{oc} 值预测，该物质可能易发生迁移

第十三部分 废弃处置

废弃化学品 建议用焚烧法处置。焚烧炉排出的氮氧化物通过洗涤器除去

污染包装物 将容器返还生产商或按照国家和地方法规处置

废弃注意事项 处置前应参阅国家和地方有关法规

第十四部分 运输信息

联合国危险货物编号（UN号） 1992

联合国运输名称 易燃液体，毒性，未另作规定的（亚硝酸异丙酯）

联合国危险性类别 3，6.1

包装类别 Ⅱ类包装

包装标志  

海洋污染物 否

运输注意事项 铁路运输，医用安瓿瓶包装，每盒 5×0.2ml，每箱 300 盒时，可按普通货物运输。运输时运输车辆应配备相应品种和数量的消防器材及泄漏应急处理设备。夏季最好早晚运输。运输时所用的槽（罐）车应有接地链，槽内可设孔隔板以减少震荡产生的静电。严禁与氧化剂等混装混运。运输途中应防曝晒、雨淋，防高温。中途停留时应远离火种、热源、高温区。装运该物品的车辆排气管必须配备阻火装置，禁止使用易产生火花的机械设备和工具装卸。公路运输时要按规定路线行驶，勿在居民区和人口稠密区停留。铁路运输时要禁止溜放。严禁用木船、水泥船散装运输

第十五部分 法规信息

下列法律、法规、规章和标准，对该化学品的管理作了相应的规定。

中华人民共和国职业病防治法 职业病分类和目录：未列入

危险化学品安全管理条例 危险化学品目录：列入。易制爆危险化学品名录：未列入。重点监管的危险化学品名录：未列入。GB 18218—2009《危险化学品重大危险源辨识》（表 1）：未列入

使用有毒物品作业场所劳动保护条例 高毒物品目录：未列入

易制毒化学品管理条例 易制毒化学品的分类和品种目录：未列入

国际公约 斯德哥尔摩公约：未列入。鹿特丹公约：未列入。蒙特利尔议定书：未列入

第十六部分 其他信息

编写和修订信息 **缩略语和首字母缩写**

培训建议 **参考文献**

免责声明

亚硝酸异丁酯

第一部分 化学品标识

化学品中文名 亚硝酸异丁酯

化学品英文名 isobutyl nitrite；nitrous acid；2-methylpropyl ester

分子式 $C_4H_9NO_2$ **相对分子质量** 103.14

结构式

化学品的推荐及限制用途 用作溶剂，用于有机合成

第二部分 危险性概述

紧急情况概述 高度易燃液体和蒸气，吞咽有害，吸入有害

GHS 危险性类别 易燃液体，类别 2；急性毒性-经口，类别 4；急性毒性-吸入，类别 4；生殖细胞致突变性，类别 2

标签要素

象形图

警示词 危险

危险性说明 高度易燃液体和蒸气，吞咽有害，吸入有害，怀疑可造成遗传性缺陷

防范说明

预防措施 远离热源、火花、明火、热表面。禁止吸烟。保持容器密闭。容器和接收设备接地连接。使用防爆电器、通风、照明设备。只能使用不产生火花的工具。采取防止静电措施。戴防护手套、防护眼镜、防护面罩。避免接触眼睛、皮肤，操作后彻底清洗。作业场所不得进食、饮水或吸烟。避免吸入蒸气、雾、喷雾。仅在室外或通风良好处操作。得到专门指导后操作。在阅读并了解所有安全预防措施之前，切勿操作。按要求使用个体防护装备

事故响应 火灾时，使用泡沫、干粉、二氧化碳、砂土灭火。如吸入：将患者转移到空气新鲜

处，休息，保持利于呼吸的体位。如皮肤（或头发）接触：立即脱掉所有被污染的衣服，用水冲洗皮肤，淋浴。食入：漱口，如果感觉不适，立即呼叫中毒控制中心或就医。如果接触或有担心，就医

安全储存　存放在通风良好的地方。保持低温。上锁保管

废弃处置　本品及内装物、容器依据国家和地方法规处置

物理和化学危险　高度易燃，其蒸气与空气混合，能形成爆炸性混合物

健康危害　本品属亚硝酸酯类，亚硝酸酯类的主要作用是使血管扩张，引起血压下降及心动过速。大剂量可引起高铁血红蛋白血症

环境危害　对环境可能有害

第三部分　成分/组成信息

√物质　　混合物

组分	浓度	CAS No.
亚硝酸异丁酯		542-56-3

第四部分　急救措施

吸入　迅速脱离现场至空气新鲜处。保持呼吸道通畅。如呼吸困难，给吸氧。如呼吸、心跳停止，立即行心肺复苏术。就医

皮肤接触　立即脱去污染衣着，用肥皂水或清水彻底冲洗。就医

眼睛接触　分开眼睑，用清水或生理盐水冲洗。就医

食入　漱口，饮水。就医

对保护施救者的忠告　根据需要使用个人防护设备

对医生的特别提示　高铁血红蛋白血症，可用美蓝和维生素 C 治疗

第五部分　消防措施

灭火剂　用泡沫、二氧化碳、干粉、砂土灭火

特别危险性　遇明火、高热易引起燃烧，并放出有毒气体。受热分解放出有毒的氧化氮烟气。接触铵盐、氰化物可引起强烈分解。燃烧生成有害的一氧化碳、氮氧化物

灭火注意事项及防护措施　消防人员必须佩戴空气呼吸器、穿全身防火防毒服，在上风向灭火。喷水保持火场容器冷却，直至灭火结束。容器突然发出异常声音或出现异常现象，应立即撤离。用水灭火无效

第六部分　泄漏应急处理

作业人员防护措施、防护装备和应急处置程序　消除所有点火源。根据液体流动和蒸气扩散的影响区域划定警戒区，无关人员从侧风、上风向撤离至安全区。建议应急处理人员戴正压自给式呼吸器，穿防静电服，戴橡胶耐油手套。作业时使用的所有设备应接地。禁止接触或跨越泄漏物。尽可能切断泄漏源

环境保护措施　防止泄漏物进入水体、下水道、地下室或有限空间

泄漏化学品的收容、清除方法及所使用的处置材料　小量泄漏：用砂土或其他不燃材料吸收，使用洁净的无火花工具收集吸收材料。大量泄漏：构筑围堤或挖坑收容。用泡沫覆盖，减少蒸发。喷水雾能减少蒸发，但不能降低泄漏物在有限空间内的易燃性。用防爆泵转移至槽车或专用收集器内

第七部分　操作处置与储存

操作注意事项　严加密闭，提供充分的局部排风和全面通风。操作人员必须经过专门培训，严格遵守操作规程。建议操作人员佩戴自吸过滤式防毒面具（半面罩），戴化学安全防护眼镜，穿防毒物渗透工作服，戴橡胶耐油手套。远离火种、热源。工作场所严禁吸烟。使用防爆型的通风系统和设备。防止蒸气泄漏到工作场所空气中。避免与氧化剂接触。充装要控制流速，防止静电积聚。搬运时要轻装轻卸，防止包装及容器损坏。配备相应品种和数量的消防器材及泄漏应急处理设备。倒空的容器可能残留有害物

储存注意事项　储存于阴凉、干燥、通风良好的库房。远离火种、热源。避光保存。库温不宜超过 37℃。保持容器密封。应与氧化剂分开存放，切忌混储。采用防爆型照明、通风设施。禁止使用易产生火花的机械设备和工具。储区应备有泄漏应急处理设备和合适的收容材料

第八部分　接触控制/个体防护

职业接触限值

中国　未制定标准

美国(ACGIH)　TLV-CL：1ppm（可吸入性颗粒物和蒸气）

生物接触限值　未制定标准

监测方法　空气中有毒物质测定方法：未制定标准。生物监测检验方法：未制定标准

工程控制　严加密闭，提供充分的局部排风和全面通风

个体防护装备

呼吸系统防护　可能接触其蒸气时，应该佩戴过滤式防毒面具（半面罩）。紧急事态抢救或撤离时，建议佩戴空气呼吸器

眼睛防护　戴化学安全防护眼镜

皮肤和身体防护　穿防毒物渗透工作服

手防护　戴橡胶耐油手套

第九部分　理化特性

外观与性状　无色至黄色液体

pH 值　无资料　　**熔点(℃)**　无资料

沸点(℃)　66～67

相对密度(水＝1)　0.87（22℃）

相对蒸气密度(空气＝1)　3.56

饱和蒸气压(kPa)　无资料

燃烧热(kJ/mol)　无资料　　**临界温度(℃)**　无资料

临界压力(MPa)　无资料　　**辛醇/水分配系数**　2.28

闪点(℃)　−21.11　　**自燃温度(℃)**　无资料

爆炸下限(%)　1.2　　**爆炸上限(%)**　26.9

分解温度(℃) 无资料 **黏度(mPa·s)** 无资料

溶解性 微溶于水，可混溶于乙醇

第十部分 稳定性和反应性

稳定性 稳定

危险反应 与强氧化剂等禁配物接触，有发生火灾和爆炸的危险

避免接触的条件 受热

禁配物 强氧化剂

危险的分解产物 氮氧化物

第十一部分 毒理学信息

急性毒性

LD_{50} 410mg/kg（大鼠经口）；205mg/kg（小鼠经口）

LC_{50} 777ppm（大鼠吸入，4h）

皮肤刺激或腐蚀 无资料 **眼睛刺激或腐蚀** 无资料

呼吸或皮肤过敏 无资料 **生殖细胞突变性** 无资料

致癌性 无资料 **生殖毒性** 无资料

特异性靶器官系统毒性-一次接触 无资料

特异性靶器官系统毒性-反复接触 无资料

吸入危害 无资料

第十二部分 生态学信息

生态毒性 无资料

持久性和降解性

生物降解性 无资料

非生物降解性 无资料

潜在的生物累积性 根据 K_{ow} 值预测，该物质的生物累积性可能较弱

土壤中的迁移性 根据 K_{oc} 值预测，该物质可能有一定的迁移性

第十三部分 废弃处置

废弃化学品 建议用焚烧法处置。焚烧炉排出的氮氧化物通过洗涤器除去

污染包装物 将容器返还生产商或按照国家和地方法规处置

废弃注意事项 处置前应参阅国家和地方有关法规

第十四部分 运输信息

联合国危险货物编号（UN号） 2351

联合国运输名称 亚硝酸丁酯

联合国危险性类别 3 **包装类别** Ⅱ类包装

包装标志  **海洋污染物** 否

运输注意事项 铁路运输，医用安瓿瓶包装，每盒5×0.2ml，每箱300盒时，可按普通货物运输。运输时运输车辆应配备相应品种和数量的消防器材及泄漏应急处理设备。夏季最好早晚运输。运输时所用的槽（罐）车应有接地链，槽内可设孔隔板以减少震荡产生的静电。严禁与氧化剂等混装混运。运输途中应防曝晒、雨淋，防高温。中途停留时应远离火种、热源、高温区。装运该物品的车辆排气管必须配备阻火装置，禁止使用易产生火花的机械设备和工具装卸。公路运输时要按规定路线行驶，勿在居民区和人口稠密区停留。铁路运输时要禁止溜放。严禁用木船、水泥船散装运输

第十五部分 法规信息

下列法律、法规、规章和标准，对该化学品的管理作了相应的规定。

中华人民共和国职业病防治法 职业病分类和目录：未列入

危险化学品安全管理条例 危险化学品目录：列入。易制爆危险化学品名录：未列入。重点监管的危险化学品名录：未列入。GB 18218—2009《危险化学品重大危险源辨识》（表1）：未列入

使用有毒物品作业场所劳动保护条例 高毒物品目录：未列入

易制毒化学品管理条例 易制毒化学品的分类和品种目录：未列入

国际公约 斯德哥尔摩公约：未列入。鹿特丹公约：未列入。蒙特利尔议定书：未列入

第十六部分 其他信息

编写和修订信息 **缩略语和首字母缩写**

培训建议 **参考文献**

免责声明

亚硝酸异戊酯

第一部分 化学品标识

化学品中文名 亚硝酸异戊酯

化学品英文名 isoamyl nitrite；isopentyl nitrite

分子式 $C_5H_{11}NO_2$ **相对分子质量** 117.17

结构式

化学品的推荐及限制用途 在有机合成中用作亚硝化剂和氧化剂，用于制取药物，也用于治疗氰化物和一氧化碳中毒

第二部分 危险性概述

紧急情况概述 高度易燃液体和蒸气，吞咽有害，吸入有害

GHS危险性类别 易燃液体，类别2；急性毒性-经口，类别4；急性毒性-吸入，类别4

标签要素

象形图

警示词 危险

危险性说明 高度易燃液体和蒸气，吞咽有害，吸入

有害

防范说明

预防措施 远离热源、火花、明火、热表面。禁止吸烟。保持容器密闭。容器和接收设备接地连接。使用防爆电器、通风、照明设备。只能使用不产生火花的工具。采取防止静电措施。戴防护手套、防护眼镜、防护面罩。避免接触眼睛、皮肤，操作后彻底清洗。作业场所不得进食、饮水或吸烟。避免吸入蒸气、雾。仅在室外或通风良好处操作

事故响应 火灾时，使用泡沫、干粉、二氧化碳、砂土灭火。如吸入：将患者转移到空气新鲜处，休息，保持利于呼吸的体位。如皮肤（或头发）接触：立即脱掉所有被污染的衣服，用水冲洗皮肤，淋浴。食入：漱口，如果感觉不适，立即呼叫中毒控制中心或就医

安全储存 存放在通风良好的地方。保持低温

废弃处置 本品及内装物、容器依据国家和地方法规处置

物理和化学危险 高度易燃，其蒸气与空气混合，能形成爆炸性混合物

健康危害 本品主要使血管扩张，引起血压降低及心动过速。大剂量可产生高铁血红蛋白血症。大量吸入后，出现颜面潮红、搏动性头痛、心动过速、紫绀、软弱、躁动、昏厥、虚脱等。口服可在消化道破坏而失去作用

环境危害 对环境可能有害

第三部分 成分/组成信息

√物质		混合物
组分	**浓度**	**CAS No.**
亚硝酸异戊酯		110-46-3

第四部分 急救措施

吸入 迅速脱离现场至空气新鲜处。保持呼吸道通畅。如呼吸困难，给吸氧。如呼吸、心跳停止，立即行心肺复苏术。就医

皮肤接触 立即脱去污染衣着，用肥皂水或清水彻底冲洗。就医

眼睛接触 分开眼睑，用清水或生理盐水冲洗。就医

食入 漱口，饮水。就医

对保护施救者的忠告 根据需要使用个人防护设备

对医生的特别提示 高铁血红蛋白血症，可用美蓝和维生素C治疗

第五部分 消防措施

灭火剂 用泡沫、二氧化碳、干粉、砂土灭火

特别危险性 遇高热、明火及强氧化剂易引起燃烧并放出有毒气体。受热分解放出有毒的氧化氮烟气。接触铵盐、氰化物可引起强烈分解。燃烧生成有害的一氧化碳、氮氧化物

灭火注意事项及防护措施 消防人员必须佩戴空气呼吸器、穿全身防火防毒服，在上风向灭火。喷水保持火场容器冷却，直至灭火结束。容器突然发出异常声音或出现异常现象，应立即撤离。用水灭火无效

第六部分 泄漏应急处理

作业人员防护措施、防护装备和应急处置程序 消除所有点火源。根据液体流动和蒸气扩散的影响区域划定警戒区，无关人员从侧风、上风向撤离至安全区。建议应急处理人员戴正压自给式呼吸器，穿防静电服，戴橡胶耐油手套。作业时使用的所有设备应接地。禁止接触或跨越泄漏物。尽可能切断泄漏源

环境保护措施 防止泄漏物进入水体、下水道、地下室或有限空间

泄漏化学品的收容、清除方法及所使用的处置材料 小量泄漏：用砂土或其他不燃材料吸收，使用洁净的无火花工具收集吸收材料。大量泄漏：构筑围堤或挖坑收容。用泡沫覆盖，减少蒸发。喷水雾能减少蒸发，但不能降低泄漏物在有限空间内的易燃性。用防爆泵转移至槽车或专用收集器内

第七部分 操作处置与储存

操作注意事项 密闭操作，全面通风。操作人员必须经过专门培训，严格遵守操作规程。建议操作人员佩戴自吸过滤式防毒面具（半面罩），戴化学安全防护眼镜，穿防毒物渗透工作服，戴橡胶耐油手套。远离火种、热源。工作场所严禁吸烟。使用防爆型的通风系统和设备。防止蒸气泄漏到工作场所空气中。避免与氧化剂、酸类、碱类、醇类接触。充装要控制流速，防止静电积聚。搬运时要轻装轻卸，防止包装及容器损坏。配备相应品种和数量的消防器材及泄漏应急处理设备。倒空的容器可能残留有害物

储存注意事项 储存于阴凉、干燥、通风良好的不燃库房。远离火种、热源。避光保存。库温不宜超过37℃。保持容器密封。应与氧化剂、酸类、碱类、醇类分开存放，切忌混储。采用防爆型照明、通风设施。禁止使用易产生火花的机械设备和工具。储区应备有泄漏应急处理设备和合适的收容材料

第八部分 接触控制/个体防护

职业接触限值

中国 未制定标准

美国(ACGIH) 未制定标准

生物接触限值 未制定标准

监测方法 空气中有毒物质测定方法：未制定标准。生物监测检验方法：未制定标准

工程控制 生产过程密闭，全面通风

个体防护装备

呼吸系统防护 可能接触其蒸气时，应该佩戴过滤式防毒面具（半面罩）。紧急事态抢救或撤离时，建议佩戴空气呼吸器

眼睛防护 戴化学安全防护眼镜

皮肤和身体防护 穿防毒物渗透工作服

手防护 戴橡胶耐油手套

第九部分 理化特性

外观与性状 淡黄色透明液体，有水果香味，具有挥发性

pH 值 无资料 **熔点(℃)** 无资料

沸点(℃) 97～99

相对密度(水=1) 0.87 (25℃)

相对蒸气密度(空气=1) 4.0

饱和蒸气压(kPa) 无资料

燃烧热(kJ/mol) 无资料 **临界温度(℃)** 无资料

临界压力(MPa) 无资料 **辛醇/水分配系数** 2.77

闪点(℃) 3 **自燃温度(℃)** 208.9

爆炸下限(%) 无资料 **爆炸上限(%)** 无资料

分解温度(℃) 无资料 **黏度(mPa·s)** 无资料

溶解性 不溶于水，溶于乙醇、乙醚、氯仿、汽油

第十部分 稳定性和反应性

稳定性 稳定

危险反应 与强氧化剂等禁配物接触，有发生火灾和爆炸的危险

避免接触的条件 受热

禁配物 强氧化剂 **危险的分解产物** 氮氧化物

第十一部分 毒理学信息

急性毒性

LD_{50} 505mg/kg (大鼠经口)

LC_{50} 716ppm (大鼠吸入，4h)

皮肤刺激或腐蚀 无资料 **眼睛刺激或腐蚀** 无资料

呼吸或皮肤过敏 无资料

生殖细胞突变性 微生物致突变：鼠伤寒沙门氏菌 333μg/皿。姐妹染色单体交换：仓鼠卵巢，16mg/L。哺乳动物体细胞突变：小鼠淋巴细胞 3740 nmol/L。细胞遗传学分析：仓鼠卵巢 160mg/L。姐妹染色单体交换：仓鼠卵巢 16mg/L

致癌性 无资料

生殖毒性 无资料

特异性靶器官系统毒性-一次接触 无资料

特异性靶器官系统毒性-反复接触 无资料

吸入危害 无资料

第十二部分 生态学信息

生态毒性 无资料

持久性和降解性

生物降解性 无资料

非生物降解性 无资料

潜在的生物累积性 根据 K_{ow} 值预测，该物质的生物累积性可能较弱

土壤中的迁移性 根据 K_{oc} 值预测，该物质可能有一定的迁移性

第十三部分 废弃处置

废弃化学品 建议用焚烧法处置。焚烧炉排出的氮氧化物通过洗涤器除去

污染包装物 将容器返还生产商或按照国家和地方法规处置

废弃注意事项 处置前应参阅国家和地方有关法规

第十四部分 运输信息

联合国危险货物编号(UN号) 1113

联合国运输名称 亚硝酸戊酯

联合国危险性类别 3 **包装类别** Ⅱ类包装

包装标志  **海洋污染物** 否

运输注意事项 铁路运输，医用安瓿瓶包装，每盒 5×0.2ml，每箱 300 盒时，可按普通货物运输。运输时运输车辆应配备相应品种和数量的消防器材及泄漏应急处理设备。夏季最好早晚运输。运输时所用的槽(罐)车应有接地链，槽内可设孔隔板以减少震荡产生的静电。严禁与氧化剂、酸类、碱类、醇类等混装混运。运输途中应防曝晒、雨淋，防高温。中途停留时应远离火种、热源、高温区。装运该物品的车辆排气管必须配备阻火装置，禁止使用易产生火花的机械设备和工具装卸。公路运输时要按规定路线行驶，勿在居民区和人口稠密区停留。铁路运输时要禁止溜放。严禁用木船、水泥船散装运输

第十五部分 法规信息

下列法律、法规、规章和标准，对该化学品的管理作了相应的规定。

中华人民共和国职业病防治法 职业病分类和目录：未列入

危险化学品安全管理条例 危险化学品目录：列入。易制爆危险化学品名录：未列入。重点监管的危险化学品名录：未列入。GB 18218—2009《危险化学品重大危险源辨识》(表 1)：未列入

使用有毒物品作业场所劳动保护条例 高毒物品目录：未列入

易制毒化学品管理条例 易制毒化学品的分类和品种目录：未列入

国际公约 斯德哥尔摩公约：未列入。鹿特丹公约：未列入。蒙特利尔议定书：未列入

第十六部分 其他信息

编写和修订信息 **缩略语和首字母缩写**

培训建议 **参考文献**

免责声明

亚硝酸正丁酯

第一部分 化学品标识

化学品中文名 亚硝酸正丁酯

化学品英文名 *n*-butyl nitrite; nitrous acid butyl ester

分子式 $C_4H_9NO_2$ **相对分子质量** 103.14

结构式 O=N–O–CH₂CH₂CH₂CH₃ (键线式)

化学品的推荐及限制用途 用于有机合成

第二部分 危险性概述

紧急情况概述 高度易燃液体和蒸气，吞咽会中毒，吸入

会中毒

GHS危险性类别 易燃液体，类别2；急性毒性-经口，类别3；急性毒性-吸入，类别3

标签要素

象形图 

警示词 危险

危险性说明 高度易燃液体和蒸气，吞咽会中毒，吸入会中毒

防范说明

预防措施 远离热源、火花、明火、热表面。禁止吸烟。保持容器密闭。容器和接收设备接地连接。使用防爆电器、通风、照明设备。只能使用不产生火花的工具。采取防止静电措施。戴防护手套、防护眼镜、防护面罩。避免接触眼睛、皮肤，操作后彻底清洗。作业场所不得进食、饮水或吸烟。避免吸入蒸气、雾。仅在室外或通风良好处操作

事故响应 火灾时，使用泡沫、干粉、二氧化碳、砂土灭火。如吸入：将患者转移到空气新鲜处，休息，保持利于呼吸的体位。如皮肤（或头发）接触：立即脱掉所有被污染的衣服，用水冲洗皮肤，淋浴。食入：漱口，立即呼叫中毒控制中心或就医

安全储存 存放在通风良好的地方。保持低温。保持容器密闭。上锁保管

废弃处置 本品及内装物、容器依据国家和地方法规处置

物理和化学危险 高度易燃，其蒸气与空气混合，能形成爆炸性混合物

健康危害 本品属亚硝酸酯类，亚硝酸酯类的主要作用是使血管扩张，引起血压下降，心动过速。大剂量可引起高铁血红蛋白血症

环境危害 对环境可能有害

第三部分 成分/组成信息

√物质 混合物

组分	浓度	CAS No.
亚硝酸正丁酯		544-16-1

第四部分 急救措施

吸入 迅速脱离现场至空气新鲜处。保持呼吸道通畅。如呼吸困难，给吸氧。如呼吸、心跳停止，立即行心肺复苏术。就医

皮肤接触 立即脱去污染衣着，用肥皂水或清水彻底冲洗。就医

眼睛接触 分开眼睑，用清水或生理盐水冲洗。就医

食入 漱口，饮水。就医

对保护施救者的忠告 根据需要使用个人防护设备

对医生的特别提示 高铁血红蛋白血症，可用美蓝和维生素C治疗

第五部分 消防措施

灭火剂 用泡沫、二氧化碳、干粉、砂土灭火

特别危险性 遇明火、高热易引起燃烧，并放出有毒气体。受热分解放出有毒的氧化氮烟气。接触铵盐、氰化物可引起强烈分解。燃烧生成有害的一氧化碳、氮氧化物

灭火注意事项及防护措施 消防人员必须佩戴空气呼吸器、穿全身防火防毒服，在上风向灭火。喷水保持火场容器冷却，直至灭火结束。容器突然发出异常声音或出现异常现象，应立即撤离。用水灭火无效

第六部分 泄漏应急处理

作业人员防护措施、防护装备和应急处置程序 消除所有点火源。根据液体流动和蒸气扩散的影响区域划定警戒区，无关人员从侧风、上风向撤离至安全区。建议应急处理人员戴正压自给式呼吸器，穿防静电服，戴橡胶耐油手套。作业时使用的所有设备应接地。禁止接触或跨越泄漏物。尽可能切断泄漏源

环境保护措施 防止泄漏物进入水体、下水道、地下室或有限空间

泄漏化学品的收容、清除方法及所使用的处置材料 小量泄漏：用砂土或其他不燃材料吸收，使用洁净的无火花工具收集吸收材料。大量泄漏：构筑围堤或挖坑收容。用泡沫覆盖，减少蒸发。喷水雾能减少蒸发，但不能降低泄漏物在有限空间内的易燃性。用防爆泵转移至槽车或专用收集器内

第七部分 操作处置与储存

操作注意事项 密闭操作，加强通风。操作人员必须经过专门培训，严格遵守操作规程。建议操作人员佩戴自吸过滤式防毒面具（半面罩），戴安全防护眼镜，穿防毒物渗透工作服，戴橡胶耐油手套。远离火种、热源。工作场所严禁吸烟。使用防爆型的通风系统和设备。防止蒸气泄漏到工作场所空气中。避免与还原剂、酸类接触。充装要控制流速，防止静电积聚。搬运时要轻装轻卸，防止包装及容器损坏。配备相应品种和数量的消防器材及泄漏应急处理设备。倒空的容器可能残留有害物

储存注意事项 储存于阴凉、干燥、通风良好的库房。远离火种、热源。库温不宜超过37℃。保持容器密封。应与还原剂、酸类等分开存放，切忌混储。采用防爆型照明、通风设施。禁止使用易产生火花的机械设备和工具。储区应备有泄漏应急处理设备和合适的收容材料

第八部分 接触控制/个体防护

职业接触限值

中国 未制定标准

美国(ACGIH) 未制定标准

生物接触限值 未制定标准

监测方法 空气中有毒物质测定方法：未制定标准。生物监测检验方法：未制定标准

工程控制 生产过程密闭，加强通风

个体防护装备

呼吸系统防护 可能接触其蒸气时，应该佩戴过滤式防毒面具（半面罩）。紧急事态抢救或撤离时，建议佩戴空气呼吸器

眼睛防护 戴安全防护眼镜

皮肤和身体防护 穿防毒物渗透工作服

手防护 戴橡胶耐油手套

第九部分 理化特性

外观与性状 无色或浅黄色油状液体，有特殊气味

pH值 无资料 **熔点(℃)** 无资料

沸点(℃) 78

相对密度(水=1) 0.88（20℃）

相对蒸气密度(空气=1) 3.5

饱和蒸气压(kPa) 101.08（78℃）

燃烧热(kJ/mol) 无资料 **临界温度(℃)** 无资料

临界压力(MPa) 无资料 **辛醇/水分配系数** 2.35

闪点(℃) －13.33 **自燃温度(℃)** 无资料

爆炸下限(%) 无资料 **爆炸上限(%)** 无资料

分解温度(℃) 无资料 **黏度(mPa·s)** 无资料

溶解性 不溶于水，可混溶于乙醇、乙醚

第十部分 稳定性和反应性

稳定性 稳定

危险反应 与强氧化剂等禁配物接触，有发生火灾和爆炸的危险

避免接触的条件 受热

禁配物 强氧化剂

危险的分解产物 氮氧化物

第十一部分 毒理学信息

急性毒性

LD_{50} 83mg/kg（大鼠经口）

LC_{50} 420ppm（大鼠吸入，4h）

皮肤刺激或腐蚀 无资料 **眼睛刺激或腐蚀** 无资料

呼吸或皮肤过敏 无资料 **生殖细胞突变性** 无资料

致癌性 无资料 **生殖毒性** 无资料

特异性靶器官系统毒性-一次接触 无资料

特异性靶器官系统毒性-反复接触 无资料

吸入危害 无资料

第十二部分 生态学信息

生态毒性 无资料

持久性和降解性

生物降解性 无资料

非生物降解性 无资料

潜在的生物累积性 根据 K_{ow} 值预测，该物质的生物累积性可能较弱

土壤中的迁移性 根据 K_{oc} 值预测，该物质可能有一定的迁移性

第十三部分 废弃处置

废弃化学品 建议用焚烧法处置。焚烧炉排出的氮氧化物通过洗涤器除去

污染包装物 将容器返还生产商或按照国家和地方法规处置

废弃注意事项 处置前应参阅国家和地方有关法规

第十四部分 运输信息

联合国危险货物编号（UN号） 2351

联合国运输名称 亚硝酸丁酯

联合国危险性类别 3 **包装类别** Ⅱ类包装

包装标志  **海洋污染物** 否

运输注意事项 铁路运输，医用安瓿瓶包装，每盒5×0.2ml，每箱300盒时，可按普通货物运输。运输时运输车辆应配备相应品种和数量的消防器材及泄漏应急处理设备。夏季最好早晚运输。运输时所用的槽（罐）车应有接地链，槽内可设孔隔板以减少震荡产生的静电。严禁与还原剂、酸类等混装混运。运输途中应防曝晒、雨淋，防高温。中途停留时应远离火种、热源、高温区。装运该物品的车辆排气管必须配备阻火装置，禁止使用易产生火花的机械设备和工具装卸。公路运输时要按规定路线行驶，勿在居民区和人口稠密区停留。铁路运输时要禁止溜放。严禁用木船、水泥船散装运输

第十五部分 法规信息

下列法律、法规、规章和标准，对该化学品的管理作了相应的规定。

中华人民共和国职业病防治法 职业病分类和目录：未列入

危险化学品安全管理条例 危险化学品目录：列入。易制爆危险化学品名录：未列入。重点监管的危险化学品名录：未列入。GB 18218—2009《危险化学品重大危险源辨识》（表1）：未列入

使用有毒物品作业场所劳动保护条例 高毒物品目录：未列入

易制毒化学品管理条例 易制毒化学品的分类和品种目录：未列入

国际公约 斯德哥尔摩公约：未列入。鹿特丹公约：未列入。蒙特利尔议定书：未列入

第十六部分 其他信息

编写和修订信息 **缩略语和首字母缩写**

培训建议 **参考文献**

免责声明

亚硝酰氯

第一部分 化学品标识

化学品中文名 亚硝酰氯；氧氯化氮

化学品英文名 nitrosyl chloride；nitrogen oxychloride

分子式 ClNO **相对分子质量** 65.46

结构式 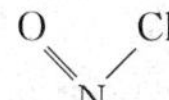

化学品的推荐及限制用途　用于合成洗涤剂、催化剂及用作中间体

第二部分　危险性概述

紧急情况概述　吸入会中毒，造成严重的皮肤灼伤和眼损伤

GHS危险性类别　急性毒性-吸入，类别3；皮肤腐蚀/刺激，类别1；严重眼损伤/眼刺激，类别1

标签要素

象形图 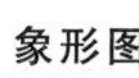 

警示词　危险

危险性说明　吸入会中毒，造成严重的皮肤灼伤和眼损伤，造成严重眼损伤

防范说明

预防措施　避免吸入气体、蒸气、雾。仅在室外或通风良好处操作。避免接触眼睛、皮肤避免接触眼睛、皮肤，操作后彻底清洗。戴防护手套，穿防护服，戴防护眼镜、防护面罩

事故响应　如吸入：将患者转移到空气新鲜处，休息，保持利于呼吸的体位。皮肤（或头发）接触：立即脱掉所有被污染的衣服，用水冲洗皮肤，淋浴。污染的衣服须洗净后方可重新使用。立即呼叫中毒控制中心或就医。眼睛接触：用水细心地冲洗数分钟。如戴隐形眼镜并可方便地取出，则取出隐形眼镜继续冲洗。食入：漱口，不要催吐

安全储存　在通风良好处储存。保持容器密闭。上锁保管

废弃处置　本品及内装物、容器依据国家和地方法规处置

物理和化学危险　助燃。与可燃物接触易着火燃烧。遇水产生刺激性气体

健康危害　本品对眼睛、皮肤和黏膜有强烈刺激性，具有类似氯气和氮氧化物的毒作用。吸入后可引起化学性肺炎、肺水肿。可致眼和皮肤灼伤

环境危害　对环境可能有害

第三部分　成分/组成信息

√物质		混合物
组分	**浓度**	**CAS No.**
亚硝酰氯		2696-92-6

第四部分　急救措施

吸入　迅速脱离现场至空气新鲜处。保持呼吸道通畅。如呼吸困难，给输氧。如呼吸、心跳停止，立即进行心肺复苏术。就医

皮肤接触　立即脱去污染的衣着，用大量流动清水彻底冲洗至少15min。就医

眼睛接触　立即分开眼睑，用流动清水或生理盐水彻底冲洗至少15min。就医

食入　用水漱口，禁止催吐。给饮牛奶或蛋清。就医

对保护施救者的忠告　根据需要使用个人防护设备

对医生的特别提示　对症处理

第五部分　消防措施

灭火剂　本品不燃。根据着火原因选择适当灭火剂灭火

特别危险性　强氧化剂。本品不会燃烧，但可助燃。与丙酮、铝接触发生剧烈反应。与易燃物、有机物接触易着火燃烧。遇水或潮气分解。对钢铁有腐蚀性

灭火注意事项及防护措施　消防人员必须穿特殊防护服，在掩蔽处操作。切断气源。喷水冷却容器，尽可能将容器从火场移至空旷处。火场中有大量本品泄漏物时，禁用水、泡沫和酸碱灭火剂

第六部分　泄漏应急处理

作业人员防护措施、防护装备和应急处置程序　根据气体扩散的影响区域划定警戒区，无关人员从侧风、上风向撤离至安全区。消除所有点火源。建议应急处理人员穿内置正压自给式呼吸器的全封闭防化服。禁止接触或跨越泄漏物。尽可能切断泄漏源。喷雾状水抑制蒸气或改变蒸气云流向，避免水流接触泄漏物。禁止用水直接冲击泄漏物或泄漏源

环境保护措施　防止气体通过下水道、通风系统和有限空间扩散

泄漏化学品的收容、清除方法及所使用的处置材料　隔离泄漏区直至气体散尽

第七部分　操作处置与储存

操作注意事项　严加密闭，提供充分的局部排风和全面通风。操作人员必须经过专门培训，严格遵守操作规程。建议操作人员佩戴过滤式防毒面具（全面罩）或自给式呼吸器，穿胶布防毒衣，戴橡胶手套。远离易燃、可燃物。避免产生烟雾。防止气体或蒸气泄漏到工作场所空气中。避免与还原剂、酸类接触。尤其要注意避免与水接触。搬运时戴好钢瓶安全帽和防震橡皮圈，防止钢瓶碰撞、损坏。配备泄漏应急处理设备

储存注意事项　储存于阴凉、通风的有毒气体专用库房。库温不宜超过30℃。远离火种、热源。应与还原剂、酸类、易（可）燃物、食用化学品分开存放，切忌混储。储区应备有泄漏应急处理设备

第八部分　接触控制/个体防护

职业接触限值

中国　未制定标准

美国(ACGIH)　未制定标准

生物接触限值　未制定标准

监测方法　空气中有毒物质测定方法：未制定标准。生物监测检验方法：未制定标准

工程控制　严加密闭，提供充分的局部排风和全面通风。提供安全的淋浴和洗眼设备

个体防护装备

呼吸系统防护　空气中浓度超标时，佩戴过滤式防毒面具（全面罩）或空气呼吸器。紧急事态抢救或撤离时，建议佩戴空气呼吸器

眼睛防护　呼吸系统防护中已作防护

皮肤和身体防护　穿隔绝式防毒服

手防护　戴橡胶手套

第九部分　理化特性

外观与性状　红褐色液体或黄色气体，具有刺鼻恶臭味，遇水和潮气分解

pH 值　无意义　**熔点(℃)**　−64.5

沸点(℃)　−5.5

相对密度(水=1)　1.417（−12℃）

相对蒸气密度(空气=1)　2.3

饱和蒸气压(kPa)　10.1（−50℃）

燃烧热(kJ/mol)　无资料　**临界温度(℃)**　167

临界压力(MPa)　9.36　**辛醇/水分配系数**　0.10

闪点(℃)　无意义　**自燃温度(℃)**　无意义

爆炸下限(%)　无意义　**爆炸上限(%)**　无意义

分解温度(℃)　无资料　**黏度(mPa·s)**　无资料

溶解性　溶于发烟硫酸

第十部分　稳定性和反应性

稳定性　稳定

危险反应　与强还原剂、易燃或可燃物等禁配物接触，有发生火灾和爆炸的危险。与水发生分解

避免接触的条件　潮湿空气

禁配物　强还原剂、强酸、易燃或可燃物、水、丙酮、铝

危险的分解产物　氮氧化物

第十一部分　毒理学信息

急性毒性　无资料　**皮肤刺激或腐蚀**　无资料

眼睛刺激或腐蚀　无资料　**呼吸或皮肤过敏**　无资料

生殖细胞突变性　无资料　**致癌性**　无资料

生殖毒性　无资料

特异性靶器官系统毒性-一次接触　无资料

特异性靶器官系统毒性-反复接触　无资料

吸入危害　无资料

第十二部分　生态学信息

生态毒性　无资料

持久性和降解性

生物降解性　无资料

非生物降解性　无资料

潜在的生物累积性　根据 K_{ow} 值预测，该物质的生物累积性可能较弱

土壤中的迁移性　根据 K_{oc} 值预测，该物质可能易发生迁移

第十三部分　废弃处置

废弃化学品　根据国家和地方有关法规的要求处置。或与制造商联系，确定处置方法

污染包装物　将容器返还生产商或按照国家和地方法规处置

废弃注意事项　把空容器归还厂商

第十四部分　运输信息

联合国危险货物编号(UN 号)　1069

联合国运输名称　氯化亚硝酰

联合国危险性类别　2.3，8

包装类别　-

包装标志

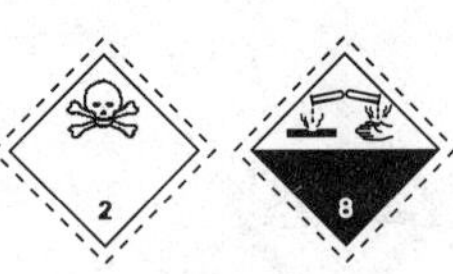

海洋污染物　否

运输注意事项　采用钢瓶运输时必须戴好钢瓶上的安全帽。钢瓶一般平放，并应将瓶口朝同一方向，不可交叉；高度不得超过车辆的防护栏板，并用三角木垫卡牢，防止滚动。严禁与还原剂、酸类、易燃物或可燃物、食用化学品等混装混运。夏季应早晚运输，防止日光曝晒。公路运输时要按规定路线行驶，禁止在居民区和人口稠密区停留。铁路运输时要禁止溜放

第十五部分　法规信息

下列法律、法规、规章和标准，对该化学品的管理作了相应的规定。

中华人民共和国职业病防治法　职业病分类和目录：未列入

危险化学品安全管理条例　危险化学品目录：列入。易制爆危险化学品名录：未列入。重点监管的危险化学品名录：未列入。GB 18218—2009《危险化学品重大危险源辨识》(表 1)：未列入

使用有毒物品作业场所劳动保护条例　高毒物品目录：未列入

易制毒化学品管理条例　易制毒化学品的分类和品种目录：未列入

国际公约　斯德哥尔摩公约：未列入。鹿特丹公约：未列入。蒙特利尔议定书：未列入

第十六部分　其他信息

编写和修订信息　**缩略语和首字母缩写**

培训建议　**参考文献**

免责声明

盐　酸

第一部分　化学品标识

化学品中文名　盐酸；氢氯酸

化学品英文名　hydrochloric acid；chlorohydric acid；muriatic acid

分子式　HCl　**相对分子质量**　36.46

化学品的推荐及限制用途 重要的无机化工原料，广泛用于染料、医药、食品、印染、皮革、冶金等行业

第二部分 危险性概述

紧急情况概述 造成严重的皮肤灼伤和眼损伤

GHS危险性类别 皮肤腐蚀/刺激，类别1B；严重眼损伤/眼刺激，类别1；特异性靶器官毒性-一次接触，类别3（呼吸道刺激）；危害水生环境-急性危害，类别2

标签要素

象形图

警示词 危险

危险性说明 造成严重的皮肤灼伤和眼损伤，造成严重眼损伤，可能引起呼吸道刺激，对水生生物有毒

防范说明

预防措施 避免吸入烟雾。避免接触眼睛、皮肤，操作后彻底清洗。戴防护手套，穿防护服，戴防护眼镜、防护面罩。禁止排入环境

事故响应 如吸入：将患者转移到空气新鲜处，休息，保持利于呼吸的体位，立即呼叫中毒控制中心或就医。皮肤（或头发）接触：立即脱掉所有被污染的衣服，用水冲洗皮肤，淋浴。污染的衣服须洗净后方可重新使用。眼睛接触：用水细心地冲洗数分钟。如戴隐形眼镜并可方便地取出，则取出隐形眼镜继续冲洗。食入：漱口，不要催吐

安全储存 上锁保管

废弃处置 本品及内装物、容器依据国家和地方法规处置

物理和化学危险 不燃，无特殊燃爆特性

健康危害 接触其蒸气或雾，可引起急性中毒，出现眼结膜炎，鼻及口腔黏膜有烧灼感，鼻衄，齿龈出血，气管炎等。误服可引起消化道灼伤、溃疡形成，有可能引起胃穿孔、腹膜炎等。眼和皮肤接触可致灼伤

慢性影响 长期接触，引起慢性鼻炎、慢性支气管炎、牙齿酸蚀症及皮肤损害

环境危害 对水生生物有毒

第三部分 成分/组成信息

√物质 混合物

组分	浓度	CAS No.
氯化氢		7647-01-0

第四部分 急救措施

吸入 迅速脱离现场至空气新鲜处。保持呼吸道通畅。如呼吸困难，给输氧。如呼吸、心跳停止，立即进行心肺复苏术。就医

皮肤接触 立即脱去污染的衣着，用大量流动清水彻底冲洗至少15min。就医

眼睛接触 立即分开眼睑，用流动清水或生理盐水彻底冲洗至少15min。就医

食入 用水漱口，禁止催吐。给饮牛奶或蛋清。就医

对保护施救者的忠告 根据需要使用个人防护设备

对医生的特别提示 对症处理

第五部分 消防措施

灭火剂 本品不燃。根据着火原因选择适当灭火剂灭火

特别危险性 能与一些活性金属粉末发生反应，放出氢气。遇氰化物能产生剧毒的氰化氢气体。与碱发生中和反应，并放出大量的热。具有较强的腐蚀性

灭火注意事项及防护措施 消防人员必须穿全身耐酸碱消防服、佩戴空气呼吸器灭火。尽可能将容器从火场移至空旷处。喷水保持火场容器冷却，直至灭火结束

第六部分 泄漏应急处理

作业人员防护措施、防护装备和应急处置程序 根据液体流动和蒸气扩散的影响区域划定警戒区，无关人员从侧风、上风向撤离至安全区。建议应急处理人员戴正压自给式呼吸器，穿防酸碱服，戴橡胶耐酸碱手套。作业时使用的所有设备应接地。穿上适当的防护服前严禁接触破裂的容器和泄漏物。喷雾状水抑制蒸气或改变蒸气云流向，避免水流接触泄漏物。勿使水进入包装容器内。尽可能切断泄漏源

环境保护措施 防止泄漏物进入水体、下水道、地下室或有限空间

泄漏化学品的收容、清除方法及所使用的处置材料 小量泄漏：用干燥的砂土或其他不燃材料覆盖泄漏物，也可以用大量水冲洗，洗水稀释后放入废水系统。大量泄漏：构筑围堤或挖坑收容。用粉状石灰石（$CaCO_3$）、熟石灰、苏打灰（Na_2CO_3）或碳酸氢钠（$NaHCO_3$）中和。用抗溶性泡沫覆盖，减少蒸发。用耐腐蚀泵转移至槽车或专用收集器内

第七部分 操作处置与储存

操作注意事项 密闭操作，注意通风。操作尽可能机械化、自动化。操作人员必须经过专门培训，严格遵守操作规程。建议操作人员佩戴自吸过滤式防毒面具（全面罩），穿橡胶耐酸碱服，戴橡胶耐酸碱手套。远离易燃、可燃物。防止蒸气泄漏到工作场所空气中。避免与碱类、胺类、碱金属接触。搬运时要轻装轻卸，防止包装及容器损坏。配备泄漏应急处理设备。倒空的容器可能残留有害物

储存注意事项 储存于阴凉、通风的库房。库房温度不超过30℃，相对湿度不超过80%。保持容器密封。应与碱类、胺类、碱金属、易（可）燃物分开存放，切忌混储。储区应备有泄漏应急处理设备和合适的收容材料

第八部分 接触控制/个体防护

职业接触限值

中国 MAC：7.5mg/m^3

美国(ACGIH) TLV-C：2ppm

生物接触限值 未制定标准

监测方法 空气中有毒物质测定方法：硫氰酸汞分光光度法；离子色谱法。生物监测检验方法：未制定标准

工程控制 密闭操作，注意通风。提供安全的淋浴和洗眼设备

个体防护装备

呼吸系统防护 可能接触其烟雾时，佩戴过滤式防毒面具（全面罩）或空气呼吸器。紧急事态抢救或撤离时，建议佩戴空气呼吸器

眼睛防护 呼吸系统防护中已作防护

皮肤和身体防护 穿橡胶耐酸碱服

手防护 戴橡胶耐酸碱手套

第九部分 理化特性

外观与性状 无色或微黄色发烟液体，有刺鼻的酸味

pH 值 0.1（1mol/L） **熔点(℃)** −114.8（纯）

沸点(℃) 108.6（20%）

相对密度(水=1) 1.1（20%）

相对蒸气密度(空气=1) 1.26

饱和蒸气压(kPa) 30.66（21℃）

燃烧热(kJ/mol) 无资料 **临界温度(℃)** 无资料

临界压力(MPa) 无意义 **辛醇/水分配系数** 无资料

闪点(℃) 无意义 **自燃温度(℃)** 无意义

爆炸下限(%) 无意义 **爆炸上限(%)** 无意义

分解温度(℃) 无资料 **黏度(mPa·s)** 无资料

溶解性 与水混溶，溶于甲醇、乙醇、乙醚、苯，不溶于烃类

第十部分 稳定性和反应性

稳定性 稳定

危险反应 与强碱等禁配物发生反应。与活性金属粉末反应放出易燃气体

避免接触的条件 受热

禁配物 碱类、胺类、碱金属

危险的分解产物 氯化氢

第十一部分 毒理学信息

急性毒性

LD_{50} 900mg/kg（兔经口）

LC_{50} 3124ppm（大鼠吸入，1h）；1108mg/ppm（小鼠吸入，1h）

皮肤刺激或腐蚀 人经皮：4%，轻度刺激

眼睛刺激或腐蚀 家兔经眼：5mg（30s），轻度刺激（用水冲洗）

呼吸或皮肤过敏 无资料

生殖细胞突变性 性染色体缺失和不分离：黑腹果蝇吸入 100ppm（24h）。细胞遗传学分析：仓鼠卵巢 8mmol/L

致癌性 IARC 致癌性评论：组 3，现有的证据不能对人类致癌性进行分类，对人及动物致癌性证据不足

生殖毒性 无资料

特异性靶器官系统毒性-一次接触 无资料

特异性靶器官系统毒性-反复接触 无资料

吸入危害 无资料

第十二部分 生态学信息

生态毒性 TLm：0.282mg/L（96h）（食蚊鱼）

持久性和降解性

生物降解性 无资料

非生物降解性 无资料

潜在的生物累积性 无资料

土壤中的迁移性 无资料

第十三部分 废弃处置

废弃化学品 用碱液（石灰水）中和，生成氯化钠和氯化钙，用水稀释后排入废水系统

污染包装物 将容器返还生产商或按照国家和地方法规处置

废弃注意事项 处置前应参阅国家和地方有关法规

第十四部分 运输信息

联合国危险货物编号（UN 号） 1789

联合国运输名称 氢氯酸

联合国危险性类别 8 **包装类别** Ⅱ类包装

包装标志 

海洋污染物 否

运输注意事项 本品铁路运输时限使用有橡胶衬里钢制罐车或特制塑料企业自备罐车装运，装运前需报有关部门批准。起运时包装要完整，装载应稳妥。运输过程中要确保容器不泄漏、不倒塌、不坠落、不损坏。严禁与碱类、胺类、碱金属、易燃物或可燃物、食用化学品等混装混运。运输时运输车辆应配备泄漏应急处理设备。运输途中应防曝晒、雨淋，防高温。公路运输时要按规定路线行驶，勿在居民区和人口稠密区停留

第十五部分 法规信息

下列法律、法规、规章和标准，对该化学品的管理作了相应的规定。

中华人民共和国职业病防治法 职业病分类和目录：未列入

危险化学品安全管理条例 危险化学品目录：列入。易制爆危险化学品名录：未列入。重点监管的危险化学品名录：未列入。GB 18218—2009《危险化学品重大危险源辨识》（表 1)：未列入

使用有毒物品作业场所劳动保护条例 高毒物品目录：未列入

易制毒化学品管理条例 易制毒化学品的分类和品种目录：列入

国际公约 斯德哥尔摩公约：未列入。鹿特丹公约：未列入。蒙特利尔议定书：未列入

第十六部分　其他信息

编写和修订信息　　**缩略语和首字母缩写**

培训建议　　**参考文献**

免责声明

氧

第一部分　化学品标识

化学品中文名　氧；氧气

化学品英文名　oxygen

分子式　O_2　　**相对分子质量**　32.00

结构式　O═O

化学品的推荐及限制用途　用于切割、焊接金属，制造医药、染料、炸药等

第二部分　危险性概述

紧急情况概述　可引起燃烧或加剧燃烧：氧化剂，内装加压气体：遇热可能爆炸

GHS 危险性类别　氧化性气体，类别 1；加压气体

标签要素

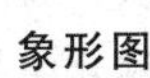

象形图

警示词　危险

危险性说明　可引起燃烧或加剧燃烧：氧化剂，内装加压气体：遇热可能爆炸

防范说明

预防措施　远离服装、可燃材料储存。阀门或紧固装置不得带有油脂或油剂

事故响应　火灾时：如能保证安全，设法堵塞泄漏

安全储存　防日晒。存放在通风良好的地方

废弃处置　-

物理和化学危险　助燃

健康危害　氧压的高低不同对机体各种生理功能的影响也不同

肺型　见于在氧分压 100～200kPa 条件下，时间超过 6～12h。开始时出现胸骨不适感、轻咳后，进而胸闷、胸骨后烧灼感和呼吸困难，咳嗽加剧；严重时可发生肺水肿，甚至出现呼吸窘迫综合征

脑型　见于氧分压超过 300kPa 连续 2～3h 时，先出现面部肌肉抽动、面色苍白、眩晕、心动过速、虚脱，继而全身强直性抽搐、昏迷，呼吸衰竭而死亡

眼型　长期处于氧分压为 60～100kPa 的条件下可发生眼损害，严重者可失明。皮肤接触液态氧可引起冻伤

环境危害　无环境危害

第三部分　成分/组成信息

√物质		混合物
组分	**浓度**	**CAS No.**
氧		7782-44-7

第四部分　急救措施

吸入　迅速脱离现场至空气新鲜处。保持呼吸道通畅。如呼吸、心跳停止，立即进行心肺复苏术。就医

皮肤接触　如发生冻伤，用温水（38～42℃）复温，忌用热水或辐射热，不要揉搓。就医

对保护施救者的忠告　根据需要使用个人防护设备

对医生的特别提示　对症处理

第五部分　消防措施

灭火剂　本品不燃。根据着火原因选择适当灭火剂灭火

特别危险性　是易燃物、可燃物燃烧爆炸的基本要素之一，能氧化大多数活性物质。与易燃物（如乙炔、甲烷等）形成有爆炸性的混合物

灭火注意事项及防护措施　切断气源。喷水冷却容器，尽可能将容器从火场移至空旷处

第六部分　泄漏应急处理

作业人员防护措施、防护装备和应急处置程序　消除所有点火源。根据气体扩散的影响区域划定警戒区，无关人员从侧风、上风向撤离至安全区。建议应急处理人员戴正压自给式呼吸器，穿一般作业工作服。勿使泄漏物与可燃物质（如木材、纸、油等）接触。尽可能切断泄漏源。喷雾状水抑制蒸气或改变蒸气云流向

环境保护措施　漏出气允许排入大气中

泄漏化学品的收容、清除方法及所使用的处置材料　隔离泄漏区直至气体散尽

第七部分　操作处置与储存

操作注意事项　密闭操作，提供良好的自然通风条件。操作人员必须经过专门培训，严格遵守操作规程。远离火种、热源。工作场所严禁吸烟。远离易燃、可燃物。防止气体泄漏到工作场所空气中。避免与活性金属粉末接触。搬运时轻装轻卸，防止钢瓶及附件破损。配备相应品种和数量的消防器材及泄漏应急处理设备

储存注意事项　储存于阴凉、通风的不燃气体专用库房。远离火种、热源。库温不宜超过 30℃。应与易（可）燃物、活性金属粉末等分开存放，切忌混储。储区应备有泄漏应急处理设备

第八部分　接触控制/个体防护

职业接触限值

中国　未制定标准

美国(ACGIH)　未制定标准

生物接触限值　未制定标准

监测方法　空气中有毒物质测定方法：未制定标准。生物监测检验方法：未制定标准

工程控制　密闭操作。提供良好的自然通风条件

个体防护装备

呼吸系统防护　一般不需特殊防护

眼睛防护　一般不需特殊防护

皮肤和身体防护　穿一般作业工作服

手防护　戴一般作业防护手套

第九部分　理化特性

外观与性状　无色无味气体

pH值　无意义　**熔点(℃)**　−218.8

沸点(℃)　−183.1

相对密度(水=1)　1.14（−183℃）

相对蒸气密度(空气=1)　1.43

饱和蒸气压(kPa)　506.62（−164℃）

燃烧热(kJ/mol)　无资料　**临界温度(℃)**　−118.95

临界压力(MPa)　5.08　**辛醇/水分配系数**　0.65

闪点(℃)　无资料　**自燃温度(℃)**　无资料

爆炸下限(%)　无资料　**爆炸上限(%)**　无资料

分解温度(℃)　无资料　**黏度(mPa·s)**　无资料

溶解性　溶于水、乙醇

第十部分　稳定性和反应性

稳定性　稳定

危险反应　与强还原剂、易燃或可燃物等禁配物接触，有发生火灾和爆炸的危险

避免接触的条件　无资料

禁配物　还原剂、易燃或可燃物、活性金属粉末、碱金属、碱土金属等

危险的分解产物　无意义

第十一部分　毒理学信息

急性毒性　TCLo：100pph（100%）（人吸入，14h）；TCLo：80pph（大鼠吸入）

皮肤刺激或腐蚀　无资料　**眼睛刺激或腐蚀**　无资料

呼吸或皮肤过敏　无资料　**生殖细胞突变性**　无资料

致癌性　无资料　**生殖毒性**　无资料

特异性靶器官系统毒性-一次接触　无资料

特异性靶器官系统毒性-反复接触　常压下，在80%氧中生活4d，大鼠开始陆续死亡；兔的视细胞全部损毁；在纯氧中，兔48h视细胞全部损毁；狗60h有死亡；猴3d出现呼吸困难，6～9d死亡

吸入危害　无资料

第十二部分　生态学信息

生态毒性　无资料

持久性和降解性

生物降解性　无资料

非生物降解性　无资料

潜在的生物累积性　无资料

土壤中的迁移性　无资料

第十三部分　废弃处置

废弃化学品　废气直接排入大气

污染包装物　将容器返还生产商或按照国家和地方法规处置

废弃注意事项　处置前应参阅国家和地方有关法规

第十四部分　运输信息

联合国危险货物编号（UN号）　1072（压缩）；1073（液化）

联合国运输名称　压缩氧（压缩）；冷冻液态氧（液化）

联合国危险性类别　2.2，5.1

包装类别　-

包装标志

海洋污染物　否

运输注意事项　氧气钢瓶不得沾污油脂。采用钢瓶运输时必须戴好钢瓶上的安全帽。钢瓶一般平放，并应将瓶口朝同一方向，不可交叉；高度不得超过车辆的防护栏板，并用三角木垫卡牢，防止滚动。严禁与易燃物或可燃物、活性金属粉末等混装混运。夏季应早晚运输，防止日光曝晒。铁路运输时要禁止溜放

第十五部分　法规信息

下列法律、法规、规章和标准，对该化学品的管理作了相应的规定。

中华人民共和国职业病防治法　职业病分类和目录：未列入

危险化学品安全管理条例　危险化学品目录：列入。易制爆危险化学品名录：未列入。重点监管的危险化学品名录：未列入。GB 18218—2009《危险化学品重大危险源辨识》（表1）：未列入

使用有毒物品作业场所劳动保护条例　高毒物品目录：未列入

易制毒化学品管理条例　易制毒化学品的分类和品种目录：未列入

国际公约　斯德哥尔摩公约：未列入。鹿特丹公约：未列入。蒙特利尔议定书：未列入

第十六部分　其他信息

编写和修订信息　**缩略语和首字母缩写**

培训建议　**参考文献**

免责声明

氧化钙

第一部分　化学品标识

化学品中文名　氧化钙；生石灰

化学品英文名　calcium oxide；quicklime；lime

分子式　CaO　**相对分子质量**　56.08

结构式　Ca=O

化学品的推荐及限制用途　用于建筑，并用于制造电石、液碱、漂白粉和石膏。实验室用于氨气的干燥和醇的脱水等

第二部分　危险性概述

紧急情况概述　造成严重的皮肤灼伤和眼损伤

GHS危险性类别　皮肤腐蚀/刺激，类别1；严重眼损伤/眼刺激，类别1

标签要素

象形图 

警示词 危险

危险性说明 造成严重的皮肤灼伤和眼损伤

防范说明

预防措施 避免吸入粉尘。避免接触眼睛、皮肤，操作后彻底清洗。戴防护手套，穿防护服，戴防护眼镜、防护面罩

事故响应 如吸入：将患者转移到空气新鲜处，休息，保持利于呼吸的体位，立即呼叫中毒控制中心或就医。皮肤（或头发）接触：立即脱掉所有被污染的衣服，用水冲洗皮肤，淋浴。污染的衣服须洗净后方可重新使用。接触眼睛：用水细心冲洗数分钟。如戴隐形眼镜并可方便地取出，取出隐形眼镜继续冲洗。食入：漱口，不要催吐

安全储存 上锁保管

废弃处置 本品及内装物、容器依据国家和地方法规处置

物理和化学危险 本品不燃，无特殊燃爆特性

健康危害 本品属强碱，有刺激和腐蚀作用。对呼吸道有强烈刺激性，吸入本品粉尘可致化学性肺炎、肺水肿。对眼和皮肤有强烈刺激性，可致灼伤。口服刺激和灼伤消化道。长期接触本品可致手掌皮肤角化、皲裂、指甲变形（匙甲）

环境危害 对环境可能有害

第三部分 成分/组成信息

√物质 混合物

组分	浓度	CAS No.
氧化钙		1305-78-8

第四部分 急救措施

吸入 迅速脱离现场至空气新鲜处。保持呼吸道通畅。如呼吸困难，给输氧。如呼吸、心跳停止，立即进行心肺复苏术。就医

皮肤接触 立即脱去污染的衣着，先用植物油或矿物油清洗。用大量流动清水冲洗。就医

眼睛接触 立即分开眼睑，用流动清水或生理盐水彻底冲洗至少15min。就医

食入 用水漱口，禁止催吐。给饮牛奶或蛋清。就医

对保护施救者的忠告 根据需要使用个人防护设备

对医生的特别提示 对症处理

第五部分 消防措施

灭火剂 本品不燃。根据着火原因选择适当灭火剂灭火

特别危险性 与酸类物质能发生剧烈反应。具有较强的腐蚀性

灭火注意事项及防护措施 消防人员必须穿全身耐酸碱消防服、佩戴空气呼吸器灭火。尽可能将容器从火场移至空旷处。喷水保持火场容器冷却，直至灭火结束

第六部分 泄漏应急处理

作业人员防护措施、防护装备和应急处置程序 隔离泄漏污染区，限制出入。建议应急处理人员戴防尘口罩，穿防酸碱服，戴橡胶手套。作业时使用的所有设备应接地。穿上适当的防护服前严禁接触破裂的容器和泄漏物。尽可能切断泄漏源。用干燥的砂土或其他不燃材料覆盖泄漏物，然后用塑料布覆盖，减少飞散、避免雨淋

环境保护措施 无资料

泄漏化学品的收容、清除方法及所使用的处置材料 用洁净的铲子收集泄漏物，置于干净、干燥、盖子较松的容器中，将容器移离泄漏区

第七部分 操作处置与储存

操作注意事项 密闭操作，局部排风。操作人员必须经过专门培训，严格遵守操作规程。建议操作人员佩戴自吸过滤式防尘口罩，戴化学安全防护眼镜，穿防酸碱工作服，戴橡胶手套。远离易燃、可燃物。避免产生粉尘。避免与酸类接触。搬运时要轻装轻卸，防止包装及容器损坏。配备泄漏应急处理设备。稀释或制备溶液时，应把碱加入水中，避免沸腾和飞溅

储存注意事项 储存于阴凉、通风的库房。包装必须完整密封，防止吸潮。应与易（可）燃物、酸类等分开存放，切忌混储。储区应备有合适的材料收容泄漏物

第八部分 接触控制/个体防护

职业接触限值

中国 PC-TWA：2mg/m^3

美国(ACGIH) TLV-TWA：2mg/m^3

生物接触限值 未制定标准

监测方法 空气中有毒物质测定方法：火焰原子吸收光谱法。生物监测检验方法：未制定标准

工程控制 密闭操作，局部排风。提供安全的淋浴和洗眼设备

个体防护装备

呼吸系统防护 可能接触其粉尘时，建议佩戴过滤式防尘呼吸器

眼睛防护 必要时，戴化学安全防护眼镜

皮肤和身体防护 穿防酸碱工作服

手防护 戴橡胶手套

第九部分 理化特性

外观与性状 白色无定形粉末，含有杂质时呈灰色或淡黄色，具有吸湿性

pH值 12.8（饱和水溶液） **熔点(℃)** 2570

沸点(℃) 2850

相对密度(水=1) 3.2～3.4

相对蒸气密度(空气=1) 无资料

临界温度(℃) 无资料

临界压力(MPa) 无意义 **辛醇/水分配系数** 无资料

闪点(℃) 无意义 **自燃温度(℃)** 无意义

爆炸下限(%) 无意义 **爆炸上限(%)** 无意义

分解温度(℃) 无资料

黏度(mPa·s) 无资料

溶解性 不溶于乙醇，溶于酸、甘油

第十部分 稳定性和反应性

稳定性 稳定

危险反应 与水、酸类等禁配物发生反应

避免接触的条件 潮湿空气

禁配物 水、酸类 **危险的分解产物** 无资料

第十一部分 毒理学信息

急性毒性 LD_{50}：3059mg/kg（小鼠腹腔）

皮肤刺激或腐蚀 可引起皮肤腐蚀

眼睛刺激或腐蚀 可引起严重的眼损伤

呼吸或皮肤过敏 无资料 **生殖细胞突变性** 无资料

致癌性 无资料 **生殖毒性** 无资料

特异性靶器官系统毒性-一次接触 无资料

特异性靶器官系统毒性-反复接触 无资料

吸入危害 无资料

第十二部分 生态学信息

生态毒性 无资料

持久性和降解性

生物降解性 无资料

非生物降解性 无资料

潜在的生物累积性 无资料

土壤中的迁移性 无资料

第十三部分 废弃处置

废弃化学品 中和、稀释后，排入废水系统

污染包装物 将容器返还生产商或按照国家和地方法规处置

废弃注意事项 处置前应参阅国家和地方有关法规

第十四部分 运输信息

联合国危险货物编号（UN号） 1910

联合国运输名称 氧化钙

联合国危险性类别 8 **包装类别** Ⅲ类包装

包装标志  **海洋污染物** 否

运输注意事项 起运时包装要完整，装载应稳妥。运输过程中要确保容器不泄漏、不倒塌、不坠落、不损坏。严禁与易燃物或可燃物、酸类、食用化学品等混装混运。运输时运输车辆应配备泄漏应急处理设备。雨天不宜运输

第十五部分 法规信息

下列法律、法规、规章和标准，对该化学品的管理作了相应的规定。

中华人民共和国职业病防治法 职业病分类和目录：未列入

危险化学品安全管理条例 危险化学品目录：未列入。易制爆危险化学品名录：未列入。重点监管的危险化学品名录：未列入。GB 18218—2009《危险化学品重大危险源辨识》(表1)：未列入

使用有毒物品作业场所劳动保护条例 高毒物品目录：未列入

易制毒化学品管理条例 易制毒化学品的分类和品种目录：未列入

国际公约 斯德哥尔摩公约：未列入。鹿特丹公约：未列入。蒙特利尔议定书：未列入

第十六部分 其他信息

编写和修订信息 **缩略语和首字母缩写**

培训建议 **参考文献**

免责声明

氧氯化磷

第一部分 化学品标识

化学品中文名 氧氯化磷；三氯氧磷；氯化磷酰；三氯氧化磷；磷酰氯

化学品英文名 phosphorus oxychloride; phosphoryl chloride

分子式 PCl_3O **相对分子质量** 153.32

结构式

$$\mathrm{Cl{-}\overset{\overset{\displaystyle O}{\|}}{\underset{\underset{\displaystyle Cl}{|}}{P}}{-}Cl}$$

化学品的推荐及限制用途 用于药品、合成染料及塑料的生产

第二部分 危险性概述

紧急情况概述 吸入致命，造成严重的皮肤灼伤和眼损伤

GHS危险性类别 急性毒性-经口，类别4；急性毒性-吸入，类别2；皮肤腐蚀/刺激，类别1A；严重眼损伤/眼刺激，类别1；特异性靶器官毒性-反复接触，类别1

标签要素

象形图 

警示词 危险

危险性说明 吞咽有害，吸入致命，造成严重的皮肤灼伤和眼损伤，造成严重眼损伤，对器官造成损害

防范说明

预防措施 避免接触眼睛、皮肤，操作后彻底清洗。避免吸入蒸气、雾。戴防护手套，穿防护服，戴防护眼镜、防护面罩。作业场所不得进食、饮水或吸烟。仅在室外或通风良好处操作

事故响应 如吸入：将患者转移到空气新鲜处，休息，保持利于呼吸的体位。如食入：漱口，不要催吐，立即呼叫中毒控制中心或就医。皮肤（或头发）接触：立即脱掉所有被污染的衣服，

用水冲洗皮肤，淋浴。接触眼睛：用水细心冲洗数分钟。如戴隐形眼镜并可方便地取出，取出隐形眼镜继续冲洗

安全储存　在通风良好处储存。保持容器密闭。上锁保管

废弃处置　本品及内装物、容器依据国家和地方法规处置

物理和化学危险　不燃，无特殊燃爆特性。遇水剧烈反应，可引起燃烧或爆炸

健康危害　本品遇水蒸气分解成磷酸与氯化氢，含磷可致磷中毒。对皮肤、黏膜有刺激腐蚀作用。毒性与光气类似

急性中毒　短期内吸入大量蒸气，可引起上呼吸道刺激症状、咽喉炎、支气管炎；严重者可发生喉头水肿窒息、肺炎、肺水肿、心力衰竭。亦可发生贫血、肝脏损害、蛋白尿。口服引起消化道灼伤。眼和皮肤接触引起灼伤。长期低浓度接触可引起口、眼及呼吸道刺激症状

环境危害　对环境可能有害

第三部分　成分/组成信息

√物质　　混合物

组分	浓度	CAS No.
氧氯化磷		10025-87-3

第四部分　急救措施

吸入　迅速脱离现场至空气新鲜处。保持呼吸道通畅。如呼吸困难，给输氧。如呼吸、心跳停止，立即进行心肺复苏术。就医

皮肤接触　立即脱去污染的衣着，用大量流动清水彻底冲洗至少15min。就医

眼睛接触　立即分开眼睑，用流动清水或生理盐水彻底冲洗至少15min。就医

食入　用水漱口，禁止催吐。给饮牛奶或蛋清。就医

对保护施救者的忠告　根据需要使用个人防护设备

对医生的特别提示　对症处理

第五部分　消防措施

灭火剂　用干粉、干燥砂土灭火

特别危险性　遇水猛烈分解，产生大量的热和浓烟，甚至爆炸。对很多金属尤其是潮湿空气存在下有腐蚀性

灭火注意事项及防护措施　消防人员必须穿全身耐酸碱消防服、佩戴空气呼吸器灭火。尽可能将容器从火场移至空旷处。喷水保持火场容器冷却，直至灭火结束。禁止用水、泡沫和酸碱灭火剂灭火

第六部分　泄漏应急处理

作业人员防护措施、防护装备和应急处置程序　根据液体流动和蒸气扩散的影响区域划定警戒区，无关人员从侧风、上风向撤离至安全区。建议应急处理人员戴正压自给式呼吸器，穿防酸碱服，戴橡胶耐酸碱手套。穿上适当的防护服前严禁接触破裂的容器和泄漏物。尽可能切断泄漏源。勿使泄漏物与可燃物质（如木材、纸、油等）接触

环境保护措施　防止泄漏物进入水体、下水道、地下室或有限空间

泄漏化学品的收容、清除方法及所使用的处置材料　小量泄漏：用干燥的砂土或其他不燃材料覆盖泄漏物，用洁净的无火花工具收集泄漏物，置于一盖子较松的塑料容器中，待处置。大量泄漏：构筑围堤或挖坑收容。用砂土、惰性物质或蛭石吸收大量液体。用石灰（CaO）、碎石灰石（$CaCO_3$）或碳酸氢钠（$NaHCO_3$）中和。用耐腐蚀泵转移至槽车或专用收集器内

第七部分　操作处置与储存

操作注意事项　密闭操作，注意通风。操作尽可能机械化、自动化。操作人员必须经过专门培训，严格遵守操作规程。建议操作人员佩戴自吸过滤式防毒面具（全面罩），穿橡胶耐酸碱服，戴橡胶耐酸碱手套。避免产生烟雾。防止烟雾和蒸气释放到工作场所空气中。避免与还原剂、活性金属粉末、醇类接触。尤其要注意避免与水接触。搬运时要轻装轻卸，防止包装及容器损坏。配备泄漏应急处理设备。倒空的容器可能残留有害物

储存注意事项　储存于阴凉、干燥、通风良好的专用库房内，实行“双人收发、双人保管”制度。远离火种、热源。库房温度不超过30℃，相对湿度不超过75%。包装必须密封，切勿受潮。应与还原剂、活性金属粉末、醇类等分开存放，切忌混储。储区应备有泄漏应急处理设备和合适的收容材料

第八部分　接触控制/个体防护

职业接触限值

中国　PC-TWA：0.3mg/m³；PC-STEL：0.6mg/m³

美国(ACGIH)　TLV-TWA：0.1ppm

生物接触限值　未制定标准

监测方法　空气中有毒物质测定方法：未制定标准。生物监测检验方法：未制定标准

工程控制　密闭操作，注意通风。提供安全的淋浴和洗眼设备

个体防护装备

呼吸系统防护　可能接触其蒸气时，必须佩戴过滤式防毒面具（全面罩）或空气呼吸器。紧急事态抢救或撤离时，建议佩戴空气呼吸器

眼睛防护　呼吸系统防护中已作防护

皮肤和身体防护　穿橡胶耐酸碱服

手防护　戴橡胶耐酸碱手套

第九部分　理化特性

外观与性状　无色透明发烟液体，有辛辣气味

pH值　无资料　　**熔点(℃)**　1.25

沸点(℃)　105.8

相对密度(水=1)　1.645 (25℃)

相对蒸气密度(空气=1)　5.3

饱和蒸气压(kPa)　3.73 (20℃)

燃烧热(kJ/mol) 无资料 **临界温度(℃)** 无资料
临界压力(MPa) 3.44 **辛醇/水分配系数** 无资料
闪点(℃) 无意义 **自燃温度(℃)** 无意义
爆炸下限(%) 无意义 **爆炸上限(%)** 无意义
分解温度(℃) 无资料 **黏度(mPa·s)** 无资料
溶解性 无资料

第十部分 稳定性和反应性

稳定性 稳定
危险反应 与强还原剂、水等禁配物接触，有发生火灾和爆炸的危险
避免接触的条件 潮湿空气
禁配物 强还原剂、活性金属粉末、水、醇类
危险的分解产物 氯化物、氧化磷

第十一部分 毒理学信息

急性毒性
LD_{50} 280mg/kg（大鼠经口）
LC_{50} 200.3mg/m^3（大鼠吸入，4h）
皮肤刺激或腐蚀 可引起严重的皮肤灼伤
眼睛刺激或腐蚀 可引起严重的眼损伤
刺激性 无资料 **呼吸或皮肤过敏** 无资料
生殖细胞突变性 无资料 **致癌性** 无资料
生殖毒性 无资料
特异性靶器官系统毒性-一次接触 无资料
特异性靶器官系统毒性-反复接触 大鼠60d吸入实验，浓度33.5mg/m^3，出现体重增长缓慢和皮肤溃疡，肺巨噬细胞成活率下降，未见肝肾功能性、器质性改变
吸入危害 无资料

第十二部分 生态学信息

生态毒性 无资料
持久性和降解性
生物降解性 无资料
非生物降解性 无资料
潜在的生物累积性 无资料
土壤中的迁移性 无资料

第十三部分 废弃处置

废弃化学品 倒入碳酸氢钠溶液中，用氨水喷洒，同时加碎冰，反应停止后，用水冲入废水系统
污染包装物 将容器返还生产商或按照国家和地方法规处置
废弃注意事项 处置前应参阅国家和地方有关法规

第十四部分 运输信息

联合国危险货物编号(UN号) 1810
联合国运输名称 三氯氧化磷
联合国危险性类别 8，6.1
包装类别 Ⅰ类包装
包装标志 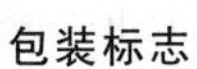 

海洋污染物 否
运输注意事项 起运时包装要完整，装载应稳妥。运输过程中要确保容器不泄漏、不倒塌、不坠落、不损坏。严禁与还原剂、活性金属粉末、醇类、食用化学品等混装混运。运输时运输车辆应配备泄漏应急处理设备。运输途中应防曝晒、雨淋，防高温。公路运输时要按规定路线行驶，勿在居民区和人口稠密区停留

第十五部分 法规信息

下列法律、法规、规章和标准，对该化学品的管理作了相应的规定。
中华人民共和国职业病防治法 职业病分类和目录：磷及其化合物中毒
危险化学品安全管理条例 危险化学品目录：列入。易制爆危险化学品名录：未列入。重点监管的危险化学品名录：未列入。GB 18218—2009《危险化学品重大危险源辨识》(表1)：未列入
使用有毒物品作业场所劳动保护条例 高毒物品目录：未列入
易制毒化学品管理条例 易制毒化学品的分类和品种目录：未列入
国际公约 斯德哥尔摩公约：未列入。鹿特丹公约：未列入。蒙特利尔议定书：未列入

第十六部分 其他信息

编写和修订信息 **缩略语和首字母缩写**
培训建议 **参考文献**
免责声明

氧氯化硒

第一部分 化学品标识

化学品中文名 氧氯化硒；氯化亚硒酰；二氯氧化硒
化学品英文名 selenium oxychloride；seleninyl chloride
分子式 $SeCl_2O$ **相对分子质量** 165.86
结构式 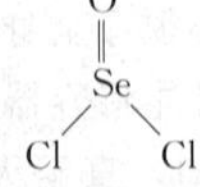

化学品的推荐及限制用途 用作树脂溶剂、增塑剂、氯化剂等

第二部分 危险性概述

紧急情况概述 吞咽或吸入会中毒
GHS危险性类别 急性毒性-经口，类别3；急性毒性-吸入，类别3；特异性靶器官毒性-反复接触，类别2；危害水生环境-急性危害，类别1；危害水生环境-长期危害，类别1

标签要素

象形图 

警示词 危险

危险性说明 吞咽会中毒，吸入会中毒，长时间或反复接触可能对器官造成损伤，对水生生物毒性非常大并具有长期持续影响

防范说明

预防措施 避免接触眼睛、皮肤，操作后彻底清洗。避免吸入蒸气、雾。作业场所不得进食、饮水或吸烟。仅在室外或通风良好处操作。禁止排入环境

事故响应 如吸入：将患者转移到空气新鲜处，休息，保持利于呼吸的体位。如感觉不适，就医。食入：漱口，立即呼叫中毒控制中心或就医。收集泄漏物

安全储存 在通风良好处储存。保持容器密闭。上锁保管

废弃处置 本品及内装物、容器依据国家和地方法规处置

物理和化学危险 不燃，无特殊燃爆特性。遇水剧烈反应，产生有毒气体

健康危害 本品为强烈的起泡剂及糜烂性液体，易使皮肤受损发生灼伤；对黏膜有刺激作用；对人经皮吸收的致死量约为 0.2ml

环境危害 对水生生物毒性非常大并具有长期持续影响

第三部分 成分/组成信息

√物质　　　　混合物

组分	浓度	CAS No.
氧氯化硒		7791-23-3

第四部分 急救措施

吸入 迅速脱离现场至空气新鲜处。保持呼吸道通畅。如呼吸困难，给输氧。如呼吸、心跳停止，立即进行心肺复苏术。就医

皮肤接触 立即脱去污染的衣着，用大量流动清水彻底冲洗至少 15min。就医

眼睛接触 立即分开眼睑，用流动清水或生理盐水彻底冲洗至少 15min。就医

食入 用水漱口，禁止催吐。给饮牛奶或蛋清。就医

对保护施救者的忠告 根据需要使用个人防护设备

对医生的特别提示 对症处理

第五部分 消防措施

灭火剂 用干粉、二氧化碳灭火

特别危险性 遇水发生剧烈反应，散发出具有刺激性和腐蚀性的氯化氢气体。与磷、钾能发生猛烈的化学反应。对很多金属尤其是潮湿空气存在下有腐蚀性

灭火注意事项及防护措施 消防人员必须穿全身耐酸碱消防服、佩戴空气呼吸器灭火。尽可能将容器从火场移至空旷处。喷水保持火场容器冷却，直至灭火结束。容器突然发出异常声音或出现异常现象，应立即撤离

第六部分 泄漏应急处理

作业人员防护措施、防护装备和应急处置程序 根据液体流动和蒸气扩散的影响区域划定警戒区，无关人员从侧风、上风向撤离至安全区。建议应急处理人员戴正压自给式呼吸器，穿防腐蚀、防毒服，戴橡胶耐酸碱手套。作业时使用的所有设备应接地。穿上适当的防护服前严禁接触破裂的容器和泄漏物。勿使水进入包装容器内。尽可能切断泄漏源

环境保护措施 防止泄漏物进入水体、下水道、地下室或有限空间

泄漏化学品的收容、清除方法及所使用的处置材料 小量泄漏：用干燥的砂土或其他不燃材料覆盖泄漏物。大量泄漏：构筑围堤或挖坑收容，用耐腐蚀泵转移至槽车或专用收集器内

第七部分 操作处置与储存

操作注意事项 密闭操作，注意通风。操作尽可能机械化、自动化。操作人员必须经过专门培训，严格遵守操作规程。建议操作人员佩戴自吸过滤式防毒面具（全面罩），穿橡胶耐酸碱服，戴橡胶耐酸碱手套。避免产生烟雾。防止烟雾和蒸气释放到工作场所空气中。避免与碱类、碱金属接触。尤其要注意避免与水接触。搬运时要轻装轻卸，防止包装及容器损坏。配备泄漏应急处理设备。倒空的容器可能残留有害物

储存注意事项 储存于阴凉、干燥、通风良好的库房。远离火种、热源。包装必须密封，切勿受潮。应与碱类、碱金属、食用化学品分开存放，切忌混储。储区应备有泄漏应急处理设备和合适的收容材料

第八部分 接触控制/个体防护

职业接触限值

中国 PC-TWA：0.1mg/m^3［按 Se 计］

美国(ACGIH) TLV-TWA：0.2mg/m^3［按 Se 计］

生物接触限值 未制定标准

监测方法 空气中有毒物质测定方法：氢化物发生-原子吸收光谱法；氢化物发生-原子荧光光谱法；二氨基萘荧光分光光度法。生物监测检验方法：未制定标准

工程控制 密闭操作，注意通风。提供安全的淋浴和洗眼设备

个体防护装备

呼吸系统防护 可能接触其蒸气时，必须佩戴过滤式防毒面具（全面罩）或空气呼吸器。紧急事态抢救或撤离时，建议佩戴空气呼吸器

眼睛防护 呼吸系统防护中已作防护

皮肤和身体防护 穿橡胶耐酸碱服

手防护 戴橡胶耐酸碱手套

第九部分 理化特性

外观与性状 无色或微黄色的透明发烟液体，易挥发

pH 值 无资料　　**熔点(℃)** 8.5～10.9

沸点(℃) 176.4～180 **相对密度(水=1)** 2.43
相对蒸气密度(空气=1) 5.7
饱和蒸气压(kPa) 0.13 (34.8℃)
燃烧热(kJ/mol) 无资料 **临界温度(℃)** 无资料
临界压力(MPa) 7.09 **辛醇/水分配系数** −0.15
闪点(℃) 无意义 **自燃温度(℃)** 无意义
爆炸下限(%) 无意义 **爆炸上限(%)** 无意义
分解温度(℃) 无资料 **黏度(mPa·s)** 无资料
溶解性 溶于氯仿、苯、四氯化碳、二硫化碳、甲苯

第十部分 稳定性和反应性

稳定性 稳定
危险反应 与强还原剂、水等禁配物接触，有发生火灾和爆炸的危险
避免接触的条件 潮湿空气
禁配物 强碱、水、碱金属
危险的分解产物 氯化物

第十一部分 毒理学信息

急性毒性 LD_{50}：7mg/kg (兔经皮)
皮肤刺激或腐蚀 无资料 **眼睛刺激或腐蚀** 无资料
呼吸或皮肤过敏 无资料 **生殖细胞突变性** 无资料
致癌性 无资料 **生殖毒性** 无资料
特异性靶器官系统毒性-一次接触 无资料
特异性靶器官系统毒性-反复接触 长时间或反复接触可能对器官造成损伤
吸入危害 无资料

第十二部分 生态学信息

生态毒性 硒化合物对水生生物有极高毒性
持久性和降解性
生物降解性 无资料
非生物降解性 无资料
潜在的生物累积性 根据 K_{ow}值预测，该物质的生物累积性可能较弱
土壤中的迁移性 根据 K_{oc}值预测，该物质可能易发生迁移

第十三部分 废弃处置

废弃化学品 根据国家和地方有关法规的要求处置。或与制造商联系，确定处置方法
污染包装物 将容器返还生产商或按照国家和地方法规处置
废弃注意事项 处置前应参阅国家和地方有关法规

第十四部分 运输信息

联合国危险货物编号(UN号) 2879
联合国运输名称 二氯氧化硒
联合国危险性类别 8，6.1
包装类别 Ⅰ类包装
包装标志 

海洋污染物 否
运输注意事项 起运时包装要完整，装载应稳妥。运输过程中要确保容器不泄漏、不倒塌、不坠落、不损坏。严禁与碱类、碱金属、食用化学品等混装混运。运输时运输车辆应配备泄漏应急处理设备。运输途中应防曝晒、雨淋，防高温。公路运输时要按规定路线行驶，勿在居民区和人口稠密区停留

第十五部分 法规信息

下列法律、法规、规章和标准，对该化学品的管理作了相应的规定。
中华人民共和国职业病防治法 职业病分类和目录：未列入
危险化学品安全管理条例 危险化学品目录：列入。易制爆危险化学品名录：未列入。重点监管的危险化学品名录：未列入。GB 18218—2009《危险化学品重大危险源辨识》(表 1)：未列入
使用有毒物品作业场所劳动保护条例 高毒物品目录：未列入
易制毒化学品管理条例 易制毒化学品的分类和品种目录：未列入
国际公约 斯德哥尔摩公约：未列入。鹿特丹公约：未列入。蒙特利尔议定书：未列入

第十六部分 其他信息

编写和修订信息 **缩略语和首字母缩写**
培训建议 **参考文献**
免责声明

液 氮

第一部分 化学品标识

化学品中文名 液氮
化学品英文名 Liquid nitrogen
分子式 N_2 **相对分子质量** 28.02
结构式 N≡N
化学品的推荐及限制用途 用于合成氨、硝酸盐、氰化物或用作制冷剂等

第二部分 危险性概述

紧急情况概述 内装加压气体：遇热可能爆炸
GHS危险性类别 加压气体
标签要素

象形图 
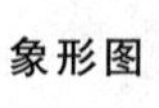

警示词 警告
危险性说明 内装加压气体：遇热可能爆炸
防范说明
预防措施 -
事故响应 -
安全储存 防日晒。存放在通风良好的地方

废弃处置 -

物理和化学危险 不燃，无特殊燃爆特性

健康危害 皮肤接触液氮可致冻伤。如在常压下汽化产生的氮气过量，可使空气中氧分压下降，引起缺氧窒息

环境危害 无环境危害

第三部分 成分/组成信息

√物质 混合物

组分	浓度	CAS No.
液氮		7727-37-9

第四部分 急救措施

吸入 迅速脱离现场至空气新鲜处。保持呼吸道通畅。如呼吸困难，给输氧。如呼吸、心跳停止，立即进行心肺复苏术。就医

皮肤接触 如发生冻伤，用温水（38～42℃）复温，忌用热水或辐射热，不要揉搓。就医

对保护施救者的忠告 根据需要使用个人防护设备

对医生的特别提示 对症处理

第五部分 消防措施

灭火剂 本品不燃。根据着火原因选择适当灭火剂灭火

特别危险性 若遇高热，容器内压增大，有开裂和爆炸的危险

灭火注意事项及防护措施 用雾状水保持火场中容器冷却。可用雾状水喷淋加速液氮蒸发，但不可使水枪射至液氮

第六部分 泄漏应急处理

作业人员防护措施、防护装备和应急处置程序 根据气体扩散的影响区域划定警戒区，无关人员从侧风、上风向撤离至安全区。建议应急处理人员戴正压自给式呼吸器，穿防寒服。禁止接触或跨越泄漏物。尽可能切断泄漏源。喷雾状水抑制蒸气或改变蒸气云流向，避免水流接触泄漏物。禁止用水直接冲击泄漏物或泄漏源。若可能翻转容器，使之逸出气体而非液体

环境保护措施 无资料

泄漏化学品的收容、清除方法及所使用的处置材料 漏出气允许排入大气中。泄漏场所保持通风

第七部分 操作处置与储存

操作注意事项 密闭操作，提供良好的自然通风条件。操作人员必须经过专门培训，严格遵守操作规程。建议操作人员穿防寒服，戴防寒手套。防止气体泄漏到工作场所空气中。搬运时轻装轻卸，防止钢瓶及附件破损。配备泄漏应急处理设备

储存注意事项 储存于阴凉、通风的不燃气体专用库房。库温不宜超过30℃。储区应备有泄漏应急处理设备

第八部分 接触控制/个体防护

职业接触限值

中国 未制定标准

美国(ACGIH) 未制定标准

生物接触限值 未制定标准

监测方法 空气中有毒物质测定方法：未制定标准。生物监测检验方法：未制定标准

工程控制 密闭操作。提供良好的自然通风条件

个体防护装备

呼吸系统防护 一般不需特殊防护。但当作业场所空气中氧气浓度低于18%时，必须佩戴空气呼吸器或长管面具

眼睛防护 戴安全防护面罩

皮肤和身体防护 穿防寒服

手防护 戴防寒手套

第九部分 理化特性

外观与性状 压缩液体，无色无味

pH值 无意义 **熔点(℃)** −209.8

沸点(℃) −195.8

相对密度(水=1) 0.81 (−196℃)

相对蒸气密度(空气=1) 0.97

饱和蒸气压(kPa) 1026.42 (−173℃)

燃烧热(kJ/mol) 无资料 **临界温度(℃)** −147

临界压力(MPa) 3.40 **辛醇/水分配系数** 0.67

闪点(℃) 无意义 **自燃温度(℃)** 无意义

爆炸下限(%) 无意义 **爆炸上限(%)** 无意义

分解温度(℃) 无资料 **黏度(mPa·s)** 0.17(27℃)

溶解性 微溶于水、乙醇，溶于液氨

第十部分 稳定性和反应性

稳定性 稳定 **危险反应** 无资料

避免接触的条件 无资料 **禁配物** 无资料

危险的分解产物 无意义

第十一部分 毒理学信息

急性毒性 无资料 **皮肤刺激或腐蚀** 无资料

眼睛刺激或腐蚀 无资料 **呼吸或皮肤过敏** 无资料

生殖细胞突变性 无资料 **致癌性** 无资料

生殖毒性 无资料

特异性靶器官系统毒性-一次接触 无资料

特异性靶器官系统毒性-反复接触 无资料

吸入危害 无资料

第十二部分 生态学信息

生态毒性 无资料

持久性和降解性

生物降解性 无资料

非生物降解性 无资料

潜在的生物累积性 无资料

土壤中的迁移性 无资料

第十三部分 废弃处置

废弃化学品 废气直接排入大气

污染包装物 将容器返还生产商或按照国家和地方法规处置

废弃注意事项 处置前应参阅国家和地方有关法规

第十四部分 运输信息

联合国危险货物编号（UN号） 1977

联合国运输名称 冷冻液态氮

联合国危险性类别 2.2 **包装类别** -

包装标志  **海洋污染物** 否

运输注意事项 采用钢瓶运输时必须戴好钢瓶上的安全帽。钢瓶一般平放，并应将瓶口朝同一方向，不可交叉；高度不得超过车辆的防护栏板，并用三角木垫卡牢，防止滚动。夏季应早晚运输，防止日光曝晒

第十五部分 法规信息

下列法律、法规、规章和标准，对该化学品的管理作了相应的规定。

中华人民共和国职业病防治法 职业病分类和目录：未列入

危险化学品安全管理条例 危险化学品目录：列入。易制爆危险化学品名录：未列入。重点监管的危险化学品名录：未列入。GB 18218—2009《危险化学品重大危险源辨识》(表1)：未列入

使用有毒物品作业场所劳动保护条例 高毒物品目录：未列入

易制毒化学品管理条例 易制毒化学品的分类和品种目录：未列入

国际公约 斯德哥尔摩公约：未列入。鹿特丹公约：未列入。蒙特利尔议定书：未列入

第十六部分 其他信息

编写和修订信息 **缩略语和首字母缩写**

培训建议 **参考文献**

免责声明

液化石油气

第一部分 化学品标识

化学品中文名 液化石油气；压凝汽油

化学品英文名 liquefied petroleum gas；compressed petroleum gas；LPG

分子式 - **相对分子质量** -

结构式 -

化学品的推荐及限制用途 主要用作民用燃料、发动机燃料、制氢原料、加热炉燃料以及打火机的气体燃料等，也可用作石油化工的原料

第二部分 危险性概述

紧急情况概述 极易燃气体，内装加压气体：遇热可能爆炸

GHS危险性类别 易燃气体，类别1；加压气体；生殖细胞致突变性，类别1B

标签要素

象形图 

警示词 危险

危险性说明 极易燃气体，内装加压气体：遇热可能爆炸，可造成遗传性缺陷

防范说明

预防措施 远离热源、火花、明火、热表面。禁止吸烟。得到专门指导后操作。在阅读并了解所有安全预防措施之前，切勿操作。按要求使用个体防护装备

事故响应 漏气着火：切勿灭火，除非漏气能够安全地制止。如果没有危险，消除一切点火源。如果接触或有担心，就医

安全储存 防日晒。存放在通风良好的地方。上锁保管

废弃处置 本品及内装物、容器依据国家和地方法规处置

物理和化学危险 极易燃，与空气混合能形成爆炸性混合物

健康危害 本品有麻醉作用

急性液化气轻度中毒 主要表现为头昏、头痛、咳嗽、食欲减退、乏力、失眠等；重者失去知觉、小便失禁、呼吸变浅变慢。皮肤接触液态本品，可引起冻伤

环境危害 对环境可能有害

第三部分 成分/组成信息

物质 √混合物

液化石油气 CAS No. 68476-85-7

组分	浓度	CAS No.
丙烷	＞85％	74-98-6
丙烯		115-07-1
丁烷		106-97-8
丁烯		106-98-9

第四部分 急救措施

吸入 迅速脱离现场至空气新鲜处。保持呼吸道通畅。如呼吸困难，给输氧。如呼吸、心跳停止，立即进行心肺复苏术。就医

皮肤接触 如发生冻伤，用温水（38～42℃）复温，忌用热水或辐射热，不要揉搓。就医

对保护施救者的忠告 根据需要使用个人防护设备

对医生的特别提示 对症处理

第五部分 消防措施

灭火剂 用雾状水、泡沫、二氧化碳灭火

特别危险性 与氟、氯等接触会发生剧烈的化学反应。蒸气比空气重，沿地面扩散并易积存于低洼处，遇火源会着火回燃。燃烧生成有害的一氧化碳

灭火注意事项及防护措施 切断气源。若不能切断气源，

则不允许熄灭泄漏处的火焰。消防人员必须佩戴空气呼吸器、穿全身防火防毒服，在上风向灭火。尽可能将容器从火场移至空旷处。喷水保持火场容器冷却，直至灭火结束

第六部分　泄漏应急处理

作业人员防护措施、防护装备和应急处置程序　消除所有点火源。根据气体扩散的影响区域划定警戒区，无关人员从侧风、上风向撤离至安全区。建议应急处理人员戴正压自给式呼吸器，穿防静电、防寒服。作业时使用的所有设备应接地。禁止接触或跨越泄漏物。尽可能切断泄漏源。若可能翻转容器，使之逸出气体而非液体。喷雾状水抑制蒸气或改变蒸气云流向，避免水流接触泄漏物。禁止用水直接冲击泄漏物或泄漏源

环境保护措施　防止气体通过下水道、通风系统和有限空间扩散

泄漏化学品的收容、清除方法及所使用的处置材料　隔离泄漏区直至气体散尽

第七部分　操作处置与储存

操作注意事项　密闭操作，提供良好的自然通风条件。操作人员必须经过专门培训，严格遵守操作规程。建议操作人员佩戴过滤式防毒面具（半面罩），穿防静电工作服。远离火种、热源。工作场所严禁吸烟。使用防爆型的通风系统和设备。防止气体泄漏到工作场所空气中。避免与氧化剂、卤素接触。在传送过程中，钢瓶和容器必须接地和跨接，防止产生静电。搬运时轻装轻卸，防止钢瓶及附件破损。配备相应品种和数量的消防器材及泄漏应急处理设备

储存注意事项　储存于阴凉、通风的易燃气体专用库房。远离火种、热源。库温不宜超过30℃。应与氧化剂、卤素分开存放，切忌混储。采用防爆型照明、通风设施。禁止使用易产生火花的机械设备和工具。储区应备有泄漏应急处理设备

第八部分　接触控制/个体防护

职业接触限值

中国　PC-TWA：1000mg/m^3；PC-STEL：1500mg/m^3

美国(ACGIH)　TLV-TWA：1000ppm

生物接触限值　未制定标准

监测方法　空气中有毒物质测定方法：直接进样-气相色谱法。生物监测检验方法：未制定标准

工程控制　生产过程密闭，全面通风。提供良好的自然通风条件

个体防护装备

呼吸系统防护　高浓度环境中，建议佩戴过滤式防毒面具（半面罩）

眼睛防护　一般不需要特殊防护，高浓度接触时可戴化学安全防护眼镜

皮肤和身体防护　穿防静电工作服

手防护　戴一般作业防护手套

第九部分　理化特性

外观与性状　由炼厂气加压液化得到的一种无色挥发性液体，有特殊臭味

pH值　无意义　　**熔点(℃)**　−160～−107

沸点(℃)　−12～4　　**相对密度(水=1)**　0.5～0.6

相对蒸气密度(空气=1)　1.5～2.0

饱和蒸气压(kPa)　≤1380kPa（37.8℃）

燃烧热(kJ/mol)　无资料　　**临界温度(℃)**　无资料

临界压力(MPa)　无资料　　**辛醇/水分配系数**　无资料

闪点(℃)　−80～−60　　**自燃温度(℃)**　426～537

爆炸下限(%)　2.3　　**爆炸上限(%)**　9.5

分解温度(℃)　无资料　　**黏度(mPa·s)**　无资料

溶解性　微溶于水

第十部分　稳定性和反应性

稳定性　稳定

危险反应　与强氧化剂、卤素等禁配物接触，有发生火灾和爆炸的危险

避免接触的条件　无资料

禁配物　强氧化剂、氟、氯卤素等

危险的分解产物　无资料

第十一部分　毒理学信息

急性毒性　LC_{50}：丁烷658000mg/m^3（大鼠吸入，4h）

皮肤刺激或腐蚀　无资料　　**眼睛刺激或腐蚀**　无资料

呼吸或皮肤过敏　无资料

生殖细胞突变性　可引起生殖细胞突变

致癌性　丙烯：IARC致癌性评论组3，现有的证据不能对人类致癌性进行分类。对人及动物致癌性证据不足

生殖毒性　无资料

特异性靶器官系统毒性-一次接触　无资料

特异性靶器官系统毒性-反复接触　无资料

吸入危害　无资料

第十二部分　生态学信息

生态毒性　无资料

持久性和降解性

生物降解性　无资料

非生物降解性　无资料

潜在的生物累积性　无资料

土壤中的迁移性　无资料

第十三部分　废弃处置

废弃化学品　建议用焚烧法处置

污染包装物　将容器返还生产商或按照国家和地方法规处置

废弃注意事项　处置前应参阅国家和地方有关法规

第十四部分　运输信息

联合国危险货物编号(UN号)　1075

联合国运输名称　液化石油气

联合国危险性类别　2.1　　**包装类别**　-

包装标志  **海洋污染物** 否

运输注意事项 本品铁路运输时限使用耐压液化气企业自备罐车装运，装运前需报有关部门批准。装有液化石油气的气瓶（即石油气的气瓶）禁止铁路运输。采用钢瓶运输时必须戴好钢瓶上的安全帽。钢瓶一般平放，并应将瓶口朝同一方向，不可交叉；高度不得超过车辆的防护栏板，并用三角木垫卡牢，防止滚动。运输时运输车辆应配备相应品种和数量的消防器材。装运该物品的车辆排气管必须配备阻火装置，禁止使用易产生火花的机械设备和工具装卸。严禁与氧化剂、卤素等混装混运。夏季应早晚运输，防止日光曝晒。中途停留时应远离火种、热源。公路运输时要按规定路线行驶，勿在居民区和人口稠密区停留。铁路运输时要禁止溜放

第十五部分　法规信息

下列法律、法规、规章和标准，对该化学品的管理作了相应的规定。

中华人民共和国职业病防治法 职业病分类和目录：未列入

危险化学品安全管理条例 危险化学品目录：列入。易制爆危险化学品名录：未列入。重点监管的危险化学品名录：列入。GB 18218—2009《危险化学品重大危险源辨识》(表 1)：列入。类别：易燃气体，临界量(t)：50

使用有毒物品作业场所劳动保护条例 高毒物品目录：未列入

易制毒化学品管理条例 易制毒化学品的分类和品种目录：未列入

国际公约 斯德哥尔摩公约：未列入。鹿特丹公约：未列入。蒙特利尔议定书：未列入

第十六部分　其他信息

编写和修订信息　　**缩略语和首字母缩写**

培训建议　　**参考文献**

免责声明

一氟二氯甲烷

第一部分　化学品标识

化学品中文名 一氟二氯甲烷；氟利昂-21

化学品英文名 dichlorofluoromethane；freon 21

分子式 $CHCl_2F$　　**相对分子质量** 102.92

结构式 F—CH(—Cl)—Cl

化学品的推荐及限制用途 用作溶剂、制冷剂、气溶胶喷射剂

第二部分　危险性概述

紧急情况概述 内装加压气体：遇热可能爆炸

GHS 危险性类别 加压气体；皮肤腐蚀/刺激，类别 3；严重眼损伤/眼刺激，类别 2B；生殖毒性，类别 2；特异性靶器官毒性-一次接触，类别 3（麻醉效应）；特异性靶器官毒性-反复接触，类别 1；危害臭氧层，类别 1

标签要素

象形图 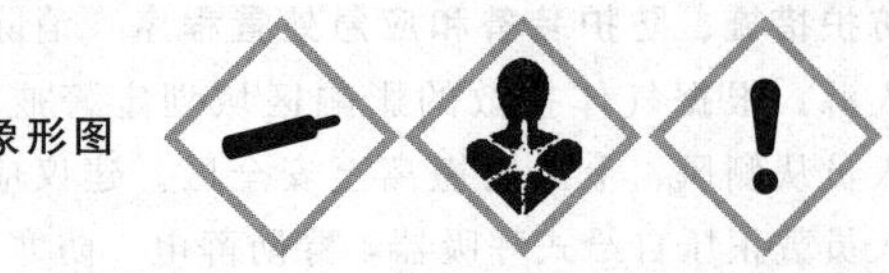

警示词 危险

危险性说明 内装加压气体：遇热可能爆炸，造成轻微皮肤刺激，造成眼刺激，怀疑对生育力或胎儿造成伤害，可能引起呼吸道刺激，可能引起昏昏欲睡或眩晕，长时间或反复接触对器官造成损伤，破坏高层大气中的臭氧，危害公共健康和环境

防范说明

预防措施　避免接触眼睛、皮肤，操作后彻底清洗。得到专门指导后操作。在阅读并了解所有安全预防措施之前，切勿操作。按要求使用个体防护装备。避免吸入气体。操作现场不得进食、饮水或吸烟

事故响应　如发生皮肤刺激，就医。如接触眼睛：用水细心冲洗数分钟。如戴隐形眼镜并可方便地取出，取出隐形眼镜继续冲洗。如果眼睛刺激持续：就医。如果接触或有担心，就医。如感觉不适，就医

安全储存　防日晒。存放在通风良好的地方。上锁保管

废弃处置　本品及内装物、容器依据国家和地方法规处置

物理和化学危险 不燃，无特殊燃爆特性

健康危害 高浓度吸入有麻醉作用。皮肤直接接触液态本品，可引起冻伤

环境危害 破坏高层大气中的臭氧，危害公共健康和环境

第三部分　成分/组成信息

√物质　　混合物

组分	浓度	CAS No.
一氟二氯甲烷		75-43-4

第四部分　急救措施

吸入 迅速脱离现场至空气新鲜处。保持呼吸道通畅。如呼吸困难，给输氧。如呼吸、心跳停止，立即进行心肺复苏术。就医

皮肤接触 如发生冻伤，用温水（38～42℃）复温，忌用热水或辐射热，不要揉搓。就医

眼睛接触 立即分开眼睑，用流动清水或生理盐水彻底冲洗。就医

对保护施救者的忠告 根据需要使用个人防护设备

对医生的特别提示 对症处理

第五部分 消防措施

灭火剂 本品不燃。根据着火原因选择适当灭火剂灭火

特别危险性 遇火或赤热表面会分解出有毒的氯化氢、氟化氢，还可能有光气。若遇高热，容器内压增大，有开裂和爆炸的危险

灭火注意事项及防护措施 消防人员须佩戴防毒面具、穿全身消防服，在上风向灭火。切断气源。喷水冷却容器，尽可能将容器从火场移至空旷处

第六部分 泄漏应急处理

作业人员防护措施、防护装备和应急处置程序 根据气体扩散的影响区域划定警戒区，无关人员从侧风、上风向撤离至安全区。建议应急处理人员戴正压自给式呼吸器，穿一般作业工作服。液化气体泄漏时穿防寒服。禁止接触或跨越泄漏物。尽可能切断泄漏源。喷雾状水抑制蒸气或改变蒸气云流向，避免水流接触泄漏物。禁止用水直接冲击泄漏物或泄漏源。若可能翻转容器，使之逸出气体而非液体

环境保护措施 防止气体通过下水道、通风系统和有限空间扩散

泄漏化学品的收容、清除方法及所使用的处置材料 漏出气允许排入大气中。泄漏场所保持通风

第七部分 操作处置与储存

操作注意事项 密闭操作，全面通风。操作人员必须经过专门培训，严格遵守操作规程。建议操作人员佩戴自吸过滤式防毒面具（半面罩），防止气体泄漏到工作场所空气中。避免与氧化剂、碱金属、碱土金属接触。搬运时轻装轻卸，防止钢瓶及附件破损。配备泄漏应急处理设备

储存注意事项 储存于阴凉、通风的不燃气体专用库房。远离火种、热源。库温不宜超过30℃。应与氧化剂、碱金属、碱土金属等分开存放，切忌混储。储区应备有泄漏应急处理设备

第八部分 接触控制/个体防护

职业接触限值

中国 未制定标准

美国(ACGIH) TLV-TWA：100ppm

生物接触限值 未制定标准

监测方法 空气中有毒物质测定方法：未制定标准。生物监测检验方法：未制定标准

工程控制 生产过程密闭，全面通风

个体防护装备

呼吸系统防护 一般不需要特殊防护，高浓度接触时可佩戴过滤式防毒面具（半面罩）

眼睛防护 一般不需特殊防护

皮肤和身体防护 穿一般作业工作服

手防护 戴一般作业防护手套

第九部分 理化特性

外观与性状 无色、有似四氯化碳气味的气体

pH值 无意义 **熔点(℃)** −135

沸点(℃) 8.9

相对密度(水=1) 1.405（9℃）

相对蒸气密度(空气=1) 3.8

饱和蒸气压(kPa) 159（21℃）

燃烧热(kJ/mol) 无资料 **临界温度(℃)** 178.5

临界压力(MPa) 5.18 **辛醇/水分配系数** 1.55

闪点(℃) −36 **自燃温度(℃)** 522

爆炸下限(%) 无意义 **爆炸上限(%)** 无意义

分解温度(℃) 无资料 **黏度(mPa·s)** 0.01(25℃)

溶解性 不溶于水，溶于乙醇、乙醚、四氯化碳

第十部分 稳定性和反应性

稳定性 稳定

危险反应 与强氧化剂等禁配物发生反应

避免接触的条件 无资料

禁配物 强氧化剂、碱金属、碱土金属、易燃或可燃物

危险的分解产物 氟化氢、氯化氢

第十一部分 毒理学信息

急性毒性 LC_{50}：499000ppm（大鼠吸入，4h）；>800000 mg/m³（小鼠吸入，2h）

皮肤刺激或腐蚀 无资料 **眼睛刺激或腐蚀** 无资料

呼吸或皮肤过敏 无资料 **生殖细胞突变性** 无资料

致癌性 无资料 **生殖毒性** 无资料

特异性靶器官系统毒性-一次接触 无资料

特异性靶器官系统毒性-反复接触 大鼠在0.5mg/L或1.5mg/L浓度下全天吸入，40d后可见鼻黏膜上皮破坏及刺激，同时伴有上皮化生

吸入危害 无资料

第十二部分 生态学信息

生态毒性 无资料

持久性和降解性

生物降解性 无资料

非生物降解性 空气中，当羟基自由基浓度为5.00×10^5个/cm³时，降解半衰期为1.5a（理论）

潜在的生物累积性 根据K_{ow}值预测，该物质的生物累积性可能较弱

土壤中的迁移性 根据K_{oc}值预测，该物质可能易发生迁移

第十三部分 废弃处置

废弃化学品 根据国家和地方有关法规的要求处置。或与制造商联系，确定处置方法

污染包装物 将容器返还生产商或按照国家和地方法规处置

废弃注意事项 把空容器归还厂商

第十四部分 运输信息

联合国危险货物编号(UN号) 1029

联合国运输名称 二氯氟甲烷

联合国危险性类别 2.2 **包装类别** -

包装标志  **海洋污染物** 否

运输注意事项 采用钢瓶运输时必须戴好钢瓶上的安全帽。钢瓶一般平放，并应将瓶口朝同一方向，不可交叉；高度不得超过车辆的防护栏板，并用三角木垫卡牢，防止滚动。严禁与氧化剂、碱金属、碱土金属等混装混运。夏季应早晚运输，防止日光曝晒。铁路运输时要禁止溜放

第十五部分 法规信息

下列法律、法规、规章和标准，对该化学品的管理作了相应的规定。

中华人民共和国职业病防治法 职业病分类和目录：未列入

危险化学品安全管理条例 危险化学品目录：列入。易制爆危险化学品名录：未列入。重点监管的危险化学品名录：未列入。GB 18218—2009《危险化学品重大危险源辨识》(表 1)：未列入

使用有毒物品作业场所劳动保护条例 高毒物品目录：未列入

易制毒化学品管理条例 易制毒化学品的分类和品种目录：未列入

国际公约 斯德哥尔摩公约：未列入。鹿特丹公约：未列入。蒙特利尔议定书：列入

第十六部分 其他信息

编写和修订信息 **缩略语和首字母缩写**
培训建议 **参考文献**
免责声明

一甲胺［无水］

第一部分 化学品标识

化学品中文名 一甲胺［无水］；氨基甲烷

化学品英文名 monomethylamine (anhydrous)；aminomethane

分子式 CH_5N **相对分子质量** 31.07

结构式 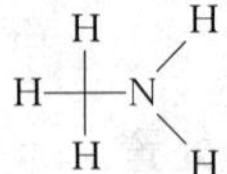

化学品的推荐及限制用途 用于橡胶硫化促进剂、染料、医药、杀虫剂、表面活性剂的合成等

第二部分 危险性概述

紧急情况概述 极易燃气体，内装加压气体：遇热可能爆炸，吸入有害

GHS 危险性类别 易燃气体，类别 1；加压气体；急性毒性-吸入，类别 4；皮肤腐蚀/刺激，类别 2；严重眼损伤/眼刺激，类别 1；特异性靶器官毒性—一次接触，类别 3（呼吸道刺激）

标签要素

象形图 

警示词 危险

危险性说明 极易燃气体，内装加压气体：遇热可能爆炸，吸入有害，造成皮肤刺激，造成严重眼损伤，可能引起呼吸道刺激 可能引起昏昏欲睡或眩晕，可能引起昏昏欲睡或眩晕

防范说明

预防措施 远离热源、火花、明火、热表面。禁止吸烟。避免吸入气体。仅在室外或通风良好处操作。避免接触眼睛、皮肤，操作后彻底清洗。戴防护手套、防护眼镜、防护面罩

事故响应 漏气着火：切勿灭火，除非漏气能够安全地制止。如果没有危险，消除一切点火源。如吸入：将患者转移到空气新鲜处，休息，保持利于呼吸的体位。如感觉不适，呼叫中毒控制中心或就医。皮肤接触：用大量肥皂水和水清洗。如发生皮肤刺激，就医。脱去被污染的衣服，污染衣服洗净后方可重新使用。接触眼睛：用水细心冲洗数分钟。如戴隐形眼镜并可方便地取出，取出隐形眼镜继续冲洗

安全储存 防日晒。存放在通风良好的地方

废弃处置 本品及内装物、容器依据国家和地方法规处置

物理和化学危险 极易燃，与空气混合能形成爆炸性混合物

健康危害 本品具有强烈刺激性和腐蚀性。吸入后，可引起咽喉炎、支气管炎、支气管肺炎，重者可致肺水肿、呼吸窘迫综合征而死亡；极高浓度吸入引起声门痉挛、喉水肿而很快窒息死亡。可致呼吸道灼伤。对眼和皮肤有强烈刺激和腐蚀性，可致严重灼伤。口服溶液可致口、咽、食道灼伤

环境危害 对环境可能有害

第三部分 成分/组成信息

√物质		混合物
组分	**浓度**	**CAS No.**
一甲胺		74-89-5

第四部分 急救措施

吸入 迅速脱离现场至空气新鲜处。保持呼吸道通畅。如呼吸困难，给输氧。如呼吸、心跳停止，立即进行心肺复苏术。就医

皮肤接触 立即脱去污染的衣着，用大量流动清水彻底冲洗至少 15min。就医

眼睛接触 立即分开眼睑，用流动清水或生理盐水彻底冲洗至少 15min。就医

食入 用水漱口，禁止催吐。给饮牛奶或蛋清。就医

对保护施救者的忠告 根据需要使用个人防护设备

对医生的特别提示 对症处理

第五部分 消防措施

灭火剂 用雾状水、抗溶性泡沫、干粉、二氧化碳灭火

特别危险性 气体比空气重，沿地面扩散并易积存于低洼处，遇火源会着火回燃。燃烧生成有害的一氧化碳、氮氧化物

灭火注意事项及防护措施 切断气源。若不能切断气源，则不允许熄灭泄漏处的火焰。消防人员必须佩戴空气呼吸器、穿全身防火防毒服，在上风向灭火。尽可能将容器从火场移至空旷处。喷水保持火场容器冷却，直至灭火结束

第六部分 泄漏应急处理

作业人员防护措施、防护装备和应急处置程序 消除所有点火源。根据气体扩散的影响区域划定警戒区，无关人员从侧风、上风向撤离至安全区。建议应急处理人员戴正压自给式呼吸器，穿防静电、防腐蚀、防毒服，戴橡胶手套。作业时使用的所有设备应接地。尽可能切断泄漏源。喷雾状水抑制蒸气或改变蒸气云流向。禁止用水直接冲击泄漏物或泄漏源。若是液体泄漏，构筑围堤或挖坑收容液体泄漏物

环境保护措施 无资料

泄漏化学品的收容、清除方法及所使用的处置材料 用砂土、惰性物质或蛭石等吸收。隔离泄漏区，通风至气体散尽

第七部分 操作处置与储存

操作注意事项 密闭操作，加强通风。操作人员必须经过专门培训，严格遵守操作规程。建议操作人员佩戴自吸过滤式防毒面具（全面罩），穿防静电工作服，戴橡胶手套。远离火种、热源。工作场所严禁吸烟。使用防爆型的通风系统和设备。防止气体泄漏到工作场所空气中。避免与氧化剂、酸类、卤素接触。在传送过程中，钢瓶和容器必须接地和跨接，防止产生静电。搬运时轻装轻卸，防止钢瓶及附件破损。配备相应品种和数量的消防器材及泄漏应急处理设备

储存注意事项 储存于阴凉、通风的易燃气体专用库房。远离火种、热源。库温不宜超过30℃。保持容器密封。应与氧化剂、酸类、卤素等分开存放，切忌混储。采用防爆型照明、通风设施。禁止使用易产生火花的机械设备和工具。储区应备有泄漏应急处理设备

第八部分 接触控制/个体防护

职业接触限值

中国 PC-TWA：5mg/m^3；PC-STEL：10mg/m^3

美国(ACGIH) TLV-TWA：5ppm；TLV-STEL：15ppm

生物接触限值 未制定标准

监测方法 空气中有毒物质测定方法：未制定标准。生物监测检验方法：未制定标准

工程控制 生产过程密闭，加强通风。提供安全的淋浴和洗眼设备

个体防护装备

呼吸系统防护 空气中浓度超标时，必须佩戴过滤式防毒面具（全面罩）。紧急事态抢救或撤离时，建议佩戴空气呼吸器

眼睛防护 呼吸系统防护中已作防护

皮肤和身体防护 穿防静电工作服

手防护 戴橡胶手套

第九部分 理化特性

外观与性状 无色气体，有似氨的气味

pH 值 无意义 **熔点(℃)** －93.5

沸点(℃) －6.3

相对密度(水＝1) 0.66（25℃）

相对蒸气密度(空气＝1) 1.08

饱和蒸气压(kPa) 304（20℃）

燃烧热(kJ/mol) －1085.6 **临界温度(℃)** 157.6

临界压力(MPa) 7.614 **辛醇/水分配系数** －0.57

闪点(℃) －10；0（CC） **自燃温度(℃)** 430

爆炸下限(%) 5 **爆炸上限(%)** 21

分解温度(℃) 无资料 **黏度(mPa·s)** 0.23(0℃)

溶解性 易溶于水，溶于乙醇、乙醚、苯、丙酮等

第十部分 稳定性和反应性

稳定性 稳定

危险反应 与强氧化剂、卤素等禁配物接触，有发生火灾和爆炸的危险

避免接触的条件 无资料

禁配物 酸类、卤素、酸酐、强氧化剂、氯仿

危险的分解产物 氨

第十一部分 毒理学信息

急性毒性 LC_{50}：2400mg/m^3（小鼠吸入，2h）

皮肤刺激或腐蚀 家兔经皮：40%溶液1.0ml可致兔皮肤刺激、坏死

眼睛刺激或腐蚀 家兔经眼：4%溶液可致兔角膜损伤

呼吸或皮肤过敏 无资料

生殖细胞突变性 大鼠吸入10μg/m^{3}显性致死试验阳性。3mmol/L可致小鼠淋巴细胞突变

致癌性 无资料

生殖毒性 无资料

特异性靶器官系统毒性-一次接触 无资料

特异性靶器官系统毒性-反复接触 豚鼠先吸入0.25mg/L，93d，后吸入0.5mg/L，30d，开始时出现一过性刺激现象，最终出现衰竭、肝凝血酶原形成功能障碍

吸入危害 无资料

第十二部分 生态学信息

生态毒性 EC_{50}：480mg/L（48h）（水蚤）

持久性和降解性

生物降解性 OECD筛选试验降解96%

非生物降解性 空气中，当羟基自由基浓度为5.00×10^{5}个/cm^{3}时，降解半衰期为18h（理论）

潜在的生物累积性 根据K_{ow}值预测，该物质的生物累积

性可能较弱

土壤中的迁移性 根据 K_{oc} 值预测，该物质可能易发生迁移

第十三部分 废弃处置

废弃化学品 用控制焚烧法处置。焚烧炉排出的氮氧化物通过洗涤器除去

污染包装物 将容器返还生产商或按照国家和地方法规处置

废弃注意事项 处置前应参阅国家和地方有关法规。把空容器归还厂商

第十四部分 运输信息

联合国危险货物编号（UN 号） 1061

联合国运输名称 无水甲胺

联合国危险性类别 2.1 **包装类别** -

包装标志  **海洋污染物** 否

运输注意事项 本品铁路运输时限使用耐压液化气企业自备罐车装运，装运前需报有关部门批准。采用钢瓶运输时必须戴好钢瓶上的安全帽。钢瓶一般平放，并应将瓶口朝同一方向，不可交叉；高度不得超过车辆的防护栏板，并用三角木垫卡牢，防止滚动。运输时运输车辆应配备相应品种和数量的消防器材。装运该物品的车辆排气管必须配备阻火装置，禁止使用易产生火花的机械设备和工具装卸。严禁与氧化剂、酸类、卤素、食用化学品等混装混运。夏季应早晚运输，防止日光曝晒。中途停留时应远离火种、热源。公路运输时要按规定路线行驶，禁止在居民区和人口稠密区停留。铁路运输时要禁止溜放

第十五部分 法规信息

下列法律、法规、规章和标准，对该化学品的管理作了相应的规定。

中华人民共和国职业病防治法 职业病分类和目录：一甲胺中毒

危险化学品安全管理条例 危险化学品目录：列入。易制爆危险化学品名录：列入。重点监管的危险化学品名录：列入。GB 18218—2009《危险化学品重大危险源辨识》（表 1）：列入。类别：易燃气体，临界量（t）：5

使用有毒物品作业场所劳动保护条例 高毒物品目录：未列入

易制毒化学品管理条例 易制毒化学品的分类和品种目录：未列入

国际公约 斯德哥尔摩公约：未列入。鹿特丹公约：未列入。蒙特利尔议定书：未列入

第十六部分 其他信息

编写和修订信息 **缩略语和首字母缩写**

培训建议 **参考文献**

免责声明

一氯二氟甲烷

第一部分 化学品标识

化学品中文名 一氯二氟甲烷；氟利昂-22

化学品英文名 monochlorodifluoromethane；Freon 22

分子式 $CHClF_2$ **相对分子质量** 86.47

结构式 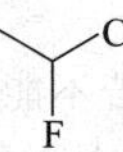

化学品的推荐及限制用途 用作制冷剂及气溶胶杀虫药发射剂

第二部分 危险性概述

紧急情况概述 内装加压气体：遇热可能爆炸，可能引起昏昏欲睡或眩晕

GHS 危险性类别 加压气体；皮肤腐蚀/刺激，类别 3；严重眼损伤/眼刺激，类别 2B；生殖毒性，类别 1B；特异性靶器官毒性-一次接触，类别 3（麻醉效应）；危害臭氧层，类别 1

标签要素

象形图 

警示词 危险

危险性说明 内装加压气体：遇热可能爆炸，造成轻微皮肤刺激，造成眼刺激，可能对生育力或胎儿造成伤害，可能引起昏昏欲睡或眩晕，破坏高层大气中的臭氧，危害公共健康和环境

防范说明

预防措施 避免接触眼睛、皮肤，操作后彻底清洗。得到专门指导后操作。在阅读并了解所有安全预防措施之前，切勿操作。按要求使用个体防护装备

事故响应 如发生皮肤刺激，就医。如接触眼睛：用水细心冲洗数分钟。如戴隐形眼镜并可方便地取出，取出隐形眼镜继续冲洗。如果眼睛刺激持续：就医。如果接触或有担心，就医

安全储存 防日晒。存放在通风良好的地方。上锁保管

废弃处置 本品及内装物、容器依据国家和地方法规处置

物理和化学危险 不燃，无特殊燃爆特性

健康危害 本品毒性低，但用其制备四氟乙烯所产生的裂解气和遗留残液成分中有的属高毒类，可引起急性中毒。中毒后轻者有咳嗽、胸闷、头晕、乏力、恶心等；较重者出现化学性肺炎或间质性肺水肿；严重者出现肺泡性肺水肿及心肌损害。后期有纤维增生征象。动物实验显示，一氯二氟甲烷有麻醉作用和心脏毒性。皮肤直接接触液态本品，可引起冻伤

环境危害 破坏高层大气中的臭氧，危害公共健康和环境

第三部分 成分/组成信息

√物质 混合物

组分	浓度	CAS No.
一氯二氟甲烷		75-45-6

第四部分 急救措施

吸入 迅速脱离现场至空气新鲜处。保持呼吸道通畅。如呼吸困难，给输氧。如呼吸、心跳停止，立即进行心肺复苏术。就医

皮肤接触 如发生冻伤，用温水（38～42℃）复温，忌用热水或辐射热，不要揉搓。就医

眼睛接触 立即分开眼睑，用流动清水或生理盐水彻底冲洗。就医

对保护施救者的忠告 根据需要使用个人防护设备

对医生的特别提示 对症处理

第五部分 消防措施

灭火剂 本品不燃。根据着火原因选择适当灭火剂灭火

特别危险性 若遇高热，容器内压增大，有开裂和爆炸的危险

灭火注意事项及防护措施 消防人员须佩戴防毒面具、穿全身消防服，在上风向灭火。尽可能将容器从火场移至空旷处。喷水保持火场容器冷却，直至灭火结束

第六部分 泄漏应急处理

作业人员防护措施、防护装备和应急处置程序 根据气体扩散的影响区域划定警戒区，无关人员从侧风、上风向撤离至安全区。建议应急处理人员戴正压自给式呼吸器，穿一般作业工作服。尽可能切断泄漏源。喷雾状水抑制蒸气或改变蒸气云流向，避免水流接触泄漏物。禁止用水直接冲击泄漏物或泄漏源

环境保护措施 防止气体通过下水道、通风系统和有限空间扩散

泄漏化学品的收容、清除方法及所使用的处置材料 漏出气允许排入大气中。泄漏场所保持通风

第七部分 操作处置与储存

操作注意事项 密闭操作，全面通风。操作人员必须经过专门培训，严格遵守操作规程。远离易燃、可燃物。防止气体泄漏到工作场所空气中。避免与氧化剂接触。搬运时轻装轻卸，防止钢瓶及附件破损。配备泄漏应急处理设备

储存注意事项 储存于阴凉、通风的不燃气体专用库房。远离火种、热源。库温不宜超过30℃。应与易（可）燃物、氧化剂分开存放，切忌混储。储区应备有泄漏应急处理设备

第八部分 接触控制/个体防护

职业接触限值

中国 PC-TWA：3500mg/m^3

美国(ACGIH) TLV-TWA：1000ppm

生物接触限值 未制定标准

监测方法 空气中有毒物质测定方法：未制定标准。生物监测检验方法：未制定标准

工程控制 生产过程密闭，全面通风

个体防护装备

呼吸系统防护 一般不需要特殊防护，高浓度接触时可佩戴过滤式防毒面具（半面罩）

眼睛防护 一般不需特殊防护

皮肤和身体防护 穿一般作业工作服

手防护 戴一般作业防护手套

第九部分 理化特性

外观与性状 无色气体，有轻微的甜气味

pH值 无意义 **熔点(℃)** －157

沸点(℃) －40.8 **相对密度(水＝1)** 1.21

相对蒸气密度(空气＝1) 3.0

饱和蒸气压(kPa) 908（20℃）

燃烧热(kJ/mol) －65.7 **临界温度(℃)** 96

临界压力(MPa) 4.91 **辛醇/水分配系数** 1.08

闪点(℃) 无资料 **自燃温度(℃)** 632

爆炸下限(%) 无意义 **爆炸上限(%)** 无意义

分解温度(℃) 无资料 **黏度(mPa·s)** 0.01(25℃)

溶解性 溶于水，溶于乙醚、氯仿、丙酮

第十部分 稳定性和反应性

稳定性 稳定

危险反应 与强氧化剂等禁配物接触，有发生容器爆炸的危险

避免接触的条件 无资料

禁配物 强氧化剂、易燃或可燃物

危险的分解产物 氟化氢

第十一部分 毒理学信息

急性毒性 LC_{50}：35pph（大鼠吸入，15min）

皮肤刺激或腐蚀 无资料 **眼睛刺激或腐蚀** 无资料

呼吸或皮肤过敏 无资料

生殖细胞突变性 微生物致突变：鼠伤寒沙门氏菌33pph（连续，24h）。微粒体诱变：鼠伤寒沙门氏菌33pph（连续，24h）

致癌性 IARC致癌性评论：组3，现有的证据不能对人类致癌性进行分类。对人及动物致癌性证据不足

生殖毒性 大鼠孕后6～15d吸入最低中毒剂量（TCLo）5ppm，致眼耳发育畸形。微生物致突变：鼠伤寒沙门氏菌33pph（24h）

特异性靶器官系统毒性-一次接触 无资料

特异性靶器官系统毒性-反复接触 兔、大鼠、小鼠吸入0.2%浓度，每天6h，共10个月，均无毒性反应；1.4%浓度，体重减轻，血清蛋白降低，球蛋白升高。剖检肺见肺泡间质增厚、肺水肿，心、肝、肾及神经系统退行性变。雄性大鼠吸入最低中毒浓度（TCLo）：50000ppm（每天5h，56d），对前列腺、精囊、Cowper氏腺、附属腺体、尿道产生影响

吸入危害 无资料

第十二部分　生态学信息

生态毒性　无资料

持久性和降解性

生物降解性　无资料

非生物降解性　空气中，当羟基自由基浓度为5.00×10^5个/cm^3时，降解半衰期为9.4a（理论）

潜在的生物累积性　根据K_{ow}值预测，该物质的生物累积性可能较弱

土壤中的迁移性　根据K_{oc}值预测，该物质可能易发生迁移

第十三部分　废弃处置

废弃化学品　根据国家和地方有关法规的要求处置。或与制造商联系，确定处置方法

污染包装物　将容器返还生产商或按照国家和地方法规处置

废弃注意事项　把空容器归还厂商

第十四部分　运输信息

联合国危险货物编号（UN号）　1018

联合国运输名称　二氟氯甲烷

联合国危险性类别　2.2　　**包装类别**　-

包装标志

海洋污染物　否

运输注意事项　采用钢瓶运输时必须戴好钢瓶上的安全帽。钢瓶一般平放，并应将瓶口朝同一方向，不可交叉；高度不得超过车辆的防护栏板，并用三角木垫卡牢，防止滚动。严禁与易燃物或可燃物、氧化剂等混装混运。夏季应早晚运输，防止日光曝晒。铁路运输时要禁止溜放

第十五部分　法规信息

下列法律、法规、规章和标准，对该化学品的管理作了相应的规定。

中华人民共和国职业病防治法　职业病分类和目录：有机氟聚合物单体及其热裂解物中毒

危险化学品安全管理条例　危险化学品目录：列入。易制爆危险化学品名录：未列入。重点监管的危险化学品名录：未列入。GB 18218—2009《危险化学品重大危险源辨识》（表1）：未列入

使用有毒物品作业场所劳动保护条例　高毒物品目录：未列入

易制毒化学品管理条例　易制毒化学品的分类和品种目录：未列入

国际公约　斯德哥尔摩公约：未列入。鹿特丹公约：未列入。蒙特利尔议定书：列入

第十六部分　其他信息

编写和修订信息　　**缩略语和首字母缩写**

培训建议　　**参考文献**

免责声明

一氯二氟乙烷

第一部分　化学品标识

化学品中文名　一氯二氟乙烷；1,1-二氟-1-氯乙烷

化学品英文名　1,1-difluoro-1-chloroethane；chlorodifluoroethane；Freon 142

分子式　$C_2H_3ClF_2$　　**相对分子质量**　100.5

结构式

```
  Cl
  |
——+——F
  |
  F
```

化学品的推荐及限制用途　用作制冷剂、溶剂、聚合物发泡剂以及中间体等

第二部分　危险性概述

紧急情况概述　极易燃气体，内装加压气体：遇热可能爆炸

GHS危险性类别　易燃气体，类别1；加压气体；严重眼损伤/眼刺激，类别2B；危害水生环境-急性危害，类别3；危害水生环境-长期危害，类别3；危害臭氧层，类别1

标签要素

象形图

警示词　危险

危险性说明　极易燃气体，内装加压气体：遇热可能爆炸，造成眼刺激，对水生生物有害并具有长期持续影响，破坏高层大气中的臭氧，危害公共健康和环境

防范说明

预防措施　远离热源、火花、明火、热表面。禁止吸烟。避免接触眼睛、皮肤，操作后彻底清洗。禁止排入环境

事故响应　漏气着火：切勿灭火，除非漏气能够安全地制止。如果没有危险，消除一切点火源。如接触眼睛：用水细心冲洗数分钟。如戴隐形眼镜并可方便地取出，取出隐形眼镜继续冲洗。如果眼睛刺激持续：就医

安全储存　防日晒。存放在通风良好的地方

废弃处置　本品及内装物、容器依据国家和地方法规处置

物理和化学危险　极易燃，与空气混合能形成爆炸性混合物

健康危害　吸入高浓度本品，有可能引起心律不齐、昏迷甚至死亡。接触本品液体可致冻伤

环境危害　对水生生物有害并具有长期持续影响，破坏高层大气中的臭氧，危害公共健康和环境

第三部分　成分/组成信息

√物质　　混合物

组分	浓度	CAS No.
一氯二氟乙烷		75-68-3

第四部分 急救措施

吸入 迅速脱离现场至空气新鲜处。保持呼吸道通畅。如呼吸困难，给输氧。如呼吸、心跳停止，立即进行心肺复苏术。就医

皮肤接触 如发生冻伤，用温水（38～42℃）复温，忌用热水或辐射热，不要揉搓。就医

眼睛接触 立即分开眼睑，用流动清水或生理盐水彻底冲洗。就医

对保护施救者的忠告 根据需要使用个人防护设备

对医生的特别提示 对症处理

第五部分 消防措施

灭火剂 用雾状水、泡沫、干粉、二氧化碳灭火

特别危险性 受热分解放出有毒的氟化物气体。与氧化剂接触发生猛烈反应。气体比空气重，沿地面扩散并易积存于低洼处，遇火源会着火回燃。燃烧生成有害的一氧化碳、氟化氢、氯化氢

灭火注意事项及防护措施 切断气源。若不能切断气源，则不允许熄灭泄漏处的火焰。消防人员必须佩戴空气呼吸器、穿全身防火防毒服，在上风向灭火。尽可能将容器从火场移至空旷处。喷水保持火场容器冷却，直至灭火结束

第六部分 泄漏应急处理

作业人员防护措施、防护装备和应急处置程序 消除所有点火源。根据气体扩散的影响区域划定警戒区，无关人员从侧风、上风向撤离至安全区。建议应急处理人员戴正压自给式呼吸器，穿防静电服。液化气体泄漏时穿防静电、防寒服。作业时使用的所有设备应接地。尽可能切断泄漏源。若可能翻转容器，使之逸出气体而非液体。喷雾状水抑制蒸气或改变蒸气云流向，避免水流接触泄漏物。禁止用水直接冲击泄漏物或泄漏源

环境保护措施 防止气体通过下水道、通风系统和有限空间扩散

泄漏化学品的收容、清除方法及所使用的处置材料 隔离泄漏区直至气体散尽

第七部分 操作处置与储存

操作注意事项 密闭操作，提供良好的自然通风条件。操作人员必须经过专门培训，严格遵守操作规程。建议操作人员佩戴自吸过滤式防毒面具（半面罩），穿防静电工作服。远离火种、热源。工作场所严禁吸烟。使用防爆型的通风系统和设备。防止气体泄漏到工作场所空气中。避免与氧化剂、金属粉末接触。在传送过程中，钢瓶和容器必须接地和跨接，防止产生静电。搬运时戴好钢瓶安全帽和防震橡皮圈，防止钢瓶碰撞、损坏。配备相应品种和数量的消防器材及泄漏应急处理设备

储存注意事项 储存于阴凉、通风的易燃气体专用库房。库温不宜超过30℃。远离火种、热源。应与氧化剂、金属粉末等分开存放，切忌混储。采用防爆型照明、通风设施。禁止使用易产生火花的机械设备和工具。储区应备有泄漏应急处理设备

第八部分 接触控制/个体防护

职业接触限值

中国 未制定标准

美国(ACGIH) 未制定标准

生物接触限值 未制定标准

监测方法 空气中有毒物质测定方法：未制定标准。生物监测检验方法：未制定标准

工程控制 密闭操作。提供良好的自然通风条件

个体防护装备

呼吸系统防护 一般不需要特殊防护，高浓度接触时可佩戴过滤式防毒面具（半面罩）

眼睛防护 一般不需特殊防护

皮肤和身体防护 穿防静电工作服

手防护 戴一般作业防护手套

第九部分 理化特性

外观与性状 无色气体

pH值 无意义　**熔点(℃)** －131

沸点(℃) －9.6

相对密度(水＝1) 1.107（25℃）

相对蒸气密度(空气＝1) 3.49

饱和蒸气压(kPa) 337（25℃）

燃烧热(kJ/mol) 无资料　**临界温度(℃)** 137.1

临界压力(MPa) 4.12　**辛醇/水分配系数** 2.05

闪点(℃) －62　**自燃温度(℃)** 632

爆炸下限(%) 6.2　**爆炸上限(%)** 18

分解温度(℃) 无资料　**黏度(mPa·s)** 0.01(25℃)

溶解性 不溶于水，溶于苯

第十部分 稳定性和反应性

稳定性 稳定

危险反应 与强氧化剂等禁配物发生猛烈反应

避免接触的条件 受热

禁配物 强氧化剂、镁铜及其合金

危险的分解产物 氟化氢、氯化氢

第十一部分 毒理学信息

急性毒性 LC_{50}：2050000mg/m^3（大鼠吸入，4h）

皮肤刺激或腐蚀 无资料　**眼睛刺激或腐蚀** 无资料

呼吸或皮肤过敏 无资料

生殖细胞突变性 微生物致突变：鼠伤寒沙门氏菌 50pph (24h)

致癌性 无资料　**生殖毒性** 无资料

特异性靶器官系统毒性-一次接触 无资料

特异性靶器官系统毒性-反复接触 大鼠吸入浓度10%，每天16h，共9d，发生死亡，尸检可见肺实变

吸入危害 无资料

第十二部分 生态学信息

生态毒性 无资料

持久性和降解性

生物降解性 无资料

非生物降解性 空气中，当羟基自由基浓度为5.00×10^5个/cm^3时，降解半衰期为12.7a（理论）

潜在的生物累积性 根据K_{ow}值预测，该物质的生物累积性可能较弱

土壤中的迁移性 根据K_{oc}值预测，该物质可能有一定的迁移性

第十三部分 废弃处置

废弃化学品 根据国家和地方有关法规的要求处置。或与制造商联系，确定处置方法

污染包装物 将容器返还生产商或按照国家和地方法规处置

废弃注意事项 在规定场所掩埋空容器

第十四部分 运输信息

联合国危险货物编号（UN号） 2517

联合国运输名称 1-氯-1,1-二氟乙烷

联合国危险性类别 2.1 **包装类别** -

包装标志  **海洋污染物** 否

运输注意事项 采用钢瓶运输时必须戴好钢瓶上的安全帽。钢瓶一般平放，并应将瓶口朝同一方向，不可交叉；高度不得超过车辆的防护栏板，并用三角木垫卡牢，防止滚动。运输时运输车辆应配备相应品种和数量的消防器材。装运该物品的车辆排气管必须配备阻火装置，禁止使用易产生火花的机械设备和工具装卸。严禁与氧化剂、金属粉末等混装混运。夏季应早晚运输，防止日光曝晒。中途停留时应远离火种、热源。公路运输时要按规定路线行驶，勿在居民区和人口稠密区停留。铁路运输时要禁止溜放

第十五部分 法规信息

下列法律、法规、规章和标准，对该化学品的管理作了相应的规定。

中华人民共和国职业病防治法 职业病分类和目录：未列入

危险化学品安全管理条例 危险化学品目录：列入。易制爆危险化学品名录：未列入。重点监管的危险化学品名录：未列入。GB 18218—2009《危险化学品重大危险源辨识》（表1）：未列入

使用有毒物品作业场所劳动保护条例 高毒物品目录：未列入

易制毒化学品管理条例 易制毒化学品的分类和品种目录：未列入

国际公约 斯德哥尔摩公约：未列入。鹿特丹公约：未列入。蒙特利尔议定书：列入

第十六部分 其他信息

编写和修订信息 **缩略语和首字母缩写**

培训建议 **参考文献**

免责声明

一氯三氟乙烷

第一部分 化学品标识

化学品中文名 一氯三氟乙烷；1,1,1-三氟-2-氯乙烷

化学品英文名 1,1,1-trifluoro-2-chloroethane；chlorotrifluoroethane；*R* 133a

分子式 $C_2H_2ClF_3$ **相对分子质量** 118.49

结构式

```
   F   Cl
F—┼—/
   F
```

化学品的推荐及限制用途 用作制冷剂、发泡剂和实验室试剂等

第二部分 危险性概述

紧急情况概述 内装加压气体：遇热可能爆炸，可能引起昏昏欲睡或眩晕

GHS危险性类别 加压气体；生殖毒性，类别1B；特异性靶器官毒性-一次接触，类别3（麻醉效应）；危害臭氧层，类别1

标签要素

象形图 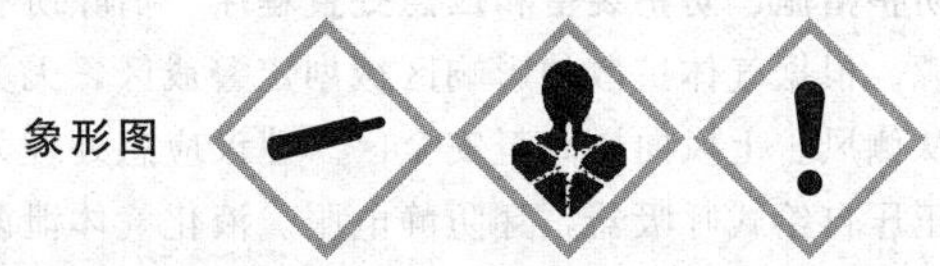

警示词 危险

危险性说明 内装加压气体：遇热可能爆炸，可能对生育力或胎儿造成伤害，可能引起昏昏欲睡或眩晕，破坏高层大气中的臭氧，危害公共健康和环境

防范说明

预防措施 得到专门指导后操作。在阅读并了解所有安全预防措施之前，切勿操作。按要求使用个体防护装备

事故响应 如果接触或有担心，就医

安全储存 防日晒。存放在通风良好的地方。上锁保管

废弃处置 本品及内装物、容器依据国家和地方法规处置

物理和化学危险 不燃，无特殊燃爆特性

健康危害 本品属多氟烷烃。多氟烷烃的主要毒作用为麻醉作用；高浓度使空气中氧分压降低，可致缺氧性窒息。皮肤直接接触液态本品，可引起冻伤

环境危害 破坏高层大气中的臭氧，危害公共健康和环境

第三部分 成分/组成信息

√物质 混合物

组分	浓度	CAS No.
一氯三氟乙烷		75-88-7

第四部分　急救措施

吸入　迅速脱离现场至空气新鲜处。保持呼吸道通畅。如呼吸困难，给输氧。如呼吸、心跳停止，立即进行心肺复苏术。就医

皮肤接触　如发生冻伤，用温水（38～42℃）复温，忌用热水或辐射热，不要揉搓。就医

眼睛接触　立即分开眼睑，用流动清水或生理盐水彻底冲洗。就医

对保护施救者的忠告　根据需要使用个人防护设备

对医生的特别提示　对症处理

第五部分　消防措施

灭火剂　本品不燃。根据着火原因选择适当灭火剂灭火

特别危险性　受高热分解，放出有毒的氟化物和氯化物气体。若遇高热，容器内压增大，有开裂和爆炸的危险

灭火注意事项及防护措施　消防人员须佩戴防毒面具、穿全身消防服，在上风向灭火。尽可能将容器从火场移至空旷处。喷水保持火场容器冷却，直至灭火结束

第六部分　泄漏应急处理

作业人员防护措施、防护装备和应急处置程序　根据气体扩散的影响区域划定警戒区，无关人员从侧风、上风向撤离至安全区。建议应急处理人员戴正压自给式呼吸器，穿一般作业工作服。液化气体泄漏时穿防寒服。尽可能切断泄漏源。喷雾状水抑制蒸气或改变蒸气云流向，避免水流接触泄漏物。禁止用水直接冲击泄漏物或泄漏源。若可能翻转容器，使之逸出气体而非液体

环境保护措施　防止气体通过下水道、通风系统和有限空间扩散

泄漏化学品的收容、清除方法及所使用的处置材料　漏出气允许排入大气中。泄漏场所保持通风

第七部分　操作处置与储存

操作注意事项　密闭操作，提供良好的自然通风条件。操作人员必须经过专门培训，严格遵守操作规程。防止气体泄漏到工作场所空气中。避免与氧化剂、金属粉末接触。搬运时戴好钢瓶安全帽和防震橡皮圈，防止钢瓶碰撞、损坏。配备泄漏应急处理设备

储存注意事项　储存于阴凉、通风的不燃气体专用库房。库温不宜超过30℃。远离火种、热源。应与氧化剂、金属粉末等分开存放，切忌混储。储区应备有泄漏应急处理设备

第八部分　接触控制/个体防护

职业接触限值

中国　未制定标准

美国(ACGIH)　未制定标准

生物接触限值　未制定标准

监测方法　空气中有毒物质测定方法：未制定标准。生物监测检验方法：未制定标准

工程控制　提供良好的自然通风条件

个体防护装备

呼吸系统防护　一般不需要特殊防护，高浓度接触时可佩戴过滤式防毒面具（半面罩）

眼睛防护　一般不需特殊防护

皮肤和身体防护　穿一般作业工作服

手防护　戴一般作业防护手套

第九部分　理化特性

外观与性状　无色气体

pH值　无意义　**熔点(℃)**　−105.5

沸点(℃)　7

相对密度(水=1)　1.39（0℃）

相对蒸气密度(空气=1)　4.1

饱和蒸气压(kPa)　180（20℃）

燃烧热(kJ/mol)　无资料　**临界温度(℃)**　无资料

临界压力(MPa)　3.84　**辛醇/水分配系数**　1.99

闪点(℃)　无意义　**自燃温度(℃)**　无意义

爆炸下限(%)　无意义　**爆炸上限(%)**　无意义

分解温度(℃)　无资料　**黏度(mPa·s)**　无资料

溶解性　微溶于水

第十部分　稳定性和反应性

稳定性　稳定

危险反应　与强氧化剂等禁配物发生反应

避免接触的条件　受热

禁配物　强氧化剂、镁铜及其合金

危险的分解产物　氯化物、氟化物

第十一部分　毒理学信息

急性毒性　LC_{50}：15pph（大鼠吸入，1h）

皮肤刺激或腐蚀　无资料　**眼睛刺激或腐蚀**　无资料

呼吸或皮肤过敏　无资料　**生殖细胞突变性**　无资料

致癌性　IARC致癌性评论：组3，现有的证据不能对人类致癌性进行分类。对人及动物致癌性证据不足

生殖毒性　无资料

特异性靶器官系统毒性-一次接触　无资料

特异性靶器官系统毒性-反复接触　无资料

吸入危害　无资料

第十二部分　生态学信息

生态毒性　无资料

持久性和降解性

生物降解性　无资料

非生物降解性　空气中，当羟基自由基浓度为5.00×10^5个/cm^3时，降解半衰期为2.7a（理论）

潜在的生物累积性　根据K_{ow}值预测，该物质的生物累积性可能较弱

土壤中的迁移性　根据K_{oc}值预测，该物质可能易发生迁移

第十三部分　废弃处置

废弃化学品　根据国家和地方有关法规的要求处置。或与

制造商联系，确定处置方法

污染包装物　将容器返还生产商或按照国家和地方法规处置

废弃注意事项　把空容器归还厂商

第十四部分　运输信息

联合国危险货物编号（UN号）　1983

联合国运输名称　1-氯-2,2,2-三氟乙烷

联合国危险性类别　2.2　**包装类别**　-

包装标志　　**海洋污染物**　否

运输注意事项　采用钢瓶运输时必须戴好钢瓶上的安全帽。钢瓶一般平放，并应将瓶口朝同一方向，不可交叉；高度不得超过车辆的防护栏板，并用三角木垫卡牢，防止滚动。严禁与氧化剂、金属粉末等混装混运。夏季应早晚运输，防止日光曝晒。铁路运输时要禁止溜放

第十五部分　法规信息

下列法律、法规、规章和标准，对该化学品的管理作了相应的规定。

中华人民共和国职业病防治法　职业病分类和目录：未列入

危险化学品安全管理条例　危险化学品目录：列入。易制爆危险化学品名录：未列入。重点监管的危险化学品名录：未列入。GB 18218—2009《危险化学品重大危险源辨识》（表1）：未列入

使用有毒物品作业场所劳动保护条例　高毒物品目录：未列入

易制毒化学品管理条例　易制毒化学品的分类和品种目录：未列入

国际公约　斯德哥尔摩公约：未列入。鹿特丹公约：未列入。蒙特利尔议定书：列入

第十六部分　其他信息

编写和修订信息　**缩略语和首字母缩写**

培训建议　**参考文献**

免责声明

一氯五氟乙烷

第一部分　化学品标识

化学品中文名　一氯五氟乙烷；氟利昂-115

化学品英文名　chloropentafluoroethane；fluorocarbon-115

分子式　C_2ClF_5　**相对分子质量**　154.47

结构式

```
    F Cl
F—┼—┼—F
    F F
```

化学品的推荐及限制用途　食品工业中用作制冷剂、溶胶喷射剂、绝缘气、刻蚀剂

第二部分　危险性概述

紧急情况概述　内装加压气体：遇热可能爆炸

GHS危险性类别　加压气体；危害臭氧层，类别1

标签要素

象形图　

警示词　警告

危险性说明　内装加压气体：遇热可能爆炸，破坏高层大气中的臭氧，危害公共健康和环境

防范说明

预防措施　-

事故响应　-

安全储存　防日晒。存放在通风良好的地方

废弃处置　-

物理和化学危险　不燃，无特殊燃爆特性

健康危害　吸入高浓度本品，有可能引起心律不齐、昏迷，甚至死亡。接触本品液体可致冻伤

环境危害　破坏高层大气中的臭氧，危害公共健康和环境

第三部分　成分/组成信息

√物质　　混合物

组分	浓度	CAS No.
一氯五氟乙烷		76-15-3

第四部分　急救措施

吸入　迅速脱离现场至空气新鲜处。保持呼吸道通畅。如呼吸困难，给输氧。如呼吸、心跳停止，立即进行心肺复苏术。就医

皮肤接触　如发生冻伤，用温水（38～42℃）复温，忌用热水或辐射热，不要揉搓。就医

对保护施救者的忠告　根据需要使用个人防护设备

对医生的特别提示　对症处理

第五部分　消防措施

灭火剂　本品不燃。根据着火原因选择适当灭火剂灭火

特别危险性　受高热分解，放出有毒的氟化物和氯化物气体。若遇高热，容器内压增大，有开裂和爆炸的危险

灭火注意事项及防护措施　消防人员须佩戴防毒面具、穿全身消防服，在上风向灭火。切断气源。喷水冷却容器，尽可能将容器从火场移至空旷处

第六部分　泄漏应急处理

作业人员防护措施、防护装备和应急处置程序　根据气体扩散的影响区域划定警戒区，无关人员从侧风、上风向撤离至安全区。建议应急处理人员戴正压自给式呼吸器，穿一般作业工作服。液化气体泄漏时穿防寒服。尽可能切断泄漏源。喷雾状水抑制蒸气或改变蒸气云流向，避免水流接触泄漏物。禁止用水直接冲击泄漏物或泄漏源。若可能翻转容器，使之逸出气体而非液体

环境保护措施 防止气体通过下水道、通风系统和有限空间扩散

泄漏化学品的收容、清除方法及所使用的处置材料 漏出气允许排入大气中。泄漏场所保持通风

第七部分 操作处置与储存

操作注意事项 密闭操作，提供良好的自然通风条件。操作人员必须经过专门培训，严格遵守操作规程。建议操作人员佩戴自吸过滤式防毒面具（半面罩），防止气体泄漏到工作场所空气中。避免与氧化剂、碱金属、碱土金属接触。搬运时戴好钢瓶安全帽和防震橡皮圈，防止钢瓶碰撞、损坏。配备泄漏应急处理设备

储存注意事项 储存于阴凉、通风的不燃气体专用库房。库温不宜超过30℃。远离火种、热源。应与氧化剂、碱金属、碱土金属等分开存放，切忌混储。储区应备有泄漏应急处理设备

第八部分 接触控制/个体防护

职业接触限值

中国 PC-TWA：5000mg/m^3

美国(ACGIH) TLV-TWA：1000ppm

生物接触限值 未制定标准

监测方法 空气中有毒物质测定方法：未制定标准。生物监测检验方法：未制定标准

工程控制 提供良好的自然通风条件

个体防护装备

呼吸系统防护 一般不需要特殊防护，高浓度接触时可佩戴过滤式防毒面具（半面罩）

眼睛防护 一般不需特殊防护

皮肤和身体防护 穿一般作业工作服

手防护 戴一般作业防护手套

第九部分 理化特性

外观与性状 无色气体

pH值 无意义 **熔点(℃)** －106

沸点(℃) －37.7～－39

相对密度(水＝1) 1.3（20℃）

相对蒸气密度(空气＝1) 5.3

饱和蒸气压(kPa) 101.33（25℃）

燃烧热(kJ/mol) 无资料 **临界温度(℃)** 80.0

临界压力(MPa) 3.12 **辛醇/水分配系数** 2.4

闪点(℃) 无意义 **自燃温度(℃)** 无意义

爆炸下限(%) 无意义 **爆炸上限(%)** 无意义

分解温度(℃) 无资料

黏度(mPa·s) 0.19(液体，25℃)

溶解性 不溶于水，溶于乙醇、乙醚

第十部分 稳定性和反应性

稳定性 稳定

危险反应 与强氧化剂等禁配物发生反应

避免接触的条件 受热

禁配物 强氧化剂、铝、铜、碱金属、碱土金属

危险的分解产物 氯化物、氟化物

第十一部分 毒理学信息

急性毒性 LC_{50}：＞5040000mg/m^3（大鼠吸入，4h）

皮肤刺激或腐蚀 无资料 **眼睛刺激或腐蚀** 无资料

呼吸或皮肤过敏 无资料 **生殖细胞突变性** 无资料

致癌性 无资料 **生殖毒性** 无资料

特异性靶器官系统毒性-一次接触

特异性靶器官系统毒性-反复接触 大鼠吸入浓度为10%本品，每天6h，无影响

吸入危害 无资料

第十二部分 生态学信息

生态毒性 无资料

持久性和降解性

生物降解性 无资料

非生物降解性 该物质在大气中的半衰期约为230～550a

潜在的生物累积性 根据K_{ow}值预测，该物质的生物累积性可能较弱

土壤中的迁移性 根据K_{oc}值预测，该物质可能有一定的迁移性

第十三部分 废弃处置

废弃化学品 根据国家和地方有关法规的要求处置。或与制造商联系，确定处置方法

污染包装物 将容器返还生产商或按照国家和地方法规处置

废弃注意事项 把倒空的容器归还厂商或在规定场所掩埋

第十四部分 运输信息

联合国危险货物编号（UN号） 1020

联合国运输名称 五氟氯乙烷

联合国危险性类别 2.2 **包装类别** -

包装标志  **海洋污染物** 否

运输注意事项 采用钢瓶运输时必须戴好钢瓶上的安全帽。钢瓶一般平放，并应将瓶口朝同一方向，不可交叉；高度不得超过车辆的防护栏板，并用三角木垫卡牢，防止滚动。严禁与氧化剂、碱金属、碱土金属等混装混运。夏季应早晚运输，防止日光曝晒。铁路运输时要禁止溜放

第十五部分 法规信息

下列法律、法规、规章和标准，对该化学品的管理作了相应的规定。

中华人民共和国职业病防治法 职业病分类和目录：未列入

危险化学品安全管理条例 危险化学品目录：列入。易制爆危险化学品名录：未列入。重点监管的危险化学品名录：未列入。GB 18218—2009《危险化学品重大危险源辨识》（表1）：未列入

使用有毒物品作业场所劳动保护条例 高毒物品目录：未列入

易制毒化学品管理条例 易制毒化学品的分类和品种目录：未列入

国际公约 斯德哥尔摩公约：未列入。鹿特丹公约：未列入。蒙特利尔议定书：列入

第十六部分 其他信息

编写和修订信息 **缩略语和首字母缩写**

培训建议 **参考文献**

免责声明

一氧化氮

第一部分 化学品标识

化学品中文名 一氧化氮；氧化氮

化学品英文名 nitrogen monoxide；nitric oxide

分子式 NO **相对分子质量** 30.01

结构式 N≡O

化学品的推荐及限制用途 制硝酸、人造丝漂白剂、丙烯及二甲醚的安定剂

第二部分 危险性概述

紧急情况概述 可引起燃烧或加剧燃烧：氧化剂，内装加压气体：遇热可能爆炸，吸入会中毒，造成严重的皮肤灼伤和眼损伤

GHS危险性类别 氧化性气体，类别1；加压气体；急性毒性-吸入，类别3；皮肤腐蚀/刺激，类别1；严重眼损伤/眼刺激，类别1；特异性靶器官毒性--一次接触，类别1

标签要素

象形图

警示词 危险

危险性说明 可引起燃烧或加剧燃烧：氧化剂，内装加压气体：遇热可能爆炸，吸入会中毒，造成严重的皮肤灼伤和眼损伤，对器官造成损害

防范说明

预防措施 储存处远离服装、可燃材料。阀门或紧固装置不得带有油脂或油剂。避免吸入气体。仅在室外或通风良好处操作。避免接触眼睛、皮肤，操作后彻底清洗。戴防护手套，穿防护服，戴防护眼镜、防护面罩。作业场所不得进食、饮水或吸烟

事故响应 火灾时：如能保证安全，设法堵塞泄漏。如吸入：将患者转移到空气新鲜处，休息，保持利于呼吸的体位。接触眼睛：用水细心冲洗数分钟。如戴隐形眼镜并可方便地取出，取出隐形眼镜继续冲洗。如果接触：立即呼叫中毒控制中心或就医

安全储存 防日晒。存放在通风良好的地方。保持容器密闭。上锁保管

废弃处置 本品及内装物、容器依据国家和地方法规处置

物理和化学危险 助燃。与可燃物接触易着火燃烧

健康危害 本品不稳定，在空气中很快转变为二氧化氮产生刺激作用。氮氧化物主要损害呼吸道。吸入初期仅有轻微的眼及呼吸道刺激症状，如咽部不适、干咳等。常经数小时至十几小时或更长时间潜伏期后发生迟发性肺水肿、成人呼吸窘迫综合征，出现胸闷、呼吸窘迫、咳嗽、咯泡沫痰、紫绀等。可并发气胸及纵隔气肿。肺水肿消退后两周左右可出现迟发性阻塞性细支气管炎。一氧化氮浓度高可致高铁血红蛋白血症。眼和皮肤接触引起灼伤

慢性影响 主要表现为神经衰弱综合征及慢性呼吸道炎症。个别病例出现肺纤维化。可引起牙齿酸蚀症

环境危害 对环境可能有害

第三部分 成分/组成信息

√物质		混合物
组分	**浓度**	**CAS No.**
一氧化氮		10102-43-9

第四部分 急救措施

吸入 迅速脱离现场至空气新鲜处。保持呼吸道通畅。如呼吸困难，给输氧。如呼吸、心跳停止，立即进行心肺复苏术。就医

皮肤接触 立即脱去污染的衣着，用大量流动清水彻底冲洗至少15min。就医

眼睛接触 立即分开眼睑，用流动清水或生理盐水彻底冲洗至少15min。就医

对保护施救者的忠告 根据需要使用个人防护设备

对医生的特别提示 对症处理

第五部分 消防措施

灭火剂 本品不燃。根据着火原因选择适当灭火剂灭火

特别危险性 接触空气会散发出棕色有氧化性的烟雾

灭火注意事项及防护措施 切断气源。若不能切断气源，则不允许熄灭泄漏处的火焰。消防人员必须佩戴空气呼吸器、穿全身防火防毒服，在上风向灭火。尽可能将容器从火场移至空旷处。喷水保持火场容器冷却，直至灭火结束

第六部分 泄漏应急处理

作业人员防护措施、防护装备和应急处置程序 根据气体扩散的影响区域划定警戒区，无关人员从侧风、上风向撤离至安全区。建议应急处理人员穿内置正压自给式呼吸器的全封闭防化服。勿使泄漏物与可燃物质（如木材、纸、油等）接触。尽可能切断泄漏源。喷雾状水抑制蒸气或改变蒸气云流向，避免水流接触泄漏物。禁止用水直接冲击泄漏物或泄漏源

环境保护措施 防止气体通过下水道、通风系统和有限空

间扩散

泄漏化学品的收容、清除方法及所使用的处置材料 隔离泄漏区直至气体散尽。泄漏场所保持通风

第七部分 操作处置与储存

操作注意事项 严加密闭，提供充分的局部排风和全面通风。操作人员必须经过专门培训，严格遵守操作规程。建议操作人员佩戴自吸过滤式防毒面具（半面罩），戴化学安全防护眼镜，穿透气型防毒服，戴防化学品手套。远离火种、热源。工作场所严禁吸烟。远离易燃、可燃物。防止气体泄漏到工作场所空气中。避免与卤素接触。搬运时轻装轻卸，防止钢瓶及附件破损。配备相应品种和数量的消防器材及泄漏应急处理设备

储存注意事项 储存于阴凉、通风的有毒气体专用库房。远离火种、热源。库温不宜超过30℃。应与易（可）燃物、卤素、食用化学品分开存放，切忌混储。储区应备有泄漏应急处理设备

第八部分 接触控制/个体防护

职业接触限值

中国 PC-TWA：15mg/m^3

美国(ACGIH) TLV-TWA：25ppm

生物接触限值 未制定标准

监测方法 空气中有毒物质测定方法：盐酸萘乙二胺分光光度法。生物监测检验方法：未制定标准

工程控制 严加密闭，提供充分的局部排风和全面通风。提供安全的淋浴和洗眼设备

个体防护装备

呼吸系统防护 空气中浓度超标时，佩戴过滤式防毒面具（半面罩）。紧急事态抢救或撤离时，建议佩戴空气呼吸器

眼睛防护 戴化学安全防护眼镜

皮肤和身体防护 穿透气型防毒服

手防护 戴防化学品手套

第九部分 理化特性

外观与性状 无色气体

pH值 无意义 **熔点(℃)** −163.6

沸点(℃) −151.8

相对密度(水=1) 1.27（−151℃）

相对蒸气密度(空气=1) 1.04

饱和蒸气压(kPa) 6079.2（−94.8℃）

燃烧热(kJ/mol) 无资料 **临界温度(℃)** −93

临界压力(MPa) 6.48 **辛醇/水分配系数** 0.10

闪点(℃) 无意义 **自燃温度(℃)** 无意义

爆炸下限(%) 无意义 **爆炸上限(%)** 无意义

分解温度(℃) 无资料 **黏度(mPa·s)** 0.02(25℃)

溶解性 微溶于水，溶于乙醇、二硫化碳

第十部分 稳定性和反应性

稳定性 稳定

危险反应 与易燃或可燃物、卤素等禁配物接触，有发生火灾和爆炸的危险

避免接触的条件 空气

禁配物 易燃或可燃物、铝、卤素、氧、氢气

危险的分解产物 无资料

第十一部分 毒理学信息

急性毒性 LC$_{50}$：1068mg/m^3（大鼠吸入，4h）

皮肤刺激或腐蚀 无资料 **眼睛刺激或腐蚀** 无资料

呼吸或皮肤过敏 无资料

生殖细胞突变性 微生物致突变：鼠伤寒沙门氏菌30ppm。哺乳动物体细胞突变：大鼠吸入27ppm（连续，3h）

致癌性 无资料 **生殖毒性** 无资料

特异性靶器官系统毒性-一次接触 无资料

特异性靶器官系统毒性-反复接触 无资料

吸入危害 无资料

第十二部分 生态学信息

生态毒性 无资料

持久性和降解性

生物降解性 无资料

非生物降解性 无资料

潜在的生物累积性 无资料

土壤中的迁移性 无资料

第十三部分 废弃处置

废弃化学品 根据国家和地方有关法规的要求处置。或与制造商联系，确定处置方法

污染包装物 将容器返还生产商或按照国家和地方法规处置

废弃注意事项 把倒空的容器归还厂商或在规定场所掩埋

第十四部分 运输信息

联合国危险货物编号(UN号) 1660

联合国运输名称 压缩一氧化氮

联合国危险性类别 2.3，5.1/8

包装类别 -

包装标志 

海洋污染物 否

运输注意事项 采用钢瓶运输时必须戴好钢瓶上的安全帽。钢瓶一般平放，并应将瓶口朝同一方向，不可交叉；高度不得超过车辆的防护栏板，并用三角木垫卡牢，防止滚动。严禁与易燃物或可燃物、卤素、食用化学品等混装混运。夏季应早晚运输，防止日光曝晒。公路运输时要按规定路线行驶，禁止在居民区和人口稠密区停留。铁路运输时要禁止溜放。运输车辆应配备相应品种和数量的消防器材及泄漏应急处理设备

第十五部分 法规信息

下列法律、法规、规章和标准，对该化学品的管理作

了相应的规定。

中华人民共和国职业病防治法 职业病分类和目录：氮氧化合物中毒

危险化学品安全管理条例 危险化学品目录：列入。易制爆危险化学品名录：未列入。重点监管的危险化学品名录：未列入。GB 18218—2009《危险化学品重大危险源辨识》(表1)：未列入

使用有毒物品作业场所劳动保护条例 高毒物品目录：未列入

易制毒化学品管理条例 易制毒化学品的分类和品种目录：未列入

国际公约 斯德哥尔摩公约：未列入。鹿特丹公约：未列入。蒙特利尔议定书：未列入

第十六部分 其他信息

编写和修订信息　　**缩略语和首字母缩写**

培训建议　　**参考文献**

免责声明

一氧化二氮［压缩的］

第一部分 化学品标识

化学品中文名 一氧化二氮［压缩的］；氧化亚氮；笑气

化学品英文名 nitrous oxide (compressed)；laughing gas

分子式 N_2O　**相对分子质量** 44.02

结构式 N≡N═O

化学品的推荐及限制用途 用作医药麻醉剂、防腐剂，以及用于气密性检查

第二部分 危险性概述

紧急情况概述 可引起燃烧或加剧燃烧；氧化剂，内装加压气体：遇热可能爆炸，可能引起昏昏欲睡或眩晕

GHS 危险性类别 氧化性气体，类别1；加压气体；生殖毒性，类别1A；特异性靶器官毒性-一次接触，类别3（麻醉效应）；特异性靶器官毒性-反复接触，类别1

标签要素

象形图

警示词 危险

危险性说明 可引起燃烧或加剧燃烧：氧化剂，内装加压气体：遇热可能爆炸，可能对生育力或胎儿造成伤害，可能引起昏昏欲睡或眩晕，长时间或反复接触对器官造成损伤

防范说明

预防措施 储存处远离服装、可燃材料。阀门或紧固装置不得带有油脂或油剂。得到专门指导后操作。在阅读并了解所有安全预防措施之前，切勿操作。按要求使用个体防护装备。避免吸入气体。操作后彻底清洗。操作现场不得进食、饮水或吸烟

事故响应 火灾时：如能保证安全，设法堵塞泄漏。如果接触或有担心，就医。如感觉不适，就医

安全储存 防日晒。存放在通风良好的地方。上锁保管

废弃处置 本品及内装物、容器依据国家和地方法规处置

物理和化学危险 助燃。与可燃物接触易着火燃烧

健康危害 有麻醉作用。吸入本品和空气的混合物，当其中氧浓度很低时可引起窒息；吸入80%本品和氧气的混合物引起深麻醉，苏醒后一般无后遗作用

环境危害 对环境可能有害

第三部分 成分/组成信息

√物质　　混合物

组分	浓度	CAS No.
一氧化二氮		10024-97-2

第四部分 急救措施

吸入 迅速脱离现场至空气新鲜处。保持呼吸道通畅。如呼吸困难，给输氧。如呼吸、心跳停止，立即进行心肺复苏术。就医

对保护施救者的忠告 根据需要使用个人防护设备

对医生的特别提示 对症处理

第五部分 消防措施

灭火剂 本品不燃。根据着火原因选择适当灭火剂灭火

特别危险性 遇乙醚、乙烯等易燃气体能起助燃作用，可加剧火焰的燃烧

灭火注意事项及防护措施 切断气源。若不能切断气源，则不允许熄灭泄漏处的火焰。消防人员必须佩戴空气呼吸器、穿全身防火防毒服，在上风向灭火。尽可能将容器从火场移至空旷处。喷水保持火场容器冷却，直至灭火结束

第六部分 泄漏应急处理

作业人员防护措施、防护装备和应急处置程序 根据气体扩散的影响区域划定警戒区，无关人员从侧风、上风向撤离至安全区。消除所有点火源。建议应急处理人员戴正压自给式呼吸器，穿一般作业工作服。勿使泄漏物与可燃物质（如木材、纸、油等）接触。尽可能切断泄漏源。喷雾状水抑制蒸气或改变蒸气云流向，避免水流接触泄漏物。禁止用水直接冲击泄漏物或泄漏源

环境保护措施 防止气体通过下水道、通风系统和有限空间扩散

泄漏化学品的收容、清除方法及所使用的处置材料 漏出气允许排入大气中。隔离泄漏区直至气体散尽

第七部分 操作处置与储存

操作注意事项 密闭操作，提供良好的自然通风条件。操作人员必须经过专门培训，严格遵守操作规程。远离火种、热源。工作场所严禁吸烟。远离易燃、可燃物。防止气体泄漏到工作场所空气中。避免与

还原剂接触。搬运时轻装轻卸，防止钢瓶及附件破损。配备相应品种和数量的消防器材及泄漏应急处理设备

储存注意事项 储存于阴凉、通风的不燃气体专用库房。远离火种、热源。库温不宜超过30℃。应与易（可）燃物、还原剂分开存放，切忌混储。储区应备有泄漏应急处理设备

第八部分 接触控制/个体防护

职业接触限值

中国 未制定标准

美国(ACGIH) TLV-TWA：50ppm

生物接触限值 未制定标准

监测方法 空气中有毒物质测定方法：未制定标准。生物监测检验方法：未制定标准

工程控制 密闭操作。提供良好的自然通风条件

个体防护装备

呼吸系统防护 一般不需要特殊防护，高浓度接触时可佩戴过滤式防毒面具（半面罩）

眼睛防护 一般不需特殊防护

皮肤和身体防护 穿一般作业工作服

手防护 戴一般作业防护手套

第九部分 理化特性

外观与性状 无色气体，有甜味

pH值 无意义 **熔点(℃)** −90.8

沸点(℃) −88.5

相对密度(水=1) 1.23（−89℃）

相对蒸气密度(空气=1) 1.53（25℃）

饱和蒸气压(kPa) 506.62（−58℃）

燃烧热(kJ/mol) 无资料 **临界温度(℃)** 36.5

临界压力(MPa) 7.26 **辛醇/水分配系数** 0.35

闪点(℃) 无意义 **自燃温度(℃)** 无意义

爆炸下限(%) 无意义 **爆炸上限(%)** 无意义

分解温度(℃) 无资料 **黏度(mPa·s)** 0.01(25℃)

溶解性 微溶于水，溶于乙醇、乙醚、浓硫酸

第十部分 稳定性和反应性

稳定性 稳定

危险反应 与强还原剂、易燃或可燃物等禁配物接触，有发生火灾和爆炸的危险

避免接触的条件 无资料

禁配物 强还原剂、易燃或可燃物、乙醚、乙烯

危险的分解产物 无资料

第十一部分 毒理学信息

急性毒性 LC_{50}：1068mg/m³（大鼠吸入，4h）

皮肤刺激或腐蚀 无资料 **眼睛刺激或腐蚀** 无资料

呼吸或皮肤过敏 无资料 **生殖细胞突变性** 无资料

致癌性 无资料 **生殖毒性** 无资料

特异性靶器官系统毒性-一次接触 无资料

特异性靶器官系统毒性-反复接触 无资料

吸入危害 无资料

第十二部分 生态学信息

生态毒性 无资料

持久性和降解性

生物降解性 无资料

非生物降解性 无资料

潜在的生物累积性 无资料

土壤中的迁移性 无资料

第十三部分 废弃处置

废弃化学品 根据国家和地方有关法规的要求处置。或与制造商联系，确定处置方法

污染包装物 将容器返还生产商或按照国家和地方法规处置

废弃注意事项 处置前应参阅国家和地方有关法规

第十四部分 运输信息

联合国危险货物编号（UN号） 1070

联合国运输名称 氧化亚氮

联合国危险性类别 2.2 **包装类别** -

包装标志 

海洋污染物 否

运输注意事项 采用钢瓶运输时必须戴好钢瓶上的安全帽。钢瓶一般平放，并应将瓶口朝同一方向，不可交叉；高度不得超过车辆的防护栏板，并用三角木垫卡牢，防止滚动。严禁与易燃物或可燃物、还原剂等混装混运。夏季应早晚运输，防止日光曝晒。铁路运输时要禁止溜放

第十五部分 法规信息

下列法律、法规、规章和标准，对该化学品的管理作了相应的规定。

中华人民共和国职业病防治法 职业病分类和目录：氮氧化合物中毒

危险化学品安全管理条例 危险化学品目录：列入。易制爆危险化学品名录：未列入。重点监管的危险化学品名录：未列入。GB 18218—2009《危险化学品重大危险源辨识》(表1)：未列入

使用有毒物品作业场所劳动保护条例 高毒物品目录：未列入

易制毒化学品管理条例 易制毒化学品的分类和品种目录：未列入

国际公约 斯德哥尔摩公约：未列入。鹿特丹公约：未列入。蒙特利尔议定书：未列入

第十六部分 其他信息

编写和修订信息 **缩略语和首字母缩写**

培训建议 **参考文献**

免责声明

一氧化铅

第一部分 化学品标识

化学品中文名 一氧化铅；氧化铅；黄丹；密陀僧

化学品英文名 lead oxide；lead monoxide

分子式 PbO **相对分子质量** 223.19

结构式 Pb═O

化学品的推荐及限制用途 用作颜料、冶金助熔剂、油漆催干剂、橡胶硫化促进剂、杀虫剂等

第二部分 危险性概述

紧急情况概述 可能致癌

GHS危险性类别 皮肤腐蚀/刺激，类别3；生殖细胞致突变性，类别2；致癌性，类别1B；生殖毒性，类别1A；特异性靶器官毒性-反复接触，类别2；危害水生环境-长期危害，类别4

标签要素

象形图 

警示词 危险

危险性说明 造成轻微皮肤刺激，怀疑可造成遗传性缺陷，可能致癌，可能对生育力或胎儿造成伤害，长时间或反复接触可能对器官造成损伤，可能对水生生物造成长期持续有害影响

防范说明

预防措施 得到专门指导后操作。在阅读并了解所有安全预防措施之前，切勿操作。按要求使用个体防护装备。避免吸入粉尘、烟气。禁止排入环境

事故响应 如发生皮肤刺激，就医。如感觉不适，就医

安全储存 上锁保管

废弃处置 本品及内装物、容器依据国家和地方法规处置

物理和化学危险 不燃，无特殊燃爆特性

健康危害 铅及其化合物损害造血、神经、消化系统及肾脏。职业中毒主要为慢性。神经系统主要表现为神经衰弱综合征，周围神经病（以运动功能受累较明显），重者出现铅中毒性脑病。消化系统表现有齿龈铅线、食欲不振、恶心、腹胀、腹泻或便秘；腹绞痛见于中度及重度中毒病例。造血系统损害出现卟啉代谢障碍、贫血等。短时大量接触可发生急性或亚急性中毒，表现类似重症慢性铅中毒。对肾脏损害多见于急性、亚急性或较重慢性病例

环境危害 可能对水生生物造成长期持续有害影响

第三部分 成分/组成信息

√物质 混合物

组分	浓度	CAS No.
一氧化铅		1317-36-8

第四部分 急救措施

吸入 迅速脱离现场至空气新鲜处。保持呼吸道通畅。如呼吸困难，给吸氧。如呼吸、心跳停止，立即行心肺复苏术。就医

皮肤接触 立即脱去污染衣着，用肥皂水或清水彻底冲洗。就医

眼睛接触 分开眼睑，用清水或生理盐水冲洗。就医

食入 漱口，饮水。就医

对保护施救者的忠告 根据需要使用个人防护设备

对医生的特别提示 解毒剂：依地酸二钠钙、二巯基丁二酸钠、二巯基丁二酸等

第五部分 消防措施

灭火剂 本品不燃。根据着火原因选择适当灭火剂灭火

特别危险性 无特殊的燃烧爆炸特性

灭火注意事项及防护措施 消防人员必须佩戴空气呼吸器、穿全身防火防毒服，在上风向灭火。尽可能将容器从火场移至空旷处。喷水保持火场容器冷却，直至灭火结束

第六部分 泄漏应急处理

作业人员防护措施、防护装备和应急处置程序 隔离泄漏污染区，限制出入。建议应急处理人员戴防尘口罩，穿防毒服，戴防化学品手套。穿上适当的防护服前严禁接触破裂的容器和泄漏物。尽可能切断泄漏源。用塑料布覆盖泄漏物，减少飞散。勿使水进入包装容器内

环境保护措施 无资料

泄漏化学品的收容、清除方法及所使用的处置材料 用洁净的铲子收集泄漏物，置于干净、干燥、盖子较松的容器中，将容器移离泄漏区

第七部分 操作处置与储存

操作注意事项 密闭操作，加强通风。操作人员必须经过专门培训，严格遵守操作规程。建议操作人员佩戴自吸过滤式防尘口罩，戴安全防护眼镜，穿透气型防毒服，戴防化学品手套。避免产生粉尘。避免与酸类、碱类接触。搬运时要轻装轻卸，防止包装及容器损坏。配备泄漏应急处理设备。倒空的容器可能残留有害物

储存注意事项 储存于阴凉、通风的库房。库房温度不超过35℃，相对湿度不超过80%。包装密封。避光保存。应与酸类、碱类、食用化学品分开存放，切忌混储。储区应备有合适的材料收容泄漏物

第八部分 接触控制/个体防护

职业接触限值

中国 PC-TWA：0.05mg/m^3（铅尘），0.03mg/m^3（铅烟）[按Pb计][G2A]

美国(ACGIH) TLV-TWA：0.05mg/m^3 [按Pb计]

生物接触限值 血铅：2.0μmol/L（400μg/L）（采样时

间：接触3周后的任意时间）

监测方法 空气中有毒物质测定方法：火焰原子吸收光谱法；双硫腙分光光度法；氢化物-原子吸收光谱法；微分电位溶出法。生物监测检验方法：血中铅的石墨炉原子吸收光谱测定方法；血中铅的微分电位溶出测定方法

工程控制 生产过程密闭，加强通风

个体防护装备

呼吸系统防护 可能接触其粉尘时，作业人员应该佩戴过滤式防尘呼吸器。必要时，佩戴空气呼吸器或长管面具

眼睛防护 必要时，戴安全防护眼镜

皮肤和身体防护 穿透气型防毒服

手防护 戴防化学品手套

第九部分 理化特性

外观与性状 黄色或略带红色的黄色粉末或细小片状结晶，遇光易变色

pH值 无意义 **熔点(℃)** 888～890

沸点(℃) 1472（分解） **相对密度(水＝1)** 9.53

相对蒸气密度(空气＝1) 无资料

饱和蒸气压(kPa) 无资料

燃烧热(kJ/mol) 无资料 **临界温度(℃)** 无资料

临界压力(MPa) 无意义 **辛醇/水分配系数** 无资料

闪点(℃) 无意义 **自燃温度(℃)** 无意义

爆炸下限(%) 无意义 **爆炸上限(%)** 无意义

分解温度(℃) 无资料 **黏度(mPa·s)** 无资料

溶解性 不溶于水，不溶于乙醇，溶于硝酸、乙酸、热碱液

第十部分 稳定性和反应性

稳定性 稳定

危险反应 与强酸等禁配物发生反应

避免接触的条件 无资料

禁配物 强酸、强碱

危险的分解产物 无资料

第十一部分 毒理学信息

急性毒性 LD_{50}：450mg/kg（大鼠腹腔）

皮肤刺激或腐蚀 家兔经皮：100mg（24h），轻度刺激

眼睛刺激或腐蚀 无资料

呼吸或皮肤过敏 无资料

生殖细胞突变性 形态学转化：仓鼠胚胎50μmol/L

致癌性 IARC致癌性评论：组2A，可能人类致癌物

生殖毒性 无资料

特异性靶器官系统毒性-一次接触 无资料

特异性靶器官系统毒性-反复接触 猴吸入氧化铅6个月或12个月，每天22h，浓度21.5μg/m^3，出现肺、肝、肾及骨中铅含量升高

第十二部分 生态学信息

生态毒性 无资料

持久性和降解性

生物降解性 无资料

非生物降解性 无资料

潜在的生物累积性 无资料

土壤中的迁移性 无资料

第十三部分 废弃处置

废弃化学品 用安全掩埋法处置

污染包装物 将容器返还生产商或按照国家和地方法规处置

废弃注意事项 处置前应参阅国家和地方有关法规

第十四部分 运输信息

联合国危险货物编号(UN号) - **联合国运输名称** -

联合国危险性类别 - **包装类别** -

包装标志 - **海洋污染物** -

运输注意事项 运输前应先检查包装容器是否完整、密封，运输过程中要确保容器不泄漏、不倒塌、不坠落、不损坏。严禁与酸类、氧化剂、食品及食品添加剂混运。运输时运输车辆应配备泄漏应急处理设备。运输途中应防曝晒、雨淋，防高温

第十五部分 法规信息

下列法律、法规、规章和标准，对该化学品的管理作了相应的规定。

中华人民共和国职业病防治法 职业病分类和目录：铅及其化合物中毒

危险化学品安全管理条例 危险化学品目录：列入。易制爆危险化学品名录：未列入。重点监管的危险化学品名录：未列入。GB 18218—2009《危险化学品重大危险源辨识》（表1）：未列入

使用有毒物品作业场所劳动保护条例 高毒物品目录：列入

易制毒化学品管理条例 易制毒化学品的分类和品种目录：未列入

国际公约 斯德哥尔摩公约：未列入。鹿特丹公约：未列入。蒙特利尔议定书：未列入

第十六部分 其他信息

编写和修订信息 **缩略语和首字母缩写**

培训建议 **参考文献**

免责声明

一氧化碳

第一部分 化学品标识

化学品中文名 一氧化碳

化学品英文名 carbon monoxide；flue gas

分子式 CO **相对分子质量** 28.01

结构式 O≡C

化学品的推荐及限制用途 主要用于化学合成，如合成甲醇、光气等，用作燃料及精炼金属的还原剂

第二部分　危险性概述

紧急情况概述　极易燃气体，内装加压气体：遇热可能爆炸，吸入会中毒

GHS 危险性类别　易燃气体，类别 1；加压气体；急性毒性-吸入，类别 3；生殖毒性，类别 1A；特异性靶器官毒性-反复接触，类别 1

标签要素

象形图

警示词　危险

危险性说明　极易燃气体，内装加压气体：遇热可能爆炸，吸入会中毒，可能对生育力或胎儿造成伤害，长时间或反复接触对器官造成损伤

防范说明

预防措施　远离热源、火花、明火、热表面。禁止吸烟。避免吸入气体。仅在室外或通风良好处操作。得到专门指导后操作。在阅读并了解所有安全预防措施之前，切勿操作。按要求使用个体防护装备。操作后彻底清洗。操作现场不得进食、饮水或吸烟

事故响应　漏气着火：切勿灭火，除非漏气能够安全地制止。如果没有危险，消除一切点火源。如吸入：将患者转移到空气新鲜处，休息，保持利于呼吸的体位，呼叫中毒控制中心或就医。如果接触或有担心，就医。如感觉不适，就医

安全储存　防日晒。存放在通风良好的地方。保持容器密闭。上锁保管

废弃处置　本品及内装物、容器依据国家和地方法规处置

物理和化学危险　极易燃，与空气混合能形成爆炸性混合物

健康危害　一氧化碳在血中与血红蛋白结合而造成组织缺氧

急性中毒　轻度中毒者出现剧烈头痛、头晕、耳鸣、心悸、恶心、呕吐、无力，轻度至中度意识障碍但无昏迷，血液碳氧血红蛋白浓度可高于 10%；中度中毒者除上述症状外，意识障碍表现为浅至中度昏迷，但经抢救后恢复且无明显并发症，血液碳氧血红蛋白浓度可高于 30%；重度患者出现深度昏迷或去大脑强直状态、休克、脑水肿、肺水肿、严重心肌损害、锥体系或锥体外系损害、呼吸衰竭等，血液碳氧血红蛋白可高于 50%。部分患意识障碍恢复后，约经 2～60d 的“假愈期”，又可能出现迟发性脑病，以意识精神障碍、锥体系或锥体外系损害为主

慢性影响　能否造成慢性中毒及对心血管影响无定论

环境危害　对环境可能有害

第三部分　成分/组成信息

√物质		混合物
组分	**浓度**	**CAS No.**
一氧化碳		630-08-0

第四部分　急救措施

吸入　迅速脱离现场至空气新鲜处。保持呼吸道通畅。如呼吸困难，给输氧。如呼吸、心跳停止，立即进行心肺复苏术。就医

对保护施救者的忠告　根据需要使用个人防护设备

对医生的特别提示　高压氧疗法

第五部分　消防措施

灭火剂　用雾状水、泡沫、二氧化碳、干粉灭火

特别危险性　与空气混合能形成爆炸性混合物，遇明火、高热能引起燃烧爆炸。燃烧生成有害的二氧化碳

灭火注意事项及防护措施　切断气源。若不能切断气源，则不允许熄灭泄漏处的火焰。消防人员必须佩戴空气呼吸器、穿全身防火防毒服，在上风向灭火。尽可能将容器从火场移至空旷处。喷水保持火场容器冷却，直至灭火结束

第六部分　泄漏应急处理

作业人员防护措施、防护装备和应急处置程序　消除所有点火源。根据气体扩散的影响区域划定警戒区，无关人员从侧风、上风向撤离至安全区。建议应急处理人员戴正压自给式呼吸器，穿防静电服。作业时使用的所有设备应接地。尽可能切断泄漏源。喷雾状水抑制蒸气或改变蒸气云流向

环境保护措施　防止气体通过下水道、通风系统和有限空间扩散

泄漏化学品的收容、清除方法及所使用的处置材料　隔离泄漏区直至气体散尽

第七部分　操作处置与储存

操作注意事项　严加密闭，提供充分的局部排风和全面通风。操作人员必须经过专门培训，严格遵守操作规程。建议操作人员佩戴自吸过滤式防毒面具（半面罩），穿防静电工作服。远离火种、热源。工作场所严禁吸烟。使用防爆型的通风系统和设备。防止气体泄漏到工作场所空气中。避免与氧化剂、碱类接触。在传送过程中，钢瓶和容器必须接地和跨接，防止产生静电。搬运时轻装轻卸，防止钢瓶及附件破损。配备相应品种和数量的消防器材及泄漏应急处理设备

储存注意事项　储存于阴凉、通风的易燃气体专用库房。远离火种、热源。库温不宜超过 30℃。应与氧化剂、碱类、食用化学品分开存放，切忌混储。采用防爆型照明、通风设施。禁止使用易产生火花的机械设备和工具。储区应备有泄漏应急处理设备

第八部分　接触控制/个体防护

职业接触限值

中国　MAC：20mg/m^3（高原海拔 2000～3000m），15mg/m^3（高原海拔 > 3000m）；PC-TWA：20mg/m^3（非高原）；PC-STEL：30mg/m^3（非高原）

美国(ACGIH)　TLV-TWA：25ppm

生物接触限值 血碳氧血红蛋白：5%Hb（采样时间：工作班末）

监测方法 空气中有毒物质测定方法：直接进样-气相色谱法；不分光红外线气体分析仪法。生物监测检验方法：血中碳氧血红蛋白的分光光度测定方法

工程控制 严加密闭，提供充分的局部排风和全面通风。生产、生活用气必须分路

个体防护装备

呼吸系统防护 空气中浓度超标时，佩戴过滤式防毒面具（半面罩）。紧急事态抢救或撤离时，建议佩戴空气呼吸器或一氧化碳过滤式自救器

眼睛防护 一般不需特殊防护

皮肤和身体防护 穿防静电工作服

手防护 戴一般作业防护手套

第九部分 理化特性

外观与性状 无色无味气体

pH 值 无意义 **熔点(℃)** −205

沸点(℃) −191.5

相对密度(水=1) 1.25（0℃）

相对蒸气密度(空气=1) 0.97

饱和蒸气压(kPa) 无资料

燃烧热(kJ/mol) 无资料 **临界温度(℃)** −140.2

临界压力(MPa) 3.50 **辛醇/水分配系数** 1.78

闪点(℃) <−50 **自燃温度(℃)** 610

爆炸下限(%) 12.5 **爆炸上限(%)** 74.2

分解温度(℃) 无资料 **黏度(mPa·s)** 无资料

溶解性 微溶于水，溶于乙醇、苯、氯仿等多数有机溶剂

第十部分 稳定性和反应性

稳定性 稳定

危险反应 与强氧化剂等禁配物接触，有发生火灾和爆炸的危险

避免接触的条件 无资料

禁配物 强氧化剂

危险的分解产物 无资料

第十一部分 毒理学信息

急性毒性 LC_{50}：1807ppm（大鼠吸入，4h）

皮肤刺激或腐蚀 无资料 **眼睛刺激或腐蚀** 无资料

呼吸或皮肤过敏 无资料

生殖细胞突变性 微核试验：小鼠吸入 1500ppm（10min）。姐妹染色单体交换：小鼠吸入 2500ppm（10min）

致癌性 无资料

生殖毒性 大鼠、豚鼠、小鼠孕后不同时间吸入最低中毒剂量（TCLo）不同浓度，致中枢神经系统发育畸形。大鼠孕后 1～22d 吸入 150ppm（24h）、103mg/m^3 以及小鼠孕后 1～21d 吸入 103mg/m^3，致心血管系统发育畸形。豚鼠孕后 23～61d 吸入 200ppm（10h），致肝胆管系统发育畸形。大鼠孕后 0～20d 吸入 75ppm（24h），致免疫系统和网状内皮组织系统发育畸形。大鼠吸入最低中毒浓度（TCLo）：150ppm（24h）（孕 1～22d），引起心血管（循环）系统异常。小鼠吸入最低中毒浓度（TCLo）：125ppm（24h）（孕 7～18d），致胚胎毒性

特异性靶器官系统毒性-一次接触 LCLo：4000ppm（人吸入，30min）；人吸入 TCLo：150ppm（24h）；650ppm（45min），中枢神经系统效应

特异性靶器官系统毒性-反复接触 大鼠吸入 0.047～0.053mg/L，每天 4～8h，共 30d，出现生长缓慢，血红蛋白及红细胞数增高，肝脏的琥珀酸脱氢酶及细胞色素氧化酶的活性受到破坏。猴吸入 0.11mg/L，经 3～6 个月引起心肌损伤

吸入危害 无资料

第十二部分 生态学信息

生态毒性 无资料

持久性和降解性

生物降解性 无资料

非生物降解性 无资料

潜在的生物累积性 无资料

土壤中的迁移性 无资料

第十三部分 废弃处置

废弃化学品 用焚烧法处置

污染包装物 将容器返还生产商或按照国家和地方法规处置

废弃注意事项 处置前应参阅国家和地方有关法规

第十四部分 运输信息

联合国危险货物编号（UN 号） 1016

联合国运输名称 压缩一氧化碳

联合国危险性类别 2.3，2.1

包装类别 -

包装标志 

海洋污染物 否

运输注意事项 采用钢瓶运输时必须戴好钢瓶上的安全帽。钢瓶一般平放，并应将瓶口朝同一方向，不可交叉；高度不得超过车辆的防护栏板，并用三角木垫卡牢，防止滚动。运输时运输车辆应配备相应品种和数量的消防器材。装运该物品的车辆排气管必须配备阻火装置，禁止使用易产生火花的机械设备和工具装卸。严禁与氧化剂、碱类、食用化学品等混装混运。夏季应早晚运输，防止日光曝晒。中途停留时应远离火种、热源。公路运输时要按规定路线行驶，禁止在居民区和人口稠密区停留。铁路运输时要禁止溜放

第十五部分 法规信息

下列法律、法规、规章和标准，对该化学品的管理作了相应的规定。

中华人民共和国职业病防治法 职业病分类和目录：一氧化碳中毒

危险化学品安全管理条例 危险化学品目录：列入。易制

爆危险化学品名录：未列入。重点监管的危险化学品名录：列入。GB 18218—2009《危险化学品重大危险源辨识》(表 1)：未列入

使用有毒物品作业场所劳动保护条例　高毒物品目录：列入

易制毒化学品管理条例　易制毒化学品的分类和品种目录：未列入

国际公约　斯德哥尔摩公约：未列入。鹿特丹公约：未列入。蒙特利尔议定书：未列入

第十六部分　其他信息

编写和修订信息　　**缩略语和首字母缩写**

培训建议　　**参考文献**

免责声明

乙　胺

第一部分　化学品标识

化学品中文名　乙胺；氨基乙烷

化学品英文名　ethylamine；aminoethane

分子式　C_2H_7N　**相对分子质量**　45.1

结构式　$\diagup\!\!\diagdown NH_2$

化学品的推荐及限制用途　用于染料合成及作萃取剂、乳化剂、医药原料、试剂等

第二部分　危险性概述

紧急情况概述　极易燃液体和蒸气，内装加压气体：遇热可能爆炸

GHS 危险性类别　易燃气体，类别 1；加压气体；严重眼损伤/眼刺激，类别 2；特异性靶器官毒性—一次接触，类别 3（呼吸道刺激）；危害水生环境-急性危害，类别 3

标签要素

象形图

警示词　危险

危险性说明　极易燃液体和蒸气，内装加压气体：遇热可能爆炸，造成严重眼刺激，可能引起呼吸道刺激，对水生生物有害

防范说明

预防措施　远离热源、火花、明火、热表面。禁止吸烟。保持容器密闭。容器和接收设备接地连接（注：如果再充装的是静电敏感物料时适用）。使用防爆电器、通风、照明设备。只能使用不产生火花的工具。采取防止静电措施。戴防护手套、防护眼镜、防护面罩。避免接触眼睛、皮肤，操作后彻底清洗。禁止排入环境

事故响应　火灾时，使用雾状水、抗溶性泡沫、干粉、二氧化碳灭火。如皮肤（或头发）接触：立即脱掉所有被污染的衣服，用水冲洗皮肤，淋浴。如接触眼睛：用水细心冲洗数分钟。如戴隐形眼镜并可方便地取出，取出隐形眼镜继续冲洗。如果眼睛刺激持续：就医

安全储存　保持低温。防日晒。存放在通风良好的地方

废弃处置　本品及内装物、容器依据国家和地方法规处置

物理和化学危险　极易燃，与空气混合能形成爆炸性混合物

健康危害　接触乙胺蒸气可产生眼部刺激、角膜损伤和上呼吸道刺激。液体溅入眼内，可致严重灼伤；皮肤接触可致灼伤

环境危害　对水生生物有害

第三部分　成分/组成信息

√物质		混合物
组分	**浓度**	**CAS No.**
乙胺		75-04-7

第四部分　急救措施

吸入　迅速脱离现场至空气新鲜处。保持呼吸道通畅。如呼吸困难，给输氧。如呼吸、心跳停止，立即进行心肺复苏术。就医

皮肤接触　立即脱去污染的衣着，用大量流动清水彻底冲洗至少 15min。就医

眼睛接触　立即分开眼睑，用流动清水或生理盐水彻底冲洗至少 15min。就医

食入　用水漱口，禁止催吐。给饮牛奶或蛋清。就医

对保护施救者的忠告　根据需要使用个人防护设备

对医生的特别提示　对症处理

第五部分　消防措施

灭火剂　用雾状水、抗溶性泡沫、干粉、二氧化碳灭火

特别危险性　与氧化剂接触发生猛烈反应。蒸气比空气重，沿地面扩散并易积存于低洼处，遇火源会着火回燃。燃烧生成有害的一氧化碳、氮氧化物

灭火注意事项及防护措施　切断气源。若不能切断气源，则不允许熄灭泄漏处的火焰。消防人员必须佩戴空气呼吸器、穿全身防火防毒服，在上风向灭火。尽可能将容器从火场移至空旷处。喷水保持火场容器冷却，直至灭火结束

第六部分　泄漏应急处理

作业人员防护措施、防护装备和应急处置程序　消除所有点火源。根据气体扩散的影响区域划定警戒区，无关人员从侧风、上风向撤离至安全区。建议应急处理人员戴正压自给式呼吸器，穿防静电、防腐蚀、防毒服。如果是液化气体泄漏，还应注意防冻伤。作业时使用的所有设备应接地。禁止接触或跨越泄漏物。尽可能切断泄漏源。若可能翻转容器，使之逸出气体而非液体。喷雾状水抑制蒸气或改变蒸气云流向

环境保护措施　防止气体通过下水道、通风系统和有限空间扩散

泄漏化学品的收容、清除方法及所使用的处置材料　禁止

用水直接冲击泄漏物或泄漏源。若是液体泄漏，构筑围堤或挖坑收容液体泄漏物。用砂土、惰性物质或蛭石等吸收。隔离泄漏区，通风直至气体散尽

第七部分　操作处置与储存

操作注意事项　密闭操作，加强通风。操作人员必须经过专门培训，严格遵守操作规程。建议操作人员佩戴过滤式防毒面具（半面罩），戴化学安全防护眼镜，穿胶布防毒衣，戴橡胶手套。远离火种、热源。工作场所严禁吸烟。使用防爆型的通风系统和设备。防止气体或蒸气泄漏到工作场所空气中。避免与氧化剂、酸类接触。在传送过程中，钢瓶和容器必须接地和跨接，防止产生静电。搬运时轻装轻卸，防止钢瓶及附件破损。配备相应品种和数量的消防器材及泄漏应急处理设备

储存注意事项　储存于阴凉、通风的易燃气体专用库房。远离火种、热源。库温不宜超过 30℃。保持容器密封。应与氧化剂、酸类分开存放，切忌混储。采用防爆型照明、通风设施。禁止使用易产生火花的机械设备和工具。储区应备有泄漏应急处理设备

第八部分　接触控制/个体防护

职业接触限值

中国　PC-TWA：9mg/m^3；PC-STEL：18mg/m^3［皮］

美国（ACGIH）　TLV-TWA：5ppm；TLV-STEL：15ppm［皮］

生物接触限值　未制定标准

监测方法　空气中有毒物质测定方法：溶剂解吸-气相色谱法。生物监测检验方法：未制定标准

工程控制　生产过程密闭，加强通风。提供安全的淋浴和洗眼设备

个体防护装备

呼吸系统防护　空气中浓度超标时，佩戴过滤式防毒面具（半面罩）。紧急事态抢救或撤离时，建议佩戴空气呼吸器

眼睛防护　戴化学安全防护眼镜

皮肤和身体防护　穿隔绝式防毒服

手防护　戴橡胶手套

第九部分　理化特性

外观与性状　无色、有强烈氨味的液体或气体

pH 值　无意义　　**熔点(℃)**　−81

沸点(℃)　16.6　　**相对密度(水=1)**　0.70

相对蒸气密度(空气=1)　1.56

饱和蒸气压(kPa)　121（20℃）

燃烧热(kJ/mol)　−1713.3　　**临界温度(℃)**　182.9

临界压力(MPa)　5.62　　**辛醇/水分配系数**　−0.13

闪点(℃)　−17（CC）；<−6.7（OC）

自燃温度(℃)　385

爆炸下限(%)　3.5　　**爆炸上限(%)**　14.0

分解温度(℃)　无资料　　**黏度(mPa·s)**　无资料

溶解性　溶于水、乙醇、乙醚等

第十部分　稳定性和反应性

稳定性　稳定

危险反应　与强氧化剂等禁配物接触，有发生火灾和爆炸的危险

避免接触的条件　无资料

禁配物　强氧化剂、强酸

危险的分解产物　氨

第十一部分　毒理学信息

急性毒性

LD_{50}　400mg/kg（大鼠经口）；390mg/kg（兔经皮）

LCLo　3000ppm（大鼠吸入，4h）

皮肤刺激或腐蚀　家兔经皮：500mg（24h），轻度刺激

眼睛刺激或腐蚀　家兔经眼：250μg（24h），或 5mg，重度刺激

呼吸或皮肤过敏　无资料　　**生殖细胞突变性**　无资料

致癌性　无资料　　**生殖毒性**　无资料

特异性靶器官系统毒性-一次接触　无资料

特异性靶器官系统毒性-反复接触　家兔吸入 184mg/m^3，每次 7h，每周 5 次，6 周见肺大量出血，支气管周围炎及肾实质不同程度变性。从染毒 2 周开始，兔眼呈现上皮细胞糜烂和角膜水肿

吸入危害　无资料

第十二部分　生态学信息

生态毒性　EC_{50}：40mg/L（48h）（水蚤）

持久性和降解性

生物降解性　MITI-Ⅰ测试，初始浓度 100ppm，污泥浓度 30ppm，2 周后降解 59%～90%

非生物降解性　空气中，当羟基自由基浓度为 5.00×10^5 个/cm^{3}时，降解半衰期为 14h（理论）

潜在的生物累积性　根据 K_{ow} 值预测，该物质的生物累积性可能较弱

土壤中的迁移性　根据 K_{oc} 值预测，该物质可能易发生迁移

第十三部分　废弃处置

废弃化学品　用控制焚烧法处置。焚烧炉排出的氮氧化物通过洗涤器除去

污染包装物　将容器返还生产商或按照国家和地方法规处置

废弃注意事项　处置前应参阅国家和地方有关法规。把空容器归还厂商

第十四部分　运输信息

联合国危险货物编号（UN 号）　1036

联合国运输名称　乙胺　　**联合国危险性类别**　2.1

包装类别　-　　**包装标志**

海洋污染物　否

运输注意事项 采用钢瓶运输时必须戴好钢瓶上的安全帽。钢瓶一般平放，并应将瓶口朝同一方向，不可交叉；高度不得超过车辆的防护栏板，并用三角木垫卡牢，防止滚动。运输时运输车辆应配备相应品种和数量的消防器材及泄漏应急处理设备。装运该物品的车辆排气管必须配备阻火装置，禁止使用易产生火花的机械设备和工具装卸。严禁与氧化剂、酸类、食用化学品等混装混运。夏季应早晚运输，防止日光曝晒。中途停留时应远离火种、热源。公路运输时要按规定路线行驶，禁止在居民区和人口稠密区停留。铁路运输时要禁止溜放

第十五部分 法规信息

下列法律、法规、规章和标准，对该化学品的管理作了相应的规定。

中华人民共和国职业病防治法 职业病分类和目录：未列入

危险化学品安全管理条例 危险化学品目录：列入。易制爆危险化学品名录：未列入。重点监管的危险化学品名录：未列入。GB 18218—2009《危险化学品重大危险源辨识》(表 1)：未列入

使用有毒物品作业场所劳动保护条例 高毒物品目录：未列入

易制毒化学品管理条例 易制毒化学品的分类和品种目录：未列入

国际公约 斯德哥尔摩公约：未列入。鹿特丹公约：未列入。蒙特利尔议定书：未列入

第十六部分 其他信息

编写和修订信息 **缩略语和首字母缩写**

培训建议 **参考文献**

免责声明

乙 苯

第一部分 化学品标识

化学品中文名 乙苯；乙基苯

化学品英文名 ethylbenzene；phenylethane

分子式 C_8H_{10} **相对分子质量** 106.18

结构式

化学品的推荐及限制用途 用于有机合成和用作溶剂

第二部分 危险性概述

紧急情况概述 高度易燃液体和蒸气，吸入有害，吞咽及进入呼吸道可能致命

GHS 危险性类别 易燃液体，类别 2；急性毒性-吸入，类别 4；致癌性，类别 2；特异性靶器官毒性-反复接触，类别 2；吸入危害，类别 1；危害水生环境-急性危害，类别 2

标签要素

象形图 

警示词 危险

危险性说明 高度易燃液体和蒸气，吸入有害，怀疑对生育力或胎儿造成伤害，长时间或反复接触可能对器官造成损伤，吞咽及进入呼吸道可能致命，对水生生物有毒

防范说明

预防措施 远离热源、火花、明火、热表面。禁止吸烟。保持容器密闭。容器和接收设备接地连接。使用防爆电器、通风、照明设备。只能使用不产生火花的工具。采取防止静电措施。戴防护手套、防护眼镜、防护面罩。避免吸入蒸气、雾。仅在室外或通风良好处操作。得到专门指导后操作。在阅读并了解所有安全预防措施之前，切勿操作。按要求使用个体防护装备。禁止排入环境

事故响应 火灾时，使用泡沫、干粉、二氧化碳、砂土灭火。如吸入：将患者转移到空气新鲜处，休息，保持利于呼吸的体位。如感觉不适，呼叫中毒控制中心或就医。如皮肤（或头发）接触：立即脱掉所有被污染的衣服，用水冲洗皮肤，淋浴。如果食入：不要催吐，立即呼叫中毒控制中心或就医。如果接触或有担心，就医

安全储存 存放在通风良好的地方。保持低温。上锁保管

废弃处置 本品及内装物、容器依据国家和地方法规处置

物理和化学危险 高度易燃，其蒸气与空气混合，能形成爆炸性混合物

健康危害 本品对皮肤、黏膜有较强刺激性，高浓度有麻醉作用

急性中毒 轻度中毒有头晕、头痛、恶心、呕吐、步态蹒跚、轻度意识障碍及眼和上呼吸道刺激症状。重者发生昏迷、抽搐、血压下降及呼吸循环衰竭。可有肝损害。直接吸入本品液体可致化学性肺炎和肺水肿

慢性影响 眼及上呼吸道刺激症状、神经衰弱综合征。皮肤出现粗糙、皲裂、脱皮

环境危害 对水生生物有毒

第三部分 成分/组成信息

√物质		混合物
组分	**浓度**	**CAS No.**
乙苯		100-41-4

第四部分 急救措施

吸入 迅速脱离现场至空气新鲜处。保持呼吸道通畅。如呼吸困难，给输氧。如呼吸、心跳停止，立即进行心肺复苏术。就医

皮肤接触 立即脱去污染的衣着，用流动清水彻底冲洗。就医

眼睛接触 立即分开眼睑，用流动清水或生理盐水彻底冲洗。就医

食入 漱口，饮水。禁止催吐。就医

对保护施救者的忠告 根据需要使用个人防护设备

对医生的特别提示 对症处理

第五部分 消防措施

灭火剂 用泡沫、干粉、二氧化碳、砂土灭火

特别危险性 与氧化剂接触发生猛烈反应。流速过快，容易产生和积聚静电。蒸气比空气重，沿地面扩散并易积存于低洼处，遇火源会着火回燃。燃烧生成有害的一氧化碳

灭火注意事项及防护措施 消防人员必须佩戴空气呼吸器、穿全身防火防毒服，在上风向灭火。喷水冷却容器，尽可能将容器从火场移至空旷处。容器突然发出异常声音或出现异常现象，应立即撤离

第六部分 泄漏应急处理

作业人员防护措施、防护装备和应急处置程序 消除所有点火源。根据液体流动和蒸气扩散的影响区域划定警戒区，无关人员从侧风、上风向撤离至安全区。建议应急处理人员戴正压自给式呼吸器，穿防静电服，戴橡胶耐油手套。作业时使用的所有设备应接地。禁止接触或跨越泄漏物。尽可能切断泄漏源

环境保护措施 防止泄漏物进入水体、下水道、地下室或有限空间

泄漏化学品的收容、清除方法及所使用的处置材料 小量泄漏：用砂土或其他不燃材料吸收，使用洁净的无火花工具收集吸收材料。大量泄漏：构筑围堤或挖坑收容。用砂土、惰性物质或蛭石吸收大量液体。用泡沫覆盖，减少蒸发。喷水雾能减少蒸发，但不能降低泄漏物在有限空间内的易燃性。用防爆泵转移至槽车或专用收集器内

第七部分 操作处置与储存

操作注意事项 密闭操作，加强通风。操作人员必须经过专门培训，严格遵守操作规程。建议操作人员佩戴自吸过滤式防毒面具（半面罩），戴化学安全防护眼镜，穿防毒物渗透工作服，戴橡胶耐油手套。远离火种、热源。工作场所严禁吸烟。使用防爆型的通风系统和设备。防止蒸气泄漏到工作场所空气中。避免与氧化剂接触。灌装时应控制流速，且有接地装置，防止静电积聚。搬运时要轻装轻卸，防止包装及容器损坏。配备相应品种和数量的消防器材及泄漏应急处理设备。倒空的容器可能残留有害物

储存注意事项 储存于阴凉、通风的库房。远离火种、热源。库温不宜超过 37℃。保持容器密封。应与氧化剂分开存放，切忌混储。采用防爆型照明、通风设施。禁止使用易产生火花的机械设备和工具。储区应备有泄漏应急处理设备和合适的收容材料

第八部分 接触控制/个体防护

职业接触限值

中国 PC-TWA：100mg/m^3；PC-STEL：150mg/m^3 ［G2B］

美国(ACGIH) TLV-TWA：20ppm

生物接触限值 未制定标准

监测方法 空气中有毒物质测定方法：溶剂解吸-气相色谱法；热解吸-气相色谱法。生物监测检验方法：未制定标准

工程控制 生产过程密闭，加强通风。提供安全的淋浴和洗眼设备

个体防护装备

呼吸系统防护 空气中浓度超标时，佩戴过滤式防毒面具（半面罩）。紧急事态抢救或撤离时，应该佩戴空气呼吸器

眼睛防护 戴化学安全防护眼镜

皮肤和身体防护 穿防毒物渗透工作服

手防护 戴橡胶耐油手套

第九部分 理化特性

外观与性状 无色透明液体，有芳香气味

pH 值 无资料 **熔点(℃)** －94.9

沸点(℃) 136.2

相对密度(水＝1) 0.87（20℃）

相对蒸气密度(空气＝1) 3.66

饱和蒸气压(kPa) 0.9（20℃）

燃烧热(kJ/mol) －4390.1 **临界温度(℃)** 344.1

临界压力(MPa) 3.60 **辛醇/水分配系数** 3.15

闪点(℃) 12.8（CC） **自燃温度(℃)** 432

爆炸下限(%) 1.0 **爆炸上限(%)** 6.7

分解温度(℃) 无资料 **黏度(mPa·s)** 0.64(25℃)

溶解性 不溶于水，可混溶于乙醇、乙醚、苯等多数有机溶剂

第十部分 稳定性和反应性

稳定性 稳定

危险反应 与强氧化剂等禁配物接触，有发生火灾和爆炸的危险

避免接触的条件 无资料

禁配物 强氧化剂、酸类、卤素等

危险的分解产物 无资料

第十一部分 毒理学信息

急性毒性

LD_{50} 3500mg/kg（大鼠经口）；17800mg/kg（兔经皮）

LC_{50} 55000mg/m^3（大鼠吸入，2h）；35500mg/m^3（小鼠吸入，2h）

皮肤刺激或腐蚀 家兔经皮：开放性刺激试验，15mg(24h)，轻度刺激

眼睛刺激或腐蚀 家兔经眼：500mg，重度刺激

呼吸或皮肤过敏 无资料

生殖细胞突变性 姐妹染色单体交换：人淋巴细胞 10mmol/L。哺乳动物体细胞突变：小鼠淋巴细胞 80mg/L

致癌性 IARC 致癌性评论：组 2B，可疑人类致癌物，对人类致癌性证据有限，对动物致癌性证据不充分

生殖毒性 雌性大鼠受孕后 6～15d 吸入 600mg/m^3(14h)，引发仔鼠肌肉骨骼系统发育畸形。大鼠吸入

最低中毒浓度（TCLo）：985ppm（7h）（孕 1～19d），致胚胎毒性（如胚胎发育迟缓）。家兔吸入最低中毒浓度（TCLo）：99ppm（7h）（孕 1～18d），影响每窝胎数

特异性靶器官系统毒性-一次接触 无资料

特异性靶器官系统毒性-反复接触 动物慢性毒性表现为肝、肾及睾丸轻度损害

吸入危害 无资料

第十二部分 生态学信息

生态毒性

LC_{50} 4.2mg/L（96h）（鱼）

IC_{50} 33～160mg/L（72h）（藻类）

持久性和降解性

生物降解性 易快速生物降解

非生物降解性 光解最大光吸收波长范围（nm）：208～269.5；空气中光氧化半衰期（h）：8.56～85.6

潜在的生物累积性 根据 K_{ow} 值预测，该物质可能有一定的生物累积性

土壤中的迁移性 根据 K_{oc} 值预测，该物质可能有一定的迁移性

第十三部分 废弃处置

废弃化学品 用焚烧法处置

污染包装物 将容器返还生产商或按照国家和地方法规处置

废弃注意事项 把倒空的容器归还厂商或在规定场所掩埋。处置前应参阅国家和地方有关法规

第十四部分 运输信息

联合国危险货物编号（UN 号） 1175

联合国运输名称 乙苯 **联合国危险性类别** 3

包装类别 Ⅱ类包装 **包装标志**

海洋污染物 否

运输注意事项 本品铁路运输时限使用钢制企业自备罐车装运，装运前需报有关部门批准。运输时运输车辆应配备相应品种和数量的消防器材及泄漏应急处理设备。夏季最好早晚运输。运输时所用的槽（罐）车应有接地链，槽内可设孔隔板以减少震荡产生的静电。严禁与氧化剂、食用化学品等混装混运。运输途中应防曝晒、雨淋，防高温。中途停留时应远离火种、热源、高温区。装运该物品的车辆排气管必须配备阻火装置，禁止使用易产生火花的机械设备和工具装卸。公路运输时要按规定路线行驶，勿在居民区和人口稠密区停留。铁路运输时要禁止溜放。严禁用木船、水泥船散装运输

第十五部分 法规信息

下列法律、法规、规章和标准，对该化学品的管理作了相应的规定。

中华人民共和国职业病防治法 职业病分类和目录：未列入

危险化学品安全管理条例 危险化学品目录：列入。易制爆危险化学品名录：未列入。重点监管的危险化学品名录：未列入。GB 18218—2009《危险化学品重大危险源辨识》（表 1）：未列入

使用有毒物品作业场所劳动保护条例 高毒物品目录：未列入

易制毒化学品管理条例 易制毒化学品的分类和品种目录：未列入

国际公约 斯德哥尔摩公约：未列入。鹿特丹公约：未列入。蒙特利尔议定书：未列入

第十六部分 其他信息

编写和修订信息 缩略语和首字母缩写

培训建议 参考文献

免责声明

乙 丙 醚

第一部分 化学品标识

化学品中文名 乙丙醚；乙基丙基醚；1-乙氧基丙烷

化学品英文名 ethyl propyl ether；1-ethoxypropane

分子式 $C_5H_{12}O$ **相对分子质量** 88.15

结构式 (structure: O)

化学品的推荐及限制用途 用于有机合成，用作溶剂

第二部分 危险性概述

紧急情况概述 高度易燃液体和蒸气

GHS 危险性类别 易燃液体，类别 2

标签要素

象形图

警示词 危险

危险性说明 高度易燃液体和蒸气

防范说明

预防措施 远离热源、火花、明火、热表面。禁止吸烟。保持容器密闭。容器和接收设备接地连接。使用防爆电器、通风、照明设备。只能使用不产生火花的工具。采取防止静电措施。戴防护手套、防护眼镜、防护面罩

事故响应 火灾时，使用抗溶性泡沫、二氧化碳、干粉、砂土灭火。如皮肤（或头发）接触：立即脱掉所有被污染的衣服，用水冲洗皮肤，淋浴

安全储存 存放在通风良好的地方。保持低温

废弃处置 本品及内装物、容器依据国家和地方法规处置

物理和化学危险 高度易燃，其蒸气与空气混合，能形成爆炸性混合物

健康危害 醚类具有麻醉作用

环境危害 对环境可能有害

第三部分 成分/组成信息

√物质 混合物

组分	浓度	CAS No.
乙丙醚		628-32-0

第四部分 急救措施

吸入 迅速脱离现场至空气新鲜处。保持呼吸道通畅。如呼吸困难，给输氧。如呼吸、心跳停止，立即进行心肺复苏术。就医

皮肤接触 立即脱去污染的衣着，用流动清水彻底冲洗。就医

眼睛接触 立即分开眼睑，用流动清水或生理盐水彻底冲洗。就医

食入 漱口，饮水。就医

对保护施救者的忠告 根据需要使用个人防护设备

对医生的特别提示 对症处理

第五部分 消防措施

灭火剂 用抗溶性泡沫、二氧化碳、干粉、砂土灭火

特别危险性 接触空气或在光照条件下可生成具有潜在爆炸危险性的过氧化物。在火场中，受热的容器有爆炸危险。蒸气比空气重，沿地面扩散并易积存于低洼处，遇火源会着火回燃。燃烧生成有害的一氧化碳

灭火注意事项及防护措施 消防人员须佩戴防毒面具、穿全身消防服，在上风向灭火。尽可能将容器从火场移至空旷处。喷水保持火场容器冷却，直至灭火结束。容器突然发出异常声音或出现异常现象，应立即撤离

第六部分 泄漏应急处理

作业人员防护措施、防护装备和应急处置程序 消除所有点火源。根据液体流动和蒸气扩散的影响区域划定警戒区，无关人员从侧风、上风向撤离至安全区。建议应急处理人员戴正压自给式呼吸器，穿防静电服，戴橡胶耐油手套。作业时使用的所有设备应接地。禁止接触或跨越泄漏物。尽可能切断泄漏源

环境保护措施 防止泄漏物进入水体、下水道、地下室或有限空间

泄漏化学品的收容、清除方法及所使用的处置材料 小量泄漏：用砂土或其他不燃材料吸收，使用洁净的无火花工具收集吸收材料。大量泄漏：构筑围堤或挖坑收容。用抗溶性泡沫覆盖，减少蒸发。喷水雾能减少蒸发，但不能降低泄漏物在有限空间内的易燃性。用防爆泵转移至槽车或专用收集器内

第七部分 操作处置与储存

操作注意事项 密闭操作，全面通风。操作人员必须经过专门培训，严格遵守操作规程。建议操作人员佩戴过滤式防毒面具（半面罩），戴化学安全防护眼镜，穿防静电工作服，戴橡胶耐油手套。远离火种、热源。工作场所严禁吸烟。使用防爆型的通风系统和设备。防止蒸气泄漏到工作场所空气中。避免与氧化剂、酸类、卤素接触。灌装时应控制流速，且有接地装置，防止静电积聚。灌装适量，应留有5%的空容积。配备相应品种和数量的消防器材及泄漏应急处理设备。倒空的容器可能残留有害物

储存注意事项 储存于阴凉、通风的库房。远离火种、热源。库温不宜超过29℃。包装要求密封，不可与空气接触。应与氧化剂、酸类、卤素等分开存放，切忌混储。不宜大量储存或久存。采用防爆型照明、通风设施。禁止使用易产生火花的机械设备和工具。储区应备有泄漏应急处理设备和合适的收容材料

第八部分 接触控制/个体防护

职业接触限值

中国 未制定标准

美国(ACGIH) 未制定标准

生物接触限值 未制定标准

监测方法 空气中有毒物质测定方法：未制定标准。生物监测检验方法：未制定标准

工程控制 生产过程密闭，全面通风。提供安全的淋浴和洗眼设备

个体防护装备

呼吸系统防护 空气中浓度超标时，佩戴过滤式防毒面具（半面罩）

眼睛防护 高浓度接触时，戴化学安全防护眼镜

皮肤和身体防护 穿防静电工作服

手防护 戴橡胶耐油手套

第九部分 理化特性

外观与性状 无色透明液体

pH值 无资料 **熔点(℃)** −127

沸点(℃) 64

相对密度(水=1) 0.74（20℃）

相对蒸气密度(空气=1) 无资料

饱和蒸气压(kPa) 13.33（7℃）

燃烧热(kJ/mol) 无资料 **临界温度(℃)** 无资料

临界压力(MPa) 3.37 **辛醇/水分配系数** 1.54

闪点(℃) −26 **自燃温度(℃)** 225

爆炸下限(%) 1.7 **爆炸上限(%)** 9.0

分解温度(℃) 无资料 **黏度(mPa·s)** 无资料

溶解性 溶于水、多数有机溶剂

第十部分 稳定性和反应性

稳定性 稳定

危险反应 与强氧化剂、卤素等禁配物接触，有发生火灾和爆炸的危险。接触空气或在光照条件下可生成具有潜在爆炸危险性的过氧化物

避免接触的条件 受热、光照

禁配物 强氧化剂、氧、卤素、过氯酸、硫、硫化物

危险的分解产物 无资料

第十一部分 毒理学信息

急性毒性 LC_{50}：220g/m³（小鼠吸入，15min）

皮肤刺激或腐蚀 无资料 **眼睛刺激或腐蚀** 无资料

呼吸或皮肤过敏 无资料 **生殖细胞突变性** 无资料

致癌性　无资料　　**生殖毒性**　无资料
特异性靶器官系统毒性-一次接触　无资料
特异性靶器官系统毒性-反复接触　无资料
吸入危害　无资料

第十二部分　生态学信息

生态毒性　无资料
持久性和降解性
生物降解性　无资料
非生物降解性　无资料
潜在的生物累积性　根据 K_{ow} 值预测，该物质的生物累积性可能较弱
土壤中的迁移性　根据 K_{oc} 值预测，该物质可能易发生迁移

第十三部分　废弃处置

废弃化学品　建议用焚烧法处置
污染包装物　将容器返还生产商或按照国家和地方法规处置
废弃注意事项　处置前应参阅国家和地方有关法规

第十四部分　运输信息

联合国危险货物编号（UN号）　2615
联合国运输名称　乙基·丙基醚
联合国危险性类别　3　　**包装类别**　Ⅱ类包装
包装标志　　　**海洋污染物**　否
运输注意事项　运输时运输车辆应配备相应品种和数量的消防器材及泄漏应急处理设备。夏季最好早晚运输。运输时所用的槽（罐）车应有接地链，槽内可设孔隔板以减少震荡产生的静电。严禁与氧化剂、酸类、卤素等混装混运。运输途中应防曝晒、雨淋，防高温。中途停留时应远离火种、热源、高温区。装运该物品的车辆排气管必须配备阻火装置，禁止使用易产生火花的机械设备和工具装卸。公路运输时要按规定路线行驶，勿在居民区和人口稠密区停留。铁路运输时要禁止溜放。严禁用木船、水泥船散装运输

第十五部分　法规信息

下列法律、法规、规章和标准，对该化学品的管理作了相应的规定。
中华人民共和国职业病防治法　职业病分类和目录：未列入
危险化学品安全管理条例　危险化学品目录：列入。易制爆危险化学品名录：未列入。重点监管的危险化学品名录：未列入。GB 18218—2009《危险化学品重大危险源辨识》（表1）：未列入
使用有毒物品作业场所劳动保护条例　高毒物品目录：未列入
易制毒化学品管理条例　易制毒化学品的分类和品种目录：未列入
国际公约　斯德哥尔摩公约：未列入。鹿特丹公约：未列入。蒙特利尔议定书：未列入

第十六部分　其他信息

编写和修订信息　　**缩略语和首字母缩写**
培训建议　　**参考文献**
免责声明

乙　醇

第一部分　化学品标识

化学品中文名　乙醇；酒精
化学品英文名　ethyl alcohol；ethanol
分子式　C_2H_6O　　**相对分子质量**　46.07
结构式　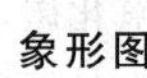
化学品的推荐及限制用途　用于制酒工业、有机合成、消毒以及用作溶剂

第二部分　危险性概述

紧急情况概述　高度易燃液体和蒸气
GHS危险性类别　易燃液体，类别2
标签要素
象形图　
警示词　危险
危险性说明　高度易燃液体和蒸气
防范说明
预防措施　远离热源、火花、明火、热表面。禁止吸烟。保持容器密闭。容器和接收设备接地连接。使用防爆电器、通风、照明设备。只能使用不产生火花的工具。采取防止静电措施。戴防护手套、防护眼镜、防护面罩
事故响应　火灾时，使用抗溶性泡沫、二氧化碳、干粉、砂土灭火。如皮肤（或头发）接触：立即脱掉所有被污染的衣服，用水冲洗皮肤，淋浴
安全储存　存放在通风良好的地方。保持低温
废弃处置　本品及内装物、容器依据国家和地方法规处置
物理和化学危险　高度易燃，其蒸气与空气混合，能形成爆炸性混合物
健康危害　本品为中枢神经系统抑制剂。首先引起兴奋，随后抑制
急性中毒　主要见于过量饮酒者，职业中毒者少见。轻度中毒和中毒早期表现为兴奋、欣快、言语增多、颜面潮红或苍白、步态不稳、轻度动作不协调、判断力障碍、语无伦次、眼球震颤，甚至昏睡。重度中毒可出现昏迷、呼吸表浅或呈潮式呼吸，并可因呼吸麻痹或循环衰竭而死亡。吸入高浓度乙醇蒸气可出现酒醉感、头昏、乏力、兴奋和轻度的眼、上呼吸道黏膜刺激等症状，但一般不引起严重中毒

慢性中毒　长期酗酒者可见面部毛细血管扩张、皮肤营养障碍、慢性胃炎、胃溃疡、肝炎、肝硬化、肝功能衰竭、心肌损害、肌病、多发性神经病等。皮肤长期反复接触乙醇液体，可引起局部干燥、脱屑、皲裂和皮炎

环境危害　对环境可能有害

第三部分　成分/组成信息

√物质　　　　混合物

组分	浓度	CAS No.
乙醇		64-17-5

第四部分　急救措施

吸入　迅速脱离现场至空气新鲜处。保持呼吸道通畅。如呼吸困难，给输氧。如呼吸、心跳停止，立即进行心肺复苏术。就医

皮肤接触　立即脱去污染的衣着，用流动清水彻底冲洗。就医

眼睛接触　立即分开眼睑，用流动清水或生理盐水彻底冲洗。就医

食入　饮适量温水，催吐（仅限于清醒者）。就医

对保护施救者的忠告　根据需要使用个人防护设备

对医生的特别提示　对症处理

第五部分　消防措施

灭火剂　用抗溶性泡沫、干粉、二氧化碳、砂土灭火

特别危险性　在火场中，受热的容器有爆炸危险。蒸气比空气重，沿地面扩散并易积存于低洼处，遇火源会着火回燃。燃烧生成有害的一氧化碳

灭火注意事项及防护措施　消防人员须佩戴防毒面具、穿全身消防服，在上风向灭火。尽可能将容器从火场移至空旷处。喷水保持火场容器冷却，直至灭火结束。容器突然发出异常声音或出现异常现象，应立即撤离

第六部分　泄漏应急处理

作业人员防护措施、防护装备和应急处置程序　消除所有点火源。根据液体流动和蒸气扩散的影响区域划定警戒区，无关人员从侧风、上风向撤离至安全区。建议应急处理人员戴正压自给式呼吸器，穿防静电服。作业时使用的所有设备应接地。禁止接触或跨越泄漏物。尽可能切断泄漏源

环境保护措施　防止泄漏物进入水体、下水道、地下室或有限空间

泄漏化学品的收容、清除方法及所使用的处置材料　小量泄漏：用砂土或其他不燃材料吸收，使用洁净的无火花工具收集吸收材料。大量泄漏：构筑围堤或挖坑收容。用抗溶性泡沫覆盖，减少蒸发。喷水雾能减少蒸发，但不能降低泄漏物在有限空间内的易燃性。用防爆泵转移至槽车或专用收集器内。喷雾状水驱散蒸气、稀释液体泄漏物

第七部分　操作处置与储存

操作注意事项　密闭操作，全面通风。操作人员必须经过专门培训，严格遵守操作规程。建议操作人员佩戴过滤式防毒面具（半面罩），穿防静电工作服。远离火种、热源。工作场所严禁吸烟。使用防爆型的通风系统和设备。防止蒸气泄漏到工作场所空气中。避免与氧化剂、酸类、碱金属、胺类接触。灌装时应控制流速，且有接地装置，防止静电积聚。配备相应品种和数量的消防器材及泄漏应急处理设备

储存注意事项　储存于阴凉、通风的库房。远离火种、热源。库温不宜超过37℃。保持容器密封。应与氧化剂、酸类、碱金属、胺类等分开存放，切忌混储。采用防爆型照明、通风设施。禁止使用易产生火花的机械设备和工具。储区应备有泄漏应急处理设备和合适的收容材料

第八部分　接触控制/个体防护

职业接触限值

中国　未制定标准

美国(ACGIH)　TLV-TWA：1000ppm

生物接触限值　未制定标准

监测方法　空气中有毒物质测定方法：未制定标准。生物监测检验方法：未制定标准

工程控制　生产过程密闭，全面通风。提供安全的淋浴和洗眼设备

个体防护装备

呼吸系统防护　一般不需要特殊防护，高浓度接触时可佩戴过滤式防毒面具（半面罩）

眼睛防护　一般不需特殊防护

皮肤和身体防护　穿防静电工作服

手防护　戴一般作业防护手套

第九部分　理化特性

外观与性状　无色液体，有酒香

pH值　无资料　　**熔点(℃)**　−114.1

沸点(℃)　78.3

相对密度(水=1)　0.79（20℃）

相对蒸气密度(空气=1)　1.59

饱和蒸气压(kPa)　5.8（20℃）

燃烧热(kJ/mol)　−1365.5　**临界温度(℃)**　243.1

临界压力(MPa)　6.38　**辛醇/水分配系数**　−0.32

闪点(℃)　13(CC)；17(OC)　**自燃温度(℃)**　363

爆炸下限(%)　3.3　**爆炸上限(%)**　19.0

分解温度(℃)　无资料　**黏度(mPa·s)**　1.07(20℃)

溶解性　与水混溶，可混溶于乙醚、氯仿、甘油、甲醇等多数有机溶剂

第十部分　稳定性和反应性

稳定性　稳定

危险反应　与强氧化剂等禁配物接触，有发生火灾和爆炸的危险

避免接触的条件　无资料

禁配物　强氧化剂、酸类、酸酐、碱金属、胺类

危险的分解产物　无资料

第十一部分　毒理学信息

急性毒性

LD_{50}　7060mg/kg（大鼠经口）；7060mg/kg（兔经口）；7430mg/kg（兔经皮）

LC_{50}　20000ppm（大鼠吸入，10h）

皮肤刺激或腐蚀　家兔经皮：20mg（24h），中度刺激

眼睛刺激或腐蚀　家兔经眼：500mg，重度刺激

呼吸或皮肤过敏　无资料

生殖细胞突变性　微生物致突变：鼠伤寒沙门氏菌 11pph。显性致死试验：小鼠经口 1～1.5g/kg（每天，2周）阳性。细胞遗传学分析：人淋巴细胞 2.5pph（24h）。姐妹染色单体交换：人淋巴细胞 500ppm（72h）。DNA 抑制：人淋巴细胞 220mmol/L。微核试验：狗淋巴细胞，400μmol/L

致癌性　IARC 致癌性评论：组1（酒精饮料）：确认人类致癌物。对人类致癌性证据充分

生殖毒性　猴孕后 2～17 周经口给予最低中毒剂量（TDLo）32400mg/kg，致中枢神经系统和颅面部（包括鼻、舌）发育畸形。大鼠、小鼠、豚鼠、家畜孕后不同时间经口、静脉内、腹腔内途径给予不同剂量，致中枢神经系统、泌尿生殖系统、内分泌系统、肝胆管系统、呼吸系统、颅面部（包括鼻、舌）、眼、耳发育畸形。雄性大鼠交配前 30d 经口给予 240g/kg，致泌尿生殖系统发育畸形。小鼠腹腔最低中毒剂量（TDLo）：7.5g/kg（孕 9d），致畸阳性

特异性靶器官系统毒性-一次接触

特异性靶器官系统毒性-反复接触　大鼠经口 10.2g/(kg・d)，12周，体重下降，脂肪肝

吸入危害　无资料

第十二部分　生态学信息

生态毒性

LC_{50}　13g/L（96h）（虹鳟鱼，静态）；14.2～15.3g/L（96h）（黑头呆鱼）；9268～14221mg/L（48h）（水蚤，静态）

IC_{50}　1450mg/L（72h）（藻类）

持久性和降解性

生物降解性　好氧生物降解（h）：6.5～26；厌氧生物降解（h）：26～104

非生物降解性　水中光氧化半衰期（h）：8020～3.20×10^5；空气中光氧化半衰期（h）：12.2～122

潜在的生物累积性　根据 K_{ow} 值预测，该物质的生物累积性可能较弱

土壤中的迁移性　根据 K_{oc} 值预测，该物质可能易发生迁移

第十三部分　废弃处置

废弃化学品　建议用焚烧法处置

污染包装物　将容器返还生产商或按照国家和地方法规处置

废弃注意事项　处置前应参阅国家和地方有关法规

第十四部分　运输信息

联合国危险货物编号（UN 号）　1170

联合国运输名称　乙醇　　**联合国危险性类别**　3

包装类别　Ⅱ类包装　　**包装标志**

海洋污染物　否

运输注意事项　本品铁路运输时限使用钢制企业自备罐车装运，装运前需报有关部门批准。运输时运输车辆应配备相应品种和数量的消防器材及泄漏应急处理设备。夏季最好早晚运输。运输时所用的槽（罐）车应有接地链，槽内可设孔隔板以减少震荡产生的静电。严禁与氧化剂、酸类、碱金属、胺类、食用化学品等混装混运。运输途中应防曝晒、雨淋，防高温。中途停留时应远离火种、热源、高温区。装运该物品的车辆排气管必须配备阻火装置，禁止使用易产生火花的机械设备和工具装卸。公路运输时要按规定路线行驶，勿在居民区和人口稠密区停留。铁路运输时要禁止溜放。严禁用木船、水泥船散装运输

第十五部分　法规信息

下列法律、法规、规章和标准，对该化学品的管理作了相应的规定。

中华人民共和国职业病防治法　职业病分类和目录：未列入

危险化学品安全管理条例　危险化学品目录：列入。易制爆危险化学品名录：未列入。重点监管的危险化学品名录：未列入。GB 18218—2009《危险化学品重大危险源辨识》（表1）：列入。类别：易燃液体，临界量（t）：500

使用有毒物品作业场所劳动保护条例　高毒物品目录：未列入

易制毒化学品管理条例　易制毒化学品的分类和品种目录：未列入

国际公约　斯德哥尔摩公约：未列入。鹿特丹公约：未列入。蒙特利尔议定书：未列入

第十六部分　其他信息

编写和修订信息　　**缩略语和首字母缩写**

培训建议　　**参考文献**

免责声明

1,2-乙二胺

第一部分　化学品标识

化学品中文名　1,2-乙二胺；1,2-二氨基乙烷；乙二胺

化学品英文名　1,2-ethylenediamine；1,2-diaminoethane

分子式　$C_2H_8N_2$　　**相对分子质量**　60.12

结构式　H_2N～～NH_2

化学品的推荐及限制用途　用于有机合成和农药、活性染料、医药、环氧树脂固化剂等的制取

第二部分 危险性概述

紧急情况概述 易燃液体和蒸气，造成严重的皮肤灼伤和眼损伤，可能导致皮肤过敏反应，吸入可能导致过敏或哮喘症状或呼吸困难

GHS危险性类别 易燃液体，类别3；急性毒性-经口，类别4；急性毒性-经皮，类别4；皮肤腐蚀/刺激，类别1B；严重眼损伤/眼刺激，类别1；呼吸道致敏物，类别1；皮肤致敏物，类别1；危害水生环境-急性危害，类别2；危害水生环境-长期危害，类别3

标签要素

象形图

警示词 危险

危险性说明 易燃液体和蒸气，吞咽有害，皮肤接触有害，造成严重的皮肤灼伤和眼损伤，造成严重眼损伤，可能导致皮肤过敏反应，吸入可能导致过敏或哮喘症状或呼吸困难，对水生生物有毒，对水生生物有害并具有长期持续影响

防范说明

预防措施 远离热源、火花、明火、热表面。禁止吸烟。保持容器密闭。容器和接收设备接地连接。使用防爆电器、通风、照明设备。只能使用不产生火花的工具。采取防止静电措施。避免接触眼睛、皮肤，操作后彻底清洗。作业场所不得进食、饮水或吸烟。戴防护手套，穿防护服，戴防护眼镜、防护面罩。避免吸入蒸气、雾。通风不良时，戴呼吸防护器具。禁止排入环境

事故响应 火灾时，使用水、抗溶性泡沫、干粉、二氧化碳、砂土灭火。如吸入：如果呼吸困难，将患者转移到空气新鲜处，休息，保持利于呼吸的体位。如有呼吸系统症状，呼叫中毒控制中心或就医。皮肤接触：立即脱掉所有被污染的衣服，用大量肥皂水和水清洗。如出现皮肤刺激或皮疹：就医。污染的衣服须洗净后方可重新使用。眼睛接触：用水细心地冲洗数分钟。如戴隐形眼镜并可方便地取出，则取出隐形眼镜继续冲洗。食入：漱口，不要催吐，如果感觉不适，立即呼叫中毒控制中心或就医

安全储存 存放在通风良好的地方。保持低温。上锁保管

废弃处置 本品及内装物、容器依据国家和地方法规处置

物理和化学危险 易燃，其蒸气与空气混合，能形成爆炸性混合物

健康危害 本品蒸气对黏膜和皮肤有强烈刺激性，接触后引起结膜炎、支气管炎、肺炎或肺水肿，并可发生接触性皮炎。可有肝、肾损害。皮肤和眼直接接触其液体可致灼伤。本品可引起职业性哮喘

环境危害 对水生生物有毒，对水生生物有害并具有长期持续影响

第三部分 成分/组成信息

√物质　　混合物

组分	浓度	CAS No.
1,2-乙二胺		107-15-3

第四部分 急救措施

吸入 迅速脱离现场至空气新鲜处。保持呼吸道通畅。如呼吸困难，给输氧。如呼吸、心跳停止，立即进行心肺复苏术。就医

皮肤接触 立即脱去污染的衣着，用大量流动清水彻底冲洗至少15min。就医

眼睛接触 立即分开眼睑，用流动清水或生理盐水彻底冲洗至少15min。就医

食入 用水漱口，禁止催吐。给饮牛奶或蛋清。就医

对保护施救者的忠告 根据需要使用个人防护设备

对医生的特别提示 对症处理

第五部分 消防措施

灭火剂 用水、抗溶性泡沫、干粉、二氧化碳、砂土灭火

特别危险性 与乙酸、乙酸酐、二硫化碳、氯磺酸、盐酸、硝酸、硫酸、发烟硫酸、过氯酸等剧烈反应。能腐蚀铜及其合金。燃烧生成有害的一氧化碳、氮氧化物

灭火注意事项及防护措施 消防人员须佩戴防毒面具、穿全身消防服，在上风向灭火。尽可能将容器从火场移至空旷处。喷水保持火场容器冷却，直至灭火结束。容器突然发出异常声音或出现异常现象，应立即撤离

第六部分 泄漏应急处理

作业人员防护措施、防护装备和应急处置程序 消除所有点火源。根据液体流动和蒸气扩散的影响区域划定警戒区，无关人员从侧风、上风向撤离至安全区。建议应急处理人员戴正压自给式呼吸器，穿防静电、防腐蚀、防毒服，戴橡胶耐油手套。作业时使用的所有设备应接地。禁止接触或跨越泄漏物。尽可能切断泄漏源

环境保护措施 防止泄漏物进入水体、下水道、地下室或有限空间

泄漏化学品的收容、清除方法及所使用的处置材料 小量泄漏：用砂土或其他不燃材料吸收，使用洁净的无火花工具收集吸收材料。大量泄漏：构筑围堤或挖坑收容。用砂土、惰性物质或蛭石吸收大量液体。用硫酸氢钠（$NaHSO_4$）中和。用抗溶性泡沫覆盖，减少蒸发。喷水雾能减少蒸发，但不能降低泄漏物在有限空间内的易燃性。用防爆、耐腐蚀泵转移至槽车或专用收集器内

第七部分 操作处置与储存

操作注意事项 密闭操作，注意通风。操作人员必须经过专门培训，严格遵守操作规程。建议操作人员佩戴自吸过滤式防毒面具（全面罩），穿防腐蚀工作服，戴橡胶耐油手套。远离火种、热源。工作场所严禁吸

烟。使用防爆型的通风系统和设备。防止蒸气泄漏到工作场所空气中。避免与氧化剂、酸类接触。搬运时要轻装轻卸，防止包装及容器损坏。配备相应品种和数量的消防器材及泄漏应急处理设备。倒空的容器可能残留有害物

储存注意事项 储存于阴凉、通风的库房。远离火种、热源。库温不宜超过 30℃。包装要求密封，不可与空气接触。应与氧化剂、酸类等分开存放，切忌混储。采用防爆型照明、通风设施。禁止使用易产生火花的机械设备和工具。储区应备有泄漏应急处理设备和合适的收容材料

第八部分 接触控制/个体防护

职业接触限值

中国 PC-TWA：4mg/m^3；PC-STEL：10mg/m^3［皮］

美国(ACGIH) TLV-TWA：10ppm［皮］

生物接触限值 未制定标准

监测方法 空气中有毒物质测定方法：溶剂解吸-气相色谱法。生物监测检验方法：未制定标准

工程控制 密闭操作，注意通风。提供安全的淋浴和洗眼设备

个体防护装备

呼吸系统防护 空气中浓度超标时，应该佩戴过滤式防毒面具（全面罩）

眼睛防护 呼吸系统防护中已作防护

皮肤和身体防护 穿防腐蚀工作服

手防护 戴橡胶耐油手套

第九部分 理化特性

外观与性状 无色或微黄色黏稠液体，有类似氨的气味

pH 值 11.9（25%溶液，25℃） **熔点(℃)** 8.5

沸点(℃) 116～117.2

相对密度(水=1) 0.90（20℃）

相对蒸气密度(空气=1) 2.07

饱和蒸气压(kPa) 1.43（20℃）

燃烧热(kJ/mol) －1891.9 **临界温度(℃)** 无资料

临界压力(MPa) 6.48

辛醇/水分配系数 －1.2～－2.04

闪点(℃) 33.9(OC)；43.3(CC) **自燃温度(℃)** 385

爆炸下限(%) 2.7 **爆炸上限(%)** 16.6

分解温度(℃) 无资料

黏度(mPa·s) 0.02(25℃)

溶解性 溶于水、乙醇，不溶于苯，微溶于乙醚

第十部分 稳定性和反应性

稳定性 稳定

危险反应 与强氧化剂等禁配物接触，有发生火灾和爆炸的危险。与乙酸、乙酸酐、二硫化碳、氯磺酸、盐酸、硝酸、硫酸、发烟硫酸、过氯酸等剧烈反应

避免接触的条件 无资料

禁配物 酸类、酰基氯、酸酐、强氧化剂

危险的分解产物 氨

第十一部分 毒理学信息

急性毒性

LD_{50} 1298mg/kg（大鼠经口）；730mg/kg（兔经皮）

LC_{50} 300mg/m^3（小鼠吸入）

皮肤刺激或腐蚀 家兔经皮：450mg，中度刺激（开放性刺激试验）

眼睛刺激或腐蚀 家兔经眼：675μg，重度刺激

呼吸或皮肤过敏 无资料

生殖细胞突变性 无资料

致癌性 无资料

生殖毒性 无资料

特异性靶器官系统毒性-一次接触

特异性靶器官系统毒性-反复接触 大鼠反复在本品 1188mg/m^{3}下染毒，见动物脱毛及肺、肾、肝损害；在 307mg/m^{3}下连续暴露 37h 未见损伤

吸入危害 无资料

第十二部分 生态学信息

生态毒性

LC_{50} 115.7mg/L（96h）（黑头呆鱼）；230mg/L（48h）（虹鳟鱼，一年生）；0.88mg/L（48h）（水蚤）

IC_{50} 0.08～0.85mg/L（72h）（藻类）

NOEC 0.16mg/L（21d）（水蚤）

持久性和降解性

生物降解性 MITI-Ⅰ测试，初始浓度 100ppm，污泥浓度 30ppm，4 周后降解 39%～94%

非生物降解性 空气中，当羟基自由基浓度为5.00×10^{5}个/cm^{3}时，降解半衰期为 6h（理论）

潜在的生物累积性 根据 K_{ow}值预测，该物质的生物累积性可能较弱

土壤中的迁移性 根据 K_{oc}值预测，该物质可能易发生迁移

第十三部分 废弃处置

废弃化学品 用控制焚烧法处置。焚烧炉排出的氮氧化物通过洗涤器除去

污染包装物 将容器返还生产商或按照国家和地方法规处置

废弃注意事项 处置前应参阅国家和地方有关法规。把倒空的容器归还厂商或在规定场所掩埋

第十四部分 运输信息

联合国危险货物编号（UN 号） 1604

联合国运输名称 1,2-乙二胺

联合国危险性类别 8，3

包装类别 Ⅱ类包装

包装标志 

海洋污染物 否

运输注意事项 起运时包装要完整，装载应稳妥。运输过程中要确保容器不泄漏、不倒塌、不坠落、不损坏。运输时所用的槽（罐）车应有接地链，槽内可设孔隔板以减少震荡产生的静电。严禁与氧化剂、酸类、食用化学品等混装混运。运输时，运输车辆应配备相应品种和数量的消防器材及泄漏应急处理设备。公路运输时要按规定路线行驶，勿在居民区和人口稠密区停留

第十五部分 法规信息

下列法律、法规、规章和标准，对该化学品的管理作了相应的规定。

中华人民共和国职业病防治法 职业病分类和目录：未列入

危险化学品安全管理条例 危险化学品目录：列入。易制爆危险化学品名录：列入。重点监管的危险化学品名录：未列入。GB 18218—2009《危险化学品重大危险源辨识》(表 1)：未列入

使用有毒物品作业场所劳动保护条例 高毒物品目录：未列入

易制毒化学品管理条例 易制毒化学品的分类和品种目录：未列入

国际公约 斯德哥尔摩公约：未列入。鹿特丹公约：未列入。蒙特利尔议定书：未列入

第十六部分 其他信息

编写和修订信息 **缩略语和首字母缩写**

培训建议 **参考文献**

免责声明

乙二醇二甲醚

第一部分 化学品标识

化学品中文名 乙二醇二甲醚；1,2-二甲氧基乙烷；二甲基溶纤剂

化学品英文名 ethylene glycol dimethyl ether；1,2-dimethoxyethane

分子式 $C_4H_{10}O_2$ **相对分子质量** 90.12

结构式

化学品的推荐及限制用途 用作溶剂、医药抽提剂、有机合成中间体、催化剂、腐蚀抑制剂

第二部分 危险性概述

紧急情况概述 高度易燃液体和蒸气，吸入有害

GHS 危险性类别 易燃液体，类别 2；急性毒性-吸入，类别 4；生殖毒性，类别 1B

标签要素

象形图 

警示词 危险

危险性说明 高度易燃液体和蒸气，吸入有害，可能对生育力或胎儿造成伤害

防范说明

预防措施 远离热源、火花、明火、热表面。禁止吸烟。保持容器密闭。容器和接收设备接地连接。使用防爆电器、通风、照明设备。只能使用不产生火花的工具。采取防止静电措施。戴防护手套、防护眼镜、防护面罩。避免吸入蒸气、雾。仅在室外或通风良好处操作。得到专门指导后操作。在阅读并了解所有安全预防措施之前，切勿操作。按要求使用个体防护装备

事故响应 火灾时，使用抗溶性泡沫、干粉、二氧化碳、砂土灭火。如吸入：将患者转移到空气新鲜处，休息，保持利于呼吸的体位。如感觉不适，呼叫中毒控制中心或就医。如皮肤（或头发）接触：立即脱掉所有被污染的衣服，用水冲洗皮肤，淋浴。如果接触或有担心，就医

安全储存 存放在通风良好的地方。保持低温。上锁保管

废弃处置 本品及内装物、容器依据国家和地方法规处置

物理和化学危险 高度易燃，其蒸气与空气混合，能形成爆炸性混合物

健康危害 口服引起恶心、呕吐、腹绞痛、虚弱、昏迷。具有刺激性

环境危害 对环境可能有害

第三部分 成分/组成信息

√物质　　混合物

组分	浓度	CAS No.
乙二醇二甲醚		110-71-4

第四部分 急救措施

吸入 迅速脱离现场至空气新鲜处。保持呼吸道通畅。如呼吸困难，给输氧。如呼吸、心跳停止，立即进行心肺复苏术。就医

皮肤接触 立即脱去污染的衣着，用流动清水彻底冲洗。就医

眼睛接触 立即分开眼睑，用流动清水或生理盐水彻底冲洗。就医

食入 漱口，饮水。就医

对保护施救者的忠告 根据需要使用个人防护设备

对医生的特别提示 对症处理

第五部分 消防措施

灭火剂 用抗溶性泡沫、干粉、二氧化碳、砂土灭火

特别危险性 接触空气或在光照条件下可生成具有潜在爆炸危险性的过氧化物。蒸气比空气重，沿地面扩散并易积存于低洼处，遇火源会着火回燃。燃烧生成有害的一氧化碳

灭火注意事项及防护措施 消防人员须佩戴防毒面具、穿全身消防服，在上风向灭火。尽可能将容器从火场移至空旷处。喷水保持火场容器冷却，直至灭火结束。容器突然发出异常声音或出现异常现象，应立即撤离

第六部分 泄漏应急处理

作业人员防护措施、防护装备和应急处置程序 消除所有点火源。根据液体流动和蒸气扩散的影响区域划定警戒区，无关人员从侧风、上风向撤离至安全区。建议应急处理人员戴正压自给式呼吸器，穿防静电服，戴橡胶耐油手套。作业时使用的所有设备应接地。禁止接触或跨越泄漏物。尽可能切断泄漏源

环境保护措施 防止泄漏物进入水体、下水道、地下室或有限空间

泄漏化学品的收容、清除方法及所使用的处置材料 小量泄漏：用砂土或其他不燃材料吸收，使用洁净的无火花工具收集吸收材料。大量泄漏：构筑围堤或挖坑收容。用抗溶性泡沫覆盖，减少蒸发。喷水雾能减少蒸发，但不能降低泄漏物在有限空间内的易燃性。用防爆泵转移至槽车或专用收集器内

第七部分 操作处置与储存

操作注意事项 密闭操作，全面通风。操作人员必须经过专门培训，严格遵守操作规程。建议操作人员佩戴过滤式防毒面具（半面罩），戴化学安全防护眼镜，穿防静电工作服，戴橡胶耐油手套。远离火种、热源。工作场所严禁吸烟。使用防爆型的通风系统和设备。防止蒸气泄漏到工作场所空气中。避免与氧化剂、酸类接触。灌装时应控制流速，且有接地装置，防止静电积聚。搬运时要轻装轻卸，防止包装及容器损坏。配备相应品种和数量的消防器材及泄漏应急处理设备。倒空的容器可能残留有害物

储存注意事项 通常商品加有稳定剂。储存于阴凉、通风的库房。远离火种、热源。库温不宜超过 37℃. 包装要求密封，不可与空气接触。应与氧化剂、酸类分开存放，切忌混储。采用防爆型照明、通风设施。禁止使用易产生火花的机械设备和工具。储区应备有泄漏应急处理设备和合适的收容材料

第八部分 接触控制/个体防护

职业接触限值

中国 未制定标准

美国(ACGIH) 未制定标准

生物接触限值 未制定标准

监测方法 空气中有毒物质测定方法：未制定标准。生物监测检验方法：未制定标准

工程控制 生产过程密闭，全面通风。提供安全的淋浴和洗眼设备

个体防护装备

呼吸系统防护 高浓度蒸气接触可佩戴过滤式防毒面具（半面罩）

眼睛防护 一般不需要特殊防护，高浓度接触时可戴化学安全防护眼镜

皮肤和身体防护 穿防静电工作服

手防护 戴橡胶耐油手套

第九部分 理化特性

外观与性状 无色液体，略有醚味

pH 值 无资料 **熔点(℃)** −58

沸点(℃) 82～83

相对密度(水=1) 0.87（20℃）

相对蒸气密度(空气=1) 3.11

饱和蒸气压(kPa) 6.40（20℃）

燃烧热(kJ/mol) −2521.2 **临界温度(℃)** 263

临界压力(MPa) 3.87 **辛醇/水分配系数** −0.21

闪点(℃) −2（CC） **自燃温度(℃)** 202

爆炸下限(%) 1.9 **爆炸上限(%)** 18.7

分解温度(℃) 无资料 **黏度(mPa·s)** 无资料

溶解性 溶于水，溶于乙醇、烃类

第十部分 稳定性和反应性

稳定性 稳定

危险反应 与强氧化剂等禁配物接触，有发生火灾和爆炸的危险。接触空气或在光照条件下可生成具有潜在爆炸危险性的过氧化物

避免接触的条件 空气、光照

禁配物 强氧化剂、强酸

危险的分解产物 无资料

第十一部分 毒理学资料

急性毒性 LD_{50}：775mg/kg（大鼠经口）

皮肤刺激或腐蚀 无资料 **眼睛刺激或腐蚀** 无资料

呼吸或皮肤过敏 无资料 **生殖细胞突变性** 无资料

致癌性 无资料 **生殖毒性** 无资料

特异性靶器官系统毒性-一次接触 无资料

特异性靶器官系统毒性-反复接触 无资料

吸入危害 无资料

第十二部分 生态学资料

生态毒性 无资料

持久性和降解性

生物降解性 无资料

非生物降解性 无资料

潜在的生物累积性 根据 K_{ow} 值预测，该物质的生物累积性可能较弱

土壤中的迁移性 根据 K_{oc} 值预测，该物质可能易发生迁移

第十三部分 废弃处置

废弃化学品 建议用焚烧法处置

污染包装物 将容器返还生产商或按照国家和地方法规处置

废弃注意事项 处置前应参阅国家和地方有关法规

第十四部分 运输信息

联合国危险货物编号（UN 号） 2252

联合国运输名称 1,2-二甲氧基乙烷

联合国危险性类别 3 **包装类别** Ⅱ类包装

包装标志 

海洋污染物 否

运输注意事项 运输时运输车辆应配备相应品种和数量的消防器材及泄漏应急处理设备。夏季最好早晚运输。运输时所用的槽（罐）车应有接地链，槽内可设孔隔板以减少震荡产生的静电。严禁与氧化剂、酸类、食用化学品等混装混运。运输途中应防曝晒、雨淋，防高温。中途停留时应远离火种、热源、高温区。装运该物品的车辆排气管必须配备阻火装置，禁止使用易产生火花的机械设备和工具装卸。公路运输时要按规定路线行驶，勿在居民区和人口稠密区停留。铁路运输时要禁止溜放。严禁用木船、水泥船散装运输

第十五部分 法规信息

下列法律、法规、规章和标准，对该化学品的管理作了相应的规定。

中华人民共和国职业病防治法 职业病分类和目录：未列入

危险化学品安全管理条例 危险化学品目录：列入。易制爆危险化学品名录：未列入。重点监管的危险化学品名录：未列入。GB 18218—2009《危险化学品重大危险源辨识》(表 1)：未列入

使用有毒物品作业场所劳动保护条例 高毒物品目录：未列入

易制毒化学品管理条例 易制毒化学品的分类和品种目录：未列入

国际公约 斯德哥尔摩公约：未列入。鹿特丹公约：未列入。蒙特利尔议定书：未列入

第十六部分 其他信息

编写和修订信息 **缩略语和首字母缩写**

培训建议 **参考文献**

免责声明

乙二醇甲醚

第一部分 化学品标识

化学品中文名 乙二醇甲醚；2-甲氧基乙醇；甲基溶纤剂

化学品英文名 ethylene glycol monomethyl ether；2-methoxyethanol

分子式 $C_3H_8O_2$

相对分子质量 76.11

结构式 $CH_3-O-CH_2-CH_2-OH$

化学品的推荐及限制用途 用作溶剂

第二部分 危险性概述

紧急情况概述 易燃液体和蒸气，吞咽有害，皮肤接触有害，吸入有害

GHS 危险性类别 易燃液体，类别 3；急性毒性-经口，类别 4；急性毒性-经皮，类别 4；急性毒性-吸入，类别 4；生殖毒性，类别 1B

标签要素

象形图

警示词 危险

危险性说明 易燃液体和蒸气，吞咽有害，皮肤接触有害，吸入有害，可能对生育力或胎儿造成伤害

防范说明

预防措施 远离热源、火花、明火、热表面。禁止吸烟。保持容器密闭。容器和接收设备接地连接。使用防爆电器、通风、照明设备。只能使用不产生火花的工具。采取防止静电措施。戴防护手套、防护眼镜、防护面罩。避免接触眼睛、皮肤，操作后彻底清洗。作业场所不得进食、饮水或吸烟。避免吸入蒸气、雾。仅在室外或通风良好处操作。得到专门指导后操作。在阅读并了解所有安全预防措施之前，切勿操作。按要求使用个体防护装备

事故响应 火灾时，使用抗溶性泡沫、干粉、二氧化碳、砂土灭火。如吸入：将患者转移到空气新鲜处，休息，保持利于呼吸的体位。皮肤接触：立即脱掉所有被污染的衣服，用大量肥皂水和水清洗，如感觉不适，呼叫中毒控制中心或就医。被污染的衣服须经洗净后方可重新使用。食入：漱口，如果感觉不适，立即呼叫中毒控制中心或就医。如果接触或有担心，就医

安全储存 存放在通风良好的地方。保持低温。上锁保管

废弃处置 本品及内装物、容器依据国家和地方法规处置

物理和化学危险

健康危害 大量接触或口服可引起急性中毒，出现头痛、乏力、反应迟钝、嗜睡、震颤、运动失调，严重者昏迷、肝肾损害、消化道出血，甚至死亡。性中毒出现神经衰弱综合征、大细胞性贫血、白细胞减少；严重者呈中毒性脑病和脑萎缩

环境危害 对环境可能有害

第三部分 成分/组成信息

√物质 混合物

组分	浓度	CAS No.
乙二醇甲醚		109-86-4

第四部分 急救措施

吸入 迅速脱离现场至空气新鲜处。保持呼吸道通畅。如呼吸困难，给输氧。如呼吸、心跳停止，立即进行心肺复苏术。就医

皮肤接触 立即脱去污染的衣着，用流动清水彻底冲洗。就医

眼睛接触 立即分开眼睑，用流动清水或生理盐水彻底冲洗。就医

食入 漱口，饮水。就医

对保护施救者的忠告 根据需要使用个人防护设备

对医生的特别提示 对症处理

第五部分 消防措施

灭火剂 用抗溶性泡沫、干粉、二氧化碳、砂土灭火

特别危险性 接触空气或在光照条件下可生成具有潜在爆炸危险性的过氧化物。燃烧生成有害的一氧化碳

灭火注意事项及防护措施 消防人员须佩戴防毒面具、穿全身消防服，在上风向灭火。尽可能将容器从火场移至空旷处。喷水保持火场容器冷却，直至灭火结束。容器突然发出异常声音或出现异常现象，应立即撤离

第六部分 泄漏应急处理

作业人员防护措施、防护装备和应急处置程序 消除所有点火源。根据液体流动和蒸气扩散的影响区域划定警戒区，无关人员从侧风、上风向撤离至安全区。建议应急处理人员戴正压自给式呼吸器，穿防静电服，戴橡胶耐油手套。作业时使用的所有设备应接地。禁止接触或跨越泄漏物。尽可能切断泄漏源

环境保护措施 防止泄漏物进入水体、下水道、地下室或有限空间

泄漏化学品的收容、清除方法及所使用的处置材料 小量泄漏：用砂土或其他不燃材料吸收，使用洁净的无火花工具收集吸收材料。大量泄漏：构筑围堤或挖坑收容。用抗溶性泡沫覆盖，减少蒸发。喷水雾能减少蒸发，但不能降低泄漏物在有限空间内的易燃性。用防爆泵转移至槽车或专用收集器内。喷雾状水驱散蒸气、稀释液体泄漏物

第七部分 操作处置与储存

操作注意事项 密闭操作，全面通风。操作人员必须经过专门培训，严格遵守操作规程。建议操作人员佩戴过滤式防毒面具（半面罩），戴化学安全防护眼镜，穿防静电工作服，戴橡胶耐油手套。远离火种、热源。工作场所严禁吸烟。使用防爆型的通风系统和设备。防止蒸气泄漏到工作场所空气中。避免与氧化剂接触。充装要控制流速，防止静电积聚。搬运时要轻装轻卸，防止包装及容器损坏。配备相应品种和数量的消防器材及泄漏应急处理设备。倒空的容器可能残留有害物

储存注意事项 储存于阴凉、通风的库房。远离火种、热源。库温不宜超过 37℃。包装要求密封，不可与空气接触。应与氧化剂等分开存放，切忌混储。采用防爆型照明、通风设施。禁止使用易产生火花的机械设备和工具。储区应备有泄漏应急处理设备和合适的收容材料

第八部分 接触控制/个体防护

职业接触限值

中国 PC-TWA：15mg/m^3［皮］

美国(ACGIH) TLV-TWA：0.1ppm［皮］

生物接触限值 未制定标准

监测方法 空气中有毒物质测定方法：溶剂解吸-气相色谱法。生物监测检验方法：未制定标准

工程控制 生产过程密闭，全面通风。提供安全的淋浴和洗眼设备

个体防护装备

呼吸系统防护 空气中浓度超标时，佩戴过滤式防毒面具（半面罩）。高浓度环境中，佩戴空气呼吸器或长管面具

眼睛防护 戴化学安全防护眼镜

皮肤和身体防护 穿防静电工作服

手防护 戴橡胶耐油手套

第九部分 理化特性

外观与性状 无色液体，略有醚的气味

pH 值 无资料 **熔点(℃)** −85.1

沸点(℃) 124.5

相对密度(水=1) 0.97（20℃）

相对蒸气密度(空气=1) 2.62

饱和蒸气压(kPa) 1.29（25℃）

燃烧热(kJ/mol) −399.5 **临界温度(℃)** 324.45

临界压力(MPa) 5.285 **辛醇/水分配系数** −0.77

闪点(℃) 39 **自燃温度(℃)** 285

爆炸下限(%) 1.8 **爆炸上限(%)** 14

分解温度(℃) 无资料 **黏度(mPa·s)** 无资料

溶解性 与水混溶，可混溶于醇类、酮类、烃类

第十部分 稳定性和反应性

稳定性 稳定

危险反应 与强氧化剂等禁配物接触，有发生火灾和爆炸的危险。接触空气或在光照条件下可生成具有潜在爆炸危险性的过氧化物

避免接触的条件 空气、光照

禁配物 酰基氯、酸酐、强氧化剂

危险的分解产物 无资料

第十一部分 毒理学信息

急性毒性

LD_{50} 2370mg/kg（大鼠经口）；2000mg/kg（兔经皮）

LC_{50} 1500ppm（7h）（大鼠吸入）

皮肤刺激或腐蚀 家兔经皮：483mg（24h），轻度刺激

眼睛刺激或腐蚀 家兔经眼：500mg（24h），轻度刺激

呼吸或皮肤过敏 无资料

生殖细胞突变性 显性致死试验：大鼠经口 500mg/kg。精子形态学：大鼠经口 500mg/kg

致癌性 无资料

生殖毒性 大、小鼠孕后不同时间或多代通过皮下、经口、吸入不同途径给予不同剂量，可致心血管系统、颅面部（包括鼻、舌）、胃肠系统、肌肉骨骼系统、中枢神经系统、泌尿生殖系统、肝胆管系统发育畸形；大鼠经口最低中毒剂量（TDLo）：175mg/kg（孕 7～13d），致心血管（循环）系统发育异常。小鼠经口最低中毒剂量（TDLo）：250mg/kg（1d，雄性），影响精子生成（包括遗传物质、精子形态、活动力、计数）

特异性靶器官系统毒性-一次接触

特异性靶器官系统毒性-反复接触 家兔经口，0.1ml/(kg·d)，7d，见暂时性血尿。加大剂量，可致衰竭、震颤、蛋白尿和血尿。尸检见严重肾损害。大鼠暴露于1.05g/m³，每天7h，每周5d，1个月后见血液中幼稚白细胞增加

吸入危害 无资料

第十二部分 生态学信息

生态毒性 LC_{50}：>10000mg/L（96h）（蓝鳃太阳鱼）；15520mg/L（96h）（虹鳟鱼，一年生）

持久性和降解性

生物降解性 好氧生物降解（h）：168～672；厌氧生物降解（h）：672～2688

非生物降解性 水中光氧化半衰期（h）：7400～4.70×10^5；空气中光氧化半衰期（h）：5.7～57

潜在的生物累积性 根据 K_{ow} 值预测，该物质的生物累积性可能较弱

土壤中的迁移性 根据 K_{oc} 值预测，该物质可能易发生迁移

第十三部分 废弃处置

废弃化学品 不含过氧化物的废液经浓缩后，控制一定的速度燃烧。含过氧化物的废液经浓缩后，在安全距离外敞口燃烧

污染包装物 将容器返还生产商或按照国家和地方法规处置

废弃注意事项 把倒空的容器归还厂商或在规定场所掩埋

第十四部分 运输信息

联合国危险货物编号（UN号） 1188

联合国运输名称 乙二醇一甲醚

联合国危险性类别 3 **包装类别** Ⅲ类包装

包装标志  **海洋污染物** 否

运输注意事项 运输时运输车辆应配备相应品种和数量的消防器材及泄漏应急处理设备。夏季最好早晚运输。运输时所用的槽（罐）车应有接地链，槽内可设孔隔板以减少震荡产生的静电。严禁与氧化剂、食用化学品等混装混运。运输途中应防曝晒、雨淋，防高温。中途停留时应远离火种、热源、高温区。装运该物品的车辆排气管必须配备阻火装置，禁止使用易产生火花的机械设备和工具装卸。公路运输时要按规定路线行驶，勿在居民区和人口稠密区停留。铁路运输时要禁止溜放。严禁用木船、水泥船散装运输

第十五部分 法规信息

下列法律、法规、规章和标准，对该化学品的管理作了相应的规定。

中华人民共和国职业病防治法 职业病分类和目录：未列入

危险化学品安全管理条例 危险化学品目录：列入。易制爆危险化学品名录：未列入。重点监管的危险化学品名录：未列入。GB 18218—2009《危险化学品重大危险源辨识》（表1）：未列入

使用有毒物品作业场所劳动保护条例 高毒物品目录：未列入

易制毒化学品管理条例 易制毒化学品的分类和品种目录：未列入

国际公约 斯德哥尔摩公约：未列入。鹿特丹公约：未列入。蒙特利尔议定书：未列入

第十六部分 其他信息

编写和修订信息 **缩略语和首字母缩写**

培训建议 **参考文献**

免责声明

乙二醇乙醚

第一部分 化学品标识

化学品中文名 乙二醇乙醚；2-乙氧基乙醇；乙基溶纤剂

化学品英文名 ethylene glycol monoethyl ether；2-ethoxyethanol

分子式 $C_4H_{10}O_2$ **相对分子质量** 90.14

结构式

化学品的推荐及限制用途 用作溶剂，以及皮革着色剂、乳化剂、稳定剂、涂料稀释剂、脱漆剂等

第二部分 危险性概述

紧急情况概述 易燃液体和蒸气，吞咽有害，吸入会中毒

GHS危险性类别 易燃液体，类别3；急性毒性-经口，类别4；急性毒性-吸入，类别3；生殖毒性，类别1B

标签要素

象形图 

警示词 危险

危险性说明 易燃液体和蒸气，吞咽有害，吸入会中毒，可能对生育力或胎儿造成伤害

防范说明

预防措施 远离热源、火花、明火、热表面。禁止吸烟。保持容器密闭。容器和接收设备接地连接。使用防爆电器、通风、照明设备。只能使用不产生火花的工具。采取防止静电措施。戴防护手套、防护眼镜、防护面罩

事故响应 火灾时，使用抗溶性泡沫、干粉、二氧化碳、砂土灭火。如吸入：将患者转移到空气新鲜处，休息，保持利于呼吸的体位，呼叫中毒控制中心或就医。如皮肤（或头发）接触：立即脱掉所有被污染的衣服，用水冲洗皮肤，淋浴。食入：漱口，如果感觉不适，立即呼叫中毒控制中心或就医。如果接触或有担心，就医

安全储存　存放在通风良好的地方。保持低温。保持容器密闭。上锁保管

废弃处置　本品及内装物、容器依据国家和地方法规处置

物理和化学危险　易燃，其蒸气与空气混合，能形成爆炸性混合物

健康危害　使用本品可引起黏膜刺激和头痛

环境危害　对环境可能有害

第三部分　成分/组成信息

√物质		混合物
组分	**浓度**	**CAS No.**
乙二醇乙醚		110-80-5

第四部分　急救措施

吸入　迅速脱离现场至空气新鲜处。保持呼吸道通畅。如呼吸困难，给输氧。如呼吸、心跳停止，立即进行心肺复苏术。就医

皮肤接触　立即脱去污染的衣着，用流动清水彻底冲洗。就医

眼睛接触　立即分开眼睑，用流动清水或生理盐水彻底冲洗。就医

食入　漱口，饮水。就医

对保护施救者的忠告　根据需要使用个人防护设备

对医生的特别提示　对症处理

第五部分　消防措施

灭火剂　用抗溶性泡沫、干粉、二氧化碳、砂土灭火

特别危险性　接触空气或在光照条件下可生成具有潜在爆炸危险性的过氧化物。燃烧生成有害的一氧化碳

灭火注意事项及防护措施　消防人员须佩戴防毒面具、穿全身消防服，在上风向灭火。尽可能将容器从火场移至空旷处。喷水保持火场容器冷却，直至灭火结束。容器突然发出异常声音或出现异常现象，应立即撤离

第六部分　泄漏应急处理

作业人员防护措施、防护装备和应急处置程序　消除所有点火源。根据液体流动和蒸气扩散的影响区域划定警戒区，无关人员从侧风、上风向撤离至安全区。建议应急处理人员戴正压自给式呼吸器，穿防静电服，戴橡胶耐油手套。作业时使用的所有设备应接地。禁止接触或跨越泄漏物。尽可能切断泄漏源

环境保护措施　防止泄漏物进入水体、下水道、地下室或有限空间

泄漏化学品的收容、清除方法及所使用的处置材料　小量泄漏：用砂土或其他不燃材料吸收，使用洁净的无火花工具收集吸收材料。大量泄漏：构筑围堤或挖坑收容。用抗溶性泡沫覆盖，减少蒸发。喷水雾能减少蒸发，但不能降低泄漏物在有限空间内的易燃性。用防爆泵转移至槽车或专用收集器内。喷雾状水驱散蒸气、稀释液体泄漏物

第七部分　操作处置与储存

操作注意事项　密闭操作，全面通风。操作人员必须经过专门培训，严格遵守操作规程。建议操作人员佩戴过滤式防毒面具（半面罩），戴化学安全防护眼镜，穿防静电工作服，戴橡胶耐油手套。远离火种、热源。工作场所严禁吸烟。使用防爆型的通风系统和设备。防止蒸气泄漏到工作场所空气中。避免与氧化剂、酸类、碱类接触。充装要控制流速，防止静电积聚。搬运时要轻装轻卸，防止包装及容器损坏。配备相应品种和数量的消防器材及泄漏应急处理设备。倒空的容器可能残留有害物

储存注意事项　储存于阴凉、通风的库房。远离火种、热源。库温不宜超过37℃。包装要求密封，不可与空气接触。应与氧化剂、酸类、碱类分开存放，切忌混储。采用防爆型照明、通风设施。禁止使用易产生火花的机械设备和工具。储区应备有泄漏应急处理设备和合适的收容材料

第八部分　接触控制/个体防护

职业接触限值

中国　PC-TWA：18mg/m³；PC-STEL：36mg/m³［皮］

美国(ACGIH)　TLV-TWA：5ppm［皮］

生物接触限值　未制定标准

监测方法　空气中有毒物质测定方法：溶剂解吸-气相色谱法。生物监测检验方法：未制定标准

工程控制　生产过程密闭，全面通风。提供安全的淋浴和洗眼设备

个体防护装备

呼吸系统防护　空气中浓度超标时，佩戴过滤式防毒面具（半面罩）

眼睛防护　一般不需要特殊防护，高浓度接触时可戴化学安全防护眼镜

皮肤和身体防护　穿防静电工作服

手防护　戴橡胶耐油手套

第九部分　理化特性

外观与性状　无色油状液体，有醚味

pH值　无资料　　**熔点(℃)**　－70

沸点(℃)　135.1

相对密度(水＝1)　0.94（15℃）

相对蒸气密度(空气＝1)　3.10

饱和蒸气压(kPa)　0.51（20℃）

燃烧热(kJ/mol)　无资料　　**临界温度(℃)**　无资料

临界压力(MPa)　4.24　　**辛醇/水分配系数**　－0.32

闪点(℃)　43(CC)；49(OC)　　**自燃温度(℃)**　235

爆炸下限(%)　1.7　　**爆炸上限(%)**　15.6

分解温度(℃)　无资料　　**黏度(mPa·s)**　1.84(25℃)

溶解性　与水混溶，可混溶于乙醇、乙醚、丙酮等多数有机溶剂

第十部分　稳定性和反应性

稳定性　稳定

危险反应　与强氧化剂等禁配物接触，有发生火灾和爆炸的危险。接触空气或在光照条件下可生成具有潜在爆

炸危险性的过氧化物

避免接触的条件 空气、光照

禁配物 强氧化剂、酸类、碱类

危险的分解产物 无资料

第十一部分 毒理学信息

急性毒性

LD_{50} 2125mg/kg（大鼠经口）；3900mg/kg（大鼠经皮）；3300mg/kg（兔经皮）

LC_{50} 2000ppm（大鼠吸入，7h）

皮肤刺激或腐蚀 家兔经皮：500mg，轻度刺激（开放性刺激试验）

眼睛刺激或腐蚀 家兔经眼：50mg，中度刺激

呼吸或皮肤过敏 无资料

生殖细胞突变性 精子形态学：大鼠经口 23400mg/kg，5 周（间歇）。姐妹染色单体互换：仓鼠卵巢 3170mg/L

致癌性 无资料

生殖毒性 大鼠孕后 10～12d 经口给予最低中毒剂量（TDLo）600mg/kg，致肌肉骨骼系统、心血管系统发育畸形。大鼠孕后 7～16d 皮肤染毒最低中毒剂量（TDLo）50 g/kg，致中枢神经系统、泌尿生殖系统发育畸形

特异性靶器官系统毒性-一次接触

特异性靶器官系统毒性-反复接触 大鼠暴露于 1.49g/m³，每天 7h，每周 5d，5 周，对血液细胞成分有轻微影响。兔经口，每天 0.1ml/kg，第 7 天出现暂时性蛋白尿、血尿；1ml/kg，第 8 天因肾损害而死亡。大鼠经口最低中毒剂量（TDLo）：600mg/kg（孕 10～12d），致胚胎毒性（如胚胎发育迟缓），致骨骼肌肉发育异常，心血管（循环）系统发育异常。小鼠经口最低中毒剂量（TDLo）：25g/kg（25d，雄性），影响睾丸、附睾和输精管

吸入危害 无资料

第十二部分 生态学信息

生态毒性 LC_{50}：＞10000mg/L（96h）（蓝鳃太阳鱼）；＞5000mg/L（24h）（水蚤）

持久性和降解性

生物降解性 好氧生物降解（h）：168～672；厌氧生物降解（h）：672～2688

非生物降解性 空气中，当羟基自由基浓度为 5.00×10^5 个/cm³时，降解半衰期为 1d（理论）

潜在的生物累积性 根据 K_{ow} 值预测，该物质的生物累积性可能较弱

土壤中的迁移性 根据 K_{oc} 值预测，该物质可能易发生迁移

第十三部分 废弃处置

废弃化学品 用焚烧法处置

污染包装物 将容器返还生产商或按照国家和地方法规处置

废弃注意事项 把倒空的容器归还厂商或在规定场所掩埋

第十四部分 运输信息

联合国危险货物编号（UN 号） 1171

联合国运输名称 乙二醇一乙醚

联合国危险性类别 3 **包装类别** Ⅲ类包装

包装标志  **海洋污染物** 否

运输注意事项 运输时运输车辆应配备相应品种和数量的消防器材及泄漏应急处理设备。夏季最好早晚运输。运输时所用的槽（罐）车应有接地链，槽内可设孔隔板以减少震荡产生的静电。严禁与氧化剂、酸类、碱类、食用化学品等混装混运。运输途中应防曝晒、雨淋，防高温。中途停留时应远离火种、热源、高温区。装运该物品的车辆排气管必须配备阻火装置，禁止使用易产生火花的机械设备和工具装卸。公路运输时要按规定路线行驶，勿在居民区和人口稠密区停留。铁路运输时要禁止溜放。严禁用木船、水泥船散装运输

第十五部分 法规信息

下列法律、法规、规章和标准，对该化学品的管理作了相应的规定。

中华人民共和国职业病防治法 职业病分类和目录：未列入

危险化学品安全管理条例 危险化学品目录：列入。易制爆危险化学品名录：未列入。重点监管的危险化学品名录：未列入。GB 18218—2009《危险化学品重大危险源辨识》（表 1）：未列入

使用有毒物品作业场所劳动保护条例 高毒物品目录：未列入

易制毒化学品管理条例 易制毒化学品的分类和品种目录：未列入

国际公约 斯德哥尔摩公约：未列入。鹿特丹公约：未列入。蒙特利尔议定书：未列入

第十六部分 其他信息

编写和修订信息 **缩略语和首字母缩写**

培训建议 **参考文献**

免责声明

乙二酸二丁酯

第一部分 化学品标识

化学品中文名 乙二酸二丁酯；草酸二丁酯；草酸丁酯

化学品英文名 dibutyl ethanedioate；butyl oxalate

分子式 $C_{10}H_{18}O_4$ **相对分子质量** 202.25

结构式

化学品的推荐及限制用途 用作溶剂及用于有机合成

第二部分 危险性概述

紧急情况概述 可能导致皮肤过敏反应，造成严重眼损伤

GHS危险性类别 皮肤腐蚀/刺激，类别2；严重眼损伤/眼刺激，类别1；皮肤致敏物，类别1；特异性靶器官毒性-一次接触，类别3（呼吸道刺激）

标签要素

象形图

警示词 危险

危险性说明 造成皮肤刺激，造成严重眼损伤，可能导致皮肤过敏反应，可能引起呼吸道刺激

防范说明

预防措施 避免接触眼睛、皮肤，操作后彻底清洗。戴防护手套、防护眼镜、防护面罩。避免吸入蒸气、雾。污染的工作服不得带出工作场所

事故响应 皮肤接触：用大量肥皂水和水清洗。如出现皮肤刺激或皮疹：就医。脱去被污染的衣服，洗净后方可重新使用。接触眼睛：用水细心冲洗数分钟。如戴隐形眼镜并可方便地取出，取出隐形眼镜继续冲洗。如感觉不适，立即呼叫中毒控制中心或就医

安全储存 -

废弃处置 本品及内装物、容器依据国家和地方法规处置

物理和化学危险 可燃，其蒸气与空气混合，能形成爆炸性混合物

健康危害 酯类化合物对眼、呼吸道黏膜和皮肤有刺激作用，对中枢神经系统有麻醉作用。对皮肤有致敏性。眼接触引起严重损伤

环境危害 对环境可能有害

第三部分 成分/组成信息

√物质　　混合物

组分	浓度	CAS No.
乙二酸二丁酯		2050-60-4

第四部分 急救措施

吸入 迅速脱离现场至空气新鲜处。保持呼吸道通畅。如呼吸困难，给输氧。如呼吸、心跳停止，立即进行心肺复苏术。就医

皮肤接触 立即脱去污染的衣着，用流动清水彻底冲洗。就医

眼睛接触 立即分开眼睑，用流动清水或生理盐水彻底冲洗至少15min。就医

食入 漱口，饮水。就医

对保护施救者的忠告 根据需要使用个人防护设备

对医生的特别提示 对症处理

第五部分 消防措施

灭火剂 用泡沫、干粉、二氧化碳、砂土灭火

特别危险性 加热分解产生易燃的有毒气体。与氧化剂可发生反应。燃烧生成有害的一氧化碳

灭火注意事项及防护措施 消防人员必须佩戴空气呼吸器、穿全身防火防毒服，在上风向灭火。尽可能将容器从火场移至空旷处。喷水保持火场容器冷却，直至灭火结束。容器突然发出异常声音或出现异常现象，应立即撤离

第六部分 泄漏应急处理

作业人员防护措施、防护装备和应急处置程序 根据液体流动和蒸气扩散的影响区域划定警戒区，无关人员从侧风、上风向撤离至安全区。消除所有点火源。建议应急处理人员戴正压自给式呼吸器，穿防毒服，戴防化学品手套。穿上适当的防护服前严禁接触破裂的容器和泄漏物。尽可能切断泄漏源

环境保护措施 防止泄漏物进入水体、下水道、地下室或有限空间

泄漏化学品的收容、清除方法及所使用的处置材料 小量泄漏：用干燥的砂土或其他不燃材料吸收或覆盖，收集于容器中。大量泄漏：构筑围堤或挖坑收容，用泵转移至槽车或专用收集器内

第七部分 操作处置与储存

操作注意事项 密闭操作，局部排风。操作人员必须经过专门培训，严格遵守操作规程。建议操作人员佩戴自吸过滤式防毒面具（全面罩），穿透气型防毒服，戴防化学品手套。远离火种、热源。工作场所严禁吸烟。使用防爆型的通风系统和设备。防止蒸气泄漏到工作场所空气中。避免与氧化剂、还原剂、酸类、碱类接触。搬运时要轻装轻卸，防止包装及容器损坏。配备相应品种和数量的消防器材及泄漏应急处理设备。倒空的容器可能残留有害物

储存注意事项 储存于阴凉、通风的库房。远离火种、热源。保持容器密封。应与氧化剂、还原剂、酸类、碱类、食用化学品分开存放，切忌混储。配备相应品种和数量的消防器材。储区应备有泄漏应急处理设备和合适的收容材料

第八部分 接触控制/个体防护

职业接触限值

中国 未制定标准

美国(ACGIH) 未制定标准

生物接触限值 未制定标准

监测方法 空气中有毒物质测定方法：未制定标准。生物监测检验方法：未制定标准

工程控制 密闭操作，局部排风。提供安全的淋浴和洗眼设备

个体防护装备

呼吸系统防护 可能接触其蒸气时，佩戴过滤式防毒面具（全面罩）

眼睛防护 呼吸系统防护中已作防护

皮肤和身体防护 穿透气型防毒服

手防护 戴防化学品手套

第九部分　理化特性

外观与性状　无色液体，略有气味

pH 值　无资料　　**熔点(℃)**　−29.6

沸点(℃)　245.5　　**相对密度(水＝1)**　0.99

相对蒸气密度(空气＝1)　7.0

饱和蒸气压(kPa)　无资料

燃烧热(kJ/mol)　无资料　　**临界温度(℃)**　无资料

临界压力(MPa)　无资料　　**辛醇/水分配系数**　2.37

闪点(℃)　104.4 (CC)　　**自燃温度(℃)**　无资料

爆炸下限(%)　无资料　　**爆炸上限(%)**　无资料

分解温度(℃)　无资料　　**黏度(mPa·s)**　无资料

溶解性　不溶于水，可混溶于醇类、酮类、酯类、油类、烃类等

第十部分　稳定性和反应性

稳定性　稳定

危险反应　与强氧化剂等禁配物发生反应

避免接触的条件　受热

禁配物　酸类、碱、强氧化剂、强还原剂

危险的分解产物　无资料

第十一部分　毒理学信息

急性毒性　无资料　　**皮肤刺激或腐蚀**　无资料

眼睛刺激或腐蚀　无资料　　**呼吸或皮肤过敏**　无资料

生殖细胞突变性　无资料　　**致癌性**　无资料

生殖毒性　无资料

特异性靶器官系统毒性-一次接触　无资料

特异性靶器官系统毒性-反复接触　无资料

吸入危害　无资料

第十二部分　生态学信息

生态毒性　无资料

持久性和降解性

生物降解性　无资料

非生物降解性　无资料

潜在的生物累积性　根据 K_{ow} 值预测，该物质的生物累积性可能较弱

土壤中的迁移性　根据 K_{oc} 值预测，该物质可能有一定的迁移性

第十三部分　废弃处置

废弃化学品　建议用焚烧法处置

污染包装物　将容器返还生产商或按照国家和地方法规处置

废弃注意事项　处置前应参阅国家和地方有关法规

第十四部分　运输信息

联合国危险货物编号(UN 号)　-　　**联合国运输名称**　-

联合国危险性类别　-　　**包装类别**　-

包装标志　-　　**海洋污染物**　-

运输注意事项　铁路运输时应严格按照《危险货物运输规则》中的危险货物配装表进行配装。运输前应先检查包装容器是否完整、密封，运输过程中要确保容器不泄漏、不倒塌、不坠落、不损坏。严禁与酸类、氧化剂、食品及食品添加剂混运。运输时运输车辆应配备相应品种和数量的消防器材及泄漏应急处理设备。运输途中应防曝晒、雨淋，防高温。公路运输时要按规定路线行驶

第十五部分　法规信息

下列法律、法规、规章和标准，对该化学品的管理作了相应的规定。

中华人民共和国职业病防治法　职业病分类和目录：未列入

危险化学品安全管理条例　危险化学品目录：列入。易制爆危险化学品名录：未列入。重点监管的危险化学品名录：未列入。GB 18218—2009《危险化学品重大危险源辨识》(表 1)：未列入

使用有毒物品作业场所劳动保护条例　高毒物品目录：未列入

易制毒化学品管理条例　易制毒化学品的分类和品种目录：未列入

国际公约　斯德哥尔摩公约：未列入。鹿特丹公约：未列入。蒙特利尔议定书：未列入

第十六部分　其他信息

编写和修订信息　　**缩略语和首字母缩写**

培训建议　　**参考文献**

免责声明

乙二酸二甲酯

第一部分　化学品标识

化学品中文名　乙二酸二甲酯；草酸二甲酯；草酸甲酯

化学品英文名　dimethyl ethanedioate；methyl oxalate

分子式　$C_4H_6O_4$　　**相对分子质量**　118.09

结构式

化学品的推荐及限制用途　用于制取高纯度的甲醇

第二部分　危险性概述

紧急情况概述　造成严重眼损伤

GHS 危险性类别　皮肤腐蚀/刺激，类别 2；严重眼损伤/眼刺激，类别 1

标签要素

象形图

警示词　危险

危险性说明　造成皮肤刺激，造成严重眼损伤

防范说明

预防措施　避免接触眼睛、皮肤，操作后彻底清洗。戴防护手套、防护眼镜、防护面罩

事故响应 皮肤接触：用大量肥皂水和水清洗。如发生皮肤刺激，就医。脱去被污染的衣服，污染衣服洗净后方可重新使用。接触眼睛：用水细心冲洗数分钟。如戴隐形眼镜并可方便地取出，取出隐形眼镜继续冲洗。如感不适，呼叫中毒控制中心或就医

安全储存 -

废弃处置 -

物理和化学危险 可燃，其粉体与空气混合，能形成爆炸性混合物

健康危害 酯类化合物对眼、呼吸道黏膜和皮肤有刺激作用，对中枢神经系统有麻醉作用。眼接触引起严重损伤

环境危害 对环境可能有害

第三部分 成分/组成信息

√物质 混合物

组分	浓度	CAS No.
乙二酸二甲酯		553-90-2

第四部分 急救措施

吸入 迅速脱离现场至空气新鲜处。保持呼吸道通畅。如呼吸困难，给输氧。如呼吸、心跳停止，立即进行心肺复苏术。就医

皮肤接触 立即脱去污染的衣着，用流动清水彻底冲洗。就医

眼睛接触 立即分开眼睑，用流动清水或生理盐水彻底冲洗至少 15min。就医

食入 漱口，饮水。就医

对保护施救者的忠告 根据需要使用个人防护设备

对医生的特别提示 对症处理

第五部分 消防措施

灭火剂 用泡沫、干粉、二氧化碳、砂土灭火

特别危险性 加热分解产生毒性气体。燃烧生成有害的一氧化碳

灭火注意事项及防护措施 消防人员必须佩戴空气呼吸器、穿全身防火防毒服，在上风向灭火。尽可能将容器从火场移至空旷处。喷水保持火场容器冷却，直至灭火结束

第六部分 泄漏应急处理

作业人员防护措施、防护装备和应急处置程序 隔离泄漏污染区，限制出入。消除所有点火源。建议应急处理人员戴防尘口罩，穿防毒服，戴防化学品手套。穿上适当的防护服前严禁接触破裂的容器和泄漏物。尽可能切断泄漏源。用塑料布覆盖泄漏物，减少飞散。勿使水进入包装容器内

环境保护措施 无资料

泄漏化学品的收容、清除方法及所使用的处置材料 用洁净的铲子收集泄漏物，置于干净、干燥、盖子较松的容器中，将容器移离泄漏区

第七部分 操作处置与储存

操作注意事项 密闭操作，局部排风。操作人员必须经过专门培训，严格遵守操作规程。建议操作人员佩戴头罩型电动送风过滤式防尘呼吸器，穿透气型防毒服，戴防化学品手套。远离火种、热源。工作场所严禁吸烟。使用防爆型的通风系统和设备。避免产生粉尘。避免与氧化剂、还原剂、酸类、碱类接触。搬运时要轻装轻卸，防止包装及容器损坏。配备相应品种和数量的消防器材及泄漏应急处理设备。倒空的容器可能残留有害物

储存注意事项 储存于阴凉、通风的库房。远离火种、热源。包装密封。应与氧化剂、还原剂、酸类、碱类、食用化学品分开存放，切忌混储。配备相应品种和数量的消防器材。储区应备有合适的材料收容泄漏物

第八部分 接触控制/个体防护

职业接触限值

中国 未制定标准

美国(ACGIH) 未制定标准

生物接触限值 未制定标准

监测方法 空气中有毒物质测定方法：未制定标准。生物监测检验方法：未制定标准

工程控制 密闭操作，局部排风。提供安全的淋浴和洗眼设备

个体防护装备

呼吸系统防护 可能接触其粉尘时，应该佩戴过滤式防尘呼吸器

眼睛防护 戴化学安全防护眼镜

皮肤和身体防护 穿透气型防毒服

手防护 戴防化学品手套

第九部分 理化特性

外观与性状 无色单斜结晶

pH 值 无意义 **熔点(℃)** 54

沸点(℃) 163.5 **相对密度(水=1)** 1.15

相对蒸气密度(空气=1) 无资料

饱和蒸气压(kPa) 0.13（20℃）

燃烧热(kJ/mol) −1672.8 **临界温度(℃)** 无资料

临界压力(MPa) 无资料 **辛醇/水分配系数** −0.17

闪点(℃) 75 **自燃温度(℃)** 无资料

爆炸下限(%) 无资料 **爆炸上限(%)** 无资料

分解温度(℃) 无资料 **黏度(mPa·s)** 无资料

溶解性 微溶于冷水，溶于乙醇、乙醚等

第十部分 稳定性和反应性

稳定性 稳定

危险反应 与强氧化剂等禁配物发生反应

避免接触的条件 受热

禁配物 酸类、碱、强氧化剂、强还原剂

危险的分解产物 无资料

第十一部分 毒理学信息

急性毒性 LD：>500mg/kg（大鼠经口）

皮肤刺激或腐蚀 无资料 **眼睛刺激或腐蚀** 无资料

呼吸或皮肤过敏 无资料 **生殖细胞突变性** 无资料

致癌性 无资料 **生殖毒性** 无资料

特异性靶器官系统毒性-一次接触 无资料

特异性靶器官系统毒性-反复接触 无资料

吸入危害 无资料

第十二部分 生态学信息

生态毒性 无资料

持久性和降解性

生物降解性 无资料

非生物降解性 无资料

潜在的生物累积性 根据 K_{ow} 值预测，该物质的生物累积性可能较弱

土壤中的迁移性 根据 K_{oc} 值预测，该物质可能易发生迁移

第十三部分 废弃处置

废弃化学品 建议用焚烧法处置

污染包装物 将容器返还生产商或按照国家和地方法规处置

废弃注意事项 处置前应参阅国家和地方有关法规

第十四部分 运输信息

联合国危险货物编号（UN 号） - **联合国运输名称** -

联合国危险性类别 - **包装类别** -

包装标志 - **海洋污染物** -

运输注意事项 运输前应先检查包装容器是否完整、密封，运输过程中要确保容器不泄漏、不倒塌、不坠落、不损坏。严禁与酸类、氧化剂、食品及食品添加剂混运。运输时运输车辆应配备相应品种和数量的消防器材及泄漏应急处理设备。运输途中应防曝晒、雨淋，防高温

第十五部分 法规信息

下列法律、法规、规章和标准，对该化学品的管理作了相应的规定。

中华人民共和国职业病防治法 职业病分类和目录：未列入

危险化学品安全管理条例 危险化学品目录：列入。易制爆危险化学品名录：未列入。重点监管的危险化学品名录：未列入。GB 18218—2009《危险化学品重大危险源辨识》（表 1）：未列入

使用有毒物品作业场所劳动保护条例 高毒物品目录：未列入

易制毒化学品管理条例 易制毒化学品的分类和品种目录：未列入

国际公约 斯德哥尔摩公约：未列入。鹿特丹公约：未列入。蒙特利尔议定书：未列入

第十六部分 其他信息

编写和修订信息 **缩略语和首字母缩写**

培训建议 **参考文献**

免责声明

乙二酸二乙酯

第一部分 化学品标识

化学品中文名 乙二酸二乙酯；草酸二乙酯；草酸乙酯

化学品英文名 diethyl ethanedioate；ethyl oxalate

分子式 $C_6H_{10}O_4$ **相对分子质量** 146.16

结构式

化学品的推荐及限制用途 用作溶剂、染料中间体，用于油漆、药物的合成

第二部分 危险性概述

紧急情况概述 吞咽有害

GHS 危险性类别 易燃液体，类别 4；急性毒性-经口，类别 4；严重眼损伤/眼刺激，类别 2

标签要素

象形图 

警示词 警告

危险性说明 可燃液体，吞咽有害，造成严重眼刺激

防范说明

预防措施 远离火焰和热表面。戴防护手套、防护眼镜、防护面罩。避免接触眼睛、皮肤，操作后彻底清洗。作业场所不得进食、饮水或吸烟

事故响应 火灾时，使用泡沫、干粉、二氧化碳、砂土灭火。如接触眼睛：用水细心冲洗数分钟。如戴隐形眼镜并可方便地取出，取出隐形眼镜继续冲洗。如果眼睛刺激持续：就医。食入：漱口。如果感觉不适，立即呼叫中毒控制中心或就医

安全储存 存放在通风良好的地方。保持低温

废弃处置 本品及内装物、容器依据国家和地方法规处置

物理和化学危险

健康危害：酯类化合物对眼、呼吸道黏膜和皮肤有刺激作用，对中枢神经系统有麻醉作用

环境危害 对环境可能有害

第三部分 成分/组成信息

√物质 混合物

组分	浓度	CAS No.
乙二酸二乙酯		95-92-1

第四部分 急救措施

吸入 迅速脱离现场至空气新鲜处。保持呼吸道通畅。如呼吸困难，给输氧。如呼吸、心跳停止，立即进行心肺复苏术。就医

皮肤接触 立即脱去污染的衣着，用流动清水彻底冲洗。就医

眼睛接触 立即分开眼睑，用流动清水或生理盐水彻底冲洗。就医

食入 漱口，饮水。就医

对保护施救者的忠告 根据需要使用个人防护设备

对医生的特别提示 对症处理

第五部分 消防措施

灭火剂 用泡沫、干粉、二氧化碳、砂土灭火

特别危险性 加热分解产生易燃的有毒气体。燃烧生成有害的一氧化碳

灭火注意事项及防护措施 消防人员必须佩戴空气呼吸器、穿全身防火防毒服，在上风向灭火。尽可能将容器从火场移至空旷处。喷水保持火场容器冷却，直至灭火结束。容器突然发出异常声音或出现异常现象，应立即撤离

第六部分 泄漏应急处理

作业人员防护措施、防护装备和应急处置程序 根据液体流动和蒸气扩散的影响区域划定警戒区，无关人员从侧风、上风向撤离至安全区。建议应急处理人员戴正压自给式呼吸器，穿防毒服，戴防化学品手套。作业时使用的所有设备应接地。穿上适当的防护服前严禁接触破裂的容器和泄漏物。尽可能切断泄漏源

环境保护措施 防止泄漏物进入水体、下水道、地下室或有限空间

泄漏化学品的收容、清除方法及所使用的处置材料 严禁用水处理。小量泄漏：用干燥的砂土或其他不燃材料覆盖泄漏物。大量泄漏：构筑围堤或挖坑收容，用泵转移至槽车或专用收集器内

第七部分 操作处置与储存

操作注意事项 密闭操作，局部排风。操作人员必须经过专门培训，严格遵守操作规程。建议操作人员佩戴自吸过滤式防毒面具（全面罩），穿透气型防毒服，戴防化学品手套。远离火种、热源。工作场所严禁吸烟。使用防爆型的通风系统和设备。防止蒸气泄漏到工作场所空气中。避免与氧化剂、还原剂、酸类、碱类接触。搬运时要轻装轻卸，防止包装及容器损坏。配备相应品种和数量的消防器材及泄漏应急处理设备。倒空的容器可能残留有害物

储存注意事项 储存于阴凉、干燥、通风良好的库房。远离火种、热源。保持容器密封。应与氧化剂、还原剂、酸类、碱类、食用化学品分开存放，切忌混储。配备相应品种和数量的消防器材。储区应备有泄漏应急处理设备和合适的收容材料

第八部分 接触控制/个体防护

职业接触限值

中国 未制定标准

美国(ACGIH) 未制定标准

生物接触限值 未制定标准

监测方法 空气中有毒物质测定方法：未制定标准。生物监测检验方法：未制定标准

工程控制 密闭操作，局部排风。提供安全的淋浴和洗眼设备

个体防护装备

呼吸系统防护 可能接触其蒸气时，佩戴过滤式防毒面具（全面罩）

眼睛防护 呼吸系统防护中已作防护

皮肤和身体防护 穿透气型防毒服

手防护 戴防化学品手套

第九部分 理化特性

外观与性状 无色油状液体，有芳香气味

pH值 无资料 **熔点(℃)** −40.6

沸点(℃) 185.4

相对密度(水=1) 1.08（20℃）

相对蒸气密度(空气=1) 5.04

饱和蒸气压(kPa) 1.33（84℃）

燃烧热(kJ/mol) −2992.9 **临界温度(℃)** 无资料

临界压力(MPa) 3.09 **辛醇/水分配系数** 0.56

闪点(℃) 75.6(CC)；76(OC)

自燃温度(℃) 无资料

爆炸下限(%) 1.5 **爆炸上限(%)** 8.4

分解温度(℃) 无资料 **黏度(mPa·s)** 无资料

溶解性 可混溶于乙醇、乙醚、乙酸乙酯、丙酮等多数有机溶剂

第十部分 稳定性和反应性

稳定性 稳定

危险反应 与强氧化剂等禁配物发生反应

避免接触的条件 受热

禁配物 酸类、碱、强氧化剂、强还原剂、水

危险的分解产物 无资料

第十一部分 毒理学信息

急性毒性 LD_{50}：400mg/kg（大鼠经口）

皮肤刺激或腐蚀 无资料 **眼睛刺激或腐蚀** 无资料

呼吸或皮肤过敏 无资料 **生殖细胞突变性** 无资料

致癌性 无资料 **生殖毒性** 无资料

特异性靶器官系统毒性-一次接触 无资料

特异性靶器官系统毒性-反复接触 无资料

吸入危害 无资料

第十二部分 生态学信息

生态毒性

LC_{50} 75mg/L（96h）（鱼类）

IC_{50} 7mg/L（72h）（藻类）

持久性和降解性

生物降解性 MITI-Ⅰ测试，初始浓度100mg/L，污泥浓度30mg/L，28d后降解80%

非生物降解性 无资料

潜在的生物累积性 根据 K_{ow} 值预测，该物质的生物累积性可能较弱

土壤中的迁移性 根据 K_{oc} 值预测，该物质可能易发生迁移

第十三部分 废弃处置

废弃化学品 建议用焚烧法处置

污染包装物 将容器返还生产商或按照国家和地方法规处置

废弃注意事项 处置前应参阅国家和地方有关法规

第十四部分 运输信息

联合国危险货物编号（UN号） 2525

联合国运输名称 草酸乙酯

联合国危险性类别 6.1 **包装类别** Ⅲ类包装

包装标志 

海洋污染物 否

运输注意事项 运输前应先检查包装容器是否完整、密封，运输过程中要确保容器不泄漏、不倒塌、不坠落、不损坏。严禁与酸类、氧化剂、食品及食品添加剂混运。运输时运输车辆应配备相应品种和数量的消防器材及泄漏应急处理设备。运输途中应防曝晒、雨淋，防高温。公路运输时要按规定路线行驶

第十五部分 法规信息

下列法律、法规、规章和标准，对该化学品的管理作了相应的规定。

中华人民共和国职业病防治法 职业病分类和目录：未列入

危险化学品安全管理条例 危险化学品目录：列入。易制爆危险化学品名录：未列入。重点监管的危险化学品名录：未列入。GB 18218—2009《危险化学品重大危险源辨识》(表1)：未列入

使用有毒物品作业场所劳动保护条例 高毒物品目录：未列入

易制毒化学品管理条例 易制毒化学品的分类和品种目录：未列入

国际公约 斯德哥尔摩公约：未列入。鹿特丹公约：未列入。蒙特利尔议定书：未列入

第十六部分 其他信息

编写和修订信息 **缩略语和首字母缩写**

培训建议 **参考文献**

免责声明

N-乙基苯胺

第一部分 化学品标识

化学品中文名 N-乙基苯胺；乙苯胺

化学品英文名 N-ethylaniline；N-ethylphenylamine

分子式 $C_8H_{11}N$ **相对分子质量** 121.18

结构式 [structure]

化学品的推荐及限制用途 用于有机合成

第二部分 危险性概述

紧急情况概述 吞咽、皮肤接触、吸入会中毒

GHS危险性类别 急性毒性-经口，类别3；急性毒性-经皮，类别3；急性毒性-吸入，类别3；特异性靶器官毒性-反复接触，类别2；危害水生环境-急性危害，类别2；危害水生环境-长期危害，类别2

标签要素

象形图 

警示词 危险

危险性说明 吞咽会中毒，皮肤接触会中毒，吸入会中毒，长时间或反复接触可能对器官造成损伤，对水生生物有毒，对水生生物有毒并具有长期持续影响

防范说明

预防措施 避免接触眼睛、皮肤，操作后彻底清洗。作业场所不得进食、饮水或吸烟。戴防护手套、穿防护服。避免吸入蒸气、雾。仅在室外或通风良好处操作。禁止排入环境

事故响应 如吸入：将患者转移到空气新鲜处，休息，保持利于呼吸的体位。皮肤接触：用大量肥皂水和水清洗，如感觉不适，呼叫中毒控制中心或就医。立即脱去所有被污染的衣服。被污染的衣服须经洗净后方可重新使用。食入：漱口，立即呼叫中毒控制中心或就医。收集泄漏物

安全储存 在通风良好处储存。保持容器密闭。上锁保管

废弃处置 本品及内装物、容器依据国家和地方法规处置

物理和化学危险 可燃，其蒸气与空气混合，能形成爆炸性混合物

健康危害 毒性与苯胺相似，但稍弱。能引起高铁血红蛋白血症，造成组织缺氧，对中枢神经系统及其他脏器有损害

环境危害 对水生生物有毒，对水生生物有毒并具有长期持续影响

第三部分 成分/组成信息

√物质		混合物
组分	**浓度**	**CAS No.**
N-乙基苯胺		103-69-5

第四部分 急救措施

吸入 迅速脱离现场至空气新鲜处。保持呼吸道通畅。如呼吸困难，给输氧。如呼吸、心跳停止，立即进行心肺复苏术。就医

皮肤接触 立即脱去污染的衣着，用流动清水彻底冲洗。就医

眼睛接触 立即分开眼睑，用流动清水或生理盐水彻底冲洗。就医

食入 漱口，饮水。就医

对保护施救者的忠告 根据需要使用个人防护设备

对医生的特别提示 高铁血红蛋白血症，可用美蓝和维生素C治疗

第五部分 消防措施

灭火剂 用泡沫、二氧化碳、干粉、砂土灭火

特别危险性 加热或遇高热分解和接触酸或酸雾均能放出苯胺和氮的氧化物气体。与氧化剂可发生反应。与硝酸反应强烈。燃烧生成有害的一氧化碳、氮氧化物

灭火注意事项及防护措施 消防人员必须佩戴空气呼吸器、穿全身防火防毒服，在上风向灭火。尽可能将容器从火场移至空旷处。喷水保持火场容器冷却，直至灭火结束。容器突然发出异常声音或出现异常现象，应立即撤离

第六部分 泄漏应急处理

作业人员防护措施、防护装备和应急处置程序 根据液体流动和蒸气扩散的影响区域划定警戒区，无关人员从侧风、上风向撤离至安全区。消除所有点火源。建议应急处理人员戴正压自给式呼吸器，穿防毒服，戴橡胶耐油手套。穿上适当的防护服前严禁接触破裂的容器和泄漏物。尽可能切断泄漏源

环境保护措施 防止泄漏物进入水体、下水道、地下室或有限空间

泄漏化学品的收容、清除方法及所使用的处置材料 小量泄漏：用干燥的砂土或其他不燃材料吸收或覆盖，收集于容器中。大量泄漏：构筑围堤或挖坑收容。用泵转移至槽车或专用收集器内

第七部分 操作处置与储存

操作注意事项 密闭操作，提供充分的局部排风。操作尽可能机械化、自动化。操作人员必须经过专门培训，严格遵守操作规程。建议操作人员佩戴过滤式防毒面具（半面罩），戴安全防护眼镜，穿防毒物渗透工作服，戴橡胶耐油手套。远离火种、热源。工作场所严禁吸烟。使用防爆型的通风系统和设备。防止蒸气泄漏到工作场所空气中。避免与氧化剂、酸类接触。搬运时要轻装轻卸，防止包装及容器损坏。配备相应品种和数量的消防器材及泄漏应急处理设备。倒空的容器可能残留有害物

储存注意事项 储存于阴凉、通风的库房。远离火种、热源。包装要求密封，不可与空气接触。应与氧化剂、酸类、食用化学品分开存放，切忌混储。配备相应品种和数量的消防器材。储区应备有泄漏应急处理设备和合适的收容材料

第八部分 接触控制/个体防护

职业接触限值

中国 未制定标准

美国(ACGIH) 未制定标准

生物接触限值 未制定标准

监测方法 空气中有毒物质测定方法：未制定标准。生物监测检验方法：未制定标准

工程控制 严加密闭，提供充分的局部排风。提供安全的淋浴和洗眼设备

个体防护装备

呼吸系统防护 可能接触其蒸气时，佩戴过滤式防毒面具（半面罩）。紧急事态抢救或撤离时，佩戴空气呼吸器

眼睛防护 戴安全防护眼镜

皮肤和身体防护 穿防毒物渗透工作服

手防护 戴橡胶耐油手套

第九部分 理化特性

外观与性状 黄棕色透明油状液体，有苯胺气味

pH值 无资料 **熔点(℃)** −63.5

沸点(℃) 204

相对密度(水=1) 0.96（20℃）

相对蒸气密度(空气=1) 4.18

饱和蒸气压(kPa) 0.027（25℃）

燃烧热(kJ/mol) −4687.9 **临界温度(℃)** 无资料

临界压力(MPa) 3.58 **辛醇/水分配系数** 2.16

闪点(℃) 85（OC） **自燃温度(℃)** 479

爆炸下限(%) 1.6 **爆炸上限(%)** 9.5

分解温度(℃) 无资料 **黏度(mPa·s)** 无资料

溶解性 不溶于水，可混溶于乙醇、乙醚等许多有机溶剂

第十部分 稳定性和反应性

稳定性 稳定

危险反应 与强氧化剂、酸类等禁配物发生反应

避免接触的条件 光照、受热

禁配物 酸类、酰基氯、酸酐、强氧化剂、二氧化碳

危险的分解产物 胺

第十一部分 毒理学信息

急性毒性

LD_{50} 334mg/kg（大鼠经口）；4700mg/kg（兔经皮）

LC_{50} >1130mg/m³（大鼠吸入，4h）

皮肤刺激或腐蚀 无资料 **眼睛刺激或腐蚀** 无资料

呼吸或皮肤过敏 无资料 **生殖细胞突变性** 无资料

致癌性 无资料 **生殖毒性** 无资料

特异性靶器官系统毒性-一次接触 无资料

特异性靶器官系统毒性-反复接触 无资料

吸入危害 无资料

第十二部分 生态学信息

生态毒性

LC_{50} 67mg/L（96h）（青鳉）

EC_{50} 4.3mg/L（48h）（水蚤）

持久性和降解性

生物降解性 不易快速生物降解

非生物降解性 无资料

潜在的生物累积性 根据K_{ow}值预测，该物质的生物累积性可能较弱

土壤中的迁移性 根据K_{oc}值预测，该物质可能有一定的

迁移性

第十三部分 废弃处置

废弃化学品 建议用焚烧法处置。焚烧炉排出的氮氧化物通过洗涤器除去

污染包装物 将容器返还生产商或按照国家和地方法规处置

废弃注意事项 处置前应参阅国家和地方有关法规

第十四部分 运输信息

联合国危险货物编号（UN号） 2272

联合国运输名称 *N*-乙基苯胺

联合国危险性类别 6.1 **包装类别** Ⅱ类包装

包装标志  **海洋污染物** 否

运输注意事项 运输前应先检查包装容器是否完整、密封，运输过程中要确保容器不泄漏、不倒塌、不坠落、不损坏。严禁与酸类、氧化剂、食品及食品添加剂混运。运输时运输车辆应配备相应品种和数量的消防器材及泄漏应急处理设备。运输途中应防曝晒、雨淋，防高温。公路运输时要按规定路线行驶

第十五部分 法规信息

下列法律、法规、规章和标准，对该化学品的管理作了相应的规定。

中华人民共和国职业病防治法 职业病分类和目录：苯的氨基及硝基化合物中毒

危险化学品安全管理条例 危险化学品目录：列入。易制爆危险化学品名录：未列入。重点监管的危险化学品名录：未列入。GB 18218—2009《危险化学品重大危险源辨识》(表1)：未列入

使用有毒物品作业场所劳动保护条例 高毒物品目录：未列入

易制毒化学品管理条例 易制毒化学品的分类和品种目录：未列入

国际公约 斯德哥尔摩公约：未列入。鹿特丹公约：未列入。蒙特利尔议定书：未列入

第十六部分 其他信息

编写和修订信息 **缩略语和首字母缩写**

培训建议 **参考文献**

免责声明

2-乙基苯胺

第一部分 化学品标识

化学品中文名 2-乙基苯胺；邻乙基苯胺；邻氨基乙苯

化学品英文名 2-ethylaniline；*o*-ethylaniline

分子式 $C_8H_{11}N$ **相对分子质量** 121.20

结构式 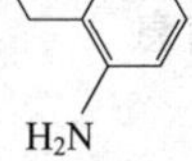

化学品的推荐及限制用途 用作药品、染料、杀虫剂的中间体

第二部分 危险性概述

紧急情况概述 吞咽有害

GHS危险性类别 易燃液体，类别4；急性毒性-经口，类别4；危害水生环境-急性危害，类别2；危害水生环境-长期危害，类别2

标签要素

象形图 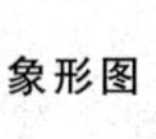 

警示词 警告

危险性说明 可燃液体，吞咽有害，对水生生物有毒，对水生生物有毒并具有长期持续影响

防范说明

预防措施 远离火焰和热表面。禁止吸烟。戴防护手套、防护眼镜、防护面罩。避免接触眼睛、皮肤，操作后彻底清洗。作业场所不得进食、饮水或吸烟。禁止排入环境

事故响应 火灾时，使用泡沫、干粉、二氧化碳、砂土灭火。食入：漱口。如果感觉不适，立即呼叫中毒控制中心或就医。收集泄漏物

安全储存 存放在通风良好的地方。保持低温

废弃处置 本品及内装物、容器依据国家和地方法规处置

物理和化学危险 可燃，其蒸气与空气混合，能形成爆炸性混合物

健康危害 对眼睛有强烈的刺激作用。对黏膜、上呼吸道有刺激性。吸收进入体内可引起高铁血红蛋白血症，出现紫绀

环境危害 对水生生物有毒并具有长期持续影响

第三部分 成分/组成信息

√物质 混合物

组分	浓度	CAS No.
2-乙基苯胺		578-54-1

第四部分 急救措施

吸入 迅速脱离现场至空气新鲜处。保持呼吸道通畅。如呼吸困难，给吸氧。如呼吸、心跳停止，立即行心肺复苏术。就医

皮肤接触 立即脱去污染衣着，用肥皂水或清水彻底冲洗。就医

眼睛接触 分开眼睑，用清水或生理盐水冲洗。就医

对保护施救者的忠告 根据需要使用个人防护设备

对医生的特别提示 高铁血红蛋白血症，可用美蓝和维生素C治疗

第五部分 消防措施

灭火剂 用泡沫、干粉、二氧化碳、砂土灭火

特别危险性 受热分解放出有毒烟气。与强氧化剂接触

可发生化学反应。燃烧生成有害的一氧化碳、氮氧化物

灭火注意事项及防护措施 消防人员必须佩戴空气呼吸器、穿全身防火防毒服，在上风向灭火。尽可能将容器从火场移至空旷处。喷水保持火场容器冷却，直至灭火结束。容器突然发出异常声音或出现异常现象，应立即撤离

第六部分 泄漏应急处理

作业人员防护措施、防护装备和应急处置程序 根据液体流动和蒸气扩散的影响区域划定警戒区，无关人员从侧风、上风向撤离至安全区。消除所有点火源。建议应急处理人员戴正压自给式呼吸器，穿防毒服，戴橡胶耐油手套。穿上适当的防护服前严禁接触破裂的容器和泄漏物。尽可能切断泄漏源

环境保护措施 防止泄漏物进入水体、下水道、地下室或有限空间

泄漏化学品的收容、清除方法及所使用的处置材料 小量泄漏：用干燥的砂土或其他不燃材料吸收或覆盖，收集于容器中。大量泄漏：构筑围堤或挖坑收容。用泵转移至槽车或专用收集器内

第七部分 操作处置与储存

操作注意事项 密闭操作，提供充分的局部排风。操作人员必须经过专门培训，严格遵守操作规程。建议操作人员佩戴过滤式防毒面具（半面罩），戴安全防护眼镜，穿防毒物渗透工作服，戴橡胶耐油手套。远离火种、热源。工作场所严禁吸烟。使用防爆型的通风系统和设备。防止蒸气泄漏到工作场所空气中。避免与氧化剂、酸类接触。搬运时要轻装轻卸，防止包装及容器损坏。配备相应品种和数量的消防器材及泄漏应急处理设备。倒空的容器可能残留有害物

储存注意事项 储存于阴凉、通风的库房。远离火种、热源。保持容器密封。应与氧化剂、酸类、食用化学品分开存放，切忌混储。储存期不可太长，规定 3 个月轮换一次。配备相应品种和数量的消防器材。储区应备有泄漏应急处理设备和合适的收容材料

第八部分 接触控制/个体防护

职业接触限值

中国 未制定标准

美国(ACGIH) 未制定标准

生物接触限值 未制定标准

监测方法 空气中有毒物质测定方法：未制定标准。生物监测检验方法：未制定标准

工程控制 严加密闭，提供充分的局部排风。提供安全的淋浴和洗眼设备

个体防护装备

呼吸系统防护 可能接触其蒸气时，佩戴过滤式防毒面具（半面罩）。紧急事态抢救或撤离时，佩戴空气呼吸器

眼睛防护 戴安全防护眼镜

皮肤和身体防护 穿防毒物渗透工作服

手防护 戴橡胶耐油手套

第九部分 理化特性

外观与性状 黄色或橘红色液体

pH 值 无资料 **熔点(℃)** －44

沸点(℃) 210

相对密度(水＝1) 0.98（20℃）

相对蒸气密度(空气＝1) 4.17

饱和蒸气压(kPa) 0.015（20℃）

燃烧热(kJ/mol) 4687.9 **临界温度(℃)** 无资料

临界压力(MPa) 3.74 **辛醇/水分配系数** 1.74

闪点(℃) 85（OC） **自燃温度(℃)** 422

爆炸下限(%) 无资料 **爆炸上限(%)** 无资料

分解温度(℃) 无资料

黏度(mPa·s) 60.2(－46.5℃)

溶解性 不溶于水，微溶于氯仿，溶于乙醇、甲苯、乙醚等

第十部分 稳定性和反应性

稳定性 稳定

危险反应 与强氧化剂、酸类等禁配物发生反应

避免接触的条件 受热

禁配物 酸类、酸酐、酰基氯、氯仿、强氧化剂

危险的分解产物 氨

第十一部分 毒理学信息

急性毒性 LD_{50}：1260mg/kg（大鼠经口）

皮肤刺激或腐蚀 无资料 **眼睛刺激或腐蚀** 无资料

呼吸或皮肤过敏 无资料 **生殖细胞突变性** 无资料

致癌性 无资料 **生殖毒性** 无资料

特异性靶器官系统毒性-一次接触 无资料

特异性靶器官系统毒性-反复接触 无资料

吸入危害 无资料

第十二部分 生态学信息

生态毒性 EC_{50}：8.05mg/L（48h）（水蚤）

持久性和降解性

生物降解性 无资料

非生物降解性 无资料

潜在的生物累积性 根据 K_{ow} 值预测，该物质的生物累积性可能较弱

土壤中的迁移性 根据 K_{oc} 值预测，该物质可能易发生迁移

第十三部分 废弃处置

废弃化学品 建议用焚烧法处置。焚烧炉排出的氮氧化物通过洗涤器除去

污染包装物 将容器返还生产商或按照国家和地方法规处置

废弃注意事项 处置前应参阅国家和地方有关法规

第十四部分 运输信息

联合国危险货物编号（UN 号） 2273

联合国运输名称 2-乙基苯胺

联合国危险性类别 6.1 **包装类别** Ⅲ类包装

包装标志 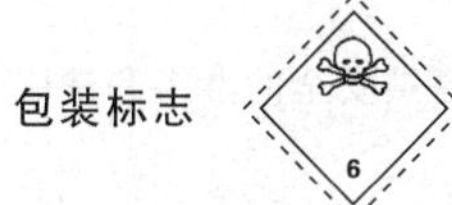 **海洋污染物** 否

运输注意事项 运输前应先检查包装容器是否完整、密封，运输过程中要确保容器不泄漏、不倒塌、不坠落、不损坏。严禁与酸类、氧化剂、食品及食品添加剂混运。运输时运输车辆应配备相应品种和数量的消防器材及泄漏应急处理设备。运输途中应防曝晒、雨淋，防高温。公路运输时要按规定路线行驶

第十五部分 法规信息

下列法律、法规、规章和标准，对该化学品的管理作了相应的规定。

中华人民共和国职业病防治法 职业病分类和目录：苯的氨基及硝基化合物中毒

危险化学品安全管理条例 危险化学品目录：列入。易制爆危险化学品名录：未列入。重点监管的危险化学品名录：未列入。GB 18218—2009《危险化学品重大危险源辨识》(表 1)：未列入

使用有毒物品作业场所劳动保护条例 高毒物品目录：未列入

易制毒化学品管理条例 易制毒化学品的分类和品种目录：未列入

国际公约 斯德哥尔摩公约：未列入。鹿特丹公约：未列入。蒙特利尔议定书：未列入

第十六部分 其他信息

编写和修订信息 **缩略语和首字母缩写**

培训建议 **参考文献**

免责声明

乙基二氯硅烷

第一部分 化学品标识

化学品中文名 乙基二氯硅烷

化学品英文名 ethyldichlorosilane；dichloroethylsilane

分子式 $C_2H_6Cl_2Si$ **相对分子质量** 129.07

结构式 H—Si(Cl)(Cl)—乙基

化学品的推荐及限制用途 用作制造硅酮的中间体

第二部分 危险性概述

紧急情况概述 高度易燃液体和蒸气，遇水放出可自燃的易燃气体，吞咽会中毒，造成严重的皮肤灼伤和眼损伤

GHS 危险性类别 易燃液体，类别 2；遇水放出易燃气体的物质和混合物，类别 1；急性毒性-经口，类别 3；皮肤腐蚀/刺激，类别 1；严重眼损伤/眼刺激，类别 1；特异性靶器官毒性-一次接触，类别 2

标签要素

象形图 

警示词 危险

危险性说明 高度易燃液体和蒸气，遇水放出可自燃的易燃气体，吞咽会中毒，造成严重的皮肤灼伤和眼损伤，可能对器官造成损害

防范说明

预防措施 远离热源、火花、明火、热表面。禁止吸烟。保持容器密闭。容器和接收设备接地连接。使用防爆电器、通风、照明设备。只能使用不产生火花的工具。采取防止静电措施。因与水发生剧烈反应和可能发生爆燃，应避免与水接触。在惰性气体中操作。防潮。避免接触眼睛、皮肤，操作后彻底清洗。作业场所不得进食、饮水或吸烟。戴防护手套，穿防护服，戴防护眼镜、防护面罩。避免吸入蒸气、雾

事故响应 火灾时，使用干粉、二氧化碳、砂土灭火。如吸入：将患者转移到空气新鲜处，休息，保持利于呼吸的体位。如皮肤（或头发）接触：立即脱掉所有被污染的衣服。擦掉皮肤上的微粒，将接触部位浸入冷水中，用湿绷带包扎。污染的衣服须洗净后方可重新使用。眼睛接触：用水细心地冲洗数分钟。如戴隐形眼镜并可方便地取出，则取出隐形眼镜继续冲洗。食入：漱口，不要催吐，立即呼叫中毒控制中心或就医。如果接触或感觉不适：呼叫中毒控制中心或就医

安全储存 存放在通风良好的地方。保持低温。在干燥处和密闭的容器中储存。上锁保管

废弃处置 本品及内装物、容器依据国家和地方法规处置

物理和化学危险 高度易燃。遇湿易燃。遇水产生刺激性气体

健康危害 对眼、上呼吸道黏膜有强烈刺激作用。局部可出现充血、水肿，甚至溃疡、坏死。长时间高浓度接触，可引起鼻黏膜萎缩、支气管炎、肺充血和肺水肿。眼和皮肤接触其液体可致灼伤

环境危害 对环境可能有害

第三部分 成分/组成信息

√物质 混合物

组分	浓度	CAS No.
乙基二氯硅烷		1789-58-8

第四部分 急救措施

吸入 迅速脱离现场至空气新鲜处。保持呼吸道通畅。如呼吸困难，给输氧。如呼吸、心跳停止，立即进行心肺复苏术。就医

皮肤接触 立即脱去污染的衣着，用大量流动清水彻底冲洗至少 15min。就医

眼睛接触 立即分开眼睑，用流动清水或生理盐水彻底冲洗至少15min。就医

食入 用水漱口，禁止催吐。给饮牛奶或蛋清。就医

对保护施救者的忠告 根据需要使用个人防护设备

对医生的特别提示 对症处理

第五部分 消防措施

灭火剂 用干粉、二氧化碳、砂土灭火

特别危险性 遇水或水蒸气剧烈反应，放出的热量可导致其自燃，并放出有毒和腐蚀性的烟雾。与氧化剂接触发生猛烈反应。燃烧生成有害的一氧化碳、氯化氢、氧化硅

灭火注意事项及防护措施 消防人员必须穿全身防火防毒服，在上风向灭火。尽可能将容器从火场移至空旷处。喷水保持火场容器冷却，直至灭火结束。容器突然发出异常声音或出现异常现象，应立即撤离。禁止用水和泡沫灭火

第六部分 泄漏应急处理

作业人员防护措施、防护装备和应急处置程序 消除所有点火源。根据液体流动和蒸气扩散的影响区域划定警戒区，无关人员从侧风、上风向撤离至安全区。建议应急处理人员戴正压自给式呼吸器，穿防静电、防腐蚀、防毒服，戴橡胶耐油手套。禁止接触或跨越泄漏物。尽可能切断泄漏源

环境保护措施 防止泄漏物进入水体、下水道、地下室或有限空间

泄漏化学品的收容、清除方法及所使用的处置材料 严禁用水处理。小量泄漏：用干燥的砂土或其他不燃材料覆盖泄漏物。大量泄漏：构筑围堤或挖坑收容。用碎石灰石（$CaCO_3$）、苏打灰（Na_2CO_3）或石灰（CaO）中和。在专家指导下清除

第七部分 操作处置与储存

操作注意事项 密闭操作，局部排风。操作人员必须经过专门培训，严格遵守操作规程。建议操作人员佩戴自吸过滤式防毒面具（全面罩），穿胶布防毒衣，戴橡胶耐油手套。远离火种、热源。工作场所严禁吸烟。使用防爆型的通风系统和设备。避免产生烟雾。防止烟雾和蒸气释放到工作场所空气中。避免与氧化剂、酸类接触。尤其要注意避免与水接触。搬运时要轻装轻卸，防止包装及容器损坏。配备相应品种和数量的消防器材及泄漏应急处理设备。倒空的容器可能残留有害物

储存注意事项 储存于阴凉、干燥、通风良好的专用库房内，远离火种、热源。库房温度不超过32℃，相对湿度不超过75%。包装必须密封，防止受潮。应与氧化剂、酸类等分开存放，切忌混储。采用防爆型照明、通风设施。禁止使用易产生火花的机械设备和工具。储区应备有泄漏应急处理设备和合适的收容材料

第八部分 接触控制/个体防护

职业接触限值

中国 未制定标准

美国(ACGIH) 未制定标准

生物接触限值 未制定标准

监测方法 空气中有毒物质测定方法：未制定标准。生物监测检验方法：未制定标准

工程控制 密闭操作，局部排风。提供安全的淋浴和洗眼设备

个体防护装备

呼吸系统防护 空气中浓度超标时，应该佩戴过滤式防毒面具（全面罩）。紧急事态抢救或撤离时，建议佩戴空气呼吸器

眼睛防护 呼吸系统防护中已作防护

皮肤和身体防护 穿隔绝式防毒服

手防护 戴橡胶耐油手套

第九部分 理化特性

外观与性状 无色液体，易潮解

pH值 无资料 **熔点(℃)** 无资料

沸点(℃) 75.5 **相对密度(水=1)** 1.09

相对蒸气密度(空气=1) 4.45

饱和蒸气压(kPa) 无资料

燃烧热(kJ/mol) 无资料 **临界温度(℃)** 无资料

临界压力(MPa) 无资料 **辛醇/水分配系数** 无资料

闪点(℃) −1（OC） **自燃温度(℃)** 无资料

爆炸下限(%) 无资料 **爆炸上限(%)** 无资料

分解温度(℃) 无资料 **黏度(mPa·s)** 无资料

溶解性 溶于苯、甲苯、二甲苯、卤代烃

第十部分 稳定性和反应性

稳定性 稳定

危险反应 与强氧化剂、水等禁配物接触，有发生火灾和爆炸的危险

避免接触的条件 潮湿空气

禁配物 强氧化剂、水、强酸、酸类

危险的分解产物 氯化氢

第十一部分 毒理学信息

急性毒性 无资料 **皮肤刺激或腐蚀** 无资料

眼睛刺激或腐蚀 无资料 **呼吸或皮肤过敏** 无资料

生殖细胞突变性 无资料 **致癌性** 无资料

生殖毒性 无资料

特异性靶器官系统毒性-一次接触 无资料

特异性靶器官系统毒性-反复接触 无资料

吸入危害 无资料

第十二部分 生态学信息

生态毒性 无资料

持久性和降解性

生物降解性 无资料

非生物降解性 无资料

潜在的生物累积性 无资料

土壤中的迁移性 无资料

第十三部分 废弃处置

废弃化学品 建议用焚烧法处置。与燃料混合后，再焚

烧。焚烧炉排出的卤化氢通过酸洗涤器除去

污染包装物 将容器返还生产商或按照国家和地方法规处置

废弃注意事项 处置前应参阅国家和地方有关法规

第十四部分 运输信息

联合国危险货物编号（UN号） 1183

联合国运输名称 乙基二氯硅烷

联合国危险性类别 4.3，3/8

包装类别 Ⅰ类包装

包装标志

海洋污染物 否

运输注意事项 运输时运输车辆应配备相应品种和数量的消防器材及泄漏应急处理设备。装运本品的车辆排气管须有阻火装置。运输过程中要确保容器不泄漏、不倒塌、不坠落、不损坏。严禁与氧化剂、酸类、食用化学品等混装混运。运输途中应防曝晒、雨淋，防高温。中途停留时应远离火种、热源。运输用车、船必须干燥，并有良好的防雨设施。车辆运输完毕应进行彻底清扫。铁路运输时要禁止溜放

第十五部分 法规信息

下列法律、法规、规章和标准，对该化学品的管理作了相应的规定。

中华人民共和国职业病防治法 职业病分类和目录：未列入

危险化学品安全管理条例 危险化学品目录：列入。易制爆危险化学品名录：未列入。重点监管的危险化学品名录：未列入。GB 18218—2009《危险化学品重大危险源辨识》（表1）：未列入

使用有毒物品作业场所劳动保护条例 高毒物品目录：未列入

易制毒化学品管理条例 易制毒化学品的分类和品种目录：未列入

国际公约 斯德哥尔摩公约：未列入。鹿特丹公约：未列入。蒙特利尔议定书：未列入

第十六部分 其他信息

编写和修订信息 **缩略语和首字母缩写**

培训建议 **参考文献**

免责声明

乙基环己烷

第一部分 化学品标识

化学品中文名 乙基环己烷

化学品英文名 ethylcyclohexane

分子式 C_8H_{16} **相对分子质量** 112.2

结构式

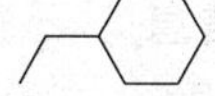

化学品的推荐及限制用途 用作溶剂、化学中间体、气相色谱对比样品，用于有机合成

第二部分 危险性概述

紧急情况概述 高度易燃液体和蒸气，吞咽及进入呼吸道可能致命

GHS危险性类别 易燃液体，类别2；吸入危害，类别1；危害水生环境-急性危害，类别1；危害水生环境-长期危害，类别1

标签要素

象形图

警示词 危险

危险性说明 高度易燃液体和蒸气，吞咽及进入呼吸道可能致命，对水生生物毒性非常大并具有长期持续影响

防范说明

预防措施 远离热源、火花、明火、热表面。禁止吸烟。保持容器密闭。容器和接收设备接地连接。使用防爆电器、通风、照明设备。只能使用不产生火花的工具。采取防止静电措施。戴防护手套、防护眼镜、防护面罩。禁止排入环境

事故响应 火灾时，使用泡沫、二氧化碳、干粉、砂土灭火。如皮肤（或头发）接触：立即脱掉所有被污染的衣服，用水冲洗皮肤，淋浴。如果食入：不要催吐，立即呼叫中毒控制中心或就医。收集泄漏物

安全储存 存放在通风良好的地方。保持低温。上锁保管

废弃处置 本品及内装物、容器依据国家和地方法规处置

物理和化学危险 高度易燃，其蒸气与空气混合，能形成爆炸性混合物

健康危害 本品有刺激和麻醉作用。液态本品吸入呼吸道可引起吸入性肺炎

环境危害 对水生生物毒性非常大并具有长期持续影响

第三部分 成分/组成信息

√物质 混合物

组分	浓度	CAS No.
乙基环己烷		1678-91-7

第四部分 急救措施

吸入 迅速脱离现场至空气新鲜处。保持呼吸道通畅。如呼吸困难，给输氧。如呼吸、心跳停止，立即进行心肺复苏术。就医

皮肤接触 立即脱去污染的衣着，用流动清水彻底冲洗。就医

眼睛接触 立即分开眼睑，用流动清水或生理盐水彻底冲洗。就医

食入 漱口，饮水。禁止催吐。就医

对保护施救者的忠告 根据需要使用个人防护设备

对医生的特别提示 对症处理

第五部分　消防措施

灭火剂　用泡沫、二氧化碳、干粉、砂土灭火

特别危险性　与氧化剂接触发生猛烈反应。在火场中，受热的容器有爆炸危险。燃烧生成有害的一氧化碳

灭火注意事项及防护措施　消防人员须佩戴防毒面具、穿全身消防服，在上风向灭火。尽可能将容器从火场移至空旷处。用水灭火无效，但须用水保持火场容器冷却。用雾状水保护消防人员，用砂土堵逸出液体。容器突然发出异常声音或出现异常现象，应立即撤离

第六部分　泄漏应急处理

作业人员防护措施、防护装备和应急处置程序　消除所有点火源。根据液体流动和蒸气扩散的影响区域划定警戒区，无关人员从侧风、上风向撤离至安全区。建议应急处理人员戴正压自给式呼吸器，穿防静电服，戴橡胶耐油手套。尽可能切断泄漏源

环境保护措施　防止泄漏物进入水体、下水道、地下室或有限空间

泄漏化学品的收容、清除方法及所使用的处置材料　小量泄漏：用砂土、蛭石或其他惰性材料吸收。大量泄漏：构筑围堤或挖坑收容。用泡沫覆盖，减少蒸发。用防爆泵转移至槽车或专用收集器内

第七部分　操作处置与储存

操作注意事项　密闭操作，全面通风。操作人员必须经过专门培训，严格遵守操作规程。建议操作人员佩戴自吸过滤式防毒面具（半面罩），戴化学安全防护眼镜，穿防静电工作服，戴橡胶耐油手套。远离火种、热源。工作场所严禁吸烟。使用防爆型的通风系统和设备。防止蒸气泄漏到工作场所空气中。避免与氧化剂、酸类、碱类接触。充装要控制流速，防止静电积聚。搬运时要轻装轻卸，防止包装及容器损坏。配备相应品种和数量的消防器材及泄漏应急处理设备。倒空的容器可能残留有害物

储存注意事项　储存于阴凉、通风的库房。远离火种、热源。库温不宜超过37℃. 保持容器密封。应与氧化剂、酸类、碱类分开存放，切忌混储。采用防爆型照明、通风设施。禁止使用易产生火花的机械设备和工具。储区应备有泄漏应急处理设备和合适的收容材料

第八部分　接触控制/个体防护

职业接触限值

中国　未制定标准

美国(ACGIH)　未制定标准

生物接触限值　未制定标准

监测方法　空气中有毒物质测定方法：未制定标准。生物监测检验方法：未制定标准

工程控制　生产过程密闭，全面通风

个体防护装备

呼吸系统防护　一般不需要特殊防护，高浓度接触时可佩戴过滤式防毒面具（半面罩）。紧急事态抢救或撤离时，建议佩戴空气呼吸器

眼睛防护　一般不需特殊防护。必要时，戴化学安全防护眼镜

皮肤和身体防护　穿防静电工作服

手防护　戴橡胶耐油手套

第九部分　理化特性

外观与性状　无色液体

pH值　无资料　　**熔点(℃)**　−111.3

沸点(℃)　131.8　　**相对密度(水=1)**　0.79

相对蒸气密度(空气=1)　3.9

饱和蒸气压(kPa)　3.32（37.7℃）

燃烧热(kJ/mol)　无资料　　**临界温度(℃)**　无资料

临界压力(MPa)　3.17　　**辛醇/水分配系数**　4.56

闪点(℃)　18（CC）　　**自燃温度(℃)**　262

爆炸下限(%)　0.9　　**爆炸上限(%)**　6.6

分解温度(℃)　无资料　　**黏度(mPa·s)**　无资料

溶解性　不溶于水，可混溶于乙醇、丙酮、乙醚、苯、石油醚

第十部分　稳定性和反应性

稳定性　稳定

危险反应　与强氧化剂等禁配物接触，有发生火灾和爆炸的危险

避免接触的条件　无资料

禁配物　强氧化剂、强酸、强碱、卤素

危险的分解产物　无资料

第十一部分　毒理学信息

急性毒性　TCLo：15000mg/m^3（小鼠吸入）

皮肤刺激或腐蚀　无资料　　**眼睛刺激或腐蚀**　无资料

呼吸或皮肤过敏　无资料　　**生殖细胞突变性**　无资料

致癌性　无资料　　**生殖毒性**　无资料

特异性靶器官系统毒性-一次接触　无资料

特异性靶器官系统毒性-反复接触　无资料

吸入危害　无资料

第十二部分　生态学信息

生态毒性　LC_{50}：8.8mg/L（96h）（鱼类）

持久性和降解性

生物降解性　无资料

非生物降解性　无资料

潜在的生物累积性　根据K_{ow}值预测，该物质可能有较高的生物累积性

土壤中的迁移性　根据K_{oc}值预测，该物质的迁移性可能较弱

第十三部分　废弃处置

废弃化学品　建议用焚烧法处置

污染包装物　将容器返还生产商或按照国家和地方法规处置

废弃注意事项　处置前应参阅国家和地方有关法规

第十四部分　运输信息

联合国危险货物编号（UN号）　3295

联合国运输名称 液态烃类，未另作规定的（乙基环己烷）

联合国危险性类别 3 **包装类别** Ⅲ类包装

包装标志  **海洋污染物** 是

运输注意事项 运输时运输车辆应配备相应品种和数量的消防器材及泄漏应急处理设备。夏季最好早晚运输。运输时所用的槽（罐）车应有接地链，槽内可设孔隔板以减少震荡产生的静电。严禁与氧化剂、酸类、碱类、食用化学品等混装混运。运输途中应防曝晒、雨淋，防高温。中途停留时应远离火种、热源、高温区。装运该物品的车辆排气管必须配备阻火装置，禁止使用易产生火花的机械设备和工具装卸。公路运输时要按规定路线行驶，勿在居民区和人口稠密区停留。铁路运输时要禁止溜放。严禁用木船、水泥船散装运输

第十五部分 法规信息

下列法律、法规、规章和标准，对该化学品的管理作了相应的规定。

中华人民共和国职业病防治法 职业病分类和目录：未列入

危险化学品安全管理条例 危险化学品目录：列入。易制爆危险化学品名录：未列入。重点监管的危险化学品名录：未列入。GB 18218—2009《危险化学品重大危险源辨识》（表 1）：未列入

使用有毒物品作业场所劳动保护条例 高毒物品目录：未列入

易制毒化学品管理条例 易制毒化学品的分类和品种目录：未列入

国际公约 斯德哥尔摩公约：未列入。鹿特丹公约：未列入。蒙特利尔议定书：未列入

第十六部分 其他信息

编写和修订信息 **缩略语和首字母缩写**

培训建议 **参考文献**

免责声明

乙基环戊烷

第一部分 化学品标识

化学品中文名 乙基环戊烷

化学品英文名 ethylcyclopentane

分子式 C_7H_{14} **相对分子质量** 98.16

结构式 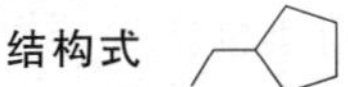

化学品的推荐及限制用途 用作化学中间体、分析试剂

第二部分 危险性概述

紧急情况概述 高度易燃液体和蒸气

GHS 危险性类别 易燃液体，类别 2

标签要素

象形图 

警示词 危险

危险性说明 高度易燃液体和蒸气

防范说明

预防措施 远离热源、火花、明火、热表面。禁止吸烟。保持容器密闭。容器和接收设备接地连接。使用防爆电器、通风、照明设备。只能使用不产生火花的工具。采取防止静电措施。戴防护手套、防护眼镜、防护面罩

事故响应 火灾时，使用泡沫、二氧化碳、干粉、砂土灭火。如皮肤（或头发）接触：立即脱掉所有被污染的衣服，用水冲洗皮肤，淋浴

安全储存 存放在通风良好的地方。保持低温

废弃处置 本品及内装物、容器依据国家和地方法规处置

物理和化学危险 高度易燃，其蒸气与空气混合，能形成爆炸性混合物

健康危害 本品属烃类，吸入烃类化合物可引起呼吸道轻度刺激、头晕、恶心和倦睡；极高浓度吸入引起昏迷甚至死亡。液体进入肺部，引起吸入性肺炎。蒸气或液体对眼睛有刺激性。液体对皮肤有轻度刺激性；反复接触可致皮炎。口服引起恶心和呕吐

环境危害 对环境可能有害

第三部分 成分/组成信息

√物质 混合物

组分	浓度	CAS No.
乙基环戊烷		1640-89-7

第四部分 急救措施

吸入 迅速脱离现场至空气新鲜处。保持呼吸道通畅。如呼吸困难，给输氧。如呼吸、心跳停止，立即进行心肺复苏术。就医

皮肤接触 立即脱去污染的衣着，用流动清水彻底冲洗。就医

眼睛接触 立即分开眼睑，用流动清水或生理盐水彻底冲洗。就医

食入 漱口，饮水。禁止催吐。就医

对保护施救者的忠告 根据需要使用个人防护设备

对医生的特别提示 对症处理

第五部分 消防措施

灭火剂 用泡沫、二氧化碳、干粉、砂土灭火

特别危险性 在火场中，受热的容器有爆炸危险。蒸气比空气重，沿地面扩散并易积存于低洼处，遇火源会着火回燃。燃烧生成有害的一氧化碳

灭火注意事项及防护措施 消防人员必须佩戴空气呼吸器、穿全身防火防毒服，在上风向灭火。喷水冷却容器，尽可能将容器从火场移至空旷处。容器突然发出

异常声音或出现异常现象，应立即撤离

第六部分 泄漏应急处理

作业人员防护措施、防护装备和应急处置程序 消除所有点火源。根据液体流动和蒸气扩散的影响区域划定警戒区，无关人员从侧风、上风向撤离至安全区。建议应急处理人员戴正压自给式呼吸器，穿防静电服，戴橡胶耐油手套。尽可能切断泄漏源

环境保护措施 防止泄漏物进入水体、下水道、地下室或有限空间

泄漏化学品的收容、清除方法及所使用的处置材料 小量泄漏：用砂土、蛭石或其他惰性材料吸收。大量泄漏：构筑围堤或挖坑收容。用泡沫覆盖，减少蒸发。用防爆泵转移至槽车或专用收集器内

第七部分 操作处置与储存

操作注意事项 密闭操作，全面通风。操作人员必须经过专门培训，严格遵守操作规程。建议操作人员佩戴自吸过滤式防毒面具（半面罩），戴化学安全防护眼镜，穿防静电工作服，戴橡胶耐油手套。远离火种、热源。工作场所严禁吸烟。使用防爆型的通风系统和设备。防止蒸气泄漏到工作场所空气中。避免与氧化剂、酸类、碱类接触。充装要控制流速，防止静电积聚。搬运时要轻装轻卸，防止包装及容器损坏。配备相应品种和数量的消防器材及泄漏应急处理设备。倒空的容器可能残留有害物

储存注意事项 储存于阴凉、通风的库房。远离火种、热源。库温不宜超过37℃。保持容器密封。应与氧化剂、酸类、碱类分开存放，切忌混储。采用防爆型照明、通风设施。禁止使用易产生火花的机械设备和工具。储区应备有泄漏应急处理设备和合适的收容材料

第八部分 接触控制/个体防护

职业接触限值

中国 未制定标准

美国(ACGIH) 未制定标准

生物接触限值 未制定标准

监测方法 空气中有毒物质测定方法：未制定标准。生物监测检验方法：未制定标准

工程控制 生产过程密闭，全面通风

个体防护装备

呼吸系统防护 一般不需要特殊防护，高浓度接触时可佩戴过滤式防毒面具（半面罩）

眼睛防护 一般不需特殊防护。必要时，戴化学安全防护眼镜

皮肤和身体防护 穿防静电工作服

手防护 戴橡胶耐油手套

第九部分 理化特性

外观与性状 无色液体

pH值 无资料 **熔点(℃)** −137.9

沸点(℃) 103.5 **相对密度(水=1)** 0.77

相对蒸气密度(空气=1) 3.4

饱和蒸气压(kPa) 9.7（37.7℃）

燃烧热(kJ/mol) 无资料 **临界温度(℃)** 无资料

临界压力(MPa) 3.4 **辛醇/水分配系数** 3.59

闪点(℃) 15.6 **自燃温度(℃)** 262

爆炸下限(%) 1.1 **爆炸上限(%)** 6.7

分解温度(℃) 无资料 **黏度(mPa·s)** 无资料

溶解性 不溶于水，可混溶于乙醇、丙酮、乙醚、苯、四氯化碳

第十部分 稳定性和反应性

稳定性 稳定

危险反应 与强氧化剂等禁配物接触，有发生火灾和爆炸的危险

避免接触的条件 无资料

禁配物 强氧化剂、强酸、强碱、卤素

危险的分解产物 无资料

第十一部分 毒理学信息

急性毒性 无资料 **皮肤刺激或腐蚀** 无资料

眼睛刺激或腐蚀 无资料 **呼吸或皮肤过敏** 无资料

生殖细胞突变性 无资料 **致癌性** 无资料

生殖毒性 无资料

特异性靶器官系统毒性-一次接触 无资料

特异性靶器官系统毒性-反复接触 无资料

吸入危害 无资料

第十二部分 生态学信息

生态毒性 LC_{50}：100mg/L（96h）（鱼类）

持久性和降解性

生物降解性 无资料

非生物降解性 无资料

潜在的生物累积性 根据K_{ow}值预测，该物质可能有一定的生物累积性

土壤中的迁移性 根据K_{oc}值预测，该物质可能有一定的迁移性

第十三部分 废弃处置

废弃化学品 建议用焚烧法处置

污染包装物 将容器返还生产商或按照国家和地方法规处置

废弃注意事项 处置前应参阅国家和地方有关法规

第十四部分 运输信息

联合国危险货物编号(UN号) 3295

联合国运输名称 液态烃类，未另作规定的（乙基环戊烷）

联合国危险性类别 3 **包装类别** Ⅱ类包装

包装标志  **海洋污染物** 否

运输注意事项 运输时运输车辆应配备相应品种和数量的消防器材及泄漏应急处理设备。夏季最好早晚运输。

运输时所用的槽（罐）车应有接地链，槽内可设孔隔板以减少震荡产生的静电。严禁与氧化剂、酸类、碱类、食用化学品等混装混运。运输途中应防曝晒、雨淋，防高温。中途停留时应远离火种、热源、高温区。装运该物品的车辆排气管必须配备阻火装置，禁止使用易产生火花的机械设备和工具装卸。公路运输时要按规定路线行驶，勿在居民区和人口稠密区停留。铁路运输时要禁止溜放。严禁用木船、水泥船散装运输

第十五部分 法规信息

下列法律、法规、规章和标准，对该化学品的管理作了相应的规定。

中华人民共和国职业病防治法 职业病分类和目录：未列入

危险化学品安全管理条例 危险化学品目录：列入。易制爆危险化学品名录：未列入。重点监管的危险化学品名录：未列入。GB 18218—2009《危险化学品重大危险源辨识》(表 1)：未列入

使用有毒物品作业场所劳动保护条例 高毒物品目录：未列入

易制毒化学品管理条例 易制毒化学品的分类和品种目录：未列入

国际公约 斯德哥尔摩公约：未列入。鹿特丹公约：未列入。蒙特利尔议定书：未列入

第十六部分 其他信息

编写和修订信息 **缩略语和首字母缩写**

培训建议 **参考文献**

免责声明

2-乙基己胺

第一部分 化学品标识

化学品中文名 2-乙基己胺；2-乙基-1-己胺

化学品英文名 2-ethylhexylamine；1-amino-2-ethylhexane

分子式 $C_8H_{19}N$ **相对分子质量** 129.28

结构式

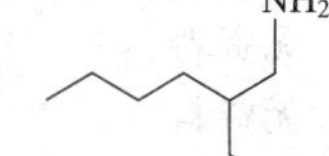

化学品的推荐及限制用途 用于合成去垢剂、橡胶化学品、油类添加剂和杀虫剂等

第二部分 危险性概述

紧急情况概述 易燃液体和蒸气，吞咽有害，皮肤接触、吸入会中毒，造成严重的皮肤灼伤和眼损伤

GHS 危险性类别 易燃液体，类别 3；急性毒性-经口，类别 4；急性毒性-经皮，类别 3；急性毒性-吸入，类别 3；皮肤腐蚀/刺激，类别 1；严重眼损伤/眼刺激，类别 1；危害水生环境-急性危害，类别 3

标签要素

象形图

警示词 危险

危险性说明 易燃液体和蒸气，吞咽有害，皮肤接触会中毒，吸入会中毒，造成严重的皮肤灼伤和眼损伤，对水生生物有害

防范说明

预防措施 远离热源、火花、明火、热表面。禁止吸烟。保持容器密闭。容器和接收设备接地连接。使用防爆电器、通风、照明设备。只能使用不产生火花的工具。采取防止静电措施。避免接触眼睛、皮肤，操作后彻底清洗。作业场所不得进食、饮水或吸烟。避免吸入蒸气、雾。仅在室外或通风良好处操作。戴防护手套，穿防护服，戴防护眼镜、防护面罩。禁止排入环境

事故响应 火灾时，使用水、干粉、二氧化碳、泡沫、砂土灭火。如吸入：将患者转移到空气新鲜处，休息，保持利于呼吸的体位，呼叫中毒控制中心或就医。皮肤接触：立即脱掉所有被污染的衣服，用大量肥皂水和水清洗，如感觉不适，呼叫中毒控制中心或就医。被污染的衣服须经洗净后方可重新使用。眼睛接触：用水细心地冲洗数分钟。如戴隐形眼镜并可方便地取出，则取出隐形眼镜继续冲洗。食入：漱口，不要催吐，如果感觉不适，立即呼叫中毒控制中心或就医

安全储存 存放在通风良好的地方。保持低温。保持容器密闭。上锁保管

废弃处置 本品及内装物、容器依据国家和地方法规处置

物理和化学危险 易燃，其蒸气与空气混合，能形成爆炸性混合物

健康危害 本品具有强烈的刺激性。高浓度接触严重损害黏膜、上呼吸道、眼睛和皮肤。接触后出现烧灼感、咳嗽、喘息、喉炎、气短、头痛、恶心和呕吐。眼和皮肤接触引起灼伤

环境危害 对水生生物有害

第三部分 成分/组成信息

√物质 混合物

组分	浓度	CAS No.
2-乙基己胺		104-75-6

第四部分 急救措施

吸入 迅速脱离现场至空气新鲜处。保持呼吸道通畅。如呼吸困难，给输氧。如呼吸、心跳停止，立即进行心肺复苏术。就医

皮肤接触 立即脱去污染的衣着，用大量流动清水彻底冲洗至少 15min。就医

眼睛接触 立即分开眼睑，用流动清水或生理盐水彻底冲

洗至少15min。就医

食入 用水漱口，禁止催吐。给饮牛奶或蛋清。就医

对保护施救者的忠告 根据需要使用个人防护设备

对医生的特别提示 对症处理

第五部分 消防措施

灭火剂 用水、干粉、二氧化碳、泡沫、砂土灭火

特别危险性 具有腐蚀性。燃烧生成有害的一氧化碳、氮氧化物

灭火注意事项及防护措施 消防人员须佩戴防毒面具、穿全身消防服，在上风向灭火。尽可能将容器从火场移至空旷处。喷水保持火场容器冷却，直至灭火结束。容器突然发出异常声音或出现异常现象，应立即撤离

第六部分 泄漏应急处理

作业人员防护措施、防护装备和应急处置程序 消除所有点火源。根据液体流动和蒸气扩散的影响区域划定警戒区，无关人员从侧风、上风向撤离至安全区。建议应急处理人员戴正压自给式呼吸器，穿防静电、防腐蚀、防毒服，戴防化学品手套。作业时使用的所有设备应接地。禁止接触或跨越泄漏物。尽可能切断泄漏源

环境保护措施 防止泄漏物进入水体、下水道、地下室或有限空间

泄漏化学品的收容、清除方法及所使用的处置材料 小量泄漏：用砂土或其他不燃材料吸收，使用洁净的无火花工具收集吸收材料。大量泄漏：构筑围堤或挖坑收容。用抗溶性泡沫覆盖，减少蒸发。喷水雾能减少蒸发，但不能降低泄漏物在有限空间内的易燃性。用砂土、惰性物质或蛭石吸收大量液体。用防爆、耐腐蚀泵转移至槽车或专用收集器内

第七部分 操作处置与储存

操作注意事项 密闭操作，注意通风。操作人员必须经过专门培训，严格遵守操作规程。建议操作人员佩戴自吸过滤式防毒面具（全面罩），穿防腐蚀工作服，戴防化学品手套。远离火种、热源。工作场所严禁吸烟。使用防爆型的通风系统和设备。防止蒸气泄漏到工作场所空气中。避免与氧化剂、酸类接触。搬运时要轻装轻卸，防止包装及容器损坏。配备相应品种和数量的消防器材及泄漏应急处理设备。倒空的容器可能残留有害物

储存注意事项 储存于阴凉、通风的库房。远离火种、热源。库温不宜超过30℃。保持容器密封。应与氧化剂、酸类分开存放，切忌混储。采用防爆型照明、通风设施。禁止使用易产生火花的机械设备和工具。储区应备有泄漏应急处理设备和合适的收容材料

第八部分 接触控制/个体防护

职业接触限值

中国 未制定标准

美国(ACGIH) 未制定标准

生物接触限值 未制定标准

监测方法 空气中有毒物质测定方法：未制定标准。生物监测检验方法：未制定标准

工程控制 密闭操作，注意通风。提供安全的淋浴和洗眼设备

个体防护装备

呼吸系统防护 可能接触其蒸气时，应该佩戴过滤式防毒面具（全面罩）。紧急事态抢救或撤离时，建议佩戴空气呼吸器

眼睛防护 呼吸系统防护中已作防护

皮肤和身体防护 穿防腐蚀工作服

手防护 戴防化学品手套

第九部分 理化特性

外观与性状 无色透明液体

pH值 无资料 **熔点(℃)** −76

沸点(℃) 169.2 **相对密度(水=1)** 0.79

相对蒸气密度(空气=1) 4.45

饱和蒸气压(kPa) 0.16（20℃）

燃烧热(kJ/mol) 无资料 **临界温度(℃)** 无资料

临界压力(MPa) 无资料 **辛醇/水分配系数** 2.82

闪点(℃) 52（OC） **自燃温度(℃)** 295

爆炸下限(%) 1.1 **爆炸上限(%)** 无资料

分解温度(℃) 无资料 **黏度(mPa·s)** 无资料

溶解性 溶于水，溶于乙醇、丙酮

第十部分 稳定性和反应性

稳定性 稳定

危险反应 与强氧化剂等禁配物接触，有发生火灾和爆炸的危险

避免接触的条件 无资料

禁配物 强氧化剂、强酸

危险的分解产物 氨

第十一部分 毒理学信息

急性毒性 LD_{50}：450mg/kg（大鼠经口）；600mg/kg（兔经皮）

皮肤刺激或腐蚀 家兔经皮：750μg（24h），重度刺激

眼睛刺激或腐蚀 家兔经眼：50μg（24h），重度刺激

呼吸或皮肤过敏 无资料 **生殖细胞突变性** 无资料

致癌性 无资料 **生殖毒性** 无资料

特异性靶器官系统毒性-一次接触 无资料

特异性靶器官系统毒性-反复接触 无资料

吸入危害 无资料

第十二部分 生态学信息

生态毒性

LC_{50} 16mg/L（96h）（鱼）

EC_{50} 18mg/L（48h）（水蚤）

持久性和降解性

生物降解性 易快速生物降解

非生物降解性 无资料

潜在的生物累积性 根据K_{ow}值预测，该物质的生物累积性可能较弱

土壤中的迁移性 根据 K_{oc} 值预测，该物质可能有一定的迁移性

第十三部分 废弃处置

废弃化学品 建议用焚烧法处置。焚烧炉排出的氮氧化物通过洗涤器除去

污染包装物 将容器返还生产商或按照国家和地方法规处置

废弃注意事项 处置前应参阅国家和地方有关法规

第十四部分 运输信息

联合国危险货物编号（UN号） 2276

联合国运输名称 2-乙基己胺

联合国危险性类别 3，8

包装类别 Ⅲ类包装

包装标志 

海洋污染物 否

运输注意事项 起运时包装要完整，装载应稳妥。运输过程中要确保容器不泄漏、不倒塌、不坠落、不损坏。运输时所用的槽（罐）车应有接地链，槽内可设孔隔板以减少震荡产生的静电。严禁与氧化剂、酸类、食用化学品等混装混运。运输时运输车辆应配备相应品种和数量的消防器材及泄漏应急处理设备。公路运输时要按规定路线行驶，勿在居民区和人口稠密区停留

第十五部分 法规信息

下列法律、法规、规章和标准，对该化学品的管理作了相应的规定。

中华人民共和国职业病防治法 职业病分类和目录：未列入

危险化学品安全管理条例 危险化学品目录：列入。易制爆危险化学品名录：未列入。重点监管的危险化学品名录：未列入。GB 18218—2009《危险化学品重大危险源辨识》（表1）：未列入

使用有毒物品作业场所劳动保护条例 高毒物品目录：未列入

易制毒化学品管理条例 易制毒化学品的分类和品种目录：未列入

国际公约 斯德哥尔摩公约：未列入。鹿特丹公约：未列入。蒙特利尔议定书：未列入

第十六部分 其他信息

编写和修订信息 **缩略语和首字母缩写**

培训建议 **参考文献**

免责声明

N-乙基哌啶

第一部分 化学品标识

化学品中文名 *N*-乙基哌啶；*N*-乙基六氢吡啶

化学品英文名 *N*-ethyl piperidine；*N*-ethyl hexahydropyridine

分子式 $C_7H_{15}N$ **相对分子质量** 113.23

结构式 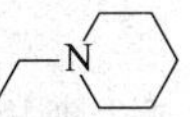

化学品的推荐及限制用途 用作有机合成的中间体、催化剂、溶剂和分析试剂

第二部分 危险性概述

紧急情况概述 高度易燃液体和蒸气，造成严重的皮肤灼伤和眼损伤

GHS危险性类别 易燃液体，类别2；皮肤腐蚀/刺激，类别1；严重眼损伤/眼刺激，类别1

标签要素

象形图 

警示词 危险

危险性说明 高度易燃液体和蒸气，造成严重的皮肤灼伤和眼损伤，造成严重眼损伤

防范说明

预防措施 远离热源、火花、明火、热表面。禁止吸烟。保持容器密闭。容器和接收设备接地连接。使用防爆电器、通风、照明设备。只能使用不产生火花的工具。采取防止静电措施。避免吸入烟雾。避免接触眼睛、皮肤，操作后彻底清洗。戴防护手套，穿防护服，戴防护眼镜、防护面罩

事故响应 火灾时，使用泡沫、二氧化碳、干粉、砂土灭火。如吸入：将患者转移到空气新鲜处，休息，保持利于呼吸的体位，立即呼叫中毒控制中心或就医。如皮肤（或头发）接触：立即脱掉所有被污染的衣服，用水冲洗皮肤，淋浴。污染的衣服须洗净后方可重新使用。眼睛接触：用水细心地冲洗数分钟。如戴隐形眼镜并可方便地取出，则取出隐形眼镜继续冲洗。食入：漱口，不要催吐

安全储存 存放在通风良好的地方。保持低温。上锁保管

废弃处置 本品及内装物、容器依据国家和地方法规处置

物理和化学危险 高度易燃，其蒸气与空气混合，能形成爆炸性混合物

健康危害 蒸气或雾对眼、上呼吸道有刺激性。眼和皮肤接触引起灼伤

环境危害 对环境可能有害

第三部分 成分/组成信息

√物质 混合物

组分	浓度	CAS No.
N-乙基哌啶		766-09-6

第四部分 急救措施

吸入 迅速脱离现场至空气新鲜处。保持呼吸道通畅。如

呼吸困难，给输氧。如呼吸、心跳停止，立即进行心肺复苏术。就医

皮肤接触 立即脱去污染的衣着，用大量流动清水彻底冲洗至少15min。就医

眼睛接触 立即分开眼睑，用流动清水或生理盐水彻底冲洗至少15min。就医

食入 用水漱口，禁止催吐。给饮牛奶或蛋清。就医

对保护施救者的忠告 根据需要使用个人防护设备

对医生的特别提示 对症处理

第五部分 消防措施

灭火剂 用泡沫、二氧化碳、干粉、砂土灭火

特别危险性 易燃，遇高热、明火及强氧化剂易引起燃烧。燃烧生成有害的一氧化碳、氮氧化物

灭火注意事项及防护措施 消防人员必须佩戴空气呼吸器、穿全身防火防毒服，在上风向灭火。喷水冷却容器，尽可能将容器从火场移至空旷处。容器突然发出异常声音或出现异常现象，应立即撤离

第六部分 泄漏应急处理

作业人员防护措施、防护装备和应急处置程序 消除所有点火源。根据液体流动和蒸气扩散的影响区域划定警戒区，无关人员从侧风、上风向撤离至安全区。建议应急处理人员戴正压自给式呼吸器，穿防静电、防腐蚀、防毒服，戴橡胶耐油手套。作业时使用的所有设备应接地。禁止接触或跨越泄漏物。尽可能切断泄漏源

环境保护措施 防止泄漏物进入水体、下水道、地下室或有限空间

泄漏化学品的收容、清除方法及所使用的处置材料 小量泄漏：用砂土或其他不燃材料吸收，使用洁净的无火花工具收集吸收材料。大量泄漏：构筑围堤或挖坑收容。用砂土、惰性物质或蛭石吸收大量液体。用泡沫覆盖，减少蒸发。喷水雾能减少蒸发，但不能降低泄漏物在有限空间内的易燃性。用防爆、耐腐蚀泵转移至槽车或专用收集器内

第七部分 操作处置与储存

操作注意事项 密闭操作，局部排风。操作人员必须经过专门培训，严格遵守操作规程。建议操作人员佩戴过滤式防毒面具（半面罩），戴化学安全防护眼镜，穿防毒物渗透工作服，戴橡胶耐油手套。远离火种、热源。工作场所严禁吸烟。使用防爆型的通风系统和设备。防止蒸气泄漏到工作场所空气中。避免与氧化剂、酸类接触。灌装时应控制流速，且有接地装置，防止静电积聚。搬运时要轻装轻卸，防止包装及容器损坏。配备相应品种和数量的消防器材及泄漏应急处理设备。倒空的容器可能残留有害物

储存注意事项 储存于阴凉、通风的库房。远离火种、热源。库温不宜超过37℃。保持容器密封。应与氧化剂、酸类等分开存放，切忌混储。采用防爆型照明、通风设施。禁止使用易产生火花的机械设备和工具。储区应备有泄漏应急处理设备和合适的收容材料

第八部分 接触控制/个体防护

职业接触限值

中国 未制定标准

美国(ACGIH) 未制定标准

生物接触限值 未制定标准

监测方法 空气中有毒物质测定方法：未制定标准。生物监测检验方法：未制定标准

工程控制 密闭操作，局部排风。提供安全的淋浴和洗眼设备

个体防护装备

呼吸系统防护 可能接触其蒸气时，佩戴过滤式防毒面具（半面罩）。紧急事态抢救或撤离时，建议佩戴空气呼吸器

眼睛防护 戴化学安全防护眼镜

皮肤和身体防护 穿防毒物渗透工作服

手防护 戴橡胶耐油手套

第九部分 理化特性

外观与性状 无色液体

pH值 无资料 **熔点(℃)** −19.9

沸点(℃) 131 **相对密度(水=1)** 0.82

相对蒸气密度(空气=1) 3.92

饱和蒸气压(kPa) 无资料

燃烧热(kJ/mol) 无资料 **临界温度(℃)** 无资料

临界压力(MPa) 无资料 **辛醇/水分配系数** 1.75

闪点(℃) 17 **自燃温度(℃)** 205

爆炸下限(%) 1.9 **爆炸上限(%)** 12.1

分解温度(℃) 无资料 **黏度(mPa·s)** 无资料

溶解性 溶于水、汽油，可混溶于乙醇、乙醚、氯仿、二硫化碳

第十部分 稳定性和反应性

稳定性 稳定

危险反应 与强氧化剂等禁配物接触，有发生火灾和爆炸的危险

避免接触的条件 无资料

禁配物 强氧化剂、强酸、酸酐

危险的分解产物 无资料

第十一部分 毒理学信息

急性毒性 LD_{50}：56mg/kg（小鼠静脉）

皮肤刺激或腐蚀 无资料

眼睛刺激或腐蚀 家兔经眼：50mg（5min），引起刺激

呼吸或皮肤过敏 无资料 **生殖细胞突变性** 无资料

致癌性 无资料 **生殖毒性** 无资料

特异性靶器官系统毒性-一次接触 无资料

特异性靶器官系统毒性-反复接触 无资料

吸入危害 无资料

第十二部分 生态学信息

生态毒性 无资料

持久性和降解性

生物降解性 无资料

非生物降解性 无资料

潜在的生物累积性 根据 K_{ow} 值预测，该物质的生物累积性可能较弱

土壤中的迁移性 根据 K_{oc} 值预测，该物质可能易发生迁移

第十三部分 废弃处置

废弃化学品 建议用焚烧法处置。焚烧炉排出的氮氧化物通过洗涤器除去

污染包装物 将容器返还生产商或按照国家和地方法规处置

废弃注意事项 处置前应参阅国家和地方有关法规

第十四部分 运输信息

联合国危险货物编号（UN 号） 2386

联合国运输名称 1-乙基哌啶

联合国危险性类别 3，8

包装类别 Ⅱ类包装

包装标志

海洋污染物 否

运输注意事项 运输时运输车辆应配备相应品种和数量的消防器材及泄漏应急处理设备。夏季最好早晚运输。运输时所用的槽（罐）车应有接地链，槽内可设孔隔板以减少震荡产生的静电。严禁与氧化剂、酸类、食用化学品等混装混运。运输途中应防曝晒、雨淋，防高温。中途停留时应远离火种、热源、高温区。装运该物品的车辆排气管必须配备阻火装置，禁止使用易产生火花的机械设备和工具装卸。公路运输时要按规定路线行驶，勿在居民区和人口稠密区停留。铁路运输时要禁止溜放。严禁用木船、水泥船散装运输

第十五部分 法规信息

下列法律、法规、规章和标准，对该化学品的管理作了相应的规定。

中华人民共和国职业病防治法 职业病分类和目录：未列入

危险化学品安全管理条例 危险化学品目录：列入。易制爆危险化学品名录：未列入。重点监管的危险化学品名录：未列入。GB 18218—2009《危险化学品重大危险源辨识》(表 1)：未列入

使用有毒物品作业场所劳动保护条例 高毒物品目录：未列入

易制毒化学品管理条例 易制毒化学品的分类和品种目录：未列入

国际公约 斯德哥尔摩公约：未列入。鹿特丹公约：未列入。蒙特利尔议定书：未列入

第十六部分 其他信息

编写和修订信息 **缩略语和首字母缩写**

培训建议 **参考文献**

免责声明

乙基三氯硅烷

第一部分 化学品标识

化学品中文名 乙基三氯硅烷；三氯乙基硅烷

化学品英文名 ethyltrichlorosilane；trichloroethylsilane

分子式 $C_2H_5Cl_3Si$ **相对分子质量** 163.51

结构式

```
       Cl
       |
  ／—Si—Cl
       |
       Cl
```

化学品的推荐及限制用途 用作制造硅酮的中间体

第二部分 危险性概述

紧急情况概述 高度易燃液体和蒸气，吞咽有害，造成严重的皮肤灼伤和眼损伤

GHS 危险性类别 易燃液体，类别 2；急性毒性-经口，类别 4；皮肤腐蚀/刺激，类别 1；严重眼损伤/眼刺激，类别 1

标签要素

象形图

警示词 危险

危险性说明 高度易燃液体和蒸气，吞咽有害，造成严重的皮肤灼伤和眼损伤，造成严重眼损伤

防范说明

预防措施 远离热源、火花、明火、热表面。禁止吸烟。保持容器密闭。容器和接收设备接地连接。使用防爆电器、通风、照明设备。只能使用不产生火花的工具。采取防止静电措施。避免吸入烟雾。避免接触眼睛、皮肤，操作后彻底清洗。作业场所不得进食、饮水或吸烟。戴防护手套，穿防护服，戴防护眼镜、防护面罩

事故响应 火灾时，使用二氧化碳、干粉、干砂灭火。如吸入：将患者转移到空气新鲜处，休息，保持利于呼吸的体位，立即呼叫中毒控制中心或就医。如皮肤（或头发）接触：立即脱掉所有被污染的衣服，用水冲洗皮肤，淋浴。污染的衣服须洗净后方可重新使用。眼睛接触：用水细心地冲洗数分钟。如戴隐形眼镜并可方便地取出，则取出隐形眼镜继续冲洗。食入：漱口，不要催吐，如果感觉不适，立即呼叫中毒控制中心或就医

安全储存 存放在通风良好的地方。保持低温。上锁保管

废弃处置　本品及内装物、容器依据国家和地方法规处置

物理和化学危险　高度易燃，其蒸气与空气混合，能形成爆炸性混合物

健康危害　本品对呼吸道、皮肤、黏膜有强烈刺激作用。吸入后可因喉、支气管的痉挛、水肿、炎症，化学性肺炎、肺水肿而致死。眼和皮肤接触引起灼伤。接触本品后有眼痛、流泪、咳嗽、头痛、易激动、皮肤发痒

环境危害　对环境可能有害

第三部分　成分/组成信息

√物质　　混合物

组分	浓度	CAS No.
乙基三氯硅烷		115-21-9

第四部分　急救措施

吸入　迅速脱离现场至空气新鲜处。保持呼吸道通畅。如呼吸困难，给输氧。如呼吸、心跳停止，立即进行心肺复苏术。就医

皮肤接触　立即脱去污染的衣着，用大量流动清水彻底冲洗至少15min。就医

眼睛接触　立即分开眼睑，用流动清水或生理盐水彻底冲洗至少15min。就医

食入　用水漱口，禁止催吐。给饮牛奶或蛋清。就医

对保护施救者的忠告　根据需要使用个人防护设备

对医生的特别提示　对症处理

第五部分　消防措施

灭火剂　用二氧化碳、干粉、干砂灭火

特别危险性　受热或遇水分解放热，放出有毒的腐蚀性烟气。具有腐蚀性。燃烧生成有害的一氧化碳、氯化氢、氧化硅

灭火注意事项及防护措施　消防人员必须佩戴空气呼吸器、穿全身防火防毒服，在上风向灭火。喷水冷却容器，尽可能将容器从火场移至空旷处。容器突然发出异常声音或出现异常现象，应立即撤离。禁止用水、泡沫和酸碱灭火剂灭火

第六部分　泄漏应急处理

作业人员防护措施、防护装备和应急处置程序　消除所有点火源。根据液体流动和蒸气扩散的影响区域划定警戒区，无关人员从侧风、上风向撤离至安全区。建议应急处理人员戴正压自给式呼吸器，穿防静电、防腐蚀、防毒服，戴橡胶耐油手套。作业时使用的所有设备应接地。穿上适当的防护服前严禁接触破裂的容器和泄漏物。尽可能切断泄漏源

环境保护措施　防止泄漏物进入水体、下水道、地下室或有限空间

泄漏化学品的收容、清除方法及所使用的处置材料　严禁用水处理。小量泄漏：用干燥的砂土或其他不燃材料覆盖泄漏物。大量泄漏：构筑围堤或挖坑收容。用碎石灰石（$CaCO_3$）、苏打灰（Na_2CO_3）或石灰（CaO）中和。用防爆、耐腐蚀泵转移至槽车或专用收集器内

第七部分　操作处置与储存

操作注意事项　密闭操作，局部排风。操作人员必须经过专门培训，严格遵守操作规程。建议操作人员佩戴自吸过滤式防毒面具（全面罩），穿防毒物渗透工作服，戴橡胶耐油手套。远离火种、热源。工作场所严禁吸烟。使用防爆型的通风系统和设备。避免产生烟雾。防止烟雾和蒸气释放到工作场所空气中。避免与氧化剂、碱类接触。尤其要注意避免与水接触。充装要控制流速，防止静电积聚。搬运时要轻装轻卸，防止包装及容器损坏。配备相应品种和数量的消防器材及泄漏应急处理设备。倒空的容器可能残留有害物

储存注意事项　储存于阴凉、干燥、通风良好的库房。远离火种、热源。库温不宜超过37℃。包装要求密封，不可与空气接触。应与氧化剂、碱类等分开存放，切忌混储。采用防爆型照明、通风设施。禁止使用易产生火花的机械设备和工具。储区应备有泄漏应急处理设备和合适的收容材料

第八部分　接触控制/个体防护

职业接触限值

中国　未制定标准

美国(ACGIH)　未制定标准

生物接触限值　未制定标准

监测方法　空气中有毒物质测定方法：未制定标准。生物监测检验方法：未制定标准

工程控制　密闭操作，局部排风。提供安全的淋浴和洗眼设备

个体防护装备

呼吸系统防护　可能接触其蒸气时，应该佩戴过滤式防毒面具（全面罩）。紧急事态抢救或撤离时，建议佩戴空气呼吸器

眼睛防护　呼吸系统防护中已作防护

皮肤和身体防护　穿防毒物渗透工作服

手防护　戴橡胶耐油手套

第九部分　理化特性

外观与性状　无色透明液体，有刺激性气味

pH值　无资料　　**熔点(℃)**　−105.6

沸点(℃)　99　　**相对密度(水=1)**　1.24

相对蒸气密度(空气=1)　5.6

饱和蒸气压(kPa)　5.32（28℃）

燃烧热(kJ/mol)　无资料　　**临界温度(℃)**　286.8

临界压力(MPa)　3.33　　**辛醇/水分配系数**　2.5

闪点(℃)　22(OC)

自燃温度(℃)　无资料

爆炸下限(%)　无资料　　**爆炸上限(%)**　12.1

分解温度(℃)　无资料　　**黏度(mPa·s)**　无资料

溶解性　溶于苯、乙醚、卤代烃、庚烷、全氯乙烯等

第十部分　稳定性和反应性

稳定性　稳定

危险反应 与强氧化剂、水等禁配物接触，有发生火灾和爆炸的危险

避免接触的条件 潮湿空气

禁配物 强氧化剂、强碱、水、醇类

危险的分解产物 氯化氢

第十一部分 毒理学信息

急性毒性

LD_{50} 1330mg/kg（大鼠经口）

LC_{50} 300mg/m^3（小鼠吸入，2h）

皮肤刺激或腐蚀 家兔经皮：500mg（24），轻度刺激

眼睛刺激或腐蚀 家兔经眼：250μg（24h），重度刺激

呼吸或皮肤过敏 无资料 **生殖细胞突变性** 无资料

致癌性 无资料 **生殖毒性** 无资料

特异性靶器官系统毒性-一次接触 无资料

特异性靶器官系统毒性-反复接触 无资料

吸入危害 无资料

第十二部分 生态学信息

生态毒性 无资料

持久性和降解性

生物降解性 无资料

非生物降解性 无资料

潜在的生物累积性 根据 K_{ow} 值预测，该物质的生物累积性可能较弱

土壤中的迁移性 根据 K_{oc} 值预测，该物质可能有一定的迁移性

第十三部分 废弃处置

废弃化学品 建议用焚烧法处置。与燃料混合后，再焚烧。焚烧炉排出的卤化氢通过酸洗涤器除去

污染包装物 将容器返还生产商或按照国家和地方法规处置

废弃注意事项 处置前应参阅国家和地方有关法规

第十四部分 运输信息

联合国危险货物编号（UN号） 1196

联合国运输名称 乙基三氯硅烷

联合国危险性类别 3，8

包装类别 Ⅱ类包装

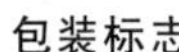
包装标志 

海洋污染物 否

运输注意事项 运输时运输车辆应配备相应品种和数量的消防器材及泄漏应急处理设备。夏季最好早晚运输。运输时所用的槽（罐）车应有接地链，槽内可设孔隔板以减少震荡产生的静电。严禁与氧化剂、碱类、食用化学品等混装混运。运输途中应防曝晒、雨淋，防高温。中途停留时应远离火种、热源、高温区。装运该物品的车辆排气管必须配备阻火装置，禁止使用易产生火花的机械设备和工具装卸。公路运输时要按规定路线行驶，勿在居民区和人口稠密区停留。铁路运输时要禁止溜放。严禁用木船、水泥船散装运输

第十五部分 法规信息

下列法律、法规、规章和标准，对该化学品的管理作了相应的规定。

中华人民共和国职业病防治法 职业病分类和目录：未列入

危险化学品安全管理条例 危险化学品目录：列入。易制爆危险化学品名录：未列入。重点监管的危险化学品名录：未列入。GB 18218—2009《危险化学品重大危险源辨识》（表1）：未列入

使用有毒物品作业场所劳动保护条例 高毒物品目录：未列入

易制毒化学品管理条例 易制毒化学品的分类和品种目录：未列入

国际公约 斯德哥尔摩公约：未列入。鹿特丹公约：未列入。蒙特利尔议定书：未列入

第十六部分 其他信息

编写和修订信息 **缩略语和首字母缩写**

培训建议 **参考文献**

免责声明

乙 腈

第一部分 化学品标识

化学品中文名 乙腈；甲基氰

化学品英文名 acetonitrile；methyl cyanide

分子式 C_2H_3N **相对分子质量** 41.06

结构式 ——≡N

化学品的推荐及限制用途 用于制维生素 B_1 等药物和香料等，也用作脂肪酸萃取剂等

第二部分 危险性概述

紧急情况概述 高度易燃液体和蒸气，吞咽、皮肤接触、吸入有害

GHS危险性类别 易燃液体，类别2；急性毒性-经口，类别4；急性毒性-经皮，类别4；急性毒性-吸入，类别4；严重眼损伤/眼刺激，类别2

标签要素

象形图

警示词 危险

危险性说明 高度易燃液体和蒸气，吞咽有害，皮肤接触有害，吸入有害，造成严重眼刺激

防范说明

预防措施 远离热源、火花、明火、热表面。禁止吸烟。保持容器密闭。容器和接收设备接地连接。使用防爆电器、通风、照明设备。只能使用不产生火花的工具。采取防止静电措施。戴

防护手套、防护眼镜、防护面罩。避免接触眼睛、皮肤，操作后彻底清洗。作业场所不得进食、饮水或吸烟。避免吸入蒸气、雾。仅在室外或通风良好处操作

事故响应 火灾时，使用抗溶性泡沫、干粉、二氧化碳、砂土灭火。如吸入：将患者转移到空气新鲜处，休息，保持利于呼吸的体位。皮肤接触：立即脱掉所有被污染的衣服，用大量肥皂水和水清洗，如感觉不适，呼叫中毒控制中心或就医。被污染的衣服须经洗净后方可重新使用。如接触眼睛：用水细心冲洗数分钟。如戴隐形眼镜并可方便地取出，取出隐形眼镜继续冲洗。如果眼睛刺激持续：就医。食入：漱口，如果感觉不适，立即呼叫中毒控制中心或就医

安全储存 存放在通风良好的地方。保持低温

废弃处置 本品及内装物、容器依据国家和地方法规处置

物理和化学危险 高度易燃，其蒸气与空气混合，能形成爆炸性混合物

健康危害 乙腈急性中毒发病较氢氰酸慢，可有数小时潜伏期。主要症状为衰弱、无力、面色灰白、恶心、呕吐、腹痛、腹泻、胸闷、胸痛；严重者呼吸及循环系统紊乱，呼吸浅、慢而不规则，血压下降，脉搏细而慢，体温下降，阵发性抽搐，昏迷。可有尿频、蛋白尿等

环境危害 对环境可能有害

第三部分 成分/组成信息

√物质		混合物
组分	**浓度**	**CAS No.**
乙腈		75-05-8

第四部分 急救措施

吸入 迅速脱离现场至空气新鲜处。保持呼吸道通畅。如呼吸困难，给输氧。如呼吸、心跳停止，立即进行心肺复苏术。就医

皮肤接触 立即脱去污染的衣着，用肥皂水和清水彻底冲洗。就医

眼睛接触 立即分开眼睑，用流动清水或生理盐水彻底冲洗。就医

食入 催吐（仅限于清醒者），给服活性炭悬液。就医

对保护施救者的忠告 根据需要使用个人防护设备

对医生的特别提示 使用亚硝酸钠、硫代硫酸钠、4-二甲基氨基苯酚等解毒剂

第五部分 消防措施

灭火剂 用抗溶性泡沫、干粉、二氧化碳、砂土灭火

特别危险性 与硫酸、发烟硫酸、氯磺酸、过氯酸盐等反应剧烈。燃烧生成有害的一氧化碳、氮氧化物、氰化氢

灭火注意事项及防护措施 消防人员必须佩戴空气呼吸器、穿全身防火防毒服，在上风向灭火。喷水冷却容器，尽可能将容器从火场移至空旷处。容器突然发出异常声音或出现异常现象，应立即撤离

第六部分 泄漏应急处理

作业人员防护措施、防护装备和应急处置程序 消除所有点火源。根据液体流动和蒸气扩散的影响区域划定警戒区，无关人员从侧风、上风向撤离至安全区。建议应急处理人员戴正压自给式呼吸器，穿防毒、防静电服，戴橡胶耐油手套。作业时使用的所有设备应接地。禁止接触或跨越泄漏物。尽可能切断泄漏源

环境保护措施 防止泄漏物进入水体、下水道、地下室或有限空间

泄漏化学品的收容、清除方法及所使用的处置材料 小量泄漏：用砂土或其他不燃材料吸收，使用洁净的无火花工具收集吸收材料。大量泄漏：构筑围堤或挖坑收容。用抗溶性泡沫覆盖，减少蒸发。喷水雾能减少蒸发，但不能降低泄漏物在有限空间内的易燃性。用防爆泵转移至槽车或专用收集器内。喷雾状水驱散蒸气、稀释液体泄漏物

第七部分 操作处置与储存

操作注意事项 严加密闭，提供充分的局部排风和全面通风。操作尽可能机械化、自动化。操作人员必须经过专门培训，严格遵守操作规程。建议操作人员佩戴过滤式防毒面具（全面罩）、自给式呼吸器或通风式呼吸器，穿胶布防毒衣，戴橡胶耐油手套。远离火种、热源。工作场所严禁吸烟。使用防爆型的通风系统和设备。远离易燃、可燃物。防止蒸气泄漏到工作场所空气中。避免与氧化剂、还原剂、酸类、碱类接触。充装要控制流速，防止静电积聚。搬运时要轻装轻卸，防止包装及容器损坏。配备相应品种和数量的消防器材及泄漏应急处理设备。倒空的容器可能残留有害物

储存注意事项 储存于阴凉、通风的库房。远离火种、热源。库温不宜超过37℃。保持容器密封。应与氧化剂、还原剂、酸类、碱类、易（可）燃物、食用化学品分开存放，切忌混储。采用防爆型照明、通风设施。禁止使用易产生火花的机械设备和工具。储区应备有泄漏应急处理设备和合适的收容材料

第八部分 接触控制/个体防护

职业接触限值

中国 PC-TWA：30mg/m^3

美国(ACGIH) TLV-TWA：20ppm［皮］

生物接触限值 未制定标准

监测方法 空气中有毒物质测定方法：溶剂解吸-气相色谱法。生物监测检验方法：未制定标准

工程控制 严加密闭，提供充分的局部排风和全面通风。提供安全的淋浴和洗眼设备

个体防护装备

呼吸系统防护 可能接触毒物时，必须佩戴过滤式防毒面具（全面罩）或空气呼吸器。紧急事态抢救或撤离时，佩戴空气呼吸器

眼睛防护 呼吸系统防护中已作防护

皮肤和身体防护　穿隔绝式防毒服

手防护　戴橡胶耐油手套

第九部分　理化特性

外观与性状　无色液体，有刺激性气味

pH 值　无资料　**熔点(℃)**　−45

沸点(℃)　81.6

相对密度(水=1)　0.79(15℃)

相对蒸气密度(空气=1)　1.42

饱和蒸气压(kPa)　13.33 (27℃)

燃烧热(kJ/mol)　−1264.0　**临界温度(℃)**　274.7

临界压力(MPa)　4.83　**辛醇/水分配系数**　−0.34

闪点(℃)　12.8(OC)

自燃温度(℃)　524

爆炸下限(%)　3.0　**爆炸上限(%)**　16.0

分解温度(℃)　无资料　**黏度(mPa·s)**　0.35 (20℃)

溶解性　与水混溶，溶于乙醇、乙醚等多数有机溶剂

第十部分　稳定性和反应性

稳定性　稳定

危险反应　与强氧化剂等禁配物接触，有发生火灾和爆炸的危险

避免接触的条件　无资料

禁配物　酸类、碱类、强氧化剂、强还原剂、碱金属、硫酸、发烟硫酸、氯磺酸、过氯酸盐

危险的分解产物　氰化氢

第十一部分　毒理学信息

急性毒性

LD_{50}　2460mg/kg（大鼠经口）；1250mg/kg（兔经皮）

LC_{50}　7551ppm（大鼠吸入，8h）

皮肤刺激或腐蚀　无资料

眼睛刺激或腐蚀　无资料

刺激性　家兔经皮：500mg，轻度刺激（开放性刺激试验）

呼吸或皮肤过敏　无资料

生殖细胞突变性　性染色体缺失和不分离：酿酒酵母菌 47600ppm。姐妹染色单体交换：仓鼠卵巢 5g/L

致癌性　无资料

生殖毒性　仓鼠孕后 8d 吸入最低中毒剂量（TCLo）5000ppm（1h），致中枢神经系统发育畸形。仓鼠孕后 8d 吸入最低中毒剂量（TCLo）8000ppm（1h），致肌肉骨骼系统发育畸形。仓鼠经口最低中毒剂量（TDLo）：300mg/kg（孕 8d），引起肌肉骨骼发育异常

特异性靶器官系统毒性-一次接触　无资料

特异性靶器官系统毒性-反复接触　猫吸入其蒸气 7mg/m³，每天 4h，共 6 个月，在染毒后 1 个月，条件反射开始破坏。病理检查见肝、肾和肺病理改变

吸入危害　无资料

第十二部分　生态学信息

生态毒性　LC_{50}：1640mg/L (96h)（黑头呆鱼）

持久性和降解性

生物降解性　好氧生物降解（h）：168～672；厌氧生物降解（h）：672～2688

非生物降解性　水中光氧化半衰期（h）：2.80×10^6～1.10×10^8；空气中光氧化半衰期（h）：1299～12991；一级水解半衰期（h）：>150000a

潜在的生物累积性　根据 K_{ow} 值预测，该物质的生物累积性可能较弱

土壤中的迁移性　根据 K_{oc} 值预测，该物质可能易发生迁移

第十三部分　废弃处置

废弃化学品　用焚烧法处置。焚烧炉排出的氮氧化物通过洗涤器除去

污染包装物　将容器返还生产商或按照国家和地方法规处置

废弃注意事项　处置前应参阅国家和地方有关法规。把倒空的容器归还厂商或在规定场所掩埋

第十四部分　运输信息

联合国危险货物编号（UN 号）　1648

联合国运输名称　乙腈　**联合国危险性类别**　3

包装类别　Ⅱ类包装　**包装标志**

海洋污染物　否

运输注意事项　运输时运输车辆应配备相应品种和数量的消防器材及泄漏应急处理设备。夏季最好早晚运输。运输时所用的槽（罐）车应有接地链，槽内可设孔隔板以减少震荡产生的静电。严禁与氧化剂、还原剂、酸类、碱类、易燃物或可燃物、食用化学品等混装混运。运输途中应防曝晒、雨淋，防高温。中途停留时应远离火种、热源、高温区。装运该物品的车辆排气管必须配备阻火装置，禁止使用易产生火花的机械设备和工具装卸。公路运输时要按规定路线行驶，勿在居民区和人口稠密区停留。铁路运输时要禁止溜放。严禁用木船、水泥船散装运输

第十五部分　法规信息

下列法律、法规、规章和标准，对该化学品的管理作了相应的规定。

中华人民共和国职业病防治法　职业病分类和目录：氰及腈类化合物中毒

危险化学品安全管理条例　危险化学品目录：列入。易制爆危险化学品名录：未列入。重点监管的危险化学品名录：未列入。GB 18218—2009《危险化学品重大危险源辨识》(表 1)：未列入

使用有毒物品作业场所劳动保护条例　高毒物品目录：未列入

易制毒化学品管理条例　易制毒化学品的分类和品种目录：未列入

国际公约　斯德哥尔摩公约：未列入。鹿特丹公约：未列

入。蒙特利尔议定书：未列入

第十六部分 其他信息

编写和修订信息 **缩略语和首字母缩写**

培训建议 **参考文献**

免责声明

乙硫磷

第一部分 化学品标识

化学品中文名 乙硫磷；益赛昂；*O*,*O*,*O*′,*O*′-四乙基-*S*，*S*′-亚甲基双（二硫代磷酸酯）

化学品英文名 *O*,*O*,*O*′,*O*′-tetraethyl *S*,*S*′-methylene-bis-phosphorodithioate；ethion

分子式 $C_9H_{22}O_4P_2S_4$ **相对分子质量** 384.49

结构式

化学品的推荐及限制用途 用作农药杀虫剂

第二部分 危险性概述

紧急情况概述 吞咽会中毒，皮肤接触有害

GHS 危险性类别 急性毒性-经口，类别 3；急性毒性-经皮，类别 4；危害水生环境-急性危害，类别 1；危害水生环境-长期危害，类别 1

标签要素

象形图

警示词 危险

危险性说明 吞咽会中毒，皮肤接触有害，对水生生物毒性非常大并具有长期持续影响

防范说明

预防措施 避免接触眼睛、皮肤，操作后彻底清洗。作业场所不得进食、饮水或吸烟。戴防护手套、穿防护服。禁止排入环境

事故响应 皮肤接触：用大量肥皂水和水清洗，如感觉不适，呼叫中毒控制中心或就医。被污染的衣服须经洗净后方可重新使用。食入：漱口，立即呼叫中毒控制中心或就医。收集泄漏物

安全储存 上锁保管

废弃处置 本品及内装物、容器依据国家和地方法规处置

物理和化学危险 可燃，其蒸气与空气混合，能形成爆炸性混合物

健康危害 有机磷农药抑制胆碱酯酶活性，造成神经生理功能紊乱

急性中毒 短期内接触（口服、吸入、皮肤、黏膜）大量引起急性中毒。表现有头痛、头昏、食欲减退、恶心、呕吐、腹痛、腹泻、流涎、瞳孔缩小、呼吸道分泌物增多、多汗、肌束震颤等。重者出现肺水肿、脑水肿、昏迷、呼吸麻痹。部分病例可有心、肝、肾损害。少数严重病例在意识恢复后数周或数月后发生周围神经病。个别严重病例可发生迟发性猝死。血胆碱酯酶活性降低

慢性中毒 尚有争论。有神经衰弱综合征、多汗、肌束震颤等。血胆碱酯酶活性降低

环境危害 对水生生物毒性非常大并具有长期持续影响

第三部分 成分/组成信息

√物质		混合物
组分	浓度	CAS No.
乙硫磷		563-12-2

第四部分 急救措施

吸入 迅速脱离现场至空气新鲜处。保持呼吸道通畅。如呼吸困难，给输氧。如呼吸、心跳停止，立即进行心肺复苏术。就医

皮肤接触 立即脱去污染的衣着，用肥皂水及流动清水彻底冲洗污染的皮肤、头发、指甲等。就医

眼睛接触 分开眼睑，用流动清水或生理盐水冲洗。就医。

食入 饮足量温水，催吐（仅限于清醒者）。口服活性炭。就医

对保护施救者的忠告 根据需要使用个人防护设备

对医生的特别提示 解毒剂：阿托品、胆碱酯酶复能剂

第五部分 消防措施

灭火剂 用干粉、泡沫、砂土灭火

特别危险性 受热分解，放出磷、硫的氧化物等毒性气体。燃烧生成有害的一氧化碳、氧化磷、氧化硫

灭火注意事项及防护措施 消防人员必须佩戴空气呼吸器、穿全身防火防毒服，在上风向灭火。尽可能将容器从火场移至空旷处。喷水保持火场容器冷却，直至灭火结束。容器突然发出异常声音或出现异常现象，应立即撤离

第六部分 泄漏应急处理

作业人员防护措施、防护装备和应急处置程序 根据液体流动和蒸气扩散的影响区域划定警戒区，无关人员从侧风、上风向撤离至安全区。建议应急处理人员戴正压自给式呼吸器，穿防毒服，戴橡胶手套。穿上适当的防护服前严禁接触破裂的容器和泄漏物。尽可能切断泄漏源

环境保护措施 防止泄漏物进入水体、下水道、地下室或有限空间

泄漏化学品的收容、清除方法及所使用的处置材料 小量泄漏：用干燥的砂土或其他不燃材料吸收或覆盖，收集于容器中。大量泄漏：构筑围堤或挖坑收容。用砂土、惰性物质或蛭石吸收大量液体。用泵转移至槽车或专用收集器内

第七部分 操作处置与储存

操作注意事项 严加密闭，提供充分的局部排风和全面通风。操作人员必须经过专门培训，严格遵守操作规

程。建议操作人员佩戴自吸过滤式防毒面具（全面罩），穿聚乙烯防毒服，戴橡胶手套。远离火种、热源。工作场所严禁吸烟。使用防爆型的通风系统和设备。防止蒸气泄漏到工作场所空气中。避免与氧化剂、酸类、碱类接触。搬运时要轻装轻卸，防止包装及容器损坏。配备相应品种和数量的消防器材及泄漏应急处理设备。倒空的容器可能残留有害物

储存注意事项 储存于阴凉、通风良好的专用库房内。远离火种、热源。保持容器密封。应与氧化剂、酸类、碱类、食用化学品分开存放，切忌混储。配备相应品种和数量的消防器材。储区应备有泄漏应急处理设备和合适的收容材料

第八部分 接触控制/个体防护

职业接触限值

中国 未制定标准

美国(ACGIH) TLV-TWA：0.05mg/m^3（可吸入性颗粒物和蒸气）[皮]

生物接触限值 全血胆碱酯酶活性（校正值）：原基础值或参考值的70%（采样时间：开始接触后的3个月内），原基础值或参考值的50%（采样时间：持续接触3个月后，任意时间）

监测方法 空气中有毒物质测定方法：未制定标准。生物监测检验方法：血中胆碱酯酶活性的分光光度测定方法——羟胺三氯化铁法；血中胆碱酯酶活性的分光光度测定方法——硫代乙酰胆碱-联硫代双硝基苯甲酸法

工程控制 严加密闭，提供充分的局部排风和全面通风

个体防护装备

呼吸系统防护 生产操作或农业使用时，建议佩戴过滤式防毒面具（全面罩）。紧急事态抢救或撤离时，佩戴空气呼吸器

眼睛防护 呼吸系统防护中已作防护

皮肤和身体防护 穿隔绝式防毒服

手防护 戴橡胶手套

第九部分 理化特性

外观与性状 纯品为白色至琥珀色油状液体，工业品为油状液体，有恶臭

pH值 无资料　**熔点(℃)** －12～－15

沸点(℃) 125 (0.0013kPa)

相对密度(水＝1) 1.22

相对蒸气密度(空气＝1) 无资料

饱和蒸气压(kPa) 无资料

燃烧热(kJ/mol) 无资料　**临界温度(℃)** 无资料

临界压力(MPa) 无资料　**辛醇/水分配系数** 5.07

闪点(℃) 无资料　**自燃温度(℃)** 无资料

爆炸下限(%) 无资料　**爆炸上限(%)** 无资料

分解温度(℃) 无资料　**黏度(mPa·s)** 无资料

溶解性 微溶于水，溶于氯仿、苯、二甲苯，易溶于丙酮、甲醇、乙醇

第十部分 稳定性和反应性

稳定性 稳定

危险反应 与强氧化剂等禁配物发生反应

避免接触的条件 受热

禁配物 强氧化剂、碱类、酸类

危险的分解产物 氧化磷、氧化硫

第十一部分 毒理学信息

急性毒性 LD_{50}：13～34mg/kg（大鼠经口）；1600mg/kg（大鼠经皮）

皮肤刺激或腐蚀 无资料　**眼睛刺激或腐蚀** 无资料

呼吸或皮肤过敏 无资料　**生殖细胞突变性** 无资料

致癌性 无资料　**生殖毒性** 无资料

特异性靶器官系统毒性-一次接触 无资料

特异性靶器官系统毒性-反复接触 无资料

吸入危害 无资料

第十二部分 生态学信息

生态毒性 LC_{50}：0.72mg/L(96h)（黑头呆鱼）；0.5mg/L(96h)（虹鳟鱼）；0.21mg/L(96h)（蓝鳃太阳鱼）；0.0056mg/L(96h)（长臂虾）

持久性和降解性

生物降解性 无资料

非生物降解性 空气中，当羟基自由基浓度为5.00×10^{5}个/cm^{3}时，降解半衰期为40min（理论）；在25℃，当pH值为5、6、7、8时，水解半衰期分别为63周、58周、25周、8.4周（实验）；在30℃，当pH值为8、10时，水解半衰期分别为8.9周、1d（实验）

潜在的生物累积性 根据K_{ow}值预测，该物质可能有较高的生物累积性

土壤中的迁移性 根据K_{oc}值预测，该物质的迁移性可能较弱

第十三部分 废弃处置

废弃化学品 建议用焚烧法处置。焚烧炉排出的气体要通过洗涤器除去

污染包装物 将容器返还生产商或按照国家和地方法规处置

废弃注意事项 处置前应参阅国家和地方有关法规

第十四部分 运输信息

联合国危险货物编号(UN号) 3018（乳剂）；2783（粉剂）

联合国运输名称 液态有机磷农药，毒性（乙硫磷）（乳剂）；固态有机磷农药，毒性（乙硫磷）（粉剂）

联合国危险性类别 6.1　**包装类别** Ⅱ类包装

包装标志 

海洋污染物 是

运输注意事项 运输前应先检查包装容器是否完整、密封，运输过程中要确保容器不泄漏、不倒塌、不坠落、不损坏。严禁与酸类、氧化剂、食品及食品添加剂混运。运输时运输车辆应配备相应品种和数量的消

防器材及泄漏应急处理设备。运输途中应防曝晒、雨淋，防高温。公路运输时要按规定路线行驶，勿在居民区和人口稠密区停留

第十五部分　法规信息

下列法律、法规、规章和标准，对该化学品的管理作了相应的规定。

中华人民共和国职业病防治法　职业病分类和目录：有机磷中毒

危险化学品安全管理条例　危险化学品目录：列入。易制爆危险化学品名录：未列入。重点监管的危险化学品名录：未列入。GB 18218—2009《危险化学品重大危险源辨识》（表 1）：未列入

使用有毒物品作业场所劳动保护条例　高毒物品目录：未列入

易制毒化学品管理条例　易制毒化学品的分类和品种目录：未列入

国际公约　斯德哥尔摩公约：未列入。鹿特丹公约：未列入。蒙特利尔议定书：未列入

第十六部分　其他信息

编写和修订信息　　**缩略语和首字母缩写**

培训建议　　**参考文献**

免责声明

乙　醚

第一部分　化学品标识

化学品中文名　乙醚；二乙（基）醚

化学品英文名　ethyl ether；diethyl ether

分子式　$C_4H_{10}O$　　**相对分子质量**　74.14

结构式　O

化学品的推荐及限制用途　用作溶剂，医学上用作麻醉剂

第二部分　危险性概述

紧急情况概述　极易燃液体和蒸气，吞咽有害，可能引起昏昏欲睡或眩晕

GHS 危险性类别　易燃液体，类别 1；急性毒性-经口，类别 4；特异性靶器官毒性-一次接触，类别 3（麻醉效应）

标签要素

象形图
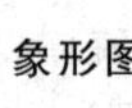

警示词　危险

危险性说明　极易燃液体和蒸气，吞咽有害，可能引起昏昏欲睡或眩晕

防范说明

预防措施　远离热源、火花、明火、热表面。禁止吸烟。保持容器密闭。容器和接收设备接地连接。使用防爆电器、通风、照明设备。只能使用不产生火花的工具。采取防止静电措施。戴防护手套、防护眼镜、防护面罩。避免接触眼睛、皮肤，操作后彻底清洗。作业场所不得进食、饮水或吸烟

事故响应　火灾时，使用泡沫、二氧化碳、干粉、砂土灭火。如皮肤（或头发）接触：立即脱掉所有被污染的衣服，用水冲洗皮肤，淋浴。食入：漱口，如果感觉不适，立即呼叫中毒控制中心或就医

安全储存　存放在通风良好的地方。保持低温

废弃处置　本品及内装物、容器依据国家和地方法规处置

物理和化学危险　极易燃，其蒸气与空气混合，能形成爆炸性混合物

健康危害　本品的主要作用为全身麻醉。急性大量接触，早期出现兴奋，继而嗜睡、呕吐、面色苍白、脉缓、体温下降和呼吸不规则，危及生命。急性接触后的暂时后作用有头痛、易激动或抑郁、流涎、呕吐、食欲下降和多汗等。液体或高浓度蒸气对眼有刺激性

慢性影响　长期低浓度吸入，有头痛、头晕、疲倦、嗜睡、蛋白尿、红细胞增多症。长期皮肤接触，可发生皮肤干燥、皲裂

环境危害　对环境可能有害

第三部分　成分/组成信息

√物质		混合物
组分	**浓度**	**CAS No.**
乙醚		60-29-7

第四部分　急救措施

吸入　迅速脱离现场至空气新鲜处。保持呼吸道通畅。如呼吸困难，给输氧。如呼吸、心跳停止，立即进行心肺复苏术。就医

皮肤接触　立即脱去污染的衣着，用流动清水彻底冲洗。就医

眼睛接触　立即分开眼睑，用流动清水或生理盐水彻底冲洗。就医

食入　漱口，饮水。就医

对保护施救者的忠告　根据需要使用个人防护设备

对医生的特别提示　对症处理

第五部分　消防措施

灭火剂　用泡沫、二氧化碳、干粉、砂土灭火

特别危险性　在空气中久置后能生成有爆炸性的过氧化物。在火场中，受热的容器有爆炸危险。蒸气比空气重，沿地面扩散并易积存于低洼处，遇火源会着火回燃。燃烧生成有害的一氧化碳

灭火注意事项及防护措施　消防人员须佩戴防毒面具、穿全身消防服，在上风向灭火。尽可能将容器从火场移至空旷处。喷水保持火场容器冷却，直至灭火结束。容器突然发出异常声音或出现异常现象，应立即撤离。用水灭火无效

第六部分 泄漏应急处理

作业人员防护措施、防护装备和应急处置程序 消除所有点火源。根据液体流动和蒸气扩散的影响区域划定警戒区，无关人员从侧风、上风向撤离至安全区。建议应急处理人员戴正压自给式呼吸器，穿防静电服，戴橡胶耐油手套。作业时使用的所有设备应接地。禁止接触或跨越泄漏物。尽可能切断泄漏源

环境保护措施 防止泄漏物进入水体、下水道、地下室或有限空间

泄漏化学品的收容、清除方法及所使用的处置材料 小量泄漏：用砂土或其他不燃材料吸收，使用洁净的无火花工具收集吸收材料。大量泄漏：构筑围堤或挖坑收容。用抗溶性泡沫覆盖，减少蒸发。喷水雾能减少蒸发，但不能降低泄漏物在有限空间内的易燃性。用防爆泵转移至槽车或专用收集器内

第七部分 操作处置与储存

操作注意事项 密闭操作，全面通风。操作人员必须经过专门培训，严格遵守操作规程。建议操作人员佩戴过滤式防毒面具（半面罩），戴化学安全防护眼镜，穿防静电工作服，戴橡胶耐油手套。远离火种、热源。工作场所严禁吸烟。使用防爆型的通风系统和设备。防止蒸气泄漏到工作场所空气中。避免与氧化剂接触。灌装应控制流速，且有接地装置，防止静电积聚。灌装适量，应留有5%的空容积。配备相应品种和数量的消防器材及泄漏应急处理设备。倒空的容器可能残留有害物

储存注意事项 通常商品加有稳定剂。储存于阴凉、通风的库房。远离火种、热源。库温不宜超过29℃。包装要求密封，不可与空气接触。应与氧化剂等分开存放，切忌混储。不宜大量储存或久存。采用防爆型照明、通风设施。禁止使用易产生火花的机械设备和工具。储区应备有泄漏应急处理设备和合适的收容材料

第八部分 接触控制/个体防护

职业接触限值

中国 PC-TWA：300mg/m³；PC-STEL：500mg/m³

美国(ACGIH) TLV-TWA：400ppm；

TLV-STEL：500ppm

生物接触限值 未制定标准

监测方法 空气中有毒物质测定方法：热解析-气相色谱法。生物监测检验方法：未制定标准

工程控制 生产过程密闭，全面通风。提供安全的淋浴和洗眼设备

个体防护装备

呼吸系统防护 空气中浓度超标时，佩戴过滤式防毒面具（半面罩）

眼睛防护 必要时，戴化学安全防护眼镜

皮肤和身体防护 穿防静电工作服

手防护 戴橡胶耐油手套

第九部分 理化特性

外观与性状 无色透明液体，有芳香气味，极易挥发

pH值 无资料 **熔点(℃)** −116.2

沸点(℃) 34.6

相对密度(水=1) 0.71（20℃）

相对蒸气密度(空气=1) 2.56

饱和蒸气压(kPa) 58.92（20℃）

燃烧热(kJ/mol) −2748.4 **临界温度(℃)** 192.7

临界压力(MPa) 3.61 **辛醇/水分配系数** 0.89

闪点(℃) −45(OC) **自燃温度(℃)** 160～180

爆炸下限(%) 1.7 **爆炸上限(%)** 49.0

分解温度(℃) 无资料 **黏度(mPa·s)** 0.22(25℃)

溶解性 微溶于水，溶于乙醇、苯、氯仿、石脑油等多数有机溶剂

第十部分 稳定性和反应性

稳定性 稳定

危险反应 与强氧化剂等禁配物接触，有发生火灾和爆炸的危险

避免接触的条件 受热、接触空气

禁配物 强氧化剂、氧、氯、过氯酸

危险的分解产物 无资料

第十一部分 毒理学信息

急性毒性

LD_{50} 1215mg/kg（大鼠经口）；＞20ml(14200mg)/kg（兔经皮）

LC_{50} 221190mg/m³（大鼠吸入，2h）；31000ppm（小鼠吸入，30min）

皮肤刺激或腐蚀 家兔经皮：360mg，轻度刺激（开放性刺激试验）

眼睛刺激或腐蚀 家兔经眼：100mg，中度刺激

呼吸或皮肤过敏 无资料 **生殖细胞突变性** 无资料

致癌性 无资料 **生殖毒性** 无资料

特异性靶器官系统毒性-一次接触 无资料

特异性靶器官系统毒性-反复接触 无资料

吸入危害 无资料

第十二部分 生态学信息

生态毒性 LC_{50}：2560mg/L（96h）（黑头呆鱼）

持久性和降解性

生物降解性 MITI-Ⅰ测试，初始浓度100ppm，污泥浓度30ppm，4周后降解3%

非生物降解性 空气中，当羟基自由基浓度为5.00×10^5个/cm³时，降解半衰期为1.2d（理论）

潜在的生物累积性 根据K_{ow}值预测，该物质的生物累积性可能较弱

土壤中的迁移性 根据K_{oc}值预测，该物质可能易发生迁移

第十三部分 废弃处置

废弃化学品 加入碳酸氢钠溶液，中和稀释后，用水冲入

废水系统

污染包装物 将容器返还生产商或按照国家和地方法规处置

废弃注意事项 把倒空的容器归还厂商或在规定场所掩埋

第十四部分 运输信息

联合国危险货物编号（UN号） 1155

联合国运输名称 乙醚 **联合国危险性类别** 3

包装类别 Ⅰ类包装 **包装标志** 

海洋污染物 否

运输注意事项 采用铁路运输，每年 4～9 月使用小开口钢桶包装时，限按冷藏运输。运输时运输车辆应配备相应品种和数量的消防器材及泄漏应急处理设备。夏季最好早晚运输。运输时所用的槽（罐）车应有接地链，槽内可设孔隔板以减少震荡产生的静电。严禁与氧化剂、食用化学品等混装混运。运输途中应防曝晒、雨淋，防高温。中途停留时应远离火种、热源、高温区。装运该物品的车辆排气管必须配备阻火装置，禁止使用易产生火花的机械设备和工具装卸。公路运输时要按规定路线行驶，勿在居民区和人口稠密区停留。铁路运输时要禁止溜放。严禁用木船、水泥船散装运输

第十五部分 法规信息

下列法律、法规、规章和标准，对该化学品的管理作了相应的规定。

中华人民共和国职业病防治法 职业病分类和目录：未列入

危险化学品安全管理条例 危险化学品目录：列入。易制爆危险化学品名录：未列入。重点监管的危险化学品名录：列入。GB 18218—2009《危险化学品重大危险源辨识》（表 1）：列入。类别：易燃液体，临界量（t）：10

使用有毒物品作业场所劳动保护条例 高毒物品目录：未列入

易制毒化学品管理条例 易制毒化学品的分类和品种目录：列入

国际公约 斯德哥尔摩公约：未列入。鹿特丹公约：未列入。蒙特利尔议定书：未列入

第十六部分 其他信息

编写和修订信息 **缩略语和首字母缩写**

培训建议 **参考文献**

免责声明

乙 硼 烷

第一部分 化学品标识

化学品中文名 乙硼烷；二硼烷

化学品英文名 diborane；boroethane

分子式 B_2H_6 **相对分子质量** 27.68

结构式

化学品的推荐及限制用途 用作聚合催化剂、火箭和导弹的高能燃料，也用于有机合成

第二部分 危险性概述

紧急情况概述 易燃气体，内装加压气体：遇热可能爆炸，吸入致命，造成严重的皮肤灼伤和眼损伤

GHS 危险性类别 易燃气体，类别 1；加压气体；急性毒性-吸入，类别 1；皮肤腐蚀/刺激，类别 1；严重眼损伤/眼刺激，类别 1；特异性靶器官毒性-一次接触，类别 1；特异性靶器官毒性-反复接触，类别 1

标签要素

象形图

警示词 危险

危险性说明 极易燃液体和蒸气，内装加压气体：遇热可能爆炸，吸入致命，造成严重的皮肤灼伤和眼损伤，造成严重眼损伤，对器官造成损害，长时间或反复接触对器官造成损伤

防范说明

预防措施 远离热源、火花、明火、热表面。禁止吸烟。保持容器密闭。容器和接收设备接地连接。使用防爆电器、通风、照明设备。只能使用不产生火花的工具。采取防止静电措施。避免吸入气体。仅在室外或通风良好处操作。避免接触眼睛、皮肤，操作后彻底清洗。戴防护手套，穿防护服，戴防护眼镜、防护面罩。作业场所不得进食、饮水或吸烟。操作后彻底清洗

事故响应 如吸入：将患者转移到空气新鲜处，休息，保持利于呼吸的体位。如皮肤（或头发）接触：立即脱掉所有被污染的衣服，用水冲洗皮肤，淋浴。污染的衣服须洗净后方可重新使用。眼睛接触：用水细心地冲洗数分钟。如戴隐形眼镜并可方便地取出，则取出隐形眼镜继续冲洗。食入：漱口，不要催吐。如果接触：立即呼叫中毒控制中心或就医。如感觉不适，就医

安全储存 防日晒。存放在通风良好的地方。保持低温。保持容器密闭。上锁保管

废弃处置 本品及内装物、容器依据国家和地方法规处置

物理和化学危险 极易燃。遇潮湿空气能自燃，与空气混合能形成爆炸性混合物

健康危害 吸入高浓度乙硼烷出现胸闷、气短、干咳、心前区不适；可出现恶心、头痛、发热等症状。重者可发生肺炎、肺水肿。眼和皮肤接触引起灼伤

慢性影响 长期接触可能引起肝、肾损害，支气管炎，中枢神经系统症状较轻

环境危害 对环境可能有害

第三部分 成分/组成信息

√物质 混合物

组分	浓度	CAS No.
乙硼烷		19287-45-7

第四部分 急救措施

吸入 迅速脱离现场至空气新鲜处。保持呼吸道通畅。如呼吸困难，给输氧。如呼吸、心跳停止，立即进行心肺复苏术。就医

皮肤接触 立即脱去污染的衣着，用大量流动清水彻底冲洗至少15min。就医

眼睛接触 立即分开眼睑，用流动清水或生理盐水彻底冲洗至少15min。就医

对保护施救者的忠告 根据需要使用个人防护设备

对医生的特别提示 对症处理

第五部分 消防措施

灭火剂 用二氧化碳灭火

特别危险性 在室温下遇潮湿空气能自燃。与氟、氯、溴等卤素会发生剧烈反应。并能与氟氯烷灭火剂发生猛烈反应。燃烧生成有害的氧化硼

灭火注意事项及防护措施 切断气源。若不能切断气源，则不允许熄灭泄漏处的火焰。消防人员必须佩戴空气呼吸器、穿全身防火防毒服，在上风向灭火。尽可能将容器从火场移至空旷处。禁止用水和泡沫灭火

第六部分 泄漏应急处理

作业人员防护措施、防护装备和应急处置程序 消除所有点火源。根据气体扩散的影响区域划定警戒区，无关人员从侧风、上风向撤离至安全区。建议应急处理人员穿内置正压自给式呼吸器的全封闭防化服。如果是液化气体泄漏，还应注意防冻伤。作业时使用的所有设备应接地。尽可能切断泄漏源。喷雾状水抑制蒸气或改变蒸气云流向，避免水流接触泄漏物。禁止用水直接冲击泄漏物或泄漏源。若可能翻转容器，使之逸出气体而非液体

环境保护措施 防止气体通过下水道、通风系统和有限空间扩散

泄漏化学品的收容、清除方法及所使用的处置材料 隔离泄漏区直至气体散尽

第七部分 操作处置与储存

操作注意事项 严加密闭，提供充分的局部排风和全面通风。操作人员必须经过专门培训，严格遵守操作规程。建议操作人员佩戴导管式防毒面具，穿连衣式防毒衣，戴橡胶手套。远离火种、热源。工作场所严禁吸烟。使用防爆型的通风系统和设备。防止气体泄漏到工作场所空气中。避免与氧化剂、碱类、卤素接触。尤其要注意避免与水接触。在传送过程中，钢瓶和容器必须接地和跨接，防止产生静电。搬运时要轻装轻卸，防止包装及容器损坏。配备相应品种和数量的消防器材及泄漏应急处理设备

储存注意事项 储存于阴凉、通风良好的专用库房内，实行“双人收发、双人保管”制度。远离火种、热源。库房温度不超过25℃，相对湿度不超过75%。应与氧化剂、碱类、卤素、食用化学品分开存放，切忌混储。采用防爆型照明、通风设施。禁止使用易产生火花的机械设备和工具。储区应备有泄漏应急处理设备

第八部分 接触控制/个体防护

职业接触限值

中国 PC-TWA：0.1mg/m^3

美国(ACGIH) TLV-TWA：0.1ppm

生物接触限值 未制定标准

监测方法 空气中有毒物质测定方法：未制定标准。生物监测检验方法：未制定标准

工程控制 严加密闭，提供充分的局部排风和全面通风

个体防护装备

呼吸系统防护 正常工作情况下，佩戴过滤式防毒面具（半面罩）。紧急事态抢救或撤离时，建议佩戴空气呼吸器

眼睛防护 戴化学安全防护眼镜

皮肤和身体防护 穿连衣式防毒衣

手防护 戴橡胶手套

第九部分 理化特性

外观与性状 无色气体，有特殊臭味

pH值 无意义 **熔点(℃)** −165

沸点(℃) −92.5

相对密度(水=1) 0.45（−112℃）

相对蒸气密度(空气=1) 0.96

饱和蒸气压(kPa) 29.86（−112℃）

燃烧热(kJ/mol) 无资料 **临界温度(℃)** 16.7

临界压力(MPa) 4.00 **辛醇/水分配系数** 无资料

闪点(℃) −90 **自燃温度(℃)** 38～51

爆炸下限(%) 0.9 **爆炸上限(%)** 98

分解温度(℃) 无资料 **黏度(mPa·s)** 0.008(10℃)

溶解性 易溶于二硫化碳

第十部分 稳定性和反应性

稳定性 稳定

危险反应 与强氧化剂、卤素等禁配物接触，有发生火灾和爆炸的危险。能与氟氯烷灭火剂发生猛烈反应

避免接触的条件 潮湿空气

禁配物 强氧化剂、碱、氟、氯、溴等卤素、水、四氯化碳

危险的分解产物 无资料

第十一部分 毒理学信息

急性毒性 LC_{50}：58mg/m^3（大鼠吸入，4h）；33mg/m^3（小鼠吸入）

皮肤刺激或腐蚀 无资料 **眼睛刺激或腐蚀** 无资料

呼吸或皮肤过敏 无资料 **生殖细胞突变性** 无资料

致癌性 无资料 **生殖毒性** 无资料

特异性靶器官系统毒性-一次接触 无资料

特异性靶器官系统毒性-反复接触　狗及大鼠长期暴露于 $1.1\sim2.2mg/m^3$ 浓度下无死亡；在 $5.6mg/m^3$ 浓度下，每天吸入 6h，动物不久开始发生死亡

吸入危害　无资料

第十二部分　生态学信息

生态毒性　无资料

持久性和降解性

生物降解性　无资料

非生物降解性　无资料

潜在的生物累积性　无资料

土壤中的迁移性　无资料

第十三部分　废弃处置

废弃化学品　根据国家和地方有关法规的要求处置。或与制造商联系，确定处置方法

污染包装物　将容器返还生产商或按照国家和地方法规处置

废弃注意事项　处置前应参阅国家和地方有关法规

第十四部分　运输信息

联合国危险货物编号（UN 号）　1911

联合国运输名称　乙硼烷

联合国危险性类别　2.3，2.1

包装类别　-

包装标志

海洋污染物　否

运输注意事项　采用钢瓶运输时必须戴好钢瓶上的安全帽。钢瓶一般平放，并应将瓶口朝同一方向，不可交叉；高度不得超过车辆的防护栏板，并用三角木垫卡牢，防止滚动。运输时运输车辆应配备相应品种和数量的消防器材。装运该物品的车辆排气管必须配备阻火装置，禁止使用易产生火花的机械设备和工具装卸。严禁与氧化剂、碱类、卤素、食用化学品等混装混运。夏季应早晚运输，防止日光曝晒。中途停留时应远离火种、热源。公路运输时要按规定路线行驶，禁止在居民区和人口稠密区停留。铁路运输时要禁止溜放

第十五部分　法规信息

下列法律、法规、规章和标准，对该化学品的管理作了相应的规定。

中华人民共和国职业病防治法　职业病分类和目录：未列入

危险化学品安全管理条例　危险化学品目录：列入。作为剧毒化学品进行管理。易制爆危险化学品名录：未列入。重点监管的危险化学品名录：未列入。GB 18218—2009《危险化学品重大危险源辨识》（表 1）：未列入

使用有毒物品作业场所劳动保护条例　高毒物品目录：未列入

易制毒化学品管理条例　易制毒化学品的分类和品种目录：未列入

国际公约　斯德哥尔摩公约：未列入。鹿特丹公约：未列入。蒙特利尔议定书：未列入

第十六部分　其他信息

编写和修订信息　　**缩略语和首字母缩写**

培训建议　　**参考文献**

免责声明

乙　醛

第一部分　化学品标识

化学品中文名　乙醛；醋醛

化学品英文名　acetaldehyde；acetic aldehyde

分子式　C_2H_4O　　**相对分子质量**　44.06

结构式　(结构式图：O)

化学品的推荐及限制用途　用于制造醋酸、醋酐和合成树脂

第二部分　危险性概述

紧急情况概述　极易燃液体和蒸气

GHS 危险性类别　易燃液体，类别 1；严重眼损伤/眼刺激，类别 2；致癌性，类别 2；特异性靶器官毒性-一次接触，类别 3（呼吸道刺激）；危害水生环境-急性危害，类别 3

标签要素

象形图

警示词　危险

危险性说明　极易燃液体和蒸气，造成严重眼刺激，怀疑致癌，可能引起呼吸道刺激，对水生生物有害

防范说明

预防措施　远离热源、火花、明火、热表面。禁止吸烟。保持容器密闭。容器和接收设备接地连接。使用防爆电器、通风、照明设备。只能使用不产生火花的工具。采取防止静电措施。戴防护手套、防护眼镜、防护面罩。避免接触眼睛、皮肤，操作后彻底清洗。得到专门指导后操作。在阅读并了解所有安全预防措施之前，切勿操作。按要求使用个体防护装备。禁止排入环境

事故响应　火灾时，使用抗溶性泡沫、二氧化碳、干粉、砂土灭火。如皮肤（或头发）接触：立即脱掉所有被污染的衣服，用水冲洗皮肤，淋浴。如接触眼睛：用水细心冲洗数分钟。如戴隐形眼镜并可方便地取出，取出隐形眼镜继续冲洗。如果眼睛刺激持续：就医

安全储存　存放在通风良好的地方。保持低温。上锁保管

废弃处置　本品及内装物、容器依据国家和地方法规处置

物理和化学危险　极易燃，其蒸气与空气混合，能形成爆炸性混合物。在空气中久置后能形成有爆炸性的过氧化物。容易自聚

健康危害　急性中毒　低浓度引起眼、鼻及上呼吸道刺激症状及支气管炎，高浓度吸入尚有麻醉作用。中毒表现有头痛、嗜睡、神志不清及支气管炎、肺水肿、腹泻、蛋白尿、肝和心肌脂肪性变，可致死。误服出现胃肠道刺激症状、麻醉作用及心、肝、肾损害。对皮肤有致敏性。反复接触蒸气引起皮炎、结膜炎

慢性中毒　类似酒精中毒。表现有体重减轻、贫血、谵妄、视听、幻觉、智力丧失和精神障碍

环境危害　对水生生物有害

第三部分　成分/组成信息

√物质　　　　　　混合物

组分	浓度	CAS No.
乙醛		75-07-0

第四部分　急救措施

吸入　迅速脱离现场至空气新鲜处。保持呼吸道通畅。如呼吸困难，给输氧。如呼吸、心跳停止，立即进行心肺复苏术。就医

皮肤接触　立即脱去污染的衣着，用流动清水彻底冲洗。就医

眼睛接触　立即分开眼睑，用流动清水或生理盐水彻底冲洗。就医

食入　漱口，饮水。就医

对保护施救者的忠告　根据需要使用个人防护设备

对医生的特别提示　对症处理

第五部分　消防措施

灭火剂　用抗溶性泡沫、二氧化碳、干粉、砂土灭火

特别危险性　在空气中久置后能生成有爆炸性的过氧化物。受热可能发生剧烈的聚合反应。蒸气比空气重，沿地面扩散并易积存于低洼处，遇火源会着火回燃。燃烧生成有害的一氧化碳

灭火注意事项及防护措施　消防人员必须佩戴空气呼吸器、穿全身防火防毒服，在上风向灭火。尽可能将容器从火场移至空旷处。喷水保持火场容器冷却，直至灭火结束。容器突然发出异常声音或出现异常现象，应立即撤离。遇到大火，消防人员须在有防爆掩蔽处操作

第六部分　泄漏应急处理

作业人员防护措施、防护装备和应急处置程序　消除所有点火源。根据液体流动和蒸气扩散的影响区域划定警戒区，无关人员从侧风、上风向撤离至安全区。建议应急处理人员戴正压自给式呼吸器，穿防静电服，戴橡胶手套。作业时使用的所有设备应接地。禁止接触或跨越泄漏物。尽可能切断泄漏源

环境保护措施　防止泄漏物进入水体、下水道、地下室或有限空间

泄漏化学品的收容、清除方法及所使用的处置材料　小量泄漏：用砂土或其他不燃材料吸收，使用洁净的无火花工具收集吸收材料。大量泄漏：构筑围堤或挖坑收容。用砂土、惰性物质或蛭石吸收大量液体。用硫酸氢钠（$NaHSO_4$）中和。用抗溶性泡沫覆盖，减少蒸发。喷水雾能减少蒸发，但不能降低泄漏物在有限空间内的易燃性。用防爆泵转移至槽车或专用收集器内。喷雾状水驱散蒸气、稀释液体泄漏物

第七部分　操作处置与储存

操作注意事项　密闭操作，全面排风。操作人员必须经过专门培训，严格遵守操作规程。建议操作人员佩戴过滤式防毒面具（半面罩），戴化学安全防护眼镜，穿防静电工作服，戴橡胶手套。远离火种、热源。工作场所严禁吸烟。使用防爆型的通风系统和设备。防止蒸气泄漏到工作场所空气中。避免与氧化剂、还原剂、酸类接触。充装要控制流速，防止静电积聚。搬运时要轻装轻卸，防止包装及容器损坏。配备相应品种和数量的消防器材及泄漏应急处理设备。倒空的容器可能残留有害物

储存注意事项　储存于阴凉、通风的库房。远离火种、热源。库温不宜超过29℃。包装要求密封，不可与空气接触。应与氧化剂、还原剂、酸类等分开存放，切忌混储。不宜大量储存或久存。采用防爆型照明、通风设施。禁止使用易产生火花的机械设备和工具。储区应备有泄漏应急处理设备和合适的收容材料

第八部分　接触控制/个体防护

职业接触限值

中国　MAC：45mg/m^3［G2B］

美国(ACGIH)　TLV-C：25ppm

生物接触限值　未制定标准

监测方法　空气中有毒物质测定方法：溶剂解吸-气相色谱法；直接进样-气相色谱法。生物监测检验方法：未制定标准

工程控制　密闭操作，全面排风。提供安全的淋浴和洗眼设备

个体防护装备

呼吸系统防护　空气中浓度超标时，佩戴过滤式防毒面具（半面罩）

眼睛防护　戴化学安全防护眼镜

皮肤和身体防护　穿防静电工作服

手防护　戴橡胶手套

第九部分　理化特性

外观与性状　无色液体，有强烈的刺激臭味

pH值　无资料　　　**熔点(℃)**　−123.5

沸点(℃)　20.8

相对密度(水=1)　0.788（16℃）

相对蒸气密度(空气=1)　1.52

饱和蒸气压(kPa)　98.64（20℃）

燃烧热(kJ/mol)　−1166.37　**临界温度(℃)**　188

临界压力(MPa) 6.4 **辛醇/水分配系数** 0.43

闪点(℃) −39(CC)；−40(OC)

自燃温度(℃) 175

爆炸下限(%) 4.0 **爆炸上限(%)** 57

分解温度(℃) 无资料 **黏度(mPa·s)** 0.215(20℃)

溶解性 溶于水，可混溶于乙醇、乙醚、苯、汽油、甲苯、二甲苯等

第十部分 稳定性和反应性

稳定性 稳定

危险反应 与强氧化剂等禁配物接触，有发生火灾和爆炸的危险

避免接触的条件 受热、接触空气

禁配物 强酸、强氧化剂、强还原剂、强碱、卤素、氧、易燃物、氨、硫化氢、磷、强碱、胺类、醇、酮、酐、酚等

危险的分解产物 无资料

第十一部分 毒理学信息

急性毒性

LD_{50} 661mg/kg（大鼠经口）

LC_{50} 13300ppm（大鼠吸入，4h）

皮肤刺激或腐蚀 家兔经皮：500mg，轻度刺激（开放性刺激试验）

眼睛刺激或腐蚀 家兔经眼：40mg，重度刺激

呼吸或皮肤过敏 无资料

生殖细胞突变性 微生物致突变：鼠伤寒沙门氏菌7880μg/皿。姐妹染色单体交换：人淋巴细胞40μmol/L。DNA损伤：人淋巴细胞1560μmol/L。DNA抑制：人HeLa细胞10mmol/L。姐妹染色单体交换：人淋巴细胞1200μmol/L

致癌性 IARC致癌性评论：组2B，可疑人类致癌物，对人类致癌性证据有限，对动物致癌性证据不充分

生殖毒性 大、小鼠孕后不同时间经口或腹腔内给予最低中毒剂量（TDLo），致呼吸系统、肝胆管系统、中枢神经系统、内分泌系统、泌尿生殖系统、肌肉骨骼系统、颅面部（包括鼻、舌）发育畸形。小鼠静脉最低中毒剂量（TDLo）：120mg/kg（孕后7～9d用药），胚泡植入后死亡率增高，对胎鼠有毒性

特异性靶器官系统毒性-一次接触 无资料

特异性靶器官系统毒性-反复接触 大鼠、豚鼠经口给予100mg/kg可以耐受6个月，出现反射活动障碍，动脉压升高；经口给予10mg/kg，2～3个月也可引起同样的改变

吸入危害 无资料

第十二部分 生态学信息

生态毒性

LC_{50} 37.2mg/L（96h）（黑头呆鱼）；53mg/L（96h）（蓝鳃太阳鱼）

EC_{50} 42mg/L（48h）（水蚤）；30.8mg/L（96h）（黑头呆鱼）

持久性和降解性

生物降解性 MITI-Ⅰ测试，初始浓度100ppm，污泥浓度30ppm，2周后降解80%

非生物降解性 空气中，当羟基自由基浓度为5.00×10^5个/cm^3时，降解半衰期为24h（理论）；大气中光解半衰期8.4～16h

潜在的生物累积性 根据K_{ow}值预测，该物质的生物累积性可能较弱

土壤中的迁移性 根据K_{oc}值预测，该物质可能易发生迁移

第十三部分 废弃处置

废弃化学品 用焚烧法处置

污染包装物 将容器返还生产商或按照国家和地方法规处置

废弃注意事项 把倒空的容器归还厂商或在规定场所掩埋

第十四部分 运输信息

联合国危险货物编号（UN号） 1089

联合国运输名称 乙醛 **联合国危险性类别** 3

包装类别 Ⅰ类包装 **包装标志**

海洋污染物 否

运输注意事项 本品铁路运输时限使用耐压液化气企业自备罐车装运，装运前需报有关部门批准。运输时运输车辆应配备相应品种和数量的消防器材及泄漏应急处理设备。夏季最好早晚运输。运输时所用的槽（罐）车应有接地链，槽内可设孔隔板以减少震荡产生的静电。严禁与氧化剂、还原剂、酸类、食用化学品等混装混运。运输途中应防曝晒、雨淋，防高温。中途停留时应远离火种、热源、高温区。装运该物品的车辆排气管必须配备阻火装置，禁止使用易产生火花的机械设备和工具装卸。公路运输时要按规定路线行驶，勿在居民区和人口稠密区停留。铁路运输时要禁止溜放。严禁用木船、水泥船散装运输

第十五部分 法规信息

下列法律、法规、规章和标准，对该化学品的管理作了相应的规定。

中华人民共和国职业病防治法 职业病分类和目录：未列入

危险化学品安全管理条例 危险化学品目录：列入。易制爆危险化学品名录：未列入。重点监管的危险化学品名录：列入。GB 18218—2009《危险化学品重大危险源辨识》(表1)：未列入

使用有毒物品作业场所劳动保护条例 高毒物品目录：未列入

易制毒化学品管理条例 易制毒化学品的分类和品种目录：未列入

国际公约 斯德哥尔摩公约：未列入。鹿特丹公约：未列入。蒙特利尔议定书：未列入

第十六部分　其他信息

编写和修订信息　　**缩略语和首字母缩写**
培训建议　　**参考文献**
免责声明

乙　　炔

第一部分　化学品标识

化学品中文名　乙炔；电石气
化学品英文名　acetylene；ethyne
分子式　C_2H_2　**相对分子质量**　26.04
结构式　H—≡—H
化学品的推荐及限制用途　是有机合成的重要原料之一，亦是合成橡胶、合成纤维和塑料的单体，也用于氧炔焊割

第二部分　危险性概述

紧急情况概述　极易燃气体，无空气也可能迅速反应。内装加压气体：遇热可能爆炸
GHS 危险性类别　易燃气体，类别 1；化学不稳定性气体，类别 A；加压气体
标签要素

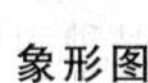

象形图 

警示词　危险
危险性说明　极易燃气体，无空气也可能迅速反应。内装加压气体：遇热可能爆炸
防范说明
预防措施　远离热源、火花、明火、热表面。禁止吸烟。在阅读和明了所有安全措施前切勿搬动
事故响应　漏气着火：切勿灭火，除非漏气能够安全地制止。如果没有危险，消除一切点火源
安全储存　防日晒。存放在通风良好的地方
废弃处置　-
物理和化学危险　极易燃，与空气混合能形成爆炸性混合物
健康危害　具有弱麻醉作用。高浓度吸入可引起单纯窒息。暴露于 20%浓度时，出现明显缺氧症状；吸入高浓度，初期兴奋、多语、哭笑不安，后出现眩晕、头痛、恶心、呕吐、共济失调、嗜睡；严重者昏迷、紫绀、瞳孔对光反应消失、脉弱而不齐。当混有磷化氢、硫化氢时，毒性增大，应予以注意
环境危害　对环境可能有害

第三部分　成分/组成信息

√物质　　混合物

组分	浓度	CAS No.
乙炔		74-86-2

第四部分　急救措施

吸入　迅速脱离现场至空气新鲜处。保持呼吸道通畅。如呼吸困难，给输氧。如呼吸、心跳停止，立即进行心肺复苏术。就医
对保护施救者的忠告　根据需要使用个人防护设备
对医生的特别提示　对症处理

第五部分　消防措施

灭火剂　用雾状水、泡沫、二氧化碳、干粉灭火
特别危险性　与氧化剂接触发生猛烈反应。经压缩或加热可造成剧烈爆炸。与氟、氯等接触会发生剧烈的化学反应。能与铜、银、汞等的化合物生成爆炸性物质。燃烧生成有害的一氧化碳
灭火注意事项及防护措施　切断气源。若不能切断气源，则不允许熄灭泄漏处的火焰。消防人员必须佩戴空气呼吸器、穿全身防火防毒服，在上风向灭火。尽可能将容器从火场移至空旷处。喷水保持火场容器冷却，直至灭火结束

第六部分　泄漏应急处理

作业人员防护措施、防护装备和应急处置程序　消除所有点火源。根据气体扩散的影响区域划定警戒区，无关人员从侧风、上风向撤离至安全区。建议应急处理人员戴正压自给式呼吸器，穿防静电服。作业时使用的所有设备应接地。尽可能切断泄漏源。若可能翻转容器，使之逸出气体而非液体。喷雾状水抑制蒸气或改变蒸气云流向，避免水流接触泄漏物。禁止用水直接冲击泄漏物或泄漏源
环境保护措施　防止气体通过下水道、通风系统和有限空间扩散
泄漏化学品的收容、清除方法及所使用的处置材料　隔离泄漏区直至气体散尽

第七部分　操作处置与储存

操作注意事项　密闭操作，全面通风。操作人员必须经过专门培训，严格遵守操作规程。建议操作人员穿防静电工作服。远离火种、热源。工作场所严禁吸烟。使用防爆型的通风系统和设备。防止气体泄漏到工作场所空气中。避免与氧化剂、酸类、卤素接触。在传送过程中，钢瓶和容器必须接地和跨接，防止产生静电。搬运时轻装轻卸，防止钢瓶及附件破损。配备相应品种和数量的消防器材及泄漏应急处理设备
储存注意事项　乙炔的包装法通常是溶解在溶剂及多孔物中，装入钢瓶内。储存于阴凉、通风的易燃气体专用库房。远离火种、热源。库温不宜超过 30℃。应与氧化剂、酸类、卤素分开存放，切忌混储。采用防爆型照明、通风设施。禁止使用易产生火花的机械设备和工具。储区应备有泄漏应急处理设备

第八部分　接触控制/个体防护

职业接触限值
中国　未制定标准
美国(ACGIH)　未制定标准
生物接触限值　未制定标准
监测方法　空气中有毒物质测定方法：未制定标准。生物

监测检验方法：未制定标准

工程控制 生产过程密闭，全面通风

个体防护装备

呼吸系统防护 一般不需要特殊防护，但建议特殊情况下，佩戴过滤式防毒面具（半面罩）

眼睛防护 一般不需特殊防护

皮肤和身体防护 穿防静电工作服

手防护 戴一般作业防护手套

第九部分 理化特性

外观与性状 无色无味气体，工业品有使人不愉快的大蒜气味

pH 值 无意义 **熔点(℃)** −81.8（119kPa）

沸点(℃) −83.8（升华）

相对密度(水＝1) 0.62（−82℃）

相对蒸气密度(空气＝1) 0.91

饱和蒸气压(kPa) 4460（20℃）

燃烧热(kJ/mol) −1298.4 **临界温度(℃)** 35.2

临界压力(MPa) 6.19 **辛醇/水分配系数** 0.37

闪点(℃) −18.15 **自燃温度(℃)** 305

爆炸下限(%) 2.5 **爆炸上限(%)** 82

分解温度(℃) 无资料 **黏度(mPa·s)** 无资料

溶解性 微溶于水，溶于乙醇，丙酮，氯仿、苯，混溶于乙醚

第十部分 稳定性和反应性

稳定性 稳定

危险反应 与强氧化剂等禁配物接触，有发生火灾和爆炸的危险。能与铜、银、汞等的化合物反应生成爆炸性物质

避免接触的条件 无资料

禁配物 强氧化剂、碱金属、碱土金属、重金属（尤其是铜）、重金属盐、卤素

危险的分解产物 碳、氢

第十一部分 毒理学信息

急性毒性 无资料 **皮肤刺激或腐蚀** 无资料

眼睛刺激或腐蚀 无资料 **呼吸或皮肤过敏** 无资料

生殖细胞突变性 无资料 **致癌性** 无资料

生殖毒性 无资料

特异性靶器官系统毒性-一次接触 无资料

特异性靶器官系统毒性-反复接触 动物长期吸入非致死性浓度本品，出现血红蛋白、网织细胞、淋巴细胞增加和中性粒细胞减少。尸检有支气管炎、肺炎、肺水肿、肝充血和脂肪浸润

吸入危害 无资料

第十二部分 生态学信息

生态毒性 无资料

持久性和降解性

生物降解性 无资料

非生物降解性 无资料

潜在的生物累积性 根据 K_{ow} 值预测，该物质的生物累积性可能较弱

土壤中的迁移性 根据 K_{oc} 值预测，该物质可能易发生迁移

第十三部分 废弃处置

废弃化学品 建议用焚烧法处置

污染包装物 将容器返还生产商或按照国家和地方法规处置

废弃注意事项 处置前应参阅国家和地方有关法规。把空容器归还厂商

第十四部分 运输信息

联合国危险货物编号（UN 号） 1001（溶解）；3374（无溶剂）

联合国运输名称 溶解乙炔（溶解）；乙炔，无溶剂（无溶剂）

联合国危险性类别 2.1 **包装类别** -

包装标志  **海洋污染物** 否

运输注意事项 采用钢瓶运输时必须戴好钢瓶上的安全帽。钢瓶一般平放，并应将瓶口朝同一方向，不可交叉；高度不得超过车辆的防护栏板，并用三角木垫卡牢，防止滚动。运输时运输车辆应配备相应品种和数量的消防器材。装运该物品的车辆排气管必须配备阻火装置，禁止使用易产生火花的机械设备和工具装卸。严禁与氧化剂、酸类、卤素等混装混运。夏季应早晚运输，防止日光曝晒。中途停留时应远离火种、热源。公路运输时要按规定路线行驶，勿在居民区和人口稠密区停留。铁路运输时要禁止溜放

第十五部分 法规信息

下列法律、法规、规章和标准，对该化学品的管理作了相应的规定。

中华人民共和国职业病防治法 职业病分类和目录：未列入

危险化学品安全管理条例 危险化学品目录：列入。易制爆危险化学品名录：未列入。重点监管的危险化学品名录：列入。GB 18218—2009《危险化学品重大危险源辨识》(表 1)：列入。类别：易燃气体，临界量(t)：1

使用有毒物品作业场所劳动保护条例 高毒物品目录：未列入

易制毒化学品管理条例 易制毒化学品的分类和品种目录：未列入

国际公约 斯德哥尔摩公约：未列入。鹿特丹公约：未列入。蒙特利尔议定书：未列入

第十六部分 其他信息

编写和修订信息 **缩略语和首字母缩写**

培训建议 **参考文献**

免责声明

乙　酸

第一部分　化学品标识

化学品中文名　乙酸；醋酸；冰醋酸

化学品英文名　acetic acid；glacial acetic acid；vinegar acid

分子式　$C_2H_4O_2$　**相对分子质量**　60.06

结构式

化学品的推荐及限制用途　用于制造醋酸盐、醋酸纤维素、药物、颜料、酯类、塑料、香料等

第二部分　危险性概述

紧急情况概述　易燃液体和蒸气，造成严重的皮肤灼伤和眼损伤

GHS危险性类别　易燃液体，类别3；皮肤腐蚀/刺激，类别1A；严重眼损伤/眼刺激，类别1

标签要素

象形图

警示词　危险

危险性说明　易燃液体和蒸气，造成严重的皮肤灼伤和眼损伤，造成严重眼损伤

防范说明

预防措施　远离热源、火花、明火、热表面。禁止吸烟。保持容器密闭。容器和接收设备接地连接。使用防爆电器、通风、照明设备。只能使用不产生火花的工具。采取防止静电措施。避免吸入烟雾。避免接触眼睛、皮肤，操作后彻底清洗。戴防护手套，穿防护服，戴防护眼镜、防护面罩

事故响应　火灾时，使用雾状水、抗溶性泡沫、干粉、二氧化碳灭火。如吸入：将患者转移到空气新鲜处，休息，保持利于呼吸的体位，立即呼叫中毒控制中心或就医。如皮肤（或头发）接触：立即脱掉所有被污染的衣服，用水冲洗皮肤，淋浴。污染的衣服须洗净后方可重新使用。眼睛接触：用水细心地冲洗数分钟。如戴隐形眼镜并可方便地取出，则取出隐形眼镜继续冲洗。食入：漱口，不要催吐

安全储存　存放在通风良好的地方。保持低温。上锁保管

废弃处置　本品及内装物、容器依据国家和地方法规处置

物理和化学危险　易燃，其蒸气与空气混合，能形成爆炸性混合物

健康危害　吸入本品蒸气对鼻、喉和呼吸道有刺激性。眼和皮肤接触可引起灼伤。误服浓乙酸，口腔和消化道可产生糜烂，重者可因休克而致死

慢性影响　眼睑水肿、结膜充血、慢性咽炎和支气管炎。长期反复接触，可致皮肤干燥、脱脂和皮炎

环境危害　对环境可能有害

第三部分　成分/组成信息

√物质		混合物
组分	**浓度**	**CAS No.**
乙酸		64-19-7

第四部分　急救措施

吸入　迅速脱离现场至空气新鲜处。保持呼吸道通畅。如呼吸困难，给输氧。如呼吸、心跳停止，立即进行心肺复苏术。就医

皮肤接触　立即脱去污染的衣着，用大量流动清水彻底冲洗至少15min。就医

眼睛接触　立即分开眼睑，用流动清水或生理盐水彻底冲洗至少15min。就医

食入　用水漱口，禁止催吐。给饮牛奶或蛋清。就医

对保护施救者的忠告　根据需要使用个人防护设备

对医生的特别提示　对症处理

第五部分　消防措施

灭火剂　用雾状水、抗溶性泡沫、干粉、二氧化碳灭火

特别危险性　与铬酸、过氧化钠、硝酸或其他氧化剂接触，有爆炸危险。具有腐蚀性。燃烧生成有害的一氧化碳

灭火注意事项及防护措施　消防人员必须穿全身耐酸碱消防服、佩戴空气呼吸器灭火。尽可能将容器从火场移至空旷处。喷水保持火场容器冷却，直至灭火结束。容器突然发出异常声音或出现异常现象，应立即撤离

第六部分　泄漏应急处理

作业人员防护措施、防护装备和应急处置程序　消除所有点火源。根据液体流动和蒸气扩散的影响区域划定警戒区，无关人员从侧风、上风向撤离至安全区。建议应急处理人员戴正压自给式呼吸器，穿防静电、防腐蚀、防毒服，戴橡胶耐酸碱手套。作业时使用的所有设备应接地。禁止接触或跨越泄漏物。尽可能切断泄漏源

环境保护措施　防止泄漏物进入水体、下水道、地下室或有限空间

泄漏化学品的收容、清除方法及所使用的处置材料　小量泄漏：用砂土或其他不燃材料吸收，使用洁净的无火花工具收集吸收材料。大量泄漏：构筑围堤或挖坑收容。用抗溶性泡沫覆盖，减少蒸发。喷水雾能减少蒸发，但不能降低泄漏物在有限空间内的易燃性。用砂土、惰性物质或蛭石吸收大量液体。用稀苛性钠（NaOH）或苏打灰（Na_2CO_3）中和。用防爆、耐腐蚀泵转移至槽车或专用收集器内

第七部分　操作处置与储存

操作注意事项　密闭操作，加强通风。操作人员必须经过专门培训，严格遵守操作规程。建议操作人员佩戴自吸过滤式防毒面具（半面罩），戴化学安全防护眼镜，穿防酸碱塑料工作服，戴橡胶耐酸碱手套。远离火种、热源。工作场所严禁吸烟。使用防爆型的通风系

统和设备。防止蒸气泄漏到工作场所空气中。避免与氧化剂、碱类接触。搬运时要轻装轻卸，防止包装及容器损坏。配备相应品种和数量的消防器材及泄漏应急处理设备。倒空的容器可能残留有害物

储存注意事项 储存于阴凉、通风的库房。远离火种、热源。冻季应保持库温高于16℃，以防凝固。保持容器密封。应与氧化剂、碱类分开存放，切忌混储。采用防爆型照明、通风设施。禁止使用易产生火花的机械设备和工具。储区应备有泄漏应急处理设备和合适的收容材料

第八部分 接触控制/个体防护

职业接触限值

中国 PC-TWA：10mg/m³；PC-STEL：20mg/m³

美国(ACGIH) TLV-TWA：10ppm；TLV-STEL：15ppm

生物接触限值 未制定标准

监测方法 空气中有毒物质测定方法：溶剂解吸-气相色谱法。生物监测检验方法：未制定标准

工程控制 生产过程密闭，加强通风。提供安全的淋浴和洗眼设备

个体防护装备

呼吸系统防护 空气中浓度超标时，应该佩戴过滤式防毒面具（半面罩）。紧急事态抢救或撤离时，佩戴空气呼吸器

眼睛防护 戴化学安全防护眼镜

皮肤和身体防护 穿橡胶耐酸碱服

手防护 戴橡胶耐酸碱手套

第九部分 理化特性

外观与性状 无色透明液体，有刺激性酸臭

pH值 2.4（1.0mol/L水溶液） **熔点(℃)** 16.6

沸点(℃) 118.1（101.7kPa）

相对密度(水=1) 1.05（20℃）

相对蒸气密度(空气=1) 2.07

饱和蒸气压(kPa) 1.52（20℃）

燃烧热(kJ/mol) −873.7 **临界温度(℃)** 321.6

临界压力(MPa) 5.78

辛醇/水分配系数 −0.31～0.17

闪点(℃) 39（CC）；43（OC）

自燃温度(℃) 426

爆炸下限(%) 5.4 **爆炸上限(%)** 16.0

分解温度(℃) 无资料

黏度(mPa·s) 1.22(25℃)

溶解性 溶于水、乙醇、乙醚、甘油，不溶于二硫化碳

第十部分 稳定性和反应性

稳定性 稳定

危险反应 与强氧化剂等禁配物接触，有发生火灾和爆炸的危险

避免接触的条件 无资料

禁配物 碱类、强氧化剂 **危险的分解产物** 无资料

第十一部分 毒理学信息

急性毒性

LD_{50} 3530mg/kg（大鼠经口）；1060mg/kg（兔经皮）

LC_{50} 13791mg/m³（小鼠吸入，1h）

皮肤刺激或腐蚀 家兔经皮：50mg（24h），轻度刺激

眼睛刺激或腐蚀 家兔经眼：5mg（30s），轻度刺激（用水冲洗）

呼吸或皮肤过敏 无资料

生殖细胞突变性 微生物致突变：大肠杆菌300ppm（3h）。姐妹染色单体交换：人淋巴细胞5mmol/L。细胞遗传学分析：仓鼠卵巢10mmol/L

致癌性 无资料

生殖毒性 大鼠经口最低中毒剂量（TDLo）：700mg/kg（18d，产后），对新生鼠行为有影响。大鼠睾丸内最低中毒剂量（TDLo）：400mg/kg（1d，雄性），对雄性生育指数有影响

特异性靶器官系统毒性-一次接触 无资料

特异性靶器官系统毒性-反复接触 无资料

吸入危害 无资料

第十二部分 生态学信息

生态毒性

LC_{50} 92～106mg/L（48h），79～88mg/L（96h）（黑头呆鱼）；75mg/L（96h）（蓝鳃太阳鱼）；251mg/L（96h）（食蚊鱼）

EC_{50} 32mg/L（48h）（水蚤）

IC_{50} 90mg/L（72h）（藻类）

持久性和降解性

生物降解性 MITI-Ⅰ测试，初始浓度100ppm，污泥浓度30ppm，2周后降解74%。

非生物降解性 空气中，当羟基自由基浓度为5.00×10^5个/cm³时，降解半衰期为22d（理论）

潜在的生物累积性 根据K_{ow}值预测，该物质的生物累积性可能较弱

土壤中的迁移性 根据K_{oc}值预测，该物质可能易发生迁移

第十三部分 废弃处置

废弃化学品 用焚烧法处置

污染包装物 将容器返还生产商或按照国家和地方法规处置

废弃注意事项 处置前应参阅国家和地方有关法规

第十四部分 运输信息

联合国危险货物编号（UN号） 2789

联合国运输名称 冰醋酸 **联合国危险性类别** 8，3

包装类别 Ⅱ类包装

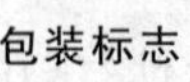

包装标志

海洋污染物 否

运输注意事项 本品铁路运输时限使用铝制企业自备罐车装运，装运前需报有关部门批准。起运时包装要完整，装载应稳妥。运输过程中要确保容器不泄漏、不倒塌、不坠落、不损坏。运输时所用的槽（罐）车应有接地链，槽内可设孔隔板以减少震荡产生的静电。严禁与氧化剂、碱类、食用化学品等混装混运。运输时运输车辆应配备相应品种和数量的消防器材及泄漏应急处理设备。公路运输时要按规定路线行驶，勿在居民区和人口稠密区停留

第十五部分 法规信息

下列法律、法规、规章和标准，对该化学品的管理作了相应的规定。

中华人民共和国职业病防治法 职业病分类和目录：未列入

危险化学品安全管理条例 危险化学品目录：列入。易制爆危险化学品名录：未列入。重点监管的危险化学品名录：未列入。GB 18218—2009《危险化学品重大危险源辨识》(表 1)：未列入

使用有毒物品作业场所劳动保护条例 高毒物品目录：未列入

易制毒化学品管理条例 易制毒化学品的分类和品种目录：未列入

国际公约 斯德哥尔摩公约：未列入。鹿特丹公约：未列入。蒙特利尔议定书：未列入

第十六部分 其他信息

编写和修订信息 **缩略语和首字母缩写**

培训建议 **参考文献**

免责声明

乙酸丙酯

第一部分 化学品标识

化学品中文名 乙酸丙酯；乙酸正丙酯；醋酸正丙酯

化学品英文名 *n*-propyl acetate；acetic acid-*n*-propyl ester

分子式 $C_5H_{10}O_2$ **相对分子质量** 102.13

结构式

化学品的推荐及限制用途 用作调味剂、食用香料、硝化纤维溶剂和试剂，以及用于造漆、塑料、有机物合成等

第二部分 危险性概述

紧急情况概述 高度易燃液体和蒸气，可能引起昏昏欲睡或眩晕

GHS 危险性类别 易燃液体，类别 2；严重眼损伤/眼刺激，类别 2；特异性靶器官毒性-一次接触，类别 3（麻醉效应）；危害水生环境-急性危害，类别 3

标签要素

象形图 

警示词 危险

危险性说明 高度易燃液体和蒸气，造成严重眼刺激，可能引起昏昏欲睡或眩晕，对水生生物有害

防范说明

预防措施 远离热源、火花、明火、热表面。禁止吸烟。保持容器密闭。容器和接收设备接地连接。使用防爆电器、通风、照明设备。只能使用不产生火花的工具。采取防止静电措施。戴防护手套、防护眼镜、防护面罩。避免接触眼睛、皮肤，操作后彻底清洗。禁止排入环境

事故响应 火灾时，使用泡沫、二氧化碳、干粉、砂土灭火。如皮肤（或头发）接触：立即脱掉所有被污染的衣服，用水冲洗皮肤，淋浴。如接触眼睛：用水细心冲洗数分钟。如戴隐形眼镜并可方便地取出，取出隐形眼镜继续冲洗。如果眼睛刺激持续：就医

安全储存 存放在通风良好的地方。保持低温

废弃处置 本品及内装物、容器依据国家和地方法规处置

物理和化学危险 高度易燃，其蒸气与空气混合，能形成爆炸性混合物

健康危害 对眼和上呼吸道黏膜有刺激作用。吸入高浓度时，感恶心、眼部灼热感、胸闷、疲乏无力，并可引起麻醉

环境危害 对水生生物有害

第三部分 成分/组成信息

√物质 混合物

组分	浓度	CAS No.
乙酸丙酯		109-60-4

第四部分 急救措施

吸入 迅速脱离现场至空气新鲜处。保持呼吸道通畅。如呼吸困难，给输氧。如呼吸、心跳停止，立即进行心肺复苏术。就医

皮肤接触 立即脱去污染的衣着，用流动清水彻底冲洗。就医

眼睛接触 立即分开眼睑，用流动清水或生理盐水彻底冲洗。就医

食入 漱口，饮水。就医

对保护施救者的忠告 根据需要使用个人防护设备

对医生的特别提示 对症处理

第五部分 消防措施

灭火剂 用泡沫、二氧化碳、干粉、砂土灭火

特别危险性 与氧化剂能发生强烈反应。蒸气比空气重，沿地面扩散并易积存于低洼处，遇火源会着火回燃。燃烧生成有害的一氧化碳

灭火注意事项及防护措施 消防人员须佩戴防毒面具、穿全身消防服，在上风向灭火。尽可能将容器从火场移至空旷处。容器突然发出异常声音或出现异常现象，应立即撤离。用水灭火无效，但可用水保持火场中容器冷却

第六部分　泄漏应急处理

作业人员防护措施、防护装备和应急处置程序　消除所有点火源。根据液体流动和蒸气扩散的影响区域划定警戒区，无关人员从侧风、上风向撤离至安全区。建议应急处理人员戴正压自给式呼吸器，穿防静电服，戴橡胶耐油手套。作业时使用的所有设备应接地。禁止接触或跨越泄漏物。尽可能切断泄漏源

环境保护措施　防止泄漏物进入水体、下水道、地下室或有限空间

泄漏化学品的收容、清除方法及所使用的处置材料　小量泄漏：用砂土或其他不燃材料吸收，使用洁净的无火花工具收集吸收材料。大量泄漏：构筑围堤或挖坑收容。用泡沫覆盖，减少蒸发。喷水雾能减少蒸发，但不能降低泄漏物在有限空间内的易燃性。用防爆泵转移至槽车或专用收集器内。喷雾状水驱散蒸气、稀释液体泄漏物

第七部分　操作处置与储存

操作注意事项　密闭操作，全面通风。操作人员必须经过专门培训，严格遵守操作规程。建议操作人员佩戴自吸过滤式防毒面具（半面罩），戴化学安全防护眼镜，穿防静电工作服，戴橡胶耐油手套。远离火种、热源。工作场所严禁吸烟。使用防爆型的通风系统和设备。防止蒸气泄漏到工作场所空气中。避免与氧化剂、酸类、碱类接触。灌装时应控制流速，且有接地装置，防止静电积聚。搬运时要轻装轻卸，防止包装及容器损坏。配备相应品种和数量的消防器材及泄漏应急处理设备。倒空的容器可能残留有害物

储存注意事项　储存于阴凉、通风的库房。远离火种、热源。库温不宜超过 37℃。保持容器密封。应与氧化剂、酸类、碱类分开存放，切忌混储。采用防爆型照明、通风设施。禁止使用易产生火花的机械设备和工具。储区应备有泄漏应急处理设备和合适的收容材料

第八部分　接触控制/个体防护

职业接触限值

中国　PC-TWA：200mg/m³；PC-STEL：300mg/m³

美国(ACGIH)　TLV-TWA：200ppm；TLV-STEL：250ppm

生物接触限值　未制定标准

监测方法　空气中有毒物质测定方法：溶剂解吸-气相色谱法。生物监测检验方法：未制定标准

工程控制　生产过程密闭，全面通风。提供安全的淋浴和洗眼设备

个体防护装备

呼吸系统防护　可能接触其蒸气时，应该佩戴过滤式防毒面具（半面罩）。紧急事态抢救或撤离时，建议佩戴空气呼吸器

眼睛防护　戴化学安全防护眼镜

皮肤和身体防护　穿防静电工作服

手防护　戴橡胶耐油手套

第九部分　理化特性

外观与性状　无色澄清液体，有芳香气味

pH 值　无资料　**熔点(℃)**　−92.5

沸点(℃)　101.6

相对密度(水=1)　0.88

相对蒸气密度(空气=1)　3.52

饱和蒸气压(kPa)　3.3（20℃）

燃烧热(kJ/mol)　−2890.5　**临界温度(℃)**　276.2

临界压力(MPa)　3.33

辛醇/水分配系数　1.23～1.24

闪点(℃)　13（CC）　**自燃温度(℃)**　450

爆炸下限(%)　2　**爆炸上限(%)**　8.0

分解温度(℃)　无资料　**黏度(mPa·s)**　0.544(25℃)

溶解性　微溶于水，溶于醇类、酮类、酯类、油类等多数有机溶剂

第十部分　稳定性和反应性

稳定性　稳定

危险反应　与强氧化剂等禁配物接触，有发生火灾和爆炸的危险

避免接触的条件　无资料

禁配物　强氧化剂、酸类、碱类

危险的分解产物　无资料

第十一部分　毒理学信息

急性毒性

LD_{50}　9370mg/kg（大鼠经口）

LC_{50}　8000ppm（大鼠吸入，4h）

皮肤刺激或腐蚀　家兔经皮：500mg，轻度刺激（开放性刺激试验）

眼睛刺激或腐蚀　无资料　**呼吸或皮肤过敏**　无资料

生殖细胞突变性　无资料　**致癌性**　无资料

生殖毒性　无资料

特异性靶器官系统毒性-一次接触　无资料

特异性靶器官系统毒性-反复接触　无资料

吸入危害　无资料

第十二部分　生态学信息

生态毒性

LC_{50}　60mg/L（96h）（黑头呆鱼）

IC_{50}　26～530mg/L（72h）（藻类）

持久性和降解性

生物降解性　MITI-Ⅰ测试，初始浓度 100mg/L，污泥浓度 30mg/L，14d 后降解 81%

非生物降解性　空气中，当羟基自由基浓度为 5.00×10^5 个/cm³ 时，降解半衰期为 5d（理论）；在 25℃，当 pH 值为 7、8、9 时，水解半衰期分别为 3.3a、119d、12d（理论）

潜在的生物累积性　根据 K_{ow} 值预测，该物质的生物累积性可能较弱

土壤中的迁移性　根据 K_{oc} 值预测，该物质可能易发生迁移

第十三部分 废弃处置

废弃化学品 用焚烧法处置

污染包装物 将容器返还生产商或按照国家和地方法规处置

废弃注意事项 处置前应参阅国家和地方有关法规

第十四部分 运输信息

联合国危险货物编号（UN号） 1276

联合国运输名称 乙酸正丙酯

联合国危险性类别 3 **包装类别** Ⅱ类包装

包装标志  **海洋污染物** 否

运输注意事项 运输时运输车辆应配备相应品种和数量的消防器材及泄漏应急处理设备。夏季最好早晚运输。运输时所用的槽（罐）车应有接地链，槽内可设孔隔板以减少震荡产生的静电。严禁与氧化剂、酸类、碱类、食用化学品等混装混运。运输途中应防曝晒、雨淋，防高温。中途停留时应远离火种、热源、高温区。装运该物品的车辆排气管必须配备阻火装置，禁止使用易产生火花的机械设备和工具装卸。公路运输时要按规定路线行驶，勿在居民区和人口稠密区停留。铁路运输时要禁止溜放。严禁用木船、水泥船散装运输

第十五部分 法规信息

下列法律、法规、规章和标准，对该化学品的管理作了相应的规定。

中华人民共和国职业病防治法 职业病分类和目录：未列入

危险化学品安全管理条例 危险化学品目录：列入。易制爆危险化学品名录：未列入。重点监管的危险化学品名录：未列入。GB 18218—2009《危险化学品重大危险源辨识》（表1）：未列入

使用有毒物品作业场所劳动保护条例 高毒物品目录：未列入

易制毒化学品管理条例 易制毒化学品的分类和品种目录：未列入

国际公约 斯德哥尔摩公约：未列入。鹿特丹公约：未列入。蒙特利尔议定书：未列入

第十六部分 其他信息

编写和修订信息 **缩略语和首字母缩写**

培训建议 **参考文献**

免责声明

乙酸丁酯

第一部分 化学品标识

化学品中文名 乙酸丁酯；乙酸正丁酯；醋酸正丁酯

化学品英文名 *n*-butyl acetate；butyl ethanoate

分子式 $C_6H_{12}O_2$ **相对分子质量** 116.18

结构式

化学品的推荐及限制用途 用作喷漆、人造革、胶片、硝化棉、树胶等溶剂及用于调制香料和药物

第二部分 危险性概述

紧急情况概述 高度易燃液体和蒸气，可能引起昏昏欲睡或眩晕

GHS危险性类别 易燃液体，类别2；特异性靶器官毒性—一次接触，类别3（麻醉效应）；危害水生环境-急性危害，类别3

标签要素

象形图 

警示词 危险

危险性说明 高度易燃液体和蒸气，可能引起昏昏欲睡或眩晕，对水生生物有害

防范说明

预防措施 远离热源、火花、明火、热表面。禁止吸烟。保持容器密闭。容器和接收设备接地连接。使用防爆电器、通风、照明设备。只能使用不产生火花的工具。采取防止静电措施。戴防护手套、防护眼镜、防护面罩。禁止排入环境

事故响应 火灾时，使用泡沫、二氧化碳、干粉、砂土灭火。如皮肤（或头发）接触：立即脱掉所有被污染的衣服，用水冲洗皮肤，淋浴

安全储存 存放在通风良好的地方。保持低温

废弃处置 本品及内装物、容器依据国家和地方法规处置

物理和化学危险 易燃，其蒸气与空气混合，能形成爆炸性混合物

健康危害 对眼及上呼吸道均有强烈的刺激作用，有麻醉作用。吸入高浓度本品出现流泪、咽痛、咳嗽、胸闷、气短等，严重者出现心血管和神经系统的症状。可引起结膜炎、角膜炎，角膜上皮有空泡形成。皮肤接触可引起皮肤干燥

环境危害 对水生生物有害

第三部分 成分/组成信息

√物质 混合物

组分	浓度	CAS No.
乙酸丁酯		123-86-4

第四部分 急救措施

吸入 迅速脱离现场至空气新鲜处。保持呼吸道通畅。如呼吸困难，给输氧。如呼吸、心跳停止，立即进行心肺复苏术。就医

皮肤接触 立即脱去污染的衣着，用流动清水彻底冲洗。就医

眼睛接触 立即分开眼睑，用流动清水或生理盐水彻底冲

洗。就医

食入 漱口，饮水。就医

对保护施救者的忠告 根据需要使用个人防护设备

对医生的特别提示 对症处理

第五部分 消防措施

灭火剂 用泡沫、二氧化碳、干粉、砂土灭火

特别危险性 与氧化剂能发生强烈反应。蒸气比空气重，沿地面扩散并易积存于低洼处，遇火源会着火回燃。燃烧生成有害的一氧化碳

灭火注意事项及防护措施 消防人员必须佩戴空气呼吸器、穿全身防火防毒服，在上风向灭火。尽可能将容器从火场移至空旷处。喷水保持火场容器冷却，直至灭火结束。容器突然发出异常声音或出现异常现象，应立即撤离

第六部分 泄漏应急处理

作业人员防护措施、防护装备和应急处置程序 消除所有点火源。根据液体流动和蒸气扩散的影响区域划定警戒区，无关人员从侧风、上风向撤离至安全区。建议应急处理人员戴正压自给式呼吸器，穿防静电服，戴橡胶耐油手套。作业时使用的所有设备应接地。禁止接触或跨越泄漏物。尽可能切断泄漏源

环境保护措施 防止泄漏物进入水体、下水道、地下室或有限空间

泄漏化学品的收容、清除方法及所使用的处置材料 小量泄漏：用砂土或其他不燃材料吸收，使用洁净的无火花工具收集吸收材料。大量泄漏：构筑围堤或挖坑收容。用砂土、惰性物质或蛭石吸收大量液体。用抗溶性泡沫覆盖，减少蒸发。喷水雾能减少蒸发，但不能降低泄漏物在有限空间内的易燃性。用防爆泵转移至槽车或专用收集器内

第七部分 操作处置与储存

操作注意事项 密闭操作，全面通风。操作人员必须经过专门培训，严格遵守操作规程。建议操作人员佩戴自吸过滤式防毒面具（半面罩），戴化学安全防护眼镜，穿防静电工作服，戴橡胶耐油手套。远离火种、热源。工作场所严禁吸烟。使用防爆型的通风系统和设备。防止蒸气泄漏到工作场所空气中。避免与氧化剂、酸类、碱类接触。灌装时应控制流速，且有接地装置，防止静电积聚。搬运时要轻装轻卸，防止包装及容器损坏。配备相应品种和数量的消防器材及泄漏应急处理设备。倒空的容器可能残留有害物

储存注意事项 储存于阴凉、通风的库房。远离火种、热源。库温不宜超过37℃。保持容器密封。应与氧化剂、酸类、碱类分开存放，切忌混储。采用防爆型照明、通风设施。禁止使用易产生火花的机械设备和工具。储区应备有泄漏应急处理设备和合适的收容材料

第八部分 接触控制/个体防护

职业接触限值

中国 PC-TWA：200mg/m^3；PC-STEL：300mg/m^3

美国(ACGIH) TLV-TWA：150ppm；TLV-STEL：200ppm

生物接触限值 未制定标准

监测方法 空气中有毒物质测定方法：溶剂解吸-气相色谱法。生物监测检验方法：未制定标准

工程控制 生产过程密闭，全面通风。提供安全的淋浴和洗眼设备

个体防护装备

呼吸系统防护 可能接触其蒸气时，应该佩戴过滤式防毒面具（半面罩）。紧急事态抢救或撤离时，建议佩戴空气呼吸器

眼睛防护 戴化学安全防护眼镜

皮肤和身体防护 穿防静电工作服

手防护 戴橡胶耐油手套

第九部分 理化特性

外观与性状 无色透明液体，有水果香味

pH值 无资料 **熔点(℃)** −76.8

沸点(℃) 126.1 **相对密度(水=1)** 0.88

相对蒸气密度(空气=1) 4.1

饱和蒸气压(kPa) 1.2（20℃）

燃烧热(kJ/mol) −3463.5 **临界温度(℃)** 305.9

临界压力(MPa) 3.1 **辛醇/水分配系数** 1.82

闪点(℃) 22（CC） **自燃温度(℃)** 421

爆炸下限(%) 1.2 **爆炸上限(%)** 7.6

分解温度(℃) 无资料 **黏度(mPa·s)** 0.685(25℃)

溶解性 微溶于水，溶于乙醇、乙醚、烃类等多数有机溶剂

第十部分 稳定性和反应性

稳定性 稳定

危险反应 与强氧化剂等禁配物接触，有发生火灾和爆炸的危险

避免接触的条件 无资料

禁配物 强氧化剂、碱类、酸类

危险的分解产物 无资料

第十一部分 毒理学信息

急性毒性

LD_{50} 10768mg/kg（大鼠经口）；>17600mg/kg（兔经皮）

LC_{50} 390ppm（大鼠吸入，4h）

皮肤刺激或腐蚀 家兔经皮：500mg（24h），中度刺激

眼睛刺激或腐蚀 家兔经眼：20mg，重度刺激

呼吸或皮肤过敏 无资料 **生殖细胞突变性** 无资料

致癌性 无资料 **生殖毒性** 无资料

特异性靶器官系统毒性-一次接触 无资料

特异性靶器官系统毒性-反复接触 猫吸入4200ppm，每

天 6h，共 6d，衰弱，体重减轻，轻度血液变化

吸入危害 无资料

第十二部分 生态学信息

生态毒性

LC_{50} 100mg/L（96h）（蓝鳃太阳鱼）

EC_{50} 18mg/L（96h）（黑头呆鱼）

TLm 44mg/L（48h）（水蚤）

IC_{50} 280mg/L（72h）（藻类）

持久性和降解性

生物降解性 无资料

非生物降解性 空气中，当羟基自由基浓度为5.00×10^5个/cm^3时，降解半衰期为 4d（理论）；在 20℃，当 pH 值为 7、8、9 时，水解半衰期分别为 3.1a、114d、11d（理论）

潜在的生物累积性 根据 K_{ow}值预测，该物质的生物累积性可能较弱

土壤中的迁移性 根据 K_{oc}值预测，该物质可能易发生迁移

第十三部分 废弃处置

废弃化学品 用焚烧法处置

污染包装物 将容器返还生产商或按照国家和地方法规处置

废弃注意事项 处置前应参阅国家和地方有关法规

第十四部分 运输信息

联合国危险货物编号（UN 号） 1123

联合国运输名称 乙酸丁酯

联合国危险性类别 3 **包装类别** Ⅱ类包装

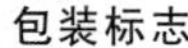

海洋污染物 否

运输注意事项 运输时运输车辆应配备相应品种和数量的消防器材及泄漏应急处理设备。夏季最好早晚运输。运输时所用的槽（罐）车应有接地链，槽内可设孔隔板以减少震荡产生的静电。严禁与氧化剂、酸类、碱类、食用化学品等混装混运。运输途中应防曝晒、雨淋，防高温。中途停留时应远离火种、热源、高温区。装运该物品的车辆排气管必须配备阻火装置，禁止使用易产生火花的机械设备和工具装卸。公路运输时要按规定路线行驶，勿在居民区和人口稠密区停留。铁路运输时要禁止溜放。严禁用木船、水泥船散装运输

第十五部分 法规信息

下列法律、法规、规章和标准，对该化学品的管理作了相应的规定。

中华人民共和国职业病防治法 职业病分类和目录：未列入

危险化学品安全管理条例 危险化学品目录：列入。易制爆危险化学品名录：未列入。重点监管的危险化学品名录：未列入。GB 18218—2009《危险化学品重大危险源辨识》（表 1）：未列入

使用有毒物品作业场所劳动保护条例 高毒物品目录：未列入

易制毒化学品管理条例 易制毒化学品的分类和品种目录：未列入

国际公约 斯德哥尔摩公约：未列入。鹿特丹公约：未列入。蒙特利尔议定书：未列入

第十六部分 其他信息

编写和修订信息 **缩略语和首字母缩写**

培训建议 **参考文献**

免责声明

乙 酸 酐

第一部分 化学品标识

化学品中文名 乙酸酐；醋酸酐

化学品英文名 acetic anhydride；ethanoic anhydride

分子式 $C_4H_6O_3$ **相对分子质量** 102.1

结构式

化学品的推荐及限制用途 用作乙酰化剂，以及用于药物、染料、醋酸纤维制造

第二部分 危险性概述

紧急情况概述 易燃液体和蒸气，吞咽、吸入有害，造成严重的皮肤灼伤和眼损伤

GHS 危险性类别 易燃液体，类别 3；急性毒性-经口，类别 4；急性毒性-吸入，类别 4；皮肤腐蚀/刺激，类别 1B；严重眼损伤/眼刺激，类别 1；特异性靶器官毒性-一次接触，类别 3（呼吸道刺激）；危害水生环境-急性危害，类别 3

标签要素

象形图

警示词 危险

危险性说明 易燃液体和蒸气，吞咽有害，吸入有害，造成严重的皮肤灼伤和眼损伤，造成严重眼损伤，可能引起呼吸道刺激，对水生生物有害

防范说明

预防措施 远离热源、火花、明火、热表面。禁止吸烟。保持容器密闭。容器和接收设备接地连接。使用防爆电器、通风、照明设备。只能使用不产生火花的工具。采取防止静电措施。避免接触眼睛、皮肤，操作后彻底清洗。作业场所不得进食、饮水或吸烟。避免吸入蒸气、雾。仅在室外或通风良好处操作。戴防护手套，穿防护服，戴防护眼镜、防护面罩。禁止排入环境

事故响应 火灾时，使用雾状水、抗溶性泡沫、干粉、二氧化碳灭火。如吸入：将患者转移到空

气新鲜处，休息，保持利于呼吸的体位。如皮肤（或头发）接触：立即脱掉所有被污染的衣服，用水冲洗皮肤，淋浴，立即呼叫中毒控制中心或就医。污染的衣服须洗净后方可重新使用。眼睛接触：用水细心地冲洗数分钟。如戴隐形眼镜并可方便地取出，则取出隐形眼镜继续冲洗。食入：漱口，不要催吐，如果感觉不适，立即呼叫中毒控制中心或就医

安全储存　存放在通风良好的地方。保持低温。上锁保管

废弃处置　本品及内装物、容器依据国家和地方法规处置

物理和化学危险　易燃，其蒸气与空气混合，能形成爆炸性混合物

健康危害　吸入后对呼吸道有刺激作用，引起咳嗽、胸痛、呼吸困难。蒸气对眼有刺激性。眼和皮肤直接接触液体可致灼伤。口服灼伤口腔和消化道，出现腹痛、恶心、呕吐和休克等

慢性影响　受本品蒸气慢性作用的工人，可有结膜炎、畏光、上呼吸道刺激等

环境危害　对水生生物有害

第三部分　成分/组成信息

√物质		混合物
组分	**浓度**	**CAS No.**
乙酸酐		108-24-7

第四部分　急救措施

吸入　迅速脱离现场至空气新鲜处。保持呼吸道通畅。如呼吸困难，给输氧。如呼吸、心跳停止，立即进行心肺复苏术。就医

皮肤接触　立即脱去污染的衣着，用大量流动清水彻底冲洗至少15min。就医

眼睛接触　立即分开眼睑，用流动清水或生理盐水彻底冲洗至少15min。就医

食入　用水漱口，禁止催吐。给饮牛奶或蛋清。就医

对保护施救者的忠告　根据需要使用个人防护设备

对医生的特别提示　对症处理

第五部分　消防措施

灭火剂　用雾状水、抗溶性泡沫、干粉、二氧化碳灭火

特别危险性　与强氧化剂接触可发生化学反应。燃烧生成有害的一氧化碳

灭火注意事项及防护措施　消防人员必须穿全身耐酸碱消防服、佩戴空气呼吸器灭火。尽可能将容器从火场移至空旷处。喷水保持火场容器冷却，直至灭火结束。容器突然发出异常声音或出现异常现象，应立即撤离

第六部分　泄漏应急处理

作业人员防护措施、防护装备和应急处置程序　消除所有点火源。根据液体流动和蒸气扩散的影响区域划定警戒区，无关人员从侧风、上风向撤离至安全区。建议应急处理人员戴正压自给式呼吸器，穿防静电、防腐蚀服，戴橡胶耐酸碱手套。穿上适当的防护服前严禁接触破裂的容器和泄漏物。尽可能切断泄漏源。勿使泄漏物与可燃物质（如木材、纸、油等）接触

环境保护措施　防止泄漏物进入水体、下水道、地下室或有限空间

泄漏化学品的收容、清除方法及所使用的处置材料　小量泄漏：用干燥的砂土或其他不燃材料覆盖泄漏物，用洁净的无火花工具收集泄漏物，置于一盖子较松的塑料容器中，待处置。大量泄漏：构筑围堤或挖坑收容。用砂土、惰性物质或蛭石吸收大量液体。用稀苛性钠（NaOH）或苏打灰（Na_2CO_3）中和。用耐腐蚀泵转移至槽车或专用收集器内

第七部分　操作处置与储存

操作注意事项　密闭操作，加强通风。操作人员必须经过专门培训，严格遵守操作规程。建议操作人员佩戴自吸过滤式防毒面具（全面罩），穿防酸碱塑料工作服，戴橡胶耐酸碱手套。远离火种、热源。工作场所严禁吸烟。使用防爆型的通风系统和设备。防止蒸气泄漏到工作场所空气中。避免与氧化剂、还原剂、酸类、碱类、活性金属粉末、醇类接触。搬运时要轻装轻卸，防止包装及容器损坏。配备相应品种和数量的消防器材及泄漏应急处理设备。倒空的容器可能残留有害物

储存注意事项　储存于阴凉、干燥、通风良好的库房。远离火种、热源。库房温度不超过32℃，相对湿度不超过80%。保持容器密封。应与氧化剂、还原剂、酸类、碱类、活性金属粉末、醇类等分开存放，切忌混储。采用防爆型照明、通风设施。禁止使用易产生火花的机械设备和工具。储区应备有泄漏应急处理设备和合适的收容材料

第八部分　接触控制/个体防护

职业接触限值

中国　PC-TWA：16mg/m^3

美国（ACGIH）　TLV-TWA：1ppm；TLV-STEL：3ppm

生物接触限值　未制定标准

监测方法　空气中有毒物质测定方法：溶剂解吸-气相色谱法。生物监测检验方法：未制定标准

工程控制　生产过程密闭，加强通风。提供安全的淋浴和洗眼设备

个体防护装备

呼吸系统防护　可能接触其蒸气时，必须佩戴过滤式防毒面具（全面罩）。紧急事态抢救或撤离时，建议佩戴空气呼吸器

眼睛防护　呼吸系统防护中已作防护

皮肤和身体防护　穿橡胶耐酸碱服

手防护　戴橡胶耐酸碱手套

第九部分　理化特性

外观与性状　无色透明液体，有刺激气味，其蒸气为催泪毒气

pH 值 无资料 **熔点(℃)** −73.1
沸点(℃) 139～140 **相对密度(水=1)** 1.08
相对蒸气密度(空气=1) 3.52
饱和蒸气压(kPa) 1.33 (36℃)
燃烧热(kJ/mol) −1804.5 **临界温度(℃)** 326
临界压力(MPa) 4.36 **辛醇/水分配系数** −0.58
闪点(℃) 49 (CC) **自燃温度(℃)** 316
爆炸下限(%) 2.7 **爆炸上限(%)** 10.3
分解温度(℃) 无资料 **黏度(mPa·s)** 0.843(25℃)
溶解性 溶于冷水，溶于乙醇、乙醚、苯

第十部分 稳定性和反应性

稳定性 稳定
危险反应 与强氧化剂等禁配物接触，有发生火灾和爆炸的危险
避免接触的条件 潮湿空气
禁配物 酸类、碱类、水、醇类、强氧化剂、强还原剂、活性金属粉末
危险的分解产物 无资料

第十一部分 毒理学信息

急性毒性
LD_{50} 1780mg/kg（大鼠经口）；4000mg/kg（兔经皮）
LC_{50} 4170mg/m³（大鼠吸入，4h）
皮肤刺激或腐蚀 家兔经皮：10mg（24h），轻度刺激
眼睛刺激或腐蚀 家兔经眼：250μg，重度刺激
呼吸或皮肤过敏 无资料 **生殖细胞突变性** 无资料
致癌性 无资料 **生殖毒性** 无资料
特异性靶器官系统毒性-一次接触 无资料
特异性靶器官系统毒性-反复接触 无资料
吸入危害 无资料

第十二部分 生态学信息

生态毒性
LC_{50} 238mg/L（24h）（鱼）
EC_{50} 55mg/L（24h）（水蚤）
持久性和降解性
生物降解性 无资料
非生物降解性 无资料
潜在的生物累积性 根据 K_{ow} 值预测，该物质的生物累积性可能较弱
土壤中的迁移性 根据 K_{oc} 值预测，该物质可能易发生迁移

第十三部分 废弃处置

废弃化学品 用焚烧法处置
污染包装物 将容器返还生产商或按照国家和地方法规处置
废弃注意事项 处置前应参阅国家和地方有关法规

第十四部分 运输信息

联合国危险货物编号（UN 号） 1715
联合国运输名称 乙酸酐 **联合国危险性类别** 8，3
包装类别 Ⅱ类包装
包装标志  
海洋污染物 否
运输注意事项 起运时包装要完整，装载应稳妥。运输过程中要确保容器不泄漏、不倒塌、不坠落、不损坏。运输时所用的槽（罐）车应有接地链，槽内可设孔隔板以减少震荡产生的静电。严禁与氧化剂、还原剂、酸类、碱类、活性金属粉末、醇类、食用化学品等混装混运。运输时运输车辆应配备相应品种和数量的消防器材及泄漏应急处理设备。公路运输时要按规定路线行驶，勿在居民区和人口稠密区停留。本品属第二类易制毒化学品，托运时，须持有运出地县级人民政府公安机关审批的、有效期为 3 个月的易制毒化学品运输许可证

第十五部分 法规信息

下列法律、法规、规章和标准，对该化学品的管理作了相应的规定。
中华人民共和国职业病防治法 职业病分类和目录：未列入
危险化学品安全管理条例 危险化学品目录：列入。易制爆危险化学品名录：未列入。重点监管的危险化学品名录：未列入。GB 18218—2009《危险化学品重大危险源辨识》(表 1)：未列入
使用有毒物品作业场所劳动保护条例 高毒物品目录：未列入
易制毒化学品管理条例 易制毒化学品的分类和品种目录：列入
国际公约 斯德哥尔摩公约：未列入。鹿特丹公约：未列入。蒙特利尔议定书：未列入

第十六部分 其他信息

编写和修订信息 **缩略语和首字母缩写**
培训建议 **参考文献**
免责声明

乙 酸 甲 酯

第一部分 化学品标识

化学品中文名 乙酸甲酯；醋酸甲酯
化学品英文名 methyl acetate；acetic acid methyl ester
分子式 $C_3H_6O_2$ **相对分子质量** 74.09
结构式 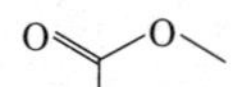
化学品的推荐及限制用途 用作溶剂、香精、试剂，用于制喷漆、人造革等

第二部分 危险性概述

紧急情况概述 高度易燃液体和蒸气，可能引起昏昏欲睡

或眩晕

GHS 危险性类别 易燃液体，类别 2；严重眼损伤/眼刺激，类别 2；特异性靶器官毒性-一次接触，类别 3（麻醉效应）

标签要素

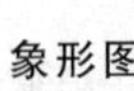

警示词 危险

危险性说明 高度易燃液体和蒸气，造成严重眼刺激，可能引起昏昏欲睡或眩晕

防范说明

预防措施 使用防爆电器、通风、照明设备。只能使用不产生火花的工具。采取防止静电措施。戴防护手套、防护眼镜、防护面罩。避免接触眼睛、皮肤，操作后彻底清洗

事故响应 火灾时，使用泡沫、二氧化碳、干粉、砂土灭火。如皮肤（或头发）接触：立即脱掉所有被污染的衣服，用水冲洗皮肤，淋浴。如接触眼睛：用水细心冲洗数分钟。如戴隐形眼镜并可方便地取出，取出隐形眼镜继续冲洗。如果眼睛刺激持续：就医

安全储存 存放在通风良好的地方。保持低温

废弃处置 本品及内装物、容器依据国家和地方法规处置

物理和化学危险 高度易燃，其蒸气与空气混合，能形成爆炸性混合物

健康危害 具有麻醉和刺激作用。接触本品蒸气引起眼灼痛、流泪、进行性呼吸困难、头痛、头晕、心悸、忧郁、中枢神经抑制。由其分解产生的甲醇可引起视力减退、视野缩小和视神经萎缩等

环境危害 对环境可能有害

第三部分 成分/组成信息

√物质		混合物
组分	**浓度**	**CAS No.**
乙酸甲酯		79-20-9

第四部分 急救措施

吸入 迅速脱离现场至空气新鲜处。保持呼吸道通畅。如呼吸困难，给输氧。如呼吸、心跳停止，立即进行心肺复苏术。就医

皮肤接触 立即脱去污染的衣着，用流动清水彻底冲洗。就医

眼睛接触 立即分开眼睑，用流动清水或生理盐水彻底冲洗。就医

食入 漱口，饮水。就医

对保护施救者的忠告 根据需要使用个人防护设备

对医生的特别提示 对症处理

第五部分 消防措施

灭火剂 用泡沫、二氧化碳、干粉、砂土灭火

特别危险性 与氧化剂接触发生猛烈反应。蒸气比空气重，沿地面扩散并易积存于低洼处，遇火源会着火回燃。燃烧生成有害的一氧化碳

灭火注意事项及防护措施 消防人员必须佩戴空气呼吸器、穿全身防火防毒服，在上风向灭火。尽可能将容器从火场移至空旷处。喷水保持火场容器冷却，直至灭火结束。容器突然发出异常声音或出现异常现象，应立即撤离。用水灭火无效

第六部分 泄漏应急处理

作业人员防护措施、防护装备和应急处置程序 消除所有点火源。根据液体流动和蒸气扩散的影响区域划定警戒区，无关人员从侧风、上风向撤离至安全区。建议应急处理人员戴正压自给式呼吸器，穿防静电服，戴橡胶耐油手套。作业时使用的所有设备应接地。禁止接触或跨越泄漏物。尽可能切断泄漏源

环境保护措施 防止泄漏物进入水体、下水道、地下室或有限空间

泄漏化学品的收容、清除方法及所使用的处置材料 小量泄漏：用砂土或其他不燃材料吸收，使用洁净的无火花工具收集吸收材料。大量泄漏：构筑围堤或挖坑收容。用抗溶性泡沫覆盖，减少蒸发。喷水雾能减少蒸发，但不能降低泄漏物在有限空间内的易燃性。用防爆泵转移至槽车或专用收集器内。喷雾状水驱散蒸气、稀释液体泄漏物

第七部分 操作处置与储存

操作注意事项 密闭操作，全面通风。操作人员必须经过专门培训，严格遵守操作规程。建议操作人员佩戴自吸过滤式防毒面具（半面罩），戴化学安全防护眼镜，穿防静电工作服，戴橡胶耐油手套。远离火种、热源。工作场所严禁吸烟。使用防爆型的通风系统和设备。防止蒸气泄漏到工作场所空气中。避免与氧化剂、酸类、碱类接触。灌装时应控制流速，且有接地装置，防止静电积聚。搬运时要轻装轻卸，防止包装及容器损坏。配备相应品种和数量的消防器材及泄漏应急处理设备。倒空的容器可能残留有害物

储存注意事项 储存于阴凉、通风的库房。远离火种、热源。库温不宜超过 37℃。保持容器密封。应与氧化剂、酸类、碱类分开存放，切忌混储。采用防爆型照明、通风设施。禁止使用易产生火花的机械设备和工具。储区应备有泄漏应急处理设备和合适的收容材料

第八部分 接触控制/个体防护

职业接触限值

中国 PC-TWA：200mg/m^3；PC-STEL：500mg/m^3

美国(ACGIH) TLV-TWA：200ppm；TLV-STEL：250ppm

生物接触限值 未制定标准

监测方法 空气中有毒物质测定方法：溶剂解吸-气相色谱法。生物监测检验方法：未制定标准

工程控制 生产过程密闭，全面通风。提供安全的淋浴和洗眼设备

个体防护装备

呼吸系统防护　可能接触其蒸气时，应该佩戴过滤式防毒面具（半面罩）。紧急事态抢救或撤离时，建议佩戴空气呼吸器

眼睛防护　戴化学安全防护眼镜

皮肤和身体防护　穿防静电工作服

手防护　戴橡胶耐油手套

第九部分　理化特性

外观与性状　无色透明液体，有水果香味

pH 值　无资料　　**熔点(℃)**　−98.1

沸点(℃)　56.8

相对密度(水＝1)　0.93（20℃）

相对蒸气密度(空气＝1)　2.6

饱和蒸气压(kPa)　21.7（20℃）

燃烧热(kJ/mol)　−1592.7　**临界温度(℃)**　233.7

临界压力(MPa)　4.69　**辛醇/水分配系数**　0.18

闪点(℃)　−10（CC）；−5.6（OC）

自燃温度(℃)　454　**爆炸下限(%)**　3.1

爆炸上限(%)　16.0　**分解温度(℃)**　无资料

黏度(mPa·s)　0.364（25℃）

溶解性　微溶于水，可混溶于乙醇、乙醚等多数有机溶剂

第十部分　稳定性和反应性

稳定性　稳定

危险反应　与强氧化剂等禁配物接触，有发生火灾和爆炸的危险

避免接触的条件　无资料

禁配物　强氧化剂、碱类、酸类

危险的分解产物　无资料

第十一部分　毒理学信息

急性毒性　LD_{50}：5450mg/kg（大鼠经口）；＞5g/kg（兔经皮）

皮肤刺激或腐蚀　家兔经皮：20mg（24h），中度刺激

眼睛刺激或腐蚀　家兔经眼：100mg（24h），中度刺激

呼吸或皮肤过敏　无资料

生殖细胞突变性　性染色体缺失和不分离：酿酒酵母菌 33800ppm

致癌性　无资料　　**生殖毒性**　无资料

特异性靶器官系统毒性-一次接触　无资料

特异性靶器官系统毒性-反复接触　猫吸入 20g/m^3，每天 6h，共 8d，体重减轻、衰弱，恢复缓慢

吸入危害　无资料

第十二部分　生态学信息

生态毒性　LC_{50}：320～399mg/L（96h）（黑头呆鱼）

持久性和降解性

生物降解性　MITI-Ⅰ测试，初始浓度 100ppm，污泥浓度 30ppm，2 周后降解 92%

非生物降解性　空气中，当羟基自由基浓度为 5.00×10^5 个/cm^3 时，降解半衰期为 47～94d（理论）

潜在的生物累积性　根据 K_{ow} 值预测，该物质的生物累积性可能较弱

土壤中的迁移性　根据 K_{oc} 值预测，该物质可能易发生迁移

第十三部分　废弃处置

废弃化学品　用焚烧法处置

污染包装物　将容器返还生产商或按照国家和地方法规处置

废弃注意事项　把倒空的容器归还厂商或在规定场所掩埋

第十四部分　运输信息

联合国危险货物编号（UN 号）　1231

联合国运输名称　乙酸甲酯

联合国危险性类别　3　　**包装类别**　Ⅱ类包装

包装标志　　**海洋污染物**　否

运输注意事项　运输时运输车辆应配备相应品种和数量的消防器材及泄漏应急处理设备。夏季最好早晚运输。运输时所用的槽（罐）车应有接地链，槽内可设孔隔板以减少震荡产生的静电。严禁与氧化剂、酸类、碱类、食用化学品等混装混运。运输途中应防曝晒、雨淋，防高温。中途停留时应远离火种、热源、高温区。装运该物品的车辆排气管必须配备阻火装置，禁止使用易产生火花的机械设备和工具装卸。公路运输时要按规定路线行驶，勿在居民区和人口稠密区停留。铁路运输时要禁止溜放。严禁用木船、水泥船散装运输

第十五部分　法规信息

下列法律、法规、规章和标准，对该化学品的管理作了相应的规定。

中华人民共和国职业病防治法　职业病分类和目录：未列入

危险化学品安全管理条例　危险化学品目录：列入。易制爆危险化学品名录：未列入。重点监管的危险化学品名录：未列入。GB 18218—2009《危险化学品重大危险源辨识》（表 1）：未列入

使用有毒物品作业场所劳动保护条例　高毒物品目录：未列入

易制毒化学品管理条例　易制毒化学品的分类和品种目录：未列入

国际公约　斯德哥尔摩公约：未列入。鹿特丹公约：未列入。蒙特利尔议定书：未列入

第十六部分　其他信息

编写和修订信息　　**缩略语和首字母缩写**

培训建议　　**参考文献**

免责声明

乙酸叔丁酯

第一部分　化学品标识

化学品中文名　乙酸叔丁酯；醋酸叔丁酯

化学品英文名 *tert*-butyl acetate；acetic acid *tert*-butyl ester

分子式 $C_6H_{12}O_2$ **相对分子质量** 116.16

结构式 

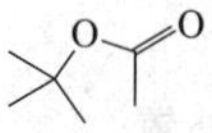

化学品的推荐及限制用途 用作硝化纤维素等的溶剂和汽油添加剂

第二部分 危险性概述

紧急情况概述 高度易燃液体和蒸气

GHS 危险性类别 易燃液体，类别 2

标签要素

象形图

警示词 危险

危险性说明 高度易燃液体和蒸气

防范说明

预防措施 远离热源、火花、明火、热表面。禁止吸烟。保持容器密闭。容器和接收设备接地连接。使用防爆电器、通风、照明设备。只能使用不产生火花的工具。采取防止静电措施。戴防护手套、防护眼镜、防护面罩

事故响应 火灾时，使用泡沫、二氧化碳、干粉、砂土灭火。如皮肤（或头发）接触：立即脱掉所有被污染的衣服，用水冲洗皮肤，淋浴

安全储存 存放在通风良好的地方。保持低温

废弃处置 本品及内装物、容器依据国家和地方法规处置

物理和化学危险 高度易燃，其蒸气与空气混合，能形成爆炸性混合物

健康危害 本品蒸气刺激鼻、喉、支气管，吸入后引起鼻出血、声嘶、咳嗽、胸部紧束感。可出现头痛、头晕等症状。眼及皮肤接触有刺激性。皮肤长期反复接触可发生皮疹

环境危害 对环境可能有害

第三部分 成分/组成信息

√物质 混合物

组分	浓度	CAS No.
乙酸叔丁酯		540-88-5

第四部分 急救措施

吸入 迅速脱离现场至空气新鲜处。保持呼吸道通畅。如呼吸困难，给输氧。如呼吸、心跳停止，立即进行心肺复苏术。就医

皮肤接触 立即脱去污染的衣着，用流动清水彻底冲洗。就医

眼睛接触 立即分开眼睑，用流动清水或生理盐水彻底冲洗。就医

食入 漱口，饮水。就医

对保护施救者的忠告 根据需要使用个人防护设备

对医生的特别提示 对症处理

第五部分 消防措施

灭火剂 用泡沫、二氧化碳、干粉、砂土灭火

特别危险性 与氧化剂能发生强烈反应。蒸气比空气重，沿地面扩散并易积存于低洼处，遇火源会着火回燃。燃烧生成有害的一氧化碳

灭火注意事项及防护措施 消防人员必须佩戴空气呼吸器、穿全身防火防毒服，在上风向灭火。尽可能将容器从火场移至空旷处。喷水保持火场容器冷却，直至灭火结束。容器突然发出异常声音或出现异常现象，应立即撤离

第六部分 泄漏应急处理

作业人员防护措施、防护装备和应急处置程序 消除所有点火源。根据液体流动和蒸气扩散的影响区域划定警戒区，无关人员从侧风、上风向撤离至安全区。建议应急处理人员戴正压自给式呼吸器，穿防静电服，戴橡胶耐油手套。作业时使用的所有设备应接地。禁止接触或跨越泄漏物。尽可能切断泄漏源

环境保护措施 防止泄漏物进入水体、下水道、地下室或有限空间

泄漏化学品的收容、清除方法及所使用的处置材料 小量泄漏：用砂土或其他不燃材料吸收，使用洁净的无火花工具收集吸收材料。大量泄漏：构筑围堤或挖坑收容。用泡沫覆盖，减少蒸发。喷水雾能减少蒸发，但不能降低泄漏物在有限空间内的易燃性。用防爆泵转移至槽车或专用收集器内

第七部分 操作处置与储存

操作注意事项 密闭操作，全面通风。操作人员必须经过专门培训，严格遵守操作规程。建议操作人员佩戴自吸过滤式防毒面具（半面罩），戴化学安全防护眼镜，穿防静电工作服，戴橡胶耐油手套。远离火种、热源。工作场所严禁吸烟。使用防爆型的通风系统和设备。防止蒸气泄漏到工作场所空气中。避免与氧化剂、酸类、碱类接触。灌装时应控制流速，且有接地装置，防止静电积聚。搬运时要轻装轻卸，防止包装及容器损坏。配备相应品种和数量的消防器材及泄漏应急处理设备。倒空的容器可能残留有害物

储存注意事项 储存于阴凉、通风的库房。远离火种、热源。库温不宜超过 37℃。保持容器密封。应与氧化剂、酸类、碱类分开存放，切忌混储。采用防爆型照明、通风设施。禁止使用易产生火花的机械设备和工具。储区应备有泄漏应急处理设备和合适的收容材料

第八部分 接触控制/个体防护

职业接触限值

中国 未制定标准

美国(ACGIH) TLV-TWA：200ppm

生物接触限值 未制定标准

监测方法 空气中有毒物质测定方法：未制定标准。生物监测检验方法：未制定标准

工程控制 生产过程密闭，全面通风。提供安全的淋浴和

洗眼设备

个体防护装备

呼吸系统防护　可能接触其蒸气时，应该佩戴过滤式防毒面具（半面罩）。紧急事态抢救或撤离时，建议佩戴空气呼吸器

眼睛防护　戴化学安全防护眼镜

皮肤和身体防护　穿防静电工作服

手防护　戴橡胶耐油手套

第九部分　理化特性

外观与性状　无色液体，有水果香味

pH值　无资料　**熔点(℃)**　−77.9

沸点(℃)　96

相对密度(水=1)　0.86（25℃）

相对蒸气密度(空气=1)　4

饱和蒸气压(kPa)　6.3（25℃）

燃烧热(kJ/mol)　无资料　**临界温度(℃)**　无资料

临界压力(MPa)　3.17　**辛醇/水分配系数**　1.76

闪点(℃)　16.6～22.2(CC)　**自燃温度(℃)**　421

爆炸下限(%)　1.3　**爆炸上限(%)**　7.3

分解温度(℃)　无资料　**黏度(mPa·s)**　无资料

溶解性　不溶于水，溶于乙醇、乙醚、乙酸等多数有机溶剂

第十部分　稳定性和反应性

稳定性　稳定

危险反应　与强氧化剂等禁配物接触，有发生火灾和爆炸的危险

避免接触的条件　无资料

禁配物　强氧化剂、强酸、强碱

危险的分解产物　无资料

第十一部分　毒理学信息

急性毒性

LD_{50}　4100mg/kg（大鼠经口）；>2g/kg（兔经皮）

LC_{50}　>2230mg/m^3（大鼠吸入，4h）

皮肤刺激或腐蚀　家兔经皮：500μl（24h），轻度刺激

眼睛刺激或腐蚀　家兔经眼：100μl，轻度刺激

呼吸或皮肤过敏　无资料　**生殖细胞突变性**　无资料

致癌性　无资料　**生殖毒性**　无资料

特异性靶器官系统毒性-一次接触　无资料

特异性靶器官系统毒性-反复接触　无资料

吸入危害　无资料

第十二部分　生态学信息

生态毒性　IC_{50}：420mg/L（72h）（藻类）

持久性和降解性

生物降解性　无资料

非生物降解性　空气中，当羟基自由基浓度为5.00×10^{5}个/cm^{3}时，降解半衰期为29d（理论）

潜在的生物累积性　根据K_{ow}值预测，该物质的生物累积性可能较弱

土壤中的迁移性　根据K_{oc}值预测，该物质可能易发生迁移

第十三部分　废弃处置

废弃化学品　建议用焚烧法处置

污染包装物　将容器返还生产商或按照国家和地方法规处置

废弃注意事项　处置前应参阅国家和地方有关法规

第十四部分　运输信息

联合国危险货物编号(UN号)　1123

联合国运输名称　乙酸丁酯

联合国危险性类别　3　**包装类别**　Ⅱ类包装

包装标志 

海洋污染物　否

运输注意事项　运输时运输车辆应配备相应品种和数量的消防器材及泄漏应急处理设备。夏季最好早晚运输。运输时所用的槽（罐）车应有接地链，槽内可设孔隔板以减少震荡产生的静电。严禁与氧化剂、酸类、碱类、食用化学品等混装混运。运输途中应防曝晒、雨淋，防高温。中途停留时应远离火种、热源、高温区。装运该物品的车辆排气管必须配备阻火装置，禁止使用易产生火花的机械设备和工具装卸。公路运输时要按规定路线行驶，勿在居民区和人口稠密区停留。铁路运输时要禁止溜放。严禁用木船、水泥船散装运输

第十五部分　法规信息

下列法律、法规、规章和标准，对该化学品的管理作了相应的规定。

中华人民共和国职业病防治法　职业病分类和目录：未列入

危险化学品安全管理条例　危险化学品目录：列入。易制爆危险化学品名录：未列入。重点监管的危险化学品名录：未列入。GB 18218—2009《危险化学品重大危险源辨识》（表1）：未列入

使用有毒物品作业场所劳动保护条例　高毒物品目录：未列入

易制毒化学品管理条例　易制毒化学品的分类和品种目录：未列入

国际公约　斯德哥尔摩公约：未列入。鹿特丹公约：未列入。蒙特利尔议定书：未列入

第十六部分　其他信息

编写和修订信息　**缩略语和首字母缩写**

培训建议　**参考文献**

免责声明

乙酸戊酯

第一部分　化学品标识

化学品中文名　乙酸戊酯；乙酸正戊酯

化学品英文名 *n*-amyl acetate；pentyl acetate

分子式 $C_7H_{14}O_2$ **相对分子质量** 130.21

结构式

化学品的推荐及限制用途 用作溶剂、稀释剂，用于制造香精、化妆品、人造革、胶卷、火药等

第二部分 危险性概述

紧急情况概述 易燃液体和蒸气

GHS危险性类别 易燃液体，类别3；危害水生环境-急性危害，类别3

标签要素

象形图

警示词 警告

危险性说明 易燃液体和蒸气，对水生生物有害

防范说明

预防措施 远离热源、火花、明火、热表面。禁止吸烟。保持容器密闭。容器和接收设备接地连接。使用防爆电器、通风、照明设备。只能使用不产生火花的工具。采取防止静电措施。戴防护手套、防护眼镜、防护面罩。禁止排入环境

事故响应 火灾时，使用泡沫、干粉、二氧化碳、砂土灭火。如皮肤（或头发）接触：立即脱掉所有被污染的衣服，用水冲洗皮肤，淋浴

安全储存 存放在通风良好的地方。保持低温

废弃处置 本品及内装物、容器依据国家和地方法规处置

物理和化学危险 易燃，其蒸气与空气混合，能形成爆炸性混合物

健康危害 对眼及上呼吸道黏膜有刺激作用，可引起结膜炎、鼻炎、咽喉炎等，重者伴有头痛、嗜睡、胸闷、心悸、食欲不振、恶心、呕吐等症状。皮肤长期接触可致皮炎或湿疹。有的可发生贫血和嗜酸性粒细胞增多

环境危害 对水生生物有害

第三部分 成分/组成信息

√物质		混合物
组分	**浓度**	**CAS No.**
乙酸戊酯		628-63-7

第四部分 急救措施

吸入 迅速脱离现场至空气新鲜处。保持呼吸道通畅。如呼吸困难，给输氧。如呼吸、心跳停止，立即进行心肺复苏术。就医

皮肤接触 立即脱去污染的衣着，用流动清水彻底冲洗。就医

眼睛接触 立即分开眼睑，用流动清水或生理盐水彻底冲洗。就医

食入 漱口，饮水。就医

对保护施救者的忠告 根据需要使用个人防护设备

对医生的特别提示 对症处理

第五部分 消防措施

灭火剂 用泡沫、干粉、二氧化碳、砂土灭火

特别危险性 与氧化剂能发生强烈反应。蒸气比空气重，沿地面扩散并易积存于低洼处，遇火源会着火回燃。燃烧生成有害的一氧化碳

灭火注意事项及防护措施 消防人员必须佩戴空气呼吸器、穿全身防火防毒服，在上风向灭火。喷水冷却容器，尽可能将容器从火场移至空旷处。容器突然发出异常声音或出现异常现象，应立即撤离

第六部分 泄漏应急处理

作业人员防护措施、防护装备和应急处置程序 消除所有点火源。根据液体流动和蒸气扩散的影响区域划定警戒区，无关人员从侧风、上风向撤离至安全区。建议应急处理人员戴正压自给式呼吸器，穿防静电服，戴橡胶耐油手套。作业时使用的所有设备应接地。禁止接触或跨越泄漏物。尽可能切断泄漏源

环境保护措施 防止泄漏物进入水体、下水道、地下室或有限空间

泄漏化学品的收容、清除方法及所使用的处置材料 小量泄漏：用砂土或其他不燃材料吸收，使用洁净的无火花工具收集吸收材料。大量泄漏：构筑围堤或挖坑收容。用砂土、惰性物质或蛭石吸收大量液体。用抗溶性泡沫覆盖，减少蒸发。喷水雾能减少蒸发，但不能降低泄漏物在有限空间内的易燃性。用防爆泵转移至槽车或专用收集器内。喷雾状水驱散蒸气、稀释液体泄漏物

第七部分 操作处置与储存

操作注意事项 密闭操作，全面通风。操作人员必须经过专门培训，严格遵守操作规程。建议操作人员佩戴导管式防毒面具，戴化学安全防护眼镜，穿防静电工作服，戴橡胶耐油手套。远离火种、热源。工作场所严禁吸烟。使用防爆型的通风系统和设备。防止蒸气泄漏到工作场所空气中。避免与氧化剂、酸类、碱类接触。灌装时应控制流速，且有接地装置，防止静电积聚。搬运时要轻装轻卸，防止包装及容器损坏。配备相应品种和数量的消防器材及泄漏应急处理设备。倒空的容器可能残留有害物

储存注意事项 储存于阴凉、通风的库房。远离火种、热源。库温不宜超过37℃。保持容器密封。应与氧化剂、酸类、碱类分开存放，切忌混储。采用防爆型照明、通风设施。禁止使用易产生火花的机械设备和工具。储区应备有泄漏应急处理设备和合适的收容材料

第八部分 接触控制/个体防护

职业接触限值

中国 PC-TWA：100mg/m^3；PC-STEL：200mg/m^3

美国（ACGIH） TLV-TWA：50ppm；TLV-STEL：100ppm

生物接触限值　未制定标准

监测方法　空气中有毒物质测定方法：溶剂解吸-气相色谱法。生物监测检验方法：未制定标准

工程控制　生产过程密闭，全面通风。提供安全的淋浴和洗眼设备

个体防护装备

呼吸系统防护　空气中浓度较高时，应该佩戴过滤式防毒面具（全面罩）。必要时佩戴空气呼吸器

眼睛防护　呼吸系统防护中已作防护

皮肤和身体防护　穿防静电工作服

手防护　戴橡胶耐油手套

第九部分　理化特性

外观与性状　无色液体，有水果香味

pH 值　无资料　**熔点(℃)**　−70.8

沸点(℃)　149.2　**相对密度(水=1)**　0.88

相对蒸气密度(空气=1)　4.5

饱和蒸气压(kPa)　0.53（20℃）

燃烧热(kJ/mol)　−4215　**临界温度(℃)**　327

临界压力(MPa)　2.8　**辛醇/水分配系数**　2.18

闪点(℃)　25（CC）　**自燃温度(℃)**　360

爆炸下限(%)　1.1　**爆炸上限(%)**　7.5

分解温度(℃)　无资料　**黏度(mPa·s)**　1.58(11℃)

溶解性　微溶于水，可混溶于乙醇、乙醚等多数有机溶剂

第十部分　稳定性和反应性

稳定性　稳定

危险反应　与强氧化剂等禁配物接触，有发生火灾和爆炸的危险

避免接触的条件　无资料

禁配物　强氧化剂、强碱、强酸

危险的分解产物　无资料

第十一部分　毒理学信息

急性毒性　LD_{50}：>1600mg/kg（大鼠经口）

皮肤刺激或腐蚀　无资料

眼睛刺激或腐蚀　人经眼：300ppm，引起刺激

呼吸或皮肤过敏　无资料　**生殖细胞突变性**　无资料

致癌性　无资料　**生殖毒性**　无资料

特异性靶器官系统毒性-一次接触　无资料

特异性靶器官系统毒性-反复接触　亚慢性动物实验中，见暂时不明显的血液变化

吸入危害　无资料

第十二部分　生态学信息

生态毒性

LC_{50}　65mg/L（96h）（鱼类）

EC_{50}　440mg/L（48h）（水蚤）

持久性和降解性

生物降解性　无资料

非生物降解性　当 pH 值为 7、8 时，水解半衰期分别为 2a、78d（理论）

潜在的生物累积性　根据 K_{ow} 值预测，该物质的生物累积性可能较弱

土壤中的迁移性　根据 K_{oc} 值预测，该物质可能有一定的迁移性

第十三部分　废弃处置

废弃化学品　用焚烧法处置

污染包装物　将容器返还生产商或按照国家和地方法规处置

废弃注意事项　把倒空的容器归还厂商或在规定场所掩埋

第十四部分　运输信息

联合国危险货物编号（UN 号）　1104

联合国运输名称　乙酸戊酯

联合国危险性类别　3　**包装类别**　Ⅲ类包装

包装标志

海洋污染物　否

运输注意事项　运输时运输车辆应配备相应品种和数量的消防器材及泄漏应急处理设备。夏季最好早晚运输。运输时所用的槽（罐）车应有接地链，槽内可设孔隔板以减少震荡产生的静电。严禁与氧化剂、酸类、碱类、食用化学品等混装混运。运输途中应防曝晒、雨淋，防高温。中途停留时应远离火种、热源、高温区。装运该物品的车辆排气管必须配备阻火装置，禁止使用易产生火花的机械设备和工具装卸。公路运输时要按规定路线行驶，勿在居民区和人口稠密区停留。铁路运输时要禁止溜放。严禁用木船、水泥船散装运输

第十五部分　法规信息

下列法律、法规、规章和标准，对该化学品的管理作了相应的规定。

中华人民共和国职业病防治法　职业病分类和目录：未列入

危险化学品安全管理条例　危险化学品目录：列入。易制爆危险化学品名录：未列入。重点监管的危险化学品名录：未列入。GB 18218—2009《危险化学品重大危险源辨识》（表 1）：未列入

使用有毒物品作业场所劳动保护条例　高毒物品目录：未列入

易制毒化学品管理条例　易制毒化学品的分类和品种目录：未列入

国际公约　斯德哥尔摩公约：未列入。鹿特丹公约：未列入。蒙特利尔议定书：未列入

第十六部分　其他信息

编写和修订信息　**缩略语和首字母缩写**

培训建议　**参考文献**

免责声明

乙酸乙二醇甲醚

第一部分　化学品标识

化学品中文名　乙酸乙二醇甲醚；乙酸 2-甲氧基乙酯；乙

二醇甲醚乙酸酯

化学品英文名 ethylene glycol methyl ether acetate；2-methoxyethyl acetate

分子式 $C_5H_{10}O_3$ **相对分子质量** 118.15

结构式

化学品的推荐及限制用途 用作纤维素酯、各种树脂、蜡、油的溶剂等

第二部分 危险性概述

紧急情况概述 易燃液体和蒸气，吞咽、皮肤接触、吸入有害

GHS 危险性类别 易燃液体，类别 3；急性毒性-经口，类别 4；急性毒性-经皮，类别 4；急性毒性-吸入，类别 4；生殖毒性，类别 1B；危害水生环境-急性危害，类别 3

标签要素

象形图

警示词 危险

危险性说明 易燃液体和蒸气，吞咽有害，皮肤接触有害，吸入有害，可能对生育力或胎儿造成伤害，对水生生物有害

防范说明

预防措施 远离热源、火花、明火、热表面。禁止吸烟。保持容器密闭。容器和接收设备接地连接。使用防爆电器、通风、照明设备。只能使用不产生火花的工具。采取防止静电措施。戴防护手套、防护眼镜、防护面罩。避免接触眼睛、皮肤，操作后彻底清洗。作业场所不得进食、饮水或吸烟。避免吸入蒸气、雾。仅在室外或通风良好处操作。得到专门指导后操作。在阅读并了解所有安全预防措施之前，切勿操作。按要求使用个体防护装备。禁止排入环境

事故响应 火灾时，使用抗溶性泡沫、干粉、二氧化碳、砂土灭火。如吸入：将患者转移到空气新鲜处，休息，保持利于呼吸的体位。如果接触或有担心，就医。皮肤接触：立即脱掉所有被污染的衣服，用大量肥皂水和水清洗，如感觉不适，呼叫中毒控制中心或就医。被污染的衣服须经洗净后方可重新使用。食入：漱口，如果感觉不适，立即呼叫中毒控制中心或就医

安全储存 存放在通风良好的地方。保持低温。上锁保管

废弃处置 本品及内装物、容器依据国家和地方法规处置

物理和化学危险 易燃，其蒸气与空气混合，能形成爆炸性混合物

健康危害 其蒸气或雾对眼睛、黏膜和上呼吸道有刺激性。中毒表现有头痛、恶心和呕吐。对肾脏有损害。有可能发生生殖系统有损害

环境危害 对水生生物有害

第三部分 成分/组成信息

√物质 混合物

组分	浓度	CAS No.
乙酸乙二醇甲醚		110-49-6

第四部分 急救措施

吸入 迅速脱离现场至空气新鲜处。保持呼吸道通畅。如呼吸困难，给输氧。如呼吸、心跳停止，立即进行心肺复苏术。就医

皮肤接触 立即脱去污染的衣着，用流动清水彻底冲洗。就医

眼睛接触 立即分开眼睑，用流动清水或生理盐水彻底冲洗。就医

食入 漱口，饮水。就医

对保护施救者的忠告 根据需要使用个人防护设备

对医生的特别提示 对症处理

第五部分 消防措施

灭火剂 用抗溶性泡沫、干粉、二氧化碳、砂土灭火

特别危险性 易燃，遇明火、高热或与氧化剂接触，有引起燃烧爆炸的危险。燃烧生成有害的一氧化碳

灭火注意事项及防护措施 消防人员须佩戴防毒面具、穿全身消防服，在上风向灭火。尽可能将容器从火场移至空旷处。喷水保持火场容器冷却，直至灭火结束。容器突然发出异常声音或出现异常现象，应立即撤离

第六部分 泄漏应急处理

作业人员防护措施、防护装备和应急处置程序 消除所有点火源。根据液体流动和蒸气扩散的影响区域划定警戒区，无关人员从侧风、上风向撤离至安全区。建议应急处理人员戴正压自给式呼吸器，穿防静电服，戴橡胶耐油手套。作业时使用的所有设备应接地。禁止接触或跨越泄漏物。尽可能切断泄漏源

环境保护措施 防止泄漏物进入水体、下水道、地下室或有限空间

泄漏化学品的收容、清除方法及所使用的处置材料 小量泄漏：用砂土或其他不燃材料吸收，使用洁净的无火花工具收集吸收材料。大量泄漏：构筑围堤或挖坑收容。用抗溶性泡沫覆盖，减少蒸发。喷水雾能减少蒸发，但不能降低泄漏物在有限空间内的易燃性。用防爆泵转移至槽车或专用收集器内。喷雾状水驱散蒸气、稀释液体泄漏物

第七部分 操作处置与储存

操作注意事项 密闭操作，全面通风。操作人员必须经过专门培训，严格遵守操作规程。建议操作人员佩戴过滤式防毒面具（半面罩），戴化学安全防护眼镜，穿防静电工作服，戴橡胶耐油手套。远离火种、热源。工作场所严禁吸烟。使用防爆型的通风系统和设备。防止蒸气泄漏到工作场所空气中。避免与氧化剂、酸类、碱类接触。充装要控制流速，防止静电积聚。搬

运时要轻装轻卸，防止包装及容器损坏。配备相应品种和数量的消防器材及泄漏应急处理设备。倒空的容器可能残留有害物

储存注意事项 储存于阴凉、通风的库房。远离火种、热源。库温不宜超过 37℃。保持容器密封。应与氧化剂、酸类、碱类分开存放，切忌混储。采用防爆型照明、通风设施。禁止使用易产生火花的机械设备和工具。储区应备有泄漏应急处理设备和合适的收容材料

第八部分 接触控制/个体防护

职业接触限值

中国 PC-TWA：20mg/m³［皮］

美国(ACGIH) TLV-TWA：0.1ppm［皮］

生物接触限值 未制定标准

监测方法 空气中有毒物质测定方法：未制定标准。生物监测检验方法：未制定标准

工程控制 生产过程密闭，全面通风。提供安全的淋浴和洗眼设备

个体防护装备

呼吸系统防护 空气中浓度超标时，佩戴过滤式防毒面具（半面罩）。高浓度环境中，佩戴空气呼吸器或长管面具

眼睛防护 戴化学安全防护眼镜

皮肤和身体防护 穿防静电工作服

手防护 戴橡胶耐油手套

第九部分 理化特性

外观与性状 无色液体，略有醚样的气味

pH 值 无资料 **熔点(℃)** −65.1

沸点(℃) 143

相对密度(水=1) 1.01（20℃）

相对蒸气密度(空气=1) 4.07

饱和蒸气压(kPa) 0.27（20℃）

燃烧热(kJ/mol) 无资料 **临界温度(℃)** 无资料

临界压力(MPa) 无资料 **辛醇/水分配系数** 0.121

闪点(℃) 45(CC)；55.6(OC) **自燃温度(℃)** 392

爆炸下限(%) 1.5 **爆炸上限(%)** 12.3

分解温度(℃) 无资料 **黏度(mPa·s)** 1.1(25℃)

溶解性 溶于水，可混溶于多数有机溶剂

第十部分 稳定性和反应性

稳定性 稳定

危险反应 与强氧化剂等禁配物接触，有发生火灾和爆炸的危险

避免接触的条件 无资料

禁配物 酸类、碱类、强氧化剂

危险的分解产物 无资料

第十一部分 毒理学信息

急性毒性 LD_{50}：2900mg/kg（大鼠经口）；5250mg/kg（兔经皮）

皮肤刺激或腐蚀 无资料

眼睛刺激或腐蚀 家兔经眼：218mg，轻度刺激

呼吸或皮肤过敏 无资料 **生殖细胞突变性** 无资料

致癌性 无资料 **生殖毒性** 无资料

特异性靶器官系统毒性-一次接触 无资料

特异性靶器官系统毒性-反复接触 无资料

吸入危害 无资料

第十二部分 生态学信息

生态毒性 LC_{50}：45mg/L（96h）（蓝鳃太阳鱼，静态）；40mg/L（96h）（月银汉鱼，静态）

持久性和降解性

生物降解性 MITI-Ⅰ测试，初始浓度 100mg/L，污泥浓度 30mg/L，2 周后降解 95%

非生物降解性 空气中，当羟基自由基浓度为 5.00×10^5 个/cm³ 时，降解半衰期为 1.2d（理论）；当 pH 值为 7、8 时，水解半衰期分别为 391d、32d（理论）

潜在的生物累积性 根据 K_{ow} 值预测，该物质的生物累积性可能较弱

土壤中的迁移性 根据 K_{oc} 值预测，该物质可能易发生迁移

第十三部分 废弃处置

废弃化学品 建议用焚烧法处置

污染包装物 将容器返还生产商或按照国家和地方法规处置

废弃注意事项 处置前应参阅国家和地方有关法规

第十四部分 运输信息

联合国危险货物编号（UN 号） 1189

联合国运输名称 乙酸乙二醇一甲醚酯

联合国危险性类别 3 **包装类别** Ⅲ类包装

包装标志  **海洋污染物** 否

运输注意事项 运输时运输车辆应配备相应品种和数量的消防器材及泄漏应急处理设备。夏季最好早晚运输。运输时所用的槽（罐）车应有接地链，槽内可设孔隔板以减少震荡产生的静电。严禁与氧化剂、酸类、碱类、食用化学品等混装混运。运输途中应防曝晒、雨淋，防高温。中途停留时应远离火种、热源、高温区。装运该物品的车辆排气管必须配备阻火装置，禁止使用易产生火花的机械设备和工具装卸。公路运输时要按规定路线行驶，勿在居民区和人口稠密区停留。铁路运输时要禁止溜放。严禁用木船、水泥船散装运输

第十五部分 法规信息

下列法律、法规、规章和标准，对该化学品的管理作了相应的规定。

中华人民共和国职业病防治法 职业病分类和目录：未列入

危险化学品安全管理条例　危险化学品目录：列入。易制爆危险化学品名录：未列入。重点监管的危险化学品名录：未列入。GB 18218—2009《危险化学品重大危险源辨识》(表1)：未列入

使用有毒物品作业场所劳动保护条例　高毒物品目录：未列入

易制毒化学品管理条例　易制毒化学品的分类和品种目录：未列入

国际公约　斯德哥尔摩公约：未列入。鹿特丹公约：未列入。蒙特利尔议定书：未列入

第十六部分　其他信息

编写和修订信息　　**缩略语和首字母缩写**

培训建议　　**参考文献**

免责声明

乙酸乙二醇乙醚

第一部分　化学品标识

化学品中文名　乙酸乙二醇乙醚；乙酸-2-乙氧基乙酯；乙二醇乙醚乙酸酯

化学品英文名　ethylene glycol ethyl ether acetate；2-ethoxyethyl acetate

分子式　$C_6H_{12}O_3$　　**相对分子质量**　132.18

结构式
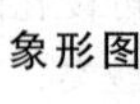

化学品的推荐及限制用途　用作硝酸纤维素、油脂、树脂的溶剂，以及脱漆剂

第二部分　危险性概述

紧急情况概述　易燃液体和蒸气，吞咽、皮肤接触、吸入有害

GHS危险性类别　易燃液体，类别3；急性毒性-经口，类别4；急性毒性-经皮，类别4；急性毒性-吸入，类别4；生殖毒性，类别1B；危害水生环境-急性危害，类别3

标签要素

象形图

警示词　危险

危险性说明　易燃液体和蒸气，吞咽有害，皮肤接触有害，吸入有害，可能对生育力或胎儿造成伤害，对水生生物有害

防范说明

预防措施　远离热源、火花、明火、热表面。禁止吸烟。保持容器密闭。容器和接收设备接地连接。使用防爆电器、通风、照明设备。只能使用不产生火花的工具。采取防止静电措施。戴防护手套、防护眼镜、防护面罩。避免接触眼睛、皮肤，操作后彻底清洗。作业场所不得进食、饮水或吸烟。避免吸入蒸气、雾。仅在室外或通风良好处操作。得到专门指导后操作。在阅读并了解所有安全预防措施之前，切勿操作。按要求使用个体防护装备。禁止排入环境

事故响应　火灾时，使用泡沫、干粉、二氧化碳、砂土灭火。如吸入：将患者转移到空气新鲜处，休息，保持利于呼吸的体位。如果接触或有担心，就医。如皮肤（或头发）接触：立即脱掉所有被污染的衣服，用大量肥皂水和水清洗。被污染的衣服须经洗净后方可重新使用。食入：漱口，如果感觉不适，立即呼叫中毒控制中心或就医

安全储存　存放在通风良好的地方。保持低温。上锁保管

废弃处置　本品及内装物、容器依据国家和地方法规处置

物理和化学危险　易燃，其蒸气与空气混合，能形成爆炸性混合物

健康危害　对中枢神经系统有抑制作用，中毒表现有头痛、恶心、呕吐、倦睡等。对肾脏有损害

慢性影响　有可能引起生殖功能紊乱

环境危害　对水生生物有害

第三部分　成分/组成信息

√物质　　混合物

组分	浓度	CAS No.
乙酸乙二醇乙醚		111-15-9

第四部分　急救措施

吸入　迅速脱离现场至空气新鲜处。保持呼吸道通畅。如呼吸困难，给输氧。如呼吸、心跳停止，立即进行心肺复苏术。就医

皮肤接触　立即脱去污染的衣着，用流动清水彻底冲洗。就医

眼睛接触　立即分开眼睑，用流动清水或生理盐水彻底冲洗。就医

食入　漱口，饮水。就医

对保护施救者的忠告　根据需要使用个人防护设备

对医生的特别提示　对症处理

第五部分　消防措施

灭火剂　用泡沫、干粉、二氧化碳、砂土灭火

特别危险性　易燃，遇明火、高热或与氧化剂接触，有引起燃烧爆炸的危险。燃烧生成有害的一氧化碳

灭火注意事项及防护措施　消防人员须佩戴防毒面具、穿全身消防服，在上风向灭火。尽可能将容器从火场移至空旷处。喷水保持火场容器冷却，直至灭火结束。容器突然发出异常声音或出现异常现象，应立即撤离

第六部分　泄漏应急处理

作业人员防护措施、防护装备和应急处置程序　消除所有点火源。根据液体流动和蒸气扩散的影响区域划定警戒区，无关人员从侧风、上风向撤离至安全区。建议应急处理人员戴正压自给式呼吸器，穿防静电服，戴

橡胶耐油手套。作业时使用的所有设备应接地。禁止接触或跨越泄漏物。尽可能切断泄漏源

环境保护措施 防止泄漏物进入水体、下水道、地下室或有限空间

泄漏化学品的收容、清除方法及所使用的处置材料 小量泄漏：用砂土或其他不燃材料吸收，使用洁净的无火花工具收集吸收材料。大量泄漏：构筑围堤或挖坑收容。用抗溶性泡沫覆盖，减少蒸发。喷水雾能减少蒸发，但不能降低泄漏物在有限空间内的易燃性。用防爆泵转移至槽车或专用收集器内

第七部分 操作处置与储存

操作注意事项 密闭操作，全面通风。操作人员必须经过专门培训，严格遵守操作规程。建议操作人员佩戴过滤式防毒面具（半面罩），戴化学安全防护眼镜，穿防静电工作服，戴橡胶耐油手套。远离火种、热源。工作场所严禁吸烟。使用防爆型的通风系统和设备。防止蒸气泄漏到工作场所空气中。避免与氧化剂、酸类、碱类接触。充装要控制流速，防止静电积聚。搬运时要轻装轻卸，防止包装及容器损坏。配备相应品种和数量的消防器材及泄漏应急处理设备。倒空的容器可能残留有害物

储存注意事项 储存于阴凉、通风的库房。远离火种、热源。库温不宜超过37℃。保持容器密封。应与氧化剂、酸类、碱类分开存放，切忌混储。采用防爆型照明、通风设施。禁止使用易产生火花的机械设备和工具。储区应备有泄漏应急处理设备和合适的收容材料

第八部分 接触控制/个体防护

职业接触限值

中国 PC-TWA：30mg/m^3［皮］

美国(ACGIH) TLV-TWA：5ppm［皮］

生物接触限值 未制定标准

监测方法 空气中有毒物质测定方法：未制定标准。生物监测检验方法：未制定标准

工程控制 生产过程密闭，全面通风

个体防护装备

呼吸系统防护 空气中浓度超标时，佩戴过滤式防毒面具（半面罩）。高浓度环境中，佩戴空气呼吸器或长管面具

眼睛防护 戴化学安全防护眼镜

皮肤和身体防护 穿防静电工作服

手防护 戴橡胶耐油手套

第九部分 理化特性

外观与性状 无色液体，有微弱的类似芳香脂的气味

pH值 无资料 **熔点(℃)** −61.7

沸点(℃) 156.4

相对密度(水=1) 0.97（20℃）

相对蒸气密度(空气=1) 4.72

饱和蒸气压(kPa) 0.27（20℃）

燃烧热(kJ/mol) −3304.5 **临界温度(℃)** 334

临界压力(MPa) 3.0 **辛醇/水分配系数** 0.65

闪点(℃) 52(CC) **自燃温度(℃)** 379

爆炸下限(%) 1.7 **爆炸上限(%)** 14

分解温度(℃) 无资料 **黏度(mPa·s)** 1.32(20℃)

溶解性 微溶于水，溶于乙醇、乙醚，可混溶于芳烃等多数有机溶剂

第十部分 稳定性和反应性

稳定性 稳定

危险反应 与强氧化剂等禁配物接触，有发生火灾和爆炸的危险

避免接触的条件 无资料

禁配物 酸类、碱类、强氧化剂

危险的分解产物 无资料

第十一部分 毒理学信息

急性毒性

LD_{50} 2900mg/kg（大鼠经口）；10500μl（10185mg)/kg（兔经皮）

LC_{50} 12100mg/m^3（大鼠吸入，8h）

皮肤刺激或腐蚀 家兔经皮：490mg，轻度刺激（开放性刺激试验）

眼睛刺激或腐蚀 家兔经眼：40mg，中度刺激

呼吸或皮肤过敏 无资料 **生殖细胞突变性** 无资料

致癌性 无资料 **生殖毒性** 无资料

特异性靶器官系统毒性-一次接触 无资料

特异性靶器官系统毒性-反复接触 无资料

吸入危害 无资料

第十二部分 生态学信息

生态毒性 LC_{50}：43.5mg/L（48h），42.2mg/L（96h）（黑头呆鱼）

持久性和降解性

生物降解性 MITI-Ⅰ测试，初始浓度100ppm，污泥浓度30ppm，2周后降解86.9%

非生物降解性 空气中，当羟基自由基浓度为5.00×10^{5}个/cm^{3}时，降解半衰期为1.5d（理论）；当pH值为7、8时，水解半衰期分别为305d、30d（理论）

潜在的生物累积性 根据K_{ow}值预测，该物质的生物累积性可能较弱

土壤中的迁移性 根据K_{oc}值预测，该物质可能易发生迁移

第十三部分 废弃处置

废弃化学品 建议用焚烧法处置

污染包装物 将容器返还生产商或按照国家和地方法规处置

废弃注意事项 处置前应参阅国家和地方有关法规

第十四部分 运输信息

联合国危险货物编号（UN号） 1172

联合国运输名称 乙酸乙二醇一乙醚酯

联合国危险性类别 3 **包装类别** Ⅲ类包装

包装标志  海洋污染物 否

运输注意事项 运输时运输车辆应配备相应品种和数量的消防器材及泄漏应急处理设备。夏季最好早晚运输。运输时所用的槽（罐）车应有接地链，槽内可设孔隔板以减少震荡产生的静电。严禁与氧化剂、酸类、碱类等混装混运。运输途中应防曝晒、雨淋，防高温。中途停留时应远离火种、热源、高温区。装运该物品的车辆排气管必须配备阻火装置，禁止使用易产生火花的机械设备和工具装卸。公路运输时要按规定路线行驶，勿在居民区和人口稠密区停留。铁路运输时要禁止溜放。严禁用木船、水泥船散装运输

第十五部分　法规信息

下列法律、法规、规章和标准，对该化学品的管理作了相应的规定。

中华人民共和国职业病防治法 职业病分类和目录：未列入

危险化学品安全管理条例 危险化学品目录：列入。易制爆危险化学品名录：未列入。重点监管的危险化学品名录：未列入。GB 18218—2009《危险化学品重大危险源辨识》(表 1)：未列入

使用有毒物品作业场所劳动保护条例 高毒物品目录：未列入

易制毒化学品管理条例 易制毒化学品的分类和品种目录：未列入

国际公约 斯德哥尔摩公约：未列入。鹿特丹公约：未列入。蒙特利尔议定书：未列入

第十六部分　其他信息

编写和修订信息　**缩略语和首字母缩写**

培训建议　**参考文献**

免责声明

乙酸乙烯酯

第一部分　化学品标识

化学品中文名 乙酸乙烯酯；乙酸乙烯；醋酸乙烯酯

化学品英文名 vinyl acetate；ethenyl ethanoate

分子式 $C_4H_6O_2$　**相对分子质量** 86.1

结构式

化学品的推荐及限制用途 用于有机合成，主要用于合成维尼纶，也用于黏结剂和涂料工业等

第二部分　危险性概述

紧急情况概述 高度易燃液体和蒸气，吸入有害，怀疑致癌

GHS 危险性类别 易燃液体，类别 2；急性毒性-吸入，类别 4；致癌性，类别 2；特异性靶器官毒性-一次接触，类别 3（呼吸道刺激）；危害水生环境-急性危害，类别 3；危害水生环境-长期危害，类别 3

标签要素

象形图 

警示词 危险

危险性说明 高度易燃液体和蒸气，吸入有害，怀疑致癌，可能引起呼吸道刺激，对水生生物有害并具有长期持续影响

防范说明

预防措施　远离热源、火花、明火、热表面。禁止吸烟。保持容器密闭。容器和接收设备接地连接。使用防爆电器、通风、照明设备。只能使用不产生火花的工具。采取防止静电措施。戴防护手套、防护眼镜、防护面罩。避免吸入蒸气、雾。仅在室外或通风良好处操作。得到专门指导后操作。在阅读并了解所有安全预防措施之前，切勿操作。按要求使用个体防护装备。禁止排入环境

事故响应　火灾时，使用泡沫、二氧化碳、干粉、砂土灭火。如吸入：将患者转移到空气新鲜处，休息，保持利于呼吸的体位。如感觉不适，呼叫中毒控制中心或就医。如皮肤（或头发）接触：立即脱掉所有被污染的衣服，用水冲洗皮肤，淋浴。如果接触或有担心，就医

安全储存　存放在通风良好的地方。保持低温。上锁保管

废弃处置　本品及内装物、容器依据国家和地方法规处置

物理和化学危险 高度易燃，其蒸气与空气混合，能形成爆炸性混合物。容易自聚

健康危害 本品对眼睛、皮肤、黏膜和上呼吸道有刺激性。长时间接触有麻醉作用

环境危害 对水生生物有害并具有长期持续影响

第三部分　成分/组成信息

√物质　　混合物

组分	浓度	CAS No.
乙酸乙烯酯		108-05-4

第四部分　急救措施

吸入 迅速脱离现场至空气新鲜处。保持呼吸道通畅。如呼吸困难，给输氧。如呼吸、心跳停止，立即进行心肺复苏术。就医

皮肤接触 立即脱去污染的衣着，用流动清水彻底冲洗。就医

眼睛接触 立即分开眼睑，用流动清水或生理盐水彻底冲洗。就医

食入 漱口，饮水。就医

对保护施救者的忠告 根据需要使用个人防护设备

对医生的特别提示 对症处理

第五部分　消防措施

灭火剂 用泡沫、二氧化碳、干粉、砂土灭火

特别危险性 极易因受热、光或微量的过氧化物作用而聚合，含有抑制剂的商品与过氧化物接触也能发生猛烈聚合。蒸气比空气重，沿地面扩散并易积存于低洼处，遇火源会着火回燃。燃烧生成有害的一氧化碳

灭火注意事项及防护措施 消防人员须佩戴防毒面具、穿全身消防服，在上风向灭火。尽可能将容器从火场移至空旷处。喷水保持火场容器冷却，直至灭火结束。容器突然发出异常声音或出现异常现象，应立即撤离。用水灭火无效

第六部分 泄漏应急处理

作业人员防护措施、防护装备和应急处置程序 消除所有点火源。根据液体流动和蒸气扩散的影响区域划定警戒区，无关人员从侧风、上风向撤离至安全区。建议应急处理人员戴正压自给式呼吸器，穿防静电服，戴橡胶耐油手套。作业时使用的所有设备应接地。禁止接触或跨越泄漏物。尽可能切断泄漏源

环境保护措施 防止泄漏物进入水体、下水道、地下室或有限空间

泄漏化学品的收容、清除方法及所使用的处置材料 小量泄漏：用砂土或其他不燃材料吸收，使用洁净的无火花工具收集吸收材料。大量泄漏：构筑围堤或挖坑收容。用砂土、惰性物质或蛭石吸收大量液体。用抗溶性泡沫覆盖，减少蒸发。喷水雾能减少蒸发，但不能降低泄漏物在有限空间内的易燃性。用防爆泵转移至槽车或专用收集器内。喷雾状水驱散蒸气、稀释液体泄漏物

第七部分 操作处置与储存

操作注意事项 密闭操作，注意通风。操作人员必须经过专门培训，严格遵守操作规程。建议操作人员佩戴自吸过滤式防毒面具（半面罩），戴化学安全防护眼镜，穿防静电工作服，戴橡胶耐油手套。远离火种、热源。工作场所严禁吸烟。使用防爆型的通风系统和设备。防止蒸气泄漏到工作场所空气中。避免与氧化剂、酸类、碱类接触。充装要控制流速，且有接地装置，防止静电积聚。搬运时要轻装轻卸，防止包装及容器损坏。配备相应品种和数量的消防器材及泄漏应急处理设备。倒空的容器可能残留有害物

储存注意事项 通常商品加有阻聚剂。储存于阴凉、通风的库房。库温不宜超过 37℃。远离火种、热源。包装要求密封，不可与空气接触。应与氧化剂、酸类、碱类等分开存放，切忌混储。不宜大量储存或久存。采用防爆型照明、通风设施。禁止使用易产生火花的机械设备和工具。储区应备有泄漏应急处理设备和合适的收容材料

第八部分 接触控制/个体防护

职业接触限值

中国 PC-TWA：10mg/m^3；PC-STEL：15mg/m^3 [G2B]

美国（ACGIH） TLV-TWA：10ppm；TLV-STEL：150ppm

生物接触限值 未制定标准

监测方法 空气中有毒物质测定方法：热解吸-气相色谱法。生物监测检验方法：未制定标准

工程控制 密闭操作，注意通风

个体防护装备

呼吸系统防护 可能接触其蒸气时，应该佩戴过滤式防毒面具（半面罩）。紧急事态抢救或撤离时，建议佩戴空气呼吸器

眼睛防护 戴化学安全防护眼镜

皮肤和身体防护 穿防静电工作服

手防护 戴橡胶耐油手套

第九部分 理化特性

外观与性状 无色透明液体，有水果香味

pH 值 无资料 **熔点(℃)** −93.2

沸点(℃) 71.8～73

相对密度(水=1) 0.93（20℃）

相对蒸气密度(空气=1) 3.0

饱和蒸气压(kPa) 15.33（25℃）

燃烧热(kJ/mol) −1953.6 **临界温度(℃)** 252

临界压力(MPa) 4.25 **辛醇/水分配系数** 0.73

闪点(℃) −8(CC)；0.5～0.9(OC)

自燃温度(℃) 402

爆炸下限(%) 2.6 **爆炸上限(%)** 13.4

分解温度(℃) 无资料 **黏度(mPa·s)** 0.43(20℃)

溶解性 微溶于水，溶于乙醇、乙醚、丙酮、苯、氯仿等多数有机溶剂

第十部分 稳定性和反应性

稳定性 稳定

危险反应 与强氧化剂等禁配物接触，有发生火灾和爆炸的危险。极易聚合，含有抑制剂的商品与过氧化物接触也能发生猛烈聚合

避免接触的条件 受热、光照

禁配物 酸类、碱、氧化剂、过氧化物

危险的分解产物 无资料

第十一部分 毒理学信息

急性毒性

LD_{50} 2900mg/kg（大鼠经口）；2500mg/kg（兔经皮）

LC_{50} 11400mg/m^3（大鼠吸入，4h）

皮肤刺激或腐蚀 无资料

眼睛刺激或腐蚀 人经眼：22ppm，引起刺激

呼吸或皮肤过敏 无资料

生殖细胞突变性 微核试验：人淋巴细胞 500μmol/L。细胞遗传学分析：人淋巴细胞 250μmol/L。姐妹染色单体交换：人淋巴细胞 100μmol/L

致癌性 IARC 致癌性评论组 2B，可疑人类致癌物，对人类致癌性证据有限，对动物致癌性证据不充分

生殖毒性 大鼠孕后 6～15d 吸入最低中毒剂量（TDLo）1000ppm（6h），致肌肉骨骼系统发育畸形

特异性靶器官系统毒性-一次接触 大鼠吸入 2.4mg/m^3，

24h，轻度肝脏酶变化

特异性靶器官系统毒性-反复接触　无资料

吸入危害　无资料

第十二部分　生态学信息

生态毒性

TLm　19～39mg/L（24～96h）（黑头呆鱼）；18mg/L（96h）（蓝鳃太阳鱼）

IC_{50}　35～370mg/L（72h）（藻类）

NOEC　0.55mg/L/34d（黑头呆鱼）

持久性和降解性

生物降解性　MITI-Ⅰ测试，初始浓度100ppm，污泥浓度30ppm，2周后降解90%

非生物降解性　空气中，当羟基自由基浓度为5.00×10^5个/cm^3时，降解半衰期为14.5h（理论）

潜在的生物累积性　根据K_{ow}值预测，该物质的生物累积性可能较弱

土壤中的迁移性　根据K_{oc}值预测，该物质可能易发生迁移

第十三部分　废弃处置

废弃化学品　用焚烧法处置

污染包装物　将容器返还生产商或按照国家和地方法规处置

废弃注意事项　处置前应参阅国家和地方有关法规

第十四部分　运输信息

联合国危险货物编号（UN号）　1301

联合国运输名称　乙酸乙烯酯，稳定的

联合国危险性类别　3　　**包装类别**　Ⅱ类包装

包装标志　　　**海洋污染物**　否

运输注意事项　运输时运输车辆应配备相应品种和数量的消防器材及泄漏应急处理设备。夏季最好早晚运输。运输时所用的槽（罐）车应有接地链，槽内可设孔隔板以减少震荡产生的静电。严禁与氧化剂、酸类、碱类、食用化学品等混装混运。运输途中应防曝晒、雨淋，防高温。中途停留时应远离火种、热源、高温区。装运该物品的车辆排气管必须配备阻火装置，禁止使用易产生火花的机械设备和工具装卸。公路运输时要按规定路线行驶，勿在居民区和人口稠密区停留。铁路运输时要禁止溜放。严禁用木船、水泥船散装运输

第十五部分　法规信息

下列法律、法规、规章和标准，对该化学品的管理作了相应的规定。

中华人民共和国职业病防治法　职业病分类和目录：未列入

危险化学品安全管理条例　危险化学品目录：列入。易制爆危险化学品名录：未列入。重点监管的危险化学品名录：列入。GB 18218—2009《危险化学品重大危险源辨识》（表1）：未列入

使用有毒物品作业场所劳动保护条例　高毒物品目录：未列入

易制毒化学品管理条例　易制毒化学品的分类和品种目录：未列入

国际公约　斯德哥尔摩公约：未列入。鹿特丹公约：未列入。蒙特利尔议定书：未列入

第十六部分　其他信息

编写和修订信息　　**缩略语和首字母缩写**

培训建议　　**参考文献**

免责声明

乙酸乙酯

第一部分　化学品标识

化学品中文名　乙酸乙酯；醋酸乙酯

化学品英文名　ethyl acetate；acetic ester

分子式　$C_4H_8O_2$　　**相对分子质量**　88.12

结构式

化学品的推荐及限制用途　用途很广。主要用作溶剂，以及用于染料和一些医药中间体的合成

第二部分　危险性概述

紧急情况概述　高度易燃液体和蒸气，可能引起昏昏欲睡或眩晕

GHS危险性类别　易燃液体，类别2；严重眼损伤/眼刺激，类别2；特异性靶器官毒性--一次接触，类别3（麻醉效应）

标签要素

象形图　

警示词　危险

危险性说明　高度易燃液体和蒸气，造成眼刺激，可能引起昏昏欲睡或眩晕

防范说明

预防措施　远离热源、火花、明火、热表面。禁止吸烟。保持容器密闭。容器和接收设备接地连接。使用防爆电器、通风、照明设备。只能使用不产生火花的工具。采取防止静电措施。戴防护手套、防护眼镜、防护面罩。避免接触眼睛、皮肤，操作后彻底清洗

事故响应　火灾时，使用泡沫、二氧化碳、干粉、砂土灭火。如皮肤（或头发）接触：立即脱掉所有被污染的衣服，用水冲洗皮肤，淋浴。如接触眼睛：用水细心冲洗数分钟。如戴隐形眼镜并可方便地取出，取出隐形眼镜继续冲洗。如果眼睛刺激持续：就医

安全储存　存放在通风良好的地方。保持低温

废弃处置　本品及内装物、容器依据国家和地方法规处置

物理和化学危险　高度易燃，其蒸气与空气混合，能形成爆炸性混合物

健康危害　对眼、鼻、咽喉有刺激作用。高浓度吸入有进行性麻醉作用，急性肺水肿，肝、肾损害。持续大量吸入，可致呼吸麻痹。误服者可产生恶心、呕吐、腹痛、腹泻等。因血管神经障碍而致牙龈出血。可致湿疹样皮炎

慢性影响　长期接触本品有时可致角膜浑浊、继发性贫血、白细胞增多等

环境危害　对环境可能有害

第三部分　成分/组成信息

√物质　　混合物

组分	浓度	CAS No.
乙酸乙酯		141-78-6

第四部分　急救措施

吸入　迅速脱离现场至空气新鲜处。保持呼吸道通畅。如呼吸困难，给输氧。如呼吸、心跳停止，立即进行心肺复苏术。就医

皮肤接触　立即脱去污染的衣着，用流动清水彻底冲洗。就医

眼睛接触　立即分开眼睑，用流动清水或生理盐水彻底冲洗。就医

食入　漱口，饮水。就医

对保护施救者的忠告　根据需要使用个人防护设备

对医生的特别提示　对症处理

第五部分　消防措施

灭火剂　用泡沫、二氧化碳、干粉、砂土灭火

特别危险性　与氧化剂接触发生猛烈反应。蒸气比空气重，沿地面扩散并易积存于低洼处，遇火源会着火回燃。燃烧生成有害的一氧化碳

灭火注意事项及防护措施　消防人员必须佩戴空气呼吸器、穿全身防火防毒服，在上风向灭火。尽可能将容器从火场移至空旷处。喷水保持火场容器冷却，直至灭火结束。容器突然发出异常声音或出现异常现象，应立即撤离。用水灭火无效

第六部分　泄漏应急处理

作业人员防护措施、防护装备和应急处置程序　消除所有点火源。根据液体流动和蒸气扩散的影响区域划定警戒区，无关人员从侧风、上风向撤离至安全区。建议应急处理人员戴正压自给式呼吸器，穿防静电服，戴橡胶耐油手套。作业时使用的所有设备应接地。禁止接触或跨越泄漏物。尽可能切断泄漏源

环境保护措施　防止泄漏物进入水体、下水道、地下室或有限空间

泄漏化学品的收容、清除方法及所使用的处置材料　小量泄漏：用砂土或其他不燃材料吸收，使用洁净的无火花工具收集吸收材料。大量泄漏：构筑围堤或挖坑收容。用泡沫覆盖，减少蒸发。喷水雾能减少蒸发，但不能降低泄漏物在有限空间内的易燃性。用防爆泵转移至槽车或专用收集器内。喷雾状水驱散蒸气、稀释液体泄漏物

第七部分　操作处置与储存

操作注意事项　密闭操作，全面通风。操作人员必须经过专门培训，严格遵守操作规程。建议操作人员佩戴自吸过滤式防毒面具（半面罩），戴化学安全防护眼镜，穿防静电工作服，戴橡胶耐油手套。远离火种、热源。工作场所严禁吸烟。使用防爆型的通风系统和设备。防止蒸气泄漏到工作场所空气中。避免与氧化剂、酸类、碱类接触。灌装时应控制流速，且有接地装置，防止静电积聚。搬运时要轻装轻卸，防止包装及容器损坏。配备相应品种和数量的消防器材及泄漏应急处理设备。倒空的容器可能残留有害物

储存注意事项　储存于阴凉、通风的库房。远离火种、热源。库温不宜超过37℃。保持容器密封。应与氧化剂、酸类、碱类分开存放，切忌混储。采用防爆型照明、通风设施。禁止使用易产生火花的机械设备和工具。储区应备有泄漏应急处理设备和合适的收容材料

第八部分　接触控制/个体防护

职业接触限值

中国　PC-TWA：200mg/m^3；PC-STEL：300mg/m^3

美国(ACGIH)　TLV-TWA：400ppm

生物接触限值　未制定标准

监测方法　空气中有毒物质测定方法：溶剂解吸-气相色谱法；无泵型采样-气相色谱法。生物监测检验方法：未制定标准

工程控制　生产过程密闭，全面通风。提供安全的淋浴和洗眼设备

个体防护装备

呼吸系统防护　可能接触其蒸气时，应该佩戴过滤式防毒面具（半面罩）。紧急事态抢救或撤离时，建议佩戴空气呼吸器

眼睛防护　戴化学安全防护眼镜

皮肤和身体防护　穿防静电工作服

手防护　戴橡胶耐油手套

第九部分　理化特性

外观与性状　无色澄清液体，有芳香气味，易挥发

pH值　无资料　　**熔点(℃)**　−83.6

沸点(℃)　77.2

相对密度(水=1)　0.90（20℃）

相对蒸气密度(空气=1)　3.04

饱和蒸气压(kPa)　10.1（20℃）

燃烧热(kJ/mol)　−2072　　**临界温度(℃)**　250.1

临界压力(MPa)　3.83　　**辛醇/水分配系数**　0.73

闪点(℃)　7.2（OC）

自燃温度(℃)　426.7

爆炸下限(%)　2.2　　**爆炸上限(%)**　11.5

分解温度(℃) 无资料 **黏度(mPa·s)** 0.44(25℃)
溶解性 微溶于水，溶于乙醇、丙酮、乙醚、氯仿、苯等多数有机溶剂

第十部分 稳定性和反应性

稳定性 稳定
危险反应 与强氧化剂等禁配物接触，有发生火灾和爆炸的危险
避免接触的条件 无资料
禁配物 强氧化剂、碱类、酸类
危险的分解产物 无资料

第十一部分 毒理学信息

急性毒性
LD_{50} 5620mg/kg（大鼠经口）；4940mg/kg（兔经皮）
LC_{50} 200g/m³（大鼠吸入）；45g/m³（小鼠吸入，2h）
皮肤刺激或腐蚀 无资料
眼睛刺激或腐蚀 人经眼：400ppm，引起刺激
呼吸或皮肤过敏 无资料
生殖细胞突变性 性染色体缺失和不分离：酿酒酵母菌 24400ppm。细胞遗传学分析：仓鼠成纤维细胞 9g/L
致癌性 无资料
生殖毒性 无资料
特异性靶器官系统毒性-一次接触 无资料
特异性靶器官系统毒性-反复接触 豚鼠吸入 2000ppm 或 7.2g/m³，65 次接触，无明显影响
吸入危害 无资料

第十二部分 生态学信息

生态毒性
LC_{50} 230mg/L（96h）（黑头呆鱼）
EC_{50} 220mg/L（96h）（黑头呆鱼）
持久性和降解性
生物降解性 好氧生物降解（h)：24～168；厌氧生物降解（h)：24～672
非生物降解性 水中光氧化半衰期（h)：24090～9.60×10^5；空气中光氧化半衰期（h)：35.3～353；一级水解半衰期（h)：1.77×10^4
潜在的生物累积性 根据 K_{ow} 值预测，该物质的生物累积性可能较弱
土壤中的迁移性 根据 K_{oc} 值预测，该物质可能易发生迁移

第十三部分 废弃处置

废弃化学品 用焚烧法处置
污染包装物 将容器返还生产商或按照国家和地方法规处置
废弃注意事项 把倒空的容器归还厂商或在规定场所掩埋

第十四部分 运输信息

联合国危险货物编号（UN号） 1173
联合国运输名称 乙酸乙酯
联合国危险性类别 3 **包装类别** Ⅱ类包装
包装标志  **海洋污染物** 否
运输注意事项 运输时运输车辆应配备相应品种和数量的消防器材及泄漏应急处理设备。夏季最好早晚运输。运输时所用的槽（罐）车应有接地链，槽内可设孔隔板以减少震荡产生的静电。严禁与氧化剂、酸类、碱类、食用化学品等混装混运。运输途中应防曝晒、雨淋，防高温。中途停留时应远离火种、热源、高温区。装运该物品的车辆排气管必须配备阻火装置，禁止使用易产生火花的机械设备和工具装卸。公路运输时要按规定路线行驶，勿在居民区和人口稠密区停留。铁路运输时要禁止溜放。严禁用木船、水泥船散装运输

第十五部分 法规信息

下列法律、法规、规章和标准，对该化学品的管理作了相应的规定。
中华人民共和国职业病防治法 职业病分类和目录：未列入
危险化学品安全管理条例 危险化学品目录：列入。易制爆危险化学品名录：未列入。重点监管的危险化学品名录：列入。GB 18218—2009《危险化学品重大危险源辨识》(表 1)：列入。类别：易燃液体，临界量(t)：500
使用有毒物品作业场所劳动保护条例 高毒物品目录：未列入
易制毒化学品管理条例 易制毒化学品的分类和品种目录：未列入
国际公约 斯德哥尔摩公约：未列入。鹿特丹公约：未列入。蒙特利尔议定书：未列入

第十六部分 其他信息

编写和修订信息 **缩略语和首字母缩写**
培训建议 **参考文献**
免责声明

乙酸异丙酯

第一部分 化学品标识

化学品中文名 乙酸异丙酯；醋酸异丙酯
化学品英文名 isopropyl acetate; acetic acid; isopropyl ester
分子式 $C_5H_{10}O_2$ **相对分子质量** 102.15
结构式 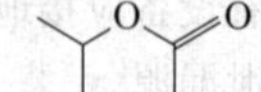
化学品的推荐及限制用途 用作医药品的萃取剂，用于制造香精，也用作涂料等的溶剂和试剂等

第二部分 危险性概述

紧急情况概述 高度易燃液体和蒸气，可能引起昏昏欲睡

或眩晕

GHS 危险性类别 易燃液体，类别 2；严重眼损伤/眼刺激，类别 2；特异性靶器官毒性-一次接触，类别 3（麻醉效应）

标签要素

象形图 

警示词 危险

危险性说明 高度易燃液体和蒸气，造成严重眼刺激，可能引起昏昏欲睡或眩晕

防范说明

预防措施 远离热源、火花、明火、热表面。禁止吸烟。保持容器密闭。容器和接收设备接地连接。使用防爆电器、通风、照明设备。只能使用不产生火花的工具。采取防止静电措施。戴防护手套、防护眼镜、防护面罩。避免接触眼睛、皮肤，操作后彻底清洗

事故响应 火灾时，使用泡沫、二氧化碳、干粉、砂土灭火。如皮肤（或头发）接触：立即脱掉所有被污染的衣服，用水冲洗皮肤，淋浴。如接触眼睛：用水细心冲洗数分钟。如戴隐形眼镜并可方便地取出，取出隐形眼镜继续冲洗。如果眼睛刺激持续：就医

安全储存 存放在通风良好的地方。保持低温

废弃处置 本品及内装物、容器依据国家和地方法规处置

物理和化学危险 高度易燃，其蒸气与空气混合，能形成爆炸性混合物

健康危害 蒸气对呼吸道有刺激性。吸入高浓度蒸气可出现头痛、头晕、恶心、呕吐及麻醉作用。蒸气和雾对眼有刺激性，液体可致角膜损害。大量口服引起恶心、呕吐。短时接触对皮肤无刺激，长期接触有刺激性

环境危害 对环境可能有害

第三部分 成分/组成信息

√物质　　混合物

组分	浓度	CAS No.
乙酸异丙酯		108-21-4

第四部分 急救措施

吸入 迅速脱离现场至空气新鲜处。保持呼吸道通畅。如呼吸困难，给输氧。如呼吸、心跳停止，立即进行心肺复苏术。就医

皮肤接触 立即脱去污染的衣着，用流动清水彻底冲洗。就医

眼睛接触 立即分开眼睑，用流动清水或生理盐水彻底冲洗。就医

食入 漱口，饮水。就医

对保护施救者的忠告 根据需要使用个人防护设备

对医生的特别提示 对症处理

第五部分 消防措施

灭火剂 用泡沫、二氧化碳、干粉、砂土灭火

特别危险性 与氧化剂能发生强烈反应。蒸气比空气重，沿地面扩散并易积存于低洼处，遇火源会着火回燃。燃烧生成有害的一氧化碳

灭火注意事项及防护措施 消防人员须佩戴防毒面具、穿全身消防服，在上风向灭火。尽可能将容器从火场移至空旷处。容器突然发出异常声音或出现异常现象，应立即撤离。用水灭火无效，但可用水保持火场中容器冷却

第六部分 泄漏应急处理

作业人员防护措施、防护装备和应急处置程序 消除所有点火源。根据液体流动和蒸气扩散的影响区域划定警戒区，无关人员从侧风、上风向撤离至安全区。建议应急处理人员戴正压自给式呼吸器，穿防静电服，戴橡胶耐油手套。作业时使用的所有设备应接地。禁止接触或跨越泄漏物。尽可能切断泄漏源

环境保护措施 防止泄漏物进入水体、下水道、地下室或有限空间

泄漏化学品的收容、清除方法及所使用的处置材料 小量泄漏：用砂土或其他不燃材料吸收，使用洁净的无火花工具收集吸收材料。大量泄漏：构筑围堤或挖坑收容。用抗溶性泡沫覆盖，减少蒸发。喷水雾能减少蒸发，但不能降低泄漏物在有限空间内的易燃性。用防爆泵转移至槽车或专用收集器内

第七部分 操作处置与储存

操作注意事项 密闭操作，全面通风。操作人员必须经过专门培训，严格遵守操作规程。建议操作人员佩戴自吸过滤式防毒面具（半面罩），戴化学安全防护眼镜，穿防静电工作服，戴橡胶耐油手套。远离火种、热源。工作场所严禁吸烟。使用防爆型的通风系统和设备。防止蒸气泄漏到工作场所空气中。避免与氧化剂、酸类、碱类接触。灌装时应控制流速，且有接地装置，防止静电积聚。搬运时要轻装轻卸，防止包装及容器损坏。配备相应品种和数量的消防器材及泄漏应急处理设备。倒空的容器可能残留有害物

储存注意事项 储存于阴凉、通风的库房。远离火种、热源。库温不宜超过 37℃。保持容器密封。应与氧化剂、酸类、碱类分开存放，切忌混储。采用防爆型照明、通风设施。禁止使用易产生火花的机械设备和工具。储区应备有泄漏应急处理设备和合适的收容材料

第八部分 接触控制/个体防护

职业接触限值

中国 未制定标准

美国（ACGIH） TLV-TWA：100ppm；TLV-STEL：200ppm

生物接触限值 未制定标准

监测方法 空气中有毒物质测定方法：溶剂解吸-气相色谱法。生物监测检验方法：未制定标准

工程控制 生产过程密闭，全面通风。提供安全的淋浴和洗眼设备

个体防护装备

呼吸系统防护 可能接触其蒸气时，应该佩戴过滤式防毒面具（半面罩）。紧急事态抢救或撤离时，建议佩戴空气呼吸器

眼睛防护 戴化学安全防护眼镜

皮肤和身体防护 穿防静电工作服

手防护 戴橡胶耐油手套

第九部分 理化特性

外观与性状 无色透明液体，有水果香味

pH 值 无资料 **熔点(℃)** −73

沸点(℃) 88.4

相对密度(水=1) 0.87

相对蒸气密度(空气=1) 3.52

饱和蒸气压(kPa) 5.8（20℃）

燃烧热(kJ/mol) −2236.6 **临界温度(℃)** 265

临界压力(MPa) 3.65 **辛醇/水分配系数** 1.02

闪点(℃) 2（CC） **自燃温度(℃)** 460

爆炸下限(%) 1.8 **爆炸上限(%)** 7.8

分解温度(℃) 无资料 **黏度(mPa·s)** 0.49(25℃)

溶解性 微溶于水，可混溶于乙醇、乙醚、酯类等多数有机溶剂

第十部分 稳定性和反应性

稳定性 稳定

危险反应 与强氧化剂等禁配物接触，有发生火灾和爆炸的危险

避免接触的条件 无资料

禁配物 强氧化剂、碱类、酸类

危险的分解产物 无资料

第十一部分 毒理学信息

急性毒性

LD_{50} 6750mg/kg（大鼠经口）；＞20ml（17400mg）/kg（兔经皮）

LC_{50} 50600mg/m^3（大鼠吸入，8h）

皮肤刺激或腐蚀 家兔经皮：500mg（24h），轻度刺激

眼睛刺激或腐蚀 无资料 **呼吸或皮肤过敏** 无资料

生殖细胞突变性 无资料 **致癌性** 无资料

生殖毒性 无资料

特异性靶器官系统毒性-一次接触 无资料

特异性靶器官系统毒性-反复接触 无资料

吸入危害 无资料

第十二部分 生态学信息

生态毒性 IC_{50}：165～1400mg/L（72h）（藻类）

持久性和降解性

生物降解性 筛选试验，使用稳定的下水道污泥，5d、10d、40d后，分别降解12.7%、40%、49.1%

非生物降解性 空气中，当羟基自由基浓度为5.00×10^5个/cm^{3}时，降解半衰期为4.7h（理论）；当pH值为7、8时，水解半衰期分别为2.4a、88d（理论）

潜在的生物累积性 根据K_{ow}值预测，该物质的生物累积性可能较弱

土壤中的迁移性 根据K_{oc}值预测，该物质可能易发生迁移

第十三部分 废弃处置

废弃化学品 用焚烧法处置

污染包装物 将容器返还生产商或按照国家和地方法规处置

废弃注意事项 处置前应参阅国家和地方有关法规

第十四部分 运输信息

联合国危险货物编号（UN号） 1220

联合国运输名称 乙酸异丙酯

联合国危险性类别 3 **包装类别** Ⅱ类包装

包装标志  **海洋污染物** 否

运输注意事项 运输时运输车辆应配备相应品种和数量的消防器材及泄漏应急处理设备。夏季最好早晚运输。运输时所用的槽（罐）车应有接地链，槽内可设孔隔板以减少震荡产生的静电。严禁与氧化剂、酸类、碱类、食用化学品等混装混运。运输途中应防曝晒、雨淋，防高温。中途停留时应远离火种、热源、高温区。装运该物品的车辆排气管必须配备阻火装置，禁止使用易产生火花的机械设备和工具装卸。公路运输时要按规定路线行驶，勿在居民区和人口稠密区停留。铁路运输时要禁止溜放。严禁用木船、水泥船散装运输

第十五部分 法规信息

下列法律、法规、规章和标准，对该化学品的管理作了相应的规定。

中华人民共和国职业病防治法 职业病分类和目录：未列入

危险化学品安全管理条例 危险化学品目录：列入。易制爆危险化学品名录：未列入。重点监管的危险化学品名录：未列入。GB 18218—2009《危险化学品重大危险源辨识》（表1）：未列入

使用有毒物品作业场所劳动保护条例 高毒物品目录：未列入

易制毒化学品管理条例 易制毒化学品的分类和品种目录：未列入

国际公约 斯德哥尔摩公约：未列入。鹿特丹公约：未列入。蒙特利尔议定书：未列入

第十六部分 其他信息

编写和修订信息 **缩略语和首字母缩写**

培训建议 **参考文献**

免责声明

乙酸异丁酯

第一部分 化学品标识

化学品中文名 乙酸异丁酯；醋酸异丁酯

化学品英文名 isobutyl acetate；2-methylpropyl acetate

分子式 $C_6H_{12}O_2$ **相对分子质量** 116.16

结构式

化学品的推荐及限制用途 用作硝化纤维和漆的溶剂、化学试剂，以及用于调制香料

第二部分 危险性概述

紧急情况概述 高度易燃液体和蒸气

GHS 危险性类别 易燃液体，类别 2

标签要素

象形图 

警示词 危险

危险性说明 高度易燃液体和蒸气

防范说明

预防措施 远离热源、火花、明火、热表面。禁止吸烟。保持容器密闭。容器和接收设备接地连接。使用防爆电器、通风、照明设备。只能使用不产生火花的工具。采取防止静电措施。戴防护手套、防护眼镜、防护面罩

事故响应 火灾时，使用泡沫、二氧化碳、干粉、砂土灭火。如皮肤（或头发）接触：立即脱掉所有被污染的衣服，用水冲洗皮肤，淋浴

安全储存 存放在通风良好的地方。保持低温

废弃处置 本品及内装物、容器依据国家和地方法规处置

物理和化学危险 高度易燃，其蒸气与空气混合，能形成爆炸性混合物

健康危害 蒸气对眼及上呼吸道有刺激性。高浓度吸入有麻醉作用，引起头痛、头晕、恶心、呕吐等。大量口服引起头痛、恶心、呕吐，甚至发生昏迷。皮肤较长时间接触有刺激性

环境危害 对环境可能有害

第三部分 成分/组成信息

√物质 混合物

组分	浓度	CAS No.
乙酸异丁酯		110-19-0

第四部分 急救措施

吸入 迅速脱离现场至空气新鲜处。保持呼吸道通畅。如呼吸困难，给输氧。如呼吸、心跳停止，立即进行心肺复苏术。就医

皮肤接触 立即脱去污染的衣着，用流动清水彻底冲洗。就医

眼睛接触 立即分开眼睑，用流动清水或生理盐水彻底冲洗。就医

食入 漱口，饮水。就医

对保护施救者的忠告 根据需要使用个人防护设备

对医生的特别提示 对症处理

第五部分 消防措施

灭火剂 用泡沫、二氧化碳、干粉、砂土灭火

特别危险性 与强氧化剂发生反应，可引起燃烧。蒸气比空气重，沿地面扩散并易积存于低洼处，遇火源会着火回燃。燃烧生成有害的一氧化碳

灭火注意事项及防护措施 消防人员必须佩戴空气呼吸器、穿全身防火防毒服，在上风向灭火。尽可能将容器从火场移至空旷处。喷水保持火场容器冷却，直至灭火结束。容器突然发出异常声音或出现异常现象，应立即撤离

第六部分 泄漏应急处理

作业人员防护措施、防护装备和应急处置程序 消除所有点火源。根据液体流动和蒸气扩散的影响区域划定警戒区，无关人员从侧风、上风向撤离至安全区。建议应急处理人员戴正压自给式呼吸器，穿防静电服，戴橡胶耐油手套。作业时使用的所有设备应接地。禁止接触或跨越泄漏物。尽可能切断泄漏源

环境保护措施 防止泄漏物进入水体、下水道、地下室或有限空间

泄漏化学品的收容、清除方法及所使用的处置材料 小量泄漏：用砂土或其他不燃材料吸收，使用洁净的无火花工具收集吸收材料。大量泄漏：构筑围堤或挖坑收容。用砂土、惰性物质或蛭石吸收大量液体。用抗溶性泡沫覆盖，减少蒸发。喷水雾能减少蒸发，但不能降低泄漏物在有限空间内的易燃性。用防爆泵转移至槽车或专用收集器内

防止发生次生灾害的预防措施

第七部分 操作处置与储存

操作注意事项 密闭操作，全面通风。操作人员必须经过专门培训，严格遵守操作规程。建议操作人员佩戴自吸过滤式防毒面具（半面罩），戴化学安全防护眼镜，穿防静电工作服，戴橡胶耐油手套。远离火种、热源。工作场所严禁吸烟。使用防爆型的通风系统和设备。防止蒸气泄漏到工作场所空气中。避免与氧化剂、酸类、碱类接触。灌装时应控制流速，且有接地装置，防止静电积聚。搬运时要轻装轻卸，防止包装及容器损坏。配备相应品种和数量的消防器材及泄漏应急处理设备。倒空的容器可能残留有害物

储存注意事项 储存于阴凉、通风的库房。远离火种、热源。库温不宜超过 37℃。保持容器密封。应与氧化剂、酸类、碱类分开存放，切忌混储。采用防爆型照明、通风设施。禁止使用易产生火花的机械设备和工具。储区应备有泄漏应急处理设备和合适的收容材料

第八部分 接触控制/个体防护

职业接触限值

中国 未制定标准

美国(ACGIH) TLV-TWA：150ppm

生物接触限值 未制定标准

监测方法 空气中有毒物质测定方法：溶剂解吸-气相色谱法。生物监测检验方法：未制定标准

工程控制 生产过程密闭，全面通风。提供安全的淋浴和洗眼设备

个体防护装备

呼吸系统防护 可能接触其蒸气时，应该佩戴过滤式防毒面具（半面罩）。紧急事态抢救或撤离时，建议佩戴空气呼吸器

眼睛防护 戴化学安全防护眼镜

皮肤和身体防护 穿防静电工作服

手防护 戴橡胶耐油手套

第九部分 理化特性

外观与性状 无色透明液体，有水果香味

pH值 无资料 **熔点(℃)** －98.9

沸点(℃) 116.5 **相对密度(水＝1)** 0.87

相对蒸气密度(空气＝1) 4.0

饱和蒸气压(kPa) 2.37（25℃）

燃烧热(kJ/mol) －3533.8 **临界温度(℃)** 296

临界压力(MPa) 3.24 **辛醇/水分配系数** 1.78

闪点(℃) 17.8（CC）；29.4（OC）

自燃温度(℃) 423

爆炸下限(%) 1.3 **爆炸上限(%)** 10.5

分解温度(℃) 无资料 **黏度(mPa·s)** 0.676(25℃)

溶解性 微溶于水，可混溶于乙醇、乙醚

第十部分 稳定性和反应性

稳定性 稳定

危险反应 与强氧化剂等禁配物接触，有发生火灾和爆炸的危险

避免接触的条件 无资料

禁配物 强氧化剂、强碱、强酸

危险的分解产物 无资料

第十一部分 毒理学信息

急性毒性 LD_{50}：13400mg/kg（大鼠经口）；＞17400mg/kg（兔经皮）

皮肤刺激或腐蚀 家兔经皮：500mg，轻度刺激（开放性刺激试验）

眼睛刺激或腐蚀 家兔经眼：500mg（24h），中度刺激

呼吸或皮肤过敏 无资料 **生殖细胞突变性** 无资料

致癌性 无资料 **生殖毒性** 无资料

特异性靶器官系统毒性-一次接触 无资料

特异性靶器官系统毒性-反复接触 无资料

吸入危害 无资料

第十二部分 生态学信息

生态毒性 IC_{50}：205mg/L（72h）（藻类）

持久性和降解性

生物降解性 无资料

非生物降解性 空气中，当羟基自由基浓度为5.00×10^5个/cm^3时，降解半衰期为70h（理论）；当pH值为7、8时，水解半衰期分别为3a、122d（理论）

潜在的生物累积性 根据K_{ow}值预测，该物质的生物累积性可能较弱

土壤中的迁移性 根据K_{oc}值预测，该物质可能易发生迁移

第十三部分 废弃处置

废弃化学品 用焚烧法处置

污染包装物 将容器返还生产商或按照国家和地方法规处置

废弃注意事项 处置前应参阅国家和地方有关法规。把倒空的容器归还厂商或在规定场所掩埋

第十四部分 运输信息

联合国危险货物编号（UN号） 1213

联合国运输名称 乙酸异丁酯

联合国危险性类别 3 **包装类别** Ⅱ类包装

包装标志 

海洋污染物 否

运输注意事项 运输时运输车辆应配备相应品种和数量的消防器材及泄漏应急处理设备。夏季最好早晚运输。运输时所用的槽（罐）车应有接地链，槽内可设孔隔板以减少震荡产生的静电。严禁与氧化剂、酸类、碱类、食用化学品等混装混运。运输途中应防曝晒、雨淋，防高温。中途停留时应远离火种、热源、高温区。装运该物品的车辆排气管必须配备阻火装置，禁止使用易产生火花的机械设备和工具装卸。公路运输时要按规定路线行驶，勿在居民区和人口稠密区停留。铁路运输时要禁止溜放。严禁用木船、水泥船散装运输

第十五部分 法规信息

下列法律、法规、规章和标准，对该化学品的管理作了相应的规定。

中华人民共和国职业病防治法 职业病分类和目录：未列入

危险化学品安全管理条例 危险化学品目录：列入。易制爆危险化学品名录：未列入。重点监管的危险化学品名录：未列入。GB 18218—2009《危险化学品重大危险源辨识》（表1）：未列入

使用有毒物品作业场所劳动保护条例 高毒物品目录：未列入

易制毒化学品管理条例 易制毒化学品的分类和品种目

录：未列入

国际公约 斯德哥尔摩公约：未列入。鹿特丹公约：未列入。蒙特利尔议定书：未列入

第十六部分 其他信息

编写和修订信息 **缩略语和首字母缩写**

培训建议 **参考文献**

免责声明

乙酸异戊酯

第一部分 化学品标识

化学品中文名 乙酸异戊酯；醋酸异戊酯；香蕉水

化学品英文名 isoamyl acetate；banana oil

分子式 $C_7H_{14}O_2$ **相对分子质量** 130.2

结构式

化学品的推荐及限制用途 是制造喷漆溶剂、稀释剂的主要成分之一

第二部分 危险性概述

紧急情况概述 易燃液体和蒸气

GHS 危险性类别 易燃液体，类别 3；危害水生环境-急性危害，类别 3

标签要素

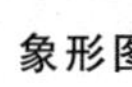

警示词 警告

危险性说明 易燃液体和蒸气，对水生生物有害

防范说明

预防措施 远离热源、火花、明火、热表面。禁止吸烟。保持容器密闭。容器和接收设备接地连接。使用防爆电器、通风、照明设备。只能使用不产生火花的工具。采取防止静电措施。戴防护手套、防护眼镜、防护面罩。禁止排入环境

事故响应 火灾时，使用泡沫、干粉、二氧化碳、砂土灭火。如皮肤（或头发）接触：立即脱掉所有被污染的衣服，用水冲洗皮肤，淋浴

安全储存 存放在通风良好的地方。保持低温

废弃处置 本品及内装物、容器依据国家和地方法规处置

物理和化学危险 易燃，其蒸气与空气混合，能形成爆炸性混合物

健康危害 对眼和黏膜有刺激作用，高浓度吸入可引起中枢神经系统损害，甚至肝肾损害。急性中毒可出现急性结膜炎、咽喉炎、支气管肺炎、肺水肿；长期接触，有流泪、咳嗽、喉干、疲劳等症状，重者伴有头痛、恶心、呕吐、胸闷、心悸、食欲不振等。可致皮肤干裂、皮炎或湿疹；可致贫血，嗜酸粒细胞增多

环境危害 对水生生物有害

第三部分 成分/组成信息

√物质 混合物

组分	浓度	CAS No.
乙酸异戊酯	无资料	123-92-2

第四部分 急救措施

吸入 迅速脱离现场至空气新鲜处。保持呼吸道通畅。如呼吸困难，给输氧。如呼吸、心跳停止，立即进行心肺复苏术。就医

皮肤接触 立即脱去污染的衣着，用流动清水彻底冲洗。就医

眼睛接触 立即分开眼睑，用流动清水或生理盐水彻底冲洗。就医

食入 漱口，饮水。就医

对保护施救者的忠告 根据需要使用个人防护设备

对医生的特别提示 对症处理

第五部分 消防措施

灭火剂 用泡沫、干粉、二氧化碳、砂土灭火

特别危险性 与氧化剂可发生反应。流速过快，容易产生和积聚静电。蒸气比空气重，沿地面扩散并易积存于低洼处，遇火源会着火回燃。若遇高热，容器内压增大，有开裂和爆炸的危险。燃烧生成有害的一氧化碳

灭火注意事项及防护措施 消防人员必须佩戴空气呼吸器、穿全身防火防毒服，在上风向灭火。喷水冷却容器，尽可能将容器从火场移至空旷处

第六部分 泄漏应急处理

作业人员防护措施、防护装备和应急处置程序 消除所有点火源。根据液体流动和蒸气扩散的影响区域划定警戒区，无关人员从侧风、上风向撤离至安全区。建议应急处理人员戴正压自给式呼吸器，穿防静电服，戴橡胶耐油手套。作业时使用的所有设备应接地。禁止接触或跨越泄漏物。尽可能切断泄漏源

环境保护措施 防止泄漏物进入水体、下水道、地下室或有限空间

泄漏化学品的收容、清除方法及所使用的处置材料 小量泄漏：用砂土或其他不燃材料吸收，使用洁净的无火花工具收集吸收材料。大量泄漏：构筑围堤或挖坑收容。用泡沫覆盖，减少蒸发。喷水雾能减少蒸发，但不能降低泄漏物在有限空间内的易燃性。用防爆泵转移至槽车或专用收集器内

第七部分 操作处置与储存

操作注意事项 密闭操作，加强通风。操作人员必须经过专门培训，严格遵守操作规程。建议操作人员佩戴自吸过滤式防毒面具（半面罩），戴化学安全防护眼镜，穿防毒物渗透工作服，戴橡胶耐油手套。远离火种、热源。工作场所严禁吸烟。使用防爆型的通风系统和设备。防止蒸气泄漏到工作场所空气中。避免与氧化剂、酸类、卤素接触。灌装时应控制流速，且有接地装置，防止静电积聚。搬运时要轻装轻卸，防止包装

及容器损坏。配备相应品种和数量的消防器材及泄漏应急处理设备。倒空的容器可能残留有害物

储存注意事项 储存于阴凉、通风的库房。远离火种、热源。库温不宜超过37℃。应与氧化剂、酸类、卤素分开存放，切忌混储。采用防爆型照明、通风设施。禁止使用易产生火花的机械设备和工具。储区应备有泄漏应急处理设备和合适的收容材料

第八部分 接触控制/个体防护

职业接触限值

中国 未制定标准

美国(ACGIH) TLV-TWA：50ppm；TLV-STEL：100ppm

生物接触限值 未制定标准

监测方法 空气中有毒物质测定方法：溶剂解吸-气相色谱法。生物监测检验方法：未制定标准

工程控制 生产过程密闭，加强通风。提供安全的淋浴和洗眼设备

个体防护装备

呼吸系统防护 空气中浓度超标时，必须佩戴过滤式防毒面具（半面罩）。紧急事态抢救或撤离时，应该佩戴空气呼吸器

眼睛防护 戴化学安全防护眼镜

皮肤和身体防护 穿防毒物渗透工作服

手防护 戴橡胶耐油手套

第九部分 理化特性

外观与性状 无色、有香蕉气味、易挥发的液体

pH值 无资料 **熔点(℃)** −78.5

沸点(℃) 142～142.5 **相对密度(水=1)** 0.88

相对蒸气密度(空气=1) 4.5

饱和蒸气压(kPa) 0.53（20℃）

燃烧热(kJ/mol) 无资料 **临界温度(℃)** 无资料

临界压力(MPa) 2.83 **辛醇/水分配系数** 2.26

闪点(℃) 18～35（CC） **自燃温度(℃)** 360

爆炸下限(%) 1.1 **爆炸上限(%)** 7.5

分解温度(℃) 无资料 **黏度(mPa·s)** 0.87(20℃)

溶解性 微溶于水，可混溶于乙醇、乙醚、乙酸乙酯、戊醇等

第十部分 稳定性和反应性

稳定性 稳定

危险反应 与强氧化剂等禁配物接触，有发生火灾和爆炸的危险

避免接触的条件 无资料

禁配物 氧化剂、强酸、卤素

危险的分解产物 无资料

第十一部分 毒理学信息

急性毒性 LD_{50}：6.50ml（5720mg）/kg［混合异构体］（大鼠经口）

皮肤刺激或腐蚀 无资料 **眼睛刺激或腐蚀** 无资料

呼吸或皮肤过敏 无资料 **生殖细胞突变性** 无资料

致癌性 无资料 **生殖毒性** 无资料

特异性靶器官系统毒性-一次接触 无资料

特异性靶器官系统毒性-反复接触 无资料

吸入危害 无资料

第十二部分 生态学信息

生态毒性 LC_{50}：65mg/L（96h）（鱼）

持久性和降解性

生物降解性 无资料

非生物降解性 空气中，当羟基自由基浓度为5.00×10^5个/cm^3时，降解半衰期为64h（理论）；当pH值为7、8时，水解半衰期分别为2a、78d（理论）

潜在的生物累积性 根据K_{ow}值预测，该物质的生物累积性可能较弱

土壤中的迁移性 根据K_{oc}值预测，该物质可能有一定的迁移性

第十三部分 废弃处置

废弃化学品 用焚烧法处置

污染包装物 将容器返还生产商或按照国家和地方法规处置

废弃注意事项 把倒空的容器归还厂商或在规定场所掩埋

第十四部分 运输信息

联合国危险货物编号 1104 **联合国运输名称** 乙酸戊酯

联合国危险性类别 3 **包装类别** Ⅲ类包装

包装标志  **海洋污染物** 否

运输注意事项 运输时运输车辆应配备相应品种和数量的消防器材及泄漏应急处理设备。夏季最好早晚运输。运输时所用的槽（罐）车应有接地链，槽内可设孔隔板以减少震荡产生的静电。严禁与氧化剂、酸类、卤素、食用化学品等混装混运。运输途中应防曝晒、雨淋，防高温。中途停留时应远离火种、热源、高温区。装运该物品的车辆排气管必须配备阻火装置，禁止使用易产生火花的机械设备和工具装卸。公路运输时要按规定路线行驶，勿在居民区和人口稠密区停留。铁路运输时要禁止溜放。严禁用木船、水泥船散装运输

第十五部分 法规信息

下列法律、法规、规章和标准，对该化学品的管理作了相应的规定。

中华人民共和国职业病防治法 职业病分类和目录：未列入

危险化学品安全管理条例 危险化学品目录：列入。易制爆危险化学品名录：未列入。重点监管的危险化学品名录：未列入。GB 18218—2009《危险化学品重大危险源辨识》(表1)：未列入

使用有毒物品作业场所劳动保护条例 高毒物品目录：未列入

易制毒化学品管理条例 易制毒化学品的分类和品种目录：未列入

国际公约 斯德哥尔摩公约：未列入。鹿特丹公约：未列入。蒙特利尔议定书：未列入

第十六部分 其他信息

编写和修订信息 **缩略语和首字母缩写**

培训建议 **参考文献**

免责声明

乙酸仲丁酯

第一部分 化学品标识

化学品中文名 乙酸仲丁酯；醋酸第二丁酯；醋酸仲丁酯

化学品英文名 *sec*-butyl acetate；2-butanol acetate

分子式 $C_6H_{12}O_2$ **相对分子质量** 116.18

结构式

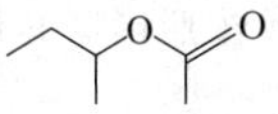

化学品的推荐及限制用途 用作溶剂、化学试剂，用于调制香料

第二部分 危险性概述

紧急情况概述 高度易燃液体和蒸气

GHS 危险性类别 易燃液体，类别 2

标签要素

象形图 

警示词 危险

危险性说明 高度易燃液体和蒸气

防范说明

预防措施 远离热源、火花、明火、热表面。禁止吸烟。保持容器密闭。容器和接收设备接地连接。使用防爆电器、通风、照明设备。只能使用不产生火花的工具。采取防止静电措施。戴防护手套、防护眼镜、防护面罩

事故响应 火灾时，使用泡沫、二氧化碳、干粉、砂土灭火。如皮肤（或头发）接触：立即脱掉所有被污染的衣服，用水冲洗皮肤，淋浴

安全储存 存放在通风良好的地方。保持低温

废弃处置 本品及内装物、容器依据国家和地方法规处置

物理和化学危险 高度易燃，其蒸气与空气混合，能形成爆炸性混合物

健康危害 本品对眼及上呼吸道黏膜有刺激性，有麻醉作用。可引起皮肤干燥，并可通过完整的皮肤吸收

环境危害 对环境可能有害

第三部分 成分/组成信息

√物质 混合物

组分	浓度	CAS No.
乙酸仲丁酯		105-46-4

第四部分 急救措施

吸入 迅速脱离现场至空气新鲜处。保持呼吸道通畅。如呼吸困难，给输氧。如呼吸、心跳停止，立即进行心肺复苏术。就医

皮肤接触 立即脱去污染的衣着，用流动清水彻底冲洗。就医

眼睛接触 立即分开眼睑，用流动清水或生理盐水彻底冲洗。就医

食入 漱口，饮水。就医

对保护施救者的忠告 根据需要使用个人防护设备

对医生的特别提示 对症处理

第五部分 消防措施

灭火剂 用泡沫、二氧化碳、干粉、砂土灭火

特别危险性 与氧化剂能发生强烈反应。蒸气比空气重，沿地面扩散并易积存于低洼处，遇火源会着火回燃。燃烧生成有害的一氧化碳

灭火注意事项及防护措施 消防人员必须佩戴空气呼吸器、穿全身防火防毒服，在上风向灭火。尽可能将容器从火场移至空旷处。喷水保持火场容器冷却，直至灭火结束。容器突然发出异常声音或出现异常现象，应立即撤离

第六部分 泄漏应急处理

作业人员防护措施、防护装备和应急处置程序 消除所有点火源。根据液体流动和蒸气扩散的影响区域划定警戒区，无关人员从侧风、上风向撤离至安全区。建议应急处理人员戴正压自给式呼吸器，穿防静电服。作业时使用的所有设备应接地。禁止接触或跨越泄漏物。尽可能切断泄漏源，戴橡胶耐油手套

环境保护措施 防止泄漏物进入水体、下水道、地下室或有限空间

泄漏化学品的收容、清除方法及所使用的处置材料 小量泄漏：用砂土或其他不燃材料吸收，使用洁净的无火花工具收集吸收材料。大量泄漏：构筑围堤或挖坑收容。用泡沫覆盖，减少蒸发。喷水雾能减少蒸发，但不能降低泄漏物在有限空间内的易燃性。用防爆泵转移至槽车或专用收集器内

第七部分 操作处置与储存

操作注意事项 密闭操作，全面通风。操作人员必须经过专门培训，严格遵守操作规程。建议操作人员佩戴自吸过滤式防毒面具（半面罩），戴化学安全防护眼镜，穿防静电工作服，戴橡胶耐油手套。远离火种、热源。工作场所严禁吸烟。使用防爆型的通风系统和设备。防止蒸气泄漏到工作场所空气中。避免与氧化剂、酸类、碱类接触。灌装时应控制流速，且有接地装置，防止静电积聚。搬运时要轻装轻卸，防止包装及容器损坏。配备相应品种和数量的消防器材及泄漏应急处理设备。倒空的容器可能残留有害物

储存注意事项 储存于阴凉、通风的库房。远离火种、热源。库温不宜超过 37℃。保持容器密封。应与氧化

剂、酸类、碱类分开存放，切忌混储。采用防爆型照明、通风设施。禁止使用易产生火花的机械设备和工具。储区应备有泄漏应急处理设备和合适的收容材料

第八部分 接触控制/个体防护

职业接触限值

中国 未制定标准

美国(ACGIH) TLV-TWA：200ppm

生物接触限值 未制定标准

监测方法 空气中有毒物质测定方法：溶剂解吸-气相色谱法。生物监测检验方法：未制定标准

工程控制 生产过程密闭，全面通风。提供安全的淋浴和洗眼设备

个体防护装备

呼吸系统防护 可能接触其蒸气时，应该佩戴过滤式防毒面具（半面罩）。紧急事态抢救或撤离时，建议佩戴空气呼吸器

眼睛防护 戴化学安全防护眼镜

皮肤和身体防护 穿防静电工作服

手防护 戴橡胶耐油手套

第九部分 理化特性

外观与性状 无色液体，有水果香味

pH值 无资料 **熔点(℃)** −98.9

沸点(℃) 112.3 **相对密度(水=1)** 0.86

相对蒸气密度(空气=1) 4.00

饱和蒸气压(kPa) 1.33 (20℃)

燃烧热(kJ/mol) −3556.3 **临界温度(℃)** 288

临界压力(MPa) 3.24 **辛醇/水分配系数** 1.72

闪点(℃) 31 (OC)；16.7 (CC)

自燃温度(℃) 421

爆炸下限(%) 1.7 **爆炸上限(%)** 9.8

分解温度(℃) 无资料 **黏度(mPa·s)** 无资料

溶解性 不溶于水，可混溶于乙醇、乙醚等多数有机溶剂

第十部分 稳定性和反应性

稳定性 稳定

危险反应 与强氧化剂等禁配物接触，有发生火灾和爆炸的危险

避免接触的条件 无资料

禁配物 强氧化剂、强酸、强碱

危险的分解产物 无资料

第十一部分 毒理学信息

急性毒性

LD_{50} 3200mg/kg（大鼠经口）

LCLo 24000ppm（大鼠吸入，4h）

皮肤刺激或腐蚀 无资料 **眼睛刺激或腐蚀** 无资料

呼吸或皮肤过敏 无资料 **生殖细胞突变性** 无资料

致癌性 无资料 **生殖毒性** 无资料

特异性靶器官系统毒性-一次接触 无资料

特异性靶器官系统毒性-反复接触 无资料

吸入危害 无资料

第十二部分 生态学信息

生态毒性 无资料

持久性和降解性

生物降解性 无资料

非生物降解性 空气中，当羟基自由基浓度为5.00×10^5个/cm³时，降解半衰期为70h（理论）；当pH值为7、8、9时，水解半衰期分别为12.6a、1.26a、46d（理论）

潜在的生物累积性 根据K_{ow}值预测，该物质的生物累积性可能较弱

土壤中的迁移性 根据K_{oc}值预测，该物质可能易发生迁移

第十三部分 废弃处置

废弃化学品 用焚烧法处置

污染包装物 将容器返还生产商或按照国家和地方法规处置

废弃注意事项 处置前应参阅国家和地方有关法规。把倒空的容器归还厂商或在规定场所掩埋

第十四部分 运输信息

联合国危险货物编号(UN号) 1123

联合国运输名称 乙酸丁酯

联合国危险性类别 3 **包装类别** Ⅱ类包装

包装标志  **海洋污染物** 否

运输注意事项 运输时运输车辆应配备相应品种和数量的消防器材及泄漏应急处理设备。夏季最好早晚运输。运输时所用的槽（罐）车应有接地链，槽内可设孔隔板以减少震荡产生的静电。严禁与氧化剂、酸类、碱类、食用化学品等混装混运。运输途中应防曝晒、雨淋，防高温。中途停留时应远离火种、热源、高温区。装运该物品的车辆排气管必须配备阻火装置，禁止使用易产生火花的机械设备和工具装卸。公路运输时要按规定路线行驶，勿在居民区和人口稠密区停留。铁路运输时要禁止溜放。严禁用木船、水泥船散装运输

第十五部分 法规信息

下列法律、法规、规章和标准，对该化学品的管理作了相应的规定。

中华人民共和国职业病防治法 职业病分类和目录：未列入

危险化学品安全管理条例 危险化学品目录：列入。易制爆危险化学品名录：未列入。重点监管的危险化学品名录：未列入。GB 18218—2009《危险化学品重大危险源辨识》（表1）：未列入

使用有毒物品作业场所劳动保护条例 高毒物品目录：未列入

易制毒化学品管理条例 易制毒化学品的分类和品种目

录：未列入

国际公约　斯德哥尔摩公约：未列入。鹿特丹公约：未列入。蒙特利尔议定书：未列入

第十六部分　其他信息

编写和修订信息　　**缩略语和首字母缩写**

培训建议　　**参考文献**

免责声明

乙　烷

第一部分　化学品标识

化学品中文名　乙烷

化学品英文名　ethane

分子式　C_2H_6　　**相对分子质量**　30.08

结构式

$$H-\overset{\displaystyle H}{\underset{\displaystyle H}{C}}-\overset{\displaystyle H}{\underset{\displaystyle H}{C}}-H$$

化学品的推荐及限制用途　用于制乙烯、氯乙烯、氯乙烷，用作冷冻剂、燃料等

第二部分　危险性概述

紧急情况概述　极易燃气体，内装加压气体：遇热可能爆炸

GHS 危险性类别　易燃气体，类别 1；加压气体

标签要素

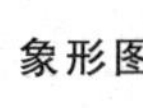

象形图　

警示词　危险

危险性说明　极易燃气体，内装加压气体：遇热可能爆炸

防范说明

预防措施　远离热源、火花、明火、热表面。禁止吸烟

事故响应　漏气着火：切勿灭火，除非漏气能够安全地制止。如果没有危险，消除一切点火源

安全储存　存放在通风良好的地方。防日晒。存放在通风良好的地方

废弃处置　-

物理和化学危险　极易燃，与空气混合能形成爆炸性混合物

健康危害　高浓度时，有单纯性窒息作用，有轻度麻醉作用。空气中浓度大于 6%时，出现眩晕、轻度恶心、麻醉症状；达 40%以上时，可引起惊厥，甚至窒息死亡

环境危害　对环境可能有害

第三部分　成分/组成信息

√物质		混合物
组分	**浓度**	**CAS No.**
乙烷		74-84-0

第四部分　急救措施

吸入　迅速脱离现场至空气新鲜处。保持呼吸道通畅。如呼吸困难，给输氧。如呼吸、心跳停止，立即进行心肺复苏术。就医

对保护施救者的忠告　根据需要使用个人防护设备

对医生的特别提示　对症处理

第五部分　消防措施

灭火剂　用雾状水、泡沫、二氧化碳、干粉灭火

特别危险性　易燃，与空气混合能形成爆炸性混合物，遇热源和明火有燃烧爆炸的危险。与氟、氯等接触会发生剧烈的化学反应。燃烧生成有害的一氧化碳

灭火注意事项及防护措施　切断气源。若不能切断气源，则不允许熄灭泄漏处的火焰。消防人员必须佩戴空气呼吸器、穿全身防火防毒服，在上风向灭火。尽可能将容器从火场移至空旷处。喷水保持火场容器冷却，直至灭火结束

第六部分　泄漏应急处理

作业人员防护措施、防护装备和应急处置程序　消除所有点火源。根据气体扩散的影响区域划定警戒区，无关人员从侧风、上风向撤离至安全区。建议应急处理人员戴正压自给式呼吸器，穿防静电服。作业时使用的所有设备应接地。尽可能切断泄漏源。若可能翻转容器，使之逸出气体而非液体。喷雾状水抑制蒸气或改变蒸气云流向，避免水流接触泄漏物。禁止用水直接冲击泄漏物或泄漏源

环境保护措施　防止气体通过下水道、通风系统和有限空间扩散

泄漏化学品的收容、清除方法及所使用的处置材料　隔离泄漏区直至气体散尽

第七部分　操作处置与储存

操作注意事项　密闭操作，全面通风。操作人员必须经过专门培训，严格遵守操作规程。建议操作人员穿防静电工作服。远离火种、热源。工作场所严禁吸烟。使用防爆型的通风系统和设备。防止气体泄漏到工作场所空气中。避免与氧化剂、卤素接触。在传送过程中，钢瓶和容器必须接地和跨接，防止产生静电。搬运时轻装轻卸，防止钢瓶及附件破损。配备相应品种和数量的消防器材及泄漏应急处理设备

储存注意事项　储存于阴凉、通风的易燃气体专用库房。远离火种、热源。库温不宜超过 30℃。应与氧化剂、卤素分开存放，切忌混储。采用防爆型照明、通风设施。禁止使用易产生火花的机械设备和工具。储区应备有泄漏应急处理设备

第八部分　接触控制/个体防护

职业接触限值

中国　未制定标准

美国(ACGIH)　TLV-TWA：1000ppm

生物接触限值　未制定标准

监测方法 空气中有毒物质测定方法：未制定标准。生物监测检验方法：未制定标准

工程控制 生产过程密闭，全面通风

个体防护装备

呼吸系统防护 一般不需要特殊防护，但建议特殊情况下，佩戴过滤式防毒面具（半面罩）

眼睛防护 一般不需特殊防护

皮肤和身体防护 穿防静电工作服

手防护 戴一般作业防护手套

第九部分 理化特性

外观与性状 无色无味气体

pH值 无意义 **熔点(℃)** −172～−183

沸点(℃) −88.6

相对密度(水=1) 0.45（0℃）

相对蒸气密度(空气=1) 1.05

饱和蒸气压(kPa) 3850（20℃）

燃烧热(kJ/mol) −1558.3 **临界温度(℃)** 32.2

临界压力(MPa) 4.87 **辛醇/水分配系数** 1.81

闪点(℃) −135 **自燃温度(℃)** 472

爆炸下限(%) 3.0 **爆炸上限(%)** 12.5

分解温度(℃) 无资料 **黏度(mPa·s)** 0.009(27℃)

溶解性 不溶于水，溶于乙醇、乙醚、丙酮、苯

第十部分 稳定性和反应性

稳定性 稳定

危险反应 与强氧化剂等禁配物接触，有发生火灾和爆炸的危险

避免接触的条件 无资料

禁配物 强氧化剂、强酸、强碱、卤素

危险的分解产物 无资料

第十一部分 毒理学信息

急性毒性 无资料 **皮肤刺激或腐蚀** 无资料

眼睛刺激或腐蚀 无资料 **呼吸或皮肤过敏** 无资料

生殖细胞突变性 无资料 **致癌性** 无资料

生殖毒性 无资料

特异性靶器官系统毒性-一次接触 无资料

特异性靶器官系统毒性-反复接触 无资料

吸入危害 无资料

第十二部分 生态学信息

生态毒性 无资料

持久性和降解性

生物降解性 无资料

非生物降解性 无资料

潜在的生物累积性 根据 K_{ow} 值预测，该物质的生物累积性可能较弱

土壤中的迁移性 根据 K_{oc} 值预测，该物质可能易发生迁移

第十三部分 废弃处置

废弃化学品 建议用焚烧法处置

污染包装物 将容器返还生产商或按照国家和地方法规处置

废弃注意事项 处置前应参阅国家和地方有关法规

第十四部分 运输信息

联合国危险货物编号（UN号） 1035；1961（液化）

联合国运输名称 乙烷；冷冻液态乙烷（液化）

联合国危险性类别 2.1 **包装类别** -

包装标志 

海洋污染物 否

运输注意事项 采用钢瓶运输时必须戴好钢瓶上的安全帽。钢瓶一般平放，并应将瓶口朝同一方向，不可交叉；高度不得超过车辆的防护栏板，并用三角木垫卡牢，防止滚动。运输时运输车辆应配备相应品种和数量的消防器材。装运该物品的车辆排气管必须配备阻火装置，禁止使用易产生火花的机械设备和工具装卸。严禁与氧化剂、卤素等混装混运。夏季应早晚运输，防止日光曝晒。中途停留时应远离火种、热源。公路运输时要按规定路线行驶，勿在居民区和人口稠密区停留。铁路运输时要禁止溜放

第十五部分 法规信息

下列法律、法规、规章和标准，对该化学品的管理作了相应的规定。

中华人民共和国职业病防治法 职业病分类和目录：未列入

危险化学品安全管理条例 危险化学品目录：列入。易制爆危险化学品名录：未列入。重点监管的危险化学品名录：列入。GB 18218—2009《危险化学品重大危险源辨识》（表1）：未列入

使用有毒物品作业场所劳动保护条例 高毒物品目录：未列入

易制毒化学品管理条例 易制毒化学品的分类和品种目录：未列入

国际公约 斯德哥尔摩公约：未列入。鹿特丹公约：未列入。蒙特利尔议定书：未列入

第十六部分 其他信息

编写和修订信息 **缩略语和首字母缩写**

培训建议 **参考文献**

免责声明

乙 烯

第一部分 化学品标识

化学品中文名 乙烯

化学品英文名 ethylene；ethene

分子式 C_2H_4 **相对分子质量** 28.06

结构式 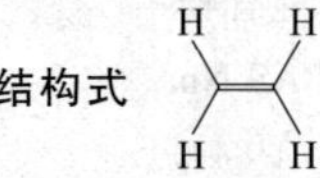

化学品的推荐及限制用途 用于制聚乙烯、聚氯乙烯、醋酸等

第二部分 危险性概述

紧急情况概述 极易燃气体，内装加压气体：遇热可能爆炸，可能引起昏昏欲睡或眩晕

GHS 危险性类别 易燃气体，类别 1；加压气体；特异性靶器官毒性-一次接触，类别 3（麻醉效应）

标签要素

象形图

警示词 危险

危险性说明 极易燃气体，内装加压气体：遇热可能爆炸，可能引起昏昏欲睡或眩晕

防范说明

预防措施 远离热源、火花、明火、热表面。禁止吸烟

事故响应 漏气着火：切勿灭火，除非漏气能够安全地制止。如果没有危险，消除一切点火源

安全储存 存放在通风良好的地方。防日晒。存放在通风良好的地方

废弃处置 -

物理和化学危险 极易燃，与空气混合能形成爆炸性混合物

健康危害 具有较强的麻醉作用

急性中毒 吸入高浓度乙烯可立即引起意识丧失，无明显的兴奋期，但吸入新鲜空气后，可很快苏醒。对眼及呼吸道黏膜有轻微刺激性。液态乙烯可致皮肤冻伤

慢性影响 长期接触，可引起头昏、全身不适、乏力、思维不集中。个别人有胃肠道功能紊乱

环境危害 对环境可能有害

第三部分 成分/组成信息

√物质		混合物
组分	**浓度**	**CAS No.**
乙烯		74-85-1

第四部分 急救措施

吸入 迅速脱离现场至空气新鲜处。保持呼吸道通畅。如呼吸困难，给输氧。如呼吸、心跳停止，立即进行心肺复苏术。就医

皮肤接触 如发生冻伤，用温水（38～42℃）复温，忌用热水或辐射热，不要揉搓。就医

对保护施救者的忠告 根据需要使用个人防护设备

对医生的特别提示 对症处理

第五部分 消防措施

灭火剂 用雾状水、泡沫、二氧化碳、干粉灭火

特别危险性 与氟、氯等接触会发生剧烈的化学反应。燃烧生成有害的一氧化碳

灭火注意事项及防护措施 切断气源。若不能切断气源，则不允许熄灭泄漏处的火焰。消防人员必须佩戴空气呼吸器、穿全身防火防毒服，在上风向灭火。尽可能将容器从火场移至空旷处。喷水保持火场容器冷却，直至灭火结束

第六部分 泄漏应急处理

作业人员防护措施、防护装备和应急处置程序 消除所有点火源。根据气体扩散的影响区域划定警戒区，无关人员从侧风、上风向撤离至安全区。建议应急处理人员戴正压自给式呼吸器，穿防静电服。作业时使用的所有设备应接地。尽可能切断泄漏源。若可能翻转容器，使之逸出气体而非液体。喷雾状水抑制蒸气或改变蒸气云流向，避免水流接触泄漏物。禁止用水直接冲击泄漏物或泄漏源

环境保护措施 防止气体通过下水道、通风系统和有限空间扩散

泄漏化学品的收容、清除方法及所使用的处置材料 隔离泄漏区直至气体散尽

第七部分 操作处置与储存

操作注意事项 密闭操作，全面通风。操作人员必须经过专门培训，严格遵守操作规程。建议操作人员穿防静电工作服。远离火种、热源。工作场所严禁吸烟。使用防爆型的通风系统和设备。防止气体泄漏到工作场所空气中。避免与氧化剂、卤素接触。在传送过程中，钢瓶和容器必须接地和跨接，防止产生静电。搬运时轻装轻卸，防止钢瓶及附件破损。配备相应品种和数量的消防器材及泄漏应急处理设备

储存注意事项 储存于阴凉、通风的易燃气体专用库房。远离火种、热源。库温不宜超过 30℃。应与氧化剂、卤素分开存放，切忌混储。采用防爆型照明、通风设施。禁止使用易产生火花的机械设备和工具。储区应备有泄漏应急处理设备

第八部分 接触控制/个体防护

职业接触限值

中国 未制定标准

美国(ACGIH) TLV-TWA：200ppm

生物接触限值 未制定标准

监测方法 空气中有毒物质测定方法：未制定标准。生物监测检验方法：未制定标准

工程控制 生产过程密闭，全面通风

个体防护装备

呼吸系统防护 一般不需要特殊防护，高浓度接触时可佩戴过滤式防毒面具（半面罩）

眼睛防护 一般不需特殊防护。必要时，戴化学安全防护眼镜

皮肤和身体防护 穿防静电工作服

手防护 戴一般作业防护手套

第九部分 理化特性

外观与性状 无色气体，略具烃类特有的臭味

pH值 无意义 **熔点(℃)** －169.4
沸点(℃) －104
相对密度(水＝1) 0.61（0℃）
相对蒸气密度(空气＝1) 0.98
饱和蒸气压(kPa) 4083.40（0℃）
燃烧热(kJ/mol) －1323.8 **临界温度(℃)** 9.6
临界压力(MPa) 5.07 **辛醇/水分配系数** 1.13
闪点(℃) －135 **自燃温度(℃)** 450
爆炸下限(%) 2.7 **爆炸上限(%)** 36.0
分解温度(℃) 无资料 **黏度(mPa·s)** 0.01(20℃)
溶解性 不溶于水，微溶于乙醇，溶于乙醚、丙酮、苯

第十部分 稳定性和反应性

稳定性 稳定
危险反应 与强氧化剂、卤素等禁配物接触，有发生火灾和爆炸的危险
避免接触的条件 无资料
禁配物 强氧化剂、强酸、氯化铝、金属氧化物、卤素等
危险的分解产物 无资料

第十一部分 毒理学信息

急性毒性 LC_{50}：95ppm（小鼠吸入，2h）
皮肤刺激或腐蚀 无资料 **眼睛刺激或腐蚀** 无资料
呼吸或皮肤过敏 无资料 **生殖细胞突变性** 无资料
致癌性 无资料 **生殖毒性** 无资料
特异性靶器官系统毒性-一次接触 无资料
特异性靶器官系统毒性-反复接触 大鼠吸入 $11.5g/m^3$，1a，生长发育与对照组有差别
吸入危害 无资料

第十二部分 生态学信息

生态毒性 无资料
持久性和降解性
生物降解性 好氧生物降解（h）：24～672；厌氧生物降解（h）：96～2688
非生物降解性 空气中光氧化半衰期（h）：6.2～56
潜在的生物累积性 根据 K_{ow} 值预测，该物质的生物累积性可能较弱
土壤中的迁移性 根据 K_{oc} 值预测，该物质可能易发生迁移

第十三部分 废弃处置

废弃化学品 建议用焚烧法处置
污染包装物 将容器返还生产商或按照国家和地方法规处置
废弃注意事项 处置前应参阅国家和地方有关法规。把空容器归还厂商

第十四部分 运输信息

联合国危险货物编号（UN号） 1962；1038（液化）
联合国运输名称 乙烯；冷冻液态乙烯（液化）
联合国危险性类别 2.1 **包装类别** -
包装标志 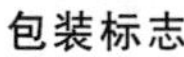  **海洋污染物** 否
运输注意事项 采用钢瓶运输时必须戴好钢瓶上的安全帽。钢瓶一般平放，并应将瓶口朝同一方向，不可交叉；高度不得超过车辆的防护栏板，并用三角木垫卡牢，防止滚动。运输时运输车辆应配备相应品种和数量的消防器材。装运该物品的车辆排气管必须配备阻火装置，禁止使用易产生火花的机械设备和工具装卸。严禁与氧化剂、卤素等混装混运。夏季应早晚运输，防止日光曝晒。中途停留时应远离火种、热源。公路运输时要按规定路线行驶，勿在居民区和人口稠密区停留。铁路运输时要禁止溜放

第十五部分 法规信息

下列法律、法规、规章和标准，对该化学品的管理作了相应的规定。
中华人民共和国职业病防治法 职业病分类和目录：未列入
危险化学品安全管理条例 危险化学品目录：列入。易制爆危险化学品名录：未列入。重点监管的危险化学品名录：列入。GB 18218—2009《危险化学品重大危险源辨识》（表1）：列入
使用有毒物品作业场所劳动保护条例 高毒物品目录：未列入
易制毒化学品管理条例 易制毒化学品的分类和品种目录：未列入
国际公约 斯德哥尔摩公约：未列入。鹿特丹公约：未列入。蒙特利尔议定书：未列入

第十六部分 其他信息

编写和修订信息 **缩略语和首字母缩写**
培训建议 **参考文献**
免责声明

乙烯（基）三氯硅烷

第一部分 化学品标识

化学品中文名 乙烯（基）三氯硅烷；三氯乙烯硅烷
化学品英文名 vinyltrichlorosilane；trichlorovinyl silane
分子式 $C_2H_3Cl_3Si$ **相对分子质量** 161.49
结构式 Cl—Si(Cl)(Cl)—CH＝CH₂

化学品的推荐及限制用途 用于有机合成，用作硅酮制造的中间体、胶黏剂的偶联剂以及化学试剂

第二部分 危险性概述

紧急情况概述 高度易燃液体和蒸气，吞咽、皮肤接触、吸入会中毒，造成严重的皮肤灼伤和眼损伤
GHS危险性类别 易燃液体，类别2；急性毒性-经口，类别3；急性毒性-经皮，类别3；急性毒性-吸入，类

别 3；皮肤腐蚀/刺激，类别 1；严重眼损伤/眼刺激，类别 1；特异性靶器官毒性-一次接触，类别 3（呼吸道刺激）

标签要素

象形图 

警示词 危险

危险性说明 高度易燃液体和蒸气，吞咽会中毒，皮肤接触会中毒，吸入会中毒，造成严重的皮肤灼伤和眼损伤，造成严重眼损伤，可能引起呼吸道刺激

防范说明

预防措施 远离热源、火花、明火、热表面。禁止吸烟。保持容器密闭。容器和接收设备接地连接。使用防爆电器、通风、照明设备。只能使用不产生火花的工具。采取防止静电措施。避免接触眼睛、皮肤，操作后彻底清洗。作业场所不得进食、饮水或吸烟。避免吸入蒸气、雾。仅在室外或通风良好处操作。戴防护手套，穿防护服，戴防护眼镜、防护面罩

事故响应 火灾时，使用二氧化碳、干粉、干砂灭火。如吸入：将患者转移到空气新鲜处，休息，保持利于呼吸的体位。皮肤接触：立即脱掉所有被污染的衣服，用大量肥皂水和水清洗，如感觉不适，呼叫中毒控制中心或就医。被污染的衣服须经洗净后方可重新使用。眼睛接触：用水细心地冲洗数分钟。如戴隐形眼镜并可方便地取出，则取出隐形眼镜继续冲洗。食入：漱口，不要催吐，立即呼叫中毒控制中心或就医

安全储存 存放在通风良好的地方。保持低温。保持容器密闭。上锁保管

废弃处置 本品及内装物、容器依据国家和地方法规处置

物理和化学危险 高度易燃，其蒸气与空气混合，能形成爆炸性混合物。遇水产生刺激性气体。容易自聚

健康危害 氯硅烷类单体对眼、上呼吸道黏膜有强烈刺激性。局部可出现充血、水肿，甚至坏死。长时间接触高浓度，可引起鼻黏膜萎缩、支气管炎、肺充血和肺水肿。黏膜和皮肤接触其液体，可致灼伤

环境危害 对环境可能有害

第三部分 成分/组成信息

√物质		混合物
组分	**浓度**	**CAS No.**
乙烯（基）三氯硅烷		75-94-5

第四部分 急救措施

吸入 迅速脱离现场至空气新鲜处。保持呼吸道通畅。如呼吸困难，给输氧。如呼吸、心跳停止，立即进行心肺复苏术。就医

皮肤接触 立即脱去污染的衣着，用大量流动清水彻底冲洗至少 15min。就医

眼睛接触 立即分开眼睑，用流动清水或生理盐水彻底冲洗至少 15min。就医

食入 用水漱口，禁止催吐。给饮牛奶或蛋清。就医

对保护施救者的忠告 根据需要使用个人防护设备

对医生的特别提示 对症处理

第五部分 消防措施

灭火剂 用二氧化碳、干粉、干砂灭火

特别危险性 受热或遇水分解放热，放出有毒的腐蚀性烟气。具有腐蚀性。燃烧生成有害的一氧化碳、氯化氢、氧化硅

灭火注意事项及防护措施 消防人员必须佩戴空气呼吸器、穿全身防火防毒服，在上风向灭火。喷水冷却容器，尽可能将容器从火场移至空旷处。容器突然发出异常声音或出现异常现象，应立即撤离。禁止用水、泡沫和酸碱灭火剂灭火

第六部分 泄漏应急处理

作业人员防护措施、防护装备和应急处置程序 消除所有点火源。根据液体流动和蒸气扩散的影响区域划定警戒区，无关人员从侧风、上风向撤离至安全区。建议应急处理人员戴正压自给式呼吸器，穿防静电、防腐蚀、防毒服，戴橡胶耐油手套。作业时使用的所有设备应接地。穿上适当的防护服前严禁接触破裂的容器和泄漏物。尽可能切断泄漏源

环境保护措施 防止泄漏物进入水体、下水道、地下室或有限空间

泄漏化学品的收容、清除方法及所使用的处置材料 严禁用水处理。小量泄漏：用干燥的砂土或其他不燃材料覆盖泄漏物。大量泄漏：构筑围堤或挖坑收容。用砂土、惰性物质或蛭石吸收大量液体。用碎石灰石（$CaCO_3$）、苏打灰（Na_2CO_3）或石灰（CaO）中和。用防爆、耐腐蚀泵转移至槽车或专用收集器内

第七部分 操作处置与储存

操作注意事项 密闭操作，局部排风。操作人员必须经过专门培训，严格遵守操作规程。建议操作人员佩戴自吸过滤式防毒面具（全面罩），穿胶布防毒衣，戴橡胶耐油手套。远离火种、热源。工作场所严禁吸烟。使用防爆型的通风系统和设备。避免产生烟雾。防止烟雾和蒸气释放到工作场所空气中。避免与氧化剂、酸类、碱类接触。尤其要注意避免与水接触。充装要控制流速，防止静电积聚。搬运时要轻装轻卸，防止包装及容器损坏。配备相应品种和数量的消防器材及泄漏应急处理设备。倒空的容器可能残留有害物

储存注意事项 通常商品加有阻聚剂。储存于阴凉、干燥、通风良好的库房。远离火种、热源。库温不宜超过 37℃。包装要求密封，不可与空气接触。应与氧化剂、酸类、碱类等分开存放，切忌混储。采用防爆型照明、通风设施。禁止使用易产生火花的机械设备和工具。储区应备有泄漏应急处理设备和合适的收容材料

第八部分 接触控制/个体防护

职业接触限值

中国 未制定标准

美国(ACGIH) 未制定标准

生物接触限值 未制定标准

监测方法 空气中有毒物质测定方法：未制定标准。生物监测检验方法：未制定标准

工程控制 密闭操作，局部排风。提供安全的淋浴和洗眼设备

个体防护装备

呼吸系统防护 可能接触其蒸气时，应该佩戴过滤式防毒面具（全面罩）。紧急事态抢救或撤离时，建议佩戴空气呼吸器

眼睛防护 呼吸系统防护中已作防护

皮肤和身体防护 穿隔绝式防毒服

手防护 戴橡胶耐油手套

第九部分 理化特性

外观与性状 无色至浅黄色液体，有窒息性气味

pH 值 无资料 **熔点(℃)** －95

沸点(℃) 90.6

相对密度(水＝1) 1.27（25℃）

相对蒸气密度(空气＝1) 5.6

饱和蒸气压(kPa) 8.78（25℃）

燃烧热(kJ/mol) －1614.9 **临界温度(℃)** 无资料

临界压力(MPa) 3.49 **辛醇/水分配系数** 2.36

闪点(℃) 11(CC) **自燃温度(℃)** 262.78

爆炸下限(%) 3 **爆炸上限(%)** 无资料

分解温度(℃) 无资料 **黏度(mPa·s)** 无资料

溶解性 溶于多数有机溶剂

第十部分 稳定性和反应性

稳定性 稳定

危险反应 与强氧化剂、水等禁配物接触，有发生火灾和爆炸的危险

避免接触的条件 潮湿空气

禁配物 强氧化剂、强酸、强碱、水

危险的分解产物 氯化氢

第十一部分 毒理学信息

急性毒性 LD_{50}：1280mg/kg（大鼠经口）；0.68ml(863.6mg)/kg（兔经皮）

皮肤刺激或腐蚀 家兔经皮：625mg，重度刺激（开放性刺激试验）

眼睛刺激或腐蚀 无资料 **呼吸或皮肤过敏** 无资料

生殖细胞突变性 无资料 **致癌性** 无资料

生殖毒性 无资料

特异性靶器官系统毒性-一次接触 无资料

特异性靶器官系统毒性-反复接触 无资料

吸入危害 无资料

第十二部分 生态学信息

生态毒性 无资料

持久性和降解性

生物降解性 无资料

非生物降解性 无资料

潜在的生物累积性 根据 K_{ow} 值预测，该物质的生物累积性可能较弱

土壤中的迁移性 根据 K_{oc} 值预测，该物质可能有一定的迁移性

第十三部分 废弃处置

废弃化学品 建议用焚烧法处置。与燃料混合后，再焚烧。焚烧炉排出的卤化氢通过酸洗涤器除去

污染包装物 将容器返还生产商或按照国家和地方法规处置

废弃注意事项 处置前应参阅国家和地方有关法规

第十四部分 运输信息

联合国危险货物编号（UN 号） 1305

联合国运输名称 乙烯基三氯硅烷

联合国危险性类别 3，8 **包装类别** Ⅰ类包装

包装标志 

海洋污染物 否

运输注意事项 运输时运输车辆应配备相应品种和数量的消防器材及泄漏应急处理设备。夏季最好早晚运输。运输时所用的槽（罐）车应有接地链，槽内可设孔隔板以减少震荡产生的静电。严禁与氧化剂、酸类、碱类、食用化学品等混装混运。运输途中应防曝晒、雨淋，防高温。中途停留时应远离火种、热源、高温区。装运该物品的车辆排气管必须配备阻火装置，禁止使用易产生火花的机械设备和工具装卸。公路运输时要按规定路线行驶，勿在居民区和人口稠密区停留。铁路运输时要禁止溜放。严禁用木船、水泥船散装运输

第十五部分 法规信息

下列法律、法规、规章和标准，对该化学品的管理作了相应的规定。

中华人民共和国职业病防治法 职业病分类和目录：未列入

危险化学品安全管理条例 危险化学品目录：列入。易制爆危险化学品名录：未列入。重点监管的危险化学品名录：未列入。GB 18218—2009《危险化学品重大危险源辨识》（表 1）：未列入

使用有毒物品作业场所劳动保护条例 高毒物品目录：未列入

易制毒化学品管理条例 易制毒化学品的分类和品种目录：未列入

国际公约 斯德哥尔摩公约：未列入。鹿特丹公约：未列

入。蒙特利尔议定书：未列入

第十六部分 其他信息

编写和修订信息 **缩略语和首字母缩写**
培训建议 **参考文献**
免责声明

乙 酰 氯

第一部分 化学品标识

化学品中文名 乙酰氯；氯化乙酰；氯乙酰
化学品英文名 acetyl chloride；ethanoyl chloride
分子式 C_2H_3ClO **相对分子质量** 78.5
结构式 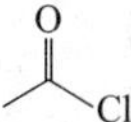
化学品的推荐及限制用途 用于有机化合物、染料及药品的制造

第二部分 危险性概述

紧急情况概述 高度易燃液体和蒸气，造成严重的皮肤灼伤和眼损伤
GHS危险性类别 易燃液体，类别2；皮肤腐蚀/刺激，类别1B；严重眼损伤/眼刺激，类别1；危害水生环境-急性危害，类别3
标签要素

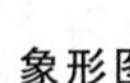

象形图 

警示词 危险
危险性说明 高度易燃液体和蒸气，造成严重的皮肤灼伤和眼损伤，造成严重眼损伤，对水生生物有害
防范说明
预防措施 远离热源、火花、明火、热表面。禁止吸烟。保持容器密闭。容器和接收设备接地连接。使用防爆电器、通风、照明设备。只能使用不产生火花的工具。采取防止静电措施。避免吸入烟雾。避免接触眼睛、皮肤，操作后彻底清洗。戴防护手套，穿防护服，戴防护眼镜、防护面罩
事故响应 火灾时，使用二氧化碳、干粉、砂土灭火。如吸入：将患者转移到空气新鲜处，休息，保持利于呼吸的体位，立即呼叫中毒控制中心或就医。皮肤（或头发）接触：立即脱掉所有被污染的衣服，用水冲洗皮肤，淋浴。污染的衣服须洗净后方可重新使用。眼睛接触：用水细心地冲洗数分钟。如戴隐形眼镜并可方便地取出，则取出隐形眼镜。继续冲洗。食入：漱口，不要催吐
安全储存 存放在通风良好的地方。保持低温。上锁保管
废弃处置 本品及内装物、容器依据国家和地方法规处置
物理和化学危险 高度易燃，其蒸气与空气混合，能形成爆炸性混合物。遇水剧烈反应，可引起燃烧或爆炸
健康危害 本品对眼和呼吸道有刺激性，吸入后引起咳嗽、胸痛。口服引起口腔及消化道灼伤。可致眼和皮肤灼伤
环境危害 对水生生物有害

第三部分 成分/组成信息

√物质		混合物
组分	**浓度**	**CAS No.**
乙酰氯		75-36-5

第四部分 急救措施

吸入 迅速脱离现场至空气新鲜处。保持呼吸道通畅。如呼吸困难，给输氧。如呼吸、心跳停止，立即进行心肺复苏术。就医
皮肤接触 立即脱去污染的衣着，用大量流动清水彻底冲洗至少15min。就医
眼睛接触 立即分开眼睑，用流动清水或生理盐水彻底冲洗至少15min。就医
食入 用水漱口，禁止催吐。给饮牛奶或蛋清。就医
对保护施救者的忠告 根据需要使用个人防护设备
对医生的特别提示 对症处理

第五部分 消防措施

灭火剂 用二氧化碳、干粉、砂土灭火
特别危险性 在空气中受热分解释出剧毒的光气和氯化氢气体。遇水、水蒸气或乙醇剧烈反应甚至爆炸。蒸气比空气重，沿地面扩散并易积存于低洼处，遇火源会着火回燃。燃烧生成有害的一氧化碳、氯化氢、光气
灭火注意事项及防护措施 消防人员必须穿全身耐酸碱消防服、佩戴空气呼吸器灭火。尽可能将容器从火场移至空旷处。喷水保持火场容器冷却，直至灭火结束。容器突然发出异常声音或出现异常现象，应立即撤离。禁止用水、泡沫和酸碱灭火剂灭火

第六部分 泄漏应急处理

作业人员防护措施、防护装备和应急处置程序 消除所有点火源。根据液体流动和蒸气扩散的影响区域划定警戒区，无关人员从侧风、上风向撤离至安全区。建议应急处理人员戴正压自给式呼吸器，穿防静电、防腐蚀、防毒服，戴橡胶耐油手套。作业时使用的所有设备应接地。禁止接触或跨越泄漏物。尽可能切断泄漏源
环境保护措施 防止泄漏物进入水体、下水道、地下室或有限空间
泄漏化学品的收容、清除方法及所使用的处置材料 小量泄漏：用砂土或其他不燃材料吸收，使用洁净的无火花工具收集吸收材料。大量泄漏：构筑围堤或挖坑收容。用砂土、惰性物质或蛭石吸收大量液体。用石灰（CaO）、碎石灰石（$CaCO_3$）或碳酸氢钠（$NaHCO_3$）中和。用防爆、耐腐蚀泵转移至槽车或专用收集器内

防止发生次生灾害的预防措施

第七部分 操作处置与储存

操作注意事项 密闭操作，提供充分的局部排风。操作人员必须经过专门培训，严格遵守操作规程。建议操作人员佩戴过滤式防毒面具（全面罩）或自给式呼吸器，穿胶布防毒衣，戴橡胶耐油手套。远离火种、热源。工作场所严禁吸烟。使用防爆型的通风系统和设备。避免产生烟雾。防止烟雾和蒸气释放到工作场所空气中。避免与氧化剂、醇类接触。尤其要注意避免与水接触。充装要控制流速，防止静电积聚。搬运时要轻装轻卸，防止包装及容器损坏。配备相应品种和数量的消防器材及泄漏应急处理设备。倒空的容器可能残留有害物

储存注意事项 储存于阴凉、干燥、通风良好的库房。远离火种、热源。库温不宜超过37℃。包装必须密封，防止受潮。应与氧化剂、醇类等分开存放，切忌混储。不宜久存，以免变质。采用防爆型照明、通风设施。禁止使用易产生火花的机械设备和工具。储区应备有泄漏应急处理设备和合适的收容材料

第八部分 接触控制/个体防护

职业接触限值

中国 未制定标准

美国(ACGIH) 未制定标准

生物接触限值 未制定标准

监测方法 空气中有毒物质测定方法：未制定标准。生物监测检验方法：未制定标准

工程控制 严加密闭，提供充分的局部排风。提供安全的淋浴和洗眼设备

个体防护装备

呼吸系统防护 可能接触其蒸气时，必须佩戴过滤式防毒面具（全面罩）或空气呼吸器。紧急事态抢救或撤离时，建议佩戴空气呼吸器

眼睛防护 呼吸系统防护中已作防护

皮肤和身体防护 穿隔绝式防毒服

手防护 戴橡胶耐油手套

第九部分 理化特性

外观与性状 无色发烟液体，有强烈刺激性气味

pH值 无资料 **熔点(℃)** −112

沸点(℃) 51～52

相对密度(水=1) 1.11（20℃）

相对蒸气密度(空气=1) 2.70

饱和蒸气压(kPa) 32（20℃）

燃烧热(kJ/mol) −1099 **临界温度(℃)** 246

临界压力(MPa) 5.83 **辛醇/水分配系数** −0.47

闪点(℃) 4（CC） **自燃温度(℃)** 390

爆炸下限(%) 7.3 **爆炸上限(%)** 19

分解温度(℃) 无资料 **黏度(mPa·s)** 无资料

溶解性 溶于丙酮、乙醚、乙酸、苯、氯仿

第十部分 稳定性和反应性

稳定性 稳定

危险反应 与强氧化剂、水、醇类等禁配物接触，有发生火灾和爆炸的危险

避免接触的条件 受热、潮湿空气

禁配物 水、醇类、强氧化剂、强碱

危险的分解产物 氯化氢、光气

第十一部分 毒理学信息

急性毒性 LD_{50}：910mg/kg（大鼠经口）

皮肤刺激或腐蚀 无资料 **眼睛刺激或腐蚀** 无资料

呼吸或皮肤过敏 无资料

生殖细胞突变性 基因转化和有丝分裂重组：黑腹果蝇 62500μmol/L

致癌性 无资料 **生殖毒性** 无资料

特异性靶器官系统毒性-一次接触 无资料

特异性靶器官系统毒性-反复接触 无资料

吸入危害 无资料

第十二部分 生态学信息

生态毒性 LC_{50}：42mg/L（96h）（鱼）

持久性和降解性

生物降解性 无资料

非生物降解性 空气中，当羟基自由基浓度为5.00×10^5个/cm^3时，降解半衰期为5a（理论）

潜在的生物累积性 无资料

土壤中的迁移性 无资料

第十三部分 废弃处置

废弃化学品 建议用焚烧法处置。与燃料混合后，再焚烧。焚烧炉排出的卤化氢通过酸洗涤器除去

污染包装物 将容器返还生产商或按照国家和地方法规处置

废弃注意事项 处置前应参阅国家和地方有关法规

第十四部分 运输信息

联合国危险货物编号（UN号） 1717

联合国运输名称 乙酰氯 **联合国危险性类别** 3，8

包装类别 Ⅱ类包装

包装标志  

海洋污染物 否

运输注意事项 运输时运输车辆应配备相应品种和数量的消防器材及泄漏应急处理设备。夏季最好早晚运输。运输时所用的槽（罐）车应有接地链，槽内可设孔隔板以减少震荡产生的静电。严禁与氧化剂、醇类、食用化学品等混装混运。运输途中应防曝晒、雨淋，防高温。中途停留时应远离火种、热源、高温区。装运该物品的车辆排气管必须配备阻火装置，禁止使用易产生火花的机械设备和工具装卸。公路运输时要按规定路线行驶，勿在居民区和人口稠密区停留。铁路运输时要禁止溜放。严禁用木船、水泥船散装运输

第十五部分　法规信息

下列法律、法规、规章和标准，对该化学品的管理作了相应的规定。

中华人民共和国职业病防治法　职业病分类和目录：未列入

危险化学品安全管理条例　危险化学品目录：列入。易制爆危险化学品名录：未列入。重点监管的危险化学品名录：未列入。GB 18218—2009《危险化学品重大危险源辨识》(表 1)：未列入

使用有毒物品作业场所劳动保护条例　高毒物品目录：未列入

易制毒化学品管理条例　易制毒化学品的分类和品种目录：未列入

国际公约　斯德哥尔摩公约：未列入。鹿特丹公约：未列入。蒙特利尔议定书：未列入

第十六部分　其他信息

编写和修订信息　　**缩略语和首字母缩写**

培训建议　　**参考文献**

免责声明

异　丙　胺

第一部分　化学品标识

化学品中文名　异丙胺；2-氨基丙烷；1-甲基乙胺

化学品英文名　isopropylamine；2-aminopropane；1-methylethylamine

分子式　C_3H_9N　　**相对分子质量**　59.11

结构式　NH_2

化学品的推荐及限制用途　用作溶剂、有机合成的中间体、乳化剂、表面活性剂、橡胶硫化促进剂

第二部分　危险性概述

紧急情况概述　极易燃液体和蒸气

GHS 危险性类别　易燃液体，类别 1；皮肤腐蚀/刺激，类别 2；严重眼损伤/眼刺激，类别 2；特异性靶器官毒性-一次接触，类别 3（呼吸道刺激）；危害水生环境-急性危害，类别 3

标签要素

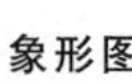

象形图

警示词　危险

危险性说明　极易燃液体和蒸气，造成皮肤刺激，造成眼刺激，可能引起呼吸道刺激

防范说明

预防措施　远离热源、火花、明火、热表面。禁止吸烟。保持容器密闭。容器和接收设备接地连接。使用防爆电器、通风、照明设备。只能使用不产生火花的工具。采取防止静电措施。戴防护手套、防护眼镜、防护面罩。避免接触眼睛、皮肤，操作后彻底清洗

事故响应　火灾时用抗溶性泡沫、二氧化碳、干粉、砂土灭火。如吸入，将患者转移到空气新鲜处，休息，保持利于呼吸的体位。皮肤（或头发）接触：立即脱掉所有被污染的衣服，用水冲洗皮肤，淋浴。接触眼睛：用水细心冲洗数分钟。如戴隐形眼镜并可方便地取出，取出隐形眼镜继续冲洗。如食入：漱口，不要催吐，立即呼叫中毒控制中心或就医

安全储存　存放在通风良好的地方。保持低温

废弃处置　本品及内装物、容器依据国家和地方法规处置

物理和化学危险　极易燃，其蒸气与空气混合，能形成爆炸性混合物

健康危害　对人的急性毒作用，可引起眼、呼吸道及皮肤刺激、灼伤等。实验动物中毒，显示主要刺激呼吸道，引起肺水肿

环境危害　对环境可能有害

第三部分　成分/组成信息

√物质　　　　混合物

组分	浓度	CAS No.
异丙胺		75-31-0

第四部分　急救措施

吸入　迅速脱离现场至空气新鲜处。保持呼吸道通畅。如呼吸困难，给输氧。如呼吸、心跳停止，立即进行心肺复苏术。就医

皮肤接触　立即脱去污染的衣着，用流动清水彻底冲洗。就医

眼睛接触　立即分开眼睑，用流动清水或生理盐水彻底冲洗。就医

食入　漱口，饮水。就医

对保护施救者的忠告　根据需要使用个人防护设备

对医生的特别提示　对症处理

第五部分　消防措施

灭火剂　用抗溶性泡沫、二氧化碳、干粉、砂土灭火

特别危险性　与氧化剂能发生强烈反应。蒸气比空气重，沿地面扩散并易积存于低洼处，遇火源会着火回燃。具有腐蚀性。燃烧生成有害的一氧化碳、氮氧化物

灭火注意事项及防护措施　消防人员必须佩戴空气呼吸器、穿全身防火防毒服，在上风向灭火。喷水冷却容器，尽可能将容器从火场移至空旷处。容器突然发出异常声音或出现异常现象，应立即撤离

第六部分　泄漏应急处理

作业人员防护措施、防护装备和应急处置程序　消除所有点火源。根据液体流动和蒸气扩散的影响区域划定警戒区，无关人员从侧风、上风向撤离至安全区。建议应急处理人员戴正压自给式呼吸器，穿防静电、防腐蚀、防毒服，戴橡胶耐油手套。作业时使用的所有设

备应接地。禁止接触或跨越泄漏物。尽可能切断泄漏源

环境保护措施 防止泄漏物进入水体、下水道、地下室或有限空间

泄漏化学品的收容、清除方法及所使用的处置材料 小量泄漏：用砂土或其他不燃材料吸收，使用洁净的无火花工具收集吸收材料。大量泄漏：构筑围堤或挖坑收容。用抗溶性泡沫覆盖，减少蒸发。喷水雾能减少蒸发，但不能降低泄漏物在有限空间内的易燃性。用防爆、耐腐蚀泵转移至槽车或专用收集器内。喷雾状水驱散蒸气、稀释液体泄漏物

第七部分 操作处置与储存

操作注意事项 密闭操作，加强通风。操作人员必须经过专门培训，严格遵守操作规程。建议操作人员佩戴自吸过滤式防毒面具（全面罩），穿胶布防毒衣，戴橡胶耐油手套。远离火种、热源。工作场所严禁吸烟。使用防爆型的通风系统和设备。防止蒸气泄漏到工作场所空气中。避免与氧化剂、酸类接触。充装要控制流速，防止静电积聚。搬运时要轻装轻卸，防止包装及容器损坏。配备相应品种和数量的消防器材及泄漏应急处理设备。倒空的容器可能残留有害物

储存注意事项 储存于阴凉、通风的库房。远离火种、热源。库温不宜超过 29℃。保持容器密封。应与氧化剂、酸类等分开存放，切忌混储。采用防爆型照明、通风设施。禁止使用易产生火花的机械设备和工具。储区应备有泄漏应急处理设备和合适的收容材料

第八部分 接触控制/个体防护

职业接触限值

中国 PC-TWA：12mg/m^3；PC-STEL：24mg/m^3

美国（ACGIH） TLV-TWA：5ppm；TLV-STEL：10ppm

生物接触限值 未制定标准

监测方法 空气中有毒物质测定方法：未制定标准。生物监测检验方法：未制定标准

工程控制 生产过程密闭，加强通风。提供安全的淋浴和洗眼设备

个体防护装备

呼吸系统防护 可能接触其蒸气时，必须佩戴过滤式防毒面具（全面罩）

眼睛防护 呼吸系统防护中已作防护

皮肤和身体防护 穿隔绝式防毒服

手防护 戴橡胶耐油手套

第九部分 理化特性

外观与性状 无色易挥发液体，有带鱼腥的氨臭

pH 值 无资料 **熔点(℃)** −95～−101.2

沸点(℃) 33～34

相对密度(水=1) 0.69

相对蒸气密度(空气=1) 2.03

饱和蒸气压(kPa) 77.27（25℃）

燃烧热(kJ/mol) −2345.5 **临界温度(℃)** 198.6

临界压力(MPa) 4.54 **辛醇/水分配系数** 0.26

闪点(℃) −26(OC) **自燃温度(℃)** 402

爆炸下限(%) 2.3 **爆炸上限(%)** 12

分解温度(℃) 无资料 **黏度(mPa·s)** 无资料

溶解性 与水混溶，可混溶于乙醇、乙醚，易溶于丙酮，溶于苯、氯仿

第十部分 稳定性和反应性

稳定性 稳定

危险反应 与强氧化剂等禁配物接触，有发生火灾和爆炸的危险

避免接触的条件 无资料

禁配物 酸类、酰基氯、酸酐、强氧化剂、二氧化碳

危险的分解产物 氨

第十一部分 毒理学信息

急性毒性

LD_{50} 111mg/kg（大鼠经口）；380mg/kg（兔经皮）

LC_{50} 4000ppm（大鼠吸入，4h）

皮肤刺激或腐蚀 家兔经皮：345mg，中度刺激（开放性刺激试验）

眼睛刺激或腐蚀 家兔经眼：50μg，重度刺激

呼吸或皮肤过敏 无资料 **生殖细胞突变性** 无资料

致癌性 无资料 **生殖毒性** 无资料

特异性靶器官系统毒性-一次接触 无资料

特异性靶器官系统毒性-反复接触 无资料

吸入危害 无资料

第十二部分 生态学信息

生态毒性 EC_{50}：20.8mg/L（48h）（水蚤）

持久性和降解性

生物降解性 无资料

非生物降解性 空气中，当羟基自由基浓度为 5.00×10^5 个/cm^{3}时，降解半衰期为 10h（理论）

潜在的生物累积性 根据 K_{ow} 值预测，该物质的生物累积性可能较弱

土壤中的迁移性 根据 K_{oc} 值预测，该物质可能易发生迁移

第十三部分 废弃处置

废弃化学品 用控制焚烧法处置。焚烧炉排出的氮氧化物通过洗涤器除去

污染包装物 将容器返还生产商或按照国家和地方法规处置

废弃注意事项 把倒空的容器归还厂商或在规定场所掩埋

第十四部分 运输信息

联合国危险货物编号（UN 号） 1221

联合国运输名称 异丙胺

联合国危险性类别 3，8 **包装类别** Ⅰ类包装

包装标志 

海洋污染物 否

运输注意事项 运输时运输车辆应配备相应品种和数量的消防器材及泄漏应急处理设备。夏季最好早晚运输。运输时所用的槽（罐）车应有接地链，槽内可设孔隔板以减少震荡产生的静电。严禁与氧化剂、酸类、食用化学品等混装混运。运输途中应防曝晒、雨淋，防高温。中途停留时应远离火种、热源、高温区。装运该物品的车辆排气管必须配备阻火装置，禁止使用易产生火花的机械设备和工具装卸。公路运输时要按规定路线行驶，勿在居民区和人口稠密区停留。铁路运输时要禁止溜放。严禁用木船、水泥船散装运输

第十五部分　法规信息

下列法律、法规、规章和标准，对该化学品的管理作了相应的规定。

中华人民共和国职业病防治法 职业病分类和目录：未列入

危险化学品安全管理条例 危险化学品目录：列入。易制爆危险化学品名录：未列入。重点监管的危险化学品名录：未列入。GB 18218—2009《危险化学品重大危险源辨识》(表 1)：未列入

使用有毒物品作业场所劳动保护条例 高毒物品目录：未列入

易制毒化学品管理条例 易制毒化学品的分类和品种目录：未列入

国际公约 斯德哥尔摩公约：未列入。鹿特丹公约：未列入。蒙特利尔议定书：未列入

第十六部分　其他信息

编写和修订信息　**缩略语和首字母缩写**
培训建议　**参考文献**
免责声明

异 丙 苯

第一部分　化学品标识

化学品中文名 异丙苯；异丙基苯；枯烯

化学品英文名 isopropylbenzene；cumene

分子式 C_9H_{12}　**相对分子质量** 120.2

结构式

化学品的推荐及限制用途 用于有机合成和用作溶剂

第二部分　危险性概述

紧急情况概述 易燃液体和蒸气，吞咽及进入呼吸道可能致命

GHS 危险性类别 易燃液体，类别 3；特异性靶器官毒性-一次接触，类别 3（呼吸道刺激）；吸入危害，类别 1；危害水生环境-急性危害，类别 2；危害水生环境-长期危害，类别 2

标签要素

象形图

警示词 危险

危险性说明 易燃液体和蒸气，可能引起呼吸道刺激，吞咽及进入呼吸道可能致命，对水生生物有毒并具有长期持续影响

防范说明

预防措施 远离热源、火花、明火、热表面。禁止吸烟。保持容器密闭。容器和接收设备接地连接。使用防爆电器、通风、照明设备。只能使用不产生火花的工具。采取防止静电措施。戴防护手套、防护眼镜、防护面罩。禁止排入环境

事故响应 火灾时，使用泡沫、二氧化碳、干粉、砂土灭火。如皮肤（或头发）接触：立即脱掉所有被污染的衣服，用水冲洗皮肤，淋浴。如果食入：不要催吐，立即呼叫中毒控制中心或就医。收集泄漏物

安全储存 存放在通风良好的地方。保持低温。上锁保管

废弃处置 本品及内装物、容器依据国家和地方法规处置

物理和化学危险 易燃，其蒸气与空气混合，能形成爆炸性混合物

健康危害 急性中毒表现与苯、甲苯相似，但麻醉作用出现较慢而持久。表现有黏膜刺激症状以及头晕、头痛、恶心、呕吐、步态蹒跚等。严重中毒可发生昏迷、抽搐等。本品对造血系统影响不明显。液态本品吸入呼吸道可引起吸入性肺炎

环境危害 对水生生物有毒并具有长期持续影响

第三部分　成分/组成信息

√物质　　混合物

组分	浓度	CAS No.
异丙苯		98-82-8

第四部分　急救措施

吸入 迅速脱离现场至空气新鲜处。保持呼吸道通畅。如呼吸困难，给输氧。如呼吸、心跳停止，立即进行心肺复苏术。就医

皮肤接触 立即脱去污染的衣着，用流动清水彻底冲洗。就医

眼睛接触 立即分开眼睑，用流动清水或生理盐水彻底冲洗。就医

食入 漱口，饮水。禁止催吐。就医

对保护施救者的忠告 根据需要使用个人防护设备

对医生的特别提示 对症处理

第五部分　消防措施

灭火剂　用泡沫、二氧化碳、干粉、砂土灭火

特别危险性　易燃，其蒸气与空气混合，能形成爆炸性混合物，遇明火、高热或与氧化剂接触，有引起燃烧爆炸的危险。燃烧生成有害的一氧化碳

灭火注意事项及防护措施　消防人员必须佩戴空气呼吸器、穿全身防火防毒服，在上风向灭火。喷水冷却容器，尽可能将容器从火场移至空旷处。容器突然发出异常声音或出现异常现象，应立即撤离

第六部分　泄漏应急处理

作业人员防护措施、防护装备和应急处置程序　消除所有点火源。根据液体流动和蒸气扩散的影响区域划定警戒区，无关人员从侧风、上风向撤离至安全区。建议应急处理人员戴正压自给式呼吸器，穿防静电服，戴橡胶耐油手套。作业时使用的所有设备应接地。禁止接触或跨越泄漏物。尽可能切断泄漏源

环境保护措施　防止泄漏物进入水体、下水道、地下室或有限空间

泄漏化学品的收容、清除方法及所使用的处置材料　小量泄漏：用砂土或其他不燃材料吸收，使用洁净的无火花工具收集吸收材料。大量泄漏：构筑围堤或挖坑收容。用泡沫覆盖，减少蒸发。喷水雾能减少蒸发，但不能降低泄漏物在有限空间内的易燃性。用防爆泵转移至槽车或专用收集器内

第七部分　操作处置与储存

操作注意事项　密闭操作，加强通风。操作人员必须经过专门培训，严格遵守操作规程。建议操作人员佩戴过滤式防毒面具（半面罩），戴化学安全防护眼镜，穿防毒物渗透工作服，戴橡胶耐油手套。远离火种、热源。工作场所严禁吸烟。使用防爆型的通风系统和设备。防止蒸气泄漏到工作场所空气中。避免与氧化剂接触。灌装时应控制流速，且有接地装置，防止静电积聚。搬运时要轻装轻卸，防止包装及容器损坏。配备相应品种和数量的消防器材及泄漏应急处理设备。倒空的容器可能残留有害物

储存注意事项　储存于阴凉、通风的库房。远离火种、热源。库温不宜超过37℃。保持容器密封。应与氧化剂分开存放，切忌混储。采用防爆型照明、通风设施。禁止使用易产生火花的机械设备和工具。储区应备有泄漏应急处理设备和合适的收容材料

第八部分　接触控制/个体防护

职业接触限值

中国　未制定标准

美国(ACGIH)　TLV-TWA：50ppm

生物接触限值　未制定标准

监测方法　空气中有毒物质测定方法：未制定标准。生物监测检验方法：未制定标准

工程控制　生产过程密闭，加强通风

个体防护装备

呼吸系统防护　空气中浓度超标时，佩戴过滤式防毒面具（半面罩）。紧急事态抢救或撤离时，建议佩戴空气呼吸器

眼睛防护　戴化学安全防护眼镜

皮肤和身体防护　穿防毒物渗透工作服

手防护　戴橡胶耐油手套

第九部分　理化特性

外观与性状　无色液体，有特殊芳香气味

pH值　无资料　　**熔点(℃)**　−96.0

沸点(℃)　152.4　　**相对密度(水=1)**　0.86

相对蒸气密度(空气=1)　4.1

饱和蒸气压(kPa)　2.48 (50℃)

燃烧热(kJ/mol)　−4951.8　　**临界温度(℃)**　362.7

临界压力(MPa)　3.21　　**辛醇/水分配系数**　3.66

闪点(℃)　31　　**自燃温度(℃)**　424

爆炸下限(%)　0.9　　**爆炸上限(%)**　6.5

分解温度(℃)　无资料　　**黏度(mPa·s)**　0.737(25℃)

溶解性　不溶于水，溶于乙醇、乙醚、苯、四氯化碳、丙酮等多数有机溶剂

第十部分　稳定性和反应性

稳定性　稳定

危险反应　与强氧化剂等禁配物接触，有发生火灾和爆炸的危险

避免接触的条件　无资料

禁配物　强氧化剂、酸类、卤素等

危险的分解产物　无资料

第十一部分　毒理学信息

急性毒性

LD_{50}　1400mg/kg（大鼠经口）；12300μl（10578mg）/kg（兔经皮）

LC_{50}　15300mg/m³（小鼠吸入，2h）

皮肤刺激或腐蚀　家兔经皮：100mg（24h），中度刺激

眼睛刺激或腐蚀　家兔经眼：500mg（24h），轻度刺激

呼吸或皮肤过敏　无资料

生殖细胞突变性　微生物致突变：鼠伤寒沙门氏菌属100μg/皿（3h）

致癌性　IARC致癌性评论：组2B，可疑人类致癌物

生殖毒性　无资料

特异性靶器官系统毒性-一次接触　无资料

特异性靶器官系统毒性-反复接触　大鼠吸入2.5g/m³，每天8h，每周6d，共150d，见肺、肝、肾明显充血

吸入危害　无资料

第十二部分　生态学信息

生态毒性　LC_{50}：6.32mg/L（96h）（黑头呆鱼）

持久性和降解性

生物降解性　MITI-Ⅰ测试，初始浓度100ppm，污泥浓度30ppm，2周后降解26.1%～40%

非生物降解性　空气中，当羟基自由基浓度为5.00×

10^5个/cm^3时，降解半衰期为2.5d（理论）

潜在的生物累积性 BCF：35.5（金鱼，接触浓度1mg/L）；根据K_{ow}值预测，该物质可能有一定的生物累积性

土壤中的迁移性 根据K_{oc}值预测，该物质可能有一定的迁移性

第十三部分 废弃处置

废弃化学品 用焚烧法处置

污染包装物 将容器返还生产商或按照国家和地方法规处置

废弃注意事项 把倒空的容器归还厂商或在规定场所掩埋

第十四部分 运输信息

联合国危险货物编号（UN号） 1918

联合国运输名称 异丙基苯

联合国危险性类别 3 **包装类别** Ⅲ类包装

包装标志  **海洋污染物** 否

运输注意事项 运输时运输车辆应配备相应品种和数量的消防器材及泄漏应急处理设备。夏季最好早晚运输。运输时所用的槽（罐）车应有接地链，槽内可设孔隔板以减少震荡产生的静电。严禁与氧化剂等混装混运。运输途中应防曝晒、雨淋，防高温。中途停留时应远离火种、热源、高温区。装运该物品的车辆排气管必须配备阻火装置，禁止使用易产生火花的机械设备和工具装卸。公路运输时要按规定路线行驶，勿在居民区和人口稠密区停留。铁路运输时要禁止溜放。严禁用木船、水泥船散装运输

第十五部分 法规信息

下列法律、法规、规章和标准，对该化学品的管理作了相应的规定。

中华人民共和国职业病防治法 职业病分类和目录：未列入

危险化学品安全管理条例 危险化学品目录：列入。易制爆危险化学品名录：未列入。重点监管的危险化学品名录：未列入。GB 18218—2009《危险化学品重大危险源辨识》（表1）：未列入

使用有毒物品作业场所劳动保护条例 高毒物品目录：未列入

易制毒化学品管理条例 易制毒化学品的分类和品种目录：未列入

国际公约 斯德哥尔摩公约：未列入。鹿特丹公约：未列入。蒙特利尔议定书：未列入

第十六部分 其他信息

编写和修订信息 **缩略语和首字母缩写**

培训建议 **参考文献**

免责声明

异 丙 醚

第一部分 化学品标识

化学品中文名 异丙醚；二异丙（基）醚

化学品英文名 isopropyl ether；diisopropyl ether

分子式 $C_6H_{14}O$ **相对分子质量** 102.2

结构式 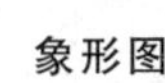

化学品的推荐及限制用途 用作溶剂，还用于乙酸或丁酸稀溶液的浓缩回收

第二部分 危险性概述

紧急情况概述 高度易燃液体和蒸气，可能引起昏昏欲睡或眩晕

GHS危险性类别 易燃液体，类别2；特异性靶器官毒性-一次接触，类别3（麻醉效应）；危害水生环境-急性危害，类别3；危害水生环境-长期危害，类别3

标签要素

象形图 

警示词 危险

危险性说明 高度易燃液体和蒸气，可能引起昏昏欲睡或眩晕，对水生生物有害并具有长期持续影响

防范说明

预防措施 远离热源、火花、明火、热表面。禁止吸烟。保持容器密闭。容器和接收设备接地连接。使用防爆电器、通风、照明设备。只能使用不产生火花的工具。采取防止静电措施。戴防护手套、防护眼镜、防护面罩。禁止排入环境

事故响应 火灾时，使用泡沫、二氧化碳、干粉、砂土灭火。如皮肤（或头发）接触：立即脱掉所有被污染的衣服，用水冲洗皮肤，淋浴

安全储存 存放在通风良好的地方。保持低温

废弃处置 本品及内装物、容器依据国家和地方法规处置

物理和化学危险 高度易燃，其蒸气与空气混合，能形成爆炸性混合物

健康危害 接触后能引起恶心、头痛、呕吐和麻醉作用。蒸气对眼睛和上呼吸道有刺激性。皮肤反复接触，可引起接触性皮炎

环境危害 对水生生物有害并具有长期持续影响

第三部分 成分/组成信息

√物质		混合物
组分	**浓度**	**CAS No.**
异丙醚		108-20-3

第四部分 急救措施

吸入 迅速脱离现场至空气新鲜处。保持呼吸道通畅。如呼吸困难，给输氧。如呼吸、心跳停止，立即进行心

肺复苏术。就医

皮肤接触 立即脱去污染的衣着，用流动清水彻底冲洗。就医

眼睛接触 立即分开眼睑，用流动清水或生理盐水彻底冲洗。就医

食入 漱口，饮水。就医

对保护施救者的忠告 根据需要使用个人防护设备

对医生的特别提示 对症处理

第五部分 消防措施

灭火剂 用泡沫、二氧化碳、干粉、砂土灭火

特别危险性 在空气中久置后能生成有爆炸性的过氧化物。在火场中，受热的容器有爆炸危险。蒸气比空气重，沿地面扩散并易积存于低洼处，遇火源会着火回燃。燃烧生成有害的一氧化碳

灭火注意事项及防护措施 消防人员须佩戴防毒面具、穿全身消防服，在上风向灭火。尽可能将容器从火场移至空旷处。喷水保持火场容器冷却，直至灭火结束。容器突然发出异常声音或出现异常现象，应立即撤离。用水灭火无效

第六部分 泄漏应急处理

作业人员防护措施、防护装备和应急处置程序 消除所有点火源。根据液体流动和蒸气扩散的影响区域划定警戒区，无关人员从侧风、上风向撤离至安全区。建议应急处理人员戴正压自给式呼吸器，穿防静电服，戴橡胶耐油手套。作业时使用的所有设备应接地。禁止接触或跨越泄漏物。尽可能切断泄漏源

环境保护措施 防止泄漏物进入水体、下水道、地下室或有限空间

泄漏化学品的收容、清除方法及所使用的处置材料 小量泄漏：用砂土或其他不燃材料吸收，使用洁净的无火花工具收集吸收材料。大量泄漏：构筑围堤或挖坑收容。用泡沫覆盖，减少蒸发。喷水雾能减少蒸发，但不能降低泄漏物在有限空间内的易燃性。用防爆泵转移至槽车或专用收集器内。喷雾状水驱散蒸气、稀释液体泄漏物

第七部分 操作处置与储存

操作注意事项 密闭操作，全面通风。操作人员必须经过专门培训，严格遵守操作规程。建议操作人员佩戴过滤式防毒面具（半面罩），戴化学安全防护眼镜，穿防静电工作服，戴橡胶耐油手套。远离火种、热源。工作场所严禁吸烟。使用防爆型的通风系统和设备。防止蒸气泄漏到工作场所空气中。避免与氧化剂接触。灌装时应控制流速，且有接地装置，防止静电积聚。搬运时要轻装轻卸，防止包装及容器损坏。配备相应品种和数量的消防器材及泄漏应急处理设备。倒空的容器可能残留有害物

储存注意事项 储存于阴凉、通风的库房。远离火种、热源。库温不宜超过 29℃。保持容器密封。应与氧化剂分开存放，切忌混储。采用防爆型照明、通风设施。禁止使用易产生火花的机械设备和工具。储区应备有泄漏应急处理设备和合适的收容材料

第八部分 接触控制/个体防护

职业接触限值

中国 未制定标准

美国(ACGIH) TLV-TWA：250ppm；TLV-STEL：310ppm

生物接触限值 未制定标准

监测方法 空气中有毒物质测定方法：热解吸-气相色谱法。生物监测检验方法：未制定标准

工程控制 生产过程密闭，全面通风。提供安全的淋浴和洗眼设备

个体防护装备

呼吸系统防护 空气中浓度超标时，佩戴过滤式防毒面具（半面罩）

眼睛防护 戴化学安全防护眼镜

皮肤和身体防护 穿防静电工作服

手防护 戴橡胶耐油手套

第九部分 理化特性

外观与性状 无色液体，有类似乙醚的气味

pH 值 无资料　**熔点(℃)** −85.9

沸点(℃) 68～69　**相对密度(水=1)** 0.73

相对蒸气密度(空气=1) 3.52

饱和蒸气压(kPa) 16.00 (20℃)

燃烧热(kJ/mol) −4016.5　**临界温度(℃)** 228

临界压力(MPa) 2.88　**辛醇/水分配系数** 1.56

闪点(℃) −17.7；−28 (CC)

自燃温度(℃) 443　**爆炸下限(%)** 1.4

爆炸上限(%) 22　**分解温度(℃)** 无资料

黏度(mPa·s) 0.273 (−6.67℃)

溶解性 不溶于水，可混溶于乙醇、乙醚、苯、氯仿等多数有机溶剂

第十部分 稳定性和反应性

稳定性 稳定

危险反应 与强氧化剂等禁配物接触，有发生火灾和爆炸的危险

避免接触的条件 接触空气

禁配物 强氧化剂

危险的分解产物 无资料

第十一部分 毒理学信息

急性毒性

LD_{50} 20000mg/kg（兔经皮）

LC_{50} 162000mg/m^3（大鼠吸入）

皮肤刺激或腐蚀 家兔经皮：363mg，轻度刺激（开放性刺激试验）

眼睛刺激或腐蚀 无资料　**呼吸或皮肤过敏** 无资料

生殖细胞突变性 无资料　**致癌性** 无资料

生殖毒性 无资料

特异性靶器官系统毒性-一次接触 无资料

特异性靶器官系统毒性-反复接触 动物接触浓度为

$125g/m^3$，接触几周后存活的动物，其肝脏呈现严重的毒性变化，并有红细胞数和血红蛋白的下降

吸入危害 无资料

第十二部分 生态学信息

生态毒性

LC_{50} 91.7mg/L（96h）（黑头呆鱼，动态）

IC_{50} 30mg/L（72h）（藻类）

持久性和降解性

生物降解性 不易快速生物降解

非生物降解性 空气中，当羟基自由基浓度为5.00×10^5个/cm^3时，降解半衰期为21h（理论）

潜在的生物累积性 根据K_{ow}值预测，该物质的生物累积性可能较弱

土壤中的迁移性 根据K_{oc}值预测，该物质可能易发生迁移

第十三部分 废弃处置

废弃化学品 建议用焚烧法处置

污染包装物 将容器返还生产商或按照国家和地方法规处置

废弃注意事项 处置前应参阅国家和地方有关法规

第十四部分 运输信息

联合国危险货物编号（UN号） 1159

联合国运输名称 二异丙醚

联合国危险性类别 3 **包装类别** Ⅱ类包装

包装标志 

海洋污染物 否

运输注意事项 运输时运输车辆应配备相应品种和数量的消防器材及泄漏应急处理设备。夏季最好早晚运输。运输时所用的槽（罐）车应有接地链，槽内可设孔隔板以减少震荡产生的静电。严禁与氧化剂、食用化学品等混装混运。运输途中应防曝晒、雨淋，防高温。中途停留时应远离火种、热源、高温区。装运该物品的车辆排气管必须配备阻火装置，禁止使用易产生火花的机械设备和工具装卸。公路运输时要按规定路线行驶，勿在居民区和人口稠密区停留。铁路运输时要禁止溜放。严禁用木船、水泥船散装运输

第十五部分 法规信息

下列法律、法规、规章和标准，对该化学品的管理作了相应的规定。

中华人民共和国职业病防治法 职业病分类和目录：未列入

危险化学品安全管理条例 危险化学品目录：列入。易制爆危险化学品名录：未列入。重点监管的危险化学品名录：未列入。GB 18218—2009《危险化学品重大危险源辨识》（表1）：未列入

使用有毒物品作业场所劳动保护条例 高毒物品目录：未列入

易制毒化学品管理条例 易制毒化学品的分类和品种目录：未列入

国际公约 斯德哥尔摩公约：未列入。鹿特丹公约：未列入。蒙特利尔议定书：未列入

第十六部分 其他信息

编写和修订信息 **缩略语和首字母缩写**

培训建议 **参考文献**

免责声明

异稻瘟净

第一部分 化学品标识

化学品中文名 异稻瘟净；克打净P；异丙稻瘟净；*O*，*O*-双(1-甲基乙基)-*S*-(苯基甲基)硫代磷酸酯

化学品英文名 *S*-benzyl *O*,*O*-di-isopropyl phosphorothioate；IBP；kitazine P

分子式 $C_{13}H_{21}O_3PS$ **相对分子质量** 288.37

结构式 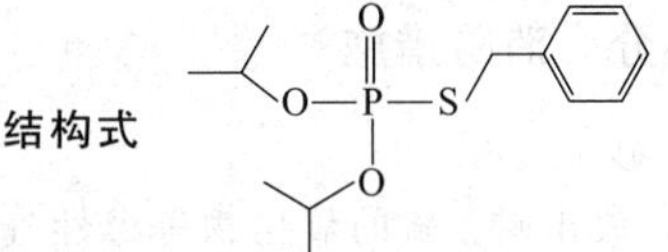

化学品的推荐及限制用途 用于防治稻瘟病

第二部分 危险性概述

紧急情况概述 吞咽有害

GHS危险性类别 急性毒性-经口，类别4；急性毒性-经皮，类别5；危害水生环境-急性危害，类别2

标签要素

象形图 

警示词 警告

危险性说明 吞咽有害，皮肤接触可能有害，对水生生物有毒

防范说明

预防措施 避免接触眼睛、皮肤，操作后彻底清洗。作业场所不得进食、饮水或吸烟。禁止排入环境

事故响应 食入：漱口，如果感觉不适，立即呼叫中毒控制中心或就医。如感觉不适，呼叫中毒控制中心或就医

安全储存 -

废弃处置 本品及内装物、容器依据国家和地方法规处置

物理和化学危险 可燃，其粉体或蒸气与空气混合，能形成爆炸性混合物

健康危害 本品属有机磷农药，有机磷中毒症状有头痛、头晕、恶心、呕吐、腹泻、流涎、多汗、瞳孔缩小、肌束震颤等。此外，大鼠吸入本品后出现嗜睡、共济失调和呼吸困难

环境危害 对水生生物有毒

第三部分 成分/组成信息

√物质 混合物

组分	浓度	CAS No.
异稻瘟净		26087-47-8

第四部分 急救措施

吸入 迅速脱离现场至空气新鲜处。保持呼吸道通畅。如呼吸困难，给输氧。如呼吸、心跳停止，立即进行心肺复苏术。就医

皮肤接触 立即脱去污染的衣着，用肥皂水及流动清水彻底冲洗污染的皮肤、头发、指甲等。就医

眼睛接触 分开眼睑，用流动清水或生理盐水冲洗。就医

食入 饮足量温水，催吐（仅限于清醒者）。口服活性炭。就医

对保护施救者的忠告 根据需要使用个人防护设备

对医生的特别提示 解毒剂：阿托品、胆碱酯酶复能剂

第五部分 消防措施

灭火剂 用泡沫、干粉、砂土灭火

特别危险性 受热分解，放出磷、硫的氧化物等毒性气体。与强氧化剂接触可发生化学反应。燃烧生成有害的一氧化碳、氧化磷、氧化硫

灭火注意事项及防护措施 消防人员必须佩戴空气呼吸器、穿全身防火防毒服，在上风向灭火。尽可能将容器从火场移至空旷处。喷水保持火场容器冷却，直至灭火结束

第六部分 泄漏应急处理

作业人员防护措施、防护装备和应急处置程序 根据液体流动和蒸气扩散的影响区域划定警戒区，无关人员从侧风、上风向撤离至安全区。建议应急处理人员戴正压自给式呼吸器，穿防毒服。穿上适当的防护服前严禁接触破裂的容器和泄漏物。尽可能切断泄漏源

环境保护措施 防止泄漏物进入水体、下水道、地下室或有限空间

泄漏化学品的收容、清除方法及所使用的处置材料 小量泄漏：用干燥的砂土或其他不燃材料吸收或覆盖，收集于容器中。大量泄漏：构筑围堤或挖坑收容。用泵转移至槽车或专用收集器内

第七部分 操作处置与储存

操作注意事项 密闭操作，提供充分的局部排风。操作尽可能机械化、自动化。操作人员必须经过专门培训，严格遵守操作规程。建议操作人员佩戴自吸过滤式防毒面具（半面罩），戴化学安全防护眼镜，穿聚乙烯防毒服，戴氯丁橡胶手套。远离火种、热源。工作场所严禁吸烟。使用防爆型的通风系统和设备。防止蒸气泄漏到工作场所空气中。避免与氧化剂、碱类接触。搬运时要轻装轻卸，防止包及容器损坏。配备相应品种和数量的消防器材及泄漏应急处理设备。倒空的容器可能残留有害物

储存注意事项 储存于阴凉、通风的库房。远离火种、热源。保持容器密封。应与氧化剂、碱类、食用化学品分开存放，切忌混储。配备相应品种和数量的消防器材。储区应备有泄漏应急处理设备和合适的收容材料

第八部分 接触控制/个体防护

职业接触限值

中国 PC-TWA：2mg/m³；PC-STEL：5mg/m³［皮］

美国(ACGIH) 未制定标准

生物接触限值 全血胆碱酯酶活性（校正值）：原基础值或参考值的70%（采样时间：开始接触后的3个月内），原基础值或参考值的50%（采样时间：持续接触3个月后，任意时间）

监测方法 空气中有毒物质测定方法：溶剂解吸-气相色谱法。生物监测检验方法：血中胆碱酯酶活性的分光光度测定方法——羟胺三氯化铁法；血中胆碱酯酶活性的分光光度测定方法——硫代乙酰胆碱-联硫代双硝基苯甲酸法

工程控制 严加密闭，提供充分的局部排风。提供安全的淋浴和洗眼设备

个体防护装备

呼吸系统防护 生产操作或农业使用时，佩戴过滤式防毒面具（半面罩）。紧急事态抢救或撤离时，应该佩戴空气呼吸器

眼睛防护 戴化学安全防护眼镜

皮肤和身体防护 穿隔绝式防毒服

手防护 戴橡胶手套

第九部分 理化特性

外观与性状 纯品为无色固体或液体，工业品为淡黄色，有臭味

pH值 无资料 **熔点(℃)** 22.5～23.8

沸点(℃) 126（0.005kPa）

相对密度(水=1) 1.103（20℃）

相对蒸气密度(空气=1) 无资料

饱和蒸气压(kPa) 0.005（126℃）

燃烧热(kJ/mol) 无资料 **临界温度(℃)** 无资料

临界压力(MPa) 无资料 **辛醇/水分配系数** 3.34

闪点(℃) 无资料 **自燃温度(℃)** 无资料

爆炸下限(%) 无资料 **爆炸上限(%)** 无资料

分解温度(℃) 无资料 **黏度(mPa·s)** 无资料

溶解性 不溶于水，易溶于多数有机溶剂

第十部分 稳定性和反应性

稳定性 稳定

危险反应 遇强酸或碱分解。与强氧化剂等禁配物发生反应

避免接触的条件 受热

禁配物 强氧化剂、碱类

危险的分解产物 氧化磷、氧化硫

第十一部分 毒理学信息

急性毒性

LD_{50} 366mg/kg（大鼠经口）

LC_{50} 2836mg/m^3（大鼠吸入）

皮肤刺激或腐蚀 无资料 **眼睛刺激或腐蚀** 无资料

呼吸或皮肤过敏 无资料 **生殖细胞突变性** 无资料

致癌性 无资料 **生殖毒性** 无资料

特异性靶器官系统毒性-一次接触 无资料

特异性靶器官系统毒性-反复接触 无资料

吸入危害 无资料

第十二部分 生态学信息

生态毒性 LC_{50}：3.4mg/L（96h）（青鳉）

持久性和降解性

生物降解性 无资料

非生物降解性 无资料

潜在的生物累积性 根据 K_{ow} 值预测，该物质可能有一定的生物累积性

土壤中的迁移性 根据 K_{oc} 值预测，该物质可能有一定的迁移性

第十三部分 废弃处置

废弃化学品 建议用焚烧法处置。焚烧炉排出的气体要通过洗涤器除去

污染包装物 将容器返还生产商或按照国家和地方法规处置

废弃注意事项 处置前应参阅国家和地方有关法规

第十四部分 运输信息

联合国危险货物编号（UN 号） 3082

联合国运输名称 对环境有害的液态物质，未另作规定的（异稻瘟净）

联合国危险性类别 9 **包装类别** Ⅲ类包装

包装标志 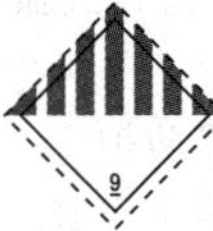 **海洋污染物** 是

运输注意事项 运输前应先检查包装容器是否完整、密封，运输过程中要确保容器不泄漏、不倒塌、不坠落、不损坏。严禁与酸类、氧化剂、食品及食品添加剂混运。运输时运输车辆应配备相应品种和数量的消防器材及泄漏应急处理设备。运输途中应防曝晒、雨淋，防高温。公路运输时要按规定路线行驶

第十五部分 法规信息

下列法律、法规、规章和标准，对该化学品的管理作了相应的规定。

中华人民共和国职业病防治法 职业病分类和目录：有机磷中毒

危险化学品安全管理条例 危险化学品目录：未列入。易制爆危险化学品名录：未列入。重点监管的危险化学品名录：未列入。GB 18218—2009《危险化学品重大危险源辨识》（表 1）：未列入

使用有毒物品作业场所劳动保护条例 高毒物品目录：未列入

易制毒化学品管理条例 易制毒化学品的分类和品种目录：未列入

国际公约 斯德哥尔摩公约：未列入。鹿特丹公约：未列入。蒙特利尔议定书：未列入

第十六部分 其他信息

编写和修订信息 **缩略语和首字母缩写**

培训建议 **参考文献**

免责声明

异 丁 胺

第一部分 化学品标识

化学品中文名 异丁胺；1-氨基-2-甲基丙烷；2-甲基丙胺

化学品英文名 isobutylamine；2-methyl propylamine

分子式 $C_4H_{11}N$ **相对分子质量** 73.1

结构式 [structure: NH_2]

化学品的推荐及限制用途 用于有机合成及制造杀虫剂

第二部分 危险性概述

紧急情况概述 高度易燃液体和蒸气，吞咽会中毒，造成严重的皮肤灼伤和眼损伤

GHS 危险性类别 易燃液体，类别 2；急性毒性-经口，类别 3；皮肤腐蚀/刺激，类别 1；严重眼损伤/眼刺激，类别 1；特异性靶器官毒性-一次接触，类别 3（呼吸道刺激）

标签要素

象形图 

警示词 危险

危险性说明 高度易燃液体和蒸气，吞咽会中毒，造成严重的皮肤灼伤和眼损伤，造成严重眼损伤，可能引起呼吸道刺激

防范说明

预防措施 远离热源、火花、明火、热表面。禁止吸烟。保持容器密闭。容器和接收设备接地连接。使用防爆电器、通风、照明设备。只能使用不产生火花的工具。采取防止静电措施。避免吸入烟雾。避免接触眼睛、皮肤，操作后彻底清洗。作业场所不得进食、饮水或吸烟。戴防护手套，穿防护服，戴防护眼镜、防护面罩

事故响应 火灾时，使用抗溶性泡沫、二氧化碳、干粉、砂土灭火。如吸入：将患者转移到空气新鲜处，休息，保持利于呼吸的体位。如皮肤（或头发）接触：立即脱掉所有被污染的衣服，用水冲洗皮肤，淋浴。污染的衣服须洗净后方可重新使用。眼睛接触：用水细心地冲洗数分钟。如戴隐形眼镜并可方便地取出，则取出隐

形眼镜继续冲洗。食入：漱口，不要催吐，立即呼叫中毒控制中心或就医

安全储存　存放在通风良好的地方。保持低温。上锁保管

废弃处置　本品及内装物、容器依据国家和地方法规处置

物理和化学危险　高度易燃，其蒸气与空气混合，能形成爆炸性混合物

健康危害　对呼吸道有刺激性，吸入后引起咳嗽、胸痛；可引起肺水肿。本品有拟交感神经作用，心脏抑制和引起惊厥作用。口服引起恶心、流涎。眼和皮肤接触可引起灼伤

环境危害　对环境可能有害

第三部分　成分/组成信息

√物质　　混合物

组分	浓度	CAS No.
异丁胺		78-81-9

第四部分　急救措施

吸入　迅速脱离现场至空气新鲜处。保持呼吸道通畅。如呼吸困难，给输氧。如呼吸、心跳停止，立即进行心肺复苏术。就医

皮肤接触　立即脱去污染的衣着，用大量流动清水彻底冲洗至少 15min。就医

眼睛接触　立即分开眼睑，用流动清水或生理盐水彻底冲洗至少 15min。就医

食入　用水漱口，禁止催吐。给饮牛奶或蛋清。就医

对保护施救者的忠告　根据需要使用个人防护设备

对医生的特别提示　对症处理

第五部分　消防措施

灭火剂　用抗溶性泡沫、二氧化碳、干粉、砂土灭火

特别危险性　与氧化剂能发生强烈反应。蒸气比空气重，沿地面扩散并易积存于低洼处，遇火源会着火回燃。具有腐蚀性。燃烧生成有害的一氧化碳、氮氧化物

灭火注意事项及防护措施　消防人员必须佩戴空气呼吸器、穿全身防火防毒服，在上风向灭火。喷水冷却容器，尽可能将容器从火场移至空旷处。容器突然发出异常声音或出现异常现象，应立即撤离

第六部分　泄漏应急处理

作业人员防护措施、防护装备和应急处置程序　消除所有点火源。根据液体流动和蒸气扩散的影响区域划定警戒区，无关人员从侧风、上风向撤离至安全区。建议应急处理人员戴正压自给式呼吸器，穿防静电、防腐蚀、防毒服，戴橡胶耐油手套。作业时使用的所有设备应接地。禁止接触或跨越泄漏物。尽可能切断泄漏源

环境保护措施　防止泄漏物进入水体、下水道、地下室或有限空间

泄漏化学品的收容、清除方法及所使用的处置材料　小量泄漏：用砂土或其他不燃材料吸收，使用洁净的无火花工具收集吸收材料。大量泄漏：构筑围堤或挖坑收容。用砂土、惰性物质或蛭石吸收大量液体。用硫酸氢钠（$NaHSO_4$）中和。用抗溶性泡沫覆盖，减少蒸发。喷水雾能减少蒸发，但不能降低泄漏物在有限空间内的易燃性。用防爆、耐腐蚀泵转移至槽车或专用收集器内。喷雾状水驱散蒸气、稀释液体泄漏物

第七部分　操作处置与储存

操作注意事项　密闭操作，加强通风。操作人员必须经过专门培训，严格遵守操作规程。建议操作人员佩戴导管式防毒面具，穿防毒物渗透工作服，戴橡胶耐油手套。远离火种、热源。工作场所严禁吸烟。使用防爆型的通风系统和设备。防止蒸气泄漏到工作场所空气中。避免与氧化剂、酸类接触。充装要控制流速，防止静电积聚。搬运时要轻装轻卸，防止包装及容器损坏。配备相应品种和数量的消防器材及泄漏应急处理设备。倒空的容器可能残留有害物

储存注意事项　储存于阴凉、通风的库房。远离火种、热源。库温不宜超过 37℃。保持容器密封。应与氧化剂、酸类分开存放，切忌混储。采用防爆型照明、通风设施。禁止使用易产生火花的机械设备和工具。储区应备有泄漏应急处理设备和合适的收容材料

第八部分　接触控制/个体防护

职业接触限值

中国　未制定标准

美国(ACGIH)　未制定标准

生物接触限值　未制定标准

监测方法　空气中有毒物质测定方法：未制定标准。生物监测检验方法：未制定标准

工程控制　生产过程密闭，加强通风。提供安全的淋浴和洗眼设备

个体防护装备

呼吸系统防护　可能接触其蒸气时，佩戴过滤式防毒面具（全面罩）。紧急事态抢救或撤离时，应该佩戴空气呼吸器

眼睛防护　呼吸系统防护中已作防护

皮肤和身体防护　穿防毒物渗透工作服

手防护　戴橡胶耐油手套

第九部分　理化特性

外观与性状　无色液体，有氨的气味

pH 值　无资料　　**熔点(℃)**　−85.5

沸点(℃)　64～71

相对密度(水＝1)　0.724（25℃）

相对蒸气密度(空气＝1)　2.5

饱和蒸气压(kPa)　13.33（18.8℃）

燃烧热(kJ/mol)　−2982.8　**临界温度(℃)**　无资料

临界压力(MPa)　4.2　**辛醇/水分配系数**　0.73

闪点(℃)　−9（CC）　**自燃温度(℃)**　378

爆炸下限(%)　2　**爆炸上限(%)**　12

分解温度(℃)　无资料　**黏度(mPa·s)**　无资料

溶解性　混溶于水，溶于乙醇、乙醚、丙酮、苯、烃类等

第十部分 稳定性和反应性

稳定性 稳定

危险反应 与强氧化剂等禁配物接触，有发生火灾和爆炸的危险

避免接触的条件 无资料

禁配物 强氧化剂、酸类

危险的分解产物 无资料

第十一部分 毒理学信息

急性毒性 LD_{50}：224mg/kg（大鼠经口）

皮肤刺激或腐蚀 无资料 **眼睛刺激或腐蚀** 无资料

呼吸或皮肤过敏 无资料 **生殖细胞突变性** 无资料

致癌性 无资料 **生殖毒性** 无资料

特异性靶器官系统毒性-一次接触 无资料

特异性靶器官系统毒性-反复接触 无资料

吸入危害 无资料

第十二部分 生态学信息

生态毒性 无资料

持久性和降解性

生物降解性 MITI-Ⅰ测试，初始浓度 100ppm，污泥浓度 30ppm，2 周后降解 68%～87%

非生物降解性 空气中，当羟基自由基浓度为5.00×10^5个/cm^3时，降解半衰期为 11h（理论）

潜在的生物累积性 根据 K_{ow}值预测，该物质的生物累积性可能较弱

土壤中的迁移性 根据 K_{oc}值预测，该物质可能易发生迁移

第十三部分 废弃处置

废弃化学品 建议用焚烧法处置。焚烧炉排出的氮氧化物通过洗涤器除去

污染包装物 将容器返还生产商或按照国家和地方法规处置

废弃注意事项 处置前应参阅国家和地方有关法规

第十四部分 运输信息

联合国危险货物编号（UN 号） 1214

联合国运输名称 异丁胺 **联合国危险性类别** 3，8

包装类别 Ⅱ类包装

包装标志 

海洋污染物 否

运输注意事项 运输时运输车辆应配备相应品种和数量的消防器材及泄漏应急处理设备。夏季最好早晚运输。运输时所用的槽（罐）车应有接地链，槽内可设孔隔板以减少震荡产生的静电。严禁与氧化剂、酸类、食用化学品等混装混运。运输途中应防曝晒、雨淋，防高温。中途停留时应远离火种、热源、高温区。装运该物品的车辆排气管必须配备阻火装置，禁止使用易产生火花的机械设备和工具装卸。公路运输时要按规定路线行驶，勿在居民区和人口稠密区停留。铁路运输时要禁止溜放。严禁用木船、水泥船散装运输

第十五部分 法规信息

下列法律、法规、规章和标准，对该化学品的管理作了相应的规定。

中华人民共和国职业病防治法 职业病分类和目录：未列入

危险化学品安全管理条例 危险化学品目录：列入。易制爆危险化学品名录：未列入。重点监管的危险化学品名录：未列入。GB 18218—2009《危险化学品重大危险源辨识》（表 1）：未列入

使用有毒物品作业场所劳动保护条例 高毒物品目录：未列入

易制毒化学品管理条例 易制毒化学品的分类和品种目录：未列入

国际公约 斯德哥尔摩公约：未列入。鹿特丹公约：未列入。蒙特利尔议定书：未列入

第十六部分 其他信息

编写和修订信息 **缩略语和首字母缩写**

培训建议 **参考文献**

免责声明

异 丁 醇

第一部分 化学品标识

化学品中文名 异丁醇；2-甲基-1-丙醇；2-甲基丙醇

化学品英文名 isobutyl alcohol；2-methyl propanol

分子式 $C_4H_{10}O$ **相对分子质量** 74.14

结构式 OH

化学品的推荐及限制用途 主要用作溶剂及用于有机合成

第二部分 危险性概述

紧急情况概述 易燃液体和蒸气，可能引起昏昏欲睡或眩晕

GHS 危险性类别 易燃液体，类别 3；皮肤腐蚀/刺激，类别 2；严重眼损伤/眼刺激，类别 1；特异性靶器官毒性-一次接触，类别 3（呼吸道刺激、麻醉效应）

标签要素

象形图 

警示词 危险

危险性说明 易燃液体和蒸气，造成皮肤刺激，造成严重眼损伤，可能引起呼吸道刺激，可能引起昏昏欲睡或眩晕

防范说明

预防措施 远离热源、火花、明火、热表面。禁止吸烟。保持容器密闭。容器和接收设备接地连

接。使用防爆电器、通风、照明设备。只能使用不产生火花的工具。采取防止静电措施。戴防护手套、防护眼镜、防护面罩。避免接触眼睛、皮肤，操作后彻底清洗

事故响应　火灾时，使用抗溶性泡沫、干粉、二氧化碳、雾状水、砂土灭火。如皮肤（或头发）接触：立即脱掉所有被污染的衣服，用水冲洗皮肤，淋浴。如发生皮肤刺激，就医。被污染的衣服须经洗净后方可重新使用。接触眼睛：用水细心冲洗数分钟。如戴隐形眼镜并可方便地取出，取出隐形眼镜继续冲洗。立即呼叫中毒控制中心或就医

安全储存　存放在通风良好的地方。保持低温

废弃处置　本品及内装物、容器依据国家和地方法规处置

物理和化学危险　易燃，其蒸气与空气混合，能形成爆炸性混合物

健康危害　具有刺激和麻醉作用。较高浓度蒸气对眼睛、皮肤、黏膜和上呼吸道有刺激作用。眼角膜表层形成空泡。可引起食欲减退和体重减轻。涂于皮肤，引起局部轻度充血及红斑。经口摄入有轻度毒性，出现中枢神经抑制和胃肠道症状

环境危害　对环境可能有害

第三部分　成分/组成信息

√物质		混合物
组分	**浓度**	**CAS No.**
异丁醇		78-83-1

第四部分　急救措施

吸入　迅速脱离现场至空气新鲜处。保持呼吸道通畅。如呼吸困难，给输氧。如呼吸、心跳停止，立即进行心肺复苏术。就医

皮肤接触　立即脱去污染的衣着，用流动清水彻底冲洗。就医

眼睛接触　立即分开眼睑，用流动清水或生理盐水彻底冲洗至少 15min。就医

食入　漱口，饮水。就医

对保护施救者的忠告　根据需要使用个人防护设备

对医生的特别提示　对症处理

第五部分　消防措施

灭火剂　用抗溶性泡沫、干粉、二氧化碳、雾状水、砂土灭火

特别危险性　受热分解放出有毒气体。与氧化剂能发生强烈反应。在火场中，受热的容器有爆炸危险。燃烧生成有害的一氧化碳

灭火注意事项及防护措施　消防人员须佩戴防毒面具、穿全身消防服，在上风向灭火。尽可能将容器从火场移至空旷处。喷水保持火场容器冷却，直至灭火结束。容器突然发出异常声音或出现异常现象，应立即撤离

第六部分　泄漏应急处理

作业人员防护措施、防护装备和应急处置程序　消除所有点火源。根据液体流动和蒸气扩散的影响区域划定警戒区，无关人员从侧风、上风向撤离至安全区。建议应急处理人员戴正压自给式呼吸器，穿防静电服，戴防护手套。作业时使用的所有设备应接地。禁止接触或跨越泄漏物。尽可能切断泄漏源

环境保护措施　防止泄漏物进入水体、下水道、地下室或有限空间

泄漏化学品的收容、清除方法及所使用的处置材料　小量泄漏：用砂土或其他不燃材料吸收，使用洁净的无火花工具收集吸收材料。大量泄漏：构筑围堤或挖坑收容。用抗溶性泡沫覆盖，减少蒸发。喷水雾能减少蒸发，但不能降低泄漏物在有限空间内的易燃性。用防爆泵转移至槽车或专用收集器内。喷雾状水驱散蒸气、稀释液体泄漏物

第七部分　操作处置与储存

操作注意事项　密闭操作，全面通风。操作人员必须经过专门培训，严格遵守操作规程。建议操作人员佩戴自吸过滤式防毒面具（半面罩），戴安全防护眼镜，穿防静电工作服，戴防护手套。远离火种、热源。工作场所严禁吸烟。使用防爆型的通风系统和设备。防止蒸气泄漏到工作场所空气中。避免与氧化剂、酸类接触。充装要控制流速，防止静电积聚。搬运时要轻装轻卸，防止包装及容器损坏。配备相应品种和数量的消防器材及泄漏应急处理设备。倒空的容器可能残留有害物

储存注意事项　储存于阴凉、通风的库房。远离火种、热源。库温不宜超过 37℃。保持容器密封。应与氧化剂、酸类等分开存放，切忌混储。采用防爆型照明、通风设施。禁止使用易产生火花的机械设备和工具。储区应备有泄漏应急处理设备和合适的收容材料

第八部分　接触控制/个体防护

职业接触限值

中国　未制定标准

美国(ACGIH)　TLV-TWA：50ppm

生物接触限值　未制定标准

监测方法　空气中有毒物质测定方法：未制定标准。生物监测检验方法：未制定标准

工程控制　生产过程密闭，全面通风。提供安全的淋浴和洗眼设备

个体防护装备

呼吸系统防护　一般不需要特殊防护，高浓度接触时可佩戴过滤式防毒面具（半面罩）

眼睛防护　必要时，戴安全防护眼镜

皮肤和身体防护　穿防静电工作服

手防护　戴一般作业防护手套

第九部分　理化特性

外观与性状　无色透明液体，微有戊醇味

pH 值　无资料　　**熔点(℃)**　−108

沸点(℃)　107.9

相对密度(水=1)　0.81（15℃）

相对蒸气密度(空气=1) 2.55

饱和蒸气压(kPa) 1.17 (20℃)

燃烧热(kJ/mol) −2667.7 **临界温度(℃)** 274.6

临界压力(MPa) 4.3 **辛醇/水分配系数** 0.76

闪点(℃) 28 (CC); 37.7 (OC)

自燃温度(℃) 415

爆炸下限(%) 1.2 **爆炸上限(%)** 10.9

分解温度(℃) 无资料 **黏度(mPa·s)** 3.95(20℃)

溶解性 溶于水，易溶于乙醇、乙醚

第十部分 稳定性和反应性

稳定性 稳定

危险反应 与强氧化剂等禁配物接触，有发生火灾和爆炸的危险

避免接触的条件 受热

禁配物 强酸、强氧化剂、酸酐、酰基氯

危险的分解产物 无资料

第十一部分 毒理学信息

急性毒性

LD_{50} 2460mg/kg (大鼠经口); 3400mg/kg (兔经皮)

LC_{50} 19200mg/m³ (大鼠吸入，4h); 15500mg/m³ (小鼠吸入，2h)

皮肤刺激或腐蚀 无资料 **眼睛刺激或腐蚀** 无资料

呼吸或皮肤过敏 无资料

生殖细胞突变性 微生物致突变：大肠杆菌 25000ppm

致癌性 无资料 **生殖毒性** 无资料

特异性靶器官系统毒性-一次接触 无资料

特异性靶器官系统毒性-反复接触 无资料

吸入危害 无资料

第十二部分 生态学信息

生态毒性

LC_{50} 1.43×10^6 mg/L (96h) (鱼类)

IC_{50} 290mg/L (72h) (藻类)

持久性和降解性

生物降解性 好氧生物降解 (h): 43～173; 厌氧生物降解 (h): 172～692

非生物降解性 水中光氧化半衰期 (h): 4813～1.90×10^5; 空气中光氧化半衰期 (h): 9.96～99.6

潜在的生物累积性 根据 K_{ow} 值预测，该物质的生物累积性可能较弱

土壤中的迁移性 根据 K_{oc} 值预测，该物质可能易发生迁移

第十三部分 废弃处置

废弃化学品 建议用焚烧法处置

污染包装物 将容器返还生产商或按照国家和地方法规处置

废弃注意事项 处置前应参阅国家和地方有关法规

第十四部分 运输信息

联合国危险货物编号 (UN 号) 1212

联合国运输名称 异丁醇

联合国危险性类别 3 **包装类别** Ⅲ类包装

包装标志  **海洋污染物** 否

运输注意事项 运输时运输车辆应配备相应品种和数量的消防器材及泄漏应急处理设备。夏季最好早晚运输。运输时所用的槽 (罐) 车应有接地链，槽内可设孔隔板以减少震荡产生的静电。严禁与氧化剂、酸类、食用化学品等混装混运。运输途中应防曝晒、雨淋，防高温。中途停留时应远离火种、热源、高温区。装运该物品的车辆排气管必须配备阻火装置，禁止使用易产生火花的机械设备和工具装卸。公路运输时要按规定路线行驶，勿在居民区和人口稠密区停留。铁路运输时要禁止溜放。严禁用木船、水泥船散装运输

第十五部分 法规信息

下列法律、法规、规章和标准，对该化学品的管理作了相应的规定。

中华人民共和国职业病防治法 职业病分类和目录：未列入

危险化学品安全管理条例 危险化学品目录：列入。易制爆危险化学品名录：未列入。重点监管的危险化学品名录：未列入。GB 18218—2009《危险化学品重大危险源辨识》(表 1)：未列入

使用有毒物品作业场所劳动保护条例 高毒物品目录：未列入

易制毒化学品管理条例 易制毒化学品的分类和品种目录：未列入

国际公约 斯德哥尔摩公约：未列入。鹿特丹公约：未列入。蒙特利尔议定书：未列入

第十六部分 其他信息

编写和修订信息 **缩略语和首字母缩写**

培训建议 **参考文献**

免责声明

异 丁 腈

第一部分 化学品标识

化学品中文名 异丁腈；异丙基氰

化学品英文名 isobutyronitrile; isopropyl cyanide

分子式 C_4H_7N **相对分子质量** 69.12

结构式 N≡—<

化学品的推荐及限制用途 用于制杀虫剂和有机合成等

第二部分 危险性概述

紧急情况概述 高度易燃液体和蒸气，皮肤接触会致命，吞咽、吸入会中毒

GHS 危险性类别 易燃液体，类别 2；急性毒性-经口，类别 3；急性毒性-经皮，类别 2；急性毒性-吸入，类别 3；皮肤腐蚀/刺激，类别 3；严重眼损伤/眼刺激，类别 2；特异性靶器官毒性一次接触，类别 2；特异性靶器官毒性一次接触，类别 3（呼吸道刺激）

标签要素

象形图 

警示词 危险

危险性说明 高度易燃液体和蒸气，吞咽会中毒，皮肤接触会致命，吸入会中毒，造成轻微皮肤刺激，造成严重眼刺激，可能对器官造成损害，可能引起呼吸道刺激

防范说明

预防措施 远离热源、火花、明火、热表面。禁止吸烟。保持容器密闭。容器和接收设备接地连接。使用防爆电器、通风、照明设备。只能使用不产生火花的工具。采取防止静电措施。戴防护手套、防护眼镜、防护面罩。避免接触眼睛、皮肤，操作后彻底清洗。作业场所不得进食、饮水或吸烟。避免吸入蒸气、雾。仅在室外或通风良好处操作

事故响应 火灾时，使用二氧化碳、干粉、砂土灭火。如吸入：将患者转移到空气新鲜处，休息，保持利于呼吸的体位。皮肤接触：立即脱掉所有被污染的衣服。用大量肥皂水和水轻轻地清洗。如发生皮肤刺激，就医。如接触眼睛：用水细心冲洗数分钟。如戴隐形眼镜并可方便地取出，取出隐形眼镜继续冲洗。如果眼睛刺激持续：就医。食入：漱口，立即呼叫中毒控制中心或就医。如果接触或感觉不适：呼叫中毒控制中心或就医

安全储存 存放在通风良好的地方。保持低温。保持容器密闭。上锁保管

废弃处置 本品及内装物、容器依据国家和地方法规处置

物理和化学危险 高度易燃，其蒸气与空气混合，能形成爆炸性混合物

健康危害 抑制呼吸酶。急性中毒出现眩晕、恶心、步态不稳、呕吐、血压升高、脉速、意识丧失、呼吸困难、强直性痉挛、紫绀，以致呼吸抑制。对黏膜和皮肤刺激较弱

环境危害 对环境可能有害

第三部分 成分/组成信息

√物质		混合物
组分	**浓度**	**CAS No.**
异丁腈		78-82-0

第四部分 急救措施

吸入 迅速脱离现场至空气新鲜处。保持呼吸道通畅。如呼吸困难，给输氧。如呼吸、心跳停止，立即进行心肺复苏术。就医

皮肤接触 立即脱去污染的衣着，用肥皂水和清水彻底冲洗。就医

眼睛接触 立即分开眼睑，用流动清水或生理盐水彻底冲洗。就医

食入 催吐（仅限于清醒着），给服活性炭悬液。就医

对保护施救者的忠告 根据需要使用个人防护设备

对医生的特别提示 使用亚硝酸钠、硫代硫酸钠、4-二甲基氨基苯酚等解毒剂

第五部分 消防措施

灭火剂 用二氧化碳、干粉、砂土灭火

特别危险性 蒸气比空气重，沿地面扩散并易积存于低洼处，遇火源会着火回燃。燃烧生成有害的一氧化碳、氮氧化物

灭火注意事项及防护措施 消防人员必须佩戴空气呼吸器、穿全身防火防毒服，在上风向灭火。用水灭火无效，但须用水保持火场容器冷却。容器突然发出异常声音或出现异常现象，应立即撤离

第六部分 泄漏应急处理

作业人员防护措施、防护装备和应急处置程序 消除所有点火源。根据液体流动和蒸气扩散的影响区域划定警戒区，无关人员从侧风、上风向撤离至安全区。建议应急处理人员戴正压自给式呼吸器，穿防毒、防静电服，戴橡胶耐油手套。作业时使用的所有设备应接地。禁止接触或跨越泄漏物。尽可能切断泄漏源

环境保护措施 防止泄漏物进入水体、下水道、地下室或有限空间

泄漏化学品的收容、清除方法及所使用的处置材料 小量泄漏：用砂土或其他不燃材料吸收，使用洁净的无火花工具收集吸收材料。大量泄漏：构筑围堤或挖坑收容。用泡沫覆盖，减少蒸发。喷水雾能减少蒸发，但不能降低泄漏物在有限空间内的易燃性。用防爆泵转移至槽车或专用收集器内。喷雾状水驱散蒸气、稀释液体泄漏物

第七部分 操作处置与储存

操作注意事项 严加密闭，提供充分的局部排风和全面通风。操作尽可能机械化、自动化。操作人员必须经过专门培训，严格遵守操作规程。建议操作人员佩戴自吸过滤式防毒面具（全面罩），穿胶布防毒衣，戴橡胶耐油手套。远离火种、热源。工作场所严禁吸烟。使用防爆型的通风系统和设备。防止蒸气泄漏到工作场所空气中。避免与氧化剂、还原剂、酸类、碱类接触。充装要控制流速，防止静电积聚。搬运时要轻装轻卸，防止包装及容器损坏。配备相应品种和数量的消防器材及泄漏应急处理设备。倒空的容器可能残留有害物

储存注意事项 储存于阴凉、通风良好的专用库房内。远离火种、热源。库温不宜超过 37℃。保持容器密封。应与氧化剂、还原剂、酸类、碱类、食用化学品分开

存放，切忌混储。采用防爆型照明、通风设施。禁止使用易产生火花的机械设备和工具。储区应备有泄漏应急处理设备和合适的收容材料

第八部分　接触控制/个体防护

职业接触限值

中国　未制定标准

美国(ACGIH)　未制定标准

生物接触限值　未制定标准

监测方法　空气中有毒物质测定方法：未制定标准。生物监测检验方法：未制定标准

工程控制　严加密闭，提供充分的局部排风和全面通风。提供安全的淋浴和洗眼设备

个体防护装备

呼吸系统防护　可能接触毒物时，建议佩戴过滤式防毒面具（全面罩）

眼睛防护　呼吸系统防护中已作防护

皮肤和身体防护　穿隔绝式防毒服

手防护　戴橡胶耐油手套

第九部分　理化特性

外观与性状　无色液体，有恶臭

pH 值　无资料　　**熔点(℃)**　−72

沸点(℃)　103.8～104

相对密度(水=1)　0.76（30℃）

相对蒸气密度(空气=1)　2.38

饱和蒸气压(kPa)　13.3（54.4℃）

燃烧热(kJ/mol)　−2559.8　**临界温度(℃)**　无资料

临界压力(MPa)　3.76　**辛醇/水分配系数**　0.46

闪点(℃)　8（CC）　**自燃温度(℃)**　482

爆炸下限(%)　无资料　**爆炸上限(%)**　无资料

分解温度(℃)　无资料　**黏度(mPa·s)**　0.551(15℃)

溶解性　微溶于水，易溶于乙醇、乙醚等多数有机溶剂

第十部分　稳定性和反应性

稳定性　稳定

危险反应　与强氧化剂等禁配物接触，有发生火灾和爆炸的危险

避免接触的条件　无资料

禁配物　强氧化剂、强还原剂、强酸、强碱

危险的分解产物　无资料

第十一部分　毒理学信息

急性毒性　LD_{50}：50mg/kg（大鼠经口）；200mg/kg（兔经皮）

皮肤刺激或腐蚀　家兔经皮：380mg，轻度刺激（开放性刺激试验）

眼睛刺激或腐蚀　无资料　**呼吸或皮肤过敏**　无资料

生殖细胞突变性　无资料　**致癌性**　无资料

生殖毒性　无资料

特异性靶器官系统毒性-一次接触　无资料

特异性靶器官系统毒性-反复接触　大鼠接触 1/5 或1/10 LD_{50}量，每天 1 次，2 周，尸检见肝脏实质退行性变。中毒表现为无力、血管扩张、震颤、抽搐、呼吸明显抑制。尿中硫氰酸盐排出增加

吸入危害　无资料

第十二部分　生态学信息

生态毒性　无资料

持久性和降解性　生物降解性：MITI-Ⅰ测试，初始浓度 100ppm，污泥浓度 30ppm，2 周后降解 53.9%～66.3%

非生物降解性　空气中，当羟基自由基浓度为5.00×10^5个/cm^3时，降解半衰期为 23d（理论）

潜在的生物累积性　根据 K_{ow}值预测，该物质的生物累积性可能较弱

土壤中的迁移性　根据 K_{oc}值预测，该物质可能易发生迁移

第十三部分　废弃处置

废弃化学品　建议用焚烧法处置。焚烧炉排出的氮氧化物通过洗涤器除去

污染包装物　将容器返还生产商或按照国家和地方法规处置

废弃注意事项　处置前应参阅国家和地方有关法规

第十四部分　运输信息

联合国危险货物编号（UN 号）　2284

联合国运输名称　异丁腈

联合国危险性类别　3，6.1

包装类别　Ⅱ类包装

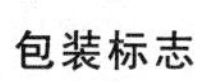

海洋污染物　否

运输注意事项　运输时运输车辆应配备相应品种和数量的消防器材及泄漏应急处理设备。夏季最好早晚运输。运输时所用的槽（罐）车应有接地链，槽内可设孔隔板以减少震荡产生的静电。严禁与氧化剂、还原剂、酸类、碱类、食用化学品等混装混运。运输途中应防曝晒、雨淋，防高温。中途停留时应远离火种、热源、高温区。装运该物品的车辆排气管必须配备阻火装置，禁止使用易产生火花的机械设备和工具装卸。公路运输时要按规定路线行驶，勿在居民区和人口稠密区停留。铁路运输时要禁止溜放。严禁用木船、水泥船散装运输

第十五部分　法规信息

下列法律、法规、规章和标准，对该化学品的管理作了相应的规定。

中华人民共和国职业病防治法　职业病分类和目录：氰及腈类化合物中毒

危险化学品安全管理条例　危险化学品目录：列入。易制爆危险化学品名录：未列入。重点监管的危险化学品名录：未列入。GB 18218—2009《危险化学品重大

危险源辨识》(表 1)：未列入

使用有毒物品作业场所劳动保护条例 高毒物品目录：未列入

易制毒化学品管理条例 易制毒化学品的分类和品种目录：未列入

国际公约 斯德哥尔摩公约：未列入。鹿特丹公约：未列入。蒙特利尔议定书：未列入

第十六部分 其他信息

编写和修订信息 **缩略语和首字母缩写**

培训建议 **参考文献**

免责声明

异丁硫醇

第一部分 化学品标识

化学品中文名 异丁硫醇；2-甲基-1-丙硫醇

化学品英文名 2-methyl-1-propanethiol；isobutyl mercaptan

分子式 $C_4H_{10}S$ **相对分子质量** 90.20

结构式 SH

化学品的推荐及限制用途 石油分析用试剂及用于有机合成

第二部分 危险性概述

紧急情况概述 高度易燃液体和蒸气

GHS 危险性类别 易燃液体，类别 2；严重眼损伤/眼刺激，类别 2B；特异性靶器官毒性—一次接触，类别 3（呼吸道刺激）

标签要素

象形图

警示词 危险

危险性说明 高度易燃液体和蒸气，造成眼刺激，可能引起呼吸道刺激

防范说明

预防措施 远离热源、火花、明火、热表面。禁止吸烟。保持容器密闭。容器和接收设备接地连接。使用防爆电器、通风、照明设备。只能使用不产生火花的工具。采取防止静电措施。戴防护手套、防护眼镜、防护面罩。避免接触眼睛、皮肤，操作后彻底清洗

事故响应 火灾时，使用泡沫、二氧化碳、干粉、砂土灭火。如皮肤（或头发）接触：立即脱掉所有被污染的衣服，用水冲洗皮肤，淋浴。如接触眼睛：用水细心冲洗数分钟。如戴隐形眼镜并可方便地取出，取出隐形眼镜继续冲洗。如果眼睛刺激持续：就医

安全储存 存放在通风良好的地方。保持低温

废弃处置 本品及内装物、容器依据国家和地方法规处置

物理和化学危险 高度易燃，其蒸气与空气混合，能形成爆炸性混合物

健康危害 硫醇类主要作用于中枢神经系统，引起头痛、恶心及不同程度的麻醉作用

环境危害 对环境可能有害

第三部分 成分/组成信息

√物质		混合物
组分	**浓度**	**CAS No.**
异丁硫醇		513-44-0

第四部分 急救措施

吸入 迅速脱离现场至空气新鲜处。保持呼吸道通畅。如呼吸困难，给输氧。如呼吸、心跳停止，立即进行心肺复苏术。就医

皮肤接触 立即脱去污染的衣着，用流动清水彻底冲洗。就医

眼睛接触 立即分开眼睑，用流动清水或生理盐水彻底冲洗。就医

食入 漱口，饮水。就医

对保护施救者的忠告 根据需要使用个人防护设备

对医生的特别提示 对症处理

第五部分 消防措施

灭火剂 用泡沫、二氧化碳、干粉、砂土灭火

特别危险性 受热分解。接触酸或酸气能产生有毒气体。遇水或水蒸气反应放热并产生有毒的腐蚀性气体。燃烧生成有害的一氧化碳、硫化氢、氧化硫

灭火注意事项及防护措施 消防人员必须佩戴空气呼吸器、穿全身防火防毒服，在上风向灭火。喷水冷却容器，尽可能将容器从火场移至空旷处。容器突然发出异常声音或出现异常现象，应立即撤离。用水灭火无效

第六部分 泄漏应急处理

作业人员防护措施、防护装备和应急处置程序 消除所有点火源。根据液体流动和蒸气扩散的影响区域划定警戒区，无关人员从侧风、上风向撤离至安全区。建议应急处理人员戴正压自给式呼吸器，穿防静电服，戴乳胶手套。作业时使用的所有设备应接地。禁止接触或跨越泄漏物。尽可能切断泄漏源

环境保护措施 防止泄漏物进入水体、下水道、地下室或有限空间

泄漏化学品的收容、清除方法及所使用的处置材料 小量泄漏：用砂土或其他不燃材料吸收，使用洁净的无火花工具收集吸收材料。大量泄漏：构筑围堤或挖坑收容。用泡沫覆盖，减少蒸发。喷水雾能减少蒸发，但不能降低泄漏物在有限空间内的易燃性。用防爆泵转移至槽车或专用收集器内

第七部分 操作处置与储存

操作注意事项 密闭操作，局部排风。操作人员必须经过专门培训，严格遵守操作规程。建议操作人员佩戴自

吸过滤式防毒面具（半面罩），戴化学安全防护眼镜，穿防毒物渗透工作服，戴乳胶手套。远离火种、热源。工作场所严禁吸烟。使用防爆型的通风系统和设备。防止蒸气泄漏到工作场所空气中。避免与氧化剂、碱类、碱金属接触。尤其要注意避免与水接触。灌装时应控制流速，且有接地装置，防止静电积聚。搬运时要轻装轻卸，防止包装及容器损坏。配备相应品种和数量的消防器材及泄漏应急处理设备。倒空的容器可能残留有害物

储存注意事项 储存于阴凉、通风的库房。远离火种、热源。库温不宜超过37℃。保持容器密封。应与氧化剂、碱类、碱金属分开存放，切忌混储。采用防爆型照明、通风设施。禁止使用易产生火花的机械设备和工具。储区应备有泄漏应急处理设备和合适的收容材料

第八部分 接触控制/个体防护

职业接触限值

中国 未制定标准

美国(ACGIH) 未制定标准

生物接触限值 未制定标准

监测方法 空气中有毒物质测定方法：未制定标准。生物监测检验方法：未制定标准

工程控制 密闭操作，局部排风

个体防护装备

呼吸系统防护 高浓度环境中，应该佩戴过滤式防毒面具（半面罩）

眼睛防护 戴化学安全防护眼镜

皮肤和身体防护 穿防毒物渗透工作服

手防护 戴橡胶手套

第九部分 理化特性

外观与性状 无色液体，有强烈的特异气味

pH值 无资料　　**熔点(℃)** －79

沸点(℃) 86.8～88.7

相对密度(水＝1) 0.83（20℃）

相对蒸气密度(空气＝1) 3.1

饱和蒸气压(kPa) 16.53（37.8℃）

燃烧热(kJ/mol) 无资料　　**临界温度(℃)** 无资料

临界压力(MPa) 3.9　　**辛醇/水分配系数** 2.18

闪点(℃) －9.4　　**自燃温度(℃)** 无资料

爆炸下限(%) 无资料　　**爆炸上限(%)** 无资料

分解温度(℃) 无资料　　**黏度(mPa·s)** 无资料

溶解性 微溶于水，易溶于乙醇、乙醚等

第十部分 稳定性和反应性

稳定性 稳定

危险反应 与强氧化剂、水等禁配物接触，有发生火灾和爆炸的危险

避免接触的条件 受热、潮湿空气

禁配物 碱、强氧化剂、碱金属。酸、水

危险的分解产物 硫化氢

第十一部分 毒理学信息

急性毒性 LD_{50}：7168mg/kg（大鼠经口）

皮肤刺激或腐蚀 无资料

眼睛刺激或腐蚀 家兔经眼：84mg，引起刺激

呼吸或皮肤过敏 无资料　　**生殖细胞突变性** 无资料

致癌性 无资料　　**生殖毒性** 无资料

特异性靶器官系统毒性-一次接触 无资料

特异性靶器官系统毒性-反复接触 无资料

吸入危害 无资料

第十二部分 生态学信息

生态毒性 无资料

持久性和降解性

生物降解性 无资料

非生物降解性 无资料

潜在的生物累积性 根据 K_{ow} 值预测，该物质的生物累积性可能较弱

土壤中的迁移性 根据 K_{oc} 值预测，该物质可能有一定的迁移性

第十三部分 废弃处置

废弃化学品 建议用焚烧法处置。焚烧炉排出的硫氧化物通过洗涤器除去

污染包装物 将容器返还生产商或按照国家和地方法规处置

废弃注意事项 处置前应参阅国家和地方有关法规

第十四部分 运输信息

联合国危险货物编号(UN号) 2347

联合国运输名称 丁硫醇

联合国危险性类别 3　　**包装类别** Ⅱ类包装

包装标志 

海洋污染物 否

运输注意事项 运输时运输车辆应配备相应品种和数量的消防器材及泄漏应急处理设备。夏季最好早晚运输。运输时所用的槽（罐）车应有接地链，槽内可设孔隔板以减少震荡产生的静电。严禁与氧化剂、碱类、碱金属、食用化学品等混装混运。运输途中应防曝晒、雨淋，防高温。中途停留时应远离火种、热源、高温区。装运该物品的车辆排气管必须配备阻火装置，禁止使用易产生火花的机械设备和工具装卸。公路运输时要按规定路线行驶，勿在居民区和人口稠密区停留。铁路运输时要禁止溜放。严禁用木船、水泥船散装运输

第十五部分 法规信息

下列法律、法规、规章和标准，对该化学品的管理作了相应的规定。

中华人民共和国职业病防治法 职业病分类和目录：未列入

危险化学品安全管理条例　危险化学品目录：列入。易制爆危险化学品名录：未列入。重点监管的危险化学品名录：未列入。GB 18218—2009《危险化学品重大危险源辨识》(表1)：未列入

使用有毒物品作业场所劳动保护条例　高毒物品目录：未列入

易制毒化学品管理条例　易制毒化学品的分类和品种目录：未列入

国际公约　斯德哥尔摩公约：未列入。鹿特丹公约：未列入。蒙特利尔议定书：未列入

第十六部分　其他信息

编写和修订信息　　**缩略语和首字母缩写**

培训建议　　**参考文献**

免责声明

异　丁　醛

第一部分　化学品标识

化学品中文名　异丁醛；2-甲基丙醛

化学品英文名　isobutylaldehyde；2-methylpropanal

分子式　C_4H_8O　**相对分子质量**　72.1

结构式　（结构式图：O）

化学品的推荐及限制用途　用于制造橡胶硫化促进剂和防老剂、异丁酸等

第二部分　危险性概述

紧急情况概述　高度易燃液体和蒸气，吞咽有害

GHS危险性类别　易燃液体，类别2；急性毒性-经口，类别4；生殖细胞致突变性，类别2；特异性靶器官毒性--一次接触，类别3（呼吸道刺激）；危害水生环境-急性危害，类别3

标签要素

象形图

警示词　危险

危险性说明　高度易燃液体和蒸气，吞咽有害，怀疑可造成遗传性缺陷，可能引起呼吸道刺激，对水生生物有害

防范说明

预防措施　远离热源、火花、明火、热表面。禁止吸烟。保持容器密闭。容器和接收设备接地连接。使用防爆电器、通风、照明设备。只能使用不产生火花的工具。采取防止静电措施。戴防护手套、防护眼镜、防护面罩。避免接触眼睛、皮肤，操作后彻底清洗。作业场所不得进食、饮水或吸烟。得到专门指导后操作。在阅读并了解所有安全预防措施之前，切勿操作。按要求使用个体防护装备。禁止排入环境

事故响应　火灾时，使用泡沫、二氧化碳、干粉、砂土灭火。如皮肤（或头发）接触：立即脱掉所有被污染的衣服，用水冲洗皮肤，淋浴。食入：漱口，如果感觉不适，立即呼叫中毒控制中心或就医。如果接触或有担心，就医

安全储存　存放在通风良好的地方。保持低温。上锁保管

废弃处置　本品及内装物、容器依据国家和地方法规处置

物理和化学危险　高度易燃，其蒸气与空气混合，能形成爆炸性混合物

健康危害　低浓度对眼、鼻和呼吸道有轻微刺激；高浓度吸入引起肺炎、肺水肿，并出现麻醉作用。有致敏性

环境危害　对水生生物有害

第三部分　成分/组成信息

√物质　　　　混合物

组分	浓度	CAS No.
异丁醛		78-84-2

第四部分　急救措施

吸入　迅速脱离现场至空气新鲜处。保持呼吸道通畅。如呼吸困难，给输氧。如呼吸、心跳停止，立即进行心肺复苏术。就医

皮肤接触　立即脱去污染的衣着，用流动清水彻底冲洗。就医

眼睛接触　立即分开眼睑，用流动清水或生理盐水彻底冲洗。就医

食入　漱口，饮水。就医

对保护施救者的忠告　根据需要使用个人防护设备

对医生的特别提示　对症处理

第五部分　消防措施

灭火剂　遇到大火，用泡沫、二氧化碳、干粉、砂土灭火

特别危险性　与氧化剂能发生强烈反应。蒸气比空气重，沿地面扩散并易积存于低洼处，遇火源会着火回燃。燃烧生成有害的一氧化碳

灭火注意事项及防护措施　消防人员必须佩戴空气呼吸器、穿全身防火防毒服，在上风向灭火。尽可能将容器从火场移至空旷处。喷水保持火场容器冷却，直至灭火结束。容器突然发出异常声音或出现异常现象，应立即撤离。遇到大火，消防人员须在有防爆掩蔽处操作。用水灭火无效

第六部分　泄漏应急处理

作业人员防护措施、防护装备和应急处置程序　消除所有点火源。根据液体流动和蒸气扩散的影响区域划定警戒区，无关人员从侧风、上风向撤离至安全区。建议应急处理人员戴正压自给式呼吸器，穿防静电服，戴橡胶手套。作业时使用的所有设备应接地。禁止接触或跨越泄漏物。尽可能切断泄漏源

环境保护措施　防止泄漏物进入水体、下水道、地下室或有限空间

泄漏化学品的收容、清除方法及所使用的处置材料　小量泄漏：用砂土或其他不燃材料吸收，使用洁净的无火

花工具收集吸收材料。大量泄漏：构筑围堤或挖坑收容。用抗溶性泡沫覆盖，减少蒸发。喷水雾能减少蒸发，但不能降低泄漏物在有限空间内的易燃性。用防爆泵转移至槽车或专用收集器内

第七部分 操作处置与储存

操作注意事项 密闭操作，全面排风。操作人员必须经过专门培训，严格遵守操作规程。建议操作人员佩戴过滤式防毒面具（半面罩），戴化学安全防护眼镜，穿防静电工作服，戴橡胶手套。远离火种、热源。工作场所严禁吸烟。使用防爆型的通风系统和设备。防止蒸气泄漏到工作场所空气中。避免与氧化剂、还原剂、碱类接触。灌装时应控制流速，且有接地装置，防止静电积聚。搬运时要轻装轻卸，防止包装及容器损坏。配备相应品种和数量的消防器材及泄漏应急处理设备。倒空的容器可能残留有害物

储存注意事项 储存于阴凉、通风的库房。远离火种、热源。库温不宜超过 29℃。包装要求密封，不可与空气接触。应与氧化剂、还原剂、碱类等分开存放，切忌混储。不宜大量储存或久存。采用防爆型照明、通风设施。禁止使用易产生火花的机械设备和工具。储区应备有泄漏应急处理设备和合适的收容材料

第八部分 接触控制/个体防护

职业接触限值

中国 未制定标准

美国(ACGIH) 未制定标准

生物接触限值 未制定标准

监测方法 空气中有毒物质测定方法：热解吸-气相色谱法。生物监测检验方法：未制定标准

工程控制 密闭操作，全面排风。提供安全的淋浴和洗眼设备

个体防护装备

呼吸系统防护 空气中浓度超标时，佩戴过滤式防毒面具（半面罩）

眼睛防护 一般不需要特殊防护，高浓度接触时可戴化学安全防护眼镜

皮肤和身体防护 穿防静电工作服

手防护 戴橡胶手套

第九部分 理化特性

外观与性状 无色透明液体，有较强的刺激性气味

pH 值 无资料 **熔点(℃)** −65

沸点(℃) 64

相对密度(水=1) 0.79（20℃）

相对蒸气密度(空气=1) 2.48

饱和蒸气压(kPa) 15.3（20℃）

燃烧热(kJ/mol) −2494.6 **临界温度(℃)** 无资料

临界压力(MPa) 4.1

辛醇/水分配系数 0.74～1.2

闪点(℃) −10.6（OC）；−40（CC）

自燃温度(℃) 196

爆炸下限(%) 1.6 **爆炸上限(%)** 10.6

分解温度(℃) 无资料 **黏度(mPa·s)** 0.54(28℃)

溶解性 微溶于水，溶于乙醇、乙醚、苯、氯仿、二硫化碳、丙酮、甲苯

第十部分 稳定性和反应性

稳定性 稳定

危险反应 与强氧化剂等禁配物接触，有发生火灾和爆炸的危险

避免接触的条件 无资料

禁配物 强氧化剂、强还原剂、强碱、氧

危险的分解产物 无资料

第十一部分 毒理学信息

急性毒性

LD_{50} 960mg/kg（大鼠经口）；7130μl（5632.7mg)/kg（兔经皮）

LC_{50} 39500mg/m³（小鼠吸入，2h）

皮肤刺激或腐蚀 家兔经皮：397mg，轻度刺激（开放性刺激试验）

眼睛刺激或腐蚀 无资料 **呼吸或皮肤过敏** 无资料

生殖细胞突变性 无资料 **致癌性** 无资料

生殖毒性 无资料

特异性靶器官系统毒性-一次接触 无资料

特异性靶器官系统毒性-反复接触 大鼠连续吸入 5mg/m³，6 个月，发现肺出现病理改变；多种实质器官发生营养障碍，并出现小细胞性血管周围浸润及血管壁松动；大脑皮质肿胀，大脑白质可见类脂蛋白损伤性病灶

吸入危害 无资料

第十二部分 生态学信息

生态毒性

LC_{50} 23mg/L（96h）（黑头呆鱼）；84mg/L（72h）（羊角月牙藻）

EC_{50} 277mg/L（48h）（水蚤）

持久性和降解性

生物降解性 易快速生物降解

非生物降解性 空气中光氧化半衰期（h）：2.4～24

潜在的生物累积性 根据 K_{ow} 值预测，该物质的生物累积性可能较弱

土壤中的迁移性 根据 K_{oc} 值预测，该物质可能易发生迁移

第十三部分 废弃处置

废弃化学品 建议用焚烧法处置

污染包装物 将容器返还生产商或按照国家和地方法规处置

废弃注意事项 处置前应参阅国家和地方有关法规

第十四部分 运输信息

联合国危险货物编号（UN 号） 2045

联合国运输名称 异丁醛

联合国危险性类别 3 **包装类别** Ⅱ类包装

包装标志  **海洋污染物** 否

运输注意事项 运输时运输车辆应配备相应品种和数量的消防器材及泄漏应急处理设备。夏季最好早晚运输。运输时所用的槽（罐）车应有接地链，槽内可设孔隔板以减少震荡产生的静电。严禁与氧化剂、还原剂、碱类、食用化学品等混装混运。运输途中应防曝晒、雨淋，防高温。中途停留时应远离火种、热源、高温区。装运该物品的车辆排气管必须配备阻火装置，禁止使用易产生火花的机械设备和工具装卸。公路运输时要按规定路线行驶，勿在居民区和人口稠密区停留。铁路运输时要禁止溜放。严禁用木船、水泥船散装运输

第十五部分 法规信息

下列法律、法规、规章和标准，对该化学品的管理作了相应的规定。

中华人民共和国职业病防治法 职业病分类和目录：未列入

危险化学品安全管理条例 危险化学品目录：列入。易制爆危险化学品名录：未列入。重点监管的危险化学品名录：未列入。GB 18218—2009《危险化学品重大危险源辨识》(表 1)：未列入

使用有毒物品作业场所劳动保护条例 高毒物品目录：未列入

易制毒化学品管理条例 易制毒化学品的分类和品种目录：未列入

国际公约 斯德哥尔摩公约：未列入。鹿特丹公约：未列入。蒙特利尔议定书：未列入

第十六部分 其他信息

编写和修订信息 **缩略语和首字母缩写**

培训建议 **参考文献**

免责声明

异 丁 酸

第一部分 化学品标识

化学品中文名 异丁酸；2-甲基丙酸

化学品英文名 isobutyric acid；2-methyl propionic acid

分子式 $C_4H_8O_2$ **相对分子质量** 88.1

结构式 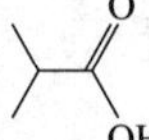

化学品的推荐及限制用途 主要用于合成异丁酸酯类产品，如异丁酸甲酯、丙酯、异戊酯、苄酯等，可作为食用香料，也用于制药

第二部分 危险性概述

紧急情况概述 易燃液体和蒸气，吞咽、皮肤接触有害，造成严重的皮肤灼伤和眼损伤

GHS 危险性类别 易燃液体，类别 3；急性毒性-经口，类别 4；急性毒性-经皮，类别 4；皮肤腐蚀/刺激，类别 1；严重眼损伤/眼刺激，类别 1；危害水生环境-急性危害，类别 3

标签要素

象形图

警示词 危险

危险性说明 易燃液体和蒸气，吞咽有害，皮肤接触有害，造成严重的皮肤灼伤和眼损伤，造成严重眼损伤，对水生生物有害

防范说明

预防措施 远离热源、火花、明火、热表面。禁止吸烟。保持容器密闭。容器和接收设备接地连接。使用防爆电器、通风、照明设备。只能使用不产生火花的工具。采取防止静电措施。避免吸入烟雾。避免接触眼睛、皮肤，操作后彻底清洗。作业场所不得进食、饮水或吸烟。戴防护手套，穿防护服，戴防护眼镜、防护面罩。禁止排入环境

事故响应 火灾时，使用雾状水、抗溶性泡沫、二氧化碳、干粉、砂土灭火。如吸入：将患者转移到空气新鲜处，休息，保持利于呼吸的体位。皮肤接触：立即脱掉所有被污染的衣服，用大量肥皂水和水清洗，如感觉不适，呼叫中毒控制中心或就医。被污染的衣服须经洗净后方可重新使用。眼睛接触：用水细心地冲洗数分钟。如戴隐形眼镜并可方便地取出，则取出隐形眼镜继续冲洗。食入：漱口，不要催吐，如果感觉不适，立即呼叫中毒控制中心或就医

安全储存 存放在通风良好的地方。保持低温。上锁保管

废弃处置 本品及内装物、容器依据国家和地方法规处置

物理和化学危险 易燃，其蒸气与空气混合，能形成爆炸性混合物

健康危害 本品对呼吸道、眼和皮肤有强烈的刺激性。眼和皮肤接触可引起灼伤

环境危害 对水生生物有害

第三部分 成分/组成信息

√物质 混合物

组分	浓度	CAS No.
异丁酸		79-31-2

第四部分 急救措施

吸入 迅速脱离现场至空气新鲜处。保持呼吸道通畅。如呼吸困难，给输氧。如呼吸、心跳停止，立即进行心肺复苏术。就医

皮肤接触 立即脱去污染的衣着，用大量流动清水彻底冲洗至少 15min。就医

眼睛接触 立即分开眼睑，用流动清水或生理盐水彻底冲

洗至少15min。就医

食入 用水漱口，禁止催吐。给饮牛奶或蛋清。就医

对保护施救者的忠告 根据需要使用个人防护设备

对医生的特别提示 对症处理

第五部分 消防措施

灭火剂 用雾状水、抗溶性泡沫、二氧化碳、干粉、砂土灭火

特别危险性 遇明火、高热或与氧化剂接触，有引起燃烧爆炸的危险。具有腐蚀性。燃烧生成有害的一氧化碳

灭火注意事项及防护措施 消防人员必须穿全身耐酸碱消防服、佩戴空气呼吸器灭火。喷水冷却容器，尽可能将容器从火场移至空旷处。容器突然发出异常声音或出现异常现象，应立即撤离

第六部分 泄漏应急处理

作业人员防护措施、防护装备和应急处置程序 消除所有点火源。根据液体流动和蒸气扩散的影响区域划定警戒区，无关人员从侧风、上风向撤离至安全区。建议应急处理人员戴正压自给式呼吸器，穿防静电、防腐蚀、防毒服，戴橡胶手套。作业时使用的所有设备应接地。禁止接触或跨越泄漏物。尽可能切断泄漏源

环境保护措施 防止泄漏物进入水体、下水道、地下室或有限空间

泄漏化学品的收容、清除方法及所使用的处置材料 小量泄漏：用砂土或其他不燃材料吸收，使用洁净的无火花工具收集吸收材料。大量泄漏：构筑围堤或挖坑收容。用砂土、惰性物质或蛭石吸收大量液体。用石灰（CaO）、碎石灰石（$CaCO_3$）或碳酸氢钠（$NaHCO_3$）中和。用抗溶性泡沫覆盖，减少蒸发。喷水雾能减少蒸发，但不能降低泄漏物在有限空间内的易燃性。用防爆、耐腐蚀泵转移至槽车或专用收集器内

第七部分 操作处置与储存

操作注意事项 密闭操作，注意通风。操作人员必须经过专门培训，严格遵守操作规程。建议操作人员佩戴过滤式防毒面具（半面罩），戴化学安全防护眼镜，穿防酸碱工作服，戴橡胶手套。远离火种、热源。工作场所严禁吸烟。使用防爆型的通风系统和设备。防止蒸气泄漏到工作场所空气中。避免与氧化剂、还原剂、碱类接触。充装要控制流速，防止静电积聚。搬运时要轻装轻卸，防止包装及容器损坏。配备相应品种和数量的消防器材及泄漏应急处理设备。倒空的容器可能残留有害物

储存注意事项 储存于阴凉、通风的库房。库温不宜超过37℃。远离火种、热源。保持容器密封。应与氧化剂、还原剂、碱类分开存放，切忌混储。采用防爆型照明、通风设施。禁止使用易产生火花的机械设备和工具。储区应备有泄漏应急处理设备和合适的收容材料

第八部分 接触控制/个体防护

职业接触限值

中国 未制定标准

美国(ACGIH) 未制定标准

生物接触限值 未制定标准

监测方法 空气中有毒物质测定方法：未制定标准。生物监测检验方法：未制定标准

工程控制 密闭操作，注意通风。提供安全的淋浴和洗眼设备

个体防护装备

呼吸系统防护 可能接触其蒸气时，建议佩戴过滤式防毒面具（半面罩）

眼睛防护 戴化学安全防护眼镜

皮肤和身体防护 穿防酸碱工作服

手防护 戴橡胶手套

第九部分 理化特性

外观与性状 无色液体，有刺激性气味

pH值 无资料 **熔点(℃)** −47

沸点(℃) 154.5 **相对密度(水=1)** 0.95

相对蒸气密度(空气=1) 3.04

饱和蒸气压(kPa) 0.2（20℃）

燃烧热(kJ/mol) −2165.3 **临界温度(℃)** 336

临界压力(MPa) 4.05

辛醇/水分配系数 0.5～1.13

闪点(℃) 56（CC）

自燃温度(℃) 481

爆炸下限(%) 2 **爆炸上限(%)** 10

分解温度(℃) 无资料 **黏度(mPa·s)** 无资料

溶解性 不溶于水，可混溶于乙醇、乙醚、氯仿、甘油、丙二醇等

第十部分 稳定性和反应性

稳定性 稳定

危险反应 与强氧化剂等禁配物接触，有发生火灾和爆炸的危险

避免接触的条件 无资料

禁配物 碱类、强氧化剂、强还原剂

危险的分解产物 无资料

第十一部分 毒理学信息

急性毒性 LD_{50}：280μl（266mg）/kg（大鼠经口）；500μl（475mg）/kg（兔经皮）

皮肤刺激或腐蚀 家兔经皮：139μg（24h），引起刺激（开放性刺激试验）

眼睛刺激或腐蚀 无资料 **呼吸或皮肤过敏** 无资料

生殖细胞突变性 无资料 **致癌性** 无资料

生殖毒性 无资料

特异性靶器官系统毒性-一次接触 无资料

特异性靶器官系统毒性-反复接触 无资料

吸入危害 无资料

第十二部分 生态学信息

生态毒性 LC_{50}：51.8mg/L（96h）（鱼）

持久性和降解性

生物降解性 无资料

非生物降解性　无资料

潜在的生物累积性　根据 K_{ow} 值预测，该物质的生物累积性可能较弱

土壤中的迁移性　根据 K_{oc} 值预测，该物质可能易发生迁移

第十三部分　废弃处置

废弃化学品　建议用焚烧法处置

污染包装物　将容器返还生产商或按照国家和地方法规处置

废弃注意事项　处置前应参阅国家和地方有关法规

第十四部分　运输信息

联合国危险货物编号（UN号）　2529

联合国运输名称　异丁酸

联合国危险性类别　3，8

包装类别　Ⅲ类包装

包装标志 

海洋污染物　否

运输注意事项　运输时运输车辆应配备相应品种和数量的消防器材及泄漏应急处理设备。夏季最好早晚运输。运输时所用的槽（罐）车应有接地链，槽内可设孔隔板以减少震荡产生的静电。严禁与氧化剂、还原剂、碱类、食用化学品等混装混运。运输途中应防曝晒、雨淋，防高温。中途停留时应远离火种、热源、高温区。装运该物品的车辆排气管必须配备阻火装置，禁止使用易产生火花的机械设备和工具装卸。公路运输时要按规定路线行驶，勿在居民区和人口稠密区停留。铁路运输时要禁止溜放。严禁用木船、水泥船散装运输

第十五部分　法规信息

下列法律、法规、规章和标准，对该化学品的管理作了相应的规定。

中华人民共和国职业病防治法　职业病分类和目录：未列入

危险化学品安全管理条例　危险化学品目录：列入。易制爆危险化学品名录：未列入。重点监管的危险化学品名录：未列入。GB 18218—2009《危险化学品重大危险源辨识》（表1）：未列入

使用有毒物品作业场所劳动保护条例　高毒物品目录：未列入

易制毒化学品管理条例　易制毒化学品的分类和品种目录：未列入

国际公约　斯德哥尔摩公约：未列入。鹿特丹公约：未列入。蒙特利尔议定书：未列入

第十六部分　其他信息

编写和修订信息　　**缩略语和首字母缩写**

培训建议　　**参考文献**

免责声明

异丁酸酐

第一部分　化学品标识

化学品中文名　异丁酸酐

化学品英文名　isobutyric anhydride；2-methylpropionic anhydride

分子式　$C_8H_{14}O_3$　　**相对分子质量**　158.22

结构式

化学品的推荐及限制用途　用作合成农药和药物的中间体，制取异丁酸酯类增塑剂及香精、香料等

第二部分　危险性概述

紧急情况概述　易燃液体和蒸气，造成严重的皮肤灼伤和眼损伤

GHS危险性类别　易燃液体，类别3；皮肤腐蚀/刺激，类别1；严重眼损伤/眼刺激，类别1；特异性靶器官毒性-一次接触，类别3（呼吸道刺激）；危害水生环境-急性危害，类别3

标签要素

象形图 

警示词　危险

危险性说明　易燃液体和蒸气，造成严重的皮肤灼伤和眼损伤，造成严重眼损伤，可能引起呼吸道刺激，对水生生物有害

防范说明

预防措施　远离热源、火花、明火、热表面。禁止吸烟。保持容器密闭。容器和接收设备接地连接。使用防爆电器、通风、照明设备。只能使用不产生火花的工具。采取防止静电措施。避免接触眼睛、皮肤，操作后彻底清洗。戴防护手套，穿防护服，戴防护眼镜、防护面罩。禁止排入环境

事故响应　火灾时，使用水、二氧化碳、泡沫、干粉、砂土灭火。如吸入：将患者转移到空气新鲜处，休息，保持利于呼吸的体位，立即呼叫中毒控制中心或就医。如皮肤（或头发）接触：立即脱掉所有被污染的衣服，用水冲洗皮肤，淋浴。污染的衣服须洗净后方可重新使用。眼睛接触：用水细心地冲洗数分钟。如戴隐形眼镜并可方便地取出，则取出隐形眼镜继续冲洗。食入：漱口，不要催吐

安全储存　存放在通风良好的地方。保持低温。上锁保管

废弃处置　本品及内装物、容器依据国家和地方法规处置

物理和化学危险　易燃，其蒸气与空气混合，能形成爆炸性混合物

健康危害　本品对黏膜、上呼吸道、眼和皮肤有强烈的刺

激性。吸入后，可因喉及支气管的痉挛、炎症、水肿，化学性肺炎或肺水肿而致死。接触后引起烧灼感、咳嗽、喘息、喉炎、气短、头痛、恶心、呕吐。眼和皮肤接触引起灼伤

环境危害 对水生生物有害

第三部分 成分/组成信息

√物质		混合物
组分	**浓度**	**CAS No.**
异丁酸酐		97-72-3

第四部分 急救措施

吸入 迅速脱离现场至空气新鲜处。保持呼吸道通畅。如呼吸困难，给输氧。如呼吸、心跳停止，立即进行心肺复苏术。就医

皮肤接触 立即脱去污染的衣着，用大量流动清水彻底冲洗至少 15min。就医

眼睛接触 立即分开眼睑，用流动清水或生理盐水彻底冲洗至少 15min。就医

食入 用水漱口，禁止催吐。给饮牛奶或蛋清。就医

对保护施救者的忠告 根据需要使用个人防护设备

对医生的特别提示 对症处理

第五部分 消防措施

灭火剂 用水、二氧化碳、泡沫、干粉、砂土灭火

特别危险性 与强氧化剂发生反应，可引起燃烧。遇低级醇和水起化学反应而分解。具有腐蚀性。燃烧生成有害的一氧化碳

灭火注意事项及防护措施 消防人员必须穿全身耐酸碱消防服、佩戴空气呼吸器灭火。喷水冷却容器，尽可能将容器从火场移至空旷处。容器突然发出异常声音或出现异常现象，应立即撤离

第六部分 泄漏应急处理

作业人员防护措施、防护装备和应急处置程序 消除所有点火源。根据液体流动和蒸气扩散的影响区域划定警戒区，无关人员从侧风、上风向撤离至安全区。建议应急处理人员戴正压自给式呼吸器，穿防静电、防腐蚀、防毒服，戴橡胶手套。作业时使用的所有设备应接地。禁止接触或跨越泄漏物。尽可能切断泄漏源

环境保护措施 防止泄漏物进入水体、下水道、地下室或有限空间

泄漏化学品的收容、清除方法及所使用的处置材料 小量泄漏：用砂土或其他不燃材料吸收，使用洁净的无火花工具收集吸收材料。大量泄漏：构筑围堤或挖坑收容。用碎石灰石（$CaCO_3$）、苏打灰（Na_2CO_3）或石灰（CaO）中和。用泡沫覆盖，减少蒸发。喷水雾能减少蒸发，但不能降低泄漏物在有限空间内的易燃性。用防爆、耐腐蚀泵转移至槽车或专用收集器内

第七部分 操作处置与储存

操作注意事项 密闭操作，注意通风。操作人员必须经过专门培训，严格遵守操作规程。建议操作人员佩戴自吸过滤式防毒面具（全面罩），穿防酸碱工作服，戴橡胶手套。远离火种、热源。工作场所严禁吸烟。使用防爆型的通风系统和设备。防止蒸气泄漏到工作场所空气中。避免与氧化剂、碱类接触。尤其要注意避免与水接触。充装要控制流速，防止静电积聚。搬运时要轻装轻卸，防止包装及容器损坏。配备相应品种和数量的消防器材及泄漏应急处理设备。倒空的容器可能残留有害物

储存注意事项 储存于阴凉、干燥、通风良好的库房。库温不宜超过 37℃。远离火种、热源。包装必须密封，切勿受潮。应与氧化剂、碱类等分开存放，切忌混储。采用防爆型照明、通风设施。禁止使用易产生火花的机械设备和工具。储区应备有泄漏应急处理设备和合适的收容材料

第八部分 接触控制/个体防护

职业接触限值

中国 未制定标准

美国(ACGIH) 未制定标准

生物接触限值 未制定标准

监测方法 空气中有毒物质测定方法：未制定标准。生物监测检验方法：未制定标准

工程控制 密闭操作，注意通风。提供安全的淋浴和洗眼设备

个体防护装备

呼吸系统防护 可能接触其蒸气时，应该佩戴过滤式防毒面具（全面罩）

眼睛防护 呼吸系统防护中已作防护

皮肤和身体防护 穿防酸碱工作服

手防护 戴橡胶手套

第九部分 理化特性

外观与性状 无色透明液体，有刺激性气味

pH 值 无资料　**熔点(℃)** −52.9～−55.9

沸点(℃) 181.5～183　**相对密度(水=1)** 0.954

相对蒸气密度(空气=1) 5.45

饱和蒸气压(kPa) 3.2 (92.4℃)

燃烧热(kJ/mol) 无资料　**临界温度(℃)** 无资料

临界压力(MPa) 无资料　**辛醇/水分配系数** 1.24

闪点(℃) 59.44　**自燃温度(℃)** 329

爆炸下限(%) 1.09　**爆炸上限(%)** 7.7

分解温度(℃) 无资料　**黏度(mPa·s)** 无资料

溶解性 微溶于水，可混溶于乙醇、乙醚

第十部分 稳定性和反应性

稳定性 稳定

危险反应 与强氧化剂等禁配物接触，有发生火灾和爆炸的危险

避免接触的条件 潮湿空气

禁配物 强氧化剂、强碱、碱类

危险的分解产物 无资料

第十一部分 毒理学信息

急性毒性 无资料　**皮肤刺激或腐蚀** 无资料

眼睛刺激或腐蚀 无资料 **呼吸或皮肤过敏** 无资料
生殖细胞突变性 无资料 **致癌性** 无资料
生殖毒性 无资料
特异性靶器官系统毒性-一次接触 无资料
特异性靶器官系统毒性-反复接触 无资料
吸入危害 无资料

第十二部分 生态学信息

生态毒性 无资料
持久性和降解性
生物降解性 无资料
非生物降解性 无资料
潜在的生物累积性 根据 K_{ow} 值预测，该物质的生物累积性可能较弱
土壤中的迁移性 根据 K_{oc} 值预测，该物质可能易发生迁移

第十三部分 废弃处置

废弃化学品 建议用焚烧法处置
污染包装物 将容器返还生产商或按照国家和地方法规处置
废弃注意事项 处置前应参阅国家和地方有关法规

第十四部分 运输信息

联合国危险货物编号（UN 号） 2924
联合国运输名称 易燃液体，腐蚀性，未另作规定的（异丁酸酐）
联合国危险性类别 3，8
包装类别 Ⅲ类包装
包装标志  
海洋污染物 否
运输注意事项 运输时运输车辆应配备相应品种和数量的消防器材及泄漏应急处理设备。夏季最好早晚运输。运输时所用的槽（罐）车应有接地链，槽内可设孔隔板以减少震荡产生的静电。严禁与氧化剂、碱类、食用化学品等混装混运。运输途中应防曝晒、雨淋，防高温。中途停留时应远离火种、热源、高温区。装运该物品的车辆排气管必须配备阻火装置，禁止使用易产生火花的机械设备和工具装卸。公路运输时要按规定路线行驶，勿在居民区和人口稠密区停留。铁路运输时要禁止溜放。严禁用木船、水泥船散装运输

第十五部分 法规信息

下列法律、法规、规章和标准，对该化学品的管理作了相应的规定。
中华人民共和国职业病防治法 职业病分类和目录：未列入
危险化学品安全管理条例 危险化学品目录：列入。易制爆危险化学品名录：未列入。重点监管的危险化学品名录：未列入。GB 18218—2009《危险化学品重大危险源辨识》（表 1）：未列入
使用有毒物品作业场所劳动保护条例 高毒物品目录：未列入
易制毒化学品管理条例 易制毒化学品的分类和品种目录：未列入
国际公约 斯德哥尔摩公约：未列入。鹿特丹公约：未列入。蒙特利尔议定书：未列入

第十六部分 其他信息

编写和修订信息 **缩略语和首字母缩写**
培训建议 **参考文献**
免责声明

异丁酸乙酯

第一部分 化学品标识

化学品中文名 异丁酸乙酯；2-甲基丙酸乙酯
化学品英文名 ethyl isobutyrate；ethyl 2-methylpropanoate
分子式 $C_6H_{12}O_2$ **相对分子质量** 116.18
结构式
化学品的推荐及限制用途 用于有机合成、香精萃取等

第二部分 危险性概述

紧急情况概述 高度易燃液体和蒸气
GHS 危险性类别 易燃液体，类别 2；皮肤腐蚀/刺激，类别 2
标签要素
象形图 
警示词 危险
危险性说明 高度易燃液体和蒸气，造成皮肤刺激
防范说明
预防措施 远离热源、火花、明火、热表面。禁止吸烟。保持容器密闭。容器和接收设备接地连接。使用防爆电器、通风、照明设备。只能使用不产生火花的工具。采取防止静电措施。戴防护手套、防护眼镜、防护面罩。避免接触眼睛、皮肤，操作后彻底清洗
事故响应 火灾时，使用泡沫、二氧化碳、干粉、砂土灭火。如皮肤（或头发）接触：立即脱掉所有被污染的衣服，用大量肥皂水和水清洗。如发生皮肤刺激，就医。被污染的衣服须经洗净后方可重新使用
安全储存 存放在通风良好的地方。保持低温
废弃处置 本品及内装物、容器依据国家和地方法规处置
物理和化学危险 高度易燃，其蒸气与空气混合，能形成爆炸性混合物
健康危害 接触本品可能会引起皮肤刺激

环境危害 对环境可能有害

第三部分 成分/组成信息

√物质		混合物
组分	**浓度**	**CAS No.**
异丁酸乙酯		97-62-1

第四部分 急救措施

吸入 迅速脱离现场至空气新鲜处。保持呼吸道通畅。如呼吸困难，给输氧。如呼吸、心跳停止，立即进行心肺复苏术。就医

皮肤接触 立即脱去污染的衣着，用流动清水彻底冲洗。就医

眼睛接触 立即分开眼睑，用流动清水或生理盐水彻底冲洗。就医

食入 漱口，饮水。就医

对保护施救者的忠告 根据需要使用个人防护设备

对医生的特别提示 对症处理

第五部分 消防措施

灭火剂 用泡沫、二氧化碳、干粉、砂土灭火

特别危险性 易燃，遇高热、明火及强氧化剂易引起燃烧。燃烧生成有害的一氧化碳

灭火注意事项及防护措施 消防人员须佩戴防毒面具、穿全身消防服，在上风向灭火。尽可能将容器从火场移至空旷处。喷水保持火场容器冷却，直至灭火结束。容器突然发出异常声音或出现异常现象，应立即撤离。用水灭火无效，但须用水保持火场容器冷却

第六部分 泄漏应急处理

作业人员防护措施、防护装备和应急处置程序 消除所有点火源。根据液体流动和蒸气扩散的影响区域划定警戒区，无关人员从侧风、上风向撤离至安全区。建议应急处理人员戴正压自给式呼吸器，穿防静电服，戴橡胶手套。作业时使用的所有设备应接地。禁止接触或跨越泄漏物。尽可能切断泄漏源

环境保护措施 防止泄漏物进入水体、下水道、地下室或有限空间

泄漏化学品的收容、清除方法及所使用的处置材料 小量泄漏：用砂土或其他不燃材料吸收，使用洁净的无火花工具收集吸收材料。大量泄漏：构筑围堤或挖坑收容。用抗溶性泡沫覆盖，减少蒸发。喷水雾能减少蒸发，但不能降低泄漏物在有限空间内的易燃性。用防爆泵转移至槽车或专用收集器内

第七部分 操作处置与储存

操作注意事项 密闭操作，全面通风。操作人员必须经过专门培训，严格遵守操作规程。建议操作人员佩戴自吸过滤式防毒面具（半面罩），戴化学安全防护眼镜，穿防静电工作服，戴橡胶手套。远离火种、热源。工作场所严禁吸烟。使用防爆型的通风系统和设备。防止蒸气泄漏到工作场所空气中。避免与氧化剂、酸类、碱类接触。灌装时应控制流速，且有接地装置，防止静电积聚。搬运时要轻装轻卸，防止包装及容器损坏。配备相应品种和数量的消防器材及泄漏应急处理设备。倒空的容器可能残留有害物

储存注意事项 储存于阴凉、通风的库房。远离火种、热源。库温不宜超过37℃。保持容器密封。应与氧化剂、酸类、碱类分开存放，切忌混储。采用防爆型照明、通风设施。禁止使用易产生火花的机械设备和工具。储区应备有泄漏应急处理设备和合适的收容材料

第八部分 接触控制/个体防护

职业接触限值

中国 未制定标准

美国(ACGIH) 未制定标准

生物接触限值 未制定标准

监测方法 空气中有毒物质测定方法：未制定标准。生物监测检验方法：未制定标准

工程控制 生产过程密闭，全面通风

个体防护装备

呼吸系统防护 可能接触其蒸气时，应该佩戴过滤式防毒面具（半面罩）。紧急事态抢救或撤离时，建议佩戴空气呼吸器

眼睛防护 戴化学安全防护眼镜

皮肤和身体防护 穿防静电工作服

手防护 戴橡胶手套

第九部分 理化特性

外观与性状 无色易挥发液体，有水果香味

pH值 无资料　**熔点(℃)** −88

沸点(℃) 110.1　**相对密度(水=1)** 0.87

相对蒸气密度(空气=1) 4.01

饱和蒸气压(kPa) 5.33 (33.8℃)

燃烧热(kJ/mol) −3535.0　**临界温度(℃)** 280

临界压力(MPa) 3.04　**辛醇/水分配系数** 1.77

闪点(℃) 13　**自燃温度(℃)** 无资料

爆炸下限(%) 无资料　**爆炸上限(%)** 无资料

分解温度(℃) 无资料　**黏度(mPa·s)** 无资料

溶解性 微溶于水，溶于乙醇、乙醚等

第十部分 稳定性和反应性

稳定性 稳定

危险反应 与强氧化剂等禁配物接触，有发生火灾和爆炸的危险

避免接触的条件 无资料

禁配物 强氧化剂、强碱、强酸

危险的分解产物 无资料

第十一部分 毒理学信息

急性毒性 LD_{50}：800mg/kg（小鼠静脉）；800mg/kg（小鼠腹腔）

皮肤刺激或腐蚀 家兔经皮：500mg (24h)，中度刺激

眼睛刺激或腐蚀 无资料　**呼吸或皮肤过敏** 无资料

生殖细胞突变性 无资料　**致癌性** 无资料

生殖毒性 无资料

特异性靶器官系统毒性-一次接触 无资料

特异性靶器官系统毒性-反复接触 无资料

吸入危害 无资料

第十二部分 生态学信息

生态毒性 无资料

持久性和降解性

生物降解性 无资料

非生物降解性 无资料

潜在的生物累积性 根据 K_{ow} 值预测，该物质的生物累积性可能较弱

土壤中的迁移性 根据 K_{oc} 值预测，该物质可能易发生迁移

第十三部分 废弃处置

废弃化学品 建议用焚烧法处置

污染包装物 将容器返还生产商或按照国家和地方法规处置

废弃注意事项 处置前应参阅国家和地方有关法规

第十四部分 运输信息

联合国危险货物编号（UN号） 2385

联合国运输名称 异丁酸乙酯

联合国危险性类别 3 **包装类别** Ⅱ类包装

包装标志 

海洋污染物 否

运输注意事项 运输时运输车辆应配备相应品种和数量的消防器材及泄漏应急处理设备。夏季最好早晚运输。运输时所用的槽（罐）车应有接地链，槽内可设孔隔板以减少震荡产生的静电。严禁与氧化剂、酸类、碱类、食用化学品等混装混运。运输途中应防曝晒、雨淋，防高温。中途停留时应远离火种、热源、高温区。装运该物品的车辆排气管必须配备阻火装置，禁止使用易产生火花的机械设备和工具装卸。公路运输时要按规定路线行驶，勿在居民区和人口稠密区停留。铁路运输时要禁止溜放。严禁用木船、水泥船散装运输

第十五部分 法规信息

下列法律、法规、规章和标准，对该化学品的管理作了相应的规定。

中华人民共和国职业病防治法 职业病分类和目录：未列入

危险化学品安全管理条例 危险化学品目录：列入。易制爆危险化学品名录：未列入。重点监管的危险化学品名录：未列入。GB 18218—2009《危险化学品重大危险源辨识》（表1）：未列入

使用有毒物品作业场所劳动保护条例 高毒物品目录：未列入

易制毒化学品管理条例 易制毒化学品的分类和品种目录：未列入

国际公约 斯德哥尔摩公约：未列入。鹿特丹公约：未列入。蒙特利尔议定书：未列入

第十六部分 其他信息

编写和修订信息 **缩略语和首字母缩写**

培训建议 **参考文献**

免责声明

异丁酸异丁酯

第一部分 化学品标识

化学品中文名 异丁酸异丁酯

化学品英文名 isobutyl isobutyrate；2-methyl propyl isobutyrate

分子式 $C_8H_{16}O_2$ **相对分子质量** 144.24

结构式

化学品的推荐及限制用途 用作溶剂、增塑剂，用于合成香料、调味料等

第二部分 危险性概述

紧急情况概述 易燃液体和蒸气，可能引起昏昏欲睡或眩晕

GHS危险性类别 易燃液体，类别3；特异性靶器官毒性-一次接触，类别3（麻醉效应）；危害水生环境-急性危害，类别3

标签要素

象形图 

警示词 警告

危险性说明 易燃液体和蒸气，可能引起昏昏欲睡或眩晕，对水生生物有害

防范说明

预防措施 远离热源、火花、明火、热表面。禁止吸烟。保持容器密闭。容器和接收设备接地连接。使用防爆电器、通风、照明设备。只能使用不产生火花的工具。采取防止静电措施。戴防护手套、防护眼镜、防护面罩。禁止排入环境

事故响应 火灾时，使用泡沫、干粉、二氧化碳、砂土灭火。如皮肤（或头发）接触：立即脱掉所有被污染的衣服，用水冲洗皮肤，淋浴

安全储存 存放在通风良好的地方。保持低温

废弃处置 本品及内装物、容器依据国家和地方法规处置

物理和化学危险 易燃，其蒸气与空气混合，能形成爆炸性混合物

健康危害 本品可能对人体有麻醉效应

环境危害 对水生生物有害

第三部分 成分/组成信息

√物质 混合物

组分	浓度	CAS No.
异丁酸异丁酯		97-85-8

第四部分 急救措施

吸入 迅速脱离现场至空气新鲜处。保持呼吸道通畅。如呼吸困难，给输氧。如呼吸、心跳停止，立即进行心肺复苏术。就医

皮肤接触 立即脱去污染的衣着，用流动清水彻底冲洗。就医

眼睛接触 立即分开眼睑，用流动清水或生理盐水彻底冲洗。就医

食入 漱口，饮水。就医

对保护施救者的忠告 根据需要使用个人防护设备

对医生的特别提示 对症处理

第五部分 消防措施

灭火剂 用泡沫、干粉、二氧化碳、砂土灭火

特别危险性 遇明火、高热或与氧化剂接触，有引起燃烧爆炸的危险。在火场中，受热的容器有爆炸危险。燃烧生成有害的一氧化碳

灭火注意事项及防护措施 消防人员必须佩戴空气呼吸器、穿全身防火防毒服，在上风向灭火。喷水冷却容器，尽可能将容器从火场移至空旷处。容器突然发出异常声音或出现异常现象，应立即撤离

第六部分 泄漏应急处理

作业人员防护措施、防护装备和应急处置程序 消除所有点火源。根据液体流动和蒸气扩散的影响区域划定警戒区，无关人员从侧风、上风向撤离至安全区。建议应急处理人员戴正压自给式呼吸器，穿防静电服，戴橡胶耐油手套。作业时使用的所有设备应接地。禁止接触或跨越泄漏物。尽可能切断泄漏源

环境保护措施 防止泄漏物进入水体、下水道、地下室或有限空间

泄漏化学品的收容、清除方法及所使用的处置材料 小量泄漏：用砂土或其他不燃材料吸收，使用洁净的无火花工具收集吸收材料。大量泄漏：构筑围堤或挖坑收容。用泡沫覆盖，减少蒸发。喷水雾能减少蒸发，但不能降低泄漏物在有限空间内的易燃性。用防爆泵转移至槽车或专用收集器内

第七部分 操作处置与储存

操作注意事项 密闭操作，注意通风。操作人员必须经过专门培训，严格遵守操作规程。建议操作人员佩戴自吸过滤式防毒面具（半面罩），戴化学安全防护眼镜，穿防静电工作服，戴橡胶耐油手套。远离火种、热源。工作场所严禁吸烟。使用防爆型的通风系统和设备。防止蒸气泄漏到工作场所空气中。避免与氧化剂、碱类接触。充装要控制流速，防止静电积聚。搬运时要轻装轻卸，防止包装及容器损坏。配备相应品种和数量的消防器材及泄漏应急处理设备。倒空的容器可能残留有害物

储存注意事项 储存于阴凉、通风的库房。远离火种、热源。库温不宜超过37℃。保持容器密封。应与氧化剂、碱类分开存放，切忌混储。采用防爆型照明、通风设施。禁止使用易产生火花的机械设备和工具。储区应备有泄漏应急处理设备和合适的收容材料

第八部分 接触控制/个体防护

职业接触限值

中国 未制定标准

美国(ACGIH) 未制定标准

生物接触限值 未制定标准

监测方法 空气中有毒物质测定方法：未制定标准。生物监测检验方法：未制定标准

工程控制 密闭操作，注意通风

个体防护装备

呼吸系统防护 空气中浓度较高时，应该佩戴过滤式防毒面具（半面罩）

眼睛防护 戴化学安全防护眼镜

皮肤和身体防护 穿防静电工作服

手防护 戴橡胶耐油手套

第九部分 理化特性

外观与性状 无色、有菠萝香味的液体

pH值 无资料 **熔点(℃)** −80.6

沸点(℃) 147～148.7

相对密度(水=1) 0.88 (0℃)

相对蒸气密度(空气=1) 4.97

饱和蒸气压(kPa) 0.13 (40℃)

燃烧热(kJ/mol) 无资料 **临界温度(℃)** 无资料

临界压力(MPa) 2.61 **辛醇/水分配系数** 2.68

闪点(℃) 38 (CC)

自燃温度(℃) 432

爆炸下限(%) 1 **爆炸上限(%)** 7.6

分解温度(℃) 无资料 **黏度(mPa·s)** 无资料

溶解性 不溶于水，可混溶于乙醇、乙醚、丙酮等多数有机溶剂

第十部分 稳定性和反应性

稳定性 稳定

危险反应 与强氧化剂等禁配物接触，有发生火灾和爆炸的危险

避免接触的条件 无资料

禁配物 强氧化剂、强碱

危险的分解产物 无资料

第十一部分 毒理学信息

急性毒性

LD_{50} 12800mg/kg（大鼠经口）；12800mg/kg（小鼠经口）；>8600mg/kg（兔经皮）

LC_{50} 5000ppm（大鼠吸入，6h）

皮肤刺激或腐蚀 无资料 **眼睛刺激或腐蚀** 无资料

呼吸或皮肤过敏 无资料 **生殖细胞突变性** 无资料
致癌性 无资料 **生殖毒性** 无资料
特异性靶器官系统毒性-一次接触 无资料
特异性靶器官系统毒性-反复接触 无资料
吸入危害 无资料

第十二部分 生态学信息

生态毒性 EC_{50}：55.8mg/L (48h)（藻类）
持久性和降解性
生物降解性 易快速生物降解
非生物降解性 空气中，当羟基自由基浓度为5.00×10^5个/cm^3时，降解半衰期为3.4d（理论）；在25℃，当pH值为7、8、9时，水解半衰期分别为9.22a、336d、33.6d（理论）
潜在的生物累积性 根据K_{ow}值预测，该物质的生物累积性可能较弱
土壤中的迁移性 根据K_{oc}值预测，该物质可能有一定的迁移性

第十三部分 废弃处置

废弃化学品 建议用焚烧法处置
污染包装物 将容器返还生产商或按照国家和地方法规处置
废弃注意事项 处置前应参阅国家和地方有关法规

第十四部分 运输信息

联合国危险货物编号（UN号） 2528
联合国运输名称 异丁酸异丁酯
联合国危险性类别 3 **包装类别** Ⅲ类包装
包装标志  **海洋污染物** 否

运输注意事项 运输时运输车辆应配备相应品种和数量的消防器材及泄漏应急处理设备。夏季最好早晚运输。运输时所用的槽（罐）车应有接地链，槽内可设孔隔板以减少震荡产生的静电。严禁与氧化剂、碱类、食用化学品等混装混运。运输途中应防曝晒、雨淋，防高温。中途停留时应远离火种、热源、高温区。装运该物品的车辆排气管必须配备阻火装置，禁止使用易产生火花的机械设备和工具装卸。公路运输时要按规定路线行驶，勿在居民区和人口稠密区停留。铁路运输时要禁止溜放。严禁用木船、水泥船散装运输

第十五部分 法规信息

下列法律、法规、规章和标准，对该化学品的管理作了相应的规定。
中华人民共和国职业病防治法 职业病分类和目录：未列入
危险化学品安全管理条例 危险化学品目录：列入。易制爆危险化学品名录：未列入。重点监管的危险化学品名录：未列入。GB 18218—2009《危险化学品重大危险源辨识》（表1）：未列入
使用有毒物品作业场所劳动保护条例 高毒物品目录：未列入
易制毒化学品管理条例 易制毒化学品的分类和品种目录：未列入
国际公约 斯德哥尔摩公约：未列入。鹿特丹公约：未列入。蒙特利尔议定书：未列入

第十六部分 其他信息

编写和修订信息 **缩略语和首字母缩写**
培训建议 **参考文献**
免责声明

异丁酸正丙酯

第一部分 化学品标识

化学品中文名 异丁酸正丙酯
化学品英文名 *n*-propyl isobutyrate；propyl 2-methyl propanoate
分子式 $C_7H_{14}O_2$ **相对分子质量** 130.11
结构式 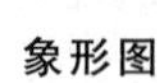
化学品的推荐及限制用途 用于合成香料

第二部分 危险性概述

紧急情况概述 易燃液体和蒸气
GHS危险性类别 易燃液体，类别3
标签要素
象形图 
警示词 警告
危险性说明 易燃液体和蒸气
防范说明
预防措施 远离热源、火花、明火、热表面。禁止吸烟。保持容器密闭。容器和接收设备接地连接。使用防爆电器、通风、照明设备。只能使用不产生火花的工具。采取防止静电措施。戴防护手套、防护眼镜、防护面罩
事故响应 火灾时，使用泡沫、干粉、二氧化碳、砂土灭火。如皮肤（或头发）接触：立即脱掉所有被污染的衣服，用水冲洗皮肤，淋浴
安全储存 存放在通风良好的地方。保持低温
废弃处置 本品及内装物、容器依据国家和地方法规处置
物理和化学危险 易燃，其蒸气与空气混合，能形成爆炸性混合物
健康危害 未发现本品对人有危害的资料
环境危害 对环境可能有害

第三部分 成分/组成信息

√物质		混合物
组分	**浓度**	**CAS No.**
异丁酸正丙酯		644-49-5

第四部分 急救措施

吸入 脱离现场至空气新鲜处。如有不适感，就医

皮肤接触 脱去污染的衣着，用流动清水冲洗。如有不适感，就医

眼睛接触 分开眼睑，用流动清水或生理盐水冲洗。如有不适感，就医

食入 漱口，饮水。就医

对保护施救者的忠告 根据需要使用个人防护设备

对医生的特别提示 对症处理

第五部分 消防措施

灭火剂 用泡沫、干粉、二氧化碳、砂土灭火

特别危险性 与氧化剂接触发生猛烈反应。在火场中，受热的容器有爆炸危险。燃烧生成有害的一氧化碳

灭火注意事项及防护措施 消防人员必须佩戴空气呼吸器、穿全身防火防毒服，在上风向灭火。喷水冷却容器，尽可能将容器从火场移至空旷处。容器突然发出异常声音或出现异常现象，应立即撤离

第六部分 泄漏应急处理

作业人员防护措施、防护装备和应急处置程序 消除所有点火源。根据液体流动和蒸气扩散的影响区域划定警戒区，无关人员从侧风、上风向撤离至安全区。建议应急处理人员戴正压自给式呼吸器，穿防静电服，戴橡胶耐油手套。作业时使用的所有设备应接地。禁止接触或跨越泄漏物。尽可能切断泄漏源

环境保护措施 防止泄漏物进入水体、下水道、地下室或有限空间

泄漏化学品的收容、清除方法及所使用的处置材料 小量泄漏：用砂土或其他不燃材料吸收，使用洁净的无火花工具收集吸收材料。大量泄漏：构筑围堤或挖坑收容。用泡沫覆盖，减少蒸发。喷水雾能减少蒸发，但不能降低泄漏物在有限空间内的易燃性。用防爆泵转移至槽车或专用收集器内

第七部分 操作处置与储存

操作注意事项 密闭操作，注意通风。操作人员必须经过专门培训，严格遵守操作规程。建议操作人员佩戴自吸过滤式防毒面具（半面罩），戴化学安全防护眼镜，穿防静电工作服，戴橡胶耐油手套。远离火种、热源。工作场所严禁吸烟。使用防爆型的通风系统和设备。防止蒸气泄漏到工作场所空气中。避免与氧化剂、酸类接触。搬运时要轻装轻卸，防止包装及容器损坏。配备相应品种和数量的消防器材及泄漏应急处理设备。倒空的容器可能残留有害物

储存注意事项 储存于阴凉、通风的库房。远离火种、热源。库温不宜超过37℃。保持容器密封。应与氧化剂、酸类分开存放，切忌混储。采用防爆型照明、通风设施。禁止使用易产生火花的机械设备和工具。储区应备有泄漏应急处理设备和合适的收容材料

第八部分 接触控制/个体防护

职业接触限值

中国 未制定标准

美国(ACGIH) 未制定标准

生物接触限值 未制定标准

监测方法 空气中有毒物质测定方法：未制定标准。生物监测检验方法：未制定标准

工程控制 密闭操作，注意通风

个体防护装备

呼吸系统防护 空气中浓度较高时，应该佩戴过滤式防毒面具（半面罩）。紧急事态抢救或撤离时，佩戴空气呼吸器

眼睛防护 戴化学安全防护眼镜

皮肤和身体防护 穿防静电工作服

手防护 戴橡胶耐油手套

第九部分 理化特性

外观与性状 无色液体，有水果香味

pH值 无资料 **熔点(℃)** −73

沸点(℃) 134～135

相对密度(水=1) 0.88 (0℃)

相对蒸气密度(空气=1) 无资料

饱和蒸气压(kPa) 无资料

燃烧热(kJ/mol) 无资料 **临界温度(℃)** 无资料

临界压力(MPa) 2.84 **辛醇/水分配系数** 2.26

闪点(℃) 29 **自燃温度(℃)** 448

爆炸下限(%) 无资料 **爆炸上限(%)** 无资料

分解温度(℃) 无资料 **黏度(mPa·s)** 无资料

溶解性 微溶于水，溶于乙醇、丙酮，易溶于乙醚

第十部分 稳定性和反应性

稳定性 稳定

危险反应 与强氧化剂等禁配物接触，有发生火灾和爆炸的危险

避免接触的条件 无资料

禁配物 强氧化剂、强酸

危险的分解产物 无资料

第十一部分 毒理学信息

急性毒性 无资料 **皮肤刺激或腐蚀** 无资料

眼睛刺激或腐蚀 无资料 **呼吸或皮肤过敏** 无资料

生殖细胞突变性 无资料 **致癌性** 无资料

生殖毒性 无资料

特异性靶器官系统毒性-一次接触 无资料

特异性靶器官系统毒性-反复接触 无资料

吸入危害 无资料

第十二部分 生态学信息

生态毒性 无资料

持久性和降解性

生物降解性 无资料

非生物降解性 无资料

潜在的生物累积性 根据K_{ow}值预测，该物质的生物累积性可能较弱

土壤中的迁移性 根据K_{oc}值预测，该物质可能有一定的迁移性

第十三部分 废弃处置

废弃化学品 建议用焚烧法处置

污染包装物 将容器返还生产商或按照国家和地方法规处置

废弃注意事项 处置前应参阅国家和地方有关法规

第十四部分 运输信息

联合国危险货物编号（UN号） 3272

联合国运输名称 酯类，未另作规定的（异丁酸正丙酯）

联合国危险性类别 3 **包装类别** Ⅲ类包装

包装标志  **海洋污染物** 否

运输注意事项 运输时运输车辆应配备相应品种和数量的消防器材及泄漏应急处理设备。夏季最好早晚运输。运输时所用的槽（罐）车应有接地链，槽内可设孔隔板以减少震荡产生的静电。严禁与氧化剂、酸类、食用化学品等混装混运。运输途中应防曝晒、雨淋，防高温。中途停留时应远离火种、热源、高温区。装运该物品的车辆排气管必须配备阻火装置，禁止使用易产生火花的机械设备和工具装卸。公路运输时要按规定路线行驶，勿在居民区和人口稠密区停留。铁路运输时要禁止溜放。严禁用木船、水泥船散装运输

第十五部分 法规信息

下列法律、法规、规章和标准，对该化学品的管理作了相应的规定。

中华人民共和国职业病防治法 职业病分类和目录：未列入

危险化学品安全管理条例 危险化学品目录：列入。易制爆危险化学品名录：未列入。重点监管的危险化学品名录：未列入。GB 18218—2009《危险化学品重大危险源辨识》（表1）：未列入

使用有毒物品作业场所劳动保护条例 高毒物品目录：未列入

易制毒化学品管理条例 易制毒化学品的分类和品种目录：未列入

国际公约 斯德哥尔摩公约：未列入。鹿特丹公约：未列入。蒙特利尔议定书：未列入

第十六部分 其他信息

编写和修订信息 **缩略语和首字母缩写**

培训建议 **参考文献**

免责声明

异 丁 烷

第一部分 化学品标识

化学品中文名 异丁烷；2-甲基丙烷

化学品英文名 isobutane；2-methylpropane

分子式 C_4H_{10} **相对分子质量** 58.14

结构式 ⅄

化学品的推荐及限制用途 用于合成异辛烷，作为汽油辛烷值改进剂，用于制异丁烯、丙烯、甲基丙烯酸，用作制冷剂等

第二部分 危险性概述

紧急情况概述 极易燃气体，内装加压气体：遇热可能爆炸

GHS危险性类别 易燃气体，类别1；加压气体

标签要素

象形图 

警示词 危险

危险性说明 极易燃气体，内装加压气体：遇热可能爆炸

防范说明

预防措施 远离热源、火花、明火、热表面。禁止吸烟

事故响应 漏气着火：切勿灭火，除非漏气能够安全地制止。如果没有危险，消除一切点火源

安全储存 存放在通风良好的地方。防日晒。存放在通风良好的地方

废弃处置 -

物理和化学危险 极易燃，与空气混合能形成爆炸性混合物

健康危害 具有弱刺激和麻醉作用

急性中毒 主要表现为头痛、头晕、嗜睡、恶心、酒醉状态，严重者可出现昏迷。与液态本品接触可引起冻伤

慢性影响 出现头痛、头晕、睡眠不佳、易疲倦

环境危害 对环境可能有害

第三部分 成分/组成信息

√物质 混合物

组分	浓度	CAS No.
异丁烷		75-28-5

第四部分 急救措施

吸入 迅速脱离现场至空气新鲜处。保持呼吸道通畅。如呼吸困难，给输氧。如呼吸、心跳停止，立即进行心肺复苏术。就医

皮肤接触 如发生冻伤，用温水（38～42℃）复温，忌用热水或辐射热，不要揉搓。就医

对保护施救者的忠告 根据需要使用个人防护设备

对医生的特别提示 对症处理

第五部分 消防措施

灭火剂 用雾状水、泡沫、二氧化碳、干粉灭火

特别危险性 与氧化剂接触发生猛烈反应。蒸气比空气

重，沿地面扩散并易积存于低洼处，遇火源会着火回燃。燃烧生成有害的一氧化碳

灭火注意事项及防护措施 切断气源。若不能切断气源，则不允许熄灭泄漏处的火焰。消防人员必须佩戴空气呼吸器、穿全身防火防毒服，在上风向灭火。尽可能将容器从火场移至空旷处。喷水保持火场容器冷却，直至灭火结束

第六部分 泄漏应急处理

作业人员防护措施、防护装备和应急处置程序 消除所有点火源。根据气体扩散的影响区域划定警戒区，无关人员从侧风、上风向撤离至安全区。建议应急处理人员戴正压自给式呼吸器，穿防静电服。液化气体泄漏时穿防静电、防寒服。作业时使用的所有设备应接地。尽可能切断泄漏源。若可能翻转容器，使之逸出气体而非液体。喷雾状水抑制蒸气或改变蒸气云流向，避免水流接触泄漏物。禁止用水直接冲击泄漏物或泄漏源

环境保护措施 防止气体通过下水道、通风系统和有限空间扩散

泄漏化学品的收容、清除方法及所使用的处置材料 隔离泄漏区直至气体散尽

第七部分 操作处置与储存

操作注意事项 密闭操作，全面通风。操作人员必须经过专门培训，严格遵守操作规程。建议操作人员穿防静电工作服。远离火种、热源。工作场所严禁吸烟。使用防爆型的通风系统和设备。防止气体泄漏到工作场所空气中。避免与氧化剂接触。在传送过程中，钢瓶和容器必须接地和跨接，防止产生静电。搬运时轻装轻卸，防止钢瓶及附件破损。配备相应品种和数量的消防器材及泄漏应急处理设备

储存注意事项 储存于阴凉、通风的易燃气体专用库房。远离火种、热源。库温不宜超过 30℃。应与氧化剂分开存放，切忌混储。采用防爆型照明、通风设施。禁止使用易产生火花的机械设备和工具。储区应备有泄漏应急处理设备

第八部分 接触控制/个体防护

职业接触限值

中国 未制定标准

美国(ACGIH) TLV-STEL：1000ppm

生物接触限值 未制定标准

监测方法 空气中有毒物质测定方法：未制定标准。生物监测检验方法：未制定标准

工程控制 生产过程密闭，全面通风

个体防护装备

呼吸系统防护 一般不需要特殊防护，但建议特殊情况下，佩戴过滤式防毒面具（半面罩）

眼睛防护 一般不需要特殊防护，高浓度接触时可戴化学安全防护眼镜

皮肤和身体防护 穿防静电工作服

手防护 戴一般作业防护手套

第九部分 理化特性

外观与性状 无色、稍有气味的气体

pH 值 无意义 **熔点(℃)** −159.6

沸点(℃) −11.8

相对密度(水=1) 0.56（20℃）

相对蒸气密度(空气=1) 2.01

饱和蒸气压(kPa) 304（20℃）

燃烧热(kJ/mol) −2871.1 **临界温度(℃)** 134.69

临界压力(MPa) 3.65 **辛醇/水分配系数** 2.76

闪点(℃) −82.8 **自燃温度(℃)** 460

爆炸下限(%) 1.4 **爆炸上限(%)** 8.5

分解温度(℃) 无资料

黏度(mPa·s) 0.238（−10℃）

溶解性 微溶于水，溶于乙醚、乙醇、氯仿

第十部分 稳定性和反应性

稳定性 稳定

危险反应 与强氧化剂等禁配物接触，有发生火灾和爆炸的危险

避免接触的条件 无资料

禁配物 强氧化剂、强酸、强碱、卤素

危险的分解产物 无资料

第十一部分 毒理学信息

急性毒性 无资料 **皮肤刺激或腐蚀** 无资料

眼睛刺激或腐蚀 无资料 **呼吸或皮肤过敏** 无资料

生殖细胞突变性 无资料 **致癌性** 无资料

生殖毒性 无资料

特异性靶器官系统毒性-一次接触 无资料

特异性靶器官系统毒性-反复接触 无资料

吸入危害 无资料

第十二部分 生态学信息

生态毒性 无资料

持久性和降解性

生物降解性 无资料

非生物降解性 空气中，当羟基自由基浓度为5.00×10^5个/cm^3时，降解半衰期为 6.9d（理论）

潜在的生物累积性 根据 K_{ow}值预测，该物质的生物累积性可能较弱

土壤中的迁移性 根据 K_{oc}值预测，该物质可能有一定的迁移性

第十三部分 废弃处置

废弃化学品 建议用焚烧法处置

污染包装物 将容器返还生产商或按照国家和地方法规处置

废弃注意事项 处置前应参阅国家和地方有关法规。把空容器归还厂商

第十四部分 运输信息

联合国危险货物编号（UN 号） 1969

联合国运输名称 异丁烷

联合国危险性类别 2.1 **包装类别** -

包装标志  **海洋污染物** 否

运输注意事项 采用钢瓶运输时必须戴好钢瓶上的安全帽。钢瓶一般平放，并应将瓶口朝同一方向，不可交叉；高度不得超过车辆的防护栏板，并用三角木垫卡牢，防止滚动。运输时运输车辆应配备相应品种和数量的消防器材。装运该物品的车辆排气管必须配备阻火装置，禁止使用易产生火花的机械设备和工具装卸。严禁与氧化剂等混装混运。夏季应早晚运输，防止日光曝晒。中途停留时应远离火种、热源。公路运输时要按规定路线行驶，勿在居民区和人口稠密区停留。铁路运输时要禁止溜放

第十五部分 法规信息

下列法律、法规、规章和标准，对该化学品的管理作了相应的规定。

中华人民共和国职业病防治法 职业病分类和目录：未列入

危险化学品安全管理条例 危险化学品目录：列入。易制爆危险化学品名录：未列入。重点监管的危险化学品名录：未列入。GB 18218—2009《危险化学品重大危险源辨识》(表 1)：未列入

使用有毒物品作业场所劳动保护条例 高毒物品目录：未列入

易制毒化学品管理条例 易制毒化学品的分类和品种目录：未列入

国际公约 斯德哥尔摩公约：未列入。鹿特丹公约：未列入。蒙特利尔议定书：未列入

第十六部分 其他信息

编写和修订信息 **缩略语和首字母缩写**

培训建议 **参考文献**

免责声明

异 丁 烯

第一部分 化学品标识

化学品中文名 异丁烯；2-甲基丙烯

化学品英文名 isobutylene；2-methyl propene

分子式 C_4H_8 **相对分子质量** 56.1

结构式 ⅄

化学品的推荐及限制用途 用于制合成橡胶和作为有机化工原料

第二部分 危险性概述

紧急情况概述 极易燃气体，内装加压气体：遇热可能爆炸

GHS 危险性类别 易燃气体，类别 1；加压气体

标签要素

象形图 

警示词 危险

危险性说明 极易燃气体，内装加压气体：遇热可能爆炸

防范说明

预防措施 远离热源、火花、明火、热表面。禁止吸烟

事故响应 漏气着火：切勿灭火，除非漏气能够安全地制止。如果没有危险，消除一切点火源

安全储存 存放在通风良好的地方。防日晒。存放在通风良好的地方

废弃处置 -

物理和化学危险 极易燃，与空气混合能形成爆炸性混合物

健康危害 主要作用是窒息、弱麻醉和弱刺激

急性中毒 出现黏膜刺激症状、嗜睡、血压稍升高，有时脉速。高浓度中毒可引起昏迷。接触液态本品可引起冻伤

慢性影响 长期接触以丁烯为主的混合性气体的工人，有头痛、头晕、嗜睡或失眠、易兴奋、易疲倦、全身乏力、记忆力减退等症状，有时有黏膜刺激症状

环境危害 对环境可能有害

第三部分 成分/组成信息

√物质 混合物

组分	浓度	CAS No.
异丁烯		115-11-7

第四部分 急救措施

吸入 迅速脱离现场至空气新鲜处。保持呼吸道通畅。如呼吸困难，给输氧。如呼吸、心跳停止，立即进行心肺复苏术。就医

皮肤接触 如发生冻伤，用温水（38～42℃）复温，忌用热水或辐射热，不要揉搓。就医

对保护施救者的忠告 根据需要使用个人防护设备

对医生的特别提示 对症处理

第五部分 消防措施

灭火剂 用雾状水、泡沫、二氧化碳、干粉灭火

特别危险性 受热可能发生剧烈的聚合反应。与氧化剂接触发生猛烈反应。气体比空气重，沿地面扩散并易积存于低洼处，遇火源会着火回燃。燃烧生成有害的一氧化碳

灭火注意事项及防护措施 切断气源。若不能切断气源，则不允许熄灭泄漏处的火焰。消防人员必须佩戴空气呼吸器、穿全身防火防毒服，在上风向灭火。尽可能将容器从火场移至空旷处。喷水保持火场容器冷却，直至灭火结束

第六部分 泄漏应急处理

作业人员防护措施、防护装备和应急处置程序 消除所有点火源。根据气体扩散的影响区域划定警戒区，无关人员从侧风、上风向撤离至安全区。建议应急处理人员戴正压自给式呼吸器，穿防静电服。液化气体泄漏时穿防静电、防寒服。作业时使用的所有设备应接地。尽可能切断泄漏源。若可能翻转容器，使之逸出气体而非液体。喷雾状水抑制蒸气或改变蒸气云流向，避免水流接触泄漏物。禁止用水直接冲击泄漏物或泄漏源

环境保护措施 防止气体通过下水道、通风系统和有限空间扩散

泄漏化学品的收容、清除方法及所使用的处置材料 隔离泄漏区直至气体散尽

第七部分 操作处置与储存

操作注意事项 密闭操作，全面通风。操作人员必须经过专门培训，严格遵守操作规程。建议操作人员穿防静电工作服。远离火种、热源。工作场所严禁吸烟。使用防爆型的通风系统和设备。防止气体泄漏到工作场所空气中。避免与氧化剂接触。在传送过程中，钢瓶和容器必须接地和跨接，防止产生静电。搬运时轻装轻卸，防止钢瓶及附件破损。配备相应品种和数量的消防器材及泄漏应急处理设备

储存注意事项 储存于阴凉、通风的易燃气体专用库房。远离火种、热源。库温不宜超过 30℃。应与氧化剂分开存放，切忌混储。采用防爆型照明、通风设施。禁止使用易产生火花的机械设备和工具。储区应备有泄漏应急处理设备

第八部分 接触控制/个体防护

职业接触限值

中国 未制定标准

美国(ACGIH) TLV-TWA：250ppm

生物接触限值 未制定标准

监测方法 空气中有毒物质测定方法：未制定标准。生物监测检验方法：未制定标准

工程控制 生产过程密闭，全面通风

个体防护装备

呼吸系统防护 一般不需要特殊防护，高浓度接触时可佩戴过滤式防毒面具（半面罩）

眼睛防护 必要时，戴化学安全防护眼镜

皮肤和身体防护 穿防静电工作服

手防护 戴一般作业防护手套

第九部分 理化特性

外观与性状 无色气体

pH 值 无意义　**熔点(℃)** −140.3

沸点(℃) −6.9

相对密度(水=1) 0.6 (20℃)

相对蒸气密度(空气=1) 1.94

饱和蒸气压(kPa) 307 (25℃)

燃烧热(kJ/mol) −2866.3　**临界温度(℃)** 144.9

临界压力(MPa) 3.99　**辛醇/水分配系数** 2.34

闪点(℃) −77　**自燃温度(℃)** 465

爆炸下限(%) 1.8　**爆炸上限(%)** 9.6

分解温度(℃) 无资料　**黏度(mPa·s)** 无资料

溶解性 不溶于水，易溶于乙醇、乙醚等多数有机溶剂

第十部分 稳定性和反应性

稳定性 稳定

危险反应 与强氧化剂等禁配物接触，有发生火灾和爆炸的危险。受热可能发生剧烈的聚合反应

避免接触的条件 受热

禁配物 强氧化剂、强酸、卤代烃、卤素

危险的分解产物 无资料

第十一部分 毒理学信息

急性毒性 LC_{50}：620000mg/m^3（鼠吸入，4h）

皮肤刺激或腐蚀 无资料　**眼睛刺激或腐蚀** 无资料

呼吸或皮肤过敏 无资料　**生殖细胞突变性** 无资料

致癌性 无资料　**生殖毒性** 无资料

特异性靶器官系统毒性-一次接触 无资料

特异性靶器官系统毒性-反复接触 无资料

吸入危害 无资料

第十二部分 生态学信息

生态毒性 无资料

持久性和降解性

生物降解性 无资料

非生物降解性 空气中，当羟基自由基浓度为5.00×10^{5}个/cm^{3}时，降解半衰期为 7.5h（理论）

潜在的生物累积性 根据 K_{ow}值预测，该物质的生物累积性可能较弱

土壤中的迁移性 根据 K_{oc}值预测，该物质可能有一定的迁移性

第十三部分 废弃处置

废弃化学品 建议用焚烧法处置

污染包装物 将容器返还生产商或按照国家和地方法规处置

废弃注意事项 处置前应参阅国家和地方有关法规

第十四部分 运输信息

联合国危险货物编号（UN 号） 1055

联合国运输名称 异丁烯

联合国危险性类别 2.1　**包装类别** -

包装标志 

海洋污染物 否

运输注意事项 本品铁路运输时限使用耐压液化气企业自备罐车装运，装运前需报有关部门批准。采用钢瓶运输时必须戴好钢瓶上的安全帽。钢瓶一般平放，并应将瓶口朝同一方向，不可交叉；高度不得超过车辆的

防护栏板，并用三角木垫卡牢，防止滚动。运输时运输车辆应配备相应品种和数量的消防器材。装运该物品的车辆排气管必须配备阻火装置，禁止使用易产生火花的机械设备和工具装卸。严禁与氧化剂等混装混运。夏季应早晚运输，防止日光曝晒。中途停留时应远离火种、热源。公路运输时要按规定路线行驶，勿在居民区和人口稠密区停留。铁路运输时要禁止溜放

第十五部分　法规信息

下列法律、法规、规章和标准，对该化学品的管理作了相应的规定。

中华人民共和国职业病防治法　职业病分类和目录：未列入

危险化学品安全管理条例　危险化学品目录：列入。易制爆危险化学品名录：未列入。重点监管的危险化学品名录：未列入。GB 18218—2009《危险化学品重大危险源辨识》(表 1)：未列入

使用有毒物品作业场所劳动保护条例　高毒物品目录：未列入

易制毒化学品管理条例　易制毒化学品的分类和品种目录：未列入

国际公约　斯德哥尔摩公约：未列入。鹿特丹公约：未列入。蒙特利尔议定书：未列入

第十六部分　其他信息

编写和修订信息　　**缩略语和首字母缩写**

培训建议　　**参考文献**

免责声明

异　庚　烷

第一部分　化学品标识

化学品中文名　异庚烷；2-甲基己烷

化学品英文名　2-methylhexane；isoheptane

分子式　C_7H_{16}　　**相对分子质量**　100.2

结构式

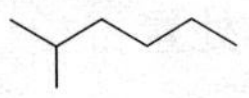

化学品的推荐及限制用途　用作气相色谱对比样品，用于有机合成

第二部分　危险性概述

紧急情况概述　高度易燃液体和蒸气，造成皮肤刺激，可能引起昏昏欲睡或眩晕，吞咽及进入呼吸道可能致命

GHS 危险性类别　易燃液体，类别 2；皮肤腐蚀/刺激，类别 2；特异性靶器官毒性—一次接触，类别 3（麻醉效应）；吸入危害，类别 1；危害水生环境-急性危害，类别 1；危害水生环境-长期危害，类别 1

标签要素

象形图

警示词　危险

危险性说明　高度易燃液体和蒸气，造成皮肤刺激，可能引起昏昏欲睡或眩晕，吞咽及进入呼吸道可能致命，对水生生物毒性非常大并具有长期持续影响

防范说明

预防措施　远离热源、火花、明火、热表面。禁止吸烟。保持容器密闭。容器和接收设备接地连接。使用防爆电器、通风、照明设备。只能使用不产生火花的工具。采取防止静电措施。戴防护手套、防护眼镜、防护面罩。避免接触眼睛、皮肤，操作后彻底清洗。禁止排入环境

事故响应　火灾时，使用泡沫、干粉、二氧化碳、砂土灭火。皮肤接触：立即脱掉所有被污染的衣服，用大量肥皂水和水清洗。如发生皮肤刺激，就医。被污染的衣服须经洗净后方可重新使用。如果食入：不要催吐，立即呼叫中毒控制中心或就医。收集泄漏物

安全储存　存放在通风良好的地方。保持低温。上锁保管

废弃处置　本品及内装物、容器依据国家和地方法规处置

物理和化学危险　高度易燃，其蒸气与空气混合，能形成爆炸性混合物

健康危害　吸入或误服对身体有害。蒸气对眼睛、皮肤、黏膜和上呼吸道有刺激作用。接触后可引起头痛、恶心、呕吐、喉炎、气短等。本品具有麻醉作用。液态本品吸入呼吸道可引起吸入性肺炎

环境危害　对水生生物毒性非常大并具有长期持续影响

第三部分　成分/组成信息

√物质　　混合物

组分	浓度	CAS No.
异庚烷		591-76-4

第四部分　急救措施

吸入　迅速脱离现场至空气新鲜处。保持呼吸道通畅。如呼吸困难，给输氧。如呼吸、心跳停止，立即进行心肺复苏术。就医

皮肤接触　立即脱去污染的衣着，用流动清水彻底冲洗。就医

眼睛接触　立即分开眼睑，用流动清水或生理盐水彻底冲洗。就医

食入　漱口，饮水。禁止催吐。就医

对保护施救者的忠告　根据需要使用个人防护设备

对医生的特别提示　对症处理

第五部分　消防措施

灭火剂　用泡沫、干粉、二氧化碳、砂土灭火

特别危险性　与氧化剂接触发生猛烈反应。流速过快，容易产生和积聚静电。蒸气比空气重，沿地面扩散并易积存于低洼处，遇火源会着火回燃。若遇高热，容器内压增大，有开裂和爆炸的危险。燃烧生成有害的一氧化碳

灭火注意事项及防护措施　消防人员须佩戴防毒面具、穿全身消防服，在上风向灭火。尽可能将容器从火场移

至空旷处。喷水保持火场容器冷却，直至灭火结束。容器突然发出异常声音或出现异常现象，应立即撤离。用水灭火无效

第六部分 泄漏应急处理

作业人员防护措施、防护装备和应急处置程序 消除所有点火源。根据液体流动和蒸气扩散的影响区域划定警戒区，无关人员从侧风、上风向撤离至安全区。建议应急处理人员戴正压自给式呼吸器，穿防毒、防静电服，戴橡胶手套。作业时使用的所有设备应接地。禁止接触或跨越泄漏物。尽可能切断泄漏源

环境保护措施 防止泄漏物进入水体、下水道、地下室或有限空间

泄漏化学品的收容、清除方法及所使用的处置材料 小量泄漏：用砂土或其他不燃材料吸收，使用洁净的无火花工具收集吸收材料。大量泄漏：构筑围堤或挖坑收容。用泡沫覆盖，减少蒸发。喷水雾能减少蒸发，但不能降低泄漏物在有限空间内的易燃性。用防爆泵转移至槽车或专用收集器内

第七部分 操作处置与储存

操作注意事项 密闭操作，局部排风。防止蒸气泄漏到工作场所空气中。操作人员必须经过专门培训，严格遵守操作规程。建议操作人员佩戴自吸过滤式防毒面具(半面罩)，戴化学安全防护眼镜，穿防静电工作服，戴橡胶手套。远离火种、热源。工作场所严禁吸烟。使用防爆型的通风系统和设备。在清除液体和蒸气前不能进行焊接、切割等作业。避免产生烟雾。避免与氧化剂接触。容器与传送设备要接地，防止产生静电。灌装时应控制流速，且有接地装置，防止静电积聚。配备相应品种和数量的消防器材及泄漏应急处理设备。倒空的容器可能残留有害物

储存注意事项 储存于阴凉、通风的库房。远离火种、热源。防止阳光直射。库温不宜超过37℃。保持容器密封。应与氧化剂、食用化学品分开存放，切忌混储。采用防爆型照明、通风设施。禁止使用易产生火花的机械设备和工具。储区应备有泄漏应急处理设备和合适的收容材料

第八部分 接触控制/个体防护

职业接触限值

中国 未制定标准

美国(ACGIH) TLV-TWA：400ppm；TLV-STEL：500ppm

生物接触限值 未制定标准

监测方法 空气中有毒物质测定方法：未制定标准。生物监测检验方法：未制定标准

工程控制 密闭操作，局部排风

个体防护装备

呼吸系统防护 空气中浓度超标时，必须佩戴过滤式防毒面具（半面罩）。紧急事态抢救或撤离时，应该佩戴空气呼吸器

眼睛防护 戴化学安全防护眼镜

皮肤和身体防护 穿防静电工作服

手防护 戴橡胶手套

第九部分 理化特性

外观与性状 无色油状液体

pH值 无资料 **熔点(℃)** −118.2

沸点(℃) 90.0

相对密度(水=1) 0.6789 (20℃)

相对蒸气密度(空气=1) 3.45

饱和蒸气压(kPa) 5.33 (14.9℃)

燃烧热(kJ/mol) −4810 **临界温度(℃)** 无资料

临界压力(MPa) 无资料 **辛醇/水分配系数** 3.71

闪点(℃) −18 (CC) **自燃温度(℃)** 220

爆炸下限(%) 1 **爆炸上限(%)** 6.0

分解温度(℃) 无资料 **黏度(mPa·s)** 无资料

溶解性 不溶于水，可混溶于乙醇、乙醚、丙酮、苯等

第十部分 稳定性和反应性

稳定性 稳定

危险反应 与强氧化剂等禁配物接触，有发生火灾和爆炸的危险

避免接触的条件 无资料

禁配物 强氧化剂、强酸、强碱、卤素

危险的分解产物 无资料

第十一部分 毒理学信息

急性毒性 LCLo：19500ppm（大鼠吸入，4h）；70000mg/m^3（小鼠吸入，2h）

皮肤刺激或腐蚀 无资料 **眼睛刺激或腐蚀** 无资料

呼吸或皮肤过敏 无资料 **生殖细胞突变性** 无资料

致癌性 无资料 **生殖毒性** 无资料

特异性靶器官系统毒性-一次接触 无资料

特异性靶器官系统毒性-反复接触 无资料

吸入危害 无资料

第十二部分 生态学信息

生态毒性 根据结构类似物质预测，该物质对水生生物有极高毒性

持久性和降解性

生物降解性 无资料

非生物降解性 无资料

潜在的生物累积性 根据K_{ow}值预测，该物质可能有一定的生物累积性

土壤中的迁移性 根据K_{oc}值预测，该物质可能有一定的迁移性

第十三部分 废弃处置

废弃化学品 建议用控制焚烧法或安全掩埋法处置。在能利用的地方重复使用容器或在规定场所掩埋

污染包装物 将容器返还生产商或按照国家和地方法规处置

废弃注意事项 处置前应参阅国家和地方有关法规

第十四部分 运输信息

联合国危险货物编号（UN号） 1206

联合国运输名称 庚烷 **联合国危险性类别** 3

包装类别 Ⅱ类包装 **包装标志** 

海洋污染物 是

运输注意事项 运输时运输车辆应配备相应品种和数量的消防器材及泄漏应急处理设备。夏季最好早晚运输。运输时所用的槽（罐）车应有接地链，槽内可设孔隔板以减少震荡产生的静电。严禁与氧化剂、食用化学品等混装混运。运输途中应防曝晒、雨淋，防高温。中途停留时应远离火种、热源、高温区。装运该物品的车辆排气管必须配备阻火装置，禁止使用易产生火花的机械设备和工具装卸。公路运输时要按规定路线行驶，勿在居民区和人口稠密区停留。铁路运输时要禁止溜放。严禁用木船、水泥船散装运输

第十五部分 法规信息

下列法律、法规、规章和标准，对该化学品的管理作了相应的规定。

中华人民共和国职业病防治法 职业病分类和目录：未列入

危险化学品安全管理条例 危险化学品目录：列入。易制爆危险化学品名录：未列入。重点监管的危险化学品名录：未列入。GB 18218—2009《危险化学品重大危险源辨识》(表1)：未列入

使用有毒物品作业场所劳动保护条例 高毒物品目录：未列入

易制毒化学品管理条例 易制毒化学品的分类和品种目录：未列入

国际公约 斯德哥尔摩公约：未列入。鹿特丹公约：未列入。蒙特利尔议定书：未列入

第十六部分 其他信息

编写和修订信息 **缩略语和首字母缩写**

培训建议 **参考文献**

免责声明

异硫氰酸苯酯

第一部分 化学品标识

化学品中文名 异硫氰酸苯酯；苯基芥子油

化学品英文名 phenyl isothiocyanate；phenyl mustard oil

分子式 C_7H_5NS **相对分子质量** 135.19

结构式 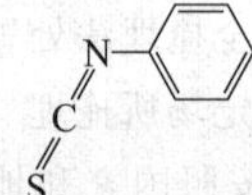

化学品的推荐及限制用途 用作有机合成中间体及合成药物，也用于生化分析

第二部分 危险性概述

紧急情况概述 可燃液体，吞咽会中毒，造成严重的皮肤灼伤和眼损伤

GHS危险性类别 易燃液体，类别4；急性毒性-经口，类别3；皮肤腐蚀/刺激，类别1；严重眼损伤/眼刺激，类别1；危害水生环境-急性危害，类别1；危害水生环境-长期危害，类别1

标签要素

象形图

警示词 危险

危险性说明 可燃液体，吞咽会中毒，造成严重的皮肤灼伤和眼损伤，对水生生物毒性非常大并具有长期持续影响

防范说明

预防措施 远离火焰和热表面。禁止吸烟。作业场所不得进食、饮水或吸烟。避免吸入烟雾。避免接触眼睛、皮肤，操作后彻底清洗。戴防护手套，穿防护服，戴防护眼镜、防护面罩。禁止排入环境

事故响应 火灾时，使用泡沫、干粉、二氧化碳、砂土灭火。如吸入：将患者转移到空气新鲜处，休息，保持利于呼吸的体位，立即呼叫中毒控制中心或就医。皮肤（或头发）接触：立即脱掉所有被污染的衣服，用水冲洗皮肤，淋浴。污染的衣服须洗净后方可重新使用。眼睛接触：用水细心地冲洗数分钟。如戴隐形眼镜并可方便地取出，则取出隐形眼镜继续冲洗。食入：漱口，不要催吐，立即呼叫中毒控制中心或就医。收集泄漏物

安全储存 存放在通风良好的地方。保持低温。上锁保管

废弃处置 本品及内装物、容器依据国家和地方法规处置

物理和化学危险 可燃，其蒸气与空气混合，能形成爆炸性混合物

健康危害 吸入本品对呼吸道有强烈刺激作用，可引起死亡。对眼和皮肤有强烈刺激性，可引起灼伤

慢性影响 肝、肾损害

环境危害 对水生生物毒性非常大并具有长期持续影响

第三部分 成分/组成信息

√物质		混合物
组分	**浓度**	**CAS No.**
异硫氰酸苯酯		103-72-0

第四部分 急救措施

吸入 迅速脱离现场至空气新鲜处。保持呼吸道通畅。如呼吸困难，给输氧。如呼吸、心跳停止，立即进行心肺复苏术。就医

皮肤接触 立即脱去污染的衣着，用大量流动清水彻底冲

洗至少 15min。就医

眼睛接触 立即分开眼睑，用流动清水或生理盐水彻底冲洗至少 15min。就医

食入 用水漱口，禁止催吐。给饮牛奶或蛋清。就医

对保护施救者的忠告 根据需要使用个人防护设备

对医生的特别提示 对症处理

第五部分 消防措施

灭火剂 用泡沫、干粉、二氧化碳、砂土灭火

特别危险性 接触酸及酸气时，能放出有毒的氰化物及氧化硫烟气。与强氧化剂接触可发生化学反应。若遇高热可发生剧烈分解，引起容器破裂或爆炸事故。燃烧生成有害的一氧化碳、氮氧化物、氧化硫

灭火注意事项及防护措施 消防人员必须佩戴空气呼吸器、穿全身防火防毒服，在上风向灭火。尽可能将容器从火场移至空旷处。容器突然发出异常声音或出现异常现象，应立即撤离。禁止使用酸碱灭火剂

第六部分 泄漏应急处理

作业人员防护措施、防护装备和应急处置程序 根据液体流动和蒸气扩散的影响区域划定警戒区，无关人员从侧风、上风向撤离至安全区。消除所有点火源。建议应急处理人员戴正压自给式呼吸器，穿防毒服，戴橡胶耐油手套。穿上适当的防护服前严禁接触破裂的容器和泄漏物。尽可能切断泄漏源

环境保护措施 防止泄漏物进入水体、下水道、地下室或有限空间

泄漏化学品的收容、清除方法及所使用的处置材料 小量泄漏：用干燥的砂土或其他不燃材料吸收或覆盖，收集于容器中。大量泄漏：构筑围堤或挖坑收容。用泵转移至槽车或专用收集器内

第七部分 操作处置与储存

操作注意事项 密闭操作，提供充分的局部排风。操作尽可能机械化、自动化。操作人员必须经过专门培训，严格遵守操作规程。建议操作人员佩戴自吸过滤式防毒面具(全面罩)，穿聚乙烯防毒服，戴橡胶耐油手套。远离火种、热源。工作场所严禁吸烟。使用防爆型的通风系统和设备。防止蒸气泄漏到工作场所空气中。避免与氧化剂、酸类、碱类接触。搬运时要轻装轻卸，防止包装及容器损坏。配备相应品种和数量的消防器材及泄漏应急处理设备。倒空的容器可能残留有害物

储存注意事项 储存于阴凉、干燥、通风良好的库房。远离火种、热源。保持容器密封。应与氧化剂、酸类、碱类、食用化学品分开存放，切忌混储。配备相应品种和数量的消防器材。储区应备有泄漏应急处理设备和合适的收容材料

第八部分 接触控制/个体防护

职业接触限值

中国 未制定标准

美国(ACGIH) 未制定标准

生物接触限值 未制定标准

监测方法 空气中有毒物质测定方法：未制定标准。生物监测检验方法：未制定标准

工程控制 严加密闭，提供充分的局部排风。提供安全的淋浴和洗眼设备

个体防护装备

呼吸系统防护 可能接触其蒸气时，应该佩戴过滤式防毒面具（全面罩）。紧急事态抢救或撤离时，建议佩戴空气呼吸器

眼睛防护 呼吸系统防护中已作防护

皮肤和身体防护 穿隔绝式防毒服

手防护 戴橡胶耐油手套

第九部分 理化特性

外观与性状 无色或淡黄色液体，有强烈刺激性气味

pH 值 无资料 **熔点(℃)** －21

沸点(℃) 221 **相对密度(水＝1)** 1.13

相对蒸气密度(空气＝1) 4.65

饱和蒸气压(kPa) 0.13（47.2℃）

燃烧热(kJ/mol) 无资料 **临界温度(℃)** 无资料

临界压力(MPa) 无资料 **辛醇/水分配系数** 3.28

闪点(℃) 87.8 **自燃温度(℃)** 无资料

爆炸下限(%) 无资料 **爆炸上限(%)** 无资料

分解温度(℃) 无资料 **黏度(mPa·s)** 无资料

溶解性 不溶于水，溶于乙醇、乙醚

第十部分 稳定性和反应性

稳定性 稳定

危险反应 与强氧化剂、酸类等禁配物接触发生反应

避免接触的条件 受热、潮湿空气

禁配物 水、醇类、强碱、胺类、酸类、强氧化剂

危险的分解产物 无资料

第十一部分 毒理学信息

急性毒性 LD_{50}：87mg/kg（小鼠经口）

皮肤刺激或腐蚀 可引起严重的皮肤损伤

眼睛刺激或腐蚀 无资料 **呼吸或皮肤过敏** 无资料

生殖细胞突变性 无资料 **致癌性** 无资料

生殖毒性 无资料

特异性靶器官系统毒性-一次接触 无资料

特异性靶器官系统毒性-反复接触 小鼠皮下最低中毒剂量（TDLo)：225mg/kg（孕 6～14d），致中枢神经系统发育异常，致眼、耳发育异常，致颅面部（包括鼻、舌）发育异常

吸入危害 无资料

第十二部分 生态学信息

生态毒性 LC_{50}：0.1mg/L（48h）（水蚤）

持久性和降解性

生物降解性 无资料

非生物降解性 无资料

潜在的生物累积性 根据 K_{ow}值预测，该物质可能有一定的生物累积性

土壤中的迁移性 根据 K_{oc}值预测，该物质可能有一定的

迁移性

第十三部分　废弃处置

废弃化学品　建议用焚烧法处置。焚烧炉排出的气体要通过洗涤器除去

污染包装物　将容器返还生产商或按照国家和地方法规处置

废弃注意事项　处置前应参阅国家和地方有关法规

第十四部分　运输信息

联合国危险货物编号（UN号）　2927

联合国运输名称　有机毒性液体，腐蚀性，未另作规定的（异硫氰酸苯酯）

联合国危险性类别　6.1，8

包装类别　Ⅱ类包装

包装标志

海洋污染物　是

运输注意事项　运输前应先检查包装容器是否完整、密封，运输过程中要确保容器不泄漏、不倒塌、不坠落、不损坏。严禁与酸类、氧化剂、食品及食品添加剂混运。运输时运输车辆应配备相应品种和数量的消防器材及泄漏应急处理设备。运输途中应防曝晒、雨淋，防高温。公路运输时要按规定路线行驶

第十五部分　法规信息

下列法律、法规、规章和标准，对该化学品的管理作了相应的规定。

中华人民共和国职业病防治法　职业病分类和目录：未列入

危险化学品安全管理条例　危险化学品目录：列入。易制爆危险化学品名录：未列入。重点监管的危险化学品名录：未列入。GB 18218—2009《危险化学品重大危险源辨识》（表1）：未列入

使用有毒物品作业场所劳动保护条例　高毒物品目录：未列入

易制毒化学品管理条例　易制毒化学品的分类和品种目录：未列入

国际公约　斯德哥尔摩公约：未列入。鹿特丹公约：未列入。蒙特利尔议定书：未列入

第十六部分　其他信息

编写和修订信息　　**缩略语和首字母缩写**

培训建议　　**参考文献**

免责声明

异硫氰酸烯丙酯

第一部分　化学品标识

化学品中文名　异硫氰酸烯丙酯；烯丙基异硫氰酸酯；烯丙基芥子油；人造芥子油

化学品英文名　allyl isothiocyanate; allyl mustard oil

分子式　C_4H_5NS　　**相对分子质量**　99.16

结构式

化学品的推荐及限制用途　用作熏蒸剂、军用毒气等

第二部分　危险性概述

紧急情况概述　易燃液体和蒸气，吞咽会中毒，皮肤接触会致命，可能导致皮肤过敏反应

GHS危险性类别　易燃液体，类别3；急性毒性-经口，类别3；急性毒性-经皮，类别2；皮肤腐蚀/刺激，类别2；皮肤致敏物，类别1；生殖毒性，类别2；特异性靶器官毒性-一次接触，类别2；特异性靶器官毒性-反复接触，类别2；危害水生环境-急性危害，类别1；危害水生环境-长期危害，类别1

标签要素

象形图

警示词　危险

危险性说明　易燃液体和蒸气，吞咽会中毒，皮肤接触会致命，造成皮肤刺激，可能导致皮肤过敏反应，怀疑对生育力或胎儿造成伤害，可能对器官造成损害，长时间或反复接触可能对器官造成损伤，对水生生物毒性非常大并具有长期持续影响

防范说明

预防措施　远离热源、火花、明火、热表面。保持容器密闭。容器和接收设备接地连接。使用防爆电器、通风、照明设备。只能使用不产生火花的工具。采取防止静电措施。戴防护手套、防护眼镜、防护面罩，穿防护服。避免接触眼睛、皮肤，操作后彻底清洗。作业场所不得进食、饮水或吸烟。避免吸入蒸气、雾。得到专门指导后操作。在阅读并了解所有安全预防措施之前，切勿操作。按要求使用个体防护装备。禁止排入环境

事故响应　火灾时，使用泡沫、干粉、二氧化碳、砂土灭火。如吸入：如果呼吸困难，将患者转移到空气新鲜处，休息，保持利于呼吸的体位。皮肤接触：立即脱掉所有被污染的衣服，用大量肥皂水和水轻轻地清洗。如发生皮肤刺激，就医。被污染的衣服须经洗净后方可重新使用。食入：漱口，立即呼叫中毒控制中心或就医。如果接触或感觉不适：呼叫中毒控制中心或就医。收集泄漏物

安全储存　存放在通风良好的地方。保持低温。上锁保管

废弃处置　本品及内装物、容器依据国家和地方法规处置

物理和化学危险　易燃，其蒸气与空气混合，能形成爆炸性混合物

健康危害　本品对呼吸道有刺激性，引起鼻炎、咽喉炎、

支气管炎等。可有眼刺激症状，引起结膜角膜炎。皮肤接触引起灼热、疼痛、发红。作用较长时间可出现水疱。对皮肤有致敏作用，可引起皮肤湿疹

环境危害 对水生生物毒性非常大并具有长期持续影响

第三部分 成分/组成信息

√物质		混合物
组分	**浓度**	**CAS No.**
异硫氰酸烯丙酯		57-06-7

第四部分 急救措施

吸入 迅速脱离现场至空气新鲜处。保持呼吸道通畅。如呼吸困难，给输氧。如呼吸、心跳停止，立即进行心肺复苏术。就医

皮肤接触 立即脱去污染的衣着，用流动清水彻底冲洗。就医

眼睛接触 立即分开眼睑，用流动清水或生理盐水彻底冲洗。就医

食入 漱口，饮水。就医

对保护施救者的忠告 根据需要使用个人防护设备

对医生的特别提示 对症处理

第五部分 消防措施

灭火剂 用泡沫、干粉、二氧化碳、砂土灭火

特别危险性 受高热或与酸接触会产生剧毒的氰化物气体。燃烧生成有害的一氧化碳、氮氧化物、氰化氢、氧化硫

灭火注意事项及防护措施 消防人员必须佩戴空气呼吸器、穿全身防火防毒服，在上风向灭火。尽可能将容器从火场移至空旷处。容器突然发出异常声音或出现异常现象，应立即撤离。禁止使用酸碱灭火剂

第六部分 泄漏应急处理

作业人员防护措施、防护装备和应急处置程序 消除所有点火源。根据液体流动和蒸气扩散的影响区域划定警戒区，无关人员从侧风、上风向撤离至安全区。建议应急处理人员戴正压自给式呼吸器，穿防静电、防腐蚀、防毒服，戴橡胶耐油手套。作业时使用的所有设备应接地。穿上适当的防护服前严禁接触破裂的容器和泄漏物。尽可能切断泄漏源

环境保护措施 防止泄漏物进入水体、下水道、地下室或有限空间

泄漏化学品的收容、清除方法及所使用的处置材料 严禁用水处理。小量泄漏：用干燥的砂土或其他不燃材料覆盖泄漏物。大量泄漏：构筑围堤或挖坑收容。用砂土、惰性物质或蛭石吸收大量液体。用防爆、耐腐蚀泵转移至槽车或专用收集器内

第七部分 操作处置与储存

操作注意事项 密闭操作，提供充分的局部排风。操作尽可能机械化、自动化。操作人员必须经过专门培训，严格遵守操作规程。建议操作人员佩戴自吸过滤式防毒面具（全面罩），穿聚乙烯防毒服，戴橡胶耐油手套。远离火种、热源。工作场所严禁吸烟。使用防爆型的通风系统和设备。防止蒸气泄漏到工作场所空气中。避免与氧化剂、酸类、碱类接触。搬运时要轻装轻卸，防止包装及容器损坏。配备相应品种和数量的消防器材及泄漏应急处理设备。倒空的容器可能残留有害物

储存注意事项 储存于阴凉、干燥、通风良好的专用库房内。远离火种、热源。包装要求密封，不可与空气接触。应与氧化剂、酸类、碱类、食用化学品分开存放，切忌混储。采用防爆型照明、通风设施。禁止使用易产生火花的机械设备和工具。储区应备有泄漏应急处理设备和合适的收容材料

第八部分 接触控制/个体防护

职业接触限值

中国 未制定标准

美国(ACGIH) 未制定标准

生物接触限值 未制定标准

监测方法 空气中有毒物质测定方法：未制定标准。生物监测检验方法：未制定标准

工程控制 严加密闭，提供充分的局部排风。提供安全的淋浴和洗眼设备

个体防护装备

呼吸系统防护 可能接触毒物时，佩戴过滤式防毒面具（全面罩）。紧急事态抢救或撤离时，建议佩戴空气呼吸器

眼睛防护 呼吸系统防护中已作防护

皮肤和身体防护 穿隔绝式防毒服

手防护 戴橡胶耐油手套

第九部分 理化特性

外观与性状 无色或淡黄色油状液体，有刺激性气味

pH值 无资料 **熔点(℃)** −80

沸点(℃) 150.7 **相对密度(水=1)** 1.01

相对蒸气密度(空气=1) 3.41

饱和蒸气压(kPa) 1.33（38.3℃）

燃烧热(kJ/mol) 无资料 **临界温度(℃)** 无资料

临界压力(MPa) 无资料 **辛醇/水分配系数** 2.11

闪点(℃) 46（CC） **自燃温度(℃)** 无资料

爆炸下限(%) 无资料 **爆炸上限(%)** 无资料

分解温度(℃) 无资料 **黏度(mPa·s)** 无资料

溶解性 微溶于水，混溶于乙醇、乙醚、二硫化碳等多数有机溶剂

第十部分 稳定性和反应性

稳定性 稳定

危险反应 与强氧化剂等禁配物接触，有发生火灾和爆炸的危险

避免接触的条件 潮湿空气

禁配物 水、醇类、强碱、胺类、酸类、强氧化剂

危险的分解产物 氰化氢、硫化物

第十一部分 毒理学信息

急性毒性 LD_{50}：112mg/kg（大鼠经口）；88mg/kg（兔

经皮）

皮肤刺激或腐蚀 家兔经皮：2mg，引起刺激

眼睛刺激或腐蚀 无资料

呼吸或皮肤过敏 可能导致皮肤过敏反应

生殖细胞突变性 微生物致突变：鼠伤寒沙门氏菌 100μg/皿。哺乳动物体细胞突变：小鼠淋巴细胞 400μg/L。细胞遗传学分析：仓鼠卵巢 5mg/L。姐妹染色单体交换：仓鼠卵巢 160μg/L。DNA 损伤：人腹水肿瘤 50μmol/L（24h）

致癌性 IARC致癌性评论：组 3，现有的证据不能对人类致癌性进行分类。对人及动物致癌性证据不足

生殖毒性 大鼠皮下最低中毒剂量（TDLo）：100mg/kg（孕 8～9d），致胚胎毒性（胚胎发育迟缓）

特异性靶器官系统毒性-一次接触 无资料

特异性靶器官系统毒性-反复接触 无资料

吸入危害 无资料

第十二部分 生态学信息

生态毒性 LC_{50}：0.0856mg/L（96h）（黑头呆鱼，动态）

持久性和降解性

生物降解性 无资料

非生物降解性 无资料

潜在的生物累积性 根据 K_{ow} 值预测，该物质的生物累积性可能较弱

土壤中的迁移性 根据 K_{oc} 值预测，该物质可能有一定的迁移性

第十三部分 废弃处置

废弃化学品 建议用焚烧法处置。焚烧炉排出的气体要通过洗涤器除去

污染包装物 将容器返还生产商或按照国家和地方法规处置

废弃注意事项 处置前应参阅国家和地方有关法规

第十四部分 运输信息

联合国危险货物编号（UN号） 1545

联合国运输名称 异硫氰酸烯丙酯，稳定的

联合国危险性类别 6.1，3

包装类别 Ⅱ类包装

包装标志  

海洋污染物 否

运输注意事项 运输前应先检查包装容器是否完整、密封，运输过程中要确保容器不泄漏、不倒塌、不坠落、不损坏。严禁与酸类、氧化剂、食品及食品添加剂混运。运输时运输车辆应配备相应品种和数量的消防器材及泄漏应急处理设备。运输途中应防曝晒、雨淋，防高温。运输时所用的槽（罐）车应有接地链，槽内可设孔隔板以减少震荡产生的静电。中途停留时应远离火种、热源。公路运输时要按规定路线行驶

第十五部分 法规信息

下列法律、法规、规章和标准，对该化学品的管理作了相应的规定。

中华人民共和国职业病防治法 职业病分类和目录：未列入

危险化学品安全管理条例 危险化学品目录：列入。易制爆危险化学品名录：未列入。重点监管的危险化学品名录：未列入。GB 18218—2009《危险化学品重大危险源辨识》（表 1）：未列入

使用有毒物品作业场所劳动保护条例 高毒物品目录：未列入

易制毒化学品管理条例 易制毒化学品的分类和品种目录：未列入

国际公约 斯德哥尔摩公约：未列入。鹿特丹公约：未列入。蒙特利尔议定书：未列入

第十六部分 其他信息

编写和修订信息 **缩略语和首字母缩写**

培训建议 **参考文献**

免责声明

异硫氰酸乙酯

第一部分 化学品标识

化学品中文名 异硫氰酸乙酯

化学品英文名 ethyl isothiocyanate；isothiocyanic acid ethyl ester

分子式 C_3H_5NS **相对分子质量** 87.15

结构式 S=C=N–CH₂CH₃

化学品的推荐及限制用途 用于制药和杀虫剂，用作军用毒气

第二部分 危险性概述

紧急情况概述 易燃液体和蒸气，吞咽会中毒，皮肤接触会中毒，吸入会中毒，造成严重的皮肤灼伤和眼损伤，吸入可能导致过敏或哮喘症状或呼吸困难

GHS 危险性类别 易燃液体，类别 3；急性毒性-经口，类别 3；急性毒性-经皮，类别 3；急性毒性-吸入，类别 3；皮肤腐蚀/刺激，类别 1；严重眼损伤/眼刺激，类别 1；呼吸道致敏物，类别 1；危害水生环境-急性危害，类别 1

标签要素

象形图

警示词 危险

危险性说明 易燃液体和蒸气，吞咽会中毒，皮肤接触会中毒，吸入会中毒，造成严重的皮肤灼伤和眼损伤，吸入可能导致过敏或哮喘症状或呼吸困难，对

水生生物毒性非常大

防范说明

预防措施　远离热源、火花、明火、热表面。禁止吸烟。保持容器密闭。容器和接收设备接地连接。使用防爆电器、通风、照明设备。只能使用不产生火花的工具。采取防止静电措施。戴防护手套、防护眼镜、防护面罩，穿防护服。避免接触眼睛、皮肤，操作后彻底清洗。作业场所不得进食、饮水或吸烟。避免吸入蒸气、雾。仅在室外或通风良好处操作。通风不良时，戴呼吸防护器具。禁止排入环境

事故响应　火灾时，使用泡沫、干粉、二氧化碳、砂土灭火。如吸入：将患者转移到空气新鲜处，休息，保持利于呼吸的体位。如有呼吸系统症状，呼叫中毒控制中心或就医。皮肤接触：立即脱掉所有被污染的衣服，用大量肥皂水和水清洗。如感觉不适，呼叫中毒控制中心或就医。被污染的衣服须经洗净后方可重新使用。接触眼睛：用水细心冲洗数分钟。如戴隐形眼镜并可方便地取出，取出隐形眼镜继续冲洗。食入：漱口，不要催吐，立即呼叫中毒控制中心或就医。收集泄漏物

安全储存　存放在通风良好的地方。保持低温。保持容器密闭。上锁保管

废弃处置　本品及内装物、容器依据国家和地方法规处置

物理和化学危险　易燃，其蒸气与空气混合，能形成爆炸性混合物

健康危害　本品具有剧烈的芥末味。对眼睛、皮肤、黏膜和上呼吸道有强烈的刺激作用。吸入后，可引起喉、支气管的痉挛、炎症、水肿，化学性肺炎，肺水肿，严重者可致死。对呼吸道有致敏性。眼和皮肤接触引起灼伤

环境危害　对水生生物毒性非常大

第三部分　成分/组成信息

√物质		混合物
组分	**浓度**	**CAS No.**
异硫氰酸乙酯		542-85-8

第四部分　急救措施

吸入　迅速脱离现场至空气新鲜处。保持呼吸道通畅。如呼吸困难，给输氧。如呼吸、心跳停止，立即进行心肺复苏术。就医

皮肤接触　立即脱去污染的衣着，用大量流动清水彻底冲洗至少 15min。就医

眼睛接触　立即分开眼睑，用流动清水或生理盐水彻底冲洗至少 15min。就医

食入　用水漱口，禁止催吐。给饮牛奶或蛋清。就医

对保护施救者的忠告　根据需要使用个人防护设备

对医生的特别提示　对症处理

第五部分　消防措施

灭火剂　用泡沫、干粉、二氧化碳、砂土灭火

特别危险性　受高热或与酸接触会产生剧毒的氰化物气体。燃烧生成有害的一氧化碳、氮氧化物、氰化氢、硫化物

灭火注意事项及防护措施　消防人员必须佩戴空气呼吸器、穿全身防火防毒服，在上风向灭火。尽可能将容器从火场移至空旷处。容器突然发出异常声音或出现异常现象，应立即撤离。禁止使用酸碱灭火剂

第六部分　泄漏应急处理

作业人员防护措施、防护装备和应急处置程序　根据液体流动和蒸气扩散的影响区域划定警戒区，无关人员从侧风、上风向撤离至安全区。消除所有点火源。建议应急处理人员戴正压自给式呼吸器，穿防毒、防静电服，戴橡胶耐油手套。穿上适当的防护服前严禁接触破裂的容器和泄漏物。尽可能切断泄漏源

环境保护措施　防止泄漏物进入水体、下水道、地下室或有限空间

泄漏化学品的收容、清除方法及所使用的处置材料　小量泄漏：用干燥的砂土或其他不燃材料吸收或覆盖，收集于容器中。大量泄漏：构筑围堤或挖坑收容。用防爆泵转移至槽车或专用收集器内

第七部分　操作处置与储存

操作注意事项　严加密闭，提供充分的局部排风和全面通风。尽可能采取隔离操作。操作人员必须经过专门培训，严格遵守操作规程。建议操作人员佩戴自吸过滤式防毒面具（全面罩），穿聚乙烯防毒服，戴橡胶耐油手套。远离火种、热源。工作场所严禁吸烟。使用防爆型的通风系统和设备。防止蒸气泄漏到工作场所空气中。避免与氧化剂、酸类、碱类接触。搬运时要轻装轻卸，防止包装及容器损坏。配备相应品种和数量的消防器材及泄漏应急处理设备。倒空的容器可能残留有害物

储存注意事项　储存于阴凉、通风的库房。远离火种、热源。库温不宜超过 30℃。保持容器密封。应与氧化剂、酸类、碱类、食用化学品分开存放，切忌混储。采用防爆型照明、通风设施。禁止使用易产生火花的机械设备和工具。储区应备有泄漏应急处理设备和合适的收容材料

第八部分　接触控制/个体防护

职业接触限值

中国　未制定标准

美国(ACGIH)　未制定标准

生物接触限值　未制定标准

监测方法　空气中有毒物质测定方法：未制定标准。生物监测检验方法：未制定标准

工程控制　严加密闭，提供充分的局部排风和全面通风。尽可能采取隔离操作。提供安全的淋浴和洗眼设备

个体防护装备

呼吸系统防护　可能接触其蒸气时，必须佩戴过滤式防毒面具（全面罩）。紧急事态抢救或撤离时，建议佩戴空气呼吸器

眼睛防护 呼吸系统防护中已作防护

皮肤和身体防护 穿隔绝式防毒服

手防护 戴橡胶耐油手套

第九部分 理化特性

外观与性状 无色油状液体，有刺激性气味

pH值 6.3（20℃） **熔点(℃)** −5.9

沸点(℃) 130～132

相对密度(水=1) 1.00（15℃）

相对蒸气密度(空气=1) 3

饱和蒸气压(kPa) 无资料

燃烧热(kJ/mol) 无资料 **临界温度(℃)** 无资料

临界压力(MPa) 无资料 **辛醇/水分配系数** 1.47

闪点(℃) 32 **自燃温度(℃)** 无资料

爆炸下限(%) 无资料 **爆炸上限(%)** 无资料

分解温度(℃) 无资料 **黏度(mPa·s)** 无资料

溶解性 不溶于水，溶于乙醇

第十部分 稳定性和反应性

稳定性 稳定

危险反应 与强氧化剂等禁配物接触，有发生火灾和爆炸的危险

避免接触的条件 受热

禁配物 强氧化剂、强碱、酸类、醇类、胺类

危险的分解产物 氰化氢、硫化物。

第十一部分 毒理学信息

急性毒性 本品有毒

皮肤刺激或腐蚀 可引起皮肤腐蚀

眼睛刺激或腐蚀 可引起严重的眼损伤

呼吸或皮肤过敏 吸入可能导致过敏或哮喘症状或呼吸困难

生殖细胞突变性 无资料

致癌性 无资料 **生殖毒性** 无资料

特异性靶器官系统毒性-一次接触 无资料

特异性靶器官系统毒性-反复接触 无资料

吸入危害 无资料

第十二部分 生态学信息

生态毒性 EC_{50}：0.4mg/L（48h）（水蚤）

持久性和降解性

生物降解性 无资料

非生物降解性 无资料

潜在的生物累积性 根据 K_{ow} 值预测，该物质的生物累积性可能较弱

土壤中的迁移性 根据 K_{oc} 值预测，该物质可能易发生迁移

第十三部分 废弃处置

废弃化学品 建议用焚烧法处置。焚烧炉排出的气体要通过洗涤器除去

污染包装物 将容器返还生产商或按照国家和地方法规处置

废弃注意事项 处置前应参阅国家和地方有关法规

第十四部分 运输信息

联合国危险货物编号(UN号) 2924

联合国运输名称 易燃液体，腐蚀性，未另作规定的（异硫氰酸乙酯）

联合国危险性类别 3，6.1

包装类别 Ⅱ类包装

包装标志  

海洋污染物 是

运输注意事项 运输前应先检查包装容器是否完整、密封，运输过程中要确保容器不泄漏、不倒塌、不坠落、不损坏。严禁与酸类、氧化剂、食品及食品添加剂混运。运输时运输车辆应配备相应品种和数量的消防器材及泄漏应急处理设备。运输途中应防曝晒、雨淋，防高温。运输时所用的槽（罐）车应有接地链，槽内可设孔隔板以减少震荡产生的静电。中途停留时应远离火种、热源。公路运输时要按规定路线行驶

第十五部分 法规信息

下列法律、法规、规章和标准，对该化学品的管理作了相应的规定。

中华人民共和国职业病防治法 职业病分类和目录：未列入

危险化学品安全管理条例 危险化学品目录：未列入。易制爆危险化学品名录：未列入。重点监管的危险化学品名录：未列入。GB 18218—2009《危险化学品重大危险源辨识》（表1）：未列入

使用有毒物品作业场所劳动保护条例 高毒物品目录：未列入

易制毒化学品管理条例 易制毒化学品的分类和品种目录：未列入

国际公约 斯德哥尔摩公约：未列入。鹿特丹公约：未列入。蒙特利尔议定书：未列入

第十六部分 其他信息

编写和修订信息 **缩略语和首字母缩写**

培训建议 **参考文献**

免责声明

异氰酸苯酯

第一部分 化学品标识

化学品中文名 异氰酸苯酯；苯基异氰酸酯

化学品英文名 phenyl isocyanate；isocyanatobenzene

分子式 C_7H_5NO **相对分子质量** 119.13

结构式 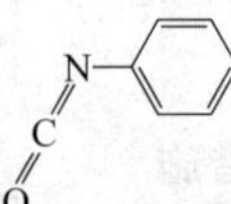

化学品的推荐及限制用途 用于鉴别醇及胺，制杀虫剂，

也作有机合成中间体

第二部分　危险性概述

紧急情况概述　易燃液体和蒸气，吞咽有害，吸入致命，造成严重的皮肤灼伤和眼损伤，吸入可能导致过敏或哮喘症状或呼吸困难，可能导致皮肤过敏反应

GHS 危险性类别　易燃液体，类别 3；急性毒性-经口，类别 4；急性毒性-吸入，类别 1；皮肤腐蚀/刺激，类别 1；严重眼损伤/眼刺激，类别 1；呼吸道致敏物，类别 1；皮肤致敏物，类别 1

标签要素

象形图

警示词　危险

危险性说明　易燃液体和蒸气，吞咽有害，吸入致命，造成严重的皮肤灼伤和眼损伤，吸入可能导致过敏或哮喘症状或呼吸困难，可能导致皮肤过敏反应

防范说明

预防措施　远离热源、火花、明火、热表面。禁止吸烟。保持容器密闭。容器和接收设备接地连接。使用防爆电器、通风、照明设备。只能使用不产生火花的工具。采取防止静电措施。避免接触眼睛、皮肤，操作后彻底清洗。作业场所不得进食、饮水或吸烟。避免吸入蒸气、雾。仅在室外或通风良好处操作。戴防护手套，穿防护服，戴防护眼镜、防护面罩。通风不良时，戴呼吸防护器具

事故响应　火灾时，使用干粉、二氧化碳灭火。如吸入：如果呼吸困难，将患者转移到空气新鲜处，休息，保持利于呼吸的体位。如有呼吸系统症状，呼叫中毒控制中心或就医。如皮肤（或头发）接触：立即脱掉所有被污染的衣服，用水冲洗皮肤，淋浴。污染的衣服须洗净后方可重新使用。眼睛接触：用水细心地冲洗数分钟。如戴隐形眼镜并可方便地取出，则取出隐形眼镜继续冲洗。食入：漱口，不要催吐，如果感觉不适，立即呼叫中毒控制中心或就医

安全储存　存放在通风良好的地方。保持低温。保持容器密闭。上锁保管

废弃处置　本品及内装物、容器依据国家和地方法规处置

物理和化学危险　易燃，其蒸气与空气混合，能形成爆炸性混合物

健康危害　吸入本品后对呼吸道有强烈刺激性，可引起肺水肿。对眼和皮肤有刺激性，可引起灼伤。口服刺激和灼伤口腔和消化道。对皮肤和呼吸道有致敏性

环境危害　对环境可能有害

第三部分　成分/组成信息

√物质　　　　混合物

组分	浓度	CAS No.
异氰酸苯酯		103-71-9

第四部分　急救措施

吸入　迅速脱离现场至空气新鲜处。保持呼吸道通畅。如呼吸困难，给输氧。如呼吸、心跳停止，立即进行心肺复苏术。就医

皮肤接触　立即脱去污染的衣着，用大量流动清水彻底冲洗至少 15min。就医

眼睛接触　立即分开眼睑，用流动清水或生理盐水彻底冲洗至少 15min。就医

食入　用水漱口，禁止催吐。给饮牛奶或蛋清。就医

对保护施救者的忠告　根据需要使用个人防护设备

对医生的特别提示　对症处理

第五部分　消防措施

灭火剂　用干粉、二氧化碳灭火

特别危险性　加热至沸点以上时即分解释出有毒的亚硝酸蒸气。与酸类、胺类、醇类、碱类和水发生强烈反应，有引起燃烧爆炸的危险。遇水或水蒸气分解放出有毒的气体。燃烧生成有害的一氧化碳、氮氧化物、氰化氢

灭火注意事项及防护措施　消防人员须佩戴防毒面具、穿全身消防服，在上风向灭火。尽可能将容器从火场移至空旷处。喷水保持火场容器冷却，直至灭火结束。容器突然发出异常声音或出现异常现象，应立即撤离。禁止用水、泡沫和酸碱灭火剂灭火

第六部分　泄漏应急处理

作业人员防护措施、防护装备和应急处置程序　消除所有点火源。根据液体流动和蒸气扩散的影响区域划定警戒区，无关人员从侧风、上风向撤离至安全区。建议应急处理人员戴正压自给式呼吸器，穿防毒、防静电服，戴防化学品手套。作业时使用的所有设备应接地。穿上适当的防护服前严禁接触破裂的容器和泄漏物。尽可能切断泄漏源

环境保护措施　防止泄漏物进入水体、下水道、地下室或有限空间

泄漏化学品的收容、清除方法及所使用的处置材料　严禁用水处理。小量泄漏：用干燥的砂土或其他不燃材料覆盖泄漏物。大量泄漏：构筑围堤或挖坑收容，用防爆泵转移至槽车或专用收集器内

第七部分　操作处置与储存

操作注意事项　密闭操作，提供充分的局部排风。操作人员必须经过专门培训，严格遵守操作规程。建议操作人员佩戴自吸过滤式防毒面具（全面罩），穿防毒物渗透工作服，戴防化学品手套。远离火种、热源。工作场所严禁吸烟。使用防爆型的通风系统和设备。防止蒸气泄漏到工作场所空气中。避免与氧化剂、酸类、碱类接触。尤其要注意避免与水接触。充装要控制流速，防止静电积聚。搬运时要轻装轻卸，防止包装及容器损坏。配备相应品种和数量的消防器材及泄漏应急处理设备。倒空的容器可能残留有害物

储存注意事项　储存于阴凉、干燥、通风良好的专用库房

内，实行“双人收发、双人保管”制度。远离火种、热源。保持容器密封。应与氧化剂、酸类、碱类、食用化学品分开存放，切忌混储。采用防爆型照明、通风设施。禁止使用易产生火花的机械设备和工具。储区应备有泄漏应急处理设备和合适的收容材料

第八部分　接触控制/个体防护

职业接触限值

中国　未制定标准

美国(ACGIH)　未制定标准

生物接触限值　未制定标准

监测方法　空气中有毒物质测定方法：未制定标准。生物监测检验方法：未制定标准

工程控制　严加密闭，提供充分的局部排风。提供安全的淋浴和洗眼设备

个体防护装备

呼吸系统防护　可能接触其蒸气时，应该佩戴过滤式防毒面具（全面罩）。紧急事态抢救或撤离时，佩戴空气呼吸器

眼睛防护　呼吸系统防护中已作防护

皮肤和身体防护　穿防毒物渗透工作服

手防护　戴防化学品手套

第九部分　理化特性

外观与性状　无色至浅黄色液体，有刺激性气味

pH值　无资料　**熔点(℃)**　−30

沸点(℃)　166　**相对密度(水=1)**　1.1

相对蒸气密度(空气=1)　无资料

饱和蒸气压(kPa)　0.25（20℃）

燃烧热(kJ/mol)　无资料　**临界温度(℃)**　无资料

临界压力(MPa)　4.54　**辛醇/水分配系数**　2.59

闪点(℃)　51　**自燃温度(℃)**　601

爆炸下限(%)　无资料　**爆炸上限(%)**　无资料

分解温度(℃)　无资料　**黏度(mPa·s)**　无资料

溶解性　易溶于乙醚

第十部分　稳定性和反应性

稳定性　稳定

危险反应　与强氧化剂、水、酸类等禁配物接触，有发生火灾和爆炸的危险

避免接触的条件　受热、潮湿空气

禁配物　水、醇类、强碱、胺类、酸类、强氧化剂

危险的分解产物　氰化氢

第十一部分　毒理学信息

急性毒性　LD_{50}：940mg/kg（大鼠经口）；7130mg/kg（兔经皮）

皮肤刺激或腐蚀　可引起皮肤腐蚀

眼睛刺激或腐蚀　可引起严重的眼损伤

呼吸或皮肤过敏　吸入可能导致过敏或哮喘症状或呼吸困难。可能导致皮肤过敏反应

生殖细胞突变性　无资料

致癌性　无资料　**生殖毒性**　无资料

特异性靶器官系统毒性-一次接触　无资料

特异性靶器官系统毒性-反复接触　无资料

吸入危害　无资料

第十二部分　生态学信息

生态毒性　无资料

持久性和降解性

生物降解性　无资料

非生物降解性　空气中，当羟基自由基浓度为5.00×10^5个/cm^3时，降解半衰期为7.5d（理论）

潜在的生物累积性　根据K_{ow}值预测，该物质的生物累积性可能较弱

土壤中的迁移性　根据K_{oc}值预测，该物质可能有一定的迁移性

第十三部分　废弃处置

废弃化学品　建议用焚烧法处置。焚烧炉排出的氮氧化物通过洗涤器除去

污染包装物　将容器返还生产商或按照国家和地方法规处置

废弃注意事项　处置前应参阅国家和地方有关法规

第十四部分　运输信息

危险货物编号　2487

联合国运输名称　异氰酸苯酯

联合国危险性类别　6.1，3

包装类别　Ⅰ类包装

包装标志

海洋污染物　否

运输注意事项　运输前应先检查包装容器是否完整、密封，运输过程中要确保容器不泄漏、不倒塌、不坠落、不损坏。严禁与酸类、氧化剂、食品及食品添加剂混运。运输时运输车辆应配备相应品种和数量的消防器材及泄漏应急处理设备。运输途中应防曝晒、雨淋，防高温。运输时所用的槽（罐）车应有接地链，槽内可设孔隔板以减少震荡产生的静电。中途停留时应远离火种、热源。公路运输时要按规定路线行驶

第十五部分　法规信息

下列法律、法规、规章和标准，对该化学品的管理作了相应的规定。

中华人民共和国职业病防治法　职业病分类和目录：未列入

危险化学品安全管理条例　危险化学品目录：列入。作为剧毒化学品进行管理。易制爆危险化学品名录：未列入。重点监管的危险化学品名录：未列入。GB 18218—2009《危险化学品重大危险源辨识》（表1）：未列入

使用有毒物品作业场所劳动保护条例　高毒物品目录：未列入

易制毒化学品管理条例　易制毒化学品的分类和品种目录：未列入

国际公约　斯德哥尔摩公约：未列入。鹿特丹公约：未列入。蒙特利尔议定书：未列入

第十六部分　其他信息

编写和修订信息　　**缩略语和首字母缩写**

培训建议　　**参考文献**

免责声明

异　戊　胺

第一部分　化学品标识

化学品中文名　异戊胺；3-甲基丁胺

化学品英文名　isopentylamine；3-methylbutylamine

分子式　$C_5H_{13}N$　**相对分子质量**　87.16

结构式　（结构式：NH_2）

化学品的推荐及限制用途　用作溶剂及用于有机合成

第二部分　危险性概述

紧急情况概述　高度易燃液体和蒸气，造成严重的皮肤灼伤和眼损伤

GHS 危险性类别　易燃液体，类别 2；皮肤腐蚀/刺激，类别 1；严重眼损伤/眼刺激，类别 1

标签要素

象形图

警示词　危险

危险性说明　高度易燃液体和蒸气，造成严重的皮肤灼伤和眼损伤，造成严重眼损伤

防范说明

预防措施　远离热源、火花、明火、热表面。禁止吸烟。保持容器密闭。容器和接收设备接地连接。使用防爆电器、通风、照明设备。只能使用不产生火花的工具。采取防止静电措施。避免吸入烟雾。避免接触眼睛、皮肤，操作后彻底清洗。戴防护手套，穿防护服，戴防护眼镜、防护面罩

事故响应　火灾时，使用抗溶性泡沫、二氧化碳、干粉、砂土灭火。如吸入：将患者转移到空气新鲜处，休息，保持利于呼吸的体位，立即呼叫中毒控制中心或就医。皮肤（或头发）接触：立即脱掉所有被污染的衣服，用水冲洗皮肤，淋浴。污染的衣服须洗净后方可重新使用。眼睛接触：用水细心地冲洗数分钟。如戴隐形眼镜并可方便地取出，则取出隐形眼镜继续冲洗。食入：漱口。不要催吐

安全储存　存放在通风良好的地方。保持低温。上锁保管

废弃处置　本品及内装物、容器依据国家和地方法规处置

物理和化学危险　高度易燃，其蒸气与空气混合，能形成爆炸性混合物

健康危害　接触低浓度蒸气时表现有眼及上呼吸道刺激症状，高浓度可致角膜水肿、溃疡、喉头声带水肿和支气管肺炎。神经系统受损时表现为意识障碍、瞳孔散大、视力模糊、四肢肌束震颤及运动障碍。严重中毒病例可因呼吸麻痹、心跳停止而死亡。肝、肾可受到损害。液体可致眼和皮肤灼伤

环境危害　对环境可能有害

第三部分　成分/组成信息

√物质　　混合物

组分	浓度	CAS No.
异戊胺		107-85-7

第四部分　急救措施

吸入　迅速脱离现场至空气新鲜处。保持呼吸道通畅。如呼吸困难，给输氧。如呼吸、心跳停止，立即进行心肺复苏术。就医

皮肤接触　立即脱去污染的衣着，用大量流动清水彻底冲洗至少 15min。就医

眼睛接触　立即分开眼睑，用流动清水或生理盐水彻底冲洗至少 15min。就医

食入　用水漱口，禁止催吐。给饮牛奶或蛋清。就医

对保护施救者的忠告　根据需要使用个人防护设备

对医生的特别提示　对症处理

第五部分　消防措施

灭火剂　用抗溶性泡沫、二氧化碳、干粉、砂土灭火

特别危险性　与氧化剂能发生强烈反应。蒸气比空气重，沿地面扩散并易积存于低洼处，遇火源会着火回燃。具有腐蚀性。燃烧生成有害的一氧化碳、氮氧化物

灭火注意事项及防护措施　消防人员必须佩戴空气呼吸器、穿全身防火防毒服，在上风向灭火。喷水冷却容器，尽可能将容器从火场移至空旷处。容器突然发出异常声音或出现异常现象，应立即撤离

第六部分　泄漏应急处理

作业人员防护措施、防护装备和应急处置程序　消除所有点火源。根据液体流动和蒸气扩散的影响区域划定警戒区，无关人员从侧风、上风向撤离至安全区。建议应急处理人员戴正压自给式呼吸器，穿防静电、防腐蚀、防毒服，戴橡胶耐油手套。作业时使用的所有设备应接地。禁止接触或跨越泄漏物。尽可能切断泄漏源

环境保护措施　防止泄漏物进入水体、下水道、地下室或有限空间

泄漏化学品的收容、清除方法及所使用的处置材料　小量泄漏：用砂土或其他不燃材料吸收，使用洁净的无火花工具收集吸收材料。大量泄漏：构筑围堤或挖坑收容。用抗溶性泡沫覆盖，减少蒸发。喷水雾能减少蒸发，但不能降低泄漏物在有限空间内的易燃性。用防爆、耐腐蚀泵转移至槽车或专用收集器内

第七部分 操作处置与储存

操作注意事项 密闭操作，加强通风。操作人员必须经过专门培训，严格遵守操作规程。建议操作人员佩戴导管式防毒面具，穿胶布防毒衣，戴橡胶耐油手套。远离火种、热源。工作场所严禁吸烟。使用防爆型的通风系统和设备。防止蒸气泄漏到工作场所空气中。避免与氧化剂、酸类接触。充装要控制流速，防止静电积聚。搬运时要轻装轻卸，防止包装及容器损坏。配备相应品种和数量的消防器材及泄漏应急处理设备。倒空的容器可能残留有害物

储存注意事项 储存于阴凉、通风的库房。远离火种、热源。库温不宜超过37℃。保持容器密封。应与氧化剂、酸类等分开存放，切忌混储。采用防爆型照明、通风设施。禁止使用易产生火花的机械设备和工具。储区应备有泄漏应急处理设备和合适的收容材料

第八部分 接触控制/个体防护

职业接触限值

中国 未制定标准

美国(ACGIH) 未制定标准

生物接触限值 未制定标准

监测方法 空气中有毒物质测定方法：未制定标准。生物监测检验方法：未制定标准

工程控制 生产过程密闭，加强通风。提供安全的淋浴和洗眼设备

个体防护装备

呼吸系统防护 可能接触其蒸气时，佩戴过滤式防毒面具（全面罩）。紧急事态抢救或撤离时，应该佩戴空气呼吸器

眼睛防护 呼吸系统防护中已作防护

皮肤和身体防护 穿隔绝式防毒服

手防护 戴橡胶耐油手套

第九部分 理化特性

外观与性状 无色至浅黄色透明液体，有氨臭

pH值 无资料 **熔点(℃)** −60

沸点(℃) 95～97 **相对密度(水=1)** 0.75

相对蒸气密度(空气=1) 3.0

饱和蒸气压(kPa) 无资料

燃烧热(kJ/mol) −3623.2 **临界温度(℃)** 无资料

临界压力(MPa) 无资料 **辛醇/水分配系数** 1.25

闪点(℃) 4 **自燃温度(℃)** 365

爆炸下限(%) 无资料 **爆炸上限(%)** 无资料

分解温度(℃) 无资料 **黏度(mPa·s)** 无资料

溶解性 溶于水、乙醇、乙醚

第十部分 稳定性和反应性

稳定性 稳定

危险反应 与强氧化剂等禁配物接触，有发生火灾和爆炸的危险

避免接触的条件 无资料

禁配物 酸类、酸酐、强氧化剂、二氧化碳

危险的分解产物 无资料

第十一部分 毒理学信息

急性毒性 LD_{50}：470mg/kg（大鼠经口）

皮肤刺激或腐蚀 可引起皮肤腐蚀

眼睛刺激或腐蚀 可引起严重的眼损伤

呼吸或皮肤过敏 无资料 **生殖细胞突变性** 无资料

致癌性 无资料 **生殖毒性** 无资料

特异性靶器官系统毒性-一次接触 无资料

特异性靶器官系统毒性-反复接触 无资料

吸入危害 无资料

第十二部分 生态学信息

生态毒性 无资料

持久性和降解性

生物降解性 无资料

非生物降解性 无资料

潜在的生物累积性 根据 K_{ow} 值预测，该物质的生物累积性可能较弱

土壤中的迁移性 根据 K_{oc} 值预测，该物质可能易发生迁移

第十三部分 废弃处置

废弃化学品 建议用焚烧法处置。焚烧炉排出的氮氧化物通过洗涤器除去

污染包装物 将容器返还生产商或按照国家和地方法规处置

废弃注意事项 处置前应参阅国家和地方有关法规

第十四部分 运输信息

危险货物编号 1106 **联合国运输名称** 戊胺

联合国危险性类别 3，8 **包装类别** Ⅱ类包装

包装标志 

海洋污染物 否

运输注意事项 运输时运输车辆应配备相应品种和数量的消防器材及泄漏应急处理设备。夏季最好早晚运输。运输时所用的槽（罐）车应有接地链，槽内可设孔隔板以减少震荡产生的静电。严禁与氧化剂、酸类、食用化学品等混装混运。运输途中应防曝晒、雨淋，防高温。中途停留时应远离火种、热源、高温区。装运该物品的车辆排气管必须配备阻火装置，禁止使用易产生火花的机械设备和工具装卸。公路运输时要按规定路线行驶，勿在居民区和人口稠密区停留。铁路运输时要禁止溜放。严禁用木船、水泥船散装运输

第十五部分 法规信息

下列法律、法规、规章和标准，对该化学品的管理作了相应的规定。

中华人民共和国职业病防治法 职业病分类和目录：未列入

危险化学品安全管理条例 危险化学品目录：列入。易制爆危险化学品名录：未列入。重点监管的危险化学品名录：未列入。GB 18218—2009《危险化学品重大危险源辨识》（表 1）：未列入

使用有毒物品作业场所劳动保护条例 高毒物品目录：未列入

易制毒化学品管理条例 易制毒化学品的分类和品种目录：未列入

国际公约 斯德哥尔摩公约：未列入。鹿特丹公约：未列入。蒙特利尔议定书：未列入

第十六部分 其他信息

编写和修订信息 **缩略语和首字母缩写**

培训建议 **参考文献**

免责声明

异 戊 醇

第一部分 化学品标识

化学品中文名 异戊醇；3-甲基-1-丁醇；3-甲基丁醇

化学品英文名 3-methyl-1-butanol；isoamyl alcohol

分子式 $C_5H_{12}O$ **相对分子质量** 88.17

结构式 OH

化学品的推荐及限制用途 用作照相化学药品、香精、分析试剂，以及用于有机合成、制药等

第二部分 危险性概述

紧急情况概述 易燃液体和蒸气，可能引起昏昏欲睡或眩晕

GHS 危险性类别 易燃液体，类别 3；急性毒性-经口，类别 5；急性毒性-经皮，类别 5；严重眼损伤/眼刺激，类别 2A；特异性靶器官毒性-一次接触，类别 1；特异性靶器官毒性-一次接触，类别 3（呼吸道刺激、麻醉效应）

标签要素

象形图

警示词 危险

危险性说明 易燃液体和蒸气，吞咽可能有害，皮肤接触可能有害，造成严重眼刺激，对器官造成损害，可能引起呼吸道刺激，可能引起昏昏欲睡或眩晕

防范说明

预防措施 远离热源、火花、明火、热表面。禁止吸烟。保持容器密闭。容器和接收设备接地连接。使用防爆电器、通风、照明设备。只能使用不产生火花的工具。采取防止静电措施。戴防护手套、防护眼镜、防护面罩。避免接触眼睛、皮肤，操作后彻底清洗。避免吸入蒸气、雾。作业场所不得进食、饮水或吸烟

事故响应 火灾时，使用泡沫、干粉、二氧化碳、砂土灭火。如皮肤（或头发）接触：立即脱掉所有被污染的衣服，用水冲洗皮肤，淋浴。如果感觉不适，呼叫中毒控制中心或就医。如接触眼睛：用水细心冲洗数分钟。如戴隐形眼镜并可方便地取出，取出隐形眼镜继续冲洗。如果眼睛刺激持续：就医。如果接触：立即呼叫中毒控制中心或就医

安全储存 存放在通风良好的地方。保持低温。上锁保管

废弃处置 本品及内装物、容器依据国家和地方法规处置

物理和化学危险 易燃，其蒸气与空气混合，能形成爆炸性混合物

健康危害 吸入、口服或经皮肤吸收有麻醉作用。其蒸气或雾对眼睛、皮肤、黏膜和呼吸道有刺激作用，可引起神经系统功能紊乱，长时间接触有麻醉作用

环境危害 对环境可能有害

第三部分 成分/组成信息

√物质		混合物
组分	**浓度**	**CAS No.**
异戊醇		123-51-3

第四部分 急救措施

吸入 迅速脱离现场至空气新鲜处。保持呼吸道通畅。如呼吸困难，给输氧。如呼吸、心跳停止，立即进行心肺复苏术。就医

皮肤接触 立即脱去污染的衣着，用流动清水彻底冲洗。就医

眼睛接触 立即分开眼睑，用流动清水或生理盐水彻底冲洗。就医

食入 漱口，饮水。就医

对保护施救者的忠告 根据需要使用个人防护设备

对医生的特别提示 对症处理

第五部分 消防措施

灭火剂 用泡沫、干粉、二氧化碳、砂土灭火

特别危险性 与氧化剂能发生强烈反应。在火场中，受热的容器有爆炸危险。燃烧生成有害的一氧化碳

灭火注意事项及防护措施 消防人员必须佩戴空气呼吸器、穿全身防火防毒服，在上风向灭火。喷水冷却容器，尽可能将容器从火场移至空旷处。容器突然发出异常声音或出现异常现象，应立即撤离

第六部分 泄漏应急处理

作业人员防护措施、防护装备和应急处置程序 消除所有点火源。根据液体流动和蒸气扩散的影响区域划定警戒区，无关人员从侧风、上风向撤离至安全区。建议应急处理人员戴正压自给式呼吸器，穿防静电服，戴防护手套。作业时使用的所有设备应接地。禁止接触或跨越泄漏物。尽可能切断泄漏源

环境保护措施 防止泄漏物进入水体、下水道、地下室或有限空间

泄漏化学品的收容、清除方法及所使用的处置材料 小量泄漏：用砂土或其他不燃材料吸收，使用洁净的无火花工具收集吸收材料。大量泄漏：构筑围堤或挖坑收容。用泡沫覆盖，减少蒸发。喷水雾能减少蒸发，但不能降低泄漏物在有限空间内的易燃性。用防爆泵转移至槽车或专用收集器内

第七部分 操作处置与储存

操作注意事项 密闭操作，全面通风。操作人员必须经过专门培训，严格遵守操作规程。建议操作人员佩戴自吸过滤式防毒面具（半面罩），戴安全防护眼镜，穿防静电工作服。远离火种、热源。工作场所严禁吸烟。使用防爆型的通风系统和设备。防止蒸气泄漏到工作场所空气中。避免与氧化剂、酸类接触。充装要控制流速，防止静电积聚。搬运时要轻装轻卸，防止包装及容器损坏。配备相应品种和数量的消防器材及泄漏应急处理设备。倒空的容器可能残留有害物

储存注意事项 储存于阴凉、通风的库房。远离火种、热源。库温不宜超过 37℃。保持容器密封。应与氧化剂、酸类等分开存放，切忌混储。采用防爆型照明、通风设施。禁止使用易产生火花的机械设备和工具。储区应备有泄漏应急处理设备和合适的收容材料

第八部分 接触控制/个体防护

职业接触限值

中国 未制定标准

美国(ACGIH) TLV-TWA：100ppm；TLV-STEL：125ppm

生物接触限值 未制定标准

监测方法 空气中有毒物质测定方法：溶剂解吸-气相色谱法。生物监测检验方法：未制定标准

工程控制 生产过程密闭，全面通风。提供安全的淋浴和洗眼设备

个体防护装备

呼吸系统防护 一般不需要特殊防护，高浓度接触时可佩戴过滤式防毒面具（半面罩）

眼睛防护 必要时，戴安全防护眼镜

皮肤和身体防护 穿防静电工作服

手防护 戴一般作业防护手套

第九部分 理化特性

外观与性状 无色液体，有不愉快的气味

pH 值 无资料 **熔点(℃)** －117.2

沸点(℃) 132.5

相对密度(水＝1) 0.81（15℃）

相对蒸气密度(空气＝1) 3.04

饱和蒸气压(kPa) 0.27（20℃）

燃烧热(kJ/mol) －3323 **临界温度(℃)** 304

临界压力(MPa) 3.92 **辛醇/水分配系数** 1.16

闪点(℃) 43（CC） **自燃温度(℃)** 347

爆炸下限(%) 1.2 **爆炸上限(%)** 9.0

分解温度(℃) 无资料 **黏度(mPa·s)** 3.738(25℃)

溶解性 微溶于水，可混溶于乙醇、乙醚、苯、氯仿、石油醚，易溶于丙酮，溶于多数有机溶剂

第十部分 稳定性和反应性

稳定性 稳定

危险反应 与强氧化剂等禁配物接触，有发生火灾和爆炸的危险

避免接触的条件 无资料

禁配物 强酸、强氧化剂、酸酐、酰基氯

危险的分解产物 无资料

第十一部分 毒理学信息

急性毒性 LD_{50}：1300mg/kg（大鼠经口）；3970μl (3215.7mg) /kg（兔经皮）

皮肤刺激或腐蚀 家兔经皮：500mg（24h），中度刺激

眼睛刺激或腐蚀 家兔经眼：20mg（24h），重度刺激

呼吸或皮肤过敏 无资料

生殖细胞突变性 细胞遗传学分析：酿酒酵母菌 10mmol/管

致癌性 无资料 **生殖毒性** 无资料

特异性靶器官系统毒性-一次接触 无资料

特异性靶器官系统毒性-反复接触 无资料

吸入危害 无资料

第十二部分 生态学信息

生态毒性 无资料

持久性和降解性

生物降解性 筛选试验，使用下水道污泥，4.5d、6d 后分别降解 75%、100%

非生物降解性 空气中，当羟基自由基浓度为 5.00×10^5 个/cm^3 时，降解半衰期为 2d（理论）

潜在的生物累积性 根据 K_{ow} 值预测，该物质的生物累积性可能较弱

土壤中的迁移性 根据 K_{oc} 值预测，该物质可能易发生迁移

第十三部分 废弃处置

废弃化学品 用焚烧法处置

污染包装物 将容器返还生产商或按照国家和地方法规处置

废弃注意事项 处置前应参阅国家和地方有关法规

第十四部分 运输信息

联合国危险货物编号（UN 号） 1105

联合国运输名称 戊醇 **联合国危险性类别** 3

包装类别 Ⅲ类包装 **包装标志**

海洋污染物 否

运输注意事项 运输时运输车辆应配备相应品种和数量的消防器材及泄漏应急处理设备。夏季最好早晚运输。运输时所用的槽（罐）车应有接地链，槽内可设孔隔板以减少震荡产生的静电。严禁与氧化剂、酸类、食

用化学品等混装混运。运输途中应防曝晒、雨淋，防高温。中途停留时应远离火种、热源、高温区。装运该物品的车辆排气管必须配备阻火装置，禁止使用易产生火花的机械设备和工具装卸。公路运输时要按规定路线行驶，勿在居民区和人口稠密区停留。铁路运输时要禁止溜放。严禁用木船、水泥船散装运输

第十五部分　法规信息

下列法律、法规、规章和标准，对该化学品的管理作了相应的规定。

中华人民共和国职业病防治法　职业病分类和目录：未列入

危险化学品安全管理条例　危险化学品目录：列入。易制爆危险化学品名录：未列入。重点监管的危险化学品名录：未列入。GB 18218—2009《危险化学品重大危险源辨识》(表 1)：未列入

使用有毒物品作业场所劳动保护条例　高毒物品目录：未列入

易制毒化学品管理条例　易制毒化学品的分类和品种目录：未列入

国际公约　斯德哥尔摩公约：未列入。鹿特丹公约：未列入。蒙特利尔议定书：未列入

第十六部分　其他信息

编写和修订信息　**缩略语和首字母缩写**
培训建议　**参考文献**
免责声明

异戊基氯

第一部分　化学品标识

化学品中文名　异戊基氯；1-氯-3-甲基丁烷

化学品英文名　isoamyl chloride；1-chloro-3-methylbutane

分子式　$C_5H_{11}Cl$　**相对分子质量**　106.6

结构式　(结构式：Cl)

化学品的推荐及限制用途　用于制造有机化合物，以及用作硝基纤维素和漆等的溶剂

第二部分　危险性概述

紧急情况概述　高度易燃液体和蒸气

GHS 危险性类别　易燃液体，类别 2

标签要素

象形图

警示词　危险

危险性说明　高度易燃液体和蒸气

防范说明

预防措施　远离热源、火花、明火、热表面。禁止吸烟。保持容器密闭。容器和接收设备接地连接。使用防爆电器、通风、照明设备。只能使用不产生火花的工具。采取防止静电措施。戴防护手套、防护眼镜、防护面罩

事故响应　火灾时，使用泡沫、干粉、二氧化碳、砂土灭火。如皮肤（或头发）接触：立即脱掉所有被污染的衣服，用水冲洗皮肤，淋浴

安全储存　存放在通风良好的地方。保持低温

废弃处置　本品及内装物、容器依据国家和地方法规处置

物理和化学危险　高度易燃，其蒸气与空气混合，能形成爆炸性混合物

健康危害　对眼、呼吸道和皮肤有刺激性

环境危害　对环境可能有害

第三部分　成分/组成信息

√物质		混合物
组分	**浓度**	**CAS No.**
异戊基氯		107-84-6

第四部分　急救措施

吸入　迅速脱离现场至空气新鲜处。保持呼吸道通畅。如呼吸困难，给输氧。如呼吸、心跳停止，立即进行心肺复苏术。就医

皮肤接触　立即脱去污染的衣着，用流动清水彻底冲洗。就医

眼睛接触　立即分开眼睑，用流动清水或生理盐水彻底冲洗。就医

食入　漱口，饮水。就医

对保护施救者的忠告　根据需要使用个人防护设备

对医生的特别提示　对症处理

第五部分　消防措施

灭火剂　用泡沫、干粉、二氧化碳、砂土灭火

特别危险性　与氧化剂接触发生猛烈反应。受热分解产生有毒的烟气。蒸气比空气重，沿地面扩散并易积存于低洼处，遇火源会着火回燃。燃烧生成有害的一氧化碳、氯化氢

灭火注意事项及防护措施　消防人员必须穿全身耐酸碱消防服、佩戴空气呼吸器灭火。喷水冷却容器，尽可能将容器从火场移至空旷处。容器突然发出异常声音或出现异常现象，应立即撤离

第六部分　泄漏应急处理

作业人员防护措施、防护装备和应急处置程序　消除所有点火源。根据液体流动和蒸气扩散的影响区域划定警戒区，无关人员从侧风、上风向撤离至安全区。建议应急处理人员戴正压自给式呼吸器，穿防静电服，戴橡胶耐油手套。作业时使用的所有设备应接地。禁止接触或跨越泄漏物。尽可能切断泄漏源

环境保护措施　防止泄漏物进入水体、下水道、地下室或有限空间

泄漏化学品的收容、清除方法及所使用的处置材料　小量泄漏：用砂土或其他不燃材料吸收，使用洁净的无火花工具收集吸收材料。大量泄漏：构筑围堤或挖坑收

容。用泡沫覆盖，减少蒸发。喷水雾能减少蒸发，但不能降低泄漏物在有限空间内的易燃性。用防爆泵转移至槽车或专用收集器内

第七部分 操作处置与储存

操作注意事项 密闭操作，加强通风。操作人员必须经过专门培训，严格遵守操作规程。建议操作人员佩戴过滤式防毒面具（半面罩），戴化学安全防护眼镜，穿防静电工作服，戴橡胶耐油手套。远离火种、热源。工作场所严禁吸烟。使用防爆型的通风系统和设备。防止蒸气泄漏到工作场所空气中。避免与氧化剂、碱类接触。灌装时应控制流速，且有接地装置，防止静电积聚。搬运时要轻装轻卸，防止包装及容器损坏。配备相应品种和数量的消防器材及泄漏应急处理设备。倒空的容器可能残留有害物

储存注意事项 储存于阴凉、通风的库房。远离火种、热源。库温不宜超过 37℃。保持容器密封。应与氧化剂、碱类分开存放，切忌混储。采用防爆型照明、通风设施。禁止使用易产生火花的机械设备和工具。储区应备有泄漏应急处理设备和合适的收容材料

第八部分 接触控制/个体防护

职业接触限值

中国 未制定标准

美国(ACGIH) 未制定标准

生物接触限值 未制定标准

监测方法 空气中有毒物质测定方法：未制定标准。生物监测检验方法：未制定标准

工程控制 生产过程密闭，加强通风。提供安全的淋浴和洗眼设备

个体防护装备

呼吸系统防护 空气中浓度超标时，应该佩戴过滤式防毒面具（半面罩）。紧急事态抢救或撤离时，佩戴空气呼吸器

眼睛防护 戴化学安全防护眼镜

皮肤和身体防护 穿防静电工作服

手防护 戴橡胶耐油手套

第九部分 理化特性

外观与性状 无色到黄色液体

pH 值 无资料 **熔点(℃)** －104

沸点(℃) 100 **相对密度(水＝1)** 0.893

相对蒸气密度(空气＝1) 3.67

饱和蒸气压(kPa) 无资料

燃烧热(kJ/mol) 无资料 **临界温度(℃)** 无资料

临界压力(MPa) 无资料 **辛醇/水分配系数** 2.98

闪点(℃) ＜21 **自燃温度(℃)** 无资料

爆炸下限(%) 1.5 **爆炸上限(%)** 7.4

分解温度(℃) 无资料 **黏度(mPa·s)** 无资料

溶解性 微溶于水，溶于乙醇、乙醚等多数有机溶剂

第十部分 稳定性和反应性

稳定性 稳定

危险反应 与强氧化剂等禁配物接触，有发生火灾和爆炸的危险

避免接触的条件 受热

禁配物 强氧化剂、强碱

危险的分解产物 氯化氢

第十一部分 毒理学信息

急性毒性 无资料 **皮肤刺激或腐蚀** 无资料

眼睛刺激或腐蚀 无资料 **呼吸或皮肤过敏** 无资料

生殖细胞突变性 无资料 **致癌性** 无资料

生殖毒性 无资料

特异性靶器官系统毒性-一次接触 无资料

特异性靶器官系统毒性-反复接触 无资料

吸入危害 无资料

第十二部分 生态学信息

生态毒性 无资料

持久性和降解性

生物降解性 无资料

非生物降解性 无资料

潜在的生物累积性 根据 K_{ow} 值预测，该物质的生物累积性可能较弱

土壤中的迁移性 根据 K_{oc} 值预测，该物质可能有一定的迁移性

第十三部分 废弃处置

废弃化学品 建议用焚烧法处置。与燃料混合后，再焚烧。焚烧炉排出的卤化氢通过酸洗涤器除去

污染包装物 将容器返还生产商或按照国家和地方法规处置

废弃注意事项 处置前应参阅国家和地方有关法规

第十四部分 运输信息

危险货物编号 1107 **联合国运输名称** 戊基氯

联合国危险性类别 3 **包装类别** Ⅱ类包装

包装标志 

海洋污染物 否

运输注意事项 运输时运输车辆应配备相应品种和数量的消防器材及泄漏应急处理设备。夏季最好早晚运输。运输时所用的槽（罐）车应有接地链，槽内可设孔隔板以减少震荡产生的静电。严禁与氧化剂、碱类等混装混运。运输途中应防曝晒、雨淋，防高温。中途停留时应远离火种、热源、高温区。装运该物品的车辆排气管必须配备阻火装置，禁止使用易产生火花的机械设备和工具装卸。公路运输时要按规定路线行驶，勿在居民区和人口稠密区停留。铁路运输时要禁止溜放。严禁用木船、水泥船散装运输

第十五部分 法规信息

下列法律、法规、规章和标准，对该化学品的管理作了相应的规定。

中华人民共和国职业病防治法 职业病分类和目录：未列入

危险化学品安全管理条例 危险化学品目录：列入。易制爆危险化学品名录：未列入。重点监管的危险化学品名录：未列入。GB 18218—2009《危险化学品重大危险源辨识》(表1)：未列入

使用有毒物品作业场所劳动保护条例 高毒物品目录：未列入

易制毒化学品管理条例 易制毒化学品的分类和品种目录：未列入

国际公约 斯德哥尔摩公约：未列入。鹿特丹公约：未列入。蒙特利尔议定书：未列入

第十六部分 其他信息

编写和修订信息 **缩略语和首字母缩写**

培训建议 **参考文献**

免责声明

异 戊 腈

第一部分 化学品标识

化学品中文名 异戊腈；异丁基氰；氰化异丁烷

化学品英文名 isopentanenitrile；isobutyl cyanide；isovaleronitrile

分子式 C_5H_9N **相对分子质量** 83.15

结构式 N

化学品的推荐及限制用途 用于有机合成

第二部分 危险性概述

紧急情况概述 易燃液体和蒸气

GHS 危险性类别 易燃液体，类别3

标签要素

象形图

警示词 警告

危险性说明 易燃液体和蒸气

防范说明

预防措施 远离热源、火花、明火、热表面。禁止吸烟。保持容器密闭。容器和接收设备接地连接。使用防爆电器、通风、照明设备。只能使用不产生火花的工具。采取防止静电措施。戴防护手套、防护眼镜、防护面罩

事故响应 火灾时，使用泡沫、干粉、二氧化碳、砂土灭火。如皮肤（或头发）接触：立即脱掉所有被污染的衣服，用水冲洗皮肤，淋浴

安全储存 存放在通风良好的地方。保持低温

废弃处置 本品及内装物、容器依据国家和地方法规处置

物理和化学危险 易燃，其蒸气与空气混合，能形成爆炸性混合物

健康危害 腈类物质可抑制细胞呼吸，造成组织缺氧。腈类中毒出现恶心、呕吐、腹痛、腹泻、胸闷、乏力等症状，重者出现呼吸抑制、血压下降、昏迷、抽搐等。兔皮下注射本品，最低致死量为43.4mg/kg，出现呼吸兴奋和痉挛性麻痹

环境危害 对环境可能有害

第三部分 成分/组成信息

√物质		混合物
组分	**浓度**	**CAS No.**
异戊腈		625-28-5

第四部分 急救措施

吸入 迅速脱离现场至空气新鲜处。保持呼吸道通畅。如呼吸困难，给输氧。如呼吸、心跳停止，立即进行心肺复苏术。就医

皮肤接触 立即脱去污染的衣着，用肥皂水和清水彻底冲洗。就医

眼睛接触 立即分开眼睑，用流动清水或生理盐水彻底冲洗。就医

食入 催吐（仅限于清醒着），给服活性炭悬液。就医

对保护施救者的忠告 根据需要使用个人防护设备

对医生的特别提示 尽早使用亚硝酸钠、硫代硫酸钠、4-二甲基氨基苯酚等解毒剂

第五部分 消防措施

灭火剂 用泡沫、干粉、二氧化碳、砂土灭火

特别危险性 遇明火易燃。受高热燃烧并分解产生有毒气体。燃烧生成有害的一氧化碳、氮氧化物

灭火注意事项及防护措施 消防人员必须佩戴空气呼吸器、穿全身防火防毒服，在上风向灭火。喷水冷却容器，尽可能将容器从火场移至空旷处。容器突然发出异常声音或出现异常现象，应立即撤离。禁止使用酸碱灭火剂

第六部分 泄漏应急处理

作业人员防护措施、防护装备和应急处置程序 根据液体流动和蒸气扩散的影响区域划定警戒区，无关人员从侧风、上风向撤离至安全区。消除所有点火源。建议应急处理人员戴正压自给式呼吸器，穿防毒、防静电服，戴橡胶耐油手套。作业时使用的所有设备应接地。禁止接触或跨越泄漏物。尽可能切断泄漏源

环境保护措施 防止泄漏物进入水体、下水道、地下室或有限空间

泄漏化学品的收容、清除方法及所使用的处置材料 小量泄漏：用砂土或其他不燃材料吸收，使用洁净的无火花工具收集吸收材料。大量泄漏：构筑围堤或挖坑收容。用泡沫覆盖，减少蒸发。喷水雾能减少蒸发，但不能降低泄漏物在有限空间内的易燃性。用防爆泵转移至槽车或专用收集器内

第七部分 操作处置与储存

操作注意事项 密闭操作，提供充分的局部排风。操作尽可能机械化、自动化。操作人员必须经过专门培训，

严格遵守操作规程。建议操作人员佩戴自吸过滤式防毒面具（全面罩），穿聚乙烯防毒服，戴橡胶耐油手套。远离火种、热源。工作场所严禁吸烟。使用防爆型的通风系统和设备。防止蒸气泄漏到工作场所空气中。避免与氧化剂、还原剂、酸类接触。充装要控制流速，防止静电积聚。搬运时要轻装轻卸，防止包装及容器损坏。配备相应品种和数量的消防器材及泄漏应急处理设备。倒空的容器可能残留有害物

储存注意事项　储存于阴凉、通风的库房。远离火种、热源。保持容器密封。应与氧化剂、还原剂、酸类、食用化学品分开存放，切忌混储。采用防爆型照明、通风设施。禁止使用易产生火花的机械设备和工具。储区应备有泄漏应急处理设备和合适的收容材料

第八部分　接触控制/个体防护

职业接触限值

中国　未制定标准

美国(ACGIH)　未制定标准

生物接触限值　未制定标准

监测方法　空气中有毒物质测定方法：未制定标准。生物监测检验方法：未制定标准

工程控制　严加密闭，提供充分的局部排风。提供安全的淋浴和洗眼设备

个体防护装备

呼吸系统防护　可能接触毒物时，必须佩戴过滤式防毒面具（全面罩）。紧急事态抢救或撤离时，建议佩戴空气呼吸器

眼睛防护　呼吸系统防护中已作防护

皮肤和身体防护　穿隔绝式防毒服

手防护　戴橡胶耐油手套

第九部分　理化特性

外观与性状　无色液体

pH值　无资料　　**熔点(℃)**　−100.8

沸点(℃)　130.5　　**相对密度(水=1)**　0.795

相对蒸气密度(空气=1)　无资料

饱和蒸气压(kPa)　无资料

燃烧热(kJ/mol)　无资料　　**临界温度(℃)**　无资料

临界压力(MPa)　无资料　　**辛醇/水分配系数**　1.07

闪点(℃)　28.33　　**自燃温度(℃)**　无资料

爆炸下限(%)　无资料　　**爆炸上限(%)**　无资料

分解温度(℃)　无资料　　**黏度(mPa·s)**　无资料

溶解性　微溶于水，易溶于丙酮，可混溶于乙醇、乙醚

第十部分　稳定性和反应性

稳定性　稳定

危险反应　与强氧化剂等禁配物接触，有发生火灾和爆炸的危险

避免接触的条件　受热

禁配物　强氧化剂、强还原剂、强酸

危险的分解产物　氰化物

第十一部分　毒理学信息

急性毒性　LD_{50}：233mg/kg（小鼠经口）

皮肤刺激或腐蚀　无资料　　**眼睛刺激或腐蚀**　无资料

呼吸或皮肤过敏　无资料　　**生殖细胞突变性**　无资料

致癌性　无资料　　**生殖毒性**　无资料

特异性靶器官系统毒性-一次接触　无资料

特异性靶器官系统毒性-反复接触　无资料

吸入危害　无资料

第十二部分　生态学信息

生态毒性　无资料

持久性和降解性

生物降解性　无资料

非生物降解性　无资料

潜在的生物累积性　根据 K_{ow} 值预测，该物质的生物累积性可能较弱

土壤中的迁移性　根据 K_{oc} 值预测，该物质可能易发生迁移

第十三部分　废弃处置

废弃化学品　建议用焚烧法处置。焚烧炉排出的氮氧化物通过洗涤器除去

污染包装物　将容器返还生产商或按照国家和地方法规处置

废弃注意事项　处置前应参阅国家和地方有关法规

第十四部分　运输信息

联合国危险货物编号（UN号）　1993

联合国运输名称　易燃液体，未另作规定的（异戊腈）

联合国危险性类别　3　　**包装类别**　Ⅲ类包装

包装标志　

　海洋污染物　否

运输注意事项　运输前应先检查包装容器是否完整、密封，运输过程中要确保容器不泄漏、不倒塌、不坠落、不损坏。严禁与酸类、氧化剂、食品及食品添加剂混运。运输时运输车辆应配备相应品种和数量的消防器材及泄漏应急处理设备。运输途中应防曝晒、雨淋，防高温。运输时所用的槽（罐）车应有接地链，槽内可设孔隔板以减少震荡产生的静电。中途停留时应远离火种、热源。公路运输时要按规定路线行驶

第十五部分　法规信息

下列法律、法规、规章和标准，对该化学品的管理作了相应的规定。

中华人民共和国职业病防治法　职业病分类和目录：氰及腈类化合物中毒

危险化学品安全管理条例　危险化学品目录：列入。易制爆危险化学品名录：未列入。重点监管的危险化学品名录：未列入。GB 18218—2009《危险化学品重大危险源辨识》（表1）：未列入

使用有毒物品作业场所劳动保护条例　高毒物品目录：未列入

易制毒化学品管理条例　易制毒化学品的分类和品种目

录：未列入

国际公约 斯德哥尔摩公约：未列入。鹿特丹公约：未列入。蒙特利尔议定书：未列入

第十六部分 其他信息

编写和修订信息 **缩略语和首字母缩写**

培训建议 **参考文献**

免责声明

异戊硫醇

第一部分 化学品标识

化学品中文名 异戊硫醇；3-甲基-1-丁硫醇

化学品英文名 3-methyl-1-butanethiol; isoamyl mercaptan

分子式 $C_5H_{12}S$ **相对分子质量** 104.22

结构式 

化学品的推荐及限制用途 用于合成含硫的有机化合物

第二部分 危险性概述

紧急情况概述 高度易燃液体和蒸气

GHS危险性类别 易燃液体，类别2；皮肤腐蚀/刺激，类别2；严重眼损伤/眼刺激，类别2；特异性靶器官毒性--一次接触，类别3（呼吸道刺激）

标签要素

象形图 

警示词 危险

危险性说明 高度易燃液体和蒸气，造成皮肤刺激，造成严重眼刺激，可能引起呼吸道刺激

防范说明

预防措施 远离热源、火花、明火、热表面。禁止吸烟。保持容器密闭。容器和接收设备接地连接。使用防爆电器、通风、照明设备。只能使用不产生火花的工具。采取防止静电措施。戴防护手套、防护眼镜、防护面罩。避免接触眼睛、皮肤，操作后彻底清洗

事故响应 火灾时，使用泡沫、二氧化碳、干粉、砂土灭火。如皮肤（或头发）接触：立即脱掉所有被污染的衣服，用大量肥皂水和水清洗。如发生皮肤刺激，就医。被污染的衣服经洗净后方可重新使用。如接触眼睛：用水细心冲洗数分钟。如戴隐形眼镜并可方便地取出，取出隐形眼镜继续冲洗。如果眼睛刺激持续：就医

安全储存 存放在通风良好的地方。保持低温

废弃处置 本品及内装物、容器依据国家和地方法规处置

物理和化学危险 高度易燃，其蒸气与空气混合，能形成爆炸性混合物

健康危害 对眼和皮肤有刺激作用，接触后可引起头痛、恶心和呕吐

环境危害 对环境可能有害

第三部分 成分/组成信息

√物质		混合物
组分	浓度	CAS No.
异戊硫醇		541-31-1

第四部分 急救措施

吸入 迅速脱离现场至空气新鲜处。保持呼吸道通畅。如呼吸困难，给输氧。如呼吸、心跳停止，立即进行心肺复苏术。就医

皮肤接触 立即脱去污染的衣着，用流动清水彻底冲洗。就医

眼睛接触 立即分开眼睑，用流动清水或生理盐水彻底冲洗。就医

食入 漱口，饮水。就医

对保护施救者的忠告 根据需要使用个人防护设备

对医生的特别提示 对症处理

第五部分 消防措施

灭火剂 用泡沫、二氧化碳、干粉、砂土灭火

特别危险性 受热或遇酸易产生有毒的硫氧化物气体。与强氧化剂发生反应，可引起燃烧。燃烧生成有害的一氧化碳、硫化氢、氧化硫

灭火注意事项及防护措施 消防人员必须佩戴空气呼吸器、穿全身防火防毒服，在上风向灭火。喷水冷却容器，尽可能的话将容器从火场移至空旷处。容器突然发出异常声音或出现异常现象，应立即撤离

第六部分 泄漏应急处理

作业人员防护措施、防护装备和应急处置程序 消除所有点火源。根据液体流动和蒸气扩散的影响区域划定警戒区，无关人员从侧风、上风向撤离至安全区。建议应急处理人员戴正压自给式呼吸器，穿防静电服，戴橡胶耐油手套。作业时使用的所有设备应接地。禁止接触或跨越泄漏物。尽可能切断泄漏源

环境保护措施 防止泄漏物进入水体、下水道、地下室或有限空间

泄漏化学品的收容、清除方法及所使用的处置材料 小量泄漏：用砂土或其他不燃材料吸收，使用洁净的无火花工具收集吸收材料。大量泄漏：构筑围堤或挖坑收容。用泡沫覆盖，减少蒸发。喷水雾能减少蒸发，但不能降低泄漏物在有限空间内的易燃性。用防爆泵转移至槽车或专用收集器内

第七部分 操作处置与储存

操作注意事项 密闭操作，局部排风。操作人员必须经过专门培训，严格遵守操作规程。建议操作人员佩戴自吸过滤式防毒面具（半面罩），戴化学安全防护眼镜，穿防毒物渗透工作服，戴橡胶耐油手套。远离火种、热源。工作场所严禁吸烟。使用防爆型的通风系统和设备。防止蒸气泄漏到工作场所空气中。避免与氧化

剂、碱类、碱金属接触。灌装时应控制流速，且有接地装置，防止静电积聚。搬运时要轻装轻卸，防止包装及容器损坏。配备相应品种和数量的消防器材及泄漏应急处理设备。倒空的容器可能残留有害物

储存注意事项　储存于阴凉、通风的库房。远离火种、热源。库温不宜超过 37℃。保持容器密封。应与氧化剂、碱类、碱金属分开存放，切忌混储。采用防爆型照明、通风设施。禁止使用易产生火花的机械设备和工具。储区应备有泄漏应急处理设备和合适的收容材料

第八部分　接触控制/个体防护

职业接触限值

中国　未制定标准

美国(ACGIH)　未制定标准

生物接触限值　未制定标准

监测方法　空气中有毒物质测定方法：未制定标准。生物监测检验方法：未制定标准

工程控制　密闭操作，局部排风。提供安全的淋浴和洗眼设备

个体防护装备

呼吸系统防护　高浓度环境中，应该佩戴过滤式防毒面具（半面罩）

眼睛防护　戴化学安全防护眼镜

皮肤和身体防护　穿防毒物渗透工作服

手防护　戴橡胶耐油手套

第九部分　理化特性

外观与性状　无色到淡黄色液体，有不愉快的气味

pH 值　无资料　　**熔点(℃)**　−169

沸点(℃)　117～120　　**相对密度(水＝1)**　0.84

相对蒸气密度(空气＝1)　1.1

饱和蒸气压(kPa)　无资料

燃烧热(kJ/mol)　无资料　　**临界温度(℃)**　无资料

临界压力(MPa)　无资料　　**辛醇/水分配系数**　2.67

闪点(℃)　18（OC）　　**自燃温度(℃)**　无资料

爆炸下限(%)　无资料　　**爆炸上限(%)**　无资料

分解温度(℃)　无资料　　**黏度(mPa·s)**　无资料

溶解性　不溶于水，溶于乙醇

第十部分　稳定性和反应性

稳定性　稳定

危险反应　与强氧化剂等禁配物接触，有发生火灾和爆炸的危险

避免接触的条件　受热

禁配物　碱、强氧化剂、碱金属

危险的分解产物　硫化氢

第十一部分　毒理学信息

急性毒性　无资料　　**皮肤刺激或腐蚀**　无资料

眼睛刺激或腐蚀　无资料　　**呼吸或皮肤过敏**　无资料

生殖细胞突变性　无资料　　**致癌性**　无资料

生殖毒性　无资料

特异性靶器官系统毒性-一次接触　无资料

特异性靶器官系统毒性-反复接触　无资料

吸入危害　无资料

第十二部分　生态学信息

生态毒性　无资料

持久性和降解性

生物降解性　无资料

非生物降解性　无资料

潜在的生物累积性　根据 K_{ow} 值预测，该物质的生物累积性可能较弱

土壤中的迁移性　根据 K_{oc} 值预测，该物质可能有一定的迁移性

第十三部分　废弃处置

废弃化学品　建议用焚烧法处置。焚烧炉排出的硫化物通过洗涤器除去

污染包装物　将容器返还生产商或按照国家和地方法规处置

废弃注意事项　处置前应参阅国家和地方有关法规

第十四部分　运输信息

联合国危险货物编号（UN 号）　1228

联合国运输名称　液态硫醇，易燃，毒性，未另作规定的（异戊硫醇）

联合国危险性类别　3　　**包装类别**　Ⅱ类包装

包装标志 

海洋污染物　否

运输注意事项　运输时运输车辆应配备相应品种和数量的消防器材及泄漏应急处理设备。夏季最好早晚运输。运输时所用的槽（罐）车应有接地链，槽内可设孔隔板以减少震荡产生的静电。严禁与氧化剂、碱类、碱金属、食用化学品等混装混运。运输途中应防曝晒、雨淋，防高温。中途停留时应远离火种、热源、高温区。装运该物品的车辆排气管必须配备阻火装置，禁止使用易产生火花的机械设备和工具装卸。公路运输时要按规定路线行驶，勿在居民区和人口稠密区停留。铁路运输时要禁止溜放。严禁用木船、水泥船散装运输

第十五部分　法规信息

下列法律、法规、规章和标准，对该化学品的管理作了相应的规定。

中华人民共和国职业病防治法　职业病分类和目录：未列入

危险化学品安全管理条例　危险化学品目录：列入。易制爆危险化学品名录：未列入。重点监管的危险化学品名录：未列入。GB 18218—2009《危险化学品重大危险源辨识》(表 1)：未列入

使用有毒物品作业场所劳动保护条例　高毒物品目录：未列入

易制毒化学品管理条例 易制毒化学品的分类和品种目录：未列入

国际公约 斯德哥尔摩公约：未列入。鹿特丹公约：未列入。蒙特利尔议定书：未列入

第十六部分 其他信息

编写和修订信息 **缩略语和首字母缩写**

培训建议 **参考文献**

免责声明

异戊酸乙酯

第一部分 化学品标识

化学品中文名 异戊酸乙酯

化学品英文名 ethyl isovalerate；ethyl 3-methylbutyrate

分子式 $C_7H_{14}O_2$ **相对分子质量** 130.21

结构式 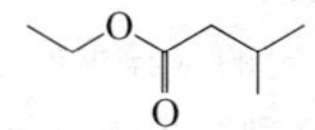

化学品的推荐及限制用途 用作香精

第二部分 危险性概述

紧急情况概述 易燃液体和蒸气

GHS 危险性类别 易燃液体，类别 3

标签要素

象形图 

警示词 警告

危险性说明 易燃液体和蒸气

防范说明

预防措施 远离热源、火花、明火、热表面。禁止吸烟。保持容器密闭。容器和接收设备接地连接。使用防爆电器、通风、照明设备。只能使用不产生火花的工具。采取防止静电措施。戴防护手套、防护眼镜、防护面罩

事故响应 火灾时，使用泡沫、干粉、二氧化碳、砂土灭火。如皮肤（或头发）接触：立即脱掉所有被污染的衣服，用水冲洗皮肤，淋浴

安全储存 存放在通风良好的地方。保持低温

废弃处置 本品及内装物、容器依据国家和地方法规处置

物理和化学危险 易燃，其蒸气与空气混合，能形成爆炸性混合物

健康危害 动物试验对皮肤有轻度刺激性

环境危害 对环境可能有害

第三部分 成分/组成信息

√物质 混合物

组分	浓度	CAS No.
异戊酸乙酯		108-64-5

第四部分 急救措施

吸入 迅速脱离现场至空气新鲜处。保持呼吸道通畅。如呼吸困难，给输氧。如呼吸、心跳停止，立即进行心肺复苏术。就医

皮肤接触 立即脱去污染的衣着，用流动清水彻底冲洗。就医

眼睛接触 立即分开眼睑，用流动清水或生理盐水彻底冲洗。就医

食入 漱口，饮水。就医

对保护施救者的忠告 根据需要使用个人防护设备

对医生的特别提示 对症处理

第五部分 消防措施

灭火剂 用泡沫、干粉、二氧化碳、砂土灭火

特别危险性 与氧化剂能发生强烈反应。在火场中，受热的容器有爆炸危险。燃烧生成有害的一氧化碳

灭火注意事项及防护措施 消防人员必须佩戴空气呼吸器、穿全身防火防毒服，在上风向灭火。喷水冷却容器，尽可能将容器从火场移至空旷处。容器突然发出异常声音或出现异常现象，应立即撤离

第六部分 泄漏应急处理

作业人员防护措施、防护装备和应急处置程序 消除所有点火源。根据液体流动和蒸气扩散的影响区域划定警戒区，无关人员从侧风、上风向撤离至安全区。建议应急处理人员戴正压自给式呼吸器，穿防静电服，戴橡胶耐油手套。作业时使用的所有设备应接地。禁止接触或跨越泄漏物。尽可能切断泄漏源

环境保护措施 防止泄漏物进入水体、下水道、地下室或有限空间

泄漏化学品的收容、清除方法及所使用的处置材料 小量泄漏：用砂土或其他不燃材料吸收，使用洁净的无火花工具收集吸收材料。大量泄漏：构筑围堤或挖坑收容。用泡沫覆盖，减少蒸发。喷水雾能减少蒸发，但不能降低泄漏物在有限空间内的易燃性。用防爆泵转移至槽车或专用收集器内

第七部分 操作处置与储存

操作注意事项 密闭操作，全面通风。操作人员必须经过专门培训，严格遵守操作规程。建议操作人员佩戴自吸过滤式防毒面具（半面罩），戴安全防护眼镜，穿防静电工作服，戴橡胶耐油手套。远离火种、热源。工作场所严禁吸烟。使用防爆型的通风系统和设备。防止蒸气泄漏到工作场所空气中。避免与氧化剂、酸类、碱类接触。充装要控制流速，防止静电积聚。搬运时要轻装轻卸，防止包装及容器损坏。配备相应品种和数量的消防器材及泄漏应急处理设备。倒空的容器可能残留有害物

储存注意事项 储存于阴凉、通风的库房。远离火种、热源。库温不宜超过 37℃。保持容器密封。应与氧化剂、酸类、碱类分开存放，切忌混储。采用防爆型照明、通风设施。禁止使用易产生火花的机械设备和工具。储区应备有泄漏应急处理设备和合适的收容材料

第八部分　接触控制/个体防护

职业接触限值

中国　未制定标准

美国(ACGIH)　未制定标准

生物接触限值　未制定标准

监测方法　空气中有毒物质测定方法：未制定标准。生物监测检验方法：未制定标准

工程控制　生产过程密闭，全面通风。提供安全的淋浴和洗眼设备

呼吸系统防护　空气中浓度较高时，应该佩戴过滤式防毒面具（半面罩）。紧急事态抢救或撤离时，佩戴空气呼吸器

眼睛防护　一般不需要特殊防护，高浓度接触时可戴安全防护眼镜

皮肤和身体防护　穿防静电工作服

手防护　戴橡胶耐油手套

第九部分　理化特性

外观与性状　无色油状液体，有水果香味

pH 值　无资料　**熔点(℃)**　−99.3

沸点(℃)　132～135　**相对密度(水=1)**　0.864

相对蒸气密度(空气=1)　无资料

饱和蒸气压(kPa)　0.56（20℃）

燃烧热(kJ/mol)　−4180　**临界温度(℃)**　314.8

临界压力(MPa)　2.84　**辛醇/水分配系数**　2.26

闪点(℃)　25　**自燃温度(℃)**　无资料

爆炸下限(%)　无资料　**爆炸上限(%)**　无资料

分解温度(℃)　无资料　**黏度(mPa·s)**　无资料

溶解性　微溶于水，可混溶于乙醇、乙醚、苯，溶于丙二醇

第十部分　稳定性和反应性

稳定性　稳定

危险反应　与强氧化剂等禁配物接触，有发生火灾和爆炸的危险

避免接触的条件　无资料

禁配物　强氧化剂、强酸、强碱

危险的分解产物　无资料

第十一部分　毒理学信息

急性毒性　LD_{50}：1200mg/kg（大鼠腹腔）；7031mg/kg（兔经口）

皮肤刺激或腐蚀　家兔经皮：500mg（24h），轻度刺激

眼睛刺激或腐蚀　无资料　**呼吸或皮肤过敏**　无资料

生殖细胞突变性　无资料　**致癌性**　无资料

生殖毒性　无资料

特异性靶器官系统毒性-一次接触　无资料

特异性靶器官系统毒性-反复接触　无资料

吸入危害　无资料

第十二部分　生态学信息

生态毒性　无资料

持久性和降解性

生物降解性　无资料

非生物降解性　无资料

潜在的生物累积性　根据 K_{ow} 值预测，该物质的生物累积性可能较弱

土壤中的迁移性　根据 K_{oc} 值预测，该物质可能有一定的迁移性

第十三部分　废弃处置

废弃化学品　建议用焚烧法处置

污染包装物　将容器返还生产商或按照国家和地方法规处置

废弃注意事项　处置前应参阅国家和地方有关法规

第十四部分　运输信息

联合国危险货物编号（UN 号）　3272

联合国运输名称　酯类，未另作规定的（异戊酸乙酯）

联合国危险性类别　3　**包装类别**　Ⅲ类包装

包装标志  **海洋污染物**　否

运输注意事项　运输时运输车辆应配备相应品种和数量的消防器材及泄漏应急处理设备。夏季最好早晚运输。运输时所用的槽（罐）车应有接地链，槽内可设孔隔板以减少震荡产生的静电。严禁与氧化剂、酸类、碱类、食用化学品等混装混运。运输途中应防曝晒、雨淋，防高温。中途停留时应远离火种、热源、高温区。装运该物品的车辆排气管必须配备阻火装置，禁止使用易产生火花的机械设备和工具装卸。公路运输时要按规定路线行驶，勿在居民区和人口稠密区停留。铁路运输时要禁止溜放。严禁用木船、水泥船散装运输

第十五部分　法规信息

下列法律、法规、规章和标准，对该化学品的管理作了相应的规定。

中华人民共和国职业病防治法　职业病分类和目录：未列入

危险化学品安全管理条例　危险化学品目录：列入。易制爆危险化学品名录：未列入。重点监管的危险化学品名录：未列入。GB 18218—2009《危险化学品重大危险源辨识》(表 1)：未列入

使用有毒物品作业场所劳动保护条例　高毒物品目录：未列入

易制毒化学品管理条例　易制毒化学品的分类和品种目录：未列入

国际公约　斯德哥尔摩公约：未列入。鹿特丹公约：未列入。蒙特利尔议定书：未列入

第十六部分　其他信息

编写和修订信息　**缩略语和首字母缩写**

培训建议　**参考文献**

免责声明

异 戊 烷

第一部分 化学品标识

化学品中文名 异戊烷；2-甲基丁烷

化学品英文名 isopentane；2-methylbutane

分子式 C_5H_{12} **相对分子质量** 72.2

结构式

化学品的推荐及限制用途 用于有机合成，也作溶剂、聚苯乙烯的发泡剂

第二部分 危险性概述

紧急情况概述 极易燃液体和蒸气，可能引起昏昏欲睡或眩晕，吞咽及进入呼吸道可能致命

GHS危险性类别 易燃液体，类别1；特异性靶器官毒性-一次接触，类别3（麻醉效应）；吸入危害，类别1；危害水生环境-急性危害，类别2；危害水生环境-长期危害，类别2

标签要素

象形图

警示词 危险

危险性说明 极易燃液体和蒸气，可能引起昏昏欲睡或眩晕，吞咽及进入呼吸道可能致命，对水生生物有毒并具有长期持续影响

防范说明

预防措施 远离热源、火花、明火、热表面。禁止吸烟。保持容器密闭。容器和接收设备接地连接。使用防爆电器、通风、照明设备。只能使用不产生火花的工具。采取防止静电措施。戴防护手套、防护眼镜、防护面罩。禁止排入环境

事故响应 火灾时，使用泡沫、二氧化碳、干粉、砂土灭火。如皮肤（或头发）接触：立即脱掉所有被污染的衣服，用水冲洗皮肤，淋浴。如果食入：不要催吐，立即呼叫中毒控制中心或就医。收集泄漏物

安全储存 存放在通风良好的地方。保持低温。上锁保管

废弃处置 本品及内装物、容器依据国家和地方法规处置

物理和化学危险 极易燃，其蒸气与空气混合，能形成爆炸性混合物

健康危害 主要有麻醉及轻度刺激作用。可引起眼和呼吸道的刺激症状，重者有麻醉症状，甚至意识丧失。液态本品吸入呼吸道可引起吸入性肺炎

慢性影响 眼和呼吸道的轻度刺激。皮肤长期接触可发生轻度皮炎

环境危害 对水生生物有毒并具有长期持续影响

第三部分 成分/组成信息

√物质 混合物

组分	浓度	CAS No.
异戊烷		78-78-4

第四部分 急救措施

吸入 迅速脱离现场至空气新鲜处。保持呼吸道通畅。如呼吸困难，给输氧。如呼吸、心跳停止，立即进行心肺复苏术。就医

皮肤接触 立即脱去污染的衣着，用流动清水彻底冲洗。就医

眼睛接触 立即分开眼睑，用流动清水或生理盐水彻底冲洗。就医

食入 漱口，饮水。禁止催吐。就医

对保护施救者的忠告 根据需要使用个人防护设备

对医生的特别提示 对症处理

第五部分 消防措施

灭火剂 用泡沫、二氧化碳、干粉、砂土灭火

特别危险性 与氧化剂接触发生强烈反应，甚至引起燃烧。蒸气比空气重，沿地面扩散并易积存于低洼处，遇火源会着火回燃。若遇高热，容器内压增大，有开裂和爆炸的危险。燃烧生成有害的一氧化碳

灭火注意事项及防护措施 消防人员必须佩戴空气呼吸器、穿全身防火防毒服，在上风向灭火。喷水冷却容器，尽可能将容器从火场移至空旷处。容器突然发出异常声音或出现异常现象，应立即撤离。用水灭火无效

第六部分 泄漏应急处理

作业人员防护措施、防护装备和应急处置程序 消除所有点火源。根据液体流动和蒸气扩散的影响区域划定警戒区，无关人员从侧风、上风向撤离至安全区。建议应急处理人员戴正压自给式呼吸器，穿防静电服，戴橡胶耐油手套。作业时使用的所有设备应接地。禁止接触或跨越泄漏物。尽可能切断泄漏源

环境保护措施 防止泄漏物进入水体、下水道、地下室或有限空间

泄漏化学品的收容、清除方法及所使用的处置材料 小量泄漏：用砂土或其他不燃材料吸收，使用洁净的无火花工具收集吸收材料。大量泄漏：构筑围堤或挖坑收容。用泡沫覆盖，减少蒸发。喷水雾能减少蒸发，但不能降低泄漏物在有限空间内的易燃性。用防爆泵转移至槽车或专用收集器内

第七部分 操作处置与储存

操作注意事项 密闭操作，全面通风。操作人员必须经过专门培训，严格遵守操作规程。建议操作人员佩戴自吸过滤式防毒面具（半面罩），戴化学安全防护眼镜，穿防静电工作服，戴橡胶耐油手套。远离火种、热源。工作场所严禁吸烟。使用防爆型的通风系统和设备。防止蒸气泄漏到工作场所空气中。避免与氧化剂

接触。灌装时应控制流速，且有接地装置，防止静电积聚。搬运时要轻装轻卸，防止包装及容器损坏。配备相应品种和数量的消防器材及泄漏应急处理设备。倒空的容器可能残留有害物

储存注意事项 储存于阴凉、通风的库房。远离火种、热源。库温不宜超过29℃。保持容器密封。应与氧化剂分开存放，切忌混储。采用防爆型照明、通风设施。禁止使用易产生火花的机械设备和工具。储区应备有泄漏应急处理设备和合适的收容材料

第八部分 接触控制/个体防护

职业接触限值

中国 PC-TWA：500mg/m^3；PC-STEL：1000mg/m^3

美国(ACGIH) TLV-TWA：600ppm

生物接触限值 未制定标准

监测方法 空气中有毒物质测定方法：未制定标准。生物监测检验方法：未制定标准

工程控制 生产过程密闭，全面通风。提供安全的淋浴和洗眼设备

个体防护装备

呼吸系统防护 空气中浓度较高时，应该佩戴过滤式防毒面具（半面罩）

眼睛防护 必要时，戴化学安全防护眼镜

皮肤和身体防护 穿防静电工作服

手防护 戴橡胶耐油手套

第九部分 理化特性

外观与性状 无色透明的易挥发液体，有令人愉快的芳香气味

pH值 无资料 **熔点(℃)** −159.9

沸点(℃) 27.8 **相对密度(水=1)** 0.62

相对蒸气密度(空气=1) 2.48

饱和蒸气压(kPa) 79.31（21.1℃）

燃烧热(kJ/mol) −3504.1 **临界温度(℃)** 187.8

临界压力(MPa) 3.33 **辛醇/水分配系数** 2.3

闪点(℃) <−51（CC） **自燃温度(℃)** 420

爆炸下限(%) 1.4 **爆炸上限(%)** 7.6

分解温度(℃) 无资料 **黏度(mPa·s)** 0.214(20℃)

溶解性 不溶于水，微溶于乙醇，溶于烃类、乙醚等多数有机溶剂

第十部分 稳定性和反应性

稳定性 稳定

危险反应 与强氧化剂等禁配物接触，有发生火灾和爆炸的危险

避免接触的条件 无资料

禁配物 强氧化剂、强酸、强碱、卤素

危险的分解产物 无资料

第十一部分 毒理学信息

急性毒性 LC_{50}：280000mg/m^3(大鼠吸入，4h)；150000mg/m^3（小鼠吸入，2h）

皮肤刺激或腐蚀 无资料 **眼睛刺激或腐蚀** 无资料

呼吸或皮肤过敏 无资料 **生殖细胞突变性** 无资料

致癌性 无资料 **生殖毒性** 无资料

特异性靶器官系统毒性-一次接触 无资料

特异性靶器官系统毒性-反复接触 无资料

吸入危害 无资料

第十二部分 生态学信息

生态毒性 根据结构类似物质预测，该物质对水生生物有毒。

持久性和降解性

生物降解性 无资料

非生物降解性 空气中，当羟基自由基浓度为5.00×10^{5}个/cm^{3}时，降解半衰期为4.2d（理论）

潜在的生物累积性 根据K_{ow}值预测，该物质的生物累积性可能较弱

土壤中的迁移性 根据K_{oc}值预测，该物质可能有一定的迁移性

第十三部分 废弃处置

废弃化学品 建议用焚烧法处置

污染包装物 将容器返还生产商或按照国家和地方法规处置

废弃注意事项 处置前应参阅国家和地方有关法规

第十四部分 运输信息

联合国危险货物编号（UN号） 1265

联合国运输名称 戊烷 **联合国危险性类别** 3

包装类别 Ⅰ类包装 **包装标志**

海洋污染物 否

运输注意事项 运输时运输车辆应配备相应品种和数量的消防器材及泄漏应急处理设备。夏季最好早晚运输。运输时所用的槽（罐）车应有接地链，槽内可设孔隔板以减少震荡产生的静电。严禁与氧化剂等混装混运。运输途中应防曝晒、雨淋，防高温。中途停留时应远离火种、热源、高温区。装运该物品的车辆排气管必须配备阻火装置，禁止使用易产生火花的机械设备和工具装卸。公路运输时要按规定路线行驶，勿在居民区和人口稠密区停留。铁路运输时要禁止溜放。严禁用木船、水泥船散装运输

第十五部分 法规信息

下列法律、法规、规章和标准，对该化学品的管理作了相应的规定。

中华人民共和国职业病防治法 职业病分类和目录：未列入

危险化学品安全管理条例 危险化学品目录：列入。易制爆危险化学品名录：未列入。重点监管的危险化学品名录：未列入。GB 18218—2009《危险化学品重大危险源辨识》(表1)：未列入

使用有毒物品作业场所劳动保护条例 高毒物品目录：未

列入

易制毒化学品管理条例 易制毒化学品的分类和品种目录：未列入

国际公约 斯德哥尔摩公约：未列入。鹿特丹公约：未列入。蒙特利尔议定书：未列入

第十六部分 其他信息

编写和修订信息 **缩略语和首字母缩写**

培训建议 **参考文献**

免责声明

异 辛 烯

第一部分 化学品标识

化学品中文名 异辛烯

化学品英文名 isooctene；6-methyl-1-heptene

分子式 C_8H_{16} **相对分子质量** 111.21

结构式

化学品的推荐及限制用途 用作溶剂

第二部分 危险性概述

紧急情况概述 高度易燃液体和蒸气

GHS 危险性类别 易燃液体，类别 2；危害水生环境-急性危害，类别 2；危害水生环境-长期危害，类别 2

标签要素

象形图

警示词 危险

危险性说明 高度易燃液体和蒸气，对水生生物有毒并具有长期持续影响

防范说明

预防措施 远离热源、火花、明火、热表面。禁止吸烟。保持容器密闭。容器和接收设备接地连接。使用防爆电器、通风、照明设备。只能使用不产生火花的工具。采取防止静电措施。戴防护手套、防护眼镜、防护面罩。禁止排入环境

事故响应 火灾时，使用泡沫、干粉、二氧化碳、砂土灭火。如皮肤（或头发）接触：立即脱掉所有被污染的衣服，用水冲洗皮肤，淋浴。收集泄漏物

安全储存 存放在通风良好的地方。保持低温

废弃处置 本品及内装物、容器依据国家和地方法规处置

物理和化学危险 高度易燃，其蒸气与空气混合，能形成爆炸性混合物

健康危害 本品有刺激性，高浓度时有麻醉作用

环境危害 对水生生物有毒并具有长期持续影响

第三部分 成分/组成信息

√物质		混合物
组分	**浓度**	**CAS No.**
异辛烯		11071-47-9

第四部分 急救措施

吸入 迅速脱离现场至空气新鲜处。保持呼吸道通畅。如呼吸困难，给输氧。如呼吸、心跳停止，立即进行心肺复苏术。就医

皮肤接触 立即脱去污染的衣着，用流动清水彻底冲洗。就医

眼睛接触 立即分开眼睑，用流动清水或生理盐水彻底冲洗。就医

食入 漱口，饮水。就医

对保护施救者的忠告 根据需要使用个人防护设备

对医生的特别提示 对症处理

第五部分 消防措施

灭火剂 用泡沫、干粉、二氧化碳、砂土灭火

特别危险性 与氧化剂接触发生猛烈反应。若遇高热，可发生聚合反应，放出大量热量而引起容器破裂和爆炸事故。蒸气比空气重，沿地面扩散并易积存于低洼处，遇火源会着火回燃。燃烧生成有害的一氧化碳

灭火注意事项及防护措施 消防人员必须佩戴空气呼吸器、穿全身防火防毒服，在上风向灭火。喷水冷却容器，尽可能将容器从火场移至空旷处。容器突然发出异常声音或出现异常现象，应立即撤离。用水灭火无效

第六部分 泄漏应急处理

作业人员防护措施、防护装备和应急处置程序 消除所有点火源。根据液体流动和蒸气扩散的影响区域划定警戒区，无关人员从侧风、上风向撤离至安全区。建议应急处理人员戴正压自给式呼吸器，穿防静电服，戴橡胶耐油手套。作业时使用的所有设备应接地。禁止接触或跨越泄漏物。尽可能切断泄漏源

环境保护措施 防止泄漏物进入水体、下水道、地下室或有限空间

泄漏化学品的收容、清除方法及所使用的处置材料 小量泄漏：用砂土或其他不燃材料吸收，使用洁净的无火花工具收集吸收材料。大量泄漏：构筑围堤或挖坑收容。用泡沫覆盖，减少蒸发。喷水雾能减少蒸发，但不能降低泄漏物在有限空间内的易燃性。用防爆泵转移至槽车或专用收集器内

第七部分 操作处置与储存

操作注意事项 密闭操作，全面通风。操作人员必须经过专门培训，严格遵守操作规程。建议操作人员佩戴自吸过滤式防毒面具（半面罩），戴化学安全防护眼镜，穿防静电工作服，戴橡胶耐油手套。远离火种、热源。工作场所严禁吸烟。使用防爆型的通风系统和设备。防止蒸气泄漏到工作场所空气中。避免与氧化剂、酸类、过氧化物接触。灌装时应控制流速，且有接地装置，防止静电积聚。搬运时要轻装轻卸，防止包装及容器损坏。配备相应品种和数量的消防器材及泄漏应急处理设备。倒空的容器可能残留有害物

储存注意事项 通常商品加有阻聚剂。储存于阴凉、通风

的库房。远离火种、热源。库温不宜超过37℃。包装要求密封，不可与空气接触。应与氧化剂、酸类、过氧化物分开存放，切忌混储。不宜大量储存或久存。采用防爆型照明、通风设施。禁止使用易产生火花的机械设备和工具。储区应备有泄漏应急处理设备和合适的收容材料

第八部分 接触控制/个体防护

职业接触限值

中国 未制定标准

美国(ACGIH) 未制定标准

生物接触限值 未制定标准

监测方法 空气中有毒物质测定方法：未制定标准。生物监测检验方法：未制定标准

工程控制 生产过程密闭，全面通风

个体防护装备

呼吸系统防护 空气中浓度较高时，应该佩戴过滤式防毒面具（半面罩）

眼睛防护 必要时，戴化学安全防护眼镜

皮肤和身体防护 穿防静电工作服

手防护 戴橡胶耐油手套

第九部分 理化特性

外观与性状 无色透明挥发性液体

pH值 无资料 **熔点(℃)** －105

沸点(℃) 112～113

相对密度(水＝1) 0.72 (15.5℃)

相对蒸气密度(空气＝1) 无资料

饱和蒸气压(kPa) 3.35 (25℃)

燃烧热(kJ/mol) 无资料 **临界温度(℃)** 无资料

临界压力(MPa) 2.6 **辛醇/水分配系数** 4.06

闪点(℃) 3 **自燃温度(℃)** 274

爆炸下限(%) 0.9 **爆炸上限(%)** 5.5

分解温度(℃) 无资料 **黏度(mPa·s)** 无资料

溶解性 无资料

第十部分 稳定性和反应性

稳定性 稳定

危险反应 与强氧化剂等禁配物接触，有发生火灾和爆炸的危险。高热下可能发生聚合

避免接触的条件 受热

禁配物 强氧化剂、酸类、卤代烃、卤素等

危险的分解产物 无资料

第十一部分 毒理学信息

急性毒性 无资料 **皮肤刺激或腐蚀** 无资料

眼睛刺激或腐蚀 无资料 **呼吸或皮肤过敏** 无资料

生殖细胞突变性 无资料 **致癌性** 无资料

生殖毒性 无资料

特异性靶器官系统毒性-一次接触 无资料

特异性靶器官系统毒性-反复接触 无资料

吸入危害 无资料

第十二部分 生态学信息

生态毒性 无资料

持久性和降解性

生物降解性 无资料

非生物降解性 无资料

潜在的生物累积性 根据K_{ow}值预测，该物质可能有较高的生物累积性

土壤中的迁移性 根据K_{oc}值预测，该物质的迁移性可能较弱

第十三部分 废弃处置

废弃化学品 建议用焚烧法处置

污染包装物 将容器返还生产商或按照国家和地方法规处置

废弃注意事项 处置前应参阅国家和地方有关法规

第十四部分 运输信息

联合国危险货物编号(UN号) 1216

联合国运输名称 异辛烯

联合国危险性类别 3 **包装类别** Ⅱ类包装

包装标志 

海洋污染物 否

运输注意事项 运输时运输车辆应配备相应品种和数量的消防器材及泄漏应急处理设备。夏季最好早晚运输。运输时所用的槽（罐）车应有接地链，槽内可设孔隔板以减少震荡产生的静电。严禁与氧化剂、酸类、过氧化物、食用化学品等混装混运。运输途中应防曝晒、雨淋，防高温。中途停留时应远离火种、热源、高温区。装运该物品的车辆排气管必须配备阻火装置，禁止使用易产生火花的机械设备和工具装卸。公路运输时要按规定路线行驶，勿在居民区和人口稠密区停留。铁路运输时要禁止溜放。严禁用木船、水泥船散装运输

第十五部分 法规信息

下列法律、法规、规章和标准，对该化学品的管理作了相应的规定。

中华人民共和国职业病防治法 职业病分类和目录：未列入

危险化学品安全管理条例 危险化学品目录：列入。易制爆危险化学品名录：未列入。重点监管的危险化学品名录：未列入。GB 18218—2009《危险化学品重大危险源辨识》(表1)：未列入

使用有毒物品作业场所劳动保护条例 高毒物品目录：未列入

易制毒化学品管理条例 易制毒化学品的分类和品种目录：未列入

国际公约 斯德哥尔摩公约：未列入。鹿特丹公约：未列入。蒙特利尔议定书：未列入

第十六部分 其他信息

编写和修订信息 **缩略语和首字母缩写**

培训建议 **参考文献**

免责声明

原甲酸三乙酯

第一部分 化学品标识

化学品中文名 原甲酸三乙酯；三乙氧基甲烷；原甲酸乙酯

化学品英文名 ethylorthoformate；triethoxymethane

分子式 $C_7H_{16}O_3$ **相对分子质量** 148.23

结构式

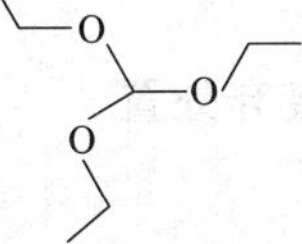

化学品的推荐及限制用途 用于有机合成和用作医药中间体及感光材料

第二部分 危险性概述

紧急情况概述 易燃液体和蒸气，吸入有害

GHS危险性类别 易燃液体，类别3；急性毒性-吸入，类别4

标签要素

象形图

警示词 警告

危险性说明 易燃液体和蒸气，吸入有害

防范说明

预防措施 远离热源、火花、明火、热表面。禁止吸烟。保持容器密闭。容器和接收设备接地连接。使用防爆电器、通风、照明设备。只能使用不产生火花的工具。采取防止静电措施。戴防护手套、防护眼镜、防护面罩。避免吸入蒸气、雾。仅在室外或通风良好处操作

事故响应 火灾时，使用泡沫、干粉、二氧化碳、砂土灭火。如吸入：将患者转移到空气新鲜处，休息，保持利于呼吸的体位。如感觉不适，呼叫中毒控制中心或就医。如皮肤（或头发）接触：立即脱掉所有被污染的衣服，用水冲洗皮肤，淋浴

安全储存 存放在通风良好的地方。保持低温

废弃处置 本品及内装物、容器依据国家和地方法规处置

物理和化学危险 易燃，其蒸气与空气混合，能形成爆炸性混合物

健康危害 口服可引起呼吸困难及软弱。液态本品吸入呼吸道可引起吸入性肺炎

环境危害 对环境可能有害

第三部分 成分/组成信息

√物质		混合物
组分	**浓度**	**CAS No.**
原甲酸三乙酯		122-51-0

第四部分 急救措施

吸入 迅速脱离现场至空气新鲜处。保持呼吸道通畅。如呼吸困难，给输氧。如呼吸、心跳停止，立即进行心肺复苏术。就医

皮肤接触 立即脱去污染的衣着，用流动清水彻底冲洗。就医

眼睛接触 立即分开眼睑，用流动清水或生理盐水彻底冲洗。就医

食入 漱口，饮水。禁止催吐。就医

对保护施救者的忠告 根据需要使用个人防护设备

对医生的特别提示 对症处理

第五部分 消防措施

灭火剂 用泡沫、干粉、二氧化碳、砂土灭火

特别危险性 遇明火、高热或与氧化剂接触，有引起燃烧爆炸的危险。蒸气比空气重，沿地面扩散并易积存于低洼处，遇火源会着火回燃。燃烧生成有害的一氧化碳

灭火注意事项及防护措施 消防人员必须佩戴空气呼吸器、穿全身防火防毒服，在上风向灭火。喷水冷却容器，尽可能将容器从火场移至空旷处。容器突然发出异常声音或出现异常现象，应立即撤离

第六部分 泄漏应急处理

作业人员防护措施、防护装备和应急处置程序 消除所有点火源。根据液体流动和蒸气扩散的影响区域划定警戒区，无关人员从侧风、上风向撤离至安全区。建议应急处理人员戴正压自给式呼吸器，穿防静电服，戴橡胶耐油手套。作业时使用的所有设备应接地。禁止接触或跨越泄漏物。尽可能切断泄漏源

环境保护措施 防止泄漏物进入水体、下水道、地下室或有限空间

泄漏化学品的收容、清除方法及所使用的处置材料 小量泄漏：用砂土或其他不燃材料吸收，使用洁净的无火花工具收集吸收材料。大量泄漏：构筑围堤或挖坑收容。用泡沫覆盖，减少蒸发。喷水雾能减少蒸发，但不能降低泄漏物在有限空间内的易燃性。用防爆泵转移至槽车或专用收集器内

第七部分 操作处置与储存

操作注意事项 密闭操作，加强通风。操作人员必须经过专门培训，严格遵守操作规程。建议操作人员穿防静电工作服，戴橡胶耐油手套。远离火种、热源。工作场所严禁吸烟。使用防爆型的通风系统和设备。防止蒸气泄漏到工作场所空气中。避免与氧化剂、酸类接触。充装要控制流速，防止静电积聚。搬运时要轻装轻卸，防止包装及容器损坏。配备相应品种和数量的

消防器材及泄漏应急处理设备。倒空的容器可能残留有害物

储存注意事项 储存于阴凉、通风的库房。远离火种、热源。库温不宜超过 37℃。保持容器密封。应与氧化剂、酸类等分开存放，切忌混储。采用防爆型照明、通风设施。禁止使用易产生火花的机械设备和工具。储区应备有泄漏应急处理设备和合适的收容材料

第八部分 接触控制/个体防护

职业接触限值

中国 未制定标准

美国(ACGIH) 未制定标准

生物接触限值 未制定标准

监测方法 空气中有毒物质测定方法：未制定标准。生物监测检验方法：未制定标准

工程控制 生产过程密闭，加强通风。提供安全的淋浴和洗眼设备

个体防护装备

呼吸系统防护 一般不需要特殊防护，但建议特殊情况下，佩戴过滤式防毒面具（半面罩）

眼睛防护 一般不需要特殊防护，高浓度接触时可戴化学安全防护眼镜

皮肤和身体防护 穿防静电工作服

手防护 戴橡胶耐油手套

第九部分 理化特性

外观与性状 无色透明液体，有辛辣的气味

pH 值 无资料 **熔点(℃)** −61

沸点(℃) 145.9 **相对密度(水=1)** 0.89

相对蒸气密度(空气=1) 5.11

饱和蒸气压(kPa) 1.33（40.5℃）

燃烧热(kJ/mol) 无资料 **临界温度(℃)** 无资料

临界压力(MPa) 无资料 **辛醇/水分配系数** 1.2

闪点(℃) 30（CC）；35（OC）

自燃温度(℃) 180

爆炸下限(%) 0.7 **爆炸上限(%)** 25.1

分解温度(℃) 无资料 **黏度(mPa·s)** 无资料

溶解性 微溶于水，溶于乙醇、乙醚等多数有机溶剂

第十部分 稳定性和反应性

稳定性 稳定

危险反应 与强氧化剂等禁配物接触，有发生火灾和爆炸的危险

避免接触的条件 潮湿空气

禁配物 强氧化剂、水、强酸

危险的分解产物 无资料

第十一部分 毒理学信息

急性毒性 LD_{50}：7060mg/kg(大鼠经口)；20ml(17800mg)/kg（兔经皮）

皮肤刺激或腐蚀 家兔经皮：500mg（24h），轻度刺激

眼睛刺激或腐蚀 家兔经眼：100mg（24h），中度刺激

呼吸或皮肤过敏 无资料 **生殖细胞突变性** 无资料

致癌性 无资料 **生殖毒性** 无资料

特异性靶器官系统毒性-一次接触 无资料

特异性靶器官系统毒性-反复接触 无资料

吸入危害 无资料

第十二部分 生态学信息

生态毒性 无资料

持久性和降解性

生物降解性 无资料

非生物降解性 无资料

潜在的生物累积性 根据 K_{ow} 值预测，该物质的生物累积性可能较弱

土壤中的迁移性 根据 K_{oc} 值预测，该物质可能易发生迁移

第十三部分 废弃处置

废弃化学品 建议用焚烧法处置

污染包装物 将容器返还生产商或按照国家和地方法规处置

废弃注意事项 处置前应参阅国家和地方有关法规

第十四部分 运输信息

联合国危险货物编号（UN 号） 2524

联合国运输名称 原甲酸乙酯

联合国危险性类别 3 **包装类别** Ⅲ类包装

包装标志 

海洋污染物 否

运输注意事项 运输时运输车辆应配备相应品种和数量的消防器材及泄漏应急处理设备。夏季最好早晚运输。运输时所用的槽（罐）车应有接地链，槽内可设孔隔板以减少震荡产生的静电。严禁与氧化剂、酸类、食用化学品等混装混运。运输途中应防曝晒、雨淋，防高温。中途停留时应远离火种、热源、高温区。装运该物品的车辆排气管必须配备阻火装置，禁止使用易产生火花的机械设备和工具装卸。公路运输时要按规定路线行驶，勿在居民区和人口稠密区停留。铁路运输时要禁止溜放。严禁用木船、水泥船散装运输

第十五部分 法规信息

下列法律、法规、规章和标准，对该化学品的管理作了相应的规定。

中华人民共和国职业病防治法 职业病分类和目录：未列入

危险化学品安全管理条例 危险化学品目录：列入。易制爆危险化学品名录：未列入。重点监管的危险化学品名录：未列入。GB 18218—2009《危险化学品重大危险源辨识》（表 1）：未列入

使用有毒物品作业场所劳动保护条例 高毒物品目录：未列入

易制毒化学品管理条例 易制毒化学品的分类和品种目录：未列入

国际公约 斯德哥尔摩公约：未列入。鹿特丹公约：未列入。蒙特利尔议定书：未列入

第十六部分 其他信息

编写和修订信息 **缩略语和首字母缩写**
培训建议 **参考文献**
免责声明

樟 脑

第一部分 化学品标识

化学品中文名 樟脑；2-莰酮
化学品英文名 2-camphanone；camphor
分子式 $C_{10}H_{16}O$ **相对分子质量** 152.26

结构式

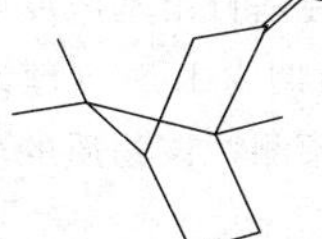

化学品的推荐及限制用途 用于制造赛璐珞、化学漆、照相软片、炸药、香料、杀虫药、药品等

第二部分 危险性概述

紧急情况概述 易燃固体，吞咽有害，造成皮肤刺激，造成严重眼刺激，可能引起呼吸道刺激
GHS 危险性类别 易燃固体-类别 2；急性毒性 经口-类别 4；皮肤腐蚀/刺激-类别 2；严重眼损伤/眼刺激-类别 2；特异性靶器官毒性-一次接触-类别 3（呼吸道刺激）
标签要素

象形图

警示词 危险
危险性说明 易燃固体，吞咽有害，造成皮肤刺激，造成严重眼刺激，可能引起呼吸道刺激
防范说明
预防措施 远离热源、火花、明火、热表面。禁止吸烟。容器和接收设备接地连接。使用防爆电器、通风、照明设备。戴防护手套、防护眼镜、防护面罩。避免接触眼睛、皮肤，操作后彻底清洗。作业场所不得进食、饮水或吸烟
事故响应 火灾时，使用雾状水、二氧化碳、干粉、砂土灭火。皮肤接触：用大量肥皂水和水清洗。如发生皮肤刺激，就医。脱去被污染的衣服，污染的衣服洗净后方可重新使用。如接触眼睛：用水细心冲洗数分钟。如戴隐形眼镜并可方便地取出，取出隐形眼镜继续冲洗。如果眼睛刺激持续：就医。食入：漱口，如果感觉不适，立即呼叫中毒控制中心或就医
安全储存 -
废弃处置 本品及内装物、容器依据国家和地方法规处置

物理和化学危险 易燃，其粉体与空气混合，能形成爆炸性混合物
健康危害 樟脑是中枢神经系统刺激剂，摄入后很快由胃肠道吸收，引起癫痫发作。口服引起恶心、呕吐、运动失调、精神错乱、谵妄、惊厥、肌肉抽搐和昏迷。可因呼吸停止或癫痫持续状态引起死亡。皮肤长时间接触引起局部灼伤
环境危害 对环境可能有害

第三部分 成分/组成信息

√物质		混合物
组分	**浓度**	**CAS No.**
樟脑		76-22-2

第四部分 急救措施

吸入 迅速脱离现场至空气新鲜处。保持呼吸道通畅。如呼吸困难，给输氧。如呼吸、心跳停止，立即进行心肺复苏术。就医
皮肤接触 立即脱去污染的衣着，用流动清水彻底冲洗。就医
眼睛接触 立即分开眼睑，用流动清水或生理盐水彻底冲洗。就医
食入 漱口，饮水。禁止催吐。就医。对保护施救者的忠告：根据需要使用个人防护设备
对医生的特别提示 对症处理

第五部分 消防措施

灭火剂 用雾状水、二氧化碳、干粉、砂土灭火
特别危险性 燃烧时产生大量烟雾。常温下有蒸气挥发，高温下能迅速挥发。燃烧生成有害的一氧化碳
灭火注意事项及防护措施 消防人员须佩戴防毒面具、穿全身消防服，在上风向灭火。尽可能将容器从火场移至空旷处。喷水保持火场容器冷却，直至灭火结束

第六部分 泄漏应急处理

作业人员防护措施、防护装备和应急处置程序 消除所有点火源。隔离泄漏污染区，限制出入。建议应急处理人员戴防尘口罩，穿防毒、防静电服，戴防化学品手套。禁止接触或跨越泄漏物
环境保护措施 防止泄漏物进入水体、下水道、地下室或有限空间
泄漏化学品的收容、清除方法及所使用的处置材料 小量泄漏：用洁净的铲子收集泄漏物，置于干净、干燥、盖子较松的容器中，将容器移离泄漏区。大量泄漏：用水润湿，并筑堤收容

第七部分 操作处置与储存

操作注意事项 密闭操作，局部排风。操作人员必须经过专门培训，严格遵守操作规程。建议操作人员佩戴自吸过滤式防毒面具（半面罩），穿防毒物渗透工作服，戴防化学品手套。远离火种、热源。工作场所严禁吸烟。使用防爆型的通风系统和设备。避免产生粉尘。避免与氧化剂、还原剂、卤化物接触。搬运时要轻装

轻卸，防止包装及容器损坏。配备相应品种和数量的消防器材及泄漏应急处理设备。倒空的容器可能残留有害物

储存注意事项 储存于阴凉、通风的库房。远离火种、热源。库温不宜超过35℃。包装密封。应与氧化剂、还原剂、卤化物等分开存放，切忌混储。配备相应品种和数量的消防器材。储区应备有合适的材料收容泄漏物

第八部分 接触控制/个体防护

职业接触限值

中国 未制定标准

美国(ACGIH) TLV-TWA：2ppm；TLV-STEL：4ppm

生物接触限值 未制定标准

监测方法 空气中有毒物质测定方法：未制定标准。生物监测检验方法：未制定标准

工程控制 密闭操作，局部排风

个体防护装备

呼吸系统防护 空气中浓度超标时，佩戴过滤式防毒面具（半面罩）或过滤式防尘呼吸器

眼睛防护 必要时，戴化学安全防护眼镜

皮肤和身体防护 穿防毒物渗透工作服

手防护 戴防化学品手套

第九部分 理化特性

外观与性状 无色至白色半透明块状或粉末，有樟木气味

pH值 无意义 **熔点(℃)** 174～180

沸点(℃) 204（升华）

相对密度(水=1) 0.99（25℃）

相对蒸气密度(空气=1) 5.24

饱和蒸气压(kPa) 0.024（20℃）

燃烧热(kJ/mol) －5898.0 **临界温度(℃)** 无资料

临界压力(MPa) 2.99 **辛醇/水分配系数** 2.38

闪点(℃) 65.6（CC） **自燃温度(℃)** 466

爆炸下限(%) 0.6 **爆炸上限(%)** 3.5

分解温度(℃) 无资料 **黏度(mPa·s)** 无资料

溶解性 微溶于水，溶于乙醇、乙醚、氯仿、二硫化碳、油类、石脑油等多数有机溶剂

第十部分 稳定性和反应性

稳定性 稳定

危险反应 与强氧化剂等禁配物接触，有发生火灾和爆炸的危险

避免接触的条件 受热

禁配物 强氧化剂、强还原剂、卤化物、氯苯

危险的分解产物 无资料

第十一部分 毒理学信息

急性毒性

LD_{50} 70mg/kg（大鼠经皮）；1310mg/kg（小鼠经口）

LC_{50} 500mg/m³（大鼠吸入）

皮肤刺激或腐蚀 无资料 **眼睛刺激或腐蚀** 无资料

呼吸或皮肤过敏 无资料

生殖细胞突变性 姐妹染色单体交换：小鼠腹腔内给予80mg/kg

致癌性 无资料 **生殖毒性** 无资料

特异性靶器官系统毒性-一次接触 无资料

特异性靶器官系统毒性-反复接触 无资料

吸入危害 无资料

第十二部分 生态学信息

生态毒性 LC_{50}：110mg/L（96h）（黑头呆鱼，静态）；35～50mg/L（48～96h）（斑马鱼）

持久性和降解性

生物降解性 MITI-Ⅰ测试，初始浓度100ppm，污泥浓度30ppm，4周后降解94%

非生物降解性 空气中，当羟基自由基浓度为5.00×10⁵个/cm³时，降解半衰期为1.6d（理论）

潜在的生物累积性 根据K_{ow}值预测，该物质的生物累积性可能较弱

土壤中的迁移性 根据K_{oc}值预测，该物质可能有一定的迁移性

第十三部分 废弃处置

废弃化学品 用焚烧法处置。溶于易燃溶剂后，再焚烧

污染包装物 将容器返还生产商或按照国家和地方法规处置

废弃注意事项 把倒空的容器归还厂商或在规定场所掩埋

第十四部分 运输信息

联合国危险货物编号(UN号) 2717

联合国运输名称 樟脑 **联合国危险性类别** 4.1

包装类别 Ⅲ类包装 **包装标志** 

海洋污染物 否

运输注意事项 运输时运输车辆应配备相应品种和数量的消防器材及泄漏应急处理设备。装运本品的车辆排气管须有阻火装置。运输过程中要确保容器不泄漏、不倒塌、不坠落、不损坏。严禁与氧化剂、还原剂、卤化物等混装混运。运输途中应防曝晒、雨淋，防高温。中途停留时应远离火种、热源。车辆运输完毕应进行彻底清扫。铁路运输时要禁止溜放

第十五部分 法规信息

下列法律、法规、规章和标准，对该化学品的管理作了相应的规定。

中华人民共和国职业病防治法 职业病分类和目录：未列入

危险化学品安全管理条例 危险化学品目录：未列入。易制爆危险化学品名录：未列入。重点监管的危险化学品名录：未列入。GB 18218—2009《危险化学品重大危险源辨识》（表1）：未列入

使用有毒物品作业场所劳动保护条例 高毒物品目录：未

列入

易制毒化学品管理条例　易制毒化学品的分类和品种目录：未列入

国际公约　斯德哥尔摩公约：未列入。鹿特丹公约：未列入。蒙特利尔议定书：未列入

第十六部分　其他信息

编写和修订信息　　**缩略语和首字母缩写**

培训建议　　**参考文献**

免责声明

正丙硫醇

第一部分　化学品标识

化学品中文名　正丙硫醇；硫氢丙烷；1-巯基丙烷；硫代正丙醇

化学品英文名　*n*-propyl mercaptan；1-propanethiol

分子式　C_3H_8S　**相对分子质量**　76.17

结构式　╱╲╱SH

化学品的推荐及限制用途　用作化学中间体、除草剂

第二部分　危险性概述

紧急情况概述　高度易燃液体和蒸气，吞咽有害，吸入有害

GHS 危险性类别　易燃液体，类别 2；急性毒性-经口，类别 4；急性毒性-吸入，类别 4；严重眼损伤/眼刺激，类别 2；特异性靶器官毒性-一次接触，类别 3（呼吸道刺激）；危害水生环境-急性危害，类别 1；危害水生环境-长期危害，类别 1

标签要素

象形图

警示词　危险

危险性说明　高度易燃液体和蒸气，吞咽有害，吸入有害，造成严重眼刺激，可能引起呼吸道刺激，对水生生物毒性非常大并具有长期持续影响

防范说明

预防措施　远离热源、火花、明火、热表面。禁止吸烟。保持容器密闭。容器和接收设备接地连接。使用防爆电器、通风、照明设备。只能使用不产生火花的工具。采取防止静电措施。戴防护手套、防护眼镜、防护面罩。避免接触眼睛、皮肤，操作后彻底清洗。作业场所不得进食、饮水或吸烟。避免吸入蒸气、雾。仅在室外或通风良好处操作。禁止排入环境

事故响应　火灾时，使用泡沫、二氧化碳、干粉、砂土灭火。如吸入：将患者转移到空气新鲜处，休息，保持利于呼吸的体位，如感觉不适，呼叫中毒控制中心或就医。如皮肤（或头发）接触：立即脱掉所有被污染的衣服，用水冲洗皮肤，淋浴。如接触眼睛：用水细心冲洗数分钟。如戴隐形眼镜并可方便地取出，取出隐形眼镜继续冲洗。如果眼睛刺激持续：就医。食入：漱口，如果感觉不适，立即呼叫中毒控制中心或就医。收集泄漏物

安全储存　存放在通风良好的地方。保持低温

废弃处置　本品及内装物、容器依据国家和地方法规处置

物理和化学危险　高度易燃，其蒸气与空气混合，能形成爆炸性混合物

健康危害　蒸气或雾对眼及上呼吸道有刺激性。对皮肤有刺激性。接触后出现头痛、恶心、呕吐

环境危害　对水生生物毒性非常大并具有长期持续影响

第三部分　成分/组成信息

√物质　　混合物

组分	浓度	CAS No.
正丙硫醇		107-03-9

第四部分　急救措施

吸入　迅速脱离现场至空气新鲜处。保持呼吸道通畅。如呼吸困难，给输氧。如呼吸、心跳停止，立即进行心肺复苏术。就医

皮肤接触　立即脱去污染的衣着，用流动清水彻底冲洗。就医

眼睛接触　立即分开眼睑，用流动清水或生理盐水彻底冲洗。就医

食入　漱口，饮水。就医

对保护施救者的忠告　根据需要使用个人防护设备

对医生的特别提示　对症处理

第五部分　消防措施

灭火剂　用泡沫、二氧化碳、干粉、砂土灭火

特别危险性　与氧化剂、次氯酸钙接触发生剧烈反应。遇强酸能分解释出有毒气体。蒸气比空气重，沿地面扩散并易积存于低洼处，遇火源会着火回燃。燃烧生成有害的一氧化碳、氧化硫

灭火注意事项及防护措施　消防人员须佩戴防毒面具、穿全身消防服，在上风向灭火。尽可能将容器从火场移至空旷处。喷水保持火场容器冷却，直至灭火结束。容器突然发出异常声音或出现异常现象，应立即撤离。用水灭火无效

第六部分　泄漏应急处理

作业人员防护措施、防护装备和应急处置程序　消除所有点火源。根据液体流动和蒸气扩散的影响区域划定警戒区，无关人员从侧风、上风向撤离至安全区。建议应急处理人员戴正压自给式呼吸器，穿防静电服，戴乳胶手套。作业时使用的所有设备应接地。禁止接触或跨越泄漏物。尽可能切断泄漏源

环境保护措施　防止泄漏物进入水体、下水道、地下室或有限空间

泄漏化学品的收容、清除方法及所使用的处置材料　小量泄漏：用砂土或其他不燃材料吸收，使用洁净的无火

花工具收集吸收材料。大量泄漏：构筑围堤或挖坑收容。用泡沫覆盖，减少蒸发。喷水雾能减少蒸发，但不能降低泄漏物在有限空间内的易燃性。用防爆泵转移至槽车或专用收集器内

第七部分　操作处置与储存

操作注意事项　密闭操作，局部排风。操作人员必须经过专门培训，严格遵守操作规程。建议操作人员佩戴自吸过滤式防毒面具（半面罩），戴安全防护眼镜，穿防静电工作服，戴乳胶手套。远离火种、热源。工作场所严禁吸烟。使用防爆型的通风系统和设备。防止蒸气泄漏到工作场所空气中。避免与氧化剂、酸类、碱金属接触。灌装时应控制流速，且有接地装置，防止静电积聚。搬运时要轻装轻卸，防止包装及容器损坏。配备相应品种和数量的消防器材及泄漏应急处理设备。倒空的容器可能残留有害物

储存注意事项　储存于阴凉、通风的库房。远离火种、热源。库温不宜超过29℃。保持容器密封。应与氧化剂、酸类、碱金属等分开存放，切忌混储。采用防爆型照明、通风设施。禁止使用易产生火花的机械设备和工具。储区应备有泄漏应急处理设备和合适的收容材料

第八部分　接触控制/个体防护

职业接触限值

中国　未制定标准

美国(ACGIH)　未制定标准

生物接触限值　未制定标准

监测方法　空气中有毒物质测定方法：未制定标准。生物监测检验方法：未制定标准

工程控制　密闭操作，局部排风。提供安全的淋浴和洗眼设备

个体防护装备

呼吸系统防护　空气中浓度超标时，应该佩戴过滤式防毒面具（半面罩）。紧急事态抢救或撤离时，建议佩戴空气呼吸器

眼睛防护　戴安全防护眼镜

皮肤和身体防护　穿防静电工作服

手防护　戴橡胶手套

第九部分　理化特性

外观与性状　无色或淡黄色液体，有刺激气味

pH值　无资料　　**熔点(℃)**　−113.3

沸点(℃)　67～68

相对密度(水=1)　0.84（20℃）

相对蒸气密度(空气=1)　2.54

饱和蒸气压(kPa)　16.26（20℃）

燃烧热(kJ/mol)　无资料　　**临界温度(℃)**　无资料

临界压力(MPa)　4.6　　**辛醇/水分配系数**　1.81

闪点(℃)　−20.5　　**自燃温度(℃)**　287

爆炸下限(%)　无资料　　**爆炸上限(%)**　无资料

分解温度(℃)　无资料　　**黏度(mPa·s)**　无资料

溶解性　微溶于水，溶于乙醇、乙醚、苯、丙酮、丙二醇等

第十部分　稳定性和反应性

稳定性　稳定

危险反应　与强氧化剂等禁配物接触，有发生火灾和爆炸的危险

避免接触的条件　受热

禁配物　强氧化剂、酸类、酸酐、酰基氯、碱金属

危险的分解产物　硫化氢。

第十一部分　毒理学信息

急性毒性

LD_{50}　2360mg/kg（大鼠经口）

LC_{50}　22703mg/m^3（大鼠吸入，4h）

皮肤刺激或腐蚀　无资料

眼睛刺激或腐蚀　家兔经眼：83mg，重度刺激

呼吸或皮肤过敏　无资料　　**生殖细胞突变性**　无资料

致癌性　无资料　　**生殖毒性**　无资料

特异性靶器官系统毒性-一次接触　无资料

特异性靶器官系统毒性-反复接触　无资料

吸入危害　无资料

第十二部分　生态学信息

生态毒性　EC_{50}：0.06mg/L（48h）（水蚤）

持久性和降解性

生物降解性　无资料

非生物降解性　空气中，当羟基自由基浓度为5.00×10^{5}个/cm^{3}时，降解半衰期为8h（理论）

潜在的生物累积性　根据K_{ow}值预测，该物质的生物累积性可能较弱

土壤中的迁移性　根据K_{oc}值预测，该物质可能易发生迁移

第十三部分　废弃处置

废弃化学品　建议用焚烧法处置。焚烧炉排出的硫氧化物通过洗涤器除去

污染包装物　将容器返还生产商或按照国家和地方法规处置

废弃注意事项　处置前应参阅国家和地方有关法规

第十四部分　运输信息

联合国危险货物编号(UN号)　2402

联合国运输名称　丙硫醇

联合国危险性类别　3　　**包装类别**　Ⅱ类包装

包装标志　

　海洋污染物　否

运输注意事项　运输时运输车辆应配备相应品种和数量的消防器材及泄漏应急处理设备。夏季最好早晚运输。运输时所用的槽（罐）车应有接地链，槽内可设孔隔板以减少震荡产生的静电。严禁与氧化剂、酸类、碱金属、食用化学品等混装混运。运输途中应防曝晒、

雨淋，防高温。中途停留时应远离火种、热源、高温区。装运该物品的车辆排气管必须配备阻火装置，禁止使用易产生火花的机械设备和工具装卸。公路运输时要按规定路线行驶，勿在居民区和人口稠密区停留。铁路运输时要禁止溜放。严禁用木船、水泥船散装运输

第十五部分 法规信息

下列法律、法规、规章和标准，对该化学品的管理作了相应的规定。

中华人民共和国职业病防治法 职业病分类和目录：未列入

危险化学品安全管理条例 危险化学品目录：列入。易制爆危险化学品名录：未列入。重点监管的危险化学品名录：未列入。GB 18218—2009《危险化学品重大危险源辨识》(表 1)：未列入

使用有毒物品作业场所劳动保护条例 高毒物品目录：未列入

易制毒化学品管理条例 易制毒化学品的分类和品种目录：未列入

国际公约 斯德哥尔摩公约：未列入。鹿特丹公约：未列入。蒙特利尔议定书：未列入

第十六部分 其他信息

编写和修订信息 **缩略语和首字母缩写**

培训建议 **参考文献**

免责声明

正丁基环己烷

第一部分 化学品标识

化学品中文名 正丁基环己烷；1-环己基正丁烷

化学品英文名 1-cyclohexylbutane；*n*-butyl cyclohexane

分子式 $C_{10}H_{20}$ **相对分子质量** 140.27

结构式 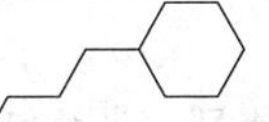

化学品的推荐及限制用途 用于有机合成

第二部分 危险性概述

紧急情况概述 易燃液体和蒸气

GHS 危险性类别 易燃液体，类别 3

标签要素

象形图 

警示词 警告

危险性说明 易燃液体和蒸气

防范说明

预防措施 远离热源、火花、明火、热表面。禁止吸烟。保持容器密闭。容器和接收设备接地连接。使用防爆电器、通风、照明设备。只能使用不产生火花的工具。采取防止静电措施。戴防护手套、防护眼镜、防护面罩

事故响应 火灾时，使用泡沫、二氧化碳、干粉、砂土灭火。如皮肤(或头发)接触：立即脱掉所有被污染的衣服，用水冲洗皮肤，淋浴

安全储存 存放在通风良好的地方。保持低温

废弃处置 本品及内装物、容器依据国家和地方法规处置

物理和化学危险 易燃，其蒸气与空气混合，能形成爆炸性混合物

健康危害 脂环烃类具有麻醉作用，对中枢神经系统有抑制作用。大量经口摄入可引起腹泻，液体直接吸入肺部可引起吸入性肺炎、肺水肿。液体对皮肤有刺激性

环境危害 对环境可能有害

第三部分 成分/组成信息

√物质 混合物

组分	浓度	CAS No.
正丁基环己烷		1678-93-9

第四部分 急救措施

吸入 迅速脱离现场至空气新鲜处。保持呼吸道通畅。如呼吸困难，给输氧。如呼吸、心跳停止，立即进行心肺复苏术。就医

皮肤接触 立即脱去污染的衣着，用流动清水彻底冲洗。就医

眼睛接触 立即分开眼睑，用流动清水或生理盐水彻底冲洗。就医

食入 漱口，饮水。就医

对保护施救者的忠告 根据需要使用个人防护设备

对医生的特别提示 对症处理

第五部分 消防措施

灭火剂 用泡沫、二氧化碳、干粉、砂土灭火

特别危险性 在火场中，受热的容器有爆炸危险。燃烧生成有害的一氧化碳

灭火注意事项及防护措施 消防人员须佩戴防毒面具、穿全身消防服，在上风向灭火。尽可能将容器从火场移至空旷处。容器突然发出异常声音或出现异常现象，应立即撤离。用雾状水保护消防人员，用砂土堵逸出液体

第六部分 泄漏应急处理

作业人员防护措施、防护装备和应急处置程序 消除所有点火源。根据液体流动和蒸气扩散的影响区域划定警戒区，无关人员从侧风、上风向撤离至安全区。建议应急处理人员戴正压自给式呼吸器，穿防静电服，戴橡胶耐油手套。作业时使用的所有设备应接地。禁止接触或跨越泄漏物。尽可能切断泄漏源

环境保护措施 防止泄漏物进入水体、下水道、地下室或有限空间

泄漏化学品的收容、清除方法及所使用的处置材料 小量泄漏：用砂土或其他不燃材料吸收，使用洁净的无火花工具收集吸收材料。大量泄漏：构筑围堤或挖坑收

容。用泡沫覆盖，减少蒸发。喷水雾能减少蒸发，但不能降低泄漏物在有限空间内的易燃性。用防爆泵转移至槽车或专用收集器内

第七部分　操作处置与储存

操作注意事项　密闭操作，全面通风。操作人员必须经过专门培训，严格遵守操作规程。建议操作人员佩戴过滤式防毒面具（半面罩），戴化学安全防护眼镜，穿防静电工作服，戴橡胶耐油手套。远离火种、热源。工作场所严禁吸烟。使用防爆型的通风系统和设备。防止蒸气泄漏到工作场所空气中。避免与氧化剂接触。充装要控制流速，防止静电积聚。搬运时要轻装轻卸，防止包装及容器损坏。配备相应品种和数量的消防器材及泄漏应急处理设备。倒空的容器可能残留有害物

储存注意事项　储存于阴凉、通风的库房。远离火种、热源。库温不宜超过 37℃。保持容器密封。应与氧化剂分开存放，切忌混储。采用防爆型照明、通风设施。禁止使用易产生火花的机械设备和工具。储区应备有泄漏应急处理设备和合适的收容材料

第八部分　接触控制/个体防护

职业接触限值

中国　未制定标准

美国(ACGIH)　未制定标准

生物接触限值　未制定标准

监测方法　空气中有毒物质测定方法：未制定标准。生物监测检验方法：未制定标准

工程控制　生产过程密闭，全面通风

个体防护装备

呼吸系统防护　高浓度环境中，应该佩戴过滤式防毒面具（半面罩）。紧急事态抢救或撤离时，建议佩戴空气呼吸器

眼睛防护　必要时，戴化学安全防护眼镜

皮肤和身体防护　穿防静电工作服

手防护　戴橡胶耐油手套

第九部分　理化特性

外观与性状　无色液体

pH 值　无资料　　**熔点(℃)**　−74.7

沸点(℃)　178～181

相对密度(水=1)　0.82（20℃）

相对蒸气密度(空气=1)　无资料

饱和蒸气压(kPa)　0.38（37.7℃）

燃烧热(kJ/mol)　无资料　　**临界温度(℃)**　无资料

临界压力(MPa)　3.15　　**辛醇/水分配系数**　5.07

闪点(℃)　41　　**自燃温度(℃)**　246

爆炸下限(%)　0.9　　**爆炸上限(%)**　5.5

分解温度(℃)　无资料　　**黏度(mPa·s)**　无资料

溶解性　不溶于水，溶于乙醇、乙醚

第十部分　稳定性和反应性

稳定性　稳定

危险反应　与强氧化剂等禁配物接触，有发生火灾和爆炸的危险

避免接触的条件　无资料

禁配物　强氧化剂、强酸、强碱、卤素

危险的分解产物　无资料

第十一部分　毒理学信息

急性毒性　无资料　　**皮肤刺激或腐蚀**　无资料

眼睛刺激或腐蚀　无资料　　**呼吸或皮肤过敏**　无资料

生殖细胞突变性　无资料　　**致癌性**　无资料

生殖毒性　无资料

特异性靶器官系统毒性-一次接触　无资料

特异性靶器官系统毒性-反复接触　无资料

吸入危害　无资料

第十二部分　生态学信息

生态毒性　无资料

持久性和降解性

生物降解性　无资料

非生物降解性　无资料

潜在的生物累积性　根据 K_{ow} 值预测，该物质可能有较高的生物累积性

土壤中的迁移性　根据 K_{oc} 值预测，该物质的迁移性可能较弱

第十三部分　废弃处置

废弃化学品　建议用焚烧法处置

污染包装物　将容器返还生产商或按照国家和地方法规处置

废弃注意事项　处置前应参阅国家和地方有关法规

第十四部分　运输信息

联合国危险货物编号（UN 号）　3295

联合国运输名称　液态烃类，未另作规定的（正丁基环己烷）

联合国危险性类别　3　　**包装类别**　Ⅲ类包装

包装标志　

　海洋污染物　否

运输注意事项　运输时运输车辆应配备相应品种和数量的消防器材及泄漏应急处理设备。夏季最好早晚运输。运输时所用的槽（罐）车应有接地链，槽内可设孔隔板以减少震荡产生的静电。严禁与氧化剂、食用化学品等混装混运。运输途中应防曝晒、雨淋，防高温。中途停留时应远离火种、热源、高温区。装运该物品的车辆排气管必须配备阻火装置，禁止使用易产生火花的机械设备和工具装卸。公路运输时要按规定路线行驶，勿在居民区和人口稠密区停留。铁路运输时要禁止溜放。严禁用木船、水泥船散装运输

第十五部分　法规信息

下列法律、法规、规章和标准，对该化学品的管理作

了相应的规定。

中华人民共和国职业病防治法　职业病分类和目录：未列入

危险化学品安全管理条例　危险化学品目录：列入。易制爆危险化学品名录：未列入。重点监管的危险化学品名录：未列入。GB 18218—2009《危险化学品重大危险源辨识》(表 1)：未列入

使用有毒物品作业场所劳动保护条例　高毒物品目录：未列入

易制毒化学品管理条例　易制毒化学品的分类和品种目录：未列入

国际公约　斯德哥尔摩公约：未列入。鹿特丹公约：未列入。蒙特利尔议定书：未列入

第十六部分　其他信息

编写和修订信息　　**缩略语和首字母缩写**

培训建议　　**参考文献**

免责声明

正丁基环戊烷

第一部分　化学品标识

化学品中文名　正丁基环戊烷

化学品英文名　*n*-butyl cyclopentane

分子式　C_9H_{18}　　**相对分子质量**　126.23

结构式

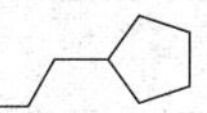

化学品的推荐及限制用途　用于有机合成

第二部分　危险性概述

紧急情况概述　高度易燃液体和蒸气

GHS 危险性类别　易燃液体，类别 2

标签要素

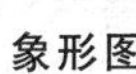

象形图

警示词　危险

危险性说明　高度易燃液体和蒸气

防范说明

预防措施　远离热源、火花、明火、热表面。禁止吸烟。保持容器密闭。容器和接收设备接地连接。使用防爆电器、通风、照明设备。只能使用不产生火花的工具。采取防止静电措施。戴防护手套、防护眼镜、防护面罩

事故响应　火灾时，使用泡沫、二氧化碳、干粉、砂土灭火。如皮肤（或头发）接触：立即脱掉所有被污染的衣服，用水冲洗皮肤，淋浴

安全储存　存放在通风良好的地方。保持低温

废弃处置　本品及内装物、容器依据国家和地方法规处置

物理和化学危险　高度易燃，其蒸气与空气混合，能形成爆炸性混合物

健康危害　脂环烃类具有麻醉作用，对中枢神经系统有抑制作用。大量经口摄入可引起腹泻，液体直接吸入肺部可引起吸入性肺炎、肺水肿。液体对皮肤有刺激性

环境危害　对环境可能有害

第三部分　成分/组成信息

√物质　　混合物

组分	浓度	CAS No.
正丁基环戊烷		2040-95-1

第四部分　急救措施

吸入　迅速脱离现场至空气新鲜处。保持呼吸道通畅。如呼吸困难，给输氧。如呼吸、心跳停止，立即进行心肺复苏术。就医

皮肤接触　立即脱去污染的衣着，用流动清水彻底冲洗。就医

眼睛接触　立即分开眼睑，用流动清水或生理盐水彻底冲洗。就医

食入　漱口，饮水。禁止催吐。就医

对保护施救者的忠告　根据需要使用个人防护设备

对医生的特别提示　对症处理

第五部分　消防措施

灭火剂　用泡沫、二氧化碳、干粉、砂土灭火

特别危险性　遇明火、高热或与氧化剂接触，有引起燃烧爆炸的危险。燃烧生成有害的一氧化碳

灭火注意事项及防护措施　消防人员须佩戴防毒面具、穿全身消防服，在上风向灭火。尽可能将容器从火场移至空旷处。容器突然发出异常声音或出现异常现象，应立即撤离。用雾状水保护消防人员，用砂土堵逸出液体

第六部分　泄漏应急处理

作业人员防护措施、防护装备和应急处置程序　消除所有点火源。根据液体流动和蒸气扩散的影响区域划定警戒区，无关人员从侧风、上风向撤离至安全区。建议应急处理人员戴正压自给式呼吸器，穿防静电服，戴橡胶耐油手套。作业时使用的所有设备应接地。禁止接触或跨越泄漏物。尽可能切断泄漏源

环境保护措施　防止泄漏物进入水体、下水道、地下室或有限空间

泄漏化学品的收容、清除方法及所使用的处置材料　小量泄漏：用砂土或其他不燃材料吸收，使用洁净的无火花工具收集吸收材料。大量泄漏：构筑围堤或挖坑收容。用泡沫覆盖，减少蒸发。喷水雾能减少蒸发，但不能降低泄漏物在有限空间内的易燃性。用防爆泵转移至槽车或专用收集器内

第七部分　操作处置与储存

操作注意事项　密闭操作，全面通风。操作人员必须经过专门培训，严格遵守操作规程。建议操作人员佩戴自吸过滤式防毒面具（半面罩），戴化学安全防护眼镜，穿防静电工作服，戴橡胶耐油手套。远离火种、热

源。工作场所严禁吸烟。使用防爆型的通风系统和设备。防止蒸气泄漏到工作场所空气中。避免与氧化剂、酸类接触。充装要控制流速，防止静电积聚。搬运时要轻装轻卸，防止包装及容器损坏。配备相应品种和数量的消防器材及泄漏应急处理设备。倒空的容器可能残留有害物

储存注意事项 储存于阴凉、通风的库房。远离火种、热源。库温不宜超过 37℃。保持容器密封。应与氧化剂、酸类分开存放，切忌混储。采用防爆型照明、通风设施。禁止使用易产生火花的机械设备和工具。储区应备有泄漏应急处理设备和合适的收容材料

第八部分 接触控制/个体防护

职业接触限值

中国 未制定标准

美国(ACGIH) 未制定标准

生物接触限值 未制定标准

监测方法 空气中有毒物质测定方法：未制定标准。生物监测检验方法：未制定标准

工程控制 生产过程密闭，全面通风

个体防护装备

呼吸系统防护 高浓度环境中，应该佩戴过滤式防毒面具（半面罩）。紧急事态抢救或撤离时，建议佩戴空气呼吸器

眼睛防护 必要时，戴化学安全防护眼镜

皮肤和身体防护 穿防静电工作服

手防护 戴橡胶耐油手套

第九部分 理化特性

外观与性状 无色液体

pH 值 无资料 **熔点(℃)** −108

沸点(℃) 156.7

相对密度(水=1) 0.875（25℃）

相对蒸气密度(空气=1) 无资料

饱和蒸气压(kPa) 无资料

燃烧热(kJ/mol) 无资料 **临界温度(℃)** 无资料

临界压力(MPa) 2.72 **辛醇/水分配系数** 4.58

闪点(℃) 32 **自燃温度(℃)** 250

爆炸下限(%) 无资料 **爆炸上限(%)** 无资料

分解温度(℃) 无资料 **黏度(mPa·s)** 无资料

溶解性 不溶于水，可混溶于乙醇、乙醚、丙酮、苯

第十部分 稳定性和反应性

稳定性 稳定

危险反应 与强氧化剂等禁配物接触，有发生火灾和爆炸的危险

避免接触的条件 无资料

禁配物 强氧化剂、强酸、强碱、卤素

危险的分解产物 无资料

第十一部分 毒理学信息

急性毒性 无资料 **皮肤刺激或腐蚀** 无资料

眼睛刺激或腐蚀 无资料 **呼吸或皮肤过敏** 无资料

生殖细胞突变性 无资料 **致癌性** 无资料

生殖毒性 无资料

特异性靶器官系统毒性-一次接触 无资料

特异性靶器官系统毒性-反复接触 无资料

吸入危害 无资料

第十二部分 生态学信息

生态毒性 无资料

持久性和降解性

生物降解性 无资料

非生物降解性 无资料

潜在的生物累积性 根据 K_{ow} 值预测，该物质可能有较高的生物累积性

土壤中的迁移性 根据 K_{oc} 值预测，该物质的迁移性可能较弱

第十三部分 废弃处置

废弃化学品 建议用焚烧法处置

污染包装物 将容器返还生产商或按照国家和地方法规处置

废弃注意事项 处置前应参阅国家和地方有关法规

第十四部分 运输信息

联合国危险货物编号（UN 号） 3295

联合国运输名称 液态烃类，未另作规定的（正丁基环戊烷）

联合国危险性类别 3 **包装类别** Ⅲ类包装

包装标志  **海洋污染物** 否

运输注意事项 运输时运输车辆应配备相应品种和数量的消防器材及泄漏应急处理设备。夏季最好早晚运输。运输时所用的槽（罐）车应有接地链，槽内可设孔隔板以减少震荡产生的静电。严禁与氧化剂、酸类等混装混运。运输途中应防曝晒、雨淋，防高温。中途停留时应远离火种、热源、高温区。装运该物品的车辆排气管必须配备阻火装置，禁止使用易产生火花的机械设备和工具装卸。公路运输时要按规定路线行驶，勿在居民区和人口稠密区停留。铁路运输时要禁止溜放。严禁用木船、水泥船散装运输

第十五部分 法规信息

下列法律、法规、规章和标准，对该化学品的管理作了相应的规定。

中华人民共和国职业病防治法 职业病分类和目录：未列入

危险化学品安全管理条例 危险化学品目录：列入。易制爆危险化学品名录：未列入。重点监管的危险化学品名录：未列入。GB 18218—2009《危险化学品重大危险源辨识》(表 1)：未列入

使用有毒物品作业场所劳动保护条例 高毒物品目录：未列入

易制毒化学品管理条例 易制毒化学品的分类和品种目录：未列入

国际公约 斯德哥尔摩公约：未列入。鹿特丹公约：未列入。蒙特利尔议定书：未列入

第十六部分 其他信息

编写和修订信息

缩略语和首字母缩写

培训建议

参考文献

免责声明

正丁硫醇

第一部分 化学品标识

化学品中文名 正丁硫醇；1-硫代丁醇

化学品英文名 *n*-butyl mercaptan；1-butanethiol

分子式 $C_4H_{10}S$ **相对分子质量** 90.20

结构式 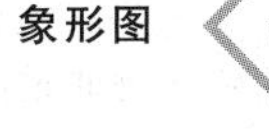

化学品的推荐及限制用途 用作溶剂、有机合成中间体

第二部分 危险性概述

紧急情况概述 高度易燃液体和蒸气，吞咽有害，吸入有害，可能引起昏昏欲睡或眩晕

GHS危险性类别 易燃液体，类别2；急性毒性-经口，类别4；急性毒性-吸入，类别4；皮肤腐蚀/刺激，类别3；严重眼损伤/眼刺激，类别2B；生殖毒性，类别2；特异性靶器官毒性-一次接触，类别2；特异性靶器官毒性-一次接触，类别3（呼吸道刺激、麻醉效应）

标签要素

象形图 

警示词 危险

危险性说明 高度易燃液体和蒸气，吞咽有害，吸入有害，造成皮肤刺激，造成眼刺激，怀疑对生育力或胎儿造成伤害，可能对器官造成损害，可能引起呼吸道刺激，可能引起昏昏欲睡或眩晕

防范说明

预防措施 远离热源、火花、明火、热表面。禁止吸烟。保持容器密闭。容器和接收设备接地连接。使用防爆电器、通风、照明设备。只能使用不产生火花的工具。采取防止静电措施。戴防护手套、防护眼镜、防护面罩。避免接触眼睛、皮肤，操作后彻底清洗。作业场所不得进食、饮水或吸烟。避免吸入蒸气、雾。仅在室外或通风良好处操作。得到专门指导后操作。在阅读并了解所有安全预防措施之前，切勿操作。按要求使用个体防护装备

事故响应 火灾时，使用泡沫、二氧化碳、干粉、砂土灭火。如吸入：将患者转移到空气新鲜处，休息，保持利于呼吸的体位。如皮肤（或头发）接触：立即脱掉所有被污染的衣服，用水冲洗皮肤，淋浴。如接触眼睛：用水细心冲洗数分钟。如戴隐形眼镜并可方便地取出，取出隐形眼镜继续冲洗。如果眼睛刺激持续：就医。食入：漱口，如果感觉不适，立即呼叫中毒控制中心或就医

安全储存 存放在通风良好的地方。保持低温。上锁保管

废弃处置 本品及内装物、容器依据国家和地方法规处置

物理和化学危险 高度易燃，其蒸气与空气混合，能形成爆炸性混合物

健康危害 吸入本品蒸气后，可引起头痛、恶心及麻醉作用。高浓度吸入后可因呼吸麻痹而死亡

环境危害 对环境可能有害

第三部分 成分/组成信息

√物质 混合物

组分	浓度	CAS No.
正丁硫醇		109-79-5

第四部分 急救措施

吸入 迅速脱离现场至空气新鲜处。保持呼吸道通畅。如呼吸困难，给输氧。如呼吸、心跳停止，立即进行心肺复苏术。就医

皮肤接触 立即脱去污染的衣着，用流动清水彻底冲洗。就医

眼睛接触 立即分开眼睑，用流动清水或生理盐水彻底冲洗。就医

食入 漱口，饮水。就医

对保护施救者的忠告 根据需要使用个人防护设备

对医生的特别提示 对症处理

第五部分 消防措施

灭火剂 用泡沫、二氧化碳、干粉、砂土灭火

特别危险性 受热、接触酸或酸雾会放出有毒的烟雾。燃烧生成有害的一氧化碳、硫化氢、氧化硫

灭火注意事项及防护措施 消防人员必须佩戴空气呼吸器、穿全身防火防毒服，在上风向灭火。喷水冷却容器，尽可能将容器从火场移至空旷处。容器突然发出异常声音或出现异常现象，应立即撤离。用水灭火无效

第六部分 泄漏应急处理

作业人员防护措施、防护装备和应急处置程序 消除所有点火源。根据液体流动和蒸气扩散的影响区域划定警戒区，无关人员从侧风、上风向撤离至安全区。建议应急处理人员戴正压自给式呼吸器，穿防静电服，戴乳胶手套。作业时使用的所有设备应接地。禁止接触或跨越泄漏物。尽可能切断泄漏源

环境保护措施 防止泄漏物进入水体、下水道、地下室或有限空间

泄漏化学品的收容、清除方法及所使用的处置材料 小量泄漏：用砂土或其他不燃材料吸收，使用洁净的无火

花工具收集吸收材料。大量泄漏：构筑围堤或挖坑收容。用泡沫覆盖，减少蒸发。喷水雾能减少蒸发，但不能降低泄漏物在有限空间内的易燃性。用防爆泵转移至槽车或专用收集器内。喷雾状水驱散蒸气、稀释液体泄漏物

第七部分 操作处置与储存

操作注意事项 密闭操作，局部排风。操作人员必须经过专门培训，严格遵守操作规程。建议操作人员佩戴自吸过滤式防毒面具（半面罩），戴化学安全防护眼镜，穿防毒物渗透工作服，戴乳胶手套。远离火种、热源。工作场所严禁吸烟。使用防爆型的通风系统和设备。防止蒸气泄漏到工作场所空气中。避免与氧化剂、碱类、碱金属接触。灌装时应控制流速，且有接地装置，防止静电积聚。搬运时要轻装轻卸，防止包装及容器损坏。配备相应品种和数量的消防器材及泄漏应急处理设备。倒空的容器可能残留有害物

储存注意事项 储存于阴凉、通风的库房。远离火种、热源。库温不宜超过37℃。保持容器密封。应与氧化剂、碱类、碱金属分开存放，切忌混储。采用防爆型照明、通风设施。禁止使用易产生火花的机械设备和工具。储区应备有泄漏应急处理设备和合适的收容材料

第八部分 接触控制/个体防护

职业接触限值

中国 PC-TWA：2mg/m^3

美国(ACGIH) TLV-TWA：0.5ppm

生物接触限值 未制定标准

监测方法 空气中有毒物质测定方法：未制定标准。生物监测检验方法：未制定标准

工程控制 密闭操作，局部排风

个体防护装备

呼吸系统防护 空气中浓度超标时，应该佩戴过滤式防毒面具（半面罩）

眼睛防护 戴化学安全防护眼镜

皮肤和身体防护 穿防毒物渗透工作服

手防护 戴橡胶手套

第九部分 理化特性

外观与性状 无色液体，有恶臭

pH值 无资料 **熔点(℃)** −115.7

沸点(℃) 97.2～101.7 **相对密度(水=1)** 0.84

相对蒸气密度(空气=1) 3.1

饱和蒸气压(kPa) 6.07（25℃）

燃烧热(kJ/mol) −3481.7 **临界温度(℃)** 无资料

临界压力(MPa) 3.94 **辛醇/水分配系数** 2.28

闪点(℃) 2（CC） **自燃温度(℃)** 225

爆炸下限(%) 无资料 **爆炸上限(%)** 无资料

分解温度(℃) 无资料 **黏度(mPa·s)** 0.56(20℃)

溶解性 微溶于水，易溶于乙醇、乙醚等

第十部分 稳定性和反应性

稳定性 稳定

危险反应 与强氧化剂等禁配物接触，有发生火灾和爆炸的危险

避免接触的条件 受热

禁配物 碱、强氧化剂、碱金属

危险的分解产物 硫化氢

第十一部分 毒理学信息

急性毒性

LD_{50} 1500mg/kg（大鼠经口）

LC_{50} 4020ppm（大鼠吸入，4h）；2500ppm（小鼠吸入，4h）

皮肤刺激或腐蚀 无资料

眼睛刺激或腐蚀 家兔经眼：83mg，引起刺激

呼吸或皮肤过敏 无资料 **生殖细胞突变性** 无资料

致癌性 无资料 **生殖毒性** 无资料

特异性靶器官系统毒性-一次接触 无资料

特异性靶器官系统毒性-反复接触 无资料

吸入危害 无资料

第十二部分 生态学信息

生态毒性 无资料

持久性和降解性

生物降解性 无资料

非生物降解性 空气中，当羟基自由基浓度为5.00×10^5个/cm^3时，降解半衰期为9h（理论）

潜在的生物累积性 根据K_{ow}值预测，该物质的生物累积性可能较弱

土壤中的迁移性 根据K_{oc}值预测，该物质可能有一定的迁移性

第十三部分 废弃处置

废弃化学品 用焚烧法处置。焚烧炉排出的硫化物通过洗涤器除去

污染包装物 将容器返还生产商或按照国家和地方法规处置

废弃注意事项 处置前应参阅国家和地方有关法规

第十四部分 运输信息

联合国危险货物编号(UN号) 2347

联合国运输名称 丁硫醇

联合国危险性类别 3 **包装类别** Ⅱ类包装

包装标志 

海洋污染物 否

运输注意事项 运输时运输车辆应配备相应品种和数量的消防器材及泄漏应急处理设备。夏季最好早晚运输。运输时所用的槽（罐）车应有接地链，槽内可设孔隔板以减少震荡产生的静电。严禁与氧化剂、碱类、碱金属等混装混运。运输途中应防曝晒、雨淋，防高温。中途停留时应远离火种、热源、高温区。装运该物品的车辆排气管必须配备阻火装置，禁止使用易产生火花的机械设备和工具装卸。公路运输时要按规定

路线行驶，勿在居民区和人口稠密区停留。铁路运输时要禁止溜放。严禁用木船、水泥船散装运输

第十五部分 法规信息

下列法律、法规、规章和标准，对该化学品的管理作了相应的规定。

中华人民共和国职业病防治法 职业病分类和目录：未列入

危险化学品安全管理条例 危险化学品目录：列入。易制爆危险化学品名录：未列入。重点监管的危险化学品名录：未列入。GB 18218—2009《危险化学品重大危险源辨识》(表 1)：未列入

使用有毒物品作业场所劳动保护条例 高毒物品目录：未列入

易制毒化学品管理条例 易制毒化学品的分类和品种目录：未列入

国际公约 斯德哥尔摩公约：未列入。鹿特丹公约：未列入。蒙特利尔议定书：未列入

第十六部分 其他信息

编写和修订信息 **缩略语和首字母缩写**

培训建议 **参考文献**

免责声明

正丁酸异丙酯

第一部分 化学品标识

化学品中文名 正丁酸异丙酯

化学品英文名 isopropyl *n*-butyrate；1-methyl ethyl butanoate

分子式 $C_7H_{14}O_2$ **相对分子质量** 130.19

结构式

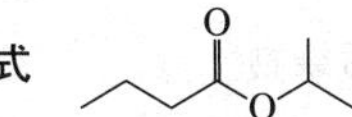

化学品的推荐及限制用途 用作纤维素的溶剂，用于香料制取和有机合成

第二部分 危险性概述

紧急情况概述 易燃液体和蒸气

GHS 危险性类别 易燃液体，类别 3

标签要素

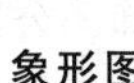

象形图

警示词 警告

危险性说明 易燃液体和蒸气

防范说明

预防措施 保持容器密闭。容器和接收设备接地连接。使用防爆电器、通风、照明设备。只能使用不产生火花的工具。采取防止静电措施。戴防护手套、防护眼镜、防护面罩

事故响应 火灾时，使用泡沫、干粉、二氧化碳、砂土灭火。如皮肤（或头发）接触：立即脱掉所有被污染的衣服，用水冲洗皮肤，淋浴

安全储存 存放在通风良好的地方。保持低温

废弃处置 本品及内装物、容器依据国家和地方法规处置

物理和化学危险 易燃，其蒸气与空气混合，能形成爆炸性混合物

健康危害 蒸气或雾对眼、黏膜和上呼吸道有刺激性。对皮肤有刺激性。酯类化合物有麻醉作用

环境危害 对环境可能有害

第三部分 成分/组成信息

√物质		混合物
组分	**浓度**	**CAS No.**
正丁酸异丙酯		638-11-9

第四部分 急救措施

吸入 迅速脱离现场至空气新鲜处。保持呼吸道通畅。如呼吸困难，给输氧。如呼吸、心跳停止，立即进行心肺复苏术。就医

皮肤接触 立即脱去污染的衣着，用流动清水彻底冲洗。就医

眼睛接触 立即分开眼睑，用流动清水或生理盐水彻底冲洗。就医

食入 漱口，饮水。就医

对保护施救者的忠告 根据需要使用个人防护设备

对医生的特别提示 对症处理

第五部分 消防措施

灭火剂 用泡沫、干粉、二氧化碳、砂土灭火

特别危险性 无。燃烧生成有害的一氧化碳

灭火注意事项及防护措施 消防人员必须佩戴空气呼吸器、穿全身防火防毒服，在上风向灭火。喷水冷却容器，尽可能将容器从火场移至空旷处。容器突然发出异常声音或出现异常现象，应立即撤离

第六部分 泄漏应急处理

作业人员防护措施、防护装备和应急处置程序 消除所有点火源。根据液体流动和蒸气扩散的影响区域划定警戒区，无关人员从侧风、上风向撤离至安全区。建议应急处理人员戴正压自给式呼吸器，穿防静电服，戴橡胶耐油手套。作业时使用的所有设备应接地。禁止接触或跨越泄漏物。尽可能切断泄漏源

环境保护措施 防止泄漏物进入水体、下水道、地下室或有限空间

泄漏化学品的收容、清除方法及所使用的处置材料 小量泄漏：用砂土或其他不燃材料吸收，使用洁净的无火花工具收集吸收材料。大量泄漏：构筑围堤或挖坑收容。用泡沫覆盖，减少蒸发。喷水雾能减少蒸发，但不能降低泄漏物在有限空间内的易燃性。用防爆泵转移至槽车或专用收集器内

第七部分 操作处置与储存

操作注意事项 密闭操作，注意通风。操作人员必须经过

专门培训，严格遵守操作规程。建议操作人员佩戴自吸过滤式防毒面具（半面罩），戴化学安全防护眼镜，穿防静电工作服，戴橡胶耐油手套。远离火种、热源。工作场所严禁吸烟。使用防爆型的通风系统和设备。防止蒸气泄漏到工作场所空气中。避免与氧化剂、碱类接触。充装要控制流速，防止静电积聚。搬运时要轻装轻卸，防止包装及容器损坏。配备相应品种和数量的消防器材及泄漏应急处理设备。倒空的容器可能残留有害物

储存注意事项 储存于阴凉、通风的库房。远离火种、热源。库温不宜超过37℃。保持容器密封。应与氧化剂、碱类分开存放，切忌混储。采用防爆型照明、通风设施。禁止使用易产生火花的机械设备和工具。储区应备有泄漏应急处理设备和合适的收容材料

第八部分 接触控制/个体防护

职业接触限值

中国 未制定标准

美国(ACGIH) 未制定标准

生物接触限值 未制定标准

监测方法 空气中有毒物质测定方法：未制定标准。生物监测检验方法：未制定标准

工程控制 密闭操作，注意通风。提供安全的淋浴和洗眼设备

个体防护装备

呼吸系统防护 空气中浓度较高时，应该佩戴过滤式防毒面具（半面罩）。紧急事态抢救或撤离时，佩戴空气呼吸器

眼睛防护 戴化学安全防护眼镜

皮肤和身体防护 穿防静电工作服

手防护 戴橡胶耐油手套

第九部分 理化特性

外观与性状 无色液体

pH值 无资料 **熔点(℃)** −95

沸点(℃) 130～131 **相对密度(水=1)** 0.86

相对蒸气密度(空气=1) 无资料

饱和蒸气压(kPa) 0.80（20℃）

燃烧热(kJ/mol) 无资料 **临界温度(℃)** 无资料

临界压力(MPa) 无资料 **辛醇/水分配系数** 2.26

闪点(℃) 30 **自燃温度(℃)** 无资料

爆炸下限(%) 无资料 **爆炸上限(%)** 无资料

分解温度(℃) 无资料 **黏度(mPa·s)** 无资料

溶解性 不溶于水，溶于乙醇、乙醚

第十部分 稳定性和反应性

稳定性 稳定

危险反应 与强氧化剂等禁配物接触，有发生火灾和爆炸的危险

避免接触的条件 无资料

禁配物 强氧化剂、强碱

危险的分解产物 无资料

第十一部分 毒理学信息

急性毒性 无资料 **皮肤刺激或腐蚀** 无资料

眼睛刺激或腐蚀 无资料 **呼吸或皮肤过敏** 无资料

生殖细胞突变性 无资料 **致癌性** 无资料

生殖毒性 无资料

特异性靶器官系统毒性-一次接触 无资料

特异性靶器官系统毒性-反复接触 无资料

吸入危害 无资料

第十二部分 生态学信息

生态毒性 无资料

持久性和降解性

生物降解性 无资料

非生物降解性 无资料

潜在的生物累积性 根据 K_{ow} 值预测，该物质的生物累积性可能较弱

土壤中的迁移性 根据 K_{oc} 值预测，该物质可能有一定的迁移性

第十三部分 废弃处置

废弃化学品 建议用焚烧法处置

污染包装物 将容器返还生产商或按照国家和地方法规处置

废弃注意事项 处置前应参阅国家和地方有关法规

第十四部分 运输信息

联合国危险货物编号（UN号） 2405

联合国运输名称 丁酸异丙酯

联合国危险性类别 3 **包装类别** Ⅲ类包装

包装标志 

海洋污染物 否

运输注意事项 运输时运输车辆应配备相应品种和数量的消防器材及泄漏应急处理设备。夏季最好早晚运输。运输时所用的槽（罐）车应有接地链，槽内可设孔隔板以减少震荡产生的静电。严禁与氧化剂、碱类、食用化学品等混装混运。运输途中应防曝晒、雨淋，防高温。中途停留时应远离火种、热源、高温区。装运该物品的车辆排气管必须配备阻火装置，禁止使用易产生火花的机械设备和工具装卸。公路运输时要按规定路线行驶，勿在居民区和人口稠密区停留。铁路运输时要禁止溜放。严禁用木船、水泥船散装运输

第十五部分 法规信息

下列法律、法规、规章和标准，对该化学品的管理作了相应的规定。

中华人民共和国职业病防治法 职业病分类和目录：未列入

危险化学品安全管理条例 危险化学品目录：列入。易制爆危险化学品名录：未列入。重点监管的危险化学品

名录：未列入。GB 18218—2009《危险化学品重大危险源辨识》（表 1）：未列入

使用有毒物品作业场所劳动保护条例 高毒物品目录：未列入

易制毒化学品管理条例 易制毒化学品的分类和品种目录：未列入

国际公约 斯德哥尔摩公约：未列入。鹿特丹公约：未列入。蒙特利尔议定书：未列入

第十六部分 其他信息

编写和修订信息 **缩略语和首字母缩写**

培训建议 **参考文献**

免责声明

正 丁 烷

第一部分 化学品标识

化学品中文名 正丁烷；丁烷

化学品英文名 *n*-butane

分子式 C_4H_{10} **相对分子质量** 58.1

结构式

化学品的推荐及限制用途 用于有机合成和乙烯制造，用作合成橡胶和高辛烷值液体燃料的原料，用作家用燃料、溶剂、制冷剂，也用于仪器校正等

第二部分 危险性概述

紧急情况概述 极易燃气体，内装加压气体：遇热可能爆炸

GHS 危险性类别 易燃气体，类别 1；加压气体

标签要素

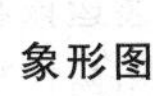

象形图

警示词 危险

危险性说明 极易燃气体，内装加压气体：遇热可能爆炸

防范说明

预防措施 远离热源、火花、明火、热表面。禁止吸烟

事故响应 漏气着火：切勿灭火，除非漏气能够安全地制止。如果没有危险，消除一切点火源

安全储存 存放在通风良好的地方。防日晒。存放在通风良好的地方

废弃处置 -

物理和化学危险 极易燃，与空气混合能形成爆炸性混合物

健康危害 高浓度有窒息和麻醉作用

急性中毒 主要症状有头晕、头痛、嗜睡和酒醉状态，严重者可昏迷。皮肤接触液态本品可引起冻伤

慢性影响 接触以丁烷为主的工人有头晕、头痛、睡眠不佳、疲倦等

环境危害 对环境可能有害

第三部分 成分/组成信息

√物质		混合物
组分	**浓度**	**CAS No.**
正丁烷		106-97-8

第四部分 急救措施

吸入 迅速脱离现场至空气新鲜处。保持呼吸道通畅。如呼吸困难，给输氧。如呼吸、心跳停止，立即进行心肺复苏术。就医

皮肤接触 如发生冻伤，用温水（38～42℃）复温，忌用热水或辐射热，不要揉搓。就医

对保护施救者的忠告 根据需要使用个人防护设备

对医生的特别提示 对症处理

第五部分 消防措施

灭火剂 用雾状水、泡沫、二氧化碳、干粉灭火

特别危险性 与氧化剂接触发生猛烈反应。气体比空气重，沿地面扩散并易积存于低洼处，遇火源会着火回燃。燃烧生成有害的一氧化碳

灭火注意事项及防护措施 切断气源。若不能切断气源，则不允许熄灭泄漏处的火焰。消防人员必须佩戴空气呼吸器、穿全身防火防毒服，在上风向灭火。尽可能将容器从火场移至空旷处。喷水保持火场容器冷却，直至灭火结束

第六部分 泄漏应急处理

作业人员防护措施、防护装备和应急处置程序 消除所有点火源。根据气体的影响区域划定警戒区，无关人员从侧风、上风向撤离至安全区。建议应急处理人员戴正压自给式呼吸器，穿防静电服。液化气体泄漏时穿防静电、防寒服。作业时使用的所有设备应接地。尽可能切断泄漏源。若可能翻转容器，使之逸出气体而非液体。喷雾状水抑制蒸气或改变蒸气云流向，避免水流接触泄漏物。禁止用水直接冲击泄漏物或泄漏源

环境保护措施 防止气体通过下水道、通风系统和有限空间扩散

泄漏化学品的收容、清除方法及所使用的处置材料 隔离泄漏区直至气体散尽

第七部分 操作处置与储存

操作注意事项 密闭操作，全面通风。操作人员必须经过专门培训，严格遵守操作规程。建议操作人员佩戴自吸过滤式防毒面具（半面罩），戴化学安全防护眼镜，穿防静电工作服。远离火种、热源。工作场所严禁吸烟。使用防爆型的通风系统和设备。防止气体泄漏到工作场所空气中。避免与氧化剂、卤素接触。在传送过程中，钢瓶和容器必须接地和跨接，防止产生静电。搬运时轻装轻卸，防止钢瓶及附件破损。配备相应品种和数量的消防器材及泄漏应急处理设备

储存注意事项 储存于阴凉、通风的易燃气体专用库房。

远离火种、热源。库温不宜超过30℃。应与氧化剂、卤素分开存放，切忌混储。采用防爆型照明、通风设施。禁止使用易产生火花的机械设备和工具。储区应备有泄漏应急处理设备

第八部分　接触控制/个体防护

职业接触限值

中国　未制定标准

美国(ACGIH)　TLV-STEL：1000ppm

生物接触限值　未制定标准

监测方法　空气中有毒物质测定方法：未制定标准。生物监测检验方法：未制定标准

工程控制　生产过程密闭，全面通风

个体防护装备

呼吸系统防护　一般不需要特殊防护，但建议特殊情况下，佩戴过滤式防毒面具（半面罩）

眼睛防护　一般不需要特殊防护，高浓度接触时可戴化学安全防护眼镜

皮肤和身体防护　穿防静电工作服

手防护　戴一般作业防护手套

第九部分　理化特性

外观与性状　无色压缩或液化气体，有轻微的不愉快气味，纯品无味

pH值　无意义　**熔点(℃)**　−138.4

沸点(℃)　−0.5

相对密度(水=1)　0.6（0℃）

相对蒸气密度(空气=1)　2.1

饱和蒸气压(kPa)　213.7（21.1℃）

燃烧热(kJ/mol)　−2637.8　**临界温度(℃)**　153.2

临界压力(MPa)　3.79　**辛醇/水分配系数**　2.89

闪点(℃)　−60（CC）　**自燃温度(℃)**　287

爆炸下限(%)　1.9　**爆炸上限(%)**　8.5

分解温度(℃)　无资料　**黏度(mPa·s)**　0.005(27℃)

溶解性　易溶于水，溶于乙醇、乙醚、氯仿

第十部分　稳定性和反应性

稳定性　稳定

危险反应　与强氧化剂等禁配物接触，有发生火灾和爆炸的危险

避免接触的条件　无资料

禁配物　强氧化剂、强酸、强碱、卤素

危险的分解产物　无资料

第十一部分　毒理学信息

急性毒性　LC_{50}：658000ppm（大鼠吸入，4h）

皮肤刺激或腐蚀　无资料　**眼睛刺激或腐蚀**　无资料

呼吸或皮肤过敏　无资料　**生殖细胞突变性**　无资料

致癌性　无资料　**生殖毒性**　无资料

特异性靶器官系统毒性-一次接触　无资料

特异性靶器官系统毒性-反复接触　无资料

吸入危害　无资料

第十二部分　生态学信息

生态毒性　无资料

持久性和降解性

生物降解性　无资料

非生物降解性　空气中，当羟基自由基浓度为5.00×10^5个/cm^3时，降解半衰期为6.3d（理论）

潜在的生物累积性　根据K_{ow}值预测，该物质的生物累积性可能较弱

土壤中的迁移性　根据K_{oc}值预测，该物质可能有一定的迁移性

第十三部分　废弃处置

废弃化学品　建议用焚烧法处置

污染包装物　将容器返还生产商或按照国家和地方法规处置

废弃注意事项　处置前应参阅国家和地方有关法规

第十四部分　运输信息

联合国危险货物编号（UN号）　1011

联合国运输名称　丁烷　**联合国危险性类别**　2.1

包装类别　Ⅱ类包装　**包装标志**

海洋污染物　否

运输注意事项　本品铁路运输时限使用耐压液化气企业自备罐车装运，装运前需报有关部门批准。采用钢瓶运输时必须戴好钢瓶上的安全帽。钢瓶一般平放，并应将瓶口朝同一方向，不可交叉；高度不得超过车辆的防护栏板，并用三角木垫卡牢，防止滚动。运输时运输车辆应配备相应品种和数量的消防器材。装运该物品的车辆排气管必须配备阻火装置，禁止使用易产生火花的机械设备和工具装卸。严禁与氧化剂、卤素等混装混运。夏季应早晚运输，防止日光曝晒。中途停留时应远离火种、热源。公路运输时要按规定路线行驶，勿在居民区和人口稠密区停留。铁路运输时要禁止溜放

第十五部分　法规信息

下列法律、法规、规章和标准，对该化学品的管理作了相应的规定。

中华人民共和国职业病防治法　职业病分类和目录：未列入

危险化学品安全管理条例　危险化学品目录：列入。易制爆危险化学品名录：未列入。重点监管的危险化学品名录：未列入。GB 18218—2009《危险化学品重大危险源辨识》(表1)：未列入

使用有毒物品作业场所劳动保护条例　高毒物品目录：未列入

易制毒化学品管理条例　易制毒化学品的分类和品种目录：未列入

国际公约　斯德哥尔摩公约：未列入。鹿特丹公约：未列

入。蒙特利尔议定书：未列入

第十六部分 其他信息

编写和修订信息 **缩略语和首字母缩写**

培训建议 **参考文献**

免责声明

正 庚 胺

第一部分 化学品标识

化学品中文名 正庚胺；1-氨基庚烷；氨基庚烷；庚胺

化学品英文名 *n*-heptylamine；1-amino-*n*-heptane

分子式 $C_7H_{17}N$ **相对分子质量** 115.22

结构式 NH_2

化学品的推荐及限制用途 用作溶剂及用于有机合成

第二部分 危险性概述

紧急情况概述 易燃液体和蒸气

GHS 危险性类别 易燃液体，类别 3；危害水生环境-急性危害，类别 2

标签要素

象形图

警示词 警告

危险性说明 易燃液体和蒸气，对水生生物有毒

防范说明

预防措施 远离热源、火花、明火、热表面。禁止吸烟。保持容器密闭。容器和接收设备接地连接。使用防爆电器、通风、照明设备。只能使用不产生火花的工具。采取防止静电措施。戴防护手套、防护眼镜、防护面罩。禁止排入环境

事故响应 火灾时，使用泡沫、二氧化碳、干粉、砂土灭火。如皮肤（或头发）接触：立即脱掉所有被污染的衣服，用水冲洗皮肤，淋浴

安全储存 存放在通风良好的地方。保持低温

废弃处置 本品及内装物、容器依据国家和地方法规处置

物理和化学危险 易燃，其蒸气与空气混合，能形成爆炸性混合物

健康危害 对皮肤、黏膜有刺激作用。人口服 2mg 即出现心悸、口干、头痛、四肢麻木、血压略有增高

环境危害 对水生生物有毒

第三部分 成分/组成信息

√物质 混合物

组分	浓度	CAS No.
正庚胺		111-68-2

第四部分 急救措施

吸入 迅速脱离现场至空气新鲜处。保持呼吸道通畅。如呼吸困难，给输氧。如呼吸、心跳停止，立即进行心肺复苏术。就医

皮肤接触 立即脱去污染的衣着，用流动清水彻底冲洗。就医

眼睛接触 立即分开眼睑，用流动清水或生理盐水彻底冲洗。就医

食入 漱口，饮水。就医

对保护施救者的忠告 根据需要使用个人防护设备

对医生的特别提示 对症处理

第五部分 消防措施

灭火剂 用泡沫、二氧化碳、干粉、砂土灭火

特别危险性 蒸气比空气重，沿地面扩散并易积存于低洼处，遇火源会着火回燃。燃烧生成有害的一氧化碳、氮氧化物

灭火注意事项及防护措施 消防人员必须佩戴空气呼吸器、穿全身防火防毒服，在上风向灭火。尽可能将容器从火场移至空旷处。喷水保持火场容器冷却，直至灭火结束。容器突然发出异常声音或出现异常现象，应立即撤离

第六部分 泄漏应急处理

作业人员防护措施、防护装备和应急处置程序 根据液体流动和蒸气扩散的影响区域划定警戒区，无关人员从侧风、上风向撤离至安全区。消除所有点火源。建议应急处理人员戴正压自给式呼吸器，穿防毒、防静电服，戴橡胶耐油手套。穿上适当的防护服前严禁接触破裂的容器和泄漏物。尽可能切断泄漏源

环境保护措施 防止泄漏物进入水体、下水道、地下室或有限空间

泄漏化学品的收容、清除方法及所使用的处置材料 小量泄漏：用干燥的砂土或其他不燃材料吸收或覆盖，收集于容器中。大量泄漏：构筑围堤或挖坑收容。用防爆泵转移至槽车或专用收集器内

第七部分 操作处置与储存

操作注意事项 密闭操作，全面通风。尽可能采取隔离操作。操作人员必须经过专门培训，严格遵守操作规程。建议操作人员佩戴自吸过滤式防毒面具（半面罩），戴化学安全防护眼镜，穿防毒物渗透工作服，戴橡胶耐油手套。远离火种、热源。工作场所严禁吸烟。使用防爆型的通风系统和设备。防止蒸气泄漏到工作场所空气中。避免与氧化剂、酸类接触。搬运时要轻装轻卸，防止包装及容器损坏。配备相应品种和数量的消防器材及泄漏应急处理设备。倒空的容器可能残留有害物

储存注意事项 储存于阴凉、通风的库房。远离火种、热源。库温不宜超过 30℃。保持容器密封。应与氧化剂、酸类、食用化学品分开存放，切忌混储。采用防爆型照明、通风设施。禁止使用易产生火花的机械设备和工具。储区应备有泄漏应急处理设备和合适的收容材料

第八部分 接触控制/个体防护

职业接触限值

中国 未制定标准

美国(ACGIH) 未制定标准

生物接触限值 未制定标准

监测方法 空气中有毒物质测定方法：未制定标准。生物监测检验方法：未制定标准

工程控制 生产过程密闭，全面通风。尽可能采取隔离操作。提供安全的淋浴和洗眼设备

个体防护装备

呼吸系统防护 可能接触其蒸气时，应该佩戴过滤式防毒面具（半面罩）。紧急事态抢救或撤离时，建议佩戴空气呼吸器

眼睛防护 戴化学安全防护眼镜

皮肤和身体防护 穿防毒物渗透工作服

手防护 戴橡胶耐油手套

第九部分 理化特性

外观与性状 无色液体

pH 值 无资料 **熔点(℃)** −23

沸点(℃) 155 **相对密度(水=1)** 0.777

相对蒸气密度(空气=1) 4.0

饱和蒸气压(kPa) 无资料

燃烧热(kJ/mol) −4927.8 **临界温度(℃)** 无资料

临界压力(MPa) 2.85 **辛醇/水分配系数** 2.57

闪点(℃) 35 **自燃温度(℃)** 267

爆炸下限(%) 无资料 **爆炸上限(%)** 无资料

分解温度(℃) 无资料 **黏度(mPa·s)** 无资料

溶解性 微溶于水，溶于乙醇、乙醚

第十部分 稳定性和反应性

稳定性 稳定

危险反应 与强氧化剂等禁配物接触，有发生火灾和爆炸的危险

避免接触的条件 无资料

禁配物 强氧化剂、酸类、酸酐、酰基氯、二氧化碳

危险的分解产物 氨

第十一部分 毒理学信息

急性毒性 LD_{50}：100mg/kg（小鼠腹腔）

皮肤刺激或腐蚀 无资料 **眼睛刺激或腐蚀** 无资料

呼吸或皮肤过敏 无资料 **生殖细胞突变性** 无资料

致癌性 无资料 **生殖毒性** 无资料

特异性靶器官系统毒性-一次接触 无资料

特异性靶器官系统毒性-反复接触 无资料

吸入危害 无资料

第十二部分 生态学信息

生态毒性 EC_{50}：9.4mg/L (48h)（水蚤）

持久性和降解性

生物降解性 无资料

非生物降解性 无资料

潜在的生物累积性 根据 K_{ow}值预测，该物质的生物累积性可能较弱

土壤中的迁移性 根据 K_{oc}值预测，该物质可能有一定的迁移性

第十三部分 废弃处置

废弃化学品 建议用焚烧法处置。焚烧炉排出的氮氧化物通过洗涤器除去

污染包装物 将容器返还生产商或按照国家和地方法规处置

废弃注意事项 处置前应参阅国家和地方有关法规

第十四部分 运输信息

联合国危险货物编号（UN 号） 1993

联合国运输名称 易燃液体，未另作规定的（正庚胺）

联合国危险性类别 3 **包装类别** Ⅲ类包装

包装标志  **海洋污染物** 否

运输注意事项 运输前应先检查包装容器是否完整、密封，运输过程中要确保容器不泄漏、不倒塌、不坠落、不损坏。严禁与酸类、氧化剂、食品及食品添加剂混运。运输时运输车辆应配备相应品种和数量的消防器材及泄漏应急处理设备。运输途中应防曝晒、雨淋，防高温。运输时所用的槽（罐）车应有接地链，槽内可设孔隔板以减少震荡产生的静电。中途停留时应远离火种、热源。公路运输时要按规定路线行驶

第十五部分 法规信息

下列法律、法规、规章和标准，对该化学品的管理作了相应的规定。

中华人民共和国职业病防治法 职业病分类和目录：未列入

危险化学品安全管理条例 危险化学品目录：列入。易制爆危险化学品名录：未列入。重点监管的危险化学品名录：未列入。GB 18218—2009《危险化学品重大危险源辨识》（表 1）：未列入

使用有毒物品作业场所劳动保护条例 高毒物品目录：未列入

易制毒化学品管理条例 易制毒化学品的分类和品种目录：未列入

国际公约 斯德哥尔摩公约：未列入。鹿特丹公约：未列入。蒙特利尔议定书：未列入

第十六部分 其他信息

编写和修订信息 **缩略语和首字母缩写**

培训建议 **参考文献**

免责声明

正 庚 醛

第一部分 化学品标识

化学品中文名 正庚醛；水芹醛

化学品英文名 *n*-heptaldehyde；heptanal

分子式 $C_7H_{14}O$ **相对分子质量** 114.18

结构式

化学品的推荐及限制用途 是合成香料的重要原料，也是制药、有机合成及橡胶制品的原料

第二部分 危险性概述

紧急情况概述 易燃液体和蒸气

GHS 危险性类别 易燃液体，类别 3；皮肤腐蚀/刺激，类别 2；严重眼损伤/眼刺激，类别 2B；特异性靶器官毒性-一次接触，类别 3（呼吸道刺激）；危害水生环境-急性危害，类别 2

标签要素

象形图

警示词 警告

危险性说明 易燃液体和蒸气，造成皮肤刺激，造成眼刺激，可能引起呼吸道刺激，对水生生物有毒

防范说明

预防措施 远离热源、火花、明火、热表面。禁止吸烟。保持容器密闭。容器和接收设备接地连接。使用防爆电器、通风、照明设备。只能使用不产生火花的工具。采取防止静电措施。戴防护手套、防护眼镜、防护面罩。避免接触眼睛、皮肤，操作后彻底清洗。禁止排入环境

事故响应 火灾时，使用泡沫、干粉、二氧化碳、砂土灭火。如皮肤（或头发）接触：立即脱掉所有被污染的衣服，用大量肥皂水和水清洗。如发生皮肤刺激，就医。被污染的衣服经洗净后方可重新使用。如接触眼睛：用水细心冲洗数分钟。如戴隐形眼镜并可方便地取出，取出隐形眼镜继续冲洗。如果眼睛刺激持续：就医

安全储存 存放在通风良好的地方。保持低温

废弃处置 本品及内装物、容器依据国家和地方法规处置

物理和化学危险 易燃，其蒸气与空气混合，能形成爆炸性混合物

健康危害 对眼、呼吸道和皮肤有刺激性

环境危害 对水生生物有毒

第三部分 成分/组成信息

√物质 混合物

组分	浓度	CAS No.
正庚醛		111-71-7

第四部分 急救措施

吸入 迅速脱离现场至空气新鲜处。保持呼吸道通畅。如呼吸困难，给输氧。如呼吸、心跳停止，立即进行心肺复苏术。就医

皮肤接触 立即脱去污染的衣着，用流动清水彻底冲洗。就医

眼睛接触 立即分开眼睑，用流动清水或生理盐水彻底冲洗。就医

食入 漱口，饮水。就医

对保护施救者的忠告 根据需要使用个人防护设备

对医生的特别提示 对症处理

第五部分 消防措施

灭火剂 用泡沫、干粉、二氧化碳、砂土灭火

特别危险性 蒸气比空气重，沿地面扩散并易积存于低洼处，遇火源会着火回燃。具有腐蚀性。燃烧生成有害的一氧化碳

灭火注意事项及防护措施 消防人员必须佩戴空气呼吸器、穿全身防火防毒服，在上风向灭火。喷水冷却容器，尽可能将容器从火场移至空旷处。容器突然发出异常声音或出现异常现象，应立即撤离

第六部分 泄漏应急处理

作业人员防护措施、防护装备和应急处置程序 消除所有点火源。根据液体流动和蒸气扩散的影响区域划定警戒区，无关人员从侧风、上风向撤离至安全区。建议应急处理人员戴正压自给式呼吸器，穿防静电服，戴橡胶耐油手套。作业时使用的所有设备应接地。禁止接触或跨越泄漏物。尽可能切断泄漏源

环境保护措施 防止泄漏物进入水体、下水道、地下室或有限空间

泄漏化学品的收容、清除方法及所使用的处置材料 小量泄漏：用砂土或其他不燃材料吸收，使用洁净的无火花工具收集吸收材料。大量泄漏：构筑围堤或挖坑收容。用抗溶性泡沫覆盖，减少蒸发。喷水雾能减少蒸发，但不能降低泄漏物在有限空间内的易燃性。用防爆泵转移至槽车或专用收集器内

第七部分 操作处置与储存

操作注意事项 密闭操作，全面排风。操作人员必须经过专门培训，严格遵守操作规程。建议操作人员佩戴自吸过滤式防毒面具（半面罩），戴化学安全防护眼镜，穿防静电工作服，戴橡胶耐油手套。远离火种、热源。工作场所严禁吸烟。使用防爆型的通风系统和设备。防止蒸气泄漏到工作场所空气中。避免与氧化剂、酸类、碱类接触。充装要控制流速，防止静电积聚。搬运时要轻装轻卸，防止包装及容器损坏。配备相应品种和数量的消防器材及泄漏应急处理设备。倒空的容器可能残留有害物

储存注意事项 储存于阴凉、通风的库房。库温不宜超过37℃。远离火种、热源。保持容器密封。应与氧化剂、酸类、碱类分开存放，切忌混储。采用防爆型照明、通风设施。禁止使用易产生火花的机械设备和工具。储区应备有泄漏应急处理设备和合适的收容材料

第八部分 接触控制/个体防护

职业接触限值

中国 未制定标准

美国(ACGIH) 未制定标准

生物接触限值 未制定标准

监测方法 空气中有毒物质测定方法：未制定标准。生物监测检验方法：未制定标准

工程控制 密闭操作，全面排风。提供安全的淋浴和洗眼设备

个体防护装备

呼吸系统防护 空气中浓度超标时，佩戴过滤式防毒面具（半面罩）。必要时佩戴空气呼吸器

眼睛防护 戴化学安全防护眼镜

皮肤和身体防护 穿防静电工作服

手防护 戴橡胶耐油手套

第九部分 理化特性

外观与性状 无色油状液体，有水果香味，有吸湿性

pH 值 无资料 **熔点(℃)** −43

沸点(℃) 153 **相对密度(水=1)** 0.82

相对蒸气密度(空气=1) 3.9

饱和蒸气压(kPa) 0.4（25℃）

燃烧热(kJ/mol) 无资料 **临界温度(℃)** 无资料

临界压力(MPa) 3.16 **辛醇/水分配系数** 1.99

闪点(℃) 35 **自燃温度(℃)** 197

爆炸下限(%) 无资料 **爆炸上限(%)** 无资料

分解温度(℃) 无资料 **黏度(mPa·s)** 0.977(15℃)

溶解性 微溶于水，混溶于乙醇、乙醚，溶于固定油，微溶于四氯化碳

第十部分 稳定性和反应性

稳定性 稳定

危险反应 与强氧化剂等禁配物接触，有发生火灾和爆炸的危险

避免接触的条件 无资料

禁配物 强氧化剂、强酸、强碱

危险的分解产物 无资料

第十一部分 毒理学信息

急性毒性

LD_{50} 3200mg/kg（大鼠经口）；25000mg/kg（小鼠经口）；>5g/kg（兔经皮）

LC_{50} >18400mg/m³（大鼠吸入，4h）

皮肤刺激或腐蚀 无资料

眼睛刺激或腐蚀 家兔经眼：100μl，重度刺激

呼吸或皮肤过敏 无资料 **生殖细胞突变性** 无资料

致癌性 无资料 **生殖毒性** 无资料

特异性靶器官系统毒性-一次接触 无资料

特异性靶器官系统毒性-反复接触 无资料

吸入危害 无资料

第十二部分 生态学信息

生态毒性

LC_{50} 12mg/L（96h）（鱼）

EC_{50} 4.13mg/L（48h）（水蚤）；7.22mg/L（48h）（藻类）

持久性和降解性

生物降解性 易快速生物降解

非生物降解性 空气中，当羟基自由基浓度为5.00×10⁵个/cm³时，降解半衰期为12.7h（理论）

潜在的生物累积性 根据 K_{ow} 值预测，该物质的生物累积性可能较弱

土壤中的迁移性 根据 K_{oc} 值预测，该物质可能易发生迁移

第十三部分 废弃处置

废弃化学品 建议用焚烧法处置

污染包装物 将容器返还生产商或按照国家和地方法规处置

废弃注意事项 处置前应参阅国家和地方有关法规

第十四部分 运输信息

联合国危险货物编号（UN 号） 3056

联合国运输名称 正庚醛

联合国危险性类别 3 **包装类别** Ⅲ类包装

包装标志  **海洋污染物** 否

运输注意事项 运输时运输车辆应配备相应品种和数量的消防器材及泄漏应急处理设备。夏季最好早晚运输。运输时所用的槽（罐）车应有接地链，槽内可设孔隔板以减少震荡产生的静电。严禁与氧化剂、酸类、碱类、食用化学品等混装混运。运输途中应防曝晒、雨淋，防高温。中途停留时应远离火种、热源、高温区。装运该物品的车辆排气管必须配备阻火装置，禁止使用易产生火花的机械设备和工具装卸。公路运输时要按规定路线行驶，勿在居民区和人口稠密区停留。铁路运输时要禁止溜放。严禁用木船、水泥船散装运输

第十五部分 法规信息

下列法律、法规、规章和标准，对该化学品的管理作了相应的规定。

中华人民共和国职业病防治法 职业病分类和目录：未列入

危险化学品安全管理条例 危险化学品目录：列入。易制爆危险化学品名录：未列入。重点监管的危险化学品名录：未列入。GB 18218—2009《危险化学品重大危险源辨识》(表 1)：未列入

使用有毒物品作业场所劳动保护条例 高毒物品目录：未列入

易制毒化学品管理条例 易制毒化学品的分类和品种目录：未列入

国际公约 斯德哥尔摩公约：未列入。鹿特丹公约：未列入。蒙特利尔议定书：未列入

第十六部分 其他信息

编写和修订信息 **缩略语和首字母缩写**

培训建议 **参考文献**

免责声明

正 庚 烷

第一部分 化学品标识

化学品中文名 正庚烷；庚烷

化学品英文名 *n*-heptane；heptane

分子式 C_7H_{16} **相对分子质量** 100.23

结构式 ╲╱╲╱╲╱

化学品的推荐及限制用途 用作辛烷值测定的标准、溶剂，以及用于有机合成、实验试剂的制备

第二部分 危险性概述

紧急情况概述 高度易燃液体和蒸气，可能引起昏昏欲睡或眩晕，吞咽及进入呼吸道可能致命

GHS危险性类别 易燃液体，类别2；皮肤腐蚀/刺激，类别2；特异性靶器官毒性-一次接触，类别3（麻醉效应）；吸入危害，类别1；危害水生环境-急性危害，类别1；危害水生环境-长期危害，类别1

标签要素

象形图

警示词 危险

危险性说明 高度易燃液体和蒸气，造成皮肤刺激，可能引起昏昏欲睡或眩晕，吞咽及进入呼吸道可能致命，对水生生物毒性非常大并具有长期持续影响

防范说明

预防措施 远离热源、火花、明火、热表面。禁止吸烟。保持容器密闭。容器和接收设备接地连接。使用防爆电器、通风、照明设备。只能使用不产生火花的工具。采取防止静电措施。戴防护手套、防护眼镜、防护面罩。避免接触眼睛、皮肤，操作后彻底清洗。禁止排入环境

事故响应 火灾时，使用泡沫、二氧化碳、干粉、砂土灭火。皮肤接触：立即脱掉所有被污染的衣服，用大量肥皂水和水清洗。如发生皮肤刺激，就医。被污染的衣服经洗净后方可重新使用。如果食入：不要催吐，立即呼叫中毒控制中心或就医。收集泄漏物

安全储存 存放在通风良好的地方。保持低温。上锁保管

废弃处置 本品及内装物、容器依据国家和地方法规处置

物理和化学危险 高度易燃，其蒸气与空气混合，能形成爆炸性混合物

健康危害 本品有麻醉作用和刺激性

急性中毒 吸入本品蒸气可引起眩晕、恶心、厌食、欣快感和步态蹒跚，甚至出现意识丧失和木僵状态。对皮肤有轻度刺激性。液态本品吸入呼吸道可引起吸入性肺炎

慢性影响 长期接触可引起神经衰弱综合征。少数人有轻度中性白细胞减少，消化不良

环境危害 对水生生物毒性非常大并具有长期持续影响

第三部分 成分/组成信息

√物质		混合物
组分	**浓度**	**CAS No.**
正庚烷		142-82-5

第四部分 急救措施

吸入 迅速脱离现场至空气新鲜处。保持呼吸道通畅。如呼吸困难，给输氧。如呼吸、心跳停止，立即进行心肺复苏术。就医

皮肤接触 立即脱去污染的衣着，用流动清水彻底冲洗。就医

眼睛接触 立即分开眼睑，用流动清水或生理盐水彻底冲洗。就医

食入 漱口，饮水。禁止催吐。就医

对保护施救者的忠告 根据需要使用个人防护设备

对医生的特别提示 对症处理

第五部分 消防措施

灭火剂 用泡沫、二氧化碳、干粉、砂土灭火

特别危险性 与氧化剂接触发生化学反应或引起燃烧。高速冲击、流动、激荡后可因产生静电火花放电引起燃烧爆炸。蒸气比空气重，沿地面扩散并易积存于低洼处，遇火源会着火回燃。燃烧生成有害的一氧化碳

灭火注意事项及防护措施 消防人员必须佩戴空气呼吸器、穿全身防火防毒服，在上风向灭火。喷水冷却容器，尽可能将容器从火场移至空旷处。容器突然发出异常声音或出现异常现象，应立即撤离。用水灭火无效

第六部分 泄漏应急处理

作业人员防护措施、防护装备和应急处置程序 消除所有点火源。根据液体流动和蒸气扩散的影响区域划定警戒区，无关人员从侧风、上风向撤离至安全区。建议应急处理人员戴正压自给式呼吸器，穿防静电服，戴橡胶耐油手套。作业时使用的所有设备应接地。禁止接触或跨越泄漏物。尽可能切断泄漏源

环境保护措施 防止泄漏物进入水体、下水道、地下室或有限空间

泄漏化学品的收容、清除方法及所使用的处置材料 小量泄漏：用砂土或其他不燃材料吸收，使用洁净的无火花工具收集吸收材料。大量泄漏：构筑围堤或挖坑收容。用泡沫覆盖，减少蒸发。喷水雾能减少蒸发，但不能降低泄漏物在有限空间内的易燃性。用防爆泵转移至槽车或专用收集器内

第七部分 操作处置与储存

操作注意事项 密闭操作，全面通风。操作人员必须经过专门培训，严格遵守操作规程。建议操作人员佩戴过滤式防毒面具（半面罩），戴安全防护眼镜，穿防静电工作服，戴橡胶耐油手套。远离火种、热源。工作场所严禁吸烟。使用防爆型的通风系统和设备。防止蒸气泄漏到工作场所空气中。避免与氧化剂接触。灌

装时应控制流速，且有接地装置，防止静电积聚。配备相应品种和数量的消防器材及泄漏应急处理设备。倒空的容器可能残留有害物

储存注意事项 储存于阴凉、通风的库房。远离火种、热源。库温不宜超过37℃。保持容器密封。应与氧化剂分开存放，切忌混储。采用防爆型照明、通风设施。禁止使用易产生火花的机械设备和工具。储区应备有泄漏应急处理设备和合适的收容材料

第八部分 接触控制/个体防护

职业接触限值

中国 PC-TWA：500mg/m³；PC-STEL：1000mg/m³

美国(ACGIH) TLV-TWA：400ppm；TLV-STEL：500ppm

生物接触限值 未制定标准

监测方法 空气中有毒物质测定方法：热解吸-气相色谱法；溶剂解吸-气相色谱法。生物监测检验方法：未制定标准

工程控制 生产过程密闭，全面通风。提供安全的淋浴和洗眼设备

个体防护装备

呼吸系统防护 空气中浓度较高时，佩戴过滤式防毒面具（半面罩）

眼睛防护 戴安全防护眼镜

皮肤和身体防护 穿防静电工作服

手防护 戴橡胶耐油手套

第九部分 理化特性

外观与性状 无色透明易挥发液体

pH值 无资料 **熔点(℃)** −90.5

沸点(℃) 98.5 **相对密度(水=1)** 0.68

相对蒸气密度(空气=1) 3.45

饱和蒸气压(kPa) 6.36（25℃）

燃烧热(kJ/mol) −4806.6 **临界温度(℃)** 266

临界压力(MPa) 2.74 **辛醇/水分配系数** 4.66

闪点(℃) −4(CC)；−1(OC)

自燃温度(℃) 215

爆炸下限(%) 1.05 **爆炸上限(%)** 6.7

分解温度(℃) 无资料

黏度(mPa·s) 无资料

溶解性 不溶于水，溶于乙醇、四氯化碳，可混溶于乙醚、氯仿、丙酮、苯

第十部分 稳定性和反应性

稳定性 稳定

危险反应 与强氧化剂等禁配物接触，有发生火灾和爆炸的危险

避免接触的条件 无资料

禁配物 强氧化剂、强酸、强碱、卤素

危险的分解产物 无资料

第十一部分 毒理学信息

急性毒性

LD_{50} 222mg/kg（小鼠静脉）

LC_{50} 103g/m³（大鼠吸入，4h）

皮肤刺激或腐蚀 无资料 **眼睛刺激或腐蚀** 无资料

呼吸或皮肤过敏 无资料 **生殖细胞突变性** 无资料

致癌性 无资料 **生殖毒性** 无资料

特异性靶器官系统毒性-一次接触 无资料

特异性靶器官系统毒性-反复接触 无资料

吸入危害 无资料

第十二部分 生态学信息

生态毒性 根据结构类似物质预测，该物质对水生生物有极高毒性

持久性和降解性

生物降解性 MITI-Ⅰ测试，初始浓度100ppm，污泥浓度30ppm，4周降解100%

非生物降解性 空气中，当羟基自由基浓度为5.00×10⁵个/cm³时，降解半衰期为54h（理论）

潜在的生物累积性 根据K_{ow}值预测，该物质可能有较高的生物累积性

土壤中的迁移性 根据K_{oc}值预测，该物质的迁移性可能较弱

第十三部分 废弃处置

废弃化学品 建议用焚烧法处置

污染包装物 将容器返还生产商或按照国家和地方法规处置

废弃注意事项 处置前应参阅国家和地方有关法规

第十四部分 运输信息

联合国危险货物编号(UN号) 1206

联合国运输名称 庚烷 **联合国危险性类别** 3

包装类别 Ⅱ类包装 **包装标志** 

海洋污染物 是

运输注意事项 运输时运输车辆应配备相应品种和数量的消防器材及泄漏应急处理设备。夏季最好早晚运输。运输时所用的槽（罐）车应有接地链，槽内可设孔隔板以减少震荡产生的静电。严禁与氧化剂、食用化学品等混装混运。运输途中应防曝晒、雨淋，防高温。中途停留时应远离火种、热源、高温区。装运该物品的车辆排气管必须配备阻火装置，禁止使用易产生火花的机械设备和工具装卸。公路运输时要按规定路线行驶，勿在居民区和人口稠密区停留。铁路运输时要禁止溜放。严禁用木船、水泥船散装运输

第十五部分 法规信息

下列法律、法规、规章和标准，对该化学品的管理作了相应的规定。

中华人民共和国职业病防治法 职业病分类和目录：未列入

危险化学品安全管理条例 危险化学品目录：列入。易制爆危险化学品名录：未列入。重点监管的危险化学品

名录：未列入。GB 18218—2009《危险化学品重大危险源辨识》(表 1)：未列入

使用有毒物品作业场所劳动保护条例　高毒物品目录：未列入

易制毒化学品管理条例　易制毒化学品的分类和品种目录：未列入

国际公约　斯德哥尔摩公约：未列入。鹿特丹公约：未列入。蒙特利尔议定书：未列入

第十六部分　其他信息

编写和修订信息　**缩略语和首字母缩写**

培训建议　**参考文献**

免责声明

正硅酸甲酯

第一部分　化学品标识

化学品中文名　正硅酸甲酯；四甲氧基硅烷；硅酸四甲酯；原硅酸甲酯

化学品英文名　methyl silicate；tetramethoxysilane；methyl orthosilicate

分子式　$C_4H_{12}O_4Si$　**相对分子质量**　152.25

结构式

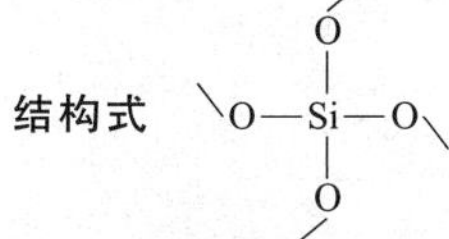

化学品的推荐及限制用途　用于有机硅的合成、抗热漆和黏合剂的制造等

第二部分　危险性概述

紧急情况概述　高度易燃液体和蒸气，吸入致命，造成严重眼损伤

GHS 危险性类别　易燃液体，类别 2；急性毒性-吸入，类别 1；严重眼损伤/眼刺激，类别 1；特异性靶器官毒性-一次接触，类别 2；特异性靶器官毒性-反复接触，类别 1

标签要素

象形图

警示词　危险

危险性说明　高度易燃液体和蒸气，吸入致命，造成严重眼损伤，可能对器官造成损害，长时间或反复接触对器官造成损伤

防范说明

预防措施　远离热源、火花、明火、热表面。禁止吸烟。保持容器密闭。容器和接收设备接地连接。使用防爆电器、通风、照明设备。只能使用不产生火花的工具。采取防止静电措施。戴防护手套、防护眼镜、防护面罩。避免吸入蒸气、雾。仅在室外或通风良好处操作。避免接触眼睛、皮肤，操作后彻底清洗。工作场所不得进食、饮水或吸烟。操作后彻底清洗

事故响应　火灾时，使用二氧化碳、干粉、砂土灭火。如吸入：将患者转移到空气新鲜处，休息，保持利于呼吸的体位，立即呼叫中毒控制中心或就医。如皮肤（或头发）接触：立即脱掉所有被污染的衣服，用水冲洗皮肤，淋浴。接触眼睛：用水细心冲洗数分钟。如戴隐形眼镜并可方便地取出，取出隐形眼镜继续冲洗。如果接触或感觉不适：呼叫中毒控制中心或就医

安全储存　存放在通风良好的地方。保持低温。保持容器密闭。上锁保管

废弃处置　本品及内装物、容器依据国家和地方法规处置

物理和化学危险　高度易燃，其蒸气与空气混合，能形成爆炸性混合物

健康危害　对眼睛、皮肤、黏膜和呼吸道有强烈刺激作用。可引起角膜进行性坏死及溃疡，甚至失明

环境危害　对环境可能有害

第三部分　成分/组成信息

√物质		混合物
组分	**浓度**	**CAS No.**
正硅酸甲酯		681-84-5

第四部分　急救措施

吸入　迅速脱离现场至空气新鲜处。保持呼吸道通畅。如呼吸困难，给输氧。如呼吸、心跳停止，立即进行心肺复苏术。就医

皮肤接触　立即脱去污染的衣着，用流动清水彻底冲洗。就医

眼睛接触　立即分开眼睑，用流动清水或生理盐水彻底冲洗至少 15min。就医

食入　漱口，饮水。就医

对保护施救者的忠告　根据需要使用个人防护设备

对医生的特别提示　对症处理

第五部分　消防措施

灭火剂　用二氧化碳、干粉、砂土灭火

特别危险性　加热分解产生毒性气体。与强氧化剂接触可发生化学反应。遇低级醇和水起化学反应而分解。燃烧生成有害的一氧化碳、氧化硅

灭火注意事项及防护措施　消防人员必须佩戴空气呼吸器、穿全身防火防毒服，在上风向灭火。喷水冷却容器，尽可能将容器从火场移至空旷处。容器突然发出异常声音或出现异常现象，应立即撤离。禁止用水、泡沫和酸碱灭火剂灭火

第六部分　泄漏应急处理

作业人员防护措施、防护装备和应急处置程序　消除所有点火源。根据液体流动和蒸气扩散的影响区域划定警戒区，无关人员从侧风、上风向撤离至安全区。建议应急处理人员戴正压自给式呼吸器，穿防静电服，戴橡胶耐油手套。作业时使用的所有设备应接地。穿上

适当的防护服前严禁接触破裂的容器和泄漏物。尽可能切断泄漏源

环境保护措施　防止泄漏物进入水体、下水道、地下室或有限空间

泄漏化学品的收容、清除方法及所使用的处置材料　严禁用水处理。小量泄漏：用干燥的砂土或其他不燃材料覆盖泄漏物。大量泄漏：构筑围堤或挖坑收容。用砂土、惰性物质或蛭石吸收大量液体。用防爆泵转移至槽车或专用收集器内

第七部分　操作处置与储存

操作注意事项　密闭操作，加强通风。操作人员必须经过专门培训，严格遵守操作规程。建议操作人员佩戴自吸过滤式防毒面具（全面罩），穿胶布防毒衣，戴橡胶耐油手套。远离火种、热源。工作场所严禁吸烟。使用防爆型的通风系统和设备。防止蒸气泄漏到工作场所空气中。避免与氧化剂、醇类接触。尤其要注意避免与水接触。充装要控制流速，防止静电积聚。搬运时要轻装轻卸，防止包装及容器损坏。配备相应品种和数量的消防器材及泄漏应急处理设备。倒空的容器可能残留有害物

储存注意事项　储存于阴凉、干燥、通风良好的库房。远离火种、热源。库温不宜超过37℃。保持容器密封。应与氧化剂、醇类等分开存放，切忌混储。采用防爆型照明、通风设施。禁止使用易产生火花的机械设备和工具。储区应备有泄漏应急处理设备和合适的收容材料

第八部分　接触控制/个体防护

职业接触限值

中国　未制定标准

美国(ACGIH)　TLV-TWA：1ppm

生物接触限值　未制定标准

监测方法　空气中有毒物质测定方法：未制定标准。生物监测检验方法：未制定标准

工程控制　生产过程密闭，加强通风。提供安全的淋浴和洗眼设备

个体防护装备

呼吸系统防护　空气中浓度超标时，应该佩戴过滤式防毒面具（全面罩）。必要时佩戴空气呼吸器

眼睛防护　呼吸系统防护中已作防护

皮肤和身体防护　穿隔绝式防毒服

手防护　戴橡胶耐油手套

第九部分　理化特性

外观与性状　无色液体，有特殊气味，易潮解

pH值　无资料　　**熔点(℃)**　−2

沸点(℃)　121　　**相对密度(水=1)**　1.02(20℃)

相对蒸气密度(空气=1)　5.25

饱和蒸气压(kPa)　1.35（25℃）

燃烧热(kJ/mol)　无资料　　**临界温度(℃)**　无资料

临界压力(MPa)　无资料　　**辛醇/水分配系数**　−1.93

闪点(℃)　20　　**自燃温度(℃)**　无资料

爆炸下限(%)　无资料　　**爆炸上限(%)**　无资料

分解温度(℃)　无资料　　**黏度(mPa·s)**　无资料

溶解性　不溶于水，可混溶于多数有机溶剂

第十部分　稳定性和反应性

稳定性　稳定

危险反应　与强氧化剂、水等禁配物接触，有发生火灾和爆炸的危险

避免接触的条件　潮湿空气、受热

禁配物　强氧化剂、水、醇类

危险的分解产物　氧化硅

第十一部分　毒理学信息

急性毒性　LD_{50}：100mg/kg(大鼠腹腔)；17ml（17340mg)/kg（兔经皮）

皮肤刺激或腐蚀　无资料　　**眼睛刺激或腐蚀**　无资料

呼吸或皮肤过敏　无资料　　**生殖细胞突变性**　无资料

致癌性　无资料　　**生殖毒性**　无资料

特异性靶器官系统毒性-一次接触　无资料

特异性靶器官系统毒性-反复接触　无资料

吸入危害　无资料

第十二部分　生态学信息

生态毒性　无资料

持久性和降解性

生物降解性　无资料

非生物降解性　无资料

潜在的生物累积性　根据 K_{ow} 值预测，该物质的生物累积性可能较弱

土壤中的迁移性　根据 K_{oc} 值预测，该物质可能易发生迁移

第十三部分　废弃处置

废弃化学品　建议用焚烧法处置

污染包装物　将容器返还生产商或按照国家和地方法规处置

废弃注意事项　处置前应参阅国家和地方有关法规

第十四部分　运输信息

联合国危险货物编号（UN号）　2606

联合国运输名称　原硅酸甲酯

联合国危险性类别　6.1，3

包装类别　Ⅰ类包装

包装标志　

海洋污染物　否

运输注意事项　运输时运输车辆应配备相应品种和数量的消防器材及泄漏应急处理设备。夏季最好早晚运输。运输时所用的槽（罐）车应有接地链，槽内可设孔隔板以减少震荡产生的静电。严禁与氧化剂、醇类、食用化学品等混装混运。运输途中应防曝晒、雨淋，防

高温。中途停留时应远离火种、热源、高温区。装运该物品的车辆排气管必须配备阻火装置，禁止使用易产生火花的机械设备和工具装卸。公路运输时要按规定路线行驶，勿在居民区和人口稠密区停留。铁路运输时要禁止溜放。严禁用木船、水泥船散装运输

第十五部分 法规信息

下列法律、法规、规章和标准，对该化学品的管理作了相应的规定。

中华人民共和国职业病防治法 职业病分类和目录：未列入

危险化学品安全管理条例 危险化学品目录：列入。易制爆危险化学品名录：未列入。重点监管的危险化学品名录：未列入。GB 18218—2009《危险化学品重大危险源辨识》(表 1)：未列入

使用有毒物品作业场所劳动保护条例 高毒物品目录：未列入

易制毒化学品管理条例 易制毒化学品的分类和品种目录：未列入

国际公约 斯德哥尔摩公约：未列入。鹿特丹公约：未列入。蒙特利尔议定书：未列入

第十六部分 其他信息

编写和修订信息 **缩略语和首字母缩写**
培训建议 **参考文献**
免责声明

正硅酸乙酯

第一部分 化学品标识

化学品中文名 正硅酸乙酯；硅酸四乙酯；四乙氧基硅烷

化学品英文名 ethyl silicate；tetraethyl orthosilicate

分子式 $C_8H_{20}O_4Si$ **相对分子质量** 208.37

结构式

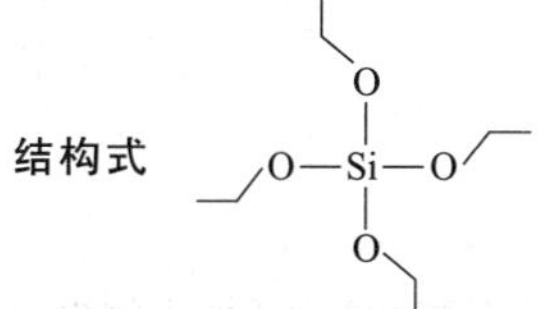

化学品的推荐及限制用途 用作防热涂料、耐化学作用的涂料、有机合成中间体

第二部分 危险性概述

紧急情况概述 易燃液体和蒸气，吸入有害

GHS 危险性类别 易燃液体，类别 3；急性毒性-吸入，类别 4；严重眼损伤/眼刺激，类别 2；特异性靶器官毒性-一次接触，类别 3（呼吸道刺激）

标签要素

象形图

警示词 警告

危险性说明 易燃液体和蒸气，吸入有害，造成严重眼刺激，可能引起呼吸道刺激

防范说明

预防措施 远离热源、火花、明火、热表面。禁止吸烟。保持容器密闭。容器和接收设备接地连接。使用防爆电器、通风、照明设备。只能使用不产生火花的工具。采取防止静电措施。戴防护手套、防护眼镜、防护面罩。避免吸入蒸气、雾。仅在室外或通风良好处操作。避免接触眼睛、皮肤，操作后彻底清洗

事故响应 火灾时，使用二氧化碳、干粉、砂土灭火。如吸入：将患者转移到空气新鲜处，休息，保持利于呼吸的体位，如感觉不适，呼叫中毒控制中心或就医。如皮肤（或头发）接触：立即脱掉所有被污染的衣服，用水冲洗皮肤，淋浴。如接触眼睛：用水细心冲洗数分钟。如戴隐形眼镜并可方便地取出，取出隐形眼镜继续冲洗。如果眼睛刺激持续：就医

安全储存 存放在通风良好的地方。保持低温

废弃处置 本品及内装物、容器依据国家和地方法规处置

物理和化学危险 易燃，其蒸气与空气混合，能形成爆炸性混合物

健康危害 对皮肤有刺激作用。其蒸气或雾对眼睛、黏膜和呼吸道有刺激作用。接触后能引起头痛、恶心和呕吐

环境危害 对环境可能有害

第三部分 成分/组成信息

√物质		混合物
组分	**浓度**	**CAS No.**
正硅酸乙酯		78-10-4

第四部分 急救措施

吸入 迅速脱离现场至空气新鲜处。保持呼吸道通畅。如呼吸困难，给输氧。如呼吸、心跳停止，立即进行心肺复苏术。就医

皮肤接触 立即脱去污染的衣着，用流动清水彻底冲洗。就医

眼睛接触 立即分开眼睑，用流动清水或生理盐水彻底冲洗。就医

食入 漱口，饮水。就医

对保护施救者的忠告 根据需要使用个人防护设备

对医生的特别提示 对症处理

第五部分 消防措施

灭火剂 用二氧化碳、干粉、砂土灭火

特别危险性 遇水能逐渐水解放出刺激性气体。燃烧生成有害的一氧化碳、氧化硅

灭火注意事项及防护措施 消防人员必须佩戴空气呼吸器、穿全身防火防毒服，在上风向灭火。喷水冷却容器，尽可能将容器从火场移至空旷处。容器突然发出异常声音或出现异常现象，应立即撤离。禁止用水、泡沫和酸碱灭火剂灭火

第六部分　泄漏应急处理

作业人员防护措施、防护装备和应急处置程序　消除所有点火源。根据液体流动和蒸气扩散的影响区域划定警戒区，无关人员从侧风、上风向撤离至安全区。建议应急处理人员戴正压自给式呼吸器，穿防静电服，戴橡胶耐油手套。作业时使用的所有设备应接地。禁止接触或跨越泄漏物。尽可能切断泄漏源

环境保护措施　防止泄漏物进入水体、下水道、地下室或有限空间

泄漏化学品的收容、清除方法及所使用的处置材料　小量泄漏：用砂土或其他不燃材料吸收，使用洁净的无火花工具收集吸收材料。大量泄漏：构筑围堤或挖坑收容。用泡沫覆盖，减少蒸发。喷水雾能减少蒸发，但不能降低泄漏物在有限空间内的易燃性。用防爆泵转移至槽车或专用收集器内

第七部分　操作处置与储存

操作注意事项　密闭操作，全面通风。操作人员必须经过专门培训，严格遵守操作规程。建议操作人员佩戴防毒面具，戴化学安全防护眼镜，穿防静电工作服，戴橡胶耐油手套。远离火种、热源。工作场所严禁吸烟。使用防爆型的通风系统和设备。防止蒸气泄漏到工作场所空气中。避免与氧化剂、酸类、碱类接触。尤其要注意避免与水接触。充装要控制流速，防止静电积聚。搬运时要轻装轻卸，防止包装及容器损坏。配备相应品种和数量的消防器材及泄漏应急处理设备。倒空的容器可能残留有害物

储存注意事项　储存于阴凉、干燥、通风良好的库房。远离火种、热源。库温不宜超过37℃。保持容器密封。应与氧化剂、酸类、碱类分开存放，切忌混储。采用防爆型照明、通风设施。禁止使用易产生火花的机械设备和工具。储区应备有泄漏应急处理设备和合适的收容材料

第八部分　接触控制/个体防护

职业接触限值

中国　未制定标准

美国(ACGIH)　TLV-TWA：10ppm

生物接触限值　未制定标准

监测方法　空气中有毒物质测定方法：未制定标准。生物监测检验方法：未制定标准

工程控制　生产过程密闭，全面通风。提供安全的淋浴和洗眼设备

个体防护装备

呼吸系统防护　空气中浓度超标时，应该佩戴防毒面具

眼睛防护　戴化学安全防护眼镜

皮肤和身体防护　穿防静电工作服

手防护　戴橡胶耐油手套

第九部分　理化特性

外观与性状　无色透明液体，稍有气味

pH值　无资料　　**熔点(℃)**　−77

沸点(℃)　165～169　　**相对密度(水＝1)**　0.93

相对蒸气密度(空气＝1)　7.22

饱和蒸气压(kPa)　0.13 (20℃)

燃烧热(kJ/mol)　无资料　　**临界温度(℃)**　无资料

临界压力(MPa)　无资料　　**辛醇/水分配系数**　0.04

闪点(℃)　43 (OC)；37.2 (CC)

自燃温度(℃)　260

爆炸下限(%)　0.9　　**爆炸上限(%)**　5.75

分解温度(℃)　无资料　　**黏度(mPa·s)**　0.6(25℃)

溶解性　微溶于水，微溶于苯，溶于乙醚，混溶于乙醇

第十部分　稳定性和反应性

稳定性　稳定

危险反应　与强氧化剂、水等禁配物接触，有发生火灾和爆炸的危险

避免接触的条件　水

禁配物　强氧化剂、强酸、强碱

危险的分解产物　氧化硅

第十一部分　毒理学信息

急性毒性　LD_{50}：6270mg/kg (大鼠经口)；6.3ml (5859mg) /kg (兔经皮)

皮肤刺激或腐蚀　家兔经皮：500mg (24)，重度刺激

眼睛刺激或腐蚀　家兔经眼：100mg，轻度刺激

呼吸或皮肤过敏　无资料　　**生殖细胞突变性**　无资料

致癌性　无资料　　**生殖毒性**　无资料

特异性靶器官系统毒性-一次接触　无资料

特异性靶器官系统毒性-反复接触　无资料

吸入危害　无资料

第十二部分　生态学信息

生态毒性　无资料

持久性和降解性

生物降解性　无资料

非生物降解性　无资料

潜在的生物累积性　根据 K_{ow} 值预测，该物质的生物累积性可能较弱

土壤中的迁移性　根据 K_{oc} 值预测，该物质可能易发生迁移

第十三部分　废弃处置

废弃化学品　建议用焚烧法处置

污染包装物　将容器返还生产商或按照国家和地方法规处置

废弃注意事项　处置前应参阅国家和地方有关法规

第十四部分　运输信息

联合国危险货物编号(UN号)　1292

联合国运输名称　硅酸四乙酯

联合国危险性类别　3　　**包装类别**　Ⅲ类包装

包装标志  海洋污染物 否

运输注意事项 运输时运输车辆应配备相应品种和数量的消防器材及泄漏应急处理设备。夏季最好早晚运输。运输时所用的槽（罐）车应有接地链，槽内可设孔隔板以减少震荡产生的静电。严禁与氧化剂、酸类、碱类、食用化学品等混装混运。运输途中应防曝晒、雨淋，防高温。中途停留时应远离火种、热源、高温区。装运该物品的车辆排气管必须配备阻火装置，禁止使用易产生火花的机械设备和工具装卸。公路运输时要按规定路线行驶，勿在居民区和人口稠密区停留。铁路运输时要禁止溜放。严禁用木船、水泥船散装运输

第十五部分 法规信息

下列法律、法规、规章和标准，对该化学品的管理作了相应的规定。

中华人民共和国职业病防治法 职业病分类和目录：未列入

危险化学品安全管理条例 危险化学品目录：列入。易制爆危险化学品名录：未列入。重点监管的危险化学品名录：未列入。GB 18218—2009《危险化学品重大危险源辨识》（表 1）：未列入

使用有毒物品作业场所劳动保护条例 高毒物品目录：未列入

易制毒化学品管理条例 易制毒化学品的分类和品种目录：未列入

国际公约 斯德哥尔摩公约：未列入。鹿特丹公约：未列入。蒙特利尔议定书：未列入

第十六部分 其他信息

编写和修订信息 **缩略语和首字母缩写**

培训建议 **参考文献**

免责声明

正 己 胺

第一部分 化学品标识

化学品中文名 正己胺；1-氨基己烷

化学品英文名 *n*-hexylamine；1-aminohexane

分子式 $C_6H_{15}N$ **相对分子质量** 101.22

结构式 $\diagup\diagdown\diagup\diagdown\diagup\diagdown NH_2$

化学品的推荐及限制用途 用于有机合成

第二部分 危险性概述

紧急情况概述 易燃液体和蒸气，吞咽有害，造成严重眼损伤，皮肤接触会中毒

GHS 危险性类别 易燃液体，类别 3；急性毒性-经口，类别 4；急性毒性-经皮，类别 3；皮肤腐蚀/刺激，类别 2；严重眼损伤/眼刺激，类别 1；危害水生环境-急性危害，类别 2

标签要素

象形图 

警示词 危险

危险性说明 易燃液体和蒸气，吞咽有害，皮肤接触会中毒，造成皮肤刺激，造成严重眼损伤，对水生生物有毒

防范说明

预防措施 远离热源、火花、明火、热表面。禁止吸烟。保持容器密闭。容器和接收设备接地连接。使用防爆电器、通风、照明设备。只能使用不产生火花的工具。采取防止静电措施。戴防护手套、防护眼镜、防护面罩，穿防护服。避免接触眼睛、皮肤，操作后彻底清洗。作业场所不得进食、饮水或吸烟。禁止排入环境

事故响应 皮肤接触：用大量肥皂水和水清洗。如发生皮肤刺激，就医。脱去被污染的衣服，污染衣服洗净后方可重新使用。接触眼睛：用水细心冲洗数分钟。如戴隐形眼镜并可方便地取出，取出隐形眼镜继续冲洗。如感不适，立即呼叫中毒控制中心或就医

安全储存 存放在通风良好的地方。保持低温。上锁保管

废弃处置 本品及内装物、容器依据国家和地方法规处置

物理和化学危险 易燃，其蒸气与空气混合，能形成爆炸性混合物

健康危害 接触胺的蒸气对眼产生刺激，液体溅入眼内可致灼伤。蒸气对皮肤有刺激性，液体可致皮肤灼伤。吸入胺蒸气引起鼻、咽黏膜和肺刺激，产生呼吸困难、咳嗽等症状

环境危害 对水生生物有毒

第三部分 成分/组成信息

√物质		混合物
组分	**浓度**	**CAS No.**
正己胺		111-26-2

第四部分 急救措施

吸入 迅速脱离现场至空气新鲜处。保持呼吸道通畅。如呼吸困难，给输氧。如呼吸、心跳停止，立即进行心肺复苏术。就医

皮肤接触 立即脱去污染的衣着，用大量流动清水彻底冲洗至少 15min。就医

眼睛接触 立即分开眼睑，用流动清水或生理盐水彻底冲洗至少 15min。就医

食入 用水漱口，禁止催吐。给饮牛奶或蛋清。就医

对保护施救者的忠告 根据需要使用个人防护设备

对医生的特别提示 对症处理

第五部分 消防措施

灭火剂 用雾状水、泡沫、干粉、二氧化碳、砂土灭火

特别危险性 蒸气比空气重，沿地面扩散并易积存于低洼处，遇火源会着火回燃。具有腐蚀性。燃烧生成有害的一氧化碳、氮氧化物

灭火注意事项及防护措施 消防人员须佩戴防毒面具、穿全身消防服，在上风向灭火。尽可能将容器从火场移至空旷处。喷水保持火场容器冷却，直至灭火结束。容器突然发出异常声音或出现异常现象，应立即撤离

第六部分 泄漏应急处理

作业人员防护措施、防护装备和应急处置程序 消除所有点火源。根据液体流动和蒸气扩散的影响区域划定警戒区，无关人员从侧风、上风向撤离至安全区。建议应急处理人员戴正压自给式呼吸器，穿防静电、防腐蚀、防毒服，戴橡胶耐油手套。作业时使用的所有设备应接地。禁止接触或跨越泄漏物。尽可能切断泄漏源

环境保护措施 防止泄漏物进入水体、下水道、地下室或有限空间

泄漏化学品的收容、清除方法及所使用的处置材料 小量泄漏：用砂土或其他不燃材料吸收，使用洁净的无火花工具收集吸收材料。大量泄漏：构筑围堤或挖坑收容。用泡沫覆盖，减少蒸发。喷水雾能减少蒸发，但不能降低泄漏物在有限空间内的易燃性。用防爆、耐腐蚀泵转移至槽车或专用收集器内

第七部分 操作处置与储存

操作注意事项 密闭操作，加强通风。操作人员必须经过专门培训，严格遵守操作规程。建议操作人员佩戴导管式防毒面具，穿胶布防毒衣，戴橡胶耐油手套。远离火种、热源。工作场所严禁吸烟。使用防爆型的通风系统和设备。防止蒸气泄漏到工作场所空气中。避免与氧化剂、酸类接触。充装要控制流速，防止静电积聚。搬运时要轻装轻卸，防止包装及容器损坏。配备相应品种和数量的消防器材及泄漏应急处理设备。倒空的容器可能残留有害物

储存注意事项 储存于阴凉、通风的库房。远离火种、热源。库温不宜超过 37℃。保持容器密封。应与氧化剂、酸类等分开存放，切忌混储。采用防爆型照明、通风设施。禁止使用易产生火花的机械设备和工具。储区应备有泄漏应急处理设备和合适的收容材料

第八部分 接触控制/个体防护

职业接触限值

中国 未制定标准

美国(ACGIH) 未制定标准

生物接触限值 未制定标准

监测方法 空气中有毒物质测定方法：未制定标准。生物监测检验方法：未制定标准

工程控制 生产过程密闭，加强通风。提供安全的淋浴和洗眼设备

个体防护装备

呼吸系统防护 可能接触其蒸气时，佩戴过滤式防毒面具（全面罩）

眼睛防护 呼吸系统防护中已作防护

皮肤和身体防护 穿隔绝式防毒服

手防护 戴橡胶耐油手套

第九部分 理化特性

外观与性状 无色液体，有氨味

pH 值 无资料 **熔点(℃)** −22.9

沸点(℃) 131.4 **相对密度(水=1)** 0.77

相对蒸气密度(空气=1) 3.49

饱和蒸气压(kPa) 无资料

燃烧热(kJ/mol) −4272.8 **临界温度(℃)** 无资料

临界压力(MPa) 无资料 **辛醇/水分配系数** 1.52～2.34

闪点(℃) 8(CC)；29(OC) **自燃温度(℃)** 270

爆炸下限(%) 2.1 **爆炸上限(%)** 9.3

分解温度(℃) 无资料 **黏度(mPa·s)** 无资料

溶解性 微溶于水，可混溶于乙醇、乙醚

第十部分 稳定性和反应性

稳定性 稳定

危险反应 与强氧化剂等禁配物接触，有发生火灾和爆炸的危险

避免接触的条件 无资料

禁配物 酸类、酸酐、强氧化剂

危险的分解产物 氨

第十一部分 毒理学信息

急性毒性 LD_{50}：670mg/kg(大鼠经口)；420μl (323.4mg)/kg (兔经皮)

皮肤刺激或腐蚀 家兔经皮：500mg，重度刺激（开放性刺激试验）

眼睛刺激或腐蚀 家兔经眼：5mg，中度刺激

呼吸或皮肤过敏 无资料 **生殖细胞突变性** 无资料

致癌性 无资料 **生殖毒性** 无资料

特异性靶器官系统毒性-一次接触 无资料

特异性靶器官系统毒性-反复接触 无资料

吸入危害 无资料

第十二部分 生态学信息

生态毒性

LC_{50} 56.6mg/L (96h)（鱼）

EC_{50} 8.6mg/L (48h)（水蚤）

持久性和降解性

生物降解性 无资料

非生物降解性 无资料

潜在的生物累积性 根据 K_{ow} 值预测，该物质的生物累积性可能较弱

土壤中的迁移性 根据 K_{oc} 值预测，该物质可能易发生迁移

第十三部分 废弃处置

废弃化学品 建议用焚烧法处置。焚烧炉排出的氮氧化物通过洗涤器除去

污染包装物 将容器返还生产商或按照国家和地方法规

处置

废弃注意事项 处置前应参阅国家和地方有关法规

第十四部分 运输信息

联合国危险货物编号（UN 号） 2733

联合国运输名称 胺，易燃，腐蚀性，未另作规定（正己胺）

联合国危险性类别 3，8

包装类别 Ⅱ类包装

包装标志  

海洋污染物 否

运输注意事项 运输时运输车辆应配备相应品种和数量的消防器材及泄漏应急处理设备。夏季最好早晚运输。运输时所用的槽（罐）车应有接地链，槽内可设孔隔板以减少震荡产生的静电。严禁与氧化剂、酸类、食用化学品等混装混运。运输途中应防曝晒、雨淋，防高温。中途停留时应远离火种、热源、高温区。装运该物品的车辆排气管必须配备阻火装置，禁止使用易产生火花的机械设备和工具装卸。公路运输时要按规定路线行驶，勿在居民区和人口稠密区停留。铁路运输时要禁止溜放。严禁用木船、水泥船散装运输

第十五部分 法规信息

下列法律、法规、规章和标准，对该化学品的管理作了相应的规定。

中华人民共和国职业病防治法 职业病分类和目录：未列入

危险化学品安全管理条例 危险化学品目录：列入。易制爆危险化学品名录：未列入。重点监管的危险化学品名录：未列入。GB 18218—2009《危险化学品重大危险源辨识》（表 1）：未列入

使用有毒物品作业场所劳动保护条例 高毒物品目录：未列入

易制毒化学品管理条例 易制毒化学品的分类和品种目录：未列入

国际公约 斯德哥尔摩公约：未列入。鹿特丹公约：未列入。蒙特利尔议定书：未列入

第十六部分 其他信息

编写和修订信息 **缩略语和首字母缩写**

培训建议 **参考文献**

免责声明

正己酸甲酯

第一部分 化学品标识

化学品中文名 正己酸甲酯；己酸甲酯

化学品英文名 methyl-*n*-caproate；hexanoic acid methyl ester

分子式 $C_7H_{14}O_2$ **相对分子质量** 130.21

结构式

化学品的推荐及限制用途 用作香料，还用作制造去垢剂、乳化剂、润湿剂、增塑剂等的中间体

第二部分 危险性概述

紧急情况概述 易燃液体和蒸气

GHS 危险性类别 易燃液体，类别 3

标签要素

象形图 

警示词 警告

危险性说明 易燃液体和蒸气

防范说明

预防措施 远离热源、火花、明火、热表面。禁止吸烟。保持容器密闭。容器和接收设备接地连接。使用防爆电器、通风、照明设备。只能使用不产生火花的工具。采取防止静电措施。戴防护手套、防护眼镜、防护面罩

事故响应 火灾时，使用泡沫、干粉、二氧化碳、砂土灭火。如皮肤（或头发）接触：立即脱掉所有被污染的衣服，用水冲洗皮肤，淋浴

安全储存 存放在通风良好的地方。保持低温

废弃处置 本品及内装物、容器依据国家和地方法规处置

物理和化学危险 易燃，其蒸气与空气混合，能形成爆炸性混合物

健康危害 蒸气或雾对眼、黏膜和上呼吸道有刺激性。对皮肤有刺激性。酯类化合物有麻醉作用

环境危害 对环境可能有害

第三部分 成分/组成信息

√物质		混合物
组分	**浓度**	**CAS No.**
正己酸甲酯		106-70-7

第四部分 急救措施

吸入 迅速脱离现场至空气新鲜处。保持呼吸道通畅。如呼吸困难，给输氧。如呼吸、心跳停止，立即进行心肺复苏术。就医

皮肤接触 立即脱去污染的衣着，用流动清水彻底冲洗。就医

眼睛接触 立即分开眼睑，用流动清水或生理盐水彻底冲洗。就医

食入 漱口，饮水。就医

对保护施救者的忠告 根据需要使用个人防护设备

对医生的特别提示 对症处理

第五部分 消防措施

灭火剂 用泡沫、干粉、二氧化碳、砂土灭火

特别危险性 受热分解放出有毒的氧化氮烟气。燃烧生成有害的一氧化碳

灭火注意事项及防护措施 消防人员必须佩戴空气呼吸

器、穿全身防火防毒服，在上风向灭火。喷水冷却容器，尽可能将容器从火场移至空旷处。容器突然发出异常声音或出现异常现象，应立即撤离

第六部分 泄漏应急处理

作业人员防护措施、防护装备和应急处置程序 消除所有点火源。根据液体流动和蒸气扩散的影响区域划定警戒区，无关人员从侧风、上风向撤离至安全区。建议应急处理人员戴正压自给式呼吸器，穿防静电服，戴橡胶耐油手套。作业时使用的所有设备应接地。禁止接触或跨越泄漏物。尽可能切断泄漏源

环境保护措施 防止泄漏物进入水体、下水道、地下室或有限空间

泄漏化学品的收容、清除方法及所使用的处置材料 小量泄漏：用砂土或其他不燃材料吸收，使用洁净的无火花工具收集吸收材料。大量泄漏：构筑围堤或挖坑收容。用泡沫覆盖，减少蒸发。喷水雾能减少蒸发，但不能降低泄漏物在有限空间内的易燃性。用防爆泵转移至槽车或专用收集器内

第七部分 操作处置与储存

操作注意事项 密闭操作，注意通风。操作人员必须经过专门培训，严格遵守操作规程。建议操作人员佩戴自吸过滤式防毒面具（半面罩），戴化学安全防护眼镜，穿防静电工作服，戴橡胶耐油手套。远离火种、热源。工作场所严禁吸烟。使用防爆型的通风系统和设备。防止蒸气泄漏到工作场所空气中。避免与氧化剂、碱类接触。充装要控制流速，防止静电积聚。搬运时要轻装轻卸，防止包装及容器损坏。配备相应品种和数量的消防器材及泄漏应急处理设备。倒空的容器可能残留有害物

储存注意事项 储存于阴凉、通风的库房。远离火种、热源。库温不宜超过 37℃。保持容器密封。应与氧化剂、碱类分开存放，切忌混储。采用防爆型照明、通风设施。禁止使用易产生火花的机械设备和工具。储区应备有泄漏应急处理设备和合适的收容材料

第八部分 接触控制/个体防护

职业接触限值

中国 未制定标准

美国(ACGIH) 未制定标准

生物接触限值 未制定标准

监测方法 空气中有毒物质测定方法：未制定标准。生物监测检验方法：未制定标准

工程控制 密闭操作，注意通风。提供安全的淋浴和洗眼设备

个体防护装备

呼吸系统防护 空气中浓度较高时，应该佩戴过滤式防毒面具（半面罩）。紧急事态抢救或撤离时，必须佩戴空气呼吸器

眼睛防护 戴化学安全防护眼镜

皮肤和身体防护 穿防静电工作服

手防护 戴橡胶耐油手套

第九部分 理化特性

外观与性状 无色液体，有令人愉快的气味

pH 值 无资料 **熔点(℃)** −71

沸点(℃) 151.2 **相对密度(水=1)** 0.89

相对蒸气密度(空气=1) 无资料

饱和蒸气压(kPa) 无资料

燃烧热(kJ/mol) 无资料 **临界温度(℃)** 无资料

临界压力(MPa) 无资料 **辛醇/水分配系数** 2.34

闪点(℃) 45（TCC） **自燃温度(℃)** 无资料

爆炸下限(%) 无资料 **爆炸上限(%)** 无资料

分解温度(℃) 无资料 **黏度(mPa·s)** 无资料

溶解性 不溶于水，溶于乙醇、乙醚

第十部分 稳定性和反应性

稳定性 稳定

危险反应 与强氧化剂等禁配物接触，有发生火灾和爆炸的危险

避免接触的条件 受热

禁配物 强氧化剂、强碱

危险的分解产物 无资料

第十一部分 毒理学信息

急性毒性

LD_{50} ＞5g/kg（大鼠经口）；＞5g/kg（豚鼠经皮）

LC_{50} 14000mg/m^3（小鼠吸入，2h）

皮肤刺激或腐蚀 无资料 **眼睛刺激或腐蚀** 无资料

呼吸或皮肤过敏 无资料 **生殖细胞突变性** 无资料

致癌性 无资料 **生殖毒性** 无资料

特异性靶器官系统毒性-一次接触 无资料

特异性靶器官系统毒性-反复接触 无资料

吸入危害 无资料

第十二部分 生态学信息

生态毒性 无资料

持久性和降解性

生物降解性 无资料

非生物降解性 无资料

潜在的生物累积性 根据 K_{ow} 值预测，该物质的生物累积性可能较弱

土壤中的迁移性 根据 K_{oc} 值预测，该物质可能有一定的迁移性

第十三部分 废弃处置

废弃化学品 建议用焚烧法处置

污染包装物 将容器返还生产商或按照国家和地方法规处置

废弃注意事项 处置前应参阅国家和地方有关法规

第十四部分 运输信息

联合国危险货物编号（UN 号） 3272

联合国运输名称 酯类，未另作规定的（正己酸甲酯）

联合国危险性类别 3 **包装类别** Ⅲ类包装

包装标志  **海洋污染物** 否

运输注意事项 运输时运输车辆应配备相应品种和数量的消防器材及泄漏应急处理设备。夏季最好早晚运输。运输时所用的槽（罐）车应有接地链，槽内可设孔隔板以减少震荡产生的静电。严禁与氧化剂、碱类、食用化学品等混装混运。运输途中应防曝晒、雨淋，防高温。中途停留时应远离火种、热源、高温区。装运该物品的车辆排气管必须配备阻火装置，禁止使用易产生火花的机械设备和工具装卸。公路运输时要按规定路线行驶，勿在居民区和人口稠密区停留。铁路运输时要禁止溜放。严禁用木船、水泥船散装运输

第十五部分 法规信息

下列法律、法规、规章和标准，对该化学品的管理作了相应的规定。

中华人民共和国职业病防治法 职业病分类和目录：未列入

危险化学品安全管理条例 危险化学品目录：列入。易制爆危险化学品名录：未列入。重点监管的危险化学品名录：未列入。GB 18218—2009《危险化学品重大危险源辨识》（表 1）：未列入

使用有毒物品作业场所劳动保护条例 高毒物品目录：未列入

易制毒化学品管理条例 易制毒化学品的分类和品种目录：未列入

国际公约 斯德哥尔摩公约：未列入。鹿特丹公约：未列入。蒙特利尔议定书：未列入

第十六部分 其他信息

编写和修订信息 **缩略语和首字母缩写**

培训建议 **参考文献**

免责声明

正 戊 胺

第一部分 化学品标识

化学品中文名 正戊胺；1-氨基戊烷

化学品英文名 *n*-pentylamine；1-aminopentane

分子式 $C_5H_{13}N$ **相对分子质量** 87.17

结构式 $CH_3CH_2CH_2CH_2CH_2NH_2$（键线式，NH_2）

化学品的推荐及限制用途 用作溶剂，用于制抗氧剂、乳化剂、杀虫剂、橡胶化学品、浮选剂，也用作化学合成中间体

第二部分 危险性概述

紧急情况概述 高度易燃液体和蒸气，造成严重的皮肤灼伤和眼损伤

GHS 危险性类别 易燃液体，类别 2；皮肤腐蚀/刺激，类别 1；严重眼损伤/眼刺激，类别 1；危害水生环境-急性危害，类别 3

标签要素

象形图 

警示词 危险

危险性说明 高度易燃液体和蒸气，造成严重的皮肤灼伤和眼损伤，造成严重眼损伤，对水生生物有害

防范说明

预防措施 远离热源、火花、明火、热表面。禁止吸烟。保持容器密闭。容器和接收设备接地连接。使用防爆电器、通风、照明设备。只能使用不产生火花的工具。采取防止静电措施。避免吸入烟雾。避免接触眼睛、皮肤，操作后彻底清洗。戴防护手套，穿防护服，戴防护眼镜、防护面罩。禁止排入环境

事故响应 火灾时，使用抗溶性泡沫、二氧化碳、干粉、砂土灭火。如吸入：将患者转移到空气新鲜处，休息，保持利于呼吸的体位，立即呼叫中毒控制中心或就医。如皮肤（或头发）接触：立即脱掉所有被污染的衣服，用水冲洗皮肤，淋浴。污染的衣服须洗净后方可重新使用。食入：漱口，不要催吐。眼睛接触：用水细心地冲洗数分钟。如戴隐形眼镜并可方便地取出，则取出隐形眼镜继续冲洗

安全储存 存放在通风良好的地方。保持低温。上锁保管

废弃处置 本品及内装物、容器依据国家和地方法规处置

物理和化学危险 高度易燃，其蒸气与空气混合，能形成爆炸性混合物

健康危害 接触胺的蒸气对眼产生刺激，液体溅入眼内可致灼伤。蒸气对皮肤有刺激性，液体可致皮肤灼伤。吸入胺蒸气引起鼻、咽黏膜和肺刺激，产生呼吸困难、咳嗽等症状

环境危害 对水生生物有害

第三部分 成分/组成信息

√物质		混合物
组分	**浓度**	**CAS No.**
正戊胺		110-58-7

第四部分 急救措施

吸入 迅速脱离现场至空气新鲜处。保持呼吸道通畅。如呼吸困难，给输氧。如呼吸、心跳停止，立即进行心肺复苏术。就医

皮肤接触 立即脱去污染的衣着，用大量流动清水彻底冲洗至少 15min。就医

眼睛接触 立即分开眼睑，用流动清水或生理盐水彻底冲洗至少 15min。就医

食入 用水漱口，禁止催吐。给饮牛奶或蛋清。就医

对保护施救者的忠告 根据需要使用个人防护设备

对医生的特别提示 对症处理

第五部分　消防措施

灭火剂　用抗溶性泡沫、二氧化碳、干粉、砂土灭火

特别危险性　与氧化剂能发生强烈反应。蒸气比空气重，沿地面扩散并易积存于低洼处，遇火源会着火回燃。具有腐蚀性。燃烧生成有害的一氧化碳、氮氧化物

灭火注意事项及防护措施　消防人员必须佩戴空气呼吸器、穿全身防火防毒服，在上风向灭火。喷水冷却容器，尽可能将容器从火场移至空旷处。容器突然发出异常声音或出现异常现象，应立即撤离

第六部分　泄漏应急处理

作业人员防护措施、防护装备和应急处置程序　消除所有点火源。根据液体流动和蒸气扩散的影响区域划定警戒区，无关人员从侧风、上风向撤离至安全区。建议应急处理人员戴正压自给式呼吸器，穿防静电、防腐蚀、防毒服，戴橡胶耐油手套。作业时使用的所有设备应接地。禁止接触或跨越泄漏物。尽可能切断泄漏源

环境保护措施　防止泄漏物进入水体、下水道、地下室或有限空间

泄漏化学品的收容、清除方法及所使用的处置材料　小量泄漏：用砂土或其他不燃材料吸收，使用洁净的无火花工具收集吸收材料。大量泄漏：构筑围堤或挖坑收容。用砂土、惰性物质或蛭石吸收大量液体。用抗溶性泡沫覆盖，减少蒸发。喷水雾能减少蒸发，但不能降低泄漏物在有限空间内的易燃性。用防爆、耐腐蚀泵转移至槽车或专用收集器内。喷雾状水驱散蒸气、稀释液体泄漏物

第七部分　操作处置与储存

操作注意事项　密闭操作，加强通风。操作人员必须经过专门培训，严格遵守操作规程。建议操作人员佩戴导管式防毒面具，穿胶布防毒衣，戴橡胶耐油手套。远离火种、热源。工作场所严禁吸烟。使用防爆型的通风系统和设备。防止蒸气泄漏到工作场所空气中。避免与还原剂、酸类接触。充装要控制流速，防止静电积聚。搬运时要轻装轻卸，防止包装及容器损坏。配备相应品种和数量的消防器材及泄漏应急处理设备。倒空的容器可能残留有害物

储存注意事项　储存于阴凉、通风的库房。远离火种、热源。库温不宜超过 37℃。保持容器密封。应与还原剂、酸类等分开存放，切忌混储。采用防爆型照明、通风设施。禁止使用易产生火花的机械设备和工具。储区应备有泄漏应急处理设备和合适的收容材料

第八部分　接触控制/个体防护

职业接触限值

中国　未制定标准

美国(ACGIH)　未制定标准

生物接触限值　未制定标准

监测方法　空气中有毒物质测定方法：未制定标准。生物监测检验方法：未制定标准

工程控制　生产过程密闭，加强通风。提供安全的淋浴和洗眼设备

个体防护装备

呼吸系统防护　可能接触其蒸气时，佩戴过滤式防毒面具（全面罩）。紧急事态抢救或撤离时，应该佩戴空气呼吸器

眼睛防护　呼吸系统防护中已作防护

皮肤和身体防护　穿隔绝式防毒服

手防护　戴橡胶耐油手套

第九部分　理化特性

外观与性状　无色液体，有刺激性气味

pH 值　无资料　　**熔点(℃)**　−55

沸点(℃)　104.5　　**相对密度(水＝1)**　0.76

相对蒸气密度(空气＝1)　3.0

饱和蒸气压(kPa)　4.65（26℃）

燃烧热(kJ/mol)　−3621.5　**临界温度(℃)**　281.6

临界压力(MPa)　3.58　　**辛醇/水分配系数**　1.05～1.49

闪点(℃)　−1（CC）；7.2（OC）

自燃温度(℃)　302

爆炸下限(%)　1.3　　**爆炸上限(%)**　9.5

分解温度(℃)　无资料　　**黏度(mPa·s)**　无资料

溶解性　溶于水、乙醇、乙醚

第十部分　稳定性和反应性

稳定性　稳定

危险反应　与强氧化剂等禁配物接触，有发生火灾和爆炸的危险

避免接触的条件　无资料

禁配物　酸类、酸酐、强还原剂

危险的分解产物　氨

第十一部分　毒理学信息

急性毒性　LD_{50}：470mg/kg（大鼠经口）

皮肤刺激或腐蚀　无资料　　**眼睛刺激或腐蚀**　无资料

呼吸或皮肤过敏　无资料　　**生殖细胞突变性**　无资料

致癌性　无资料　　**生殖毒性**　无资料

特异性靶器官系统毒性-一次接触　无资料

特异性靶器官系统毒性-反复接触　无资料

吸入危害　无资料

第十二部分　生态学信息

生态毒性　无资料

持久性和降解性

生物降解性　无资料

非生物降解性　无资料

潜在的生物累积性　根据 K_{ow} 值预测，该物质的生物累积性可能较弱

土壤中的迁移性　根据 K_{oc} 值预测，该物质可能易发生迁移

第十三部分　废弃处置

废弃化学品　建议用焚烧法处置。焚烧炉排出的氮氧化物

通过洗涤器除去

污染包装物 将容器返还生产商或按照国家和地方法规处置

废弃注意事项 处置前应参阅国家和地方有关法规

第十四部分 运输信息

联合国危险货物编号（UN 号） 1106

联合国运输名称 戊胺

联合国危险性类别 3，8

包装类别 Ⅱ类包装

包装标志  

海洋污染物 否

运输注意事项 运输时运输车辆应配备相应品种和数量的消防器材及泄漏应急处理设备。夏季最好早晚运输。运输时所用的槽（罐）车应有接地链，槽内可设孔隔板以减少震荡产生的静电。严禁与还原剂、酸类、食用化学品等混装混运。运输途中应防曝晒、雨淋，防高温。中途停留时应远离火种、热源、高温区。装运该物品的车辆排气管必须配备阻火装置，禁止使用易产生火花的机械设备和工具装卸。公路运输时要按规定路线行驶，勿在居民区和人口稠密区停留。铁路运输时要禁止溜放。严禁用木船、水泥船散装运输

第十五部分 法规信息

下列法律、法规、规章和标准，对该化学品的管理作了相应的规定。

中华人民共和国职业病防治法 职业病分类和目录：未列入

危险化学品安全管理条例 危险化学品目录：列入。易制爆危险化学品名录：未列入。重点监管的危险化学品名录：未列入。GB 18218—2009《危险化学品重大危险源辨识》（表 1）：未列入

使用有毒物品作业场所劳动保护条例 高毒物品目录：未列入

易制毒化学品管理条例 易制毒化学品的分类和品种目录：未列入

国际公约 斯德哥尔摩公约：未列入。鹿特丹公约：未列入。蒙特利尔议定书：未列入

第十六部分 其他信息

编写和修订信息 **缩略语和首字母缩写**

培训建议 **参考文献**

免责声明

重氮甲烷

第一部分 化学品标识

化学品中文名 重氮甲烷

化学品英文名 diazomethane；azimethylene；azimethane

分子式 CH_2N_2 **相对分子质量** 42.05

结构式 $H_2C—N^-═N^+═$

化学品的推荐及限制用途 用于有机合成

第二部分 危险性概述

紧急情况概述 极易燃气体，内装加压气体：遇热可能爆炸

GHS 危险性类别 易燃气体，类别 1；加压气体；致癌性，类别 1B

标签要素

象形图 

警示词 危险

危险性说明 极易燃气体，内装加压气体：遇热可能爆炸，可能致癌

防范说明

预防措施 远离热源、火花、明火、热表面。禁止吸烟。得到专门指导后操作。在阅读并了解所有安全预防措施之前，切勿操作。按要求使用个体防护装备

事故响应 漏气着火：切勿灭火，除非漏气能够安全地制止。如果没有危险，消除一切点火源。如果接触或有担心，就医

安全储存 防日晒。存放在通风良好的地方。上锁保管

废弃处置 本品及内装物、容器依据国家和地方法规处置

物理和化学危险 极易燃。受撞击、摩擦，遇明火或其他点火源极易爆炸

健康危害 对呼吸道有强烈刺激作用，并为致敏原。轻度急性中毒出现头痛、头晕、结膜及呼吸道刺激症状，高浓度吸入后立即或经一段潜伏期后出现剧烈刺激性咳嗽、呼吸困难、胸痛，伴有疲乏无力、呕吐、冷汗、脉快而弱等症状。严重者发生肺炎、肺水肿、休克、昏迷，甚至死亡。有时可出现哮喘样症状。接触液态本品可能引起冻伤

环境危害 对环境可能有害

第三部分 成分/组成信息

√物质		混合物
组分	**浓度**	**CAS No.**
重氮甲烷		334-88-3

第四部分 急救措施

吸入 迅速脱离现场至空气新鲜处。保持呼吸道通畅。如呼吸困难，给输氧。如呼吸、心跳停止，立即进行心肺复苏术。就医

皮肤接触 如发生冻伤，用温水（38～42℃）复温，忌用热水或辐射热，不要揉搓。就医

对保护施救者的忠告 根据需要使用个人防护设备

对医生的特别提示 对症处理

第五部分　消防措施

灭火剂　用雾状水、干粉、二氧化碳灭火

特别危险性　受热、接触明火、或受到摩擦、震动、撞击时可发生爆炸。未经稀释的液体或气体，在接触碱金属或粗糙的物品表面即能引起爆炸。燃烧生成有害的一氧化碳、氮气

灭火注意事项及防护措施　消防人员须戴好防毒面具，在安全距离以外，在上风向灭火。遇大火切勿轻易接近。禁止用砂土压盖

第六部分　泄漏应急处理

作业人员防护措施、防护装备和应急处置程序　根据气体的影响区域划定警戒区，无关人员从侧风、上风向撤离至安全区。消除所有点火源。建议应急处理人员戴正压自给式呼吸器，穿防静电服，戴橡胶手套。作业时使用的所有设备应接地。尽可能切断泄漏源。喷雾状水抑制蒸气或改变蒸气云流向，避免水流接触泄漏物。禁止用水直接冲击泄漏物或泄漏源

环境保护措施　防止气体通过下水道、通风系统和有限空间扩散

泄漏化学品的收容、清除方法及所使用的处置材料　隔离泄漏区直至气体散尽

第七部分　操作处置与储存

操作注意事项　严加密闭，提供充分的局部排风和全面通风。操作人员必须经过专门培训，严格遵守操作规程。建议操作人员佩戴自吸过滤式防毒面具（全面罩），穿防静电工作服，戴橡胶手套。远离火种、热源。工作场所严禁吸烟。使用防爆型的通风系统和设备。防止气体泄漏到工作场所空气中。避免与氧化剂、活性金属粉末接触。搬运时要轻装轻卸，防止包装及容器损坏。禁止震动、撞击和摩擦。配备相应品种和数量的消防器材及泄漏应急处理设备

储存注意事项　储存于阴凉、干燥、通风的爆炸品专用库房。远离火种、热源。库房温度不超过 32℃，相对湿度不超过 80%。包装必须密封，切勿受潮。应与氧化剂、活性金属粉末、食用化学品分开存放，切忌混储。配备相应品种和数量的消防器材。储区应备有泄漏应急处理设备。禁止震动、撞击和摩擦

第八部分　接触控制/个体防护

职业接触限值

中国　PC-TWA：0.35mg/m^3；PC-STEL：0.7mg/m^3

美国(ACGIH)　TLV-TWA：0.2ppm

生物接触限值　未制定标准

监测方法　空气中有毒物质测定方法：未制定标准。生物监测检验方法：未制定标准

工程控制　严加密闭，提供充分的局部排风和全面通风。提供安全的淋浴和洗眼设备

个体防护装备

呼吸系统防护　空气中浓度超标时，佩戴过滤式防毒面具（全面罩）。紧急事态抢救或撤离时，建议佩戴空气呼吸器

眼睛防护　呼吸系统防护中已作防护

皮肤和身体防护　穿防静电工作服

手防护　戴橡胶手套

第九部分　理化特性

外观与性状　黄色气体，有强刺激性气味（发霉味）

pH 值　无意义　　**熔点(℃)**　−145.0

沸点(℃)　−23.0　　**相对密度(水=1)**　1.45

相对蒸气密度(空气=1)　1.45

饱和蒸气压(kPa)　无资料

燃烧热(kJ/mol)　无资料　　**临界温度(℃)**　无资料

临界压力(MPa)　无资料　　**辛醇/水分配系数**　2.00

闪点(℃)　无意义　　**自燃温度(℃)**　100

爆炸下限(%)　无资料　　**爆炸上限(%)**　无资料

分解温度(℃)　无资料　　**黏度(mPa·s)**　无资料

溶解性　易溶于苯，溶于二噁烷，微溶于乙醇、乙醚

第十部分　稳定性和反应性

稳定性　稳定

危险反应　受热、摩擦、震动、撞击、与强氧化剂等禁配物接触，有发生火灾和爆炸的危险

避免接触的条件　受热、光照、摩擦、震动和撞击

禁配物　强氧化剂、酸、酚、醛、酮、烯、炔等

危险的分解产物　氮气

第十一部分　毒理学信息

急性毒性　LC_{50}：200mg/m^3（猫吸入，10min）

皮肤刺激或腐蚀　无资料　　**眼睛刺激或腐蚀**　无资料

呼吸或皮肤过敏　无资料

生殖细胞突变性　微生物致突变：脉孢菌 250mmol/L

致癌性　IARC 致癌性评论：组 3，现有的证据不能对人类致癌性进行分类

生殖毒性　无资料

特异性靶器官系统毒性-一次接触　无资料

特异性靶器官系统毒性-反复接触　兔长期吸入 2～12mg/L，可引起支气管炎，继之死亡

吸入危害　无资料

第十二部分　生态学信息

生态毒性　无资料

持久性和降解性

生物降解性　无资料

非生物降解性　无资料

潜在的生物累积性　根据 K_{ow} 值预测，该物质的生物累积性可能较弱

土壤中的迁移性　根据 K_{oc} 值预测，该物质可能易发生迁移

第十三部分　废弃处置

废弃化学品　根据国家和地方有关法规的要求处置。或与制造商联系，确定处置方法

污染包装物　将容器返还生产商或按照国家和地方法规

处置

废弃注意事项 处置前应参阅国家和地方有关法规

第十四部分 运输信息

联合国危险货物编号（UN号） 1954

联合国运输名称 压缩气体，易燃，未另作规定的（重氮甲烷）

联合国危险性类别 2.1 **包装类别** -

包装标志  **海洋污染物** 否

运输注意事项 凭到达地公安机关的运输证托运。本品铁路运输时限使用停止制动作用的棚车运输。货车编组，应按照《车辆编组隔离表》进行。起运时包装要完整，装载应稳妥。运输过程中要确保容器不泄漏、不倒塌、不坠落、不损坏。车速要加以控制，避免颠簸、震荡。不得与酸、碱、盐类、氧化剂、易燃可燃物、自燃物品、金属粉末等危险物品及钢铁材料器具混装。运输途中应防曝晒、雨淋，防高温。公路运输时要按规定路线行驶，中途停留时应严格选择停放地点，远离高压电源、火源和高温场所，要与其他车辆隔离并留有专人看管，禁止在居民区和人口稠密区停留。铁路运输时要禁止溜放

第十五部分 法规信息

下列法律、法规、规章和标准，对该化学品的管理作了相应的规定。

中华人民共和国职业病防治法 职业病分类和目录：未列入

危险化学品安全管理条例 危险化学品目录：列入。易制爆危险化学品名录：未列入。重点监管的危险化学品名录：未列入。GB 18218—2009《危险化学品重大危险源辨识》（表 1）：未列入

使用有毒物品作业场所劳动保护条例 高毒物品目录：未列入

易制毒化学品管理条例 易制毒化学品的分类和品种目录：未列入

国际公约 斯德哥尔摩公约：未列入。鹿特丹公约：未列入。蒙特利尔议定书：未列入

第十六部分 其他信息

编写和修订信息

缩略语和首字母缩写

培训建议

参考文献

免责声明

重铬酸铵

第一部分 化学品标识

化学品中文名 重铬酸铵；红矾铵

化学品英文名 ammonium dichromate；ammonium bichromate

分子式 $(NH_4)_2Cr_2O_7$ **相对分子质量** 252.10

化学品的推荐及限制用途 用作鞣革、媒染剂、烟花、香料合成等

第二部分 危险性概述

紧急情况概述 可加剧燃烧：氧化剂，吞咽会中毒，皮肤接触有害，吸入致命，造成严重的皮肤灼伤和眼损伤，可能导致皮肤过敏反应，吸入可能导致过敏或哮喘症状或呼吸困难

GHS危险性类别 氧化性固体，类别 2；急性毒性-经口，类别 3；急性毒性-经皮，类别 4；急性毒性-吸入，类别 2；皮肤腐蚀/刺激，类别 1B；严重眼损伤/眼刺激，类别 1；呼吸道致敏物，类别 1；皮肤致敏物，类别 1；生殖细胞致突变性，类别 1B；致癌性，类别 1A；生殖毒性，类别 1B；特异性靶器官毒性-一次接触，类别 3（呼吸道刺激）；特异性靶器官毒性-反复接触，类别 1；危害水生环境-急性危害，类别 1；危害水生环境-长期危害，类别 1

标签要素

象形图

警示词 危险

危险性说明 可加剧燃烧：氧化剂，吞咽会中毒，皮肤接触有害，吸入致命，造成严重的皮肤灼伤和眼损伤，造成严重眼损伤，可能导致皮肤过敏反应，吸入可能导致过敏或哮喘症状或呼吸困难，可能致癌，可能对生育力或胎儿造成伤害，可能引起呼吸道刺激，长时间或反复接触对器官造成损伤，对水生生物毒性非常大并具有长期持续影响

防范说明

预防措施 远离热源。远离衣物、可燃物保存。采取一切预防措施，避免与可燃物混合。避免接触眼睛、皮肤，操作后彻底清洗。作业场所不得进食、饮水或吸烟。避免吸入粉尘、蒸气。仅在室外或通风良好处操作。戴防护手套，穿防护服，戴防护眼镜、防护面罩。通风不良时，戴呼吸防护器具。得到专门指导后操作。在阅读并了解所有安全预防措施之前，切勿操作。按要求使用个体防护装备。得到专门指导后操作。操作后彻底清洗。禁止排入环境

事故响应 火灾时，根据着火原因选择适当灭火剂灭火。如吸入：将患者转移到空气新鲜处，休息，保持利于呼吸的体位。如有呼吸系统症状，呼叫中毒控制中心或就医。皮肤接触：立即脱掉所有被污染的衣服，用大量肥皂水和水清洗。如感觉不适，呼叫中毒控制中心或就医。被污染的衣服须经洗净后方可重新使用。眼睛接触：用水细心地冲洗数分钟。如戴隐形

眼镜并可方便地取出，则取出隐形眼镜继续冲洗。食入：漱口，不要催吐，立即呼叫中毒控制中心或就医。如果接触或有担心，就医。收集泄漏物

安全储存　在通风良好处储存。保持容器密闭。上锁保管

废弃处置　本品及内装物、容器依据国家和地方法规处置

物理和化学危险　助燃。与可燃物混合能形成爆炸性混合物

健康危害

急性中毒　吸入后可引起急性呼吸道刺激症状、鼻出血、声音嘶哑、鼻黏膜萎缩，有时出现哮喘和紫绀。重者可发生化学性肺炎。口服可刺激和腐蚀消化道，引起恶心、呕吐、腹痛和血便等；重者出现呼吸困难、紫绀、休克、肝损害及急性肾功能衰竭等。皮肤或眼睛接触引起刺激或灼伤，可经皮肤吸收引起中毒死亡

慢性影响　有接触性皮炎、铬溃疡、鼻炎、鼻中隔穿孔及呼吸道炎症等。六价铬为对人的确认致癌物

环境危害　对水生生物毒性非常大并具有长期持续影响

第三部分　成分/组成信息

√物质　　混合物

组分	浓度	CAS No.
重铬酸铵		7789-09-5

第四部分　急救措施

吸入　迅速脱离现场至空气新鲜处。保持呼吸道通畅。如呼吸困难，给输氧。如呼吸、心跳停止，立即进行心肺复苏术。就医

皮肤接触　脱去污染的衣着，用肥皂水和清水彻底冲洗皮肤。就医

眼睛接触　分开眼睑，用流动清水或生理盐水冲洗。就医

食入　饮足量温水，催吐。用清水或1%硫代硫酸钠溶液洗胃。给饮牛奶或蛋清。就医

对保护施救者的忠告　根据需要使用个人防护设备

对医生的特别提示　解毒剂硫代硫酸钠、二巯丙磺酸钠、二巯丁二酸钠

第五部分　消防措施

灭火剂　本品不燃。根据着火原因选择适当灭火剂灭火

特别危险性　与还原剂、有机物、易燃物（如硫、磷）或金属粉末等混合可形成爆炸性混合物。遇强酸接触会自燃。与硝酸盐、氯酸盐接触发生剧烈反应

灭火注意事项及防护措施　消防人员必须佩戴空气呼吸器、穿全身防火防毒服，在上风向灭火。尽可能将容器从火场移至空旷处。喷水保持火场容器冷却，直至灭火结束

第六部分　泄漏应急处理

作业人员防护措施、防护装备和应急处置程序　隔离泄漏污染区，限制出入。建议应急处理人员戴防尘口罩，穿防毒服，戴橡胶手套。勿使泄漏物与可燃物质（如木材、纸、油等）接触。穿上适当的防护服前严禁接触破裂的容器和泄漏物。尽可能切断泄漏源

环境保护措施　无资料

泄漏化学品的收容、清除方法及所使用的处置材料　用洁净的铲子收集泄漏物，置于干净、干燥、盖子较松的容器中，将容器移离泄漏区

第七部分　操作处置与储存

操作注意事项　密闭操作，加强通风。操作人员必须经过专门培训，严格遵守操作规程。建议操作人员佩戴头罩型电动送风过滤式防尘呼吸器，穿聚乙烯防毒服，戴橡胶手套。远离火种、热源。工作场所严禁吸烟。远离易燃、可燃物。避免产生粉尘。避免与还原剂接触。搬运时要轻装轻卸，防止包装及容器损坏。配备相应品种和数量的消防器材及泄漏应急处理设备。倒空的容器可能残留有害物

储存注意事项　储存于阴凉、通风的库房。库房温度不超过30℃，相对湿度不超过80%。远离火种、热源。包装密封。应与易（可）燃物、还原剂等分开存放，切忌混储。储区应备有合适的材料收容泄漏物

第八部分　接触控制/个体防护

职业接触限值

中国　PC-TWA：0.05mg/m^3［按Cr计］［G1］

美国(ACGIH)　TLV-TWA：0.05mg/m^3［按Cr计］

生物接触限值　尿总铬：65μmol/mol肌酐（30μg/g肌酐）（采样时间：接触1个月后工作周末的班末）

监测方法　空气中有毒物质测定方法：火焰原子吸收光谱法；二苯碳酰二肼分光光度法；三价铬和六价铬的分别测定。生物监测检验方法：尿中铬的石墨炉原子吸收光谱测定方法

工程控制　生产过程密闭，加强通风。提供安全的淋浴和洗眼设备

个体防护装备

呼吸系统防护　可能接触其粉尘时，应该佩戴过滤式防尘呼吸器

眼睛防护　戴化学安全防护眼镜

皮肤和身体防护　穿隔绝式防毒服

手防护　戴橡胶手套

第九部分　理化特性

外观与性状　橘黄色单斜结晶或粉末

pH值　3.45（10%溶液）　**熔点(℃)**　180（分解）

沸点(℃)　无资料　**相对密度(水=1)**　2.15

相对蒸气密度(空气=1)　8.7

饱和蒸气压(kPa)　无资料

燃烧热(kJ/mol)　无资料　**临界温度(℃)**　无资料

临界压力(MPa)　无意义　**辛醇/水分配系数**　无资料

闪点(℃)　无意义　**自燃温度(℃)**　190

爆炸下限(%) 无意义 **爆炸上限(%)** 无意义
分解温度(℃) 180 **黏度(mPa·s)** 无资料
溶解性 易溶于水，不溶于丙酮，溶于乙醇

第十部分 稳定性和反应性

稳定性 稳定
危险反应 与强还原剂、易燃或可燃物等禁配物接触，有发生火灾和爆炸的危险
避免接触的条件 潮湿空气
禁配物 强还原剂、易燃或可燃物、强酸、醇类、硫、磷
危险的分解产物 氮氧化物、氨

第十一部分 毒理学信息

急性毒性 LD_{50}：30mg/kg（大鼠静脉）
皮肤刺激或腐蚀 无资料 **眼睛刺激或腐蚀** 无资料
呼吸或皮肤过敏 无资料
生殖细胞突变性 DNA修复：鼠伤寒沙门氏菌 50mmol/L；枯草菌 50mmol/L
致癌性 IARC致癌性评论：组1，确认人类致癌物。对人类致癌性证据充分
生殖毒性 无资料
特异性靶器官系统毒性-一次接触 无资料
特异性靶器官系统毒性-反复接触 无资料
吸入危害 无资料

第十二部分 生态学信息

生态毒性 重铬酸盐对水生生物有极高毒性
持久性和降解性
生物降解性 无资料
非生物降解性 无资料
潜在的生物累积性 无资料
土壤中的迁移性 无资料

第十三部分 废弃处置

废弃化学品 根据国家和地方有关法规的要求处置。或与制造商联系，确定处置方法
污染包装物 将容器返还生产商或按照国家和地方法规处置
废弃注意事项 在规定场所掩埋空容器

第十四部分 运输信息

联合国危险货物编号（UN号） 1439
联合国运输名称 重铬酸铵
联合国危险性类别 5.1 **包装类别** Ⅱ类包装
包装标志 

海洋污染物 否
运输注意事项 运输时单独装运，运输过程中要确保容器不泄漏、不倒塌、不坠落、不损坏。运输时运输车辆应配备相应品种和数量的消防器材及泄漏应急处理设备。严禁与酸类、易燃物、有机物、还原剂、自燃物品、遇湿易燃物品等并车混运。运输时车速不宜过快，不得强行超车。运输车辆装卸前后，均应彻底清扫、洗净，严禁混入有机物、易燃物等杂质

第十五部分 法规信息

下列法律、法规、规章和标准，对该化学品的管理作了相应的规定。
中华人民共和国职业病防治法 职业病分类和目录：铬鼻病；六价铬化合物所致肺癌
危险化学品安全管理条例 危险化学品目录：列入。易制爆危险化学品名录：未列入。重点监管的危险化学品名录：未列入。GB 18218—2009《危险化学品重大危险源辨识》（表1）：未列入
使用有毒物品作业场所劳动保护条例 高毒物品目录：列入
易制毒化学品管理条例 易制毒化学品的分类和品种目录：未列入
国际公约 斯德哥尔摩公约：未列入。鹿特丹公约：未列入。蒙特利尔议定书：未列入

第十六部分 其他信息

编写和修订信息 **缩略语和首字母缩写**
培训建议 **参考文献**
免责声明

重铬酸钾

第一部分 化学品标识

化学品中文名 重铬酸钾；红矾钾
化学品英文名 potassium dichromate；potassium bichromate
分子式 $K_2Cr_2O_7$ **相对分子质量** 294.20
化学品的推荐及限制用途 用于皮革、火柴、印染、化学、电镀等工业

第二部分 危险性概述

紧急情况概述 可加剧燃烧：氧化剂，吞咽致命，吸入致命，造成严重的皮肤灼伤和眼损伤，可能导致皮肤过敏反应，吸入可能导致过敏或哮喘症状或呼吸困难
GHS危险性类别 氧化性固体，类别2；急性毒性-经口，类别3；急性毒性-经皮，类别4；急性毒性-吸入，类别2；皮肤腐蚀/刺激，类别1B；严重眼损伤/眼刺激，类别1；呼吸道致敏物，类别1；皮肤致敏物，类别1；生殖细胞致突变性，类别1B；致癌性，类别1A；生殖毒性，类别1B；特异性靶器官毒性-一次接触，类别3（呼吸道刺激）；特异性靶器官毒性-反复接触，类别1；危害水生环境-急性危害，类别1；危害水生环境-长期危害，类别1

标签要素

象形图

警示词　危险

危险性说明　可加剧燃烧：氧化剂，吞咽致命，皮肤接触有害，吸入致命，造成严重的皮肤灼伤和眼损伤，造成严重眼损伤，可能导致皮肤过敏反应，吸入可能导致过敏或哮喘症状或呼吸困难，可造成遗传性缺陷，可能致癌，可能对生育力或胎儿造成伤害，可能引起呼吸道刺激，长时间或反复接触对器官造成损伤，对水生生物毒性非常大并具有长期持续影响

防范说明

预防措施　远离热源。远离衣物、可燃物保存。采取一切预防措施，避免与可燃物混合。避免接触眼睛、皮肤，操作后彻底清洗。作业场所不得进食、饮水或吸烟。避免吸入粉尘、蒸气。仅在室外或通风良好处操作。戴防护手套，穿防护服，戴防护眼镜、防护面罩。得到专门指导后操作。在阅读并了解所有安全预防措施之前，切勿操作。按要求使用个体防护装备。操作后彻底清洗。禁止排入环境

事故响应　火灾时，根据着火原因选择适当灭火剂灭火。如吸入：如果呼吸困难，将患者转移到空气新鲜处，休息，保持利于呼吸的体位。皮肤接触：立即脱掉所有被污染的衣服，用大量肥皂水和水清洗。如感觉不适，呼叫中毒控制中心或就医。被污染的衣服须经洗净后方可重新使用。眼睛接触：用水细心地冲洗数分钟。如戴隐形眼镜并可方便地取出，则取出隐形眼镜继续冲洗。食入：漱口，不要催吐，立即呼叫中毒控制中心或就医。如果接触或有担心，就医。收集泄漏物

安全储存　在通风良好处储存。保持容器密闭。上锁保管

废弃处置　本品及内装物、容器依据国家和地方法规处置

物理和化学危险　助燃。与可燃物混合能形成爆炸性混合物

健康危害

急性中毒　吸入后可引起急性呼吸道刺激症状、鼻出血、声音嘶哑、鼻黏膜萎缩，有时出现哮喘和紫绀。重者可发生化学性肺炎。口服可刺激和腐蚀消化道，引起恶心、呕吐、腹痛和血便等；重者出现呼吸困难、紫绀、休克、肝损害及急性肾功能衰竭等

慢性影响　有接触性皮炎、铬溃疡、鼻炎、鼻中隔穿孔及呼吸道炎症等。六价铬为对人的确认致癌物

环境危害　对水生生物毒性非常大并具有长期持续影响

第三部分　成分/组成信息

√物质		混合物
组分	浓度	CAS No.
重铬酸钾		7778-50-9

第四部分　急救措施

吸入　迅速脱离现场至空气新鲜处。保持呼吸道通畅。如呼吸困难，给输氧。如呼吸、心跳停止，立即进行心肺复苏术。就医

皮肤接触　脱去污染的衣着，用肥皂水和清水彻底冲洗皮肤。就医

眼睛接触　分开眼睑，用流动清水或生理盐水冲洗。就医

食入　饮足量温水，催吐。用清水或 1%硫代硫酸钠溶液洗胃。给饮牛奶或蛋清。就医

对保护施救者的忠告　根据需要使用个人防护设备

对医生的特别提示　解毒剂硫代硫酸钠、二巯丙磺酸钠、二巯丁二酸钠

第五部分　消防措施

灭火剂　本品不燃。根据着火原因选择适当灭火剂灭火

特别危险性　遇强酸或高温时能释出氧气，促使有机物燃烧。与还原剂、有机物、易燃物（如硫、磷）或金属粉末等混合可形成爆炸性混合物。有水时与硫化钠混合能引起自燃。与硝酸盐、氯酸盐接触发生剧烈反应。具有较强的腐蚀性

有害燃烧产物　无意义

灭火注意事项及防护措施　消防人员必须佩戴空气呼吸器、穿全身防火防毒服，在上风向灭火。尽可能将容器从火场移至空旷处。喷水保持火场容器冷却，直至灭火结束

第六部分　泄漏应急处理

作业人员防护措施、防护装备和应急处置程序　隔离泄漏污染区，限制出入。建议应急处理人员戴防尘口罩，穿防毒服，戴橡胶手套。勿使泄漏物与可燃物质（如木材、纸、油等）接触。穿上适当的防护服前严禁接触破裂的容器和泄漏物。尽可能切断泄漏源。勿使水进入包装容器内

环境保护措施　无资料

泄漏化学品的收容、清除方法及所使用的处置材料　小量泄漏：用洁净的铲子收集泄漏物，置于干净、干燥、盖子较松的容器中，将容器移离泄漏区。大量泄漏：泄漏物回收后，用水冲洗泄漏区

第七部分　操作处置与储存

操作注意事项　密闭操作，加强通风。操作人员必须经过专门培训，严格遵守操作规程。建议操作人员佩戴头罩型电动送风过滤式防尘呼吸器，穿聚乙烯防毒服，戴橡胶手套。远离火种、热源。工作场所严禁吸烟。远离易燃、可燃物。避免产生粉尘。避免与还原剂接

触。搬运时要轻装轻卸，防止包装及容器损坏。配备相应品种和数量的消防器材及泄漏应急处理设备。倒空的容器可能残留有害物

储存注意事项 储存于阴凉、通风的库房。远离火种、热源。库房温度不超过30℃，相对湿度不超过80%。包装密封。应与易（可）燃物、还原剂等分开存放，切忌混储。储区应备有合适的材料收容泄漏物

第八部分 接触控制/个体防护

职业接触限值

中国 PC-TWA：0.05mg/m³［按Cr计］［G1］

美国(ACGIH) TLV-TWA：0.05mg/m³［按Cr计］

生物接触限值 尿总铬：65μmol/mol肌酐（30μg/g肌酐）（采样时间：接触1个月后工作周末的班末）

监测方法 空气中有毒物质测定方法：火焰原子吸收光谱法；二苯碳酰二肼分光光度法；三价铬和六价铬的分别测定。生物监测检验方法：尿中铬的石墨炉原子吸收光谱测定方法

工程控制 生产过程密闭，加强通风。提供安全的淋浴和洗眼设备

个体防护装备

呼吸系统防护 可能接触其粉尘时，应该佩戴过滤式防尘呼吸器

眼睛防护 戴化学安全防护眼镜

皮肤和身体防护 穿隔绝式防毒服

手防护 戴橡胶手套

第九部分 理化特性

外观与性状 橘红色结晶

pH值 无意义 **熔点(℃)** 398

沸点(℃) 500（分解） **相对密度(水=1)** 2.68

相对蒸气密度(空气=1) 无资料

饱和蒸气压(kPa) 无资料

燃烧热(kJ/mol) 无资料 **临界温度(℃)** 无资料

临界压力(MPa) 无意义 **辛醇/水分配系数** 无资料

闪点(℃) 无意义 **自燃温度(℃)** 无意义

爆炸下限(%) 无意义 **爆炸上限(%)** 无意义

分解温度(℃) 500 **黏度(mPa·s)** 无资料

溶解性 溶于水，不溶于乙醇，溶于苯、二甲基亚砜

第十部分 稳定性和反应性

稳定性 稳定

危险反应 与强还原剂、易燃或可燃物等禁配物接触，有发生火灾和爆炸的危险

避免接触的条件 潮湿空气

禁配物 强还原剂、易燃或可燃物、酸类、活性金属粉末、硫、磷

危险的分解产物 无资料

第十一部分 毒理学信息

急性毒性 LD_{50}：25mg/kg（大鼠经口）；190mg/kg（小鼠经口）；14mg/kg（兔经皮）

皮肤刺激或腐蚀 无资料

眼睛刺激或腐蚀 家兔经眼：140mg，重度刺激

呼吸或皮肤过敏 吸入可能导致过敏或哮喘症状或呼吸困难，可能导致皮肤过敏反应

生殖细胞突变性 微生物致突变：鼠伤寒沙门氏菌100μg/皿；大肠杆菌1600μmol/L；酿酒酵母菌60mg/L。微核试验：小鼠腹腔注射50mg/kg。姐妹染色单体交换：小鼠淋巴细胞1μmol/L

致癌性 IARC致癌性评论：组1，确认人类致癌物。对人类致癌性证据充分

生殖毒性 大、小鼠孕后不同时间经口给予不同剂量，致肌肉骨骼系统、颅面部（包括鼻、舌）、血液和淋巴系统（包括脾和骨髓）发育畸形。小鼠经口最低中毒剂量（TDLo）：1710mg/kg（孕19d），致胚胎发育迟缓，面部发育异常

特异性靶器官系统毒性-一次接触 无资料

特异性靶器官系统毒性-反复接触 无资料

吸入危害 无资料

第十二部分 生态学信息

生态毒性 重铬酸盐对水生生物有极高毒性

持久性和降解性

生物降解性 无资料

非生物降解性 无资料

潜在的生物累积性 无资料

土壤中的迁移性 无资料

第十三部分 废弃处置

废弃化学品 根据国家和地方有关法规的要求处置。或与制造商联系，确定处置方法

污染包装物 将容器返还生产商或按照国家和地方法规处置

废弃注意事项 在规定场所掩埋空容器

第十四部分 运输信息

联合国危险货物编号(UN号) 3086

联合国运输名称 毒性固体，氧化性，未另作规定的（重铬酸钾）

联合国危险性类别 6.1，5.1

包装类别 Ⅱ类包装

包装标志 

海洋污染物 是

运输注意事项 运输时单独装运，运输过程中要确保容器不泄漏、不倒塌、不坠落、不损坏。运输时运输车辆应配备相应品种和数量的消防器材及泄漏应急处理设备。严禁与酸类、易燃物、有机物、还原剂、自燃物品、遇湿易燃物品等并车混运。运输时车速不宜过快，不得强行超车。运输车辆装卸前后，均应彻底清扫、洗净，严禁混入有机物、易燃物等杂质

第十五部分 法规信息

下列法律、法规、规章和标准，对该化学品的管理作

了相应的规定。

中华人民共和国职业病防治法 职业病分类和目录：铬鼻病；六价铬化合物所致肺癌

危险化学品安全管理条例 危险化学品目录：列入。易制爆危险化学品名录：列入。重点监管的危险化学品名录：未列入。GB 18218—2009《危险化学品重大危险源辨识》(表1)：未列入

使用有毒物品作业场所劳动保护条例 高毒物品目录：列入

易制毒化学品管理条例 易制毒化学品的分类和品种目录：未列入

国际公约 斯德哥尔摩公约：未列入。鹿特丹公约：未列入。蒙特利尔议定书：未列入

第十六部分 其他信息

编写和修订信息 **缩略语和首字母缩写**
培训建议 **参考文献**
免责声明

重铬酸钠

第一部分 化学品标识

化学品中文名 重铬酸钠；红矾钠

化学品英文名 sodium dichromate；sodium bichromate

分子式 $Na_2Cr_2O_7 \cdot 2H_2O$ **相对分子质量** 298.02

化学品的推荐及限制用途 用于印染、制革、化学、医药、电镀等

第二部分 危险性概述

紧急情况概述 可加剧燃烧：氧化剂，吞咽会中毒，吸入致命，造成严重的皮肤灼伤和眼损伤，可能导致皮肤过敏反应，吸入可能导致过敏或哮喘症状或呼吸困难

GHS危险性类别 氧化性固体，类别2；急性毒性-经口，类别3；急性毒性-经皮，类别4；急性毒性-吸入，类别2；皮肤腐蚀/刺激，类别1B；严重眼损伤/眼刺激，类别1；呼吸道致敏物，类别1；皮肤致敏物，类别1；生殖细胞致突变性，类别1B；致癌性，类别1A；生殖毒性，类别1B；特异性靶器官毒性—一次接触，类别3（呼吸道刺激）；特异性靶器官毒性-反复接触，类别1；危害水生环境-急性危害，类别1；危害水生环境-长期危害，类别1

标签要素

象形图

警示词 危险

危险性说明 可加剧燃烧：氧化剂，吞咽会中毒，皮肤接触有害，吸入致命，造成严重的皮肤灼伤和眼损伤，造成严重眼损伤，可能导致皮肤过敏反应，吸入可能导致过敏或哮喘症状或呼吸困难，可能致癌，可能对生育力或胎儿造成伤害，可能引起呼吸道刺激，长时间或反复接触对器官造成损伤，对水生生物毒性非常大并具有长期持续影响

防范说明

预防措施 远离热源。远离衣物、可燃物保存。采取一切预防措施，避免与可燃物混合。避免接触眼睛、皮肤，操作后彻底清洗。作业场所不得进食、饮水或吸烟。避免吸入粉尘、蒸气。仅在室外或通风良好处操作。戴防护手套，穿防护服，戴防护眼镜、防护面罩。得到专门指导后操作。在阅读并了解所有安全预防措施之前，切勿操作。按要求使用个体防护装备。禁止排入环境

事故响应 火灾时，根据着火原因选择适当灭火剂灭火。如吸入：如果呼吸困难，将患者转移到空气新鲜处，休息，保持利于呼吸的体位。如有呼吸系统症状，呼叫中毒控制中心或就医。皮肤接触：立即脱掉所有被污染的衣服，用大量肥皂水和水清洗。如感觉不适，呼叫中毒控制中心或就医。被污染的衣服须经洗净后方可重新使用。眼睛接触：用水细心地冲洗数分钟。如戴隐形眼镜并可方便地取出，则取出隐形眼镜继续冲洗。食入：漱口，不要催吐，立即呼叫中毒控制中心或就医。如果接触或有担心，就医。收集泄漏物

安全储存 在通风良好处储存。保持容器密闭。上锁保管

废弃处置 本品及内装物、容器依据国家和地方法规处置

物理和化学危险 助燃。与可燃物混合能形成爆炸性混合物

健康危害

急性中毒 吸入后可引起急性呼吸道刺激症状、鼻出血、声音嘶哑、鼻黏膜萎缩，有时出现哮喘和紫绀。重者可发生化学性肺炎。口服可刺激和腐蚀消化道，引起恶心、呕吐、腹痛、血便等；重者出现呼吸困难、紫绀、休克、肝损害及急性肾功能衰竭等

慢性影响 有接触性皮炎、铬溃疡、鼻炎、鼻中隔穿孔及呼吸道炎症等。六价铬为对人的确认致癌物

环境危害 对水生生物毒性非常大并具有长期持续影响

第三部分 成分/组成信息

√物质		混合物
组分	**浓度**	**CAS No.**
重铬酸钠		10588-01-9

第四部分 急救措施

吸入 迅速脱离现场至空气新鲜处。保持呼吸道通畅。如呼吸困难，给输氧。如呼吸、心跳停止，立即进行心肺复苏术。就医

皮肤接触 脱去污染的衣着，用肥皂水和清水彻底冲洗皮

肤。就医

眼睛接触 分开眼睑，用流动清水或生理盐水冲洗。就医

食入 饮足量温水，催吐。用清水或 1%硫代硫酸钠溶液洗胃。给饮牛奶或蛋清。就医

对保护施救者的忠告 根据需要使用个人防护设备

对医生的特别提示 解毒剂硫代硫酸钠、二巯丙磺酸钠、二巯丁二酸钠

第五部分 消防措施

灭火剂 本品不燃。根据着火原因选择适当灭火剂灭火

特别危险性 遇强酸或高温时能释出氧气，促使有机物燃烧。与硝酸盐、氯酸盐接触发生剧烈反应。有水时与硫化钠混合能引起自燃。具有较强的腐蚀性

灭火注意事项及防护措施 消防人员必须佩戴空气呼吸器、穿全身防火防毒服，在上风向灭火。尽可能将容器从火场移至空旷处。喷水保持火场容器冷却，直至灭火结束

第六部分 泄漏应急处理

作业人员防护措施、防护装备和应急处置程序 隔离泄漏污染区，限制出入。建议应急处理人员戴防尘口罩，穿防毒服，戴橡胶手套。勿使泄漏物与可燃物质（如木材、纸、油等）接触。穿上适当的防护服前严禁接触破裂的容器和泄漏物。尽可能切断泄漏源。勿使水进入包装容器内

环境保护措施 无资料

泄漏化学品的收容、清除方法及所使用的处置材料 小量泄漏：用洁净的铲子收集泄漏物，置于干净、干燥、盖子较松的容器中，将容器移离泄漏区。大量泄漏：泄漏物回收后，用水冲洗泄漏区

第七部分 操作处置与储存

操作注意事项 密闭操作，加强通风。操作人员必须经过专门培训，严格遵守操作规程。建议操作人员佩戴头罩型电动送风过滤式防尘呼吸器，穿聚乙烯防毒服，戴橡胶手套。远离火种、热源。工作场所严禁吸烟。避免产生粉尘。避免与还原剂、醇类接触。搬运时要轻装轻卸，防止包装及容器损坏。配备相应品种和数量的消防器材及泄漏应急处理设备。倒空的容器可能残留有害物

储存注意事项 储存于阴凉、干燥、通风良好的专用库房内。远离火种、热源。库房温度不超过 30℃，相对湿度不超过 80%。包装密封。应与还原剂、醇类等分开存放，切忌混储。储区应备有合适的材料收容泄漏物

第八部分 接触控制/个体防护

职业接触限值

中国 PC-TWA：0.05mg/m³ ［按 Cr 计］［G1］

美国(ACGIH) TLV-TWA：0.05mg/m³ ［按 Cr 计］

生物接触限值 尿总铬：65μmol/mol 肌酐（30μg/g 肌酐）（采样时间：接触 1 个月后工作周末的班末）

监测方法 空气中有毒物质测定方法：火焰原子吸收光谱法；二苯碳酰二肼分光光度法；三价铬和六价铬的分别测定。生物监测检验方法：尿中铬的石墨炉原子吸收光谱测定方法

工程控制 生产过程密闭，加强通风。提供安全淋浴和洗眼设备

个体防护装备

呼吸系统防护 可能接触其粉尘时，应该佩戴过滤式防尘呼吸器

眼睛防护 戴化学安全防护眼镜

皮肤和身体防护 穿隔绝式防毒服

手防护 戴橡胶手套

第九部分 理化特性

外观与性状 橘红色结晶，易潮解

pH 值 无意义 **熔点(℃)** 357（无水）

沸点(℃) 400（分解） **相对密度(水=1)** 2.52

相对蒸气密度(空气=1) 无资料

饱和蒸气压(kPa) 无资料

燃烧热(kJ/mol) 无资料 **临界温度(℃)** 无资料

临界压力(MPa) 无意义 **辛醇/水分配系数** 无资料

闪点(℃) 无意义 **自燃温度(℃)** 无意义

爆炸下限(%) 无意义 **爆炸上限(%)** 无意义

分解温度(℃) 400 **黏度(mPa·s)** 无资料

溶解性 溶于水，不溶于醇

第十部分 稳定性和反应性

稳定性 稳定

危险反应 与强还原剂、易燃或可燃物等禁配物接触，有发生火灾和爆炸的危险

避免接触的条件 潮湿空气

禁配物 强还原剂、醇类、水、活性金属粉末、硫、磷、强酸

危险的分解产物 无资料

第十一部分 毒理学信息

急性毒性 LD_{50}：50mg/kg（大鼠经口）

皮肤刺激或腐蚀 无资料 **眼睛刺激或腐蚀** 无资料

呼吸或皮肤过敏 无资料

生殖细胞突变性 微生物致突变：鼠伤寒沙门氏菌 50μg/皿。DNA 损伤：大鼠肝 10μmol/L。姐妹染色单体交换：仓鼠肺 140μg/L

致癌性 IARC 致癌性评论：组 1，对人类是致癌物

生殖毒性 大鼠腹腔注射最低中毒剂量（TDLo)：20mg/kg（染毒 8 周，雄性），影响精子生成

特异性靶器官系统毒性-一次接触 无资料

特异性靶器官系统毒性-反复接触 无资料

吸入危害 无资料

第十二部分 生态学信息

生态毒性

LC_{50} 18～133mg/L（96h）（鱼）

IC_{50} 0.58mg/L（72h）（藻类）

持久性和降解性

生物降解性 无资料

非生物降解性 无资料

潜在的生物累积性 无资料

土壤中的迁移性 无资料

第十三部分 废弃处置

废弃化学品 根据国家和地方有关法规的要求处置。或与制造商联系，确定处置方法

污染包装物 将容器返还生产商或按照国家和地方法规处置

废弃注意事项 处置前应参阅国家和地方有关法规。把倒空的容器归还厂商或在规定场所掩埋

第十四部分 运输信息

联合国危险货物编号（UN号） 3086

联合国运输名称 毒性固体，氧化性，未另作规定的（重铬酸钠）

联合国危险性类别 6.1，5.1

包装类别 Ⅱ类包装

包装标志 

海洋污染物 是

运输注意事项 运输时单独装运，运输过程中要确保容器不泄漏、不倒塌、不坠落、不损坏。运输时运输车辆应配备相应品种和数量的消防器材及泄漏应急处理设备。严禁与酸类、易燃物、有机物、还原剂、自燃物品、遇湿易燃物品等并车混运。运输时车速不宜过快，不得强行超车。运输车辆装卸前后，均应彻底清扫、洗净，严禁混入有机物、易燃物等杂质

第十五部分 法规信息

下列法律、法规、规章和标准，对该化学品的管理作了相应的规定。

中华人民共和国职业病防治法 职业病分类和目录：铬鼻病；六价铬化合物所致肺癌

危险化学品安全管理条例 危险化学品目录：列入。易制爆危险化学品名录：列入。重点监管的危险化学品名录：未列入。GB 18218—2009《危险化学品重大危险源辨识》（表1）：未列入

使用有毒物品作业场所劳动保护条例 高毒物品目录：列入

易制毒化学品管理条例 易制毒化学品的分类和品种目录：未列入

国际公约 斯德哥尔摩公约：未列入。鹿特丹公约：未列入。蒙特利尔议定书：未列入

第十六部分 其他信息

编写和修订信息 **缩略语和首字母缩写**

培训建议 **参考文献**

免责声明

仲 丁 胺

第一部分 化学品标识

化学品中文名 仲丁胺；2-氨基丁烷

化学品英文名 *sec*-butylamine；2-aminobutane

分子式 $C_4H_{11}N$ **相对分子质量** 73.1

结构式 NH_2

化学品的推荐及限制用途 用作有机合成的中间体、化学试剂、抑真菌剂

第二部分 危险性概述

紧急情况概述 高度易燃液体和蒸气，吞咽有害，吸入有害，造成严重的皮肤灼伤和眼损伤

GHS危险性类别 易燃液体，类别2；急性毒性-经口，类别4；急性毒性-吸入，类别4；皮肤腐蚀/刺激，类别1A；严重眼损伤/眼刺激，类别1；危害水生环境-急性危害，类别1

标签要素

象形图

警示词 危险

危险性说明 高度易燃液体和蒸气，吞咽有害，吸入有害，造成严重的皮肤灼伤和眼损伤，造成严重眼损伤，对水生生物毒性非常大

防范说明

预防措施 远离热源、火花、明火、热表面。禁止吸烟。保持容器密闭。容器和接收设备接地连接。使用防爆电器、通风、照明设备。只能使用不产生火花的工具。采取防止静电措施。避免接触眼睛、皮肤，操作后彻底清洗。作业场所不得进食、饮水或吸烟。避免吸入蒸气、雾。仅在室外或通风良好处操作。戴防护手套，穿防护服，戴防护眼镜、防护面罩。禁止排入环境

事故响应 火灾时，使用抗溶性泡沫、二氧化碳、干粉、砂土灭火。如吸入：将患者转移到空气新鲜处，休息，保持利于呼吸的体位。皮肤（或头发）接触：立即脱掉所有被污染的衣服，用水冲洗皮肤，淋浴。污染的衣服须洗净后方可重新使用。眼睛接触：用水细心地冲洗数分钟。如戴隐形眼镜并可方便地取出，则取出隐形眼镜继续冲洗。食入：漱口，不要催吐，如果感觉不适，立即呼叫中毒控制中心或就医。收集泄漏物

安全储存 存放在通风良好的地方。保持低温。上锁保管

废弃处置 本品及内装物、容器依据国家和地方法规处置

物理和化学危险 高度易燃，其蒸气与空气混合，能形成爆炸性混合物

健康危害 接触胺的蒸气对眼产生刺激，液体溅入眼内可致灼伤。蒸气对皮肤有刺激性，液体可致皮肤灼伤。吸入胺蒸气引起鼻、咽黏膜和肺刺激，产生呼吸困难、咳嗽等症状

环境危害 对水生生物毒性非常大

第三部分 成分/组成信息

√物质		混合物
组分	**浓度**	**CAS No.**
仲丁胺		13952-84-6

第四部分 急救措施

吸入 迅速脱离现场至空气新鲜处。保持呼吸道通畅。如呼吸困难，给输氧。如呼吸、心跳停止，立即进行心肺复苏术。就医

皮肤接触 立即脱去污染的衣着，用大量流动清水彻底冲洗至少15min。就医

眼睛接触 立即分开眼睑，用流动清水或生理盐水彻底冲洗至少15min。就医

食入 用水漱口，禁止催吐。给饮牛奶或蛋清。就医

对保护施救者的忠告 根据需要使用个人防护设备

对医生的特别提示 对症处理

第五部分 消防措施

灭火剂 用抗溶性泡沫、二氧化碳、干粉、砂土灭火

特别危险性 与氧化剂能发生强烈反应。蒸气比空气重，沿地面扩散并易积存于低洼处，遇火源会着火回燃。燃烧生成有害的一氧化碳、氮氧化物

灭火注意事项及防护措施 消防人员必须佩戴空气呼吸器、穿全身防火防毒服，在上风向灭火。喷水冷却容器，尽可能将容器从火场移至空旷处。容器突然发出异常声音或出现异常现象，应立即撤离

第六部分 泄漏应急处理

作业人员防护措施、防护装备和应急处置程序 消除所有点火源。根据液体流动和蒸气扩散的影响区域划定警戒区，无关人员从侧风、上风向撤离至安全区。建议应急处理人员戴正压自给式呼吸器，穿防静电、防腐蚀、防毒服，戴橡胶耐油手套。作业时使用的所有设备应接地。禁止接触或跨越泄漏物。尽可能切断泄漏源

环境保护措施 防止泄漏物进入水体、下水道、地下室或有限空间

泄漏化学品的收容、清除方法及所使用的处置材料 小量泄漏：用砂土或其他不燃材料吸收，使用洁净的无火花工具收集吸收材料。大量泄漏：构筑围堤或挖坑收容。用抗溶性泡沫覆盖，减少蒸发。喷水雾能减少蒸发，但不能降低泄漏物在有限空间内的易燃性。用防爆、耐腐蚀泵转移至槽车或专用收集器内

第七部分 操作处置与储存

操作注意事项 密闭操作，加强通风。操作人员必须经过专门培训，严格遵守操作规程。建议操作人员佩戴导管式防毒面具，穿胶布防毒衣，戴橡胶耐油手套。远离火种、热源。工作场所严禁吸烟。使用防爆型的通风系统和设备。防止蒸气泄漏到工作场所空气中。避免与氧化剂、酸类接触。充装要控制流速，防止静电积聚。搬运时要轻装轻卸，防止包装及容器损坏。配备相应品种和数量的消防器材及泄漏应急处理设备。倒空的容器可能残留有害物

储存注意事项 储存于阴凉、通风的库房。远离火种、热源。库温不宜超过37℃。保持容器密封。应与氧化剂、酸类等分开存放，切忌混储。采用防爆型照明、通风设施。禁止使用易产生火花的机械设备和工具。储区应备有泄漏应急处理设备和合适的收容材料

第八部分 接触控制/个体防护

职业接触限值

中国 未制定标准

美国(ACGIH) 未制定标准

生物接触限值 未制定标准

监测方法 空气中有毒物质测定方法：未制定标准。生物监测检验方法：未制定标准

工程控制 生产过程密闭，加强通风。提供安全的淋浴和洗眼设备

个体防护装备

呼吸系统防护 可能接触其蒸气时，佩戴过滤式防毒面具（全面罩）。紧急事态抢救或撤离时，应该佩戴空气呼吸器

眼睛防护 呼吸系统防护中已作防护

皮肤和身体防护 穿隔绝式防毒服

手防护 戴橡胶耐油手套

第九部分 理化特性

外观与性状 无色透明液体，有氨味

pH值 无资料　**熔点(℃)** −104

沸点(℃) 63

相对密度(水=1) 0.724（20℃）

相对蒸气密度(空气=1) 2.52

饱和蒸气压(kPa) 23.7（25℃）

燃烧热(kJ/mol) −3008.6　**临界温度(℃)** 241

临界压力(MPa) 4.2　**辛醇/水分配系数** 0.74

闪点(℃) −28.7；−9(CC)　**自燃温度(℃)** 378

爆炸下限(%) 1.4　**爆炸上限(%)** 10

分解温度(℃) 无资料　**黏度(mPa·s)** 无资料

溶解性 溶于水，混溶于乙醇、乙醚、丙酮等多数有机溶剂

第十部分 稳定性和反应性

稳定性 稳定

危险反应 与强氧化剂等禁配物接触，有发生火灾和爆炸的危险

避免接触的条件 无资料

禁配物 酸类、酸酐、强氧化剂、二氧化碳

危险的分解产物 氨

第十一部分 毒理学信息

急性毒性 LD_{50}：152mg/kg（大鼠经口）；2500mg/kg（兔经皮）

皮肤刺激或腐蚀 无资料　**眼睛刺激或腐蚀** 无资料

呼吸或皮肤过敏 无资料　**生殖细胞突变性** 无资料

致癌性 无资料 **生殖毒性** 无资料

特异性靶器官系统毒性-一次接触 无资料

特异性靶器官系统毒性-反复接触 无资料

吸入危害 无资料

第十二部分 生态学信息

生态毒性 无资料

持久性和降解性

生物降解性 MITI-Ⅱ测试，初始浓度 30ppm，污泥浓度 100ppm，4 周后降解 53%～100%

非生物降解性 空气中，当羟基自由基浓度为5.00×10^5个/cm^3时，降解半衰期为 9h（理论）

潜在的生物累积性 根据 K_{ow}值预测，该物质的生物累积性可能较弱

土壤中的迁移性 根据 K_{oc}值预测，该物质可能易发生迁移

第十三部分 废弃处置

废弃化学品 建议用焚烧法处置。焚烧炉排出的氮氧化物通过洗涤器除去

污染包装物 将容器返还生产商或按照国家和地方法规处置

废弃注意事项 处置前应参阅国家和地方有关法规

第十四部分 运输信息

联合国危险货物编号（UN 号） 2733

联合国运输名称 胺，易燃，腐蚀性，未另作规定的（仲丁胺）

联合国危险性类别 3，8

包装类别 Ⅱ类包装

包装标志 

海洋污染物 是

运输注意事项 运输时运输车辆应配备相应品种和数量的消防器材及泄漏应急处理设备。夏季最好早晚运输。运输时所用的槽（罐）车应有接地链，槽内可设孔隔板以减少震荡产生的静电。严禁与氧化剂、酸类、食用化学品等混装混运。运输途中应防曝晒、雨淋，防高温。中途停留时应远离火种、热源、高温区。装运该物品的车辆排气管必须配备阻火装置，禁止使用易产生火花的机械设备和工具装卸。公路运输时要按规定路线行驶，勿在居民区和人口稠密区停留。铁路运输时要禁止溜放。严禁用木船、水泥船散装运输

第十五部分 法规信息

下列法律、法规、规章和标准，对该化学品的管理作了相应的规定。

中华人民共和国职业病防治法 职业病分类和目录：未列入

危险化学品安全管理条例 危险化学品目录：列入。易制爆危险化学品名录：未列入。重点监管的危险化学品名录：未列入。GB 18218—2009《危险化学品重大危险源辨识》（表 1）：未列入

使用有毒物品作业场所劳动保护条例 高毒物品目录：未列入

易制毒化学品管理条例 易制毒化学品的分类和品种目录：未列入

国际公约 斯德哥尔摩公约：未列入。鹿特丹公约：未列入。蒙特利尔议定书：未列入

第十六部分 其他信息

编写和修订信息 **缩略语和首字母缩写**

培训建议 **参考文献**

免责声明

仲丁基苯

第一部分 化学品标识

化学品中文名 仲丁基苯；仲丁苯

化学品英文名 *sec*-butylbenzene；2-phenylbutane

分子式 $C_{10}H_{14}$ **相对分子质量** 134.22

结构式

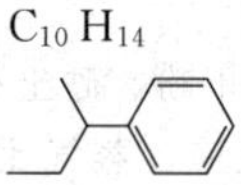

化学品的推荐及限制用途 用作涂料和有机合成溶剂、增塑剂、表面活性剂

第二部分 危险性概述

紧急情况概述 易燃液体和蒸气

GHS 危险性类别 易燃液体，类别 3；急性毒性-经口，类别 5；危害水生环境-急性危害，类别 3；危害水生环境-长期危害，类别 3

标签要素

象形图 

警示词 警告

危险性说明 易燃液体和蒸气，皮肤接触可能有害，对水生生物有害并具有长期持续影响

防范说明

预防措施 远离热源、火花、明火、热表面。禁止吸烟。保持容器密闭。容器和接收设备接地连接。使用防爆电器、通风、照明设备。只能使用不产生火花的工具。采取防止静电措施。戴防护手套、防护眼镜、防护面罩。禁止排入环境

事故响应 火灾时，使用泡沫、二氧化碳、干粉、砂土灭火。如皮肤（或头发）接触：立即脱掉所有被污染的衣服，用水冲洗皮肤，淋浴。如感觉不适，呼叫中毒控制中心或就医

安全储存 存放在通风良好的地方。保持低温

废弃处置 本品及内装物、容器依据国家和地方法规处置

物理和化学危险 易燃，其蒸气与空气混合，能形成爆炸性混合物

健康危害 吸入、口服或经皮肤吸收对身体有害。具有刺激性

环境危害 对水生生物有害并具有长期持续影响

第三部分 成分/组成信息

√物质		混合物
组分	**浓度**	**CAS No.**
仲丁基苯		135-98-8

第四部分 急救措施

吸入 迅速脱离现场至空气新鲜处。保持呼吸道通畅。如呼吸困难，给输氧。如呼吸、心跳停止，立即进行心肺复苏术。就医

皮肤接触 立即脱去污染的衣着，用流动清水彻底冲洗。就医

眼睛接触 立即分开眼睑，用流动清水或生理盐水彻底冲洗。就医

食入 漱口，饮水。就医

对保护施救者的忠告 根据需要使用个人防护设备

对医生的特别提示 对症处理

第五部分 消防措施

灭火剂 用泡沫、二氧化碳、干粉、砂土灭火

特别危险性 易燃，遇高热、明火及强氧化剂易引起燃烧。燃烧生成有害的一氧化碳

灭火注意事项及防护措施 消防人员必须佩戴空气呼吸器、穿全身防火防毒服，在上风向灭火。喷水冷却容器，尽可能将容器从火场移至空旷处。容器突然发出异常声音或出现异常现象，应立即撤离

第六部分 泄漏应急处理

作业人员防护措施、防护装备和应急处置程序 消除所有点火源。根据液体流动和蒸气扩散的影响区域划定警戒区，无关人员从侧风、上风向撤离至安全区。建议应急处理人员戴正压自给式呼吸器，穿防静电服，戴橡胶耐油手套。作业时使用的所有设备应接地。禁止接触或跨越泄漏物。尽可能切断泄漏源

环境保护措施 防止泄漏物进入水体、下水道、地下室或有限空间

泄漏化学品的收容、清除方法及所使用的处置材料 小量泄漏：用砂土或其他不燃材料吸收，使用洁净的无火花工具收集吸收材料。大量泄漏：构筑围堤或挖坑收容。用泡沫覆盖，减少蒸发。喷水雾能减少蒸发，但不能降低泄漏物在有限空间内的易燃性。用防爆泵转移至槽车或专用收集器内

第七部分 操作处置与储存

操作注意事项 密闭操作，加强通风。操作人员必须经过专门培训，严格遵守操作规程。建议操作人员佩戴过滤式防毒面具（半面罩），戴化学安全防护眼镜，穿防毒物渗透工作服，戴橡胶耐油手套。远离火种、热源。工作场所严禁吸烟。使用防爆型的通风系统和设备。防止蒸气泄漏到工作场所空气中。避免与氧化剂接触。灌装时应控制流速，且有接地装置，防止静电积聚。搬运时要轻装轻卸，防止包装及容器损坏。配备相应品种和数量的消防器材及泄漏应急处理设备。倒空的容器可能残留有害物

储存注意事项 储存于阴凉、通风的库房。库温不宜超过37℃。远离火种、热源。保持容器密封。应与氧化剂分开存放，切忌混储。采用防爆型照明、通风设施。禁止使用易产生火花的机械设备和工具。储区应备有泄漏应急处理设备和合适的收容材料

第八部分 接触控制/个体防护

职业接触限值

中国 未制定标准

美国(ACGIH) 未制定标准

生物接触限值 未制定标准

监测方法 空气中有毒物质测定方法：未制定标准。生物监测检验方法：未制定标准

工程控制 生产过程密闭，加强通风

个体防护装备

呼吸系统防护 空气中浓度超标时，佩戴过滤式防毒面具（半面罩）。紧急事态抢救或撤离时，建议佩戴空气呼吸器

眼睛防护 必要时，戴化学安全防护眼镜

皮肤和身体防护 穿防毒物渗透工作服

手防护 戴橡胶耐油手套

第九部分 理化特性

外观与性状 无色透明液体

pH 值 无资料 **熔点(℃)** −82.7

沸点(℃) 173.5 **相对密度(水=1)** 0.86

相对蒸气密度(空气=1) 4.62

饱和蒸气压(kPa) 0.13（18.6℃）

燃烧热(kJ/mol) 无资料 **临界温度(℃)** 377

临界压力(MPa) 3.14 **辛醇/水分配系数** 4.57

闪点(℃) 45 **自燃温度(℃)** 415

爆炸下限(%) 0.8 **爆炸上限(%)** 6.9

分解温度(℃) 无资料 **黏度(mPa·s)** 无资料

溶解性 不溶于水，溶于乙醇、乙醚、苯等多数有机溶剂

第十部分 稳定性和反应性

稳定性 稳定

危险反应 与强氧化剂等禁配物接触，有发生火灾和爆炸的危险

避免接触的条件 无资料

禁配物 强氧化剂、酸类、卤素等

危险的分解产物 无资料

第十一部分 毒理学信息

急性毒性 LD_{50}：6300mg/kg(大鼠经口)；＞16ml (13760mg)/kg（兔经皮）

皮肤刺激或腐蚀 家兔经皮：100mg（24h），中度刺激

眼睛刺激或腐蚀 家兔经眼：500mg（24h），轻度刺激

呼吸或皮肤过敏 无资料 **生殖细胞突变性** 无资料

致癌性 无资料 **生殖毒性** 无资料

特异性靶器官系统毒性-一次接触 无资料

特异性靶器官系统毒性-反复接触 无资料

吸入危害 无资料

第十二部分 生态学信息

生态毒性 根据结构类似物质预测，该物质对水生生物有害

持久性和降解性

生物降解性 活性污泥法，初始浓度 100mg/L，5d 后降解 56%～67%

非生物降解性 无资料

潜在的生物累积性 根据 K_{ow} 值预测，该物质可能有较高的生物累积性

土壤中的迁移性 根据 K_{oc} 值预测，该物质的迁移性可能较弱

第十三部分 废弃处置

废弃化学品 建议用焚烧法处置

污染包装物 将容器返还生产商或按照国家和地方法规处置

废弃注意事项 处置前应参阅国家和地方有关法规

第十四部分 运输信息

联合国危险货物编号（UN 号） 2709

联合国运输名称 丁基苯

联合国危险性类别 3 **包装类别** Ⅲ类包装

包装标志  **海洋污染物** 否

运输注意事项 运输时运输车辆应配备相应品种和数量的消防器材及泄漏应急处理设备。夏季最好早晚运输。运输时所用的槽（罐）车应有接地链，槽内可设孔隔板以减少震荡产生的静电。严禁与氧化剂、食用化学品等混装混运。运输途中应防曝晒、雨淋，防高温。中途停留时应远离火种、热源、高温区。装运该物品的车辆排气管必须配备阻火装置，禁止使用易产生火花的机械设备和工具装卸。公路运输时要按规定路线行驶，勿在居民区和人口稠密区停留。铁路运输时要禁止溜放。严禁用木船、水泥船散装运输

第十五部分 法规信息

下列法律、法规、规章和标准，对该化学品的管理作了相应的规定。

中华人民共和国职业病防治法 职业病分类和目录：未列入

危险化学品安全管理条例 危险化学品目录：列入。易制爆危险化学品名录：未列入。重点监管的危险化学品名录：未列入。GB 18218—2009《危险化学品重大危险源辨识》(表 1)：未列入

使用有毒物品作业场所劳动保护条例 高毒物品目录：未列入

易制毒化学品管理条例 易制毒化学品的分类和品种目录：未列入

国际公约 斯德哥尔摩公约：未列入。鹿特丹公约：未列入。蒙特利尔议定书：未列入

第十六部分 其他信息

编写和修订信息 **缩略语和首字母缩写**

培训建议 **参考文献**

免责声明

参 考 文 献

[1] 《化学化工大词典》编委会编．化学化工大词典．北京：化学工业出版社，2003.

[2] 《化工百科全书》编委会编．化工百科全书．北京：化学工业出版社，1998.

[3] 化学工业出版社组织编写．中国化工产品大全（第四版）．北京：化学工业出版社，2013.

[4] 危险化学品目录（2015 版）（国家安全生产监督管理总局、工业和信息化部、公安部等公告 2015 年 第 5 号）.

[5] 危险化学品目录（2015 版）实施指南（试行）（国家安全生产监督管理总局公告 安监总厅管三〔2015〕80 号）.

[6] 全国危险化学品管理标准化技术委员会秘书处编．常用危险化学品包装储运手册．北京：化学工业出版社，2004.

[7] 中华人民共和国交通运输部．铁路危险货物运输安全监督管理规定（交通运输部令 2015 年第 1 号）.

[8] 危险货物品名表（GB 12268—2012）.

[9] 危险货物分类和品名编号（GB 6944—2012）.

[10] 危险货物包装标志（GB 190—2009）.

[11] 化学品分类和危险性公示 通则（GB 13690—2009）.

[12] 化学品分类和标签安全规范（GB 30000.2～30000.29—2013）.

[13] 化学品安全技术说明书 内容和项目顺序（GB/T 16483—2008）.

[14] 化学品安全技术说明书编写指南（GB/T 17519—2013）.

[15] 常用化学危险品贮存通则（GB 15603—1995）.

[16] 易燃易爆性商品储藏养护技术条件（GB 17914—2013）.

[17] 腐蚀性商品储藏养护技术条件（GB 17915—2013）.

[18] 毒害性商品储藏养护技术条件（GB 17916—2013）.

[19] 工作场所有害因素职业接触限值 第 1 部分：化学有害因素（GBZ 2.1—2007）.

[20] 工作场所空气有毒物质测定（GBZ/T 160）.

[21] 《新编危险物品安全手册》编委会编．新编危险物品安全手册．北京：化学工业出版社，2001.

[22] 国家经贸委安全生产局编著．作业场所化学品安全管理．北京：中国石化出版社，2000.

[23] 中华人民共和国公安部消防局，国家化学品登记注册中心编写．危险化学品应急处置速查手册．北京：中国人事出版社，2002.

[24] 《化学危险品消防与急救手册》编委会编．化学危险品消防与急救手册．北京：化学工业出版社，1994.

[25] 张荣主编．危险化学品安全技术．北京：化学工业出版社，2005.

[26] 郑瑞文编著．危险品防火．北京：化学工业出版社，2003.

[27] 中国石油化工总公司安全监督局编．石油化工安全技术（中级本）．北京：中国石化出版社，1998.

[28] 张德义，张海峰编．石油化工危险化学品实用手册．北京：中国石化出版社，2006.

[29] 中国石化集团安全工程研究院译．有害化学品安全手册．北京：中国石化出版社，2003.

[30] 周国泰，佘启元主编．中国劳动防护用品实用全书．北京：中国劳动出版社，1997.

[31] 祖因希主编．液化石油气操作技术与安全管理．北京：化学工业出版社，2004.

[32] 李正，周振编．油气田消防．北京：中国石化出版社，2000.

[33] 赵庆贤，邵辉编著．危险化学品安全管理．北京：中国石化出版社，2005.

[34] 赵庆平主编．消防特勤手册．杭州：浙江人民出版社，2000.

[35] 郑瑞文，刘海辰主编．消防安全技术．北京：化学工业出版社，2004.

[36] 冀和平，崔慧峰编著．防火防爆技术．北京：化学工业出版社，2004.

[37] 王广生，张海峰，窦苏娅等．石油化工原料与产品安全手册．北京：中国石化出版社，1996.

[38] 张维凡，张海峰编．常用化学危险物品安全手册．第一、二卷．北京：中国医药科技出版社，1992.

[39] 张维凡，张海峰编．常用化学危险物品安全手册．第三、四卷．北京：化学工业出版社，1994.

[40] 张维凡，张海峰编．常用化学危险物品安全手册．第五、六卷．北京：中国石化出版社，1998.

[41] 董华模主编．化学物的毒性及其环境保护参数手册．北京：人民卫生出版社，1988.

[42] 汪晶，和德科，汪尧衢编译．环境评价数据手册 有毒物质鉴定值，化学工业出版社，1988.

[43] 全浩等编．恶臭环境科学词典．北京：北京大学出版社，1993.

[44] 国家环境保护局有毒化学品管理办公室，化工部北京化工研究院环境保护研究所主编．化学品毒性、法规、环境数据手册．北京：中国环境科学出版社，1992.

[45] 徐刚主编．危险化学品活性危害与混储危险手册．北京：中国石化出版社，2008.

[46] 何凤生主编．中华职业医学．北京：人民卫生出版社，1999.

[47] 任引津等主编．实用急性中毒全书．北京：人民卫生出版社，2003.

[48] 夏元洵主编．化学物质毒性全书．上海：上海科学技术文献出版社，1991.

[49] 任引津，张寿林主编．急性化学物中毒救援手册．上海：上海医科大学出版社，1994.

[50] 江泉观，纪云晶，常元勋主编．环境化学毒物防治手册．北京：化学工业出版社，2004.
[51] 王莹，顾祖维，张胜年，李文煜主编．现代职业医学．北京：人民卫生出版社，1996.
[52] 王世俊主编．金属中毒．第 2 版．北京：人民卫生出版社，1988.
[53] 李立明主译．最新危险化学品应急救援指南．北京：中国协和医科大学出版社，2003.
[54] 王心如主编．毒理学基础．第 6 版．北京：人民卫生出版社，2012.
[55] 孙贵范主编．职业卫生与职业医学．第 7 版．北京：人民卫生出版社，2012.
[56] 孟紫强主编．环境毒理学．北京：中国环境科学出版社，2000.
[57] 印木泉主编．遗传毒理学．北京：科学出版社，2002.
[58] 中国疾病预防控制中心职业卫生与中毒控制所，全国职业卫生标准委员会编著．高毒物品作业职业病危害防护实用指南．北京：化学工业出版社，2004.
[59] The International Chemical Safety Cards（ICSC）database. http://icsc. brici. ac. cn/.
[60] SIGMA-ALDRICH SDS Search and Product Safety Center. http://www sigmaaldrich. com/china-mainland/zh/safety-center. html.
[61] The Global Portal to Information on Chemical Substances（eChemPortal）. http://www. echemportal. org/echemportal/index? pageID=0&request _ locale=en.
[62] USA/NOAA. Computer-Aided Management of Emergency Operations（CAMEO）. https://cameochemicals. noaa. gov/.
[63] United States National Library of Medicine（NLM）. Hazardous Substances Data Bank（HSDB）. http://toxnet. nlm. nih. gov/newtoxnet/hsdb. htm.
[64] Registry of Toxic Effects of Chemical Substances（RTECS）. http://ccinfoweb. ccohs. ca/rtecs/search. html.
[65] WHO/International Agency for Research on Cancer（IARC）. Complete List of Agents evaluated and their classification. http://monographs. iarc. fr/ENG/Classification/index. php.
[66] Canadian Centre for Occupational Health and Safety. CHEMINFO Database.， http：//ccinfoweb. ccohs. ca/cheminfo/search. html.
[67] National Institute of Technology and Evaluation（NITE）. Chemical Risk Information Platform（CHRIP）. http://www. safe. nite. go. jp/ghs/ghs _ index. html.
[68] ChemWatch Database & Management System，2015.
[69] 国家安全生产监督管理总局化学品登记中心，中国石化集团公司安全工程研究院组织编写．张海峰主编．危险化学品安全技术全书．第 2 版．北京：化学工业出版社，2008.

索引编制说明

1. 本书安排了中文名、英文名、CAS号三种索引形式。

2. 危险化学品中英文名的确定参见本书编写和使用说明。

3. 中文名索引按汉字笔画顺序排列，笔画数目相同的字以笔顺横、竖、撇、点、折为序。如第一个字的笔划、笔顺（字）相同，则按其后面的字笔划、笔顺排列。

4. 英文名索引按英文字母顺序排列。

5. 英中文名称中代表取代基、官能团位置或异构体构象的字母（如下列所示），尽管是物质名称的组成部分，但在索引中未按字母顺序排列：

N-	*β*-
N,*N′*-	*γ*-
o-	*cis*-
m-	*sec*-
p-	*tert*-
α-	

6. 中文名索引中汉字检索顺序表：

一画　一、乙

二画　二、十、丁、人、儿

三画　三、大、山、尸、己、马

四画　无、木、五、牙、水、壬、升、化、月、乌、六、火、巴、双

五画　正、甘、丙、石、戊、灭、卢、甲、电、四、生、代、白、乐、尼、皮、发、对

六画　压、亚、过、西、有、灰、吗、氖、仲、全、多、杀、光、次、羊、安、并、冰、异、防、红

七画　赤、均、汞、苄、苎、克、苏、连、苊、呋、间、吡、氙、低、谷、邻、狄、辛、汽、阿

八画　环、苛、表、苦、苯、茂、松、软、叔、败、制、卑、金、乳、庚、沼

九画　草、茴、枯、砒、轻、蚁、哌、钙、钛、钡、钠、氟、氢、香、重、保、胂、癸

十画　盐、莰、速、砷、原、钾、铅、铊、铍、氩、氦、氧、氨、特、敌、笑、臭、高、益、烧、酒、海

十一画　黄、萘、萜、梯、酚、硅、硒、偶、铝、铬、铯、银、铷、第、偏、假、脱、羟、粗、烯、液、密、绿

十二画　琥、联、蒎、硝、硫、喹、黑、锂、锆、锌、锑、智、氰、氮、氯、巯

十三画　蒽、碘、硼、雷、新、溴、叠

十四画　碳、碲、锶、镁、漂、腐、精

十五画　增、樟、橄、醋、镍、稻

十六画　磺、膦

十七画　磷、黏、糠

中文名索引

一画

二画

三画

四画

六画

七画

八画

九画

十画

十一画

十二画

十三画

十四画

十五画

十六画

十七画

英文名索引

C

D

E

F

G

H

I

K

L

Q

R

S

CAS 号索引